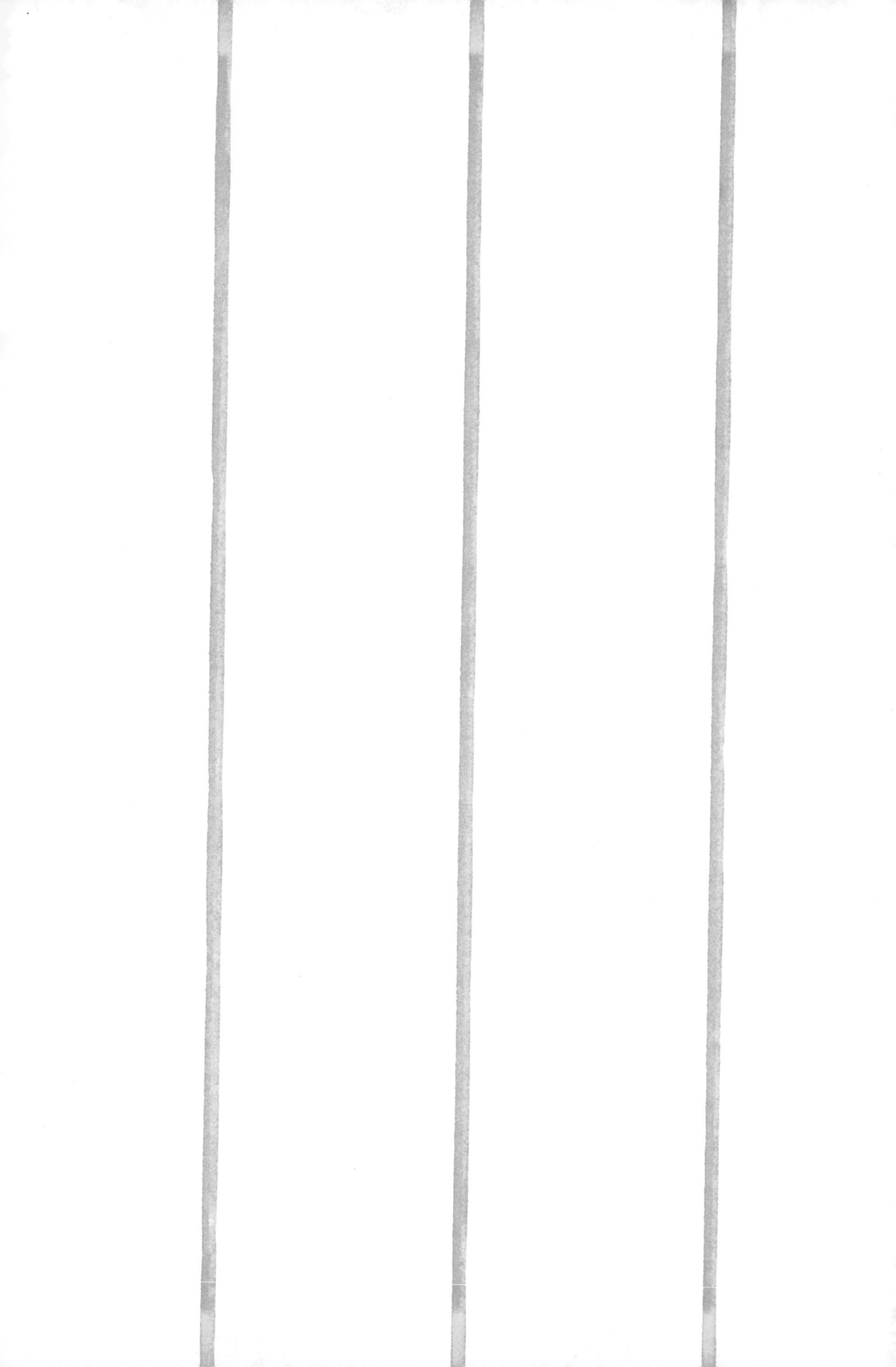

现行建筑结构规范大全

（含条文说明）

第2册

砌体·钢·木·混凝土

本社编

中国建筑工业出版社

图书在版编目（CIP）数据

现行建筑结构规范大全(含条文说明)．第2册砌体·钢·木·混凝土/本社编．—北京：中国建筑工业出版社，2014.2
ISBN 978-7-112-16073-0

Ⅰ.①现…　Ⅱ.①本…　Ⅲ.①建筑结构-建筑规范-中国
Ⅳ.①TU3-65

中国版本图书馆CIP数据核字(2013)第263935号

责任编辑：李　阳　向建国
责任校对：王雪竹

现行建筑结构规范大全
(含条文说明)
第2册
砌体·钢·木·混凝土
本社编
*
中国建筑工业出版社出版、发行(北京西郊百万庄)
各地新华书店、建筑书店经销
北京红光制版公司制版
北京圣夫亚美印刷有限公司印刷
*
开本：787×1092毫米　1/16　印张：120½　字数：4350千字
2014年7月第一版　2014年7月第一次印刷
定价：**260.00**元
ISBN 978-7-112-16073-0
(24840)

出版说明

《现行建筑设计规范大全》、《现行建筑结构规范大全》、《现行建筑施工规范大全》缩印本（以下简称《大全》），自 1994 年 3 月出版以来，深受广大建筑设计、结构设计、工程施工人员的欢迎。2006 年我社又出版了与《大全》配套的三本《条文说明大全》。但是，随着科研、设计、施工、管理实践中客观情况的变化，国家工程建设标准主管部门不断地进行标准规范制订、修订和废止的工作。为了适应这种变化，我社将根据工程建设标准的变更情况，适时地对《大全》缩印本进行调整、补充，以飨读者。

鉴于上述宗旨，我社近期组织编辑力量，全面梳理现行工程建设国家标准和行业标准，参照工程建设标准体系，结合专业特点，并在认真调查研究和广泛征求读者意见的基础上，对 2009 年出版的设计、结构、施工三本《大全》和配套的三本《条文说明大全》进行了重大修订。

新版《大全》将《条文说明大全》和原《大全》合二为一，即像规范单行本一样，把条文说明附在每个规范之后，这样做的目的是为了更加方便读者理解和使用规范。

由于规范品种越来越多，《大全》体量愈加庞大，本次修订后决定按分册出版，一是可以按需购买，二是检索、携带方便。

《现行建筑设计规范大全》分 4 册，共收录标准规范 193 本。

《现行建筑结构规范大全》分 4 册，共收录标准规范 168 本。

《现行建筑施工规范大全》分 5 册，共收录标准规范 304 本。

需要特别说明的是，由于标准规范处在一个动态变化的过程中，而且出版社受出版发行规律的限制，不可能在每次重印时对《大全》进行修订，所以在全面修订前，《大全》中有可能出现某些标准规范没有替换和修订的情况。为使广大读者放心地使用《大全》，我社在网上提供查询服务，读者可登录我社网站查询相关标准规范的制订、全面修订、局部修订等信息。

为不断提高《大全》质量、更加方便查阅，我们期待广大读者在使用新版《大全》后，给予批评、指正，以便我们改进工作。请随时登录我社网站，留下宝贵的意见和建议。

中国建筑工业出版社

2013年10月

欲查询《大全》中规范变更情况，或有意见和建议：请登录中国建筑出版在线网站(book.cabplink.com)。登录方法见封底。

目 录

4 砌体和钢木结构

5 混 凝 土 结 构

4

砌体和钢木结构

中华人民共和国国家标准

砌体结构设计规范

Code for design of masonry structures

GB 50003—2011

主编部门：中华人民共和国住房和城乡建设部
批准部门：中华人民共和国住房和城乡建设部
施行日期：2 0 1 2 年 8 月 1 日

中华人民共和国住房和城乡建设部
公　　告

第1094号

关于发布国家标准《砌体结构设计规范》的公告

现批准《砌体结构设计规范》为国家标准，编号为GB 50003－2011，自2012年8月1日起实施。其中，第3.2.1、3.2.2、3.2.3、6.2.1、6.2.2、6.4.2、7.1.2、7.1.3、7.3.2（1、2）、9.4.8、10.1.2、10.1.5、10.1.6条（款）为强制性条文，必须严格执行。原《砌体结构设计规范》GB 50003－2001同时废止。

本规范由我部标准定额研究所组织中国建筑工业出版社出版发行。

中华人民共和国住房和城乡建设部

2011年7月26日

前　　言

本规范是根据原建设部《关于印发〈2007年工程建设标准规范制订、修订计划（第一批）〉的通知》（建标［2007］125号）的要求，由中国建筑东北设计研究院有限公司会同有关单位在《砌体结构设计规范》GB 50003－2001的基础上进行修订而成的。

修订过程中，编制组按“增补、简化、完善”的原则，在考虑了我国的经济条件和砌体结构发展现状，总结了近年来砌体结构应用的新经验，调查了我国汶川、玉树地震中砌体结构的震害，进行了必要的试验研究及在借鉴砌体结构领域科研的成熟成果基础上，增补了在节能减排、墙材革新的环境下涌现出来部分新型砌体材料的条款，完善了有关砌体结构耐久性、构造要求、配筋砌块砌体构件及砌体结构构件抗震设计等有关内容，同时还对砌体强度的调整系数等进行了必要的简化。

修订内容在全国范围内广泛征求了有关设计、科研、教学、施工、企业及相关管理部门的意见和建议，经多次反复讨论、修改、充实，最后经审查定稿。

本规范共分10章和4个附录，主要技术内容包括：总则，术语和符号，材料，基本设计规定，无筋砌体构件，构造要求，圈梁、过梁、墙梁及挑梁，配筋砖砌体构件，配筋砌块砌体构件，砌体结构构件抗震设计等。

本规范主要修订内容是：增加了适应节能减排、墙材革新要求、成熟可行的新型砌体材料，并提出相应的设计方法；根据试验研究，修订了部分砌体强度的取值方法，对砌体强度调整系数进行了简化；增加了提高砌体耐久性的有关规定；完善了砌体结构的构造要求；针对新型砌体材料墙体存在的裂缝问题，增补了防止或减轻因材料变形而引起墙体开裂的措施；完善和补充了夹心墙设计的构造要求；补充了砌体组合墙平面外偏心受压计算方法；扩大了配筋砌块砌体结构的应用范围，增加了框支配筋砌块剪力墙房屋的设计规定；根据地震震害，结合砌体结构特点，完善了砌体结构的抗震设计方法，补充了框架填充墙的抗震设计方法。

本规范中以黑体字标志的条文是强制性条文，必须严格执行。

本规范由住房和城乡建设部负责管理和对强制性条文的解释，中国建筑东北设计研究院有限公司负责具体技术内容的解释。在执行过程中，请各单位结合工程实践，认真总结经验，并将意见和建议寄交中国建筑东北设计研究院有限公司《砌体结构设计规范》管理组（地址：沈阳市和平区光荣街65号，邮编：110003，Email：gaoly@masonry.cn），以便今后修订时参考。

本规范主编单位、参编单位、参加单位、主要起草人及主要审查人：

主 编 单 位：中国建筑东北设计研究院有限公司

参 编 单 位：中国机械工业集团公司

湖南大学

长沙理工大学

浙江大学

哈尔滨工业大学
西安建筑科技大学
重庆市建筑科学研究院
同济大学
北京市建筑设计研究院
重庆大学
云南省建筑技术发展中心
广州市民用建筑科研设计院
沈阳建筑大学
郑州大学
陕西省建筑科学研究院
中国地震局工程力学研究所
南京工业大学
四川省建筑科学研究院

参 加 单 位：贵州开磷磷业有限责任公司

主要起草人：高连玉　徐　建　苑振芳
施楚贤　梁建国　严家熺　唐岱新
林文修　梁兴文　龚绍熙　周炳章
吴明舜　金伟良　刘　斌　薛慧立
程才渊　李　翔　骆万康　杨伟军
胡秋谷　王凤来　何建罡　张兴富
赵成文　黄　靓　王庆霖　刘立新
谢丽丽　刘　明　肖小松　秦士洪
雷　波　姜　凯　余祖国　熊立红
侯汝欣　岳增国　郭樟根

主要审查人：周福霖　孙伟民　马建勋　王存贵
由世岐　陈正祥　张友亮　张京街
顾祥林

目　次

Contents

1 总　　则

1.0.1 为了贯彻执行国家的技术经济政策，坚持墙材革新、因地制宜、就地取材，合理选用结构方案和砌体材料，做到技术先进、安全适用、经济合理、确保质量，制定本规范。

1.0.2 本规范适用于建筑工程的下列砌体结构设计，特殊条件下或有特殊要求的应按专门规定进行设计：

1 砖砌体：包括烧结普通砖、烧结多孔砖、蒸压灰砂普通砖、蒸压粉煤灰普通砖、混凝土普通砖、混凝土多孔砖的无筋和配筋砌体；

2 砌块砌体：包括混凝土砌块、轻集料混凝土砌块的无筋和配筋砌体；

3 石砌体：包括各种料石和毛石的砌体。

1.0.3 本规范根据现行国家标准《建筑结构可靠度设计统一标准》GB 50068 规定的原则制订。设计术语和符号按照现行国家标准《建筑结构设计术语和符号标准》GB/T 50083 的规定采用。

1.0.4 按本规范设计时，荷载应按现行国家标准《建筑结构荷载规范》GB 50009 的规定执行；墙体材料的选择与应用应按现行国家标准《墙体材料应用统一技术规范》GB 50574 的规定执行；混凝土材料的选择应符合现行国家标准《混凝土结构设计规范》GB 50010 的要求；施工质量控制应符合现行国家标准《砌体结构工程施工质量验收规范》GB 50203、《混凝土结构工程施工质量验收规范》GB 50204 的要求；结构抗震设计应符合现行国家标准《建筑抗震设计规范》GB 50011 的有关规定。

1.0.5 砌体结构设计除应符合本规范规定外，尚应符合国家现行有关标准的规定。

2 术语和符号

2.1 术　　语

2.1.1 砌体结构　masonry structure

由块体和砂浆砌筑而成的墙、柱作为建筑物主要受力构件的结构。是砖砌体、砌块砌体和石砌体结构的统称。

2.1.2 配筋砌体结构　reinforced masonry structure

由配置钢筋的砌体作为建筑物主要受力构件的结构。是网状配筋砌体柱、水平配筋砌体墙、砖砌体和钢筋混凝土面层或钢筋砂浆面层组合砌体柱（墙）、砖砌体和钢筋混凝土构造柱组合墙和配筋砌块砌体剪力墙结构的统称。

2.1.3 配筋砌块砌体剪力墙结构　reinforced concrete masonry shear wall structure

由承受竖向和水平作用的配筋砌块砌体剪力墙和混凝土楼、屋盖所组成的房屋建筑结构。

2.1.4 烧结普通砖　fired common brick

由煤矸石、页岩、粉煤灰或黏土为主要原料，经过焙烧而成的实心砖。分烧结煤矸石砖、烧结页岩砖、烧结粉煤灰砖、烧结黏土砖等。

2.1.5 烧结多孔砖　fired perforated brick

以煤矸石、页岩、粉煤灰或黏土为主要原料，经焙烧而成、孔洞率不大于 35%，孔的尺寸小而数量多，主要用于承重部位的砖。

2.1.6 蒸压灰砂普通砖　autoclaved sand-lime brick

以石灰等钙质材料和砂等硅质材料为主要原料，经坯料制备、压制排气成型、高压蒸汽养护而成的实心砖。

2.1.7 蒸压粉煤灰普通砖　autoclaved flyash-lime brick

以石灰、消石灰（如电石渣）或水泥等钙质材料与粉煤灰等硅质材料及集料（砂等）为主要原料，掺加适量石膏，经坯料制备、压制排气成型、高压蒸汽养护而成的实心砖。

2.1.8 混凝土小型空心砌块　concrete small hollow block

由普通混凝土或轻集料混凝土制成，主规格尺寸为 390mm×190mm×190mm、空心率为 25%～50% 的空心砌块。简称混凝土砌块或砌块。

2.1.9 混凝土砖　concrete brick

以水泥为胶结材料，以砂、石等为主要集料，加水搅拌、成型、养护制成的一种多孔的混凝土半盲孔砖或实心砖。多孔砖的主规格尺寸为 240mm×115mm×90mm、240mm×190mm×90mm、190mm×190mm×90mm 等；实心砖的主规格尺寸为 240mm×115mm×53mm、240mm×115mm×90mm 等。

2.1.10 混凝土砌块（砖）专用砌筑砂浆　mortar for concrete small hollow block

由水泥、砂、水以及根据需要掺入的掺和料和外加剂等组分，按一定比例，采用机械拌和制成，专门用于砌筑混凝土砌块的砌筑砂浆。简称砌块专用砂浆。

2.1.11 混凝土砌块灌孔混凝土　grout for concrete small hollow block

由水泥、集料、水以及根据需要掺入的掺和料和外加剂等组分，按一定比例，采用机械搅拌后，用于浇注混凝土砌块砌体芯柱或其他需要填实部位孔洞的混凝土。简称砌块灌孔混凝土。

2.1.12 蒸压灰砂普通砖、蒸压粉煤灰普通砖专用砌筑砂浆　mortar for autoclaved silicate brick

由水泥、砂、水以及根据需要掺入的掺和料和外加剂等组分，按一定比例，采用机械拌和制成，专门用于砌筑蒸压灰砂砖或蒸压粉煤灰砖砌体，且砌体抗剪强度应不低于烧结普通砖砌体的取值的砂浆。

2.1.13 带壁柱墙 pilastered wall

沿墙长度方向隔一定距离将墙体局部加厚，形成的带垛墙体。

2.1.14 混凝土构造柱 structural concrete column

在砌体房屋墙体的规定部位，按构造配筋，并按先砌墙后浇灌混凝土柱的施工顺序制成的混凝土柱。通常称为混凝土构造柱，简称构造柱。

2.1.15 圈梁 ring beam

在房屋的檐口、窗顶、楼层、吊车梁顶或基础顶面标高处，沿砌体墙水平方向设置封闭状的按构造配筋的混凝土梁式构件。

2.1.16 墙梁 wall beam

由钢筋混凝土托梁和梁上计算高度范围内的砌体墙组成的组合构件。包括简支墙梁、连续墙梁和框支墙梁。

2.1.17 挑梁 cantilever beam

嵌固在砌体中的悬挑式钢筋混凝土梁。一般指房屋中的阳台挑梁、雨篷挑梁或外廊挑梁。

2.1.18 设计使用年限 design working life

设计规定的时期。在此期间结构或结构构件只需进行正常的维护便可按其预定的目的使用，而不需进行大修加固。

2.1.19 房屋静力计算方案 static analysis scheme of building

根据房屋的空间工作性能确定的结构静力计算简图。房屋的静力计算方案包括刚性方案、刚弹性方案和弹性方案。

2.1.20 刚性方案 rigid analysis scheme

按楼盖、屋盖作为水平不动铰支座对墙、柱进行静力计算的方案。

2.1.21 刚弹性方案 rigid-elastic analysis scheme

按楼盖、屋盖与墙、柱为铰接，考虑空间工作的排架或框架对墙、柱进行静力计算的方案。

2.1.22 弹性方案 elastic analysis scheme

按楼盖、屋盖与墙、柱为铰接，不考虑空间工作的平面排架或框架对墙、柱进行静力计算的方案。

2.1.23 上柔下刚多层房屋 upper flexible and lower rigid complex multistorey building

在结构计算中，顶层不符合刚性方案要求，而下面各层符合刚性方案要求的多层房屋。

2.1.24 屋盖、楼盖类别 types of roof or floor structure

根据屋盖、楼盖的结构构造及其相应的刚度对屋盖、楼盖的分类。根据常用结构，可把屋盖、楼盖划分为三类，而认为每一类屋盖和楼盖中的水平刚度大致相同。

2.1.25 砌体墙、柱高厚比 ratio of height to sectional thickness of wall or column

砌体墙、柱的计算高度与规定厚度的比值。规定厚度对墙取墙厚，对柱取对应的边长，对带壁柱墙取截面的折算厚度。

2.1.26 梁端有效支承长度 effective support length of beam end

梁端在砌体或刚性垫块界面上压应力沿梁跨方向的分布长度。

2.1.27 计算倾覆点 calculating overturning point

验算挑梁抗倾覆时，根据规定所取的转动中心。

2.1.28 伸缩缝 expansion and contraction joint

将建筑物分割成两个或若干个独立单元，彼此能自由伸缩的竖向缝。通常有双墙伸缩缝、双柱伸缩缝等。

2.1.29 控制缝 control joint

将墙体分割成若干个独立墙肢的缝，允许墙肢在其平面内自由变形，并对外力有足够的抵抗能力。

2.1.30 施工质量控制等级 category of construction quality control

根据施工现场的质保体系、砂浆和混凝土的强度、砌筑工人技术等级综合水平划分的砌体施工质量控制级别。

2.1.31 约束砌体构件 confined masonry member

通过在无筋砌体墙片的两侧、上下分别设置钢筋混凝土构造柱、圈梁形成的约束作用提高无筋砌体墙片延性和抗力的砌体构件。

2.1.32 框架填充墙 infilled wall in concrete frame structure 在框架结构中砌筑的墙体。

2.1.33 夹心墙 cavity wall with insulation

墙体中预留的连续空腔内填充保温或隔热材料，并在墙的内叶和外叶之间用防锈的金属拉结件连接形成的墙体。

2.1.34 可调节拉结件 adjustable tie

预埋在夹心墙内、外叶墙的灰缝内，利用可调节特性，消除内外叶墙因竖向变形不一致而产生的不利影响的拉结件。

2.2 符 号

2.2.1 材料性能

MU——块体的强度等级；

M——普通砂浆的强度等级；

Mb——混凝土块体（砖）专用砌筑砂浆的强度等级；

Ms——蒸压灰砂普通砖、蒸压粉煤灰普通砖专用砌筑砂浆的强度等级；

C——混凝土的强度等级；

Cb——混凝土砌块灌孔混凝土的强度等级；

f_1——块体的抗压强度等级值或平均值；

f_2——砂浆的抗压强度平均值；

f、f_k——砌体的抗压强度设计值、标准值；

f_g——单排孔且对穿孔的混凝土砌块灌孔砌体

抗压强度设计值（简称灌孔砌体抗压强度设计值）；

f_{vg}——单排孔且对穿孔的混凝土砌块灌孔砌体抗剪强度设计值（简称灌孔砌体抗剪强度设计值）；

f_t、$f_{t,k}$——砌体的轴心抗拉强度设计值、标准值；

f_{tm}、$f_{tm,k}$——砌体的弯曲抗拉强度设计值、标准值；

f_v、$f_{v,k}$——砌体的抗剪强度设计值、标准值；

f_{VE}——砌体沿阶梯形截面破坏的抗震抗剪强度设计值；

f_n——网状配筋砖砌体的抗压强度设计值；

f_y、f'_y——钢筋的抗拉、抗压强度设计值；

f_c——混凝土的轴心抗压强度设计值；

E——砌体的弹性模量；

E_c——混凝土的弹性模量；

G——砌体的剪变模量。

2.2.2 作用和作用效应

N——轴向力设计值；

N_l——局部受压面积上的轴向力设计值、梁端支承压力；

N_0——上部轴向力设计值；

N_t——轴心拉力设计值；

M——弯矩设计值；

M_r——挑梁的抗倾覆力矩设计值；

M_{ov}——挑梁的倾覆力矩设计值；

V——剪力设计值；

F_1——托梁顶面上的集中荷载设计值；

Q_1——托梁顶面上的均布荷载设计值；

Q_2——墙梁顶面上的均布荷载设计值；

σ_0——水平截面平均压应力。

2.2.3 几何参数

A——截面面积；

A_b——垫块面积；

A_c——混凝土构造柱的截面面积；

A_l——局部受压面积；

A_n——墙体净截面面积；

A_0——影响局部抗压强度的计算面积；

A_s、A'_s——受拉、受压钢筋的截面面积；

a——边长、梁端实际支承长度距离；

a_i——洞口边至墙梁最近支座中心的距离；

a_0——梁端有效支承长度；

a_s、a'_s——纵向受拉、受压钢筋重心至截面近边的距离；

b——截面宽度、边长；

b_c——混凝土构造柱沿墙长方向的宽度；

b_f——带壁柱墙的计算截面翼缘宽度、翼墙计算宽度；

b'_f——T形、倒L形截面受压区的翼缘计算宽度；

b_s——在相邻横墙、窗间墙之间或壁柱间的距离范围内的门窗洞口宽度；

c、d——距离；

e——轴向力的偏心距；

H——墙体高度、构件高度；

H_i——层高；

H_0——构件的计算高度、墙梁跨中截面的计算高度；

h——墙厚、矩形截面较小边长、矩形截面的轴向力偏心方向的边长、截面高度；

h_b——托梁高度；

h_0——截面有效高度、垫梁折算高度；

h_T——T形截面的折算厚度；

h_w——墙体高度、墙梁墙体计算截面高度；

l——构造柱的间距；

l_0——梁的计算跨度；

l_n——梁的净跨度；

I——截面惯性矩；

i——截面的回转半径；

s——间距、截面面积矩；

x_0——计算倾覆点到墙外边缘的距离；

u_{max}——最大水平位移；

W——截面抵抗矩；

y——截面重心到轴向力所在偏心方向截面边缘的距离；

z——内力臂。

2.2.4 计算系数

α——砌块砌体中灌孔混凝土面积和砌体毛面积的比值、修正系数、系数；

α_M——考虑墙梁组合作用的托梁弯矩系数；

β——构件的高厚比；

$[\beta]$——墙、柱的允许高厚比；

β_V——考虑墙梁组合作用的托梁剪力系数；

γ——砌体局部抗压强度提高系数、系数；

γ_a——调整系数；

γ_f——结构构件材料性能分项系数；

γ_0——结构重要性系数；

γ_G——永久荷载分项系数；

γ_{RE}——承载力抗震调整系数；

δ——混凝土砌块的孔洞率、系数；

ζ——托梁支座上部砌体局压系数；

ζ_c——芯柱参与工作系数；

ζ_s——钢筋参与工作系数；

η_i——房屋空间性能影响系数；

η_c——墙体约束修正系数；

η_N——考虑墙梁组合作用的托梁跨中轴力系数；

λ——计算截面的剪跨比；

μ——修正系数、剪压复合受力影响系数；

μ_1——自承重墙允许高厚比的修正系数；

μ_2——有门窗洞口墙允许高厚比的修正系数；

μ_c——设构造柱墙体允许高厚比提高系数；

ξ——截面受压区相对高度、系数；

ξ_b——受压区相对高度的界限值；

ξ_1——翼墙或构造柱对墙梁墙体受剪承载力影响系数；

ξ_2——洞口对墙梁墙体受剪承载力影响系数；

ρ——混凝土砌块砌体的灌孔率、配筋率；

ρ_s——按层间墙体竖向截面计算的水平钢筋面积率；

φ——承载力的影响系数、系数；

φ_n——网状配筋砖砌体构件的承载力的影响系数；

φ_0——轴心受压构件的稳定系数；

φ_{com}——组合砖砌体构件的稳定系数；

ψ——折减系数；

ψ_M——洞口对托梁弯矩的影响系数。

3 材 料

3.1 材料强度等级

3.1.1 承重结构的块体的强度等级，应按下列规定采用：

1 烧结普通砖、烧结多孔砖的强度等级：MU30、MU25、MU20、MU15和MU10；

2 蒸压灰砂普通砖、蒸压粉煤灰普通砖的强度等级：MU25、MU20和MU15；

3 混凝土普通砖、混凝土多孔砖的强度等级：MU30、MU25、MU20和MU15；

4 混凝土砌块、轻集料混凝土砌块的强度等级：MU20、MU15、MU10、MU7.5和MU5；

5 石材的强度等级：MU100、MU80、MU60、MU50、MU40、MU30和MU20。

注：1 用于承重的双排孔或多排孔轻集料混凝土砌块砌体的孔洞率不应大于35%；

2 对用于承重的多孔砖及蒸压硅酸盐砖的折压比限值和用于承重的非烧结材料多孔砖的孔洞率、壁及肋尺寸限值及碳化、软化性能要求应符合现行国家标准《墙体材料应用统一技术规范》GB 50574的有关规定；

3 石材的规格、尺寸及其强度等级可按本规范附录A的方法确定。

3.1.2 自承重墙的空心砖、轻集料混凝土砌块的强度等级，应按下列规定采用：

1 空心砖的强度等级：MU10、MU7.5、MU5和MU3.5；

2 轻集料混凝土砌块的强度等级：MU10、MU7.5、MU5和MU3.5。

3.1.3 砂浆的强度等级应按下列规定采用：

1 烧结普通砖、烧结多孔砖、蒸压灰砂普通砖和蒸压粉煤灰普通砖砌体采用的普通砂浆强度等级：M15、M10、M7.5、M5和M2.5；蒸压灰砂普通砖和蒸压粉煤灰普通砖砌体采用的专用砌筑砂浆强度等级：Ms15、Ms10、Ms7.5、Ms5.0；

2 混凝土普通砖、混凝土多孔砖、单排孔混凝土砌块和煤矸石混凝土砌块砌体采用的砂浆强度等级：Mb20、Mb15、Mb10、Mb7.5和Mb5；

3 双排孔或多排孔轻集料混凝土砌块砌体采用的砂浆强度等级：Mb10、Mb7.5和Mb5；

4 毛料石、毛石砌体采用的砂浆强度等级：M7.5、M5和M2.5。

注：确定砂浆强度等级时应采用同类块体为砂浆强度试块底模。

3.2 砌体的计算指标

3.2.1 龄期为28d的以毛截面计算的砌体抗压强度设计值，当施工质量控制等级为B级时，应根据块体和砂浆的强度等级分别按下列规定采用：

1 烧结普通砖、烧结多孔砖砌体的抗压强度设计值，应按表3.2.1-1采用。

表3.2.1-1 烧结普通砖和烧结多孔砖砌体的抗压强度设计值（MPa）

砖强度等级	砂浆强度等级					砂浆强度
	M15	M10	M7.5	M5	M2.5	0
MU30	3.94	3.27	2.93	2.59	2.26	1.15
MU25	3.60	2.98	2.68	2.37	2.06	1.05
MU20	3.22	2.67	2.39	2.12	1.84	0.94
MU15	2.79	2.31	2.07	1.83	1.60	0.82
MU10	—	1.89	1.69	1.50	1.30	0.67

注：当烧结多孔砖的孔洞率大于30%时，表中数值应乘以0.9。

2 混凝土普通砖和混凝土多孔砖砌体的抗压强度设计值，应按表3.2.1-2采用。

表3.2.1-2 混凝土普通砖和混凝土多孔砖砌体的抗压强度设计值（MPa）

砖强度等级	砂浆强度等级					砂浆强度
	Mb20	Mb15	Mb10	Mb7.5	Mb5	0
MU30	4.61	3.94	3.27	2.93	2.59	1.15
MU25	4.21	3.60	2.98	2.68	2.37	1.05
MU20	3.77	3.22	2.67	2.39	2.12	0.94
MU15	—	2.79	2.31	2.07	1.83	0.82

3 蒸压灰砂普通砖和蒸压粉煤灰普通砖砌体的抗压强度设计值，应按表 3.2.1-3 采用。

表 3.2.1-3 蒸压灰砂普通砖和蒸压粉煤灰普通砖砌体的抗压强度设计值（MPa）

砖强度等级	砂浆强度等级				砂浆强度
	M15	M10	M7.5	M5	0
MU25	3.60	2.98	2.68	2.37	1.05
MU20	3.22	2.67	2.39	2.12	0.94
MU15	2.79	2.31	2.07	1.83	0.82

注：当采用专用砂浆砌筑时，其抗压强度设计值按表中数值采用。

4 单排孔混凝土砌块和轻集料混凝土砌块对孔砌筑砌体的抗压强度设计值，应按表 3.2.1-4 采用。

表 3.2.1-4 单排孔混凝土砌块和轻集料混凝土砌块对孔砌筑砌体的抗压强度设计值（MPa）

砌块强度等级	砂浆强度等级					砂浆强度
	Mb20	Mb15	Mb10	Mb7.5	Mb5	0
MU20	6.30	5.68	4.95	4.44	3.94	2.33
MU15	—	4.61	4.02	3.61	3.20	1.89
MU10	—	—	2.79	2.50	2.22	1.31
MU7.5	—	—	—	1.93	1.71	1.01
MU5	—	—	—	—	1.19	0.70

注：1 对独立柱或厚度为双排组砌的砌块砌体，应按表中数值乘以 0.7；
2 对 T 形截面墙体、柱，应按表中数值乘以 0.85。

5 单排孔混凝土砌块对孔砌筑时，灌孔砌体的抗压强度设计值 f_g，应按下列方法确定：

1）混凝土砌块砌体的灌孔混凝土强度等级不应低于 Cb20，且不应低于 1.5 倍的块体强度等级。灌孔混凝土强度指标取同强度等级的混凝土强度指标。

2）灌孔混凝土砌块砌体的抗压强度设计值 f_g，应按下列公式计算：

$$f_g = f + 0.6\alpha f_c \quad (3.2.1\text{-}1)$$

$$\alpha = \delta\rho \quad (3.2.1\text{-}2)$$

式中：f_g——灌孔混凝土砌块砌体的抗压强度设计值，该值不应大于未灌孔砌体抗压强度设计值的 2 倍；

f——未灌孔混凝土砌块砌体的抗压强度设计值，应按表 3.2.1-4 采用；

f_c——灌孔混凝土的轴心抗压强度设计值；

α——混凝土砌块砌体中灌孔混凝土面积与砌体毛面积的比值；

δ——混凝土砌块的孔洞率；

ρ——混凝土砌块砌体的灌孔率，系截面灌孔混凝土面积与截面孔洞面积的比值，灌孔率应根据受力或施工条件确定，且不应小于 33%。

6 双排孔或多排孔轻集料混凝土砌块砌体的抗压强度设计值，应按表 3.2.1-5 采用。

表 3.2.1-5 双排孔或多排孔轻集料混凝土砌块砌体的抗压强度设计值（MPa）

砌块强度等级	砂浆强度等级			砂浆强度
	Mb10	Mb7.5	Mb5	0
MU10	3.08	2.76	2.45	1.44
MU7.5	—	2.13	1.88	1.12
MU5	—	—	1.31	0.78
MU3.5	—	—	0.95	0.56

注：1 表中的砌块为火山渣、浮石和陶粒轻集料混凝土砌块；
2 对厚度方向为双排组砌的轻集料混凝土砌块砌体的抗压强度设计值，应按表中数值乘以 0.8。

7 块体高度为 180mm～350mm 的毛料石砌体的抗压强度设计值，应按表 3.2.1-6 采用。

表 3.2.1-6 毛料石砌体的抗压强度设计值（MPa）

毛料石强度等级	砂浆强度等级			砂浆强度
	M7.5	M5	M2.5	0
MU100	5.42	4.80	4.18	2.13
MU80	4.85	4.29	3.73	1.91
MU60	4.20	3.71	3.23	1.65
MU50	3.83	3.39	2.95	1.51
MU40	3.43	3.04	2.64	1.35
MU30	2.97	2.63	2.29	1.17
MU20	2.42	2.15	1.87	0.95

注：对细料石砌体、粗料石砌体和干砌勾缝石砌体，表中数值应分别乘以调整系数 1.4、1.2 和 0.8。

8 毛石砌体的抗压强度设计值，应按表 3.2.1-7 采用。

表 3.2.1-7 毛石砌体的抗压强度设计值（MPa）

毛石强度等级	砂浆强度等级			砂浆强度
	M7.5	M5	M2.5	0
MU100	1.27	1.12	0.98	0.34
MU80	1.13	1.00	0.87	0.30
MU60	0.98	0.87	0.76	0.26
MU50	0.90	0.80	0.69	0.23
MU40	0.80	0.71	0.62	0.21
MU30	0.69	0.61	0.53	0.18
MU20	0.56	0.51	0.44	0.15

3.2.2 龄期为28d的以毛截面计算的各类砌体的轴心抗拉强度设计值、弯曲抗拉强度设计值和抗剪强度设计值，应符合下列规定：

1 当施工质量控制等级为B级时，强度设计值应按表3.2.2采用：

表3.2.2 沿砌体灰缝截面破坏时砌体的轴心抗拉强度设计值、弯曲抗拉强度设计值和抗剪强度设计值（MPa）

强度类别	破坏特征	砌体种类	砂浆强度等级 ≥M10	M7.5	M5	M2.5
轴心抗拉	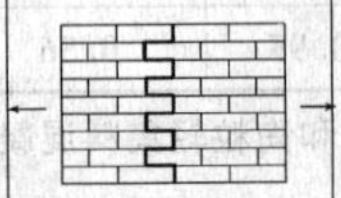 沿齿缝	烧结普通砖、烧结多孔砖	0.19	0.16	0.13	0.09
		混凝土普通砖、混凝土多孔砖	0.19	0.16	0.13	—
		蒸压灰砂普通砖、蒸压粉煤灰普通砖	0.12	0.10	0.08	—
		混凝土和轻集料混凝土砌块	0.09	0.08	0.07	—
		毛石	—	0.07	0.06	0.04
弯曲抗拉	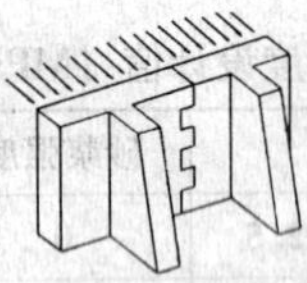 沿齿缝	烧结普通砖、烧结多孔砖	0.33	0.29	0.23	0.17
		混凝土普通砖、混凝土多孔砖	0.33	0.29	0.23	—
		蒸压灰砂普通砖、蒸压粉煤灰普通砖	0.24	0.20	0.16	—
		混凝土和轻集料混凝土砌块	0.11	0.09	0.08	—
		毛石	—	0.11	0.09	0.07
	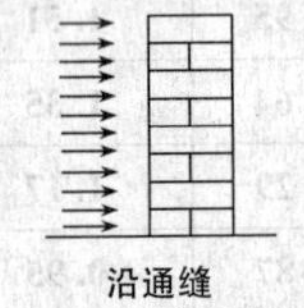 沿通缝	烧结普通砖、烧结多孔砖	0.17	0.14	0.11	0.08
		混凝土普通砖、混凝土多孔砖	0.17	0.14	0.11	—
		蒸压灰砂普通砖、蒸压粉煤灰普通砖	0.12	0.10	0.08	—
		混凝土和轻集料混凝土砌块	0.08	0.06	0.05	—
抗剪		烧结普通砖、烧结多孔砖	0.17	0.14	0.11	0.08
		混凝土普通砖、混凝土多孔砖	0.17	0.14	0.11	—
		蒸压灰砂普通砖、蒸压粉煤灰普通砖	0.12	0.10	0.08	—
		混凝土和轻集料混凝土砌块	0.09	0.08	0.06	—
		毛石	—	0.19	0.16	0.11

注：1 对于用形状规则的块体砌筑的砌体，当搭接长度与块体高度的比值小于1时，其轴心抗拉强度设计值 f_t 和弯曲抗拉强度设计值 f_{tm} 应按表中数值乘以搭接长度与块体高度比值后采用；

2 表中数值是依据普通砂浆砌筑的砌体确定，采用经研究性试验且通过技术鉴定的专用砂浆砌筑的蒸压灰砂普通砖、蒸压粉煤灰普通砖砌体，其抗剪强度设计值按相应普通砂浆强度等级砌筑的烧结普通砖砌体采用；

3 对混凝土普通砖、混凝土多孔砖、混凝土和轻集料混凝土砌块砌体，表中的砂浆强度等级分别为：≥Mb10、Mb7.5及Mb5。

2 单排孔混凝土砌块对孔砌筑时，灌孔砌体的抗剪强度设计值 f_{vg}，应按下式计算：

$$f_{vg}=0.2f_g^{0.55} \quad (3.2.2)$$

式中：f_g——灌孔砌体的抗压强度设计值（MPa）。

3.2.3 下列情况的各类砌体，其砌体强度设计值应乘以调整系数 γ_a：

1 对无筋砌体构件，其截面面积小于 $0.3m^2$ 时，γ_a 为其截面面积加0.7；对配筋砌体构件，当其中砌体截面面积小于 $0.2m^2$ 时，γ_a 为其截面面积加0.8；构件截面面积以"m^2"计；

2 当砌体用强度等级小于M5.0的水泥砂浆砌筑时，对第3.2.1条各表中的数值，γ_a 为0.9；对第3.2.2条表3.2.2中数值，γ_a 为0.8；

3 当验算施工中房屋的构件时，γ_a 为1.1。

3.2.4 施工阶段砂浆尚未硬化的新砌砌体的强度和稳定性，可按砂浆强度为零进行验算。对于冬期施工采用掺盐砂浆法施工的砌体，砂浆强度等级按常温施工的强度等级提高一级时，砌体强度和稳定性可不验算。配筋砌体不得用掺盐砂浆施工。

3.2.5 砌体的弹性模量、线膨胀系数和收缩系数、摩擦系数分别按下列规定采用。砌体的剪变模量按砌体弹性模量的0.4倍采用。烧结普通砖砌体的泊松比可取0.15。

1 砌体的弹性模量，按表3.2.5-1采用：

表3.2.5-1 砌体的弹性模量（MPa）

砌体种类	砂浆强度等级 ≥M10	M7.5	M5	M2.5
烧结普通砖、烧结多孔砖砌体	1600f	1600f	1600f	1390f
混凝土普通砖、混凝土多孔砖砌体	1600f	1600f	1600f	—
蒸压灰砂普通砖、蒸压粉煤灰普通砖砌体	1060f	1060f	1060f	—
非灌孔混凝土砌块砌体	1700f	1600f	1500f	—
粗料石、毛料石、毛石砌体	—	5650	4000	2250
细料石砌体	—	17000	12000	6750

注：1 轻集料混凝土砌块砌体的弹性模量，可按表中混凝土砌块砌体的弹性模量采用；

2 表中砌体抗压强度设计值不按3.2.3条进行调整；

3 表中砂浆为普通砂浆，采用专用砂浆砌筑的砌体的弹性模量也按此表取值；

4 对混凝土普通砖、混凝土多孔砖、混凝土和轻集料混凝土砌块砌体，表中的砂浆强度等级分别为：≥Mb10、Mb7.5及Mb5；

5 对蒸压灰砂普通砖和蒸压粉煤灰普通砖砌体，当采用专用砂浆砌筑时，其强度设计值按表中数值采用。

2 单排孔且对孔砌筑的混凝土砌块灌孔砌体的弹性模量，应按下列公式计算：

$$E = 2000 f_g \quad (3.2.5)$$

式中：f_g——灌孔砌体的抗压强度设计值。

3 砌体的线膨胀系数和收缩率，可按表 3.2.5-2 采用。

表 3.2.5-2 砌体的线膨胀系数和收缩率

砌体类别	线膨胀系数（10^{-6}/℃）	收缩率（mm/m）
烧结普通砖、烧结多孔砖砌体	5	−0.1
蒸压灰砂普通砖、蒸压粉煤灰普通砖砌体	8	−0.2
混凝土普通砖、混凝土多孔砖、混凝土砌块砌体	10	−0.2
轻集料混凝土砌块砌体	10	−0.3
料石和毛石砌体	8	—

注：表中的收缩率系由达到收缩允许标准的块体砌筑 28d 的砌体收缩系数。当地方有可靠的砌体收缩试验数据时，亦可采用当地的试验数据。

4 砌体的摩擦系数，可按表 3.2.5-3 采用。

表 3.2.5-3 砌体的摩擦系数

材料类别	摩擦面情况	
	干 燥	潮 湿
砌体沿砌体或混凝土滑动	0.70	0.60
砌体沿木材滑动	0.60	0.50
砌体沿钢滑动	0.45	0.35
砌体沿砂或卵石滑动	0.60	0.50
砌体沿粉土滑动	0.55	0.40
砌体沿黏性土滑动	0.50	0.30

4 基本设计规定

4.1 设计原则

4.1.1 本规范采用以概率理论为基础的极限状态设计方法，以可靠指标度量结构构件的可靠度，采用分项系数的设计表达式进行计算。

4.1.2 砌体结构应按承载能力极限状态设计，并满足正常使用极限状态的要求。

4.1.3 砌体结构和结构构件在设计使用年限内及正常维护条件下，必须保持满足使用要求，而不需大修或加固。设计使用年限可按现行国家标准《建筑结构可靠度设计统一标准》GB 50068 的有关规定确定。

4.1.4 根据建筑结构破坏可能产生的后果（危及人的生命、造成经济损失、产生社会影响等）的严重性，建筑结构应按表 4.1.4 划分为三个安全等级，设计时应根据具体情况适当选用。

表 4.1.4 建筑结构的安全等级

安全等级	破坏后果	建筑物类型
一级	很严重	重要的房屋
二级	严重	一般的房屋
三级	不严重	次要的房屋

注：1 对于特殊的建筑物，其安全等级可根据具体情况另行确定；

2 对抗震设防区的砌体结构设计，应按现行国家标准《建筑抗震设防分类标准》GB 50223 根据建筑物重要性区分建筑物类别。

4.1.5 砌体结构按承载能力极限状态设计时，应按下列公式中最不利组合进行计算：

$$\gamma_0 \left(1.2S_{Gk} + 1.4\gamma_L S_{Q1k} + \gamma_L \sum_{i=2}^{n} \gamma_{Qi}\psi_{ci}S_{Qik}\right) \leqslant R(f, a_k \cdots) \quad (4.1.5\text{-}1)$$

$$\gamma_0 \left(1.35S_{Gk} + 1.4\gamma_L \sum_{i=1}^{n} \psi_{ci}S_{Qik}\right) \leqslant R(f, a_k \cdots) \quad (4.1.5\text{-}2)$$

式中：γ_0——结构重要性系数。对安全等级为一级或设计使用年限为 50a 以上的结构构件，不应小于 1.1；对安全等级为二级或设计使用年限为 50a 的结构构件，不应小于 1.0；对安全等级为三级或设计使用年限为 1a～5a 的结构构件，不应小于 0.9；

γ_L——结构构件的抗力模型不定性系数。对静力设计，考虑结构设计使用年限的荷载调整系数，设计使用年限为 50a，取 1.0；设计使用年限为 100a，取 1.1；

S_{Gk}——永久荷载标准值的效应；

S_{Q1k}——在基本组合中起控制作用的一个可变荷载标准值的效应；

S_{Qik}——第 i 个可变荷载标准值的效应；

$R(\cdot)$——结构构件的抗力函数；

γ_{Qi}——第 i 个可变荷载的分项系数；

ψ_{ci}——第 i 个可变荷载的组合值系数。一般情况下应取 0.7；对书库、档案库、储藏室或通风机房、电梯机房应取 0.9；

f——砌体的强度设计值，$f = f_k/\gamma_f$；

f_k——砌体的强度标准值，$f_k = f_m - 1.645\sigma_f$；

γ_f——砌体结构的材料性能分项系数，一般情况下，宜按施工质量控制等级为 B 级考虑，取 $\gamma_f = 1.6$；当为 C 级时，取 $\gamma_f = 1.8$；当为 A 级时，取 $\gamma_f = 1.5$；

f_m——砌体的强度平均值，可按本规范附录 B 的方法确定；

σ_f——砌体强度的标准差；

a_k——几何参数标准值。

注：1　当工业建筑楼面活荷载标准值大于 $4kN/m^2$ 时，式中系数 1.4 应为 1.3；

2　施工质量控制等级划分要求，应符合现行国家标准《砌体结构工程施工质量验收规范》GB 50203 的有关规定。

4.1.6　当砌体结构作为一个刚体，需验算整体稳定性时，应按下列公式中最不利组合进行验算：

$$\gamma_0\ (1.2S_{G2k}+1.4\gamma_L S_{Q1k}+\gamma_L\sum_{i=2}^{n}S_{Qik})\leqslant 0.8S_{G1k} \tag{4.1.6-1}$$

$$\gamma_0\ (1.35S_{G2k}+1.4\gamma_L\sum_{i=1}^{n}\psi_{ci}S_{Qik})\leqslant 0.8S_{G1k} \tag{4.1.6-2}$$

式中：S_{G1k}——起有利作用的永久荷载标准值的效应；

S_{G2k}——起不利作用的永久荷载标准值的效应。

4.1.7　设计应明确建筑结构的用途，在设计使用年限内未经技术鉴定或设计许可，不得改变结构用途、构件布置和使用环境。

4.2　房屋的静力计算规定

4.2.1　房屋的静力计算，根据房屋的空间工作性能分为刚性方案、刚弹性方案和弹性方案。设计时，可按表 4.2.1 确定静力计算方案。

表 4.2.1　房屋的静力计算方案

	屋盖或楼盖类别	刚性方案	刚弹性方案	弹性方案
1	整体式、装配整体和装配式无檩体系钢筋混凝土屋盖或钢筋混凝土楼盖	$s<32$	$32\leqslant s\leqslant 72$	$s>72$
2	装配式有檩体系钢筋混凝土屋盖、轻钢屋盖和有密铺望板的木屋盖或木楼盖	$s<20$	$20\leqslant s\leqslant 48$	$s>48$
3	瓦材屋面的木屋盖和轻钢屋盖	$s<16$	$16\leqslant s\leqslant 36$	$s>36$

注：1　表中 s 为房屋横墙间距，其长度单位为“m”；

2　当屋盖、楼盖类别不同或横墙间距不同时，可按本规范第 4.2.7 条的规定确定房屋的静力计算方案；

3　对无山墙或伸缩缝处无横墙的房屋，应按弹性方案考虑。

4.2.2　刚性和刚弹性方案房屋的横墙，应符合下列规定：

1　横墙中开有洞口时，洞口的水平截面面积不应超过横墙截面面积的 50%；

2　横墙的厚度不宜小于 180mm；

3　单层房屋的横墙长度不宜小于其高度，多层房屋的横墙长度不宜小于 $H/2$（H 为横墙总高度）。

注：1　当横墙不能同时符合上述要求时，应对横墙的刚度进行验算。如其最大水平位移值 $u_{max}\leqslant\frac{H}{4000}$ 时，仍可视作刚性或刚弹性方案房屋的横墙；

2　凡符合注 1 刚度要求的一段横墙或其他结构构件（如框架等），也可视作刚性或刚弹性方案房屋的横墙。

4.2.3　弹性方案房屋的静力计算，可按屋架或大梁与墙（柱）为铰接的、不考虑空间工作的平面排架或框架计算。

4.2.4　刚弹性方案房屋的静力计算，可按屋架、大梁与墙（柱）铰接并考虑空间工作的平面排架或框架计算。房屋各层的空间性能影响系数，可按表 4.2.4 采用，其计算方法应按本规范附录 C 的规定采用。

表 4.2.4　房屋各层的空间性能影响系数 η_i

屋盖或楼盖类别	横墙间距 s (m)														
	16	20	24	28	32	36	40	44	48	52	56	60	64	68	72
1	—	—	—	—	0.33	0.39	0.45	0.50	0.55	0.60	0.64	0.68	0.71	0.74	0.77
2	—	0.35	0.45	0.54	0.61	0.68	0.73	0.78	0.82	—	—	—	—	—	—
3	0.37	0.49	0.60	0.68	0.75	0.81	—	—	—	—	—	—	—	—	—

注：i 取 $1\sim n$，n 为房屋的层数。

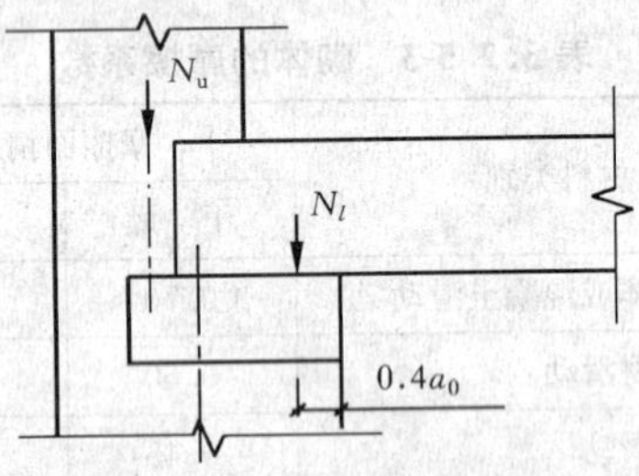

图 4.2.5　梁端支承压力位置

注：当板支撑于墙上时，板端支承压力 N_l 到墙内边的距离可取板的实际支承长度 a 的 0.4 倍。

4.2.5　刚性方案房屋的静力计算，应按下列规定进行：

1　单层房屋：在荷载作用下，墙、柱可视为上端不动铰支承于屋盖，下端嵌固于基础的竖向构件；

2　多层房屋：在竖向荷载作用下，墙、柱在每层高度范围内，可近似地视作两端铰支的竖向构件；在水平荷载作用下，墙、柱可视作竖向连续梁；

3　对本层的竖向荷载，应考虑对墙、柱的实际偏心影响，梁端支承压力 N_l 到墙内边的距离，应取梁端有效支承长度 a_0 的 0.4 倍（图 4.2.5）。由上面楼层传来的荷载 N_u，可视作作用于上一楼层的墙、柱的截面重心处；

4　对于梁跨度大于 9m 的墙承重的多层房屋，按上述方法计算时，应考虑梁端约束弯矩的影响。可按梁两端固结计算梁端弯矩，再将其乘以修正系数 γ 后，按墙体线性刚度分到上层墙底部和下层墙顶部，

修正系数 γ 可按下式计算：

$$\gamma=0.2\sqrt{\frac{a}{h}} \tag{4.2.5}$$

式中：a——梁端实际支承长度；

h——支承墙体的墙厚，当上下墙厚不同时取下部墙厚，当有壁柱时取 h_T。

4.2.6 刚性方案多层房屋的外墙，计算风荷载时应符合下列要求：

1 风荷载引起的弯矩，可按下式计算：

$$M=\frac{wH_i^2}{12} \tag{4.2.6}$$

式中：w——沿楼层高均布风荷载设计值（kN/m）；

H_i——层高（m）。

2 当外墙符合下列要求时，静力计算可不考虑风荷载的影响：

1) 洞口水平截面面积不超过全截面面积的 2/3；

2) 层高和总高不超过表 4.2.6 的规定；

3) 屋面自重不小于 0.8kN/m²。

表 4.2.6 外墙不考虑风荷载影响时的最大高度

基本风压值（kN/m²）	层高（m）	总高（m）
0.4	4.0	28
0.5	4.0	24
0.6	4.0	18
0.7	3.5	18

注：对于多层混凝土砌块房屋，当外墙厚度不小于 190mm、层高不大于 2.8m、总高不大于 19.6m、基本风压不大于 0.7kN/m² 时，可不考虑风荷载的影响。

4.2.7 计算上柔下刚多层房屋时，顶层可按单层房屋计算，其空间性能影响系数可根据屋盖类别按本规范表 4.2.4 采用。

4.2.8 带壁柱墙的计算截面翼缘宽度 b_f，可按下列规定采用：

1 多层房屋，当有门窗洞口时，可取窗间墙宽度；当无门窗洞口时，每侧翼墙宽度可取壁柱高度（层高）的 1/3，但不应大于相邻壁柱间的距离；

2 单层房屋，可取壁柱宽加 2/3 墙高，但不应大于窗间墙宽度和相邻壁柱间的距离；

3 计算带壁柱墙的条形基础时，可取相邻壁柱间的距离。

4.2.9 当转角墙段角部受竖向集中荷载时，计算截面的长度可从角点算起，每侧宜取层高的 1/3。当上述墙体范围内有门窗洞口时，则计算截面取至洞边，但不宜大于层高的 1/3。当上层的竖向集中荷载传至本层时，可按均布荷载计算，此时转角墙段可按角形截面偏心受压构件进行承载力验算。

4.3 耐久性规定

4.3.1 砌体结构的耐久性应根据表 4.3.1 的环境类别和设计使用年限进行设计。

表 4.3.1 砌体结构的环境类别

环境类别	条件
1	正常居住及办公建筑的内部干燥环境
2	潮湿的室内或室外环境，包括与无侵蚀性土和水接触的环境
3	严寒和使用化冰盐的潮湿环境（室内或室外）
4	与海水直接接触的环境，或处于滨海地区的盐饱和的气体环境
5	有化学侵蚀的气体、液体或固态形式的环境，包括有侵蚀性土壤的环境

4.3.2 当设计使用年限为 50a 时，砌体中钢筋的耐久性选择应符合表 4.3.2 的规定。

表 4.3.2 砌体中钢筋耐久性选择

环境类别	钢筋种类和最低保护要求	
	位于砂浆中的钢筋	位于灌孔混凝土中的钢筋
1	普通钢筋	普通钢筋
2	重镀锌或有等效保护的钢筋	当采用混凝土灌孔时，可为普通钢筋；当采用砂浆灌孔时应为重镀锌或有等效保护的钢筋
3	不锈钢或有等效保护的钢筋	重镀锌或有等效保护的钢筋
4 和 5	不锈钢或等效保护的钢筋	不锈钢或等效保护的钢筋

注：1 对夹心墙的外叶墙，应采用重镀锌或有等效保护的钢筋；

2 表中的钢筋即为国家现行标准《混凝土结构设计规范》GB 50010 和《冷轧带肋钢筋混凝土结构技术规程》JGJ 95 等标准规定的普通钢筋或非预应力钢筋。

4.3.3 设计使用年限为 50a 时，砌体中钢筋的保护层厚度，应符合下列规定：

1 配筋砌体中钢筋的最小混凝土保护层应符合表 4.3.3 的规定；

2　灰缝中钢筋外露砂浆保护层的厚度不应小于15mm；

3　所有钢筋端部均应有与对应钢筋的环境类别条件相同的保护层厚度；

4　对填实的夹心墙或特别的墙体构造，钢筋的最小保护层厚度，应符合下列规定：

1）用于环境类别1时，应取20mm厚砂浆或灌孔混凝土与钢筋直径较大者；

2）用于环境类别2时，应取20mm厚灌孔混凝土与钢筋直径较大者；

3）采用重镀锌钢筋时，应取20mm厚砂浆或灌孔混凝土与钢筋直径较大者；

4）采用不锈钢筋时，应取钢筋的直径。

表4.3.3　钢筋的最小保护层厚度

环境类别	混凝土强度等级			
	C20	C25	C30	C35
	最低水泥含量（kg/m^3）			
	260	280	300	320
1	20	20	20	20
2	—	25	25	25
3	—	40	40	30
4	—	—	40	40
5	—	—	—	40

注：1　材料中最大氯离子含量和最大碱含量应符合现行国家标准《混凝土结构设计规范》GB 50010的规定；

2　当采用防渗砌体块体和防渗砂浆时，可以考虑部分砌体（含抹灰层）的厚度作为保护层，但对环境类别1、2、3，其混凝土保护层的厚度相应不应小于10mm、15mm和20mm；

3　钢筋砂浆面层的组合砌体构件的钢筋保护层厚度宜比表4.3.3规定的混凝土保护层厚度数值增加5mm～10mm；

4　对安全等级为一级或设计使用年限为50a以上的砌体结构，钢筋保护层的厚度应至少增加10mm。

4.3.4　设计使用年限为50a时，夹心墙的钢筋连接件或钢筋网片、连接钢板、锚固螺栓或钢筋，应采用重镀锌或等效的防护涂层，镀锌层的厚度不应小于$290g/m^2$；当采用环氧涂层时，灰缝钢筋涂层厚度不应小于$290\mu m$，其余部件涂层厚度不应小于$450\mu m$。

4.3.5　设计使用年限为50a时，砌体材料的耐久性应符合下列规定：

1　地面以下或防潮层以下的砌体、潮湿房间的墙或环境类别2的砌体，所用材料的最低强度等级应符合表4.3.5的规定：

表4.3.5　地面以下或防潮层以下的砌体、潮湿房间的墙所用材料的最低强度等级

潮湿程度	烧结普通砖	混凝土普通砖、蒸压普通砖	混凝土砌块	石材	水泥砂浆
稍潮湿的	MU15	MU20	MU7.5	MU30	M5
很潮湿的	MU20	MU20	MU10	MU30	M7.5
含水饱和的	MU20	MU25	MU15	MU40	M10

注：1　在冻胀地区，地面以下或防潮层以下的砌体，不宜采用多孔砖，如采用时，其孔洞应用不低于M10的水泥砂浆预先灌实。当采用混凝土空心砌块时，其孔洞应采用强度等级不低于Cb20的混凝土预先灌实；

2　对安全等级为一级或设计使用年限大于50a的房屋，表中材料强度等级应至少提高一级。

2　处于环境类别3～5等有侵蚀性介质的砌体材料应符合下列规定：

1）不应采用蒸压灰砂普通砖、蒸压粉煤灰普通砖；

2）应采用实心砖，砖的强度等级不应低于MU20，水泥砂浆的强度等级不应低于M10；

3）混凝土砌块的强度等级不应低于MU15，灌孔混凝土的强度等级不应低于Cb30，砂浆的强度等级不应低于Mb10；

4）应根据环境条件对砌体材料的抗冻指标、耐酸、碱性能提出要求，或符合有关规范的规定。

5　无筋砌体构件

5.1　受压构件

5.1.1　受压构件的承载力，应符合下式的要求：

$$N \leqslant \varphi f A \quad (5.1.1)$$

式中：N——轴向力设计值；

φ——高厚比β和轴向力的偏心距e对受压构件承载力的影响系数；

f——砌体的抗压强度设计值；

A——截面面积。

注：1　对矩形截面构件，当轴向力偏心方向的截面边长大于另一方向的边长时，除按偏心受压计算外，还应对较小边长方向，按轴心受压进行验算；

2　受压构件承载力的影响系数φ，可按本规范附录D的规定采用；

3　对带壁柱墙，当考虑翼缘宽度时，可按本规范第4.2.8条采用。

5.1.2　确定影响系数φ时，构件高厚比β应按下列公式计算：

对矩形截面　$$\beta = \gamma_\beta \frac{H_0}{h} \quad (5.1.2\text{-}1)$$

对T形截面　　$\beta=\gamma_\beta\dfrac{H_0}{h_T}$　　(5.1.2-2)

式中：γ_β——不同材料砌体构件的高厚比修正系数，按表5.1.2采用；

H_0——受压构件的计算高度，按本规范表5.1.3确定；

h——矩形截面轴向力偏心方向的边长，当轴心受压时为截面较小边长；

h_T——T形截面的折算厚度，可近似按$3.5i$计算，i为截面回转半径。

表5.1.2　高厚比修正系数 γ_β

砌体材料类别	γ_β
烧结普通砖、烧结多孔砖	1.0
混凝土普通砖、混凝土多孔砖、混凝土及轻集料混凝土砌块	1.1
蒸压灰砂普通砖、蒸压粉煤灰普通砖、细料石	1.2
粗料石、毛石	1.5

注：对灌孔混凝土砌块砌体，γ_β取1.0。

5.1.3　受压构件的计算高度H_0，应根据房屋类别和构件支承条件等按表5.1.3采用。表中的构件高度H，应按下列规定采用：

1　在房屋底层，为楼板顶面到构件下端支点的距离。下端支点的位置，可取在基础顶面。当埋置较深且有刚性地坪时，可取室外地面下500mm处；

2　在房屋其他层，为楼板或其他水平支点间的距离；

3　对于无壁柱的山墙，可取层高加山墙尖高度的1/2；对于带壁柱的山墙可取壁柱处的山墙高度。

表5.1.3　受压构件的计算高度 H_0

房屋类别			柱		带壁柱墙或周边拉接的墙		
			排架方向	垂直排架方向	$s>2H$	$2H\geqslant s>H$	$s\leqslant H$
有吊车的单层房屋	变截面柱上段	弹性方案	$2.5H_u$	$1.25H_u$	$2.5H_u$		
		刚性、刚弹性方案	$2.0H_u$	$1.25H_u$	$2.0H_u$		
	变截面柱下段		$1.0H_l$	$0.8H_l$	$1.0H_l$		
无吊车的单层和多层房屋	单跨	弹性方案	$1.5H$	$1.0H$	$1.5H$		
		刚弹性方案	$1.2H$	$1.0H$	$1.2H$		
	多跨	弹性方案	$1.25H$	$1.0H$	$1.25H$		
		刚弹性方案	$1.10H$	$1.0H$	$1.1H$		
	刚性方案		$1.0H$	$1.0H$	$1.0H$	$0.4s+0.2H$	$0.6s$

注：1　表中H_u为变截面柱的上段高度；H_l为变截面柱的下段高度；

2　对于上端为自由端的构件，$H_0=2H$；

3　独立砖柱，当无柱间支撑时，柱在垂直排架方向的H_0应按表中数值乘以1.25后采用；

4　s为房屋横墙间距；

5　自承重墙的计算高度应根据周边支承或拉接条件确定。

5.1.4　对有吊车的房屋，当荷载组合不考虑吊车作用时，变截面柱上段的计算高度可按本规范表5.1.3规定采用；变截面柱下段的计算高度，可按下列规定采用：

1　当$H_u/H\leqslant1/3$时，取无吊车房屋的H_0；

2　当$1/3<H_u/H<1/2$时，取无吊车房屋的H_0乘以修正系数，修正系数μ可按下式计算：

$$\mu=1.3-0.3I_u/I_l \qquad (5.1.4)$$

式中：I_u——变截面柱上段的惯性矩；

I_l——变截面柱下段的惯性矩。

3　当$H_u/H\geqslant1/2$时，取无吊车房屋的H_0。但在确定β值时，应采用上柱截面。

注：本条规定也适用于无吊车房屋的变截面柱。

5.1.5　按内力设计值计算的轴向力的偏心距e不应超过$0.6y$。y为截面重心到轴向力所在偏心方向截面边缘的距离。

5.2　局部受压

5.2.1　砌体截面中受局部均匀压力时的承载力，应满足下式的要求：

$$N_l\leqslant\gamma fA_l \qquad (5.2.1)$$

式中：N_l——局部受压面积上的轴向力设计值；

γ——砌体局部抗压强度提高系数；

f——砌体的抗压强度设计值，局部受压面积小于$0.3m^2$，可不考虑强度调整系数γ_a的影响；

A_l——局部受压面积。

5.2.2　砌体局部抗压强度提高系数γ，应符合下列规定：

1　γ可按下式计算：

$$\gamma=1+0.35\sqrt{\frac{A_0}{A_l}-1} \qquad (5.2.2)$$

式中：A_0——影响砌体局部抗压强度的计算面积。

2　计算所得γ值，尚应符合下列规定：

1）在图5.2.2（a）的情况下，$\gamma\leqslant2.5$；

2）在图5.2.2（b）的情况下，$\gamma\leqslant2.0$；

3）在图5.2.2（c）的情况下，$\gamma\leqslant1.5$；

4）在图5.2.2（d）的情况下，$\gamma\leqslant1.25$；

5）按本规范第6.2.13条的要求灌孔的混凝土砌块砌体，在1）、2）款的情况下，尚应符合$\gamma\leqslant1.5$。未灌孔混凝土砌块砌体，$\gamma=1.0$；

6）对多孔砖砌体孔洞难以灌实时，应按$\gamma=1.0$取用；当设置混凝土垫块时，按垫块下的砌体局部受压计算。

5.2.3　影响砌体局部抗压强度的计算面积，可按下列规定采用：

1　在图5.2.2（a）的情况下，$A_0=(a+c+h)h$；

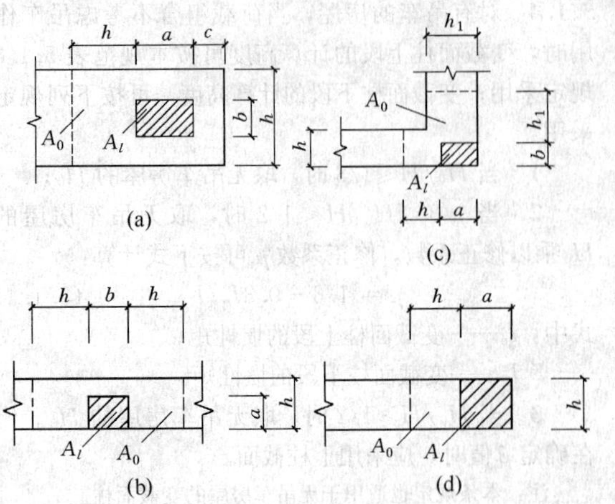

图 5.2.2 影响局部抗压强度的面积 A_0

2 在图 5.2.2 (b) 的情况下，$A_0=(b+2h)h$；

3 在图 5.2.2 (c) 的情况下，

$A_0=(a+h)h+(b+h_1-h)h_1$；

4 在图 5.2.2 (d) 的情况下，$A_0=(a+h)h$；

式中：a、b——矩形局部受压面积 A_l 的边长；

h、h_1——墙厚或柱的较小边长，墙厚；

c——矩形局部受压面积的外边缘至构件边缘的较小距离，当大于 h 时，应取为 h。

5.2.4 梁端支承处砌体的局部受压承载力，应按下列公式计算：

$$\psi N_0+N_l\leqslant \eta\gamma f A_l \tag{5.2.4-1}$$

$$\psi=1.5-0.5\frac{A_0}{A_l} \tag{5.2.4-2}$$

$$N_0=\sigma_0 A_l \tag{5.2.4-3}$$

$$A_l=a_0 b \tag{5.2.4-4}$$

$$a_0=10\sqrt{\frac{h_c}{f}} \tag{5.2.4-5}$$

式中：ψ——上部荷载的折减系数，当 A_0/A_l 大于或等于 3 时，应取 ψ 等于 0；

N_0——局部受压面积内上部轴向力设计值(N)；

N_l——梁端支承压力设计值 (N)；

σ_0——上部平均压应力设计值 (N/mm^2)；

η——梁端底面压应力图形的完整系数，应取 0.7，对于过梁和墙梁应取 1.0；

a_0——梁端有效支承长度 (mm)；当 a_0 大于 a 时，应取 a_0 等于 a，a 为梁端实际支承长度 (mm)；

b——梁的截面宽度 (mm)；

h_c——梁的截面高度 (mm)；

f——砌体的抗压强度设计值 (MPa)。

5.2.5 在梁端设有刚性垫块时的砌体局部受压，应符合下列规定：

1 刚性垫块下的砌体局部受压承载力，应按下列公式计算：

$$N_0+N_l\leqslant \varphi\gamma_1 f A_b \tag{5.2.5-1}$$

$$N_0=\sigma_0 A_b \tag{5.2.5-2}$$

$$A_b=a_b b_b \tag{5.2.5-3}$$

式中：N_0——垫块面积 A_b 内上部轴向力设计值(N)；

φ——垫块上 N_0 与 N_l 合力的影响系数，应取 β 小于或等于 3，按第 5.1.1 条规定取值；

γ_1——垫块外砌体面积的有利影响系数，γ_1 应为 0.8γ，但不小于 1.0。γ 为砌体局部抗压强度提高系数，按公式 (5.2.2) 以 A_b 代替 A_l 计算得出；

A_b——垫块面积 (mm^2)；

a_b——垫块伸入墙内的长度 (mm)；

b_b——垫块的宽度 (mm)。

2 刚性垫块的构造，应符合下列规定：

1) 刚性垫块的高度不应小于 180mm，自梁边算起的垫块挑出长度不应大于垫块高度 t_b；

2) 在带壁柱墙的壁柱内设刚性垫块时（图 5.2.5），其计算面积应取壁柱范围内的面积，而不应计算翼缘部分，同时壁柱上垫块伸入翼墙内的长度不应小于 120mm；

3) 当现浇垫块与梁端整体浇筑时，垫块可在梁高范围内设置。

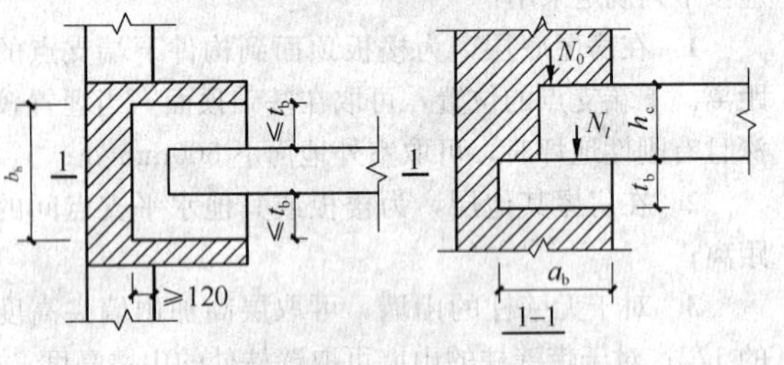

图 5.2.5 壁柱上设有垫块时梁端局部受压

3 梁端设有刚性垫块时，垫块上 N_l 作用点的位置可取梁端有效支承长度 a_0 的 0.4 倍。a_0 应按下式确定：

$$a_0=\delta_1\sqrt{\frac{h_c}{f}} \tag{5.2.5-4}$$

式中：δ_1——刚性垫块的影响系数，可按表 5.2.5 采用。

表 5.2.5 系数 δ_1 值表

σ_0/f	0	0.2	0.4	0.6	0.8
δ_1	5.4	5.7	6.0	6.9	7.8

注：表中其间的数值可采用插入法求得。

5.2.6 梁下设有长度大于 πh_0 的垫梁时，垫梁上梁端有效支承长度 a_0 可按公式 (5.2.5-4) 计算。垫梁下的砌体局部受压承载力，应按下列公式计算：

$$N_0+N_l\leqslant 2.4\delta_2 f b_b h_0 \tag{5.2.6-1}$$

$$N_0=\pi b_b h_0\sigma_0/2 \tag{5.2.6-2}$$

$$h_0=2\sqrt[3]{\frac{E_c I_c}{Eh}} \tag{5.2.6-3}$$

式中：N_0——垫梁上部轴向力设计值 (N)；

b_b——垫梁在墙厚方向的宽度（mm）；

δ_2——垫梁底面压应力分布系数，当荷载沿墙厚方向均匀分布时可取1.0，不均匀分布时可取0.8；

h_0——垫梁折算高度（mm）；

E_c、I_c——分别为垫梁的混凝土弹性模量和截面惯性矩；

E——砌体的弹性模量；

h——墙厚（mm）。

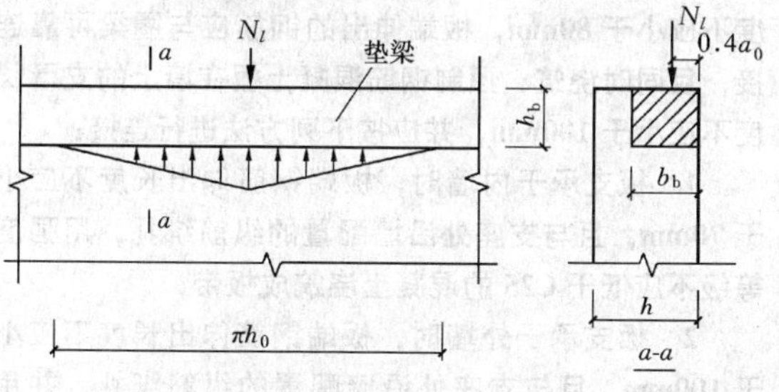

图5.2.6 垫梁局部受压

5.3 轴心受拉构件

5.3.1 轴心受拉构件的承载力，应满足下式的要求：

$$N_t \leqslant f_t A \quad (5.3.1)$$

式中：N_t——轴心拉力设计值；

f_t——砌体的轴心抗拉强度设计值，应按表3.2.2采用。

5.4 受弯构件

5.4.1 受弯构件的承载力，应满足下式的要求：

$$M \leqslant f_{tm} W \quad (5.4.1)$$

式中：M——弯矩设计值；

f_{tm}——砌体弯曲抗拉强度设计值，应按表3.2.2采用；

W——截面抵抗矩。

5.4.2 受弯构件的受剪承载力，应按下列公式计算：

$$V \leqslant f_v b z \quad (5.4.2\text{-}1)$$

$$z = I/S \quad (5.4.2\text{-}2)$$

式中：V——剪力设计值；

f_v——砌体的抗剪强度设计值，应按表3.2.2采用；

b——截面宽度；

z——内力臂，当截面为矩形时取z等于$2h/3$（h为截面高度）；

I——截面惯性矩；

S——截面面积矩。

5.5 受剪构件

5.5.1 沿通缝或沿阶梯形截面破坏时受剪构件的承载力，应按下列公式计算：

$$V \leqslant (f_v + \alpha\mu\sigma_0)A \quad (5.5.1\text{-}1)$$

当$\gamma_G = 1.2$时，$\mu = 0.26 - 0.082\dfrac{\sigma_0}{f}$ (5.5.1-2)

当$\gamma_G = 1.35$时，$\mu = 0.23 - 0.065\dfrac{\sigma_0}{f}$ (5.5.1-3)

式中：V——剪力设计值；

A——水平截面面积；

f_v——砌体抗剪强度设计值，对灌孔的混凝土砌块砌体取f_{vg}；

α——修正系数；当$\gamma_G = 1.2$时，砖（含多孔砖）砌体取0.60，混凝土砌块砌体取0.64；当$\gamma_G = 1.35$时，砖（含多孔砖）砌体取0.64，混凝土砌块砌体取0.66；

μ——剪压复合受力影响系数；

f——砌体的抗压强度设计值；

σ_0——永久荷载设计值产生的水平截面平均压应力，其值不应大于$0.8f$。

6 构造要求

6.1 墙、柱的高厚比验算

6.1.1 墙、柱的高厚比应按下式验算：

$$\beta = \frac{H_0}{h} \leqslant \mu_1 \mu_2 [\beta] \quad (6.1.1)$$

式中：H_0——墙、柱的计算高度；

h——墙厚或矩形柱与H_0相对应的边长；

μ_1——自承重墙允许高厚比的修正系数；

μ_2——有门窗洞口墙允许高厚比的修正系数；

$[\beta]$——墙、柱的允许高厚比，应按表6.1.1采用。

注：1 墙、柱的计算高度应按本规范第5.1.3条采用；

2 当与墙连接的相邻两墙间的距离$s \leqslant \mu_1 \mu_2 [\beta] h$时，墙的高度可不受本条限制；

3 变截面柱的高厚比可按上、下截面分别验算，其计算高度可按第5.1.4条的规定采用。验算上柱的高厚比时，墙、柱的允许高厚比可按表6.1.1的数值乘以1.3后采用。

表6.1.1 墙、柱的允许高厚比$[\beta]$值

砌体类型	砂浆强度等级	墙	柱
无筋砌体	M2.5	22	15
	M5.0或Mb5.0、Ms5.0	24	16
	≥M7.5或Mb7.5、Ms7.5	26	17
配筋砌块砌体	—	30	21

注：1 毛石墙、柱的允许高厚比应按表中数值降低20%；

2 带有混凝土或砂浆面层的组合砖砌体构件的允许高厚比，可按表中数值提高20%，但不得大于28；

3 验算施工阶段砂浆尚未硬化的新砌砌体构件高厚比时，允许高厚比对墙取14，对柱取11。

6.1.2 带壁柱墙和带构造柱墙的高厚比验算，应按下列规定进行：

1 按公式（6.1.1）验算带壁柱墙的高厚比，此时公式中 h 应改用带壁柱墙截面的折算厚度 h_T，在确定截面回转半径时，墙截面的翼缘宽度，可按本规范第 4.2.8 条的规定采用；当确定带壁柱墙的计算高度 H_0 时，s 应取与之相交相邻墙之间的距离。

2 当构造柱截面宽度不小于墙厚时，可按公式（6.1.1）验算带构造柱墙的高厚比，此时公式中 h 取墙厚；当确定带构造柱墙的计算高度 H_0 时，s 应取相邻横墙间的距离；墙的允许高厚比［β］可乘以修正系数 μ_c，μ_c 可按下式计算：

$$\mu_c = 1 + \gamma \frac{b_c}{l} \quad (6.1.2)$$

式中：γ——系数。对细料石砌体，$\gamma=0$；对混凝土砌块、混凝土多孔砖、粗料石、毛料石及毛石砌体，$\gamma=1.0$；其他砌体，$\gamma=1.5$；

b_c——构造柱沿墙长方向的宽度；

l——构造柱的间距。

当 $b_c/l > 0.25$ 时取 $b_c/l = 0.25$，当 $b_c/l < 0.05$ 时取 $b_c/l = 0$。

注：考虑构造柱有利作用的高厚比验算不适用于施工阶段。

3 按公式（6.1.1）验算壁柱间墙或构造柱间墙的高厚比时，s 应取相邻壁柱间或相邻构造柱间的距离。设有钢筋混凝土圈梁的带壁柱墙或带构造柱墙，当 $b/s \geqslant 1/30$ 时，圈梁可视作壁柱间墙或构造柱间墙的不动铰支点（b 为圈梁宽度）。当不满足上述条件且不允许增加圈梁宽度时，可按墙体平面外等刚度原则增加圈梁高度，此时，圈梁仍可视为壁柱间墙或构造柱间墙的不动铰支点。

6.1.3 厚度不大于 240mm 的自承重墙，允许高厚比修正系数 μ_1，应按下列规定采用：

1 墙厚为 240mm 时，μ_1 取 1.2；墙厚为 90mm 时，μ_1 取 1.5；当墙厚小于 240mm 且大于 90mm 时，μ_1 按插入法取值。

2 上端为自由端墙的允许高厚比，除按上述规定提高外，尚可提高 30%。

3 对厚度小于 90mm 的墙，当双面采用不低于 M10 的水泥砂浆抹面，包括抹面层的墙厚不小于 90mm 时，可按墙厚等于 90mm 验算高厚比。

6.1.4 对有门窗洞口的墙，允许高厚比修正系数，应符合下列要求：

1 允许高厚比修正系数，应按下式计算：

$$\mu_2 = 1 - 0.4 \frac{b_s}{s} \quad (6.1.4)$$

式中：b_s——在宽度 s 范围内的门窗洞口总宽度；

s——相邻横墙或壁柱之间的距离。

2 当按公式（6.1.4）计算的 μ_2 的值小于 0.7 时，μ_2 取 0.7；当洞口高度等于或小于墙高的 1/5 时，μ_2 取 1.0。

3 当洞口高度大于或等于墙高的 4/5 时，可按独立墙段验算高厚比。

6.2 一般构造要求

6.2.1 预制钢筋混凝土板在混凝土圈梁上的支承长度不应小于 80mm，板端伸出的钢筋应与圈梁可靠连接，且同时浇筑；预制钢筋混凝土板在墙上的支承长度不应小于 100mm，并应按下列方法进行连接：

1 板支承于内墙时，板端钢筋伸出长度不应小于 70mm，且与支座处沿墙配置的纵筋绑扎，用强度等级不应低于 C25 的混凝土浇筑成板带；

2 板支承于外墙时，板端钢筋伸出长度不应小于 100mm，且与支座处沿墙配置的纵筋绑扎，并用强度等级不应低于 C25 的混凝土浇筑成板带；

3 预制钢筋混凝土板与现浇板对接时，预制板端钢筋应伸入现浇板中进行连接后，再浇筑现浇板。

6.2.2 墙体转角处和纵横墙交接处应沿竖向每隔 400mm～500mm 设拉结钢筋，其数量为每 120mm 墙厚不少于 1 根直径 6mm 的钢筋；或采用焊接钢筋网片，埋入长度从墙的转角或交接处算起，对实心砖墙每边不小于 500mm，对多孔砖墙和砌块墙不小于 700mm。

6.2.3 填充墙、隔墙应分别采取措施与周边主体结构构件可靠连接，连接构造和嵌缝材料应能满足传力、变形、耐久和防护要求。

6.2.4 在砌体中留槽洞及埋设管道时，应遵守下列规定：

1 不应在截面长边小于 500mm 的承重墙体、独立柱内埋设管线；

2 不宜在墙体中穿行暗线或预留、开凿沟槽，当无法避免时应采取必要的措施或按削弱后的截面验算墙体的承载力。

注：对受力较小或未灌孔的砌块砌体，允许在墙体的竖向孔洞中设置管线。

6.2.5 承重的独立砖柱截面尺寸不应小于 240mm×370mm。毛石墙的厚度不宜小于 350mm，毛料石柱较小边长不宜小于 400mm。

注：当有振动荷载时，墙、柱不宜采用毛石砌体。

6.2.6 支承在墙、柱上的吊车梁、屋架及跨度大于或等于下列数值的预制梁的端部，应采用锚固件与墙、柱上的垫块锚固：

1 对砖砌体为 9m；

2 对砌块和料石砌体为 7.2m。

6.2.7 跨度大于 6m 的屋架和跨度大于下列数值的梁，应在支承处砌体上设置混凝土或钢筋混凝土垫块；当墙中设有圈梁时，垫块与圈梁宜浇成整体。

1 对砖砌体为 4.8m；

2 对砌块和料石砌体为 4.2m；

3 对毛石砌体为 3.9m。

6.2.8 当梁跨度大于或等于下列数值时，其支承处宜加设壁柱，或采取其他加强措施：

1 对 240mm 厚的砖墙为 6m；对 180 mm 厚的砖墙为 4.8m；

2 对砌块、料石墙为 4.8m。

6.2.9 山墙处的壁柱或构造柱宜砌至山墙顶部，且屋面构件应与山墙可靠拉结。

6.2.10 砌块砌体应分皮错缝搭砌，上下皮搭砌长度不应小于 90mm。当搭砌长度不满足上述要求时，应在水平灰缝内设置不小于 2 根直径不小于 4mm 的焊接钢筋网片（横向钢筋的间距不应大于 200mm，网片每端应伸出该垂直缝不小于 300mm）。

6.2.11 砌块墙与后砌隔墙交接处，应沿墙高每 400mm 在水平灰缝内设置不少于 2 根直径不小于 4mm、横筋间距不应大于 200mm 的焊接钢筋网片（图 6.2.11）。

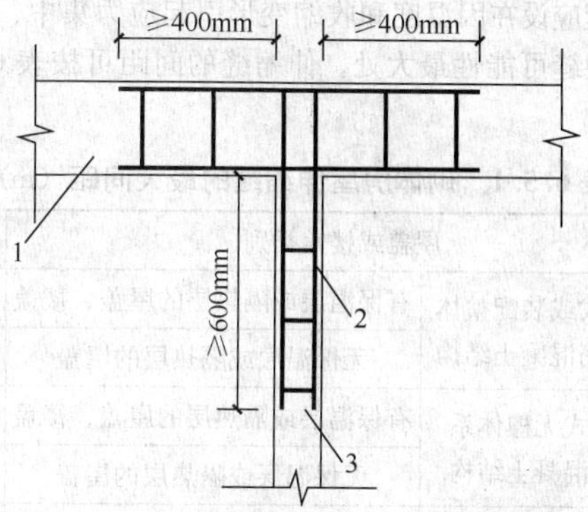

图 6.2.11 砌块墙与后砌隔墙交接处钢筋网片
1—砌块墙；2—焊接钢筋网片；3—后砌隔墙

6.2.12 混凝土砌块房屋，宜将纵横墙交接处，距墙中心线每边不小于 300mm 范围内的孔洞，采用不低于 Cb20 混凝土沿全墙高灌实。

6.2.13 混凝土砌块墙体的下列部位，如未设圈梁或混凝土垫块，应采用不低于 Cb20 混凝土将孔洞灌实：

1 搁栅、檩条和钢筋混凝土楼板的支承面下，高度不应小于 200mm 的砌体；

2 屋架、梁等构件的支承面下，长度不应小于 600mm，高度不应小于 600mm 的砌体；

3 挑梁支承面下，距墙中心线每边不应小于 300mm，高度不应小于 600mm 的砌体。

6.3 框架填充墙

6.3.1 框架填充墙墙体除应满足稳定要求外，尚应考虑水平风荷载及地震作用的影响。地震作用可按现行国家标准《建筑抗震设计规范》GB 50011 中非结构构件的规定计算。

6.3.2 在正常使用和正常维护条件下，填充墙的使用年限宜与主体结构相同，结构的安全等级可按二级考虑。

6.3.3 填充墙的构造设计，应符合下列规定：

1 填充墙宜选用轻质块体材料，其强度等级应符合本规范第 3.1.2 条的规定；

2 填充墙砌筑砂浆的强度等级不宜低于 M5（Mb5、Ms5）；

3 填充墙墙体墙厚不应小于 90mm；

4 用于填充墙的夹心复合砌块，其两肢块体之间应有拉结。

6.3.4 填充墙与框架的连接，可根据设计要求采用脱开或不脱开方法。有抗震设防要求时宜采用填充墙与框架脱开的方法。

1 当填充墙与框架采用脱开的方法时，宜符合下列规定：

1）填充墙两端与框架柱，填充墙顶面与框架梁之间留出不小于 20mm 的间隙；

2）填充墙端部应设置构造柱，柱间距宜不大于 20 倍墙厚且不大于 4000mm，柱宽度不小于 100mm。柱竖向钢筋不宜小于 $\phi10$，箍筋宜为 $\phi^{R}5$，竖向间距不宜大于 400mm。竖向钢筋与框架梁或其挑出部分的预埋件或预留钢筋连接，绑扎接头时不小于 $30d$，焊接时（单面焊）不小于 $10d$（d 为钢筋直径）。柱顶与框架梁（板）应预留不小于 15mm 的缝隙，用硅酮胶或其他弹性密封材料封缝。当填充墙有宽度大于 2100mm 的洞口时，洞口两侧应加设宽度不小于 50mm 的单筋混凝土柱；

3）填充墙两端宜卡入设在梁、板底及柱侧的卡口铁件内，墙侧卡口板的竖向间距不宜大于 500mm，墙顶卡口板的水平间距不宜大于 1500mm；

4）墙体高度超过 4m 时宜在墙高中部设置与柱连通的水平系梁。水平系梁的截面高度不小于 60mm。填充墙高不宜大于 6m；

5）填充墙与框架柱、梁的缝隙可采用聚苯乙烯泡沫塑料板条或聚氨酯发泡材料充填，并用硅酮胶或其他弹性密封材料封缝；

6）所有连接用钢筋、金属配件、铁件、预埋件等均应作防腐防锈处理，并应符合本规范第 4.3 节的规定。嵌缝材料应能满足变形和防护要求。

2 当填充墙与框架采用不脱开的方法时，宜符合下列规定：

1）沿柱高每隔 500mm 配置 2 根直径 6mm 的拉结钢筋（墙厚大于 240mm 时配置 3 根直

径 6mm)，钢筋伸入填充墙长度不宜小于 700mm，且拉结钢筋应错开截断，相距不宜小于 200mm。填充墙墙顶应与框架梁紧密结合。顶面与上部结构接触处宜用一皮砖或配砖斜砌楔紧；

2) 当填充墙有洞口时，宜在窗洞口的上端或下端、门洞口的上端设置钢筋混凝土带，钢筋混凝土带应与过梁的混凝土同时浇筑，其过梁的断面及配筋由设计确定。钢筋混凝土带的混凝土强度等级不小于 C20。当有洞口的填充墙尽端至门窗洞口边距离小于 240mm 时，宜采用钢筋混凝土门窗框；

3) 填充墙长度超过 5m 或墙长大于 2 倍层高时，墙顶与梁宜有拉接措施，墙体中部应加设构造柱；墙高度超过 4m 时宜在墙高中部设置与柱连接的水平系梁，墙高超过 6m 时，宜沿墙高每 2m 设置与柱连接的水平系梁，梁的截面高度不小于 60mm。

6.4 夹 心 墙

6.4.1 夹心墙的夹层厚度，不宜大于 120mm。

6.4.2 外叶墙的砖及混凝土砌块的强度等级，不应低于 MU10。

6.4.3 夹心墙的有效面积，应取承重或主叶墙的面积。高厚比验算时，夹心墙的有效厚度，按下式计算：

$$h_l = \sqrt{h_1^2 + h_2^2} \qquad (6.4.3)$$

式中：h_l——夹心复合墙的有效厚度；

h_1、h_2——分别为内、外叶墙的厚度。

6.4.4 夹心墙外叶墙的最大横向支承间距，宜按下列规定采用：设防烈度为 6 度时不宜大于 9m，7 度时不宜大于 6m，8、9 度时不宜大于 3m。

6.4.5 夹心墙的内、外叶墙，应由拉结件可靠拉结，拉结件宜符合下列规定：

1 当采用环形拉结件时，钢筋直径不应小于 4mm，当为 Z 形拉结件时，钢筋直径不应小于 6mm；拉结件应沿竖向梅花形布置，拉结件的水平和竖向最大间距分别不宜大于 800mm 和 600mm；对有振动或有抗震设防要求时，其水平和竖向最大间距分别不宜大于 800mm 和 400mm；

2 当采用可调拉结件时，钢筋直径不应小于 4mm，拉结件的水平和竖向最大间距均不宜大于 400mm。叶墙间灰缝的高差不大于 3mm，可调拉结件中孔眼和扣钉间的公差不大于 1.5mm；

3 当采用钢筋网片作拉结件时，网片横向钢筋的直径不应小于 4mm；其间距不应大于 400mm；网片的竖向间距不宜大于 600mm；对有振动或有抗震设防要求时，不宜大于 400mm；

4 拉结件在叶墙上的搁置长度，不应小于叶墙厚度的 2/3，并不应小于 60mm；

5 门窗洞口周边 300mm 范围内应附加间距不大于 600mm 的拉结件。

6.4.6 夹心墙拉结件或网片的选择与设置，应符合下列规定：

1 夹心墙宜用不锈钢拉结件。拉结件用钢筋制作或采用钢筋网片时，应先进行防腐处理，并应符合本规范 4.3 的有关规定；

2 非抗震设防地区的多层房屋，或风荷载较小地区的高层的夹芯墙可采用环形或 Z 形拉结件；风荷载较大地区的高层建筑房屋宜采用焊接钢筋网片；

3 抗震设防地区的砌体房屋（含高层建筑房屋）夹心墙应采用焊接钢筋网作为拉结件。焊接网应沿夹心墙连续通长设置，外叶墙至少有一根纵向钢筋。钢筋网片可计入内叶墙的配筋率，其搭接与锚固长度应符合有关规范的规定；

4 可调节拉结件宜用于多层房屋的夹心墙，其竖向和水平间距均不应大于 400mm。

6.5 防止或减轻墙体开裂的主要措施

6.5.1 在正常使用条件下，应在墙体中设置伸缩缝。伸缩缝应设在因温度和收缩变形引起应力集中、砌体产生裂缝可能性最大处。伸缩缝的间距可按表 6.5.1 采用。

表 6.5.1 砌体房屋伸缩缝的最大间距（m）

屋盖或楼盖类别		间距
整体式或装配整体式钢筋混凝土结构	有保温层或隔热层的屋盖、楼盖	50
	无保温层或隔热层的屋盖	40
装配式无檩体系钢筋混凝土结构	有保温层或隔热层的屋盖、楼盖	60
	无保温层或隔热层的屋盖	50
装配式有檩体系钢筋混凝土结构	有保温层或隔热层的屋盖	75
	无保温层或隔热层的屋盖	60
瓦材屋盖、木屋盖或楼盖、轻钢屋盖		100

注：1 对烧结普通砖、烧结多孔砖、配筋砌块砌体房屋，取表中数值；对石砌体、蒸压灰砂普通砖、蒸压粉煤灰普通砖、混凝土砌块、混凝土普通砖和混凝土多孔砖房屋，取表中数值乘以 0.8 的系数，当墙体有可靠外保温措施时，其间距可取表中数值；

2 在钢筋混凝土屋面上挂瓦的屋盖应按钢筋混凝土屋盖采用；

3 层高大于 5m 的烧结普通砖、烧结多孔砖、配筋砌块砌体结构单层房屋，其伸缩缝间距可按表中数值乘以 1.3；

4 温差较大且变化频繁地区和严寒地区不采暖的房屋及构筑物墙体的伸缩缝的最大间距，应按表中数值予以适当减小；

5 墙体的伸缩缝应与结构的其他变形缝相重合，缝宽度应满足各种变形缝的变形要求；在进行立面处理时，必须保证缝隙的变形作用。

6.5.2 房屋顶层墙体，宜根据情况采取下列措施：

1 屋面应设置保温、隔热层；

2 屋面保温（隔热）层或屋面刚性面层及砂浆找平层应设置分隔缝，分隔缝间距不宜大于6m，其缝宽不小于30mm，并与女儿墙隔开；

3 采用装配式有檩体系钢筋混凝土屋盖和瓦材屋盖；

4 顶层屋面板下设置现浇钢筋混凝土圈梁，并沿内外墙拉通，房屋两端圈梁下的墙体内宜设置水平钢筋；

5 顶层墙体有门窗等洞口时，在过梁上的水平灰缝内设置2～3道焊接钢筋网片或2根直径6mm钢筋，焊接钢筋网片或钢筋应伸入洞口两端墙内不小于600mm；

6 顶层及女儿墙砂浆强度等级不低于M7.5（Mb7.5、Ms7.5）；

7 女儿墙应设置构造柱，构造柱间距不宜大于4m，构造柱应伸至女儿墙顶并与现浇钢筋混凝土压顶整浇在一起；

8 对顶层墙体施加竖向预应力。

6.5.3 房屋底层墙体，宜根据情况采取下列措施：

1 增大基础圈梁的刚度；

2 在底层的窗台下墙体灰缝内设置3道焊接钢筋网片或2根直径6mm钢筋，并应伸入两边窗间墙内不小于600mm。

6.5.4 在每层门、窗过梁上方的水平灰缝内及窗台下第一和第二道水平灰缝内，宜设置焊接钢筋网片或2根直径6mm钢筋，焊接钢筋网片或钢筋应伸入两边窗间墙内不小于600mm。当墙长大于5m时，宜在每层墙高度中部设置2～3道焊接钢筋网片或3根直径6mm的通长水平钢筋，竖向间距为500mm。

6.5.5 房屋两端和底层第一、第二开间门窗洞处，可采取下列措施：

1 在门窗洞口两边墙体的水平灰缝中，设置长度不小于900mm、竖向间距为400mm的2根直径4mm的焊接钢筋网片。

2 在顶层和底层设置通长钢筋混凝土窗台梁，窗台梁高宜为块材高度的模数，梁内纵筋不少于4根，直径不小于10mm，箍筋直径不小于6mm，间距不大于200mm，混凝土强度等级不低于C20。

3 在混凝土砌块房屋门窗洞口两侧不少于一个孔洞中设置直径不小于12mm的竖向钢筋，竖向钢筋应在楼层圈梁或基础内锚固，孔洞用不低于Cb20混凝土灌实。

6.5.6 填充墙砌体与梁、柱或混凝土墙体结合的界面处（包括内、外墙），宜在粉刷前设置钢丝网片，网片宽度可取400mm，并沿界面缝两侧各延伸200mm，或采取其他有效的防裂、盖缝措施。

6.5.7 当房屋刚度较大时，可在窗台下或窗台角处墙体内、在墙体高度或厚度突然变化处设置竖向控制缝。竖向控制缝宽度不宜小于25mm，缝内填以压缩性能好的填充材料，且外部用密封材料密封，并采用不吸水的、闭孔发泡聚乙烯实心圆棒（背衬）作为密封膏的隔离物（图6.5.7）。

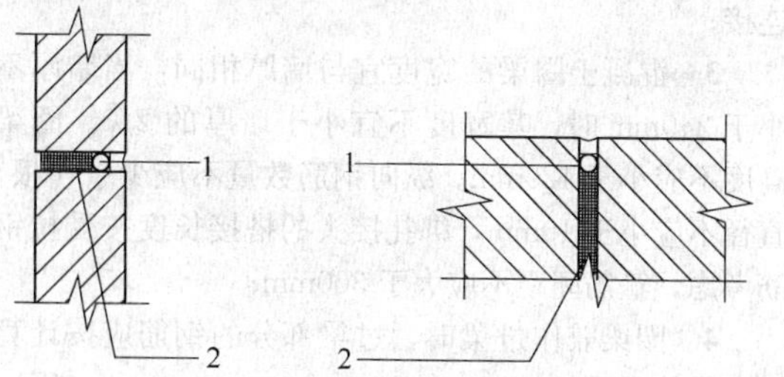

图6.5.7 控制缝构造

1—不吸水的、闭孔发泡聚乙烯实心圆棒；
2—柔软、可压缩的填充物

6.5.8 夹心复合墙的外叶墙宜在建筑墙体适当部位设置控制缝，其间距宜为6m～8m。

7 圈梁、过梁、墙梁及挑梁

7.1 圈 梁

7.1.1 对于有地基不均匀沉降或较大振动荷载的房屋，可按本节规定在砌体墙中设置现浇混凝土圈梁。

7.1.2 厂房、仓库、食堂等空旷单层房屋应按下列规定设置圈梁：

1 砖砌体结构房屋，檐口标高为5m～8m时，应在檐口标高处设置圈梁一道；檐口标高大于8m时，应增加设置数量；

2 砌块及料石砌体结构房屋，檐口标高为4m～5m时，应在檐口标高处设置圈梁一道；檐口标高大于5m时，应增加设置数量；

3 对有吊车或较大振动设备的单层工业房屋，当未采取有效的隔振措施时，除在檐口或窗顶标高处设置现浇混凝土圈梁外，尚应增加设置数量。

7.1.3 住宅、办公楼等多层砌体结构民用房屋，且层数为3层～4层时，应在底层和檐口标高处各设置一道圈梁。当层数超过4层时，除应在底层和檐口标高处各设置一道圈梁外，至少应在所有纵、横墙上隔层设置。多层砌体工业房屋，应每层设置现浇混凝土圈梁。设置墙梁的多层砌体结构房屋，应在托梁、墙梁顶面和檐口标高处设置现浇钢筋混凝土圈梁。

7.1.4 建筑在软弱地基或不均匀地基上的砌体结构房屋，除按本节规定设置圈梁外，尚应符合现行国家标准《建筑地基基础设计规范》GB 50007的有关规定。

7.1.5 圈梁应符合下列构造要求：

1 圈梁宜连续地设在同一水平面上，并形成封闭状；当圈梁被门窗洞口截断时，应在洞口上部增设相同截面的附加圈梁。附加圈梁与圈梁的搭接长度不应小于其中到中垂直间距的2倍，且不得小于1m；

2 纵、横墙交接处的圈梁应可靠连接。刚弹性和弹性方案房屋，圈梁应与屋架、大梁等构件可靠连接；

3 混凝土圈梁的宽度宜与墙厚相同，当墙厚不小于240mm时，其宽度不宜小于墙厚的2/3。圈梁高度不应小于120mm。纵向钢筋数量不应少于4根，直径不应小于10mm，绑扎接头的搭接长度按受拉钢筋考虑，箍筋间距不应大于300mm；

4 圈梁兼作过梁时，过梁部分的钢筋应按计算面积另行增配。

7.1.6 采用现浇混凝土楼（屋）盖的多层砌体结构房屋，当层数超过5层时，除应在檐口标高处设置一道圈梁外，可隔层设置圈梁，并应与楼（屋）面板一起现浇。未设置圈梁的楼面板嵌入墙内的长度不应小于120mm，并沿墙长配置不少于2根直径为10mm的纵向钢筋。

7.2 过 梁

7.2.1 对有较大振动荷载或可能产生不均匀沉降的房屋，应采用混凝土过梁。当过梁的跨度不大于1.5m时，可采用钢筋砖过梁；不大于1.2m时，可采用砖砌平拱过梁。

7.2.2 过梁的荷载，应按下列规定采用：

1 对砖和砌块砌体，当梁、板下的墙体高度 h_w 小于过梁的净跨 l_n 时，过梁应计入梁、板传来的荷载，否则可不考虑梁、板荷载；

2 对砖砌体，当过梁上的墙体高度 h_w 小于 $l_n/3$ 时，墙体荷载应按墙体的均布自重采用，否则应按高度为 $l_n/3$ 墙体的均布自重来采用；

3 对砌块砌体，当过梁上的墙体高度 h_w 小于 $l_n/2$ 时，墙体荷载应按墙体的均布自重采用，否则应按高度为 $l_n/2$ 墙体的均布自重采用。

7.2.3 过梁的计算，宜符合下列规定：

1 砖砌平拱受弯和受剪承载力，可按5.4.1条和5.4.2条计算；

2 钢筋砖过梁的受弯承载力可按式（7.2.3）计算，受剪承载力，可按本规范第5.4.2条计算；

$$M \leqslant 0.85 h_0 f_y A_s \qquad (7.2.3)$$

式中：M——按简支梁计算的跨中弯矩设计值；

h_0——过梁截面的有效高度，$h_0 = h - a_s$；

a_s——受拉钢筋重心至截面下边缘的距离；

h——过梁的截面计算高度，取过梁底面以上的墙体高度，但不大于 $l_n/3$；当考虑梁、板传来的荷载时，则按梁、板下的高度采用；

f_y——钢筋的抗拉强度设计值；

A_s——受拉钢筋的截面面积。

3 混凝土过梁的承载力，应按混凝土受弯构件计算。验算过梁下砌体局部受压承载力时，可不考虑上层荷载的影响；梁端底面压应力图形完整系数可取1.0，梁端有效支承长度可取实际支承长度，但不应大于墙厚。

7.2.4 砖砌过梁的构造，应符合下列规定：

1 砖砌过梁截面计算高度内的砂浆不宜低于M5（Mb5、Ms5）；

2 砖砌平拱用竖砖砌筑部分的高度不应小于240mm；

3 钢筋砖过梁底面砂浆层处的钢筋，其直径不应小于5mm，间距不宜大于120mm，钢筋伸入支座砌体内的长度不宜小于240mm，砂浆层的厚度不宜小于30mm。

7.3 墙 梁

7.3.1 承重与自承重简支墙梁、连续墙梁和框支墙梁的设计，应符合本节规定。

7.3.2 采用烧结普通砖砌体、混凝土普通砖砌体、混凝土多孔砖砌体和混凝土砌块砌体的墙梁设计应符合下列规定：

1 墙梁设计应符合表7.3.2的规定：

表7.3.2 墙梁的一般规定

墙梁类别	墙体总高度（m）	跨度（m）	墙体高跨比 h_w/l_{0i}	托梁高跨比 h_b/l_{0i}	洞宽比 b_h/l_{0i}	洞高 h_h
承重墙梁	≤18	≤9	≥0.4	≥1/10	≤0.3	≤$5h_w/6$ 且 h_w-h_h≥0.4m
自承重墙梁	≤18	≤12	≥1/3	≥1/15	≤0.8	—

注：墙体总高度指托梁顶面到檐口的高度，带阁楼的坡屋面应算到山尖墙1/2高度处。

2 墙梁计算高度范围内每跨允许设置一个洞口，洞口高度，对窗洞取洞顶至托梁顶面距离。对自承重墙梁，洞口至边支座中心的距离不应小于 $0.1l_{0i}$，门窗洞上口至墙顶的距离不应小于0.5m。

3 洞口边缘至支座中心的距离，距边支座不应小于墙梁计算跨度的0.15倍，距中支座不应小于墙梁计算跨度的0.07倍。托梁支座处上部墙体设置混凝土构造柱、且构造柱边缘至洞口边缘的距离不小于240mm时，洞口边至支座中心距离的限值可不受本规定限制。

4 托梁高跨比，对无洞口墙梁不宜大于1/7，对靠近支座有洞口的墙梁不宜大于1/6。配筋砌块砌体墙梁的托梁高跨比可适当放宽，但不宜小于1/14；当墙梁结构中的墙体均为配筋砌块砌体时，墙体总高度可不受本规定限制。

7.3.3 墙梁的计算简图，应按图7.3.3采用。各计算参数应符合下列规定：

1 墙梁计算跨度，对简支墙梁和连续墙梁取净跨的 1.1 倍或支座中心线距离的较小值；框支墙梁支座中心线距离，取框架柱轴线间的距离；

2 墙体计算高度，取托梁顶面上一层墙体（包括顶梁）高度，当 h_w 大于 l_0 时，取 h_w 等于 l_0（对连续墙梁和多跨框支墙梁，l_0 取各跨的平均值）；

3 墙梁跨中截面计算高度，取 $H_0 = h_w + 0.5h_b$；

4 翼墙计算宽度，取窗间墙宽度或横墙间距的 2/3，且每边不大于 3.5 倍的墙体厚度和墙梁计算跨度的 1/6；

5 框架柱计算高度，取 $H_c = H_{cn} + 0.5h_b$；H_{cn} 为框架柱的净高，取基础顶面至托梁底面的距离。

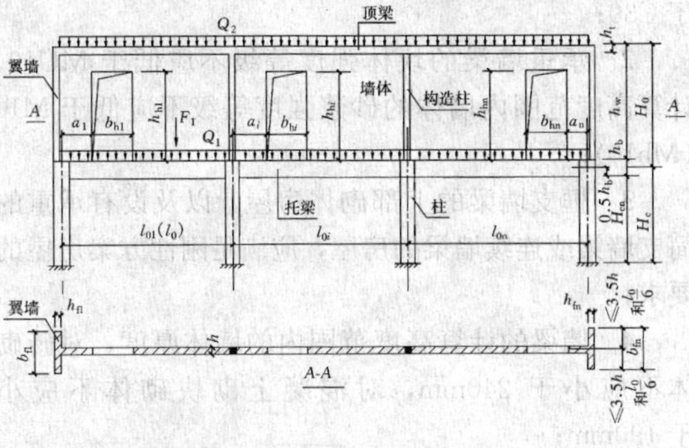

图 7.3.3 墙梁计算简图

$l_0(l_{0i})$—墙梁计算跨度；h_w—墙体计算高度；h—墙体厚度；H_0—墙梁跨中截面计算高度；b_{fl}—翼墙计算宽度；H_c—框架柱计算高度；b_{hi}—洞口宽度；h_{hi}—洞口高度；a_i—洞口边缘至支座中心的距离；Q_1、F_1—承重墙梁的托梁顶面的荷载设计值；Q_2—承重墙梁的墙梁顶面的荷载设计值

7.3.4 墙梁的计算荷载，应按下列规定采用：

1 使用阶段墙梁上的荷载，应按下列规定采用：

1）承重墙梁的托梁顶面的荷载设计值，取托梁自重及本层楼盖的恒荷载和活荷载；

2）承重墙梁的墙梁顶面的荷载设计值，取托梁以上各层墙体自重，以及墙梁顶面以上各层楼（屋）盖的恒荷载和活荷载；集中荷载可沿作用的跨度近似化为均布荷载；

3）自承重墙梁的墙梁顶面的荷载设计值，取托梁自重及托梁以上墙体自重。

2 施工阶段托梁上的荷载，应按下列规定采用：

1）托梁自重及本层楼盖的恒荷载；

2）本层楼盖的施工荷载；

3）墙体自重，可取高度为 $l_{0max}/3$ 的墙体自重，开洞时尚应按洞顶以下实际分布的墙体自重复核；l_{0max} 为各计算跨度的最大值。

7.3.5 墙梁应分别进行托梁使用阶段正截面承载力和斜截面受剪承载力计算、墙体受剪承载力和托梁支座上部砌体局部受压承载力计算，以及施工阶段托梁承载力验算。自承重墙梁可不验算墙体受剪承载力和砌体局部受压承载力。

7.3.6 墙梁的托梁正截面承载力，应按下列规定计算：

1 托梁跨中截面应按混凝土偏心受拉构件计算，第 i 跨跨中最大弯矩设计值 M_{bi} 及轴心拉力设计值 N_{bti} 可按下列公式计算：

$$M_{bi} = M_{1i} + \alpha_M M_{2i} \quad (7.3.6\text{-}1)$$

$$N_{bti} = \eta_N \frac{M_{2i}}{H_0} \quad (7.3.6\text{-}2)$$

1）当为简支墙梁时：

$$\alpha_M = \psi_M \left(1.7\frac{h_b}{l_0} - 0.03\right) \quad (7.3.6\text{-}3)$$

$$\psi_M = 4.5 - 10\frac{a}{l_0} \quad (7.3.6\text{-}4)$$

$$\eta_N = 0.44 + 2.1\frac{h_w}{l_0} \quad (7.3.6\text{-}5)$$

2）当为连续墙梁和框支墙梁时：

$$\alpha_M = \psi_M \left(2.7\frac{h_b}{l_{0i}} - 0.08\right) \quad (7.3.6\text{-}6)$$

$$\psi_M = 3.8 - 8.0\frac{a_i}{l_{0i}} \quad (7.3.6\text{-}7)$$

$$\eta_N = 0.8 + 2.6\frac{h_w}{l_{0i}} \quad (7.3.6\text{-}8)$$

式中：M_{1i} ——荷载设计值 Q_1、F_1 作用下的简支梁跨中弯矩或按连续梁、框架分析的托梁第 i 跨跨中最大弯矩；

M_{2i} ——荷载设计值 Q_2 作用下的简支梁跨中弯矩或按连续梁、框架分析的托梁第 i 跨跨中最大弯矩；

α_M ——考虑墙梁组合作用的托梁跨中截面弯矩系数，可按公式（7.3.6-3）或（7.3.6-6）计算，但对自承重简支墙梁应乘以折减系数 0.8；当公式（7.3.6-3）中的 $h_b/l_0 > 1/6$ 时，取 $h_b/l_0 = 1/6$；当公式（7.3.6-3）中的 $h_b/l_{0i} > 1/7$ 时，取 $h_b/l_{0i} = 1/7$；当 $\alpha_M > 1.0$ 时，取 $\alpha_M = 1.0$；

η_N ——考虑墙梁组合作用的托梁跨中截面轴力系数，可按公式（7.3.6-5）或（7.3.6-8）计算，但对自承重简支墙梁应乘以折减系数 0.8；当 $h_w/l_{0i} > 1$ 时，取 $h_w/l_{0i} = 1$；

ψ_M ——洞口对托梁跨中截面弯矩的影响系数，对无洞口墙梁取 1.0，对有洞口墙梁可按公式（7.3.6-4）或（7.3.6-7）计算；

a_i ——洞口边缘至墙梁最近支座中心的距离，当 $a_i > 0.35l_{0i}$ 时，取 $a_i = 0.35l_{0i}$。

2 托梁支座截面应按混凝土受弯构件计算，第 j 支座的弯矩设计值 M_{bj} 可按下列公式计算：

$$M_{bj} = M_{1j} + \alpha_M M_{2j} \quad (7.3.6\text{-}9)$$

$$\alpha_M = 0.75 - \frac{a_i}{l_{0i}} \quad (7.3.6\text{-}10)$$

式中：M_{1j} ——荷载设计值 Q_1、F_1 作用下按连续梁或框架分析的托梁第 j 支座截面的弯矩设计值；

M_{2j} ——荷载设计值 Q_2 作用下按连续梁或框架分析的托梁第 j 支座截面的弯矩设计值；

α_M ——考虑墙梁组合作用的托梁支座截面弯矩系数，无洞口墙梁取 0.4，有洞口墙梁可按公式（7.3.6-10）计算。

7.3.7 对多跨框支墙梁的框支边柱，当柱的轴向压力增大对承载力不利时，在墙梁荷载设计值 Q_2 作用下的轴向压力值应乘以修正系数 1.2。

7.3.8 墙梁的托梁斜截面受剪承载力应按混凝土受弯构件计算，第 j 支座边缘截面的剪力设计值 V_{bj} 可按下式计算：

$$V_{bj} = V_{1j} + \beta_v V_{2j} \quad (7.3.8)$$

式中：V_{1j} ——荷载设计值 Q_1、F_1 作用下按简支梁、连续梁或框架分析的托梁第 j 支座边缘截面剪力设计值；

V_{2j} ——荷载设计值 Q_2 作用下按简支梁、连续梁或框架分析的托梁第 j 支座边缘截面剪力设计值；

β_v ——考虑墙梁组合作用的托梁剪力系数，无洞口墙梁边支座截面取 0.6，中间支座截面取 0.7；有洞口墙梁边支座截面取 0.7，中间支座截面取 0.8；对自承重墙梁，无洞口时取 0.45，有洞口时取 0.5。

7.3.9 墙梁的墙体受剪承载力，应按公式（7.3.9）验算，当墙梁支座处墙体中设置上、下贯通的落地混凝土构造柱，且其截面不小于 240mm×240mm 时，可不验算墙梁的墙体受剪承载力。

$$V_2 \leqslant \xi_1 \xi_2 \left(0.2 + \frac{h_b}{l_{0i}} + \frac{h_t}{l_{0i}}\right) f h h_w \quad (7.3.9)$$

式中：V_2 ——在荷载设计值 Q_2 作用下墙梁支座边缘截面剪力的最大值；

ξ_1 ——翼墙影响系数，对单层墙梁取 1.0，对多层墙梁，当 $b_f/h = 3$ 时取 1.3，当 $b_f/h = 7$ 时取 1.5，当 $3 < b_f/h < 7$ 时，按线性插入取值；

ξ_2 ——洞口影响系数，无洞口墙梁取 1.0，多层有洞口墙梁取 0.9，单层有洞口墙梁取 0.6；

h_t ——墙梁顶面圈梁截面高度。

7.3.10 托梁支座上部砌体局部受压承载力，应按公式（7.3.10-1）验算，当墙梁的墙体中设置上、下贯通的落地混凝土构造柱，且其截面不小于 240mm×240mm 时，或当 b_f/h 大于等于 5 时，可不验算托梁支座上部砌体局部受压承载力。

$$Q_2 \leqslant \zeta f h \quad (7.3.10\text{-}1)$$

$$\zeta = 0.25 + 0.08 \frac{b_f}{h} \quad (7.3.10\text{-}2)$$

式中：ζ ——局压系数。

7.3.11 托梁应按混凝土受弯构件进行施工阶段的受弯、受剪承载力验算，作用在托梁上的荷载可按本规范第 7.3.4 条的规定采用。

7.3.12 墙梁的构造应符合下列规定：

1 托梁和框支柱的混凝土强度等级不应低于 C30；

2 承重墙梁的块体强度等级不应低于 MU10，计算高度范围内墙体的砂浆强度等级不应低于 M10（Mb10）；

3 框支墙梁的上部砌体房屋，以及设有承重的简支墙梁或连续墙梁的房屋，应满足刚性方案房屋的要求；

4 墙梁的计算高度范围内的墙体厚度，对砖砌体不应小于 240mm，对混凝土砌块砌体不应小于 190mm；

5 墙梁洞口上方应设置混凝土过梁，其支承长度不应小于 240mm；洞口范围内不应施加集中荷载；

6 承重墙梁的支座处应设置落地翼墙，翼墙厚度，对砖砌体不应小于 240mm，对混凝土砌块砌体不应小于 190mm，翼墙宽度不应小于墙梁墙体厚度的 3 倍，并与墙梁墙体同时砌筑。当不能设置翼墙时，应设置落地且上、下贯通的混凝土构造柱；

7 当墙梁墙体在靠近支座 1/3 跨度范围内开洞时，支座处应设置落地且上、下贯通的混凝土构造柱，并应与每层圈梁连接；

8 墙梁计算高度范围内的墙体，每天可砌筑高度不应超过 1.5m，否则，应加设临时支撑；

9 托梁两侧各两个开间的楼盖应采用现浇混凝土楼盖，楼板厚度不应小于 120mm，当楼板厚度大于 150mm 时，应采用双层双向钢筋网，楼板上应少开洞，洞口尺寸大于 800mm 时应设洞口边梁；

10 托梁每跨底部的纵向受力钢筋应通长设置，不应在跨中弯起或截断；钢筋连接应采用机械连接或焊接；

11 托梁跨中截面的纵向受力钢筋总配筋率不应小于 0.6%；

12 托梁上部通长布置的纵向钢筋面积与跨中下部纵向钢筋面积之比值不应小于 0.4；连续墙梁或多跨框支墙梁的托梁支座上部附加纵向钢筋从支座边缘算起每边延伸长度不应小于 $l_0/4$；

13 承重墙梁的托梁在砌体墙、柱上的支承长度不应小于 350mm；纵向受力钢筋伸入支座的长度应符合受拉钢筋的锚固要求；

14 当托梁截面高度 h_b 大于等于 450mm 时，应沿梁截面高度设置通长水平腰筋，其直径不应小于 12mm，间距不应大于 200mm；

15 对于洞口偏置的墙梁，其托梁的箍筋加密区范围应延到洞口外，距洞边的距离大于等于托梁截面高度 h_b（图 7.3.12），箍筋直径不应小于 8mm，间距不应大于 100mm。

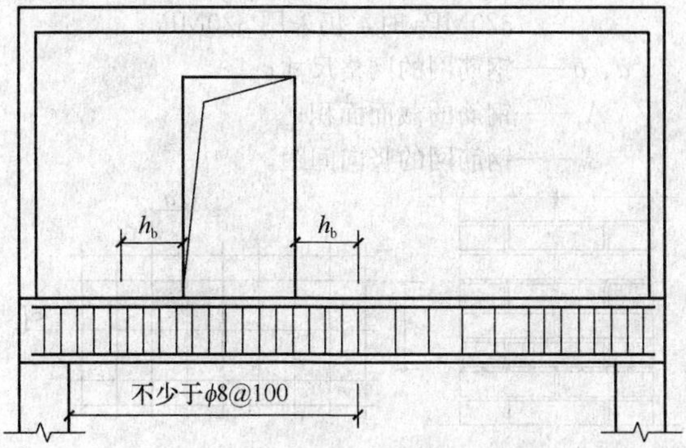

图 7.3.12 偏开洞时托梁箍筋加密区

7.4 挑 梁

7.4.1 砌体墙中混凝土挑梁的抗倾覆，应按下列公式进行验算：

$$M_{ov} \leqslant M_r \tag{7.4.1}$$

式中：M_{ov}——挑梁的荷载设计值对计算倾覆点产生的倾覆力矩；

M_r——挑梁的抗倾覆力矩设计值。

7.4.2 挑梁计算倾覆点至墙外边缘的距离可按下列规定采用：

1 当 l_1 不小于 $2.2h_b$ 时（l_1 为挑梁埋入砌体墙中的长度，h_b 为挑梁的截面高度），梁计算倾覆点到墙外边缘的距离可按式（7.4.2-1）计算，且其结果不应大于 $0.13l_1$。

$$x_0 = 0.3h_b \tag{7.4.2-1}$$

式中：x_0——计算倾覆点至墙外边缘的距离（mm）；

2 当 l_1 小于 $2.2h_b$ 时，梁计算倾覆点到墙外边缘的距离可按下式计算：

$$x_0 = 0.13l_1 \tag{7.4.2-2}$$

3 当挑梁下有混凝土构造柱或垫梁时，计算倾覆点到墙外边缘的距离可取 $0.5x_0$。

7.4.3 挑梁的抗倾覆力矩设计值，可按下式计算：

$$M_r = 0.8G_r(l_2 - x_0) \tag{7.4.3}$$

式中：G_r——挑梁的抗倾覆荷载，为挑梁尾端上部 45°扩展角的阴影范围（其水平长度为 l_3）内本层的砌体与楼面恒荷载标准值之和（图 7.4.3）；当上部楼层无挑梁时，抗倾覆荷载中可计及上部楼层的楼面永久荷载；

l_2——G_r 作用点至墙外边缘的距离。

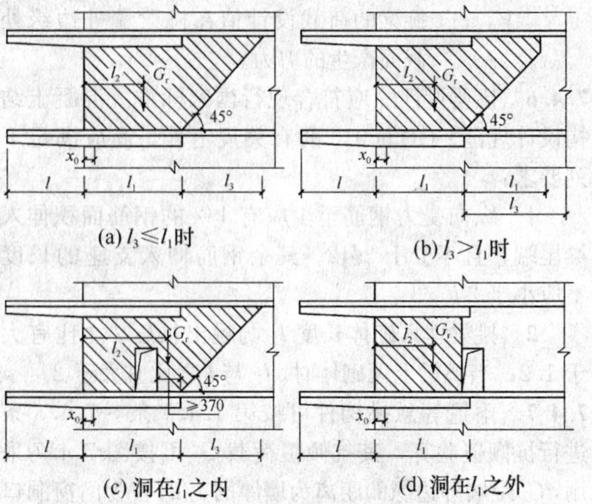

图 7.4.3 挑梁的抗倾覆荷载

7.4.4 挑梁下砌体的局部受压承载力，可按下式验算（图 7.4.4）：

$$N_l \leqslant \eta\gamma f A_l \tag{7.4.4}$$

式中：N_l——挑梁下的支承压力，可取 $N_l = 2R$，R 为挑梁的倾覆荷载设计值；

η——梁端底面压应力图形的完整系数，可取 0.7；

γ——砌体局部抗压强度提高系数，对图 7.4.4a 可取 1.25；对图 7.4.4b 可取 1.5；

A_l——挑梁下砌体局部受压面积，可取 $A_l = 1.2bh_b$，b 为挑梁的截面宽度，h_b 为挑梁的截面高度。

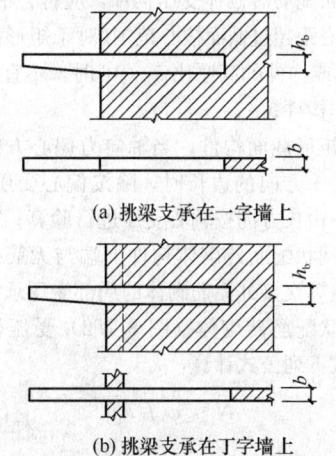

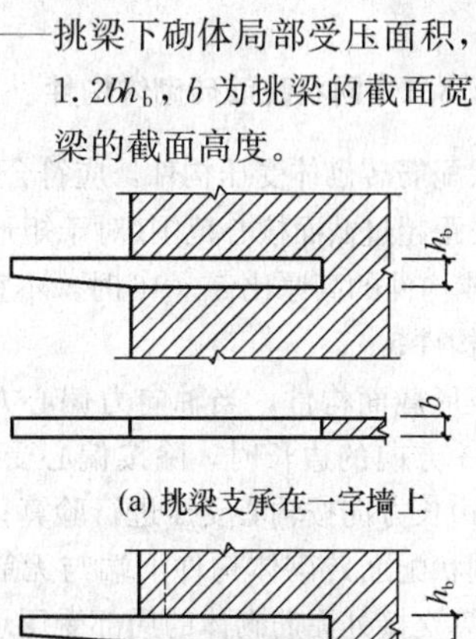

图 7.4.4 挑梁下砌体局部受压

7.4.5 挑梁的最大弯矩设计值 M_{max} 与最大剪力设计值 V_{max}，可按下列公式计算：

$$M_{max} = M_0 \tag{7.4.5-1}$$

$$V_{max}=V_0 \quad (7.4.5\text{-}2)$$

式中：M_0——挑梁的荷载设计值对计算倾覆点截面产生的弯矩；

V_0——挑梁的荷载设计值在挑梁墙外边缘处截面产生的剪力。

7.4.6 挑梁设计除应符合现行国家标准《混凝土结构设计规范》GB 50010 的有关规定外，尚应满足下列要求：

1 纵向受力钢筋至少应有 1/2 的钢筋面积伸入梁尾端，且不少于 2ϕ12。其余钢筋伸入支座的长度不应小于 2 l_1 /3；

2 挑梁埋入砌体长度 l_1 与挑出长度 l 之比宜大于 1.2；当挑梁上无砌体时，l_1 与 l 之比宜大于 2。

7.4.7 雨篷等悬挑构件可按第 7.4.1 条～7.4.3 条进行抗倾覆验算，其抗倾覆荷载 G_r 可按图 7.4.7 采用，G_r 距墙外边缘的距离为墙厚的 1/2，l_3 为门窗洞口净跨的 1/2。

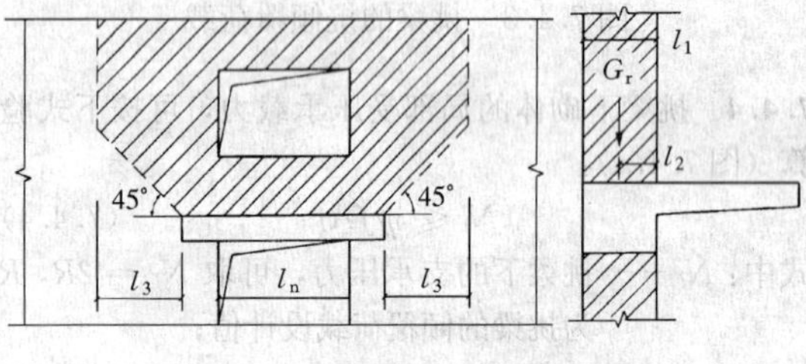

图 7.4.7 雨篷的抗倾覆荷载

G_r —抗倾覆荷载；l_1 —墙厚；l_2 — G_r 距墙外边缘的距离

8 配筋砖砌体构件

8.1 网状配筋砖砌体构件

8.1.1 网状配筋砖砌体受压构件，应符合下列规定：

1 偏心距超过截面核心范围（对于矩形截面即 $e/h>0.17$），或构件的高厚比 $\beta>16$ 时，不宜采用网状配筋砖砌体构件；

2 对矩形截面构件，当轴向力偏心方向的截面边长大于另一方向的边长时，除按偏心受压计算外，还应对较小边长方向按轴心受压进行验算；

3 当网状配筋砖砌体构件下端与无筋砌体交接时，尚应验算交接处无筋砌体的局部受压承载力。

8.1.2 网状配筋砖砌体（图 8.1.2）受压构件的承载力，应按下列公式计算：

$$N\leqslant \varphi_n f_n A \quad (8.1.2\text{-}1)$$

$$f_n=f+2\left(1-\frac{2e}{y}\right)\rho f_y \quad (8.1.2\text{-}2)$$

$$\rho=\frac{(a+b)A_s}{abs_n} \quad (8.1.2\text{-}3)$$

式中：N——轴向力设计值；

φ_n——高厚比和配筋率以及轴向力的偏心距对网状配筋砖砌体受压构件承载力的影响系数，可按附录 D.0.2 的规定采用；

f_n——网状配筋砖砌体的抗压强度设计值；

A——截面面积；

e——轴向力的偏心距；

y——自截面重心至轴向力所在偏心方向截面边缘的距离；

ρ——体积配筋率；

f_y——钢筋的抗拉强度设计值，当 f_y 大于 320MPa 时，仍采用 320MPa；

a、b——钢筋网的网格尺寸；

A_s——钢筋的截面面积；

s_n——钢筋网的竖向间距。

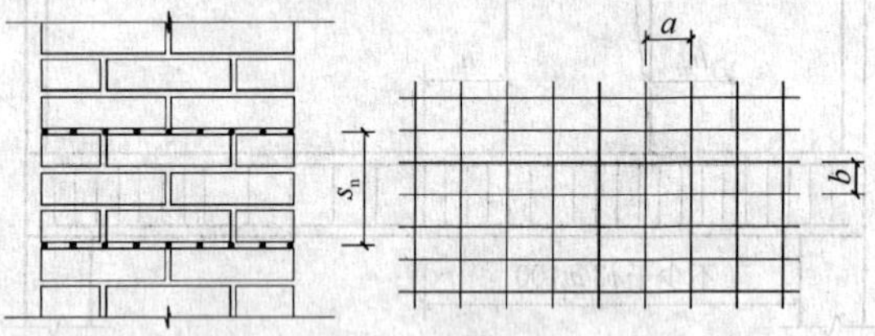

图 8.1.2 网状配筋砖砌体

8.1.3 网状配筋砖砌体构件的构造应符合下列规定：

1 网状配筋砖砌体中的体积配筋率，不应小于 0.1%，并不应大于 1%；

2 采用钢筋网时，钢筋的直径宜采用 3mm～4mm；

3 钢筋网中钢筋的间距，不应大于 120mm，并不应小于 30mm；

4 钢筋网的间距，不应大于五皮砖，并不应大于 400mm；

5 网状配筋砖砌体所用的砂浆强度等级不应低于 M7.5；钢筋网应设置在砌体的水平灰缝中，灰缝厚度应保证钢筋上下至少各有 2mm 厚的砂浆层。

8.2 组合砖砌体构件

Ⅰ 砖砌体和钢筋混凝土面层或钢筋砂浆面层的组合砌体构件

8.2.1 当轴向力的偏心距超过本规范第 5.1.5 条规定的限值时，宜采用砖砌体和钢筋混凝土面层或钢筋砂浆面层组成的组合砖砌体构件（图 8.2.1）。

8.2.2 对于砖墙与组合砌体一同砌筑的 T 形截面构件（图 8.2.1b），其承载力和高厚比可按矩形截面组合砌体构件计算（图 8.2.1c）。

8.2.3 组合砖砌体轴心受压构件的承载力，应按下式计算：

$$N\leqslant \varphi_{com}(fA+f_cA_c+\eta_s f'_yA'_s) \quad (8.2.3)$$

式中：φ_{com}——组合砖砌体构件的稳定系数，可按表

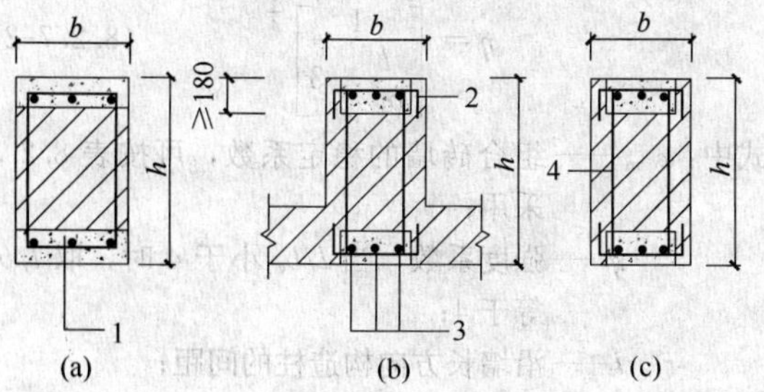

图 8.2.1 组合砖砌体构件截面

1—混凝土或砂浆；2—拉结钢筋；3—纵向钢筋；4—箍筋

8.2.3 采用；

A——砖砌体的截面面积；

f_c——混凝土或面层水泥砂浆的轴心抗压强度设计值，砂浆的轴心抗压强度设计值可取为同强度等级混凝土的轴心抗压强度设计值的70%，当砂浆为M15时，取5.0MPa；当砂浆为M10时，取3.4MPa；当砂浆强度为M7.5时，取2.5MPa；

A_c——混凝土或砂浆面层的截面面积；

η_s——受压钢筋的强度系数，当为混凝土面层时，可取1.0；当为砂浆面层时可取0.9；

f'_y——钢筋的抗压强度设计值；

A'_s——受压钢筋的截面面积。

表 8.2.3 组合砖砌体构件的稳定系数 φ_{com}

高厚比 β	配筋率 ρ（%）					
	0	0.2	0.4	0.6	0.8	≥1.0
8	0.91	0.93	0.95	0.97	0.99	1.00
10	0.87	0.90	0.92	0.94	0.96	0.98
12	0.82	0.85	0.88	0.91	0.93	0.95
14	0.77	0.80	0.83	0.86	0.89	0.92
16	0.72	0.75	0.78	0.81	0.84	0.87
18	0.67	0.70	0.73	0.76	0.79	0.81
20	0.62	0.65	0.68	0.71	0.73	0.75
22	0.58	0.61	0.64	0.66	0.68	0.70
24	0.54	0.57	0.59	0.61	0.63	0.65
26	0.50	0.52	0.54	0.56	0.58	0.60
28	0.46	0.48	0.50	0.52	0.54	0.56

注：组合砖砌体构件截面的配筋率 $\rho = A'_s/bh$。

8.2.4 组合砖砌体偏心受压构件的承载力，应按下列公式计算：

$$N \leqslant fA' + f_c A'_c + \eta_s f'_y A'_s - \sigma_s A_s \quad (8.2.4\text{-}1)$$

或

$$Ne_N \leqslant fS_s + f_c S_{c,s} + \eta_s f'_y A'_s (h_0 - a'_s) \quad (8.2.4\text{-}2)$$

此时受压区的高度 x 可按下列公式确定：

$$fS_N + f_c S_{c,N} + \eta_s f'_y A'_s e'_N - \sigma_s A_s e_N = 0 \quad (8.2.4\text{-}3)$$

$$e_N = e + e_a + (h/2 - a_s) \quad (8.2.4\text{-}4)$$

$$e'_N = e + e_a - (h/2 - a'_s) \quad (8.2.4\text{-}5)$$

$$e_a = \frac{\beta^2 h}{2200}(1 - 0.022\beta) \quad (8.2.4\text{-}6)$$

式中：A'——砖砌体受压部分的面积；

A'_c——混凝土或砂浆面层受压部分的面积；

σ_s——钢筋 A_s 的应力；

A_s——距轴向力 N 较远侧钢筋的截面面积；

S_s——砖砌体受压部分的面积对钢筋 A_s 重心的面积矩；

$S_{c,s}$——混凝土或砂浆面层受压部分的面积对钢筋 A_s 重心的面积矩；

S_N——砖砌体受压部分的面积对轴向力 N 作用点的面积矩；

$S_{c,N}$——混凝土或砂浆面层受压部分的面积对轴向力 N 作用点的面积矩；

e_N、e'_N——分别为钢筋 A_s 和 A'_s 重心至轴向力 N 作用点的距离（图 8.2.4）；

e——轴向力的初始偏心距，按荷载设计值计算，当 e 小于 $0.05h$ 时，应取 e 等于 $0.05h$；

e_a——组合砖砌体构件在轴向力作用下的附加偏心距；

h_0——组合砖砌体构件截面的有效高度，取 $h_0 = h - a_s$；

a_s、a'_s——分别为钢筋 A_s 和 A'_s 重心至截面较近边的距离。

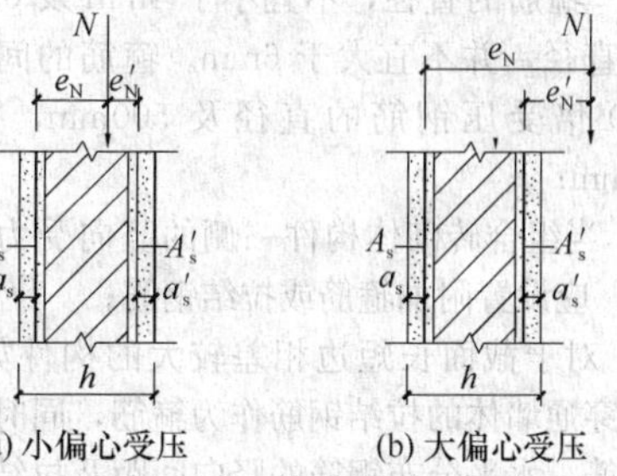

图 8.2.4 组合砖砌体偏心受压构件

8.2.5 组合砖砌体钢筋 A_s 的应力 σ_s（单位为MPa，正值为拉应力，负值为压应力）应按下列规定计算：

1 当为小偏心受压，即 $\xi > \xi_b$ 时，

$$\sigma_s = 650 - 800\xi \quad (8.2.5\text{-}1)$$

2 当为大偏心受压，即 $\xi \leqslant \xi_b$ 时，

$$\sigma_s = f_y \quad (8.2.5\text{-}2)$$

$$\xi = x/h_0 \quad (8.2.5\text{-}3)$$

式中：σ_s——钢筋的应力，当 $\sigma_s > f_y$ 时，取 $\sigma_s = f_y$；当 $\sigma_s < f'_y$ 时，取 $\sigma_s = f'_y$；

ξ——组合砖砌体构件截面的相对受压区高度；

f_y——钢筋的抗拉强度设计值。

3 组合砖砌体构件受压区相对高度的界限值 ξ_b，对于HRB400级钢筋，应取0.36；对于HRB335级钢筋，应取0.44；对于HPB300级钢筋，应取0.47。

8.2.6 组合砖砌体构件的构造应符合下列规定：

1 面层混凝土强度等级宜采用C20。面层水泥砂浆强度等级不宜低于M10。砌筑砂浆的强度等级不宜低于M7.5；

2 砂浆面层的厚度，可采用30mm～45mm。当面层厚度大于45mm时，其面层宜采用混凝土；

3 竖向受力钢筋宜采用HPB300级钢筋，对于混凝土面层，亦可采用HRB335级钢筋。受压钢筋一侧的配筋率，对砂浆面层，不宜小于0.1%，对混凝土面层，不宜小于0.2%。受拉钢筋的配筋率，不应小于0.1%。竖向受力钢筋的直径，不应小于8mm，钢筋的净间距，不应小于30mm；

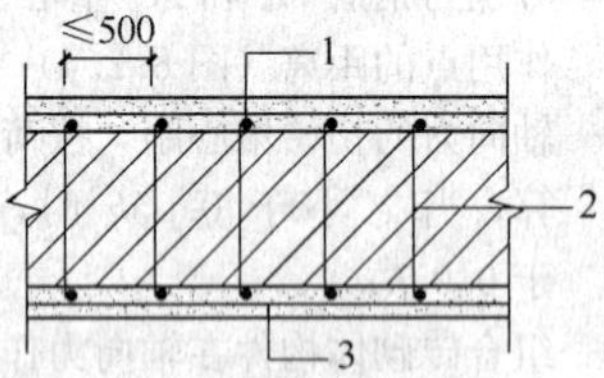

图8.2.6 混凝土或砂浆面层组合墙

1—竖向受力钢筋；2—拉结钢筋；3—水平分布钢筋

4 箍筋的直径，不宜小于4mm及0.2倍的受压钢筋直径，并不宜大于6mm。箍筋的间距，不应大于20倍受压钢筋的直径及500mm，并不应小于120mm；

5 当组合砖砌体构件一侧的竖向受力钢筋多于4根时，应设置附加箍筋或拉结钢筋；

6 对于截面长短边相差较大的构件如墙体等，应采用穿通墙体的拉结钢筋作为箍筋，同时设置水平分布钢筋。水平分布钢筋的竖向间距及拉结钢筋的水平间距，均不应大于500mm（图8.2.6）；

7 组合砖砌体构件的顶部和底部，以及牛腿部位，必须设置钢筋混凝土垫块。竖向受力钢筋伸入垫块的长度，必须满足锚固要求。

Ⅱ 砖砌体和钢筋混凝土构造柱组合墙

8.2.7 砖砌体和钢筋混凝土构造柱组合墙（图8.2.7）的轴心受压承载力，应按下列公式计算：

$$N \leqslant \varphi_{com}[fA + \eta(f_c A_c + f'_y A'_s)] \tag{8.2.7-1}$$

$$\eta = \left[\frac{1}{\frac{l}{b_c} - 3}\right]^{\frac{1}{4}} \tag{8.2.7-2}$$

式中：φ_{com}——组合砖墙的稳定系数，可按表8.2.3采用；

η——强度系数，当 l/b_c 小于4时，取 l/b_c 等于4；

l——沿墙长方向构造柱的间距；

b_c——沿墙长方向构造柱的宽度；

A——扣除孔洞和构造柱的砖砌体截面面积；

A_c——构造柱的截面面积。

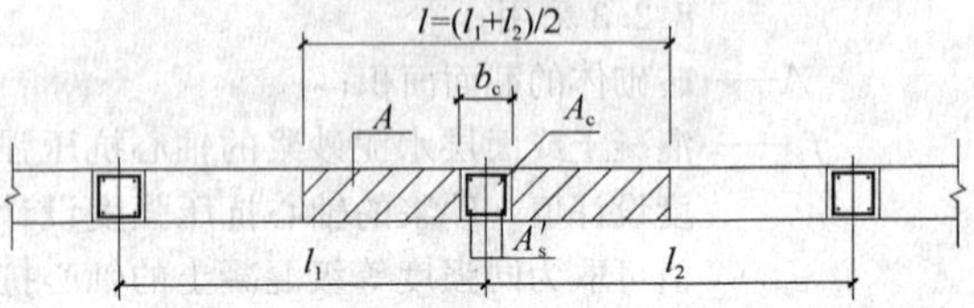

图8.2.7 砖砌体和构造柱组合墙截面

8.2.8 砖砌体和钢筋混凝土构造柱组合墙，平面外的偏心受压承载力，可按下列规定计算：

1 构件的弯矩或偏心距可按本规范第4.2.5条规定的方法确定；

2 可按本规范第8.2.4条和8.2.5条的规定确定构造柱纵向钢筋，但截面宽度应改为构造柱间距 l；大偏心受压时，可不计受压区构造柱混凝土和钢筋的作用，构造柱的计算配筋不应小于第8.2.9条规定的要求。

8.2.9 组合砖墙的材料和构造应符合下列规定：

1 砂浆的强度等级不应低于M5，构造柱的混凝土强度等级不宜低于C20；

2 构造柱的截面尺寸不宜小于240mm×240mm，其厚度不应小于墙厚，边柱、角柱的截面宽度宜适当加大。柱内竖向受力钢筋，对于中柱，钢筋数量不宜少于4根、直径不宜小于12mm；对于边柱、角柱，钢筋数量不宜少于4根、直径不宜小于14mm。构造柱的竖向受力钢筋的直径也不宜大于16mm。其箍筋，一般部位宜采用直径6mm、间距200mm，楼层上下500mm范围内宜采用直径6mm、间距100mm。构造柱的竖向受力钢筋应在基础梁和楼层圈梁中锚固，并应符合受拉钢筋的锚固要求；

3 组合砖墙砌体结构房屋，应在纵横墙交接处、墙端部和较大洞口的洞边设置构造柱，其间距不宜大于4m。各层洞口宜设置在相应位置，并宜上下对齐；

4 组合砖墙砌体结构房屋应在基础顶面、有组合墙的楼层处设置现浇钢筋混凝土圈梁。圈梁的截面高度不宜小于240mm；纵向钢筋数量不宜少于4根、直径不宜小于12mm，纵向钢筋应伸入构造柱内，并应符合受拉钢筋的锚固要求；圈梁的箍筋直径宜采用

6mm、间距200mm；

5 砖砌体与构造柱的连接处应砌成马牙槎，并应沿墙高每隔500mm设2根直径6mm的拉结钢筋，且每边伸入墙内不宜小于600mm；

6 构造柱可不单独设置基础，但应伸入室外地坪下500mm，或与埋深小于500mm的基础梁相连；

7 组合砖墙的施工顺序应为先砌墙后浇混凝土构造柱。

9 配筋砌块砌体构件

9.1 一般规定

9.1.1 配筋砌块砌体结构的内力与位移，可按弹性方法计算。各构件应根据结构分析所得的内力，分别按轴心受压、偏心受压或偏心受拉构件进行正截面承载力和斜截面承载力计算，并应根据结构分析所得的位移进行变形验算。

9.1.2 配筋砌块砌体剪力墙，宜采用全部灌芯砌体。

9.2 正截面受压承载力计算

9.2.1 配筋砌块砌体构件正截面承载力，应按下列基本假定进行计算：

1 截面应变分布保持平面；

2 竖向钢筋与其毗邻的砌体、灌孔混凝土的应变相同；

3 不考虑砌体、灌孔混凝土的抗拉强度；

4 根据材料选择砌体、灌孔混凝土的极限压应变：当轴心受压时不应大于0.002；偏心受压时的极限压应变不应大于0.003；

5 根据材料选择钢筋的极限拉应变，且不应大于0.01；

6 纵向受拉钢筋屈服与受压区砌体破坏同时发生时的相对界限受压区的高度，应按下式计算：

$$\xi_b = \frac{0.8}{1+\dfrac{f_y}{0.003E_s}} \tag{9.2.1}$$

式中：ξ_b——相对界限受压区高度 ξ_b 为界限受压区高度与截面有效高度的比值；

f_y——钢筋的抗拉强度设计值；

E_s——钢筋的弹性模量。

7 大偏心受压时受拉钢筋考虑在 $h_0-1.5x$ 范围内屈服并参与工作。

9.2.2 轴心受压配筋砌块砌体构件，当配有箍筋或水平分布钢筋时，其正截面受压承载力应按下列公式计算：

$$N \leqslant \varphi_{0g}(f_g A + 0.8 f'_y A'_s) \tag{9.2.2-1}$$

$$\varphi_{0g} = \frac{1}{1+0.001\beta^2} \tag{9.2.2-2}$$

式中：N——轴向力设计值；

f_g——灌孔砌体的抗压强度设计值，应按第3.2.1条采用；

f'_y——钢筋的抗压强度设计值；

A——构件的截面面积；

A'_s——全部竖向钢筋的截面面积；

φ_{0g}——轴心受压构件的稳定系数；

β——构件的高厚比。

注：1 无箍筋或水平分布钢筋时，仍应按式（9.2.2）计算，但应取 $f'_y A'_s=0$；

2 配筋砌块砌体构件的计算高度 H_0 可取层高。

9.2.3 配筋砌块砌体构件，当竖向钢筋仅配在中间时，其平面外偏心受压承载力可按本规范式（5.1.1）进行计算，但应采用灌孔砌体的抗压强度设计值。

9.2.4 矩形截面偏心受压配筋砌块砌体构件正截面承载力计算，应符合下列规定：

1 相对界限受压区高度的取值，对HPB300级钢筋取 ξ_b 等于0.57，对HRB335级钢筋取 ξ_b 等于0.55，对HRB400级钢筋取 ξ_b 等于0.52；当截面受压区高度 x 小于等于 $\xi_b h_0$ 时，按大偏心受压计算；当 x 大于 $\xi_b h_0$ 时，按为小偏心受压计算。

2 大偏心受压时应按下列公式计算（图9.2.4）：

$$N \leqslant f_g bx + f'_y A'_s - f_y A_s - \sum f_{si} A_{si} \tag{9.2.4-1}$$

$$Ne_N \leqslant f_g bx(h_0 - x/2) + f'_y A'_s(h_0 - a'_s) - \sum f_{si} S_{si} \tag{9.2.4-2}$$

式中：N——轴向力设计值；

f_g——灌孔砌体的抗压强度设计值；

f_y、f'_y——竖向受拉、压主筋的强度设计值；

b——截面宽度；

f_{si}——竖向分布钢筋的抗拉强度设计值；

A_s、A'_s——竖向受拉、压主筋的截面面积；

A_{si}——单根竖向分布钢筋的截面面积；

S_{si}——第 i 根竖向分布钢筋对竖向受拉主筋的面积矩；

e_N——轴向力作用点到竖向受拉主筋合力点之间的距离，可按第8.2.4条的规定计算；

a'_s——受压区纵向钢筋合力点至截面受压区边缘的距离，对T形、L形、工形截面，当翼缘受压时取100mm，其他情况取300mm；

a_s——受拉区纵向钢筋合力点至截面受拉区边缘的距离，对T形、L形、工形截面，当翼缘受压时取300mm，其他情况取100mm。

3 当大偏心受压计算的受压区高度 x 小于 $2a'_s$ 时，其正截面承载力可按下式进行计算：

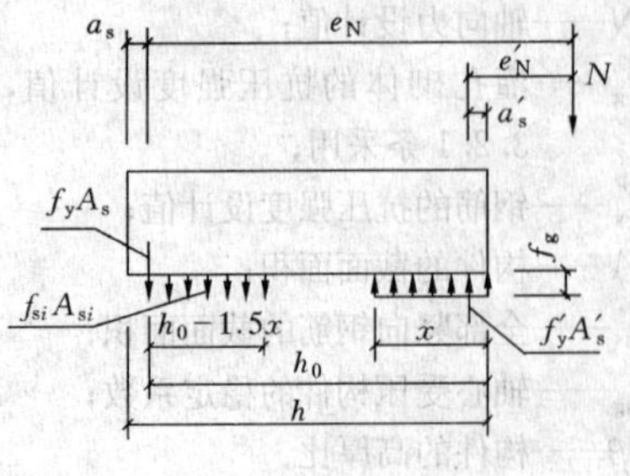

(a) 大偏心受压

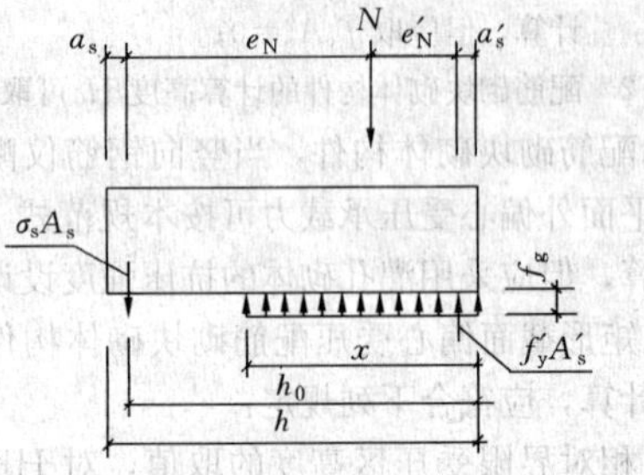

(b) 小偏心受压

图 9.2.4　矩形截面偏心受压正截面承载力计算简图

$$Ne'_N \leqslant f_yA_s(h_0-a'_s) \qquad (9.2.4\text{-}3)$$

式中：e'_N——轴向力作用点至竖向受压主筋合力点之间的距离，可按本规范第 8.2.4 条的规定计算。

4　小偏心受压时，应按下列公式计算（图 9.2.4）：

$$N \leqslant f_gbx + f'_yA'_s - \sigma_sA_s \qquad (9.2.4\text{-}4)$$

$$Ne_N \leqslant f_gbx(h_0-x/2) + f'_yA'_s(h_0-a'_s) \qquad (9.2.4\text{-}5)$$

$$\sigma_s = \frac{f_y}{\xi_b-0.8}\left(\frac{x}{h_0}-0.8\right) \qquad (9.2.4\text{-}6)$$

注：当受压区竖向受压主筋无箍筋或无水平钢筋约束时，可不考虑竖向受压主筋的作用，即取 $f'_yA'_s=0$。

5　矩形截面对称配筋砌块砌体小偏心受压时，也可近似按下列公式计算钢筋截面面积：

$$A_s = A'_s = \frac{Ne_N - \xi(1-0.5\xi)f_gbh_0^2}{f'_y(h_0-a'_s)} \qquad (9.2.4\text{-}7)$$

$$\xi = \frac{x}{h_0} = \frac{N-\xi_bf_gbh_0}{\dfrac{Ne_N-0.43f_gbh_0^2}{(0.8-\xi_b)(h_0-a'_s)}+f_gbh_0}+\xi_b \qquad (9.2.4\text{-}8)$$

注：小偏心受压计算中未考虑竖向分布钢筋的作用。

9.2.5　T形、L形、工形截面偏心受压构件，当翼缘和腹板的相交处采用错缝搭接砌筑和同时设置中距不大于 1.2m 的水平配筋带（截面高度大于等于 60mm，钢筋不少于 2ϕ12）时，可考虑翼缘的共同工作，翼缘的计算宽度应按表 9.2.5 中的最小值采用，其正截面受压承载力应按下列规定计算：

1　当受压区高度 x 小于等于 h'_f 时，应按宽度为 b'_f 的矩形截面计算；

2　当受压区高度 x 大于 h'_f 时，则应考虑腹板的受压作用，应按下列公式计算：

1）当为大偏心受压时，

$$N \leqslant f_g[bx+(b'_f-b)h'_f] + f'_yA'_s - f_yA_s - \sum f_{si}A_{si} \qquad (9.2.5\text{-}1)$$

$$Ne_N \leqslant f_g[bx(h_0-x/2)+(b'_f-b)h'_f(h_0-h'_f/2)] + f'_yA'_s(h_0-a'_s) - \sum f_{si}S_{si} \qquad (9.2.5\text{-}2)$$

2）当为小偏心受压时，

$$N \leqslant f_g[bx+(b'_f-b)h'_f] + f'_yA'_s - \sigma_sA_s \qquad (9.2.5\text{-}3)$$

$$Ne_N \leqslant f_g[bx(h_0-x/2)+(b'_f-b)h'_f(h_0-h'_f/2)] + f'_yA'_s(h_0-a'_s) \qquad (9.2.5\text{-}4)$$

式中：b'_f——T形、L形、工形截面受压区的翼缘计算宽度；

h'_f——T形、L形、工形截面受压区的翼缘厚度。

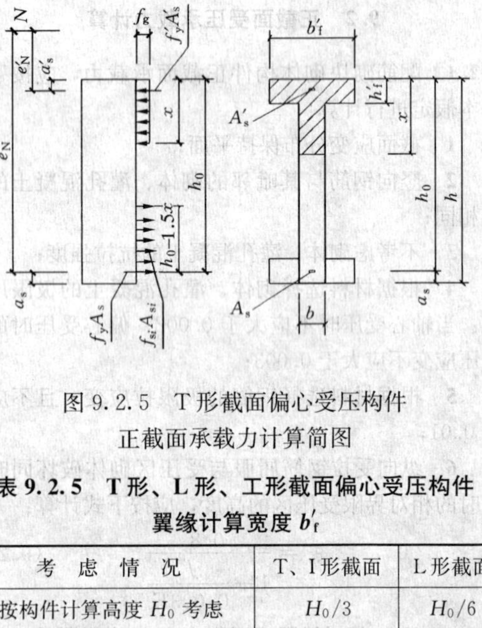

图 9.2.5　T形截面偏心受压构件正截面承载力计算简图

表 9.2.5　T形、L形、工形截面偏心受压构件翼缘计算宽度 b'_f

考 虑 情 况	T、I形截面	L形截面
按构件计算高度 H_0 考虑	$H_0/3$	$H_0/6$
按腹板间距 L 考虑	L	$L/2$
按翼缘厚度 h'_f 考虑	$b+12h'_f$	$b+6h'_f$
按翼缘的实际宽度 b'_f 考虑	b'_f	b'_f

9.3　斜截面受剪承载力计算

9.3.1　偏心受压和偏心受拉配筋砌块砌体剪力墙，其斜截面受剪承载力应根据下列情况进行计算：

1　剪力墙的截面，应满足下式要求：

$$V \leqslant 0.25f_gbh_0 \qquad (9.3.1\text{-}1)$$

式中：V——剪力墙的剪力设计值；

b——剪力墙截面宽度或T形、倒L形截面腹板宽度；

h_0——剪力墙截面的有效高度。

2 剪力墙在偏心受压时的斜截面受剪承载力，应按下列公式计算：

$$V \leqslant \frac{1}{\lambda - 0.5}\left(0.6 f_{vg} b h_0 + 0.12 N \frac{A_w}{A}\right) + 0.9 f_{yh} \frac{A_{sh}}{s} h_0 \quad (9.3.1\text{-}2)$$

$$\lambda = M / V h_0 \quad (9.3.1\text{-}3)$$

式中：f_{vg}——灌孔砌体的抗剪强度设计值，应按第3.2.2条的规定采用；

M、N、V——计算截面的弯矩、轴向力和剪力设计值，当 N 大于 $0.25 f_g bh$ 时取 $N = 0.25 f_g bh$；

A——剪力墙的截面面积，其中翼缘的有效面积，可按表9.2.5的规定确定；

A_w——T形或倒L形截面腹板的截面面积，对矩形截面取 A_w 等于 A；

λ——计算截面的剪跨比，当 λ 小于1.5时取1.5，当 λ 大于或等于2.2时取2.2；

h_0——剪力墙截面的有效高度；

A_{sh}——配置在同一截面内的水平分布钢筋或网片的全部截面面积；

s——水平分布钢筋的竖向间距；

f_{yh}——水平钢筋的抗拉强度设计值。

3 剪力墙在偏心受拉时的斜截面受剪承载力应按下列公式计算：

$$V \leqslant \frac{1}{\lambda - 0.5}\left(0.6 f_{vg} b h_0 - 0.22 N \frac{A_w}{A}\right) + 0.9 f_{yh} \frac{A_{sh}}{s} h_0 \quad (9.3.1\text{-}4)$$

9.3.2 配筋砌块砌体剪力墙连梁的斜截面受剪承载力，应符合下列规定：

1 当连梁采用钢筋混凝土时，连梁的承载力应按现行国家标准《混凝土结构设计规范》GB 50010的有关规定进行计算；

2 当连梁采用配筋砌块砌体时，应符合下列规定：

1）连梁的截面，应符合下列规定：

$$V_b \leqslant 0.25 f_g b h_0 \quad (9.3.2\text{-}1)$$

2）连梁的斜截面受剪承载力应按下列公式计算：

$$V_b \leqslant 0.8 f_{vg} b h_0 + f_{yv} \frac{A_{sv}}{s} h_0 \quad (9.3.2\text{-}2)$$

式中：V_b——连梁的剪力设计值；

b——连梁的截面宽度；

h_0——连梁的截面有效高度；

A_{sv}——配置在同一截面内箍筋各肢的全部截面面积；

f_{yv}——箍筋的抗拉强度设计值；

s——沿构件长度方向箍筋的间距。

注：连梁的正截面受弯承载力应按现行国家标准《混凝土结构设计规范》GB 50010受弯构件的有关规定进行计算，当采用配筋砌块砌体时，应采用其相应的计算参数和指标。

9.4 配筋砌块砌体剪力墙构造规定

Ⅰ 钢 筋

9.4.1 钢筋的选择应符合下列规定：

1 钢筋的直径不宜大于25mm，当设置在灰缝中时不应小于4mm，在其他部位不应小于10mm；

2 配置在孔洞或空腔中的钢筋面积不应大于孔洞或空腔面积的6%。

9.4.2 钢筋的设置，应符合下列规定：

1 设置在灰缝中钢筋的直径不宜大于灰缝厚度的1/2；

2 两平行的水平钢筋间的净距不应小于50mm；

3 柱和壁柱中的竖向钢筋的净距不宜小于40mm（包括接头处钢筋间的净距）。

9.4.3 钢筋在灌孔混凝土中的锚固，应符合下列规定：

1 当计算中充分利用竖向受拉钢筋强度时，其锚固长度 l_a，对HRB335级钢筋不应小于 $30d$；对HRB400和RRB400级钢筋不应小于 $35d$；在任何情况下钢筋（包括钢筋网片）锚固长度不应小于300mm；

2 竖向受拉钢筋不应在受拉区截断。如必须截断时，应延伸至按正截面受弯承载力计算不需要该钢筋的截面以外，延伸的长度不应小于 $20d$；

3 竖向受压钢筋在跨中截断时，必须伸至按计算不需要该钢筋的截面以外，延伸的长度不应小于 $20d$；对绑扎骨架中末端无弯钩的钢筋，不应小于 $25d$；

4 钢筋骨架中的受力光圆钢筋，应在钢筋末端作弯钩，在焊接骨架、焊接网以及轴心受压构件中，不作弯钩；绑扎骨架中的受力带肋钢筋，在钢筋的末端不做弯钩。

9.4.4 钢筋的直径大于22mm时宜采用机械连接接头，接头的质量应符合国家现行有关标准的规定；其他直径的钢筋可采用搭接接头，并应符合下列规定：

1 钢筋的接头位置宜设置在受力较小处；

2 受拉钢筋的搭接接头长度不应小于 $1.1l_a$，受压钢筋的搭接接头长度不应小于 $0.7l_a$，且不应小于300mm；

3 当相邻接头钢筋的间距不大于75mm时，其搭接长度应为 $1.2l_a$。当钢筋间的接头错开 $20d$ 时，搭接长度可不增加。

9.4.5 水平受力钢筋（网片）的锚固和搭接长度应符合下列规定：

1 在凹槽砌块混凝土带中钢筋的锚固长度不宜

小于 $30d$，且其水平或垂直弯折段的长度不宜小于 $15d$ 和 $200mm$；钢筋的搭接长度不宜小于 $35d$；

2 在砌体水平灰缝中，钢筋的锚固长度不宜小于 $50d$，且其水平或垂直弯折段的长度不宜小于 $20d$ 和 250mm；钢筋的搭接长度不宜小于 $55d$；

3 在隔皮或错缝搭接的灰缝中为 $55d+2h$，d 为灰缝受力钢筋的直径，h 为水平灰缝的间距。

Ⅱ 配筋砌块砌体剪力墙、连梁

9.4.6 配筋砌块砌体剪力墙、连梁的砌体材料强度等级应符合下列规定：

1 砌块不应低于 MU10；

2 砌筑砂浆不应低于 Mb7.5；

3 灌孔混凝土不应低于 Cb20。

注：对安全等级为一级或设计使用年限大于 50a 的配筋砌块砌体房屋，所用材料的最低强度等级应至少提高一级。

9.4.7 配筋砌块砌体剪力墙厚度、连梁截面宽度不应小于 190mm。

9.4.8 配筋砌块砌体剪力墙的构造配筋应符合下列规定：

1 应在墙的转角、端部和孔洞的两侧配置竖向连续的钢筋，钢筋直径不应小于 12mm；

2 应在洞口的底部和顶部设置不小于 $2\phi10$ 的水平钢筋，其伸入墙内的长度不应小于 $40d$ 和 600mm；

3 应在楼（屋）盖的所有纵横墙处设置现浇钢筋混凝土圈梁，圈梁的宽度和高度应等于墙厚和块高，圈梁主筋不应少于 $4\phi10$，圈梁的混凝土强度等级不应低于同层混凝土块体强度等级的 2 倍，或该层灌孔混凝土的强度等级，也不应低于 C20；

4 剪力墙其他部位的竖向和水平钢筋的间距不应大于墙长、墙高的 1/3，也不应大于 900mm；

5 剪力墙沿竖向和水平方向的构造钢筋配筋率均不应小于 0.07%。

9.4.9 按壁式框架设计的配筋砌块砌体窗间墙除应符合本规范第 9.4.6 条～9.4.8 条规定外，尚应符合下列规定；

1 窗间墙的截面应符合下列要求规定：

1）墙宽不应小于 800mm；

2）墙净高与墙宽之比不宜大于 5。

2 窗间墙中的竖向钢筋应符合下列规定：

1）每片窗间墙中沿全高不应少于 4 根钢筋；

2）沿墙的全截面应配置足够的抗弯钢筋；

3）窗间墙的竖向钢筋的配筋率不宜小于 0.2%，也不宜大于 0.8%。

3 窗间墙中的水平分布钢筋应符合下列规定：

1）水平分布钢筋应在墙端部纵筋处向下弯折射 90°，弯折段长度不小于 $15d$ 和 150mm；

2）水平分布钢筋的间距：在距梁边 1 倍墙宽范围内不应大于 1/4 墙宽，其余部位不应大于 1/2 墙宽；

3）水平分布钢筋的配筋率不宜小于 0.15%。

9.4.10 配筋砌块砌体剪力墙，应按下列情况设置边缘构件：

1 当利用剪力墙端部的砌体受力时，应符合下列规定：

1）应在一字墙的端部至少 3 倍墙厚范围内的孔中设置不小于 $\phi12$ 通长竖向钢筋；

2）应在 L、T 或＋字形墙交接处 3 或 4 个孔中设置不小于 $\phi12$ 通长竖向钢筋；

3）当剪力墙的轴压比大于 $0.6f_g$ 时，除按上述规定设置竖向钢筋外，尚应设置间距不大于 200mm、直径不小于 6mm 的钢箍。

2 当在剪力墙墙端设置混凝土柱作为边缘构件时，应符合下列规定：

1）柱的截面宽度宜不小于墙厚，柱的截面高度宜为 1～2 倍的墙厚，并不应小于 200mm；

2）柱的混凝土强度等级不宜低于该墙体块体强度等级的 2 倍，或不低于该墙体灌孔混凝土的强度等级，也不应低于 Cb20；

3）柱的竖向钢筋不宜小于 $4\phi12$，箍筋不宜小于 $\phi6$、间距不宜大于 200mm；

4）墙体中的水平钢筋应在柱中锚固，并应满足钢筋的锚固要求；

5）柱的施工顺序宜为先砌砌块墙体，后浇捣混凝土。

9.4.11 配筋砌块砌体剪力墙中当连梁采用钢筋混凝土时，连梁混凝土的强度等级不宜低于同层墙体块体强度等级的 2 倍，或同层墙体灌孔混凝土的强度等级，也不应低于 C20；其他构造尚应符合现行国家标准《混凝土结构设计规范》GB 50010 的有关规定。

9.4.12 配筋砌块砌体剪力墙中当连梁采用配筋砌块砌体时，连梁应符合下列规定：

1 连梁的截面应符合下列规定：

1）连梁的高度不应小于两皮砌块的高度和 400mm；

2）连梁应采用 H 型砌块或凹槽砌块组砌，孔洞应全部浇灌混凝土。

2 连梁的水平钢筋宜符合下列规定：

1）连梁上、下水平受力钢筋宜对称、通长设置，在灌孔砌体内的锚固长度不宜小于 $40d$ 和 600mm；

2）连梁水平受力钢筋的含钢率不宜小于 0.2%，也不宜大于 0.8%。

3 连梁的箍筋应符合下列规定：

1）箍筋的直径不应小于 6mm；

2）箍筋的间距不宜大于 1/2 梁高和 600mm；

3）在距支座等于梁高范围内的箍筋间距不应大于1/4梁高，距支座表面第一根箍筋的间距不应大于100mm；

4）箍筋的面积配筋率不宜小于0.15%；

5）箍筋宜为封闭式，双肢箍末端弯钩为135°；单肢箍末端的弯钩为180°，或弯90°加12倍箍筋直径的延长段。

Ⅲ 配筋砌块砌体柱

9.4.13 配筋砌块砌体柱（图9.4.13）除应符合本规范第9.4.6条的要求外，尚应符合下列规定：

1 柱截面边长不宜小于400mm，柱高度与截面短边之比不宜大于30；

2 柱的竖向受力钢筋的直径不宜小于12mm，数量不应少于4根，全部竖向受力钢筋的配筋率不宜小于0.2%；

3 柱中箍筋的设置应根据下列情况确定：

1）当纵向钢筋的配筋率大于0.25%，且柱承受的轴向力大于受压承载力设计值的25%时，柱应设箍筋；当配筋率小于等于0.25%时，或柱承受的轴向力小于受压承载力设计值的25%时，柱中可不设置箍筋；

2）箍筋直径不宜小于6mm；

3）箍筋的间距不应大于16倍的纵向钢筋直径、48倍箍筋直径及柱截面短边尺寸中较小者；

4）箍筋应封闭，端部应弯钩或绕纵筋水平弯折90°，弯折段长度不小于10d；

5）箍筋应设置在灰缝或灌孔混凝土中。

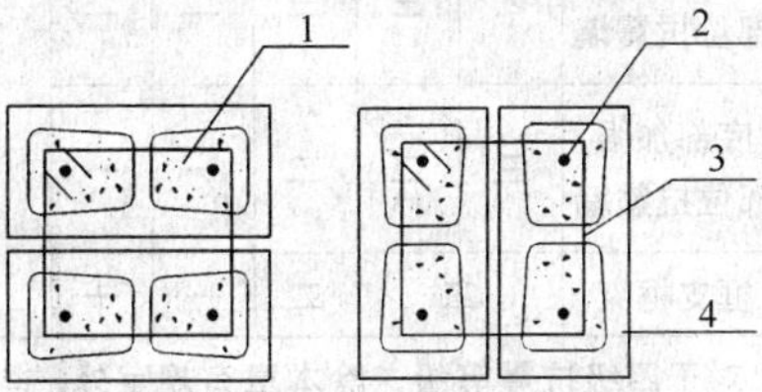

(a) 下皮　　(b) 上皮

图9.4.13 配筋砌块砌体柱截面示意

1—灌孔混凝土；2—钢筋；3—箍筋；4—砌块

10 砌体结构构件抗震设计

10.1 一般规定

10.1.1 抗震设防地区的普通砖（包括烧结普通砖、蒸压灰砂普通砖、蒸压粉煤灰普通砖、混凝土普通砖）、多孔砖（包括烧结多孔砖、混凝土多孔砖）和混凝土砌块等砌体承重的多层房屋，底层或底部两层框架-抗震墙砌体房屋，配筋砌块砌体抗震墙房屋，除应符合本规范第1章至第9章的要求外，尚应按本章规定进行抗震设计，同时尚应符合现行国家标准《建筑抗震设计规范》GB 50011、《墙体材料应用统一技术规范》GB 50574的有关规定。甲类设防建筑不宜采用砌体结构，当需采用时，应进行专门研究并采取高于本章规定的抗震措施。

注：本章中“配筋砌块砌体抗震墙”指全部灌芯配筋砌块砌体。

10.1.2 本章适用的多层砌体结构房屋的总层数和总高度，应符合下列规定：

1 房屋的层数和总高度不应超过表10.1.2的规定；

表10.1.2 多层砌体房屋的层数和总高度限值（m）

房屋类别		最小墙厚度（mm）	设防烈度和设计基本地震加速度											
			6		7				8				9	
			0.05g		0.10g		0.15g		0.20g		0.30g		0.40g	
			高度	层数	高度	层数	高度	层数	高度	层数	高度	层数	高度	层数
多层砌体房屋	普通砖	240	21	7	21	7	21	7	18	6	15	5	12	4
	多孔砖	240	21	7	21	7	18	6	18	6	15	5	9	3
	多孔砖	190	21	7	18	6	15	5	15	5	12	4	—	—
	混凝土砌块	190	21	7	21	7	18	6	18	6	15	5	9	3
底部框架-抗震墙砌体房屋	普通砖 多孔砖	240	22	7	22	7	19	6	16	5	—	—	—	—
	多孔砖	190	22	7	19	6	16	5	13	4	—	—	—	—
	混凝土砌块	190	22	7	22	7	19	6	16	5	—	—	—	—

注：1 房屋的总高度指室外地面到主要屋面板板顶或檐口的高度，半地下室从地下室室内地面算起，全地下室和嵌固条件好的半地下室应允许从室外地面算起；对带阁楼的坡屋面应算到山尖墙的1/2高度处；

2 室内外高差大于0.6m时，房屋总高度应允许比表中的数据适当增加，但增加量应少于1.0m；

3 乙类的多层砌体房屋仍按本地区设防烈度查表，其层数应减少一层且总高度应降低3m；不应采用底部框架-抗震墙砌体房屋。

2 各层横墙较少的多层砌体房屋，总高度应比表10.1.2中的规定降低3m，层数相应减少一层；各层横墙很少的多层砌体房屋，还应再减少一层；

注：横墙较少是指同一楼层内开间大于4.2m的房间占该层总面积的40%以上；其中，开间不大于4.2m的房间占该层总面积不到20%且开间大于4.8m的房间占该层总面积的50%以上为横墙很少。

3 抗震设防烈度为6、7度时，横墙较少的丙类多层砌体房屋，当按现行国家标准《建筑抗震设计规范》GB 50011规定采取加强措施并满足抗震承载力要求时，其高度和层数应允许仍按表10.1.2中的规定采用；

4 采用蒸压灰砂普通砖和蒸压粉煤灰普通砖的砌体房屋，当砌体的抗剪强度仅达到普通黏土砖砌体的70%时，房屋的层数应比普通砖房屋减少一层，总高度应减少3m；当砌体的抗剪强度达到普通黏土砖砌体的取值时，房屋层数和总高度的要求同普通砖房屋。

10.1.3 本章适用的配筋砌块砌体抗震墙结构和部分框支抗震墙结构房屋最大高度应符合表10.1.3的规定。

表10.1.3 配筋砌块砌体抗震墙房屋适用的最大高度（m）

结构类型 最小墙厚（mm）		设防烈度和设计基本地震加速度					
		6度	7度		8度		9度
		0.05g	0.10g	0.15g	0.20g	0.30g	0.40g
配筋砌块砌体抗震墙	190mm	60	55	45	40	30	24
部分框支抗震墙	190mm	55	49	40	31	24	—

注：1 房屋高度指室外地面到主要屋面板板顶的高度（不包括局部突出屋顶部分）；

2 某层或几层开间大于6.0m以上的房间建筑面积占相应层建筑面积40%以上时，表中数据相应减少6m；

3 部分框支抗震墙结构指首层或底部两层为框支层的结构，不包括仅个别框支墙的情况；

4 房屋的高度超过表内高度时，应根据专门研究，采取有效的加强措施。

10.1.4 砌体结构房屋的层高，应符合下列规定：

1 多层砌体结构房屋的层高，应符合下列规定：

1）多层砌体结构房屋的层高，不应超过3.6m；

注：当使用功能确有需要时，采用约束砌体等加强措施的普通砖房屋，层高不应超过3.9m。

2）底部框架-抗震墙砌体房屋的底部，层高不应超过4.5m；当底层采用约束砌体抗震墙时，底层的层高不应超过4.2m。

2 配筋混凝土空心砌块抗震墙房屋的层高，应符合下列规定：

1）底部加强部位（不小于房屋高度的1/6且不小于底部二层的高度范围）的层高（房屋总高度小于21m时取一层），一、二级不宜大于3.2m，三、四级不应大于3.9m；

2）其他部位的层高，一、二级不应大于3.9m，三、四级不应大于4.8m。

10.1.5 考虑地震作用组合的砌体结构构件，其截面承载力应除以承载力抗震调整系数γ_{RE}，承载力抗震调整系数应按表10.1.5采用。当仅计算竖向地震作用时，各类结构构件承载力抗震调整系数均应采用1.0。

表10.1.5 承载力抗震调整系数

结构构件类别	受力状态	γ_{RE}
两端均设有构造柱、芯柱的砌体抗震墙	受剪	0.9
组合砖墙	偏压、大偏拉和受剪	0.9
配筋砌块砌体抗震墙	偏压、大偏拉和受剪	0.85
自承重墙	受剪	1.0
其他砌体	受剪和受压	1.0

10.1.6 配筋砌块砌体抗震墙结构房屋抗震设计时，结构抗震等级应根据设防烈度和房屋高度按表10.1.6采用。

表10.1.6 配筋砌块砌体抗震墙结构房屋的抗震等级

结构类型		设防烈度						
		6		7		8		9
配筋砌块砌体抗震墙	高度（m）	≤24	>24	≤24	>24	≤24	>24	≤24
	抗震墙	四	三	三	二	二	一	一
部分框支抗震墙	非底部加强部位抗震墙	四	三	三	二	二	不应采用	
	底部加强部位抗震墙	三	二	二	一	一		
	框支框架	二		二	一	一		

注：1 对于四级抗震等级，除本章有规定外，均按非抗震设计采用；

2 接近或等于高度分界时，可结合房屋不规则程度及场地、地基条件确定抗震等级。

10.1.7 结构抗震设计时，地震作用应按现行国家标准《建筑抗震设计规范》GB 50011的规定计算。结构的截面抗震验算，应符合下列规定：

1 抗震设防烈度为6度时，规则的砌体结构房屋构件，应允许不进行抗震验算，但应有符合现行国家标准《建筑抗震设计规范》GB 50011和本章规定的抗震措施；

2 抗震设防烈度为7度和7度以上的建筑结构，应进行多遇地震作用下的截面抗震验算。6度时，下列多层砌体结构房屋的构件，应进行多遇地震作用下的截面抗震验算。

1）平面不规则的建筑；

2）总层数超过三层的底部框架-抗震墙砌体房屋；

3）外廊式和单面走廊式底部框架-抗震墙砌体房屋；

4）托梁等转换构件。

10.1.8 配筋砌块砌体抗震墙结构应进行多遇地震作用下的抗震变形验算，其楼层内最大的层间弹性位移角不宜超过1/1000。

10.1.9 底部框架-抗震墙砌体房屋的钢筋混凝土结构部分，除应符合本章规定外，尚应符合现行国家标准《建筑抗震设计规范》GB 50011—2010第6章的有关要求；此时，底部钢筋混凝土框架的抗震等级，6、7、8度时应分别按三、二、一级采用；底部钢筋混凝土抗震墙和配筋砌块砌体抗震墙的抗震等级，6、7、8度时应分别按三、三、二级采用。多层砌体房屋局部有上部砌体墙不能连续贯通落地时，托梁、柱的抗震等级，6、7、8度时应分别按三、三、二级采用。

10.1.10 配筋砌块砌体短肢抗震墙及一般抗震墙设置，应符合下列规定：

1 抗震墙宜沿主轴方向双向布置，各向结构刚度、承载力宜均匀分布。高层建筑不宜采用全部为短肢墙的配筋砌块砌体抗震墙结构，应形成短肢抗震墙与一般抗震墙共同抵抗水平地震作用的抗震墙结构。9度时不宜采用短肢墙；

2 纵横方向的抗震墙宜拉通对齐；较长的抗震墙可采用楼板或弱连梁分为若干个独立的墙段，每个独立墙段的总高度与长度之比不宜小于2，墙肢的截面高度也不宜大于8m；

3 抗震墙的门窗洞口宜上下对齐，成列布置；

4 一般抗震墙承受的第一振型底部地震倾覆力矩不应小于结构总倾覆力矩的50%，且两个主轴方向，短肢抗震墙截面面积与同一层所有抗震墙截面面积比例不宜大于20%；

5 短肢抗震墙宜设翼缘。一字形短肢墙平面外不宜布置与之单侧相交的楼面梁；

6 短肢墙的抗震等级应比表10.1.6的规定提高一级采用；已为一级时，配筋应按9度的要求提高；

7 配筋砌块砌体抗震墙的墙肢截面高度不宜小于墙肢截面宽度的5倍。

注：短肢抗震墙是指墙肢截面高度与宽度之比为5～8的抗震墙，一般抗震墙是指墙肢截面高度与宽度之比大于8的抗震墙。L形，T形，+形等多肢墙截面的长短肢性质应由较长一肢确定。

10.1.11 部分框支配筋砌块砌体抗震墙房屋的结构布置，应符合下列规定：

1 上部的配筋砌块砌体抗震墙与框支层落地抗震墙或框架应对齐或基本对齐；

2 框支层应沿纵横两方向设置一定数量的抗震墙，并均匀布置或基本均匀布置。框支层抗震墙可采用配筋砌块砌体抗震墙或钢筋混凝土抗震墙，但在同一层内不应混用；

3 矩形平面的部分框支配筋砌块砌体抗震墙房屋结构的楼层侧向刚度比和底层框架部分承担的地震倾覆力矩，应符合现行国家标准《建筑抗震设计规范》GB 50011—2010第6.1.9条的有关要求。

10.1.12 结构材料性能指标，应符合下列规定：

1 砌体材料应符合下列规定：

1）普通砖和多孔砖的强度等级不应低于MU10，其砌筑砂浆强度等级不应低于M5；蒸压灰砂普通砖、蒸压粉煤灰普通砖及混凝土砖的强度等级不应低于MU15，其砌筑砂浆强度等级不应低于Ms5（Mb5）；

2）混凝土砌块的强度等级不应低于MU7.5，其砌筑砂浆强度等级不应低于Mb7.5；

3）约束砖砌体墙，其砌筑砂浆强度等级不应低于M10或Mb10；

4）配筋砌块砌体抗震墙，其混凝土空心砌块的强度等级不应低于MU10，其砌筑砂浆强度等级不应低于Mb10。

2 混凝土材料，应符合下列规定：

1）托梁，底部框架-抗震墙砌体房屋中的框架梁、框架柱、节点核芯区、混凝土墙和过渡层底板，部分框支配筋砌块砌体抗震墙结构中的框支梁和框支柱等转换构件、节点核芯区、落地混凝土墙和转换层楼板，其混凝土的强度等级不应低于C30；

2）构造柱、圈梁、水平现浇钢筋混凝土带及其他各类构件不应低于C20，砌块砌体芯柱和配筋砌块砌体抗震墙的灌孔混凝土强度等级不应低于Cb20。

3 钢筋材料应符合下列规定：

1）钢筋宜选用HRB400级钢筋和HRB335级钢筋，也可采用HPB300级钢筋；

2）托梁、框架梁、框架柱等混凝土构件和落地混凝土墙，其普通受力钢筋宜优先选用HRB400钢筋。

10.1.13 考虑地震作用组合的配筋砌体结构构件，其配置的受力钢筋的锚固和接头，除应符合本规范第9章的要求外，尚应符合下列规定：

1 纵向受拉钢筋的最小锚固长度l_{ae}，抗震等级为一、二级时，l_{ae}取$1.15l_a$，抗震等级为三级时，l_{ae}取$1.05l_a$，抗震等级为四级时，l_{ae}取$1.0l_a$，l_a为受拉钢筋的锚固长度，按第9.4.3条的规定确定。

2 钢筋搭接接头，对一、二级抗震等级不小于

$1.2l_a+5d$；对三、四级不小于 $1.2l_a$。

3 配筋砌块砌体剪力墙的水平分布钢筋沿墙长应连续设置，两端的锚固应符合下列规定：

1）一、二级抗震等级剪力墙，水平分布钢筋可绕主筋弯180°弯钩，弯钩端部直段长度不宜小于12d；水平分布钢筋亦可弯入端部灌孔混凝土中，锚固长度不应小于30d，且不应小于250mm；

2）三、四级剪力墙，水平分布钢筋可弯入端部灌孔混凝土中，锚固长度不应小于20d，且不应小于200mm；

3）当采用焊接网片作为剪力墙水平钢筋时，应在钢筋网片的弯折端部加焊两根直径与抗剪钢筋相同的横向钢筋，弯入灌孔混凝土的长度不应小于150mm。

10.1.14 砌体结构构件进行抗震设计时，房屋的结构体系、高宽比、抗震横墙的间距、局部尺寸的限值、防震缝的设置及结构构造措施等，除满足本章规定外，尚应符合现行国家标准《建筑抗震设计规范》GB 50011的有关规定。

10.2 砖砌体构件

Ⅰ 承载力计算

10.2.1 普通砖、多孔砖砌体沿阶梯形截面破坏的抗震抗剪强度设计值，应按下式确定：

$$f_{vE}=\zeta_N f_v \quad (10.2.1)$$

式中：f_{vE}——砌体沿阶梯形截面破坏的抗震抗剪强度设计值；

f_v——非抗震设计的砌体抗剪强度设计值；

ζ_N——砖砌体抗震抗剪强度的正应力影响系数，应按表10.2.1采用。

表10.2.1 砖砌体强度的正应力影响系数

砌体类别	σ_0/f_v						
	0.0	1.0	3.0	5.0	7.0	10.0	12.0
普通砖、多孔砖	0.80	0.99	1.25	1.47	1.65	1.90	2.05

注：σ_0 为对应于重力荷载代表值的砌体截面平均压应力。

10.2.2 普通砖、多孔砖墙体的截面抗震受剪承载力，应按下列公式验算：

1 一般情况下，应按下式验算：

$$V\leqslant f_{vE}A/\gamma_{RE} \quad (10.2.2\text{-}1)$$

式中：V——考虑地震作用组合的墙体剪力设计值；

f_{vE}——砖砌体沿阶梯形截面破坏的抗震抗剪强度设计值；

A——墙体横截面面积；

γ_{RE}——承载力抗震调整系数，应按表10.1.5采用。

2 采用水平配筋的墙体，应按下式验算：

$$V\leqslant\frac{1}{\gamma_{RE}}(f_{vE}A+\zeta_s f_{yh}A_{sh}) \quad (10.2.2\text{-}2)$$

式中：ζ_s——钢筋参与工作系数，可按表10.2.2采用；

f_{yh}——墙体水平纵向钢筋的抗拉强度设计值；

A_{sh}——层间墙体竖向截面的总水平纵向钢筋面积，其配筋率不应小于0.07%且不大于0.17%。

表10.2.2 钢筋参与工作系数（ζ_s）

墙体高宽比	0.4	0.6	0.8	1.0	1.2
ζ_s	0.10	0.12	0.14	0.15	0.12

3 墙段中部基本均匀的设置构造柱，且构造柱的截面不小于240mm×240mm（当墙厚190mm时，亦可采用240mm×190mm），构造柱间距不大于4m时，可计入墙段中部构造柱对墙体受剪承载力的提高作用，并按下式进行验算：

$$V\leqslant\frac{1}{\gamma_{RE}}[\eta_c f_{vE}(A-A_c)+\zeta_c f_t A_c+0.08f_{yc}A_{sc}+\zeta_s f_{yh}A_{sh}] \quad (10.2.2\text{-}3)$$

式中：A_c——中部构造柱的横截面面积（对横墙和内纵墙，$A_c>0.15A$时，取$0.15A$；对外纵墙，$A_c>0.25A$时，取$0.25A$）；

f_t——中部构造柱的混凝土轴心抗拉强度设计值；

A_{sc}——中部构造柱的纵向钢筋截面总面积，配筋率不应小于0.6%，大于1.4%时取1.4%；

f_{yh}、f_{yc}——分别为墙体水平钢筋、构造柱纵向钢筋的抗拉强度设计值；

ζ_c——中部构造柱参与工作系数，居中设一根时取0.5，多于一根时取0.4；

η_c——墙体约束修正系数，一般情况取1.0，构造柱间距不大于3.0m时取1.1；

A_{sh}——层间墙体竖向截面的总水平纵向钢筋面积，其配筋率不应小于0.07%且不大于0.17%，水平纵向钢筋配筋率小于0.07%时取0。

10.2.3 无筋砖砌体墙的截面抗震受压承载力，按第5章计算的截面非抗震受压承载力除以承载力抗震调整系数进行计算；网状配筋砖墙、组合砖墙的截面抗震受压承载力，按第8章计算的截面非抗震受压承载力除以承载力抗震调整系数进行计算。

Ⅱ 构造措施

10.2.4 各类砖砌体房屋的现浇钢筋混凝土构造柱（以下简称构造柱），其设置应符合现行国家标准《建筑抗震设计规范》GB 50011的有关规定，并应符合下列规定：

1 构造柱设置部位应符合表 10.2.4 的规定；

2 外廊式和单面走廊式的房屋，应根据房屋增加一层的层数，按表 10.2.4 的要求设置构造柱，且单面走廊两侧的纵墙均应按外墙处理；

3 横墙较少的房屋，应根据房屋增加一层的层数，按表 10.2.4 的要求设置构造柱。当横墙较少的房屋为外廊式或单面走廊式时，应按本条 2 款要求设置构造柱；但 6 度不超过四层、7 度不超过三层和 8 度不超过二层时应按增加二层的层数对待；

4 各层横墙很少的房屋，应按增加二层的层数设置构造柱；

5 采用蒸压灰砂普通砖和蒸压粉煤灰普通砖的砌体房屋，当砌体的抗剪强度仅达到普通黏土砖砌体的 70%时（普通砂浆砌筑），应根据增加一层的层数按本条 1～4 款要求设置构造柱；但 6 度不超过四层、7 度不超过三层和 8 度不超过二层时应按增加二层的层数对待；

6 有错层的多层房屋，在错层部位应设置墙，其与其他墙交接处应设置构造柱；在错层部位的错层楼板位置应设置现浇钢筋混凝土圈梁；当房屋层数不低于四层时，底部 1/4 楼层处错层部位墙中部的构造柱间距不宜大于 2m。

表 10.2.4 砖砌体房屋构造柱设置要求

<table>
<tr><th colspan="4">房屋层数</th><th colspan="2" rowspan="2">设置部位</th></tr>
<tr><th>6 度</th><th>7 度</th><th>8 度</th><th>9 度</th></tr>
<tr><td>≤五</td><td>≤四</td><td>≤三</td><td></td><td rowspan="3">楼、电梯间四角，楼梯斜梯段上下端对应的墙体处；
外墙四角和对应转角；
错层部位横墙与外纵墙交接处；
大房间内外墙交接处；
较大洞口两侧</td><td>隔 12m 或单元横墙与外纵墙交接处；
楼梯间对应的另一侧内横墙与外纵墙交接处</td></tr>
<tr><td>六</td><td>五</td><td>四</td><td>二</td><td>隔开间横墙（轴线）与外墙交接处；
山墙与内纵墙交接处</td></tr>
<tr><td>七</td><td>六、七</td><td>五、六</td><td>三、四</td><td>内墙（轴线）与外墙交接处；
内墙的局部较小墙垛处；
内纵墙与横墙（轴线）交接处</td></tr>
</table>

注：1 较大洞口，内墙指不小于 2.1m 的洞口；外墙在内外墙交接处已设置构造柱时允许适当放宽，但洞侧墙体应加强；

2 当按本条第 2～5 款规定确定的层数超出表 10.2.4 范围，构造柱设置要求不应低于表中相应烈度的最高要求且宜适当提高。

10.2.5 多层砖砌体房屋的构造柱应符合下列构造规定：

1 构造柱的最小截面可为 180mm×240mm（墙厚 190mm 时为 180mm×190mm）；构造柱纵向钢筋宜采用 4ϕ12，箍筋直径可采用 6mm，间距不宜大于 250mm，且在柱上、下端适当加密；当 6、7 度超过六层、8 度超过五层和 9 度时，构造柱纵向钢筋宜采用 4ϕ14，箍筋间距不应大于 200mm；房屋四角的构造柱应适当加大截面及配筋；

2 构造柱与墙连接处应砌成马牙槎，沿墙高每隔 500mm 设 2ϕ6 水平钢筋和 ϕ4 分布短筋平面内点焊组成的拉结网片或 ϕ4 点焊钢筋网片，每边伸入墙内不宜小于 1m。6、7 度时，底部 1/3 楼层，8 度时底部 1/2 楼层，9 度时全部楼层，上述拉结钢筋网片应沿墙体水平通长设置；

3 构造柱与圈梁连接处，构造柱的纵筋应在圈梁纵筋内侧穿过，保证构造柱纵筋上下贯通；

4 构造柱可不单独设置基础，但应伸入室外地面下 500mm，或与埋深小于 500mm 的基础圈梁相连；

5 房屋高度和层数接近本规范表 10.1.2 的限值时，纵、横墙内构造柱间距尚应符合下列规定：

1）横墙内的构造柱间距不宜大于层高的二倍；下部 1/3 楼层的构造柱间距适当减小；

2）当外纵墙开间大于 3.9m 时，应另设加强措施。内纵墙的构造柱间距不宜大于 4.2m。

10.2.6 约束普通砖墙的构造，应符合下列规定：

1 墙段两端设有符合现行国家标准《建筑抗震设计规范》GB 50011 要求的构造柱，且墙肢两端及中部构造柱的间距不大于层高或 3.0m，较大洞口两侧应设置构造柱；构造柱最小截面尺寸不宜小于 240mm×240mm（墙厚 190mm 时为 240mm×190mm），边柱和角柱的截面宜适当加大；构造柱的纵筋和箍筋设置宜符合表 10.2.6 的要求。

2 墙体在楼、屋盖标高处均设置满足现行国家标准《建筑抗震设计规范》GB 50011 要求的圈梁，上部各楼层处圈梁截面高度不宜小于 150mm；圈梁纵向钢筋应采用强度等级不低于 HRB335 的钢筋，6、7 度时不小于 4ϕ10；8 度时不小于 4ϕ12；9 度时不小于 4ϕ14；箍筋不小于 ϕ6。

表 10.2.6 构造柱的纵筋和箍筋设置要求

<table>
<tr><th rowspan="2">位置</th><th colspan="3">纵向钢筋</th><th colspan="3">箍筋</th></tr>
<tr><th>最大配筋率（%）</th><th>最小配筋率（%）</th><th>最小直径（mm）</th><th>加密区范围（mm）</th><th>加密区间距（mm）</th><th>最小直径（mm）</th></tr>
<tr><td>角柱</td><td rowspan="2">1.8</td><td rowspan="2">0.8</td><td>14</td><td>全高</td><td rowspan="3">100</td><td rowspan="3">6</td></tr>
<tr><td>边柱</td><td>14</td><td>上端 700</td></tr>
<tr><td>中柱</td><td>1.4</td><td>0.6</td><td>12</td><td>下端 500</td></tr>
</table>

10.2.7 房屋的楼、屋盖与承重墙构件的连接，应符合下列规定：

1 钢筋混凝土预制楼板在梁、承重墙上必须具有足够的搁置长度。当圈梁未设在板的同一标高时，板端的搁置长度，在外墙上不应小于120mm，在内墙上，不应小于100mm，在梁上不应小于80mm，当采用硬架支模连接时，搁置长度允许不满足上述要求；

2 当圈梁设在板的同一标高时，钢筋混凝土预制楼板端头应伸出钢筋，与墙体的圈梁相连接。当圈梁设在板底时，房屋端部大房间的楼盖，6度时房屋的屋盖和7～9度时房屋的楼、屋盖，钢筋混凝土预制板应相互拉结，并应与梁、墙或圈梁拉结；

3 当板的跨度大于4.8m并与外墙平行时，靠外墙的预制板侧边应与墙或圈梁拉结；

4 钢筋混凝土预制楼板侧边之间应留有不小于20mm的空隙，相邻跨预制楼板板缝宜贯通，当板缝宽度不小于50mm时应配置板缝钢筋；

5 装配整体式钢筋混凝土楼、屋盖，应在预制板叠合层上双向配置通长的水平钢筋，预制板应与后浇的叠合层有可靠的连接。现浇板和现浇叠合层应跨越承重内墙或梁，伸入外墙内长度应不小于120mm和1/2墙厚；

6 现浇或装配整体式钢筋混凝土楼、屋盖与墙体有可靠连接的房屋，应允许不另设圈梁，但楼板沿抗震墙体周边均应加强配筋并应与相应的构造柱钢筋可靠连接。

10.3 混凝土砌块砌体构件

Ⅰ 承载力计算

10.3.1 混凝土砌块砌体沿阶梯形截面破坏的抗震抗剪强度设计值，应按下式计算：

$$f_{vE}=\zeta_N f_v \quad (10.3.1)$$

式中：f_{vE}——砌体沿阶梯形截面破坏的抗震抗剪强度设计值；

f_v——非抗震设计的砌体抗剪强度设计值；

ζ_N——砌块砌体抗震抗剪强度的正应力影响系数，应按表10.3.1采用。

表10.3.1 砌块砌体抗震抗剪强度的正应力影响系数

砌体类别	σ_0/f_v						
	1.0	3.0	5.0	7.0	10.0	12.0	≥16.0
混凝土砌块	1.23	1.69	2.15	2.57	3.02	3.32	3.92

注：σ_0 为对应于重力荷载代表值的砌体截面平均压应力。

10.3.2 设置构造柱和芯柱的混凝土砌块墙体的截面抗震受剪承载力，可按下式验算：

$$V\leqslant\frac{1}{\gamma_{RE}}[f_{vE}A+(0.3f_{t1}A_{c1}+0.3f_{t2}A_{c2}+0.05f_{y1}A_{s1}+0.05f_{y2}A_{s2})\zeta_c] \quad (10.3.2)$$

式中：f_{t1}——芯柱混凝土轴心抗拉强度设计值；

f_{t2}——构造柱混凝土轴心抗拉强度设计值；

A_{c1}——墙中部芯柱截面总面积；

A_{c2}——墙中部构造柱截面总面积，$A_{c2}=bh$；

A_{s1}——芯柱钢筋截面总面积；

A_{s2}——构造柱钢筋截面总面积；

f_{y1}——芯柱钢筋抗拉强度设计值；

f_{y2}——构造柱钢筋抗拉强度设计值；

ζ_c——芯柱和构造柱参与工作系数，可按表10.3.2采用。

表10.3.2 芯柱和构造柱参与工作系数

灌孔率 ρ	$\rho<0.15$	$0.15\leqslant\rho<0.25$	$0.25\leqslant\rho<0.5$	$\rho\geqslant0.5$
ζ_c	0	1.0	1.10	1.15

注：灌孔率指芯柱根数（含构造柱和填实孔洞数量）与孔洞总数之比。

10.3.3 无筋混凝土砌块砌体抗震墙的截面抗震受压承载力，应按本规范第5章计算的截面非抗震受压承载力除以承载力抗震调整系数进行计算。

Ⅱ 构造措施

10.3.4 混凝土砌块房屋应按表10.3.4的要求设置钢筋混凝土芯柱。对外廊式和单面走廊式的房屋、横墙较少的房屋、各层横墙很少的房屋，尚应分别按本规范第10.2.4条第2、3、4款关于增加层数的对应要求，按表10.3.4的要求设置芯柱。

表10.3.4 混凝土砌块房屋芯柱设置要求

房屋层数				设置部位	设置数量
6度	7度	8度	9度		
≤五	≤四	≤三		外墙四角和对应转角；楼、电梯间四角；楼梯斜梯段上下端对应的墙体处；大房间内外墙交接处；错层部位横墙与外纵墙交接处；隔12m或单元横墙与外纵墙交接处	外墙转角，灌实3个孔；内外墙交接处，灌实4个孔；楼梯斜段上下端对应的墙体处，灌实2个孔
六	五	四	一	同上；隔开间横墙（轴线）与外纵墙交接处	
七	六	五	二	同上；各内墙（轴线）与外纵墙交接处；内纵墙与横墙（轴线）交接处和洞口两侧	外墙转角，灌实5个孔；内外墙交接处，灌实4个孔；内墙交接处，灌实4～5个孔；洞口两侧各灌实1个孔

续表 10.3.4

房屋层数				设置部位	设置数量
6度	7度	8度	9度		
	七	六	三	同上； 横墙内芯柱间距不宜大于 2m	外墙转角，灌实 7 个孔； 内外墙交接处，灌实 5 个孔； 内墙交接处，灌实 4～5 个孔； 洞口两侧各灌实 1 个孔

注：1 外墙转角、内外墙交接处、楼电梯间四角等部位，应允许采用钢筋混凝土构造柱替代部分芯柱。

2 当按 10.2.4 条第 2～4 款规定确定的层数超出表 10.3.4 范围，芯柱设置要求不应低于表中相应烈度的最高要求且宜适当提高。

10.3.5 混凝土砌块房屋混凝土芯柱，尚应满足下列要求：

1 混凝土砌块砌体墙纵横墙交接处、墙段两端和较大洞口两侧宜设置不少于单孔的芯柱；

2 有错层的多层房屋，错层部位应设置墙，墙中部的钢筋混凝土芯柱间距宜适当加密，在错层部位纵横墙交接处宜设置不少于 4 孔的芯柱；在错层部位的错层楼板位置尚应设置现浇钢筋混凝土圈梁；

3 为提高墙体抗震受剪承载力而设置的芯柱，宜在墙体内均匀布置，最大间距不宜大于 2.0m。当房屋层数或高度等于或接近表 10.1.2 中限值时，纵、横墙内芯柱间距尚应符合下列要求：

1）底部 1/3 楼层横墙中部的芯柱间距，7、8 度时不宜大于 1.5m；9 度时不宜大于 1.0m；

2）当外纵墙开间大于 3.9m 时，应另设加强措施。

10.3.6 梁支座处墙内宜设置芯柱，芯柱灌实孔数不少于 3 个。当 8、9 度房屋采用大跨梁或井字梁时，宜在梁支座处墙内设置构造柱；并应考虑梁端弯矩对墙体和构造柱的影响。

10.3.7 混凝土砌块砌体房屋的圈梁，除应符合现行国家标准《建筑抗震设计规范》GB 50011 要求外，尚应符合下述构造要求：

圈梁的截面宽度宜取墙宽且不应小于 190mm，配筋宜符合表 10.3.7 的要求，箍筋直径不小于 $\phi6$；基础圈梁的截面宽度宜取墙宽，截面高度不应小于 200mm，纵筋不应少于 $4\phi14$。

表 10.3.7 混凝土砌块砌体房屋圈梁配筋要求

配筋	烈度		
	6、7	8	9
最小纵筋	$4\phi10$	$4\phi12$	$4\phi14$
箍筋最大间距（mm）	250	200	150

10.3.8 楼梯间墙体构件除按规定设置构造柱或芯柱外，尚应通过墙体配筋增强其抗震能力，墙体应沿墙高每隔 400mm 水平通长设置 $\phi4$ 点焊拉结钢筋网片；楼梯间墙体中部的芯柱间距，6 度时不宜大于 2m；7、8 度时不宜大于 1.5m；9 度时不宜大于 1.0m；房屋层数或高度等于或接近表 10.1.2 中限值时，底部 1/3楼层芯柱间距适当减小。

10.3.9 混凝土砌块房屋的其他抗震构造措施，尚应符合本规范第 10.2 节和现行国家标准《建筑抗震设计规范》GB 50011 有关要求。

10.4 底部框架-抗震墙砌体房屋抗震构件

Ⅰ 承载力计算

10.4.1 底部框架-抗震墙砌体房屋中的钢筋混凝土抗震构件的截面抗震承载力应按国家现行标准《混凝土结构设计规范》GB 50010和《建筑抗震设计规范》GB 50011 的规定计算。配筋砌块砌体抗震墙的截面抗震承载力应按本规范第 10.5 节的规定计算。

10.4.2 底部框架-抗震墙砌体房屋中，计算由地震剪力引起的柱端弯矩时，底层柱的反弯点高度比可取 0.55。

10.4.3 底部框架-抗震墙砌体房屋中，底部框架、托梁和抗震墙组合的内力设计值尚应按下列要求进行调整：

1 柱的最上端和最下端组合的弯矩设计值应乘以增大系数，一、二、三级的增大系数应分别按 1.5、1.25 和 1.15 采用。

2 底部框架梁或托梁尚应按现行国家标准《建筑抗震设计规范》GB 50011—2010 第 6 章的相关规定进行内力调整。

3 抗震墙墙肢不应出现小偏心受拉。

10.4.4 底层框架-抗震墙砌体房屋中嵌砌于框架之间的砌体抗震墙，应符合本规范第 10.4.8 条的构造要求，其抗震验算应符合下列规定：

1 底部框架柱的轴向力和剪力，应计入砌体墙引起的附加轴向力和附加剪力，其值可按下列公式确定：

$$N_f = V_w H_f / l \quad (10.4.4\text{-}1)$$

$$V_f = V_w \quad (10.4.4\text{-}2)$$

式中：N_f——框架柱的附加轴压力设计值；

V_w——墙体承担的剪力设计值，柱两侧有墙时可取二者的较大值；

H_f、l——分别为框架的层高和跨度；

V_f——框架柱的附加剪力设计值。

2 嵌砌于框架之间的砌体抗震墙及两端框架柱，其抗震受剪承载力应按下式验算：

$$V \leqslant \frac{1}{\gamma_{REc}} \sum (M^u_{yc} + M^l_{yc}) / H_0 + \frac{1}{\gamma_{REw}} \sum f_{vE} A_{w0} \quad (10.4.4\text{-}3)$$

式中：V——嵌砌砌体墙及两端框架柱剪力设计值；

γ_{REc}——底层框架柱承载力抗震调整系数，可采用0.8；

M^{u}_{yc}、M^{l}_{yc}——分别为底层框架柱上下端的正截面受弯承载力设计值，可按现行国家标准《混凝土结构设计规范》GB 50010非抗震设计的有关公式取等号计算；

H_0——底层框架柱的计算高度，两侧均有砌体墙时取柱净高的2/3，其余情况取柱净高；

γ_{REw}——嵌砌砌体抗震墙承载力抗震调整系数，可采用0.9；

A_{w0}——砌体墙水平截面的计算面积，无洞口时取实际截面的1.25倍，有洞口时取截面净面积，但不计入宽度小于洞口高度1/4的墙肢截面面积。

10.4.5 由重力荷载代表值产生的框支墙梁托梁内力应按本规范第7.3节的有关规定计算。重力荷载代表值应按现行国家标准《建筑抗震设计规范》GB 50011的有关规定计算。但托梁弯矩系数α_M、剪力系数β_V应予增大；当抗震等级为一级时，增大系数取为1.15；当为二级时，取为1.10；当为三级时，取为1.05；当为四级时，取为1.0。

Ⅱ 构造措施

10.4.6 底部框架-抗震墙砌体房屋中底部抗震墙的厚度和数量，应由房屋的竖向刚度分布来确定。当采用约束普通砖墙时其厚度不得小于240mm；配筋砌块砌体抗震墙厚度，不应小于190mm；钢筋混凝土抗震墙厚度，不宜小于160mm；且均不宜小于层高或无支长度的1/20。

10.4.7 底部框架-抗震墙砌体房屋的底部采用钢筋混凝土抗震墙或配筋砌块砌体抗震墙时，其截面和构造应符合现行国家标准《建筑抗震设计规范》GB 50011的有关规定。配筋砌块砌体抗震墙尚应符合下列规定：

1 墙体的水平分布钢筋应采用双排布置；

2 墙体的分布钢筋和边缘构件，除应满足承载力要求外，可根据墙体抗震等级，按10.5节关于底部加强部位配筋砌块砌体抗震墙的分布钢筋和边缘构件的规定设置。

10.4.8 6度设防的底层框架-抗震墙房屋的底层采用约束普通砖墙时，其构造除应同时满足10.2.6要求外，尚应符合下列规定：

1 墙长大于4m时和洞口两侧，应在墙内增设钢筋混凝土构造柱。构造柱的纵向钢筋不宜少于4ϕ14；

2 沿墙高每隔300mm设置2ϕ8水平钢筋与ϕ4分布短筋平面内点焊组成的通长拉结网片，并锚入框架柱内；

3 在墙体半高附近尚应设置与框架柱相连的钢筋混凝土水平系梁，系梁截面宽度不应小于墙厚，截面高度不应小于120mm，纵筋不应小于4ϕ12，箍筋直径不应小于ϕ6，箍筋间距不应大于200mm。

10.4.9 底部框架-抗震墙砌体房屋的框架柱和钢筋混凝土托梁，其截面和构造除应符合现行国家标准《建筑抗震设计规范》GB 50011的有关要求外，尚应符合下列规定：

1 托梁的截面宽度不应小于300mm，截面高度不应小于跨度的1/10，当墙体在梁端附近有洞口时，梁截面高度不宜小于跨度的1/8；

2 托梁上、下部纵向贯通钢筋最小配筋率，一级时不应小于0.4%，二、三级时分别不应小于0.3%；当托墙梁受力状态为偏心受拉时，支座上部纵向钢筋至少应有50%沿梁全长贯通，下部纵向钢筋应全部直通到柱内；

3 托梁箍筋的直径不应小于10mm，间距不应大于200mm；梁端在1.5倍梁高且不小于1/5净跨范围内，以及上部墙体的洞口处和洞口两侧各500mm且不小于梁高的范围内，箍筋间距不应大于100mm；

4 托梁沿梁高每侧应设置不小于1ϕ14的通长腰筋，间距不应大于200mm。

10.4.10 底部框架-抗震墙砌体房屋的上部墙体，对构造柱或芯柱的设置及其构造应符合多层砌体房屋的要求，同时应符合下列规定：

1 构造柱截面不宜小于240mm×240mm（墙厚190mm时为240mm×190mm），纵向钢筋不宜少于4ϕ14，箍筋间距不宜大于200mm；

2 芯柱每孔插筋不应小于1ϕ14；芯柱间应沿墙高设置间距不大于400mm的ϕ4焊接水平钢筋网片；

3 顶层的窗台标高处，宜沿纵横墙通长设置的水平现浇钢筋混凝土带；其截面高度不小于60mm，宽度不小于墙厚，纵向钢筋不少于2ϕ10，横向分布筋的直径不小于6mm且其间距不大于200mm。

10.4.11 过渡层墙体的材料强度等级和构造要求，应符合下列规定：

1 过渡层砌体块材的强度等级不应低于MU10，砖砌体砌筑砂浆强度的等级不应低于M10，砌块砌体砌筑砂浆强度的等级不应低于Mb10；

2 上部砌体墙的中心线宜同底部的托梁、抗震墙的中心线相重合。当过渡层砌体墙与底部框架梁、抗震墙不对齐时，应另设置托墙转换梁，并且应对底层和过渡层相关结构构件另外采取加强措施；

3 托梁上过渡层砌体墙的洞口不宜设置在框架柱或抗震墙边框柱的正上方；

4 过渡层应在底部框架柱、抗震墙边框柱、砌体抗震墙的构造柱或芯柱所对应处设置构造柱或芯柱，并宜上下贯通。过渡层墙体内的构造柱间距不宜大于层高；芯柱除按本规范第10.3.4条和10.3.5条规定外，砌块砌体墙体中部的芯柱宜均匀布置，最大间距不宜大于1m；

构造柱截面不宜小于240mm×240mm（墙厚190mm时为240mm×190mm），其纵向钢筋，6、7度时不宜少于4ϕ16，8度时不宜少于4ϕ18。芯柱的纵向钢筋，6、7度时不宜少于每孔1ϕ16，8度时不宜少于每孔1ϕ18。一般情况下，纵向钢筋应锚入下部的框架柱或混凝土墙内；当纵向钢筋锚固在托墙梁内时，托墙梁的相应位置应加强；

5 过渡层的砌体墙，凡宽度不小于1.2m的门洞和2.1m的窗洞，洞口两侧宜增设截面不小于120mm×240mm（墙厚190mm时为120mm×190mm）的构造柱或单孔芯柱；

6 过渡层砖砌体墙，在相邻构造柱间应沿墙高每隔360mm设置2ϕ6通长水平钢筋与ϕ4分布短筋平面内点焊组成的拉结网片或ϕ4点焊钢筋网片；过渡层砌块砌体墙，在芯柱之间沿墙高应每隔400mm设置ϕ4通长水平点焊钢筋网片；

7 过渡层的砌体墙在窗台标高处，应设置沿纵横墙通长的水平现浇钢筋混凝土带。

10.4.12 底部框架-抗震墙砌体房屋的楼盖应符合下列规定：

1 过渡层的底板应采用现浇钢筋混凝土楼板，且板厚不应小于120mm，并应采用双排双向配筋，配筋率分别不应小于0.25%；应少开洞、开小洞，当洞口尺寸大于800mm时，洞口周边应设置边梁；

2 其他楼层，采用装配式钢筋混凝土楼板时均应设现浇圈梁，采用现浇钢筋混凝土楼板时应允许不另设圈梁，但楼板沿抗震墙体周边均应加强配筋并应与相应的构造柱、芯柱可靠连接。

10.4.13 底部框架-抗震墙砌体房屋的其他抗震构造措施，应符合本章其他各节和现行国家标准《建筑抗震设计规范》GB 50011的有关要求。

10.5 配筋砌块砌体抗震墙

Ⅰ 承载力计算

10.5.1 考虑地震作用组合的配筋砌块砌体抗震墙的正截面承载力应按本规范第9章的规定计算，但其抗力应除以承载力抗震调整系数。

10.5.2 配筋砌块砌体抗震墙承载力计算时，底部加强部位的截面组合剪力设计值V_w，应按下列规定调整：

1 当抗震等级为一级时，
$$V_w = 1.6V \tag{10.5.2-1}$$

2 当抗震等级为二级时，
$$V_w = 1.4V \tag{10.5.2-2}$$

3 当抗震等级为三级时，
$$V_w = 1.2V \tag{10.5.2-3}$$

4 当抗震等级为四级时，
$$V_w = 1.0V \tag{10.5.2-4}$$

式中：V——考虑地震作用组合的抗震墙计算截面的剪力设计值。

10.5.3 配筋砌块砌体抗震墙的截面，应符合下列规定：

1 当剪跨比大于2时：
$$V_w \leqslant \frac{1}{\gamma_{RE}} 0.2 f_g b h_0 \tag{10.5.3-1}$$

2 当剪跨比小于或等于2时：
$$V_w \leqslant \frac{1}{\gamma_{RE}} 0.15 f_g b h_0 \tag{10.5.3-2}$$

10.5.4 偏心受压配筋砌块砌体抗震墙的斜截面受剪承载力，应按下列公式计算：
$$V_w \leqslant \frac{1}{\gamma_{RE}} \left[\frac{1}{\lambda - 0.5} \left(0.48 f_{vg} b h_0 + 0.10 N \frac{A_w}{A} \right) + 0.72 f_{yh} \frac{A_{sh}}{s} h_0 \right] \tag{10.5.4-1}$$
$$\lambda = \frac{M}{V h_0} \tag{10.5.4-2}$$

式中：f_{vg}——灌孔砌块砌体的抗剪强度设计值，按本规范第3.2.2条的规定采用；

M——考虑地震作用组合的抗震墙计算截面的弯矩设计值；

N——考虑地震作用组合的抗震墙计算截面的轴向力设计值，当时$N > 0.2 f_g bh$，取$N = 0.2 f_g bh$；

A——抗震墙的截面面积，其中翼缘的有效面积，可按第9.2.5条的规定计算；

A_w——T形或Ⅰ字形截面抗震墙腹板的截面面积，对于矩形截面取$A_w = A$；

λ——计算截面的剪跨比，当$\lambda \leqslant 1.5$时，取$\lambda = 1.5$；当$\lambda \geqslant 2.2$时，取$\lambda = 2.2$；

A_{sh}——配置在同一截面内的水平分布钢筋的全部截面面积；

f_{yh}——水平钢筋的抗拉强度设计值；

f_g——灌孔砌体的抗压强度设计值；

s——水平分布钢筋的竖向间距；

γ_{RE}——承载力抗震调整系数。

10.5.5 偏心受拉配筋砌块砌体抗震墙，其斜截面受剪承载力，应按下列公式计算：
$$V_w \leqslant \frac{1}{\gamma_{RE}} \left[\frac{1}{\lambda - 0.5} \left(0.48 f_{vg} b h_0 - 0.17 N \frac{A_w}{A} \right) + 0.72 f_{yh} \frac{A_{sh}}{s} h_0 \right] \tag{10.5.5}$$

注：当$0.48 f_{vg} b h_0 - 0.17 N \frac{A_w}{A} < 0$时，取$0.48 f_{vg} b h_0 - 0.17 N \frac{A_w}{A} = 0$。

10.5.6 配筋砌块砌体抗震墙跨高比大于2.5的连梁应采用钢筋混凝土连梁，其截面组合的剪力设计值和斜截面承载力，应符合现行国家标准《混凝土结构设计规范》GB 50010对连梁的有关规定；跨高比小于或等于2.5的连梁可采用配筋砌块砌体连梁，采用配筋砌块砌体连梁时，应采用相应的计算参数和指标；连梁的正截面承载力应除以相应的承载力抗震调整系数。

10.5.7 配筋砌块砌体抗震墙连梁的剪力设计值，抗震等级一、二、三级时应按下式调整，四级时可不调整：

$$V_b = \eta_v \frac{M_b^l + M_b^r}{l_n} + V_{Gb} \qquad (10.5.7)$$

式中：V_b——连梁的剪力设计值；

η_v——剪力增大系数，一级时取1.3；二级时取1.2；三级时取1.1；

M_b^l、M_b^r——分别为梁左、右端考虑地震作用组合的弯矩设计值；

V_{Gb}——在重力荷载代表值作用下，按简支梁计算的截面剪力设计值；

l_n——连梁净跨。

10.5.8 抗震墙采用配筋混凝土砌块砌体连梁时，应符合下列规定：

1 连梁的截面应满足下式的要求：

$$V_b \leqslant \frac{1}{\gamma_{RE}}(0.15 f_g b h_0) \qquad (10.5.8\text{-}1)$$

2 连梁的斜截面受剪承载力应按下式计算：

$$V_b = \frac{1}{\gamma_{RE}}\left(0.56 f_{vg} b h_0 + 0.7 f_{yv} \frac{A_{sv}}{s} h_0\right) \qquad (10.5.8\text{-}2)$$

式中：A_{sv}——配置在同一截面内的箍筋各肢的全部截面面积；

f_{yv}——箍筋的抗拉强度设计值。

Ⅱ 构 造 措 施

10.5.9 配筋砌块砌体抗震墙的水平和竖向分布钢筋应符合下列规定，抗震墙底部加强区的高度不小于房屋高度的1/6，且不小于房屋底部两层的高度。

1 抗震墙水平分布钢筋的配筋构造应符合表10.5.9-1的规定：

表 10.5.9-1 抗震墙水平分布钢筋的配筋构造

抗震等级	最小配筋率（%）		最大间距（mm）	最小直径（mm）
	一般部位	加强部位		
一级	0.13	0.15	400	ϕ8
二级	0.13	0.13	600	ϕ8
三级	0.11	0.13	600	ϕ8
四级	0.10	0.10	600	ϕ6

注：1 水平分布钢筋宜双排布置，在顶层和底部加强部位，最大间距不应大于400mm；

2 双排水平分布钢筋应设不小于ϕ6拉结筋，水平间距不应大于400mm。

2 抗震墙竖向分布钢筋的配筋构造应符合表10.5.9-2的规定：

表 10.5.9-2 抗震墙竖向分布钢筋的配筋构造

抗震等级	最小配筋率（%）		最大间距（mm）	最小直径（mm）
	一般部位	加强部位		
一级	0.15	0.15	400	ϕ12
二级	0.13	0.13	600	ϕ12
三级	0.11	0.13	600	ϕ12
四级	0.10	0.10	600	ϕ12

注：竖向分布钢筋宜采用单排布置，直径不应大于25mm，9度时配筋率不应小于0.2%。在顶层和底部加强部位，最大间距应适当减小。

10.5.10 配筋砌块砌体抗震墙除应符合本规范第9.4.11的规定外，应在底部加强部位和轴压比大于0.4的其他部位的墙肢设置边缘构件。边缘构件的配筋范围：无翼墙端部为3孔配筋；“L”形转角节点为3孔配筋；“T”形转角节点为4孔配筋；边缘构件范围内应设置水平箍筋；配筋砌块砌体抗震墙边缘构件的配筋应符合表10.5.10的要求。

表 10.5.10 配筋砌块砌体抗震墙边缘构件的配筋要求

抗震等级	每孔竖向钢筋最小量		水平箍筋最小直径	水平箍筋最大间距（mm）
	底部加强部位	一般部位		
一级	1ϕ20（4ϕ16）	1ϕ18（4ϕ16）	ϕ8	200
二级	1ϕ18（4ϕ16）	1ϕ16（4ϕ14）	ϕ6	200
三级	1ϕ16（4ϕ12）	1ϕ14（4ϕ12）	ϕ6	200
四级	1ϕ14（4ϕ12）	1ϕ12（4ϕ12）	ϕ6	200

注：1 边缘构件水平箍筋宜采用横筋为双筋的搭接点焊网片形式；

2 当抗震等级为二、三级时，边缘构件箍筋应采用HRB400级或RRB400级钢筋；

3 表中括号中数字为边缘构件采用混凝土边框柱时的配筋。

10.5.11 宜避免设置转角窗，否则，转角窗开间相关墙体尽端边缘构件最小纵筋直径应比表10.5.10的规定值提高一级，且转角窗开间的楼、屋面应采用现浇钢筋混凝土楼、屋面板。

10.5.12 配筋砌块砌体抗震墙在重力荷载代表值作用下的轴压比，应符合下列规定：

1 一般墙体的底部加强部位，一级（9度）不宜大于0.4，一级（8度）不宜大于0.5，二、三级不宜大于0.6，一般部位，均不宜大于0.6；

2 短肢墙体全高范围，一级不宜大于0.50，二、三级不宜大于0.60；对于无翼缘的一字形短肢墙，其轴压比限值应相应降低0.1；

3 各向墙肢截面均为3～5倍墙厚的独立小墙肢，一级不宜大于0.4，二、三级不宜大于0.5；对于无翼缘的一字形独立小墙肢，其轴压比限值应相应降低0.1。

10.5.13 配筋砌块砌体圈梁构造，应符合下列规定：

1 各楼层标高处，每道配筋砌块砌体抗震墙均应设置现浇钢筋混凝土圈梁，圈梁的宽度应为墙厚，其截面高度不宜小于200mm；

2 圈梁混凝土抗压强度不应小于相应灌孔砌块砌体的强度，且不应小于C20；

3 圈梁纵向钢筋直径不应小于墙中水平分布钢筋的直径，且不应小于4ϕ12；基础圈梁纵筋不应小于4ϕ12；圈梁及基础圈梁箍筋直径不应小于ϕ8，间距不应大于200mm；当圈梁高度大于300mm时，应沿梁截面高度方向设置腰筋，其间距不应大于200mm，直径不应小于ϕ10；

4 圈梁底部嵌入墙顶砌块孔洞内，深度不宜小于30mm；圈梁顶部应是毛面。

10.5.14 配筋砌块砌体抗震墙连梁的构造，当采用混凝土连梁时，应符合本规范第9.4.12条的规定和现行国家标准《混凝土结构设计规范》GB 50010中有关地震区连梁的构造要求；当采用配筋砌块砌体连梁时，除应符合本规范第9.4.13条的规定以外，尚应符合下列规定：

1 连梁上下水平钢筋锚入墙体内的长度，一、二级抗震等级不应小于1.1l_a，三、四级抗震等级不应小于l_a，且不应小于600mm；

2 连梁的箍筋应沿梁长布置，并应符合表10.5.14的规定：

表10.5.14 连梁箍筋的构造要求

抗震等级	箍筋加密区			箍筋非加密区	
	长度	箍筋最大间距	直径	间距(mm)	直径
一级	$2h$	100mm，$6d$，$1/4h$中的小值	ϕ10	200	ϕ10
二级	$1.5h$	100mm，$8d$，$1/4h$中的小值	ϕ8	200	ϕ8
三级	$1.5h$	150mm，$8d$，$1/4h$中的小值	ϕ8	200	ϕ8
四级	$1.5h$	150mm，$8d$，$1/4h$中的小值	ϕ8	200	ϕ8

注：h为连梁截面高度；加密区长度不小于600mm。

3 在顶层连梁伸入墙体的钢筋长度范围内，应设置间距不大于200mm的构造箍筋，箍筋直径应与连梁的箍筋直径相同；

4 连梁不宜开洞。当需要开洞时，应在跨中梁高1/3处预埋外径不大于200mm的钢套管，洞口上下的有效高度不应小于1/3梁高，且不应小于200mm，洞口处应配补强钢筋并在洞周边浇筑灌孔混凝土，被洞口削弱的截面应进行受剪承载力验算。

10.5.15 配筋砌块砌体抗震墙房屋的基础与抗震墙结合处的受力钢筋，当房屋高度超过50m或一级抗震等级时宜采用机械连接或焊接。

附录A 石材的规格尺寸及其强度等级的确定方法

A.0.1 石材按其加工后的外形规则程度，可分为料石和毛石，并应符合下列规定：

1 料石：

1）细料石：通过细加工，外表规则，叠砌面凹入深度不应大于10mm，截面的宽度、高度不宜小于200mm，且不宜小于长度的1/4。

2）粗料石：规格尺寸同上，但叠砌面凹入深度不应大于20mm。

3）毛料石：外形大致方正，一般不加工或仅稍加修整，高度不应小于200mm，叠砌面凹入深度不应大于25mm。

2 毛石：形状不规则，中部厚度不应小于200mm。

A.0.2 石材的强度等级，可用边长为70mm的立方体试块的抗压强度表示。抗压强度取三个试件破坏强度的平均值。试件也可采用表A.0.2所列边长尺寸的立方体，但应对其试验结果乘以相应的换算系数后方可作为石材的强度等级。

表A.0.2 石材强度等级的换算系数

立方体边长(mm)	200	150	100	70	50
换算系数	1.43	1.28	1.14	1	0.86

A.0.3 石砌体中的石材应选用无明显风化的天然石材。

附录B 各类砌体强度平均值的计算公式和强度标准值

B.0.1 各类砌体的强度平均值应符合下列规定：

1 各类砌体的轴心抗压强度平均值应按表B.0.1-1中计算公式确定：

表B.0.1-1 轴心抗压强度平均值 f_m（MPa）

砌体种类	$f_m=k_1 f_1^{\alpha}(1+0.07f_2)k_2$		
	k_1	α	k_2
烧结普通砖、烧结多孔砖、蒸压灰砂普通砖、蒸压粉煤灰普通砖、混凝土普通砖、混凝土多孔砖	0.78	0.5	当$f_2<1$时，$k_2=0.6+0.4f_2$

续表 B.0.1-1

砌体种类	$f_m=k_1f_1^{\alpha}(1+0.07f_2)k_2$		
	k_1	α	k_2
混凝土砌块、轻集料混凝土砌块	0.46	0.9	当 $f_2=0$ 时，$k_2=0.8$
毛料石	0.79	0.5	当 $f_2<1$ 时，$k_2=0.6+0.4f_2$
毛　石	0.22	0.5	当 $f_2<2.5$ 时，$k_2=0.4+0.24f_2$

注：1　k_2 在表列条件以外时均等于 1；

2　式中 f_1 为块体（砖、石、砌块）的强度等级值；f_2 为砂浆抗压强度平均值。单位均以 MPa 计；

3　混凝土砌块砌体的轴心抗压强度平均值，当 $f_2>10$MPa 时，应乘系数 $1.1-0.01f_2$，MU20 的砌体应乘系数 0.95，且满足 $f_1\geqslant f_2$，$f_1\leqslant 20$MPa。

2　各类砌体的轴心抗拉强度平均值、弯曲抗拉强度平均值和抗剪强度平均值应按表 B.0.1-2 中计算公式确定：

表 B.0.1-2　轴心抗拉强度平均值 $f_{t,m}$、弯曲抗拉强度平均值 $f_{tm,m}$ 和抗剪强度平均值 $f_{v,m}$（MPa）

砌体种类	$f_{t,m}=k_3\sqrt{f_2}$	$f_{tm,m}=k_4\sqrt{f_2}$		$f_{v,m}=k_5\sqrt{f_2}$
	k_3	k_4		k_5
		沿齿缝	沿通缝	
烧结普通砖、烧结多孔砖、混凝土普通砖、混凝土多孔砖	0.141	0.250	0.125	0.125
蒸压灰砂普通砖、蒸压粉煤灰普通砖	0.09	0.18	0.09	0.09
混凝土砌块	0.069	0.081	0.056	0.069
毛　料　石	0.075	0.113	—	0.188

B.0.2　各类砌体的强度标准值按表 B.0.2-1～表 B.0.2-5 采用：

表 B.0.2-1　烧结普通砖和烧结多孔砖砌体的抗压强度标准值 f_k（MPa）

砖强度等级	砂浆强度等级					砂浆强度
	M15	M10	M7.5	M5	M2.5	0
MU30	6.30	5.23	4.69	4.15	3.61	1.84
MU25	5.75	4.77	4.28	3.79	3.30	1.68
MU20	5.15	4.27	3.83	3.39	2.95	1.50
MU15	4.46	3.70	3.32	2.94	2.56	1.30
MU10	—	3.02	2.71	2.40	2.09	1.07

表 B.0.2-2　混凝土砌块砌体的抗压强度标准值 f_k（MPa）

砌块强度等级	砂浆强度等级					砂浆强度
	Mb20	Mb15	Mb10	Mb7.5	Mb5	0
MU20	10.08	9.08	7.93	7.11	6.30	3.73
MU15	—	7.38	6.44	5.78	5.12	3.03
MU10	—	—	4.47	4.01	3.55	2.10
MU7.5	—	—	—	3.10	2.74	1.62
MU5	—	—	—	—	1.90	1.13

表 B.0.2-3　毛料石砌体的抗压强度标准值 f_k（MPa）

料石强度等级	砂浆强度等级			砂浆强度
	M7.5	M5	M2.5	0
MU100	8.67	7.68	6.68	3.41
MU80	7.76	6.87	5.98	3.05
MU60	6.72	5.95	5.18	2.64
MU50	6.13	5.43	4.72	2.41
MU40	5.49	4.86	4.23	2.16
MU30	4.75	4.20	3.66	1.87
MU20	3.88	3.43	2.99	1.53

表 B.0.2-4　毛石砌体的抗压强度标准值 f_k（MPa）

毛石强度等级	砂浆强度等级			砂浆强度
	M7.5	M5	M2.5	0
MU100	2.03	1.80	1.56	0.53
MU80	1.82	1.61	1.40	0.48
MU60	1.57	1.39	1.21	0.41
MU50	1.44	1.27	1.11	0.38
MU40	1.28	1.14	0.99	0.34
MU30	1.11	0.98	0.86	0.29
MU20	0.91	0.80	0.70	0.24

表 B.0.2-5　沿砌体灰缝截面破坏时的轴心抗拉强度标准值 $f_{t,k}$、弯曲抗拉强度标准值 $f_{tm,k}$ 和抗剪强度标准值 $f_{v,k}$（MPa）

强度类别	破坏特征	砌体种类	砂浆强度等级			
			≥M10	M7.5	M5	M2.5
轴心抗拉	沿齿缝	烧结普通砖、烧结多孔砖、混凝土普通砖、混凝土多孔砖	0.30	0.26	0.21	0.15
		蒸压灰砂普通砖、蒸压粉煤灰普通砖	0.19	0.16	0.13	—
		混凝土砌块	0.15	0.13	0.10	—
		毛石	—	0.12	0.10	0.07

续表 B.0.2-5

强度类别	破坏特征	砌体种类	砂浆强度等级			
			≥M10	M7.5	M5	M2.5
弯曲抗拉	沿齿缝	烧结普通砖、烧结多孔砖、混凝土普通砖、混凝土多孔砖	0.53	0.46	0.38	0.27
		蒸压灰砂普通砖、蒸压粉煤灰普通砖	0.38	0.32	0.26	—
		混凝土砌块	0.17	0.15	0.12	—
		毛石	—	0.18	0.14	0.10
	沿通缝	烧结普通砖、烧结多孔砖、混凝土普通砖、混凝土多孔砖	0.27	0.23	0.19	0.13
		蒸压灰砂普通砖、蒸压粉煤灰普通砖	0.19	0.16	0.13	—
		混凝土砌块	—	0.10	0.08	—
抗剪		烧结普通砖、烧结多孔砖、混凝土普通砖、混凝土多孔砖	0.27	0.23	0.19	0.13
		蒸压灰砂普通砖、蒸压粉煤灰普通砖	0.19	0.16	0.13	—
		混凝土砌块	0.15	0.13	0.10	—
		毛石	—	0.29	0.24	0.17

附录C 刚弹性方案房屋的静力计算方法

C.0.1 水平荷载（风荷载）作用下，刚弹性方案房屋墙、柱内力分析可按以下方法计算，并将两步结果叠加，得出最后内力：

1 在平面计算简图中，各层横梁与柱连接处加水平铰支杆，计算其在水平荷载（风荷载）作用下无侧移时的内力与各支杆反力 R_i（图C.0.1a）。

2 考虑房屋的空间作用，将各支杆反力 R_i 乘以由表4.2.4查得的相应空间性能影响系数 η_i，并反向施加于节点上，计算其内力（图C.0.1b）。

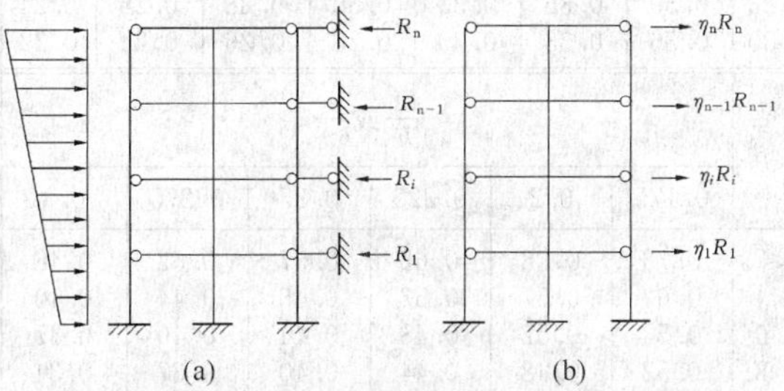

图C.0.1 刚弹性方案房屋的静力计算简图

附录D 影响系数 φ 和 φ_n

D.0.1 无筋砌体矩形截面单向偏心受压构件（图D.0.1）承载力的影响系数 φ，可按表D.0.1-1～表D.0.1-3采用或按下列公式计算，计算T形截面受压构件的 φ 时，应以折算厚度 h_T 代替公式（D.0.1-2）中的 h。$h_T=3.5i$，i 为T形截面的回转半径。

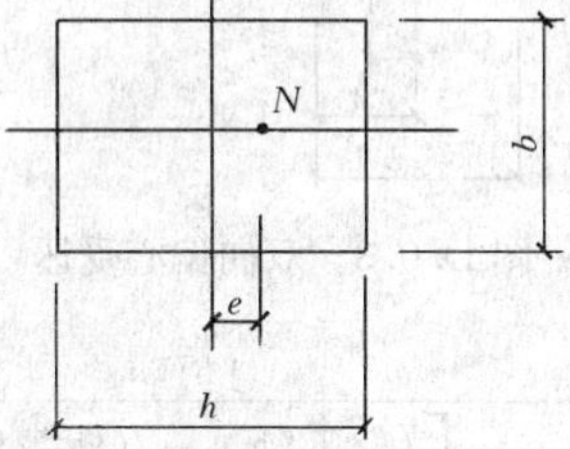

图D.0.1 单向偏心受压

当 $\beta \leqslant 3$ 时：

$$\varphi=\frac{1}{1+12\left(\frac{e}{h}\right)^2} \tag{D.0.1-1}$$

当 $\beta > 3$ 时：

$$\varphi=\frac{1}{1+12\left[\frac{e}{h}+\sqrt{\frac{1}{12}\left(\frac{1}{\varphi_0}-1\right)}\right]^2} \tag{D.0.1-2}$$

$$\varphi_0=\frac{1}{1+\alpha\beta^2} \tag{D.0.1-3}$$

式中：e——轴向力的偏心距；

h——矩形截面的轴向力偏心方向的边长；

φ_0——轴心受压构件的稳定系数；

α——与砂浆强度等级有关的系数，当砂浆强度等级大于或等于M5时，α 等于0.0015；当砂浆强度等级等于M2.5时，α 等于0.002；当砂浆强度等级 f_2 等于0时，α 等于0.009；

β——构件的高厚比。

D.0.2 网状配筋砖砌体矩形截面单向偏心受压构件承载力的影响系数 φ_n，可按表D.0.2采用或按下列公式计算：

$$\varphi_n=\frac{1}{1+12\left[\frac{e}{h}+\sqrt{\frac{1}{12}\left(\frac{1}{\varphi_{0n}}-1\right)}\right]^2} \tag{D.0.2-1}$$

$$\varphi_{0n}=\frac{1}{1+(0.0015+0.45\rho)\beta^2} \tag{D.0.2-2}$$

式中：φ_{0n}——网状配筋砖砌体受压构件的稳定系数；

ρ——配筋率（体积比）。

D.0.3 无筋砌体矩形截面双向偏心受压构件（图D.0.3）承载力的影响系数，可按下列公式计算，当一个方向的偏心率（e_b/b 或 e_h/h）不大于另一个方向的偏心率的5%时，可简化按另一个方向的单向偏心受压，按本规范第D.0.1条的规定确定承载力的影响系数。

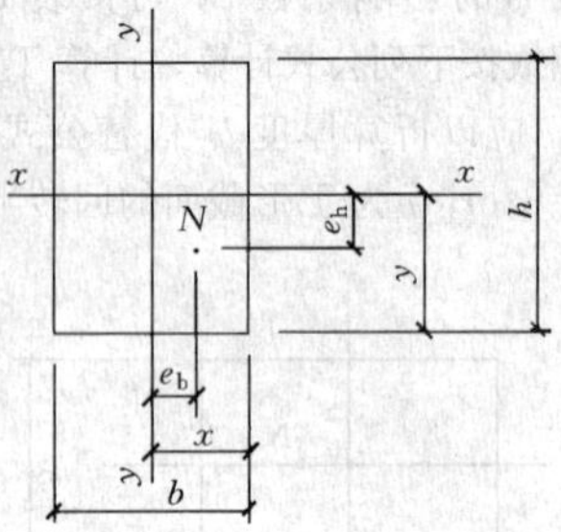

图D.0.3 双向偏心受压

$$\varphi=\frac{1}{1+12\left[\left(\frac{e_b+e_{ib}}{b}\right)^2+\left(\frac{e_h+e_{ih}}{h}\right)^2\right]} \tag{D.0.3-1}$$

$$e_{ib}=\frac{b}{\sqrt{12}}\sqrt{\frac{1}{\varphi_0}-1}\left(\frac{\frac{e_b}{b}}{\frac{e_b}{b}+\frac{e_h}{h}}\right) \tag{D.0.3-2}$$

$$e_{ih}=\frac{h}{\sqrt{12}}\sqrt{\frac{1}{\varphi_0}-1}\left(\frac{\frac{e_h}{h}}{\frac{e_b}{b}+\frac{e_h}{h}}\right) \tag{D.0.3-3}$$

式中：e_b、e_h——轴向力在截面重心 x 轴、y 轴方向的偏心距，e_b、e_h 宜分别不大于 $0.5x$ 和 $0.5y$；

x、y——自截面重心沿 x 轴、y 轴至轴向力所在偏心方向截面边缘的距离；

e_{ib}、e_{ih}——轴向力在截面重心 x 轴、y 轴方向的附加偏心距。

表D.0.1-1 影响系数 φ（砂浆强度等级≥M5）

β	$\frac{e}{h}$ 或 $\frac{e}{h_T}$						
	0	0.025	0.05	0.075	0.1	0.125	0.15
≤3	1	0.99	0.97	0.94	0.89	0.84	0.79
4	0.98	0.95	0.90	0.85	0.80	0.74	0.69
6	0.95	0.91	0.86	0.81	0.75	0.69	0.64
8	0.91	0.86	0.81	0.76	0.70	0.64	0.59
10	0.87	0.82	0.76	0.71	0.65	0.60	0.55
12	0.82	0.77	0.71	0.66	0.60	0.55	0.51
14	0.77	0.72	0.66	0.61	0.56	0.51	0.47
16	0.72	0.67	0.61	0.56	0.52	0.47	0.44
18	0.67	0.62	0.57	0.52	0.48	0.44	0.40
20	0.62	0.57	0.53	0.48	0.44	0.40	0.37

续表D.0.1-1

β	$\frac{e}{h}$ 或 $\frac{e}{h_T}$						
	0	0.025	0.05	0.075	0.1	0.125	0.15
22	0.58	0.53	0.49	0.45	0.41	0.38	0.35
24	0.54	0.49	0.45	0.41	0.38	0.35	0.32
26	0.50	0.46	0.42	0.38	0.35	0.33	0.30
28	0.46	0.42	0.39	0.36	0.33	0.30	0.28
30	0.42	0.39	0.36	0.33	0.31	0.28	0.26

β	$\frac{e}{h}$ 或 $\frac{e}{h_T}$					
	0.175	0.2	0.225	0.25	0.275	0.3
≤3	0.73	0.68	0.62	0.57	0.52	0.48
4	0.64	0.58	0.53	0.49	0.45	0.41
6	0.59	0.54	0.49	0.45	0.42	0.38
8	0.54	0.50	0.46	0.42	0.39	0.36
10	0.50	0.46	0.42	0.39	0.36	0.33
12	0.47	0.43	0.39	0.36	0.33	0.31
14	0.43	0.40	0.36	0.34	0.31	0.29
16	0.40	0.37	0.34	0.31	0.29	0.27
18	0.37	0.34	0.31	0.29	0.27	0.25
20	0.34	0.32	0.29	0.27	0.25	0.23
22	0.32	0.30	0.27	0.25	0.24	0.22
24	0.30	0.28	0.26	0.24	0.22	0.21
26	0.28	0.26	0.24	0.22	0.21	0.19
28	0.26	0.24	0.22	0.21	0.19	0.18
30	0.24	0.22	0.21	0.20	0.18	0.17

表D.0.1-2 影响系数 φ（砂浆强度等级M2.5）

β	$\frac{e}{h}$ 或 $\frac{e}{h_T}$						
	0	0.025	0.05	0.075	0.1	0.125	0.15
≤3	1	0.99	0.97	0.94	0.89	0.84	0.79
4	0.97	0.94	0.89	0.84	0.78	0.73	0.67
6	0.93	0.89	0.84	0.78	0.73	0.67	0.62
8	0.89	0.84	0.78	0.72	0.67	0.62	0.57
10	0.83	0.78	0.72	0.67	0.61	0.56	0.52
12	0.78	0.72	0.67	0.61	0.56	0.52	0.47
14	0.72	0.66	0.61	0.56	0.51	0.47	0.43
16	0.66	0.61	0.56	0.51	0.47	0.43	0.40
18	0.61	0.56	0.51	0.47	0.43	0.40	0.36
20	0.56	0.51	0.47	0.43	0.39	0.36	0.33
22	0.51	0.47	0.43	0.39	0.36	0.33	0.31
24	0.46	0.43	0.39	0.36	0.33	0.31	0.28
26	0.42	0.39	0.36	0.33	0.31	0.28	0.26
28	0.39	0.36	0.33	0.30	0.28	0.26	0.24
30	0.36	0.33	0.30	0.28	0.26	0.24	0.22

β	$\frac{e}{h}$ 或 $\frac{e}{h_T}$					
	0.175	0.2	0.225	0.25	0.275	0.3
≤3	0.73	0.68	0.62	0.57	0.52	0.48
4	0.62	0.57	0.52	0.48	0.44	0.40
6	0.57	0.52	0.48	0.44	0.40	0.37
8	0.52	0.48	0.44	0.40	0.37	0.34
10	0.47	0.43	0.40	0.37	0.34	0.31

续表 D.0.1-2

β	$\frac{e}{h}$或$\frac{e}{h_T}$					
	0.175	0.2	0.225	0.25	0.275	0.3
12	0.43	0.40	0.37	0.34	0.31	0.29
14	0.40	0.36	0.34	0.31	0.29	0.27
16	0.36	0.34	0.31	0.29	0.26	0.25
18	0.33	0.31	0.29	0.26	0.24	0.23
20	0.31	0.28	0.26	0.24	0.23	0.21
22	0.28	0.26	0.24	0.23	0.21	0.20
24	0.26	0.24	0.23	0.21	0.20	0.18
26	0.24	0.22	0.21	0.20	0.18	0.17
28	0.22	0.21	0.20	0.18	0.17	0.16
30	0.21	0.20	0.18	0.17	0.16	0.15

表 D.0.1-3　影响系数 φ（砂浆强度 0）

β	$\frac{e}{h}$或$\frac{e}{h_T}$						
	0	0.025	0.05	0.075	0.1	0.125	0.15
≤3	1	0.99	0.97	0.94	0.89	0.84	0.79
4	0.87	0.82	0.77	0.71	0.66	0.60	0.55
6	0.76	0.70	0.65	0.59	0.54	0.50	0.46
8	0.63	0.58	0.54	0.49	0.45	0.41	0.38
10	0.53	0.48	0.44	0.41	0.37	0.34	0.32
12	0.44	0.40	0.37	0.34	0.31	0.29	0.27
14	0.36	0.33	0.31	0.28	0.26	0.24	0.23
16	0.30	0.28	0.26	0.24	0.22	0.21	0.19
18	0.26	0.24	0.22	0.21	0.19	0.18	0.17
20	0.22	0.20	0.19	0.18	0.17	0.16	0.15
22	0.19	0.18	0.16	0.15	0.14	0.14	0.13
24	0.16	0.15	0.14	0.13	0.13	0.12	0.11
26	0.14	0.13	0.13	0.12	0.11	0.11	0.10
28	0.12	0.12	0.11	0.11	0.10	0.10	0.09
30	0.11	0.10	0.10	0.09	0.09	0.09	0.08

β	$\frac{e}{h}$或$\frac{e}{h_T}$					
	0.175	0.2	0.225	0.25	0.275	0.3
≤3	0.73	0.68	0.62	0.57	0.52	0.48
4	0.51	0.46	0.43	0.39	0.36	0.33
6	0.42	0.39	0.36	0.33	0.30	0.28
8	0.35	0.32	0.30	0.28	0.25	0.24
10	0.29	0.27	0.25	0.23	0.22	0.20
12	0.25	0.23	0.21	0.20	0.19	0.17
14	0.21	0.20	0.18	0.17	0.16	0.15
16	0.18	0.17	0.16	0.15	0.14	0.13
18	0.16	0.15	0.14	0.13	0.12	0.12
20	0.14	0.13	0.12	0.12	0.11	0.10
22	0.12	0.12	0.11	0.10	0.10	0.09
24	0.11	0.10	0.10	0.09	0.09	0.08
26	0.10	0.09	0.09	0.08	0.08	0.07
28	0.09	0.08	0.08	0.08	0.07	0.07
30	0.08	0.07	0.07	0.07	0.07	0.06

表 D.0.2　影响系数 φ_n

ρ（%）	β \ e/h	0	0.05	0.10	0.15	0.17
0.1	4	0.97	0.89	0.78	0.67	0.63
	6	0.93	0.84	0.73	0.62	0.58
	8	0.89	0.78	0.67	0.57	0.53
	10	0.84	0.72	0.62	0.52	0.48
	12	0.78	0.67	0.56	0.48	0.44
	14	0.72	0.61	0.52	0.44	0.41
	16	0.67	0.56	0.47	0.40	0.37
0.3	4	0.96	0.87	0.76	0.65	0.61
	6	0.91	0.80	0.69	0.59	0.55
	8	0.84	0.74	0.62	0.53	0.49
	10	0.78	0.67	0.56	0.47	0.44
	12	0.71	0.60	0.51	0.43	0.40
	14	0.64	0.54	0.46	0.38	0.36
	16	0.58	0.49	0.41	0.35	0.32
0.5	4	0.94	0.85	0.74	0.63	0.59
	6	0.88	0.77	0.66	0.56	0.52
	8	0.81	0.69	0.59	0.50	0.46
	10	0.73	0.62	0.52	0.44	0.41
	12	0.65	0.55	0.46	0.39	0.36
	14	0.58	0.49	0.41	0.35	0.32
	16	0.51	0.43	0.36	0.31	0.29
0.7	4	0.93	0.83	0.72	0.61	0.57
	6	0.86	0.75	0.63	0.53	0.50
	8	0.77	0.66	0.56	0.47	0.43
	10	0.68	0.58	0.49	0.41	0.38
	12	0.60	0.50	0.42	0.36	0.33
	14	0.52	0.44	0.37	0.31	0.30
	16	0.46	0.38	0.33	0.28	0.26
0.9	4	0.92	0.82	0.71	0.60	0.56
	6	0.83	0.72	0.61	0.52	0.48
	8	0.73	0.63	0.53	0.45	0.42
	10	0.64	0.54	0.46	0.38	0.36
	12	0.55	0.47	0.39	0.33	0.31
	14	0.48	0.40	0.34	0.29	0.27
	16	0.41	0.35	0.30	0.25	0.24
1.0	4	0.91	0.81	0.70	0.59	0.55
	6	0.82	0.71	0.60	0.51	0.47
	8	0.72	0.61	0.52	0.43	0.41
	10	0.62	0.53	0.44	0.37	0.35
	12	0.54	0.45	0.38	0.32	0.30
	14	0.46	0.39	0.33	0.28	0.26
	16	0.39	0.34	0.28	0.24	0.23

本规范用词说明

1　为便于在执行本规范条文时区别对待，对要求严格程度不同的用词说明如下：

1）表示很严格，非这样做不可的：

正面词采用"必须"，反面词采用"严禁"；

2）表示严格，在正常情况下均应这样做的：

正面词采用"应"，反面词采用"不应"或"不得"；

3）表示允许稍有选择，在条件许可时首先应这样做的：

正面词采用“宜”，反面词采用“不宜”；

4）表示有选择，在一定条件下可以这样做的，采用“可”。

2 本规范中指明应按其他有关标准执行的写法为“应符合……的规定”或“应按……执行”。

引用标准名录

1《建筑地基基础设计规范》GB 50007

2《建筑结构荷载规范》GB 50009

3《混凝土结构设计规范》GB 50010

4《建筑抗震设计规范》GB 50011

5《建筑结构可靠度设计统一标准》GB 50068

6《建筑结构设计术语和符号标准》GB/T 50083

7《砌体结构工程施工质量验收规范》GB 50203

8《混凝土结构工程施工质量验收规范》GB 50204

9《建筑抗震设防分类标准》GB 50223

10《墙体材料应用统一技术规范》GB 50574

11《冷轧带肋钢筋混凝土结构技术规程》JGJ 95

中华人民共和国国家标准

砌体结构设计规范

GB 50003—2011

条 文 说 明

修 订 说 明

本修订是根据原建设部《关于印发〈2007年工程建设标准规范制定、修订计划（第一批）〉的通知》（建标［2007］125号）的要求，由中国建筑东北设计研究院有限公司会同有关设计、研究、施工、研究、教学和相关企业等单位，于2007年9月开始对《砌体结构设计规范》GB 50003－2001（以下简称2001规范）进行全面修订。

为了做好对2001规范的修订工作，更好的保证规范修订的先进性，与时俱进地将砌体结构领域的创新成果、成熟材料与技术充分体现的标准当中，砌体结构设计规范国家标准管理组在向原建设部提出修订申请的同时，还向2001规范参编单位及参编人征集了修订意见和建议，如2007年1月23日在南京召开了有2001规范修订主要参编人参加的修订方案及内容研讨会；2007年10月25日在江苏宿迁召开了有2001规范各章节主要编制人参加的规范修订预备会议。两次会议结合2001规范使用过程中存在的问题、近年来我国砌体结构的相关研究成果及国外研究动态，认真讨论了该规范的修订内容，确定了本次规范的修订原则为“增补、简化、完善”。这些准备工作为修订工作的正式启动奠定了基础。

2007年12月7日《砌体结构设计规范》GB 50003－2001编制组成立暨第一次修订工作会议在湖南长沙召开。修订组负责人对修订组人员的构成、前期准备工作、修订大纲草案、人员分组情况进行了详细报告。与会代表经过认真讨论，拟定了《砌体结构设计规范》修订大纲，并确定本次修订的重点是：

1）在本规范执行过程中，有关部门和技术人员反映的问题较多、较突出且急需修改的内容；

2）增补近年来砌体结构领域成熟的新材料、新成果、新技术；

3）简化砌体结构设计计算方法；

4）补充砌体结构的裂缝控制措施和耐久性要求。

修订期间，各章、节负责人进行了大量、系统的调研、试验、研究工作。在认真总结了2001规范在应用过程中的经验的同时，针对近十年来我国的经济建设高速发展而带来建筑结构体系的新变化；针对我国科学发展、节能减排、墙材革新、低碳绿色等基本战略的推进而涌现出来的砌体结构基本理论及工程应用领域的累累硕果及应用经验进行了必要的修订。修订期间我国经受了汶川、玉树大地震，编制组成员第一时间奔赴震区进行了砌体结构震害调查，在此基础上进行了多次专门针对砌体结构抗震设计部分修订的研讨会。如2008年10月8日～9日在上海同济大学召开了砌体结构构件抗震设计（第10章）修订研讨会；2009年8月1日～2日在北京召开修订阶段工作通报会，重点研究了砌体结构构件抗震设计的修订内容。2009年9月还在重庆召开了构造部分（第6章）修订初稿研讨会。

《砌体结构设计规范》（修订）征求意见稿自2010年4月20日在国家工程建设标准化信息网上公示后，编制组将征集到的意见和建议进行了汇总和梳理，于2010年7月23日在哈尔滨又召开专门会议进行研究。会后编制组将征求意见稿又进行了必要的修改与完善。

2010年12月4日～5日，由住房和城乡建设部标准定额司主持，召开了《砌体结构设计规范》修订送审稿审查会。会议认为，修订送审稿继续保持2001版规范的基本规定是合适的，所增加、完善的新内容反映了我国砌体结构领域研究的创新成果和工程应用的实践经验，比2001版规范更加全面、更加细致、更加科学。新版规范的颁布与实施将使我给砌体结构设计提高到新的水平。

2001规范的主编单位：中国建筑东北设计研究院

2001规范的参编单位：湖南大学、哈尔滨建筑大学、浙江大学、同济大学、机械工业部设计研究院、西安建筑科技大学、重庆建筑科学研究院、郑州工业大学、重庆建筑大学、北京市建筑设计研究院、四川省建筑科学研究院、云南省建筑技术发展中心、长沙交通学院、广州市民用建筑科研设计院、沈阳建筑工程学院、中国建筑西南设计研究院、陕西省建筑科学研究院、合肥工业大学、深圳艺蓁工程设计有限公司、长沙中盛建筑勘察设计有限公司等

2001规范主要起草人：苑振芳 施楚贤 唐岱新
严家熺 龚绍熙 徐 建
胡秋谷 王庆霖 周炳章
林文修 刘立新 骆万康
梁兴文 侯汝欣 刘 斌
何建罡 吴明舜 张 英
谢丽丽 梁建国 金伟良
杨伟军 李 翔 王凤来

刘　明　姜洪斌　何振文
雷　波　吴存修　肖亚明
张宝印　李　岗　李建辉

为便于广大设计、施工、科研、学校等单位有关人员在使用本规范时能正确理解和执行条文规定，《砌体结构设计规范》编制组按章、节、条顺序编制了本规范的条文说明，对条文规定的目的、依据以及执行中需注意的有关事项进行了说明。但是，本条文说明不具备与规范正文同等的法律效力，仅供使用者作为理解和把握规范规定的参考。

目　次

1 总 则

1.0.1、1.0.2 本规范的修订是依据国家有关政策，特别是近年来墙材革新、节能减排产业政策的落实及低碳、绿色建筑的发展，将近年来砌体结构领域的创新成果及成熟经验纳入本规范。砌体结构类别和应用范围也较2001规范有所扩大，增加的主要内容有：

1 混凝土普通砖、混凝土多孔砖等新型材料砌体；

2 组合砖墙，配筋砌块砌体剪力墙结构；

3 抗震设防区的无筋和配筋砌体结构构件设计。

为了使新增加的内容做到技术先进、性能可靠、适用可行，以中国建筑东北设计研究有限公司为主编单位的编制组近年来进行了大量的调查及试验研究，针对我国实施墙材革新、建筑节能，发展循环经济、低碳绿色建材的特点及21世纪涌现出来的新技术、新装备进行了实践与创新。如对利用新工艺、新设备生产的蒸压粉煤灰砖（蒸压灰砂砖）等硅酸盐砖、混凝土砖等非烧结块材砌体进行了全面、系统的试验与研究，编制出中国工程建设协会标准《蒸压粉煤灰砖建筑技术规程》CECS256和《混凝土砖建筑技术规程》CECS257，也为一些省、市编制了相应的地方标准，使得高品质墙材产品与建筑应用得到有效整合。

近年来，组合砖墙、配筋砌块砌体剪力墙结构及抗震设防区的无筋和配筋砌体结构构件设计研究取得了一定进展，湖南大学、哈尔滨工业大学、同济大学、北京市建筑设计研究院、中国建筑东北设计研究院有限公司等单位的研究取得了不菲的成绩，此次修订，充分引用了这些成果。

应当指出，为确保砌块结构、混凝土砖结构、蒸压粉煤灰（灰砂）砖砌体结构，特别是配筋砌块砌体剪力墙结构的工程质量及整体受力性能，应采用工作性能好、粘结强度较高的专用砌筑砂浆及高流态、低收缩、高强度的专用灌孔混凝土。即随着新型砌体材料的涌现，必须有与其相配套的专用材料。随着我国预拌砂浆的行业的兴起及各类专用砂浆的推广，各类砌体结构性能明显得到改善和提高。近年来，与新型墙材砌体相配套的专用砂浆标准相继问世，如《混凝土小型空心砌块砌筑砂浆》JC860、《混凝土小型空心砌块灌孔混凝土》JC861和《砌体结构专用砂浆应用技术规程》CECS等。

1.0.3～1.0.5 由于本规范较大地扩充了砌体材料类别和其相应的结构体系，因而列出了尚需同时参照执行的有关标准规范，包括施工及验收规范。

2 术语和符号

2.1 术 语

2.1.5 研究表明，孔洞率大于35%的多孔砖，其折压比较低，且砌体开裂提前呈脆性破坏，故应对空洞率加以限制。

2.1.6、2.1.7 根据近年来蒸压灰砂普通砖、蒸压粉煤灰普通砖制砖工艺及设备的发展现状和建筑应用需求，蒸压砖定义中增加了压制排气成型、高压蒸汽养护的内容，以区分新旧制砖工艺，推广、采用新工艺、新设备，体现了标准的先进性。

2.1.12 蒸压灰砂普通砖、蒸压粉煤灰普通砖等蒸压硅酸盐砖是半干压法生产的，制砖钢模十分光亮，在高压成型时会使砖质地密实、表面光滑，吸水率也较小，这种光滑的表面影响了砖与砖的砌筑与粘结，使墙体的抗剪强度较烧结普通砖低1/3，从而影响了这类砖的推广和应用。故采用工作性好、粘结力高、耐候性强且方便施工的专用砌筑砂浆（强度等级宜为Ms15、Ms10、Ms7.5、Ms5四种，s为英文单词蒸汽压力Steam pressure及硅酸盐Silicate的第一个字母）已成为推广、应用蒸压硅酸盐砖的关键。

根据现行国家标准《建筑抗震设计规范》GB 50011－2010第10.1.24条："采用蒸压灰砂普通砖和蒸压粉煤灰普通砖的砌体房屋，当砌体的抗剪强度仅达到普通黏土砖砌体的70%时，房屋的层数应比普通砖房屋减少一层，总高度应减少3m；当砌体的抗剪强度达到普通黏土砖砌体的取值时，房屋层数和总高度的要求同普通砖房屋。"本规范规定：该类砌体的专用砌筑砂浆必须保证其砌体抗剪强度不低于烧结普通砖砌体的取值。

需指出，以提高砌体抗剪强度为主要目标的专用砌筑砂浆的性能指标，应按现行国家标准《墙体材料应用统一技术规范》GB 50574规定，经研究性试验确定。当经研究性试验结果的砌体抗剪强度高于普通砂浆砌筑的烧结普通砖砌体的取值时，仍按烧结普通砖砌体的取值。

3 材 料

3.1 材料强度等级

3.1.1 材料强度等级的合理限定，关系到砌体结构房屋安全、耐久，一些建筑由于采用了规范禁用的劣质墙材，使墙体出现的裂缝、变形，甚至出现了楼歪歪、楼垮垮案例，对此必须严加限制。鉴于一些地区近年来推广、应用混凝土普通砖及混凝土多孔砖，为确保结构安全，在大量试验研究的基础上，增补了混凝土普通砖及混凝土多孔砖的强度等级要求。

砌块包括普通混凝土砌块和轻集料混凝土砌块。轻集料混凝土砌块包括煤矸石混凝土砌块和孔洞率不大于35%的火山渣、浮石和陶粒混凝土砌块。

非烧结砖的原材料及其配比、生产工艺及多孔砖的孔型、肋及壁的尺寸等因素都会影响砖的品质，进而会影响到砌体质量，调查发现不同地区或不同企业的非烧结砖的上述因素不尽一致，块型及肋、壁尺寸大相径庭，考虑到砌体耐久性要求，删除了强度等级为MU10的非烧结砖作为承重结构的块体。

对蒸压灰砂砖和蒸压粉煤灰砖等蒸压硅酸盐砖列出了强度等级。根据建材标准指标，蒸压灰砂砖、蒸压粉煤灰砖等蒸压硅酸盐砖不得用于长期受热200℃以上、受急冷急热和有酸性介质侵蚀的建筑部位。

对于蒸压粉煤灰砖和掺有粉煤灰15%以上的混凝土砌块，我国标准《砌墙砖试验方法》GB/T 2542和《混凝土小型空心砌块试验方法》GB/T 4111确定碳化系数均采用人工碳化系数的试验方法。现行国家标准《墙体材料应用统一技术规范》GB 50574规定的碳化系数不应小于0.85，按原规范块体强度应乘系数 $1.15\times0.85=0.98$，接近1.0，故取消了该系数。

为了保证承重类多孔砖（砌块）的结构性能，其孔洞率及肋、壁的尺寸也必须符合《墙体材料应用统一技术规范》GB 50574的规定。

鉴于蒸压多孔灰砂砖及蒸压粉煤灰多孔砖的脆性大、墙体延性也相应较差以及缺少系统的试验数据。故本规范仅对蒸压普通硅酸盐砖砌体作出规定。

实践表明，蒸压灰砂砖和蒸压粉煤灰砖等硅酸盐墙材制品的原材料配比及生产工艺状况（如掺灰量的不同、养护制度的差异等）将直接影响着砖的脆性（折压比），砖越脆墙体开裂越早。根据中国建筑东北设计研究院有限公司及沈阳建筑大学试验结果，制品中不同的粉煤灰掺量，其抗折强度相差甚多，即脆性特征相差较大，因此规定合理的折压比将有利于提高砖的品质，改善砖的脆性，也提高墙体的受力性能。

同样，含孔洞块材的砌体试验也表明：仅用含孔洞块材的抗压强度作为衡量其强度指标是不全面的，多孔砖或空心砖（砌块）孔型、孔的布置不合理将导致块体的抗折强度降低很大，降低了墙体的延性，墙体容易开裂。当前，制砖企业或模具制造企业随意确定砖型、孔型及砖的细部尺寸现象较为普遍，已发生影响墙体质量的案例，对此必须引起重视。国家标准《墙体材料应用统一技术规范》GB 50574，明确规定需控制用于承重的蒸压硅酸盐砖和承重多孔砖的折压比。

3.1.2 原规范未对用于自承重墙的空心砖、轻质块体强度等级进行规定，由于这类砌体用于填充墙的范围越来越广，一些强度低、性能差的低劣块材被用于工程，出现了墙体开裂及地震时填充墙脆性垮塌严重的现象。为确保自承重墙体的安全，本次修订，按国家标准《墙体材料应用统一技术规范》GB 50574，增补了该条。

3.1.3 采用混凝土砖（砌块）砌体以及蒸压硅酸盐砖砌体时，应采用与块体材料相适应且能提高砌筑工作性能的专用砌筑砂浆；尤其对于块体高度较高的普通混凝土砖空心砌块，普通砂浆很难保证竖向灰缝的砌筑质量。调查发现，一些砌块建筑墙体的灰缝不饱满，有的出现了"瞎缝"，影响了墙体的整体性。本条文规定采用混凝土砖（砌块）砌体时，应采用强度等级不小于Mb5.0的专用砌筑砂浆（b为英文单词"砌块"或"砖"brick的第一个字母）。蒸压硅酸盐砖则由于其表面光滑，与砂浆粘结力较差，砌体沿灰缝抗剪强度较低，影响了蒸压硅酸盐砖在地震设防区的推广与应用。因此，为了保证砂浆砌筑时的工作性能和砌体抗剪强度不低于用普通砂浆砌筑的烧结普通砖砌体，应采用粘结性强度高、工作性能好的专用砂浆砌筑。

强度等级M2.5的普通砂浆，可用于砌体检测与鉴定。

3.2 砌体的计算指标

3.2.1 砌体的计算指标是结构设计的重要依据，通过大量、系统的试验研究，本条作为强制性条文，给出了科学、安全的砌体计算指标。与3.1.1相对应，本条文增加了混凝土多孔砖、蒸压灰砂砖、蒸压粉煤灰砖和轻骨料混凝土砌块砌体的抗压强度指标，并对单排孔且孔对孔砌筑的混凝土砌块砌体灌孔后的强度作了修订。根据长沙理工大学等单位的大量试验研究结果，混凝土多孔砖砌体的抗压强度试验值与按烧结黏土砖砌体计算公式的计算值比值平均为1.127，偏安全地取烧结黏土砖的抗压强度值。

根据目前应用情况，表3.2.1-4增补砂浆强度等级Mb20，其砌体取值采用原规范公式外推得到。因水泥煤渣混凝土砌块问题多，属淘汰品，取消了水泥煤渣混凝土砌块。

1 本条文说明可参照2001规范的条文说明。

2 近年来混凝土普通砖及混凝土多孔砖在各地大量涌现，尤其在浙江、上海、湖南、辽宁、河南、江苏、湖北、福建、安徽、广西、河北、内蒙古、陕西等省市区得到迅速发展，一些地区颁布了当地的地方标准。为了统一设计技术，保障结构质量与安全，中国建筑东北设计研究院有限公司会同长沙理工大学、沈阳建筑大学、同济大学等单位进行了大量、系统的试验和研究，如：混凝土砖砌体基本力学性能试验研究；借助试验及有限元方法分析了肋厚对砌体性能的影响研究和砖的抗折性能；混凝土多孔砖砌体受压承载力试验；混凝土多孔砖墙低周反复荷载的拟静力试验；混凝土多孔砖砌体结构模型房屋的子结构拟动力和拟静力试验；混凝土多孔砖砌体底框房屋模型房屋拟静力试验；混凝土多孔砖砌体结构模型房屋振动台试验等。并编制了《混凝土多孔砖建筑技术规范》CECS257，其中主要成果为本次修订的依据。

3 蒸压灰砂砖砌体强度指标系根据湖南大学、重庆市建筑科学研究院和长沙市城建科研所的蒸压灰砂砖砌体抗压强度试验资料，以及《蒸压灰砂砖砌体结构设计与施工规程》CECS 20：90 的抗压强度指标确定的。根据试验统计，蒸压灰砂砖砌体抗压强度试验值 f''和烧结普通砖砌体强度平均值公式 f_m 的比值（f''/f_m）为 0.99，变异系数为 0.205。将蒸压灰砂砖砌体的抗压强度指标取用烧结普通砖砌体的抗压强度指标。

蒸压粉煤灰砖砌体强度指标依据四川省建筑科学研究院、长沙理工大学、沈阳建筑大学和中国建筑东北设计研究院有限公司的蒸压粉煤灰砖砌体抗压强度试验资料，并参考其他有关单位的试验资料，粉煤灰砖砌体的抗压强度相当或略高于烧结普通砖砌体的抗压强度。本次修订将蒸压粉煤灰砖的抗压强度指标取用烧结普通砖砌体的抗压强度指标。遵照国家标准《墙体材料应用统一技术规范》GB 50574“墙体不应采用非蒸压硅酸盐砖”的规定，本次修订仍未列入蒸养粉煤灰砖砌体。

应该指出，蒸压灰砂砖砌体和蒸压粉煤灰砖砌体的抗压强度指标系采用同类砖为砂浆强度试块底模时的抗压强度指标。当采用黏土砖底模时砂浆强度会提高，相应的砌体强度达不到规范要求的强度指标，砌体抗压强度降低 10%左右。

4 随着砌块建筑的发展，补充收集了近年来混凝土砌块砌体抗压强度试验数据，比 2001 规范有较大的增加，共 116 组 818 个试件，遍及四川、贵州、广西、广东、河南、安徽、浙江、福建八省。本次修订，按以上试验数据采用原规范强度平均值公式拟合，当材料强度 $f_1 \geqslant 20$MPa、$f_2 > 15$MPa 时，以及当砂浆强度高于砌块强度时，88 规范强度平均值公式的计算值偏高，应用 88 规范强度平均值公式在该范围不安全，表明在该范围的强度平均值公式不能应用。当删除了这些试验数据后按 94 组统计，抗压强度试验值 f'和抗压强度平均值公式的计算值 f_m 的比值为 1.121，变异系数为 0.225。

为适应砌块建筑的发展，本次修订增加了 MU20 强度等级。根据现有高强砌块砌体的试验资料，在该范围其砌体抗压强度试验值仍较强度平均值公式的计算值偏低。本次修订采用降低砂浆强度对 2001 规范抗压强度平均值公式进行修正，修正后的砌体抗压强度平均值公式为：

$$f_m = 0.46 f_1^{0.9}(1 + 0.07 f_2)(1.1 - 0.01 f_2) \quad (f_2 > 10\text{MPa})$$

对 MU20 的砌体适当降低了强度值。

5 对单排孔且对孔砌筑的混凝土砌块灌孔砌体，建立了较为合理的抗压强度计算方法。GBJ 3-88 灌孔砌体抗压强度提高系数 φ_1 按下式计算：

$$\varphi_1 = \frac{0.8}{1-\delta} \leqslant 1.5 \tag{1}$$

该式规定了最低灌孔混凝土强度等级为 C15，且计算方便。收集了广西、贵州、河南、四川、广东共 20 组 82 个试件的试验数据和近期湖南大学 4 组 18 个试件以及哈尔滨建筑大学 4 组 24 个试件的试验数据，试验数据反映 GBJ 3-88 的 φ_1 值偏低，且未考虑不同灌孔混凝土强度对 φ_1 的影响，根据湖南大学等单位的研究成果，经研究采用下式计算：

$$f_{gm} = f_m + 0.63\alpha f_{cu,m} \quad (\rho \geqslant 33\%) \tag{2}$$

$$f_g = f + 0.6\alpha f_c \tag{3}$$

同时为了保证灌孔混凝土在砌块孔洞内的密实，灌孔混凝土应采用高流动性、高粘结性、低收缩性的细石混凝土。由于试验采用的块体强度、灌孔混凝土强度，一般在 MU10～MU20、C10～C30 范围，同时少量试验表明高强度灌孔混凝土砌体达不到公式（2）的 f_{gm}，经对试验数据综合分析，本次修订对灌实砌体强度提高系数作了限制 $f_g/f \leqslant 2$。同时根据试验试件的灌孔率（ρ）均大于 33%，因此对公式灌孔率适用范围作了规定。灌孔混凝土强度等级规定不应低于 Cb20。灌孔混凝土性能应符合《混凝土小型空心砌块灌孔混凝土》JC 861 的规定。

6 多排孔轻集料混凝土砌块在我国寒冷地区应用较多，特别是我国吉林和黑龙江地区已开始推广应用，这类砌块材料目前有火山渣混凝土、浮石混凝土和陶粒混凝土，多排孔砌块主要考虑节能要求，排数有二排、三排和四排，孔洞率较小，砌块规格各地不一致，块体强度等级较低，一般不超过 MU10，为了多排孔轻集料混凝土砌块建筑的推广应用，《混凝土砌块建筑技术规程》JGJ/T 145 列入了轻集料混凝土砌块建筑的设计和施工规定。规范应用了 JGJ/T 14 收集的砌体强度试验数据。

规范应用的试验资料为吉林、黑龙江两省火山渣、浮石、陶粒混凝土砌块砌体强度试验数据 48 组 243 个试件，其中多排孔单砌砌体试件共 17 组 109 个试件，多排孔组砌砌体 21 组 70 个试件，单排孔砌体 10 组 64 个试件。多排孔单砌砌体强度试验值 f'和公式平均值 f_m 比值为 1.615，变异系数为 0.104。多排孔组砌砌体强度试验值 f'和公式平均值 f_m 比值为 1.003，变异系数为 0.202。从统计参数分析，多排孔单砌强度较高，组砌后明显降低，考虑多排孔砌块砌体强度和单排孔砌块砌体强度有差别，同时偏于安全考虑，本次修订对孔洞率不大于 35%的双排孔或多排孔轻骨料混凝土砌块砌体的抗压强度设计值，按单排孔混凝土砌块砌体强度设计值乘以 1.1 采用。对组砌的砌体的抗压强度设计值乘以 0.8 采用。

值得指出的是，轻集料砌块的建筑应用，应采用以强度等级和密度等级双控的原则，避免只重视块体强度而忽视其耐久性。调查发现，当前许多企业，以生产陶粒砌块为名，代之以大量的炉渣等工业废弃物，严重降低了块材质量，为建筑工程质量埋下隐患。应遵照国家标准《墙体材料应用统一技术规范》GB 50574，对轻集料砌块强度等级和密度等级双控的原则进行质量控制。

7、8 除毛料石砌体和毛石砌体的抗压强度设计值作了适当降低外，条文未作修改。

本条中砌筑砂浆等级为 0 的砌体强度，为供施工验算时采用。

3.2.2 沿砌体灰缝截面破坏时砌体的轴心抗拉强度设计值、弯曲抗拉强度设计值和抗剪强度设计值是涉及砌体结构设计安全的重要指标。本条文也增加了混凝土砖、混凝土多孔砖沿砌体灰缝截面破坏时砌体的轴心抗拉强度设计值、弯曲抗拉强度设计值和抗剪强度设计值。

近年来长沙理工大学、沈阳建筑大学、中国建筑东北设计研究院有限公司等单位对混凝土砖、混凝土多孔砖沿砌体灰缝截面破坏时砌体的轴心抗拉强度、弯曲抗拉强度和抗剪强度进行了系统的试验研究，研究成果表明，混凝土砖、混凝土多孔砖的上述强度均高于烧结普通砖砌体，为可靠，本次修订不作提高。

蒸压灰砂砖砌体抗剪强度系根据湖南大学、重庆市建筑科学研究院和长沙市城建科研所的通缝抗剪强度试验资料，以及《蒸压灰砂砖砌体结构设计与施工规程》CECS 20：90 的抗剪强度指标确定的。灰砂砖砌体的抗剪强度各地区的试验数据有差异，主要原因是各地区生产的灰砂砖所用砂的细度和生产工艺（半干压法压制成型）不同，以及采用的试验方法和砂浆试块采用的底模砖不同引起。本次修订以双剪试验方法和以灰砂砖作砂浆试块底模的试验数据为依据，并考虑了灰砂砖砌体通缝抗剪强度的变异。根据试验资料，蒸压灰砂砖砌体的抗剪强度设计值较烧结普通砖砌体的抗剪强度有较大的降低。用普通砂浆砌筑的蒸压灰砂砖砌体的抗剪强度取砖砌体抗剪强度的 0.70 倍。

蒸压粉煤灰砖砌体抗剪强度取值依据四川省建筑科学研究院、沈阳建筑大学和长沙理工大学的研究报告，其抗剪强度较烧结普通砖砌体的抗剪强度有较大降低，用普通砂浆砌筑的蒸压粉煤灰砖砌体抗剪强度设计值取烧结普通砖砌体抗剪强度的 0.70 倍。

为有效提高蒸压硅酸盐砖砌体的抗剪强度，确保结构的工程质量，应积极推广、应用专用砌筑砂浆。表中的砌筑砂浆为普通砂浆，当该类砖采用专用砂浆砌筑时，其砌体沿砌体灰缝截面破坏时砌体的轴心抗拉强度设计值、弯曲抗拉强度设计值和抗剪强度设计值按普通烧结砖砌体的采用。当专用砂浆的砌体抗剪强度高于烧结普通砖砌体时，其砌体抗剪强度仍取烧结普通砖砌体的强度设计值。

轻集料混凝土砌块砌体的抗剪强度指标系根据黑龙江、吉林等地区抗剪强度试验资料。共收集 16 组 89 个试验数据，试验值 f' 和混凝土砌块抗剪强度平均值 $f_{v,m}$ 的比值为 1.41。对于孔洞率小于或等于 35% 的双排孔或多排孔砌块砌体的抗剪强度按混凝土砌块砌体抗剪强度乘以 1.1 采用。

单排孔且孔对孔砌筑混凝土砌块灌孔砌体的通缝抗剪强度是本次修订中增加的内容，主要依据湖南大学 36 个试件和辽宁建筑科学研究院 66 个试件的试验资料，试件采用了不同的灌孔率。砂浆强度和砌块强度，通过分析灌孔后通缝抗剪强度和灌孔率。灌孔砌体的抗压强度有关，回归分析的抗剪强度平均值公式为：

$$f_{vg,m} = 0.32 f_{g,m}^{0.55}$$

试验值 $f'_{v,m}$ 和公式值 $f_{vg,m}$ 的比值为 1.061，变异系数为 0.235。

灌孔后的抗剪强度设计值公式为：$f_{vg} = 0.208 f_g^{0.55}$，取 $f_{vg} = 0.20 f_g^{0.55}$。

需指出，承重单排孔混凝土空心砌块砌体对穿孔（上下皮砌块孔与孔相对）是保证混凝土砌块与砌筑砂浆有效粘结、成型混凝土芯柱所必需的条件。目前我国多数企业生产的砌块对此均欠考虑，生产的块材往往不能满足砌筑时的孔对孔，其砌体通缝抗剪能力必然比按规范计算结构有所降低。工程实践表明，由于非对穿孔墙体砂浆的有效粘结面少、墙体的整体性差，已成为空心砌块建筑墙体渗、漏、裂的主要原因，也成为震害严重的原因之一（玉树震害调查表明，用非对穿孔空心砌块砌墙及专用砂浆的缺失，成为当地空心砌块建筑毁坏的原因之一）。故必须对此予以强调，要求设备制作企业在空心砌块模具的加工时，就应对块材的应用情况有所了解。

3.2.3 因砌体强度设计值调整系数关系到结构的安全，故将本条定为强制性条文。水泥砂浆调整系数在 73 及 88 规范中基本参照苏联规范，由专家讨论确定的调整系数。四川省建筑科学研究院对大孔洞率条型孔多孔砖砌体力学性能试验表明，中、高强度水泥砂浆对砌体抗压强度和砌体抗剪强度无不利影响。试验表明，当 $f_2 \geqslant 5$MPa 时，可不调整。本规范仍保持 2001 规范的取值，偏于安全。

3.2.5 全国 65 组 281 个灌孔混凝土砌块砌体试件试验结果分析表明，2001 规范中单排孔对孔砌筑的灌孔混凝土砌块砌体弹性模量取值偏低，低估了灌孔混凝土砌块砌体墙的水平刚度，对框支灌孔混凝土砌块砌体剪力墙和灌孔混凝土砌块砌体房屋的抗震设计偏于不安全。由理论和试验结果分析、统计，并参照国外有关标准的取值，取 $E=2000 f_g$。

因为弹性模量是材料的基本力学性能，与构件尺寸等无关，而强度调整系数主要是针对构件强度与材料强度的差别进行的调整，故弹性模量中的砌体抗压强度值不需用3.2.3条进行调整。

本条增加了砌体的收缩率，因国内砌体收缩试验数据少。本次修订主要参考了块体的收缩、长沙理工大学的试验数据，并参考了ISO/TC 179/SCI的规定，经分析确定的。砌体的收缩和块体的上墙含水率、砌体的施工方法等有密切关系。如当地有可靠的砌体收缩率的试验数据，亦可采用当地试验数据。

长沙理工大学、郑州大学等单位的试验结果表明，混凝土多孔砖的力学指标抗压强度和弹性模量与烧结砖相同，混凝土多孔砖的其他物理指标与混凝土砌块相同，如摩擦系数和线膨胀系数是参考本规范中混凝土小砌块砌体取值的。

4 基本设计规定

4.1 设计原则

4.1.1～4.1.5 根据《建筑结构可靠度设计统一标准》GB 50068，结构设计仍采用概率极限状态设计原则和分项系数表达的计算方法。本次修订，根据我国国情适当提高了建筑结构的可靠度水准；明确了结构和结构构件的设计使用年限的含意、确定和选择；并根据建设部关于适当提高结构安全度的指示，在第4.1.5条作了几个重要改变：

1 针对以自重为主的结构构件，永久荷载的分项系数增加了1.35的组合，以改进自重为主构件可靠度偏低的情况；

2 引入了《施工质量控制等级》的概念。

长期以来，我国设计规范的安全度未和施工技术、施工管理水平等挂钩，而实际上它们对结构的安全度影响很大。因此为保证规范规定的安全度，有必要考虑这种影响。发达国家在设计规范中明确地提出了这方面的规定，如欧共体规范、国际标准。我国在学习国外先进管理经验的基础上，并结合我国的实际情况，首先在《砌体工程施工及验收规范》GB 50203－98中规定了砌体施工质量控制等级。它根据施工现场的质保体系、砂浆和混凝土的强度、砌筑工人技术等级方面的综合水平划为A、B、C三个等级。但因当时砌体规范尚未修订，它无从与现行规范相对应，故其规定的A、B、C三个等级，只能与建筑物的重要性程度相对应。这容易引起误解。而实际的内涵是在不同的施工控制水平下，砌体结构的安全度不应该降低，它反映了施工技术、管理水平和材料消耗水平的关系。因此本规范引入了施工质量控制等级的概念，考虑到一些具体情况，砌体规范只规定了B级和C级施工质量控制等级。当采用C级时，砌体强度设计值应乘第3.2.3条的γ_a，$\gamma_a=0.89$；当采用A级施工质量控制等级时，可将表中砌体强度设计值提高5%。施工质量控制等级的选择主要根据设计和建设单位商定，并在工程设计图中明确设计采用的施工质量控制等级。

因此本规范中的A、B、C三个施工质量控制等级应按《砌体结构工程施工质量验收规范》GB 50203中对应的等级要求进行施工质量控制。

但是考虑到我国目前的施工质量水平，对一般多层房屋宜按B级控制。对配筋砌体剪力墙高层建筑，设计时宜选用B级的砌体强度指标，而在施工时宜采用A级的施工质量控制等级。这样做是有意提高这种结构体系的安全储备。

4.1.6 在验算整体稳定性时，永久荷载效应与可变荷载效应符号相反，而前者对结构起有利作用。因此，若永久荷载分项系数仍取同号效应时相同的值，则将影响构件的可靠度。为了保证砌体结构和结构构件具有必要的可靠度，故当永久荷载对整体稳定有利时，取$\gamma_G=0.8$。本次修订增加了永久荷载控制的组合项。

4.2 房屋的静力计算规定

取消上刚下柔多层房屋的静力计算方案及原附录的计算方法。这是考虑到这种结构存在着显著的刚度突变，在构造处理不当或偶发事件中存在着整体失效的可能性。况且通过适当的结构布置，如增加横墙，可成为符合刚性方案的结构，既经济又安全的砌体结构静力方案。

4.2.5 第3款，计算表明，因屋盖梁下砌体承受的荷载一般较楼盖梁小，承载力裕度较大，当采用楼盖梁的支承长度后，对其承载力影响很小。这样做以简化设计计算。板下砌体的受压和梁下砌体受压是不同的。板下是大面积接触，且板的刚度要比梁的小得多，而所受荷载也要小得多，故板下砌体应力分布要平缓得多。根据《国际标准》ISO 9652－1规定：楼面活荷载不大于$5kN/m^2$时，偏心距$e=0.05(l_1-l_2)\leqslant h/3$。式中$l_1$、$l_2$分别为墙两侧板的跨度，$h$墙厚。当墙厚小于200mm时，该偏心距应乘以折减系数$h/200$；当双向板跨比达到1∶2时，板的跨度可取短边长的2/3。考虑到我国砌体房屋多年的工程经验和梁传荷载下支承压力方法的一致性原则，则取$0.4a$是安全的也是对规范的补充。

第4款，即对于梁跨度大于9m的墙承重的多层房屋，应考虑梁端约束弯矩影响的计算。

试验表明上部荷载对梁端的约束随局压应力的增大呈下降趋势，在砌体局压临破坏时约束基本消失。但在使用阶段对于跨度比较大的梁，其约束弯矩对墙体受力影响应予考虑。根据三维有限元分析，$a/h=0.75$，$l=5.4m$，上部荷载$\sigma_0/f_m=0.1$、0.2、0.3、

0.4时，梁端约束弯矩与按框架分析的梁端弯矩的比值分别为0.28、0.377、0.449、0.511。为了设计方便，将其替换为梁端约束弯矩与梁固端弯矩的比值 K，分别为8.3%、12.2%、16.6%、21.4%。为此拟合成公式4.2.5予以反映。

本方法也适用于上下墙厚不同的情况。

4.2.6 根据表4.2.6所列条件（墙厚240mm）验算表明，由风荷载引起的应力仅占竖向荷载的5%以下，可不考虑风荷载影响。

4.3 耐久性规定

砌体结构的耐久性包括两个方面，一是对配筋砌体结构构件的钢筋的保护，二是对砌体材料保护。原规范中虽均有反映，但比较分散，而且对砌体耐久性的要求或保护措施相对比较薄弱一些。因此随着人们对工程结构耐久性要求的关注，有必要对砌体结构的耐久性进行增补和完善并单独作为一节。砌体结构的耐久性与钢筋混凝土结构既有相同处但又有一些优势。相同处是指砌体结构中的钢筋保护增加了砌体部分，而比混凝土结构的耐久性好，无筋砌体尤其是烧结类砖砌体的耐久性更好。本节耐久性规定主要根据工程经验并参照国内外有关规范增补的：

1 关于环境类别

环境类别主要根据国际标准《配筋砌体结构设计规范》ISO 9652-3和英国标准BS5628。其分类方法和我国《混凝土结构设计规范》GB 50010很接近。

2 配筋砌体中钢筋的保护层厚度要求，英国规范比美国规范更严，而国际标准有一定灵活性表现在：

1）英国规范认为砖砌体或其他材料具有吸水性，内部允许存在渗流，因此就钢筋的防腐要求而论，砌体保护层几乎起不到防腐作用，可忽略不计。另外砂浆的防腐性能通常较相同厚度的密实混凝土防腐性能差，因此在相同暴露情况下，要求的保护层厚度通常比混凝土截面保护层大。

2）国际标准与英国标准要求相同，但在砌体块体和砂浆满足抗渗性能要求条件下钢筋的保护层可考虑部分砌体厚度。

3）据UBC砌体规范2002版本，其对环境仅有室内正常环境和室外或暴露于地基土中两类，而后者的钢筋保护层，当钢筋直径大于No.5（$\phi=16$）不小于2英寸（50.8mm），当不大于No.5时不小于1.5英寸（38.1mm）。在条文解释中，传统的钢筋是不镀锌的，砌体保护层可以延缓钢筋的锈蚀速度，保护层厚度是指从砌体外表面到钢筋最外层的距离。如果横向钢筋围着主筋，则应从箍筋的最外边缘测量。砌体保护层包括砌块、抹灰层、面层的厚度。在水平灰缝中，钢筋保护层厚度是指从钢筋的最外缘到抹灰层外表面的砂浆和面层总厚度。

4）本条的5类环境类别对应情况下钢筋混凝土保护层厚度采用了国际标准的规定，并在环境类别1～3时给出了采用防渗块材和砂浆时混凝土保护的低限值，并参照国外规范规定了某些钢筋的防腐镀（涂）层的厚度或等效的保护。随着新防腐材料或技术的发展也可采用性价比更好、更节能环保的钢筋防护材料。

5）砌体中钢筋的混凝土保护层厚度要求基本上同混凝土规范，但适用的环境条件也根据砌体结构复合保护层的特点有所扩大。

3 无筋砌体

无筋高强度等级砖石结构经历数百年和上千年考验其耐久性是不容置疑的。对非烧结块材、多孔块材的砌体处于冻胀或某些侵蚀环境条件下其耐久性易于受损，故提高其砌体材料的强度等级是最有效和普遍采用的方法。

地面以下或防潮层以下的砌体采用多孔砖或混凝土空心砌块时，应将其孔洞预先用不低于M10的水泥砂浆或不低于Cb20的混凝土灌实，不应随砌随灌，以保证灌孔混凝土的密实度及质量。

鉴于全国范围内的蒸压灰砂砖、蒸压粉煤灰砖等蒸压硅酸盐砖的制砖工艺、制造设备等有着较大的差异，砖的品质不尽一致；又根据国家现行的材料标准，本次修订规定，环境类别为3～5等有侵蚀性介质的情况下，不应采用蒸压灰砂砖和蒸压粉煤灰砖。

5 无筋砌体构件

5.1 受压构件

5.1.1、**5.1.5** 无筋砌体受压构件承载力的计算，具有概念清楚、方便技术的特点，即：

1 轴向力的偏心距按荷载设计值计算。在常遇荷载情况下，直接采用其设计值代替标准值计算偏心距，由此引起承载力的降低不超过6%。

2 承载力影响系数 φ 的公式，不仅符合试验结果，且计算简化。

综合上述1和2的影响，新规范受压构件承载力与原规范的承载力基本接近，略有下调。

3 计算公式按附加偏心距分析方法建立，与单向偏心受压构件承载力的计算公式相衔接，并与试验结果吻合较好。湖南大学48根短柱和30根长柱的双向偏心受压试验表明，试验值与本方法计算值的平均比值，对于短柱为1.236，长柱为1.329，其变异系数分别为 0.103 和 0.163。而试验值与苏联规范计算值的平均比值，对于短柱为 1.439，对于长柱为 1.478，其变异系数分别为 0.163 和 0.225。此外，试验表明，当 $e_b>0.3b$ 和 $e_h>0.3h$ 时，随着荷载的增加，砌体内水平裂缝和竖向裂缝几乎同时产生，甚至水平裂缝较竖向裂缝出现早，因而设计双向偏心受压构件时，对偏心距的限值较单向偏心受压时偏心距的限值规定得小些是必要的。分析还表明，当一个方向的偏心率（如 e_b/b）不大于另一个方向的偏心率（如 e_h/h）的 5%时，可简化按另一方向的单向偏心受压（如 e_h/h）计算，其承载力的误差小于 5%。

5.2 局部受压

5.2.4 关于梁端有效支承长度 a_0 的计算公式，规范提供了 $a_0=38\sqrt{\frac{N_l}{bf\tan\theta}}$，和简化公式 $a_0=10\sqrt{\frac{h_c}{f}}$，如果前式中 $\tan\theta$ 取1/78,则也成了近似公式，而且 $\tan\theta$ 取为定值后反而与试验结果有较大误差。考虑到两个公式计算结果不一样，容易在工程应用上引起争端，为此规范明确只列后一个公式。这在常用跨度梁情况下和精确公式误差约为 15%，不致影响局部受压安全度。

5.2.5 试验和有限元分析表明，垫块上表面 a_0 较小，这对于垫块下局压承载力计算影响不是很大（有垫块时局压应力大为减小），但可能对其下的墙体受力不利，增大了荷载偏心距，因此有必要给出垫块上表面梁端有效支承长度 a_0 计算方法。根据试验结果，考虑与现浇垫块局部承载力相协调，并经分析简化也采用公式（5.2.4-5）的形式，只是系数另外作了具体规定。

对于采用与梁端现浇成整体的刚性垫块与预制刚性垫块下局压有些区别，但为简化计算，也可按后者计算。

5.2.6 梁搁置在圈梁上则存在出平面不均匀的局部受压情况，而且这是大多数的受力状态。经过计算分析考虑了柔性垫梁不均匀局压情况，给出 $\delta_2=0.8$ 的修正系数。

此时 a_0 可近似按刚性垫块情况计算。

5.5 受剪构件

5.5.1 根据试验和分析，砌体沿通缝受剪构件承载力可采用复合受力影响系数的剪摩理论公式进行计算。

1 公式（5.5.1-1）～公式（5.5.1-3）适用于烧结的普通砖、多孔砖、蒸压的灰砂砖和粉煤灰砖以及混凝土砌块等多种砌体构件水平抗剪计算。该式系由重庆建筑大学在试验研究基础上对包括各类砌体的国内 19 项试验数据进行统计分析的结果。此外，因砌体竖缝抗剪强度很低，可将阶梯形截面近似按其水平投影的水平截面来计算。

2 公式（5.5.1）的模式系基于剪压复合受力相关性的两次静力试验，包括 M2.5、M5.0、M7.5 和 M10 等四种砂浆与 MU10 页岩砖共 231 个数据统计回归而得。此相关性亦为动力试验所证实。研究结果表明：砌体抗剪强度并非如摩尔和库仑两种理论随 σ_0/f_m 的增大而持续增大，而是在 $\sigma_0/f_m=0\sim0.6$ 区间增长逐步减慢；而当 $\sigma_0/f_m>0.6$ 后，抗剪强度迅速下降，以致 $\sigma_0/f_m=1.0$ 时为零。整个过程包括了剪摩、剪压和斜压等三个破坏阶段与破坏形态。当按剪摩公式形式表达时，其剪压复合受力影响系数 μ 非定值而为斜直线方程，并适用于 $\sigma_0/f_m=0\sim0.8$ 的近似范围。

3 根据国内 19 份不同试验共 120 个数据的统计分析，实测抗剪承载力与按有关公式计算值之比值的平均值为 0.960，标准差为 0.220，具有 95%保证率的统计值为 0.598（≈0.6）。又取 $\gamma_1=1.6$ 而得出（5.5.1）公式系列。

4 式中修正系数 α 系通过对常用的砖砌体和混凝土空心砌块砌体，当用于四种不同开间及楼（屋）盖结构方案时可能导致的最不利承重墙，采用（5.5.1）公式与抗震设计规范公式抗剪强度之比较分析而得出的，并根据 $\gamma_G=1.2$ 和 1.35 两种荷载组合以及不同砌体类别而取用不同的 α 值。引入 α 系数意在考虑试验与工程实验的差异，统计数据有限以及与现行两本规范衔接过渡，从而保持大致相当的可靠度水准。

5 简化公式中 σ_0 定义为永久荷载设计值引起的水平截面压应力。根据不同的荷载组合而有与 $\gamma_G=1.2$ 和 1.35 相应的（5.5.1-2）及（5.5.1-3）等不同 μ 值计算公式。

6 构造要求

6.1 墙、柱的高厚比验算

6.1.1 由于配筋砌体的使用越来越普遍，本次修订增加了配筋砌体的内容，因此本节也相应增加了配筋砌体高厚比的限值。由于配筋砌体的整体性比无筋砌体好，刚度较无筋砌体大，因此在无筋砌体高厚比最高限值为 28 的基础上作了提高，配筋砌体高厚比最高限值为 30。

6.1.2 墙中设混凝土构造柱时可提高墙体使用阶段的稳定性和刚度，设混凝土构造柱墙在使用阶段的允许高厚比提高系数 μ_c，是在对设混凝土构造柱的各种砖墙、砌块墙和石砌墙的整体稳定性和刚度进行分析后提出的偏下限公式。为与组合砖墙承载力计算相协调，规定 $b_c/l>0.25$（即 $l/b_c<4$ 时取 $l/b_c=4$）；当 $b_c/l<0.05$（即 $l/b_c>20$）时，表明构造柱间距过大，对提高墙体稳定性和刚度作用已很小。

由于在施工过程中大多是先砌筑墙体后浇筑构造柱，应注意采取措施保证设构造柱墙在施工阶段的稳定性。

对壁柱间墙或带构造柱墙的高厚比验算，是为了保证壁柱间墙和带构造柱墙的局部稳定。如高厚比验算不能满足公式（6.1.1）要求时，可在墙中设置钢筋混凝土圈梁。当圈梁宽度 b 与相邻壁柱间或相邻构造柱间的距离 s 的比值 $b/s\geqslant 1/30$ 时，圈梁可视作不动铰支点。当相邻壁柱间的距离 s 较大，为满足上述要求，圈梁宽度 $b<s/30$ 时，可按等刚度原则增加圈梁高度。

6.1.3 用厚度小于 90mm 的砖或块材砌筑的隔墙，当双面用较高强度等级的砂浆抹灰时，经部分地区工程实践证明，其稳定性满足使用要求。本次修订时增加了对于厚度小于 90mm 的墙，当抹灰层砂浆强度等级等于或大于 M5 时，包括抹灰层的墙厚达到或超过 90mm 时，可按 $h=90$mm 验算高厚比的规定。

6.1.4 对有门窗洞口的墙［β］的修正系数 μ_2，系根据弹性稳定理论并参照实践经验拟定的。根据推导，μ_2 尚与门窗高度有关，按公式（6.1.4）算得的 μ_2，约相当于门窗洞高为墙高 2/3 时的数值。当洞口高度等于或小于墙高 1/5 时，可近似采用 μ_2 等于 1.0。当洞口高度大于或等于墙高的 4/5 时，门窗洞口墙的作用已较小。因此，在本次修编中，对当洞口高度大于或等于墙高的 4/5 时，作了较严格的要求，按独立墙段验算高厚比。这在某些仓库建筑中会遇到这种情况。

6.2 一般构造要求

6.2.1 本条是强制性条文，汶川地震灾害的经验表明，预制钢筋混凝土板之间有可靠连接，才能保证楼面板的整体作用，增加墙体约束，减小墙体竖向变形，避免楼板在较大位移时坍塌。

该条是保整结构安全与房屋整体性的主要措施之一，应严格执行。

6.2.2 工程实践表明，墙体转角处和纵横墙交接处设拉结钢筋是提高墙体稳定性和房屋整体性的重要措施之一。该项措施对防止墙体温度或干缩变形引起的开裂也有一定作用。调查发现，一些开有大（多）孔洞的块材墙体，其设于墙体灰缝内的拉结钢筋大多放到了孔洞处，严重影响了钢筋的拉结。研究表明，由于多孔砖孔洞的存在，钢筋在多孔砖砌体灰缝内的锚固承载力小于同等条件下在实心砖砌体灰缝内的锚固承载力。根据试验数据和可靠性分析，对于孔洞率不大于 30％的多孔砖，墙体水平灰缝拉结筋的锚固长度应为实心砖墙体的 1.4 倍。为保障墙体的整体性能与安全，特制定此条文，并将其定为强制性条文。

6.2.4 在砌体中留槽及埋设管道对砌体的承载力影响较大，故本条规定了有关要求。

6.2.6 同 2001 规范相应条文关于梁下不同材料支承墙体时的规定。

6.2.8 对厚度小于或等于 240mm 的墙，当梁跨度大于或等于本条规定时，其支承处宜加设壁柱。如设壁柱后影响房间的使用功能。也可采用配筋砌体或在墙中设钢筋混凝土柱等措施对墙体予以加强。

6.2.11 本条根据工程实践将砌块墙与后砌隔墙交接处的拉结钢筋网片的构造具体化，并加密了该网片沿墙高设置的间距（400mm）。

6.2.12 为增强混凝土砌块房屋的整体性和抗裂能力和工程实践经验提出了本规定。为保证灌实质量，要求其坍落度为160mm～200mm 的专用灌孔混凝土（Cb）。

6.2.13 混凝土小型砌块房屋在顶层和底层门窗洞口两边易出现裂缝，规定在顶层和底层门窗洞口两边 200mm 范围内的孔洞用混凝土灌实，为保证灌实质量，要求混凝土坍落度为160mm～200mm。

6.3 框架填充墙

6.3.1 本条系新增加内容。主要基于以往历次大地震，尤其是汶川地震的震害情况表明，框架（含框剪）结构填充墙等非结构构件均遭到不同程度破坏，有的损害甚至超出了主体结构，导致不必要的经济损失，尤其高级装饰条件下的高层建筑的损失更为严重。同样也曾发生过受较大水平风荷载作用而导则墙体毁坏并殃及地面建筑、行人的案例。这种现象应引起人们的广泛关注，防止或减轻该类墙体震害及强风作用的有效设计方法和构造措施已成为工程界的急需和共识。

现行国家标准《建筑抗震设计规范》GB 50011 已对属非结构构件的框架填充墙的地震作用的计算有详细规定，本规范不再列出。

6.3.3

1 填充墙选用轻质砌体材料可减轻结构重量、降低造价、有利于结构抗震；

2 填充墙体材料强度等级不应过低，否则，当框架稍有变形时，填充墙体就可能开裂，在意外荷载或烈度不高的地震作用时，容易遭到损坏，甚至造成人员伤亡和财产损失；

4 目前有些企业自行研制、开发了夹心复合砌块，即两叶薄型混凝土砌块中间夹有保温层（如 EPS、XPS 等），并将其用于框架结构的填充墙。虽然墙的整体宽度一般均大于 90mm，但每片混凝土薄块仅为 30mm～40mm。由于保温夹层较软，不能对混凝土块构成有效的侧限，因此当混凝土梁（板）变形并压紧墙时，单叶墙会因高厚比过大而出现失稳崩坏，故内外叶间必须有可靠的拉结。

6.3.4 震害经验表明：嵌砌在框架和梁中间的填充

墙砌体，当强度和刚度较大，在地震发生时，产生的水平地震作用力，将会顶推框架梁柱，易造成柱节点处的破坏，所以强度过高的填充墙并不完全有利于框架结构的抗震。本条规定填充墙与框架柱、梁连接处构造，可根据设计要求采用脱开或不脱开的方法。

1 填充墙与框架柱、梁脱开是为了减小地震时填充墙对框架梁、柱的顶推作用，避免混凝土框架的损坏。本条除规定了填充墙与框架柱、梁脱开间隙的构造要求，同时为保证填充墙平面外的稳定性，规定了在填充墙两端的梁、板底及柱（墙）侧增设卡口铁件的要求。

需指出的是，设于填充墙内的构造柱施工时，不需预留马牙槎。柱顶预留的不小于15mm的缝隙，则为了防止楼板（梁）受弯变形后对柱的挤压。

2 本款为填充墙与框架采用不脱开的方法时的相应的作法。

调查表明，由于混凝土柱（墙）深入填充墙的拉结钢筋断于同一截面位置，当墙体发生竖向变形时，该部位常常产生裂缝。故本次修订规定埋入填充墙内的拉结筋应错开截断。

6.4 夹 心 墙

为适应我国建筑节能要求，作为高效节能墙体的多叶墙，即夹心墙的设计，在这次修编中，根据我国的试验并参照国外规范的有关规定新增加的一节。2001规范将“夹心墙”定名为“夹芯墙”，为了与国家标准《墙体材料应用统一技术规范》GB 50574及相关标准相一致，本次修订改为夹心墙。

6.4.1 通过必要的验证性试验，本次修订将2001规范规定的夹心墙的夹层厚度不宜大于100mm改为120mm，扩大了适用范围，也为夹心墙内设置空气间层提供了方便。

6.4.2 夹心墙的外叶墙处于环境恶劣的室外，当采用低强度的外叶墙时，易因劣化、脱落而毁物伤人。故对其块体材料的强度提出了较高的要求。本条为强制性条文，应严格执行。

6.4.5 我国的一些科研单位，如中国建筑科学研究院、哈尔滨建筑大学、湖南大学、南京工业大学等先后作了一定数量的夹心墙的静、动力试验（包括钢筋拉结和丁砖拉结等构造方案），并提出了相应的构造措施和计算方法。试验表明，在竖向荷载作用下，拉结件能协调内、外叶墙的变形，夹心墙通过拉结件为内叶墙提供了一定的支持作用，提高了内叶墙的承载力和增加了叶墙的稳定性，在往复荷载作用下，钢筋拉结件能在大变形情况下防止外叶墙失稳破坏，内外叶墙变形协调，共同工作。因此钢筋拉结件对防止已开裂墙体在地震作用下不致脱落、倒塌有重要作用。另外不同拉接方案对比试验表明，采用钢筋拉结件的夹心墙片，不仅破坏较轻，并且其变形能力和承载能力的发挥也较好。本次修订引入了国外应用较为普遍的可调拉结件，这种拉结件预埋在夹心墙内、外叶墙的灰缝内，利用可调节特性，消除内外叶墙因竖向变形不一致而产生的不利影响，宜采用。

6.4.6 叶墙的拉结件或钢筋网片采用热镀锌进行防腐处理时，其镀层厚度不应小于290g/m²。采用其他材料涂层应具有等效防腐性能。

6.5 防止或减轻墙体开裂的主要措施

6.5.1 为防止墙体房屋因长度过大由于温差和砌体干缩引起墙体产生竖向整体裂缝，规定了伸缩缝的最大间距。考虑到石砌体、灰砂砖和混凝土砌块与砌体材料性能的差异，根据国内外有关资料和工程实践经验对上述砌体伸缩缝的最大间距予以折减。

按表6.5.1设置的墙体伸缩缝，一般不能同时防止由于钢筋混凝土屋盖的温度变形和砌体干缩变形引起的墙体局部裂缝。

6.5.2

1 屋面设置保温、隔热层的规定不仅适用与设计，也适用于施工阶段，调查发现，一些砌体结构工程的混凝土屋面由于未对板材采取应有的防晒（冻）措施，混凝土构件在裸露环境下所产生的温度应力将顶层墙体拉裂现象，故也应对施工期的混凝土屋盖应采取临时的保温、隔热措施。

2～8 为了防止和减轻由于钢筋混凝土屋盖的温度变化和砌体干缩变形以及其他原因引起的墙体裂缝，本次修编将国内外比较成熟的一些措施列出，使用者可根据自己的具体情况选用。

对顶层墙体施加预应力的具体方法和构造措施如下：

①在顶层端开间纵墙墙体布置后张无粘结预应力钢筋，预应力钢筋可采用热轧HRB400钢筋，间距宜为400mm～600mm，直径宜为16mm～18mm，预应力钢筋的张拉控制应力宜为0.50～0.65f_{yk}，在墙体内产生0.35MPa～0.55MPa的有效压应力，预应力总损失可取25%；

②采用后张法施加预应力，预应力钢筋可采用扭矩扳手或液压千斤顶张拉，扭矩扳手使用前需进行标定，施加预应力时，砌体抗压强度及混凝土立方体抗压强度不宜低于设计值的80%；

③预应力钢筋下端（固定端）可以锚固于下层楼面圈梁内，锚固长度不宜小于30d，预应力钢筋上端（张拉端）可采用螺丝端杆锚具锚固于屋面圈梁上，屋面圈梁应进行局部承压验算；

④预应力钢筋应采取可靠的防锈措施，可直接在钢筋表面涂刷防腐涂料、包缠防腐材料等措施。

防止墙体裂缝的措施尚在不断总结和深化，故不限于所列方法。当有实践经验时，也可采用其他措施。

6.5.4 本条原是考虑到蒸压灰砂砖、混凝土砌块和其他非烧结砖砌体的干缩变形较大，当实体墙长超过5m时，往往在墙体中部出现两端小、中间大的竖向收缩裂缝，为防止或减轻这类裂缝的出现，而提出的一条措施。该项措施也适合于其他墙体材料设计时参考使用，因此此次修编，去掉了墙体材料的限制。

6.5.5 本条原是根据混凝土砌块房屋在这些部位易出现裂缝，并参照一些工程设计经验和标通图，提出的有关措施。该项措施也可供其他墙体材料设计时参考使用，因此此次修编，去掉了混凝土砌块房屋的限制。

6.5.6 由于填充墙与框架柱、梁的缝隙采用了聚苯乙烯泡沫塑料板条或聚氨酯发泡材料充填，且用硅酮胶或其他弹性密封材料封缝，为防止该部位裂缝的显现，亦采用耐久、耐看的缝隙装饰条进行建筑构造处理。

6.5.7 关于控制缝的概念主要引自欧、美规范和工程实践。它主要针对高收缩率砌体材料，如非烧结砖和混凝土砌块，其干缩率为0.2mm/m～0.4mm/m，是烧结砖的2～3倍。因此按对待烧结砖砌体结构的温度区段和抗裂措施是远远不够的。在本规范6.2节的不少条的措施是针对这个问题的，亦显然是不完备的。按照欧美规范，如英国规范规定，对黏土砖砌体的控制间距为10m～15m，对混凝土砌块和硅酸盐砖（本规范指的是蒸压灰砂砖、粉煤灰砖等）砌体一般不应大于6m；美国混凝土协会（ACI）规定，无筋砌体的最大控制缝间距为12m～18m，配筋砌体的控制缝不超过30m。这远远超过我国砌体规范温度区段的间距。这也是按本规范的温度区段和有关抗裂构造措施不能消除在砌体房屋中裂缝的一个重要原因。控制缝是根据砌体材料的干缩特性，把较长的砌体房屋的墙体划分成若干个较小的区段，使砌体因温度、干缩变形引起的应力或裂缝很小，而达到可以控制的地步，故称控制缝（control joint）。控制缝为单墙设缝，不同我国普遍采用的双墙温度缝。该缝沿墙长方向能自己伸缩，而在墙体出平面则能承受一定的水平力。因此该缝材料还对防水密封有一定要求。关于在房屋纵墙上，按本条规定设缝的理论分析是这样的：房屋墙体刚度变化、高度变化均会引起变形突变，正是裂缝的多发处，而在这些位置设置控制缝就解决了这个问题，但随之提出的问题是，留控制缝后对砌体房屋的整体刚度有何影响，特别是对房屋的抗震影响如何，是个值得关注的问题。哈尔滨工业大学对一般七层砌体住宅，在顶层按10m左右在纵墙的门或窗洞部位设置控制缝进行了抗震分析，其结论是：控制缝引起的墙体刚度降低很小，至少在低烈度区，如不大于7度情况下，是安全可靠的。控制缝在我国因系新作法，在实施上需结合工程情况设置控制缝和适合的嵌缝材料。这方面的材料可参见《现代砌体结构—全国砌体结构学术会议论文集》（中国建筑工业出版社2000）。本条控制缝宽度取值是参照美国规范ACI 530.1-05/ASCE 6-05/TMS 602-05的规定。

6.5.8 根据夹心墙热效应及叶墙间的变形性差异（内叶墙受到外叶墙保护、内、外叶墙间变形不同）使外叶墙更易产生裂缝的特点，规定了这种墙体设置控制缝的间距。

7 圈梁、过梁、墙梁及挑梁

7.1 圈　梁

7.1.2、7.1.3 该两条所表述的圈梁设置涉及砌体结构的安全，故将其定为强制性条文。根据近年来工程反馈信息和住房商品化对房屋质量要求的不断提高，加强了多层砌体房屋圈梁的设置和构造。这有助于提高砌体房屋的整体性、抗震和抗倒塌能力。

7.1.6 由于预制混凝土楼、屋盖普遍存在裂缝，许多地区采用了现浇混凝土楼板，为此提出了本条的规定。

7.2 过　梁

7.2.1 本条强调过梁宜采用钢筋混凝土过梁。

7.2.3 砌有一定高度墙体的钢筋混凝土过梁按受弯构件计算严格说是不合理的。试验表明过梁也是偏拉构件。过梁与墙梁并无明确分界定义，主要差别在于过梁支承于平行的墙体上，且支承长度较长；一般跨度较小，承受的梁板荷载较小。当过梁跨度较大或承受较大梁板荷载时，应按墙梁设计。

7.3 墙　梁

7.3.1 本条较原规范的规定更为明确。

7.3.2 墙梁构造限值尺寸，是墙梁构件结构安全的重要保证，本条规定墙梁设计应满足的条件。关于墙体总高度、墙梁跨度的规定，主要根据工程经验。$\frac{h_w}{l_{0i}} \geqslant 0.4\left(\frac{1}{3}\right)$的规定是为了避免墙体发生斜拉破坏。托梁是墙梁的关键构件，限制$\frac{h_b}{l_{0i}}$不致过小不仅从承载力方面考虑，而且较大的托梁刚度对改善墙体抗剪性能和托梁支座上部砌体局部受压性能也是有利的，对承重墙梁改为$\frac{h_b}{l_{0i}} \geqslant \frac{1}{10}$。但随着$\frac{h_b}{l_{0i}}$的增大，竖向荷载向跨中分布，而不是向支座集聚，不利于组合作用充分发挥，因此，不应采用过大的$\frac{h_b}{l_{0i}}$。洞宽和洞高限制是为了保证墙体整体性并根据试验情况作出的。偏开洞口对墙梁组合作用发挥是极不利的，洞口外墙肢过小，极易剪坏或被推出破坏，限制洞距a_i

及采取相应构造措施非常重要。对边支座为 $a_i \geqslant 0.15l_{0i}$；增加中支座 $a_i \geqslant 0.07l_{0i}$ 的规定。此外，国内、外均进行过混凝土砌块砌体和轻质混凝土砌块砌体墙梁试验，表明其受力性能与砖砌体墙梁相似。故采用混凝土砌块砌体墙梁可参照使用。而大开间墙梁模型拟动力试验和深梁试验表明，对称开两个洞的墙梁和偏开一个洞的墙梁受力性能类似。对多层房屋的纵向连续墙梁每跨对称开两个窗洞时也可参照使用。

本次修订主要作了以下修改：

1）近几年来，混凝土普通砖砌体、混凝土多孔砖砌体和混凝土砌块砌体在工程中有较多应用，故增加了由这三种砌体组成的墙梁。

2）对于多层房屋的墙梁，要求洞口设置在相同位置并上、下对齐，工程中很难做到，故取消了此规定。

7.3.3 本条给出与第 7.3.1 条相应的计算简图。计算跨度取值系根据墙梁为组合深梁，其支座应力分布比较均匀而确定的。墙体计算高度仅取一层层高是偏于安全的，分析表明，当 $h_w > l_0$ 时，主要是 $h_w = l_0$ 范围内的墙体参与组合作用。H_0 取值基于轴拉力作用于托梁中心，h_f 限值系根据试验和弹性分析并偏于安全确定的。

7.3.4 本条分别给出使用阶段和施工阶段的计算荷载取值。承重墙梁在托梁顶面荷载作用下不考虑组合作用，仅在墙梁顶面荷载作用下考虑组合作用。有限元分析及 2 个两层带翼墙的墙梁试验表明，当 $\frac{b_f}{l_0} = 0.13 \sim 0.3$ 时，在墙梁顶面已有 30%～50%上部楼面荷载传至翼墙。墙梁支座处的落地混凝土构造柱同样可以分担 35%～65%的楼面荷载。但本条不再考虑上部楼面荷载的折减，仅在墙体受剪和局压计算中考虑翼墙的有利作用，以提高墙梁的可靠度，并简化计算。1～3 跨 7 层框支墙梁的有限元分析表明，墙梁顶面以上各层集中力可按作用的跨度近似化为均布荷载（一般不超过该层该跨荷载的 30%），再按本节方法计算墙梁承载力是安全可靠的。

7.3.5 试验表明，墙梁在顶面荷载作用下主要发生三种破坏形态，即：由于跨中或洞口边缘处纵向钢筋屈服，以及由于支座上部纵向钢筋屈服而产生的正截面破坏；墙体或托梁斜截面剪切破坏以及托梁支座上部砌体局部受压破坏。为保证墙梁安全可靠地工作，必须进行本条规定的各项承载力计算。计算分析表明，自承重墙梁可满足墙体受剪承载力和砌体局部受压承载力的要求，无需验算。

7.3.6 试验和有限元分析表明，在墙梁顶面荷载作用下，无洞口简支墙梁正截面破坏发生在跨中截面，托梁处于小偏心受拉状态；有洞口简支墙梁正截面破坏发生在洞口内边缘截面，托梁处于大偏心受拉状态。原规范基于试验结果给出考虑墙梁组合作用，托梁按混凝土偏心受拉构件计算的设计方法及相应公式。其中，内力臂系数 γ 基于 56 个无洞口墙梁试验，采用与混凝土深梁类似的形式，$\gamma = 0.1(4.5 + l_0/H_0)$，计算值与试验值比值的平均值 $\mu = 0.885$，变异系数 $\delta = 0.176$，具有一定的安全储备，但方法过于繁琐。本规范在无洞口和有洞口简支墙梁有限元分析的基础上，直接给出托梁弯矩和轴力计算公式。既保持考虑墙梁组合作用，托梁按混凝土偏心受拉构件设计的合理模式，又简化了计算，并提高了可靠度。托梁弯矩系数 α_M 计算值与有限元值之比；对无洞口墙梁 $\mu = 1.644$，$\delta = 0.101$；对有洞口墙梁 $\mu = 2.705$，$\delta = 0.381$ 托梁轴力系数 η_N 计算值与有限元值之比，$\mu = 1.146$，$\delta = 0.023$；对有洞口墙梁，$\mu = 1.153$，$\delta = 0.262$。对于直接作用在托梁顶面的荷载 Q_1、F_1 将由托梁单独承受而不考虑墙梁组合作用，这是偏于安全的。

连续墙梁是在 21 个连续墙梁试验基础上，根据 2 跨、3 跨、4 跨和 5 跨等跨无洞口和有洞口连续墙梁有限元分析提出的。对于跨中截面，直接给出托梁弯矩和轴拉力计算公式，按混凝土偏心受拉构件设计，与简支墙梁托梁的计算模式一致。对于支座截面，有限元分析表明其为大偏心受压构件，忽略轴压力按受弯构件计算是偏于安全的。弯矩系数 α_M 是考虑各种因素在通常工程应用的范围变化并取最大值，其安全储备是较大的。在托梁顶面荷载 Q_1、F_1 作用下，以及在墙梁顶面荷载 Q_2 作用下均采用一般结构力学方法分析连续托梁内力，计算较简便。

单跨框支墙梁是在 9 个单跨框支墙梁试验基础上，根据单跨无洞口和有洞口框支墙梁有限元分析，对托梁跨中截面直接给出弯矩和轴拉力公式，并按混凝土偏心受拉构件计算，也与简支墙梁托梁计算模式一致。框支墙梁在托梁顶面荷载 q_1，F_1 和墙梁顶面荷载 q_2 作用下分别采用一般结构力学方法分析框架内力，计算较简便。本规范在 19 个双跨框支墙梁试验基础上，根据 2 跨、3 跨和 4 跨无洞口和有洞口框支墙梁有限元分析，对托梁跨中截面也直接给出弯矩和轴拉力按混凝土偏心受拉构件计算，与单跨框支墙梁协调一致。托梁支座截面也按受弯构件计算。

为简化计算，连续墙梁和框支墙梁采用统一的 α_M 和 η_N 表达式。边跨跨中 α_M 计算值与有限元值之比，对连续墙梁，无洞口时，$\mu = 1.251$，$\delta = 0.095$，有洞口时，$\mu = 1.302$，$\delta = 0.198$；对框支墙梁，无洞口时，$\mu = 2.1$，$\delta = 0.182$，有洞口时，$\mu = 1.615$，$\delta = 0.252$。η_N 计算值与有限元值之比，对连续墙梁，无洞口时，$\mu = 1.129$，$\delta = 0.039$，有洞口时，$\mu = 1.269$，$\delta = 0.181$；对框支墙梁，无洞口时，$\mu = 1.047$，$\delta = 0.181$，有洞口时，$\mu = 0.997$，$\delta = 0.135$。中支座 α_M 计算值与有限元值之比，对连续墙梁，无洞口时，μ

$=1.715$，$\delta=0.245$，有洞口时，$\mu=1.826$，$\delta=0.332$；对框支墙梁，无洞口时，$\mu=2.017$，$\delta=0.251$，有洞口时，$\mu=1.844$，$\delta=0.295$。

7.3.7 有限元分析表明，多跨框支墙梁存在边柱之间的大拱效应，使边柱轴压力增大，中柱轴压力减少，故在墙梁顶面荷载 Q_2 作用下当边柱轴压力增大不利时应乘以 1.2 的修正系数。框架柱的弯矩计算不考虑墙梁组合作用。

7.3.8 试验表明，墙梁发生剪切破坏时，一般情况下墙体先于托梁进入极限状态而剪坏。当托梁混凝土强度较低，箍筋较少时，或墙体采用构造框架约束砌体的情况下托梁可能稍后剪坏。故托梁与墙体应分别计算受剪承载力。本规范规定托梁受剪承载力统一按受弯构件计算。剪力系数 β_V 按不同情况取值且有较大提高。因而提高了可靠度，且简化了计算。简支墙梁 β_V 计算值与有限元值之比，对无洞口墙梁 $\mu=1.102$，$\delta=0.078$；对有洞口墙梁 $\mu=1.397$，$\delta=0.123$。β_V 计算值与有限元值之比，对连续墙梁边支座，无洞口时 $\mu=1.254$、$\delta=0.135$，有洞口时 $\mu=1.404$、$\delta=0.159$；中支座，无洞口时 $\mu=1.094$、$\delta=0.062$，有洞口时 $\mu=1.098$、$\delta=0.162$。对框支墙梁边支座，无洞口时 $\mu=1.693$，$\delta=0.131$，有洞口时 $\mu=2.011$，$\delta=0.31$；中支座，无洞口时 $\mu=1.588$、$\delta=0.093$，有洞口时 $\mu=1.659$、$\delta=0.187$。

7.3.9 试验表明：墙梁的墙体剪切破坏发生于 $h_w/l_0<0.75\sim0.80$，托梁较强，砌体相对较弱的情况下。当 $h_w/l_0<0.35\sim0.40$ 时发生承载力较低的斜拉破坏，否则，将发生斜压破坏。原规范根据砌体在复合应力状态下的剪切强度，经理论分析得出墙体受剪承载力公式并进行试验验证。并按正交设计方法找出影响显著的因素 h_b/l_0 和 a/l_0；根据试验资料回归分析，给出 $V_2\leqslant\xi_2(0.2+h_b/l_0)hh_wf$。计算值与 47 个简支无洞口墙梁试验结果比较，$\mu=1.062$，$\delta=0.141$；与 33 个简支有洞口墙梁试验结果比较，$\mu=0.966$，$\delta=0.155$。工程实践表明，由于此式给出的承载力较低，往往成为墙梁设计中的控制指标。试验表明，墙梁顶面圈梁（称为顶梁）如同放在砌体上的弹性地基梁，能将楼层荷载部分传至支座，并和托梁一起约束墙体横向变形，延缓和阻滞斜裂缝开展，提高墙体受剪承载力。本规范根据 7 个设置顶梁的连续墙梁剪切破坏试验结果，给出考虑顶梁作用的墙体受剪承载力公式（7.3.9），计算值与试验值之比，$\mu=0.844$，$\delta=0.084$。工程实践表明，墙梁顶面以上集中荷载占各层荷载比值不大，且经各层传递至墙梁顶面已趋均匀，故将墙梁顶面以上各层集中荷载均除以跨度近似化为均布荷载计算。由于翼墙或构造柱的存在，使多层墙梁楼盖荷载向翼墙或构造柱卸荷而减少墙体剪力，改善墙体受剪性能，故采用翼墙影响系数 ξ_1。为了简化计算，单层墙梁洞口影响系数 ξ_2 不再采用公式表达，与多层墙梁一样给出定值。

7.3.10 试验表明，当 $h_w/l_0>0.75\sim0.80$，且无翼墙，砌体强度较低时，易发生托梁支座上方因竖向正应力集中而引起的砌体局部受压破坏。为保证砌体局部受压承载力，应满足 $\sigma_{ymax}h\leqslant\gamma fh$（$\sigma_{ymax}$ 为最大竖向压应力，γ 为局压强度提高系数）。令 $C=\sigma_{ymax}h/Q_2$ 称为应力集中系数，则上式变为 $Q_2\leqslant\gamma fh/C$。令 $\zeta=\gamma/C$，称为局压系数，即得到（7.3.10-1）式。根据 16 个发生局压破坏的无翼墙墙梁试验结果，$\zeta=0.31\sim0.414$；若取 $\gamma=1.5$，C=4，则 $\zeta=0.37$。翼墙的存在，使应力集中减少，局部受压有较大改善；当 $b_f/h=2\sim5$ 时，$C=1.33\sim2.38$，$\zeta=0.475\sim0.747$。则根据试验结果确定（7.3.10-2）式。近年来采用构造框架约束砌体的墙梁试验和有限元分析表明，构造柱对减少应力集中，改善局部受压的作用更明显，应力集中系数可降至 1.6 左右。计算分析表明，当 $b_f/h\geqslant5$ 或设构造柱时，可不验算砌体局部受压承载力。

7.3.11 墙梁是在托梁上砌筑砌体墙形成的。除应限制计算高度范围内墙体每天的可砌高度，严格进行施工质量控制外；尚应进行托梁在施工荷载作用下的承载力验算，以确保施工安全。

7.3.12 为保证托梁与上部墙体共同工作，保证墙梁组合作用的正常发挥，本条对墙梁基本构造要求作了相应的规定。

本次修订，增加了托梁上部通长布置的纵向钢筋面积与跨中下部纵向钢筋面积之比值不应小于 0.4 的规定。

7.4 挑 梁

7.4.2 对 88 规范中规定的计算倾覆点，针对 $l_1\geqslant2.2h_b$ 时的两个公式，经分析采用近似公式（$x_0=0.3h_b$），和弹性地基梁公式（$x_0=0.25\sqrt[4]{h_b^3}$）相比，当 $h_b=250\text{mm}\sim500\text{mm}$ 时，$\mu=1.051$，$\delta=0.064$；并对挑梁下设有构造柱时的计算倾覆点位置作了规定（取 $0.5x_0$）。

8 配筋砖砌体构件

本章规定了二类配筋砌体构件的设计方法。第一类为网状配筋砖砌体构件。第二类为组合砖砌体构件，又分为砖砌体和钢筋混凝土面层或钢筋砂浆面层组成的组合砖砌体构件；砖砌体和钢筋混凝土构造柱组成的组合砖墙。

8.1 网状配筋砖砌体构件

8.1.2 原规范中网状配筋砖砌体构件的体积配筋率 ρ 有配筋百分率 $\left(\rho=\frac{V_s}{V}100\right)$ 和配筋率 $\left(\rho=\frac{V_s}{V}\right)$ 两种

表述，为避免混淆，方便使用，现统一采用后者，即体积配筋率 $\rho=\frac{V_s}{V}$。由此，网状配筋砖砌体矩形截面单向偏心受压构件承载力的影响系数，改按下式计算：

$$\varphi_{on}=\frac{1}{1+(0.0015+0.45\rho)\beta^2}$$

此外，工程上很少采用连弯钢筋网，因而删去了对连弯钢筋网的规定。

8.2 组合砖砌体构件

Ⅰ 砖砌体和钢筋混凝土面层或钢筋砂浆面层的组合砌体构件

8.2.2 对于砖墙与组合砌体一同砌筑的T形截面构件，通过分析和比较表明，高厚比验算和截面受压承载力均按矩形截面组合砌体构件进行计算是偏于安全的，亦避免了原规范在这两项计算上的不一致。

8.2.3～8.2.5 砖砌体和钢筋混凝土面层或钢筋砂浆面层组合的砌体构件，其受压承载力计算公式的建立，详见88规范的条文说明。本次修订依据《混凝土结构设计规范》GB 50010中混凝土轴心受压强度设计值，对面层水泥砂浆的轴心抗压强度设计值作了调整；按钢筋强度的取值，对受压区相对高度的界限值，作了相应的补充和调整。

Ⅱ 砖砌体和钢筋混凝土构造柱组合墙

8.2.7 在荷载作用下，由于构造柱和砖墙的刚度不同，以及内力重分布的结果，构造柱分担墙体上的荷载。此外，构造柱与圈梁形成"弱框架"，砌体受到约束，也提高了墙体的承载力。设置构造柱砖墙与组合砖砌体构件有类似之处，湖南大学的试验研究表明，可采用组合砖砌体轴心受压构件承载力的计算公式，但引入强度系数以反映前者与后者的差别。

8.2.8 对于砖砌体和钢筋混凝土构造柱组合墙平面外的偏心受压承载力，本条的规定是一种简化、近似的计算方法且偏于安全。

8.2.9 有限元分析和试验结果表明，设有构造柱的砖墙中，边柱处于偏心受压状态，设计时宜适当增大边柱截面及增大配筋。如可采用240mm×370mm，配4ϕ14钢筋。

在影响设置构造柱砖墙承载力的诸多因素中，柱间距的影响最为显著。理论分析和试验结果表明，对于中间柱，它对柱每侧砌体的影响长度约为1.2m；对于边柱，其影响长度约为1m。构造柱间距为2m左右时，柱的作用得到充分发挥。构造柱间距大于4m时，它对墙体受压承载力的影响很小。

为了保证构造柱与圈梁形成一种"弱框架"，对砖墙产生较大的约束，因而本条对钢筋混凝土圈梁的设置作了较为严格的规定。

9 配筋砌块砌体构件

9.1 一般规定

9.1.1 本条规定了配筋砌块剪力墙结构内力及位移分析的基本原则。

9.2 正截面受压承载力计算

9.2.1、9.2.4 国外的研究和工程实践表明，配筋砌块砌体的力学性能与钢筋混凝土的性能非常相近，特别在正截面承载力的设计中，配筋砌体采用了与钢筋混凝土完全相同的基本假定和计算模式。如国际标准《配筋砌体设计规范》，《欧共体配筋砌体结构统一规则》EC6和美国建筑统一法规（UBC）——《砌体规范》均对此作了明确的规定。我国哈尔滨工业大学、湖南大学、同济大学等的试验结果也验证了这种理论的适用性。但是在确定灌孔砌体的极限压应变时，采用了我国自己的试验数据。

9.2.2 由于配筋灌孔砌体的稳定性不同于一般砌体的稳定性，根据欧拉公式和灌心砌体受压应力-应变关系，考虑简化并与一般砌体的稳定系数相一致，给出公式（9.2.2-2）的。该公式也与试验结果拟合较好。

9.2.3 按我国目前混凝土砌块标准，砌块的厚度为190mm，标准块最大孔洞率为46%，孔洞尺寸120mm×120mm的情况下，孔洞中只能设置一根钢筋。因此配筋砌块砌体墙在平面外的受压承载力，按无筋砌体构件受压承载力的计算模式是一种简化处理。

9.2.5 表9.2.5中翼缘计算宽度取值引自国际标准《配筋砌体设计规范》，它和钢筋混凝土T形及倒L形受弯构件位于受压区的翼缘计算宽度的规定和钢筋混凝土剪力墙有效翼缘宽度的规定非常接近。但保证翼缘和腹板共同工作的构造是不同的。对钢筋混凝土结构，翼墙和腹板是由整浇的钢筋混凝土进行连接的；对配筋砌块砌体，翼墙和腹板是通过在交接处块体的相互咬砌、连接钢筋（或连接铁件），或配筋带进行连接的，通过这些连接构造，以保证承受腹板和翼墙共同工作时产生的剪力。

9.3 斜截面受剪承载力计算

9.3.1 试验表明，配筋灌孔砌块砌体剪力墙的抗剪受力性能，与非灌实砌块砌体墙有较大的区别：由于灌孔混凝土的强度较高，砂浆的强度对墙体抗剪承载力的影响较少，这种墙体的抗剪性能更接近于钢筋混凝土剪力墙。

配筋砌块砌体剪力墙的抗剪承载力除材料强度

外，主要与垂直正应力、墙体的高宽比或剪跨比，水平和垂直配筋率等因素有关：

1 正应力 σ_0，也即轴压比对抗剪承载力的影响，在轴压比不大的情况下，墙体的抗剪能力、变形能力随 σ_0 的增加而增加。湖南大学的试验表明，当 σ_0 从 1.1MPa 提高到 3.95MPa 时，极限抗剪承载力提高了 65%，但当 $\sigma_0>0.75f_m$ 时，墙体的破坏形态转为斜压破坏，σ_0 的增加反而使墙体的承载力有所降低。因此应对墙体的轴压比加以限制。国际标准《配筋砌体设计规范》，规定 $\sigma_0=N/bh_0\leqslant0.4f$，或 $N\leqslant0.4bhf$。本条根据我国试验，控制正应力对抗剪承载力的贡献不大于 0.12N，这是偏于安全的，而美国规范为 0.25N。

2 剪力墙的高宽比或剪跨比（λ）对其抗剪承载力有很大的影响。这种影响主要反映在不同的应力状态和破坏形态，小剪跨比试件，如 $\lambda\leqslant1$，则趋于剪切破坏，而 $\lambda>1$，则趋于弯曲破坏，剪切破坏的墙体的抗侧承载力远大于弯曲破坏墙体的抗侧承载力。

关于两种破坏形式的界限剪跨比（λ），尚与正应力 σ_0 有关。目前收集到的国内外试验资料中，大剪跨比试验数据较少。根据哈尔滨建筑大学所作的 7 个墙片数据认为 $\lambda=1.6$ 可作为两种破坏形式的界限值。根据我国沈阳建工学院、湖南大学、哈尔滨建筑大学、同济大学等试验数据，统计分析提出的反映剪跨比影响的关系式，其中的砌体抗剪强度，是在综合考虑混凝土砌块、砂浆和混凝土注芯率基础上，用砌体的抗压强度的函数（$\sqrt{f_g}$）表征的。这和无筋砌体的抗剪模式相似。国际标准和美国规范也均采用这种模式。

3 配筋砌块砌体剪力墙中的钢筋提高了墙体的变形能力和抗剪能力。其中水平钢筋（网）在通过斜截面上直接受拉抗剪，但它在墙体开裂前几乎不受力，墙体开裂直至达到极限荷载时所有水平钢筋均参与受力并达到屈服。而竖向钢筋主要通过销栓作用抗剪，极限荷载时该钢筋达不到屈服，墙体破坏时部分竖向钢筋可屈服。据试验和国外有关文献，竖向钢筋的抗剪贡献为 $0.24f_{yv}A_{sv}$，本公式未直接反映竖向钢筋的贡献，而是通过综合考虑正应力的影响，以无筋砌体部分承载力的调整给出的。根据 41 片墙体的试验结果：

$$V_{g,m}=\frac{1.5}{\lambda+0.5}(0.143\sqrt{f_{g,m}}+0.246N_k)+f_{yh,m}\frac{A_{sh}}{s}h_0 \tag{4}$$

$$V_g=\frac{1.5}{\lambda+0.5}\left(0.13\sqrt{f_g}bh_0+0.12N\frac{A_w}{A}\right)+0.9f_{yh}\frac{A_{sh}}{s}h_0 \tag{5}$$

试验值与按上式计算值的平均比值为 1.188，其变异系数为 0.220。现取偏下限值，即将上式乘 0.9，并根据设定的配筋砌体剪力墙的可靠度要求，得到上列的计算公式。

上列公式较好地反映了配筋砌块砌体剪力墙抗剪承载力主要因素。从砌体规范本身来讲是较理想的系统表达式。但考虑到我国规范体系的理论模式的一致性要求，经与《混凝土结构设计规范》GB 50010 和《建筑抗震设计规范》GB 50011 协调，最终将上列公式改写成具有钢筋混凝土剪力墙的模式，但又反映砌体特点的计算表达式。这些特点包括：

①砌块灌孔砌体只能采用抗剪强度 f_{vg}，而不能像混凝土那样采用抗拉强度 f_t。

②试验表明水平钢筋的贡献是有限的，特别是在较大剪跨比的情况下更是如此。因此根据试验并参照国际标准，对该项的承载力进行了降低。

③轴向力或正应力对抗剪承载力的影响项，砌体规范根据试验和计算分析，对偏压和偏拉采用了不同的系数：偏压为 +0.12，偏拉为 −0.22。我们认为钢筋混凝土规范对两者不加区别是欠妥的。

现将上式中由抗压强度模式表达的方式改为抗剪强度模式的转换过程进行说明，以帮助了解该公式的形成过程：

①由 $f_{vg}=0.208f_g^{0.55}$ 则有 $f_g^{0.55}=\frac{1}{0.208}f_{vg}$；

②根据公式模式的一致性要求及公式中砌体项采用 $\sqrt{f_g}$ 时，对高强砌体材料偏低的情况，也将 $\sqrt{f_g}$ 调为 $f_g^{0.55}$；

③将 $f_g^{0.55}=\frac{1}{0.208}f_{vg}$ 代入公式（2）中，则得到砌体项的数值 $\frac{0.13}{0.208}f_{vg}=0.625f_{vg}$，取 $0.6f_{vg}$；

④根据计算，将式（2）中的剪跨比影响系数，由 $\frac{1.5}{\lambda+0.5}$ 改为 $\frac{1}{\lambda-0.5}$，则完成了如公式（9.3.1-2）的全部转换。

9.3.2 本条主要参照国际标准《配筋砌体设计规范》、《钢筋混凝土高层建筑结构设计与施工规程》和配筋混凝土砌块砌体剪力墙的试验数据制定的。

配筋砌块砌体连梁，当跨高比较小时，如小于 2.5，即所谓“深梁”的范围，而此时的受力更像小剪跨比的剪力墙，只不过 σ_0 的影响很小；当跨高比大于 2.5 时，即所谓的“浅梁”范围，而此时受力则更像大剪跨比的剪力墙。因此剪力墙的连梁除满足正截面承载力要求外，还必须满足受剪承载力要求，以避免连梁产生受剪破坏后导致剪力墙的延性降低。

对连梁截面的控制要求，是基于这种构件的受剪承载力应该具有一个上限值，根据我国的试验，并参照混凝土结构的设计原则，取为 $0.25f_gbh_0$。在这种情况下能保证连梁的承载能力发挥和变形处在可控的工作状态之内。

另外，考虑到连梁受力较大、配筋较多时，配筋砌块砌体连梁的布筋和施工要求较高，此时只要按材料的等强原则，也可将连梁部分设计成混凝土的，国内的一些试点工程也是这样做的，虽然在施工程序上增加一定的模板工作量，但工程质量是可保证的。故本条增加了这种选择。

9.4 配筋砌块砌体剪力墙构造规定

Ⅰ 钢 筋

9.4.1～9.4.5 从配筋砌块砌体对钢筋的要求看，和钢筋混凝土结构对钢筋的要求有很多相同之处，但又有其特点，如钢筋的规格要受到孔洞和灰缝的限制；钢筋的接头宜采用搭接或非接触搭接接头，以便于先砌墙后插筋、就位绑扎和浇灌混凝土的施工工艺。

对于钢筋在砌体灌孔混凝土中锚固的可靠性，人们比较关注，为此我国沈阳建筑大学和北京建筑工程学院作了专门锚固试验，表明，位于灌孔混凝土中的钢筋，不论位置是否对中，均能在远小于规定的锚固长度内达到屈服。这是因为灌孔混凝土中的钢筋处在周边有砌块壁形成约束条件下的混凝土所至，这比钢筋在一般混凝土中的锚固条件要好。国际标准《配筋砌体设计规范》ISO9652 中有砌块约束的混凝土内的钢筋锚固粘结强度比无砌块约束（不在块体孔内）的数值（混凝土强度等级为 C10～C25 情况下），对光圆钢筋高出 85%～20%；对带肋钢筋高出 140%～64%。

试验发现对于配置在水平灰缝中的受力钢筋，其握裹条件较灌孔混凝土中的钢筋要差一些，因此在保证足够的砂浆保护层的条件下，其搭接长度较其他条件下要长。

Ⅱ 配筋砌块砌体剪力墙、连梁

9.4.6 根据配筋砌块剪力墙用于中高层结构需要较多层更高的材料等级作的规定。

9.4.7 这是根据承重混凝土砌块的最小厚度规格尺寸和承重墙支承长度确定的。最通常采用的配筋砌块砌体墙的厚度为 190mm。

9.4.8 这是确保配筋砌块砌体剪力墙结构安全的最低构造钢筋要求。它加强了孔洞的削弱部位和墙体的周边，规定了水平及竖向钢筋的间距和构造配筋率。

剪力墙的配筋比较均匀，其隐函的构造含钢率约为0.05%～0.06%。据国外规范的背景材料，该构造配筋率有两个作用：一是限制砌体干缩裂缝，二是能保证剪力墙具有一定的延性，一般在非地震设防地区的剪力墙结构应满足这种要求。对局部灌孔砌体，为保证水平配筋带（国外叫系梁）混凝土的浇筑密实，提出竖筋间距不大于 600mm，这是来自我国的工程实践。

9.4.9 本条参照美国建筑统一法规——《砌体规范》的内容。和钢筋混凝土剪力墙一样，配筋砌块砌体剪力墙随着墙中洞口的增大，变成一种由抗侧力构件（柱）与水平构件（梁）组成的体系。随窗间墙与连接构件的变化，该体系近似于壁式框架结构体系。试验证明，砌体壁式框架是抵抗剪力与弯矩的理想结构。如比例合适、构造合理，此种结构具有良好的延性。这种体系必须按强柱弱梁的概念进行设计。

对于按壁式框架设计和构造，混凝土砌块剪力墙（肢），必须采用 H 型或凹槽砌块组砌，孔洞全部灌注混凝土，施工时需进行严格的监理。

9.4.10 配筋砌块砌体剪力墙的边缘构件，即剪力墙的暗柱，要求在该区设置一定数量的竖向构造钢筋和横向箍筋或等效的约束件，以提高剪力墙的整体抗弯能力和延性。美国规范规定，只有在墙端的应力大于 $0.4f'_m$，同时其破坏模式为弯曲形的条件下才应设置。该规范未给出弯曲破坏的标准。但规定了一个“塑性铰区”，即从剪力墙底部到等于墙长的高度范围，即我国混凝土剪力墙结构底部加强区的范围。

根据我国哈尔滨建筑大学、湖南大学作的剪跨比大于 1 的试验表明：当 $\lambda=2.67$ 时呈现明显的弯曲破坏特征；$\lambda=2.18$ 时，其破坏形态有一定程度的剪切破坏成分；$\lambda=1.6$ 时，出现明显的 X 形裂缝，仍为压区破坏，剪切破坏成分呈现得十分明显，属弯剪型破坏。可将 $\lambda=1.6$ 作为弯剪破坏的界限剪跨比。据此本条将 $\lambda=2$ 作为弯曲破坏对应的剪跨比。其中的 $0.4f'_{g.m}$，换算为我国的设计值约为 $0.8f_g$。

关于边缘构件构造配筋，美国规范未规定具体数字，但其条文说明借用混凝土剪力墙边缘构件的概念，只是对边缘构件的设置原则仍有不同观点。本条是根据工程实践和参照我国有关规范的有关要求，及砌块剪力墙的特点给出的。

另外，在保证等强设计的原则，并在砌块砌筑、混凝土浇筑质量保证的情况下，给出了砌块砌体剪力墙端采用混凝土柱为边缘构件的方案。这种方案虽然在施工程序上增加模板工序，但能集中设置竖向钢筋，水平钢筋的锚固也易解决。

9.4.11 本条和第 9.3.2 条相对应，规定了当采用混凝土连梁时的有关技术要求。

9.4.12 本条是参照美国规范和混凝土砌块的特点以及我国的工程实践制定的。

混凝土砌块砌体剪力墙连梁由 H 型砌块或凹槽砌块组砌，并应全部浇注混凝土，是确保其整体性和受力性能的关键。

Ⅲ 配筋砌块砌体柱

9.4.13 本条主要根据国际标准《配筋砌体设计规范》制定的。

采用配筋混凝土砌块砌体柱或壁柱，当轴向荷载较小时，可仅在孔洞配置竖向钢筋，而不需配置箍筋，具有施工方便、节省模板，在国外应用很普遍；而当荷载较大时，则按照钢筋混凝土柱类似的方式设置构造箍筋。从其构造规定看，这种柱是预制装配整体式钢筋混凝土柱，适用于荷载不太大砌块墙（柱）的建筑，尤其是清水墙砌块建筑。

10 砌体结构构件抗震设计

10.1 一 般 规 定

10.1.1 鉴于对于常规的砖、砌块砌体，抗震设计时本章规定不能满足甲类设防建筑的特殊要求，因此明确说明甲类设防建筑不宜采用砌体结构，如需采用，应采用质量很好的砖砌体，并应进行专门研究和采取高于本章规定的抗震措施。

10.1.2 多层砌体结构房屋的总层数和总高度的限定，是此类房屋抗震设计的重要依据，故将此条定为强制性条文。

坡屋面阁楼层一般仍需计入房屋总高度和层数；坡屋面下的阁楼层，当其实际有效使用面积或重力荷载代表值小于顶层30%时，可不计入房屋总高度和层数，但按局部突出计算地震作用效应。对不带阁楼的坡屋面，当坡屋面坡度大于45°时，房屋总高度宜算到山尖墙的1/2高度处。

嵌固条件好的半地下室应同时满足下列条件，此时房屋的总高度应允许从室外地面算起，其顶板可视为上部多层砌体结构的嵌固端：

1）半地下室顶板和外挡土墙采用现浇钢筋混凝土；

2）当半地下室开有窗洞处并设置窗井，内横墙延伸至窗井外挡土墙并与其相交；

3）上部外墙均与半地下室墙体对齐，与上部墙体不对齐的半地下室内纵、横墙总量分别不大于30%；

4）半地下室室内地面至室外地面的高度应大于地下室净高的二分之一，地下室周边回填土压实系数不小于0.93。

采用蒸压灰砂普通砖和蒸压粉煤灰普通砖砌体的房屋，当砌体的抗剪强度达到普通黏土砖砌体的取值时，按普通砖砌体房屋的规定确定层数和总高度限值；当砌体的抗剪强度介于普通黏土砖砌体抗剪强度的70%～100%之间时，房屋的层数和总高度限值宜比普通砖砌体房屋酌情适当减少。

10.1.3 国内外有关试验研究结果表明，配筋砌块砌体抗震墙结构的承载能力明显高于普通砌体，其竖向和水平灰缝使其具有较大的耗能能力，受力性能和计算方法都与钢筋混凝土抗震墙结构相似。在上海、哈尔滨、大庆等地都成功建造过18层的配筋砌块砌体抗震墙住宅房屋。通过这些试点工程的试验研究和计算分析，表明配筋砌块砌体抗震墙结构在8层～18层范围时具有很强的竞争力，相对现浇钢筋混凝土抗震墙结构房屋，土建造价要低5%～7%。本次规范修订从安全、经济诸方面综合考虑，并对近年来的试验研究和工程实践经验的分析、总结，将适用高度在原规范基础上适当增加，同时补充了7度（0.15g）、8度（0.30g）和9度的有关规定。当横墙较少时，类似多层砌体房屋，也要求其适用高度有所降低。当经过专门研究，有可靠试验依据，采取必要的加强措施，房屋高度可以适当增加。

根据试验研究和理论分析结果，在满足一定设计要求并采取适当抗震构造措施后，底部为部分框支抗震墙的配筋混凝土砌块抗震墙房屋仍具有较好的抗震性能，能够满足6度～8度抗震设防的要求，但考虑到此类结构形式的抗震性能相对不利，因此在最大适用高度限制上给予了较为严格的规定。

10.1.4 已有的试验研究表明，抗震墙的高度对抗震墙出平面偏心受压强度和变形有直接关系，因此本条规定配筋砌块砌体抗震墙房屋的层高主要是为了保证抗震墙出平面的承载力、刚度和稳定性。由于砌块的厚度一般为190mm，因此当房屋的层高为3.2m～4.8m时，与普通钢筋混凝土抗震墙的要求基本相当。

10.1.5 承载力抗震调整系数是结构抗震的重要依据，故将此条定为强制性条文。2001规范10.2.4条中提到普通砖、多孔砖墙体的截面抗震受压承载力计算方法，其承载力抗震调整系数详本表，但原来本表并没有给出，此次修订补充了各种构件受压状态时的承载力抗震调整系数。砌体受压状态时承载力抗震调整系数宜取1.0。

表中配筋砌块砌体抗震墙的偏压、大偏拉和受剪承载力抗震调整系数与抗震规范中钢筋混凝土墙相同，为0.85。对于灌孔率达不到100%的配筋砌块砌体，如果承载力抗震调整系数采用0.85，抗力偏大，因此建议取1.0。对两端均设有构造柱、芯柱的砌块砌体抗震墙，受剪承载力抗震调整系数取0.9。

2001规范中，砖砌体和钢筋混凝土面层或钢筋砂浆面层的组合砖墙、砖砌体和钢筋混凝土构造柱的组合墙，偏压、大偏拉和受剪状态时承载力抗震调整系数如按抗震规范中钢筋混凝土墙取为0.85，数值偏小，故此次修订时将两种组合砖墙在偏压、大偏拉和受剪状态下承载力抗震调整系数调整为0.9。

10.1.6 配筋砌块砌体结构的抗震等级是考虑了结构构件的受力性能和变形性能，同时参照了钢筋混凝土房屋的抗震设计要求而确定的，主要是根据抗震设防分类、烈度和房屋高度等因素划分配筋砌块砌体结构的不同抗震等级。考虑到底部为部分框支抗震墙的配筋混凝土砌块抗震墙房屋的抗震性能相对不利并影响安全，规定对于8度时房屋总高度大于24m及9度时不应采用此类结构形式。

10.1.7 根据现行《建筑抗震设计规范》GB 50011，补充了结构的构件截面抗震验算的相关规定，进一步明确6度时对规则建筑局部托墙梁及支承其的柱子等重要构件尚应进行截面抗震验算。

多层砌体房屋不符合下列要求之一时可视为平面不规则，6度时仍要求进行多遇地震作用下的构件截面抗震验算。

1）平面轮廓凹凸尺寸，不超过典型尺寸的50%；

2）纵横向砌体抗震墙的布置均匀对称，沿平面内基本对齐；且同一轴线上的门、窗间墙宽度比较均匀；墙面洞口的面积，6、7度时不宜大于墙面总面积的55%，8、9度时不宜大于50%；

3）房屋纵横向抗震墙体的数量相差不大；横墙的间距和内纵墙累计长度满足现行《建筑抗震设计规范》GB 50011的要求；

4）有效楼板宽度不小于该层楼板典型宽度的50%，或开洞面积不大于该层楼面面积的30%；

5）房屋错层的楼板高差不超过500mm。

6度且总层数不超过三层的底层框架-抗震墙砌体房屋，由于地震作用小，根据以往设计经验，底层的抗震验算均满足要求，因此可以不进行包括底层在内的截面抗震验算。如果外廊式和单面走廊式的多层房屋采用底层框架-抗震墙，其高宽比较大且进深大多为一跨，单跨底层框架-抗震墙的安全冗余度小于多跨，此时应对其进行抗震验算。

10.1.8 作为中高层、高层配筋砌块砌体抗震墙结构应和钢筋混凝土抗震墙结构一样需对地震作用下的变形进行验算，参照钢筋混凝土抗震墙结构和配筋砌体材料结构的特点，规定了层间弹性位移角的限值。

配筋砌块砌体抗震墙存在水平灰缝和垂直灰缝，在地震作用下具有较好的耗能能力，而且灌孔砌体的强度和弹性模量也要低于相对应的混凝土，其变形比普通钢筋混凝土抗震墙大。根据同济大学、哈尔滨工业大学、湖南大学等有关单位的试验研究结果，综合参考了钢筋混凝土抗震墙弹性层间位移角限值，规定了配筋砌块砌体抗震墙结构在多遇地震作用下的弹性层间位移角限值为1/1000。

10.1.9 补充了多层砌体房屋局部有上部砌体墙不能连续贯通落地时，托墙梁、柱的抗震等级，考虑其对整体建筑抗震性能的影响相对小，因此比底部框架-抗震墙砌体房屋中托墙梁、柱的抗震等级适当降低。

10.1.10 根据房屋抗震设计的规则性要求，提出配筋混凝土砌块房屋平面和竖向布置简单、规则、抗震墙拉通对直的要求，从结构体型的设计上保证房屋具有较好的抗震性能。对墙肢长度的要求，是考虑到抗震墙结构应具有延性，高宽比大于2的延性抗震墙，可避免脆性的剪切破坏，要求墙段的长度（即墙段截面高度）不宜大于8m。当墙很长时，可通过开设洞口将长墙分成长度较小、较均匀的超静定次数较高的联肢墙，洞口连梁宜采用约束弯矩较小的弱连梁（其跨高比宜大于6）。

由于配筋砌块砌体抗震墙的竖向钢筋设置在砌块孔洞内（距墙端约100mm），墙肢长度很短时很难充分发挥作用，尽管短肢抗震墙结构有利于建筑布置，能扩大使用空间，减轻结构自重，但是其抗震性能较差，因此一般抗震墙不能过少、墙肢不宜过短，不应设计多数为短肢抗震墙的建筑，而要求设置足够数量的一般抗震墙，形成以一般抗震墙为主、短肢抗震墙与一般抗震墙相结合的共同抵抗水平力的结构，保证房屋的抗震能力。本条文参照有关规定，对短肢抗震墙截面面积与同一层内所有抗震墙截面面积比例作了规定。

一字形短肢抗震墙延性及平面外稳定均十分不利，因此规定不宜布置单侧楼面梁与之平面外垂直或斜交，同时要求短肢抗震墙应尽可能设置翼缘，保证短肢抗震墙具有适当的抗震能力。

10.1.11 对于部分框支配筋砌块砌体抗震墙房屋，保持纵向受力构件的连续性是防止结构纵向刚度突变而产生薄弱层的主要措施，对结构抗震有利。在结构平面布置时，由于配筋砌块砌体抗震墙和钢筋混凝土抗震墙在承载力、刚度和变形能力方面都有一定差异，因此应避免在同一层面上混合使用。与框支层相邻的上部楼层担负结构转换，在地震时容易遭受破坏，因此除在计算时应满足有关规定之外，在构造上也应予以加强。框支层抗震墙往往要承受较大的弯矩、轴力和剪力，应选用整体性能好的基础，否则抗震墙不能充分发挥作用。

10.1.12 此次修订将本规范抗震设计所用的各种结构材料的性能指标最低要求进行了汇总和补充。

由于本次修订规范普遍对砌体材料的强度等级作了上调，以利砌体建筑向轻质高强发展。砌体结构构件抗震设计对材料的最低强度等级要求，也应随之提高。

配筋砌块砌体抗震墙的灌孔混凝土强度与混凝土砌块块材的强度应该匹配，才能充分发挥灌孔砌体的结构性能，因此砌块的强度和灌孔混凝土的强度不应过低，而且低强度的灌孔混凝土其和易性也较差，施工质量无法保证。试验结果表明，砂浆强度对配筋砌块砌体抗震墙的承载能力影响不大，但考虑到浇灌混凝土时砌块砌体应具有一定的强度，因此砌筑砂浆的强度等级宜适当高一些。

10.1.13 参照钢筋混凝土结构并结合配筋砌体的特点，提出的受力钢筋的锚固和接头要求。

根据我国的试验研究，在配筋砌体灌孔混凝土中的钢筋锚固和搭接，远远小于本条规定的长度就能达到屈服或流限，不比在混凝土中锚固差，一种解释是位于砌块灌孔混凝土中的钢筋的锚固受到的周围材料的约束更大些。

配筋砌块砌体抗震墙水平钢筋端头锚固的要求是根据国内外试验研究成果和经验提出的。配筋砌块砌体抗震墙的水平钢筋，当采用围绕墙端竖向钢筋 180°加 $12d$ 延长段锚固时，对施工造成较大的难度，而一般作法是将该水平钢筋在末端弯钩锚于灌孔混凝土中，弯入长度为 200mm，在试验中发现这样的弯折锚固长度已能保证该水平钢筋能达到屈服。因此，考虑不同的抗震等级和施工因素，给出该锚固长度规定。对焊接网片，一般钢筋直径较细均在 $\phi 5$ 以下，加上较密的横向钢筋锚固较好，末端弯折并锚入混凝土的做法更增加网片的锚固作用。

底部框架-抗震墙砌体房屋中，底部配筋砌体墙边框梁、柱混凝土强度不低于 C30，因此建议抗震墙中水平或竖向钢筋在边框梁、柱中的锚固长度，按现行国家标准《混凝土结构设计规范》GB 50010 的规定确定。

10.2 砖砌体构件

Ⅰ 承载力计算

10.2.1 本次修订，对表内数据作了调整，使 f_{vE} 与 σ 的函数关系基本不变。

10.2.2 砌体结构体系按照构件配筋率大小分为无筋砌体结构体系和配筋砌体结构体系。无筋砌体结构体系中，因为构造原因，有的墙片四周设置了钢筋混凝土约束构件。对于普通砖、多孔砖砌体构件，当构造柱间距大于 3.0m 时，只考虑周边约束构件对无筋墙体的变形性能提高作用，不考虑其对强度的提高。

当在墙段中部基本均匀设置截面不小于 240mm×240mm（墙厚 190mm 时为 240mm×190mm）且间距不大于 4m 的构造柱时，可考虑构造柱对墙体受剪承载力的提高作用。墙段中部均匀设置构造柱时本条所采用的公式，考虑了砌体受混凝土柱的约束、作用于墙体上的垂直压应力、构造柱混凝土和纵向钢筋参与受力等影响因素，较为全面，公式形式合理，概念清楚。

10.2.3 作用于墙顶的轴向集中压力，其影响范围在下部墙体逐渐向两边扩散，考虑影响范围内构造柱的作用，进行砖砌体和钢筋混凝土构造柱的组合墙的截面抗震受压承载力验算时，可计入墙顶轴向集中压力影响范围内构造柱的提高作用。

Ⅱ 构造措施

10.2.4 对于抗震规范没有涵盖的层数较少的部分房屋，建议在外墙四角等关键部位适当设置构造柱。对 6 度时三层及以下房屋，建议楼梯间墙体也应设置构造柱以加强其抗倒塌能力。

当砌体房屋有错层部位时，宜对错层部位墙体采取增加构造柱等加强措施。本条适用于错层部位所在平面位置可能在地震作用下对错层部位及其附近结构构件产生较大不利影响，甚至影响结构整体抗震性能的砌体房屋，必要时尚应对结构其他相关部位采取有效措施进行加强。对于局部楼板板块略降标高处，不必按本条采取加强措施。错层部位两侧楼板板顶高差大于 1/4 层高时，应按规定设置防震缝。

10.2.6 根据抗震规范相关规定，提出约束普通砖墙构造要求。

10.2.7 当采用硬架支模连接时，预制楼板的搁置长度可以小于条文中的规定。硬架支模的施工方法是，先架设梁或圈梁的模板，再将预制楼板支承在具有一定刚度的硬支架上，然后浇筑梁或圈梁、现浇叠合层等的混凝土。

采用预制楼板时，预制板端支座位置的圈梁顶应尽可能设在板顶的同一标高或采用 L 形圈梁，便于预制楼板端头钢筋伸入圈梁内。

当板的跨度大于 4.8m 并与外墙平行时，靠外墙的预制板侧边应与墙或圈梁拉结，可在预制板顶面上放置间距不少于 300mm，直径不少于 6mm 的短钢筋，短钢筋一端钩在靠外墙预制板的内侧纵向板间缝隙内，另一端锚固在墙或圈梁内。

10.3 混凝土砌块砌体构件

Ⅰ 承载力计算

10.3.1 本次修订，对表内数据作了调整，但 f_{vE} 与 σ_0 的函数关系基本不变。根据有关试验资料，当 $\sigma_0/f_v \geqslant 16$ 时，砌块砌体的正应力影响系数如仍按剪摩公式线性增加，则其值偏高，偏于不安全。因此当 σ_0/f_v 大于 16 时，砌块砌体的正应力影响系数都按 $\sigma_0/f_v=16$ 时取 3.92。

10.3.2 对无筋砌块砌体房屋中的砌体构件，灌芯对砌体抗剪强度提高幅度很大，当灌芯率 $\rho \geqslant 0.15$ 时，适当考虑灌芯和插筋对抗剪承载力的提高作用。

Ⅱ 构造措施

10.3.4、10.3.5 为加强砌块砌体抗震性能，应按《建筑抗震设计规范》GB 50011－2010 第 7.4.1 条及其他条文和本规范其他条文要求的部位设置芯柱。除此之外，对其他部位砌块砌体墙，考虑芯柱间距过大时芯柱对砌块砌体墙抗震性能的提高作用很小，因此明确提出其他部位砌块砌体墙的最低芯柱密度设置要求。

当房屋层数或高度等于或接近表 10.1.2 中限值时，对底部芯柱密度需要适当加大的楼层范围，按 6、7 度和 8、9 度不同烈度分别加以规定。

10.3.7 由于各层砌块砌体均配置水平拉结筋，因此对圈梁高度和纵筋适当比砖砌体房屋作了调整。对圈梁的纵筋根据不同烈度进行了进一步规定。

10.3.8 楼梯间为逃生时重要通道，但该处又是结构薄弱部位，因此其抗倒塌能力应特别注意加强。本次修订通过设置楼梯间周围墙体的配筋，增强其抗震能力。

10.4 底部框架-抗震墙砌体房屋抗震构件

Ⅰ 承载力计算

10.4.2 汶川地震震害调查中发现，底部框架-抗震墙砌体房屋底层柱是在柱顶和柱底同时发生破坏，进一步验证了底层柱反弯点在层高一半附近，底层柱的反弯点高度比取0.55还是合理的。

10.4.3 参照抗震规范关于钢筋混凝土部分框支抗震墙结构的规定，应对底部框架柱上下端的弯矩设计值进行适当放大，避免地震作用下底部框架柱上下端很快形成塑性铰造成倒塌。

考虑底部抗震墙已承担全部地震剪力，不必再按抗震规范对底部加强部位抗震墙的组合弯矩计算值进行放大，因此只建议按一般部位抗震墙进行强剪弱弯的调整。

Ⅱ 构造措施

10.4.8 补充了墙体半高附近尚应设置与框架柱相连的钢筋混凝土水平系梁的最小截面尺寸和最小配筋量限值。

底层墙体构造柱的纵向钢筋直径不宜小于过渡层的构造柱，因此补充规定底层墙体构造柱的纵向钢筋不应少于4ϕ14。

当底层层高较高时，门窗等大洞口顶距地高度不超过层高的1/2.5时，可将钢筋混凝土水平系梁设置在洞顶标高，洞口顶处可与洞口过梁合并。

10.4.9 考虑托墙梁在上部墙体未破坏前可能受拉，适当加大了梁上、下部纵向贯通钢筋最小配筋率。

10.4.11 过渡层即与底部框架-抗震墙相邻的上一砌体楼层。本次修订，加强了过渡层砌体墙的相关要求。过渡层构造柱纵向钢筋配置的最小要求，增加了6度时的加强要求。

上部墙体与底部框架梁、抗震墙不对齐时，需设置支承在框架梁或抗震墙上的托墙转换次梁，其对底部框架梁或抗震墙以及过渡层相关墙体都会产生影响，应予以考虑。

对于上部墙体为砌块砌体墙时，对应下部钢筋混凝土框架柱或抗震墙边框柱及构造柱的位置，过渡层砌块墙体宜设置构造柱。当底部采用配筋砌块砌体抗震墙时，过渡层砌块墙体中部的芯柱宜与底部墙体芯柱对齐，上下贯通。

10.4.12 为加强过渡层底板抗剪能力，参考抗震规范关于转换层楼板的要求，补充了该楼板配筋要求。

10.5 配筋砌块砌体抗震墙

Ⅰ 承载力计算

10.5.2 在配筋砌块砌体抗震墙房屋抗震设计计算中，抗震墙底部的荷载作用效应最大，因此应根据计算分析结果，对底部截面的组合剪力设计值采用按不同抗震等级确定剪力放大系数的形式进行调整，以使房屋的最不利截面得到加强。

10.5.3～10.5.5 规定配筋砌块砌体抗震墙的截面抗剪能力限制条件，是为了规定抗震墙截面尺寸的最小值，或者说是限制了抗震墙截面的最大名义剪应力值。试验研究结果表明，抗震墙的名义剪应力过高，灌孔砌体会在早期出现斜裂缝，水平抗剪钢筋不能充分发挥作用，即使配置很多水平抗剪钢筋，也不能有效地提高抗震墙的抗剪能力。

配筋砌块砌体抗震墙截面应力控制值，类似于混凝土抗压强度设计值，采用“灌孔砌块砌体”的抗压强度，它不同于砌体抗压强度，也不同于混凝土抗压强度。配筋砌块砌体抗震墙反复加载的受剪承载力比单调加载有所降低，其降低幅度和钢筋混凝土抗震墙很接近。因此，将静力承载力乘以降低系数0.8，作为抗震设计中偏心受压时抗震墙的斜截面受剪承载力计算公式。根据湖南大学等单位不同轴压比（或不同的正应力）的墙片试验表明，限制正应力对砌体的抗侧能力的贡献在适当的范围是合适的。如国际标准《配筋砌体设计规范》，限制$N \leqslant 0.4fbh$，美国规范为$0.25N$，我国混凝土规范为$0.2f_c bh$。本规范从偏于安全亦取$0.2f_g bh$。

钢筋混凝土抗震墙在偏心受压和偏心受拉时斜截面承载力计算公式中N项取用了相同系数，我们认为欠妥。此时N虽为作用效应，但属抗力项，当N为拉力时应偏于安全取小。根据可靠度要求，配筋砌块抗震墙偏心受拉时斜截面受剪承载力取用了与偏心受压不同的形式。

10.5.6 配筋砌块砌体由于受其块型、砌筑方法和配筋方式的影响，不适宜做跨高比较大的梁构件。而在配筋砌块砌体抗震墙结构中，连梁是保证房屋整体性的重要构件，为了保证连梁与抗震墙节点处在弯曲屈服前不会出现剪切破坏和具有适当的刚度和承载能力，对于跨高比大于2.5的连梁宜采用受力性能更好的钢筋混凝土连梁，以确保连梁构件的“强剪弱弯”。对于跨高比小于2.5的连梁（主要指窗下墙部分），则还是允许采用配筋砌块砌体连梁。

配筋砌体抗震墙的连梁的设计原则是作为抗震墙结构的第一道防线，即连梁破坏应先于抗震墙，而对连梁本身则要求其斜截面的抗剪能力高于正截面的抗弯能力，以体现“强剪弱弯”的要求。对配筋砌块连梁，试算和试设计表明，对高烈度区和对较高的抗震等级（一、二级）情况下，连梁超筋的情况比较多，而对砌块连梁在孔中配置钢筋的数量又受到限制。在这种情况下，一是减小连梁的截面高度（应在满足弹塑性变形要求的情况下），二是连梁设计成混凝土的。本条是参照建筑抗震设计规范和砌块抗震墙房屋的特点规定的剪力调整幅度。

10.5.7 抗震墙的连梁的受力状况，类似于两端固定但同时存在支座有竖向和水平位移的梁的受力，也类似层间抗震墙的受力，其截面控制条件类同抗震墙。

10.5.8 多肢配筋砌块砌体抗震墙的承载力和延性与连梁的承载力和延性有很大关系。为了避免连梁产生受剪破坏后导致抗震墙延性降低，本条规定跨高比大于2.5的连梁，必须满足受剪承载力要求。对跨高比小于2.5的连梁，已属混凝土深梁。在较高烈度和一级抗震等级出现超筋的情况下，宜采取措施，使连梁的截面高度减小，来满足连梁的破坏先于与其连接的抗震墙，否则应对其承载力进行折减。考虑到当连梁跨高比大于2.5时，相对截面高度较小，局部采用混凝土连梁对砌块建筑的施工工作量增加不多，只要按等强设计原则，其受力仍能得到保证，也易于设计人员的接受。此次修订将原规范10.4.8、10.4.9合并，并取跨高比≤2.5之表达式。

Ⅱ 构造措施

10.5.9 本条是在参照国内外配筋砌块砌体抗震墙试验研究和经验的基础上规定的。美国UBC砌体部分和美国抗震规范规定，对不同的地震设防烈度，有不同的最小含钢率要求。如在7度以内，要求在墙的端部、顶部和底部，以及洞口的四周配置竖向和水平构造钢筋，钢筋的间距不应大于3m。该构造钢筋的面积为130mm^2，约一根ϕ12～ϕ14钢筋，经折算其隐含的构造含钢率约为0.06%；而对≥8度时，抗震墙应在竖向和水平方向均匀设置钢筋，每个方向钢筋的间距不应大于该方向长度的1/3和1.20m，最小钢筋面积不应小于0.07%，两个方向最小含钢率之和也不应小于0.2%。根据美国规范条文解释，这种最小含钢率是抗震墙最小的延性和抗裂要求。

抗震设计时，为保证出现塑性铰后抗震墙具有足够的延性，该范围内应当加强构造措施，提高其抗剪力破坏的能力。由于抗震墙底部塑性铰出现都有一定范围，因此对其作了规定。一般情况下单个塑性铰发展高度为墙底截面以上墙肢截面高度h_w的范围。

为什么配筋混凝土砌块砌体抗震墙的最小构造含钢率比混凝土抗震墙的小呢，根据背景解释：钢筋混凝土要求相当大的最小含钢率，因为它在塑性状态浇筑，在水化过程中产生显著的收缩。而在砌体施工时，作为主要部分的块体，尺寸稳定，仅在砌体中加入了塑性的砂浆和灌孔混凝土。因此在砌体墙中可收缩的材料要比混凝土中少得多。这个最小含钢率要求，已被规定为混凝土的一半。但在美国加利福尼亚建筑师办公室要求则高于这个数字，它规定，总的最小含钢率不小于0.3%，任一方向不小于0.1%（加利福尼亚是美国高烈度区和地震活跃区）。根据我国进行的较大数量的不同含钢率（竖向和水平）的伪静力墙片试验表明，配筋能明显提高墙体在水平反复荷载作用下的变形能力。也就是说在本条规定的这种最小含钢率情况下，墙体具有一定的延性，裂缝出现后不会立即发生剪坏倒塌。本规范仅在抗震等级为四级时将μ_{min}定为0.07%，其余均≥0.1%，比美国规范要高一些，也约为我国混凝土规范最小含钢率的一半以上。由于配筋砌块砌体建筑的总高度在本规程已有限制，所以其最小构造配筋率比现浇混凝土抗震墙有一定程度的减小。此次修订对最小配筋率作了适当微调。

10.5.10 在配筋砌块砌体抗震墙结构中，边缘构件无论是在提高墙体强度和变形能力方面的作用都非常明显，因此参照混凝土抗震墙结构边缘构件设置的要求，结合配筋砌块砌体抗震墙的特点，规定了边缘构件的配筋要求。

在配筋砌块砌体抗震墙端部设置水平箍筋是为了提高对砌体的约束作用及墙端部混凝土的极限压应变，提高墙体的延性。根据工程经验，水平箍筋放置于砌体灰缝中，受灰缝高度限制（一般灰缝高度为10mm），水平箍筋直径不小于6mm，且不应大于8mm比较合适；当箍筋直径较大时，将难以保证砌体结构灰缝的砌筑质量，会影响配筋砌块砌体强度；灰缝过厚则会给现场施工和施工验收带来困难，也会影响砌体的强度。抗震等级为一级水平箍筋最小直径为ϕ8，二～四级为ϕ6，为了适当弥补钢筋直径减小造成的损失，本条文注明抗震等级为一、二、三级时，应采用HRB335或RRB335级钢筋。亦可采用其他等效的约束件如等截面面积，厚度不大于5mm的一次冲压钢圈，对边缘构件，将具有更强约束作用。

通过试点工程，这种约束区的最小配筋率有相当的覆盖面。这种含钢率也考虑能在约120mm×120mm孔洞中放得下：对含钢率为0.4%、0.6%、0.8%，相应的钢筋直径为3ϕ14、3ϕ18、3ϕ20，而约束箍筋的间距只能在砌块灰缝或带凹槽的系梁块中设置，其间距只能最小为200mm。对更大的钢筋直径并考虑到钢筋在孔洞中的接头和墙体中水平钢筋，很容易造成浇灌混凝土的困难。当采用290mm厚的混凝土空心砌块时，这个问题就可解决了，但这种砌块的重量过大，施工砌筑有一定难度，故我国目前的砌块系列也在190mm范围以内。另外，考虑到更大的适应性，增加了混凝土柱作边缘构件的方案。

10.5.11 转角窗的设置将削弱结构的抗扭能力，配筋砌块砌体抗震墙较难采取措施（如：墙加厚，梁加高)，故建议避免转角窗的设置。但配筋砌块砌体抗震墙结构受力特性类似于钢筋混凝土抗震墙结构，若需设置转角窗，则应适当增加边缘构件配筋，并且将楼、屋面板做成现浇板以增强整体性。

10.5.12 配筋砌块砌体抗震墙在重力荷载代表值作用下的轴压比控制是为了保证配筋砌块砌体在水平荷载作用下的延性和强度的发挥，同时也是为了防止墙片截面过小、配筋率过高，保证抗震墙结构延性。本条文对一般墙、短肢墙、一字形短肢墙的轴压比限值作了区别对待，由于短肢墙和无翼缘的一字形短肢墙的抗震性能较差，因此对其轴压比限值应该作更为严格的规定。

10.5.13 在配筋砌块砌体抗震墙和楼盖的结合处设置钢筋混凝土圈梁，可进一步增加结构的整体性，同时该圈梁也可作为建筑竖向尺寸调整的手段。钢筋混凝土圈梁作为配筋砌块砌体抗震墙的一部分，其强度应和灌孔砌块砌体强度基本一致，相互匹配，其纵筋配筋量不应小于配筋砌块砌体抗震墙水平筋数量，其间距不应大于配筋砌块砌体抗震墙水平筋间距，并宜适当加密。

10.5.14 本条是根据国内外试验研究成果和经验，并参照钢筋混凝土抗震墙连梁的构造要求和砌块的特点给出的。配筋混凝土砌块砌体抗震墙的连梁，从施工程序考虑，一般采用凹槽或 H 型砌块砌筑，砌筑时按要求设置水平构造钢筋，而横向钢筋或箍筋则需砌到楼层高度和达到一定强度后方能在孔中设置。这是和钢筋混凝土抗震墙连梁不同之点。

中华人民共和国行业标准

混凝土小型空心砌块建筑技术规程

Technical specification for concrete small-sized hollow block masonry buildings

JGJ/T 14—2011

批准部门：中华人民共和国住房和城乡建设部
施行日期：2 0 1 2 年 4 月 1 日

中华人民共和国住房和城乡建设部
公　告

第1131号

关于发布行业标准《混凝土小型空心砌块建筑技术规程》的公告

现批准《混凝土小型空心砌块建筑技术规程》为行业标准，编号为JGJ/T 14－2011，自2012年4月1日起实施。原行业标准《混凝土小型空心砌块建筑技术规程》JGJ/T 14－2004同时废止。

本规程由我部标准定额研究所组织中国建筑工业出版社出版发行。

中华人民共和国住房和城乡建设部

2011年8月29日

前　言

根据住房和城乡建设部《关于印发〈2009年工程建设标准规范制订、修订计划〉的通知》（建标［2009］88号）的要求，规程编制组经广泛调查研究，认真总结实践经验，参考有关国际标准和国外先进标准，并在广泛征求意见的基础上，修订本规程。

本规程主要内容：总则，术语和符号，材料和砌体的结构设计计算指标，建筑设计与建筑节能设计，小砌块砌体静力设计，配筋砌块砌体剪力墙静力设计，抗震设计，施工和工程验收等。

本规程修订的主要技术内容：

1. 增加了多层、高层配筋砌块砌体建筑的设计与施工要求；
2. 修订了砌块建筑的抗震措施；
3. 增加了轻骨料混凝土自承重砌块墙体的设计内容；
4. 调整了部分构件承载力计算参数及计算公式；
5. 调整了建筑节能设计的部分计算参数及计算公式；
6. 增加了复合保温砌块墙体结构设计与施工要求。

本规程由住房和城乡建设部负责管理，由四川省建筑科学研究院负责具体技术内容的解释。执行过程中如有意见或建议，请寄送四川省建筑科学研究院（成都市一环路北三段55号，邮编：610081）。

本规程主编单位：四川省建筑科学研究院
广西建工集团第五建筑工程有限责任公司

本规程参编单位：哈尔滨工业大学
浙江大学建筑设计研究院
北京市建筑设计研究院
同济大学
天津市建筑设计院
四川省建筑设计院
上海住总（集团）总公司
上海城乡建筑设计院有限公司
上海申城建筑设计有限公司
上海中房建筑设计有限公司
安徽省建筑科学研究设计院
辽宁省建设科学研究院
重庆市建筑科学研究院
成都市墙材革新建筑节能办公室

本规程主要起草人员：孙氰萍　侯立林　唐岱新　严家熺　周炳章　韦延年　程才渊　李渭渊　刘声惠　高永孚　刘永峰　林文修　吴　体　章茂木　章一萍　楼永林　薛慧立　冯锦华　周海波　尹　康

本规程主要审查人员：白生翔　李　琇　周运灿　刘国亮　陈旭能　章关福　周九仪　于本英　陈正祥　程绍革

目次

Contents

1 总 则

1.0.1 为保证混凝土小型空心砌块建筑的设计和施工质量，做到因地制宜、就地取材、技术先进、经济合理、安全适用、质量可靠，制定本规程。

1.0.2 本规程适用于非抗震地区和抗震设防烈度为6度至9度地区，以混凝土小型空心砌块为墙体材料的房屋建筑的设计、施工及工程质量验收。

1.0.3 混凝土小型空心砌块建筑的设计、施工及工程质量验收，除应符合本规程之外，尚应符合国家现行有关标准的规定。

2 术语和符号

2.1 术 语

2.1.1 混凝土小型空心砌块 concrete small-sized hollow block

普通混凝土小型空心砌块和轻骨料混凝土小型空心砌块的总称，简称小砌块（或砌块）。

2.1.2 普通混凝土小型空心砌块 normal concrete small-sized hollow block

以碎石或碎卵石为粗骨料制作的混凝土小型空心砌块，主规格尺寸为390mm×190mm×190mm，简称普通小砌块。

2.1.3 轻骨料混凝土小型空心砌块 lightweight aggregated concrete small-sized hollow block

以浮石、火山渣、煤渣、自然煤矸石、陶粒等粗骨料制作的混凝土小型空心砌块，主规格尺寸为390mm×190mm×190mm，简称为轻骨料小砌块。

2.1.4 单排孔小砌块 single row small-sized hollow block

沿厚度方向有单排方形孔的混凝土小型空心砌块。按骨料不同简称单排孔普通小砌块或单排孔轻骨料小砌块。

2.1.5 对孔砌筑 stacked hollow bond

小砌块砌体砌筑时上下层砌块孔洞相对。

2.1.6 错孔砌筑 staggered hollow bond

小砌块砌体砌筑时上下层砌块孔洞相互错位。

2.1.7 反砌 reverse bond

小砌块砌体砌筑时砌块底面朝上。

2.1.8 芯柱 core column

按建筑设计要求，在小砌块墙体中对孔砌筑的竖向孔洞内浇灌混凝土形成的混凝土柱，竖向孔洞内不插钢筋称素混凝土芯柱，竖向孔洞内插钢筋称钢筋混凝土芯柱。

2.1.9 构造柱 structural column

按设计要求，设置在砌块墙体中并先砌墙后浇灌混凝土柱的钢筋混凝土柱，简称构造柱。

2.1.10 控制缝 control joint

设置在墙体应力比较集中或墙的垂直灰缝相一致的部位，并允许墙身自由变形和对外力有足够抵抗能力的构造缝。

2.1.11 配筋砌体用小砌块 small concrete hollow block for reinforced masonry

由普通混凝土制成，主要规格尺寸为390mm×190mm×190mm、孔洞率在46%～48%、壁和肋部开有槽口、适合配筋小砌块砌体施工的单排孔空心砌块。

2.1.12 配筋小砌块砌体 reinforced small concrete hollow block masonry

配筋砌体用小砌块的孔洞和凹槽中配置竖向钢筋和水平钢筋、并采用灌孔混凝土填实孔洞后的砌体。

2.1.13 保温小砌块 thermal insulation small-sized hollow block

由单一材料成型具有良好保温性能的小砌块总称。其名称应冠以材料名称及排孔数，如陶粒混凝土三排孔保温小砌块。

2.1.14 复合保温小砌块 compound thermal insulation small-sized hollow block

由两种或两种以上材料复合成型具有良好保温性能的小砌块总称。

2.1.15 夹心保温砌块砌体 sandwiched complex thermal insulation hollow block masonry

由两个相互独立的内叶、外叶内夹保温隔热材料，并通过连接拉筋将其相互之间复合成整体的夹心保温砌块砌体。

2.1.16 承载面 area for loading

小砌块建筑墙体的砌筑中，设计承受墙体轴向压应力的面。

2.1.17 墙体保温隔热系统 thermal insulation system on walls

由保温层、保护层和固定材料（胶粘剂、锚固构件等）构成保温隔热构造系统的总称。按复合在外墙内外表面上的位置不同，分外墙外保温隔热系统和外墙内保温隔热系统。

2.1.18 传热系数 heat transfer coefficient

在稳定传热条件下，小砌块墙体两侧空气温度差为1K（1℃），1h内通过$1m^2$面积墙体传递的热量。传热系数用K表示，是传热阻R_0的倒数。小砌块建筑墙体的传热系数应考虑结构性冷（热）桥部位影响的平均传热系数，用符号K_m表示，单位为W/（m^2·K）。

2.1.19 热惰性指标 index of thermal inertia

表征小砌块外墙体反抗温度波动和热流波动的无量纲指标，用符号D表示。小砌块建筑外墙体的热惰性指标应取考虑结构性热桥部位影响后的平均热惰性指标，用符号 D_m 表示。

2.1.20 配筋砌块砌体剪力墙结构 reinforced concrete masonry shear wall structure

由承受竖向和水平作用的配筋砌块砌体剪力墙和混凝土楼、屋盖所组成的房屋建筑结构。

2.2 符 号

2.2.1 材料性能

Cb——混凝土砌块灌孔混凝土的强度等级；

D_b——小砌块砌体热惰性指标；

f_1——小砌块抗压强度平均值；

f_2——砂浆抗压强度平均值；

f_g——对孔砌筑单排孔混凝土砌块灌孔砌体抗压强度设计值；

f_t——砌体轴心抗拉强度设计值；

f_v——砌体抗剪强度设计值；

f_{gv}——对孔砌筑单排孔混凝土砌块灌孔砌块抗剪强度设计值；

f_{vE}——砌体沿阶梯形截面破坏抗震抗剪强度设计值；

f_y——钢筋抗拉强度设计值；

f_c——混凝土轴心抗压强度设计值；

Mb——混凝土砌块砌筑砂浆的强度等级；

MU——小砌块强度等级；

R_b——小砌块砌体热阻。

2.2.2 作用、效应与抗力

F——集中力设计值；

F_{EK}——结构总水平地震作用标准值；

G_{eq}——地震时结构（构件）的等效总重力荷载代表值；

K——结构（构件）的刚度；

N——轴向力设计值；

N_k——轴向力标准值；

N_l——局部受压面积上轴向力设计值，梁端支承压力设计值；

N_0——上部轴向力设计值；

V——剪力设计值。

2.2.3 几何参数

A——构件截面毛面积；

A_l——局部受压面积；

A_c——芯柱截面总面积；

A_0——影响局部抗压强度的计算面积；

A_b——垫块面积；

A_s——钢筋截面面积；

a——距离，边长，梁端实际支承长度；

a_0——梁端有效支承长度；

B——房屋总宽度；

b——截面宽度，边长；

b_f——带壁柱端的计算截面翼缘宽度，窠墙计算宽度；

b_s——在相邻横墙、窗间墙间或壁柱间的距离范围内的门窗洞口宽度；

e——轴向力合力作用点到截面重心的距离，简称轴向力的偏心距；

H——结构或墙体总高度，构件高度；

H_i——第 i 层高；

H_0——构件的计算高度；

h——墙的厚度或矩形截面轴向力偏心方向的边长；

h_c——梁的截面高度；

h_b——小砌块的高度；

h_0——截面有效高度；

h_T——T 形截面的折算厚度；

L——结构（单元）总长度；

S——相邻横墙、窗间墙间或壁柱间的距离；

y——截面重心到轴向力所在偏心方向截面边缘的距离。

2.2.4 计算系数

n——总数，如楼层数、质点数、钢筋根数、跨数等；

α_{max}——水平地震影响系数最大值；

β——墙、柱的高厚比；

γ——砌体局部抗压强度提高系数；

γ_a——砌体强度设计值调整系数；

γ_f——结构构件材料性能分项系数；

γ_{RE}——承载力抗震调整系数；

φ——组合值系数，轴向力影响系数；

ζ——计算系数，局压系数；

λ——构件长细比，比例系数；

μ_1——自承重墙允许高厚比的修正系数；

μ_2——有门窗洞口墙允许高厚比的修正系数；

μ_c——设构造柱墙体允许高厚比提高系数；

ρ——配筋灌孔率，比率。

3 材料和砌体的结构设计计算指标

3.1 材料强度等级

3.1.1 小砌块、砌筑砂浆和灌孔混凝土的强度等级，应按下列规定采用：

1 普通混凝土小型空心砌块强度等级可采用 MU20、MU15、MU10、MU7.5 和 MU5；

2 轻骨料混凝土小型空心砌块强度等级可采用 MU15、MU10、MU7.5、MU5 和 MU3.5；

3 砌筑砂浆的强度等级可采用 Mb20、Mb15、Mb10、Mb7.5 和 Mb5；

4 灌孔混凝土强度等级可采用 Cb40、Cb35、Cb30、Cb25 和 Cb20。

注：1 普通混凝土小型空心砌块、轻骨料混凝土小型空心砌块和砌筑砂浆的技术要求、试验方法和检验规则应符合现行国家标准；

2 确定砌筑砂浆强度等级时，试块底模应采用同类小砌块侧面做底模。

3.2 砌体的结构设计计算指标

3.2.1 龄期为28d的以毛截面计算单排孔普通混凝土小砌块和轻骨料混凝土小砌块砌体的抗压强度设计值，当施工质量控制等级为B级时，应根据块体和砂浆强度等级分别按下列规定采用。

1 单排孔普通混凝土小砌块和轻骨料混凝土小砌块对孔砌筑的抗压强度设计值，应按本规程表3.2.1-1的规定取值。

2 单排孔普通混凝土小砌块对孔砌筑时，灌孔砌体的抗压强度设计值 f_g，应按下列方法确定：

表3.2.1-1 单排孔普通混凝土小砌块和煤矸石混凝土小砌块砌体的抗压强度设计值（MPa）

砌块强度等级	砌筑砂浆强度等级					砌筑砂浆强度
	Mb20	Mb15	Mb10	Mb7.5	Mb5	0
MU20	6.30	5.68	4.95	4.44	3.94	2.33
MU15	—	4.61	4.02	3.61	3.20	1.89
MU10	—	—	2.79	2.50	2.22	1.31
MU7.5	—	—	—	1.93	1.71	1.01
MU5	—	—	—	—	1.19	0.70

注：1 对独立柱或厚度为双排组砌的小砌块砌体，应按表中数值乘以0.7；

2 对T形截面砌体墙体和柱，应按表中数值乘以0.85；

3 当砌筑砂浆强度等级高于小砌块强度等级时，应按小砌块强度等级相同的砌筑砂浆强度等级，按表3.2.1.1采用小砌块砌体的抗压强度设计值；

4 表中煤矸石为自然煤矸石。

1）普通混凝土小砌块砌体的灌孔混凝土强度等级不应低于Cb20，也不应低于1.5倍的块体强度等级；

注：灌孔混凝土的强度等级Cb20等同于对应的混凝土强度等级C20的强度指标。

2）灌孔普通混凝土小砌块砌体的抗压强度设计值 f_g，应按下列公式计算：

$$f_g = f + 0.6\alpha f_c \quad (3.2.1\text{-}1)$$

$$\alpha = \delta\rho \quad (3.2.1\text{-}2)$$

式中：f_g——灌孔普通混凝土小砌块砌体的抗压强度设计值（MPa），设计取值不应大于未灌孔普通混凝土小砌块砌体抗压强度设计值的2倍；

f——未灌孔普通混凝土小砌块砌体的抗压强度设计值（MPa），应按本规程表3.2.1-1取值；

f_c——灌孔混凝土的轴心抗压强度设计值（MPa）；

α——普通混凝土小砌块砌体中灌孔混凝土面积与砌体毛截面积的比值；

δ——普通混凝土小砌块的孔洞率；

ρ——混凝土砌块砌体的灌孔率，系截面灌孔混凝土面积与截面孔洞面积的比值，灌孔率应根据受力情况或施工条件确定，ρ 不应小于33%。

3 双排孔、多排孔普通混凝土小砌块砌体的抗压强度设计值，应按本规程表3.2.1-1的规定取值。

4 小砌块孔洞率不大于35%的双排孔或多排孔轻骨料混凝土小砌块砌体的抗压强度设计值，应按本规程表3.2.1-2的规定取值。

表3.2.1-2 轻骨料混凝土小砌块砌体的抗压强度设计值（MPa）

砌块强度等级	砌筑砂浆强度等级			砌筑砂浆强度
	Mb10	Mb7.5	Mb5	0
MU10	3.08	2.76	2.45	1.44
MU7.5	—	2.13	1.88	1.12
MU5	—	—	1.31	0.78
MU3.5	—	—	0.95	0.56

注：1 表中的小砌块为火山渣、浮石和陶粒轻骨料混凝土小砌块；

2 对厚度方向为双排组砌的轻骨料混凝土小砌块砌体的抗压强度设计值，应按表中数值乘以0.8。

3.2.2 龄期为28d的以毛截面计算的小砌块砌体的轴心抗拉强度设计值、弯曲抗拉强度设计值和抗剪强度设计值，当施工质量控制等级为B级时，应按本规程表3.2.2的规定取值。

表3.2.2 沿砌块砌体灰缝截面破坏时砌体的轴心抗拉强度设计值、弯曲抗拉强度设计值和抗剪强度设计值（MPa）

强度类别	破坏特征	砌筑砂浆强度等级		
		≥Mb10	Mb7.5	Mb5
轴心抗拉	沿齿缝截面	0.09	0.08	0.07
弯曲抗拉	沿齿缝截面	0.11	0.09	0.08
	沿通缝截面	0.08	0.06	0.05
抗剪	沿通缝或阶梯形截面	0.09	0.08	0.06

注：1 对于形状规则的砌块砌筑的砌体，当搭接长度与砌块高度的比值小于1时，其轴心抗拉强度设计值 f_t 和弯曲抗拉强度设计值 f_{tm} 应按表中值乘以搭接长度与砌块高度的比值后采用；

2 对孔洞率不大于35%的双排孔和多排孔轻骨料混凝土小砌块的抗剪强度设计值，应按表中的砌块砌体抗剪强度设计值乘以1.1。

单排孔普通混凝土小砌块对孔砌筑时，灌孔砌体的抗剪强度设计值 f_{gv}，应按下式计算或按本规程附录A中表A.0.1-1～表A.0.1-4取用：

$$f_{gv} = 0.2 f_g^{0.55} \quad (3.2.2)$$

式中：f_g——灌孔砌体的抗压强度设计值（MPa）。

3.2.3 下列情况的小砌块砌体的砌体强度设计值应乘以调整系数 γ_a，γ_a 应按下列规定取值：

1 对无筋小砌块砌体，其截面面积小于0.3m^2时，γ_a 应取其截面面积加0.7；对配筋小砌块砌体，当其中小砌块砌体截面面积小于0.2m^2时，γ_a 应取其截面面积加0.8；

2 当砌体用强度等级小于Mb5水泥砂浆砌筑时，对本规程第3.2.1条各表中的数值，γ_a 应取为0.9；对于本规程表3.2.2中数值，γ_a 应取为0.8；

3 当验算施工中房屋的砌体时，γ_a 应取为1.1；

4 当施工质量控制等级为C级时，γ_a 应取为0.89。

注：1 构件截面面积以m^2计；

2 配筋砌体的施工质量控制等级不得采用C级。

3.2.4 施工阶段砂浆尚未硬化的新砌砌体的强度和稳定性，可按砌筑砂浆强度为零进行验算。

对冬期施工采用掺盐法施工的砌体，砌筑砂浆强度按常温施工的强度等级提高一级时，砌体强度和稳定性可不验算。

注：配筋砌体不得用掺盐砂浆施工。

3.2.5 小砌块砌体的弹性模量、线膨胀系数、收缩系数和摩擦系数可分别按表3.2.5-1～表3.2.5-3规定取值。砌体的剪变模量可按砌体弹性模量的40%采用。

1 砌体的弹性模量，可按表3.2.5-1规定取值；

单排孔且对孔砌筑的普通混凝土小砌块灌孔砌体的弹性模量，应按下列公式计算：

$$E = 2000 f_g \quad (3.2.5)$$

式中：f_g——灌孔砌体的抗压强度设计值（MPa）。

2 小砌块砌体的线膨胀系数和收缩率，可按表3.2.5-2规定取值；

表3.2.5-1 砌体的弹性模量（MPa）

砌体类别	砂浆强度等级		
	≥Mb10	Mb7.5	Mb5
普通混凝土小砌块砌体	1700f	1600f	1500f
轻骨料混凝土小砌块砌体			

表3.2.5-2 砌体的线膨胀系数和收缩率

砌体类别	线膨胀系数 10^{-6}/℃	收缩率 mm/m
普通混凝土小砌块砌体	10	−0.2
轻骨料混凝土小砌块砌体	10	−0.3

注：表中的收缩率由达到收缩允许标准的小砌块砌筑28d的砌体收缩率，当地方有可靠的小砌块砌体收缩试验数据时，亦可采用当地的试验数据。

3 砌体的摩擦系数，可按表3.2.5-3规定取值。

表3.2.5-3 摩擦系数

材料类别	摩擦面情况	
	干燥的	潮湿的
砌体沿砌体或混凝土滑动	0.70	0.60
砌体沿木材滑动	0.60	0.50
砌体沿钢滑动	0.45	0.35
砌体沿砂或卵石滑动	0.60	0.50
砌体沿粉土滑动	0.55	0.40
砌体沿黏性土滑动	0.50	0.30

3.2.6 小砌块砌体应按小砌块实际的小砌块孔洞率并应考虑在墙体中增加的构造措施的重量计算墙体自重。灌孔砌体应按实际灌孔后的砌体重量计算墙体自重。

4 建筑设计与建筑节能设计

4.1 建筑设计

4.1.1 小砌块建筑和配筋小砌块砌体建筑的平面及竖向设计应符合下列要求：

1 小砌块建筑平面设计宜以2M_0为基本模数，特殊情况下可采用1M_0；竖向设计及墙的分段净长度应以1M_0为模数。

2 配筋小砌块砌体建筑宜用配筋小砌块砌体专用混凝土小型空心砌块砌筑，平面设计应以2M_0为模数。

3 应做墙体的平面及竖向排块设计。对配筋小砌块砌体建筑要保证砌块错缝和孔洞上下贯通。排块设计时，应采用主规格砌块为主，减少辅助规格砌块的数量和种类。

4 平面应简洁，不宜凹凸转折过多。竖向尽量规则，宜避免过大的外挑和内收。配筋墙体门、窗洞口宜层层上、下对齐。在用小砌块作填充墙的框架建筑中，填充墙的平面布置宜均匀对称，沿高度方向宜连续贯通。

5 设计预留的孔洞、管线槽口以及门窗、设备等固定点和固定件，应在墙体排块图上详细标注。小砌块建筑施工时应用混凝土填实各固定范围内的孔洞。

6 小砌块砌体设置控制缝时，应做好室内墙面的盖缝粉刷。

7 住宅建筑的门厅和楼梯间内，应根据功能需求合理安排好水、电、暖通管线等用的管道竖井及各种表盒位置。水表、电表、燃气表、消火栓箱等洞口，亦可在砌体墙中预埋预制钢筋混凝土表箱框。应保证表盒安装后的楼梯及通道的尺寸符合有关规范要求。

8 排水管道的主管、支管或立管、横管宜明管安装。管径较小的其他管线，可预埋于墙体内。

9 在满足节能要求下，立面设计宜利用装饰砌块突出小砌块建筑的特色。

4.1.2 小砌块建筑和配筋小砌块砌体建筑的防水设计应符合下列要求：

1 清水外墙或装饰性砌块外墙面采用的小砌块的抗渗性能应符合有关规定。宜采用掺加适量憎水剂的砂浆砌筑墙体，且宜在清水外墙表面喷涂透明防水涂料。

2 在多雨水地区，单排孔小砌块墙体应作双面粉刷，勒脚应采用水泥砂浆粉刷。

3 室外散水坡顶面以上和室内地面以下的砌体内，应设置防潮层。

4 对伸出墙外的雨篷、开敞式阳台、室外空调机搁板、遮阳板、窗套、外楼梯根部及水平装饰线脚处，均应采用节能保温措施和防水措施。

5 处于潮湿环境的小砌块墙体，墙面应采用水泥砂浆粉刷等有效的防水措施。

6 在夹心墙的外叶墙每层圈梁上的砌块竖缝底宜设置排水孔。

7 墙体粉刷应在砌体结构验收及完工 28d 后进行。面积较大的外墙面粉刷宜设置分格缝。

4.1.3 小砌块墙体的耐火极限应按表 4.1.3 采用。

表 4.1.3 小砌块墙体的燃烧性能和耐火极限

小砌块墙体类型	耐火极限（h）	燃烧性能
90mm 厚小砌块墙体	1	不燃烧体
190mm 厚小砌块墙体	承重墙 2	不燃烧体
190mm 厚配筋小砌块墙体	承重墙 3.5	不燃烧体

注：墙体两侧无粉刷层。

对防火要求高的小砌块建筑或其局部，可采用混凝土或松散材料灌实孔洞的方法来提高墙体的耐火极限，也可采取其他附加防火措施。

复合保温砌块中所复合的保温材料，宜采用燃烧性能为 A 级的保温材料。当采用不是不燃或难燃级别的保温材料时，应提出复合保温砌块砌体的耐火极限和燃烧性能。

当小砌块建筑墙体采用外保温系统时，应符合国家现行有关标准的规定。

4.1.4 对 190mm 厚小砌块墙体双面粉刷（各 20mm 厚）的空气声计权隔声量应按 45dB 采用。对 190mm 厚配筋小砌块墙体双面粉刷（各 20mm 厚）的空气声计权隔声量应按 50dB 采用。

对隔声要求较高的小砌块建筑，可采用下列措施提高其隔声性能：

1 孔洞内填矿渣棉、膨胀珍珠岩、膨胀蛭石等松散材料；

2 在小砌块墙体的一面或双面采用纸面石膏板或其他板材做带有空气隔层的复合墙体构造。

对有吸声要求的建筑或其局部，墙体宜采用吸声砌块砌筑。

4.1.5 小砌块建筑及配筋小砌块砌体建筑的屋面设计应符合下列要求：

1 采用钢筋混凝土平屋面时，应在屋面上设置保温隔热层。

2 小砌块住宅建筑宜做成有檩体系坡屋面。当采用钢筋混凝土基层坡屋面时，坡屋面宜外挑出墙面，并应在坡屋面上设置保温隔热层。

3 钢筋混凝土屋面板及上面保温隔热防水层中的砂浆找平层、刚性面层等应设置分格缝，并应与周边的女儿墙断开。

4.2 建筑节能设计

4.2.1 小砌块建筑的建筑节能设计应符合下列要求：

1 建筑的体形系数、窗墙面积比及其对应的窗的传热系数、遮阳系数和空气渗透性能，以及其他围护结构的传热系数、热惰性指标，均应符合设计建筑所在气候地区现行居住建筑与公共建筑节能设计标准的规定；

2 通过建筑节能设计计算确定的围护结构的构造设计，应满足建筑结构整体性、变形能力及防火性能的要求，安全、可靠，并具有可操作性；

3 墙体及楼地板的建筑节能设计，应同时考虑建筑装饰与设备节能对管线及设备埋设、安装和维修的要求。

4.2.2 小砌块及配筋小砌块砌体的热工性能计算参数应符合下列要求：

1 小砌块及配筋小砌块砌体的热工性能计算参数用砌体热阻和砌体热惰性指标表征，分别用符号 R_{ma} 和 D_{ma} 表示。砌体热阻 R_{ma} 应按现行国家标准《民用建筑热工设计规范》GB 50176 规定的计算方法与《绝热 稳态传热性质的测定 标定和防护热箱法》GB/T 13475 规定的检测方法计算或检测确定。砌体热惰性指标 D_{ma} 可按本规程附录 B 的计算方法计算确定。

2 普通小砌块及配筋小砌块砌体的热阻 R_{ma} 和热惰性指标 D_{ma} 可按表 4.2.2 采用。

4.2.3 小砌块建筑外墙的建筑热工设计应符合下列要求：

表 4.2.2 普通小砌块及配筋小砌块砌体的热阻 R_{ma} 和热惰性指标 D_{ma}

小砌块砌体块型	厚度 mm	孔洞率 %	表观密度 kg/m³	R_{ma} (m²·K)/W	D_{ma}
单排孔小砌块	90	30	1500	0.12	0.85
	190	40	1280	0.17	1.47
双排孔小砌块	190	40	1280	0.22	1.70
三排孔小砌块	240	45	1200	0.35	2.31
单排孔配筋小砌块	190	—	2400	0.11	1.88

注：1 取单排孔配筋小砌块砌体的当量导热系数 $\lambda_{ma.c}$ = 1.74W/(m·K)，平均蓄热系数 $\overline{S}_{ma}$ = 17.20W/(m²·K)；

2 表中的热阻及热惰性指标值未包含砌体两侧的抹灰层；

3 小砌块的基材、块型及厚度与表 4.2.2 不同，或孔洞中内填、内插保温材料形成的复合保温小砌块砌体和带有空气间层或不带有空气间层的内、外叶小砌块夹心砌体的热阻 R_{ma} 和热惰性指标 D_{ma}，应按 4.2.2 条 1 款和本规程附录 C 的规定进行检测和计算确定；

4 孔洞中内插、内填保温材料的复合保温小砌块砌体的热阻 R_{ma} 和热惰性指标 D_{ma} 可按本规程附录 D 采用。

1 外墙的传热系数和热惰性指标，应考虑外墙上结构性热桥部位的影响取平均传热系数和平均热惰性指标。小砌块主体部位与结构性热桥部位的传热系数 K_p、K_b 及热惰性指标 D_p、D_b 和外墙平均传热系数 K_m、平均热惰性指标 D_m 按本规程附录 E 的计算方法进行计算。

2 外墙中结构性热桥部位的传热阻 $R_{o \cdot b}$，不仅应满足外墙平均传热系数 K_m 的要求，而且不应小于按现行国家标准《民用建筑热工设计规范》GB 50176 规定计算的设计建筑所在气候地区外墙要求的最小传热阻（$R_{o \cdot min}$）值。

3 外墙宜采用外墙外保温系统技术。采用外墙内保温系统技术时，应将计算的外墙平均传热系数乘以 1.2 作为外墙平均传热系数 K_m 的设计值。同时还应对横墙与外墙交接处的 400mm 宽度范围进行适宜的保温处理。

4 在夏热冬冷和夏热冬暖地区，外墙宜采用外反射、外遮阳、外通风和外绿化等外隔热措施。当采用符合现行国家标准《建筑用反射隔热涂料》GB/T 25261 要求的涂料饰面时，外墙传热阻计算值中可附加一个热阻值 R_{ad}：夏热冬冷地区，R_{ad} = 0.20(m²·K)/W，夏热冬暖地区，R_{ad} = 0.25(m²·K)/W；若外墙平均热惰性指标 D_m 小于平均传热系数 K_m 对应的规定性指标时，可不进行隔热性能设计验算。

5 建筑热工设计计算时，保温材料的导热系数和蓄热系数应采用计算导热系数 λ_c 和计算蓄热系数 S_c。

6 在严寒和寒冷地区，当外墙的保温层外侧有密实保护层或内侧构造层为加气混凝土及其他多孔材料时，保温设计时应根据地区气候条件及室内环境设计指标，按现行国家标准《民用建筑热工设计规范》GB 50176 的规定进行内部冷凝受潮验算确定是否设置隔气层。设置隔气层应保证施工质量，并应有与室外空气相通的排湿措施。

7 外墙的填充墙采用具有优良热工性能的保温小砌块、复合保温小砌块及小砌块夹心砌体构成的墙体自保温系统时，保温小砌块、复合保温小砌块及小砌块夹心砌体的厚度应根据设计建筑所在地区现行建筑节能设计标准对外墙平均传热系数 K_m 的限值规定，考虑到结构性热桥部位应采用的保温系统的计算厚度确定。同时应保证墙体自保温系统部位与结构性热桥部位交接处构造合理，表面平整。

8 外墙的保温隔热措施，应与屋顶、楼地板、门窗等构件连接部位的保温隔热措施保持构造上的连续性和可靠性。

4.2.4 居住建筑的分户墙或公共建筑的采暖空调房间与非采暖空调房间隔墙采用小砌块墙体时，建筑热工设计应符合下列要求：

1 分户墙或隔墙采用普通小砌块及配筋小砌块砌体时，应按现行建筑节能设计标准的规定，在其一侧或两侧采取适宜的保温技术进行热工设计计算；

2 分户墙或隔墙采用保温小砌块及复合保温小砌块砌体时，若保温小砌块及复合保温小砌块砌体部位的面积大于或等于分户墙或隔墙面积的 70%，可将保温小砌块及复合保温小砌块砌体部位的传热系数 K_p 作为分户墙或隔墙的传热系数 K 计算值；若保温小砌块及复合保温小砌块砌体部位的面积小于分户墙或隔墙面积的 70%，应考虑结构性热桥部位的影响按本规程附录 E 的计算方法计算分户墙或隔墙的平均传热系数 K_m。

4.2.5 小砌块建筑屋面的建筑热工设计应符合下列要求：

1 屋面的传热系数及热惰性指标应符合设计建筑所在气候地区现行居住建筑与公共建筑节能设计标准的规定。保温层材料的导热系数和蓄热系数应采用计算导热系数 λ_c 和计算蓄热系数 S_c。

2 屋面宜设计为保温隔热层置于防水层上的倒置式屋面，且宜选择憎水型的绝热材料做保温隔热层。

3 在夏热冬冷和夏热冬暖地区，屋面宜采用绿色植被屋面或有保温材料作基层的架空通风屋面。

4 屋面的天沟、女儿墙、变形缝及突出屋面的构件与屋面交接处，应按现行国家标准《民用建筑热工设计规范》GB 50176 的规定，通过建筑热工设计计算在该部位的垂直或水平面上设置一定厚度的保温材料，使该部位的最小传热阻不低于设计建筑所在气候地区屋面要求的最小传热阻（$R_{o \cdot min}$）值。

5 小砌块砌体静力设计

5.1 设计基本规定

5.1.1 本规程采用以概率理论为基础的极限状态设计方法，以可靠指标度量结构可靠度，用分项系数的设计表达式进行计算。

5.1.2 小砌块砌体结构应按承载能力极限状态设计，并应有相应的构造措施满足正常使用极限状态的要求。

5.1.3 砌体结构和结构构件在设计使用年限内，在正常使用及正常维护条件下，必须保持满足使用要求，而不需大修或加固。设计使用年限应按现行国家标准《建筑结构可靠度设计统一标准》GB 50068 规定。

5.1.4 根据建筑结构破坏可能产生的后果（危及人的生命、造成经济损失、产生社会影响等）的严重性，建筑结构按表 5.1.4 划分为三个安全等级。

表 5.1.4 建筑结构的安全等级

安全等级	破坏后果	建筑物类型
一级	很严重	重要的建筑物
二级	严重	一般的建筑物
三级	不严重	次要的建筑物

注：1 对特殊的建筑物，其安全等级可根据具体情况另行确定；

2 对地震区砌体结构设计，应按现行国家标准《建筑工程抗震设防分类标准》GB 50223 根据建筑物重要性区分建筑物类别。

5.1.5 小砌块砌体结构承载能力极限状态设计表达式，整体稳定性验算表达式，弹性方案、刚弹性方案、刚性方案的静力设计规定及其相应的横墙间距要求以及耐久性规定等，应按现行国家标准《砌体结构设计规范》GB 50003 的规定执行。

5.1.6 梁支承在墙上时，梁端支承压力（N_l）到墙边的距离，对刚性方案房屋屋盖梁和楼盖梁均应取梁端有效支承长度（a_0）的 40%（图 5.1.6）。多层房屋由上面楼层传来的荷载（N_u），可视为作用于上一楼层的墙、柱的截面重心处。

注：当板支承于墙上时，板端支承压力 N_l 到墙内边的距离可取板的实际支承长度 a 的 40%。

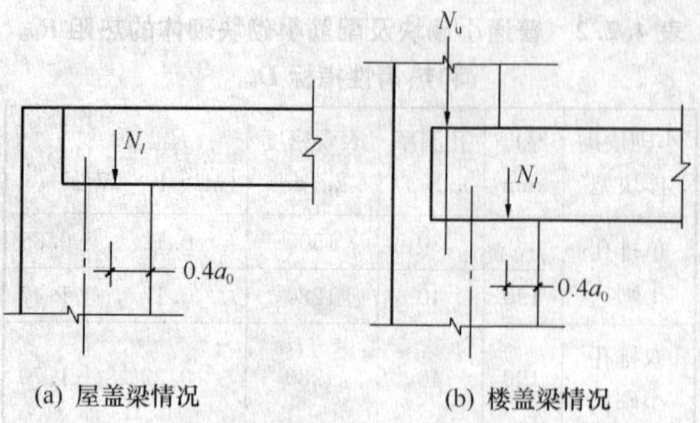

图 5.1.6 梁端支承压力位置

5.1.7 带壁柱墙的计算截面翼缘宽度（b_f）可按下列规定采用：

1 对多层房屋，当有门窗洞口时，可取窗间墙宽度；当无门窗洞口时，每侧翼墙宽度可取壁柱高度的 1/3；

2 对单层房屋，可取壁柱宽加 2/3 墙高，但不应大于窗间墙宽度和相邻壁柱间的距离；

3 计算带壁柱墙体的条形基础时，应取相邻壁柱间的距离。

5.1.8 当转角墙段受竖向集中荷载时，计算截面的长度可从角点算起，每侧宜取层高的 1/3。当上述墙体范围内有门窗洞口时，则计算截面取至洞边，但不宜大于层高的 1/3。当上层荷载传至本层时，可按均布荷载计算，此时转角墙段可按角形截面偏心受压构件进行承载力验算。

5.2 受压构件承载力计算

5.2.1 受压构件的承载力应符合下式要求：

$$N \leqslant \varphi f A \tag{5.2.1}$$

式中：N——轴向力设计值（N）；

φ——高厚比 β 和轴向力偏心距 e 对受压构件承载力的影响系数，应按本规程附录 F 附表采用；

f——砌体抗压强度设计值（MPa），应按本规程第 3.2.1 条采用；

A——截面毛面积（mm^2）；对带壁柱墙，其翼缘宽度可按本规程第 5.1.7 条采用。

注：对矩形截面构件，当轴向力偏心方向的截面边长大于另一方向的边长时，除按偏心受压计算外，还应对较小边长方向，按轴心受压进行验算。

5.2.2 确定影响系数 φ 时，构件高厚比 β 应按下列公式计算：

对矩形截面： $$\beta = 1.1\frac{H_0}{h} \tag{5.2.2-1}$$

对 T 形截面： $$\beta = 1.1\frac{H_0}{h_T} \tag{5.2.2-2}$$

对灌孔混凝土砌块砌体： $$\beta = \frac{H_0}{h} \tag{5.2.2-3}$$

式中：H_0——受压构件的计算高度（m），按本规程表 5.2.4 确定；

h——矩形截面轴向力偏心方向的边长（m），当轴心受压时为截面较小边长；

h_T——T 形截面的折算厚度（m），可近似按 $3.5i$ 计算；

i——截面回转半径（m）。

5.2.3 受压构件计算高度 H_0 应按下列规定采用：

1 对房屋底层，取楼板顶面到构件下端支点的距离。下端支点的位置，应取在基础顶面；当基础埋置较深且有刚性地坪时，可取室外地面下 500mm 处。

2 对在房屋其他层次，取楼板或其他水平支点间的距离。

3 对无壁柱的山墙，可取层高加山墙尖高度的 1/2；对带壁柱的山墙可取壁柱处的山墙高度。

5.2.4 受压构件的计算高度 H_0 应根据房屋类别、构件支承条件等按表 5.2.4 采用。

表 5.2.4 受压构件的计算高度 H_0

房屋类别		柱		带壁柱墙或周边拉结的墙		
		排架方向	垂直排架方向	$S>2H$	$2H \geq S>H$	$S \leq H$
单跨	弹性方案	$1.50H$	$1.00H$	$1.50H$		
	刚弹性方案	$1.20H$	$1.00H$	$1.20H$		
两跨或多跨	弹性方案	$1.25H$	$1.00H$	$1.25H$		
	刚性方案	$1.10H$	$1.00H$	$1.10H$		
刚性方案		$1.00H$	$1.00H$	$1.00H$	$0.40S+0.20H$	$0.60S$

注：1 对上端为自由端的构件 $H_0=2H$；

2 对独立柱，当无柱间支撑时，在垂直排架方向的 H_0，应按表中数值乘以 1.25 后采用；

3 自承重墙的计算高度应根据周边支承或拉结条件确定；

4 S 为房屋横墙间距。

5.2.5 轴向力的偏心距 e 应符合下式要求：

$$e \leqslant 0.6y \qquad (5.2.5)$$

式中：e——轴向力的偏心距（mm），按内力设计值计算；

y——截面重心到轴向力所在偏心方向截面边缘的距离（mm）。

5.3 局部受压承载力计算

5.3.1 砌体截面中受局部均匀压力时的承载力应符合下式要求：

$$N_l \leqslant \gamma f A_l \qquad (5.3.1)$$

式中：N_l——局部受压面积上的轴向力设计值（N）；

γ——砌体局部抗压强度提高系数；

f——砌体的抗压强度设计值（MPa），当局部荷载作用面用混凝土灌实一皮时，应按未灌实砌体强度值采用；

A_l——局部受压面积（mm^2）。

5.3.2 砌体局部抗压强度提高系数 γ，应符合下列要求：

1 γ 可按下式计算：

$$\gamma = 1 + 0.35\sqrt{\frac{A_0}{A_l} - 1} \qquad (5.3.2)$$

式中：A_0——影响砌体局部抗压强度的计算面积（m^2）。

2 计算所得 γ 值，尚应符合下列要求：

1）在图 5.3.2a 的情况下，$\gamma \leqslant 2.5$；

2）在图 5.3.2b 的情况下，$\gamma \leqslant 2.0$；

3）在图 5.3.2c 的情况下，$\gamma \leqslant 1.5$；

4）在图 5.3.2d 的情况下，$\gamma \leqslant 1.25$；

5）按本规范第 5.8.2 条的要求灌孔的砌块砌体，在 1）、2）、3）项的情况下，尚应符合 γ 小于等于 1.5。未灌孔混凝土砌块砌体 γ 等于 1。

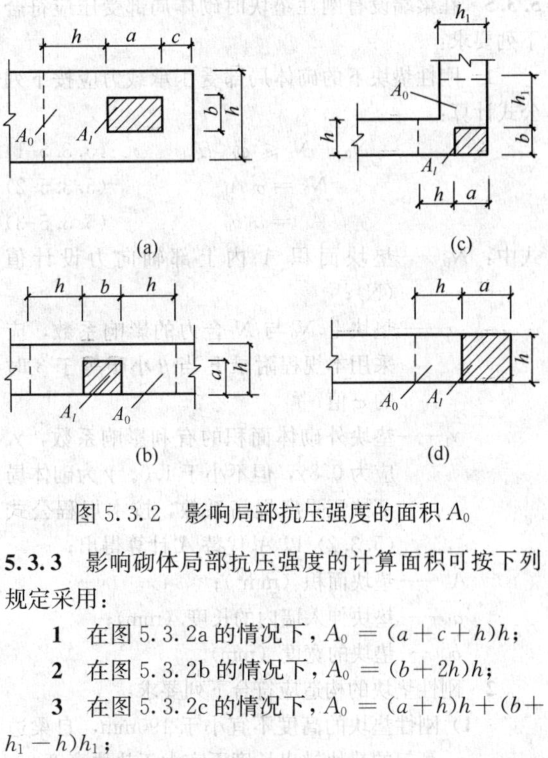

图 5.3.2 影响局部抗压强度的面积 A_0

5.3.3 影响砌体局部抗压强度的计算面积可按下列规定采用：

1 在图 5.3.2a 的情况下，$A_0=(a+c+h)h$；

2 在图 5.3.2b 的情况下，$A_0=(b+2h)h$；

3 在图 5.3.2c 的情况下，$A_0=(a+h)h+(b+h_1-h)h_1$；

4 在图 5.3.2d 的情况下，$A_0=(a+h)h$。

注：a、b 为矩形局部受压面积 A_l 的边长；h、h_1 为墙厚或柱的较小边长，墙厚；c 为矩形局部受压面积的外边缘至构件边缘的较小距离，当小于 h 时，应取为 h。

5.3.4 梁端支承处砌体的局部受压承载力应按下列公式计算：

$$\psi N_0 + N_l \leqslant \eta\gamma f A_l \qquad (5.3.4\text{-}1)$$

$$\psi = 1.5 - 0.5\frac{A_0}{A_l} \qquad (5.3.4\text{-}2)$$

$$N_0 = \sigma_0 A_l \qquad (5.3.4\text{-}3)$$

$$A_l = a_0 b \quad (5.3.4\text{-}4)$$

$$a_0 = 10\sqrt{\frac{h_c}{f}} \quad (5.3.4\text{-}5)$$

式中：ψ——上部荷载的折减系数，当 A_0/A_l 大于等于3时，应取 ψ 等于0；

N_0——局部受压面积内上部轴向力设计值（N）；

N_l——梁端支承压力设计值（N）；

σ_0——上部平均压应力设计值（N/mm²）；

η——梁端底面压应力图形的完整系数，应取0.7，对于过梁和墙梁应取1.0；

a_0——梁端有效支承长度（mm），当 a_0 大于 a 时，应取 a_0 等于 a；

a——梁端实际支承长度（mm）；

b——梁的截面宽度（mm）；

h_c——梁的截面高度（mm）；

f——砌体的抗压强度设计值（MPa）。

5.3.5 在梁端设有刚性垫块时砌体局部受压应符合下列要求：

1 刚性垫块下的砌体局部受压承载力应按下列公式计算：

$$N_0 + N_l \leqslant \varphi\gamma_1 f A_b \quad (5.3.5\text{-}1)$$

$$N_0 = \sigma_0 A_b \quad (5.3.5\text{-}2)$$

$$A_b = a_b b_b \quad (5.3.5\text{-}3)$$

式中：N_0——垫块面积 A_b 内上部轴向力设计值（N）；

φ——垫块上 N_0 与 N_l 合力的影响系数，应采用本规程附录F当 β 小于等于3时的 φ 值；

γ_1——垫块外砌体面积的有利影响系数，γ_1 应为 0.8γ，但不小于1.0。γ 为砌体局部抗压强度提高系数，按本规程公式（5.3.2）以 A_b 代替 A_l 计算得出；

A_b——垫块面积（mm²）；

a_b——垫块伸入墙内的长度（mm）；

b_b——垫块的宽度（mm）。

2 刚性垫块的构造应符合下列要求：

1） 刚性垫块的高度不宜小于190mm，自梁边算起的垫块挑出长度不宜大于垫块高度 t_b；

2） 在带壁柱墙的壁柱内设刚性垫块时（图5.3.5），其计算面积应取壁柱范围内的面积，而不应计算翼缘部分，同时壁柱上垫块伸入翼墙内的长度不应小于100mm；

3） 当现浇垫块与梁端整体浇筑时，垫块可在梁高范围内设置。

3 梁端设有刚性垫块时，梁端有效支承长度 a_0 应按下式确定：

$$a_0 = \delta_1\sqrt{\frac{h_c}{f}} \quad (5.3.5\text{-}4)$$

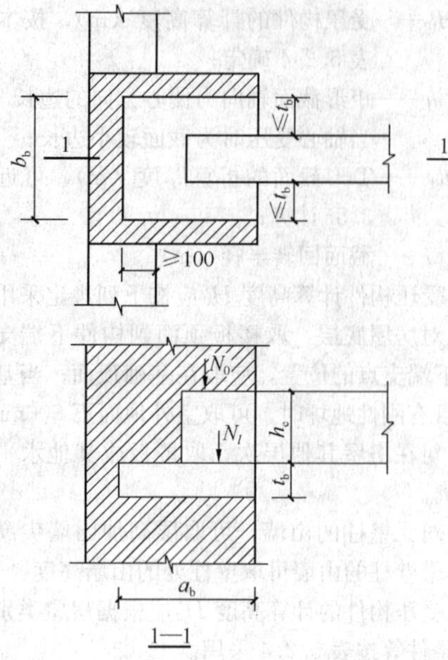

图5.3.5 壁柱上设有垫块时梁端局部受压

式中：δ_1——刚性垫块的影响系数，可按表5.3.5采用。

垫块上 N_l 作用点的位置可取 $0.4a_0$ 处。

表5.3.5 系数 δ_1 值表

σ_0/f	0	0.2	0.4	0.6	0.8
δ_1	5.4	5.7	6.0	6.9	7.8

注：表中其间的数值可采用插入法求得。

4 梁端设现浇刚性垫块时，其局压强度亦应按本条规定计算。

5.3.6 梁下设有长度大于 πh_0 的垫梁时（图5.3.6），垫梁下的砌体局部受压承载力应按下列公式计算：

$$N_0 + N_l \leqslant 2.4\delta_2 f b_b h_0 \quad (5.3.6\text{-}1)$$

$$N_0 = \pi b_b h_0 \sigma_0 / 2 \quad (5.3.6\text{-}2)$$

$$h_0 = 2\sqrt[3]{\frac{E_b I_b}{Eh}} \quad (5.3.6\text{-}3)$$

式中：N_0——垫梁上部轴向力设计值（N）；

b_b——垫梁在墙厚方向的宽度（mm）；

δ_2——垫梁底面压应力分布系数，当荷载沿墙厚方向均匀分布时可取1.0，不均匀分布时可取0.8；

h_0——垫梁折算高度（mm）；

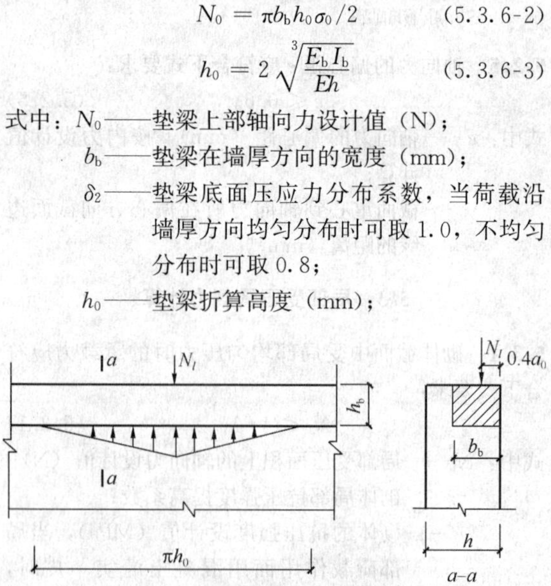

图5.3.6 垫梁局部受压

E_b、I_b——分别为垫梁的混凝土弹性模量（MPa）和截面惯性矩（mm^4）；

h_b——垫梁的高度（mm）；

E——砌体的弹性模量；

h——墙厚（mm）。

垫梁上梁端有效支承长度 a_0 可按本规程公式（5.3.5-4）计算。

5.4 轴心受拉构件承载力计算

5.4.1 轴心受拉构件的承载力应按下式计算：

$$N_t \leqslant f_t A \qquad (5.4.1)$$

式中：N_t——轴心拉力设计值（N）；

f_t——砌体的轴心抗拉强度设计值（MPa），应按本规程表 3.2.2 采用。

5.5 受弯构件承载力计算

5.5.1 受弯构件的承载力应按下式计算：

$$M \leqslant f_{tm} W \qquad (5.5.1)$$

式中：M——弯矩设计值（N·mm）；

f_{tm}——砌体弯曲抗拉强度设计值（MPa），应按本规程表 3.2.2 采用；

W——截面抵抗矩（mm^3）。

5.5.2 受弯构件的受剪承载力，应按下列公式计算：

$$V \leqslant f_v b z \qquad (5.5.2\text{-}1)$$

$$z = I/S \qquad (5.5.2\text{-}2)$$

式中：V——剪力设计值（N）；

f_v——砌体的抗剪强度设计值（MPa），应按本规程表 3.2.2 采用；

b——截面宽度（mm）；

z——内力臂，当截面为矩形时取 z 等于 $2h/3$；

I——截面惯性矩（mm^4）；

S——截面面积矩（mm^3）；

h——截面高度（mm）。

5.6 受剪构件承载力计算

5.6.1 沿通缝或沿阶梯形截面破坏时受剪构件的承载力应按下列公式计算：

$$V \leqslant (f_v + \alpha\mu\sigma_0)A \qquad (5.6.1\text{-}1)$$

当荷载分项系数 $\gamma_G = 1.2$ 时

$$\mu = 0.26 - 0.082\frac{\sigma_0}{f} \qquad (5.6.1\text{-}2)$$

当荷载分项系数 $\gamma_G = 1.35$ 时

$$\mu = 0.23 - 0.065\frac{\sigma_0}{f} \qquad (5.6.1\text{-}3)$$

式中：V——截面剪力设计值（N）；

A——截面面积（mm^2）。对各类砌体均按毛截面计算；

f_v——砌体抗剪强度设计值（N），对灌孔的混凝土砌块砌体取 f_{gv}；

α——修正系数：当 $\gamma_G = 1.2$ 时，混凝土砌块砌体取 0.64；当 $\gamma_G = 1.35$ 时，混凝土砌块砌体取 0.66；

μ——剪压复合受力影响系数；

σ_0——永久荷载设计值产生的水平截面平均压应力（MPa）；

f——砌体的抗压强度设计值（MPa）；

σ_0/f——轴压比，且不大于 0.8。

5.7 墙、柱的允许高厚比

5.7.1 墙、柱高厚比应按下式验算：

$$\beta = \frac{H_0}{h} \leqslant \mu_1 \mu_2 \mu_c [\beta] \qquad (5.7.1)$$

式中：H_0——墙、柱的计算高度（m）；

h——墙厚或矩形柱与 H_0 相对应的边长（m）；

μ_1——自承重墙允许高厚比的修正系数；

μ_2——有门窗洞口墙允许高厚比的修正系数；

μ_c——设构造柱墙体允许高厚比提高系数；

$[\beta]$——墙、柱的允许高厚比应按表 5.7.1 采用。

注：当与墙连的相邻两横墙间的距离 S 不大于 $\mu_1\mu_2[\beta]h$ 时，墙的高厚比可不受本条限制。

表 5.7.1 墙、柱的允许高厚比 [β] 值

砂浆强度等级	墙	柱
Mb5	24	16
≥Mb7.5	26	17

注：1 配筋小砌块砌体构件的允许高厚比不应大于 30；

2 验算施工阶段砂浆尚未硬化的新砌砌体高厚比时，对墙允许高厚比取 14，对柱允许高厚比取 11。

5.7.2 带壁柱墙和带构造柱墙的高厚比验算，应符合下列规定：

1 当按本规程式（5.7.1）验算带壁柱墙的高厚比时，公式中 h 应改用带壁柱墙截面的折算厚度 h_T；当确定截面回转半径时，墙截面的翼缘宽度，可按本规程第 5.1.7 条的规定采用；当确定带壁柱墙的计算高度 H_0 时，S 应取相邻横墙间的距离。

2 当构造柱截面宽度不小于墙厚时，可按本规程式（5.7.1）验算带构造柱墙的高厚比，此时公式中 h 取墙厚；当确定墙的计算高度时，S 应取相邻横墙间的距离；墙的允许高厚比 [β] 可乘以下列的提高系数 μ_c：

$$\mu_c = 1 + \frac{b_c}{l} \qquad (5.7.2)$$

式中：b_c——构造柱沿墙长方向的宽度（m）；

l——构造柱的间距（m）。

当 $b_c/l>0.25$ 时，取 $b_c/l=0.25$；当 $b_c/l<0.05$ 时，取 $b_c/l=0$。

注：考虑构造柱有利作用的高厚比验算不适用于施工阶段。

3 当按本规程式（5.7.1）验算壁柱间墙的高厚比时，S 值应取相邻壁柱间的距离。设有钢筋混凝土圈梁的带壁柱墙，b/S 不小于 1/30 时，圈梁可视作壁柱间墙的不动铰支点（b 为圈梁宽度）。如不允许增加圈梁宽度，可按等刚度原则（墙体平面外刚度相等）增加圈梁高度。

5.7.3 当自承重墙厚度等于 190mm 时，允许高厚比修正系数 μ_1 取值应为 1.2；当厚度等于 90mm 时，μ_1 取值应为 1.5；当厚度在 90mm～190mm 之间时，μ_1 可按插入法取值。

注：上端为自由端墙的允许高厚比，除按上述规定提高外，尚可再提高 30%。

5.7.4 对有门窗洞口的墙，允许高厚比修正系数 μ_2 应按下式计算：

$$\mu_2 = 1 - 0.4\frac{b_s}{S} \tag{5.7.4}$$

式中：b_s——在宽度 S 范围内的门窗洞口总宽度（m）；

S——相邻窗间墙或壁柱之间的距离（m）；

μ_2——允许高厚比修正系数，当 $\mu_2<0.7$ 时，应取 0.7。当洞口高度等于或小于墙高的1/5时，可取 μ_2 等于 1.0。

5.8 一般构造要求

5.8.1 砌块房屋所用的材料，除应满足承载力计算要求外，对地面以下或防潮层以下的砌体、潮湿房间的墙，所用材料的最低强度等级尚应符合表 5.8.1 的要求。

表 5.8.1 地面以下或防潮层以下的墙体、潮湿房间墙所用材料的最低强度等级

基土潮湿程度	混凝土小砌块	水泥砂浆
稍潮湿的	MU7.5	Mb5
很潮湿的	MU10	Mb7.5
含水饱和的	MU15	Mb10

注：1 砌块孔洞应采用强度等级不低于 C20 的混凝土灌实；
2 对安全等级为一级或设计使用年限大于 50 年的房屋，表中材料强度等级应至少提高一级。

5.8.2 在墙体的下列部位，应采用 C20 混凝土灌实砌体的孔洞：

1 无圈梁和混凝土垫块的檩条和钢筋混凝土楼板支承面下的一皮砌块；

2 未设置圈梁和混凝土垫块的屋架、梁等构件支承处，灌实宽度不应小于 600mm，高度不应小于 600mm 的砌块；

3 挑梁支承面下，其支承部位的内外墙交接处，纵横各灌实 3 个孔洞，灌实高度不小于三皮砌块。

5.8.3 跨度大于 4.2m 的梁和跨度大于 6m 的屋架，其支承面下应设置混凝土或钢筋混凝土垫块。当墙中设有圈梁时，垫块宜与圈梁浇成整体。

当大梁跨度大于 4.8m，且墙厚为 190mm 时，其支承处宜加设壁柱，或采取其他加强措施。

跨度大于或等于 7.2m 的屋架或预制梁的端部，应采用锚固件与墙、柱上的垫块锚固。

5.8.4 小砌块墙与后砌隔墙交接处，应沿墙高每 400mm 在水平灰缝内设置不少于 2ϕ4、横筋间距不大于 200mm 的焊接钢筋网片（图 5.8.4）。

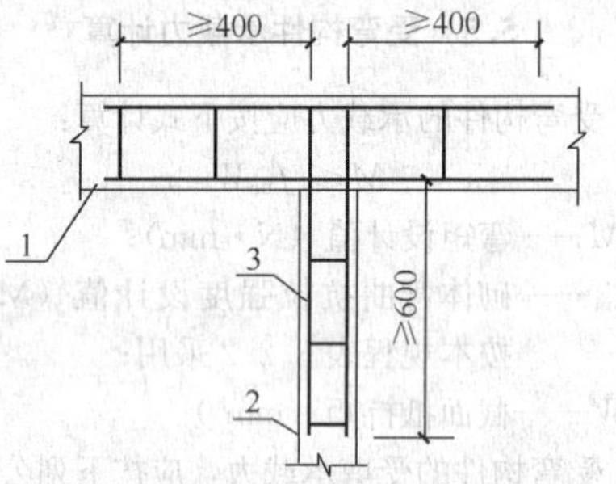

图 5.8.4 砌块墙与后砌隔墙交接处钢筋网片
1—砌块墙；2—后砌隔墙；3—ϕ4 焊接钢筋网片

5.8.5 预制钢筋混凝土板在墙上或圈梁上支承长度不应小于 80mm，板端伸出的钢筋应与圈梁可靠连接，并一起浇筑。当不能满足上述要求时，应按下列方法进行连接：

1 布置在内墙上的板中钢筋应伸出进行相互可靠对接，板端钢筋伸出长度不应少于 70mm，并用混凝土浇筑成板带，混凝土强度不应低于 C20；

2 布置在外墙上的板中钢筋应伸出进行相互可靠连接，板端钢筋伸出长度不应少于 100mm，并用混凝土浇筑成板带，混凝土强度不应低于 C20；

3 与现浇板对接时，预制钢筋混凝土板端钢筋应伸入现浇板中进行可靠连接后，再浇筑现浇板。

5.8.6 山墙处的壁柱或构造柱，应砌至山墙顶部，且屋面构件应与山墙可靠拉结。

5.8.7 在砌体中留槽洞及埋设管道时，应符合下列要求：

1 在截面长边小于 500mm 的承重墙体、独立柱内不得埋设管线；

2 墙体中应避免穿行暗线或预留、开凿沟槽；当无法避免时，应采取必要的加强措施或按削弱后的截面验算墙体的承载力。

5.9 砌块墙体的抗裂措施

5.9.1 小砌块房屋的墙体应按表 5.9.1 规定设置伸缩缝。在钢筋混凝土屋面上挂瓦的屋盖应按钢筋混凝土屋盖采用。墙体的伸缩缝应与结构的其他变形缝相重合，在进行立面处理时，必须保证缝隙的伸缩作用。

表 5.9.1 砌块房屋伸缩缝的最大间距（m）

屋盖或楼盖类别		间距	
		砌块砌体房屋	配筋砌块砌体房屋
整体式或装配整体式钢筋混凝土结构	有保温层或隔热层的屋盖、楼盖	40	50
	无保温层或隔热层的屋盖	32	40
装配式无檩体系钢筋混凝土结构	有保温层或隔热层的屋盖、楼盖	48	60
	无保温层或隔热层的屋盖	40	50
装配式有檩体系钢筋混凝土结构	有保温层或隔热层的屋盖	60	75
	无保温层或隔热层的屋盖	48	60
瓦材屋盖、木屋盖或楼盖、砖石屋盖或楼盖		75	100

注：1 当有实践经验并采取有效措施时，可适当放宽；

2 温差较大且变化频繁地区和严寒地区不采暖的房屋及构筑物墙体的伸缩缝的最大间距，应按表中数值予以适当减小。

5.9.2 小砌块房屋顶层墙体可根据情况采取下列措施：

1 采用装配式有檩体系钢筋混凝土屋盖和瓦材屋盖。

2 屋面应设置保温、隔热层。屋面保温（隔热）层的屋面刚性面层及砂浆找平层应设置分格缝，分格缝间距不宜大于 6m，并应与女儿墙隔开，其缝宽不应小于 30mm。

3 当钢筋混凝土屋面板与墙体圈梁的接触面处设置水平滑动层时，滑动层可采用两层油毡夹滑石粉或橡胶片等；对长纵墙可仅在其两端的 2～3 个开间内设置，对横墙可只在横墙两端1/4长度范围内设置。

4 现浇钢筋混凝土屋盖当房屋较长时，宜在屋盖设置分格缝。

5 当顶层屋面板下设置现浇钢筋混凝土圈梁并沿内外墙拉通时，圈梁高度不宜小于 190mm，纵向钢筋不应少于 4ϕ12。

6 顶层挑梁末端下墙体灰缝内设置 3 道焊接钢筋网片（纵向钢筋不宜少于 2ϕ4，横筋间距不宜大于 200mm），钢筋网片应自挑梁末端伸入两边墙体不小于 1m（图 5.9.2）。

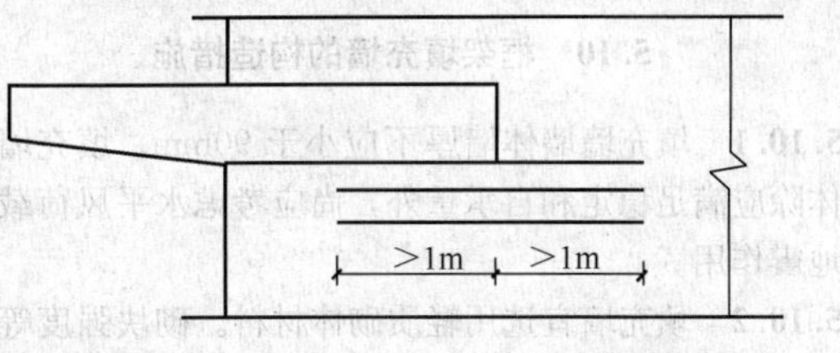

图 5.9.2 顶层挑梁末端钢筋网片

7 顶层墙体门窗洞口过梁上砌体每皮水平灰缝内设置 2ϕ4 焊接钢筋网片，并应伸入过梁两端墙内不小于 600mm。

8 女儿墙应设置钢筋混凝土芯柱或构造柱，构造柱间距不宜大于 4m（或每开间设置），插筋芯柱间距不宜大于 1.6m，构造柱或芯柱插筋应伸至女儿墙顶，并与现浇钢筋混凝土压顶整浇在一起。

9 加强顶层芯柱（或构造柱）与墙体的拉结，拉结钢筋网片的竖向间距不宜大于 400mm，伸入墙体长度不宜小于 1000mm。

10 房屋山墙可采取设置水平钢筋网片或在山墙中增设钢筋混凝土芯柱或构造柱。在山墙内设置水平钢筋网片时，其间距不宜大于 400mm；在山墙内增设钢筋混凝土芯柱或构造柱时，其间距不宜大于 3m。

5.9.3 防止或减轻房屋底层墙体裂缝，可根据情况采取下列措施：

1 增大基础圈梁刚度；

2 基础部分砌块墙体在砌块孔洞中用Cb20 混凝土灌实；

3 底层窗台下墙体设置通长钢筋网片 2ϕ4 及横筋 ϕ4@200，竖向间距不大于 400mm；

4 底层窗台采用现浇钢筋混凝土窗台板，窗台板伸入窗间墙内不小于 600mm。

5.9.4 防止房屋顶层外纵墙两端和底层第一、第二开间门窗洞处的裂缝，可采取下列措施：

1 在门窗洞口两侧不少于一个孔洞中设置不小于 1ϕ12 钢筋，钢筋应在楼层圈梁或基础内锚固，并采用不低于 C20 灌孔混凝土灌实；

2 在门窗洞口两边的墙体水平灰缝中，设置长度不小于 900mm、竖向间距为 400mm 的 2ϕ4 焊接钢筋网片；

3 在顶层设置通长钢筋混凝土窗台梁时，窗台梁的高度宜为块高的模数，纵筋不少于 4ϕ10，箍筋宜为 ϕ6@200，混凝土强度等级宜为 C20。

5.9.5 防止房屋顶层和次顶层第一开间内纵墙上裂缝，可在墙中设置钢筋混凝土芯柱，芯柱间距不大于 1.2m。

5.9.6 防止房屋顶层横墙上的裂缝，可在连接外纵墙的横墙端部设置钢筋混凝土芯柱。顶层楼梯间横墙可按 1.6m 间距设置钢筋混凝土芯柱。

5.9.7 砌块房屋的顶层可在窗台下或窗台角处墙体内设置竖向控制缝，缝的间距宜为 8m～12m。在墙体高度或厚度突然变化处也宜设置竖向控制缝，或采取其他可靠的防裂措施。竖向控制缝的构造和嵌缝材料应能满足墙体平面外传力和防护的要求。

5.10 框架填充墙的构造措施

5.10.1 填充墙墙体墙厚不应小于 90mm。填充墙墙体除应满足稳定和自承重外，尚应考虑水平风荷载及地震作用。

5.10.2 填充墙宜选用轻质砌体材料。砌块强度等级不宜低于 MU3.5。

5.10.3 根据房屋的高度、建筑体形、结构的层间变形、地震作用、墙体自身抗侧力的利用等因素，选择采用填充墙与框架柱、梁不脱开方法或填充墙与框架柱、梁脱开方法。

5.10.4 填充墙与框架柱、梁脱开的方法宜符合下列要求：

1 填充墙两端与框架柱、填充墙顶面与框架梁之间留出 20mm 的间隙。

2 填充墙两端与框架柱之间宜用钢筋拉结。

3 填充墙长度超过 5m 或墙长大于 2 倍层高时，中间应加设构造柱；墙体高厚比大于本规程第 5.7.1 条规定或墙高度超过 4m 时宜在墙高中部设置与柱连通的水平系梁。水平系梁的截面高度不小于 60mm。填充墙高不宜大于 6m。

4 填充墙与框架柱、梁的缝隙可采用聚苯乙烯泡沫塑料板条或聚氨酯发泡充填，并用硅酮胶或其他弹性密封材料封缝。

5.10.5 填充墙与框架柱、梁不脱开的方法宜符合下列要求：

1 墙厚不大于 240mm 时，宜沿柱高每隔 400mm 配置 2 根直径 6mm 的拉结钢筋；墙厚大于 240mm 时，宜沿柱高每隔 400mm 配置 3 根直径 6mm 的拉结钢筋。钢筋伸入填充墙长度不宜小于 700mm，且拉结钢筋应错开截断，相距不宜小于 200mm。填充墙墙顶应与框架梁紧密结合。顶面与上部结构接触处宜用一皮混凝土砖或混凝土配砖斜砌楔紧。

2 当填充墙有洞口时，宜在窗洞口的上端或下端、门洞口的上端设置钢筋混凝土带，钢筋混凝土带应与过梁的混凝土同时浇筑，其过梁的断面及配筋由设计确定。钢筋混凝土带的混凝土强度等级不宜小于 C20。当有洞口的填充墙尽端至门窗洞口边距离小于 240mm 时，宜采用钢筋混凝土门窗框。

3 填充墙长度超过 5m 或墙长大于 2 倍层高时，墙顶与梁宜有拉结措施，中间应加设构造柱；墙高度超过 4m 时宜在墙高中部设置与柱连接的水平系梁；墙高超过 6m 时，宜沿墙高每 2m 设置与柱连接的水平系梁，梁的截面高度不小于 60mm。

5.11 夹心复合墙的构造规定

5.11.1 夹心复合墙应符合下列要求：

1 混凝土小砌块的强度等级不应低于 MU10；

2 夹心复合墙的夹层厚度不宜大于 100mm；

3 夹心复合墙的有效厚度可取内、外叶墙（层）厚度的算数平方根（$h_l = \sqrt{h_1^2 + h_2^2}$）；

4 夹心复合墙的有效面积应取承重或主叶墙的面积；

5 夹心复合墙外叶墙的最大横向支承间距不宜大于 9m。

5.11.2 夹心复合墙叶墙间的连接应符合下列要求：

1 叶墙间的拉结件或钢筋网片应进行防腐处理，当采用热镀锌时，其镀层厚度不应小于 290g/m^2，或采用具有等效防腐性能的其他材料涂层；

2 当采用环形拉结件时，钢筋直径不应小于 4mm，当为 Z 形拉结件时，钢筋直径不应小于 6mm；拉结件应沿竖向梅花形布置，拉结件的水平和竖向最大间距分别不宜大于 800mm 和 600mm；对有振动或有抗震设防要求时，其水平和竖向最大间距分别不宜大于 800mm 和 400mm；

3 当采用可调拉结件时，钢筋直径不应小于 4mm，拉结件的水平和竖向最大间距均不宜大于 400mm。叶墙间灰缝的高差不大于 3.2mm，可调拉结件中孔眼和扣钉间的公差不大于 1.6mm；

4 当采用钢筋网片作拉结件时，网片横向钢筋的直径不应小于 4mm；其间距不应大于 400mm；网片的竖向间距不宜大于 600mm；对有振动或有抗震设防要求时，不宜大于 400mm；

5 拉结件在叶墙上的搁置长度，不应小于叶墙厚度的 2/3，并不应小于 60mm；

6 门窗洞口周边 300mm 范围内应附加间距不大于 600mm 的拉结件。

注：对安全等级为一级或使用年限大于 50 年的房屋，夹心墙叶墙间宜采用不锈钢拉结件。

5.11.3 夹心复合墙拉结件或网片的选择应符合下列要求：

1 非抗震设防地区的多层房屋，或风荷载较小地区的高层的夹心复合墙可采用环形或 Z 形拉结件；风荷载较大地区的高层建筑房屋宜采用焊接钢筋网片。

2 抗震设防地区的砌体房屋（含高层建筑房屋）夹心复合墙应采用焊接钢筋网作为拉结件，焊接网应沿夹心复合墙连续通长设置，外叶墙至少有一根纵向钢筋。钢筋网片可计入内叶墙的配筋率，其搭接与锚固长度应符合有关规范的规定。

5.12 圈梁、过梁、芯柱和构造柱

5.12.1 钢筋混凝土圈梁应按下列要求设置：

1 多层房屋或比较空旷的单层房屋，应在基础部位设置一道现浇圈梁；当房屋建筑在软弱地基或不均匀地基上时，圈梁刚度应适当加强。

2 比较空旷的单层房屋，当檐口高度为 4m～5m 时，应设置一道圈梁；当檐口高度大于 5m 时，

宜增设。

3 多层民用砌块房屋，层数为3层～4层时，应在底层和檐口标高处各设置一道圈梁。当层数超过4层时，应在所有纵、横墙上层层设置。

4 采用现浇混凝土楼（屋）盖的多层砌块结构房屋，当层数超过5层时，除在檐口标高处设置一道圈梁外，可隔层设置圈梁，并与楼（屋）面板一起现浇。未设置圈梁的楼面板嵌入墙内的长度不应小于100mm，并沿墙长配置不少于2ϕ10的纵向钢筋。

5 多层工业砌块房屋，应每层设置钢筋混凝土圈梁。

5.12.2 圈梁应符合下列构造要求：

1 圈梁宜连续地设在同一水平面上，并形成封闭状；当不能在同一水平面上闭合时，应增设附加圈梁，其搭接长度不应小于两倍圈梁间的垂直距离，且不应小于1m；

2 圈梁截面高度不应小于200mm，纵向钢筋不应少于4ϕ10，箍筋间距不应大于300mm，混凝土强度等级不应低于C20；

3 圈梁兼作过梁时，过梁部分的钢筋应按计算用量另行增配；

4 屋盖处圈梁应现浇，楼盖处圈梁可采用预制槽形底模整浇，槽形底模应采用不低于C20细石混凝土制作；

5 挑梁与圈梁相遇时，应整体现浇；当采用预制挑梁时，应采取措施，保证挑梁、圈梁和芯柱的整体连接。

5.12.3 门窗洞口顶部应采用钢筋混凝土过梁，验算过梁下砌体局部受压承载力时，可不考虑上层荷载的影响。

5.12.4 过梁上的荷载，可按下列规定采用：

1 对于梁、板荷载，当梁、板下的墙体高度小于过梁净跨时，可按梁、板传来的荷载采用。当梁、板下墙体高度不小于过梁净跨时，可不考虑梁、板荷载。

2 对于墙体荷载，当过梁上墙体高度小于1/2过梁净跨时，应按墙体的均布自重采用。当墙体高度不小于1/2过梁净跨时，应按高度为1/2过梁净跨墙体的均布自重采用。

5.12.5 墙体的下列部位应设置芯柱：

1 纵横墙交接处孔洞应设置混凝土芯柱。在外墙转角、楼梯间四角的纵横墙交接处的三个孔洞，宜设置钢筋混凝土芯柱；

2 五层及五层以上的房屋，应在上述部位设置钢筋混凝土芯柱。

5.12.6 芯柱应符合下列构造要求：

1 芯柱截面不宜小于120mm×120mm，宜采用不低于Cb20的灌孔混凝土灌实；

2 钢筋混凝土芯柱每孔内插竖筋不应小于1ϕ10，底部应伸入室内地坪下500mm或与基础圈梁锚固，顶部应与屋盖圈梁锚固；

3 芯柱应沿房屋全高贯通，并与各层圈梁整体现浇；

4 在钢筋混凝土芯柱处，沿墙高每隔400mm应设ϕ4钢筋网片拉结，每边伸入墙体不应小于600mm。

5.12.7 采用钢筋混凝土构造柱加强的砌块房屋，应在外墙四角、楼梯间四角的纵横墙交接处设置构造柱。在纵横墙交接处，沿竖向每隔400mm设置直径4mm焊接钢筋网片，埋入长度从墙的转角处伸入墙不应小于700mm。

5.12.8 砌块房屋的构造柱应符合下列要求：

1 构造柱最小截面宜为190mm×190mm，纵向钢筋宜采用4ϕ12，箍筋间距不宜大于250mm；

2 构造柱与砌块连接处宜砌成马牙槎，并应沿墙高每隔400mm设焊接钢筋网片（纵向钢筋不应少于2ϕ4，横筋间距不应大于200mm），伸入墙体不应小于600mm；

3 与圈梁连接处的构造柱的纵筋应穿过圈梁，构造柱纵筋上下应贯通。

6 配筋砌块砌体剪力墙静力设计

6.1 设计基本规定

6.1.1 配筋小砌块砌体剪力墙结构的内力与位移分析可采用弹性分析方法，应根据荷载效应的基本组合或偶然组合按承载能力极限状态设计，并满足正常使用状态的要求。

6.1.2 配筋小砌块砌体剪力墙平面外的轴向力偏心距e按内力设计值计算，并不应超过$0.7y$。

6.2 正截面受压承载力计算

6.2.1 配筋小砌块砌体剪力墙正截面承载力应按下列基本假定进行计算：

1 受力后的截面变形符合平截面假定；

2 钢筋与灌孔混凝土之间、灌孔混凝土与砌块之间无相对滑移；

3 砌体、灌孔混凝土的抗拉强度忽略不计；

4 灌孔小砌块砌体的极限压应变不大于0.003，钢筋的极限拉应变不大于0.01。

6.2.2 轴心受压配筋小砌块砌体剪力墙正截面受压承载力应按下列公式计算：

$$N \leqslant \varphi_{0g}(f_g A + 0.8 f'_y A'_s) \quad (6.2.2\text{-}1)$$

$$\varphi_{0g} = \frac{1}{1 + 0.001\beta^2} \quad (6.2.2\text{-}2)$$

式中：N——轴向力设计值（N）；

f_g——灌孔小砌块砌体的抗压强度设计值（MPa）；

f'_y——钢筋的抗压强度设计值（MPa）；

A——构件的毛截面面积（mm^2）；

A'_s——全部竖向钢筋的截面面积（mm^2）；

φ_{0g}——轴心受压构件的稳定系数；

β——构件的高厚比。

注：无箍筋或水平分布钢筋时，$f'_yA'_s=0$。

6.2.3 配筋小砌块砌体剪力墙构件的计算高度（H_0），房屋底层取楼板顶面到剪力墙下端基础或地下室顶面的距离，对房屋其他楼层取该层层高。

6.2.4 矩形截面偏心受压配筋小砌块砌体构件正截面承载力计算，应符合下列规定：

1 大小偏心受压界限：

当 $x\leqslant\xi_b h_0$ 时，为大偏心受压；

当 $x>\xi_b h_0$ 时，为小偏心受压。

式中：ξ_b——界限相对受压区高度，对 HPB300 级钢筋取 ξ_b 等于 0.56，对 HRB335 级钢筋取 ξ_b 等于 0.53，对 HRB400 或 RRB400 级钢筋取 ξ_b 等于 0.50；

x——截面受压区高度（mm）；

h_0——截面有效高度（mm）。

2 大偏心受压时应按下列公式计算（图 6.2.4）：

$$N\leqslant f_g bx+f'_yA'_s-f_yA_s-\Sigma f_{si}A_{si} \tag{6.2.4-1}$$

$$Ne_N\leqslant f_g bx(h_0-x/2)+f'_yA'_s(h_0-a'_s)-\Sigma f_{si}S_{si} \tag{6.2.4-2}$$

式中：N——轴向力设计值（N）；

f_g——灌孔砌体的抗压强度设计值（MPa）；

f_y，f'_y——竖向受拉、压主筋的强度设计值（MPa）；

b——截面宽度（mm）；

f_{si}——竖向分布钢筋的抗拉强度设计值（MPa）；

A_s，A'_s——竖向受拉、压主筋的截面面积（mm^2）；

A_{si}——单根竖向分布钢筋的截面面积（mm^2）；

S_{si}——第 i 根竖向分布钢筋对竖向受拉主筋的面积矩（mm^3）；

e_N——轴向力作用点到竖向受拉主筋合力点之间的距离（mm）；

a'_s——受压区纵向钢筋合力点至截面受压区边缘的距离，对 T 形、L 形、工形截面，当翼缘受压时取 100mm，其他情况取 300mm；

a_s——受拉区纵向钢筋合力点至截面受拉区边缘的距离，对 T 形、L 形、工形截面，当翼缘受压时取 300mm，其他情况取 100mm。

当受压区高度 $x<2a'_s$ 时，其正截面承载力可按下式进行计算：

$$Ne'_N\leqslant f_yA_s(h_0-a'_s) \tag{6.2.4-3}$$

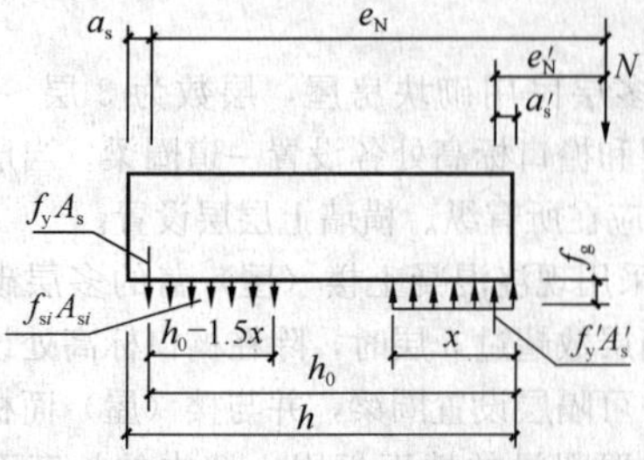

(a) 大偏心受压

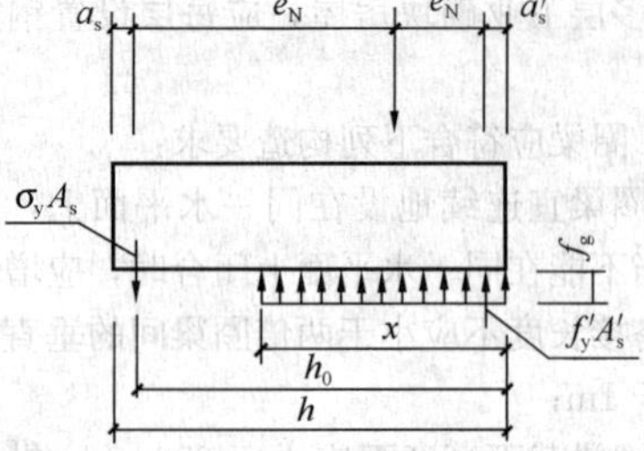

(b) 小偏心受压

图 6.2.4 矩形截面偏心受压正截面承载力计算简图

式中：e'_N——轴向力作用点至竖向受压主筋合力点之间的距离（mm）。

3 小偏心受压时，应按下列公式计算（图 6.2.4）：

$$N\leqslant f_g bx+f'_yA'_s-\sigma_sA_s \tag{6.2.4-4}$$

$$Ne_N\leqslant f_g bx(h_0-x/2)+f'_yA'_s(h_0-a'_s) \tag{6.2.4-5}$$

$$\sigma_s=\frac{f_y}{\xi_b-0.8}\left(\frac{x}{h_0}-0.8\right) \tag{6.2.4-6}$$

式中：σ_s——钢筋 A_s 的应力（MPa）。

注：当受压区竖向受压主筋无箍筋或无水平钢筋约束时，可不考虑竖向受压主筋的作用，取 $f'_yA'_s=0$。

矩形截面对称配筋小砌块砌体小偏心受压时，可近似按下列公式计算钢筋截面面积：

$$A_s=A'_s=\frac{Ne_N-\xi(1-0.5\xi)f_g bh_0^2}{f'_y(h_0-a'_s)} \tag{6.2.4-7}$$

其中相对受压区高度 ξ，可按下式计算：

$$\xi=\frac{x}{h_0}=\frac{N-\xi_b f_g bh_0}{\dfrac{Ne_N-0.43f_g bh_0^2}{(0.8-\xi_b)(h_0-a'_s)}+f_g bh_0}+\xi_b \tag{6.2.4-8}$$

注：小偏心受压计算中不考虑竖向分布钢筋的作用。

6.2.5 T 形、L 形、工形截面偏心受压构件，当翼缘和腹板的相交处采用错缝搭接砌筑和同时设置垂直间距不大于 1.2m 的水平配筋带，且水平配筋带的截面高度≥60mm，钢筋不少于 2ϕ12 时，可考虑翼缘的共同工作，翼缘的计算宽度取表 6.2.5 中的最小值，其正截面受压承载力应按下列规定计算：

1 当受压区高度 $x \leqslant h'_f$ 时，应按宽度为 b'_f 的矩形截面计算；

2 当受压区高度 $x > h'_f$ 时，则应考虑腹板的受压作用，应按下列公式计算：

1） 大偏心受压（图 6.2.5）

$$N \leqslant f_g[bx + (b'_f - b)h'_f] + f'_y A'_s - f_y A_s - \Sigma f_{si} A_{si} \tag{6.2.5-1}$$

$$Ne_N \leqslant f_g[bx(h_0 - x/2) + (b'_f - b)h'_f(h_0 - h'_f/2)] + f'_y A'_s(h_0 - a'_s) - \Sigma f_{si} S_{si} \tag{6.2.5-2}$$

式中：b'_f——T形、L形、工形截面受压区的翼缘计算宽度（mm）；

h'_f——T形、L形、工形截面受压区的翼缘厚度（mm）。

2） 小偏心受压

$$N \leqslant f_g[bx + (b'_f - b)h'_f] + f'_y A'_s - \sigma_s A_s \tag{6.2.5-3}$$

$$Ne_N \leqslant f_g[bx(h_0 - x/2) + (b'_f - b)h'_f(h_0 - h'_f/2)] + f'_y A'_s(h_0 - a'_s) \tag{6.2.5-4}$$

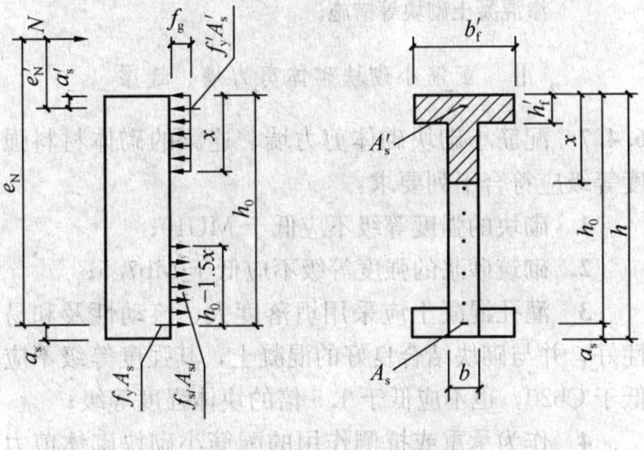

图 6.2.5 T形截面偏心受压构件正截面承载力计算简图

表 6.2.5 T形、L形、工形截面偏心受压构件翼缘计算宽度 b'_f

考虑情况	T形、工形截面	L形截面
按构件计算高度 H_0 考虑	$H_0/3$	$H_0/6$
按腹板间距 L 考虑	L	$L/2$
按翼缘厚度 h'_f 考虑	$b+6h'_f$	$b+3h'_f$
按翼缘的实际宽度 b'_f 考虑	b'_f	b'_f

注：表中 b 为腹板宽度，构件的计算高度 H_0 可按本规程第 6.2.3 条的规定取用。

6.2.6 矩形截面出平面偏心受压配筋小砌块砌体剪力墙承载力计算，应按下列公式计算：

$$N \leqslant \varphi_g(f_g A + 0.8 f'_y A'_s) \tag{6.2.6-1}$$

$$\varphi_g = \frac{1}{1 + 2.5 \times \left[\frac{e}{b} + \sqrt{\frac{1}{2.5} \times \left(\frac{1}{\varphi_{0g}} - 1\right)}\right]^2} \tag{6.2.6-2}$$

式中：φ_g——出平面偏心受压构件承载力影响系数；

e——出平面偏心力作用点至墙片受压端边缘的距离（mm）；

A——剪力墙受压面积（mm^2），$A = b \times h$；

b——配筋小砌块砌体剪力墙厚度（mm）；

h——配筋小砌块砌体剪力墙计算长度（mm），沿墙均布偏心荷载作用时取墙的长度，楼面梁与剪力墙墙肢在墙肢平面外方向连接时，h 取梁两边各 200mm 再加梁宽；

φ_{0g}——轴心受压构件的稳定系数。

6.3 斜截面受剪承载力计算

6.3.1 偏心受压和偏心受拉配筋小砌块砌体剪力墙，其斜截面受剪承载力应根据下列情况进行计算：

1 剪力墙的截面应满足下列要求：

$$V \leqslant 0.25 f_g b h_0 \tag{6.3.1-1}$$

式中：V——剪力墙的剪力设计值（N）；

b——剪力墙截面宽度或T形、倒L形截面腹板宽度（mm）；

h_0——剪力墙截面的有效高度（mm）。

2 剪力墙在偏心受压时的斜截面受剪承载力应按下列公式计算：

$$V \leqslant \frac{1}{\lambda - 0.5}\left(0.6 f_{gv} b h_0 + 0.12 N \frac{A_w}{A}\right) + 0.9 f_{yh} \frac{A_{sh}}{S} h_0 \tag{6.3.1-2}$$

$$\lambda = M / V h_0 \tag{6.3.1-3}$$

式中：f_{gv}——灌孔小砌块砌体抗剪强度设计值（MPa）；

M、N、V——计算截面的弯矩（N·mm）、轴向力（N）和剪力设计值（N），其中 V 不大于 $0.25 f_g b h_0$；

A——剪力墙的截面面积（mm^2），其中翼缘的有效面积，可按本规程表 6.2.5 确定；

A_w——T形或倒L形截面腹板的截面面积（mm^2），对矩形截面取 A_W 等于 A；

λ——计算截面的剪跨比，当 λ 小于 1.5 时取 1.5，当 λ 大于等于 2.2 时取 2.2；

h_0——剪力墙截面的有效高度（mm）；

A_{sh}——配置在同一截面内的水平分布钢筋的全部截面面积（mm^2）；

S——水平分布钢筋的竖向间距（mm）；

f_{yh}——水平钢筋的抗拉强度设计值（MPa）。

3 剪力墙在偏心受拉时的斜截面受剪承载力应按下式计算：

$$V \leqslant \frac{1}{\lambda - 0.5}\left(0.6 f_{gv} b h_0 - 0.22 N \frac{A_w}{A}\right) + 0.9 f_{yh} \frac{A_{sh}}{S} h_0 \tag{6.3.1-4}$$

6.3.2 配筋小砌块砌体剪力墙跨高比大于 2.5 的

连梁宜采用钢筋混凝土连梁，其截面组合的剪力设计值和斜截面承载力，应符合现行国家标准《混凝土结构设计规范》GB 50010 对连梁的有关规定。

6.3.3 剪力墙采用配筋小砌块砌体连梁时应符合下列要求：

1 连梁的截面应满足下式的要求：

$$V \leqslant 0.25 f_g b h_0 \quad (6.3.3\text{-}1)$$

2 连梁的斜截面受剪承载力应按下式计算：

$$V \leqslant 0.8 f_{gv} b h_0 + f_{yv} \frac{A_{sh}}{S} h_0 \quad (6.3.3\text{-}2)$$

式中：A_{sh}——配置在同一截面内的箍筋各肢的全部截面面积（mm^2）；

f_{yv}——箍筋的抗拉强度设计值（MPa）。

6.4 构造措施

Ⅰ 钢 筋

6.4.1 钢筋的规格应符合下列要求：

1 钢筋的直径不宜大于 25mm，设置在灰缝中的箍筋不应小于 6mm，在其他部位不应小于 10mm；

2 配置在孔洞或空腔中的钢筋面积不应大于孔洞或空腔面积的 5%。

6.4.2 钢筋的设置应符合下列规定：

1 设置在灰缝中钢筋的直径不宜大于灰缝厚度的 1/2；

2 两平行的水平钢筋间的净距不应小于 50mm；两平行的水平钢筋间应设不小于 ϕ4 拉结筋，水平间距不应大于 600mm。

6.4.3 灌孔混凝土中竖向钢筋的锚固应符合下列要求：

1 当计算中充分利用竖向受拉钢筋强度时，其锚固长度 L_a，对 HPB300 级和 HRB335 级钢筋不应小于 $30d$；对 HRB400 和 RRB400 级钢筋不应小于 $35d$；在任何情况下钢筋的锚固长度不应小于 300mm；

2 当计算中充分利用竖向受压钢筋强度时，其锚固长度不应小于 $0.7L_a$；

3 受力光面钢筋，应在钢筋末端作弯钩，在轴心受压构件中，可不作弯钩；绑扎骨架中的受力变形钢筋，在钢筋的末端可不作弯钩。

6.4.4 配筋小砌块砌体墙内竖向钢筋的接头应符合下列要求：

钢筋的直径大于 22mm 时宜采用机械连接接头，接头的质量应符合有关标准的规定；其他直径的钢筋可采用搭接接头，并应符合下列要求：

1 钢筋的接头位置宜设置在受力较小处。

2 受拉钢筋的搭接接头长度不应小于 $1.1L_a$，受压钢筋的搭接接头长度不应小于 $0.8L_a$，且均不应小于 300mm。

3 当相邻接头钢筋的间距不大于 75mm 时，其搭接长度不应小于 $1.2L_a$。当钢筋间接头错开 $20d$ 时，搭接长度可不增加。

6.4.5 设置在凹槽砌块混凝土带中的水平分布钢筋可弯入端部灌孔混凝土中，锚固长度不宜小于 $30d$，且其水平或垂直弯折段的长度不应小于 $20d$ 和 200mm；钢筋的搭接长度不宜小于 $35d$。

6.4.6 钢筋的最小保护层厚度应符合下列要求：

1 灰缝中钢筋砂浆保护层，室内正常环境不应小于 15mm，在室外或潮湿环境不应小于 30mm；

2 位于砌块孔槽中的钢筋保护层，在室内正常环境不宜小于 20mm；在室外或潮湿环境不宜小于 30mm。

注：对安全等级为一级或设计使用年限大于 50 年的配筋砌体结构构件，钢筋的保护层应比本条规定的厚度至少增加 5mm，或采用经防腐处理的钢筋、抗渗混凝土砌块等措施。

Ⅱ 配筋小砌块砌体剪力墙、连梁

6.4.7 配筋小砌块砌体剪力墙、连梁的砌体材料强度等级应符合下列要求：

1 砌块的强度等级不应低于 MU10；

2 砌筑砂浆的强度等级不应低于 Mb7.5；

3 灌孔混凝土应采用坍落度大、流动性及和易性好，并与砌块结合良好的混凝土，其强度等级不应低于 Cb20，也不应低于 1.5 倍的块体强度等级；

4 作为承重或抗侧作用的配筋小砌块砌体剪力墙的孔洞，应全部用灌孔混凝土灌实。

注：对安全等级为一级或设计使用年限大于 50 年的配筋小砌块砌体房屋，所用材料的最低强度等级应至少提高一级。

6.4.8 配筋小砌块砌体剪力墙厚度为 190mm，连梁截面宽度不应小于 190mm。

6.4.9 配筋小砌块砌体剪力墙的构造配筋应符合下列要求：

1 应在墙的转角、端部和洞口的两侧配置竖向连续的钢筋，钢筋直径不宜小于 12mm；

2 应在洞口的底部和顶部设置不小于 2ϕ10 的水平钢筋，其伸入墙内的长度不宜小于 $40d$ 和 600mm；

3 应在楼（屋）盖的所有纵横墙处设置现浇钢筋混凝土圈梁，圈梁的宽度宜等于墙厚且其高度应符合立面排块的模数，圈梁主筋不应少于 4ϕ10 且不应小于相应配筋砌体墙的水平钢筋，圈梁的混凝土强度等级不应小于相应灌孔小砌块砌体的强度，也不应低于 C20；

4 剪力墙其他部位的竖向和水平钢筋的间距不应大于墙长及墙高的 1/3，也不应大于 800mm；

5 剪力墙沿竖向和水平方向的构造钢筋配筋率

均不应小于0.07%。

6.4.10 按短肢墙设计的配筋砌块窗间墙除应符合本规程第6.4.8条和第6.4.9条规定外，尚应符合下列要求：

1 窗间墙的截面应符合下列要求：

1) 墙宽不应小于800mm；

2) 墙净高与墙宽之比不宜大于5。

2 窗间墙中的竖向钢筋应符合下列要求：

1) 每片窗间墙中沿全高不应少于4根钢筋；

2) 窗间墙的竖向钢筋的配筋率不宜小于0.2%，也不宜大于0.8%。

3 窗间墙中的水平分布钢筋应符合下列要求：

1) 水平分布钢筋应在墙端部纵筋处向下弯折90°，弯折段长度不小于15d和150mm；

2) 水平分布钢筋的间距：在距梁边1倍墙宽范围内不应大于1/4墙长，其余部位不应大于1/2墙长；

3) 水平分布钢筋的配筋率不宜小于0.15%。

6.4.11 配筋小砌块砌体剪力墙应按下列情况设置边缘构件：

1 当利用剪力墙端的砌体时，应符合下列要求：

1) 应在一字形墙端至少3倍墙厚范围内的孔中设置不小于ϕ12通长竖向钢筋；

2) 应在墙体交接处设置每孔不小于ϕ12的通长竖向钢筋，L形宜设置3个孔，T形宜设置4个孔，十字形宜设置5个孔；

3) 剪力墙端部压应力大于0.6f_g的部位，除按本款第一项的规定设置竖向钢筋外，尚应设置间距不大于200mm、直径不小于6mm的封闭箍筋，该封闭箍筋宜设置在灌孔混凝土中。

2 当在剪力墙墙端设置混凝土柱时，应符合下列要求：

1) 柱的截面宽度不应小于墙厚，柱的截面高度宜为1倍～2倍的墙厚，并不应小于200mm；

2) 柱混凝土的强度等级不应小于相应灌孔小砌块砌体的强度，也不应低于C20；

3) 柱的竖向钢筋不宜小于4ϕ12，箍筋不宜小于ϕ6、间距不宜大于200mm；

4) 墙体中的水平钢筋应在柱中锚固，并应满足钢筋的锚固要求；

5) 柱的施工顺序应为先砌砌块墙体，将与混凝土柱交界面所有砌块的堵头凿除后，同时浇捣灌孔混凝土。

6.4.12 应控制配筋小砌块砌体剪力墙平面外的弯矩，当剪力墙肢的平面外方向梁的偏心距大于本规程第6.1.2条规定时，应采取下列措施之一：

1 沿梁轴线方向设置与梁相连的配筋小砌块砌体剪力墙，抵抗该墙肢平面外弯矩；

2 当不能设置时，可将梁端与墙连接作为铰接处理，并采取相应梁与墙铰接的构造措施；

3 梁高不宜大于墙截面厚度的2倍。

6.4.13 配筋小砌块砌体剪力墙中当连梁采用钢筋混凝土时，连梁混凝土的强度等级不应小于相应灌孔小砌块砌体的强度，也不应低于C20；其他构造尚应符合现行国家标准《混凝土结构设计规范》GB 50010的有关规定要求。

6.4.14 配筋小砌块砌体剪力墙中当连梁采用配筋小砌块砌体时，连梁应符合下列要求：

1 连梁的截面应符合下列要求：

1) 连梁的高度不应小于两皮砌块的高度和400mm；

2) 连梁应采用H型砌块或凹槽砌块组砌，孔洞应全部浇灌混凝土。

2 连梁的水平钢筋宜符合下列要求：

1) 连梁上、下水平受力钢筋宜对称、通长设置，在灌孔砌体内的锚固长度不宜小于40d和600mm；

2) 连梁水平受力钢筋的配筋率不宜小于0.2%，也不宜大于0.8%。

3 连梁的箍筋应符合下列要求：

1) 箍筋的直径不应小于6mm；

2) 箍筋的间距不宜大于1/2梁高和600mm；

3) 在距支座等于梁高范围内的箍筋间距不应大于1/4梁高，距支座表面第一根箍筋的间距不应大于100mm；

4) 箍筋的面积配筋率不宜小于0.15%；

5) 箍筋宜为封闭式，双肢箍末端弯钩为135°；单肢箍末端的弯钩为180°，或弯90°加12倍箍筋直径的延长段。

6.4.15 部分框支配筋小砌块砌体剪力墙结构中框支层上一层及以下的配筋小砌块砌体墙的水平及竖向分布钢筋最小配筋率均不应小于0.10%，最大间距均不应大于600mm。

7 抗震设计

7.1 一般规定

7.1.1 抗震设防地区的混凝土小砌块砌体承重的多层房屋，底部一层或两层框架-抗震墙砌体房屋，配筋小砌块砌体抗震墙房屋，除应满足静力设计要求外，尚应按本章的规定进行抗震设计，同时应符合现行国家标准《建筑抗震设计规范》GB 50011的要求。

注：本章中"配筋小砌块砌体抗震墙"指全部灌芯配筋砌块砌体。

7.1.2 多层小砌块砌体房屋的抗震设计，应保证结构的整体性，并按规定设置钢筋混凝土圈梁、芯柱或构造柱，或采用约束砌体、配筋砌体等。

7.1.3 多层小砌块砌体房屋和配筋小砌块砌体抗震墙房屋宜避免采用不规则建筑结构方案。

1 多层小砌块砌体房屋的建筑布置和结构体系宜符合国家标准《建筑抗震设计规范》GB 50011－2010 中 7.1 节的要求，并应符合下列要求：

1） 应优先采用横墙承重或纵横墙共同承重的结构体系；

2） 楼梯间不宜设置在房屋的尽端和转角处；

3） 多层小砌块砌体房屋，不应在房屋转角处设置转角窗；

4） 横墙较少、跨度较大或高度较大的房屋，宜采用现浇钢筋混凝土楼、屋盖；

5） 烟道、风道等不应削弱墙体，不宜采用无竖向配筋的附墙烟囱及出屋面的烟囱；

6） 不应采用无锚固的钢筋混凝土预制挑檐。

2 配筋小砌块砌体抗震墙房屋应符合国家标准《建筑抗震设计规范》GB 50011－2010 中 3.4 节的规则性要求，并符合下列要求：

1） 纵横向抗震墙宜拉通对直；每个独立墙段长度不宜大于 8m，也不宜小于墙厚的 5 倍；墙段的高度与墙段长度之比不宜小于 2。门窗洞口宜上下对齐，成列布置。

2） 宜避免设置转角窗，否则应采取加强措施。

7.1.4 抗震设计时，房屋应根据不规则程度、地基基础条件和技术经济等因素的比较分析，确定是否设置防震缝。

1 多层小砌块砌体房屋有下列情况之一时宜设置防震缝，缝两侧均应设置墙体，缝宽应根据烈度和房屋高度确定，可采用 70mm～100mm：

1） 房屋立面高差在 6m 以上；

2） 房屋有错层，且楼板高差大于层高的 1/4；

3） 各部分结构刚度、质量截然不同。

2 配筋小砌块砌体抗震墙房屋，体形复杂、平立面不规则时宜设防震缝。防震缝宽度应根据烈度和房屋高度确定，当房屋高度不超过 24m 时，可采用 100mm；当超过 24m 时，6 度、7 度、8 度和 9 度相应每增加 6m、5m、4m 和 3m，宜加宽 20mm。

7.1.5 抗震设计时结构材料性能指标，应符合下列要求：

1 混凝土小砌块的强度等级不应低于 MU7.5，其砌筑砂浆强度等级不应低于 Mb7.5。配筋小砌块砌体抗震墙，混凝土小砌块的强度等级不应低于 MU10，其砌筑砂浆强度等级不应低于 Mb10。

2 混凝土材料，应符合下列要求：

1） 托梁，底部框架-抗震墙砌体房屋中的框架梁、柱、节点核芯区、落地混凝土墙和过渡层楼板，部分框支配筋小砌块砌体抗震墙结构中的框支梁和框支柱等转换构件、节点核芯区、落地混凝土墙和转换层楼板，其混凝土的强度等级不应低于 C30；

2） 构造柱、圈梁、水平现浇钢筋混凝土带及其他各类构件不应低于 C20，砌块砌体芯柱和配筋小砌块砌体抗震墙的灌孔混凝土强度等级不应低于 Cb20。

3 普通钢筋材料应符合抗震性能指标，宜优先采用延性、韧性和焊接性较好的钢筋，并宜符合下列规定：

1） 砌体中普通钢筋宜选用 HRB400 级钢筋和 HRB335 级钢筋，也可采用 HPB300 级钢筋；

2） 托梁、框架梁、框架柱、落地混凝土墙和框支梁、框支柱等混凝土构件，其纵向受力普通钢筋和墙分布钢筋宜选用不低于 HRB400 的热轧钢筋，也可采用 HRB335 级热轧钢筋；箍筋宜选用不低于 HRB335 级的热轧钢筋，也可选用 HPB300 级热轧钢筋。

Ⅰ 多层小砌块砌体结构

7.1.6 多层小砌块砌体房屋的层数和总高度应符合下列要求：

1 一般情况下，房屋的层数和总高度不应超过表 7.1.6 的规定。

表 7.1.6 房屋的层数和总高度限值

房屋类别	最小抗震墙厚度（mm）	烈度和设计基本地震加速度											
		6度		7度				8度				9度	
		0.05g		0.10g		0.15g		0.20g		0.30g		0.40g	
		高度（m）	层数	高度（m）	层数	高度（m）	层数	高度（m）	层数	高度（m）	层数	高度（m）	层数
多层混凝土小砌块砌体房屋	190	21	7	21	7	18	6	18	6	15	5	9	3
底部框架-抗震墙混凝土小砌块砌体房屋	190	22	7	22	7	19	6	16	5	—	—	—	—

注：1 房屋的总高度指室外地面到主要屋面板板顶或檐口的高度，半地下室从地下室内地面算起，全地下室和嵌固条件好的半地下室应允许从室外地面算起；对带阁楼的坡屋面应算到山尖墙的 1/2 高度处；

2 室内外高差大于 0.6m 时，房屋总高度应允许比表中的数据适当增加，但增加量应少于 1.0m；

3 乙类的多层砌体房屋仍按本地区设防烈度查表，其层数应减少一层且总高度应降低 3m；不应采用底部框架-抗震墙砌体房屋；

4 本表小砌块砌体房屋不包括配筋小砌块砌体抗震墙房屋。

2　各层横墙较少的多层砌体房屋，总高度应比表7.1.6的规定降低3m，层数相应减少一层；各层横墙很少的多层砌体房屋，还应再减少一层。

注：横墙较少是指同一楼层内开间大于4.2m的房间占该层总面积的40%以上；其中，开间不大于4.2m的房间占该层总面积不到20%且开间大于4.8m的房间占该层总面积的50%以上为横墙很少。

3　6、7度时，横墙较少的丙类多层砌体房屋，当按第7.3.14条规定采取加强措施并满足抗震承载力要求时，其高度和层数应允许仍按表7.1.6的规定采用。

7.1.7　多层小砌块砌体承重房屋的层高，不应超过3.6m。

底部框架-抗震墙砌体房屋的底部，层高不应超过4.5m；当底层采用约束小砌块砌体抗震墙时，底层的层高不应超过4.2m。

7.1.8　多层小砌块砌体房屋总高度与总宽度的最大比值，宜符合表7.1.8的要求。

表7.1.8　房屋最大高宽比

烈度	6度	7度	8度	9度
最大高宽比	2.5	2.5	2.0	1.5

注：1　单面走廊房屋的总宽度不包括走廊宽度；
2　建筑平面接近正方形时，其高宽比宜适当减小。

7.1.9　多层小砌块砌体房屋抗震横墙的间距，不应超过表7.1.9的要求：

表7.1.9　房屋抗震横墙的间距（m）

房屋类别		烈度 6度	7度	8度	9度
多层砌体房屋	现浇或装配整体式钢筋混凝土楼、屋盖	15	15	11	7
多层砌体房屋	装配式钢筋混凝土楼、屋盖	11	11	9	4
底部框架-抗震墙砌体房屋	上部各层	同多层砌体房屋			—
底部框架-抗震墙砌体房屋	底层或底部两层	18	15	11	—

注：多层砌体房屋的顶层，最大横墙间距应允许适当放宽，但应采取相应加强措施。

7.1.10　多层小砌块砌体房屋中砌体墙段的局部尺寸限值，宜符合表7.1.10的要求：

表7.1.10　房屋的局部尺寸限值（m）

部位	6度	7度	8度	9度
承重窗间墙最小宽度	1.0	1.0	1.2	1.5
承重外墙尽端至门窗洞边的最小距离	1.0	1.0	1.2	1.5
非承重外墙尽端至门窗洞边的最小距离	1.0	1.0	1.0	1.0
内墙阳角至门窗洞边的最小距离	1.0	1.0	1.5	2.0
无锚固女儿墙（非出入口处）的最大高度	0.5	0.5	0.5	0.0

注：1　局部尺寸不足时，应采取增加构造柱或芯柱及增大配筋等局部加强措施弥补，且最小宽度不宜小于1/4层高和表列数据的80%；
2　当表中部位采用全灌孔配筋小砌块或钢筋混凝土墙垛时，其局部尺寸不受本表限制；
3　出入口处的女儿墙应有锚固。

7.1.11　底部框架-抗震墙砌体房屋的结构布置和钢筋混凝土结构部分，应符合现行国家标准《建筑抗震设计规范》GB 50011的有关规定。底部混凝土框架的抗震等级，6、7、8度应分别按三、二、一级采用，混凝土墙体的抗震等级，6、7、8度应分别按三、三、二级采用。

Ⅱ　配筋小砌块砌体抗震墙结构

7.1.12　配筋小砌块砌体抗震墙房屋的最大高度应符合表7.1.12-1的规定，且房屋高宽比不宜超过表7.1.12-2的规定；对横墙较少或建造于Ⅳ类场地的房屋，适用的最大高度应适当降低。

表7.1.12-1　配筋小砌块砌体抗震墙房屋适用的最大高度（m）

结构类型	最小墙厚	烈度和设计基本地震加速度 6度 0.05g	7度 0.10g	7度 0.15g	8度 0.20g	8度 0.30g	9度 0.40g
配筋小砌块砌体抗震墙	190mm	60	55	45	40	30	24
配筋小砌块砌体部分框支抗震墙	190mm	55	49	40	31	24	—

注：1　房屋高度指室外地面至檐口的高度（不包括局部突出屋顶部分）；
2　某层或几层开间大于6.0m以上的房间建筑面积占相应层建筑面积40%以上时，应按表内的规定相应降6.0m取用；
3　房屋的高度超过表内高度时，应进行专门的研究和论证，采取有效的加强措施。

表7.1.12-2　配筋小砌块砌体抗震墙房屋的最大高宽比

烈度	6度	7度	8度	9度
最大高宽比	4.5	4.0	3.0	2.0

注：房屋的平面布置和竖向布置不规则时应适当减小最大高宽比的值。

7.1.13　配筋小砌块砌体抗震墙房屋应根据抗震设防分类、抗震设防烈度、房屋高度和结构类型采用不同的抗震等级，并应符合相应的计算和构造措施要求。

丙类建筑的抗震等级宜按表 7.1.13 确定。

表 7.1.13　抗震等级的划分

<table>
<tr><td rowspan="3" colspan="2">高度（m）
结构类型</td><td colspan="7">设防烈度</td></tr>
<tr><td colspan="2">6 度</td><td colspan="2">7 度</td><td colspan="2">8 度</td><td>9 度</td></tr>
<tr><td>≤24</td><td>>24</td><td>≤24</td><td>>24</td><td>≤24</td><td>>24</td><td>≤24</td></tr>
<tr><td colspan="2">配筋小砌块砌体抗震墙</td><td>四</td><td>三</td><td>三</td><td>二</td><td>二</td><td>一</td><td>一</td></tr>
<tr><td rowspan="3">部分框支配筋小砌块砌体抗震墙</td><td>非底部加强部位抗震墙</td><td>四</td><td>三</td><td>三</td><td>二</td><td>二</td><td rowspan="3">不应采用</td><td rowspan="3">不应采用</td></tr>
<tr><td>底部加强部位抗震墙</td><td>三</td><td>二</td><td>二</td><td>一</td><td>一</td></tr>
<tr><td>框支框架</td><td colspan="2">二</td><td>二</td><td>一</td><td>一</td></tr>
</table>

注：1　接近或等于高度分界时，可结合房屋不规则程度及场地、地基条件确定抗震等级；

2　多层房屋（总高度≤18m）可按表中抗震等级降低一级取用，已是四级时取四级；

3　部分框支抗震墙结构指首层或底部两层为框支层的结构，不包括仅个别框支墙的情况；

4　乙类建筑按表内提高一度所对应的抗震等级采取抗震措施，已是一级时取一级。

7.1.14　采用现浇钢筋混凝土楼、屋盖时，抗震横墙的最大间距，应符合表 7.1.14 的要求：

表 7.1.14　配筋小砌块砌体抗震横墙的最大间距

烈度	6 度	7 度	8 度	9 度
最大间距（m）	15	15	11	7

7.1.15　配筋小砌块砌体抗震墙房屋的层高应符合下列要求：

1　底部加强部位的层高，一、二级不宜大于 3.2m，三、四级不宜大于 3.9m；

2　其他部位的层高，一、二级不宜大于 3.9m，三、四级不宜大于 4.8m。

注：底部加强部位指不小于房屋高度的 1/6 且不小于底部二层的高度范围，房屋总高度小于 18m 时取一层。

7.1.16　配筋小砌块砌体抗震墙的短肢墙应符合下列要求：

1　不应采用全部为短肢墙的配筋小砌块砌体抗震墙结构，应形成短肢抗震墙与一般抗震墙共同抵抗水平地震作用的抗震墙结构，9 度时不宜采用短肢墙；

2　短肢墙的抗震等级应比本规程表 7.1.13 的规定提高一级采用；已为一级时，配筋应按 9 度的要求提高；

3　在给定的水平力作用下，一般抗震墙承受的地震倾覆力矩不应小于结构总倾覆力矩的 50%，且短肢抗震墙截面面积与同层抗震墙总截面面积比例，抗震等级为三级及以上房屋两个主轴方向均不宜大于 20%，抗震等级为四级的房屋，两个主轴方向均不宜大于 50%；总高度小于等于 18m 的多层房屋，短肢抗震墙截面面积与同层抗震墙总截面面积比例，一、二级时两个主轴方向均不宜大于 30%，三级时不宜大于 50%，四级时不宜大于 70%；

4　短肢墙宜设置翼墙；不应在一字形短肢墙平面外布置与之单侧相交的楼、屋面梁。

注：短肢抗震墙是指墙肢截面高度与宽度之比为 5～8 的抗震墙，一般抗震墙是指墙肢截面高度与厚度之比大于 8 的抗震墙。“L” 形，“T” 形，“+” 形等多肢墙截面的长短肢性质应由较长一肢确定。

7.1.17　配筋小砌块砌体抗震墙房屋抗震计算时，应按本节规定调整地震作用效应；6 度时可不作截面抗震验算（不规则建筑除外），但应按本规程的有关要求采取抗震构造措施。配筋小砌块砌体抗震墙房屋应进行多遇地震作用下的抗震变形验算，其楼层内最大的层间弹性位移角不宜超过 1/800，底层不宜超过 1/1200，部分框支配筋小砌块砌体抗震墙结构除底层之外的部分框支层不宜超过 1/1000。

7.1.18　部分框支配筋小砌块砌体抗震墙房屋的结构布置应符合下列要求：

1　上部的配筋小砌块砌体抗震墙的中心线宜与底部的抗震墙或框架的中心线相重合。

2　房屋的底部应沿纵横两个方向设置一定数量的抗震墙，并应均匀布置。底部抗震墙可采用配筋小砌块砌体抗震墙或钢筋混凝土抗震墙，但同一层内不应混用。如采用钢筋混凝土抗震墙，混凝土强度等级不宜大于 C35。

3　矩形平面的部分框支配筋小砌块砌体抗震墙房屋结构的楼层侧向刚度比和底层框架部分承担的地震倾覆力矩，应符合国家标准《建筑抗震设计规范》GB 50011－2010 第 6.1.9 条的有关要求。

4　抗震墙应采用条形基础、筏板基础、箱基或桩基等整体性能较好的基础。

5　除应符合本规程有关条文要求之外，部分框支配筋小砌块砌体抗震墙房屋的结构布置尚应符合国家现行标准《建筑抗震设计规范》GB 50011 和《高层建筑混凝土结构技术规程》JGJ 3 中的有关要求。

7.2　地震作用和结构抗震验算

7.2.1　计算地震作用时，建筑的重力荷载代表值应取结构和构件自重标准值和各可变荷载组合值之和。各可变荷载的组合值系数，应按表 7.2.1 采用。

表 7.2.1　组合值系数

<table>
<tr><td colspan="2">可变荷载种类</td><td>组合值系数</td></tr>
<tr><td colspan="2">雪荷载</td><td>0.5</td></tr>
<tr><td colspan="2">屋面积灰荷载</td><td>0.5</td></tr>
<tr><td colspan="2">屋面活荷载</td><td>不计入</td></tr>
<tr><td colspan="2">按实际情况计算的楼面活荷载</td><td>1.0</td></tr>
<tr><td rowspan="2">按等效均布荷载计算的楼面活荷载</td><td>藏书库、档案库</td><td>0.8</td></tr>
<tr><td>其他民用建筑</td><td>0.5</td></tr>
</table>

7.2.2 结构抗震计算应符合现行国家标准《建筑抗震设计规范》GB 50011 相关规定。配筋小砌块砌体抗震墙房屋宜采用振型分解反应谱法，多层小砌块砌体房屋可采用底部剪力法进行抗震计算。

7.2.3 多层小砌块砌体房屋采用底部剪力法计算时，各楼层可仅取一个自由度，结构的水平地震作用标准值应按下列公式确定（图 7.2.3）：

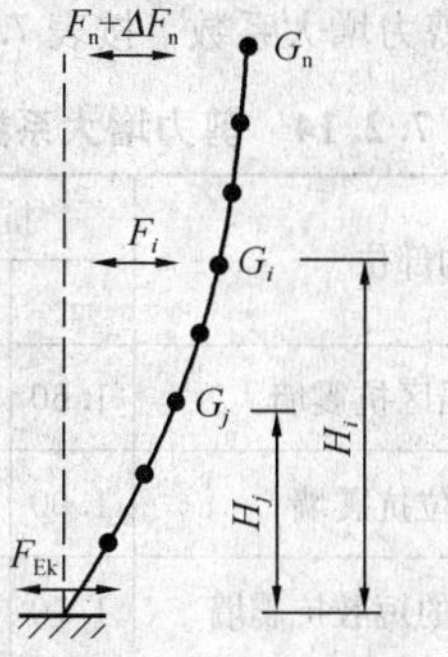

图 7.2.3 结构水平地震作用计算简图

$$F_{Ek} = \alpha_{max} G_{eq} \quad (7.2.3\text{-}1)$$

$$F_i = \frac{G_i H_i}{\sum_{j=1}^{n} G_j H_j} F_{Ek}(1-\delta_n) \quad (i=1,2\cdots n) \quad (7.2.3\text{-}2)$$

$$\Delta F_n = \delta_n F_{Ek} \quad (7.2.3\text{-}3)$$

式中：F_{Ek}——结构总水平地震作用标准值（N）；

α_{max}——水平地震影响系数最大值，应按表 7.2.3 采用；

G_{eq}——结构等效总重力荷载（N），单质点应取总重力荷载代表值，多质点可取总重力荷载代表值的 85%；

F_i——质点 i 的水平地震作用标准值（N）；

G_i，G_j——分别为集中于质点 i、j 的重力荷载代表值（N），应按本规程第 7.2.1 条确定；

H_i，H_j——分别为质点 i、j 的计算高度（mm）；

ΔF_n——顶部附加水平地震作用（N）；

δ_n——顶部附加地震作用系数，多层小砌块砌体房屋可采用 0.0。

表 7.2.3 水平地震影响系数最大值

烈 度	6度	7度	8度	9度
多遇地震 α_{max}	0.04	0.08（0.12）	0.16（0.24）	0.32

注：括号中数值分别用于设计基本地震加速度为 0.15g 和 0.30g 的地区。

7.2.4 采用底部剪力法时，突出屋面的屋顶间、女儿墙、烟囱等的地震作用效应，宜乘以增大系数 3，此增大部分不应往下传递，但与该突出部分相连的构件应予计入。采用振型分解反应谱法时，突出屋面部分可作为一个质点。

7.2.5 一般情况下，小砌块砌体房屋应至少在建筑结构的两个主轴方向分别计算水平地震作用并进行抗震验算，各方向的水平地震作用应由该方向抗侧力构件承担。

7.2.6 质量和刚度分布明显不对称的小砌块砌体房屋，应计入双向水平地震作用下的扭转影响。

Ⅰ 多层小砌块砌体结构

7.2.7 采用底部剪力法时，结构的楼层水平地震剪力设计值，应按下式计算：

$$V_i = 1.3 V_{hi} \quad (7.2.7)$$

式中：V_i——第 i 层水平地震剪力设计值（N）；

V_{hi}——第 i 层水平地震剪力标准值（N），由本规程第 7.2.3 条的水平地震作用标准值计算得到。

7.2.8 进行地震剪力分配和截面验算时，砌体墙段的层间等效侧向刚度应按下列原则确定：

1 刚度的计算应计及高宽比的影响。高宽比小于 1 时，可只计算剪切变形；高宽比不大于 4 且不小于 1 时，应同时计算弯曲和剪切变形；高宽比大于 4 时，等效侧向刚度可取 0；

注：墙段的高宽比指层高与墙长之比，对门窗洞边的小墙段指洞净高与洞侧墙宽之比。

2 墙段宜按门窗洞口划分；对设置构造柱的小开口墙段按毛墙面计算的刚度，可根据开洞率乘以表 7.2.8 的墙段洞口影响系数。

表 7.2.8 墙段洞口影响系数

开 洞 率	0.10	0.20	0.30
影响系数	0.98	0.94	0.88

注：1 开洞率为洞口水平截面积与墙段水平毛截面积之比，相邻洞口之间净宽小于 500mm 的墙段视为洞口；

2 洞口中线偏离墙段中线大于墙段长度的 1/4，表中影响系数值折减 0.9；门洞的洞顶高度大于层高 80%时，表中数据不适用；窗洞高度大于 50%层高时，按门洞对待。

7.2.9 多层小砌块砌体房屋，可只选从属面积较大或竖向应力较小的墙段进行截面抗震承载力验算。

7.2.10 小砌块砌体沿阶梯形截面破坏的抗震抗剪强度设计值，应按下式确定：

$$f_{vE} = \zeta_N f_v \quad (7.2.10)$$

式中：f_{vE}——砌体沿阶梯形截面破坏的抗震抗剪强度设计值（MPa）；

f_v——非抗震设计的砌体抗剪强度设计值；应按本规程表 3.2.2 采用；

ζ_N——砌体抗震抗剪强度的正应力影响系数，应按表 7.2.10 采用。

表 7.2.10 砌体强度的正应力影响系数

砌体类别	σ_0/f_v						
	1.0	3.0	5.0	7.0	10.0	12.0	≥16.0
普通小砌块	1.23	1.69	2.15	2.57	3.02	3.32	3.92

注：σ_0为对应于重力荷载代表值的砌体截面平均压应力。

7.2.11 小砌块墙体的截面抗震受剪承载力，应按下式验算：

$$V \leqslant f_{vE}A/\gamma_{RE} \quad (7.2.11)$$

式中：V——考虑地震作用组合的墙体剪力设计值（N）；

A——墙体横截面积（mm^2）；

γ_{RE}——承载力抗震调整系数，应按表 7.2.11 采用。

表 7.2.11 承载力抗震调整系数

墙体	两端设置芯柱或构造柱的承重抗震墙	自承重抗震墙	其他抗震墙
γ_{RE}	0.90	0.75	1.00

7.2.12 设置构造柱和芯柱的小砌块墙体的截面抗震受剪承载力，可按下式验算：

$$V \leqslant \frac{1}{\gamma_{RE}}[f_{vE}A + (0.3f_{t1}A_{c1} + 0.3f_{t2}A_{c2} + 0.05f_{y1}A_{s1} + 0.05f_{y2}A_{s2})\zeta_c] \quad (7.2.12)$$

式中：f_{t1}——芯柱混凝土轴心抗拉强度设计值（MPa）；

f_{t2}——构造柱混凝土轴心抗拉强度设计值（MPa）；

A_{c1}——墙中部芯柱截面总面积（mm^2）；

A_{c2}——墙中部构造柱截面总面积（mm^2）；

A_{s1}——芯柱钢筋截面总面积（mm^2）；

A_{s2}——构造柱钢筋截面总面积（mm^2）；

f_{y1}——芯柱钢筋抗拉强度设计值（MPa）；

f_{y2}——构造柱钢筋抗拉强度设计值（MPa）；

ζ_c——芯柱、构造柱参与工作系数，可按表 7.2.12 采用。

表 7.2.12 芯柱和构造柱参与工作系数

填孔率 ρ	$\rho<0.15$	$0.15\leqslant\rho<0.25$	$0.25\leqslant\rho<0.5$	$\rho\geqslant0.5$
ζ_c	0	1.00	1.10	1.15

注：填孔率指芯柱和构造柱根数（含构造柱和芯柱数量）与孔洞总数之比。

7.2.13 底部框架-抗震墙房屋的抗震验算，应按现行国家标准《建筑抗震设计规范》GB 50011 的有关规定执行。

Ⅱ 配筋小砌块砌体抗震墙结构

7.2.14 配筋小砌块砌体抗震墙承载力计算时，底部加强部位截面的组合剪力设计值应按下列规定调整：

$$V = \eta_{vw}V_w \quad (7.2.14)$$

式中：V——抗震墙截面组合的剪力设计值（N）；

V_w——抗震墙截面组合的剪力计算值（N）；

η_{vw}——剪力增大系数，按表 7.2.14 取用。

表 7.2.14 剪力增大系数 η_{vw}

结构部位	抗震等级			
	一	二	三	四
底部加强区抗震墙	1.60	1.40	1.20	1.00
其他部位抗震墙	1.00	1.00	1.00	1.00
底部加强区的短肢抗震墙	1.70	1.50	1.30	1.10
多层房屋其他部位的短肢抗震墙	1.20	1.15	1.10	1.05

注：表中多层房屋是指总高度小于等于 18m 且按本规程第 7.1.16 条第 3 款要求布置的短肢抗震墙多层房屋。

7.2.15 配筋小砌块砌体抗震墙截面组合的剪力设计值，应符合下列公式要求：

剪跨比大于 2

$$V \leqslant \frac{1}{\gamma_{RE}}(0.2f_g bh) \quad (7.2.15\text{-}1)$$

剪跨比不大于 2

$$V \leqslant \frac{1}{\gamma_{RE}}(0.15f_g bh) \quad (7.2.15\text{-}2)$$

式中：f_g——灌孔小砌块砌体抗压强度设计值（MPa）；

b——抗震墙截面宽度（mm）；

h——抗震墙截面高度（mm）；

γ_{RE}——承载力抗震调整系数，取 0.85。

7.2.16 偏心受压配筋小砌块砌体抗震墙截面受剪承载力，应按下列公式验算：

$$V \leqslant \frac{\lambda}{\gamma_{RE}}\left[\frac{\lambda}{\lambda-0.5}(0.48f_{gv}bh_0 + 0.1N) + 0.72f_{yh}\frac{A_{sh}}{S}h_0\right] \quad (7.2.16\text{-}1)$$

$$0.5V \leqslant \frac{1}{\gamma_{RE}}\left(0.72f_{yh}\frac{A_{sh}}{S}h_0\right) \quad (7.2.16\text{-}2)$$

式中：N——抗震墙组合的轴向压力设计值（N）；当 $N>0.2f_g bh$ 时，取 $N=0.2f_g bh$；

λ——计算截面处的剪跨比，取 $\lambda=M/Vh_0$；小于 1.5 时取 1.5，大于 2.2 时取 2.2；

f_{gv}——灌孔小砌块砌体抗剪强度设计值（MPa）；$f_{gv}=0.2f_g^{0.55}$；

A_{sh}——同一截面的水平钢筋截面面积（mm^2）；

S——水平分布钢筋间距（mm）；

f_{yh}——水平分布钢筋抗拉强度设计值（MPa）；

h_0——抗震墙截面有效高度（mm）。

7.2.17 偏心受拉配筋小砌块砌体抗震墙，其斜截面受剪承载力应按下列公式计算：

$$V \leqslant \frac{1}{\gamma_{RE}}\left[\frac{1}{\lambda - 0.5}(0.48 f_{gv} b h_0 - 0.17N) + 0.72 f_{yh} \frac{A_{sh}}{S} h_0\right] \quad (7.2.17\text{-}1)$$

$$0.5V \leqslant \frac{1}{\gamma_{RE}}\left(0.72 f_{yh} \frac{A_{sh}}{S} h_0\right) \quad (7.2.17\text{-}2)$$

当 $0.48 f_{gv} b h_0 - 0.17N \leqslant 0$ 时，取 $0.48 f_{gv} b h_0 - 0.17N = 0$。

7.2.18 抗震墙采用配筋小砌块砌体连梁时应符合下列要求：

1 连梁的截面应满足下式的要求：

$$V \leqslant \frac{1}{\gamma_{RE}}(0.15 f_g b h_0) \quad (7.2.18\text{-}1)$$

2 连梁的斜截面受剪承载力应按下式计算：

$$V \leqslant \frac{1}{\gamma_{RE}}\left(0.56 f_{gv} b h_0 + 0.7 f_{yv} \frac{A_{sv}}{S} h_0\right) \quad (7.2.18\text{-}2)$$

式中：A_{sv}——配置在同一截面内的箍筋各肢的全部截面面积（mm^2）；

f_{yv}——箍筋的抗拉强度设计值（MPa）。

7.2.19 配筋小砌块砌体结构构件抗震设计，除应符合本章规定外，尚应符合现行国家标准《建筑抗震设计规范》GB 50011 和《砌体结构设计规范》GB 50003 的有关要求，混凝土构件部分应符合国家现行标准《混凝土结构设计规范》GB 50010 和《高层建筑混凝土结构技术规程》JGJ 3 的有关要求。

7.3 抗震构造措施

Ⅰ 多层小砌块砌体结构

7.3.1 小砌块砌体房屋同时设置构造柱和芯柱时，应按下列要求设置现浇钢筋混凝土构造柱（以下简称构造柱）：

1 构造柱设置部位，应符合表 7.3.1 的要求。

2 外廊式和单面走廊式的多层小砌块砌体房屋，应根据房屋增加一层后的层数，按表 7.3.1 的要求设置构造柱，且单面走廊两侧的纵墙均应按外墙处理。

3 横墙较少的房屋，应根据房屋增加一层的层数，按表 7.3.1 的要求设置构造柱。当横墙较少的房屋为外廊式或单面走廊式时，应按本条 2 款要求设置构造柱；但 6 度不超过 4 层、7 度不超过 3 层和 8 度不超过 2 层时，应按增加 2 层的层数设置。

4 各层横墙很少的房屋，应按增加两层的层数设置构造柱。

5 有错层的多层房屋，错层部位应设置墙，墙中部构造柱间距不宜大于 2m，在错层部位的纵横墙交接处应设置构造柱。

表 7.3.1 多层小砌块砌体房屋构造柱设置要求

房屋层数				设置部位	
6度	7度	8度	9度		
≤5	≤4	≤3	1	外墙四角和对应转角；楼、电梯间四角，楼梯斜梯段上下端对应的墙体处；错层部位横墙与外纵墙交接处；大房间内外墙交接处；较大洞口两侧	隔 12m 或单元横墙与外纵墙交接处；楼梯间对应的另一侧内横墙与外纵墙交接处
6	5	4	2		隔开间横墙（轴线）与外墙交接处；山墙与内纵墙交接处
7	6、7	5、6	3、4		内墙（轴线）与外墙交接处；内墙的局部较小墙垛处；内纵墙与横墙（轴线）交接处

注：1 较大洞口，内墙指不小于 2.1m 的洞口；外墙在内外墙交接处已设置构造柱时允许适当放宽，但洞侧墙体应加强；

2 当按本条第 2～4 款规定确定的层数超出表 7.3.1 范围，构造柱设置要求不应低于表中相应烈度的最高要求且宜适当提高。

7.3.2 小砌块砌体房屋的构造柱，应符合下列构造要求：

1 构造柱截面不宜小于 190mm×190mm，纵向钢筋不宜少于 4ϕ12，箍筋间距不宜大于 250mm，且在柱上下端应适当加密；6、7 度时超过 5 层、8 度时超过 4 层和 9 度时，构造柱纵向钢筋宜采用 4ϕ14，箍筋间距不应大于 200mm；外墙转角的构造柱应适当加大截面及配筋；

2 构造柱与小砌块墙连接处应砌成马牙槎；与构造柱相邻的砌块孔洞，6 度时宜填实，7 度时应填实，8、9 度时应填实并插筋 1ϕ12；

3 构造柱与圈梁连接处，构造柱的纵筋应在圈梁纵筋内侧穿过，保证构造柱纵筋上下贯通；

4 构造柱可不单独设置基础，但应伸入室外地面下 500mm，或与埋深小于 500mm 的基础圈梁相连；

5 必须先砌筑小砌块墙体，再浇筑构造柱混凝土。

7.3.3 小砌块砌体房屋采用芯柱做法时，应按表 7.3.3 的要求设置钢筋混凝土芯柱，并应满足下列要求：

1 混凝土砌块砌体墙纵横墙交接处、墙段两端和较大洞口两侧宜设置不少于单孔的芯柱。

2 有错层的多层房屋，错层部位应设置墙，墙中部的钢筋混凝土芯柱间距宜适当加密，在错层部位纵横墙交接处宜设置不少于4孔的芯柱。

3 房屋层数或高度等于或接近本规程表7.1.6中限值时，纵、横墙内芯柱间距尚应符合下列要求：

1）底部1/3楼层横墙中部的芯柱间距，6度时不宜大于2m；7、8度时不宜大于1.5m；9度时不宜大于1.0m；

2）当外纵墙开间大于3.9m时，应另设加强措施。

4 对外廊式和单面走廊式的房屋、横墙较少的房屋、各层横墙很少的房屋，尚应分别按本规程第7.3.1条第2、3、4款关于增加层数的对应要求，按表7.3.3的要求设置芯柱。

表7.3.3 小砌块砌体房屋芯柱设置要求

房屋层数				设置部位	设置数量
6度	7度	8度	9度		
≤5	≤4	≤3	—	外墙转角和对应转角； 楼、电梯间四角，楼梯斜梯段上下端对应的墙体处（单层房屋除外）； 大房间内外墙交接处； 错层部位横墙与外纵墙交接处； 隔12m或单元横墙与外纵墙交接处	外墙转角，灌实3个孔； 内外墙交接处，灌实4个孔； 楼梯斜段上下端对应的墙体处，灌实2个孔
6	5	4	1	同上； 隔开间横墙（轴线）与外纵墙交接处	
7	6	5	2	同上； 各内墙（轴线）与外纵墙交接处； 内纵墙与横墙（轴线）交接处和洞口两侧	外墙转角，灌实5个孔； 内外墙交接处，灌实4个孔； 内墙交接处，灌实4个孔～5个孔；洞口两侧各灌实1个孔
—	7	6	3	同上； 横墙内芯柱间距不大于2m	外墙转角，灌实7个孔； 内外墙交接处，灌实5个孔； 内墙交接处，灌实4个孔～5个孔；洞口两侧各灌实1个孔

注：1 外墙转角、内外墙交接处、楼电梯间四角等部位，应允许采用钢筋混凝土构造柱替代部分芯柱；

2 当按本规程第7.3.1条第2～4款规定确定的层数超出表7.3.3范围，芯柱设置要求不应低于表中相应烈度的最高要求且宜适当提高。

7.3.4 小砌块砌体房屋的芯柱，尚应符合下列构造要求：

1 小砌块砌体房屋芯柱截面不宜小于120mm×120mm；

2 芯柱混凝土强度等级，不应低于Cb20；

3 芯柱的竖向插筋应贯通墙身且与圈梁连接；插筋不应小于1ϕ12，6、7度时超过5层、8度时超过4层和9度时，插筋不应小于1ϕ14；

4 芯柱混凝土应贯通楼板，当采用装配式钢筋混凝土楼盖时，应采用贯通措施（图7.3.4）；

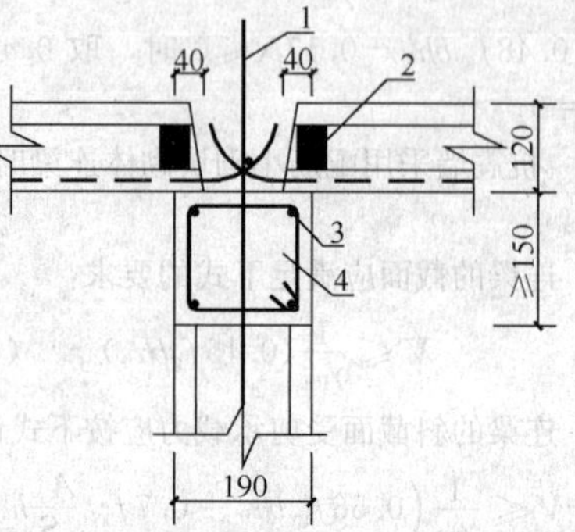

图7.3.4 芯柱贯穿楼板构造

1—芯柱插筋；2—堵头；3—1ϕ8；4—圈梁

5 芯柱应伸入室外地面下500mm或与埋深小于500mm的基础圈梁相连。

7.3.5 小砌块砌体房屋墙体交接处或芯柱、构造柱与墙体连接处应设置拉结钢筋网片，网片可采用直径4mm的钢筋点焊而成，沿墙高间距不大于600mm，并应沿墙体水平通长设置。6、7度时底部1/3楼层，8度时底部1/2楼层，9度时全部楼层，上述拉结钢筋网片沿墙高间距不大于400mm。

7.3.6 小砌块砌体房屋各楼层均应设置现浇钢筋混凝土圈梁，不得采用槽形砌块代作模板，并应按表7.3.6的要求设置；纵墙承重时，抗震横墙上的圈梁间距应比表内要求适当加密。现浇或装配整体式钢筋混凝土楼、屋盖与墙体有可靠连接的房屋，应允许不另设圈梁，但楼板沿抗震墙体周边均应加强配筋并应与相应的构造柱、芯柱钢筋可靠连接。有错层的多层小砌块砌体房屋，在错层部位的错层楼板位置应设置现浇钢筋混凝土圈梁。

表7.3.6 小砌块砌体房屋现浇钢筋混凝土圈梁设置要求

墙类	烈度		
	6、7度	8度	9度
外墙和内纵墙	屋盖处及每层楼盖处	屋盖处及每层楼盖处	屋盖处及每层楼盖处
内横墙	同上； 屋盖处间距不应大于4.5m； 楼盖处间距不应大于7.2m； 构造柱对应部位	同上； 各层所有横墙，且间距不应大于4.5m； 构造柱对应部位	同上； 各层所有横墙

7.3.7 圈梁除应符合现行国家标准《建筑抗震设计规范》GB 50011要求外，尚应符合下列构造要求：

1 现浇混凝土圈梁的截面宽度宜取墙宽且不应小于190mm，配筋宜符合表7.3.7的要求，箍筋直径不应小于$\phi 6$；基础圈梁的截面宽度宜取墙宽，截面高度不应小于200mm，纵筋不应少于$4\phi 14$。

表7.3.7 混凝土砌块砌体房屋圈梁配筋要求

配 筋	烈 度		
	6、7度	8度	9度
最小纵筋	$4\phi 10$	$4\phi 12$	$4\phi 14$
箍筋最大间距(mm)	250	200	150

2 圈梁应闭合，遇有洞口圈梁应上下搭接。圈梁宜与预制板设在同一标高处或紧靠板底。

3 圈梁在本规程第7.3.6条圈梁设置要求的间距内无横墙时，应利用梁或板缝中配筋替代圈梁。

7.3.8 多层小砌块砌体房屋的层数，6度时超过5层、7度时超过4层、8度时超过3层和9度时，在底层和顶层的窗台标高处，沿纵横墙应设置通长的水平现浇钢筋混凝土带；其截面高度不小于60mm，纵筋不少于$2\phi 10$，并应有分布拉结钢筋；其混凝土强度等级不应低于C20。

水平现浇混凝土带亦可采用槽形砌块替代模板，其纵筋和拉结钢筋不变。

7.3.9 楼梯间应符合下列要求：

1 楼梯间墙体中部的芯柱间距，6度时不宜大于2m；7、8度时不宜大于1.5m；9度时不宜大于1.0m；房屋层数或高度等于或接近本规程表7.1.6中限值时，底部1/3楼层芯柱间距宜适当减少。突出屋顶的楼梯间和电梯间，构造柱、芯柱应伸到顶部，并与顶部圈梁连接。

2 楼梯间墙体，应沿墙高每隔400mm水平通长设置$\phi 4$点焊拉结钢筋网片。

3 楼梯间及门厅内墙阳角处的大梁支承长度不应小于500mm，并应与圈梁连接。

4 装配式楼梯段应与平台板的梁可靠连接，8、9度时不应采用装配式楼梯段；不应采用墙中悬挑式踏步或踏步竖肋插入墙体的楼梯，不应采用无筋砖砌栏板。

7.3.10 小砌块砌体房屋的楼、屋盖应符合下列要求：

1 装配式钢筋混凝土楼板或屋面板，当板的跨度大于4.8m并与外墙平行时，靠外墙的预制板侧边应与墙或圈梁拉结。

2 房屋端部大房间的楼盖，6度时房屋的屋盖和7度～9度时房屋的楼、屋盖，当圈梁设在板底时，钢筋混凝土预制板应相互拉结，并应与梁、墙或圈梁拉结。

3 楼、屋盖的钢筋混凝土梁和屋架应与墙、柱（包括构造柱）或圈梁可靠连接。在梁支座处墙内不少于3个孔洞应设置芯柱。当8、9度房屋采用大跨梁或井字梁时，宜在梁支座处墙内设置构造柱；在梁端支座处构造柱和墙体的承载力，尚应考虑梁端弯矩对墙体和构造柱的影响。

4 坡屋顶房屋的屋架应与顶层圈梁可靠连接，檩条或屋面板应与墙及屋架可靠连接，房屋出入口处的檐口瓦应与屋面构件锚固；采用硬山搁檩时，顶层内纵墙顶，8度和9度时，应增砌支撑山墙的踏步式墙垛；7度时，宜增砌支撑山墙的踏步式墙垛，并设构造柱。

7.3.11 预制阳台，6、7度时应与圈梁和楼板的现浇板带可靠连接；8、9度时不应采用预制阳台。

7.3.12 小砌块砌体女儿墙高度超过0.5m时，应在墙中增设锚固于顶层圈梁构造柱或芯柱做法，构造柱间距不大于3m，芯柱间距不大于1.6m；女儿墙顶应设置压顶圈梁，其截面高度不应小于60mm，纵向钢筋不应少于$2\phi 10$。

7.3.13 同一结构单元的基础或桩承台，宜采用同一类型的基础，底面宜埋置在同一标高上，否则应增设基础圈梁并应按1：2的台阶逐步放坡。

7.3.14 丙类的多层小砌块砌体房屋，当横墙较少且总高度和层数接近或达到本规程表7.1.6规定限值，应采取下列加强措施：

1 房屋的最大开间尺寸不宜大于6.6m；

2 同一结构单元内横墙错位数量不宜超过横墙总数的1/3，且连续错位不宜多于两道；错位的墙体交接处均应增设构造柱或芯柱，且楼、屋面板应采用现浇钢筋混凝土板；

3 横墙和内纵墙上洞口的宽度不宜大于1.5m，外纵墙上洞口的宽度不宜大于2.1m或开间尺寸的一半，且内外墙上洞口位置不应影响内外纵墙与横墙的整体连接；

4 所有纵横墙均应在楼、屋盖标高处设置加强的现浇钢筋混凝土圈梁：圈梁的截面高度不宜小于150mm，上下纵筋各不应少于$3\phi 10$，箍筋不小于$\phi 6$，间距不大于300mm；

5 所有纵横墙交接处及横墙的中部，均应增设构造柱或2个芯柱，在纵、横墙内的柱距不宜大于3.0m；芯柱每孔插筋的直径不应小于18mm；构造柱截面尺寸不宜小于240mm×240mm（墙厚190mm时为240mm×190mm），配筋宜符合表7.3.14的要求；

6 同一结构单元的楼、屋面板应设置在同一标高处；

7 房屋底层和顶层的窗台标高处，宜设置沿纵横墙通长的水平现浇钢筋混凝土带；其截面高度不小于60mm，宽度不小于190mm，纵向钢筋不少于$3\phi 10$，横向分布筋的直径不小于$\phi 6$且其间距不大于200mm；

表 7.3.14　增设构造柱的纵筋和箍筋设置要求

<table>
<tr><th rowspan="2">位置</th><th colspan="3">纵向钢筋</th><th colspan="3">箍　筋</th></tr>
<tr><th>最大配筋率（%）</th><th>最小配筋率（%）</th><th>最小直径（mm）</th><th>加密区范围（mm）</th><th>加密区间距（mm）</th><th>最小直径（mm）</th></tr>
<tr><td>角柱</td><td rowspan="2">1.8</td><td rowspan="2">0.8</td><td>14</td><td>全高</td><td rowspan="3">100</td><td rowspan="3">6</td></tr>
<tr><td>边柱</td><td>14</td><td rowspan="2">上端 700
下端 500</td></tr>
<tr><td>中柱</td><td>1.4</td><td>0.6</td><td>12</td></tr>
</table>

8　所有门窗洞口两侧，均应设置一个芯柱，钢筋不应少于 1ϕ12。

7.3.15　底部框架-抗震墙房屋过渡层小砌块砌体块材的强度等级不应低于 MU10，砌筑砂浆强度等级不应低于 Mb10。

7.3.16　过渡层墙体的构造，应符合下列要求：

1　上部抗震墙的中心线宜与底部的框架梁、抗震墙的中心线相重合；构造柱或芯柱宜与框架柱或墙贯通。

2　过渡层应在底部框架柱、混凝土墙或约束砌体墙所对应处设置构造柱或芯柱；墙体内的构造柱间距不宜大于层高；芯柱除应按本规程表 7.3.3 设置外，最大间距不宜大于 1m。

3　过渡层构造柱的纵向钢筋，6、7 度时不宜少于 4ϕ16，8 度时不宜少于 4ϕ18。过渡层芯柱的纵向钢筋，6、7 度时不宜少于每孔 1ϕ16，8 度时不宜少于每孔 1ϕ18。一般情况下，纵向钢筋应锚入下部的框架柱或混凝土墙内；当纵向钢筋锚固在托墙梁或次梁内时，梁的相应位置应加强。

4　过渡层的小砌块墙在窗台标高处，应设置沿纵横墙通长的水平现浇钢筋混凝土带或系梁块；现浇钢筋混凝土带的截面高度不应小于 60mm，宽度不应小于墙厚，纵向钢筋不应少于 2ϕ10，横向分布筋的直径不小于 6mm 且其间距不大于 200mm。此外，小砌块砌体墙芯柱之间沿墙高应每隔 400mm 设置 ϕ4 通长水平点焊钢筋网片。

5　过渡层的砌体墙，凡宽度不小于 1.2m 的门洞和 2.1m 的窗洞，洞口两侧宜增设截面不小于 120mm×190mm 的构造柱或单孔芯柱。

6　当过渡层的砌体抗震墙与底部框架梁、墙体不对齐时，应在底部框架内设置托墙转换梁，并且过渡层小砌块墙应采取比本条 4 款更高的加强措施。

7.3.17　底部框架-抗震墙房屋的楼盖应符合下列要求：

1　过渡层的底板应采用现浇钢筋混凝土板，板厚不应小于 120mm；并应少开洞、开小洞，当洞口尺寸大于 800mm 时，洞口周边应设置边梁；

2　其他楼层，采用装配式钢筋混凝土楼板时均应设置现浇圈梁；采用现浇钢筋混凝土楼板时应允许不另设圈梁，但楼板沿抗震墙体周边均应加强配筋并应与相应的构造柱可靠连接。

7.3.18　底部框架-抗震墙房屋的钢筋混凝土托墙梁，其截面和构造应符合下列要求：

1　梁的截面宽度不应小于 300mm，梁的截面高度不应小于跨度的 1/10。

2　梁上、下部纵向钢筋最小配筋率，一、二级时不应小于 0.4%，三、四级时不应小于 0.3%。

3　箍筋的直径不应小于 10mm，间距不应大于 200mm；梁端在 1.5 倍梁高且不小于 1/5 梁净跨范围内，以及上部墙体的洞口处和洞口两侧各 500mm 且不小于梁高的范围内，箍筋间距不应大于 100mm。对托墙梁支承在框架梁的一端，梁端箍筋可不设置箍筋加密区；支承托墙次梁的框架梁，全跨箍筋间距不应大于 100mm，且在托墙次梁两侧设置附加横向钢筋。

4　沿梁高应设腰筋，数量不应少于 2ϕ14，间距不应大于 200mm。

5　梁的纵向受力钢筋和腰筋应按受拉钢筋的要求锚固在柱内，且支座上部的纵向钢筋在柱内的锚固长度应符合钢筋混凝土框支梁的有关要求。

7.3.19　底部框架-抗震墙房屋的底部采用配筋小砌块砌体抗震墙时，抗震墙水平向或竖向钢筋在边框梁、柱中的锚固长度，应按现行国家标准《混凝土结构设计规范》GB 50010 的规定确定。

7.3.20　底部框架-抗震墙砌体房屋的底部采用钢筋混凝土墙时，其截面和构造应符合下列要求：

1　抗震墙周边应设置梁（或暗梁）和边框柱（或框架柱）组成的边框；边框梁的截面宽度不宜小于墙板厚度的 1.5 倍，截面高度不宜小于墙板厚度的 2.5 倍；边框柱的截面高度不宜小于墙板厚度的 2 倍；

2　抗震墙的厚度不宜小于 160mm，且不应小于墙板净高的 1/20；抗震墙宜设竖缝或洞口形成若干墙段，各墙段的高宽比不宜小于 2；

3　抗震墙的竖向和横向分布钢筋配筋率均不应小于 0.30%，并应采用双排布置；双排分布钢筋间拉筋的间距不应大于 600mm，直径不应小于 6mm；

4　墙体的边缘构件可按国家标准《建筑抗震设计规范》GB 50011－2010 第 6.4 节关于一般部位的规定设置。

7.3.21　对 6 度设防且层数不超过 4 层的底层框架-抗震墙房屋，可采用嵌砌于框架之间的小砌块抗震墙，但应计入小砌块墙对框架的附加轴力和附加剪力，并应符合下列构造要求：

1　墙厚不应小于 190mm，砌筑砂浆强度等级不应低于 Mb10，应先砌墙后浇框架；

2　沿框架柱每隔 400mm 配置 ϕ4 点焊拉结钢筋网片，并沿小砌块墙水平通长设置；在墙体半高处尚应设置与框架柱相连的钢筋混凝土水平系梁，系梁截面不应小于 190mm×190mm，纵筋不应小于 4ϕ12，箍筋直径不应小于 ϕ6，间距不应大于 200mm；

3 墙体在门、窗洞口两侧应设置芯柱；墙长大于 4m 时，应在墙内增设芯柱，芯柱应符合本规程第 7.3.4 条的有关规定；其余位置，宜采用钢筋混凝土构造柱替代芯柱，钢筋混凝土构造柱应符合本规程第 7.3.2 条的有关规定。

7.3.22 底部框架-抗震墙房屋的框架柱应符合下列要求：

1 柱的截面不应小于 400mm×400mm，圆柱直径不应小于 450mm；

2 柱的轴压比，6 度时不宜大于 0.85，7 度时不宜大于 0.75，8 度时不宜大于 0.65；

3 柱的纵向钢筋最小总配筋率，当钢筋的强度标准值低于 400MPa 时，中柱在 6、7 度时不应小于 0.9%，8 度时不应小于 1.1%；边柱、角柱和混凝土抗震墙端柱在 6、7 度时不应小于 1.0%，8 度时不应小于 1.2%；

4 柱的箍筋直径，6、7 度时不应小于 8mm，8 度时不应小于 10mm，并应全高加密箍筋，间距不应大于 100mm；

5 柱的最上端和最下端组合的弯矩设计值应乘以增大系数，一、二、三级的增大系数应分别按 1.5、1.25 和 1.15 采用。

7.3.23 底部框架-抗震墙房屋的其他抗震构造措施，应符合现行国家标准《建筑抗震设计规范》GB 50011 的有关要求。

Ⅱ 配筋小砌块砌体抗震墙结构

7.3.24 配筋小砌块砌体抗震墙的水平和竖向分布钢筋应符合表 7.3.24-1和表 7.3.24-2 的要求。

表 7.3.24-1 配筋小砌块砌体抗震墙水平分布钢筋的配筋构造要求

抗震等级	最小配筋率(%)		最大间距(mm)	最小直径(mm)
	一般部位	加强部位		
一级	0.13	0.15	400	ϕ8
二级	0.13	0.13	600	ϕ8
三级	0.11	0.13	600	ϕ8
四级	0.10	0.10	600	ϕ6

注：1 9 度时配筋率不应小于 0.2%；
2 水平分布钢筋宜双排布置，在顶层和底部加强部位，最大间距不应大于 400mm；
3 双排水平分布钢筋应设不小于 ϕ6 拉结筋，水平间距不应大于 400mm。

表 7.3.24-2 配筋小砌块砌体抗震墙竖向分布钢筋的配筋构造要求

抗震等级	最小配筋率(%)		最大间距(mm)	最小直径(mm)
	一般部位	加强部位		
一级	0.15	0.15	400	ϕ12
二级	0.13	0.13	600	ϕ12
三级	0.11	0.13	600	ϕ12
四级	0.10	0.10	600	ϕ12

注：1 9 度时配筋率不应小于 0.2%；
2 竖向分布钢筋宜采用单排布置，直径不应大于 25mm；
3 在顶层和底部加强部位，最大间距应适当减小。

7.3.25 配筋小砌块砌体抗震墙在重力荷载代表值作用下的轴压比，应符合下列要求：

1 一级（9 度）不宜大于 0.4，一级（7、8 度）不宜大于 0.5，二、三级不宜大于 0.6。

2 短肢墙体全高范围，一级不宜大于 0.5，二、三级不宜大于 0.6；对于无翼缘的一字形短肢墙，其轴压比限值应相应降低 0.1。

3 各向墙肢截面均为 $3b<h<5b$ 的小墙肢，一级不宜大于 0.4，二、三级不宜大于 0.5，其全截面竖向钢筋的配筋率在底部加强部位不宜小于 1.2%，一般部位不宜小于 1.0%。对于无翼缘的一字形独立小墙肢，其轴压比限值应相应降低 0.1。

4 多层房屋（总高度小于等于 18m）的短肢墙及各向墙肢截面均为 $3b<h<5b$ 的小墙肢的全部竖向钢筋的配筋率，底部加强部位不宜小于 1%，其他部位不宜小于 0.8%。

7.3.26 配筋小砌块砌体抗震墙墙肢端部应设置边缘构件(图 7.3.26)。构造边缘构件的配筋范围：无翼墙端部为 3 孔配筋，"L" 形转角节点为 3 孔配筋，"T" 形转角节点为 4 孔配筋，其最小配筋应符合表 7.3.26 的要求，边缘构件范围内应设置水平箍筋。底部加强部位的轴压比，一级大于 0.2 和二、三级大于 0.3 时，应设置约束边缘构件，约束边缘构件的范围应沿受力方向比构造边缘构件增加 1 孔，水平箍筋应相应加强，也可采用钢筋混凝土边框柱。

表 7.3.26 配筋小砌块砌体抗震墙边缘构件的配筋要求

抗震等级	每孔竖向钢筋最小量		水平箍筋最小直径	水平箍筋最大间距(mm)
	底部加强部位	一般部位		
一级	1ϕ20	1ϕ18	ϕ8	200
二级	1ϕ18	1ϕ16	ϕ6	200
三级	1ϕ16	1ϕ14	ϕ6	200
四级	1ϕ14	1ϕ12	ϕ6	200

注：1 边缘构件水平箍筋宜采用搭接点焊网片形式；
2 当抗震等级为一、二、三级时，边缘构件箍筋应采用不低于 HRB335 级或 RRB335 级钢筋；
3 二级轴压比大于 0.3 时，底部加强部位边缘构件的水平箍筋最小直径不应小于 ϕ8；
4 约束边缘构件采用混凝土边框柱时，应符合相应抗震等级的钢筋混凝土框架柱的要求。

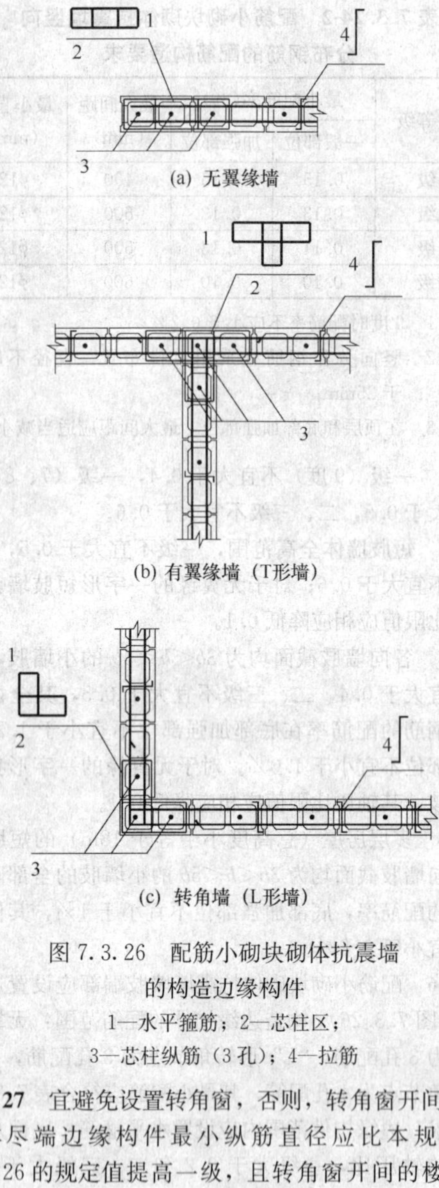

图 7.3.26 配筋小砌块砌体抗震墙的构造边缘构件

1—水平箍筋；2—芯柱区；3—芯柱纵筋（3孔）；4—拉筋

7.3.27 宜避免设置转角窗，否则，转角窗开间相关墙体尽端边缘构件最小纵筋直径应比本规程表7.3.26的规定值提高一级，且转角窗开间的楼、屋面应采用现浇钢筋混凝土楼、屋面板。

7.3.28 配筋小砌块砌体抗震墙内钢筋的锚固和搭接，应符合下列要求：

1 配筋小砌块砌体抗震墙内竖向和水平分布钢筋的搭接长度不应小于48倍钢筋直径，竖向钢筋的锚固长度不应小于42倍钢筋直径；

2 配筋小砌块砌体抗震墙的水平分布钢筋，沿墙长应连续设置，两端的锚固应符合下列规定：

1）一、二级的抗震墙，水平分布钢筋可绕主筋弯180°弯钩，弯钩端部直段长度不宜小于12d；水平分布钢筋亦可弯入端部灌孔混凝土中，锚固长度不应小于30d，且不应小于250mm；

2）三、四级的抗震墙，水平分布钢筋可弯入端部灌孔混凝土中，锚固长度不应小于25d，且不应小于200mm。

7.3.29 配筋小砌块砌体抗震墙连梁的构造，当采用混凝土连梁时，应符合本规程第6.4.13条的规定和《混凝土结构设计规范》GB 50010中有关地震区连梁的构造要求；当采用配筋小砌块砌体连梁时，除符合第6.4.14条的规定以外，尚应符合下列要求：

1 连梁上下水平钢筋锚入墙体内的长度，一、二级不应小于1.15倍锚固长度，三级不应小于1.05倍锚固长度，四级不应小于锚固长度，且不应小于600mm。

2 连梁的箍筋应沿梁长布置，并应符合表7.3.29的要求：

表 7.3.29 连梁箍筋的构造要求

抗震等级	箍筋最大间距(mm)	直 径
一级	75	ϕ10
二级	100	ϕ8
三级	120	ϕ8
四级	150	ϕ8

注：当梁端纵筋配筋率大于2%时，表中箍筋最小直径应加大2mm。

3 顶层连梁在伸入墙体的纵向钢筋长度范围内应设置间距不大于200mm的构造封闭箍筋，其规格和直径与该连梁的箍筋相同。

4 墙体水平钢筋应作为连梁腰筋在连梁拉通连续配置。当连梁截面高度大于700mm时，自梁顶面下200mm至梁底面上200mm范围内应设置腰筋，其间距不应大于200mm；每皮腰筋数量，一级不小于2ϕ12，二级～四级不小于2ϕ10；对跨高比不大于2.5的连梁，梁两侧腰筋的面积配筋率不应小于0.3%；腰筋伸入墙体内的长度不应小于30d，且不应小于300mm。

5 连梁不宜开洞，当必须开洞时应满足下列要求：

1）在跨中梁高1/3处预埋外径不应大于200mm的钢套管；

2）洞口上下的有效高度不应小于1/3梁高，且不应小于200mm；

3）洞口处应配补强钢筋并在洞周边浇筑灌孔混凝土，被洞口削弱的截面应进行受剪承载力验算。

6 对于跨高比不小于5的连梁宜按框架梁设计，计算时其刚度不应按连梁方法折减；短肢墙的剪力增大系数应满足本规程表7.2.14的规定。

7.3.30 配筋小砌块砌体抗震墙的圈梁构造，应符合下列要求：

1 在基础及各楼层标高处，每道配筋小砌块砌体抗震墙均应设置现浇钢筋混凝土圈梁，圈梁的宽度不应小于墙厚，其截面高度不宜小于200mm；

2 圈梁混凝土抗压强度不应小于相应灌孔混凝土的强度，且不应小于C20；

3 圈梁纵向钢筋不应小于相应配筋砌体墙的水平钢筋，且不应小于4ϕ12；基础圈梁纵筋不应小于4ϕ12；圈梁及基础圈梁箍筋直径不应小于ϕ8，间距不应大于200mm；当圈梁高度大于300mm时，应沿梁截面高度方向设置腰筋，其间距不应大于200mm，直径不应小于10mm；

4 圈梁底部嵌入墙顶小砌块孔洞内，深度不宜小于30mm；圈梁顶部应是毛面。

7.3.31 配筋小砌块砌体抗震墙房屋的基础（或钢筋混凝土框支梁）与抗震墙结合处的受力钢筋，当房屋高度超过50m或一级抗震等级时宜采用机械连接，其他情况可采用搭接。当采用搭接时，一、二级抗震等级时搭接长度不宜小于50d，三、四级抗震等级时不宜小于40d（d为受力钢筋直径）。

7.3.32 部分框支配筋小砌块砌体抗震墙结构中底部加强区配筋小砌块砌体墙的水平及竖向分布钢筋最小配筋率，不应小于0.13%，多层不应小于0.10%，最大间距不应大于400mm。

7.3.33 部分框支配筋小砌块砌体抗震墙结构中混凝土部分的设计尚应符合现行国家标准《混凝土结构设计规范》GB 50010、《建筑抗震设计规范》GB 50011的相关要求。

7.3.34 总层数8层及以上或高度超过24m的部分框支配筋小砌块砌体抗震墙结构房屋，其混凝土部分的设计尚应符合现行行业标准《高层建筑混凝土结构技术规程》JGJ 3的相关要求。

8 施 工

8.1 材料要求

8.1.1 小砌块在厂内的自然养护龄期或蒸汽养护后的停放时间应确保28d。轻骨料小砌块的厂内自然养护龄期宜延长至45d。

8.1.2 同一单位工程使用的小砌块应为同一厂家生产的产品，并需有产品合格证书和进场复验报告。

8.1.3 小砌块孔洞内及块体内部复合的聚苯板或其他绝热保温材料的性能、密度、厚度、位置、数量应在厂内按小砌块墙体节能设计的要求进行插填或充填，不得歪斜或自行脱落，并列为复验检查项目。

8.1.4 小砌块产品宜包装出厂，并可采用托板装运。雨、雪天运输小砌块应有防雨雪措施。

8.1.5 水泥进场后应检查产品合格证、出厂检验报告，并在使用前分批对其强度、安定性进行复验。抽检时，应以同一生产厂家、同一编号、同一品种、同一强度等级且持续进场的水泥为一批，其中袋装水泥一批的检验量不应超过200t，散装水泥则应以500t为一批，每批抽样不得少于一次。安定性不合格的水泥严禁使用。不同品种的水泥，不得混合使用。

8.1.6 砌筑砂浆宜采用过筛的洁净中砂，应符合现行国家标准《建筑用砂》GB/T 14684的规定；构造柱、芯柱及灌孔混凝土用砂应符合现行行业标准《普通混凝土用砂、石质量及检验方法标准》JGJ 52的规定。采用人工砂、山砂及特细砂时应符合相应的技术标准。

8.1.7 芯柱与灌孔混凝土中的粗骨料粒径宜为5mm～15mm，构造柱混凝土中的粗骨料粒径宜为10mm～30mm，并均应符合现行行业标准《普通混凝土用砂、石质量及检验方法标准》JGJ 52的有关规定。

8.1.8 拌制水泥混合砂浆用的石灰膏、粉煤灰等无机掺合料应符合下列要求：

1 配制石灰膏的生石灰、磨细生石灰粉的品质指标应符合现行行业标准《建筑生石灰》JC/T 479与《建筑生石灰粉》JC/T 480的有关规定。

2 石灰膏用生石灰熟化时，应采用孔格不大于3mm × 3mm的网过滤。熟化时间不得少于7d，磨细生石灰粉的熟化时间不得小于2d。石灰膏用量，应按稠度120mm±5mm计量。石灰膏不同稠度的换算系数，可按表8.1.8确定。沉淀池中的石灰膏应防止干燥、冻结和污染。严禁使用脱水硬化的石灰膏。

表8.1.8 石灰膏不同稠度的换算系数

稠度(mm)	120	110	100	90	80	70	60	50	40	30
换算系数	1.00	0.99	0.97	0.95	0.93	0.92	0.90	0.88	0.87	0.86

3 消石灰粉不得直接用于砌筑砂浆中。

4 粉煤灰的性能指标应符合现行行业标准《混凝土小型空心砌块和混凝土砖砌筑砂浆》JC 860和《抹灰砂浆技术规程》JGJ/T 220的有关规定。

5 采用其他掺合料时，应经试验并符合砌筑砂浆规定的各项性能指标方可使用。

8.1.9 掺入砌筑砂浆中的有机塑化剂或早强、缓凝、防冻等外加剂，应经检验和试配，符合要求后，方可计量使用。有机塑化剂产品，应具有法定检测机构出具的砌体强度型式检验报告。

8.1.10 砌筑砂浆和混凝土的拌合用水应符合现行行业标准《混凝土用水标准》JGJ 63的规定。

8.1.11 钢筋进场应有产品合格证书，并按规定取样复验，合格后方可使用。

8.2 砌筑砂浆

8.2.1 小砌块砌体的砌筑砂浆配合比及其技术要求应符合现行行业标准《砌筑砂浆配合比设计规程》JGJ/T 98和《混凝土小型空心砌块和混凝土砖砌筑

砂浆》JC 860 的规定，并应按重量比计量配制。

8.2.2 砌筑砂浆应具有良好的保水性，其保水率不得小于88%。砌筑普通小砌块砌体的砂浆稠度宜为50mm～70mm；轻骨料小砌块的砌筑砂浆稠度宜为60mm～90mm。

8.2.3 小砌块基础砌体应采用水泥砂浆砌筑；地下室内部及室内地坪以上的小砌块墙体应采用水泥混合砂浆砌筑。施工中用水泥砂浆代替水泥混合砂浆，应按现行国家标准《砌体结构设计规范》GB 50003 的规定执行。

8.2.4 墙体采用具有保温功能的砌筑砂浆时，其砂浆强度等级应符合设计要求。

8.2.5 砌筑砂浆应采用机械搅拌，拌合时间自投料完算起，不得少于 2min。当掺有外加剂时，不得少于 3min；当掺有机塑化剂时，应为 3min～5min。

8.2.6 砌筑砂浆应随拌随用，并应在 3h 内使用完毕；当施工期间最高气温超过 30℃时，应在 2h 内使用完毕。砂浆出现泌水现象时，应在砌筑前再次拌合。

8.2.7 预拌砂浆的性能、运输、储存、使用及检验等应符合现行国家行业标准《预拌砂浆》JG/T 230 的规定。

8.2.8 砌筑砂浆试块取样应取自搅拌机或运输湿的预拌砂浆车辆的出料口。同盘或同车砂浆应制作一组试块。

8.2.9 砌筑砂浆强度等级的评定应以标准养护、龄期为 28d 的试块抗压试验结果为准，并应按现行行业标准《建筑砂浆基本性能试验方法标准》JGJ/T 70 的规定执行。

8.2.10 同一验收批的砌筑砂浆试块抗压强度平均值应大于或等于设计强度等级所对应的立方体抗压强度值的 1.1 倍；其中抗压强度最小一组的平均值应大于或等于设计强度等级所对应的立方体抗压强度值的 85%。砌筑砂浆的验收批指同类型、同强度等级的砂浆试块不应少于 3 组，每组 3 块；当同一验收批只有 1 组或 2 组试块时，每组试块抗压强度的平均值应大于或等于设计强度等级所对应的立方体抗压强度值的 1.1 倍；建筑结构的安全等级为一级或设计使用年限为 50 年及以上的房屋，同一验收批砂浆试块的数量不得少于 3 组。

注：制作试块的砂浆稠度应与工程使用一致。

8.2.11 每一检验批且不超过一个楼层或 250m³ 小砌块砌体所用的砌筑砂浆，每台搅拌机应至少抽检一次。当配合比变更时，应制作相应试块。

注：用小砌块砌筑的基础砌体可按一个楼层计。

8.2.12 当施工中或验收时出现下列情况时，宜采用非破损或微破损检验方法对砌筑砂浆和砌体强度进行原位检测，判定砌筑砂浆的强度：

1 砌筑砂浆试块缺乏代表性或试块数量不足；

2 对砌筑砂浆试块的试验结果有怀疑或争议；

3 砌筑砂浆试块的试验结果不能满足设计要求时，需另行确认砌筑砂浆或砌体的实际强度；

4 对工程质量事故有疑义。

8.3 施 工 准 备

8.3.1 墙体施工前必须按房屋设计图编绘小砌块平、立面排块图。排块时应根据小砌块规格、灰缝厚度和宽度、门窗洞口尺寸、过梁与圈梁或连系梁的高度、芯柱或构造柱位置、预留洞大小、管线、开关、插座敷设部位等进行对孔、错缝搭砌排列，并以主规格小砌块为主，辅以配套的辅助块。

8.3.2 各种型号、规格的小砌块备料量应依据设计图和排块图进行计算，并按施工进度计划分期、分批进入现场。

8.3.3 堆放小砌块的场地应预先夯实平整，并应有防潮和防雨、雪等排水设施。不同规格型号、强度等级的小砌块应分别覆盖堆放；堆置高度不宜超过 1.6m，且不得着地堆放；堆垛上应有标志，垛间宜留适当宽度的通道。装卸时，不得翻斗卸车和随意抛掷。

8.3.4 砌入墙体内的各种建筑构配件、埋设件、钢筋网片与拉结筋等应事先预制及加工；各种金属类拉结件、支架等预埋铁件应做防锈处理，并按不同型号、规格分别存放。

8.3.5 备料时，不得使用有竖向裂缝、断裂、受潮、龄期不足的小砌块及插填聚苯板或其他绝热保温材料的厚度、位置、数量不符合墙体节能设计要求的小砌块进行砌筑。

8.3.6 小砌块表面的污物和用于芯柱及所有灌孔部位的小砌块，其底部孔洞周围的混凝土毛边应在砌筑前清理干净。

8.3.7 砌筑小砌块基础或底层墙体前，应采用经检定的钢尺校核房屋放线尺寸，允许偏差值应符合表 8.3.7 的规定。

表 8.3.7 房屋放线尺寸允许偏差

长度 L、宽度 B(m)	允许偏差(mm)
$L(B) \leqslant 30$	±5
$30 < L(B) \leqslant 60$	±10
$60 < L(B) \leqslant 90$	±15
$L(B) > 90$	±20

8.3.8 砌筑底层墙体前必须对基础工程按有关规定进行检查和验收。当芯柱竖向钢筋的基础插筋作为房屋避雷设施组成部分时，应用检定合格的专用电工仪表进行检测，符合要求后方可进行墙体施工。

8.3.9 配筋小砌块砌体剪力墙施工前，应按设计要求在施工现场建造与工程实体完全相同的具有代表性的模拟墙。剖解后的模拟墙质量应符合设计要求，方可正式施工。

8.3.10 编制施工组织设计时，应根据设计按表8.3.10要求确定小砌块砌体施工质量控制等级。

表 8.3.10 小砌块砌体施工质量控制等级

项目	施工质量控制等级		
	A	B	C
现场质量管理	监督检查制度健全，并严格执行；施工方有在岗专业技术管理人员，人员齐全，并持证上岗	监督检查制度基本健全，并能执行；施工方有在岗专业技术管理人员，并持证上岗	有监督检查制度；施工方有在岗专业技术管理人员
砌筑砂浆、混凝土强度	试块按规定制作，强度满足验收规定，离散性小	试块按规定制作，强度满足验收规定，离散性较小	试块按规定制作，强度满足验收规定，离散性大
砌筑砂浆拌合方式	机械拌合；配合比计量控制严格	机械拌合；配合比计量控制一般	机械或人工拌合；配合比计量控制较差
砌筑工人	中级工以上，其中高级工不少于30%	高、中级工不少于70%	初级工以上

注：1 砌筑砂浆与混凝土强度的离散性大小，应按强度标准差确定；

2 配筋小砌块砌体的施工质量控制等级不允许采用C级；对配筋小砌块砌体高层建筑宜采用A级。

8.4 墙体施工基本要求

8.4.1 墙体砌筑应从房屋外墙转角定位处开始。砌筑皮数、灰缝厚度、标高应与皮数杆标志相一致。皮数杆应竖立在墙体的转角和交界处，间距宜小于15m。

8.4.2 砌筑厚度大于240mm的小砌块墙体时，宜在墙体内外侧同时挂两根水平准线。

8.4.3 正常施工条件下，小砌块墙体（柱）每日砌筑高度宜控制在1.4m或一步脚手架高度内。

8.4.4 小砌块在砌筑前与砌筑中均不应浇水，尤其是插填聚苯板或其他绝热保温材料的小砌块。当施工期间气候异常炎热干燥时，对无聚苯板或其他绝热保温材料的小砌块及轻骨料小砌块可在砌筑前稍喷水湿润，但表面明显潮湿的小砌块不得上墙。

8.4.5 砌筑单排孔小砌块、多排孔封底小砌块、插填聚苯板或其他绝热保温材料的小砌块时，均应底面朝上反砌于墙上。

8.4.6 小砌块墙内不得混砌黏土砖或其他墙体材料。镶砌时，应采用实心小砌块（90mm×190mm×53mm）或与小砌块材料强度同等级的预制混凝土块。

8.4.7 小砌块砌筑形式应每皮顺砌。当墙、柱（独立柱、壁柱）内设置芯柱时，小砌块必须对孔、错缝、搭砌，上下两皮小砌块搭砌长度应为195mm；当墙体设构造柱或使用多排孔小砌块及插填聚苯板或其他绝热保温材料的小砌块砌筑墙体时，应错缝搭砌，搭砌长度不应小于90mm。否则，应在此部位的水平灰缝中设$\phi 4$点焊钢筋网片。网片两端与该位置的竖缝距离不得小于400mm。墙体竖向通缝不得超过2皮小砌块，柱（独立柱、壁柱）宜为3皮。

8.4.8 190mm厚的非承重小砌块墙体可与承重墙同时砌筑。小于190mm厚的非承重小砌块墙宜后砌，且应按设计要求从承重墙预留出不少于600mm长的$2\phi 6@400$拉结筋或$\phi 4@400$ T（L）形点焊钢筋网片；当需同时砌筑时，小于190mm厚的非承重墙不得与设有芯柱的承重墙相互搭砌，但可与无芯柱的承重墙搭砌。两种砌筑方式均应在两墙交接处的水平灰缝中埋置$2\phi 6@400$拉结筋或$\phi 4@400$ T（L）形点焊钢筋网片。

8.4.9 混合结构中的各楼层内隔墙砌至离上层楼板的梁、板底尚有100mm间距时暂停砌筑，且顶皮应采用封底小砌块反砌或用Cb20混凝土填实孔洞的小砌块正砌砌筑。当暂停时间超过7d时，可用实心小砌块斜砌楔紧，且小砌块灰缝及与梁、板间的空隙应用砂浆填实；房屋顶层内隔墙的墙顶应离该处屋面板板底15mm，缝内宜用弹性腻子或1：3石灰砂浆嵌塞。

8.4.10 小砌块采用内、外两排组砌时，应按下列要求进行施工：

1 当内、外两排小砌块之间插有聚苯板等绝热保温材料时，应采取隔皮（分层）交替对孔或错孔的砌筑方式，且上下相邻两皮小砌块在墙体厚度方向应搭砌，其搭砌长度不得小于90mm。否则，应在内、外两排小砌块的每皮水平灰缝中沿墙长铺设$\phi 4$点焊钢筋网片。

2 小砌块内、外两排组砌宜采用一顺一丁方式进行砌筑，但上下相邻两皮小砌块的竖缝不得同缝。

3 当内、外两排小砌块从墙底到墙顶均采取顺砌方式时，则应在内、外排小砌块的每皮水平灰缝中沿墙长铺设$\phi 4$点焊钢筋网片。

4 小砌块内、外两排之间的缝宽应为10mm，并与水平、垂直（竖）灰缝一致饱满。

8.4.11 砌筑小砌块的砂浆应随铺随砌。水平灰缝应满铺下皮小砌块的全部壁肋或单排、多排孔小砌块的封底面；竖向灰缝宜将小砌块一个端面朝上满铺砂浆，上墙应挤紧，并加浆插捣密实。灰缝应横平竖直。

8.4.12 砌筑时，墙（柱）面应用原浆做勾缝处理。缺灰处应补浆压实，并宜做成凹缝，凹进墙面 2mm。

8.4.13 砌入墙（柱）内的钢筋网片、拉结筋和拉结件的防腐要求应符合设计规定。砌筑时，应将其放置在水平灰缝的砂浆层中，不得有露筋现象。钢筋网片应采用点焊工艺制作，且纵横筋相交处不得重叠点焊，应控制在同一平面内。2 根 $\phi 4$ 纵筋应分置于小砌块内、外壁厚的中间位置，$\phi 4$ 横筋间距应为 200mm。

8.4.14 现浇圈梁、挑梁、楼板等构件时，支承墙的顶皮小砌块应正砌，其孔洞应预先用 C20 混凝土填实至 140mm 高度，尚余 50mm 高的洞孔应与现浇构件同时浇灌密实。

8.4.15 圈梁等现浇构件的侧模板高度除应满足梁的高度外，尚应向下延伸紧贴墙体的两侧。延伸部分不宜少于 2 皮～3 皮小砌块高度。

8.4.16 固定现浇圈梁、挑梁等构件侧模的水平拉杆、扁铁或螺栓所需的穿墙孔洞宜在砌体灰缝中预留，或采用设有穿墙孔洞的异型小砌块，不得在小砌块上打凿安装洞。内墙可利用侧砌的小砌块孔洞进行支模，模板拆除后应用实心小砌块或 C20 混凝土填实孔洞。

8.4.17 预制梁、板直接安放在墙上时，应将墙的顶皮小砌块正砌，并用 C20 混凝土填实孔洞，或用填实的封底小砌块反砌，也可丁砌三皮实心小砌块（90mm×190mm×53mm）。

8.4.18 安装预制梁、板时，支座面应先找平后坐浆，不得两者合一，不得干铺，并按设计要求与墙体支座处的现浇圈梁进行可靠的锚固。预制楼板安装也可采用硬架支模法施工。

8.4.19 钢筋混凝土窗台梁、板的两端伸入墙内部位应预留孔洞。洞口的大小、位置应与此部位的上下皮小砌块孔洞完全一致，窗洞两侧的芯柱孔洞应竖向贯通。

8.4.20 墙体施工段的分段位置宜设在伸缩缝、沉降缝、防震缝、构造柱或门窗洞口处。相邻施工段的砌筑高度差不得超过一个楼层高度，也不应大于 4m。

8.4.21 墙体的伸缩缝、沉降缝和防震缝内不得夹有砂浆、碎砌块和其他杂物。

8.4.22 基础或每一楼层砌筑完成后，应校核墙体的轴线位置和标高。对允许范围内的轴线偏差，应在基础顶面或本层楼面上校正。标高偏差宜逐皮调整上部墙体的水平灰缝厚度。

8.4.23 在砌体中设置临时性施工洞口时，洞口净宽度不应超过 1m。洞边离交接处的墙面距离不得小于 600mm，并应在洞口两侧每隔 2 皮小砌块高度设置长度为 600mm 的 $\phi 4$ 点焊钢筋网片及经计算的钢筋混凝土门过梁。

8.4.24 尚未施工楼板或屋面以及未灌孔的墙和柱，其抗风允许自由高度不得超过表 8.4.24 的规定。当允许自由高度超过时，应加设临时支撑或及时浇注灌孔混凝土、现浇圈梁或连梁。

表 8.4.24 小砌块墙和柱的允许自由高度

墙（柱）厚度（mm）	墙和柱的允许自由高度(m)		
	风载(kN/m^2)		
	0.3（相当于7级风）	0.4（相当于8级风）	0.6（相当于9级风）
190	1.4	1.0	0.6
240	2.2	1.6	1.0
390	4.2	3.2	2.0
490	7.0	5.2	3.4
590	10.0	8.6	5.6

注：1 本表适用于施工处相对标高 H 在 10m 范围的情况。如 $10m<H\leqslant 15m$，$15m<H\leqslant 20m$ 时，表中的允许自由高度应分别乘以 0.9、0.8 的系数；如 $H>20m$ 时，应通过抗倾覆验算确定其允许自由高度；

2 当所砌筑的墙有横墙或其他结构与其连接，而且间距小于表中相应墙、柱的允许自由高的 2 倍时，砌筑高度可不受本表的限制。

8.4.25 砌筑小砌块墙体应采用双排外脚手架、里脚手架或工具式脚手架，不得在砌筑的墙体上设脚手孔洞。

8.4.26 在楼面、屋面上堆放小砌块或其他物料时，不得超过楼板的允许荷载值。当施工楼层进料处的施工荷载较大时，应在楼板下增设临时支撑。

8.5 保温墙体施工

8.5.1 小砌块孔洞中需填散粒状的绝热保温或隔声材料时，应砌一皮填满一皮，不得捣实。充填材料的性能指标应符合设计要求，且洁净、干燥。

8.5.2 孔洞内插填聚苯板或其他绝热保温材料的复合保温小砌块的砌筑要求、铺灰方法、搭砌长度等应符合本规程第 8.4 节相关条文的规定。砌筑时，应采用强度等级符合设计要求并具有保温功能的砌筑砂浆。

8.5.3 砌筑带内复合绝热保温层（板）的夹心复合保温小砌块墙体时，上下左右的小砌块内复合绝热保温层（板）应相互平直对接，不得留有缝隙。当内复合绝热保温层（板）具有阻断、隔绝墙体任何部位的热桥功能时，可不予对接，并按常用砌筑砂浆错位砌筑；当内复合绝热保温层（板）的长度和高度均未超出小砌块块体时，应用符合设计强度等级的保温砌筑砂浆砌筑。

8.5.4 90mm 厚外叶墙与 190mm 厚内叶墙组成的小

砌块夹心墙施工应符合下列要求：

1 内、外叶墙小砌块的排块宜一一对应。

2 砌筑时，内、外叶墙均应挂水平准线，并按皮数杆上的标志先砌内叶墙后砌外叶墙，依次交替往上砌筑。

3 空腔两侧内、外叶墙的水平灰缝与竖缝应随砌随勾平缝，墙面应平整，不得挂有砂浆，并及时清除掉入空腔内的砂浆等杂物。

4 聚苯板或其他保温板材应在内、外叶墙每砌筑2或3皮时插入空腔内。板间的上下左右拼缝应正交、平直对接，不得歪斜、重叠，不得相互分离、留有缝隙。当空腔内同时设保温层和空气间层时，应将聚苯板或其他保温板材用胶粘剂粘贴在内叶墙墙面上，并按设计要求的位置、间距留设排水道和出水孔。保温板周边的胶粘剂应形成连续的封闭圈，板的中间部分可采用点粘法涂抹。涂胶粘剂的面积不得少于保温板面积的40%；当采用浇注型硬质聚氨酯泡沫塑料、发泡脲醛树脂或现浇泡沫混凝土等保温材料时，应符合本规程第8.13.23和8.13.24条的规定。

5 钢筋网片的纵、横筋均应采用$\phi4$钢筋，长度宜为房屋开间或相邻轴线间的距离，并需编号。纵、横筋组成的网片形状应与该开间或轴线内的小砌块排块图完全一致。内叶墙应设纵筋2根，分置于小砌块两个壁厚的中间；外叶墙仅在小砌块外侧壁厚1/2处设纵筋；内、外叶墙的竖向灰缝1/2宽度处设长横筋，间距应为400mm；短横筋仅设在内叶墙小砌块中肋的中间位置，离长横筋间距应为200mm。网片的纵、横筋均不宜位于小砌块孔洞处，并应按本规程第8.4.13条的要求进行焊接与埋置，竖向间距宜为400mm～600mm。

6 拉结件采用$\phi4$热镀锌钢筋制成箍筋形状的拉结环时，其环箍的外围长度应比夹心墙厚度少30mm，外围宽度宜为40mm；当采用$\phi6$热镀锌钢筋制成Z形拉结件时，其长度同拉结环，Z形的弯钩长度不应小于100mm。拉结件在同皮水平灰缝中的间距不得大于800mm，竖向间距宜为400mm～600mm，且相邻上、下皮拉结件的水平投影间距应为400mm，呈梅花状布置。

7 砌筑室内地面以下的夹心墙时，小砌块孔洞应用C20混凝土填实，空腔内填实高度宜为400mm～600mm。

8 在夹心墙上安装预制挑梁或支设现浇圈梁的模板前，应在梁底处的外叶墙顶面铺2层～3层油毡或聚苯板，不得将外叶墙作为挑梁与圈梁的支承点。

9 窗洞口两侧的夹心墙空腔处，应用2mm厚的钢板网全封闭。

10 砌筑时，门洞两侧内、外叶墙端部的孔洞处应埋置$\phi6$@400拉结环或$\phi6$@200拉结筋。墙端空腔中的保温材料不得外露，应用1：2水泥砂浆或C20混凝土封闭；当采用现浇钢筋混凝土边框加强内、外叶墙时，边框的纵向钢筋应伸入现浇门过梁内，$\phi6$@200的水平箍筋两端应分别锚入内、外叶墙端部的小砌块孔洞中。

11 门洞两侧内叶墙端部的小砌块孔洞，应按插筋芯柱的要求进行施工；外叶墙端部的小砌块长孔可用Cb20混凝土填实。

8.5.5 190mm厚度外叶墙与90mm厚度内叶墙组成的小砌块夹心墙施工应符合下列要求：

1 在多层砌体混合结构房屋中，190mm厚度外叶墙在L形与T形节点处，可设置芯柱或构造柱。

2 在墙体设置芯柱的L形节点处，外墙与山墙应错缝搭砌并每隔2皮小砌块埋置转角的$\phi4$点焊钢筋网片或$2\phi6$拉结钢筋；在T形节点处，内墙不得与外墙搭砌，但仍应按2皮小砌块垂直间距设$\phi4$点焊钢筋网片或$2\phi6$拉结钢筋。芯柱数量、位置应按设计要求设置，且在T形部位内墙不得少于3孔芯柱。

3 在墙体设置构造柱的L形节点处，外墙、山墙与构造柱间应按2皮小砌块垂直间距埋设$\phi4$点焊钢筋网片或$2\phi6$拉结钢筋并留马牙槎口；在T形节点处，外墙与构造柱仍按前述要求设拉结筋，留马牙槎，但内墙仅将$2\phi6$@400拉结钢筋锚入构造柱，不留槎口。构造柱在L形节点处的截面边长应与外墙、山墙厚度一致；在T形节点处，构造柱的外侧表面应平齐外墙面，其截面边长应与内墙厚度等宽，另一方向的截面边长宜为外墙厚度190mm减20mm。

4 当墙体T形节点设芯柱时，邻近外墙的内墙第一块小砌块的端面从墙底到墙顶应用预先满贴聚苯板的小砌块砌筑。聚苯板厚度宜为10mm；当T形节点设构造柱时，聚苯板厚度宜为20mm。

5 保温墙夹心层（空腔）与90mm厚度的内叶墙可日后施工。保温板粘贴可在外叶墙较干燥时进行。

6 内、外叶墙间可不设拉结钢筋网片或任何形式的拉结件，但内叶墙两端与内墙应每隔2皮小砌块设置$\phi4$点焊钢筋网片或$2\phi6$拉结钢筋。当内叶墙高度超过4m时，宜在1/2墙高处设置与内墙连接且沿墙全长贯通的钢筋混凝土水平系梁。

7 墙体T形交接处的楼、屋面现浇圈梁中的纵向钢筋须连通，但混凝土在结合处的聚苯板位置留缝断开。缝宽宜为10mm～20mm，缝内宜充填聚氨酯填缝剂。

8 在不改变室内净宽度和净长度尺寸的前提下，外墙的定位轴线应设在190mm厚度的外叶墙上。

8.6 芯柱施工

8.6.1 每根芯柱的柱脚部位应采用带清扫口的U型、E型或C型等异型小砌块砌筑。

8.6.2 砌筑中应及时清除芯柱孔洞内壁及孔道内掉

落的砂浆等杂物。

8.6.3 芯柱的纵向钢筋应采用带肋钢筋，并从每层墙（柱）顶向下穿入小砌块孔洞，通过清扫口与从圈梁（基础圈梁、楼层圈梁）或连系梁伸出的竖向插筋绑扎搭接。搭接长度应符合设计要求。

8.6.4 用模板封闭清扫口时，应有防止混凝土漏浆的措施。

8.6.5 灌筑芯柱的混凝土前，应先浇 50mm 厚与灌孔混凝土成分相同不含粗骨料的水泥砂浆。

8.6.6 芯柱的混凝土应待墙体砌筑砂浆强度等级达到 1MPa 及以上时，方可浇灌。

8.6.7 芯柱的混凝土坍落度不应小于 90mm；当采用泵送时，坍落度不宜小于 160mm。

8.6.8 芯柱的混凝土应按连续浇灌、分层捣实的原则进行操作，直浇至离该芯柱最上一皮小砌块顶面 50mm 止，不得留施工缝。振捣时，宜选用微型行星式高频振动棒。

8.6.9 芯柱沿房屋高度方向应贯通。当采用预制钢筋混凝土楼板时，其芯柱位置处的每层楼面应预留缺口或设置现浇钢筋混凝土板带。

8.6.10 芯柱的混凝土试件制作、养护和抗压强度取值应符合现行国家标准《混凝土结构工程施工质量验收规范》GB 50204 的规定。混凝土配合比变更时，应相应制作试块。施工现场实测检验宜采用锤击法敲击芯柱外表面。必要时，可采用钻芯法或超声法检测。

8.7 构造柱施工

8.7.1 设置钢筋混凝土构造柱的小砌块墙体，应按绑扎钢筋、砌筑墙体、支设模板、浇灌混凝土的施工顺序进行。

8.7.2 墙体与构造柱连接处应砌成马牙槎，从每层柱脚开始，先退后进。槎口尺寸为长 100mm、高 200mm。墙、柱间的水平灰缝内应按设计要求埋置 $\phi 4$ 点焊钢筋网片。

8.7.3 构造柱两侧模板应紧贴墙面，不得漏浆。柱模底部应预留 100mm × 200mm 清扫口。

8.7.4 构造柱纵向钢筋的混凝土保护层厚度宜为 20mm，且不应小于 15mm。混凝土坍落度宜为 50mm～70mm。

8.7.5 构造柱混凝土浇灌前，应清除砂浆等杂物并浇水湿润模板，然后先注入与混凝土成分相同不含粗骨料的水泥砂浆 50mm 厚，再分层浇灌、振捣混凝土，直至完成。凹形槎口的腋部应振捣密实。

8.8 填充墙体施工

8.8.1 小砌块填充墙的砌筑除应按本规程第 8.4 节的规定执行外，尚应符合本节要求。

8.8.2 小砌块堆放要求除符合本规程第 8.3.3 条的规定外，应充分利用在建框架结构的空间，将小砌块按每层的使用量分散堆放至各层楼面的墙体砌筑位置处。

8.8.3 轻骨料小砌块用于未设混凝土反梁或坎台（导墙）的厨房、卫生间及其他需防潮、防湿房间的墙体时，其底部第一皮应用 C20 混凝土填实孔洞的普通小砌块或实心小砌块（90mm×190mm×53mm）三皮砌筑。

8.8.4 填充墙与框架或剪力墙间的界面缝连接应按下列要求施工：

1 沿框架柱或剪力墙全高每隔 400mm 埋设或用植筋法预留 $2\phi 6$ 拉结钢筋，其伸入填充墙内水平灰缝中的长度应按抗震设计要求沿墙全长贯通。

2 填充内墙砌筑时，除应每隔 2 皮小砌块在水平灰缝中埋置长度不得小于 1000mm 或至门窗洞口边并与框架柱（剪力墙）拉结的 $2\phi 6$ 钢筋外，尚宜在水平灰缝中按垂直间距 400mm 沿墙全长铺设直径为 $\phi 4$ 点焊钢筋网片。网片与拉结筋可不设在同皮水平灰缝内，宜相距一皮小砌块的高度。网片应按本规程第 8.4.13 条的要求进行制作与埋设，不得翘曲。铺设时，应将网片的纵、横向钢筋分置于小砌块的壁、肋上。网片间搭接长度不宜小于 90mm 并焊接。

3 除芯柱部位外，填充墙的底皮和顶皮小砌块宜用 C20 混凝土或 LC20 轻骨料混凝土预先填实后正砌砌筑。

4 界面缝采用柔性连接时，填充墙与框架柱或剪力墙相接处应预留 10mm～15mm 宽的缝隙；填充墙顶与上层楼面的梁底或板底间也应预留 10mm～20mm 宽的缝隙。缝内中间处宜在填充墙砌完后 28d 用聚乙烯（PE）棒材嵌塞，其直径宜比缝宽大 2mm～5mm。缝的两侧应充填聚氨酯泡沫填缝剂（PU 发泡剂）或其他柔性嵌缝材料。缝口应在 PU 发泡剂外再用弹性腻子封闭；缝内也可嵌填宽度为墙厚减 60mm，厚度比缝宽大 1mm～2mm 的膨胀聚苯板，应挤紧，不得松动。聚苯板的外侧应喷 25mm 厚 PU 发泡剂，并用弹性腻子封至缝口。

5 界面缝采用刚性连接时，填充墙与框架柱或剪力墙相接处的灰缝必须饱满、密实，并应二次补浆勾缝，凹进墙面宜 5mm；填充墙砌至接近上层楼面的梁、板底时，应留空隙 100mm 高。空隙宜在填充墙砌完后 28d 用实心小砌块（90mm× 190mm× 53mm）斜砌挤紧，灰缝等空隙处的砂浆应饱满、密实。

6 填充墙与框架柱或剪力墙之间不埋设拉结钢筋，并相离 10mm～15mm；墙的两端与墙中或 1/3 墙长处以及门窗洞口两侧各设 2 孔～3 孔配筋芯柱或构造柱，其纵筋的上下两端应采用预留钢筋、预埋铁件、化学植筋或膨胀螺栓等连接方式与主体结构固定；墙体内应按本条第 2 款的要求，在砌筑时每隔 2

皮小砌块沿墙长铺设 $\phi4$ 点焊钢筋网片；墙顶除芯柱或构造柱部位外，宜留 10mm～20mm 宽的缝隙，并按本条第 4 款的要求进行界面缝施工。填充外墙尚应在窗台与窗顶位置沿墙长设置现浇钢筋混凝土连系带，并与各芯柱或构造柱拉结。连系带宜用 U 型小砌块砌筑，内置的纵向水平钢筋应符合设计要求且不得小于 $2\phi12$。

8.8.5 小砌块填充墙与框架柱、梁或剪力墙相接处的界面缝的正反两面，均应平整地紧贴墙、柱、梁的表面钉设钢丝直径为 0.5mm～0.9mm、菱形网孔边长 20mm 的热镀锌钢丝网。网宽应为缝两侧各 200mm，且不得使用翘曲、扭曲等不平整的钢丝网。固定钢丝网的射钉、水泥钉、骑马钉（U 形钉）等紧固件应为金属制品并配带垫圈或压板压紧。同时，在此部位的抹灰层面层且靠近面层的表面处，宜增设一层与钢丝网外形尺寸相同由聚酯纤维制成的无纺布或薄型涤棉平布。

8.8.6 小砌块填充墙内设置构造柱时，应按本规程第 8.7 节的规定进行施工。

8.8.7 填充墙中的芯柱施工除底部设清扫口外，尚应在 1/2 柱高与柱顶处设置。芯柱纵向钢筋的下料长度应为 1/2 柱高加搭接长度，数量应为两根，并应同时放入中部的清扫口。一根纵筋应通过底部清扫口与本层楼面的竖向插筋或其他方式固定；另一根纵筋应在砌到墙顶时通过中部清扫口向上提升，在顶部清扫口与上层梁、板底的预留筋或其他方式连接。底部清扫口应在清除孔道内砂浆等杂物后先行封模；中部清扫口应在芯柱下半部的混凝土浇灌、振捣完成后封闭，并继续浇灌直至顶部清扫口下缘。顶部清扫口内应用 C20 干硬性混凝土或粗砂拌制的 1：2 水泥砂浆填实。

8.8.8 小砌块填充外墙当采用带有锚栓的外保温系统时，其小砌块的强度等级不得低于 MU5.0 级且外壁厚度不得少于 30mm。

8.8.9 内嵌式填充外墙当采用复合保温小砌块砌筑时，宜将整个墙体外挑，其挑出宽度不得大于 50mm，且应沿墙底全长用经防腐处理的金属托条支承。托条宜采用一肢宽度为 40mm～50mm、厚度不小于 5mm 的不等边角钢或高强铝合金件，且与主体结构的梁、柱或墙固定。

8.8.10 填充外墙采用夹心复合保温小砌块砌筑时，宜采取外贴式外包框架外柱；当采用内嵌式砌筑时，应按本规程第 8.8.9 条的要求将整个墙体外挑。

8.8.11 填充外墙采用夹心墙时，190mm 厚度的外叶墙不宜外挑并外包框架柱。框架柱外侧应按设计要求粘贴保温板或其他保温材料。保温夹心层（空腔）与 90mm 厚度的内叶墙可日后施工。内叶墙与框架柱连接应按本规程第 8.8.4 条第 1 款要求施工；当采用内嵌式砌筑时，应将 190mm 厚度的外叶墙外挑，并按本规程第 8.8.9 条要求施工。保温夹心层（空腔）与 90mm 厚度的内叶墙可日后施工；当 90mm 厚度墙作外叶墙、190mm 厚度墙为内叶墙时，应采取不外挑的外贴式外包框架外柱或按内嵌式填充外墙进行砌筑，其施工要求应符合本规程第 8.5.4 条的规定。严禁内嵌式填充外墙将 90mm 厚度外叶墙外挑。

8.8.12 框架结构中的楼梯间、通道、走廊、门厅、出入口等人流通过的交通区域，该范围内的填充墙两侧墙面应分层抹 1：2 水泥砂浆钢丝网面层，总厚度宜为 20mm。钢丝网的规格、尺寸应符合本规程第 8.8.5 条的要求。

8.9 单层房屋非承重围护墙体施工

8.9.1 小砌块用于生产性用房（厂房、车间、仓库等）与非生产性用房（食堂、练习房、多功能厅等）的单层房屋的非承重围护墙时，其砌筑要求应符合本规程第 8.4 节的有关规定。

8.9.2 围护墙与房屋主体结构钢筋混凝土柱连接的拉结筋应为 $2\phi6$ 钢筋，竖向间距 400mm，埋入墙内水平灰缝中的长度不得小于 700mm；围护墙与钢柱间的连接构造、焊缝形式、焊缝长度和厚度应符合设计要求。

8.9.3 门窗洞口两侧的单排孔小砌块孔洞，应用 C20 普通混凝土或 LC20 轻骨料混凝土灌孔填实；双排孔或多排孔小砌块的孔洞宜填实后砌筑。

8.9.4 围护墙的窗台处，应设现浇或预制的钢筋混凝土窗台梁、板。当无窗台梁或窗台板时，应将窗台长度范围内的顶面一皮小砌块孔洞用 C20 混凝土填实；对插填聚苯板或其他绝热保温材料的小砌块应用 2mm 厚的钢板网封闭顶面，外抹 1：2 水泥砂浆。

8.9.5 设有钢筋混凝土抗风柱的单层房屋的山墙，应在柱顶与屋架以及屋架间的支撑均已连接固定后，方可砌筑。

8.9.6 围护墙的壁柱与山墙的抗风柱应采用强度等级不得低于 MU7.5 级单排孔小砌块砌筑。相邻的上下皮小砌块应对孔搭砌，竖向通缝不得超过 3 皮，并应将壁柱与抗风柱范围内的所有孔洞用 Cb20 混凝土全高灌实。当柱的孔洞内设有纵向钢筋时，应按本规程第 8.10 节的要求进行施工。

8.9.7 清水围护墙应采用符合抗渗性指标要求的小砌块砌筑，除灰缝砌筑饱满、勾缝密实外，墙面应至少刷两遍中、高档弹性防水涂料。

8.9.8 围护墙上现浇圈梁、连梁、过梁等构件的施工，应符合本规程第 8.4.13～8.4.15 条的规定。

8.9.9 小砌块山墙顶部的斜坡或卧梁应用 C20 混凝土现浇，内埋铁件与屋面构件或纵向连系杆连接。

8.10 配筋小砌块砌体施工

Ⅰ 小砌块砌筑

8.10.1 配筋小砌块砌体应采用带功能缝的小砌块砌筑，并应符合本规程第8.4节和本节的要求。

8.10.2 灌孔混凝土墙、柱的每层第一皮应用带清扫口的小砌块砌筑。

8.10.3 设置墙体水平钢筋的小砌块槽口应在砌筑时按需随砌随敲，且槽口应向下反砌。

8.10.4 小砌块水平灰缝砂浆宜铺一块砌一块；竖缝砂浆仅铺于小砌块端面两边缘部位，中间凹槽面不得铺灰，应为空腔。

8.10.5 砌筑时，应随砌随清理孔道内壁和竖缝空腔内被挤出的砂浆，并用原浆勾缝。

8.10.6 高层小砌块配筋砌体当采用夹心墙时，应按本规程第8.5.4条的规定进行施工。

Ⅱ 钢筋施工

8.10.7 配筋小砌块墙体内的水平钢筋应置于反砌小砌块的槽口内，并应对称位于墙体中心线两侧，水平中距宜为80mm，用定位拉筋固定；水平筋的竖向间距应符合设计要求。环箍钢筋、S形拉筋应埋置在水平灰缝砂浆层中，不得露筋。

8.10.8 墙、柱的纵向钢筋应按本规程第8.6.3条的要求进行穿孔安装。

8.10.9 配筋小砌块墙体内的上下楼层的纵向钢筋（竖筋），宜对称位于小砌块孔洞中心线两侧并相互搭接；竖筋在每层墙体顶部处应用定位钢筋焊接固定；竖筋表面离小砌块孔洞内壁的水平净距不宜小于20mm。

8.10.10 环箍钢筋的两端应焊接闭合，且在同一平面。

8.10.11 独立柱与壁柱的每个小砌块孔洞中宜放置1根纵向钢筋，不应超过2根。当孔内设置2根时，两根钢筋的搭接接头不得在同一位置，应上下错开一个搭接长度的距离。

8.10.12 独立柱、壁柱的箍筋与拉筋应埋设在水平灰缝或灌孔混凝土中。箍筋与拉筋置于灌孔混凝土内时，应将其通过小砌块壁、肋的部位开出槽口。槽的宽度宜比箍筋或拉筋的直径大2mm，高度宜为50mm；箍筋与拉筋置于水平灰缝时，其直径不得大于10mm。

Ⅲ 灌孔混凝土施工

8.10.13 灌孔混凝土浇灌前，应按工程设计图对墙、柱内的钢筋品种、规格、数量、位置、间距、接头要求及预埋件的规格、数量、位置等进行隐蔽工程验收。

8.10.14 墙肢较短的配筋小砌块砌体与独立柱，在浇灌混凝土前应有防止砌体侧向移位的措施。

8.10.15 灌孔混凝土应采用粗骨料粒径5mm～16mm的预拌混凝土。浇灌时，混凝土不得有离析现象。坍落度宜为230mm～250mm。

8.10.16 灌孔混凝土浇灌应按本规程第8.6.4～第8.6.6条及第8.6.8条要求执行，并符合下列规定：

1 采用混凝土泵浇灌时，混凝土应经浇灌平台再入模（墙、柱），不得直接灌入墙、柱内。

2 振捣时，应逐孔按顺序捣实。振动棒在小砌块各个孔洞内的插入深度宜一致，不得遗漏或重复振捣。

3 浇灌时，应防止混凝土流入非承重墙的小砌块孔洞内。

8.11 管线与设备安装

8.11.1 水、电等管线应按小砌块排块图的要求进行敷设安装，并应与土建施工进度密切配合。

8.11.2 设计规定或施工所需的孔洞、沟槽与预埋件等，应在砌筑时预留或预埋，不得在已砌筑的墙体上打洞和凿槽。设计更改或施工遗漏的少量孔洞、沟槽宜用石材切割机开设。

8.11.3 水、电、煤气管道的进户水平向总管应埋于室外地面下；竖向总管应敷设于管道井内或楼梯间等阴角部位。

8.11.4 照明、电信、有线电视等线路可采用内穿12号钢丝的白色增强塑料管。水平管线宜敷设在圈梁（连梁）模板内侧或现浇混凝土楼板（屋面板）中，也可埋于专供安装水平管的带凹槽的异型小砌块内，凹槽深50mm，宽为130mm；竖向管线应随墙体砌筑埋设在小砌块孔洞内或在墙内水平钢筋与小砌块孔洞内壁之间。管线出口处应采用U型小砌块（190mm×190mm×190mm）竖砌或用石材切割机开出槽口，内埋安装开关、插座的接线盒等配件，四周应用水泥砂浆填实且凹进墙面2mm。

8.11.5 冷、热给水管应明装。当非配筋墙体需暗设时，水平管可敷设在带凹槽的异型小砌块内；立管宜安装在E型或ㄈ型小砌块的开口孔洞中。给水管道经试水验收合格，应按本规程第8.11.6条的要求进行封闭。

8.11.6 安装在小砌块凹槽内与开口孔洞中的管道应用管卡与墙体固定，不得有松动、反弹现象。浇水湿润后用1∶2水泥砂浆或C20干硬性细石混凝土填实凹槽，封闭面宜低凹于墙面2mm。外设10mm×10mm直径为0.5mm～0.9mm的钢丝网。网宽应跨过槽、洞口，每边与墙搭接的宽度不得小于100mm。

8.11.7 污水管、粪便管等排水管不论立管还是水平管均宜明管安装。

8.11.8 挂壁式的卫生设备安装宜用膨胀螺栓与墙体

固定。

8.11.9 电表箱、电话箱、水表箱、煤气表箱、有线电视铁盒及信报箱等应按设计要求在砌筑墙体时留设或明装。当安装表箱的洞口宽度大于400mm时，洞顶应设外形尺寸符合小砌块模数的钢筋混凝土过梁。

8.11.10 脱排油烟机和空调机的排气管与排水管应按集中排放的要求，预留出墙洞口的位置。在外墙面同一部位的上下洞口位置应垂直对齐，洞口直径的允许偏差为15mm，上下洞口位置偏移不得大于20mm。

8.12 门窗框安装

8.12.1 木门窗框两侧与非配筋墙体连接处的上、中、下部位，宜砌入单排孔小砌块（190mm×190mm×190mm）。孔洞内应预埋满涂沥青的楔形木块，其端头小的端面应与小砌块洞口齐平，四周用C20混凝土填实，或砌入3皮一顺一丁的实心小砌块（90mm×190mm×53mm）。木门窗框应用铁钉与木块连接或用射钉、膨胀螺栓与实心小砌块固定。

8.12.2 配筋小砌块墙体及非配筋墙体的门窗洞口两侧的小砌块用C20普通混凝土或LC20轻骨料混凝土填实时，门窗框与墙体间的连接件可采用射钉或膨胀螺栓固定，其施工方法同实心混凝土墙体（剪力墙）的门窗安装。

8.12.3 工业建筑、公共建筑及单层房屋中的大型、重型及组合式的门窗安装，应按设计要求在洞边和洞顶现浇钢筋混凝土门窗框与过梁。夹心墙上的门窗洞现浇钢筋混凝土框时，应按本规程第8.5.4条要求与内、外叶墙连接。

8.12.4 外墙门窗框与墙体间空隙的室外一侧应采用外墙弹性腻子封闭，室内侧及内墙门窗框与墙的间隙处均应用聚氨酯泡沫填缝剂（PU）充填。

8.12.5 外墙为外保温系统时，门窗框与墙体之间预留的缝隙宽度应考虑保温层的厚度。整个保温系统遮盖门窗框的宽度不应大于20mm。

8.13 墙体节能工程施工

8.13.1 小砌块外墙保温系统各组成部分的构造、材料性能、技术要求及保温系统的整体性能与试验方法应符合国家现行标准《外墙外保温工程技术规程》JGJ 144、《建筑节能工程施工质量验收规范》GB 50411、《膨胀聚苯板薄抹灰外墙外保温系统》JG 149、《胶粉聚苯颗粒外墙外保温系统》JG 158、《喷涂硬质聚氨酯泡沫塑料》GB/T 20219、《硬泡聚氨酯保温防水工程技术规范》GB 50404、《建筑保温砂浆》GB/T 20473等标准的规定。

8.13.2 外墙饰面层面砖的胶粘剂、勾缝剂的性能应分别符合现行行业标准《陶瓷墙地砖胶粘剂》JC/T 547与《陶瓷墙地砖填缝剂》JC/T 1004的要求。

8.13.3 外墙饰面层涂料的性能应符合现行国家标准《合成树脂乳液外墙涂料》GB/T 9755的要求。

8.13.4 施工现场应对下列材料的性能进行见证取样送检复验：

1 保温材料的导热系数、密度、抗压强度或压缩强度。

2 粘贴保温板的胶粘剂、面砖胶粘剂的粘结强度。严寒和寒冷地区尚应进行冻融试验，其试验结果应符合当地最低气温环境的使用要求。

3 耐碱涂塑玻璃纤维网格布、热镀锌电焊钢丝网的力学性能、抗腐蚀性能。

4 锚栓的抗拉承载力。

8.13.5 施工现场应对下列项目进行拉拔试验：

1 膨胀聚苯板、聚氨酯硬泡保温板、岩棉板等保温板材与基层的粘结强度；

2 后置入的锚栓锚固力；

3 饰面砖与防护层或基层的粘结强度。

8.13.6 组成小砌块外墙保温系统的各构造层的施工工序，均应列为隐蔽工程验收项目，每道工序验收合格方可进入下一施工顺序。

8.13.7 小砌块外墙保温系统施工前，墙体基层或找平层应平整、干净，不得有杂物、油污，其表面平整度的允许偏差应为4mm，立面垂直度允许偏差应为5mm。

8.13.8 保温层表面的平整度、垂直度及阴阳角方正的偏差均不超过4mm时，方可进行抗裂砂浆或抹面胶浆防护层施工。

8.13.9 抗裂砂浆或抹面胶浆防护层表面的平整度、垂直度及阴阳角方正的偏差均不超过3mm时，方可进行饰面层施工。

8.13.10 膨胀聚苯板、聚氨酯硬泡保温板、岩棉板等保温板材的粘贴应符合下列规定：

1 保温板粘贴宜采用满粘法。

2 膨胀聚苯板出厂前应在自然条件下陈化42d或在60℃蒸气中陈化5d。陈化时间不足的膨胀聚苯板不得上墙粘贴。

3 墙体找平层表面应按排板图的要求弹线标明每一行保温板的粘贴位置。粘贴顺序应自下而上沿水平方向横向铺贴，上下相邻两行板缝应错缝搭接；墙体阴阳角部位应槎口咬合；门窗洞口处应用整板粘贴，板间接缝离洞口四角不得小于200mm。现场裁切保温板的切口边缘应平直。

4 膨胀聚苯板不得用于高度100m及以上的居住建筑和高度50m及以上的公共建筑外墙外保温工程。

8.13.11 外墙外保温系统锚栓施工应符合下列规定：

1 锚栓应采用拧入打结式。螺钉应用不锈钢或镀锌的沉头自攻钢钉，锌的涂层厚度不得小于5μm；膨胀套管外径应为7mm～10mm，用尼龙6或尼龙66制成，不得使用回收的再生材料，且应带大于ϕ50塑料圆盘压住保温板或带U形金属压盘固定钢丝网。单个锚栓抗拉承载力标准值不得小于0.8kN。

2 锚栓安装应在保温板粘贴24h后进行。锚栓孔应采用旋转方式钻孔并清孔。孔深应大于锚栓长度至少20mm，锚入墙体小砌块内的有效深度不得少于25mm。当房屋高度为20m及以下时，锚栓数量不宜少于6个/m^2；房屋高度超过20m时宜为8个/m^2，且墙体阳角两侧各2.4m宽的部位宜每平方米增加2个。板的四角、中心部位及板长边的中间点位置均应设置锚栓。

8.13.12 膨胀聚苯板薄抹灰的抹面胶浆防护层厚度不应小于3mm，也不宜大于6mm，并分底、面两层。底层抹面胶浆可直接抹在膨胀聚苯板面上，厚度宜为2mm～3mm。耐碱涂塑玻璃纤维网格布（以下简称耐碱网布或网布）应及时进行铺贴。门窗洞口四角和墙体阴阳角等处的加强型耐碱网布应先平整压入底层胶浆中，连续铺贴的大面积普通型网布应压盖局部、分散的加强型网布，不得褶皱、空鼓、翘边。耐碱网布间竖、横向搭接宽度均不宜少于100mm；墙体阳角处网布的转角包边宽度应为200mm，阴角处的转角搭接宽度不得少于150mm。面层抹面胶浆应在底层胶浆稍干涂抹，厚度宜为1mm～3mm，并应全遮盖耐碱网布。

8.13.13 胶粉聚苯颗粒保温浆料（以下简称保温浆料或浆料）施工前，应在墙体基层表面涂刷或滚刷界面砂浆，厚度宜为2mm。界面砂浆中的水泥与中细砂应先均匀混合成干混料，使用时拌入界面剂。

8.13.14 保温浆料施工应符合下列要求：

1 保温浆料应为袋装干混预拌料。施工现场取样的保温浆料干密度应为180kg/m^3～250kg/m^3。施工中应制作同条件养护试件，并见证取样送检。

2 保温浆料层的厚度、平整度与垂直度的控制应按外墙抹灰工艺的要求进行。施工时，应分遍抹浆料，每遍厚度不宜超过20mm，且间隔时间应大于24h。第一遍浆料应抹压实，面层浆料应平整，厚度宜为10mm。浆料与基层及各构造层之间的粘结必须牢固，不应脱层、空鼓和开裂。保温浆料应随拌随用，并在4h内用完，回收落地的保温浆料应及时拌合使用。

3 在严寒和寒冷地区，不得将浆料类外墙外保温系统作为单一的外保温材料使用，但可与高效保温材料复合应用。

8.13.15 抗裂砂浆应由42.5级普通硅酸盐水泥、中砂、抗裂剂按1∶3∶1重量比组成。预拌干混抗裂砂浆应按照该产品的使用要求加水拌合，并宜在2h内用完。稠度宜为80mm～130mm。

8.13.16 抗裂砂浆防护层采用耐碱网布增强时，其底层厚度宜为2mm～3mm。耐碱网布应按本规程第8.13.12条的要求进行铺贴，但房屋首层（底层）外墙面应粘贴双层耐碱网布，第一层加强型耐碱网布可采用平缝对接，第二层普通型耐碱网布应搭接。铺贴顺序应先抹抗裂砂浆并及时压入第一层耐碱网布，再抹抗裂砂浆压入第二层耐碱网布，上下两层耐碱网布搭接位置应错开。首层墙体阳角部位在第一层耐碱网布铺贴后应及时安装35mm×35mm×0.5mm的金属护角并压实；抹第二遍抗裂砂浆压第二层耐碱网布时，应包裹整个护角。面层抗裂砂浆应在底层抗裂砂浆稍干涂抹，厚度宜为1mm～3mm，并应全覆盖所有的耐碱网布。

8.13.17 饰面层为面砖时，抗裂砂浆防护层中的增强网应采用热镀锌电焊钢丝网（以下简称钢丝网）代替耐碱网布，并应用锚栓固定。

8.13.18 抗裂砂浆防护层采用钢丝网增强时，其底层厚度宜为3mm～5mm；面层砂浆应在钢丝网铺设完成并检查合格后涂抹，厚度宜为5mm～7mm，且应全覆盖钢丝网。砂浆层总厚度宜为（10±2）mm。

8.13.19 外墙外保温系统中钢丝网施工应符合下列要求：

1 钢丝网丝径宜为0.9mm，网孔尺寸为12.5mm×12.5mm，并用克丝钳剪成长度不超过3m，宽度宜为楼层高度的网片并整平。墙体阴阳角和门窗洞口部位的钢丝网应用专用成型机将其预先折成方正直角。

2 钢丝网应按从上到下、自左至右的顺序铺设，并将呈弧形弯曲面的钢丝网内侧面朝向抗裂砂浆底层，不得有凸鼓、褶皱和翘曲等现象。钢丝网应用带金属U形压盘的尼龙锚栓固定。锚栓安装与钢丝网铺设应前后配合同步进行。锚栓锚入墙体小砌块内的深度不得小于25mm，间距宜为400mm，呈梅花状布置。局部铺设不平整之处，宜用12号镀锌钢丝制作的U形卡压平固定。钢丝网的竖、横向搭接宽度应大于50mm，并用22号镀锌钢丝绑扎连接。钢丝网在墙体阳角部位应转角包边，宽度不得少于200mm，在阴角处的弯折宽度应为150mm。门窗洞侧面、女儿墙、变形缝等处的钢丝网应用带金属U形压盘的尼龙锚栓或带钢垫片的水泥钉与墙体固定。

8.13.20 小砌块外墙采用岩棉板外墙外保温系统施工应符合下列要求：

1 岩棉板的性能应符合现行国家标准《建筑用岩棉、矿渣棉绝热制品》GB/T 19686和《绝热用岩棉、矿渣棉及其制品》GB/T 11835的规定。

2 岩棉板外墙外保温系统应采用耐碱网布和钢丝网“双网”增强网结构。

3 岩棉板表面应涂刷界面砂浆后方可进行下一道工序。

4 当饰面层为涂料时，钢丝网应直接铺设在岩棉保温板板面，抗裂砂浆防护层应覆盖耐碱网布；当饰面层为面砖时，耐碱网布应压入底层抗裂砂浆并紧贴岩面板板面，钢丝网应铺设在网布外侧，并用锚栓固定。面层抗裂砂浆应全覆盖钢丝网。

5 采用面砖饰面时，岩棉板的抗拉强度应大于0.015MPa；耐碱网布的经、纬向耐碱断裂强力应大于1250N/50mm。

8.13.21 小砌块外墙采用泡沫玻璃保温系统的施工应符合下列要求：

1 泡沫玻璃的性能应符合现行行业标准《泡沫玻璃绝热制品》JC/T 641的规定。

2 泡沫玻璃可用于内、外保温系统，其各部分的构造层均应为：墙体基层、粘贴层、泡沫玻璃保温层、防护层和饰面层组成。

3 当粘结层使用胶粘剂粘贴泡沫玻璃时，应符合本规程第8.13.10条的规定，可不设锚栓固定。

4 抗裂砂浆防护层应按本规程第8.13.15条和第8.13.16条的规定施工。耐碱网布应视工程情况按需设置。

5 外墙室外饰面层应使用乳液型弹性外墙涂料；外墙室内饰面层可用涂料、墙纸或粘贴纸面石膏板。

8.13.22 小砌块外墙采用喷涂聚氨酯硬泡外墙外保温系统施工应符合下列要求：

1 喷涂聚氨酯硬泡保温层前，墙体基层应先抹聚氨酯底漆或抹面胶浆。

2 喷涂施工时的环境温度宜为10℃～40℃，风速不应大于5m/s三级风。当施工环境温度低于10℃时，应有保证喷涂质量的措施。

3 喷枪口距作业面的距离不宜超过1.5m，且应遮挡、保护门窗、阳台等不需喷涂的部位和部件。

4 聚氨酯硬泡的喷涂厚度标志应均匀布设整个墙面。每次喷涂厚度宜为10mm，不得流淌。上一层喷涂的聚氨酯硬泡表面不粘手时，方可喷涂下一层。

5 喷涂后的聚氨酯硬泡保温层应充分熟化后方可进行下道工序施工。

6 不平整的聚氨酯硬泡保温层表面应抹界面砂浆层与保温浆料或保温砂浆找平层。

7 抗裂砂浆覆盖增强网的施工要求应符合本规程第8.13.16条和第8.13.18条的规定。

8.13.23 小砌块夹心墙中的保温层为现场浇注聚氨酯硬泡、发泡脲醛树脂或泡沫混凝土保温材料时，应符合下列要求：

1 浇注聚氨酯硬泡、发泡脲醛树脂或泡沫混凝土保温材料前，每层内、外叶墙的砌筑、勾缝等工序应完成，且夹心墙空腔部位的门窗等洞口周边应严密封闭，不得渗漏。

2 浇注时，小砌块墙体的砌筑砂浆强度等级不得低于1MPa。

3 浇注应采取循环、连续、间隔的浇注方式进行作业，一次浇注高度宜为350mm～500mm。

4 浇注后，在墙顶圈梁等楼、屋面构件尚未施工前，应予遮盖保护。

5 泡沫混凝土的导热系数、干密度、抗压强度等性能指标应符合墙体节能设计的要求。

6 泡沫混凝土宜采用预拌混凝土，或在现场制备，就地浇注，两种拌制方式，均应见证取样送检复验。

8.13.24 单排孔小砌块墙体灌注聚氨酯硬泡、发泡脲醛树脂或泡沫混凝土时，应符合下列要求：

1 灌注的保温材料其导热系数、密度、强度等性能指标应符合墙体节能设计的规定。

2 墙体交接处应设构造柱，且不留马牙槎口，应采用平直缝及拉结筋连接。在墙体T形结合处，内墙紧邻构造柱的第一块小砌块从墙底到墙顶均应用复合保温小砌块或紧贴构造柱的端面粘有厚度10mm～20mm聚苯板的小砌块砌筑。

3 每层外墙的第一皮小砌块应设清扫口。当孔洞内的杂物清理完成并在灌注绝热保温材料前应予封闭。

4 过梁、圈梁应为节能型现浇钢筋混凝土构件。

5 保温材料的灌注应按房屋楼层分层进行，且所灌注的墙体其砌筑及墙内管线埋设等作业已经完成。

6 灌注时，小砌块砌体的砌筑砂浆强度等级应达到1MPa及以上。

8.13.25 小砌块墙体采用保温砂浆保温时，应符合下列要求：

1 保温砂浆施工前，应对小砌块墙体基层（找平层）进行界面处理。

2 保温砂浆分层厚度不应大于20mm。保温砂浆层的厚度宜为10mm～30mm，且应分遍施工，每遍的砂浆厚度不宜大于10mm。后一遍保温砂浆应在前一遍保温砂浆初凝且表面有一定强度后方可施工。抹时可适度用力，但不宜过大，不得在同一部位反复抹压。

3 保温砂浆的外保温抹灰顺序应由上向下，内保温可由顶层开始。墙体阳角、门窗洞口、踢脚线等易被碰撞的部位应用水泥砂浆做护角或踢脚线。

4 保温砂浆层的表面应用聚合物抗裂砂浆层罩面，厚度宜为3mm～5mm。抗裂砂浆层内应压贴耐碱网布。

5 饰面层材料应采用涂料。

6 施工中应制作同条件养护试件，检测其导热系数、干密度和抗压强度，并应见证取样送检。

8.13.26 外墙外保温防火隔离带设置应符合国家现行有关标准的规定。

8.13.27 外保温施工时，对聚苯板、聚氨酯等非A级保温材料的保管、使用应有防火应急预案，并实行全过程、全方位的防火监控与设防。

8.13.28 饰面层应采用乳液型弹性外墙涂料。施工时，防护层应干燥，并应按“一底二面”分遍涂刷，对要求较高的工程可增加涂层的遍数。后一遍涂料的涂刷应待前一遍涂料表面干燥后方可进行。避免在大风、强日照的天气条件下施工。

8.13.29 饰面层面砖施工应符合下列要求：

1 面砖自重不应大于 30kg /m²，厚度宜为 8mm～10mm，砖面尺寸长度×宽度应小于或等于 300mm×300mm 或 200mm × 400mm，单块面积不应大于 0.09m²，吸水率应在 3 %以下，且砖背面应有燕尾槽。

2 面砖粘贴应在表面拉毛的抗裂砂浆层完成且稍湿养护 7d 后进行。粘结层厚度宜为 3mm ～ 5mm，应采用满粘法自上而下粘贴，必须粘贴牢固，不得出现空鼓。面砖间的缝宽不应小于 5mm，不得密缝粘贴。

3 面砖勾缝剂应为高憎水型，并具有柔性。勾缝施工离面砖完工时间应至少相隔 2d。勾缝应按先平缝后竖缝的顺序进行，且应连续、平直、光滑、无裂纹、无空鼓。缝深不宜大于 2mm，可采用平缝。

8.13.30 房屋楼层数的 1/4～1/5 的顶部楼层，其室内抹灰及装饰装修宜在屋面保温层乃至整个屋面工程完工后进行。

8.13.31 房屋外墙抹灰及外保温工程应待屋面工程全部完工后进行。

8.13.32 墙面抹灰前及设有钢丝网的部位，应先用有机胶拌制的水泥浆或界面剂等材料满涂后，方可进行抹灰施工。

8.13.33 抹灰前墙面不宜洒水。天气炎热干燥时可在操作前 1h～2h 适度喷水。

8.13.34 墙面抹灰应分层进行，总厚度宜为 15mm～20mm。

8.14 雨期、冬期施工

8.14.1 雨量为小雨及以上时，应停止砌筑，并对已砌筑的砌体与堆放在室外的小砌块进行遮盖。继续砌筑时，应先复核砌体垂直度。

8.14.2 室外日平均气温连续 5d 稳定低于 5℃或气温骤然下降以及冬期施工期限以外的日最低气温低于 0℃时，均应采取冬期施工措施。

8.14.3 冬期施工，砌筑砂浆的稠度应视实际情况适当减小。日砌筑高度不宜超过 1.2m。

8.14.4 小砌块砌体冬期施工应按国家现行标准《砌体结构工程施工质量验收规范》GB 50203 和《建筑工程冬期施工规程》JGJ/T 104 的规定执行。

8.14.5 冬期小砌块砌体施工所用的材料，应符合下列要求：

1 不得使用表面结冰的小砌块；

2 砌筑砂浆宜用普通硅酸盐水泥拌制；

3 石灰膏应防止受冻；遭冻结的石灰膏应融化后使用；

4 砌筑砂浆、构造柱混凝土和灌孔混凝土所用的砂与粗骨料不得含有冰块和直径大于 10mm 的冻结块；

5 拌合砌筑砂浆时，水的温度不得超过 80℃，砂的温度不得超过 40℃，砂浆稠度宜较常温减小；

6 干粉砂浆应按需适量拌制，随拌随用；

7 现场拌制、储存与运送砂浆应有冬期施工措施。

8.14.6 冬期施工应及时用保温材料对新砌砌体进行覆盖，砌筑面不得留有砂浆。继续砌筑前，应清扫砌筑面。

8.14.7 冬期施工时，砌筑砂浆的强度等级应视气温的高低比常温施工至少提高 1 级。

8.14.8 冬期施工时，砌筑砂浆试块的留置除应按常温规定外，尚应增留不少于 1 组与砌体同条件养护的试块，测试检验 28d 强度。

8.14.9 砌筑砂浆使用时的温度不应低于 5℃。

8.14.10 记录冬期砌筑的施工日记除应按常规要求外，尚应记载室外空气温度、砌筑时砂浆温度、外加剂掺量以及其他有关数据。

8.14.11 构造柱混凝土与灌孔混凝土的冬期施工应按现行行业标准《建筑工程冬期施工规程》JGJ/T 104 的规定执行。

8.14.12 基土无冻胀性时，基础可在冻结的地基上砌筑；基土有冻胀性时，应在未冻的地基上砌筑。在基槽、基坑回填土前应采取防止地基遭受冻结的措施。

8.14.13 小砌块砌体不得采用冻结法施工。配筋小砌块砌体与埋有未经防腐处理的钢筋及钢筋网片的砌体，不得使用掺氯盐的砌筑砂浆。

8.14.14 采用掺外加剂法时，其掺量应由试验确定，并应符合现行国家标准《混凝土外加剂应用技术规范》GB 50119 的规定。

8.14.15 采用暖棚法施工时，小砌块和砂浆在砌筑时的温度不应低于 5℃，同时离所砌的结构底面 500mm 处的棚内温度也不应低于 5℃。

8.14.16 暖棚内的小砌块砌体养护时间，应根据暖棚内的温度按表 8.14.16 确定。

表 8.14.16 暖棚法小砌块砌体的养护时间

暖棚内温度(℃)	5	10	15	20
养护时间不少于(d)	6	5	4	3

8.14.17 雨期、冬期不得进行外墙外保温工程与涂料、面砖饰面施工。

9 工程验收

9.1 一般规定

9.1.1 小砌块砌体工程验收应按检验批验收、分项工程验收、子分部工程验收的程序依次进行。

9.1.2 检验批的数量及范围可按楼层及施工段数确定，不应超过 250m^3 小砌块砌体，且应为同质材料及同强度等级的砌体；小砌块基础砌体，可按一个楼层数计；小砌块填充墙砌体的量很少时，可将几个楼层的同质材料及同强度等级的填充墙砌体合为一个检验批。

9.1.3 检验批验收时，其主控项目应全部符合本章的规定；一般项目应有 80%及以上的抽检处符合本章的规定；允许偏差项目的最大超差值，不得大于允许偏差值的 1.5 倍。

9.1.4 检验批的工程质量不符合要求时，应按现行国家标准《建筑工程施工质量验收统一标准》GB 50300 的规定执行。

9.1.5 子分部工程验收时，应对小砌块砌体工程的观感质量作出总体评价。

9.1.6 对有裂缝的小砌块砌体应分别按下列情况进行验收：

1 有可能影响结构安全性的砌体裂缝，应由有资质的检测单位检测鉴定。凡返修或加固处理的部分，应符合使用要求并进行再次验收。

2 不影响结构安全性的砌体裂缝，应予以验收。有碍使用功能和观感效果的裂缝，应进行遮蔽处理。

9.1.7 通过返修或加固处理仍不能满足安全使用要求的子分部工程，严禁验收。

9.1.8 小砌块砌体工程验收时，应提供下列文件和资料：

1 小砌块（含复合保温砌块、夹心复合保温砌块）、水泥、钢材等原材料的合格证书、产品性能检测报告和复验报告；

2 砌筑砂浆（含保温砌筑砂浆）和混凝土的配合比报告；

3 砌筑砂浆（含保温砌筑砂浆）和混凝土试件抗压强度试验报告；

4 施工记录；

5 配筋小砌块墙体实体检测记录；

6 钢筋施工隐蔽工程验收记录；

7 夹心墙保温层施工隐蔽工程验收记录；

8 填充墙界面缝施工记录；

9 各检验批的主控项目、一般项目质量验收记录；

10 分项工程质量验收记录；

11 子分部工程质量验收记录；

12 施工质量控制资料；

13 重大技术问题处理记录；

14 修改及变更设计的文件和资料；

15 其他必要提供的资料。

9.1.9 配筋小砌块砌体剪力墙应进行结构实体检验，其灌孔混凝土的强度应以在混凝土浇筑入模处取样制备并与结构实体同条件养护的试件强度为依据，并应采用非破损（超声波检测）或局部破损（钻孔取芯）的方法进行检测验证。同条件养护的试件留置数量与强度判定应按现行国家标准《混凝土强度检验评定标准》GB/T 50107 和《混凝土结构工程施工质量验收规范》GB 50204 的规定执行。

9.1.10 填充墙砌体与钢筋混凝土柱（墙、梁）间的界面缝施工应列为隐蔽工程验收。

9.1.11 小砌块墙体保温工程验收应按现行国家标准《建筑节能工程施工质量验收规范》GB 50411 的规定执行。

9.2 小砌块砌体工程

Ⅰ 主 控 项 目

9.2.1 小砌块的强度等级必须符合设计要求，其中复合保温砌块与夹心复合保温砌块中的绝热保温材料的材性、数量、位置、厚度等尚应符合小砌块墙体节能设计要求。

检查数量：

1 产地（厂家）相同的原材料以同一生产时间、配合比例、生产工艺、成型设备所生产的同强度等级的每 1 万块标准小砌块（或用于配筋砌体的带功能缝的标准小砌块）至少应抽检一组；用于房屋的基础和底层的小砌块抽检数量不应少于 2 组。

2 在材料、配比、工艺、设备、参数、规格及型号都相同的条件下，不带功能缝的 5 块小砌块抗压强度平均值应等于或大于带功能缝的 5 块小砌块抗压强度平均值的 1.1 倍。同时，单块带缝与不带缝小砌块的最小抗压强度值均不得小于各自平均值的 80%。

检验方法：检查小砌块的产品合格证书和试验、复验报告。

9.2.2 砌筑砂浆的强度等级必须符合设计要求，其中保温砌筑砂浆的导热系数、密度等性能指标尚应符合小砌块墙体节能设计要求。

检查数量：现场拌制的砌筑砂浆与干混砂浆的抽检应符合本规程第 8.2.11 条的规定；预拌砂浆以每次进入施工现场的数量为一检验批。

检验方法：检查砌筑砂浆试块的试验报告。预拌砂浆尚应检查砂浆合格证书、配合比报告和施工记录。

9.2.3 小砌块砌体的水平灰缝砂浆饱满度应按扣除小砌块孔洞后的净面积计算，不得小于 90%；竖向灰缝饱满度不应小于 90%，且不得有透光缝与假缝存在。配筋小砌块砌体的竖缝饱满度不计凹槽部位的面积。

检查数量：每检验批不得少于 5 处。

检验方法：用专用百格网检测小砌块与砂浆粘结痕迹。每处检测 3 块小砌块，取其平均值。

9.2.4 除应设置构造柱的部位外，墙体转角和纵横墙交接处应同时砌筑。临时间断处应砌成斜槎。斜槎水平投影长度不应小于其高度的2/3。

检查数量：每检验批抽检不应少于5处。

检验方法：观察检查。

Ⅱ 一般项目

9.2.5 墙体的水平灰缝厚度和竖向灰缝宽度宜为10mm，不得大于12mm，也不应小于8mm。

检查数量：每检验批抽检不得少于5处。

检验方法：用尺量5皮小砌块的高度和2m长度的墙体进行折算。

9.2.6 小砌块砌体的轴线、垂直度与一般尺寸的允许偏差值以及检验要求应符合表9.2.6的规定。

表9.2.6 小砌块砌体的轴线、垂直度与一般尺寸的允许偏差

<table>
<tr><th>项次</th><th colspan="3">项目</th><th>允许偏差(mm)</th><th>检验方法</th><th>抽检数量</th></tr>
<tr><td>1</td><td colspan="3">轴线位移</td><td>10</td><td>用经纬仪和尺或用其他测量仪器检查</td><td>承重墙、柱全数检查</td></tr>
<tr><td>2</td><td colspan="3">基础、墙、柱顶面标高</td><td>±15</td><td>用水准仪和尺检查</td><td>不应少于5处</td></tr>
<tr><td rowspan="3">3</td><td rowspan="3">墙面垂直度</td><td colspan="2">每层</td><td>5</td><td>用2m托线板检查</td><td>不应少于5处</td></tr>
<tr><td rowspan="2">全高</td><td>≤10m</td><td>10</td><td rowspan="2">用经纬仪、吊线和尺或用其他测量仪器检查</td><td rowspan="2">外墙全部阳角</td></tr>
<tr><td>>10m</td><td>20</td></tr>
<tr><td rowspan="2">4</td><td rowspan="2">表面平整度</td><td colspan="2">清水墙、柱</td><td>5</td><td rowspan="2">用2m靠尺和楔形塞尺检查</td><td rowspan="2">不应少于5处</td></tr>
<tr><td colspan="2">混水墙、柱</td><td>8</td></tr>
<tr><td rowspan="2">5</td><td rowspan="2">水平灰缝平直度</td><td colspan="2">清水墙</td><td>7</td><td rowspan="2">拉5m线和尺检查</td><td rowspan="2">不应少于5处</td></tr>
<tr><td colspan="2">混水墙</td><td>10</td></tr>
<tr><td>6</td><td colspan="3">门窗洞口高、宽(后塞口)</td><td>±10</td><td>用尺检查</td><td>不应少于5处</td></tr>
<tr><td>7</td><td colspan="3">外墙上下窗口偏移</td><td>20</td><td>以底层窗口为准，用经纬仪或吊线检查</td><td>不应少于5处</td></tr>
</table>

9.3 配筋小砌块砌体工程

Ⅰ 主控项目

9.3.1 配筋小砌块砌体中的小砌块与砌筑砂浆的检验应符合本规程第9.2.1条和第9.2.2条的规定。

9.3.2 钢筋的品种、级别、规格、数量和设置部位应符合设计要求。

检查数量：按设计图全数检查。

检验方法：检查钢筋的合格证书、钢筋性能试验报告、隐蔽工程记录。

9.3.3 芯柱的混凝土、构造柱的混凝土及配筋小砌块砌体的灌孔混凝土的强度等级应符合设计要求。

检查数量：

1 每一检验批砌体中的芯柱、构造柱至少各应制作一组标准养护试块，验收批砌体试块不得少于3组。

2 配筋小砌块砌体的灌孔混凝土以灌注一个楼层或一个施工段墙体的同配合比的浇灌量为一检验批，其取样不得少于一次，并应至少留置一组标准养护试块；同一检验批的同配合比浇灌量超过100m^3时，其取样次数和标准养护试件留置组数应相应增加。同条件养护试件的留置组数应按工程实际需要确定，但不应少于6组。

检验方法：检查混凝土试块试验报告和施工记录。

9.3.4 构造柱与小砌块砌体连接处的马牙槎砌筑应符合本规程第8.7.2条的规定。槎口处的拉结钢筋直径、位置与垂直间距应正确，施工中不得随意弯折，且垂直位移不应超过一皮小砌块的高度。每一构造柱的拉结钢筋垂直移位和槎口尺寸偏差不应超过2处。

检查数量：每检验批抽检不得少于5处。

检验方法：观察与测量检查。

9.3.5 芯柱的混凝土应按本规程第8.6.9条的规定在预制楼板处全截面贯通，不得被楼盖截断。

检查数量：每检验批抽检不应少于5处。

检验方法：观察检查。

9.3.6 配筋小砌块砌体的竖向和水平向受力钢筋锚固长度与搭接长度应符合设计要求。

检查数量：每检验批抽检不应少于5处。

检验方法：尺量检查。

Ⅱ 一般项目

9.3.7 构造柱位置及垂直度的允许偏差应符合表9.3.7的规定。

表9.3.7 构造柱尺寸允许偏差

<table>
<tr><th>项次</th><th colspan="3">项目</th><th>允许偏差(mm)</th><th>检查方法</th></tr>
<tr><td>1</td><td colspan="3">柱中心线位置</td><td>10</td><td>用经纬仪和尺量检查</td></tr>
<tr><td>2</td><td colspan="3">柱层间错位</td><td>8</td><td>用经纬仪和尺量检查</td></tr>
<tr><td rowspan="3">3</td><td rowspan="3">柱垂直度</td><td colspan="2">每层</td><td>5</td><td>用吊线法和尺量检查</td></tr>
<tr><td rowspan="2">全高</td><td>≤10m</td><td>10</td><td rowspan="2">用经纬仪或吊线法和尺量检查</td></tr>
<tr><td>>10m</td><td>20</td></tr>
</table>

检查数量：每检验批抽检不得少于5处。

9.3.8 墙体水平灰缝内的直钢筋、钢筋网片、环箍状钢筋、S形拉筋均应被砂浆层包裹，不得外露。

检查数量：每检验批抽检不得少于5处。

检验方法：观察检查。

9.3.9 配筋小砌块砌体中的受力钢筋保护层厚度与凹槽中水平钢筋间距的允许偏差值均应为±10mm。

检查数量：每检验批抽检不应少于5处。

检验方法：检查保护层厚度应在浇筑灌孔混凝土前进行观察并用尺量；检查水平钢筋间距可用钢尺连续量三档，取最大值。

9.4 填充墙小砌块砌体工程

Ⅰ 主控项目

9.4.1 小砌块和砌筑砂浆的强度等级应符合设计要求，其中复合保温砌块与夹心复合保温砌块中的绝热保温材料及保温砌筑砂浆的导热系数、密度等性能指标尚应符合小砌块填充墙体节能设计要求。

检查数量：按本规程第9.2.1条的规定执行。

检验方法：检查小砌块的产品合格证书、产品性能检测报告、强度试验（复验）报告和砌筑砂浆试块试验报告，并应按本规程第9.2.1条的规定进行抽检与检验。

9.4.2 小砌块填充墙砌体与房屋主体结构间的连接构造应符合设计要求。

检查数量：每检验批抽检不应少于5处。

检验方法：观察检查，并应有全施工过程的影像资料。

9.4.3 当小砌块填充墙与框架柱（剪力墙、框架梁）之间的拉结筋，采用化学植筋方式连接时，应进行实体检测。拉结钢筋非破坏的拉拔试验其轴向受拉的承载力不应小于6.0kN，且钢筋无滑移，基材不得有裂缝；在2min持荷时间内，载荷值降低不得大于5%。化学植筋的锚固力检验抽样判定应符合本规程附录G的规定。

检查数量：按表9.4.3确定。

表9.4.3 检验批抽检锚固钢筋样本最小容量

检验批的容量	样本最小容量	检验批的容量	样本最小容量
≤90	5	281～500	20
91～150	8	501～1200	32
151～280	13	1201～3200	50

检验方法：原位试验检查。

Ⅱ 一般项目

9.4.4 同一柱、墙体，应使用同厂家、同品种、同材质、同强度等级的小砌块砌筑，不得混砌。

检查数量：每检验批抽检不应少于5处。

检验方法：外观检查。

9.4.5 填充墙小砌块砌体的砂浆饱满度及检验方法应符合表9.4.5的规定。

检查数量：每检验批抽检不应少于5处。

表9.4.5 填充墙小砌块砌体的砂浆饱满度及检验方法

砌体名称	灰缝位置	饱满度要求	检验方法
小砌块砌体	水平	≥90%	采用百格网检查小砌块的底面或侧面砂浆粘结痕迹面积
	垂直（竖向）	≥90%，不得有透明缝、瞎缝、假缝	

9.4.6 预留的或植筋的拉结钢筋均应置于填充墙砌体水平灰缝中，不得露筋。拉结钢筋的直径、数量、竖向间距及墙内的埋设长度应符合设计要求。竖向位置的偏差不得超过一皮小砌块高度。

检查数量：每检验批抽检不应少于5处。

检验方法：观察和尺量检查。

9.4.7 填充墙上下相邻皮小砌块应错缝搭砌。

检查数量：每检验批抽检不应少于5处。

检查方法：观察和尺量检查。

9.4.8 填充墙小砌块砌体的灰缝厚度和宽度宜为10mm，不得小于8mm，也不应大于12mm。

检查数量：每检验批抽检不应少于5处。

检查方法：用尺量5皮小砌块的高度和2m长度的墙体进行折算。

9.4.9 填充墙小砌块砌体一般尺寸的允许偏差和检验方法应符合表9.4.9的规定。

检查数量：每检验批抽检不应少于5处。

表9.4.9 填充墙小砌块砌体一般尺寸允许偏差

项次	项目		允许偏差（mm）	检验方法
1	轴线位移		10	尺量检查
	垂直度	墙高≤3m	5	用2m托线板或吊线、尺量检查
		墙高>3m	10	
2	表面平整度		8	用2m靠尺和楔形塞尺检查
3	门窗洞口高、宽(后塞口)		±10	尺量检查
4	外墙上、下窗口偏移		20	用经纬仪或吊线和尺量检查

附录A 单排孔普通混凝土砌块灌孔砌体抗压强度设计值

A.0.1 单排孔普通混凝土砌块灌孔砌体抗压强度设计值应符合表A.0.1-1～表A.0.1-4的规定。

表 A.0.1-1 $\delta=0.49$，$\rho=0.33$ 灌孔砌体抗压强度设计值 f_g（MPa）

砌块强度等级	砂浆强度等级	灌孔混凝土强度等级				
		Cb20	Cb25	Cb30	Cb35	Cb40
MU20	Mb20	—	—	7.70	7.94	8.17
	Mb15	—	—	7.08	7.32	7.55
	Mb10	—	—	6.35	6.59	6.82
MU15	Mb15	—	5.78	6.01	6.25	—
	Mb10	—	5.19	5.42	5.56	—
	Mb7.5	—	4.78	5.01	5.25	—
MU10	Mb10	3.73	3.96	4.19	—	—
	Mb7.5	3.44	3.67	3.90	—	—
	Mb5	3.16	3.39	3.62	—	—
MU7.5	Mb7.5	2.87	3.10	—	—	—
	Mb5	2.65	2.88	—	—	—

注：1 表中上部未列灌孔砌体抗压强度设计值的范围是灌孔混凝土强度等级小于 1.5 倍块体强度的应用限制范围；

2 表中下部未列灌孔砌体抗压强度设计值的范围是应用不合理的范围。

表 A.0.1-2 $\delta=0.49$，$\rho=0.50$ 灌孔砌体抗压强度设计值 f_g（MPa）

砌块强度等级	砂浆强度等级	灌孔混凝土强度等级				
		Cb20	Cb25	Cb30	Cb35	Cb40
MU20	Mb20	—	—	8.40	8.75	9.11
	Mb15	—	—	7.78	8.13	8.49
	Mb10	—	—	7.05	7.40	7.76
MU15	Mb15	—	6.36	6.71	7.06	—
	Mb10	—	5.77	6.12	6.47	—
	Mb7.5	—	5.36	5.71	6.06	—
MU10	Mb10	4.20	4.54	4.89	—	—
	Mb7.5	3.91	4.25	4.60	—	—
	Mb5	3.63	3.97	4.32	—	—
MU7.5	Mb7.5	3.34	3.68	—	—	—
	Mb5	3.12	3.42	—	—	—

注：1 表中上部未列灌孔砌体抗压强度设计值的范围是灌孔混凝土强度等级小于 1.5 倍块体强度的应用限制范围；

2 表中下部未列灌孔砌体抗压强度设计值的范围是应用不合理的范围；

3 表中粗线下的灌孔砌体抗压强度设计值为灌孔砌体抗压强设计值取 2 倍未灌孔砌体抗压强度的范围。

表 A.0.1-3 $\delta=0.49$，$\rho=0.66$ 灌孔砌体抗压强度设计值 f_g（MPa）

砌块强度等级	砂浆强度等级	灌孔混凝土强度等级				
		Cb20	Cb25	Cb30	Cb35	Cb40
MU20	Mb20	—	—	9.10	9.57	10.04
	Mb15	—	—	8.48	8.95	9.42
	Mb10	—	—	7.75	8.22	8.69
MU15	Mb15	—	6.94	7.41	7.88	—
	Mb10	—	6.35	6.82	7.29	—
	Mb7.5	—	5.94	6.41	6.88	—
MU10	Mb10	4.67	5.12	5.58	—	—
	Mb7.5	4.38	4.83	5.0	—	—
	Mb5	4.10	4.44	4.44	—	—
MU7.5	Mb7.5	3.81	3.86	—	—	—
	Mb5	3.42	3.42	—	—	—

注：同表 A.0.1-2 的注。

表 A.0.1-4 $\delta=0.49$，$\rho=1.00$ 灌孔砌体抗压强度设计值 f_g（MPa）

砌块强度等级	砂浆强度等级	灌孔混凝土强度等级				
		Cb20	Cb25	Cb30	Cb35	Cb40
MU20	Mb20	—	—	10.50	11.20	11.92
	Mb15	—	—	9.88	10.59	11.30
	Mb10	—	—	9.15	9.86	9.90
MU15	Mb15	—	8.11	8.81	9.22	—
	Mb10	—	7.52	8.04	8.04	—
	Mb7.5	—	7.11	7.22	7.22	—
MU10	Mb10	5.58	5.58	5.58	—	—
	Mb7.5	5.0	5.0	5.0	—	—
	Mb5	4.44	4.44	4.44	—	—

注：同表 A.0.1-2 的注。

A.0.2 应用本附录查表得到单排孔普通混凝土砌块灌孔砌体抗压强度设计值时应满足如下条件：

1 本附录表中的小砌块孔洞率 $\delta=0.49$，系 390mm × 190mm × 190mm 规格，壁、肋厚均为 30mm，内圆角为 $r=30$mm 的小砌块的体积孔洞率。

$$\delta=\frac{(390-2\times31-32)(190-2\times31)-(2\times60\times60-2\times3.14\times30^2)}{190\times390}$$

$=0.49$

2 本附录各表中选用的灌孔率 ρ 分别为：

A. 0. 1-1　$\rho=0.33$

A. 0. 1-2　$\rho=0.50$

A. 0. 1-3　$\rho=0.66$

A. 0. 1-4　$\rho=1.00$

3 附录 A 表依据本规程 3. 2. 1-2 条规定计算

A. 0. 1-1　$f_g=f+0.6\times0.49\times0.33f_c$

A. 0. 1-2　$f_g=f+0.6\times0.49\times0.50f_c$

A. 0. 1-3　$f_g=f+0.6\times0.49\times0.66f_c$

A. 0. 1-4　$f_g=f+0.6\times0.49\times1.00f_c$

注：本附录表中的适用范围是常用的应用范围，不在该范围内的，应根据本规程第 3. 2. 1-2 条规定计算灌孔砌体强度设计值。

附录 B　小砌块砌体的热惰性指标计算方法

B. 0. 1　小砌块砌体的热惰性指标可按下列公式计算：

$$D_{ma}=R_{ma}\cdot\overline{S}_{ma}\qquad(B. 0. 1\text{-}1)$$

$$R_{ma}=\frac{\delta}{\lambda_{ma\cdot c}}\qquad(B. 0. 1\text{-}2)$$

$$\overline{S}_{ma}=0.51\sqrt{\gamma_{ma}\cdot\lambda_{ma\cdot c}\cdot\overline{C}_{ma}}\qquad(B. 0. 1\text{-}3)$$

$$\lambda_{ma\cdot c}=\frac{\delta}{R_{ma}}\qquad(B. 0. 1\text{-}4)$$

$$\overline{C}_{ma}=C_1\cdot V_1+C_2\cdot V_2\qquad(B. 0. 1\text{-}5)$$

式中：D_{ma}——砌体热惰性指标；

R_{ma}——砌体热阻[(m²·K)/W]；

$\overline{S}_{ma}$——砌体平均蓄热系数[W/(m²·K)]，亦称砌体计算蓄热系数 S_c；

γ_{ma}——砌体干密度(kg/m²)；

$\lambda_{ma\cdot c}$——砌体计算导热系数[W/(m·K)]；

δ——砌体厚度(m)；

$\overline{C}_{ma}$——砌体平均比热容[W·h/(kg·K)]；

C_1、C_2——分别为砌体中小砌块及砌筑砂浆的比热容[W·h/(kg·K)]；

V_1、V_2——分别为单位砌体体积中，小砌块及砌筑砂浆所占的体积比值。

B. 0. 2　小砌块砌体的热惰性指标计算应满足下列要求：

1　小砌块砌体的干密度 γ_{ma}，可由构成砌体的小砌块或配筋小砌块的表观密度、砌筑砂浆的密度及它们在单位体积中所占的体积比值加权计算求出；

2　砌体计算导热系数 $\lambda_{ma\cdot c}$ 可由检测的砌体热阻 R_{ma} 及厚度 δ 按公式(B. 0. 1-4)求出；

3　孔洞中内填保温材料的复合保温小砌块的比热容 C_1 可用混凝土的比热容和孔洞中空气(或内填保温材料)的比热容和它们在小砌块体积中所占的体积比值与小砌块的体积按加权平均计算方法求出；

4　空气的比热容为 0. 2W·h/(kg·K)；

5　配筋小砌块砌体的比热容可取钢筋混凝土的比热容 $C_1=0.27$W·h/(kg·K)；

6　各类混凝土及保温材料的比热容可在现行国家标准《民用建筑热工设计规范》GB 50176 中查取，计算时应将查取的比热容值乘以 0. 28 换算系数，使其单位变为 W·h/(kg·K)。

附录 C　小砌块夹心砌体热阻计算方法

C. 0. 1　小砌块夹心砌体的热阻可按下式计算：

$$R_{s\cdot ma}=R_{ma\cdot i}+R_s+R_{ma\cdot e}\qquad(C. 0. 1)$$

式中：$R_{s\cdot ma}$——小砌块夹心砌体热阻[(m²·K)/W]；

$R_{ma\cdot i}$——内叶小砌块砌体热阻[(m²·K)/W]；

$R_{ma\cdot e}$——外叶小砌块砌体热阻[(m²·K)/W]；

R_s——夹心层热阻[(m²·K)/W]。

C. 0. 2　小砌块夹心砌体的热阻计算应满足下列要求：

1　内叶、外叶小砌块砌体的热阻 $R_{ma\cdot i}$、$R_{ma\cdot e}$ 可按照本规程表 4. 2. 2 和附录 D 选取，亦可根据本规程 4. 2. 2 第 1 款的要求，按现行国家标准《绝热　稳态传热性质的测定　标定和防护热箱法》GB/T 13475 的规定检测确定。

2　夹心层是封闭空气间层时，

$$R_s=0.8R_a\qquad(C. 0. 2\text{-}1)$$

式中：R_a——空气间层热阻[(m²·K)/W]，按现行国家标准《民用建筑热工设计规范》GB 50176 查取；

0. 8——考虑连接筋影响的修正系数。

3　夹心层是保温材料填充时，

$$R_s=\frac{0.8\delta_s}{\lambda_c}\qquad(C. 0. 2\text{-}2)$$

$$\lambda_c=\lambda\cdot a\qquad(C. 0. 2\text{-}3)$$

式中：δ_s——夹心层厚度(m)；

λ_c——保温材料的计算导热系数[W/(m²·K)]；

λ——保温材料的导热系数[W/(m²·K)]；

a——修正系数，按现行国家标准《民用建筑热工设计规范》GB 50176 查取。

附录D 孔洞中内插、内填保温材料的复合保温小砌块砌体的热阻和热惰性指标

表D 孔洞中内插、内填保温材料的复合保温小砌块砌体的热阻和热惰性指标

序号	措施	砌体厚度(mm)	保温材料及其导热系数 材料	λ [W/(m·K)]	砌体热阻 R_{ma} [(m²·K)/W]	砌体热惰性指标 D_{ma}
1	孔洞中插板	190	25厚发泡聚苯小板	0.04	0.32	1.66
2			30厚矿棉毡(包塑)	0.05	0.31	1.66
3			40厚膨胀珍珠岩芯板	0.06	0.31	1.75
4			25厚硬质矿棉板	0.05	0.33	1.70
5			2厚单面铝箔聚苯板	0.04	0.42	1.55
6	孔洞中填料	190	满填膨胀珍珠岩	0.06	0.40	1.91
7			满填松散矿棉	0.45	0.43	1.90
8			满填水泥聚苯碎粒混合料	0.09	0.36	1.91
9			满填水泥珍珠岩混合料	0.12	0.33	1.95

附录E 墙体传热系数及热惰性指标计算方法

E.1 墙体传热系数计算方法

E.1.1 墙体传热系数可按下列公式计算：

$$K_p = \frac{1}{R_{o\cdot p}} = \frac{1}{R_i + R_p + R_e} \quad (E.1.1\text{-}1)$$

$$K_b = \frac{1}{R_{o\cdot b}} = \frac{1}{R_i + R_b + R_e} \quad (E.1.1\text{-}2)$$

$$R_p = \Sigma R_{j\cdot p} \quad (E.1.1\text{-}3)$$

$$R_b = \Sigma R_{j\cdot b} \quad (E.1.1\text{-}4)$$

$$R_{j\cdot p} = \frac{\delta_{j\cdot p}}{\lambda_{c\cdot j\cdot p}} \quad (E.1.1\text{-}5)$$

$$R_{j\cdot b} = \frac{\delta_{i\cdot b}}{\lambda_{c\cdot j\cdot b}} \quad (E.1.1\text{-}6)$$

式中：K_p、K_b——分别为墙体主体部位和结构性热桥部位的传热系数[W/(m²·K)]；

$R_{o\cdot p}$、$R_{o\cdot b}$——分别为墙体主体部位和结构性热桥部位的传热阻[(m²·K)/W]；

R_p、R_b——分别为墙体主体部位和结构性热桥部位的构造系统热阻[(m²·K)/W]，为各构造层热阻之和；

$R_{j\cdot p}$、$R_{j\cdot b}$——分别为墙体主体部位和结构性热桥部位的各构造层热阻[(m²·K)/W]，小砌块砌体层应取砌体热阻R_{ma}；

$\delta_{j\cdot p}$、$\delta_{j\cdot b}$——分别为墙体主体部位和结构性热桥部位的各构造层厚度(m)；

$\lambda_{c\cdot j\cdot p}$、$\lambda_{c\cdot j\cdot b}$——分别为墙体主体部位和结构性热桥部位的各构造层材料的计算导热系数[W/(m²·K)]；

R_i——墙体内表面换热阻[(m²·K)/W]，一般取$R_i=0.11$(m²·K)/W；

R_e——墙体外表面换热阻[(m²·K)/W]，对于外墙外表面，一般取$R_e=0.04$(m²·K)/W。

E.1.2 墙体传热系数计算应满足下列要求：

1 小砌块砌体是一个构造层次，计算导热系数λ_c为砌体的当量导热系数λ_e，可按本规程附录B中的计算公式（B.0.1-4）计算求出。若砌体热阻已知，可直接用砌体热阻R_{ma}代入计算。

2 结构性热桥部位主要是指以钢筋混凝土为主的结构构件部位，钢筋混凝土构件的计算厚度按结构体系选择：

1）砖混和框架结构体系建筑以混凝土小砌块砌体的厚度为计算厚度δ；

2）框剪和剪力墙结构体系建筑以剪支或剪力墙的厚度为计算厚度δ。

3 计算内墙的传热系数时，内墙两侧面的表面换热阻R_i均取0.11(m²·K)/W。

E.2 墙体热惰性指标计算方法

E.2.1 墙体热惰性指标可按下列公式计算：

$$D_p = \Sigma D_{j.p} \quad (E.2.1\text{-}1)$$

$$D_b = \Sigma D_{j.b} \quad (E.2.1\text{-}2)$$

$$D_{j.p} = R_{j.p} \cdot S_{c.j.p} \quad (E.2.1\text{-}3)$$

$$D_{j.b} = R_{j.b} \cdot S_{c.j.b} \quad (E.2.1\text{-}4)$$

式中：D_p、D_b——分别为墙体主体部位和结构性热桥部位的热惰性指标，为主体部位和结构性热桥部位各构造层热惰性指标$D_{j.p}$、$D_{j.b}$之和；

$R_{j.p}$、$R_{j.b}$——分别为墙体主体部位和结构性热桥部位各构造层的热阻[(m²·K)/W]；

$S_{c.j.p}$、$S_{c.j.b}$——分别为墙体主体部位和结构性热桥部位各构造层材料的计算蓄热系数[W/(m²·K)]。

E.2.2 墙体热惰性指标计算应满足下列要求：

1 小砌块砌体是一个构造层次，计算蓄热系数S_c为砌体平均蓄热系数$\overline{S}_{ma}$，可按本规程附录B的计算公式计算求出；

2 结构性热桥部位的钢筋混凝土构件计算厚度同该层的热阻计算厚度δ。

E.3 外墙平均传热系数及平均热惰性指标计算方法

E.3.1 外墙平均传热系数及平均热惰性指标可按下列公式计算：

$$K_m = K_p \cdot A + K_b \cdot B \tag{E.3.1-1}$$

$$D_m = D_p \cdot A + D_b \cdot B \tag{E.3.1-2}$$

式中：K_m、D_m——分别为外墙的平均传热系数[W/(m²·K)]和平均热惰性指标；

K_p、K_b——分别为外墙主体部位和结构性热桥部位的传热系数[W/(m²·K)]，按本规程E.1的计算方法进行计算；

D_p、D_b——分别为外墙主体部位和结构性热桥部位的热惰性指标，按本规程E.2的计算方法进行计算；

A、B——分别为外墙主体部位和结构性热桥部位的面积F_p、F_b在建筑外墙中(不含外门、外窗)所占的面积比值，可计算统计得出，亦可根据设计建筑的结构体系按表E.3.1选取。

表 E.3.1 F_p和F_b在外墙中所占比值A和B

建筑的结构体系	A	B
砖混结构体系	0.75	0.25
框架结构体系	0.65	0.35
框剪(异形柱)结构体系	0.45	0.55
剪力墙结构体系	0.30	0.70
	亦可取剪力墙部位的$K_b = K_m$	

E.3.2 混凝土小砌块用作居住建筑的分户墙或公共建筑的采暖空调与非采暖空调房间的隔墙时，分户墙或隔墙的传热系数亦应取平均传热系数K_m，计算方法与外墙平均传热系数相同，只是分户墙或隔墙两侧表面的换热阻R_i均取0.11(m²·K)/W。

附录F 影响系数φ

F.0.1 高厚比β和轴向力偏心距e对受压构件承载力的影响系数φ，应按表F.0.1-1～表F.0.1-3采用：

表 F.0.1-1 影响系数φ（砂浆强度等级≥Mb5）

β	$\frac{e}{h}$或$\frac{e}{h_T}$: 0	0.025	0.05	0.075	0.1	0.125	0.15	0.175	0.2	0.225	0.25	0.275	0.3
≤3	1	0.99	0.97	0.94	0.89	0.84	0.79	0.73	0.68	0.62	0.57	0.52	0.48
4	0.98	0.95	0.90	0.85	0.80	0.74	0.69	0.64	0.58	0.53	0.49	0.45	0.41
6	0.95	0.91	0.86	0.81	0.75	0.69	0.64	0.59	0.54	0.49	0.45	0.42	0.38
8	0.91	0.86	0.81	0.76	0.70	0.64	0.59	0.54	0.50	0.46	0.42	0.39	0.36
10	0.87	0.82	0.76	0.71	0.65	0.60	0.55	0.50	0.46	0.42	0.39	0.36	0.33
12	0.82	0.77	0.71	0.66	0.60	0.55	0.51	0.47	0.43	0.39	0.36	0.33	0.31
14	0.77	0.72	0.66	0.61	0.56	0.51	0.47	0.43	0.40	0.36	0.34	0.31	0.29
16	0.72	0.67	0.61	0.56	0.52	0.47	0.44	0.40	0.37	0.34	0.31	0.29	0.27
18	0.67	0.62	0.57	0.52	0.48	0.44	0.40	0.37	0.34	0.31	0.29	0.27	0.25
20	0.62	0.57	0.53	0.48	0.44	0.40	0.37	0.34	0.32	0.29	0.27	0.25	0.23
22	0.58	0.53	0.49	0.45	0.41	0.38	0.35	0.32	0.30	0.27	0.25	0.24	0.22
24	0.54	0.49	0.45	0.41	0.38	0.35	0.32	0.30	0.28	0.26	0.24	0.22	0.21
26	0.50	0.46	0.42	0.38	0.35	0.33	0.30	0.28	0.26	0.24	0.22	0.21	0.19
28	0.46	0.42	0.39	0.36	0.33	0.30	0.28	0.26	0.24	0.22	0.21	0.19	0.18
30	0.42	0.39	0.36	0.33	0.31	0.28	0.26	0.24	0.22	0.21	0.20	0.18	0.17

表 F.0.1-2 影响系数 φ（砂浆强度等级 Mb2.5）

β	$\frac{e}{h}$或$\frac{e}{h_T}$												
	0	0.025	0.05	0.075	0.1	0.125	0.15	0.175	0.2	0.225	0.25	0.275	0.3
≤3	1	0.99	0.97	0.94	0.89	0.84	0.79	0.73	0.68	0.62	0.57	0.52	0.48
4	0.97	0.94	0.89	0.84	0.78	0.73	0.67	0.62	0.57	0.52	0.48	0.44	0.40
6	0.93	0.89	0.84	0.78	0.73	0.67	0.62	0.57	0.52	0.48	0.44	0.40	0.37
8	0.89	0.84	0.78	0.72	0.67	0.62	0.57	0.52	0.48	0.44	0.40	0.37	0.34
10	0.83	0.78	0.72	0.67	0.61	0.56	0.52	0.47	0.43	0.40	0.37	0.34	0.31
12	0.78	0.72	0.67	0.61	0.56	0.52	0.47	0.43	0.40	0.37	0.34	0.31	0.29
14	0.72	0.66	0.61	0.56	0.51	0.47	0.43	0.40	0.36	0.34	0.31	0.29	0.27
16	0.66	0.61	0.56	0.51	0.47	0.43	0.40	0.36	0.34	0.31	0.29	0.26	0.25
18	0.61	0.56	0.51	0.47	0.43	0.40	0.36	0.33	0.31	0.29	0.26	0.24	0.23
20	0.56	0.51	0.47	0.43	0.39	0.36	0.33	0.31	0.28	0.26	0.24	0.23	0.21
22	0.51	0.47	0.43	0.39	0.36	0.33	0.31	0.28	0.26	0.24	0.23	0.21	0.20
24	0.46	0.43	0.39	0.36	0.33	0.31	0.28	0.26	0.24	0.23	0.21	0.20	0.18
26	0.42	0.39	0.36	0.33	0.31	0.28	0.26	0.24	0.22	0.21	0.20	0.18	0.17
28	0.39	0.36	0.33	0.30	0.28	0.26	0.24	0.22	0.21	0.20	0.18	0.17	0.16
30	0.36	0.33	0.30	0.28	0.26	0.24	0.22	0.21	0.20	0.18	0.17	0.16	0.15

表 F.0.1-3 影响系数 φ（砂浆强度 0）

β	$\frac{e}{h}$或$\frac{e}{h_T}$												
	0	0.025	0.05	0.075	0.1	0.125	0.15	0.175	0.2	0.225	0.25	0.275	0.3
≤3	1	0.99	0.97	0.94	0.89	0.84	0.79	0.73	0.68	0.62	0.57	0.52	0.48
4	0.87	0.82	0.77	0.71	0.66	0.60	0.55	0.51	0.46	0.43	0.39	0.36	0.33
6	0.76	0.70	0.65	0.59	0.54	0.50	0.46	0.42	0.39	0.36	0.33	0.30	0.28
8	0.63	0.58	0.54	0.49	0.45	0.41	0.38	0.35	0.32	0.30	0.28	0.25	0.24
10	0.53	0.48	0.44	0.41	0.37	0.34	0.32	0.29	0.27	0.25	0.23	0.22	0.20
12	0.44	0.40	0.37	0.34	0.31	0.29	0.27	0.25	0.23	0.21	0.20	0.19	0.17
14	0.36	0.33	0.31	0.28	0.26	0.24	0.23	0.21	0.20	0.18	0.17	0.16	0.15
16	0.30	0.28	0.26	0.24	0.22	0.21	0.19	0.18	0.17	0.16	0.15	0.14	0.13
18	0.26	0.24	0.22	0.21	0.19	0.18	0.17	0.16	0.15	0.14	0.13	0.12	0.12
20	0.22	0.20	0.19	0.18	0.17	0.16	0.15	0.14	0.13	0.12	0.12	0.11	0.10
22	0.19	0.18	0.16	0.15	0.14	0.14	0.13	0.12	0.12	0.11	0.10	0.10	0.09
24	0.16	0.15	0.14	0.13	0.13	0.12	0.11	0.11	0.10	0.10	0.09	0.09	0.08
26	0.14	0.13	0.13	0.12	0.11	0.11	0.10	0.10	0.09	0.09	0.08	0.08	0.07
28	0.12	0.12	0.11	0.11	0.10	0.10	0.09	0.09	0.08	0.08	0.08	0.07	0.07
30	0.11	0.10	0.10	0.09	0.09	0.09	0.08	0.08	0.07	0.07	0.07	0.07	0.06

附录 G 填充墙砌体植筋锚固力检验抽样判定

G.0.1 填充墙砌体植筋锚固力检验抽样判定应按表 G.0.1-1 和表 G.0.1-2 判定。

表 G.0.1-1 正常一次性抽样的判定

样本容量	合格判定数	不合格判定数	样本容量	合格判定数	不合格判定数
5	0	1	20	2	3
8	1	2	32	3	4
13	1	2	50	5	6

表 G.0.1-2 正常二次性抽样的判定

抽样次数与样本容量	合格判定数	不合格判定数	抽样次数与样本容量	合格判定数	不合格判定数
(1)－5 (2)－10	0 1	2 2	(1)－20 (2)－40	1 3	3 4
(1)－8 (2)－16	0 1	2 2	(1)－32 (2)－64	2 6	5 7
(1)－13 (2)－26	0 3	3 4	(1)－50 (2)－100	3 9	6 10

本规程用词说明

1 为了便于在执行本规程条文时区别对待，对要求严格程度不同的用词说明如下：

1）表示很严格，非这样做不可的：
正面词采用“必须”，反面词采用“严禁”；

2）表示严格，在正常情况下均应这样做的：
正面词采用“应”，反面词采用“不应”或“不得”；

3）表示允许稍有选择，在条件许可时首先这样做的：
正面词采用“宜”，反面词采用“不宜”；

4）表示有选择，在一定条件下可以这样做的，采用“可”。

2 条文中指明应按其他有关标准执行的写法为：“应符合……的规定”或“应按……执行”。

引用标准名录

1 《砌体结构设计规范》GB 50003
2 《混凝土结构设计规范》GB 50010
3 《建筑抗震设计规范》GB 50011
4 《建筑结构可靠度设计统一标准》GB 50068
5 《混凝土强度检验评定标准》GB/T 50107
6 《混凝土外加剂应用技术规范》GB 50119
7 《民用建筑热工设计规范》GB 50176
8 《砌体结构工程施工质量验收规范》GB 50203
9 《混凝土结构工程施工质量验收规范》GB 50204
10 《建筑工程抗震设防分类标准》GB 50223
11 《建筑工程施工质量验收统一标准》GB 50300
12 《硬泡聚氨酯保温防水工程技术规范》GB 50404
13 《建筑节能工程施工质量验收规范》GB 50411
14 《合成树脂乳液外墙涂料》GB/T 9755
15 《绝热用岩棉、矿渣棉及其制品》GB/T 11835
16 《绝热 稳态传热性质的测定 标定和防护热箱法》GB/T 13475
17 《建筑用砂》GB/T 14684
18 《建筑用岩棉、矿渣棉绝热制品》GB/T 19686
19 《喷涂硬质聚氨酯泡沫塑料》GB/T 20219
20 《建筑保温砂浆》GB/T 20473
21 《建筑用反射隔热涂料》GB/T 25261
22 《高层建筑混凝土结构技术规程》JGJ 3
23 《普通混凝土用砂、石质量及检验方法标准》JGJ 52
24 《混凝土用水标准》JGJ 63
25 《建筑砂浆基本性能试验方法标准》JGJ/T 70
26 《砌筑砂浆配合比设计规程》JGJ/T 98
27 《建筑工程冬期施工规程》JGJ/T 104
28 《外墙外保温工程技术规程》JGJ 144
29 《膨胀聚苯板薄抹灰外墙外保温系统》JG 149
30 《胶粉聚苯颗粒外墙外保温系统》JG 158
31 《抹灰砂浆技术规程》JGJ/T 220
32 《预拌砂浆》JG/T 230
33 《建筑生石灰》JC/T 479
34 《建筑生石灰粉》JC/T 480
35 《陶瓷墙地砖胶粘剂》JC/T 547
36 《泡沫玻璃绝热制品》JC/T 641
37 《混凝土小型空心砌块和混凝土砖砌筑砂浆》JC 860
38 《陶瓷墙地砖填缝剂》JC/T 1004

中华人民共和国行业标准

混凝土小型空心砌块建筑技术规程

JGJ/T 14—2011

条 文 说 明

修 订 说 明

《混凝土小型空心砌块建筑技术规程》JGJ/T 14－2011，经住房和城乡建设部 2011 年 8 月 29 日以第 1131 号公告批准、发布。

本规程是在《混凝土小型空心砌块建筑技术规程》JGJ/T 14－2004 的基础上修订而成，上一版的主编单位是四川省建筑科学研究院，参编单位是哈尔滨工业大学、浙江大学建筑设计研究院、北京市建筑设计研究院、上海住总（集团）总公司、上海市城乡建筑设计院、上海中房建筑设计院、中国建筑标准设计所、上海市申城建筑设计有限公司、天津市建筑设计院、四川省建筑设计院、辽宁省建设科学研究院、甘肃省建筑科学研究院、重庆市建筑科学研究院、成都市墙材革新与建筑节能办公室，主要起草人员是孙氰萍、唐岱新、严家熺、周炳章、李渭渊、韦延年、刘声惠、刘永峰、高永孚、李晓明、楼永林、李振长、林文修、唐元旭、尹康。本次修订的主要技术内容是：1. 增加了多层、高层配筋砌块砌体建筑的设计和砌筑、施工技术；2. 修订了砌块建筑的抗震措施；3. 增加了轻骨料混凝土自承重砌块墙体的设计内容；4. 调整了部分构件承载力计算参数及计算公式；5. 调整了建筑节能设计的部分计算参数及计算公式；6. 增加了复合保温砌块墙体结构设计与施工技术。

本规程修订过程中，编制组进行了深入广泛的调查研究，总结了我国在混凝土小型空心砌块建筑自上一版颁布实施以来在研究、设计、施工、验收等方面工作的实践经验，同时参考了国内外先进技术法规、技术标准，并对混凝土砌块砌体的抗剪、抗弯、抗裂等性能进行了试验研究。

为便于广大设计、施工、科研、学校等单位有关人员在使用本规程时能正确理解和执行条文规定，《混凝土小型空心砌块建筑技术规程》编制组按章、节、条顺序编制了本标准的条文说明，对条文规定的目的、依据以及执行中需注意的有关事项进行了说明。但是，本条文说明不具备与标准正文同等的法律效力，仅供使用者作为理解和把握规程规定的参考。

目　次

1 总　　则

1.0.1、1.0.2 混凝土小型空心砌块已成为我国发展的一种主导墙体材料。《混凝土小型空心砌块建筑技术规程》JGJ/T 14－2004（以下简称 JGJ/T 14－2004 或原规程）自 2004 年颁布实行以来，对我国混凝土小型空心砌块建筑的发展，起到了巨大的推动作用。近几年来，有关科研、大专院校对混凝土小型空心砌块砌体静力和动力性能、配筋砌体力学性能和抗震性能进行了深入的科学研究，并获得了丰硕成果；设计和施工单位也积累了丰富的工程实践经验。JGJ/T 14－2004 已不能满足我国混凝土小型空心砌块建筑发展的需要，为此，很有必要对 JGJ/T 14－2004 进行修订。这次增加的主要内容：

1 多层、高层配筋砌体砌块建筑设计和施工技术；

2 调整了不同地区建筑的抗震措施，特别是抗震设防烈度 6 度～8 度地区的抗震、抗裂措施；

3 轻骨料混凝土自承重砌块材料强度等级和砌体计算指标；

4 调整构件承载力与建筑节能设计计算部分计算参数及计算公式；砌块砌体及建筑墙体的传热系数及热惰性指标计算方法和保温隔热措施。

2 术语和符号

2.1.14 复合保温砌块为由两种或两种以上材料复合成型具有良好保温性能的小砌块总称，包括在小砌块孔洞内填充或内插不同类型轻质保温隔热材料的保温砌块。

3 材料和砌体的结构设计计算指标

3.1 材料强度等级

3.1.1 《混凝土小型空心砌块试验方法》GB/T 4111 确定碳化系数时，采用人工碳化系数的试验方法，目前我国砌墙用砖和砌块产品标准中规定的碳化系数不应小于 0.85，按原规程取人工碳化系数时应乘 1.15 倍，1.15 乘 0.85 等于 0.98，接近 1.0，故取消原规程注 2 的规定。

3.2 砌体的结构设计计算指标

本章规定的砌块砌体的强度设计值指标和强度平均值公式的说明见《混凝土小型空心砌块建筑技术规程》JGJ/T 14－2004 的条文说明。

本章砌块砌体计算指标，依据《建筑结构可靠度设计统一标准》GB 50068 的要求，材料性能分项系数，按施工质量控制等级为 B 级时，取 $\gamma_f=1.6$；当为 A 级时取 $\gamma_f=1.5$；当为 C 级时，取 $\gamma_f=1.8$。

3.2.1 砌块孔洞率不大于 35%的双排孔、多排孔轻骨料混凝土小砌块砌体，二排组砌的方式有多种，本条仅适用在厚度方向二排组砌的砌体采用同类砌块错缝搭砌的砌体。

本条本次修订有以下内容：

1 随着我国高层砌块建筑的发展，根据目前应用情况，表 3.2.1-1 增加 MU20、Mb20 的单排孔混凝土小砌块砌体抗压强度设计值。取值依据砌体结构设计规范，该强度设计值主要用于灌孔混凝土砌块砌体。本规程与上海全灌孔混凝土小砌块砌体试验值比较，偏于安全。

2 因水泥煤渣混凝土砌块产品变异系数较大，应用中较易出现墙体裂缝，故取消了水泥煤渣混凝土小砌块。应用在建筑的煤矸石混凝土仅能用自然煤矸石，故表 3.2.1-1 中加了注 4。

3 增加了双排孔、多排孔普通混凝土小砌块砌体的抗压强度设计值，近年我国部分地区多层混凝土砌块建筑中为了节能和提高抗剪强度，采用了双排孔或多排孔小砌块为墙体材料，已建成几十万平方米的住宅，并对双排孔和多排孔小砌块砌体进行了砌体抗压强度和抗剪强度的验证试验，其抗压和抗剪强度均高于单排孔小砌块砌体的抗压、抗剪强度，规程对双排孔和多排孔普通小砌块砌体抗压强度和抗剪强度设计值采用单排孔普通小砌块砌体的抗压强度和抗剪强度设计值，偏于安全。

3.2.3 取消了有吊车房屋砌体、跨度不小于 7.2m 的梁下混凝土和轻骨料混凝土砌块砌体 γ_a 为 0.9 的规定，原规程规定主要考虑动荷载和跨度较大时对砌体结构的影响，属于结构分析和构造内容，本次修订取消该系数。

3.2.5 根据历年和近年单排孔对孔砌筑的普通混凝土砌块灌孔砌体的弹性模量的试验数据，原规程灌孔砌块砌体弹性模量偏低，使高层砌块建筑内力计算值偏低，本次规程修订，通过验证修改了灌孔砌块砌体的弹性模量，原规程为 $E=1700f_g$，现修改为 $E=2000f_g$。

4 建筑设计与建筑节能设计

4.1 建 筑 设 计

4.1.1 混凝土小型空心砌块是我国目前发展的主导墙材之一。与原规程相比，本次修订小砌块建筑定义中增加了配筋小砌块砌体建筑，在建筑设计中，除遵守本规程外，还应遵守国家颁布的有关建筑设计标准的规定。

1 在建筑平面设计中，不采用小于 $1M_0$ 的分模数，是砌块规格所决定，尽可能采用 $2M_0$ 可减少辅助砌块种类，方便生产和施工。再则，模数协调也是住宅产业化的前提条件。

2 配筋小砌块砌体用的专用混凝土小砌块是指小砌块的壁和肋都为 30mm 厚并开有槽口或留有凹槽、适合配筋小砌块砌体施工的单排孔空心小砌块。其主规格尺寸仍为 390mm×190mm×190mm，空心率为 46%～48%。

为保证配筋砌体的插筋和灌孔，配筋砌体建筑的平面设计应以 $2M_0$ 为模数，这样才可能避免出现半孔相对。在上海的配筋砌体试点建筑和黑龙江的大量的配筋砌体建筑的实践中都证实了这一点。

3 在施工前要做平面和立面的排块设计，这是混凝土小砌块建筑不同于其他砌体建筑的特殊要求，它可保证砌块建筑芯柱的位置及数量，保证设备管线的预留和敷设，保证设计规定的洞口、开槽和预埋件的位置，避免了在砌好的墙体上凿槽或开洞。

对配筋砌体建筑，排块设计能保证砌块错缝砌筑的整孔贯通，便于插筋和灌孔。

在排块设计时，应着重解决好转角墙、丁字墙和十字墙的排块。

表 1 和图 1、图 2、图 3 是配筋砌体用的专用小砌块块型和排块图，是上海市多次配筋砌体建筑试点的总结成果，供设计时参考。本图表选自上海市地方规程《配筋混凝土小型空心砌块砌体建筑技术规程》DG/TJ 08－2006 附录 A。

表 1 配筋小砌块块型

块型	规 格	适用部位
PK1	390mm×190mm×190mm	主规格
PK2	390mm×190mm×190mm	用于 T 形和 L 形墙角处
PK3、PK4	390mm×190mm×190mm	用于清扫口（每层墙体第一皮）
PK5	190mm×190mm×190mm	
PK6	290mm×190mm×190mm	用于 T 形墙体交接处的辅助块
PK7	190mm×190m×190mm	与 PK1 配套使用
PK8	390mm×190mm×190mm	用于现浇混凝土圈梁梁底第二皮砌块（预留半圆孔，用于支模板时放置横撑）

4 根据现行国家标准《建筑抗震设计规范》GB 50011 和《砌体结构设计规范》GB 50003 的有关条文要求，对小砌块建筑的平面布置和竖向布置提出相应的要求。

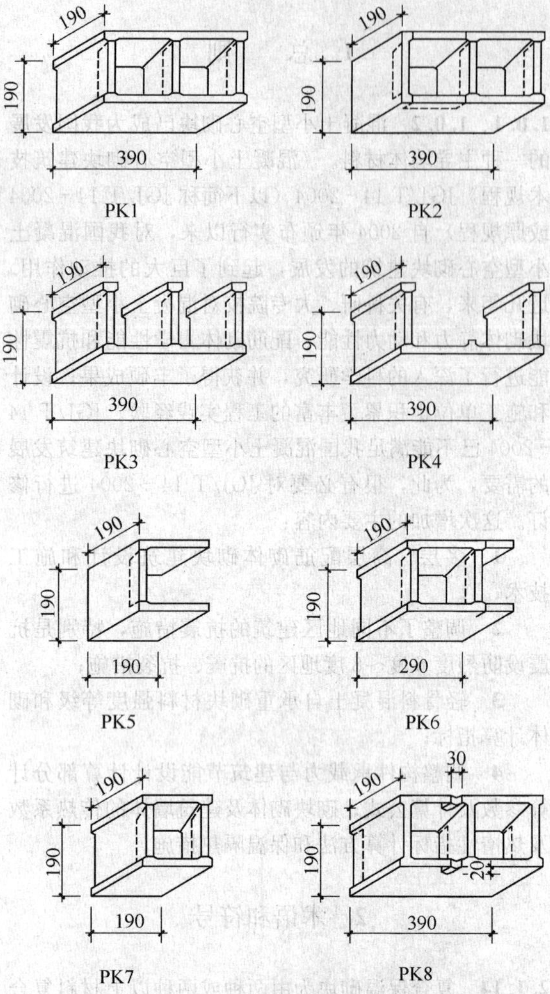

图 1 PK1～PK8 块型图

注：图中虚线为在施工现场开凿的砌块槽口，专门用于布置水平钢筋及使灌孔混凝土能相互流通。

原规程中曾对小砌块住宅建筑的体形系数提出过“不宜大于 0.3”的要求，这是基于两方面的理由：一是小砌块的热工性能较砖制品差，减少外墙面积，对节能有利。二是体形系数小反映了建筑体形简洁，平面规整，对小砌块建筑的抗震有利。随着国家对建筑节能的要求不断提高，在国家和地方颁布的节能标准中体形系数都作为一个重要参数作出了规定，本规程应该执行，就不再另作要求了。

6 设控制缝对于防止小砌块墙体开裂是一项有“放”作用的措施。在国外早有报道和实践，在国内近年来也有采用，如上海恒隆广场。北京市试用图《普通混凝土小型空心砌块建筑墙体构造》中也有建筑设计沿外墙设控制缝的做法。

根据国内外经验，非配筋砌体控制缝间距与在水平灰缝内设钢筋网片的间距有关，控制缝在墙体薄弱和应力集中处。如墙体高度和厚度突变处，门窗洞口的一侧或两侧设置，并与抗震缝、沉降缝、温度缝及楼地面、屋面的施工缝合并设置。控制缝与结构抗震

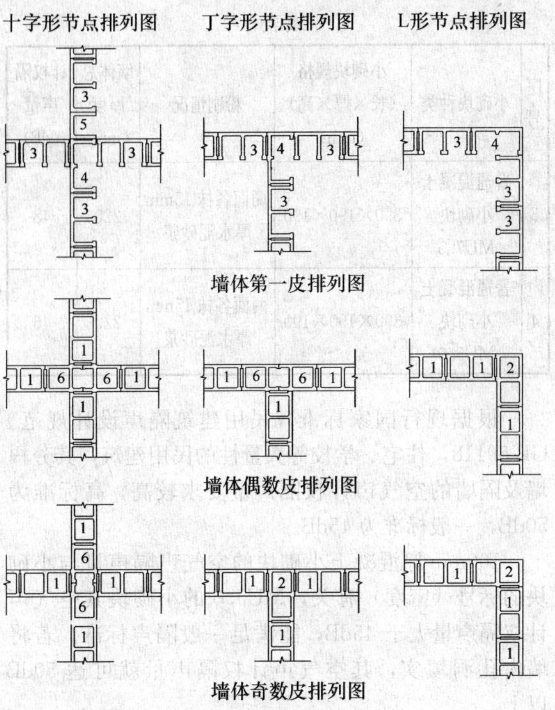

图 2　砌块砌体排列组合示例

注：图中所示数字 1～6 分别表示砌块块型 PK1～PK6。

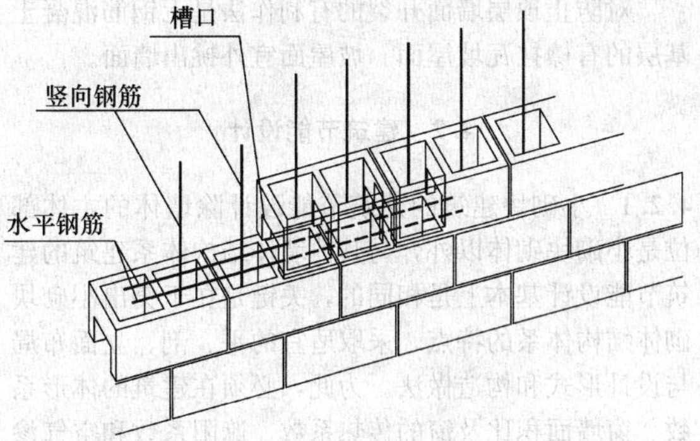

图 3　砌块砌体配筋示例

应结合考虑。

在非配筋的单排砌块墙或夹心墙的内叶墙上设控制缝，在室内会有缝出现。若室内装修允许设缝，则可按室内变形缝做法做盖缝处理。若内墙上不希望有缝，则应作盖缝粉刷，例如可在缝口用聚合物胶粘剂贴耐碱玻纤布或无纺布，再用防裂砂浆粉刷。

7　小砌块住宅建筑的公共部分只有门厅、楼梯间和公共走道，特别在单元式的多层住宅中，公共走道也没有了，户门是直接开在楼梯间里。在门厅和楼梯间里要安排好住宅公共设备的管道井和各种表箱，特别是七层及以上的单元式住宅，超过六层的塔式住宅、通廊式住宅，底层设有商业网点的单元式住宅，还应在此设室内消防给水设施。门厅、楼梯间面积小，墙面少，而且是住宅交通和紧急疏散的要道。为了保证楼梯间墙的耐火极限，200 厚的墙还不能因安置表箱而减薄（即表箱嵌墙设置），否则应另加防火措施。根据防火规范要求，在安置管道井和表箱后，走道的净宽，多层住宅不应小于 1.1m，高层住宅不应小于 1.2m。故在设计中应适当加大门厅和楼梯间的尺寸。对于人员是从楼梯间一侧进入住户的，楼梯间开间宜不小于 2.6m。

8　配筋砌块砌体建筑中管径较小的其他管线，水平管道宜设在圈梁中，垂直管线宜布置在无竖向插筋孔洞中。

9　突出小砌块建筑的特色就是用砌块作清水外墙，这在国外尤其在美国是常见的，它的前提应是满足建筑节能要求。夹心墙的外叶墙和节能要求不高的工业建筑外墙是可以做砌块清水外墙的。

4.1.2　防水设计的措施都是做在容易漏水的部位，这样做效果明显。

1　本次修订增加了对清水外墙的防水抗渗措施。

3　原规程中对“室外散水坡顶面以上和室内地面以下的砌体内，宜设防潮层。”改为“应设防潮层”。

6　在夹心墙夹层中会产生冷凝水，故设排水孔以便随时排出。

7　这是本次修订中新增的一条，是对砌块墙体粉刷的要求。

4.1.3　耐火极限的规定

混凝土小砌块墙体的耐火极限取值是根据近年来国内各地一些小砌块生产厂家和科研单位测试数值并参考了美国、加拿大等国的有关标准来确定的。考虑到各地小砌块生产的水平有高低，取值比实测值略有降低，以保证安全。

当 190mm 厚小砌块墙体双面抹水泥砂浆或混合砂浆各 20mm 厚时，其耐火极限可提高到 2.5h 以上。如果要作为防火墙，则需要在 190mm 厚的小砌块墙体用混凝土灌孔或在孔洞内填砂石、页岩陶粒或矿渣，其耐火极限可大于 4.0h。

190mm 厚配筋小砌块墙体的材性与钢筋混凝土相当，其耐火极限是按等厚的钢筋混凝土取值，配筋小砌块砌体的燃烧性能和耐火极限已达到作为防火墙的要求。

轻骨料混凝土小砌块由于轻骨料的不同其耐火极限也有差异，但总体而言比普通混凝土小砌块的耐火极限稍好，故仍按本规程表 4.1.3 取值。

表 2　混凝土小型空心砌块墙体耐火极限

序号	小砌块种类	小砌块规格（长×厚×高）(mm)	孔内填充情况	墙面粉刷情况	耐火极限
1	普通混凝土小砌块（承重）	390×190×190	无	无粉刷	2.43h

续表 2

序号	小砌块种类	小砌块规格（长×厚×高）（mm）	孔内填充情况	墙面粉刷情况	耐火极限
2	普通混凝土小砌块（承重）	390×190×190	灌芯	无粉刷	＞4h
3	普通混凝土小砌块（承重）	390×190×190	孔内填充	双面各抹 10mm 厚砂浆	＞4h

随着建筑节能的要求逐步提高，对外围护结构中的重要部位外墙体的保温性能的要求也愈来愈高，各种形式的复合保温砌块也应运而生。对于复合保温砌块所复合的保温材料宜采用燃烧性能为不燃（A 级）或难燃（B_1 级）的材料来保障安全。纵观目前全国的复合保温砌块所复合的保温材料中，大多数是燃烧性能为可燃（B_2 级）的 EPS 或 XPS 板。如果用它们来作为多排孔保温砌块中孔洞的插板，问题还不大，但如果要作为图 4 中所示的复合保温砌块中的保温夹层，这种复合保温砌块的耐火极限及燃烧性能应给出。这样有利于决定其使用的场所和防火所必须采取的措施。

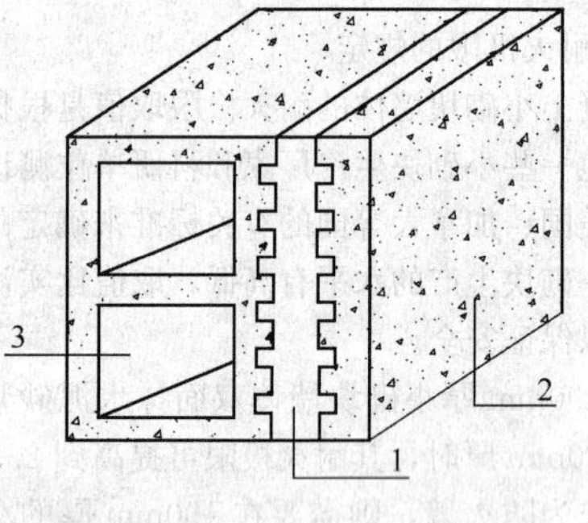

图 4　一种复合保温砌块

1—EPS 板（XPS 板）保温夹层；2—外壁（混凝土）；3—小砌块本体（混凝土）

4.1.4　混凝土小砌块的空气声计权隔声量取值是根据近几年来国内许多科研单位和小砌块生产厂家提供的测试数据确定的，见表 3。

表 3　190mm 混凝土小砌块的计权隔声量

序号	小砌块种类	小砌块规格（长×厚×高）（mm）	粉刷情况	墙体总厚度（mm）	计权隔声量（dB）
1	普通混凝土小砌块 MU15	390×190×190	两面各抹 15mm 厚水泥砂浆	220	51
2	普通混凝土小砌块 MU10	390×190×190	两面各抹 15mm 厚水泥砂浆	220	50
3	普通混凝土小砌块 MU7.5	390×190×190	两面各抹 15mm 厚水泥砂浆	220	48
4	普通混凝土小砌块 MU5.0	390×190×190	两面各抹 15mm 厚水泥砂浆	220	46

根据现行国家标准《民用建筑隔声设计规范》GB 50118，住宅、学校等大量性的民用建筑，其分户墙及隔墙的空气声计权隔声量要求较高，高标准为 50dB，一般标准为 45dB。

100mm 厚混凝土小砌块的空气声隔声量与小砌块的标号（密度）有关，MU5.0 的小砌块其空气声计权隔声量大于 45dB，能满足一般隔声标准。若将墙内孔洞填实，其空气声计权隔声量就可达 50dB 以上。

4.1.5　满足对屋面设计的要求可防止或减轻屋顶因温度变化而引起小砌块房屋顶层墙体开裂。

对防止顶层墙面开裂的有利作法是无钢筋混凝土基层的有檩挂瓦坡屋面。坡屋面宜外挑出墙面。

4.2　建筑节能设计

4.2.1　小砌块建筑的建筑节能设计除墙体的主体部位是小砌块砌体以外，与其他墙体结构体系建筑的建筑节能设计基本上是相同的，关键是在于突出小砌块砌体结构体系的特点，采取适宜的平、剖、立面布局与设计形式和构造做法。为此，必须在建筑的体形系数、窗墙面积比及窗的传热系数、遮阳系数和空气渗透性能等方面，均应符合本地区建筑节能设计标准的规定；围护结构各部分的热工性能，除应符合本地区现行民用建筑节能设计标准的规定外，其构造措施尚应满足建筑结构整体性和变形能力的要求，以保证整个建筑结构构造的完整性、安全性、经济性和可操作性；特别是墙体和楼地板的建筑热工节能设计，应同时考虑建筑装饰工程与设备节能工程的需要，对管线及设备埋设、安装和维修的要求，以保证墙体和楼板的保温隔热设计构造措施不受破坏。

4.2.2　本条是对小砌块及配筋小砌块砌体的建筑热工设计计算参数提出要求。

小砌块砌体的热阻（R_{ma}）和热惰性指标（D_{ma}）是建筑节能热工设计计算中的基本参数。小砌块砌体是带有空洞，而不是带有空气间层的砌体，它包含混凝土肋壁、孔洞和砌筑砂浆三部分，是一个均值，必须通过一定的计算和实测予以确定。表 4.2.2 是综合国内各地区的测试与计算结果，列出的小砌块及配筋小砌块砌体的计算热阻（R_{ma}）和计算热惰性指标（D_{ma}），建筑热工设计计算时可直接采用。

如果实际工程应用中的小砌块孔型、厚度或孔洞率与表4.2.2所列不同，应按现行国家标准《绝热稳态传热性质的测定　标定和防护热箱法》GB/T 13475的规定通过试验检测确定，或根据现行国家标准《民用建筑热工设计规范》GB 50176的计算方法计算确定砌体热阻，按本规程附录C计算小砌块砌体的热惰性指标。

在普通小砌块中内填、内插不同类型的轻质保温材料，是改善小砌块砌体热工性能的一个措施，如本规程附录D。但由于混凝土肋壁的传热较大，砌体的热阻值增加很有限。而且多为手工操作，工序多，施工速度慢，效率低。如表4所示，内插或内填轻质保温材料后的外墙主体部位的传热系数 $K_p=(1.33\sim1.50)\,W/(m^2\cdot K)$，仍较大。所以，宜从砌块基材、孔形或复合方式上进行合理设计来提高混凝土小砌块砌体的保温隔热性能。

在本规程附录D中列出了部分孔洞中内插（填）保温材料的复合保温小砌块砌体的热阻及热惰性指标，建筑热工设计计算时，可参考采用。

表4　孔洞中内插、内填保温材料的小砌块墙体主体部位的热工性能

编号	构造做法	K_p[W/(m²·K)]	D_p
1	1　20mm厚水泥砂浆外抹灰； 2　单排孔小砌块孔洞内插25mm厚发泡聚苯小板； 3　20mm厚石膏聚苯颗粒保温砂浆内抹灰	1.50	2.29
2	1　20mm厚水泥砂浆外抹灰； 2　单排孔小砌块孔洞内满填膨胀珍珠岩； 3　20mm厚石膏聚苯颗粒保温砂浆内抹灰	1.33	2.52

4.2.3　本条是对小砌块建筑外墙的热工设计提出要求。

1　外墙的热工性能包含主体部位和结构性热桥部位及其构成的整墙体部位。所以，建筑节能设计标准中规定外墙的传热系数和热惰性指标应取平均传热系数和平均热惰性指标。

平均传热系数（K_m）和平均热惰性指标（D_m）是由外墙中主体部位的传热系数 K_p 与热惰性指标 D_p 和结构性热桥部位的传热系数 K_b 和热惰性指标 D_b，以及它们在外墙上（不含门窗）的面积 F_p 和 F_b 加权计算求得。本条提出了便捷的计算方法。

2　由混凝土或钢筋混凝土填实的芯柱、构造柱、圈梁、门窗洞口边框，以及外墙与女儿墙、阳台、楼地板等构件连接的实体部位，都属结构性热桥部位，与主体部位比较，其传热（冷）损失都较大，也是产生表面冷凝的敏感部位，这些部位应通过建筑热工设计计算采取适宜的保温构造处理，以满足热工性能指标的要求。结构性热桥部位的传热系数和热惰性指标 K_b 和 D_b 的计算方法与主体部位传热系数 K_p 和热惰性指标 D_p 的计算方法相同。

进行建筑设计时首先要尽量减少结构性热桥部位的数量和面积。

为保证结构性热桥部位的内表面在冬季正常采暖期间不致产生结露，其最小传热阻 $R_{o\cdot min}$（或最大允许的传热系数 $K_{b\cdot max}$），应根据地区的室内外气候计算参数，按照现行国家标准《民用建筑热工设计规范》GB 50176规定的计算方法计算确定。

3　大量的热工性能实测和计算结果表明，仅有双面抹灰层的小砌块墙体，不管在北方和南方，都不能满足现行建筑节能设计标准中规定的室内热舒适环境和对外墙、楼梯间内墙及分户墙的热工性能指标要求，必须采取一定的保温隔热措施提高其热工性能。也正是因为过去不重视小砌块墙体的保温隔热措施这一重要环节，形成了房屋建成后居民普遍有“热”的反映，严重地影响了小砌块墙体及小砌块建筑的进一步推广应用。

最适宜于小砌块外墙的保温隔热措施，是在其外侧直接复合外墙外保温系统，或在外侧设置空气层。若采用内保温系统，本条提出了提高其保温性能的设计要求。

外墙采用不同外墙保温系统施工完成后的检测结果与节能设计要求的节能率对比计算、研究分析表明：

外墙采用外墙外保温系统能符合节能设计要求的95%～100%；

外墙采用外墙自保温系统能符合节能设计要求的85%～90%；

外墙采用外墙内保温系统能符合节能设计要求的75%～80%。

产生以上节能率差异的原因，主要是外墙自保温与外墙内保温系统中的结构性热桥部位保温隔热性能差所引起。为补偿这一差异，在上海市的《居住建筑节能设计标准》DG/TJ 08-205-2008中，提出了如表5所示的不同主墙体的平均传热系数修正系数 C_2。目前，四川省内也有设计院在进行外墙的热工设计时，将采用外墙内保温系统的外墙平均传热系数计算值乘以1.2作为外墙平均传热系数 K_m 的设计值，这实际上就是要求增加内保温系统的保温层厚度来使其热工性能达到采用外墙外保温系统的热工性能。这是科学的，也是合理的。

表 5　不同主墙体的平均传热系数修正系数 C_2

结构体系与保温形式	剪力墙			短肢剪力墙			框剪/框架			砖　混		
	外保温	自保温或中保温	内保温	外保温	自保温或中保温	内保温	外保温	自保温或中保温	内保温	外保温	自保温或中保温	内保温
主墙体	钢筋混凝土			钢筋混凝土			填充材料			填充材料		
修正系数 C_2	1.0	—	1.4	1.0	—	1.4	1.1	1.45	1.45	1.15	1.5	1.5

本条还对采用外墙内保温系统的外墙与横墙交接处 400mm 宽范围内的保温处理提出了要求，即该部位的传热阻 R_o 不能小于设计建筑所在气候地区的外墙最小传热阻 $R_{o\cdot min}$。

从求真务实地实施建筑节能工作来讲，提出这个要求是非常必要的，可对现在墙体热工节能设计中随意地采用外墙内保温系统有所约束。

4　对夏热冬冷及夏热冬暖地区建筑的外墙隔热，本条提出宜采用外隔热措施，可有效地降低小砌块墙体的内外表面温差，减少恶劣环境的作用，保护小砌块墙体。最好是采用建筑用反射隔热涂料作外墙饰面，不仅可显著提高外墙的隔热性能，而且通过计算对比，还可使外墙有 0.20(m^2·K)/W 以上的附加热阻值。

由于小砌块墙体有孔洞存在，孔洞中空气的蓄热系数近似为 0。加之轻质保温材料的蓄热系数也很小，如表 4 所示，将导致小砌块外墙的建筑热工性能设计计算结果，往往是外墙的传热系数能满足居住建筑节能设计标准的规定，而热惰性指标 D 不能满足规定。出现这种情况时，居住建筑节能设计标准要求按照国家标准《民用建筑热工设计规范》GB 50176－93 第 5.1.1 条进行隔热设计验算。应当指出，国家标准《民用建筑热工设计规范》GB 50176－93 第 5.1.1 条是指房间在自然通风良好的使用条件下规定的隔热指标验算方法，不符合节能住宅的居室是在门窗关闭的使用条件。而且没有提出具体的外墙内表面最高温度允许值，也无法用第 5.1.1 条的计算公式和计算方法进行验算。

5　无论采用哪种保温构造技术及饰面做法，都要根据本地区的建筑节能标准要求和室内外气候计算参数，计算确定其热工性能指标要求的保温层厚度。考虑到保温材料在安装敷设中可能受损，以及环境湿作用的影响使保温材料的保温性能削弱，在建筑热工计算中，应取计算导热系数和计算蓄热系数，一般可用实际测定的导热系数和蓄热系数乘以修正系数 a。修正系数 a 应按照现行国家标准《民用建筑热工设计规范》GB 50176，根据其使用场合及影响因素进行选择，以确保墙体在正常使用时的保温性能不致削弱。

6　在寒冷地区，建筑的外围护结构保温设计，都要进行内部冷凝受潮验算，确定是否设置隔气层。对于寒冷地区的小砌块建筑外墙，应根据现行国家标准《民用建筑热工设计规范》GB 50176 的规定，在外墙的保温设计时，进行外墙内部冷凝受潮验算，确定是否设置隔气层。若需设置隔气层，应保证其施工质量，并有与室外空气相通的排湿措施。目前在夏热冬冷地区的个别城市，也有参照国外严寒地区的外墙外保温技术设置隔气层和排潮措施的工程。是否适宜，应根据计算确定，否则会造成不必要的经济损失。对于夏热冬冷地区的小砌块建筑外墙，一般可不用进行冷凝受潮验算，也不用设置隔气层。

7　本条提出对有优良热工性能的保温小砌块及复合保温小砌块在建筑外墙中应用时，可按墙体自保温系统应用在建筑的填充墙中，该部位可不再复合内、外保温系统。在夏热冬冷地区及夏热冬暖地区，这是非常可取的一种保温小砌块墙体自保温系统工程做法。

8　小砌块外墙的保温隔热措施，必须与屋面、楼地板和门窗等构件的连接部位有联系，这些连接部位也是传热敏感部位，除了做好这些部位的保温措施外，尚应保持构造上的连续性和可靠性。

4.2.4　本条对小砌块居住建筑的分户墙和公共建筑的采暖空调房间与非采暖空调房间隔墙的建筑热工设计提出应以平均传热系数 K_m 作为热工性能评价指标，因为不是一种墙材构成，应和外墙的要求一样。

4.2.5　本条是对小砌块建筑屋面的建筑热工设计提出要求。

1　小砌块建筑屋面的建筑热工设计，与其他墙体结构体系建筑的屋面热工设计基本相同，首先应符合建筑节能设计标准的规定，并选择适宜的保温隔热构造做法，重视结构性热桥部位的构造设计和处理措施。

2　与外墙外保温技术一样，倒置式屋面比正置式屋面（即保温层在防水层之下）有很多优点，但需采用憎水型的保温材料。保温层的厚度应根据地区的气候条件、室内外气候计算参数和节能设计标准规定的热工性能指标计算确定，计算时应采用材料的计算导热系数和计算蓄热系数，即应乘以修正系数 a。憎水型保温材料的修正系数 a 可取 1.2，多孔吸湿保湿材料的修正系数 a 可取 1.5。

3　在夏热冬冷和夏热冬暖地区，屋面采用浅色饰面，采用绿色植被屋面或有保温材料基层的架空通风屋面，都是有效而可行的屋面外隔热措施。采用绿色植被屋面或架空通风屋面时，应按照屋面防水规范的要求，保证防水层的设计和施工质量。

4　应重视结构性热桥部位的保温隔热构造设计与处理。对于小砌块建筑，由于要保证墙体顶部与屋顶之间是柔性连接，更应采取适宜的保温隔热构造措施，以避免热桥的出现。

5 小砌块砌体静力设计

5.1 设计基本规定

5.1.1～5.1.5 砌块砌体结构仍然采用以概率理论为基础的极限状态设计方法，砌块砌体受压、受剪构件可靠指标已达到4.0以上，且与国家标准《砌体结构设计规范》GB 50003保持一致。本次修订补充了《建筑结构可靠度设计统一标准》GB 50068使用年限的规定。

5.1.6 将梁端支承力的位置由原规程的两种情况简化为一种，均按$0.4a_0$以方便设计应用。

5.1.8 补充了转角墙体受集中荷载时计算截面的规定和可按角形截面偏心受压构件进行承载力验算。

5.2 受压构件承载力计算

5.2.2 补充了确定影响系数φ时，构件高厚比β的计算公式，公式中的1.1系数是经砌块砌体长柱试验确定的。对灌孔混凝土砌块砌体β取H_0/h，是依据《砌体结构设计规范》GB 50003的规定。

5.2.5 轴向力的偏心距按内力设计计算，偏心距e的限值与《砌体结构设计规范》GB 50003一致。

5.3 局部受压承载力计算

5.3.2 为避免空心砌块砌体直接承受局部荷载时可能出现的内肋压溃提前破坏，所以强调对未灌实的空心砌块砌体局部抗压强度提高系数γ为1.0。要求采取灌实一皮砌块的构造措施后才能按局部抗压强度提高系数计算。

5.3.4 关于梁端有效支承长度a_0计算，原《混凝土小型空心砌块建筑技术规程》JGJ/T 14－95列了两个计算公式，即$a_0=\sqrt{\frac{N_e}{bf\tan\theta}}$和简化公式$a_0=10\sqrt{\frac{h_c}{f}}$，为避免工程应用上引起争端，并且为简化计算；在上一版修订中取消前一个公式，只保留简化公式。工程实践表明，应用简化公式并未出现安全问题。本次修订仍维持只保留简化公式。

5.3.5 明确规定梁端现浇刚性垫块下局部抗压应按本条方法计算。本条第2款第2）项中“……壁柱上垫块伸入翼墙内的长度不应小于100mm”，《砌体结构设计规范》GB 50003是“……壁柱上垫块伸入翼墙内的长度不应小于120mm”。造成这一差别的原因是因为砌块模数M＝100，砌块主规格尺寸为390mm×190mm×190mm。

5.3.6 进深梁支承于圈梁的情况在砌块房屋中经常遇到，因而增加了柔性垫梁下砌体局压的计算方法，根据哈尔滨工业大学的分析研究提出了考虑砌体局压应力三维分布时的实用计算方法，并与《砌体结构设计规范》GB 50003相一致。

5.4 轴心受拉构件承载力计算

5.4.1 增加了轴心受拉构件计算。

5.5 受弯构件承载力计算

5.5.1 增加了受弯构件计算。

5.6 受剪构件承载力计算

5.6.1 根据重庆建筑大学的试验和分析，提出了考虑复合受力影响的剪摩理论公式。该式亦能适合砌块砌体构件的抗剪计算，能较好地反映在不同轴压比下的剪压相关性和相应阶段的受力工作机理，克服了原公式的局限性。

5.7 墙、柱的允许高厚比

5.7.1 在表5.7.1表注中增加了配筋混凝土砌块砌体构件的允许高厚比不应大于30。该项规定是引进了国际标准的规定。

5.7.2 砌块墙体的加强一般可以利用其天然的竖向孔洞配筋灌芯形成芯柱，也可采用设钢筋混凝土构造柱（集中配筋）来加强。墙体中设有构造柱时可提高使用阶段墙体的稳定性和刚度，因此本次修订保留了配构造柱情况下墙体允许高厚比的提高系数的计算公式。

5.8 一般构造要求

5.8.1～5.8.7 砌块房屋的合理构造是保证房屋结构安全使用和耐久性的重要措施，根据设计和应用经验在下列几个关键问题上给予加强：①受力较大、环境条件差（潮湿环境），材料最低强度等级给予明确规定；②对一些受力不利的部位强调用混凝土灌孔；③加强一些构件的连接构造；④墙体中预留槽洞设管道的构造措施。原规程表5.8.1中最低强度等级，很潮湿的MU7.5，改为MU10。含饱和水的MU10改为MU15。主要是考虑材料耐久性要求。

5.9 砌块墙体的抗裂措施

随着砌块建筑的推广应用和住房商品化进程的推进，小砌块房屋的裂缝问题显得十分突出，受到比较广泛的关注。因此，本规程根据迄今国内外的研究成果和建设经验，按照治理墙体裂缝“防、放、抗”相结合，设计、施工、材料综合防治的基本思路，较多地充实了砌块墙体的防裂措施。

5.9.1 按表5.9.1设置的墙体伸缩缝，一般不能同时防止由于钢筋混凝土屋盖的温度变形和砌体干缩变形引起的墙体局部裂缝。

5.9.5 该条为修改条文，根据工程调查顶层和次顶层两端第一开间墙体上常易出现斜裂缝或水平裂缝，该条文明确在墙中设置钢筋混凝土芯柱的间距。

5.9.6 该条为修改条文，根据工程调查横墙上常易在靠近外纵墙处的横墙上发生斜裂缝，一般该裂缝在纵墙窗台角高度按约45°向上延伸至楼盖，也可在该区段中设置钢筋混凝土芯柱。

楼梯间横墙墙身较高，且较易受外界气候影响，常易发生水平缝和斜裂缝，因水平缝在全墙发生，故在全墙按1.6m间距设置钢筋混凝土芯柱。

5.10 框架填充墙的构造措施

新增加本节主要基于以往历次大地震，尤其是此次汶川地震的震害情况表明，框架（含框剪）结构填充墙等非结构构件均遭到不同程度破坏，有的损害甚至超出了主体结构，导致不必要的经济损失，尤其高级装饰条件下的高层建筑的损失更为严重。这种现象引起人们的广泛关注，尽快制订防止或减轻该类墙体震害的有效设计方法和构造措施已成为工程界的急需。

5.10.2 填充墙选用轻质砌体材料可减轻结构重量、降低造价，有利于结构抗震。但填充墙体材料强度不应过低，否则，当框架稍有变形时，填充墙体就可能开裂，在意外荷载或烈度不高的地震作用时，容易遭到损坏，甚至造成人员伤亡和财产损失。

5.10.4 震害经验表明：嵌砌在框架和梁中间的填充墙砌体，当强度和刚度较大，在地震发生时，产生的水平地震作用力，将会顶推框架梁柱，易造成柱节点处的破坏，所以过强的填充墙并不完全有利于框架结构的抗震。本条提出填充墙与框架柱、梁脱开的方式，是为在地震发生时，减小填充墙对框架梁柱的顶推作用，避免框架的损坏。但为了保证填充墙平面外的稳定性，在填充墙中应设构造柱和水平系梁，并在与主体结构连接处留20mm缝隙用聚苯泡沫材料填充。

5.11 夹心复合墙的构造规定

为适应建筑节能要求，北方地区砌块房屋的外墙往往采用复合墙形式，即由内叶墙承重外叶墙保护，中间填以高效保温（岩棉、苯板等）材料。这种墙体也称夹心墙。哈尔滨工业大学等单位做过试验，试验表明两叶墙之间的拉结构件能在一定程度上协调内、外墙的变形，外叶墙的存在对内叶墙的稳定性以及水平荷载下脱落倒塌有一定的支撑作用。本规程只是在夹心墙的构造上提出一些具体规定。本次修订在原规程基础上作了一些补充。

5.12 圈梁、过梁、芯柱和构造柱

5.12.1 为加强小砌块房屋的整体刚度，保证垂直荷载能较均匀地向下传递，考虑到砌块砌体抗剪、抗拉强度较低的特点，根据各地的实践经验，本规程对圈梁设置作了较严格的规定。本次修订对多层民用砌块房屋圈梁的设置进行了修改，根据近期砌块房屋圈梁设置的调查，一般在房屋内外墙均设置圈梁，故取消了原规程表5.8.1中分内、外墙设置的要求。

5.12.2 本次修订将屋盖处圈梁宜现浇改为应现浇，挑梁与圈梁相遇时，宜整体现浇改为应整体现浇。

5.12.4 对过梁上的荷载取值作了规定。由于过梁上墙体内拱的卸荷作用，当梁、板下的墙体高度大于过梁净跨时，梁、板荷载及墙体自重产生的过梁内力很小，过梁设计由施工阶段的荷载控制，荷载取本条规定的一定高度的墙体均匀自重作为当量荷载。

5.12.5 设置混凝土及钢筋混凝土芯柱是一种构造措施，主要是为了提高小砌块房屋的整体工作性能，不必进行强度计算。本次修订将原规程5.6.7条对纵横墙交接处孔洞用混凝土灌实的规定移至本条，原规程要求灌实范围为在墙中心线每边不小于300mm范围内的孔洞，改为在墙体交接处孔洞设置混凝土芯柱。

5.12.6 提出了芯柱构造和施工的具体要求，以保证芯柱发挥作用。

5.12.7 当小砌块房屋中采用钢筋混凝土构造柱加强时，应满足构造要求。

6 配筋砌块砌体剪力墙静力设计

6.1 设计基本规定

6.1.1 根据试验研究结果，配筋小砌块砌体剪力墙结构的受力性能与钢筋混凝土剪力墙结构的受力性能相似，因此在设计计算时可以采用与钢筋混凝土剪力墙相同的线弹性计算、分析方法，对结构构件的计算则应符合本规程有关条文的要求，同时对结构的位移变形也应按照本规程的要求进行验算。在计算、分析时，楼层侧移刚度取楼层等效剪切刚度。在计算分析时还应注意，即使是多层配筋小砌块砌体剪力墙结构仍应按剪力墙进行设计计算。

6.1.2 配筋小砌块砌体剪力墙的配筋方式与普通钢筋混凝土剪力墙不同，由于配筋小砌块砌体剪力墙中的竖向垂直钢筋是单排配置在墙厚的中央，当出平面受弯时，竖向垂直钢筋不能充分发挥作用，因此配筋小砌块砌体剪力墙作为主要的承载力构件其出平面的抗弯能力比普通钢筋混凝土剪力墙要弱，但又要明显强于普通砖砌体墙。条文是依据目前的试验研究情况以及综合各地的工程实践经验，规定了配筋小砌块砌体房屋剪力墙平面外的轴向力偏心距 e 不应超过 $0.7y$。从试验结果来看，规定偏于安全，因此今后如积累了确切、可靠的试验数据和计算分析，平面外的轴向力偏心距 e 的规定可适当放宽。

6.2 正截面受压承载力计算

6.2.1 根据试验研究结果，灌孔混凝土与砌块和钢筋之间的粘结状况良好，在承载力极限状态配筋小砌块砌体墙片中的竖向垂直钢筋和水平钢筋都能达到屈服，而且配筋小砌块砌体与钢筋混凝土的受力性能相似，因此配筋小砌块砌体计算的基本假定也与钢筋混凝土类似。根据试验研究结果，配筋小砌块砌体中的砌体与灌孔混凝土是分两次施工，在荷载作用下的变形状态不完全相同，因此灌孔小砌块砌体的极限压应变稍小于混凝土的极限压应变。

试验研究结果表明，配筋小砌块砌体墙片在偏心荷载作用下，当达到70%的极限荷载时，即使是竖向钢筋上的小标距应变量测结果也表明砌体截面的变形能较好的符合平截面假定，而有部分试件在90%以上的极限荷载时仍基本符合平截面假定。因此根据平截面假定的定义，配筋小砌块砌体在垂直荷载作用下的截面变形符合平截面假定。

6.2.2 式（6.2.2-1）和式（6.2.2-2）是根据欧拉公式和灌孔砌体的应力-应变关系以及配筋小砌块砌体的试验结果推导和拟合得到的，它不同于一般砌体的稳定性计算公式，不仅考虑了灌孔砌体，而且还考虑了竖向钢筋的抗压作用。在使用公式进行计算时还应注意，配筋小砌块砌体是指配置有垂直和水平钢筋、且水平钢筋必须布置在砌块水平槽内、用专用灌孔混凝土灌孔后形成的配筋小砌块砌体，如无水平钢筋或水平钢筋放置在砂浆灰缝中，则按配筋小砌块砌体的公式来计算其抗压稳定性可能会偏于不安全。

6.2.3 配筋小砌块砌体剪力墙房屋的结构性能与钢筋混凝土剪力墙房屋的结构性能相似，因此配筋小砌块砌体剪力墙构件的计算高度取值不应该按砌体结构，而是应该和钢筋混凝土剪力墙房屋相同。除一般情况，当有跃层或开洞形成无楼板支承的高墙的情况时，层高应取至有楼板支承的墙体之间的高度。

6.2.4 根据平截面假定，配筋小砌块砌体剪力墙上的任1根钢筋的应变均可根据变形协调的相似关系计算得到，而钢筋的应力及性质可由该处钢筋应变确定；按6.2.1条的基本假定，根据截面内力平衡条件也可以计算得到配筋小砌块砌体受压区截面高度，从而确定墙体的承载能力；但计算时需解联立方程或进行试算逐步迭代，计算比较复杂。本条采用的是钢筋混凝土构件的计算模式，大偏压时近似认为在荷载作用下，修正后的受拉区和受压区范围内的分布钢筋都能够达到屈服，而小偏压时则根据受压区高度近似求解钢筋的应力状况，使复杂的计算问题简化。关于偏心距 e，是参照混凝土偏心受压构件的计算方法进行计算。

6.2.5 由于配筋小砌块砌体之间的连接主要靠砌块的搭接砌筑、水平钢筋和砌块水平槽内的通长混凝土连接键相连，因此T形截面和L形截面的腹板和翼缘之间的连接要弱于类似的整浇钢筋混凝土墙片。根据同济大学所做的配筋小砌块砌体工字形截面和Z字形截面墙片的压弯反复荷载试验，当墙片的翼缘宽度为腹板厚度的3倍（工字形截面）和2倍（Z字形截面）时，在垂直荷载和水平反复荷载作用下，虽然翼缘部分的钢筋仍能达到屈服，但在接近破坏时，翼缘和腹板的连接处会突然产生垂直通缝，翼缘和腹板的共同工作明显减弱。因此如参照混凝土剪力墙进行设计，可能高估了配筋小砌块砌体翼缘和腹板的共同工作作用，从而使实际构件处于不安全状态。根据上述的试验结果和分析，本条对T形和倒L形截面偏心受压构件翼缘的计算宽度采用了比较严格的规定。

6.2.6 同济大学在2005年进行了墙片出平面偏心受压试验研究，试验共设计了三组高度的试件，尺寸分别为590mm×190mm×800mm、590mm×190mm×1200mm、590mm×190mm×1600mm（宽×厚×高）。每组高度的试件包括三种不同的出平面偏心距，分别为20mm、50mm和80mm，总共9个墙片。在极限荷载时，测得的各试件竖向钢筋的应变与偏心距和墙片高度有关，当出平面荷载偏心距为60mm～65mm时，竖向钢筋应力几乎为零。试验结果表明，同一高度的试件，极限荷载随偏心距的增大而减小。试验中9个试件都表现为脆性破坏的形式，但随着偏心距的增大，试件的破坏模式有从受压破坏向受弯破坏模式转化的趋势。试验结果还显示竖向垂直钢筋对墙片脆性破坏的改善作用有限，因为虽然偏心较大，试件墙片的竖向钢筋已经达到屈服状态，但由于钢筋是布置在墙体的中心位置，形成的抵抗力矩较小，因此墙片出平面抗弯能力有限。

根据普通砖砌体计算偏心受压影响系数的计算公式，假设矩形截面配筋小砌块砌体（$\beta<3$ 时）单向偏心受压影响系数 $\varphi=\dfrac{1}{1+m\times(e/h)^2}$，其中：$h$ 为矩形截面在轴向力偏心方向的边长；m 为小于12的系数。对于高而薄的墙片（$\beta>3$）承受出平面单向偏心荷载时，还应考虑附加偏心距 e_i，因此，出平面偏心受压配筋小砌块砌体墙片的承载力影响系数 $\varphi=\dfrac{1}{1+m\times[(e+e_i)/h]^2}$。当轴心受压时，$e=0$，该影响系数应该等于轴心受压稳定系数，可以解得 $e_i=h\times\sqrt{\dfrac{1}{m}\times\left(\dfrac{1}{j_0}-1\right)}$，于是出平面偏心受压配筋小砌块砌体墙片承载力的影响系数 $\varphi=\dfrac{1}{1+m\times\left[\dfrac{e}{h}+\sqrt{\dfrac{1}{m}\times\left(\dfrac{1}{j_0}-1\right)}\right]^2}$。将试验数据与该公式拟和，当 $m=2.5$ 时，公式计算结果与试验值吻合较好，因此可以认为出平面偏心受压配筋小砌块砌体墙片承载力的影响系数 $\varphi=\frac{1}{1+2.5\times\left[\frac{e}{h}+\sqrt{\frac{1}{2.5}\times\left(\frac{1}{j_0}-1\right)}\right]^2}$。

上述公式的计算结果与试验结果比较如表6所示，计算结果与试验值吻合较好。

表6　同济大学的试验结果与公式计算值的比较

试件编号	墙高(mm)	高厚比	偏心距(mm)	试验值(kN)	φ	$N=\varphi\times f_{gm}\times A$(本规程公式)	试验值/计算值
Q1	800	4.21	20	2334	0.902	2097	1.11
Q2	800	4.21	50	2032	0.749	1741	1.17
Q3	800	4.21	80	1536	0.593	1378	1.11
Q4	1200	6.32	20	1932	0.855	1989	0.97
Q5	1200	6.32	50	1620	0.696	1618	1.00
Q6	1200	6.32	80	1420	0.547	1271	1.12
Q7	1600	8.42	20	2472	0.805	1871	1.32
Q8	1600	8.42	50	1724	0.645	1499	1.15
Q9	1600	8.42	80	1212	0.504	1172	1.03
平均值							1.11

哈尔滨工业大学在2005年也进行了无水平分布钢筋灌孔砌体墙片轴心受压及出平面偏心受压承载力试验，其中11个试件为出平面偏心受压，偏心距分别为20mm、30mm、40mm和60mm，哈尔滨工业大学的试验结果与公式的计算结果比较如表7所示。

表7　哈尔滨工业大学的试验结果与公式计算值的比较

试件编号	墙高(mm)	高厚比	偏心距(mm)	试验值(kN)	φ	$N=\varphi\times f_{gm}\times A$(本规程公式)	试验值/计算值
Q4	1000	5.26	20	2188	0.879	2107	1.04
Q10	1000	5.26	20	1980	0.879	2017	0.98
Q11	1000	5.26	20	2199	0.879	2017	1.09
Q12	1000	5.26	30	1624	0.829	1770	0.92
Q13	1000	5.26	30	1560	0.829	1770	0.88
Q1	1000	5.26	40	1650	0.776	1826	0.90
Q2	1000	5.26	40	1476	0.776	1826	0.81
Q3	1000	5.26	40	1778	0.776	1826	0.97
Q7	1000	5.26	60	1120	0.669	1564	0.72
Q8	1000	5.26	60	1230	0.669	1564	0.79
Q9	1000	5.26	60	1329	0.669	1564	0.85
平均值							0.90

由于哈尔滨工业大学的墙片试件没有配置水平钢筋，因此试验结果稍小于本规程公式计算的结果，但试件破坏现象和规律与同济大学的试验结果类似。

由于到目前为止，仅同济大学和哈尔滨工业大学分别做过9个和11个配筋小砌块砌体墙片出平面偏心受压试验，试验数据偏少，而且墙片试件的高厚比也不够充分大，因此有关墙体的出平面偏心受压性能还有待进一步开展试验研究，但按公式6.2.6进行设计计算还是安全的。

6.3　斜截面受剪承载力计算

6.3.1　根据有关试验研究结果，影响配筋小砌块砌体墙片抗剪承载力的因素主要有墙片的形状、尺寸；高宽比λ；灌孔砌体的抗压强度；竖向荷载；水平钢筋和垂直钢筋的配筋率等等。①墙片抗剪承载力受其尺寸大小的影响是显而易见的，在组成墙片的材料相同的情况下，墙片的尺寸越大其承载能力也越大；②对于配筋小砌块砌体墙片，已有的试验研究表明，墙片的高宽比λ对抗剪强度有很大的影响，而且墙片的抗剪强度在高宽比λ一定范围内变动时，随着高宽比的加大而逐渐减小；③根据已有的试验研究成果，配筋小砌块砌体墙片的抗剪强度与灌孔砌体的抗压强度基本上呈正比关系，由于灌孔砌体抗剪能力占整个墙片抗剪能力的很大一部分，因此当采用强度较高的砌体和灌孔混凝土时，其抗剪承载能力也会相应有较大增加；④墙片承受水平荷载作用时，如果有适当垂直荷载共同作用，则在墙片内的主拉应力轨迹线与水平轴的夹角变大，斜向主拉应力值降低，从而可以推迟斜裂缝的出现，垂直荷载也使得斜裂缝之间的骨料咬合力增加，使斜裂缝出现后开展比较缓慢，从而提高墙片的抗剪能力。垂直荷载对墙片的抗剪能力有很大的影响，当墙片的轴压比$\frac{N}{f_m bh}\approx0.3\sim0.5$时，垂直荷载对墙片的抗剪强度影响最大，当轴压比超过此值时，墙片的破坏形态由剪切破坏转化为斜压破坏，反而使得墙片的抗剪承载能力下降；⑤墙片开裂以后，配筋小砌块砌体墙片的抗剪能力将大大削弱，而穿过斜裂缝的水平钢筋直接参与受拉，由墙片开裂面的骨料咬合及水平钢筋共同承担剪力，因此，水平钢筋的配筋率是影响墙片抗剪能力的主要因素之一；⑥垂直钢筋的配筋率。国内外许多研究结果表明，配置于墙片中的垂直钢筋可以有效地提高其抗剪能力，垂直钢筋对墙片抗剪的贡献主要是由于销栓作用，以及墙片在配置一定数量的钢筋以后对原素墙片受力性能的改良，但一般将其有利作用计入在灌孔砌体的抗剪强度这一部分中。

根据上述对影响配筋小砌块砌体剪力墙截面受剪承载力诸因素的试验研究和分析，配筋小砌块砌体剪力墙截面受剪承载力可以按照式（6.3.1-2）和式

(6.3.1-4) 公式进行计算。

当配筋小砌块砌体剪力墙所承担的剪力较大，而墙片的截面积又较小时，增加墙片内的水平钢筋不仅不能有效提高墙片的抗剪能力，而且会导致剪力墙发生斜压脆性破坏，因此公式（6.3.1-1）规定与承受剪力相对应的剪力墙要有一定的截面积。

6.3.2、6.3.3 配筋小砌块砌体由于受其块型、砌筑方法和配筋方式的影响，不适宜做跨高比较大的梁构件。而连梁配筋小砌块砌体剪力墙结构中，连梁是保证房屋整体性的重要构件，为了保证连梁与剪力墙节点处在弯曲屈服前不会出现剪切破坏和具有适当的刚度和承载能力，对于跨高比大于 2.5 的连梁宜采用受力性能较好的钢筋混凝土连梁，以确保连梁构件的“强剪弱弯”。对于跨高比小于 2.5 的连梁（主要指窗下墙部分），则允许采用配筋小砌块砌体连梁。

6.4 构造措施

Ⅰ 钢 筋

6.4.1 配筋小砌块砌体剪力墙孔洞内配筋面积不应过大，否则钢筋太多，直径太大，不仅影响结构延性，也不利于灌孔混凝土施工。

6.4.2 配筋小砌块砌体剪力墙，配置在灰缝中钢筋直径应控制，以避免影响钢筋的握裹力及钢筋强度的发挥。根据工程经验，水平箍筋放置于砌体灰缝中，受灰缝高度限制（一般灰缝高度为 10mm），水平箍筋直径不小于 6mm，且不应大于 8mm 比较合适；当箍筋直径较大时，将难以保证砌体结构灰缝的砌筑质量，会影响配筋小砌块砌体强度；灰缝过厚则会给现场施工和施工验收带来困难，也会影响砌体的强度。

6.4.3～6.4.6 我国沈阳建筑大学和北京建筑工程学院作了专门锚固实验，结果表明，位于灌孔混凝土中的钢筋，不论位置是否对中，均能在远小于规定的锚固长度内达到屈服。国际标准《配筋砌体设计规范》ISO 9652-3 中有砌块约束的混凝土内的钢筋锚固粘结强度比无砌块约束（不在砌块孔洞内）的数值（混凝土强度等级为 C10～C25 情况下），对光面钢筋高出 85%～20%；对变形钢筋高出 140%～64%。

实验发现对于配置在水平灰缝中的受力钢筋，其握裹条件较灌孔混凝土中的钢筋要差一些。灰缝中砂浆的最小保护层要求，是基于在正常条件下，钢筋不会锈蚀和保证需要的握裹力发挥而确定的。在灌孔混凝土中钢筋的保护层，基本同普通混凝土中的钢筋保护层要求，但它的条件要更好些，因为有一层砌块外壳的保护，国外规范规定抗渗砌块的钢筋保护层可以减少。

根据安全等级为一级或设计使用年限大于 50 年的房屋，对耐久性的要求更高的原则，提出了第 6.4.6 条的注（含第 6.4.7 条）。

Ⅱ 配筋砌块砌体剪力墙、连梁

6.4.7 根据配筋砌块砌体目前的应用情况及耐久性要求，对材料等级进行相应规定。灌孔混凝土是指由水泥、砂、石等主要原材料配制的大流动性细石混凝土，石子粒径控制在 5mm～16mm 之间，坍落度控制在 230mm～250mm，大流动性是砌块孔洞内细石混凝土灌实的先决条件，才能保障混凝土与砌块结合紧密。灌孔混凝土强度与混凝土小砌块块材的强度应匹配，由此组成的灌孔砌体的性能可得到充分发挥。配筋小砌块砌体剪力墙是一个整体，必须全部灌孔，才能保证平截面假定。在配筋小砌块砌体剪力墙结构的房屋中，允许有部分墙体不灌孔，但不灌孔部分的墙体不能按配筋小砌块砌体剪力墙计算，而必须按填充墙考虑。

6.4.8 这是根据承重混凝土砌块的最小厚度规格尺寸和承重墙支承长度确定的。最通常采用的配筋砌块厚度为 190mm。在允许的前提下，连梁可加宽以满足抗剪要求。

6.4.9 这是配筋砌块砌体剪力墙的最低构造钢筋要求。对由于孔洞削弱的墙体进行了加强。剪力墙的配筋比较均匀，其隐含的构造含钢率约为 0.05%～0.06%。据国外规范的背景材料，该构造配筋率有两个作用：一是限制砌体干缩裂缝，二是能保证剪力墙具有一定的延性，一般在非地震设防地区的剪力墙结构应满足这种要求。

6.4.10 窗间墙一般为短肢墙，构造及配筋适当加强。

6.4.11 配筋砌块砌体剪力墙的边缘构件，要求在该区设置一定数量的竖向构造钢筋和横向箍筋或等效的约束件，以提高剪力墙的整体抗弯能力和延性。本条是根据工程实践和参照我国有关规范的有关要求，及砌块剪力墙的特点给出的。

另外，在保证等强设计的原则，并在砌块砌筑、混凝土浇灌质量保证的情况下，砌块砌体剪力墙端可采用混凝土柱为边缘构件。虽然在施工程序上增加模板工序，但能集中设置较多竖向钢筋，水平钢筋的锚固也易解决，美国有类似的成功工程经验。

6.4.12 剪力墙的特点是平面内刚度及承载力大，而平面外刚度及承载力都相对很小。当剪力墙与平面外方向的梁连接时，会造成墙肢平面外弯矩，而一般情况下并不验算墙的平面外的刚度及承载力。配筋小砌块砌体剪力墙的竖向配筋居墙截面中心处，对剪力墙平面外的受弯能力甚为不利。试验表明，配筋小砌块砌体剪力墙平面外受弯能力较差。

剪力墙平面外设置的扶壁柱宜按计算确定截面及配筋，但当扶壁柱较短，其总长不大于 3 倍墙厚时，往往超筋或配筋过大。为保证其一定的抗弯能力，扶壁柱全截面配筋应不低于本规程的有关规定。

当梁高大于2倍墙厚时，梁端弯矩对墙平面外的安全不利，因此应采取措施，降低梁的刚度，减少剪力墙平面外的弯矩，以利墙体安全。

本条所列措施，均可增大墙肢抵抗平面外弯矩的能力。另外，对截面高度较小的楼面梁可设计为铰接或半刚接，减小墙肢平面外弯矩。铰接端或半刚接端可通过弯矩调幅或梁变截面来实现，此时应相应加大梁跨中弯矩，且梁顶配筋不宜过小。

6.4.13 本条规定了当采用钢筋混凝土连梁时的有关技术要求。

6.4.14 本条是参照美国规范和混凝土砌块的特点以及我国的工程实践制定的。混凝土砌块砌体剪力墙连梁由H型砌块或凹槽砌块组砌（当采用钢筋混凝土与配筋砌块组合连梁时受此限制），并应全部浇灌混凝土，以确保其整体性和受力。

6.4.15 部分框支配筋砌块砌体剪力墙结构底部的配筋砌块砌体墙的水平及竖向分布钢筋最小配筋率适当提高。

7 抗震设计

7.1 一般规定

7.1.1 抗震设防地区的小砌块砌体房屋抗震设计，首先要在满足静力设计要求的基础上进行，应对结构进行抗震承载力验算。

7.1.2 小砌块砌体房屋抗震设计时应共同遵守的原则和要求，对于刚性较大的砌体结构基本都是一样的。通过设置圈梁、构造柱或芯柱约束砌体墙，使砌体墙发生裂缝后不致崩塌和散落而丧失对重力荷载的承载能力。

配筋小砌块砌体抗震墙地震作用下受力状态与钢筋混凝土墙接近，应采取措施避免混凝土压碎、构件剪切破坏、钢筋锚固部分拉脱（粘结破坏）等脆性破坏。

7.1.3 小砌块砌体房屋抗震设计时，结构布置应按照优先采用横墙承重或纵横墙混合承重的结构体系，以利于房屋整体抗震要求。

多层小砌块砌体房屋，应避免设置转角窗。配筋小砌块砌体抗震墙房屋宜避免设置转角窗，否则，转角窗开间相关墙体尽端边缘构件最小纵筋直径应按规定值提高一级。

由于配筋小砌块砌体结构的受力性能类似于钢筋混凝土结构，因此参照钢筋混凝土抗震墙结构要求配筋小砌块砌体结构房屋的平面布置宜规则，不应采用严重不规则的平面布置形式，从结构体形的设计上保证房屋具有较好的抗震性能。

考虑到抗震墙结构应具有延性，细高的抗震墙（高宽比大于2）属弯曲型的延性抗震墙，可避免脆性的剪切破坏，因此要求配筋小砌块砌体墙段的长度（即墙段截面高度）不宜大于8m。当墙很长时，可通过开设洞口将长墙分成长度较小、较均匀的超静定次数较高的联肢墙，洞口连梁宜采用约束弯矩较小的弱连梁（其跨高比宜大于6），使其可近似认为分成了独立墙段。由于配筋小砌块砌体抗震墙的纵向钢筋设置在砌块孔洞内（距墙端约100mm），因此墙肢长度很短时很难充分发挥作用，因此设计时墙肢长度也不宜过短。高度小于18m的配筋小砌块砌体抗震墙多层房屋，由于相对地震作用较小，往往结构平面布置短肢抗震墙即能满足强度和刚度的要求，但是根据试验研究结果短肢抗震墙的抗震性能相对较差，因此宜在房屋外墙四角布置非一字形（一般为L形）一般抗震墙以保证房屋的整体性，提高房屋的抗震性能。

7.1.4 小砌块砌体房屋防震缝宽度应根据烈度和房屋高度确定。

根据试验研究结果，由于配筋小砌块砌体抗震墙存在水平灰缝和垂直灰缝，其结构变形能力要优于钢筋混凝土抗震墙，因此在规定防震缝的宽度时，相应的也要大于钢筋混凝土抗震墙结构建筑。当房屋高度不超过24m时，可采用100mm；当超过24m时，在100mm宽度的基础上，随着房屋高度增大按不同烈度相应加大防震缝宽度。

汶川地震中，在大震作用下，设置防震缝的房屋在缝两侧均发生不同程度破坏，破坏部位全部集中在高度相对较小房屋顶部对应的高度范围内。为避免相撞部位墙体破坏严重而倒塌伤人甚至造成相对较高房屋局部坍塌，因此建议加强相撞部位墙体防倒塌能力。

7.1.5 承重砌块的最低强度等级应根据房屋层数和强度大小而确定。本条规定的最低强度等级是适合多层和低层小砌块砌体房屋的要求。

在抗震设计中，根据荷载作用性质的不同，对配筋小砌块砌体的材料强度要求应比非抗震设计的要求要高一些。

Ⅰ 多层小砌块砌体结构

7.1.6 小砌块砌体房屋地震作用时的破坏与房屋的层数和高度成正比。所以，要控制房屋的层数和高度，以避免遭到严重破坏或倒塌。根据有关科研资料和抗震设计规范的规定，混凝土小砌块多层房屋基本与其他砌体结构类同。对底部框架-抗震墙结构，均取与一般砌体房屋相同的层数和高度，考虑该结构体系不利于抗震，8度（0.20g）设防时适当降低层数和高度，8度（0.30g）和9度设防时及乙类建筑不允许采用。

对要求设置大开间的多层小砌块砌体房屋，在符合横墙较少条件的情况下，通过多方面的加强措施，可以弥补大开间带来的削弱作用，而使多层小砌块砌体房屋不降低层数和总高度。

本条按照2010年版抗震规范作下列变动：

1 补充规定了7度（0.15g）和8度（0.30g）的高度和层数限值。

2 底部框架-抗震墙砌体房屋，不允许用于乙类建筑和8度（0.3g）以上的丙类建筑。

3 表7.1.6中底部框架-抗震墙砌体房屋的最小砌体墙厚系指上部砌体房屋部分。

4 根据横墙较少砌体房屋的试设计结果，横墙较少的房屋，按规定的措施加强后，总层数和总高度不变的适用范围，扩大到丙类建筑，但规定仅6、7度时允许总层数和总高度不降低。

5 补充了横墙很少的多层砌体房屋的定义。对各层横墙很少的多层砌体房屋，其总层数应比横墙较少时再减少一层，由于层高的限制，总高度也有所降低。

坡屋面阁楼层一般仍需计入房屋总高度和层数；但重力荷载小于标准层1/3的突出屋面小建筑，不计入层数和高度的控制范围。斜屋面下的“小建筑”通常按实际有效使用面积或重力荷载代表值小于顶层30%控制。

7.1.8 若砌体房屋考虑整体弯曲进行验算，目前的方法即使在7度时，超过3层就不满足要求，与大量的地震宏观调查结果不符。实际上，多层砌体房屋一般可以不做整体弯曲验算，但为了保证房屋的稳定性，限制了其高宽比。

7.1.9 小砌块砌体房屋的主要抗震构件是各道墙体。因此，作为横向地震作用的主要承力构件就是横墙。横墙的分布决定了房屋横向的抗震能力。为此，要求限制横墙的最大间距，以保证横向地震作用的满足。

本次修订，考虑到原规定的抗震横墙最大间距在实际工程中一般并不需要这么大，同时，亦为提高多层砌体房屋的抗震能力，故将横墙间距均减小2m～3m，并补充了9度时相关规定。

7.1.10 小砌块砌体房屋的局部尺寸规定，主要是为防止由于局部尺寸的不足引起连锁反应，导致房屋整体破坏倒塌。当然，小砌块的局部墙垛尺寸还要符合自身的模数；当局部尺寸不能满足规定要求，也可以采取增加构造柱或芯柱及增大配筋来弥补；当表中部位采用全灌孔配筋小砌块或钢筋混凝土墙垛时，其局部尺寸可不受表7.1.10限制，但其截面尺寸和配筋应满足稳定和承载力要求。

本次修订，补充了承重外墙尽端局部尺寸限值和9度时相关规定。

承重外墙尽端指，建筑物平面凸角处（不包括外墙总长的中部局部凸折处）的外墙端头，以及建筑物平面凹角处（不包括外墙总长的中部局部凹折处）未与内墙相连的外墙端头。

7.1.11 底部框架-抗震墙房屋，当上层砌体部分采用小砌块墙体时，其结构布置及有关构造要求应与其他砌体结构一致，所不同的仅是砌块砌体材料。而试验资料已经表明，小砌块代替其他砌体材料，具有更多的优点，如可以配置较多的钢筋，使底部框架的材料与小砌块材料更为接近等，有利于变形及动力特性的一致。

底部框架-抗震墙房屋的钢筋混凝土结构部分，其抗震要求原则上均应符合国家标准《建筑抗震设计规范》GB 50011－2010第6章的要求，抗震等级与钢筋混凝土结构的框支层相当。但考虑到底部框架-抗震墙房屋高度较低，底部的钢筋混凝土抗震墙应按低矮墙或开竖缝设计，构造上有所区别。

Ⅱ 配筋小砌块砌体抗震墙结构

7.1.12 国内外有关试验研究结果表明，配筋小砌块砌体抗震墙结构具有强度高、延性好的特点，其受力性能和计算方法都与钢筋混凝土抗震墙结构相似，因此理论上其房屋适用高度可参照钢筋混凝土抗震墙房屋，但应适当降低。上海、哈尔滨、大庆等地都曾成功建造过18层的配筋小砌块砌体抗震墙住宅房屋，同济大学和湖南大学都曾进行过7度～9度区配筋小砌块砌体抗震墙住宅房屋的静力弹塑性分析，计算结果表明，按表7.1.12-1规定的适用最大高度是比较合适的。试验研究表明，底部为框支抗震墙的配筋小砌块砌体抗震墙结构抗震相对不利，因此对于这类房屋的最大适用高度应给予更严格的控制，同时在9度区不应采用。

近年来的工程实践和计算分析表明，配筋小砌块砌体抗震墙结构在8层～18层范围时具有很强的竞争力，相对钢筋混凝土抗震墙结构房屋，土建造价要低5%～7%，为了鼓励和推动配筋小砖块砌体房屋的推广应用，当经过专门研究和论证，有可靠技术依据，采取必要的加强措施后，可适当突破表7.1.12-1的规定，但增加高度一般不宜大于6m、2层。

配筋小砌块砌体房屋高宽比限制在一定范围内时，有利于房屋的稳定性，一般可不做整体弯曲验算；配筋小砌块砌体抗震墙抗拉相对不利，因此限制房屋高宽比可以使抗震墙墙肢一般不会出现大偏心受拉状况。根据试验研究和计算分析，当房屋的平面布置和竖向布置比较规则时，对提高房屋的整体性和抗震能力有利。当房屋的平面布置和竖向布置不规则时，会增大房屋的地震反应，此时应适当减小房屋高宽比以保证在地震荷载作用下结构不会发生整体弯曲破坏。

计算配筋小砌块砌体抗震墙房屋的高宽比，一般情况，可按所考虑方向的最小投影宽度计算高宽比，但对突出建筑物平面很小的局部结构（如楼梯间、电梯间等），一般不应包含在计算宽度内；对于不宜采用最小投影宽度计算高宽比的情况，还应根据实际情况确定。

7.1.13 配筋小砌块砌体结构的抗震等级是考虑了结构构件的受力性能和变形性能，同时参照了钢筋混凝土房屋的抗震设计要求而确定的，主要是根据抗震设防分类、烈度、房屋高度和结构类型等因素划分配筋小砌块砌体结构的不同抗震等级，对于底部为框支抗震墙的配筋小砌块砌体抗震墙结构的抗震等级则相应提高一级。

7.1.14 楼、屋盖平面内的变形，将影响楼层水平地震作用在各抗侧力构件之间的分配，为了保证配筋小砌块砌体抗震墙结构房屋的整体性，楼、屋盖宜采用现浇钢筋混凝土楼、屋盖，横墙间距也不应过大，使楼盖具备传递地震力给横墙所需的水平刚度。

7.1.15 已有的试验研究表明，抗震墙的高度对抗震墙出平面偏心受压强度和变形有直接关系，因此本条文规定配筋小砌块砌体抗震墙的层高主要是为了保证抗震墙出平面的强度、刚度和稳定性。由于小砌块的厚度是确定的为190mm，因此当房屋的层高为3.2m～4.8m时，与普通钢筋混凝土抗震墙的要求基本相当。

7.1.16 虽然短肢抗震墙结构有利于建筑布置，能扩大使用空间，减轻结构自重，但是其抗震性能较差，因此抗震墙不能过少、墙肢不宜过短。对于高层配筋小砌块砌体抗震墙房屋不应设计多数为短肢抗震墙的建筑，而要求设置足够数量的一般抗震墙，形成以一般抗震墙为主、短肢抗震墙与一般抗震墙相结合的共同抵抗水平力的结构，保证房屋的抗震能力，因此参照有关规定，对短肢抗震墙截面面积与同一层内所有抗震墙截面面积比例作了规定；而对于高度小于18m的多层房屋，考虑到地震作用相对较小，应与高层建筑房屋有所区别，因此对短肢抗震墙截面面积与同一层内所有抗震墙截面面积的比例予以放宽，但仍应满足7.1.3条第2款的要求，即在房屋外墙四角布置L形一般抗震墙。

一字形短肢抗震墙延性及平面外稳定均十分不利，因此规定不宜布置单侧楼面梁与之平面外垂直或斜交，同时要求短肢抗震墙应尽可能设置翼缘，保证短肢抗震墙具有适当的抗震能力。

7.1.17 由于配筋小砌块砌体抗震墙存在水平灰缝和垂直灰缝，在荷载作用下其变形性能类似于钢筋混凝土开缝抗震墙，因此在地震作用下此类结构具有良好的耗能能力，而且灌孔砌体的强度和弹性模量也要低于相对应的混凝土性能指标，其变形能力要比普通钢筋混凝土抗震墙好。根据同济大学进行的配筋小砌块砌体抗震墙受弯、受剪试验研究结果，墙片开裂时的层间位移角都在1/480以上，哈尔滨工业大学、湖南大学等有关单位的试验研究结果也都在该值之上，说明配筋小砌块砌体抗震墙的层间变形能力确实优于普通钢筋混凝土抗震墙。本条文根据试验研究结果，综合考虑了钢筋混凝土抗震墙弹性层间位移角限值，规定了配筋小砌块砌体抗震墙结构在多遇地震作用下的抗震变形验算时，其楼层内的弹性层间位移角限值为1/800，底层由于承受的剪力最大，主要是剪切变形，因此其弹性层间位移角限值要求也较高，为1/1200。

7.1.18 对于底部框架抗震墙结构的房屋，保持纵向受力构件的连续性是防止结构纵向刚度突变而产生薄弱层的主要措施，对结构抗震有利。在结构平面布置时，由于配筋小砌块砌体抗震墙和钢筋混凝土抗震墙在强度、刚度和变形能力方面都有一定差异，因此应避免在同一层面上混合使用。底部框架-抗震墙房屋的过渡层担负结构转换，在地震时容易遭受破坏，因此除在计算时应满足有关规定之外，在构造上也应予以加强。底部框架-抗震墙房屋的抗震墙往往要承受较大的弯矩、轴力和剪力，应选用整体性能好的基础，否则抗震墙不能充分发挥作用。

对于底下一层或多层的底部框架抗震墙结构的房屋还应按照《建筑抗震设计规范》GB 50011和《高层建筑混凝土结构技术规程》JGJ 3中的有关要求，采用适当的结构布置。

7.2 地震作用和结构抗震验算

7.2.1 根据《建筑结构可靠度设计统一标准》GB 50068的规定，发生地震时荷载与其他重力荷载的可能组合结果称为抗震设计重力荷载代表值G_E，即永久荷载标准值与有关的可变荷载组合值之和。组合值系采用《建筑抗震设计规范》GB 50011规定的数值。

7.2.3、7.2.4 多层小砌块砌体房屋层数和高度已有限制，刚度沿高度分布一般也比较均匀，变形以剪切变形为主。因此，符合采用底部剪力法的条件。对局部突出于顶层的部分，按《建筑抗震设计规范》GB 50011的规定乘以3倍地震作用进行本层的强度验算。

7.2.5、7.2.6 地震作用于房屋是任意方向的，但均可按力分解为两个主轴方向，抗震验算时分别沿房屋的两个主轴方向作用。当房屋的质量和刚度有明显不均匀时，或采用了不对称结构时，应考虑地震作用导致的扭转影响，进行扭转验算。

Ⅰ 多层小砌块砌体结构

7.2.7 根据《建筑抗震设计规范》GB 50011结构构件的地震作用效应和其他荷载效应的基本组合的规定，直接规定了多层小砌块砌体房屋结构楼层水平地震剪力设计值的计算。

7.2.8 在各楼层的各墙段间进行地震剪力与配筋截面验算时，可根据层间墙段的不同高宽比（一般墙段和门窗洞边的小墙段），分别按剪切变形、弯曲变形或同时考虑弯剪变形区别对待进行验算。计算墙段时可按门窗洞口划分。

墙段的高宽比指层高与墙长之比，对门窗洞边的小墙段指洞净高与洞侧墙宽之比。

本次修订明确，关于开洞率的定义及适用范围，系参照原行业标准《设置钢筋混凝土构造柱多层砖房抗震技术规程》JGJ/T 13 的相关内容得到的，墙段洞口影响系数表仅适用于带构造柱的小开口墙段。当本层门窗过梁及以上墙体的合计高度小于层高的20%时，洞口两侧应分为不同的墙段。

7.2.9 一般情况下，抗震验算可只选择纵、横向不利墙段进行截面验算。

7.2.10 地震作用下的砌体材料强度指标难以求得。小砌块砌体强度主要通过试验，采用调整抗剪强度的方法来表达。

由于小砌块砌体的抗剪强度 f_v 较低，σ_0/f_v 相对较大，根据试验资料，砌体强度正应力影响的系数由剪摩公式得到。对普通小砌块的公式是：

$$\zeta_N = 1 + 0.25\sigma_0/f_v \qquad (\sigma_0/f_v \leqslant 5) \quad (1)$$

$$\zeta_N = 2.25 + 0.17(\sigma_0/f_v - 5) \qquad (\sigma_0/f_v > 5) \quad (2)$$

本次修订，根据砌体规范 f_v 取值的变化，对表内数值作了调整，使 f_{vE} 与 σ 的函数关系基本不变。根据有关试验资料，当 $\sigma_0/f_v \geqslant 16$ 时，小砌块砌体的正应力影响系数如仍按剪摩公式线性增加，则其值偏高，偏于不安全。因此当 σ_0/f_v 大于 16 时，普通小砌块砌体的正应力影响系数都按 $\sigma_0/f_v = 16$ 时取 3.92。

7.2.11、**7.2.12** 多层小砌块墙体截面的抗震抗剪承载能力，采用《建筑抗震设计规范》GB 50011 的规定。相应的承载力抗震调整系数也均取一致的数值。

对设置芯柱的小砌块墙体截面抗震抗剪承载力计算，主要是依据有关的试验资料统计确定的。

当墙段中既设有芯柱，又设有构造柱时，根据北京市建筑设计研究院数十片墙体试验结果统计分析，可按式（7.2.12）直接计算。

7.2.13 底部框架-抗震墙的抗震验算，应按《建筑抗震设计规范》GB 50011 规定进行。

Ⅱ 配筋小砌块砌体抗震墙结构

7.2.14 配筋小砌块砌体抗震墙房屋的抗震计算分析，包括内力调整和截面应力计算方法，大多参照钢筋混凝土结构的有关规定，并针对配筋小砌块砌体结构的特点做了修正。

在配筋小砌块砌体抗震墙房屋抗震设计计算中，抗震墙底部的荷载作用效应最大，因此应根据计算分析结果，对底部截面的组合剪力设计值采用按不同抗震等级确定剪力放大系数的形式进行调整，以使房屋的最不利截面得到加强。多层配筋小砌块砌体房屋（≤18m），根据其受力特点一般布置有较多短肢抗震墙，因此在本规程第 7.1.16 条第 3 款中对短肢抗震墙截面面积与同层抗震墙总截面面积的比例予以了适当调整，但考虑到短肢抗震墙抗震性能相对不利，因此对短肢抗震墙的剪力增大系数取值要求更高，而且在多层配筋小砌块砌体房屋设计中，适当提高其剪力增大系数可调整短肢抗震墙的布置，使结构更加合理。

7.2.15～7.2.19 规定配筋小砌块砌体抗震墙的截面抗剪能力限制条件，是为了规定抗震墙截面尺寸的最小值，或者说是限制了抗震墙截面的最大名义剪应力值。试验研究结果表明，抗震墙的名义剪应力过高，灌孔砌体会在早期出现斜裂缝，水平抗剪钢筋不能充分发挥作用，即使配置很多水平抗剪钢筋，也不能有效地提高抗震墙的抗剪能力。

配筋小砌块砌体抗震墙截面应力控制值，类似于混凝土抗压强度设计值，采用“灌孔小砌块砌体”的抗压强度，它不同于砌体抗压强度，也不同于混凝土抗压强度。

配筋小砌块砌体抗震墙截面受剪承载力由砌体、竖向钢筋和水平分布筋三者共同承担，为使水平分布钢筋不致过小，要求水平分布筋应承担一半以上的水平剪力。

7.3 抗震构造措施

Ⅰ 多层小砌块砌体结构

7.3.1 在小砌块砌体房屋中，国外和国内以往的做法中均采用芯柱，即在规定的部位内，设置若干个芯柱来加强小砌块墙段的抗压、抗剪以及整体性，对于抗震而言，可以增大变形能力和延性。

但是，芯柱做法存在要求设置的数量多，施工浇灌混凝土不易密实，浇灌的混凝土质量难以检查，多排孔小砌块无法做芯柱等不足，因此有待改进和完善这种构造做法。

经过试验研究，如北京市建筑设计研究院进行的数十片墙的芯柱、构造柱对比试验，以及 6 层芯柱体系和 9 层构造柱体系的 1/4 比例模型正弦波激振试验。结果表明，小砌块砌体房屋中采用构造柱做法比芯柱做法具有下列优点：①减少现浇混凝土量，减少芯柱的数量，在墙体连接中可用一个构造柱替代多个芯柱；②构造柱替代芯柱，可节约混凝土浇灌量和竖向钢筋；③构造柱做法容易检查浇灌混凝土的质量，比芯柱质量有保证，施工亦较方便；④根据试验结果，构造柱比芯柱体系的变形能力有较大提高，结构耗能两者相差 1.6 倍，延性系数从 2 可提高到 3 以上。

根据有关试验和工程实践，采用部分构造柱代替芯柱做法是结合了我国工程实践和经济条件的特点，是符合我国国情的。

本次关于构造柱设置和构造要求主要作了下列

修改：

1 增加了不规则平面的外墙对应转角（凸角）处设置构造柱的要求；楼梯斜段上下端对应墙体处增加4根构造柱，与在楼梯间四角设置的构造柱合计有8根构造柱。

2 对横墙很少的多层砌体房屋，明确按增加2层的层数设置构造柱。

7.3.2 小砌块砌体房屋中设置的构造柱需符合小砌块墙的特点，包括构造柱截面尺寸及与墙的拉结。

7.3.3 小砌块砌体房屋采用芯柱做法时，对芯柱的间距适当减小，可减少墙体裂缝的发生。因此，对房屋顶层和底部一、二层墙体的芯柱间距要求，更为严格，以减少相应部位的墙体开裂。

芯柱伸入室外地面下500mm，地下部分为砖砌体时，可采用类似于构造柱的方法。

本次关于芯柱的修订，与本规程第7.3.1条相同，增加了楼、电梯间的芯柱或构造柱的布置要求，并补充9度的设置要求。

小砌块砌体房屋墙体交接处、墙体与构造柱、芯柱的连接，均要设钢筋网片，保证连接的有效性。本次修订，要求拉结钢筋网片沿墙体水平通长设置；为加强下部楼层墙体的抗震性能，将下部楼层墙体的拉结钢筋网片沿墙高的间距加密，提高抗倒塌能力。

7.3.4 同本规程第7.3.1条和本规程第7.3.3条，本次修订对芯柱设置和构造要求也作了相应的修改。

7.3.5 小砌块墙体交接处，不论采用芯柱做法还是构造柱做法，为了加强墙体之间的连接，沿墙高设置拉结钢筋网片，以保证房屋有较好的整体性。

原规定拉结筋每边伸入墙内不小于1m，构造柱间距4m，中间只剩下2m无拉结筋。为加强下部楼层墙体的抗震性能，本次修订将下部楼层构造柱或芯柱间的拉结筋贯通。

7.3.6 小砌块多层房屋楼层要设置现浇钢筋混凝土圈梁，不允许采用槽形砌块代替现浇圈梁。

根据震害调查结果，现浇钢筋混凝土楼盖不需要设置圈梁。现浇或装配整体式钢筋混凝土楼、屋盖与墙体有可靠连接的房屋，允许不另设圈梁，但为加强砌体房屋的整体性，楼板沿抗震墙体周边均应加强配筋并应与相应的构造柱钢筋可靠连接。

有错层的多层小砌块砌体房屋，即使采用现浇或装配整体式钢筋混凝土楼、屋盖，在错层部位的错层楼板位置均应设置现浇钢筋混凝土圈梁。

7.3.7 本次修订补充了9度时圈梁配筋要求。

7.3.8 小砌块多层房屋，在房屋层数相对较高时，为了防止小砌块砌体房屋在顶层和底层墙体发生开裂现象，因此，要求在顶层和底层窗台标高处，沿纵、横墙设置通长的现浇钢筋混凝土带，截面高度不小于60mm，纵筋不小于2ϕ10，混凝土强度等级不低于C20。此时也可利用砌块开槽的做法现浇混凝土。

7.3.9 楼梯间墙体是抗震的薄弱环节，为了保证其安全，提出了对楼梯间墙体的特殊要求。如减小芯柱间距等，加强楼梯段的连接，加大楼梯间梁的支承长度等措施。

历次地震震害表明，楼梯间由于比较空旷，常常破坏严重，必须采取一系列有效措施。本次修订增加8、9度时不应采用装配式楼梯段的要求。

突出屋顶的楼、电梯间，地震中受到较大的地震作用，因此在构造措施上也需要特别加强。

7.3.10 本次修订，提高了6度～8度时预制板相互拉结的要求。

坡屋顶房屋逐年增加，做法亦不尽相同。对于檩条或屋面板应与墙或屋架有可靠的连接，以保证坡屋顶的整体性能。对于房屋出入口的檐口瓦，为防止地震时首先脱落，应与屋面构件有可靠锚固。

对于硬山搁檩的坡屋顶房屋，为了保证各道山墙的侧面稳定和抗震安全，要求在山墙两侧增砌踏步式的扶墙垛。

7.3.11 预制的悬挑构件，特别是较大跨度时，需要加强与圈梁和楼板等现浇构件的可靠连接，以增强稳定性。本次修订，对预制阳台的限制有所加严。

7.3.12 小砌块砌体女儿墙高度超过0.5m时，应在女儿墙中增设构造柱或芯柱做法；构造柱间距不大于3m，芯柱间距不大于1m。并在女儿墙顶设压顶圈梁，与构造柱或芯柱相连，保证女儿墙地震时的安全。

7.3.13 同一结构单元的基础宜采用同一类型的基础形式，底标高亦宜一致。否则必须按1：2的台阶放坡。

7.3.14 本次修订将本条适用范围由横墙较少的多层小砌块住宅扩大到横墙较少的丙类多层小砌块砌体房屋。

对于横墙较少的丙类多层小砌块砌体房屋，由于开间加大，横墙减少，各道墙体的承载面积加大，要求墙体抗侧能力相应提高，为此，除限定最大开间为6.6m以外，还要相应增大圈梁和构造柱的截面和配筋；限定一个单元内横墙错位数量不宜大于总墙数的1/3，连续错位墙不宜多于两道等措施，以保持横墙较少的小砌块砌体房屋可以不降低层数和高度。

7.3.16 过渡层指与底部框架-抗震墙相邻的上一小砌块砌体楼层。对过渡层应采取加强措施，以保证上下层的抗侧移刚度的变化不宜过大。

由于过渡层在地震时破坏较重，因此，本次修订将关于过渡层的要求集中在一条内叙述并予以特别加强。

1 增加了过渡层小砌块砌体墙芯柱设置及插筋的要求。

2 加强了过渡层构造柱或芯柱的设置间距要求。

3 过渡层构造柱纵向钢筋配置的最小要求，增加了6度时的加强要求，8度时考虑到构造柱纵筋根数与其截面的匹配性，统一取为4根。

4 增加了过渡层墙体在窗台标高处设置通长水平现浇钢筋混凝土带的要求；加强了墙体与构造柱或芯柱拉结措施。

5 过渡层墙体开洞较大时，要求在洞口两侧增设构造柱或单孔芯柱。

6 对于底部次梁转换的情况，过渡层墙体应另外采取加强措施。

7.3.17～7.3.22 底部框架-抗震墙小砌块砌体房屋，对于楼板、屋盖、托墙梁、框架柱、抗震墙以及其他有关抗震构造措施，可以参照现行国家标准《建筑抗震设计规范》GB 50011。

本次修订规定底框房屋的框架柱不同于一般框架-抗震墙结构中的框架柱的要求，大体上接近框支柱的有关要求。柱的轴压比、纵向钢筋和箍筋要求，参照国家标准《建筑抗震设计规范》GB 50011－2010第6章对框架结构柱的要求，同时箍筋全高加密。

Ⅱ 配筋小砌块砌体抗震墙结构

7.3.24 根据有关的试验研究结果、配筋小砌块砌体的特点和试点工程的经验，并参照了国内外相应的规范等资料，规定了配筋小砌块砌体抗震墙中配筋的最低构造要求。同时，配筋小砌块砌体抗震墙是由带槽口的混凝土小型空心砌块通过砌筑、布筋、灌孔而成，是一种类似预制装配整体式的结构，一般小砌块的空心率不大于48%。因此，相比全现浇混凝土抗震墙，配筋小砌块砌体抗震墙的工地现场混凝土湿作业量将减少将近一半，相应的材料水化热与收缩量也大幅降低，且由于配筋小砌块砌体建筑的总高度在本规程中已有严格限制，所以其最小构造配筋率比现浇混凝土抗震墙有一定程度的减小。

7.3.25 配筋小砌块砌体抗震墙在重力荷载代表值作用下的轴压比控制是为了保证配筋小砌块砌体在水平荷载作用下的延性和强度的发挥，同时也是为了防止墙片截面过小、配筋率过高，保证抗震墙结构延性。对多层、高层及一般墙、短肢墙、一字形短肢墙的轴压比限值做了区别对待，由于短肢墙和无翼缘的一字形短肢墙的抗震性能较差，因此对其轴压比限值应该做更为严格的规定。

7.3.26 在配筋小砌块砌体抗震墙结构中，边缘构件无论是在提高墙体强度和变形能力方面的作用都非常明显，因此参照混凝土抗震墙结构边缘构件设置的要求，结合配筋小砌块砌体抗震墙的特点，规定了边缘构件的配筋要求。

在配筋小砌块砌体抗震墙端部设置水平箍筋是为了提高对砌体的约束作用及墙端部混凝土的极限压应变，提高墙体的延性。根据工程经验，水平箍筋放置于砌体灰缝中，受灰缝高度限制（一般灰缝高度为10mm），水平箍筋直径不小于6mm，且不应大于8mm比较合适；当箍筋直径较大时，将难以保证砌体结构灰缝的砌筑质量，会影响配筋小砌块砌体强度；灰缝过厚则会给现场施工和施工验收带来困难，也会影响砌体的强度。抗震等级为一级，水平箍筋最小直径为$\phi8$，二级～四级为$\phi6$，为了适当弥补钢筋直径减小造成的损失，本条文注明抗震等级为一、二、三级时，应采用HRB335或RRB335级钢筋。亦可采用其他等效的约束件如等截面面积，厚度不大于5mm的一次冲压钢圈，对边缘构件，将具有更强约束作用。

本条文参照混凝土抗震墙，增加了一、二、三级抗震墙的底部加强部位设置约束边缘构件的要求。当房屋高度接近本规程的限值时，也可以采用钢筋混凝土边框柱作为约束边缘构件来加强对墙体的约束，边框柱截面沿墙体方向的长度可取400mm。在设计时还应注意，过于强大的边框柱可能会造成墙体与边框柱的受力和变形不协调，使边框柱和配筋小砌块墙体的连接处开裂，影响整片墙体的抗震性能。

7.3.27 转角窗的设置将削弱结构的抗扭能力，配筋小砌块砌体抗震墙较难采取措施（如：墙加厚，梁加高），故建议避免转角窗的设置。但配筋小砌块砌体抗震墙结构受力特性类似于钢筋混凝土抗震墙结构，若需设置转角窗，则应适当增加边缘构件配筋，并且将楼、屋面板做成现浇板以增强整体性。

7.3.28 配筋小砌块砌体抗震墙竖向受力钢筋的焊接接头到现在仍是个难题。主要是由施工程序造成的，要先砌墙或柱，后插钢筋，并在底部清扫孔中焊接，由于狭小的空间，只能局部点焊，满足不了受力要求，因此目前大部采用搭接。根据配筋小砌块砌体抗震墙的施工特点，墙内的钢筋放置无法绑扎搭接，因此墙内钢筋的搭接长度应比普通混凝土构件的搭接长度要长些，对于直径大于22mm的竖向钢筋，则宜采用工具式机械接头。

根据国内外有关试验研究成果，小砌块砌体抗震墙的水平钢筋，当采用围绕墙端竖向钢筋180°加12d延长段锚固时，施工难度较大，而一般作法可将该水平钢筋在末端弯钩锚于灌孔混凝土中，弯入长度不小于200mm，在试验中发现这样的弯折锚固长度已能保证该水平钢筋能达到屈服。因此，本条文考虑不同的抗震等级和施工因素，给出该锚固长度规定。

7.3.29 本条是根据国内外试验研究成果和经验以及配筋小砌块砌体连梁的特点而制定的，并将配筋混凝土小型空心砌块连梁的箍筋要求用表列出，使设计使用更加方便、明了。

7.3.30 在配筋小砌块砌体抗震墙和楼盖的结合处设置钢筋混凝土圈梁，可进一步增加结构的整体性，同时该圈梁也可作为建筑竖向尺寸调整的手段。钢筋混凝土圈梁作为配筋小砌块砌体抗震墙的一部分，其强度应和灌孔小砌块砌体强度基本一致，相互匹配，其纵筋配筋量不应小于配筋小砌块砌体抗震墙水平筋数量，其间距不应大于配筋小砌块砌体抗震墙水平筋间距，并宜适当加密。

7.3.31 根据配筋小砌块砌体墙的施工特点，竖向受力钢筋的连接方式采用焊接接头不合适，因此目前大部采用搭接。墙内的钢筋放置无法绑扎搭接，且在同一截面搭接，因此墙内钢筋的搭接长度应比普通混凝土构件的搭接长度要长些。条件许可时，竖向钢筋连接，宜优先采用机械连接接头。

7.3.32～7.3.34 框支层以下的框架及抗震墙采用钢筋混凝土，其设计可参照《混凝土结构设计规范》GB 50010、《建筑抗震设计规范》GB 50011、《高层建筑混凝土结构技术规程》JGJ 3 相关规定。

8 施 工

8.1 材料要求

8.1.1 干燥收缩是小砌块的特征，而影响收缩的因素又较多。在正常生产工艺条件下，小砌块收缩值达到0.37mm/m，经28d养护后收缩值可完成60%。因此，延长养护时间，能减少因小砌块收缩而引起的墙体裂缝。工程实践发现，用于填充墙的轻骨料小砌块产生裂缝的现象较为普遍，故养护时间必须超过28d。有的地方认为，陶粒混凝土小砌块自然养护期应不少于60d。总之，各地可根据具体情况对养护时间作适当的调整，但应满足28d厂内养护期的规定。

8.1.2 小砌块产品合格证书应具有型号、规格、产品等级、强度等级、密度等级、相对含水率、生产日期等内容。主规格小砌块即标准块（390mm×190mm×190mm）应进行尺寸偏差和外观质量的检验以及强度等级的复验；辅助规格小砌块仅做尺寸偏差和外观质量的检验，但应有保证强度等级的产品合格证书。同一单位工程不宜使用不同厂家生产的小砌块，这是为避免墙体收缩裂缝对产品提出的要求。

8.1.3 随着节能建筑工作的深入开展，不少地方在单排孔与多排孔孔洞内插填聚苯板或其他绝热保温材料，有的满插满填，有的插填一排孔或两排孔，以期改善墙体的热工性能；有些地方在小砌块块体内复合聚苯板保温层，并使小砌块之间的聚苯板上下左右可平缝对接，彻底阻断了冷热桥效应。聚苯板的外侧有混凝土保护层，内侧为小砌块主体，使保温材料的使用年限与主体建筑一致；有的地方利用夹心墙的空腔将聚苯板或其他绝热保温材料夹在内、外叶小砌块墙体之间，同时在小砌块孔洞内还插填了聚苯板，以满足节能65%的要求。对此种种，本规程施工部分都作了相应的规定。

8.1.4 产品包装可减少小砌块搬运、堆放过程中的损耗，并为现场创建文明工地提供方便和条件。

8.1.5 水泥质量应符合国家标准，并要求复验合格方可使用，这是保证工程质量的重要措施。不同水泥混合使用，会产生强度降低或材性变化，所以强调不同品种、不同强度等级的水泥不能混堆储存与使用。

8.1.6 砌筑砂浆与混凝土用砂一般以中砂为宜。对使用人工砂、山砂与特细砂的地区应按相应的技术规范并结合当地施工经验采用。

8.1.7 由于小砌块孔洞较小，为防止粗骨料被卡住，粒径以5mm～15mm为宜。构造柱混凝土用的粗骨料可按一般混凝土构件要求。

8.1.8 生石灰熟化成石灰膏时，应用筛网过滤，并使其充分熟化。沉淀池中储存的石灰膏，应防止干燥、冻结和污染。脱水硬化的石灰膏已失去化学活性，对砌筑砂浆保水性与和易性会有影响，故不得使用。

8.1.9 鉴于市场上外加剂与有机塑化剂品牌较多，为保证砌筑砂浆质量，对外加剂应进行检验与试配，合格后方可应用于工程；对有机塑化剂应作砌体强度的型式检验，并按其结果确定砌体强度。

8.1.10 现城市中一般使用自来水拌制砌筑砂浆和混凝土。若用河水或其他水源，应符合混凝土用水标准。

8.1.11 芯柱钢筋、构造柱钢筋、拉结钢筋、钢筋网片及配筋小砌块砌体中的各类钢筋，其材质要求应符合现行相关国家标准，并按国家标准《混凝土结构工程施工质量验收规范》GB 50204 的规定抽取试样做力学性能试验，合格后方可使用。

8.2 砌筑砂浆

8.2.1 砌筑砂浆配料时，不严格称量是造成砌筑砂浆达不到设计强度等级或超出规定强度等级过多的原因，离散性相当大，既浪费了材料又影响了质量。因此，本条文规定砌筑砂浆配合比应根据计算和试配确定，并按重量比控制。

8.2.2 砌筑砂浆的操作性能对小砌块砌体质量影响较大，它不仅影响砌体的抗压强度，而且对砌体抗剪和抗拉强度影响较为明显。砂浆良好的保水性、稠度及粘结力对防止墙体渗漏、开裂与消除干缩裂缝有一定的成效。

8.2.3 用水泥砂浆砌筑小砌块基础砌体是地下防潮要求，并应将小砌块孔洞全部用C20混凝土填实。对于地下室室内的填充墙等墙体可用水泥混合砂浆砌筑。水泥混合砂浆的保水性较好，易于砌筑，有利砌体质量，在无防潮要求的情况下应首先使用。

8.2.4 当聚苯板或其他绝热保温材料仅插填在小砌块孔洞内而并不伸出或超出小砌块块体之外时，为防止灰缝产生热桥现象，提高墙体热工性能，故要求这类小砌块，应使用符合设计强度等级并具有保温功能的砌筑砂浆进行砌筑。

8.2.5 施工单位一般都采用机械拌制砂浆，但有些地区仍存在用手工拌制的情况。显然，手工不易拌合均匀，影响砂浆质量。因此，条文强调采用机械拌制。

8.2.6 砌筑砂浆应在条文规定的时间内使用完毕，否则会较大地降低砌体强度。施工时，砂浆放置时间过长会产生泌水现象，致使砂浆和易性变差，操作困难，灰缝不易饱满，影响砂浆与小砌块的粘结力。因此，砌筑前应再次拌合。

8.2.7 预拌砂浆的推广应用有利于小砌块墙体砌筑质量的提高，也为现场实现文明施工创造了条件。

8.2.8 为统一现场拌制砌筑砂浆的试块取样方法，使其具有代表性和可比性，条文规定了以出料口为取样点。

8.2.9～8.2.11 现场拌制的砌筑砂浆立方体抗压强度试件的制作、养护和强度计算要求应按《建筑砂浆基本性能试验方法标准》JGJ/T 70的规定执行。不同搅拌机拌制的砂浆质量状况不完全相同，所以应分别取样检查砂浆强度。不同强度等级的砂浆及材料、配合比的改变也都应取样检查，使试块的试验数据更能反映工程实际情况，具有代表性。

8.2.12 为保证小砌块砌体质量，对条文中所规定的四种情况应进行砌体原位检测。

8.3 施工准备

8.3.1 编制小砌块排块图是施工作业准备的一项首要工作，也是保证小砌块墙体工程质量的重要技术措施，尤其是初次接触小砌块施工更应编制排块图。在编制时，土建施工人员应与管线安装人员共同商定，使排块图真正起到指导施工的作用。以主规格小砌块为主进行排块可提高砌筑工效，并可减少砌筑砂浆量。

8.3.2 为保证小砌块按施工进度计划的需用量配套供货，应按实际排块图进行计算。小砌块分期分批配套进场，既可满足施工进度的要求，又便于现场开展文明施工，这对场地窄小的工地是有利的。

8.3.3 为防止小砌块砌筑前受潮湿，堆放场地要有排水和防雨、雪的设施。小砌块属薄壁空心制品，堆放不当或搬运中翻斗倾卸与抛掷，极易造成小砌块缺棱掉角而不能使用，故应推广小砌块包装化，以利施工现场文明管理，同时又可减少小砌块损耗。

8.3.4 由于小砌块墙体构造的特殊性，如与门窗连接的预制块，局部墙体的填实块，暗敷水平管线的凹形块，以及砌入墙体的钢筋网片和拉结筋等都要求在施工准备阶段先行加工并分类、分规格存放，以备砌筑时使用。

8.3.5 干燥收缩是小砌块的重要特征，也是造成砌体裂缝的主要起因。在自然条件下，混凝土干燥收缩一般需要180d后才趋于稳定，养护28d的混凝土仅完成最终收缩值的60%，其余收缩将在28d后完成，故在生产厂的室内或棚内的停置时间应越长越好。这样对减少小砌块上墙后的收缩裂缝有好处。考虑到工厂堆放场地有限，故条文规定了不得使用在厂内的停置时间即龄期不足28d的小砌块进行砌筑。

8.3.6 清理小砌块表面的污物是为了使小砌块与砌筑砂浆或抹灰层之间粘结得更好。小砌块在制造中形成孔洞周围的水泥砂浆毛边使孔洞缩小，用于芯柱将引起柱断面颈缩，影响芯柱质量。因此，要求在砌筑前清除。同时，也便于芯柱混凝土浇灌。

8.3.7、8.3.8 基础工程质量将影响上部砌体工程及整个建筑工程的质量。因此，应坚持上道基础工序未经验收，下道砌筑工序不得施工的原则。

8.3.9 建造与工程实体完全相同的模拟墙能使管理和操作人员做到心中有数，有利施工参数的验证与调整，为工程施工作好铺垫，是一项切实保证工程质量的重要举措。

8.3.10 为了逐步和国际上同类标准接轨，参照国际标准的有关内容，结合我国工程建设的特点、管理方式、施工技术水平、质量等级评定标准等，提出了小砌块砌体施工质量控制等级。小砌块砌体施工质量控制等级的确定应由建设、设计、工程监理等单位共同商定。

8.4 墙体施工基本要求

8.4.1 皮数杆是保证小砌块砌体砌筑质量的重要措施。它能使墙面平整，砌体水平灰缝平直并厚度一致，故施工中应坚持使用。

8.4.2 夹心墙与插填聚苯板或其他绝热保温材料的自保温小砌块其墙体厚度一般都较厚，为保证墙体两侧面平整和垂直，应挂双线砌筑。

8.4.3 规定小砌块墙体日砌筑高度有利于已砌筑墙体尽快形成强度使其稳定安全，有利于墙体收缩裂缝的减少。因此，适当控制每天的砌筑速度是必要的。

8.4.4 浇过水的小砌块与表面明显潮湿的小砌块会产生湿胀和日后干缩现象，上墙后易使墙体产生裂缝，所以不应使用。考虑到气候特别炎热干燥时，砂浆铺摊后会失水过快，影响砌筑砂浆与小砌块间的粘结，因此，砌筑时可稍喷水湿润。

8.4.5 小砌块底面的铺灰面较大，便于砂浆铺摊，对保证水平灰缝的饱满度以及小砌块受力有利。

8.4.6 小砌块是混凝土制成的薄壁空心墙体材料，其块体强度与黏土砖或其他墙体材料并不等强，而且两者间的线膨胀值也不一致。混砌极易引起砌体裂缝，影响砌体强度。所以，即使混砌也应采用与小砌块材料强度同等级的预制混凝土块。

8.4.7 单排孔小砌块孔肋对齐、错缝搭砌，主要是保证墙体传递竖向荷载的直接性，避免产生竖向裂缝，影响砌体强度。同时，也可使墙体转角等交接部位的芯柱孔洞上下贯通。鉴于设计原因，有时不易做到完全对孔，因此，规定最小搭砌长度不得小于90mm，即主规格小砌块块长的1/4。否则，应在此水平灰缝中加设ϕ4钢筋网片，以保证小砌块壁肋均匀受力。

多排孔小砌块及插填聚苯板或其他绝热保温材料的小砌块主要用于无芯柱或设构造柱的墙，无对孔砌筑要求，但上下皮小砌块仍应搭砌，并不得小于90mm。

8.4.8 条文作此规定，是为了保证承重墙中的芯柱贯通。

8.4.9 为防止混合结构中的内隔墙顶与梁、板底间产生裂缝，应等待一段时间再补砌斜砌实心小砌块，使隔墙有一个凝固稳定的过程。实心小砌块应斜砌在无孔洞或孔洞被填满填实的小砌块上，以确保墙体稳定；房屋顶层内隔墙墙顶预留间隙，是为了避免因温度作用使屋面板变形，从而拉动隔墙引起墙体开裂，故顶层内隔墙不得与屋面板底接触。

8.4.10 内、外两排小砌块组砌的墙体在承重或保温节能方面具有特定的优势。在严寒和寒冷地区，可根据当地气候、施工等条件予以采用，但必须保证内、外排小砌块墙体的整体稳定。

8.4.11 小砌块不应浇水砌筑，为防止砂浆中水分被小砌块吸收，以随铺随砌为宜。垂直灰缝饱满度对防止墙体裂缝和渗水至关重要，故提出提高垂直灰缝饱满度的具体措施。

8.4.12 随砌随勾缝可使墙体灰缝密实不渗水。凹缝有利于抹灰层与墙体基层粘结。

8.4.13 砌入小砌块墙体的ϕ4点焊钢筋网片，若纵横向钢筋重叠为8mm厚，则有露筋的可能。因此，要求钢筋点焊应在同一平面内。

8.4.14 为防止现浇构件时混凝土漏浆，应将支承梁、板的顶皮小砌块孔洞预先填实140mm高，余下部分与现浇构件一起浇筑，形成整体。

8.4.15 为防止现浇圈梁底与小砌块墙体间出现水平裂缝，向下延伸圈梁两侧模板，将力传至下部墙体可克服这种通病。

8.4.16 考虑支模需要，同时防止在已砌好的墙体上打洞，特提出本条措施。当外墙利用侧砌的小砌块孔洞支模时，应防止该部位存在渗水隐患。

8.4.17 预制梁、板支承处的小砌块填实或用实心小砌块砌筑可增加梁、板底接触面，对支承与局部受压有利。

8.4.18 为使预制梁、板安装平整，不因支座不平发生断裂，故强调了找平后再坐浆的操作步骤。

8.4.19 目的使门窗洞口两侧的芯柱贯通。

8.4.20 为组织流水施工，房屋变形缝和门窗洞口是划分施工工作段的最佳位置。构造柱将墙体分隔成几个独立部分，因此，也是施工工作段的划分位置。同时，出于墙体稳定性考虑，规定相邻施工工作段高差不得超过一个楼层高度，也不应大于4m。

8.4.21 缝内有了砂浆、碎块等杂物就限制了房屋建筑的变形，使变形缝起不到应有的作用。

8.4.22 这是保证整幢房屋建筑和每一层墙体质量的一项有效的施工技术措施。

8.4.23 主要防止施工中随意留设施工洞口，以确保人身安全。

8.4.24 本规定引自《砌体结构工程施工质量验收规范》GB 50203，并结合小砌块组砌的截面尺寸对墙（柱）厚度进行了调整。

8.4.25 小砌块属薄壁空心材料，墙上留设脚手孔洞会造成墙体局部受压；事后镶砌，将使该部位砂浆较难饱满密实。多年施工实践证实，小砌块墙体施工可完全做到不设脚手孔洞。因此，条文作了严格规定。

8.4.26 施工中，应防止因局部堆载或冲击荷载超过楼面、屋面的允许承载力而发生楼板开裂甚至突然坍塌的重大安全事故，为此，作出本规定。

8.5 保温墙体施工

8.5.1 砌一皮填一皮隔热、隔声材料可避免漏放的情况。

8.5.2 保温砌筑砂浆的强度等级与导热系数等指标应符合设计要求方可用于墙体砌筑。砌筑时，应防止聚苯板等绝热保温材料粘有砂浆。

8.5.3 砌筑中应使上下左右的保温夹芯层相互衔接成一体，避免热桥现象，以提高墙体保温效果。

8.5.4 拉结件的防腐与埋设关系到内、外叶墙的稳定与安全，施工中应予注意。

8.5.5 在多层砌体混合结构的房屋中，将190mm厚度墙作外叶墙、90mm厚度墙为内叶墙所组成的夹心墙有以下特点：

1 在外叶墙较干燥时进行保温夹心层施工能保持聚苯板外表干燥，使保温效果不受影响。

2 内、外叶墙可不同时砌筑，既方便了施工，又节省了钢筋网片或拉结件。

3 内、外叶墙间的空腔内可不设排水通道。

4 有利室内装修及管线安装。在90mm厚度内叶墙上打洞凿槽，无碍主体结构墙。

8.6 芯柱施工

8.6.1 凡有芯柱之处应设清扫口，一是用于清扫孔道内杂物，二是便于上下芯柱钢筋绑扎固定。施工时，芯柱清扫口可用U型砌块砌筑，但仅用一种单孔U型块竖砌将在此部位发生两皮同缝的状况。为避免此现象，应与双孔E型块同用为宜。C型小砌块用于墙体90°转角部位，可使转角芯柱底部相互贯通。

8.6.2 芯柱孔洞内有杂物将影响混凝土质量。内壁的砂浆将使芯柱断面缩小。因此，在砌筑时应随砌随刮从灰缝中挤出的砂浆。

8.6.3 因芯柱孔洞较小，使用带肋钢筋可省却两端弯钩占去的空间，有利于芯柱的混凝土浇灌。

8.6.4 由于灌注芯柱混凝土的流动度较大，为保证混凝土密实，要求有严密封闭清扫口的措施，防止漏浆。

8.6.5 先浇 50mm 厚与芯柱的混凝土成分相同的水泥砂浆，可防止芯柱底部的混凝土显露粗骨料。

8.6.6 当砌筑砂浆未达到规定强度即浇灌、振捣芯柱的混凝土会造成墙体位移。因此，施工时应予注意。

8.6.7 芯柱的混凝土坍落度应比一般混凝土大，有利于浇灌，稍许振捣即可密实。但非泵送的预拌混凝土坍落度过大会给施工操作带来一定的困难。

8.6.8 为使芯柱的混凝土有较好的整体性，应实行连续浇灌，直浇至离该芯柱最上一皮小砌块顶面 50mm 止，使每层圈梁的底与所有芯柱交接处均形成凹凸形暗键，以增强房屋的抗震能力。

8.6.9 为了充分发挥芯柱在房屋抗震中的作用，芯柱沿房屋高度方向应在每层楼面处全截面贯通。

8.6.10 目前，锤击法听其声音是最简单的方法。若有异疑可随机抽查，凿开芯柱外壁观察。超声法属无损伤检验，方法科学可靠，但费用稍大，不宜作为常规检测手段，仅对芯柱质量有争议时使用。

8.7 构造柱施工

8.7.1 先砌墙后浇柱的施工顺序有利构造柱与墙体的结合，施工中应切实遵守。

8.7.2 为避免构造柱因混凝土收缩而导致柱、墙脱开状况，小砌块墙体与构造柱之间应设马牙槎。由于小砌块块体较大，马牙槎槎口尺寸也相应较大，一般为 100mm×200mm，否则小砌块不易排列。

8.7.3 构造柱两侧模板与墙体表面的间隙是混凝土浇捣时漏浆的通道，易造成构造柱混凝土施工质量问题。施工中，可在两侧模板与墙体接触处边缘，沿模板高度粘贴泡沫塑料条，以达到模板紧贴墙体的要求，堵塞混凝土浆水流出。

8.7.4 坍落度可根据施工时气温、泵送高度作适当调整。

8.7.5 由于小砌块马牙槎较大，凹形槎口的腋部混凝土不易密实，故浇灌、振捣构造柱混凝土时要引起注意。

8.8 填充墙体施工

8.8.1 本节用于框架填充墙施工也包括混凝土剪力墙内的填充墙。为避免内容重复，施工时应遵守本规程中的有关条文。

8.8.2 将小砌块堆置在各楼层内，既可充分利用空间又使小砌块与框架结构处于同一温湿环境中，这对日后填充墙与框架柱、梁间尽可能缩小两者因干缩湿涨与温度及风吹等影响而产生的变形较为有利。

8.8.3 从防潮与耐久性考虑，作此规定。

8.8.4、**8.8.5** 为防止界面裂缝的产生，应按条文要求采取柔性接缝的构造较为妥当，并在缝外与抹灰层中分设钢丝网及可以防裂的织造物。

8.8.6 当填充墙较长较高时，为保证墙体自身稳定并防止墙体产生裂缝，应在墙内设置构造柱或芯柱。

8.8.7 对填充墙内设置芯柱的施工方法作了规定。

8.8.8 为保证锚栓锚入墙体内牢固可靠，特作此规定。

8.8.9 将复合保温小砌块墙体外挑是为了解决主体结构框架柱与梁存在热桥问题而采取的技术措施，但外挑宽度不得大于 50mm，以防墙体重心外移而倾倒。

8.8.10 夹心复合保温小砌块填充外墙采取外贴式可从根本上解决热桥问题。当采取内嵌式时，应将墙体外挑，凸出框架柱 50mm。框架柱外侧粘贴保温板后与外墙面应在同一垂直面内，并外抹内置耐碱网格布的抗裂砂浆。

8.8.11 夹心墙可解决墙体保温问题，外贴式能阻断结构存在的热桥问题。为使墙体稳定，防止倾倒，严禁外叶墙外挑。

8.8.12 墙面抹水泥砂浆钢丝网，既可加强墙的整体性，又能防止其突然倾倒。在突发事件时，有利于人流安全疏散、撤离。

8.9 单层房屋非承重围护墙体施工

8.9.1 小砌块可广泛用于单层房屋的围护墙。当前，在我国推进城镇化的道路上，在新农村建设与城乡经济的发展中，小砌块将大有用武之地。对此，本节的条文是在既有小砌块单层房屋施工经验的基础上进行了归纳与总结。

8.9.2 拉结筋与现浇圈梁是围护墙连接房屋主体结构的两种主要方式，它关系到墙体的稳定与房屋的安全，应按条文规定进行设置。

8.9.3 单层房屋中的生产用房与公共建筑，一般门窗都较大，故洞口两侧的小砌块孔洞应用混凝土填实加强。

8.9.4 无窗台板或梁时，水极易渗入墙内，故应封闭。

8.9.5 抗风柱柱顶固定前犹如一根竖立的悬臂杆件，发生位移的可能性很大，并影响到与其相连接的山墙也跟随移位。同时，山墙承受的正、负风压又传给悬臂的抗风柱，两者间互相影响，导致山墙不稳定而倒塌，故从安全计，应遵守条文规定的施工程序。

8.9.6 壁柱、抗风柱均是稳定墙体的重要受力部件。孔洞内全高灌实混凝土可加强整体性。

8.9.7 当生产性用房的外墙不作外抹灰时，为防止墙体渗水，应采用抗渗小砌块砌筑较妥。

8.9.8 见本规程第8.4.13条～8.4.15条条文说明。

8.9.9 山墙虽是围护墙实际上它是承受风压的受力部件，加之山墙处一般开设较大的门洞，对墙体整体有一定的削弱。为传递风荷载及加强整体稳定性，在山墙顶现浇钢筋混凝土斜坡并埋设与屋盖连接的铁件，对房屋安全是有利的。

8.10 配筋小砌块砌体施工

Ⅰ 小砌块砌筑

8.10.1 带功能缝（槽口）的小砌块是专用于配筋小砌块砌体的墙体材料。开设槽口的目的，一是为配置砌体内的通长水平钢筋；二是保证灌孔混凝土沿墙长水平流动；三是使小砌块竖缝的中间空腔部位也可灌实混凝土，从而使小砌块、砌筑砂浆、水平钢筋、竖向钢筋通过灌孔混凝土连接成整体。

8.10.2 设清扫口的目的，一是用于清扫孔道内杂物，二是便于上下竖向钢筋绑扎固定。因配筋小砌块砌体所有小砌块孔洞均需灌实混凝土，故每层砌体的第一皮小砌块应用带清扫口的小砌块砌筑。

8.10.3 鉴于小砌块底面（反面）的铺灰面较顶面（正面）大，有利砂浆铺摊，易保证水平灰缝饱满度，故应反砌。

8.10.4 为防止砌筑砂浆中水分过早过快地被小砌块吸收，使操作困难，故宜铺一块砌一块，随铺随砌。配筋小砌块砌体的竖缝中间部位应为空腔，不得留有砌筑砂浆，待日后灌孔混凝土填实。

8.10.5 为防止砌筑时挤出的砌筑砂浆占了小砌块孔洞的空间，使灌孔混凝土与每块小砌块孔洞内壁能够紧密结合，保证竖向孔洞内壁尺寸一致，故应及时清除挤出的砂浆。

8.10.6 高层配筋砌体因受力需要一般都在墙体的端部及转角部位配以纵筋，故夹心墙中的190mm厚度墙应为内叶墙，并加强内、外叶墙间的拉结，以保证90mm厚度外叶墙的稳定与安全。

Ⅱ 钢 筋 施 工

8.10.7～8.10.12 竖向钢筋、水平钢筋、环箍状钢筋、S形拉筋，其规格、数量、位置、间距、搭接长度与部位等均应符合设计要求和条文的规定。施工中，应随时进行检查，尤其是水平钢筋、环箍状钢筋和S形拉筋，力求避免事后返工事故。

Ⅲ 灌孔混凝土施工

8.10.13 配筋小砌块砌体内的钢筋应按隐蔽工程要求进行检查验收，并作书面记录和必要的影像资料。合格后，方可浇筑灌孔混凝土。

8.10.14 从短墙肢与独立柱的稳定、安全考虑，防止混凝土灌孔时受振动、捣固等影响造成砌体位移，故应适当加强墙、柱支撑或砌体间的拉结。

8.10.15 混凝土坍落度是确保灌孔混凝土在小砌块砌体内处处密实的一项重要施工技术指标。工程实践表明，在符合混凝土强度等级的前提下，其坍落度为230mm～250mm较适宜。

8.10.16 条文对灌孔混凝土施工顺序及技术要求作了规定：

1 为防止混凝土泵在送料、布料时将脉动式冲击直接传至墙体，故要求混凝土应经浇灌平台后再入模（墙、柱）较妥，并可减少混凝土流失。

2 按条文要求操作，既可防漏振，又能均衡振捣混凝土。

3 浇捣时，可在承重墙与非承重墙交接处采取临时隔断阻挡措施。

8.11 管线与设备安装

8.11.1、8.11.2 编制小砌块排块图时，应将土建施工与水电等安装通盘考虑，做到预留、预埋。施工时，负责水电安装的施工员应时时跟随现场，密切配合土建施工进度，做好管线暗敷和空调机、脱排油烟机等洞口留设工作，仅个别考虑不周的部位方可用电动机具开凿，以确保墙体工程质量。

8.11.3～8.11.7 条文对各类管线敷设作了原则性规定。无论多层或高层小砌块砌体建筑均宜设管道井或集中设置在某个隐蔽部位，便于检修管理。

8.11.8 各类设备安装可采用金属或塑料锚栓固定。

8.11.9 各类表箱的安装位置应按设计要求预留。

8.11.10 预留上下楼层同一部位的脱排油烟机废气口和空调机出墙管的洞口中心应在同一垂线上，洞口位置和大小也应上下一致。

8.12 门窗框安装

8.12.1 木门与小砌块墙体连接方式采用混凝土包木砖，再用钉子相连。这种传统连接的可靠度已为工程实践所证实，也可直接将木框固定在实心小砌块上。塑料门窗和铝合金门窗可用射钉或膨胀螺栓连接固定。

8.12.2 门窗与实心混凝土墙体连接安装可按本规程第8.12.1条提供的方法施工。木门框安装应先在墙上钻洞，然后塞入四周涂满胶粘剂的木榫（木桩），再用钉子连接。

8.12.3 小砌块墙体自重较轻，不适宜直接承受大型或重型门窗的重量及其风载。同时，为减少门窗开闭对墙体撞击的影响，门窗洞周边应现浇钢筋混凝土框及设置相应的连接铁件。

8.12.4 采用聚氨酯泡沫填缝剂填充门窗框与墙体间的缝隙其施工方便，质量也较传统水泥砂浆嵌塞为好。条件不具备的地区，在保证门窗安装质量的前提下，仍可采用传统的嵌塞方法。

8.12.5 预留门窗洞时，必须考虑外保温层厚度，否则洞口周边的保温层施工将影响到门窗的开启、采光及外表。

8.13 墙体节能工程施工

8.13.1 本节墙体节能工程主要针对膨胀聚苯板薄抹灰等外保温系统所存在的工程质量问题而提出的具体措施与要求，以规范施工操作，保证工程质量。小砌块建筑应根据小砌块自身特点，积极发展推广小砌块墙体自保温与夹心墙保温技术，使保温材料使用年限与房屋建筑寿命尽可能一致，以充分发挥小砌块在这方面具有其他墙体材料无可比拟的优势。

8.13.2、8.13.3 关于外保温饰面层使用的面砖胶粘剂、勾缝剂及涂料的选用有很多说法，不便于施工单位操作。为保证工程质量，材料的性能指标仍应以国内现行标准为准并结合工程具体情况作些变动。

8.13.4 根据建设部 2005 年 141 号令第 12 条规定，见证取样试验应由建设单位委托，送至具备见证资质的检测机构进行试验。同一厂家的同一种类产品（不考虑规格）应至少抽样复验 3 次。不同厂家、不同种类（品种）的材料均应分别抽样复验。

8.13.5 条文列出的拉拔试验项目关系到工程质量与安全，尤其是面砖的粘贴质量及使用年限较长后容易变形脱落等问题，更应引起关注和重视。

8.13.6 隐蔽工程除书面签证验收等施工记录外，应有影像摄影资料，尤其是节点构造、交错搭接、转角包边等细部处理部位应有清晰的照片或录像，能再现各个组成部分的施工过程。

8.13.7 墙体基层或找平层的平整、干净是确保外保温系统工程质量的基础，应引起高度重视。

8.13.8、8.13.9 为保证外保温系统工程质量，条文规定了基层、保温层、防护层每一层的允许偏差值，层层把关，偏差不累积，使每一层的厚度在墙面各个部位基本一致，既保证工程质量又提高节能效果。

8.13.10 满粘法粘贴保温板材有利板材与墙体基层的粘结，尤其适合饰面层为面砖的保温系统，各地可根据工程实际情况斟酌。

膨胀聚苯板在自然环境中自身的收缩变形长达 90d，而按条文规定的时间进行陈化，则自身收缩变形可完成 98%左右。倘若陈化时间不够就上墙，聚苯板将会继续收缩，往往在板缝处产生集中应力，导致防护层抹面胶浆产生裂缝。此外，低密度聚苯板易变形，抗冲击性能差，也是造成保温系统产生裂缝的原因。

聚氨酯硬泡板是工厂化生产的泡沫板材，分单板和复合板两种。单板指纯聚氨酯硬质泡沫板；复合板是在单板的外面再复饰面层等材料，形成保温装饰一体化的新型板材。单板的施工方法同膨胀聚苯板薄抹灰外墙外保温系统，而聚氨酯保温装饰复合板的施工方法有：粘贴法、粘贴加锚固件固定法、干挂法等。

8.13.11 安装锚栓位置的保温板背面胶粘剂应饱满密实。为避免外力冲击对墙内小砌块造成破坏，应采用回转钻孔方法。尼龙锚栓应在小砌块孔洞内自行打结锚固。锚栓不应生锈，并有较小的材料导热系数，其抗拔力应大于设计拉拔力。

8.13.12 抹面胶浆是置于聚苯板外的一种柔性抗裂砂浆，对整个保温系统起着十分重要的作用。当抹面胶浆中的聚合物量掺少了，将导致胶浆柔性不够，引起开裂；未掺或少掺保水剂，则胶浆中的水分将会部分被聚苯板吸收，使胶浆操作性变差，甚至会使胶凝材料不能充分水化，导致胶浆与聚苯板间的界面强度降低，使胶浆开裂、脱落。因此，在胶浆中应掺入纤维材料。当胶浆发生收缩时，收缩应力将被分散到具有高强度低弹性模量的纤维上，起到耗能、缓冲的作用，从而提高了胶浆的柔韧性，抑制微裂纹的产生和发展。

8.13.13 界面砂浆可增强胶粉聚苯颗粒浆料与墙体找平层之间的粘结力，防止浆料层空鼓与脱落。界面砂浆中的砂与水泥应先混合成均匀的干混料，界面剂在使用时拌入，这样可使水泥均匀分散，不易形成粉团，所拌的料浆也较均匀。

8.13.14 胶粉聚苯颗粒保温浆料是一种干拌保温砂浆，其胶凝材料胶粉的主要成分是质量比较小的硅灰、熟石灰、粉煤灰，因而密度比较小，与水反应后的主要生成物是水化硅酸钙等硅酸盐化合物。骨料采用轻质保温的废聚苯颗粒，使浆料密度大大减小，导热系数也随之降低；聚苯颗粒粒度过大，易使浆料产生分层，和易性差；粒度过小，聚苯颗粒间的空隙率和总表面积增加，致使浆料密度也随之增大，影响浆料的导热系数与热工性能。

施工现场应对保温浆料做湿密度测定。检测时，将容积为 1 升量筒的浆料进行称量，其重量不得大于 0.4kg。否则浆料的干密度与导热系数均不符合要求，应重新配制。这种方法较简单，便于工地作初步控制，但最终结果应按标准的试验方法为准。

8.13.15 干混料抗裂砂浆应按使用要求在施工现场加水拌合。当采用抗裂剂时，鉴于抗裂剂的黏度大，对细颗粒砂容易包裹，所以应先将抗裂剂与砂拌匀。水泥加入后，即与抗裂剂进行正常水化反应，搅拌成水泥抗裂砂浆。否则颠倒了拌料的顺序，易形成水泥块，影响抗裂砂浆的质量，且拌合时不得加水。

8.13.16 由于抗裂砂浆（抹面胶浆）水化后生成氢氧化钙，使胶浆呈现强碱性。因此，必须用耐碱网布。在抗裂砂浆（抹面胶浆）中压入耐碱网布，可起到增强并分散收缩应力和温度应力的作用。耐碱涂塑玻璃纤维网格布是以含二氧化锆的玻璃纤维网格布为基布，面层涂覆合成胶乳类物质，能有效抵抗水泥中的碱性物质的侵蚀。试验表明，当玻璃纤维中二氧化锆含量大于14.5%时，网布的耐碱强度保留率可大于90%。复验时，应由专门机构按规定的要求在饱和$Ca(OH)_2$溶液、饱和水泥溶液及5%NaOH溶液中分别浸泡28d进行测定。

8.13.17～8.13.19 抗裂防护层由水泥抗裂砂浆与热镀锌电焊钢丝网（耐碱网布）复合组成。砂浆中的钢丝网（耐碱网布）能使应力均匀向四周分散，起到抗裂和抗冲击的作用。水泥抗裂砂浆中的聚合物乳液（抗裂剂）增添了砂浆的柔性，改变了水泥砂浆易开裂的特性。加入纤维材料更增强了砂浆的柔韧性和抗裂性。

热镀锌电焊钢丝网做抗裂防护层的骨架既保护了保温层，又增强了防护层自身。施工中应使钢丝网位于抗裂砂浆层的中间，以获得最大的拉拔强度。试验表明：抗裂砂浆厚度小于5mm时，对保温层保护作用不大，拉拔破坏面集中在保温层上；当厚度超过5mm乃至大于8mm时，拉拔破坏面发生在抗裂防护层中，保温层得到了有效的保护。为此，条文规定抗裂砂浆层总厚度为（10±2）mm，过薄起不到应有的保护增强作用，过厚则将增加工程造价。

8.13.20 鉴于岩棉板质软，易分层，抗拉强度低等特点，在岩棉板外墙外保温系统中采用了耐碱网布与钢丝网“双网”配置的构造。

在岩棉板上喷涂界面砂浆，可提高岩棉板表面的强度和防水性能，并能提高胶粉聚苯颗粒浆料或抗裂砂浆与岩棉板间的粘结力。

胶粉聚苯颗粒浆料不但有保温功能并有良好的粘结性与抗裂性，优于保温砂浆只有单一的保温功能，故用其作找平层材料。

鉴于岩棉板垂直于板面方向的抗拉强度较低的缘故，且饰面层又为重质面砖，因此条文规定岩棉板的抗拉强度应大于0.015MPa，并采取了将钢丝网置于耐碱网布的外侧，选用耐碱断裂强力大于1250N/50mm的网布；锚栓的一端应紧紧扣压住抗裂砂浆防护层中的钢丝网，另一端应锚入墙体基层内，以及控制面砖的尺寸和重量等一系列措施。

8.13.21 泡沫玻璃为多孔无机非金属材料，具有防火、防水、防磁波、防静电、不燃烧、不易老化、不霉变、无毒、无害、无放射性、耐腐蚀、绝缘、尺寸稳定等特点，是一种环保型多功能建筑保温材料，但目前成本较高，可用于医院、学校一类公益性建筑及作防火隔离带。

8.13.22 聚氨酯喷涂前应用聚氨酯底漆对基层墙体进行界面处理，使基层墙体上的水分、杂质不会对聚氨酯喷涂产生不利影响，保证聚氨酯与基层墙体间的粘结。

喷涂时应注意：

1 施工时的环境温度宜高，冬、雨期不得进行喷涂作业。当环境温度低于18℃以下时，部分反应热就会散发到环境中，推迟泡沫熟化期。温度越低，泡沫的成型收缩率越高，并增加了材料的用量。

2 基层墙体应清洁、平整，而且墙体温度不能太低，否则材料混合反应后所产生的热量会被墙体基层吸收，从而减少了发泡量。墙体基层未经找平也会造成材料的浪费。

3 聚氨酯材料在高压作用下以雾状液滴形式从喷枪喷出，质量很轻，易被风吹散飞逸。在喷房屋阳角、装饰线等部位时，材料浪费极其严重，不少材料未能喷涂到墙体上。

4 喷涂前应对会波及的部位、物件等进行全封闭遮挡，以免对环境造成污染。同时，操作人员应做好劳动防护。

5 严禁电焊等明火作业，应有安全可靠的防火设施。

6 应在喷涂4h后涂刷界面砂浆，可起到有效的防火作用。

8.13.23 在夹心墙中浇注聚氨酯硬泡、发泡脲醛树脂或泡沫混凝土等材料作保温层是一种较好的施工方法，适用于我国南北广大省、区。这两种材料有利于内、外叶墙的连接，有利于小砌块建筑的抗震设防。

8.13.24 往小砌块墙体单排孔洞中灌注绝热保温材料是一种较好的保温施工方法。若同时用保温砂浆做内保温或外保温，则冷、热桥问题能基本得以解决，可用于夏热冬冷和夏热冬暖地区。

8.13.25 目前国家标准《建筑保温砂浆》GB/T 20473-2006是专指以膨胀珍珠岩或膨胀蛭石、胶凝材料为主要成分的保温砂浆，而国内不少单位已研制了相当数量的不同品种不同成分的保温砂浆，有的已用于工程上，这一切有待实践验证并逐渐完善、规范。鉴于此，条文仅对保温砂浆的施工操作提出了要求。物理力学性能参照上述标准。总之，保温砂浆应有保温效果，使用后能达到预期的节能目标，与保温系统其他材料具有相容性，并有抗裂性较好的防护面层。

8.13.27 鉴于外保温施工中时有火灾发生的情况，故对易引燃的保温材料应妥善存放保管与使用。严禁明火及电焊作业靠近施工点。事前必须有应急预案和相应的安全措施与消防设施，杜绝一切事故苗头与隐患。

8.13.28 涂料长期经受风吹日晒，应选用耐老化、耐水的涂料，否则涂料层会开裂、起泡，故条文规定应使用水性弹性涂料，并与外保温系统相容。

8.13.29 按《外墙外保温工程技术规程》JGJ 144的要求，膨胀聚苯板的压缩性能与抗拉强度均不应低于0.1MPa，即垂直于板面方向的聚苯板每平方米能够承受10t重的力；粘贴聚苯板的胶粘剂拉伸粘结强度按 JG 149 的规定不得低于 0.1MPa，且粘贴面积本规定要求满粘法，但考虑到施工等各种不利因素以 60%粘贴面积计，则板与墙体基层间的粘结力应为 0.06MPa，即可以承受 60kN/m² 的拉力，相当于承受 6t/m² 左右的重量；单个锚栓的抗拉承载力标准值按 JG 149 的规定不小于 0.30kN，本规定要求每平方米为 6 个，则锚栓的抗拉承载力标准值为 1.80kN/m² 即 0.18t/m²。所以将板的强度、胶粘剂的粘结力、锚栓的锚固力三者相加，采用粘贴加锚固的方式，外保温系统粘贴面砖的安全度是有保证的，技术上也是可行的。从计算数据可看出，锚栓仅起辅助作用，可防止负风压及板的局部脱落。真正发挥主力的是聚苯板自身的强度和胶粘剂强度及其粘结面积。因此，施工中应把握住这两项材料的质量检验关。

8.13.30 适当延缓房屋顶部楼层内装饰施工时间，可较有效控制墙面裂缝。根据工程实践，规程提出了"房屋顶部楼层"即房屋楼层数的 1/4～1/5 概念，以引起施工等有关单位予以重视。

8.13.31 待房屋外墙稍稳定并且顶上几层砌筑砂浆终凝完成后再做外抹灰，有利于外抹灰与墙体基层间粘结，墙面不致产生不规则裂缝或龟裂。

8.13.32 涂刷有机胶或界面剂有利于抹灰材料与钢丝网及墙体基层间粘结。

8.13.33 小砌块墙面抹灰前一般不需要洒水。当使用有机胶或界面剂时更不应洒水。

8.13.34 分层抹灰有利于防止抹灰层空壳和裂纹等质量弊病。外墙抹灰分三道工序可提高抹灰质量。施工实践证实，外墙面使用带弹性的中高档涂料有利于外墙面防渗。当使用瓷砖、面砖饰面材料时，应选用专用粘贴和嵌缝材料。若粘贴不周、施工马虎会引起外墙渗水，应引起注意。

8.14 雨期、冬期施工

8.14.1 小砌块被雨水淋湿将会产生湿胀，日后上墙因干缩缘故易使墙体开裂，所以对堆放在室外的小砌块应有防雨覆盖设施。当雨量为小雨及以上时，若继续往上砌筑，常因已砌好砌体的灰缝砂浆尚未凝固而使墙体发生偏斜。

8.14.2 条文是我国对冬期施工期限界定的规定，和其他国家基本一致，并体现了我国气候特点。详见《建筑工程冬期施工规程》JGJ/T 104。

8.14.3 砌筑砂浆稠度应视气温和天气情况变化而定。冬期不利小砌块砌筑。因此，日砌筑高度也应适当减小。

8.14.4 小砌块砌体冬期施工除符合本节要求外，应遵守条文规定的两项现行国家标准。

8.14.5 表面结冰的小砌块会降低与砌筑砂浆间的粘结强度并有滑移现象，故冬期施工中不得使用。

普通硅酸盐水泥早期强度增长较快，有利于砂浆在冻结前即具有一定强度，应优先选用。

为使砌筑砂浆和混凝土的强度在冬期施工中能有效增长，故对石灰膏、砂、石等原材料也分别提出要求。

干粉砂浆宜在室内或有遮蔽的操作棚内拌制，随拌随用。

砂浆的现场运输与储存应结合施工现场的实际情况，采取相应的御寒防冻措施。

8.14.6 本条文规定是为了保证砌体冬期砌筑的质量。

8.14.7 冬期施工期间适当提高砌筑砂浆强度等级有利于砌体质量。

8.14.8 留置与砌体同条件养护的砂浆试块，可真实反映砌筑砂浆的实际强度值。

8.14.9 气温低于 5℃不利于砂浆强度增长，故冬期砂浆强度等级宜比常温施工提高一级。

8.14.10 记录条文规定内容的数据和情况，便于日后施工质量检查。

8.14.11 现行行业标准《建筑工程冬期施工规程》JGJ/T 104 中对混凝土冬期施工要求已有详细规定，故不予重复，遵照执行。

8.14.12 为保证在冻胀性地基施工的质量，作出此规定。

8.14.13 因小砌块砌体的水平灰缝中有效铺灰面较小，若采用冻结法施工，在解冻期间施工中易产生墙体稳定问题，故不予取之。掺有氯盐的砂浆对未经防腐处理的钢筋、网片易造成腐蚀，故也不应采用。

8.14.14 现市场上防冻剂产品较多，为保证砂浆质量，使其在负温下强度能缓慢增长，应注意产品的适用条件，并符合《混凝土外加剂应用技术规范》GB 50119 中有关规定，实际掺量由试验确定。

8.14.15 暖棚法施工可使砌体中砂浆强度始终在大于 5℃的气温状态下得到增长而不遭冻结的一项施工技术措施。

8.14.16 表中数值是最少养护期限，如果施工要求强度能较快增长，可以提高棚内温度或适当延长养护时间。

8.14.17 因保温材料和涂料材性的原因，决定了冬、雨期不可进行保温和饰面施工。

9 工程验收

9.1 一般规定

9.1.1、9.1.2 小砌块砌体工程可由一个或若干个检验批组成。检验批可根据不同材质、不同强度等级的小砌块砌体的施工量，按房屋楼层、施工段、变形缝位置等进行划分。

9.1.3 主控项目是对工程质量起决定作用的检验项

目，应全部符合本规定，一般项目是对工程质量尤其是涉及安全性方面的施工质量不起决定作用的检验项目，可允许有20%以内的抽查处超出验收条文合格标准的规定。

9.1.4 国家标准《建筑工程施工质量验收统一标准》GB 50300－2001第5.0.6条明确了质量不符合要求的4种处理办法。

9.1.5 鉴于砌体工程的质量与人为因素相关，其外观质量即墙面平整度、垂直度、灰缝平直度等优劣在某种程度上可判定砌体内在质量的好坏，故评价观感质量是必要的验收程序。

9.1.6 砌体的裂缝问题常困扰着各有关方，并影响到工程验收。条文以工程安全性为准则，对有裂缝的砌体提出了不同的验收要求。

9.1.7 条文引自国家标准《建筑工程施工质量验收统一标准》GB 50300－2001。

9.1.8 条文所列的文件和资料，反映了小砌块砌体施工的全过程，是第一手原始资料，也是正确评价工程质量的可靠依据。

9.1.9 本条文应与《混凝土结构工程施工质量验收规范》GB 50204中的相关条文同时执行。

9.1.10 填充墙与框架柱、梁及剪力墙的界面处常因处理不当产生裂缝，因此该部位施工应列为隐蔽工程。

9.1.11 有关墙体保温系统中的主体结构基层、保温材料、饰面层等验收均应按现行国家标准《建筑节能工程施工质量验收规范》GB 50411执行。

9.2 小砌块砌体工程

Ⅰ 主控项目

9.2.1、9.2.2 小砌块和砌筑砂浆的强度等级直接关系到小砌块砌体的工程质量，因此，必须符合设计要求。鉴于现行国家标准规定小砌块的强度等级由标准块（390mm×190mm×190mm）的抗压强度值决定，故带功能缝的同尺寸小砌块强度等级与标准块强度等级两者间应通过一定数量的试件测试并按数理统计方法建立相关关系，以满足砌块生产、现场施工验收等要求。这种关系可以用数据、方程、图表等方式表示。

9.2.3 小砌块因有孔洞原因，水平缝铺灰面积较少，仅铺于壁肋部位，故对水平灰缝饱满度提出了较高要求；竖缝饱满度与砌体抗剪强度有关，并可提高砌体抗渗性，故饱满度不得小于90%。

9.2.4 为加强墙体整体性及提高房屋抗震性能，在墙体转角处和交接处应同时砌筑。对不能同时砌筑而又必须留置的临时间断处应按条文规定砌成斜槎。

Ⅱ 一般项目

9.2.5 工程实践表明，小砌块砌体水平灰缝的厚度和垂直灰缝的宽度宜为10mm，这是小砌块外形尺寸设计时的基本要求。大于12mm的水平灰缝不但降低砌体强度，而且也不便于铺灰操作；而小于8mm，则易造成空缝、瞎缝及露筋，故应按本条文要求砌筑。

9.2.6 小砌块砌体的轴线位置偏移和垂直度偏差将影响墙体受力性能和房屋结构安全。而砌体的其他一般尺寸允许偏差，虽无碍砌体的受力性能和房屋结构的安全，但对外观质量及日后使用有一定影响，故应逐项检查。

9.3 配筋小砌块砌体工程

Ⅰ 主控项目

9.3.1 见本规程第9.2.1条和第9.2.2条的条文说明。

9.3.2 小砌块砌体内的钢筋配置应按图施工，变更设计应有相关文件，不得擅自修改。

9.3.3 混凝土的强度等级符合设计要求是保证小砌块砌体受力性能的基础，直接影响砌体的结构性能，故应合格。

9.3.4 构造柱是房屋抗震设防的重要结构件。为保证构造柱与墙体可靠连接，特设马牙槎与拉结钢筋，使其共同工作。

9.3.5 见本规程第8.6.9条条文说明。

9.3.6 小砌块砌体内的竖向和水平向受力钢筋均应按绑扎搭接形式进行施工安装。竖向钢筋搭接位置应在基础顶面及每层楼面标高处。

Ⅱ 一般项目

9.3.7 构造柱从基础面到房屋顶层或女儿墙必须垂直，对准柱中心线。柱模板安装应控制垂直度，偏差值不得大于6mm。

9.3.8 为使灰缝内钢筋不因外露而锈蚀，要求水平灰缝厚度应大于钢筋直径4mm，使钢筋位于缝厚的中间，避免钢筋与上下皮小砌块直接接触，不致影响砌筑砂浆与小砌块间的粘结。

9.3.9 引自现行国家标准《砌体结构工程施工质量验收规范》GB 50203的相关规定。

9.4 填充墙小砌块砌体工程

Ⅰ 主控项目

9.4.1 小砌块（含复合保温砌块、夹心复合保温砌块）和砌筑砂浆（含保温砌筑砂浆）的强度等级符合设计要求是保证砌体强度、稳定性及耐久性的基础，故应合格。

9.4.2 填充墙与主体结构间的构造连接关系到房屋抗震与墙体裂缝，关系到房屋的安全和使用，因此应列为主控项目。

9.4.3 为检验化学植筋的施工质量，使其起到拉结筋应有的作用，应按国家现行标准《建筑结构检测技术标准》GB/T 50344 和《混凝土结构后锚固技术规程》JGJ 145 的要求，对其进行非破坏的原位拉拔试验，以确保房屋安全。

Ⅱ 一般项目

9.4.4 为防止或减少墙体日后产生干缩裂缝而采取的预控性措施。

9.4.5 填充墙砌体的砂浆饱满度虽能直接影响砌体的质量，但一般不危及结构的重大安全，故列为一般项目检查验收。

9.4.6 设置拉结筋是为了使填充墙与框架柱等承重结构有可靠的连接。

9.4.7 为使砌体稳定并形成整体，因此砌筑上、下皮小砌块时应错缝搭砌。

9.4.8 灰缝横平竖直，厚薄均匀，不但砌体表面美观，还有利于砌体均匀受力。试验表明，灰缝过厚或过薄对砌体强度都有一定影响。长期工程实践积累表明，规定灰缝厚度（宽度）8mm～12mm，并以10mm 为标准灰缝厚度（宽度）是适宜的。

9.4.9 因填充墙属非受力构件，故将轴线位移和垂直度允许偏差列为一般项目检查验收。

中华人民共和国行业标准

淤泥多孔砖应用技术规程

Technical specification for application of silt perforated bricks

JGJ/T 293—2013

批准部门：中华人民共和国住房和城乡建设部
施行日期：2 0 1 3 年 1 2 月 1 日

中华人民共和国住房和城乡建设部
公　告

第 32 号

住房城乡建设部关于发布行业标准《淤泥多孔砖应用技术规程》的公告

现批准《淤泥多孔砖应用技术规程》为行业标准，编号为 JGJ/T 293－2013，自 2013 年 12 月 1 日起实施。

本规程由我部标准定额研究所组织中国建筑工业出版社出版发行。

中华人民共和国住房和城乡建设部

2013 年 5 月 13 日

前　言

根据住房和城乡建设部《关于印发〈2010 年工程建设标准规范制订、修订计划〉的通知》（建标［2010］43 号）的要求，规程编制组经广泛调查研究，认真总结实践经验，参考有关国际标准和国外先进标准，并在广泛征求意见的基础上，编制本规程。

本规程的主要技术内容是：1 总则；2 术语和符号；3 材料；4 建筑和节能设计；5 结构静力设计；6 抗震设计；7 施工和质量验收。

本规程由住房和城乡建设部负责管理，由中国建筑标准设计研究院负责具体技术内容的解释。执行过程中如有意见和建议，请寄送中国建筑标准设计研究院（地址：北京市海淀区首体南路 9 号主语国际 2 号楼，邮政编码：100048）。

本规程主编单位：中国建筑标准设计研究院
山东德建集团有限公司

本规程参编单位：河南省建筑科学研究院有限公司
莆田鑫晶山淤泥开发有限公司
郑州大学
山东省建筑科学研究院
南通市墙体材料革新与建筑节能管理办公室
河南四建股份有限公司

本规程主要起草人员：林岚岚　葛汝英　刘新生　庄国伟　胡兆文　宋福申　陈锦兴　赵自东　孙洪明　潘法兴　张利歌　黄展娟　朱爱东　姚中旺　于　静　曹　杨　刘　涛　李建光　金佐明　庄文学　陈锦来　朱锡华

本规程主要审查人员：谢　泽　崔　琪　高连玉　王培铭　汪　毅　王武祥　张增寿　王云新　王庆生　张淮湧

目　次

Contents

1 总 则

1.0.1 为贯彻执行国家可持续发展、资源节约、综合利用政策，规范淤泥多孔砖在建筑中的应用，保证工程质量，制定本规程。

1.0.2 本规程适用于非抗震设防区和抗震设防6度至8度地区的新建、改建和扩建的民用建筑工程的设计、施工及验收。

1.0.3 淤泥多孔砖的应用除应执行本规程外，尚应符合国家现行有关标准的规定。

2 术语和符号

2.1 术 语

2.1.1 淤泥 silt

在江、河、湖、渠中沉积形成的，以细砂、黏土为主要成分的未固结的综合固体物质。

2.1.2 淤泥多孔砖 silt perforated brick

以淤泥为主要原料，经焙烧而成，孔的尺寸小而数量多，孔洞率不小于28%，且不大于35%的砖。

2.1.3 粉刷槽 painting channel

设在砖条面或顶面上深度不小于2mm的沟或类似凹槽。

2.1.4 施工质量控制等级 category of construction quality control

按质量控制和质量保证若干要素对施工技术水平所做的分级，分A、B、C级。

2.1.5 导热系数 λ heat transfer coefficient

在稳定传热条件下，1m厚的材料，两侧表面的温差为1℃，在1s内，通过$1m^2$面积传递的热量，单位为瓦/（米·度）[W/（m·K)]。

2.1.6 热桥 heat bridge

围护结构在温差作用下，形成热流密集的传热部位，具有在室内采暖条件下，该部位内表面温度比主体部位低，在室内空调降温条件下，该部位内表面温度比主体部位高的特征。

2.2 符 号

2.2.1 作用和作用效应

S——内力设计值；
N——轴向力设计值；
M——弯矩设计值；
V——剪力设计值；
N_l——本层梁端支承压力；
N_u——上面楼层施加的荷载。

2.2.2 材料性能和抗力

ρ_0——密度等级；
f、f_k——砌体的抗压强度设计值、标准值；
f_m——砌体的抗压强度平均值；
σ_f——砌体的抗压强度标准差；
γ——淤泥多孔砖砌体重力密度；
λ——导热系数。

2.2.3 几何参数

A——砌体的毛截面面积；
a_0——梁端有效支承长度；
a——梁端实际支撑长度；
b_f——带壁柱墙的计算截面翼缘宽度；
b_s——在宽度s范围内的门窗洞口宽度；
H——构件高度；
H_0——受压构件的计算高度；
h——矩形截面轴向力偏心方向的边长；
h_w——支撑墙体的墙厚；
h_T——T形截面的折算厚度；
e——轴向力偏心距；
q——孔洞率；
i——截面的回转半径；
s——间距；
y——截面重心到轴向力所在偏心方向截面边缘的距离；
α_k——几何参数标准值。

2.2.4 计算系数

γ_0——结构重要性系数；
γ_f——结构构件材料性能分项系数；
γ_a——修正系数；
φ——承载力的影响系数；
β——构件高厚比；
$[\beta]$——墙、柱的允许高厚比；
μ_1——非承重墙允许高厚比的修正系数；
μ_2——有门窗洞口墙允许高厚比的修正系数。

3 材 料

3.0.1 淤泥多孔砖和砌筑砂浆的强度等级应符合下列规定：

1 淤泥多孔砖的强度等级为MU30、MU25、MU20、MU15、MU10。

2 砌筑砂浆的强度等级为M15、M10、M7.5、M5、M2.5。

3 淤泥多孔砖折压比应符合现行国家标准《墙体材料应用统一技术规范》GB 50574的有关规定。

3.0.2 淤泥多孔砖密度等级ρ_0应符合表3.0.2的规定。

表3.0.2 密度等级ρ_0（kg/m^3）

密度等级	密度平均值
1000	$900<\rho_0\leqslant1000$
1100	$1000<\rho_0\leqslant1100$
1200	$1100<\rho_0\leqslant1200$
1300	$1200<\rho_0\leqslant1300$

3.0.3 淤泥多孔砖规格尺寸应符合下列规定：

1 外形应为直角六面体。

2 淤泥多孔砖规格尺寸宜为290mm×190mm×90mm、240mm×115mm×90mm、190mm×140mm×90mm，其他规格产品可根据具体工程需要确定。

3 孔型结构及孔洞率应符合表3.0.3的规定。

表3.0.3 孔型结构及孔洞率

孔型	孔洞尺寸(mm)		最小外壁厚(mm)	最小肋厚(mm)	孔洞率(%)	孔洞排列
	宽度 b	长度 L				
矩形条孔或矩形孔	≤13	≤40	≥12	≥5	≥28且≤35	1. 所有孔宽应相等，孔采用单向或双向交错排列； 2. 孔洞排列上下、左右应对称，分布均匀，手抓孔的长度方向尺寸应平行于砖的条面

注：孔四个角应做成过渡圆角，不得做成直角。

3.0.4 当施工质量控制等级为B级时，龄期为28d，以毛截面面积计算的淤泥多孔砖砌体抗压强度设计值应符合表3.0.4的规定。当砖的孔洞率大于30%时，应按表中数值乘以0.9。

表3.0.4 淤泥多孔砖砌体抗压强度设计值（MPa）

砖强度等级	砂浆强度等级					砂浆强度
	M15	M10	M7.5	M5	M2.5	0
MU30	3.94	3.27	2.93	2.59	2.26	1.15
MU25	3.60	2.98	2.68	2.37	2.06	1.05
MU20	3.22	2.67	2.39	2.12	1.84	0.94
MU15	2.79	2.31	2.07	1.83	1.60	0.82
MU10	—	1.89	1.69	1.50	1.30	0.67

注：1 砂浆强度为零时的砌体抗压强度设计值，仅适用于施工阶段新砌淤泥多孔砖砌体的强度验算；

2 M2.5砂浆强度等级主要用于建筑房屋工程质量鉴定。

3.0.5 当施工质量控制等级为B级时，龄期为28d，以毛截面面积计算的淤泥多孔砖砌体弯曲抗拉强度设计值、抗剪强度设计值应符合表3.0.5的规定。

表3.0.5 淤泥多孔砖砌体弯曲抗拉强度设计值、抗剪强度设计值（MPa）

强度类别	破坏特征	砂浆强度等级			
		≥M10	M7.5	M5	M2.5
弯曲抗拉	沿齿缝截面	0.33	0.29	0.23	0.17
	沿通缝截面	0.17	0.14	0.11	0.08
抗剪	沿齿缝或阶梯形截面	0.17	0.14	0.11	0.08

注：在砌体中，当搭接长度与砖的高度比值小于1时，其弯曲抗拉强度设计值应按表中数值乘以搭接长度与砖高度的比值后采用。

3.0.6 淤泥多孔砖砌体的抗压强度设计值应乘以调整系数，调整系数取值应符合下列规定：

1 当砌体截面面积小于0.3m^{2}时，调整系数应为其截面面积值加0.7，构件截面面积以平方米计。

2 当使用水泥砂浆砌筑砌体时，对本规程表3.0.4中的砌体抗压强度设计值，调整系数应取0.9。对本规程表3.0.5中的数据，调整系数应取0.8。

3 验算施工中房屋的构件时，调整系数应取1.1。

3.0.7 淤泥多孔砖砌体的弹性模量、剪变模量、线膨胀系数，应按现行国家标准《砌体结构设计规范》GB 50003的有关规定取值。

3.0.8 淤泥多孔砖砌体的重力密度应按下式计算：

$$\gamma=\left(1-\frac{q}{2}\right)\times 19 \qquad (3.0.8)$$

式中：γ——淤泥多孔砖砌体重力密度（kN/m^3）；

q——孔洞率（%）。

3.0.9 淤泥多孔砖砌体房屋中的混凝土材料应符合国家现行有关标准的规定。

4 建筑和节能设计

4.1 建筑设计

4.1.1 淤泥多孔砖砌体建筑物的建筑设计应符合下列规定：

1 建筑平面设计应符合淤泥多孔砖建筑模数要求。

2 淤泥多孔砖不得用于建筑地下部分的外墙。

3 对抗震设防的建筑物，不宜有错层，楼梯间不宜设置在房屋尽端和转角处，其平面布置应简单、规则，体形凹凸转折不宜过多，立面突变不宜过大，复杂平面可设缝分隔。

4.1.2 淤泥多孔砖砌体建筑物燃烧性能及耐火极限应符合现行国家标准《建筑设计防火规范》GB 50016的有关规定。

4.2 节能设计

4.2.1 淤泥多孔砖砌体建筑的节能设计应符合国家现行有关标准的规定。

4.2.2 淤泥多孔砖及其砌体（无抹灰层）热工参数应符合表4.2.2的规定。

表4.2.2 淤泥多孔砖及其砌体（无抹灰层）热工参数

编号	无抹灰层砌体厚度 d (mm)	淤泥多孔砖			无抹灰层的淤泥多孔砖砌体				
		密度等级(kg/m^3)	计算导热系数[W/(m·K)]	蓄热系数[W/(m^2·K)]	修正系数	热阻[(m^2·K)/W]	热惰性指标	传热阻[(m^2·K)/W]	传热系数[W/(m^2·K)]
1	190	1000	0.42	5.46	1.15	0.39	2.47	0.54	1.84
		1100	0.44	5.89		0.38	2.36	0.53	1.90
		1200	0.46	6.31		0.36	2.26	0.51	1.96
		1300	0.48	6.74		0.34	0.00	0.49	2.02

续表 4.2.2

编号	无抹灰层砌体厚度 d (mm)	淤泥多孔砖			无抹灰层的淤泥多孔砖砌体				
		密度等级 (kg/m^3)	计算导热系数 [W/(m·K)]	蓄热系数 [$W/(m^2$·K)]	修正系数	热阻 [(m^2·K)/W]	热惰性指标	传热阻 [(m^2·K)/W]	传热系数 [$W/(m^2$·K)]
2	240	1000	0.42	5.46	1.15	0.50	3.12	0.65	1.55
		1100	0.44	5.89		0.47	2.98	0.62	1.60
		1200	0.46	6.31		0.45	2.85	0.60	1.66
		1300	0.48	6.74		0.43	2.73	0.58	1.71
3	370	1000	0.42	5.46		0.77	4.81	0.92	1.09
		1100	0.44	5.89		0.73	4.59	0.88	1.13
		1200	0.46	6.31		0.70	4.39	0.85	1.18
		1300	0.48	6.74		0.67	4.21	0.82	1.22
4	490	1000	0.42	5.46		1.01	6.37	1.16	1.00
		1100	0.44	5.89		0.97	6.08	1.12	0.89
		1200	0.46	6.31		0.93	5.82	1.08	0.93
		1300	0.48	6.74		0.89	5.57	1.04	0.96

注：热阻数据不包括内外表面换热阻和钢筋混凝土圈梁、过梁、构造柱等热桥部位的影响。

5 结构静力设计

5.1 一般规定

5.1.1 根据淤泥多孔砖砌体建筑结构破坏可能产生的后果（危及人的生命、造成经济损失、产生社会影响等）的严重程度，其建筑结构的安全等级按表5.1.1划分为三个安全等级。设计时应根据破坏后果及建筑类型选用。

表 5.1.1 建筑结构的安全等级

安全等级	破坏后果	建筑物类型
一 级	很严重	重要的建筑物
二 级	严 重	一般的建筑物
三 级	不严重	次要的建筑物

注：对于特殊的建筑物，安全等级可根据具体情况另行确定。

5.1.2 淤泥多孔砖砌体结构按承载能力极限状态设计时，应满足下式要求：

$$\gamma_0 S \leqslant R(f, \alpha_k \cdots\cdots) \quad (5.1.2\text{-}1)$$

式中：γ_0——结构重要性系数。对安全等级为一级或设计使用年限为50年以上的结构构件，不应小于1.1；对安全等级为二级或设计使用年限为50年的结构构件，不应小于1.0；对安全等级为三级或设计使用年限为1年～5年的结构构件，不应小于0.9；

S——内力设计值，分别表示为轴向力设计值N、弯矩设计值M和剪力设计值V等；

R（…）——结构构件的抗力函数；

f——砌体的抗压强度设计值（MPa）；

α_k——几何参数标准值。

砌体的强度设计值、砌体的强度标准值应分别按下列公式计算：

$$f = \frac{f_k}{\gamma_f} \quad (5.1.2\text{-}2)$$

$$f_k = f_m - 1.645\sigma_f \quad (5.1.2\text{-}3)$$

式中：f——砌体的抗压强度设计值（MPa）；

f_k——砌体的抗压强度标准值（MPa）；

γ_f——砌体结构的材料性能分项系数，当施工控制等级为B级时，γ_f 等于1.6；

f_m——砌体的抗压强度平均值（MPa）；

σ_f——砌体的抗压强度标准差（MPa）。

5.1.3 淤泥多孔砖砌体结构房屋的静力计算应根据房屋的空间工作性能分为刚性方案、刚弹性方案和弹性方案。设计时应按现行国家标准《砌体结构设计规范》GB 50003的有关规定进行房屋静力计算和整体稳定性验算。

5.1.4 刚性房屋静力计算时，作用在墙、柱上的竖向荷载，应考虑实际偏心影响。本层梁端支承压力N_l（图5.1.4）到墙、柱内边的距离，应取梁端有效支承长度a_0的0.4倍。由上面楼层施加的荷载N_u可视为作用于上一楼层的墙、柱的截面重心处。

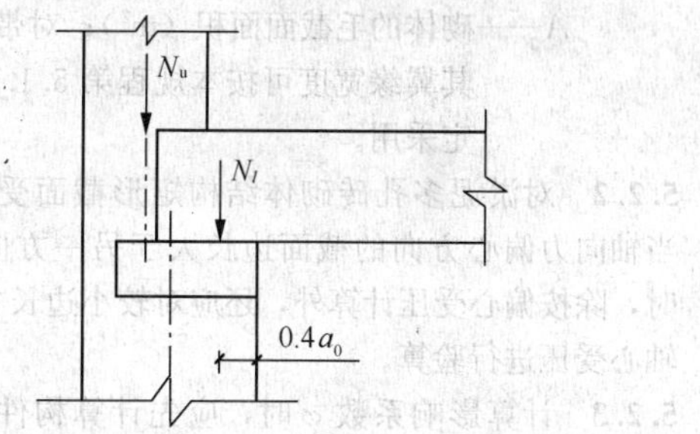

图 5.1.4 梁端支承压力

N_l——本层梁端支承压力；N_u——上面楼层施加的荷载；a_0——梁端有效支承长度

5.1.5 带壁柱墙的计算截面翼缘宽度 b_f 可按下列规定采用：

1 对于多层房屋，当有门窗洞口时，可取窗间墙宽度；当无门窗洞口时，每侧翼缘墙宽度可取壁柱高度的1/3，但不应大于相邻壁柱间的间距。

2 对于单层房屋，可取壁柱宽加2/3墙高，但不应大于窗间墙宽度和相邻壁柱间的间距。

3 当计算带壁柱墙体的条形基础时，可取相邻壁柱间的间距。

5.1.6 对多层砖房非抗震设计，总层数不宜超过8层或高度不得超过24m。

5.1.7 有单边挑廊、阳台等悬挑结构的房屋，应考虑其对房屋内力及变形的不利影响；并应满足房屋的抗倾覆稳定要求；同时对挑梁下支承面砌体的局部受压承载力进行验算。

5.1.8 对于梁跨度大于 9m 的墙承重的多层刚性方案房屋，除按本规程第 5.1.4 条计算墙体承载力外，应按梁端固结计算梁端弯矩，再将其乘以修正系数 γ_a 后，按墙体线性刚度分到上层墙底部和下层墙顶部，修正系数 γ_a 可按下式计算：

$$\gamma_a = 0.2\sqrt{a/h_w} \quad (5.1.8)$$

式中：γ_a——修正系数；

a——梁端实际支撑长度（m）；

h_w——支撑墙体的墙厚（m），当上下墙厚不同时取下部墙厚，当有壁柱时取 h_T。

5.2 受压构件承载力计算

5.2.1 淤泥多孔砖砌体结构受压构件的承载力应按下式计算：

$$N \leqslant \varphi f A \quad (5.2.1)$$

式中：N——轴向力设计值（kN）；

φ——高厚比 β 和轴向力偏心距 e 对受压构件承载力的影响系数；可按本规程附录 A 的表 A.0.1-1～表 A.0.1-3 采用，或按本规程附录 A 的公式计算；

f——砌体抗压强度设计值（MPa），应按本规程表 3.0.4 采用；

A——砌体的毛截面面积（m^2）；对带壁柱墙，其翼缘宽度可按本规程第 5.1.5 条的规定采用。

5.2.2 对淤泥多孔砖砌体结构矩形截面受压构件，当轴向力偏心方向的截面边长大于另一方向的边长时，除按偏心受压计算外，还应对较小边长方向，按轴心受压进行验算。

5.2.3 计算影响系数 φ 时，应先计算构件高厚比，淤泥多孔砖砌体构件高厚比 β 应按下列公式计算：

1 矩形截面：

$$\beta = \frac{H_0}{h} \quad (5.2.3\text{-}1)$$

式中：β——高厚比；

H_0——受压构件的计算高度（m）；

h——矩形截面轴向力偏心方向的边长，当轴心受压时，为截面较小边长（m）。

2 T 形截面：

$$\beta = \frac{H_0}{h_T} \quad (5.2.3\text{-}2)$$

式中：h_T——T 形截面的折算厚度（m），可近似按 $3.5i$ 计算，i 为 T 形截面的回转半径。

5.2.4 受压构件计算高度 H_0，应根据结构类别和构件支承条件等按表 5.2.4 采用。

表 5.2.4 受压构件计算高度 H_0

结构类别		带壁柱墙或周边拉结的墙		
		$s>2H$	$2H \geqslant s > H$	$s \leqslant H$
单 跨	弹性方案	$1.5H$		
	刚弹性方案	$1.2H$		
两跨或多跨	弹性方案	$1.25H$		
	刚弹性方案	$1.1H$		
刚性方案		$1.0H$	$0.4s+0.2H$	$0.6s$

注：1 s 为房屋横墙间距（m）；

2 构件高度 H，按现行国家标准《砌体结构设计规范》GB 50003 的有关规定采用。

5.2.5 按内力设计值计算的轴向力的偏心距 e 不应超过 $0.6y$，y 为截面重心到轴向力所在偏心方向截面边缘的距离。

5.2.6 墙梁和支座反力较大的梁下砌体和承重墙梁的托梁支座上部砌体，均应进行局部受压承载力计算，砌体局部受压承载力计算应符合现行国家标准《砌体结构设计规范》GB 50003 的有关规定。

5.2.7 淤泥多孔砖网状配筋砌体构件计算应符合现行国家标准《砌体结构设计规范》GB 50003 的有关规定。

5.3 墙、柱的允许高厚比

5.3.1 墙柱的高厚比应符合下列规定：

1 墙柱的高厚比应按下式验算：

$$\beta = \frac{H_0}{h} \leqslant \mu_1 \mu_2 [\beta] \quad (5.3.1\text{-}1)$$

式中：μ_1——非承重墙允许高厚比的修正系数；

μ_2——有门窗洞口墙允许高厚比的修正系数；

$[\beta]$——墙、柱的允许高厚比，应按表 5.3.1 采用。

2 当与墙连接的相邻两横墙间的间距 s 符合下式要求时，墙的高厚比可不受本条限制：

$$s \leqslant \mu_1 \mu_2 [\beta] h \quad (5.3.1\text{-}2)$$

式中：s——相邻横墙或壁柱间的间距（m）。

3 墙、柱的允许高厚比应符合表 5.3.1 的规定。

表 5.3.1 墙、柱的允许高厚比

砂浆强度等级	墙	柱
M5	24（22）	16（14）
≥M7.5	26（24）	17（15）

注：1 带钢筋混凝土构造柱（以下简称构造柱）墙的允许高厚比 β，可适当提高；

2 括号内数值，适用于 h 为 190mm 的墙；

3 验算施工阶段砂浆尚未硬化新砌的砌体构件高厚比时，允许高厚比对墙取 14，对柱取 11。

5.3.2 厚度不大于 240mm 的非承重墙，允许高厚比可按本规程表 5.3.1 数值乘以非承重墙允许高厚比的修正系数 μ_1，修正系数 μ_1 应符合下列规定：

1 当 h 等于 240mm 时，μ_1 取 1.2。

2 当 h 等于 190mm 时，μ_1 取 1.3。

5.3.3 对有门窗洞口的墙，允许高厚比应按本规程表5.3.1数值乘以有门窗洞口墙允许高厚比的修正系数 μ_2，修正系数 μ_2 应按下式计算：

$$\mu_2 = 1 - 0.4\frac{b_s}{s} \tag{5.3.3}$$

式中：b_s——在宽度 s 范围内的门窗洞口宽度（m）。

当按公式（5.3.3）算出的修正系数 μ_2 值小于0.7时，应取0.7。当洞口高度不大于墙体高的1/5时，可取修正系数 μ_2 为1.0。

当洞口高度大于或等于墙高的4/5时，可按独立墙段验算高厚比。

5.3.4 设有钢筋混凝土圈梁的带壁柱墙或构造柱间墙，当圈梁宽度 b 与相邻横墙或相邻壁柱间的间距 s 之比 b/s 不小于1/30时，圈梁可视作壁柱间墙的不动铰支点。当条件不允许增加圈梁宽度时，可按等刚度原则（墙体平面外刚度相等）增加圈梁高度。

5.4 一般构造

5.4.1 跨度大于6m的屋架和跨度大于4.8m的梁，其支承面处应设置混凝土或钢筋混凝土垫块；当墙中设有圈梁时，垫块与圈梁应浇成整体。

5.4.2 对厚度为190mm的墙，当大梁跨度不小于4.8m时，或对于厚度为240mm的墙，当大梁跨度不小于6m时，其支承处宜加设壁柱或构造柱或采取其他加强措施。

5.4.3 预制钢筋混凝土板的支承长度，在墙上不宜小于100mm；在钢筋混凝土圈梁上，不宜小于80mm；当利用板端伸出钢筋和混凝土灌缝时，其支承长度可为40mm，但板端缝宽不宜小于80mm。并应按下列方法进行连接：

1 板支承于内墙时，板端钢筋伸出长度不应小于70mm，且与支座处沿墙配置的纵筋绑扎，用强度等级不应低于C25的混凝土浇筑成板带。

2 板支承于外墙时，板端钢筋伸出长度不应小于100mm，且与支座处沿墙配置的纵筋绑扎，并用强度等级不应低于C25的混凝土浇筑成板带。

3 预制钢筋混凝土板与现浇板对接时，预制板端钢筋应伸入现浇板中进行连接后，再浇筑现浇板。

5.4.4 对墙厚为240mm、跨度不小于9m和墙厚为190mm、跨度不小于6.6m的预制梁和支承在墙、柱上的屋架端部，应采用锚固件与墙、柱上的垫块锚固。

5.4.5 山墙处的壁柱宜砌至山墙顶部。檩条应与山墙锚固，屋盖不宜挑出山墙。

5.4.6 墙体转角处和纵横墙交接处应沿竖向每隔400mm～500mm设拉结钢筋，不少于2根直径6mm的钢筋；或采用焊接钢筋网片，埋入长度从墙的转角或交接处算起不小于700mm。

5.4.7 淤泥多孔砖外墙的室外勒脚处应作水泥砂浆粉刷。

5.4.8 在淤泥多孔砖砌体中留槽洞及埋设管道时，应符合下列规定：

1 施工中应准确预留槽洞位置，不得在已砌墙体上凿槽打洞。

2 不应在墙面上留（凿）水平槽、斜槽或埋设水平暗管和斜暗管。

3 墙体中的竖向暗管宜预埋；无法预埋需留槽时，墙体施工时预留槽的深度及宽度不宜大于95mm×95mm。管道安装完后，应采用强度等级不低于C20的细石混凝土或强度等级为M10的水泥砂浆填塞。当槽的平面尺寸大于95mm×95mm时，应对墙身削弱部分予以补强并将槽两侧的墙体内预留钢筋相互拉结。

4 在宽度小于500mm的承重小墙段及壁柱内不应埋设竖向管线。

5 墙体中不应设水平穿行暗管或预留水平沟槽；无法避免时，宜将暗管居中埋于局部现浇的混凝土水平构件中。当暗管直径较大时，混凝土构件宜配筋。墙体开槽后应满足墙体承载力要求。

6 管道不宜横穿墙垛、壁柱；确实需要时，应采用带孔的混凝土块砌筑。

5.4.9 当洞口的宽度大于或等于1.8m时，洞口两侧应设置钢筋混凝土边框或壁柱。

5.4.10 淤泥多孔砖砌体不应用于室内地坪标高下的墙体和基础。

5.5 圈梁、过梁

5.5.1 淤泥多孔砖砌筑的住宅、办公楼等民用房屋：当层数在四层及以下时，墙厚为190mm时，应在底层和檐口标高处各设置圈梁一道；墙厚大于190mm时，应在檐口标高处设置圈梁一道。当层数超过四层时，除顶层应设置圈梁外，应层层设置圈梁。

5.5.2 圈梁应符合下列构造要求：

1 圈梁应采用现浇钢筋混凝土，且宜连续设置在同一水平面上，形成封闭状；当圈梁被门窗洞口截断时，应在洞口上部增设相同截面的附加圈梁。附加圈梁与圈梁的搭接长度不应小于二者中心线高差的2倍，且不得小于1m。

2 纵、横墙交接处的圈梁应可靠连接。刚弹性和弹性方案房屋，圈梁应与屋架、大梁等构件可靠连接。

3 钢筋混凝土圈梁的宽度可取墙厚。当墙厚不小于240mm时，其宽度不宜小于2/3墙厚。圈梁高度不宜小于200mm。纵向钢筋不宜少于4根 $\phi 10$，绑扎接头的搭接长度应按受拉钢筋考虑，箍筋直径不应小于6mm，间距不宜大于250mm。

4 圈梁兼作过梁时，过梁部分的钢筋应按计算面积另行增配。

5.5.3 建筑在软弱地基或不均匀地基上的砌体房屋，除按本节规定设置圈梁外，尚应符合现行国家标准《建筑地基基础设计规范》GB 50007的有关规定。

5.5.4 淤泥多孔砖砌体房屋宜采用钢筋混凝土过梁，并应按钢筋混凝土受弯构件计算。

5.5.5 计算过梁上的梁、板荷载，当梁、板下的墙体高度 h_w 小于过梁净跨 l_n 时，过梁应计入梁、板传来的荷载，否则可不考虑梁、板荷载。

5.5.6 计算过梁上的墙体荷载，当过梁上的墙体高度小于过梁净跨的1/3时，应按墙体的均布自重采用；当墙体高度不小于过梁净跨的1/3时，应按高度为过梁净跨的1/3墙体均布自重采用。

5.6 预防和减轻墙体裂缝措施

5.6.1 淤泥多孔砖砌体多层房屋应在温度和收缩变形引起应力集中、砌体产生裂缝可能性最大处设置伸缩缝。伸缩缝的最大间距应符合表5.6.1的规定。

表5.6.1 伸缩缝的最大间距（m）

屋盖或楼盖类别		间距
整体式或装配整体式钢筋混凝土结构	有保温层或隔热层的屋盖、楼盖	50
	无保温层或隔热层的屋盖	40
装配式有檩体系钢筋混凝土结构	有保温层或隔热层的屋盖	75
	无保温层或隔热层的屋盖	60
装配式无檩体系钢筋混凝土结构	有保温层或隔热层的屋盖、楼盖	60
	无保温层或隔热层的屋盖	50
瓦材屋盖、木屋盖或楼盖、轻钢屋盖		100

注：当淤泥多孔砖砌体多层房屋外墙有保温措施时可适当放宽。

5.6.2 伸缩缝的间距调整应符合下列规定：

1 温差较大且变化频繁地区和严寒地区不采暖的房屋墙体的伸缩缝的最大间距，应按表中数值予以适当减少。

2 墙体的伸缩缝应与结构的其他变形缝相重合，缝宽度应满足各种变形缝的变形要求；在进行立面处理时，应保证缝隙的变形作用。

3 在钢筋混凝土屋面上挂瓦的屋盖应按钢筋混凝土结构屋盖采用。

5.6.3 对于多层淤泥多孔砖砌体房屋顶层墙体，应采取下列预防或减轻裂缝的措施：

1 屋盖上宜设置有效的保温层或隔热层。

2 屋面保温（隔热）层或屋面刚性面层及砂浆找平层应设置分隔缝，分隔缝间距不宜大于6m，其缝宽不小于30mm，并应与女儿墙隔开。

3 女儿墙应设置构造柱，构造柱间距不宜大于4m，构造柱应伸至女儿墙顶并与现浇钢筋混凝土压顶整浇在一起；顶层及女儿墙砂浆强度等级不低于M7.5。

4 顶层墙体有门窗等洞口时，在过梁上的水平灰缝内设置2道～3道焊接钢筋网片或2根直径6mm钢筋，焊接钢筋网片或钢筋伸入洞口两端墙内不应小于600mm。

5 顶层屋面板下设置现浇钢筋混凝土圈梁，并沿内外墙拉通，房屋两端圈梁下的墙体内宜设置水平钢筋。

5.6.4 对多层淤泥多孔砖砌体房屋底层墙体，宜采取下列措施：

1 增大基础圈梁的截面高度。

2 在底层的窗台下墙体灰缝内设置3道焊接钢筋网片或2根直径6mm钢筋，并伸入两边窗间墙内不应小于600mm。

5.6.5 房屋两端和底层第一、第二开间门窗洞处，可采取下列措施：

1 在门窗洞口两边墙体的水平灰缝中，设置长度不小于900mm、竖向间距为400mm的2根直径4mm的焊接钢筋网片。

2 在顶层和底层设置通长钢筋混凝土窗台梁，窗台梁高宜为多孔砖高度的模数，梁内纵筋不少于4根，直径不小于10mm，箍筋直径不小于6mm，间距不大于200mm，混凝土强度等级不低于C20。

5.6.6 预防和减轻淤泥多孔砖砌体墙体裂缝的措施还应符合现行国家标准《砌体结构设计规范》GB 50003的有关规定。

6 抗震设计

6.1 一般规定

6.1.1 抗震设防地区的淤泥多孔砖多层房屋除应满足本章的规定外，还应符合现行国家标准《建筑抗震设计规范》GB 50011的有关规定。

6.1.2 抗震设防地区的淤泥多孔砖房屋总高度及层数限值不应超过表6.1.2的规定。各层横墙较少的多层淤泥多孔砖房屋，总高度应比表6.1.2的规定降低3m，层数相应减少1层，各层横墙很少的房屋，还应再减少1层。

表6.1.2 房屋总高度及层数限值

房屋类别	最小抗震墙厚度（mm）	烈度和基本地震加速度									
		6		7				8			
		0.05g		0.10g		0.15g		0.20g		0.30g	
		高度	层数	高度	层数	高度	层数	高度	层数	高度	层数
多层砌体房屋	240	18	6	18	6	15	5	15	5	12	4
	190	18	6	15	5	12	4	12	4	9	3
底部框架-抗震墙砌体房屋	240	19	6	19	6	16	5	13	4	—	—
	190	19	6	16	5	13	4	10	3	—	—

注：1 房屋的总高度指室外地面到主要屋面板板顶或檐口的高度，半地下室从地下室室内地面算起，全地下室和嵌固条件好的半地下室应允许从室外地面算起；对带阁楼的坡屋面应算到山尖墙的1/2高度处；
2 室内外高差大于0.6m时，房屋总高度应允许比表中的数据适当增加，但增加量应少于1.0m；
3 乙类的多层砌体房屋仍按设防烈度查表，其层数应减少一层且总高度应降低3m，不应采用底部框架-抗震墙砌体房屋；
4 横墙较少是指同一楼层内开间大于4.2m的房间占该层总面积的40%以上；其中，开间不大于4.2m的房间占该层总面积不到20%且开间大于4.8m的房间占该层总面积的50%以上为横墙很少。

6.1.3 淤泥多孔砖房屋总高度与总宽度的最大比值，宜符合表6.1.3的规定。

表6.1.3 淤泥多孔砖房屋总高度与总宽度的最大比值

6度	7度	8度
2.5	2.5	2.0

注：1 单边走廊或挑廊的宽度不包括在房屋总宽度之内；
2 建筑平面接近正方形时，其高宽比适当减小。

6.1.4 多层砌体结构房屋的层高不应超过3.6m。

6.1.5 淤泥多孔砖多层房屋的抗震设计应符合下列规定：

1 应优先采用横墙承重或纵横墙共同承重的结构体系，不应采用砌体墙和混凝土结构混合承重的结构体系。

2 纵横向砌体抗震墙的布置宜均匀对称，沿平面内宜对齐，沿竖向上下连续，且纵横墙体的数量不宜相差过大；平面轮廓凹凸尺寸，不应超过典型尺寸的50%；当超过典型尺寸的25%时，房屋转角处应采取加强措施。

在房屋宽度方向的中部应设置内纵墙，其累计长度不宜小于房屋总长度的60%（高宽比大于4的墙段不计入）。

横墙较少、跨度较大的房屋，宜采用现浇混凝土楼盖、屋盖。

3 楼板局部大洞口的尺寸不宜超过楼板宽度的30%，且不应在墙体两侧同时开洞；房屋错层的楼板高差超过500mm时，应按两层计算；错层部位的墙体应采取加强措施。

4 同一轴线上的窗间墙宽度宜均匀；抗震设防烈度为6、7度时，墙面洞口的面积不宜大于墙面总面积的55%；抗震设防烈度为8度时不宜大于50%。

5 防震缝两侧均应设置墙体，缝宽应根据烈度和房屋高度确定，可采用70mm～100mm；房屋有下列情况之一时宜设置防震缝：

1）房屋立面高差在6m以上；

2）房屋有错层，且楼板高差大于层高的1/4；

3）各部分结构刚度、质量截然不同。

6 楼梯间不宜设置在房屋的尽端或转角处；不应在房屋转角设置转角窗。

6.1.6 考虑地震作用组合的砌体结构构件，其截面承载力应除以承载力抗震调整系数，两端均设有构造柱的淤泥多孔砖砌体抗震墙受剪计算时承载力抗震调整系数为0.9；其他淤泥多孔砖砌体剪压计算时承载力抗震调整系数取1.0。

6.1.7 结构抗震设计时，地震作用应按国家标准《建筑抗震设计规范》GB 50011－2010的有关规定计算。结构的截面抗震验算，应符合下列规定：

1 抗震设防烈度为6度时，规则的砌体结构房屋构件，可不进行抗震验算，但应符合国家标准《建筑抗震设计规范》GB 50011－2010规定的抗震措施。

2 抗震设防烈度为6度时的下列多层砌体结构房屋的构件，应进行多遇地震作用下的截面抗震验算：

1）平面不规则的建筑；

2）总层数超过三层的底部框架-抗震墙砌体房屋；

3）外廊式和单面走廊式底部框架-抗震墙砌体房屋。

3 抗震设防烈度为7度和7度以上的建筑结构，应进行多遇地震作用下的截面抗震验算。

6.1.8 多层房屋抗震横墙的最大间距，不应超过表6.1.8的规定。

表6.1.8 抗震横墙的最大间距（m）

房屋类型		烈度		
		6	7	8
多层砌体房屋	现浇或装配整体式钢筋混凝土楼板、屋盖	15	15	11
	装配式钢筋混凝土楼板、屋盖	11	11	9
	木屋盖	9	9	4
底部框架-抗震墙房屋	上部各层	同多层砌体房屋		
	底层或底部两层	18	15	11

注：1 厚度为190mm抗震横墙，最大间距应为表中值减3m；
2 多层砌体房屋的顶层，除木屋盖外的最大横墙间距应允许适当放宽，但应采取相应加强措施。

6.1.9 淤泥多孔砖房屋局部尺寸限值宜符合表6.1.9的规定。

表6.1.9 淤泥多孔砖房屋局部尺寸限值（m）

部 位	6度	7度	8度
承重窗间墙最小宽度	1.2	1.2	1.5
承重外墙尽端至门窗洞边的最小距离	1.2	1.2	1.5
非承重外墙尽端至门窗洞边的最小距离	1.2	1.2	1.2
内墙阳角至门窗洞边的最小距离	1.2	1.2	1.5
无锚固女儿墙（非出入口）处最大高度	0.5	0.5	0.5

注：1 局部尺寸不足时，可采取局部加强措施弥补，且最小宽度不宜小于1/4层高和表列数据的80%；
2 出入口处的女儿墙应有锚固。

6.1.10 淤泥多孔砖的强度等级不应低于MU10，其砌筑砂浆强度等级不应低于M5；构造柱、圈梁、水平现浇带及其他各类钢筋混凝土构件强度等级不应低于C20；钢筋宜选用HRB400级钢筋和HRB335级钢筋。

6.1.11 抗震设防地区的淤泥多孔砖多层房屋地震作

用和结构抗震验算应符合国家标准《建筑抗震设计规范》GB 50011－2010第5章的规定。

6.2 抗震构造措施

6.2.1 淤泥多孔砖房屋现浇钢筋混凝土构造柱设置应符合表6.2.1的要求。

表6.2.1 淤泥多孔砖房屋现浇钢筋混凝土构造柱设置

房屋层数			设置部位	
6度	7度	8度		
四、五	三、四	二、三	楼、电梯间四角，楼梯斜梯段上下端对应墙体处；外墙四角和对应转角；错层部位横墙与外纵墙交接处；大房间内外交接处；较大洞口两侧	隔12m或单元横墙与外纵墙交接处；楼梯间对应的另一侧内横墙与外纵墙交接处
六	五	四		隔开间横墙（轴线）与外墙交接处，山墙与内纵墙交接处
七	≥六	≥五		内墙（轴线）与外墙交接处，内墙的局部较小墙垛处；内纵墙与横墙（轴线）交接处

注：较大洞口，内墙指不小于2.1m的洞口，外墙在内外墙交接处已经设置构造柱的应允许适当放宽，但洞侧墙体应增加。

6.2.2 外廊式或单面走廊式的多层房屋，应根据房屋增加一层后的层数，按本规程表6.2.1要求设置构造柱，单面走廊两侧的纵墙均应按外墙处理。教学楼、医院等横墙较少的房屋，应根据房屋增加二层后的层数，按本规程表6.2.1的要求设置构造柱。

6.2.3 构造柱应符合下列规定：

1 构造柱最小截面尺寸不应小于190mm×190mm，且不应小于交接处墙体厚度。纵向钢筋不小于4ϕ12，箍筋直径不应小于6mm，间距不宜大于200mm，且在圈梁相交的节点处应适当加密，加密范围在圈梁上下均不应小于1/6层高及450mm中之较大者，箍筋间距不宜大于100mm。房屋四大角的构造柱可适当加大截面及配筋。

2 房屋高度和层数接近本规程表6.1.2的限值时，纵横墙内构造柱尚应符合下列规定：

1）横墙内的构造柱间距不宜大于层高的2倍；下部1/3楼层的构造柱间距适当减小；

2）当外纵墙开间大于3.9m时，应另设加强措施。内纵墙的构造柱间距不宜大于4.2m。

3 当7度区超过6层、8度区超过5层时，构造柱的纵向钢筋宜采用4ϕ14，箍筋间距不宜大于200mm。

4 构造柱与墙体的连接处宜砌成马牙槎，并沿墙高每500mm设2ϕ6的拉结钢筋，每边伸入墙内不宜小于1000mm（图6.2.3-1）；相邻的拉结钢筋伸入墙体的端部位置上下应错开150mm。

5 构造柱可不单独设置基础，但应伸入室外地面下不小于500mm（图6.2.3-2），或锚入距室外地面小于500mm的基础圈梁内。当遇有管沟时，应伸到管沟下。

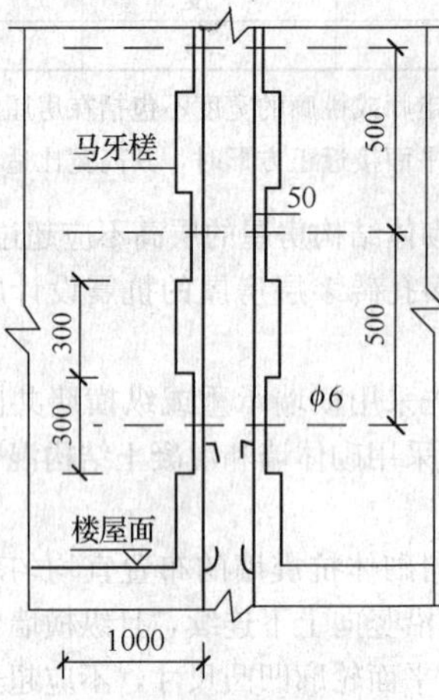

图6.2.3-1 拉结钢筋布置及马牙槎示意

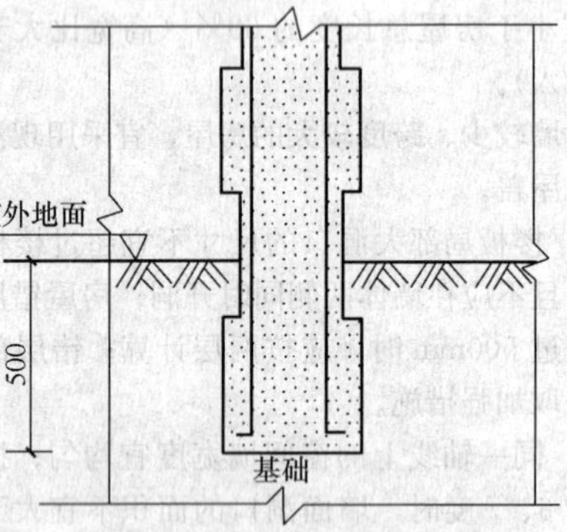

图6.2.3-2 构造柱基础示意

6.2.4 淤泥多孔砖房屋的现浇钢筋混凝土圈梁设置应符合下列规定：

1 横墙承重时，装配式钢筋混凝土楼、屋盖或木楼、屋盖房屋的各类墙的现浇钢筋混凝土圈梁设置应符合表6.2.4的规定；纵墙承重时，抗震横墙上的圈梁间距应比表内要求适当加密。

表6.2.4 现浇钢筋混凝土圈梁设置

墙类	6度和7度	8度
外墙及内纵墙	屋盖及每层楼盖处	屋盖及每层楼盖处
内横墙	同上，屋盖处间距不应大于4.5m，楼盖处间距不应大于7.2m；构造柱对应部位	同上，屋盖处沿所有横墙，且间距不应大于4.5m；构造柱对应部位

2 现浇或装配整体式钢筋混凝土楼、屋盖与墙

体有可靠连接的房屋可不另设圈梁，但楼板边沿应加2ϕ12的加强钢筋，并应与相应构造柱可靠连接。

6.2.5 现浇钢筋混凝土圈梁构造应符合下列规定：

1 同一标高的圈梁应闭合，遇有洞口应上下搭接。圈梁应与预制板设在同一标高处或紧靠板底。

2 当横墙间距大于本规程表6.2.4规定的间距时，应在梁或板缝中设置钢筋混凝土现浇带替代圈梁。

3 圈梁钢筋应伸入构造柱内，并应有可靠锚固。伸入顶层圈梁的构造柱钢筋锚固长度不应小于40倍钢筋直径。

4 圈梁的截面高度不应小于200mm，圈梁配筋应符合表6.2.5的规定。

表6.2.5 圈梁配筋

配 筋	6度和7度	8度
最小纵筋	4ϕ10	4ϕ12
箍筋最大间距	250	200

6.2.6 淤泥多孔砖房屋的楼、屋盖应符合下列规定：

1 现浇钢筋混凝土楼板或屋面板，伸进纵、横墙的长度均不应小于120mm。

2 装配式钢筋混凝土楼板或屋面板，当圈梁未设在板的同一标高时，板端伸进外墙的长度不应小于120mm，伸进内墙的长度不应小于100mm，在梁上不应小于80mm。

3 当板的跨度大于4.8m并与外墙平行时，靠外墙的预制板侧边应与墙或圈梁拉结。

4 房屋端部大房间的楼盖，6度时房屋的屋盖和7、8度时房屋的楼、屋盖，当圈梁设在板底时，钢筋混凝土预制板应相互拉结，并应与梁、墙或圈梁拉结。

6.2.7 淤泥多孔砖房屋楼、屋盖的连接应符合下列规定：

1 楼、屋盖的钢筋混凝土梁或屋架，应与墙、柱（包括构造柱）或圈梁可靠连接，梁与砖柱的连接不应削弱砖柱截面，各层独立砖柱顶部应在两个方向均有可靠连接。

2 坡屋顶房屋的屋架应与顶层圈梁可靠连接，檩条或屋面板应与墙及屋架可靠连接，房屋出入口处的檐口瓦应与屋面构件锚固。

6.2.8 淤泥多孔砖房屋楼梯间应符合下列规定：

1 装配式楼梯段应与平台板的梁可靠连接，8度时不应采用装配式楼梯段；不应采用墙中悬挑式踏步或踏步竖肋插入墙体的楼梯，不应采用无筋砖砌栏板。

2 楼梯间及门厅内墙阳角处的大梁支承长度不应小于500mm，并应与圈梁连接。

3 顶层楼梯间墙体应沿墙高每隔500mm设2ϕ6通长钢筋和ϕ4分布短钢筋平面内点焊组成的拉结网片或ϕ4点焊网片；7度～8度时其他各层楼梯间墙体应在休息平台或楼层半高处设置60mm厚、纵向钢筋不应少于2ϕ10的钢筋混凝土带或配筋砖带，配筋砖带不少于3皮，每皮的配筋不少于2ϕ6，砂浆强度等级不应低于M7.5且不低于同层墙体的砂浆强度等级。

4 突出屋顶的楼、电梯间，构造柱应伸到顶部，并与顶部圈梁连接，所有墙体应沿墙高每个500mm设2ϕ6通长钢筋和ϕ4分布短筋平面内点焊组成的拉结网片或ϕ4点焊网片。

6.2.9 抗震设防区在7度～8度时的多层淤泥多孔砖砌体房屋，纵墙及承重横墙应采用水平配筋砌体，其钢筋直径不大于ϕ6，配筋率应符合下列规定：

1 设防烈度为7度时，配筋率不应小于0.05%。

2 设防烈度为8度时，配筋率不应小于0.07%。

7 施工和质量验收

7.1 施 工 准 备

7.1.1 淤泥多孔砖的规格、密度等级、强度等级应符合设计要求，并应按现行国家标准《烧结多孔砖和多孔砌块》GB 13544的有关规定进行检验和验收。

7.1.2 淤泥多孔砖在运输、装卸过程中，不得倾倒和抛掷。经验收合格的砖，应分类堆放整齐，堆置高度不宜超过2m。

7.1.3 在常温状态下，淤泥多孔砖应提前1d～2d浇水湿润，不得采用干砖或处于吸水饱和状态的砖砌筑，砌筑时的相对含水率宜为60%～70%。

7.1.4 砌筑砂浆及抹灰砂浆所用的水泥应符合下列规定：

1 水泥进场时应对其品种、等级、包装或散装仓号、出厂日期等进行检查，并应对其强度、安定性进行复验，其质量应符合现行国家标准《通用硅酸盐水泥》GB 175的有关规定。

2 当在使用中对水泥质量有怀疑或水泥出厂超过三个月、快硬硅酸盐水泥超过一个月时，应复查试验，并应按复验结果使用。

3 不同品种的水泥，不得混合使用。

7.1.5 砂浆用砂宜采用过筛中砂，并应符合现行国家标准《建设用砂》GB/T 14684有关规定。

7.1.6 拌制水泥混合砂浆用的石灰膏、粉煤灰和磨细生石灰粉应符合以下规定：

1 块状生石灰熟化为石灰膏，其熟化时间不得少于7d；当采用磨细生石灰粉时，其熟化时间不得少于2d；沉淀池中贮存的石灰膏，应防止干燥、冻结和污染。不应使用脱水硬化的石灰膏；消石灰粉不应直接用于砂浆中。

2 粉煤灰的质量指标应符合现行行业标准《粉煤灰在混凝土及砂浆中应用技术规程》JGJ 28 的有关规定。

3 生石灰及磨细生石灰粉的质量应符合现行行业标准《建筑生石灰》JC/T 479 和《建筑生石灰粉》JC/T 480 的有关规定。

4 石灰膏的用量，可按稠度 12mm±10mm 计量。现场施工中，当石灰膏稠度与试配不一致时，石灰膏不同稠度时的换算系数可按表 7.1.6 采用。

表 7.1.6 石灰膏不同稠度时的换算系数

稠度（mm）	120	110	100	90	80	70	60	50	40	30
换算系数	1.00	0.99	0.97	0.95	0.93	0.92	0.90	0.88	0.87	0.86

7.1.7 当砂浆中掺入砌筑砂浆增塑剂、早强剂、缓凝剂、防冻剂、防水剂等砂浆外加剂，其品种和用量应经有资质的检测单位检验和试配确定。所用外加剂的技术性能应符合国家现行标准《混凝土外加剂》GB 8076、《混凝土外加剂应用技术规范》GB 50119、《砌筑砂浆增塑剂》JG/T 164、《砂浆、混凝土防水剂》JC 474 的质量要求。

7.1.8 拌制砂浆及混凝土用水应符合现行行业标准《混凝土用水标准》JGJ 63 的有关规定。

7.1.9 砌筑砂浆的配合比应采用重量比，配合比应经试验确定。施工时砌筑砂浆配制强度应按现行行业标准《砌筑砂浆配合比设计规程》JGJ/T 98 的有关规定确定。

7.1.10 砌筑砂浆及抹灰砂浆宜采用预拌砂浆，预拌砂浆质量应符合现行国家标准《预拌砂浆》GB/T 25181 的有关规定。

7.1.11 混凝土配合比设计应符合现行行业标准《普通混凝土配合比设计规程》JGJ 55 的有关规定。

7.2 施工技术要求

7.2.1 不同品种的砖不得在同一楼层混砌。

7.2.2 砖砌体组砌方法应正确，内外搭砌，上下错缝。清水墙、窗间墙无通缝。

7.2.3 砌体灰缝应横平竖直，厚薄均匀，水平灰缝厚度和竖向灰缝宽度宜为 10mm，不应小于 8mm，不应大于 12mm。

7.2.4 砌体灰缝砂浆应饱满，水平灰缝的砂浆饱满度不得低于 80%，竖向灰缝宜采用加浆填灌的方法，使其砂浆饱满，不得用水冲浆灌缝。

对抗震设防地区砌体应采用一铲灰、一块砖、一揉压的“三一”砌砖法砌筑。对非地震区可采用铺浆法砌筑，铺浆长度不得超过 750mm，当施工期间最高气温高于 30℃时，铺浆长度不得超过 500mm。

7.2.5 砌筑砌体时，多孔砖的孔洞应垂直于受压面；砌筑第一皮砖前应排砖摞底。

7.2.6 砌筑砂浆应采用机械拌合，拌合时间，自投料完算起，应符合下列规定：

1 水泥砂浆和水泥混合砂浆，不得少于 2min。

2 水泥粉煤灰砂浆和有机塑化剂砂浆，不得少于 3min。

3 掺增塑剂的砂浆，其搅拌方式、搅拌时间应符合现行行业标准《砌筑砂浆增塑剂》JG/T 164 的有关规定。

7.2.7 现场拌制砂浆应随拌随用。拌制的砂浆应在拌成后 3h 内使用完毕；当施工期间最高气温超过 30℃时，应在拌成后 2h 内使用完毕。超过上述时间的砂浆，不得再拌合使用。

7.2.8 砖砌体的转角处和交接处应同时砌筑，不得将无可靠措施的内外墙分砌施工。在抗震设防烈度为 8 度的地区，对不能同时砌筑而又必需留置的临时间断处应砌成斜槎，斜槎长高比不应小于 1/2。斜槎高度不得超过一步脚手架的高度。

7.2.9 非抗震设防及抗震设防烈度为 6 度、7 度地区，不能留斜槎时，除转角处外，可留置凸槎形式的直槎，并应加设拉结钢筋，拉结钢筋应符合下列规定：

1 墙中应沿墙厚放置 $\phi6$ 拉结钢筋，当墙厚大于 120mm 时，拉结钢筋间距应小于 120mm 墙厚；当墙厚为 120mm 时，应放置 $2\phi6$ 拉结钢筋。

2 间距沿墙高不应超过 500mm，且竖向间距偏差不应超过 100mm。

3 拉结钢筋埋入长度从留槎处算起每边均不应小于 500mm，对抗震设防烈度 6 度、7 度的地区，不应小于 1000mm。

4 拉结钢筋末端应有 90°弯钩。

7.2.10 砌体接槎时，应将接槎处的表面清理干净，浇水湿润并填实砂浆，保持灰缝平直。

7.2.11 砌筑完每一楼层后，应校核砌体的标高。当标高偏差超出本规程表 7.4.7 允许范围时，其偏差应在圈梁顶面通过调整上部灰缝厚度逐步校正。

7.2.12 砖墙每日砌筑高度不宜超过 1.8m，雨天施工时不宜超过 1.2m。

7.2.13 构造柱施工中沿整个建筑物高度对正贯通，构造柱钢筋位置应准确。

7.2.14 设置构造柱的墙体应先砌墙后浇灌混凝土，浇灌构造柱混凝土前应将砖砌体和模板浇水润湿并将模板内的落地灰、砖渣等清除干净。

7.2.15 构造柱混凝土分段浇灌时，在新老混凝土接槎处，应先用水冲洗、润湿，然后用原混凝土配合比去掉石子的水泥砂浆再铺 10mm～20mm 厚，方可继续浇灌混凝土。

7.2.16 浇捣构造柱混凝土时，宜采用插入式振捣棒。振捣时振捣棒应避免直接触碰砖墙，不得通过砖墙传振。

7.2.17 冬期施工时，应符合现行行业标准《建筑工程冬期施工规程》JGJ/T 104 的有关规定。

7.3 安全措施

7.3.1 外墙砌筑当采用外侧砌法时，其脚手架应符合现行国家标准《建筑施工扣件式钢管脚手架安全技术规范》JGJ 130 的有关规定。

7.3.2 砌体相邻工作段的高度差，不得超过一层楼的高度，也不宜大于 3.6m。工作段的分段位置，宜设在伸缩缝、沉降缝、防震缝、构造柱或门窗洞口处。

7.3.3 尚未安装楼板或屋面板的墙和柱，其抗风允许自由高度应按国家现行有关标准的要求进行验算。

7.3.4 雨天不宜在露天砌筑墙体，对下雨当日砌筑的墙体应进行遮盖，防止雨水冲刷砂浆。

7.3.5 施工中需在砖墙中留的临时洞口，其侧边离交接处的墙面不应小于 0.5m，洞口净宽度不应超过 1.0m；洞口顶部宜设置钢筋混凝土过梁。

7.4 工程质量检验

7.4.1 砂浆强度等级应以标准养护、龄期为 28d 的试块抗压试验结果为准。砂浆试样应在搅拌机出料口随机抽样，每一楼层或 $250m^3$ 砌体中的各种强度等级的砂浆，每台搅拌机应至少检查一次，每次至少应制作一组试块。当砂浆强度等级或配合比变更时，应重新制作试块。

7.4.2 砂浆试块强度应符合下列规定：

1 同一验收批砂浆抗压强度平均值应大于或等于设计强度等级值的 1.1 倍。

2 同一验收批中砂浆抗压强度的最小一组平均值应大于或等于设计强度等级值的 85%。

3 砂浆强度应以标准养护、28d 龄期的试块抗压强度为准。

7.4.3 在砌筑过程中，砌体水平灰缝的砂浆饱满度，每步架至少应抽查 3 处，每处抽查 3 块砖，其平均值不得低于 80%。

7.4.4 淤泥多孔砖砌体结构工程检验批的划分应同时符合下列规定：

1 所用材料类型及同类型材料的强度等级相同。

2 不应超过 $250m^3$ 砌体。

3 主体结构砌体一个楼层，基础砌体可按一个楼层计；填充墙砌体量少时可多个楼层合并。

7.4.5 混凝土试块强度的检验和评定，应按现行国家标准《混凝土强度检验评定标准》GB/T 50107 的有关规定执行。

7.4.6 构造柱混凝土应振捣密实，不应露筋。

7.4.7 砌体尺寸和位置的允许偏差应按表 7.4.7 确定。

表 7.4.7 砌体尺寸和位置的允许偏差

序号	项目			允许偏差（mm）墙	允许偏差（mm）柱	检验方法
1	轴线位移			10	10	用经纬仪复查或检查施工记录
2	墙、柱顶面标高			±15	±15	用水平仪复查或检查施工记录
3	墙面垂直度	每层		5	5	用2m托线板检查
		全高	≤10m	10	10	用经纬仪或吊线和尺检查
			>10m	20	20	
4	表面平整度	清水墙、柱		5	5	用2m直尺和楔形塞尺检查
		混水墙、柱		8	8	
5	水平灰缝平直度	清水墙		7	—	拉10m线和尺检查
		混水墙		10	—	
6	清水墙游丁走缝			20	—	吊线和尺检查，以每层每一批砖为准
7	门窗洞口宽度（后塞口）			±5	—	用尺检查
8	外窗上下窗口偏移			20	—	以底层窗口为准，用经纬仪或吊线检查

7.5 工程验收

7.5.1 淤泥多孔砖砌体工程应对下列隐蔽工程进行验收。

1 砌体中的预埋拉结筋、钢筋网片。

2 圈梁、过梁及构造柱。

3 其他隐蔽项目。

7.5.2 淤泥多孔砖砌体工程验收时应提供下列资料：

1 设计及变更的设计文件。

2 施工执行的技术标准。

3 原材料出厂合格证书、产品性能检测报告和进场复验报告。

4 混凝土及砂浆试件抗压强度试验报告单。

5 混凝土及砂浆配合比通知单。

6 砌体工程施工记录。

7 隐蔽工程验收记录。

8 检验批验收记录。

9 分项工程验收记录。

10 重大技术问题的处理方案和验收记录。

11 其他必要的文件、记录。

7.5.3 淤泥多孔砖砌体工程的验收，应对砌体工程的观感质量做出总体评价。

7.5.4 有裂缝的砌体应按下列情况进行验收：

1 对不影响结构安全性的砌体裂缝，应予以验收，对明显影响使用功能和观感质量的裂缝，应进行处理。

2 对有可能影响结构安全性的砌体裂缝，应由有资质的检测单位检测鉴定，需返修或加固处理的，待返修或加固处理满足使用要求后进行二次验收。

7.5.5 当提供的文件、记录及外观检查的结果符合现行国家标准《建筑工程施工质量验收统一标准》GB 50300和《砌体结构工程施工质量验收规范》GB 50203的有关规定时，方可进行验收。

7.5.6 淤泥多孔砖砌体房屋的节能工程施工质量验收应符合现行国家标准《建筑节能工程施工质量验收规范》GB 50411的有关要求。

附录A 轴力影响系数φ

A.0.1 无筋砌体矩形截面单向偏心受压构件（图A.0.1）承载力的影响系数φ可按下列公式计算：

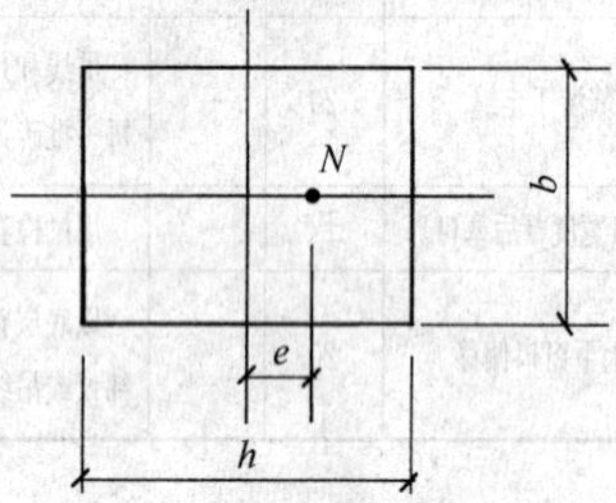

图A.0.1 单向偏心受压构件截面示意

当$\beta \leqslant 3$时

$$\varphi = \frac{1}{1+12\left(\frac{e}{h}\right)^2} \quad (A.0.1\text{-}1)$$

当$\beta > 3$时

$$\varphi = \frac{1}{1+12\left[\frac{e}{h}+\sqrt{\frac{1}{12}\left(\frac{1}{\varphi_0}-1\right)}\right]^2} \quad (A.0.1\text{-}2)$$

$$\varphi_0 = \frac{1}{1+\alpha\beta^2} \quad (A.0.1\text{-}3)$$

式中：e——轴向力的偏心距；

h——矩形截面的轴向力偏心方向的边长（m）；

φ——轴心受压构件承载力的影响系数；

α——与砂浆强度等级有关的系数，当砂浆强度等级大于或等于M5时，α等于0.0015；当砂浆强度等级等于M2.5时，α等于0.002；当砂浆强度等级f_2等于0时，α等于0.009；

β——构件的高厚比。

计算T形截面受压构件时应以折算厚度h_t代替公式（A.0.1-2）中的h，h_t应按下式计算：

$$h_t = 3.5i \quad (A.0.1\text{-}4)$$

式中：i——T形截面的回转半径（m）。

A.0.2 无筋砌体矩形截面双向偏心受压构件（图A.0.2）承载力的影响系数可按下列公式计算：

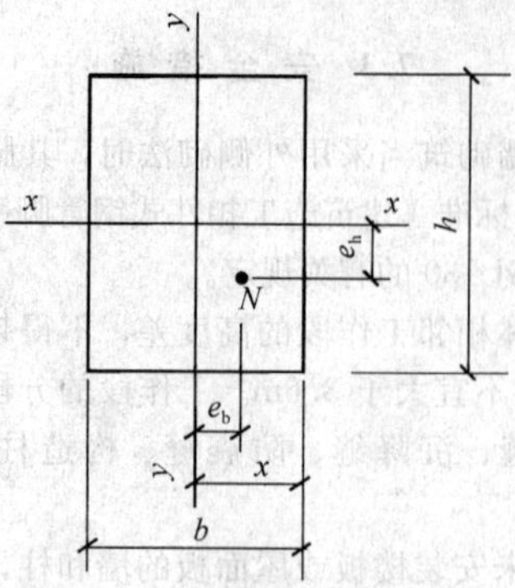

图A.0.2 双向偏心受压构件截面示意

$$\varphi = \frac{1}{1+12\left[\left(\frac{e_b+e_{ib}}{b}\right)^2+\left(\frac{e_h+e_{ih}}{h}\right)^2\right]} \quad (A.0.2\text{-}1)$$

$$e_{ib} = \frac{b}{\sqrt{12}}\sqrt{\frac{1}{\varphi_0}-1}\left(\frac{\frac{e_b}{b}}{\frac{e_b}{b}+\frac{e_h}{h}}\right) \quad (A.0.2\text{-}2)$$

$$e_{ih} = \frac{h}{\sqrt{12}}\sqrt{\frac{1}{\varphi_0}-1}\left(\frac{\frac{e_h}{h}}{\frac{e_b}{b}+\frac{e_h}{h}}\right) \quad (A.0.2\text{-}3)$$

式中：e_b、e_h——轴向力在截面重心x轴、y轴方向的偏心距（m），e_b、e_h宜分别不大于$0.5x$和$0.5y$；

x、y——自截面重心沿x轴、y轴至轴向力所在偏心方向截面边缘的距离（m）；

e_{ib}、e_{ih}——轴向力在截面重心x轴、y轴方向的附加偏心距（m）。

当一个方向的偏心率（e_b/b或e_h/h）不大于另一个方向的偏心率的5%时，可简化按另一个方向的单向偏心受压，按本规程第A.0.1条的规定确定承载力的影响系数。

A.0.3 无筋砌体矩形截面单向偏心受压构件承载力的影响系数φ可按表A.0.3-1～表A.0.3-3取值。

表A.0.3-1 影响系数φ（砂浆强度等级≥M5）

β	e/h或e/h_T						
	0	0.025	0.05	0.075	0.1	0.125	0.15
≤3	1	0.99	0.97	0.94	0.89	0.84	0.79
4	0.98	0.95	0.90	0.85	0.80	0.74	0.69
6	0.95	0.91	0.86	0.81	0.75	0.69	0.64
8	0.91	0.86	0.81	0.76	0.70	0.64	0.59
10	0.87	0.82	0.76	0.71	0.65	0.60	0.50

续表 A. 0. 3-1

β	e/h或e/h_T						
	0	0.025	0.05	0.075	0.1	0.125	0.15
12	0.82	0.77	0.71	0.66	0.60	0.55	0.51
14	0.77	0.72	0.66	0.61	0.56	0.51	0.47
16	0.72	0.67	0.61	0.56	0.52	0.47	0.44
18	0.67	0.62	0.57	0.53	0.48	0.44	0.40
20	0.62	0.57	0.53	0.48	0.44	0.40	0.37
22	0.58	0.53	0.49	0.45	0.41	0.38	0.35
24	0.54	0.49	0.45	0.41	0.38	0.35	0.32
26	0.50	0.46	0.42	0.38	0.35	0.33	0.30
28	0.46	0.42	0.39	0.36	0.33	0.30	0.28
30	0.42	0.39	0.36	0.33	0.31	0.28	0.26

β	e/h或e/h_T					
	0.175	0.2	0.225	0.25	0.275	0.3
≤3	0.73	0.68	0.62	0.57	0.52	0.48
4	0.64	0.58	0.53	0.49	0.45	0.41
6	0.59	0.54	0.49	0.45	0.42	0.38
8	0.54	0.50	0.46	0.42	0.39	0.36
10	0.50	0.46	0.42	0.39	0.36	0.33
12	0.47	0.43	0.39	0.36	0.33	0.31
14	0.43	0.40	0.36	0.34	0.31	0.29
16	0.40	0.37	0.34	0.31	0.29	0.27
18	0.37	0.34	0.31	0.29	0.27	0.25
20	0.34	0.32	0.29	0.27	0.25	0.23
22	0.32	0.30	0.27	0.25	0.24	0.22
24	0.30	0.28	0.26	0.24	0.22	0.21
26	0.28	0.26	0.24	0.22	0.21	0.19
28	0.26	0.24	0.22	0.21	0.19	0.18
30	0.24	0.22	0.21	0.20	0.18	0.17

表 A. 0. 3-2　影响系数 φ（砂浆强度等级 M2. 5）

β	e/h或e/h_T						
	0	0.025	0.05	0.075	0.1	0.125	0.15
≤3	1	0.99	0.97	0.94	0.89	0.84	0.79
4	0.97	0.94	0.89	0.84	0.78	0.73	0.67
6	0.93	0.89	0.84	0.78	0.73	0.67	0.62
8	0.89	0.84	0.78	0.72	0.67	0.62	0.57
10	0.83	0.78	0.72	0.67	0.61	0.56	0.52
12	0.78	0.72	0.67	0.61	0.56	0.52	0.47
14	0.72	0.66	0.61	0.56	0.51	0.47	0.43
16	0.66	0.61	0.56	0.51	0.47	0.43	0.40
18	0.61	0.56	0.51	0.47	0.43	0.40	0.36
20	0.56	0.51	0.47	0.43	0.39	0.36	0.33
22	0.51	0.47	0.43	0.39	0.36	0.33	0.31
24	0.46	0.43	0.39	0.36	0.33	0.31	0.28
26	0.42	0.39	0.36	0.33	0.31	0.28	0.26
28	0.39	0.36	0.33	0.30	0.28	0.26	0.24
30	0.36	0.33	0.30	0.28	0.26	0.24	0.22

表 A. 0. 3-2

β	e/h或e/h_T					
	0.175	0.2	0.225	0.25	0.275	0.3
≤3	0.73	0.68	0.62	0.57	0.52	0.48
4	0.62	0.57	0.52	0.48	0.44	0.40
6	0.57	0.52	0.48	0.44	0.40	0.37
8	0.52	0.48	0.44	0.40	0.37	0.34
10	0.47	0.43	0.40	0.37	0.34	0.31
12	0.43	0.40	0.37	0.34	0.31	0.29
14	0.40	0.36	0.34	0.31	0.29	0.27
16	0.36	0.34	0.31	0.29	0.26	0.25
18	0.33	0.31	0.29	0.26	0.24	0.23
20	0.31	0.28	0.26	0.24	0.23	0.21
22	0.28	0.26	0.24	0.23	0.21	0.20
24	0.26	0.24	0.23	0.21	0.20	0.18
26	0.24	0.22	0.21	0.20	0.18	0.17
28	0.22	0.21	0.20	0.18	0.17	0.16
30	0.21	0.20	0.18	0.17	0.16	0.15

表 A. 0. 3-3　影响系数 φ（砂浆强度等级 0）

β	e/h或e/h_T						
	0	0.025	0.05	0.075	0.1	0.125	0.15
≤3	1	0.99	0.97	0.94	0.89	0.84	0.79
4	0.87	0.82	0.77	0.71	0.66	0.60	0.55
6	0.76	0.70	0.65	0.59	0.54	0.50	0.46
8	0.63	0.58	0.54	0.49	0.45	0.41	0.38
10	0.53	0.48	0.44	0.41	0.37	0.34	0.32
12	0.44	0.40	0.37	0.34	0.31	0.29	0.27
14	0.36	0.33	0.31	0.28	0.26	0.24	0.23
16	0.30	0.28	0.26	0.24	0.22	0.21	0.19
18	0.26	0.24	0.22	0.21	0.19	0.18	0.17
20	0.22	0.20	0.19	0.18	0.17	0.16	0.15
22	0.19	0.18	0.16	0.15	0.14	0.14	0.13
24	0.16	0.15	0.14	0.13	0.13	0.12	0.101
26	0.14	0.13	0.13	0.12	0.11	0.11	0.10
28	0.12	0.12	0.11	0.11	0.10	0.10	0.09
30	0.11	0.10	0.10	0.09	0.09	0.09	0.08

β	e/h或e/h_T					
	0.175	0.2	0.225	0.25	0.275	0.3
≤3	0.73	0.68	0.62	0.57	0.52	0.48
4	0.51	0.46	0.43	0.39	0.36	0.33
6	0.42	0.39	0.36	0.33	0.30	0.28
8	0.35	0.32	0.30	0.28	0.25	0.24
10	0.29	0.27	0.25	0.23	0.22	0.20
12	0.25	0.23	0.21	0.20	0.19	0.17
14	0.21	0.20	0.18	0.17	0.16	0.15
16	0.18	0.17	0.16	0.15	0.14	0.13
18	0.16	0.15	0.14	0.13	0.12	0.12
20	0.14	0.13	0.12	0.12	0.11	0.10
22	0.12	0.12	0.11	0.10	0.10	0.09
24	0.11	0.10	0.10	0.09	0.09	0.08
26	0.10	0.09	0.09	0.08	0.08	0.07
28	0.09	0.08	0.08	0.08	0.07	0.07
30	0.08	0.07	0.07	0.07	0.07	0.06

本规程用词说明

1 为便于在执行本规程条文时区别对待，对要求严格程度不同的用词说明如下：

1）表示很严格，非这样做不可的用词：
正面词采用“必须”，反面词采用“严禁”；

2）表示严格，在正常情况下均应这样做的用词：
正面词采用“应”，反面词采用“不应”或“不得”；

3）表示允许稍有选择，在条件许可时首先应这样做的用词：
正面词采用“宜”，反面词采用“不宜”；

4）表示有选择，在一定条件下可以这样做的用词，采用“可”。

2 条文中指明应按其他有关标准执行的写法为：“应符合……的规定”或“应按……执行”。

引用标准名录

1 《砌体结构设计规范》GB 50003
2 《建筑地基基础设计规范》GB 50007
3 《建筑抗震设计规范》GB 50011－2010
4 《建筑设计防火规范》GB 50016
5 《混凝土外加剂应用技术规范》GB 50119
6 《砌体结构工程施工质量验收规范》GB 50203
7 《建筑工程施工质量验收统一标准》GB 50300
8 《建筑节能工程施工质量验收规范》GB 50411
9 《墙体材料应用统一技术规范》GB 50574
10 《混凝土强度检验评定标准》GB/T 50107
11 《通用硅酸盐水泥》GB 175
12 《混凝土外加剂》GB 8076
13 《烧结多孔砖和多孔砌块》GB 13544
14 《建设用砂》GB/T 14684
15 《预拌砂浆》GB/T 25181
16 《粉煤灰在混凝土及砂浆中应用技术规程》JGJ 28
17 《普通混凝土配合比设计规程》JGJ 55
18 《混凝土用水标准》JGJ 63
19 《砌筑砂浆配合比设计规程》JGJ/T 98
20 《建筑工程冬期施工规程》JGJ/T 104
21 《建筑施工扣件式钢管脚手架安全技术规范》JGJ 130
22 《砌筑砂浆增塑剂》JG/T 164
23 《砂浆、混凝土防水剂》JC 474
24 《建筑生石灰》JC/T 479
25 《建筑生石灰粉》JC/T 480

中华人民共和国行业标准

淤泥多孔砖应用技术规程

JGJ/T 293—2013

条 文 说 明

制 订 说 明

《淤泥多孔砖应用技术规程》JGJ/T 293－2013，经住房和城乡建设部2013年5月13日以第32号公告批准、发布。

本规程编制过程中，编制组总结了淤泥多孔砖的科研、生产、应用经验，进行了大量的调研和试验研究，在广泛征求意见的基础上完成了该规程的编制。本规程结合淤泥多孔砖的特点，根据结构安全和建筑节能的要求，经试验验证，合理确定了淤泥多孔砖砌体的力学和热工性能参数；规范了淤泥多孔砖的技术性能，提出了建筑设计、结构设计、节能设计、施工和质量验收等要求。

为便于广大设计、施工、科研、学校等单位有关人员在使用本规程时能正确理解和执行条文规定，《淤泥多孔砖应用技术规程》编制组按章、节、条顺序编制了本规程的条文说明，对条文规定的目的、依据以及执行中需注意的有关事项进行了说明。但是，本条文说明不具备与规程正文同等的法律效力，仅供使用者作为理解和把握规程规定的参考。

目　次

1 总 则

1.0.1 淤泥多孔砖是利用每年大量淤积在各地江、河、湖、渠中的淤泥制成的墙体材料，它的推广应用不但能替代普通黏土砖制品，保护土地资源，同时有助于改善墙体的热工性能，节约能源。制定本规程的目的，在于在现有条件下，能正确使用淤泥多孔砖，保证工程质量，提高经济效益和社会效益。

1.0.2 本条规定了淤泥多孔砖的适用范围。就地区而言，适用于非抗震设防区和抗震设防烈度为6度至8度的地区，其适用地区可包括黄河下游地区。

2 术语和符号

2.1 术 语

本节规定了适用于本规程的有关术语。

2.1.2 淤泥多孔砖已列入国家定型产品。配砖由于用量少，有些地区尚未列入正式的产品，目前较普遍的做法是用淤泥实心砖作为淤泥多孔砖砌体的地下部分，同时又用作淤泥多孔砖的配砖。

2.1.6 热桥往往是由于该部位的传热系数比相邻部位大得多、保温隔热性能差得多所致，在围护结构中这是一种十分常见的现象。如砌体中的混凝土或钢筋混凝土的梁、柱、板等，预制保温中的肋条，夹心保温墙中为拉结内外两片墙体设置的金属连接件，外保温墙体中为固定保温板加设的金属锚固件等。

3 材 料

3.0.1 材料强度等级的合理限定，关系到多孔砖砌体结构房屋的安全性、耐久性。

淤泥多孔砖的砌体试验也表明：仅用含孔洞块材的抗压强度作为衡量其强度指标是不全面的，多孔砖孔型、孔的布置不合理将导致块体的抗折强度降低很大，降低了墙体的延性，墙体容易开裂。当前，制砖企业或模具制造企业随意确定砖型、孔型及砖的细部尺寸现象较为普遍，已发生影响墙体质量的案例，对此必须引起重视。国家标准《墙体材料应用统一技术规范》GB 50574，明确规定需控制用于承重的多孔砖的折压比。

3.0.2 淤泥多孔砖密度等级的划分。

3.0.3 各企业可按本规程示范的孔结构及孔洞率组织生产，亦可设计适合当地建筑要求且满足标准孔结构及孔洞率规定的淤泥多孔砖。

孔洞的设计建议采用下列尺寸：

1 孔洞尺寸

孔宽尺寸应保持一致，孔洞宽度宜为10mm～12mm。

2 拐角处理

孔洞拐角处宜设置倒角，倒角的圆角半径宜为2mm～4mm。

3 手抓孔

对于较大尺寸的砖、砖体中心位置可设方形或圆形的单指手抓孔，边长尺寸宜为30mm～40mm。

4 外壁及内肋厚度

外壁厚度不应小于12mm，肋厚宜为8mm～10mm。

3.0.4、3.0.5 由于淤泥多孔砖砌体具有较普通砖砌体更为显著的脆性破坏特征，本条款特规定在一定条件下的强度调整系数。淤泥多孔砖的抗压强度设计值和抗剪强度设计值，根据全国众多单位的试验研究结果，综合统计分析，均采用普通砖砌体的相应指标。编制组组织河南境内黄河淤泥、山东境内黄河淤泥、长江淤泥、福建淤泥制成的淤泥烧结砖进行了抗压试验、抗剪试验，各单位相同条件下对比试验结果，两项指标均相当或略高于普通烧结多孔砖。

3.0.6、3.0.7 本条系参照现行国家标准《多孔砖砌体结构技术规范》JGJ 137编写的。由于淤泥多孔砖砌体具有较普通砖砌体更为显著的脆性破坏特征，本条款特规定在一定条件下的强度调整系数。

4 建筑和节能设计

4.1 建 筑 设 计

4.1.1 由于淤泥多孔砖不利于地下建筑的防水、防潮，故作此规定；合理的建筑布置在抗震设计中是头等重要的，建筑设计提倡平、立面简单对称。因为震害表明，简单、对称的建筑在地震时较不容易破坏。规则的建筑结构体现在体型简单，抗侧力体系的刚度和承载力上下变化连续、均匀，平面布置基本对称。即在平面、竖向图形或抗侧力体系上，没有明显的、实质的不连续。本条主要对建筑师的建筑设计方案提出了要求。首先应符合合理的抗震概念设计原则，强调应避免采用严重不规则的设计方案。

4.1.2 淤泥多孔砖的耐火极限取值是国内各地一些厂家和科研单位测试数值并参考了其他国家的有关标准来确定的。考虑到各地淤泥多孔砖原材料的不同以及生产水平的参差不齐，取值比实测值略有降低，以保证安全。当290mm淤泥多孔砖墙体，墙面粉刷双抹面10mm厚水泥砂浆或者混合砂浆各10mm厚时，其耐火极限可提高到大于4.0h。根据防火规范，可作为耐火等级为一级、二级的建筑物的防火墙。

4.2 节 能 设 计

4.2.1 根据我国建筑热工设计分区划分和建筑类别，

建筑节能设计应该满足现行国家标准《公共建筑节能设计标准》GB 50189 或现行行业标准《严寒和寒冷地区居住建筑节能设计标准》JGJ 26、《夏热冬冷地区居住建筑节能设计标准》JGJ 134 及《夏热冬暖地区居住建筑节能设计标准》JGJ 75 的要求。

4.2.2 由于我国幅员辽阔，各地区气候差异很大。为了使建筑物适应各地不同的气候条件，满足节能要求，应根据建筑物类型、所处的建筑气候分区，确定建筑外墙传热系数限制。

《公共建筑节能设计标准》GB 50189－2005 第 4.2.2 条、《严寒和寒冷地区居住建筑节能设计标准》JGJ 26－2010 第 4.2.2 条、《夏热冬冷地区居住建筑节能设计标准》JGJ 134－2010 第 4.0.4 条、《夏热冬暖地区居住建筑节能设计标准》JGJ 75－2003 第 4.0.6 条分别对不同类型、不同气候区域的建筑外墙传热系数提出了明确要求，本规程不再赘述。当淤泥多孔砖应用在建筑外墙时，不同类型、不同建筑气候分区的建筑外墙传热系数满足相应标准的条文即可。

5 结构静力设计

5.1 一 般 规 定

5.1.1、5.1.2 根据《建筑结构可靠度设计统一标准》GB 50068，结构设计仍采用概率极限状态设计原则和分项系数表达的计算方法。

重点介绍了不同安全等级的建筑物分类和结构重要性系数的取值、砌体的强度设计值、砌体的强度标准值计算方法。

5.1.3 设计时，可按表 1 确定静力计算方案。

表 1 房屋的静力计算方案

屋盖或楼盖类别		刚性方案	刚弹性方案	弹性方案
1	整体式、装配整体和装配式无檩体系钢筋混凝土屋盖或钢筋混凝土楼盖	$s<32$	$32\leqslant s\leqslant 72$	$s>72$
2	装配式有檩体系钢筋混凝土屋盖、轻钢屋盖和有密铺望板的木屋盖或木楼盖	$s<20$	$20\leqslant s\leqslant 48$	$s>48$
3	瓦材屋面的木屋盖和轻钢屋盖	$s<16$	$16\leqslant s\leqslant 36$	$s>36$

5.1.4 计算表明，因屋盖梁下砌体承受的荷载一般较楼盖梁小，承载力裕度较大，当采用楼盖梁的支承长度后，对其承载力影响很小，这样做以简化设计计算。

5.1.6 《建筑抗震设计规范》GB 50011－2010 规定多孔砖房屋层数在 6 度区 21m，层数 7 层，结合多孔砖实际应用情况考虑到非地震区 6 度以下适当放宽改为“不宜超过 8 层或高度不得超过 24m”。

5.1.7 提示对淤泥多孔砖砌体非常重要，但设计时又容易忽略的局部受压部位的验算。

5.1.8 对于梁跨度大于 9m 的墙承重的多层房屋，应考虑梁端约束弯矩影响的计算。

5.2 受压构件承载力计算

5.2.1、5.2.2 无筋砌体受压构件承载力的计算，具有概念清楚的特点：轴向力的偏心距按照荷载设计值计算，在通常情况下，直接采用其设计值代替标准值计算其偏心距，由此引起的承载力降低不超过 6%；承载力影响系数 φ 的公式，符合试验结果，计算简化。

5.2.3、5.2.4 主编及参编单位对各种不同类型的淤泥多孔砖进行了砌体偏心影响系数试验和长柱轴向稳定系数试验，试验结果中该两项指标与普通砖砌体相当，故本规程该条与现行国家标准《砌体结构设计规范》GB 50003 一致。

5.2.5 淤泥多孔砖偏心受压试验表明，相对偏心距 e/y 为 0.4 时，砌体受力较小的一边首先出现水平裂缝，随后受压较大的一边出现竖向裂缝。砖墙的受力特点是抗压承载力较高而抗拉能力很低，设计淤泥多孔砖房屋时应利用优点回避缺点。

5.2.6 考虑到淤泥多孔砖劈裂破坏特点，当砌体孔洞不能填实时，局部抗压强度不能提高。

5.3 墙、柱的允许高厚比

参考《砌体结构设计规范》GB 50003 中墙、柱允许高厚比要求的有关计算，由于施工中大多是先砌筑墙体再进行构造柱的浇筑，故在施工中应注意采取措施以保证设构造柱墙体的稳定性。

5.4 一 般 构 造

5.4.1、5.4.2 针对淤泥多孔砖砌体承受局部集中荷载能力较低，容易出现局部受压裂缝等情况，提出的在设计时应注意的事项和做法。

5.4.3、5.4.4 对于设板底圈梁的 190mm 砖墙，预制板的支承长度可以满足要求，当无板底圈梁时，应采取其他加强构造措施。

5.4.7 水泥砂浆抹面用于保护砖墙，防止碰伤或损坏。

5.4.8 现行施工的工程以暗埋管线为主，施工中如果随意打凿墙体或随意预留沟槽，将严重削弱墙体的整体性能和受力性能，本规定正是针对此现象进行相应的限制。

5.4.9 本条旨在加强房屋的整体性，提出洞口两侧墙体损坏即有损主体结构以限制用户对其的破坏。

5.4.10 工程地面以下墙体易受地下水浸泡，将会降低淤泥多孔砖的强度和耐久性，故不宜用于地面以下。

5.5 圈梁、过梁

5.5.1～5.5.3 根据住宅商品化对房屋工程的质量要

求以及抗震的有关要求，加强了对圈梁的设置和构造要求，以提高房屋的整体性、抗震和抗倒塌能力。

5.5.4～5.5.6 当过梁上有一定高度的墙体时，不应完全将梁按照受弯构件计算。过梁与墙梁并无明显的分界定义，区别在于过梁支承于平行的墙体上，支承长度较长，且一般跨度较小，承受的梁板荷载比较小。当过梁跨度较大或承受较大的梁板荷载时，应按墙梁计算。

5.6 预防和减轻墙体裂缝措施

5.6.1 为防止或减轻砌体房屋因长度过大或由于温差和砌体干缩引起的墙体竖向整体裂缝，规定的伸缩缝的最大间距。但是，由于砌体房屋裂缝成因的复杂性，根据目前的技术经济水平，尚不能完全防止和杜绝由于钢筋混凝土屋盖的温度变形、砌体干缩变形或其他原因引起的墙体局部裂缝。

5.6.2、5.6.3 为了防止或减轻由于钢筋混凝土屋盖的温度变化和砌体干缩变形以及其他原因引起的墙体裂缝，使用者可根据自己的具体情况选用。

5.6.4 本条是根据《砌体结构设计规范》GB 50003有关措施提出的要求。

6 抗 震 设 计

6.1 一 般 规 定

6.1.2 多层砖房的抗震能力，除依赖于横墙间距、砖和砂浆强度等级、结构的整体性和施工质量因素外，还与房屋的总高度有直接的联系。基于砌体材料的脆性性质和震害经验，限制其层数和总高度是主要的抗震措施。

需要注意：房屋高度按有效数字控制，因此应注意室内外高差部分的计入。

6.1.3 多层砌体房屋一般可以不做整体弯曲验算，但为了保证房屋的稳定性，限制了其高宽比。

6.1.5 本条对淤泥多孔砖砌体房屋的建筑布置和结构体系做了较为详细规定。

根据历次地震调查统计，横墙承重及纵横墙承重的结构布置方案相对纵墙承重的结构布置方案，出现的破坏频率较低，因此，应优先使用。

避免采用混凝土墙与砌体墙混合承重的体系，防止地震时不同性能的材料的墙体被各个击破。

楼梯间墙体无各层楼板的侧向支承，还可能因楼梯踏步削弱楼梯间的墙体，尤其是楼梯间顶层，墙体有一层半楼层高度，震害加重。不得不在尽端开间时，应采取专门的加强措施。

房间的转角处不应设窗，避免局部破坏严重。

6.1.6 承载力抗震调整系数是结构抗震的重要依据，当对一般部位的淤泥多孔砖砌体剪压计算时，承载力抗震调整系数采用0.9，抗力偏大，因此建议取1.0；由于构造柱的约束作用对两端均设有构造柱的淤泥多孔砖砌体抗震墙受剪计算时承载力抗震调整系数为0.9。

6.1.7 根据国家标准《建筑抗震设计规范》GB 50011-2010，补充了结构的构件截面抗震验算的有关规定。

多层砌体房屋不符合下列要求之一时可视为平面不规则，抗震设防烈度为6度时仍要求进行多遇地震作用下的构件截面抗震验算。

1 平面轮廓凹凸尺寸，不超过典型尺寸的50%。

2 纵横向砌体抗震墙的布置均匀对称，沿平面内基本对齐；且同一轴线上的门、窗间墙宽度比较均匀；墙面洞口的面积，抗震设防烈度为6、7度时不宜大于墙面总面积的55%，抗震设防烈度为8度时不宜大于50%。

3 房屋纵横向抗震墙体的数量相差不大；横墙的间距和内纵墙累计长度满足国家标准《建筑抗震设计规范》GB 50011-2010的要求。

4 有效楼板宽度不小于该层楼板典型宽度的50%，或开洞面积不大于该层楼面面积的30%。

5 房屋错层的楼板高差不超过500mm。

6.1.8 多层砌体房屋的横向地震力主要由横墙承担，地震中横墙间距大小对房屋倒塌影响很大，不仅横墙需要有足够的承载力，且楼盖须有传递地震力给横墙的水平刚度，本条规定是为了满足楼盖对传递水平地震力所需的刚度要求。

6.1.9 砌体房屋局部尺寸的控制，在于防止因这些部位的失效，而造成整栋结构的破坏甚至倒塌。如采用另增设构造柱等措施，可适当放宽。

6.2 抗震构造措施

6.2.1、6.2.3 钢筋混凝土构造柱在多层淤泥多孔砖砌体结构中的应用，与普通砖砌体结构情况相同：

1 构造柱能提高砌体的受剪承载力10%～30%，提高幅度与墙体高宽比、竖向压力和开洞情况有关。

2 构造柱主要是对砌体起约束作用，使之有较高的变形能力。

3 构造柱应当设置在震害较重、连接构造比较薄弱和易于应力集中的部位。

6.2.4、6.2.5 圈梁能增强房屋的整体性，提高房屋的抗震能力，是抗震的有效措施，根据《建筑抗震设计规范》GB 50011-2010对淤泥多孔砖砌体结构中圈梁的设置进行规定。

6.2.6、6.2.7 砌体房屋楼、屋盖的抗震构造要求，包括楼板搁置长度，楼板与圈梁、墙体的拉结，屋架（梁）与墙、柱的锚固、拉结等，是保证楼、屋盖与墙体整体性的重要措施。

6.2.8 楼梯间由于比较空旷，在地震中常常破坏严重，必须采取有效的抗震措施。

突出屋顶的楼、电梯间，地震中受到较大的地震作用，因此在构造措施上也需要特别加强。

6.2.9 淤泥多孔砖墙体的延性较差，应当予以必要的构造措施保证其必要的变形能力。特别是抗震设防烈度为7、8度区多层房屋的底部2层～3层墙体更应加强。

7 施工和质量验收

7.1 施工准备

7.1.1 在淤泥多孔砖砌体工程中，首先应按《烧结多孔砖和多孔砌块》GB 13544进行检验和验收。

7.1.2 淤泥多孔砖在工地进行人工二次倒运时，其破损率是普通实心砖的2倍～3倍，因此规定运输，装卸和堆放的做法。

7.1.3 砌筑时保持淤泥多孔砖一定的湿润度，对保证砌体质量和砌筑效率都有直接影响，但如果砌筑前临时浇水，砖表面容易形成水膜，影响砌体质量。

7.1.4 水泥的强度及安定性是判定水泥质量是否合格的两项主要技术指标，因此在水泥使用前应进行复验。

7.1.6 为了保证砌筑砂浆的质量，在砌筑砂浆中的粉煤灰、建筑生石灰、建筑生石灰粉，均应符合国家现行标准的质量要求。

7.1.7 由于在砌筑砂浆中掺用的砂浆增塑剂、早强剂、缓凝剂、防冻剂等产品种类繁多，性能及质量也存在差异，为了保证砌筑砂浆的性能和砌体的砌筑质量，应对外加剂的品种和用量进行检验和试配，符合要求后方可使用。

7.1.8 当水中含有有害物质时，将会影响水泥的正常凝结，并可能对钢筋产生锈蚀作用。

7.1.9 砌筑砂浆通过配合比设计确定的配合比，是使施工中砌筑砂浆达到设计强度等级，符合砂浆试块合格验收条件，减小砂浆强度离散性的重要保证。

7.1.10 混凝土配合比设计，常采用计算与试验相结合的方法，并进行调整，得出施工所需要的混凝土配合比。

7.2 施工技术要求

7.2.2 本条从确保砌体结构整体性和有利于结构承载出发，对组砌方法提出的基本要求，施工中应予满足。

7.2.3 灰缝横平竖直，厚薄均匀，不仅使砌体表面美观，又使砌体的变形及传力均匀。

7.2.4 灰缝饱满度达到73.6%时，砌体的抗压强度能满足设计规范所规定的值。提出80%是保证砌体强度能满足设计要求。

“三一”砌砖法不论对水平灰缝还是竖向灰缝的砂浆饱满度都是有利的，从而对砌体的整体性和强度也是有利的。

7.2.5 淤泥多孔砖的孔洞垂直于受压面是保证砌体有最大的抗压和抗剪强度，砌筑前试摆，是为了协调组砌方式。

7.2.6 为了降低劳动强度和克服人工搅拌砂浆不易搅拌均匀的缺点，规定砌筑砂浆应采用机械搅拌，同时为了保证砌筑砂浆充分搅拌，保证其质量，对不同砂浆分别规定了搅拌时间。

7.2.7 根据有关试验和收集的国内资料，在一般气候情况下，水泥砂浆和水泥混合砂浆在3h和4h使用完，砂浆强度降低不会超过20%，虽然对砌体强度有所影响，但降低幅度在10%以内，又因为大部分砂浆已在之前使用完毕，对整个砌体的质量影响不大。当气温较高时，水泥凝结加速，砂浆拌制后的使用时间应予缩短。近年来，由于设计中对砌筑砂浆强度普遍提高，水泥用量增加，因此将砌筑砂浆拌制后的使用时间做了一些调整。

7.2.8、7.2.9 淤泥多孔砖砌体转角处和交接处的砌筑和接槎质量，是保证砌体结构整体性能和抗震性能的关键之一，而砌体的转角处和交接处同时砌筑，对保证砌体整体性能有益。

7.2.10 为了确保接槎处砌体的整体性和美观。

7.2.11 淤泥多孔砖砌体水平灰缝厚度过薄和过厚，会降低砌体强度，因此宜通过上部灰缝厚度逐步校正。

7.2.13～7.2.16 淤泥多孔砖砌体构造柱施工要求。

7.2.17 砌体及混凝土的冬期施工应符合现行行业标准《建筑工程冬期施工规程》JGJ/T 104的要求。

7.3 安全措施

7.3.2 为了替留置斜槎创造有利条件，并有利于保证墙体的稳定性和组织流水施工，规定了砌体相邻工作段的高差不得超过一个楼层的高度，且不宜大于3.6m。

7.3.4 防止雨水冲刷砂浆减低砂浆强度的措施。

7.3.5 在墙体上留置临时洞口时，若留置不当，会削弱墙体的整体性，故此条对留置洞口位置和洞口顶部处理都做出了相应规定。

7.4 工程质量检验

7.4.1 为保证砂浆试块具有代表性，对砂浆试块的要求。

7.4.2 参照《砌体结构设计规范》GB 50003做出此条要求。

7.4.3 砌体中水平灰缝砂浆饱满度对砌体强度影响

明显，施工中应随时抽查。本条款源自《砌体结构工程施工质量验收规范》GB 50203。

7.4.7 允许偏差取自现行国家标准《砌体结构工程施工质量验收规范》GB 50203。

7.5 工 程 验 收

7.5.1 此条为淤泥多孔砖砌体应验收的隐蔽项目。其他隐蔽项目包括防潮层、垫块等。

7.5.2 为工程必要的验收资料和文件。

7.5.3 工程验收时，除要进行资料检查外，还要进行外观抽查，才具有代表性和真实性。

7.5.4 砌体中的裂缝常有发生，且又涉及工程质量的验收。因此，本条分两种情况，对裂缝是否影响结构安全性作了不同的验收规定。

中华人民共和国行业标准

石膏砌块砌体技术规程

Technical specification for gypsum block masonry

JGJ/T 201—2010

批准部门：中华人民共和国住房和城乡建设部
施行日期：2 0 1 0 年 8 月 1 日

中华人民共和国住房和城乡建设部
公　　告

第540号

关于发布行业标准《石膏砌块砌体技术规程》的公告

现批准《石膏砌块砌体技术规程》为行业标准，编号为JGJ/T 201－2010，自2010年8月1日起实施。

本规程由我部标准定额研究所组织中国建筑工业出版社出版发行。

中华人民共和国住房和城乡建设部

2010年4月14日

前　　言

根据住房和城乡建设部《关于印发〈2008年工程建设标准规范制订、修订计划（第一批）〉的通知》（建标［2008］102号）的要求，规程编制组经广泛调查研究，认真总结实践经验，参考有关国际标准和国外先进标准，并在广泛征求意见的基础上，制定本规程。

本规程的主要技术内容是：1. 总则；2. 术语；3. 材料；4. 构造设计；5. 施工；6. 验收。

本规程由住房和城乡建设部负责管理，由南通建筑工程总承包有限公司负责具体技术内容的解释。执行过程中如有意见或建议，请寄送南通建筑工程总承包有限公司（地址：江苏省海门市常乐镇中南大厦，邮政编码：226124，电子信箱：ytjsk@sina.com）。

本规程主编单位： 南通建筑工程总承包有限公司
龙信建设集团有限公司

本规程参编单位： 中国建筑科学研究院
东南大学
中国新型建筑材料工业杭州设计研究院
江苏省第二建筑设计研究院有限责任公司
北京市翔牌墙体材料有限公司
咸阳古建集团有限公司

本规程主要起草人员： 董年才　张　军　沈国章　侯海泉　陆建忠　杨金明　郭正兴　刘家彬　薛滔菁　王立云　堵效彦　李清楠　刘　瑛　黄　新

本规程主要审查人员： 叶可明　刘加平　南建林　任家骥　陆金方　王玉章　张守健　付江波　胡根宝

目　次

Contents

1 总 则

1.0.1 为规范石膏砌块砌体的构造设计、施工与质量验收，做到技术先进，经济合理，安全可靠，制定本规程。

1.0.2 本规程适用于抗震设防烈度为8度及8度以下地区的工业与民用建筑中采用石膏砌块砌筑的室内非承重墙体的构造设计、施工与质量验收。

1.0.3 石膏砌块砌体的构造设计、施工与质量验收除应符合本规程外，尚应符合国家现行有关标准的规定。

2 术 语

2.0.1 石膏砌块 gypsum block

以建筑石膏为主要原料，经加水搅拌，浇注成型和干燥制成的轻质块状建筑石膏制品。生产中允许加入纤维增强材料、轻集料、发泡剂等辅助材料。

2.0.2 石膏基粘结浆 gypsum-based adhesive paste

以建筑石膏作为胶凝材料，经加水搅拌制成的用于石膏砌块砌筑和嵌缝的建筑材料。

2.0.3 水泥基粘结浆 cement-based adhesive paste

由水泥、砂、建筑胶粘剂、水和（或）外加剂制成的用于石膏砌块砌筑和嵌缝的建筑材料。

3 材 料

3.0.1 石膏砌块的技术性能应符合现行行业标准《石膏砌块》JC/T 698的规定。

3.0.2 耐碱玻璃纤维网布的技术性能应符合现行行业标准《耐碱玻璃纤维网布》JC/T 841的规定。

3.0.3 石膏基粘结浆的技术性能应符合现行行业标准《粘结石膏》JC/T 1025的规定。

3.0.4 水泥基粘结浆的物理力学性能指标应符合表3.0.4的规定。稠度、湿密度、分层度、凝结时间、抗压强度、收缩性能的试验方法应符合现行行业标准《建筑砂浆基本性能试验方法》JGJ/T 70的规定；拉伸粘结强度的试验方法应符合现行行业标准《蒸压加气混凝土用砌筑砂浆与抹面砂浆》JC 890的规定。

表3.0.4 水泥基粘结浆的物理力学性能指标

项 目	指 标
稠度（mm）	70～90
湿密度（kg/m³）	≤2000
分层度（mm）	≤20
凝结时间（h）	贯入阻力达到0.5MPa时，2.5～4.0
抗压强度（MPa）	≥5.0
拉伸粘结强度（MPa）	≥0.20
收缩性能（%）	≤0.25

4 构 造 设 计

4.0.1 石膏砌块砌体不得用于下列部位：

1 防潮层以下部位；

2 长期处于浸水或化学侵蚀的环境。

4.0.2 石膏砌块砌体底部应设置高度不小于200mm的C20现浇混凝土或预制混凝土、砖砌墙垫，墙垫厚度应为砌体厚度减10mm。厨房、卫生间等有防水要求的房间应采用现浇混凝土墙垫。

4.0.3 厨房、卫生间砌体应采用防潮实心石膏砌块，砌体内侧应采取防水砂浆抹灰或防水涂料涂刷等有效的防水措施。

4.0.4 窗洞口四周200mm范围内的石膏砌块砌体的孔洞部分应采用粘结石膏填实，门洞口和宽度大于1500mm的窗洞口应加设钢筋混凝土边框，边框宽度不应小于120mm、厚度应同砌体厚度（图4.0.4），边框混凝土强度等级不应小于C20，纵向钢筋不应小于2ϕ10，箍筋宜采用ϕ6，间距不应大于200mm。

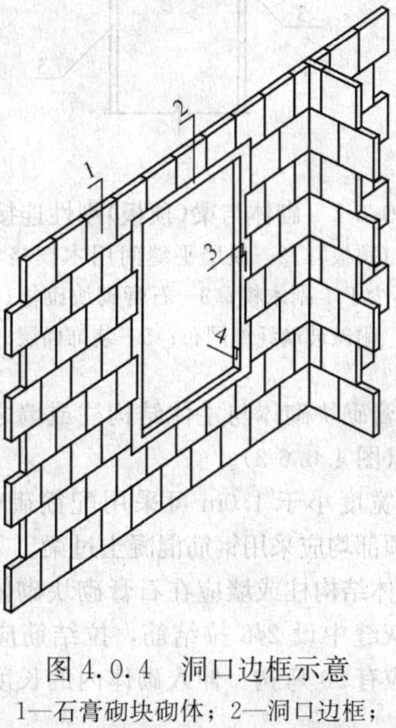

图4.0.4 洞口边框示意

1—石膏砌块砌体；2—洞口边框；

3—边框宽度；4—边框厚度

4.0.5 石膏砌块砌体的隔声性能应符合现行国家标准《民用建筑隔声设计规范》GBJ 118的要求。

4.0.6 石膏砌块砌体与主体结构之间应采取可靠的拉结措施，并应符合下列规定：

1 石膏砌块砌体与主体结构梁或顶板之间宜采

用柔性连接；当主体结构刚度相对较大可忽略石膏砌块砌体的刚度作用时，石膏砌块砌体与主体结构梁或顶板之间可采用刚性连接（图 4.0.6-1 和图 4.0.6-2）。

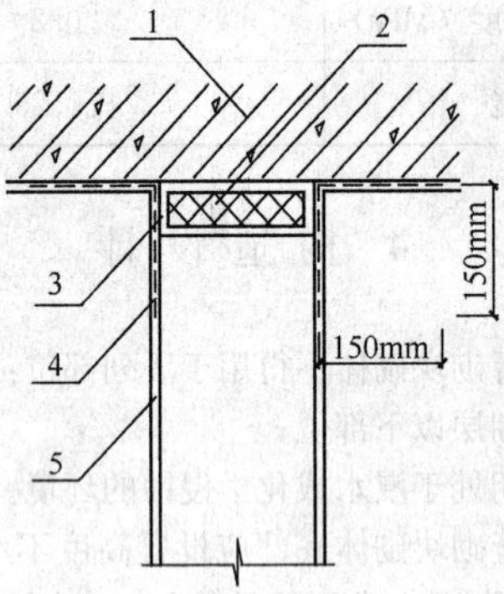

图 4.0.6-1　砌体与梁(顶板)柔性连接示意

1—梁（顶板）；2—用粘结石膏在梁（顶板）下粘贴 10mm～15mm 厚泡沫交联聚乙烯，宽度＝墙厚－10mm；3—粘结石膏嵌缝抹平；4—粘贴耐碱玻璃纤维网布；5—装饰面层

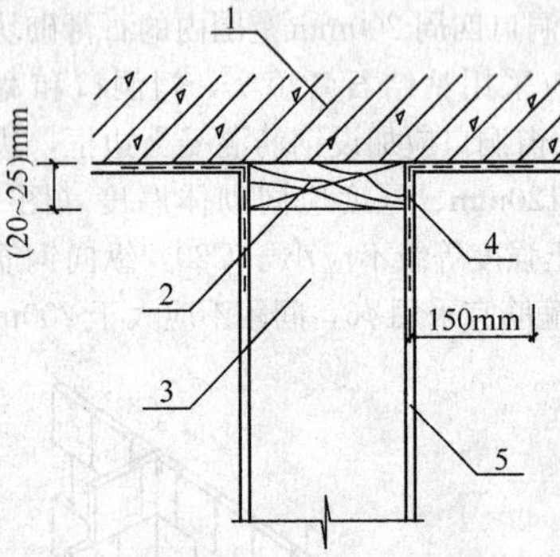

图 4.0.6-2　砌体与梁(顶板)刚性连接示意

1—梁（顶板）；2—顶层平缝间用木楔挤实，每砌块不少于 1 副木楔；3—石膏砌块砌体；4—粘贴耐碱玻璃纤维网布；5—装饰面层

2　石膏砌块砌体与主体结构柱或墙之间应采用刚性连接（图 4.0.6-3）。

4.0.7　除宽度小于 1.0m 可采用配筋砌体过梁外，门窗洞口顶部均应采用钢筋混凝土过梁。

4.0.8　主体结构柱或墙应在石膏砌块砌体高度方向每皮水平灰缝中设 2ϕ6 拉结筋，拉结筋应伸入砌体内，末端应有 90°弯钩。伸入砌体内的长度应符合下列规定：

1　当抗震设防烈度为 6、7 度时，伸入长度不应小于砌体长度的 1/5，且不应小于 700mm。

2　当抗震设防烈度为 8 度时，宜沿砌体两侧主体结构高度每皮设置拉结筋，拉结筋与两端主体结构柱或墙应连接可靠，并沿砌体全长贯通。

4.0.9　当石膏砌块砌体长度大于 5m 时，砌体顶与梁或顶板应有拉结；当砌体长度超过层高 2 倍时，应设置钢筋混凝土构造柱；当砌体高度超过 4m 时，砌体高度 1/2 处应设置与主体结构柱或墙连接且沿砌体全长贯通的钢筋混凝土水平系梁。

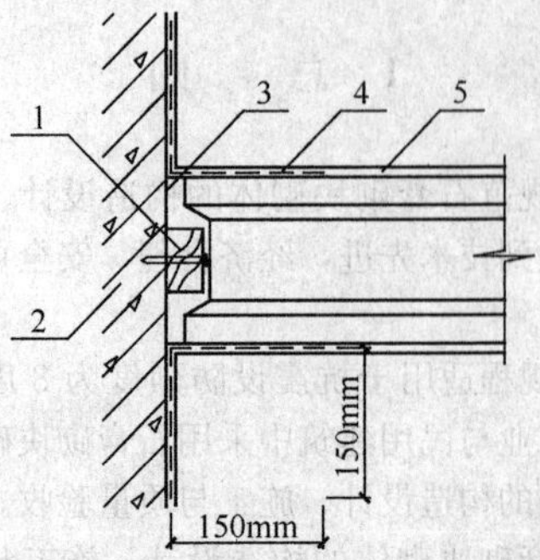

图 4.0.6-3　砌体与柱(墙)刚性连接示意

1—防腐木条用钢钉固定，钢钉中距≤500mm；2—柱（墙）；3—粘结浆填实补齐；4—粘贴耐碱玻璃纤维网布；5—装饰面层

当设置钢筋混凝土构造柱或水平系梁时，混凝土强度等级不应低于 C20；构造柱截面宽度不应小于 120mm，厚度应同砌体厚度，纵向钢筋不应小于 4ϕ12，箍筋宜采用 ϕ6，间距不应大于 200mm，且在构造柱上下段 500mm 范围内间距不应大于 100mm；水平系梁截面高度不应小于 120mm，厚度应同砌体厚度，纵向钢筋不应小于 4ϕ8，箍筋宜采用 ϕ6，间距不应大于 200mm。

4.0.10　石膏砌块砌体与不同材料的接缝处和阴阳角部位，应采用粘结石膏粘贴耐碱玻璃纤维网布加强带进行处理。

5　施　　工

5.1　一 般 规 定

5.1.1　石膏砌块运输时宜有专门包装，搬运或安装时应轻拿轻放。

5.1.2　石膏砌块宜室内存放，严禁淋雨受潮，应避免碰撞。石膏砌块存放时应保持垂直方向，下部应采用垫木架空，最高码放高度不应超过 4 层。不同规格型号的石膏砌块应分类堆放，并应根据试验状态标识型号。

5.1.3　在砌筑石膏砌块砌体时，石膏砌块含水率不应大于 8%。

5.1.4　粘结浆的品种和强度等级应符合设计要求，并应通过试配确定配合比。

5.1.5　石膏砌块砌体内不得混砌黏土砖、蒸压加气混凝土砌块、混凝土小型空心砌块等其他砌体材料。

5.2 施工准备

5.2.1 除通用砌筑工具外，施工时还应配备刀锯、切割机、橡皮锤、电钻、冲击电锤等工具。

5.2.2 砌筑工程所使用的材料进场时，应查验产品合格证书、产品性能检测报告，对石膏砌块、水泥、钢筋、砂石、粘结石膏、耐碱玻璃纤维网布、外加剂等材料应进行复验。

5.2.3 石膏砌块砌体施工前宜按照设计施工图绘制石膏砌块立面排块图。排列时应根据石膏砌块规格、灰缝厚度和宽度、门窗洞口尺寸、过梁与水平系梁的高度、构造柱位置、预留洞大小等进行错缝搭接排列。当顶端或墙边不足整块时，可将砌块切锯成所需要的规格，其最小规格尺寸不得小于整块的1/3。

5.2.4 石膏砌块砌筑前应检查基层。基层表面应平整、不得有污染杂物，现浇混凝土墙垫的强度应达到1.2MPa。

5.2.5 在石膏砌块砌筑前，应按照设计施工图施画砌体位置线，在砌体阴阳角处应设立皮数杆，皮数杆的间距不宜大于15m。

5.3 砌筑施工要求

5.3.1 石膏砌块砌筑时应上下错缝搭接，搭接长度不应小于石膏砌块长度的1/3，石膏砌块的长度方向应与砌体长度方向平行一致，榫槽应向下。砌体转角、丁字墙、十字墙连接部位应上下搭接咬砌。

5.3.2 石膏砌块砌体灰缝应符合下列规定：

1 砌体的水平和竖向灰缝应横平、竖直、厚度均匀、密实饱满，不得出现假缝。

2 水平灰缝的厚度和竖向灰缝的宽度应控制在7mm～10mm。

3 在砌筑时，粘结浆应随铺随砌，水平灰缝宜采用铺浆法砌筑，当采用石膏基粘结浆时，一次铺浆长度不得超过一块石膏砌块的长度；当采用水泥基粘结浆时，一次铺浆长度不得超过两块石膏砌块的长度，铺浆应满铺。竖向灰缝应采用满铺端面法。

5.3.3 粘结浆应符合下列规定：

1 当采用石膏基粘结浆时，应在初凝前使用完毕，硬化后不得继续使用。

2 当采用水泥基粘结浆时，拌合时间自投料完算起不得少于3min，并应在初凝前使用完毕。当出现泌水现象时，应在砌筑前再次搅拌。

5.3.4 石膏砌块砌体与主体结构梁或顶板的连接应符合下列规定：

1 当石膏砌块砌体与主体结构梁或顶板采用柔性连接时，应采用粘结石膏将10mm～15mm厚泡沫交联聚乙烯带粘贴在主体结构梁或顶板底面，石膏砌块应砌筑至泡沫交联聚乙烯带；泡沫交联聚乙烯宽度宜为砌体厚度减去10mm。

2 当石膏砌块砌体与主体结构梁或顶板采用刚性连接时，砌块砌筑至接近梁或顶板底面处宜留置20mm～25mm空隙，在空隙处应打入木楔挤紧，并应至少间隔7d后用粘结浆将空隙嵌填密实。木楔应经过防腐处理，每块石膏砌块不得少于一副。

5.3.5 当石膏砌块砌体与主体结构柱或墙采用刚性连接时，应先将木构件用钢钉固定在主体结构柱或墙侧面，钢钉间距不得大于500mm，然后应在石膏砌块断面凹槽内铺满粘结浆，通过石膏砌块凹槽卡住木构件。木构件应经过防腐处理。

5.3.6 砌入石膏砌块砌体内的拉结筋应放置在水平灰缝的粘结浆中，不得外露。

5.3.7 石膏砌块砌体的转角处和交接处宜同时砌筑。在需要留置的临时间断处，应砌成斜槎；接槎时，应先清理基面，并应填实粘结浆，保持灰缝平直、密实。

5.3.8 施工中需要在砌体中设置的临时性施工洞口的侧边距端部不应小于600mm。洞口宜留置成马牙槎，洞口上部应设置过梁，过梁的设置应符合本规程第4.0.7条的规定。

5.3.9 石膏砌块砌体不得留设脚手架眼。

5.3.10 石膏砌块砌体每天的砌筑高度，当采用石膏基粘结浆砌筑时不宜超过3m，当采用水泥基粘结浆砌筑时不宜超过1.5m。

5.3.11 石膏砌块砌筑过程中，应随时用靠尺、水平尺和线坠检查，调整砌体的平整度和垂直度。不得在粘结浆初凝后敲打校正。

5.3.12 石膏砌块砌体砌筑完成后，应用石膏基粘结浆或石膏腻子将缺损或掉角处修补平整，砌体面应用原粘结浆作嵌缝处理。

5.3.13 对设计要求或施工所需的各种孔洞，应在砌筑时进行预留，不得在已砌筑的砌体上开洞、剔凿。

5.3.14 管线安装应符合下列规定：

1 在砌体上埋设管线，应待砌体粘结浆达到设计要求的强度等级后进行；埋设管线应使用专用开槽工具，不得用人工敲凿。

2 埋入砌体内的管线外表面距砌体面不应小于4mm，并应与石膏砌块砌体固定牢固，不得有松动、反弹现象。管线安装后空隙部位应采用原粘结浆填实补平，填补表面应加贴耐碱玻璃纤维网布。

5.4 构造柱施工要求

5.4.1 设置钢筋混凝土构造柱的石膏砌块砌体，应按绑扎钢筋、砌筑石膏砌块、支设模板、浇筑混凝土的施工顺序进行。

5.4.2 石膏砌块砌体与构造柱连接处应砌成马牙槎，从每层柱脚开始，砌体应先退后进，并应形成100mm宽、一皮砌块高度的凹凸槎口。在构造柱与砌体交接处，沿砌体高度方向每皮石膏砌块应设 2ϕ6 拉结筋，每边伸入砌体内的长度应符合设计要求。

5.4.3 构造柱两侧模板应紧贴砌体面，模板支撑应牢固，板缝不得漏浆。

5.4.4 构造柱在浇筑混凝土前，应将砌体槎口凸出部位及底部落地灰等杂物清理干净，然后应先注入与混凝土配合比相同的 50mm 厚水泥砂浆，再浇筑混凝土。凹形槎口的腋部及构造柱顶部与梁或顶板间应振捣密实。

5.5 砌体面装饰层施工要求

5.5.1 在砌体面装饰层施工前，应清理砌体表面浮灰、杂物，设备孔洞、管线槽口周围应用石膏基粘结浆批嵌刮平。

5.5.2 在刮腻子前，应先刷界面剂一度，随后应满批腻子二度共 3mm～5mm 厚，最后施工装饰面层。

5.5.3 石膏砌块砌体与其他材料的接缝处和阴阳角部位应采用粘结石膏粘贴耐碱玻璃纤维网布加强带进行处理，加强带与各基体的搭接宽度不应小于 150mm，耐碱玻璃纤维网布之间搭接宽度不得小于 50mm。

5.5.4 厨房、卫生间等粘贴瓷砖施工应按下列工序进行：

1 先满贴耐碱玻璃纤维网布或满铺镀锌钢丝网；

2 再刷界面剂一度；

3 然后水泥砂浆打底后施工防水层；

4 最后粘贴瓷砖面层。

5.6 冬期、雨期施工要求

5.6.1 当室外日平均气温连续 5d 低于 5℃时，石膏砌块砌体工程应采取冬期施工措施。

5.6.2 石膏砌块砌体工程冬期施工应编制相应的施工方案。

5.6.3 冬期施工所用的材料应符合下列规定：

1 当石膏砌块砌筑采用水泥基粘结浆时，应采用普通硅酸盐水泥拌制，砂不得含有冰块和冻结块；当采用石膏基粘结浆时，应采用快凝型粘结石膏。

2 不得使用已冻结的粘结浆。

3 石膏砌块不得遇水浸冻。

4 现场运输与储存粘结浆应采取保温措施。

5.6.4 石膏砌块砌体砌筑后应及时用保温材料对砌体进行覆盖，砌筑面不得留有粘结浆。

5.6.5 当采用水泥基粘结浆时，应采用防冻水泥基粘结浆，且粘结浆强度等级应比常温施工时提高一级，粘结浆使用时的温度不应低于 5℃。

5.6.6 当水泥基粘结浆中掺外加剂时，其掺量应由试验确定，并应符合现行国家标准《混凝土外加剂应用技术规程》GB 50119的有关规定。

5.6.7 当采用暖棚法施工时，石膏砌块和粘结浆在砌筑时的温度以及距离所砌的结构底面 500mm 处的棚内温度不应低于 5℃。

5.6.8 在暖棚内的砌体养护时间，应根据暖棚内温度按表 5.6.8 确定。

表 5.6.8 暖棚法砌体养护时间

暖棚内温度（℃）	5	10	15	20
养护时间（d）	≥6	≥5	≥4	≥3

5.6.9 雨期施工应符合下列规定：

1 雨期施工时，石膏砌块应设置严密的覆盖设施，严禁淋雨受潮。

2 当采用水泥基粘结浆砌筑时，粘结浆稠度应根据实际情况适当减小。

3 雨期不宜进行室内腻子施工作业。

6 验 收

6.1 一 般 规 定

6.1.1 石膏砌块砌体工程应对下列隐蔽工程进行验收，且隐蔽工程验收记录应符合本规程附录 A 的规定：

1 石膏砌块砌体底部的现浇混凝土或预制混凝土、砖砌墙垫；

2 石膏砌块砌体与主体结构间的连接构造措施；

3 石膏砌块砌体内设置的拉结筋规格、位置、间距、埋置长度；

4 过梁及钢筋混凝土水平系梁、构造柱；

5 门窗洞口的加强处理措施；

6 石膏砌块砌体与其他材料的接缝处和阴阳角部位加强带处理措施。

6.1.2 石膏砌块砌体工程验收前，应提供下列文件和记录：

1 原材料的出厂合格证及产品性能检测报告；

2 粘结浆及石膏砌块的进场复验资料；

3 混凝土试块抗压强度试验报告；

4 砌体工程施工记录；

5 石膏砌块砌体工程各检验批质量验收记录；

6 分项工程验收记录；

7 隐蔽工程验收记录；

8 冬期、雨期施工记录；

9 重大技术问题的处理或修改设计的技术文件；

10 其他必须检查的项目；

11 其他有关文件和记录。

6.1.3 石膏砌块砌体工程检验批质量验收记录应符

合本规程附录B的要求，分项工程质量验收记录应符合本规程附录C的要求。

6.2 主控项目

6.2.1 石膏砌块规格、型号和粘结浆的品种、强度等级应符合设计要求。

抽检数量：

1 石膏砌块应按批检验，同一生产厂家每1万块同规格、型号的石膏砌块为一批，不足1万块时应按一批计。普通石膏砌块应从每批中抽取3块作为一组试样，防潮实心砌块应抽取6块为一组试样。

2 石膏基粘结浆应按批检验，同一生产厂家每60t为一批，不足60t应按一批计。每批中抽取5袋，每袋抽取3kg，总量不应少于15kg。

3 水泥基粘结浆每一检验批且不超过250m^3砌体至少应取样一次，每次不得少于3组。

检验方法：检查石膏砌块和粘结浆的性能试验报告。

6.2.2 石膏砌块砌体钢筋混凝土构造柱及水平系梁设置应符合设计要求。

抽检数量：全数检查。

检验方法：观察检查。

6.2.3 石膏砌块砌体与主体结构梁或顶板、柱或墙的连接构造措施应符合设计要求。

抽检数量：全数检查。

检验方法：检查隐蔽工程验收记录及施工记录。

6.2.4 石膏砌块砌体门窗洞口加强技术措施应符合设计要求。

抽检数量：全数检查。

检验方法：检查隐蔽工程验收记录及施工记录。

6.3 一般项目

6.3.1 石膏砌块砌体水平灰缝厚度和竖向灰缝的宽度应为7mm～10mm。

抽检数量：在检验批的标准间中抽查10%，且不应少于3间，每间抽取不少于5处。

检验方法：用尺量5皮石膏砌块的高度和水平方向连续3块石膏砌块的长度折算。

6.3.2 石膏砌块砌体水平灰缝和竖向灰缝应密实。

抽检数量：在检验批的标准间中抽查10%，且不应少于3间，每间抽取不少于5处。

检验方法：目测检查。

6.3.3 石膏砌块砌体内设置的拉结筋位置应与石膏砌块皮数相符合，拉结筋应置于灰缝中，拉结筋数量、埋置长度应符合设计要求。

抽检数量：在检验批中抽查20%，且不应少于5处。

检验方法：观察、尺量检查。

6.3.4 石膏砌块砌体不得有裂损，不得有大于30mm×30mm的缺角。

抽检数量：在检验批的标准间中抽查10%，且不应少于3间，每间抽取不少于5处。

检验方法：观察、尺量检查。

6.3.5 石膏砌块砌体转角处和交接处砌块应相互搭接并同时砌筑，临时间断处应砌成斜槎，斜槎水平投影长度不应小于高度的2/3。

抽检数量：每检验批抽查10%接槎，且不应少于5处。

检验方法：观察检查。

6.3.6 石膏砌块砌体与其他材料的接缝处和阴阳角部位应采用粘结石膏粘贴耐碱玻璃纤维网布加强带进行处理，加强带与各基体的搭接宽度不应小于150mm，耐碱玻璃纤维网布间搭接宽度不得小于50mm。

抽检数量：在检验批的标准间中抽查10%，且不应少于3片墙。

检查方法：检查隐蔽工程验收记录及施工记录。

6.3.7 石膏砌块砌体尺寸的允许偏差应符合表6.3.7的规定。

抽检数量：在检验批的标准间中抽查10%，且不应少于3间；大面积房间和楼道按两个轴线或每10延长米按一标准间计数。每间检验不应少于3处。

表 6.3.7 石膏砌块砌体尺寸的允许偏差

项目	允许偏差（mm）	检验方法
轴线位移	5	用尺量检查
立面垂直度	4	用2m托线板检查
表面平整度	4	用2m靠尺和楔形塞尺检查
阴阳角方正	4	用直角检测尺检查
门窗洞口高、宽	±5	用尺量检查
水平灰缝平直度	7	拉10m线和尺量检查

6.3.8 石膏砌块砌体不应与其他块材混砌。

抽检数量：在检验批中抽查20%，且不应少于5片墙。

检验方法：外观检查。

6.3.9 石膏砌块砌体砌筑时，石膏砌块应上下错缝搭接，搭接长度不应小于石膏砌块长度的1/3。

抽检数量：在检验批的标准间中抽查10%，且不应少于3片墙。

检查方法：观察和用尺检查。

附录A 隐蔽工程验收记录

表A 隐蔽工程验收记录

<table>
<tr><td>单位工程名称</td><td></td><td>项目经理</td><td></td></tr>
<tr><td>分项工程名称</td><td></td><td>专业工长</td><td></td></tr>
<tr><td>隐蔽工程项目</td><td colspan="3"></td></tr>
<tr><td>施工单位</td><td colspan="3"></td></tr>
<tr><td>施工执行标准名称及编号</td><td colspan="3"></td></tr>
<tr><td>施工图名称及编号</td><td colspan="3"></td></tr>
<tr><td>隐蔽工程部位</td><td>质量要求</td><td>施工单位自查记录</td><td>监理（建设）单位验收记录</td></tr>
<tr><td></td><td></td><td></td><td></td></tr>
<tr><td></td><td></td><td></td><td></td></tr>
<tr><td></td><td></td><td></td><td></td></tr>
<tr><td></td><td></td><td></td><td></td></tr>
<tr><td></td><td></td><td></td><td></td></tr>
<tr><td></td><td></td><td></td><td></td></tr>
<tr><td>施工单位
自查结论</td><td colspan="3">施工单位项目技术负责人： 年 月 日</td></tr>
<tr><td>监理（建设）
单位验收结论</td><td colspan="3">监理工程师（建设单位项目负责人）：
年 月 日</td></tr>
</table>

附录B 检验批质量验收记录

表B 检验批质量验收记录

<table>
<tr><td colspan="3">单位（子单位）工程名称</td><td colspan="3"></td></tr>
<tr><td colspan="3">分部（子分部）工程名称</td><td></td><td>验收部位</td><td></td></tr>
<tr><td colspan="3">施工单位</td><td></td><td>项目经理</td><td></td></tr>
<tr><td colspan="3">施工执行标准名称及编号</td><td colspan="3"></td></tr>
<tr><td colspan="4">施工质量验收标准的规定</td><td>施工单位检查评定记录</td><td>监理（建设）单位验收记录</td></tr>
<tr><td rowspan="4">主控项目</td><td>1</td><td>块材规格、型号，粘结浆品种、强度等级</td><td>设计要求</td><td></td><td></td></tr>
<tr><td>2</td><td>构造柱、水平系梁设置</td><td>设计要求</td><td></td><td></td></tr>
<tr><td>3</td><td>砌体与主体结构连接构造措施</td><td>设计要求</td><td></td><td></td></tr>
<tr><td>4</td><td>门窗洞口加强技术措施</td><td>设计要求</td><td></td><td></td></tr>
<tr><td rowspan="7">一般项目</td><td>1</td><td>灰缝厚度、宽度</td><td>第6.3.1条</td><td></td><td></td></tr>
<tr><td>2</td><td>灰缝密实情况</td><td>第6.3.2条</td><td></td><td></td></tr>
<tr><td>3</td><td>拉结筋设置</td><td>第6.3.3条</td><td></td><td></td></tr>
<tr><td>4</td><td>砌块不得有裂损及大于30mm×30mm缺角</td><td>第6.3.4条</td><td></td><td></td></tr>
<tr><td>5</td><td>砌体转角和交接处搭接咬砌</td><td>第6.3.5条</td><td></td><td></td></tr>
<tr><td>6</td><td>无混砌现象</td><td>第6.3.8条</td><td></td><td></td></tr>
<tr><td>7</td><td>错缝搭砌</td><td>第6.3.9条</td><td></td><td></td></tr>
</table>

续表 B

单位（子单位）工程名称					
分部（子分部）工程名称			验收部位		
施工单位			项目经理		
施工执行标准名称及编号					
施工质量验收标准的规定				施工单位检查评定记录	监理（建设）单位验收记录
一般项目	8	耐碱玻璃纤维网布搭接宽度	≥150mm（网布与基体搭接）		
			≥50mm（网布与网布间搭接）		
	9	轴线位移	≤5mm		
	10	立面垂直度	≤4mm		
	11	表面平整度	≤4mm		
	12	阴阳角方正	≤4mm		
	13	门窗洞口高、宽	±5mm		
	14	水平灰缝平直度	≤7mm		
施工单位检查评定结果			专业工长（施工员）		施工班组长
			项目专业质量检查员： 年 月 日		
监理（建设）单位验收结论			监理工程师（建设单位项目专业技术负责人）： 年 月 日		

附录 C　分项工程质量验收记录

表 C　分项工程质量验收记录

工程名称		结构类型		检验批数	
施工单位		项目经理		项目技术负责人	
分包单位		分包单位负责人		分包项目经理	
序号	检验批部位、区段	施工单位检查评定结果		监理（建设）单位验收结论	
1					
2					
3					
4					
5					
6					
7					
8					
9					
10					
11					
12					
检查结论	项目专业技术负责人： 年 月 日		验收结论	监理工程师（建设单位项目专业技术负责人）： 年 月 日	

本规程用词说明

1 为便于在执行本规程条文时区别对待，对要求严格程度不同的用词说明如下：

1） 表示很严格，非这样做不可的：

正面词采用“必须”，反面词采用“严禁”；

2） 表示严格，在正常情况下均应这样做的：

正面词采用“应”，反面词采用“不应”或“不得”；

3） 表示允许稍有选择，在条件许可时首先应这样做的：

正面词采用“宜”，反面词采用“不宜”；

4） 表示有选择，在一定条件下可以这样做的，采用“可”。

2 条文中指明应按其他有关标准执行的写法为：“应符合……的规定”或“应按……执行”。

引用标准名录

1 《民用建筑隔声设计规范》GBJ 118

2 《混凝土外加剂应用技术规程》GB 50119

3 《建筑砂浆基本性能试验方法》JGJ/T 70

4 《石膏砌块》JC/T 698

5 《耐碱玻璃纤维网布》JC/T 841

6 《蒸压加气混凝土用砌筑砂浆与抹面砂浆》JC 890

7 《粘结石膏》JC/T 1025

中华人民共和国行业标准

石膏砌块砌体技术规程

JGJ/T 201—2010

条 文 说 明

制 订 说 明

《石膏砌块砌体技术规程》JGJ/T 201－2010，经住房和城乡建设部2010年4月14日以第540号公告批准发布。

为便于广大设计、施工、科研、学校等单位有关人员在使用本规程时能正确理解和执行条文规定，《石膏砌块砌体技术规程》编制组按章、节、条顺序编制了本规程的条文说明，对条文规定的目的、依据以及执行中需要注意的有关事项进行了说明。但是，本条文说明不具备与标准正文同等的法律效率，仅供使用者作为理解和把握标准规定的参考。

目　次

1 总　　则

1.0.1 制定本规程的目的，是为了统一石膏砌块砌体工程的质量，保证安全使用。

1.0.2 本规程的适用范围明确规定为采用石膏砌块砌筑的室内非承重墙体的构造设计、施工和质量验收。

1.0.4 为保证石膏砌块砌体的工程质量，必须全面执行国家现行有关标准的规定，例如：

1 《砌体结构设计规范》GB 50003

2 《建筑抗震设计规范》GB 50011

3 《混凝土外加剂应用技术规程》GB 50119

4 《建筑装饰装修工程质量验收规范》GB 50210

5 《建筑工程施工质量验收统一标准》GB 50300

6 《民用建筑隔声设计规范》GBJ 118

7 《建筑砂浆基本性能试验方法》JGJ/T 70

8 《蒸压加气混凝土用砌筑砂浆与抹面砂浆》JC 890

9 《石膏砌块》JC/T 698

10 《耐碱玻璃纤维网布》JC/T 841

11 《粘结石膏》JC/T 1025

3 材　　料

3.0.4 本规程中表3.0.4的数据来源于南通职业大学对水泥基粘结浆物理力学性能指标的试验结果，共进行了130组试块的试验，试验数据表明：同一强度等级水泥基粘结浆中801胶粘剂的掺量与粘结浆的抗压强度成反比，与拉伸粘结强度成正比。

综合考虑粘结浆的抗压强度、拉伸粘结强度等力学性能指标并结合施工操作工艺要求，水泥基粘结浆的物理力学性能指标应符合表3.0.4的规定。

4 构 造 设 计

4.0.1 石膏砌块强度较低，吸水率较大，不得用于外墙和地面以下墙体的砌筑，首层墙体应加设防潮层；石膏砌块对强酸性介质和强碱性介质的耐腐蚀性较差，因此不得使用在酸碱环境中。为确保石膏砌块砌体的耐久性和结构安全，明确了石膏砌块不适用的两种环境。

4.0.2 考虑到石膏砌块的强度及耐久性，又不宜承受剧烈碰撞，以及吸湿性大等因素，同时为提高厨房、卫生间等有防水要求的房间的防水性能等因素而作此规定。墙垫厚度为砌体厚度每侧减5mm，是为了便于砌体面装饰面层的施工。

4.0.3 考虑石膏砌块强度较低，吸水率较大，厨房、卫生间应采取有效的防水措施；由于厨房、卫生间二次装修变化较大，同时石膏空心砌块壁较薄，吊挂重物易引起开裂、渗漏及不能满足承载力要求等因素，而作此规定。

4.0.4 石膏砌块砌体门窗洞口四周易开裂，对于宽度小于或等于1500mm的窗洞口，洞口四周200mm范围内的石膏砌块应用粘结石膏填实，以提高局部抗压强度。对于宽度大于1500mm的窗洞口及门洞口，其洞口两侧的石膏砌块砌体牢固性、稳定性较差，为了加强其稳定性，宜设钢筋混凝土边框。

4.0.5 根据《民用建筑隔声设计规范》GBJ 118，住宅、学校等民用建筑，其分户墙及隔墙的空气声计权隔声量要求较高标准的为一级，隔声量为50dB，一般标准为二级，隔声量为45dB，最低标准为三级，隔声量为40dB。石膏砌块砌体的隔声性能应符合现行国家标准要求。

4.0.6 石膏砌块砌体与主体结构顶板连接时，由于板的刚度较小，相对变形较大，具有反复性或可能传递力时，宜采用柔性连接。石膏砌块砌体与主体结构梁或柱（墙）连接时，由于梁或柱（墙）的刚度较大，相对变形较小，宜采用刚性连接。

4.0.8、4.0.9 《建筑抗震设计规范》GB 50011第13.3.3条规定了钢筋混凝土结构中的砌体填充墙应采取的抗震措施。当砌体长度大于5m时，砌体顶部与梁或顶板的拉结可采用在梁或顶板下预埋钢筋或埋件，砌入砌体内的做法。

4.0.10 鉴于石膏砌块与混凝土的收缩性能不同，在材料的结合部位很容易产生裂缝，实践证明：采用耐碱玻璃纤维网布加强带对薄弱环节进行处理，是行之有效的办法。

5 施　　工

5.1 一 般 规 定

5.1.1 产品包装可减少石膏砌块搬运、堆放过程中的损耗。

5.1.2 考虑到石膏砌块强度较低，吸水率较大，碰撞易碎，并为创建文明工地提供方便和条件，特作此规定。最高码放不超过4层是便于施工过程中材料的人工搬运。

5.1.3 由于石膏砌块的含水率受环境变化影响较大，控制石膏砌块的含水率，使石膏砌块的材料性能趋于稳定，能有效减少石膏砌块砌体的收缩裂缝。

5.1.4 粘结浆的强度等级是保证石膏砌块砌体强度最基本的因素，故要求符合设计要求。

5.1.5 由于不同材料砌块的强度、弹性模量差异较大，混砌极易引起砌体裂缝，影响砌体强度。

5.2 施 工 准 备

5.2.2 材料的产品合格证书和产品性能检测报告是

工程质量评定中必备的质量保证资料之一，特作此规定。此外，对工程质量有影响的块材、水泥、钢筋、砂石、粘结石膏、耐碱玻璃纤维网布等主要材料应进行性能的复验，合格后方可使用。鉴于市场上外加剂品牌较多，为符合环保要求，故要求外加剂应经检验合格后方可应用于工程。

5.2.3 编制石膏砌块砌体排块图是施工作业准备的一项首要工作，也是保证石膏砌块砌体工程质量的重要技术措施。尤其是初次接触石膏砌块施工更应编制排块图。在编制时，应综合考虑石膏砌块规格、灰缝厚度和宽度、门窗洞口尺寸、过梁与水平系梁的高度、构造柱位置、预留洞大小等，使排块图真正起到指导施工的作用。

5.2.4 检查基层情况，清理污染杂物是为了确保石膏砌块砌体与基层之间粘结牢固。现浇混凝土墙垫的强度达到 $1.2N/mm^2$ 后，才能够承受上部砌体的荷载。

5.2.5 砌筑前弹出砌体位置线和设立皮数杆是保证石膏砌块砌体砌筑质量的重要措施，能使轴线准确，砌体面平整，砌体水平灰缝平直并厚度一致，故施工中应坚持使用。

5.3 砌筑施工要求

5.3.1 石膏砌块上下错缝、搭接咬砌，主要保证砌体传递竖向荷载的直接性，避免产生竖向裂缝，影响石膏砌块砌体强度，保证石膏砌块砌体的整体性。石膏砌块的榫槽向下，易于铺放粘结浆和保证水平灰缝的饱满度。

5.3.2 明确石膏砌块砌体灰缝的具体规定和要求。灰缝横平、竖直、厚度均匀，既是对石膏砌块砌体表面美观的要求，又有利于石膏砌块砌体均匀传力。

由于石膏砌块不应浇水湿润后再砌筑，为防止粘结浆中水分被石膏砌块快速吸收，以随铺随砌为宜；由于水泥基粘结浆与石膏基粘结浆性能相差较大，一次铺浆长度根据粘结浆的品种确定。竖向灰缝的饱满度对石膏砌块砌体的抗剪强度影响明显，对防止砌体裂缝至关重要，故竖向灰缝宜采用满铺端面法，即将石膏砌块端面朝上铺满粘结浆再上墙挤紧。在砌筑时应用力向横、竖方向挤压，同时应用橡皮锤敲击挤实，并应及时刮去从缝中挤出的多余粘结浆，以确保砌筑质量。

5.3.3 石膏基粘结浆硬化后已失去化学活性，再次掺水搅拌不能起到塑化作用，将极大地影响其强度，故不得使用。

施工时，水泥基粘结浆放置时间过长会产生泌水现象，使其和易性变差，操作困难，灰缝不易饱满，影响石膏砌块砌体的强度。因此，砌筑前应再次搅拌。

5.3.4、5.3.5 石膏砌块砌体应与主体结构的梁或顶板、柱或墙有可靠的连接，《建筑抗震设计规范》GB 50011 第 13.3.3 条规定一般情况下宜采用柔性连接，当忽略石膏砌块砌体的变形时，可采用刚性连接。

5.3.6 保证粘结浆与钢筋有较好的握裹力，并与石膏砌块较好的粘结，同时对钢筋起到保护作用。

5.3.7 明确砌体转角处和交接处砌筑的规定和要求。转角处和交接处的砌筑质量是保证石膏砌块砌体结构整体性能和抗震性能的关键。

5.3.8 在砌体上留置临时性施工洞口，限于施工条件，有时确实难免，但洞口位置不当或洞口过大，虽经补砌，也必然削弱砌体的整体性。为此，本条对在砌体上留置临时性施工洞口作了具体的规定。

5.3.9 石膏砌块强度较低，单块石膏砌块高度较高，为保证石膏砌块砌体强度和施工过程中砌体的稳定性，故不得在石膏砌块砌体上留设脚手眼。

5.3.10 规定砌体每天砌筑高度有利于已砌筑砌体的粘结浆强度的增长，使其稳定，有利于砌体收缩裂缝的减少。因此，根据粘结浆的品种控制砌体每天的砌筑高度是必要的。

5.3.11 石膏砌块砌体无需抹灰，施工过程中应严格控制砌体的平整度和垂直度，考虑施工技术水平，砌筑施工过程中，应利用检测工具随时进行检查，确保工程质量。

5.3.12 石膏砌块砌体无需抹灰，嵌缝使石膏砌块企口缝内粘结浆密实，修补使石膏砌块砌体表面平整、光滑，以便于装饰层的施工。

5.3.13 由于石膏砌块强度较低且空心石膏砌块壁较薄，在已砌筑的砌体上随意打洞，影响石膏砌块砌体强度，降低墙体的稳定性，甚至产生裂缝。

5.3.14 为防止管线安装处的砌体产生裂缝而采取的措施。

5.4 构造柱施工要求

5.4.1 先砌筑砌体后浇筑构造柱的施工顺序有利构造柱与砌体的结合，施工中应严格遵守。

5.4.2 构造柱是房屋抗震设防的重要构造措施。为保证构造柱与砌体可靠的连接，使构造柱能充分发挥其作用而提出了施工要求。由于石膏砌块的高度为500mm，因此马牙槎的高度为一皮砌块的高度。

5.4.3 为保证构造柱混凝土密实且不胀模，构造柱模板要求支撑牢固且紧贴砌体面，确保不漏浆。

5.4.4 本条相关规定，是为了保证混凝土的强度和两次浇筑时结合面的密实和整体性。

由于石膏砌块马牙槎较大，凹形槎口的腋部混凝土不易密实，故浇筑构造柱混凝土时要引起注意。

5.5 砌体面装饰层施工要求

5.5.1、5.5.2 基层清理及涂刷界面剂有利于腻子层与砌体基层间粘结牢固。设备孔洞、管线槽口周围采用石膏基粘结浆批嵌刮平，腻子层分二度施工有利于防止裂缝及控制表面平整度。

5.5.3 粘贴耐碱玻璃纤维网布是石膏砌块砌体防止装饰面层产生裂缝的技术措施。

5.5.4 满贴耐碱玻璃纤维网布或满铺镀锌钢丝网，能有效地控制砌体面的瓷砖空鼓。

5.6 冬期、雨期施工要求

5.6.1 实践证明，室外日平均气温连续5d低于5℃时，作为划分冬期施工的界限，基本上是符合我国国情的，其技术效果和经济效果均比较好。若冬期施工期规定得太短，或者应采取冬期施工措施时没有采取，都会导致技术上的失误，造成工程质量事故；若冬期施工规定得太长，到了没有必要时还采取冬期施工措施，将影响到冬期施工费用问题，增加工程造价，并给施工带来不必要的麻烦。

5.6.2 石膏砌块砌体工程在冬期施工过程中，只有加强管理和采取必要的技术措施才能保证工程质量符合要求。因此，石膏砌块砌体工程冬期施工应编制冬期施工方案。

5.6.3 普通硅酸盐水泥早期强度增长较快，有利于粘结浆在冻结前即具有一定强度，应优先选用。砂中含有冰块和冻结块，将影响粘结浆强度的增长和砌体灰缝厚度的控制。

粘结石膏冻结后已失去化学活性，不能起到塑化作用，故不得使用。

因石膏砌块强度较低，吸水率较大，砌筑时不应浇水湿润，更不得遭水冻结。

粘结浆的现场运输与储存应根据施工现场实际情况，采取相应有效的御寒防冻措施。

5.6.4 本条文规定是为了保证石膏砌块砌体冬期砌筑的质量。

5.6.5 冬期施工期间适当提高砌筑用水泥基粘结浆强度等级有利于石膏砌块砌体质量。

5.6.6 目前市场上防冻剂产品较多，为保证水泥基粘结浆质量，使其在负温下强度能缓慢增长，应关注产品的适用条件并符合《混凝土外加剂应用技术规程》GB 50119的有关规定，实际掺量由试验确定。

5.6.7 暖棚法施工可使砌体中粘结浆强度始终在大于+5℃的气温状态下得到增长而不遭冻结的一项施工技术措施。

5.6.8 石膏砌块砌体采用暖棚法施工，近似于常温下施工与养护，为有利于砌体强度的增长，暖棚内尚应保持一定的温度。表5.6.8中给出的最少养护期是根据水泥基粘结浆的强度等级和养护温度与强度增长之间的关系确定的。水泥基粘结浆强度达到设计强度的30%，即达到了水泥基粘结浆允许受冻临界强度值，再拆除暖棚时，遇到负温度也不会引起强度损失。表中数值是最少养护期限，如果施工要求强度有较快增长，可以延长养护时间或提高棚内养护温度以满足施工进度要求。

采用石膏基粘结浆时，因快凝型粘结石膏终凝时间$t \leqslant 20$min，其养护时间应满足终凝时间要求。

6 验收

6.1 一般规定

6.1.1 本条所列内容为石膏砌块砌体应验收的隐蔽项目。

6.1.2 本条所列内容为工程必要的验收资料和文件。

6.2 主控项目

6.2.1 石膏砌块和粘结浆的质量是砌体力学性能的重要保证，故作此规定。

6.2.2 钢筋混凝土构造柱和水平系梁是房屋抗震设防的重要构造措施。为保证石膏砌块砌体的抗震性能，使钢筋混凝土构造柱和水平系梁能充分发挥其作用而提出了本条要求。

6.2.3 为了使石膏砌块砌体能够与主体结构部位结合紧密，不出现裂缝，特要求连接部位的连接构造措施应符合设计要求并在砌筑时全数检查。

6.2.4 本条规定是为了提高门窗洞口两侧的石膏砌块砌体牢固性、稳定性，应全数检查。

6.3 一般项目

6.3.1 考虑到拉结筋的直径及粘结浆握裹力的要求，本条特对此作了规定。

6.3.2 水平灰缝粘结浆饱满度对石膏砌块砌体的抗压强度影响较大，竖向灰缝粘结浆的饱满度虽然对抗压强度影响不大，但对抗剪强度影响明显；因此本条对石膏砌块砌体施工时的水平灰缝和竖向灰缝的粘结浆饱满度作出了“应密实”的规定。

6.3.3 本条规定是为了保证石膏砌块砌体与相邻主体结构有可靠的连接。

6.3.4 依据产品标准，破碎、断裂、多于一处的缺角（或缺角尺寸大于30 mm ×30mm）的石膏砌块均属于废品，对石膏砌块砌体的抗压强度将产生不利影响，所以在石膏砌块砌体中不得使用这类砌块。

6.3.5 石膏砌块砌体转角处及纵横墙交接处的砌筑和接槎质量，是保证石膏砌块砌体结构整体性能的关键之一。临时间断处留斜槎的连接性能要比留直槎好，所以本条建议临时间断处留斜槎。

6.3.6 考虑到石膏砌块砌体与不同材料的接缝处及阴角部位容易出现裂缝的现象，阳角损坏修补后对涂饰装修会有一定影响，故作出了相应的规定。

6.3.7 石膏砌块砌体一般尺寸允许偏差，虽然对结构的受力性能和结构安全不会产生重要影响，但对整个建筑物的施工质量、经济性、建筑美观和确保有效使用面积产生影响，故施工中对其偏差应予以控制。

6.3.8 石膏砌块与加气混凝土砌块、黏土砖、混凝土小型空心砌块等干缩性能不一样，为防止或控制干缩裂缝的产生，作出“不应混砌”的规定。

6.3.9 上下皮石膏砌块错开砌筑，搭砌满足一定尺寸要求是为了增强砌体的整体性能。

中华人民共和国行业标准

蒸压加气混凝土建筑应用技术规程

Technical specification for application of autoclaved aerated concrete

JGJ/T 17—2008

J 824—2008

批准部门：中华人民共和国住房和城乡建设部

施行日期：2 0 0 9 年 5 月 1 日

中华人民共和国住房和城乡建设部
公　告

第153号

关于发布行业标准《蒸压加气混凝土建筑应用技术规程》的公告

现批准《蒸压加气混凝土建筑应用技术规程》为行业标准，编号为JGJ/T 17－2008，自2009年5月1日起实施。原《蒸压加气混凝土应用技术规程》JGJ/T 17－84同时废止。

本规程由我部标准定额研究所组织中国建筑工业出版社出版发行。

中华人民共和国住房和城乡建设部

2008年11月14日

前　言

根据原建设部关于发布《一九八八年工程建设标准规范制订计划》（草案）的通知（计标函［1987］78号）的要求，规程编制组经广泛调查研究，认真总结实践经验，参考有关国际标准和国外先进标准，并在广泛征求意见的基础上，全面修订了本规程。

本规程的主要技术内容是：1. 总则；2. 术语、符号；3. 一般规定；4. 材料计算指标；5. 结构构件计算；6. 围护结构热工设计；7. 建筑构造；8. 饰面处理；9. 施工与质量验收。

本规程修订的主要技术内容是：

1. 根据现行国家标准《建筑结构可靠度设计统一标准》GB 50068，修改过去的安全系数法为以概率理论为基础的极限状态设计方法，以分项系数设计表达式进行计算；

2. 砌体的材料分项系数由原规程的$\gamma_f = 1.55$提高到$\gamma_f = 1.6$，适当提高了结构可靠度；

3. 根据实际工程的事故调查总结，对受弯板材中的配筋，规定上下层钢筋网必须有箍筋相连接；同时，为了不使屋面板脱落而要求设置预埋件，与屋架或圈梁焊接；

4. 将上墙含水率改为宜小于30%，同时又规定了墙体抹灰前含水率为15%～20%；

5. 为解决抹灰裂缝问题，总结以往经验，在抹灰材料、施工工艺及构造措施方面，提出相应规定；并推广在实践中行之有效的专用砌筑砂浆和抹灰材料，以防止墙体裂缝；

6. 根据现行国家标准《蒸压加气混凝土砌块》GB 11968、《蒸压加气混凝土板》GB 15762及检测的加气混凝土热工数据，调整了加气混凝土材料导热系数和蓄热系数计算值的数据；

7. 为适应建筑节能形势的要求及扩大加气混凝土的应用，增加了03级、04级加气混凝土的热工参数；

8. 根据国家现行标准《夏热冬冷地区居住建筑节能设计标准》JGJ 134和《夏热冬暖地区居住建筑节能设计标准》JGJ 75的要求，增加了这两个地区加气混凝土围护结构低限保温厚度的选用表。

本规程由住房和城乡建设部负责管理，由北京市建筑设计研究院负责具体技术内容的解释。

本规程主编单位：北京市建筑设计研究院（地址：北京市南礼士路62号，邮编：100045）
哈尔滨市建筑设计院

本规程参编单位：清华大学
浙江大学建筑设计研究院
中国建筑科学研究院
中国建筑东北设计研究院
武汉市建筑设计院
上海建筑科学研究院
北京加气混凝土厂

本规程主要起草人：顾同曾　周炳章　过镇海
严家禧　蒋秀伦　何世全
高连玉　杨善勤　夏祖宏
杨星虎　崔克勤

目　次

1 总 则

1.0.1 为了在工业与民用建筑中积极合理地推广应用蒸压加气混凝土（以下简称“加气混凝土”）制品，做到技术先进、安全适用、经济合理，以确保工程质量，节约能耗，实现墙体革新和有效地利用工业废料，制定本规程。

1.0.2 本规程适用于在抗震设防烈度为6～8度的地震区以及非地震区使用，强度等级为A2.5级及以上的蒸压加气混凝土砌块，强度等级为A3.5级以上的蒸压加气混凝土配筋板材的设计、施工与质量验收。

1.0.3 蒸压加气混凝土制品质量应符合现行国家标准《蒸压加气混凝土砌块》GB 11968、《蒸压加气混凝土板》GB 15762及有关标准的规定。

1.0.4 蒸压加气混凝土建筑的设计、施工与质量验收，除应符合本规程外，尚应符合国家现行有关标准的规定。

2 术语、符号

2.1 术 语

2.1.1 蒸压加气混凝土制品 autoclaved aerated concrete

以硅、钙为原材料，以铝粉（膏）为发气剂，经过蒸压养护而制造成的砌块、板材等制品。

2.1.2 蒸压加气混凝土砌块 autoclaved aerated concrete blocks

蒸压加气混凝土制成的砌块，可用作承重和非承重墙体或保温隔热材料。

2.1.3 蒸压加气混凝土板材 autoclaved aerated concrete plates

蒸压加气混凝土制成的板材，可分为屋面板、外墙板、隔墙板和楼板。根据结构构造要求，在加气混凝土内配置经防腐处理的不同数量钢筋网片。

2.1.4 蒸压加气混凝土专用砂浆 special mortar for autoclaved aerated concrete

与蒸压加气混凝土性能相匹配的，能满足加气混凝土砌块、板材建筑施工要求的内外墙专用抹面和砌筑砂浆。

加气混凝土粘结砂浆：采用水泥、级配砂、轻骨料、掺合料，以及保水剂、引气剂等原料，在专业工厂经精确计量、均匀混合，用于砌筑灰缝厚度不大于5mm的加气混凝土砌块的干混砂浆。该砂浆尤其适用于加气混凝土单一材料保温体系。

加气混凝土砌筑砂浆：采用水泥、级配砂、掺合料、保水剂及其他外加剂等原料，在专业工厂经精确计量、均匀混合，用于砌筑加气混凝土砌块的干混砂浆。砌筑灰缝厚度≤15mm。

2.1.5 外墙平均传热系数 average heat-transfer coefficient of exterior wall

外墙主体部位传热系数与热桥部位传热系数按照面积的加权平均值。

2.1.6 热惰性指标 thermal inertia index

表征围护结构反抗温度波动和热流波动能力的无量纲指标。

2.2 符 号

2.2.1 材料性能

A_{xx}——加气混凝土强度等级；

E——加气混凝土砌体弹性模量；

E_c——加气混凝土板弹性模量；

$f_{cu,15}^{A}$——加气混凝土出釜强度等级代表值；

f_c——抗压强度设计值；

f_{ck}——抗压强度标准值；

f_t——抗拉强度设计值；

f_{tk}——抗拉强度标准值；

f_y——钢筋抗拉强度设计值；

f_v——沿砌体通缝截面抗剪强度设计值；

ρ_0——干密度；

λ——导热系数；

S_{24}——蓄热系数。

2.2.2 作用、作用效应

M——弯矩设计值；

M_k——按全部荷载标准值计算的弯矩；

M_q——按荷载长期效应组合计算的弯矩；

N——轴向压力设计值；

V——剪力设计值。

2.2.3 几何参数

A——截面积；

A_b——垫板面积；

A_s——纵向受拉钢筋截面积；

e——轴向力的偏心矩；

H_0——受压构件的计算高度；

h_1——砌块高度；

l_1——砌块长度；

x——截面受压区高度。

2.2.4 计算参数

μ_1——非承重墙 $[\beta]$ 的修正系数；

μ_2——有门窗洞口时的墙 $[\beta]$ 的修正系数；

B_e——板材截面长期抗弯刚度；

B_s——板材截面短期抗弯刚度；

C——块形修正系数；

γ_0——结构重要性系数；

γ_f——材料分项系数；

R——构件的承载力设计值；

S——构件的荷载效应组合的设计值；

φ——受压构件的纵向弯曲系数；

α——轴向力的偏心影响系数；

θ——荷载长期效应组合对挠度的影响系数。

3 一般规定

3.0.1 在应用蒸压加气混凝土制品时，应结合本地区的具体情况和建筑物的使用要求，进行方案比较和技术经济分析。

3.0.2 地震区加气混凝土砌块横墙承重房屋总层数与总高度的限值应符合表3.0.2的规定。

表3.0.2 地震区加气混凝土砌块横墙承重房屋总层数与总高度（m）限值

强度等级	抗震设防烈度(度)		
	6	7	8
A5.0(B07)	5/16	5/16	4/13
A7.5(B08)	6/19	6/19	5/16

注：1 在有可靠试验依据的情况下，增加墙厚或采取其他有效措施时，总层数和总高度可适当提高；
2 房屋承重砌块的最小厚度不宜小于250mm；
3 强度等级栏中括号内为加气混凝土相应的干密度等级。

3.0.3 在下列情况下不得采用加气混凝土制品：

1 建筑物防潮层以下的外墙；

2 长期处于浸水和化学侵蚀环境；

3 承重制品表面温度经常处于80℃以上的部位。

3.0.4 加气混凝土制品砌筑或安装时的含水率宜小于30%。

3.0.5 加气混凝土砌块应采用专用砂浆砌筑。

3.0.6 加气混凝土制品用作民用建筑外墙时，应做饰面防护层。

3.0.7 采用加气混凝土砌块作为承重墙体的房屋，宜采用横墙承重结构，横墙间距不宜超过4.2m，宜使横墙对正贯通。每层每开间均应设置现浇钢筋混凝土圈梁。

3.0.8 加气混凝土砌块用作多层房屋的承重墙体，当设防烈度为6或7度时，应在内外墙交接处设置拉结钢筋，沿墙高度每600mm应放置2ϕ6钢筋，伸入墙内的长度不得小于1m。且每开间均应设置现浇钢筋混凝土构造柱。

当设防烈度为8度时，除应按上述要求设置拉结钢筋外，还应在内外纵、横墙连接处设置现浇的钢筋混凝土构造柱。构造柱的最小截面应为180mm×200mm，最小配筋应为4ϕ12，混凝土强度等级不应低于C20。构造柱与加气混凝土砌块的相接处宜砌成马牙槎。

3.0.9 非抗震设防地区的圈梁、构造柱设置可参照地震区的要求适当放宽。但房屋顶层必须设置圈梁，房屋四角必须有构造柱，马牙槎连接可改为拉结筋连接。

3.0.10 加气混凝土墙体的隔声、耐火性能应符合本规程附录A和附录B的规定。

4 材料计算指标

4.0.1 加气混凝土的强度等级应按出釜状态（含水率为35%～40%）时的立方体抗压强度标准值确定。

4.0.2 加气混凝土在气干工作状态时的强度标准值应按表4.0.2-1的规定确定，强度设计值应按表4.0.2-2的规定确定。

表4.0.2-1 加气混凝土抗压、抗拉强度标准值（N/mm²）

强度种类	符号	强度等级			
		A2.5	A3.5	A5.0	A7.5
抗压强度	f_{ck}	1.80	2.40	3.50	5.20
抗拉强度	f_{tk}	0.16	0.22	0.31	0.47

注：本表抗压强度标准值用于板和砌块，抗拉强度标准值用于板。

表4.0.2-2 加气混凝土抗压、抗拉强度设计值（N/mm²）

强度种类	符 号	强度等级			
		A2.5	A3.5	A5.0	A7.5
抗压强度	f_c	1.28	1.71	2.50	3.71
抗拉强度	f_t	0.11	0.15	0.22	0.33

注：本表强度设计值用于板构件。

4.0.3 加气混凝土的弹性模量可按表4.0.3的规定确定。

表4.0.3 加气混凝土的弹性模量 E_c（N/mm²）

品 种	强度等级			
	A2.5	A3.5	A5.0	A7.5
水泥、石灰、砂加气混凝土	1700	1900	2300	2300
水泥、石灰、粉煤灰加气混凝土	1500	1700	2000	2000

注：本表弹性模量用于板构件。

4.0.4 加气混凝土的泊松比可取为0.20，线膨胀系数可取为8×10⁻⁶/℃（温度范围为：0～100℃）。

4.0.5 砂浆龄期为28d的砌体抗压强度设计值 f、沿通缝截面的抗剪强度设计值 f_v 和砌体弹性模量 E

应根据砂浆强度等级分别按表 4.0.5-1～表 4.0.5-3 的规定确定，有关试验方法可按本规程附录 C、附录 D 进行。

当砌块高度小于 250mm 且大于 180mm、长度大于 600mm 时，其砌体抗压强度 f 应乘以块形修正系数 C，C 值应按下式计算：

$$C=0.01\times\frac{h_1^2}{l_1}\leqslant 1 \tag{4.0.5}$$

式中 h_1——砌块高（mm）；

l_1——砌块长度（mm）。

表 4.0.5-1 每皮高度 250mm 的砌体抗压强度设计值 f（N/mm²）

砂浆强度等级	加气混凝土强度等级			
	A2.5	A3.5	A5.0	A7.5
M2.5	0.67	0.90	1.33	1.95
≥M5	0.73	0.97	1.42	2.11

注：有系统的试验数据时可另定。

表 4.0.5-2 砌体沿通缝截面的抗剪强度设计值 f_v（N/mm²）

砂浆强度等级	f_v
M2.5	0.03
≥M5.0	0.05

注：采用专用砂浆时，可根据试验数据确定。

表 4.0.5-3 每皮高度 250mm 的砌体弹性模量 E（N/mm²）

砂浆强度等级	加气混凝土强度等级			
	A2.5	A3.5	A5.0	A7.5
M2.5	1100	1480	2000	2400
≥M5	1180	1600	2200	2600

4.0.6 加气混凝土配筋构件中的钢筋宜采用 HPB235 级钢。抗拉强度设计值 f_y 应为 210N/mm²。当机械调直钢筋有可靠试验根据时，可按试验数据取值，但抗拉强度设计值 f_y 不宜超过 250N/mm²。冷拔钢筋的弹性模量应取 2×10^5 N/mm²。

4.0.7 涂有防腐剂的钢筋与加气混凝土间的粘结强度应符合下列规定：

1 当加气混凝土强度等级为 A2.5 时，粘结强度不应小于 0.8N/mm²；

2 当加气混凝土强度等级为 A5.0 时，粘结强度不应小于 1N/mm²。

4.0.8 加气混凝土砌体和配筋构件重量可按加气混凝土标准干密度乘系数 1.4 采用。

5 结构构件计算

5.1 基本计算规定

5.1.1 加气混凝土结构构件应根据现行国家标准《建筑结构可靠度设计统一标准》GB 50068 的有关规定进行计算。构件应满足承载能力极限状态的要求，受弯板材还应满足正常使用极限状态的要求，受压砌体应满足允许高厚比的要求。

5.1.2 构件按承载能力极限状态设计时，应符合下式要求：

$$\gamma_0 S\leqslant\frac{1}{\gamma_{RA}}R(\cdot) \tag{5.1.2}$$

式中 γ_0——结构重要性系数；对安全等级为一级、二级、三级的结构构件可分别取 1.1、1.0、0.9；

S——荷载效应组合的设计值；分别表示构件的轴向力设计值 N，剪力设计值 V，或弯矩设计值 M 等；

$R(\cdot)$——结构构件的抗力函数；

γ_{RA}——加气混凝土构件的承载力调整系数，可取 1.33。

5.1.3 受弯板材应按荷载效应的标准值组合，并应考虑荷载长期作用影响进行变形验算，其最大挠度计算值不应超过 $l_0/200$（l_0 为板材计算跨度）。

5.1.4 受弯板材应根据出釜和吊装的受力情况进行承载力验算。此时板材自重荷载的分项系数应取 1.2，并乘以动力系数 1.5。

5.2 砌体构件的受压承载力计算

5.2.1 轴心或偏心受压构件的承载力应按下式验算：

$$N\leqslant 0.75\varphi\alpha fA \tag{5.2.1}$$

式中 N——轴向压力设计值；

φ——受压构件的纵向弯曲系数，按本规程第 5.2.3 条采用；

α——轴向力的偏心影响系数，按本规程第 5.2.4 条采用；

f——砌体抗压强度设计值，按本规程第 4.0.5 条采用；

A——构件截面面积。

5.2.2 按荷载设计值计算的构件轴向力的偏心距 e，不应超过 $0.5y$，其中 y 为截面重心到轴向力所在方向截面边缘的距离。

5.2.3 受压构件的纵向弯曲系数 φ，可根据构件的高厚比 β 值乘以 1.1 后，按表 5.2.3 采用。构件的高厚比 β 应按下式计算：

$$\beta = \frac{H_0}{h} \quad (5.2.3)$$

式中 H_0——受压构件的计算高度，应按现行国家标准《砌体结构设计规范》GB 50003 中的有关规定采用；

h——矩形截面的轴向力偏心方向的边长；当轴心受压时为截面较小边长。

表 5.2.3 受压构件的纵向弯曲系数 φ

1.1β	6	8	10	12	14	16	18	20	22	24	26	28	30
φ	0.93	0.89	0.83	0.78	0.72	0.66	0.61	0.56	0.51	0.46	0.42	0.39	0.36

5.2.4 对于矩形截面，根据轴向力的偏心矩 e，轴向力的偏心影响系数 α 应按下式计算：

$$\alpha = \frac{1}{1 + 12\left(\frac{e}{h}\right)^2} \quad (5.2.4\text{-}1)$$

式中 e——轴向力的偏心矩。

当墙体厚度 h<200mm 时，式（5.2.4-1）的 α 值应乘以修正系数 η，η 应按下式验算：

$$\eta = 1 - 0.9\left(\frac{2e}{h} - 0.4\right) \leqslant 1 \quad (5.2.4\text{-}2)$$

5.2.5 在梁端下设置刚性垫块时，垫块下砌体的局部受压承载力 N 应按下式计算：

$$N \leqslant 0.75\alpha f A_L \quad (5.2.5)$$

$$N = N_l + N_0$$

式中 N_l——梁端支承压力设计值；

N_0——上部传来作用于垫块上的轴向力设计值；

α——轴向力对垫块下表面积重心的偏心影响系数，按本规程第 5.2.4 条采用；

A_L——垫块面积。

5.3 砌体构件的受剪承载力计算

5.3.1 砌体沿通缝的受剪承载力应按下式验算：

$$V \leqslant 0.75(f_v + 0.2\sigma_0)A \quad (5.3.1)$$

式中 V——剪力设计值；

f_v——砌体沿通缝截面的抗剪强度设计值，应按本规程第 4.0.5 条采用；

σ_0——永久荷载设计值产生的平均压应力；

A——受剪截面面积。

5.4 配筋受弯板材的承载力计算

5.4.1 配筋加气混凝土受弯板材的正截面承载力（图 5.4.1）应按下列公式计算：

$$M \leqslant 0.75 f_c bx\left(h_0 - \frac{x}{2}\right) \quad (5.4.1\text{-}1)$$

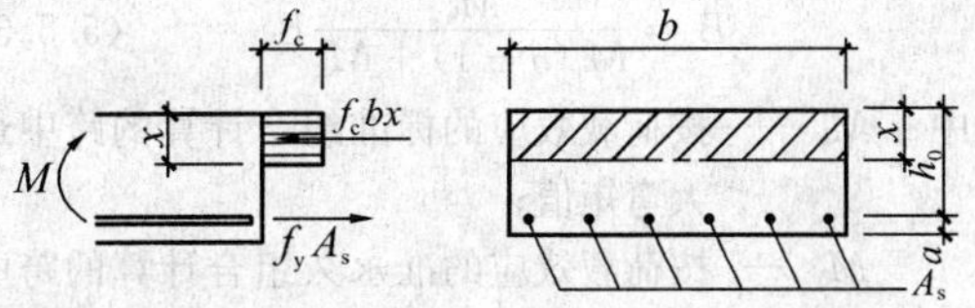

图 5.4.1 配筋受弯板材正截面承载力计算简图

受压区高度可按下列公式确定：

$$f_c bx = f_y A_s \quad (5.4.1\text{-}2)$$

并应符合条件：

$$x \leqslant 0.5h_0 \quad (5.4.1\text{-}3)$$

即单面受拉钢筋的最大配筋率为：

$$\mu_{max} = 0.5\frac{f_c}{f_y} - 100\% \quad (5.4.1\text{-}4)$$

式中 M——弯矩设计值；

f_c——加气混凝土抗压强度设计值，按本规程第 4.0.2 条采用；

b——板材截面宽度；

h_0——截面有效高度（图中 a 为受拉钢筋截面中心到板底的距离）；

x——加气混凝土受压区的高度；

f_y——纵向受拉钢筋的强度设计值，按本规程第 4.0.6 条采用；

A_s——纵向受拉钢筋的截面面积。

矩形截面的受弯构件可采用本规程附录 E 的表进行计算。

5.4.2 配筋受弯板材的截面抗剪承载力，可按下式验算：

$$V \leqslant 0.45 f_t bh_0 \quad (5.4.2)$$

式中 V——剪力设计值；

f_t——加气混凝土抗拉强度设计值，按本规程第 4.0.2 条采用。

当不能符合式（5.4.2）的要求时，应增大板材的厚度。

5.5 配筋受弯板材的刚度计算

5.5.1 配筋受弯板材在正常使用极限状态下的挠度应按荷载效应标准组合，并考虑荷载长期作用影响的刚度 B，用结构力学的方法计算。所得挠度应符合本规程第 5.1.3 条的规定。

5.5.2 配筋受弯板材在荷载效应标准组合下的短期刚度 B_s，可按下式计算：

$$B_s = 0.85 E_c I_0 \quad (5.5.2)$$

式中 E_c——加气混凝土板的弹性模量，按本规程第 4.0.3 条采用；

I_0——换算截面的惯性矩。

5.5.3 当考虑荷载长期作用的影响时，板材的刚度 B 可按下式计算：

$$B=\frac{M_k}{M_q(\theta-1)+M_k}B_s \quad (5.5.3)$$

式中 M_k——按荷载效应的标准组合计算的跨中最大弯矩值；

M_q——按荷载效应的准永久组合计算的跨中最大弯矩值；

θ——考虑荷载长期作用对挠度增大的影响系数，在一般情况下可取 2.0。

5.6 构 造 要 求

5.6.1 砌块墙体的高厚比 β 应符合下列规定：

$$\beta=\frac{H_0}{h}\leqslant\mu_1\mu_2[\beta] \quad (5.6.1)$$

式中 μ_1——非承重墙 $[\beta]$ 的修正系数，取为 1.3；

μ_2——有门窗洞口墙 $[\beta]$ 的修正系数，按第 5.6.2 条采用；

$[\beta]$——墙的允许高厚比，应按表 5.6.1 采用。

注：当墙高 H 大于或等于相邻横墙间的距离 S 时，应按计算高度 $H_0=0.6S$ 验算高厚比。

表 5.6.1 墙的允许高厚比 $[\beta]$ 值

砂浆强度等级	≥M5.0	M2.5
$[\beta]$	20	18

5.6.2 有门窗洞口墙的允许高厚比 $[\beta]$ 的修正系数 μ_2 可按下式计算：

$$\mu_2=1-0.4\frac{b_s}{S} \quad (5.6.2)$$

式中 b_s——在宽度 S 范围内的门窗洞口宽度；

S——相邻横墙之间的距离。

当按式（5.6.2）算得的 μ_2 值小于 0.7 时，仍采用 0.7。

5.6.3 加气混凝土砌块承重房屋伸缩缝的间距不宜大于 40m。

5.6.4 抗震设防地区的砌块墙体，应根据设计选用粘结性能良好的专用砂浆砌筑，砂浆的最低强度等级不应低于 M5.0。

5.6.5 不宜用加气混凝土砌块做独立柱承重。支承梁的加气混凝土砌块墙段，必须有混凝土垫块；当有圈梁时，应将圈梁与混凝土垫块浇成整体。

5.6.6 在房屋底层和顶层的窗口标高处，应沿纵横墙设置通长的水平配筋带三皮，每皮 3ϕ4；或采用 60mm 厚的配筋混凝土条带，配 2ϕ10 纵筋和 ϕ6 的分布筋，用 C20 混凝土浇注。

5.6.7 楼、屋盖的钢筋混凝土梁或屋架，应与墙、柱或圈梁有可靠的连接。

5.6.8 加气混凝土砌块承重墙上的门窗洞口，不得采用无筋砌块过梁；其他过梁支承长度每侧不应小于 240mm。

5.6.9 墙长大于或等于层高的 1.5 倍时，应在墙的中段增设构造柱，其做法与设在纵横墙间的构造柱相同。

5.6.10 受弯板材中应采用焊接网和焊接骨架配筋，不得采用绑扎的钢筋网片和骨架。钢筋上网与下网必须有连接钢筋或采用其他形式使之形成一个整体的焊接钢筋网骨架。钢筋网片必须采用防锈蚀性能可靠并具有良好粘结力的防腐剂进行处理。

5.6.11 受弯板材内，下网主筋的直径不宜超过 ϕ10，其间距不应大于 200mm，数量不得少于 3ϕ6。主筋末端应焊接 3 根横向锚固筋，直径与最大主筋相同。中间的分布钢筋可采用 ϕ4，最大间距应小于 1200mm。钢筋保护层应为 20mm，主筋端部到板端部的距离不得大于 10mm（图 5.6.11）。

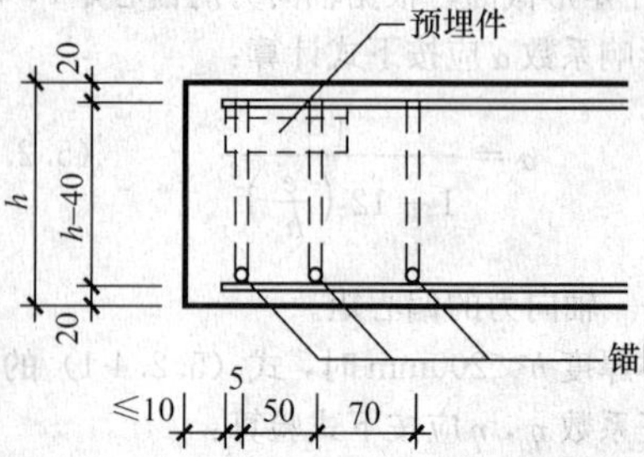

图 5.6.11 受弯板材主筋端部锚固示意图

5.6.12 受弯板材内，上网的纵向钢筋不得少于 2 根，两端应各有 1 根锚固钢筋，直径与上网主筋相同。上网钢筋必须与下网主筋有箍筋相连，箍筋可采用封闭式、U 形开口或其他形式。

5.6.13 地震区受弯板材应在板内设置预埋件，或采取其他有效措施加强相邻板间的连接。预埋件应与板内钢筋网片焊接（图 5.6.11 和图 7.2.1）。板材安装后，与相邻板之间应相互焊牢，或采取其他有效连接措施。

5.6.14 屋面板端部的横向锚固钢筋至少应有 2 根配置在支座承压面以内。同时支座承压区的长度应符合下列规定：

1 当支承在砖墙上时，不应小于 110mm；

2 当支承在钢筋混凝土梁和钢结构上时，不应小于 90mm。

6 围护结构热工设计

6.1 一 般 规 定

6.1.1 加气混凝土应用在具有保温隔热和节能要求的围护结构中时，根据建筑物性质、地区气候条件、围护结构构造形式，应合理地进行热工设计。当保温、隔热和节能设计要求的厚度不同时，应采用其中的最大厚度。

6.1.2 加气混凝土用作围护结构时，其材料的导热系数和蓄热系数设计计算值应按表 6.1.2 采用。

表 6.1.2 加气混凝土材料导热系数和蓄热系数设计计算值

围护结构类别		干密度 ρ_0 (kg/m^3)	理论计算值（体积含水量3%条件下）		灰缝影响系数	潮湿影响系数	设计计算值	
			导热系数 λ [W/(m·K)]	蓄热系数 S_{24} [$W/(m^2·K)$]			导热系数 λ [W/(m·K)]	蓄热系数 S_{24} [$W/(m^2·K)$]
单一结构		400	0.13	2.06	1.25	—	0.16	2.58
		500	0.16	2.61	1.25	—	0.20	3.26
		600	0.19	3.01	1.25	—	0.24	3.76
		700	0.22	3.49	1.25	—	0.28	4.36
复合结构	铺设在密闭屋面内	300	0.11	1.64	—	1.5	0.17	2.46
		400	0.13	2.06	—	1.5	0.20	3.09
		500	0.16	2.61	—	1.5	0.24	3.92
		600	0.19	3.01	—	1.5	0.29	4.52
	浇注在混凝土构件中	300	0.11	1.64	—	1.6	0.18	2.62
		400	0.13	2.06	—	1.6	0.21	3.30
		500	0.16	2.61	—	1.6	0.26	4.18
		600	0.19	3.01	—	1.6	0.30	4.82

注：当加气混凝土砌块和条板之间采用粘结砂浆，且灰缝≤3mm时，灰缝影响系数取1.00。

6.2 围护结构热工设计

6.2.1 加气混凝土外墙和屋面的传热系数（K 值）（当外墙中有钢筋混凝土柱、梁等热桥影响时，应为外墙平均传热系数 K_m 值）和热惰性指标（D 值），应符合国家现行有关标准的规定。

6.2.2 加气混凝土外墙和屋面的传热系数（K 值）和热惰性指标（D 值），应按现行国家标准《民用建筑热工设计规范》GB 50176 的规定计算，外墙的平均传热系数 K_m 值应按现行节能设计标准的规定计算。

6.2.3 不同厚度加气混凝土外墙的传热系数 K 值和热惰性指标 D 值可按表 6.2.3 采用。

表 6.2.3 不同厚度加气混凝土外墙热工性能指标（B06 级）

外墙厚度 δ (mm)	传热阻 R_0 [$(m^2·K)/W$]	传热系数 K [$W/(m^2·K)$]	热惰性指标 D
150	0.82(0.98)	1.23(1.02)	2.77(2.80)
175	0.92(1.11)	1.09(0.90)	3.16(3.19)
200	1.02(1.24)	0.98(0.81)	3.55(3.59)
225	1.13(1.37)	0.88(0.73)	3.95(3.98)
250	1.23(1.51)	0.81(0.66)	4.34(4.38)
275	1.34(1.64)	0.75(0.61)	4.73(4.78)
300	1.44(1.77)	0.69(0.56)	5.12(5.18)
325	1.54(1.90)	0.65(0.53)	5.51(5.57)
350	1.65(2.03)	0.61(0.49)	5.90(5.96)

续表 6.2.3

外墙厚度 δ (mm)	传热阻 R_0 [$(m^2·K)/W$]	传热系数 K [$W/(m^2·K)$]	热惰性指标 D
375	1.75(2.16)	0.57(0.46)	6.30(6.36)
400	1.86(2.30)	0.54(0.43)	6.69(6.76)

注：1 表中热工性能指标为干密度 $600kg/m^3$ 加气混凝土，考虑灰缝影响导热系数 λ=0.24W/(m·K)，蓄热系数 S_{24}=3.76$W/(m^2·K)$；
2 括号内数据为加气混凝土砌块之间采用粘结砂浆，导热系数 λ=0.19W/(m·K)，蓄热系数 S_{24}=3.01$W/(m^2·K)$；
3 其他干密度的加气混凝土热工性能指标可根据本规程表 6.1.2 的数据计算；
4 表内数据不包括钢筋混凝土圈梁、过梁、构造柱等热桥部位的影响。

6.2.4 不同厚度加气混凝土屋面板的传热系数 K 值和热惰性指标 D 值可按表 6.2.4 采用。

表 6.2.4 不同厚度加气混凝土屋面板热工性能指标（B06 级）

屋面板厚度 δ(mm)	传热阻 R_0 [$(m^2·K)/W$]	传热系数 K [$W/(m^2·K)$]	热惰性指标 D
200	1.02	0.98	3.55
225	1.13	0.88	3.95
250	1.23	0.81	4.34
275	1.34	0.75	4.73

续表 6.2.4

屋面板厚度 δ(mm)	传热阻 R_0 [$(m^2\cdot K)/W$]	传热系数 K [$W/(m^2\cdot K)$]	热惰性指标 D
300	1.44	0.69	5.12
325	1.54	0.65	5.51
350	1.65	0.61	5.90

注：1　表中热工性能指标为干密度 600kg/m³ 加气混凝土，考虑灰缝影响导热系数 $\lambda=0.24W/(m\cdot K)$，蓄热系数 $S_{24}=3.76W/(m^2\cdot K)$；

2　其他干密度的加气混凝土热工性能指标根据表 6.1.2 的数据计算。

6.2.5　在严寒、寒冷和夏热冬冷地区，加气混凝土外墙中的钢筋混凝土梁、柱等热桥部位外侧应做保温处理；经处理后，当该部位的热阻值不小于外墙主体部位的热阻时，则可取外墙主体部位的传热系数作为外墙的平均传热系数，否则应按 6.2.2 条的规定计算外墙平均传热系数。

6.2.6　加气混凝土外墙和屋面的隔热性能应符合现行国家标准《民用建筑热工设计规范》GB 50176 的有关规定。单一加气混凝土围护结构的隔热低限厚度可按表 6.2.6-1 采用；复合屋盖中加气混凝土隔热低限厚度可按表 6.2.6-2 采用。

表 6.2.6-1　加气混凝土围护结构隔热低限厚度

围护结构类别	隔热低限厚度（mm）
外墙（不包括内外饰面）	175～200
屋面板	250～300

表 6.2.6-2　复合屋盖中加气混凝土隔热低限厚度（mm）

钢筋混凝土屋面板厚度	加气混凝土隔热低限厚度
120	180～200
150	160～180

注：1　表中隔热层厚度包括加气混凝土碎块找坡层（以平均厚度计）和加气混凝土砌块保温层厚度；

2　采用其他材料找坡层或其他构造形式的复合屋面构造形式中，加气混凝土隔热层厚度应根据热工计算确定。

6.2.7　当采用加气混凝土作为复合墙体的保温、隔热层时，加气混凝土应布置在水蒸气流出的一侧。

6.2.8　采用加气混凝土作保温层的复合屋面或单一屋面，每 50m² 应设置排湿排汽孔 1 个（图 6.2.8）。在单一加气混凝土屋面板的下表面宜做隔汽涂层。

6.2.9　加气混凝土砌块用作复合屋面的保温、隔热层时，可先在屋面板上做找坡层和找平层，将加气混凝土砌块置于找坡层之上，然后在隔热层上做防水层（图 6.2.9）。

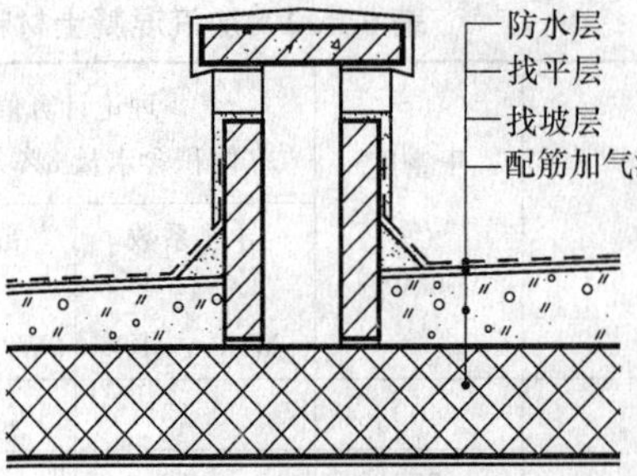

图 6.2.8　加气混凝土复合及单一屋面排湿排汽孔构造示意图

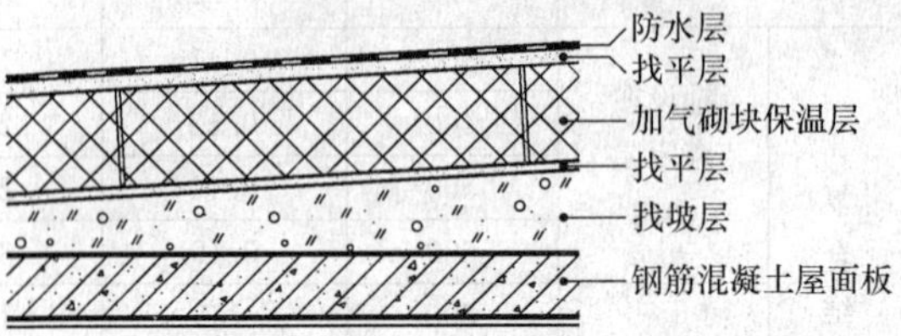

图 6.2.9　复合屋面构造示意图

7　建筑构造

7.1　一般规定

7.1.1　当加气混凝土外墙墙面水平方向有凹凸线脚和挑出部分时，应做泛水和滴水。

7.1.2　加气混凝土制品与门、窗、附墙管道、管线支架、卫生设备等应连接牢固。当采用金属件作为进入或穿过加气混凝土制品的连接构件时，应有防锈保护措施。

7.1.3　加气混凝土屋面板表面不宜镂槽；有特殊要求时，可在板的上部表面沿板长方向镂划，深度不得大于 15mm。墙板表面不得横向镂槽；有特殊要求时可在板的一面沿板长方向镂划。双面配筋的墙板，其镂划深度不应大于 15mm。单网片配筋隔板镂划深度不得大于板厚的 1/3，并不得破坏钢筋的防锈层。

7.2　屋面板

7.2.1　采用加气混凝土屋面板做平屋面时，当由支座找坡时，坡度应符合设计要求，支座部位应平整，板下应铺专用砂浆。在地震区应采取符合抗震要求的可靠连接措施，对设置有预埋件的屋面板，预埋件应通过连系钢筋使板与板之间以及板与支座之间有牢固的构造连接（图 7.2.1）。

7.2.2　加气混凝土屋面板不应作为屋架的支撑系统。

7.2.3　加气混凝土屋面板的挑出长度（图 7.2.3）应符合下列规定：

1　沿板宽方向不宜大于板宽的 1/3；

2　与相邻板应有可靠的连接；

3　沿板长方向不宜大于板宽的 2/3。

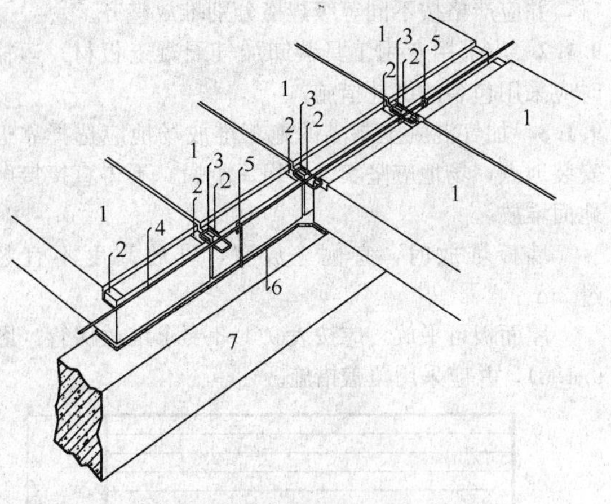

图 7.2.1 有抗震设防要求的加气混凝土屋面板构造示意图

1—抗震加气混凝土屋面板；2—预埋角铁；3—ϕ8 钢筋环与预埋角铁和 ϕ8 通长钢筋焊接；4—ϕ8 通长钢筋；5—梁内预埋 ϕ10 钢筋，间距 1200 与 ϕ8 通长钢筋焊接；6—专用砌筑砂浆坐浆；7—钢筋混凝土梁或圈梁

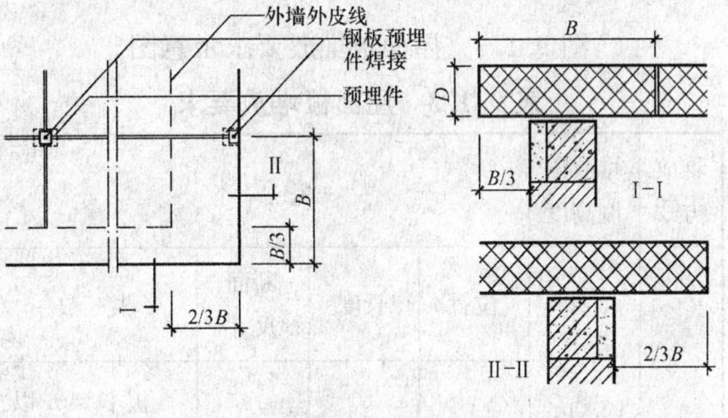

图 7.2.3 屋面板挑出长、宽度示意图

7.2.4 当不切断钢筋和不破坏钢筋防腐层时，加气混凝土屋面板上可开一个孔洞（图 7.2.4）。如开较大的孔洞，应另行设计。

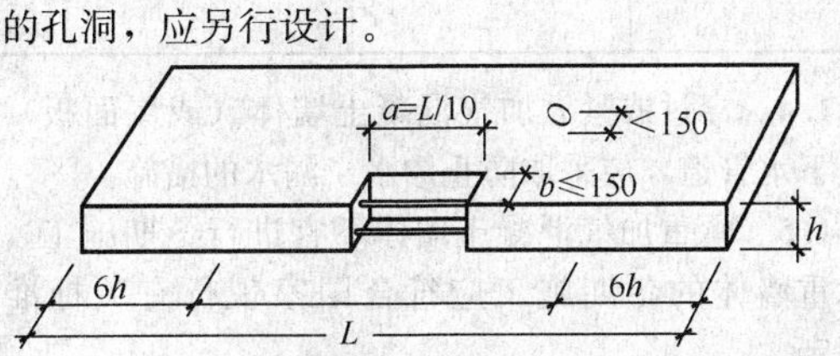

图 7.2.4 屋面板上开洞示意图

7.2.5 在加气混凝土屋面板上做卷材防水层时，屋盖应有良好的整体性，当为两道以上卷材时，在板的端头缝处应干铺一条宽度为 150～200mm 的卷材，第一层应采用花撒或点铺或在底层加铺一层带孔油毡。卷材的搭接部分和屋盖周边应满粘，第二层以上应符合国家现行有关标准的规定。

7.2.6 当加气混凝土屋面板采用无组织排水时，其檐口部位应有合理的防水、排水和滴水构造，不得顺板侧或板端自由流淌。

7.2.7 加气混凝土屋面板底表面不应做普通抹灰，宜采用刮腻子喷浆或在其下部做吊顶等底表面构造处理方式。

7.3 砌 块

7.3.1 加气混凝土砌块作为单一材料用作外墙，当其与其他材料处于同一表面时，应在其他材料的外表设保温材料，并在其表面和接缝处做聚合物砂浆耐碱玻纤布加强面层或其他防裂措施。

在严寒地区，外墙砌块应采用具有保温性能的专用砌筑砂浆砌筑，或采用灰缝小于等于 3mm 的密缝精确砌块。

7.3.2 对后砌筑的非承重墙，在与承重墙或柱交接处应沿墙高 1m 左右用 2ϕ4 钢筋与承重墙或柱拉结，每边伸入墙内长度不得小于 700mm。地震区应采用通长钢筋。当墙长大于等于 5.0m 或墙高大于等于 4.0m 时，应根据结构计算采取其他可靠的构造措施。

7.3.3 对后砌筑的非承重墙，其顶部在梁或楼板下的缝隙宜作柔性连接，在地震区应有卡固措施。

7.3.4 墙体洞口过梁，伸过洞口两边搁置长度每边不得小于 300mm。

7.3.5 当砌块作为外墙的保温材料与其他墙体复合使用时，应采用专用砂浆砌筑。并沿墙高每 500～600mm 左右，在两墙体之间应采用钢筋网片拉结。

7.4 外 墙 板

7.4.1 加气混凝土墙板作非承重的围护结构时，其与主体结构应有可靠的连接。当采用竖墙板和拼装大板时，应分层承托；横墙应按一定高度由主体结构承托。

在地震区采用外墙板时，应符合抗震构造要求。

7.4.2 外墙拼装大板，洞口两边和上部过梁板最小尺寸应符合表 7.4.2 的规定。

表 7.4.2 最小尺寸限值

洞口尺寸 宽×高（mm）	洞口两边板宽 （mm）	过梁板板高 （mm）
900×1200 以下	300	300
1800×1500 以下	450	300
2400×1800 以下	600	400

注：300mm 或 400mm 板材如需用 600mm 宽的板材在纵向切锯，不得切锯两边截取中段。如用作过梁板，应经结构验算。

7.5 内 隔 墙 板

7.5.1 加气混凝土隔墙板，宜采用垂直安装（过梁板除外）。板与主体结构的顶部构造宜采用柔性连接。

板上端与主体结构连接的水平板缝应填放弹性材料，压缩后的厚度可控制在 5mm 左右。

板下端顺板宽方向打入楔子（如用木材应经防腐处理），应使板上部通过弹性材料与上部主体结构顶紧。板下楔子不再撤出，楔子之间应采用豆石混凝土填塞严实，或采用其他有效的方法固定。

7.5.2 板与板之间无楔口槽平接时，应采用专用砂浆粘结，且饱满度应大于80%。

沿板缝高度每800mm应按30°角上下各钉入铝合金片或涂锌金属片（图7.5.2）。

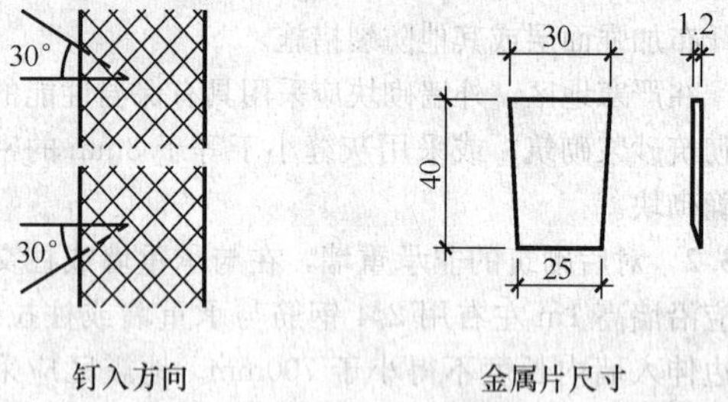

图7.5.2 金属片钉入板缝示意图

7.5.3 在加气混凝土隔墙板上吊挂重物时，应按国家现行有关标准设计和施工。

7.5.4 在隔墙板上设置暗线时，宜沿板高方向镂槽埋设管线。

8 饰面处理

8.0.1 加气混凝土墙面应做饰面。外饰面应对冻融交替、干湿循环、自然碳化和磕碰磨损等起有效的保护作用。饰面材料与基层应粘结良好，不得空鼓开裂。

8.0.2 加气混凝土墙面抹灰前，应在其表面用专用砂浆或其他有效的专用界面处理剂进行基底处理后方可抹底灰。

8.0.3 加气混凝土外墙的底层，应采用与加气混凝土强度等级接近的砂浆抹灰，如室内表面宜采用粉刷石膏抹灰。

8.0.4 在墙体易于磕碰磨损部位，应做塑料或钢板网护角，提高装修面层材料的强度等级。

8.0.5 当加气混凝土制品与其他材料处在同一表面时，两种不同材料的交界缝隙处应采用粘贴耐碱玻纤网格布聚合物水泥加强层加强后方可做装修。

8.0.6 抹灰层宜设分格缝，面积宜为30m²，长度不宜超过6m。

8.0.7 加气混凝土制品用于卫生间墙体，应在墙面上做防水层（至顶板底部），并粘贴饰面砖。

8.0.8 当加气混凝土制品的精确度高，砌筑或安装质量好，其表面平整度达到质量要求时，可直接刮腻子喷涂料做装饰面层。

9 施工与质量验收

9.1 一般规定

9.1.1 装卸加气混凝土砌块时，应轻拿轻放避免磕碰，并应严格按不同等级规格分别堆放整齐。

9.1.2 应采用专用工具装卸加气混凝土板材，运输时应采用包装的绑扎措施。

9.1.3 加气混凝土制品的施工堆放场地应选择靠近安装地点，场地应坚实、平坦、干燥。不得直接接触地面堆放。

墙板堆放时，宜侧立放置，堆放高度不宜超过3m。

屋面板可平放，应按表9.1.3要求堆放保管（图9.1.3），并应采用覆盖措施。

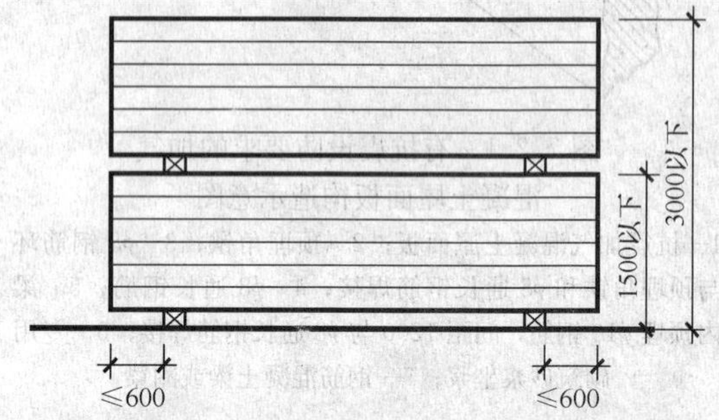

图9.1.3 屋面板堆放要求示意图

表9.1.3 屋面板堆放要求

堆放方式	堆放限制高度	垫木			
		位置	长度	断面尺寸	根数
平放	3.0m以下	距端头≤600mm	约900mm	100mm×100mm	板长4m以上时，每点2根；板长4m以下时，每点1根

9.1.4 穿过或紧靠加气混凝土墙体（或屋面板）的上下水管道，应采取防止渗水、漏水的措施。

9.1.5 承重加气混凝土墙体不宜进行冬期施工。非承重墙体的冬期施工应符合国家现行有关标准的规定。

9.1.6 在加气混凝土墙体或屋面板上钻孔、镂槽或切锯时，应采用专用工具。不得任意剔凿，不得横向镂槽。

9.2 砌块施工

9.2.1 砌块砌筑时，应上下错缝，搭接长度不宜小于砌块长度的1/3。

9.2.2 砌块内外墙墙体应同时咬槎砌筑，临时间断时可留成斜槎，不得留“马牙槎”。灰缝应横平竖直，水平缝砂浆饱满度不应小于90%。垂直缝砂浆饱满度不应小于80%。如砌块表面太干，砌筑前可适量浇水。

9.2.3 地震区砌块应采用专用砂浆砌筑，其水平缝和垂直缝的厚度均不宜大于 15mm。非地震区如采用普通砂浆砌筑，应采取有效措施，使砌块之间粘结良好，灰缝饱满。当采用精确砌块和专用砂浆薄层砌筑方法时，其灰缝不宜大于 3mm。

9.2.4 后砌填充砌块墙，当砌筑到梁（板）底面位置时，应留出缝隙，并应等待 7d 后，方可对该缝隙做柔性处理。

9.2.5 切锯砌块应采用专用工具，不得用斧子或瓦刀任意砍劈。洞口两侧，应选用规格整齐的砌块砌筑。

9.2.6 砌筑外墙时，不得在墙上留脚手眼，可采用里脚手或双排外脚手。

9.3 墙板安装

9.3.1 应使用专用工具和设备安装外墙板。当墙板上有油污时，应在安装前将其清除。外墙板的板缝应采用有效的连接构造，缝隙应严密、粘结应牢固。

9.3.2 内隔墙板的安装顺序应从门洞处向两端依次进行，门洞两侧宜用整块板。无门洞口的墙体应从一端向另一端顺序安装。

9.3.3 平缝拼接缝间粘结砂浆应饱满，安装时应以缝隙间挤出砂浆为宜。缝宽不得大于 5mm。

9.3.4 在墙板上钻孔、开洞，或固定物件时，必须待板缝内粘结砂浆达到设计强度后进行。

9.4 屋面工程

9.4.1 应采用专用工具安装屋面板，不得用钢丝绳直接兜吊，不得用普通撬杠调整板位。

9.4.2 当在屋面板上部施工时，板上部的施工荷载不得超过设计荷载，否则应加临时支撑。

9.4.3 应按设计要求焊接屋面板上的预埋件，不得漏焊。

9.5 墙体抹灰

9.5.1 加气混凝土墙面抹灰宜采用干粉料专用砂浆。内外墙饰面应严格按设计要求的工序进行，待制品砌筑、安装完毕后不应立即抹灰，应待墙面含水率达 15%～20%后再做装修抹灰层。抹灰工序应先做界面处理、后抹底灰，厚度应予控制。当抹灰层超过 15mm 时应分层抹，一次抹灰厚度不宜超过 15mm，其总厚度宜控制在 20mm 以内。

9.5.2 两种不同材料之间的缝隙（包括埋设管线的槽），应采用聚合物水泥砂浆耐碱玻纤网格布加强，然后再抹灰。

9.5.3 抹灰层宜用中砂，砂子含泥量不得大于 3%。

9.5.4 抹灰砂浆应严格按设计要求级配计量。掺有外加剂的砂浆，应按有关操作说明搅拌混合。

9.5.5 当采用水硬性抹灰砂浆时，应加强养护，直至达到设计强度。

9.6 工程质量验收

9.6.1 验收砌块墙体时，砌体结构尺寸和位置的偏差不应超过表 9.6.1-1 的规定，墙板结构尺寸和位置的偏差不应超过表 9.6.1-2 的规定。

表 9.6.1-1 砌体结构尺寸和位置允许偏差

项目		允许偏差（mm）	检查方法
砌体厚度		±4	—
基础顶面和楼面标高		±15	
轴线位移		10	
墙面垂直	每层	5	用 2m 靠尺检查
	全高	10	
表面平整		6	用 2m 靠尺检查
水平灰缝平直		7	用 10m 长的线拉直检查

表 9.6.1-2 墙板结构尺寸和位置允许偏差

项目			允许偏差（mm）	检查方法
拼装大板的高度或宽度两对角线长度差			±55	拉线
外墙板安装	垂直度	每层	5	用 2m 靠尺检查
		全高	20	
	平整度	表面平整	5	
内墙板安装	垂直度	墙面垂直	4	用 2m 靠尺检查
	平整度	表面平整	4	
内外墙门、窗框余量 10mm			±5	—

9.6.2 屋面板施工时支座的平整度偏差不得大于 5mm，屋面板相邻的平整度偏差不得大于 3mm。

附录 A 蒸压加气混凝土隔墙隔声性能

表 A 蒸压加气混凝土隔墙隔声性能表

隔墙做法	构造示意	下列各频率的隔声量(dB)						100～3150Hz 的计权隔声量 R_w(dB)
		125 Hz	250 Hz	500 Hz	1000 Hz	2000 Hz	4000 Hz	
75mm 厚砌块墙，双面抹灰		29.9	30.4	30.4	40.2	49.2	55.5	38.8
100mm 厚砌块墙，双面抹灰		34.7	37.5	33.3	40.1	51.9	56.5	41.0

续表 A

隔墙做法	构造示意	下列各频率的隔声量(dB) 125Hz	250Hz	500Hz	1000Hz	2000Hz	4000Hz	100～3150Hz 的计权隔声量 R_w(dB)
150mm 厚砌块墙，双面抹灰	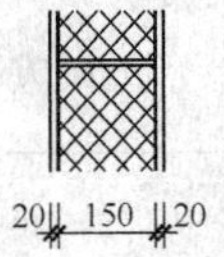	37.4	38.6	38.4	48.6	53.6	57.0	44.0（砌块）
		37.4	38.6	38.4	48.6	53.6	57.0	46.0（板材）（B06 级无抹灰层）
100mm 厚条板，双面刮腻子喷浆		32.6	31.6	31.9	40.0	47.9	60.0	39.0
两道 75mm 厚砌块墙，双面抹混合灰	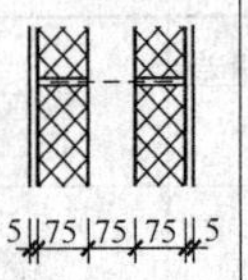	35.4	38.9	46.0	47.0	62.2	69.2	49.0
两道 75mm 厚条板，双面抹混合灰	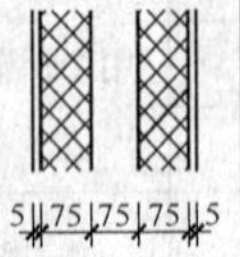	38.6	49.3	49.4	55.6	65.7	69.6	56.0
一道 75mm 厚砌块和一道半砖墙，双面抹灰	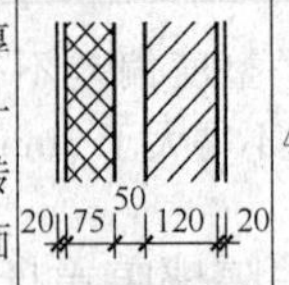	40.3	40.8	55.4	57.7	67.2	63.5	55.0
200mm 厚条板，双面刮腻子喷浆	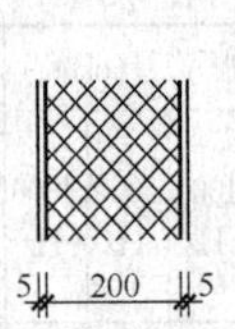	31.0	37.2	41.1	43.1	51.3	54.7	45.2（板材）
		39.0	40.1	40.4	50.4	59.1	48.4	48.4（砖块）（B06 级无抹灰层）

注：1 本检测数据除注明外，均为 B05 级水泥、矿渣、砂加气混凝土砌块；
2 砌块均为普通水泥砂浆砌筑；
3 抹灰为 1∶3∶9(水∶石灰∶砂)混合砂浆；
4 B06 级制品隔声数据系水泥、石灰、粉煤灰加气混凝土制品。

附录 B　蒸压加气混凝土耐火性能

表 B　蒸压加气混凝土耐火性能表

材料		体积密度级别	厚度（mm）	耐火极限（h）
加气混凝土砌块	水泥、矿渣、砂为原材料	B05	75	2.5
			100	3.75
			150	5.75
			200	8.0
	水泥、石灰、粉煤灰为原材料	B06	100	6
			200	8
	水泥、石灰、砂为原材料	B05	150	＞4
			100	3
水泥、矿渣、砂为原材料	屋面板	B05	100	3
			3300×600×150	1.25
	墙板	B05	2700×(3×600)×150	＜4

附录 C　蒸压加气混凝土砌体抗压强度的试验方法

C.0.1　加气混凝土砌体试件采用三皮砌块，包括 2 条水平灰缝和 1 条垂直灰缝（图 C.0.1）。试件的截面尺寸可为 200mm×600mm。砌体高度与较小边的比值可采用 3～4。

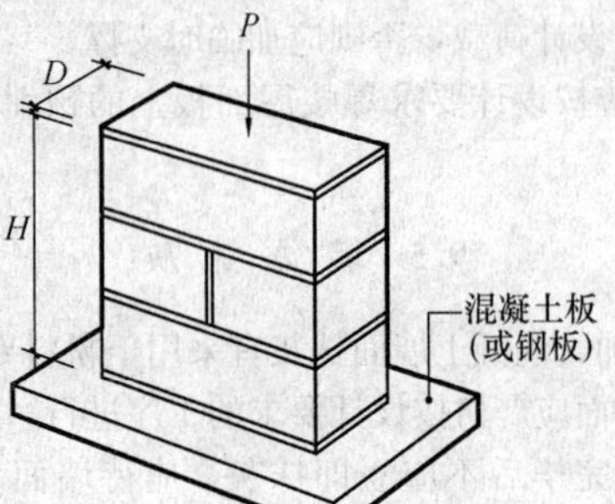

图 C.0.1　砌体试件示意图

C.0.2　砌体抗压强度试验应按下列步骤进行：

1　在砌筑前，先确定加气混凝土强度和砂浆强度。每组砌体至少应做 1 组（3 块）砂浆试块，与砌体相同的条件养护，并在砌体试验的同时进行抗压试验。

2　砌体试件采用 3 个为 1 组，按图 C.0.1 所示砌筑砌体，其砌筑方法与质量应与现场操作一致。

3　试件在温度为(20±3)℃的室内自然条件下，养护 28d，放在压力机上进行轴心受压试验。

试验时采用等速[加载速度为 0.5N/(mm² · s)]分级加载，每级荷载约等于预计破坏荷载 10%，直至破坏为止。

4 根据破坏荷载，按下列公式确定砌体抗压试验强度 f，并计算 3 个试件的平均值：

$$f=\frac{P\psi}{\varphi A} \qquad (C.0.2\text{-}1)$$

$$\psi=\frac{1}{0.75+\dfrac{18.5S}{A}} \qquad (C.0.2\text{-}2)$$

式中 P——破坏荷载(N)；

A——试件的受压面积(mm^2)；

φ——纵向弯曲系数，按本规程第 5.2.3 条采用；

ψ——截面换算系数；

S——试件的截面周长(mm)。

附录 D 砌体水平通缝抗剪强度试验方法

D.0.1 试件尺寸：砌体标准尺寸见图 D.0.1。灰缝厚度为 8～15mm。若砌块生产规格不同，试件尺寸可按图 D.0.1 中括号内的数值确定。

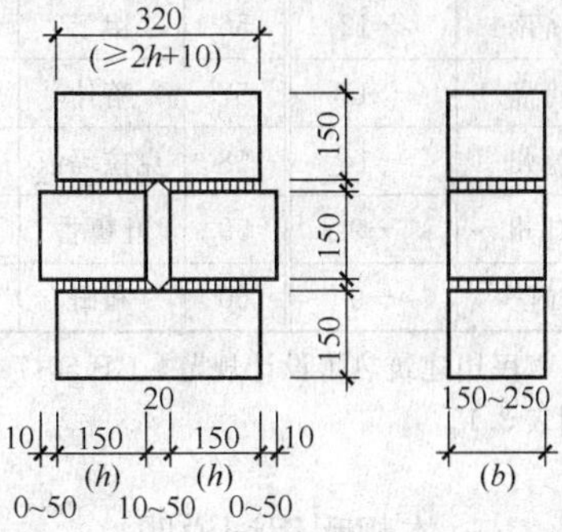

图 D.0.1 砌体标准尺寸示意图

D.0.2 试件制作：砌体水平砌筑，砌块的砌筑面需为切割面，同一水平的左右灰缝不得相连。试件砌筑完成后，顶部压二皮砌块，直至试验前取下。

抗剪试件一般砌筑 2～3 组、每组 3～5 个，砌筑的同时留 1 组砂浆标准试件(至少 3 块)，在室内条件下一起养护和存放，待砂浆达到预期强度后进行试验。

D.0.3 试验方法：试件按图 D.0.3-1 安装，直接在试验机或其他设备上加载，传力板和垫板尺寸和制作见图 D.0.3-2。

试验时可采用等速连续或分级加载，加载过程力求缓慢、均匀。当试件出现滑移并开始卸载时，即认为达到极限状态，记下最大荷载值 P(N)，其中应包括试件上的全部附加重量。

D.0.4 抗剪强度：按下式确定砌体水平通缝的抗剪强度 f_v，并计算各组试件的平均值。

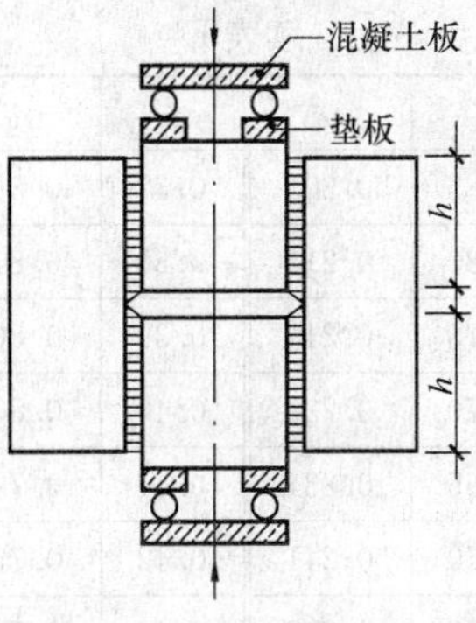

图 D.0.3-1 试件安装示意图

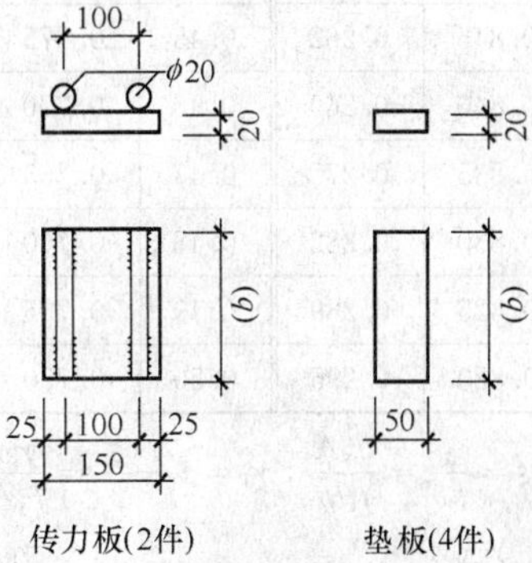

图 D.0.3-2 传力板和垫板尺寸示意图

$$f_v=\frac{P}{2bh} \qquad (D.0.4)$$

式中 f_v——砌体水平通缝的抗剪强度(N/mm^2)；

b——砌体试件宽度(mm)；

h——试件剪切面长度(mm)，见图 D.0.1、图D.0.3-1。

附录 E 配筋加气混凝土矩形截面受弯构件承载力计算表

ξ	γ_0	A_0	ξ	γ_0	A_0
0.01	0.995	0.010	0.12	0.940	0.113
0.02	0.990	0.020	0.13	0.935	0.121
0.03	0.985	0.030	0.14	0.930	0.130
0.04	0.980	0.039	0.15	0.925	0.139
0.05	0.975	0.048	0.16	0.920	0.147
0.06	0.970	0.058	0.17	0.915	0.155
0.07	0.965	0.067	0.18	0.910	0.164
0.08	0.960	0.077	0.19	0.905	0.172
0.09	0.955	0.086	0.20	0.900	0.180
0.10	0.950	0.095	0.21	0.895	0.188
0.11	0.945	0.104	0.22	0.890	0.196

续表 E

ξ	γ_0	A_0	ξ	γ_0	A_0
0.23	0.885	0.203	0.37	0.815	0.301
0.24	0.880	0.211	0.38	0.810	0.308
0.25	0.875	0.219	0.39	0.805	0.314
0.26	0.870	0.226	0.40	0.800	0.320
0.27	0.865	0.234	0.41	0.795	0.326
0.28	0.860	0.241	0.42	0.790	0.332
0.29	0.855	0.248	0.43	0.785	0.337
0.30	0.850	0.255	0.44	0.780	0.343
0.31	0.845	0.262	0.45	0.775	0.349
0.32	0.840	0.269	0.46	0.770	0.354
0.33	0.835	0.275	0.47	0.765	0.360
0.34	0.830	0.282	0.48	0.760	0.365
0.35	0.825	0.289	0.49	0.755	0.370
0.36	0.820	0.295	0.50	0.750	0.375

注：表中 $\xi=\dfrac{x}{h_0}=\dfrac{f_y A_s}{f_c b h_0}$，$\gamma_0=1-\dfrac{\xi}{2}=\dfrac{\gamma_{RA}M}{f_y A_s h_0}$，$A_0=\xi\gamma_0=\dfrac{\gamma_{RA}M}{f_c b h_0^2}$，$A_s=\xi\dfrac{f_c}{f_y}bh_0$ 或 $A_s=\dfrac{\gamma_{RA}M}{\gamma_0 f_y h_0}$，$M=\dfrac{A_0}{\gamma_{RA}}f_c b h_0^2$。

附录 F　我国 60 个城市围护结构冬季室外计算温度 t_e（℃）

序名	地名	围护结构室外计算温度 t_e（℃）	序名	地名	围护结构室外计算温度 t_e（℃）
1	北京	−14	13	锡林浩特	−31
2	天津	−12	14	海拉尔	−40
3	石家庄	−14	15	通辽	−25
4	张家口	−21	16	赤峰	−23
5	秦皇岛	−15	17	二连浩特	−32
6	保定	−13	18	多伦	−31
7	唐山	−14	19	沈阳	−27
8	承德	−18	20	丹东	−19
9	太原	−16	21	大连	−17
10	大同	−22	22	抚顺	−27
11	运城	−11	23	本溪	−23
12	呼和浩特	−23	24	锦州	−19

续表 F

序名	地名	围护结构室外计算温度 t_e（℃）	序名	地名	围护结构室外计算温度 t_e（℃）
25	鞍山	−23	43	日喀则	−14
26	锦西	−18	44	西安	−10
27	长春	−28	45	榆林	−23
28	吉林	−31	46	延安	−16
29	延吉	−24	47	兰州	−15
30	通化	−28	48	酒泉	−21
31	四平	−26	49	敦煌	−20
32	哈尔滨	−31	50	天水	−12
33	嫩江	−39	51	西宁	−18
34	齐齐哈尔	−30	52	银川	−21
35	牡丹江	−29	53	乌鲁木齐	−30
36	佳木斯	−32	54	塔城	−30
37	伊春	−35	55	哈密	−24
38	济南	−12	56	伊宁	−30
39	青岛	−11	57	喀什	−16
40	德州	−14	58	克拉玛依	−31
41	郑州	−9	59	吐鲁番	−21
42	拉萨	−9	60	和田	−16

注：摘自《民用建筑热工设计规范》GB 50176—93 附录三附表 3.1。

本规程用词说明

1　为便于在执行本规程条文时区别对待，对要求严格程度不同的用词说明如下：

1）表示很严格，非这样做不可的：
正面词采用“必须”，反面词采用“严禁”；

2）表示严格，在正常情况下均应这样做的：
正面词采用“应”，反面词采用“不应”或“不得”；

3）表示允许稍有选择，在条件许可时首先应这样做的：
正面词采用“宜”，反面词采用“不宜”；
表示有选择，在一定条件下可以这样做的，采用“可”。

2　条文中指明按其他有关标准执行的写法为：“应符合……的规定”或“应按……执行”。

中华人民共和国行业标准

蒸压加气混凝土建筑应用技术规程

JGJ/T 17—2008

条 文 说 明

前　言

《蒸压加气混凝土建筑应用技术规程》JGJ/T 17—2008，经住房和城乡建设部 2008 年 11 月 14 日以第 153 号公告批准发布。

本标准第一版的主编单位是北京市建筑设计院、哈尔滨市建筑设计院，参加单位是清华大学、中国建筑东北设计院、北京加气混凝土厂等共 16 个单位。

为便于广大设计、施工、科研、学校等单位有关人员在使用本标准时能正确理解和执行条文规定，《蒸压加气混凝土建筑应用技术规程》编制组按章、节、条顺序编制了本标准的条文说明，供使用者参考。在使用中如发现本条文说明有不妥之处，请将意见函寄主编单位北京市建筑设计研究院（地址：北京市南礼士路 62 号，邮编 100045）。

目　次

1 总 则

1.0.1 蒸压加气混凝土的生产和应用在我国尽管已有40多年的历史，但就全国范围来看，大量建厂生产加气混凝土还是近十多年的事情。

从加气混凝土制品在各类建筑中的应用效果来看，技术经济效益较好，受到设计、施工和建设单位的好评。特别是近些年来国家提出墙体改革和节约能源的政策以来，更使加气混凝土材料有用武之地。

但是，在推广应用过程中，也暴露出应用技术与之不相适应的问题，如设计、施工不尽合理，辅助材料不够配套，以致在房屋的施工和使用中不断出现一些质量问题，影响加气混凝土更快更广泛地推广应用。

为了更好地推广和应用加气混凝土制品，充分发挥这种材料的优点，扬长避短，确保建筑的质量和安全，是本规程的编制目的。

1.0.2 我国是一个多地震的国家，6度和6度以上地震区占全国国土面积2/3以上。因此，任何一种材料要广泛用于房屋建筑中，必须了解它的抗震性能和适用范围。

本规程针对加气混凝土砌块和屋面板等构件应用于抗震设防地区及非地震区作出相应规定。

加气混凝土制品的原材料主要是硅、钙两种成分，如当前国内主要生产两个品种的加气混凝土，即水泥、石灰、砂加气混凝土和水泥、石灰、粉煤灰加气混凝土。过去所进行的材性和构性试验中，以干密度为B05级、强度为A2.5级的水泥矿渣砂加气混凝土制品较多。后来大量发展干密度为B06级、强度为A3.5级的水泥、石灰、粉煤灰的加气混凝土制品，又做了大量的材性试验工作。最近又开发作为保温用的B03级和B04级的制品，这类制品仅作为保温材料使用。故本规程适用于水泥、石灰、砂以及水泥、石灰、粉煤灰两种加气混凝土制品以及有可靠检测数据的其他硅、钙为原材料的加气混凝土制品。从实验室的试验来看，它们之间的材性基本上是相似的，因此制定本条，扩大了本规程的应用对象。对于其差异之处，将引入不同的设计参数加以区别对待。对配筋板材，为提高其刚度和钢筋的粘结力，要求强度等级在A3.5以上。

对于非蒸压加气混凝土制品，由于其强度低、收缩大，只能作为保温隔热材料使用。不属于本规程范围。

1.0.3 加气混凝土制品的质量应符合《蒸压加气混凝土板》GB 15762和《蒸压加气混凝土砌块》GB 11968的要求，这两个产品质量标准是最低的质量要求。为了确保建筑质量，对于不符合质量要求的产品，不应在建筑上使用。

1.0.4 本规程是现行设计和施工标准的补充文件，规程仅根据加气混凝土的特性作了一些必要的补充规定。在设计、施工和装修中还应符合国家现行的有关标准的要求。

3 一 般 规 定

3.0.1 从应用效果来看，在民用房屋建筑和一般工业厂房的围护结构中用加气混凝土墙板、砌块、屋面板和保温材料是适宜的，它充分利用了体轻和保温效果好的优点，技术经济效果比较好。但应结合本地区和建筑物的具体情况进行方案比较，做到“物尽其用”。

3.0.2 多年的实践已经取得许多经验。但对于砌块作为承重墙体用于地震区，还缺乏宏观震害经验，出于安全考虑，参考其他砌体材料，对以横墙承重的房屋，限制其总层数及总高度是必要的。

表3.0.2给出加气混凝土砌块的强度等级与干密度的对应关系，是根据现行国家标准《蒸压加气混凝土砌块》GB 11968和《蒸压加气混凝土板》GB 15762的规定。如B05级产品即干密度小于等于500kg/m^{3}的产品，其他级别产品以此类推。

3.0.3 加气混凝土制品长期处于受水浸泡环境，会降低强度。在可能出现0℃以下的地区，易受局部冻融破坏。对浓度较大的二氧化碳以及酸碱环境下也易于破坏。其耐火性能较好，但长期在高温环境下采用承重制品如墙、屋面板应慎重，因其在长期高温环境下易开裂。

3.0.4 控制加气混凝土制品在砌筑或安装时的含水率是减少收缩裂缝的一项有效措施，这已为工程实践证明。首先控制上房含水率，不得在饱和状态下上房；其次控制墙体抹灰前含水率，墙体砌筑完毕后不宜立即抹灰，一般控制在15%以内再进行抹灰工艺。通过试验研究证明，对粉煤灰加气混凝土制品以及相对湿度较高的地区，制品含水率可适当放宽，但亦宜控制在20%左右。

3.0.5 实践证明，采用普通水泥砂浆或混合砂浆砌筑加气混凝土砌块，如无切实可行的措施，不能保证缝隙砂浆饱满及两者粘结良好，这是墙体开裂的主要原因之一。因此承重墙体宜采用专用砌筑砂浆。

3.0.6 工程调查的结果表明，没有做饰面的加气混凝土墙面（尤其是外墙），经过数年后，由于干湿、冻融循环等自然条件影响，均有不同程度的损坏。因此，做外饰面是保护加气混凝土制品耐久性的重要措施。

3.0.7 震害经验表明，地震区采用横墙承重的结构体系其抗震性能优于其他结构布置形式。为此，加气混凝土砌块作为承重墙体时，应尽量采用横墙承重体系。同时，参考其他砌体房屋的震害经验，其横墙间距取较小的数值。

3.0.8 加气混凝土砌块承重房屋的抗震性能还取决于它的整体性。为了加强砌块墙体内外墙的连接，按照不同烈度设置拉结钢筋。

构造柱是砌体结构防止地震时突然倒塌的有效抗震措施，对于加气混凝土砌块承重的房屋，设置钢筋混凝土构造柱是十分必要的。

3.0.9 在加气混凝土砌块作为承重结构时，虽在非地震区建造，但也应加强房屋结构的整体性。因此，在一般在房屋顶层应设置现浇圈梁；房屋四角应有钢筋混凝土构造柱等。

3.0.10 隔声和耐火性能仅做过干密度为 500～600kg/m³的加气混凝土制品的试验。其他干密度制品目前仅能根据理论推算，有待各厂家逐步完善，经试验后补充数据。

4 材料计算指标

4.0.1 加气混凝土强度等级的定义是：

1 考虑到加气混凝土生产的特点，为了方便生产检验和准确地标定加气混凝土强度，由原规程的气干状态（含水率 10%）检验强度改为出釜状态（含水率 35%～40%）检验强度。

2 在出釜状态随机抽取远离侧模边 250mm 以上的 3 块砌块，在每个砌块发气方向的中间部位切割 3 个边长 100mm 立方体试块构成 1 组，用标准试验方法测得的、具有 95%保证率的立方体抗压强度平均值作为加气混凝土抗压强度等级的标准值。

3 加气混凝土强度等级（亦称标号）的代表值（A2.5、A3.5、A5.0、A7.5），系指在出釜状态立方体抗压强度检验时 3 个试块为 1 组的平均值，应等于或大于强度等级（A2.5、A3.5、A5.0 和 A7.5）代表值（且其中 1 个试块的立方体抗压强度不得低于代表值的 85%），以确保加气混凝土在应用时的安全度。

4 加气混凝土在出釜状态时的强度等级代表值 $f^{A}_{cu\cdot15}$，是本规程加气混凝土各项力学指标的基本代表值。

4.0.2 按照国家现行标准《建筑结构可靠度设计统一标准》GB 50068，并参照《混凝土结构设计规范》GB 50010 的要求，依据原《蒸压加气混凝土应用技术规程》JGJ 17—84 的编制背景材料《我国加气混凝土主要力学性能统计分析研究报告》（哈尔滨市建筑设计院 1982 年 10 月）和《加气混凝土构件的计算及其试验基础》（清华大学抗震抗爆工程研究室科学研究报告集第二集 1980 年）所提供的试验资料数据，并考虑到目前我国加气混凝土在气干状态（含水率 10%）时的实际强度，对加气混凝土的抗压、抗拉强度标准值、设计值按下述原则和方法确定。

1 抗压强度：按正态分布曲线统计分析确定。

1） 抗压强度标准值 f_{ck}：

取其概率分布的 0.05 分位数确定，保证率为 95%。

$$f_{ck} = 0.88 \times 1.10 f^{A}_{cu\cdot15} - 1.645\sigma \quad (1)$$

式中 f_{ck}——抗压强度标准值（N/mm²）；

0.88——考虑结构中加气混凝土强度与试件强度之间的差异对试件强度的修正系数；

1.10——出釜强度换算成气干强度的调整系数；

$f^{A}_{cu\cdot15}$——加气混凝土出釜强度等级代表值（N/mm²）；

σ——标准差（N/mm²）。

按正态分布曲线统计规律，加气混凝土强度的变异系数 $\delta_f = \sigma / f^{A}_{cu\cdot15}$ 为 0.10～0.18，取 $\delta_f = 0.15$ 确定标准差 σ 后，代入（1）式得出本规程加气混凝土抗压强度标准值（见表 4.0.2-1）。

2） 抗压强度设计值 f_c：

参照《混凝土结构设计规范》GB 50010 及其条文说明的可靠度分析，根据安全等级为二级的一般建筑结构构件，按脆性破坏，要求满足可靠度指标 $\beta = 3.7$。经综合分析后，对于板构件加气混凝土抗压强度设计值由加气混凝土抗压强度标准值除以加气混凝土材料分项系数 γ_f 求得，加气混凝土材料分项系数取 $\gamma_f = 1.40$。加气混凝土抗压强度设计值为：

$$f_c = \frac{1}{\gamma_f} f_{ck} \quad (2)$$

按（2）式得出本规程加气混凝土抗压强度设计值（见表 4.0.2-2）。

2 抗拉强度：与抗压强度处于同一正态分布曲线，变异系数相同，按抗拉强度与抗压强度相关规律：

1） 抗拉强度标准值 $f_{tk} = 0.09 f_{ck}$ (3)

2） 抗拉强度设计值 $f_t = 0.09 f_c$ (4)

由此得表 4.0.2-1 和表 4.0.2-2 中的相应值。

4.0.3 加气混凝土的弹性模量仍按原规程的定义和方法确定。

1 水泥矿渣砂加气混凝土和水泥石灰砂加气混凝土取为：

$$E_c = 310\sqrt{1.10 f^{A}_{cu\cdot15} \times 10} \quad (5)$$

2 水泥石灰粉煤灰加气混凝土取为：

$$E_c = 280\sqrt{1.10 f^{A}_{cu\cdot15} \times 10} \quad (6)$$

按（5）、（6）式得出本规程加气混凝土弹性模量（见表 4.0.3）。

4.0.4 加气混凝土的泊松比、线膨胀系数系参照国内的科研成果和国外标准而定。

4.0.5 砌体的抗压强度、抗剪强度和弹性模量。

本条是根据国内北京、哈尔滨、重庆等地有关单位的科研成果而定的。

国内目前生产的块材尺寸，一般的高度为 250～

300mm，长度为400～600mm，厚度按使用要求和承载能力确定。影响砌体强度的主要因素是砌块的强度和高度，本标准以块高250～300mm作为标准给出砌体强度。

砂浆为广义名称，包括水泥砂浆、混合砂浆、胶粘剂和保温砂浆等，砌筑加气混凝土应优先采用专用砂浆。由于加气混凝土砌块强度不高，试验表明采用高强度等级的砂浆对其砌体强度增长得不多，强度太低的砂浆又不易保证较大砌块的砌体整体工作性能，故只给出M2.5和M5.0两个砂浆强度等级作为砌体强度正常选用指标，高于M5.0的砂浆强度等级仍按M5.0砂浆采用。

表4.0.5-1中的砌体抗压强度系按国内的科研成果，以高250mm、长600mm砌块为准，按砌体强度与砌块材料立方强度的线性关系给定的。

当砂浆强度等级为M2.5时，砌体抗压强度标准值为 $f_k=0.6f_{ck}$，f_{ck} 为加气混凝土砌块材料立方抗压强度标准值。

当砂浆强度等级为M5.0时，砌体抗压强度标准值为 $f_k=0.65f_{ck}$。

砌体的材料分项系数由原规程的 $\gamma_f=1.55$，提高到 $\gamma_f=1.6$，将砌体抗压强度标准值除以此材料分项系数即得砌体抗压强度设计值：

当砂浆为M2.5时，$f=f_k/\gamma_f=0.375f_{ck}$；当砂浆为M5.0时，$f=f_k/\gamma_f=0.406f_{ck}$。

按上式得出砌体抗压强度设计值见表4.0.5-1。

当砌块高度小于250mm、大于180mm，长度大于600mm时，其砌体抗压强度按块形变动，需乘以块形修正系数 C 进行调整。

块形修正系数：

$$C=0.01\frac{h_1^2}{l_1}\leqslant 1.0 \tag{7}$$

只取小于1的 C 值进行修正。

式中 h_1——砌块高度（mm）；

l_1——砌块长度（mm）。

砌体沿通缝的抗剪强度，系规程编制组采用普通砂浆砌体试验的科研成果而标定的，见表4.0.5-2。采用专用砂浆时的抗剪强度，因离散性较大不便统一规定。

砌体的弹性模量取压应力等于砌体抗压强度40%时的割线模量，按原来试验统计公式，当砂浆强度等级M2.5～M5.0时为：

$$E=\alpha\sqrt{R_a} \tag{8}$$

$$\alpha=\frac{1.06\times10^6}{\dfrac{1550}{\sqrt{R_1}}+\dfrac{450}{\sqrt{R_2}}} \tag{9}$$

式中 E——加气混凝土砌体弹性模量（kg/cm^2）；

α——系数；

R_a——加气混凝土砌体的抗压强度值 $R_a=0.6R_1$（kg/cm^2）；

R_1——砌块的抗压强度（kg/cm^2）；

R_2——砂浆强度（kg/cm^2）。

将上述公式中各项的单位，由 kg/cm^2 变换为 N/mm^2，并将本规程的加气混凝土强度等级和砂浆强度等代入，经计算调整后得表4.0.5-3所列值。

4.0.6 加气混凝土配筋构件的钢筋强度取值是按国内科研成果并参照《混凝土结构设计规范》GB 50010给出的。配筋构件的钢筋，宜采用HPB235级钢，其抗拉、抗压强度设计值取 $210N/mm^2$。

经过机械调直和蒸养时效的HPB235级钢筋，屈服强度可提高。通过规程编制组的试验和各主要生产厂的采样分析，其提高值离散性较大。有的生产厂机械调直设备完善，管理较好，质量控制较严，机械调直能起冷加工作用，调直蒸压后的钢筋抗拉强度提高较多，且性能稳定。有的生产厂机械调直设备陈旧，型号较杂，管理较差，钢筋机械调直后的强度变化不大。鉴于此种情况不宜作统一规定。如果生产厂能保证钢筋调直后提高强度，且有可靠试验根据时，当钢筋直径等于或小于12mm时，调直蒸压后的钢筋抗拉强度可取 $250N/mm^2$，但抗压强度均为 $210N/mm^2$。

4.0.7 规程对钢筋防腐处理明确提出要有严格的保证，这是配筋构件的关键性技术要求。工程实践表明加气混凝土配筋构件的钢筋防腐如果处理不好，将是造成构件破坏或不能使用的主要原因，因此强调钢筋防腐必须可靠，在产品标准中给以严格的保证。

本规程提出的涂有防腐剂的钢筋与加气混凝土的粘着力不得小于 $0.8N/mm^2$（A2.5）和 $1N/mm^2$（A5.0），这是最低要求，并不作为产品标准的依据。产品标准应提高保证数据，储存可靠的安全度。

4.0.8 将砌体和配筋构件的重量综合在一起进行标定。主要是考虑加气混凝土的密度小，各类构件密度差的绝对值不大。为了便于应用和简化，以加气混凝土干密度为准，给定一个综合增重系数1.4，考虑了使用阶段的超密度，较大含水率、钢筋量、胶结材料超重等因素。各地可根据所采用的加气混凝土制品干密度指标乘以增重系数，切合实际而又灵活。在目前国内各生产厂产品密度离散性较大的情况下，不宜给出统一标定的设计密度绝对指标。

5 结构构件计算

5.1 基本计算规定

5.1.1 我国颁布《建筑结构可靠度设计统一标准》GB 50068后，统一了结构可靠度和表达式形式，各种设计规范都根据此标准所规定的原则相继地进行修订。与本规程密切相关的有：《建筑结构荷载规范》GB 50009，《砌体结构设计规范》50003，《混凝土结构设计规范》GB 50010 和《建筑抗震设计规范》GB 50011 等。

本规程的原版本 JGJ 17—84 是此前制定的，因此也必须进行相应的修订。本规程中结构构件计算部分遵循的修订原则如下：

1 根据统一标准 GB 50068 规定的原则，采用了以概率理论为基础的极限状态设计法和分项系数表达的计算式；

2 在实际工程中，加气混凝土构件常常和钢筋混凝土、砖砌体构件等结合使用。同一建筑物内各构件的设计可靠度应该相等或相近。在确定加气混凝土的材料强度和弹性模量的设计值，以及砌体强度设计值时，采用了与混凝土或砖砌体相同或略高的可靠度指标（β值）；

3 设计人员对常用的荷载、混凝土结构和砖砌体结构等的设计规范都很熟悉，本规程中构件计算公式的形式和符号都与同类受力构件（如板受弯、砌体受压）在相应规范中的计算式基本一致，以方便使用、避免混淆；

4 考虑到加气混凝土材质的特点和差异，以及构件在运输或建造过程中可能受到损伤等不利因素，在构件承载能力的极限状态设计基本公式（5.1.2）中，在承载力设计值 R 一边引入一个调整系数（γ_{RA}）。

在原规程 JGJ 17—84 中，基于同样的考虑在确定加气混凝土构件的设计安全系数 K 值时就比原混凝土结构和砖砌体结构规范所要求的安全系数有一定提高（表 1）。为了使两本规程很好地衔接，也注意到近年加气混凝土配筋板材的质量有所提高，本规程对于配筋板和砌体采取相同的承载力调整系数值 $\gamma_{RA}=1.33$，相当于对加气混凝土构件的安全系数提高 1.33 倍。此值与表 1 中原规程的安全系数提高值相当。

表 1 原规程与相关规范安全系数的比较

构件种类	配筋板		砌 体	
受力种类	受弯	受剪	受压	受剪
加气混凝土应用规程 JGJ 17—84	2.0	2.2	3.0	3.3
钢筋混凝土规范 TJ 10—74	1.4	1.55		
砖砌体规范 GBJ 3—73			2.3	2.5
加气混凝土构件的安全系数提高比	1.43	1.42	1.30	1.32

原规程在工程实践中使用已二十多年，表明设计安全系数取值合理。本规程按上述修改后，对典型构件进行对比计算，构件可靠度与原规程的计算结果基本相同，故构件可靠度有切实保证，且比原规程略有改进。

关于构件的极限承载力和变形等性能的计算方法和参数值的确定，在原规程 JGJ 17—84 的编制说明中已经列举了试验依据和分析。在制定本规程时如无重大补充和修改，将不再重复。

5.1.2 承载能力极限状态设计的一般计算式按照《建筑结构可靠度设计统一标准》GB 50068 的原则确定。承载力调整系数 γ_{RA} 及其数值专为加气混凝土构件而设定。

5.1.3 关于构件的正常使用极限状态，由于加气混凝土的弹性模量值低，需验算受弯板材的变形。

试验证明，由于制造过程中形成的初始自应力和加气混凝土的抗折强度较高等原因，适筋受弯板材的开裂弯矩与极限弯矩的比值约为 $M_{cr}/M_u=0.5\sim0.7$，远大于普通混凝土构件的相应值。因此，加气混凝土板材在使用荷载下一般不会出现受弯裂缝，而且钢筋外表有防腐涂层可防止锈蚀，故不需作抗裂验算。

5.1.4 本条用以计算板材截面上网的配筋数量。板材的自重分项系数根据生产经验由原规程的 1.1 增加至 1.2。

5.2 砌体构件的受压承载力计算

5.2.1 轴心和偏心受压构件的承载力计算式与原规程中的相同，也与现行《砌体结构设计规范》GB 50003 的同类计算式相似。受压构件的纵向弯曲系数 φ 和轴向力的偏心影响系数 α 分列，系数 0.75 即承载力调整系数（$\gamma_{RA}=1.33$）的倒数值（下列有关计算式中同此）。

5.2.2 加气混凝土砌体的偏心受压试验表明，大小偏心受压破坏的界限偏心距在 $e=(0.48\sim0.51)y$ 范围内。当 $e>0.5y$ 时，砌体的一侧出现拉应力，极限承载力很低，且破坏突然，设计时宜加以限制。

5.2.3 长柱砌体的试验结果表明，加气混凝土砌体的纵向弯曲系数 φ 与砖砌体(砂浆 M2.5)的数值相近。本条根据构件高厚比 β 值确定系数 φ 的方法，以及表 5.2.3 中的 φ 值同原规程，也与《砌体结构设计规范》GB 50003 中的相应条款相同。

β 的修正值取为 1.1，系参考了规范 GB 50003 的规定，并通过试算和对比试验结果后确定。构件的计算高度 H_0，按规范 GB 50003 中的有关规定取用。

5.2.4 加气混凝土短柱砌体的偏心受压试验证明，偏心影响系数 α 值与砌体和砂浆强度的关系不大，且与砖砌体的相应值吻合，故可采用规范 GB 50003 中相应的计算式，即式(5.2.4-1)。

5.2.5 由于加气混凝土本身强度较低，梁端下应设置刚性垫块。加气混凝土砌体的试验表明，其局部承压强度较砌体抗压强度（f）提高有限，计算式（5.2.5）中仍取后者。

5.3 砌体构件的受剪承载力计算

按照统一标准 GB 50068 的原则，原规程的公式变换成本规程公式（5.3.1），其中 σ_k 前的系数值推导如下：

由 JGJ 17—84 的 $KQ=(R_{qj}+0.6\sigma_0)A$

以 K=3.3 代入得：

$$Q=\frac{1}{3.3}(R_{qj}+0.6\sigma_0)A \quad (10)$$

本规程的表述式为 $\bar{\gamma}V_k=0.75(f_v+x\sigma_k)A$

以平均荷载系数 $\bar{\gamma}=1.24$ 代入得：

$$V_k=\frac{0.75}{1.24}(f_v+x\sigma_k)A \quad (11)$$

在式（5.3.1）中 $Q=V_k$，$\sigma_0=\sigma_k$，为使本规程和原规程的计算安全度相同，必须符合：

$$f_v=\frac{1.24}{0.75}\cdot\frac{1}{3.3}R_{qj}=0.501R_{qj} \quad (12)$$

$$x=\frac{1.24}{0.75}\cdot\frac{0.6}{3.3}=0.301\approx0.3 \quad (13)$$

5.4 配筋受弯板材的承载力计算

5.4.1 正截面承载力的基本计算公式（5.4.1-1）、（5.4.1-2）由原规程的公式按统一标准的原则和符号改写，且与现行《混凝土结构设计规范》GB 50010 中的有关公式一致。系数 0.75 即承载力调整系数（$\gamma_{RA}=1.33$）的倒数值。

式（5.4.1-3）、（5.4.1-4）分别为界限受压区相对高度的限制条件和适筋受弯破坏的最大配筋率。由于《混凝土结构设计规范》GB 50010 在计算受弯构件时，改用了平截面假定，本规程随之作相应变化。

根据已有试验结果（详见“加气混凝土构件的计算及其试验基础”，清华大学，1980），配筋加气混凝土板在弯矩作用下的截面应变符合平截面假定，适筋破坏时压区加气混凝土的最大应变为 $2\times10^{-3}\sim4\times10^{-3}$，平均值为 2.8×10^{-3}。由此得界限受压区相对高度：

$$\xi=\frac{0.0028}{0.0028+\dfrac{f_y}{E_s}}=\frac{1}{1+\dfrac{f_y}{0.0028E_s}} \quad (14)$$

而等效矩形应力图的相对高度为：

$$\xi_b=0.75\xi=\frac{0.75}{1+\dfrac{f_y}{0.0028E_s}} \quad (15)$$

所以 $$\mu_{max}=\xi_b\frac{f_c}{f_y}\times100\% \quad (16)$$

本规程中钢筋屈服强度 $f_y=210(250)\text{N/mm}^2$，$E_s=2.0\times10^5\text{N/mm}^2$，代入式（15）得：

$$\xi_b=0.545(0.5185) \quad (17)$$

与试验结果（见前面同一文献）$\xi_b=0.5$ 相一致。故本规程建议采用 $\mu_{max}=0.5\dfrac{f_c}{f_y}\times100\%$。

5.4.2 原规程的计算式中，板材抗剪承载力取为 $0.055f_cbh_0$，是根据板材均布荷载和集中荷载试验结果所得的最小抗剪能力。改写成本规程的表达式，并将加气混凝土的抗压强度转换成抗拉强度（$f_t=0.09f_c$），故：

$$\frac{1}{\gamma_{RA}}0.055f_ch_0=\frac{1}{1.33}0.055\frac{f_t}{0.09}bh_0=0.458f_tbh_0$$

取整后即得式（5.4.2）。

5.5 配筋受弯板材的挠度验算

5.5.1 这是一般的方法，同普通混凝土构件的计算。

5.5.2 加气混凝土板材的试验表明，在使用荷载的短期作用下，一般不出现受弯裂缝，且抗弯刚度（B_s）接近常值。为简化计算，将换算截面的弹性刚度 E_cI_0 予以折减，系数值 0.85 比实测值（0.81～1.04，平均为 0.94）偏小，计算结果可偏安全。

5.5.3 计算公式同《混凝土结构设计规范》GB 50010。

水泥矿渣砂加气混凝土板的长期荷载试验中，实测得 6 年后挠度增长 1.4～1.7 倍。据其发展规律推算，在 20 年和 30 年后将分别达 1.886 和 2.063，故暂取 θ=2.0。

5.6 构 造 要 求

5.6.1～5.6.2 验算高厚比 β 的计算式同原规程，也同《砌体结构设计规范》GB 50003。允许高厚比 $[\beta]$ 值（表 5.6.1）参照该规范和工程经验确定。

5.6.3 控制房屋伸缩缝的间距是减轻砌体裂缝现象的重要措施之一。最大距离 40m 约可安排 3 个住宅单元。

5.6.4 砌筑墙体所用的砂浆，由原规程建议的混合砂浆改为“粘结性能良好的专用砂浆”，以保证砌块的粘结强度和砌体质量（砌体强度）。

5.6.5 加气混凝土砌块由于强度偏低，不宜直接承担局部受压荷载，因此要采用垫块或圈梁作为过渡。

5.6.6 为增强房屋的整体性，对加气混凝土砌块承重的底层和顶层窗台标高处，设置通长的现浇混凝土条带。

5.6.7 楼、屋盖处的梁或屋架，必须与相对应位置的墙、柱或圈梁有可靠的连接，以增强房屋的整体性能，提高其抗震能力。

5.6.8 承重加气混凝土砌块房屋，门窗洞口的过梁应采用钢筋砌块过梁（跨度≤900）或钢筋混凝土过梁（跨度较大时）。支承长度均不应小于 240mm。

5.6.9 加气混凝土砌块墙长大于层高的 1.5 倍时，为了保持砌块墙体出平面外的稳定性，应在墙中段设置起稳定作用的钢筋混凝土构造柱。

5.6.10 加气混凝土与钢筋的粘结强度较低，板材中的钢筋网片和骨架都要加焊接，以充分地发挥钢筋的受力作用。钢筋上、下网片之间设连接箍筋，以加强板材的压区和拉区的整体联系作用。

加气混凝土的透气性大，为防止钢筋锈蚀，板材内所有的钢筋（网片）都必须经过可靠的防腐处理。

物，或在工业建筑中固定管道支架时，应采用加强措施，如穿墙螺栓夹板锚固等。

8 饰面处理

8.0.1 加气混凝土的饰面不仅是美观要求，主要是保护加气混凝土墙体耐久性必不可少的措施。良好的饰面是提高抗冻、抗干湿循环和抗自然碳化的有效方法，对有可能受磕碰和磨损部位，如底层外墙，墙体阳角、门窗口、窗台板、踢脚线等要适当提高抹灰层的强度，当做完基层处理后，头道底灰一般抹强度与制品强度接近的混合砂浆。待头道抹灰初凝后，再抹强度较高的面层。

8.0.2 加气混凝土的吸水特性与传统的砖或混凝土不同，它的毛细作用较差，形似一种“墨水瓶”结构，其单端吸水试验表明，是先快后慢，吸水时间长，24h内吸水速度快，以后渐缓，直到10d以上才能达到平衡，但量不多。所以如基层不做处理，将不断吸收砂浆中的水分，使砂浆在未达到强度前就失去水化条件，造成抹灰开裂空鼓。根据德国标准，对加气混凝土饰面层的基层，其吸水率的要求是 $A=0.5kg/(m^2 \cdot h)$，所以宜采用专用抹灰砂浆或在粉刷前做界面处理封闭气孔。减少吸水量，并使抹灰层与加气混凝土有较好的粘结力。

8.0.3 因加气混凝土本身强度较低，故抹底灰层的强度应与加气混凝土的强度、弹性模量和收缩值等相适应，以避免抹灰开裂。

8.0.4 根据8.0.3条原则加气混凝土的底灰强度不宜过高，如表面要做强度较高的砂浆，则应采取逐层过渡、逐层加强的原则。

8.0.5 在设计中力求避免两种不同材料在同一表面。如遇此情况，则应对该缝隙或界面进行处理，如用聚合物砂浆及玻纤网格布加强。但采用聚合物砂浆所用水泥必须用低碱水泥，玻纤网格布一定要用耐碱和涂塑的，其性能应符合相关标准要求。

8.0.6 这是防止抹灰层开裂的措施之一，尤其是住宅的山墙，工业厂房的外墙，都是窗户小、墙面大。

8.0.7 在卫生间使用时，其墙面应做防水层，一般采用防水涂料一直做到上层顶板底部，表面粘贴饰面砖。

8.0.8 目前国内有些厂家已能达到这一标准。

9 施工与质量验收

9.1 一般规定

9.1.1 因加气混凝土砌块本身强度较低，要求在搬动和堆放过程中尽量减少损坏，有条件的应采用包装运输。

9.1.2 板材如不采取捆绑措施，在运输过程中易产生倾倒损坏或发生安全事故。板材运输采用专用车辆和包装运输，其目的是使板材在运输和装卸过程中避免受损。

9.1.3 墙板均按构造配筋，如平放易造成板材断裂，因此规定墙板应侧立放置。堆放高度限值是从安全考虑。屋面板可平放，其堆放规定是参照瑞典、日本的做法。

9.1.4 加气混凝土制品系气孔结构，孔内如渗入水分、受冻、膨胀，易于破坏制品，干湿循环易于使制品开裂，或产生盐析破坏。

9.1.5 因目前加气砌块砌体冬期施工的经验尚少，为慎重起见，暂规定承重砌块砌体不宜进行冬期施工。

9.1.6 在加气混凝土的墙体、屋面上钻孔镂槽，一定要使用专用工具，如乱剔、乱凿易于破坏制品及其受力性能。

9.2 砌块施工

9.2.1 砌块砌筑时，错缝搭接是加强砌体整体性、保证砌体强度的重要措施，要求必须做到。

9.2.2～9.2.3 承重砌块内外墙体同时砌筑是加强砌块建筑整体性的重要措施，在地震区尤为必要，根据工程实际调查，砌块砌筑在临时间断处留“马牙槎”，后塞砌块的竖缝大部分灰浆不饱满。留成斜槎可避免此不足。

砌体灰缝要求饱满度，是墙体有良好整体性的必要条件，而采用专用砂浆更能使灰缝饱满得到可靠保证；对于灰缝的宽度，取决于砌块尺寸的精确度。精确砌块可控制在小于等于3mm。

灰缝厚度的规定是参照砖石结构规范和砌块尺寸的特点而拟定的，灰缝太大，易在灰缝处产生热桥，且影响砌体强度。

砌块的吸水特性与黏土砖不同，它的初始吸水高于砖。因持续吸水时间较长，因此，用普通砂浆砌筑前适量浇水，能保证砌筑砂浆本身硬化过程的水化作用所必要的条件，并使砂浆与砌块有良好的粘结力，浇水多少与遍数视各地气候和制品品种不同而定。如采用精确砌块、专用胶粘剂密缝砌筑则可不用浇水。

9.2.4 砌块墙砌筑后灰缝会受压缩变形，一定要等灰缝压缩变形基本稳定后再处理顶缝，否则该缝隙会太宽影响墙体稳定性。

9.2.5 针对目前施工中不采用专用工具而用斧子任意剔凿，造成砌块不应有的破损。尤其是门窗洞口两侧，因门窗开闭经常受撞击，要求其两侧不得用零星小块。

9.2.6 砌筑加气砌块墙体不得留脚手眼的原因有两点：

1 加气砌块不允许直接承受局部荷载，避免加

中华人民共和国住房和城乡建设部
公　　告

第804号

关于发布行业标准《植物纤维工业灰渣混凝土砌块建筑技术规程》的公告

现批准《植物纤维工业灰渣混凝土砌块建筑技术规程》为行业标准，编号为JGJ/T 228－2010，自2011年10月1日起实施。

本规程由我部标准定额研究所组织中国建筑工业出版社出版发行。

中华人民共和国住房和城乡建设部
2010年11月17日

前　　言

根据原建设部《关于印发〈2007年工程建设标准规范制订、修订计划（第一批）〉的通知》（建标［2007］125号）的要求，规程编制组经广泛调查研究，认真总结实践经验，参考有关国际标准和国外先进标准，并在广泛征求意见的基础上，制定本规程。

本规程的主要技术内容是：1. 总则；2. 术语和符号；3. 材料和砌体的计算指标；4. 建筑设计与构造；5. 结构设计；6. 施工及验收。

本规程由住房和城乡建设部负责管理，由中国建筑设计研究院负责具体技术内容的解释。执行过程中如有意见或建议，请寄送中国建筑设计研究院国家住宅工程中心（地址：北京西城区车公庄大街19号，邮政编码：100044）。

本规程主编单位：中国建筑设计研究院

中博建设集团有限公司

本规程参编单位：湖北天然居墙材有限公司
武汉理工大学
广州市设计院

本规程主要起草人员：娄　霓　张兰英　胡修坤　李保德　李炎成　何建清　高宝林　李荣栋　胡晏义　王　刚　雷宜欣　王　佶　刘元志

本规程主要审查人员：金鸿祥　顾泰昌　陈衍庆　黄小坤　孙振声　王庆生　杜建东　谢尧生　陈友治　游广才　张行彪

目　次

Contents

1 总 则

1.0.1 为规范植物纤维工业灰渣混凝土砌块建筑的设计、施工及验收，做到安全适用、技术先进、经济合理、确保质量，制定本规程。

1.0.2 本规程适用于非抗震设防地区和抗震设防烈度为8度及8度以下地区，以植物纤维工业灰渣混凝土砌块为墙体材料的低层、多层构造柱体系砌块建筑的设计、施工及验收，以及采用植物纤维工业灰渣混凝土砌块砌筑的非承重墙体的设计、施工及验收。

1.0.3 植物纤维工业灰渣混凝土砌块建筑的设计、施工及验收，除应符合本规程外，尚应符合国家现行有关标准的规定。

2 术语和符号

2.1 术 语

2.1.1 植物纤维工业灰渣混凝土砌块 plant fiber-industrial waste slag concrete block

以水泥基材料为主要胶结料，以工业灰渣为主要骨料，并加入植物纤维，经搅拌、振动、加压成型的砌块，简称砌块。分为承重砌块和非承重砌块。

2.1.2 植物纤维工业灰渣混凝土承重砌块 load-bearing plant fiber-industrial waste slag concrete block

强度等级在MU5.0及以上的植物纤维工业灰渣混凝土砌块。简称承重砌块。

2.1.3 植物纤维工业灰渣混凝土非承重砌块 non-load-bearing plant fiber-industrial waste slag concrete block

强度等级在MU5.0以下的植物纤维工业灰渣混凝土砌块。简称非承重砌块。

2.1.4 单排孔砌块 single row hollow block

沿厚度方向只有一排孔洞的砌块。

2.1.5 双排孔砌块 double rows hollow block

沿厚度方向有双排条形孔洞的非承重砌块。

2.1.6 对孔砌筑 stacked hollow bond

砌筑墙体时，将上下层砌块的孔洞对准的砌筑方式。

2.1.7 错孔砌筑 staggered hollow bond

砌筑墙体时，将上下层砌块的孔洞相互错位的砌筑方式。

2.1.8 反砌 reverse bond

砌筑墙体时，砌块的底面朝上的砌筑方式。

2.2 符 号

2.2.1 材料性能

MU——砌块强度等级；

Mb——砂浆强度等级；

C——混凝土强度等级；

f——砌块砌体抗压强度设计值；

f_t——砌体轴心抗拉强度设计值；

f_{tm}——砌体弯曲抗拉强度设计值；

f_v——砌体抗剪强度设计值；

f_{VE}——砌体沿阶梯形截面破坏的抗震抗剪强度设计值。

2.2.2 作用和作用效应

V——剪力设计值；

F_{EK}——结构总水平地震作用标准值；

G_{eq}——地震时结构（构件）的等效总重力荷载代表值；

σ_0——对应于重力荷载代表值的砌体水平截面平均压应力。

2.2.3 几何参数

A——构件截面毛面积；

A_c——构造柱截面面积；

A_s——钢筋截面面积。

2.2.4 计算系数

γ_f——结构构件材料性能分项系数；

γ_a——砌体强度设计值调整系数；

γ_{RE}——承载力抗震调整系数；

α_{max}——水平地震影响系数最大值；

ζ_N——砌体强度正应力影响系数；

ζ_c——构造柱参与系数；

n——总数，如：楼层数、质点数、钢筋根数、跨数等。

3 材料和砌体的计算指标

3.1 材 料

3.1.1 砌块的主规格尺寸应符合下列规定：

1 单排孔砌块主规格尺寸应为390mm×190mm×190mm、390mm×140mm×190mm和390mm×90mm×190mm。

2 双排孔砌块主规格尺寸应为390mm×190mm×190mm和390mm×240mm×190mm。

3 承重砌块应为单排孔砌块，且主规格尺寸应为390mm×190mm×190mm。

3.1.2 砌块、砌筑砂浆和灌孔混凝土的强度等级应按下列规定划分：

1 承重砌块的强度等级应为MU10、MU7.5、MU5；

2 非承重砌块的强度等级应为MU3.5；

3 砌筑砂浆的强度等级应为Mb10、Mb7.5、Mb5、Mb3.5、Mb2.5；

4 灌孔混凝土的强度等级应为C20。

3.1.3 砌筑砂浆的技术要求、试验方法和检验规则应符合现行行业标准《混凝土小型空心砌块和混凝土砖砌筑砂浆》JC 860、《砌筑砂浆配合比设计规程》JGJ/T 98、《建筑砂浆基本性能试验方法标准》JGJ/T 70 和《预拌砂浆应用技术规程》JGJ/T 223 的有关规定。

3.2 砌体的计算指标

3.2.1 对于采用植物纤维工业灰渣混凝土砌块的建筑，砌体工程施工质量控制等级宜为 B 级，也可为 C 级。

3.2.2 对于采用承重的单排孔砌块的砌体，其抗压强度设计值、轴心抗拉强度设计值、弯曲抗拉强度设计值和抗剪强度设计值应符合下列规定：

1 砌体的龄期应为 28d，并应以毛截面计算；

2 当砌体工程的施工质量控制等级为 B 级时，砌体的抗压强度设计值应按表 3.2.2-1 采用，砌体的轴心抗拉强度设计值、弯曲抗拉强度设计值和抗剪强度设计值应按表 3.2.2-2 采用。

表 3.2.2-1 砌体的抗压强度设计值（MPa）

砌块强度等级	砂浆强度等级			砂浆强度
	Mb10	Mb7.5	Mb5	0
MU10	2.79	2.50	2.22	1.31
MU7.5	—	1.93	1.71	1.01
MU5	—	—	1.19	0.70

注：1 对错孔砌筑的砌体，应按表中数值乘以 0.8；
2 对独立柱或厚度为双排组砌的砌块砌体，应按表中数值乘以 0.7；
3 对 T 形截面砌体，应按表中数值乘以 0.85。

表 3.2.2-2 砌体的轴心抗拉强度设计值、弯曲抗拉强度设计值和抗剪强度设计值（MPa）

强度类别	破坏特征	砂浆强度等级		
		Mb10	Mb7.5	Mb5
轴心抗拉	沿齿缝截面	0.09	0.08	0.07
弯曲抗拉	沿齿缝截面	0.11	0.09	0.08
	沿通缝截面	0.08	0.06	0.05
抗剪	沿通缝或阶梯形截面	0.09	0.08	0.06

注：对形状规则的砌块砌体，当搭接长度与砌块高度的比值小于 1 时，其轴心抗拉强度设计值 f_t 和弯曲抗拉强度设计值 f_{tm} 应按表中数值乘以搭接长度与砌块高度的比值后采用。

3.2.3 下列情况的砌体强度设计值，应乘以调整系数（γ_a）：

1 有吊车建筑砌体、跨度不小于 7.2m 的梁下砌块砌体，γ_a 为 0.9；

2 砌体毛截面面积小于 0.3m² 时，γ_a 为其截面面积加 0.7，构件截面面积以平方米计；

3 当采用水泥砂浆砌筑砌体时，对本规程表 3.2.2-1 中的抗压强度设计值，γ_a 为 0.9；对本规程表 3.2.2-2 中的数据，γ_a 为 0.8；

4 当施工质量控制等级为 C 级时，γ_a 为 0.89；

5 当验算施工中建筑的构件时，γ_a 为 1.1。

3.2.4 施工阶段砂浆尚未硬化的新砌砌体的强度和稳定性，可按砂浆强度为零进行验算。对于冬期施工采用掺盐砂浆法施工的砌体，当砂浆强度等级按常温施工的强度等级提高一级时，砌体强度和稳定性可不验算。

3.2.5 砌体的弹性模量、剪变模量、线膨胀系数、收缩率、摩擦系数可按现行国家标准《砌体结构设计规范》GB 50003 中混凝土砌块砌体的相应指标执行。

4 建筑设计与构造

4.1 建 筑 设 计

4.1.1 砌块建筑的平面及竖向设计应符合下列规定：

1 平面设计宜以 2M 为基本模数，特殊情况下可采用 1M；竖向设计及墙的分段净长度应以 1M 为模数；

2 平面及立面应做墙体排块设计，宜采用主规格砌块；

3 设计预留孔洞、管线槽口以及门窗、设备等固定点和固定件，应在墙体排块图上详细标注；施工时应采用混凝土填实各固定点范围内的孔洞。

4.1.2 砌块建筑的防水设计应符合下列规定：

1 砌块墙体内、外表面除粘贴面砖外，均应做抹灰；

2 对伸出墙外的雨篷、开敞式阳台、室外空调机搁板、遮阳板、窗套等与外墙体交接处，外楼梯根部及外墙水平装饰线脚等处，均应采取防水措施；

3 室外散水坡顶面以上和室内地面以下的砌体内，宜设置防潮层；

4 卫生间等有防水要求的房间，四周墙下部应采用混凝土灌实一皮砌块，或设置高度为 200mm 的现浇混凝土带；内墙粉刷应采取防水措施；

5 阳台栏板、女儿墙等砌体应加设钢筋混凝土构造柱及压顶，并应采取防裂、防水、防渗漏措施；

6 顶层墙体宜做钢筋混凝土挑檐或天沟，并应做好泛水和滴水。

4.1.3 砌块外墙抹灰层宜采取抗裂、防水措施。

4.1.4 砌块墙体的耐火极限和燃烧性能应符合表 4.1.4 的规定。对防火要求高的砌块建筑或其局部，宜采用提高墙体耐火极限的混凝土或松散材料灌实孔洞或采取其他附加防火措施。

表 4.1.4 砌块墙体的耐火极限和燃烧性能

砌块墙体类型	耐火极限（h）	燃烧性能
190mm 厚承重砌块墙体	2	非燃烧体
90mm 厚砌块墙体	1	非燃烧体

注：1 墙体两面无粉刷；
2 对于其他类型的砌块墙体耐火极限，可根据实测实验数据确定。

4.1.5 对有隔声要求的砌块墙体，隔声要求应符合现行国家标准《民用建筑隔声设计规范》GB 50118 的规定。对隔声要求较高的砌块建筑，可采取下列措施提高其隔声性能：

1 孔洞内填矿渣棉、膨胀珍珠岩、膨胀蛭石等松散材料；

2 在砌块墙体的一面或双面采用纸面石膏板或其他板材做带有空气隔层的复合墙体构造。

4.1.6 砌块不得用于下列部位：

1 长期与土壤接触、浸水的部位；

2 经常受干湿交替或经常受冻融循环的部位；

3 受酸碱化学物质侵蚀的部位；

4 表面温度高于 80℃以上的承重墙。

4.2 建筑节能设计

4.2.1 砌块建筑应进行建筑节能设计，并应符合节能要求。

4.2.2 砌块砌体的热阻（R_b）计算值应符合表 4.2.2 的规定。

表 4.2.2 砌块砌体的热阻（R_b）计算值

砌块规格	厚度（mm）	表观密度（kg/m^3）	R_b（$m^2 \cdot K/W$）
单排孔砌块	190	1200	0.27
单排孔砌块	190	1000	0.30
双排孔砌块	240	800	0.50
双排孔砌块	190	700	0.50

注：当砌块的孔型和厚度与表 4.2.2 不同，其 R_b 应另行测定。

4.2.3 砌块外墙应进行热工设计，并应符合下列规定：

1 砌块外墙的热阻应考虑结构性热桥的影响，并应根据主体部位与结构性热桥部位的热工性能和面积取平均热阻，结构性热桥部位的热阻不应小于建筑物所在地区要求的最小热阻；

2 砌块外墙采取的保温措施及保温层厚度应满足节能要求；保温材料的导热系数和蓄热系数的计算值应采用修正后的计算导热系数和计算蓄热系数；

3 砌块外墙进行保温设计时，应根据地区气候条件及室内环境设计指标，按现行国家标准《民用建筑热工设计规范》GB 50176 的规定进行内部冷凝受潮验算。

4.2.4 砌块建筑屋面的天沟、女儿墙、变形缝及突出屋面的构件与屋面交接处等部位的保温措施应通过热工计算确定，其热阻计算值应取现行国家标准《民用建筑热工设计规范》GB 50176 规定的最小传热阻。

4.3 建筑构造措施

4.3.1 砌块墙体应设置伸缩缝，且应设在因温度和收缩变形可能引起应力集中和砌体产生裂缝可能性最大的地方。伸缩缝的最大间距不宜大于表 4.3.1 的规定。

表 4.3.1 砌块砌体建筑伸缩缝的最大间距

屋盖或楼盖类别		伸缩缝最大间距（m）
整体式或装配整体式钢筋混凝土结构	有保温层或隔热层的屋盖、楼盖	40
	无保温层或隔热层的屋盖	32
装配式无檩体系钢筋混凝土结构	有保温层或隔热层的屋盖、楼盖	48
	无保温层或隔热层的屋盖	40
装配式有檩体系钢筋混凝土结构	有保温层或隔热层的屋盖	60
	无保温层或隔热层的屋盖	48
瓦材屋盖、木屋盖或楼盖、轻钢屋盖		75

注：1 当有实践经验并采取有效措施时，可适当放宽；
2 在钢筋混凝土屋面上挂瓦的屋盖应按钢筋混凝土屋盖采用；
3 按本表设置的墙体伸缩缝，不能同时防止由于钢筋混凝土屋盖的温度变形和砌体干缩变形引起的墙体局部裂缝；
4 温差较大且变化频繁地区和严寒地区不采暖的建筑及构筑物墙体的伸缩缝的最大间距，应按表中数值予以适当减小；
5 墙体的伸缩缝应与结构的其他变形缝相重合，在进行立面处理时，应保证缝隙的伸缩作用。

4.3.2 为防止或减轻建筑顶层墙体的裂缝，可根据情况采取下列建筑构造措施：

1 屋面设置保温、隔热层；

2 屋面保温（隔热）层的刚性面层及砂浆找平层设置分格缝，分格缝间距不大于 6m，并与女儿墙隔开，其缝宽不小于 30mm；

3 采用装配式有檩体系钢筋混凝土屋盖和瓦材屋盖。

4.3.3 砌块建筑宜在窗台下或窗台角处墙体内设置竖向控制缝，缝的间距宜为 8m～12m。在墙体高度或厚度突然变化处宜设置竖向控制缝，也可采取其他可靠的防裂措施。竖向控制缝的构造和嵌缝材料应能满足墙体平面外传力和防护的要求。

4.3.4 砌块墙体门窗洞边 200mm 内的砌体宜采用不低于 C15 的细石混凝土填实，也可加设与墙同厚、宽

100mm 的不低于 C15 钢筋混凝土抱框，钢筋混凝土抱框的纵筋不应小于 2ϕ12，水平筋宜为 ϕ6@250，与墙体的拉结筋应采用 ϕ4@400 焊接钢筋网片，拉结筋伸入墙内不应少于 600mm；窗台下 200mm 高度内砌块应采用不低于 C15 细石混凝土填实或加设钢筋混凝土窗台板。

4.3.5 当砌体墙面有吊挂设备时，可在墙面挂钢丝网或耐碱玻纤网增强，并应将孔洞回填堵实。

5 结构设计

5.1 一般规定

5.1.1 砌块建筑的结构设计采用以概率理论为基础的极限状态设计方法，可靠度设计的基本原则和方法按现行国家标准《建筑结构可靠度设计统一标准》GB 50068 执行。

5.1.2 承重砌块不得用于安全等级为一级或设计使用年限大于 50 年的砌体建筑。

5.1.3 植物纤维工业灰渣混凝土砌块不得用于基础或地下室外墙砌筑。

5.1.4 首层室内地面以下的地下室内墙，五层及五层以上的砌体建筑的底层墙体，以及受振动或层高大于 6m 的墙、柱，所用砌块的强度等级不应小于 MU7.5。

5.1.5 砌块砌体结构承载能力极限状态设计表达式，整体稳定性验算表达式，弹性方案、刚弹性方案、刚性方案的静力设计规定及其相应的横墙间距要求等，应按现行国家标准《砌体结构设计规范》GB 50003 的规定执行。

5.1.6 砌块砌体结构的受压构件承载力计算、局部受压承载力计算、受剪构件承载力计算及墙、柱的高厚比验算，应按现行国家标准《砌体结构设计规范》GB 50003 中关于混凝土小型空心砌块砌体的规定执行。

5.1.7 砌块建筑的结构构造措施除满足本规程的规定外，尚应符合现行国家标准《砌体结构设计规范》GB 50003 和《建筑抗震设计规范》GB 50011 中关于混凝土小型空心砌块砌体的相关规定。

5.2 抗震设计

5.2.1 本节适用于丙类、丁类砌块建筑的抗震设计。

5.2.2 抗震设防地区的砌块建筑，除应满足静力设计的要求外，尚应进行抗震设计。

5.2.3 用于抗震设防地区的砌块的强度等级不应低于 MU7.5，其砌筑砂浆的强度等级不应低于 Mb7.5。

5.2.4 砌块砌体建筑的总高度和层数应符合下列规定：

1 建筑的层数和总高度不宜超过表 5.2.4 的规定。

表 5.2.4 砌块砌体建筑的层数和总高度限值（m）

建筑类别	最小抗震墙厚度（mm）	抗震设防烈度和设计基本地震加速度									
		6		7				8			
		0.05g		0.10g		0.15g		0.20g		0.30g	
		高度	层数	高度	层数	高度	层数	高度	层数	高度	层数
多层砌体建筑	190	15	5	15	5	12	4	12	4	9	3
底层框架-抗震墙砌体建筑	190	16	5	16	5	13	4	10	3	—	—

注：1 建筑的总高度指室外地面到主要屋面板板顶或檐口的高度，半地下室从地下室室内地面算起，全地下室和嵌固条件好的半地下室允许从室外地面算起；对带阁楼的坡屋面应算到山尖墙的 1/2 高度处；

2 当室内外高差大于 0.6m 时，建筑总高度允许比表中数据适当增加，但增加量不应大于 1.0m。

2 横墙较少的砌块砌体建筑，总高度应比表 5.2.4 的规定降低 3m，层数相应减少一层；各层横墙很少的砌体建筑，还应再减少一层。

3 对于抗震设防烈度为 6 度和 7 度的横墙较少的丙类多层砌体建筑，当按现行国家标准《建筑抗震设计规范》GB 50011 的规定采取加强措施并满足抗震承载力要求时，其总高度和层数可按表 5.2.4 的规定采用。

5.2.5 砌块砌体建筑的层高不应超过 3.6m；底层框架-抗震墙砌体建筑的底层层高不应超过 4.5m。

5.2.6 砌块砌体建筑的最大高宽比宜符合表 5.2.6 的规定。

表 5.2.6 砌块砌体建筑的最大高宽比限值

抗震设防烈度	6	7	8
最大高宽比	2.5	2.5	2.0

注：1 单面走廊建筑的总宽度不包括走廊宽度；

2 建筑平面接近正方形时，其高宽比宜适当减小。

5.2.7 砌块砌体建筑抗震横墙最大间距不应超过表 5.2.7 的规定。

表 5.2.7 砌块砌体建筑的抗震横墙最大间距（m）

建筑类别		抗震设防烈度		
		6	7	8
多层砌体建筑	现浇或装配整体式钢筋混凝土楼、屋盖	15	15	11
	装配式钢筋混凝土楼、屋盖	11	11	9
	木屋盖	9	9	4
底层框架-抗震墙砌体建筑	上部各层	同多层砌体建筑		
	底层	18	15	11

注：砌体建筑的顶层，除木屋盖外的最大横墙间距允许适当放宽，但应采取相应加强措施。

5.2.8 砌块砌体建筑的局部尺寸限值宜符合表5.2.8的规定。

表5.2.8 砌块砌体建筑的局部尺寸限值（m）

部 位	抗震设防烈度		
	6度	7度	8度
承重窗间墙最小宽度	1.0	1.0	1.2
承重外墙尽端至门窗洞边的最小距离	1.0	1.0	1.2
非承重外墙尽端至门窗洞边的最小距离	1.0	1.0	1.0
内墙阳角至门窗洞边的最小距离	1.0	1.0	1.5
无锚固女儿墙（非出入口处）最大高度	0.5	0.5	0.5

注：1 局部尺寸不足时，应采取局部加强措施弥补，且最小宽度不宜小于1/4层高和表列数据的80%；

2 出入口处的女儿墙应有锚固。

5.2.9 计算地震作用时，砌块砌体建筑的重力荷载代表值应取结构与构配件自重标准值和各可变荷载组合值之和。各可变荷载的组合值系数应按现行国家标准《建筑抗震设计规范》GB 50011的规定执行。

5.2.10 对于考虑地震作用组合的砌体结构构件，其截面承载力应除以承载力抗震调整系数（γ_{RE}）。承载力抗震调整系数应按表5.2.10采用。

表5.2.10 承载力抗震调整系数

结构构件类别	受力状态	γ_{RE}
两端均设构造柱的砌体抗震墙	受剪	0.9
自承重墙	受剪	0.75
其他抗震墙	受剪	1.0

5.2.11 砌块墙体的截面抗震受剪承载力应按下式验算：

$$V \leqslant [f_{VE}A + (0.3f_tA_c + 0.05f_yA_s)\zeta_c]/\gamma_{RE} \quad (5.2.11)$$

式中：V——考虑地震作用组合的墙体剪力设计值；

f_{VE}——砌体沿阶梯形截面破坏的抗震抗剪强度设计值；

A——墙体横截面面积；

f_t——构造柱混凝土轴心抗拉强度设计值；

A_c——构造柱截面总面积；

f_y——构造柱钢筋抗拉强度设计值；

A_s——构造柱钢筋截面总面积；

ζ_c——构造柱参与工作系数，可按表5.2.11采用；

γ_{RE}——承载力抗震调整系数。

表5.2.11 构造柱参与工作系数

填孔率ρ	$\rho<0.15$	$0.15\leqslant\rho<0.25$	$0.25\leqslant\rho<0.50$	$\rho\geqslant0.50$
ζ_c	0.00	1.00	1.10	1.15

注：填孔率指构造柱数量与墙体孔洞总数之比。

5.2.12 砌体沿阶梯形截面破坏的抗震抗剪强度设计值应按下式计算：

$$f_{VE} = \zeta_N f_V \quad (5.2.12)$$

式中：f_{VE}——砌体沿阶梯形截面破坏的抗震抗剪强度设计值；

f_V——非抗震设计的砌体抗剪强度设计值；

ζ_N——砌体抗震抗剪强度的正应力影响系数，应按表5.2.12采用。

表5.2.12 砌体强度的正应力影响系数

σ_0/f_v	1.0	3.0	5.0	7.0	10.0	12.0	≥16.0
ζ_N	1.23	1.69	2.15	2.57	3.02	3.32	3.92

注：σ_0为对应于重力荷载代表值的砌体截面平均压应力。

5.2.13 砌块砌体建筑的结构体系、防震缝设置、结构构件抗震设计等应符合现行国家标准《建筑抗震设计规范》GB 50011的规定。

5.3 结构构造措施

5.3.1 在砌块墙体的下列部位应采用强度等级不低于C20的灌孔混凝土灌实砌体的孔洞：

1 首层室内地面以下的地下室内墙砌体；

2 无圈梁的檩条和钢筋混凝土楼板支承面下的高度不小于200mm的砌体；

3 未设置混凝土垫块的屋架、梁等构件支承处，且灌实高度不应小于600mm，长度不应小于600mm的砌体；

4 挑梁支承面下，其支承部位的内外墙交接处，且纵横应各灌实3个孔洞，灌实高度不应小于600mm。

5.3.2 砌块建筑的纵横墙交接处、距墙中心线每边不小于300mm范围内的孔洞等，应采用不低于C20灌孔混凝土灌实，且灌实高度应为墙身全高。

5.3.3 跨度大于4.2m的梁，其支承面下应设置混凝土或钢筋混凝土垫块。当墙中设有圈梁时，垫块宜与圈梁浇成整体。当大梁跨度不小于4.8m，且墙厚为190mm时，其支承处宜加设壁柱。

5.3.4 砌块墙体与后砌隔墙交接处，应沿墙高每400mm在水平灰缝内设置直径不小于ϕ4的焊接钢筋网片（图5.3.4）。

5.3.5 混凝土楼盖、屋盖宜采用现浇混凝土板。当采用混凝土预制装配式楼盖、屋盖时，应从楼盖体系和构造上采取措施确保各预制板之间连接的整体性；预制钢筋混凝土板在墙上或圈梁上支承长度不应小于80mm。

5.3.6 山墙处的壁柱宜砌至山墙顶部；屋面构件应与山墙可靠拉结。

5.3.7 当砌块墙体中留槽洞及埋设管道时，应符合下列规定：

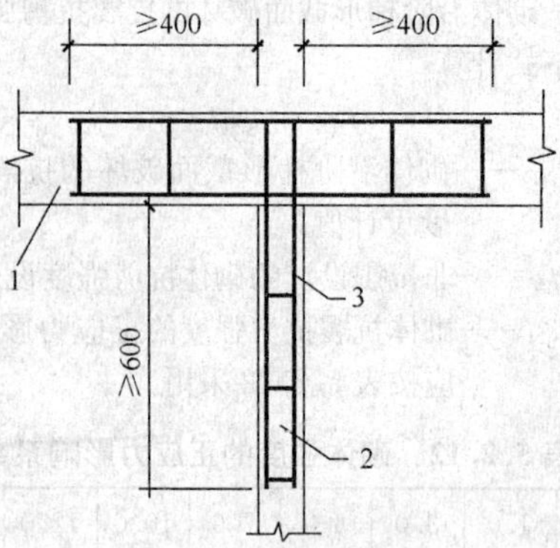

图5.3.4 砌块墙体与后砌隔墙交接处钢筋网片

1—砌块墙体；2—后砌隔墙；3—ϕ4 焊接钢筋网片

1 不应在截面长边小于500mm的承重墙体和独立柱内埋设管线；

2 在砌块墙体中宜避免开凿沟槽，当无法避免时，应采取必要的加强措施或按削弱后的截面验算墙体的承载力；

3 砌块墙体中预留的设备或弱电洞口边，距墙体端部不宜小于400mm。

5.3.8 门窗洞口顶部应采用钢筋混凝土过梁。验算过梁下砌体局部受压承载力时，可不考虑上层荷载的影响。

5.3.9 砌块砌体建筑在外墙转角、楼梯间四角的纵横墙交接处宜设置构造柱；5层及5层以上的砌块砌体建筑在外墙转角、楼梯间四角的纵横墙交接处应设置构造柱。

5.3.10 砌块建筑的墙体构造柱最小截面宜为190mm×190mm，纵向钢筋宜采用4ϕ12，箍筋间距不宜大于250mm。构造柱与砌块墙连接处宜砌成马牙槎，并应沿墙高每隔600mm设置焊接钢筋网片，伸入墙体不应小于1000mm。

5.3.11 砌块建筑的现浇钢筋混凝土圈梁宽度不应小于190mm，高度不应小于200mm，配筋不应少于4ϕ10，箍筋间距不应大于300mm，混凝土强度等级不应低于C20。圈梁设置应符合现行国家标准《砌体结构设计规范》GB 50003的相关规定。

5.3.12 未设置圈梁的现浇楼面板应沿墙体周边加强配筋，并应与相应的构造柱可靠连接。

5.3.13 为防止或减轻建筑顶层墙体的裂缝，可根据情况采取下列结构构造措施：

1 在钢筋混凝土屋面板与墙体圈梁的接触面处设置水平滑动层，滑动层可采用两层油毡夹滑石粉或橡胶片等；对于长纵墙，可仅在其两端的2～3个开间内设置，对于横墙可仅在其两端各$l/4$范围内设置（l为横墙长度）；

2 顶层屋面板下设置现浇钢筋混凝土圈梁，并沿内外墙拉通，建筑两端圈梁下的墙体内宜适当设置水平钢筋；

3 顶层挑梁末端下墙体灰缝内设置3道焊接钢筋网片或2ϕ6钢筋，钢筋网片或钢筋应自挑梁末端伸入两边墙体不小于1m；

4 顶层墙体有门窗等洞口时，在过梁上的砌体水平灰缝内设置2～3道焊接钢筋网片或2ϕ6钢筋，并应伸入过梁两端墙内不小于600mm；顶层横墙在窗口高度中部宜加设3～4道钢筋网片；

5 顶层及女儿墙砂浆强度等级不低于Mb5；

6 女儿墙应设置构造柱，构造柱间距不宜大于4m，构造柱应伸至女儿墙顶并与现浇钢筋混凝土压顶整浇在一起；

7 加强顶层构造柱与墙体的拉结，拉结钢筋网片的竖向间距不宜大于400mm，伸入墙体长度不宜小于1m；

8 建筑顶层端部墙体内适当增设构造柱；

9 顶层建筑山墙可采取设置水平焊接钢筋网片或在山墙中增设构造柱。在山墙内设置水平焊接钢筋网片时，其间距不宜大于400mm；在山墙内增设构造柱时，其间距不宜大于3m。

5.3.14 为防止或减轻建筑底层墙体裂缝，可根据情况采取下列措施：

1 增大基础圈梁的刚度；

2 在底层的窗台下墙体灰缝内设置3道焊接钢筋网片或2ϕ6钢筋，并伸入两边窗间墙内不小于600mm；

3 在底层墙体窗洞口处采用现浇钢筋混凝土窗台板，窗台板嵌入窗间墙内不小于600mm。

5.3.15 砌块墙体转角处和纵横墙交接处宜沿竖向每隔400mm设焊接钢筋网片或2ϕ6拉结钢筋，埋入长度从墙的转角或交接处算起，每边不应小于1000mm。

5.3.16 砌块砌体各层门、窗过梁上方的水平灰缝内及窗台下第一和第二道水平灰缝内宜设置焊接钢筋网片或2ϕ6钢筋，焊接钢筋网片或钢筋应伸入两边窗间墙内不应小于600mm。当墙体长度大于5m时，宜在每层墙高度中部设置2～3道焊接钢筋网片或3ϕ6的通长水平钢筋，且竖向间距宜为400mm。

5.3.17 建筑顶层两端和底层第一、第二开间门窗洞口处应采取下列防裂措施：

1 在门窗洞口两侧不少于一个孔洞中设置不小于1ϕ12钢筋，且钢筋应在楼层圈梁或基础锚固，并应采用不低于C20灌孔混凝土灌实或设置钢筋混凝土抱框柱；

2 在门窗洞口两边的墙体的水平灰缝中，设置长度不小于900mm、竖向间距为400mm的焊接钢筋网片；

3 在顶层和底层设置通长钢筋混凝土窗台梁，且窗台梁的高度宜为块高的模数，纵筋不宜少于4ϕ10，箍筋宜为ϕ6@200，混凝土强度等级宜为C20。

5.3.18 进行抗震设计的砌块砌体建筑应按下列规定设置构造柱：

1 构造柱的设置部位应符合表5.3.18的规定；

2 外廊式和单面走廊式的多层建筑，应根据建筑增加一层后的层数，按表5.3.18的规定设置构造柱，且单面走廊两侧的纵墙均应按外墙处理；

3 横墙较少的建筑，应根据建筑增加一层后的层数，按表5.3.18的规定设置构造柱；当横墙较少的建筑为外廊式或单面走廊式时，应按本条第2款要求设置构造柱，当6度不超过四层、7度不超过三层和8度不超过二层时，应按增加二层后的层数设置构造柱；

4 各层横墙很少的砌块砌体建筑，应按增加二层后的层数设置构造柱。

表5.3.18 构造柱的设置部位

建筑层数			构造柱设置部位	
6度	7度	8度		
四、五	三、四	二、三	楼、电梯间的四角，楼梯踏步板段上下端对应的墙体处；建筑物平面凹凸角处对应的外墙转角；错层部位横墙与外纵墙交接处；大房间内外墙交接处；较大洞口两侧	隔12m或单元横墙与外纵墙交接处；楼梯间对应的另一侧内横墙与外纵墙交接处
/	五	四		隔开间横墙（轴线）与外墙交接处；山墙与内纵墙交接处

注：较大洞口，内墙指不小于2.1m的洞口；外墙在内外墙交接处已设置构造柱时允许适当放宽，但洞侧墙体应加强。

5.3.19 进行抗震设计的砌块砌体建筑中构造柱应符合下列规定：

1 构造柱最小截面可采用190mm×190mm，纵向钢筋宜采用4ϕ12，箍筋间距不宜大于250mm，且在柱上下端宜适当加密；外墙转角的构造柱可适当加大截面及配筋；

2 构造柱与砌块墙连接处应砌成马牙槎，与构造柱相邻的砌块孔洞，6度时宜填实，7度时应填实，8度时应填实并插筋1ϕ12；砌体房屋墙体交接处及构造柱与墙体连接处，沿墙高每隔600mm应设置焊接钢筋网片，并应沿墙体水平通长设置；对于6、7度时底部1/3楼层，8度时底部1/2楼层，焊接钢筋网片沿墙高间距不应大于400mm；

3 构造柱与圈梁连接处，构造柱的纵筋应穿过圈梁并上下贯通；

4 构造柱可不单独设置基础，但应伸入室外地面下500mm，或与埋深小于500mm的基础圈梁相连；

5 应先砌筑砌块墙体，再浇筑构造柱混凝土；

6 当建筑总高度和层数接近本规程表5.2.4的限值时，纵、横墙内构造柱间距尚应符合下列规定：

1） 横墙内的构造柱间距不宜大于层高的二倍；下部1/3楼层的构造柱间距宜适当减少；

2） 当外纵墙开间大于3.9m时，应另设加强措施。内纵墙的构造柱间距不宜大于4.2m。

5.3.20 进行抗震设计的砌块砌体建筑的现浇钢筋混凝土圈梁宽度不应小于190mm，高度不应小于200mm，配筋不应少于4ϕ12，箍筋间距不应大于200mm。圈梁位置设置应按现行国家标准《建筑抗震设计规范》GB 50011中关于多层砖砌体房屋圈梁的要求执行。

5.3.21 砌块砌体建筑的层数，7度时超过四层和8度时超过三层时，在底层和顶层的窗台标高处，沿纵横墙应设置通长的水平现浇钢筋混凝土带，其截面高度不应小于60mm，纵筋不应少于2ϕ10，并应有分布拉结钢筋；混凝土强度等级不应低于C20。

5.3.22 8度时不应采用预制阳台，6、7度时预制阳台应与圈梁和楼板的现浇板带可靠连接。

5.3.23 同一结构单元的基础（或桩承台），宜采用同一类型的基础，底面宜埋置在同一标高上，否则应增设基础圈梁，并应按1∶2的台阶逐步放坡。

5.4 非承重砌块墙体的构造措施

5.4.1 对于进行抗震设计的建筑，其非承重砌块墙体与主体结构应有可靠的拉结，并应能适应主体结构不同方向的层间位移；8度时应具有满足层间变位的变形能力，与悬挑构件相连接时，尚应具有满足节点转动引起的竖向变形的能力。

5.4.2 后砌非承重砌块墙体与主体结构墙、柱交接处，应沿墙高每400mm在水平灰缝内设置焊接钢筋网片。钢筋在主体结构墙、柱内应满足受拉钢筋的锚固长度要求，钢筋网片伸入墙内的长度，非抗震时不得小于600mm，6、7度时不应小于墙长的1/5且不得小于700mm，8度时宜沿墙全长贯通。

5.4.3 进行抗震设计的建筑，后砌非承重砌块墙体长度大于5m时，墙顶与楼板或梁宜有拉结；墙长超过层高2倍时，宜设置钢筋混凝土构造柱；墙高超过4m时，墙体半高宜设置与柱连接且沿墙全长贯通的钢筋混凝土水平系梁。

5.4.4 进行抗震设计的建筑，非承重砌块墙体宜与主体结构墙、柱脱开或采用柔性连接。

5.4.5 后砌非承重砌块墙体与混凝土梁、柱或墙结合的界面处，宜在抹灰前设置细钢丝网片，且细钢丝网片应沿界面缝两侧各延伸250mm，也可在砌块墙体与梁、柱或墙界面处采用嵌缝条等有效防裂措施。

5.4.6 进行抗震设计的建筑，非承重砌块墙体的砌筑砂浆强度等级不应低于Mb5。

5.4.7 砌块女儿墙在人流出入口应与主体结构锚固；防震缝处应留有足够的宽度，缝两侧的自由端应予以加强。

6 施工及验收

6.1 一般规定

6.1.1 砌块砌体施工除应符合本规程的规定外，尚应符合国家现行标准《砌体工程施工质量验收规范》GB 50203 和《建筑工程冬期施工规程》JGJ 104 的规定。

6.1.2 材料应符合设计要求，进场时应查验产品合格证、出厂检验报告。砌块、水泥、钢筋和外加剂等应进行进场复验。同一单位工程应使用同一厂家生产的砌块产品。

6.1.3 施工时所用的砌块产品龄期不应小于 28d。不得使用有竖向裂缝、断裂、龄期不足 28d 的砌块及外表明显受潮的砌块，承重墙体严禁使用断裂砌块。

6.1.4 水泥应采用通用硅酸盐水泥；不同品种的水泥，不得混合使用。

6.1.5 砌筑砂浆以及灌孔混凝土和构造柱混凝土的用砂应符合现行行业标准《普通混凝土用砂、石质量及检验方法标准》JGJ 52 的规定，且砌筑砂浆宜采用中砂。

6.1.6 灌孔混凝土粗骨料粒径宜为 5mm～15mm，构造柱混凝土粗骨料粒径宜为 5mm～30mm，并均应符合现行行业标准《普通混凝土用砂、石质量及检验方法标准》JGJ 52 的有关规定。

6.1.7 堆放砌块的场地应预先夯实平整，并应便于排水。不同规格型号、强度等级的砌块应分别覆盖堆放。堆垛上应有标志，垛间应留通道。堆置高度不宜超过 1.6m，堆放场地应有防潮措施。装卸时，不得采用翻斗卸车和随意抛掷。

6.1.8 砌块建筑的墙体施工前，应按建筑设计图编绘砌块平、立面排块图。排列时应根据砌块规格、灰缝厚度和宽度、门窗洞口尺寸、过梁与圈梁或连系梁的高度、构造柱位置、预留洞大小、管线、开关、插座敷设部位等进行对孔、错缝搭接排列，并应以主规格砌块为主，辅以相应的辅助块。

6.1.9 砌入墙体内的建筑构配件、钢筋网片与拉结筋应事先预制加工，并应按不同型号、规格进行堆放。

6.1.10 砌筑墙体前应对基础防潮层或楼地面基层等进行检查，表面应平整、整洁、不得有污染杂物，应采用经检定的钢尺校核建筑放线尺寸，且允许偏差值应符合现行国家标准《砌体工程施工质量验收规范》GB 50203 的相关规定。

6.1.11 砌筑底层墙体前应对基础工程进行检查和验收。

6.2 砌筑砂浆和灌孔混凝土

6.2.1 砌筑砂浆应具有良好和易性，分层度不得大于 30mm，保水性不得小于 88%，稠度宜为 60mm～80mm，并应根据季节和气候条件作相应调整。砌筑砂浆应采用机械搅拌，并应在初凝前使用完毕。当砌筑砂浆出现泌水现象时，应在砌筑前再次拌合。

6.2.2 采用预拌砌筑砂浆时，砂浆的贮存、使用及试件取样等应符合现行国家标准《预拌砂浆》GB/T 25181 的规定。

6.2.3 首层室内地面以下的地下室内墙砌体应采用水泥砂浆砌筑，地坪以上的砌体宜采用水泥混合砂浆砌筑。

6.2.4 灌孔混凝土应具有良好的流动性和一定的膨胀性，坍落度不宜小于 180mm，沁水率不宜大于 3.0%，灌孔混凝土的技术要求、试验方法和检验规则等应按现行行业标准《混凝土砌块（砖）砌体用灌孔混凝土》JC 861 执行。

6.3 墙体砌筑

6.3.1 砌块建筑的墙体砌筑应从建筑外墙转角定位处开始。砌筑皮数、灰缝厚度、标高应与该工程的皮数杆相应标志一致。皮数杆应竖立在墙体的转角处和交接处，间距不宜超过 15m。

6.3.2 砌块砌筑时，应符合下列规定：

1 砌块与黏土砖等其他墙体材料不得混用；

2 砌筑时，砌块应反砌；

3 砌块砌筑前不得浇水，在气候异常炎热干燥的情况下，可提前在砌块上稍加喷水润湿；

4 砌筑前，应清理砌块表面的污物和砌块孔洞四周的毛边；

5 砌筑应采用双排外脚手架或里脚手架进行施工，不得在砌筑的墙体内设脚手孔洞；

6 砌筑高度应根据气温、风压和墙体部位等不同情况分别控制，日砌筑高度宜控制在 1.4m 内或一步脚手架高度内。

6.3.3 砌体灰缝应符合下列规定：

1 灰缝应横平竖直，水平灰缝的砂浆饱满度不应低于 90%，竖直灰缝的砂浆饱满度不宜低于 90%；砌筑中不应出现瞎缝、假缝和透明缝；

2 水平灰缝的厚度和竖直灰缝的宽度应控制在 8mm～12mm 内；

3 砌筑时的铺灰长度不得超过 800mm；不得用水冲浆灌缝。

6.3.4 水平灰缝宜采用坐浆法满铺砌块全部壁肋或封底面；竖向灰缝应采取满铺端面法，并应采用碰头灰砌筑方式。

6.3.5 砌块应对孔错缝搭砌，且竖缝应相互错开主规格砌块长度 1/2，个别情况无法对孔砌筑时，砌块的搭接长度不应小于 90mm。当不能满足要求时，应在灰缝中设置焊接钢筋网片，网片两端与竖缝的距离不得小于 400mm；但竖向通缝仍不得超过两皮砌块。

6.3.6 砌块内外墙和纵横墙应同时砌筑并相互交错搭接。临时间断处应砌成斜槎，斜槎水平投影长度不应小于斜槎高度。严禁留直槎。

6.3.7 砌入墙内的焊接钢筋网片和拉结筋应放置在水平灰缝的砂浆层中，保护层厚度不宜小于15mm，不得有露筋现象，焊接钢筋网片宜做防腐处理。当保护层厚度小于15mm时，焊接钢筋网片应做防腐处理。

6.3.8 砌筑砂浆应随铺随砌；砌块就位后，应采用橡皮锤敲打，保证灰缝砂浆密实。

6.3.9 砌筑时，墙面应用原浆做勾缝处理，并宜作成凹缝，凹进墙面的深度宜为2mm。灰缝修补宜在灰缝砂浆仍处在塑性状态下进行。

6.3.10 对于砌块受撬动或因碰撞导致灰缝开裂的砌体，应清除原砂浆，重新砌筑。

6.3.11 凹陷及孔洞均应在勾缝之前用新拌砂浆填补。

6.3.12 砂浆硬化后的补缝应先刮掉一层灰缝露出新鲜面，再洒水湿润后用新拌砂浆填补。

6.3.13 砌筑砂浆强度达到设计要求的70%之前，不得拆除过梁底部的模板。

6.3.14 固定圈梁、挑梁等构件侧模的水平拉杆、扁铁或螺栓应从砌块灰缝中预留4ϕ10孔穿入，不得在砌块块体上打凿安装洞。

6.3.15 对设计规定或施工所需的孔洞、管道、沟槽和预埋件等，应在砌筑时预留或预埋，不得在已砌筑的墙体打洞和凿槽。

6.3.16 水、电管线的敷设安装应按砌块排块图的要求与土建施工进度密切配合，不得事后凿槽打洞。

6.3.17 照明、电信、闭路电视等线路的水平管线宜敷设在现浇混凝土楼板（屋面板）中，竖向管线应随墙体砌筑埋设在砌块孔洞内。管线出口处应采用侧面带开口的砌块砌筑，内埋开关、插座或接线盒等配件，四周应用水泥砂浆填实。

6.3.18 冷、热水水平管宜敷设在现浇混凝土楼板（屋面板）中或明敷。立管宜安装在侧面开口砌块的开口孔洞中。管道试水验收合格后，应采用C20混凝土浇灌封闭。

6.3.19 卫生设备安装宜采用筒钻成孔。孔径不得大于100mm，上下左右孔距应相隔一块以上的砌块。

6.3.20 外墙和纵、横承重墙沿水平方向，不得开凿长度大于390mm的沟槽。

6.3.21 非盲孔砌块砌体的下列部位应铺设细钢丝网：

1 需沿高度进行局部混凝土灌实的砌体，最下方的待灌实砌块孔洞底部灰缝处；

2 圈梁和现浇楼板与砌块交界面灰缝处。

6.3.22 墙体施工段的分段位置宜设在伸缩缝、沉降缝、防震缝、构造柱或门窗洞口处。相邻施工段的砌筑高差不得超过一个楼层高度，也不应大于4m。

6.3.23 每一楼层砌完后，应校核墙体的轴线尺寸和标高。对允许范围内的偏差，应在本层楼面上校正。

6.3.24 砌块砌体尺寸和位置允许偏差应符合现行国家标准《砌体工程施工质量验收规范》GB 50203中关于砖砌体的尺寸和位置允许偏差的规定。

6.4 构造柱施工

6.4.1 设置钢筋混凝土构造柱的砌块砌体，应按绑扎钢筋、砌筑墙体、支设模板、浇筑混凝土的施工顺序进行。

6.4.2 墙体与构造柱连接应砌成马牙槎，并宜从每层柱脚开始，先退后进，形成100mm宽、200mm高的凹凸槎口。

6.4.3 构造柱两侧模板必须紧贴墙面，支撑必须牢靠，严禁板缝漏浆。

6.4.4 构造柱钢筋的混凝土保护层厚度宜为20mm，且不应小于15mm。混凝土坍落度宜为50mm～70mm。构造柱的混凝土浇筑宜分段进行，每段高度不宜大于2m，并应分（2～3）次振动密实。当施工条件较好并能确保浇灌密实时，可每层一次浇灌。

6.4.5 浇灌构造柱混凝土前，应将砌体留槎部位和模板浇水湿润，将模板内的落地灰、砖渣和其他杂物清理干净，并宜在结合面处注入与构造柱混凝土配比相同的50mm厚水泥砂浆，再分段浇筑、振捣混凝土，直至完成。振捣时，应避免触碰墙体，严禁通过墙体传振。

6.5 墙面抹灰

6.5.1 砌体墙面应进行双面抹灰。墙体抹灰应在砌筑完成后，根据具体施工季节及施工条件搁置一段时间后进行。抹灰前，应清理砌体表面浮灰、杂物，并应用水泥砂浆填塞孔洞、水电管槽或梁、柱、板与砌体之间的缝隙。

6.5.2 对钢筋混凝土平屋面，应在保温层、隔热层施工完成后进行建筑顶层内粉刷；对钢筋混凝土坡屋面，应在屋面工程完工后进行房屋顶层内粉刷。

6.5.3 建筑外墙抹灰应在屋面工程全部完工后进行。

6.5.4 墙面设有钢丝网的部位，应先采用聚合物水泥浆或界面剂等材料涂满后，再进行抹灰施工。

6.5.5 抹灰前墙面不宜洒水。天气炎热干燥时，可在抹灰前1h～2h适度喷水。

6.5.6 墙面抹灰应分层进行，总厚度不宜大于20mm。若墙面平整度好，内墙可刮普通腻子找平。

6.6 冬、雨期施工

6.6.1 砌块砌体工程冬期、雨期施工时，应制定冬、雨期施工方案。

6.6.2 冬期施工所用材料应符合下列规定：

1 不得使用浇过水或浸水后受冻的砌块；

2 砌筑砂浆宜用普通硅酸盐水泥拌制；

3 石灰膏、电石膏等应防止受冻；

4 现场拌制砂浆、混凝土所用原材料中不得含有冰、雪、冻块及其他易冻裂物质；

5 拌合砌筑砂浆宜采用两步投料法，且水的温度不得超过 80℃，砂的温度不得超过 40℃，砂浆稠度宜较常温适当减小；

6 现场运输与贮存砂浆应有冬期施工措施。

6.6.3 砌筑后，应及时用保温材料对新砌砌体进行覆盖，砌筑面不得留有砂浆。继续砌筑前，应清扫砌筑面。

6.6.4 记录冬期砌筑的施工日记，除应满足常规施工记录的要求外，尚应记载室外空气温度、砌筑时砂浆温度、外加剂掺量等。

6.6.5 冬期施工时，对低于 Mb10 的砌筑砂浆，应比常温施工提高一级，且砂浆使用时的温度不应低于 5℃。

6.6.6 砌块砌体不得采用冻结法施工。埋有未经防腐处理的钢筋（网片）的砌块砌体不应采用掺氯盐砂浆法施工。

6.6.7 采用掺外加剂法时，其掺量应由试验确定，并应符合现行国家标准《混凝土外加剂应用技术规范》GB 50119 的有关规定。

6.6.8 采用暖棚法施工时，砌块和砂浆在砌筑时的温度不应低于 5℃，同时离所砌的结构底面 500mm 处的棚内温度也不应低于 5℃。

6.6.9 暖棚法砌体的养护时间应按表 6.6.9 确定。

表 6.6.9 暖棚法砌体的养护时间

暖棚的温度（℃）	5	10	15	20
养护时间（d）	≥6	≥5	≥4	≥3

6.6.10 雨期施工应符合下列规定：

1 雨期施工时，堆放在室外的砌块应采取防雨覆盖措施；

2 雨量为小雨及以上时，应停止砌筑，并对已砌筑的墙体应进行防雨覆盖，继续施工时，应复核墙体的垂直度；

3 砌筑砂浆稠度应根据实际情况适当减小，每日砌筑高度不宜超过 1.2m；

4 被雨淋湿的砌块应干燥后再使用。

6.7 安全措施

6.7.1 当使用托盘吊装垂直运输砌块时，应使用尼龙网或安全罩围护砌块。

6.7.2 在楼面或脚手架上堆放砌块或其他物料时，严禁倾卸和抛掷，不得撞击楼板和脚手架。

6.7.3 堆放在楼面和屋面上的各种施工荷载不得超过楼板或屋面板的设计允许承载力。

6.7.4 砌筑砌块或进行其他施工时，施工人员严禁站在墙上进行操作。

6.7.5 当需要在砌体中设置临时施工洞口时，洞边离交接处的墙面距离不得小于 600mm，并应沿洞口两侧每 400mm 处设置 2ϕ4 焊接钢筋网片及洞顶钢筋混凝土过梁。

6.7.6 当未浇筑（安装）楼板或屋面板的砌块墙和柱遇大风时，其允许自由高度不得超过表 6.7.6 的规定。

表 6.7.6 砌块墙和柱的允许自由高度

墙（柱）厚度（mm）	砌块墙和柱的允许自由高度（mm）		
	风荷载（kN/m²）		
	0.3（相当 7 级风）	0.4（相当 8 级风）	0.6（相当 9 级风）
190	1.4	1.0	0.6
390	4.2	3.2	2.0
490	7.0	5.2	3.4
590	10.0	8.6	5.6

注：允许自由高度超过时，应加设临时支撑或及时现浇圈梁。

6.8 工程验收

6.8.1 砌块建筑中砌体工程验收应按现行国家标准《砌体工程施工质量验收规范》GB 50203 中混凝土小型空心砌块的相关规定执行，混凝土工程应按现行国家标准《混凝土结构工程施工质量验收规范》GB 50204 的要求执行。

本规程用词说明

1 为便于在执行本规程条文时区别对待，对要求严格程度不同的用词说明如下：

1）表示很严格，非这样做不可的：
正面词采用“必须”；反面词采用“严禁”；

2）表示严格，在正常情况下均应这样做的：
正面词采用“应”；反面词采用“不应”或“不得”；

3）表示允许稍有选择，在条件许可时首先应这样做的：
正面词采用“宜”；反面词采用“不宜”；

4）表示有选择，在一定条件下可以这样做的，采用“可”。

2 条文中指明应按其他有关标准、规范执行时的写法为：“应符合……的规定”或“应按……执行”。

引用标准名录

1 《砌体结构设计规范》GB 50003
2 《建筑抗震设计规范》GB 50011
3 《建筑结构可靠度设计统一标准》GB 50068
4 《民用建筑隔声设计规范》GB 50118
5 《混凝土外加剂应用技术规范》GB 50119
6 《民用建筑热工设计规范》GB 50176
7 《砌体工程施工质量验收规范》GB 50203
8 《混凝土结构工程施工质量验收规范》GB 50204
9 《预拌砂浆》GB/T 25181
10 《普通混凝土用砂、石质量及检验方法标准》JGJ 52
11 《建筑砂浆基本性能试验方法标准》JGJ/T 70
12 《砌筑砂浆配合比设计规程》JGJ/T 98
13 《建筑工程冬期施工规程》JGJ 104
14 《预拌砂浆应用技术规程》JGJ/T 223
15 《混凝土小型空心砌块和混凝土砖砌筑砂浆》JC 860
16 《混凝土砌块(砖)砌体用灌孔混凝土》JC 861

中华人民共和国行业标准

植物纤维工业灰渣混凝土砌块建筑技术规程

JGJ/T 228—2010

条 文 说 明

制 定 说 明

《植物纤维工业灰渣混凝土砌块建筑技术规程》JGJ/T 228-2010，经住房和城乡建设部2010年11月17日以第804号公告批准、发布。

本规程编制过程中，编制组进行了深入的调查研究，总结了我国工程建设中砌块建筑领域的实践经验，同时参考了国外先进技术法规和技术标准，通过试验取得了植物纤维工业灰渣混凝土砌块砌体的重要技术参数。

为便于广大设计、施工、科研和学校等单位有关人员在使用本标准时能正确理解和执行条文规定，《植物纤维工业灰渣混凝土砌块建筑技术规程》编制组按章、节、条顺序编制了本标准的条文说明，对条文规定的目的、依据以及执行中需注意的有关事项进行了说明。但是，本条文说明不具备与标准正文同等的法律效力，仅供使用者作为理解和把握标准规定的参考。

目　次

1 总　则

1.0.1 本条明确制定本规程的目的，即提高植物纤维工业灰渣混凝土砌块建筑的工程质量，保证安全使用。

1.0.2 本条规定了本规程适用范围：非抗震设防地区和抗震设防烈度为8度及8度以下地区，以植物纤维工业灰渣混凝土砌块为墙体材料的低层、多层构造柱体系砌块建筑的设计、施工和验收，以及采用植物纤维工业灰渣混凝土砌块砌筑的非承重墙体的设计、施工和验收。

1.0.3 为保证植物纤维工业灰渣混凝土砌块建筑的工程施工质量，除应符合本规程规定外，还需要全面执行国家现行有关标准的规定，例如：

1 《建筑结构可靠度设计统一标准》GB 50068；

2 《砌体工程施工质量验收规范》GB 50203；

3 《砌体结构设计规范》GB 50003；

4 《建筑抗震设计规范》GB 50011；

5 《建筑地基基础设计规范》GB 50007。

3 材料和砌体的计算指标

3.1 材　料

3.1.1 本条规定了单排孔砌块、双排孔砌块的主规格尺寸，并明确了其中承重砌块的主规格尺寸。

3.1.2 本条规定了砌块、砌筑砂浆和灌孔混凝土的强度等级。砌块的强度等级，根据产品标准，应按毛截面计算。

3.1.3 砌筑砂浆的技术要求、试验方法和检验规则应符合现行行业标准《混凝土小型空心砌块和混凝土砖砌筑砂浆》JC 860、《砌筑砂浆配合比设计规程》JGJ/T 98、《建筑砂浆基本性能试验方法标准》JGJ/T 70和《预拌砂浆应用技术规程》JGJ/T 223的有关规定。

3.2 砌体的计算指标

3.2.1～3.2.5 现行国家标准《砌体工程施工质量验收规范》GB 50203根据现场质量管理、砂浆和混凝土的施工质量、砂浆拌合方式和砌筑工人技术等级的情况划为A、B、C三个施工质量控制等级。施工质量控制等级的选择由设计和建设单位商定，并在工程设计图中明确注明设计采用的施工质量控制等级。

本节的强度指标为B级质量控制等级的材料计算指标。考虑到我国目前的施工质量水平，对一般多层建筑宜按B级控制；当采用C级时，砌体强度设计值应乘以砌体强度设计值调整系数0.89。对复杂、重要的建筑，在施工时宜采用A级的施工质量控制等级，设计时选用B级的砌体强度指标，提高这种结构体系的安全储备。

本规程对390mm×190mm×190mm尺寸的单排双孔承重砌块开展了力学性能试验研究，收集了武汉理工大学土木工程与建筑学院和北京建筑工程学院的8组36件砌块抗压试件试验数据，3组18件通缝抗剪试件试验数据，6组54件弯曲抗拉（沿齿缝）试件试验数据，4组12件砌体弹性模量与泊松比试验数据，2片砌块墙片拟静力抗震性能试验数据。试验用植物纤维工业灰渣混凝土砌块的壁厚和肋厚均为45mm。试验结果如下：

表1　轴心抗压强度试验值

砌体类型	f_1 (MPa)	f_2 (MPa)	试件数量(件)	抗压强度试验值 f_m^T (MPa)	抗压强度试验值 δ	规范值 f_m^C (MPa)	$\frac{f_m^T}{f_m^C}$
MU15（Mb15）	17	25.9	6	11.4	0.06	13.9	0.82
MU15（Mb10）	17	16.8	3	8.5	0.05	11.9	0.71
MU10（Mb10）	8.7	16.8	6	7.4	0.11	6.5	1.12
MU10（Mb7.5）	8.7	12.4	3	6.0	0.10	5.9	1.02
MU10（Mb5）	8.7	6.8	3	5.5	0.11	4.8	1.15
MU7.5（Mb7.5）	9.2	12.4	6	7.6	0.17	6.2	1.24
MU7.5（Mb5）	9.2	6.8	3	6.4	0.08	5.0	1.29
MU5（Mb5）	6.8	6.8	6	5.9	0.17	3.8	1.56

注：1 表中 f_1——块体抗压强度平均值。

2 表中 f_2——砂浆抗压强度平均值。

3 表中 f_m^T——轴心抗压强度试验平均值。

4 表中 f_m^C——轴心抗压强度规范平均值，按公式 $f_m^C = 0.46 f_1^{0.9}(1+0.07f_2)$ 计算。

5 表中 δ——试验数据的变异系数。

6 砂浆强度为两组强度的平均值，并按现行行业标准《建筑砂浆基本性能试验方法标准》JGJ/T 70评定。

表2　通缝抗剪强度试验值

砌体类型	砂浆强度 f_2（MPa）	试件数量（件）	试验值 $f_{v,m}^T$(MPa)	试验值 δ	规范值 $f_{v,m}^C$(MPa)	$\frac{f_{v,m}^T}{f_{v,m}^C}$
Mb5	4.6	6	0.167	0.23	0.148	1.13
Mb5	4.8	6	0.206	0.30	0.151	1.36
Mb7.5	8.0	6	0.282	0.19	0.195	1.44

注：1 表中 f_2——砂浆抗压强度平均值。

2 表中 $f_{v,m}^T$——通缝抗剪强度试验平均值。

3 表中 $f_{v,m}^C$——通缝抗剪强度规范平均值，按公式 $f_{v,m}^C = 0.069\sqrt{f_2}$ 计算。

4 砂浆强度为两组强度的平均值，并按现行行业标准《建筑砂浆基本性能试验方法标准》JGJ/T 70评定。

5 表中 δ——试验数据的变异系数。

表 3 弯曲抗拉强度（沿齿缝）试验值

砌体类型	砌块强度 f_1(MPa)	砂浆强度 f_2(MPa)	试件数量(件)	试验值		规范值	$\frac{f^T_{tm,m}}{f^C_{tm,m}}$
				$f^T_{tm,m}$ (MPa)	δ	$f^C_{tm,m}$ (MPa)	
MU10(Mb10)	8.7	13.4	9(8)	0.82	0.10	0.30	2.77
MU7.5(Mb7.5)	9.2	11.6	9(8)	0.88	0.15	0.28	3.19
MU5(Mb5)	6.8	6.8	9(7)	0.69	0.12	0.21	3.27

注：1 表中括号内数字表示有效试件数量，在弯剪区破坏的试件没有计人表中。

2 表中 f_1——块体抗压强度平均值。

3 表中 f_2——砂浆抗压强度平均值。

4 表中 $f^T_{tm,m}$——弯曲抗拉强度（沿齿缝）试验平均值。

5 表中 $f^C_{tm,m}$——弯曲抗拉强度（沿齿缝）规范平均值，按公式 $f^C_{tm,m}=0.081\sqrt{f_2}$ 计算。

6 表中 δ——试验数据的变异系数。

7 砂浆强度为两组强度的平均值，并按现行行业标准《建筑砂浆基本性能试验方法标准》JGJ/T 70 评定。

表 4 弹性模量试验值

试件类型	砌体抗压强度平均值		试件数量(件)	弹性模量试验值		规范值	$\frac{E^T}{E^C_{混}}$
	f_m (MPa)	δ		E^T (MPa)	δ	$E^C_{混}$ (MPa)	
MU15 (Mb15)	11.3	0.10	3	16020	0.04	10031	1.597
MU10 (Mb10)	7.0	0.12	3	10997	0.18	5969	1.842
MU7.5 (Mb7.5)	8.1	0.21	3	6767	0.07	5302	1.276
MU5 (Mb5)	6.4	0.16	3	5520	0.10	4421	1.249

注：1 表中 $E^C_{混}$——弹性模量规范平均值，按混凝土砌块砌体的弹性模量取值，分别按公式 $E=1700f$（Mb15，Mb10），$E=1600f$（Mb7.5），$E=1500f$（Mb5）计算。其中 f 为砌体抗压强度设计值，$f=\frac{f_m}{\gamma_f}(1-1.645\delta)$，$\gamma_f=1.6$。

2 表中 f_m——抗压强度试验平均值。

3 表中 E^T——弹性模量试验平均值。

4 表中 δ——试验数据的变异系数。

5 砂浆强度为两组强度的平均值，并按现行行业标准《建筑砂浆基本性能试验方法标准》JGJ/T 70 评定。

表 5 砌体泊松比试验值

试件类型	试件数量(件)	泊松比平均值 υ	变异系数 δ
MU15(Mb15)	3	0.254	0.16
MU10(Mb10)	3	0.136	0.45
MU7.5(Mb7.5)	3	0.097	0.14
MU5(Mb5)	3	0.183	0.26

注：应力 $\sigma=0.4f_m$ 时的泊松比作为试验试件的泊松比。

4 建筑设计与构造

4.1 建 筑 设 计

4.1.1 基本模数的数值应为 100mm，其符号为 M，即 1M 等于 100mm。承重砌块的主规格尺寸为 390mm×190mm×190mm，模数是 2M，辅助及配套块可扩大到 1M。不应采用小于 1M 的分模数。墙的分段净长度（如洞口间墙段）也应符合模数。这样可以减少砌块种类，方便生产和施工。

在施工前应做平面和立面的排块设计，这样可以保证设备管线的预留和敷设，保证设计规定的洞口、开槽和预埋件的位置，避免在墙体上凿槽或孔洞，减少辅助块的种类和数量。

在排块设计时，应着重解决好转角墙、丁字墙和十字墙的排块。

4.1.2 防水设计的措施都是做在容易漏水的部位，这样做效果明显。

4.1.3 砌块外墙抹灰层宜采取抗裂、防水措施，如以下措施：

1 加挂防裂耐碱玻纤网或钢丝网，采用抗裂砂浆抹灰；

2 采用防水砂浆抹灰，或聚合物水泥砂浆抹面再加防水涂层；

3 采用短切纤维防裂砂浆抹灰。

4.1.4 根据实测结果，190mm 厚砌块墙体两面无粉刷，耐火极限可达到 3h。考虑到各地砌块生产水平有差异，取值有所降低，以保证安全。

4.1.5 对有隔声要求的砌块墙体，隔声要求应符合国家现行标准的有关规定。对隔声要求较高的砌块建筑，可采取提高隔声性能的有效措施

4.1.6 地下潮湿，且植物纤维工业灰渣混凝土砌块含有植物纤维等有机物质，虽然含量少，且经过耐腐处理，但出于安全考虑，不得用于地面以下墙体。因为相关研究较少，为安全起见，其他环境恶劣的部位，也不得采用。

4.2 建筑节能设计

4.2.1～4.2.3 目前实施的《严寒和寒冷地区居住建筑节能设计标准》JGJ 26 和《夏热冬冷地区居住建筑节能设计标准》JGJ 134，主要针对居住建筑。砌块建筑的建筑节能设计除墙体的主体结构是砌块砌体外，与其他墙体结构体系建筑的建筑节能设计基本上是相同的。

实测的砌块砌体的热阻指标计算值均好于表 4.2.2 中数值，考虑到不同厂家砌块材料的配比不同对数据的影响，数据偏于安全考虑取值。当有可靠测试数据时，可采用实际测试数据作为设计依据。

实测表明，砌块砌体在采用保温砂浆砌筑、双面抹灰等措施后，热工性能有较大提高，当有可靠测试数据时，可作为设计依据。

砌块建筑外墙的保温设计，应根据地区气候条件及室内环境设计指标，按现行国家标准《民用建筑热工设计规范》GB 50176 的规定进行内部冷凝受潮验算并确定是否设置隔汽层。

4.2.4 砌块建筑屋面的天沟、女儿墙、变形缝及突出屋面的构件与屋面交接处，应按现行国家标准《民

用建筑热工设计规范》GB 50176 规定的最小传热阻，通过热工计算，确定该部位垂直或水平面上设置保温层的材料及其厚度。

4.3 建筑构造措施

4.3.1～4.3.5 为了减少砌块砌体建筑的开裂，从伸缩缝间距、控制缝、门窗洞口、墙面吊挂等方面进行规定，采取加强措施。

砌体门窗洞边易开裂，应用混凝土填实，提高局部抗压强度。当砌块强度较低，厚度较小时，门洞两侧的砌体牢固性和稳定性较差，为了加强门洞的坚固性，宜设钢筋混凝土边框。

内墙吊挂重物或安装管线应事先设计，并采用有效加固措施以免开裂。外墙吊挂设备重物易引起砌体开裂、渗漏及不安全，宜在立面设计时加设阳台和挑板等构件以支承重物。

砌块墙灰缝内按构造要求铺设的焊接钢筋网片，纵向钢筋不宜少于 2ϕ4，横筋间距不宜大于 200mm，本规程其他条文处的焊接钢筋网片要求相同。

5 结构设计

5.1 一般规定

5.1.1 砌块砌体结构仍然采用以概率理论为基础的极限状态设计方法。

5.1.2、5.1.3 规定了砌块的应用范围。

5.1.4 为保证建筑结构安全使用和耐久性，环境条件较差（潮湿环境）或受力较大时，明确规定了材料的最低强度等级。

5.1.5、5.1.6 砌块砌体结构的静力设计与现行国家标准《砌体结构设计规范》GB 50003 保持一致。

5.1.7 砌块砌体建筑的构造措施除满足本规程的规定外，尚应符合现行国家标准《砌体结构设计规范》GB 50003 和《建筑抗震设计规范》GB 50011 中关于混凝土小型空心砌块砌体的相关规定。

5.2 抗震设计

5.2.2 抗震设防地区的砌块砌体建筑抗震设计，首先要在满足静力设计要求的基础上进行，应对结构进行抗震地震力复核验算。

5.2.3 承重砌块的最低强度等级应根据建筑层数和强度大小而确定。本条规定的最低强度等级是适合多层和低层砌块建筑的要求。

5.2.4 考虑到目前在工程中已普遍应用的该类砌块强度等级均不大于 MU10，因此规程中对砌块砌体建筑的层数和高度进行了限制。

横墙较少是指同一楼层内开间大于 4.2m 的房间占该层总面积的 40%以上；其中，开间不大于 4.2m 的房间占该层总面积不到 20%且开间大于 4.8m 的房间占该层总面积的 50%以上为横墙很少。

5.2.6 对抗震设防地区砌块砌体建筑的高宽比限制，主要是为了减少验算工作量，只要符合规定的高宽比要求，就不必进行整体弯曲验算。

5.2.7 砌块砌体建筑的主要抗震构件是各道墙体。横墙的分布决定了建筑物的横向抗震能力。因此要求限制横墙的最大间距，以保证横向地震作用的满足。

5.2.8 砌块砌体建筑的局部尺寸规定，主要是为防止由于局部尺寸的不足引起连锁反应，导致房屋整体破坏倒塌。砌块的局部墙垛尺寸还要符合自身的模数；当局部尺寸不能满足规定要求时，也可采取增加构造柱及增大配筋来弥补。

5.2.10～5.2.13 砌块砌体建筑地震作用和结构抗震验算等采用现行国家标准《建筑抗震设计规范》GB 50011 的规定，相应的承载力抗震调整系数也均取一致的数值。

本规程收集了武汉理工大学土木工程与建筑学院的 2 片砌块墙片拟静力抗震性能试验数据。试验用植物纤维工业灰渣混凝土砌块的壁厚和肋厚均为 45mm。试验结果如下：

表 6 砌块墙片抗震抗剪承载力试验结果

试件编号	正应力 σ_0 (MPa)	砂浆强度 f_2 (MPa)	开裂荷载 P_c (kN)	极限荷载 P_u (kN)	f_{VE}^{T} (MPa)	$f_{VE,m}^{C}$ (MPa)	$f_{VE}^{T}/f_{VE,m}^{C}$
W-1 墙片	0.2	16.0	210.8	305.4	0.618	0.439	1.41
W-2 墙片	0.7	16.1	311.5	465.8	0.943	0.748	1.26

注：1 表中 P_c、P_u——取推拉两个方向开裂、极限荷载的平均值。

2 表中 f_2——砂浆试块抗压强度平均值。

3 表中 f_{VE}^{T}——墙片抗震抗剪强度试验值。

4 表中 $f_{VE,m}^{C}$——墙片抗震抗剪强度计算值，按公式 $f_{VE,m}^{C}=\xi_N\cdot f_{v,m}$ 计算。其中 $f_{v,m}=0.069\sqrt{f_2}$，ξ_N 由 $\frac{\sigma_0}{f_v}$ 查表得；考虑取 $\delta=0.20$，$\gamma_f=1.6$，则 $f_V=\frac{f_{v,m}}{\gamma_f}(1-1.645\delta)=0.42f_{v,m}$。

5.3 结构构造措施

5.3.1～5.3.7 砌块建筑的合理构造是保证建筑结构安全使用和耐久性的重要措施，根据设计和应用经验在下列几个关键问题上给予加强：（1）对一些受力不利的部位强调用混凝土灌孔；（2）加强一些构件的连接构造；（3）墙体中预留槽洞及埋设管道的构造措施。

5.3.9、5.3.10 设置构造柱是一种构造措施，主要是为了提高砌块建筑的整体工作性能，不必进行强度计算，构造柱应满足构造要求。

5.3.11 圈梁应满足构造要求，圈梁的设置与现行国家标准《砌体结构设计规范》GB 50003 保持一致。

5.3.13～5.3.17 针对砌块建筑产生裂缝的性质（温差、干缩和地基沉降）和容易出现裂缝的部位（顶层、底层和中部）提出较系统的防裂构造措施。

5.3.18、**5.3.19** 考虑到多排孔和盲孔砌块无法设置芯柱，因此本章重点对构造柱体系作了规定，包括构造柱设置位置、截面尺寸以及与墙的拉结等具体构造要求。

5.3.20 对进行抗震设计的砌块砌体建筑的现浇钢筋混凝土圈梁规定了最小构造尺寸和配筋，圈梁设置与现行国家标准《建筑抗震设计规范》GB 50011 保持一致。

5.4 非承重砌块墙体的构造措施

5.4.4 非承重砌块墙体与主体结构墙、柱采用脱开或柔性连接时，建筑结构抗震计算可不计入其刚度，构造措施应满足以下要求：

1 非承重砌块墙体与主体结构墙、柱脱开的宽度应根据结构计算分析确定，并满足主体结构不同方向的层间位移要求。脱开宽度不宜小于 20mm。

2 非承重砌块墙体应保持墙体出平面外的稳定，保证地震作用时非承重砌块墙体不致倾斜或倾倒；非承重砌块墙体出平面的计算，应根据墙体的尺寸、墙体的结构构造及墙端的实际连接情况，分别采用固端、铰接的单向板或双向板的简化模型。

3 非承重砌块墙体与主体结构水平方向可采取设置水平系梁的连接方式，竖向可采取设置构造柱的连接方式。水平系梁的纵筋按受拉钢筋锚入结构墙、柱内，外墙水平系梁可结合门窗洞口设置，内墙水平系梁沿高度方向的间距不小于 1.5m；可采用槽形砌块配筋浇筑 C20 混凝土，梁高不小于 200mm，纵筋直径不小于 $\phi8$，箍筋不小于 $\phi4@200$。构造柱间距不宜大于 4m，纵筋直径不小于 $\phi12$，箍筋不小于 $\phi6@200$。

4 非承重砌块墙体与主体结构也可采取钢筋柔性连接方式，并采用钢筋砂浆面层的组合砌体加强非承重砌块墙体。

6 施工及验收

6.1 一 般 规 定

6.1.1 为了确保植物纤维工业灰渣混凝土砌块砌体的施工质量，砌体施工除应符合本规程的规定外，尚应符合现行国家标准《砌体工程施工质量验收规范》GB 50203 的规定；冬期施工时，由于气温低给施工带来诸多不便，必须采取一些必要的冬期施工技术措施来确保工程质量，同时又要保证常温施工情况下的一些工程质量要求，因此砌块砌体的冬期施工除符合上述要求外，还应符合现行行业标准《建筑工程冬期施工规程》JGJ 104 的规定。

6.1.2 砌块产品合格证明书应包括型号、规格、产品等级、强度等级、密度等级、相对含水率和生产日期等内容。主规格砌块应进行尺寸偏差和外观质量的检验以及强度等级的复验。辅助规格的砌块仅做尺寸偏差和外观质量的检验，但应有保证强度等级的产品质量证明书。

为避免墙体收缩裂缝，同一单位工程不宜使用两个厂家砌块。

构造柱钢筋、拉结筋和钢筋网片的材质要求应符合现行相关国家标准，并按《混凝土结构工程施工质量验收规范》GB 50204 的规定抽取试样做力学性能试验，合格后方可使用。

6.1.3 适当延长养护时间，能够减少因砌块收缩过多引起的墙体裂缝。

6.1.4 水泥应采用通用硅酸盐水泥，水泥质量要求应符合国家标准《通用硅酸盐水泥》GB 175 的规定，复试合格方可使用，而且不同品种的水泥，不得混合使用，这是保证工程质量的重要措施。

6.1.6 由于砌块孔洞较小，灌注孔洞混凝土的浇灌高度一般大于 2m，为防止粗骨料被卡住，粒径以 5mm～15mm 为宜。构造柱混凝土用的粗骨料可按一般混凝土构件要求。

6.1.7 为防止砌块砌筑前受潮湿，堆放场地要设有排水设施。砌块属空心制品，堆放不当或搬运中翻斗倾卸与抛掷，极易造成砌块缺棱掉角而不能使用，故应推广砌块包装化，以利施工现场文明管理，同时，又可减少砌块损耗。

6.1.8 编制砌块排块图是施工作业准备的一项首要工作，是保证砌块墙体工程质量的重要技术措施。在编制时，水电管线安装人员与土建施工人员共同配合，使排块图真正起到指导施工的作用。

6.2 砌筑砂浆和灌孔混凝土

6.2.1 砌筑砂浆的操作性能对砌块砌体质量影响较大，不仅影响砌体的抗压强度，而且对砌体抗剪强度和抗拉强度影响较为明显。砂浆良好的保水性、稠度及粘结力对防止墙体渗漏、开裂与消除干缩裂缝有一定的成效。手工拌制砂浆不易拌合均匀，影响砂浆质量。

6.2.2 预拌砂浆的推广应用有利于砌块墙体砌筑质量的提高。

6.2.3 用水泥砂浆砌筑基础砌体是地下防潮的要求。对于地下室室内的填充墙等墙体可用水泥混合砂浆砌筑。水泥混合砂浆的保水性较好，易于砌筑，有利于砌体质量，在无防潮要求的情况下宜首先使用。

6.2.4 灌孔混凝土是砌块砌体灌注孔洞和构造柱的专用混凝土，是保证砌块砌体整体工作性能、抗震性能、承受局部荷载、施工所必需的重要配套材料，灌孔混凝土的工作性能和其硬化后的实际性能（强度、收缩膨胀性），对砌体的力学性能特别是建筑抗震性能尤其重要，其技术要求、试验方法和检验规则等按现行行业标准《混凝土砌块（砖）砌体用灌孔混凝土》JC 861执行。

6.3 墙体砌筑

6.3.1 为使墙面平整，水平灰缝平直、厚度一致，施工中应坚持使用皮数杆。

6.3.2 砌块是空心墙体材料，其强度与其他砖类墙体材料不等强，而且两者的线膨胀系数也不一致。混砌极易引起砌体裂缝，影响砌体强度。

浇过水的砌块与表面明显潮湿的砌块会产生膨胀和日后干缩现象，砌筑上墙易使墙体产生裂缝，所以严禁使用。考虑到气候特别炎热干燥时，砂浆铺摊后会失水过快，影响砌筑砂浆与砌块间的粘结，因此可根据施工情况稍喷水湿润。

清理砌块表面的污物是为了使砌块与砌筑砂浆或粉刷层之间粘结得更好。

砌块属于薄壁空心材料，墙上留设脚手孔洞将使墙体承受局压，事后镶砌也难以使该部位砂浆饱满密实。

规定砌块墙体日砌筑高度有利于已砌筑墙体尽快形成强度使其稳定，有利于减少墙体收缩裂缝。

6.3.3 竖直灰缝饱满度对防止墙体裂缝和渗水至关重要，故要求竖直灰缝饱满度不宜低于90%。

6.3.4 砌块砌筑方式对砌筑质量的影响较大，水平灰缝采用坐浆法、竖向灰缝采取满铺端面法并采用碰头灰砌筑方式，即将灰缝两侧砌块的端面均铺满砂浆后再挤紧，能够保证砌筑质量，避免出现瞎缝、假缝，保证灰缝饱满度。

6.3.5 确保砌块砌体的砌筑质量，可简单归纳为六个字：对孔、错缝、反砌。所谓对孔，即上皮砌块的孔洞对准下皮砌块的孔洞，上、下皮砌块的壁、肋可较好传递竖向荷载，保证砌体的整体性及强度。所谓错缝，即上、下皮砌块错开砌筑（搭砌），以增强砌体的整体性，这属于砌筑工艺的基本要求。所谓反砌，即砌块生产时的底面朝上砌筑于墙体上，易于铺放砂浆和保证水平灰缝砂浆的饱满度，这也是确定砌体强度指标的试件的基本砌法。

6.3.6 墙体转角处和纵横墙交接处同时砌筑可保证墙体结构整体性，提高砌块建筑抗震性能以及抵抗水灾、室内爆炸等偶然事件的能力。留直槎的墙体不利于建筑抗震，接槎处是墙体遭遇地震时最易受到破坏的部位，因此严禁留直槎。由于砌块墙厚190mm并有孔洞，从墙体稳定性考虑，斜槎长度与高度比例不同于黏土砖，因此与砖砌体相比作了调整。

6.3.8 砌块不应浇水砌筑，为防止砂浆中水分被砌块吸收，以随铺随砌为宜；为保证灰缝砂浆密实性，提高砌体强度，应使用橡皮锤采用一定的敲打力度和次数对砌块进行敲打。本规程编制过程中，就有无橡皮锤敲打对砌体强度的影响作了试验对比，试验中用橡皮锤敲打的砌体通缝抗剪强度试验值比没有敲打的提高了16%～23%。

6.3.9 随砌随勾缝可使墙体灰缝密实不渗水。凹缝便于粉刷层与墙体基层连接。

6.3.10 砌块的水平缝铺灰面积较小，撬动或碰动了已砌好的砌块会影响砌体质量。因此新砌筑的砌体，不宜采用黏土砖墙的敲击法来矫正，而应拆除重砌。

6.3.14 考虑支模需要，同时防止在已砌好的墙体上打洞，特提出本条措施。

6.3.15、**6.3.16** 因为砌块是空心材料，砌好后打洞、凿槽会损坏砌块的壁和肋，影响砌体强度，导致微裂缝。因此各种管线和孔洞应预埋或预留，以确保墙体工程质量。

6.3.17、**6.3.18** 砌块建筑均宜设管道井或集中设置在楼梯间、出入口等部位，便于检修管理。条文对各种管线、各类表箱、双下水管道及插座、开关盒的埋设与安装都作了规定。

6.3.20 因为砌块属于薄壁空心材料，沿水平方向凿槽将危及墙体结构安全，因此严格禁止。

6.3.21 进行混凝土浇筑时，为防止混凝土浇筑时混凝土流入不需要灌实的砌块孔洞，应在本条规定的部位铺设细钢丝网，细钢丝网可用20号钢丝加工成16目/cm^2。

6.3.22 建筑变形缝和门窗洞口是划分墙体施工段的最佳位置。构造柱将墙体分隔成几个独立部分，也是施工段的划分位置。同时，出于墙体稳定性考虑，规定相邻施工段的砌筑高差不得超过一个楼层高度，也不应大于4m。

6.4 构造柱施工

6.4.1 先砌墙后浇柱的施工顺序有利于构造柱与墙体的结合，施工中应切实遵守。

6.4.2 为避免构造柱因混凝土收缩而导致柱与墙脱开，砌块墙体与构造柱之间要求设马牙槎。砌块块体较大，马牙槎槎口尺寸也相应较大，一般为200mm宽、200mm高的凹凸槎口，否则砌块不易排列。

6.4.4 为便于浇灌、振捣，混凝土坍落度以50mm～70mm为宜。

6.4.5 由于砌块墙体马牙槎尺寸较大，浇灌、振捣构造柱混凝土时要特别注意。

6.5 墙面抹灰

6.5.1 本砌块不用于清水墙面，墙面应进行双面抹灰。墙体抹灰时间应根据具体施工季节及施工条件而定，对五层砌体结构建筑，墙面抹灰宜在墙体砌筑完30d后进行。

6.5.4 墙面涂刷聚合物水泥浆或界面剂有利于抹灰材料与钢丝网及墙体基层间粘结。

6.5.5 砌块墙面抹灰前一般不需要洒水。当使用有机胶或界面剂时更不应洒水。

6.6 冬、雨期施工

6.6.1 砌块砌体工程在冬期施工过程中，只有加强管理和采取必要的技术措施才能保证工程质量符合要求。因此，砌体工程冬期施工应有完整的冬期施工方案。

6.6.2 遭水浸冻后的砖或其他块材，使用时将降低它们与砂浆的粘结强度并因它们温度较低而影响砂浆强度的增长，因此规定砌体块材不得遭水浸冻。

石灰膏和电石膏等若受冻使用，将直接影响砂浆的强度，因此石灰膏和电石膏等如遭受冻结，应经融化后方可使用。砂和混凝土中含有冰块和冻结块，也将影响砂浆、混凝土强度的增长和砌体灰缝厚度的控制，因此对拌制砂浆、混凝土原材料提出要求。

为了避免砂浆拌合时因砂和水过热造成水泥假凝现象，规定了砂和水的最高拌合温度。

6.6.3 本条规定是为了保证砌体冬期砌筑的质量。

6.6.5 冬期施工期间适当提高砌筑砂浆强度等级有利于砌体质量。

6.6.6 因砌块砌体的水平灰缝中有效铺灰面较小，若采用冻结法施工在解冻期间施工中易产生墙体稳定问题，故不予采取。

6.6.8 暖棚法施工是可使砌体中砂浆强度始终在大于+5℃的气温状态下得到增长而不遭冻结的一项施工技术措施。

6.6.9 砌块砌体暖棚法施工，近似于常温下施工与养护，为有利于砌体强度的增长，暖棚内尚应保持一定的温度。表 6.6.9 中给出的最少养护期是根据砂浆等级和养护温度与强度增长之间的关系确定的。砂浆强度达到设计强度的 30%，即达到了砂浆允许受冻临界强度值，再拆除暖棚时，遇到负温度也不会引起强度损失。表中数值是最少养护期限，并限于未掺盐的砂浆，如果施工要求强度有较快增长，可以延长养护时间或提高棚内养护温度以满足施工进度要求。

6.6.10 砌块被雨水淋湿会产生湿涨，上墙后因干缩原因易使墙体开裂，所以对堆放在室外的砌块应有防雨覆盖设施。

当雨量为小雨及以上时，若继续砌筑，常因已砌墙体的灰缝砂浆尚未凝固使墙体发生偏斜。

砌筑砂浆稠度应视气温和天气情况变化而定。雨期不利砌块砌筑，因此，日砌高度也应适当减小。

6.7 安全措施

6.7.1 为防止砌块在垂直吊运过程中因手碰动或其他因素的影响从高空坠落伤人，因此要求用尼龙网或安全罩围护砌块。

6.7.2 在楼面倾倒或抛掷砌块及其他物料，易造成砌块破碎、楼板断裂及脚手架不稳，故应予制止。

6.7.3 主要防止堆载超过楼板或屋面板的允许承载能力而突然断裂，造成重大安全事故。

6.7.4 站在墙上操作既不符合安全施工要求，又影响砌体砌筑质量。

6.7.6 本规定引自现行国家标准《砌体工程施工质量验收规范》GB 50203，并结合砌块组砌的截面尺寸对墙（柱）厚度进行了调整。

6.8 工程验收

6.8.1 植物纤维工业灰渣混凝土砌块建筑中砌体工程验收应符合现行国家标准《砌体工程施工质量验收规范》GB 50203 中混凝土小型空心砌块的相关规定，混凝土工程应符合现行国家标准《混凝土结构工程施工质量验收规范》GB 50204 的相关规定。同时上述规范应与现行国家标准《建筑工程施工质量验收统一标准》GB 50300 配套使用。

中华人民共和国行业标准

装饰多孔砖夹心复合墙技术规程

Technical specification for cavity wall filled with insulation and decorative perforated brick

JGJ/T 274—2012

批准部门：中华人民共和国住房和城乡建设部
施行日期：2 0 1 2 年 1 0 月 1 日

中华人民共和国住房和城乡建设部
公　　告

第 1347 号

关于发布行业标准《装饰多孔砖夹心复合墙技术规程》的公告

现批准《装饰多孔砖夹心复合墙技术规程》为行业标准，编号为 JGJ/T 274－2012，自 2012 年 10 月 1 日起实施。

本规程由我部标准定额研究所组织中国建筑工业出版社出版发行。

中华人民共和国住房和城乡建设部

2012 年 4 月 5 日

前　　言

根据住房和城乡建设部《关于印发〈2009 年工程建设标准规范制订、修订计划〉的通知》（建标［2009］88 号）的要求，编制组经广泛调查研究，认真总结实践经验，参考有关国际标准和国外先进标准，并在广泛征求意见的基础上，编制本规程。

本规程的主要技术内容是：1　总则；2　术语和符号；3　材料；4　基本规定；5　建筑与建筑节能设计；6　结构设计；7　施工；8　质量验收。

本规程由住房和城乡建设部负责管理，由西安墙体材料研究设计院负责具体技术内容的解释。执行过程中如有意见或建议，请寄送西安墙体材料研究设计院（地址：陕西省西安市长安南路 6 号，邮编：710061）。

本规程主编单位：西安墙体材料研究设计院
西安建筑科技大学

本规程参编单位：黑龙江省寒地建筑科学研究院
秦皇岛发电有限责任公司晨砻建材分公司
吉林省第二建筑工程公司
秦皇岛福电集团送变电工程公司

本规程主要起草人员：尚建丽　李寿德　周丽红　朱卫中　白国良　贾彦武　赵裕文　郭永亮　史志东　王科颖　张锋剑

本规程主要审查人员：高连玉　同继锋　苑振芳　王庆霖　张昌叙　赵成文　杨晓明　王　辉　邵永民

目　次

Contents

1 总 则

1.0.1 为使夹心复合墙建筑的设计、施工做到技术先进、安全可靠、经济合理，确保工程质量，制定本规程。

1.0.2 本规程适用于严寒及寒冷地区的非抗震设防区和严寒及寒冷地区抗震设防烈度为6度至8度地区夹心复合墙建筑的设计、施工及验收。

1.0.3 夹心复合墙建筑的设计、施工及验收，除应符合本规程外，尚应符合国家现行有关标准的规定。

2 术语和符号

2.1 术 语

2.1.1 烧结装饰多孔砖 fired decorative perforated brick

以页岩、煤矸石或粉煤灰等为主要原料，经焙烧后，孔洞率不小于25%且具有装饰外表面的砖。

2.1.2 非烧结装饰空心砌块 non-fired decorative hollow block

以骨料和水泥为主要原料，经混料、成型等工序而制成的、空心率不小于35%且具有装饰外表面的砌块。

2.1.3 配砖 auxiliary brick

砌筑时与主规格砖配合使用的砖。

2.1.4 饰面砖 tapestry brick

用于夹心墙构造中圈梁等混凝土构件外露面装饰的砖。

2.1.5 夹心保温材料 thermal insulating material

填充在内、外叶墙中间，用于提高墙体保温性能的板状类、憎水性颗粒类材料。

2.1.6 夹心复合墙 cavity wall filled with insulation

在预留连续空腔内填充保温或隔热材料，内、外叶墙之间用防锈的金属拉结件连接而成的墙体，又称夹心墙。

2.1.7 拉结件 tie

两端分别锚固在内、外叶墙灰缝中，用于连接内、外叶墙的防锈金属连接件。

2.1.8 外叶墙控制缝 control joint

把外叶墙体分割成若干个独立墙肢的缝，作用是使墙肢在其平面内可自由变形且对其平面外的作用有较高的抵抗能力。

2.1.9 建筑物体形系数 shape coefficient of building

建筑物与室外大气接触的外表面积与其所包围的体积的比值。外表面积中，不包括地面、不采暖楼梯间隔墙和户门的面积。

2.1.10 围护结构传热系数 heat transfer coefficient of building envelope

在稳态条件下，围护结构两侧空气温差为1℃，在单位时间内通过单位面积围护结构的传热量。

2.1.11 热桥 thermal bridge

围护结构中包含混凝土梁或柱等结构性部位，在室内、外温度作用下，形成热流密集、内表面温度较低的部位。

2.1.12 夹心墙的高厚比 ratio of height to thickness of cavity wall with insulation

夹心墙的计算高度（H_0）与有效厚度（h_e）之比。

2.1.13 非组合作用 non-composite action

两叶墙之间由拉结件连接，内叶墙承重、外叶墙自承重的组合体系。

2.2 符 号

A_n——内叶墙截面毛面积；

A_w——外叶墙截面毛面积；

F_p——夹心墙主体部位的面积；

F_B——夹心墙热桥部位的面积；

H_0——夹心墙计算高度；

h_n——内叶墙横截面厚度；

h_w——外叶墙横截面厚度；

h_e——夹心墙有效厚度；

K_m——夹心墙平均传热系数；

K_p——夹心墙主体部位传热系数；

K_B——夹心墙热桥部位传热系数；

MU——块体强度等级；

M——砂浆强度等级；

S——拉结件之间距离；

β——墙柱的高厚比；

$[\beta]$——墙柱的允许高厚比；

λ——导热系数；

ρ——表观密度；

φ——水蒸气渗透系数；

ω——吸水率。

3 材 料

3.1 块体材料

3.1.1 外叶墙可采用烧结装饰多孔砖、非烧结装饰砌块，内叶墙可采用各类承重砖或混凝土砌块。

3.1.2 烧结装饰多孔砖强度等级分为MU10、MU15、MU20、MU25、MU30，其技术性能应符合现行国家标准《烧结多孔砖和多孔砌块》GB 13544的规定。

3.1.3 非烧结装饰砌块技术性能应符合现行行业标准《装饰混凝土砌块》JC/T 641的规定。

3.1.4 内叶墙用块体材料性能应符合相应技术标准的要求，其强度等级应按现行国家标准《砌体结构设计规范》GB 50003、《墙体材料应用统一技术规范》GB 50574的规定采用。

3.1.5 当夹心墙为自承重墙时，内叶墙空心砖强度等级不应低于 MU3.5，轻集料混凝土砌块强度等级不应低于 MU3.5，最大干密度应符合现行国家标准《墙体材料应用统一技术规范》GB 50574 的规定。

3.2 砌筑砂浆

3.2.1 承重夹心墙内叶墙砌筑砂浆的选用应符合现行国家标准《砌体结构设计规范》GB 50003 的有关规定。

3.2.2 外叶墙所用砂浆宜采用预拌砂浆或与块体相应的专用砂浆砌筑。预拌砂浆性能应符合现行行业标准《预拌砂浆》JG/T 230 的规定，混凝土砌块专用砂浆应符合现行行业标准《混凝土小型空心砌块和混凝土砖砌筑砂浆》JC 860 的规定。

3.2.3 外叶墙墙面应采用防水透气、抗裂性能好的勾缝剂，勾缝剂性能尚应符合现行行业标准《陶瓷墙地砖填缝剂》JC/T 1004 的规定。

3.3 保温材料

3.3.1 保温材料宜选用模塑聚苯乙烯泡沫塑料板(EPS)、挤塑聚苯乙烯泡沫塑料板（XPS)、憎水岩棉制品、聚氨酯泡沫塑料板。

3.3.2 模塑聚苯乙烯泡沫塑料板（EPS），除应符合现行国家标准《绝热用模塑聚苯乙烯泡沫塑料》GB/T 10801.1 规定的阻燃性（ZR）外，其主要技术性能指标尚应符合表 3.3.2 的规定。

表 3.3.2 模塑聚苯乙烯泡沫塑料板（EPS）的性能指标

项 目	指 标	项 目	指 标
表观密度(kg/m³)	18～22	水蒸气渗透系数[ng/(Pa·m·s)]	≤4.5
导热系数[W/(m·K)]	≤0.041	吸水率(%)	≤4.0
压缩强度(MPa)	>0.10	尺寸稳定性(%)	≤3.0

3.3.3 挤塑聚苯乙烯泡沫塑料板（XPS），除应符合现行国家标准《绝热用挤塑聚苯乙烯泡沫塑料》GB/T 10801.2 规定的阻燃性（ZR）外，其主要技术性能指标尚应符合表 3.3.3 的规定。

表 3.3.3 挤塑聚苯乙烯泡沫塑料板（XPS）的性能指标

项 目	指 标	项 目	指 标
表观密度(kg/m³)	18～22	水蒸气渗透系数[ng/(Pa·m·s)]	≤3.5
导热系数[W/(m·K)]	≤0.030	吸水率(%)	≤1.5
压缩强度(MPa)	>0.15	尺寸稳定性(%)	≤2.0

3.3.4 憎水岩棉板质量应符合现行国家标准《绝热用岩棉、矿渣棉及其制品》GB/T 11835 的要求，其主要性能指标尚应符合表 3.3.4 的规定。

表 3.3.4 岩棉板主要技术性能指标

项 目	指 标	项 目	指 标
密度(kg/m³)	40～100	导热系数[W/(m·K)]	≤0.044
密度误差(%)	±15	吸水性(%)	≤2.0
有机物含量(%)	≤4.0	燃烧性能	不燃材料

3.3.5 聚氨酯泡沫塑料除应符合现行国家标准《建筑绝热用硬质聚氨酯泡沫塑料》GB/T 21558 规定的燃烧性能要求外，其主要性能指标尚应符合表 3.3.5 的规定。

表 3.3.5 聚氨酯泡沫塑料主要技术性能指标

项 目	指 标	项 目	指 标
表观密度(kg/m³)	≥30	水蒸气渗透系数[ng/(Pa·m·s)]	≤6.5
导热系数[W/(m·K)]	≤0.024	吸水率(%)	≤4.0
压缩强度(MPa)	≥0.12	尺寸稳定性(%)，70℃，48h	≤2.0

3.3.6 当采用现场发泡保温材料时，其导热系数宜控制在 0.04W/(m·K)以下，发泡保温材料憎水率不应小于 95%，其他性能指标应符合现行国家标准《建筑绝热用硬质聚氨酯泡沫塑料》GB/T 21558 规定。

3.3.7 夹心墙保温材料燃烧性能等级不应低于现行国家标准《建筑材料及其制品燃烧性能分级》GB 8624 中规定的 C 级。

3.4 拉结件

3.4.1 拉结件分为通用型和可调型，采用直径为 4mm～6mm 的钢筋制作。通用型包括 Z 形或矩形冷轧带肋钢筋拉结件和焊接钢筋网拉结件（图 3.4.1）。

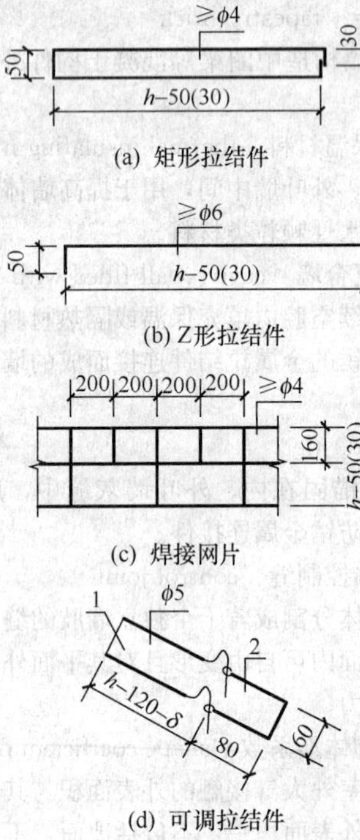

图 3.4.1 拉结件示意图

1—扣钉件；2—孔眼件；h—夹心墙总厚度；δ—保温层厚度；h－50（30）—内（外）叶墙厚度分别为 240(115)、190(90)对应的拉结件长度

3.4.2 夹心墙的拉结件可根据建筑形式、块体材质及抗震设防烈度等情况，按下列原则选用：

1 非抗震设防地区的多层房屋和基本风压值小于0.6N/m²地区的高层建筑，夹心墙可采用Z形或矩形拉结件；

2 抗震设防地区的多层房屋或基本风压值大于0.6N/m²的高层建筑，夹心墙宜采用焊接钢筋网拉结件；

3 内、外叶墙块体材质不同时，宜采用可调拉结件。

4 基本规定

4.1 一般规定

4.1.1 夹心复合墙体应按非组合作用进行夹心墙设计。承重夹心墙内叶墙应为承重叶墙，外叶墙应为自承重叶墙；非承重夹心墙（自承重或填充墙）内、外叶墙均应为自承重墙。

4.1.2 夹心复合墙应依据其功能要求分别进行建筑、建筑节能、结构的计算与构造设计。

4.1.3 承重夹心复合墙内叶墙，应按现行国家标准《砌体结构设计规范》GB 50003等相关标准进行结构设计。

4.1.4 夹心复合墙的夹层厚度不宜大于120mm，两侧内、外叶墙应由拉结件拉结。

4.1.5 多、高层砌体房屋承重夹心墙的外叶墙可由楼盖、梁或挑板作为横向支承。

4.1.6 夹心复合墙外叶墙的最大横向支承间距，宜按下列规定采用：抗震设防烈度6度时不宜大于9m，7度时不宜大于6m，8度时不宜大于3m。

4.1.7 严寒及寒冷地区，保温层与外叶墙间应设置空气间层，其间距宜为20mm，且应在楼层处采取排湿构造措施。

4.1.8 承重夹心复合墙的耐火等级应符合现行国家标准《建筑设计防火规范》GB 50016中规定的四级要求。

4.2 耐久性规定

4.2.1 夹心复合墙应根据结构所处环境条件按现行国家标准《砌体结构设计规范》GB 50003进行耐久性设计。

4.2.2 外叶墙块体除应满足强度等级和装饰性要求外，尚应符合下列规定：

1 烧结装饰多孔砖的吸水率应小于5%，其耐久性指标应符合现行国家标准《烧结多孔砖和多孔砌块》GB 13544中的规定；

2 非烧结块体的抗冻性应符合表4.2.2的规定。

表4.2.2 非烧结块体抗冻性要求

使用条件	抗冻等级	技术指标	
		质量损失（%）	强度损失（%）
采暖区	≥F50	≤5	≤25
非采暖区	≥F25		

注：采暖区和非采暖区指最冷月平均气温以−5℃为界限，前者低于−5℃，后者高于−5℃。

4.2.3 外叶墙未采用烧结装饰多孔砖、非烧结装饰砌块，且需要饰面层装饰时，其饰面装饰层应采用具有防水、透气性能的材料。

4.2.4 对安全等级为一级或结构设计使用年限大于50年的房屋，宜采用不锈钢拉结件（筋、网片）；对其他安全等级及设计使用年限的房屋，当属于环境类别1时，宜采用热镀锌拉结筋或具有等效防腐性能涂料层的拉结筋。

4.2.5 拉结件应按下列规定进行防腐处理：

1 当采用热镀锌方法进行拉结件防腐处理时，其镀层厚度不应小于45μm或采用具有等效防腐性能的涂料层；

2 钢筋网片防腐处理时，不应出现遗漏点，焊接点处镀层应加厚且不小于50μm；

3 拉结件应先按设计选型加工，后进行防腐处理；

4 采用塑料套筒进行拉结件防腐处理或选用与钢材等强度的耐腐蚀材料做拉结件。

5 建筑与建筑节能设计

5.1 建筑设计

5.1.1 夹心复合墙砌体建筑的平面及竖向设计应符合下列规定：

1 平面设计宜用3M或2M为基本模数，外叶墙平面模数和竖向模数宜采用1M；

2 门窗洞口的平面和竖向尺寸宜符合1M的基本模数。

5.1.2 夹心复合墙应按下列原则做墙体排块设计：

1 内、外叶墙为烧结多孔砖时，承重墙体宜采用统一主规格，细部构造尺寸则宜符合半砖(120mm)的倍数。

2 外叶墙为烧结装饰多孔砖，内叶墙为混凝土砌块时，宜采用主规格块材，细部构造尺寸宜使用辅助砌块并按设计要求进行芯柱布置。

3 各种管道的主管、支管设立宜事先预留孔洞，并应在夹心墙排块图上详细标注，施工时应采用混凝土填实各预留孔洞。

5.1.3 夹心复合墙建筑的防水设计应符合下列规定：

1 夹心墙建筑的室内地面以下和室外散水坡顶

面以上应设置防潮层。

2 窗洞口四周应有防雨水的构造措施。

5.1.4 夹心复合墙建筑墙体的空气声计权隔声量，可根据墙厚和空气间层设计在 45dB～50dB 范围内选用。

5.1.5 夹心复合墙建筑的屋面应设保温层并应符合下列规定：

1 设置挑檐时，屋面保温层应覆盖整个挑檐。

2 设置女儿墙时，保温层应贯通女儿墙直至女儿墙压顶。

3 屋面刚性防水层应设置分隔缝，并应与周边女儿墙断开。

5.2 建筑节能设计

5.2.1 居住建筑节能设计应符合下列规定：

1 建筑物体形系数宜控制在 0.3 及 0.3 以下，当体形系数大于 0.3，屋面和外墙应加强保温措施；

2 夹心墙建筑围护结构的传热系数应符合本规程附录 A 的有关规定。

5.2.2 公共建筑节能设计应符合下列规定：

1 建筑物体形系数宜控制在 0.4 以下，当体形系数大于 0.4，屋面和外墙应加强保温措施；

2 夹心墙公共建筑围护结构的传热系数应符合本规程附录 B 的有关规定；

3 外窗（包括阳台门上部透明部分）面积不宜过大；不同朝向的窗墙面积比不应超过表 5.2.2 规定的数值：

表 5.2.2 不同朝向的窗墙面积比

朝向	北	东、西	南
窗墙面积比	0.25	0.30	0.35

注：如窗墙面积比超过表中规定的数值，则应调整外墙和屋顶等围护结构的传热系数，使建筑物耗热量指标达到规定要求。

5.2.3 保温节能设计应符合下列规定：

1 墙体平均传热系数宜按本规程附录 C 的方法计算。

2 保温层设计应符合下列原则：

1）应根据当地气候条件对墙体传热系数限值的要求，计算并确定夹心墙保温层的厚度；

2）当选用聚苯板（EPS）、挤塑板（XPS）、岩棉板等保温板材作保温层时，导热系数应采用修正后的计算导热系数。

3 圈梁产生的热桥部位应进行保温处理（图 5.2.3-1）。

4 地坪以下及与地坪接触的周边外墙部位应进行保温处理（图 5.2.3-2）。

5.2.4 夹心墙防潮设计应符合下列规定：

1 严寒地区的建筑采用夹心墙时，应按现行国家

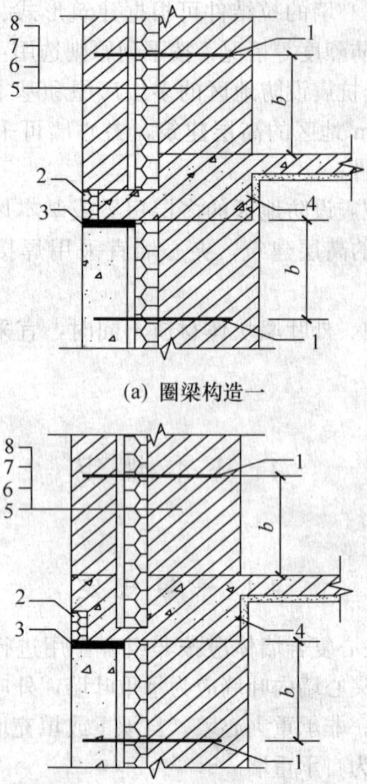

(a) 圈梁构造一

(b) 圈梁构造二

图 5.2.3-1 圈梁构造示意图

1—拉结件；2—保温材料；3—弹性层；4—圈梁；5—内叶墙；6—保温层；7—空气间层；8—外叶墙；b—拉结件至圈梁的距离

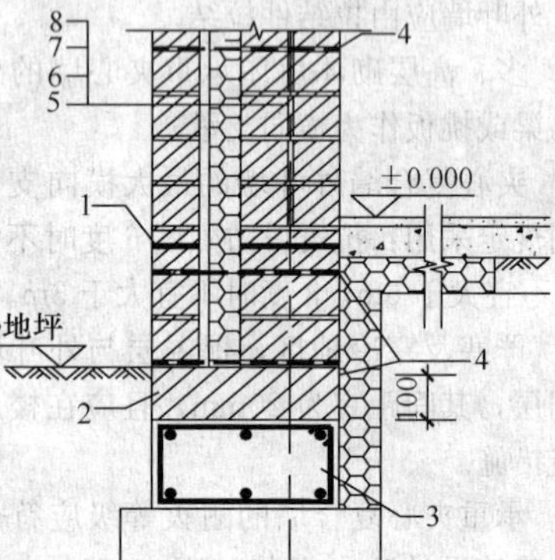

图 5.2.3-2 基础周边墙体保温示意图

1—防潮层；2—实心砖；3—基础圈梁；4—拉结钢筋网片；5—内叶墙；6—保温层；7—空气间层；8—外叶墙

标准《民用建筑热工设计规范》GB 50176 的规定进行冷凝验算，并应设置排湿层（空气间层）与泄水口；

2 夏热冬冷地区的建筑采用夹心墙时，可不进行内部冷凝受潮验算。但外叶墙应进行防水、抗渗设计。

5.3 建筑构造

5.3.1 外叶墙的构造应符合下列规定：

1 外叶墙与保温层之间宜设置 20mm 厚的排湿

空气层（图 5.3.1-1）。

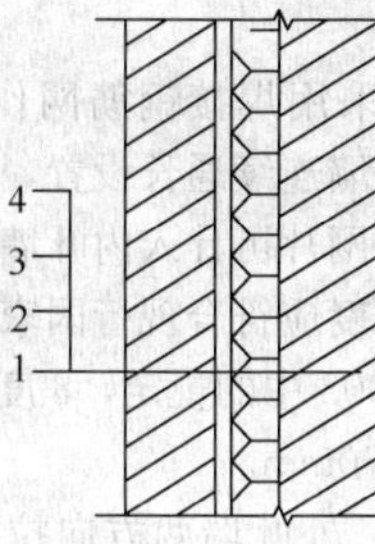

图 5.3.1-1 排湿层示意图

1—内叶墙；2—保温层；3—排湿空气层；4—外叶墙

2 外叶墙宜设置泄水口（图 5.3.1-2）。

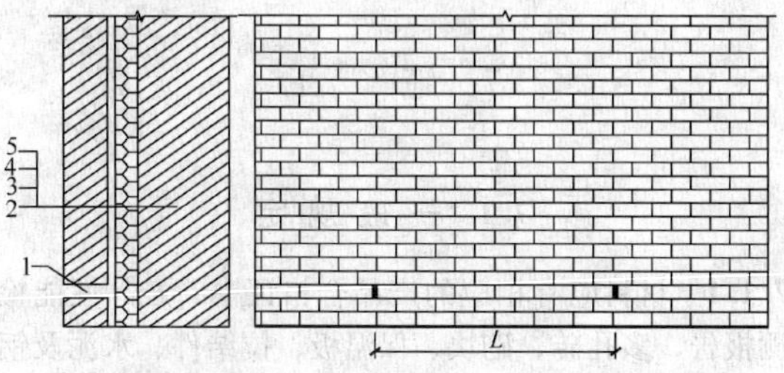

图 5.3.1-2 泄水口示意图

1—泄水口；2—内叶墙；3—保温层；

4—空气间层；5—外叶墙；L—泄水口间距

5.3.2 外叶墙应根据块体材料特性宜设置控制缝（图 5.3.2），对于烧结砖类砌体，其间距宜为 6m～8m；对于混凝土砌块类砌体，控制缝间距宜为 4m～6m。控制缝应采用硅酮胶或其他密封胶嵌实。

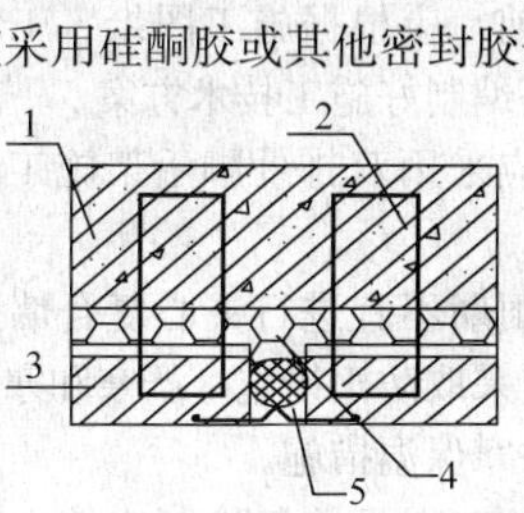

图 5.3.2 外叶墙控制缝示意图

1—构造柱；2—拉结件；3—外叶墙；

4—保温层；5—控制缝

5.3.3 圈梁或楼板外挑处与外叶墙的接触面上宜设置 2mm～3mm 厚度的弹性层（图 5.3.3）。

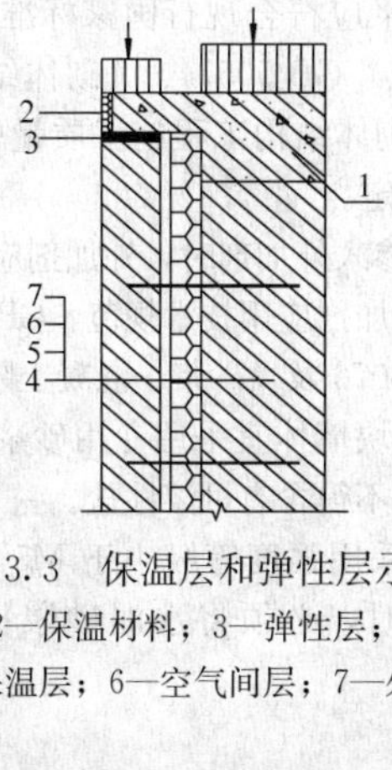

图 5.3.3 保温层和弹性层示意图

1—圈梁；2—保温材料；3—弹性层；4—内叶墙；

5—保温层；6—空气间层；7—外叶墙

6 结 构 设 计

6.1 非抗震设计

6.1.1 承重夹心复合墙内叶墙承受墙体自重、梁板荷载以及各层挑板传来的外叶墙和保温层重量等竖向荷载，外叶墙仅承受墙体自重，可不考虑竖向荷载在内、外叶墙间的分配。

6.1.2 承重夹心复合墙内叶墙承受其平面内由风荷载引起的水平力作用时，不应考虑与其平行的外叶墙的作用。

6.1.3 承重夹心复合墙承载力计算采用的有效计算面积仅为内叶墙的截面面积。

6.1.4 承重夹心墙和自承重夹心墙高厚比采用有效厚度 h_e，有效厚度可按下式计算：

$$h_e = \sqrt{h_n^2 + h_w^2} \qquad (6.1.4)$$

式中：h_n——内叶墙横截面厚度（mm）；

h_w——外叶墙横截面厚度（mm）。

6.1.5 多层房屋夹心墙宜按下列规定进行出平面的抗裂验算：

1 夹心墙在水平荷载（风荷载）作用下，内力可根据其横向支承条件并忽略其连续性，按单向或双向板简支板计算。板的有效跨度可取板支承中心的距离或支承间净距加墙有效厚度中较小者。

2 出平面弯矩可按叶墙的相对抗弯刚度的比例进行分配。

3 当轴向力的偏心距 e 超过截面重心到轴向力所在偏心方向截面边缘距离的 0.6 倍时，夹心墙的内、外叶墙分别按下式进行抗裂验算：

$$\frac{M_k}{W} - \sigma_0 \leqslant f_{tm.k} \qquad (6.1.5)$$

式中：M_k——由风荷载引起的叶墙弯矩标准值（N·m）；

W——叶墙截面抵抗矩（m^3）；

σ_0——叶墙轴向压应力标准值（MPa）；

$f_{tm.k}$——砌体沿通缝截面弯曲抗拉强度标准值（MPa）。

4 当夹心墙的内叶墙为配筋砌体墙，其单向板跨厚比小于 35 或连续板、双向板的跨厚比小于 45 时，可不进行夹心墙出平面的抗裂验算。

6.1.6 夹心复合墙夹层厚度不大于 120mm 且满足本规程第 6.3 节构造要求时，可不进行拉结件的锚固、压曲等验算。

6.2 抗 震 设 计

6.2.1 抗震设防地区夹心复合墙砌体结构除应满足非抗震设计要求外，尚应按本节的规定进行抗震设计。

6.2.2 夹心复合墙砌体结构抗震设计应按现行国家标准《建筑抗震设计规范》GB 50011 和《砌体结构设计规范》GB 50003 进行。

6.2.3 承重夹心复合墙内叶墙作为抗侧力构件承受其平面内的水平地震剪力，不应考虑外叶墙的抗侧力作用。

6.2.4 夹心墙外叶墙由楼板挑板支承，重力荷载代表值计算时，外叶墙的自重应集中到与支承挑板相连的楼盖处。

6.2.5 承重夹心复合墙平面内的侧向刚度，应只考虑承重内叶墙的侧向刚度。

6.2.6 夹心复合墙拉结件在满足非抗震设计要求的条件下，可不进行拉结件的验算。

6.3 构造要求

6.3.1 夹心复合墙叶墙间的连接应符合下列规定：

1 拉结件在叶墙上的部分应全部埋入砂浆或混凝土中，拉结件的端部弯 90°，其弯折段长度不应小于 50mm。

2 当采用矩形拉结件时，钢筋直径不应小于 4mm，当为 Z 形拉结件时，钢筋直径不应小于 6mm；拉结件应在墙面上梅花形布置，拉结件的水平和竖向最大间距分别不宜大于 800mm 和 600mm；有抗震设防要求时，其水平和竖向最大间距分别不宜大于 800mm 和 400mm。

3 当采用可调拉结件时，钢筋直径不应小于 4mm，拉结件的水平和竖向最大间距均不宜大于 400mm。叶墙间灰缝的高差不应大于 3.0mm，可调拉结件中孔眼和扣钉间的公差不应大于 1.6mm。

4 当采用钢筋网片作拉结件时，网片横向钢筋的直径不应小于 4mm；其间距不应大于 400mm；网片的竖向间距不宜大于 600mm，有抗震设防要求时，其竖向间距不宜大于 400mm。

5 拉结件在叶墙上的搁置长度，不应小于叶墙厚度的 2/3，并不应小于 60mm。

6 门窗洞口周边 300mm 范围内应附加间距不大于 600mm 的拉结件。

7 控制缝两侧应附加间距不大于 600mm 的拉结件。

6.3.2 拉结件和灰缝钢筋的最小砂浆保护层厚度不应小于 15mm。

6.3.3 支承外叶墙的挑板除应满足结构受力要求外，挑板厚度应与饰面砖尺寸相协调。

6.3.4 夹心复合墙用于框架填充墙时，内叶墙与框架柱、梁的连接方法应按现行国家标准《砌体结构设计规范》GB 50003 中有关规定采用，外叶墙与框架柱连接可采用 1ϕ6 钢筋拉结。

6.3.5 抗震设防区夹心复合墙砌体应符合下列规定：

1 承重夹心复合墙构造柱截面高度与内叶墙厚度相同，构造柱应沿高度方向每 400mm 设置拉结件与外叶墙拉结。

2 夹心复合墙采用焊接钢筋网作为拉结件时，焊接网应沿夹心复合墙连续通长设置，外叶墙至少有一根纵向钢筋。钢筋网片可计入内叶墙的配筋率，钢筋网片搭接与锚固长度应符合现行国家标准《砌体结构设计规范》GB 50003 中的规定，8 度抗震设防地区竖向间距不应大于 400mm。

3 外墙转角处，外叶墙两方向拉结网片置于同一灰缝时，如灰缝过厚可上、下层交错放置。

4 门窗洞口边，外叶墙应设阳槎与内叶墙搭接，且应沿竖向每隔 300mm 设置“U”形拉结筋。

7 施　工

7.1 一般规定

7.1.1 材料应有相应的产品合格证书、产品性能检测报告，多孔砖、砌块、保温板、拉结件、水泥及钢筋等材料应在进场复检合格后方可使用。

7.1.2 施工除应符合本节规定外，尚应符合现行国家标准《砌体结构工程施工质量验收规范》GB 50203 的规定。

7.1.3 施工的管理人员和操作工人，上岗前必须接受专业培训。

7.1.4 施工前，应根据施工图纸、工法，并结合施工现场条件等编制好施工技术方案。

7.1.5 施工应采用双排外脚手架施工，严禁在外叶墙留脚手眼。

7.1.6 冬、雨期不宜进行夹心复合墙施工；对未完工的墙体，应采取防雨措施；严寒和寒冷地区冬季来临之前应有防寒保温措施。

7.1.7 砌体施工质量等级控制应符合现行国家标准《砌体结构工程施工质量验收规范》GB 50203 的要求，且不应低于 B 级。

7.2 砌筑砂浆

7.2.1 砌筑砂浆应符合现行国家标准《墙体材料应用统一技术规范》GB 50574、《砌体结构设计规范》GB 50003 及《砌体结构工程施工质量验收规范》GB 50203 中有关规定。

7.2.2 当砂浆掺入外加剂时，外加剂应符合国家现行标准《混凝土外加剂应用技术规范》GB 50119、《混凝土外加剂》GB 8076 及《砂浆、混凝土防水剂》JC 474 中有关规定。砌块墙体宜采用专用砂浆，外叶墙用砂浆掺加的外加剂不得含有可溶性盐。

7.2.3 施工中采用强度等级小于 M5 水泥砂浆代替水泥混合砂浆时，必须将水泥砂浆提高一个强度等级。

7.3 施工准备

7.3.1 施工人员应熟悉施工图，了解墙体各部位的构造和门窗洞口的位置、尺寸、标高，明确拉结件规格、位置、埋入长度等，确定保温板的尺寸，并加工制作或订货。

7.3.2 施工材料应按计划组织进场。材料进场后，应按品种、规格和强度分等级分别堆放，并设置标识。

7.3.3 砖、砌块、水泥、砂等材料的存放应采取有效的防潮、防雨、防冻及其他污染措施，块体材料场地应预先夯平整，宜垫起堆放，便于排水，垛间应有适当宽度的通道；保温材料的存放应采取有效的防水、防潮、防火措施；拉结件及塑料尼龙类材料应采取必要的措施防止材料变形和暴晒。

7.3.4 拉结件应采取工厂制作，并按设计及本规程第4.2.5条要求做好防腐处理，进场后应按型号、规格进行堆放。

7.3.5 施工前应准备好施工用具及必要的检测工具，准备好裁切保温板的木案及电热丝、壁纸刀、电热丝切割器等。

7.3.6 砌筑夹心复合墙时，烧结普通砖和烧结多孔砖应提前1d～2d适度湿润，其相对含水率宜为60%～70%；混凝土多孔砖、混凝土实心砖、装饰多孔砖及砌块不宜提前浇水湿润；其他非烧结类块体的相对含水率宜为40%～50%。

7.3.7 施工前，应按技术要求和施工程序砌筑一个开间和层高的样板墙，砌块夹心复合墙尚应按照排块图砌筑，在建设、设计、施工三方达成共识的基础上，作为指导工程的样板，保留到工程验收之后。

7.3.8 砌筑底层墙体前，必须对基础工程按有关规定进行检查和验收，符合要求后方可进行墙体施工。

7.4 砌筑要求

7.4.1 内、外叶墙砌筑应符合现行国家标准《墙体材料应用统一技术规范》GB 50574和《砌体结构工程施工质量验收规范》GB 50203中有关规定。

7.4.2 砌筑墙体应设置皮数杆，其有效间距不宜大于15m，墙体的阴、阳角及内、外墙交接处应增设皮数杆。

7.4.3 正常施工条件下，每日砌筑高度不宜大于1.4m或一步脚手架的高度。

7.4.4 砌筑时，砌块墙体宜采用专用铺灰器具，砖墙体宜采用“三一”砌砖法砌筑，水平灰缝和竖向灰缝应随砌随刮平。

7.4.5 夹心复合墙砌体应上下错缝，灰缝应横平竖直、饱满、密实，灰缝厚度宜为10mm，竖向灰缝宜采用加浆填实的方法，严禁用水冲浆灌缝。

7.4.6 内、外叶墙应沿墙高分段砌筑，每段墙体应按照内叶墙→保温层→空气间层→外叶墙→拉结件的顺序连续施工（图7.4.6）。

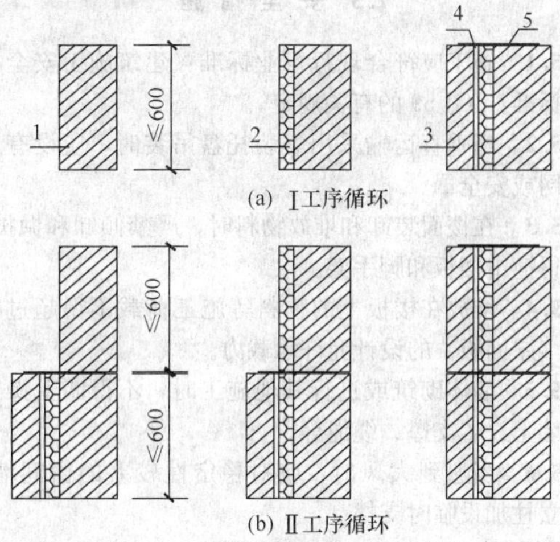

图7.4.6 施工顺序

1—内叶墙；2—保温板；3—外叶墙；
4—预留20mm空气间层；5—放置拉结件

7.4.7 砌筑外叶墙时，应先砌筑好撂底砖，底层砌筑砂浆应采用防水砂浆，并应随砌随清扫残留在外叶墙外表面的砂浆。

7.4.8 保温板应按墙面尺寸及拉结件竖距进行裁割，横向搭接的两侧边应切割成45°坡角，切割后的保温板不应缺棱掉角；保温板应固定在内叶墙，从一侧开始、自下而上进行安装，并及时清理落在接缝处的杂物；上下保温板的竖缝应错开，错缝距离不应小于100mm，外墙转角处保温板应咬槎搭接。

7.4.9 拉结件应随砌随放置，埋入灰缝正中，在灰缝内每边的埋入长度不小于50mm。

7.4.10 每段内、外叶墙砌筑完后，应检查墙面的垂直度和平整度，并随时纠正偏差。

7.4.11 在底层墙体底部、每层圈梁上、门窗洞口、过梁上及不等高房屋的屋面交接处等部位，应设置外墙泄水口并采取预留孔，严禁砌完墙体后打凿孔，墙体砌筑完后应清理预留孔。

7.4.12 外叶墙砌筑时，在灰缝达到“指纹硬化”时，用专业划缝机和专用勾缝剂勾凹圆或V形缝，凹缝深度宜为4mm～5mm。

7.4.13 砌筑施工段的分段位置宜设在伸缩缝、沉降缝、防震缝、构造柱或门窗洞口处。相邻施工段的砌筑高度差不得超过一个楼层高度，且不应大于4m。

7.4.14 遇雨天应停止施工，新砌墙体应用防雨布遮盖；继续施工时，应复核墙体的垂直度，如垂直度超过允许偏差，应拆除后重新砌筑。

7.4.15 对伸出墙面的建筑部件根部及水平装饰线脚等处，应采取有效的防水措施。

7.4.16 内叶墙设计规定的洞口、沟槽和预埋件等，应在砌筑时预留或预埋，不应在砌好的墙体上剔凿或用冲击钻钻孔。

7.5 安全措施

7.5.1 施工应符合现行行业标准《建筑施工安全检查标准》JGJ 59 的有关规定。

7.5.2 当垂直运输采用集装托盘吊装时，应设有尼龙网或安全罩。

7.5.3 在楼面装卸和堆放物料时，严禁倾卸和抛掷，不得撞击楼板和脚手架。

7.5.4 堆放在楼板上的物料等施工荷载不得超过楼板（屋面板）的设计允许承载力。

7.5.5 墙体砌筑或进行其他施工时，不得墙上操作和墙上设置支撑、缆绳等。

7.5.6 当遇到大风时，应对稳定性较差的窗间墙、独立柱加设临时支撑。

8 质量验收

8.1 主控项目

8.1.1 墙体所用块体材料强度等级必须符合设计要求。

抽检数量：每5万块装饰多孔砖或每1万块砌块应至少抽检一组，其他块体材料应符合现行国家标准《砌体结构工程施工质量验收规范》GB 50203 的规定。

检验方法：查块材出厂合格证及块材进场强度等级复试报告。

8.1.2 砌筑砂浆品种必须符合设计要求。

抽检数量：每一检验批且不超过 $250m^3$ 砌体的各类、各强度等级的砌筑砂浆，每台搅拌机应至少抽检一次。验收批的预拌砂浆、蒸压加气混凝土砌块专用砂浆，抽检可为3组。

检验方法：在砂浆搅拌机出料口或在湿拌砂浆的储存容器出料口随机取样制作砂浆试块（现场拌制的砂浆，同盘砂浆只应作1组试块），试块标养28d后作强度试验。预拌砂浆中的湿拌砂浆稠度应在进场时取样检验。

8.1.3 保温板的导热系数、密度、抗压强度、燃烧性能必须符合设计要求和本规程第3.3节的规定。

抽检数量：每一生产厂家，每 $500m^2$ 保温板至少抽检一组。

检验方法：检查保温板的产品合格证书、产品性能复试报告。

8.1.4 拉结件的品种、规格、尺寸、力学性能及防腐，必须符合设计要求。

抽检数量：在检验批中抽检20%，且不应少于5个。

检验方法：尺量拉结件长度允许偏差为±2.5%；检查拉结件防腐镀层检测报告，不锈钢拉结件检查产品的合格证书、产品性能复试报告。

8.1.5 保温板厚度、其水平和竖向接缝必须严密，空气间层厚度应符合设计要求。

检查数量：按楼层（4m 高以内）每 20m 抽查一处，每处3延长米，每楼层不应少于3处。

检验方法：观察检查、尺量、查看施工隐蔽验收记录。

8.1.6 砌体灰缝应饱满，砖砌体内叶墙水平灰缝和垂直灰缝砂浆饱满度不得低于80%，砌块砌体内叶墙水平灰缝和垂直灰缝的砂浆饱满度不得低于90%，各种块材外叶墙水平灰缝和竖向灰缝饱满度不得低于90%。

抽检数量：每检验批抽查不应少于5处。

检验方法：用百格网检查砖底面与砂浆的粘结痕迹面积。每处检测3块砖，取其平均值。

8.1.7 墙体拉结件的水平及竖向间距、埋入长度均应符合设计要求。

检查数量：每检验批抽检20%，且不应少于5处。

检查方法：观察和尺量检查。

8.2 一般项目

8.2.1 承重墙砌体和填充墙砌体一般尺寸和位置允许偏差、构造柱位置及垂直度的允许偏差，检验数量及检验方法应符合现行国家标准《砌体结构工程施工质量验收规范》GB 50203 中相关规定。保温板碰头缝间隙用楔形塞尺检查，允许偏差为3mm。

8.2.2 保温板安装位置应正确，上下层保温板间压槎错缝搭接及横向保温板45°坡角压槎搭接应符合设计要求。

检验方法：观察和手推（视其是否与内叶墙贴紧）。

检查数量：按楼层（4m 高以内）每 20m 抽查一处，每处3延长米，每楼层不应少于3处。

8.2.3 空气间层厚度应符合设计要求，允许偏差为±3mm。

检查数量：按楼层（4m 高以内）每 20m 抽查一处，每处3延米长，每楼层不应少于3处。

检查方法：尺量检查。

8.2.4 放置拉结件的两叶墙水平灰缝要保证水平对准，允许误差为±3mm，放置可调拉结件的内、外叶墙水平灰缝高差不超过30mm。

检查数量：每检验批抽检20%，且不应少于5处。

检验方法：靠尺和楔形塞尺检查。

8.2.5 外墙的门窗洞口四周，应按设计要求采取节能保温措施。

检查数量：每检验批抽查5%，并不少于5个洞口。

检查方法：对照设计检查，检查隐蔽工程验收记录。

8.2.6 圈梁、过梁等易产生热桥部位，应符合设计要求。

检查数量：按不同热桥种类，每种抽查 20%，并不少于 5 处。

检查方法：对照设计检查，检查隐蔽工程验收记录。

8.3 工 程 验 收

8.3.1 工程验收除应执行本条外，尚应符合现行国家标准《砌体结构工程施工质量验收规范》GB 50203 中有关子分部工程验收的技术规定。

砌体工程验收前，应提供下列文件和记录：

1 夹心复合墙的设计文件、图纸审查、设计变更和洽商记录；

2 施工方案和施工工艺文件；

3 施工技术交底记录；

4 施工材料的产品合格证、出厂检验报告和现场验收记录；

5 隐蔽工程验收记录；

6 拉结件的防腐镀层检测报告；

7 其他必须提供的资料。

8.3.2 应对下列隐蔽项目进行验收：

1 防潮层；

2 沉降缝、伸缩缝、控制缝和防震缝；

3 内叶墙外侧和外叶墙内侧原浆刮平；

4 保温板厚度、接槎；

5 空腔层厚度及清理；

6 预埋拉结件及钢筋位置、数量；

7 门窗洞口边，内、外叶墙的接槎连接；

8 构造柱位置、数量；

9 热桥部位处理；

10 其他隐蔽工程项目。

8.3.3 夹心保温工程不符合设计要求和下列规定的，应按要求返工重做。

1 保温板的密度等级、规格、导热系数指标中任何一项未达到设计要求或不符合本规程表 3.3.2～表 3.3.5 的规定；

2 保温板的安装违反施工工序要求，造成保温板缺棱掉角、板缝过大或板间砂浆嵌缝或不符合本规程第 7.4.8 条的规定；

3 内、外叶墙拉结件未按要求做防腐处理或其规格、间距不符合设计要求和本规程第 6.3.1 条的规定。

附录 A 严寒和寒冷地区居住建筑传热系数限值

A.0.1 严寒（A）区围护结构传热系数应符合表 A.0.1 的规定。

表 A.0.1 严寒（A）区围护结构传热系数限值

围护结构部位	传热系数[W/(m²·K)]		
	≤3 层建筑	(4～8) 层建筑	≥9 层建筑
屋面	0.20	0.25	0.25
外墙	0.25	0.40	0.50
架空或外挑楼板	0.30	0.40	0.40
非采暖地下室顶板	0.35	0.45	0.45

A.0.2 严寒（B）区围护结构传热系数应符合表 A.0.2 的规定。

表 A.0.2 严寒（B）区围护结构传热系数限值

围护结构部位	传热系数[W/(m²·K)]		
	≤3 层建筑	(4～8) 层建筑	≥9 层建筑
屋面	0.25	0.30	0.30
外墙	0.30	0.45	0.55
架空或外挑楼板	0.30	0.45	0.45
非采暖地下室顶板	0.35	0.50	0.50

A.0.3 严寒（C）区围护结构传热系数应符合表 A.0.3 的规定。

表 A.0.3 严寒（C）区围护结构传热系数限值

围护结构部位	传热系数[W/(m²·K)]		
	≤3 层建筑	(4～8)层建筑	≥9 层建筑
屋面	0.30	0.40	0.40
外墙	0.35	0.50	0.60
架空或外挑楼板	0.35	0.50	0.50
非采暖地下室顶板	0.50	0.60	0.60

A.0.4 寒冷（A）区围护结构传热系数应符合表 A.0.4 的规定。

表 A.0.4 寒冷(A)区围护结构传热系数限值

围护结构部位	传热系数[W/(m²·K)]		
	≤3 层建筑	(4～8) 层建筑	≥9 层建筑
屋面	0.35	0.45	0.45
外墙	0.45	0.60	0.70
架空或外挑楼板	0.45	0.60	0.60
非采暖地下室顶板	0.50	0.65	0.65

A.0.5 寒冷（B）区围护结构传热系数应符合表 A.0.5 的规定。

表 A.0.5 寒冷（B）区围护结构传热系数限值

围护结构部位	传热系数[W/(m²·K)]		
	≤3层建筑	(4~8)层建筑	≥9层建筑
屋面	0.35	0.45	0.45
外墙	0.45	0.60	0.70
架空或外挑楼板	0.45	0.60	0.60
非采暖地下室顶板	0.50	0.65	0.65

附录 B 严寒和寒冷地区公共建筑传热系数限值

B.0.1 严寒（A）区围护结构传热系数应符合表 B.0.1 的规定。

表 B.0.1 严寒（A）区围护结构传热系数限值

围护结构部位	传热系数[W/(m²·K)]	
	体形系数≤0.3	0.3<体形系数≤0.4
屋面	0.35	0.30
外墙（包括非透明幕墙）	0.45	0.40
底面接触室外的架空或外挑楼板	0.45	0.40
非采暖房间与采暖房间的隔墙或楼板	0.60	0.60

B.0.2 严寒（B）区围护结构传热系数应符合表 B.0.2 的规定。

表 B.0.2 严寒（B）区围护结构传热系数限值

围护结构部位	传热系数[W/(m²·K)]	
	体形系数≤0.3	0.3<体形系数≤0.4
屋面	0.45	0.35
外墙（包括非透明幕墙）	0.50	0.45
底面接触室外的架空或外挑楼板	0.50	0.45
非采暖房间与采暖房间的隔墙或楼板	0.80	0.80

B.0.3 寒冷地区围护结构传热系数应符合表 B.0.3 的规定。

表 B.0.3 寒冷地区围护结构传热系数限值

围护结构部位	传热系数[W/(m²·K)]	
	体形系数≤0.3	0.3<体形系数≤0.4
屋面	0.55	0.45
外墙（包括非透明幕墙）	0.60	0.50
底面接触室外的架空或外挑楼板	0.60	0.50
非采暖房间与采暖房间的隔墙或楼板	1.50	1.50

附录 C 夹心墙平均传热系数的计算方法

C.0.1 夹心墙平均传热系数应按下式计算：

$$K_m = \frac{K_p F_p + K_{B1} F_{B1} + K_{B2} F_{B2} + \cdots + K_{Bj} F_{Bj}}{F_p + F_{B1} + F_{B2} + \cdots + F_{Bj}} \tag{C.0.1}$$

式中：K_m——夹心墙的平均传热系数[W/(m²·K)]；

K_p——夹心墙主体部位的传热系数[W/(m²·K)]；

F_p——夹心墙主体部位的面积(m²)；

K_{B1}、K_{B2}、…、K_{Bj}——夹心墙热桥部位传热系数[W/(m²·K)]；

F_{B1}、F_{B2}、…、F_{Bj}——夹心墙热桥部位的面积(m²)。

本规程用词说明

1 为便于在执行本规程条文时区别对待，对要求严格程度不同的用词说明如下：

1） 表示很严格，非这样做不可的：
正面词采用“必须”，反面词采用“严禁”；

2） 表示严格，在正常情况均应这样做的：
正面词采用“应”，反面词采用“不应”或“不得”；

3） 表示允许稍有选择，在条件许可时首先应这样做的：
正面词采用“宜”，反面词采用“不宜”；

4） 表示有选择，在一定条件下可以这样做的，采用“可”。

2 条文中指明应按其他有关标准执行的写法为：“应按……执行”或“应符合……的规定”。

引用标准名录

1 《砌体结构设计规范》GB 50003

2 《建筑抗震设计规范》GB 50011

3 《建筑设计防火规范》GB 50016

4 《混凝土外加剂应用技术规范》GB 50119

5 《民用建筑热工设计规范》GB 50176

6 《砌体结构工程施工质量验收规范》GB 50203

7 《墙体材料应用统一技术规范》GB 50574

8 《混凝土外加剂》GB 8076

9 《建筑材料及其制品燃烧性能分级》GB 8624

10 《绝热用模塑聚苯乙烯泡沫塑料》GB/T 10801.1

11 《绝热用挤塑聚苯乙烯泡沫塑料》GB/

T 10801.2

12 《绝热用岩棉、矿渣棉及其制品》GB/T 11835

13 《烧结多孔砖和多孔砌块》GB 13544

14 《建筑绝热用硬质聚氨酯泡沫塑料》GB/T 21558

15 《建筑施工安全检查标准》JGJ 59

16 《预拌砂浆》JG/T 230

17 《砂浆、混凝土防水剂》JC 474

18 《装饰混凝土砌块》JC/T 641

19 《混凝土小型空心砌块和混凝土砖砌筑砂浆》JC 860

20 《陶瓷墙地砖填缝剂》JC/T 1004

中华人民共和国行业标准

装饰多孔砖夹心复合墙技术规程

JGJ/T 274—2012

条 文 说 明

制　订　说　明

《装饰多孔砖夹心复合墙技术规程》JGJ/T 274－2012，经住房和城乡建设部2012年4月5日以第1347号公告批准、发布。

本规程在制订过程中，编制组进行了大量的调查研究，总结了我国夹心复合墙工程应用的实践经验，同时参考了国外先进技术标准，通过对夹心复合墙的砌体基本力学性能试验研究、抗震性能试验研究、房屋模型的模拟地震振动台试验研究、传热试验研究和拉结件试验研究等，取得了重要的技术参数和编制依据。

为便于广大设计、施工、科研、学校等单位有关人员在使用本规程时能正确理解和执行条文规定，《装饰多孔砖夹心复合墙技术规程》编制组按章、节、条顺序编制了本规程的条文说明，对条文规定的目的、依据以及执行中需注意的有关事项进行了说明。但是，本条文说明不具备与规程正文同等的法律效力，仅供使用者作为理解和把握规程规定的参考。

目　次

1 总 则

1.0.1 根据我国砌体结构发展状况，夹心墙已在一些地区得到了应用，为规范其设计、施工和验收，提出编制技术依据。

1.0.2 夹心墙具有良好的保温性能和防火性能，尤其适合严寒及寒冷地区的建筑外墙，编制组通过对装饰多孔砖夹心墙抗震性能试验的研究及分析，证明夹心墙体的抗震性能能够满足6度至8度地区抗震设防要求。

夹心墙砌体结构包括：夹心墙单、多层砌体结构，夹心墙底部框架结构，夹心墙配筋砌体剪力墙结构及框架结构的填充墙。

2 术语和符号

2.1 术 语

2.1.1～2.1.13 对与夹心墙建筑相关的名称，进行定义。

2.2 符 号

规定了有关夹心墙的主要符号，其余符号参照国家标准《砌体结构设计规范》GB 50003的有关规定。

3 材 料

3.1 块体材料

3.1.1 夹心墙在材料选用上具有灵活多样的特点，根据块材的材质和种类，在试验和已有应用经验基础上，规定了内、外叶墙的选材范围。

3.1.2 由于烧结装饰多孔砖作为外叶墙，直接承受大气环境作用，为保证其耐久性，提出装饰多孔砖的强度等级要求；同时外叶墙要起到装饰作用，应选择棱角整齐、无弯曲、裂纹、颜色均匀、规格基本一致的无石灰爆裂、泛霜现象出现，抗冻性及抗风化性符合相应规范要求的装饰多孔砖。

3.1.3 当外叶墙选用非烧结装饰块材时，装饰混凝土砌块（简称装饰砌块）应符合现行行业标准规定的技术指标。

3.1.4 由于内叶墙为承重墙且选材范围较大，除应根据所选材料的种类进行性能的检验外，其强度、耐久性应符合相应标准的技术要求。

3.1.5 本条规定了当夹心墙为自承重墙时应满足的基本要求。

3.2 砌筑砂浆

3.2.1 砌筑砂浆的质量直接影响砌体结构性能，承重夹心墙内叶墙必须保证砂浆强度等级，砂浆强度等级应符合现行国家标准《砌体结构设计规范》GB 50003的规定。

3.2.2 外叶墙直接与大气环境接触，其抗渗、裂缝等问题将影响墙体的耐久性，因此外叶墙所用砂浆宜采用预拌砂浆或与块体相应的专用砂浆砌筑。

3.2.3 外叶墙勾缝剂应具有装饰作用，并能有效防止雨水渗透和泛碱，由于目前没有相应的勾缝剂标准和技术要求，本规程提出勾缝剂可参考现行行业标准《陶瓷墙地砖填缝剂》JC/T 1004。

3.3 保温材料

3.3.1～3.3.5 对夹心墙所选的各种保温材料的性能指标提出要求。

3.3.6 目前夹心墙保温材料大多为板类，随着新型保温材料和施工技术的发展，现场发泡保温材料在施工中得以应用，为保证夹心墙保温性能，对这类保温材料导热系数和憎水性提出要求。

3.3.7 现行国家标准《建筑材料及其制品燃烧性能分级》GB 8624中将材料燃烧性能等级分为A1、A2、B、C、D、E、F七个等级，按照该标准提出保温材料燃烧性能等级不应低于C级。

3.4 拉结件

3.4.1 在试验基础上并参考国外规范，对夹心墙可选用拉结件的类型、材质以及直径进行说明。

3.4.2 拉结件的类型直接影响夹心墙的稳定，根据抗震设防烈度及建筑形式、房屋层数、地区风压，提出了拉结件类型的选用原则。提出以地区基本风压值$0.6N/m^2$为界，非抗震设防地区选用Z形或矩形拉结件，抗震设防地区宜采用钢筋网拉结件；另试验研究表明，内、外叶墙块体材质不同时，可采用可调拉结件以起到一定的协调作用。

4 基本规定

4.1 一般规定

4.1.1 夹心墙分组合作用和非组合作用两种结构形式，本规程是按照非组合作用进行夹心墙的设计，本条明确了夹心墙承重和非承重体系中，其内、外叶墙各自的作用。

4.1.2 夹心墙功能不同，其性能要求也不同，夹心墙的建筑、节能、结构计算和构造设计是需考虑的主要方面。

4.1.3 规定了承重夹心复合墙内叶墙的结构设计原则和应执行的设计标准。

4.1.4 参考国外相关资料，对于非组合夹心墙，空腔层厚度超过100mm时，拉结件作用降低。考虑到外叶墙的稳定和20mm厚的排湿空气层，本条规定夹层厚度不宜大于120mm。

4.1.5、4.1.6 参考国外有关标准和现行国家标准《砌体结构设计规范》GB 50003中有关规定，提出了横向支承的布置和最大间距的要求。

4.1.7 严寒和寒冷地区的夹心墙，考虑室内、外湿度相差较大，应采取排湿构造措施。

4.1.8 建筑防火是关系到人民生命财产安全的重大问题。夹心墙所用材料及构造特点，决定其具有良好的防火性能，但作为建筑构件必须满足现行国家标准《建筑设计防火规范》GB 50016要求，因此增加本条文。现行国家标准《建筑设计防火规范》GB 50016中规定的四级耐火等级，是根据两个指标：一是燃烧性能为难燃烧体，二是耐火极限为0.5h。不论夹心墙保温材料属于可燃还是难燃，内、外叶墙材质决定了夹心墙属难燃烧体，为保证夹心墙的防火安全性，实际工程中需要检测其耐火极限是否达到要求。

4.2 耐久性规定

4.2.1 现行国家标准《砌体结构设计规范》GB 50003规定结构的耐久性根据环境类别和设计使用年限进行设计，并提出具体规定和要求。

4.2.2 需严格控制装饰多孔砖的吸水率和装饰砌块抗冻性，以保证外叶墙的耐久性。

4.2.3 当外叶墙采用外饰面层进行装饰，为避免装饰层起鼓脱落，保证外叶墙材料的耐久性，饰面层应采用防水且透气的材料。

4.2.4 拉结件对夹心墙耐久性的影响有两个方面，一是材质，二是形式。不锈钢材料有较好的防腐性能，钢筋网片比拉结筋锚固性能强，设计时可以根据建筑物的安全等级及设计使用年限选择拉结件材质和形式。环境类别划分按照现行国家标准《砌体结构设计规范》GB 50003进行。

4.2.5 拉结件耐久性决定了外叶墙的耐久性，而拉结件防腐性能又决定其耐久性。本条规定的拉结件的防腐要求，是在借鉴国外相关规定防腐镀层不小于290g/m^{2}的基础上，考虑我国实际工程应用中的可操作性，进行了等效厚度的换算。

5 建筑与建筑节能设计

5.1 建筑设计

5.1.1 为保证夹心墙砌筑质量和美观，应对外叶墙砌筑的模数提出要求，具体要求应满足现行国家标准《砌体结构工程施工质量验收规范》GB 50203的规定。

5.1.2 为保证不同外叶墙饰面类型夹心墙的外装饰效果，应对不同块体材料组合的规格、尺寸、细部构造和外叶墙的配套组砌提出要求。

5.1.3 为保证夹心墙保温性能，并考虑窗洞口、勒脚处经常与水接触，必须做好该部位的防潮和防水构造措施。

5.1.4 可以通过调整夹心墙墙厚和空气间层厚度，使得隔声指标可以达到设计取值范围。

5.1.5 为了保证夹心墙建筑整体的节能保温效果，提出屋面挑檐和女儿墙的保温构造要求。

5.2 建筑节能设计

5.2.1、5.2.2 夹心墙既可在居住建筑中应用，也可在公共建筑中应用，鉴于两类建筑均有相应的建筑节能设计标准，考虑建筑物体形系数对建筑能耗的影响，并能有效降低建筑能耗，本条提出应满足的相应地区墙体传热系数限值。

5.2.3 夹心墙最大特点是可根据不同的保温材料，确定不同厚度的保温层，因此本条提出保温层的设计原则，对保温层厚度、导热系数、热桥和保温措施等方面提出了具体要求。

夹心墙的外墙阴、阳角及丁字墙节点处的拉结钢筋比较密集，增加了局部部位的热桥效应，尤其是圈梁处，因此必须在该部位采取有效的保温措施，最大限度地减少热损失，以保证夹心墙的保温节能效果。

与土壤接触的地面以及地面以上几十厘米高的周边外墙（特别是墙角）由于受二维、三维传热的影响，比较容易出现表面温度低的情况，一方面造成大量的热量损失，另一方面也容易发生返潮、结露，因此要特别注意这一部分围护结构的保温防潮。在严寒及寒冷地区，即使没有地下室，也应该将外墙外侧的保温延伸到地坪以下，有利于减小周边地面以及地面以上几十厘米高的周边外墙（特别是墙角）热损失，提高内表面温度，避免结露。

5.2.4 同第5.3.1条、第5.3.2条的条文说明

5.3 建筑构造

5.3.1 由于人们室内活动不可避免要产生湿气，严寒和寒冷地区冬季室外温度很低，在外叶墙内表面上就会冷凝，进而冻结，产生较大的冻胀压力，严重时造成外叶墙的外突、崩塌，有效的措施设置排湿空气层。总结我国严寒地区已有夹心墙应用实践证明，雨水长期作用于外叶墙，会使外叶墙与保温层之间形成液相，如果不排出，长此以往将会导致保温层失效，借鉴国外有关夹心外叶墙防雨水的构造，提出宜在外叶墙合适部位设置泄水口。

5.3.2 外叶墙直接暴露在外，经受极端气候环境影响，产生的温度和干缩变形比内叶墙大，是夹心墙开裂的主要原因之一。因此对外叶墙的抗裂或防裂措施与砌体房屋其他墙体抗裂措施不同，根据欧美规范和国内相关研究表明，防止或减少砌体房屋墙体裂缝的

最直接的措施是设置局部分割缝或控制缝，将长墙变短，将温度变形应力减小到砌体允许的程度。为避免产生裂缝，应在适当部位设置控制缝。由于装饰砖和装饰砌块材质差别，变形有差异，故本条文提出两种情况下控制缝间距。

5.3.3 通过对夹心墙抗震性能试验研究发现，夹心墙仅内叶墙设置构造柱，挑板与外叶墙之间若不设置弹性层，在低周反复水平荷载作用下，由于受两者间摩阻力的影响，外叶墙破坏时的裂缝宽度很大，影响结构的使用功能，因此宜在该接触面设置弹性层。

6 结构设计

6.1 非抗震设计

6.1.1～6.1.6 主要参考现行国家标准《砌体结构设计规范》GB 50003 中对砌体结构及夹心墙设计的相关规定。关于夹心墙出平面抗裂验算中的墙厚可按内叶墙厚采用。

6.2 抗震设计

6.2.1、6.2.2 抗震设防地区的夹心墙砌体房屋抗震设计，首先要在满足非抗震设计的基础上，应对结构进行抗震作用复核验算。

6.2.3 与承重夹心墙竖向荷载下内叶墙受力原则一致，非组合夹心墙抗震设计时，不考虑外叶墙平面内抗侧力作用，主要以内叶墙作为抗侧力构件进行计算。

6.2.4、6.2.5 规定承重夹心墙砌体结构设计原则，抗震设计均可按照现行国家标准《建筑抗震设计规范》GB 50011 规定进行。

6.2.6 拉结件拉拔试验研究表明，最小拉拔力可以满足抗震要求。

6.3 构造要求

6.3.1 依据现行国家标准《砌体结构设计规范》GB 50003 中对夹心墙拉结件布置、形式及直径的规定。

6.3.2 为防止拉结件锈蚀，规定最小保护层厚度，当拉结件或灰缝钢筋采用不锈钢时，仍应满足最小保护层厚度的要求。

6.3.4 框架结构填充夹心墙的连接方法，应符合现行国家标准《砌体结构设计规范》GB 50003 的规定。

6.3.5 根据抗震设防烈度要求，提出加强构造柱与墙之间的连接要求以及拉结件的布置。

7 施　　工

7.1 一般规定

7.1.3 按照现行国家标准《墙体材料应用统一技术规范》GB 50574 要求上岗前应进行必要的培训。

7.1.5 双排外脚手架能够保证夹心复合墙的施工顺序和质量；外叶墙只起自承重作用，厚度一般为 90mm 或 115mm，不宜承受施工荷载，如在外叶墙设置脚手架使其局部受压，且施工后脚手架眼对墙体防雨、防渗性能有影响，故本条规定严禁在外叶墙留脚手眼。

7.1.6 保温材料受潮、雨淋，将严重影响其保温的性能，另外装饰多孔砖砌筑湿度大时上墙，增加墙体侵蚀和泛白，因此雨期不宜施工，应采取防雨措施，可用塑料布遮盖防雨；冬期可在遮雨布下放置保温材料，以防冰冻引起外墙产生收缩裂缝。

7.1.7 施工质量对夹心复合墙体性能影响很大，本条规定对施工质量控制不应低于 B 级。

7.2 砌筑砂浆

7.2.2 砂浆中含可溶性盐会引起墙体泛碱，影响装饰砖的外装饰效果。

7.2.3 根据新修订的国家标准《砌体结构设计规范》GB 50003 的规定：当砌体用强度等级小于 M5 的水泥砂浆砌筑时，砌体强度设计值应予降低，其中抗压强度值乘以 0.9 的调整系数；轴心抗拉、弯曲抗拉、抗剪强度值乘以 0.8 的调整系数；当砌筑砂浆强度等级大于和等于 M5 时，砌体强度设计值不予降低。

7.3 施工准备

7.3.3 砖、砌块、水泥、砂等材料直接放置在地面上会被地面水或其他有机物质污染，增加风化或者侵蚀，宜垫起堆放，并便于排水，垛间应有适当宽度的通道以保持通风。

7.3.6 对吸水率较大的烧结普通砖和烧结多孔砖提前润湿以防止上墙后吸收砂浆中过多的水分而影响粘结力；而装饰多孔砖吸水率低，太湿上墙难，在砂浆层上产生滑移，因此不宜提前浇水湿润。

7.3.7 为保证施工质量，施工前应先砌样板墙，以作为施工的指导。

7.4 砌筑要求

7.4.3 为了保证施工中墙体的整体稳定。

7.4.4 专用铺灰器可避免砌筑砌块时往砌块孔里掉灰，保证灰缝砂浆饱满度，提高施工速度；“三一”砌砖法即一铲灰、一块砖、一揉压的砌筑方法，该法对提高水平灰缝和竖向灰缝的饱满度都有利，粘结性好，墙面整洁。

7.4.9 根据国内、外相关施工经验：严禁拉结件后放置或明露墙体的外侧和填满灰缝后将拉结件压入灰缝中，对已固定好的拉结件不能再移动，制订本条规定。

7.4.11 借鉴国外有关夹心外叶墙构造，在外叶墙合适部位设置泄水口，以导出空腔中的水分，并保证预留孔的通畅以便排水。

泄水口设置方法有两种：一是每隔 600mm 左右留置开放的竖向端缝；二是每隔 400mm 左右在竖向端缝内设置直径 10mm 左右不锈钢或塑料管（图 1）。

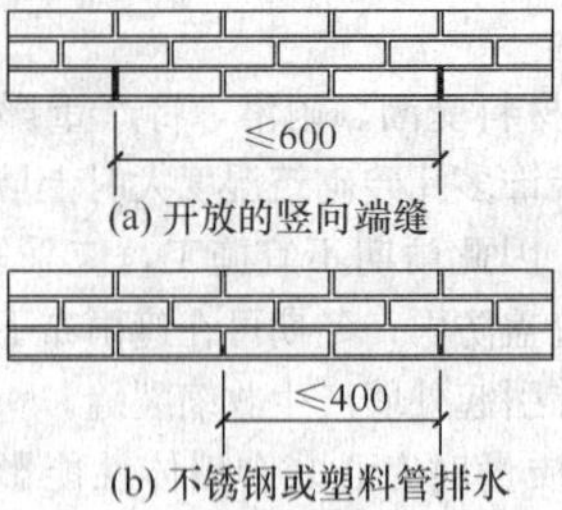

图 1 泄水口示意

7.4.12 灰缝是主要渗漏源，除要采用措施保证灰缝砂浆饱满度外，必须进行二次勾缝处理，勾缝形式宜采用排水好的凹圆或 V 形缝。勾缝顺序为：由上而下，先勾水平缝，后勾竖缝。灰缝应厚度均匀、颜色一致。

8 质量验收

8.1 主控项目

8.1.2 本条是根据新修订的国家标准《砌体结构工程施工质量验收规范》GB 50203 对砌筑砂浆规定进行编制。

8.1.4 按照新修订的国家标准《砌体结构工程施工质量验收规范》GB 50203 规定，检验批应按照楼层划分，且不超过 $250m^3$ 砌体为一个检验批。

8.1.6、8.1.7 同 8.1.4。

8.2 一般项目

8.2.4 同 8.1.4。

8.2.5 按照现行国家标准《建筑节能工程施工质量验收规范》GB 50411 的有关规定：外墙或毗邻不采暖空间墙体上的门窗洞口四周的侧面，墙体上凸窗四周的侧面，应按设计要求采取节能保温措施。

8.2.6 按照现行国家标准《建筑节能工程施工质量验收规范》GB 50411 的有关规定：严寒和寒冷地区外墙热桥部位，应按设计要求采取节能保温等隔断热桥措施。

8.3 工程验收

8.3.2 隐蔽工程验收是工程质量、防止质量隐患的重要手段之一，本条在现行国家标准《建筑节能工程施工质量验收规范》GB 50411 的基础上，又增加夹心复合墙的几个项目，这些项目应在下一施工工序开始前，由工程负责人会同建设单位、监理单位等共同进行检查和验收。验收合格后认真办理隐蔽工程验收的各项手续，并整理归档作为竣工验收的一部分。

8.3.3 保温工程的质量决定了夹心复合墙建筑的节能效果能否达到节能设计标准要求，因此，依据现行国家标准《建筑工程施工质量验收统一标准》GB 50300 中当建筑工程质量不符合要求时的有关规定，本条给出了当保温工程质量不符合要求时的处理办法。

中华人民共和国国家标准

钢结构设计规范

Gode fordesign of steel structures

GB 50017—2003

主编部门：中华人民共和国建设部
批准部门：中华人民共和国建设部
施行日期：2003年12月1日

中华人民共和国建设部
公　　告

第147号

建设部关于发布国家标准《钢结构设计规范》的公告

现批准《钢结构设计规范》为国家标准，编号为GB 50017—2003，自2003年12月1日起实施。其中，第1.0.5、3.1.2、3.1.3、3.1.4、3.1.5、3.2.1、3.3.3、3.4.1、3.4.2、8.1.4、8.3.6、8.9.3、8.9.5、9.1.3条为强制性条文，必须严格执行。原《钢结构设计规范》GBJ 17—88同时废止。

本规范由建设部标准定额研究所组织中国计划出版社出版发行。

中华人民共和国建设部

二〇〇三年四月二十五日

前　　言

根据建设部建标［1997］第108号文的通知要求，由北京钢铁设计研究总院会同有关设计、教学和科研单位组成修订编制小组，对《钢结构设计规范》GBJ 17—88进行全面修订。在修订过程中，制订了全面修订大纲，参考了大量的国外钢结构规范。规范初稿完成后，在全国范围广泛征求意见，通过初稿、征求意见稿、送审稿，多次修改并组织了十余个参编单位完成了新、老规范对比的试设计，最后于2001年12月完成《钢结构设计规范》GB 50017—2003报批稿。本次修订的主要内容有：

1. 原规范第一章1.0.5条中有关“焊缝质量级别”的规定，由说明改为正文，列为第7章7.1.1条，并增加了确定焊缝质量级别的原则和具体规定。

2. 按建标［1996］626号文《工程建设标准编写规定》的要求，增加“术语”内容条文，并与“符号”一同编入第2章；原规范第二章“材料”的内容列入第3章3.3节“材料选用”。

3. 按照钢材新的国家标准，推荐了Q235钢、Q345钢、Q390钢和增补了Q420钢等。对各类钢结构应具有的材质保证提出了更完整的要求，增加了Q235钢保证0℃冲击韧性的适用条件，增加了采用Z向钢及耐候钢的原则规定等，同时对各钢种设计指标作了少量调整。

4. 在第3章中增加了“荷载和荷载效应计算”一节，着重提出了无支撑纯框架宜采用考虑变形对内力影响的二阶弹性分析方法。取消了原规范中吊车横向水平荷载的增大系数，给出了考虑吊车摆动产生横向水平力的计算公式。

5. “结构和构件变形的规定”的修改内容为：

1）在规范正文中只提设计原则，将变形限值的表格列入附录；

2）根据要求和经验可对变形限值适当调整。规定吊车梁的挠度用一台吊车轮压标准值计算。

6. 原规范梁腹板局部稳定的计算公式有较大改动，不再把腹板看成是完全弹性的完善板，而是考虑非弹性变形和几何缺陷的影响，同时给出利用屈曲后强度的计算方法，腹板的约束系数也有所调整。将原规范正文中根据弹性板确定加劲肋间距的计算公式取消。

7. 增补了组成板件厚度$t \geqslant 40$mm的工字形截面和箱形截面在计算轴心受压构件时的截面类别规定，并增加了d类截面的φ值。

8. 增补了单轴对称截面轴压构件考虑绕对称轴弯扭屈曲的计算方法。

9. 修改了减小受压构件或受压翼缘自由长度的侧向支承的支撑力计算方法，修改了交叉腹杆在平面外计算长度的确定方法。

10. 将框架明确界定为无支撑纯框架、强支撑框架和弱支撑框架三类，并给出了各类框架计算长度的计算方法。

11. 新增了带有摇摆柱的无支撑纯框架柱和弱支撑框架柱的计算长度确定方法。

12. 对应力变化的循环次数n修改为：n等于或大于5×10^4次时，应进行疲劳计算（原规范为n等

于或大于 10^5 次时才需进行疲劳计算）。同时对进行疲劳计算的构件和连接分类作了少量修改。

13. 修改了在T形截面受压构件中，轴心受压构件和弯矩使腹板自由边受拉的压弯构件，腹板高度与其厚度之比的规定。

14. 增加了"梁与柱的刚性连接"和在国内外规范中首次提出的"连接节点处板件的计算"等两节，其主要内容为：

1）梁与柱刚性连接时如不设置柱的横向加劲肋，对柱腹板厚度或翼缘厚度要求的条文。

2）板件在拉剪作用下的强度计算以及桁架节点板的强度计算和有关稳定计算方法及规定。

15. 补充了平板支座、球形支座及橡胶支座等内容的条文。

16. 增加了插入式柱脚、埋入式柱脚及外包式柱脚的设计和构造规定。

17. 增加了大跨度屋盖结构的设计和构造要求的规定。

18. 增加了提高寒冷地区结构抗脆断能力的要求的规定。

19. 在塑性设计和钢与混凝土组合梁中取消了原规范对钢材和连接的强度设计值要乘折减系数0.9的规定。

20. 增加了空间圆管节点强度计算公式。增补了矩形管或方形管结构平面管节点强度的计算方法及有关构造规定。

21. 取消了原规范第十一章"圆钢、小角钢的轻型钢结构"。

22. 增补了钢与混凝土连续组合梁负弯矩部位的计算方法，混凝土翼板用压型钢板做底模的组合梁计算和构造特点，部分抗剪连接的组合梁的设计规定以及组合梁挠度计算。

本规范中，黑体字标识的条文为强制性条文，必须严格执行。

本规范由建设部负责管理和对强制性条文的解释，北京钢铁设计研究总院负责具体内容的解释。在执行规范过程中，请各单位结合工程实际总结经验。对本规范的意见或建议，请寄至北京钢铁设计研究总院《钢结构设计规范》国家标准管理组（地址：北京白广路四号；邮编：100053；传真：010－63521024）。

本规范主编单位和主要起草人：

主编单位： 北京钢铁设计研究总院

参编单位： 重庆大学
西安建筑科技大学
重庆钢铁设计研究院
清华大学
浙江大学
哈尔滨工业大学
同济大学
天津大学
华南理工大学
水电部东北勘测设计院
中国航空规划设计院
中元国际工程设计研究院
冶金建筑研究院
西北电力设计院
马鞍山钢铁设计研究院
中国石化工程建设公司
武汉钢铁设计研究院
上海冶金设计院
马鞍山钢铁股份有限公司
杭萧钢结构公司
莱芜钢铁集团
喜利得（中国）有限公司
浙江精工钢结构公司
鞍山东方轧钢公司
宝力公司
上海彭浦总厂

主要起草人： 张启文 夏志斌 黄友明 陈绍蕃
王国周 魏明钟 赵熙元 崔 佳
张耀春 沈祖炎 刘锡良 梁启智
俞国音 刘树屯 崔元山 冯 廉
夏正中 戴国欣 童根树 顾 强
舒兴平 邹 浩 石永久 但泽义
聂建国 陈以一 丁 阳 徐国彬
魏潮文 陈传铮 陈国栋 穆海生
张平远 陶红斌 王 稚 田思方
李茂新 陈瑞金 曹品然 武振宇
邹亦农 侯 宬 郭耀杰 芦小松
朱 丹 刘 刚 张小平 黄明鑫
胡 勇 张继宏 严正庭

目　次

1 总 则

1.0.1 为在钢结构设计中贯彻执行国家的技术经济政策，做到技术先进、经济合理、安全适用、确保质量，特制定本规范。

1.0.2 本规范适用于工业与民用房屋和一般构筑物的钢结构设计，其中，由冷弯成型钢材制作的构件及其连接应符合现行国家标准《冷弯薄壁型钢结构技术规范》GB 50018 的规定。

1.0.3 本规范的设计原则是根据现行国家标准《建筑结构可靠度设计统一标准》GB 50068 制订的。按本规范设计时，取用的荷载及其组合值应符合现行国家标准《建筑结构荷载规范》GB 50009 的规定；在地震区的建筑物和构筑物，尚应符合现行国家标准《建筑抗震设计规范》GB 50011、《中国地震动参数区划图》GB 18306 和《构筑物抗震设计规范》GB 50191 的规定。

1.0.4 设计钢结构时，应从工程实际情况出发，合理选用材料、结构方案和构造措施，满足结构构件在运输、安装和使用过程中的强度、稳定性和刚度要求，并符合防火、防腐蚀要求。宜优先采用通用的和标准化的结构和构件，减少制作、安装工作量。

1.0.5 在钢结构设计文件中，应注明建筑结构的设计使用年限、钢材牌号、连接材料的型号（或钢号）和对钢材所要求的力学性能、化学成分及其他的附加保证项目。此外，还应注明所要求的焊缝形式、焊缝质量等级、端面刨平顶紧部位及对施工的要求。

1.0.6 对有特殊设计要求和在特殊情况下的钢结构设计，尚应符合现行有关国家标准的要求。

2 术语和符号

2.1 术 语

2.1.1 强度 strength

构件截面材料或连接抵抗破坏的能力。强度计算是防止结构构件或连接因材料强度被超过而破坏的计算。

2.1.2 承载能力 load-carrying capacity

结构或构件不会因强度、稳定或疲劳等因素破坏所能承受的最大内力；或塑性分析形成破坏机构时的最大内力；或达到不适应于继续承载的变形时的内力。

2.1.3 脆断 brittle fracture

一般指钢结构在拉应力状态下没有出现警示性的塑性变形而突然发生的脆性断裂。

2.1.4 强度标准值 characteristic value of strength

国家标准规定的钢材屈服点（屈服强度）或抗拉强度。

2.1.5 强度设计值 design value of strength

钢材或连接的强度标准值除以相应抗力分项系数后的数值。

2.1.6 一阶弹性分析 first order elastic analysis

不考虑结构二阶变形对内力产生的影响，根据未变形的结构建立平衡条件，按弹性阶段分析结构内力及位移。

2.1.7 二阶弹性分析 second order elastic analysis

考虑结构二阶变形对内力产生的影响，根据位移后的结构建立平衡条件，按弹性阶段分析结构内力及位移。

2.1.8 屈曲 buckling

杆件或板件在轴心压力、弯矩、剪力单独或共同作用下突然发生与原受力状态不符的较大变形而失去稳定。

2.1.9 腹板屈曲后强度 post-buckling strength of web plate

腹板屈曲后尚能继续保持承受荷载的能力。

2.1.10 通用高厚比 normalized web slenderness

参数，其值等于钢材受弯、受剪或受压屈服强度除以相应的腹板抗弯、抗剪或局部承压弹性屈曲应力之商的平方根。

2.1.11 整体稳定 overall stability

在外荷载作用下，对整个结构或构件能否发生屈曲或失稳的评估。

2.1.12 有效宽度 effective width

在进行截面强度和稳定性计算时，假定板件有效的那一部分宽度。

2.1.13 有效宽度系数 effective width factor

板件有效宽度与板件实际宽度的比值。

2.1.14 计算长度 effective length

构件在其有效约束点间的几何长度乘以考虑杆端变形情况和所受荷载情况的系数而得的等效长度，用以计算构件的长细比。计算焊缝连接强度时采用的焊缝长度。

2.1.15 长细比 slenderness ratio

构件计算长度与构件截面回转半径的比值。

2.1.16 换算长细比 equivalent slenderness ratio

在轴心受压构件的整体稳定计算中，按临界力相等的原则，将格构式构件换算为实腹构件进行计算时所对应的长细比或将弯扭与扭转失稳换算为弯曲失稳时采用的长细比。

2.1.17 支撑力 nodal bracing force

为减小受压构件（或构件的受压翼缘）的自由长度所设置的侧向支承处，在被支撑构件（或构件受压翼缘）的屈曲方向，所需施加于该构件（或构件受压翼缘）截面剪心的侧向力。

2.1.18 无支撑纯框架 unbraced frame

依靠构件及节点连接的抗弯能力，抵抗侧向荷载的框架。

2.1.19 强支撑框架 frame braced with strong bracing system

在支撑框架中，支撑结构（支撑桁架、剪力墙、电梯井等）抗侧移刚度较大，可将该框架视为无侧移的框架。

2.1.20 弱支撑框架 frame braced with weak bracing system

在支撑框架中，支撑结构抗侧移刚度较弱，不能将该框架视为无侧移的框架。

2.1.21 摇摆柱 leaning column

框架内两端为铰接不能抵抗侧向荷载的柱。

2.1.22 柱腹板节点域 panel zone of column web

框架梁柱的刚接节点处，柱腹板在梁高度范围内的区域。

2.1.23 球形钢支座 spherical steel bearing

使结构在支座处可以沿任意方向转动的钢球面作为传力的铰接支座或可移动支座。

2.1.24 橡胶支座 coupoisite rubber and steel support

满足支座位移要求的橡胶和薄钢板等复合材料制品作为传递支座反力的支座。

2.1.25 主管 chord member

钢管结构构件中，在节点处连续贯通的管件，如桁架中的弦杆。

2.1.26 支管 bracing member

钢管结构中，在节点处断开并与主管相连的管件，如桁架中与主管相连的腹杆。

2.1.27 间隙节点 gap joint

两支管的趾部离开一定距离的管节点。

2.1.28 搭接节点 overlap joint

在钢管节点处，两支管相互搭接的节点。

2.1.29 平面管节点 uniplanar joint

支管与主管在同一平面内相互连接的节点。

2.1.30 空间管节点 multiplanar joint

在不同平面内的支管与主管相接而形成的管节点。

2.1.31 组合构件 built-up member

由一块以上的钢板（或型钢）相互连接组成的构件，如工字形截面或箱形截面组合梁或柱。

2.1.32 钢与混凝土组合梁 composite steel and concrete beam

由混凝土翼板与钢梁通过抗剪连接件组合而成能整体受力的梁。

2.2 符 号

2.2.1 作用和作用效应设计值

F——集中荷载；

H——水平力；

M——弯矩；

N——轴心力；

P——高强度螺栓的预拉力；

Q——重力荷载；

R——支座反力；

V——剪力。

2.2.2 计算指标

E——钢材的弹性模量；

E_c——混凝土的弹性模量；

G——钢材的剪变模量；

N_t^a——一个锚栓的抗拉承载力设计值；

N_t^b、N_v^b、N_c^b——一个螺栓的抗拉、抗剪和承压承载力设计值；

N_t^r、N_v^r、N_c^r——一个铆钉的抗拉、抗剪和承压承载力设计值；

N_v^c——组合结构中一个抗剪连接件的抗剪承载力设计值；

N_t^{pj}、N_c^{pj}——受拉和受压支管在管节点处的承载力设计值；

S_b——支撑结构的侧移刚度（产生单位侧倾角的水平力）；

f——钢材的抗拉、抗压和抗弯强度设计值；

f_v——钢材的抗剪强度设计值；

f_{ce}——钢材的端面承压强度设计值；

f_{st}——钢筋的抗拉强度设计值；

f_y——钢材的屈服强度（或屈服点）；

f_t^a——锚栓的抗拉强度设计值；

f_t^b、f_v^b、f_c^b——螺栓的抗拉、抗剪和承压强度设计值；

f_t^r、f_v^r、f_c^r——铆钉的抗拉、抗剪和承压强度设计值；

f_t^w、f_v^w、f_c^w——对接焊缝的抗拉、抗剪和抗压强度设计值；

f_f^w——角焊缝的抗拉、抗剪和抗压强度设计值；

f_c——混凝土抗压强度设计值；

Δu——楼层的层间位移；

$[v_Q]$——仅考虑可变荷载标准值产生的挠度的容许值；

$[v_T]$——同时考虑永久和可变荷载标准值产生的挠度的容许值；

σ——正应力；

σ_c——局部压应力；

σ_f——垂直于角焊缝长度方向，按焊缝有效截面计算的应力；

$\Delta\sigma$——疲劳计算的应力幅或折算应力幅；

$\Delta\sigma_e$——变幅疲劳的等效应力幅；

$[\Delta\sigma]$——疲劳容许应力幅；

σ_{cr}、$\sigma_{c,cr}$、τ_{cr}——板件在弯曲应力、局部压应力和剪应力单独作用时的临界应力；

τ——剪应力；

τ_f——沿角焊缝长度方向，按焊缝有效截面计算的剪应力；

ρ——质量密度。

2.2.3 几何参数

A——毛截面面积；

A_n——净截面面积；

H——柱的高度；

H_1、H_2、H_3——阶形柱上段、中段（或单阶柱下段）、下段的高度；

I——毛截面惯性矩；

I_t——毛截面抗扭惯性矩；

I_ω——毛截面扇性惯性矩；

I_n——净截面惯性矩；

S——毛截面面积矩；

W——毛截面模量；

W_n——净截面模量；

W_P——塑性毛截面模量；

W_{Pn}——塑性净截面模量；

a、g——间距；间隙；

b——板的宽度或板的自由外伸宽度；

b_0——箱形截面翼缘板在腹板之间的无支承宽度；混凝土板托顶部的宽度；

b_s——加劲肋的外伸宽度；

b_e——板件的有效宽度；

d——直径；

d_e——有效直径；

d_0——孔径；

e——偏心距；

h——截面全高；楼层高度；

h_{c1}——混凝土板的厚度；

h_{c2}——混凝土板托的厚度；

h_e——角焊缝的计算厚度；

h_f——角焊缝的焊脚尺寸；

h_w——腹板的高度。

h_0——腹板的计算高度；

i——截面回转半径；

l——长度或跨度；

l_1——梁受压翼缘侧向支承间距离；螺栓（或铆钉）受力方向的连接长度；

l_0——弯曲屈曲的计算长度；

l_ω——扭转屈曲的计算长度；

l_w——焊缝的计算长度；

l_z——集中荷载在腹板计算高度边缘上的假定分布长度；

s——部分焊透对接焊缝坡口根部至焊缝表面的最短距离；

t——板的厚度；主管壁厚；

t_s——加劲肋厚度；

t_w——腹板的厚度；

α——夹角；

θ——夹角；应力扩散角；

λ_b——梁腹板受弯计算时的通用高厚比；

λ_s——梁腹板受剪计算时的通用高厚比；

λ_c——梁腹板受局部压力计算时的通用高厚比；

λ——长细比；

λ_0、λ_{yz}、λ_z、λ_{uz}——换算长细比。

2.2.4 计算系数及其他

C——用于疲劳计算的有量纲参数；

K_1、K_2——构件线刚度之比；

k_s——构件受剪屈曲系数；

O_v——管节点的支管搭接率；

n——螺栓、铆钉或连接件数目；应力循环次数；

n_1——所计算截面上的螺栓（或铆钉）数目；

n_f——高强度螺栓的传力摩擦面数目；

n_v——螺栓或铆钉的剪切面数目；

α——线膨胀系数；计算吊车摆动引起的横向力的系数；

α_E——钢材与混凝土弹性模量之比；

α_e——梁截面模量考虑腹板有效宽度的折减系数；

α_f——疲劳计算的欠载效应等效系数；

α_0——柱腹板的应力分布不均匀系数；

α_y——钢材强度影响系数；

α_1——梁腹板刨平顶紧时采用的系数；

α_{2i}——考虑二阶效应框架第 i 层杆件的侧移弯矩增大系数；

β——支管与主管外径之比；用于计算疲劳强度的参数；

β_b——梁整体稳定的等效临界弯矩系数；

β_f——正面角焊缝的强度设计值增大系数；

β_m、β_t——压弯构件稳定的等效弯矩系数；

β_1——折算应力的强度设计值增大系数；

γ——栓钉钢材强屈比；

γ_0——结构的重要性系数；

γ_x、γ_y——对主轴 x、y 的截面塑性发展系数；

η——调整系数；

η_b——梁截面不对称影响系数；

η_1、η_2——用于计算阶形柱计算长度的参数；

μ——高强度螺栓摩擦面的抗滑移系数；柱的计算长度系数；

μ_1、μ_2、μ_3——阶形柱上段、中段（或单阶柱下段）、下段的计算长度系数；

ξ——用于计算梁整体稳定的参数；

ρ——腹板受压区有效宽度系数；

φ——轴心受压构件的稳定系数；

φ_b、φ'_b——梁的整体稳定系数；

ψ——集中荷载的增大系数；

ψ_n、ψ_a、ψ_d——用于计算直接焊接钢管节点承载力的参数。

3 基本设计规定

3.1 设计原则

3.1.1 本规范除疲劳计算外，采用以概率理论为基础的极限状态设计方法，用分项系数设计表达式进行计算。

3.1.2 承重结构应按下列承载能力极限状态和正常使用极限状态进行设计：

1 承载能力极限状态包括：构件和连接的强度破坏、疲劳破坏和因过度变形而不适于继续承载，结构和构件丧失稳定，结构转变为机动体系和结构倾覆。

2 正常使用极限状态包括：影响结构、构件和非结构构件正常使用或外观的变形，影响正常使用的振动，影响正常使用或耐久性能的局部损坏（包括混凝土裂缝）。

3.1.3 设计钢结构时，应根据结构破坏可能产生的后果，采用不同的安全等级。

一般工业与民用建筑钢结构的安全等级应取为二级，其他特殊建筑钢结构的安全等级应根据具体情况另行确定。

3.1.4 按承载能力极限状态设计钢结构时，应考虑荷载效应的基本组合，必要时尚应考虑荷载效应的偶然组合。

按正常使用极限状态设计钢结构时，应考虑荷载效应的标准组合，对钢与混凝土组合梁，尚应考虑准永久组合。

3.1.5 计算结构或构件的强度、稳定性以及连接的强度时，应采用荷载设计值（荷载标准值乘以荷载分项系数）；计算疲劳时，应采用荷载标准值。

3.1.6 对于直接承受动力荷载的结构：在计算强度和稳定性时，动力荷载设计值应乘动力系数；在计算疲劳和变形时，动力荷载标准值不乘动力系数。

计算吊车梁或吊车桁架及其制动结构的疲劳和挠度时，吊车荷载应按作用在跨间内荷载效应最大的一台吊车确定。

3.2 荷载和荷载效应计算

3.2.1 设计钢结构时，荷载的标准值、荷载分项系数、荷载组合值系数、动力荷载的动力系数等，应按现行国家标准《建筑结构荷载规范》GB 50009 的规定采用。

结构的重要性系数 γ_0 应按现行国家标准《建筑结构可靠度设计统一标准》GB 50068 的规定采用，其中对设计使用年限为 25 年的结构构件，γ_0 不应小于 0.95。

注：对支承轻屋面的构件或结构（檩条、屋架、框架等），当仅有一个可变荷载且受荷水平投影面积超过 60m² 时，屋面均布活荷载标准值应取为 0.3kN/m²。

3.2.2 计算重级工作制吊车梁（或吊车桁架）及其制动结构的强度、稳定性以及连接（吊车梁或吊车桁架、制动结构、柱相互间的连接）的强度时，应考虑由吊车摆动引起的横向水平力（此水平力不与荷载规范规定的横向水平荷载同时考虑），作用于每个轮压处的此水平力标准值可由下式进行计算：

$$H_k = \alpha P_{k,max} \tag{3.2.2}$$

式中 $P_{k,max}$——吊车最大轮压标准值；

α——系数，对一般软钩吊车 $\alpha=0.1$，抓斗或磁盘吊车宜采用 $\alpha=0.15$，硬钩吊车宜采用 $\alpha=0.2$。

注：现行国家标准《起重机设计规范》GB/T 3811 将吊车工作级别划分为 A1～A8 级。在一般情况下，本规范中的轻级工作制相当于 A1～A3 级；中级工作制相当于 A4、A5 级；重级工作制相当于 A6～A8 级，其中 A8 属于特重级。

3.2.3 计算屋盖桁架考虑悬挂吊车和电动葫芦的荷载时，在同一跨间每条运行线路上的台数：对梁式吊车不宜多于 2 台；对电动葫芦不宜多于 1 台。

3.2.4 计算冶炼车间或其他类似车间的工作平台结构时，由检修材料所产生的荷载，可乘以下列折减系数：

主梁：　　0.85；

柱（包括基础）：　　0.75。

3.2.5 结构的计算模型和基本假定应尽量与构件连接的实际性能相符合。

3.2.6 建筑结构的内力一般按结构静力学方法进行弹性分析，符合本规范第 9 章的超静定结构，可采用塑性分析。采用弹性分析的结构中，构件截面允许有塑性变形发展。

3.2.7 框架结构中，梁与柱的刚性连接应符合受力过程中梁柱间交角不变的假定，同时连接应具有充分的强度承受交汇构件端部传递的所有最不利内力。梁与柱铰接时，应使连接具有充分的转动能力，且能有效地传递横向剪力与轴心力。梁与柱的半刚性连接只具有有限的转动刚度，在承受弯矩的同时会产生相应的交角变化，在内力分析时，必须预先确定连接的弯矩-转角特性曲线，以便考虑连接变形的影响。

3.2.8 框架结构内力分析宜符合下列规定：

1 框架结构可采用一阶弹性分析。

2 对 $\frac{\sum N \cdot \Delta u}{\sum H \cdot h} > 0.1$ 的框架结构宜采用二阶弹性分析，此时应在每层柱顶附加考虑由公式（3.2.8-1）计算的假想水平力 H_{ni}。

$$H_{ni} = \frac{\alpha_y Q_i}{250}\sqrt{0.2+\frac{1}{n_s}} \tag{3.2.8-1}$$

式中 Q_i——第 i 楼层的总重力荷载设计值；

n_s——框架总层数；当 $\sqrt{0.2+1/n_s}>1$ 时，取此根号值为 1.0；

α_y——钢材强度影响系数，其值：Q235 钢为 1.0；Q345 钢

为 1.1；Q390 钢为 1.2；Q420 钢为 1.25。

对无支撑的纯框架结构，当采用二阶弹性分析时，各杆件杆端的弯矩 M_{II} 可用下列近似公式进行计算：

$$M_{II}=M_{Ib}+\alpha_{2i}M_{Is} \quad (3.2.8\text{-}2)$$

$$\alpha_{2i}=\frac{1}{1-\frac{\sum N\cdot\Delta u}{\sum H\cdot h}} \quad (3.2.8\text{-}3)$$

式中 M_{Ib}——假定框架无侧移时按一阶弹性分析求得的各杆件端弯矩；

M_{Is}——框架各节点侧移时按一阶弹性分析求得的杆件端弯矩；

α_{2i}——考虑二阶效应第 i 层杆件的侧移弯矩增大系数；

$\sum N$——所计算楼层各柱轴心压力设计值之和；

$\sum H$——产生层间侧移 Δu 的所计算楼层及以上各层的水平力之和；

Δu——按一阶弹性分析求得的所计算楼层的层间侧移，当确定是否采用二阶弹性分析时，Δu 可近似采用层间相对位移的容许值[Δu]，[Δu]见本规范附录 A 第 A.2 节；

h——所计算楼层的高度。

注：1 当按公式(3.2.8-3)计算的 $\alpha_{2i}>1.33$ 时，宜增大框架结构的刚度。

2 本条规定不适用于山形门式刚架或其他类似的结构以及按本规范第 9 章进行塑性设计的框架结构。

3.3 材料选用

3.3.1 为保证承重结构的承载能力和防止在一定条件下出现脆性破坏，应根据结构的重要性、荷载特征、结构形式、应力状态、连接方法、钢材厚度和工作环境等因素综合考虑，选用合适的钢材牌号和材性。

承重结构的钢材宜采用 Q235 钢、Q345 钢、Q390 钢和 Q420 钢，其质量应分别符合现行国家标准《碳素结构钢》GB/T 700 和《低合金高强度结构钢》GB/T 1591 的规定。当采用其他牌号的钢材时，尚应符合相应有关标准的规定和要求。

3.3.2 下列情况的承重结构和构件不应采用 Q235 沸腾钢：

1 焊接结构。

1)直接承受动力荷载或振动荷载且需要验算疲劳的结构。

2)工作温度低于－20℃时的直接承受动力荷载或振动荷载但可不验算疲劳的结构以及承受静力荷载的受弯及受拉的重要承重结构。

3)工作温度等于或低于－30℃的所有承重结构。

2 非焊接结构。工作温度等于或低于－20℃的直接承受动力荷载且需要验算疲劳的结构。

3.3.3 承重结构采用的钢材应具有抗拉强度、伸长率、屈服强度和硫、磷含量的合格保证，对焊接结构尚应具有碳含量的合格保证。

焊接承重结构以及重要的非焊接承重结构采用的钢材还应具有冷弯试验的合格保证。

3.3.4 对于需要验算疲劳的焊接结构的钢材，应具有常温冲击韧性的合格保证。当结构工作温度不高于 0℃但高于－20℃时，Q235 钢和 Q345 钢应具有 0℃冲击韧性的合格保证；对 Q390 钢和 Q420 钢应具有－20℃冲击韧性的合格保证。当结构工作温度不高于－20℃时，对 Q235 钢和 Q345 钢应具有－20℃冲击韧性的合格保证；对 Q390 钢和 Q420 钢应具有－40℃冲击韧性的合格保证。

对于需要验算疲劳的非焊接结构的钢材亦应具有常温冲击韧性的合格保证。当结构工作温度不高于－20℃时，对 Q235 钢和 Q345 钢应具有 0℃冲击韧性的合格保证；对 Q390 钢和 Q420 钢应具有－20℃冲击韧性的合格保证。

注：吊车起重量不小于 50t 的中级工作制吊车梁，对钢材冲击韧性的要求应与需要验算疲劳的构件相同。

3.3.5 钢铸件采用的铸钢材质应符合现行国家标准《一般工程用铸造碳钢件》GB/T 11352 的规定。

3.3.6 当焊接承重结构为防止钢材的层状撕裂而采用 Z 向钢时，其材质应符合现行国家标准《厚度方向性能钢板》GB/T 5313 的规定。

3.3.7 对处于外露环境，且对耐腐蚀有特殊要求的或在腐蚀性气态和固态介质作用下的承重结构，宜采用耐候钢，其质量要求应符合现行国家标准《焊接结构用耐候钢》GB/T 4172 的规定。

3.3.8 钢结构的连接材料应符合下列要求：

1 手工焊接采用的焊条，应符合现行国家标准《碳钢焊条》GB/T 5117 或《低合金钢焊条》GB/T 5118 的规定。选择的焊条型号应与主体金属力学性能相适应。对直接承受动力荷载或振动荷载且需要验算疲劳的结构，宜采用低氢型焊条。

2 自动焊接或半自动焊接采用的焊丝和相应的焊剂应与主体金属力学性能相适应，并应符合现行国家标准的规定。

3 普通螺栓应符合现行国家标准《六角头螺栓 C 级》GB/T 5780和《六角头螺栓》GB/T 5782 的规定。

4 高强度螺栓应符合现行国家标准《钢结构用高强度大六角头螺栓》GB/T 1228、《钢结构用高强度大六角螺母》GB/T 1229、《钢结构用高强度垫圈》GB/T 1230、《钢结构用高强度大六角头螺栓、大六角螺母、垫圈技术条件》GB/T 1231 或《钢结构用扭剪型高强度螺栓连接副》GB/T 3632、《钢结构用扭剪型高强度螺栓连接副 技术条件》GB/T 3633 的规定。

5 圆柱头焊钉(栓钉)连接件的材料应符合现行国家标准电弧螺栓焊用《圆柱头焊钉》GB/T 10433 的规定。

6 铆钉应采用现行国家标准《标准件用碳素钢热轧圆钢》GB/T 715 中规定的 BL2 或 BL3 号钢制成。

7 锚栓可采用现行国家标准《碳素结构钢》GB/T 700 中规定的 Q235 钢或《低合金高强度结构钢》GB/T 1591 中规定的 Q345 钢制成。

3.4 设计指标

3.4.1 钢材的强度设计值，应根据钢材厚度或直径按表 3.4.1-1 采用。钢铸件的强度设计值应按表 3.4.1-2 采用。连接的强度设计值应按表 3.4.1-3 至表 3.4.1-5 采用。

表 3.4.1-1 钢材的强度设计值(N/mm²)

钢材 牌号	钢材 厚度或直径(mm)	抗拉、抗压和抗弯 f	抗剪 f_v	端面承压(刨平顶紧) f_{ce}
Q235 钢	≤16	215	125	325
	>16～40	205	120	
	>40～60	200	115	
	>60～100	190	110	
Q345 钢	≤16	310	180	400
	>16～35	295	170	
	>35～50	265	155	
	>50～100	250	145	
Q390 钢	≤16	350	205	415
	>16～35	335	190	
	>35～50	315	180	
	>50～100	295	170	
Q420 钢	≤16	380	220	440
	>16～35	360	210	

续表 3.4.1-1

钢材		抗拉、抗压和抗弯 f	抗剪 f_v	端面承压（刨平顶紧）f_{ce}
牌号	厚度或直径（mm）			
Q420 钢	>35～50	340	195	440
	>50～100	325	185	

注：表中厚度系指计算点的钢材厚度，对轴心受拉和轴心受压构件系指截面中较厚板件的厚度。

表 3.4.1-2 钢铸件的强度设计值（N/mm²）

钢号	抗拉、抗压和抗弯 f	抗剪 f_v	端面承压（刨平顶紧）f_{ce}
ZG200-400	155	90	260
ZG230-450	180	105	290
ZG270-500	210	120	325
ZG310-570	240	140	370

表 3.4.1-3 焊缝的强度设计值（N/mm²）

焊接方法和焊条型号	构件钢材		对接焊缝				角焊缝
	牌号	厚度或直径（mm）	抗压 f_c^w	焊缝质量为下列等级时，抗拉 f_t^w		抗剪 f_v^w	抗拉、抗压和抗剪 f_f^w
				一级、二级	三级		
自动焊、半自动焊和 E43 型焊条的手工焊	Q235 钢	≤16	215	215	185	125	160
		>16～40	205	205	175	120	
		>40～60	200	200	170	115	
		>60～100	190	190	160	110	
自动焊、半自动焊和 E50 型焊条的手工焊	Q345 钢	≤16	310	310	265	180	200
		>16～35	295	295	250	170	
		>35～50	265	265	225	155	
		>50～100	250	250	210	145	
自动焊、半自动焊和 E55 型焊条的手工焊	Q390 钢	≤16	350	350	300	205	220
		>16～35	335	335	285	190	
		>35～50	315	315	270	180	
		>50～100	295	295	250	170	
	Q420 钢	≤16	380	380	320	220	220
		>16～35	360	360	305	210	
		>35～50	340	340	290	195	
		>50～100	325	325	275	185	

注：1 自动焊和半自动焊所采用的焊丝和焊剂，应保证其熔敷金属的力学性能不低于现行国家标准《埋弧焊用碳钢焊丝和焊剂》GB/T 5293 和《低合金钢埋弧焊用焊剂》GB/T 12470 中相关的规定。

2 焊缝质量等级应符合现行国家标准《钢结构工程施工质量验收规范》GB 50205的规定。其中厚度小于 8mm 钢材的对接焊缝，不应采用超声波探伤确定焊缝质量等级。

3 对接焊缝在受压区的抗弯强度设计值取 f_c^w，在受拉区的抗弯强度设计值取 f_t^w。

4 表中厚度系指计算点的钢材厚度，对轴心受拉和轴心受压构件系指截面中较厚板件的厚度。

表 3.4.1-4 螺栓连接的强度设计值（N/mm²）

螺栓的性能等级、锚栓和构件钢材的牌号		普通螺栓						锚栓	承压型连接高强度螺栓		
		C 级螺栓			A 级、B 级螺栓						
		抗拉 f_t^b	抗剪 f_v^b	承压 f_c^b	抗拉 f_t^b	抗剪 f_v^b	承压 f_c^b	抗拉 f_t^a	抗拉 f_t^b	抗剪 f_v^b	承压 f_c^b
普通螺栓	4.6 级、4.8 级	170	140	—	—	—	—	—	—	—	—
	5.6 级	—	—	—	210	190	—	—	—	—	—
	8.8 级	—	—	—	400	320	—	—	—	—	—
锚栓	Q235 钢	—	—	—	—	—	—	140	—	—	—
	Q345 钢	—	—	—	—	—	—	180	—	—	—
承压型连接高强度螺栓	8.8 级	—	—	—	—	—	—	—	400	250	—
	10.9 级	—	—	—	—	—	—	—	500	310	—
构件	Q235 钢	—	—	305	—	—	405	—	—	—	470
	Q345 钢	—	—	385	—	—	510	—	—	—	590
	Q390 钢	—	—	400	—	—	530	—	—	—	615
	Q420 钢	—	—	425	—	—	560	—	—	—	655

注：1 A 级螺栓用于 $d \leqslant 24$mm 和 $l \leqslant 10d$ 或 $l \leqslant 150$mm（按较小值）的螺栓；B 级螺栓用于 $d > 24$mm 或 $l > 10d$ 或 $l > 150$mm（按较小值）的螺栓。d 为公称直径，l 为螺杆公称长度。

2 A、B 级螺栓孔的精度和孔壁表面粗糙度，C 级螺栓孔的允许偏差和孔壁表面粗糙度，均应符合现行国家标准《钢结构工程施工质量验收规范》GB 50205的要求。

表 3.4.1-5 铆钉连接的强度设计值（N/mm²）

铆钉钢号和构件钢材牌号		抗拉（钉头拉脱）f_t^r	抗剪 f_v^r		承压 f_c^r	
			Ⅰ类孔	Ⅱ类孔	Ⅰ类孔	Ⅱ类孔
铆钉	BL2 或 BL3	120	185	155	—	—
构件	Q235 钢	—	—	—	450	365
	Q345 钢	—	—	—	565	460
	Q390 钢	—	—	—	590	480

注：1 属于下列情况者为Ⅰ类孔：

1）在装配好的构件上按设计孔径钻成的孔；

2）在单个零件和构件上按设计孔径分别用钻模钻成的孔；

3）在单个零件上先钻成或冲成较小的孔径，然后在装配好的构件上再扩钻至设计孔径的孔。

2 在单个零件上一次冲成或不用钻模钻成设计孔径的孔属于Ⅱ类孔。

3.4.2 计算下列情况的结构构件或连接时，第 3.4.1 条规定的强度设计值应乘以相应的折减系数。

1 单面连接的单角钢：

1）按轴心受力计算强度和连接乘以系数 0.85；

2）按轴心受压计算稳定性：

等边角钢乘以系数 $0.6+0.0015\lambda$，但不大于 1.0；

短边相连的不等边角钢乘以系数 $0.5+0.0025\lambda$，但不大于 1.0；

长边相连的不等边角钢乘以系数 0.70；

λ 为长细比，对中间无联系的单角钢压杆，应按最小回转半径计算，当 $\lambda<20$ 时，取 $\lambda=20$；

2 无垫板的单面施焊对接焊缝乘以系数 0.85；

3 施工条件较差的高空安装焊缝和铆钉连接乘以系数 0.90；

4 沉头和半沉头铆钉连接乘以系数 0.80。

注：当几种情况同时存在时，其折减系数应连乘。

3.4.3 钢材和钢铸件的物理性能指标应按表 3.4.3 采用。

表 3.4.3 钢材和钢铸件的物理性能指标

弹性模量 E（N/mm²）	剪变模量 G（N/mm²）	线膨胀系数 α（以每℃计）	质量密度 ρ（kg/m³）
206×10^3	79×10^3	12×10^{-6}	7850

3.5 结构或构件变形的规定

3.5.1 为了不影响结构或构件的正常使用和观感，设计时应对结构或构件的变形（挠度或侧移）规定相应的限值。一般情况下，结构或构件变形的容许值见本规范附录 A 的规定。当有实践经验或有特殊要求时，可根据不影响正常使用和观感的原则对附录 A 的规定进行适当地调整。

3.5.2 计算结构或构件的变形时，可不考虑螺栓（或铆钉）孔引起的截面削弱。

3.5.3 为改善外观和使用条件，可将横向受力构件预先起拱，起拱大小应视实际需要而定，一般为恒载标准值加1/2活载标准值所产生的挠度值。当仅为改善外观条件时，构件挠度应取在恒荷载和活荷载标准值作用下的挠度计算值减去起拱度。

4 受弯构件的计算

4.1 强 度

4.1.1 在主平面内受弯的实腹构件(考虑腹板屈曲后强度者参见本规范第4.4.1条)，其抗弯强度应按下列规定计算：

$$\frac{M_x}{\gamma_x W_{nx}}+\frac{M_y}{\gamma_y W_{ny}}\leqslant f \qquad (4.1.1)$$

式中 M_x、M_y——同一截面处绕 x 轴和 y 轴的弯矩(对工字形截面：x 轴为强轴，y 轴为弱轴)；

W_{nx}、W_{ny}——对 x 轴和 y 轴的净截面模量；

γ_x、γ_y——截面塑性发展系数；对工字形截面，$\gamma_x=1.05$，$\gamma_y=1.20$；对箱形截面，$\gamma_x=\gamma_y=1.05$；对其他截面，可按表5.2.1采用；

f——钢材的抗弯强度设计值。

当梁受压翼缘的自由外伸宽度与其厚度之比大于 $13\sqrt{235/f_y}$，而不超过 $15\sqrt{235/f_y}$ 时，应取 $\gamma_x=1.0$。f_y 为钢材牌号所指屈服点。

对需要计算疲劳的梁，宜取 $\gamma_x=\gamma_y=1.0$。

4.1.2 在主平面内受弯的实腹构件(考虑腹板屈曲后强度者参见本规范第4.4.1条)，其抗剪强度应按下式计算：

$$\tau=\frac{VS}{It_w}\leqslant f_v \qquad (4.1.2)$$

式中 V——计算截面沿腹板平面作用的剪力；

S——计算剪应力处以上毛截面对中和轴的面积矩；

I——毛截面惯性矩；

t_w——腹板厚度；

f_v——钢材的抗剪强度设计值。

4.1.3 当梁上翼缘受有沿腹板平面作用的集中荷载、且该荷载处又未设置支承加劲肋时，腹板计算高度上边缘的局部承压强度应按下式计算：

$$\sigma_c=\frac{\psi F}{t_w l_z}\leqslant f \qquad (4.1.3\text{-}1)$$

式中 F——集中荷载，对动力荷载应考虑动力系数；

ψ——集中荷载增大系数；对重级工作制吊车梁，$\psi=1.35$；对其他梁，$\psi=1.0$；

l_z——集中荷载在腹板计算高度上边缘的假定分布长度，按下式计算：

$$l_z=a+5h_y+2h_R \qquad (4.1.3\text{-}2)$$

a——集中荷载沿梁跨度方向的支承长度，对钢轨上的轮压可取50mm；

h_y——自梁顶面至腹板计算高度上边缘的距离；

h_R——轨道的高度，对梁顶无轨道的梁 $h_R=0$；

f——钢材的抗压强度设计值。

在梁的支座处，当不设置支承加劲肋时，也应按公式(4.1.3-1)计算腹板计算高度下边缘的局部压应力，但 ψ 取1.0。支座集中反力的假定分布长度，应根据支座具体尺寸参照公式(4.1.3-2)计算。

注：腹板的计算高度 h_0：对轧制型钢梁，为腹板与上、下翼缘相接处两内弧起点间的距离；对焊接组合梁，为腹板高度；对铆接(或高强度螺栓连接)组合梁，为上、下翼缘与腹板连接的铆钉(或高强度螺栓)线间最近距离(见图4.3.2)。

4.1.4 在梁的腹板计算高度边缘处，若同时受有较大的正应力、剪应力和局部压应力，或同时受有较大的正应力和剪应力(如连续梁中部支座处或梁的翼缘截面改变处等)时，其折算应力应按下式计算：

$$\sqrt{\sigma^2+\sigma_c^2-\sigma\sigma_c+3\tau^2}\leqslant\beta_1 f \qquad (4.1.4\text{-}1)$$

式中 σ、τ、σ_c——腹板计算高度边缘同一点上同时产生的正应力、剪应力和局部压应力，τ 和 σ_c 应按公式(4.1.2)和公式(4.1.3-1)计算，σ 应按下式计算：

$$\sigma=\frac{M}{I_n}y_1 \qquad (4.1.4\text{-}2)$$

σ 和 σ_c 以拉应力为正值，压应力为负值；

I_n——梁净截面惯性矩；

y_1——所计算点至梁中和轴的距离；

β_1——计算折算应力的强度设计值增大系数；当 σ 与 σ_c 异号时，取 $\beta_1=1.2$；当 σ 与 σ_c 同号或 $\sigma_c=0$ 时，取 $\beta_1=1.1$。

4.2 整体稳定

4.2.1 符合下列情况之一时，可不计算梁的整体稳定性：

1 有铺板(各种钢筋混凝土板和钢板)密铺在梁的受压翼缘上并与其牢固相连、能阻止梁受压翼缘的侧向位移时。

2 H型钢或等截面工字形简支梁受压翼缘的自由长度 l_1 与其宽度 b_1 之比不超过表4.2.1所规定的数值时。

表4.2.1 H型钢或等截面工字形简支梁不需计算整体稳定性的最大 l_1/b_1 值

钢号	跨中无侧向支承点的梁		跨中受压翼缘有侧向支承点的梁，不论荷载作用于何处
	荷载作用在上翼缘	荷载作用在下翼缘	
Q235	13.0	20.0	16.0
Q345	10.5	16.5	13.0
Q390	10.0	15.5	12.5
Q420	9.5	15.0	12.0

注：其他钢号的梁不需计算整体稳定性的最大 l_1/b_1 值，应取Q235钢的数值乘以 $\sqrt{235/f_y}$。

对跨中无侧向支承点的梁，l_1 为其跨度；对跨中有侧向支承点的梁，l_1 为受压翼缘侧向支承点间的距离(梁的支座处视为有侧向支承)。

4.2.2 除4.2.1条所指情况外，在最大刚度主平面内受弯的构件，其整体稳定性应按下式计算：

$$\frac{M_x}{\varphi_b W_x}\leqslant f \qquad (4.2.2)$$

式中 M_x——绕强轴作用的最大弯矩；

W_x——按受压纤维确定的梁毛截面模量；

φ_b——梁的整体稳定性系数，应按附录B确定。

4.2.3 除4.2.1条所指情况外，在两个主平面受弯的H型钢截面或工字形截面构件，其整体稳定性应按下式计算：

$$\frac{M_x}{\varphi_b W_x}+\frac{M_y}{\gamma_y W_y}\leqslant f \qquad (4.2.3)$$

式中 W_x、W_y——按受压纤维确定的对 x 轴和对 y 轴毛截面模量；

φ_b——绕强轴弯曲所确定的梁整体稳定系数，见4.2.2条。

4.2.4 不符合4.2.1条1款情况的箱形截面简支梁，其截面尺寸(图4.2.4)应满足 $h/b_0\leqslant 6$，$l_1/b_0\leqslant 95(235/f_y)$。

符合上述规定的箱形截面简支梁，可不计算整体稳定性。

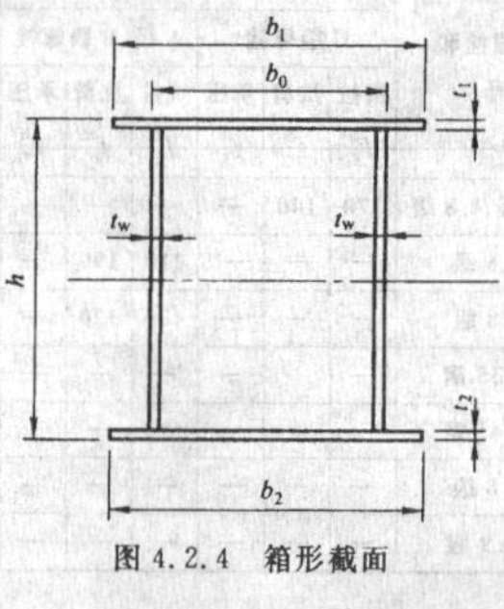

图4.2.4 箱形截面

4.2.5 梁的支座处，应采取构造措施，以防止梁端截面的扭转。

4.2.6 用作减小梁受压翼缘自由长度的侧向支撑，其支撑力应将梁的受压翼缘视为轴心压杆按5.1.7条计算。

4.3 局部稳定

4.3.1 承受静力荷载和间接承受动力荷载的组合梁宜考虑腹板屈曲后强度，按本规范第4.4节的规定计算其抗弯和抗剪承载力；而直接承受动力荷载的吊车梁及类似构件或其他不考虑屈曲后强度的组合梁，则应按本规范第4.3.2条的规定配置加劲肋。当 $h_0/t_w>80\sqrt{235/f_y}$ 时，尚应按本规范第4.3.3条至第4.3.5条的规定计算腹板的稳定性。

轻、中级工作制吊车梁计算腹板的稳定性时，吊车轮压设计值可乘以折减系数0.9。

4.3.2 组合梁腹板配置加劲肋应符合下列规定(图4.3.2)：

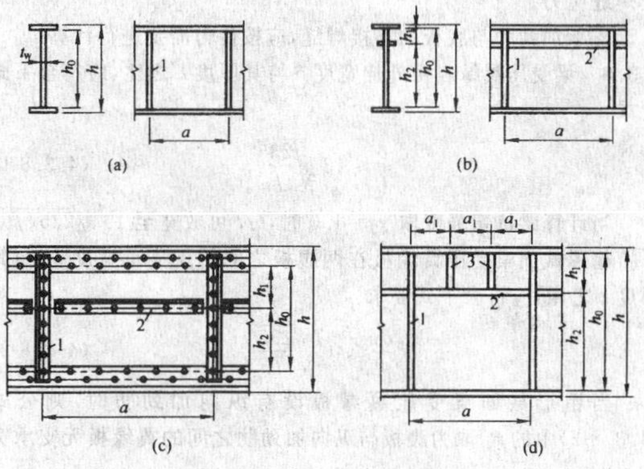

图4.3.2 加劲肋布置

1—横向加劲肋；2—纵向加劲肋；3—短加劲肋

1 当 $h_0/t_w\leqslant 80\sqrt{235/f_y}$ 时，对有局部压应力($\sigma_c\neq 0$)的梁，应按构造配置横向加劲肋；但对无局部压应力($\sigma_c=0$)的梁，可不配置加劲肋。

2 当 $h_0/t_w>80\sqrt{235/f_y}$ 时，应配置横向加劲肋。其中，当 $h_0/t_w>170\sqrt{235/f_y}$(受压翼缘扭转受到约束，如连有刚性铺板、制动板或焊有钢轨时)或 $h_0/t_w>150\sqrt{235/f_y}$(受压翼缘扭转未受到约束时)，或按计算需要时，应在弯曲应力较大区格的受压区增加配置纵向加劲肋。局部压应力很大的梁，必要时尚宜在受压区配置短加劲肋。

任何情况下，h_0/t_w 均不应超过250。

此处 h_0 为腹板的计算高度(对单轴对称梁，当确定是否要配置纵向加劲肋时，h_0 应取腹板受压区高度 h_c 的2倍)，t_w 为腹板的厚度。

3 梁的支座处和上翼缘受有较大固定集中荷载处，宜设置支承加劲肋。

4.3.3 仅配置横向加劲肋的腹板(图4.3.2a)，其各区格的局部稳定应按下式计算：

$$\left(\frac{\sigma}{\sigma_{cr}}\right)^2+\left(\frac{\tau}{\tau_{cr}}\right)^2+\frac{\sigma_c}{\sigma_{c,cr}}\leqslant 1 \quad (4.3.3\text{-}1)$$

式中 σ——所计算腹板区格内，由平均弯矩产生的腹板计算高度边缘的弯曲压应力；

τ——所计算腹板区格内，由平均剪力产生的腹板平均剪应力，应按 $\tau=V/(h_w t_w)$ 计算，h_w 为腹板高度；

σ_c——腹板计算高度边缘的局部压应力，应按公式(4.1.3-1)计算，但取式中的 $\psi=1.0$；

σ_{cr}、τ_{cr}、$\sigma_{c,cr}$——各种应力单独作用下的临界应力，按下列方法计算：

1)σ_{cr} 按下列公式计算：

当 $\lambda_b\leqslant 0.85$ 时：

$$\sigma_{cr}=f \quad (4.3.3\text{-}2a)$$

当 $0.85<\lambda_b\leqslant 1.25$ 时：

$$\sigma_{cr}=[1-0.75(\lambda_b-0.85)]f \quad (4.3.3\text{-}2b)$$

当 $\lambda_b>1.25$ 时：

$$\sigma_{cr}=1.1f/\lambda_b^2 \quad (4.3.3\text{-}2c)$$

式中 λ_b——用于腹板受弯计算时的通用高厚比；

当梁受压翼缘扭转受到约束时：

$$\lambda_b=\frac{2h_c/t_w}{177}\sqrt{\frac{f_y}{235}} \quad (4.3.3\text{-}2d)$$

当梁受压翼缘扭转未受到约束时：

$$\lambda_b=\frac{2h_c/t_w}{153}\sqrt{\frac{f_y}{235}} \quad (4.3.3\text{-}2e)$$

h_c——梁腹板弯曲受压区高度，对双轴对称截面 $2h_c=h_0$。

2)τ_{cr} 按下列公式计算：

当 $\lambda_s\leqslant 0.8$ 时：

$$\tau_{cr}=f_v \quad (4.3.3\text{-}3a)$$

当 $0.8<\lambda_s\leqslant 1.2$ 时：

$$\tau_{cr}=[1-0.59(\lambda_s-0.8)]f_v \quad (4.3.3\text{-}3b)$$

当 $\lambda_s>1.2$ 时：

$$\tau_{cr}=1.1f_v/\lambda_s^2 \quad (4.3.3\text{-}3c)$$

式中 λ_s——用于腹板受剪计算时的通用高厚比。

当 $a/h_0\leqslant 1.0$ 时：

$$\lambda_s=\frac{h_0/t_w}{41\sqrt{4+5.34(h_0/a)^2}}\sqrt{\frac{f_y}{235}} \quad (4.3.3\text{-}3d)$$

当 $a/h_0>1.0$ 时：

$$\lambda_s=\frac{h_0/t_w}{41\sqrt{5.34+4(h_0/a)^2}}\sqrt{\frac{f_y}{235}} \quad (4.3.3\text{-}3e)$$

3)$\sigma_{c,cr}$ 按下列公式计算：

当 $\lambda_c\leqslant 0.9$ 时：

$$\sigma_{c,cr}=f \quad (4.3.3\text{-}4a)$$

当 $0.9<\lambda_c\leqslant 1.2$ 时：

$$\sigma_{c,cr}=[1-0.79(\lambda_c-0.9)]f \quad (4.3.3\text{-}4b)$$

当 $\lambda_c>1.2$ 时：

$$\sigma_{c,cr}=1.1f/\lambda_c^2 \quad (4.3.3\text{-}4c)$$

式中 λ_c——用于腹板受局部压力计算时的通用高厚比。

当 $0.5\leqslant a/h_0\leqslant 1.5$ 时：

$$\lambda_c=\frac{h_0/t_w}{28\sqrt{10.9+13.4(1.83-a/h_0)^3}}\sqrt{\frac{f_y}{235}} \quad (4.3.3\text{-}4d)$$

当 $1.5<a/h_0\leqslant 2.0$ 时：

$$\lambda_c=\frac{h_0/t_w}{28\sqrt{18.9-5a/h_0}}\sqrt{\frac{f_y}{235}} \quad (4.3.3\text{-}4e)$$

4.3.4 同时用横向加劲肋和纵向加劲肋加强的腹板(图4.3.2b、c)，其局部稳定性应按下列公式计算：

1 受压翼缘与纵向加劲肋之间的区格：

$$\frac{\sigma}{\sigma_{cr1}}+\left(\frac{\tau}{\tau_{cr1}}\right)^2+\left(\frac{\sigma_c}{\sigma_{c,cr1}}\right)^2\leqslant 1.0 \quad (4.3.4\text{-}1)$$

式中 σ_{cr1}、τ_{cr1}、$\sigma_{c,cr1}$ 分别按下列方法计算：

1)σ_{cr1} 按公式(4.3.3-2)计算，但式中的 λ_b 改用下列 λ_{b1} 代替。

当梁受压翼缘扭转受到约束时：

$$\lambda_{b1}=\frac{h_1/t_w}{75}\sqrt{\frac{f_y}{235}} \quad (4.3.4\text{-}2a)$$

当梁受压翼缘扭转未受到约束时：

$$\lambda_{b1}=\frac{h_1/t_w}{64}\sqrt{\frac{f_y}{235}} \quad (4.3.4\text{-}2b)$$

式中 h_1——纵向加劲肋至腹板计算高度受压边缘的距离。

2)τ_{cr1} 按公式(4.3.3-3)计算，将式中的 h_0 改为 h_1。

3) $\sigma_{c,cr1}$ 按公式(4.3.3-2)计算，但式中的 λ_b 改用下列 λ_{c1} 代替。

当梁受压翼缘扭转受到约束时：

$$\lambda_{c1}=\frac{h_1/t_w}{56}\sqrt{\frac{f_y}{235}} \quad (4.3.4\text{-}3a)$$

当梁受压翼缘扭转未受到约束时：

$$\lambda_{c1}=\frac{h_1/t_w}{40}\sqrt{\frac{f_y}{235}} \quad (4.3.4\text{-}3b)$$

2 受拉翼缘与纵向加劲肋之间的区格：

$$\left(\frac{\sigma_2}{\sigma_{cr2}}\right)^2+\left(\frac{\tau}{\tau_{cr2}}\right)^2+\frac{\sigma_{c2}}{\sigma_{c,cr2}}\leqslant 1.0 \quad (4.3.4\text{-}4)$$

式中 σ_2——所计算区格内由平均弯矩产生的腹板在纵向加劲肋处的弯曲压应力；

σ_{c2}——腹板在纵向加劲肋处的横向压应力，取 $0.3\sigma_c$。

1) σ_{cr2} 按公式(4.3.3-2)计算，但式中的 λ_b 改用下列 λ_{b2} 代替。

$$\lambda_{b2}=\frac{h_2/t_w}{194}\sqrt{\frac{f_y}{235}} \quad (4.3.4\text{-}5)$$

2) τ_{cr2} 按公式(4.3.3-3)计算，将式中的 h_0 改为 h_2（$h_2=h_0-h_1$）。

3) $\sigma_{c,cr2}$ 按公式(4.3.3-4)计算，但式中的 h_0 改为 h_2，当 $a/h_2>2$ 时，取 $a/h_2=2$。

4.3.5 在受压翼缘与纵向加劲肋之间设有短加劲肋的区格(图4.3.2d)，其局部稳定性按式(4.3.4-1)计算。该式中的 σ_{cr1} 仍按4.3.4条1款之1)计算；τ_{cr1} 按式(4.3.3-3)计算，但将 h_0 和 a 改为 h_1 和 a_1（a_1 为短加劲肋间距）；$\sigma_{c,cr1}$ 按式(4.3.3-2)计算，但式中 λ_b 改用下列 λ_{c1} 代替。

当梁受压翼缘扭转受到约束时：

$$\lambda_{c1}=\frac{a_1/t_w}{87}\sqrt{\frac{f_y}{235}} \quad (4.3.5a)$$

当梁受压翼缘扭转未受到约束时：

$$\lambda_{c1}=\frac{a_1/t_w}{73}\sqrt{\frac{f_y}{235}} \quad (4.3.5b)$$

对 $a_1/h_1>1.2$ 的区格，公式(4.3.5)右侧应乘以 $1\Big/\left(0.4+0.5\dfrac{a_1}{h_1}\right)^{\frac{1}{2}}$。

4.3.6 加劲肋宜在腹板两侧成对配置，也可单侧配置，但支承加劲肋、重级工作制吊车梁的加劲肋不应单侧配置。

横向加劲肋的最小间距应为 $0.5h_0$，最大间距应为 $2h_0$（对无局部压应力的梁，当 $h_0/t_w\leqslant 100$ 时，可采用 $2.5h_0$）。纵向加劲肋至腹板计算高度受压边缘的距离应在 $h_c/2.5\sim h_c/2$ 范围内。

在腹板两侧成对配置的钢板横向加劲肋，其截面尺寸应符合下列公式要求：

外伸宽度：

$$b_s\geqslant\frac{h_0}{30}+40 \quad (\text{mm}) \quad (4.3.6\text{-}1)$$

厚度：

$$t_s\geqslant\frac{b_s}{15} \quad (4.3.6\text{-}2)$$

在腹板一侧配置的钢板横向加劲肋，其外伸宽度应大于按公式(4.3.6-1)算得的1.2倍，厚度不应小于其外伸宽度的1/15。

在同时用横向加劲肋和纵向加劲肋加强的腹板中，横向加劲肋的截面尺寸除应符合上述规定外，其截面惯性矩 I_z 尚应符合下式要求：

$$I_z\geqslant 3h_0t_w^3 \quad (4.3.6\text{-}3)$$

纵向加劲肋的截面惯性矩 I_y，应符合下列公式要求：

当 $a/h_0\leqslant 0.85$ 时：

$$I_y\geqslant 1.5h_0t_w^3 \quad (4.3.6\text{-}4a)$$

当 $a/h_0>0.85$ 时：

$$I_y\geqslant\left(2.5-0.45\frac{a}{h_0}\right)\left(\frac{a}{h_0}\right)^2h_0t_w^3 \quad (4.3.6\text{-}4b)$$

短加劲肋的最小间距为 $0.75h_1$。短加劲肋外伸宽度应取横向加劲肋外伸宽度的0.7～1.0倍，厚度不应小于短加劲肋外伸宽度的1/15。

注：1 用型钢（H型钢、工字钢、槽钢、肢尖焊于腹板的角钢）做成的加劲肋，其截面惯性矩不得小于相应钢板加劲肋的惯性矩。

2 在腹板两侧成对配置的加劲肋，其截面惯性矩应按梁腹板中心线为轴线进行计算。

3 在腹板一侧配置的加劲肋，其截面惯性矩应按与加劲肋相连的腹板边缘为轴线进行计算。

4.3.7 梁的支承加劲肋，应按承受梁支座反力或固定集中荷载的轴心受压构件计算其在腹板平面外的稳定性。此受压构件的截面应包括加劲肋和加劲肋每侧 $15t_w\sqrt{235/f_y}$ 范围内的腹板面积，计算长度取 h_0。

当梁支承加劲肋的端部为刨平顶紧时，应按其所承受的支座反力或固定集中荷载计算其端面承压应力（对突缘支座尚应符合本规范第8.4.12条的要求）；当端部为焊接时，应按传力情况计算其焊缝应力。

支承加劲肋与腹板的连接焊缝，应按传力需要进行计算。

4.3.8 梁受压翼缘自由外伸宽度 b 与其厚度 t 之比，应符合下式要求：

$$\frac{b}{t}\leqslant 13\sqrt{\frac{235}{f_y}} \quad (4.3.8\text{-}1)$$

当计算梁抗弯强度取 $\gamma_x=1.0$ 时，b/t 可放宽至 $15\sqrt{235/f_y}$。

箱形截面梁受压翼缘板在两腹板之间的无支承宽度 b_0 与其厚度 t 之比，应符合下式要求：

$$\frac{b_0}{t}\leqslant 40\sqrt{\frac{235}{f_y}} \quad (4.3.8\text{-}2)$$

当箱形截面梁受压翼缘板设有纵向加劲肋时，则公式(4.3.8-2)中的 b_0 取为腹板与纵向加劲肋之间的翼缘板无支承宽度。

注：翼缘板自由外伸宽度 b 的取值为：对焊接构件，取腹板边至翼缘板（肢）边缘的距离；对轧制构件，取内圆弧起点至翼缘板（肢）边缘的距离。

4.4 组合梁腹板考虑屈曲后强度的计算

4.4.1 腹板仅配置支承加劲肋（或尚有中间横向加劲肋）而考虑屈曲后强度的工字形截面焊接组合梁（图4.3.2a），应按下式验算抗弯和抗剪承载能力：

$$\left(\frac{V}{0.5V_u}-1\right)^2+\frac{M-M_f}{M_{eu}-M_f}\leqslant 1 \quad (4.4.1\text{-}1)$$

$$M_f=\left(A_{f1}\frac{h_1^2}{h_2}+A_{f2}h_2\right)f \quad (4.4.1\text{-}2)$$

式中 M、V——梁的同一截面上同时产生的弯矩和剪力设计值；计算时，当 $V<0.5V_u$，取 $V=0.5V_u$；当 $M<M_f$，取 $M=M_f$；

M_f——梁两翼缘所承担的弯矩设计值；

A_{f1}、h_1——较大翼缘的截面积及其形心至梁中和轴的距离；

A_{f2}、h_2——较小翼缘的截面积及其形心至梁中和轴的距离；

M_{eu}、V_u——梁抗弯和抗剪承载力设计值。

1 M_{eu} 应按下列公式计算：

$$M_{eu}=\gamma_x\alpha_eW_xf \quad (4.4.1\text{-}3)$$

$$\alpha_e=1-\frac{(1-\rho)h_c^3t_w}{2I_x} \quad (4.4.1\text{-}4)$$

式中 α_e——梁截面模量考虑腹板有效高度的折减系数；

I_x——按梁截面全部有效算得的绕 x 轴的惯性矩；

h_c——按梁截面全部有效算得的腹板受压区高度；

γ_x——梁截面塑性发展系数；

ρ——腹板受压区有效高度系数。

当 $\lambda_b\leqslant 0.85$ 时：

$$\rho=1.0 \quad (4.4.1\text{-}5a)$$

当 $0.85<\lambda_b\leqslant 1.25$ 时：

$$\rho=1-0.82(\lambda_b-0.85) \quad (4.4.1\text{-}5b)$$

当 $\lambda_b>1.25$ 时：

$$\rho=\frac{1}{\lambda_b}\left(1-\frac{0.2}{\lambda_b}\right) \quad (4.4.1\text{-}5c)$$

式中 λ_b——用于腹板受弯计算时的通用高厚比，按公式(4.3.3-2d)、(4.3.3-2e)计算。

2 V_u 应按下列公式计算：

当 $\lambda_s\leqslant0.8$ 时：

$$V_u=h_w t_w f_v \quad (4.4.1\text{-}6a)$$

当 $0.8<\lambda_s\leqslant1.2$ 时：

$$V_u=h_w t_w f_v[1-0.5(\lambda_s-0.8)] \quad (4.4.1\text{-}6b)$$

当 $\lambda_s>1.2$ 时：

$$V_u=h_w t_w f_v/\lambda_s^{1.2} \quad (4.4.1\text{-}6c)$$

式中 λ_s——用于腹板受剪计算时的通用高厚比，按公式(4.3.3-3d)、(4.3.3-3e)计算。

当组合梁仅配置支座加劲肋时，取公式(4.3.3-3e)中的 $h_0/a=0$。

4.4.2 当仅配置支承加劲肋不能满足公式(4.4.1-1)的要求时，应在两侧成对配置中间横向加劲肋。中间横向加劲肋和上端受有集中压力的中间支承加劲肋，其截面尺寸除应满足公式(4.3.6-1)和公式(4.3.6-2)的要求外，尚应按轴心受压构件参照第4.3.7条计算其在腹板平面外的稳定性，轴心压力应按下式计算：

$$N_s=V_u-\tau_{cr}h_w t_w+F \quad (4.4.2\text{-}1)$$

式中 V_u——按公式(4.4.1-6)计算；

h_w——腹板高度；

τ_{cr}——按公式(4.3.3-3)计算；

F——作用于中间支承加劲肋上端的集中压力。

当腹板在支座旁的区格利用屈曲后强度亦即 $\lambda_s>0.8$ 时，支座加劲肋除承受梁的支座反力外尚应承受拉力场的水平分力 H，按压弯构件计算强度和在腹板平面外的稳定。

$$H=(V_u-\tau_{cr}h_w t_w)\sqrt{1+(a/h_0)^2} \quad (4.4.2\text{-}2)$$

对设中间横向加劲肋的梁，a 取支座端区格的加劲肋间距。对不设中间加劲肋的腹板，a 取梁支座至跨内剪力为零点的距离。

H 的作用点在距腹板计算高度上边缘 $h_0/4$ 处。此压弯构件的截面和计算长度同一般支座加劲肋。当支座加劲肋采用图4.4.2的构造形式时，可按下述简化方法进行计算：加劲肋1作为承受支座反力 R 的轴心压杆计算，封头肋板2的截面积不应小于按下式计算的数值：

$$A_c=\frac{3h_0 H}{16ef} \quad (4.4.2\text{-}3)$$

注：1 腹板高厚比不应大于250。

2 考虑腹板屈曲后强度的梁，可按构造需要设置中间横向加劲肋。

3 中间横向加劲肋间距较大($a>2.5h_0$)和不设中间横向加劲肋的腹板，当满足公式(4.3.3-1)时，可取 $H=0$。

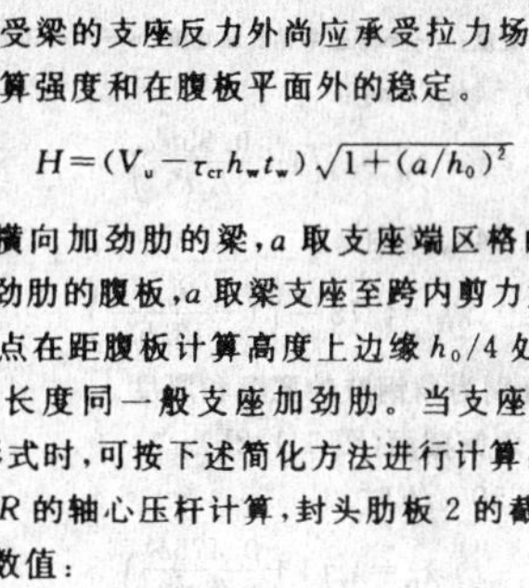

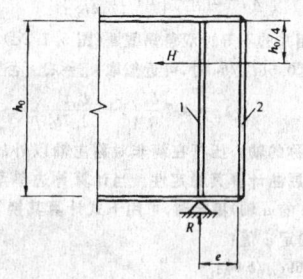

图4.4.2 设置封头肋板的梁端构造

5 轴心受力构件和拉弯、压弯构件的计算

5.1 轴心受力构件

5.1.1 轴心受拉构件和轴心受压构件的强度，除高强度螺栓摩擦型连接处外，应按下式计算：

$$\sigma=\frac{N}{A_n}\leqslant f \quad (5.1.1\text{-}1)$$

式中 N——轴心拉力或轴心压力；

A_n——净截面面积。

高强度螺栓摩擦型连接处的强度应按下列公式计算：

$$\sigma=\left(1-0.5\frac{n_1}{n}\right)\frac{N}{A_n}\leqslant f \quad (5.1.1\text{-}2)$$

$$\sigma=\frac{N}{A}\leqslant f \quad (5.1.1\text{-}3)$$

式中 n——在节点或拼接处，构件一端连接的高强度螺栓数目；

n_1——所计算截面(最外列螺栓处)上高强度螺栓数目；

A——构件的毛截面面积。

5.1.2 实腹式轴心受压构件的稳定性应按下式计算：

$$\frac{N}{\varphi A}\leqslant f \quad (5.1.2\text{-}1)$$

式中 φ——轴心受压构件的稳定系数(取截面两主轴稳定系数中的较小者)，应根据构件的长细比、钢材屈服强度和表5.1.2-1、表5.1.2-2的截面分类按附录C采用。

表5.1.2-1 轴心受压构件的截面分类(板厚 $t<40$mm)

截面形式	对x轴	对y轴
轧制	a类	a类
轧制，$b/h\leqslant0.8$	a类	b类
轧制，$b/h>0.8$；焊接，翼缘为焰切边；焊接	b类	b类
轧制；轧制等边角钢		
轧制，焊接(板件宽厚比>20)；轧制或焊接		
焊接；轧制截面和翼缘为焰切边的焊接截面		

续表 5.1.2-1

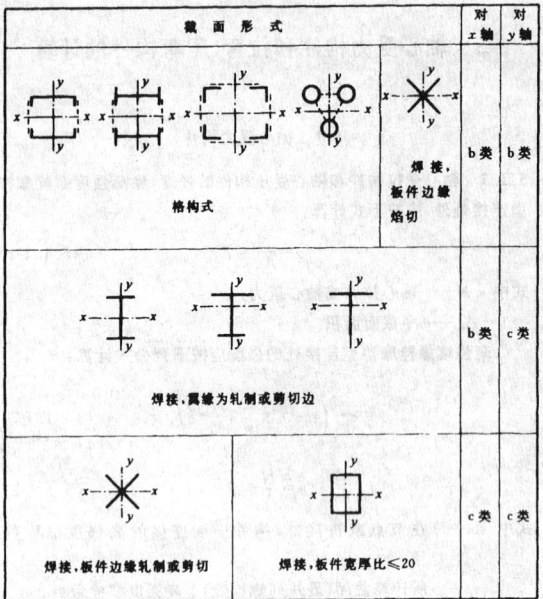

截面形式	对 x 轴	对 y 轴
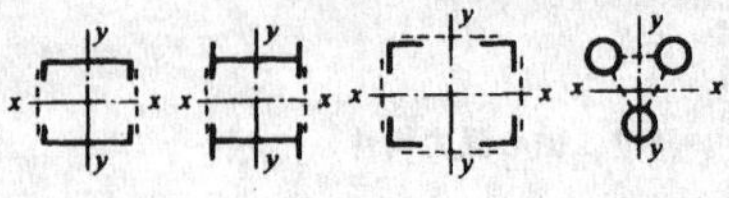 格构式； 焊接，板件边缘焰切	b类	b类
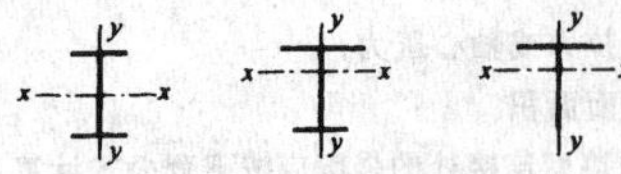 焊接，翼缘为轧制或剪切边	b类	c类
 焊接，板件边缘轧制或剪切；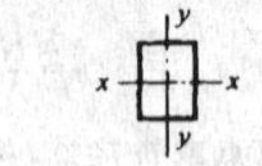 焊接，板件宽厚比≤20	c类	c类

表 5.1.2-2 轴心受压构件的截面分类(板厚 $t\geqslant 40$mm)

截面形式		对 x 轴	对 y 轴
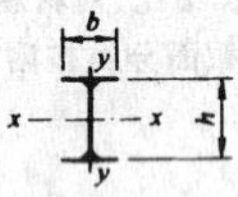 轧制工字形或 H 形截面	$t<80$mm	b类	c类
	$t\geqslant 80$mm	c类	d类
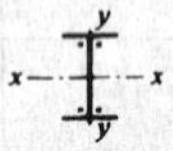 焊接工字形截面	翼缘为焰切边	b类	b类
	翼缘为轧制或剪切边	c类	d类
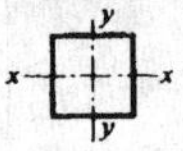 焊接箱形截面	板件宽厚比＞20	b类	b类
	板件宽厚比≤20	c类	c类

构件长细比 λ 应按照下列规定确定：

1 截面为双轴对称或极对称的构件：

$$\lambda_x=l_{0x}/i_x \qquad \lambda_y=l_{0y}/i_y \tag{5.1.2-2}$$

式中 l_{0x}、l_{0y}——构件对主轴 x 和 y 的计算长度；

i_x、i_y——构件截面对主轴 x 和 y 的回转半径。

对双轴对称十字形截面构件，λ_x 或 λ_y 取值不得小于 $5.07b/t$(其中 b/t 为悬伸板件宽厚比)。

2 截面为单轴对称的构件，绕非对称轴的长细比 λ_x 仍按式(5.1.2-2)计算，但绕对称轴应取计及扭转效应的下列换算长细比代替 λ_y：

$$\lambda_{yz}=\frac{1}{\sqrt{2}}\left[(\lambda_y^2+\lambda_z^2)+\sqrt{(\lambda_y^2+\lambda_z^2)^2-4(1-e_0^2/i_0^2)\lambda_y^2\lambda_z^2}\right]^{\frac{1}{2}} \tag{5.1.2-3}$$

$$\lambda_z^2=i_0^2A/(I_t/25.7+I_\omega/l_\omega^2) \tag{5.1.2-4}$$

$$i_0^2=e_0^2+i_x^2+i_y^2$$

式中 e_0——截面形心至剪心的距离；

i_0——截面对剪心的极回转半径；

λ_y——构件对对称轴的长细比；

λ_z——扭转屈曲的换算长细比；

I_t——毛截面抗扭惯性矩；

I_ω——毛截面扇性惯性矩；对 T 形截面(轧制、双板焊接、双角钢组合)、十字形截面和角形截面可近似取 $I_\omega=0$；

A——毛截面面积；

l_ω——扭转屈曲的计算长度，对两端铰接端部截面可自由翘曲或两端嵌固端部截面的翘曲完全受到约束的构件，取 $l_\omega=l_{0y}$。

3 单角钢截面和双角钢组合 T 形截面绕对称轴的 λ_{yz} 可采用下列简化方法确定：

1)等边单角钢截面(图 5.1.2a)：

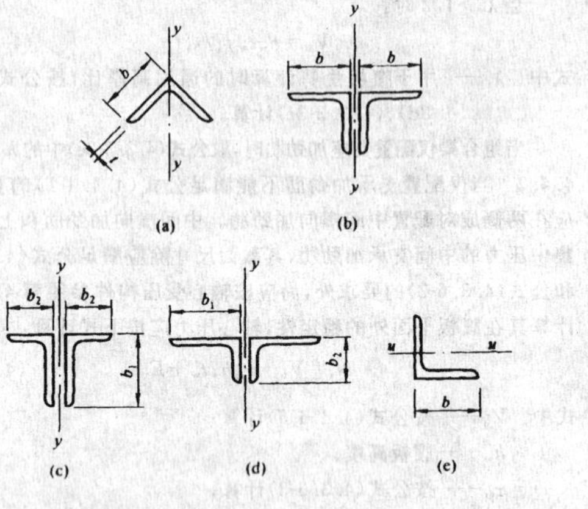

图 5.1.2 单角钢截面和双角钢组合 T 形截面

b—等边角钢肢宽度；b_1—不等边角钢长肢宽度；b_2—不等边角钢短肢宽度

当 $b/t\leqslant 0.54l_{0y}/b$ 时：

$$\lambda_{yz}=\lambda_y\left(1+\frac{0.85b^4}{l_{0y}^2t^2}\right) \tag{5.1.2-5a}$$

当 $b/t>0.54l_{0y}/b$ 时：

$$\lambda_{yz}=4.78\frac{b}{t}\left(1+\frac{l_{0y}^2t^2}{13.5b^4}\right) \tag{5.1.2-5b}$$

式中 b、t——分别为角钢肢的宽度和厚度。

2)等边双角钢截面(图 5.1.2b)：

当 $b/t\leqslant 0.58l_{0y}/b$ 时：

$$\lambda_{yz}=\lambda_y\left(1+\frac{0.475b^4}{l_{0y}^2t^2}\right) \tag{5.1.2-6a}$$

当 $b/t>0.58l_{0y}/b$ 时：

$$\lambda_{yz}=3.9\frac{b}{t}\left(1+\frac{l_{0y}^2t^2}{18.6b^4}\right) \tag{5.1.2-6b}$$

3)长肢相并的不等边双角钢截面(图 5.1.2c)：

当 $b_2/t\leqslant 0.48l_{0y}/b_2$ 时：

$$\lambda_{yz}=\lambda_y\left(1+\frac{1.09b_2^4}{l_{0y}^2t^2}\right) \tag{5.1.2-7a}$$

当 $b_2/t>0.48l_{0y}/b_2$ 时：

$$\lambda_{yz}=5.1\frac{b_2}{t}\left(1+\frac{l_{0y}^2t^2}{17.4b_2^4}\right) \tag{5.1.2-7b}$$

4)短肢相并的不等边双角钢截面(图 5.1.2d)：

当 $b_1/t\leqslant 0.56l_{0y}/b_1$ 时，可近似取 $\lambda_{yz}=\lambda_y$。否则应取

$$\lambda_{yz}=3.7\frac{b_1}{t}\left(1+\frac{l_{0y}^2t^2}{52.7b_1^4}\right)$$

4 单轴对称的轴心压杆在绕非对称主轴以外的任一轴失稳时，应按照弯扭屈曲计算其稳定性。当计算等边单角钢构件绕平行轴(图 5.1.2e 的 u 轴)稳定时，可用下式计算其换算长细比 λ_{uz}，并按 b 类截面确定 φ 值：

当 $b/t\leqslant 0.69l_{0u}/b$ 时：

$$\lambda_{uz}=\lambda_u\left(1+\frac{0.25b^4}{l_{0u}^2t^2}\right) \tag{5.1.2-8a}$$

当 $b/t > 0.69 l_{0u}/b$ 时：

$$\lambda_{uz} = 5.4 b/t \tag{5.1.2-8b}$$

式中 $\lambda_u = l_{0u}/i_u$；l_{0u} 为构件对 u 轴的计算长度，i_u 为构件截面对 u 轴的回转半径。

注：1 无任何对称轴且又非极对称的截面（单面连接的不等边单角钢除外）不宜用作轴心受压构件。

2 对单面连接的单角钢轴心受压构件，按 3.4.2 条考虑折减系数后，可不考虑弯扭效应。

3 当槽形截面用于格构式构件的分肢，计算分肢绕对称轴（y 轴）的稳定性时，不必考虑扭转效应，直接用 λ_y 查出 φ_y 值。

5.1.3 格构式轴心受压构件的稳定性仍应按公式（5.1.2-1）计算，但对虚轴（图 5.1.3a 的 x 轴和图 5.1.3b、c 的 x 轴和 y 轴）的长细比应取换算长细比。换算长细比应按下列公式计算：

1 双肢组合构件（图 5.1.3a）：

当缀件为缀板时：

$$\lambda_{0x} = \sqrt{\lambda_x^2 + \lambda_1^2} \tag{5.1.3-1}$$

当缀件为缀条时：

$$\lambda_{0x} = \sqrt{\lambda_x^2 + 27\frac{A}{A_{1x}}} \tag{5.1.3-2}$$

式中 λ_x——整个构件对 x 轴的长细比；

λ_1——分肢对最小刚度轴 1—1 的长细比，其计算长度取为：焊接时，为相邻两缀板的净距离；螺栓连接时，为相邻两缀板边缘螺栓的距离；

A_{1x}——构件截面中垂直于 x 轴的各斜缀条毛截面面积之和。

2 四肢组合构件（图 5.1.3b）：

当缀件为缀板时：

$$\lambda_{0x} = \sqrt{\lambda_x^2 + \lambda_1^2} \tag{5.1.3-3}$$

$$\lambda_{0y} = \sqrt{\lambda_y^2 + \lambda_1^2} \tag{5.1.3-4}$$

当缀件为缀条时：

$$\lambda_{0x} = \sqrt{\lambda_x^2 + 40\frac{A}{A_{1x}}} \tag{5.1.3-5}$$

$$\lambda_{0y} = \sqrt{\lambda_y^2 + 40\frac{A}{A_{1y}}} \tag{5.1.3-6}$$

式中 λ_y——整个构件对 y 轴的长细比；

A_{1y}——构件截面中垂直于 y 轴的各斜缀条毛截面面积之和。

3 缀件为缀条的三肢组合构件（图 5.1.3c）：

$$\lambda_{0x} = \sqrt{\lambda_x^2 + \frac{42A}{A_1(1.5 - \cos^2\theta)}} \tag{5.1.3-7}$$

$$\lambda_{0y} = \sqrt{\lambda_y^2 + \frac{42A}{A_1\cos^2\theta}} \tag{5.1.3-8}$$

式中 A_1——构件截面中各斜缀条毛截面面积之和；

θ——构件截面内缀条所在平面与 x 轴的夹角。

注：1 缀板的线刚度应符合 8.4.1 条的规定。

2 斜缀条与构件轴线间的夹角应在 40°～70°范围内。

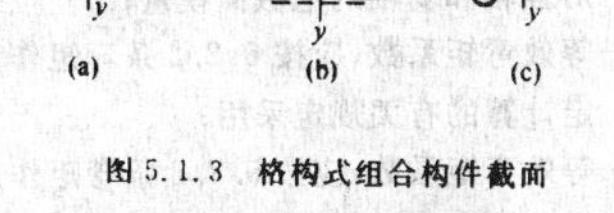
(a) (b) (c)

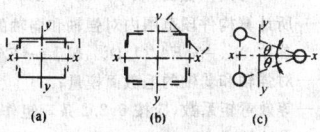

图 5.1.3 格构式组合构件截面

5.1.4 对格构式轴心受压构件：当缀件为缀条时，其分肢的长细比 λ_1 不应大于构件两方向长细比（对虚轴取换算长细比）的较大值 λ_{max} 的 0.7 倍；当缀件为缀板时，λ_1 不应大于 40，并不应大于 λ_{max} 的 0.5 倍（当 $\lambda_{max} < 50$ 时，取 $\lambda_{max} = 50$）。

5.1.5 用填板连接而成的双角钢或双槽钢构件，可按实腹式构件进行计算，但填板间的距离不应超过下列数值：

受压构件：　　40i；

受拉构件：　　80i。

i 为截面回转半径，应按下列规定采用：

1 当为图 5.1.5a、b 所示的双角钢或双槽钢截面时，取一个角钢或一个槽钢对与填板平行的形心轴的回转半径；

2 当为图 5.1.5c 所示的十字形截面时，取一个角钢的最小回转半径。

受压构件的两个侧向支承点之间的填板数不得少于 2 个。

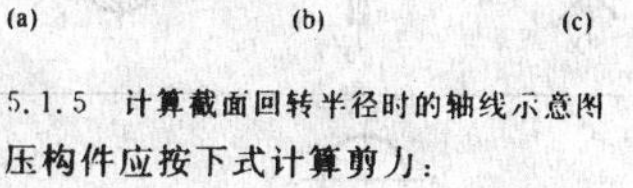
(a) (b) (c)

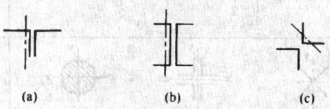

图 5.1.5 计算截面回转半径时的轴线示意图

5.1.6 轴心受压构件应按下式计算剪力：

$$V = \frac{Af}{85}\sqrt{\frac{f_y}{235}} \tag{5.1.6}$$

剪力 V 值可认为沿构件全长不变。

对格构式轴心受压构件，剪力 V 应由承受该剪力的缀材面（包括用整体板连接的面）分担。

5.1.7 用作减小轴心受压构件（柱）自由长度的支撑，当其轴线通过被撑构件截面剪心时，沿被撑构件屈曲方向的支撑力应按下列方法计算：

1 长度为 l 的单根柱设置一道支撑时，支撑力 F_{bl} 为：

当支撑杆位于柱高度中央时：

$$F_{bl} = N/60 \tag{5.1.7-1a}$$

当支撑杆位于距柱端 αl 处时（$0 < \alpha < 1$）：

$$F_{bl} = \frac{N}{240\alpha(1-\alpha)} \tag{5.1.7-1b}$$

式中 N——被撑构件的最大轴心压力。

2 长度为 l 的单根柱设置 m 道等间距（或间距不等但与平均间距相比相差不超过 20%）支撑时，各支承点的支撑力 F_{bm} 为：

$$F_{bm} = N/[30(m+1)] \tag{5.1.7-2}$$

3 被撑构件为多根柱组成的柱列，在柱高度中央附近设置一道支撑时，支撑力应按下式计算：

$$F_{bn} = \frac{\sum N_i}{60}\left(0.6 + \frac{0.4}{n}\right) \tag{5.1.7-3}$$

式中 n——柱列中被撑柱的根数；

$\sum N_i$——被撑柱同时存在的轴心压力设计值之和。

4 当支撑同时承担结构上其他作用的效应时，其相应的轴力可不与支撑力相叠加。

5.2 拉弯构件和压弯构件

5.2.1 弯矩作用在主平面内的拉弯构件和压弯构件，其强度应按下列规定计算：

$$\frac{N}{A_n} \pm \frac{M_x}{\gamma_x W_{nx}} \pm \frac{M_y}{\gamma_y W_{ny}} \leqslant f \tag{5.2.1}$$

式中 γ_x、γ_y——与截面模量相应的截面塑性发展系数，应按表 5.2.1 采用。

表 5.2.1 截面塑性发展系数 γ_x、γ_y

项次	截面形式	γ_x	γ_y
1	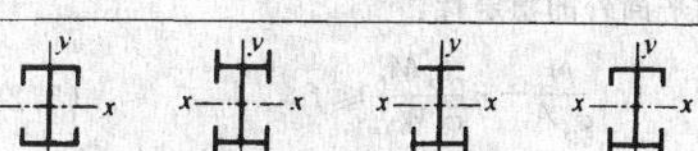	1.05	1.2
2	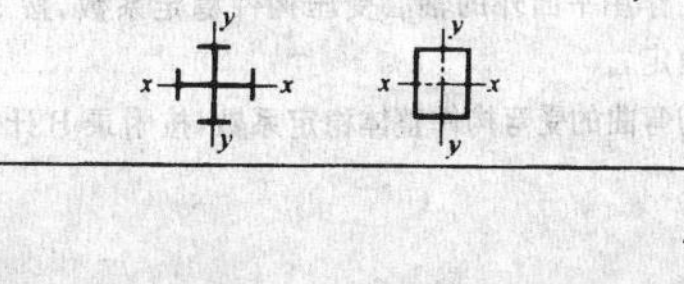		1.05

续表 5.2.1

项次	截面形式	γ_x	γ_y
3	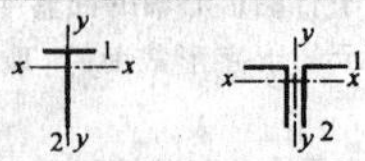	$\gamma_{x1}=1.05$ $\gamma_{x2}=1.2$	1.2
4	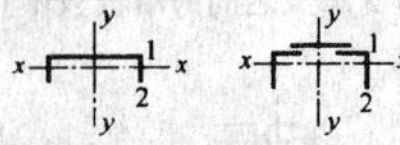		1.05
5	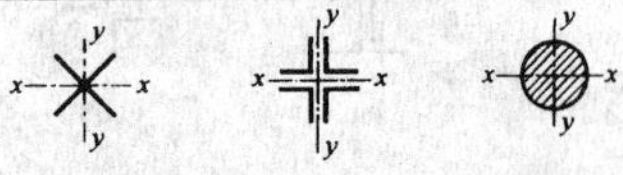	1.2	1.2
6	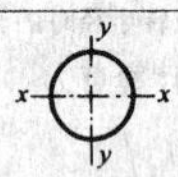	1.15	1.15
7	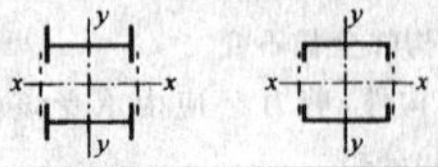	1.0	1.05
8	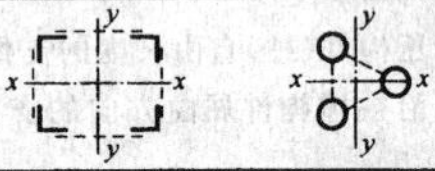		1.0

当压弯构件受压翼缘的自由外伸宽度与其厚度之比大于 $13\sqrt{235/f_y}$ 而不超过 $15\sqrt{235/f_y}$ 时，应取 $\gamma_x=1.0$。

需要计算疲劳的拉弯、压弯构件，宜取 $\gamma_x=\gamma_y=1.0$。

5.2.2 弯矩作用在对称轴平面内（绕 x 轴）的实腹式压弯构件，其稳定性应按下列规定计算：

1 弯矩作用平面内的稳定性：

$$\frac{N}{\varphi_x A}+\frac{\beta_{mx}M_x}{\gamma_x W_{1x}\left(1-0.8\frac{N}{N'_{Ex}}\right)}\leqslant f \tag{5.2.2-1}$$

式中 N——所计算构件段范围内的轴心压力；

N'_{Ex}——参数，$N'_{Ex}=\pi^2EA/(1.1\lambda_x^2)$；

φ_x——弯矩作用平面内的轴心受压构件稳定系数；

M_x——所计算构件段范围内的最大弯矩；

W_{1x}——在弯矩作用平面内对较大受压纤维的毛截面模量；

β_{mx}——等效弯矩系数，应按下列规定采用：

1）框架柱和两端支承的构件：

① 无横向荷载作用时：$\beta_{mx}=0.65+0.35\frac{M_2}{M_1}$，$M_1$ 和 M_2 为端弯矩，使构件产生同向曲率（无反弯点）时取同号；使构件产生反向曲率（有反弯点）时取异号，$|M_1|\geqslant|M_2|$；

② 有端弯矩和横向荷载同时作用时：使构件产生同向曲率时，$\beta_{mx}=1.0$；使构件产生反向曲率时，$\beta_{mx}=0.85$；

③ 无端弯矩但有横向荷载作用时：$\beta_{mx}=1.0$。

2）悬臂构件和分析内力未考虑二阶效应的无支撑纯框架和弱支撑框架柱，$\beta_{mx}=1.0$。

对于表 5.2.1 的 3、4 项中的单轴对称截面压弯构件，当弯矩作用在对称轴平面内且使翼缘受压时，除应按公式（5.2.2-1）计算外，尚应按下式计算：

$$\left|\frac{N}{A}-\frac{\beta_{mx}M_x}{\gamma_x W_{2x}\left(1-1.25\frac{N}{N'_{Ex}}\right)}\right|\leqslant f \tag{5.2.2-2}$$

式中 W_{2x}——对无翼缘端的毛截面模量。

2 弯矩作用平面外的稳定性：

$$\frac{N}{\varphi_y A}+\eta\frac{\beta_{tx}M_x}{\varphi_b W_{1x}}\leqslant f \tag{5.2.2-3}$$

式中 φ_y——弯矩作用平面外的轴心受压构件稳定系数，按 5.1.2 条确定；

φ_b——均匀弯曲的受弯构件整体稳定系数，按附录 B 计算，其中工字形（含 H 型钢）和 T 形截面的非悬臂（悬伸）构件可按附录 B 第 B.5 节确定；对闭口截面 $\varphi_b=1.0$；

M_x——所计算构件段范围内的最大弯矩；

η——截面影响系数，闭口截面 $\eta=0.7$，其他截面 $\eta=1.0$；

β_{tx}——等效弯矩系数，应按下列规定采用：

1）在弯矩作用平面外有支承的构件，应根据两相邻支承点间构件段内的荷载和内力情况确定：

①所考虑构件段无横向荷载作用时：$\beta_{tx}=0.65+0.35\frac{M_2}{M_1}$，$M_1$ 和 M_2 是在弯矩作用平面内的端弯矩，使构件段产生同向曲率时取同号；产生反向曲率时取异号，$|M_1|\geqslant|M_2|$；

②所考虑构件段内有端弯矩和横向荷载同时作用时：使构件段产生同向曲率时，$\beta_{tx}=1.0$；使构件段产生反向曲率时，$\beta_{tx}=0.85$；

③所考虑构件段内无端弯矩但有横向荷载作用时：$\beta_{tx}=1.0$。

2）弯矩作用平面外为悬臂的构件，$\beta_{tx}=1.0$。

5.2.3 弯矩绕虚轴（x 轴）作用的格构式压弯构件，其弯矩作用平面内的整体稳定性应按下式计算：

$$\frac{N}{\varphi_x A}+\frac{\beta_{mx}M_x}{W_{1x}\left(1-\varphi_x\frac{N}{N'_{Ex}}\right)}\leqslant f \tag{5.2.3}$$

式中 $W_{1x}=I_x/y_0$，I_x 为对 x 轴的毛截面惯性矩，y_0 为由 x 轴到压力较大分肢的轴线距离或者到压力较大分肢腹板外边缘的距离，二者取较大者；φ_x、N'_{Ex} 由换算长细比确定。

弯矩作用平面外的整体稳定性可不计算，但应计算分肢的稳定性，分肢的轴心力应按桁架的弦杆计算。对缀板柱的分肢尚应考虑由剪力引起的局部弯矩。

5.2.4 弯矩绕实轴作用的格构式压弯构件，其弯矩作用平面内和平面外的稳定性计算均与实腹式构件相同。但在计算弯矩作用平面外的整体稳定性时，长细比应取换算长细比，φ_b 应取 1.0。

5.2.5 弯矩作用在两个主平面内的双轴对称实腹式工字形（含 H 形）和箱形（闭口）截面的压弯构件，其稳定性应按下列公式计算：

$$\frac{N}{\varphi_x A}+\frac{\beta_{mx}M_x}{\gamma_x W_x\left(1-0.8\frac{N}{N'_{Ex}}\right)}+\eta\frac{\beta_{ty}M_y}{\varphi_{by}W_y}\leqslant f \tag{5.2.5-1}$$

$$\frac{N}{\varphi_y A}+\eta\frac{\beta_{tx}M_x}{\varphi_{bx}W_x}+\frac{\beta_{my}M_y}{\gamma_y W_y\left(1-0.8\frac{N}{N'_{Ey}}\right)}\leqslant f \tag{5.2.5-2}$$

式中 φ_x、φ_y——对强轴 x—x 和弱轴 y—y 的轴心受压构件稳定系数；

φ_{bx}、φ_{by}——均匀弯曲的受弯构件整体稳定性系数，按附录 B 计算，其中工字形（含 H 型钢）截面的非悬臂（悬伸）构件 φ_{bx} 可按附录 B 第 B.5 节确定，φ_{by} 可取 1.0；对闭口截面，取 $\varphi_{bx}=\varphi_{by}=1.0$；

M_x、M_y——所计算构件段范围内对强轴和弱轴的最大弯矩；

N'_{Ex}、N'_{Ey}——参数，$N'_{Ex}=\pi^2EA/(1.1\lambda_x^2)$，$N'_{Ey}=\pi^2EA/(1.1\lambda_y^2)$；

W_x、W_y——对强轴和弱轴的毛截面模量；

β_{mx}、β_{my}——等效弯矩系数，应按 5.2.2 条弯矩作用平面内稳定计算的有关规定采用；

β_{tx}、β_{ty}——等效弯矩系数，应按 5.2.2 条弯矩作用平面外稳定计算的有关规定采用。

5.2.6 弯矩作用在两个主平面内的双肢格构式压弯构件，其稳定性应按下列规定计算：

1 按整体计算：

$$\frac{N}{\varphi_x A}+\frac{\beta_{mx}M_x}{W_{1x}\left(1-\varphi_x\frac{N}{N'_{Ex}}\right)}+\frac{\beta_{ty}M_y}{W_{1y}}\leqslant f \tag{5.2.6-1}$$

式中 W_{1y}——在 M_y 作用下，对较大受压纤维的毛截面模量。

2　按分肢计算：

在 N 和 M_x 作用下，将分肢作为桁架弦杆计算其轴心力，M_y 按公式(5.2.6-2)和公式(5.2.6-3)分配给两分肢(图 5.2.6)，然后按 5.2.2 条的规定计算分肢稳定性。

分肢 1：$$M_{y1}=\frac{I_1/y_1}{I_1/y_1+I_2/y_2}\cdot M_y \quad (5.2.6\text{-}2)$$

分肢 2：$$M_{y2}=\frac{I_2/y_2}{I_1/y_1+I_2/y_2}\cdot M_y \quad (5.2.6\text{-}3)$$

式中　I_1、I_2——分肢 1、分肢 2 对 y 轴的惯性矩；

y_1、y_2——M_y 作用的主轴平面至分肢 1、分肢 2 轴线的距离。

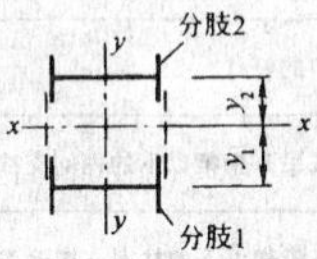

图 5.2.6　格构式构件截面

5.2.7　计算格构式压弯构件的缀件时，应取构件的实际剪力和按本规范公式(5.1.6)计算的剪力两者中的较大值进行计算。

5.2.8　用作减小压弯构件弯矩作用平面外计算长度的支撑，应将压弯构件的受压翼缘(对实腹式构件)或受压分肢(对格构式构件)视为轴心压杆按本规范第 5.1.7 条的规定计算各自的支撑力。

5.3　构件的计算长度和容许长细比

5.3.1　确定桁架弦杆和单系腹杆(用节点板与弦杆连接)的长细比时，其计算长度 l_0 应按表 5.3.1 采用。

表 5.3.1　桁架弦杆和单系腹杆的计算长度 l_0

项次	弯曲方向	弦杆	腹杆	
			支座斜杆和支座竖杆	其他腹杆
1	在桁架平面内	l	l	$0.8l$
2	在桁架平面外	l_1	l	l
3	斜平面	—	l	$0.9l$

注：1　l 为构件的几何长度(节点中心间距离)；l_1 为桁架弦杆侧向支承点之间的距离。

2　斜平面系指与桁架平面斜交的平面，适用于构件截面两主轴均不在桁架平面内的单角钢腹杆和双角钢十字形截面腹杆。

3　无节点板的腹杆计算长度在任意平面内均取其等于几何长度(钢管结构除外)。

当桁架弦杆侧向支承点之间的距离为节间长度的 2 倍(图 5.3.1)且两节间的弦杆轴心压力不相同时，则该弦杆在桁架平面外的计算长度，应按下式确定(但不应小于 $0.5l_1$)：

$$l_0=l_1\left(0.75+0.25\frac{N_2}{N_1}\right) \quad (5.3.1)$$

式中　N_1——较大的压力，计算时取正值；

N_2——较小的压力或拉力，计算时压力取正值，拉力取负值。

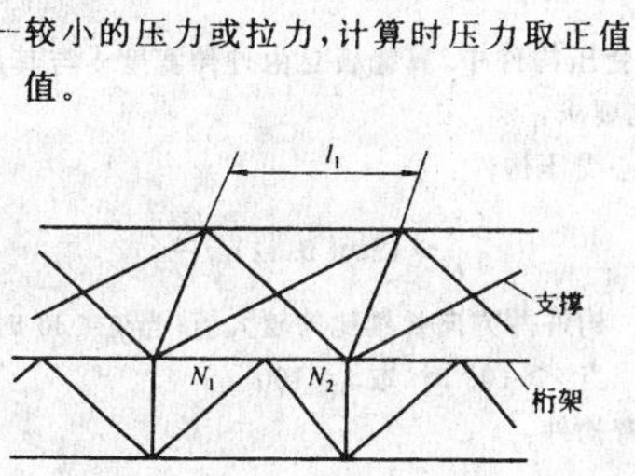

图 5.3.1　弦杆轴心压力在侧向支承点间有变化的桁架简图

桁架再分式腹杆体系的受压主斜杆及 K 形腹杆体系的竖杆等，在桁架平面外的计算长度也应按公式(5.3.1)确定(受拉主斜杆仍取 l_1)；在桁架平面内的计算长度则取节点中心间距离。

5.3.2　确定在交叉点相互连接的桁架交叉腹杆的长细比时，在桁架平面内的计算长度应取节点中心到交叉点间的距离；在桁架平面外的计算长度，当两交叉杆长度相等时，应按下列规定采用：

1　压杆。

1)相交另一杆受压，两杆截面相同并在交叉点均不中断，则：

$$l_0=l\sqrt{\frac{1}{2}\left(1+\frac{N_0}{N}\right)}$$

2)相交另一杆受压，此另一杆在交叉点中断但以节点板搭接，则：

$$l_0=l\sqrt{1+\frac{\pi^2}{12}\cdot\frac{N_0}{N}}$$

3)相交另一杆受拉，两杆截面相同并在交叉点均不中断，则：

$$l_0=l\sqrt{\frac{1}{2}\left(1-\frac{3}{4}\cdot\frac{N_0}{N}\right)}\geqslant 0.5l$$

4)相交另一杆受拉，此拉杆在交叉点中断但以节点板搭接，则：

$$l_0=l\sqrt{1-\frac{3}{4}\cdot\frac{N_0}{N}}\geqslant 0.5l$$

当此拉杆连续而压杆在交叉点中断但以节点板搭接，若 $N_0\geqslant N$ 或拉杆在桁架平面外的抗弯刚度 $EI_y\geqslant\frac{3N_0l^2}{4\pi^2}\left(\frac{N}{N_0}-1\right)$ 时，取 $l_0=0.5l$。

式中 l 为桁架节点中心间距离(交叉点不作为节点考虑)；N 为所计算杆的内力；N_0 为相交另一杆的内力，均为绝对值。两杆均受压时，取 $N_0\leqslant N$，两杆截面应相同。

2　拉杆，应取 $l_0=l$。

当确定交叉腹杆中单角钢杆件斜平面内的长细比时，计算长度应取节点中心至交叉点的距离。

5.3.3　单层或多层框架等截面柱，在框架平面内的计算长度应等于该层柱的高度乘以计算长度系数 μ。框架分为无支撑的纯框架和有支撑框架，其中有支撑框架根据抗侧移刚度的大小，分为强支撑框架和弱支撑框架。

1　无支撑纯框架。

1)当采用一阶弹性分析方法计算内力时，框架柱的计算长度系数 μ 按本规范附录 D 表 D-2 有侧移框架柱的计算长度系数确定。

2)当采用二阶弹性分析方法计算内力且在每层柱顶附加考虑公式(3.2.8-1)的假想水平力 H_{ni} 时，框架柱的计算长度系数 $\mu=1.0$。

2　有支撑框架。

1)当支撑结构(支撑桁架、剪力墙、电梯井等)的侧移刚度(产生单位侧倾角的水平力)S_b 满足公式(5.3.3-1)的要求时，为强支撑框架，框架柱的计算长度系数 μ 按本规范附录 D 表 D-1 无侧移框架柱的计算长度系数确定。

$$S_b\geqslant 3(1.2\sum N_{bi}-\sum N_{0i}) \quad (5.3.3\text{-}1)$$

式中　$\sum N_{bi}$、$\sum N_{0i}$——第 i 层层间所有框架柱用无侧移框架和有侧移框架柱计算长度系数算得的轴压杆稳定承载力之和。

2)当支撑结构的侧移刚度 S_b 不满足公式(5.3.3-1)的要求时，为弱支撑框架，框架柱的轴压杆稳定系数 φ 按公式(5.3.3-2)计算。

$$\varphi=\varphi_0+(\varphi_1-\varphi_0)\frac{S_b}{3(1.2\sum N_{bi}-\sum N_{0i})} \quad (5.3.3\text{-}2)$$

式中 φ_1、φ_0——分别是框架柱用附录D中无侧移框架柱和有侧移框架柱计算长度系数算得的轴心压杆稳定系数。

5.3.4 单层厂房框架下端刚性固定的阶形柱，在框架平面内的计算长度应按下列规定确定：

1 单阶柱：

1）下段柱的计算长度系数 μ_2：当柱上端与横梁铰接时，等于按本规范附录D表D-3（柱上端为自由的单阶柱）的数值乘以表5.3.4的折减系数；当柱上端与横梁刚接时，等于按本规范附录D表D-4（柱上端可移动但不转动的单阶柱）的数值乘以表5.3.4的折减系数。

表5.3.4 单层厂房阶形柱计算长度的折减系数

<table>
<tr><th colspan="4">厂房类型</th><th rowspan="2">折减系数</th></tr>
<tr><th>单跨或多跨</th><th>纵向温度区段内一个柱列的柱子数</th><th>屋面情况</th><th>厂房两侧是否有通长的屋盖纵向水平支撑</th></tr>
<tr><td rowspan="4">单跨</td><td>等于或少于6个</td><td colspan="2">—</td><td rowspan="2">0.9</td></tr>
<tr><td rowspan="3">多于6个</td><td rowspan="2">非大型混凝土屋面板的屋面</td><td>无纵向水平支撑</td></tr>
<tr><td>有纵向水平支撑</td><td rowspan="3">0.8</td></tr>
<tr><td>大型混凝土屋面板的屋面</td><td>—</td></tr>
<tr><td rowspan="3">多跨</td><td rowspan="3">—</td><td rowspan="2">非大型混凝土屋面板的屋面</td><td>无纵向水平支撑</td></tr>
<tr><td>有纵向水平支撑</td><td rowspan="2">0.7</td></tr>
<tr><td>大型混凝土屋面板的屋面</td><td>—</td></tr>
</table>

注：有横梁的露天结构（如落锤车间等），其折减系数可采用0.9。

2）上段柱的计算长度系数 μ_1，应按下式计算：

$$\mu_1 = \frac{\mu_2}{\eta_1} \tag{5.3.4-1}$$

式中 η_1——参数，按附录D表D-3或表D-4中公式计算。

2 双阶柱：

1）下段柱的计算长度系数 μ_3：当柱上端与横梁铰接时，等于按附录D表D-5（柱上端为自由的双阶柱）的数值乘以表5.3.4的折减系数；当柱上端与横梁刚接时，等于按附录D表D-6（柱上端可移动但不转动的双阶柱）的数值乘以表5.3.4的折减系数。

2）上段柱和中段柱的计算长度系数 μ_1 和 μ_2，应按下列公式计算：

$$\mu_1 = \frac{\mu_3}{\eta_1} \tag{5.3.4-2}$$

$$\mu_2 = \frac{\mu_3}{\eta_2} \tag{5.3.4-3}$$

式中 η_1、η_2——参数，按附录D表D-5或表D-6中的公式计算。

注：对截面均匀变化的楔形柱，其计算长度的取值参见现行国家标准《冷弯薄壁型钢结构技术规范》GB 50018。

5.3.5 当计算框架的格构式柱和桁架式横梁的惯性矩时，应考虑柱或横梁截面高度变化和缀件（或腹杆）变形的影响。

5.3.6 在确定下列情况的框架柱计算长度系数时应考虑：

1 附有摇摆柱（两端铰接柱）的无支撑纯框架柱和弱支撑框架柱的计算长度系数应乘以增大系数 η：

$$\eta = \sqrt{1 + \frac{\sum(N_1/H_1)}{\sum(N_f/H_f)}} \tag{5.3.6}$$

式中 $\sum(N_f/H_f)$——各框架柱轴心压力设计值与柱子高度比值之和；

$\sum(N_1/H_1)$——各摇摆柱轴心压力设计值与柱子高度比值之和。

摇摆柱的计算长度取其几何长度。

2 当与计算柱同层的其他柱或与计算柱连续的上下层柱的稳定承载力有潜力时，可利用这些柱的支持作用，对计算柱的计算长度系数进行折减，提供支持作用的柱的计算长度系数则应相应增大。

3 当梁与柱的连接为半刚性构造时，确定柱计算长度应考虑节点连接的特性。

5.3.7 框架柱沿房屋长度方向（在框架平面外）的计算长度应取阻止框架柱平面外位移的支承点之间的距离。

5.3.8 受压构件的长细比不宜超过表5.3.8的容许值。

表5.3.8 受压构件的容许长细比

项次	构件名称	容许长细比
1	柱、桁架和天窗架中的杆件	150
	柱的缀条、吊车梁或吊车桁架以下的柱间支撑	
2	支撑（吊车梁或吊车桁架以下的柱间支撑除外）	200
	用以减小受压构件长细比的杆件	

注：1 桁架（包括空间桁架）的受压腹杆，当其内力等于或小于承载能力的50%时，容许长细比值可取200。

2 计算单角钢受压构件的长细比时，应采用角钢的最小回转半径，但计算在交叉点相互连接的交叉杆件平面外的长细比时，可采用与角钢肢边平行轴的回转半径。

3 跨度等于或大于60m的桁架，其受压弦杆和端压杆的容许长细比值宜取100，其他受压腹杆可取150（承受静力荷载或间接承受动力荷载）或120（直接承受动力荷载）。

4 由容许长细比控制截面的杆件，在计算其长细比时，可不考虑扭转效应。

5.3.9 受拉构件的长细比不宜超过表5.3.9的容许值。

表5.3.9 受拉构件的容许长细比

项次	构件名称	承受静力荷载或间接承受动力荷载的结构		直接承受动力荷载的结构
		一般建筑结构	有重级工作制吊车的厂房	
1	桁架的杆件	350	250	250
2	吊车梁或吊车桁架以下的柱间支撑	300	200	
3	其他拉杆、支撑、系杆等（张紧的圆钢除外）	400	350	

注：1 承受静力荷载的结构中，可仅计算受拉构件在竖向平面内的长细比。

2 在直接或间接承受动力荷载的结构中，单角钢受拉构件长细比的计算方法与表5.3.8注2相同。

3 中、重级工作制吊车桁架下弦杆的长细比不宜超过200。

4 在设有夹钳或刚性料耙等硬钩吊车的厂房中，支撑（表中第2项除外）的长细比不宜超过300。

5 受拉构件在永久荷载与风荷载组合作用下受压时，其长细比不宜超过250。

6 跨度等于或大于60m的桁架，其受拉弦杆和腹杆的长细比不宜超过300（承受静力荷载或间接承受动力荷载）或250（直接承受动力荷载）。

5.4 受压构件的局部稳定

5.4.1 在受压构件中，翼缘板自由外伸宽度 b 与其厚度 t 之比，应符合下列要求：

1 轴心受压构件：

$$\frac{b}{t} \leqslant (10 + 0.1\lambda)\sqrt{\frac{235}{f_y}} \tag{5.4.1-1}$$

式中 λ——构件两方向长细比的较大值；当 $\lambda < 30$ 时，取 $\lambda = 30$；当 $\lambda > 100$ 时，取 $\lambda = 100$。

2 压弯构件：

$$\frac{b}{t} \leqslant 13\sqrt{\frac{235}{f_y}} \tag{5.4.1-2}$$

当强度和稳定计算中取 $\gamma_x=1.0$ 时，b/t 可放宽至 $15\sqrt{235/f_y}$。

注：翼缘板自由外伸宽度 b 的取值为：对焊接构件，取腹板边至翼缘板（肢）边缘的距离；对轧制构件，取内圆弧起点至翼缘板（肢）边缘的距离。

5.4.2 在工字形及H形截面的受压构件中，腹板计算高度 h_0 与其厚度 t_w 之比，应符合下列要求：

1 轴心受压构件：

$$\frac{h_0}{t_w}\leqslant(25+0.5\lambda)\sqrt{\frac{235}{f_y}} \tag{5.4.2-1}$$

式中 λ——构件两方向长细比的较大值；当 $\lambda<30$ 时，取 $\lambda=30$；当 $\lambda>100$ 时，取 $\lambda=100$。

2 压弯构件：

当 $0\leqslant\alpha_0\leqslant1.6$ 时：

$$\frac{h_0}{t_w}\leqslant(16\alpha_0+0.5\lambda+25)\sqrt{\frac{235}{f_y}} \tag{5.4.2-2}$$

当 $1.6<\alpha_0\leqslant2.0$ 时：

$$\frac{h_0}{t_w}\leqslant(48\alpha_0+0.5\lambda-26.2)\sqrt{\frac{235}{f_y}} \tag{5.4.2-3}$$

$$\alpha_0=\frac{\sigma_{max}-\sigma_{min}}{\sigma_{max}}$$

式中 σ_{max}——腹板计算高度边缘的最大压应力，计算时不考虑构件的稳定系数和截面塑性发展系数；

σ_{min}——腹板计算高度另一边缘相应的应力，压应力取正值，拉应力取负值；

λ——构件在弯矩作用平面内的长细比；当 $\lambda<30$ 时，取 $\lambda=30$；当 $\lambda>100$，取 $\lambda=100$。

5.4.3 在箱形截面的受压构件中，受压翼缘的宽厚比应符合4.3.8条的要求。

箱形截面受压构件的腹板计算高度 h_0 与其厚度 t_w 之比，应符合下列要求：

1 轴心受压构件：

$$\frac{h_0}{t_w}\leqslant40\sqrt{\frac{235}{f_y}} \tag{5.4.3}$$

2 压弯构件的 h_0/t_w 不应超过公式（5.4.2-2）或公式（5.4.2-3）右侧乘以0.8后的值（当此值小于 $40\sqrt{235/f_y}$ 时，应采用 $40\sqrt{235/f_y}$）。

5.4.4 在T形截面受压构件中，腹板高度与其厚度之比，不应超过下列数值：

1 轴心受压构件和弯矩使腹板自由边受拉的压弯构件：

热轧剖分T形钢：$(15+0.2\lambda)\sqrt{235/f_y}$

焊接T形钢：$(13+0.17\lambda)\sqrt{235/f_y}$

2 弯矩使腹板自由边受压的压弯构件：

当 $\alpha_0\leqslant1.0$ 时：$15\sqrt{235/f_y}$

当 $\alpha_0>1.0$ 时：$18\sqrt{235/f_y}$

λ 和 α_0 分别按5.4.1条和5.4.2条的规定采用。

5.4.5 圆管截面的受压构件，其外径与壁厚之比不应超过 $100(235/f_y)$。

5.4.6 H形、工字形和箱形截面受压构件的腹板，其高厚比不符合本规范第5.4.2条或第5.4.3条的要求时，可用纵向加劲肋加强，或在计算构件的强度和稳定性时将腹板的截面仅考虑计算高度边缘范围内两侧宽度各为 $20t_w\sqrt{235/f_y}$ 的部分（计算构件的稳定系数时，仍用全部截面）。

用纵向加劲肋加强的腹板，其在受压较大翼缘与纵向加劲肋之间的高厚比，应符合本规范第5.4.2条或第5.4.3条的要求。

纵向加劲肋宜在腹板两侧成对配置，其一侧外伸宽度不应小于 $10t_w$，厚度不应小于 $0.75t_w$。

6 疲劳计算

6.1 一般规定

6.1.1 直接承受动力荷载重复作用的钢结构构件及其连接，当应力变化的循环次数 n 等于或大于 5×10^4 次时，应进行疲劳计算。

6.1.2 本章规定不适用于特殊条件（如构件表面温度大于150℃，处于海水腐蚀环境，焊后经热处理消除残余应力以及低周-高应变疲劳条件等）下的结构构件及其连接的疲劳计算。

6.1.3 疲劳计算采用容许应力幅法，应力按弹性状态计算，容许应力幅按构件和连接类别以及应力循环次数确定。在应力循环中不出现拉应力的部位可不计算疲劳。

6.2 疲劳计算

6.2.1 对常幅（所有应力循环内的应力幅保持常量）疲劳，应按下式进行计算：

$$\Delta\sigma\leqslant[\Delta\sigma] \tag{6.2.1-1}$$

式中 $\Delta\sigma$——对焊接部位为应力幅，$\Delta\sigma=\sigma_{max}-\sigma_{min}$；对非焊接部位为折算应力幅，$\Delta\sigma=\sigma_{max}-0.7\sigma_{min}$；

σ_{max}——计算部位每次应力循环中的最大拉应力（取正值）；

σ_{min}——计算部位每次应力循环中的最小拉应力或压应力（拉应力取正值，压应力取负值）；

$[\Delta\sigma]$——常幅疲劳的容许应力幅（N/mm²），应按下式计算：

$$[\Delta\sigma]=\left(\frac{C}{n}\right)^{1/\beta} \tag{6.2.1-2}$$

n——应力循环次数；

C、β——参数，根据本规范附录E中的构件和连接类别按表6.2.1采用。

表6.2.1 参数 C、β

构件和连接类别	1	2	3	4	5	6	7	8
C	1940×10^{12}	861×10^{12}	3.26×10^{12}	2.18×10^{12}	1.47×10^{12}	0.96×10^{12}	0.65×10^{12}	0.41×10^{12}
β	4	4	3	3	3	3	3	3

注：公式（6.2.1-1）也适用于剪应力情况。

6.2.2 对变幅（应力循环内的应力幅随机变化）疲劳，若能预测结构在使用寿命期间各种荷载的频率分布、应力幅水平以及频次分布总和所构成的设计应力谱，则可将其折算为等效常幅疲劳，按下式进行计算：

$$\Delta\sigma_e\leqslant[\Delta\sigma] \tag{6.2.2-1}$$

式中 $\Delta\sigma_e$——变幅疲劳的等效应力幅，按下式确定：

$$\Delta\sigma_e=\left[\frac{\sum n_i(\Delta\sigma_i)^\beta}{\sum n_i}\right]^{1/\beta} \tag{6.2.2-2}$$

$\sum n_i$——以应力循环次数表示的结构预期使用寿命；

n_i——预期寿命内应力幅水平达到 $\Delta\sigma_i$ 的应力循环次数。

6.2.3 重级工作制吊车梁和重级、中级工作制吊车桁架的疲劳可作为常幅疲劳，按下式计算：

$$\alpha_f\cdot\Delta\sigma\leqslant[\Delta\sigma]_{2\times10^6} \tag{6.2.3}$$

式中 α_f——欠载效应的等效系数，按表6.2.3-1采用；

$[\Delta\sigma]_{2\times10^6}$——循环次数 n 为 2×10^6 次的容许应力幅，按表6.2.3-2采用。

表6.2.3-1 吊车梁和吊车桁架欠载效应的等效系数 α_f

吊车类别	α_f
重级工作制硬钩吊车（如均热炉车间夹钳吊车）	1.0
重级工作制软钩吊车	0.8
中级工作制吊车	0.5

表 6.2.3-2 循环次数 n 为 2×10^6 次的容许应力幅(N/mm^2)

构件和连接类别	1	2	3	4	5	6	7	8
$[\Delta\sigma]_{2\times10^6}$	176	144	118	103	90	78	69	59

注：表中的容许应力幅是按公式(6.2.1-2)计算的。

7 连接计算

7.1 焊缝连接

7.1.1 焊缝应根据结构的重要性、荷载特性、焊缝形式、工作环境以及应力状态等情况，按下述原则分别选用不同的质量等级：

1 在需要进行疲劳计算的构件中，凡对接焊缝均应焊透，其质量等级为：

1)作用力垂直于焊缝长度方向的横向对接焊缝或T形对接与角接组合焊缝，受拉时应为一级，受压时应为二级；

2)作用力平行于焊缝长度方向的纵向对接焊缝应为二级。

2 不需要计算疲劳的构件中，凡要求与母材等强的对接焊缝应予焊透，其质量等级当受拉时应不低于二级，受压时宜为二级。

3 重级工作制和起重量 $Q\geqslant50t$ 的中级工作制吊车梁的腹板与上翼缘之间以及吊车桁架上弦杆与节点板之间的T形接头焊缝均要求焊透，焊缝形式一般为对接与角接的组合焊缝，其质量等级不应低于二级。

4 不要求焊透的T形接头采用的角焊缝或部分焊透的对接与角接组合焊缝，以及搭接连接采用的角焊缝，其质量等级为：

1)对直接承受动力荷载且需要验算疲劳的结构和吊车起重量等于或大于50t的中级工作制吊车梁，焊缝的外观质量标准应符合二级；

2)对其他结构，焊缝的外观质量标准可为三级。

7.1.2 对接焊缝或对接与角接组合焊缝的强度计算。

1 在对接接头和T形接头中，垂直于轴心拉力或轴心压力的对接焊缝或对接与角接组合焊缝，其强度应按下式计算：

$$\sigma=\frac{N}{l_w t}\leqslant f_t^w \text{或} f_c^w \quad (7.1.2\text{-}1)$$

式中 N——轴心拉力或轴心压力；

l_w——焊缝长度；

t——在对接接头中为连接件的较小厚度；在T形接头中为腹板的厚度；

f_t^w、f_c^w——对接焊缝的抗拉、抗压强度设计值。

2 在对接接头和T形接头中，承受弯矩和剪力共同作用的对接焊缝或对接与角接组合焊缝，其正应力和剪应力应分别进行计算。但在同时受有较大正应力和剪应力处(例如梁腹板横向对接焊缝的端部)，应按下式计算折算应力：

$$\sqrt{\sigma^2+3\tau^2}\leqslant1.1f_t^w \quad (7.1.2\text{-}2)$$

注：1 当承受轴心力的板件用斜焊缝对接，焊缝与作用力间的夹角 θ 符合 $\tan\theta\leqslant1.5$ 时，其强度可不计算。

2 当对接焊缝和T形对接与角接组合焊缝无法采用引弧板和引出板施焊时，每条焊缝的长度计算时应各减去 $2t$。

7.1.3 直角角焊缝的强度计算。

1 在通过焊缝形心的拉力、压力或剪力作用下：

正面角焊缝(作用力垂直于焊缝长度方向)：

$$\sigma_f=\frac{N}{h_e l_w}\leqslant\beta_f f_f^w \quad (7.1.3\text{-}1)$$

侧面角焊缝(作用力平行于焊缝长度方向)：

$$\tau_f=\frac{N}{h_e l_w}\leqslant f_f^w \quad (7.1.3\text{-}2)$$

2 在各种力综合作用下，σ_f 和 τ_f 共同作用处：

$$\sqrt{\left(\frac{\sigma_f}{\beta_f}\right)^2+\tau_f^2}\leqslant f_f^w \quad (7.1.3\text{-}3)$$

式中 σ_f——按焊缝有效截面($h_e l_w$)计算，垂直于焊缝长度方向的应力；

τ_f——按焊缝有效截面计算，沿焊缝长度方向的剪应力；

h_e——角焊缝的计算厚度，对直角角焊缝等于 $0.7h_f$，h_f 为焊脚尺寸(图7.1.3)；

l_w——角焊缝的计算长度，对每条焊缝取其实际长度减去 $2h_f$；

f_f^w——角焊缝的强度设计值；

β_f——正面角焊缝的强度设计值增大系数：对承受静力荷载和间接承受动力荷载的结构，$\beta_f=1.22$；对直接承受动力荷载的结构，$\beta_f=1.0$。

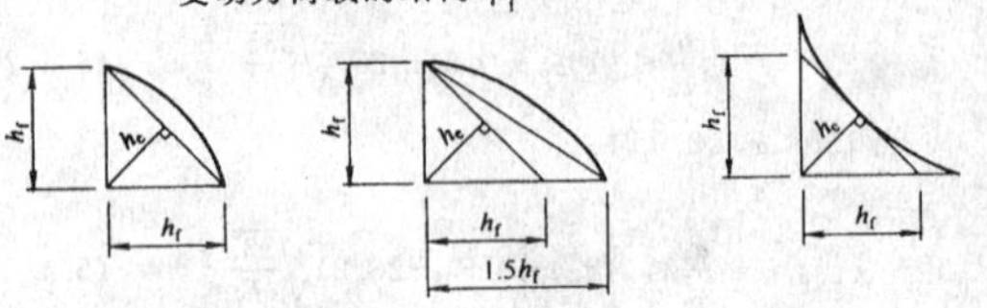

图7.1.3 直角角焊缝截面

7.1.4 两焊脚边夹角 α 为 $60^\circ\leqslant\alpha\leqslant135^\circ$ 的T形接头，其斜角角焊缝(图7.1.4)的强度应按公式(7.1.3-1)至公式(7.1.3-3)计算，但取 $\beta_f=1.0$，其计算厚度为：$h_e=h_f\cos\frac{\alpha}{2}$(根部间隙 b、b_1 或 $b_2\leqslant1.5mm$)或 $h_e=\left[h_f-\frac{b(\text{或}b_1、b_2)}{\sin\alpha}\right]\cos\frac{\alpha}{2}$($b$、$b_1$ 或 $b_2>1.5mm$ 但 $\leqslant5mm$)。

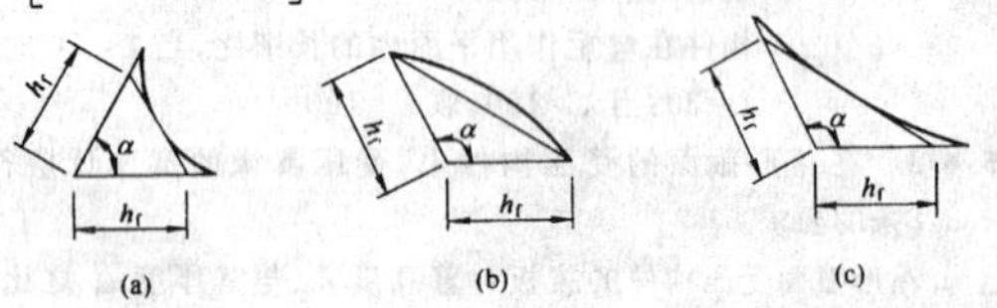

图7.1.4-1 T形接头的斜角角焊缝截面

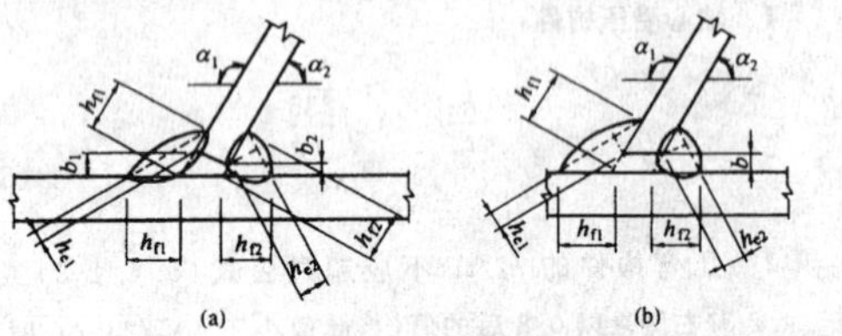

图7.1.4-2 T形接头的根部间隙和焊缝截面

7.1.5 部分焊透的对接焊缝(图7.1.5a、b、d、e)和T形对接与角接组合焊缝(图7.1.5c)的强度，应按角焊缝的计算公式(7.1.3-1)至公式(7.1.3-3)计算，在垂直于焊缝长度方向的压力作用下，取 $\beta_f=1.22$，其他受力情况取 $\beta_f=1.0$，其计算厚度应采用：

V形坡口(图7.1.5a)：当 $\alpha\geqslant60^\circ$ 时，$h_e=s$；当 $\alpha<60^\circ$ 时，$h_e=0.75s$。

单边V形和K形坡口(图7.1.5b、c)：当 $\alpha=45^\circ\pm5^\circ$，$h_e=s-3$。

U形、J形坡口(图7.1.5d、e)：$h_e=s$。

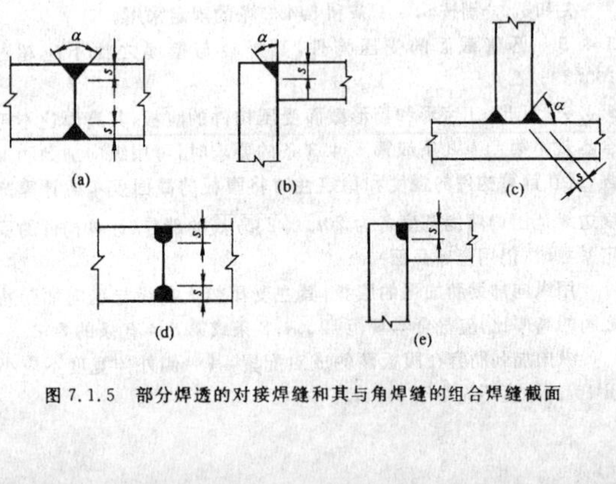

图7.1.5 部分焊透的对接焊缝和其与角焊缝的组合焊缝截面

s 为坡口深度，即根部至焊缝表面（不考虑余高）的最短距离（mm）；α 为V形、单边V形或K形坡口角度。

当熔合线处焊缝截面边长等于或接近于最短距离 s 时（图7.1.5b、c、e），抗剪强度设计值应按角焊缝的强度设计值乘以0.9。

7.2 紧固件（螺栓、铆钉等）连接

7.2.1 普通螺栓、锚栓和铆钉连接应按下列规定计算：

1 在普通螺栓或铆钉受剪的连接中，每个普通螺栓或铆钉的承载力设计值应取受剪和承压承载力设计值中的较小者。

受剪承载力设计值：

普通螺栓 $$N_v^b=n_v\frac{\pi d^2}{4}f_v^b \quad (7.2.1\text{-}1)$$

铆钉 $$N_v^r=n_v\frac{\pi d_0^2}{4}f_v^r \quad (7.2.1\text{-}2)$$

承压承载力设计值：

普通螺栓 $$N_c^b=d\sum t\cdot f_c^b \quad (7.2.1\text{-}3)$$

铆钉 $$N_c^r=d_0\sum t\cdot f_c^r \quad (7.2.1\text{-}4)$$

式中 n_v——受剪面数目；

d——螺栓杆直径；

d_0——铆钉孔直径；

$\sum t$——在不同受力方向中一个受力方向承压构件总厚度的较小值；

f_v^b、f_c^b——螺栓的抗剪和承压强度设计值；

f_v^r、f_c^r——铆钉的抗剪和承压强度设计值。

2 在普通螺栓、锚栓或铆钉杆轴方向受拉的连接中，每个普通螺栓、锚栓或铆钉的承载力设计值应按下列公式计算：

普通螺栓 $$N_t^b=\frac{\pi d_e^2}{4}f_t^b \quad (7.2.1\text{-}5)$$

锚栓 $$N_t^a=\frac{\pi d_e^2}{4}f_t^a \quad (7.2.1\text{-}6)$$

铆钉 $$N_t^r=\frac{\pi d_0^2}{4}f_t^r \quad (7.2.1\text{-}7)$$

式中 d_e——螺栓或锚栓在螺纹处的有效直径；

f_t^b、f_t^a、f_t^r——普通螺栓、锚栓和铆钉的抗拉强度设计值。

3 同时承受剪力和杆轴方向拉力的普通螺栓和铆钉，应分别符合下列公式的要求：

普通螺栓 $$\sqrt{\left(\frac{N_v}{N_v^b}\right)^2+\left(\frac{N_t}{N_t^b}\right)^2}\leqslant 1 \quad (7.2.1\text{-}8)$$

$$N_v\leqslant N_c^b \quad (7.2.1\text{-}9)$$

铆钉 $$\sqrt{\left(\frac{N_v}{N_v^r}\right)^2+\left(\frac{N_t}{N_t^r}\right)^2}\leqslant 1 \quad (7.2.1\text{-}10)$$

$$N_v\leqslant N_c^r \quad (7.2.1\text{-}11)$$

式中 N_v、N_t——某个普通螺栓或铆钉所承受的剪力和拉力；

N_v^b、N_t^b、N_c^b——一个普通螺栓的受剪、受拉和承压承载力设计值；

N_v^r、N_t^r、N_c^r——一个铆钉的受剪、受拉和承压承载力设计值。

7.2.2 高强度螺栓摩擦型连接应按下列规定计算：

1 在抗剪连接中，每个高强度螺栓的承载力设计值应按下式计算：

$$N_v^b=0.9n_f\mu P \quad (7.2.2\text{-}1)$$

式中 n_f——传力摩擦面数目；

μ——摩擦面的抗滑移系数，应按表7.2.2-1采用；

P——一个高强度螺栓的预拉力，应按表7.2.2-2采用。

表 7.2.2-1 摩擦面的抗滑移系数 μ

在连接处构件接触面的处理方法	构件的钢号		
	Q235 钢	Q345 钢、Q390 钢	Q420 钢
喷砂（丸）	0.45	0.50	0.50
喷砂（丸）后涂无机富锌漆	0.35	0.40	0.40
喷砂（丸）后生赤锈	0.45	0.50	0.50
钢丝刷清除浮锈或未经处理的干净轧制表面	0.30	0.35	0.40

表 7.2.2-2 一个高强度螺栓的预拉力 P(kN)

螺栓的性能等级	螺栓公称直径(mm)					
	M16	M20	M22	M24	M27	M30
8.8 级	80	125	150	175	230	280
10.9 级	100	155	190	225	290	355

2 在螺栓杆轴方向受拉的连接中，每个高强度螺栓的承载力设计值取 $N_t^b=0.8P$。

3 当高强度螺栓摩擦型连接同时承受摩擦面间的剪力和螺栓杆轴方向的外拉力时，其承载力应按下式计算：

$$\frac{N_v}{N_v^b}+\frac{N_t}{N_t^b}\leqslant 1 \quad (7.2.2\text{-}2)$$

式中 N_v、N_t——某个高强度螺栓所承受的剪力和拉力；

N_v^b、N_t^b——一个高强度螺栓的受剪、受拉承载力设计值。

7.2.3 高强度螺栓承压型连接应按下列规定计算：

1 承压型连接的高强度螺栓的预拉力 P 应与摩擦型连接高强度螺栓相同。连接处构件接触面应清除油污及浮锈。

高强度螺栓承压型连接不应用于直接承受动力荷载的结构。

2 在抗剪连接中，每个承压型连接高强度螺栓的承载力设计值的计算方法与普通螺栓相同，但当剪切面在螺纹处时，其受剪承载力设计值应按螺纹处的有效面积进行计算。

3 在杆轴方向受拉的连接中，每个承压型连接高强度螺栓的承载力设计值的计算方法与普通螺栓相同。

4 同时承受剪力和杆轴方向拉力的承压型连接的高强度螺栓，应符合下列公式的要求：

$$\sqrt{\left(\frac{N_v}{N_v^b}\right)^2+\left(\frac{N_t}{N_t^b}\right)^2}\leqslant 1 \quad (7.2.3\text{-}1)$$

$$N_v\leqslant N_c^b/1.2 \quad (7.2.3\text{-}2)$$

式中 N_v、N_t——某个高强度螺栓所承受的剪力和拉力；

N_v^b、N_t^b、N_c^b——一个高强度螺栓的受剪、受拉和承压承载力设计值。

7.2.4 在构件的节点处或拼接接头的一端，当螺栓或铆钉沿轴向受力方向的连接长度 l_1 大于 $15d_0$ 时，应将螺栓或铆钉的承载力设计值乘以折减系数 $\left(1.1-\frac{l_1}{150d_0}\right)$。当 l_1 大于 $60d_0$ 时，折减系数为0.7，d_0 为孔径。

7.2.5 在下列情况的连接中，螺栓或铆钉的数目应予增加：

1 一个构件借助填板或其他中间板件与另一构件连接的螺栓（摩擦型连接的高强度螺栓除外）或铆钉数目，应按计算增加10%。

2 当采用搭接或拼接板的单面连接传递轴心力，因偏心引起连接部位发生弯曲时，螺栓（摩擦型连接的高强度螺栓除外）或铆钉数目，应按计算增加10%。

3 在构件的端部连接中，当利用短角钢连接型钢（角钢或槽钢）的外伸肢以缩短连接长度时，在短角钢两肢中的一肢上，所用的螺栓或铆钉数目应按计算增加50%。

4 当铆钉连接的铆合总厚度超过铆钉孔径的5倍时，总厚度每超过2mm，铆钉数目应按计算增加1%（至少应增加一个铆钉），但铆合总厚度不得超过铆钉孔径的7倍。

7.2.6 连接薄钢板采用的自攻螺钉、钢拉铆钉（环槽铆钉）、射钉等应符合有关标准的规定。

7.3 组合工字梁翼缘连接

7.3.1 组合工字梁翼缘与腹板的双面角焊缝连接，其强度应按下式计算：

$$\frac{1}{2h_e}\sqrt{\left(\frac{VS_f}{I}\right)^2+\left(\frac{\psi F}{\beta_f l_z}\right)^2}\leqslant f_f^w \tag{7.3.1}$$

式中 S_f——所计算翼缘毛截面对梁中和轴的面积矩；

I——梁的毛截面惯性矩。

公式(7.3.1)中，F、ψ 和 l_z 应按 4.1.3 条采用；β_f 应按 7.1.3 条采用。

注：1 当梁上翼缘受有固定集中荷载时，宜在该处设置顶紧上翼缘的支承加劲肋，此时取 $F=0$。

2 当腹板与翼缘的连接焊缝采用焊透的 T 形对接与角接组合焊缝时，其强度可不计算。

7.3.2 组合工字梁翼缘与腹板的铆钉(或摩擦型连接高强度螺栓)的承载力，应按下式计算：

$$a\sqrt{\left(\frac{VS_f}{I}\right)^2+\left(\frac{\alpha_1\psi F}{l_z}\right)^2}\leqslant n_1 N^r_{min} \text{ 或 } n_1 N^b_v \tag{7.3.2}$$

式中 a——翼缘铆钉(或螺栓)间距；

α_1——系数；当荷载 F 作用于梁上翼缘而腹板刨平顶紧上翼缘板时，$\alpha_1=0.4$；其他情况，$\alpha_1=1.0$；

n_1——在计算截面处铆钉(或螺栓)的数量；

N^r_{min}——一个铆钉的受剪和承压承载力设计值的较小值；

N^b_v——一个摩擦型连接的高强度螺栓的受剪承载力设计值。

注：当梁上翼缘受有固定集中荷载时，宜在该处设置顶紧上翼缘的支承加劲肋，此时取 $F=0$。

7.4 梁与柱的刚性连接

7.4.1 当工字形梁翼缘采用焊透的 T 形对接焊缝而腹板采用摩擦型连接高强度螺栓或焊缝与 H 形柱的翼缘相连，满足下列要求时，柱的腹板可不设置横向加劲肋：

1 在梁的受压翼缘处，柱腹板厚度 t_w 应同时满足：

$$t_w\geqslant\frac{A_{fc}f_b}{b_e f_c} \tag{7.4.1-1}$$

$$t_w\geqslant\frac{h_c}{30}\sqrt{\frac{f_{yc}}{235}} \tag{7.4.1-2}$$

式中 A_{fc}——梁受压翼缘的截面积；

f_c——柱钢材抗拉、抗压强度设计值；

f_b——梁钢材抗拉、抗压强度设计值；

b_e——在垂直于柱翼缘的集中压力作用下，柱腹板计算高度边缘处压应力的假定分布长度，参照公式(4.1.3-2)计算；

h_c——柱腹板的宽度；

f_{yc}——柱钢材屈服点。

2 在梁的受拉翼缘处，柱翼缘板的厚度 t_c 应满足：

$$t_c\geqslant 0.4\sqrt{A_{ft}f_b/f_c} \tag{7.4.1-3}$$

式中 A_{ft}——梁受拉翼缘的截面积。

7.4.2 由柱翼缘与横向加劲肋包围的柱腹板节点域应按下列规定计算：

1 抗剪强度应按下式计算：

$$\frac{M_{b1}+M_{b2}}{V_p}\leqslant\frac{4}{3}f_v \tag{7.4.2-1}$$

式中 M_{b1}、M_{b2}——分别为节点两侧梁端弯矩设计值；

V_p——节点域腹板的体积。柱为 H 形或工字形截面时，$V_p=h_b h_c t_w$，柱为箱形截面时，$V_p=1.8h_b h_c t_w$；

t_w——柱腹板厚度；

h_b——梁腹板高度。

当柱腹板节点域不满足公式(7.4.2-1)的要求时，对 H 形或工字形组合柱宜将腹板在节点域加厚。腹板加厚的范围应伸出梁上、下翼缘外不小于 150mm 处。对轧制 H 型钢或工字钢柱，亦可贴焊补强板加强。补强板上下边可不伸过柱腹板的横向加劲肋或伸过加劲肋之外各 150mm。补强板与加劲肋连接的角焊缝应能传递补强板所分担的剪力，焊缝的计算厚度不宜小于 5mm。当补强板伸过加劲肋时，加劲肋仅与补强板焊接，此焊缝应能将加劲肋传来的剪力全部传给补强板，补强板的厚度及其连接强度，应按所承受的力进行设计。补强板侧边应用角焊缝与柱翼缘相连，其板面尚应采用塞焊与柱腹板连成整体，塞焊点之间的距离不应大于较薄焊件厚度的 $21\sqrt{235/f_y}$ 倍。对轻型结构亦可采用斜向加劲肋加强。

2 腹板的厚度 t_w 应满足下式要求：

$$t_w\geqslant\frac{h_c+h_b}{90} \tag{7.4.2-2}$$

7.4.3 梁柱连接节点处柱腹板横向加劲肋应满足下列要求：

1 横向加劲肋应能传递梁翼缘传来的集中力，其厚度应为梁翼缘厚度的 0.5～1.0 倍；其宽度应符合传力、构造和板件宽厚比限值的要求。

2 横向加劲肋的中心线应与梁翼缘的中心线对准，并用焊透的 T 形对接焊缝与柱翼缘连接。当梁与 H 形或工字形截面柱的腹板垂直相连形成刚接时，横向加劲肋与柱腹板的连接也宜采用焊透对接焊缝。

3 箱形柱中的横向加劲隔板与柱翼缘的连接，宜采用焊透的 T 形对接焊缝，对无法进行电弧焊的焊缝，可采用熔化嘴电渣焊。

4 当采用斜向加劲肋来提高节点域的抗剪承载力时，斜向加劲肋及其连接应能传递柱腹板所能承担剪力之外的剪力。

7.5 连接节点处板件的计算

7.5.1 连接节点处板件在拉、剪作用下的强度应按下列公式计算：

$$\frac{N}{\sum(\eta_i A_i)}\leqslant f \tag{7.5.1-1}$$

$$\eta_i=\frac{1}{\sqrt{1+2\cos^2\alpha_i}} \tag{7.5.1-2}$$

式中 N——作用于板件的拉力；

A_i——第 i 段破坏面的截面积，$A_i=tl_i$；当为螺栓(或铆钉)连接时，应取净截面面积；

t——板件厚度；

l_i——第 i 破坏段的长度，应取板件中最危险的破坏线的长度(图 7.5.1)；

η_i——第 i 段的拉剪折算系数；

α_i——第 i 段破坏线与拉力轴线的夹角。

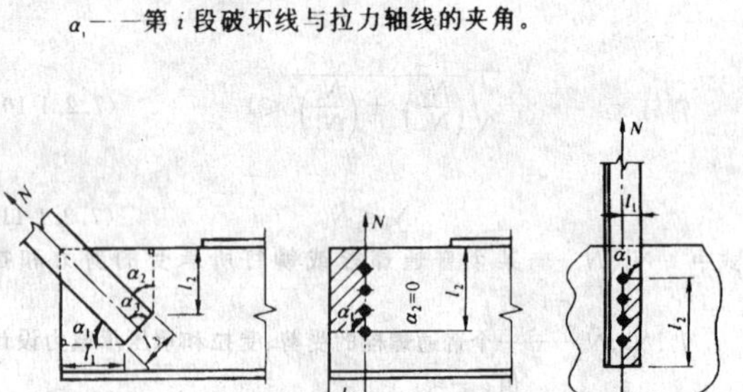

(a) 焊缝连接　(b) 螺栓(铆钉)连接　(c) 螺栓(铆钉)连接

图 7.5.1 板件的拉、剪撕裂

7.5.2 桁架节点板(杆件为轧制 T 形和双板焊接 T 形截面者除外)的强度除可按公式(7.5.1-1)计算外，也可用有效宽度法按下式计算：

$$\sigma=\frac{N}{b_e t}\leqslant f \tag{7.5.2}$$

式中 b_e——板件的有效宽度(图 7.5.2)；当用螺栓(或铆钉)连接时(图 7.5.2b)，应减去孔径。

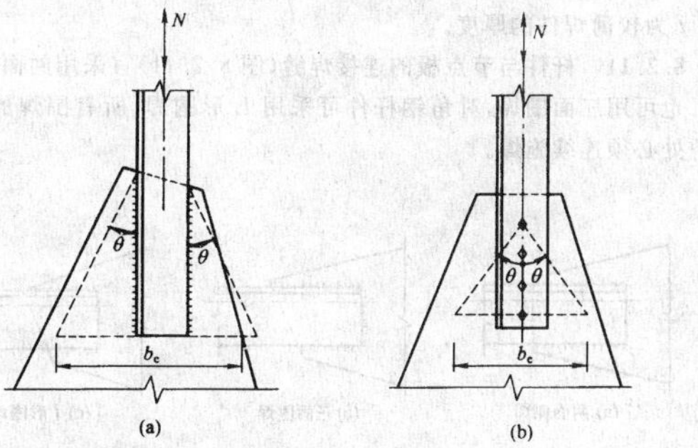

(a) (b)

图 7.5.2 板件的有效宽度

注：θ 为应力扩散角，可取 30°。

7.5.3 桁架节点板在斜腹杆压力作用下的稳定性可用下列方法进行计算：

1 对有竖腹杆相连的节点板，当 $c/t \leqslant 15\sqrt{235/f_y}$ 时（c 为受压腹杆连接肢端面中点沿腹杆轴线方向至弦杆的净距离），可不计算稳定。否则，应按附录 F 进行稳定计算。在任何情况下，c/t 不得大于 $22\sqrt{235/f_y}$。

2 对无竖腹杆相连的节点板，当 $c/t \leqslant 10\sqrt{235/f_y}$ 时，节点板的稳定承载力可取为 $0.8b_e tf$。当 $c/t > 10\sqrt{235/f_y}$ 时，应按本规范附录 F 进行稳定计算，但在任何情况下，c/t 不得大于 $17.5\sqrt{235/f_y}$。

7.5.4 当用 7.5.1～7.5.3 条方法计算桁架节点板时，尚应满足下列要求：

1 节点板边缘与腹杆轴线之间的夹角不应小于 15°；

2 斜腹杆与弦杆的夹角应在 30°～60°之间；

3 节点板的自由边长度 l_f 与厚度 t 之比不得大于 $60\sqrt{235/f_y}$，否则应沿自由边设加劲肋予以加强。

7.6 支　座

7.6.1 梁或桁架支于砌体或混凝土上的平板支座（参见图 8.4.12a），其底板应有足够面积将支座压力传给砌体或混凝土，厚度应根据支座反力对底板产生的弯矩进行计算。

7.6.2 弧形支座（图 7.6.2a）和辊轴支座（图 7.6.2b）中圆柱形弧面与平板为线接触，其支座反力 R 应满足下式要求：

$$R \leqslant 40ndlf^2/E \tag{7.6.2}$$

式中 d——对辊轴支座为辊轴直径，对弧形支座为弧形表面接触点曲率半径 r 的 2 倍；

n——辊轴数目，对弧形支座 $n=1$；

l——弧形表面或辊轴与平板的接触长度。

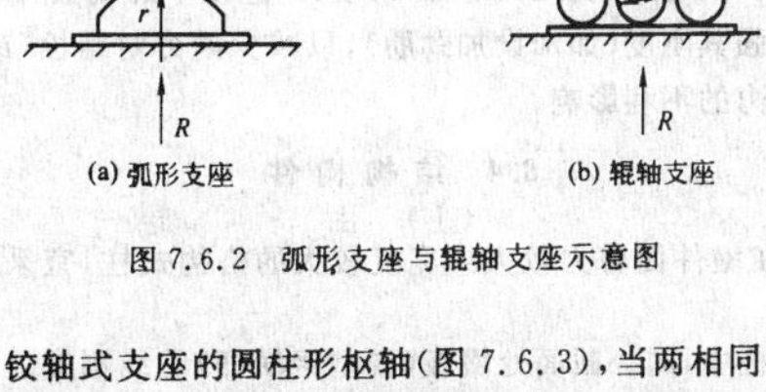

(a) 弧形支座　　(b) 辊轴支座

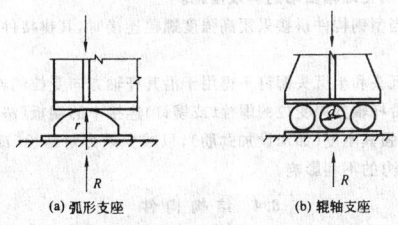

图 7.6.2 弧形支座与辊轴支座示意图

7.6.3 铰轴式支座的圆柱形枢轴（图 7.6.3），当两相同半径的圆柱形弧面自由接触的中心角 $\theta \geqslant 90°$ 时，其承压应力应按下式计算：

$$\sigma = \frac{2R}{dl} \leqslant f \tag{7.6.3}$$

式中 d——枢轴直径；

l——枢轴纵向接触面长度。

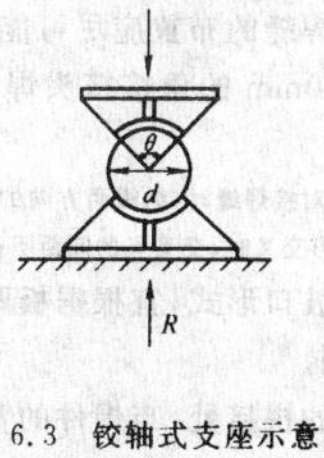

图 7.6.3 铰轴式支座示意图

7.6.4 对受力复杂或大跨度结构，为适应支座处不同转角和位移的需要，宜采用球形支座或双曲形支座。

7.6.5 为满足支座位移的要求采用橡胶支座时，应根据工程的具体情况和橡胶支座系列产品酌情选用。设计时还应考虑橡胶老化后能更换的可能性。

7.6.6 轴心受压柱或压弯柱的端部为铣平端时，柱身的最大压力直接由铣平端传递，其连接焊缝或螺栓应按最大压力的 15%或最大剪力中的较大值进行抗剪计算；当压弯柱出现受拉区时，该区的连接尚应按最大拉力计算。

8 构造要求

8.1 一般规定

8.1.1 钢结构的构造应便于制作、运输、安装、维护并使结构受力简单明确，减小应力集中，避免材料三向受拉。以受风载为主的空腹结构，应尽量减小受风面积。

8.1.2 在钢结构的受力构件及其连接中，不宜采用：厚度小于 4mm 的钢板；壁厚小于3mm的钢管；截面小于∟45×4或∟56×36×4的角钢（对焊接结构），或截面小于∟50×5的角钢（对螺栓连接或铆钉连接结构）。

8.1.3 焊接结构是否需要采用焊前预热或焊后热处理等特殊措施，应根据材质、焊件厚度、焊接工艺、施焊时气温以及结构的性能要求等综合因素来确定，并在设计文件中加以说明。

8.1.4 结构应根据其形式、组成和荷载的不同情况，设置可靠的支撑系统。在建筑物每一个温度区段或分期建设的区段中，应分别设置独立的空间稳定的支撑系统。

8.1.5 单层房屋和露天结构的温度区段长度（伸缩缝的间距），当不超过表 8.1.5 的数值时，一般情况可不考虑温度应力和温度变形的影响。

表 8.1.5 温度区段长度值（m）

结构情况	纵向温度区段（垂直屋架或构架跨度方向）	横向温度区段（沿屋架或构架跨度方向）	
		柱顶为刚接	柱顶为铰接
采暖房屋和非采暖地区的房屋	220	120	150
热车间和采暖地区的非采暖房屋	180	100	125
露天结构	120	—	—

注：1 厂房柱为其他材料时，应按相应规范的规定设置伸缩缝。围护结构可根据具体情况参照有关规范单独设置伸缩缝。

2 无桥式吊车房屋的柱间支撑和有桥式吊车房屋吊车梁或吊车桁架以下的柱间支撑，宜对称布置于温度区段中部。当不对称布置时，上述柱间支撑的中点（两道柱间支撑时为两支撑距离的中点）至温度区段端部的距离不宜大于表 8.1.5 纵向温度区段长度的 60%。

3 当有充分依据或可靠措施时，表中数字可予以增减。

8.2 焊缝连接

8.2.1 焊缝金属应与主体金属相适应。当不同强度的钢材连接时，可采用与低强度钢材相适应的焊接材料。

8.2.2 在设计中不得任意加大焊缝，避免焊缝立体交叉和在一处集中大量焊缝，同时焊缝的布置应尽可能对称于构件形心轴。

焊件厚度大于 20mm 的角接接头焊缝，应采用收缩时不易引起层状撕裂的构造。

注：钢板的拼接当采用对接焊缝时，纵横两方向的对接焊缝，可采用十字形交叉或T形交叉；当为T形交叉时，交叉点的间距不得小于 200mm。

8.2.3 对接焊缝的坡口形式，宜根据板厚和施工条件按有关现行国家标准的要求选用。

8.2.4 在对接焊缝的拼接处：当焊件的宽度不同或厚度在一侧相差 4mm 以上时，应分别在宽度方向或厚度方向从一侧或两侧做成坡度不大于 1∶2.5 的斜角（图 8.2.4）；当厚度不同时，焊缝坡口形式应根据较薄焊件厚度按第 8.2.3 条的要求取用。

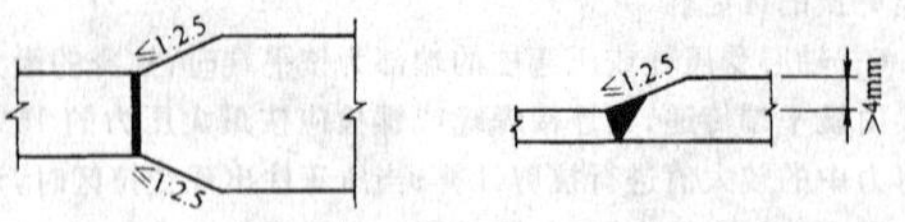

(a)不同宽度　　(b)不同厚度

图 8.2.4 不同宽度或厚度钢板的拼接

注：直接承受动力荷载且需要进行疲劳计算的结构，本条所指斜角坡度不应大于1∶4。

8.2.5 当采用部分焊透的对接焊缝时，应在设计图中注明坡口的形式和尺寸，其计算厚度 h_e(mm) 不得小于 $1.5\sqrt{t}$，t(mm) 为焊件的较大厚度。

在直接承受动力荷载的结构中，垂直于受力方向的焊缝不宜采用部分焊透的对接焊缝。

8.2.6 角焊缝两焊脚边的夹角 α 一般为 90°（直角角焊缝）。夹角 $\alpha>135°$ 或 $\alpha<60°$ 的斜角角焊缝，不宜用作受力焊缝（钢管结构除外）。

8.2.7 角焊缝的尺寸应符合下列要求：

1 角焊缝的焊脚尺寸 h_f(mm) 不得小于 $1.5\sqrt{t}$，t(mm) 为较厚焊件厚度（当采用低氢型碱性焊条施焊时，t 可采用较薄焊件的厚度）。但对埋弧自动焊，最小焊脚尺寸可减小 1mm；对T形连接的单面角焊缝，应增加 1mm。当焊件厚度等于或小于 4mm 时，则最小焊脚尺寸应与焊件厚度相同。

2 角焊缝的焊脚尺寸不宜大于较薄焊件厚度的 1.2 倍（钢管结构除外），但板件（厚度为 t）边缘的角焊缝最大焊脚尺寸，尚应符合下列要求：

1）当 $t\leqslant 6$mm 时，$h_f\leqslant t$；

2）当 $t>6$mm 时，$h_f\leqslant t-(1\sim 2)$mm。

圆孔或槽孔内的角焊缝焊脚尺寸尚不宜大于圆孔直径或槽孔短径的 1/3。

3 角焊缝的两焊脚尺寸一般为相等。当焊件的厚度相差较大且等焊脚尺寸不能符合本条第 1、2 款要求时，可采用不等焊脚尺寸，与较薄焊件接触的焊脚边应符合本条第 2 款的要求；与较厚焊件接触的焊脚边应符合本条第 1 款的要求。

4 侧面角焊缝或正面角焊缝的计算长度不得小于 $8h_f$ 和 40mm。

5 侧面角焊缝的计算长度不宜大于 $60h_f$，当大于上述数值时，其超过部分在计算中不予考虑。若内力沿侧面角焊缝全长分布时，其计算长度不受此限。

8.2.8 在直接承受动力荷载的结构中，角焊缝表面应做成直线形或凹形。焊脚尺寸的比例：对正面角焊缝宜为 1∶1.5（长边顺内力方向）；对侧面角焊缝可为 1∶1。

8.2.9 在次要构件或次要焊缝连接中，可采用断续角焊缝。断续角焊缝焊段的长度不得小于 $10h_f$ 或 50mm，其净距不应大于 $15t$（对受压构件）或 $30t$（对受拉构件），t 为较薄焊件的厚度。

8.2.10 当板件的端部仅有两侧面角焊缝连接时，每条侧面角焊缝长度不宜小于两侧面角焊缝之间的距离；同时两侧面角焊缝之间的距离不宜大于 $16t$（当 $t>12$mm）或 190mm（当 $t\leqslant 12$mm），t 为较薄焊件的厚度。

8.2.11 杆件与节点板的连接焊缝（图 8.2.11）宜采用两面侧焊，也可用三面围焊，对角钢杆件可采用 L 形围焊，所有围焊的转角处必须连续施焊。

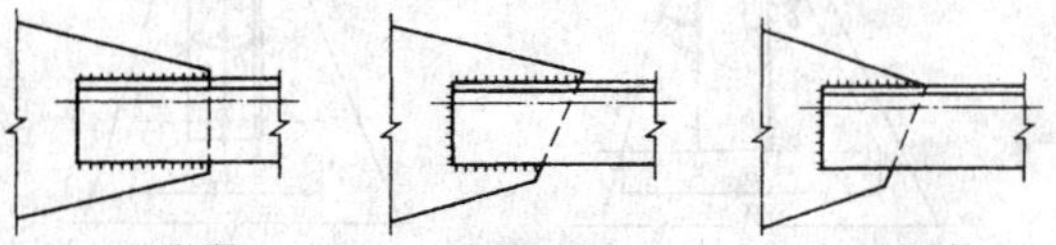

(a) 两面侧焊　　(b) 三面围焊　　(c) L形围焊

图 8.2.11 杆件与节点板的焊缝连接

8.2.12 当角焊缝的端部在构件转角处做长度为 $2h_f$ 的绕角焊时，转角处必须连续施焊。

8.2.13 在搭接连接中，搭接长度不得小于焊件较小厚度的 5 倍，并不得小于 25mm。

8.3 螺栓连接和铆钉连接

8.3.1 每一杆件在节点上以及拼接接头的一端，永久性的螺栓（或铆钉）数不宜少于 2 个。对组合构件的缀条，其端部连接可采用 1 个螺栓（或铆钉）。

8.3.2 高强度螺栓孔应采用钻成孔。摩擦型连接的高强度螺栓的孔径比螺栓公称直径 d 大 1.5～2.0mm；承压型连接的高强度螺栓的孔径比螺栓公称直径 d 大 1.0～1.5mm。

8.3.3 在高强度螺栓连接范围内，构件接触面的处理方法应在施工图中说明。

8.3.4 螺栓或铆钉的距离应符合表 8.3.4 的要求。

表 8.3.4 螺栓或铆钉的最大、最小容许距离

<table>
<tr><th>名称</th><th colspan="3">位置和方向</th><th>最大容许距离
（取两者的较小值）</th><th>最小容许距离</th></tr>
<tr><td rowspan="5">中心间距</td><td colspan="3">外排（垂直内力方向或顺内力方向）</td><td>$8d_0$ 或 $12t$</td><td rowspan="5">$3d_0$</td></tr>
<tr><td rowspan="3">中间排</td><td colspan="2">垂直内力方向</td><td>$16d_0$ 或 $24t$</td></tr>
<tr><td rowspan="2">顺内力方向</td><td>构件受压力</td><td>$12d_0$ 或 $18t$</td></tr>
<tr><td>构件受拉力</td><td>$16d_0$ 或 $24t$</td></tr>
<tr><td colspan="3">沿对角线方向</td><td></td></tr>
<tr><td rowspan="4">中心至构件边缘距离</td><td colspan="3">顺内力方向</td><td rowspan="4">$4d_0$ 或 $8t$</td><td>$2d_0$</td></tr>
<tr><td rowspan="3">垂直内力方向</td><td colspan="2">剪切边或手工气割边</td><td rowspan="2">$1.5d_0$</td></tr>
<tr><td rowspan="2">轧制边、自动气割或锯割边</td><td>高强度螺栓</td></tr>
<tr><td>其他螺栓或铆钉</td><td>$1.2d_0$</td></tr>
</table>

注：1 d_0 为螺栓或铆钉的孔径，t 为外层较薄板件的厚度。

2 钢板边缘与刚性构件（如角钢、槽钢等）相连的螺栓或铆钉的最大间距，可按中间排的数值采用。

8.3.5 C级螺栓宜用于沿其杆轴方向受拉的连接，在下列情况下可用于受剪连接：

1 承受静力荷载或间接承受动力荷载结构中的次要连接；

2 承受静力荷载的可拆卸结构的连接；

3 临时固定构件用的安装连接。

8.3.6 对直接承受动力荷载的普通螺栓受拉连接应采用双螺帽或其他能防止螺帽松动的有效措施。

8.3.7 当型钢构件拼接采用高强度螺栓连接时，其拼接件宜采用钢板。

8.3.8 沉头和半沉头铆钉不得用于沿其杆轴方向受拉的连接。

8.3.9 沿杆轴方向受拉的螺栓（或铆钉）连接中的端板（法兰板），应适当增强其刚度（如加设加劲肋），以减少撬力对螺栓（或铆钉）抗拉承载力的不利影响。

8.4 结构构件

（Ⅰ）柱

8.4.1 在缀件面剪力较大或宽度较大的格构式柱，宜采用缀条柱。

缀板柱中，同一截面处缀板（或型钢横杆）的线刚度之和不得小于柱较大分肢线刚度的 6 倍。

8.4.2 当实腹式柱的腹板计算高度 h_0 与厚度 t_w 之比 $h_0/t_w>80\sqrt{235/f_y}$ 时，应采用横向加劲肋加强，其间距不得大于 $3h_0$。

横向加劲肋的尺寸和构造应按第 4.3.6 条的有关规定采用。

8.4.3 格构式柱或大型实腹式柱，在受有较大水平力处和运送单

元的端部应设置横隔，横隔的间距不得大于柱截面长边尺寸的9倍和8m。

（Ⅱ） 桁 架

8.4.4 焊接桁架应以杆件形心线为轴线，螺栓（或铆钉）连接的桁架可采用靠近杆件形心线的螺栓（或铆钉）准线为轴线，在节点处各轴线应交于一点（钢管结构除外）。

当桁架弦杆的截面变化时，如轴线变动不超过较大弦杆截面高度的5%，可不考虑其影响。

8.4.5 分析桁架杆件内力时，可将节点视为铰接。对用节点板连接的桁架，当杆件为H形、箱形等刚度较大的截面，且在桁架平面内的杆件截面高度与其几何长度（节点中心间的距离）之比大于1/10（对弦杆）或大于1/15（对腹杆）时，应考虑节点刚性所引起的次弯矩。

8.4.6 当焊接桁架的杆件用节点板连接时，弦杆与腹杆、腹杆与腹杆之间的间隙不应小于20mm，相邻角焊缝焊趾间净距不应小于5mm。

当桁架杆件不用节点板连接时，相邻腹杆连接角焊缝焊趾间净距不应小于5mm（钢管结构除外）。

8.4.7 节点板厚度一般根据所连接杆件内力的大小确定，但不得小于6mm。节点板的平面尺寸应适当考虑制作和装配的误差。

8.4.8 跨度大于36m的两端铰支承的桁架，在竖向荷载作用下，下弦弹性伸长对支承构件产生水平推力时，应考虑其影响。

（Ⅲ） 梁

8.4.9 焊接梁的翼缘一般用一层钢板做成，当采用两层钢板时，外层钢板与内层钢板厚度之比宜为0.5～1.0。不沿梁通长设置的外层钢板，其理论截断点处的外伸长度 l_1 应符合下列要求：

端部有正面角焊缝：

当 $h_f \geqslant 0.75t$ 时： $l_1 \geqslant b$

当 $h_f < 0.75t$ 时： $l_1 \geqslant 1.5b$

端部无正面角焊缝： $l_1 \geqslant 2b$

b 和 t 分别为外层翼缘板的宽度和厚度；h_f 为侧面角焊缝和正面角焊缝的焊脚尺寸。

8.4.10 铆接（或高强度螺栓摩擦型连接）梁的翼缘板不宜超过三层，翼缘角钢面积不宜少于整个翼缘面积的30%，当采用最大型号的角钢仍不能符合此要求时，可加设腋板（图8.4.10）。此时角钢与腋板面积之和不应少于翼缘总面积的30%。

当翼缘板不沿梁通长设置时，理论截断点处外伸长度内的铆钉（或摩擦型连接的高强度螺栓）数目，应按该板1/2净截面面积的抗拉、抗压承载力进行计算。

8.4.11 焊接梁的横向加劲肋与翼缘板相接处应切角，当切成斜角时，其宽约 $b_s/3$（但不大于40mm），高约 $b_s/2$（但不大于60mm），见图8.4.11，b_s 为加劲肋的宽度。

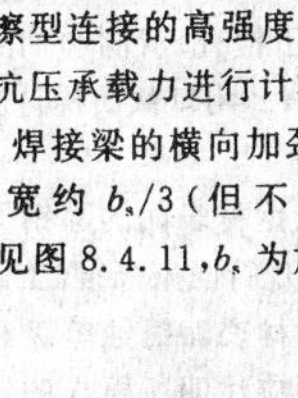

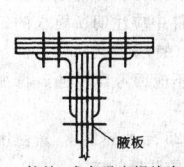

图8.4.10 铆接（或高强度螺栓摩擦型连接）梁的翼缘截面

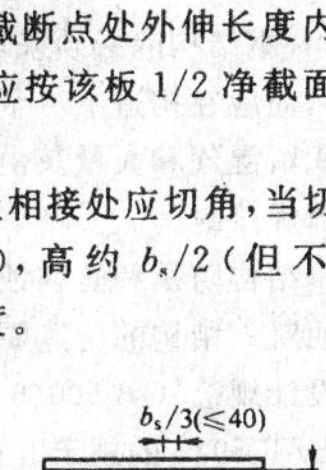

图8.4.11 加劲肋的切角

8.4.12 梁的端部支承加劲肋的下端，按端面承压强度设计值进行计算时，应刨平顶紧，其中突缘加劲板（图8.4.12b）的伸出长度不得大于其厚度的2倍。

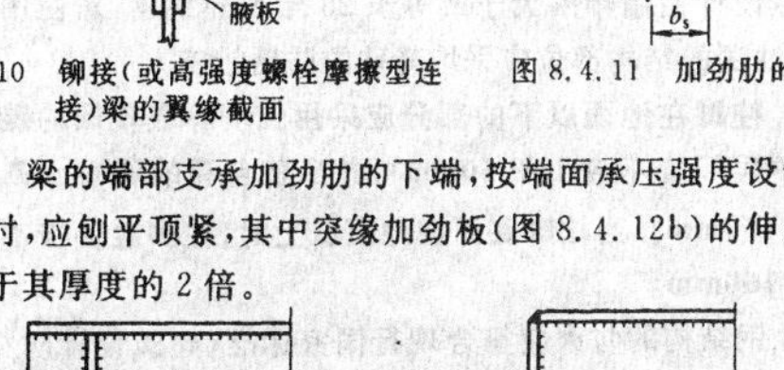

图8.4.12 梁的支座

（Ⅳ） 柱 脚

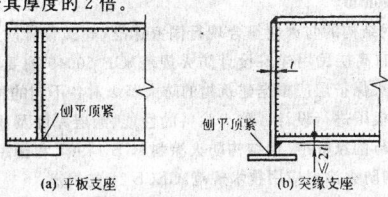

8.4.13 柱脚锚栓不宜用以承受柱脚底部的水平反力，此水平反力由底板与混凝土基础间的摩擦力（摩擦系数可取0.4）或设置抗剪键承受。

8.4.14 柱脚锚栓埋置在基础中的深度，应使锚栓的拉力通过其和混凝土之间的粘结力传递。当埋置深度受到限制时，则锚栓应牢固地固定在锚板或锚梁上，以传递锚栓的全部拉力，此时锚栓与混凝土之间的粘结力可不予考虑。

8.4.15 插入式柱脚中，钢柱插入混凝土基础杯口的最小深度 d_{in} 可按表8.4.15取用，但不宜小于500mm，亦不宜小于吊装时钢柱长度的1/20。

表8.4.15 钢柱插入杯口的最小深度

柱截面形式	实腹柱	双肢格构柱（单杯口或双杯口）
最小插入深度 d_{in}	$1.5h_c$ 或 $1.5d_c$	$0.5h_c$ 和 $1.5b_c$（或 d_c）的较大值

注：1 h_c 为柱截面高度（长边尺寸）；b_c 为柱截面宽度；d_c 为圆管柱的外径。

2 钢柱底端至基础杯口底的距离一般采用50mm，当有柱底板时，可采用200mm。

8.4.16 预埋入混凝土构件的埋入式柱脚，其混凝土保护层厚度以及外包式柱脚外包混凝土的厚度均不应小于180mm。

钢柱的埋入部分和外包部分均宜在柱的翼缘上设置圆柱头焊钉（栓钉），其直径不得小于16mm，水平及竖向中心距不得大于200mm。

埋入式柱脚在埋入部分的顶部应设置水平加劲肋或隔板。

8.5 对吊车梁和吊车桁架（或类似结构）的要求

8.5.1 焊接吊车梁的翼缘板宜用一层钢板，当采用两层钢板时，外层钢板宜沿梁通长设置，并应在设计和施工中采取措施使上翼缘两层钢板紧密接触。

8.5.2 支承夹钳或刚性料耙硬钩吊车以及类似吊车的结构，不宜采用吊车桁架和制动桁架。

8.5.3 焊接吊车桁架应符合下列要求：

1 在桁架节点处，腹杆与弦杆之间的间隙 a 不宜小于50mm，节点板的两侧边宜做成半径 r 不小于60mm的圆弧；节点板边缘与腹杆轴线的夹角 θ 不应小于30°（图8.5.3-1）；节点板与角钢弦杆的连接焊缝，起落弧点应至少缩进5mm（图8.5.3-1a）；节点板与H形截面弦杆的T形对接与角接组合焊缝应予焊透，圆弧处不得有起落弧缺陷，其中重级工作制吊车桁架的圆弧处应予打磨，使之与弦杆平缓过渡（图8.5.3-1b）。

2 杆件的填板当用焊缝连接时，焊缝起落弧点应缩进至少5mm（图8.5.3-1c），重级工作制吊车桁架杆件的填板应采用高强度螺栓连接。

3 当桁架杆件为H形截面时，节点构造可采用图8.5.3-2的形式。

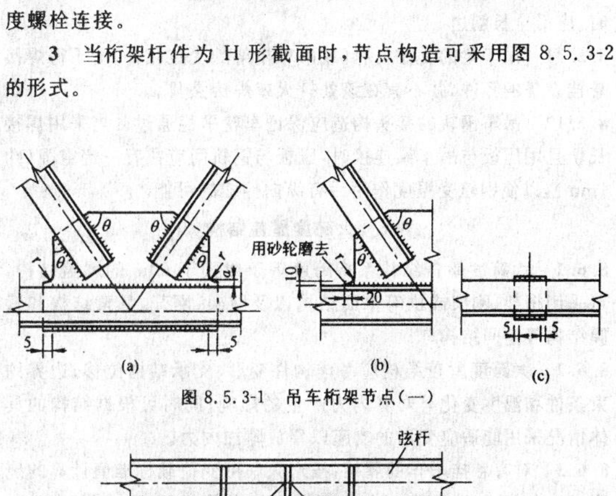

图8.5.3-1 吊车桁架节点（一）

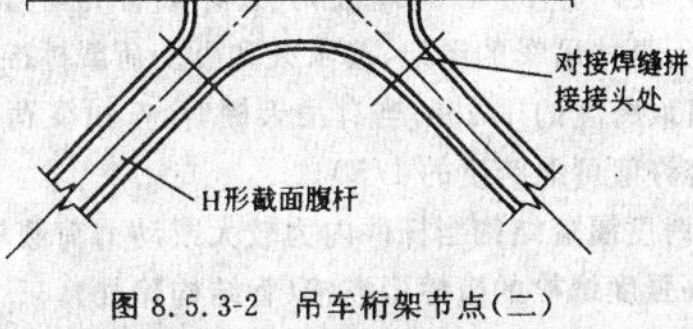

图8.5.3-2 吊车桁架节点（二）

8.5.4 吊车梁翼缘板或腹板的焊接拼接应采用加引弧板和引出

板的焊透对接焊缝，引弧板和引出板割去处应予打磨平整。焊接吊车梁和焊接吊车桁架的工地整段拼接应采用焊接或高强度螺栓的摩擦型连接。

8.5.5 在焊接吊车梁或吊车桁架中，对7.1.1条中要求焊透的T形接头对接与角接组合焊缝形式宜如图8.5.5所示。

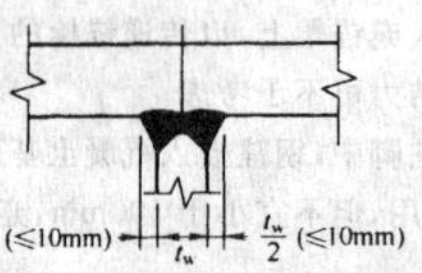

图 8.5.5 焊透的T形接头对接与角接组合焊缝

8.5.6 吊车梁横向加劲肋的宽度不宜小于90mm。在支座处的横向加劲肋应在腹板两侧成对设置，并与梁上下翼缘刨平顶紧。中间横向加劲肋的上端应与梁上翼缘刨平顶紧，在重级工作制吊车梁中，中间横向加劲肋亦应在腹板两侧成对布置，而中、轻级工作制吊车梁则可单侧设置或两侧错开设置。

在焊接吊车梁中，横向加劲肋（含短加劲肋）不得与受拉翼缘相焊，但可与受压翼缘焊接。端加劲肋可与梁上下翼缘相焊，中间横向加劲肋的下端宜在距受拉下翼缘50～100mm处断开，其与腹板的连接焊缝不宜在肋下端起落弧。

当吊车梁受拉翼缘（或吊车桁架下弦）与支撑相连时，不宜采用焊接。

8.5.7 直接铺设轨道的吊车桁架上弦，其构造要求应与连续吊车梁相同。

8.5.8 重级工作制吊车梁中，上翼缘与柱或制动桁架传递水平力的连接宜采用高强度螺栓的摩擦型连接，而上翼缘与制动梁的连接，可采用高强度螺栓摩擦型连接或焊缝连接。

吊车梁端部与柱的连接构造应设法减少由于吊车梁弯曲变形而在连接处产生的附加应力。

8.5.9 当吊车桁架和重级工作制吊车梁跨度等于或大于12m，或轻、中级工作制吊车梁跨度等于或大于18m时，宜设置辅助桁架和下翼缘（下弦）水平支撑系统。当设置垂直支撑时，其位置不宜在吊车梁或吊车桁架竖向挠度较大处。

对吊车桁架，应采取构造措施，以防止其上弦因轨道偏心而扭转。

8.5.10 重级工作制吊车梁的受拉翼缘板（或吊车桁架的受拉弦杆）边缘，宜为轧制边或自动气割边，当用手工气割或剪切机切割时，应沿全长刨边。

8.5.11 吊车梁的受拉翼缘（或吊车桁架的受拉弦杆）上不得焊接悬挂设备的零件，并不宜在该处打火或焊接夹具。

8.5.12 吊车钢轨的接头构造应保证车轮平稳通过。当采用焊接长轨且用压板与吊车梁连接时，压板与钢轨间应留有一定空隙（约1mm），以使钢轨受温度作用后有纵向伸缩的可能。

8.6 大跨度屋盖结构

8.6.1 大跨度屋盖结构系指跨度等于或大于60m的屋盖结构，可采用桁架、刚架或拱等平面结构以及网架、网壳、悬索结构和索膜结构等空间结构。

8.6.2 大跨度屋盖结构应考虑构件变形、支承结构位移、边界约束条件和温度变化等对其内力产生的影响；同时可根据结构的具体情况采用能适应变形的支座以释放附加内力。

8.6.3 对有悬挂吊车的屋架，按永久和可变荷载标准值计算的挠度容许值可取跨度的1/500，按可变荷载标准值计算时可取1/600。对无悬挂吊车的屋架，按永久和可变荷载标准值计算的挠度容许值可取跨度的1/250；当有吊天棚时，按可变荷载标准值计算的挠度容许值可取跨度的1/500。

8.6.4 大跨度屋盖结构当杆件内力较大或动力荷载较大时，其节点宜采用高强度螺栓的摩擦型连接（管结构除外）。

8.6.5 对大跨度屋盖结构应进行吊装阶段的验算，吊装方案的选定和吊点位置等都应通过计算确定，以保证每个安装阶段屋盖结构的强度和整体稳定。

8.7 提高寒冷地区结构抗脆断能力的要求

8.7.1 结构形式和加工工艺的选择应尽量减少结构的应力集中。在工作温度等于或低于－30℃的地区，焊接构件宜采用较薄的组成板件。

8.7.2 在工作温度等于或低于－20℃的地区，焊接结构的构造宜符合下列要求：

1 在桁架节点板上，腹杆与弦杆相邻焊缝焊趾间净距不宜小于2.5t（t为节点板厚度）。

2 凡平接或T形对接的节点板，在对接焊缝处，节点板两侧宜做成半径r不小于60mm的圆弧并予打磨，使之平缓过渡（参见图8.5.3-1b）。

3 在构件拼接部位，应使拼接件自由段的长度不小于5t，t为拼接件厚度（图8.7.2）。

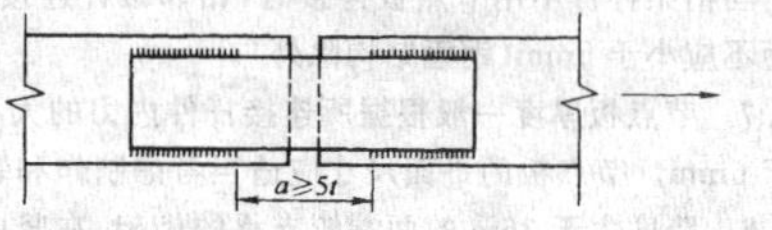

图 8.7.2 盖板拼接处的构造

8.7.3 在工作温度等于或低于－20℃的地区，结构施工宜满足下列要求：

1 安装连接宜采用螺栓连接；

2 受拉构件的钢材边缘宜为轧制边或自动气割边。对厚度大于10mm的钢材采用手工气割或剪切边时，应沿全长刨边；

3 应采用钻成孔或先冲后扩钻孔；

4 对接焊缝的质量等级不得低于二级。

8.8 制作、运输和安装

8.8.1 结构运送单元的划分，除应考虑结构受力条件外，尚应注意经济合理，便于运输、堆放和易于拼装。

8.8.2 结构的安装连接应采用传力可靠、制作方便、连接简单、便于调整的构造形式。

8.8.3 安装连接采用焊接时，应考虑定位措施，将构件临时固定。

8.9 防护和隔热

8.9.1 钢结构除必须采取防锈措施（除锈后涂以油漆或金属镀层等）外，尚应在构造上尽量避免出现难于检查、清刷和油漆之处以及能积留湿气和大量灰尘的死角或凹槽。闭口截面构件应沿全长和端部焊接封闭。

钢结构防锈和防腐蚀采用的涂料、钢材表面的除锈等级以及防腐蚀对钢结构的构造要求等，应符合现行国家标准《工业建筑防腐蚀设计规范》GB 50046和《涂装前钢材表面锈蚀等级和除锈等级》GB/T 8923的规定。在设计文件中应注明所要求的钢材除锈等级和所要用的涂料（或镀层）及涂（镀）层厚度。

除有特殊需要外，设计中一般不应因考虑锈蚀而再加大钢材截面的厚度。

8.9.2 设计使用年限大于或等于25年的建筑物，对使用期间不能重新油漆的结构部位应采取特殊的防锈措施。

8.9.3 柱脚在地面以下的部分应采用强度等级较低的混凝土包裹（保护层厚度不应小于50mm），并应使包裹的混凝土高出地面不小于150mm。当柱脚底面在地面以上时，柱脚底面应高出地面不小于100mm。

8.9.4 钢结构的防火应符合现行国家标准《建筑设计防火规范》GBJ 16和《高层民用建筑设计防火规范》GB 50045的要求，结构构件的防火保护层应根据建筑物的防火等级对各不同的构件所要求的耐火极限进行设计。防火涂料的性能、涂层厚度及质量要求应符合现行国家标准《钢结构防火涂料》GB 14907和国家现行标准《钢结构防火涂料应用技术规范》CECS 24的规定。

8.9.5 受高温作用的结构，应根据不同情况采取下列防护措施：

1　当结构可能受到炽热熔化金属的侵害时，应采用砖或耐热材料做成的隔热层加以保护；

2　当结构的表面长期受辐射热达 150℃ 以上或在短时间内可能受到火焰作用时，应采取有效的防护措施（如加隔热层或水套等）。

9　塑性设计

9.1　一般规定

9.1.1　本章规定适用于不直接承受动力荷载的固端梁、连续梁以及由实腹构件组成的单层和两层框架结构。

9.1.2　采用塑性设计的结构或构件，按承载能力极限状态设计时，应采用荷载的设计值，考虑构件截面内塑性的发展及由此引起的内力重分配，用简单塑性理论进行内力分析。

按正常使用极限状态设计时，采用荷载的标准值，并按弹性理论进行计算。

9.1.3　按塑性设计时，钢材的力学性能应满足强屈比 $f_u/f_y\geqslant 1.2$，伸长率 $\delta_5\geqslant 15\%$，相应于抗拉强度 f_u 的应变 ε_u 不小于 20 倍屈服点应变 ε_y。

9.1.4　塑性设计截面板件的宽厚比应符合表 9.1.4 的规定。

表 9.1.4　板件宽厚比

截面形式	翼　缘	腹　板
	$\frac{b}{t}\leqslant 9\sqrt{\frac{235}{f_y}}$	当 $\frac{N}{Af}<0.37$ 时： $\frac{h_0}{t_w}\left(\frac{h_1}{t_w},\frac{h_2}{t_w}\right)\leqslant\left(72-100\frac{N}{Af}\right)\sqrt{\frac{235}{f_y}}$ 当 $\frac{N}{Af}\geqslant 0.37$ 时： $\frac{h_0}{t_w}\left(\frac{h_1}{t_w},\frac{h_2}{t_w}\right)\leqslant 35\sqrt{\frac{235}{f_y}}$
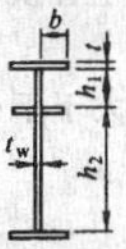		
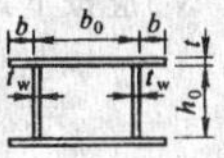	$\frac{b_0}{t}\leqslant 30\sqrt{\frac{235}{f_y}}$	与前项工字形截面的腹板相同

9.2　构件的计算

9.2.1　弯矩 M_x（对 H 形和工字形截面 x 轴为强轴）作用在一个主平面内的受弯构件，其弯曲强度应符合下式要求：

$$M_x\leqslant W_{pnx}f \tag{9.2.1}$$

式中　W_{pnx}——对 x 轴的塑性净截面模量。

9.2.2　受弯构件的剪力 V 假定由腹板承受，剪切强度应符合下式要求：

$$V\leqslant h_w t_w f_v \tag{9.2.2}$$

式中　h_w、t_w——腹板高度和厚度；

f_v——钢材抗剪强度设计值。

9.2.3　弯矩作用在一个主平面内的压弯构件，其强度应符合下列公式的要求：

当 $\frac{N}{A_n f}\leqslant 0.13$ 时：

$$M_x\leqslant W_{pnx}f \tag{9.2.3-1}$$

当 $\frac{N}{A_n f}>0.13$ 时：

$$M_x\leqslant 1.15\left(1-\frac{N}{A_n f}\right)W_{pnx}f \tag{9.2.3-2}$$

式中　A_n——净截面面积。

压弯构件的压力 N 不应大于 $0.6A_n f$，其剪切强度应符合公式(9.2.2)的要求。

9.2.4　弯矩作用在一个主平面内的压弯构件，其稳定性应符合下列公式的要求：

1　弯矩作用平面内：

$$\frac{N}{\varphi_x Af}+\frac{\beta_{mx}M_x}{W_{px}f\left(1-0.8\frac{N}{N'_{Ex}}\right)}\leqslant 1 \tag{9.2.4-1}$$

式中　W_{px}——对 x 轴的塑性毛截面模量。

φ_x、N'_{Ex} 和 β_{mx} 应按第 5.2.2 条计算弯矩作用平面内稳定的有关规定采用。

2　弯矩作用平面外：

$$\frac{N}{\varphi_y Af}+\eta\frac{\beta_{tx}M_x}{\varphi_b W_{px}f}\leqslant 1 \tag{9.2.4-2}$$

φ_y、φ_b、η 和 β_{tx} 应按 5.2.2 条计算弯矩作用平面外稳定的有关规定采用。

9.3　容许长细比和构造要求

9.3.1　受压构件的长细比不宜大于 $130\sqrt{235/f_y}$。

9.3.2　在构件出现塑性铰的截面处，必须设置侧向支承。该支承点与其相邻支承点间构件的长细比 λ_y 应符合下列要求：

当 $-1\leqslant\frac{M_1}{W_{px}f}\leqslant 0.5$ 时：

$$\lambda_y\leqslant\left(60-40\frac{M_1}{W_{px}f}\right)\sqrt{\frac{235}{f_y}} \tag{9.3.2-1}$$

当 $0.5<\frac{M_1}{W_{px}f}\leqslant 1.0$ 时：

$$\lambda_y\leqslant\left(45-10\frac{M_1}{W_{px}f}\right)\sqrt{\frac{235}{f_y}} \tag{9.3.2-2}$$

式中　λ_y——弯矩作用平面外的长细比，$\lambda_y=l_1/i_y$，l_1 为侧向支承点间距离，i_y 为截面回转半径；

M_1——与塑性铰相距为 l_1 的侧向支承点处的弯矩；当长度 l_1 内为同向曲率时，$M_1/(W_{px}f)$ 为正；当为反向曲率时，$M_1/(W_{px}f)$ 为负。

对不出现塑性铰的构件区段，其侧向支承点间距应由本规范第 4 章和第 5 章内有关弯矩作用平面外的整体稳定计算确定。

9.3.3　用作减少构件弯矩作用平面外计算长度的侧向支撑，其轴心力应分别按本规范第 4.2.6 条或第 5.2.8 条确定。

9.3.4　所有节点及其连接应有足够的刚度，以保证在出现塑性铰前节点处各构件间的夹角保持不变。

构件拼接和构件间的连接应能传递该处最大弯矩设计值的 1.1 倍，且不得低于 $0.25W_{px}f$。

9.3.5　当板件采用手工气割或剪切机切割时，应将出现塑性铰部位的边缘刨平。

当螺栓孔位于构件塑性铰部位的受拉板件上时，应采用钻成孔或先冲后扩钻孔。

10　钢管结构

10.1　一般规定

10.1.1　本章规定适用于不直接承受动力荷载，在节点处直接焊接的钢管（圆管、方管或矩形管）桁架结构。

10.1.2　圆钢管的外径与壁厚之比不应超过 $100(235/f_y)$；方管或矩形管的最大外缘尺寸与壁厚之比不应超过 $40\sqrt{235/f_y}$。

10.1.3　热加工管材和冷成型管材不应采用屈服强度 f_y 超过 345N/mm² 以及屈强比 $f_y/f_u>0.8$ 的钢材，且钢管壁厚不宜大于 25mm。

10.1.4　在满足下列情况下，分析桁架杆件内力时可将节点视为铰接：

1　符合各类节点相应的几何参数的适用范围；

2　在桁架平面内杆件的节间长度或杆件长度与截面高度（或直径）之比不小于12（主管）和24（支管）时。

10.1.5　若支管与主管连接节点偏心不超过式（10.1.5）限制时，在计算节点和受拉主管承载力时，可忽略因偏心引起的弯矩的影响，但受压主管必须考虑此偏心弯矩 $M=\Delta N\times e$（ΔN 为节点两侧主管轴力之差值）的影响。

$$-0.55\leqslant e/h(\text{或 } e/d)\leqslant 0.25 \qquad (10.1.5)$$

式中　e——偏心距，符号如图10.1.5所示；

d——圆主管外径；

h——连接平面内的矩形主管截面高度。

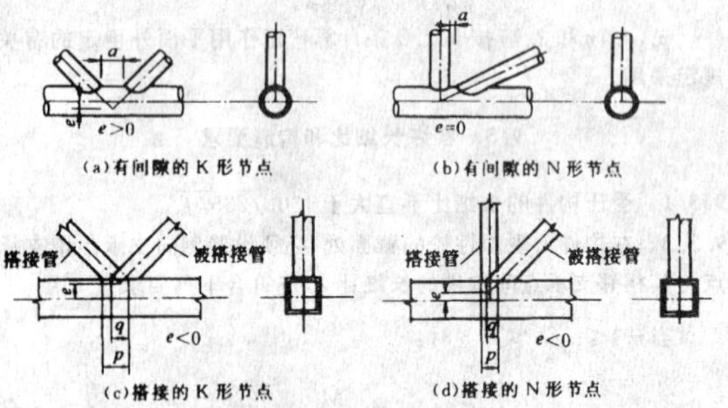

图10.1.5　K形和N形管节点的偏心和间隙

10.2　构造要求

10.2.1　钢管节点的构造应符合下列要求：

1　主管的外部尺寸不应小于支管的外部尺寸，主管的壁厚不应小于支管壁厚，在支管与主管连接处不得将支管插入主管内；

2　主管与支管或两支管轴线之间的夹角不宜小于30°；

3　支管与主管的连接节点处，除搭接型节点外，应尽可能避免偏心；

4　支管与主管的连接焊缝，应沿全周连续焊接并平滑过渡；

5　支管端部宜使用自动切管机切割，支管壁厚小于6mm时可不切坡口。

10.2.2　在有间隙的K形或N形节点中（图10.1.5a、b），支管间隙 a 应不小于两支管壁厚之和。

10.2.3　在搭接的K形或N形节点中（图10.1.5c、d），其搭接率 $O_v=q/p\times100\%$ 应满足 $25\%\leqslant O_v\leqslant100\%$，且应确保在搭接部分的支管之间的连接焊缝能可靠地传递内力。

10.2.4　在搭接节点中，当支管厚度不同时，薄壁管应搭在厚壁管上；当支管钢材强度等级不同时，低强度管应搭在高强度管上。

10.2.5　支管与主管之间的连接可沿全周用角焊缝或部分采用对接焊缝、部分采用角焊缝。支管管壁与主管管壁之间的夹角大于或等于120°的区域宜用对接焊缝或带坡口的角焊缝。角焊缝的焊脚尺寸 h_f 不宜大于支管壁厚的2倍。

10.2.6　钢管构件在承受较大横向荷载的部位应采取适当的加强措施，防止产生过大的局部变形。构件的主要受力部位应避免开孔，如必须开孔时，应采取适当的补强措施。

10.3　杆件和节点承载力

10.3.1　直接焊接钢管结构中支管和主管的轴心内力设计值不应超过由本规范第5章确定的杆件承载力设计值。支管的轴心内力设计值亦不应超过节点承载力设计值。

10.3.2　在节点处，支管沿周边与主管相焊，焊缝承载力应等于或大于节点承载力。

在管结构中，支管与主管的连接焊缝可视为全周角焊缝按本规范公式（7.1.3-1）进行计算，但取 $\beta_f=1$。角焊缝的计算厚度沿支管周长是变化的，当支管轴心受力时，平均计算厚度可取 $0.7h_f$。焊缝的计算长度可按下列公式计算：

1　在圆管结构中，取支管与主管相交线长度：

当 $d_i/d\leqslant0.65$ 时：

$$l_w=(3.25d_i-0.025d)\left(\frac{0.534}{\sin\theta_i}+0.466\right) \qquad (10.3.2\text{-}1)$$

当 $d_i/d>0.65$ 时：

$$l_w=(3.81d_i-0.389d)\left(\frac{0.534}{\sin\theta_i}+0.466\right) \qquad (10.3.2\text{-}2)$$

式中　d、d_i——分别为主管和支管外径；

θ_i——支管轴线与主管轴线的夹角。

2　在矩形管结构中，支管与主管交线的计算长度应按下列规定计算：

对于有间隙的K形和N形节点：

当 $\theta_i\geqslant60°$ 时：

$$l_w=\frac{2h_i}{\sin\theta_i}+b_i \qquad (10.3.2\text{-}3)$$

当 $\theta_i\leqslant50°$ 时：

$$l_w=\frac{2h_i}{\sin\theta_i}+2b_i \qquad (10.3.2\text{-}4)$$

当 $50°<\theta_i<60°$ 时，l_w 按插值法确定。

对于T、Y和X形节点（见图10.3.4）：

$$l_w=\frac{2h_i}{\sin\theta_i} \qquad (10.3.2\text{-}5)$$

式中　h_i、b_i——分别为支管的截面高度和宽度。

当支管为圆管、主管为矩形管时，焊缝计算长度取为支管与主管的相交线长度减去 d_i。

10.3.3　主管和支管均为圆管的直接焊接节点承载力应按下列规定计算，其适用范围为：$0.2\leqslant\beta\leqslant1.0$；$d_i/t_i\leqslant60$；$d/t\leqslant100$，$\theta\geqslant30°$，$60°\leqslant\phi\leqslant120°$（$\beta$ 为支管外径与主管外径之比；d_i、t_i 为支管的外径和壁厚；d、t 为主管的外径和壁厚；θ 为支管轴线与主管轴线之夹角；ϕ 为空间管节点支管的横向夹角，即支管轴线在主管横截面所在平面投影的夹角）。

为保证节点处主管的强度，支管的轴心力不得大于下列规定中的承载力设计值：

1　X形节点（图10.3.3a）：

1）受压支管在管节点处的承载力设计值 N_{cX}^{pj} 应按下式计算：

$$N_{cX}^{pj}=\frac{5.45}{(1-0.81\beta)\sin\theta}\psi_n t^2 f \qquad (10.3.3\text{-}1)$$

式中　ψ_n——参数，$\psi_n=1-0.3\frac{\sigma}{f_y}-0.3\left(\frac{\sigma}{f_y}\right)^2$，当节点两侧或一侧主管受拉时，则取 $\psi_n=1$。

f——主管钢材的抗拉、抗压和抗弯强度设计值；

f_y——主管钢材的屈服强度；

σ——节点两侧主管轴心压应力的较小绝对值。

2）受拉支管在管节点处的承载力设计值 N_{tX}^{pj} 应按下式计算：

$$N_{tX}^{pj}=0.78\left(\frac{d}{t}\right)^{0.2}N_{cX}^{pj} \qquad (10.3.3\text{-}2)$$

2　T形（或Y形）节点（图10.3.3b和c）：

1）受压支管在管节点处的承载力设计值 N_{cT}^{pj} 应按下式计算：

$$N_{cT}^{pj}=\frac{11.51}{\sin\theta}\left(\frac{d}{t}\right)^{0.2}\psi_n\psi_d t^2 f \qquad (10.3.3\text{-}3)$$

式中　ψ_d——参数；当 $\beta\leqslant0.7$ 时，$\psi_d=0.069+0.93\beta$；当 $\beta>0.7$ 时，$\psi_d=2\beta-0.68$。

2）受拉支管在管节点处的承载力设计值 N_{tT}^{pj} 应按下式计算：

当 $\beta\leqslant0.6$ 时：

$$N_{cT}^{pj}=1.4N_{cT}^{pj} \qquad (10.3.3\text{-}4)$$

当$\beta>0.6$时：

$$N_{\rm tT}^{\rm pj}=(2-\beta)N_{\rm cT}^{\rm pj} \quad (10.3.3\text{-}5)$$

3　K形节点(图10.3.3d)：

1)受压支管在管节点处的承载力设计值$N_{\rm cK}^{\rm pj}$应按下式计算：

$$N_{\rm cK}^{\rm pj}=\frac{11.51}{\sin\theta_{\rm c}}\left(\frac{d}{t}\right)^{0.2}\psi_{\rm n}\psi_{\rm d}\psi_{\rm a}t^2 f \quad (10.3.3\text{-}6)$$

式中　$\theta_{\rm c}$——受压支管轴线与主管轴线之夹角；

$\psi_{\rm a}$——参数，按下式计算：

$$\psi_{\rm a}=1+\frac{2.19}{1+\frac{7.5a}{d}}\left[1-\frac{20.1}{6.6+\frac{d}{t}}\right](1-0.77\beta) \quad (10.3.3\text{-}7)$$

a——两支管间的间隙；当$a<0$时，取$a=0$。

2)受拉支管在管节点处的承载力设计值$N_{\rm tK}^{\rm pj}$应按下式计算：

$$N_{\rm tK}^{\rm pj}=\frac{\sin\theta_{\rm c}}{\sin\theta_{\rm t}}N_{\rm cK}^{\rm pj} \quad (10.3.3\text{-}8)$$

式中　$\theta_{\rm t}$——受拉支管轴线与主管轴线之夹角。

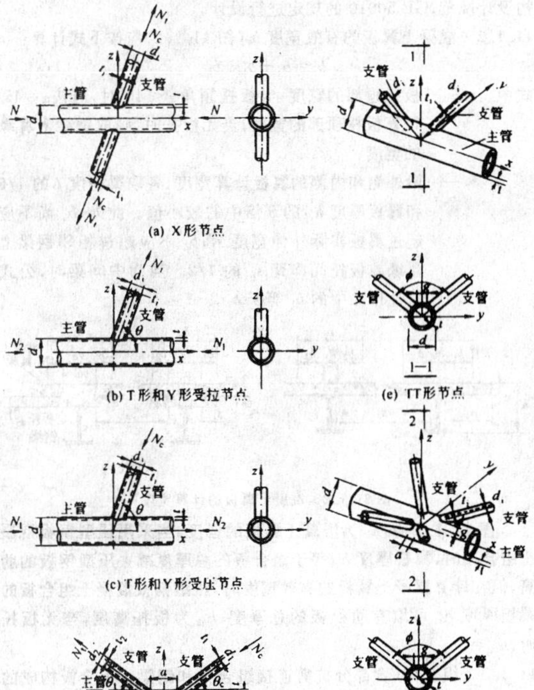

图10.3.3　圆管结构的节点形式

4　TT形节点(图10.3.3e)：

1)受压支管在管节点处的承载力设计值$N_{\rm cTT}^{\rm pj}$应按下式计算：

$$N_{\rm cTT}^{\rm pj}=\psi_{\rm g}N_{\rm cT}^{\rm pj} \quad (10.3.3\text{-}9)$$

式中　$\psi_{\rm g}=1.28-0.64\frac{g}{d}\leqslant1.1$，$g$为两支管的横向间距。

2)受拉支管在管节点处的承载力设计值$N_{\rm tTT}^{\rm pj}$应按下式计算：

$$N_{\rm tTT}^{\rm pj}=N_{\rm cTT}^{\rm pj} \quad (10.3.3\text{-}10)$$

5　KK形节点(图10.3.3f)：

受压或受拉支管在管节点处的承载力设计值$N_{\rm cKK}^{\rm pj}$或$N_{\rm tKK}^{\rm pj}$应等于K形节点相应支管承载力设计值$N_{\rm cK}^{\rm pj}$或$N_{\rm tK}^{\rm pj}$的0.9倍。

10.3.4　矩形管直接焊接节点(图10.3.4)的承载力应按下列规定计算，其适用范围如表10.3.4所示。

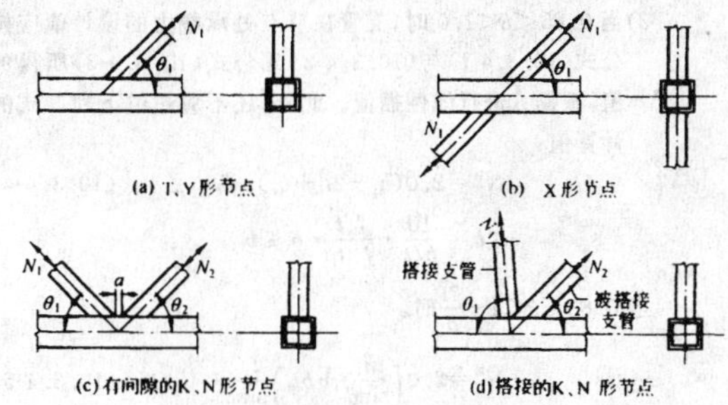

图10.3.4　矩形管直接焊接平面管节点

表10.3.4　矩形管节点几何参数的适用范围

管截面形式		节点形式	节点几何参数，i=1或2，表示支管；j——表示被搭接的支管					
			$\frac{b_i}{b}$、$\frac{h_i}{b}$(或$\frac{d_i}{b}$)	$\frac{b_i}{t_i}$、$\frac{h_i}{t_i}$(或$\frac{d_i}{t_i}$) 受压	$\frac{b_i}{t_i}$、$\frac{h_i}{t_i}$(或$\frac{d_i}{t_i}$) 受拉	$\frac{h_i}{b_i}$	$\frac{b}{t}$、$\frac{h}{t}$	a或O_v b_i/b_j、t_i/t_j
主管为矩形管	支管为矩形管	T、Y、X形	$\geqslant0.25$	$\leqslant37\sqrt{\frac{235}{f_{yi}}}$ $\leqslant35$	$\leqslant35$	$0.5\leqslant\frac{h_i}{b_i}\leqslant2$	$\leqslant35$	
		有间隙的K形和N形	$\geqslant0.1+\frac{0.01b}{t}$ $\beta\geqslant0.35$					$0.5(1-\beta)\leqslant\frac{a}{b}\leqslant1.5(1-\beta)$ $a\geqslant t_1+t_2$
		搭接K形和N形	$\geqslant0.25$	$\leqslant33\sqrt{\frac{235}{f_{yi}}}$			$\leqslant40$	$25\%\leqslant O_v\leqslant100\%$ $\frac{t_i}{t_j}\leqslant1.0$，$1.0\geqslant\frac{b_i}{b_j}\geqslant0.75$
	支管为圆管		$0.4\leqslant\frac{d_i}{b}\leqslant0.8$	$\leqslant44\sqrt{\frac{235}{f_{yi}}}$	$\leqslant50$	用d_i取代b_i之后，仍应满足上述相应条件		

注：1　标注*处当$a/b>1.5(1-\beta)$，则按T形或Y形节点计算。

2　b_i、h_i、t_i分别为第i个矩形支管的截面宽度、高度和壁厚；

d_i、t_i分别为第i个圆支管的外径和壁厚；

b、h、t分别为矩形主管的截面宽度、高度和壁厚；

a为支管间的间隙，见图10.3.4；

O_v为搭接率，见第10.2.3条；

β为参数：对T、Y、X形节点，$\beta=\frac{b_i}{b}$或$\frac{d_i}{b}$；对K、N形节点，$\beta=\frac{b_1+b_2+h_1+h_2}{4b}$或$\beta=\frac{d_1+d_2}{2b}$；

f_{yi}为第i个支管钢材的屈服强度。

为保证节点处矩形主管的强度，支管的轴心力N_i和主管的轴心力N不得大于下列规定的节点承载力设计值：

1　支管为矩形管的T、Y和X形节点(图10.3.4a、b)：

1)当$\beta\leqslant0.85$时，支管在节点处的承载力设计值$N_i^{\rm pj}$应按下式计算：

$$N_i^{\rm pj}=1.8\left(\frac{h_i}{bc\sin\theta_i}+2\right)\frac{t^2 f}{c\sin\theta_i}\psi_{\rm n} \quad (10.3.4\text{-}1)$$

$$c=(1-\beta)^{0.5}$$

式中　$\psi_{\rm n}$——参数；当主管受压时，$\psi_{\rm n}=1.0-\frac{0.25}{\beta}\cdot\frac{\sigma}{f}$；当主管受拉时，$\psi_{\rm n}=1.0$；

σ——节点两侧主管轴心压应力的较大绝对值。

2)当$\beta=1.0$时，支管在节点处的承载力设计值$N_i^{\rm pj}$应按下式计算：

$$N_i^{\rm pj}=2.0\left(\frac{h_i}{\sin\theta_i}+5t\right)\frac{tf_{\rm k}}{\sin\theta_i}\psi_{\rm n} \quad (10.3.4\text{-}2)$$

当为X形节点，$\theta_i<90°$且$h\geqslant h_i/\cos\theta_i$时，尚应按下式验算：

$$N_i^{\rm pj}=\frac{2htf_{\rm v}}{\sin\theta_i} \quad (10.3.4\text{-}3)$$

式中　$f_{\rm k}$——主管强度设计值；当支管受拉时，$f_{\rm k}=f$；当支管受压时，对T、Y形节点，$f_{\rm k}=0.8\varphi f$；对X形节点，$f_{\rm k}=(0.65\sin\theta_i)\varphi f$；$\varphi$为按长细比

$\lambda=1.73\left(\frac{h}{t}-2\right)\left(\frac{1}{\sin\theta_i}\right)^{0.5}$确定的轴心受压构件的稳定系数；

f_v——主管钢材的抗剪强度设计值。

3)当 $0.85<\beta<1.0$ 时，支管在节点处承载力的设计值应按公式(10.3.4-1)与(10.3.4-2)或公式(10.3.4-3)所得的值，根据 β 进行线性插值。此外，还不应超过下列二式的计算值：

$$N_i^{pj}=2.0(h_i-2t_i+b_e)t_if_i \quad (10.3.4\text{-}4)$$

$$b_e=\frac{10}{b/t}\cdot\frac{f_yt}{f_{yi}t_i}\cdot b_i\leqslant b_i$$

当 $0.85\leqslant\beta\leqslant1-\frac{2t}{b}$ 时：

$$N_i^{pj}=2.0\left(\frac{h_i}{\sin\theta_i}+b_{ep}\right)\frac{tf_v}{\sin\theta_i} \quad (10.3.4\text{-}5)$$

$$b_{ep}=\frac{10}{b/t}\cdot b_i\leqslant b_i$$

式中 h_i、t_i、f_i——分别为支管的截面高度、壁厚以及抗拉（抗压和抗弯）强度设计值。

2 支管为矩形管的有间隙的K形和N形节点(图10.3.4c)：

1)节点处任一支管的承载力设计值应取下列各式的较小值：

$$N_i^{pj}=1.42\frac{b_1+b_2+h_1+h_2}{b\sin\theta_i}\left(\frac{b}{t}\right)^{0.5}t^2f\psi_n \quad (10.3.4\text{-}6)$$

$$N_i^{pj}=\frac{A_vf_v}{\sin\theta_i} \quad (10.3.4\text{-}7)$$

$$N_i^{pj}=2.0\left(h_i-2t_i+\frac{b_i+b_e}{2}\right)t_if_i \quad (10.3.4\text{-}8)$$

当 $\beta\leqslant1-\frac{2t}{b}$ 时，尚应小于：

$$N_i^{pj}=2.0\left(\frac{h_i}{\sin\theta_i}+\frac{b_i+b_{ep}}{2}\right)\frac{tf_v}{\sin\theta_i} \quad (10.3.4\text{-}9)$$

式中 A_v——弦杆的受剪面积，按下列公式计算：

$$A_v=(2h+\alpha b)t \quad (10.3.4\text{-}10)$$

$$\alpha=\sqrt{\frac{3t^2}{3t^2+4a^2}} \quad (10.3.4\text{-}11)$$

2)节点间隙处的弦杆轴心受力承载力设计值为：

$$N^{pj}=(A-\alpha_vA_v)f \quad (10.3.4\text{-}12)$$

式中 α_v——考虑剪力对弦杆轴心承载力的影响系数，按下式计算：

$$\alpha_v=1-\sqrt{1-\left(\frac{V}{V_p}\right)^2} \quad (10.3.4\text{-}13)$$

$$V_p=A_vf_v$$

V——节点间隙处弦杆所受的剪力，可按任一支管的竖向分力计算。

3 支管为矩形管的搭接的K形和N形节点(图10.3.4d)：

搭接支管的承载力设计值应根据不同的搭接率 O_v 按下列公式计算(下标 j 表示被搭接的支管)：

1)当 $25\%\leqslant O_v<50\%$ 时：

$$N_i^{pj}=2.0\left[(h_i-2t_i)\frac{O_v}{0.5}+\frac{b_e+b_{ej}}{2}\right]t_if_i \quad (10.3.4\text{-}14)$$

$$b_{ej}=\frac{10}{b_j/t_j}\cdot\frac{t_jf_{yj}}{t_if_{yi}}b_i\leqslant b_i$$

2)当 $50\%\leqslant O_v<80\%$ 时：

$$N_i^{pj}=2.0\left(h_i-2t_i+\frac{b_e+b_{ej}}{2}\right)t_if_i \quad (10.3.4\text{-}15)$$

3)当 $80\%\leqslant O_v\leqslant100\%$ 时：

$$N_i^{pj}=2.0\left(h_i-2t_i+\frac{b_i+b_{ej}}{2}\right)t_if_i \quad (10.3.4\text{-}16)$$

被搭接支管的承载力应满足下式要求：

$$\frac{N_j^{pj}}{A_jf_{yj}}\leqslant\frac{N_i^{pj}}{A_if_{yi}} \quad (10.3.4\text{-}17)$$

4 支管为圆管的各种形式的节点：

当支管为圆管时，上述各节点承载力的计算公式仍可使用，但需用 d_i 取代 b_i 和 h_i，并将各式右侧乘以系数 $\pi/4$，同时应将式(10.3.4-10)中的 α 值取为零。

11 钢与混凝土组合梁

11.1 一般规定

11.1.1 本章规定一般用于不直接承受动力荷载由混凝土翼板与钢梁通过抗剪连接件组成的组合梁。

组合梁的翼板可用现浇混凝土板，亦可用混凝土叠合板或压型钢板混凝土组合板，其中混凝土板应按现行国家标准《混凝土结构设计规范》GB 50010 的规定进行设计。

11.1.2 混凝土翼板的有效宽度 b_e(图11.1.2)应按下式计算：

$$b_e=b_0+b_1+b_2 \quad (11.1.2)$$

式中 b_0——板托顶部的宽度；当板托倾角 $\alpha<45°$ 时，应按 $\alpha=45°$ 计算板托顶部的宽度；当无板托时，则取钢梁上翼缘的宽度；

b_1、b_2——梁外侧和内侧的翼板计算宽度，各取梁跨度 l 的1/6和翼板厚度 h_{c1} 的6倍中的较小值。此外，b_1 尚不应超过翼板实际外伸宽度 s_1；b_2 不应超过相邻钢梁上翼缘或板托间净距 s_0 的1/2。当为中间梁时，公式(11.1.2)中的 b_1 等于 b_2。

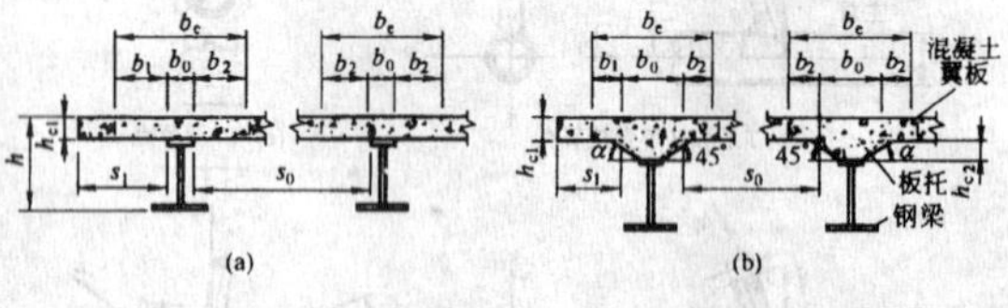

图11.1.2 混凝土翼板的计算宽度

图11.1.2中，h_{c1} 为混凝土翼板的厚度，当采用压型钢板混凝土组合板时，翼板厚度 h_{c1} 等于组合板的总厚度减去压型钢板的肋高，但在计算混凝土翼板的有效宽度时，压型钢板混凝土组合板的翼板厚度 h_{c1} 可取有肋处板的总厚度；h_{c2} 为板托高度，当无板托时，$h_{c2}=0$。

11.1.3 组合梁(含部分抗剪连接组合梁和钢梁与组合板构成的组合梁)的挠度应按弹性方法进行计算，并应按本规范第11.4.2条的规定考虑混凝土翼板和钢梁之间的滑移效应对组合梁的抗弯刚度进行折减。

对于连续组合梁，在距中间支座两侧各 $0.15l$(l 为梁的跨度)范围内，不计受拉区混凝土对刚度的影响，但应计入翼板有效宽度 b_e 范围内配置的纵向钢筋的作用，其余区段仍取折减刚度，除按此验算其挠度外，尚应按现行国家标准《混凝土结构设计规范》GB 50010的规定验算负弯矩区段混凝土最大裂缝宽度 w_{max}。

在组合梁的强度、挠度和裂缝计算中，可不考虑板托截面。

组合梁尚应按有关规定进行混凝土翼板的纵向抗剪验算。

11.1.4 组合梁施工时，若钢梁下无临时支承，则混凝土硬结前的材料重量和施工荷载应由钢梁承受，钢梁应按本规范第3章和第4章规定计算其强度、稳定性和变形。施工完成后的使用阶段，组合梁承受的续加荷载产生的变形应与施工阶段钢梁的变形相叠加。

11.1.5 在强度和变形满足的条件下，组合梁交界面上抗剪连接件的纵向水平抗剪能力不能保证最大正弯矩截面上抗弯承载力充分发挥时，可以按照部分抗剪连接进行设计。用压型钢板做混凝土底模的组合梁，亦宜按照部分抗剪连接组合梁设计。部分抗剪连接限用于跨度不超过 20m 的等截面组合梁。

11.1.6 按本章规定考虑全截面塑性发展进行组合梁的强度计算时，钢梁钢材的强度设计值 f 应按本规范第 3.4.1 和 3.4.2 条的规定采用，当组成板件的厚度不同时，可统一取用较厚板件的强度设计值。组合梁负弯矩区段所配负弯矩钢筋的强度设计值按现行国家标准《混凝土结构设计规范》GB 50010 的有关规定采用。连续组合梁采用弹性分析计算内力时，考虑塑性发展的内力调幅系数不宜超过 15%。

组合梁中钢梁的受压区，其板件的宽厚比应满足本规范第 9 章第 9.1.4 条的要求。

11.2 组合梁设计

11.2.1 完全抗剪连接组合梁的抗弯强度应按下列规定计算：

1 正弯矩作用区段：

1）塑性中和轴在混凝土翼板内（图 11.2.1-1），即 $Af \leqslant b_e h_{c1} f_c$ 时：

$$M \leqslant b_e x f_c y \quad (11.2.1\text{-}1)$$

$$x = Af/(b_e f_c) \quad (11.2.1\text{-}2)$$

式中 M——正弯矩设计值；

A——钢梁的截面面积；

x——混凝土翼板受压区高度；

y——钢梁截面应力的合力至混凝土受压区截面应力的合力间的距离；

f_c——混凝土抗压强度设计值。

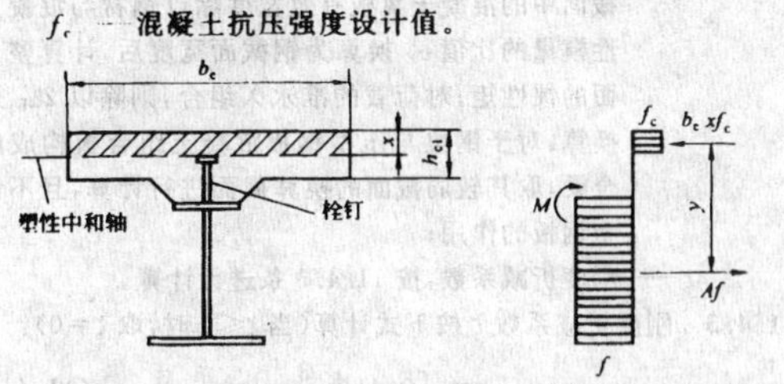

图 11.2.1-1 塑性中和轴在混凝土翼板内时的组合梁截面及应力图形

2）塑性中和轴在钢梁截面内（图 11.2.1-2），即 $Af > b_e h_{c1} f_c$ 时：

$$M \leqslant b_e h_{c1} f_c y_1 + A_c f y_2 \quad (11.2.1\text{-}3)$$

$$A_c = 0.5(A - b_e h_{c1} f_c / f) \quad (11.2.1\text{-}4)$$

式中 A_c——钢梁受压区截面面积；

y_1——钢梁受拉区截面形心至混凝土翼板受压区截面形心的距离；

y_2——钢梁受拉区截面形心至钢梁受压区截面形心的距离。

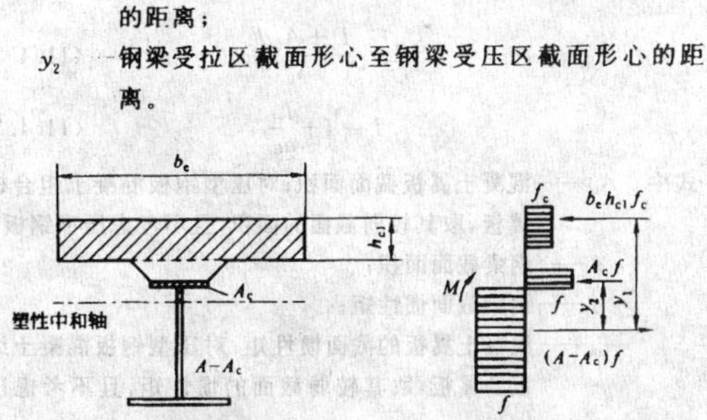

图 11.2.1-2 塑性中和轴在钢梁内时的组合梁截面及应力图形

2 负弯矩作用区段（图 11.2.1-3）：

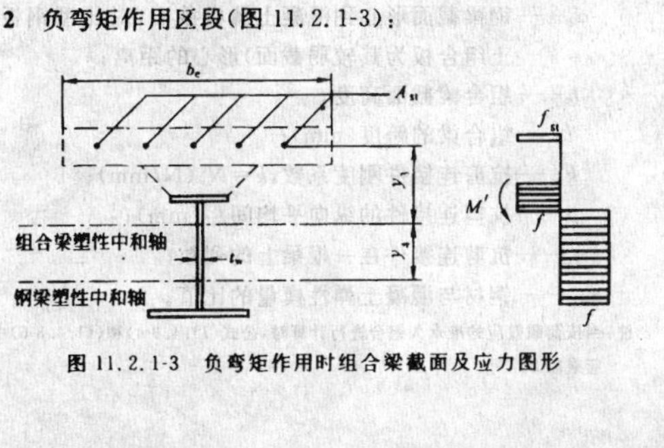

图 11.2.1-3 负弯矩作用时组合梁截面及应力图形

$$M' \leqslant M_s + A_{st} f_{st}(y_3 + y_4/2) \quad (11.2.1\text{-}5)$$

$$M_s = (S_1 + S_2) f \quad (11.2.1\text{-}6)$$

式中 M'——负弯矩设计值；

S_1、S_2——钢梁塑性中和轴（平分钢梁截面积的轴线）以上和以下截面对该轴的面积矩；

A_{st}——负弯矩区混凝土翼板有效宽度范围内的纵向钢筋截面面积；

f_{st}——钢筋抗拉强度设计值；

y_3——纵向钢筋截面形心至组合梁塑性中和轴的距离；

y_4——组合梁塑性中和轴至钢梁塑性中和轴的距离。当组合梁塑性中和轴在钢梁腹板内时，取 $y_4 = A_{st} f_{st}/(2t_w f)$；当该中和轴在钢梁翼缘内时，可取 y_4 等于钢梁塑性中和轴至腹板上边缘的距离。

11.2.2 部分抗剪连接组合梁在正弯矩区段的抗弯强度按下列公式计算（图 11.2.2）：

$$x = n_r N_v^c/(b_e f_c) \quad (11.2.2\text{-}1)$$

$$A_c = (Af - n_r N_v^c)/(2f) \quad (11.2.2\text{-}2)$$

$$M_{u,r} = n_r N_v^c y_1 + 0.5(Af - n_r N_v^c) y_2 \quad (11.2.2\text{-}3)$$

式中 $M_{u,r}$——部分抗剪连接时组合梁截面抗弯承载力；

n_r——部分抗剪连接时一个剪跨区的抗剪连接件数目；

N_v^c——每个抗剪连接件的纵向抗剪承载力，按本规范第 11.3 节的有关公式计算。

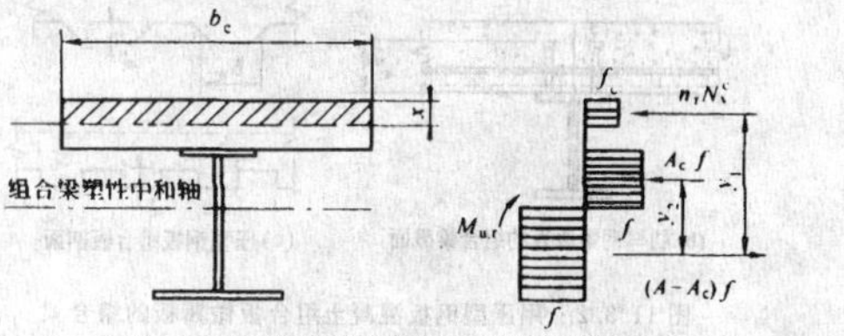

图 11.2.2 部分抗剪连接组合梁计算简图

部分抗剪连接组合梁在负弯矩作用区段的抗弯强度则按 $n_r N_v^c$ 和 $A_{st} f_{st}$ 两者中的较小值计算。

11.2.3 组合梁截面上的全部剪力，假定仅由钢梁腹板承受，应按本规范公式（9.2.2）进行计算。

11.2.4 用塑性设计法计算组合梁强度时，在下列部位可不考虑弯矩与剪力的相互影响：

1 受正弯矩的组合梁截面；

2 $A_{st} f_{st} \geqslant 0.15Af$ 的受负弯矩的组合梁截面。

11.3 抗剪连接件的计算

11.3.1 组合梁的抗剪连接件宜采用栓钉，也可采用槽钢、弯筋或有可靠依据的其他类型连接件。栓钉、槽钢及弯筋连接件的设置方式如图 11.3.1 所示；一个抗剪连接件的承载力设计值由下列公式确定：

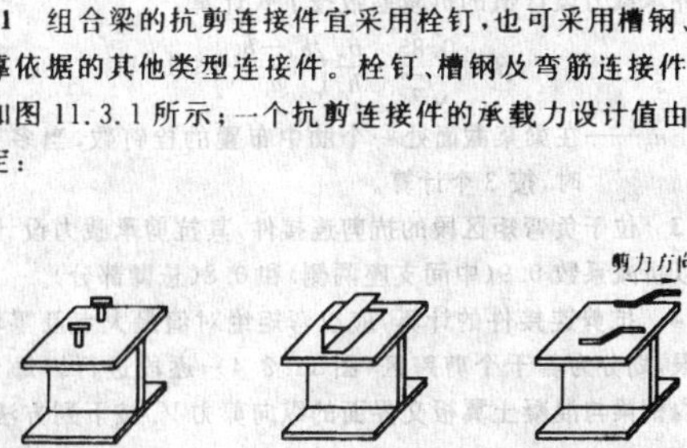

(a) 栓钉连接件　(b) 槽钢连接件　(c) 弯筋连接件

图 11.3.1 连接件的外形及设置方向

1 圆柱头焊钉（栓钉）连接件：

$$N_v^c = 0.43 A_s \sqrt{E_c f_c} \leqslant 0.7 A_s \gamma f \quad (11.3.1\text{-}1)$$

式中 E_c——混凝土的弹性模量；

A_s——圆柱头焊钉（栓钉）钉杆截面面积；

f——圆柱头焊钉（栓钉）抗拉强度设计值；

γ——栓钉材料抗拉强度最小值与屈服强度之比。

当栓钉材料性能等级为 4.6 级时，取 $f = 215(\text{N/mm}^2)$，$\gamma = 1.67$。

2　槽钢连接件：

$$N_v^c = 0.26(t+0.5t_w)l_c\sqrt{E_c f_c} \qquad (11.3.1\text{-}2)$$

式中　t——槽钢翼缘的平均厚度；

t_w——槽钢腹板的厚度；

l_c——槽钢的长度。

槽钢连接件通过肢尖肢背两条通长角焊缝与钢梁连接，角焊缝按承受该连接件的抗剪承载力设计值 N_v^c 进行计算。

3　弯筋连接件：

$$N_v^c = A_{st} f_{st} \qquad (11.3.1\text{-}3)$$

式中　A_{st}——弯筋的截面面积；

f_{st}——弯筋的抗拉强度设计值。

11.3.2　对于用压型钢板混凝土组合板做翼板的组合梁（图 11.3.2），其栓钉连接件的抗剪承载力设计值应分别按以下两种情况予以降低：

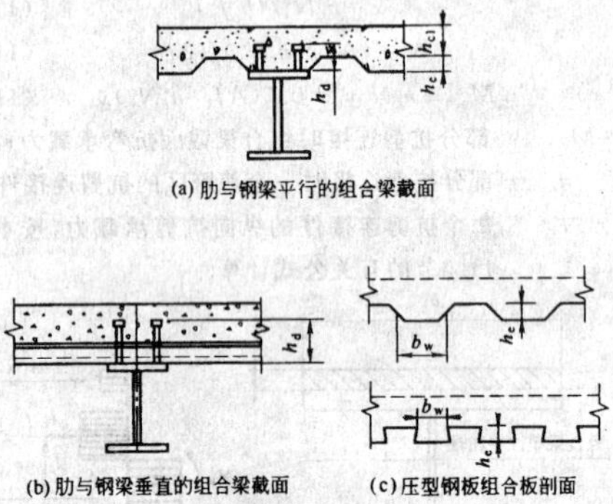

(a) 肋与钢梁平行的组合梁截面

(b) 肋与钢梁垂直的组合梁截面　　(c) 压型钢板组合板剖面

图 11.3.2　用压型钢板混凝土组合板做翼板的组合梁

1　当压型钢板肋平行于钢梁布置（图 11.3.2a），$b_w/h_e<1.5$ 时，按公式（11.3.1-1）算得的 N_v^c 应乘以折减系数 β_v 后取用。β_v 值按下式计算：

$$\beta_v = 0.6\frac{b_w}{h_e}\left(\frac{h_d-h_e}{h_e}\right)\leqslant 1 \qquad (11.3.2\text{-}1)$$

式中　b_w——混凝土凸肋的平均宽度，当肋的上部宽度小于下部宽度时（图 11.3.2c），改取上部宽度；

h_e——混凝土凸肋高度；

h_d——栓钉高度。

2　当压型钢板肋垂直于钢梁布置时（图 11.3.2b），栓钉抗剪连接件承载力设计值的折减系数按下式计算：

$$\beta_v = \frac{0.85}{\sqrt{n_0}}\cdot\frac{b_w}{h_e}\left(\frac{h_d-h_e}{h_e}\right)\leqslant 1 \qquad (11.3.2\text{-}2)$$

式中　n_0——在梁某截面处一个肋中布置的栓钉数，当多于 3 个时，按 3 个计算。

11.3.3　位于负弯矩区段的抗剪连接件，其抗剪承载力设计值 N_v^c 应乘以折减系数 0.9（中间支座两侧）和 0.8（悬臂部分）。

11.3.4　抗剪连接件的计算，应以弯矩绝对值最大点及零弯矩点为界限，划分为若干个剪跨区（图 11.3.4），逐段进行。每个剪跨区段内钢梁与混凝土翼板交界面的纵向剪力 V_s 按下列方法确定：

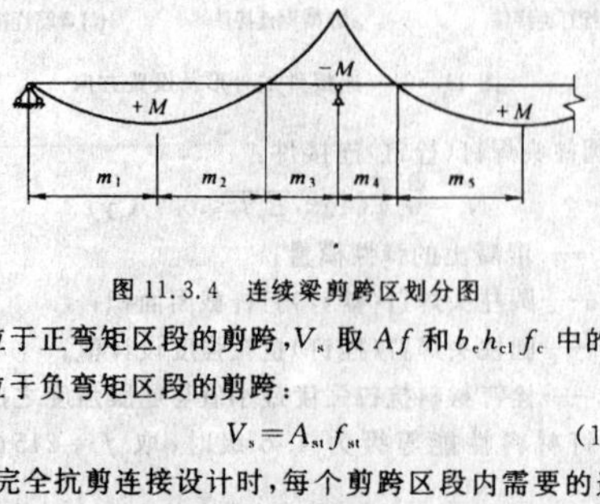

图 11.3.4　连续梁剪跨区划分图

1　位于正弯矩区段的剪跨，V_s 取 Af 和 $b_e h_{c1} f_c$ 中的较小者。

2　位于负弯矩区段的剪跨：

$$V_s = A_{st} f_{st} \qquad (11.3.4\text{-}1)$$

按照完全抗剪连接设计时，每个剪跨区段内需要的连接件总数 n_f，按下式计算：

$$n_f = V_s / N_v^c \qquad (11.3.4\text{-}2)$$

部分抗剪连接组合梁，其连接件的实配个数不得少于 n_f 的 50%。

按公式（11.3.4-2）算得的连接件数量，可在对应的剪跨区段内均匀布置。当在此剪跨区段内有较大集中荷载作用时，应将连接件个数 n_f 按剪力图面积比例分配后再各自均匀布置。

注：当采用栓钉和槽钢抗剪件时，在图 11.3.4 中可将剪跨区 m_2 和 m_3、m_4 和 m_5 分别合并为一个区配置抗剪连接件，合并为一个区段后的 $V_s=b_e h_{c1} f_c + A_{st} f_{st}$。建议在合并区内采用完全抗剪连接。

11.4　挠 度 计 算

11.4.1　组合梁的挠度应分别按荷载的标准组合和准永久组合进行计算，以其中的较大值作为依据。挠度计算可按结构力学公式进行，仅受正弯矩作用的组合梁，其抗弯刚度应取考虑滑移效应的折减刚度，连续组合梁应按变截面刚度梁（见第 11.1.3 条）进行计算。在上述两种荷载组合中，组合梁应各取其相应的折减刚度。

11.4.2　组合梁考虑滑移效应的折减刚度 B 可按下式确定：

$$B = \frac{EI_{eq}}{1+\zeta} \qquad (11.4.2)$$

式中　E——钢梁的弹性模量；

I_{eq}——组合梁的换算截面惯性矩；对荷载的标准组合，可将截面中的混凝土翼板有效宽度除以钢材与混凝土弹性模量的比值 α_E 换算为钢截面宽度后，计算整个截面的惯性矩；对荷载的准永久组合，则除以 $2\alpha_E$ 进行换算；对于钢梁与压型钢板混凝土组合板构成的组合梁，取其较弱截面的换算截面进行计算，且不计压型钢板的作用；

ζ——刚度折减系数，按 11.4.3 条进行计算。

11.4.3　刚度折减系数 ζ 按下式计算（当 $\zeta\leqslant 0$ 时，取 $\zeta=0$）：

$$\zeta = \eta\left[0.4-\frac{3}{(jl)^2}\right] \qquad (11.4.3\text{-}1)$$

$$\eta = \frac{36Ed_c pA_0}{n_s khl^2} \qquad (11.4.3\text{-}2)$$

$$j = 0.81\sqrt{\frac{n_s kA_1}{EI_0 p}} \quad (\text{mm}^{-1}) \qquad (11.4.3\text{-}3)$$

$$A_0 = \frac{A_{cf}A}{\alpha_E A + A_{cf}} \qquad (11.4.3\text{-}4)$$

$$A_1 = \frac{I_0 + A_0 d_c^2}{A_0} \qquad (11.4.3\text{-}5)$$

$$I_0 = I + \frac{I_{cf}}{\alpha_E} \qquad (11.4.3\text{-}6)$$

式中　A_{cf}——混凝土翼板截面面积；对压型钢板混凝土组合板的翼板，取其较弱截面的面积，且不考虑压型钢板；

A——钢梁截面面积；

I——钢梁截面惯性矩；

I_{cf}——混凝土翼板的截面惯性矩；对压型钢板混凝土组合板的翼板，取其较弱截面的惯性矩，且不考虑压型钢板；

d_c——钢梁截面形心到混凝土翼板截面（对压型钢板混凝土组合板为其较弱截面）形心的距离；

h——组合梁截面高度；

l——组合梁的跨度（mm）；

k——抗剪连接件刚度系数，$k=N_v^c$（N/mm）；

p——抗剪连接件的纵向平均间距（mm）；

n_s——抗剪连接件在一根梁上的列数；

α_E——钢材与混凝土弹性模量的比值。

注：当按荷载效应的准永久组合进行计算时，公式（11.4.3-4）和（11.4.3-6）中的 α_E 应乘以 2。

11.5 构造要求

11.5.1 组合梁截面高度不宜超过钢梁截面高度的 2.5 倍；混凝土板托高度 h_{c2} 不宜超过翼板厚度 h_{c1} 的 1.5 倍；板托的顶面宽度不宜小于钢梁上翼缘宽度与 $1.5h_{c2}$ 之和。

11.5.2 组合梁边梁混凝土翼板的构造应满足图 11.5.2 的要求。有板托时，伸出长度不宜小于 h_{c2}；无板托时，应同时满足伸出钢梁中心线不小于 150mm、伸出钢梁翼缘边不小于 50mm 的要求。

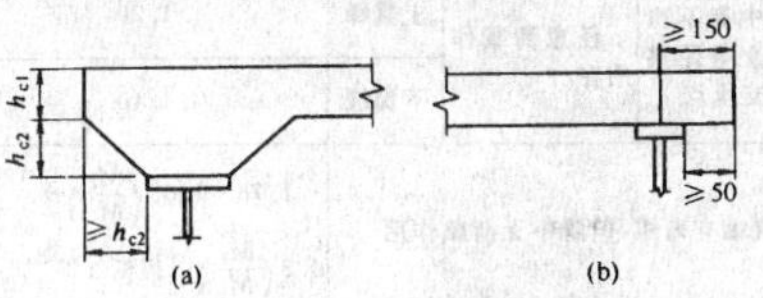

图 11.5.2 边梁构造图

11.5.3 连续组合梁在中间支座负弯矩区的上部纵向钢筋及分布钢筋，应按现行国家标准《混凝土结构设计规范》GB 50010 的规定设置。

11.5.4 抗剪连接件的设置应符合以下规定：

1 栓钉连接件钉头下表面或槽钢连接件上翼缘下表面高出翼板底部钢筋顶面不宜小于 30mm；

2 连接件沿梁跨度方向的最大间距不应大于混凝土翼板（包括板托）厚度的 4 倍，且不大于 400mm；

3 连接件的外侧边缘与钢梁翼缘边缘之间的距离不应小于 20mm；

4 连接件的外侧边缘至混凝土翼板边缘间的距离不应小于 100mm；

5 连接件顶面的混凝土保护层厚度不应小于 15mm。

11.5.5 栓钉连接件除应满足本规范第 11.5.4 条要求外，尚应符合下列规定：

1 当栓钉位置不正对钢梁腹板时，如钢梁上翼缘承受拉力，则栓钉杆直径不应大于钢梁上翼缘厚度的 1.5 倍；如钢梁上翼缘不承受拉力，则栓钉杆直径不应大于钢梁上翼缘厚度的 2.5 倍。

2 栓钉长度不应小于其杆径的 4 倍。

3 栓钉沿梁轴线方向的间距不应小于杆径的 6 倍；垂直于梁轴线方向的间距不应小于杆径的 4 倍。

4 用压型钢板做底模的组合梁，栓钉杆直径不宜大于 19mm，混凝土凸肋宽度不应小于栓钉杆直径的 2.5 倍；栓钉高度 h_d 应符合 $(h_e+30)\leqslant h_d\leqslant(h_e+75)$ 的要求（图 11.3.2）。

11.5.6 弯筋连接件除应符合本章第 11.5.4 条要求外，尚应满足以下规定：弯筋连接件宜采用直径不小于 12mm 的钢筋成对布置，用两条长度不小于 4 倍（Ⅰ级钢筋）或 5 倍（Ⅱ级钢筋）钢筋直径的侧焊缝焊接于钢梁翼缘上，其弯起角度一般为 45°，弯折方向应与混凝土翼板对钢梁的水平剪力方向相同。在梁跨中纵向水平剪力方向变化的区段，必须在两个方向均设置弯起钢筋。从弯起点算起的钢筋长度不宜小于其直径的 25 倍（Ⅰ级钢筋另加弯钩），其中水平段长度不宜小于其直径的 10 倍。弯筋连接件沿梁长度方向的间距不宜小于混凝土翼板（包括板托）厚度的 0.7 倍。

11.5.7 槽钢连接件一般采用 Q235 钢，截面不宜大于[12.6。

11.5.8 钢梁顶面不得涂刷油漆，在浇灌（或安装）混凝土翼板以前应清除铁锈、焊渣、冰层、积雪、泥土和其他杂物。

附录 A 结构或构件的变形容许值

A.1 受弯构件的挠度容许值

A.1.1 吊车梁、楼盖梁、屋盖梁、工作平台梁以及墙架构件的挠度不宜超过表 A.1.1 所列的容许值。

表 A.1.1 受弯构件挠度容许值

项次	构件类别	挠度容许值	
		$[v_T]$	$[v_Q]$
1	吊车梁和吊车桁架（按自重和起重量最大的一台吊车计算挠度）		—
	（1）手动吊车和单梁吊车（含悬挂吊车）	$l/500$	
	（2）轻级工作制桥式吊车	$l/800$	
	（3）中级工作制桥式吊车	$l/1000$	
	（4）重级工作制桥式吊车	$l/1200$	
2	手动或电动葫芦的轨道梁	$l/400$	—
3	有重轨（重量等于或大于 38kg/m）轨道的工作平台梁	$l/600$	—
	有轻轨（重量等于或小于 24kg/m）轨道的工作平台梁	$l/400$	
4	楼（屋）盖梁或桁架、工作平台梁（第 3 项除外）和平台板		
	（1）主梁或桁架（包括设有悬挂起重设备的梁和桁架）	$l/400$	$l/500$
	（2）抹灰顶棚的次梁	$l/250$	$l/350$
	（3）除（1）、（2）款外的其他梁（包括楼梯梁）	$l/250$	$l/300$
	（4）屋盖檩条		
	支承无积灰的瓦楞铁和石棉瓦屋面者	$l/150$	—
	支承压型金属板、有积灰的瓦楞铁和石棉瓦等屋面者	$l/200$	—
	支承其他屋面材料者	$l/200$	—
	（5）平台板	$l/150$	—
5	墙架构件（风荷载不考虑阵风系数）		
	（1）支柱	—	$l/400$
	（2）抗风桁架（作为连续支柱的支承时）	—	$l/1000$
	（3）砌体墙的横梁（水平方向）	—	$l/300$
	（4）支承压型金属板、瓦楞铁和石棉瓦墙面的横梁（水平方向）	—	$l/200$
	（5）带有玻璃窗的横梁（竖直和水平方向）	$l/200$	$l/200$

注：1 l 为受弯构件的跨度（对悬臂梁和伸臂梁为悬伸长度的 2 倍）。

2 $[v_T]$ 为永久和可变荷载标准值产生的挠度（如有起拱应减去拱度）的容许值；$[v_Q]$ 为可变荷载标准值产生的挠度的容许值。

A.1.2 冶金工厂或类似车间中设有工作级别为 A7、A8 级吊车的车间，其跨间每侧吊车梁或吊车桁架的制动结构，由一台最大吊车横向水平荷载（按荷载规范取值）所产生的挠度不宜超过制动结构跨度的 1/2200。

A.2 框架结构的水平位移容许值

A.2.1 在风荷载标准值作用下，框架柱顶水平位移和层间相对位移不宜超过下列数值：

1 无桥式吊车的单层框架的柱顶位移 $H/150$

2 有桥式吊车的单层框架的柱顶位移 $H/400$

3 多层框架的柱顶位移 $H/500$

4 多层框架的层间相对位移 $h/400$

H 为自基础顶面至柱顶的总高度；h 为层高。

注：1 对室内装修要求较高的民用建筑多层框架结构，层间相对位移宜适当减小。无墙壁的多层框架结构，层间相对位移可适当放宽。

2 对轻型框架结构的柱顶水平位移和层间位移均可适当放宽。

A.2.2 在冶金工厂或类似车间中设有 A7、A8 级吊车的厂房柱和设有中级和重级工作制吊车的露天栈桥柱，在吊车梁或吊车桁架的顶面标高处，由一台最大吊车水平荷载（按荷载规范取值）所产生的计算变形值，不宜超过表 A.2.2 所列的容许值。

表 A.2.2 柱水平位移（计算值）的容许值

项次	位移的种类	按平面结构图形计算	按空间结构图形计算
1	厂房柱的横向位移	$H_c/1250$	$H_c/2000$
2	露天栈桥柱的横向位移	$H_c/2500$	—
3	厂房和露天栈桥柱的纵向位移	$H_c/4000$	—

注：1 H_c 为基础顶面至吊车梁或吊车桁架顶面的高度。

2 计算厂房或露天栈桥柱的纵向位移时，可假定吊车的纵向水平制动力分配在温度区段内所有柱间支撑或纵向框架上。

3 在设有 A8 级吊车的厂房中，厂房柱的水平位移容许值宜减小 10%。

4 在设有 A6 级吊车的厂房柱的纵向位移宜符合表中的要求。

附录B 梁的整体稳定系数

B.1 等截面焊接工字形和轧制H型钢简支梁

等截面焊接工字形和轧制H型钢(图B.1)简支梁的整体稳定系数 φ_b 应按下式计算：

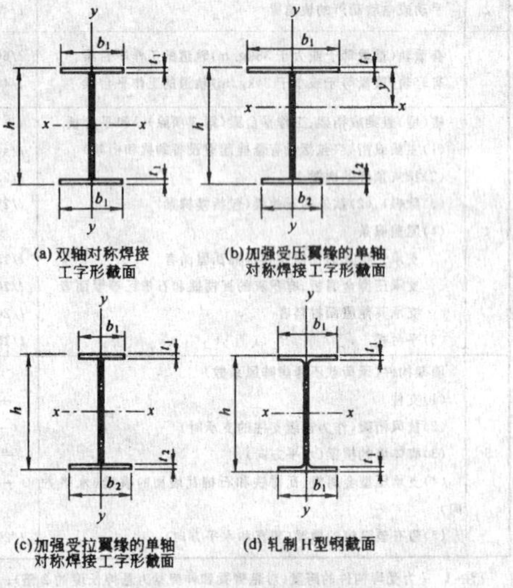

图B.1 焊接工字形和轧制H型钢截面

$$\varphi_b=\beta_b\frac{4320}{\lambda_y^2}\cdot\frac{Ah}{W_x}\left[\sqrt{1+\left(\frac{\lambda_y t_1}{4.4h}\right)^2}+\eta_b\right]\frac{235}{f_y} \quad (B.1\text{-}1)$$

式中 β_b——梁整体稳定的等效临界弯矩系数，按表B.1采用；

λ_y——梁在侧向支承点间对截面弱轴 y—y 的长细比，$\lambda_y=l_1/i_y$，l_1 见本规范第4.2.1条，i_y 为梁毛截面对 y 轴的截面回转半径；

A——梁的毛截面面积；

h、t_1——梁截面的全高和受压翼缘厚度；

η_b——截面不对称影响系数；对双轴对称截面(图B.1a、d)：$\eta_b=0$；对单轴对称工字形截面(图B.1b、c)：加强受压翼缘：$\eta_b=0.8(2\alpha_b-1)$；加强受拉翼缘：$\eta_b=2\alpha_b-1$；$\alpha_b=\frac{I_1}{I_1+I_2}$，式中 I_1 和 I_2 分别为受压翼缘和受拉翼缘对 y 轴的惯性矩。

当按公式(B.1-1)算得的 φ_b 值大于0.6时，应用下式计算的 φ_b' 代替 φ_b 值：

$$\varphi_b'=1.07-\frac{0.282}{\varphi_b}\leqslant 1.0 \quad (B.1\text{-}2)$$

注：公式(B.1-1)亦适用于等截面铆接(或高强度螺栓连接)简支梁，其受压翼缘厚度 t_1 包括翼缘角钢厚度在内。

表B.1 H型钢和等截面工字形简支梁的系数 β_b

项次	侧向支承	荷载		$\xi\leqslant2.0$	$\xi>2.0$	适用范围
1	跨中无侧向支承	均布荷载作用在	上翼缘	$0.69+0.13\xi$	0.95	图B.1 a、b和d的截面
2			下翼缘	$1.73-0.20\xi$	1.33	
3		集中荷载作用在	上翼缘	$0.73+0.18\xi$	1.09	
4			下翼缘	$2.23-0.28\xi$	1.67	

续表B.1

项次	侧向支承	荷载		$\xi\leqslant2.0$	$\xi>2.0$	适用范围
5	跨度中点有一个侧向支承点	均布荷载作用在	上翼缘	1.15		图B.1中的所有截面
6			下翼缘	1.40		
7		集中荷载作用在截面高度上任意位置		1.75		
8	跨中有不少于两个等距离侧向支承点	任意荷载作用在	上翼缘	1.20		
9			下翼缘	1.40		
10	梁端有弯矩，但跨中无荷载作用			$1.75-1.05\left(\frac{M_2}{M_1}\right)+0.3\left(\frac{M_2}{M_1}\right)^2$，但$\leqslant2.3$		

注：1 ξ 为参数，$\xi=\frac{l_1 t_1}{b_1 h}$，其中 b_1 和 l_1 见本规范第4.2.1条。

2 M_1、M_2 为梁的端弯矩，使梁产生同向曲率时 M_1 和 M_2 取同号，产生反向曲率时取异号，$|M_1|\geqslant|M_2|$。

3 表中项次3、4和7的集中荷载是指一个或少数几个集中荷载位于跨中央附近的情况，对其他情况的集中荷载，应按表中项次1、2、5、6内的数值采用。

4 表中项次8、9的 β_b，当集中荷载作用在侧向支承点处时，取 $\beta_b=1.20$。

5 荷载作用在上翼缘系指荷载作用点在翼缘表面，方向指向截面形心；荷载作用在下翼缘系指荷载作用点在翼缘表面，方向背向截面形心。

6 对 $\alpha_b>0.8$ 的加强受压翼缘工字形截面，下列情况的 β_b 值应乘以相应的系数：

项次1：当 $\xi\leqslant1.0$ 时，乘以0.95；

项次3：当 $\xi\leqslant0.5$ 时，乘以0.90；当 $0.5<\xi\leqslant1.0$ 时，乘以0.95。

B.2 轧制普通工字钢简支梁

轧制普通工字钢简支梁的整体稳定系数 φ_b 应按表B.2采用，当所得的 φ_b 值大于0.6时，应按公式(B.1-2)算得相应的 φ_b' 代替 φ_b 值。

表B.2 轧制普通工字钢简支梁的 φ_b

项次	荷载情况			工字钢型号	自由长度 l_1(m) 2	3	4	5	6	7	8	9	10
1	跨中无侧向支承点的梁	集中荷载作用于	上翼缘	10～20	2.00	1.30	0.99	0.80	0.68	0.58	0.53	0.48	0.43
				22～32	2.40	1.48	1.09	0.86	0.72	0.62	0.54	0.49	0.45
				36～63	2.80	1.60	1.07	0.83	0.68	0.56	0.50	0.45	0.40
2			下翼缘	10～20	3.10	1.95	1.34	1.01	0.82	0.69	0.63	0.57	0.52
				22～40	5.50	2.80	1.84	1.37	1.07	0.86	0.73	0.64	0.56
				45～63	7.30	3.60	2.30	1.62	1.20	0.96	0.80	0.69	0.60
3		均布荷载作用于	上翼缘	10～20	1.70	1.12	0.84	0.68	0.57	0.50	0.45	0.41	0.37
				22～40	2.10	1.30	0.93	0.73	0.60	0.51	0.45	0.40	0.36
				45～63	2.60	1.45	0.97	0.73	0.59	0.50	0.44	0.38	0.35
4			上翼缘	10～20	2.50	1.55	1.08	0.83	0.68	0.56	0.52	0.47	0.42
				22～40	4.00	2.20	1.45	1.10	0.85	0.70	0.60	0.52	0.46
				45～63	5.60	2.80	1.80	1.25	0.95	0.78	0.65	0.55	0.49
5	跨中有侧向支承点的梁(不论荷载作用点在截面高度上的位置)			10～20	2.20	1.39	1.01	0.79	0.66	0.57	0.52	0.47	0.42
				22～40	3.00	1.80	1.24	0.96	0.76	0.65	0.56	0.49	0.43
				45～63	4.00	2.20	1.38	1.01	0.80	0.66	0.56	0.49	0.43

注：1 同表B.1的注3、5。

2 表中的 φ_b 适用于Q235钢。对其他钢号，表中数值应乘以 $235/f_y$。

B.3 轧制槽钢简支梁

轧制槽钢简支梁的整体稳定系数，不论荷载的形式和荷载作用点在截面高度上的位置，均可按下式计算：

$$\varphi_b=\frac{570bt}{l_1h}\cdot\frac{235}{f_y} \tag{B.3}$$

式中 h、b、t——分别为槽钢截面的高度、翼缘宽度和平均厚度。

按公式(B.3)算得的 φ_b 大于 0.6 时，应按公式(B.1-2)算得相应的 φ_b' 代替 φ_b 值。

B.4 双轴对称工字形等截面(含 H 型钢)悬臂梁

双轴对称工字形等截面(含 H 型钢)悬臂梁的整体稳定系数，可按公式(B.1-1)计算，但式中系数 β_b 应按表 B.4 查得，$\lambda_y=l_1/i_y$（l_1 为悬臂梁的悬伸长度）。当求得的 φ_b 大于 0.6 时，应按公式(B.1-2)算得相应的 φ_b' 值代替 φ_b 值。

表 B.4 双轴对称工字形等截面(含 H 型钢)悬臂梁的系数 β_b

项次	荷载形式		$0.60\leqslant\xi\leqslant1.24$	$1.24<\xi\leqslant1.96$	$1.96<\xi\leqslant3.10$
1	自由端一个集中荷载作用在	上翼缘	$0.21+0.67\xi$	$0.72+0.26\xi$	$1.17+0.03\xi$
2		下翼缘	$2.94-0.65\xi$	$2.64-0.40\xi$	$2.15-0.15\xi$
3	均布荷载作用在上翼缘		$0.62+0.82\xi$	$1.25+0.31\xi$	$1.66+0.10\xi$

注：1 本表是按支承端为固定的情况确定的，当用于由邻跨延伸出来的伸臂梁时，应在构造上采取措施加强支承处的抗扭能力。

2 表中 ξ 见表 B.1 注 1。

B.5 受弯构件整体稳定系数的近似计算

均匀弯曲的受弯构件，当 $\lambda_y\leqslant120\sqrt{235/f_y}$ 时，其整体稳定系数 φ_b 可按下列近似公式计算：

1 工字形截面(含 H 型钢)：

双轴对称时：

$$\varphi_b=1.07-\frac{\lambda_y^2}{44000}\cdot\frac{f_y}{235} \tag{B.5-1}$$

单轴对称时：

$$\varphi_b=1.07-\frac{W_x}{(2\alpha_b+0.1)Ah}\cdot\frac{\lambda_y^2}{14000}\cdot\frac{f_y}{235} \tag{B.5-2}$$

2 T 形截面(弯矩作用在对称轴平面，绕 x 轴)：

1)弯矩使翼缘受压时：

双角钢 T 形截面：

$$\varphi_b=1-0.0017\lambda_y\sqrt{f_y/235} \tag{B.5-3}$$

剖分 T 型钢和两板组合 T 形截面：

$$\varphi_b=1-0.0022\lambda_y\sqrt{f_y/235} \tag{B.5-4}$$

2)弯矩使翼缘受拉且腹板宽厚比不大于 $18\sqrt{235/f_y}$ 时：

$$\varphi_b=1-0.0005\lambda_y\sqrt{f_y/235} \tag{B.5-5}$$

按公式(B.5-1)至公式(B.5-5)算得的 φ_b 值大于 0.6 时，不需按公式(B.1-2)换算成 φ_b' 值；当按公式(B.5-1)和公式(B.5-2)算得的 φ_b 值大于 1.0 时，取 $\varphi_b=1.0$。

附录 C 轴心受压构件的稳定系数

表 C-1 a 类截面轴心受压构件的稳定系数 φ

$\lambda\sqrt{\frac{f_y}{235}}$	0	1	2	3	4	5	6	7	8	9
0	1.000	1.000	1.000	1.000	0.999	0.999	0.998	0.998	0.997	0.996
10	0.995	0.994	0.993	0.992	0.991	0.989	0.988	0.986	0.985	0.983
20	0.981	0.979	0.977	0.976	0.974	0.972	0.970	0.968	0.966	0.964
30	0.963	0.961	0.959	0.957	0.955	0.952	0.950	0.948	0.946	0.944
40	0.941	0.939	0.937	0.934	0.932	0.929	0.927	0.924	0.921	0.919
50	0.916	0.913	0.910	0.907	0.904	0.900	0.897	0.894	0.890	0.886
60	0.883	0.879	0.875	0.871	0.867	0.863	0.858	0.854	0.849	0.844
70	0.839	0.834	0.829	0.824	0.818	0.813	0.807	0.801	0.795	0.789
80	0.783	0.776	0.770	0.763	0.757	0.750	0.743	0.736	0.728	0.721

续表 C-1

$\lambda\sqrt{\frac{f_y}{235}}$	0	1	2	3	4	5	6	7	8	9
90	0.714	0.706	0.699	0.691	0.684	0.676	0.668	0.661	0.653	0.645
100	0.638	0.630	0.622	0.615	0.607	0.600	0.592	0.585	0.577	0.570
110	0.563	0.555	0.548	0.541	0.534	0.527	0.520	0.514	0.507	0.500
120	0.494	0.488	0.481	0.475	0.469	0.463	0.457	0.451	0.445	0.440
130	0.434	0.429	0.423	0.418	0.412	0.407	0.402	0.397	0.392	0.387
140	0.383	0.378	0.373	0.369	0.364	0.360	0.356	0.351	0.347	0.343
150	0.339	0.335	0.331	0.327	0.323	0.320	0.316	0.312	0.309	0.305
160	0.302	0.298	0.295	0.292	0.289	0.285	0.282	0.279	0.276	0.273
170	0.270	0.267	0.264	0.262	0.259	0.256	0.253	0.251	0.248	0.246
180	0.243	0.241	0.238	0.236	0.233	0.231	0.229	0.226	0.224	0.222
190	0.220	0.218	0.215	0.213	0.211	0.209	0.207	0.205	0.203	0.201
200	0.199	0.198	0.196	0.194	0.192	0.190	0.189	0.187	0.185	0.183
210	0.182	0.180	0.179	0.177	0.175	0.174	0.172	0.171	0.169	0.168
220	0.166	0.165	0.164	0.162	0.161	0.159	0.158	0.157	0.155	0.154
230	0.153	0.152	0.150	0.149	0.148	0.147	0.146	0.144	0.143	0.142
240	0.141	0.140	0.139	0.138	0.136	0.135	0.134	0.133	0.132	0.131
250	0.130	—	—	—	—	—	—	—	—	—

注：见表 C-4 注。

表 C-2 b 类截面轴心受压构件的稳定系数 φ

$\lambda\sqrt{\frac{f_y}{235}}$	0	1	2	3	4	5	6	7	8	9
0	1.000	1.000	1.000	0.999	0.999	0.998	0.997	0.996	0.995	0.994
10	0.992	0.991	0.989	0.987	0.985	0.983	0.981	0.978	0.976	0.973
20	0.970	0.967	0.963	0.960	0.957	0.953	0.950	0.946	0.943	0.939
30	0.936	0.932	0.929	0.925	0.922	0.918	0.914	0.910	0.906	0.903
40	0.899	0.895	0.891	0.887	0.882	0.878	0.874	0.870	0.865	0.861
50	0.856	0.852	0.847	0.842	0.838	0.833	0.828	0.823	0.818	0.813
60	0.807	0.802	0.797	0.791	0.786	0.780	0.774	0.769	0.763	0.757
70	0.751	0.745	0.739	0.732	0.726	0.720	0.714	0.707	0.701	0.694
80	0.688	0.681	0.675	0.668	0.661	0.655	0.648	0.641	0.635	0.628
90	0.621	0.614	0.608	0.601	0.594	0.588	0.581	0.575	0.568	0.561
100	0.555	0.549	0.542	0.536	0.529	0.523	0.517	0.511	0.505	0.499
110	0.493	0.487	0.481	0.475	0.470	0.464	0.458	0.453	0.447	0.442
120	0.437	0.432	0.426	0.421	0.416	0.411	0.406	0.402	0.397	0.392
130	0.387	0.383	0.378	0.374	0.370	0.365	0.361	0.357	0.353	0.349
140	0.345	0.341	0.337	0.333	0.329	0.326	0.322	0.318	0.315	0.311
150	0.308	0.304	0.301	0.298	0.295	0.291	0.288	0.285	0.282	0.279
160	0.276	0.273	0.270	0.267	0.265	0.262	0.259	0.256	0.254	0.251
170	0.249	0.246	0.244	0.241	0.239	0.236	0.234	0.232	0.229	0.227
180	0.225	0.223	0.220	0.218	0.216	0.214	0.212	0.210	0.208	0.206
190	0.204	0.202	0.200	0.198	0.197	0.195	0.193	0.191	0.190	0.188
200	0.186	0.184	0.183	0.181	0.180	0.178	0.176	0.175	0.173	0.172
210	0.170	0.169	0.167	0.166	0.165	0.163	0.162	0.160	0.159	0.158
220	0.156	0.155	0.154	0.153	0.151	0.150	0.149	0.148	0.146	0.145
230	0.144	0.143	0.142	0.141	0.140	0.138	0.137	0.136	0.135	0.134
240	0.133	0.132	0.131	0.130	0.129	0.128	0.127	0.126	0.125	0.124
250	0.123	—	—	-	—	—	—	—	—	—

注：见表 C-4 注。

表 C-3 c 类截面轴心受压构件的稳定系数 φ

$\lambda\sqrt{\frac{f_y}{235}}$	0	1	2	3	4	5	6	7	8	9
0	1.000	1.000	1.000	0.999	0.999	0.998	0.997	0.996	0.995	0.993
10	0.992	0.990	0.988	0.986	0.983	0.981	0.978	0.976	0.973	0.970
20	0.966	0.959	0.953	0.947	0.940	0.934	0.928	0.921	0.915	0.909
30	0.902	0.896	0.890	0.884	0.877	0.871	0.865	0.858	0.852	0.846
40	0.839	0.833	0.826	0.820	0.814	0.807	0.801	0.794	0.788	0.781
50	0.775	0.768	0.762	0.755	0.748	0.742	0.735	0.729	0.722	0.715
60	0.709	0.702	0.695	0.689	0.682	0.676	0.669	0.662	0.656	0.649
70	0.643	0.636	0.629	0.623	0.616	0.610	0.604	0.597	0.591	0.584
80	0.578	0.572	0.566	0.559	0.553	0.547	0.541	0.535	0.529	0.523

续表 C-3

$\lambda\sqrt{\frac{f_y}{235}}$	0	1	2	3	4	5	6	7	8	9
90	0.517	0.511	0.505	0.500	0.494	0.488	0.483	0.477	0.472	0.467
100	0.463	0.458	0.454	0.449	0.445	0.441	0.436	0.432	0.428	0.423
110	0.419	0.415	0.411	0.407	0.403	0.399	0.395	0.391	0.387	0.383
120	0.379	0.375	0.371	0.367	0.364	0.360	0.356	0.353	0.349	0.346
130	0.342	0.339	0.335	0.332	0.328	0.325	0.322	0.319	0.315	0.312
140	0.309	0.306	0.303	0.300	0.297	0.294	0.291	0.288	0.285	0.282
150	0.280	0.277	0.274	0.271	0.269	0.266	0.264	0.261	0.258	0.256
160	0.254	0.251	0.249	0.246	0.244	0.242	0.239	0.237	0.235	0.233
170	0.230	0.228	0.226	0.224	0.222	0.220	0.218	0.216	0.214	0.212
180	0.210	0.208	0.206	0.205	0.203	0.201	0.199	0.197	0.196	0.194
190	0.192	0.190	0.189	0.187	0.186	0.184	0.182	0.181	0.179	0.178
200	0.176	0.175	0.173	0.172	0.170	0.169	0.168	0.166	0.165	0.163
210	0.162	0.161	0.159	0.158	0.157	0.156	0.154	0.153	0.152	0.151
220	0.150	0.148	0.147	0.146	0.145	0.144	0.143	0.142	0.140	0.139
230	0.138	0.137	0.136	0.135	0.134	0.133	0.132	0.131	0.130	0.129
240	0.128	0.127	0.126	0.125	0.124	0.124	0.123	0.122	0.121	0.120
250	0.119	—	—	—	—	—	—	—	—	—

注：见表 C-4 注。

表 C-4　d 类截面轴心受压构件的稳定系数 φ

$\lambda\sqrt{\frac{f_y}{235}}$	0	1	2	3	4	5	6	7	8	9
0	1.000	1.000	0.999	0.999	0.998	0.996	0.994	0.992	0.990	0.987
10	0.984	0.981	0.978	0.974	0.969	0.965	0.960	0.955	0.949	0.944
20	0.937	0.927	0.918	0.909	0.900	0.891	0.883	0.874	0.865	0.857
30	0.848	0.840	0.831	0.823	0.815	0.807	0.799	0.790	0.782	0.774
40	0.766	0.759	0.751	0.743	0.735	0.728	0.720	0.712	0.705	0.697
50	0.690	0.683	0.675	0.668	0.661	0.654	0.646	0.639	0.632	0.625
60	0.618	0.612	0.605	0.598	0.591	0.585	0.578	0.572	0.565	0.559
70	0.552	0.546	0.540	0.534	0.528	0.522	0.516	0.510	0.504	0.498
80	0.493	0.487	0.481	0.476	0.470	0.465	0.460	0.454	0.449	0.444
90	0.439	0.434	0.429	0.424	0.419	0.414	0.410	0.405	0.401	0.397
100	0.394	0.390	0.387	0.383	0.380	0.376	0.373	0.370	0.366	0.363
110	0.359	0.356	0.353	0.350	0.346	0.343	0.340	0.337	0.334	0.331
120	0.328	0.325	0.322	0.319	0.316	0.313	0.310	0.307	0.304	0.301
130	0.299	0.296	0.293	0.290	0.288	0.285	0.282	0.280	0.277	0.275
140	0.272	0.270	0.267	0.265	0.262	0.260	0.258	0.255	0.253	0.251
150	0.248	0.246	0.244	0.242	0.240	0.237	0.235	0.233	0.231	0.229
160	0.227	0.225	0.223	0.221	0.219	0.217	0.215	0.213	0.212	0.210
170	0.208	0.206	0.204	0.203	0.201	0.199	0.197	0.196	0.194	0.192
180	0.191	0.189	0.188	0.186	0.184	0.183	0.181	0.180	0.178	0.177
190	0.176	0.174	0.173	0.171	0.170	0.168	0.167	0.166	0.164	0.163
200	0.162	—	—	—	—	—	—	—	—	—

注：1　表 C-1 至表 C-4 中的 φ 值系按下列公式算得：

当 $\lambda_n=\frac{\lambda}{\pi}\sqrt{f_y/E}\leqslant 0.215$ 时：

$$\varphi=1-\alpha_1\lambda_n^2$$

当 $\lambda_n>0.215$ 时：

$$\varphi=\frac{1}{2\lambda_n^2}\left[(\alpha_2+\alpha_3\lambda_n+\lambda_n^2)-\sqrt{(\alpha_2+\alpha_3\lambda_n+\lambda_n^2)^2-4\lambda_n^2}\right]$$

式中，α_1、α_2、α_3 为系数，根据本规范表 5.1.2 的截面分类，按表 C-5 采用。

2　当构件的 $\lambda\sqrt{f_y/235}$ 值超出表 C-1 至表 C-4 的范围时，则 φ 值按注 1 所列的公式计算。

表 C-5　系数 α_1、α_2、α_3

截面类别		α_1	α_2	α_3
a 类		0.41	0.986	0.152
b 类		0.65	0.965	0.300
c 类	$\lambda_n\leqslant 1.05$	0.73	0.906	0.595
	$\lambda_n>1.05$		1.216	0.302
d 类	$\lambda_n\leqslant 1.05$	1.35	0.868	0.915
	$\lambda_n>1.05$		1.375	0.432

附录 D　柱的计算长度系数

表 D-1　无侧移框架柱的计算长度系数 μ

K_2 \ K_1	0	0.05	0.1	0.2	0.3	0.4	0.5	1	2	3	4	5	≥10
0	1.000	0.990	0.981	0.964	0.949	0.935	0.922	0.875	0.820	0.791	0.773	0.760	0.732
0.05	0.990	0.981	0.971	0.955	0.940	0.926	0.914	0.867	0.814	0.784	0.766	0.754	0.726
0.1	0.981	0.971	0.962	0.946	0.931	0.918	0.906	0.860	0.807	0.778	0.760	0.748	0.721
0.2	0.964	0.955	0.946	0.930	0.916	0.903	0.891	0.846	0.795	0.767	0.749	0.737	0.711
0.3	0.949	0.940	0.931	0.916	0.902	0.889	0.878	0.834	0.784	0.756	0.739	0.728	0.701
0.4	0.935	0.926	0.918	0.903	0.889	0.877	0.866	0.823	0.774	0.747	0.730	0.719	0.693
0.5	0.922	0.914	0.906	0.891	0.878	0.866	0.855	0.813	0.765	0.738	0.721	0.710	0.685
1	0.875	0.867	0.860	0.846	0.834	0.823	0.813	0.774	0.729	0.704	0.688	0.677	0.654
2	0.820	0.814	0.807	0.795	0.784	0.774	0.765	0.729	0.686	0.663	0.648	0.638	0.615
3	0.791	0.784	0.778	0.767	0.756	0.747	0.738	0.704	0.663	0.640	0.625	0.616	0.593
4	0.773	0.766	0.760	0.749	0.739	0.730	0.721	0.688	0.648	0.625	0.611	0.601	0.580
5	0.760	0.754	0.748	0.737	0.728	0.719	0.710	0.677	0.638	0.616	0.601	0.592	0.570
≥10	0.732	0.726	0.721	0.711	0.701	0.693	0.685	0.654	0.615	0.593	0.580	0.570	0.549

注：1　表中的计算长度系数 μ 值系按下式算得：

$$\left[\left(\frac{\pi}{\mu}\right)^2+2(K_1+K_2)-4K_1K_2\right]\frac{\pi}{\mu}\cdot\sin\frac{\pi}{\mu}-2\left[(K_1+K_2)\left(\frac{\pi}{\mu}\right)^2+4K_1K_2\right]\cos\frac{\pi}{\mu}+8K_1K_2=0$$

式中，K_1、K_2 分别为相交于柱上端、柱下端的横梁线刚度之和与柱线刚度之和的比值。当梁远端为铰接时，应将横梁线刚度乘以 1.5；当横梁远端为嵌固时，则将横梁线刚度乘以 2。

2　当横梁与柱铰接时，取横梁线刚度为零。

3　对底层框架柱：当柱与基础铰接时，取 $K_2=0$（对平板支座可取 $K_2=0.1$）；当柱与基础刚接时，取 $K_2=10$。

4　当与柱刚性连接的横梁所受轴心压力 N_b 较大时，横梁线刚度应乘以折减系数 α_N：

横梁远端与柱刚接和横梁远端铰支时：$\alpha_N=1-N_b/N_{Eb}$

横梁远端嵌固时：$\alpha_N=1-N_b/(2N_{Eb})$

式中，$N_{Eb}=\pi^2EI_b/l^2$，I_b 为横梁截面惯性矩，l 为横梁长度。

表 D-2　有侧移框架柱的计算长度系数 μ

K_2 \ K_1	0	0.05	0.1	0.2	0.3	0.4	0.5	1	2	3	4	5	≥10
0	∞	6.02	4.46	3.42	3.01	2.78	2.64	2.33	2.17	2.11	2.08	2.07	2.03
0.05	6.02	4.16	3.47	2.86	2.58	2.42	2.31	2.07	1.94	1.90	1.87	1.86	1.83
0.1	4.46	3.47	3.01	2.56	2.33	2.20	2.11	1.90	1.79	1.75	1.73	1.72	1.70
0.2	3.42	2.86	2.56	2.23	2.05	1.94	1.87	1.70	1.60	1.57	1.55	1.54	1.52
0.3	3.01	2.58	2.33	2.05	1.90	1.80	1.74	1.58	1.49	1.46	1.45	1.44	1.42
0.4	2.78	2.42	2.20	1.94	1.80	1.71	1.65	1.50	1.42	1.39	1.37	1.37	1.35
0.5	2.64	2.31	2.11	1.87	1.74	1.65	1.59	1.45	1.37	1.34	1.32	1.32	1.30
1	2.33	2.07	1.90	1.70	1.58	1.50	1.45	1.32	1.24	1.21	1.20	1.19	1.17
2	2.17	1.94	1.79	1.60	1.49	1.42	1.37	1.24	1.16	1.14	1.12	1.12	1.10
3	2.11	1.90	1.75	1.57	1.46	1.39	1.34	1.21	1.14	1.11	1.10	1.09	1.07
4	2.08	1.87	1.73	1.55	1.45	1.37	1.32	1.20	1.12	1.10	1.08	1.08	1.06
5	2.07	1.86	1.72	1.54	1.44	1.37	1.32	1.19	1.12	1.09	1.08	1.07	1.05
≥10	2.03	1.83	1.70	1.52	1.42	1.35	1.30	1.17	1.10	1.07	1.06	1.05	1.03

注：1　表中的计算长度系数 μ 值系按下式算得：

$$\left[36K_1K_2-\left(\frac{\pi}{\mu}\right)^2\right]\sin\frac{\pi}{\mu}+6(K_1+K_2)\frac{\pi}{\mu}\cdot\cos\frac{\pi}{\mu}=0$$

式中，K_1、K_2 分别为相交于柱上端、柱下端的横梁线刚度之和与柱线刚度之和的比值。当横梁远端为铰接时，应将横梁线刚度乘以 0.5；当横梁远端为嵌固时，则应乘以 2/3。

2　当横梁与柱铰接时，取横梁线刚度为零。

3　对底层框架柱：当柱与基础铰接时，取 $K_2=0$（对平板支座可取 $K_2=0.1$）；当柱与基础刚接时，取 $K_2=10$。

4　当与柱刚性连接的横梁所受轴心压力 N_b 较大时，横梁线刚度应乘以折减系数 α_N：

横梁远端与柱刚接时：　$\alpha_N=1-N_b/(4N_{Eb})$

横梁远端铰支时：　$\alpha_N=1-N_b/N_{Eb}$

横梁远端嵌固时：　$\alpha_N=1-N_b/(2N_{Eb})$

N_{Eb} 的计算式见表 D-1 注 4。

表 D-3　柱上端为自由的单阶柱下段的计算长度系数 μ_2

简　图	η_1 \ K_1	0.06	0.08	0.10	0.12	0.14	0.16	0.18	0.20	0.22	0.24	0.26	0.28	0.3	0.4	0.5	0.6	0.7	0.8
	0.2	2.00	2.01	2.01	2.01	2.01	2.01	2.01	2.02	2.02	2.02	2.02	2.02	2.02	2.03	2.04	2.05	2.06	2.07
	0.3	2.01	2.02	2.02	2.02	2.03	2.03	2.03	2.04	2.04	2.05	2.05	2.05	2.06	2.08	2.10	2.12	2.13	2.15
	0.4	2.02	2.03	2.04	2.04	2.05	2.06	2.07	2.07	2.08	2.09	2.09	2.10	2.11	2.14	2.18	2.21	2.25	2.28
	0.5	2.04	2.05	2.06	2.07	2.09	2.10	2.11	2.12	2.13	2.15	2.16	2.17	2.18	2.24	2.29	2.35	2.40	2.45
	0.6	2.06	2.08	2.10	2.12	2.14	2.16	2.18	2.19	2.21	2.23	2.25	2.26	2.28	2.36	2.44	2.52	2.59	2.66
	0.7	2.10	2.13	2.16	2.18	2.21	2.24	2.26	2.29	2.31	2.34	2.36	2.38	2.41	2.52	2.62	2.72	2.81	2.90
	0.8	2.15	2.20	2.24	2.27	2.31	2.34	2.38	2.41	2.44	2.47	2.50	2.53	2.56	2.70	2.82	2.94	3.06	3.16
	0.9	2.24	2.29	2.35	2.39	2.44	2.48	2.52	2.56	2.60	2.63	2.67	2.71	2.74	2.90	3.05	3.19	3.32	3.44
$K_1=\frac{I_1}{I_2}\cdot\frac{H_2}{H_1}$	1.0	2.36	2.43	2.48	2.54	2.59	2.64	2.69	2.73	2.77	2.82	2.86	2.90	2.94	3.12	3.29	3.45	3.59	3.74
	1.2	2.69	2.76	2.83	2.89	2.95	3.01	3.07	3.12	3.17	3.22	3.27	3.32	3.37	3.59	3.80	3.99	4.17	4.34
$\eta_1=\frac{H_1}{H_2}\sqrt{\frac{N_1}{N_2}\cdot\frac{I_2}{I_1}}$	1.4	3.07	3.14	3.22	3.29	3.36	3.42	3.48	3.55	3.61	3.66	3.72	3.78	3.83	4.09	4.33	4.56	4.77	4.97
	1.6	3.47	3.55	3.63	3.71	3.78	3.85	3.92	3.99	4.07	4.12	4.18	4.25	4.31	4.61	4.88	5.14	5.38	5.62
N_1——上段柱的轴心力；	1.8	3.88	3.97	4.05	4.13	4.21	4.29	4.37	4.44	4.52	4.59	4.66	4.73	4.80	5.13	5.44	5.73	6.00	6.26
N_2——下段柱的轴心力	2.0	4.29	4.39	4.48	4.57	4.65	4.74	4.82	4.90	4.99	5.07	5.14	5.22	5.30	5.66	6.00	6.32	6.63	6.92
	2.2	4.71	4.81	4.91	5.00	5.10	5.19	5.28	5.37	5.46	5.54	5.63	5.71	5.80	6.19	6.57	6.92	7.26	7.58
	2.4	5.13	5.24	5.34	5.44	5.54	5.64	5.74	5.84	5.93	6.03	6.12	6.21	6.30	6.73	7.14	7.52	7.89	8.24
	2.6	5.55	5.66	5.77	5.88	5.99	6.10	6.20	6.31	6.41	6.51	6.61	6.71	6.80	7.27	7.71	8.13	8.52	8.90
	2.8	5.97	6.09	6.21	6.33	6.44	6.55	6.67	6.78	6.89	6.99	7.10	7.21	7.31	7.81	8.28	8.73	9.16	9.57
	3.0	6.39	6.52	6.64	6.77	6.89	7.01	7.13	7.25	7.37	7.48	7.59	7.71	7.82	8.35	8.86	9.34	9.80	10.24

注：表中的计算长度系数 μ_2 值系按下式计算得出：

$$\eta_1 K_1\cdot \mathrm{tg}\frac{\pi}{\mu_2}\cdot \mathrm{tg}\frac{\pi\eta_1}{\mu_2}-1=0$$

表 D-4　柱上端可移动但不转动的单阶柱下段的计算长度系数 μ_2

简　图	η_1 \ K_1	0.06	0.08	0.10	0.12	0.14	0.16	0.18	0.20	0.22	0.24	0.26	0.28	0.3	0.4	0.5	0.6	0.7	0.8
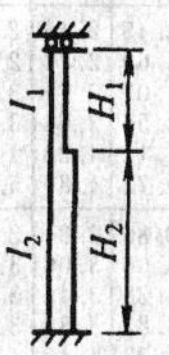	0.2	1.96	1.94	1.93	1.91	1.90	1.89	1.88	1.86	1.85	1.84	1.83	1.82	1.81	1.76	1.72	1.68	1.65	1.62
	0.3	1.96	1.94	1.93	1.92	1.91	1.89	1.88	1.87	1.86	1.85	1.84	1.83	1.82	1.77	1.73	1.70	1.66	1.63
	0.4	1.96	1.95	1.94	1.92	1.91	1.90	1.89	1.88	1.87	1.86	1.85	1.84	1.83	1.79	1.75	1.72	1.68	1.66
	0.5	1.96	1.95	1.94	1.93	1.92	1.91	1.90	1.89	1.88	1.87	1.86	1.85	1.85	1.81	1.77	1.74	1.71	1.69
	0.6	1.97	1.96	1.95	1.94	1.93	1.92	1.91	1.90	1.90	1.89	1.88	1.87	1.87	1.83	1.80	1.78	1.75	1.73
	0.7	1.97	1.97	1.96	1.95	1.94	1.94	1.93	1.92	1.92	1.91	1.90	1.90	1.89	1.86	1.84	1.82	1.80	1.78
	0.8	1.98	1.98	1.97	1.96	1.96	1.95	1.95	1.94	1.94	1.93	1.93	1.93	1.92	1.90	1.88	1.87	1.86	1.84
	0.9	1.99	1.99	1.98	1.98	1.98	1.97	1.97	1.97	1.97	1.96	1.96	1.96	1.96	1.95	1.94	1.93	1.92	1.92
$K_1=\frac{I_1}{I_2}\cdot\frac{H_2}{H_1}$	1.0	2.00	2.00	2.00	2.00	2.00	2.00	2.00	2.00	2.00	2.00	2.00	2.00	2.00	2.00	2.00	2.00	2.00	2.00
	1.2	2.03	2.04	2.04	2.05	2.06	2.07	2.07	2.08	2.08	2.09	2.10	2.10	2.11	2.13	2.15	2.17	2.18	2.20
$\eta_1=\frac{H_1}{H_2}\sqrt{\frac{N_1}{N_2}\cdot\frac{I_2}{I_1}}$	1.4	2.07	2.09	2.11	2.12	2.14	2.16	2.17	2.18	2.20	2.21	2.22	2.23	2.24	2.29	2.33	2.37	2.40	2.42
	1.6	2.13	2.16	2.19	2.22	2.25	2.27	2.30	2.32	2.34	2.36	2.37	2.39	2.41	2.48	2.54	2.59	2.63	2.67
N_1——上段柱的轴心力；	1.8	2.22	2.27	2.31	2.35	2.39	2.42	2.45	2.48	2.50	2.53	2.55	2.57	2.59	2.69	2.76	2.83	2.88	2.93
N_2——下段柱的轴心力	2.0	2.35	2.41	2.46	2.50	2.55	2.59	2.62	2.66	2.69	2.72	2.75	2.77	2.80	2.91	3.00	3.08	3.14	3.20
	2.2	2.51	2.57	2.63	2.68	2.73	2.77	2.81	2.85	2.89	2.92	2.95	2.98	3.01	3.14	3.25	3.33	3.41	3.47
	2.4	2.68	2.75	2.81	2.87	2.92	2.97	3.01	3.05	3.09	3.13	3.17	3.20	3.24	3.38	3.50	3.59	3.68	3.75
	2.6	2.87	2.94	3.00	3.06	3.12	3.17	3.22	3.27	3.31	3.35	3.39	3.43	3.46	3.62	3.75	3.86	3.95	4.03
	2.8	3.06	3.14	3.20	3.27	3.33	3.38	3.43	3.48	3.53	3.58	3.62	3.66	3.70	3.87	4.01	4.13	4.23	4.32
	3.0	3.26	3.34	3.41	3.47	3.54	3.60	3.65	3.70	3.75	3.80	3.85	3.89	3.93	4.12	4.27	4.40	4.51	4.61

注：表中的计算长度系数 μ_2 值系按下式计算得出：

$$\mathrm{tg}\frac{\pi\eta_1}{\mu_2}+\eta_1 K_1\cdot \mathrm{tg}\frac{\pi}{\mu_2}=0$$

表 D-5 柱上端为自由的双阶柱下段的计算长度系数 μ_3

简图：

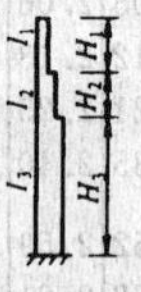

$K_1=\frac{I_1}{I_3}\cdot\frac{H_3}{H_1}$

$K_2=\frac{I_2}{I_3}\cdot\frac{H_3}{H_2}$

$\eta_1=\frac{H_1}{H_3}\sqrt{\frac{N_1}{N_3}\cdot\frac{I_3}{I_1}}$

$\eta_2=\frac{H_2}{H_3}\sqrt{\frac{N_2}{N_3}\cdot\frac{I_3}{I_2}}$

N_1 上段柱的轴心力；

N_2 中段柱的轴心力；

N_3 下段柱的轴心力

η_1	η_2 \ K_1	0.05											0.10										
	K_2	0.2	0.3	0.4	0.5	0.6	0.7	0.8	0.9	1.0	1.1	1.2	0.2	0.3	0.4	0.5	0.6	0.7	0.8	0.9	1.0	1.1	1.2
0.2	0.2	2.02	2.03	2.04	2.05	2.05	2.06	2.07	2.08	2.09	2.10	2.10	2.03	2.03	2.04	2.05	2.06	2.07	2.08	2.08	2.09	2.10	2.11
	0.4	2.08	2.11	2.15	2.19	2.22	2.25	2.29	2.32	2.35	2.39	2.42	2.09	2.12	2.16	2.19	2.23	2.26	2.29	2.33	2.36	2.39	2.42
	0.6	2.20	2.29	2.37	2.45	2.52	2.60	2.67	2.73	2.80	2.87	2.93	2.21	2.30	2.38	2.46	2.53	2.60	2.67	2.74	2.81	2.87	2.93
	0.8	2.42	2.57	2.71	2.83	2.95	3.06	3.17	3.27	3.37	3.47	3.56	2.44	2.58	2.71	2.84	2.96	3.07	3.17	3.28	3.37	3.47	3.56
	1.0	2.75	2.95	3.13	3.30	3.45	3.60	3.74	3.87	4.00	4.13	4.25	2.76	2.96	3.14	3.30	3.46	3.60	3.74	3.88	4.01	4.13	4.25
	1.2	3.13	3.38	3.60	3.80	4.00	4.18	4.35	4.51	4.67	4.82	4.97	3.15	3.39	3.61	3.81	4.00	4.18	4.35	4.52	4.68	4.83	4.98
0.4	0.2	2.04	2.05	2.05	2.06	2.07	2.08	2.09	2.09	2.10	2.11	2.12	2.07	2.07	2.08	2.08	2.09	2.10	2.11	2.12	2.12	2.13	2.14
	0.4	2.10	2.14	2.17	2.20	2.24	2.27	2.31	2.34	2.37	2.40	2.43	2.14	2.17	2.20	2.23	2.26	2.30	2.33	2.36	2.39	2.42	2.46
	0.6	2.24	2.32	2.40	2.47	2.54	2.62	2.68	2.75	2.82	2.88	2.94	2.28	2.36	2.43	2.50	2.57	2.64	2.71	2.77	2.84	2.90	2.96
	0.8	2.47	2.60	2.73	2.85	2.97	3.08	3.19	3.29	3.38	3.48	3.57	2.53	2.65	2.77	2.88	3.00	3.10	3.21	3.31	3.40	3.50	3.59
	1.0	2.79	2.98	3.15	3.32	3.47	3.62	3.75	3.89	4.02	4.14	4.26	2.85	3.02	3.19	3.34	3.49	3.64	3.77	3.91	4.03	4.16	4.28
	1.2	3.18	3.41	3.62	3.82	4.01	4.19	4.36	4.52	4.68	4.83	4.98	3.24	3.45	3.65	3.85	4.03	4.21	4.38	4.54	4.70	4.85	4.99
0.6	0.2	2.09	2.09	2.10	2.10	2.11	2.12	2.12	2.13	2.14	2.15	2.15	2.22	2.19	2.18	2.17	2.18	2.18	2.19	2.19	2.20	2.20	2.21
	0.4	2.17	2.19	2.22	2.25	2.28	2.31	2.34	2.38	2.41	2.44	2.47	2.31	2.30	2.31	2.33	2.35	2.38	2.41	2.44	2.47	2.49	2.52
	0.6	2.32	2.38	2.45	2.52	2.59	2.66	2.72	2.79	2.85	2.91	2.97	2.48	2.49	2.54	2.60	2.66	2.72	2.78	2.84	2.90	2.96	3.02
	0.8	2.56	2.67	2.79	2.90	3.01	3.11	3.22	3.32	3.41	3.50	3.60	2.72	2.78	2.87	2.97	3.07	3.17	3.27	3.36	3.46	3.55	3.64
	1.0	2.88	3.04	3.20	3.36	3.50	3.65	3.78	3.91	4.04	4.16	4.26	3.04	3.15	3.28	3.42	3.56	3.70	3.83	3.95	4.08	4.20	4.31
	1.2	3.26	3.46	3.66	3.86	4.04	4.22	4.38	4.55	4.70	4.85	5.00	3.40	3.56	3.74	3.91	4.09	4.26	4.42	4.58	4.73	4.88	5.03
0.8	0.2	2.29	2.24	2.22	2.21	2.21	2.22	2.22	2.22	2.23	2.23	2.24	2.63	2.49	2.43	2.40	2.38	2.37	2.37	2.36	2.36	2.37	2.37
	0.4	2.37	2.34	2.34	2.36	2.38	2.40	2.43	2.45	2.48	2.51	2.54	2.71	2.59	2.55	2.54	2.54	2.55	2.57	2.59	2.61	2.63	2.65
	0.6	2.52	2.52	2.56	2.61	2.67	2.73	2.79	2.85	2.91	2.96	3.02	2.86	2.76	2.76	2.78	2.82	2.86	2.91	2.96	3.01	3.07	3.12
	0.8	2.74	2.79	2.88	2.98	3.08	3.17	3.27	3.36	3.46	3.55	3.63	3.06	3.02	3.06	3.13	3.20	3.29	3.37	3.46	3.54	3.63	3.71
	1.0	3.04	3.15	3.28	3.42	3.56	3.69	3.82	3.95	4.07	4.19	4.31	3.33	3.35	3.44	3.55	3.67	3.79	3.90	4.03	4.15	4.26	4.37
	1.2	3.39	3.55	3.73	3.91	4.08	4.25	4.42	4.58	4.73	4.88	5.02	3.65	3.73	3.86	4.02	4.18	4.34	4.49	4.64	4.79	4.94	5.08
1.0	0.2	2.69	2.57	2.51	2.48	2.46	2.45	2.45	2.44	2.44	2.44	2.44	3.18	2.95	2.84	2.77	2.73	2.70	2.68	2.67	2.66	2.65	2.65
	0.4	2.75	2.64	2.60	2.59	2.59	2.59	2.60	2.62	2.63	2.65	2.67	3.24	3.03	2.93	2.88	2.85	2.84	2.84	2.84	2.85	2.86	2.87
	0.6	2.86	2.78	2.77	2.79	2.83	2.87	2.91	2.96	3.01	3.06	3.10	3.36	3.16	3.09	3.07	3.08	3.09	3.12	3.15	3.19	3.23	3.27
	0.8	3.04	3.01	3.05	3.11	3.19	3.27	3.35	3.44	3.52	3.61	3.69	3.52	3.37	3.34	3.36	3.41	3.46	3.53	3.60	3.67	3.75	3.82
	1.0	3.29	3.32	3.41	3.52	3.64	3.76	3.89	4.01	4.13	4.24	4.35	3.74	3.64	3.67	3.74	3.83	3.93	4.03	4.14	4.25	4.35	4.46
	1.2	3.60	3.69	3.83	3.99	4.15	4.31	4.47	4.62	4.77	4.92	5.06	4.00	3.97	4.05	4.17	4.31	4.45	4.59	4.73	4.87	5.01	5.14
1.2	0.2	3.16	3.00	2.92	2.87	2.84	2.81	2.80	2.79	2.78	2.77	2.77	3.77	3.47	3.32	3.23	3.17	3.12	3.09	3.07	3.05	3.04	3.03
	0.4	3.21	3.05	2.98	2.94	2.92	2.90	2.90	2.90	2.90	2.91	2.92	3.82	3.53	3.39	3.31	3.26	3.22	3.20	3.19	3.19	3.19	3.19
	0.6	3.30	3.15	3.10	3.08	3.08	3.10	3.12	3.15	3.18	3.22	3.26	3.91	3.64	3.51	3.45	3.42	3.42	3.42	3.43	3.45	3.48	3.50
	0.8	3.43	3.32	3.30	3.33	3.37	3.43	3.49	3.56	3.63	3.71	3.78	4.04	3.80	3.71	3.68	3.69	3.72	3.76	3.81	3.86	3.92	3.98
	1.0	3.62	3.57	3.60	3.68	3.77	3.87	3.98	4.09	4.20	4.31	4.42	4.21	4.02	3.97	3.99	4.05	4.12	4.20	4.29	4.39	4.48	4.58
	1.2	3.88	3.88	3.98	4.11	4.25	4.39	4.54	4.68	4.83	4.97	5.10	4.43	4.30	4.31	4.38	4.48	4.60	4.72	4.85	4.98	5.11	5.24
1.4	0.2	3.66	3.46	3.36	3.29	3.25	3.23	3.20	3.19	3.18	3.17	3.16	4.37	4.01	3.82	3.71	3.63	3.58	3.54	3.51	3.49	3.47	3.45
	0.4	3.70	3.50	3.40	3.35	3.31	3.29	3.27	3.26	3.26	3.26	3.26	4.41	4.06	3.88	3.77	3.70	3.66	3.63	3.60	3.59	3.58	3.57
	0.6	3.77	3.58	3.49	3.45	3.43	3.42	3.42	3.43	3.45	3.47	3.49	4.48	4.15	3.98	3.89	3.83	3.80	3.79	3.78	3.79	3.80	3.81
	0.8	3.87	3.70	3.64	3.63	3.64	3.67	3.70	3.75	3.81	3.86	3.92	4.59	4.28	4.13	4.07	4.04	4.04	4.06	4.08	4.12	4.16	4.21
	1.0	4.02	3.89	3.87	3.90	3.96	4.04	4.12	4.22	4.31	4.41	4.51	4.74	4.45	4.35	4.32	4.34	4.38	4.43	4.50	4.58	4.66	4.74
	1.2	4.23	4.15	4.19	4.27	4.39	4.51	4.64	4.77	4.91	5.04	5.17	4.92	4.69	4.63	4.65	4.72	4.80	4.90	5.10	5.13	5.24	5.36

简图：

$K_1=\frac{I_1}{I_3}\cdot\frac{H_3}{H_1}$

$K_2=\frac{I_2}{I_3}\cdot\frac{H_3}{H_2}$

$\eta_1=\frac{H_1}{H_3}\sqrt{\frac{N_1}{N_3}\cdot\frac{I_3}{I_1}}$

$\eta_2=\frac{H_2}{H_3}\sqrt{\frac{N_2}{N_3}\cdot\frac{I_3}{I_2}}$

N_1——上段柱的轴心力；

N_2——中段柱的轴心力；

N_3——下段柱的轴心力

η_1	η_2 \ K_1	0.20											0.30										
	K_2	0.2	0.3	0.4	0.5	0.6	0.7	0.8	0.9	1.0	1.1	1.2	0.2	0.3	0.4	0.5	0.6	0.7	0.8	0.9	1.0	1.1	1.2
0.2	0.2	2.04	2.04	2.05	2.06	2.07	2.08	2.08	2.09	2.10	2.11	2.12	2.05	2.05	2.06	2.07	2.08	2.09	2.09	2.10	2.11	2.12	2.13
	0.4	2.10	2.13	2.17	2.20	2.24	2.27	2.30	2.34	2.37	2.40	2.43	2.12	2.15	2.18	2.21	2.25	2.28	2.31	2.35	2.38	2.41	2.44
	0.6	2.23	2.31	2.39	2.47	2.54	2.61	2.68	2.75	2.82	2.88	2.94	2.25	2.33	2.41	2.48	2.56	2.63	2.69	2.76	2.83	2.89	2.95
	0.8	2.46	2.60	2.73	2.85	2.97	3.08	3.18	3.29	3.38	3.48	3.57	2.49	2.62	2.75	2.87	2.98	3.09	3.20	3.30	3.39	3.49	3.58
	1.0	2.79	2.98	3.15	3.32	3.47	3.61	3.75	3.89	4.02	4.14	4.26	3.82	3.00	3.17	3.33	3.48	3.63	3.76	3.90	4.02	4.15	4.27
	1.2	3.18	3.41	3.62	3.82	4.01	4.19	4.36	4.52	4.68	4.83	4.98	3.20	3.43	3.64	3.83	4.02	4.20	4.37	4.53	4.69	4.84	4.99
0.4	0.2	2.15	2.13	2.13	2.14	2.14	2.15	2.15	2.16	2.17	2.17	2.18	2.26	2.21	2.20	2.19	2.19	2.20	2.20	2.21	2.21	2.22	2.23
	0.4	2.24	2.24	2.26	2.29	2.32	2.35	2.38	2.41	2.44	2.47	2.50	2.36	2.33	2.33	2.35	2.38	2.40	2.43	2.46	2.49	2.51	2.54
	0.6	2.40	2.44	2.50	2.56	2.63	2.69	2.76	2.82	2.88	2.94	3.00	2.54	2.54	2.58	2.63	2.69	2.75	2.81	2.87	2.93	2.99	3.04
	0.8	2.66	2.74	2.84	2.95	3.05	3.15	3.25	3.35	3.44	3.53	3.62	2.79	2.83	2.91	3.01	3.10	3.20	3.30	3.39	3.48	3.57	3.66
	1.0	2.98	3.12	3.25	3.40	3.54	3.68	3.81	3.94	4.07	4.19	4.30	3.11	3.20	3.32	3.46	3.59	3.72	3.85	3.98	4.10	4.22	4.33
	1.2	3.35	3.53	3.71	3.90	4.08	4.25	4.41	4.57	4.73	4.87	5.02	3.47	3.60	3.77	3.95	4.12	4.28	4.45	4.60	4.75	4.90	5.04
0.6	0.2	2.57	2.42	2.37	2.34	2.33	2.32	2.32	2.32	2.32	2.32	2.33	2.93	2.68	2.57	2.52	2.49	2.47	2.46	2.45	2.45	2.45	2.45
	0.4	2.67	2.54	2.50	2.50	2.51	2.52	2.54	2.56	2.58	2.61	2.63	3.02	2.79	2.71	2.67	2.66	2.66	2.67	2.69	2.70	2.72	2.74
	0.6	2.83	2.74	2.73	2.76	2.80	2.85	2.90	2.96	3.01	3.06	3.12	3.17	2.98	2.93	2.93	2.95	2.98	3.02	3.07	3.11	3.16	3.21
	0.8	3.06	3.01	3.05	3.12	3.20	3.29	3.38	3.46	3.55	3.63	3.72	4.37	3.24	3.23	3.27	3.33	3.41	3.48	3.56	3.64	3.72	3.80
	1.0	3.34	3.35	3.44	3.56	3.68	3.80	3.92	4.04	4.15	4.27	4.38	3.63	3.56	3.60	3.69	3.79	3.90	4.01	4.12	4.23	4.34	4.45
	1.2	3.67	3.74	3.88	4.03	4.19	4.35	4.50	4.65	4.80	4.94	5.08	3.94	3.92	4.02	4.15	4.29	4.43	4.58	4.72	4.87	5.01	5.14
0.8	0.2	3.25	2.96	2.82	2.74	2.69	2.66	2.64	2.62	2.61	2.61	2.60	3.78	3.38	3.18	3.06	2.98	2.93	2.89	2.86	2.84	2.83	2.82
	0.4	3.33	3.05	2.93	2.87	2.84	2.83	2.83	2.83	2.84	2.85	2.87	3.85	3.47	3.28	3.18	3.12	3.09	3.07	3.06	3.06	3.06	3.06
	0.6	3.45	3.21	3.12	3.10	3.10	3.12	3.14	3.18	3.22	3.26	3.30	3.96	3.61	3.46	3.39	3.36	3.35	3.36	3.38	3.41	3.44	3.47
	0.8	3.63	3.44	3.39	3.41	3.45	3.51	3.57	3.64	3.71	3.79	3.86	4.12	3.82	3.70	3.67	3.68	3.72	3.76	3.82	3.88	3.94	4.01
	1.0	3.86	3.73	3.73	3.80	3.88	3.98	4.08	4.18	4.29	4.39	4.50	4.32	4.07	4.01	4.03	4.08	4.16	4.24	4.33	4.43	4.52	4.62
	1.2	4.13	4.07	4.13	4.24	4.36	4.50	4.64	4.78	4.91	5.05	5.18	4.57	4.38	4.38	4.44	4.54	4.66	4.78	4.90	5.03	5.16	5.29
1.0	0.2	4.00	3.60	3.39	3.26	3.18	3.13	3.08	3.05	3.03	3.01	3.00	4.68	4.15	3.86	3.69	3.57	3.49	3.43	3.38	3.35	3.32	3.30
	0.4	4.06	3.67	3.48	3.37	3.30	3.26	3.23	3.21	3.21	3.20	3.20	4.73	4.21	3.94	3.78	3.68	3.61	3.57	3.54	3.51	3.50	3.49
	0.6	4.15	3.79	3.63	3.54	3.50	3.48	3.49	3.50	3.51	3.54	3.57	4.82	4.33	4.08	3.95	3.87	3.83	3.80	3.80	3.80	3.81	3.83
	0.8	4.29	3.97	3.84	3.80	3.79	3.81	3.85	3.90	3.95	4.01	4.07	4.94	4.49	4.28	4.18	4.14	4.13	4.14	4.17	4.20	4.25	4.29
	1.0	4.48	4.21	4.13	4.13	4.17	4.23	4.31	4.39	4.48	4.57	4.66	5.10	4.70	4.53	4.48	4.48	4.51	4.56	4.62	4.70	4.77	4.85
	1.2	4.70	4.49	4.47	4.52	4.60	4.71	4.82	4.94	5.07	5.19	5.31	5.30	4.95	4.84	4.83	4.88	4.96	5.05	5.15	5.26	5.37	5.48
1.2	0.2	4.76	4.26	4.00	3.83	3.72	3.65	3.59	3.54	3.51	3.48	3.46	5.58	4.93	4.57	4.35	4.20	4.10	4.01	3.95	3.90	3.86	3.83
	0.4	4.81	4.32	4.07	3.91	3.82	3.75	3.70	3.67	3.65	3.63	3.62	5.62	4.98	4.64	4.43	4.29	4.19	4.12	4.07	4.03	4.01	3.98
	0.6	4.89	4.43	4.19	4.05	3.98	3.93	3.91	3.89	3.89	3.90	3.91	5.70	5.08	4.75	4.56	4.44	4.37	4.32	4.29	4.27	4.26	4.26
	0.8	5.00	4.57	4.36	4.26	4.21	4.20	4.21	4.23	4.26	4.30	4.34	5.80	5.21	4.91	4.75	4.66	4.61	4.59	4.59	4.60	4.62	4.65
	1.0	5.15	4.76	4.59	4.53	4.53	4.55	4.60	4.66	4.73	4.80	4.88	5.93	5.38	5.12	5.00	4.95	4.94	4.95	4.99	5.03	5.09	5.15
	1.2	5.34	5.00	4.88	4.87	4.91	4.98	5.07	5.17	5.27	5.38	5.49	6.10	5.59	5.38	5.31	5.30	5.33	5.39	5.46	5.54	5.63	5.73
1.4	0.2	5.53	4.94	4.62	4.42	4.29	4.19	4.12	4.06	4.02	3.98	3.95	6.49	5.72	5.30	5.03	4.85	4.72	4.62	4.54	4.48	4.43	4.38
	0.4	5.57	4.99	4.68	4.49	4.36	4.27	4.21	4.16	4.13	4.10	4.08	6.53	5.77	5.35	5.10	4.93	4.80	4.71	4.64	4.59	4.55	4.51
	0.6	5.64	5.07	4.78	4.60	4.49	4.42	4.38	4.35	4.33	4.32	4.32	6.59	5.85	5.45	5.21	5.05	4.95	4.87	4.82	4.78	4.76	4.74
	0.8	5.74	5.19	4.92	4.77	4.69	4.64	4.62	4.62	4.63	4.65	4.67	6.68	5.96	5.59	5.37	5.24	5.15	5.10	5.08	5.06	5.06	5.07
	1.0	5.86	5.35	5.12	5.00	4.95	4.94	4.96	4.99	5.03	5.09	5.15	6.79	6.10	5.76	5.58	5.48	5.43	5.41	5.41	5.44	5.47	5.51
	1.2	6.02	5.55	5.36	5.29	5.28	5.31	5.37	5.44	5.52	5.61	5.71	6.93	6.28	5.98	5.84	5.78	5.76	5.79	5.83	5.89	5.95	6.03

注：表中的计算长度系数 μ_3 值系按下式算得：

$$\frac{\eta_1 K_1}{\eta_2 K_2}\cdot \mathrm{tg}\frac{\pi\eta_1}{\mu_3}\cdot \mathrm{tg}\frac{\pi\eta_2}{\mu_3}+\eta_1 K_1\cdot \mathrm{tg}\frac{\pi\eta_1}{\mu_3}\cdot \mathrm{tg}\frac{\pi}{\mu_3}+\eta_2 K_2\cdot \mathrm{tg}\frac{\pi\eta_2}{\mu_3}\cdot \mathrm{tg}\frac{\pi}{\mu_3}-1=0$$

表 D-6 柱顶可移动但不转动的双阶柱下段的计算长度系数 μ_3

简图	η_1	η_2 \ K_1	0.05											0.10										
		K_2	0.2	0.3	0.4	0.5	0.6	0.7	0.8	0.9	1.0	1.1	1.2	0.2	0.3	0.4	0.5	0.6	0.7	0.8	0.9	1.0	1.1	1.2
	0.2	0.2	1.99	1.99	2.00	2.00	2.01	2.02	2.02	2.03	2.04	2.05	2.06	1.96	1.96	1.97	1.97	1.98	1.98	1.99	2.00	2.00	2.01	2.02
		0.4	2.03	2.06	2.09	2.12	2.16	2.19	2.22	2.25	2.29	2.32	2.35	2.00	2.02	2.05	2.08	2.11	2.14	2.17	2.20	2.23	2.26	2.29
		0.6	2.12	2.20	2.28	2.36	2.43	2.50	2.57	2.64	2.71	2.77	2.83	2.07	2.14	2.22	2.29	2.36	2.43	2.50	2.56	2.63	2.69	2.75
		0.8	2.28	2.43	2.57	2.70	2.82	2.94	3.04	3.15	3.25	3.34	3.43	2.20	2.35	2.48	2.61	2.73	2.84	2.94	3.05	3.14	3.24	3.33
		1.0	2.53	2.76	2.96	3.13	3.29	3.44	3.59	3.72	3.85	3.98	4.10	2.41	2.64	2.83	3.01	3.17	3.32	3.46	3.59	3.72	3.85	3.97
		1.2	2.86	3.15	3.39	3.61	3.80	3.99	4.16	4.33	4.49	4.64	4.79	2.70	2.99	3.23	3.45	3.65	3.84	4.01	4.18	4.34	4.49	4.64
	0.4	0.2	1.99	1.99	2.00	2.01	2.01	2.02	2.03	2.04	2.04	2.05	2.06	1.96	1.97	1.97	1.98	1.98	1.99	2.00	2.00	2.01	2.02	2.03
		0.4	2.03	2.06	2.09	2.13	2.16	2.19	2.23	2.26	2.29	2.32	2.35	2.00	2.03	2.06	2.09	2.12	2.15	2.18	2.21	2.24	2.27	2.30
		0.6	2.12	2.20	2.28	2.36	2.44	2.51	2.58	2.64	2.71	2.77	2.84	2.08	2.15	2.23	2.30	2.37	2.44	2.51	2.57	2.64	2.70	2.76
		0.8	2.29	2.44	2.58	2.71	2.83	2.94	3.05	3.15	3.25	3.35	3.44	2.21	2.36	2.49	2.62	2.73	2.85	2.95	3.05	3.15	3.24	3.34
$K_1=\frac{I_1}{I_3}\cdot\frac{H_3}{H_1}$		1.0	2.54	2.77	2.96	3.14	3.30	3.45	3.59	3.73	3.85	3.98	4.10	2.43	2.65	2.84	3.02	3.18	3.33	3.47	3.60	3.73	3.85	3.97
		1.2	2.87	3.15	3.40	2.61	3.81	3.99	4.17	4.33	4.49	4.65	4.79	2.71	3.00	3.24	3.46	3.66	3.85	4.02	4.19	4.34	4.49	4.64
$K_2=\frac{I_2}{I_3}\cdot\frac{H_3}{H_2}$	0.6	0.2	1.99	1.98	2.00	2.01	2.02	2.03	2.04	2.04	2.05	2.06	2.07	1.97	1.98	1.98	1.99	2.00	2.00	2.01	2.02	2.02	2.03	2.04
		0.4	2.04	2.07	2.10	2.14	2.17	2.20	2.23	2.27	2.30	2.33	2.36	2.01	2.04	2.07	2.10	2.13	2.16	2.19	2.22	2.26	2.29	2.32
		0.6	2.13	2.21	2.29	2.37	2.45	2.52	2.59	2.65	2.72	2.78	2.84	2.09	2.17	2.24	2.32	2.39	2.46	2.52	2.59	2.65	2.71	2.77
$\eta_1=\frac{H_1}{H_3}\sqrt{\frac{N_1}{N_3}\cdot\frac{I_3}{I_1}}$		0.8	2.30	2.45	2.59	2.72	2.84	2.95	3.06	3.16	3.26	3.35	3.44	2.23	2.38	2.51	2.64	2.75	2.86	2.97	3.07	3.16	3.26	3.35
		1.0	2.56	2.78	2.97	3.15	3.31	3.46	3.60	3.73	3.86	3.99	4.11	2.45	2.68	2.86	3.03	3.19	3.34	3.48	3.61	3.74	3.86	3.98
$\eta_2=\frac{H_2}{H_3}\sqrt{\frac{N_2}{N_3}\cdot\frac{I_3}{I_2}}$		1.2	2.89	3.17	3.41	3.62	3.82	4.00	4.17	4.34	4.50	4.65	4.80	2.74	3.02	3.26	3.48	3.67	3.86	4.03	4.20	4.35	4.50	4.65
	0.8	0.2	2.00	2.01	2.02	2.02	2.03	2.04	2.05	2.05	2.06	2.07	2.08	1.99	1.99	2.00	2.01	2.01	2.02	2.03	2.04	2.04	2.05	2.06
N_1——上段柱的轴心力；		0.4	2.05	2.08	2.12	2.15	2.18	2.21	2.25	2.28	2.31	2.34	2.37	2.03	2.06	2.09	2.12	2.15	2.19	2.22	2.25	2.28	2.31	2.34
		0.6	2.15	2.23	2.31	2.39	2.46	2.53	2.60	2.67	2.73	2.79	2.85	2.12	2.19	2.27	2.34	2.41	2.48	2.55	2.61	2.67	2.73	2.79
		0.8	2.32	2.47	2.61	2.73	2.85	2.96	3.07	3.17	3.27	3.36	3.45	2.27	2.41	2.54	2.66	2.78	2.89	2.99	3.09	3.18	3.28	3.37
N_2——中段柱的轴心力；		1.0	2.59	2.80	2.99	3.16	3.32	3.47	3.61	3.74	3.87	3.99	4.11	2.49	2.70	2.89	3.06	3.21	3.36	3.50	3.63	3.76	3.88	4.00
		1.2	2.92	3.19	3.42	3.63	3.83	4.01	4.18	4.35	4.51	4.66	4.81	2.78	3.05	3.29	3.50	3.69	3.88	4.05	4.21	4.37	4.52	4.66
N_3——下段柱的轴心力	1.0	0.2	2.02	2.02	2.03	2.04	2.05	2.05	2.06	2.07	2.08	2.09	2.09	2.01	2.02	2.03	2.04	2.04	2.05	2.06	2.07	2.07	2.08	2.09
		0.4	2.07	2.10	2.14	2.17	2.20	2.23	2.26	2.30	2.33	2.36	2.39	2.06	2.10	2.13	2.16	2.19	2.22	2.25	2.28	2.31	2.34	2.37
		0.6	2.17	2.26	2.33	2.41	2.48	2.55	2.62	2.68	2.75	2.81	2.87	2.16	2.24	2.31	2.38	2.45	2.51	2.58	2.64	2.70	2.76	2.82
		0.8	2.36	2.50	2.63	2.76	2.87	2.98	3.08	3.19	3.28	3.38	3.47	2.32	2.46	2.58	2.70	2.81	2.92	3.02	3.12	3.21	3.30	3.39
		1.0	2.62	2.83	3.01	3.18	3.34	3.48	3.62	3.75	3.88	4.01	4.12	2.55	2.75	2.93	3.09	3.25	3.39	3.53	3.66	3.78	3.90	4.02
		1.2	2.95	3.21	3.44	3.65	3.82	4.02	4.20	4.36	4.52	4.67	4.81	2.84	3.10	3.32	3.53	3.72	3.90	4.07	4.23	4.39	4.54	4.68
	1.2	0.2	2.04	2.05	2.06	2.06	2.07	2.08	2.09	2.09	2.10	2.11	2.12	2.07	2.08	2.08	2.09	2.09	2.10	2.11	2.11	2.12	2.13	2.13
		0.4	2.10	2.13	2.17	2.20	2.23	2.26	2.29	2.32	2.35	2.38	2.41	2.13	2.16	2.18	2.21	2.24	2.27	2.30	2.33	2.35	2.38	2.41
		0.6	2.22	2.29	2.37	2.44	2.51	2.58	2.64	2.71	2.77	2.83	2.89	2.24	2.30	2.37	2.43	2.50	2.56	2.63	2.68	2.74	2.80	2.86
		0.8	2.41	2.54	2.67	2.78	2.90	3.00	3.11	3.20	3.30	3.39	3.48	2.41	2.53	2.64	2.75	2.86	2.96	3.06	3.15	3.24	3.33	3.42
		1.0	2.68	2.87	3.04	3.21	3.36	3.50	3.64	3.77	3.90	4.02	4.14	2.64	2.82	2.98	3.14	3.29	3.43	3.56	3.69	3.81	3.93	4.04
		1.2	3.00	3.25	3.47	3.67	3.86	4.04	4.21	4.37	4.53	4.68	4.83	2.92	3.16	3.37	3.57	3.76	3.93	4.10	4.26	4.41	4.56	4.70
	1.4	0.2	2.10	2.10	2.10	2.11	2.11	2.12	2.13	2.13	2.14	2.15	2.15	2.20	2.18	2.17	2.17	2.17	2.18	2.18	2.19	2.19	2.20	2.20
		0.4	2.17	2.19	2.21	2.24	2.27	2.30	2.33	2.36	2.39	2.41	2.44	2.26	2.26	2.27	2.29	2.32	2.34	2.37	2.39	2.42	2.44	2.47
		0.6	2.29	2.35	2.41	2.48	2.55	2.61	2.67	2.74	2.80	2.86	2.91	2.37	2.41	2.46	2.51	2.57	2.63	2.68	2.74	2.80	2.85	2.91
		0.8	2.48	2.60	2.71	2.82	2.93	3.03	3.13	3.23	3.32	3.41	3.50	2.53	2.62	2.72	2.82	2.92	3.01	3.11	3.20	3.29	3.37	3.46
		1.0	2.74	2.92	3.08	3.24	3.39	3.53	3.66	3.79	3.92	4.04	4.15	2.75	2.90	3.05	3.20	3.34	3.47	3.60	3.72	3.84	3.96	4.07
		1.2	3.06	3.29	3.50	3.70	3.89	4.06	4.23	4.39	4.55	4.70	4.84	3.02	3.23	3.43	3.62	3.80	3.97	4.13	4.29	4.44	4.59	4.73

简图	η_1	η_2 \ K_1	0.20											0.30										
		K_2	0.2	0.3	0.4	0.5	0.6	0.7	0.8	0.9	1.0	1.1	1.2	0.2	0.3	0.4	0.5	0.6	0.7	0.8	0.9	1.0	1.1	1.2
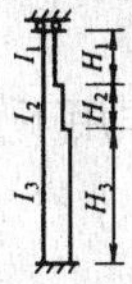	0.2	0.2	1.94	1.93	1.93	1.93	1.93	1.93	1.94	1.94	1.95	1.95	1.96	1.92	1.91	1.90	1.89	1.89	1.89	1.90	1.90	1.90	1.90	1.91
		0.4	1.96	1.98	1.99	2.02	2.04	2.07	2.09	2.12	2.15	2.17	2.20	1.95	1.95	1.96	1.97	1.99	2.01	2.04	2.06	2.08	2.11	2.13
		0.6	2.02	2.07	2.13	2.19	2.26	2.32	2.38	2.44	2.50	2.56	2.62	1.99	2.03	2.08	2.13	2.18	2.24	2.29	2.35	2.41	2.46	2.52
		0.8	2.12	2.23	2.35	2.47	2.58	2.68	2.78	2.88	2.98	3.07	3.15	2.07	2.16	2.27	2.37	2.47	2.57	2.66	2.75	2.84	2.93	3.01
		1.0	2.28	2.47	2.65	2.82	2.97	3.12	3.26	3.39	3.51	3.63	3.75	2.20	2.37	2.53	2.69	2.83	2.97	3.10	3.23	3.35	3.46	3.57
		1.2	2.50	2.77	3.01	3.22	3.42	3.60	3.77	3.93	4.09	4.23	4.38	2.39	2.63	2.85	3.05	3.24	3.42	3.58	3.74	3.89	4.03	4.17
	0.4	0.2	1.93	1.93	1.93	1.93	1.94	1.94	1.95	1.95	1.96	1.96	1.97	1.92	1.91	1.91	1.90	1.90	1.91	1.91	1.91	1.92	1.92	1.92
		0.4	1.97	1.98	2.00	2.03	2.05	2.08	2.11	2.13	2.16	2.19	2.22	1.95	1.96	1.97	1.99	2.01	2.03	2.05	2.08	2.10	2.12	2.15
		0.6	2.03	2.08	2.14	2.21	2.27	2.33	2.40	2.46	2.52	2.58	2.63	2.00	2.04	2.09	2.14	2.20	2.26	2.31	2.37	2.42	2.48	2.53
		0.8	2.13	2.25	2.37	2.48	2.59	2.70	2.80	2.90	2.99	3.08	3.17	2.08	2.18	2.28	2.39	2.49	2.59	2.68	2.77	2.86	2.95	3.03
$K_1=\frac{I_1}{I_3}\cdot\frac{H_3}{H_1}$		1.0	2.29	2.49	2.67	2.83	2.99	3.13	3.27	3.40	3.53	3.64	3.76	2.22	2.39	2.55	2.71	2.85	2.99	3.12	3.24	3.36	3.48	3.59
		1.2	2.52	2.79	3.02	3.23	3.43	3.61	3.78	3.94	4.10	4.24	4.39	2.41	2.65	2.87	3.07	3.26	3.43	3.60	3.75	3.90	4.04	4.18
$K_2=\frac{I_2}{I_3}\cdot\frac{H_3}{H_2}$	0.6	0.2	1.95	1.95	1.95	1.95	1.96	1.96	1.97	1.97	1.98	1.98	1.99	1.93	1.93	1.92	1.92	1.93	1.93	1.93	1.94	1.94	1.95	1.95
		0.4	1.98	2.00	2.02	2.05	2.08	2.10	2.13	2.16	2.19	2.21	2.24	1.96	1.97	1.99	2.01	2.03	2.06	2.08	2.11	2.13	2.16	2.18
		0.6	2.04	2.10	2.17	2.23	2.30	2.36	2.42	2.48	2.54	2.60	2.66	2.02	2.06	2.12	2.17	2.23	2.29	2.35	2.40	2.46	2.51	2.57
$\eta_1=\frac{H_1}{H_3}\sqrt{\frac{N_1}{N_3}\cdot\frac{I_3}{I_1}}$		0.8	2.15	2.27	2.39	2.51	2.62	2.72	2.82	2.92	3.01	3.10	3.19	2.11	2.21	2.32	2.42	2.52	2.62	2.71	2.80	2.89	2.98	3.06
		1.0	2.32	2.52	2.70	2.86	3.01	3.16	3.29	3.42	3.55	3.66	3.78	2.25	2.42	2.59	2.74	2.88	3.02	3.15	3.27	3.39	3.50	3.61
$\eta_2=\frac{H_2}{H_3}\sqrt{\frac{N_2}{N_3}\cdot\frac{I_3}{I_2}}$		1.2	2.55	2.82	3.05	3.26	3.45	3.63	3.80	3.96	4.11	4.26	4.40	2.44	2.69	2.91	3.11	3.29	3.46	3.62	3.78	3.93	4.07	4.20
	0.8	0.2	1.97	1.97	1.98	1.98	1.99	1.99	2.00	2.01	2.01	2.02	2.03	1.96	1.95	1.96	1.96	1.97	1.97	1.98	1.98	1.99	1.99	2.00
N_1——上段柱的轴心力；		0.4	2.00	2.03	2.06	2.08	2.11	2.14	2.17	2.20	2.22	2.25	2.28	1.99	2.01	2.03	2.05	2.08	2.10	2.13	2.15	2.18	2.21	2.23
		0.6	2.08	2.14	2.21	2.27	2.34	2.40	2.46	2.52	2.58	2.64	2.69	2.05	2.10	2.16	2.22	2.28	2.34	2.40	2.45	2.51	2.56	2.81
		0.8	2.19	2.32	2.44	2.55	2.66	2.76	2.86	2.96	3.05	3.13	3.22	2.15	2.26	2.37	2.47	2.57	2.67	2.76	2.85	2.94	3.02	3.10
N_2——中段柱的轴心力；		1.0	2.37	2.57	2.74	2.90	3.05	3.19	3.33	3.45	3.58	3.69	3.81	2.30	2.48	2.64	2.79	2.93	3.07	3.19	3.31	3.43	3.54	3.65
		1.2	2.61	2.87	3.09	3.30	3.49	3.66	3.83	3.99	4.14	4.29	4.42	2.50	2.74	2.96	3.15	3.33	3.50	3.66	3.81	3.96	4.10	4.23
N_3——下段柱的轴心力	1.0	0.2	2.01	2.02	2.03	2.03	2.04	2.05	2.05	2.06	2.07	2.07	2.08	2.01	2.02	2.02	2.03	2.04	2.04	2.05	2.06	2.06	2.07	2.07
		0.4	2.06	2.09	2.11	2.14	2.17	2.20	2.23	2.25	2.28	2.31	2.33	2.05	2.08	2.10	2.13	2.16	2.18	2.21	2.23	2.26	2.28	2.31
		0.6	2.14	2.21	2.27	2.34	2.40	2.46	2.52	2.58	2.63	2.69	2.74	2.13	2.19	2.25	2.30	2.36	2.42	2.47	2.53	2.58	2.63	2.68
		0.8	2.27	2.39	2.51	2.62	2.72	2.82	2.91	3.00	3.09	3.18	3.26	2.24	2.35	2.45	2.55	2.65	2.74	2.83	2.92	3.00	3.08	3.16
		1.0	2.46	2.64	2.81	2.96	3.10	3.24	3.37	3.50	3.61	3.73	3.84	2.40	2.57	2.72	2.86	3.00	3.13	3.25	3.37	3.48	3.59	3.70
		1.2	2.69	2.94	3.15	3.35	3.53	3.71	3.87	4.02	4.17	4.32	4.46	2.60	2.83	3.03	3.22	3.39	3.56	3.71	3.86	4.01	4.14	4.28
	1.2	0.2	2.13	2.12	2.12	2.13	2.13	2.14	2.14	2.15	2.15	2.16	2.16	2.17	2.16	2.16	2.16	2.16	2.16	2.17	2.17	2.18	2.18	2.19
		0.4	2.18	2.19	2.21	2.24	2.26	2.29	2.31	2.34	2.36	2.38	2.41	2.22	2.22	2.24	2.26	2.28	2.30	2.32	2.34	2.36	2.39	2.41
		0.6	2.27	2.32	2.37	2.43	2.49	2.54	2.60	2.65	2.70	2.76	2.81	2.29	2.33	2.38	2.43	2.48	2.53	2.58	2.62	2.67	2.72	2.77
		0.8	2.41	2.50	2.60	2.70	2.80	2.89	2.98	3.07	3.15	3.23	3.32	2.41	2.49	2.58	2.67	2.75	2.84	2.92	3.00	3.08	3.16	3.23
		1.0	2.59	2.74	2.89	3.04	3.17	3.30	3.43	3.55	3.66	3.78	3.89	2.56	2.69	2.83	2.96	3.09	3.21	3.33	3.44	3.55	3.66	3.76
		1.2	2.81	3.03	3.23	3.42	3.59	3.76	3.92	4.07	4.22	4.36	4.49	2.74	2.94	3.13	3.30	3.47	3.63	3.78	3.92	4.06	4.20	4.33
	1.4	0.2	2.35	2.31	2.29	2.28	2.27	2.27	2.27	2.27	2.27	2.28	2.28	2.45	2.40	2.37	2.35	2.35	2.34	2.34	2.34	2.34	2.34	2.34
		0.4	2.40	2.37	2.37	2.38	2.39	2.41	2.43	2.45	2.47	2.49	2.51	2.48	2.45	2.44	2.44	2.45	2.46	2.48	2.49	2.51	2.53	2.55
		0.6	2.48	2.49	2.52	2.56	2.61	2.65	2.70	2.75	2.80	2.85	2.89	2.55	2.54	2.56	2.60	2.63	2.67	2.71	2.75	2.80	2.84	2.88
		0.8	2.60	2.66	2.73	2.82	2.90	2.98	3.07	3.15	3.23	3.31	3.38	2.64	2.68	2.74	2.81	2.89	2.96	3.04	3.11	3.18	3.25	3.33
		1.0	2.77	2.88	3.01	3.14	3.26	3.38	3.50	3.62	3.73	3.84	3.94	2.77	2.87	2.98	3.09	3.20	3.32	3.43	3.53	3.64	3.74	3.84
		1.2	2.97	3.15	3.33	3.50	3.67	3.83	3.98	4.13	4.27	4.41	4.54	2.94	3.09	3.26	3.41	3.57	3.72	3.86	4.00	4.13	4.26	4.39

注：表中的计算长度系数 μ_3 值系按下式算得：

$$\frac{\eta_1 K_1}{\eta_2 K_2}\cdot \mathrm{ctg}\frac{\pi\eta_1}{\mu_3}\cdot \mathrm{ctg}\frac{\pi\eta_2}{\mu_3}+\frac{\eta_1 K_1}{(\eta_2 K_2)^2}\cdot \mathrm{ctg}\frac{\pi\eta_1}{\mu_3}\cdot \mathrm{ctg}\frac{\pi}{\mu_3}+\frac{1}{\eta_2 K_2}\cdot \mathrm{ctg}\frac{\pi\eta_2}{\mu_3}\cdot \mathrm{ctg}\frac{\pi}{\mu_3}-1=0$$

附录 E 疲劳计算的构件和连接分类

表 E 构件和连接分类

项次	简 图	说 明	类别
1	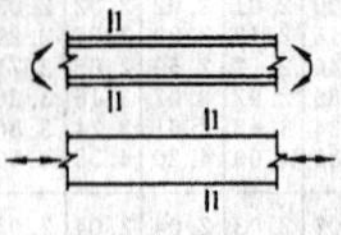	无连接处的主体金属 (1)轧制型钢 (2)钢板 a. 两边为轧制边或刨边 b. 两侧为自动、半自动切割边(切割质量标准应符合现行国家标准《钢结构工程施工质量验收规范》GB 50205)	 1 1 2
2	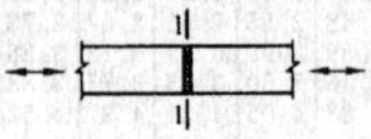	横向对接焊缝附近的主体金属 (1)符合现行国家标准《钢结构工程施工质量验收规范》GB 50205 的一级焊缝 (2)经加工、磨平的一级焊缝	 3 2
3	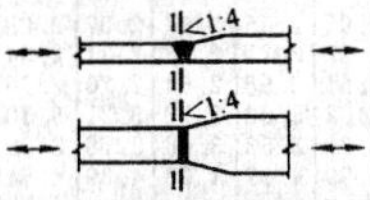	不同厚度(或宽度)横向对接焊缝附近的主体金属,焊缝加工成平滑过渡并符合一级焊缝标准	2
4	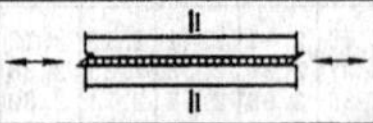	纵向对接焊缝附近的主体金属,焊缝符合二级焊缝标准	2
5	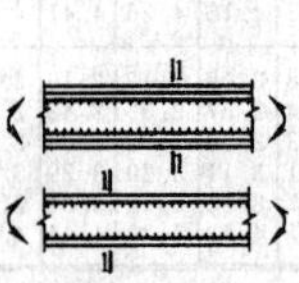	翼缘连接焊缝附近的主体金属 (1)翼缘板与腹板的连接焊缝 a. 自动焊,二级 T 形对接和角接组合焊缝 b. 自动焊,角焊缝,外观质量标准符合二级 c. 手工焊,角焊缝,外观质量标准符合二级 (2)双层翼缘板之间的连接焊缝 a. 自动焊,角焊缝,外观质量标准符合二级 b. 手工焊,角焊缝,外观质量标准符合二级	 2 3 4 3 4
6		横向加劲肋端部附近的主体金属 (1)肋端不断弧(采用回焊) (2)肋端断弧	 4 5
7	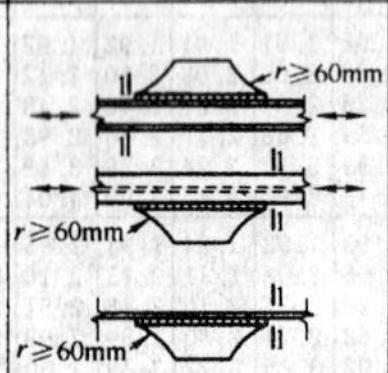	梯形节点板用对接焊缝焊于梁翼缘、腹板以及桁架构件处的主体金属,过渡处在焊后铲平、磨光、圆滑过渡,不得有焊接起弧、灭弧缺陷	5
8	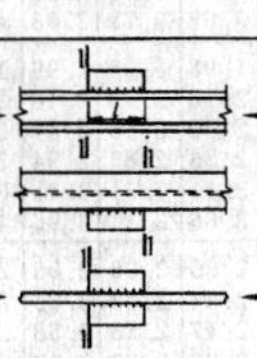	矩形节点板焊接于构件翼缘或腹板处的主体金属,l>150mm	7
9	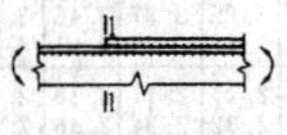	翼缘板中断处的主体金属(板端有正面焊缝)	7
10		向正面角焊缝过渡处的主体金属	6
11	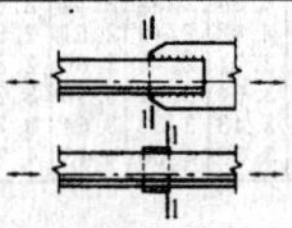	两侧面角焊缝连接端部的主体金属	8
12	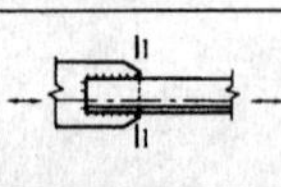	三面围焊的角焊缝端部主体金属	7

续表 E

项次	简 图	说 明	类别
13	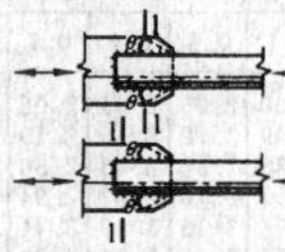	三面围焊或两侧面角焊缝连接的节点板主体金属(节点板计算宽度按应力扩散角 θ 等于 30°考虑)	7
14	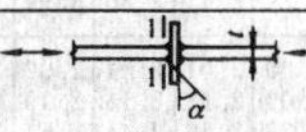	K 形坡口 T 形对接与角接组合焊缝处的主体金属,两板轴线偏离小于 0.15t,焊缝为二级,焊趾角 $\alpha\leqslant 45°$	5
15		十字接头角焊缝处的主体金属,两板轴线偏离小于 0.15t	7
16	角焊缝	按有效截面确定的剪应力幅计算	8
17	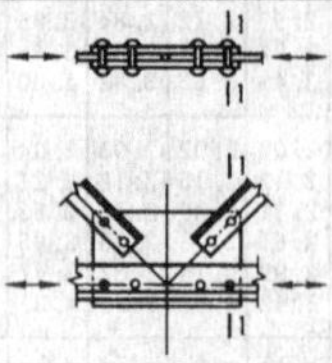	铆钉连接处的主体金属	3
18	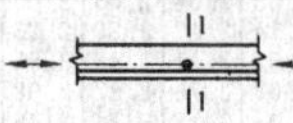	连系螺栓和虚孔处的主体金属	3
19		高强度螺栓摩擦型连接处的主体金属	2

注:1 所有对接焊缝及 T 形对接和角接组合焊缝均需焊透。所有焊缝的外形尺寸均应符合现行标准《钢结构焊缝外形尺寸》JB 7949 的规定。

2 角焊缝应符合本规范第 8.2.7 条和 8.2.8 条的要求。

3 项次 16 中的剪应力幅 $\Delta\tau=\tau_{max}-\tau_{min}$,其中 τ_{min} 的正负值为:与 τ_{max} 同方向时,取正值;与 τ_{max} 反方向时,取负值。

4 第 17、18 项中的应力应以净截面面积计算,第 19 项应以毛截面面积计算。

附录 F 桁架节点板在斜腹杆压力作用下的稳定计算

F.0.1 基本假定。

1 图 F.0.1 中 B-A-C-D 为节点板失稳时的屈折线,其中 $\overline{BA}$ 平行于弦杆,$\overline{CD}\perp\overline{BA}$。

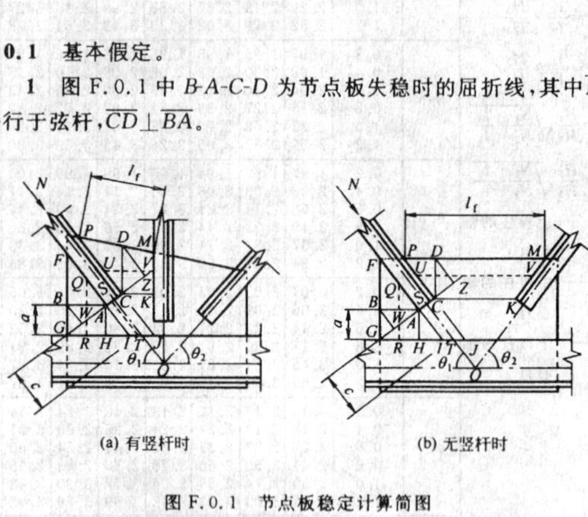

(a) 有竖杆时 (b) 无竖杆时

图 F.0.1 节点板稳定计算简图

2 在斜腹杆轴向压力 N 的作用下,$\overline{BA}$ 区($FBGHA$ 板件)、$\overline{AC}$ 区($AIJC$ 板件)和 $\overline{CD}$ 区($CKMP$ 板件)同时受压,当其中某一区先失稳后,其他区即相继失稳,为此要分别计算各区的稳定。

F.0.2 计算方法:

$\overline{BA}$ 区:

$$\frac{b_1}{(b_1+b_2+b_3)}N\sin\theta_1\leqslant l_1 t\varphi_1 f \qquad (F.0.2\text{-}1)$$

$\overline{AC}$ 区:

$$\frac{b_2}{(b_1+b_2+b_3)}N \leqslant l_2 t \varphi_2 f \qquad (F.0.2\text{-}2)$$

$\overline{CD}$区：

$$\frac{b_3}{(b_1+b_2+b_3)}N\cos\theta_1 \leqslant l_3 t \varphi_3 f \qquad (F.0.2\text{-}3)$$

式中　t——节点板厚度；

N——受压斜腹杆的轴向力；

l_1、l_2、l_3——分别为屈折线$\overline{BA}$、$\overline{AC}$、$\overline{CD}$的长度；

φ_1、φ_2、φ_3——各受压区板件的轴心受压稳定系数，可按 b 类截面查取；其相应的长细比分别为：$\lambda_1=2.77\frac{\overline{QR}}{t}$，$\lambda_2=2.77\frac{\overline{ST}}{t}$，$\lambda_3=2.77\frac{\overline{UV}}{t}$；式中$\overline{QR}$、$\overline{ST}$、$\overline{UV}$为$\overline{BA}$、$\overline{AC}$、$\overline{CD}$三区受压板件的中线长度；其中$\overline{ST}=c$；$b_1(\overline{WA})$、$b_2(\overline{AC})$、$b_3(\overline{CZ})$为各屈折线段在有效宽度线上的投影长度。

对 $l_f/t>60\sqrt{235/f_y}$ 且沿自由边加劲的无竖腹杆节点板（l_f为节点板自由边的长度），亦可用上述方法进行计算，只是仅需验算$\overline{BA}$区和$\overline{AC}$区，而不必验算$\overline{CD}$区。

本规范用词说明

1　为了便于在执行本规范条文时区别对待，对要求严格程度不同的用词说明如下：

1)表示很严格，非这样做不可的用词：
正面词采用"必须"；反面词采用"严禁"。

2)表示严格，在正常情况下均应这样做的用词：
正面词采用"应"；反面词采用"不应"或"不得"。

3)表示允许稍有选择，在条件许可时首先应这样做的用词：
正面词采用"宜"或"可"；反面词采用"不宜"。

2　条文中指定应按其他有关标准、规范执行时，写法为"应按……执行"或"应符合……要求（或规定）"。

中华人民共和国国家标准

钢 结 构 设 计 规 范

GB 50017—2003

条 文 说 明

目　次

1 总　则

1.0.1 本条是钢结构设计时应遵循的原则。

1.0.2 本条明确指出本规范仅适用于工业与民用房屋和一般构筑物的普通钢结构设计，不包括冷弯薄壁型钢结构。

1.0.3 本规范的设计原则是根据现行国家标准《建筑结构可靠度设计统一标准》GB 50068 的规定修订的。

1.0.4 本条提出设计中应具体考虑的一些注意事项。

1.0.5 本条提出在设计文件（如图纸和材料订货单等）中应注明的一些事项，这些事项都是与保证工程质量密切相关的。其中钢材的牌号应与有关钢材的现行国家标准或其他技术标准相符；对钢材性能的要求，凡我国钢材标准中各牌号能基本保证的项目可不再列出，只提附加保证和协议要求的项目，而当采用其他尚未形成技术标准的钢材或国外钢材时，必须详细列出有关钢材性能的各项要求，以便按此进行检验。而检验这些钢材时，试件的数量不应小于 30 个。试验结果中屈服点的平均值 μ_{f_y} 乘以试验影响系数 μ_{k0}（对 Q235 类钢可取 0.9，对 Q345 类钢可取 0.93）与钢材标准中屈服点 f_y 规定值的比值 $\mu_{f_y}\mu_{k0}/f_y$ 不宜小于 1.09（对 Q235 类钢）和 1.11（Q345 类钢），变异系数 $\delta_{KM}=\sqrt{(\delta_{k0})^2+(\sigma_{f_y}/\mu_{f_y})^2}$ 不宜大于 0.066，式中 δ_{k0} 可取 0.011，σ_{f_y} 为屈服点试验值的标准差。对符合上述统计参数的钢材，且其尺寸的误差标准不低于我国相应钢材的标准时，即可采用本规范规定的钢材抗力分项系数 γ_R。焊缝的质量等级应根据构件的重要性和受力情况按本规范第 7.1.1 条的规定选用。对结构的防护和隔热措施等其他要求亦应在设计文件中加以说明。

1.0.6 对有特殊设计要求（如抗震设防要求，防火设计要求等）和在特殊情况下的钢结构（如高耸结构、板壳结构、特殊构筑物以及受有高温、高压或强烈侵蚀作用的结构等）尚应符合国家现行有关专门规范的规定。

2 术语和符号

本章所用的术语和符号是参照我国现行国家标准《工程结构设计基本术语和通用符号》GBJ 132 和《建筑结构设计术语和符号标准》GB/T 50083 的规定编写的，并根据需要增加了一些内容。

2.1 术　语

本规范给出了 32 个有关钢结构设计方面的专用术语，并从钢结构设计的角度赋予其特定的涵义，但不一定是其严密的定义。所给出的英文译名是参考国外某些标准拟定的，亦不一定是国际上的标准术语。

2.2 符　号

本规范给出了 151 个常用符号并分别作出了定义，这些符号都是本规范各章节中所引用的。

2.2.1 本条所用符号均为作用和作用效应的设计值，当用于标准值时，应加下标 k，如 Q_k 表示重力荷载的标准值。

3 基本设计规定

3.1 设计原则

3.1.1 GBJ 17—88 规范采用以概率理论为基础的极限状态设计法，其中设计的目标安全度是按可靠指标校准值的平均值上下浮动 0.25 进行总体控制的（有关设计理论参见全国钢委编《钢结构研究论文报告选集》第二册，李继华、夏正中：钢结构可靠度和概率极限状态设计）。

遵照《建筑结构可靠度设计统一标准》GB 50068，本规范继续沿用以概率理论为基础的极限状态设计方法并以应力形式表达的分项系数设计表达式进行设计计算，但设计目标安全度指标不再允许下浮 0.25，即设计各种基本构件的目标安全度指标不得低于校准值的平均值。根据《建筑结构荷载规范》GB 50009 的修订内容以及现有的可统计资料所做的分析，本规范所涉及的钢结构基本构件的设计目标安全度总体上符合 GB 50068 要求（详见《土木工程学报》2003 第 4 期，戴国欣等：结构设计荷载组合取值变化及其影响分析）。

关于钢结构连接，试验和理论分析表明，GBJ 17—88 采用的转化换算处理方式是合理可行的（参见《建筑结构学报》1993 年第 6 期，戴国欣等：钢结构角焊缝的极限强度及抗力分项系数；《工业建筑》1997 年第 6 期，曾波等：高强度螺栓连接的可靠性评估）。本规范钢结构连接的计算规定满足概率极限状态设计法的要求。

关于钢结构的疲劳计算，由于疲劳极限状态的概念还不够确切，对各种有关因素研究不够，只能沿用过去传统的容许应力设计法，即将过去以应力比概念为基础的疲劳设计改为以应力幅为准的疲劳强度设计。

3.1.2 承载能力极限状态可理解为结构或构件发挥允许的最大承载功能的状态。结构或构件由于塑性变形而使其几何形状发生显著改变，虽未到达最大承载能力，但已彻底不能使用，也属于达到这种极限状态。

正常使用极限状态可理解为结构或构件达到使用功能上允许的某个限值的状态。例如，某些结构必须控制变形、裂缝才能满足使用要求，因为过大的变形会造成房屋内部粉刷层剥落，填充墙和隔断墙开裂，以及屋面积水等后果，过大的裂缝会影响结构的耐久性，同时过大的变形或裂缝也会使人们在心理上产生不安全感觉。

3.1.3 建筑结构安全等级的划分，按《建筑结构可靠度设计统一标准》GB 50068 的规定应符合表 1 的要求。

表 1　建筑结构的安全等级

安全等级	破坏后果	建筑物类型
一级	很严重	重要的房屋
二级	严重	一般的房屋
三级	不严重	次要的房屋

注：1　对特殊的建筑物，其安全等级应根据具体情况另行确定。
　　2　对抗震建筑结构，其安全等级应符合国家现行有关规范的规定。

对一般工业与民用建筑钢结构，按我国已建成的房屋，用概率设计方法分析的结果，安全等级多为二级，但对跨度等于或大于 60m 的大跨度结构（如大会堂、体育馆和飞机库等的屋盖主要承重结构）的安全等级宜取为一级。

3.1.4 荷载效应的组合原则是根据《建筑结构可靠度设计统一标准》GB 50068 的规定，结合钢结构的特点提出来的。对荷载效应的偶然组合，统一标准只作出原则性的规定，具体的设计表达式及各种系数应符合专门规范的有关规定。对于正常使用极限状态，钢结构一般只考虑荷载效应的标准组合，当有可靠依据和实践经验时，亦可考虑荷载效应的频遇组合。对钢与混凝土组合梁，因需考虑混凝土在长期荷载作用下的蠕变影响，故除应考虑荷载效应的标准组合外，尚应考虑准永久组合（相当于原标准 GBJ 68—84 的长期效应组合）。

3.1.5 根据《建筑结构可靠度设计统一标准》GB 50068，结构或构件的变形属于正常使用极限状态，应采用荷载标准值进行计算；而强度、疲劳和稳定属于承载能力极限状态，在设计表达式中均考虑了荷载分项系数，采用荷载设计值（荷载标准值乘以荷载分项系数）进行计算，但其中疲劳的极限状态设计目前还处在研究阶段，所以仍沿用原规范 GBJ 17—88 按弹性状态计算的容许应力幅的设计方法，采用荷载标准值进行计算。钢结构的连接强度虽然统计数据有限，尚无法按可靠度进行分析，但已将其容许应力用校准的方法转化为以概率理论为基础的极限状态设计表达式（包括各种抗力分项系数），故采用荷载设计值进行计算。

3.1.6 结构或构件的位移（变形）属于静力计算的范畴，故不应乘动力系数；而疲劳计算中采用的计算数据多半是根据实测应力或通过疲劳试验所得，已包含了荷载的动力影响，故亦不再乘动力系数。因为动力影响和动力系数是两个不同的概念。

在吊车梁的疲劳计算中只考虑跨间内起重量最大的一台吊车的作用，是因为根据大量的实测资料统计，实际运行中吊车梁的最大等效应力幅常低于设计中按起重量最大的一台吊车满载和处于最不利位置时算得的最大计算应力幅。

将吊车梁及吊车桁架的挠度计算由过去习惯上考虑两台吊车改为明确规定按起重量最大的一台吊车进行计算的原则符合正常使用的概念，并和国外大多数国家相同，亦满足了跨间内只有一台吊车的情况。

3.2 荷载和荷载效应计算

3.2.1 结构重要性系数 γ_0 应按结构构件的安全等级、设计工作寿命并考虑工程经验确定。对设计工作寿命为 25 年的结构构件，大体上属于替换性构件，其可靠度可适当降低，重要性系数可按经验取为 0.95。

在现行国家标准《建筑结构荷载规范》GB 50009 中，将屋面均布活荷载标准值规定为 0.5kN/m²，并注明"对不同结构可按有关设计规范将标准值作 0.2kN/m² 的增减"。本规范参考美国荷载规范 ASCE 7-95 的规定，对支承轻屋面的构件或结构，当受荷的水平投影面积超过 60m² 时，屋面均布活荷载标准值取为0.3kN/m²。这个取值仅适用于只有一个可变荷载的情况，当有两个及以上可变荷载考虑荷载组合值系数参与组合时（如尚有灰荷载），屋面活荷载仍应取 0.5kN/m²，否则，将比原规范降低安全度（因为原荷载规范规定无风组合时不考虑荷载组合值系数）。

3.2.2 本条对原规范中关于吊车横向水平荷载的增大系数 α 进行了修改（详见"重级工作制吊车横向水平力计算的建议"赵熙元，《钢结构》1992 年第 2 期）。该系数源出于前苏联《冶金工厂重级工作制厂房钢结构设计技术条件》TY-104-53。但在 1972 年及以后的前苏联钢结构设计规范中已不再使用 α 系数，而在建筑法规《荷载及其作用》СНИП Ⅱ-6-74 中，对重级工作制吊车的侧向力，不论计算吊车梁或连接均统一规定为 $T_H \approx 0.1P_H$（P_H 为吊车最大轮压的标准值），并认为 T_H 的作用方向是可逆的，且不与小车的制动力同时考虑。这种将吊车的横向水平力（俗称卡轨力，下同）与吊车轮压成正比的表达方式和德国的研究成果是一致的，理论上亦比较合理，日本 1998 年规范也是这样考虑的。因为卡轨力与吊车主动轮的牵引力成正比，而牵引力又与轮压成正比。原规范的表达方式似乎卡轨力仅与小车制动力有关，这在概念上是有问题的，因为制动力是由小车制动而产生，卡轨力则在大车运行时发生，两者的起因截然不同。另外，对没有小车的特殊吊车（如桥式螺旋式卸车机），按原规范就算不出卡轨力，显然很不合理。

要精确计算卡轨力是十分困难的，世界各国所采用的计算方法都是半经验半理论性的。目前，欧、美及日本各国在计算卡轨力时都不区分构件和连接。这次修订时，亦采用统一的卡轨力值。

本条在计算卡轨力时采用了 $H_k = \alpha P_{k,max}$ 的表达式，其中 α 系数的取值是针对我国有代表性的 9 种重级工作制吊车，采用不同的计算方法（包括我国原规范、前苏联和美国的方法）算出的卡轨力，经过对比分析而得出来的。用本规范的公式（3.2.2）算出的卡轨力除 A8 级吊车是接近于按原规范计算构件的力以外，其余吊车均接近于按原规范计算连接时的力，而与美国的计算结果相近。亦即 A6 和 A7 级吊车按本规范算得的卡轨力约为原规范计算构件时卡轨力的 2 倍。从调查研究可知，过去设计的吊车梁在上翼缘附近的损伤仍然较多，因此加大卡轨力看来是合适的。根据试设计的结果，由此而带来的吊车梁钢材消耗量的增值一般约为 5%。

本条的"注"中，提出了在一般情况下本规范所指的重级、中级及轻级工作制吊车的含义。《起重机设计规范》GB/T 3811 规定吊车工作级别为 A1～A8 级，它是按利用等级（设计寿命期内总的工作循环次数）和载荷谱系数综合划分的。为便于计算，本规范所指的工作制与现行国家标准《建筑结构荷载规范》GB 50009 中的载荷状态相同，即轻级工作制（轻级载荷状态）吊车相当于 A1～A3 级，中级工作制相当于 A4、A5 级，重级工作制相当于 A6～A8 级，其中 A8 为特重级。这样区分在一般情况下是可以的，但并没有全面反映工作制的含义，因为吊车工作制与其利用等级关系很大。故设计人员在按工艺专业提供的吊车级别来确定吊车的工作制时尚应根据吊车的具体操作情况及实践经验来考虑，不要死套本条"注"的说明，必要时可作适当调整。例如，轧钢车间主电室的吊车是检修吊车，过去一直按轻级工作制设计，按载荷状态很可能用 A4 级吊车，便属于中级工作制。若按中级工作制吊车来设计厂房结构，显然不合理，此时可仍将其定义为轻级工作制。

3.2.3 本条规定的屋盖结构悬挂吊车和电动葫芦在每一跨间每条运行线路上考虑的台数，是按设计单位的使用经验确定的。

3.2.7 梁柱连接一般采用刚性连接和铰接连接。半刚性连接的弯矩-转角关系较为复杂，它随连接形式、构造细节的不同而异。进行结构设计时，这种连接形式的实验数据或设计资料必须足以提供较为准确的弯矩-转角关系。

3.2.8 本条对框架结构的内力分析方法作出了具体规定，即所有框架结构（不论有无支撑结构）均可采用一阶弹性分析法计算框架杆件的内力，但对于 $\frac{\sum N \cdot \Delta\mu}{\sum H \cdot h} > 0.1$ 的框架结构则推荐采用二阶弹性分析法确定杆件内力，以提高计算的精确度。当采用二阶弹性分析时，为配合计算的精度，不论是精确计算或近似计算，亦不论有无支撑结构，均应考虑结构和构件的各种缺陷（如柱子的初倾斜、初偏心和残余应力等）对内力的影响。其影响程度可通过在框架每层柱的柱顶作用有附加的假想水平力（概念荷载）H_{ni} 来综合体现，见图 1。

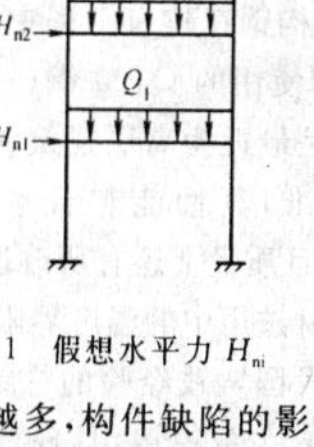

图 1 假想水平力 H_{ni}

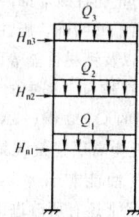

研究表明，框架层数越多，构件缺陷的影响越小，且每层柱数的影响亦不大。通过与国外规范的比较分析，并考虑钢材强度的影响，本规范提出了 H_{ni} 值的计算公式（3.2.8-1）。

至于柱子的计算长度则应根据不同类型的框架和内力分析方法，以及支撑结构的抗侧移刚度按本规范第 5.3.3 条的规定计算确定。

本条对无支撑纯框架在考虑侧移对内力的影响采用二阶弹性分析时，提出了框架杆件端弯矩 M_{II} 的近似计算方法。

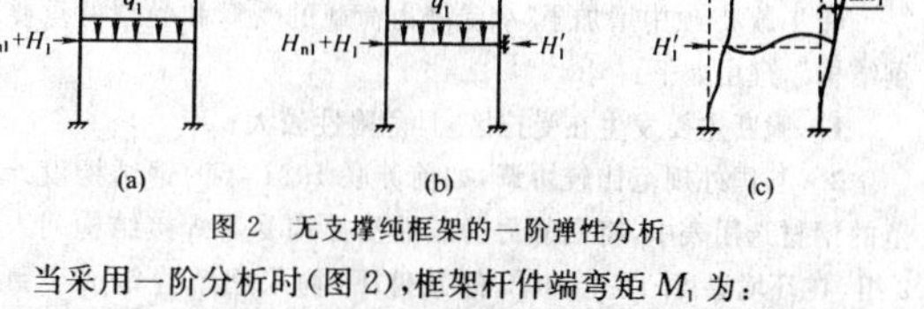

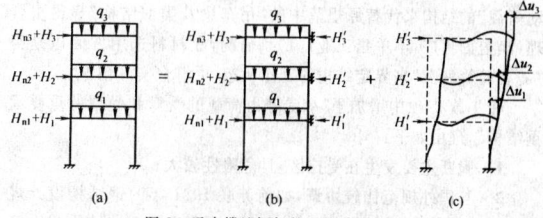

图 2 无支撑纯框架的一阶弹性分析

当采用一阶分析时（图 2），框架杆件端弯矩 M_{I} 为：

$$M_{Ⅰ}=M_{Ⅰb}+M_{Ⅰs}$$

当采用二阶近似分析时，杆端弯矩 $M_{Ⅱ}$ 为：

$$M_{Ⅱ}=M_{Ⅰb}+\alpha_{2i}M_{Ⅰs}$$

式中 $M_{Ⅰb}$——假定框架无侧移时(图 2b)按一阶弹性分析求得的各杆件端弯矩；

$M_{Ⅰs}$——框架各节点侧移时(图 2c)按一阶弹性分析求得的杆件端弯矩；

α_{2i}——考虑二阶效应第 i 层杆件的侧移弯矩增大系数，

$$\alpha_{2i}=\frac{1}{1-\frac{\sum N\cdot\Delta u}{\sum H\cdot h}}$$

其中 $\sum H$ 系指产生层间侧移 Δu 的所计算楼层及以上各层的水平荷载之和，不包括支座位移和温度的作用。

上述二阶弹性分析的近似计算法与国外的规定基本相同。经西安建筑科技大学陈绍蕃教授提出，湖南大学舒兴平教授以单跨1～3层无支撑纯框架为例，用二阶弹性分析精确法进行验证，结果表明：

1 此近似法不仅可用于二阶弯矩的计算，还可用于二阶轴力及剪力的计算。

2 在式(3.2.8-3)中，当 $\frac{\sum N\cdot\Delta u}{\sum H\cdot h}\leqslant 0.25$ 时，该近似法精确度较高，弯矩的误差不大于7%；而当 $\frac{\sum N\cdot\Delta u}{\sum H\cdot h}>0.25$(即 $\alpha_{2i}>1.33$)时，误差较大，应增加框架结构的侧向刚度，使 $\alpha_{2i}\leqslant 1.33$。

另外，当 $\frac{\sum N\cdot\Delta u}{\sum H\cdot h}\leqslant 0.1$ 时，说明框架结构的抗侧移刚度较大，可忽略侧移对内力分析的影响，故可采用一阶分析法来计算框架内力，当然也就不再考虑假想水平力 H_{ni}。为判别时计算方便，式中 Δu 可用层间侧移容许值[Δu]来代替。

3.3 材料选用

3.3.1 本条着重提出了防止脆性破坏的问题，这对钢结构来说是十分重要的，过去在这方面不够明确。脆性破坏与结构形式、环境温度、应力特征、钢材厚度以及钢材性能等因素有密切关系。

为扩大高强度结构钢在建筑工程中的应用，本条增列了在九江长江大桥中已成功使用的Q420钢(15MnVN)。《高层建筑结构用钢板》YB 4104是最近为高层建筑或其他重要建(构)筑物用钢板制定的行业标准，其性能与日本《建筑结构用钢材》JIS G3136-1994相近，而且质量上还有所改进。

3.3.2 本条关于钢材选用中的温度界限与原规范相同，考虑了钢材的抗脆断性能，是我国实践经验的总结。虽然连铸钢材没有沸腾钢，考虑到目前还有少量模铸，且现行国家标准《碳素结构钢》GB/T 700中仍有沸腾钢，故本规范仍保留Q235·F的应用范围。因沸腾钢脱氧不充分，含氧量较高，内部组织不够致密，硫、磷的偏析大，氮是以固溶氮的形式存在，故冲击韧性较低，冷脆性和时效倾向亦大。因此，需对其使用范围加以限制。由于沸腾钢在低温时和动力荷载作用下容易发生脆断，故本条根据我国多年的实践经验，规定了不能采用沸腾钢的具体界限。

本条用"需要验算疲劳"的结构以及"直接承受动力荷载或振动荷载"的结构来代替原规范中的"吊车梁及类似结构"显得更合理，涵盖面更广，不单指工业厂房。何况，在材料选用方面以是否"需要验算疲劳"来界定结构的工作状态，更符合实际情况。

在1款2)项中增加了"承受静力荷载的受弯和受拉的重要承重结构"，理由如下：

1 脆断主要发生在受拉区，且危险性较大；

2 与国外规范比较协调，如前苏联1981年的钢结构设计规范的钢材选用表中，将受静力荷载的受拉和受弯焊接结构列入第2组，在环境温度 $T\geqslant -40℃$ 的条件下，均采用镇静钢或半镇静钢，而不用沸腾钢。

为考虑经济条件，这次修订时仅限于对重要的受拉或受弯的焊接结构要求提高钢材质量。所谓"重要结构"系指损坏后果严重的重要性较大的结构构件，如桁架结构、框架横梁、楼屋盖主梁以及其他受力较大、拉应力较高的类似结构。

关于工作温度即室外工作温度的定义，原规范定义为"冬季计算温度"(即冬季空气调节室外计算温度)，从理论上说这是欠妥的，因为空气调节计算温度是为空调采暖用的计算温度，是受经济政策决定的，也就是人为的；而结构的工作温度应该是客观存在的，由自然条件决定的，两者不能混淆。国外规范对结构的工作温度亦未看到用空调计算温度，如前苏联是"最冷5天的平均温度"，Eurocode 3和美国有关资料上都使用"最低工作温度"(但定义不详)。为与"空调计算温度"在数值上差别不太大，建议采用《采暖通风与空气调节设计规范》GBJ 19—87(2001年版)中所列的"最低日平均温度"。

3.3.3 本条规定了承重结构的钢材应具有力学性能和化学成分等合格保证的项目，分述如下：

1 抗拉强度。钢材的抗拉强度是衡量钢材抵抗拉断的性能指标，它不仅是一般强度的指标，而且直接反映钢材内部组织的优劣，并与疲劳强度有着比较密切的关系。

2 伸长率。钢材的伸长率是衡量钢材塑性性能的指标。钢材的塑性是在外力作用下产生永久变形时抵抗断裂的能力。因此，承重结构用的钢材，不论在静力荷载或动力荷载作用下，以及在加工制作过程中，除了应具有较高的强度外，尚应要求具有足够的伸长率。

3 屈服强度(或屈服点)。钢材的屈服强度(或屈服点)是衡量结构的承载能力和确定强度设计值的重要指标。碳素结构钢和低合金结构钢在受力到达屈服强度(或屈服点)以后，应变急剧增长，从而使结构的变形迅速增加以致不能继续使用。所以钢结构的强度设计值一般都是以钢材屈服强度(或屈服点)为依据而确定的。对于一般非承重或由构造决定的构件，只要保证钢材的抗拉强度和伸长率即能满足要求；对于承重的结构则必须具有钢材的抗拉强度、伸长率、屈服强度(或屈服点)三项合格的保证。

4 冷弯试验。钢材的冷弯试验是塑性指标之一，同时也是衡量钢材质量的一个综合性指标。通过冷弯试验，可以检验钢材颗粒组织、结晶情况和非金属夹杂物分布等缺陷，在一定程度上也是鉴定焊接性能的一个指标。结构在制作、安装过程中要进行冷加工，尤其是焊接结构焊后变形的调直等工序，都需要钢材有较好的冷弯性能。而非焊接的重要结构(如吊车梁、吊车桁架、有振动设备或有大吨位吊车厂房的屋架、托架，大跨度重型桁架等)以及需要弯曲成型的构件等，亦都要求具有冷弯试验合格的保证。

5 硫、磷含量。硫、磷都是建筑钢材中的主要杂质，对钢材的力学性能和焊接接头的裂纹敏感性都有较大影响。硫能生成易于熔化的硫化铁，当热加工或焊接的温度达到800～1200℃时，可能出现裂纹，称为热脆；硫化铁又能形成夹杂物，不仅促使钢材起层，还会引起应力集中，降低钢材的塑性和冲击韧性。硫又是钢中偏析最严重的杂质之一，偏析程度越大越不利。磷是以固溶体的形式溶解于铁素体中，这种固溶体很脆，加以磷的偏析比硫更严重，形成的富磷区促使钢变脆(冷脆)，降低钢的塑性、韧性及可焊性。因此，所有承重结构对硫、磷的含量均应有合格保证。

6 碳含量。在焊接结构中，建筑钢的焊接性能主要取决于碳含量，碳的合适含量宜控制在0.12%～0.2%之间，超出该范围的幅度愈多，焊接性能变差的程度愈大。因此，对焊接承重结构尚应具有碳含量的合格保证。

近来，一些建设单位希望在焊接结构中用Q235-A代替Q235-B，这显然是不合适的。国家标准《碳素结构钢》GB/T 700及其第1号修改通知单(自1992年10月1日起实行)都明确规定

A级钢的碳含量不作为交货条件，但应在熔炼分析中注明。从法规意义上讲，不作为交货条件就是不保证，即使在熔炼分析中的碳含量符合规定要求，亦只能被认为仅供参考，可能离散性较大焊接质量就不稳定。也就是说若将Q235-A·F钢用于重要的焊接结构上发生事故后，钢材生产厂在法律上是不负任何责任的，因为在交货单上明确规定碳含量是不作为交货条件的。现在世界各国钢材质量普遍提高，日本最近专门制定了建筑钢材的系列（SN钢）。为了确保工程质量，促使提高钢材质量，防止建筑市场上以次充好的不正常现象，故建议对焊接结构一定要保证碳含量，即在主要焊接结构中不能使用Q235-A级钢。

3.3.4 本条规定了需要验算疲劳的结构的钢材应具有的冲击韧性的合格保证。冲击韧性是衡量钢材断裂时所做功的指标，其值随金属组织和结晶状态的改变而急剧变化。钢中的非金属夹杂物、带状组织、脱氧不良等都将给钢材的冲击韧性带来不良影响。冲击韧性是钢材在冲击荷载或多向拉应力下具有可靠性能的保证，可间接反映钢材抵抗低温、应力集中、多向拉应力、加荷速率（冲击）和重复荷载等因素导致脆断的能力。钢结构的脆断破坏问题已普遍引起注意，按断裂力学的观点应用断裂韧性 K_{IC} 来表示材料抵抗裂纹失稳扩展的能力。但是，对建筑钢结构来说，要完全用断裂力学的方法来分析判断脆断问题，目前在具体操作上尚有一定困难，故国际上仍以冲击韧性作为抗脆断能力的主要指标。因此，对需要验算疲劳的结构的钢材，本条规定了应具有在不同试验温度下冲击韧性的合格保证。关于试验温度的划分是在总结我国多年实践经验的基础上，根据结构的不同连接方式（焊接或非焊接），结合我国现行的钢材标准并参考有关的国外规范确定的。

根据上述原则，本条对原规范中钢材冲击韧性的试验温度作了调整，增加了0℃冲击韧性的要求，并将Q345钢和Q235钢取用相同的试验温度，理由如下：

1 关于冲击韧性试验温度的间隔，国外一般为10～20℃，并均有0℃左右的冲击性能要求（前苏联除外）。原规范温度间隔偏大，达40～60℃。现根据新的钢材标准进行调整，统一取20℃。为使钢结构在不同工作温度下具有相应的抗脆断性能，增加了在0℃≥T>－20℃时对钢材冲击韧性的要求。

2 原规范依据的钢材标准与本规范不同。不同钢材标准对钢材冲击韧性的要求见表2。

表2 不同钢材标准对冲击韧性的要求

钢号 \ 试验温度 \ 钢材标准		原规范 GB 700—79 GB 1591—79	本规范 GB/T 700—88 GB/T 1591—94
3号钢（Q235钢）	+20℃	α_{ku}≥7～10kg·m/cm², 相当于 A_{kv}=31～44J	A_{kv}≥27J
	0℃	—	A_{kv}≥27J
	−20℃	α_{ku}≥3kg·m/cm², 相当于 A_{kv}=13J	A_{kv}≥27J
16Mn钢（Q345钢）15MnV钢（Q390钢）	+20℃	α_{ku}≥6kg·m/cm², 相当于 A_{kv}=26J	A_{kv}≥34J
	0℃	—	A_{kv}≥34J
	−20℃	—	A_{kv}≥34J
	−40℃	α_{ku}≥3kg·m/cm², 相当于 A_{kv}=13J	A_{kv}≥27J

由表2可见，对Q235钢常温冲击功的要求，旧标准高于新标准15%～63%，因此，在T>－20℃时若仍按原规范只要求常温冲击，显然降低了对A_{kv}的要求，偏于不安全。看来，对Q235钢增加0℃时对冲击功的要求是合适的。在T=－20℃时新标准的A_{kv}值约为旧标准的1倍，故当T<－20℃时比原规范更安全。而对Q345钢冲击功的要求，新标准普遍高于旧标准，常温时高出约31%，T=－40℃时高出约100%。对基本上属同一质量等级的钢材来说，试验温度与A_{kv}规定值是有一定关系的，A_{kv}的增大相当于试验温度的降低。根据GB 1591—79，16Mn钢的试验温度相差60℃时，A_{kv}的规定值相差约100%，如Q345-D在－20℃时的A_{kv}规定值为34J，则在－40℃试验时，其A_{kv}值估计为34J/1.33=25.6J，仍大于旧标准的13J。故一般可不再要求Q345钢在－40℃的冲击韧性。由此，本规范规定对Q345钢的试验温度与Q235钢相同。至于Q390钢，虽然其冲击功的规定值和Q345钢一样普遍提高，但考虑其强度高，接近于前苏联的C52/40号钢，塑性稍差，使用经验又少，故仍按原规范不变。而对Q420钢，是新钢种，应从严考虑，故与Q390钢的试验温度相同。

对其他重要的受拉和受弯焊接构件，由于有焊接残余拉应力存在，往往出现多向拉应力场，尤其是构件的板厚较大时，轧制次数少，钢材中的气孔和夹渣比薄板多，存在较多缺陷，因而有发生脆性破坏的危险。国外对此种构件的钢材，一般均有冲击韧性合格的要求。根据我国钢材标准，焊接构件应至少采用Q235的B级钢材（因Q235-A的含碳量不作为交货条件，这是焊接结构所不容许的）常温冲击韧性自然满足，不必专门提出。所以，我们建议当采用厚度较大的Q345钢材制作此种构件时，宜提出具有冲击韧性的合格保证（具体厚度尺寸可参见有关国内外资料，如《美国钢结构设计规范》AISC 1999和《欧洲钢结构设计规范》EC 3等）。

至于吊车起重量Q≥50t的中级工作制吊车梁，则根据已往的经验，仍按原规范的原则，对钢材冲击韧性的要求与需要验算疲劳的焊接构件相同。

关于需要验算疲劳的非焊接结构亦要保证冲击韧性的要求，这是考虑到既受动力荷载，钢材就应该具有相应的冲击韧性，不管是焊接或非焊接结构都是一样的。前苏联1972年和1981年规范中对这类结构都是要求保证冲击韧性的，美国关于公路桥梁的资料中对焊接或非焊接桥梁结构亦都要求保证冲击韧性的，仅是对冲击值的指标略有差别而已。这类结构对冲击韧性要求的标准略低于焊接结构，这和上述国外规范亦是协调的，只是降低的方式和量级有所不同而已。如美国公路钢桥的资料中对焊接结构的冲击值有所提高，而前苏联的规范则基本上是调整冲击试验时的温度，如前苏联1981年规范规定对非焊接结构按提高一个组别（即降低一个等次）的原则来选用钢材。因为我国钢材标准中的冲击值是定值，故建议对需验算疲劳的非焊接结构所用钢材的冲击韧性可提高其试验温度。

3.3.6 在钢结构制造中，由于钢材质量和焊接构造等原因，厚板容易出现层状撕裂，这对沿厚度方向受拉的接头来说是很不利的。为此，需要采用厚度方向性能钢板。关于如何防止层状撕裂以及确定厚度方向所需的断面收缩率 ψ_z 等问题，可参照原国家机械工业委员会重型机械局企业标准《焊接设计规范》JB/ZZ 5—86或其他有关标准进行处理。

我国建筑抗震设计规范和建筑钢结构焊接技术规程中均规定厚度大于40mm时应采用厚度方向性能钢板。

3.3.7 上海宝钢集团亦已开发出一种"耐腐蚀的结构用热轧钢板及钢带"，其企业标准号为Q/BQB 340—94，其耐候性为普通钢的2～8倍。

3.3.8 本条为钢结构的连接材料要求。

1 手工焊接时焊条型号中关于药皮类型的确定，应按结构的受力情况和重要性区别对待，对受动力荷载需要验算疲劳的结构，为减少焊缝金属中的含氢量防止冷裂纹，并使焊缝金属脱硫减小形成热裂纹的倾向，以综合提高焊缝的质量，应采用低氢型碱性焊条；对其他结构可采用普通焊条。

2 自动焊或半自动焊所采用的焊丝和焊剂应符合设计对焊缝金属力学性能的要求。在焊接材料的选用中，过去习惯使用焊剂的牌号（如HJ 431），现在我国已陆续颁布了焊丝和焊剂的国家标准《熔化焊用钢丝》GB/T 14957、《气体保护电弧焊用碳钢、低合金钢焊丝》GB/T 8110、《碳钢药芯焊丝》GB/T 10045、《低合金钢药芯焊丝》GB/T 17493、《埋弧焊用碳钢焊丝和焊剂》GB/T 5293、《低合金钢埋弧焊用焊剂》GB/T 12470 等。因此，应按上述国家标准来选用焊丝和焊剂的型号，国标中焊剂的型号是将所选用的焊剂和焊丝写在一起的组合表示法（国外亦有这种表示方法）。但应注意，在设计文件中书写低合金钢埋弧焊用焊剂的型号时，可省略其中的焊剂渣系代号 X_4，写成"$FX_1X_2X_3$（×）-$H_{×××}$"，而焊剂的渣系则由施工单位根据 $FX_1X_2X_3$ 组合并通过焊接工艺评定试验来确定。

3 高强度螺栓。按现行国家标准，大六角头高强度螺栓的规格为 M12～M30，其性能等级分为 8.8 级和 10.9 级，8.8 级高强度螺栓推荐采用的钢号为 40B 钢、45 号钢和 35 号钢，10.9 级高强度螺栓推荐采用的钢号为 20MnTiB 钢和 35VB 钢；扭剪型高强度螺栓的规格为 M16～M24，其性能等级只有 10.9 级，推荐采用的钢号为 20MnTiB 钢。

4 圆柱头焊钉的性能等级相当于碳素钢的 Q235 钢，屈服强度 $f_y=240N/mm^2$。

3.4 设 计 指 标

3.4.1 本条对原规范规定的设计指标作了局部补充和修正，其原因是：

1 钢材的抗力分项系数 γ_R 有所调整。制定 GBJ 17—88 规范时，曾根据对 TJ 17—74 规范的校准 β 值和荷载分项系数用优化方法求得钢构件的抗力分项系数。此次对各牌号钢材的抗力分项系数 γ_R 值作出如下调整：对 Q235 钢，取 $\gamma_R=1.087$，与 GBJ 17—88 规范相同；对 Q345 钢、Q390 钢、Q420 钢，统一取 $\gamma_R=1.111$。这是由于当前的 Q345 钢（包括原标准中厚度较大的 16Mn 钢）、Q390 钢和 Q420 钢的力学性能指标仍然处于统计资料不够充分的状况，此次修订时将原 GBJ 17—88 规范中 16Mn 钢的 γ_R 值由 1.087 改为 1.111。

2 钢材和连接材料的国家标准已经更新。其中影响较大的变动是：现行钢材标准中按屈服强度不同的厚度分组已经改变，镇静钢的屈服强度已不再高于沸腾钢，其取值相同而各钢号的抗拉强度最小值 f_u 与厚度无关（旧标准的 f_u 按不同厚度取值），普通螺栓已有国家标准，其常用钢号为 4.6 级和 4.8 级（C 级）和 5.6 级与 8.8 级（A、B 级），不再用 3 号钢制作普通螺栓等等。

本规范中表 3.4.1-1～表 3.4.1-5 的各项强度设计值是根据表 3 的换算关系并取 5 的整倍数而得。现将改变的主要内容介绍如下：

表 3 强度设计值的换算关系

材料和连接种类		应力种类		换算关系
钢材		抗拉、抗压和抗弯	Q235 钢	$f=f_y/\gamma_R=\frac{f_y}{1.087}$
			Q345 钢、Q390 钢、Q420 钢	$f=f_y/\gamma_R=\frac{f_y}{1.111}$
		抗剪		$f_v=f/\sqrt{3}$
		端面承压（刨平顶紧）	Q235 钢	$f_{ce}=f_u/1.15$
			Q345 钢、Q390 钢、Q420 钢	$f_{ce}=f_u/1.175$
焊缝	对接焊缝	抗压		$f_c^w=f$
		抗拉	焊缝质量为一级、二级	$f_t^w=f$
			焊缝质量为三级	$f_c^w=0.85f$
		抗剪		$f_v^w=f_v$
	角焊缝	抗拉、抗压和抗剪	Q235 钢	$f_f^w=0.38f_u^w$
			Q345 钢、Q390 钢、Q420 钢	$f_f^w=0.41f_u^w$
铆钉连接		抗剪	Ⅰ类孔	$f_v^r=0.55f_u^r$
			Ⅱ类孔	$f_v^r=0.46f_u^r$
		承压	Ⅰ类孔	$f_c^r=1.20f_u$
			Ⅱ类孔	$f_c^r=0.98f_u$
		拉脱		$f_t^r=0.36f_u^r$
螺栓连接	普通螺栓	C级螺栓	抗拉	$f_t^b=0.42f_u^b$
			抗剪	$f_v^b=0.35f_u^b$
			承压	$f_c^b=0.82f_u$
		A级、B级螺栓	抗拉	$f_t^b=0.42f_u^b$（5.6 级） $f_t^b=0.50f_u^b$（8.8 级）
			抗剪	$f_v^b=0.38f_u^b$（5.6 级） $f_v^b=0.40f_u^b$（8.8 级）
			承压	$f_c^b=1.08f_u$
	承压型高强度螺栓		抗拉	$f_t^b=0.48f_u^b$
			抗剪	$f_v^b=0.30f_u^b$
			承压	$f_c^b=1.26f_u$
	锚栓		抗拉	$f_t^a=0.38f_u^b$
钢铸件			抗拉、抗压和抗弯	$f=0.78f_y$
			抗剪	$f_v=f/\sqrt{3}$
			端面承压（刨平顶紧）	$f_{ce}=0.65f_u$

注：1 f_y 为钢材或钢铸件的屈服点；f_u 为钢材或钢铸件的最小抗拉强度；f_u^r 为铆钉钢的抗拉强度；f_u^b 为螺栓的抗拉强度（对普通螺栓为公称抗拉强度，对高强度螺栓为最小抗拉强度）；f_u^w 为熔敷金属的抗拉强度。

2 见条文说明 7.2.3 条第 3 款。

1）将钢材厚度扩大到 100mm，这是由于厚板使用日益广泛，同时亦与轴压稳定的 d 曲线相呼应，因 d 曲线用于 $t\geqslant40mm$ 的构件。但是厚板力学性能的统计资料尚不充分，在工程中使用时应注意厚板力学性能的复验。

2）焊缝强度设计值中，取消对接焊缝的"抗弯"强度设计值，这是因为抗弯中的受压部分属"抗压"，受拉部分按"抗拉"强度设计值取用。另外，E50 型焊条熔敷金属的 $f_u^w=490N/mm^2$ 已正好等于 Q390 钢的最小 f_u 值。按理 Q390 钢可用 E50 型焊条，但基于熔敷金属强度要略高于基本金属的原则，故规定 Q390 钢仍采用 E55 型焊条。Q420 钢的 $f_u=520N/mm^2$，用 E55 型焊条正合适。

表 3.4.1-3 注 2 是因为现行国家标准《钢焊缝手工超声波探伤方法和探伤结果分级》GB 11345—89 仅适用于厚度不小于 8mm 的钢材，施工单位亦认为厚度小于 8mm 的钢材，其对接焊缝用超声波检验的结果不大可靠。此时应采用 X 射线探伤，否则，$t<8mm$ 钢材的对接焊缝其强度设计值只能按三级焊缝采用。

3）普通螺栓由于钢号改变，C 级螺栓的 f_u 由 $370N/mm^2$ 改为 $400N/mm^2$，其抗剪和抗拉强度设计值是参照前苏联 1981 年规范确定的。C 级螺栓的抗剪和承压强度设计值系指两个及以上螺栓的平均强度而言；当仅有一个螺栓时，其强度设计值可提高 10%。A 级与 B 级螺栓的等级（5.6 级与 8.8 级）及其抗剪和抗拉强度设计值（一个或多个螺栓）亦是参照前苏联 1981 年规范取用的。

表 3.4.1-4 注 1 是为了提醒使用人员注意，根据现行国家标准 GB/T 5782—2000 将 A 级和 B 级螺栓的适用范围补上的。

4）增加了承压型连接高强度螺栓的抗拉强度设计值，其取值方法与普通螺栓相同。

5）铆钉连接在现行国家标准《钢结构工程施工质量验收规范》GB 50205 中已无有关条文。鉴于在旧结构的修复工程中或有特殊需要处仍有可能遇到铆钉连接，故本规范予以保留。原规范（GBJ 17—88）在确定铆钉连接的承压强度 f_c^r 时，认为只与构件钢材强度有关，取 $f_c^r=1.20f_u$（Ⅰ类孔）或 $0.98f_u$（Ⅱ类孔）为了避免钉杆先于孔壁破坏，故承压强度只列出构件为 3 号钢和 16Mn 钢的值。考虑到现行钢材标准中 Q345 钢的 $f_u=470\text{N/mm}^2$，Q390 钢的 $f_u=490\text{N/mm}^2$，按此计算 Q390 钢 Ⅰ 类孔的 $f_c^r=590\text{N/mm}^2$，还小于原规范中 16Mn 钢($t\leqslant16$mm)的 $f_c^r=610\text{N/mm}^2$，故这次将 Q390 钢增加列入。

另外，表3.4.1-5中的数值是根据 BL2 铆钉($f_v^r=335\text{N/mm}^2$)算得的，BL3 铆钉($f_v^r=370\text{N/mm}^2$)虽然强度较高，但塑性较差，在工程中亦不常用，为安全计，将其强度设计值取与 BL2 铆钉相同。

有关铆钉孔的分类，因无新的规定，仍按原规范不变。

其中碳钢铸件的强度设计值，由于资料不足，近来亦未见新的科研成果，故仍按原规范不变。所引国家标准 GB/T 11352—89 中虽还有 ZG 340—640 的牌号，但因其塑性太差($\delta_5=10\%$)，冲击功亦低($A_{kv}=10$J)，故未列入。

3.4.2 第 3.4.1 条所规定的强度设计值是结构处于正常工作情况下求得的，对一些工作情况处于不利的结构构件或连接，其强度设计值应乘以相应的折减系数，兹说明如下：

1 单面连接的受压单角钢稳定性。实际上，单面连接的受压单角钢是双向压弯的构件。为计算简便起见，习惯上将其作为轴心受压构件来计算，并用折减系数以考虑双向压弯的影响。

近年来，根据开口薄壁杆件几何非线性理论，应用有限单元法，并考虑残余应力、初弯曲等初始缺陷的影响，对单面连接的单角钢进行弹塑性阶段的稳定分析。这一理论分析方法得到了一系列实验结果的验证，证明具有足够的精确性。根据这一方法，可以得到本规范条文中规定的折减系数，即：

等边单角钢：$0.6+0.0015\lambda$，但不大于 1.0；

短边相连的不等边角钢：$0.5+0.0025\lambda$，但不大于 1.0；

长边相连的不等边角钢：0.70。

按上述规定的计算结果与理论值相比较见表 4。

表 4 单面连接单角钢压杆强度设计值折减系数与理论值的比较

等边角钢	$\lambda=\left(\frac{0.9l}{i_{min}}\right)$	22	62	96	119	145	176	222
	按双向压弯理论，$\frac{N_{理论}}{Af_y}$	0.584	0.520	0.408	0.334	0.260	0.200	0.140
	按本规范公式，$\frac{N_{本规范}}{Af_y}$	0.610	0.552	0.432	0.344	0.267	0.202	0.144
	$\frac{N_{本规范}}{N_{理论}}$	1.045	1.062	1.059	1.030	1.027	1.010	1.029
短边相连的不等边角钢	$\lambda=\left(\frac{0.9l}{i_{min}}\right)$	23.4	66	103	126	153	187	237
	按双向压弯理论，$\frac{N_{理论}}{Af_y}$	0.437	0.432	0.408	0.396	0.372	0.260	0.173
	按本规范公式，$\frac{N_{本规范}}{Af_y}$	0.527	0.445	0.340	0.290	0.239	0.191	0.131
	$\frac{N_{本规范}}{N_{理论}}$	1.206	1.030	0.833	0.732	0.643	0.735	0.757
长边相连的不等边角钢	$\lambda=\left(\frac{0.9l}{i_{min}}\right)$	12	47	66	103	126	153	237
	按双向压弯理论，$\frac{N_{理论}}{Af_y}$	0.752	0.580	0.460	0.312	0.252	0.198	0.090
	按本规范公式，$\frac{N_{本规范}}{Af_y}$	0.691	0.556	0.468	0.314	0.249	0.190	0.092
	$\frac{N_{本规范}}{N_{理论}}$	0.92	0.96	1.02	1.01	0.99	0.96	1.02

(有关单面连接的受压单角钢研究参见沈祖炎写的“单角钢压杆的稳定计算”，载于《同济大学学报》，1982 年 3 月)。

2 无垫板的单面施焊对接焊缝。一般对接焊缝都要求两面施焊或单面施焊后再补焊根。若受条件限制只能单面施焊，则应将坡口处留足间隙并加垫板(对钢管的环形对接焊缝则加垫环)才容易保证焊满焊件的全厚度。当单面施焊不加垫板时，焊缝将不能保证焊满，其强度设计值应乘以折减系数 0.85。

3 施工条件较差的高空安装焊缝和铆钉连接。当安装的连接部位离开地面或楼面较高，而施工时又没有临时的平台或吊框设施等，施工条件较差，焊缝和铆钉连接的质量难以保证，故其强度设计值需乘以折减系数 0.90。

4 沉头和半沉头铆钉连接。沉头和半沉头铆钉与半圆头铆钉相比，其承载力较低，特别是其抵抗拉脱时的承载力较低，因而其强度设计值要乘以折减系数 0.80。

3.5 结构或构件变形的规定

3.5.1 钢结构的正常使用极限状态主要指影响正常使用或外观的变形和影响正常使用的振动。所谓正常使用系指设备的正常运行、装饰物与非结构构件不受损坏以及人的舒适感等。本条主要针对结构和构件变形的限值作出了相应的规定。一般结构在动力影响下发生的振动可以通过限制变形或杆件的长细比来控制；对有特殊要求者(如高层建筑或支承振动设备的结构等)应按专门规程进行设计。

附录 A 中所列的变形容许值是在原规范 GBJ 17—88 规定的基础上，根据国内的研究成果和国外规范的有关规定加以局部修改和补充而成。所规定的变形限值都是多年来实践经验的总结，是行之有效的。在一般情况下宜遵照执行，但众所周知，影响变形容许值的因素很多，有些很难定量，不像承载力计算那样有较明确的界限。国内外各规范、规程对同类构件变形容许值的规定亦不尽相同。国内亦有少数车间柱子水平侧移的计算值超出原规范的规定值而未影响正常使用者。因此，本条着重提出，当有实践经验或用户有特殊要求(如新的使用情况)时，可根据不影响正常使用和外观的原则进行适当地调整，欧洲钢规对此亦有类似的规定。

对原规范所列变形容许值的主要修改内容：

1 将吊车梁及吊车桁架的挠度容许值由过去习惯上考虑两台吊车改为按结构自重和起重量最大的一台吊车进行计算(详见“工业建筑”1991 年第 8 期“关于钢吊车梁设计中几个问题的探讨”，赵熙元、吴志超)。

通过调查研究和实践证明，若按两台吊车考虑，原规范的规定值大体上是合适的。表 A.1.1 中提出的吊车梁挠度限值是根据不同吊车和不同跨度的吊车梁按一台吊车考虑并与按两台吊车计算时进行对比分析后换算而得的相应值。其中手动吊车时，因原规范的数值与日本及前苏联的规定(均按一台吊车考虑)相同，故未作改变。

2 在表 A.1.1 中分别列出了由全部荷载标准值产生的挠度(如有起拱应减去拱度)容许值$[v_T]$和由可变荷载标准值产生的挠度容许值$[v_Q]$，这是因为$[v_T]$主要反映观感而$[v_Q]$则主要反映使用条件。在一般情况下，当$[v_T]$大于 $l/250$ 后将影响观瞻，故在项次 4 的楼(屋)盖梁或桁架和平台梁中分别规定了两种挠度容许值，具体数值是参照 Eurocode 3 1993 确定的。

表 A.1.1 中项次 5 的墙架构件是指围护结构(建筑物各面的围挡物，包括墙板及门窗)的支承构件，不属于围护结构。为避免误解，故特别注明计算时可不考虑《建筑结构荷载规范》GB 50009 中规定的阵风系数，而可按习惯取该处的风载体型系数为 1.0。

3 在框架结构的水平位移容许值中，参考 Eurocode 3 1993 和北美的经验，增加了在风荷载作用下无桥式吊车和有桥式吊车的单层框架(或排架)的柱顶水平位移限值。其中 Eurocode 没有说明荷载情况，为略偏于安全，仍按原规范的精神，统一规定为在风荷载作用下的水平位移限值。

4 控制重级工作制厂房柱在吊车梁顶面处的横向变位(即保证厂房的刚度)是为了保证桥式吊车的正常运行，提高吊车及厂房结构的耐久性，避免外围结构的损坏，使操作人员在吊车运行中不致产生不适应的感觉等因素而确定的。

对原规范规定的重级工作制吊车的吊车梁或吊车桁架制动结构的水平挠度，以及设有重级工作制吊车的厂房柱，在吊车梁或吊车桁架的顶面标高处的计算变形值，国内有些单位认为规定偏严，希望能适当放宽。由于上述内容牵涉面广，试验研究的工作量很大，目前很难准确定量，只能参照前苏联 1981 年钢结构设计规范的修改通知，缩小上述变形的验算范围，即仅限于冶金工厂及类似车间中设有 A7、A8 级吊车的跨间，才需进行上述横向变形的验算。但对于厂房柱的纵向位移，则凡设有重级工作制吊车（A6～A8级）的厂房均需进行验算。

3.5.2 由于孔洞对整个构件抗弯刚度的影响一般很小，故习惯上均按毛截面计算。

3.5.3 起拱的目的是为了改善外观和符合使用条件，因此起拱的大小应视实际需要而定，不能硬性规定单一的起拱值。例如，大跨度吊车梁的起拱度应与安装吊车轨道时的平直度要求相协调，位于飞机库大门上面的大跨度桁架的起拱度，应与大门顶部的吊挂条件相适应等等。但在一般情况下，起拱度可以用恒载标准值加1/2活载标准值所产生的挠度来表示。这是国内外习惯用的，亦是合理的。按照这个数值起拱，在全部荷载作用下构件的挠度将等于$\frac{1}{2}V_Q$，由可变荷载产生的挠度将围绕水平线在$\pm\frac{1}{2}V_Q$范围内变动。当然，用这个方法计算起拱度往往比较麻烦，有经验的设计人员可以参考某些技术资料用简化方法处理，例如对跨度$L\geqslant$15m的三角形屋架和$L\geqslant$24m的梯形或平行弦桁架，其起拱度可取为$L/500$。

4 受弯构件的计算

4.1 强 度

4.1.1 计算梁的抗弯强度时，考虑截面部分发展塑性变形，因此在计算公式（4.1.1）中引进了截面部分塑性发展系数γ_x和γ_y。γ_x和γ_y的取值原则是：①使截面的塑性发展深度不致过大；②与第5章压弯构件的计算规定表5.2.1相衔接。双轴对称工字形组合截面梁对强轴弯曲时，全截面发展塑性时的截面塑性发展系数γ_u与截面的翼缘和腹板面积比b_1t_1/h_0t_w及梁高和翼缘厚度比h/t_1有关。当面积比为0.5和高厚比为100时，$\gamma_u=1.136$，当高厚比为50时，$\gamma_u=1.148$；当面积比为1、高厚比为100时，$\gamma_u=1.082$，当高厚比为50时，$\gamma_u=1.093$。现考虑部分发展塑性，取用$\gamma_x=1.05$，在面积比为0.5时，截面每侧的塑性发展深度约各为截面高度的11.3%；当面积比为1时，此深度约各为截面高度的22.6%。因此，当考虑截面部分发展塑性时，宜限制面积比$b_1t_1/h_0t_w<1$，使截面的塑性发展深度不致过大；同时为了保证翼缘不丧失局部稳定，受压翼缘自由外伸宽度与其厚度之比应不大于$13\sqrt{235/f_y}$。

原规范对梁抗弯强度的计算是否考虑截面塑性发展有两项附加规定：一是控制受压翼缘板的宽厚比，以免翼缘板沿纵向屈服后宽厚比太大可能在失去强度之前失去局部稳定，这项是必要的；二是规定直接承受动力荷载只能按弹性设计，这项似乎不够合理。世界上大多数国家的规范，并没有明确区分是否直接受动力荷载。国际标准化组织（ISO）的钢结构设计标准1985年版本对于采用塑性设计作了两条规定：一是塑性设计不能用于出现交变塑性，即相继出现受拉屈服和受压屈服的情况；二是对承受行动荷载的结构，设计荷载不能超过安定荷载。所谓安定，是指结构不会由于塑性变形的逐渐积累而破坏，也不会因为交替发生受拉屈服和受压屈服使材料产生低周疲劳破坏。对通常承受动力荷载的梁来说，不会出现交变应力。而且荷载达到最大值后卸载，只要以后的荷载不超过最大荷载，梁就会弹性地工作，无塑性变形积累问题，因而总是安定的。直接承受动力荷载的梁也可以考虑塑性发展，但为了可靠，对需要计算疲劳的梁还是以不考虑截面塑性发展为宜。因此现将梁抗弯强度计算不考虑塑性发展的范围由"直接承受动力荷载"缩小为"需要计算疲劳"的梁。

考虑腹板屈曲后强度时，腹板弯曲受压区已部分退出工作，其抗弯强度另有计算方法，故本条注明"考虑腹板屈曲后强度者参见本规范第4.4.1条"。

4.1.2 考虑腹板屈曲后强度的梁，其抗剪承载力有较大的提高，不必受公式（4.1.2）的抗剪强度计算控制，故本条也提出"考虑腹板屈曲后强度者参见本规范第4.4.1条"。

4.1.3 计算腹板计算高度边缘的局部承压强度时，集中荷载的分布长度l_z，参考国内外其他设计标准的规定，将集中荷载未通过轨道传递时改为$l_z=a+5h_y$；通过轨道传递时改为$l_z=a+5h_y+2h_R$。

4.1.4 验算折算应力的公式（4.1.4-1）是根据能量强度理论保证钢材在复杂受力状态下处于弹性状态的条件。考虑到需验算折算应力的部位只是梁的局部区域，故公式中取β_1为大于1的系数。当σ和σ_c同号时，其塑性变形能力低于σ和σ_c异号时的数值，因此对前者取$\beta_1=1.1$，而对后者取$\beta_1=1.2$。

4.2 整体稳定

4.2.1 钢梁整体失去稳定性时，梁将发生较大的侧向弯曲和扭转变形，因此为了提高梁的稳定承载能力，任何钢梁在其端部支承处都应采取构造措施，以防止其端部截面的扭转。当有铺板密铺在梁的受压翼缘上并与其牢固相连、能阻止受压翼缘的侧向位移时，梁就不会丧失整体稳定，因此也不必计算梁的整体稳定性。

对H型钢或等截面工字形简支梁不需验算整体稳定时的最大l_1/b_1值，影响因素很多，例如荷载类型及其在截面上的作用点高度、截面各部分的尺寸比例等都将对l_1/b_1值有影响，为了便于应用，并力求简单，因此表4.2.1中所列数值带有一定的近似性。该表中数值系根据双轴对称等截面工字形简支梁当$\varphi_b=2.5$（相应于$\varphi_b'=0.95$）时导出，认为当$\varphi_b=2.5$时，梁的截面将由强度条件控制而不是由稳定条件控制。根据工程实际中可能遇到的截面各部分最不利尺寸比值，由附录B的有关公式分别导出最大的l_1/b_1值。对跨中无侧向支承点的梁，取满跨均布荷载计算；对跨中有侧向支承点的梁，取纯弯曲计算，并将其临界弯矩乘以增大系数1.2。

4.2.2 对附录B中的整体稳定系数φ_b和φ_b'说明如下：

B.1 H型钢或等截面工字形简支梁的稳定系数：

梁的整体稳定系数φ_b为临界应力与钢材屈服点的比值。影响临界应力的因素极多，主要的因素有：①截面形状及其尺寸比值；②荷载类型及其在截面上的作用点位置；③跨中有无侧向支承和端部支承的约束情况；④初始变形、加载偏心和残余应力等初始缺陷；⑤各截面塑性变形发展情况；⑥钢材性能等。而实际工程中所遇到的情况是多种多样的，规范中不可能全部包括，附录B中所列整体稳定系数导自一些典型情况。使用本规范时应按最接近的采用。

本节条文中选用的典型荷载为满跨均布荷载和跨度中点一个集中荷载，分别考虑荷载作用在梁的上翼缘或下翼缘，以及梁端承受不同端弯矩等五种情况。还考虑了跨中无侧向支承和有侧向支承两种支承情况。典型截面形状为双轴对称工字形截面、热轧H型钢、加强受压翼缘的单轴对称工字形截面和加强受拉翼缘的单轴对称工字形截面等几种情况。实际梁中存在的初始缺陷将降低梁整体稳定的临界应力，根据数值分析，在弹性阶段时，残余应力影响很小，而初始变形和加载偏心有一定影响，但没有非弹性阶段显著。由于考虑初始缺陷影响将使弹性阶段整体稳定系数计算更加繁冗，不便应用。因此，在按弹性阶段计算的整体稳定系数φ_b中未考虑初始缺陷影响，同时也不考虑实际梁端支承必然存在的或多或少的约束作用，一律按简支端考虑来适当补偿初始缺陷的不利影响。

1 弹性阶段整体稳定系数φ_b。根据弹性稳定理论，在最大刚度主平面内受弯的单轴对称截面简支梁的临界弯矩和整体稳定系数（图3）为：

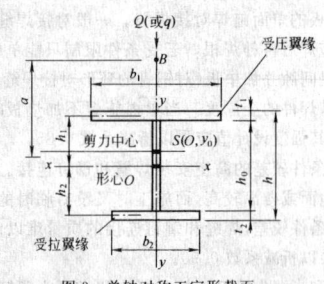

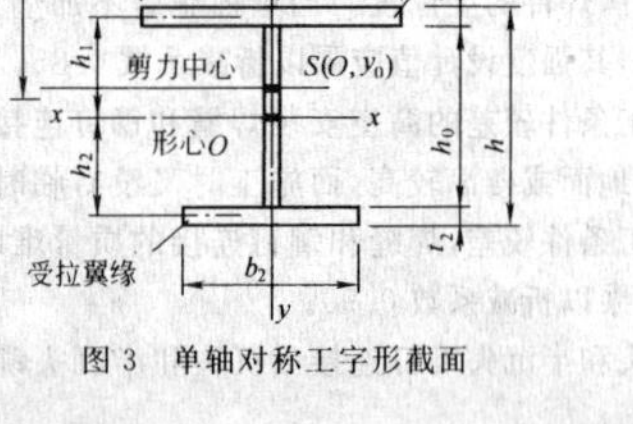

图3 单轴对称工字形截面

$$M_{cr}=\beta_1\frac{\pi^2 EI_y}{l^2}\left[\beta_2 a+\beta_3 B_y+\sqrt{(\beta_2 a+\beta_3 B_y)^2+\frac{I_\omega}{I_y}\left(1+\frac{l^2 GJ}{\pi^2 EI_\omega}\right)}\right] \quad (1)$$

$$\varphi_b=\frac{M_{cr}}{W_x f_y} \quad (2)$$

$$B_y=\frac{1}{2I_x}\int_A y(x^2+y^2)\mathrm{d}A-y_0 \quad (3)$$

式中 EI_y、GJ、EI_ω——分别为截面的侧向抗弯刚度、自由扭转刚度和翘曲刚度；

β_1、β_2、β_3——系数，随荷载类型而异，其值见表 5；

y_0——剪力中心的纵坐标，$y_0=-\frac{I_1 h_1-I_2 h_2}{I_y}$；

I_1、I_2——分别为受压翼缘和受拉翼缘对 y 轴的惯性矩；

a——集中荷载 Q 或均布荷载 q 在截面上的作用点 B 的纵坐标和剪力中心 S 纵坐标的差值。

表 5 不同荷载类型的 β_1、β_2、β_3

荷载类型	β_1	β_2	β_3
跨度中点集中荷载	1.35	0.55	0.40
满跨均布荷载	1.13	0.46	0.53
纯弯曲	1.00	0	1.00

公式(1)计算较繁，不便于应用，本条文对此式进行如下简化：

1)选取纯弯曲时的公式(1)作为基本情况，并作了两点简化假定：

a. 在常用截面尺寸时，截面不对称影响系数公式(3)中的积分项与 y_0 相比，数值不大，因此取用：

$$B_y\approx -y_0\approx\frac{h}{2}\cdot\frac{I_1-I_2}{I_y}=\frac{h}{2}(2\alpha_b-1)=0.5\eta_b h \quad (4)$$

式中

$$\alpha_b=\frac{I_1}{I_1+I_2}=\frac{I_1}{I_y}$$

$$\eta_b=2\alpha_b-1=\frac{I_1-I_2}{I_y}$$

根据数值分析，对加强受压翼缘的单轴对称工字形截面，$B_y\approx 0.4\eta_b h$，因此在本条文中对这种截面改用了 $\eta_b=0.8(2\alpha_b-1)$。

b. 对截面的自由扭转惯性矩作如下简化：

$$J=\frac{1.25}{3}(b_1 t_1^3+b_2 t_2^3+h_0 t_w^3)\approx\frac{1}{3}(b_1 t_1+b_2 t_2+h_0 t_w)t_1^2$$
$$=\frac{1}{3}At_1^2 \quad (5)$$

式中 A——梁的截面面积；

t_1——受压翼缘的厚度。

上式的简化可看作取 $t_1=t_2=t_w$。通常的梁截面中受压翼缘厚度 t_1 常为最大，即 $t_1\geqslant t_2\geqslant t_w$，今取三者相等将使 J 值加大，于是取消系数 1.25 作为补偿以减小误差。

将公式(4)、公式(5)和 $I_\omega=\frac{I_1 I_2}{I_y}h^2=\alpha_b(1-\alpha_b)I_y h^2$ 及 Q235 钢的 $f_y=235\text{N/mm}^2$、$E=206\times10^3\text{N/mm}^2$ 和 $G=79\times10^3\text{N/mm}^2$ 代入公式(1)，即可求得纯弯曲时的整体稳定系数为：

$$\varphi_b=\frac{4320}{\lambda_y^2}\cdot\frac{Ah}{W_x}\left[\sqrt{1+\left(\frac{\lambda_y t_1}{4.4h}\right)^2}+\eta_b\right] \quad (6)$$

式中 λ_y——梁对 y 轴的长细比。当采用其他钢材时，可乘以 $\frac{235}{f_y}$ 予以修正。

2)当梁上承受横向荷载时，可乘以 β_b 予以修正。β_b 为根据公式(1)求得的横向荷载作用时的 φ_b 值与公式(6)的 φ_b 值的比值。根据较多的常用截面尺寸电算分析和数理统计，发现满跨均布荷载和跨度中点一个集中荷载(分别作用在梁的上翼缘和下翼缘)等四种荷载情况下的加强上翼缘单轴对称工字梁和双轴对称工字梁，比值 β_b 的变化有规律性，在 $\xi=\frac{l_1 t_1}{b_1 h}\leqslant 2$ 时，β_b 与 ξ 间有线性关系，在 $\xi>2$ 时，β_b 值变化不大，可近似地取为常数，如图 4 所示。对不同截面，随着 $\alpha_b=\frac{I}{I_1+I_2}$ 的变化，图 4 中的 β_b 方程也将不同。规范附录 B 表 B.1 中项次 1～4 所给出的 β_b 式是通过大量计算分析后所取用的平均值。

通过对 1694 条不同截面尺寸和跨度的梁的整体稳定系数 φ_b 的计算，与理论公式(1)相比，误差均在±5%以内(详细情况可参见卢献荣、夏志斌写的“验算钢梁整体稳定的简化方法”，载于全国钢结构标准技术委员会编写的《钢结构研究论文报告选集》第二册)。

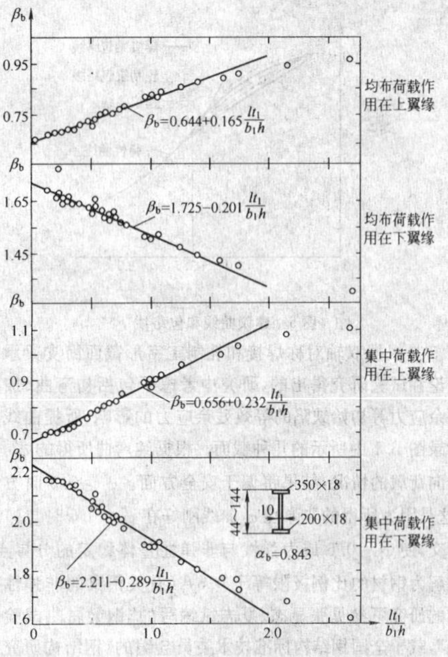

图 4 $\beta_b-\frac{lt_1}{b_1 h}$ 拟合直线($\alpha_b=0.843$)

对跨中有侧向支承的梁，其整体稳定系数 φ_b 按跨中有等间距的侧向支承点数目、荷载类型及其在截面上的作用点位置，分别用能量法求出各种情况下梁的 φ_b 和相应情况下承受纯弯曲的 φ_b，前者和后者的比值取为 β_b。不同 α_b 时的 β_b 见表 6，然后选用适当的比值作为表 B.1 中第 5～9 项的 β_b 值，适用于任何单轴对称和双轴对称工字形截面。在推导 β_b 时，假定侧向支承点处梁截面无侧向转动和侧向位移。

表 6 有侧向支承点时 φ_b 的提高系数 β_b

跨间侧向支点数目	荷载形式及作用位置		当 $\alpha_b=I_1/(I_1+I_2)$ 等于						采用值
			1.00	0.95	0.80	0.50	0.05	0.00	
一个	集中荷载	上翼缘	1.769	1.785	1.823	1.881	1.932	1.985	1.75
		下翼缘							
	均布荷载	上翼缘	1.136	1.146	1.166	1.173	1.145	1.126	1.15
		下翼缘	1.590	1.476	1.424	1.407	1.464	1.566	1.40
两个	集中荷载	上翼缘	1.182	1.298	1.382	1.553	1.771	1.853	1.20
		下翼缘	1.500	1.542	1.568	1.731	2.016	2.271	1.40
	均布荷载	上翼缘	1.205	1.220	1.251	1.286	1.320	1.327	1.20
		下翼缘	1.414	1.404	1.399	1.405	1.477	1.543	1.40
三个	集中荷载	上翼缘	1.560	1.589	1.660	1.765	1.960	1.970	1.20
		下翼缘							1.40
	均布荷载	上翼缘	1.220	1.236	1.273	1.321	1.384	1.347	1.20
		下翼缘	1.339	1.348	1.571	1.393	1.480	1.440	1.40

当跨中无侧向支承的梁两端承受不等弯矩作用时，可直接应用 Salvadori 建议的修正系数公式(详见 M. G. Salvadori, “Lateral Buckling of Eccentrically Loaded I-Columns”, 《Trans. ASCE》, Vol. 121, 1956)，即表 B.1 中第 10 项的 β_b，亦即：

$$\beta_b=1.75-1.05\left(\frac{M_2}{M_1}\right)+0.3\left(\frac{M_2}{M_1}\right)^2\leqslant 2.3 \quad (7)$$

2 非弹性阶段整体稳定系数 φ_b。所有上述公式的推导都是假定梁处于弹性工作阶段，而大量中等跨度的梁整体失稳时往往处于弹塑性工作阶段。在焊接梁中，由于焊接残余应力很大，一开始加荷，梁实际上也就进入弹塑性工作阶段，因此附录B中又规定当按公式(B.1-1)算得的 φ_b 大于0.6时，应按公式B.1-2计算相应的弹塑性阶段的整体稳定系数 φ'_b 来代替 φ_b 值，这是因为梁在弹塑性工作阶段的整体稳定临界应力将有明显降低之故。所列出的弹塑性整体稳定系数 φ'_b 曲线，见图5。

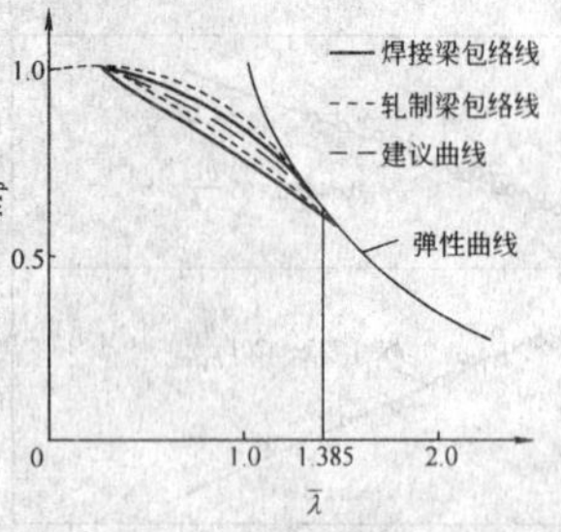

图5 建议曲线和包络线

图5是根据双轴对称焊接和轧制工字形截面简支梁承受纯弯曲的理论和试验研究得出的，研究中考虑了包括初弯曲、加载初偏心和残余应力等初始缺陷的等效残余应力的影响，所提曲线可用于规范附录图B.1中所示的几种截面。根据纯弯曲所得的 φ'_b，用于跨间有横向荷载的情况，结果将偏于安全方面。$\varphi_b>0.6$ 时方需用 φ'_b 代替，这是因为所得的非弹性 φ'_b 曲线刚好在 $\varphi_b=0.6$ 时与弹性的 φ_b 曲线相交，使 $\varphi_b=0.6$ 成为弹性与非弹性整体稳定的分界点，不能简单理解为钢材的比例极限等于 $0.6f_y$(有关钢梁的非弹性整体稳定问题的研究可参见张显杰、夏志斌编写的"钢梁屈曲试验的计算机模拟"，载于全国钢结构标准技术委员会编的《钢结构研究论文报告选集》第二册和夏志斌、潘有昌、张显杰编写的"焊接工字钢梁的非弹性侧扭屈曲"，载于《浙江大学学报》，1985年增刊)。

还需指出，$\varphi_b>0.6$ 时采用的 φ'_b 原为 $\varphi'_b=1.1-\frac{0.4646}{\varphi_b}+\frac{0.1269}{\varphi_b^{1.5}}$，现根据武汉水电学院的建议，与薄钢规范协调，改为 $\varphi'_b=1.07-0.282/\varphi_b$，两者计算结果误差在3.5%以下。

用于梁的H型钢多为窄翼缘型(HN型)，其翼缘的内外边缘平行。它是成品钢材，比焊接工字钢节省制造工作量且降低残余应力和残余变形；比内翼缘有斜坡的轧制普通工字钢截面抗弯效能高，且易于与其他构件连接，是一种值得大力推广应用的钢材。由于其截面形式与双轴对称的焊接工字形截面相同，故可按公式(B.1-1)计算其稳定系数 φ_b。

B.2 轧制普通工字钢简支梁的稳定系数：

轧制普通工字钢虽属于双轴对称截面，但其简支梁的 φ_b 不能按附录B中公式(B.1-1)计算。因轧制工字钢的内翼缘有斜坡，翼缘与腹板交接处有圆角，其截面特性不能按三块钢板的组合工字形截面同样计算，否则误差较大。附录B中表B.2已直接给出按梁的自由长度、荷载情况和工字钢型号的 φ_b，可直接查用。表中数值系按理论公式算出然后适当归并，既使表格不致过分庞大以便于应用，又使因此引起的误差不致过大。

B.3 轧制槽钢简支梁的稳定系数：

槽钢截面是单轴对称截面，若横向荷载不通过槽钢简支梁的剪力中心轴，一受荷载，梁即发生扭转和弯曲，因此其整体稳定系数 φ_b 较难精确计算。由于槽钢截面不是梁的主要截面形式，因此附录B中对其 φ_b 的计算采用近似公式。按纯弯曲一种荷载情况来考虑实际上可能遇到的其他荷载情况，同时再将纯弯曲临界应力公式加以简化。

纯弯曲时槽钢简支梁的临界应力理论公式为：

$$f_{cr}=\frac{\pi\sqrt{EI_yGJ}}{lW_x}\cdot\sqrt{1+\frac{\pi^2EI_\omega}{l^2GJ}} \tag{8}$$

上式第二个根号内 $\pi^2EI_\omega/(l^2GJ)$ 值与1相比，其值甚小，可略去不计，则得：

$$f_{cr}=\frac{\pi\sqrt{EI_yGJ}}{lW_x}$$

再采用下列近似简化和替代：

$$I_y=\frac{1}{6}tb^3;\quad I_x=bt\frac{h^2}{2};\quad W_x=bth;\quad J=\frac{2}{3}bt^3$$

并取 $f_y=235\text{N/mm}^2$；$E=206\times10^3\text{N/mm}^2$；$G=79\times10^3\text{N/mm}^2$，代入 $\varphi_b=f_{cr}/f_y$，即得附录B中公式(B.3)。当不是Q235钢时，公式末尾再乘以 $235/f_y$。

B.4 双轴对称工字形等截面悬臂梁的稳定系数：

其公式来源与焊接工字形等截面简支梁相同。

B.5 受弯构件整体稳定系数的近似计算：

所列近似公式仅适用于侧向长细比 $\lambda_y\leqslant120\sqrt{235/f_y}$ 时受纯弯曲的受弯构件。公式(B.5-1)和公式(B.5-2)系导自公式(B.1-1)。由于长细比小的受弯构件，都处于非弹性工作阶段屈曲，所算得的 φ_b 误差即使较大，经换算成 φ'_b 后，误差就大大减小，因此有条件写出公式(B.5-1)和公式(B.5-2)。

适用于T形截面的近似公式，是在选定典型截面后直接按非弹性屈曲求得各长细比下的 φ'_b 后经整理得出。焊接T形截面的典型截面是翼缘的宽厚比 $b_1/t=20$，腹板的高厚比 $h_w/t_w=18$；双角钢T形截面采用两个等边角钢。分析时考虑了残余应力的影响。

由于T形截面的中和轴接近翼缘板，当弯矩的方向使翼缘受压时，受压翼缘的弯曲应力到达临界应力前，腹板下端的受拉区早已进入塑性，因而其 φ'_b 值一般较低。当弯矩方向使翼缘受拉时则相反，φ'_b 值一般较大，在保证受压腹板局部稳定的前提下 φ'_b 值接近1.0。

由于一般情况下，梁的侧向长细比都大于 $120\sqrt{235/f_y}$，本节所列近似公式主要将用于压弯构件的平面外稳定验算，使压弯构件的验算可以简单些。

4.2.3 在两个主平面内受弯的构件，其整体稳定性计算很复杂，本条所列公式(4.2.3)是一个经验公式。1978年国内曾进行过少数几根双向受弯梁的荷载试验，分三组共7根，包括热轧工字钢Ⅰ18和Ⅰ24a与一组单轴对称加强上翼缘的焊接工字梁。每组梁中1根为单向受弯，其余1根或2根为双向受弯(最大刚度平面内受纯弯和跨度中点上翼缘处受一水平集中力)以资对比。试验结果表明，双向受弯梁的破坏荷载都比单向低，三组梁破坏荷载的比值各为0.91、0.90和0.88。双向受弯梁跨度中点上翼缘的水平位移和跨度中点截面扭转角也都远大于单向受弯梁。

用上述少数试验结果验证本条公式(4.2.3)，证明是可行的。公式左边第二项分母中引进绕弱轴的截面塑性发展系数 γ_y，并不意味绕弱轴弯曲出现塑性，而是适当降低第二项的影响，并使公式与本章(4.1.1)式和(4.2.2)式形式上相协调。

4.2.4 对箱形截面简支梁，本条直接给出了其应满足的最大 h/b_0 和 l_1/b_0 比值。满足了这些比值，梁的整体稳定性就得到保证，因此在本规范附录B中就不需要给出求箱形截面梁整体稳定系数 φ_b 的公式。由于箱形截面的抗侧向弯曲刚度和抗扭转刚度远远大于工字形截面，整体稳定性很强，本条规定的 h/b_0 和 l_1/b_0 值很易得到满足(有关箱形截面简支梁整体稳定性问题的研究可参见潘有昌写的"单轴对称箱形简支梁的整体稳定性"，载于全国钢结构标准技术委员会编的《钢结构研究论文报告选集》第二册)。

4.2.5 将对"梁的支座处，应采取构造措施，以防止梁端截面的扭转"的要求由"注"改为独立条文，以表示其重要性。

4.2.6 原规范把减小梁受压翼缘自由长度的侧向支撑力取为将翼缘视为压杆的偶然剪力，在概念上欠妥。现改为"其支撑力应将梁的受压翼缘视为轴心压杆按 5.1.7 条计算”。具体计算公式及来源见 5.1.7 条及其说明。

4.3 局部稳定

本节对梁腹板局部稳定计算有较大变动，主要是：

1 对原来按无限弹性计算的腹板各项临界应力作了弹塑性修正；

2 修改了设置横向加劲肋的区格在几种应力共同作用下的临界条件；

3 无局部压应力且承受静力荷载的工字形截面梁推荐按新增的 4.4 节利用腹板屈曲后强度。

4 对轻、中级工作制吊车梁，为了适当考虑腹板局部屈曲后强度的有利影响，故吊车轮压设计值可乘以折减系数 0.9。

4.3.2 需要配置纵向加劲肋的腹板高厚比，由原来硬性规定的界限值改为根据计算需要配置。但仍然给出高厚比的限值，并按梁受压翼缘扭转受到约束与否分为两档，即：$170\sqrt{235/f_y}$ 和 $150\sqrt{235/f_y}$；还增加了在任何情况下高厚比不应超过 250 的规定，以免高厚比过大时产生焊接翘曲。

4.3.3 多种应力作用下原用的临界条件公式来源于完全弹性条件。新的公式(4.3.3-1)参考了澳大利亚规范等资料，适合于弹塑性修正后的临界应力。

单项临界应力 σ_{cr}、τ_{cr}、$\sigma_{c,cr}$ 各有三个计算公式，如 σ_{cr} 为(4.3.3-2a、b、c)三个式子(图 6)。其中第一个为临界应力等于强度设计值；第三个为完全弹性的临界应力，而第二个则为弹性屈曲到屈服之间的过渡。虽然三个公式在形式上都以钢材强度设计值 f(或 f_v)为准，但第三个式子的 f(或 f_v)乘以 1.1 后相当于 f_y(或 f_{vy})，亦即不计抗力分项系数。弹性和非弹性范围区别对待的原因，是当板处于弹性范围时存在较大的屈曲后强度，安全系数可以小一些，只保留荷载分项系数就够了。早在编制 TJ 17—74 规范时，一般安全系数为1.41，而腹板稳定的安全系数为1.25，相当于前者的1/1.13。第三个式子采用系数 1.1，才能使本规范的弹性临界应力不低于 74 和 88 规范。

公式采用国际上通行的表达方式，即以通用高厚比(正则化宽厚比)：

$$\lambda_b=\sqrt{f_y/\sigma_{cr}}，或\ \lambda_s=\sqrt{f_{vy}/\tau_{cr}}$$

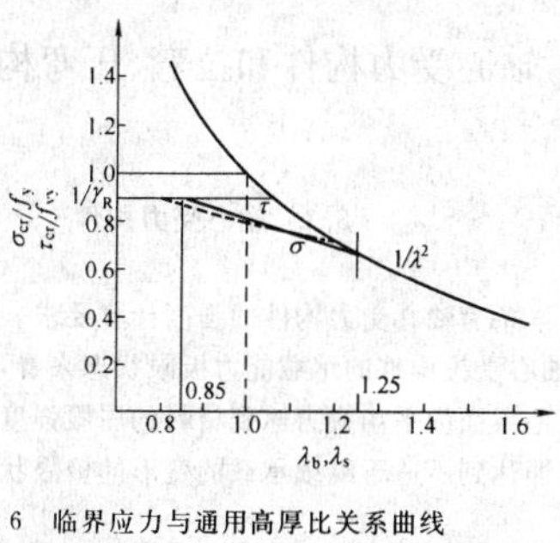

图 6 临界应力与通用高厚比关系曲线

作为参数使同一公式通用于各个牌号的钢材。它和压杆稳定计算的 $\lambda_n=\frac{\lambda}{\pi}\sqrt{f_y/E}$ 具有同样性质。以弯曲正应力为例，在弹性范围临界应力即为 $\sigma_{cr}=f_y/\lambda^2$，用强度设计值表达，可取 $\sigma_{cr}=1.1f/\lambda^2$。把临界应力

$$\sigma_{cr}=\frac{\chi k\pi^2 E}{12(1-\nu^2)}\left(\frac{t_w}{h_0}\right)^2$$

代入，并取 $E=206000\text{N/mm}^2$，$\nu=0.3$，则有：

$$\lambda=\frac{h_0/t_w}{28.1\sqrt{\chi k}}\sqrt{\frac{f_y}{235}} \tag{9}$$

对于受弯腹板，$k=23.9$，并取嵌固系数 $\chi=1.66$ 和 1.23(分别相当于梁翼缘扭转受约束和未受约束)，代替原来的单一系数 1.61，得：

$$\lambda_b=\frac{h_0/t_w}{177}\sqrt{\frac{f_y}{235}}\ 和\ \lambda_b=\frac{h_0/t_w}{153}\sqrt{\frac{f_y}{235}}$$

对没有缺陷的板，当 $\lambda_b=1$ 时临界应力等于屈服点。考虑残余应力和几何缺陷影响，取 $\lambda_b=0.85$ 为弹塑性修正的上起始点，相应的高厚比为：

$$h_0/t_w=150\sqrt{235/f_y}\ 和\ h_0/t_w=130\sqrt{235/f_y}$$

此高厚比比 4.3.2 条是否需要设置纵向加劲肋的高厚比限值小。这是由于需要计算腹板局部稳定的通常是吊车梁(一般梁推荐利用屈曲后强度，可不必设置纵向加劲肋)，在横向水平力和竖向荷载共同作用下，腹板上边缘的弯曲压应力仅为强度设计值 f 的 0.8～0.85 倍，腹板高厚比虽达到上述高厚比，往往也不需要设置纵向加劲肋。$\lambda_b=0.85$ 也是 4.4.1 条考虑腹板屈曲后强度时截面是否全部有效的分界点。

弹塑性过渡段采用直线式(4.3.3-2b)比较简便。其下起始点参照梁整体稳定计算，弹性界限为 $0.6f_y$，相应的 $\lambda=\sqrt{1/0.6}=1.29$。考虑到腹板局部屈曲受残余应力影响不如整体屈曲大，故取 $\lambda_b=1.25$。

腹板在弯矩作用下屈曲，是压应力引起的。因此，对单轴对称的工字形截面梁，在计算 λ_b 时以 $2h_c$ 代替 h_0。

τ_{cr}、$\sigma_{c,cr}$ 情况和 σ_{cr} 类似，但单轴对称截面仍以 h_0 为准。这两个临界应力的计算公式中，嵌固系数均保留原规范的数值，故不区分受压翼缘扭转是否受到约束。

4.3.4 有纵向加劲肋时，多种应力作用下的临界条件也有改变。受拉翼缘和纵向加劲肋之间的区格，相关公式和仅设横向加劲肋者形式上相同，而受压翼缘和纵向加劲肋之间的区格则在原公式的基础上对局部压应力项加上平方。这一区格的特点是高度比宽度小很多，σ_c 和 σ(或 τ)的相关曲线上凸得比较显著。单项临界应力的计算公式都和仅设横向加劲肋时一样，只是由于屈曲系数不同，通用高厚比的计算公式有些变化。

在公式(9)中，代入屈曲系数 $k=5.13$，并取 $\chi=1.4$ 和 1.0(分别相当于翼缘扭转受到约束和未受到约束)，即得 λ_{b1} 计算式[规范公式(4.3.4-2a、b)]中分母

$$28.1\sqrt{k\chi}=75\ 和\ 64$$

代入 $k=47.6$ 和 $\chi=1.0$，则得 λ_{b2} 表达式[规范公式(4.3.4-5)]中分母

$$28.1\sqrt{47.6}=194$$

对局部横向压应力作用下，原规范对板段Ⅱ中 $\sigma_{c,cr2}$ 的计算公式(附 2.12)与仅有横向肋时的 $\sigma_{c,cr}$ 计算公式(附 2.3)形式一致，只是区格高度不同。因此，修改后的 $\sigma_{c,cr2}$ 也采用与 $\sigma_{c,cr}$ 相同的计算公式，但把 h_0 改为 h_2。但原规范对板段Ⅰ中 $\sigma_{c,cr1}$ 的计算公式和仅有横向肋时 $\sigma_{c,cr}$ 的计算公式没有联系且比较复杂，算得的结果都大于屈服点，需要另觅计算公式。由于区格Ⅰ宽高比常在 4 以上，宜作为上下两边支承的均匀受压板看待，取腹板有效宽度为 h_1 的 2 倍。当受压翼缘扭转未受到约束时，上下两端均视为铰支，计算长度为 h_1；扭转受到完全约束时，则计算长度取 $0.7h_1$。规范公式(4.3.4-3a、b)就是这样得出的。

4.3.5 在受压翼缘与纵向加劲肋之间设置短加劲肋使腹板上部区格宽度减小，对弯曲压应力的临界值并无影响。对剪应力的临界值虽有影响，仍可用仅设横向加劲肋的临界应力公式计算。计算时以区格高度 h_1 和宽度 a_1 代替 h_0 和 a。影响最大的是横向局部压应力的临界值，需要用式(4.3.5)代替(4.3.4-3)来计算 λ_{c1}，原因是仅设纵向加劲肋时，腹板区格为一窄条，接近两边支承板，而设置短加劲肋后成为四边支承板，压应力临界值得到提高。当 $a_1/h_1\leqslant1.2$ 时，式(9)中的 k 可取常数 6.8；当 $a_1/h_1>1.2$ 时，则 k 呈直线变化。χ 系数按受压翼缘扭转有无约束分别取 1.4

和 1.0。

4.3.6 为使梁的整体受力不致产生人为的侧向偏心，加劲肋最好两侧成对配置。但考虑到有些构件不得不在腹板一侧配置横向加劲肋的情况(见图 7)，故本条增加了一侧配置横向加劲肋的规定。其外伸宽度应大于按公式(4.3.6-1)算得值的 1.2 倍，厚度应大于其外伸宽度的 1/15。其理由如下：

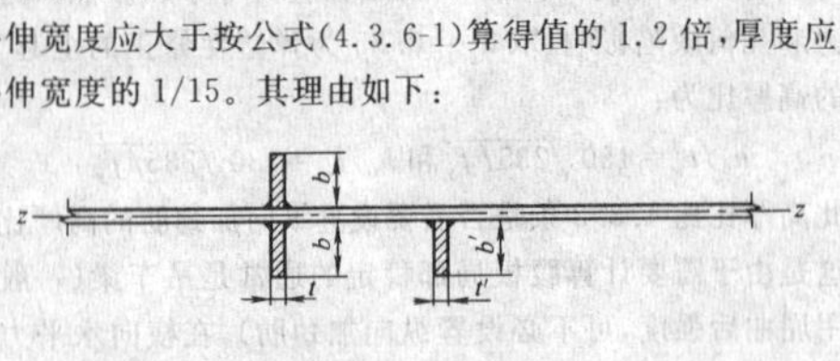

图 7 横向加劲肋的配置方式

钢板横向加劲肋成对配置时，其对腹板水平轴($z-z$ 轴)的惯性矩 I_z 为：

$$I_z \approx \frac{1}{12}(2b_s)^3 t_s = \frac{2}{3}b_s^3 t_s$$

一侧配置时，其惯性矩为：

$$I'_z \approx \frac{1}{12}(b'_s)^3 t'_s + b'_s t'_s\left(\frac{b'_s}{2}\right)^2 = \frac{1}{3}(b'_s)^3 t'_s$$

两者的线刚度相等，才能使加劲效果相同。即：

$$\frac{I_z}{h_0} = \frac{I'_z}{h_0}$$

$$(b'_s)^3 t'_s = 2b_s^3 t_s$$

取：

$$t'_s = \frac{1}{15}b'_s$$

$$t_s = \frac{1}{15}b_s$$

则：

$$(b'_s)^4 = 2b_s^4$$

$$b'_s = 1.2b_s$$

纵向加劲肋截面对腹板竖直轴线的惯性矩，本规范规定了分界线 $a/h_0=0.85$。当 $a/h_0 \leqslant 0.85$ 时，用公式(4.3.6-4a)计算；当 $a/h_0 > 0.85$ 时，用公式(4.3.6-4b)计算。

对短加劲肋外伸宽度及其厚度均提出规定，其根据是要求短加劲肋的线刚度等于横向加劲肋的线刚度。即：

$$\frac{I_z}{h_0} = \frac{I_{zs}}{h_1}$$

$$\frac{2b_s^3 t_s}{3h_0} = \frac{2b_{ss}^3 t_{ss}}{3h_1}$$

取：

$$t_{ss} = \frac{b_{ss}}{15}, t_s = \frac{b_s}{15}, \frac{h_1}{h_0} = \frac{1}{4}$$

得：

$$b_{ss} = 0.7b_s$$

故规定短加劲肋外伸宽度为横向加劲肋外伸宽度的 0.7～1.0倍。

本条还规定了短加劲肋最小间距为 $0.75h_1$，这是根据 $a/h_2 = 1/2$、$h_2 = 3h_1$、$a_1 = a/2$ 等常用边长之比的情况导出的。

4.3.8 明确受压翼缘外伸宽厚比分为两档，以便和 4.1.1 条相配合。

4.4 组合梁腹板考虑屈曲后强度的计算

本节条款暂不适用于吊车梁，原因是多次反复屈曲可能导致腹板边缘出现疲劳裂纹。有关资料还不充分。

利用腹板屈曲后强度，一般不再考虑设置纵向加劲肋。对 Q235 钢来说，受压翼缘扭转受到约束的梁，当腹板高厚比达到 200 时(或受压翼缘扭转未受约束的梁，当腹板高厚比达到 175 时)，抗弯承载力与按全截面有效的梁相比，仅下降 5%以内。

4.4.1 工字形截面梁考虑腹板屈曲后强度，包括单纯受弯、单纯受剪和弯剪共同作用三种情况。就腹板强度而言，当边缘正应力达到屈服点时，还可承受剪力 $0.6V_u$。弯剪联合作用下的屈曲后强度与此有些类似，剪力不超过 $0.5V_u$ 时，腹板抗弯屈曲后强度不下降。相关公式和欧洲规范 EC 3 相同。

梁腹板受弯屈曲后强度的计算是利用有效截面的概念。腹板受压区有效高度系数 ρ 和局部稳定计算一样以通用高厚比作为参数。ρ 值也分为三个区段，分界点和局部稳定计算相同。梁截面模量的折减系数 α_e 的计算公式是按截面塑性发展系数 $\gamma_x=1$ 得出的偏安全的近似公式，也可用于 $\gamma_x=1.05$ 的情况。如图 8 所示，忽略腹板受压屈曲后梁中和轴的变动，并把受压区的有效高度 ρh_c 等分在两边，同时在受拉区也和受压区一样扣去 $(1-\rho)h_c t_w$，在计算腹板有效截面的惯性矩时不计扣除截面绕自身形心轴的惯性矩。算得梁的有效截面惯性矩为：

$$I_{xe} = \alpha_e I_x$$

$$\alpha_e = 1 - \frac{(1-\rho)h_c^3 t_w}{2I_x}$$

此式虽由双轴对称工字形截面得出，也可用于单轴对称工字形截面。

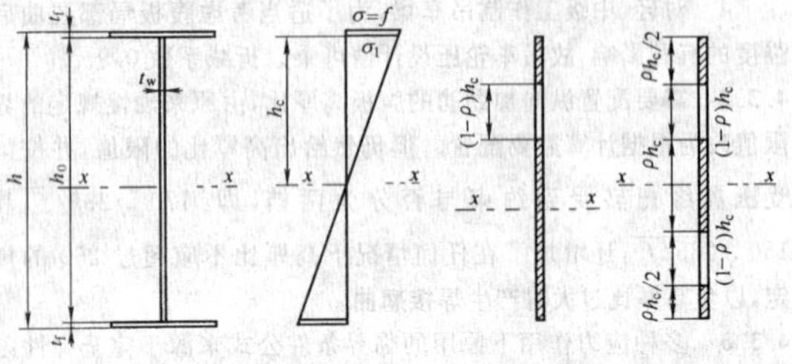

图 8 梁截面模量折减系数简化计算简图

梁腹板受剪屈曲后强度计算是利用拉力场概念。腹板的极限剪力大于屈曲剪力。精确确定拉力场剪力值需要算出拉力场宽度，比较复杂。为简化计算，条文采用相当于下限的近似公式。极限剪力计算也以相应的通用高厚比 λ_s 为参数。计算 λ_s 时保留了原来采用的嵌固系数 1.23。拉力场剪力值参考了欧盟规范的"简单屈曲后方法"。但是，由于拉力带还有弯曲应力，把欧盟的拉力场乘以 0.8。欧盟不计嵌固系数，极限剪应力并不比我们采用的高。

4.4.2 当利用腹板受剪屈曲后强度时，拉力场对横向加劲肋的作用可以分成竖向和水平两个分力。对中间加劲肋来说，可以认为两相邻区格的水平力由翼缘承受。因此，这类加劲肋只按轴心压力计算其在腹板平面外的稳定。

对于支座加劲肋，当和它相邻的区格利用屈曲后强度时，则必须考虑拉力场水平分力的影响，按压弯构件计算其在腹板平面外的稳定。本条除给出此力的计算公式和作用部位外，还给出多加一块封头板时的近似计算公式。

5 轴心受力构件和拉弯、压弯构件的计算

5.1 轴心受力构件

5.1.1 本条为轴心受力构件的强度计算要求。

从轴心受拉构件的承载能力极限状态来看，可分为两种情况：

1 毛截面的平均应力达到材料的屈服强度，构件将产生很大的变形，即达到不适于继续承载的变形的极限状态，其计算式为：

$$\sigma = \frac{N}{A} \leqslant \frac{f_y}{\gamma_R} = f \tag{10}$$

式中 γ_R——抗力分项系数；对 Q235 钢，$\gamma_R=1.087$；对 Q345、Q390 和 Q420 钢，$\gamma_R=1.111$。

2 净截面的平均应力达到材料的抗拉强度 f_u，即达到最大承载能力的极限状态，其计算式为：

$$\sigma = \frac{N}{A_n} \leqslant \frac{f_u}{\gamma_{uR}} = \frac{\gamma_R}{\gamma_{uR}} \cdot \frac{f_u}{f_y} \cdot \frac{f_y}{\gamma_R} \approx 0.8\frac{f_u}{f_y} \cdot f \tag{11}$$

由于净截面的孔眼附近应力集中较大，容易首先出现裂缝，因此其抗力分项系数 γ_{uR} 应予提高。上式中参考国外资料取 $\gamma_R/\gamma_{uR}=0.8$，即 γ_{uR} 比 γ_R 增大 25%。

本规范为了简化计算，采用了净截面处应力不超过屈服强度的计算方法[即规范中公式(5.1.1-1)]：

$$\sigma=\frac{N}{A_n}\leqslant\frac{f_y}{\gamma_R}=f \tag{12}$$

对本规范推荐的 Q235、Q345、Q390 和 Q420 钢来说，其屈强比均小于或很接近于 0.8，因此一般是偏于安全的。如果今后采用了屈强比更大的钢材，宜用公式(10)和公式(11)来计算，以确保安全。

摩擦型高强度螺栓连接处，构件的强度计算公式是从连接的传力特点建立的。规范中的公式(5.1.1-2)为计算由螺栓孔削弱的截面(最外列螺栓处)，在该截面上考虑了内力的一部分已由摩擦力在孔前传走。公式中的系数 0.5 即为孔前传力系数。根据试验，孔前传力系数大多数情况可取为 0.6，少数情况为 0.5。为了安全可靠，本规范取 0.5。

在某些情况下，构件强度可能由毛截面应力控制，所以要求同时按公式(5.1.1-3)计算毛截面强度。

5.1.2 本条为轴心受压构件的稳定性计算要求。

1 轴心受压构件的稳定系数 φ，是按柱的最大强度理论用数值方法算出大量 φ-λ 曲线(柱子曲线)归纳确定的。进行理论计算时，考虑了截面的不同形式和尺寸，不同的加工条件及相应的残余应力图式，并考虑了 1/1000 杆长的初弯曲。在制定 GBJ 17—88 规范时，根据大量数据和曲线，选择其中常用的 96 条曲线作为确定 φ 值的依据。由于这 96 条曲线的分布较为离散，若用一条曲线来代表这些曲线，显然不合理，所以进行了分类，把承载能力相近的截面及其弯曲失稳对应轴合为一类，归纳为 a、b、c 三类。每类中柱子曲线的平均值(即 50%分位值)作为代表曲线。

关于轴心压杆的计算理论和算出的各曲线值，参见李开禧、肖允徽等写的“逆算单元长度法计算单轴失稳时钢压杆的临界力”和“钢压杆的柱子曲线”两篇文章(分别载于《重庆建筑工程学院学报》，1982 年 4 期和 1985 年 1 期)。

由于当时计算的柱子曲线都是针对组成板件厚度 $t<40$mm 的截面进行的，规范表 5.1.2-1 的截面分类表就是按上述依据略加调整确定的。

2 组成板件 $t\geqslant40$mm 的构件，残余应力不但沿板宽度方向变化，在厚度方向的变化也比较显著。板件外表面往往以残余压应力为主，对构件稳定的影响较大。在制定原规范时对此研究不够，只提出了“板件厚度大于 40mm 的焊接实腹截面属 c 类截面”。后经西安建筑科技大学等单位研究，对组成板件 $t\geqslant40$ 的工字形、H 形截面和箱形截面的类别作了专门规定，并增加了 d 类截面的 φ 值。在表 5.1.2-2 中提出的组成板件厚度 $t\geqslant40$mm 的轧制 H 形截面的截面类别，实际上我国目前尚未生产这种型钢，这是指进口钢材而言。

我国的《高层建筑钢结构设计与施工规程》GJG 99—98 和上海市的同类规程都已经在研究工作的基础上制订了这类稳定系数。前者计算了四种焊接 H 形厚壁截面的稳定系数曲线，并取一条中间偏低的曲线作为 d 类系数。后者计算了三种截面的稳定系数曲线，并取其平均值作为 d 类系数。两者所取截面只有一种是共同的，因而两曲线有些差别，不过在常用的长细比范围内差别不大。基于这一情况，综合两条 d 曲线取一条新的曲线，其 φ 值的比较见表 7。

表 7 d 类 φ 曲线比较

λ_n	0.1	0.2	0.3	0.4	0.5	0.6	0.7	0.8	0.9
本规范曲线	0.987	0.946	0.866	0.789	0.716	0.648	0.584	0.525	0.472
高层曲线	0.978	0.913	0.841	0.774	0.709	0.647	0.588	0.532	0.494
上海曲线	0.990	0.962	0.884	0.804	0.721	0.642	0.572	0.509	0.455
λ_n	1.0	1.2	1.4	1.6	1.8	2.0	2.2	2.5	3.0
本规范曲线	0.424	0.354	0.298	0.251	0.213	0.181	0.156	0.126	0.092
高层曲线	0.456	0.383	0.320	0.268	0.225	0.191	0.153	0.132	0.095
上海曲线	0.406	0.327	0.273	0.231	0.196	0.168	0.145	0.118	0.087

注：λ_n 为正则化长细比(通用长细比)，$\lambda_n=\frac{\lambda}{\pi}\sqrt{f_y/E}$；$\lambda$ 为构件长细比。

3 单轴对称截面绕对称轴的稳定性是弯扭失稳问题。原规范认为对等边单角钢截面、双角钢 T 形截面和翼缘宽度不等的工字形截面绕对称轴(y 轴)的弯扭失稳承载力比弯曲失稳承载力低得不多，φ 值未超出所属类别的范围。仅轧制 T 形、两板焊接 T 形以及槽形截面绕对称轴弯扭屈曲承载力较低，降低为 c 类截面而未计及弯扭。以上处理弯扭失稳问题的办法，难免粗糙，尤其是将“无任何对称轴的截面绕任意轴”都按 c 类截面弯曲屈曲对待更缺少依据。故本规范表 5.1.2 的截面类别只根据截面形式和残余应力的影响来划分，将弯扭屈曲用换算长细比的方法换算为弯曲屈曲。虽然换算是按弹性进行，但由于弯曲屈曲的 φ 值考虑了非弹性和初始缺陷，这就相当于弯扭屈曲也间接考虑了非弹性和初始缺陷。

根据弹性稳定理论，单轴对称截面绕对称轴(y 轴)的弯扭屈曲临界力 N_{yz}和弯曲屈曲临界力 N_{Ey}及扭转屈曲临界力 N_z 之间的关系由下式表达：

$$(N_{Ey}-N_{yz})(N_z-N_{yz})-\frac{e_0^2}{i_0^2}N_{yz}^2=0 \tag{13}$$

$$N_z=\frac{1}{i_0^2}\left(GI_t+\frac{\pi^2EI_\omega}{l_\omega^2}\right) \tag{14}$$

式中 e_0——截面剪心在对称轴上的坐标；

I_t、I_ω——构件截面抗扭惯性矩和扇性惯性矩；

i_0——对于剪心的极回转半径；

l_ω——扭转屈曲的计算长度。

令 $N_{Ey}=\frac{\pi^2EA}{\lambda_y^2}$ $N_z=\frac{\pi^2EA}{\lambda_z^2}$ $N_{yz}=\frac{\pi^2EA}{\lambda_{yz}^2}$

代入公式(13)可得：

$$\lambda_{yz}^2=\frac{1}{2}(\lambda_y^2+\lambda_z^2)+\frac{1}{2}\sqrt{(\lambda_y^2+\lambda_z^2)^2-4\left(1-\frac{e_0^2}{i_0^2}\right)\lambda_y^2\lambda_z^2} \tag{15}$$

上式即为规范公式(5.1.2-3)。而式中

$$\lambda_z^2=\frac{i_0^2A}{\frac{I_t}{25.7}+\frac{I_\omega}{l_\omega^2}} \qquad i_0^2=e_0^2+i_x^2+i_y^2$$

对 T 形截面(轧制、双板焊接、双角钢组合)、十字形截面和角形截面可近似取 $I_\omega=0$，因而这些截面的

$$\lambda_z^2=25.7A\frac{i_0^2}{I_t} \tag{16}$$

为了方便计算，对单角钢和双角钢组合 T 形截面给出简化公式。简化过程中，对截面特性如回转半径和剪心坐标都采用平均近似值。例如等边单角钢对两个主轴的回转半径分别取 $0.385b$ 和 $0.195b$，剪心坐标取 $b/3$；另外取 $I_t=At^2/3$。

双角钢组合 T 形截面连有填板，其抗扭性能有较大提高。图 9 所示的等边角钢组合截面，无填板部分(图 9a)的抗扭惯性矩为：

$$I_{t1}=At^2/3$$

有填板部分(图 9b)，设合并肢与填板的总厚度为 $2.75t$，抗扭惯性矩为：

$$I_{t2}=\frac{2(b-t)t^3}{3}+\frac{b(2.75t)^3}{3}\approx1.95At^2$$

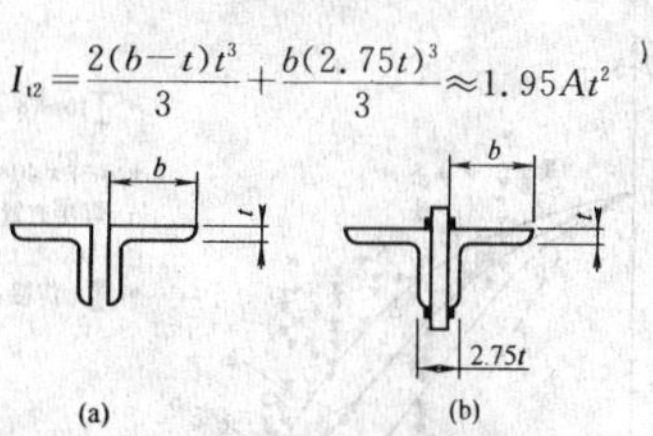

图 9 双角钢组合 T 形截面

设有填板(和节点板)部分占杆件总长度的 15%，则杆件综合抗扭惯性矩可取：

$$I_t=0.85I_{t1}+0.15I_{t2}=0.58At^2$$

不等边双角钢组合 T 形截面也可用类似方法进行计算，推导所得的换算长细比的实用公式均为简单的线性公式。例如等边双角钢截面 λ_{yz}的实用公式有如下两个：

当 $b/t\leqslant0.58l_{0y}/b$ 时：

$$\lambda_{yz}=\lambda_y\left(1+\frac{0.475b^4}{l_{0y}^2t^2}\right)$$

当 $b/t > 0.58l_{0y}/b$ 时：

$$\lambda_{yz}=3.9\frac{b}{t}\left(1+\frac{l_{0y}^2t^2}{18.6b^4}\right)$$

其他的双角钢组合T形截面和等边单角钢截面都可按此方法得到简单实用计算式。

4 对双轴对称的十字形截面构件（图10），其扭转屈曲换算长细比为 λ_z，按公式(16)得：

$$\lambda_z^2=25.7\frac{Ai_0^2}{I_t}=25.7\frac{I_p}{I_t}$$

$$=25.7\frac{2\times\frac{1}{12}t(2b)^3}{\frac{1}{3}\times 4bt^3}=25.7\left(\frac{b}{t}\right)^2$$

$$\lambda_z=5.07b/t$$

因此规定"λ_x 或 λ_y 取值不得小于 $5.07b/t$"，以避免发生扭转屈曲。

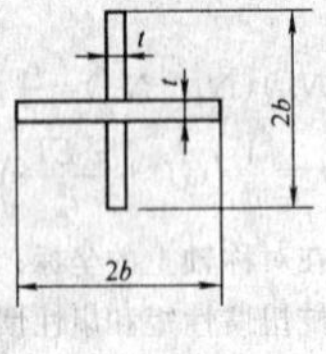

图10 双轴对称的十字形截面

5 根据构件的类别和长细比 λ（或换算长细比）即可按规范附录C的各表查出稳定系数 φ，表中 $\lambda\sqrt{f_y/235}$ 的根号为考虑不同钢种对长细比 λ 的修正。

为了便于使用电算，采用非线性函数的最小二乘法将各类截面的理论 φ 值拟合为Perry公式形式的表达式：

当正则化长细比 $\lambda_n=\frac{\lambda}{\pi}\sqrt{f_y/E}>0.215$ 时：

$$\varphi=\frac{1}{2\lambda_n^2}\left[(\alpha_2+\alpha_3\lambda_n+\lambda_n^2)-\sqrt{(\alpha_2+\alpha_3\lambda_n+\lambda_n^2)^2-4\lambda_n^2}\right]$$

式中 α_2、α_3——系数，根据截面类别按附录C表C-5取用。

当 $\lambda_n\leqslant 0.215$ 时（相当于 $\lambda\leqslant 20\sqrt{235/f_y}$），Perry公式不再适用，采用一条近似曲线使 $\lambda_n=0.215$ 与 $\lambda_n=0(\varphi=1.0)$ 衔接，即 $\varphi=1-\alpha_1\lambda_n^2$

对a、b、c及d类截面，系数 α_1 值分别为0.41、0.65、0.73和1.35。

经可靠度分析，采用多条柱子曲线，在常用的 λ 值范围内，可靠指标基本上保持均匀分布，符合《建筑结构可靠度设计统一标准》GB 50068的要求。

图11为采用的柱子曲线与我国的试验值的比较情况。由于试件的厚度较小，试验值一般偏高，如果试件的厚度较大，有组成板件超过40mm的试件，自然就会有接近于d曲线的试验点。

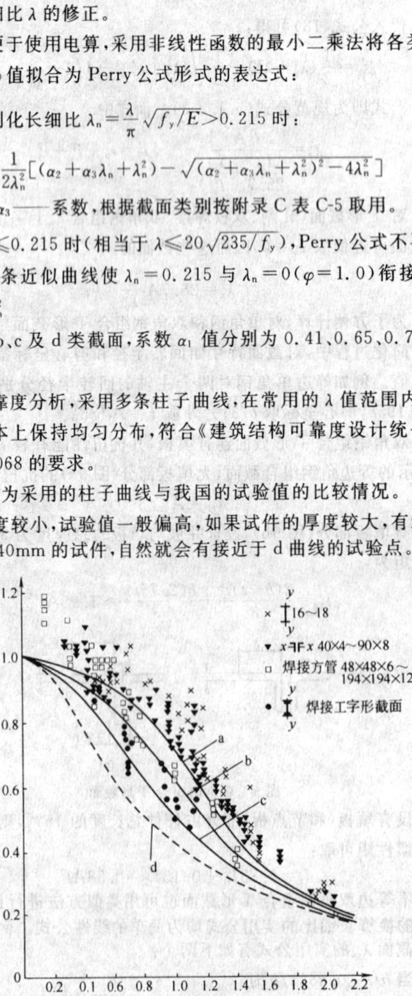

图11 柱子曲线与试验值

5.1.3 对实腹构件，剪力对弹性屈曲的影响很小，一般不予考虑。但是格构式轴心受压构件，当绕虚轴弯曲时，剪切变形较大，对弯曲屈曲临界力有较大影响，因此计算时应采用换算长细比来考虑此不利影响。

换算长细比的计算公式是按弹性稳定的理论公式，经简化而得：

1 双肢缀板组合构件，对虚轴的临界力可按下式计算：

$$N_{cr}=\frac{\pi^2EA}{\lambda^2}\frac{1}{1+\frac{\pi^2EA}{\lambda^2}\left(\frac{a^2}{24EI_1}+\frac{ca}{12EI_b}\right)}=\frac{\pi^2EA}{\lambda_0^2}\tag{17}$$

即换算长细比为：

$$\lambda_0=\sqrt{\lambda^2+\frac{\pi^2}{12}\frac{0.5Aa^2}{I_1}\left(1+2\frac{cI_1}{I_ba}\right)}$$

$$=\sqrt{\lambda^2+\frac{\pi^2}{12}\lambda_1^2\left(1+2\frac{i_1}{i_b}\right)}\tag{18}$$

式中 a——缀板间的距离；

c——构件两分肢的轴线距离；

I_1——分肢截面对其弱轴的惯性矩；

I_b——两侧缀板截面惯性矩之和；

i_1——分肢的线刚度；

i_b——两侧缀板线刚度之和。

根据本规范第8.4.1条的规定，$i_b/i_1\geqslant 6$。将 $i_b/i_1=6$ 代入公式(18)中，得：

$$\lambda_0\approx\sqrt{\lambda^2+\lambda_1^2}\tag{19}$$

2 双肢缀条组合构件，对虚轴的临界力可按下式计算：

$$N_{cr}=\frac{\pi^2EA}{\lambda^2}\frac{1}{1+\frac{\pi^2EA}{\lambda^2}\left(\frac{1}{EA_1\sin^2\alpha\cdot\cos\alpha}\right)}=\frac{\pi^2EA}{\lambda_0^2}\tag{20}$$

即换算长细比为：

$$\lambda_0=\sqrt{\lambda^2+\frac{\pi^2}{\sin^2\alpha\cdot\cos\alpha}\cdot\frac{A}{A_1}}\tag{21}$$

式中 α——斜缀条与构件轴线间的夹角；

A_1——一个节间内两侧斜缀条截面积之和。

本规范条文注2中规定为：α 角应在40°～70°范围内。在此范围时，公式(21)中：

$$\frac{\pi^2}{\sin^2\alpha\cdot\cos\alpha}\approx 27\tag{22}$$

因此双肢缀条组合构件对虚轴的换算长细比取为：

$$\lambda_0=\sqrt{\lambda^2+27\frac{A}{A_1}}\tag{23}$$

当 α 角不在40°～70°范围，尤其是小于40°时，上式中的系数值将大于27的甚多，公式(23)是偏于不安全的，此种情况的换算长细比应改用公式(21)计算。

3 四肢缀板组合构件换算长细比的推导方法与双肢构件类似。一般说来，四肢构件截面总的刚度比双肢的差，构件截面形状保持不变的假定不一定能完全做到，而且分肢的受力也较不均匀，因此换算长细比宜取值偏大一些。根据分析，λ_1 按角钢的截面最小回转半径计算，可以保证安全。

4 对四肢缀条组合构件，考虑构件截面总刚度差、四肢受力不均匀等影响，将双肢缀条组合构件中的系数27提高到40。

5 三肢缀条组合构件的换算长细比是参照国家现行标准《冷弯薄壁型钢结构技术规范》GB 50018的规定采用的。

5.1.4 对格构式受压构件的分肢长细比 λ_1 的要求，主要是为了不使分肢先于构件整体失去承载能力。

对缀条组合的轴心受压构件，由于初弯曲等缺陷的影响，构件受力时呈弯曲状态，使两分肢的内力不等。条文中规定 $\lambda_1\leqslant 0.7\lambda_{max}$ 是在考虑构件几何和力学缺陷（总的等效初弯曲取构件长度1/500）的条件下，经计算分析而得的。满足此要求时，可不计算分肢的稳定性。

如果缀条组合的轴心受压构件的 $\lambda_1>0.7\lambda_{max}$，就需要对分肢进行计算，但计算时应计入上述缺陷的影响。

对缀板组合的轴心受压构件，与缀条组合的构件类似，在一定的等效初弯曲条件下，经计算分析认为，当 $\lambda_1\leqslant40$ 和 $0.5\lambda_{max}$ 时，基本上可使分肢不先于整体构件失去承载能力。

5.1.5 双角钢或双槽钢构件的填板间距规定为：对于受压构件是为了保证一个角钢或一个槽钢的稳定；对于受拉构件是为了保证两个角钢和两个槽钢共同工作并受力均匀。由于此种构件两分肢的距离很小，填板的刚度很大，根据我国多年的使用经验，满足本条要求的构件可按实腹构件进行计算，不必对虚轴采用换算长细比。

5.1.6 轴心受压构件的剪力 V，分析时取构件弯曲后为正弦曲线（图 12）。

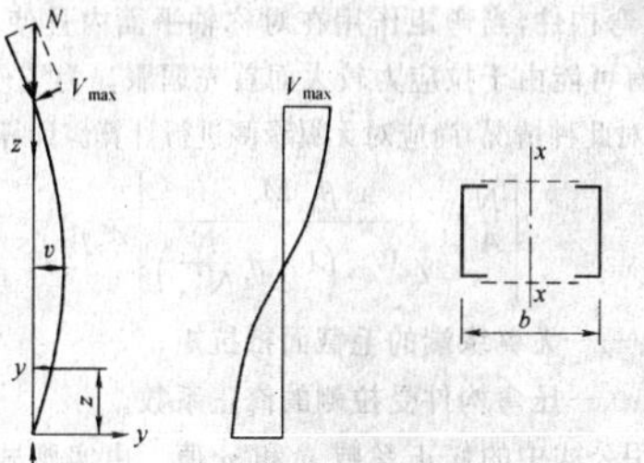

图 12　剪力 V 的计算

设：

$$y=v\sin\frac{\pi z}{l} \tag{24}$$

则：

$$M=Ny=Nv\sin\frac{\pi z}{l}$$

$$V=\frac{dM}{dz}=Nv\frac{\pi}{l}\cos\frac{\pi z}{l}$$

$$V_{max}=\frac{\pi}{l}Nv \tag{25}$$

按边缘屈服准则：

$$\frac{N}{A}+\frac{Nv}{I_x}\cdot\frac{b}{2}=f_y \tag{26}$$

令 $I_x=Ai_x^2$、$\frac{N}{A}=\varphi f_y$，代入公式(26)可得：

$$v=\frac{2(1-\varphi)i_x^2}{b\varphi} \tag{27}$$

将此 v 值代入公式(25)中，并使 $i_x\approx0.44b$，$l/i_x=\lambda_x$，得：

$$V_{max}=\frac{0.88\pi(1-\varphi)}{\lambda_x}\frac{N}{\varphi}=\frac{N}{\alpha\varphi} \tag{28}$$

$$\alpha=\frac{\lambda_x}{0.88\pi(1-\varphi)} \tag{29}$$

对格构柱，稳定系数 φ 应根据边缘屈服准则求出，或近似地按换算长细比由规范 b 类截面的表查得。

计算证明，在常用的长细比范围，α 值的变化不大，可取定值，即取：

Q235 钢　　$\alpha=85$

Q345 钢　　$\alpha=70$

Q390 钢　　$\alpha=65$

Q420 钢　　$\alpha=62$

这些数值恰好与 $\alpha=85\sqrt{235/f_y}$ 较为吻合，因此建议轴心受压构件剪力的表达式为：

$$V=\frac{N}{85\varphi}\sqrt{\frac{f_y}{235}} \tag{30}$$

为了便于计算，令公式(30)中的 $N/\varphi=Af$，即得规范的公式(5.1.6)：

$$V=\frac{Af}{85}\sqrt{\frac{f_y}{235}} \tag{31}$$

对格构式构件，此剪力由两侧缀材面平均分担，其中三肢柱缀材分担的剪力还应除以 $\cos\theta$（θ 角见本规范图 5.1.3）。

实腹式构件中，翼缘与腹板的连接，有必要时可按此剪力进行计算。

5.1.7 重新规定了减小受压构件自由长度的支撑力，不再借用受压构件的偶然剪力。

1 当压杆的长度中点设置一道支撑时（图 13），设压杆有初弯曲 δ_0，受压力后增至 $\delta_0+\delta$，增加的挠度 δ 应等于支撑杆的轴向变形。根据变形协调关系即可得支撑力（参见陈绍蕃《钢结构设计原理》第二版，科学出版社）。当压杆长度中点有一道支撑时，支撑力 $F_{b1}\approx\frac{N}{60}$，与原规范规定的偶然剪力相比，当压杆长细比 $\lambda>77$（对 Q235 钢）或 41（对 Q345 钢）时，F_{b1} 小于偶然剪力。

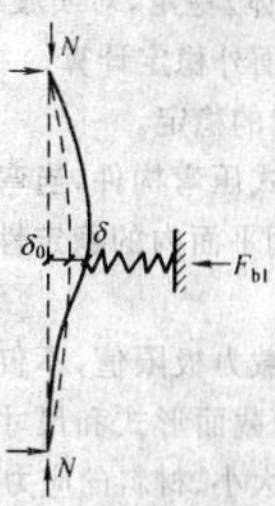

图 13　压杆的支撑力

2 当一道支撑支于距柱端 αl 时，则支撑力 $F_{b1}=\frac{N}{240\alpha(1-\alpha)}$。当 $\alpha=0.4$ 时，$F_{b1}=\frac{N}{57.6}$ 与 $N/60$ 相比仅相差 4%。因此对不等间距支承，若间距与平均间距相比相差不超过 20% 时，可认为是等间距支承。

3 支承多根柱的支撑力取为 $F_{bn}=\frac{\sum N_i}{60}(0.6+\frac{0.4}{n})$，式中 n 为被撑柱的根数，$\sum N_i$ 为被撑柱同时存在的轴心压力设计值之和。

支撑多根柱的支撑，往往承受较大的支撑力，因此不能再只按容许长细比选择截面，需要按支撑力进行计算，且一道支撑架在一个方向所撑柱数不宜超过 8 根。

4 本条中还明确提出下列两项：

1)支撑力可不与其他作用产生的轴力叠加，取两者中的较大值进行计算。

2)支撑轴线应通过被撑构件截面的剪心[对双轴对称截面，剪心与形心重合；对单轴对称的 T 形截面（包括双角钢组合 T 形）及角形截面，剪心在两组成板件轴线相交点，其他单轴对称和无对称轴截面剪心位置可参阅有关力学或稳定理论资料]。

5.2 拉弯构件和压弯构件

5.2.1 在轴心力 N 和弯矩 M 的共同作用下，当截面出现塑性铰时，拉弯或压弯构件达到强度极限，这时 N/N_p 和 M/M_p 的相关曲线是凸曲线（这里的 N_p 是无弯矩作用时全截面屈服的压力，M_p 是无轴心力作用时截面的塑性铰弯矩），其承载力极限值大于按直线公式计算所得的结果。本规范对承受静力荷载或不需计算疲劳的承受动力荷载的拉弯和压弯构件，用塑性发展系数的方式将此有影响的部分计入设计中。对需要计算疲劳的构件则不考虑截面塑性的发展。

截面塑性发展系数 γ 的数值是与截面形式、塑性发展深度和截面高度的比值 μ、腹板面积与一个翼缘面积的比值 α、以及应力状态有关。

塑性发展愈深，则 γ 值愈大。但考虑到：①压应力较大翼缘的自由外伸宽度与其厚度之比按 $13\sqrt{235/f_y}$ 控制；②腹板内有剪应力存在；③有些构件的腹板高厚比可能较大，以致不能全部有效；④构件的挠度不宜过大。因此，截面塑性发展的深度以不超过0.15倍的截面高度为宜。这样 γ 值可归纳为下列取值原则：

(1)对有平翼缘板的一侧，γ取为1.05；

(2)对无翼缘板的一侧，γ取为1.20；

(3)对圆管边缘，γ取为1.15；

(4)对格构式构件的虚轴弯曲时，γ取为1.0。

根据上述原则得出了规范条文中表5.2.1的γ_x、γ_y数值。表中八种截面塑性发展系数的计算公式推导可参见罗邦富写的“受压构件的纵向稳定性”(载于全国钢结构标准技术委员会编的《钢结构研究论文报告选集》第一册)。

本规范与原规范相比，本条内容没有大的改变，只是将“直接承受动力荷载时取$\gamma_x=\gamma_y=1.0$”，改为“需要计算疲劳的拉弯、压弯构件，宜取$\gamma_x=\gamma_y=1.0$”。理由参见4.1.1条的说明。

5.2.2 压弯构件的(整体)稳定，对实腹构件来说，要进行弯矩作用平面内和弯矩作用平面外稳定计算。

1 弯矩作用平面内的稳定。

1)理论依据。实腹式压弯构件，当弯矩作用在对称轴平面内时(绕x轴)，其弯矩作用平面内的稳定性应按最大强度理论进行分析。

压弯构件的稳定承载力极限值，不仅与构件的长细比λ和偏心率ε有关，且与构件的截面形式和尺寸、构件轴线的初弯曲、截面上残余应力的分布和大小、材料的应力-应变特性以及失稳的方向等因素有关。因此，本规范采用了考虑这些因素的数值分析法，对11种常用截面形式，以及残余应力、初弯曲等因素，在长细比为20、40、60、80、100、120、160、200，偏心率为0.2、0.6、1.0、2.0、4.0、10.0、20.0等情况时的承载力极限值进行了计算，并将这些理论计算结果作为确定实用计算公式的依据。

上述理论分析和计算结果可参见李开禧、肖允徽写的“逆算单元长度法计算单轴失稳时钢压杆的临界力”和“钢压杆的柱子曲线”两篇文章(分别载于《重庆建筑工程学院学报》1982年4期和1985年1期)。

2)实用计算公式的推导。两端铰支的压弯构件，假定构件的变形曲线为正弦曲线，在弹性工作阶段当截面受压最大边缘纤维应力达到屈服点时，其承载能力可按下列相关公式来表达：

$$\frac{N}{N_p}+\frac{M_x+Ne_0}{M_e(1-N/N_{Ex})}=1 \tag{32}$$

式中 N、M_x——轴心压力和沿构件全长均布的弯矩；

e_0——各种初始缺陷的等效偏心矩；

N_p——无弯矩作用时，全截面屈服的承载力极限值，$N_p=Af_y$；

M_e——无轴心力作用时，弹性阶段的最大弯矩，$M_e=W_{1x}f_y$；

$1/(1-N/N_{Ex})$——压力和弯矩联合作用下弯矩的放大系数；

N_{Ex}——欧拉临界力。

在公式(32)中，令$M_x=0$，则式中的N即为有缺陷的轴心受压构件的临界力N_0，得：

$$e_0=\frac{M_e(N_p-N_0)(N_{Ex}-N_0)}{N_pN_0N_{Ex}} \tag{33}$$

将此e_0代入公式(32)，并令$N_0=\varphi_xN_p$，经整理后可得：

$$\frac{N}{\varphi_xN_p}+\frac{M_x}{M_e\left(1-\varphi_x\frac{N}{N_{Ex}}\right)}=1 \tag{34}$$

考虑抗力分项系数并引入弯矩非均匀分布时的等效弯矩系数β_{mx}后，上式即成为：

$$\frac{N}{\varphi_xA}+\frac{\beta_{mx}M_x}{W_{1x}\left(1-\varphi_x\frac{N}{N'_{Ex}}\right)}\leqslant f \tag{35}$$

式中 N'_{Ex}——参数，$N_{Ex}=N_{Ex}/1.1$；相当于欧拉临界力N_{Ex}除以抗力分项系数γ_R的平均值1.1。

此式是由弹性阶段的边缘屈服准则导出的，必然与实腹式压弯构件考虑塑性发展的理论计算结果有差别。经过多种方案比较，发现实腹式压弯构件仍可借用此种形式。不过为了提高其精度，可以根据理论计算值对它进行修正。分析认为，实腹式压弯构件采用下式较为优越：

$$\frac{N}{\varphi_xA}+\frac{\beta_{mx}M_x}{\gamma_xW_{1x}\left(1-\eta_1\frac{N}{N'_{Ex}}\right)}\leqslant f \tag{36}$$

式中 γ_x——截面塑性发展系数，其值见规范表5.2.1；

η_1——修正系数。

对于规范表5.2.1第3、4项中的单轴对称截面(即T形和槽形截面)压弯构件，当弯矩作用在对称轴平面内且使翼缘受压时，无翼缘端有可能由于拉应力较大而首先屈服。为了使其塑性不致深入过大，对此种情况，尚应对无翼缘侧进行计算。计算式可写成为：

$$\left|\frac{N}{A}-\frac{\beta_{mx}M_x}{\gamma_xW_{2x}\left(1-\eta_2\frac{N}{N'_{Ex}}\right)}\right|\leqslant f \tag{37}$$

式中 W_{2x}——无翼缘端的毛截面抵抗矩；

η_2——压弯构件受拉侧的修正系数。

3)实用公式中的修正系数η_1和η_2值。由实腹式压弯构件承载力极限值的理论计算值N，可以得到压弯构件稳定系数的理论值$\varphi_p=N/N_p$；从实用计算公式(36)和公式(37)可以推算相应的稳定系数φ'_p。修正系数η_1和η_2值的选择原则，是使各种截面的φ_p/φ'_p值都尽可能接近于1.0。经过对11种常用截面形式的计算比较，结果认为，修正系数的最优值是：$\eta_1=0.8$，$\eta_2=1.25$。这样取定η_1和η_2值后，实用公式的计算值φ'_p接近于理论值φ_p。

4)关于等效弯矩系数β_{mx}。对有端弯矩但无横向荷载的两端支承的压弯构件，设端弯矩的比值为$\alpha=M_2/M_1$，其中$|M_1|>|M_2|$。当弯矩使构件产生同向曲率时，M_1与M_2取同号；产生反向曲率时，M_1与M_2取异号。

在不同α值的情况下，压弯构件的承载力极限值是不同的。采用数值计算方法可以得到不同的N/N_p-M/M_p相关曲线。根据对宽翼缘工字钢的N/N_p-M/M_p相关曲线图的分析，若以$\alpha=1.0$的曲线图为标准，取相同N/N_p值时的$(M/M_p)_\alpha$与$(M/M_p)_{\alpha_1}$值的比值，可以画出图(14)。图中的$\alpha=-1$、-0.5、0、0.5、1.0时的竖直线表示β_{mx}值的范围。规范采用的等效弯矩系数(图14)的斜直线：

$$\beta_{mx}=0.65+0.35\alpha \tag{38}$$

是偏于安全方面的。

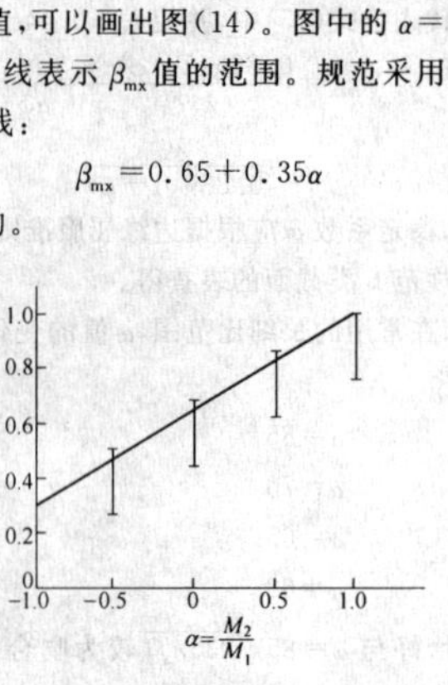

图14 不等端弯矩时的β_{mx}

至于其他荷载情况和支承情况的等效弯矩系数β_{mx}值，则采用二阶弹性分析，分别用三角函数收敛求得数值解的方法求得。

对本规范的等效弯矩系数，还需说明下列三点：

①按本规范3.2.8条的规定无支撑多层框架一般用二阶分析，因此不分有侧移和无侧移均取用相同的β_{mx}值。但考虑到仍有用一阶分析的情况，所以又提出：“分析内力未考虑二阶效应的无支撑纯框架和弱支撑框架柱，$\beta_{mx}=1.0$”。

②参考国外最新规范，取消 β_{mx} 和 β_{tx} 原公式中不得小于 0.4 的规定。

③无端弯矩但有横向荷载作用，不论荷载为一个或多个均取 $\beta_{mx}=1.0$（取消跨中有一个集中荷载 $\beta_{mx}=1-0.2N/N_{Ex}$ 的规定）。

2　弯矩作用平面外的稳定性。压弯构件弯矩作用平面外的稳定性计算的相关公式是以屈曲理论为依据导出的。对双轴对称截面的压弯构件在弹性阶段工作时，弯扭屈曲临界力 N 应按下式计算此式：

$$(N_y-N)(N_\omega-N)-(e^2/i_p^2)N^2=0 \tag{39}$$

式中　N_y——构件轴心受压时对弱轴（y 轴）的弯曲屈曲临界力；

N_ω——绕构件纵轴的扭转屈曲临界力；

e——偏心距；

i_p——截面对弯心（即形心）的极回转半径。

因受均布弯矩作用的屈曲临界弯矩 $M_0=i_p\sqrt{N_yN_\omega}$，且 $M=Ne$，代入公式(39)，得：

$$\left(1-\frac{N}{N_y}\right)\left(1-\frac{N}{N_\omega}\right)-\left(\frac{M}{M_0}\right)^2=0 \tag{40}$$

根据 N_ω/N_y 的不同比值，可画出 N/N_y 和 M/M_0 的相关曲线。对常用截面，N_ω/N_y 均大于 1.0，相关曲线是上凸的（图 15）。在弹塑性范围内，难以写出 N/N_y 和 M/M_0 的相关公式，但可通过对典型截面的数值计算求出 N/N_y 和 M/M_0 的相关关系。分析表明，无论在弹性阶段和弹塑性阶段，均可偏安全地采用直线相关公式，即：

$$\frac{N}{N_y}+\frac{M}{M_0}=1 \tag{41}$$

对单轴对称截面的压弯构件，无论弹性或弹塑性的弯扭计算均较为复杂。经分析，若近似地按公式(41)的直线式来表达其相关关系也是可行的。

考虑抗力分项系数并引入等效弯矩系数 β_{tx} 之后，公式(41)即成为规范公式(5.2.2-3)。

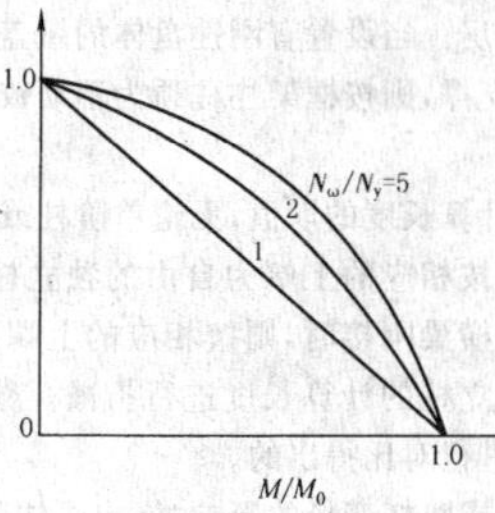

图 15　弯扭屈曲的相关曲线

关于压弯构件弯扭屈曲计算的详细内容可参见陈绍蕃写的“偏心压杆弯扭屈曲的相关公式”（载于全国钢结构标准技术委员会编的《钢结构研究论文报告选集》第一册）。

规范公式(5.2.2-3)中，φ_b 为均匀弯曲的受弯构件整体稳定系数，对工字形截面和 T 形截面，φ_b 可按本规范附录 B 第 B.5 节中的近似公式确定。本来这些近似公式仅适用于 $\lambda_y\leqslant120\sqrt{235/f_y}$ 的受弯构件，但对压弯构件来说，φ_b 值对计算结果相对影响较小，故 λ_y 略大于 $120\sqrt{235/f_y}$ 也可采用。

对箱形截面，原规范取 $\varphi_b=1.4$，这是由于箱形截面的抗扭承载力较大，采用 $\varphi_b=1.4$ 更接近理论分析结果。当轴心力 N 较小时，箱形截面压弯构件将由强度控制设计。这次修订规范改在 M_x 项的前面加截面影响系数 η（箱形截面 $\eta=0.7$，其他截面 $\eta=1.0$），而将箱形截面的 φ_b 取等于 1.0，这样可避免原规范箱形截面取 $\varphi_b=1.4$，在概念上的不合理现象。

对单轴对称截面公式(5.2.2-3)中的 φ_y 值，按理应按考虑扭转效应的 λ_{yz} 查出。

5.2.3　弯矩绕虚轴作用的格构式压弯构件，其弯矩作用平面内稳定性的计算适宜采用边缘屈服准则，因此采用了(35)的计算式。此式已在第 5.2.2 条的说明中作了推导，这里从略。

弯矩作用平面外的整体稳定性不必计算，但要求计算分肢的稳定性。这是因为受力最大的分肢平均应力大于整个构件的平均应力，只要分肢在两个方向的稳定性得到保证，整个构件在弯矩作用平面外的稳定也可以得到保证。

5.2.5　双向弯矩的压弯构件，其稳定承载力极限值的计算，需要考虑几何非线性和物理非线性问题。即使只考虑问题的弹性解，所得到的结果也是非线性的表达式（参见吕烈武、沈士钊、沈祖炎、胡学仁写的《钢结构构件稳定理论》，中国建筑工业出版社出版，1983 年）。规范采用的线性相关公式是偏于安全的。

采用此种线性相关公式的形式，使双向弯矩压弯构件的稳定计算与轴心受压构件、单向弯曲压弯构件以及双向弯曲构件的稳定计算都能互相衔接。

5.2.6　对于双肢格构式压弯构件，当弯矩作用在两个主平面内时，应分两次计算构件的稳定性。

第一次按整体计算时，把截面视为箱形截面，只按规范公式(5.2.6-1)计算。若令式中的 $M_y=0$，即为弯矩绕虚轴（x 轴）作用的单向压弯构件整体稳定性的计算公式，即规范公式(5.2.3)。

第二次按分肢计算时，将构件的轴心力 N 和弯矩 M_x 按桁架弦杆那样换算为分肢的轴心力 N_1 和 N_2，即：

$$N_1=\frac{y_2}{h}N+\frac{M_x}{h} \tag{42}$$

$$N_2=\frac{y_1}{h}N+\frac{M_x}{h} \tag{43}$$

式中　h——两分肢轴线间的距离，$h=y_1+y_2$，见本规范图 5.2.6。

按上述公式计算分肢轴心力 N_1 和 N_2 时，没有考虑构件整体的附加弯矩的影响。

M_y 在分肢中的分配是按照与分肢对 y 轴的惯性矩 I_1 和 I_2 成正比，与分肢至 x 轴的距离 y_1 和 y_2 成反比的原则确定的，这样可以保持平衡和变形协调。

在实际工程中，M_y 往往不是作用于构件的主平面内，而是正好作用在一个分肢的轴线平面内，此时 M_y 应视为全部由该分肢承受。

分肢的稳定性应按单向弯矩的压弯构件计算（见本规范第 5.2.2 条）。

5.2.7　格构式压弯构件缀材计算时取用的剪力值：按道理，实际剪力与构件有初弯曲时导出的剪力是有可能叠加的，但考虑到这样叠加的机率很小，规范规定取两者中的较大值还是可行的。

5.2.8　压弯构件弯矩作用平面外的支撑，应将压弯构件的受压翼缘（对实腹式构件）或受压分肢（对格构式构件）视为轴心压杆按本规范第 5.1.7 条计算各自的支撑力。第 5.1.7 条的轴心力 N 为受压翼缘或分肢所受应力的合力。应注意到，弯矩较小的压弯构件往往两侧翼缘或两侧分肢均受压；另外，框架柱和墙架柱等压弯构件，弯矩有正反两个方向，两侧翼缘或两侧分肢都有受压的可能性。这些情况的 N 应取为两侧翼缘或两侧分肢压力之和。最好设置双片支撑，每片支撑按各自翼缘或分肢的压力进行计算。

5.3　构件的计算长度和容许长细比

5.3.1　本条明确说明表 5.3.1 中规定的计算长度仅适用于桁架杆件有节点板连接的情况。无节点板时，腹杆计算长度均取等于几何长度。但根据网架设计规程，未采用节点板连接的钢管结构，其腹杆计算长度也需要折减，故注明“钢管结构除外”。

对有节点板的桁架腹杆，在桁架平面内，端部的转动受到约束，相交于节点的拉杆愈多，受到的约束就愈大。经分析，对一般腹杆计算长度 l_{0x} 可取为 $0.8l$（l 为腹杆几何长度）。在斜平面，节点板的刚度不如在桁架平面内，故取 $l_0=0.9l$。对支座斜杆和支座竖杆，端部节点板所连拉杆少，受到的杆端约束可忽略不计，故取 $l_{0x}=l$。

在桁架平面外，节点板的刚度很小，不可能对杆件端部有所约束，故取 $l_{0y}=l$。

当桁架弦杆侧向支承点之间相邻两节间的压力不等时，通常按较大压力计算稳定，这比实际受力情况有利。通过理论分析并加以简化，采用了公式(5.3.1)的折减计算长度办法来考虑此有利因素的影响。

关于再分式腹杆体系的主斜杆和 K 形腹杆体系的竖杆在桁架平面内的计算长度，由于此种杆件的上段与受压弦杆相连，端部的约束作用较差，因此规定该段在桁架平面内的计算长度系数采用1.0而不采用0.8。

5.3.2 桁架交叉腹杆的压杆在桁架平面外的计算长度，参考德国规范进行了修改，列出了四种情况的计算公式，适用两杆长度和截面均相同的情况。

现令 N 为所计算杆的压力，N_0 为另一杆的内力，均为绝对值。l 为节点中心间距离(交叉点不作节点考虑)。假设 $|N_0|=|N|$ 时，各种情况的计算长度 l_0 值如下：

另杆 N_0 为压力，不中断：$l_0=l$(与原规范相同)；

另杆 N_0 为压力，中断搭接：$l_0=1.35l$(原规范不允许)；

另杆 N_0 为拉力，不中断：$l_0=0.5l$(与原规范相同)；

另杆 N_0 为拉力，中断搭接：$l_0=0.5l$(原规范为 $0.7l$)。

5.3.3 本规范附录D表D-1和D-2规定的框架柱计算长度系数，所根据的基本假定为：

1 材料是线弹性的；

2 框架只承受作用在节点上的竖向荷载；

3 框架中的所有柱子是同时丧失稳定的，即各柱同时达到其临界荷载；

4 当柱子开始失稳时，相交于同一节点的横梁对柱子提供的约束弯矩，按柱子的线刚度之比分配给柱子；

5 在无侧移失稳时，横梁两端的转角大小相等方向相反；在有侧移失稳时，横梁两端的转角不但大小相等而且方向亦相同。

根据以上基本假定，并为简化计算起见，只考虑直接与所研究的柱子相连的横梁约束作用，略去不直接与该柱子连接的横梁约束影响，将框架按其侧向支承情况用位移法进行稳定分析，得出下列公式：

对无侧移框架：

$$[\phi^2+2(K_1+K_2)-4K_1K_2]\phi\sin\phi-2[(K_1+K_2)\phi^2+4K_1K_2]\cos\phi+8K_1K_2=0 \quad (44)$$

式中 ϕ——临界参数，$\phi=h\sqrt{\frac{F}{EI}}$；其中 h 为柱的几何高度，F 为柱顶荷载，I 为柱截面对垂直于框架平面轴线的惯性矩；

K_1、K_2——分别为相交于柱上端、柱下端的横梁线刚度之和与柱线刚度之和的比值。

对有侧移框架：

$$(36K_1K_2-\phi^2)\sin\phi+6(K_1+K_2)\phi\cos\phi=0 \quad (45)$$

本规范附录D表D-1和D-2的计算长度系数 μ 值($\mu=\pi/\phi$)，就是根据上列公式求得的。

有侧移框架柱和无侧移框架柱的计算长度系数表仍是沿用原规范的，仅有下列局部修改：

1 将相交于柱上端、下端的横梁远端为铰接或为刚性嵌固时，横梁线刚度的修正系数列入表注；

2 对底层框架柱：柱与基础铰接时 $K_2=0$，但根据实际情况，平板支座并非完全铰接，故注明"平板支座可取 $K_2=0.1$"；柱与基础刚接时，考虑到实际难于做到完全刚接，故取 $K_2=10$(原规范取 $K_2=\infty$)。

3 表D-1和D-2的表注中还新增了考虑与柱刚接横梁所受轴心压力对其线刚度的影响，这些线刚度的折减系数值可用弹性分析求得。

4 将框架分为无支撑的纯框架和有支撑框架，后者又分为强支撑框架和弱支撑框架。

无支撑的纯框架即原规范所指的有侧移框架。强支撑框架的判定条件改为"支撑结构(支撑桁架、剪力墙、电梯井等)"的侧移刚度 S_b 满足下式的框架：

$$S_b \geqslant 3(1.2\sum N_{bi}-\sum N_{0i})$$

式中 $\sum N_{bi}$、$\sum N_{0i}$——分别为第 i 层为层间所有框架柱，按表D-1的无侧移和表D-2的有侧移计算的轴压承载力之和。

弱支撑框架为支撑结构的 $S_b<3(1.2\sum N_{bi}-\sum N_{0i})$ 的框架。

对无支撑纯框架的规定为：

1)采用一阶弹性计算内力时，框架柱计算长度系数 μ 按有侧移框架柱的表D-2确定。

2)采用二阶弹性分析计算内力时，取 $\mu=1.0$，但每层柱顶应附加考虑公式(3.2.8-1)的假想水平荷载(概念荷载)。

5.3.4 本条对单层厂房阶形柱计算长度的取值，是根据以下考虑进行分析对比得来的：

1 考虑单跨厂房框架柱荷载不相等的影响。单层厂房阶形柱主要承受吊车荷载，一个柱达到最大竖直荷载时，相对的另一柱竖直荷载较小。荷载大的柱要丧失稳定，必然受到荷载小的柱的支承作用，从而较按独立柱求得的计算长度要小。对长度较小的单跨厂房，或长度虽较大但系轻型屋盖且沿两侧又未设置通长的屋盖纵向水平支撑的单跨厂房，以及有横梁的露天结构(如落锤车间等)，均只考虑两相对柱荷载不等的影响，将柱的计算长度进行折减。

2 考虑厂房的空间工作。对沿两侧设置有通长屋盖纵向水平支撑的长度较大的轻型屋盖单跨厂房，或未设置上述支撑的长度较大的重型屋盖单跨厂房，以及轻型屋盖的多跨(两跨或两跨以上)厂房，除考虑两相对柱荷载不等的影响外，还考虑了结构的空间工作，将柱的计算长度进行折减。

3 对多跨厂房。当设置有刚性盘体的屋盖，或沿两侧有通长的屋盖纵向水平支撑，则按框架柱柱顶为不动铰支承，对柱的计算长度进行折减。

以上阶形柱计算长度的取值，无论单阶柱或双阶柱，当柱上端与横梁铰接时，均按相应的上端为自由的独立柱的计算长度进行折减；当柱上端与横梁刚接时，则按相应的上端可以滑移(只能平移不能转动)的独立柱的计算长度进行折减。数据是根据理论分析计算所得结果进行对比得出的。

5.3.5 由于缀材或腹杆变形的影响，格构式柱和桁架式横梁的变形比具有相同截面惯性矩的实腹式构件大，因此计算框架的格构式柱和桁架式横梁的线刚度时，所用截面惯性矩要根据上述变形增大影响进行折减。对于截面高度变化的横梁或柱，计算线刚度时习惯采用截面高度最大处的截面惯性矩，根据同样理由，也应对其数值进行折减。

5.3.6 本条为新增条文。

1 附有摇摆柱的框(刚)架柱(图16)，其计算长度应乘以增大系数 η。多跨框架可以把一部分柱和梁组成框架体系来抵抗侧力，而把其余的柱做成两端铰接。这些不参与承受侧力的柱称为摇摆柱，它们的截面较小，连接构造简单，从而降低造价。不过这种上下均为铰接的摇摆柱承受荷载的倾覆作用必然由支持它的刚(框)架来抵抗，使刚(框)架柱的计算长度增大。公式(5.3.6)表达的增大系数 η 为近似值，与按弹性稳定导得的值较接近且略偏安全。

2 本款是考虑同层和上下层各柱稳定承载力有富余时对所计算柱的支承作用，使其计算长度减小。这是原则性条文，具体计算方法可参见有关钢结构构件稳定理论的书籍。

3 梁与柱半刚性连接，是指梁与柱连接构造既非铰接又非刚接，而是在二者之间。由于构造比刚性连接简单，用于某些框架可以降低造价。确定柱的计算长度时，应考虑节点特性，问题比较复杂，实用的简化计算方法可参见陈绍蕃著的《钢结构设计原理》第二版(科学出版社出版)。

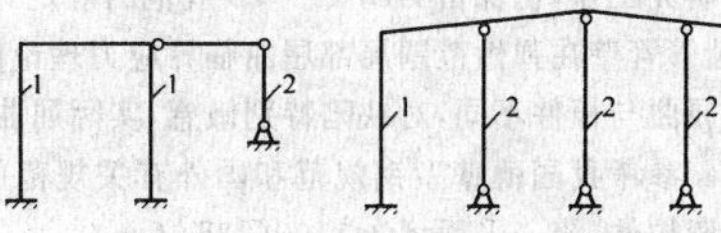

图 16 附有摇摆柱的有侧移框架

1—框架柱 2—摇摆柱

5.3.7 在确定框架柱沿房屋长度方向的计算长度时，把框架柱平面外的支承点视为框架柱在平面外屈曲时变形曲线的反弯点。

5.3.8 构件容许长细比值的规定，主要是避免构件柔度太大，在本身重力作用下产生过大的挠度和运输、安装过程中造成弯曲，以及在动力荷载作用下发生较大振动。对受压构件来说，由于刚度不足产生的不利影响远比受拉构件严重。

调查证明，主要受压构件的容许长细比值取为 150，一般的支撑压杆取为 200，能满足正常使用的要求。考虑到国外多数规范对压杆的容许长细比值均较宽，一般不分压杆受力情况均规定为 200，经研究并参考国外资料，在注中增加了桁架中内力不大于承载能力 50% 的受压腹杆，其长细比可放宽到 200。

5.3.9 受拉构件的容许长细比值，基本上保留了我国多年使用经验所规定(即原规范的规定)的数值。

在 5.3.8 和 5.3.9 条中，增加对跨度等于和大于 60m 桁架杆件的容许长细比的规定，这是根据近年大跨度桁架的实践经验作的补充规定。

5.4 受压构件的局部稳定

5.4.1 在轴心受压构件中，翼缘板的自由外伸宽度 b 与其厚度 t 之比的限值，是根据三边简支板(板的长度远远大于宽度 b)在均匀压应力作用下，其屈曲应力等于构件的临界应力确定的。板在弹性状态的屈曲应力为：

$$\sigma_{cr}=\frac{0.425\pi^2 E}{12(1-\nu^2)}\left(\frac{t}{b}\right)^2 \tag{46}$$

板在弹塑性状态失稳时为双向异性板，其屈曲应力为：

$$\sigma_{cr}=\frac{0.425\sqrt{\eta}\pi^2 E}{12(1-\nu^2)}\left(\frac{t}{b}\right)^2 \tag{47}$$

式中 η——弹性模量折减系数，根据轴心受压构件局部稳定的试验资料，η 可取为：

$$\eta=0.1013\lambda^2(1-0.0248\lambda^2 f_y/E)f_y/E。$$

由 $\sigma_{cr}=\varphi f_y$，并取本规范附录 C 中的 φ 值即可得到 λ 与 b/t 的关系曲线。为便于设计，本规范采用了公式(5.4.1-1)所示直线公式代替。

对压弯构件，b/t 的限值应该由受压最大翼缘板屈曲应力决定，这时弹性模量折减系数 η 不仅与构件的长细比有关，而且还与作用于构件的弯矩和轴心压力值有关，计算比较复杂。为了便于设计，可以采用定值法来确定 η 值。对于长细比较大的压弯构件，可取 $\eta=0.4$，翼缘的平均应力可取 $0.95f_y$，代入公式(47)中，得：

$$\frac{b}{t}=\pi\sqrt{\frac{0.425\sqrt{0.4}E}{12(1-\nu^2)0.95f_y}}=15\sqrt{\frac{235}{f_y}} \tag{48}$$

对于长细比小的压弯构件，η 值较小，所得到的 b/t 就会小于 $15\sqrt{235/f_y}$。

为了与受弯构件协调，规范采用公式(5.4.1-2)的值作为压弯构件翼缘板外伸宽度与其厚度之比的限值。但也允许 $13\sqrt{235/f_y}<b/t\leqslant 15\sqrt{235/f_y}$，此时，在压弯构件的强度计算和整体稳定计算中，对强轴的塑性系数 γ_x 取为 1.0。

5.4.2 对工字形或 H 形截面的轴心受压构件，腹板的高厚比 h_0/t_w 是根据两边简支另两边弹性嵌固的板在均匀压应力作用下，其屈曲应力等于构件的临界应力得到的。板的嵌固系数取 1.3。在弹塑状态屈曲时，腹板的屈曲应力为：

$$\sigma_{cr}=\frac{1.3\times4\sqrt{\eta}\pi^2 E}{12(1-\nu^2)}\left(\frac{t_w}{h_0}\right)^2 \tag{49}$$

弹性模量折减系数 η 仍按公式(48)取值。由 $\sigma_{cr}=\varphi f_y$，并用本规范附录 C 中的 φ 值代入，可得到 h_0/t_w 与 λ 的关系曲线。为了便于设计，用本规范公式(5.4.2-1)的直线式代替(可参见何保康写的“轴心压杆局部稳定试验研究”一文，载于《西安冶金建筑学院学报》，1985 年 1 期)。

在压弯构件中，腹板高厚比 h_0/t_w 的限值是根据四边简支板在不均匀压应力 σ 和剪应力 τ 的联合作用下屈曲时的相关公式确定的。压弯构件在弹塑性状态发生弯矩作用平面内失稳时，根据构件尺寸和力的作用情况，腹板可能在弹性状态下屈曲，也可能在弹塑性状态下屈曲。

腹板在弹性状态下屈曲时(图 17)，其临界状态的相关公式为：

$$\left(\frac{\tau}{\tau_0}\right)^2+\left[1-\left(\frac{\alpha_0}{2}\right)^5\right]\frac{\sigma}{\sigma_0}+\left(\frac{\alpha_0}{2}\right)^5\left(\frac{\sigma}{\sigma_0}\right)^2=1 \tag{50}$$

式中 α_0——应力梯度，$\alpha_0=\frac{\sigma_{max}-\sigma_{min}}{\sigma_{max}}$；

τ_0——剪应力 τ 单独作用时的弹性屈曲应力，$\tau_0=\beta_v\frac{\pi^2 E}{12(1-\nu^2)}\left(\frac{t_w}{h_0}\right)^2$，取 $a=3h_0$，则屈曲系数 $\beta_v=5.784$；

σ_0——不均匀应力 σ 单独作用下的弹性屈曲应力，$\sigma_0=\beta_c\frac{\pi^2 E}{12(1-\nu^2)}\left(\frac{t_w}{h_0}\right)^2$，屈曲系数 β_c 取决于 α_0 和剪应力的影响。

由公式(50)可知，剪应力将降低腹板的屈曲应力。但当 $\alpha_0\leqslant1$ 时，τ/σ_m(σ_m 为弯曲压应力)值的变化对腹板的屈曲应力影响很少。根据压弯构件的设计资料，可取 $\tau/\sigma_m=0.3$ 作为计算腹板屈曲应力的依据。

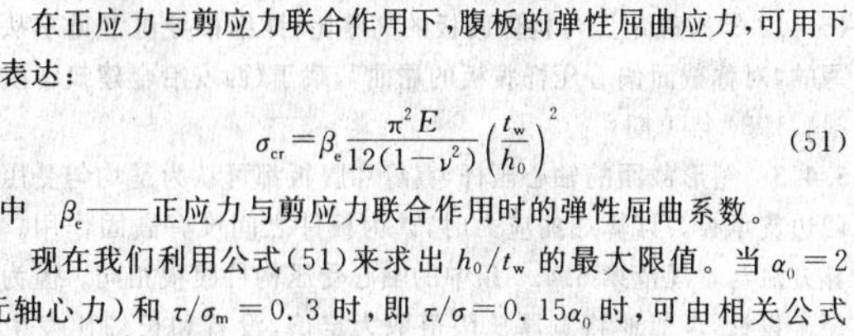

图 17 腹板的应力和应变

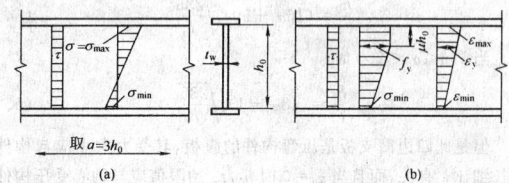

在正应力与剪应力联合作用下，腹板的弹性屈曲应力，可用下式表达：

$$\sigma_{cr}=\beta_e\frac{\pi^2 E}{12(1-\nu^2)}\left(\frac{t_w}{h_0}\right)^2 \tag{51}$$

式中 β_e——正应力与剪应力联合作用时的弹性屈曲系数。

现在我们利用公式(51)来求出 h_0/t_w 的最大限值。当 $\alpha_0=2$(无轴心力)和 $\tau/\sigma_m=0.3$ 时，即 $\tau/\sigma=0.15\alpha_0$ 时，可由相关公式(50)求得弹性屈曲系数 $\beta_e=15.012$。将此值代入公式(51)中，并取 $\sigma_{cr}=\sigma_{max}=0.95f_y$，得 $h_0/t_w=111.79\sqrt{235/f_y}$。但是当 $\alpha_0=2$ 且 σ_{max} 为最大值时，剪应力 τ 通常较小，可取 $\tau/\sigma_m=0.2$，得 $\beta_e=18.434$；仍取 $\sigma_{cr}=0.95f_y$，则 $h_0/t_w=124\sqrt{235/f_y}$。所以，压弯构件中以 $h_0/t_w\approx120\sqrt{235/f_y}$ 作为弹性腹板的最大限值是适宜的。

在很多压弯构件中，腹板是在弹塑性状态屈曲的(图 17b)，应根据板的弹塑性屈曲理论进行计算，其屈曲应力 σ_{cr} 可用下式表达：

$$\sigma_{cr}=\beta_p\frac{\pi^2 E}{12(1-\nu^2)}\left(\frac{t_w}{h_0}\right)^2 \tag{52}$$

式中 β_p 为四边简支板在不均匀压应力与剪应力联合作用下

的弹塑性屈曲系数，其值取决于应力比 τ/σ、应变梯度 $\alpha=\frac{\varepsilon_{max}-\varepsilon_{min}}{\varepsilon_{max}}$ 和板边缘的最大割线模量E_s，而割线模量又取决于腹板的塑性发展深度 μh_0。当 $\mu\leqslant(2-\alpha)/\alpha$ 时，由图 17b 中的几何关系，$E_s=(1-\alpha\mu)E$；当 $\mu>(2-\alpha)/\alpha$ 时，$E_s=0.5(1-\mu)E$。

E_s 与 β_p 之间的关系见表 8。在计算 τ、σ 和 α_0 时都是按无限弹性板考虑的。

表 8　四边简支板的弹塑性屈曲系数 β_p（当 $\tau/\sigma_m=0.3$ 时）

α_0 \ E_s/E	1.0	0.9	0.8	0.7	0.6
0	4.000	3.003	2.683	2.369	2.047
0.2	4.435	3.393	3.036	2.665	2.300
0.4	4.970	3.874	3.465	3.050	2.630
0.6	5.640	4.477	4.006	3.527	3.042
0.8	6.467	5.222	4.681	4.126	3.561
1.0	7.507	6.152	5.536	4.892	4.233
1.2	8.815	7.317	6.629	5.886	5.117
1.4	10.393	8.671	7.944	7.117	6.238
1.6	12.150	10.080	9.391	8.526	7.576
1.8	13.800	11.322	10.812	9.985	8.997
2.0	15.012	11.988	11.651	10.951	10.079

在压弯构件中，μh_0 取决于构件的长细比 λ 和应变梯度 α（或应力梯度 α_0）。显然计算 E_s/E 的过程比较复杂。对于工字形截面，可将 μ 取为定值，用 $\mu=0.25$，即可得到与 α_0 对应的 E_s/E 和 β_p。由下式可以算得 h_0/t_w 的限值：

$$\sigma_{cr}=\beta_p\frac{\pi^2E}{12(1-\nu^2)}\left(\frac{t_w}{h_0}\right)^2=f_y \tag{53}$$

h_0/t_w 与 α_0 的关系是曲线形式。为了便于计算采用两根直线代替：

当 $0\leqslant\alpha_0\leqslant1.6$ 时：

$$\frac{h_0}{t_w}=(16\alpha_0+50)\sqrt{\frac{235}{f_y}} \tag{54}$$

当 $1.6<\alpha_0\leqslant2.0$ 时：

$$\frac{h_0}{t_w}=(48\alpha_0-1)\sqrt{\frac{235}{f_y}} \tag{55}$$

但是此四边简支板是压弯构件的腹板，其受力大小应与构件的长细比 λ 有关，而且当 $\alpha_0=0$ 时 h_0/t_w 的限值应与轴心受压构件的腹板相同；当 $\alpha_0=2$ 时，h_0/t_w 应与受弯构件及剪应力影响的腹板高厚比基本一致。因此采用规范公式（5.4.2-2）和公式（5.4.2-3）来确定压弯构件腹板的高厚比（详细推导可参见李从勤写的"对称截面偏心压杆腹板的屈曲"，载于《西安冶金建筑学院学报》，1984 年 1 期）。

5.4.3　箱形截面的轴心压杆：翼缘和腹板都可认为是均匀受压的四边支承板。计算屈曲应力时，认为板件之间没有嵌固作用。计算方法与本规范第 5.4.2 条中的轴心受压构件腹板相同。但为了便于设计，近似地将宽厚比限值取为定值，没有和长细比发生联系。

箱形截面的压弯构件，腹板屈曲应力的计算方法与工字形截面的腹板相同。但是考虑到腹板的嵌固条件不如工字形截面，两块腹板的受力状况也可能不完全一致，为安全计，采用本规范公式（5.4.2-2）或公式（5.4.2-3）的限值乘以 0.8。

5.4.4　T 形截面腹板的悬伸宽厚比通常比翼缘大得多。当为轴心受压构件时，腹板局部屈曲受到翼缘的约束。原规范对此腹板采用与工字形截面翼缘相同的限值，过分保守。经过理论分析（详见陈绍蕃"T 形截面压杆的腹板局部屈曲"，《钢结构》2001 年 2 期）和试验验证，将腹板宽厚比限值适当放宽。考虑到焊接 T 形截面几何缺陷和残余应力都比热轧 T 型钢不利，采用了相对低一些的限值。

对 T 形截面的压弯构件，当弯矩使翼缘受压时，腹板处于比轴心压杆更有利的地位，可以采用与轴压相同的高厚比限值。但当弯矩使腹板自由边受压时，腹板处于较为不利的地位。由于这方面未做新的研究工作，仍保留 GBJ 17—88 规范的规定。

5.4.5　受压圆管管壁在弹性范围局部屈曲临界应力理论值很大。但是管壁局部屈曲与板件不同，对缺陷特别敏感，实际屈曲应力比理论值低得多。参考我国薄壁型钢规范和国外有关规范的规定，不分轴心或压弯构件，统一采用 $d/t\leqslant100(235/f_y)$。

5.4.6　对于 H 形、工字形和箱形截面的轴心受压构件和压弯构件，当腹板的高厚比不满足本规范第 5.4.2 条或第 5.4.3 条的要求时，可以根据腹板屈曲后强度的概念，取与翼缘连接处的一部分腹板截面作为有效截面。

6　疲劳计算

6.1　一般规定

6.1.1　本条阐明本章的适用范围为直接承受动力荷载重复作用的钢结构，当其荷载产生应力变化的循环次数 $n\geqslant5\times10^4$ 时的高周疲劳计算。需要进行疲劳计算的循环次数，原规范规定为 $n\geqslant10^5$ 次，考虑到在某些情况下可能不安全，参考国外规定并结合建筑钢结构的实际情况，改为 $n\geqslant5\times10^4$ 次。

6.1.2　本条说明本章的适用范围为在常温、无强烈腐蚀作用环境中的结构构件和连接。

对于海水腐蚀环境、低周-高应变疲劳等特殊使用条件中疲劳破坏的机理与表达式各有特点，分别另属专门范畴；高温下使用和焊后经回火消除焊接残余应力的结构构件及其连接则有不同于本章的疲劳强度值，均应另行考虑。

6.1.3　本章采用荷载标准值按容许应力幅进行计算，是因为现阶段对不同类型构件连接的疲劳裂缝形成、扩展以至断裂这一全过程的极限状态，包括其严格的定义和影响发展过程的有关因素都还研究不足，掌握的疲劳强度数据只是结构抗力表达式中的材料强度部分，为此现仍按容许应力法进行验算。

为适应焊接结构在钢结构中日趋优势的状况，本章采用目前已为国际上公认的应力幅计算表达式。多年来国内外的试验研究和理论分析证实：焊接及随后的冷却，构成不均匀热循环过程，使焊接结构内部产生自相平衡的内应力，在焊缝附近出现局部的残余拉应力高峰，横截面其余部分则形成残余压应力与之平衡。焊接残余拉应力最高峰值往往可达到钢材的屈服强度。此外，焊接连接部位因截面改变原状，总会产生不同程度的应力集中现象。残余应力和应力集中两个因素的同时存在，使疲劳裂缝发生于焊缝熔合线的表面缺陷处或焊缝内部缺陷处，然后沿垂直于外力作用方向扩展，直到最后断裂。产生裂缝部位的实际应力状态与名义应力有很大差别，在裂缝形成过程中，循环内应力的变化是以高达钢材屈服强度的最大内应力为起点，往下波动应力幅 $\Delta\sigma=\sigma_{max}-\sigma_{min}$ 与该处应力集中系数的乘积。此处 σ_{max} 和 σ_{min} 分别为名义最大应力和最小应力，在裂缝扩展阶段，裂缝扩展速率主要受控于该处的应力幅值。各国试验数据相继证明，多数焊接连接类别的疲劳强度当用 $\Delta\sigma$ 表示式进行统计分析时，几乎是与名义的最大应力比根本无关，因此与过去用最大名义应力 σ_{max} 相比，焊接结构采用应力幅 $\Delta\sigma$ 的计算表达式更为合理。

试验证明，钢材静力强度的不同，对大多数焊接连接类别的疲劳强度并无显著差别，仅在少量连接类别（如轧制钢材的主体金属、经切割加工的钢材和对接焊缝经严密检验和细致的表面加工时）的疲劳强度有随钢材强度提高稍稍增加的趋势，而这些连接类别一般不在构件疲劳计算中起控制作用。因此，为简化表达式，可认为所有类别的容许应力幅都与钢材静力强度无关，即疲劳强度所控制的构件，采用强度较高的钢材是不经济的。

连接类别是影响疲劳强度的主要因素之一，主要是因为它将引起不同的应力集中(包括连接的外形变化和内在缺陷影响)。设计中应注意尽可能不采用应力集中严重的连接构造。

容许应力幅数值的确定，是根据疲劳试验数据统计分析而得，在试验结果中已包括了局部应力集中可能产生屈服区的影响，因而整个构件可按弹性工作进行计算。连接形式本身的应力集中不予考虑，其他因断面突变等构造产生应力集中应另行计算。

按应力幅概念计算，承受压应力循环与承受拉应力循环是完全相同的，而国外试验资料中也有在压应力区发现疲劳开裂的现象，但鉴于裂缝形成后，残余应力即自行释放，在全压应力循环中裂缝不会继续扩展，故可不予验算。

6.2 疲劳计算

6.2.1 本条文提出常幅疲劳验算公式(6.2.1-1)和验算所需的疲劳容许应力幅计算公式(6.2.1-2)。

常幅疲劳系指重复作用的荷载值基本不随时间随机变化，可近似视为常量，因而在所有的应力循环次数内应力幅恒等。验算时只需将应力幅与所需循环次数对应的容许应力幅比较即可。

考虑到非焊接构件和连接与焊接者之间的不同，即前者一般不存在很高的残余应力，其疲劳寿命不仅与应力幅有关，也与名义最大应力有关。因此，在常幅疲劳计算公式内，引入非焊接部位折算应力幅，以考虑 σ_{max} 的影响。折算应力幅计算公式为：

$$\Delta\sigma=\sigma_{max}-0.7\sigma_{min}\leqslant[\Delta\sigma] \tag{56}$$

若按 σ_{max} 计算的表达式为：

$$\sigma_{max}\leqslant\frac{[\sigma_0^p]}{1-k\dfrac{\sigma_{min}}{\sigma_{max}}} \tag{57}$$

即：

$$\sigma_{max}-k\sigma_{min}\leqslant[\sigma_0^p] \tag{58}$$

式中 k——系数，按 TJ 17—74 规范规定：对主体金属：3 号钢取 $k=0.5$，16Mn 钢取 $k=0.6$；角焊缝：3 号钢取 $k=0.8$，16Mn 钢取 $k=0.85$；

$[\sigma_0^p]$——应力比 $\rho(\rho=\sigma_{min}/\sigma_{max})=0$ 时的疲劳容许拉应力，其值与$[\Delta\sigma]$相当。

在 TJ 17—74 规范中，$[\sigma_0^p]$考虑了欠载效应系数 1.15 和动力系数 1.1，故其值较高。但本条仅考虑常幅疲劳，应取消欠载系数，且$[\Delta\sigma]$是试验值，已包含动载效应，所以亦不考虑动力系数。因此$[\Delta\sigma]$的取值相当于$[\sigma_0^p]/(1.15\times1.1)=0.79[\sigma_0^p]$。另外，规范 GBJ 17—88 以高强度螺栓摩擦型连接和带孔试件为代表，将试验数据统计分析，取 $k=0.7$。因此得：

$$\Delta\sigma=\sigma_{max}-0.7\sigma_{min} \tag{59}$$

常幅疲劳容许应力幅[本规范公式(6.2.1-2)和表 6.2.1]是基于两方面的工作，一是收集和汇总各种构件和连接形式的疲劳试验资料；二是以几种主要的形式为出发点，把众多的构件和连接形式归纳分类，每种具体连接以其所属类别给出疲劳曲线和有关系数。为进行统计分析工作，汇集了国内现有资料，个别连接形式(如 T 形对接焊等)适当参考国外资料。

根据不同钢号、不同尺寸的同一连接形式的所有试验资料，汇总后按应力幅计算式重新进行统计分析，以 95%置信度取 2×10^6 次疲劳应力幅下限值。例如，用实腹梁中起控制作用的横向加劲肋予以说明，共收集了九批试验资料，包括 3 号钢、16Mn 钢、15MnV 钢三种钢号，板厚从 12～50mm 的试件和部分小梁，统计结果得 200 万次平均疲劳强度为 132N/mm²，保证 95%置信度的下限为 100N/mm²。疲劳曲线在双对数坐标中斜率为－3.16 的直线。这几个基本参数是确定连接分类及其特征$[\Delta\sigma]$-N 曲线的依据和出发点。

按各种连接形式疲劳强度的统计参数[非焊接连接形式考虑了最大应力(应力比)实际存在的影响]，以构件主体金属、高强度螺栓连接、带孔、翼缘焊缝、横向加劲肋、横向角焊缝连接和节点板连接等几种主要形式为出发点，适当照顾$[\Delta\sigma]$-N 曲线族的等间隔设置，把连接方式和受力特点相似、疲劳强度相近的形式归成同一类，最后如本规范附录 E 所示，构件和连接分类有八种。分类后，需要确定疲劳曲线斜率值，根据试验结果，绝大多数焊接连接的斜率在－3.0～－3.5之间，部分介于－2.5～－3.0 之间，构件主体金属和非焊接连接则按斜率小于－4，为简化计算取用 $\beta=3$ 和 $\beta=4$ 两种，而在 $n=2\times10^6$ 次疲劳强度取值上略予调整，以免在低循环次数出现疲劳强度过高的现象。$[\Delta\sigma]$-N 曲线族确定后(本规范表6.2.1)，可据此求出任何循环次数下的容许应力幅$[\Delta\sigma]$。

这次修订仅将原规范的"构件和连接分类"表中项次 5 梁翼缘连接焊缝附近主体金属的类别作了补充和调正。

6.2.2 实际结构中重复作用的荷载，一般并不是固定值，若能预测或估算结构的设计应力谱，则按本规范第 6.2.3 条对吊车梁的处理手法，也可将变幅疲劳转换为常幅疲劳计算。在缺乏可用资料时，则只能近似地按常幅疲劳验算。

6.2.3 本条文提出适用于重级工作制吊车梁和重级、中级工作制吊车桁架的疲劳计算公式(6.2.3)。

为掌握吊车梁的实际应力情况，我们实测了一些有代表性车间，根据吊车梁应力测定资料，按雨流法进行应力幅频次统计，得到几种主要车间吊车梁的设计应力谱以及用应力循环次数表示的结构预期寿命。

设计应力谱包括应力幅水平 $\Delta\sigma_1$、$\Delta\sigma_2$……$\Delta\sigma_i$……及对应的循环次数 n_1、n_2……n_i……(统计分析时应力幅水平分级一般取为10，即 $i\rightarrow10$)，然后按目前国际上通用的 Miner 线性累积损伤原理进行计算，其原理如下：

连接部位在某应力幅水平 $\Delta\sigma_i$、作用有 n_i 次循环，常幅疲劳对应 $\Delta\sigma_i$ 的疲劳寿命为 N_i，则在 $\Delta\sigma_i$ 应力幅所占损伤率为 n_i/N_i，对设计应力谱内所有应力幅均作相同计算，则得：

$$\sum\frac{n_i}{N_i}=\frac{n_1}{N_1}+\frac{n_2}{N_2}+\cdots\cdots+\frac{n_i}{N_i}+\cdots\cdots$$

从工程应用角度，粗略地可认为当 $\sum\dfrac{n_i}{N_i}=1$ 时产生疲劳破坏。现设想另有一常幅疲劳，应力幅为 $\Delta\sigma_e$，应力循环 $\sum n_i$ 次后也产生疲劳破坏，若连接的疲劳曲线为：

$$N[\Delta\sigma]^\beta=C$$

对每一级应力幅水平均有：

$$N_i[\Delta\sigma_i]^\beta=C$$

同理有：

$$\sum n_i\cdot[\Delta\sigma_e]^\beta=C$$

代入 $\sum\dfrac{n_i}{N_i}=1$ 计算式，简化得到：

$$\Delta\sigma_e=\left[\frac{\sum n_i(\Delta\sigma_i)^\beta}{\sum n_i}\right]^{1/\beta}$$

此公式即是变幅疲劳的等效应力幅计算式[即本规范公式(6.2.2-2)]。

计算累积损伤时还涉及$[\Delta\sigma]$-N 曲线形状及截止应力问题。众所周知，各类连接在常幅疲劳情况下存在各自的疲劳极限，参照国外有关标准的建议，可把 $n=5\times10^6$ 次视为各类连接疲劳极限对应的循环次数。但在变幅疲劳计算中，常幅疲劳的疲劳极限并不适用，需另行考虑。其原因是随着疲劳裂缝的扩展，一些低于疲劳极限的低应力幅也将陆续成为扩展应力幅而加速疲劳损伤。与高应力幅不同，低应力幅的扩展作用不是一开始就有的。考虑低应力幅作用的处理手法较多，有取用分段 $\Delta\sigma$-N 曲线，有另行确定低于疲劳极限的截止应力，以及延长 $\Delta\sigma$-N 曲线取截止应力为零等。经对比计算表明(选择 7 种设计寿命和 8 种应力谱型，共计 56 种情况)：考虑低应力幅损伤作用最简便方法是取截止应力为零，即将高低应力幅不加区别地同等对待，这样处理的结果在精度上也是令人满意的，与某些精确方法相比，相对误差小于5%，且偏于安全。

按上述原理推算各类车间实测吊车梁的等效应力幅 $\alpha_f \Delta\sigma$，此处 $\Delta\sigma$ 为设计应力谱中最大的应力幅；α_1 为变幅荷载的欠载效应系数。因不同车间实测的应力循环次数不同，为便于比较，统一以 $n=2\times10^6$ 次疲劳强度为基准，进一步折算出相对的欠载系数 α_f，结果如表9所示：

表9 不同车间的欠载效应等效系数

车间名称	推算的50年内应力循环次数	欠载效应系数 α_1	以 $n=2\times10^6$ 次为基准的欠载效应等效系数 α_f
某钢厂850车间(第一次测)	9.68×10^6	0.56	0.94
某钢厂850车间(第二次测)	12.4×10^6	0.48	0.88
某钢厂炼钢车间	6.81×10^6	0.42	0.64
某钢厂炼钢厂	4.83×10^6	0.60	0.81
某重机厂水压机车间	9.90×10^6	0.40	0.68

分析测定数据时，都将最大实测值视为吊车满负荷设计应力 $\Delta\sigma$，然后划分应力幅水平级别。事实上，实测应力与设计应力相比，随车间生产工艺不同(吊车吊重物后，实际运行位置与设计采用的最不利位置不完全相符)而有悬殊差异。例如均热炉车间正常的最大实测应力为设计应力的80%以上，炼钢车间吊车为设计应力的50%左右，而水压机车间仅为设计应力的30%。

考虑到实测条件中的应力状态，难以包括长期使用时各种错综复杂的状况，忽略这一部分欠载效应是偏于安全的。

根据实测结果，提出本规范表6.2.3-1的 α_f 值：硬钩吊车取用1.0，重级工作制软钩吊车为0.8。有关中级工作制吊车桁架需要进行疲劳验算的规定，是由于实际工程中确有使用尚属频繁而满负荷率较低的一些吊车(如机械工厂的金工、锻工等车间)，特别是当采用吊车桁架时，有补充疲劳验算的必要，故根据以往分析资料(中级工作制欠载约为重级工作制的1.3倍)推算出相应于 $n=2\times10^6$ 次的 α_f 值为0.5。至于轻级工作制吊车梁和吊车桁架以及大多数中级工作制吊车梁，根据多年来使用的情况和设计经验，可不进行疲劳计算。

7 连接计算

7.1 焊缝连接

7.1.1 本条是为适应实际需要而新增的条款。条文对焊缝质量等级的选用作了较具体的规定，这是多年实践经验的总结。众所周知，焊缝的质量等级是《钢结构工程施工及验收规范》GBJ 205—83首先规定的。该规范及其修订说明颁布施行以来，很多设计单位即参照该施工规范修订说明第3.4.11条中对焊缝质量等级选用的建议和魏明钟教授编著的《钢结构设计新规范应用讲评》(1991年版)中对焊缝质量等级选用的意见进行设计的，但仍有一些设计人员由于对规范理解不深，在施工图中往往对焊缝质量提出不合理的要求，给施工造成困难。为避免设计中的某些模糊认识，特新增加本条的规定。本条内容实质上是对过去工程实践经验的系统总结，并根据规范修订过程中收集到的意见加以补充修改而成。条文所遵循的原则为：

1 焊缝质量等级主要与其受力情况有关，受拉焊缝的质量等级要高于受压或受剪的焊缝；受动力荷载的焊缝质量等级要高于受静力荷载的焊缝。

2 凡对接焊缝，除非作为角焊缝考虑的部分熔透的焊缝外，一般都要求熔透并与母材等强，故需要进行无损探伤。因此，对接焊缝的质量等级不宜低于二级。

3 在建筑钢结构中，角焊缝一般不进行无损探伤检验，但对外观缺陷的等级(见现行国家标准《钢结构工程施工质量验收规范》GB 50205附录A)可按实际需要选用二级或三级。

4 根据现行国家标准《焊接术语》GB/T 3375—94，凡T形、十字或角接接头的对接焊缝基本上都没有焊脚，这不符合建筑钢结构对这类接头焊缝截面形状的要求。为避免混淆，对上述对接焊缝应一律按《焊接术语》书写为"对接和角接组合焊缝"(下同)。

最后需强调的是本条规定与本规范表3.4.1-3的关系问题。本条是供设计人员如何根据焊缝的重要性、受力情况、工作条件和设计要求等对焊缝质量等级的选用作出原则和具体规定，而表3.4.1-3则是根据对接焊缝的不同质量等级对各种受力情况下的强度设计值作出规定，这是两种性质不同的规定。在表3.4.1-3中，虽然受压和受剪的对接焊缝不论其质量等级如何均具有相同的强度设计值，但不能据此就误认为这种焊缝可以不考虑其重要性和其他条件而一律采用三级焊缝。正如质量等级为一、二级的受拉对接焊缝虽具有相同的强度设计值，但设计时不能据此一律选用二级焊缝的情况相同。

另外，为了在工程质量标准上与国际接轨，对要求熔透的与母材等强的对接焊缝(不论是承受动力荷载或静力荷载，亦不论是受拉或受压)，其焊缝质量等级均不宜低于二级，因为在《美国钢结构焊接规范》AWS中对上述焊缝的质量均要求进行无损探伤，而我国规范对三级焊缝是不进行无损探伤的。

7.1.2 凡要求等强的对接焊缝施焊时均应采用引弧板和引出板，以避免焊缝两端的起、落弧缺陷。在某些特殊情况下无法采用引弧板和引出板时，计算每条焊缝长度时应减去 $2t$(t 为焊件的较小厚度)，因为缺陷长度与焊件的厚度有关，这是参照前苏联钢结构设计规范的规定。

7.1.3 角焊缝两焊脚边夹角为直角的称为直角角焊缝，两焊脚边夹角为锐角或钝角的称为斜角角焊缝。本条文规定的计算方法仅适用于直角角焊缝的计算。

角焊缝按它与外力方向的不同可分为侧面焊缝、正面焊缝、斜焊缝以及由它们组合而成的围焊缝。由于角焊缝的应力状态极为复杂，因而建立角焊缝计算公式要靠试验分析。国内外的大量试验结果证明，角焊缝的强度和外力的方向有直接关系。其中，侧面焊缝的强度最低，正面焊缝的强度最高，斜焊缝的强度介于二者之间。

国内对直角角焊缝的大批试验结果表明：正面焊缝的破坏强度是侧面焊缝的1.35～1.55倍。并且通过有关的试验数据，通过加权回归分析和偏于安全方面的修正，对任何方向的直角角焊缝的强度条件可用下式表达(图18)：

$$\sqrt{\sigma_\perp^2+3(\tau_\perp^2+\tau_\parallel^2)}\leqslant\sqrt{3}f_f^w \tag{60}$$

式中 $\sigma_\perp$——垂直于焊缝有效截面($h_e l_w$)的正应力；

$\tau_\perp$——有效截面上垂直焊缝长度方向的剪应力；

$\tau_\parallel$——有效截面上平行于焊缝长度方向的剪应力；

f_f^w——角焊缝的强度设计值(即侧面焊缝的强度设计值)。

公式(60)的计算结果与国外的试验和推荐的计算方法是相符的。

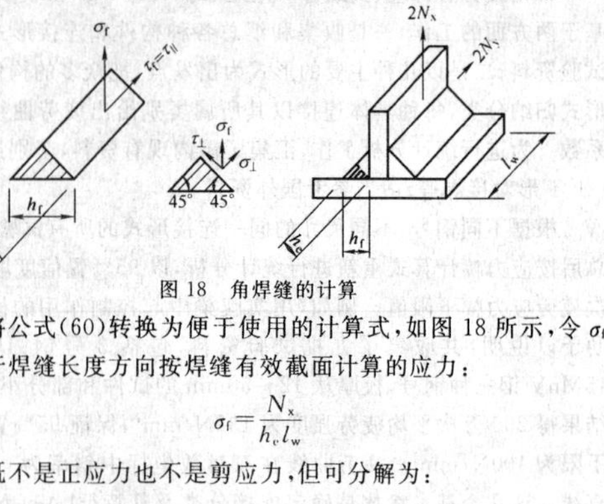

图18 角焊缝的计算

现将公式(60)转换为便于使用的计算式，如图18所示，令 σ_f 为垂直于焊缝长度方向按焊缝有效截面计算的应力：

$$\sigma_f=\frac{N_x}{h_e l_w}$$

它既不是正应力也不是剪应力，但可分解为：

$$\sigma_\perp=\frac{\sigma_f}{\sqrt{2}},\quad \tau_\perp=\frac{\sigma_f}{\sqrt{2}}$$

又令 τ_f 为沿焊缝长度方向按焊缝有效截面计算的剪应力，显然：

$$\tau_{\parallel}=\tau_{\mathrm{f}}=\frac{N_{\mathrm{y}}}{h_{\mathrm{e}}l_{\mathrm{w}}}$$

将上述 $\sigma_{\perp}$、$\tau_{\perp}$、$\tau_{\parallel}$ 代入公式(60)中，得：

$$\sqrt{\left(\frac{\sigma_{\mathrm{f}}}{\beta_{\mathrm{f}}}\right)^{2}+\tau_{\mathrm{f}}^{2}}\leqslant f_{\mathrm{f}}^{\mathrm{w}} \tag{61}$$

式中 β_{f}——正面角焊缝强度的增大系数，$\beta_{\mathrm{f}}=1.22$。

对正面角焊缝，$N_{\mathrm{y}}=0$，只有垂直于焊缝长度方向的轴心力 N_{x} 作用：

$$\sigma_{\mathrm{f}}=\frac{N_{\mathrm{x}}}{h_{\mathrm{e}}l_{\mathrm{w}}}\leqslant\beta_{\mathrm{f}}f_{\mathrm{f}}^{\mathrm{w}} \tag{62}$$

对侧面角焊缝，$N_{\mathrm{x}}=0$，只有平行于焊缝长度方向的轴心力 N_{y} 作用：

$$\tau_{\mathrm{f}}=\frac{N_{\mathrm{y}}}{h_{\mathrm{e}}l_{\mathrm{w}}}\leqslant f_{\mathrm{f}}^{\mathrm{w}} \tag{63}$$

以上就是规范中公式(7.1.3-1)至公式(7.1.3-3)的来源。对承受静力荷载和间接承受动力荷载的结构，采用上述公式，令 $\beta_{\mathrm{f}}=1.22$，可以保证安全。但对直接承受动力荷载的结构，正面角焊缝强度虽高但刚度较大，应力集中现象也较严重，又缺乏足够的试验依据，故规定取 $\beta_{\mathrm{f}}=1.0$。

当垂直于焊缝长度方向的应力有分别垂直于焊缝两个直角边的应力 σ_{fx} 和 σ_{fy} 时(图19)，可从公式(60)导出下式：

$$\sqrt{\frac{\sigma_{\mathrm{fx}}^{2}+\sigma_{\mathrm{fy}}^{2}-\sigma_{\mathrm{fx}}\sigma_{\mathrm{fy}}}{\beta_{\mathrm{f}}^{2}}+\tau_{\mathrm{f}}^{2}}\leqslant f_{\mathrm{f}}^{\mathrm{w}} \tag{64}$$

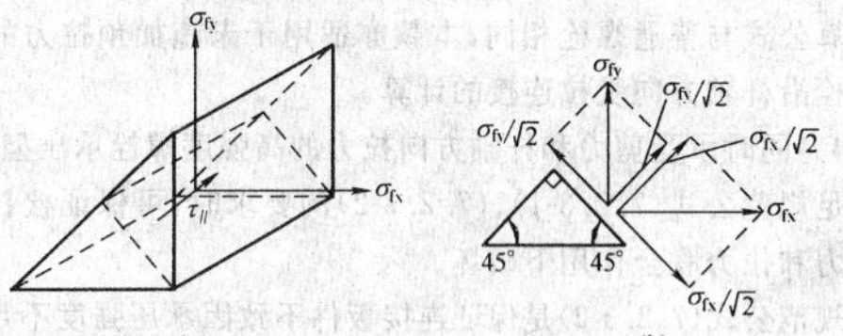

(a) (b)

图19 角焊缝 σ_{fx}、σ_{fy} 和 τ_{f} 共同作用

式中对使用焊缝有效截面受拉的 σ_{fx} 或 σ_{fy} 取为正值，反之取负值。

由于此种受力复杂的角焊缝我们还研究得不够，在工程实践中又极少遇到，所以未将此种情况列入规范。不过我们建议，这种角焊缝宜采用不考虑应力方向的计算式进行计算，即：

$$\sqrt{\sigma_{\mathrm{fx}}^{2}+\sigma_{\mathrm{fy}}^{2}+\tau_{\mathrm{f}}^{2}}\leqslant f_{\mathrm{f}}^{\mathrm{w}} \tag{65}$$

另外，角焊缝的计算长度在这次修订时改为实际长度减去 $2h_{\mathrm{f}}$(原规范为10mm)，这不仅更符合实际且与《冷弯薄壁型钢结构技术规范》GB 50018 相一致。

7.1.4 在T形接头直角和斜角角焊缝的强度计算中，原规范忽略了在接头处根部间隙 $b>1.5$mm 后对焊缝计算厚度 h_{e} 带来的影响，另外，对两焊脚边夹角 α 又没有加以限制，不合理。今参照美国焊接规范(AWS)并与我国《建筑钢结构焊接技术规程》JGJ 81进行协调后，对条文进行了修改。规定锐角角焊缝 $\alpha\geqslant60°$，钝角 $\alpha\leqslant135°$(见8.2.6条)，并参照 AWS 1998 附录Ⅱ的计算公式，T形接头角焊缝的计算厚度应按图20中的 h_{e1} 或 h_{e2} 取用。

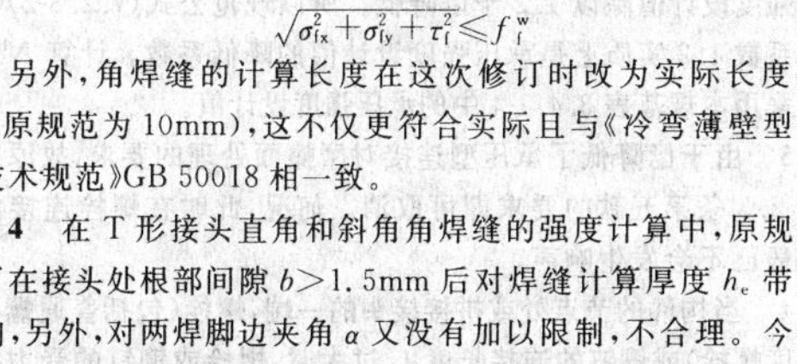

(a) (b)

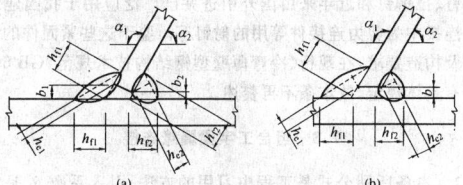

图20 T形接头的根部间隙和焊缝截面

b—根部间隙；h_{f}—焊脚尺寸；h_{e}—焊缝计算厚度

由图20中几何关系可知

在锐角 α_2 一侧，$h_{\mathrm{e2}}=\left[h_{\mathrm{f2}}-\frac{b(\text{或}\ b_2)}{\sin\alpha_2}\right]\frac{\cos\alpha_2}{2}$ (66a)

在钝角 α_1 一侧，$h_{\mathrm{e1}}=\left[h_{\mathrm{f1}}-\frac{b(\text{或}\ b_1)}{\sin\alpha_1}\right]\frac{\cos\alpha_1}{2}$ (66b)

由此可得斜角角焊缝计算厚度 h_{ei} 的通式：

$$h_{\mathrm{ei}}=\left[h_{\mathrm{f}}-\frac{b(\text{或}\ b_1、b_2)}{\sin\alpha_{\mathrm{i}}}\right]\frac{\cos\alpha_{\mathrm{i}}}{2} \tag{67}$$

当 $b_{\mathrm{i}}\leqslant1.5$mm 时，可取 $b_{\mathrm{i}}=0$，代入公式(67)后，即得 $h_{\mathrm{ei}}=h_{\mathrm{fi}}\cos\alpha_{\mathrm{i}}/2$。

当 $b_{\mathrm{i}}>5$mm 时，焊缝质量不能保证，应采取专门措施解决。一般是图20(a)中的 b_1 可能大于5mm，则可将板边切成图20(b)的形式，并使 $b\leqslant5$mm。

对于斜T形接头的角焊缝，在设计图中应绘制大样，详细标明两侧角焊缝的焊脚尺寸。

7.1.5 部分焊透的对接焊缝，包括图7.1.5c的部分焊透的对接与角接组合焊缝(按《焊接术语》GB/T 3375－94)，其工作情况与角焊缝类似，仍按本规范公式(7.1.3-1)至公式(7.1.3-3)计算焊缝强度，但取 $\beta_{\mathrm{f}}=1.0$，即不考虑应力方向。

考虑到 $\alpha\geqslant60°$ 的V形坡口，焊缝根部可以焊满，故取 $h_{\mathrm{e}}=s$；当 $\alpha<60°$ 时，取 $h_{\mathrm{e}}=0.75s$，是考虑焊缝根部不易焊满和在熔合线上强度较低的情况。

这次修订时，参照 AWS 1998，并与《建筑钢结构焊接技术规程》JGJ 81 相协调，将单边V形和K形坡口(图7.1.5b、c)，从V形坡口中分离出来，单独立项，并补充规定了这种焊缝计算厚度的计算方法。

严格说，上述各种焊缝的计算厚度应根据焊接方法、坡口形式及尺寸和焊缝位置的不同分别确定，详见《建筑钢结构焊接技术规程》JGJ 81。由于差别较小，本条采用了简化的表达方式，其计算结果与焊接技术规程基本相同。

另外，由于熔合线上的焊缝强度比有效截面处低约10%，所以规定为：当熔合线处焊缝截面边长等于或接近于最小距离 s 时，抗剪强度设计值应按角焊缝的强度设计值乘以0.9。对于垂直于焊缝长度方向受力的不予焊透对接焊缝，因取 $\beta_{\mathrm{f}}=1.0$，已具有一定的潜力，此种情况不再乘0.9。

在垂直于焊缝长度方向的压力作用下，由于可以通过焊件直接传递一部分内力，根据试验研究，可将强度设计值乘以1.22，相当于取 $\beta_{\mathrm{f}}=1.22$，而且不论熔合线处焊缝截面边长是否等于最小距离 s，均可如此处理。

7.2 紧固件(螺栓、铆钉等)连接

7.2.1 公式(7.2.1-8)和公式(7.2.1-10)的相关公式是保证普通螺栓或铆钉的杆轴不致在剪力和拉力联合作用下破坏；公式(7.2.1-9)和公式(7.2.1-11)是保证连接板件不致因承压强度不足而破坏。

7.2.2 本条为高强度螺栓摩擦型连接的要求。

1 高强度螺栓摩擦型连接是靠被连接板叠间的摩擦阻力传递内力，以摩擦阻力刚被克服作为连接承载能力的极限状态。摩擦阻力值取决于板叠间的法向压力即螺栓预拉力 P、接触表面的抗滑移系数 μ 以及传力摩擦面数目 n_{f}，故一个摩擦型高强度螺栓的最大受剪承载力为 $n_{\mathrm{f}}\mu P$ 除以抗力分项系数1.111，即得：

$$N_{\mathrm{v}}^{\mathrm{b}}=0.9n_{\mathrm{f}}\mu P \tag{68}$$

2 关于表7.2.2-1的抗滑移系数，这次修订时增加了Q420钢的 μ 值，一般来说，钢材强度愈高 μ 值越大。另外，通过近十余年的实践经验证明，原规范规定的当接触面处理为喷砂(丸)或喷砂(丸)后生赤锈时对Q345钢、Q390钢所取的 $\mu=0.55$ 过高，在实际工程中常达不到，现在改为 $\mu=0.5$(含Q420钢)。

考虑到酸洗除锈在建筑结构上很难做到，即使小型构件能用酸洗，但往往有残存的酸液会继续腐蚀摩擦面，故未列入。

在实际工程中，还可能采用砂轮打磨(打磨方向应与受力方向垂直)等接触面处理方法，其抗滑移系数应根据试验确定。

另外，按规范公式(7.2.2-1)计算时，没有限定板束的总厚度和连接板叠的块数，当总厚度超出螺栓直径的10倍时，宜在工程中进行试验以确定施工时的技术参数(如转角法的转角)以及抗剪

承载力。

3 关于高强度螺栓预拉力 P 的取值：高强度螺栓的预拉力 P 值原规范是基于螺栓的屈服强度确定的。因 8.8 级螺栓的屈服强度 $f_y=660\text{N/mm}^2$，所算得的 P 值低于国外规范的相应值，以致 8.8 级螺栓摩擦型连接的承载力有时（$\mu\leqslant0.4$ 时）甚至低于相同直径普通螺栓的抗剪承载力。考虑到高强度螺栓没有明显的屈服点，这次修订时参照国外经验改为预拉力 P 值以螺栓的抗拉强度为准，再考虑必要的系数，用螺栓的有效截面经计算确定。

拧紧螺栓时，除使螺栓产生拉应力外，还产生剪应力。在正常施工条件下，即螺母的螺纹和下支承面涂黄油润滑剂的条件下，或在供货状态原润滑剂未干的情况下拧紧螺栓时，试验表明可考虑对应力的影响系数为 1.2。

考虑螺栓材质的不均匀性，引进一折减系数 0.9。

施工时为了补偿螺栓预拉力的松弛，一般超张拉 5%～10%，为此采用一个超张拉系数 0.9。

由于以螺栓的抗拉强度为准，为安全起见再引入一个附加安全系数 0.9。

这样高强度螺栓预拉力值应由下式计算：

$$P=\frac{0.9\times0.9\times0.9}{1.2}f_uA_e \tag{69}$$

式中 f_u——螺栓经热处理后的最低抗拉强度；对 8.8 级，取 $f_u=830\text{N/mm}^2$，对 10.9 级取 $f_u=1040\text{N/mm}^2$；

A_e——螺纹处的有效面积。

规范表 7.2.2-2 中的 P 值就是按公式(69)计算的（取 5kN 的整倍数值），计算结果与现行国家标准《冷弯薄壁型钢结构技术规范》GB 50018 相协调，但仍小于国外规范的规定值，AISC 1999 和 Eurocode 3 1993 均取预拉力 $P=0.7A_ef_u^b$，日本的取值亦与此相仿（《钢构造限界状态设计指针》1998）。

扭剪型螺栓虽然不存在超张拉问题，但国标中对 10.9 级螺栓连接副紧固轴力的最小值与本规范表 7.2.2-2 的 P 值基本相等，而此紧固轴力的最小值（即 P 值）却为其公称值的 0.9 倍。

4 关于摩擦型连接的高强度螺栓，其杆轴方向受拉的承载力设计值 $N_t^b=0.8P$ 问题：试验证明，当外拉力 N_t 过大时，螺栓将发生松弛现象，这样就丧失了摩擦型连接高强度螺栓的优越性。为避免螺栓松弛并保留一定的余量，因此规范规定为：每个高强度螺栓在其杆轴方向的外拉力的设计值 N_t 不得大于 $0.8P$。

5 同时承受剪力 N_v 和栓杆轴向外拉力 N_t 的高强度螺栓摩擦型连接，其承载力可以采用直线相关公式表达如下[即本规范公式(7.2.2-2)]：

$$\frac{N_v}{N_v^b}+\frac{N_t}{N_t^b}\leqslant1$$

式中 N_v^b——一个高强度螺栓抗剪承载力设计值，$N_v^b=0.9n_f\mu P$ [即本规范公式(7.2.2-1)]；

N_t^b——一个高强度螺栓抗拉承载力设计值，$N_t^b=0.8P$（见本条说明第 4 款）。

将 N_v^b 和 N_t^b 代入本规范公式(7.2.2-2)，即可得到与 GBJ 17—88相同的结果，$N_{v,t}^b=0.9n_f\mu(P-1.25N_t)$（GBJ 17—88 规范第 7.2.2 条，1～3 款）。

7.2.3 本条为高强度螺栓承压型连接的计算要求。

1 目前制造厂生产供应的高强度螺栓无用于摩擦型连接和承压型连接之分。当摩擦面处理方法相同且用于使螺栓受剪的连接时，从单个螺栓受剪的工作曲线（图 21）可以看出：当以曲线上的"1"作为连接受剪承载力的极限时，即仅靠板叠间的摩擦阻力传递剪力，这就是摩擦型的计算准则。但实际上此连接尚有较大的承载潜力。承压型高强度螺栓是以曲线的最高点"3"作为连接承载力极限，因此更加充分利用了螺栓的承载能力，按理可以节约 50%以上的螺栓。这次修订时降低了承压型连接对摩擦面的要求即除应清除油污和浮锈外，不再要求做其他处理。其工作性质与原先要求接触面处理与摩擦型连接相同时有所区别。

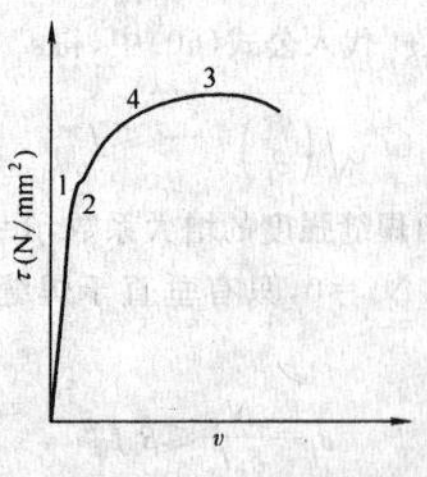

图 21 单个螺栓受剪时的工作曲线

因高强度螺栓承压型连接的剪切变形比摩擦型的大，所以只适于承受静力荷载或间接承受动力荷载的结构中。另外，高强度螺栓承压型连接在荷载设计值作用下将产生滑移，也不宜用于承受反向内力的连接。

2 由于高强度螺栓承压型连接是以承载力极限值作为设计准则，其最后破坏形式与普通螺栓相同，即栓杆被剪断或连接板被挤压破坏，因此其计算方法也与普通螺栓相同。但要注意：当剪切面在螺纹处时，其受剪承载力设计值应按螺栓螺纹处的有效面积计算（普通螺栓的抗剪强度设计值是根据连接的试验数据统计而定的，试验时不分剪切面是否在螺纹处，故普通螺栓没有这个问题）。

3 当承压型连接高强度螺栓沿杆轴方向受拉时，本规范表 3.4.1-4 给出了螺栓的抗拉强度设计值 $f_t^b\approx0.48f_u^b$，抗拉承载力的计算公式与普通螺栓相同，本款亦适用于未施加预拉力的高强度螺栓沿杆轴方向受拉连接的计算。

4 同时承受剪力和杆轴方向拉力的高强度螺栓承压型连接：当满足规范公式(7.2.3-1)、(7.2.3-2)的要求时，可保证栓杆不致在剪力和拉力联合作用下破坏。

规范公式(7.2.3-2)是保证连接板件不致因承压强度不足而破坏。由于只承受剪力的连接中，高强度螺栓对板叠有强大的压紧作用，使承压的板件孔前区形成三向压应力场，因而其承压强度设计值比普通螺栓的要高得多。但对受有杆轴方向拉力的高强度螺栓，板叠之间的压紧作用随外拉力的增加而减小，因而承压强度设计值也随之降低。承压型高强度螺栓的承压强度设计值是随外拉力的变化而变化的。为了计算方便，规范规定只要有外拉力作用，就将承压强度设计值除以 1.2 予以降低。所以规范公式(7.2.3-2)中右侧的系数 1.2 实质上是承压强度设计值的降低系数。计算 N_c^b 时，仍应采用本规范表 3.4.1-4 中的承压强度设计值。

5 由于已降低了承压型连接对摩擦面处理的要求，故原规范第 7.2.3 条第五款的要求即可取消。何况，此时在螺栓连接滑移时一般已不会发生响声。

7.2.4 当构件的节点处或拼接接头的一端，螺栓（包括普通螺栓和高强度螺栓）或铆钉的连接长度 l_1 过大时，螺栓或铆钉的受力很不均匀，端部的螺栓或铆钉受力最大，往往首先破坏，并将依次向内逐个破坏。因此规定当 $l_1>15d_0$，应将承载力设计值乘以折减系数。

7.2.6 本条提出了为连接薄钢板用的新式连接件（紧固件），如自攻螺钉、拉铆钉和近年来由国外引进并已广泛应用于我国建筑业构件连接中为剪力连接件等用的射钉等。鉴于这些紧固件的设计计算及构造要求，在现行《冷弯薄壁型钢结构技术规范》GB 50018 中均有具体规定，故本条不再赘述。

7.3 组合工字梁翼缘连接

7.3.1 本条所列公式是工程中习用的方法，引入系数 β_f 是为了区分因荷载状态的不同使焊缝连接的承载力有差异。

对直接承受动力荷载的梁（如吊车梁），取 $\beta_f=1.0$；对承受静力荷载或间接承受动力荷载的梁（当集中荷载处无支承加劲肋时），取 $\beta_f=1.22$。

7.3.2 在公式(7.3.2)的等号右侧，原规范为 N_{min}^r，漏掉了紧固件的数目 n_1，现改为"$\leqslant n_1N_{min}^r$"，式中 n_1 为计算截面处的紧固件数。

7.4 梁与柱的刚性连接

本节为新增内容。

7.4.1 梁与柱刚性连接时，如不设置柱腹板的横向加劲肋，对柱腹板和翼缘厚度的要求是：

1 在梁受压翼缘处，柱腹板的厚度应满足强度和局部稳定的要求。公式(7.4.1-1)是根据梁受压翼缘与柱腹板在有效宽度 b_e 范围内等强的条件来计算柱腹板所需的厚度。计算时忽略了柱腹板向轴向(竖向)内力的影响，因为在主框架节点内，框架梁的支座反力主要通过柱翼缘传递，而连于柱腹板上的纵向梁的支座反力一般较小，可忽略不计。日本和美国均不考虑柱腹板竖向应力的影响。

公式(7.4.1-2)是根据柱腹板在梁受压翼缘集中力作用下的局部稳定条件，偏安全地采用的柱腹板宽厚比的限值。

2 柱翼缘板按强度计算所需的厚度 t_c 可用规范公式(7.4.1-3)表示，此式源于 AISC，其他各国亦沿用之。现简要推演如下(图 22)：

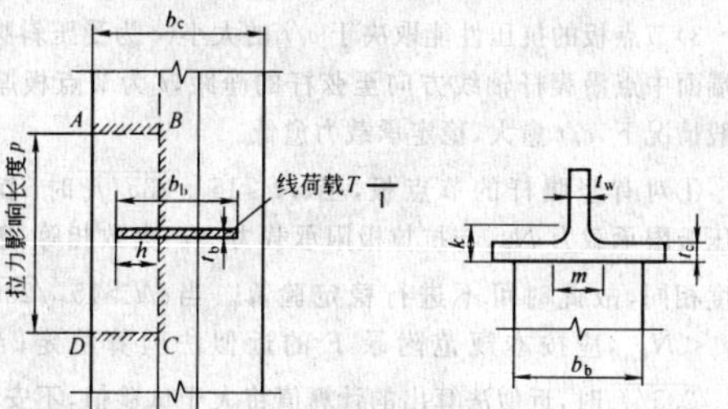

图 22 柱翼缘在拉力下的受力情况

在梁受拉翼缘处，柱翼缘板受到梁翼缘传来的拉力 $T=A_{ft}f_b$ (A_{ft}为梁受拉翼缘截面积，f_b 为梁钢材抗拉强度设计值)。T 由柱翼缘板的三个组成部分承担，中间部分(分布长度为 m)直接传给柱腹板的力为 $f_c t_b m$，其余各由两侧 $ABCD$ 部分的板件承担。根据试验研究，拉力在柱翼板上的影响长度 $p\approx12t_c$，并可将此受力部分视为三边固定一边自由的板件，在固定边将因受弯而形成塑性铰。因此可用屈服线理论导出此板的承载力设计值为$P=C_1f_ct_c^2$，式中 C_1 为系数，与几何尺寸 p、h、q 等有关。对实际工程中常用的宽翼缘梁和柱，$C_1=3.5\sim5.0$，可偏安全地取$P=3.5f_ct_c^2$。这样，柱翼缘板受拉时的总承载力为：$2\times3.5f_ct_c^2+f_ct_bm$。考虑到翼板中间和两侧部分的抗拉刚度不同，难以充分发挥共同工作，可乘以 0.8 的折减系数后再与拉力 T 相平衡：

$$0.8(7f_ct_c^2+f_ct_bm)\geqslant A_{ft}f_b$$

$$\therefore\quad t_c\geqslant\sqrt{\frac{A_{ft}f_b}{7f_c}\left(1.25-\frac{f_ct_bm}{A_{ft}f_b}\right)}$$

在上式中$\dfrac{f_ct_bm}{A_{ft}f_b}=\dfrac{f_ct_bm}{b_bt_bf_b}=\dfrac{f_cm}{f_bb_b}$，$m/b_b$ 愈小，t_c 愈大。按统计分析，$f_cm/(f_bb_b)$的最小值约为 0.15，以此代入，即得

$t_c\geqslant0.396\sqrt{\dfrac{A_{ft}f_b}{f_c}}$，即 $t_c\geqslant0.4\sqrt{\dfrac{A_{ft}f_b}{f_c}}$。

7.4.2 当梁柱刚性连接处不满足本规范 7.4.1 条的要求时，应设置柱腹板的横向加劲肋。在以柱翼缘和横向加劲肋为边界的节点腹板域，所受的剪力为(图 23)：

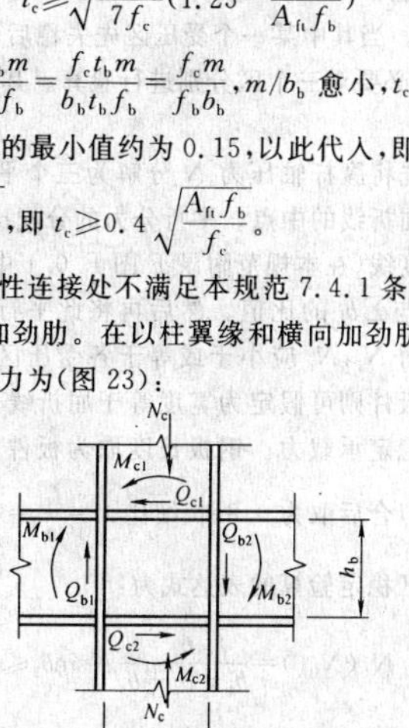

图 23 节点腹板域受力状态

$$V=\frac{M_{b1}+M_{b2}}{h_b}-\frac{Q_{c1}+Q_{c2}}{2}$$

剪应力应满足：

$$\tau=\frac{M_{b1}+M_{b2}}{h_bh_ct_w}-\frac{Q_{c1}+Q_{c2}}{2h_ct_w}\leqslant f_v$$

实际上节点腹板域的周边有柱翼缘和加劲肋提供的约束，使抗剪承载力大大提高。试验证明可将节点域的抗剪强度提高到 $\frac{4}{3}f_v$。另外，在节点域设计中弯矩的影响最大，当略去式中剪力项的有利影响，则求得的剪应力 τ 偏于安全且使算式简化，因此上式即成为：

$$\tau=\frac{M_{b1}+M_{b2}}{h_bh_ct_w}\leqslant\frac{4}{3}f_v$$

式中 t_w 为柱腹板厚度，令 $h_bh_ct_w=V_p$，为节点腹板域的体积；对箱形截面柱，考虑两腹板受力不均的影响，取 $V_p=1.8h_bh_ct_w$。

在上述节点板域的抗剪强度计算中同样没有考虑柱腹板轴力的影响，这是因为抗剪强度提高到$\frac{4}{3}f_v$后仍留有较大的余地，而且略去剪力项后使算得的剪应力偏高 20%～30%，而柱腹板的轴压力对抗剪强度的影响系数为$\sqrt{1-(N/N_y)^2}$(N 为柱腹板轴压力设计值，N_y为柱腹板的屈服轴压承载力)。当影响系数为 0.83～0.77(相当于略去剪力项后使剪应力计算值增加 20%～30%)时，$N/N_y=0.55\sim0.64$。而框架节点以承受弯矩为主，只要柱截面在 N_c、M_c 作用下产生拉应力，N/N_y将小于 0.5，$\sqrt{1-(N/N_y)^2}>0.87$，可以忽略。

节点腹板域除应按式(7.4.2-1)验算强度外，还应按式(7.4.2-2)验算局部稳定，式(7.4.2-2)与现行国家标准《建筑抗震设计规范》GB 50011 对高层钢结构的规定相同，采用了美国的建议，是在强震作用下不产生弹塑性剪切失稳的条件。但我国的初步研究则认为在轴力与剪力共同作用下保证不失稳的条件应为$(h_b+h_c)/t_w\leqslant70$。考虑到在抗震规范中对高层钢结构因柱截面尺寸较大已采用了公式(7.4.2-2)，为与其协调，并将其作为最低限值，故本规范亦采用式(7.4.2-2)。

当柱腹板节点域不满足公式(7.4.2-1)的要求时，应采取加强措施。其中加贴补强板的措施有两种，在国外均有应用实例。至于斜向加劲肋则主要用于轻型结构，因它对抗震耗能不利，而且与纵向梁连接时构造上亦有困难。

7.5 连接节点处板件的计算

本节为新增内容。

7.5.1 连接节点处板件在拉、剪共同作用下的强度计算公式是根据我国对双角钢杆件桁架节点板的试验研究中拟合出来的，它同样适用于连接节点处的其他板件，如规范中图 7.5.1。

我们试验的桁架节点板大多数是弦杆和腹杆均为双角钢的 K 形节点，仅少数是竖杆为工字钢的 N 形节点。抗拉试验共有 6 种不同形式的 16 个试件。所有试件的破坏特征均为沿最危险的线段撕裂破坏，即图 24 中的$\overline{BA}$—$\overline{AC}$—$\overline{CD}$三折线撕裂，其中$\overline{AB}$、$\overline{CD}$与节点板的边界线基本垂直。

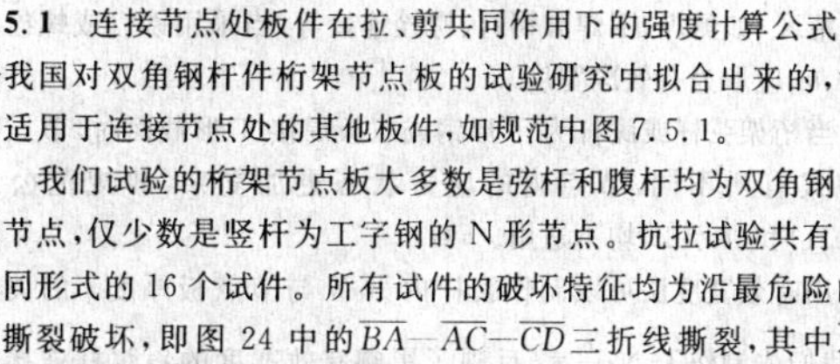

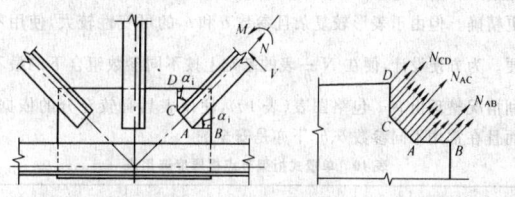

图 24 节点板受拉计算简图

规范公式(7.5.1)的推导过程如下：

在图 24 中，沿 $BACD$ 撕裂线割取自由体，由于板内塑性区的

发展引起的应力重分布，假定在破坏时撕裂面上各线段的应力 σ'_i 在线段内均匀分布且平行于腹杆轴力，当各撕裂段上的折算应力同时达到抗拉强度 f_u 时，试件破坏。根据平衡条件并忽略很小的 M 和 V，则：

$$\sum N_i=\sum \sigma'_i \cdot l_i \cdot t=N$$

式中 l_i 为第 i 撕裂段的长度，t 为节点板厚度。设 α_i 为第 i 段撕裂线与腹杆轴线的夹角，则第 i 段撕裂面上的平均正应力 σ_i 和平均剪应力 τ_i 为：

$$\sigma_i=\sigma'_i\sin\alpha_i=\frac{N_i}{l_i t}\sin\alpha_i$$

$$\tau_i=\sigma'_i\cos\alpha_i=\frac{N_i}{l_i t}\cos\alpha_i$$

$$\sigma_{red}=\sqrt{\sigma_i^2+3\tau_i^2}=\frac{N_i}{l_i t}\sqrt{\sin^2\alpha_i+3\cos^2\alpha_i}=\frac{N_i}{l_i t}\sqrt{1+2\cos^2\alpha_i}\leqslant f_u$$

$$N_i\leqslant\frac{1}{\sqrt{1+2\cos^2\alpha_i}}l_i t f_u$$

令 $\eta_i=1/\sqrt{1+2\cos^2\alpha_i}$，则：

$$N_i\leqslant\eta_i l_i t f_u\leqslant\eta_i A_i f_u$$

$$\sum N_i=\sum\eta_i A_i f_u\geqslant N_u \tag{70}$$

按极限状态设计法，即：$\sum\eta_i A_i f\geqslant N$

式中 f——节点板钢材的强度设计值；

N——斜腹杆的轴向内力设计值；

A_i——为第 i 段撕裂面的净截面积。

公式(70)符合破坏机理，其计算值与试验值之比平均为 87.5%，略偏于安全且离散性较小。

7.5.2 考虑到桁架节点板的外形往往不规则，用规范公式(7.5.1)计算比较麻烦，加之一些受动力荷载的桁架需要计算节点板的疲劳时，该公式更不适用，故参照国外多数国家的经验，建议对桁架节点板可采用有效宽度法进行承载力计算。所谓有效宽度即认为腹杆轴力 N 将通过连接件在节点板内按照某一个应力扩散角度传至连接件端部与 N 相垂直的一定宽度范围内，该一定宽度即称为有效宽度 b_e。

在试验研究中，假定 b_e 范围内的节点板应力达到 f_u，并令 $b_e t f_u=N_u$（N_u 为节点板破坏时的腹杆轴力），按此法拟合的结果：当应力扩散角 $\theta=27°$ 时精确度最高，计算值与试验值的比值平均为 98.9%；当 $\theta=30°$ 时此比值为 106.8%。考虑到国外多数国家对应力扩散角均取 30°，为与国际接轨且误差较小，故亦建议取 $\theta=30°$。

有效宽度法计算简单，概念清楚，适用于腹杆与节点板的多种连接情况，如侧焊、围焊和铆钉、螺栓连接等（当采用铆钉或螺栓连接时，b_e 应取为有效净宽度）。

当桁架弦杆或腹杆为T形钢或双板焊接T形截面时，节点构造方式有所不同，节点内的应力状态更加复杂，故规范公式(7.5.1)和(7.5.2)均不适用。

用有效宽度法可以制作腹杆内力 N 与节点板厚度 t 的关系表，我们先制作了 N-$\frac{t}{b}$ 表，反映了影响有效宽度的斜腹杆连接肢宽度 b 和侧焊缝焊脚尺寸 h_{f1}、h_{f2} 的作用，因而该表比以往的 N-t 表更精确。但由于表形较复杂且参数 b 和 h_f 的可变性较大，使用不便。为方便设计，便在 N-$\frac{t}{b}$ 表的基础上按不同参数组合下的最不利情况整理出 N-t 包络图表（表 10），使该表具有较充分的依据，而且在常用不同参数 b、h_f 下亦是安全的。

表 10 单壁式桁架节点板厚度选用表

桁架腹杆内力或三角形屋架弦杆端节间内力 N(kN)	≤170	171～290	291～510	511～680	681～910	911～1290	1291～1770	1771～3090
中间节点板厚度 t(mm)	6	8	10	12	14	16	18	20

注：1 本表的适用范围为：

1）适用于焊接桁架的节点板强度验算，节点板钢材为 Q235，焊条 E43；

2）节点板边缘与腹杆轴线之间的夹角应不小于 30°；

3）节点板与腹杆用侧焊缝连接，当采用围焊时，节点板的厚度应通过计算确定；

4）对有竖腹杆的节点板，当 $c/t\leqslant15\sqrt{235/f_y}$ 时，可不验算节点板的稳定；对无竖腹杆的节点板，当 $c/t\leqslant10\sqrt{235/f_y}$ 时，可将受压腹杆的内力乘以增大系数 1.25 后再查表求节点板厚度，此时亦可不验算节点板的稳定；式中 c 为受压腹杆连接肢端面中点沿腹杆轴线方向至弦杆的净距离。

2 支座节点板的厚度宜较中间节点板增加 2mm。

7.5.3 本条为桁架节点板的稳定计算要求。

1 共作了 8 个节点板在受压斜腹杆作用下的试验，其中有无竖腹杆的各 4 个试件。试验表明：

1）当节点板自由边长度 l_f 与其厚度 t 之比 $l_f/t>60\sqrt{235/f_y}$ 时，节点板的稳定性很差，将很快失稳，故此时应沿自由边加劲。

2）有竖腹杆的节点板或 $l_f/t\leqslant60\sqrt{235/f_y}$ 的无竖腹杆节点板在斜腹杆压力作用下，失稳均呈 $\overline{BA}$—$\overline{AC}$—$\overline{CD}$ 三折线屈折破坏，其屈折线的位置和方向，均与受拉时的撕裂线类同。

3）节点板的抗压性能取决于 c/t 的大小（c 为受压斜腹杆连接肢端面中点沿腹杆轴线方向至弦杆的净距，t 为节点板厚度），在一般情况下，c/t 愈大，稳定承载力愈低。

①对有竖腹杆的节点板，当 $c/t\leqslant15\sqrt{235/f_y}$ 时，节点板的抗压极限承载力 $N_{R.c}$ 与抗拉极限承载力 $N_{R.t}$ 大致相等，破坏的安全度相同，故此时可不进行稳定验算。当 $c/t>15\sqrt{235/f_y}$ 时，$N_{R.c}<N_{R.t}$，应按本规范附录 F 的近似法验算稳定；当 $c/t>22\sqrt{235/f_y}$ 时，近似法算出的计算值将大于试验值，不安全，故规定 $c/t\leqslant22\sqrt{235/f_y}$。

②对无竖腹杆的节点板，$N_{R.c}<N_{R.t}$，故一般都应该验算稳定，当 $c/t>17.5\sqrt{235/f_y}$ 时，节点板用近似法的计算值将大于试验值，不安全，故规定 $c/t\leqslant17.5\sqrt{235/f_y}$。

4）$l_f t>60\sqrt{235/f_y}$ 的无竖腹杆节点板沿自由边加劲后，在受压斜腹杆作用下，节点板呈 $\overline{BA}$—$\overline{AC}$ 两折线屈折，这是由于 $\overline{CD}$ 区因加劲加强后，稳定承载力有较大提高所致。但此时 $N_{R.c}<N_{R.t}$，故仍需验算稳定，不过，仅需验算 $\overline{BA}$ 区和 $\overline{AC}$ 区而不必验算 $\overline{CD}$ 区而已。

2 本规范附录 F 所列桁架节点板在斜腹杆轴压力作用下的稳定计算公式是根据 8 个试件的试验结果拟合出来的。根据破坏特征，节点板失稳时的屈折线主要是 $\overline{BA}$—$\overline{AC}$—$\overline{CD}$ 三折线形（见本规范附录 F 图 F.0.1）。为计算方便且与实际情况基本相符，假定 $\overline{BA}$ 平行于弦杆，$\overline{CD}\perp\overline{BA}$。

从试验可知，在斜腹杆轴压力 N 作用下，节点板内存在三个受压区，即 $\overline{BA}$ 区（$FBGHA$ 板件）、$\overline{AC}$ 区（$AIJC$ 板件）和 $\overline{CD}$ 区（$CKMP$ 板件）。当其中某一个受压区先失稳后，其他各区立即相继失稳，因此有必要对三个区分别进行验算。其中 $\overline{AC}$ 区往往起控制作用。

计算时要先将腹杆轴压力 N 分解为三个平行分力各自作用于三个受压区屈折线的中点。平行分力的分配比例假定为各屈折线段在有效宽度线（在本规范附录 F 图 F.0.1 中为 $\overline{AC}$ 的延长线）上投影长度 b_i 与 $\sum b_i$ 的比值。然后再将此平行分力分解为垂直于各屈折线的力 N_i，N_i 应小于或等于各受压区板件的稳定承载力。而受压区板件则可假定为宽度等于屈折线长度的钢板，按轴压构件计算其稳定承载力。钢板长度取为板件的中线长度 c_i，计算长度系数经拟合后取为 0.8，长细比 $\lambda_i=\frac{l_{0i}}{i}=\frac{0.8c_i}{t/\sqrt{12}}=2.77\frac{c_i}{t}$。

这样各受压板区稳定验算的表达式为：

$\overline{BA}$ 区： $$N_1(N_{BA})=\frac{b_1}{b_1+b_2+b_3}N\sin\theta_1\leqslant l_1 t\varphi_1 f$$

$\overline{AC}$ 区： $$N_2(N_{AC})=\frac{b_2}{b_1+b_2+b_3}N\leqslant l_2 t\varphi_2 f$$

$\overline{CD}$区：　$N_3(N_{CD})=\dfrac{b_3}{b_1+b_2+b_3}N\cos\theta_1\leqslant l_3t\varphi_3 f$

其中 l_1、l_2、l_3 分别为各区屈折线$\overline{BA}$、$\overline{AC}$、$\overline{CD}$的长度；b_1、b_2、b_3 为各屈折线在有效宽度线上的投影长度；t 为板厚；φ_i 为各受压板区的轴压稳定系数，按 λ_i 计算。

对 $l_f/t>60\sqrt{235/f_y}$ 且沿自由边加劲的无竖腹杆节点板失稳时，一般呈$\overline{BA}-\overline{AC}$两屈折线屈曲，显然，在$\overline{CD}$区因加劲后其稳定承载力大为提高，已不起控制作用，故只需用上述方法验算$\overline{BA}$区和$\overline{AC}$区的稳定。

用上述拟合的近似法计算稳定的结果表明，试件的极限承载力计算值 $N_{R.c}^{c}$ 与试验值 $N_{R.c}^{0}$ 之比平均为 85%，计算值偏于安全。

3　为了尽量缩小稳定计算的范围，对于无竖腹杆的节点板，我们利用国家标准图梯形钢屋架(G511)和钢托架(G513)中的 16 个节点，用同一根斜腹杆对节点板作稳定和强度计算，并进行对比以达到用强度计算的方法来代替稳定计算的目的。对比结果表明：

当 $c/t\leqslant 10\sqrt{235/f_y}$ 时，大多数节点的 N_c^c 大于 $0.9N_t^c$（N_c^c、N_t^c 为节点板的稳定和强度计算承载力），仅少数节点的 $N_c^c=(0.83\sim0.9)N_t^c$，此时的斜腹杆倾角 θ_1 大多接近 60°，这说明 θ_1 的大小对稳定承载力的影响较大。

因为强度计算时的有效宽度 $b_e=\overline{AC}+(l_{f1}+l_{f2})\tan30°$，而稳定计算中假定斜腹杆轴压力 N 分配的有效宽度 $\sum b_i=b'_e=\overline{AC}+(l_{f1}+l_{f2})\sin\theta_1\cos\theta_1$（式中 l_{f1}、l_{f2} 为斜腹杆两侧角焊缝的长度）。当 $\theta_1=60°$ 或 30°时，$\sin\theta_1\cos\theta_1=0.433$，与 $\tan30°(=0.577)$ 相差最大，此时的稳定计算承载力亦最低。设$\overline{AC}=k(l_{f1}+l_{f2})$，经统计，$k\approx0.356$，因此，当 $\theta_1=60°$ 或 30°时的 b'_e、b_e 值分别为：

$$b'_e=(k+0.433)(l_{f1}+l_{f2})=0.789(l_{f1}+l_{f2})$$

$$b_e=(k+0.577)(l_{f1}+l_{f2})=0.933(l_{f1}+l_{f2})$$

由本规范附录 F 公式(F.0.2-2)，$N_c^c=l_2t\varphi_2 f(b_1+b_2+b_3)/b_2$

$\because l_2=b_2, b_1+b_2+b_3=b'_e$

$\therefore N_c^c=b'_e tf\varphi_2$

当 $c/t=10$ 时，$\lambda_2=27.71$，$\varphi_2=0.944$（Q235 钢）和 0.910（Q420 钢），这样，稳定承载力计算值 N_c^c 与受拉计算抗力 N_t^c 之比为：

$\dfrac{N_c^c}{N_t^c}=\dfrac{b'_e tf\varphi_2}{b_e tf}=\dfrac{0.789}{0.933}\times0.944$（或 0.910）$\approx0.798\sim0.770$，平均为 0.784。

因此，对无竖腹杆的节点板，当 $c/t\leqslant10\sqrt{235/f_y}$ 且 $30°\leqslant\theta_1\leqslant60°$ 时，可将按强度计算[公式(70)]的节点板抗力乘以折减系数 0.784 作为稳定承载力。考虑到稳定计算公式偏安全近 15%，故可将折减系数取为0.8(0.8/0.784=1.020)，以方便计算。

当然，必要时亦可专门进行稳定计算，若 $c/t>10\sqrt{235/f_y}$ 时，则应按近似公式计算稳定。

7.6　支　　座

7.6.1　本条为新增加的内容，对工程中最常用的平板支座的设计作出了具体规定。

7.6.2　弧形支座和辊轴支座中，圆柱形表面与平板的接触表面的承压应力，根据原规范 GBJ 17—88 的计算公式(7.4.2)和(7.4.3)合并为一式为：

$$\sigma=\frac{25R}{ndl}\leqslant f \tag{71}$$

式中　R——支座反力设计值；

l——弧形表面或辊轴与平板的接触长度；

d——辊轴直径（对辊轴支座）或弧形表面半径的 2 倍（对弧形支座）；

n——辊轴数目，对弧形支座 $n=1$。

本规范参考国内外有关规范的规定，认为从发展趋势来看，这两种支座接触面的承载力应与钢材的 f_y^2 成正比，故建议用下式表达：

$$R\leqslant 40ndlf^2/E \tag{72}$$

上式即本规范公式(7.6.2)，可以写成为：

$$\frac{R}{40ndl}\cdot\frac{E}{f}\leqslant f$$

对 Q235 钢，$E=206\times10^3\text{N/mm}^2$，$f=215\text{N/mm}^2$，则变成为

$$\frac{24R}{ndl}\leqslant f$$

这与原规范的计算式(7.4.2)和(7.4.3)合并后的式(71)基本一致，但对用高强度钢作成的支座，则本规范公式(7.6.2)的承载力有提高，这与国内外的研究成果相吻合。

7.6.3　公式(7.6.3)原为 $\sigma=\dfrac{1.6R}{dl}\leqslant[\sigma_{cj}]$，$[\sigma_{cj}]$为圆柱形枢轴局部紧接承压容许应力，$[\sigma_{cj}]\approx0.75[\sigma]$，再将其换算为极限状态设计表达式即得公式(7.6.3)。

7.6.4、7.6.5　这两条为新增加的内容。为了适应受力复杂或大跨度结构在支座处有较大位移（包括水平位移和不同方向的角位移）的要求，提出了采用橡胶支座和万向球形支座或双曲形支座。双曲线支座的两个互交方向的曲率不同，如果两曲率相同则为球形支座。

橡胶支座有板式和盆式两种，板式承载力小，盆式承载力大，构造简单，安装方便。盆式橡胶支座除压力外还可承受剪力，但不能承受较大拔力，不能防震，容许位移值可达 150mm。但橡胶易老化，各项指标不易确定且随时间改变。

万向球形钢支座和新型双曲型钢支座可分为固定支座和可移动支座，其计算方法按计算机程序进行。在地震区则可采用相应的抗震、减震支座，其减震效果可由计算得出，最多能降低地震力 10 倍以上。这种支座可承受压力、拔力和各向剪力，其抗拔力可达 20000kN。以上各类新型支座由北京建筑结构研究所开发，衡水宝力工程橡胶有限公司、上海彭浦橡胶制品总厂生产。经鉴定后，已在北京首都四机位飞机库、上海虹桥飞机库、哈尔滨飞机库、乌鲁木齐飞机库、广州体育馆、南京长江二桥等数 10 处国家重点工程中使用。

8　构造要求

8.1　一般规定

8.1.1　本条着重提出"避免材料三向受拉"，是在构造上防止脆断的措施。

8.1.3　钢材是否需要在焊前预热和焊后热处理，钢材厚度不是惟一的条件，还要根据构件的约束程度、钢材性质、焊接工艺、焊接材料性能和施焊时的气温情况等综合考虑来决定。预热的目的是避免构件在焊接时产生裂纹；而形成冷裂纹的因素是多方面的（如上述的约束程度，钢材的淬硬组织和氢积聚程度等），故设计时可按具体情况综合考虑采取措施，以避免冷裂纹的出现，预热只是其中的一种手段。其中钢材性能亦是一个重要因素，如低合金钢有一定的淬硬性，有冷裂的倾向，板厚宜从严控制。但最近日本新开发一种超低碳素贝氏体的非调质 TS 570MPa 级厚型高强度钢板，在厚度 $t\geqslant75$mm 的情况下施焊时完全不用预热。焊后热处理的目的是为了改善热影响区的金属晶体组织、消除焊接残余应力，这往往是出于"结构性能要求"，如热风炉壳顶是为了避免晶间应力腐蚀而要求整体退火，以消除焊接残余应力。

这次修订时删去了原规范对焊件厚度的建议，这是因为从防止脆断的角度出发，焊件的厚度限值与结构形式、应力特征、工作温度以及焊接构造等多种因素有关，很难统一提出某个具体数值。

8.1.4 为了保证结构的空间工作，提高结构的整体刚度，承担和传递水平力，防止杆件产生过大的振动，避免压杆的侧向失稳以及保证结构安装时的稳定，本条对钢结构设置支撑提出了原则规定。

8.1.5 根据理论计算及已有建筑物的经验，特别是1974年以来的经验，原规范将采暖房屋和非采暖地区的房屋的纵向温度区段长度由180m增大至220m，将热车间和采暖地区的非采暖房屋的纵向温度区段长度由150m增大至180m。

横向框架中，在相同温度变形的情况下，横梁与柱铰接时的温度应力比横梁与柱刚接时的温度应力降低较多。根据理论分析，可将铰接时的横向温度区段长度加大25%，并列入规范表8.1.5内。

根据分析，柱间支撑的刚度比单独柱大很多，因此厂房纵向温度变形的不动点必然接近于柱间支撑的中点（两道柱间支撑时，为两支撑距离的中央）。本条表中规定的数值是基于温度区段长度等于2倍不动点到温度区段端部的距离确定的。因此从理论分析和实践经验，规定为：柱间支撑不对称布置时，柱间支撑的中点（两道柱间支撑时为两支撑距离的中央）至温度区段端部的距离不宜大于表8.1.5纵向区段长度的60%。实际上我国有较多钢结构厂房未满足此项要求，除少数情况外，一般未发现问题。

此外，在计算纵向温度区段长度时，考虑到吊车梁与柱一般用C级螺栓连接，能够产生滑移，因而可减少温度应力和变形，若大部分吊车梁与柱的连接不能产生滑移，则纵向温度区段长度应减少20%～30%。

另外，当温度区段长度未超过表8.1.5中的数值时，在一般情况下，可不考虑温度应力和温度变形对结构内力的影响（即 P-Δ 效应）。

8.2 焊缝连接

8.2.1 根据试验，Q235钢与Q345钢钢材焊接时，若用E50××型焊条，焊缝强度比用E43××型焊条时提高不多，设计时只能取用E43××型焊条的焊缝强度设计值。此外，从连接的韧性和经济方面考虑，故规定宜采用与低强度钢材相适应的焊接材料。

8.2.2 焊缝在施焊后，由于冷却引起了收缩应力，施焊的焊脚尺寸愈大，则收缩应力愈大，故规定焊脚尺寸不要过分加大。

为防止焊接时钢板产生层状撕裂，参照ISO国际标准第8.9.2.7条，补充规定当焊件厚度 $t>20$mm（ISO为 $t\geqslant16$mm，前苏联为25mm，建议取 $t>20$mm）的角焊缝应采用收缩时不易引起层状撕裂的构造（图25）。

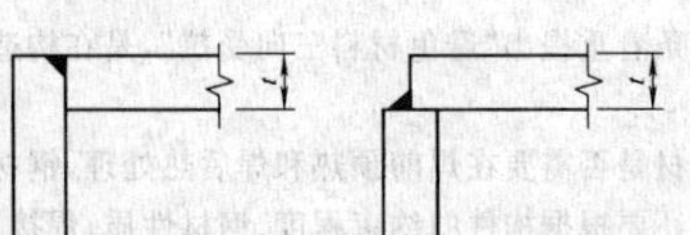

图25 适宜的角接焊缝

在大面积板材（如实腹梁的腹板）的拼接中，往往会遇到纵横两个方向的拼接焊缝。过去这种焊缝一般采用T形交叉，有意避开十字形交叉。但根据国内有关单位的试验研究和使用经验以及两种焊缝形式机械性能的比较，十字形焊缝可以应用于各种结构的板材拼接中。从焊缝应力的观点看，无论十字形或T形，其中只有一条后焊焊缝的内应力起主导作用，先焊好的一条焊缝在焊缝交叉点附近受后焊焊缝的热影响已释放了应力。因此可采用十字形或T形交叉。当采用T形交叉时，一般将交叉点的距离控制在200mm以上。

8.2.3 对接焊缝的坡口形式可按照国家现行标准《建筑钢结构焊接技术规程》JGJ 81的规定采用。

8.2.4 根据美国AWS的多年经验，凡不等厚（宽）焊件对焊连接时，均在较厚（宽）焊件上做成坡度不大于1：2.5（ISO第8.9.6.1条为不大于1：1）的斜角。使截面和缓过渡以减小应力集中。为减少加工工作量，对承受静态荷载的结构，将原规范规定的斜角坡度不大于1：4改为不大于1：2.5，而对承受动态荷载的结构仍为不大于1：4，不作改变。因为根据我国的试验研究，不论改变宽度或厚度，坡度用1：8～1：4接头的疲劳强度与等宽、等厚的情况相差不大。

当一侧厚度差不大于4mm时，焊缝表面的斜度已足以满足和缓传递的要求，因此规定当板厚一侧相差大于4mm时才需做成斜角。

考虑到改变厚度时对钢板的切削很费事，故一般不宜改变厚度。

8.2.5 对受动力荷载的构件，当垂直于焊缝长度方向受力时，未焊透处的应力集中会产生不利的影响，因此规定不宜采用。但当外荷载平行于焊缝长度方向时，例如起重机臂的纵向焊缝（图26b），吊车梁下翼缘焊缝等，只受剪应力，则可用于受动力荷载的结构。

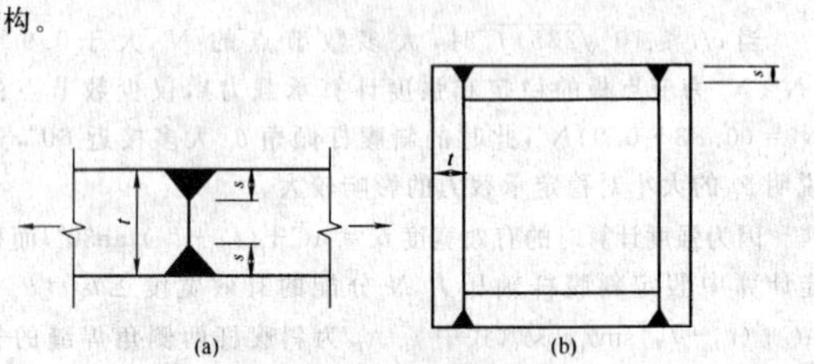

图26 部分焊透的对接焊缝

部分焊透对接焊缝的计算厚度 $h_e\geqslant1.5\sqrt{t}$ 的规定与角焊缝最小厚度 h_f 的规定相同，这是由于两者性质是近似的。

板件有部分焊透的焊缝（图26a），若按 $1.5\sqrt{t}$ 算得的 h_e 值大于板件厚度 t 的1/2，则此焊缝应按焊透的对接焊缝考虑。

8.2.6 两焊脚边夹角 $\alpha>135°$（原规范为120°）时，焊缝表面较难成型，受力状况不良；而 $\alpha<60°$ 的焊缝施焊条件差，根部将留有空隙和焊渣；已不能用本规范第7.1.4条的规定来计算这类斜角角焊缝的承载力，故规定这种情况只能用于不受力的构造焊缝。但钢管结构有其特殊性，不在此限。

8.2.7 本条为角焊缝的尺寸要求。

1 关于角焊缝的最小厚度。焊缝最小厚度的限值与焊件厚度密切相关，为了避免在焊缝金属中由于冷却速度快而产生淬硬组织，根据调查分析及参考国内外资料，现规定 $h_f\geqslant1.5\sqrt{t}$（计算时小数点以后均进为1mm，t 为较厚板件的厚度）。此式简单便于记忆，与国内外用表格形式的规定出入不大。表11为板厚的规定与前苏联规范СНиП Ⅱ-23-81相比较的情况。从表中对比可知，对于厚板本规定偏严，但根据我国的实践经验是合适的。与美国的AWS相比亦比较接近。

但参照AWS，当采用低氢型焊条时，角焊缝的最小焊脚尺寸可由较薄焊件的厚度经计算确定，因低氢型焊条焊渣层厚、保温条件较好。

表11 角焊缝的最小焊脚尺寸

角焊缝最小焊脚尺寸（mm）	较厚焊件的厚度 t(mm)	
	СНиП Ⅱ-23-81 ($f_y\leqslant431.5$N/mm²)	本规范
4	4～5	5～7
5	6～10	8～11
6	11～16	12～16
7	17～22	17～21
8	23～32	22～28
9	33～40	29～36
10	41～80	37～45
11		46～54
12		55～64

条文中对自动焊和T形连接的规定系参考国外资料确定的。

2　角焊缝的焊脚尺寸过大，易使母材形成“过烧”现象，使构件产生翘曲、变形和较大的焊接应力，按照国内外的经验，规定不宜大于较薄焊件的1.2倍(图27)。

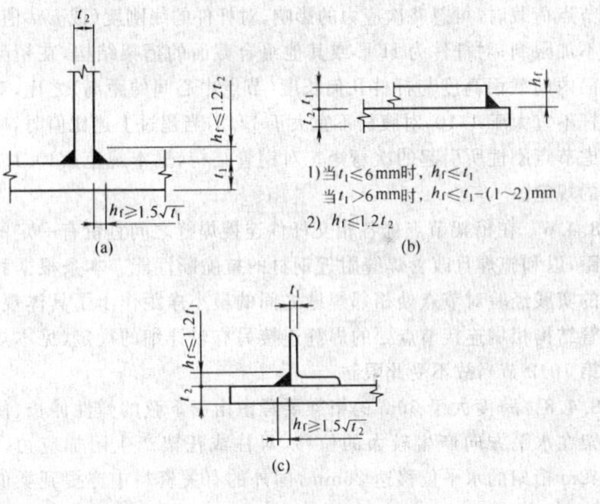

图27　角焊缝的最大焊脚尺寸

焊件(厚度为t)的边缘角焊缝若与焊件边缘等厚，在施焊时容易产生“咬边”现象，需要技术熟练的焊工才能焊满，因此规定厚度大于6mm的焊件边缘焊缝的最大厚度应比焊件厚度小1～2mm(图27b)；当焊件厚度等于或小于6mm时，由于一般采用小直径焊条施焊，技术较易掌握，可采用与焊件等厚的角焊缝。

关于圆孔或槽孔内的角焊缝焊脚尺寸系根据施工经验确定的，若焊脚尺寸过大，焊接时产生的焊渣就能把孔槽堵塞，影响焊接质量，故焊脚尺寸与孔径应有一定的比例。

3　关于不等焊脚边的应用问题。这是为了解决两焊件厚度相差悬殊时(图27c)，用等焊脚边无法满足最大、最小焊缝厚度规定的矛盾。

4　关于侧面角焊缝最小计算长度的规定。主要针对厚度大而长度小的焊缝，为了避免焊件局部加热严重且起落弧的弧坑相距太近，以及可能产生的缺陷，使焊缝不够可靠。此外，焊缝集中在一很短距离，焊件的应力集中也较大。在实际工程中，一般焊缝的最小计算长度约为$(8\sim10)h_f$，故将焊缝最小计算长度规定为$8h_f$，且不得小于40mm。

国外在这方面的规定是：欧美为$4h_f$和40mm，日本为$10h_f$和40mm。

5　关于侧面角焊缝的最大计算长度。侧面角焊缝沿长度方向受力不均，两端大而中间小，故一般均规定其有效长度(即计算长度)。原规范对此是按承受荷载状态的不同区别对待的，受动力荷载时取$40h_f$，受静力荷载时取$60h_f$。后来经我国的试验研究证明可以不加区别，统一取某个规定值。现在国际上亦都不考虑荷载状态的影响，但是，各国对侧面角焊缝最大计算长度的规定值却有所不同。前苏联1981年规范为$60h_f$，AISC 1999为$100h_f$，日本1998年为$50h_f$，美国和日本还规定当长度超过此限值时应予折减。本条根据我国的实践经验，仍规定为不超过$60h_f$。

8.2.8　在受动力荷载的结构中，为了减少应力集中，提高构件的抗疲劳强度，焊缝形式以凹形为最好，但手工焊成凹形极为费事，因此采用手工焊时，焊缝做成直线形较为合适。当用自动焊时，由于电流较大，金属熔化速度快、熔深大，焊缝金属冷却后的收缩自然形成凹形表面。为此规定在直接承受动力荷载的结构(如吊车梁)，角焊缝表面做成凹形或直线形均可。

对端焊缝，因其刚度较大，受动力荷载时应焊成平坡式，习用规定直角边的比例为1∶1.5。根据国内外疲劳试验资料，若满足疲劳要求，端焊缝的比值宜为1∶3，某些国外规范对此要求亦较为严格。但施工单位反映，焊缝坡度小不易施焊，一般需二次堆焊才能形成，为此本条仍规定端焊缝的直角边比例为1∶1.5。

8.2.9　断续焊缝是应力集中的根源，故不宜用于重要结构或重要的焊接连接。这次修订时又补充了断续角焊缝焊段的最小长度以便于操作，亦和本规范第8.2.7条第4款呼应。

8.2.10　当钢板端部仅有侧面角焊缝时，规定其长度$l \geq b$，是为了避免应力传递的过分弯折而使构件中应力不均匀。规定$b \leq 16t$($t > 12$mm)或190mm($t \leq 12$mm)，是为了避免焊缝横向收缩时引起板件的拱曲太大(图28)。当宽度b超过此规定时，应加正面角焊缝，或加槽焊或电焊钉。

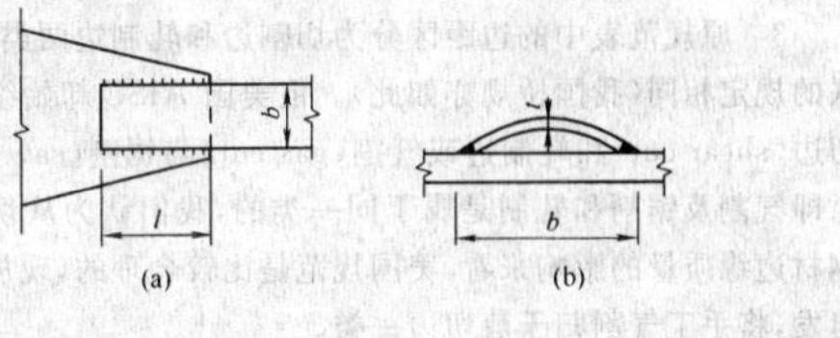

图28　宽板的焊接变形

8.2.11　围焊中有端焊缝和侧焊缝，端焊缝的刚度较大，弹性模量$E \approx 1.5 \times 10^6$；而侧焊缝的刚度较小，$E \approx (0.7\sim1) \times 10^6$，所以在弹性工作阶段，端焊缝的实际负担要高于侧焊缝；但在围焊试验中，在静力荷载作用下，届临塑性阶段时，应力渐趋于平均，其破坏强度与仅有侧焊缝时差不多，但其破坏较为突然且塑性变形较小。此外从国内几个单位所做的动力试验证明，就焊缝本身来说围焊比侧焊的疲劳强度为高，国内某些单位曾在桁架的加固中使用了围焊，效果亦较好。但从“焊接桁架式钢吊车梁下弦及腹杆的疲劳性能”的研究报告中，认为当腹杆端部采用围焊时，对桁架节点板受力不利，节点板有开裂现象，故建议在直接承受动力荷载的桁架腹杆中，节点板应适当加大或加厚。鉴于上述情况，故这次的规定改为：宜采用两面侧焊，也可用三面围焊。

围焊的转角处是连接的重要部位，如在此处熄火或起落弧会加剧应力集中的影响，故规定在转角处必须连续施焊。

8.2.12　使用绕角焊时可避免起落弧的缺陷发生在应力集中较大处，但在施焊时必须在转角处连续焊，不能断弧。

8.2.13　本条目的是为了减少收缩应力以及因偏心在钢板与连接件中产生的次应力。此外，根据实践经验，增加了薄板搭接长度不得小于25mm的规定。

8.3　螺栓连接和铆钉连接

8.3.1　根据实践经验，允许在组合构件的缀条中采用1个螺栓(或铆钉)。某些塔桅结构的腹杆已有用1个螺栓的。

8.3.4　本条是基于铆接结构的规定而统一用之于普通螺栓和高强度螺栓，其中高强度螺栓是经试验研究结果确定的，现将表8.3.4的取值说明如下：

1　紧固件的最小中心距和边距。

1)在垂直于作用力方向：

① 应使钢材净截面的抗拉强度大于或等于钢材的承压强度；

② 尽量使毛截面屈服先于净截面破坏；

③ 受力时避免在孔壁周围产生过度的应力集中；

④ 施工时的影响，如打铆时不振松邻近的铆钉和便于拧紧螺帽等。过去为了便于拧紧螺帽，螺栓的最小间距习用为$3.5d$，在编制规范时，征求工人意见，认为用$3d$亦可以，高强度螺栓用套筒扳手，间距$3d$亦无问题，因此将螺栓的最小间距改为$3d$，与铆钉相同。

2)顺内力方向，按母材抗挤压和抗剪切等强度的原则而定：

① 端距$2d$是考虑钢板在端部不致被紧固件撕裂；

② 紧固件的中心距，其理论值约为$2.5d$，考虑上述其他因素取为$3d$。

2 紧固件最大中心距和边距。

1)顺内力方向:取决于钢板的紧密贴合以及紧固件间钢板的稳定。

2)垂直内力方向:取决于钢板间的紧密贴合条件。

这次修订时参考了我国《铁路桥涵钢结构设计规范》TB 10002.2和美国AISC 1989,对原规范表8.3.4进行了局部修改,内容如下:

1 原规范表中"任意方向"涵义不清,现参照桥规明确为"沿对角线方向"。

2 原规范表中对中间排的中心间距没有明确"垂直内力方向"的情况,现参照桥规补充了这一项。

3 原规范表中的边距区分为切割边和轧制边两类,这和前苏联的规定相同(我国桥规亦如此)。但美国AISC却始终区分为剪切边(shear cut)和轧制边或气割(gas cut)与锯割(saw cut)两类。意即气割及锯割和轧制是属于同一类的,我们认为从切割方法对钢材边缘质量的影响来看,美国规范是比较合理的,现从我国国情出发,将手工气割归于剪切边一类。

8.3.5 C级螺栓与孔壁间有较大空隙,故不宜用于重要的连接。例如:

1 制动梁与吊车梁上翼缘的连接:承受着反复的水平制动力和卡轨力,应优先采用高强度螺栓,其次是低氢型焊条的焊接,不得采用C级螺栓。

2 制动梁或吊车梁上翼缘与柱的连接:由于传递制动梁的水平支承反力,同时受到反复的动力荷载作用,不得采用C级螺栓。

3 在柱间支撑处吊车梁下翼缘与柱的连接,柱间支撑与柱的连接等承受剪力较大的部位,均不得用C级螺栓承受剪力。

8.3.6 防止螺栓松动的措施中除用双螺帽外,尚有用弹簧垫圈,或将螺帽和螺杆焊死等方法。

8.3.7 因型钢的抗弯刚度大;用高强度螺栓不易使摩擦面贴紧。

8.3.9 因撬力很难精确计算,故沿杆轴方向受拉的螺栓(铆钉)连接中的端板(法兰板),应采取构造措施(如设置加劲肋等)适当增强其刚度,以免有时撬力过大影响紧固件的安全。

8.4 结构构件

(Ⅰ) 柱

8.4.1 缀条柱在缀材平面内的抗剪与抗弯刚度比缀板柱好,故对缀材面剪力较大的格构式柱宜采用缀条柱。但缀板柱构造简单,故常用作轴心受压构件。当用型钢(工字钢、槽钢、钢管等)代替缀板时,型钢横杆的线刚度之和(双肢柱的两侧均有型钢横杆时,为两个横杆线刚度之和,若用一根型钢代替两块缀板时,则为一根横杆的线刚度)不小于柱单肢线刚度的6倍。根据分析,这样使缀板柱的换算长细比λ_0的计算误差在5%以下,使轴心受压构件的稳定系数φ的误差在2%以下。

8.4.3 在格构式柱和大型实腹柱中设置横隔是为了增加抗扭刚度,根据我国的实践经验,本条对横隔的间距作了具体规定。

(Ⅱ) 桁 架

8.4.4 条文规定对焊接结构,以杆件形心线为轴线,但为方便制作,宜取以5mm为倍数,即四舍五入是可以的。

对于桁架弦杆截面变化引起形心线偏移问题,过去习惯是不超过截面高度5%时,可不考虑偏心影响。原苏联1981年规范改为1.5%,从实际考虑很难做到,因为若改变角钢的截面高度,偏心均超过1.5%,故只适用于厚度变化,但拼接构造比较困难。经用双角钢组成的重型桁架,分别按轴线偏差1.5%和5%计算对比,结果是:轴线偏差为1.5%时,由偏心所产生的附加应力约占主应力的5%;而偏心为5%时,约占10%。作为次应力,其数值较小,可忽略不计。因此取5%较为合适。对钢管结构,见本规范第10.1.5条的规定。

8.4.5 采用双角钢T形截面为桁架弦杆的工业与民用建筑过去均不考虑次应力。随着宽翼缘H型钢等截面在桁架杆件中应用,次应力的影响已引起注意。结合理论分析及试验研究以及参照国内外一些有关规定,考虑桁架杆件因节点刚性而产生的次应力时允许将杆件抵抗强度提高等因素,认为将可以忽略不计的次应力影响限制在20%左右比较合适,并以此控制截面高跨比的限值。由此得出,对杆件为单角钢、双角钢或T形截面的桁架结构且为节点荷载时,可忽略次应力的影响,对杆件的线刚度(或h/l值)亦不加限制;对杆件为H形或其他组合截面的桁架结构,在桁架平面内的截面高度与杆件几何长度(节点中心间的距离)之比,对弦杆不宜大于1/10,对腹杆不宜大于1/15,当超过上述比值时,应考虑节点刚性所引起的次弯矩。对钢管结构,见本规范第10.1.4条的规定。

8.4.6 在桁架节点处各相交杆件连接焊缝之间宜留有一定的净距,以利施焊且改善焊缝附近钢材的抗脆断性能。本条根据我国的实践经验对节点处相邻焊缝之间的最小净距作出了具体规定。管结构相贯连接节点处的焊缝连接另有较详细的规定(见本规范第10.2节),故不受此限制。

8.4.8 跨度大于36m的桁架要考虑由于下弦的弹性伸长、使桁架在水平方向产生较大的位移,对柱或托架产生附加应力。如42m桁架的水平位移达26mm,国外的有关资料中亦提到类似的情况。

考虑到端斜杆为上承式的简支屋架,其下弦杆与柱子的连接是可伸缩的;下弦杆的弹性伸长也就不会对柱子产生推力,而上弦杆的弹性压缩和拱脚的向外推移大致可以抵消,亦可不必考虑。

(Ⅲ) 梁

8.4.9 多层板焊接组成的焊接梁,由于其翼缘板间是通过焊缝连接,在施焊过程中将会产生较大的焊接应力和焊接变形,且受力不均匀,尤其在翼缘变截面处内力线突变,出现应力集中,使梁处于不利的工作状态,因此推荐采用一层翼缘板。当荷载较大,单层翼缘板无法满足强度或可焊性的要求时,可采用双层翼缘板。

当外层翼缘板不通长设置时,理论截断点处的外伸长度l_1的取值是根据国内外的试验研究结果确定的。在焊接双层翼缘板梁中,翼缘板内的实测应力与理论计算值在距翼缘板端部一定长度l_1范围内是有差别的,在端部差别最大,往里逐渐缩小,直至距端部l_1处及以后,两者基本一致。l_1的大小与有无端焊缝、焊缝厚度与翼缘板厚度的比值等因素有关。

8.4.11 为了避免三向焊缝交叉,加劲肋与翼缘板相接处应切成斜角,但直接受动力荷载的梁(如吊车梁)的中间加劲肋下端不宜与受拉翼缘焊接,一般在距受拉翼缘不少于50mm处断开,故对此类梁的中间加劲肋,切角尺寸的规定仅适用于与受压翼缘相连接处。

8.4.12 从钢材小试件的受压试验中看到,当高厚比不大于2时,一般不会产生明显的弯扭现象,应力超过屈服点时,试件虽明显缩短,但压力尚能继续增加。所以突缘支座的伸出长度不大于2倍端加劲肋厚度时,可用端面承压的强度设计值f_{ce}进行计算。否则,应将伸出部分作为轴心受压构件来验算其强度和稳定性。

(Ⅳ) 柱 脚

8.4.13 按我国习惯,柱脚锚栓不考虑承受剪力,特别是有靴梁的锚栓更不能承受剪力。但对于没有靴梁的锚栓,国外有两种意见,一种认为可以承受剪力,另一种则不考虑(见G. BALLIO, F. M. MAZZOLANI著《钢结构理论与设计》,冶金部建筑研究总院译,1985年12月)。另外,在我国亦有资料建议,在抗震设计中可用半经验半理论的方法适当考虑外露式钢柱脚(不管有无靴梁)受压侧锚栓的抗剪作用,因此,将原规范的"不应"改为"不宜"。至于摩擦系数的取值,现在国内外已普遍采用0.4,故列入。

8.4.15 当钢柱直接插入混凝土杯口基础内用二次浇灌层固定时,即为插入式柱脚(见图29)。近年来,北京钢铁设计研究总院和重庆钢铁设计研究院等单位均对插入式钢柱脚进行过试验研究，并曾在多项单层工业厂房工程中使用，效果较好，并不影响安装调整。这种柱脚构造简单、节约钢材、安全可靠。本条规定是参照北京钢铁设计研究总院土建三室于1991年6月编写的"钢柱杯口式柱脚设计规定"(土三结规2—91)提出来的，同时还参考了有关钢管混凝土结构设计规程，其中钢柱插入杯口的最小深度与我国电力行业标准《钢—混凝土组合结构设计规程》DL/T 5085—1999的插入深度比较接近，而国家建材局《钢管混凝土结构设计与施工规程》JCJ 01—89中对插入深度的取值过大，故未予采用。另外，本条规定的数值大于预制混凝土柱插入杯口的深度，这是合适的。

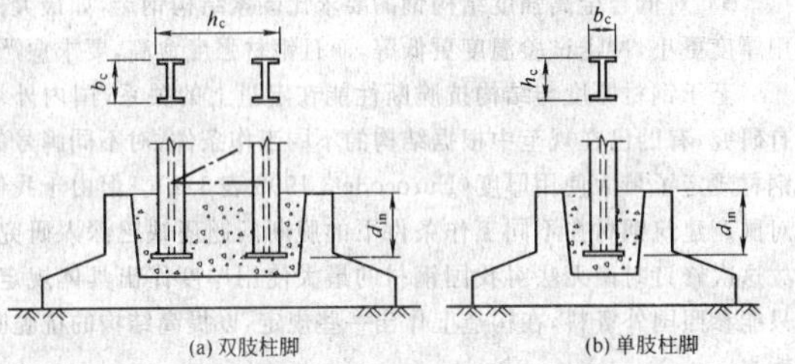

图29 插入式柱脚

对双肢柱的插入深度，北京钢铁设计研究总院原取为$(1/3\sim1/2)h_c$。而混凝土双肢柱为$(1/3\sim2/3)h_c$，并说明当柱安装采用缆绳固定时才用$1/3h_c$。为安全计，本条将最小插入深度改为$0.5h_c$。

8.4.16 将钢柱直接埋入混凝土构件(如地下室墙、基础梁等)中的柱脚称为埋入式柱脚；而将钢柱置于混凝土构件上又伸出钢筋，在钢柱四周外包一段钢筋混凝土者为外包式柱脚，亦称为非埋入式柱脚。这两种柱脚(见图30)常用于多、高层钢结构建筑物。本条规定与国家现行标准《高层民用建筑钢结构技术规程》JGJ 99—98以及《钢骨混凝土结构设计规程》YB 9082—97中相类似的构造要求相协调。

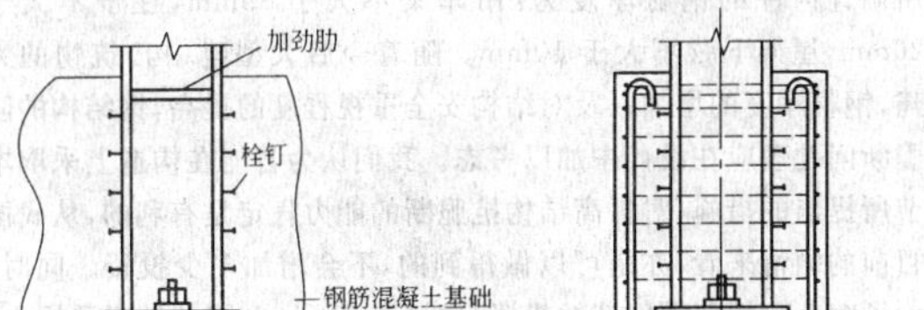

图30 埋入式柱脚和外包式柱脚

关于对埋入深度或外包高度的要求，高钢规程中规定为柱截面高度的2～3倍(大于插入式柱脚的插入深度)，是引用日本的经验，对抗震有利。而在钢骨混凝土规程中对此没有提出要求。因此，本条没有对埋深或外包高度提出具体要求。

8.5 对吊车梁和吊车桁架(或类似结构)的要求

8.5.1 双层翼缘板的焊接吊车梁在国内尚缺乏使用经验，虽于1980年进行了静力和疲劳性能试验，鉴于试验条件与实际受力情况有一定差别，因此规定外层翼缘板要通长设置及两层翼缘板紧密接触的措施。在中、重级工作制焊接吊车梁中使用，应慎重考虑。

8.5.2 根据调研，在重级工作制吊车桁架或制动桁架中，凡节点连接是铆钉或高强度螺栓，经长期生产考验，一般使用尚属正常，但在类似的夹钳吊车或刚性料耙等硬钩吊车的吊车桁架或制动桁架中，则有较多的破坏现象，故作此规定。分析其原因为桁架式结构荷载的动力作用常集聚于各节点，尤其是上弦节点破坏较多。若用全焊桁架，节点由于有焊接应力、次应力等形成复杂的应力场和应力集中，因而疲劳强度低，亦将导致节点处过早破坏。

8.5.3 本条所列各项构造要求，系根据国内试验成果确定的。

1 节点板的腹杆端部区域是杆件汇合的地方，焊缝多且较集中，应力分布复杂，焊接残余应力的影响也较大，根据试验及有关资料的建议，吊车桁架节点板处、腹杆与弦杆之间的间隙以保持在50～60mm为宜，此时对节点板焊接影响较少。

节点板两侧与弦杆连接处采用圆弧过渡，可以减小应力集中，圆弧半径r愈大效果愈好，经试验及查阅有关资料，r值不小于60mm为宜。

节点板与腹杆轴线的夹角θ不小于30°，其目的在于使节点板有足够的传力宽度，受力较均匀，以保证节点板的正常工作能力。

2 焊缝的起落弧点往往有明显咬肉等缺陷，引起较大的应力集中而降低杆件疲劳强度，为此规定起落弧点距节点板(或填板)边缘应至少为5mm。

根据试验，用小锤敲击焊缝两端可以消除残余应力的影响。

3 图8.5.3-2是新增加的桁架杆件采用轧制(或焊接)H型钢制成的全焊接吊车桁架的节点示意图，北京钢铁设计研究总院采用这种在重级工作制吊车作用下的吊车桁架已有15～20年的使用经验。

8.5.4 焊接吊车梁和焊接吊车桁架的工地拼接应采用焊接，当有必要时亦可采用高强度螺栓摩擦型连接(桥梁钢结构的工地拼接亦正在扩大焊接拼接的范围)，其中吊车梁的上翼缘更宜采用对接焊缝拼接。但在采用焊接拼接时，必须加强对焊缝质量的检验工作。

8.5.5 吊车梁腹板与上翼缘的连接焊缝，除承受剪应力外，尚承受轮压产生的局部压应力，且轨道偏心也给连接焊缝带来很不利的影响，尤其是重级工作制吊车梁，操作频繁，上翼缘焊缝容易疲劳破坏。对起重量大于或等于50t的中级工作制吊车，因轮压很大，且实际上同样有疲劳问题，故亦要求焊透，至于吊车桁架中节点板与上弦的连接焊缝，因其受力情况复杂，同样亦规定应予焊透。

此外，腹板边缘宜机械加工开坡口，其坡口角度应按腹板厚度以焊透要求为前提，由施工单位做焊透试验来确定，但宜满足图8.5.5中规定的焊脚尺寸的要求。

8.5.6 关于焊接吊车梁中间横向加劲肋端部是否与受压翼缘焊接的问题，国外有两种不同意见，一种认为焊接后几年就出现开裂，故不主张焊接；另一种认为没有什么问题，可以相焊。根据我国的实践经验，若仅顶紧不焊，则当横向加劲肋与腹板焊接后，由于温度收缩而使加劲肋脱离翼缘，顶不紧了，只好再补充焊接。使用中亦没有发现什么问题，故本条规定中间横向加劲肋可与受压翼缘相焊。

试验研究证明，吊车梁中间横向加劲肋与腹板的连接焊缝，若在受拉区端部留有起落弧，则容易在腹板上引起疲劳裂缝。条文规定不宜在加劲肋端部起落弧，采用绕角焊、围焊或其他方法应与施工单位具体研究确定。总之，在加劲肋端部的焊缝截面不能有突变，亦有因围焊质量不好而出问题的(后改用风铲加工)，所以宜由高级焊工施焊。

吊车梁的疲劳破坏一般是从受拉区开裂开始。因此，中、重级工作制吊车梁的受拉翼缘与支撑的连接采用焊接是不合适的，采用C级螺栓比采用焊缝方便，故建议采用螺栓连接。

同样理由，规定中间横向加劲肋端部不应与受拉翼缘相焊，也不应另加零件与受拉翼缘焊接，加劲肋宜在距受拉翼缘不少于50～100mm处断开。

本条适用于简支和连续吊车梁。

8.5.7 直接铺设轨道的吊车桁架上弦，其工作性质与连续吊车梁相近，而原规范要求"与吊车梁相同"，不够确切，新规范作了改正。

8.5.8 吊车梁(或吊车桁架)上翼缘与制动结构及柱相互间的连接，一般采用搭接。其中主要是吊车梁上翼缘与制动结构的连接和吊车梁上翼缘与柱的连接。

1 在重级工作制吊车作用下，吊车梁(或吊车桁架)上翼缘与制动桁架的连接，因动力作用常集中于节点，加以桁架节点处有次应力，受力情况十分复杂，很容易发生损坏，故宜采用高强度螺栓连接。而吊车梁上翼缘与制动梁的连接，重庆钢铁设计研究院和重庆大学从1988年到1992年曾对此进行了专门的研究，通过静力、疲劳试验和理论分析，科学地论证了只要能保证焊接质量和控制焊接变形仅用单面角焊缝连接的可行性，并在攀钢、成都无缝钢管厂和宝钢等工程中应用，效果良好，没有发现什么问题。设计中，制动板与吊车梁上翼缘之间还增加了按构造布置的C级普通螺栓连接，以改善安装条件和焊缝受力情况。用焊缝连接不仅可节约大量投资，而且可以提高工效1～2倍。故本条规定亦可采用焊缝连接。当然，对特重级工作制吊车来说，仍宜采用高强度螺栓摩擦型连接。

2 关于吊车梁上翼缘与柱的连接，既要传递水平力，又要防止因构造欠妥使吊车梁在垂直平面内弯曲时形成端部的局部嵌固作用而产生较大的负弯矩，导致连接件开裂。故宜采用高强度螺栓连接。国内有些设计单位采用板铰连接的方式，效果较好。因此本条建议设计时应尽量采取措施减少这种附加应力。

8.5.9 吊车梁辅助桁架和水平、垂直支撑系统的设置范围，系根据以往设计经验确定的，但有不同意见，故规定为：宜设置辅助桁架和水平、垂直支撑系统。

为了使吊车梁(或吊车桁架)和辅助桁架(或两吊车梁)之间产生的相对挠度不会导致垂直支撑产生过大的内力，垂直支撑应避免设置在吊车梁的跨度中央，应设在梁跨度的约1/4处，并对称设置。

对吊车桁架，为了防止其上弦因轨道偏心而扭转，一般在其高度范围内每隔约6m设置空腹或实腹的横隔。

8.5.10 重级工作制吊车梁的受拉翼缘，当用手工气割时，边缘不能平直并有缺陷，在用切割机切割时，边缘有冷加工硬化区，这些缺陷在动力荷载作用下，对疲劳不利，故要求沿全长刨边。

8.5.11 在疲劳试验中，发现试验梁在制作时，在受拉翼缘处打过火，疲劳破坏就从打火处开始，至于焊接夹具就更不恰当了，故本条规定不宜打火。

8.5.12 钢轨的接头有平接、斜接、人字形接头和焊接等。平接简便，采用最多，但有缝隙，冲击很大。斜接、人字形接头，车轮通过较平稳，但加工极费事，采用不多。目前已有不少厂采用焊接长轨，效果良好。焊接长轨要保证轨道在温度作用下能沿纵向伸缩，同时不损伤固定件，日本在钢轨固定件与轨道间留有约1mm空隙，西德经验约为2mm，我国使用的约为1mm。为此建议压板与钢轨间接触应留有一定的空隙(约1mm)。

此外，在调研中发现焊接长轨用钩头螺栓固定时，在制动板一侧的钩头螺栓不能沿吊车梁纵向移动而将钩头螺栓拉弯或拉断，故在焊接长轨中不应采用钩头螺栓固定。

8.6 大跨度屋盖结构

本节是新增加的内容，是我国大跨度屋盖结构建设经验的总结，并明确规定跨度$L\geqslant60$m的屋盖为大跨度屋盖结构。

本节重点介绍了大跨度桁架结构的构造要求，其他结构形式(如空间结构、拱形结构等)见专门的设计规程或有关资料。

8.6.3 关于大跨度屋架的挠度容许值，是根据我国的实践经验，并参照国外资料规定的。

8.7 提高寒冷地区结构抗脆断能力的要求

本节是新增加的内容，是为了使设计人员重视钢结构可能发生脆断(特别是寒冷地区)而提出来的。内容主要来自前苏联的资料(见“钢结构脆性破坏的研究”，清华大学王元清副教授的研究报告)，同时亦参考了其他国内外的有关资料。这些资料在定量的规定上差别较大，很难直接引用，但在定性方面即概念设计中都有一些共同规律，可供今后设计中参照：

1 钢结构的抗脆断性能与环境温度、结构形式、钢材厚度、应力特征、钢材性能、加荷速率以及重要性(破坏后果)等多种因素有关。工作温度愈低、钢材愈厚、名义拉应力愈大、应力集中及焊接残余应力愈高(特别是有多向拉应力存在时)、钢材韧性愈差、加荷速率愈快的结构愈容易发生脆断。重要性愈大的结构对抗脆断性能的要求亦愈高。

2 钢材在相应试验温度下的冲击韧性指标，目前仍被视作钢材抗脆断性能的主要指标。

3 对低合金高强度结构钢的要求比碳素结构钢严，如最大使用厚度更小，冲击试验温度更低等，而且钢材强度愈高，要求愈严。

至于钢材厚度与结构抗脆断性能在定量上的关系，国内外均有研究，有的已在规范中根据结构的不同工作条件，对不同牌号的钢材规定了最大使用厚度(Eurocode 3 1993 表3.2)。但由于我们对国产建筑钢材在不同工作条件下的脆断问题还缺乏深入研究，故这次修订时尚无法对我国钢材的最大使用厚度作出具体规定，只能参照国外资料，在构造上作出一些规定，以提高结构的抗脆断能力。

8.7.1 根据前苏联对脆断事故调查的结果，格构式桁架结构占事故总数的48%，而梁结构仅占18%，板结构占34%，可见桁架结构容易发生脆断。但从我国的调研结果看，脆断情况并不严重，故规定在工作温度$T\leqslant-30$℃的地区的焊接结构，建议采用较薄的组成板件。

8.7.2、8.7.3 所列内容除引自王元清的研究报告外，还参考了其他有关资料。其中对受拉构件钢材边缘加工要求的厚度限值($\leqslant$10mm)，是根据前苏联1981年规范表84中在空气温度$T\geqslant-30$℃地区，令考虑脆断的应力折减系数$\beta=1.0$而得出的。

虽然在我国的寒冷地区过去很少发生脆断问题，但当时的建筑物都不大，钢材亦不太厚。根据“我国低温地区钢结构使用情况调查”(《钢结构设计规范》材料二组低温冷脆分组，1973年1月)，所调查构件的钢材厚度为：吊车梁不大于25mm，柱子不大于20mm，屋架下弦不大于10mm。随着今后大型建(构)筑物的兴建，钢材厚度的增加以及对结构安全重视程度的提高，钢结构的防脆断问题理应在设计中加以考虑。我们认为若能在构造上采取本节所提出的措施，对提高结构抗脆断的能力肯定是有利的，从我国目前的国情来看，亦是可以做得到的，不会增加多少投资。同时，为了缩小应用范围以节约投资，建议在$T\leqslant-20$℃的地区采用之。在$T>-20$℃的地区，对重要结构亦宜在受拉区采用一些减少应力集中和焊接残余应力的构造措施。

8.8 制作、运输和安装

8.8.1～8.8.3 结构的安装连接构造，除应考虑连接的可靠性外，还必须考虑施工方便，多数施工单位的意见是：

1 根据连接的受力和安装误差情况分别采用C级螺栓、焊接或高强度螺栓，其选用原则为：

1)凡沿螺栓杆轴方向受拉的连接或受剪力较小的次要连接，宜用C级螺栓；

2)凡安装误差较大的，受静力荷载或间接受动力荷载的连接，可优先选用焊接；

3)凡直接承受动力荷载的连接、或高空施焊困难的重要连接，均宜采用高强度螺栓摩擦型连接。

2 梁或桁架的铰接支承，宜采用平板支座直接支于柱顶或牛腿上。

3 当梁或桁架与柱侧面连接时，应设置承力支托或安装支托。安装时，先将构件放在支托上，再上紧螺栓，比较方便。此外，这类构件的长度不能有正公差，以便于插接，承力支托的焊接，计算时应考虑施工误差造成的偏心影响。

4 除特殊情况外，一般不要采用铆钉连接。

因钢构件安装时有多种定位方法，故第 8.8.3 条仅作原则规定“应考虑定位措施将构件临时固定”，而没有规定具体的定位方法，如设置定位螺栓等等。

8.9 防护和隔热

8.9.1 钢结构防腐的主要关键是制作时将铁锈清除干净，其次应根据不同的情况选用高质量的油漆或涂层以及妥善的维修制度。钢材的除锈等级与所采用的涂料品种有关，详见《工业建筑防腐蚀设计规范》GB 50046 及其他有关资料。

除上述问题外，在构造中应避免难于检查、清刷和油漆之处以及积留湿气、大量灰尘的死角和凹槽，例如尽可能将角钢的肢尖向下以免积留大量灰尘，大型构件应考虑设置维护时通行人孔和走道，露天结构应着重避免构件间未贴紧的缝隙，与砖石砌体或土壤接触部分应采取特殊保护措施。另外，应将管形构件两端封闭不使空气进入等。

在调研中曾发现凡是漏雨、飘雨之处，锈蚀均较严重，应引起重视，在建筑构造处理上应加注意，并应规定坚持定期维修制度，确保安全使用。

考虑到钢结构的建筑物和构筑物所处的环境，在抗腐蚀要求上差别很大，因此规定除特殊需要外，不应因考虑锈蚀而再加大钢材截面的厚度。

8.9.2 不能重新刷油的部位取决于节点构造形式和所处的位置。所谓采取特殊的防锈措施是指：在作防锈考虑时，应改进结构构造形式，减少零部件的数量，选用抗锈能力强的截面，即截面面积与周长之比值较大的形式，如用封闭截面等，避免采用双角钢组成的T形截面，此外，亦可选择抗锈能力强的钢材或针对侵蚀性介质的性质选用相应的质量高的油漆或其他有效涂料，必要时亦可适当加厚截面的厚度。

8.9.3 在调研中发现，凡埋入土中的钢柱，其埋入部分的混凝土保护层未伸出地面者或柱脚底面与地面的标高相同时，皆因柱身（或柱脚）与地面（或土壤）接触部位的四周易积聚水分和尘土等杂物，致使该部位锈蚀严重，故本条规定钢柱埋入土中部分的混凝土保护层或柱脚底板均应高出地面一定距离，具体数据是根据国内外的实践经验确定的。

在调研中，有的化工厂埋入土中的钢柱，虽有包裹混凝土，但因电离子极化作用，锈蚀仍很严重，故在土壤中，有侵蚀性介质作用的条件下，柱脚不宜埋入地下。

8.9.5 对一般钢材来说，温度在 200℃以内强度基本不变，温度在 250℃左右产生蓝脆现象，超过 300℃以后屈服点及抗拉强度开始显著下降，达到 600℃时强度基本消失。另外，钢材长期处于 150～200℃时将出现低温回火现象，加剧其时效硬化，若和塑性变形同时作用，将更加快时效硬化速度。所以规定为：结构表面长期受辐射热达 150℃以上时应采取防护措施。从国内有些研究院对各种热车间的实测资料来看，高炉出铁场和转炉车间的屋架下弦、吊车梁底部和柱子表面及均热炉车间钢锭车道旁的柱子等，温度都有可能达到 150℃以上，有必要用悬吊金属板或隔热层加以保护，甚至在个别温度很高的情况时，需要采用更为有效的防护措施（如用水冷板）。

熔化金属的喷溅在结构表面的聚结和烧灼，将影响结构的正常使用寿命，所以应予保护。另外在出铁口、出钢口或注锭口等附近的结构，当生产发生事故时，很可能受到熔化金属的烧灼，如不加保护就很容易被烧断而造成重大事故，所以要用隔热层加以保护。一般的隔热层使用红砖砌体，四角镶以角钢，以保护其不受机械损伤，使用效果良好。

9 塑性设计

9.1 一般规定

9.1.1 本条明确指出本章的适用范围是超静定梁、单层框架和两层框架。对两层以上的框架，目前我国的理论研究和实践经验较少，故未包括在内。两层以上的无支撑框架，必须按二阶理论进行分析或考虑 $P\text{-}\Delta$ 效应。两层以上的有支撑框架，则在支撑构件的设计中，必须考虑二阶（轴力）效应。如果设计者掌握了二阶理论的分析和设计方法，并有足够的依据时，也不排除在两层以上的框架设计中采用塑性设计。

9.1.2 简单塑性理论是指假定材料为理想弹塑性体，荷载按比例增加。计算内力时，考虑发生塑性铰而使结构转化成破坏机构体系。

9.1.3 本条系将原规范条文说明中有关钢材力学性能的要求经修正后列为正文，即：

1 强屈比 $f_u/f_y \geqslant 1.2$；

2 伸长率 $\delta_5 \geqslant 15\%$；

3 相应于抗拉强度 f_u 的应变 ε_u 不小于 20 倍屈服点应变 ε_y。

这些都是为了截面充分发展塑性的必要要求。上述第 3 项要求与原规范不同，原规范为屈服台阶末端的应变 $\varepsilon_{st} \geqslant 6\varepsilon_p$（$\varepsilon_p$ 指弹性应变），也就是要求钢材有较长的屈服台阶。但有些低合金高强度钢，如 15MnV 就达不到此项要求，而根据国外规范的有关规定，15MnV 可用于塑性设计。现根据欧洲规范 EC3-ENV-1993，将此项要求改为 $\varepsilon_u \geqslant 20\varepsilon_y$（见陈绍蕃编写的《钢结构设计原理》第二版）。

9.1.4 塑性设计要求某些截面形成塑性铰并能产生所需的转动，使结构形成机构，故对构件中的板件宽厚比应严加控制，以避免由于板件局部失稳而降低构件的承载能力。

工字形翼缘板沿纵向均匀受压，可按正交异性板的屈曲问题求解，或用受约束的矩形板的扭转屈曲问题求解。当不考虑腹板对翼缘的约束时（考虑约束提高临界力 3%左右），上述两种求解方法有相同的结果：

$$\sigma_{cr} = \left(\frac{t}{b}\right)^2 G_{st}$$

式中 b、t——翼缘板的自由外伸宽度和厚度；

G_{st}——钢材剪切应变硬化模量，其值按非连续屈服理论求得：

$$G_{st} = \frac{2G}{1+\dfrac{E}{4(1+\nu)E_{st}}}$$

E_{st}——钢材的应变硬化模量。

以 Q235 钢为例，取 $E=206\times10^3\text{N/mm}^2$；$E_{st}=5.6\times10^3\text{N/mm}^2$；$G=E/2.6$；令 $\sigma_{cr}=f_y=235\text{N/mm}^2$，即可求得 $b/t=9.13$，因此建议 $b/t \leqslant 9\sqrt{235/f_y}$。

箱形截面的翼缘板以及压弯构件腹板的宽厚比均可按理论方法求得。本条表 9.1.4 所建议的宽厚比参考了有关规范或资料的规定。

9.2 构件的计算

9.2.1 构件只承受弯矩 M 时，截面的极限状态应为：$M \leqslant W_{pn} f_y$，考虑抗力分项系数后，即为公式（9.2.1）。W_{pn} 为净截面塑性模量，是按截面全部进入塑性求得的，与本规范第 4、5 章采用的 γW 不同，γW 的取值仅是考虑部分截面进入塑性。

原规范规定，进行塑性设计时钢材和连接的强度设计值应乘以折减系数 0.9。依据是二阶（$P\text{-}\Delta$）效应没有考虑，并且假定荷载按比例增加，都使算得的结构承载能力偏高。后来的分析表明，单层和二层框架的二阶效应很小，完全可以由钢材屈服后的强化特性来弥补，加载顺序只影响荷载一位移曲线的中间过程，并不影响框架的极限荷载。因此，这次修订取消了0.9系数。

9.2.2 在受弯构件和压弯构件中，剪力的存在会加速塑性铰的形成。在塑性设计中，一般将最大剪力的界限规定为等于腹板截面的剪切屈服承载力，即 $V \leqslant A_w f_v$（A_w 为腹板截面积）。

在满足公式(9.2.2)要求的前提下，剪力的存在实际上并不降低截面的弯矩极限值，即仍可按本规范公式(9.2.1)计算。因为钢材实际上并非理想弹一塑性体，它的塑性变形发展是不均匀的，一旦有应变硬化阶段，当弯矩和剪力值都很大时，截面的应变硬化很快出现，从而使弯矩极限值并无降低。详细的论述和国内外有关试验分析见梁启智写的“关于钢梁设计中考虑塑性的问题”(载《华南工学院学报》第6卷第4期，1978年)。

9.2.3 同时承受压力和弯矩的构件，弯矩极限值是随压力的增加而减少。图31为弯矩绕强轴的工字形截面的相关曲线。这些曲线与翼缘面积和腹板面积之比 A_f/A_w 有关，常用截面一般为 $A_f/A_w \approx 1.5$，因此我们取 $A_f/A_w = 1.5$。而将此曲线简化为两段直线，即当 $N/(A_n f_y) \leqslant 0.13$ 时，$M = W_{pn} f_y$；当 $N/(A_n f_y) > 0.13$ 时，$M = 1.15[1 - N/(A_n f_y)] W_{pn} f_y$。

本条的公式(9.2.3-1)和公式(9.2.3-2)即由此得来。箱形截面可看作是由两个工字形截面组成的，因此可按上述近似公式进行计算。

当 $N \leqslant 0.6 A_n f_y$ 时，将相关曲线简化为直线带来的误差一般不超过5%，少数区域误差较大，但偏于安全。

在压弯构件中，N 愈大，产生二阶效应的影响也就愈大，因此限制 $N \leqslant 0.6 A_n f_y$。当 N 超过 $0.6 A_n f_y$ 时，按二阶理论考虑刚架的整体稳定所得到的实际承载能力将比按简单塑性理论算得承载能力降低得较多。

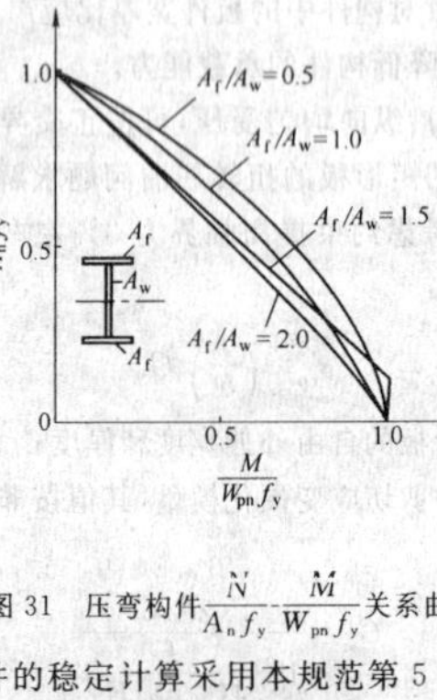

图31 压弯构件 $\frac{N}{A_n f_y}$-$\frac{M}{W_{pn} f_y}$ 关系曲线

9.2.4 压弯构件的稳定计算采用本规范第5章第5.2.2条类似的方法，不同之处，仅在于用 W_{px} 代替了 $\gamma_x W_{1x}$。

9.3 容许长细比和构造要求

9.3.1 采用塑性设计的框架柱，如果长细比过大也会使二阶效应带来的影响加大，因此本条规定了比本规范第5章稍严的容许长细比值。

9.3.2 已形成塑性铰的截面，在结构尚未达到破坏机构前必须继续变形，为了使塑性铰处在转动过程中能保持承受弯矩极限值的能力，不但要避免板件的局部屈曲，而且必须避免构件的侧向扭转屈曲，要使构件不发生侧向扭转屈曲，应在塑性铰处及其附近适当距离处设置侧向支承。本条文规定的侧向支承点间的构件长细比限制，是根据理论和试验研究的结果，再加以简化得出的。

试验结果表明：侧向支承点间的构件长细比 λ_y，主要与 M_1/M_p 的数值有关，且对任一确定的 M_1/M_p 值[加上抗力分项系数后，该比值就变为本规范公式(9.2.3-1)中的 $M_1/W_{px} f$]，均可找到相应的 λ_y，根据国内的部分分析结果并参考国外的规定，加以简化后得到关系式(9.3.2-1)和(9.3.2-2)。

9.3.3 本条文与本规范第4章第4.2.6条的方法相同，详见该条文说明。

9.3.4 本条文规定节点及其连接的设计，应按所传递弯矩的1.1倍和 $0.25 W_{px} f$ 二者中较大者进行计算，是为了使节点强度稍有余量，以减少在连接处产生永久变形的可能性。

所有连接应具有足够的刚度，以保证在达到塑性弯矩之前，所有被连接构件间的夹角不变。为了达到这个目的，采用螺栓的安装接头应避开梁和柱的交接线，或者采用扩大式接头和加腋等。

9.3.5 为了保证在出现塑性铰处有足够的塑性转动能力，该处的构件加工应避免采用剪切。当采用剪切加工时，应刨去边缘硬化区域。另外在此位置制作孔洞时，应采用钻孔或先冲后扩钻孔，避免采用单纯冲孔。这是因为剪切边和冲孔周围带来的金属硬化，将降低钢材的塑性，从而降低塑性铰的转动能力。

10 钢管结构

10.1 一般规定

10.1.1 钢管结构一般包括圆管和方管(或矩形管)两种截面形式，通常采用平面或空间桁架结构体系。管结构节点类型很多，本规范只限于在节点处直接焊接的钢管结构。由于轧制无缝钢管价格较贵，宜采用冷弯成型的高频焊接钢管。方管和矩形管多为冷弯成型的高频焊接钢管。由于此类管材通常存在残余应力和冷作硬化现象，用于低温地区的外露结构时，应进行专门的研究。

本章适用于不直接承受动力荷载的钢管结构。对于承受交变荷载的钢管焊接连接节点的疲劳问题，远较其他型钢杆件节点受力情况复杂，设计时要慎重处理，并需参考专门规范的规定。

10.1.2 限制钢管的径厚比或宽厚比是为了防止钢管发生局部屈曲。其中圆钢管的径厚比与本规范第5.4.5条相同，矩形管翼缘与腹板的宽厚比略偏安全地取与轴压构件的箱形截面相同。本条规定的限值与国外第3类截面(边缘纤维达到屈服，但局部屈曲阻碍全塑性发展)比较接近。

10.1.3 本条规定了本章内容的适用范围，因为目前国内外对钢管节点的试验研究工作中，其钢材的屈服强度均小于 $355N/mm^2$，屈强比均不大于0.8，而且钢管壁厚大于25mm时，将很难采用冷弯成型方法制造。

10.1.4、10.1.5 根据国外的经验(参见欧洲规范 Eurocodc 3 1993)，当满足这两条的规定时，可忽略节点刚性和偏心的影响，按铰接体系分析桁架杆件的内力。

10.2 构造要求

10.2.1～10.2.3 这三条是有关钢管节点构造的规定，主要是参考国外规范并结合我国施工情况而制定的，用以保证节点连接的质量和强度。在节点处主管应连续，支管端部应精密加工，直接焊于主管外壁上，而不得将支管穿入主管壁。主管和支管、或两支管轴线之间的夹角 θ 不得小于30°的规定是为了保证施焊条件，使焊根熔透。

管节点的连接部位，应尽量避免偏心。有关研究表明，当因构造原因在节点处产生的偏心满足本规范公式(10.1.5)的要求时，可不考虑其对节点承载力的影响。

由于断续焊接易产生咬边、夹渣等焊缝缺陷，以及不均匀热影响区的材质缺陷，恶化焊缝的性能，故主管和支管的连接焊缝应沿全周连续焊接。焊缝尺寸应大小适中，形状合理，并和母材平滑过渡，以充分发挥节点强度，并防止产生脆性破坏。

支管端部形状及焊缝坡口形式随支管和主管相交位置、支管壁厚不同以及焊接条件变化而异。根据现有条件，管端切割及坡口加工应尽量使用自动切管机，以充分保证装配和焊接质量。

10.2.4 因为搭接支管要通过被搭接支管传递内力，所以被搭接支管的强度应不低于搭接支管的。

10.2.5 一般支管的壁厚不大，宜采用全周角焊缝与主管连接。当支管壁厚较大时，宜沿焊缝长度方向部分采用角焊缝、部分采用对接焊缝。由于全部对接焊缝在某些部位施焊困难，故不予推荐。

角焊缝的焊脚尺寸，若按本规范第 8.2.7 条的规定不得大于 $1.2t_i$，对钢管结构，当支管受拉时势必产生因焊缝强度不足而加大壁厚的不合理现象，故根据实践经验及参考国外规范，规定 $h_f \leqslant 2t_i$。一般支管壁厚 t_i 较小，不会产生过大的焊接应力和"过烧"现象。

10.2.6 钢管构件承受较大横向集中荷载的部位，工作情况较为不利，因此应采用适当的加强措施。如果横向荷载是通过支管施加于主管的，则只要满足本规范第 10.3.3 和 10.3.4 条的规定，就不必对主管进行加强。

10.3 杆件和节点承载力

10.3.2 根据本规范第 10.2.5 条的规定，支管与主管连接焊缝可沿全周采用角焊缝，也可部分采用对接焊缝。由于坡口角度、焊根间隙都是变化的，对接焊缝的焊根又不能清渣及补焊，考虑到这些原因及方便计算，故参考国外规范的规定，连接焊缝计算时可视为全周角焊缝按本规范公式(7.1.3-1)计算，取 $\beta_f=1$。

焊缝的长度实际上是支管与主管相交线长度，考虑到焊缝传力时的不均匀性，焊缝的计算长度 l_w 均不大于相交线长度。因主、支管均为圆管的节点焊缝传力较为均匀，焊缝的计算长度取为相交线长度，该相交线是一条空间曲线。若将曲线分为 $2n$ 段，微小段 Δl_i 可取空间折线代替空间曲线。则焊缝的计算长度为：

$$l_w = 2\sum_{i=1}^{n} \Delta l_i = K_s d_i \tag{73}$$

式中 K_s——相交线率，它是 d_i/d 和 θ 的函数，即：

$$K_s = 2\int_0^{\pi} f(d_i/d, \theta)\mathrm{d}\theta.$$

经采用回归分析方法，提出了规范中的公式(10.3.2-1)和公式(10.3.2-2)。两式精度较高，计算也较方便。

圆管节点焊缝有效厚度 h_e 沿相交线是变化的。第 Δl_i 区段的焊缝有效厚度为：

$$h_i = h_f \cos\frac{\alpha_{i+1/2}}{2} \tag{74}$$

式中 $\alpha_{i+1/2}$——第 Δl_i 段中点支管外壁切平面与主管外壁切平面的夹角。

沿焊缝长度有效厚度平均值：

$$h_e = Ch_f$$

$$C = \frac{2\sum_{i=1}^{n}\Delta l_i \cos\frac{\alpha_{i+1/2}}{2}}{l_w}$$

C 值与 d_i/d 和 θ 有关，经电算分析，一般 $C>0.7$，最低为 0.6079。C 值小于 0.7 都发生在 $\theta>60°$ 的情况，考虑到这时支管与主管的连接焊缝基本上属于端焊缝，它的强度将比侧焊缝强度规定值高 30%，故取 $C=0.7$ 是安全的。目前国际上对角焊缝的计算考虑外荷载方向，这样经电算分析其有效厚度平均系数 C 均大于0.7，最高可达 0.8321。故取 $h_e=0.7h_f$ 还是合适的。

矩形管节点支管与主管的相交线是直线，计算方便，但考虑到主管顶面板件沿相交线周围在支管轴力作用下刚度的差异和传力的不均匀性，相交焊缝的计算长度 l_w 将不等于周长，需由试验研究而得。本条公式(10.3.2-3～10.3.2-5)引自《Design Guide For Rectangular Hollow Section (RHS) Joints Under Predominantly Static Loading》, Verlag Tüv Rheinland，1992，p19～20 和《空心管结构连接设计指南》J. A. Packer，科学出版社，1997 年版，第 246～249 页。该公式是在试验研究基础上归纳出来的，既简单又可靠。

10.3.3 本条为圆管节点的承载力适用范围和要求。

原规范对保证钢管节点处主管强度的支管轴心承载力设计值的公式是比较、分析国外有关规范和国内外有关资料的基础上，根据近 300 个各类型管节点的承载力极限值试验数据，通过回归分析归纳得出承载力极限值经验公式，然后采用校准法换算得到的。

X 形和 T、Y 形节点的承载力极限值与试验值比较见图 32、图 33。图中纵坐标用无量纲系数表达。图 32、图 33 中也给出了美国石油学会 API RP-2A 规范和日本《钢管结构设计施工指南》中所采用的计算曲线，以便比较。对于 X 形节点，从图 32 可看出：d/t 对节点强度影响不大，故采用单一曲线公式已有足够的精度。对 T、Y 形节点，本规范采用折线形公式，并以 $(d/t)^{0.2}$ 计及径厚比对节点强度的影响。由图 33 可见，其计算值与试验结果吻合较好。

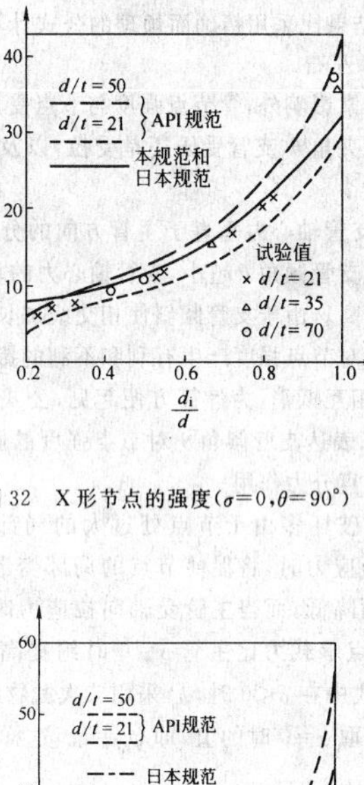

图 32 X 形节点的强度($\sigma=0,\theta=90°$)

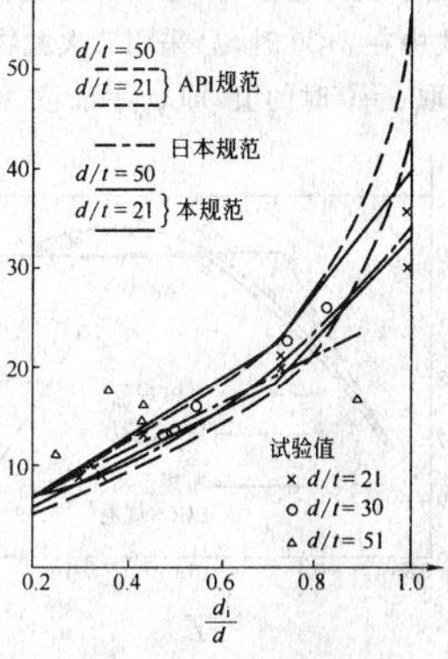

图 33 T、Y 形节点的强度($\sigma=0,\theta=90°$)

K 形节点强度的几何影响因素较多，情况也较复杂。一般说来由于两支管受力(拉压)性质不同，限制了节点局部变形，提高了节点强度。API 规范和欧洲《钢结构规范》对 K 形节点公式的计算误差较大，一般偏于保守。本规范对 K 形节点公式是采用将 T、Y 形节点强度乘上提高系数 ψ_a 得到的。节点强度的提高值体现在 ψ_a 中三个代数式的乘积，它分别反映了间隙比 a/d、径厚比 d/t 和直径比 $\beta=d_i/d$ 的影响。这三个代数式是通过对有关试验资料的回归分析确定的。图 34 给出了 K 形节点的计算值和试验值的比较。图中也给出了日本规范的曲线。

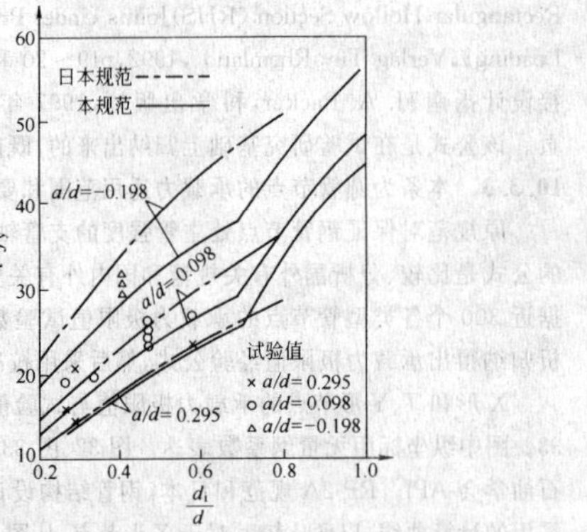

图 34　K 形节点的强度($\sigma=0$,$\theta=60°$,$d/t=31$)

由于K形节点的强度对各种随机因素的敏感性较强,试验值本身的离散性较大,在一般情况下本条公式的取值也略低一些。对于搭接节点,规定仍按 $a=0$ 计算,稍偏保守。这是考虑到搭接节点相交线几何形状更为复杂,而目前加工、焊接、装配经验不足,另外也是为了进一步简化计算。从与试验值对比的统计计算结果看,这样计算的结果比采用精确而烦琐的公式计算,离散度的增加并不明显,仅2%左右。

除了几何因素影响外,管节点强度与节点受力状态关系很大,如支管与主管的夹角 θ、支管受压还是受拉,以及主管轴向应力情况等。

试验表明,支管轴心力垂直于主管方向的分力是造成节点破坏的主要因素。支管倾角 θ 越小,支管轴心力的垂直分力也越小,节点承载力就越高。由于支管倾斜使相交线加长和支管轴心力的水平分力分别会对节点强度产生有利和不利的影响。但由于其影响相对较小,并相互抵消,为计算方便起见,公式中未予考虑。公式中用 $1/\sin\theta$ 来表达支管倾角 θ 对节点强度的影响,也就是说仅考虑支管轴力垂直分力作用。

圆管节点的破坏多由于节点处过大的局部变形而引起的。当主管受轴向压应力时,将促使节点的局部变形,节点强度随主管压应力增大而降低,而当主管受轴向拉应力时,可减小节点局部变形,此时节点承载力比主管 $\sigma=0$ 时约提高3%~4%,如图35所示。本公式中在 $\sigma<0$ 时,ψ_n 采用二次抛物线;而当 $\sigma>0$ 时,为简化计算近似取 $\sigma=0$ 时的值,即 $\psi_n=1$。这样基本与试验结果

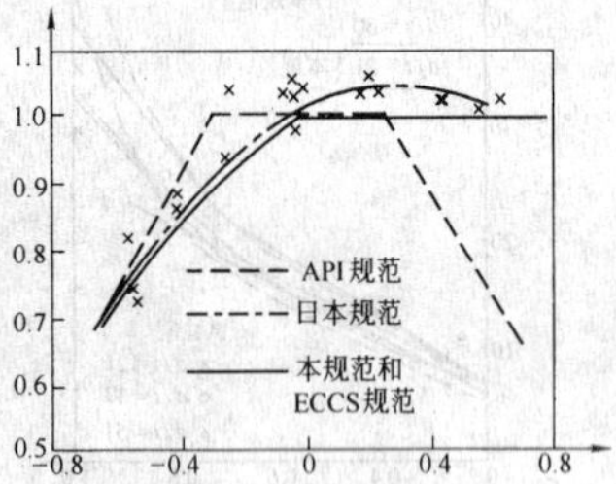

图 35　主管轴向应力 σ 的影响

符合。

当支管承受压力时,节点的破坏主要是由于主管壁的局部屈曲引起的,而当支管承受拉力时主要是强度破坏。大量试验得出结论:支管受拉时承载力的数据离散性大,大约比受压时大1.4~1.7倍。对X形节点,经分析,用规范公式(10.3.3-2)进行计算。对T、Y形节点,由图36中的试验点可看出:当 β 大于0.6时,N_t/N_c 值由1.4逐步下降,公式中采用直线下降,当 β 趋近于1.0时,节点的破坏已趋近于强度破坏的性质,无论支管受压还是受拉,其强度差别不大。

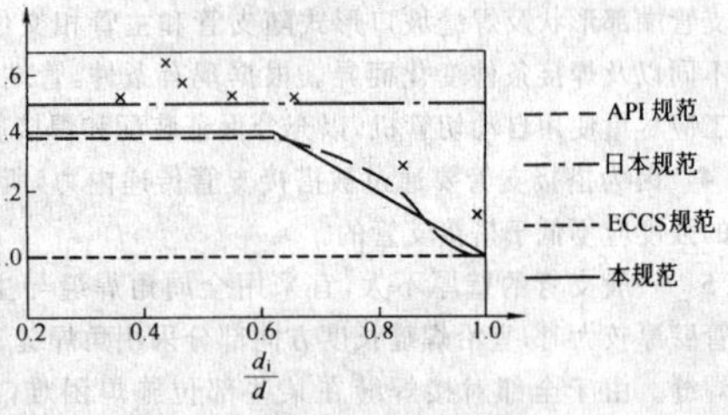

图 36　T、Y 形节点的 N_t/N_c 值

原规范在确定圆钢管节点承载力极限值公式时,以经过筛选的日本和欧美大量的试验数据为依据,对日本、欧洲、美国规范中的公式和本规范采用的公式进行了统计分析比较。由统计离散度看,除K形搭接节点外,均较日本、欧洲、美国公式计算精度有所提高或相当,K形搭接节点也接近于日本公式的结果。

这次对圆管节点承载力设计值计算公式的修订工作,是根据同济大学的研究成果进行的。除对平面管节点承载力的计算公式作局部修正外,还增加了空间管节点承载力的计算方法。

随着钢管结构的发展,应用到结构中的钢管节点的尺寸越来越大;由于试件的尺寸效应对节点试验承载力有影响,因此先前节点尺寸过小的试验数据被删除,新的试验数据得到了补充,一个包含1546个圆钢管节点试验结果和790个圆钢管节点有限元分析结果的数据库建立了起来。根据不断补充的试验数据,一些国家和组织如日本和国际管结构研究和发展委员会(CIDECT)从20世纪80年代起,对节点强度计算公式作了不同程度的修改。

对于圆钢管节点强度计算公式的修正是对照新建立的管节点数据库中的试验结果(由于不少试验的破坏模式为支管破坏,分析时只采用属于节点破坏的试验结果),比较了原规范中平面管节点强度公式的计算结果得出的。同时又将GBJ 17—88公式、日本建筑学会(AIJ)公式、国际管结构研究和发展委员会(CIDECT)公式和本规范修订后的公式与试验数据进行了比较后得出来的。其对比结果如表12所示。

表 12　有关圆管节点承载力设计值公式计算结果与试验数据的比较

节点类型	试件数	统计量	GBJ 17—88	AIJ	CIDECT	本规范公式
X形支管受压	156	max	1.0844	1.0835	1.0347	1.0844
		min	0.3442	0.3585	0.3284	0.3442
		m	0.7762	0.8188	0.7378	0.7763
		σ	0.1362	0.1442	0.1291	0.1363
		v	0.1755	0.1761	0.1749	0.1755
		cl	89.89%	84.83%	93.31%	89.88%
X形支管受拉	76	max	1.3595	1.4057	0.7686	1.2818
		min	0.3204	0.3898	0.2038	0.3555
		m	0.6563	0.7711	0.4162	0.7032
		σ	0.1962	0.2086	0.1206	0.1903
		v	0.2990	0.2706	0.2897	0.2706
		cl	87.48%	80.12%	97.81%	86.37%
T形和Y形支管受压	142	max	1.6887	1.0219	1.4182	1.6037
		min	0.5652	0.3380	0.4669	0.4064
		m	0.8971	0.5647	0.7844	0.8401
		σ	0.1674	0.1067	0.1493	0.1560
		v	0.1866	0.1889	0.1903	0.1858
		cl	70.93%	98.94%	87.14%	80.53%
T形和Y形支管受拉	47	max	1.7307	1.7276	1.1942	1.6436
		min	0.3473	0.3424	0.2185	0.3298
		m	0.6762	0.7915	0.4642	0.6422
		σ	0.3026	0.3452	0.2278	0.2874
		v	0.4475	0.4362	0.4906	0.4475
		cl	76.53%	68.37%	86.26%	78.80%

续表 12

节点类型	试件数	统计量	GBJ 17—88	AIJ	CIDECT	本规范公式
K 形	325	max	1.5108	1.3788	1.2097	1.4335
		min	0.3622	0.5236	0.3422	0.3411
		m	0.8351	0.8367	0.7249	0.7916
		σ	0.1754	0.1433	0.1349	0.1666
		v	0.2100	0.1713	0.1861	0.2104
		cl	78.38%	82.98%	93.03%	83.90%
TT 形	20	max	—	0.9051	0.8630	0.9464
		min	—	0.3403	0.4455	0.4969
		m	—	0.6296	0.6823	0.7547
		σ	—	0.1499	0.1147	0.1092
		v	—	0.2381	0.1681	0.1447
		cl	—	94.01%	97.06%	95.50%
KK 形	58	max	—	1.3200	1.1700	1.2381
		min	—	0.3900	0.1800	0.5910
		m	—	0.8382	0.7398	0.8437
		σ	—	0.1794	0.1689	0.1366
		v	—	0.2140	0.2284	0.1620
		cl	—	77.52%	87.27%	83.28%

注：表中 m 为规范公式计算值与试验值比值的平均值，σ 为方差，v 为离散度，cl 为置信度。

对修改各点说明如下：

1 将 d/t 的取值范围从 $d/t \leqslant 50$ 改为 $d/t \leqslant 100$。由于钢管节点试验的尺寸越来越大，d/t 值也已超过 50，K、T、X 形试验节点的 d/t 都达到 100，因此公式适用范围可由原来的 $d/t \leqslant 50$ 扩大到 $d/t \leqslant 100$，日本规范也已扩大到 100。这一扩大也与本规范第 5.4.5 条一致。

2 对于 X 形节点，支管受压情形下 GBJ 17—88 的计算结果置信度和均值皆较适中，且介于 AIJ 和 CIDECT 之间，故未作调整；支管受拉情形下 GBJ 17—88 的计算结果均值偏低，改为式(10.3.3-2)后，均值提高为 0.7032，置信度仅微有降低，比修正前更合理。

3 由于 T、Y 形节点支管受压情形下 GBJ 17—88 的计算结果置信度偏低，故将承载力设计值降低 5%，即将原规范式中的 12.12 改为本规范公式(10.3.3-3)中的 11.51，修正后的计算结果置信度提高至 80.53%，比修正前更合理；相应地，T、Y 形节点支管受拉情形下修正后的计算结果置信度提高至 78.80%。

4 由于 T、Y 形节点是 K 形节点在间隙 a 为无穷大时的特例，K 形节点受压情形下 GBJ 17—88 的计算公式中 12.12 也相应地改为 11.51[见本规范公式(10.3.3-6)]，修正后的计算结果置信度和均值皆较适中，且介于 AIJ 和 CIDECT 之间，因而是可行的。

5 GBJ 17—88 没有空间管节点强度计算公式，而目前国内的空间管结构中已大量出现 KK 形节点和 TT 形节点，增加相应的计算公式是必要的。本规范公式(10.3.3-9)、(10.3.3-10)及第 5 款的规定是对试验结果进行数据分析得出的，这些公式比 AIJ 和 CIDECT 的计算公式更为合理。

6 试验数据中 TT 形和 KK 形管节点支管的横向夹角 ϕ 分布在 60°～120°之间，故将 ϕ 限定在该范围内，同时 ϕ 确定后支管的横向间距 g 即已相应地确定。

7 由于 XX 形管节点的数据较少，AIJ 和 CIDECT 计算公式的计算结果与试验结果吻合情况也不甚理想，而这种节点类型目前在实际应用中较少用到，故在本规范内未予列入。

8 在规范公式(10.3.3-1)中，将主管轴力影响系数 ψ_n 表达式中对主管轴向应力 σ 的定义由原来的"最大轴向应力(拉应力为正，压应力为负)"改为"节点两侧主管轴心压应力的较小绝对值"是为了使用方便，不易混淆，且与国外资料相符。由于采用了绝对值，故将 ψ_n 的公式改为：$\psi_n = 1 - 0.3\dfrac{\sigma}{f_y} - 0.3\left(\dfrac{\sigma}{f_y}\right)^2$。

当节点一侧的主管受压另一侧受拉时，可将 σ 取为零，此时 $\psi_n = 1.0$。

10.3.4 矩形管(含方管)平面管节点承载力设计值计算公式，是根据哈尔滨工业大学的研究成果并结合国外资料补充的。

试验研究表明，矩形管节点有 7 种破坏模式：主管平壁因形成塑性铰线而失效；主管平壁因冲切而破坏或主管侧壁因剪切而破坏；主管侧壁因受拉屈服或受压局部失稳而失效；受拉支管被拉坏；受压支管因局部失稳而失效；主管平壁因局部失稳而失效；有间隙的 K、N 形节点中，主管在间隙处被剪坏或丧失轴向承载力而破坏等。有时几种失效模式同时发生。国外已针对不同破坏模式给出了节点承载力的计算公式，这些公式只有少数是理论推出的，大部分是经验公式。CIDECT 和欧洲规范(Eurocode 3)均采用了这些公式作为节点的承载力设计值公式，没有给出正常使用极限状态的验算公式。

国外的新近研究成果指出，对于以主管平壁形成塑性铰线的破坏模式，应考虑两种极限状态的验算。建议取令主管表面的局部凹(凸)变形达主管宽度 b 的 3%时的支管内力为节点的极限承载力(承载力极限状态)；取局部变形为 $0.01b$ 的支管内力为节点正常使用极限状态的控制力。至于由哪个极限状态起控制作用，应视承载力极限状态的承载力与正常使用极限状态的控制力的比值 K 而定。若 K 值小于折算的总安全系数，则承载力极限状态起控制作用，反之由正常使用极限状态起控制作用。欧洲规范的总安全系数是 1.5，因此当 $K > 1.5$ 时，应验算正常使用状态。分析表明，当 $\beta < 0.6$、$b/t > 15$ 时，一般由正常使用极限状态局部变形($\delta = 0.01b$)控制。目前尚没有简单的变形计算公式可供应用。

根据哈尔滨工业大学的管节点试验和考虑几何和材料非线性的有限元分析结果，以及国内外收集到的其他试验结果，对 CIDECT和欧洲规范的公式进行了局部修订，得到了本规范的承载力设计值公式。具体修改如下：

1 考虑到在以主管平壁形成塑性铰线为破坏模式的某些情况下，节点将由正常使用极限状态控制，为避免复杂的变形验算，将相应公式乘以 0.9 的系数予以降低，作为节点的极限承载力设计值[即得本规范公式(10.3.4-1)和(10.3.4-6)]。经大量有限元分析表明，采取上述处理方法，可不必再验算节点的正常使用极限状态。

2 将主管因受轴心压力使节点承载力降低的参数表达式改为：$\psi_n = 1.0 - \dfrac{0.25}{\beta} \cdot \dfrac{\sigma}{f}$，与国外的相关公式比较，该式没有突变，符合有限元分析和试验结果，并可用于 $\beta = 1.0$ 的节点。

3 对 $\beta = 1.0$，以主管侧壁失稳为破坏模式的国外公式进行了修订。将假想柱的计算长度由与主管侧壁的净高有关改为与净高的 1/2 有关，也就是将主管侧壁的长细比 λ 由 $3.46\left(\dfrac{h}{t} - 2\right)\left(\dfrac{1}{\sin\theta_1}\right)^{0.5}$ 改为 $1.73\left(\dfrac{h}{t} - 2\right)\left(\dfrac{1}{\sin\theta_1}\right)^{0.5}$。这一修改符合试验结果的破坏模式，经与收集到的国外 27 个试验结果和哈尔滨工业大学 5 个主管截面高宽比 $h/b \geqslant 2$ 的等宽 T 形节点的有限元分析结果相比，精度远高于国外公式。以屈服应力 f_y 代入修订后的公式所得结果与试验结果的比值作为统计值，27 个试验的平均值为 0.830，其方差为 0.111，而按国外的公式计算，这两个值分别为 0.531 和 0.195。在本规范修订过程中，还考虑了 1.25 倍的附加安全系数和主管受压时节点承载力降低的参数 ψ_n，使本规范公式(10.3.4-2)的计算值不致较国外公式提高的太多。

4 对 $\beta = 1.0$ 的 X 形节点侧壁抗剪验算的规范公式(10.3.4-3)补充了限制条件：当 $\theta_i < 90°$ 且 $h \geqslant h_i/\cos\theta_i$ 时，尚应验算主管侧壁的抗剪承载力。该条件排除了支管壁可能帮助抗剪的情况。

5 矩形管节点其他破坏模式的计算公式均与 CIDECT 和欧洲规范的相同，仅将国外公式中的 f_y 用 f 代替。国外节点承载力设计值的表达式可简写为：

$$\gamma'_s Q_k \leqslant N^* \qquad (75)$$

式中　γ'_s——平均荷载系数，其值约为我国平均荷载系数 γ_s 的 1.1倍；

Q_k——荷载效应标准值；

N^*——以 f_y 表达的节点极限承载力设计值。

若将 N^* 公式中的 f_y 用 f 乘以抗力分项系数 r_R 代替，则

$$N^* = \gamma_R N^{pj}$$

考虑

$$\gamma'_s \doteq 1.1\gamma_s \doteq \gamma_R \gamma_s$$

将上述二式代入公式(75)后，即得本规范的表达通式：

$$\gamma_s Q_k \leqslant N^{pj}$$

由此可见，除以塑性铰线失效模式控制的承载力公式(10.3.4-1)和(10.3.4-6)以外，国内外管节点的承载力设计值的安全系数大体相当。

11　钢与混凝土组合梁

11.1　一般规定

11.1.1　考虑目前国内对组合梁在动力荷载作用下的试验资料有限，本章的条文是针对不直接承受动力荷载的一般简支组合梁及连续组合梁而确定的。其承载能力可采用塑性分析方法进行计算。对于直接承受动力荷载或钢梁中受压板件的宽厚比不符合塑性设计要求的组合梁，则应采用弹性分析法计算。对于处于高温或露天条件的组合梁，除应满足本章的规定外，尚应符合有关专门规范的要求。

组合梁混凝土翼板可用现浇混凝土板或混凝土叠合板，或压型钢板混凝土组合板。混凝土叠合板翼板由预制板和现浇混凝土层组成，按《混凝土结构设计规范》GB 50010 进行设计，在混凝土预制板表面采取拉毛及设置抗剪钢筋等措施，以保证预制板和现浇混凝土层形成整体。

11.1.2　组合梁混凝土翼板可以带板托，也可以不带板托。一般而言，不带板托的组合梁施工方便，带板托的组合梁材料较省，但板托构造复杂。

组合梁混凝土翼板的有效宽度，系按现行国家标准《混凝土结构设计规范》GB 50010 的规定采用的。但规范公式(11.1.2)中的 b_2 值，世界各国(地区)的规范取值不一致。如美国 AISC $b_2 \leqslant 0.1l$(一侧有翼板)；英国水泥及混凝土协会 $b_2 \leqslant 0.1\,l_e - 0.5b_0$(集中荷载作用)；日本 AIJ $b_2 = 0.2l$(简支组合梁)；即 b_2 取值与梁跨度间的关系相差较大。同时与板厚有关与否也不尽统一。

在计算混凝土翼板有效宽度时关于板厚的取值问题，原规范的规定是针对现浇混凝土而言的。对预制混凝土叠合板，当按《混凝土结构设计规范》GB 50010 的有关规定采取相应的构造措施后，可取为预制板加现浇层的厚度；对压型钢板混凝土组合板，若用薄弱截面的厚度将过于保守，参照试验结果和美国资料，可采用有肋处板的总厚度。

严格说来，楼盖边部无翼板时，其内侧的 b_2 应小于中部两侧有翼板的 b_2，集中荷载作用时的 b_2 值应小于均布荷载作用时的 b_2 值，连续梁的 b_2 值应小于简支梁的该值。

11.1.3　组合梁的变形计算可按弹性理论进行，原因是在荷载的标准组合作用下产生的截面弯矩小于组合梁在弹性阶段的极限弯矩，即此时的组合梁在正常使用阶段仍处于弹性工作状态。其具体计算方法是假定钢和混凝土都是理想的弹塑性体，而将混凝土翼板的有效截面除以钢与混凝土弹性模量的比值 α_E(当考虑混凝土在荷载长期作用下的徐变影响时，此比值应为 $2\alpha_E$)换算为钢截面(为使混凝土翼板的形心位置不变，将翼板的有效宽度除以 α_E 或 $2\alpha_E$ 即可)，再求出整个梁截面的换算截面刚度 EI_{eq} 来计算组合梁的挠度。分析还表明，由混凝土翼板与钢梁间相对滑移引起的附加挠度在10%～15%以下，国内的一些试验结果约为9%，原规范认为可以忽略不计。但近来国内外的试验研究表明，采用栓钉等柔性连接件(特别是部分抗剪连接件时)该滑移效应对挠度的影响不能忽视，否则将偏于不安全。因此，这次修订时就规定要对换算截面刚度进行折减。

对连续组合梁，因负弯矩区混凝土翼板开裂后退出工作，所以实际上是变截面梁。故欧洲规范 ECCS 规定：在中间支座两侧各 $0.15l$(l 为一个跨间的跨度)的范围内确定梁的截面刚度时，不考虑混凝土翼板而只计入在翼板有效宽度 b_e 范围内负弯矩钢筋截面对截面刚度的影响，在其余区段不应取组合梁的换算截面刚度而应取其折减刚度，按变截面梁来计算其变形，计算值与试验结果吻合良好。连续组合梁除需验算变形外，还应验算负弯矩区混凝土翼板的裂缝宽度。因为负弯矩区混凝土翼板的工作性能很接近钢筋混凝土轴心受拉构件，因此可根据《混凝土结构设计规范》GB 50010按轴心受拉构件来验算混凝土翼板最大裂缝宽度 w_{max}，其值不得大于《混凝土结构设计规范》GB 50010 所规定的限值。在验算混凝土裂缝时，可仅按荷载的标准组合进行计算，因为在荷载标准组合下计算裂缝的公式中已考虑了荷载长期作用的影响。

因为板托对组合梁的强度、变形和裂缝宽度的影响很小，故可不考虑其作用。

11.1.4　组合梁的受力状态与施工条件有关。对于施工时钢梁下无临时支承的组合梁，应分两个阶段进行计算：

第一阶段在混凝土翼板强度达到75%以前，组合梁的自重以及作用在其上的全部施工荷载由钢梁单独承受，此时按一般钢梁计算其强度、挠度和稳定性，但按弹性计算的钢梁强度和梁的挠度均应留有余地。梁的跨中挠度除满足本规范附录 A 的要求外，尚不应超过 25mm，以防止梁下凹段增加混凝土的用量和自重。

第二阶段当混凝土翼板的强度达到75%以后所增加的荷载全部由组合梁承受。在验算组合梁的挠度以及按弹性分析方法计算组合梁的强度时，应将第一阶段和第二阶段计算所得的挠度或应力相叠加。在第二阶段计算中，可不考虑钢梁的整体稳定性。而组合梁按塑性分析法计算强度时，则不必考虑应力叠加，可不分阶段按照组合梁一次承受全部荷载进行计算。

如果施工阶段梁下设有临时支承，则应按实际支承情况验算钢梁的强度、稳定及变形，并且在计算使用阶段组合梁承受的续加荷载产生的变形时，应把临时支承点的反力反向作为续加荷载。如果组合梁的设计是变形控制时，可考虑将钢梁起拱等措施。不论是弹性分析或塑性分析有无临时支承对组合梁的极限抗弯承载力均无影响，故在计算极限抗弯承载力时，可以不分施工阶段，按组合梁一次承受全部荷载进行计算。

11.1.5　部分抗剪连接组合梁是指配置的抗剪连接件数量少于完全抗剪连接所需要的抗剪连接件数量，如压型钢板混凝土组合梁等，此时应按照部分抗剪连接计算其抗弯承载力。国内外研究成果表明，在承载力和变形都能满足要求时，采用部分抗剪连接组合梁是可行的。由于梁的跨度愈大对连接件柔性性能要求愈高，所以用这种方法设计的组合梁其跨度不宜超过 20m。

11.1.6　组合梁按截面进入全塑性计算抗弯强度时，GBJ 17—88 根据原第九章“塑性设计”的规定，将钢梁材料的强度设计值 f 乘以折减系数 0.9。本规范已取消此规定，故本章规定“钢梁钢材的强度设计值 f 应按本规范第 3.4.1 条和 3.4.2 条的规定采用”，即不乘折减系数 0.9。

尽管连续组合梁负弯矩区是混凝土受拉而钢梁受压，但组合梁具有较好的内力重分布性能，故仍然具有较好的经济效益。负弯矩区可以利用负钢筋和钢梁共同抵抗弯矩，通过弯矩调幅后可使连续组合梁的结构高度进一步减小。试验证明，弯矩调幅系数取15%是可行的。

11.2　组合梁设计

11.2.1　完全抗剪连接组合梁是指混凝土翼板与钢梁之间具有可靠的连接，抗剪连接件按计算需要配置，以充分发挥组合梁截面的

抗弯能力。组合梁设计可按简单塑性理论形成塑性铰的假定来计算组合梁的抗弯承载能力。即：

1　位于塑性中和轴一侧的受拉混凝土因为开裂而不参加工作，板托部分亦不予考虑，混凝土受压区假定为均匀受压，并达到轴心抗压强度设计值；

2　根据塑性中和轴的位置，钢梁可能全部受拉或部分受压部分受拉，但都假定为均匀受力，并达到钢材的抗拉或抗压强度设计值。其次，假定梁的剪力全部由钢梁承受并按钢梁的塑性抗剪承载力进行验算，且亦不考虑剪力对组合梁抗弯承载力的影响。当塑性中和轴在钢梁腹板内时，钢梁受压区板件宽厚比应符合本规范第9章"塑性设计"的要求。此外，忽略钢筋混凝土翼板受压区中钢筋的作用。用塑性设计法计算组合梁最终承载力时，可不考虑施工过程中有无支承及混凝土的徐变、收缩与温度作用的影响。

11.2.2　当抗剪连接件的设置受构造等原因影响不能全部配置，因而不足以承受组合梁上最大弯矩点和邻近零弯矩点之间的剪跨区段内总的纵向水平剪力时，可采用部分抗剪连接设计法。对于单跨简支梁，是采用简化塑性理论按下列假定确定的：

1　在所计算截面左右两个剪跨内，取连接件抗剪设计承载力设计值之和 $n_r N_v^c$ 中的较小值，作为混凝土翼板中的剪力；

2　抗剪连接件必须具有一定的柔性，即理想的塑性状态（如栓钉直径 $d \leqslant 22$mm，杆长 $l \geqslant 4d$），此外，混凝土强度等级不能高于C40，栓钉工作时全截面进入塑性状态；

3　钢梁与混凝土翼板间产生相对滑移，以致在截面的应变图中混凝土翼板与钢梁有各自的中和轴。

部分抗剪连接组合梁的抗弯承载力计算公式，实际上是考虑最大弯矩截面到零弯矩截面之间混凝土翼板的平衡条件。混凝土翼板等效矩形应力块合力的大小，取决于最大弯矩截面到零弯矩截面之间抗剪连接件能够提供的总剪力。

为了保证部分抗剪连接的组合梁能有较好的工作性能，在任一剪跨区内，部分抗剪连接时连接件的数量不得少于按完全抗剪连接设计时该剪跨距区内所需抗剪连接件总数 n_f 的50%，否则，将按单根钢梁计算，不考虑组合作用。

11.2.3　试验研究表明，按照本规范公式（9.2.2）计算组合梁的抗剪承载力是偏于安全的，因为混凝土翼板的抗剪作用亦较大。

11.3　抗剪连接件的计算

11.3.1　连接件的抗剪承载力设计值是通过推导与试验所决定的。

1　圆柱头焊钉（栓钉）连接件：试验表明，栓钉在混凝土中的抗剪工作类似于弹性地基梁，在栓钉根部混凝土受局部承压作用，因而影响抗剪承载力的主要因素有：

1）栓钉的直径 d（或栓钉的截面积 $A_s = \pi d^2/4$）；

2）混凝土的弹性模量 E_c；

3）混凝土的强度等级。

当栓钉长度为直径4倍以上时，栓钉抗剪承载力为：

$$N_v^c = 0.5A_s\sqrt{E_c f_c^{实际}} \tag{76}$$

该公式既可用于普通混凝土，也可用于轻骨料混凝土。

考虑可靠度的因素后，公式（76）中的 $f_c^{实际}$ 除应以混凝土的轴心抗压强度 f_c 代替外，尚应乘以折减系数0.85，这样就得到条文中的栓钉抗剪承载力设计公式（11.3.1-1）。

试验研究表明，栓钉的抗剪承载力并非随着混凝土强度的提高而无限地提高，存在一个与栓钉抗拉强度有关的上限值。根据欧洲钢结构协会1981年组合结构规范等资料，其承载力的限制条件为 $0.7A_s f_u$，约相当于栓钉的极限抗剪强度。但在编制GBJ 17—88规范时，认为经验不足，将 f_u（抗拉强度）改为 f_y（屈服强度），再引入抗力分项系数成为 f。GBJ 17—88规范发行以来，设计者发现 N_v^c 均由 $\leqslant 0.7A_s f$ 控制，导致使用栓钉数量过多。现本规范改为"$\leqslant 0.7A_s \gamma f$"。

γ为栓钉材料抗拉强度与屈服强度（均用最小规定值）之比。按国标《圆柱头焊钉》GB/T 10433，当栓钉材料性能等级为4.6级时，$\gamma = \frac{f_u}{f_y} = \frac{400}{240} = 1.67$。

2　槽钢连接件：其工作性能与栓钉相似，混凝土对其影响的因素亦相同，只是槽钢连接件根部的混凝土局部承压区局限于槽钢上翼缘下表面范围内。各国规范中采用的公式基本上是一致的，我国在这方面的试验也极为接近，即：

$$N_v^c = 0.3(t + 0.5t_w)l_c\sqrt{E_c f_c^{实际}} \tag{77}$$

考虑可靠度的因素后，公式（77）中的 $f_c^{实际}$ 除应以混凝土的轴心抗压强度设计值 f_c 代替外，尚应再乘以折减系数0.85，这样就得到条文中的抗剪承载力设计值公式（11.3.1-2）。

3　弯筋连接件：弯起钢筋的抗剪作用主要是通过与混凝土锚固而获得的，当弯起钢筋的锚固长度在构造上满足要求后，影响抗剪承载力的主要因素便是弯起钢筋的截面面积和弯起钢筋的强度等级。试验与分析表明，当弯起钢筋的弯起角度为35°～55°时，弯起角度的因素可以忽略不计，其抗剪承载力设计值为：

$$N_v^c = A_{st} f_y \tag{78}$$

试验表明，实测结果与按公式（78）计算结果之比在1.2以上，故其抗剪承载力设计值的计算公式除将弯起钢筋的屈服强度 f_y 改用抗拉强度设计值 f_{st} 外，不再乘折减系数，这样就得到条文中的抗剪承载力设计值计算公式（11.3.1-3）。

11.3.2　用压型钢板混凝土组合板时，其抗剪连接件一般用栓钉。由于栓钉需穿过压型钢板而焊接至钢梁上，且栓钉根部周围没有混凝土的约束，当压型钢板肋垂直于钢梁时，由压型钢板的波纹形成的混凝土肋是不连续的，故对栓钉的抗剪承载力应予折减。本条规定的折减系数是根据试验分析而得出的。

11.3.3　当栓钉位于负弯矩区时，混凝土翼板处于受拉状态，栓钉周围的混凝土对其约束程度不如正弯矩区的栓钉受到周围混凝土约束程度高，故位于负弯矩区的栓钉抗剪承载力亦应予折减。

11.3.4　试验研究表明，栓钉等柔性抗剪连接件具有很好的剪力重分布能力，所以没有必要按照剪力图布置连接件，这给设计和施工带来了极大的方便。对于简支组合梁，可以按照11.3.4条所计算的连接件个数均匀布置在最大正弯矩截面至零弯矩截面之间。对于连续组合梁，可以将按照11.3.4条所计算的连接件个数分别在 m_1、(m_2+m_3)、(m_4+m_5) 区段内均匀布置，但应注意在各区段内混凝土翼板隔离体的平衡。

11.4　挠度计算

11.4.1　组合梁的挠度计算与钢筋混凝土梁类似，需要分别计算在荷载标准组合及荷载准永久组合下的截面折减刚度并以此来计算组合梁的挠度，其最大值应符合本规范第3.5节的要求。

11.4.2、11.4.3　国内外试验研究表明，采用栓钉、槽钢等柔性抗剪连接件的钢-混凝土组合梁，连接件在传递钢梁与混凝土翼板交界面的剪力时，本身会发生变形，其周围的混凝土亦会发生压缩变形，导致钢梁与混凝土翼板的交界面产生滑移应变，引起附加曲率，从而引起附加挠度。可以通过对组合梁的换算截面抗弯刚度 EI_{eq} 进行折减的方法来考虑滑移效应。规范公式（11.4.2）是考虑滑移效应的组合梁折减刚度的计算方法，它既适用于完全抗剪连接组合梁，也适用于部分抗剪连接组合梁和钢梁与压型钢板混凝土组合板构成的组合梁。对于后者，抗剪连接件刚度系数 k 应按本规范11.3.2条予以折减。

本条所列的挠度计算方法，详见聂建国"考虑滑移效应的钢-混凝土组合梁变形计算的折减刚度法"，《土木工程学报》，1995年第5期。

11.5　构造要求

11.5.1　组合梁的高跨比一般为 $h/l \geqslant 1/15 \sim 1/16$，为使钢梁的抗剪强度与组合梁的抗弯强度相协调，故钢梁截面高度 h_s 宜大于

组合梁截面高度 h 的 1/2.5，即 $h \leqslant 2.5h_s$。

11.5.4 本条为抗剪连接件的构造要求。

1 圆柱头焊钉钉头下表面或槽钢连接件上翼缘下表面应高出混凝土底部钢筋 30mm 的要求，主要是为了：①保证连接件在混凝土翼板与钢梁之间发挥抗掀起作用；②底部钢筋能作为连接件根部附近混凝土的横向配筋，防止混凝土由于连接件的局部受压作用而开裂。

2 连接件沿梁跨度方向的最大间距规定，主要是为了防止在混凝土翼板与钢梁接触面间产生过大的裂缝，影响组合梁的整体工作性能和耐久性。

11.5.5 本条中关于栓钉最小间距的规定，主要是为了保证栓钉的抗剪承载力能充分发挥作用。

中华人民共和国行业标准

高层民用建筑钢结构技术规程

Technical specification for steel structure of tall buildings

JGJ 99—98

主编单位：中国建筑技术研究院
批准部门：中华人民共和国建设部
施行日期：1998年12月1日

关于发布行业标准
《高层民用建筑钢结构技术规程》的通知

建标［1998］103号

根据建设部（89）建标计字第8号文的要求，由中国建筑技术研究院标准设计研究所主编的《高层民用建筑钢结构技术规程》，业经审查，现批准为行业标准，编号JGJ99—98，自1998年12月1日起施行。

本规程由建设部建筑工程标准技术归口单位中国建筑科学研究院归口管理，由中国建筑技术研究院标准设计研究所负责具体解释。本规程的出版发行由建设部标准定额研究所组织。

中华人民共和国建设部

1998年5月12日

目　录

主 要 符 号

作用和作用效应

G_E——结构抗震设计采用的重力荷载代表值；

G_{eq}——结构抗震设计采用的等效重力荷载；

F_{Ek}、F_{Evk}——结构总水平、竖向地震作用标准值；

w_0——基本风压；

v_{cr}——高层建筑临界风速；

v_n——建筑顶层处风速；

$v_{n,m}$——建筑顶层处平均风速；

a_w——高层建筑顶点顺风向最大加速度；

a_t——高层建筑顶点横风向最大加速度；

w_k——风荷载标准值；

S——作用效应；

N——轴心力；

M——弯矩；

σ_N——轴心力产生的构件平均正应力；

u_i——第 i 层楼层侧移；

u_i'——第 i 层楼层修正后的侧移；

u_n——建筑顶点侧移；

Δu_i——第 i 层层间侧移差；

θ——角位移。

材料强度和结构抗力

E——钢材弹性模量；

f——钢材抗拉、抗压和抗弯强度设计值；

f_y——钢材屈服强度；

f_u——钢材极限抗拉强度最小值；

f_v——钢材抗剪强度设计值；

f_t^a——锚栓抗拉强度设计值；

f_t^b、f_v^b——螺栓抗拉、抗剪强度设计值；

f_u^s——栓钉钢材的极限抗拉强度最小值；

f_t^w、f_c^w、f_v^w——对接焊缝抗拉、抗压、抗剪强度设计值；

f_f^w——角焊缝抗拉、抗压和抗剪强度设计值；

R——结构抗力；

M_{pc}——钢柱的全塑性受弯承载力；钢构件考虑轴力时的全塑性受弯承载力；

M_{pb}——钢梁的全塑性受弯承载力；

M_u——连接的最大受弯承载力；

N_E——欧拉临界力；

N_t^a——一个锚栓受拉承载力设计值；

N_t^b、N_v^b——一个螺栓受拉、受剪承载力设计值；

N_v^a——混凝土中一个栓钉受剪承载力设计值；

V_v——节点连接的最大受剪承载力；

T_t——建筑横风向基本自振周期。

几 何 参 数

a——偏心支撑耗能梁段净长；

b_0——箱形梁翼缘在两腹板间的宽度；

b_{st}——加劲肋外伸宽度；

h_b——梁截面高度；

h_c——柱截面高度；

h_0——腹板计算高度；

h_{0b}——梁腹板高度；

h_{0c}——柱腹板高度；

h_e——角焊缝有效厚度；

h_s——栓钉高度；

h_d——地面饰面层厚度；

h_p——压型钢板截面高度；

t_f——钢构件翼缘厚度；

t_w——钢构件腹板厚度；

t_{st}——加劲肋厚度；

A——钢构件毛截面面积；

A_n——钢构件净截面面积；

A_{br}——支撑斜杆截面面积；

A_{st}——加劲肋截面面积；

V_p——节点域体积；

W——毛截面抵抗矩；

W_n——净截面抵抗矩；

W_p——毛截面塑性抵抗矩；

W_{np}——净截面塑性抵抗矩；

I——毛截面惯性矩；

I_n——净截面惯性矩；

I_f——翼缘对截面中和轴的惯性矩；

I_w——腹板对截面中和轴的惯性矩。

系 数

C_G——恒荷载效应系数；

C_Q——楼面活荷载效应系数；

C_E、C_{Ev}——水平地震作用、竖向地震作用效应系数；

C_w——风荷载效应系数；

γ_G——恒荷载分项系数；

γ_Q——楼面活荷载分项系数；

γ_E、γ_{Ev}——水平地震作用、竖向地震作用分项系数；

γ_w——风荷载分项系数；

γ_{RE}——构件承载力抗震调整系数；

γ_0——结构重要性系数；

γ_j——结构 j 振型参与系数；

α_{max}、α_{vmax}——水平、竖向地震影响系数最大值；

α_1——与结构基本自振周期相应的地震影响系数；

δ_n——顶层附加地震作用系数；

ξ——计算周期修正系数；

μ_z——风压高度变化系数；

μ_s——风荷载体型系数；

μ_r——风压重现期调整系数；

v——风荷载脉动影响系数；

ζ——建筑横风向临界阻尼比；

ψ_w——风荷载组合值系数；

λ——长细比；

λ_n——正则化长细比；

φ_b、φ_b'——钢梁整体稳定系数；

ρ——配筋率。

防火设计参数

C——荷载等级；

T——构件的耐火极限；

T_s——钢构件的临界强度；

t_1——构件的温度滞后时间；

c——防火材料的比热；

c_s——钢材的比热；

a——防火保护层厚度；

A_1——单位长度构件的隔热材料内表面面积；

V_s——单位长度构件的钢材体积；

ρ——防火材料密度；

λ——防火材料导热系数；

w——防火材料平均含水率；

ξ——构件欠载系数。

第一章 总 则

第 1.0.1 条 为在高层建筑钢结构设计与施工中贯彻执行国家的技术经济政策，做到技术先进、经济合理、安全适用、确保质量，制定本规程。

第 1.0.2 条 本规程适用于高度和结构类型符合表 1.0.2 规定的非抗震设防和设防烈度为 6 度至 9 度（以下简称 6 度至 9 度）的乙类及以下高层民用建筑钢结构的设计和施工。

第 1.0.3 条 高层建筑钢结构的设计，应根据高层建筑的特点，综合考虑建筑的使用功能、荷载性质、材料供应、制作安装、施工条件等因素，合理选择结构型式，对结构选型、构造和节点设计，应择优选用抗震和抗风性能好且又经济合理的结构体系和平立面布置。

钢结构和有混凝土剪力墙的钢结构高层建筑的适用高度（m） 表 1.0.2

结构种类	结构体系	非抗震设防	抗震设防烈度		
			6、7	8	9
钢结构	框架 框架-支撑（剪力墙板） 各类筒体	110 260 360	110 220 300	90 200 260	70 140 180
有混凝土剪力墙的钢结构	钢框架-混凝土剪力墙 钢框架-混凝土核心筒	220	180	100	70
	钢框筒-混凝土核心筒	220	180	150	70

注：表中适用高度系指规则结构的高度，为从室外地坪算起至建筑檐口的高度。

第 1.0.4 条 有混凝土剪力墙的钢结构尚应符合国家现行标准《钢筋混凝土高层建筑设计与施工规程》（JGJ 3）的规定。

第 1.0.5 条 抗震设防的高层民用建筑钢结构，根据其使用使功能的重要性可分为甲类、乙类、丙类、丁类四个类别。其划分应符合现行国家标准《建设抗震设防分类标准》（GB 50233）的规定。

第 1.0.6 条 高层建筑钢结构各类建筑的抗震设计，应符合下列要求：

一、甲类建筑应按专门研究的地震动参数计算地震作用；

二、按 6 度设防位于Ⅰ—Ⅲ类场地上的丙类建筑，可不计算地震作用；

三、按 6 度设防位于Ⅳ类的地上的丙类建筑、按 6 度设防的乙类建筑以及按 7 度至 9 度设防的乙、丙类建筑，应按本地区的设防烈度计算地震作用；

四、按 6 度设防的建筑可不进行罕遇地震作用下的结构计算。

第二章 材 料

第 2.0.1 条 高层建筑钢结构的钢材，宜采用 Q235 等级 B、C、D 的碳素结构钢，以及 Q345 等级 B、C、D、E 的低合金高强度结构钢。其质量标准应分别符合我国现行国家标准《碳素结构钢》（GB 700）和《低合金高强度结构钢》（GB/T 1591）的规定。当有可靠根据时，可采用其他牌号的钢材。

第 2.0.2 条 承重结构的钢材应根据结构的重要性、荷载特征、连接方法、环境温度以及构件所处部位等不同情况，选择其牌号和材质，并应保证抗拉强度、伸长率、屈服点、冷弯试验、冲击韧性合格和硫、磷含量符合限值。对焊接结构尚应保证碳含量符合限值。

第 2.0.3 条 抗震结构钢材的强屈比不应小于 1.2；应有明显的屈服台阶；伸长率应大于 20%；应有良好的可焊性。

第 2.0.4 条 承重结构处于外露情况和低温环境时，其钢材性能尚应符合耐大气腐蚀和避免低温冷脆的要求。

第 2.0.5 条 采用焊接连接的节点，当板厚等于或大于 50mm，并承受沿板厚方向的拉力作用时，应按现行国家标准《厚度方向性能钢板》（GB 5313）的规定，附加板厚方向的断面收缩率，并不得小于该标准 Z15 级规定的允许值。

第 2.0.6 条 结构采用的钢材强度设计值，不得小于表 2.0.6 的规定。

第 2.0.7 条 钢材的物理性能，应按现行国家标准《钢结构设计规范》（GBJ 17）第 3.2.3 条的规定采用。

在高层建筑钢结构的设计和钢材订货文件中，应注明所采用钢材的牌号、等级和对 Z 向性能的附加保证要求。

第 2.0.8 条 钢结构的焊接材料应符合下列要求：

一、手工焊接用焊条的质量，应符合现行国家标准《碳钢焊条》（GB 5117）或《低合金钢焊条》（GB 5118）的规定。选用的焊条型号应与主体金属相匹配。

设计用钢材强度值（N/mm²） 表 2.0.6

钢材牌号	钢材厚度（mm）	极限抗拉强度最小值 f_u	屈服强度 f_y	强度设计值		
				抗拉、抗压、抗弯 f	抗剪 f_v	端面承压（刨平顶紧）f_{ce}
Q235	≤16	375	235	215	125	320
	>16～40	375	225	205	120	320
	>40～60	375	215	200	115	320
	>60～100	375	205	190	110	320
Q345	≤16	470	345	315	185	410
	>16～35	470	325	300	175	410
	>35～50	470	295	270	155	410
	>50～100	470	275	250	145	410

二、自动焊接或半自动焊接采用的焊丝和焊剂，应与主体金属强度相适应，焊丝应符合现行国家标准《熔化焊用钢丝》（GB/T 14957）或《气体保护焊用钢丝》（GB/T 14958）的规定。

焊缝的强度设计值应按表 2.0.8 的规定采用。

设计用焊缝强度值（N/mm²） 表 2.0.8

焊接方法和焊条型号	构件钢材牌号		对接焊缝极限抗拉强度最小值 f_u	对接焊缝强度设计值				角焊缝强度设计值
	钢材牌号	厚度或直径（mm）		抗压 f_c^w	焊缝质量为下列级别时抗拉和抗弯 f_t^w		抗剪 f_v^w	抗拉、抗压、抗剪 f_f^w
					一、二级	三级		
自动焊、半自动焊和 E43××型焊条的手工焊	Q235	≤16	375	215	215	185	125	160
		>16～40	375	205	205	175	120	160
		>40～60	375	200	200	170	115	160
		>60～100	375	190	190	160	110	160
自动焊、半自动焊和 E50××型焊条的手工焊	Q345	≤16	470	315	315	270	185	200
		>16～35	470	300	300	255	175	200
		>35～50	470	270	270	230	155	200
		>50～100	470	250	250	210	145	200

注：1. 自动焊和半自动焊采用的焊丝和焊剂，其熔敷金属的抗拉强度不应小于相应手工焊焊条的抗拉强度。
2. 一、二级是指现行国家标准《钢结构工程施工及验收规范》（GB 50205）规定的全熔透焊缝内部缺陷的质量等级。

第 2.0.9 条 钢结构螺栓连接的材料应符合下列要求：

一、普通螺栓应符合现行国家标准《六角头螺栓——*A* 和 *B* 级》（GB 5782）和《六角头螺栓——*C* 级》）（GB 5780）的规定。

二、锚栓可采用现行国家标准《碳素结构钢》（GB 700）规定的 Q235 钢或《低合金高强度结构钢》（GB/T 1591）规定的 Q345 钢。

三、高强度螺栓应符合现行国家标准《钢结构高强度大六角头螺栓、大六角螺母、垫圈与技术条件》（GB/T 1228～1231）或《钢结构用扭剪型高强度螺栓连接副》（GB 3632～GB 3633）的规定。

四、螺栓连接的强度设计值，应按现行国家标准《钢结构设计规范》（GBJ17）表 3.2.1-6 的规定采用。高强度螺栓的设计预拉力值，应按现行国家标准《钢结构设计规范》（GBJ17）表 7.2.2-2 的规定采用。高强度螺栓连接的钢材摩擦面抗滑移系数值，应按现行国家标准《钢结构设计规范》（GBJ17）表 7.2.2-1 的规定采用。

第三章 结构体系和布置

第一节 结构体系和选型

第 3.1.1 条 本规程适用于高层建筑钢结构的下列体系：

一、框架体系

二、双重抗侧力体系

1. 钢框架-支撑（剪力墙板）体系

2. 钢框架-混凝土剪力墙体系

3. 钢框架-混凝土核心筒体系

三、筒体体系

1. 框筒体系

2. 桁架筒体系

3. 筒中筒体系

4. 束筒体系

第 3.1.2 条 高层建筑钢结构当根据刚度需要设置外伸刚臂和腰桁架或帽桁架（在顶层）时，宜设在设备层。外伸刚臂应横贯楼层连续布置。

第 3.1.3 条 支撑和剪力墙板可选用中心支撑、偏心支撑、内藏钢板支撑、带缝混凝土剪力墙板或钢板剪力墙。

第 3.1.4 条 抗震高层建筑钢结构的体系和布置，应符合下列要求：

一、应具有明确的计算简图和合理的地震作用传递途径；

二、宜有避免因部分结构或构件破坏而导致整个体系丧失抗震能力的多道设防；

三、应具备必要的刚度和承载力、良好的变形能力和耗能能力；

四、宜具有均匀的刚度和承载力分布，避免因局部削弱或突变形成薄弱部位，产生过大的应力集中或塑性变形集中；对可能出现的薄弱部位，应采取加强措施。

五、宜积极采用轻质高强材料。

第 3.1.5 条 钢结构和有混凝土剪力墙的钢结构高层建筑的高宽比不宜大于表 3.1.5 的规定。

高宽比的限值　表 3.1.5

结构种类	结构体系	非抗震设防	抗震设防烈度 6、7	8	9
钢结构	框架	5	5	4	3
	框架-支撑（剪力墙板）	6	6	5	4
	各类筒体	6.5	6	5	5
有混凝土剪力墙的钢结构	钢框架-混凝土剪力墙	5	5	4	4
	钢框架-混凝土核心筒	5	5	4	4
	钢框筒-混凝土核心筒	6	5	5	4

注：当塔形建筑的底部有大底盘时，高宽比采用的高度应从大底盘的顶部算起。

第二节　结构平面布置

第 3.2.1 条 建筑平面宜简单规则，并使结构各层的抗侧力刚度中心与水平作用合力中心接近重合，同时各层接近在同一竖直线上。建筑的开间、进深宜统一；柱截面的钢板厚度不宜大于 100mm。

抗震设防的高层建筑钢结构，其常用平面的尺寸关系应符合表 3.2.1 和图 3.2.1 的要求。当钢框筒结构采用矩形平面时，其长宽比不宜大于 1.5∶1，不能满足此项要求时，宜采用多束筒结构。

L，l，l'，B'的限值　表 3.2.1

L/B	L/B_{max}	l/b	l'/B_{max}	B'/B_{max}
≤5	≤4	≤1.5	≥1	≤0.5

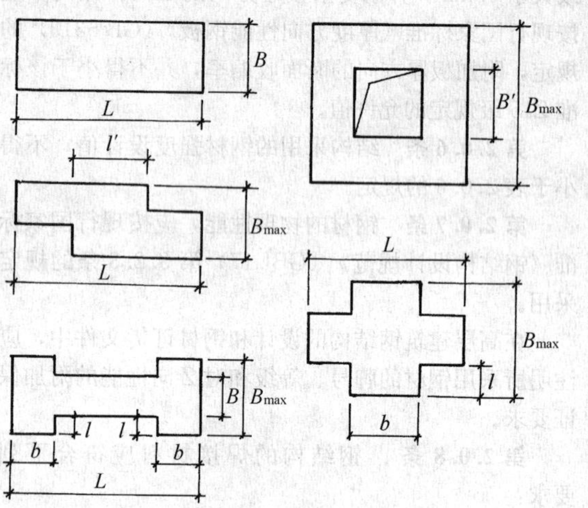

图 3.2.1

第 3.2.2 条 抗震设防的高层建筑钢结构，除不符合表 3.2.1 和图 3.2.1 者外，在平面布置上具有下列情况之一者，也属平面不规则结构：

一、任一层的偏心率大于 0.15（偏心率应按本规程附录二的规定计算）；

二、结构平面形状有凹角，凹角的伸出部分在一个方向的长度，超过该方向建筑总尺寸的 25%；

三、楼面不连续或刚度突变，包括开洞面积超过该层总面积的 50%；

四、抗水平力构件既不平行于又不对称于抗侧力体系的两个互相垂直的主轴。

属于上述情况第一、四项者应计算结构扭转的影响，属于第三项者应采用相应的计算模型，属于第二项者应采用相应的构造措施。

第 3.2.3 条 高层建筑宜选用风压较小的平面形状，并应考虑邻近高层建筑物对该建筑物风压的影响。在体形上应避免在设计风速范围内出现横风向振动。

第 3.2.4 条 高层建筑钢结构不宜设置防震缝。薄弱部位应采取措施提高抗震能力。

高层建筑钢结构不宜设置伸缩缝。当必须设置时，抗震设防的结构伸缩缝应满足防震缝要求。

第三节　结构竖向布置

第 3.3.1 条 抗震设防的高层建筑钢结构，宜采用竖向规则的结构。在竖向布置上具有下列情况之一者，为竖向不规则结构：

一、楼层刚度小于其相邻上层刚度的70%，且连续三层总的刚度降低超过50%；

二、相邻楼层质量之比超过1.5（建筑为轻屋盖时，顶层除外）；

三、立面收进尺寸的比例为 $L_1/L<0.75$（图3.3.1）；

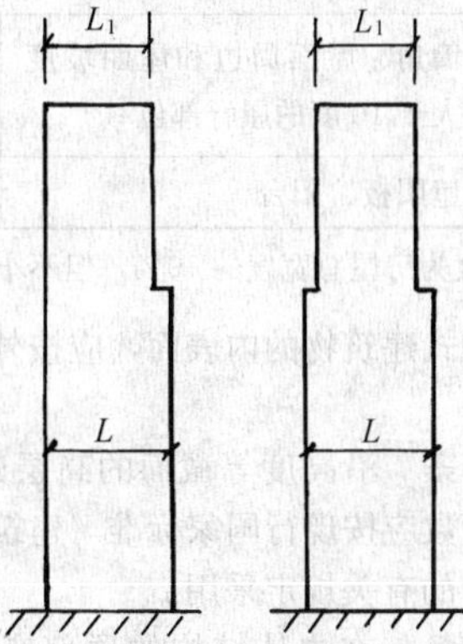

图3.3.1 立面收进

四、竖向抗侧力构件不连续；

五、任一楼层抗侧力构件的总受剪承载力，小于其相邻上层的80%。

对竖向不规则结构，应按本规程第四章第三节和第五章第三节的有关规定设计。

第3.3.2条 抗震设防的框架-支撑结构中，支撑（剪力墙板）宜竖向连续布置。除底部楼层和外伸刚臂所在楼层外，支撑的形式和布置在竖向宜一致。

第四节 结构布置的其他要求

第3.4.1条 楼板宜采用压型钢板现浇钢筋混凝土结构，不宜采用预制钢筋混凝土楼板。当采用预应力薄板加混凝土现浇层或一般现浇钢筋混凝土楼板时，楼板与钢梁应有可靠连接。

第3.4.2条 对转换楼层或设备、管道孔口较多的楼层，应采用现浇混凝土楼板或设水平刚性支撑。

建筑物中有较大的中庭时，可在中庭的上端楼层用水平桁架将中庭开口连接，或采取其他增强结构抗扭刚度的有效措施。

第五节 地基、基础和地下室

第3.5.1条 高层建筑钢结构的基础形式，应根据上部结构、工程地质条件、施工条件等因素综合确定，宜选用筏基、箱基、桩基或复合基础。当基岩较浅、基础埋深不符合要求时，应采用岩石锚杆基础。

第3.5.2条 钢结构高层建筑宜设地下室。抗震设防建筑的高层结构部分，基础埋深宜一致，不宜采用局部地下室。

第3.5.3条 高层建筑钢结构的基础埋置深度（从室外地坪或通长采光井底面到承台底部或基础底部的深度），当采用天然地基时不宜小于$\frac{1}{15}H$，当采用桩基时不宜小于$\frac{1}{18}H$。此处，H是室外地坪至屋顶檐口（不包括突出屋面的屋顶间）的高度。当有根据时，埋置深度可适当减小。

第3.5.4条 当主楼与裙房之间设置沉降缝时，应采用粗砂等松散材料将沉降缝地面以下部分填实，以确保主楼基础四周的可靠侧向约束；当不设沉降缝时，在施工中宜预留后浇带。

第3.5.5条 高层建筑钢结构与钢筋混凝土基础或地下室的钢筋混凝土结构层之间，宜设置钢骨混凝土结构层。

第3.5.6条 在框架-支撑体系中，竖向连续布置的支撑桁架，应以剪力墙形式延伸至基础。

第四章 作　用

第一节 竖向作用

第4.1.1条 高层建筑钢结构楼面和屋顶活荷载以及雪荷载的标准值及其准永久值系数，应按现行国家标准《建筑结构荷载规范》（GBJ 9）表3.1.1的规定采用。该表未规定的荷载，宜按实际情况采用，但不得小于表4.1.1所列的数值。

静力计算时，楼面活荷载标准值折减系数应按现行国家标准《建筑结构荷载规范》（GBJ 9）第3.1.2条的规定采用。

民用建筑楼面均布活荷载标准值及其准永久值系数　表4.1.1

类　别	活荷载标准值（kN/m²）	准永久值系数 ψ_q
酒吧间、展销厅	3.5	0.5
屋顶花园	4.0	0.8
档案库、储藏室	5.0	0.8
饭店厨房、洗衣房	4.0	0.5
健身房、娱乐室	4.0	0.5
办公室灵活隔断	0.5	0.8

第4.1.2条 在计算构件效应时，楼面及屋面竖向荷载可仅考虑各跨满载的情况。

第4.1.3条 直升机平台荷载，应取下列二项中能使平台结构产生最大效应的荷载。直升机荷载的准永久值可不考虑。

一、直升机总重引起的局部荷载，按由实际最大起飞重量决定的荷载标准值乘动力系数1.4确定。当没有机型的技术资料时，局部荷载标准值及其作用面积可根据直升机类型按下列规定采用：

直升机的局部荷载标准值及其作用面积　　表 4.1.3

直升机类型	最大起飞重量（t）	局部荷载标准值（kN）	作用面积（m²）
轻　型	2	20	0.20×0.20
中　型	4	40	0.25×0.25
重　型	6	60	0.30×0.30

二、等效均布荷载 5kN/m²。

第 4.1.4 条　施工中采用附墙塔、爬塔等对结构有影响的起重机械或其他设备时，在结构设计中应根据具体情况进行施工阶段验算。

第二节　风　荷　载

第 4.2.1 条　作用在高层建筑任意高度处的风荷载标准值，应根据现行国家标准《建筑结构荷载规范》（GBJ 9）按下列公式计算：

$$w_k = \beta_z \mu_s \mu_z w_0 \quad (4.2.1)$$

式中　w_k——任意高度处的风荷载标准值（kN/m²）；

w_0——高层建筑基本风压（kN/m²），按本规程 4.2.2 的规定采用；

μ_z——风压高度变化系数，按本规程 4.2.3 的规定采用；

μ_s——风荷载体型系数，按本规程 4.2.4 的规定采用；

β_z——顺风向 z 高度处的风振系数，按本规程 4.2.5 的规定采用。

第 4.2.2 条　基本风压系以当地比较空旷平坦地面上，离地面 10m 高处，统计所得 30 年一遇的 10min 平均最大风速 v_0（m/s）为标准，按 $w_0 = v_0^2/1600$ 计算确定的风压值。高层建筑的基本风压 w_0，应按现行国家标准《建筑结构荷载规范》（GBJ 9）图 6.1.2《全国基本风压分布图》中的数值乘以系数 1.1 采用；对于特别重要和有特殊要求的高层建筑，可按图中数值乘以 1.2 采用。

第 4.2.3 条　风压高度变化系数应按现行国家标准《建筑结构荷载规范》（GBJ 9）的规定采用。

第 4.2.4 条　高层建筑风载体型系数，可按下列规定采用：

一、单个高层建筑的风载体型系数，可按本规程附录一的规定采用。

二、城市建成区内新建高层建筑，应考虑周围已有高层建筑，特别是邻近已有高层建筑的影响。

对于周围环境复杂、邻近有高层建筑、体型与本规程附录一中的体型不同且又无参考资料可以借鉴的或外形极不规则高层建筑以及高度较大的超高层建筑，其风荷载体型系数应根据风洞试验确定。

三、验算墙面构件及其连接时，对风吸力区应采用表 4.2.4 规定的局部体型系数。

风吸力区的局部体型系数　　表 4.2.4

部　位		局部体型系数
外墙构件、玻璃幕墙	墙面一般部位	−1.0
	墙角、屋面周边和屋面坡度大于 10 度的屋脊部位①	−1.5
檐口、雨篷、遮阳板、阳台		−2.0

①作用宽度为房屋总宽度的 10%，但不小于 1.5m。

四、封闭式建筑物的内表面，应按外表面的风压情况取±0.2。

第 4.2.5 条　沿高度等截面的高层建筑钢结构，顺风向风振系数应按现行国家标准《建筑结构荷载规范》（GBJ 9）的有关规定采用。

第 4.2.6 条　在主体结构的顶部有小体型建筑时，应计入鞭稍效应，可根据小体型建筑作为独立体时的基本自振周期 T_u 与主体建筑的基本自振周期 T_1 的比例，分别按下列规定处理：

一、当 $T_u \leqslant T_1/3$ 时，可假定主体建筑的高度延伸至小体型建筑的顶部，其风振系数宜按本规程第 4.2.5 条的规定采用。

二、当 $T_u > T_1/3$ 时，其风振系数宜按风振理论进行计算。

第三节　地震作用

第 4.3.1 条　高层建筑抗震设计时，第一阶段设计应按多遇地震计算地震作用，第二阶段设计应按罕遇地震计算地震作用。

第 4.3.2 条　第一阶段设计时，其地震作用应符合下列要求：

一、通常情况下，应在结构的两个主轴方向分别计入水平地震作用，各方向的水平地震作用应全部由该方向的抗侧力构件承担；

二、当有斜交抗侧力构件时，宜分别计入各抗侧力构件方向的水平地震作用；

三、质量和刚度明显不均匀、不对称的结构，应计入水平地震作用的扭转影响；

四、按 9 度抗震设防的高层建筑钢结构，或者按 8 度和 9 度抗震设防的大跨度和长悬臂构件，应计入竖向地震作用。

第 4.3.3 条　高层建筑钢结构的设计反应谱，应采用图 4.3.3 所示阻尼比为 0.02 的地震影响系数 α 曲线表示，并应符合下列规定：

一、α 值应根据近震、远震、场地类别及结构自振周期计算，α_{max} 及特征周期 T_g 按表 4.3.3-1 和

4.3.3-2 的规定采用，系数$\zeta(T)$按下列公式确定：

$$\zeta(T)=1+3.5T \quad (0\leqslant T\leqslant 0.1) \tag{4.3.2-1}$$

$$\zeta(T)=1.35 \quad (0.1<T\leqslant 2T_g) \tag{4.3.2-2}$$

$$\zeta(T)=1.35+0.2T_g-0.1T\geqslant 1 \quad (T>2T_g) \tag{4.3.2-3}$$

并应使修正后的α值不小于$0.2\alpha_{max}$。

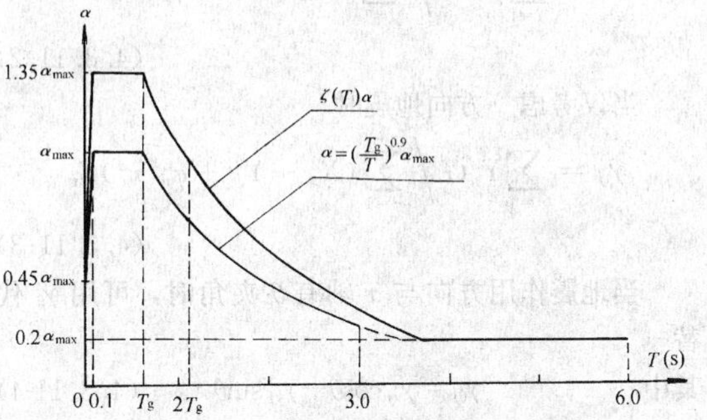

图 4.3.3　高层建筑钢结构的地震影响系数

α—地震影响系数；α_{max}—地震影响系数最大值；

T—结构自振周期；T_g—场地特征周期

二、抗震设计水平地震影响系数最大值，应按表 4.3.3-1 采用。

抗震设计水平地震影响系数最大值

表 4.3.3-1

烈　度	6	7	8	9
α_{max}	0.04	0.08	0.16	0.32

三、特征周期应按表 4.3.3-2 采用。

特征周期 T_g (s)　　表 4.3.3-2

	场地类别			
	1	2	3	4
近　震	0.20	0.30	0.40	0.65
远　震	0.25	0.40	0.55	0.85

采用以钢筋混凝土结构为主要抗侧力构件的高层钢结构时，地震影响系数应按现行国家标准《建筑抗震设计规范》(GBJ 11) 的有关规定采用。

第 4.3.4 条　采用底部剪力法计算水平地震作用时，各楼层可仅按一个自由度计算，结构水平地震作用，应按下列公式计算：

一、与结构的总水平地震作用等效的底部剪力标准值

$$F_{Ek}=\alpha_1 G_{eq} \tag{4.3.4-1}$$

二、在质量沿高度分布基本均匀、刚度沿高度分度基本均匀或向上均匀减小的结构中，各层水平地震作用标准值

$$F_i=\frac{G_iH_i}{\sum_{j=1}^{n}G_jH_j}F_{Ek}(1-\delta_n)\quad(i=1,2\cdots n) \tag{4.3.4-2}$$

三、顶部附加水平地震作用标准值

$$\Delta F_n=\delta_n F_{Ek} \tag{4.3.4-3}$$

$$\delta_n=\frac{1}{T_1+8}+0.05 \tag{4.3.4-4}$$

式中　α_1——相应于结构基本自振周期T_1（按 s 计）的水平地震影响系数值，按本章第 4.3.3 条的规定计算；

G_{eq}——结构的等效总重力荷载，取总重力荷载代表值的 80%；

G_i、G_j——分别为第i、j层重力荷载代表值，应按本章第 4.3.5 条确定；

H_i、H_j——分别为i、j层楼盖距底部固定端的高度；

F_i——第i层的水平地震作用标准值；

δ_n——顶部附加地震作用系数；

ΔF_n——顶部附加水平地震作用。

采用底部剪力法时，突出屋面小塔楼的地震作用效应，宜乘以增大系数 3。增大影响宜向下考虑 1～2 层，但不再往下传递。

第 4.3.5 条　抗震计算中，重力荷载代表值应为恒荷载标准值和活荷载组合值之和，并应按下列规定取值：

恒荷载：应取现行国家标准《建筑结构荷载规范》(GBJ 9) 规定的结构、构配件和装修材料等自重的标准值；

雪荷载：应按现行国家标准《建筑结构荷载规范》(GBJ 9) 规定的标准值乘 0.5 取值；

楼面活荷载：应按现行国家标准《建筑结构荷载规范》(GBJ 9) 规定的标准值乘组合值系数取值。一般民用建筑应取 0.5，书库、档案库建筑应取 0.8。计算时不应再按现行国家标准《建筑结构荷载规范》(GBJ 9) 的规定折减，且不应计入屋面活荷载。

第 4.3.6 条　钢结构的计算周期，应采用按主体结构弹性刚度计算所得的周期乘以考虑非结构构件影响的修正系数ξ_T，该修正系数宜采用 0.90。用弹性方法计算高层建筑钢结构周期及振型时，应符合本规程第五章第二节静力计算的规定。

第 4.3.7 条　对于重量及刚度沿高度分布比较均匀的结构，基本自振周期可用下列公式近似计算：

$$T_1=1.7\xi_T\sqrt{u_n} \tag{4.3.7}$$

式中　u_n——结构顶层假想侧移 (m)，即假想将结构各层的重力荷载作为楼层的集中水平力，按弹性静力方法计算所得到的顶层

侧移值。

第 4.3.8 条 在初步计算时，结构的基本自振周期可按下列经验公式估算：

$$T_1 = 0.1n \quad (4.3.8\text{-}1)$$

式中 n——建筑物层数（不包括地下部分及屋顶小塔楼）。

第 4.3.9 条 对不计扭转影响的结构，振型分解反应谱法仅考虑平移作用下的地震效应组合，并应符合下列规定：

一、j 振型 i 层质点的水平地震作用标准值，可按下列公式计算：

$$F_{ji} = \alpha_j \gamma_j X_{ji} G_i \quad (i = 1,2\cdots n, j = 1,2\cdots m) \quad (4.3.9\text{-}1)$$

$$\gamma_j = \sum_{i=1}^{n} X_{ji} G_i \Big/ \sum_{i=1}^{n} X_{ji}^2 G_i \quad (4.3.9\text{-}2)$$

式中 α_j——相应于 j 振型计算周期 T_j 的地震影响系数，按第 4.3.3 条取值；

γ_j——j 振型的参与系数；

X_{ji}——j 振型 i 质点的水平相对位移。

二、水平地震作用效应（弯矩、剪力、轴向力和变形），应按下列公式计算：

$$S = \sqrt{\Sigma S_j^2} \quad (4.3.9\text{-}3)$$

式中 S——水平地震作用效应；

S_j——j 振型水平地震作用产生的效应，可只取前 2～3 个振型。当基本自振周期大于 1.5s 或房屋高宽比大于 5 时，振型个数可适当增加。

第 4.3.10 条 突出屋面的小塔楼，应按每层一个质点进行地震作用计算和振型效应组合。当采用 3 个振型时，所得地震作用效应可以乘增大系数 1.5；当采用 6 个振型时，所得地震作用效应不再增大。

第 4.3.11 条 当按空间协同工作或空间结构计算空间振型时，采用振型分解反应谱法应按下列规定计算水平地震作用和进行地震效应组合：

一、j 振型 i 层的水平地震作用标准值，应按下列公式确定：

$$\begin{aligned} F_{xji} &= \alpha_j \gamma_{tj} X_{ji} G_i \\ F_{yji} &= \alpha_j \gamma_{tj} Y_{ji} G_i \quad (i = 1,2\cdots n; j = 1,2\cdots m) \\ F_{tji} &= \alpha_j \gamma_{tj} r_i^2 \varphi_{ji} G_i \end{aligned} \quad (4.3.11\text{-}1)$$

式中 F_{xji}、F_{yji}、F_{tji}——分别为 j 振型 i 层的 x 方向、y 方向和转角方向的地震作用标准值；

X_{ji}、Y_{ji}——分别为 j 振型 i 层质点在 x、y 方向的水平相对位移；

γ_{tj}——考虑扭转的 j 振型参与系数；

φ_{ji}——j 振型 i 层的相对扭转角；

r_i——i 层转动半径，可取 i 层绕质心的转动惯量除以该层质量的商的正二次方根。

二、考虑扭转的 j 振型参与系数 γ_{tj} 可按下列公式确定：

当仅考虑 x 方向地震时，

$$\gamma_{tj} = \sum_{i=1}^{n} X_{ji} G_i \Big/ \sum_{i=1}^{n} (X_{ji}^2 + Y_{ji}^2 + \varphi_{ji}^2 \ r_i^2) G_i \quad (4.3.11\text{-}2)$$

当仅考虑 y 方向地震时

$$\gamma_{tj} = \sum_{i=1}^{n} Y_{ji} G_i \Big/ \sum_{i=1}^{n} (X_{ji}^2 + Y_{ji}^2 + \varphi_{ji}^2 \ r_i^2) G_i \quad (4.3.11\text{-}3)$$

当地震作用方向与 x 轴有 θ 夹角时，可用 γ_θ 代替 y_{tj}

其中 $$\gamma_{\theta j} = \gamma_{xj} \cos\theta + \gamma_{yj} \sin\theta \quad (4.3.11\text{-}4)$$

三、采用空间振型时，地震作用效应按下列公式计算：

$$S = \sqrt{\sum_{j=1}^{m} \sum_{k=1}^{m} \rho_{jk} S_j S_k} \quad (4.3.11\text{-}5)$$

$$\rho_{jk} = \frac{8\zeta^2 (1 + \lambda_T) \lambda_T^{1.5}}{(1 - \lambda_T^2)^2 + 4\zeta^2 (1 + \lambda_T)^2 \lambda_T} \quad (4.3.11\text{-}6)$$

式中 S——组合作用效应；

S_j、S_k——分别为 j、k 振型地震作用产生的作用效应，可取 9～15 个振型，当基本自振周期 T_1＞2s 时，振型数应取较大者；在刚度和质量沿高度分布很不均匀的情况下，应取更多的振型（18 个或更多）；

ρ_{jk}——j 振型与 k 振型的耦连系数；

λ_T——k 振型与 j 振型的自振周期比；

ζ——阻尼比，钢结构一般可取 0.02；

m——振型组合数。

第 4.3.12 条 高层建筑计算竖向地震作用时，可按下列要求确定竖向地震作用标准值；

一、总竖向地震作用标准值

$$F_{Evk} = \alpha_{vmax} G_{eq} \quad (4.3.12\text{-}1)$$

式中 α_{vmax}——竖向地震影响系数最大值，可取水平地震影响系数的 65%；

G_{eq}——结构的等效总重力荷载，取总重力荷载代表值的 75%。

二、楼层 i 的竖向地震作用标准值

$$F_{vi} = \frac{G_i H_i}{\sum_{j=1}^{n} G_j H_j} \cdot F_{Evk} \quad (4.3.12\text{-}2)$$

$$(i = 1,2\cdots n)$$

三、各层的竖向地震效应，应按各构件承受重力荷载代表值的比例分配，并应考虑向上或向下作用产生的不利组合。

四、长悬臂和大跨度结构的竖向地震作用标准值，对8度和9度抗震设防的建筑，可分别取该结构或构件重力荷载代表值的10%和20%。

第4.3.13条 采用时程分析法计算结构的地震反应时，输入地震波的选择应符合下列要求：

采用不少于四条能反映当地场地特性的地震加速度波，其中宜包括一条本地区历史上发生地震时的实测记录波。

地震波的持续时间不宜过短，宜取10～20s或更长。

第4.3.14条 输入地震波的峰值加速度，可按表4.3.14采用。

地震加速度峰值（gal）　表4.3.14

设防烈度	7	8	9
第一阶段设计	35	70	140
第二阶段设计	220	400	620

第五章　作用效应计算

第一节　一般规定

第5.1.1条 结构的作用效应可采用弹性方法计算。抗震设防的结构除进行地震作用下的弹性效应计算外，尚应计算结构在罕遇地震作用下进入弹塑性状态时的变形。

第5.1.2条 当进行结构的作用效应计算时，可假定楼面在其自身平面内为绝对刚性。在设计中应采取保证楼面整体刚度的构造措施。

对整体性较差，或开孔面积大，或有较长外伸段的楼面，或相邻层刚度有突变的楼面，当不能保证楼面的整体刚度时，宜采用楼板平面内的实际刚度，或对按刚性楼面假定计算所得结果进行调整。

第5.1.3条 当进行结构弹性分析时，宜考虑现浇钢筋混凝土楼板与钢梁的共同工作，且在设计中应使楼板与钢梁间有可靠连接。当进行结构弹塑性分析时，可不考虑楼板与梁的共同工作。

当进行框架弹性分析时，压型钢板组合楼盖中梁的惯性矩对两侧有楼板的梁宜取$1.5I_b$，对仅一侧有楼板的梁宜取$1.2I_b$，I_b为钢梁惯性矩。

第5.1.4条 高层建筑钢结构的计算模型，可采用平面抗侧力结构的空间协同计算模型。当结构布置规则、质量及刚度沿高度分布均匀、不计扭转效应时，可采用平面结构计算模型；当结构平面或立面不规则、体型复杂、无法划分成平面抗侧力单元的结构，或为筒体结构时，应采用空间结构计算模型。

第5.1.5条 结构作用效应计算中，应计算梁、柱的弯曲变形和柱的轴向变形，尚宜计算梁、柱的剪切变形，并应考虑梁柱节点域剪切变形对侧移的影响。通常可不考虑梁的轴向变形，但当梁同时作为腰桁架或帽桁架的弦杆时，应计入轴力的影响。

第5.1.6条 柱间支撑两端应为刚性连接，但可按两端铰接计算。偏心支撑中的耗能梁段应取为单独单元。

第5.1.7条 现浇竖向连续钢筋混凝土剪力墙的计算，宜计入墙的弯曲变形、剪切变形和轴向变形。

当钢筋混凝土剪力墙具有比较规则的开孔时，可按带刚域的框架计算；当具有复杂开孔时，宜采用平面有限元法计算。

装配嵌入式剪力墙，可按相同水平力作用下侧移相同的原则，将其折算成等效支撑或等效剪切板计算。

第5.1.8条 除应力蒙皮结构外，结构计算中不应计入非结构构件对结构承载力和刚度的有利作用。

第5.1.9条 当进行结构内力分析时，应计入重力荷载引起的竖向构件差异缩短所产生的影响。

第二节　静力计算

第5.2.1条 框架结构、框架-支撑结构、框架剪力墙结构和框筒结构等，其内力和位移均可采用矩阵位移法计算。

筒体结构可按位移相等原则转化为连续的竖向悬臂筒体，采用薄壁杆件理论、有限条法或其他有效方法进行计算。

在预估截面时，可采用本规程第5.2.2条至5.2.7条的近似方法计算荷载效应。

第5.2.2条 在竖向荷载作用下，框架内力可以采用分层法进行简化计算。在水平荷载作用下，框架内力和位移可采用D值法进行简化计算。

第5.2.3条 平面布置规则的框架-支撑结构，在水平荷载作用下当简化为平面抗侧力体系分析时，可将所有框架合并为总框架，并将所有竖向支撑合并为总支撑，然后进行协同工作分析（图5.2.3）。总支撑可当作一根弯曲杆件，其等效惯性矩I_{eq}可按下列公式计算：

$$I_{eq}=\mu\sum_{j=1}^{m}\sum_{i=1}^{n}A_{ij}a_{ij}^{2} \tag{5.2.3}$$

式中　μ——折减系数，对中心支撑可取0.8～0.9；

A_{ij}——第j榀竖向支撑第i根柱的截面面积；

a_{ij}——第i根柱至第j榀竖向支撑的柱截面形心轴的距离；

n——每一榀竖向支撑的柱子数；

m——水平荷载作用方向竖向支撑的榀数。

第5.2.4条 平面布置规则的框架剪力墙结构，在水平荷载作用下当简化为平面抗侧力体系分析时，可将所有框架合并为总框架，所有剪力墙合并为总剪

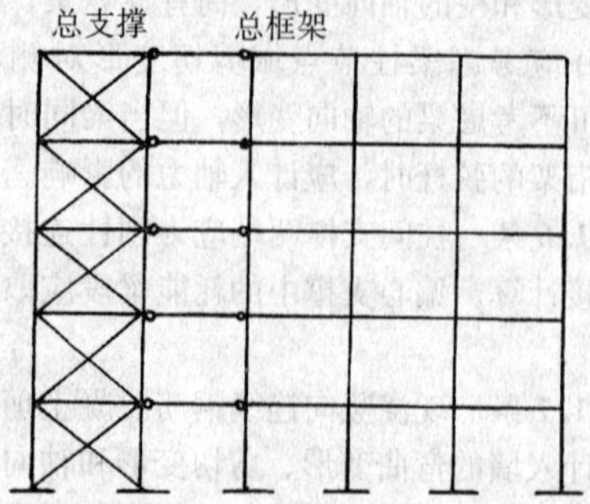

图 5.2.3　框架-支撑结构协同分析

力墙，然后进行协同工作分析。

第 5.2.5 条　平面为矩形或其他规则形状的框筒结构，可采用等效角柱法、展开平面框架法或等效截面法，转化为平面框架进行近似计算。

第 5.2.6 条　当对规则但有偏心的结构进行近似分析时，可先按无偏心结构进行分析，然后将内力乘以修正系数，修正系数应按下式计算（但当扭矩计算结果对构件的内力起有利作用时，应忽略扭矩的作用）。

$$\psi_i = 1 + \frac{e_d a_i \Sigma K_i}{\Sigma K_i a_i^2} \quad (5.2.6)$$

式中　e_d——偏心矩设计值，非地震作用时宜取 $e_d = e_0$，地震作用时宜取

$$e_d = e_0 + 0.05L;$$

e_0——楼层水平荷载合力中心至刚心的距离；

L——垂直于楼层剪力方向的结构平面尺寸；

ψ_i——楼层第 i 榀抗侧力结构的内力修正系数；

a_i——楼层第 i 榀抗侧力结构至刚心的距离；

K_i——楼层第 i 榀抗侧力结构的侧向刚度。

第 5.2.7 条　用底部剪力法估算高层钢框架结构的构件截面时，水平地震作用下倾覆力矩引起的柱轴力，对体型较规则的丙类建筑可折减，但对乙类建筑不应折减。折减系数 k 的取值，根据所考虑截面的位置，按图 5.2.7 的规定采用。下列情况倾覆力矩不应折减：

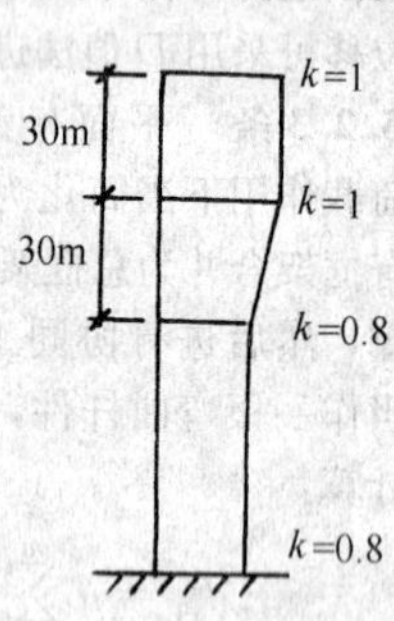

图 5.2.7

一、体型不规则的建筑；

二、体型规则但基本自振周期 $T_1 \leqslant 1.5$s 的结构。

第 5.2.8 条　应计入梁柱节点域剪切变形对高层建筑钢结构侧移的影响。可将梁柱节点域当作一个单独的单元进行结构分析，也可按下列规定作近似计算。

一、对于箱型截面柱框架，可将节点域当作刚域，刚域的尺寸取节点域尺寸的一半；

二、对工字形截面柱框架，可按结构轴线尺寸进行分析，并应按本规程第 5.2.9 条的规定对侧移进行修正。

第 5.2.9 条　当工字形截面柱框架所考虑楼层的主梁线刚度平均值与节点域剪切刚度平均值之比 $EI_{bm}/(K_m h_{bm}) \geqslant 1$ 或参数 $\eta \geqslant 5$ 时，按本规程第 5.2.8 条近似方法计算的楼层侧移，可按下式进行修正：

$$u_i = \left(1 + \frac{\eta}{100 - 0.5\eta}\right) u_i \quad (5.2.9\text{-}1)$$

$$\eta = \left[17.5 \frac{EI_{bm}}{K_m h_{bm}} - 1.8\left(\frac{EI_{bm}}{K_m h_{bm}}\right)^2 - 10.7\right] \cdot \sqrt[4]{\frac{I_{cm} h_{bm}}{I_{bm} h_{cm}}} \quad (5.2.9\text{-}2)$$

式中　u'_i——修正后的第 i 层楼层的侧移；

u_i——忽略节点域剪切变形，并按结构轴线分析得出的第 i 层楼层的侧移；

I_{cm}、I_{bm}——分别为结构中柱和梁截面惯性矩的平均值；

h_{cm}、h_{bm}——分别为结构中柱和梁腹板高度的平均值；

K_m——节点域剪切刚度平均值

$$K_m = h_{cm} h_{bm} t_m G \quad (5.2.9\text{-}3)$$

t_m——节点域腹板厚度平均值；

G——钢材的剪切模量；

E——钢材的弹性模量。

第 5.2.10 条　高层建筑钢结构当同时符合下列条件时，可不验算结构的整体稳定。

一、结构各楼层柱子平均长细比和平均轴压比，满足下式要求：

$$\frac{N_m}{N_{pm}} + \frac{\lambda_m}{80} \leqslant 1 \quad (5.2.10\text{-}1)$$

式中　λ_m——楼层柱的平均长细比；

N_m——楼层柱的平均轴压力设计值；

N_{pm}——楼层柱的平均全塑性轴压力

$$N_{mp} = f_y \cdot A_m \quad (5.2.10\text{-}2)$$

f_y——钢材屈服强度；

A_m——柱截面面积的平均值。

二、结构按一阶线性弹性计算所得的各楼层层间相对侧移值，满足下列公式要求：

$$\frac{\Delta u}{h} \leqslant 0.12 \frac{\Sigma F_h}{\Sigma F_v} \quad (5.2.10\text{-}3)$$

式中　Δu——按一阶线性弹性计算所得的质心处层间侧移；

h——楼层层高；

ΣF_h——计算楼层以上全部水平作用之和；

ΣF_v——计算楼层以上全部竖向作用之和。

第 5.2.11 条　对于不符合本规程第 5.2.10 条的

高层建筑钢结构，可按下列要求验算整体稳定：

对于有支撑的结构，且 $\Delta u/h \leqslant 1/1000$，按有效长度法验算。柱的计算长度系数可按现行国家标准《钢结构设计规范》（GBJ 17）附录四附表 4.1 采用。支撑体系可以是钢支撑、剪力墙和核心筒体等。

对于无支撑的结构和 $\Delta u/h > 1/1000$ 的有支撑的结构，应按能反映二阶效应的方法验算结构的整体稳定。

第三节 地震作用效应验算

第 5.3.1 条 高层建筑钢结构的抗震设计，应采用两阶段设计法。第一阶段为多遇地震作用下的弹性分析，验算构件的承载力和稳定以及结构的层间侧移；第二阶段为罕遇地震下的弹塑性分析，验算结构的层间侧移和层间侧移延性比。

第 5.3.2 条 高层建筑钢结构的第一阶段抗震设计，可采用下列方法计算地震作用效应：

一、高度不超过 40m 且平面和竖向较规则的以剪切型变形为主的建筑，可采用现行国家标准《建筑抗震设计规范》（GBJ 11）规定的地震作用和底部剪力法计算；

二、高度不超过 60m 且平面和竖向较规则的建筑，以及高度超过 60m 的建筑预估截面时，可采用本规程规定的地震作用和底部剪力法计算；

三、高度超过 60m 的建筑，应采用振型分解反应谱法计算；

四、竖向特别不规则的建筑，宜采用时程分析法作补充计算。

第 5.3.3 条 第一阶段抗震设计中，框架-支撑（剪力墙板）体系中总框架任一楼层所承担的地震剪力，不得小于结构底部总剪力的 25%。

第 5.3.4 条 在结构平面的两个主轴方向分别计算水平地震效应时，角柱和两个方向的支撑或剪力墙所共有的柱构件，其水平地震作用引起的构件内力，应在按本规程第 5.3.3 条规定调整的基础上提高 30%。

第 5.3.5 条 验算倾覆力矩对地基的作用，应符合下列规定：

一、验算在多遇地震作用下整体基础（筏形或箱形基础）对地基的作用时，可采用底部剪力法计算作用于地基的倾覆力矩，其折减系数宜取 0.8；

二、计算倾覆力矩对地基的作用时，不应考虑基础侧面回填土的约束作用。

第 5.3.6 条 高层建筑钢结构第二阶段抗震设计验算，应采用时程分析法计算结构的弹塑性地震反应，其结构计算模型可以采用杆系模型，剪切型层模型、剪弯型层模型或剪弯协同工作模型。

第 5.3.7 条 当采用时程分析法时，时间步长不宜超过输入地震波卓越周期的 1/10，且不宜大于 0.02s。

第二阶段抗震设计当进行弹塑性分析时，钢结构阻尼比可取 0.05。

第 5.3.8 条 当进行高层建筑钢结构的弹塑性地震反应分析时，其恢复力模型可由试验或根据已有的资料确定。

钢柱及梁的恢复力模型可采用二折线型，其滞回模型可不考虑刚度退化。钢支撑和耗能梁段等构件的恢复力模型，应按杆件特性确定。钢筋混凝土剪力墙、剪力墙板和核心筒，应选用二折线或三折线型，并考虑刚度退化。

第 5.3.9 条 当采用层模型进行高层建筑钢结构的弹塑性地震反应分析时，应采用计入有关构件弯曲、轴向力、剪切变形影响的等效层剪切刚度，层恢复力模型的骨架线可采用静力弹塑性方法进行计算，并可简化为折线型，要求简化后的折线与计算所得骨架线尽量吻合。在对结构进行静力弹塑性计算时，应同时考虑水平地震作用与重力荷载。构件所用材料的屈服强度和极限强度应采用标准值。

第 5.3.10 条 当进行高层建筑钢结构的弹塑性时程反应分析时，应计入二阶效应对侧移的影响。

第四节 作用效应组合

第 5.4.1 条 荷载效应与地震作用效应组合的设计值，应按下列公式确定：

一、无地震作用时

$$S = \gamma_G C_G G_k + \gamma_{Q1} C_{Q1} Q_{1k} + \gamma_{Q2} C_{Q2} Q_{2k} + \psi_w \gamma_w C_w w_k \tag{5.4.1-1}$$

二、有地震作用，按第一阶段设计时

$$S = \gamma_G C_G G_E + \gamma_E C_E F_{Ek} + \gamma_{Ev} C_{Ev} F_{Evk} + \psi_w \gamma_w C_w w_k \tag{5.4.1-2}$$

式中 G_k、Q_{1k}、Q_{2k}——分别为永久荷载、楼面活荷载、雪荷载等竖向荷载标准值；

F_{Ek}、F_{Evk}、w_k——分别为水平地震作用、竖向地震作用和风荷载的标准值；

G_E——考虑地震作用时的重力荷载代表值，按本规程第 4.3.5 条的规定计算；

$C_G G_k$、$C_{Q1} Q_{1k}$、$C_{Q2} Q_{2k}$、$C_w w_k$、$C_G G_E$、$C_E F_{Ek}$、$C_{Ev} F_{Evk}$——分别为上述各相应荷载和作用标准值产生的荷载效应和作用效应，按力学计算求得；

γ_G、γ_{Q1}、γ_{Q2}、γ_w、γ_E、γ_{Ev}——分别为上述各相应荷载或作用的分项系数，其值见表5.4.2。

ψ_w——风荷载组合系数，在无地震作用的组合中取1.0，在有地震作用的组合中取0.2。

第5.4.2条 第一阶段抗震设计进行构件承载力验算时，其荷载或作用的分项系数应按表5.4.2的规定采用，并应取各构件可能出现的最不利组合进行截面设计。

荷载或作用的分项系数　　表5.4.2

组合情况	重力荷载 γ_G	活荷载 γ_{Q1}、γ_{Q2}	水平地震作用 γ_E	竖向地震作用 γ_{Ev}	风荷载 γ_w	备　注
1. 考虑重力、楼面活荷载及风荷载	1.20	1.3～1.40	—	—	1.40	
2. 考虑重力及水平地震作用	1.20	—	1.30	—	—	
3. 考虑重力、水平地震作用及风荷载	1.20	—	1.30	—	1.40	用于60m以上高层建筑
4. 考虑重力及竖向地震作用	1.20	—	—	1.30	—	用于：(1)9度设防；(2)8、9度设防的大跨度和长悬臂结构
5. 考虑重力、水平及竖向地震作用	1.20	—	1.30	0.50	—	
6. 考虑重力、水平及竖向地震作用及风荷载	1.20	—	1.30	0.50	1.40	同上，但用于60m以上高层

注：1. 在地震作用组合中，重力荷载代表值应符合本规程第4.3.5条的规定。当重力荷载效应对构件承载力有利时，宜取γ_G为1.0。
2. 对楼面结构，当活荷载标准值不小于4kN/m^{2}时，其分项系数取1.3。

第5.4.3条 第一阶段抗震设计当进行结构侧移验算时，应取与构件承载力验算相同的组合，但各荷载或作用的分项系数应取1.0。

第5.4.4条 第二阶段抗震设计当采用时程分析法验算时，不应计入风荷载，其竖向荷载宜取重力荷载代表值。

第五节　验算要求

第5.5.1条 非抗震设防的高层建筑钢结构，以及抗震设防的高层建筑钢结构在不计算地震作用的效应组合中，应满足下列要求：

一、构件承载力应满足下列公式要求：

$$\gamma_0 S \leqslant R \tag{5.5.1-1}$$

式中 γ_0——结构重要性系数，按结构构件安全等级确定；

S——荷载或作用效应组合设计值；

R——结构构件承载力设计值。

二、结构在风荷载作用下，顶点质心位置的侧移不宜超过建筑高度的1/500；质心层间侧移不宜超过楼层高度的1/400。对于以钢筋混凝土结构为主要抗侧力构件的高层钢结构的位移，应符合国家现行标准《钢筋混凝土高层建筑结构设计与施工规程》（JGJ 3）的有关规定，但在保证主体结构不开裂和装修材料不出现较大破坏的情况下，可适当放宽。

结构平面端部构件最大侧移不得超过质心侧移的1.2倍。

三、高层建筑钢结构在风荷载作用下的顺风向和横风向顶点最大加速度，应满足下列关系式的要求：

$$\text{公寓建筑}\quad a_w(\text{或}\ a_{tr}) \leqslant 0.20\text{m/s}^2 \tag{5.5.1-2}$$

$$\text{公共建筑}\quad a_w(\text{或}\ a_{tr}) \leqslant 0.28\text{m/s}^2 \tag{5.5.1-3}$$

四、顺风向和横风向的顶点最大加速度应按下列公式计算：

1. 顺风向顶点最大加速度

$$a_w = \xi\nu \frac{\mu_s \mu_r w_0 A}{m_{tot}} \tag{5.5.1-4}$$

式中 a_w——顺风向顶点最大加速度（m/s^2）；

μ_s——风荷载体型系数；

μ_r——重现期调整系数，取重现期为10年时的系数0.83；

w_0——基本风压（kN/m^2），按现行国家标准《建筑结构荷载规范》（GBJ 9）全国基本风压分布图的规定采用；

ξ、ν——分别为脉动增大系数和脉动影响系数，按现行国家标准《建筑结构荷载规范》（GBJ 9）的规定采用；

A——建筑物总迎风面积（m^2）；

m_{tot}——建筑物总质量（t）。

2. 横风向顶点最大加速度

$$a_{tr} = \frac{b_r}{T_t^2} \cdot \frac{\sqrt{BL}}{\gamma_B \sqrt{\zeta_{t,cr}}} \tag{5.5.1-5}$$

$$b_r = 2.05 \times 10^{-4} \left(\frac{v_{n,m} T_t}{\sqrt{BL}}\right)^{3.3} \quad (\text{kN/m}^3)$$

式中　a_{tr}——横风向顶点最大加速度（m/s^2）；

$v_{n,m}$——建筑物顶点平均风速（m/s），$v_{n,m}=40\sqrt{\mu_s\mu_z w_0}$；

μ_z——风压高度变化系数；

γ_B——建筑物所受的平均重力（kN/m^3）；

$\zeta_{t,cr}$——建筑物横风向的临界阻尼比值；

T_t——建筑物横风向第一自振周期（s）；

B、L——分别为建筑物平面的宽度和长度（m）。

五、圆筒形高层建筑钢结构应满足下列条件，当不能满足时，应进行横风向涡流脱落试验或增大结构刚度。

$$v_n < v_{cr} \quad (5.5.1\text{-}6)$$

$$v_{cr} = 5D/T_1 \quad (5.5.1\text{-}7)$$

式中　v_n——高层建筑顶部风速，可采用风压换算；

v_{cr}——临界风速。

D——圆筒形建筑的直径；

T_1——圆筒形建筑的基本自振周期。

第5.5.2条　高层建筑钢结构的第一阶段抗震设计，作用效应应符合下列要求：

一、结构构件的承载力应满足下列公式要求：

$$S \leqslant R/\gamma_{RE} \quad (5.5.2\text{-}1)$$

式中　S——地震作用效应组合设计值；

R——结构构件承载力设计值；

γ_{RE}——结构构件承载力的抗震调整系数，按表5.5.2的规定选用。当仅考虑竖向效应组合时，各类构件承载力抗震调整系数均取1.0。

构件承载力的抗震调整系数　表5.5.2

构件名称	梁	柱	支撑	节点	节点螺栓	节点焊缝
γ_{RE}	0.80	0.85	0.90	0.90	0.90	1.0

二、高层建筑钢结构的层间侧移标准值，不得超过结构层高的1/250。以钢筋混凝土结构为主要抗侧力构件的结构，其侧移限值应符合国家现行标准《钢筋混凝土高层建筑结构设计与施工规程》（JGJ 3）的规定，但在保证主体结构不开裂和装修材料不出现较大破坏的情况下，可适当放宽。

结构平面端部构件最大侧移，不得超过质心侧移的1.3倍。

第5.5.3条　高层建筑钢结构的第二阶段抗震设计，应满足下列要求：

一、结构层间侧移不得超过层高的1/70；

二、结构层间侧移延性比不得大于表5.5.3的规定。

结构层间侧移延性比　表5.5.3

结构类别	层间侧移延性比
钢框架	3.5
偏心支撑框架	3.0
中心支撑框架	2.5
有混凝土剪力墙的钢框架	2.0

第六章　钢构件设计

第一节　梁

第6.1.1条　梁的抗弯强度应按下列公式计算：

$$\frac{M_x}{\gamma_x W_{nx}} \leqslant f \quad (6.1.1)$$

式中　M_x——梁对x轴的弯矩设计值；

W_{nx}——梁对x轴的净截面抵抗矩；

γ_x——截面塑性发展系数，非抗震设防时按现行国家标准《钢结构设计规范》（GBJ 17）的规定采用，抗震设防时宜取1.0。

f——钢材强度设计值，抗震设防时应按本规程第5.5.2条的规定除以γ_{RE}。

第6.1.2条　梁的稳定，除设置刚性铺板情况外，应按下列公式计算：

$$\frac{M_x}{\varphi_b W_x} \leqslant f \quad (6.1.2)$$

式中　W_x——梁的毛截面抵抗矩（单轴对称者以受压翼缘为准）；

φ_b——梁的整体稳定系数，按现行国家标准《钢结构设计规范》（GBJ 17）的规定确定。当梁在端部仅以腹板与柱（或主梁）相连时，φ_b（或当$\varphi_b>0.6$时的φ'_b）应乘以降低系数0.85；

f——钢材强度设计值，抗震设防时应按本规程第5.5.2条的规定除以γ_{RE}。

第6.1.3条　当梁上设有符合现行国家标准《钢结构设计规范》（GBJ 17）中规定的整体铺板时，可不计算整体稳定性。钢筋混凝土楼板及在压型钢板上现浇混凝土的楼板，都可视为刚性铺板。单纯压型钢板当有充分依据时方可视为刚性铺板。

第6.1.4条　梁设有侧向支撑体系，并符合现行国家标准《钢结构设计规范》（GBJ 17）规定的受压翼缘自由长度与其宽度之比的限值时，可不计算整体稳定。按7度及以上抗震设防的高层建筑，梁受压翼缘在支撑连接点间的长度与其宽度之比，应符合现行国家标准《钢结构设计规范》（GBJ 17）关于塑性设计时的长细比要求。在罕遇地震作用下可能出现塑性铰处，梁的上下翼缘均应设支撑点。

第6.1.5条　在主平面内受弯的实腹构件，其抗剪强度应按下列公式计算：

$$\tau=\frac{VS}{It_{w}}\leqslant f_{v} \quad (6.1.5)$$

框架梁端部截面的抗剪强度，应按下列公式计算：

$$\tau=V/A_{wn}\leqslant f_{v}$$

式中 V——计算截面沿腹板平面作用的剪力；

S——计算剪应力处以上毛截面对中和轴的面积矩；

I——毛截面惯性矩；

t_w——腹板厚度；

A_{wn}——扣除扇形切角和螺栓孔后的腹板受剪面积；

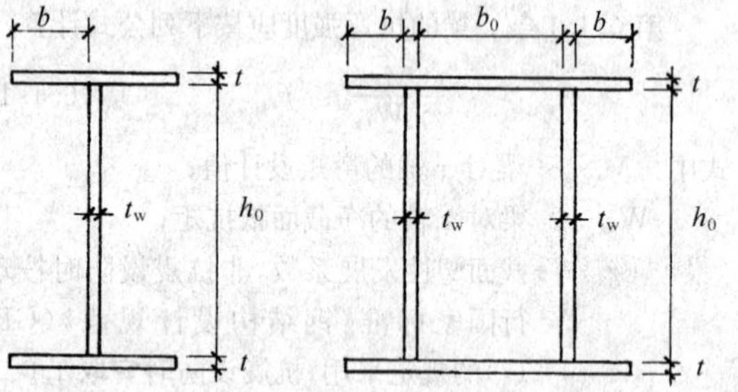

图 6.1.6 钢梁的截面

第 6.1.6 条 按 7 度及以上抗震设防的高层建筑，其抗侧力框架的梁中可能出现塑性铰的区段，板件宽厚比不应超过表 6.1.6 规定的限值(见图 6.1.6)。

框架梁板件宽厚比限值　　表 6.1.6

板　件	7 度及以上	6 度和非抗震设防
工字形梁和箱形梁翼缘悬伸部分 b/t	9	11
工字形梁和箱形梁腹板 h_0/t_w	$72-100\dfrac{N}{Af}$	$85-120\dfrac{N}{Af}$
箱形梁翼缘在两腹板之间的部分 b_0/t	30	36

注：1. 表中，N 为梁的轴向力，A 为梁的截面面积，f 为梁的钢材强度设计值；

2. 表列值适用于 $f_y=235\text{N/mm}^2$ 的 Q235 钢，当钢材为其他牌号时，应乘以 $\sqrt{235/f_y}$。

第 6.1.7 条 当在多遇地震作用下进行构件承载力计算时，托柱梁的内力应乘以增大系数，增大系数不得小于 1.5。

第二节 轴 心 受 压 柱

第 6.2.1 条 轴心受压柱的稳定性应按下式计算：

$$\frac{N}{\varphi A}\leqslant f \quad (6.2.1)$$

式中 N——压力的设计值；

A——柱的毛截面面积；

φ——轴心受压构件稳定系数，当柱的板件厚度不超过 40mm 时，应按现行国家标准《钢结构设计规范》(GBJ 17)采用，超过 40mm 者，按本规程第 6.2.2 条取用；

f——钢材强度设计值，抗震设防时应按本规程第 5.5.2 条的规定除以 γ_{RE}。

第 6.2.2 条 轴心受压柱板件厚度超过 40mm 者，稳定系数 φ 应按表 6.2.2 规定的类别取值。其中，b，c 类截面的稳定系数 φ，应按现行国家标准《钢结构设计规范》(GBJ 17)附表 3.2～3.3 和附表 3.5～3.6 取值。d 类截面的稳定系数 φ，应根据正则化长细比 λ_n 由下列公式计算，或由本规程附录三的附表 3.1 查得。

$$\lambda_n=\frac{\lambda}{\pi}\sqrt{\frac{f_y}{E}} \quad (6.2.2\text{-}1)$$

当 $\lambda_n\leqslant0.215$ 时，$\varphi=1-\alpha_1\lambda_n^2$ (6.2.2-2)

当 $\lambda_n>0.215$ 时，

$$\varphi=\frac{1}{2\lambda_n^2}\left[(\alpha_2+\alpha_3\lambda_n+\lambda^2)-\sqrt{(\alpha_2+\alpha_3\lambda_n+\lambda_n^2)^2-4\lambda_n^2}\right] \quad (6.2.2\text{-}3)$$

式中 α_1、α_2、α_3——系数。

$\alpha_1=2.165$

α_2、α_3 的取值应符合下列规定：

当 $0.215<\lambda_n\leqslant0.6$ 时，$\alpha_2=0.874$，$\alpha_3=1.081$

当 $\lambda_n>0.6$ 时，$\alpha_2=1.377$，$\alpha_3=0.242$

厚壁构件稳定系数 φ 的类别　表 6.2.2

构 件 类 别			φ_x	φ_y
轧制 H 型钢 ($b/h>0.8$)		$40<t\leqslant80$	b	c
		$t>80$	c	d
焊接 H 型钢	焰割板	$t\geqslant40$	b	b
	轧制板	$t\geqslant40$	c	d
焊接箱型截面		$b/t\geqslant20$	b	b
		$b/t<20$	c	c

第 6.2.3 条 轴心受压柱的板件宽厚比，应符合现行国家标准《钢结构设计规范》(GBJ 17)第 5.4.1 至第 5.4.5 条的规定。

第 6.2.4 条 轴心受压柱的长细比不宜大于 120。

第三节 框 架 柱

第 6.3.1 条 与梁刚性连接并参与承受水平作用的框架柱，应按本规程第五章计算内力，并应按现行国家标准《钢结构设计规范》(GBJ 17)第五章有关规定及本节的各项规定，计算其强度和稳定性。

在罕遇地震作用下，柱截面应能满足本规程第

5.5.3 条规定的第二阶段抗震设计的要求。

第 6.3.2 条 框架柱的计算长度，应按下列规定计算：

一、当计算框架柱在重力作用下的稳定性时，纯框架体系柱的计算长度应按现行国家标准《钢结构设计规范》(GBJ 17)附表 4.2(有侧移)的 μ 系数确定；有支撑和(或)剪力墙的体系当符合第 5.2.11 条规定时，框架柱的计算长度应按现行《钢结构设计规范》(GBJ 17)附表 4.1(无侧移)的 μ 系数确定。

其计算长度系数亦可采用下列近似公式计算：

1. 有侧移时

$$\mu=\sqrt{\frac{1.6+4(K_1+K_2)+7.5K_1K_2}{K_1+K_2+7.5K_1K_2}} \tag{6.3.2-1}$$

2. 无侧移时

$$\mu=\frac{3+1.4(K_1+K_2)+0.64K_1K_2}{3+2(K_1+K_2)+1.28K_1K_2} \tag{6.3.2-2}$$

式中 K_1、K_2——分别为交于柱上、下端的横梁线刚度之和与柱线刚度之和的比值。

二、当计算在重力和风力或多遇地震作用组合下的稳定性时，有支撑和(或)剪力墙的结构，在层间位移满足本规程第 5.5.2 条第二款要求的条件下，柱计算长度系数可取 1.0。若纯框架体系层间位移小于 $0.001h$(h 为楼层层高)时，也可按公式(6.3.2-2)计算柱的计算长度系数。

第 6.3.3 条 抗震设防的框架柱在框架的任一节点处，柱截面的塑性抵抗矩和梁截面的塑性抵抗矩宜满足下式的要求：

$$\Sigma W_{pc}(f_{yc}-N/A_c)\geqslant \Sigma W_{pb}f_{yb} \tag{6.3.3-1}$$

式中 W_{pc}、W_{pb}——分别为计算平面内交汇于节点的柱和梁的截面塑性抵抗矩；

f_{yc}、f_{yb}——分别为柱和梁钢材的屈服强度；

N——按多遇地震作用组合得出的柱轴力；

A_c——框架柱的截面面积。

在罕遇地震作用下不可能出现塑性铰的部分，框架柱可按下式计算：

$$N\leqslant 0.6A_cf \tag{6.3.3-2}$$

式中 f——柱钢材的抗压强度设计值，应按本规程第 5.5.2 条的规定除以 γ_{RE}。

第 6.3.4 条 按 7 度及以上抗震设防的框架柱板件宽厚比，不应大于表 6.3.4 的规定，按 6 度抗震设防和非抗震设防的框架柱板件宽厚比，可按现行国家标准《钢结构设计规范》(GBJ 17)第 5.4.1 条至第 5.4.5 条的规定采用。

框架柱板件宽厚比　　表 6.3.4

板　件	7 度	8 度或 9 度
工字形柱翼缘悬伸部分	11	10
工字形柱腹板	43	43
箱形柱壁板	37	33

注：表列数值适用于 $f_y=235\text{N/mm}^2$ 的 Q235 钢，当钢材为其他牌号时，应乘以 $\sqrt{235/f_y}$。

第 6.3.5 条 在柱与梁连接处，柱应设置与上下翼缘位置对应的加劲肋。按 7 度及以上抗震设防的结构，工字形截面柱和箱截面柱腹板在节点域范围的稳定性，应符合下列要求：

$$t_{wc}\geqslant\frac{h_{0b}+h_{0c}}{90} \tag{6.3.5}$$

式中 t_{wc}——柱在节点域的腹板厚度，当为箱形柱时仍取一块腹板的厚度；

h_{0b}——梁腹板高度；

h_{0c}——柱腹板高度。

第 6.3.6 条 按 7 度及以上抗震设防的结构，柱长细比不宜大于 $60\sqrt{235/f_y}$。按 6 度抗震设防和非抗震设防的结构，柱长细比不应大于 $120\sqrt{235/f_y}$。f_y 以 N/mm^2 为单位。

第 6.3.7 条 在多遇地震下进行构件承载力计算时，承托钢筋混凝土抗震墙的钢框架柱由地震作用产生的内力，应乘以增大系数，增大系数可取 1.5。

第四节　中 心 支 撑

第 6.4.1 条 高层建筑钢结构的中心支撑宜采用：十字交叉斜杆(图 6.4.1-1a)，单斜杆(图 6.4.1-1b)，人字形斜杆(图 6.4.1-1c)或 V 形斜杆体系。抗震设防的结构不得采用 K 形斜杆体系(图 6.4.1-1d)。

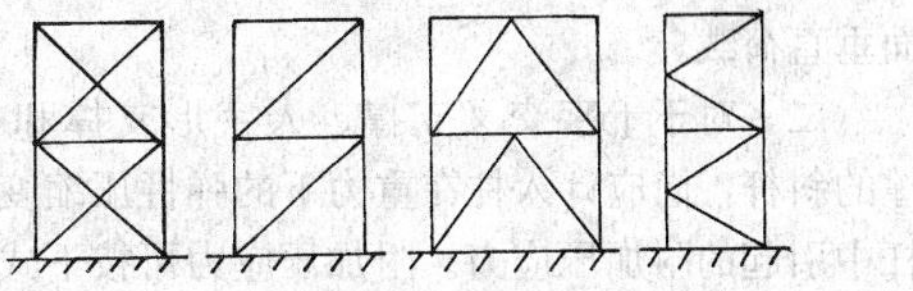

图 6.4.1-1　中心支撑类型

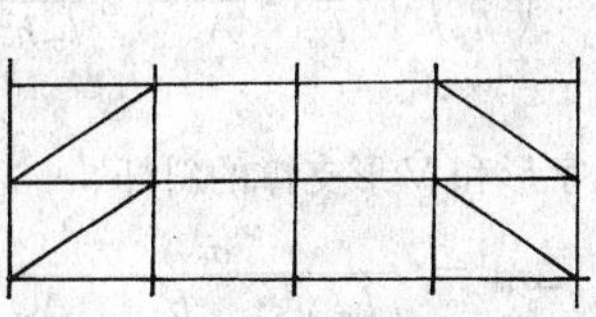

图 6.4.1-2　单斜杆支撑的布置

当采用只能受拉的单斜杆体系时，应同时设不同倾斜方向的两组单斜杆(图 6.4.1-2)，且每层中不同方向单斜杆的截面面积在水平方向的投影面积之差不得大于10%。

第6.4.2条 非抗震设防建筑中的中心支撑，当按只能受拉的杆件设计时，其长细比不应大于300 $\sqrt{235/f_y}$；当按既能受拉又能受压的杆件设计时，其长细比不应大于150 $\sqrt{235/f_y}$。

抗震设防建筑中的支撑杆件长细比，当按6度或7度抗震设防时不得大于120 $\sqrt{235/f_y}$；按8度抗震设防时不得大于80 $\sqrt{235/f_y}$；按9度抗震设防时不得大于40 $\sqrt{235/f_y}$。f_y 以 N/mm^2 为单位。

第6.4.3条 按7度及以上抗震设防的结构，支撑斜杆的板件宽厚比，当板件为一边简支一边自由时不得大于8 $\sqrt{235/f_y}$；当板件为两边简支时不得大于25 $\sqrt{235/f_y}$。f_y 以 N/mm^2 为单位。按6度抗震设防和非抗震设防时，支撑斜杆板件宽厚比可按现行国家标准《钢结构设计规范》(GBJ 17)第五章第四节的规定采用。

支撑斜杆宜采用双轴对称截面。当采用单轴对称截面时(例如双角钢组合T形截面)，应采取防止绕对称轴屈曲的构造措施。

第6.4.4条 在初步设计阶段计算支撑杆件所受内力时，可按下列要求计算附加效应：

一、在重力和水平力（风荷载或多遇地震作用）下，支撑除作为竖向桁架的斜杆承受水平荷载引起的剪力外，还承受水平位移和重力荷载产生的附加弯曲效应。人字形和V形支撑尚应考虑支撑跨梁传来的楼面垂直荷载。楼层附加剪力可按下式计算：

$$V_i = 1.2\frac{\Delta u_i}{h_i}\Sigma G_i \qquad (6.4.4\text{-}1)$$

式中 h_i——计算楼层的高度；

ΣG_i——计算楼层以上的全部重力；

Δu_i——计算楼层的层间位移。

人字形和V形支撑尚应考虑支撑跨梁传来的楼面垂直荷载。

二、对于十字交叉支撑、人字形支撑和V形支撑的斜杆，尚应计入柱在重力下的弹性压缩变形在斜杆中引起的附加压应力。附加压应力可按下式计算：

对十字交叉支撑的斜杆

$$\Delta\sigma_{br} = \frac{\sigma_c}{\left(\frac{l_{br}}{h}\right)^2 + \frac{h}{l_{br}}\cdot\frac{A_{br}}{A_c} + 2\frac{b^3}{l_{br}h^2}\cdot\frac{A_{br}}{A_b}} \qquad (6.4.4\text{-}2)$$

对于人字形和V形支撑的斜杆

$$\Delta\sigma_{br} = \frac{\sigma_c}{\left(\frac{l_{br}}{h}\right)^2 + \frac{b^3}{24l_{br}}\cdot\frac{A_{br}}{I_b}} \qquad (6.4.4\text{-}3)$$

式中 σ_c——斜杆端部连接固定后，该楼层以上各层增加的恒荷载和活荷载产生的柱压应力；

l_{br}——支撑斜杆长度；

b、I_b、h——分别为支撑跨梁的长度、绕水平主轴的惯性矩和楼层高度；

A_{br}、A_c、A_b——分别为计算楼层的支撑斜杆、支撑跨的柱和梁的截面面积。

第6.4.5条 在多遇地震效应组合作用下，人字形支撑和V形支撑的斜杆内力应乘以增大系数1.5，十字交叉支撑和单斜杆支撑的斜杆内力应乘以增大系数1.3。

第6.4.6条 在多遇地震作用效应组合下，支撑斜杆的受压验算按下列公式计算：

$$\frac{N}{\varphi A_{br}} \leqslant \eta f \qquad (6.4.6\text{-}1)$$

$$\eta = \frac{1}{1+0.35\lambda_n} \qquad (6.4.6\text{-}2)$$

$$\lambda_n = \frac{\lambda}{\pi}\sqrt{\frac{f_y}{E}} \qquad (6.4.6\text{-}3)$$

式中 η——受循环荷载时的设计强度降低系数；

λ_n——支撑斜杆的正则化长细比；

f——钢材强度设计值，应按本规程第5.5.2条的规定除以 γ_{RE}。

第6.4.7条 与支撑一起组成支撑系统的横梁、柱及其连接，应具有承受支撑斜杆传来内力的能力。与人字支撑、V形支撑相交的横梁，在柱间的支撑连接处应保持连续。在计算人字形支撑体系中的横梁截面时，尚应满足在不考虑支撑的支点作用情况下按简支梁跨中承受竖向集中荷载时的承载力。

第6.4.8条 按7度及以上抗震设防的结构，当支撑为填板连接的双肢组合构件时，肢件在填板间的长细比不应大于构件最大长细比的1/2，且不应大于40。

第6.4.9条 按8度及以上抗震设防的结构，可以采用带有消能装置的中心支撑体系。此时，支撑斜杆的承载力应为消能装置滑动或屈服时承载力的1.5倍。

第五节 偏心支撑

第6.5.1条 偏心支撑框架中的支撑斜杆，应至少在一端与梁连接（不在柱节点处），另一端可连接在梁与柱相交处，或在偏离另一支撑的连接点与梁连接，并在支撑与柱之间或在支撑与支撑之间形成耗能

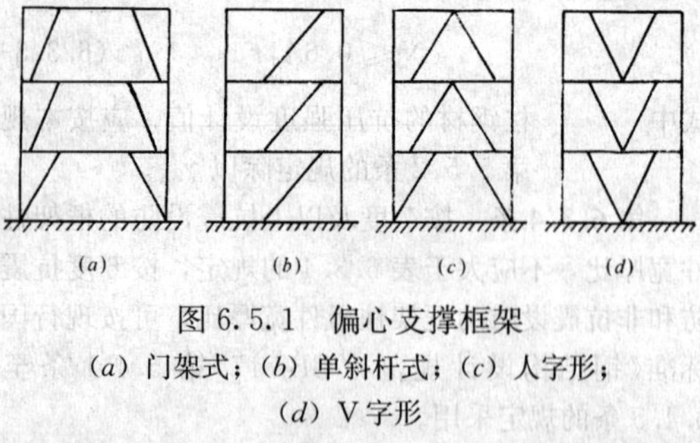

图6.5.1 偏心支撑框架

(a) 门架式；(b) 单斜杆式；(c) 人字形；(d) V字形

梁段（图 6.5.1）。

第 6.5.2 条 耗能梁段的塑性受剪承载力 V_p 和塑性受弯承载力 M_p，以及梁段承受轴向力时的全塑性受弯承载力 M_{pc}，应分别按下式计算：

$$V_p = 0.58 f_y h_0 t_w \quad (6.5.2\text{-}1)$$

$$M_p = W_p f_y \quad (6.5.2\text{-}2)$$

$$M_{pc} = W_p (f_y - \sigma_N) \quad (6.5.2\text{-}3)$$

式中 h_0——梁段腹板计算高度；

t_w——梁段腹板厚度；

W_p——梁段截面的塑性抵抗矩；

σ_N——轴力产生的梁段翼缘平均正应力。

第 6.5.3 条 耗能梁段轴向力产生的梁段翼缘平均正应力 σ_N，应按下式计算：

一、耗能梁段净长 $a < 2.2M_p/V_p$ 时

$$\sigma_N = \frac{V_p}{V_{lb}} \cdot \frac{N_{lb}}{2b_f t_f} \quad (6.5.3\text{-}1)$$

二、耗能梁段净长 $a \geqslant 2.2M_p/V_p$ 时

$$\sigma_N = \frac{N_{lb}}{A_{lb}} \quad (6.5.3\text{-}2)$$

式中 V_{lb}、N_{lb}——分别为梁段的剪力设计值和轴力设计值；

b_f——梁段翼缘宽度；

t_f——梁段翼缘厚度；

A_{lb}——梁段截面面积。

当 $\sigma_N < 0.15 f_y$ 时，取 $\sigma_N = 0$。

第 6.5.4 条 耗能梁段宜设计成剪切屈服型，当其与柱连接时，不应设计成弯曲屈服型。耗能梁段的净长 a 符合下式者为剪切屈服型，不符合者为弯曲屈服型。

$$a \leqslant 1.6 M_p/V_p \quad (6.5.4)$$

第 6.5.5 条 耗能梁段的截面宜与同一跨内框架梁相同，在多遇地震作用效应组合下，其强度应符合下列要求：

一、耗能梁段净长 $a < 2.2M_p/V_p$ 时

1. 其腹板强度应按下式计算：

$$\frac{V_{lb}}{0.8 \times 0.58 h_0 t_w} \leqslant f \quad (6.5.5\text{-}1)$$

2. 其翼缘强度应按下式计算：

$$\left(\frac{M_{lb}}{h_{lb}} + \frac{N_{lb}}{2}\right)\frac{1}{b_f t_f} \leqslant f \quad (6.5.5\text{-}2)$$

二、耗能梁段净长 $a \geqslant 2.2M_p/V_p$ 时

1. 其腹板强度应按式（6.5.5-1）计算：

2. 其翼缘强度应按下式计算：

$$\frac{M_{lb}}{W} + \frac{N_{lb}}{A_{lb}} \leqslant f \quad (6.5.5\text{-}3)$$

式中 M_{lb}——耗能梁段的弯矩设计值；

W——梁段截面抵抗矩；

f——钢材的强度设计值，应按本规程第 5.5.2 条的规定除以 γ_{RE}。

第 6.5.6 条 偏心支撑斜杆的承载力应按下式计算：

$$\frac{N_{br}}{\varphi A_{br}} \leqslant f \quad (6.5.6\text{-}1)$$

$$N_{br} = 1.6 \frac{V_p}{V_{lb}} N_{br,com} \quad (6.5.6\text{-}2a)$$

$$N_{br} = 1.6 \frac{M_{pc}}{M_{lb}} N_{br,com} \quad (6.5.6\text{-}2b)$$

式中 A_{br}——支撑截面面积；

φ——由支撑长细比确定的轴心受压构件稳定系数；

N_{br}——支撑轴力设计值，取公式（6.5.6-2a）和（6.5.6-2b）中之较小值；

$N_{br,com}$——在跨间梁的竖向荷载和水平作用最不利组合下的支撑轴力；

f——钢材的强度设计值，应按本规程第 5.5.2 条的规定除以 γ_{RE}。

第 6.5.7 条 偏心支撑框架柱的承载力，应按现行国家标准《钢结构设计规范》（GBJ 17）第五章的有关规定计算，抗震计算时，钢材强度设计值应按本规程第 5.5.2 条除以 γ_{RE}。计算承载力时

一、其弯矩设计值 M_c 应按下列公式计算，并取其较小值：

$$M_c = 2.0 \frac{V_p}{V_{lb}} M_{c,com} \quad (6.5.7\text{-}1)$$

$$M_c = 2.0 \frac{M_{pc}}{M_{lb}} M_{c,com} \quad (6.5.7\text{-}2)$$

二、其轴力设计值 N_c 应按下列公式计算，并取其较小值：

$$N_c = 2.0 \frac{V_p}{V_{lb}} N_{c,com} \quad (6.5.7\text{-}3)$$

$$N_c = 2.0 \frac{M_{pc}}{M_{lb}} N_{c,com} \quad (6.5.7\text{-}4)$$

式中 $M_{c,com}$、$N_{c,com}$——分别为竖向和水平作用最不利组合下的柱弯矩和轴力。

第 6.5.8 条 耗能梁段腹板不得加焊贴板提高强度，也不得在腹板上开洞，并应符合下列规定：

一、翼缘板自由外伸宽度 b_1 与其厚度 t_f 之比，应符合下式要求：

$$b_1/t_f = 8\sqrt{235/f_y} \quad (6.5.8\text{-}1)$$

二、腹板计算高度 h_0 与其厚度 t_w 之比，应符合下式要求：

$$h_0/t_w = \left(72 - 100\frac{N_{lb}}{A_{lb} f}\right)\sqrt{235/f_y} \quad (6.5.8\text{-}2)$$

式中 A_{lb}——耗能梁段的截面面积。

第 6.5.9 条 高层钢结构采用偏心支撑框架时，顶层可不设耗能梁段。在设置偏心支撑的框架跨，当首层的弹性承载力为其余各层承载力的 1.5 倍及以上时，首层可采用中心支撑。

第六节 其他抗侧力构件

第 6.6.1 条 钢板剪力墙的计算，应按本规程附录四的规定进行。

第 6.6.2 条 内藏钢板支撑剪力墙的设计，应按本规程附录五的规定进行。

第 6.6.3 条 带竖缝混凝土剪力墙板的设计，应按本规程附录六的规定进行。

第七章 组 合 楼 盖

第一节 一 般 要 求

第 7.1.1 条 组合梁混凝土翼板的有效宽度 b_{ce}，应按下列公式计算，并应取其中的最小值。

$$b_{ce}=l_0/3 \quad (7.1.1\text{-}1)$$

$$b_{ce}=b_0+12h_c \quad (7.1.1\text{-}2)$$

$$b_{ce}=b_0+b_{c1}+b_{c2} \quad (7.1.1\text{-}3)$$

式中 l_0——钢梁计算跨度；

b_0——钢梁上翼缘宽度；

h_c——混凝土翼板计算厚度；

b_{c1}、b_{c2}——相邻钢梁间净距 s_n 的 1/2，b_{c1} 尚不应超过混凝土翼板实际外伸长度 s_1（图 7.1.1）。

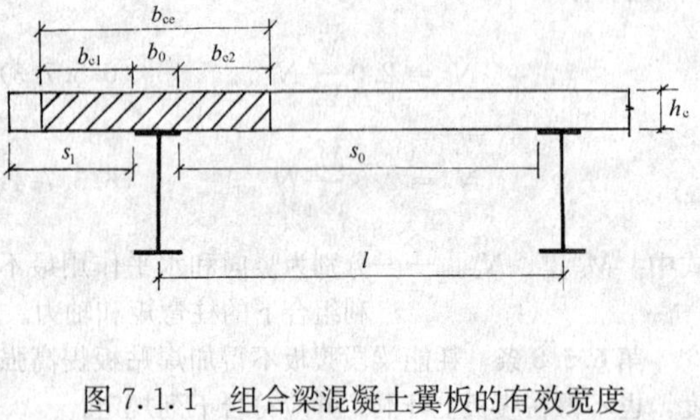

图 7.1.1 组合梁混凝土翼板的有效宽度

第 7.1.2 条 组合梁的塑性中和轴通过钢梁截面时，钢梁翼缘及腹板的板件宽厚比应符合表 7.1.2 的要求。

第 7.1.3 条 连续组合梁采用塑性内力重分布法进行分析时，应符合下列条件：

一、相邻两跨跨度之差不大于短跨的 45%；

二、边跨跨度不小于邻跨的 70%，也不大于邻跨的 115%；

三、在每跨的 1/5 范围内，集中作用的荷载不大于该跨总荷载的一半；

四、内力合力与外荷载保持平衡；

塑性设计时钢梁翼缘及腹板的板件宽厚比 表 7.1.2

截面形式	翼 缘	腹 板
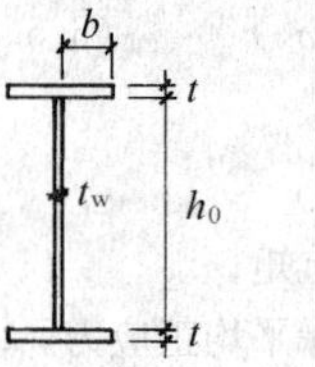	$\frac{b}{t}\leqslant 9\sqrt{235/f_y}$	当 $\frac{A_sf_{sy}}{Af}<0.37$ 时 $\frac{h_0}{t_w}\leqslant\left(72-100\frac{A_sf_{sy}}{Af}\right)\sqrt{235/f_y}$
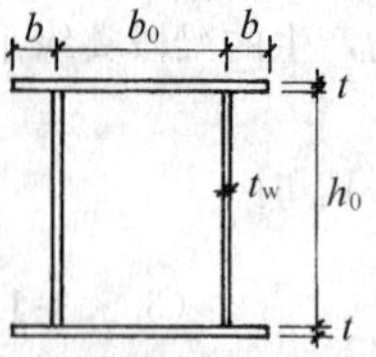	$\frac{b_0}{t}\leqslant 30\sqrt{235/f_y}$	当 $\frac{A_sf_{sy}}{Af}\geqslant 0.37$ 时 $\frac{h_0}{t_w}\leqslant 35\sqrt{235/f_y}$

注：表中 A_s——负弯矩截面中钢筋的截面面积；

f_{sy}——钢筋强度设计值；

A——钢梁截面面积；

f_y——钢材屈服强度；

f——塑性设计时钢梁钢材的抗拉、抗压、抗弯强度设计值，按现行国家标准《钢结构设计规范》（GBJ17）第 9.1.3 条的规定乘以折减系数 0.9。

五、中间支座截面材料总强度比 γ 小于 0.5，且大于 0.15。此处，$\gamma=A_sf_{sy}/Af$；

六、内力调幅不超过 25%。

第 7.1.4 条 连续组合梁采用弹性分析时，应符合下列规定：

一、不计入负弯矩区段内受拉开裂的混凝土翼板对刚度的影响；

二、在正弯矩区段，换算截面应根据短期或长期荷载采用相应的刚度；

三、负弯矩区受拉开裂的翼板长度，可按试算法确定。

第 7.1.5 条 按弹性分析时，应将受压混凝土翼板的有效宽度 b_{ce} 折算成与钢材等效的换算宽度 b_{eq}，构成单质的换算截面（图 7.1.5）。

一、荷载短期效应组合

$$b_{eq}=b_{ce}/\alpha_E \quad (7.1.5\text{-}1)$$

二、荷载长期效应组合

$$b_{eq}=b_{ce}/2\alpha_E \quad (7.1.5\text{-}2)$$

式中 b_{eq}——混凝土翼板的换算宽度；

b_{ce}——混凝土翼板的有效宽度，应按第 7.1.1 条的规定确定；

α_E——钢材弹性模量对混凝土弹性模量的比值。

第 7.1.6 条 组合梁混凝土翼板的计算厚度，应

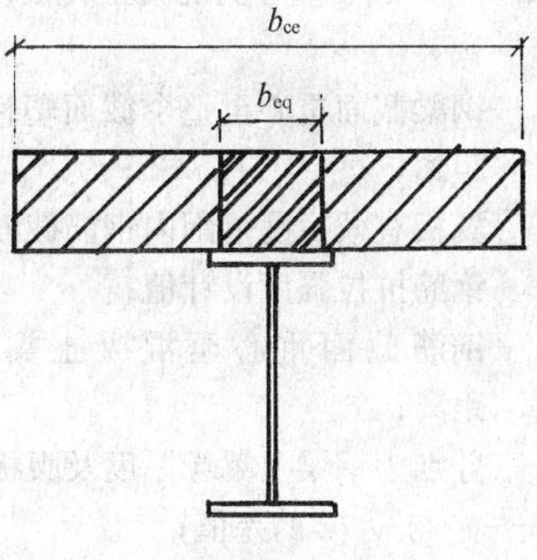

图 7.1.5 组合梁的换算截面

符合下列规定：

一、普通钢筋混凝土翼板的计算厚度，应取原厚度 h_0（见图 7.1.1）；

二、带压型钢板的混凝土翼板计算厚度，取压型钢板顶面以上的混凝土厚度 h_c（见图 7.3.3）；

第 7.1.7 条 设计组合楼板时，应符合下列要求：

一、施工阶段，应对作为浇注混凝土底模的压型钢板进行强度和变形验算。此时，应考虑以下荷载：

1. 永久荷载，包括压型钢板、钢筋和混凝土的自重；

2. 可变荷载，包括施工荷载和附加荷载。当有过量冲击、混凝土堆放、管线和泵的荷载时，应增加附加荷载。

二、使用阶段，应对组合楼板在全部荷载作用下的强度和变形进行验算。

第 7.1.8 条 当压型钢板跨中挠度 w 大于 20mm 时，确定混凝土自重应考虑挠曲效应，在全跨增加混凝土厚度 $0.7w$，或增设临时支撑。

第 7.1.9 条 在局部荷载下，组合板的有效工作宽度 b_{ef}（图 7.1.9）不得大于按下列公式计算的值：

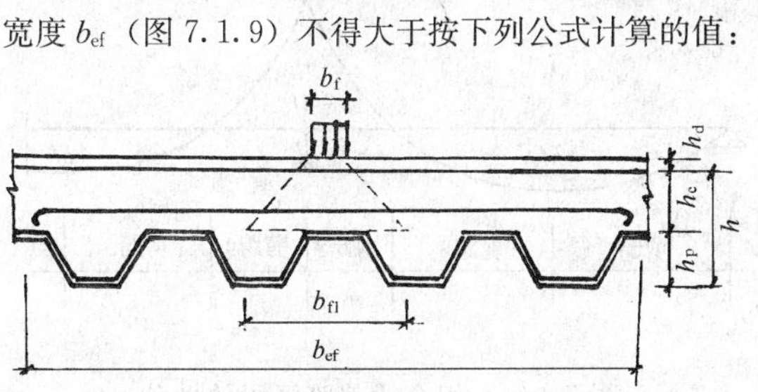

图 7.1.9 集中荷载分布的有效宽度

一、抗弯计算时

简支板 $b_{ef}=b_{f1}+2l_p(1-l_p/l)$ (7.1.9-1)

连续板 $b_{ef}=b_{f1}+[4l_p(1-l_p/l)]/3$ (7.1.9-2)

二、抗剪计算时

$$b_{ef}=b_{f1}+l_p(1-l_p/l) \quad (7.1.9\text{-}3)$$

$$b_{f1}=b_f+2(h_c+h_d) \quad (7.1.9\text{-}4)$$

式中 l——组合板跨度；

l_p——荷载作用点到组合楼板较近支座的距离；

b_{f1}——集中荷载在组合板中的分布宽度；

b_f——荷载宽度；

h_c——压型钢板顶面以上的混凝土计算厚度；

h_d——地板饰面层厚度。

第 7.1.10 条 在施工阶段，压型钢板作为浇注混凝土的模板，应采用弹性方法计算。强边（顺肋）方向的正、负弯矩和挠度应按单向板计算，弱边方向不计算。

第 7.1.11 条 在使用阶段，当压型钢板上的混凝土厚度为 50mm 至 100mm 时，宜符合下列规定：

一、组合板强边（顺肋）方向的正弯矩和挠度，按承受全部荷载的简支单向板计算；

二、强边方向负弯矩按固端板取值；

三、不考虑弱边（垂直肋）方向的正负弯矩。

第 7.1.12 条 当压型钢板上的混凝土厚度大于 100mm 时，板的挠度应按强边方向的简支单向板计算，板的承载力应按下列规定计算：

当 $0.5<\lambda_e<2.0$ 时，应按双向板计算；

当 $\lambda_e\leqslant0.5$ 或 $\lambda_e\geqslant2.0$ 时，应按单向板计算。

$$\lambda_e=\mu l_x/l_y \quad (7.1.12)$$

式中 μ——板的受力异向性系数，$\mu=(I_x/I_y)^{1/4}$；

l_x——组合板强边（顺肋）方向的跨度；

l_y——组合板弱边（垂直肋）方向的跨度；

I_x、I_y——分别为组合板强边和弱边方向的截面惯性矩（计算 I_y 时只考虑压型钢板顶面以上的混凝土厚度 h_c）。

第二节 组合梁设计

第 7.2.1 条 符合本规程第 7.1.2 条的组合梁，且混凝土翼板与钢构件完全抗剪连接时，其截面抗弯承载力可根据下列假定计算：

一、在混凝土翼板的有效宽度内，纵向钢筋和钢梁受拉及受压应力均达到强度设计值；

二、塑性中和轴受拉侧的混凝土强度设计值可忽略不计；

三、塑性中和轴受压区的混凝土截面均匀受压，并达到弯曲抗压强度设计值。

第 7.2.2 条 组合梁正截面受弯承载力，应按下列公式计算：

一、正弯矩作用时

1. 当 $Af\leqslant b_{ce}h_c f_{cm}$ 时（图 7.2.2-1），塑性中和轴位于混凝土受压翼板内，为第一类截面

$$M\leqslant b_{ce}xf_{cm}y \quad (7.2.2\text{-}1)$$

$$x=Af/b_{ce}f_{cm} \quad (7.2.2\text{-}2)$$

式中 x——组合梁截面塑性中和轴至混凝土翼板顶面的距离，按（7.2.2-2）式计算；

M——全部荷载产生的弯矩；

A——钢梁截面面积；

y——钢梁截面应力合力至混凝土受压区应力合力之间的距离；

f——塑性设计时钢梁钢材的抗拉、抗压、抗弯强度设计值，按现行国家标准《钢结构设计规范》(GBJ 17) 第 9.1.3 条的规定乘以 0.9；

h_c——混凝土翼板计算厚度；

f_{cm}——混凝土弯曲抗压强度设计值；

b_{ce}——混凝土翼板的有效宽度。

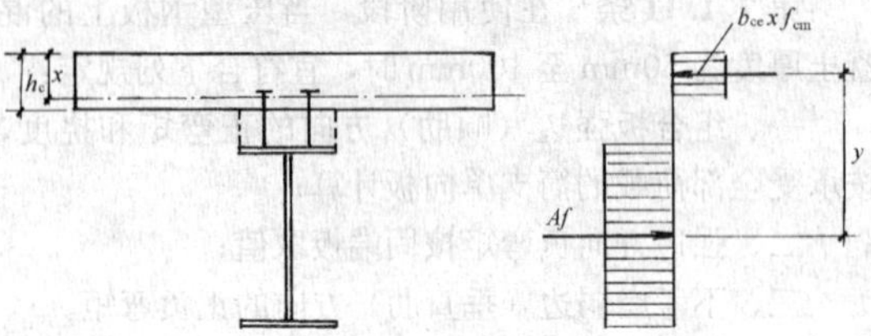

图 7.2.2-1　第一类截面和计算简图

2. 当 $Af>b_{ce}h_cf_{cm}$ 时(图 7.2.2-2)，塑性中和轴在钢梁截面内，为第二类截面

$$M\leqslant b_{ce}h_cf_{cm}y+A_cfy_1 \quad (7.2.2\text{-}3)$$

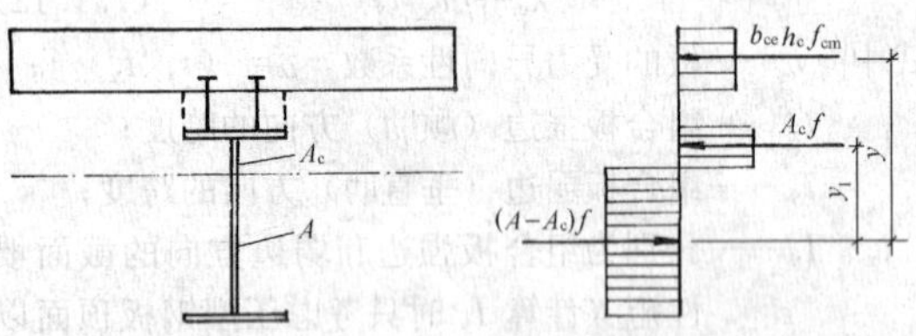

图 7.2.2-2　第二类截面和计算简图

式中　A_c——钢梁受压区截面面积，按下式计算：

$$A_c=0.5(A-b_{ce}h_cf_{cm}/f) \quad (7.2.2\text{-}4)$$

y——钢梁受拉区截面应力合力至混凝土翼板截面应力合力之间的距离；

y_1——钢梁受拉区截面应力合力至钢梁受压区截面应力合力之间的距离；

其他符号意义同前。

二、负弯矩作用时(图 7.2.2-3)

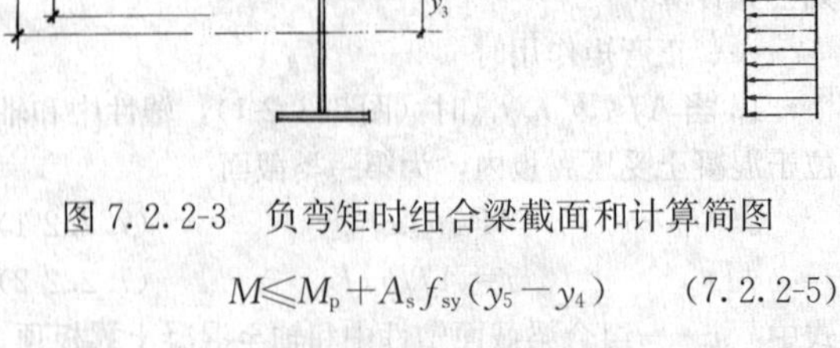

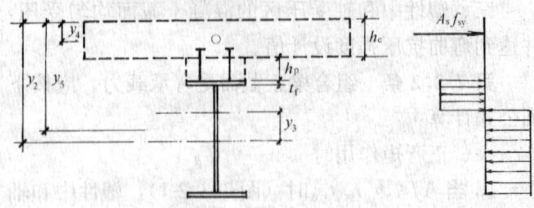

图 7.2.2-3　负弯矩时组合梁截面和计算简图

$$M\leqslant M_p+A_sf_{sy}(y_5-y_4) \quad (7.2.2\text{-}5)$$

$$y_5=y_2-y_3/2\geqslant h_c+h_p+t_f \quad (7.2.2\text{-}6)$$

式中　M_p——钢梁截面的全塑性受弯承载力，取 $0.9W_pf$，f 为钢材强度设计值；

y_2——钢梁截面重心至混凝土翼板顶面的距离；

y_3——钢梁截面重心至整个截面塑性中和轴的距离，$y_3=A_sf_{sy}/(2t_wf)$；

A_s——翼板有效宽度范围内钢筋截面面积；

f_{sy}——钢筋抗拉强度设计值；

y_4——钢筋截面重心至混凝土翼板顶面的距离；

t_f、t_w——分别为钢梁上翼缘厚度及腹板厚度；

y_5——y_2 与 $y_3/2$ 的差值；

h_p——压型钢板高度。

第 7.2.3 条　组合梁截面的全部剪力假定由钢梁腹板承受，其受剪承载力应按下式计算：

$$V\leqslant h_wt_wf_v \quad (7.2.3)$$

式中　h_w、t_w——分别为钢梁腹板的高度和厚度；

f_v——塑性设计时钢梁钢材的抗剪强度设计值，应按现行国家标准《钢结构设计规范》(GBJ 17)第 9.1.3 条的规定乘以 0.9。

第 7.2.4 条　采用塑性设计法计算组合梁的承载力时，遇有下列情况之一者可不计入弯矩与剪力的相互影响：

一、受正弯矩的组合梁截面；

二、截面材料总强度比 $\gamma\geqslant0.15$ 的负弯矩截面，其中 $\gamma=A_sf_{sy}/(Af)$；此处，f 为塑性设计时钢梁材料的抗拉、抗压、抗弯强度设计值，应按现行国家标准《钢结构设计规范》(GBJ 17)第 9.1.3 条的规定乘以 0.9。

第 7.2.5 条　当组合梁进行连接的计算时，应以支座点、弯矩绝对值最大点和零弯矩点为界限，划分为若干剪跨区(图 7.2.5)。

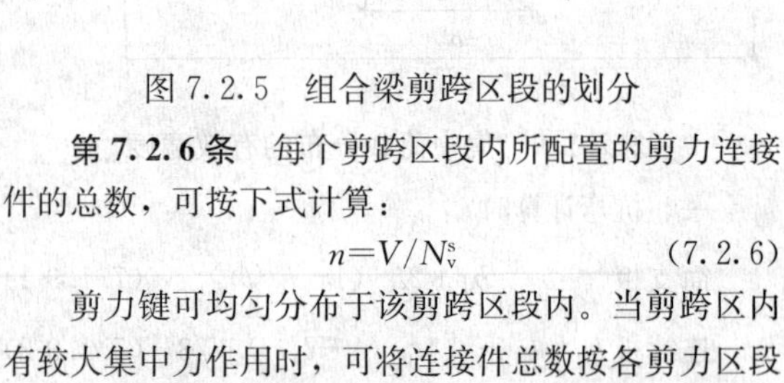

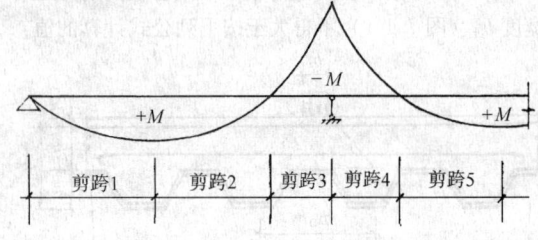

图 7.2.5　组合梁剪跨区段的划分

第 7.2.6 条　每个剪跨区段内所配置的剪力连接件的总数，可按下式计算：

$$n=V/N_v^s \quad (7.2.6)$$

剪力键可均匀分布于该剪跨区段内。当剪跨区内有较大集中力作用时，可将连接件总数按各剪力区段的剪力图面积分配，然后各自均匀布置(图 7.2.6)。

式中　V——每个剪跨区内，混凝土与钢梁叠合面上的纵向剪力；

N_v^s——每个剪力连接件的受剪承载力设计值。

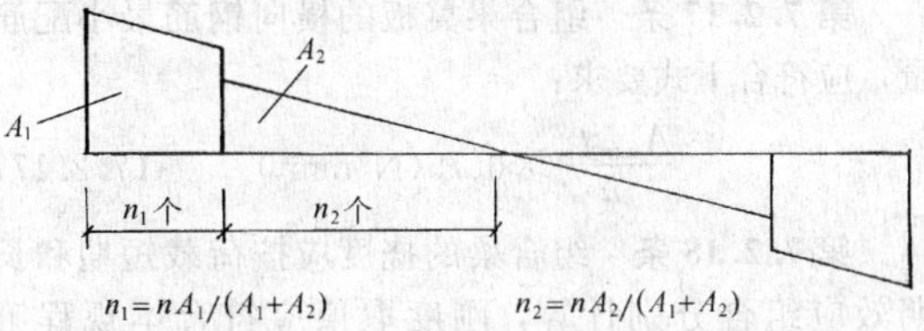

图 7.2.6 集中力作用时剪力连接件的布置

第 7.2.7 条 每个剪跨区段内，混凝土与钢梁叠合面上的纵向剪力 V 可按下列公式计算：

一、正弯矩区剪跨段（图 7.2.5 中的 1、2、5 剪跨段）

1. 当塑性中和轴位于混凝土翼板内时

$$V=Af \quad (7.2.7\text{-}1)$$

2. 当塑性中和轴位于钢梁时

$$V=b_{ce}h_c f_{cm} \quad (7.2.7\text{-}2)$$

式中 f——塑性设计时钢梁钢材的抗拉、抗压、抗弯强度设计值，应按现行国家标准《钢结构设计规范》(GBJ 17)第 9.1.3 条的规定乘以 0.9。

二、负弯矩区剪跨段（图 7.2.5 中的 3、4 剪跨段）

$$V=A_s f_{sy} \quad (7.2.7\text{-}3)$$

第 7.2.8 条 栓钉剪力连接件的受剪承载力，应符合下列规定：

一、受剪承载力设计值 N_v^s，应按下式计算：

$$N_v^s=0.43A_{st}\sqrt{E_c f_c} \quad (7.2.8\text{-}1)$$

且

$$N_v^s \leqslant 0.7A_{st}f_u \quad (7.2.8\text{-}2)$$

式中 A_{st}——栓钉钉杆截面面积；

f_u——栓钉钢材的极限抗拉强度最小值；

E_c——混凝土弹性模量；

f_c——混凝土轴心抗压强度设计值。

二、栓钉的受剪承载力设计值 N_v^s，遇下列情况之一时应予折减：

1. 位于连续梁中间支座上负弯矩段时，应乘以折减系数 0.93；

2. 位于悬臂梁负弯矩区段时，应乘以折减系数 0.8。

第 7.2.9 条 带压型钢板的混凝土楼板与钢梁组成的组合梁，其叠合面上的栓钉连接件受剪承载力设计值 N_v^s，遇下列情况之一时应予以折减：

一、压型钢板肋与钢梁平行时（图 7.2.9*a*），应乘以折减系数 η。折减系数 η 应按下式计算：

$$\eta=0.6\frac{b}{h_p}\cdot\frac{h_s-h_p}{h_p}$$

且

$$\eta\leqslant 1 \quad (7.2.9\text{-}1)$$

二、压型钢板肋与钢梁垂直时（图 7.2.9*b*），应乘以按下式计算的折减系数 η：

$$\eta=\frac{0.85}{\sqrt{n_0}}\cdot\frac{b}{h_p}\cdot\frac{h_s-h_p}{h_p}$$

且

$$\eta\leqslant 1 \quad (7.2.9\text{-}2)$$

式中 b——混凝土凸肋（压型钢板波槽）的宽度（图 7.2.9*c*、*d*）；

h_p——压型钢板高度；

h_s——栓钉焊接后的高度，但不应大于 h_p +75mm；

n_0——组合梁截面上一个肋板中配置的栓钉总数，当栓钉数大于 3 个时，应仍取 3 个。

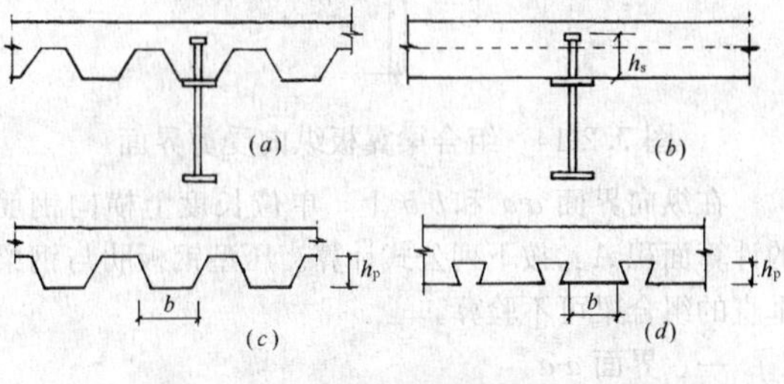

图 7.2.9 压型钢板楼盖及组合梁

(*a*)肋平行于支承梁；(*b*)肋垂直于支承梁；(*c*)、(*d*)楼板剖面

第 7.2.10 条 当抗剪连接键的设置受构造等原因的影响不能满足本规程(7.2.6)式的要求时，可采用部分抗剪连接设计法。对于单跨简支梁，可采用简化塑性理论按下列假定计算：

一、在所计算截面左右两个剪跨内，取连接件受剪承载力设计值之和 nN_v^s 的较小者，作为混凝土翼板中的剪力；

二、剪力连接件全截面进入塑性状态；

三、钢梁与混凝土翼板间产生相对滑移，以致混凝土翼板与钢梁有各自的中和轴。

第 7.2.11 条 当组合梁承受静荷载且集中力不大时，可采用部分抗剪连接组合梁。其跨度不应超过 20m。当钢梁为等截面梁时，其配置的连接件数量 n_1 不得小于完全抗剪连接时的连接件数量 n 的 50%。

第 7.2.12 条 部分抗剪连接组合梁的受弯承载力 M_1，可按下式计算：

$$M_1=M_p+(n_1/n)(M_{com}-M_p) \quad (7.2.12)$$

式中 M_{com}——完全抗剪连接时组合梁正截面的受弯承载力；

M_p——钢梁的全塑性受弯承载力；

n_1——部分抗剪连接时剪跨区的连接件总数。

第 7.2.13 条 部分抗剪连接组合梁的挠度 w_1，可按下式计算：

$$w_1=w_{com}+0.5(w-w_{com})(1-n_1/n) \quad (7.2.13)$$

式中 w_{com}——完全抗剪连接组合梁的挠度；

w——全部荷载由钢梁承受时的挠度。

第 7.2.14 条 当进行组合梁的钢梁翼缘与混凝土翼板的纵向界面受剪承载力的计算时，应分别取包络连接件的纵向界面(图 7.2.14 界面 b-b)和混凝土翼板纵向界面(该图界面 a-a)。

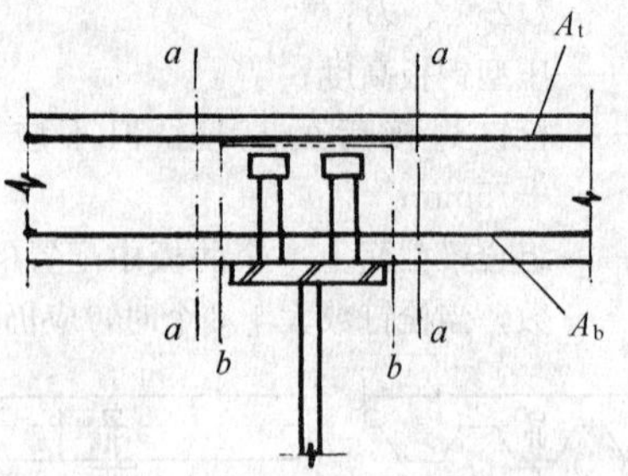

图 7.2-14 组合梁翼板纵向受剪界面

在纵向界面 a-a 和 b-b 上，单位长度上横向钢筋的计算面积 $A_{s,tr}$ 按下列公式计算。压型钢板肋与钢梁垂直的组合梁可不验算。

一、界面 a-a

$$A_{s,tr}=A_{sb}+A_{st} \quad (7.2.14\text{-}1)$$

二、界面 b-b

$$A_{s,tr}=2A_{sb} \quad (7.2.14\text{-}2)$$

式中 A_{sb}——在组合梁单位长度上，翼板底部钢筋的截面面积；

A_{st}——在组合梁单位长度上，翼板上部钢筋的截面面积。

第 7.2.15 条 在混凝土翼板纵向界面上，沿梁单位长度的剪力可按下列公式计算：

一、包络连接件的纵向界面

$$V_1=n_r N_v^s/s \quad (7.2.15\text{-}1)$$

二、混凝土翼板纵向界面

$$V_1=\frac{n_r N_v^s}{s}\cdot\frac{b_{c1}}{b_{ce}} \quad (7.2.15\text{-}2)$$

或

$$V_1=\frac{n_r N_v^s}{s}\cdot\frac{b_{c2}}{b_{ce}} \quad (7.2.15\text{-}3)$$

式中 V_1——混凝土翼板单位梁长纵向界面剪力(N/mm)；

n_r——一排连接件的个数；

s——连接件纵向间距(mm)；

设计时，V_1 应取式(7.2.15-2)和(7.2.15-3)中之较大者。

第 7.2.16 条 混凝土翼板纵向界面的剪力，应符合下列公式的要求：

$$V_1\leqslant 0.9\xi u+0.7A_{s,tr}f_y \quad (7.2.16\text{-}1)$$

且

$$V_1\leqslant 0.25uf_c \quad (7.2.16\text{-}2)$$

式中 ξ——系数，取为 $1N/mm^2$；

u——纵向受剪界面的周长(mm)，如图 7.2.14 所示；

f_c——混凝土轴心抗压强度设计值(N/mm^2)；

$A_{s,tr}$——单位梁长纵向受剪界面上(图 7.2.14)与界面相交的横向钢筋截面积(mm^2/mm)，按第 7.2.14 条的规定采用。

第 7.2.17 条 组合梁翼板的横向钢筋最小配筋量，应符合下式要求：

$$\frac{A_{s,tr}f_{sy}}{u}\geqslant 0.75(N/mm^2) \quad (7.2.17)$$

第 7.2.18 条 组合梁的挠度应按荷载短期和长期效应组合分别计算，刚度取值应符合本规程第 7.1.4 条和 7.1.5 条的要求，不得大于现行国家标准《钢结构设计规范》(GBJ 17)第 3.3.2 条规定的容许值。

第 7.2.19 条 连续组合梁负弯矩区段内最大裂缝宽度 w_{cra}(mm)，可按下列公式计算。负弯矩区的开裂宽度，处于正常环境时不应大于 0.3mm，处于室内高湿度环境或露天时不应大于 0.2mm。

$$w_{cra}=2.7\psi\frac{\sigma_s}{E_{st}}\left(2.7c+0.1\frac{d}{\rho_{ce}}\right)\nu \quad (7.2.19\text{-}1)$$

$$\psi=1.1-\frac{0.65f_{tk}}{\rho_{ce}\sigma_s} \quad (7.2.19\text{-}2)$$

式中 ν——与纵向钢筋表面特征有关的系数，变形钢筋宜取 0.7，光面钢筋宜取 1.0；

ψ——裂缝间纵向受拉钢筋应变不均匀系数。当 $\psi<0.3$ 时宜取 0.3，当 $\psi>1.0$ 时宜取 1.0；

c——纵向钢筋保护层厚度(mm)。当 $c<20$ 时宜取 20；$c>50$ 时宜取 50；

d——纵向钢筋直径，以 mm 计；

ρ_{ce}——按受拉混凝土面积计算的纵向受拉钢筋配筋率，当 $\rho_{ce}\leqslant 0.008$ 时宜取 0.008；

f_{tk}——混凝土抗拉强度标准值；

σ_s——荷载标准值短期效应作用下的负弯矩纵向钢筋应力。

第 7.2.20 条 荷载标准值短期效应作用下的负弯矩纵向钢筋应力，应按下式计算：

$$\sigma_s=M_k y_s/I$$

式中 M_k——荷载短期效应负弯矩标准值；

I——包括混凝土翼板中钢筋在内的钢截面惯性矩，不应计入受拉混凝土截面；

y_s——钢筋截面重心至钢截面中和轴的距离(图 7.2.20)。

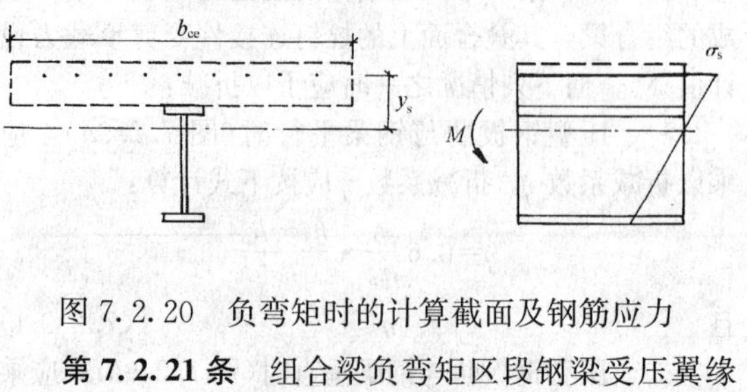

图 7.2.20 负弯矩时的计算截面及钢筋应力

第 7.2.21 条 组合梁负弯矩区段钢梁受压翼缘在弯矩作用平面外的长细比，应按现行国家标准《钢结构设计规范》(GBJ 17)第 9.3.2 条的规定验算。

第三节　压型钢板组合楼板设计

第 7.3.1 条　压型钢板组合楼盖中，压型钢板与混凝土的联结，应符合下列形式之一：

一、依靠压型钢板的纵向波槽(图 7.3.1*a*)；

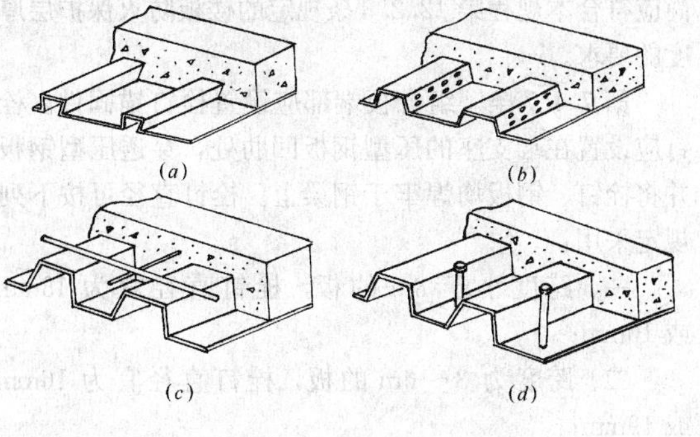

图 7.3.1　组合板的联结

二、依靠压型钢板上的压痕，开的小洞或冲成的不闭合孔眼(图 7.3.1*b*)；

三、依靠压型钢板上焊接的横向钢筋(图 7.3.1*c*)。

在任何情况下，均应设置端部锚固件(图 7.3.1*d*)。

第 7.3.2 条　组合板或非组合板(指压型钢板只作永久性模板)的设计，应符合下列要求：

一、压型钢板应对施工阶段的强度和变形进行验算，验算时应计入临时支撑的影响；

二、组合板在混凝土硬化后，应验算使用阶段的横截面抗弯能力、纵向抗剪能力、斜截面抗剪能力和抗冲剪能力；

三、非组合板可按常规钢筋混凝土楼板的设计方法进行设计。

第 7.3.3 条　组合板正截面抗弯承载力应按塑性设计法计算，此时应假定截面受拉区和受压区的材料均达到强度设计值。压型钢板钢材强度设计值与混凝土的弯曲抗压强度设计值，均应乘以折减系数 0.8。

第 7.3.4 条　组合板的承载力计算，应符合下列要求：

一、当 $A_p f \leqslant f_{cm} h_c b$ 时，塑性中和轴在压型钢板顶面以上的混凝土截面内(图 7.3.3*a*)，组合板的弯矩应符合下式要求：

$$M \leqslant 0.8 f_{cm} x b y_p \qquad (7.3.4\text{-}1)$$

式中　x——组合板受压区高度，$x = A_p f / f_{cm} b$，当 $x > 0.55h_0$ 时取 $0.55h_0$，h_0 为组合板有效高度；

y_p——压型钢板截面应力合力至混凝土受压区截面应力合力的距离，$y_p = h_0 - x/2$；

b——压型钢板的波距；

A_p——压型钢板波距内的截面面积；

f——压型钢板钢材的抗拉强度设计值；

f_{cm}——混凝土弯曲抗压强度设计值；

h_c——压型钢板顶面以上混凝土计算厚度。

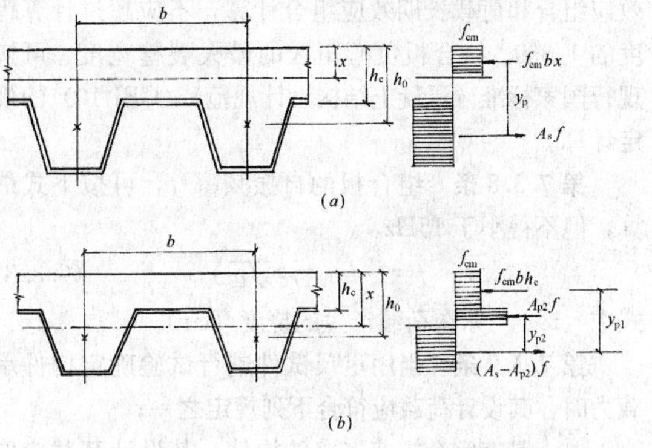

图 7.3.3　组合板正截面受弯承载力计算图

(*a*)塑性中和轴在压型钢板顶面以上的混凝土截面内

(*b*)塑性中和轴在压型钢板截面内

二、当 $A_p f > f_{cm} h_c b$ 时，塑性中和轴在压型钢板内(图 7.3.3*b*)，组合板横截面弯矩应符合下式要求：

$$M \leqslant 0.8(f_{cm} h_c b y_{p1} + A_{p2} f y_{p2}) \qquad (7.3.4\text{-}2)$$

$$A_{p2} = 0.5(A_p - f_{cm} h_c b / f) \qquad (7.3.4\text{-}3)$$

式中　A_{p2}——塑性中和轴以上的压型钢板波距内截面面积；

y_{p1}、y_{p2}——压型钢板受拉区截面应力合力分别至受压区混凝土板截面和压型钢板截面压应力合力的距离。

三、当压型钢板仅作为模板使用时，应在波槽内设置钢筋，并进行相应计算。

第 7.3.5 条　组合板在集中荷载下的冲切力 V_1，应符合下式要求：

$$V_1 \leqslant 0.6 f_t u_{cr} h_c \qquad (7.3.5)$$

式中　u_{cr}——临界周界长度，如图 7.3.5 所示；

h_c——压型钢板顶面以上的混凝土计算厚度；

f_t——混凝土轴心抗拉强度设计值。

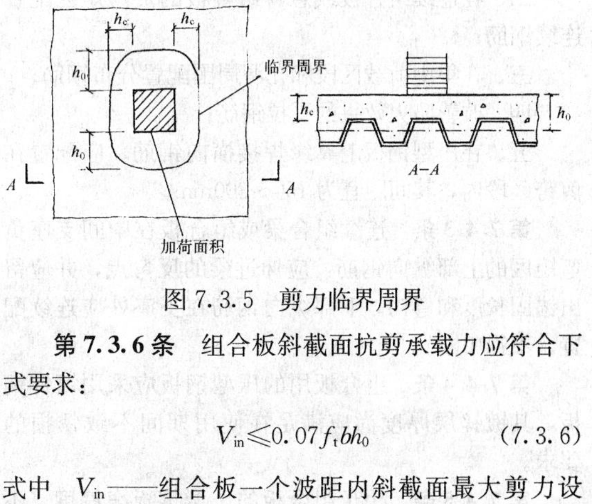

图 7.3.5　剪力临界周界

第 7.3.6 条　组合板斜截面抗剪承载力应符合下式要求：

$$V_{in} \leqslant 0.07 f_t b h_0 \qquad (7.3.6)$$

式中　V_{in}——组合板一个波距内斜截面最大剪力设计值。

第7.3.7条　组合板的挠度，应分别按荷载短期效应组合和荷载长期效应组合计算，不应超过计算跨度的1/360。组合板负弯矩区的最大裂缝宽度，可按现行国家标准《混凝土结构设计规范》（GBJ 10）的规定计算。

第7.3.8条　组合板的自振频率 f，可按下式估算，但不得小于15Hz。

$$f=1/(0.178\sqrt{w}) \qquad (7.3.8)$$

式中　w——永久荷载产生的挠度（cm）。

第7.3.9条　当用足尺试件进行试验确定构件承载力时，其设计荷载应符合下列规定之一：

一、具有完全抗剪连接的构件，其设计荷载应取静力试验极限荷载的1/2；

二、具有不完全抗剪连接的构件，其设计荷载应取静力极限荷载的1/3；

三、挠度达跨度1/50时的荷载的一半。

第四节　组合梁和组合板的构造要求

第7.4.1条　组合梁栓钉连接件的设置，必须与钢梁焊接，且应符合下列规定：

一、当栓钉焊于钢梁受拉翼缘时，其直径不得大于翼缘板厚度的1.5倍；当栓钉焊于无拉应力部位时，其直径不得大于翼缘板厚度的2.5倍；

二、栓钉沿梁轴线方向布置，其间距不得小于 $5d$（d 为栓钉直径）；栓钉垂直于轴线布置，其间距不得小于 $4d$，边距不得小于35mm；

三、当栓钉穿透钢板焊接于钢梁时，其直径不得大于19mm，焊后栓钉高度应大于压型钢板波高加30mm。

四、栓钉顶面的混凝土保护层厚度不应小于15mm。

第7.4.2条　组合板在下列情况之一时应配置钢筋：

一、为组合板提供储备承载力的附加抗拉钢筋；

二、在连续组合板或悬臂组合板的负弯矩区配置连续钢筋；

三、在集中荷载区段和孔洞周围配置分布钢筋；

四、改善防火效果的受拉钢筋；

五、在压型钢板上翼缘焊接横向钢筋，应配置在剪跨区段内，其间距宜为150～300mm。

第7.4.3条　连续组合梁或组合板在中间支座负弯矩区的上部纵向钢筋，应伸过梁的反弯点，并应留出锚固长度和弯钩。下部纵向钢筋在支座处应连续配置，不得中断。

第7.4.4条　组合板用的压型钢板应采用镀锌钢板，其镀锌层厚度尚应满足在使用期间不致锈损的要求。

第7.4.5条　用于组合板的压型钢板净厚度（不包括镀锌层或饰面层厚度）不应小于0.75mm，仅作模板的压型钢板厚度不小于0.5mm，浇注混凝土的波槽平均宽度不应小于50mm。当在槽内设置栓钉连接件时，压型钢板总高度不应大于80mm。

第7.4.6条　组合板的总厚度不应小于90mm；压型钢板顶面以上的混凝土厚度不应小于50mm。此外，尚应符合本规程第12.2.3条规定的楼板防火保护层厚度的要求。

第7.4.7条　组合板端部应设置栓钉锚固件。栓钉应设置在端支座的压型钢板凹肋处，穿透压型钢板并将栓钉、钢板均焊牢于钢梁上。栓钉直径可按下列规定采用：

一、跨度小于3m的板，栓钉直径宜为13mm或16mm；

二、跨度为3～6m的板，栓钉直径宜为16mm或19mm；

三、跨度大于6m的板，栓钉直径宜为19mm。

第7.4.8条　组合板中的压型钢板在钢梁上的支承长度，不应小于50mm。在砌体上的支承长度不应小于75mm。

第7.4.9条　当连续组合板按简支板设计时，抗裂钢筋的截面不应小于混凝土截面的0.2%，抗裂钢筋从支承边缘算起的长度，不应小于跨度的1/6，且应与不少于5支分布钢筋相交。

抗裂钢筋最小直径应为4mm，最大间距应为150mm。顺肋方向抗裂钢筋的保护层厚度宜为20mm。

与抗裂钢筋垂直的分布钢筋直径，不应小于抗裂钢筋直径的2/3，其间距不应大于抗裂钢筋间距的1.5倍。

第7.4.10条　组合板在集中荷载作用处，应设置横向钢筋，其截面面积不应小于压型钢板顶面以上混凝土板截面面积的0.2%，其延伸宽度不应小于板的有效工作宽度（图7.1.9）。

第八章　节　点　设　计

第一节　设　计　原　则

第8.1.1条　高层建筑钢结构的节点连接，当非抗震设防时，应按结构处于弹性受力阶段设计；当抗震设防时，应按结构进入弹塑性阶段设计，节点连接的承载力应高于构件截面的承载力。

要求抗震设防的结构，当风荷载起控制作用时，仍应满足抗震设防的构造要求。

第8.1.2条　抗震设防的高层建筑钢结构框架，从梁端或柱端算起的1/10跨长或两倍截面高度范围内，节点设计应验算下列各项：

一、节点连接的最大承载力；

二、构件塑性区的板件宽厚比；

三、受弯构件塑性区侧向支承点间的距离。

第 8.1.3 条 抗震设防的高层建筑钢框架，其节点连接的最大承载力应符合下列要求：

一、梁与柱连接应满足下列公式要求：

$$M_u \geqslant 1.2M_p \quad (8.1.3\text{-}1)$$

$$V_u \geqslant 1.3\ (2M_p/l) \quad (8.1.3\text{-}2)$$

式中 M_u——基于极限强度最小值的节点连接最大受弯承载力，仅由翼缘的连接承担；

V_u——基于极限强度最小值的节点连接最大受剪承载力，仅由腹板的连接承担；

M_p——梁构件（梁贯通时为柱）的全塑性受弯承载力；

l——梁的净跨。

在柱贯通型连接中，当梁翼缘用全熔透焊缝与柱连接并采用引弧板时，式（8.1.3-1）将自行满足。

二、支撑连接应满足下式要求：

$$N_{ubr} \geqslant 1.2A_n f_y \quad (8.1.3\text{-}3)$$

式中 N_{ubr}——基于极限强度最小值的支撑连接最大承载力；

A_n——支撑的净截面面积；

f_y——支撑钢材的屈服强度。

三、梁、柱构件拼接的承载力，应满足式（8.1.3-1）和（8.1.3-2）的要求。当存在轴力时，式中 M_p 应以 M_{pc} 代替，并应符合下列规定：

1. 对工字形截面（绕强轴）和箱形截面

当 $N/N_y \leqslant 0.13$ 时

$$M_{pc} = M_p \quad (8.1.3\text{-}4)$$

当 $N/N_y > 0.13$ 时

$$M_{pc} = 1.15\ (1-N/N_y)\ M_p \quad (8.1.3\text{-}5)$$

2. 对工字形截面（绕弱轴）

当 $N/N_y \leqslant A_{wn}/A_n$ 时

$$M_{pc} = M_p \quad (8.1.3\text{-}6)$$

当 $N/N_y > A_{wn}/A_n$ 时

$$M_{pc} = \left[1-\left(\frac{N-A_{wn}f_y}{N_y-A_{wn}f_y}\right)^2\right]M_p \quad (8.1.3\text{-}7)$$

式中 N——构件轴力；

N_y——构件的轴向屈服承载力，$N_y = A_n f_y$；

A_n——构件截面的净面积；

A_{wn}——构件腹板截面净面积；

第 8.1.4 条 框架节点塑性区段内，梁受压翼缘在侧向支承点间的长细比，应符合现行国家标准《钢结构设计规范》（GBJ 17）第 9 章第 9.3.2 条的规定。

第 8.1.5 条 在节点设计中，节点的构造应避免采用约束度大和易产生层状撕裂的连接形式。

第 8.1.6 条 钢框架安装单元的划分，在采用柱贯通型连接时，宜为三层一根，视具体情况也可为一层、两层或四层一根，工地接头设于主梁顶面以上 1.0～1.3m 处。梁的安装单元为每跨一根。

采用带悬臂梁段的柱单元时，悬臂梁段的长度一般距柱轴线不超过 1.6m。框筒结构采用带悬臂梁段的柱安装单元时，梁的接头可设置在跨中。

第二节 连　接

第 8.2.1 条 高层建筑钢结构的节点连接，可采用焊接、高强度螺栓连接或栓焊混合连接。

第 8.2.2 条 节点的焊接连接，根据受力情况可采用全熔透或部分熔透焊缝，遇下列情况之一时应采用全熔透焊缝：

一、要求与母材等强的焊接连接；

二、框架节点塑性区段的焊接连接。

第 8.2.3 条 焊缝的坡口形式和尺寸，应按现行国家标准《手工电弧焊焊缝坡口的基本形式和尺寸》（GB 985）和《埋弧焊焊缝坡口的基本形式和尺寸》（GB 986）的规定采用，或选用其他适用的规定。

第 8.2.4 条 焊缝熔敷金属应与母材强度相匹配。不同强度的钢材焊接时，焊接材料的强度应按强度较低的钢材选用。

第 8.2.5 条 高层建筑钢结构承重构件的螺栓连接，应采用摩擦型高强度螺栓。

第 8.2.6 条 高强度螺栓的最大受剪承载力应按下式计算：

$$N_v^b = 0.75nA_n^b f_u^b \quad (8.2.6)$$

式中 N_v^b——一个高强度螺栓的最大受剪承载力；

n——连接的剪切面数目；

A_n^b——螺栓螺纹处的净截面面积；

f_u^b——螺栓钢材的极限抗拉强度最小值。

第三节 梁与柱的连接

第 8.3.1 条 框架梁与柱的连接宜采用柱贯通型。在互相垂直的两个方向都与柱刚性连接的柱，宜采用箱型截面。

第 8.3.2 条 梁与柱刚性连接时，应按下列各项进行验算：

一、梁与柱的连接在弯矩和剪力作用下的承载力；

二、在梁上下翼缘标高处设置的柱水平加劲肋或隔板的厚度；

三、节点域的抗剪强度。

第 8.3.3 条 当框架梁与柱翼缘刚性连接时，梁翼缘与柱应采用全熔透焊缝连接，梁腹板与柱宜采用摩擦型高强度螺栓连接（图 8.3.3*a*），悬臂梁段与柱应

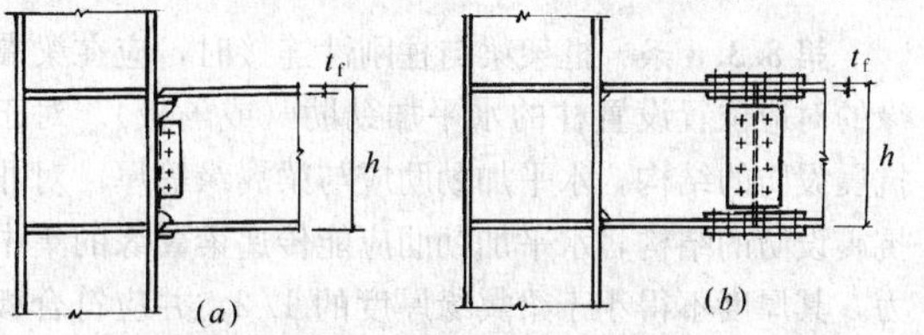

图 8.3.3 框架梁与柱翼缘的刚性连接

（*a*）框架梁与柱栓焊混合连接；（*b*）框架梁与柱全焊接连接

采用全焊接连接（图 8.3.3*b*）。

第 8.3.4 条 当框架梁端垂直于工字形柱腹板与柱刚接时，应在梁翼缘的对应位置设置柱的横向加劲肋，在梁高范围内设置柱的竖向连接板。梁与柱的现场连接中，梁翼缘与柱横向加劲肋用全熔透焊缝连接，并应避免连接处板件宽度的突变，腹板与柱连接板用高强度螺栓连接（图 8.3.4*a*），其设计方法按第 8.1.3 条进行。当采用悬臂梁段时，梁段与柱全部焊接（图 8.3.4*b*）。

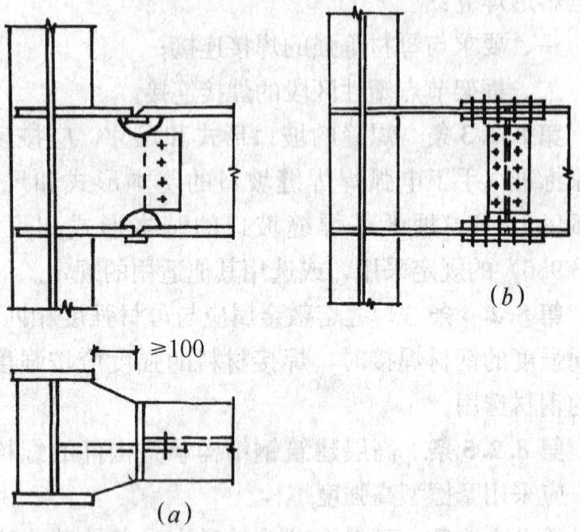

图 8.3.4 梁端垂直于工字形柱腹板与柱的刚性连接

第 8.3.5 条 梁翼缘与柱焊接时，应全部采用全熔透坡口焊缝，并按规定设置衬板，翼缘坡口两侧设置引弧板（图 8.3.5*a*）。在梁腹板上下端应作扇形切角，其半径 r 宜取 35mm（图 8.3.5*b*）。扇形切角端部与梁翼缘连接处，应以 r＝10mm 的圆弧过渡，衬板反面与柱翼缘相接处宜适当焊接。

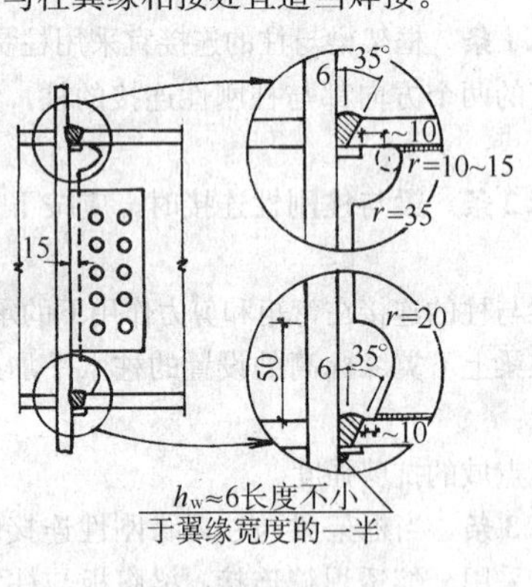

图 8.3.5 梁-柱刚接细部构造

第 8.3.6 条 框架梁与柱刚性连接时，应在梁翼缘的对应位置设置柱的水平加劲肋（或隔板）。对于抗震设防的结构，水平加劲肋应与梁翼缘等厚。对非抗震设防的结构，水平加劲肋应能传递梁翼缘的集中力，其厚度不得小于梁翼缘厚度的 1/2，并应符合板件宽厚比限值。水平加劲肋的中心线应与梁翼缘的中心线对准。

第 8.3.7 条 在抗震设防的结构中，工字形柱水平加劲肋与柱翼缘焊接时，宜采用坡口全熔透焊缝，与柱腹板连接时可采用角焊缝。当梁端垂直于工字形柱腹板平面焊接时，水平加劲肋与柱腹板的焊接则应采用坡口全熔透焊缝。

箱型柱隔板与柱的焊接，应采用坡口全熔透焊缝；对无法进行手工焊接的焊缝，应采用熔化咀电渣焊，并应对称布置，同时施焊。

第 8.3.8 条 当柱两侧的梁高不等时，每个梁翼缘对应位置均应设置柱的水平加劲肋。加劲肋间距不应小于 150mm，且不应小于水平加劲肋的宽度（图 8.3.8*a*）。当不能满足此要求时，应调整梁的端部高度，此时可将截面高度较小的梁腹板高度局部加大，腋部翼缘的坡度不得大于 1∶3（图 8.3.8*b*）。

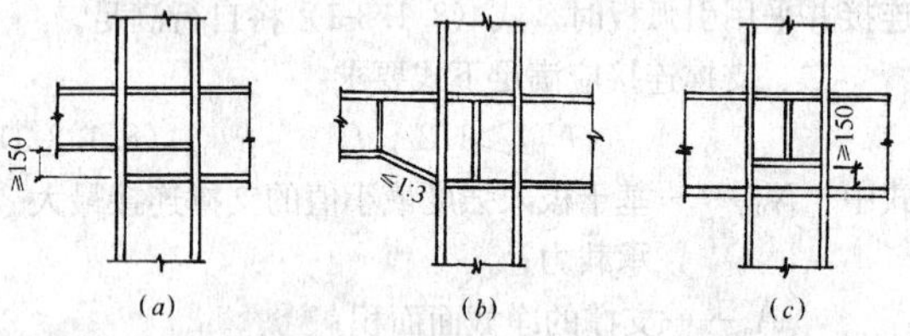

图 8.3.8 柱两侧梁高不等时的水平加劲肋

当与柱相连的梁在柱的两个互相垂直的方向高度不等时，同样也应分别设置柱的水平加劲肋（图 8.3.8*c*）。

第 8.3.9 条 由柱翼缘与水平加劲肋包围的节点域，在周边弯矩和剪力的作用下（图 8.3.9-1），其抗剪强度应按下列公式计算：

$$\tau=\frac{M_{b1}+M_{b2}}{V_p}\leqslant\frac{4}{3}f_v \qquad (8.3.9\text{-}1)$$

按 7 度及以上抗震设防的结构尚应符合下列公式的要求：

$$\frac{\alpha\ (M_{pb1}+M_{pb2})}{V_p}\leqslant\frac{4}{3}f_v \qquad (8.3.9\text{-}2)$$

式中 α——系数，按 7 度设防的结构可取 0.6，按 8、9 度设防的结构应取 0.7；

M_{b1}、M_{b2}——分别为节点域两侧梁端弯矩设计值；

M_{pb1}、M_{pb2}——节点域两侧钢梁端部截面全塑性受弯承载力；

f_v——节点域抗剪强度设计值，应按本规程第 5.5.2 条的规定除以 γ_{RE}。

V_p——节点域体积。

当节点域厚度不满足式(8.3.9-1)或(8.3.9-2)的要求时，对工字形组合柱宜将柱腹板在节点域局部加厚(图 8.3.9-2)。对 H 型钢柱，可在节点域加焊贴板，贴板上下边缘应伸出加劲肋以外不小于 150mm，并用不小于 5mm 的角焊缝连接贴板与柱翼缘可用角焊缝或对接焊缝连接。当在节点域的垂直方向有连接板时，贴板应采用塞焊与节点域连接。

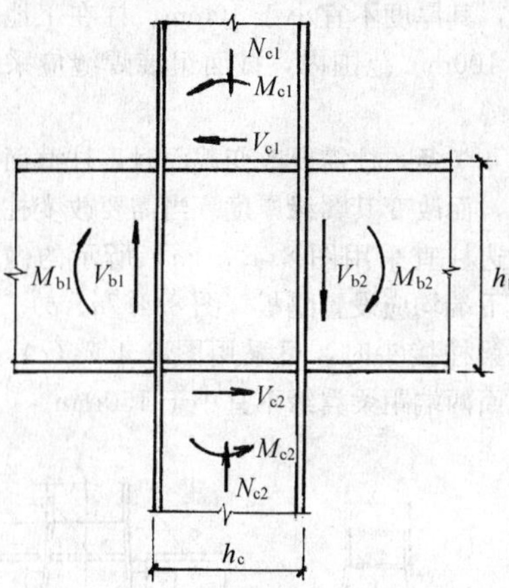

图 8.3.9-1 节点域周边的梁端弯矩和剪力

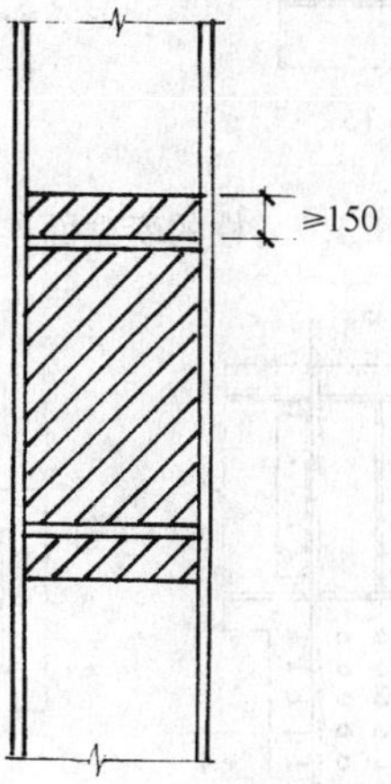

图 8.3.9-2 节点域的加厚

第 8.3.10 条 节点域体积，根据柱截面形状应分别按下列公式计算：

一、工字形截面柱

$$V_{p1}=h_b h_c t_p \quad (8.3.10\text{-}1)$$

二、箱形截面柱

$$V_{p2}=1.8 h_b h_c t_p \quad (8.3.10\text{-}2)$$

三、十字形截面（图 8.3.10）

$$V_{p3}=\varphi V_{p1} \quad (8.3.10\text{-}3)$$

$$\varphi=\frac{\alpha^2+2.6\ (1+2\beta)}{\alpha^2+2.6} \quad (8.3.10\text{-}4)$$

$$\alpha=h_b/b, \qquad \beta=A_f/A_w$$

$$A_f=bt_f, \qquad A_w=h_c t_p$$

式中 V_{p1}——与梁直接连接的工字形截面的节点域体积；

h_b——梁的截面高度；

h_c——柱的截面高度；

t_p——节点板域厚度；

t_f——柱的翼缘厚度；

b——柱的翼缘宽度。

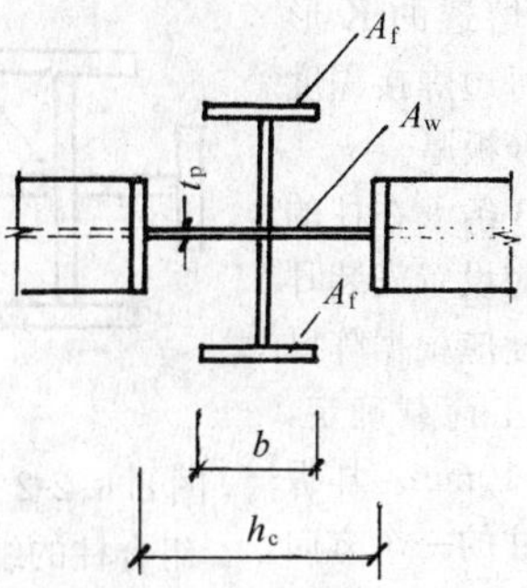

图 8.3.10 十字形柱的节点域体积

第 8.3.11 条 梁与柱铰接时(图 8.3.11)，与梁腹板相连的高强度螺栓，除应承受梁端剪力外，尚应承受偏心弯矩的作用。偏心弯矩 M 应按下列公式计算：

$$M=V\cdot e \quad (8.3.11)$$

式中 e——支承点到螺栓合力作用线的距离。

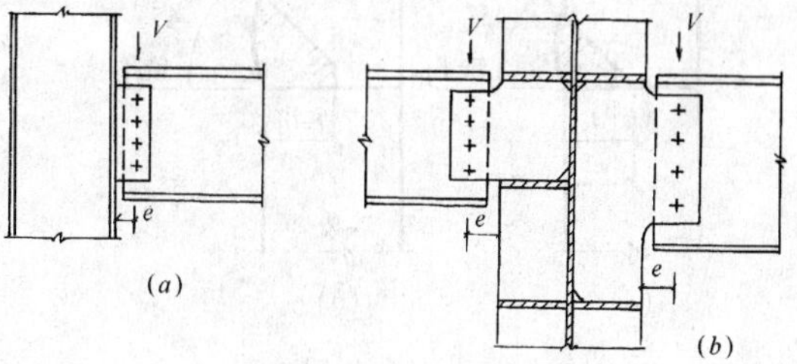

图 8.3.11 梁与柱的铰接

(a) 与柱强轴连接；(b) 与柱弱轴连接

第四节 柱与柱的连接

第 8.4.1 条 钢框架宜采用工字形柱或箱形柱，钢骨混凝土框架部分宜采用工字形柱或十字形柱。

第 8.4.2 条 箱形柱宜为焊接柱，其角部的组装焊缝应为部分熔透的 V 形或 U 形焊缝，焊缝厚度不应小于板厚的 1/3，并不应小于 14mm，抗震设防时不应小于板厚的 1/2（图 8.4.2-1*a*）。当梁与柱刚性连接时，在框架梁的上、下 600mm 范围内，应采用全熔透焊缝（图 8.4.2-1*b*）。

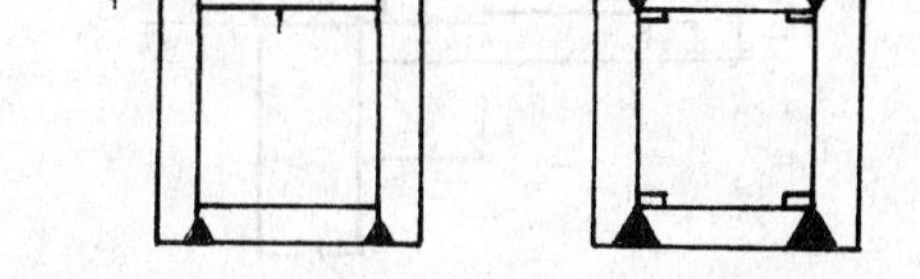

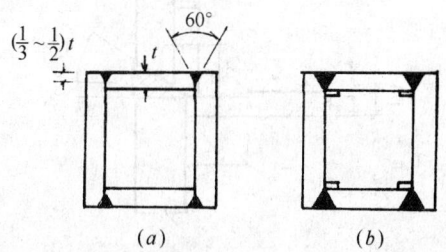

图 8.4.2-1 箱形组合柱的角部组装焊缝

十字形柱应由钢板或两个 H 型钢焊接而成（图

8.4.2-2)；组装的焊缝均应采用部分熔透的K形坡口焊缝，每边焊接深度不应小于1/3板厚。

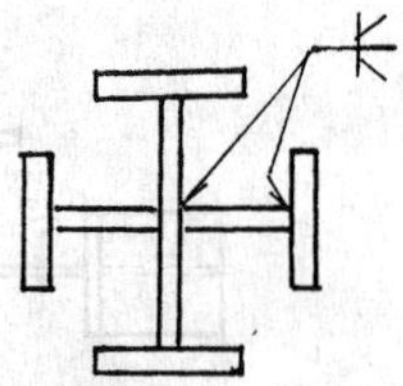

图 8.4.2-2　十字形组合柱的组装焊缝

第 8.4.3 条　在柱的工地接头处应设置安装耳板，耳板厚度应根据阵风和其他的施工荷载确定，并不得小于10mm。耳板宜仅设置于柱的一个方向的两侧，或柱接头受弯应力最大处。

第 8.4.4 条　非抗震设防的高层建筑钢结构，当柱的弯矩较小且不产生拉力时，可通过上下柱接触面直接传递25%的压力和25%的弯矩，此时柱的上下端应磨平顶紧，并应与柱轴线垂直。坡口焊缝的有效深度 t_e 不宜小于厚度的1/2（图 8.4.4）。

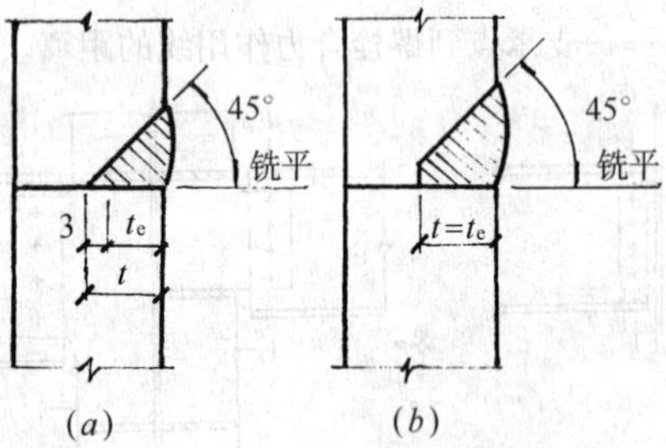

图 8.4.4　柱接头的部分熔透焊缝

第 8.4.5 条　工字形柱在工地的接头，弯矩应由翼缘和腹板承受，剪力应由腹板承受，轴力应由翼缘和腹板分担。翼缘接头宜采用坡口全熔透焊缝，腹板可采用高强度螺栓连接。当采用全焊接接头时，上柱翼缘应开V形坡口；腹板应开K形坡口。

第 8.4.6 条　箱形柱在工地的接头应全部采用焊接，其坡口应采用图 8.4.6 所示的形式。非抗震设防时可按本规程第 8.4.4 条的规定执行。

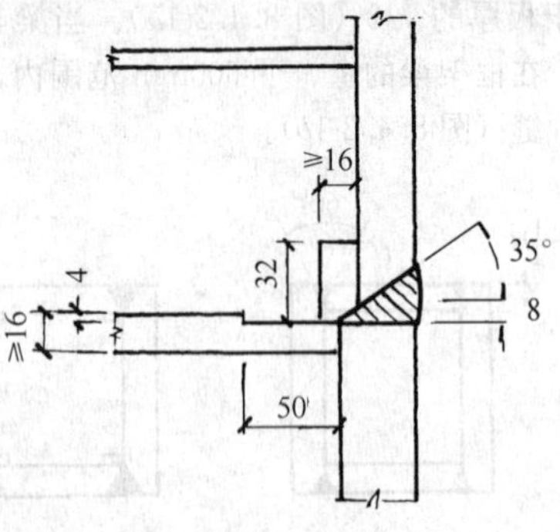

图 8.4.6　箱形柱的工地焊接

下节箱形柱的上端应设置隔板，并应与柱口齐平，厚度不宜小于16mm。其边缘应与柱口截面一起刨平。在上节箱形柱安装单元的下部附近，尚应设置上柱隔板，其厚度不宜小于10mm。柱在工地的接头上下侧各100mm范围内，截面组装焊缝应采用坡口全熔透焊缝。

第 8.4.7 条　柱需要改变截面时，柱截面高度宜保持不变，而改变其翼缘厚度。当需要改变柱截面高度时，对边柱宜采用图 8.4.7（*a*）所示的做法。变截面的上下端均应设置隔板（图 8.4.7*a*、*b*）。当变截面段位于梁柱接头时，可采用图 8.4.7（*c*）所示做法，变截面两端距梁翼缘不宜小于150mm。

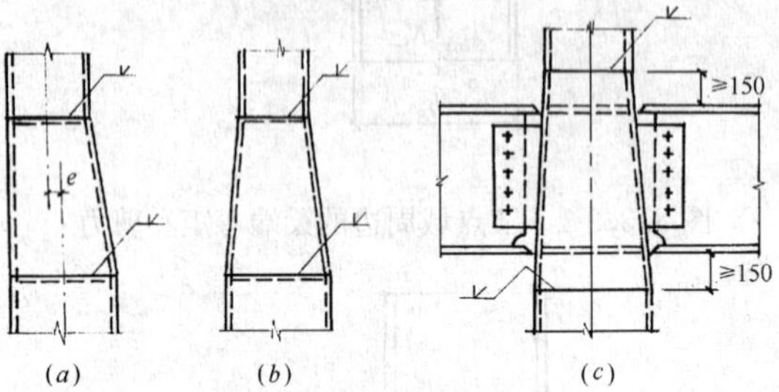

图 8.4.7　柱的变截面连接

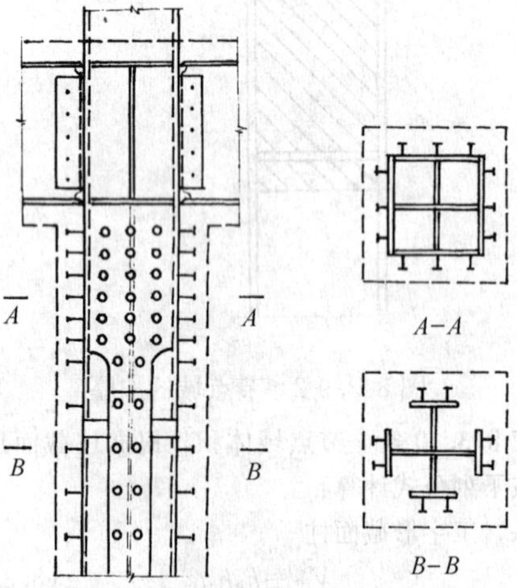

图 8.4.8　箱型柱与十字形柱的连接

第 8.4.8 条　十字形柱与箱形柱相连处，在两种截面的过渡段中，十字形柱的腹板应伸入箱形柱内，其伸入长度应不小于钢柱截面高度加200mm（图 8.4.8）。

第 8.4.9 条　与上部钢结构相连的钢骨混凝土柱，沿其全高应设栓钉（图 8.4.8），栓钉间距和列距在过渡段内宜采用150mm，不大于200mm；在过渡段外不大于300mm。

第五节　梁与梁的连接

第 8.5.1 条　梁在工地的接头，主要用于柱带悬臂梁段与梁的连接，可采用下列接头形式：

一、翼缘采用全熔透焊缝连接，腹板用摩擦型高强度螺栓连接；

二、翼缘和腹板采用摩擦型高强度螺栓连接；

三、翼缘和腹板采用全熔透焊缝连接。

第 8.5.2 条 当用于抗震设防时，梁的接头应按本规程第 8.1.3 条第三款的要求设计；当用于非抗震设防时，梁的接头应按内力设计，此时，腹板连接按受全部剪力和所分配的弯矩共同作用计算，翼缘连接按所分配的弯矩设计。当接头处的内力较小时，接头承载力不应小于梁截面承载力的 50%。

第 8.5.3 条 次梁与主梁的连接宜采用简支连接，必要时也可采用刚性连接（图 8.5.3）。

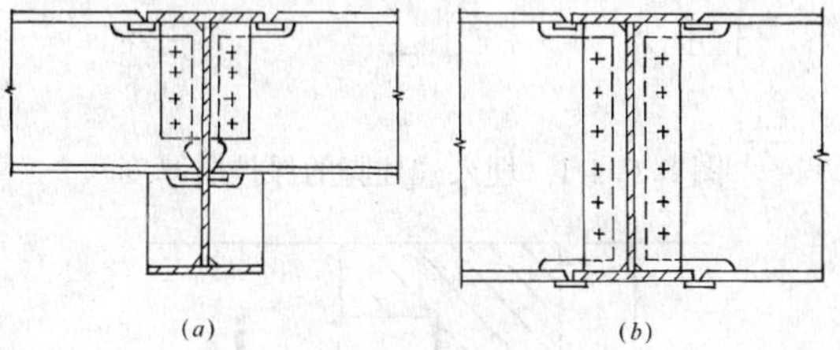

图 8.5.3 梁与梁的刚性连接

(a) 次梁与主梁不等高；(b) 次梁与主梁等高

第 8.5.4 条 抗震设防时，框架横梁下翼缘在距柱轴线1/8～1/10 梁跨处，应设置侧向支承构件（图 8.4.5），并应满足现行国家标准《钢结构设计规范》(GBJ 17) 第 9.3.2 条的要求。侧向隅撑长细比不得大于 130 $\sqrt{235/f_{y0}}$ 其设计轴压力 N 应按下式计算：

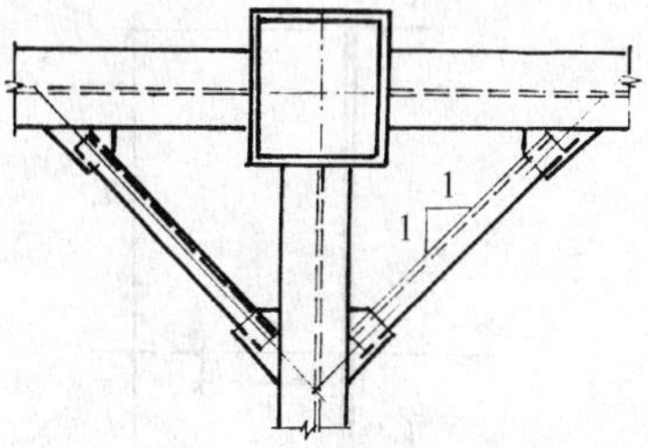

图 8.5.4 梁的侧向隅撑

$$N=\frac{A_f f}{85\sin\alpha}\sqrt{f_y/235} \qquad (8.5.4)$$

式中 A_f——梁受压翼缘的截面面积；

f——梁翼缘抗压强度设计值；

α——隅撑与梁轴线的夹角，当梁互相垂直时可取 45°。

第 8.5.5 条 当管道穿过钢梁时，腹板中的孔口应予补强。补强时，弯矩可仅由翼缘承担，剪力由孔口截面的腹板和补强板共同承担。

不应在距梁端相当于梁高的范围内设孔，抗震设防的结构不应在隅撑范围内设孔。孔口直径不得大于梁高的 1/2。相邻圆形孔口边缘间的距离不得小于梁高，孔口边缘至梁翼缘外皮的距离不得小于梁高的1/4。

圆形孔直径小于或等于 1/3 梁高时，可不予补强。当大于1/3梁高时，可用环形加劲肋加强（图 8.5.5-1*a*），也可用套管（图 8.5.5-1*b*）或环形补强板（图 8.5.5-1*c*）加强。

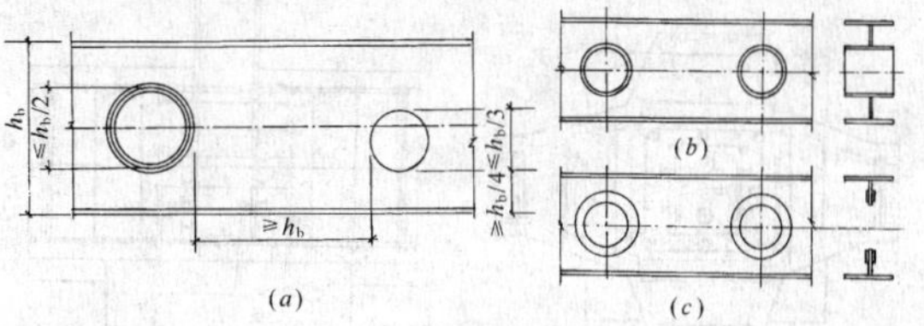

图 8.5.5-1 钢梁圆形孔口的补强

圆形孔口加劲肋截面不宜小于 100mm×10mm，加劲肋边缘至孔口边缘的距离不宜大于 12mm。圆形孔口用套管补强时，其厚度不宜小于梁腹板厚度。用环形板补强时，若在梁腹板两侧设置，环形板的厚度可稍小于腹板厚度，其宽度可取 75～125mm。

矩形孔口与相邻孔口间的距离不得小于梁高或矩形孔口长度中之较大值。孔口上下边缘至梁翼缘外皮的距离不得小于梁高的 1/4。矩形孔口长度不得大于750mm，孔口高度不得大于梁高的1/2，其边缘应采用纵向和横向加劲肋加强。

矩形孔口上下边缘的水平加劲肋端部宜伸至孔口边缘以外各 300mm。当矩形孔口长度大于梁高时，其横向加劲肋应沿梁全高设置（图 8.5.5-2）。

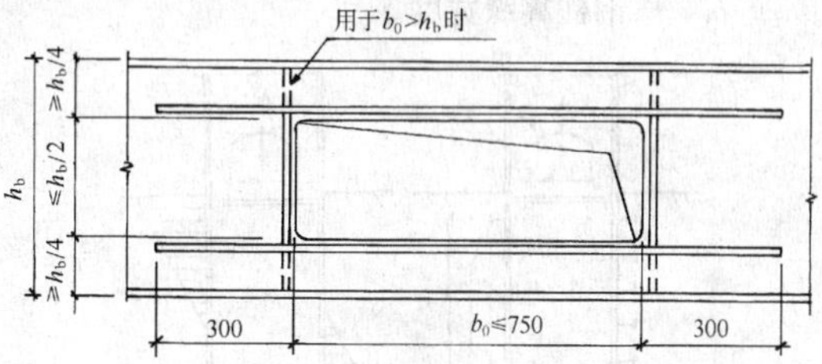

图 8.5.5-2 钢梁矩形孔口的补强

矩形孔口加劲肋截面不宜小于 125mm×18mm。当孔口长度大于 500mm 时，应在梁腹板两面设置加劲肋。

第六节 钢 柱 脚

第 8.6.1 条 高层钢结构框架柱的柱脚宜采用埋入式或外包式柱脚。仅传递垂直荷载的铰接柱脚可采用外露式柱脚。当钢框架按本规程第 3.5.2 条和第 3.5.5 条的要求在地下室中设置钢骨混凝土结构层时，其钢柱脚可按本节要求进行设计。

第 8.6.2 条 埋入式柱脚（图 8.6.2）的埋深，对轻型工字形柱，不得小于钢柱截面高度的二倍；对于大截面 H 型钢柱和箱型柱，不得小于钢柱截面高度的三倍。

埋入式柱脚在钢柱埋入部分的顶部，应设置水平加劲肋或隔板。加劲肋或隔板的宽厚比应符合现行国家标准《钢结构设计规范》（GBJ 17）关于塑性设计的规定。埋入式柱脚在钢柱的埋入部分应设置栓钉，栓钉的数量和布置可按外包式柱脚的有关规定确定。

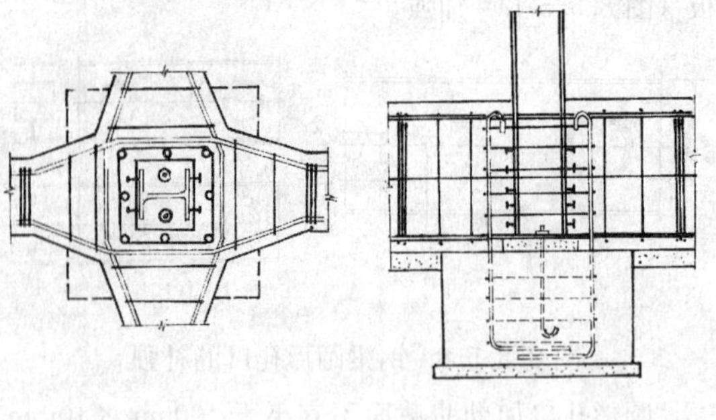

图 8.6.2　埋入式柱脚

第 8.6.3 条　埋入式柱脚（图 8.6.3）通过混凝土对钢柱的承压力传递弯矩（图 8.6.3-1）。埋入式柱脚的混凝土承压应力应小于混凝土轴心抗压强度设计值，可按下式计算（图 8.6.3-2）：

$$\sigma=\left(\frac{2h_0}{d}+1\right)\left[1+\sqrt{1+\frac{1}{(2h_0/d+1)^2}}\right]\frac{V}{b_f d} \tag{8.6.3}$$

式中　V——柱脚剪力；

h_0——柱反弯点到柱脚底板的距离；

d——柱脚埋深；

b_f——钢柱翼缘宽度。

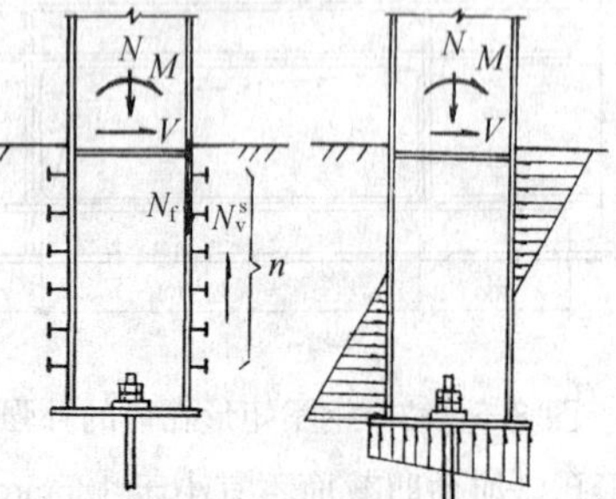

图 8.6.3-1　埋入式柱脚的受力状态

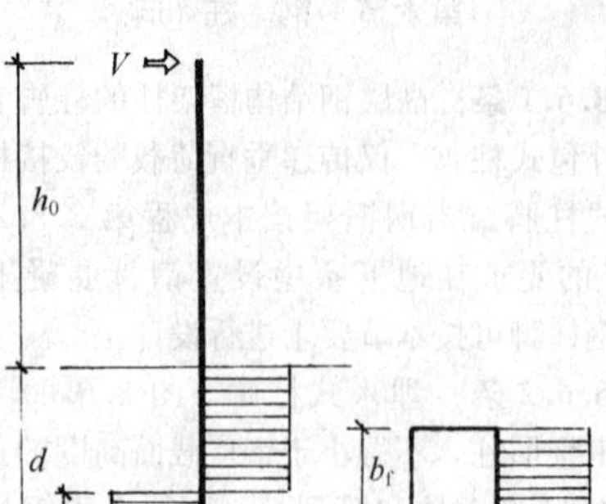

图 8.6.3-2　埋入式柱脚的计算简图

第 8.6.4 条　埋入式柱脚钢柱翼缘的保护层厚度，应符合下列规定：

一、对中间柱不得小于 180mm（图 8.6.4-1）；

二、对边柱和角柱的外侧不宜小于 250mm（图 8.6.4-1）；

三、埋入式柱脚钢柱的承压翼缘到基础梁端部的距离，应符合下列要求（图 8.6.4-2～3）；

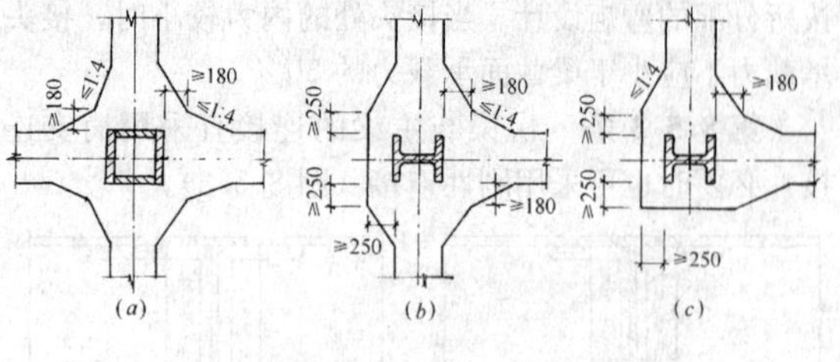

图 8.6.4-1　埋入式柱脚的保护层厚度

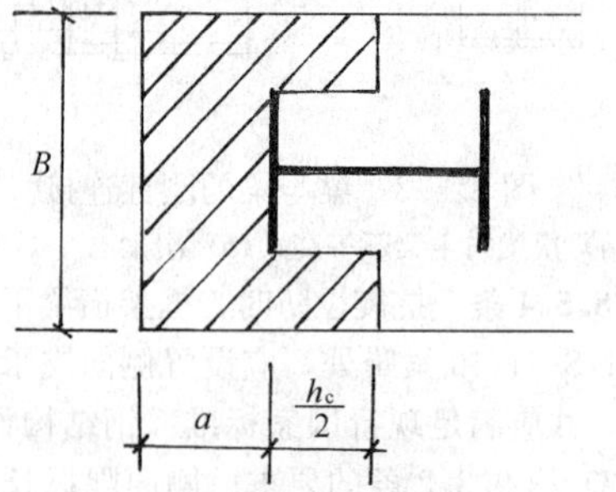

图 8.6.4-2　基础梁长度

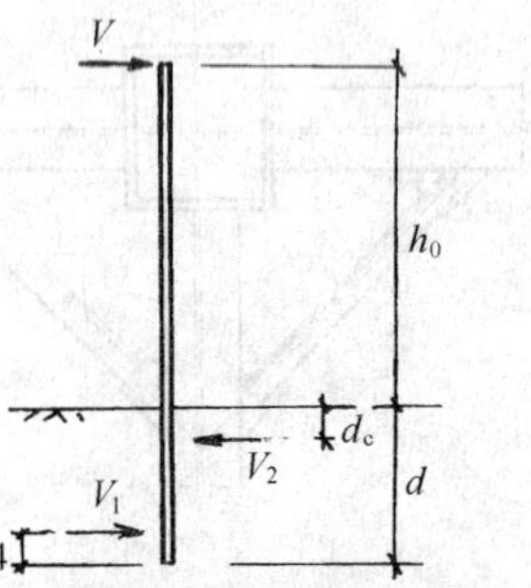

图 8.6.4-3　计算简图

$$V_1=f_{ct}A_{cs} \tag{8.6.4-1}$$

$$V_1=(h_0+d_c)\ V/\ (3d/4-d_c) \tag{8.6.4-2}$$

$$A_{cs}=B\ (a+h_c/2)\ -b_f h_c/2 \tag{8.6.4-3}$$

式中　V_1——基础梁端部混凝土的最大抵抗剪力；

V——柱脚的设计剪力；

b_f、h_c——分别为钢柱承压翼缘宽度和截面高度；

a——自钢柱翼缘外表面算起的基础梁长度；

B——基础梁宽度，等于 b_f 加两侧保护层厚度；

f_{ct}——混凝土的抗拉强度设计值；

h_0、d——见图 8.6.3-2；

d_c——钢柱承压区合力作用点至混凝土顶面的

距离。

四、混凝土对钢柱的压力通过位于柱脚上部的加劲肋和柱腹板传递，钢柱承压区及其承压力合力至混凝土顶面的距离 d_c，应按下列规定确定（图 8.6.4-4）：

$$d_c=\frac{b_f b_{e,s} d_s+d^2 b_{e,w}/8-b_{e,s} b_{e,w} d_s}{b_f b_{e,s}+d b_{e,w}/2-b_{e,s} b_{e,w}} \quad (8.6.4\text{-}5)$$

式中 b_f——钢柱承压翼缘宽度；

$b_{e,s}$——位于柱脚上部的钢柱横向加劲肋有效承压宽度；

$b_{e,w}$——柱腹板的有效承压宽度；

d_s——加劲肋中心至混凝土顶面的距离；

d——柱脚埋深。

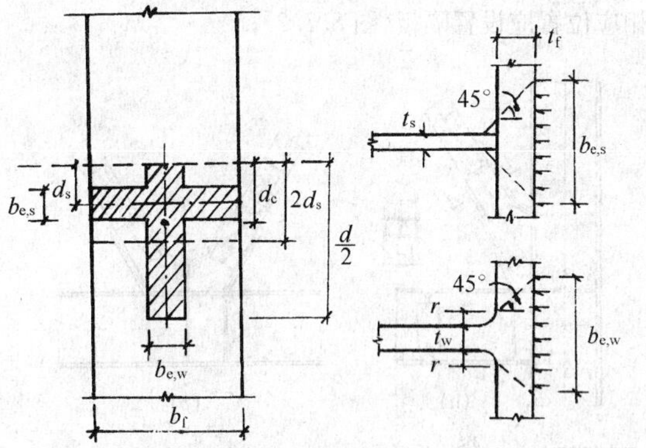

图 8.6.4-4 钢柱承压面积合力位置

第 8.6.5 条 埋入式柱脚的钢柱四周，应按下列要求设置主筋和箍筋：

一、主筋的截面面积应按下列公式计算：

$$A_s=M/(d_0 f_{sy}) \quad (8.6.5\text{-}1)$$

$$M=M_0+Vd \quad (8.6.5\text{-}2)$$

式中 M——作用于钢柱脚底部的弯矩；

M_0——柱脚的设计弯矩；

V——柱脚的设计剪力；

d——钢柱埋深；

d_0——受拉侧与受压侧纵向主筋合力点间的距离；

f_{sy}——钢筋抗拉强度设计值。

二、主筋的最小含钢率为 0.2%，其配筋不宜小于 4ϕ22，并在上端设弯钩。主筋的锚固长度不应小于 35d（d 为钢筋直径），当主筋的中心距大于 200mm 时，应设置 ϕ16 的架立筋。

三、箍筋宜为 ϕ10，间距 100；在埋入部分的顶部，应配置不少于 3ϕ12、间距 50 的加强箍筋。

第 8.6.6 条 外包式柱脚（图 8.6.6-1）的混凝土外包高度与埋入式柱脚的埋入深度要求应相同。

外包式柱脚的抗震第一阶段设计，应符合下列规定：

一、在计算平面内，钢柱一侧翼缘上的圆柱头栓钉数目，应按下列公式计算。柱轴向的栓钉间距不得大于 200mm（图 8.6.3-1）。

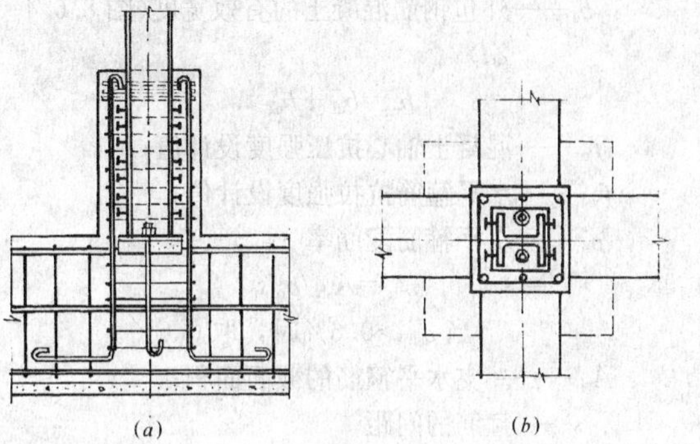

图 8.6.6-1 外包式柱脚

$$n=N_f/N_v^s \quad (8.6.6\text{-}1)$$

$$N_f=M/(h_c-t_f) \quad (8.6.6\text{-}2)$$

式中 n——钢柱脚一侧翼缘需要的圆柱头栓钉数目；

N_f——钢柱一侧抗剪栓钉传递的翼缘轴力；

M——外包混凝土顶部箍筋处的钢柱弯矩设计值；

h_c——钢柱截面高度；

t_f——钢柱翼缘厚度；

N_v^s——一个圆柱头栓钉的受剪承载力设计值，按本规程第 7.2.8 条的规定计算，栓钉直径不得小于 16mm。

二、外包式柱脚底部的弯矩全部由外包钢筋混凝土承受，其抗弯承载力应按下式验算。受拉主筋的锚固长度，应符合现行国家标准《钢筋混凝土结构设计规范》（GBJ 10）的规定。

$$M\leqslant nA_s f_{sy} d_0 \quad (8.6.6\text{-}3)$$

式中 M——外包式柱脚底部的弯矩设计值；

A_s——一根受拉主筋截面面积；

n——受拉主筋的根数；

f_{sy}——受拉主筋的抗拉强度设计值；

d_0——受拉主筋重心至受压区主筋重心间的距离。

三、外包混凝土的抗剪承载力，应符合下列规定：

1. 当钢柱为工形截面时（图 8.6.6-2a），外包式钢筋混凝土的受剪承载力宜按式（8.6.6-5）和（8.6.6-6）计算，并取其较小者：

$$V-0.4N\leqslant V_{rc} \quad (8.6.6\text{-}4)$$

$$V_{rc}=b_{rc}h_0(0.07f_{cc}+0.5f_{ysh}\rho_{sh}) \quad (8.6.6\text{-}5)$$

$$V_{rc}=b_{rc}h_0(0.14f_{cc}b_e/b_{rc}+f_{ysh}\rho_{sh}) \quad (8.6.6\text{-}6)$$

式中 V——柱脚的剪力设计值；

N——柱最小轴力设计值；

V_{rc}——外包钢筋混凝土所分配到的受剪承

载力；

b_{rc}——外包钢筋混凝土的总宽度；

b_e——外包钢筋混凝土的有效宽度(图 8.6.4-2*a*)

$$b_e = b_{e1} + b_{e2}$$

f_{cc}——混凝土轴心抗压强度设计值；

f_{ysh}——水平箍筋抗拉强度设计值；

ρ_{sh}——水平箍筋配筋率

$$\rho_{sh} = A_{sh}/b_{rc}s$$

当 $\rho_{sh}>0.6\%$时，取 0.6%。

A_{sh}——一支水平箍筋的截面面积；

s——箍筋的间距；

h_0——混凝土受压区边缘至受拉钢筋重心的距离。

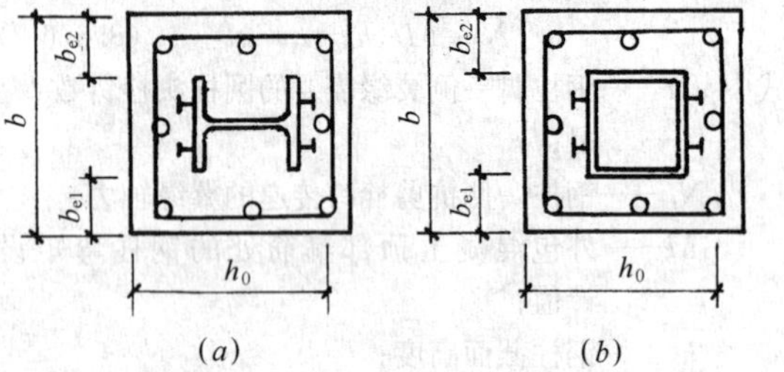

图 8.6.6-2　外包式柱脚截面

(*a*)工字形柱；(*b*)箱型柱

2. 当钢柱为箱形截面时(图 8.6.6-2*b*)，外包钢筋混凝土的受剪承载力为：

$$V_{rc} = b_e h_0 (0.07 f_{cc} + 0.5 f_{ysh} \rho_{sh}) \quad (8.6.6\text{-}6)$$

式中　b_e——钢柱两侧混凝土的有效宽度之和，每侧不得小于 180mm；

ρ_{sh}——水平箍筋的配筋率

$$\rho_{sh} = A_{sh}/b_e s$$

当 $\rho_{sh} \geqslant 1.2\%$时，取 1.2%。

第 8.6.7 条　由柱脚锚栓固定的外露式柱脚承受轴力和弯矩时，其设计应符合下列规定：

一、底板尺寸应根据基础混凝土的抗压强度设计值确定；

二、当底板压应力出现负值时，应由锚栓来承受拉力。当锚栓直径大于 60mm 时，可按钢筋混凝土压弯构件中计算钢筋的方法确定锚栓直径；

三、锚栓和支承托座应连接牢固，后者应能承受锚栓的拉力；

四、锚栓的内力应由其与混凝土之间的粘结力传递。当埋设深度受到限制时，锚栓应固定在锚板或锚梁上；

五、柱脚底板的水平反力，由底板和基础混凝土间的摩擦力传递，摩擦系数可取 0.4。当水平反力超过摩擦力时，可采用下列方法之一加强：

1. 底板下部焊接抗剪键；

2. 柱脚外包钢筋混凝土。

第七节　支 撑 连 接

第 8.7.1 条　抗剪支撑节点设计应符合下列要求：

一、在抗震设防的结构中，支撑节点连接的最大承载力应满足本规程式(8.1.3-3)的要求；

二、除偏心支撑外，支撑的重心线应通过梁与柱轴线的交点，当受条件限制有不大于支撑杆件宽度的偏心时，节点设计应计入偏心造成的附加弯矩的影响；

三、柱和梁在与支撑翼缘的连接处，应设置加劲肋。加劲肋应按承受支撑轴心力对柱或梁的水平或竖向分力计算。支撑翼缘与箱形柱连接时，在柱壁板的相应位置应设置隔板(图 8.7.2)；

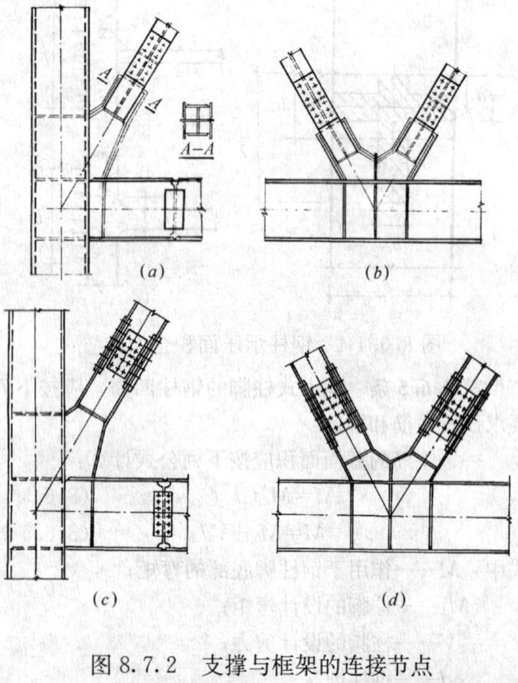

图 8.7.2　支撑与框架的连接节点

四、在抗震设防的结构中，支撑宜采用 H 型钢制作，在构造上两端应刚接。当采用焊接组合截面时，其翼缘和腹板应采用坡口全熔透焊缝连接。

第 8.7.2 条　当支撑翼缘朝向框架平面外，且采用支托式连接时(图 8.7.2*a*、*b*)，其平面外计算长度可取轴线长度的 0.7 倍；当支撑腹板位于框架平面内时(图 8.7.2*c*、*d*)，其平面外计算长度可取轴线长度的 0.9 倍。

第 8.7.3 条　偏心支撑与耗能梁段相交时，支撑轴线与梁轴线的交点，不得位于耗能梁段外(图 8.7.3-1 和图 8.7.3-2)。

第 8.7.4 条　偏心支撑的剪切屈服型耗能梁段与柱翼缘连接时(图 8.7.3-1)，梁翼缘与柱翼缘之间应采用坡口全熔透对接焊缝；梁腹板与柱之间应采用角焊缝，焊缝强度应满足本规程式(8.1.3-2)的要求。耗能梁段不宜与工字形柱腹板连接。

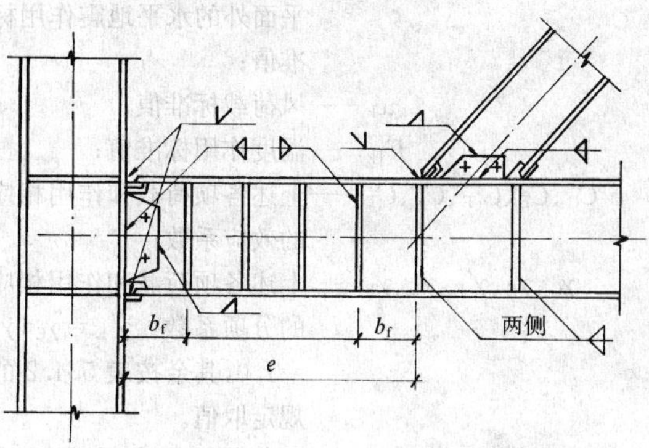

图 8.7.3-1 耗能梁段与柱翼缘的连接

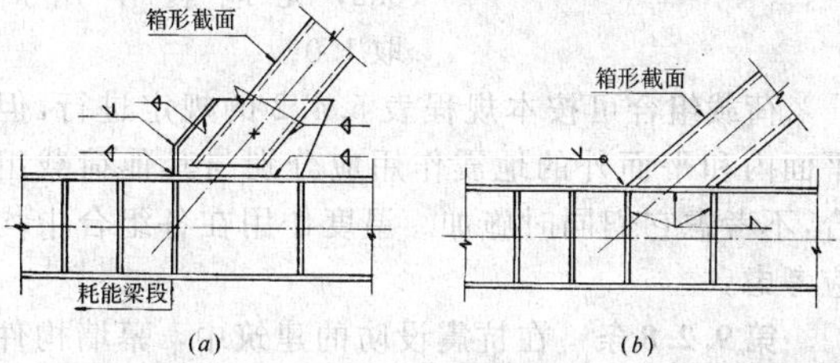

图 8.7.3-2 支撑与耗能梁段轴线交点的位置

第 8.7.5 条 耗能梁段腹板加劲肋的设置，应符合下列要求(图 8.7.3)：

一、耗能梁段与支撑连接的一端，应在支撑两侧设置加劲肋。当耗能梁段的净长 $a<2.6M_p/V_p$ 时，应在距两端 b_f 的位置两侧设置加劲肋。加劲肋在腹板两侧的总宽度不应小于 b_f-2t_w，其厚度不应小于 $0.75t_w$ 或 10mm；

二、当耗能梁段的净长 $a<2.2M_p/V_p$，或 $a\geqslant 2.2M_p/V_p$，但其截面弯矩达 M_{pc} 时的剪力大于 $0.47fh_0t_w$ 时，还应设置中间加劲肋。

当其净长 $a\leqslant 1.6M_P/V_p$ 时，中间加劲肋间距不得大于 $38t_w-h_0/5$；

当其净长 $a\geqslant 2.6M_P/V_p$ 时，中间加劲肋间距不得大于 $56t_w-h_0/5$；

当其净长 a 介于两者之间时，中间加劲肋间距应采用线性插值。

三、高度不超过 600mm 的耗能梁段，可仅在单侧设置加劲肋。等于或大于 600mm 时，应两侧设置加劲肋。一侧加劲肋的宽度不应小于$(b_f/2)-t_w$，厚度不应小于 10mm。

第 8.7.6 条 耗能梁段加劲肋应在三边与梁用角焊缝连接。其与腹板连接焊缝的承载力不应低于 $A_{st}f$，与翼缘连接焊缝的承载力不应低于 $A_{st}f/4$。此处，$A_{st}=b_{st}t_{st}$，b_{st} 为加劲肋的宽度，t_{st} 为加劲肋的厚度。

第 8.7.7 条 耗能梁段两端上下翼缘，应设置水平侧向支撑，其轴力设计值至少应为 $0.015fb_ft_f$，b_f、t_f 分别为其翼缘的宽度和厚度。与耗能梁段同跨的框架梁上下翼缘，也应设置水平侧向支撑，其间距不应大于 $13b_f\sqrt{235/f_y}$，其轴力设计值至少不应小于现行国家标准《钢结构设计规范》(GBJ 17)第 5.1.6 条规定的值。梁在侧向支承点间的长细比应符合现行国家标准《钢结构设计规范》(GBJ 17)第 9.3.2 条的规定。

第九章 幕墙与钢框架的连接

第一节 一 般 要 求

第 9.1.1 条 本章适用于幕墙与钢框架主体结构的连接和施工。

第 9.1.2 条 幕墙构件应按国家现行建筑产品标准《建筑幕墙》(JG 3035)、现行国家标准《玻璃幕墙工程技术规范》(JGJ 102)以及现行国家标准《混凝土结构设计规范》(GBJ 10)进行承载力设计并作必要的刚度验算。

第 9.1.3 条 在地震作用或风荷载作用下，应防止幕墙构件相互碰撞和脱落。

第 9.1.4 条 在抗震设防的建筑中，采用混凝土幕墙时，幕墙构件与主体结构之间的分离缝宽度，宜取 30mm，幕墙构件相互之间的纵向及横向分离缝宽度宜取 25mm。分离缝应采用压缩性良好的弹性密封材料密封。

第二节 连接节点的设计和构造

第 9.2.1 条 幕墙构件与钢框架的连接节点，宜设可微调的承重节点、固定节点和可动节点等三类节点，并应根据幕墙构件可能出现的相对于钢框架的变位形式，确定节点的连接方法及构造。

第 9.2.2 条 节点连接铁件和紧固件均应采用延性好的材料制作，其承载力设计值可按第二章的规定采用。

第 9.2.3 条 连接节点应承受单块幕墙的自重、风荷载、温度变化等引起的作用及施工临时荷载，在地震区尚应承受幕墙本身的地震作用。

第 9.2.4 条 作用于幕墙构件上的风荷载标准值，应按下式计算：

$$w_k=\beta_D\mu_z\mu_s w_0 \tag{9.2.4}$$

式中 w_k——风荷载标准值(N/mm^2)；

μ_z——风压高度变化系数，按本规程第 4.2.3 条规定采用；

μ_s——风荷载体型系数，按本规程第 4.2.4 条规定采用；

w_0——高层建筑基本风压(kN/m^2)，按本规程第 4.2.2 条规定采用；

β_D——考虑瞬时风压的阵风风压系数，取 2.25。

第9.2.5条 当幕墙构件上下端均与钢框架连接时，作用于幕墙构件的地震作用标准值，可按下列公式计算。位于屋顶突出小塔屋上的幕墙构件，其地震作用标准值尚应乘以动力增大系数3，但此地震作用不向下传递。

$$F_{Ek}=\beta_E\alpha_{max}G_{0k} \quad (9.2.5\text{-}1)$$

$$F'_{Ek}=F_{Ek} \quad (9.2.5\text{-}2)$$

式中 F_{Ek}——作用于幕墙构件平面内的水平地震作用标准值；

F'_{Ek}——作用于幕墙构件平面外的水平地震作用标准值；

G_{0k}——幕墙构件自重标准值；

α_{max}——地震影响系数最大值，本规程第4.3.3条的规定采用；

β_E——地震作用的动力增大系数，取3.0。

第9.2.6条 幕墙构件的温度作用效应，应按下列规定计算：

一、幕墙构件的温度作用可按下列公式计算：

$$F_{Tk}=E[\alpha\Delta T-(2c-d)/l] \quad (9.2.6\text{-}1)$$

式中 F_{Tk}——温差引起的幕墙构件温度作用标准值（N/mm^2）；

E——幕墙构件的弹性模量（N/mm^2），见表9.2.6；

α——幕墙构件的线膨胀系数，见表9.2.6；

ΔT——当地一年内的最大温差（℃），缺乏必要资料时可取 $\Delta T=80$℃；

c——幕墙构件之间的分离缝宽度之半（mm）；

d——施工误差，可取3mm；

l——单块幕墙构件两个支点间的距离（mm）。

二、当 F_{Tk} 为负数时表示温度应力为零。

三、幕墙构件材料的弹性模量和线膨胀系数，可按表9.2.6的规定采用：

幕墙构件材料的弹性模量和线膨胀系数　表9.2.6

性　能	钢　材	铝合金	混凝土	玻　璃
弹性模量 E (N/mm^2)	206×10^3	7×10^4	$2.55\times10^4\sim3.0\times10^4$	7.2×10^4
线膨胀系数 α	12×10^{-6}	2.35×10^{-5}	1.0×10^{-5}	$8\times10^{-6}\sim14\times10^{-6}$

注：混凝土弹性模量为C20～C30时的值。

第9.2.7条 幕墙构件的连接钢件和紧固件，应按下列公式计算作用的效应组合：

$$S=\gamma_G C_G G_{0k}+\gamma_E C_E F_{Ek}(\text{或}\ \gamma'_E C'_E F'_{Ek})+\psi_w\gamma_w C_w w_k+\gamma_T C_T F_{Tk} \quad (9.2.7)$$

式中 G_E——幕墙构件总自重标准值；

F_{Ek}、F'_{Ek}——分别为幕墙构件平面内、平面外的水平地震作用标准值；

w_k——风荷载标准值；

F_{Tk}——温度作用标准值；

C_G、C_E、C'_E、C_w、C_T——上述各项荷载和作用相应的效应系数；

γ_G、γ_E、γ'_E、γ_w、γ_T——上述各项荷载和作用相应的分项系数。$\gamma'_E=\gamma_E$，$\gamma_T=1.0$，其余按表5.4.2的规定取值。

ψ_w——风荷载的组合系数，在有地震作用的荷载组合中取0.2，无地震作用时取1.0。

荷载组合可按本规程表5.4.2的规定进行，但平面内和平面外的地震作用应分别与其他荷载组合，不考虑它们同时施加。温度作用在各组合中均应考虑。

第9.2.8条 在抗震设防的建筑中，幕墙构件与主体结构的连接节点，均应按地震作用组合计算螺栓、连接角钢和焊缝的承载力。受力螺栓、销钉、铆钉每处不得少于2个，并应乘以不小于2.5的增大系数。

第9.2.9条 幕墙构件节点的紧固件和连接件同时受拉剪作用时，其承载力应符合下式的要求：

$$\sqrt{\left(\frac{N}{N_t^b}\right)^2+\left(\frac{V}{N_v^b}\right)^2}\leqslant1 \quad (9.2.9)$$

式中 N——每个螺栓承受的拉力；

N_t^b——每个螺栓的受拉承载力设计值；

V——每个螺栓承受的剪力；

N_v^b——每个螺栓的受剪承载力设计值。

第9.2.10条 幕墙构件节点紧固件及连接件的最小构造尺寸，应符合表9.2.10的规定。焊缝及螺栓的构造要求应符合现行国家标准《钢结构设计规范》(GBJ 17)第八章的规定。

紧固件及连接件的最小构造尺寸　表9.2.10

幕墙类别	螺　栓	连接角钢 (mm)
混凝土幕墙	$\phi20$	L140×140×10
玻璃幕墙	$\phi14$	L100×100×6

第9.2.11条 可动节点应设置大孔径连接钢件、长孔径钢垫板及滑移垫片（图9.2.11）。

第9.2.12条 当可动节点以横向滑动方式吸收层间变位时，连接钢件上横向长圆孔的长向孔径应按

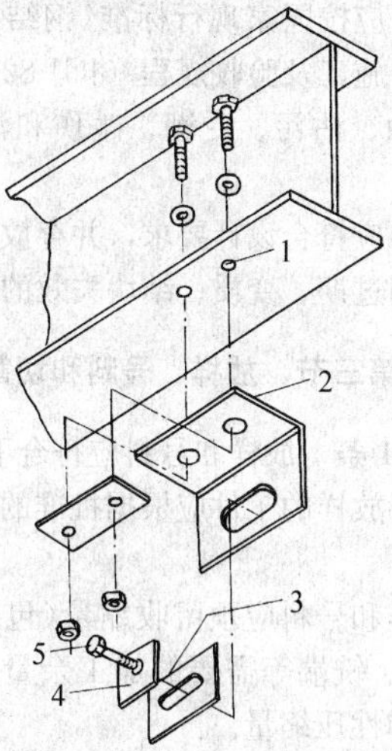

图 9.2-11 可动节点连接钢件示意图

1—螺栓孔；2—大孔径连接钢件；3—插入滑移垫片；4—小孔径钢垫板；5—连接幕墙构件的螺栓

下式计算：

$$d=2(r+\Delta l+u) \quad (9.2.12)$$

式中 d——横向长圆孔的长向孔径；

Δl——幕墙构件安装的尺寸容许误差；

u——幕墙构件在相对于钢框架运动时的层间变位量，对抗震结构可取层高的 1/150；

r——螺栓半径。

第 9.2.13 条 可动节点以旋转方式承受层间位移时，连接钢件上竖向长圆孔的长向孔径应按下列公式计算：

$$d_1=2(r+\Delta l+d) \quad (9.2.13\text{-}1)$$

$$d=a_h/a_v u \quad (9.2.13\text{-}2)$$

式中 d_1——竖向长圆孔直径；

a_h——幕墙构件上下端支点间的水平距离；

a_v——幕墙构件上下端支点间的竖向距离。

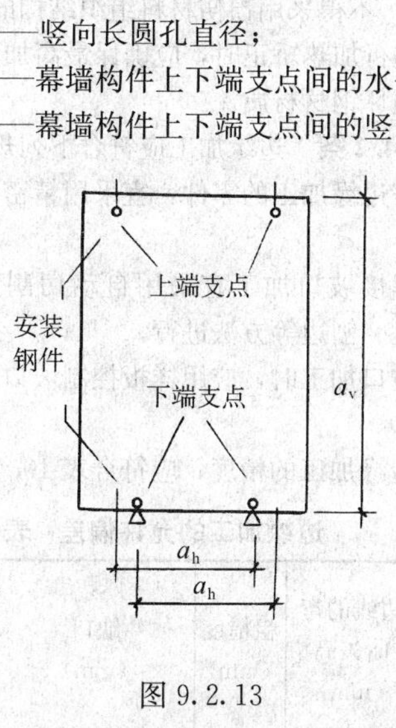

图 9.2.13

第 9.2.14 条 可动节点中长圆孔的连接钢件，不得与幕墙构件上的钢件焊接，但可与钢框架焊接或用螺栓固定。

第 9.2.15 条 可动节点的滑移垫片，应选用耐磨、高强、耐老化、韧性好、摩擦系数小的薄片，其垫片厚度宜为 1mm。

第三节 施 工 要 点

第 9.3.1 条 施工中各环节的技术要求应符合现行行业标准《玻璃幕墙工程技术规范》(JGJ 102) 等的规定，保证预埋件位置正确，有足够的牢固度，并对其进行妥善的保护，在任何情况下均不得敲打、碰撞。不得将受损的预埋件、未经检验的和检验不合格的幕墙构件装到钢框架上。

第 9.3.2 条 紧固可动节点长圆孔内的螺栓时，应采用扭矩搬手控制螺栓的预拉力。不得对此种螺栓进行焊接固定，但需采取防止螺栓松动的措施。

第 9.3.3 条 可动节点内不得使用翘曲不平或破损的滑移垫片。各节点的连接钢件及紧固件的材料和精度，均应符合设计要求，并不得有扭、翘、弯曲等现象。

第 9.3.4 条 幕墙构件及节点螺栓安装的尺寸容许误差，应符合表 9.3.4 的规定。

安装尺寸允许误差　　表 9.3.4

项　目	允许误差(mm)			图　例
	金属幕墙	玻璃幕墙	混凝土幕墙	
幕墙构件间水平接缝宽度误差 [Δa]	±3	±5	±5	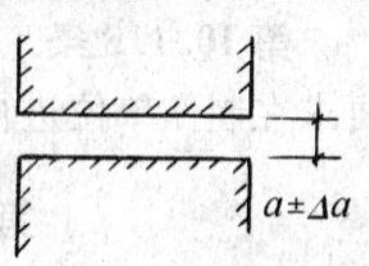
接缝中心线错位 [a]	2	3	3	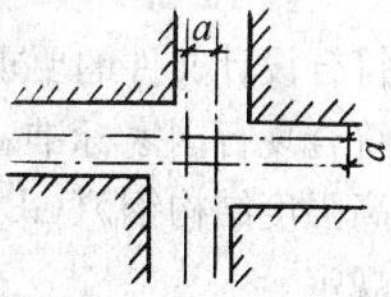
螺栓中心线与长圆孔中心线的误差 [a]	±2	±3	±3	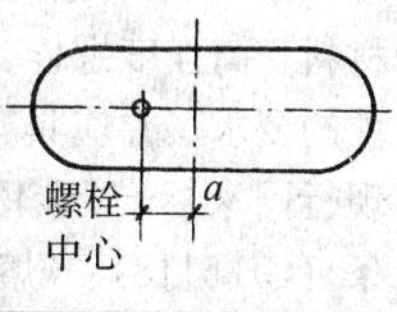

第 9.3.5 条 幕墙构件与钢结构连接的钢件和预埋件，均应预先进行表面防锈处理。幕墙固定后其节点尚应按本规程第十一章和第十二章的要求，对节点采取防锈和防火措施。可动节点的防锈和防火措施不得削弱节点随动变位的功能。

第 9.3.6 条 幕墙构件安装，除应符合本规程第 9.3.1 条的规定外，尚应符合下列要求：

一、幕墙构件在钢框架上的临时固定点不得少于 4 处；

二、基本风速超过 10m/s 时，不应进行吊装作业。

第十章　制　　作

第一节　一　般　要　求

第 10.1.1 条　高层建筑钢结构的制作单位，应根据已批准的技术设计文件编制施工详图。

施工详图应由原设计工程师批准，或由合同文件规定的监理工程师批准。当需要修改时，制作单位应向原设计单位申报，经同意和签署文件后修改才能生效。

第 10.1.2 条　钢结构制作前，应根据设计文件、施工详图的要求以及制作厂的条件，编制制作工艺。制作工艺书应包括：施工中所依据的标准，制作厂的质量保证体系，成品的质量保证和为保证成品达到规定的要求而制订的措施，生产场地的布置、采用的加工、焊接设备和工艺装备，焊工和检查人员的资质证明，各类检查项目表格和生产进度计算表。

制作工艺书应作为技术文件经发包单位代表或监理工程师批准。

第 10.1.3 条　钢结构制作单位应在必要时对构造复杂的构件进行工艺性试验。

第 10.1.4 条　高层钢建筑结构制作、安装、验收及土建施工用的量具，应按同一标准进行鉴定，并应具有相同的精度等级。

第 10.1.5 条　连接复杂的钢构件，应根据合同要求在制作单位进行预拼装。

第二节　材　　料

第 10.2.1 条　高层建筑钢结构采用的钢材，应符合设计文件的要求，并具有质量证明书，其质量应符合现行国家标准《碳素结构钢》(GB 700)、《低合金高强度结构钢》(GB/T 1591)，以及本规程第二章的规定。

第 10.2.2 条　高层建筑钢结构采用的各种焊接材料、高强度螺栓、普通螺栓和涂料，应符合设计文件的要求，并应具有质量证明书；其质量应分别符合现行国家标准《碳钢焊条》(GB 5117)、《低合金钢焊条》(GB 5118)、《熔化焊用钢丝》(GB/T 14957)、《气体保护焊用钢丝》(GB/T 14958)、《钢结构高强度六角头螺栓、大六角头螺母、垫圈与技术条件》(GB/T 1228～1231)、《钢结构扭剪型高强度螺栓连接副》(GB 3632～3633)等，并应符合下列要求：

一、严禁使用药皮脱落或焊芯生锈的焊条、受潮结块或已熔烧过的焊剂以及生锈的焊丝。用于栓钉焊的栓钉，其表面不得有影响使用的裂纹、条痕、凹痕和毛刺等缺陷。

二、焊接材料应集中管理，建立专用仓库，库内要干燥，通风良好。

三、螺栓应在干燥通风的室内存放。高强度螺栓的入库验收，应按国家现行标准《钢结构高强度螺栓连接的设计、施工及验收规程》(JGJ 82)的要求进行，严禁使用锈蚀、沾污、受潮、碰伤和混批的高强度螺栓。

四、涂料应符合设计要求，并存放在专门的仓库内，不得使用过期、变质、结块失效的涂料。

第三节　放样、号料和切割

第 10.3.1 条　放样和号料应符合下列规定：

一、需要放样的工件应根据批准的施工详图放出足尺节点大样；

二、放样和号料应预留收缩量(包括现场焊接收缩量)及切割、铣端等需要的加工余量，高层钢框架柱尚应预留弹性压缩量。

第 10.3.2 条　高层钢框架柱的弹性压缩量，应按结构自重(包括钢结构、楼板、幕墙等的重量和经常作用的活荷载产生的柱轴力计算。相邻柱的弹性压缩量相差不超过 5mm 时，可采用相同的压缩量。

柱压缩量应由设计者提出，由制作厂和设计者协商确定。

第 10.3.3 条　号料和切割应符合下列要求：

一、主要受力构件和需要弯曲的构件，在号料时应按工艺规定的方向取料，弯曲件的外侧不应有冲样点和伤痕缺陷；

二、号料应有利于切割和保证零件质量；

三、宽翼缘型钢等的下料，宜采用锯切。

第四节　矫正和边缘加工

第 10.4.1 条　矫正应符合下列规定：

一、矫正可采用机械或有限度的加热(线状加热或点加热)，不得采用损伤材料组织结构的方法；

二、进行加热矫正时，应确保最高加热温度及冷却方法不损坏钢材材质。

第 10.4.2 条　边缘加工应符合下列规定：

一、需边缘加工的零件，宜采用精密切割来代替机械加工；

二、焊接坡口加工宜采用自动切割、半自动切割、坡口机、刨边等方法进行；

三、坡口加工时，应用样板控制坡口角度和各部分尺寸；

四、边缘加工的精度，应符合表 10.4.2 的规定。

边缘加工的允许偏差　表 10.4.2

边线与号料线的允许偏差(mm)	边线的弯曲矢高(mm)	粗糙度(mm)	缺口(mm)	渣	坡度
±1.0	l/3000，且≤2.0	0.02	2.0(修磨平缓过度)	清除	±2.5°

注：l 为弦长。

第五节　组　　装

第 10.5.1 条　钢结构构件组装应符合下列规定：

一、组装应按制作工艺规定的顺序进行；

二、组装前应对零部件进行严格检查，填写实测记录，制作必要的工装。

第 10.5.2 条　组装允许偏差，应符合表 10.5.2 的规定。

组装允许偏差　表 10.5.2

项　　目		允许偏差 (mm)	图　　例
T 形连接的间隙	$t<16$	1.0	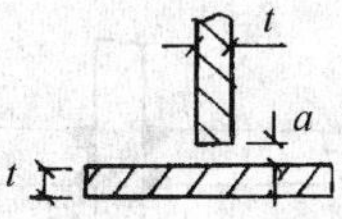
	$t\geqslant16$	2.0	
搭接接头长度偏差		±5.0	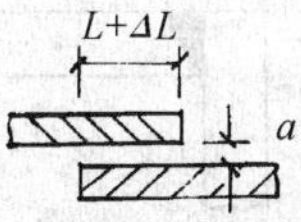
搭接接头间隙偏差		1.0	
对接接头底板错位	$t\leqslant16$	1.5	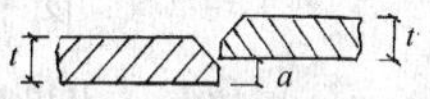
	$16<t<30$	$t/10$	
	$t\geqslant30$	3.0	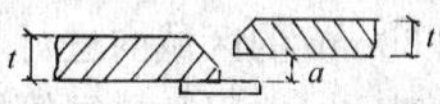
对接接头间隙偏差	手工电弧焊	+4.0 0	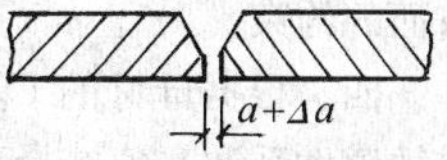
	埋弧自动焊和气体保护焊	+1.0 0	
对接接头直线度偏差		2.0	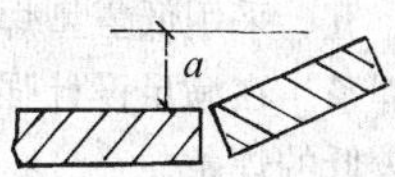
根部开口间隙偏差（背部加衬板）		±2.0	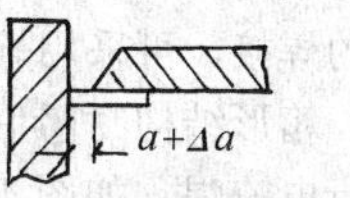 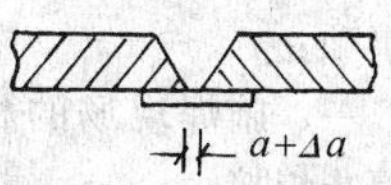
水平隔板电渣焊间隙偏差		±2.0	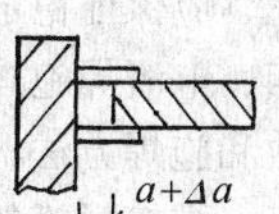

续表

项　　目		允许偏差 (mm)	图　　例
隔板与梁翼缘的错位量	$t_1\geqslant t_2$ 且 $t_1\leqslant20$	$t_2/2$	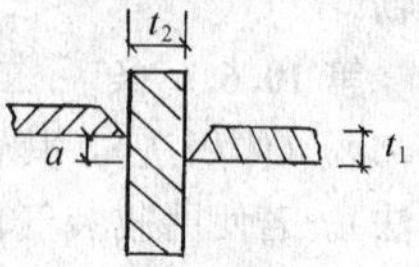
	$t_1\geqslant t_2$ 且 $t_1>20$	4.0	
	$t_1<t_2$ 且 $t_1\leqslant20$	$t_1/4$	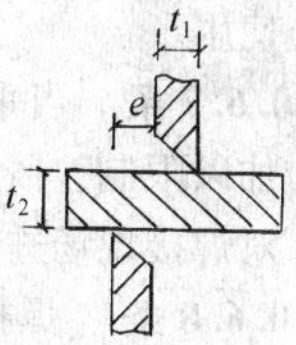
	$t_1<t_2$ 且 $t_1>20$	5.0	
焊接组装构件端部偏差		3.0	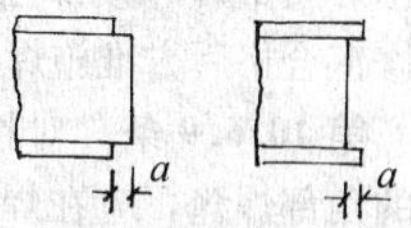
加劲板或隔板倾斜偏差		2.0	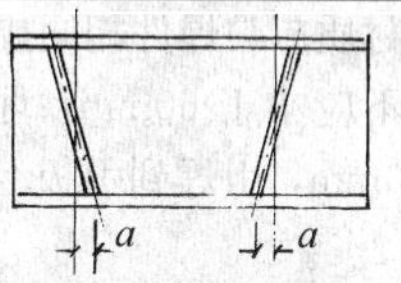
连接板、加劲板间距或位置偏差		2.0	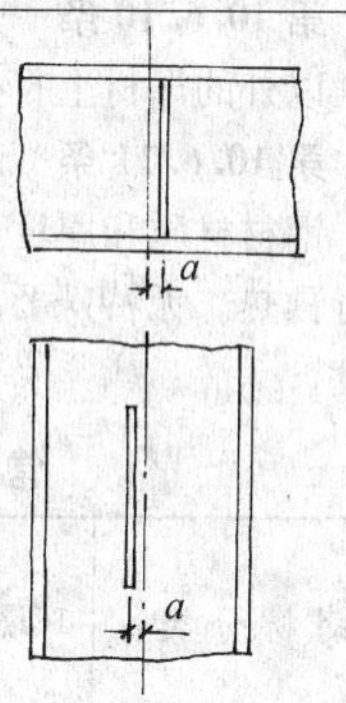

第六节　焊　　接

第 10.6.1 条　从事钢结构各种焊接工作的焊工，应按现行国家标准《建筑钢结构焊接规程》（JGJ81）的规定经考试并取得合格证后，方可进行操作。

第 10.6.2 条　在钢结构中首次采用的钢种、焊接材料、接头形式、坡口形式及工艺方法，应进行焊接工艺评定，其评定结果应符合设计要求。

第 10.6.3 条　高层建筑钢结构的焊接工作，必须在焊接工程师的指导下进行，并应根据工艺评定合格的试验结果和数据，编制焊接工艺文件。

焊接工作应严格按照所编工艺文件中规定的焊接方法、工艺参数、施焊顺序等进行。并应符合现行国家标准《建筑钢结构焊接规程》（JGJ81）的规定。

第 10.6.4 条　低氢型焊条在使用前必须按照产品说明书的规定进行烘焙。烘焙后的焊条应放入恒温箱备用，恒温温度控制在 80～100℃。

烘焙合格的焊条外露在空气中超过 4h 的应重新烘焙。焊条的反复烘焙次数不宜超过 2 次。

第 10.6.5 条 焊剂在使用前必须按其产品说明书的规定进行烘焙。焊丝必须除净锈蚀、油污及其他污物。

第 10.6.6 条 二氧化碳气体纯度不应低于 99.5%（体积法），其含水量不应大于 0.005%（重量法）。若使用瓶装气体，瓶内气体压力低于 1MPa 时应停止使用。

第 10.6.7 条 当采用气体保护焊时，焊接区域的风速应加以限制。风速在 1m/s 以上时，应设置挡风装置，对焊接现场进行防护。

第 10.6.8 条 焊接开始前，应复查组装质量、定位焊质量和焊接部位的清理情况。如不符合要求，应修正合格后方准施焊。

第 10.6.9 条 对接接头、T 型接头和要求全熔透的角部焊缝，应在焊缝两端配置引弧板和引出板，其材质应与焊件相同或通过试验选用。手工焊引板长度不应小于 60mm，埋弧自动焊引板长度不应小于 150mm，引焊到引板上的焊缝长度不得小于引板长度的 2/3。

第 10.6.10 条 引弧应在焊道处进行，严禁在焊道区以外的母材上打火引弧。

第 10.6.11 条 焊接时应根据工作地点的环境温度、钢材材质和厚度，选择相应的预热温度，对焊件进行预热。无特殊要求时，可按表 10.6.11 选取预热温度。

常用的预热温度　　表 10.6.11

钢材分类	环境温度	板厚（mm）	预热及层间宜控温度（℃）
普通碳素结构钢	0℃以上	≥50	70～100
低合金结构钢	0℃以上	≥36	70～100

凡需预热的构件，焊前应在焊道两侧各 100mm 范围内均匀进行预热，预热温度的测量应在距焊道 50mm 处进行。

当工作地点的环境温度为 0℃以下时，焊接件的预热温度应通过试验确定。

第 10.6.12 条 板厚超过 30mm，且有淬硬倾向和约束度较大的低合金结构钢的焊接，必要时可进行后热处理。后热处理的温度和时间可按表 10.6.12 选取。

后热处理的温度和时间　　表 10.6.12

钢　　种	后热温度	后热时间
低合金结构钢	200～300℃	1h/每 30mm 板厚

后热处理应于焊后立即进行。后热的加热范围为焊缝两侧各 100mm，温度的测量应在距焊缝中心线 50mm 处进行。焊缝后热达到规定温度后，按规定时间保温，然后使焊件缓慢冷却至常温。

第 10.6.13 条 要求全熔透的两面焊焊缝，正面焊完成后在焊背面之前，应认真清除焊缝根部的熔渣、焊瘤和未焊透部分，直至露出正面焊缝金属时方可进行背面的焊接。

第 10.6.14 条 30mm 以上厚板的焊接，为防止在厚度方向出现层状撕裂，宜采取以下措施：

一、将易发生层状撕裂部位的接头设计成约束度小、能减小层状撕裂的构造形式，如图 10.6.14 所示。

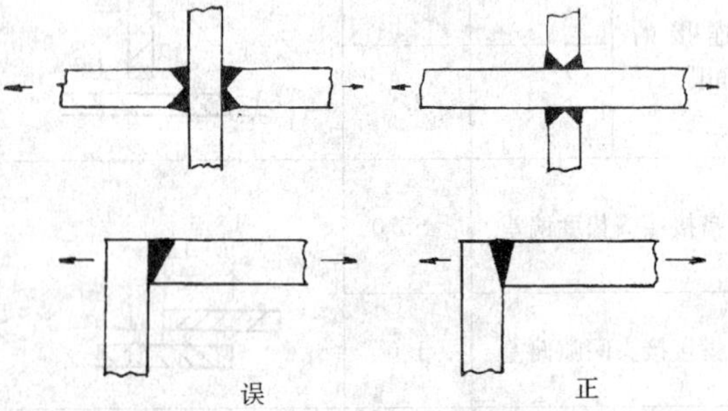

图 10.6.14

二、焊接前，对母材焊道中心线两侧各 2 倍板厚加 30mm 的区域内进行超声波探伤检查。母材中不得有裂纹、夹层及分层等缺陷存在。

三、严格控制焊接顺序，尽可能减小垂直于板面方面的约束。

四、根据母材的 C_{eq}（碳当量）和 P_{cm}（焊接裂纹敏感性系数）值选择正确的预热温度和必要的后热处理。

五、采用低氢型焊条施焊，必要时可采用超低氢型焊条。在满足设计强度要求的前提下，采用屈服强度较低的焊条。

第 10.6.15 条 高层建筑钢结构箱型柱内横隔板的焊接，可采用熔咀电渣焊或电渣焊设备进行焊接。箱形结构封闭后，通过预留孔用两台焊机同时进行电渣焊，如图 10.6.15 所示。施焊时应注意下列事项：

一、施焊现场的相对湿度等于或大于 90%时，应停止焊接；

二、熔咀孔内不得受潮、生锈或有污物；

三、应保证稳定的网路电压；

四、电渣焊施焊前必须做工艺试验，确定焊接工艺参数和施焊方法；

五、焊接衬板的下料、加工及装配应严格控制质量和精度，使其与横隔板和翼缘板紧密贴合；当装配缝隙大于 1mm 时，应采取措施进行修整和补救；

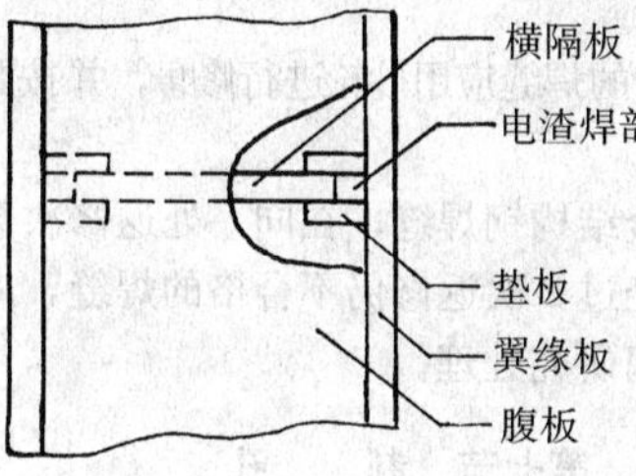

图 10.6.15

六、同一横隔板两侧的电渣焊应同时施焊，并一次焊接成型；

七、当翼缘板较薄时，翼缘板外部的焊接部位应安装水冷却装置；

八、焊道两端应按要求设置引弧和引出套筒；

九、熔咀应保持在焊道的中心位置；

十、焊接起动及焊接过程中，应逐渐少量加入焊剂；

十一、焊接过程中应随时注意调整电压；

十二、焊接过程应保持焊件的赤热状态。

第 10.6.16 条 栓钉焊接应符合下列要求：

一、焊接前应将构件焊接面上的水、锈、油等有害杂质清除干净，并按规定烘焙瓷环；

二、栓钉焊电源应与其他电源分开，工作区应远离磁场或采取措施避免磁场对焊接的影响；

三、施焊构件应水平放置。

第 10.6.17 条 栓钉焊应按下列要求进行质量检验：

一、目测检查栓钉焊接部位的外观，四周的熔化金属以形成一均匀小圈而无缺陷为合格。

二、焊接后，自钉头表面算起的栓钉高度 L 的允许偏差为 ±2mm，栓钉偏离竖直方向的倾斜角度 $\theta \leqslant 5°$（图 10.6.17）。

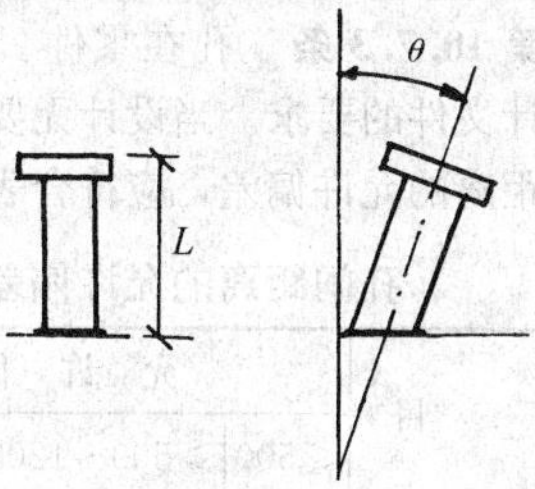

图 10.6.17

三、目测检查合格后，对栓钉进行冲力弯曲试验，弯曲角度为 15°。在焊接面上不得有任何缺陷。

栓钉焊的冲力弯曲试验采取抽样检查。取样率为每 100 个栓钉取一个，或每根柱或每根梁取一个。试验可用手锤进行，试验时应使拉力作用在熔化金属最少的一侧。当达到规定弯曲角度时，焊接面上无任何缺陷为合格。抽样栓钉不合格时，应再取两个栓钉进行试验，只要其中一个仍不符合要求，则余下的全部栓钉都应进行试验。

四、经冲力弯曲试验合格的栓钉可在弯曲状态下使用，不合格的栓钉应更换，并经弯曲试验检验。

第 10.6.18 条 焊缝质量的外观检查，应按设计文件规定的标准在焊缝冷却后进行。由低合金结构钢焊接而成的大型梁柱构件以及厚板焊接件，应在完成焊接工作 24h 后，对焊缝及热影响区是否存在裂缝进行复查。

一、焊缝表面应均匀、平滑，无折皱、间断和未满焊，并与基本金属平缓连接，严禁有裂纹、夹渣、焊瘤、烧穿、弧坑、针状气孔和熔合性飞溅等缺陷；

二、所有焊缝均应进行外观检查，当发现有裂纹疑点时，可用磁粉探伤或着色渗透探伤进行复查。

设计文件无规定时，焊缝质量的外观检查可按表 10.6.18 的规定执行。

焊缝外观检验的允许偏差或质量标准

表 10.6.18

项目		允许偏差或质量标准	图例
焊脚尺寸偏差	$d \leqslant 6$mm	+1.5mm 0	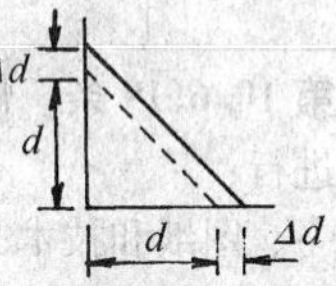
	$d > 6$mm	+3mm 0	
角缝焊余高	$d \leqslant 6$mm	+1.5mm 0	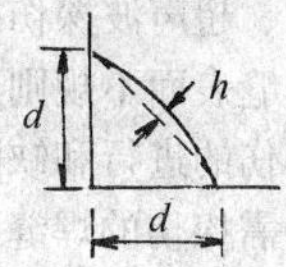
	$d > 6$mm	+3mm 0	
焊缝余高	$b < 15$mm	+3mm +0.5	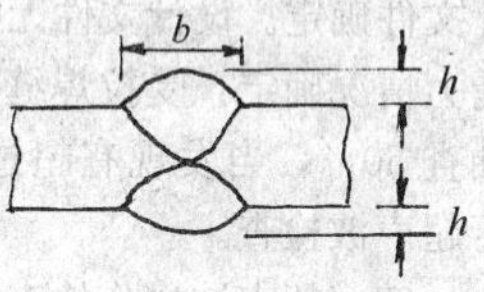
	15mm $\leqslant b$ < 20mm	+4mm +0.5mm	
T型接头焊缝余高	$t \leqslant 40$mm $a = t/4$mm	+5mm 0	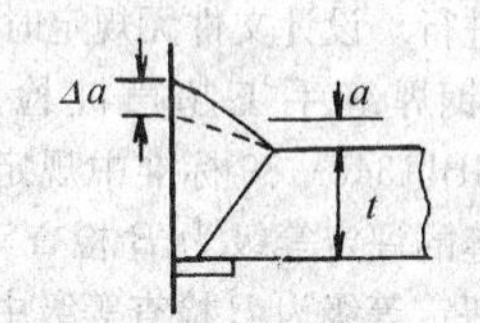
	$t > 40$mm $a = 10$mm	+5mm 0	
焊缝宽度偏差		在任意 150mm 范围内 ≤5mm	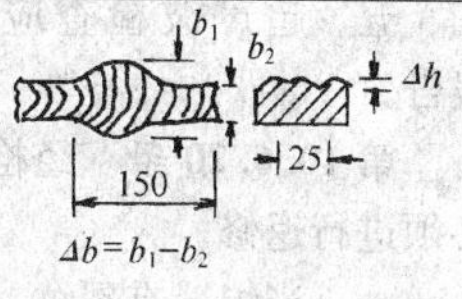
焊缝表面高低差		在任意 25mm 范围内 ≤2.5mm	
咬边		$\leqslant t/20$，$\leqslant$ 0.5mm 在受拉对接焊缝中，咬边总长度不得大于焊缝长度的 10%；在角焊缝中，咬边总长度不得大于焊缝长度的 20%	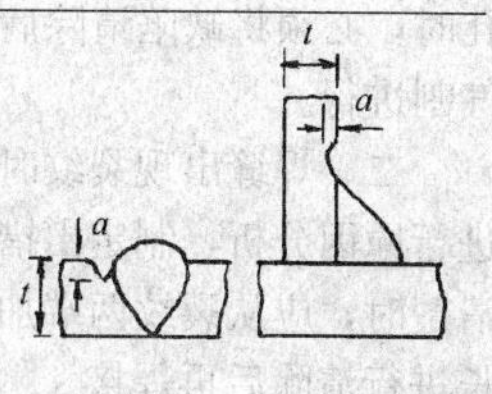

续表

项　　目	允许偏差或质量标准	图　　例
气　　孔	承受拉力或压力且要求与母材等强度的焊缝不允许有气孔；角焊缝允许有直径不大于 1.0mm 的气孔，但在任意 1000mm 范围内不得大于 3 个；焊缝长度不足 1000mm 的不得大于 2 个	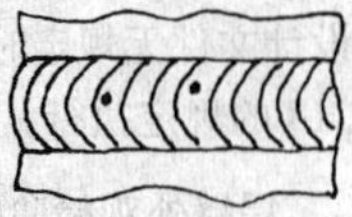

第 10.6.19 条　焊缝的超声波探伤检查应按下列要求进行：

一、图纸和技术文件要求全熔透的焊缝，应进行超声波探伤检查；

二、超声波探伤检查应在焊缝外观检查合格后进行。焊缝表面不规则及有关部位不清洁的程度，应不妨碍探伤的进行和缺陷的辨认，不满足上述要求时事前应对需探伤的焊缝区域进行铲磨和修整。

三、全熔透焊缝的超声波探伤检查数量，应由设计文件确定。设计文件无明确要求时，应根据构件的受力情况确定：受拉焊缝应 100％检查；受压焊缝可抽查 50％，当发现有超过标准的缺陷时，应全部进行超声波检查。

四、超声波探伤检查应根据设计文件规定的标准进行。设计文件无规定时，超声波探伤的检查等级按《钢焊缝手工超声波检验方法和探伤结果分级》GB11345—89 标准中规定的 *B* 级要求执行，受拉焊缝的评定等级为 *B* 检查等级中的Ⅰ级，受压焊缝的评定等级为 *B* 检查等级中的Ⅱ级

五、超声波检查应做详细记录，并写出检查报告。

第 10.6.20 条　经检查发现的焊缝不合格部位，必须进行返修。

一、当焊缝有裂纹、未焊透和超标准的夹渣、气孔时，必须将缺陷清除后重焊。清除可用碳弧气刨或气割进行。

二、焊缝出现裂纹时，应由焊接技术负责人主持进行原因分析，制定出措施后方可返修。当裂纹界限清楚时，应从裂纹两端加长 50mm 处开始，沿裂纹全长进行清除后再焊接。

三、对焊缝上出现的间断、凹坑、尺寸不足、弧坑、咬边等缺陷，应予补焊。补焊焊条直径不宜大于 4mm。

四、修补后的焊缝应用砂轮进行修磨，并按要求重新进行检查。

五、低合金结构钢焊缝，在同一处返修次数不得超过 2 次。对经过 2 次返修仍不合格的焊缝，应会同设计或有关部门研究处理。

第七节　制　　孔

第 10.7.1 条　制孔应按下列规定进行：

一、宜采用下列制孔方法：

1. 使用多轴立式钻床或数控机床等制孔；
2. 同类孔径较多时，采用模板制孔；
3. 小批量生产的孔，采用样板划线制孔；
4. 精度要求较高时，整体构件采用成品制孔。

二、制孔过程中，孔壁应保持与构件表面垂直。

三、孔周围的毛刺、飞边，应用砂轮等清除。

第 10.7.2 条　高强度螺栓孔的精度应为 H15 级，孔径的允许偏差应符合表 10.7.2 的规定。

高强度螺栓孔径的允许偏差　　表 10.7.2

名　称	允　许　偏　差（mm）						
螺　　栓	12	16	20	(22)	24	(27)	30
孔　　径	13.5	17.5	22	(24)	26	(30)	33
不圆度（最大和最小直径差）	1.0		1.5				
中心线倾斜	不应大于板厚的 3％，且单层板不得大于 2.0mm，多层板叠组合不得大于 3.0mm						

第 10.7.3 条　孔在零件、部件上的位置，应符合设计文件的要求。当设计无要求时，成孔后任意两孔间距离的允许偏差，应符合表 10.7.3 的规定。

孔间距离的允许偏差　　表 10.7.3

项　　目	允　许　偏　差　（mm）			
	≤500	＞500～1200	＞1200～3000	＞3000
同一组内相邻两孔间	±0.7	—	—	—
同一组内任意两孔间	±1.0	±1.2	—	—
相邻两组的端孔间	±1.2	±1.5	±2.0	±3.0

第 10.7.4 条　孔的分组应符合下列规定：

一、在节点中，连接板与一根杆件相连的所有连接孔划为一组；

二、在接头处，通用接头半个拼接板上的孔为一组，阶梯接头两接头之间的孔为一组；

三、在两相邻节点或接头间的连接孔为一组，但不包括以上两款中所指的孔；

四、受弯构件翼缘上每 1.0m 长度内的孔为

一组。

第八节 摩擦面的加工

第 10.8.1 条 采用高强度螺栓连接时，应对构件摩擦面进行加工处理。处理后的抗滑移系数应符合设计要求。

第 10.8.2 条 高强度螺栓连接摩擦面的加工，可采用喷砂、抛丸和砂轮打磨等方法。

注：砂轮打磨方向应与构件受力方向垂直，且打磨范围不得小于螺栓直径的 4 倍。

第 10.8.3 条 经处理的摩擦面应采取防油污和损伤的保护措施。

第 10.8.4 条 制作厂应在钢结构制作的同时进行抗滑移系数试验，并出具试验报告。试验报告应写明试验方法和结果。

第 10.8.5 条 应根据现行国家标准《钢结构高强度螺栓连接的设计、施工及验收规程》（JGJ82）的要求或设计文件的规定，制作材质和处理方法相同的复验抗滑移系数用的试件，并与构件同时移交。

第九节 端部加工

第 10.9.1 条 构件的端部加工应按下列要求进行：

一、构件的端部加工应在矫正合格后进行；

二、应根据构件的形式采取必要的措施，保证铣平端面与轴线垂直；

三、端部铣平面的允许偏差，应符合表 10.9.1 的规定。

端部铣平面的允许偏差　　表 10.9.1

项　　目	允许偏差
两端铣平时的构件长度	±3mm
铣平面的平直度	0.3mm
端面倾斜度（正切值）	≤1/1500
表面粗糙度	0.03mm

第十节 防锈、涂层、编号及发运

第 10.10.1 条 钢结构的除锈和涂底工作，应在质量检查部门对制作质量检验合格后进行。

第 10.10.2 条 除锈质量分为两级，并应符合表 10.10.2 的规定。

除锈质量等级　　表 10.10.2

质量标准	除锈方法
钢材表面应露出金属色泽	喷砂、抛丸
钢材表面允许存留不能再清除的轧制表皮	一般工具（如钢铲、钢刷）

第 10.10.3 条 钢结构的防锈涂料和涂层厚度应符合设计要求，涂料应配套使用。

第 10.10.4 条 对规定的工厂内涂漆的表面，要用机械或手工方法彻底清除浮锈和浮物。

第 10.10.5 条 涂层完毕后，应在构件明显部位印制构件编号。编号应与施工图的构件编号一致，重大构件还应标明重量、重心位置和定位标记。

第 10.10.6 条 根据设计文件要求和构件的外形尺寸、发运数量及运输情况，编制包装工艺。应采取措施防止构件变形。

第 10.10.7 条 钢结构的包装和发运，应按吊装顺序配套进行。

第 10.10.8 条 钢结构成品发运时，必需与订货单位有严格的交接手续。

第十一节 构件验收

第 10.11.1 条 构件制作完毕后，检查部门应按施工详图的要求和本规程的规定，对成品进行检查验收。成品的外形和几何尺寸的偏差应符合表 10.11.1-1 和表 10.11.1-2 的规定。

高层多节柱的允许偏差　　表 10.11.1-1

项　　目		允许偏差（mm）	图　　例
一节柱长度的制造偏差 Δl		±3.0	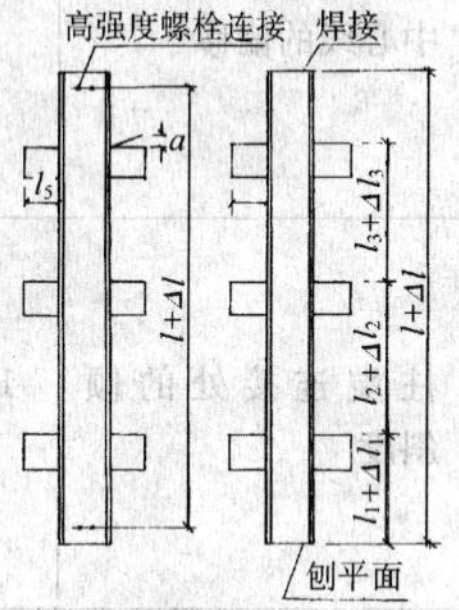
柱底刨平面到牛腿支承面距离 l 的偏差 Δl_1		±2.0	
楼层间距离的偏差 Δl_2 或 Δl_3		±3.0	
牛腿的翘曲或扭曲 a	$l_5 \leqslant 600$	2.0	
	$l_5 > 600$	3.0	
柱身挠曲矢高	$l/1000$ 且不大于 5.0		
翼缘板倾斜度	$b \leqslant 400$	3.0	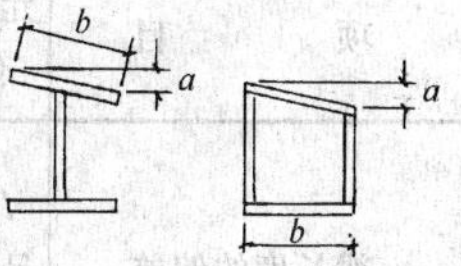
	$b > 400$	5.0	
	接合部位	$B/100$ 且不大 1.5	
腹板中心线偏移		接合部位 1.5	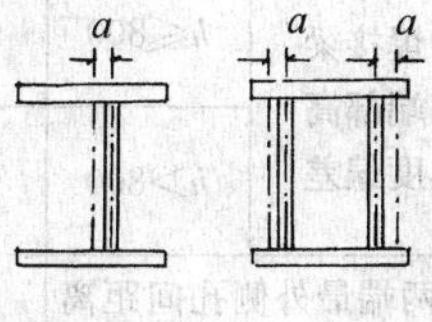
		其他部分 3.0	

续表

项目		允许偏差（mm）	图例
柱截面尺寸偏差	$h\leqslant400$	±2.0	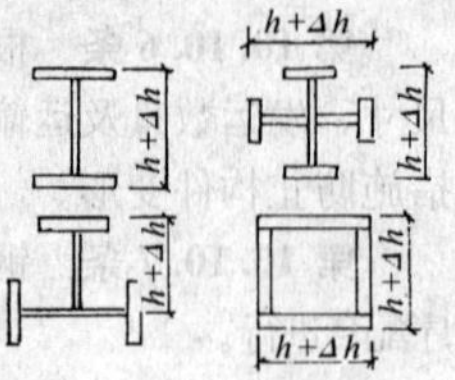
	$400<h<800$	$\pm h/200$	
	$h\geqslant800$	±4.0	
每节柱的柱身扭曲		$6h/1000$ 且不大于 5.0	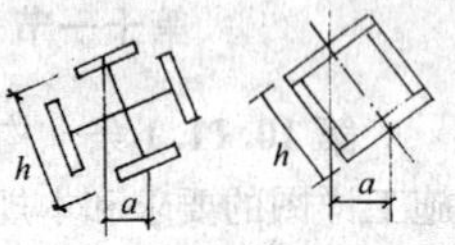
柱脚底板翘曲和弯折		3.0	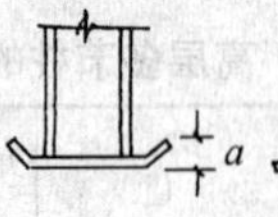
柱脚螺栓孔对底板中心线的偏移		1.5	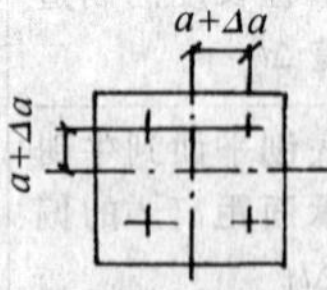
柱端连接处的倾斜度		$1.5h/1000$	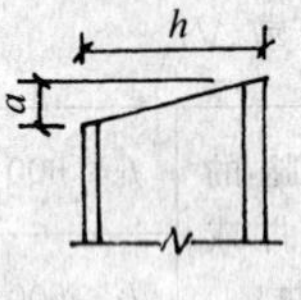

注：项目中的尺寸以 mm 为单位。

梁的允许偏差　表 10.11.1-2

项目		允许偏差（mm）	图例
梁长度的偏差		$l/2500$ 且不大于 5.0	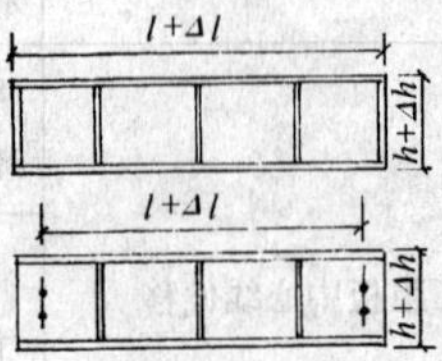
焊接梁端部高度偏差	$h\leqslant800$	±2.0	
	$h>800$	±3.0	
两端最外侧孔间距离偏差		±3.0	

续表

项目		允许偏差（mm）	图例
梁的弯曲矢高		$l/1000$ 且不大于 10	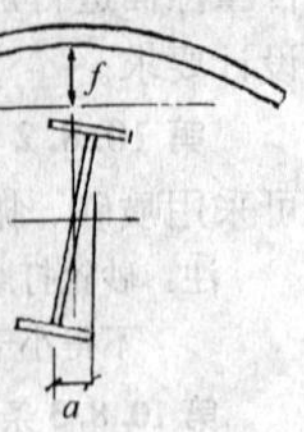
梁的扭曲（梁高 h）		$h/200$ $\leqslant8$	
腹板局部不平直度	$t<14$ 时	$3l/1000$	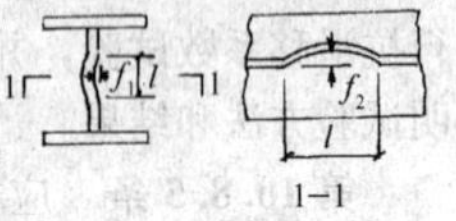
	$t\geqslant14$ 时	$2l/1000$	
悬臂梁段端部偏差	竖向偏差	$l/300$	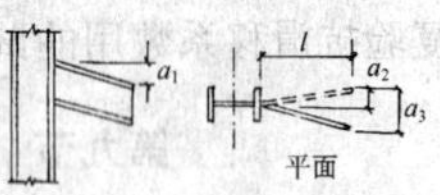
	水平偏差	3.0	
	水平总偏差	4.0	
悬臂梁段长度偏差		±3.0	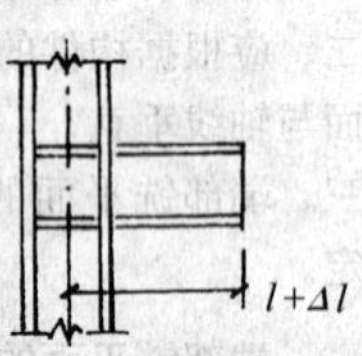
梁翼缘板弯曲偏差		2.0	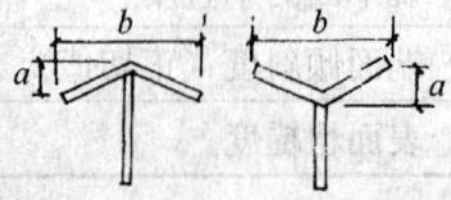

注：项目中的尺寸以 mm 为单位。

第 10.11.2 条　构件出厂时，制造单位应分别提交产品质量证明及下列技术文件：

一、钢结构加工图纸；

二、制作中对问题处理的协议文件；

三、所用钢材、焊接材料的质量证明书及必要的实验报告；

四、高强度螺栓抗滑移系数的实测报告；

五、焊接的无损检验记录；

六、发运构件的清单。

以上材料同时应作为制作单位技术文件的一部分存档备查。

第十一章　安　装

第一节　一　般　要　求

第 11.1.1 条　高层建筑钢结构的安装，应符合施工图设计的要求，并应编制安装工程施工组织设计。

第 11.1.2 条　电焊工应经考试并取得合格证后，方能参加高层建筑钢结构安装的焊接工作。

第 11.1.3 条　安装用的焊接材料、高强度螺栓、普通螺栓、栓钉和涂料等，应具有产品质量证明书，其质量应分别符合现行国家标准《碳钢焊条》(GB 5117)、《低合金钢焊条》(GB 5118)、《熔化焊用钢丝》(GB/T 14957)、《气体保护焊用钢丝》(GB/T 14958)、《钢结构高强度大六角头螺栓、大六角头螺母、垫圈与技术条件》(GB/T 1228～1231)、《钢结构扭剪型高强度螺栓连接副》(GB3632～3633)、《圆柱头焊钉》(GB 10433) 及其他标准。

第 11.1.4 条　安装用的专用机具和工具，应满足施工要求，并应定期进行检验，保证合格。

第 11.1.5 条　安装的主要工艺，如测量校正，厚钢板焊接，栓钉焊接，高强度螺栓连接的摩擦面加工等，应在施工前进行工艺试验，并应在试验结论的基础上制定各项操作工艺。

第 11.1.6 条　安装前，应对构件的外形尺寸、螺栓孔直径及位置、连接件位置及角度、焊缝、栓钉焊、高强度螺栓接头摩擦面加工质量、栓件表面的油漆等进行全面检查，在符合设计文件或有关标准的要求后，方能进行安装工作。

第 11.1.7 条　安装使用的钢尺，应符合本规程第 10.1.4 条的要求。

第 11.1.8 条　安装工作应符合环境保护、劳动保护和安全技术方面现行国家有关法规和标准的规定。

第二节　定位轴线、标高和地脚螺栓

第 11.2.1 条　高层建筑钢结构安装前，应对建筑物的定位轴线、平面封闭角、底层柱的位置线、钢筋混凝土基础的标高和混凝土强度等级等进行复查，合格后方能开始安装工作。

第 11.2.2 条　框架柱定位轴线的控制，可采用在建筑物外部或内部设辅助线的方法。每节柱的定位轴线应从地面控制轴线引上来，不得从下层柱的轴线引出。

第 11.2.3 条　柱的地脚螺栓位置应符合设计文件或有关标准的要求，并应有保护螺纹的措施。

第 11.2.4 条　底层柱地脚螺栓的紧固轴力，应符合设计文件的规定。螺母止退可采用双螺母，或用电焊将螺母焊牢。

第 11.2.5 条　结构的楼层标高可按相对标高或设计标高进行控制。

一、按相对标高安装时，建筑物高度的累积偏差不得大于各节柱制作允许偏差的总和。

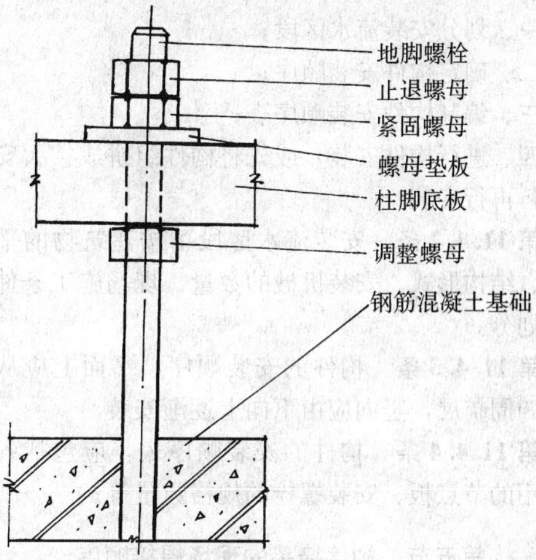

图 11.2.6

二、按设计标高安装时，应以每节柱为单位进行柱标高的调整工作，将每节柱接头焊缝的收缩变形和在荷载下的压缩变形值，加到柱的制作长度中去。

第 11.2.6 条　第一节柱的标高，可采用在底板下的地脚螺栓上加一螺母的方法精确控制，如图 11.2.6 所示。

第三节　构件的质量检查

第 11.3.1 条　构件成品出厂时，制作厂应将每个构件的质量检查记录及产品合格证交安装单位。

第 11.3.2 条　对柱、梁、支撑等主要构件，在安装现场应进行复查。凡其偏差大于本规程规定之允许偏差时，安装前应在地面进行修理。

第 11.3.3 条　端部进行现场焊接的梁柱构件，其长度尺寸应按下列方法进行检查：

一、柱的长度，应增加柱端焊接产生的收缩变形值和荷载使柱产生的压缩变形值。

二、梁的长度应增加梁接头焊接产生的收缩变形值。

第 11.3.4 条　钢构件的弯曲变形、扭曲变形以及钢构件上的连接板、螺栓孔等的位置和尺寸，应以钢构件的轴线为基准进行核对，不宜用钢构件的边棱线作为检查基准线。

第 11.3.5 条　钢构件焊缝的外观质量和超声波探伤检查，栓钉的位置及焊接质量，以及涂层的厚度和强度，应符合现行国家标准《建筑钢结构焊接规程》(GBJ81)、《圆柱头焊钉》(GB10433) 和《涂装前钢材表面锈蚀等级和除锈等级》（GB8923—88）等的规定。

第四节　构件的安装顺序

第 11.4.1 条　高层建筑钢结构的安装，应符合下列要求：

一、划分安装流水区段；

二、确定构件安装顺序；

三、编制构件安装顺序表；

四、进行构件安装，或先将构件组拼成扩大安装单元，再行安装。

第 11.4.2 条　安装流水区段可按建筑物的平面形状、结构形式、安装机械的数量、现场施工条件等因素划分。

第 11.4.3 条　构件的安装顺序，平面上应从中间向四周扩展，竖向应由下向上逐渐安装。

第 11.4.4 条　构件的安装顺序表，应包括各构件所用的节点板、安装螺栓的规格数量等。

第五节　构件接头的现场焊接顺序

第 11.5.1 条　构件接头的现场焊接，应符合下列要求：

一、完成安装流水区段内主要构件的安装、校正、固定（包括预留焊接收缩量）；

二、确定构件接头的焊接顺序；

三、绘制构件焊接顺序图；

四、按规定顺序进行现场焊接。

第 11.5.2 条　构件接头的焊接顺序，平面上应从中部对称地向四周扩展，竖向可采取有利于工序协调、方便施工、保证焊接质量的顺序。

第 11.5.3 条　构件的焊接顺序图应根据接头的焊接顺序绘制，并应列出顺序编号，注明焊接工艺参数。

第 11.5.4 条　电焊工应严格按照分配的焊接顺序施焊，不得自行变更。

第六节　钢构件的安装

第 11.6.1 条　柱的安装应先调整标高，再调整位移，最后调整垂直偏差，并应重复上述步骤，直到柱的标高、位移、垂直偏差符合要求。调整柱垂直度的缆风绳或支撑夹板，应在柱起吊前在地面绑扎好。

第 11.6.2 条　当由多个构件在地面组拼为扩大安装单元进行安装时，其吊点应经过计算确定。

第 11.6.3 条　构件的零件及附件应随构件一起起吊。尺寸较大、重量较重的节点板，可以用铰链固定在构件上。

第 11.6.4 条　柱上的爬梯以及大梁上的轻便走道，应预先固定在构件上一起起吊。

第 11.6.5 条　柱、主梁、支撑等大构件安装时，应随即进行校正。

第 11.6.6 条　当天安装的钢构件应形成空间稳定体系。

第 11.6.7 条　当采用内爬塔式起重机或外附塔式起重机进行高层建筑钢结构安装时，对塔式起重机与结构相连接的附着装置，应进行验算，并应采取相应的安全技术措施。

第 11.6.8 条　进行钢结构安装时，楼面上堆放的安装荷载应予限制，不得超过钢梁和压型钢板的承载能力。

第 11.6.9 条　一节柱的各层梁安装完毕后，宜立即安装本节柱范围内的各层楼梯，并铺设各层楼面的压型钢板。

第 11.6.10 条　安装外墙板时，应根据建筑物的平面形状对称安装。

第 11.6.11 条　钢构件安装和楼盖钢筋混凝土楼板的施工，应相继进行，两项作业相距不宜超过 5 层。当超过 5 层时，应由责任工程师会同设计部门和专业质量检查部门共同协商处理。

第 11.6.12 条　一个流水段一节柱的全部钢构件安装完毕并验收合格后，方可进行下一流水段的安装工作。

第七节　安装的测量校正

第 11.7.1 条　高层建筑钢结构安装前，首先应按本规程第 11.2.5 条的要求确定按设计标高或相对标高安装。

第 11.7.2 条　柱在安装校正时，水平偏差应校正到本规程规定的允许偏差以内，垂直偏差应达到 ±0.000。在安装柱和柱之间的主梁时，再根据焊缝收缩量预留焊缝变形值，预留的变形值应作书面记录。

第 11.7.3 条　结构安装时，应注意日照、焊接等温度变化引起的热影响对构件的伸缩和弯曲引起的变化，应采取相应措施。

第 11.7.4 条　用缆风绳或支撑校正柱时，应在缆风绳或支撑松开状态下使柱保持垂直，才算校正完毕。

第 11.7.5 条　当上柱和下柱发生扭转错位时，应采用在连接上柱和下柱的临时耳板处加垫板的方法进行调正。

第 11.7.6 条　在安装柱与柱之间的主梁构件时，应对柱的垂直度进行监测。除监测一根梁两端柱子的垂直度变化外，还应监测相邻各柱因梁连接而产生的垂直度变化。

第 11.7.7 条　安装压型钢板前，应在梁上标出压型钢板铺放的位置线。铺放压型钢板时，相邻两排压型钢板端头的波形槽口应对准。

第 11.7.8 条　栓钉施工前应标出栓钉焊接的位置。若钢梁或压型钢板在栓钉位置有锈污或镀锌层，应采用角向砂轮打磨干净。栓钉焊接时应按位置线排列整齐。

第 11.7.9 条 每一节柱子高度范围内的全部构件，在完成安装、焊接、栓接并验收合格后，方能从地面引放上一节柱的定位轴线。

第 11.7.10 条 各种构件的安装质量检查记录，应为结构全部安装完毕前的最后一次实测记录。

第八节 安装的焊接工艺

第 11.8.1 条 高层建筑钢结构安装前，应对主要焊接接头（柱与柱、梁与柱）的焊缝进行焊接工艺试验（焊接工艺考核），制定所用钢材的焊接材料、有关工艺参数和技术措施。施工期间出现负温度的地区，尚应进行当地负温度下的焊接工艺试验。

第 11.8.2 条 低碳钢和低合金钢厚钢板，应选用与母材同一强度等级的焊条或焊丝，同时考虑钢材的焊接性能、焊接结构形状、受力状况、设备状况等条件。焊接用的引弧板的材质，应与母材相一致，或通过试验选用。

第 11.8.3 条 焊接开始前，应将焊缝处的水分、脏物、铁锈、油污、涂料等清除干净，垫板应靠紧，无间隙。

第 11.8.4 条 零件采用定位点焊时，其数量和长度应由计算确定，也可参考表 11.8.4 的数值采用。

点焊缝的最小长度　表 11.8.4

钢板厚度（mm）	点焊缝的最小长度（mm）	
	手工焊、半自动焊	自动焊
3.2 以下	30	40
3.2～25	40	50
25 以上	50	60

第 11.8.5 条 柱与柱接头焊接，应由两名焊工在相对称位置以相等速度同时施焊。

第 11.8.6 条 加引弧板焊接柱与柱接头时，柱两相对边的焊缝首次焊接的层数不宜超过 4 层。焊完第一个 4 层，切去引弧板和清理焊缝表面后，转 90°焊另两个相对边的焊缝。这时可焊完 8 层，再换至另两个相对边，如此循环直至焊满整个柱接头的焊缝为止。

第 11.8.7 条 不加引弧板焊接柱与柱接头时，应由两名焊工在相对位置以逆时针方向在距柱角 50mm 处起焊。焊完一层后，第二层及以后各层均在离前一层起焊点 30～50mm 处起焊。每焊一遍应认真清渣，焊到柱角处要稍放慢速度，使柱角焊缝饱满。最后一层盖面焊缝，可采用直径较小的焊条和较小的电流进行焊接。

第 11.8.8 条 梁和柱接头的焊接，应设长度大于 3 倍焊缝厚度的引弧板。引弧板的厚度应和焊缝厚度相适应，焊完后割去引弧板时应留 5～10mm。

第 11.8.9 条 梁和柱接头的焊缝，宜先焊梁的下翼缘板，再焊其上翼缘板。先焊梁的一端，待其焊缝冷却至常温后，再焊另一端，不宜对一根梁的两端同时施焊。

第 11.8.10 条 柱与柱、梁与柱接头焊接试验完毕后，应将焊接工艺全过程记录下来，测量出焊缝的收缩值，反馈到钢结构制作厂，作为柱和梁加工时增加长度的依据。

厚钢板焊缝的横向收缩值，可按公式（11.8.10）计算确定，也可按表 11.8.10 选用。

$$s = k \cdot \frac{A}{t} \qquad (11.8.10)$$

式中 s——焊缝的横向收缩值（mm）；

A——焊缝横截面面积（mm^2）；

t——焊缝厚度，包括熔深（mm）；

k——常数，一般可取 0.1。

焊缝的横向收缩值　表 11.8.10

焊缝坡口形式	钢材厚度（mm）	焊缝收缩值（mm）	构件制作增加长度（mm）
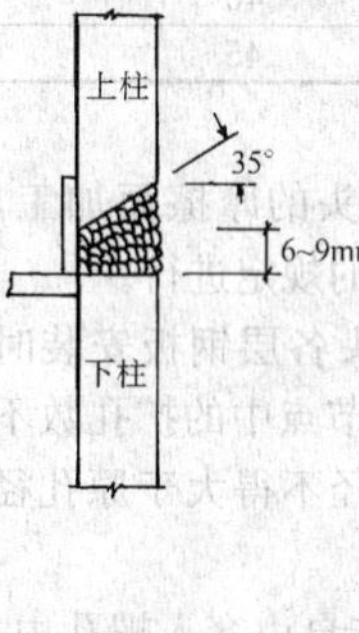	19	1.3～1.6	1.5
	25	1.5～1.8	1.7
	32	1.7～2.0	1.9
	40	2.0～2.3	2.2
	50	2.2～2.5	2.4
	60	2.7～3.0	2.9
	70	3.1～3.4	3.3
	80	3.4～3.7	3.5
	90	3.8～4.1	4.0
	100	4.1～4.4	4.3
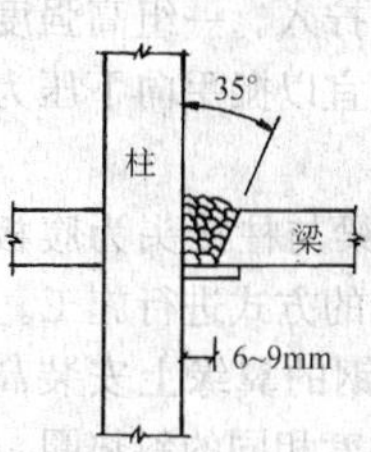	12	1.0～1.3	1.2
	16	1.1～1.4	1.3
	19	1.2～1.5	1.4
	22	1.3～1.6	1.5
	25	1.4～1.7	1.6
	28	1.5～1.8	1.7
	32	1.7～2.0	1.8

第 11.8.11 条 进行手工电弧焊时当风速大于 5m/s（三级风），进行气体保护焊时当风速大于 3m/s（二级风），均应采取防风措施方能施焊。

第 11.8.12 条 焊接工作完成后，焊工应在焊缝附近打上自己的代号钢印。焊工自检和质量检查员所作的焊缝外观检查以及超声波检查，均应有书面记录。

第 11.8.13 条 焊缝应按本规程第 10.6.20 条的要求进行返修，并应按同样的焊接工艺进行补焊，再用同样的方法进行质量检查。同一部位的一条焊缝，修理不宜超过2次，否则要更换母材，或由责任工程师会同设计和专业质量检验部门协商处理。

第 11.8.14 条 发现焊接引起的母材裂纹或层状撕裂时，宜更换母材，经设计和质量检查部门同意，也可进行局部处理。

第 11.8.15 条 栓钉焊接开始前，应对采用的焊接工艺参数进行测定，编出焊接工艺，并在施工中认真执行。

第九节 高强度螺栓施工工艺

第 11.9.1 条 高强度螺栓的入库、存放和使用，应符合本规程第 10.2.2 条第三款的要求。

第 11.9.2 条 高强度螺栓拧紧后，丝扣以露出2～4扣为宜；高强度螺栓长度可根据表 11.9.2 考虑选用。

高强度螺栓需增加的长度　　表 11.9.2

螺栓直径（mm）	接头钢板总厚度外增加的长度（mm）	
	扭剪型高强度螺栓	大六角头高强度螺栓
16	25	30
18	30	35
22	35	40
24	40	45

第 11.9.3 条 高强度螺栓接头的摩擦面加工，应按本规程第 10.8.1 和 10.8.2 条的规定进行。

第 11.9.4 条 高强度螺栓接头各层钢板安装时发生错孔，允许用铰刀扩孔。一个节点中的扩孔数不宜多于该节点孔数的 1/3，扩孔直径不得大于原孔径 2mm。严禁用气割扩孔。

第 11.9.5 条 高强度螺栓应能自由穿入螺孔内，严禁用榔头强行打入或用搬手强行拧入。一组高强度螺栓宜按同一方向穿入螺孔内，并宜以搬手向下压为紧固螺栓的方向。

第 11.9.6 条 当高层钢框架梁与柱接头为腹板栓接、翼缘焊接时，宜按先栓后焊的方式进行施工。

第 11.9.7 条 在工字钢、槽钢的翼缘上安装高强度螺栓时，应采用与其斜面的斜度相同的斜垫圈。

第 11.9.8 条 高强度螺栓宜通过初拧、复拧和终拧达到拧紧。终拧前应检查接头处各层钢板是否充分密贴。如果钢板较薄，板层较少，也可只作初拧和终拧。

第 11.9.9 条 高强度螺栓拧紧的顺序，应从螺栓群中部开始，向四周扩展，逐个拧紧。

第 11.9.10 条 使用扭矩型高强度螺栓搬子时，应定期进行扭矩值的检查，每天上班时应检查一次。

第 11.9.11 条 扭矩型高强度螺栓的初拧、复拧、终拧，每完成一次应涂上一次相应的颜色或标记。

第十节 结构的涂层

第 11.10.1 条 高层建筑钢结构在一个流水段一节柱的所有构件安装完毕，并对结构验收合格后，结构的现场焊缝、高强度螺栓及其连接节点，以及在运输安装过程中构件涂层被磨损的部位，应补刷涂层。涂层应采用与构件制作时相同的涂料和相同的涂刷工艺。

第 11.10.2 条 涂层外观应均匀、平整、丰满，不得有咬底、剥落、裂纹、针孔、漏涂和明显的皱皮流坠，且应保证涂层厚度。当涂层厚度不够时，应增加涂刷的遍数。

第 11.10.3 条 经检查确认不合格的涂层，应铲除干净，重新涂刷。

第 11.10.4 条 当涂层固化干燥后方可进行下一道工序。

第十一节 安装的竣工验收

第 11.11.1 条 高层建筑钢结构安装工程的竣工验收，宜分二个阶段进行：

一、在每个流水段一节柱的高度范围内全部构件（包括钢楼梯、压型钢板等）安装、校正、焊接、栓接完毕并自检合格后，应作隐蔽工程验收；

二、全部钢结构安装、校正、焊接、栓接完成并经隐蔽工程验收合格后，应作高层建筑钢结构安装工程的竣工验收。

第 11.11.2 条 安装工程竣工验收，应提交下列文件：

一、钢结构施工图和设计变更文件，并在施工图中注明修改内容；

二、钢结构安装过程中，业主、设计单位、钢构件制作厂、钢结构安装单位达成协议的各种技术文件；

三、钢结构制作合格证；

四、钢结构安装用连接材料（包括焊条、螺栓等）的质量证明文件；

五、钢结构安装的测量检查记录、高强度螺栓安装检查记录、栓钉焊质量检查记录；

六、各种试验报告和技术资料；

七、隐蔽工程分段验收记录。

第 11.11.3 条 高层建筑钢结构安装工程的安装允许偏差，应符合表 11.11.3 的规定。

高层钢结构安装的允许偏差　表 11.11.3

项　目	允许偏差（mm）	图　例
钢结构定位轴线	$L/20000$	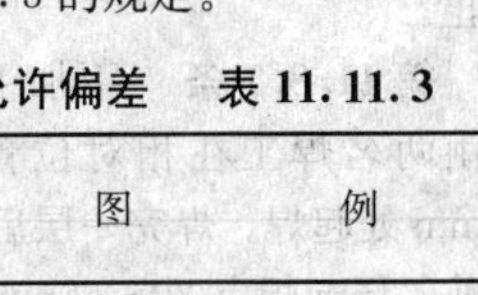

续表

项　　目	允许偏差（mm）	图　　例
柱定位轴线	1.0	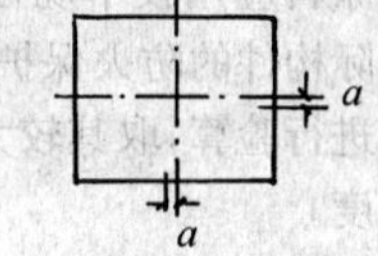
地脚螺栓位移	2.0	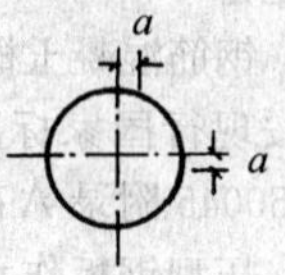
柱底座位移	3.0	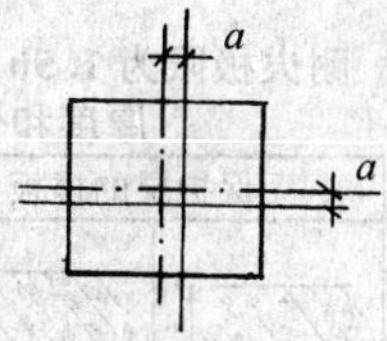
上柱和下柱扭转	3.0	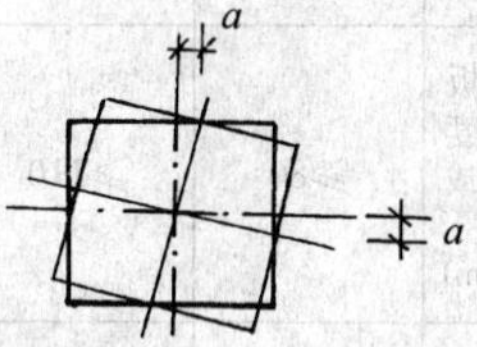
柱底标高	±2.0	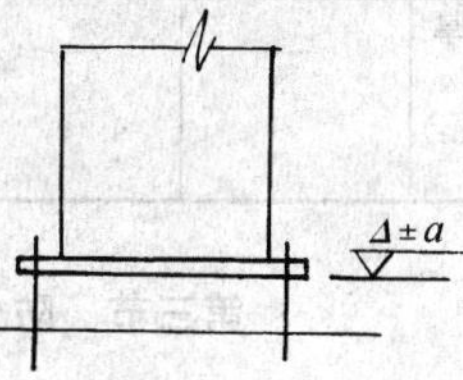
单节柱的垂直度	$h/1000$	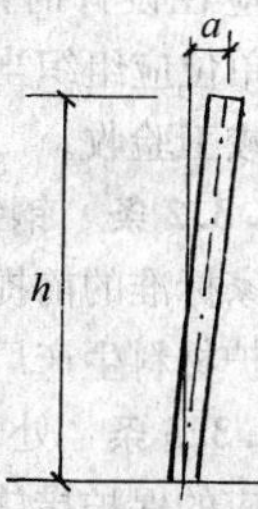
同一层柱的柱顶标高	±5.0	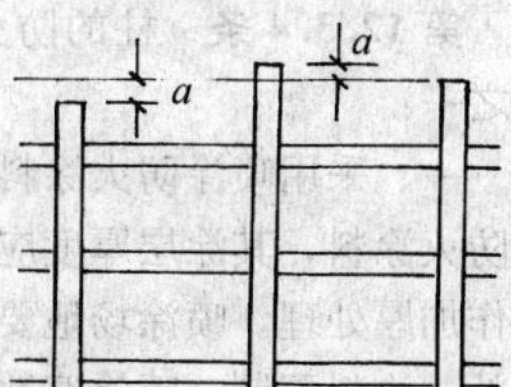

续表

项　　目	允许偏差（mm）	图　　例
同一根梁两端的水平度	$(l/1000)+3$ 10	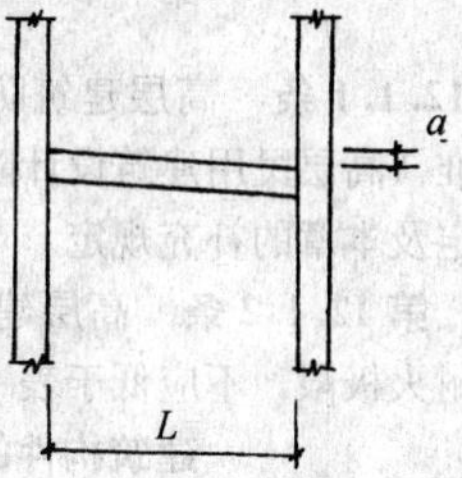
压型钢板在钢梁上的排列错位	15	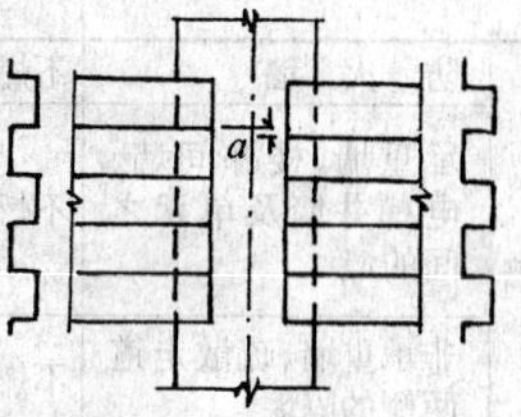
建筑物的平面弯曲	$L/2500$	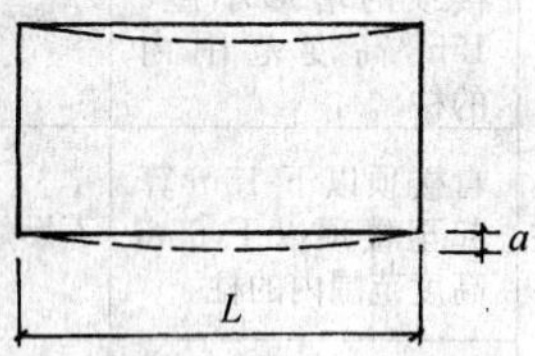
建筑物的整体垂直度	$(H/2500)+10$ $\leqslant 50$	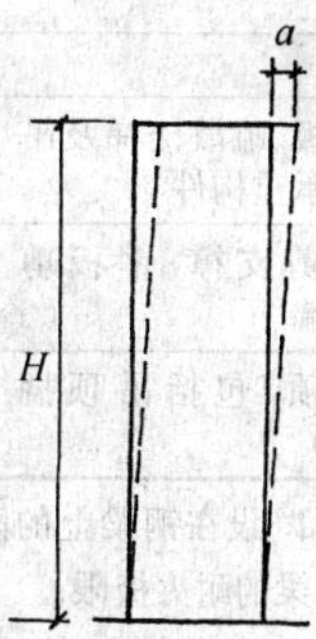
建筑物总高度　按相对标高安装	$\sum_{i}^{n}(a_h+a_w)$	
建筑物总高度　按设计标高安装	±30	

注：表中，a_h 为柱的制造长度允许误差；a_w 为柱经荷载压缩后的缩短值；n 为柱子节数。

第十二章　防　火

第一节　一 般 要 求

第 12.1.1 条　高层建筑防火设计，应符合现行国家标准《高层民用建筑设计防火规范》GB50045 的有关规定及本章的补充规定。

第 12.1.2 条　高层建筑钢结构构件的燃烧性能和耐火极限，不应低于表 12.1.2 的规定：

建筑构件的燃烧性能和耐火极限　　表 12.1.2

构件名称		燃烧性能和耐火极限（h）	
		一　级	二　级
墙	防　火　墙	不燃烧体，3.00	不燃烧体，3.00
墙	承重墙、楼梯间墙、电梯井墙及单元之间的墙	不燃烧体，2.00	不燃烧体，2.00
墙	非承重墙、疏散走道两侧的隔墙	不燃烧体，1.00	不燃烧体，1.00
墙	房间的隔墙	不燃烧体，0.75	不燃烧体，0.50
柱	自楼顶算起（不包括楼顶的塔形小屋）15m 高度范围内的柱	不燃烧体，2.00	不燃烧体，2.00
柱	自楼顶以下 15m 算起至楼顶以下 55m 高度范围内的柱	不燃烧体，2.50	不燃烧体，2.00
柱	自楼顶以下 55m 算起在其以下高度范围内的柱	不燃烧体，3.00	不燃烧体，2.50
其他	梁	不燃烧体，2.00	不燃烧体，1.50
其他	楼板、疏散楼梯及吊顶承重构件	不燃烧体，1.50	不燃烧体，1.00
其他	抗剪支撑，钢板剪力墙	不燃烧体，2.00	不燃烧体，1.50
其他	吊顶（包括吊顶搁栅）	不燃烧体，0.25	难燃烧体，0.25

注：1. 设在钢梁上的防火墙，不应低于一级耐火等级钢梁的耐火极限；

2. 中庭桁架的耐火极限可适当降低，但不应低于 0.5h；

3. 楼梯间平台上部设有自动灭火设备时，其楼梯的耐火极限可不限制。

第 12.1.3 条　存放可燃物超过 200kg/m^2 的房间，当不设自动灭火设备时，其主要承重构件的耐火极限应按本规程表 12.1.2 的规定再提高 0.5h。

第二节　防火保护材料及保护层厚度的确定

第 12.2.1 条　防火保护材料应选择绝热性好，具有一定抗冲击能力，能牢固地附着在构件上，又不腐蚀钢材，且经国家检测机构检测合格的钢结构防火涂料或不燃性板型材。

第 12.2.2 条　梁和柱的防火保护层厚度，宜直接采用实际构件的耐火试验数据。当构件的截面形状和尺寸与试验标准构件不同时，应按现行国家标准《钢结构防火涂料应用技术规程》（CECS24）附录三的方法，推算实际构件的防火保护层厚度，并按本规程附录七的公式进行验算，取其较大值确定实际构件的防火保护层厚度。

第 12.2.3 条　楼板的防火保护层厚度，应符合下列规定：

一、钢筋混凝土楼板的最小截面尺寸及保护层厚度，可按现行国家标准《高层民用建筑设计防火规范》GB50045 附录 A 确定。

二、压型钢板作承重结构时，应进行防火保护，其保护层厚度应符合本规程表 12.2.3 的要求。

耐火极限为 1.5h 时压型钢板组合楼板厚度和保护层厚度　　表 12.2.3

类别	无保护层的楼板		有保护层的楼板	
图例	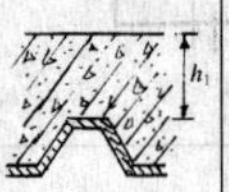		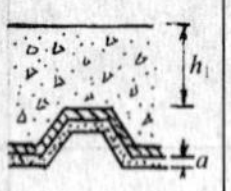	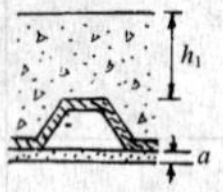
楼板厚度 h_1 或 h（mm）	≥80	≥110	≥50	
保护层厚度 a（mm）	—	—	≥15	

第三节　防火构造与施工

第 12.3.1 条　钢结构的防火保护层厚度和总体构造要求应在设计时规定，由专业施工单位负责实施。建设单位应组织当地消防监督部门与设计、施工单位进行竣工验收。

第 12.3.2 条　钢结构的防火构造与施工，在符合现行国家标准的前提下，应由设计单位、施工单位和防火保护材料生产厂共同商讨确定实施方案。

第 12.3.3 条　处于侵蚀性介质环境中的钢结构，应采取相应的保护措施。

第 12.3.4 条　柱的防火保护措施应符合下列规定之一：

一、采用喷涂防火涂料保护。应采用厚涂型钢结构防火涂料，其涂层厚度应达到设计值，且节点部位宜作加厚处理。喷涂场地要求、构件表面处理、接缝填补、涂料配制、喷涂遍数、质量控制与验收等，均应符合现行国家标准《钢结构防火涂料应用技术条件》(CECS24) 的规定。当采用粘结强度小于 0.05MPa 的钢结构防火涂料时，涂层内应设置与钢构件相连的钢丝网。

二、采用防火板材包复保护。当采用石膏板、蛭石板、硅酸钙板、珍珠岩板等硬质防火板材包复时，板材可用粘结剂或钢件固定，构件的粘贴面应作防锈去污处理，非粘贴面均应涂刷防锈漆。当包复层数等于或大于十二层时，各层板应分别固定，板缝应相互错开，接缝的错开距离不宜小于 400mm。

当采用岩棉、矿棉等软质板材包复时，应采用薄金属板或其他不燃性板材包裹起来。

第 12.3.5 条 梁的防火保护措施应符合下列规定之一：

一、采用喷涂防火涂料保护。应采用厚涂型钢结构防火涂料，其涂层厚度应达到设计值，节点部位宜作加厚处理。喷涂场地要求、构件表面处理、接缝填补、涂料配制、喷涂遍数、质量控制与验收等，均应符合现行国家标准《钢结构防火涂料应用技术规程》(CECS24) 的规定。

当遇下列情况之一时，涂层内应设置与钢构件相连的钢丝网：

1. 承受冲击、振动荷载的梁；
2. 涂层厚度等于或大于 40mm 的梁；
3. 粘结强度小于或等于 0.05MPa 的钢结构防火涂料；
4. 腹板高度超过 1.5m 的梁。

二、采用防火板材包复保护。可按本规程第 12.3.4 条的规定实施。

当楼板下的空间用不燃性板材封闭时，次梁可不作防火保护。

第 12.3.6 条 楼板的防火保护措施应符合下列规定：

当压型钢板作为承重楼板结构时，应采用喷涂钢结构防火涂料或粘贴防火板材的保护措施，并应按照本章第 12.3.4 条的规定实施。

当管道穿过楼板时，其贯通孔应采用防火堵料填塞。

第 12.3.7 条 屋盖的防火保护措施应符合下列规定之一：

一、钢结构屋盖采用厚涂型钢结构防火涂料保护；中庭桁架采用薄涂型钢结构防火涂料保护或设置喷水灭火保护系统。

二、当钢结构屋盖采用自动喷水灭火装置保护时，可不作喷涂钢结构防火涂料保护。

附录一　高层建筑风荷载体型系数

高层建筑风荷载体型系数，应符合下列规定：

高层建筑风荷载体型系数　　附表 1.1

项次	平面形状	风荷载体型系数 μ_s
1	矩形	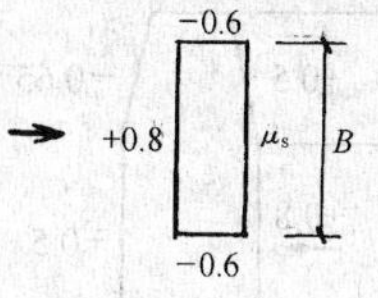 $\mu_s=-(0.48+0.03H/B)$ H 为建筑物总高度；B 为建筑物迎风面高度
2	Y 形	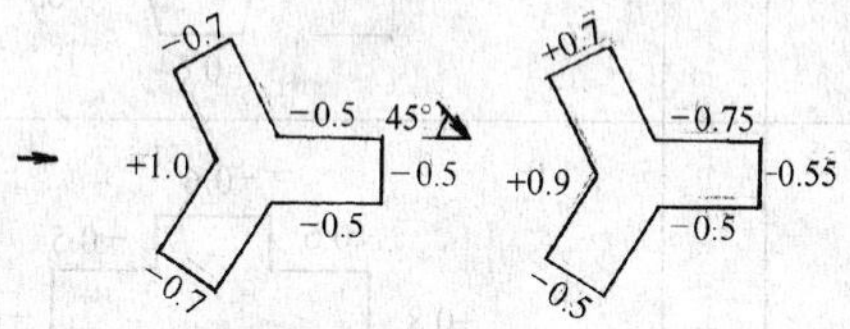
3	L 形	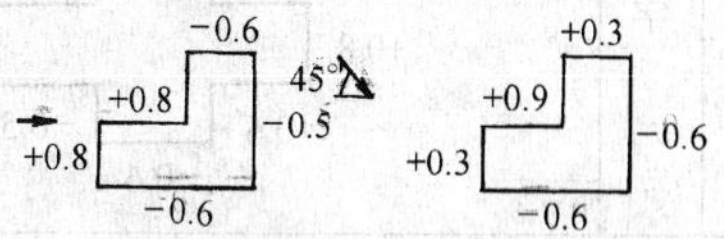
4	Π 形	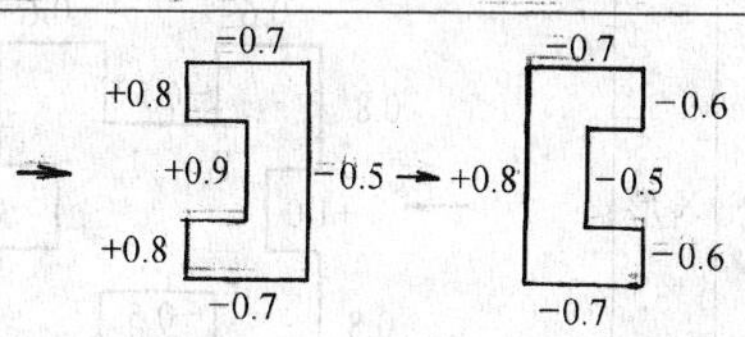
5	十字形	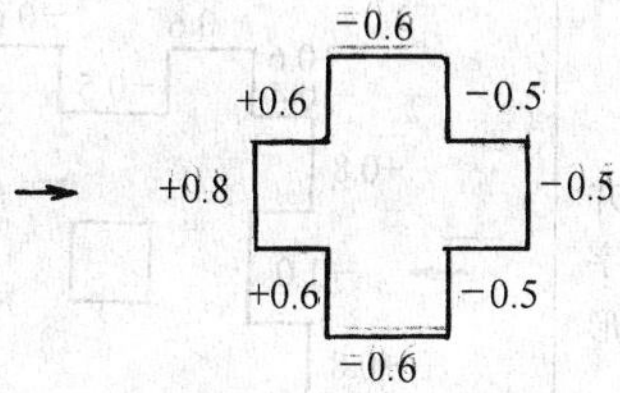
6	六边形	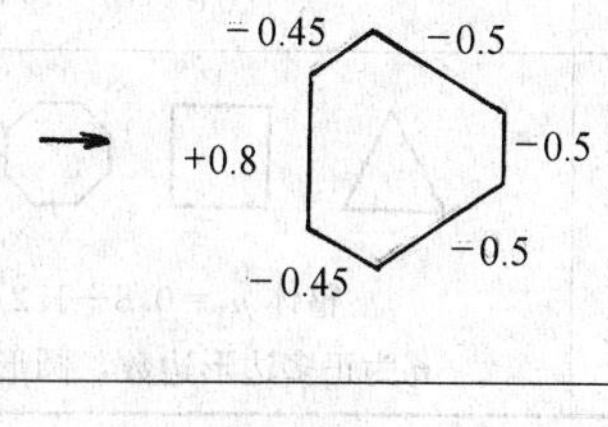
7	扇形	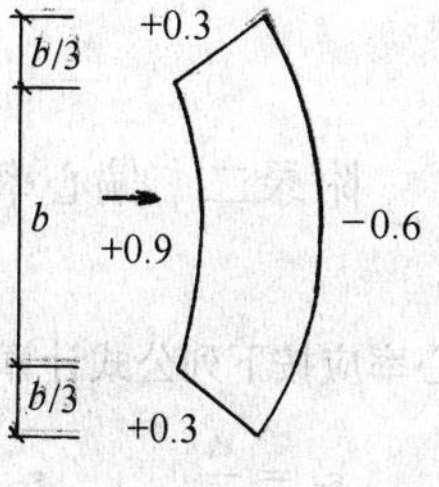

续表

项次	平面形状	风荷载体型系数 μ_s
8	梭子形	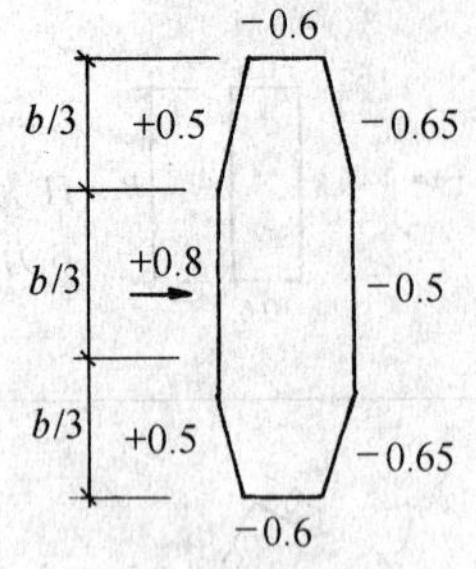
9	双十字	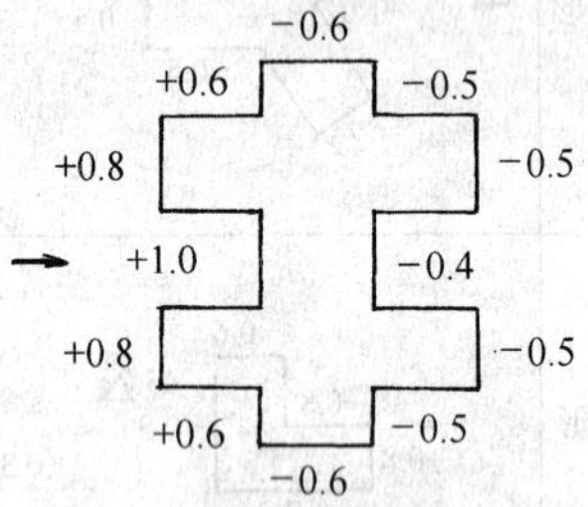
10	X形	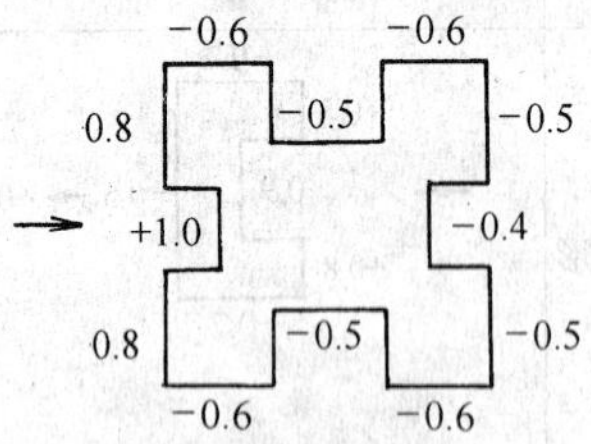
11	井字形	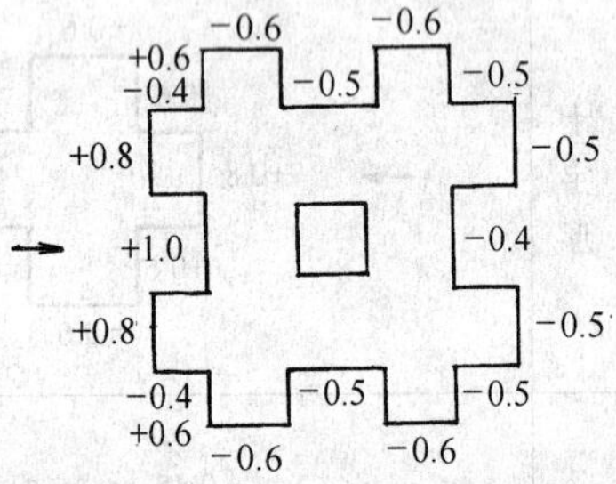
12	正多边形	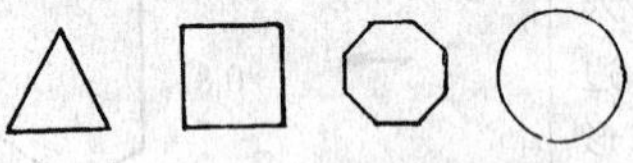 整体 $\mu_s=0.8+1.2/\sqrt{n}$，n 为正多边形边数，圆形时 $n=\infty$

附录二　偏心率计算

1. 偏心率应按下列公式计算：

$$\varepsilon_x=\frac{e_y}{r_{ex}}\qquad \varepsilon_y=\frac{e_x}{r_{ey}}\tag{附 2.1}$$

$$r_{ex}=\sqrt{\frac{K_T}{\Sigma K_x}}\quad r_{ey}=\sqrt{\frac{K_T}{\Sigma K_y}}\tag{附 2.2}$$

$$K_T=\Sigma(K_x\cdot y^2)+\Sigma(K_y\cdot x^2)\tag{附 2.3}$$

式中　ε_x、ε_y——分别为所计算楼层在 x 和 y 方向的偏心率；

e_x、e_y——分别为 x 和 y 方向水平作用合力线到结构刚心的距离；

r_{ex}、r_{ey}——分别为 x 和 y 方向的弹性半径；

ΣK_x、ΣK_y——分别为所计算楼层各抗侧力构件在 x 和 y 方向的侧向刚度之和；

K_T——所计算楼层的扭转刚度；

x、y——以刚心为原点的抗侧力构件座标。

附录三　轴心受压构件 d 类截面稳定系数 φ

轴心受压构件 d 类稳定系数 φ　　附表 3.1

λ_n	0	1	2	3	4	5	6	7	8	9
0.0	1.0000	0.9998	0.9991	0.9981	0.9965	0.9946	0.9922	0.9894	0.9861	0.9825
0.1	0.9784	0.9736	0.9688	0.9634	0.9576	0.9513	0.9446	0.9374	0.9299	0.9218
0.2	0.9134	0.9045	0.8953	0.8860	0.8768	0.8677	0.8587	0.8497	0.8409	0.8322
0.3	0.8236	0.8151	0.8066	0.7983	0.7900	0.7818	0.7737	0.7657	0.7577	0.7498
0.4	0.7420	0.7343	0.7266	0.7190	0.7115	0.7040	0.6966	0.6893	0.6821	0.6749
0.5	0.6678	0.6607	0.6537	0.6468	0.6399	0.6331	0.6264	0.6197	0.6131	0.6065
0.6	0.6000	0.5972	0.5942	0.5911	0.5880	0.5849	0.5818	0.5786	0.5754	0.5722
0.7	0.5690	0.5657	0.5624	0.5591	0.5558	0.5524	0.5490	0.5456	0.5422	0.5388
0.8	0.5353	0.5319	0.5284	0.5249	0.5214	0.5179	0.5143	0.5108	0.5072	0.5036
0.9	0.5001	0.4965	0.4929	0.4893	0.4857	0.4821	0.4785	0.4749	0.4713	0.4677
1.0	0.4640	0.4604	0.4568	0.4532	0.4497	0.4461	0.4425	0.4389	0.4354	0.4318
1.1	0.4283	0.4247	0.4212	0.4177	0.4142	0.4107	0.4073	0.4038	0.4004	0.3970
1.2	0.3936	0.3902	0.3869	0.3835	0.3802	0.3769	0.3736	0.3704	0.3672	0.3639
1.3	0.3608	0.3576	0.3545	0.3513	0.3482	0.3452	0.3421	0.3391	0.3361	0.3331
1.4	0.3302	0.3273	0.3244	0.3215	0.3186	0.3158	0.3130	0.3102	0.3057	0.3048
1.5	0.3021	0.2994	0.2968	0.2942	0.2916	0.2890	0.2846	0.2839	0.2814	0.2790
1.6	0.2765	0.2741	0.2717	0.2693	0.2670	0.2647	0.2624	0.2601	0.2579	0.2556
1.7	0.2534	0.2512	0.2491	0.2469	0.2448	0.2427	0.2407	0.2386	0.2366	0.2346
1.8	0.2326	0.2307	0.2287	0.2268	0.2249	0.2230	0.2212	0.2193	0.2175	0.2157
1.9	0.2139	0.2122	0.2104	0.2087	0.2070	0.2053	0.2036	0.2020	0.2004	0.1987
2.0	0.1971	0.1956	0.1940	0.1925	0.1909	0.1894	0.1879	0.1864	0.1850	0.1835
2.1	0.1821	0.1807	0.1792	0.1779	0.1765	0.1751	0.1738	0.1724	0.1711	0.1698
2.2	0.1685	0.1673	0.1660	0.1647	0.1635	0.1623	0.1611	0.1599	0.1587	0.1575
2.3	0.1563	0.1552	0.1540	0.1529	0.1518	0.1507	0.1496	0.1485	0.1474	0.1464
2.4	0.1453	0.1443	0.1433	0.1422	0.1412	0.1402	0.1393	0.1383	0.1373	0.1363
2.5	0.1354	0.1345	0.1335	0.1326	0.1317	0.1308	0.1299	0.1290	0.1281	0.1273
2.6	0.1264	0.1255	0.1247	0.1239	0.1230	0.1222	0.1214	0.1206	0.1198	0.1190

注：λ_n 为正则化长细比，$\lambda_n=\frac{\lambda}{\pi}\sqrt{\frac{f_y}{E}}$。

附录四　钢板剪力墙的计算

（一）一般规定

钢板剪力墙用钢板或带加劲肋的钢板制成。非抗震设防的及按 6 度抗震设防的建筑，采用钢板剪力墙可不设置加劲肋。按7度及7度以上抗震设防的建筑，宜采用带纵向和横向加劲肋的钢板剪力墙，且加劲肋宜两面设置。

（二）钢板剪力墙的计算

1. 不设加劲肋的钢板剪力墙，可按下列公式计算其抗剪强度及稳定性：

$$\tau \leqslant f_v \quad (附 4.1)$$

$$\tau \leqslant \tau_{cr} = \left[123 + \frac{93}{(l_1/l_2)^2}\right]\left(\frac{100t}{l_2}\right)^2 \quad (附 4.2)$$

式中 τ——钢板剪力墙的剪应力；

f_v——钢材的抗剪强度设计值，抗震设防的结构应按本规程第5.5.2条的规定除以0.90。

l_1、l_2——分别为所计算的柱和楼层梁所包围区格的长边和短边尺寸；

t——钢板的厚度。

对非抗震设防的钢板剪力墙，当有充分根据时可利用其屈曲后强度。在利用板的屈曲后强度时，钢板的张力应能传递于楼板梁和柱，且设计梁和柱截面时应计入张力场效应。

2. 设有纵向和横向加劲肋的钢板剪力墙，应按以下公式验算其抗剪强度和局部稳定性：

$$\tau \leqslant \alpha f_v \quad (附 4.3)$$

$$\tau \leqslant \alpha \tau_{cr,p} \quad (附 4.4)$$

$$\tau_{cr,p} = \left[100 + 75\left(\frac{c_2}{c_1}\right)^2\right]\left(\frac{100t}{c_2}\right)^2 \quad (附 4.5)$$

式中 α——系数，非抗震设防时取1.0，抗震设防时取0.9；

$\tau_{cr,p}$——由纵向和横向加劲分割成的区格内钢板的临界应力；

c_1、c_2——分别为区格的长边和短边尺寸。

3. 设有纵向和横向加劲肋的钢板剪力墙，尚应按下式验算其整体稳定性。当$h<b$时

$$\tau_{crt} = \frac{3.5\pi^2}{ht^2} D_1^{1/4} \cdot D_2^{3/4} \geqslant \tau_{cr,p} \quad (附 4.6)$$

式中 τ_{crt}——钢板剪力墙的整体临界应力；

D_1、D_2——分别为两个方向加劲肋提供的单位宽度弯曲刚度，$D_1 = EI_1/c_1$，$D_2 = EI_2/c_2$，数值小者为D_2，大者为D_1。

4. 采用钢板剪力墙时，楼顶倾斜率按下式计算：

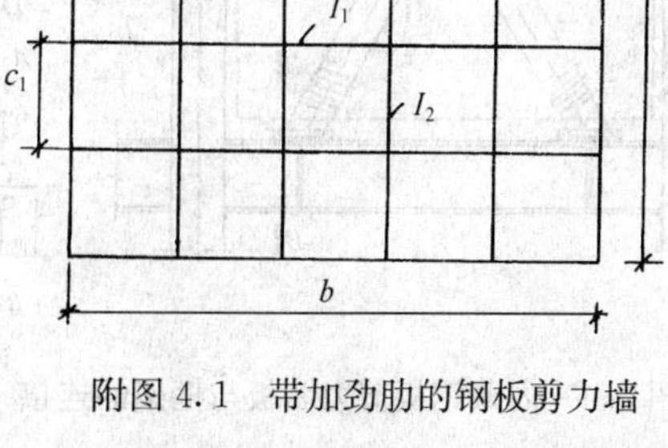

附图4.1 带加劲肋的钢板剪力墙

$$\gamma = \frac{\tau}{G} + \frac{e_c}{b} \quad (附 4.7)$$

式中 e_c——剪力墙两边的柱在水平力作用下轴向伸长和压缩之和；

b——设有剪力墙的开间宽度。

附录五 内藏钢板支撑剪力墙的设计

（一）一般规定

内藏钢板支撑剪力墙是以钢板为基本支撑，外包钢筋混凝土墙板的预制构件。它只在支撑节点处与钢框架相连，而且混凝土墙板与框架梁柱间留有间隙，因此实际上仍是一种支撑，其设计原则如下：

1. 内藏钢板支撑的基本设计原则可参照普通钢支撑。它与普通钢支撑一样，可以是人字形支撑、交叉支撑或单斜杆支撑。若选用单斜杆支撑，宜在相应柱间成对对称布置。

2. 内藏钢板支撑按其与框架的连接，可做成中心支撑，也可做成偏心支撑。在高烈度地震区，宜采用偏心支撑。

3. 内藏钢板支撑的净截面面积，应根据所承受的剪力按强度条件选择，不考虑屈曲。

（二）构造要求

1. 混凝土墙板截面尺寸应满足下式：

$$V \leqslant 0.1 f_c d_w l_w \quad (附 5.1)$$

$$d_w \geqslant 140\text{mm}$$

$$d_w \geqslant h_w/20 \quad (附 5.2)$$

$$d_w \geqslant 8t$$

式中 V——设计荷载下墙板所承受的剪力；

d_w——墙板厚度；

h_w——墙板高度；

t——支撑钢板厚度；

l_w——墙板长度；

f_c——墙板的混凝土轴心抗压强度设计值，按现行国家标准《混凝土结构设计规范》(GBJ10)的规定采用，混凝土的强度等级应不小于C20；

2. 内藏钢板支撑宜采用与框架结构相同的钢材，支撑钢板的宽厚比以15左右为宜。适当选用较小宽厚比可有效提高支撑的抗屈曲能力。支撑钢板的厚度不应小于16mm。

3. 混凝土墙板内应设双层钢筋网，每层双向配筋的最小配筋率ρ_{min}为0.4%，且不应少于ϕ6@100×100。双层钢筋网之间应适当设置连系钢筋，尤其在支撑钢板端部墙板边缘处应加强双层钢筋网之间的连系钢筋网的保护层厚度c不应小于15mm。墙板四周宜设置不小于2ϕ10的周边钢筋。

4. 内藏钢板支撑混凝土板中，在钢板支撑端部离墙板边缘 1.5 倍支撑钢板宽度的范围内，应设置加强构造钢筋。加强构造钢筋可从下列几种形式中选用：(1) 麻花形钢筋（附图 5.1）；(2) 螺旋形钢筋；(3) 加密的钢箍。

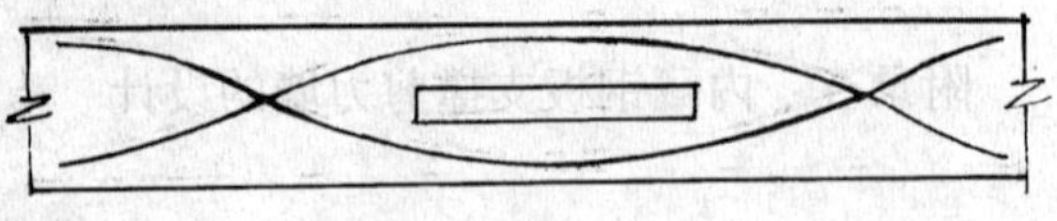

附图 5.1　麻花形钢筋

当支撑钢板端部与钢板不垂直时，应注意使支撑钢板端部的加强构造钢筋在靠近墙板边缘附近与墙板边缘平行布置，不得形成空白区，以免支撑钢板端部失稳（附图 5.2）。

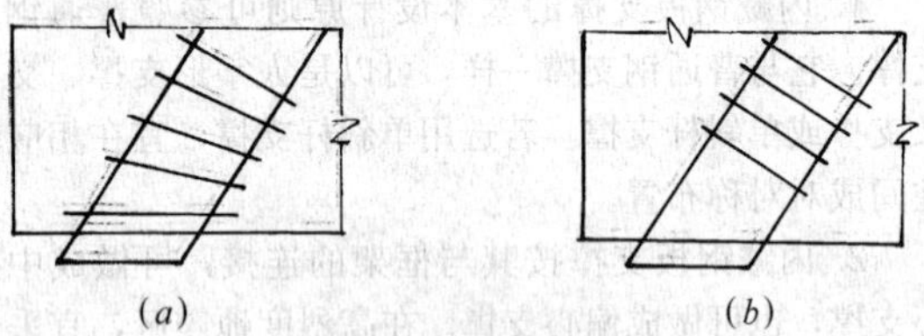

附图 5.2　钢箍的布置

(a) 正确布置；(b) 错误布置

当墙板厚度 d_w 与支撑钢板的厚度相比较小时，为了提高墙板对支撑的侧向约束，也可沿钢板支撑全长在墙板内设带状钢筋骨架（图 5.3）。

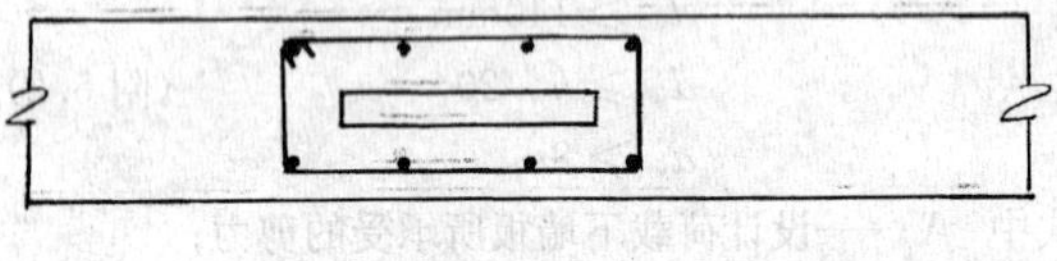

附图 5.3　钢箍的钢筋骨架

墙板对支撑端部的侧向约束较小，为了提高支撑钢板端部的抗屈曲能力，可在支撑钢板端部长度等于其宽度的范围内，沿支撑方向设置构造加劲肋。

5. 在支撑钢板端部 1.5 倍宽度范围内不得焊接钢筋、钢板或采用任何有利于提高局部粘结力的措施。当平卧浇捣混凝土墙板时，应避免钢板自重引起支撑的初始弯曲。

6. 支撑端部的节点构造，应力求截面变化平缓，传力均匀，以避免应力集中。

内藏钢板支撑剪力墙仅在节点处与框架结构相连。墙板上部宜用节点板和高强度螺栓与上框架梁下翼缘处的连接板在施工现场连接，支撑钢板的下端与下框架梁的上翼缘在现场用焊缝连接（附图 5.4）。

用高强度螺栓连接时，每个节点的高强度螺栓不宜少于 4 个，螺栓布置应符合现行国家标准《钢结构设计规范》(GBJ17) 的要求。

7. 剪力墙下端的缝隙在浇筑楼板时应该用混凝土填充；剪力墙上部与上框架梁之间的间隙以及两侧与框架柱之间的间隙，宜用隔音的弹性绝缘材料填充，并用轻型金属架及耐火板材复盖。

8. 剪力墙与框架柱的间隙 a，应满足下列要求：

$$2[u] \leqslant a \leqslant 4[u] \quad (附 5.3)$$

式中　$[u]$——荷载标准值下框架的层间位移容许值。

（三）强度和刚度计算

1. 内藏钢板支撑的受剪承载力 V 可按下式计算：

$$V = nA_{br} f\cos\theta \quad (附 5.4)$$

式中　n——支撑斜杆数，单斜杆支撑 $n=1$，人字支撑和交叉支撑 $n=2$；

θ——支撑杆的倾角；

A_{br}——支撑杆截面面积；

f——支撑钢材的抗拉、抗压强度设计值。

2. 支撑钢板屈服前，内藏钢板剪力墙的刚度 K_1，可近似地按下式计算：

$$K_1 = 0.8(A_s + md_w^2/\alpha_E)E_s \quad (附 5.5)$$

式中　E_s——钢材弹性模量；

α_E——钢与混凝土弹性模量之比，$\alpha_E = E_s/E_c$；

d_w——墙板厚度；

m——墙板有效宽度系数，单斜杆支撑为 1.08，人字支撑及交叉支撑为 1.77。

3. 支撑钢板屈服后，内藏钢板支撑剪力墙刚度 K_2，可近似取：

$$K_2 = 0.1K_1 \quad (附 5.6)$$

4. 内藏钢板支撑剪力墙连接节点的最大承载力，应大于支撑屈服承载力的 20%，以避免在地震作用下连接节点先于支撑杆件破坏。

（四）与框架的连接

内藏钢板支撑剪力墙板与四周梁柱之间均留有 25mm 空隙，上节点通过钢板用高强度螺栓与上钢梁下翼缘连接板相连，下节点与下钢梁上翼缘连接件用全熔透坡口焊缝连接（附图5.4）。

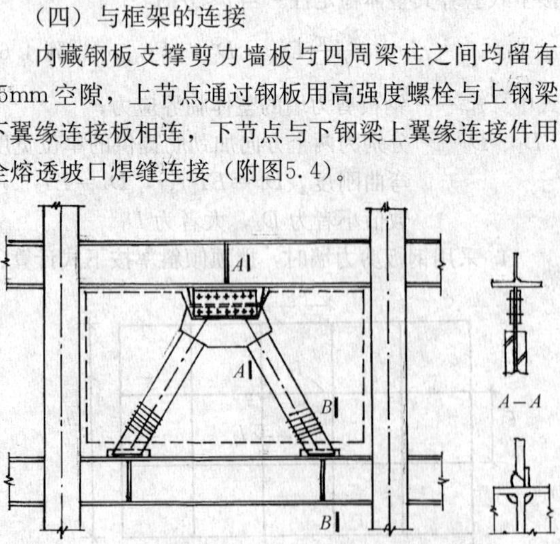

附图 5.4　内藏钢板剪力墙板与框架的连接

附录六　带竖缝混凝土剪力墙板的设计

（一）设计原则

带竖缝混凝土剪力墙板只承受水平荷载产生的剪力，不考虑承受竖向荷载产生的压力。

（二）墙板几何尺寸设计

带竖缝混凝土剪力墙板的几何尺寸，可按下列要求确定（附图 6.1）：

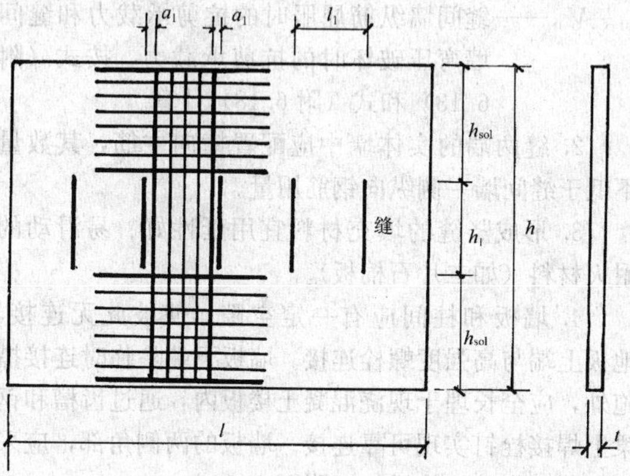

附图 6.1

（1）墙板总尺寸 l、h 按建筑和结构设计要求确定。

（2）竖缝的数目及其尺寸，应满足下列要求：

$$h_1 \leqslant 0.45h \qquad \text{(附 6.1)}$$

$$0.6 \geqslant l_1/h_1 \geqslant 0.4 \qquad \text{(附 6.2)}$$

$$h_{sol} \geqslant l_1 \qquad \text{(附 6.3)}$$

（3）墙板厚度的确定

$$t \geqslant \frac{F_v}{\omega \rho_{sh} l f_{shy}} \qquad \text{(附 6.4)}$$

$$\omega = \frac{2}{1+\frac{0.4I_{os}}{tl_1^2 h_1}\cdot\frac{1}{\rho_2}} \leqslant 1.5 \qquad \text{(附 6.5)}$$

式中　F_v——墙板的总剪力设计值；

ρ_{sh}——墙板水平横向钢筋配筋率，初步设计时可取 $\rho_{sh}=0.6\%$；

ρ_2——箍筋配筋系数，$\rho_2=\rho_{sh}\cdot f_{shy}/f_{cm}$；

f_{shy}——水平横向钢筋的抗拉强度设计值；

f_{cm}——混凝土弯曲抗压强度设计值；

ω——墙板开裂后，竖向约束力对墙板横向承载力的影响系数；

I_{os}——单肢缝间墙折算惯性矩，可近似取 $I_{os}=1.08I$，$I=tl_1^3/12$。

（三）墙板的承载力计算

1. 墙板的承载力，以一个缝间墙及在相应范围内的实体墙作为计算对象。

2. 缝间墙两侧的纵向钢筋，按对称配筋大偏心受压构件计算确定。缝根截面内力按下式确定：

$$M = V_1 \cdot h_1/2 \qquad \text{(附 6.6)}$$

$$N = 0.9V_1 \cdot h_1/l_1 \qquad \text{(附 6.7)}$$

式中　V_1——单肢缝间墙剪力设计值，$V_1=F_v/n_1$，n_1 为缝间墙肢数。

由缝间墙弯剪变形引起的附加偏心矩 Δe，按下式确定：

$$\Delta e = 0.003h \qquad \text{(附 6.8)}$$

截面配筋系数 ρ_1 按下式计算：

$$\rho_1 = \frac{A_s}{t(l_1-a_1)}\cdot\frac{f_{sy}}{f_{cm}} = \rho\cdot\frac{f_{sy}}{f_{cm}} \qquad \text{(附 6.9)}$$

ρ_1 宜控制在 0.075～0.185，且实配钢筋面积不宜超过计算所需面积的 5%。若超出此范围过多，则应重新调整缝间墙肢数 n_1、缝间墙尺寸 l_1、h_1 以及 a_1（受力纵筋合力中心至缝间墙边缘的距离）f_{cm}、f_{sy}的值，使 ρ_1 尽可能控制在上述范围内。

3. 缝间墙斜截面抗剪强度应满足下式要求：

$$\eta_v V_1 \leqslant 0.18t(l_1-a_1)f_c \qquad \text{(附 6.10)}$$

式中　η_v——剪力设计值调整系数，可取 1.2；

f_c——混凝土抗压强度设计值。

4. 实体墙斜截面抗剪强度应满足下式要求：

$$\eta_v V_1 \leqslant k_s t l_1 f_c \qquad \text{(附 6.11)}$$

$$k_s = \frac{\lambda(l_1/h_1)\beta}{\beta^2+(l_1/h_1)^2[h/(h-h_1)]^2} \qquad \text{(附 6.12)}$$

式中　k_s——竖向约束力对实体墙斜截面抗剪承载力的影响系数；

λ——剪应力不均匀修正系数，$\lambda=0.8(n_1-1)/n_1$；

β——竖向约束系数，$\beta=0.9$。

（四）墙板 V-u 曲线

1. 缝间墙纵筋屈服时的总受剪承载力 V_y 和墙板的总体侧移 u_y，按下列公式计算：

$$V_{y1} = \mu\cdot\frac{l_1}{h_1}\cdot A_s f_{syk} \qquad \text{(附 6.13)}$$

$$u_y = V_{y1}/K_y \qquad \text{(附 6.14)}$$

$$K_y = B_1\cdot 12/(\xi h_1^3) \qquad \text{(附 6.15)}$$

$$\xi = \left[35\rho_1+20\left(\frac{l_1-a_1}{h_1}\right)^2\right]\left(\frac{h-h_1}{h}\right)^2 \qquad \text{(附 6.16)}$$

式中　μ——系数，按附表 6.1 采用；

A_s——缝间墙所配纵筋截面面积；

K_y——缝间墙纵筋屈服时墙板的总体抗侧力刚度；

ξ——考虑剪切变形影响的刚度修正系数；

B_1——缝间墙抗弯刚度，按现行国家标准《混凝土结构设计规范》（GBJ10）的规定确定，

$$B_1 = \frac{E_s A_s (l_1 - a_1)^2}{1.35 + 6(E_s/E_c)\rho}$$

系数 μ 值　　附表 6.1

a_1	μ
$0.05l_1$	3.67
$0.10l_1$	3.41
$0.15l_1$	3.20

2. 缝间墙弯曲破坏时的最大抗剪承载力 V_{u1} 和墙板的总体最大侧移 u_u，可按下列公式计算：

$$V_{u1} = (2txf_{cmk}e_1)/h_1$$

$$\approx 1.1txf_{cmk} \cdot l_1/h_1 \quad \text{（附 6.17）}$$

$$u_u = u_y + (V_{u1} - V_{y1})/K_u \quad \text{（附 6.18）}$$

$$K_u = 0.2K_y \quad \text{（附 6.19）}$$

$$x = [-AB\ \sqrt{(AB)^2 + 2AC}]/A \quad \text{（附 6.20）}$$

式中　K_u——缝间墙达弯压最大承载力时的总体抗侧移刚度；

e_1——缝根截面的约束力偏心矩，$e_1 = l_1/1.8$；

x——缝根截面的缝间墙混凝土受压区高度，其中计算式

$$A = tf_{cmk}$$

$$B = e_1 + \Delta e - l_1/2$$

$$C = A_s f_{shy}(l_1 - 2a_1)$$

3. 墙板的极限侧移可按下式确定：

$$u_{max} = \frac{h}{\sqrt{\rho_1}} \cdot \frac{h_1}{l_1 - a_1} \cdot 10^{-3} \quad \text{（附 6.21）}$$

墙板 V-u 曲线见附图 6.2。

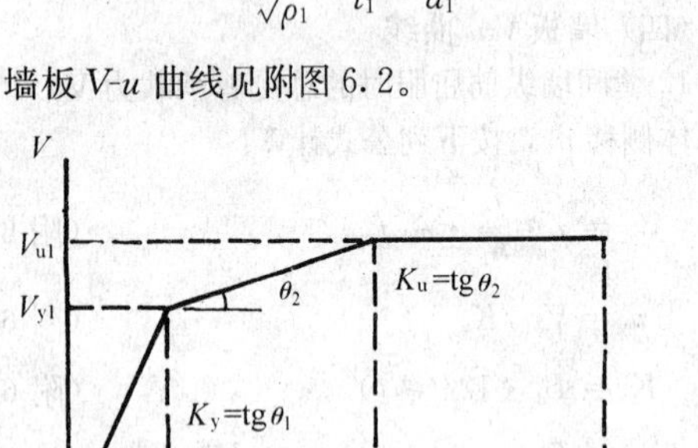

附图 6.2　墙板的 $V-u$ 曲线

（五）构造要求和连接

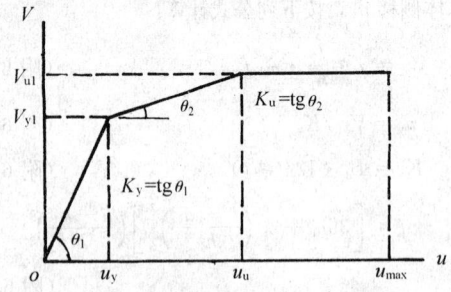

1. 墙板应采用 C20～C30 混凝土。板中水平横向钢筋应按下列要求配置：

当 $\eta_v V_1/V_{y1} < 1$ 时

$$\rho_{sh} = \frac{A_{sh}}{t \cdot s}$$

且

$$\rho_{sh} \leqslant 0.65 \frac{V_{y1}}{tf_{shyk}} \quad \text{（附 6.22）}$$

当 $1 \leqslant \eta_v V_1/V_{y1} \leqslant 1.2$ 时

$$\rho_{sh} = \frac{A_{sh}}{t \cdot s}$$

且

$$\rho_{sh} \leqslant 0.60 \frac{V_{u1}}{tl_1 f_{shyk}} \quad \text{（附 6.23）}$$

式中　s——横向钢筋间距；

A_{sh}——同一高度处横向钢筋总截面积；

V_{y1}、V_{u1}——缝间墙纵筋屈服时的抗剪承载力和缝间墙弯压破坏时的抗剪承载力，按式（附 6.13）和式（附 6.18）计算。

2. 缝两端的实体墙中应配置横向主筋，其数量不低于缝间墙一侧纵向钢筋用量。

3. 形成竖缝的填充材料宜用延性好、易滑动的耐火材料（如二片石棉板）。

4. 墙板和柱间应有一定空隙，使彼此无连接，地板上端与高强度螺栓连接。墙板下端除临时连接措施外，应全长埋于现浇混凝土楼板内，通过齿槽和钢梁上焊接栓钉实现可靠连接。墙板的两侧角部，应采取充分可靠的连接措施（附图 6.3）。

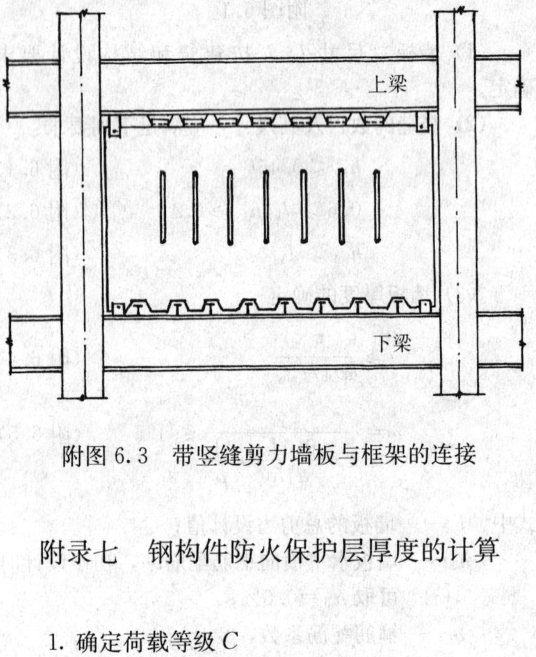

附图 6.3　带竖缝剪力墙板与框架的连接

附录七　钢构件防火保护层厚度的计算

1. 确定荷载等级 C

$$C = \xi S/R \quad \text{（附 7.1）}$$

式中　S——作用效应；

R——构件在室温下的最大承载力，梁应为室温下的截面全塑性弯矩，柱应为室温下的临界屈曲荷载。柱的临界屈曲荷载，应根据构件的长细比按现行国家标准《钢结构设计规范》（GBJ17）附表 3.3（对 Q235）或附表 3.6（对 Q345）查出

稳定系数 φ，乘以柱载面的屈服承载力确定。

ξ——欠载系数，可按附表 7.1 采用。

构件的欠载载系数 ξ　　附表 7.1

S/R		0.2	0.3	0.4	0.5	0.6	0.7	0.8	0.9	1.0
梁	静定梁	0.80	0.83	0.85	0.88	0.90	0.93	0.95	0.98	1.00
	一次超静定	0.60	0.65	0.70	0.75	0.80	0.85	0.90	0.95	1.00
	二次超静定	0.40	0.48	0.55	0.63	0.70	0.78	0.85	0.93	1.00
柱		0.85								

2. 确定钢构件的临界温度 T_s

钢构件达到破坏极限状态时的钢材临界温度，可根据荷载等级 C 按附表 7.2 采用。当为偏心受压柱时，$T_s \leqslant 550℃$。

3. 构件在规定的耐火极限时间内所需的保护层厚度 a，应按下列公式计算：

$$a = 0.0104 \cdot \lambda\zeta\left(\frac{T}{T_s - 140}\right)^{1.3} \qquad (附 7.2)$$

式中 T——构件的耐火极限，按本规程表 12.1.2 确定；

λ——厚涂型钢结构防火涂料或不燃性板型材的导热系数，以实测值为准，或按附表 7.4 采用；

ζ——构件的截面系数，等于 l_i/A_s，或 A_i/V 其中，l_i 为构件外周长度，A_s 为构件截面面积，A_i 为构件外周面积，V 为构件体积，按附表 7.3 确定；

4. 当保护层为重型材料或含水材料时，应按下列规定对厚度值修正：

(1) 若 $2c\rho a\zeta > c_s\rho_s$，则为重型材料，应采用 ζ_{mod} 代替式（附 7.2）中的 ζ，重新计算 a 值。ζ_{mod} 按下式计算：

$$\zeta_{mod} = \frac{c_s\rho_s}{c_s\rho_s + (c\rho a\zeta)} \qquad (附 7.3)$$

式中 c_s——钢材的比热，$c_s = 0.520 kJ/kg℃$；

ρ_s——钢材的密度，$\rho_s = 7850 kg/m^3$；

c、ρ——防火保护材料的比热和密度，取实测值，按附表 7.4 和 7.5 采用。

(2) 当含水保护材料的温度达 100℃时，因水分蒸发而使构件温度滞后的值 t_1，可按下式计算：

$$t_1 = \frac{w\rho a^2}{5\lambda} \qquad (附 7.4)$$

式中 w——防火保护材料的平衡含水率，取实测值，或按附表 7.5 采用。

此时，用 t_1 修正式（附 7.2）中的构件耐火极限 T，重新计算 a 值。

钢材的临界温度 T_s　　附表 7.2

T_s (℃)	C	T_s (℃)	C	T_s (℃)	C	T_s (℃)	C
300	0.778	405	0.639	510	0.461	615	0.238
305	0.772	410	0.632	515	0.451	620	0.228
310	0.776	415	0.624	520	0.441	625	0.219
315	0.761	420	0.616	525	0.431	630	0.210
320	0.754	425	0.608	530	0.422	635	0.202
325	0.748	430	0.601	535	0.411	640	0.194
330	0.742	435	0.593	540	0.401	645	0.187
335	0.736	440	0.584	545	0.391	650	0.180
340	0.729	445	0.576	550	0.380	655	0.173
345	0.723	450	0.568	555	0.370	660	0.167
350	0.716	455	0.560	560	0.359	665	0.161
355	0.710	460	0.551	565	0.348	670	0.155
360	0.700	465	0.543	570	0.337	675	0.149
365	0.696	470	0.534	575	0.326	680	0.144
370	0.690	475	0.525	580	0.315	685	0.139
375	0.683	480	0.516	585	0.304	690	0.134
380	0.676	485	0.507	590	0.292	695	0.129
385	0.668	490	0.498	595	0.231	699	0.126
390	0.661	495	0.489	600	0.270	—	—
395	0.654	500	0.480	605	0.259	—	—
400	0.647	505	0.470	610	0.243	—	—

保护层覆盖的钢构件的 ξ　　附表 7.3

截　面	周边喷涂		箱形覆盖	
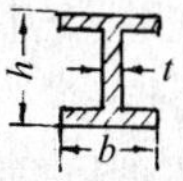	 $\frac{4b+2h-2t}{A_s}$	 $\frac{3b+2h-2t}{A_s}$	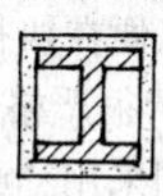 $\frac{2(b+h)}{A_s}$	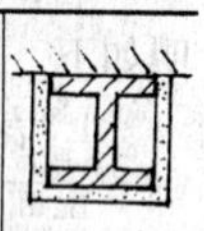 $\frac{b+2h}{A_s}$
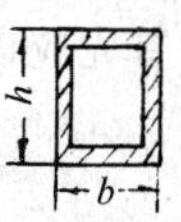	 $\frac{2b+2h}{A_s}$	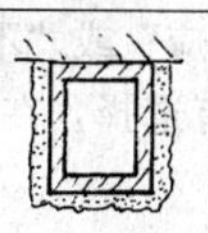 $\frac{b+2h}{A_s}$	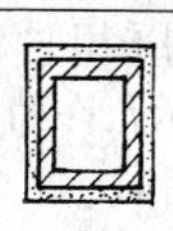 $\frac{2(b+h)}{A_s}$	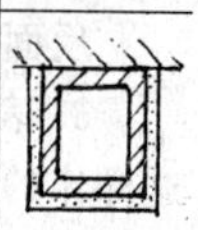 $\frac{b+2h}{A_s}$

注：A_s 为钢材的截面面积。

各种防火材料在明火或高温条件下的热物理性质　附表 7.4

材　　料	导热系数 λ (W/m℃)	比热 c (kJ/kg℃)
薄涂型钢结构防火涂料	—	—
厚涂型钢结构防火涂料	0.09～0.12	—
石膏板	0.20	1.7
硅酸钙板	0.10～0.25	—
矿棉（岩棉）板	0.10～0.20	—
粘土砖、灰砂砖	0.40～1.20	1.0
加气混凝土	0.20～0.40	1.0～1.2
轻骨料混凝土	0.30～0.90	1.0～1.2
普通混凝土（无定形骨料为主）	1.30	1.2
普通混凝土（结晶形骨料为主）	1.70	1.2

各种防火保护材料的密度和平衡含水率　　附表 7.5

材　　料	密　度 ρ (kg/m^3)	吸湿平衡含水率 w（重量%）
喷涂矿物纤维	250～350	1.0
石膏板	800	20.0
硅酸钙板	450～900	3.0～5.0
矿棉板	120～150	2.0
珍珠岩或蛭石板	300～800	15.0
加气混凝土	400～800	2.5
轻骨料混凝土	1600	2.5
粘土砖、灰砂砖	2000	0.2
普通混凝土（无定形骨料为主）	2000～2400	1.5
普通混凝土（结晶形骨料为主）	2000～2400	1.5

附录八　本规程用词说明

一、执行本规程条文时，要求严格程度的用词说明如下，以便在执行中区别对待：

1. 表示很严格，非这样作不可的用词：

正面词采用“必须”；

反面词采用“严禁”。

2. 表示严格，在正常状态下均应这样作的用词：

正面词采用“应”；

反面词采用“不应”或“不得”。

3. 表示允许稍有选择，在条件许可时首先应该这样作的用词：

正面词采用“宜”或“可”；

反面词采用“不宜”。

二、条文中必须按指定的标准、规范或其他有关规定执行的，其写法为“应按……执行”或“应符合……要求（或规定）”。非必须按照所指定的标准、规范（或其他规定）执行的，其写法“可参照……”。

附加说明

本规程主编单位、参加单位和主要起草人

主编单位：

中国建筑技术研究院标准设计研究所

参加单位：

北京市建筑设计研究院、哈尔滨建筑大学、冶金部建筑研究总院、清华大学、同济大学、西安建筑科技大学、中国建筑科学研究院结构所、中国建筑科学研究院抗震所、武警学院、中国建筑西北设计院、北京建筑机械厂、北京市机械施工公司、沪东造船厂、中国建筑总公司三局

主要起草人：

蔡益燕、胡庆昌、周炳章、张耀春、俞国音、方鄂华、潘世劼、陈绍蕃、范懋达、王康强、钱稼茹、邱国桦、崔鸿超、赵西安、高小旺、姜峻岳、李　云、张良铎、何若全、张相庭、沈祖炎、黄本才、王焕定、丁洁民、秦　权、朱聘儒、汪心洌、徐安庭、刘大海、罗家谦、计学润、廉晓飞、王　辉、臧国和、陈民权、鲍广鉴、于福海、易　兵、郝锐坤、顾　强、李国强、陈德彬、钟益村、陈琢如、贺贤娟、李兆凯

中华人民共和国行业标准

高层民用建筑钢结构技术规程

JGJ 99—98

条 文 说 明

编 制 说 明

本行业标准是根据建设部（89）建标计字第8号文，由中国建筑技术研究院建筑标准设计研究所会同北京市建筑设计研究院、哈尔滨建筑大学、冶金部建筑研究总院、清华大学、同济大学、西安建筑科技大学、中国建筑科学研究院结构所、中国建筑科学研究院抗震所、武警学院、中国建筑西北设计院、北京建筑机械厂、北京市机械施工公司、沪东造船厂、中国建筑总公司第三工程三局共同编制的，送审时名为《高层建筑钢结构设计与施工规程》，现改名为《高层民用建筑钢结构技术规程》。

本标准在编制过程中，编制组进行了广泛的调查研究，总结了80年代在我国建造的基本上由国外设计的约十幢高层建筑钢结构的设计施工经验，参考了有关的国外先进标准，并借鉴了某些国外工程的经验，由我部会同有关部门于1991年9月进行审查定稿。其后，又反复进行了修改。

鉴于本标准系初次编制，国内对高层建筑钢结构的设计经验不多，在施行过程中，希望各单位结合工程实践和科学研究，认真总结经验。如发现有需要修改和补充之处，请将意见和有关资料寄交中国建筑技术研究院建筑标准设计研究所《高层民用建筑钢结构技术规程》管理组（北京车公庄大街19号，邮政编码100044），以供今后修改时参考。

建设部

1997年7月

目　次

第一章　总　　则

第1.0.1条　本条是建筑工程设计和施工必须遵循的总方针。

第1.0.2条　本规程主要对象是高层民用建筑钢结构，也涉及有混凝土剪力墙的钢结构。根据我国建筑设计防火规范，居住建筑10层以下和其他民用建筑24m以下为多层建筑。本规程不规定适用高度的下限，是考虑到在特定情况下在多层民用建筑中采用钢结构的可能性。表1.0.2的适用高度考虑了90年代初国内外高层建筑的实践，也考虑到我国在高层建筑钢结构设计方面经验还较少，以及高度过大可能带来的其他问题。

第1.0.3条　本条是高层建筑钢结构选型和设计的一般原则，对不同类型的高层建筑结构，这些原则是共同的。

第1.0.4条　本规程根据现行国家标准《建筑结构设计统一标准》(GBJ 68)的原则制定，采用以概率理论为基础的极限状态设计法，并按作用和抗力分项系数表达式进行计算；符号和基本术语符合现行国家标准《工程结构设计基本术语和通用符号》(GBJ 132)的要求。

本规程是根据现行国家标准《建筑结构荷载规范》(GBJ 9)、《建筑抗震设计规范》(GBJ 11)、《建筑地基基础设计规范》(GBJ 7)、《钢结构设计规范》(GBJ 17)、《钢结构工程施工及验收规范》(GB 50205)、《高层民用建筑设计防火规范》(GB 50045)等，并结合高层钢结构的特点编制的，和这些标准配套使用。本规程编制过程中，考虑了我国在80年代兴建的一批高层建筑钢结构取得的实践经验，参考了美、日、欧共体等国家和地区的有关设计规范，利用了我国近年开展的高层钢结构研究的一些成果。

第1.0.5条　抗震设防的高层民用建筑钢结构的分类，完全执行现行国家标准《建筑抗震设防分类标准》(GB 50233)的规定，此处不再重述。

第1.0.6条　本条在现行国家标准《建筑抗震设防分类标准》(GB50233)的基础上，对各类高层建筑钢结构，特别是6度设防的高层建筑钢结构的设计要求，作了进一步的规定。

第二章　材　　料

第2.0.1条　高层建筑钢结构的钢材选用标准，主要依据近年修订和颁布的国家标准《钢结构设计规范》(GBJ 17)、《碳素结构钢》(GB 700)和《低合金高强度结构钢》(GB/T 1591)，同时结合我国80年代在北京、上海、深圳三市已建成的十余座高层钢结构大厦采用的钢材特点，提出Q235等级*B*、*C*、*D*级的碳素结构钢和Q345等级*B*、*C*、*D*、*E*的低合金结构钢以及相应的连接材料。

在现行国家标准《碳素结构钢》(GB 700)中，Q235钢（原3号钢）按其检验项目的内容和要求分成*A*、*B*、*C*、*D*四个等级。*A*级钢不要求任何冲击试验值，并只在用户有要求时才进行冷弯试验，且不保证焊接要求的含碳量，故不能用于高层钢结构；*B*、*C*、*D*等级钢分别满足不同的化学成分和不同温度下的冲击韧性要求，*C*、*D*等级钢的碳硫磷含量较低，尤其适用于重要焊接结构。在现行国家标准《低合金高强度结构钢》(GB/T 1591)中，Q345钢（包括原16Mn钢）分为*A*、*B*、*C*、*D*、*E*五个等级，其屈服点和抗拉强度相同，伸长率均超过20%，*A*级不保证冲击韧性要求，故不宜用于高层钢结构；*B*、*C*、*D*、*E*级钢分别保证在+20℃、0℃、−20℃和−40℃时具有规定的冲击韧性，其化学成分中硫、磷含量的百分率递减，*D*、*E*级的碳含量0.18%低于*A*、*B*、*C*级，可根据需要选用。

Q390（原15MnV）钢及其桥梁钢的伸长率不符合本节第2.0.3条的要求，故不宜用于高层钢结构。原16Mnq钢在现行国家标准《低合金高强度结构钢》(GB/T 1591)中未列入，且其伸长率不能满足本规程第2.0.3条的要求，故本规程未列入。

第2.0.2条　现行国家标准《钢结构设计规范》(GBJ 17)规定，承重结构的钢材应具有抗拉强度、伸长率、屈服点和硫磷含量合格的保证，对焊接结构尚应具有碳含量的合格保证。承重结构的钢材，必要时尚应具有冷弯试验的合格保证。鉴于高层钢结构建筑的重要性，本规程区别于现行钢结构设计规范的，是将必要时保证冷弯性能的要求改为基本要求之一，这符合《钢结构设计规范》(GBJ 17)在条文说明中提到的对重要钢结构的钢材应满足冷弯试验合格的要求。现行国家标准《碳素结构钢》(GB 700)规定了Q235的*B*、*C*、*D*等级钢材应具有规定的冲击韧性；现行国家标准《低合金高强度结构钢》(GB/T1591)规定了Q345的*B*、*C*、*D*、*E*级钢材应具有规定的冲击韧性。鉴于高层钢结构大量采用厚钢板，且一般要求抗震，故规定要求冲击韧性合格。

钢材另一重要的基本要求，即化学成分含量限制，将直接影响可焊性。在现行国家标准《碳素结构钢》(GB 700)中，已规定应同时满足化学成分和力学性能要求，而不是按过去的标准按甲、乙、特三类钢供货。Q235钢和Q345钢的上述等级，其规定的化学成分可满足高层钢结构的要求。

第2.0.3条　抗震高层钢结构所用钢材的性能，应满足较高的延性要求。拟定本条时，参考了美国加州规范等的有关规定。其中，伸长率为标距50mm试件拉伸时得出的，可焊性指能顺利进行焊接、不产生因材料原因引起的焊接缺陷，而且能在焊后保持材料的非弹性性能。美国加州规范还规定屈服强度超过50ksi(350N/mm²)的钢材，要经过充分研究证明其性能符合要求后，才能采用。由此可见，对于高强度钢材在抗震高层钢结构中的应用，应持慎重态度。

欧共体规范要求抗震结构采用的钢材，其屈服点上限不得超过屈服点规定值的10%，以避免塑性铰转移。日本东京都新都厅舍大厦，也规定了采用的钢材屈服强度平均值不应超过规定值的10%。由于此要求能否实现，取决于钢材供应之可能，故本条未作规定。

第2.0.4条　对外露承重结构，应根据使用环境（包括气温、介质等）参照有关标准选择相应钢种及其配套涂层材料。

第2.0.5条　本条规定是鉴于高层钢结构经常使用厚钢板，而厚钢板的轧制过程存在各向异性（x、y、z三方向的屈服点、抗拉强度、伸长率、冷弯、冲击值等各指标，以z向试验最差，尤其是塑性和冲击功值）。

国家标准《厚度方向性能钢板》(GB 5313)适用于造船、海上石油平台、锅炉和压力容器等重要焊接结构，它将厚度方向的断面收缩率分为Z15、Z25、Z35三个等级，并规定了试件取材方法和试件尺寸。高层钢结构在梁柱连接和箱形柱角部焊缝等处，由于局部构造，形成高约束，焊接时容易引起层状撕裂。本条规定高层钢结构采用的钢材，当符合现行国家标准(GB/T 1591—94)的要求，其厚度等于或大于50mm时，尚应满足该标准Z15级的断面收缩率指标，它相当于硫的含量不超过0.01%。

第2.0.6条　各组钢材的强度设计值，由材料屈服强度标准值除以抗力分项系数而定。各钢种的抗力分项系数与现行国家标准《钢结构设计规范》(GBJ 17)的取值一致，即Q235钢为1.087，Q345钢（原16Mn钢）钢为1.111（也可取为1.087）。不同受力方式之间的换算关系，可参见现行国家标准《钢结构设计规范》(GBJ 17)的条文说明。

第2.0.7条　钢材物理性能可参见现行国家标准《钢结构设

计规范》(GBJ 17)，此处不再重复。

第 2.0.8、2.0.9 条 关于连接材料的规定，均可参见现行国家标准《钢结构设计规范》(GBJ 17)，此处不再重复。

第三章 结构体系和布置

第一节 结构体系和选型

第 3.1.1 条 本条列举的，是高层钢结构和有混凝土剪力墙的高层钢结构最常用的结构体系。

第 3.1.2 条 当高层钢结构的侧向刚度不能满足设计要求时，通常要采用腰桁架和（或）帽桁架。腰桁架和帽桁架与刚性伸臂配合使用。刚性伸臂需横贯楼层连续布置。为了不在建筑的使用上带来不便，这些桁架照例设在设备层。

第 3.1.3 条 偏心支撑和带竖缝的剪力墙板在弹性阶段有很大刚度，在弹塑性阶段有良好的延性和耗能能力，用于抗震设防烈度较高的高层建筑钢结构，是一种较理想的抗侧力构件。50 层的北京京城大厦采用了混凝土板内藏的偏心支撑，52 层的北京京广中心采用了带竖缝剪力墙板，是非常适合的选择。中心支撑在保证稳定的情况下具有较大刚度，在用偏心支撑的时候，高度较大的第一层往往布置中心支撑。美国加州规范（1988）规定，若偏心支撑的第一层能表明其弹性承载力比该框架中其上部任一层的承载力高出至少 50%，则该第一层可采用中心支撑。它有利于减小结构的变位。

第 3.1.4 条 高层建筑钢结构的选型，应注意概念设计。本条一至四款引自现行国家标准《建筑抗震设计规范》(GBJ 11)。减轻结构自重对减小结构地震作用有重要意义。

第 3.1.5 条 结构高宽比对结构的整体稳定性和人在建筑中的舒适感等有重要影响，应谨慎对待。西尔斯大厦、纽约世界贸易中心、芝加哥汉考克大厦等 100 层以上建筑的高宽比都不超过 6.5，据此将筒体结构非抗震设防时的高宽比适用高度限值定为 6.5，其他情况下也大致作了相应规定，设计中不宜超过本条规定。

第二节 结构平面布置

第 3.2.1 条 本条给出了高层建筑钢结构平面布置的基本要求。矩形平面框筒结构的边长，一般说来，不宜超过 45m，太长了会因剪力滞后效应而变得很不经济。

柱距太大会导致柱截面过大，钢板太厚，给钢材供应、结构制作、现场焊接带来困难，柱轴力太大还会给地基处理带来困难，因此规定板厚不宜超过 100mm。

第 3.2.2 条 本条关于平面不规则性的规定，是参考美国加州规范（1988）、日本规定和欧共体规范拟定的。本规程第一款按加州规范是将结构一端偏离轴线的值大于两端平均层间位移 1.2 倍时，视为扭转不规则，要先作结构分析，然后才能判断是否属扭转不规则；而日本的规定是偏心率大于 0.15 即视为扭转不规则，用起来方便得多，欧共体规范也采用了此项规定，故将此款改为按日本的规定拟定。根据日本规定，计算偏心率时不包括附加偏心矩，使用时应注意。第二款按加州规范为 15%，本条参考欧共体规范拟定为 25%。本条其余二款均参照加州规范采用。根据美国的调查，结构传力途径不规则和布置不规则，是结构在强震中破坏的主要原因，在结构设计上，应采取相应的计算和构造措施。

第 3.2.3 条 风荷载对超高层建筑结构有重要影响，往往起控制作用，在体型上选用风压较小的形状有重要意义。邻近高层建筑对待建房屋风压的影响不可忽视，必要时应按规定进行风洞试验。

高层钢结构建筑一般高度较大，为塔形建筑，外墙墙面往往很光滑，当具有圆形或接近圆形的断面且高宽比较大时，容易产生涡流脱出的横风向振动，建筑设计应注意避免或减小其效应。

第 3.2.4 条 高层建筑不宜设置防震缝，因此对防震缝宽度未作规定，若必需设置，原则上应使缝的两侧在大震时相对侧移不碰撞。高层建筑钢结构高度较大，其平面尺寸一般达不到需要设置伸缩缝的程度，设缝会引起建筑构造和结构构造上的很多麻烦。若缝不够宽或缝的功能不能发挥，地震时可能因缝两侧的部分撞击而引起破坏，1985 年墨西哥地震时就有不少撞击倒塌的例子。日本高层建筑一般都不设伸缩缝。在特殊情况下需设伸缩缝时，抗震设防的高层建筑钢结构的伸缩缝，应满足防震缝的要求。

第三节 结构竖向布置

第 3.3.1 条 本条第一款和第三款引自现行国家标准《建筑抗震设计规范》(GBJ 11)，其余各款参考加州规范拟定。

第 3.3.2 条 抗剪支撑在竖向连续布置，结构的受力和层间刚度变化都比较均匀，现有工程中基本上都采用竖向连续布置的方法。建筑底部的楼层刚度可较大，顶层不受层间刚度比规定的限制，这是参考国外有关规定制订的。在竖向支撑桁架与刚性伸臂相交处，照例都是保持刚性伸臂连续，以发挥其水平刚臂的作用。

第四节 结构布置的其他要求

第 3.4.1 条 压型钢板现浇钢筋混凝土楼板，整体刚度大，施工方便，是高层钢结构楼板的主要结构形式。预应力叠合板在钢筋混凝土高层建筑中应用较多，当保证楼板与钢梁有可靠连接时，也可考虑在高层钢结构中采用。预制钢筋混凝土楼板整体刚度较差，在高层钢结构中不宜采用。

第 3.4.2 条 转换楼层剪力较大，洞口较多的楼层平面内刚度有较大削弱，必需采用现浇钢筋混凝土楼板。在多功能的高层建筑中，上部常常要求设置旅馆或公寓，但这类房间的进深不能太大，因而必需设置天庭。在中庭上下端设置水平桁架，是参照北京京城大厦等工程的做法提出的。

第五节 地基、基础和地下室

第 3.5.1 条 筏基、箱基、桩基和复合基础，是高层建筑常用的基础形式，可根据具体情况选用。

第 3.5.2～3.5.3 条 增加基础埋深有利于建筑物抗震，地下部分的复土对建筑物在地震作用下的振动起逸散衰减作用，故高层建筑宜设地下室，抗震设防的建筑基础埋深不宜太浅。

桩基的埋深一般不宜小于 $H/18$。

第 3.5.5 条 高层钢结构下部若干层采用钢骨混凝土结构是日本的作法，它将上部钢结构与钢混凝土基础连成整体，使传力均匀，并使框架柱下端完全固定，对结构受力有利。我国京城大厦地下部分有 4 层钢骨混凝土，京广中心地下部分有 3 层钢骨混凝土，北京国贸中心地下 1 层和地上 1 层为钢骨混凝土。

第 3.5.6 条 支撑桁架（含剪力墙板）在地下部分以剪力墙形式延伸至基础，对于将水平力传至基础是很重要的，不可缺少。建筑物周边设钢筋混凝土墙，是参考日本建筑中心《高层建筑耐震建筑计算指针》（日本建设省，1982）的建议，沿筒体周边布置钢筋混凝土墙，是根据很多工程的实际做法，用以增大高层建筑地下部分的整体刚度。

第四章 作 用

第一节 竖 向 作 用

第 4.1.1 条 本条补充了现行国家标准《建筑结构荷载规范》(GBJ 9) 中未给出的一般高层办公楼、旅馆、公寓中所需要的酒吧间、屋顶花园等的最小屋顶活荷载标准值。当与实际情况不符时，应按实际情况采用。

第 4.1.2 条 高层建筑中活荷载值与永久荷载相比，是不大的，不考虑活荷载的不利分布可简化计算。

第 4.1.3 条 本条关于直升机平台活荷载的规定，系根据荷载规范编制组的建议拟定。

第 4.1.4 条 结构设计要考虑施工时的情况，对结构进行验算。

第二节 风 荷 载

第 4.2.1 条 风荷载 w_k 的表达式，采用了现行国家标准《建筑结构荷载规范》(GBJ 9) 的风荷载标准值计算公式的表达形式。

第 4.2.2 条 现行国家标准《建筑结构荷载规范》(GBJ 9) 的风荷载对一般建筑结构的重现期为 30 年，并规定对高层建筑采用的重现期为 50 年，因而基本风压值要有所提高，取荷载规范的 30 年重现期基本风压 w_0 乘 1.1，对于特别重要和有特殊要求的高层建筑，重现期可取 100 年，则应乘系数 1.2。

第 4.2.3 条 风压高度变化系数也可参考现行国家标准《建筑结构荷载规范》(GBJ 9) 的下列修订草案采用，它与原规定相比，增加了适用于有密集建筑群且房屋较高的城市市区（*D* 类地貌）的风压高度变化系数，对原规范规定中的 *C* 类地貌的系数也作了相应修改，但此规定尚未正式批准，今后仍应以修订后正式公布的国家标准《建筑结构荷载规范》(GBJ 9) 的规定为准。

风压高度变化系数与地面粗糙度有关，可按表 C4.2.3 的规定采用。

风压高度变化系数 　　表 C4.2.3

离地面（或海面）高度 (m)	地面粗糙度类别			
	A	*B*	*C*	*D*
5	1.17	0.80	0.45	0.21
10	1.38	1.00	0.62	0.32
15	1.52	1.14	0.74	0.41
20	1.63	1.25	0.84	0.48
30	1.80	1.42	1.00	0.62
40	1.92	1.56	1.13	0.73
50	2.03	1.67	1.25	0.84
60	2.12	1.77	1.35	0.93
70	2.20	1.86	1.45	1.02
80	2.27	1.95	1.54	1.11
90	2.34	2.02	1.62	1.19
100	2.40	2.09	1.70	1.27
150	2.64	2.38	2.03	1.61
200	2.83	2.61	2.30	1.92
250	2.99	2.80	2.54	2.19
300	3.12	2.97	2.75	2.45
350	3.12	3.12	2.94	2.68
400	3.12	3.12	3.12	2.91
≥450	3.12	3.12	3.12	3.12

注：*A* 类指近海海面、海岛、海岸、湖岸及沙漠地区；

B 类指田野、乡村、丛林、丘陵以及房屋比较稀疏的乡镇和城市郊区；

C 类指有密集建筑群的城市市区；

D 类指有密集建筑群且房屋较高的城市市区。

第 4.2.4 条 关于风荷载体型系数，有以下几点说明：

1. 关于单个高层建筑，除项次 1～6 是"自荷载规范"摘录者外，本条还补充了项次 7～12 的体型系数，这些体型系数已多次在国内工程设计中应用，是可以信赖的。

2. 关于邻近建筑的影响，当邻近有高层建筑产生互相干扰时，对风荷载的影响是不容忽视的。邻近建筑的影响是一个复杂问题，这方面的试验资料还较少，最好的办法是用建筑群模拟，通过边界层风洞试验确定。一般说来，无论邻近有无高层建筑，高度超过 200m 的建筑物风荷载，应按风洞试验确定。

3. 局部风载体型系数，是参照"荷载规范"修订条文给出的。

第 4.2.5 条 当采用条文说明第 4.2.3 条的风压高度变化系数时，沿高度等截面的高层建筑钢结构的顺风向风振系数，宜按下列规定采用。

高层建筑钢结构的风振系数 β_z 　　表 C4.2.5

$\frac{z}{H}$	$w_0T_1^2$															
	0.5				1.0				5.0				≥10.0			
	地面粗糙度				地面粗糙度				地面粗糙度				地面粗糙度			
	A	*B*	*C*	*D*	*A*	*B*	*C*	*D*	*A*	*B*	*C*	*D*	*A*	*B*	*C*	*D*
1.0	1.65	1.74	1.92	2.22	1.64	1.74	1.91	2.14	1.60	1.67	1.76	1.92	1.56	1.59	1.67	1.78
0.9	1.60	1.68	1.86	2.15	1.58	1.69	1.85	2.08	1.55	1.61	1.71	1.87	1.51	1.54	1.62	1.74
0.8	1.55	1.63	1.81	2.11	1.54	1.64	1.80	2.05	1.51	1.57	1.68	1.84	1.47	1.51	1.59	1.71
0.7	1.50	1.58	1.75	2.06	1.49	1.58	1.74	1.99	1.46	1.52	1.63	1.80	1.43	1.46	1.55	1.67
0.6	1.46	1.53	1.70	2.00	1.44	1.54	1.69	1.95	1.42	1.48	1.58	1.76	1.39	1.42	1.51	1.64
0.5	1.41	1.49	1.66	1.98	1.40	1.49	1.65	1.92	1.38	1.44	1.55	1.74	1.35	1.39	1.48	1.62
0.4	1.36	1.44	1.60	1.93	1.35	1.44	1.60	1.87	1.33	1.39	1.50	1.70	1.31	1.35	1.44	1.59
0.3	1.31	1.38	1.55	1.88	1.30	1.38	1.54	1.82	1.28	1.34	1.45	1.67	1.26	1.30	1.40	1.56
0.2	1.25	1.32	1.49	1.83	1.24	1.32	1.48	1.78	1.23	1.20	1.40	1.63	1.21	1.26	1.35	1.53
0.1	1.18	1.25	1.41	1.78	1.18	1.25	1.40	1.73	1.17	1.22	1.34	1.59	1.16	1.20	1.29	1.50

注：w_0 为高层建筑基本风压，不同地貌引起的影响表中已计及；T_1 为结构基本自振周期；H 为建筑总高度；z 为所在点的计算高度。

风振系数 β_z，系根据"荷载规范"所列出的公式，再考虑国外的周期与高度的经验公式，$T_1=(0.02\sim0.033)H$，减少部分参数后，由能直接导出各点（或相对高度 z/H 处）风振系数的公式确定。经验算，与"荷载规范"公式计算结果比较，误差约在 3%以下，可以符合精度要求。

由于本规程所列计算用表，是根据周期经验公式 $T_1=(0.02\sim0.033)H$ 范围作出的，其他条件均未作变动，因此应用该表时，可检查一下所设计建筑是否在此范围内，若超出此范围，将有 3%的误差，但实际工程的周期都在此范围内。例如，一座 200m 高的高层建筑钢结构周期为 5s，基本风压 $w_0=0.5\text{kN/m}^2$，*B* 类地区，按"荷载规范"得每十分点的风振系数为（1.61，1.57，1.52，1.48，1.44，1.40，1.36，1.31，1.26，1.20），而由本规范所列的表查得为（1.63，1.58，1.54，1.49，1.45，1.41，1.37，1.32，1.27，1.21），二者非常接近，总效应误差仅 1%左右。这是因为周期是在近似公式范围之内，即 $T_1=4\sim6.6\text{s}$。但如果其他条件不变，$T_1=1\text{s}$，则二者将有较大误差，因为 $T_1=1\text{s}$ 与按经验公式所得 4～6.6s 相差甚远。应该指出，$T_1=1\text{s}$ 的 $H=200\text{m}$ 高层建筑钢结构是不存在的，所以本规程所列计算用表适用绝大多数的实际情况。

第 4.2.6 条 当高层建筑顶部有小体型的突出部分（如伸出屋顶的电梯间、屋顶了望塔建筑等）时，设计应考虑鞭梢效应。计算表明，当 $T_u\leqslant T_l/3$ 时，为了简化计算，可以假设从地面到突出部分的顶部为一等截面高层建筑，按表 4.2.5 计算风振系数。这种简化并无大的误差。鞭梢效应约为 1.1，若要使鞭梢效应接近 1，则可将适用于简化计算的顶部结构自振周期范围减少到 $T_u\leqslant T_l/4$。当 $T_u\geqslant T_l/3$ 时，应按梯形体型结构用风振理论进行分析计算。鞭梢效应一般与上下部分质量比、自振周期比及承风面积比有关，研究表明，在 T_u 大于 T_l 约一倍半范围内，盲目增大上部结构刚度，反而起着相反效果，这一点应特别引起设计工作者的注意。另外，盲目减小上部承风面积，在 $T_u<T_l$ 范围内，其作用也不明显。

第三节　地 震 作 用

第4.3.1条　根据“小震不坏，中震可修，大震不倒”的抗震设计目标，及现行国家标准《建筑抗震设计规范》(GBJ 11) 提出的多遇地震作用及罕遇地震作用两阶段的抗震要求，本规程明确提出了高层钢结构抗震设计的两阶段设计方法。多遇地震相当于50年超越概率为63.2%的地震，罕遇地震相当于50年超越概率为2%～3%的地震，本节给出了两阶段设计所要求的地震作用和罕遇地震作用的计算方法。

第4.3.2条　本条各项要求基本上是按照现行国家标准《建筑抗震设计规范》(GBJ 11) 所提出的要求制定的，有两点要说明。一是在需要考虑水平地震作用扭转影响的结构中，应考虑结构偏心引起的扭转效应，而不考虑扭转地震作用。二是对于平面很不规则的结构，一般仍规定仅按一个方向的水平地震作用计算，包括考虑最不利的水平地震作用方向，而对不规则性带来的影响，则由充分考虑扭转来计及，这样处理使计算较简便，且较符合我国目前的情况。

第4.3.3条　理论分析和实际地震记录计算地震影响系数的统计结果表明，不同阻尼比的地震影响系数是有差别的，随着阻尼比的减小、地震影响系数增大，而其增大的幅度则随周期的增大而减小。

高层钢结构的阻尼比为0.02，高层钢结构地震影响系数的确定，是在统计分析的基础上，通过计算比较，采用了在现行国家标准《建筑抗震设计规范》(GBJ 11) 阻尼比为0.05的地震影响系数基础上，乘以修正系数$\zeta(T)$的方案。修正系数$\zeta(T)$反映了在$0.1T_g \sim 2T_{gs}$范围内，阻尼比对地震影响系数的影响较大，而在大于$2T_g$之后，影响呈逐渐减小的趋势。

采用阻尼比为0.02的地震影响系数，各类场地的地震影响系数进入下限的周期T_c列于表C4.3.3中。

周　期　T_c (s)　　　　表C4.3.3

T_g	0.2	0.25	0.30	0.40	0.55	0.65	0.85
T_c	3.9	4.0	4.1	4.3	4.6	4.8	5.2

自振周期超过6s的高层建筑钢结构，也宜按本条规定采用。

第4.3.4条　通过若干典型高层钢结构的振型分解反应谱法计算，高而较柔的钢结构水平地震作用沿高度分布，与现行国家标准《建筑抗震设计规范》(GBJ 11) 中所给的分布公式略有区别。为了使用方便，仍然沿用该抗震规范中沿高度分布的规律，即按本条的 (4.3.4-2) 式计算各楼层的等效地震作用，但改变了顶部附加地震作用值。本条的式 (4.3.3-3) 所计算的顶部附加地震作用系数，随周期增大而减小，当T_1小于2s时，顶部附加作用系数可以用0.15。

底部剪力法只需要用基本自振周期计算底部水平地震作用，使用比较方便。通过与振型分解反应谱法的比较，底部剪力法所得底部剪力在大多数情况下偏于安全。

在底部剪力法中，顶部突出物的地震作用可按所在高度作为一个质量，按其实际定量计算所得水平地震作用放大3倍后，设计该突出部分的结构。

根据中国建筑科学研究院抗震所的研究，20层以上的建筑可取$G_{eq}=0.76G_E$，为方便计取$0.8G_E$，而10层以下的建筑应采用$G_{eq}=0.85G_E$。

第4.3.5条　根据现行国家标准《建筑抗震设计规范》(GBJ 11) 条文制定。

第4.3.6条　由于非结构构件及计算简图与实际情况存在差别，结构实际周期往往小于弹性计算周期，根据35幢国内外高层钢结构统计，其实测周期与计算值比较，平均值为0.75，在设计时，计算地震作用的周期应略高于实测值，设增长系数为1.2，建议计算周期的修正系数用0.9。

第4.3.7条　式 (4.3.7) 是半经验半理论得到的近似计算基本自振周期的顶点位移公式，它适用于具有弯曲型、剪切型或弯剪变形的一般结构。由于u_T是由弹性计算得到的，并且未考虑非结构构件的影响，故公式中也有修正系数ξ_T。

第4.3.8条　是根据35幢国内外高层建筑钢结构脉动实测自振周期统计值，乘以增长系数1.2得到的。

第4.3.9～4.3.11条　目前高层建筑功能复杂，体型趋于多样化，在复杂体型或不能按平面结构假定进行计算时，宜采用空间协同计算（二维）或空间计算（三维），此时应考虑空间振型（x、y、θ）及其耦连作用，考虑结构各部分产生的转动惯量及由式 (4.3.9-2) 计算的振型参与系数，还应采用完全二次方根法进行振型组合。在计算振型相关系数ρ_{jk}时，式 (4.3.11-6) 作了简化，假定所有振型阻尼比均相等。条文中建议阻尼比取0.02，条文还给出了地震作用方向与x轴有夹角时的计算式。由于高层民用钢结构建筑多属塔式建筑，无限刚性楼盖居多，对楼盖为有限刚性的情况未给出计算公式，属于此种情况者应采用相应的计算公式。

第4.3.12条　按现行国家标准《建筑抗震设计规范》(GBJ 11) 提出，大跨度和长悬臂结构的地震作用可不传给其支承结构。

第4.3.13条　本条是根据现行国家标准《建筑抗震设计规范》(GBJ 11) 的精神，为便于实施而具体化提出的。不同地震波会使相同结构出现不同的反应，这与地震波的频谱、幅值及持续时间长短有关。鉴于目前我国的条件，不可能都具备当地的强震记录，经常用El Centre、Taft或其他一些容易找到数据的波形，这些波有时与当地条件并不吻合。因此，提出至少用四条波，并应尽可能包括本地区的强震记录，如不可能，则应找与建筑物场地地质条件类似地区的强震记录，或采用根据当地地震危险性分析获得的人工模拟地震波，使地震波的频谱特性能反映当地场地土性质。

第4.3.14条　表4.3.14中给出的第一阶段弹性分析及第二阶段弹塑性分析两个水准的加速度峰值，它们分别相应于多遇地震及罕遇地震下的地震波加速度峰值。

鉴于目前国内条件，本规程要求输入地震波采用加速度标准化处理，在有条件时也可采用速度标准化处理。

加速度标准化处理　$a_t'=\dfrac{A_{max}}{a_{max}}a_t$

速度标准化处理　$a_t'=\dfrac{V_{max}}{v_{max}}a_t$

式中　a_t'——调整后输入地震波各时刻的加速度值；

a_t、a_{max}、v_{max}——分别为地震波原始记录中各时刻的加速度值、加速度峰值及速度峰值；

A_{max}——表4.3.14中规定的输入地震波加速度峰值；

v_{max}——按烈度要求输入地震波速度峰值。

本条列出的第二阶段加速度峰值与第一阶段加速度峰值之比，与抗震规范中第二阶段与第一阶段的a_{max}值之比，是一致的。

第五章　作用效应计算

第一节　一 般 规 定

第5.1.1条　目前国内结构设计规范均用弹性分析求结构的作用效应，而在截面设计时考虑弹塑性影响，所以高层建筑钢结构的计算原则仍然采用弹性设计。考虑到抗震设防的“大震不倒”原则，规定了抗震设防的高层钢结构尚应验算在罕遇地震作用下结构的层间位移和层间位移延性比，此时允许结构进入弹塑性状态，要进行弹塑性分析。

第5.1.2条 高层建筑钢结构通常采用现浇组合楼盖，其在自身平面内的刚度是相当大的，通常假设具有绝对刚性，与国内其他规范的假设是一致的。当不能保证楼盖整体刚度时，则不能用此假设。

第5.1.3条 在弹性计算时，由于楼板和钢梁连接在一起，故可考虑协同工作。在弹塑性计算时，楼板可能严重开裂，故不宜考虑共同工作。

框架计算时，组合梁的惯性矩计算，参考了日本的有关规定。

第5.1.4条 本条说明计算模型的选取原则，所述三种情况都是常见的。

第5.1.5条 高层建筑钢结构梁柱构件的跨度与截面高度之比，一般都较小，因此作为杆件体系进行分析时，应该考虑剪切变形的影响。此外，高层钢框架柱轴向变形的影响也是不可忽视的。梁的轴力很小，而且与楼板组成刚性楼盖，分析时通常视为无限刚性，通常不考虑梁的轴向变形，但当梁同时作为腰桁架或帽桁架的弦杆或支撑桁架的杆件时，轴向变形不能忽略。由于钢框架节点域较薄，其剪切变形对框架侧移影响较大，应该考虑，详见第5.2.8条。

第5.1.6条 在钢结构设计中，支撑内力一般按两端铰接的计算图形求得，其端部连接的刚度则通过支撑构件的计算长度加以考虑。偏心支撑的耗能梁段在大震时将首先屈服，由于它的受力性能不同，应按单独单元计算。

第5.1.7条 现浇钢筋混凝土剪力墙的计算方法，是钢筋混凝土结构设计中大家熟悉的。至于嵌入式剪力墙的计算，最常用的方法是折算成等效交叉支撑或等效剪切板，也可用其他简便的计算模型作分析。

第5.1.8条 构件的差异缩短通常在钢结构施工详图阶段解决。

第二节 静力计算

第5.2.1条 高层钢结构的静力分析，可按第5.1.4条所述模型用矩阵位移法计算，第5.2.2至5.2.7条的近似方法，仅能用于高度小于60m的建筑或在方案设计阶段估算截面之用。

第5.2.2条 框架内力可用分层法或D值法进行在竖向荷载或水平荷载下的近似计算，这些方法是常用的。

第5.2.3条 框架支撑体系高层钢结构的简化计算，可用本条所述方法或其他有效的简化方法，带竖缝的钢筋混凝土剪力墙也可变换成等效支撑或等效剪切板。

第5.2.4条 本条所述方法在结构分析时是常用的。

第5.2.5条 用等效截面法计算外框筒的构件截面尺寸时，外框筒可视为平行于荷载方向的两个等效槽形截面（图C5.2.5），其翼缘有效宽度可取下列三者中之最小值：

(1) $b \leqslant L/3$；

(2) $b \leqslant B/2$；

(3) $b \leqslant H/10$

式中，L 和 B 分别为筒体截面的长度和宽度，H 为结构高度。框筒在水平荷载下的内力，可用材料力学公式作简化计算。

第5.2.6条 在抗震设计中，结构的偏心矩设计值主要取决于以下几个因素：(1)地面的扭转运动；(2)结构的扭转动力效应；(3)计算模型和实际结构之间的差异；(4)恒荷载和活荷载实际上的不均匀分布；(5)非结构构件引起的结构刚度中心的偏移。表达式 $e_d = e_0 + 0.05L$，考虑了我国在钢筋混凝土中的习惯用法和外国的常用取值。

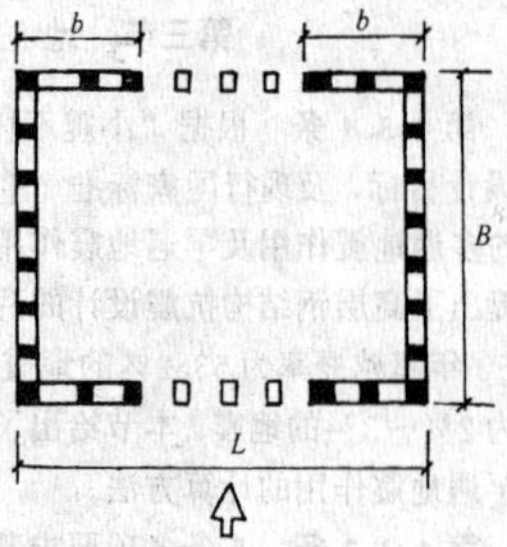

图C5.2.5

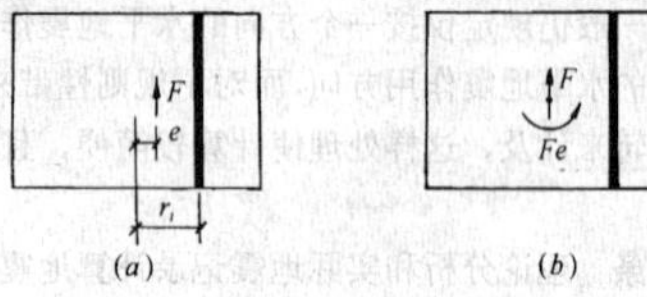

图C5.2.6

式（5.2.6）系参照南斯拉夫等国的抗震规范拟定，该式按静力法计算扭转效应，适用于小偏心结构（图C5.2.6）。

在 F 作用下 $\delta_0 = F/\Sigma K_1$（平移）

在 Fe 作用下 $\varphi = Fe/K_T$（转动）

$$\delta_i = \delta_0 + r_i\varphi = \delta_0\left(1 + \frac{er_i}{K_T/\Sigma K_i}\right)$$

$$\delta_0 = \left(1 + \frac{er_i \Sigma K_i}{\Sigma K_i r_i^2}\right)$$

第5.2.7条 美、英、委、日等国的抗震设计规范，对等效静力计算的倾覆力矩，考虑了不同的折减系数。倾覆力矩折减系数的定义是，在动力底部剪力与静力底部剪力相同的条件下，动力底部倾复力矩与静力底部倾覆力矩的比值。在这方面的主要影响因素，为地震力沿高度的分布及基础转动的影响。分析表明，弯曲型结构的折减幅度随自振周期的增大而增大，剪切型结构的折减幅度变化较小。此外，阻尼越大则折减越小。

美国ATC3—06（1978）建议：上部10层不折减，即折减系数 $k=1$；由顶部楼层算起的10～20层，折减系数 $k=1\sim0.8$；上部20层以下，$k=0.8$。本条文参考ATC3—06拟定，仅将原来的上部20层改为上部60m。

暂限于在用底部剪力法估算高层钢框架构件截面时，考虑对倾覆力矩折减。

第5.2.8、5.2.9条 高层建筑钢结构节点域不加厚时，根据武藤清著《结构物动力设计》（北京：中国建筑工业出版社1984）和计算结果，其剪切变形对结构侧移的影响可达10%～20%，甚至更大。用精确方法计算比较麻烦，在工程设计中采用近似方法考虑其影响。第5.2.8条中的近似方法只适用于钢框架结构。根据同济大学对约160个从5层到40层工形柱钢框架结构的示例计算分析，节点域剪切变形对结构水平位移的影响较大，影响程度主要取决于梁的抗弯刚度 EI_b、节点域剪切刚度 K、梁腹板高度 h_b 以及梁与柱的刚度之比。经过对算例分析结果的归纳，给出了第5.2.9条的修正公式，当 $\eta>5$ 时应进行修正，使节点域剪切变形引起的侧移增加值不超过5%。至于节点域剪切变形对内力的影响，一般在10%以内，影响较小，因而可不需对内力进行修正。当框架结构有支撑时，分析研究表明，节点域剪切变形会随支撑体系侧向刚度增加而锐减。采用箱形柱的京城大厦，在第一阶段抗震设计中考虑了节点域剪切变形对侧移的影响；采用箱形柱的京广中心，在设计中未考虑此效应。

第5.2.10条 稳定分析主要是计及二阶效应的结构极限承

载力计算。二阶效应主要是指 $P\text{-}\Delta$ 效应和梁柱效应，根据理论分析和实例计算，若将结构的层间位移、柱的轴压比和长细比限制在一定范围内，就能控制二阶效应对结构极限承载力的影响。综合参考约翰深，B.J. 主编（董其震等译）《金属结构稳定设计准则解说》（北京：中国铁道出版社．1981）、九国抗震规范和 1976 年日本建筑学会（李和华译）《钢结构塑性设计指南》（北京：中国建筑工业出版社．1981）等文献中的有关分析，给出了本条可不进行结构稳定计算的条件，其中第一款主要考虑梁柱效应，第二款主要考虑 $P\text{-}\Delta$ 效应。

第 5.2.11 条 研究表明，对于无侧移的结构，用有效长度法计算结构的稳定，可获得较好的精度，但对于有侧移的结构，有效长度法偏于保守，因为它不能直接反映 $F\text{-}u$（$P\text{-}\Delta$）效应的影响。有支撑的结构，且 $\delta/h \leqslant 1/1000$，可认为是属于无侧移的结构。无支撑的结构和 $\delta/h > 1/1000$ 的有支撑的结构，可认为是属于有侧移的结构，为此应按能反映 $F\text{-}u$（$P\text{-}\Delta$）效应的二阶分析法计算。下面介绍一种 $F\text{-}u$（$P\text{-}\Delta$）分析法的计算步骤。

1. 计算在使用荷载下每一楼层水平面上各柱轴向荷载的总和 ΣF；

2. 按一阶分析所得的每层楼层处的水平位移 u，或按预先确定的楼层水平位移 u，确定由楼层柱子的轴力作用于变形结构上而产生的附加水平力；

$$V_i = \alpha \frac{\Sigma F_i}{h_i}(u_{i+1} - u_i)$$

式中 V_i——由侧移引起的第 i 层处的附加水平力；

ΣF_i——在第 i 层所有柱子轴向力之和；

α——放大系数，取 1.05～1.2；

h_i——第 i 层的楼层高度；

u_{i+1}、u_i——分别为第 $i+1$ 层和第 i 层楼盖的水平位移。

求得的水平位移应不大于规定的限值。

3. 取每一楼层附加水平力的代数和，作为楼层水平面上的侧向力（图 C5.2.11）；

$$H_i = V_{i+1} - V_i$$

4. 将侧向力 H_i 和其他水平荷载相加，按合并后的水平力连同竖向荷载进行一阶弹性分析，得出各节点的位移量；

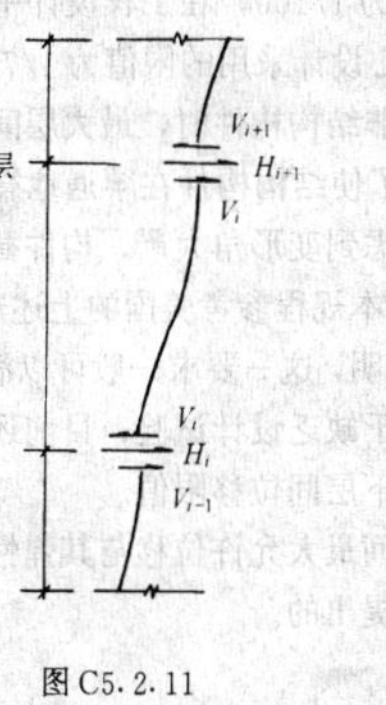

图 C5.2.11

5. 验算在第 2 步骤中得出的所有楼层水平位移的精度，即在迭代过程前后两次所得楼层水平位移误差是否在允许范围内，如果不满足，按第 2 步骤到第 4 步骤继续迭代，如果计算精度满足要求，用迭代后所得的内力对各杆进行截面验算，此时柱的有效长度系数取 1.0。

在侧向刚度较大的结构中，楼层水平位移收敛较快，只需迭代 2～3 次。若上述计算在迭代5～6 次后仍不收敛，说明结构的侧向刚度很可能不够，需重新选择截面。

第三节 地震作用效应验算

第 5.3.1 条 本条是根据“小震不坏，大震不倒”的抗震设计原则提出来的，我国现行国家标准《建筑抗震设计规范》（GBJ 11）中提出了抗震设防三水准和二阶段的设计要求，本条根据我国抗震规范的要求拟定。

第 5.3.2 条 一般情况下，结构越高基本自振周期越长，结构高阶振型对结构的影响越大，而底部剪力法只考虑结构的一阶振型，因此底部剪力法不适用于很高的建筑结构计算，其适用高度，日本为 45m，印度为 40m，我国现行国家标准《建筑抗震设计规范》（GBJ 11）规定高度不超过 40m 的规则结构可用该规范规定的底部剪力法计算。本规程中的底部剪力法，已近似考虑了部分高振型的影响，因此将其底部剪力法的适用高度放宽到 60m。

振型分解反应谱法实际上已是一种动力分析方法，基本上能够反映结构的地震反应，因此将它作为第一阶段弹性分析时的主要方法。

时程分析法是完全的动力分析方法，能够较真实地描述结构地震反应的全过程，但时程分析得到的只是一条具体地震波的结构反应，具有一定的“特殊性”，而结构地震反应受地震波特性（如频谱）的影响是很大的，因此，在第一阶段设计中，仅建议作为竖向特别不规则建筑和重要建筑的补充计算。

第 5.3.3 条 本条系参考美国加州规范中有关条文拟定。本条的含义，是在框架-支撑结构中，当框架部分所分配得到的剪力小于结构总底部剪力的 25％时，框架部分应按能承受总底部剪力的 25％计算，将其在地震作用下的内力进行调整，然后与其他荷载产生的内力组合。

第 5.3.4 条 在地震时，结构在两个方向同时受地震作用，对于较规则的结构，仅按单方向受地震作用进行设计，但对于角柱和两个互相垂直的抗侧力构件上所共有的柱，应考虑同时受双向地震作用的效应，本条采用简化方法，将一个方向的荷载产生的柱内力提高 30％。

第 5.3.5 条 美国 ATC3—06 建议，设计基础时按等效静力计算的倾覆力矩可折减 35％。参考此资料，并考虑在罕遇地震作用下基础的稳定，采用倾覆力矩折减系数 0.8。此外，基础埋深也有一定的有利条件。

第 5.3.6 条 底部剪力法和振型分解反应谱法只适用于结构的弹性分析，进行第二阶段抗震设计时，结构一般进入弹塑性状态，故只能采用时程分析法计算。

结构的计算模型，可采用杆系模型或层模型。用杆系模型作弹塑性时程分析，可以了解结构的时程反应，计算结果较精确，但工作量大，耗费机时，费用高。用层模型可以得到各层的时程反应，虽然精确性不如杆系模型，但工作量小，费用低，结果简明，易于整理。地震作用是不确定的、复杂的、许多问题还在研究中，而且结构构件的强度有一定的离散性。另外，第二阶段设计的目的，是验算结构在大震时是否会倒塌，从总体上了解结构在大震时的反应，因此工程设计中，大多采用层模型。

第 5.3.7 条 用时程分析法计算结构的地震反应时，时间步长的运用与输入加速度时程的频谱情况和所用计算方法等有关。一般说来，时间步长取得越小，计算结果越精确，但计算工作量越大。最好的办法是用几个时间步长进行计算，步长逐渐减小（例如每次步长减小一半），到计算结果无明显变化时为止，但需重复计算，这在必要时可采用。一般情况下，可取时间步长不超过输入加速度主要周期的 1/10，而且不大于 0.02s。

结构阻尼比的实测值很分散，因为它与结构的材料和类型、连接方法和试验方法等有关。钢结构的阻尼比一般比钢筋混凝土结构的阻尼比小，钢筋混凝土结构的阻尼比通常取 0.05。根据一些实测资料，在弹塑性阶段，钢结构的阻尼比可取 0.05。

第 5.3.8 条 进行高层钢结构的弹塑性地震反应分析时，如采用杆系模型，需先确定杆件的恢复力模型；如采用层模型，需先确定层间恢复力模型。恢复力模型一般可参考已有资料确定，对新型、特殊的杆件和结构，则宜进行恢复力特性试验。

第 5.3.9 条 用静力弹塑性法计算层间恢复力模型骨架线的方法，可参阅武藤清《结构物动力设计》。

第 5.3.10 条 大震时的 $P\text{-}\Delta$ 较大，是不可忽视的。

第四节　作用效应组合

第5.4.1条　本条是将现行国家标准《建筑结构荷载规范》（GBJ 9）中关于非地震作用组合和现行国家标准《建筑抗震设计规范》（GBJ 11）中关于地震作用时的组合，加以综合而成。

非地震作用组合的式（5.4.1-1）中，考虑高层建筑荷载特点（高层钢结构主要用于办公室、公寓、饭店），只列入了永久荷载、楼面使用荷载及雪荷载三项竖向荷载，水平荷载只有风荷载。如果建筑物上还有其他活荷载，可参照"荷载规范"要求进行组合。对于高层建筑，风是主要荷载，因此组合系数取1.0。根据重庆建筑大学的研究，此时不仅高层钢结构的可靠度指标可满足现行国家标准《建筑结构设计统一标准》（GBJ 68）的要求，而且分布比较均匀。

有地震作用组合的式（5.4.1-2）与现行国家标准《建筑抗震设计规范》（GBJ 11）中有关公式相同，其中G_E为重力荷载代表值，它是指在地震作用下可能产生惯性力的重量，也按现行国家标准《建筑抗震设计规范》（GBJ 11）的规定取值。

第5.4.2条　表5.4.2给出了高层钢结构各种可能的荷载效应组合情况，与荷载规范及抗震规范的规定基本一致，但非地震组合情况只有一种，因为在高度很大的高层钢结构中，只有竖向荷载的组合，不可能成为不利组合，因此未包括无风荷载的组合情况。在有地震作用组合情况中，高度大于60m的建筑主要用了第3种情况（按7度、8度设防）及第6种情况（按9度设防）。

第5.4.3条　位移计算应采用荷载或作用的标准值，故取各荷载和作用的分项系数为1.0。

第5.4.4条　第二阶段设计因考虑受罕遇地震作用，故既不考虑风荷载，荷载和作用的分项系数也都取1。因为结构处于弹塑性阶段，叠加原理已不适用，故应先将考虑的荷载和作用都施加到结构模型上，再进行分析。

第五节　验算要求

第5.5.1条　根据现行国家标准《建筑结构荷载规范》（GBJ 9），非抗震设防的建筑应满足式（5.5.1-1）。而抗震设防的建筑可能全部或部分地受不考虑地震作用的效应组合控制，此时显然也应满足式（5.5.1-1）。有地震作用的效应组合不再考虑重要性系数，是根据现行国家标准《建筑抗震设计规范》（GBJ 11）的规定，可参见其条文说明。

本条对结构构件的安全等级不作具体规定，由设计人酌情选定。

高层钢结构在风荷载下的顶点位移和层间位移限值，系参考现行国家标准《钢结构设计规范》（GBJ 17）的规定采用，对建筑高度较低的规则结构以及采取减振措施时，可适当放宽。对钢框架核心筒等水平力主要由混凝土结构承受的高层建筑，规定了应按国家现行标准《钢筋混凝土高层建筑结构设计与施工规程》（JGJ 3）的规定，但考虑到该规程的规定对混合结构可能太严，允许在主体结构不开裂和装修材料不出现较大破坏的前提下适当放宽。不出现较大破坏，意味着容许装修材料在大震时出现轻微甚至中等破坏，其数值由设计人员自行选定。

结构顶点位移是指顶点质心的位移。在验算顶点位移时，结构平面端部的最大位移不得超过质心位移的1.2倍。此规定根据设计经验提出，对非抗震计算适用。

高层建筑中人体的舒适度，是一个比较复杂的问题，国外实例和一些研究表明，在超高层建筑特别是超高层钢结构建筑中，必须考虑，不能用水平位移控制来代替。

本条文中的顶点最大加速度限值，是综合分析了国外有关规范和资料，主要参考了加拿大国家建筑规范，再结合我国国情而作出的限值规定。加拿大规范规定，暂定加速度限值1%～3%g，重现期取10年，公寓建筑取低限，办公高层建筑取高限。根据我国目前的实际情况，只对顺风向和横风向加速度作了规定，而未对建筑物整体扭转的角加速度限制予以规定，工程中暂不考虑。

顺风向顶点最大加速度计算公式（5.5.1-4）系按照我国现行国家标准《建筑结构荷载规范》（GBJ 9）中风荷载公式的动力部分，再经推导后得到的。经验算，与国外有关公式的计算结果较为接近，在使用该公式时，若遇体型较复杂的建筑，应参照一般高层建筑的作法，将公式中的$\mu_s A$换成$\Sigma\mu_{si}A_i$进行计算，并取绝对值之和。这里，μ_{si}代表迎风面或背风面第i部分的体型系数，A_i代表与之对应的迎风面或背风面面积。

横风向顶点加速度计算理论较为复杂，也缺乏足够的资料，因此式（5.5.1-5）采用了加拿大国家建筑规范中的有关公式。横风向振动的临界阻尼比一般可取0.01～0.02，视具体情况选用。

圆筒形高层建筑有时会发生横风向的涡流共振现象，此种振动较为显著，但设计是不允许出现横风向共振的，应予避免。一般情况下，设计中用高层建筑顶部风速来控制，如果不能满足这一条件，一般可采用增加刚度使自振周期减小来提高临界风速，或者进行横风向涡流脱落共振验算，其方法可参考风振著作，本条文不作规定。

第5.5.2条　抗震设防的高层钢结构构件承载力验算表达式（5.5.2-1），与现行国家标准《建筑抗震设计规范》（GBJ 11）规定的公式相同。式中，构件和连接的承载力抗震调整系数，是中国建筑科学研究院抗震所根据可靠度指标要求，考虑本规程规定的高层建筑钢结构的地震作用、材料抗力标准值和设计值等因素，通过对几幢高层钢结构的实例分析，用概率统计方法求得的。

结构在弹性阶段的层间位移限值，日本建筑法施行令定为层高的1/200。1988年美国加州规范规定，基本自振周期大于0.7s的结构，弹性阶段的层间位移限值为层高的1/250或$0.03/R_w$（R_w为结构的延性指标），参考以上规定，本规程取层高的1/250。

规定了结构平面端部构件最大侧移可不超过质心侧移的1.3倍，是考虑地震作用相对暂短。

第5.5.3条　美国ATC3—06规定，Ⅱ类地区危险度建筑（接纳人员较多的一般高层建筑）的层间最大变形角为1/67，系考虑在罕遇地震作用下，结构出现弹塑性交变时的允许值，日本规定罕遇地震时的层间变形角限值为1/100，在工程设计中也有用得更大时，如日本设计的京广中心设计采用的限值为1/75；新西兰抗震规范规定，采用可分离的非结构构件时，最大层间变形角允许为1/100。这些规定都是为了使结构构件在罕遇地震时不脱落。显然，美国的规定较宽。考虑到变形角太严，构件截面可能受罕遇地震控制，这将很不经济，本规程参考美国的上述规定，采用1/70作为变形角限值，试算表明，这一要求一般可以满足。这一限值对按杆系模型将偏严。由于缺乏设计试验，目前还提不出适用于杆系模型的罕遇地震作用下层间位移限值。

层间位移延性比限值，是层间最大允许位移与其弹性位移之比，系参考有关文献和算例结果提出的。

第六章　钢构件设计

第一节　梁

第6.1.1条　高层建筑钢结构除在罕遇地震下出现一系列塑性铰外，在多遇地震下应保证不破坏和不需修理。现行国家标准《钢结构设计规范》（GBJ 17）对一般的梁都允许出现少量塑性，即在计算强度时引进大于1的截面塑性发展系数γ，但对直接承受动荷载的梁，取$\gamma=1$。基于上述原因，抗震设计的梁取$\gamma=1$。

按照日本的设计做法，在垂直荷载下的梁弯矩取节点弯矩，在水平力作用下的梁弯矩取柱面弯矩。

第 6.1.2～6.1.4 条 梁的整体稳定性通常通过刚性铺板或支撑体系加以保证，使其不控制设计。地震区高层钢结构的梁和柱形成抗侧力刚架时，更需要保证梁不致失稳。

对按 6 度抗震设防和非抗震设防的结构，梁的整体稳定可按现行国家标准《钢结构设计规范》(GBJ 17) 第 4.2.1 条规定考虑。这里需要指出，单纯压型钢板做成的铺板，必需在平面内具有相当的抗剪刚度时，才能视为刚性铺板，这一要求按照德国 DIN 18800-Ⅱ 的规定是

$$K \geqslant \left(EI_w \frac{\pi^2}{l_1^2} + GI_t + EI_y \frac{\pi^2}{l_1^2} \frac{h^2}{4} \right) \frac{70}{h^2}$$

式中，K 是压型钢板每个波槽都和梁相连接时面板内的抗剪刚度，即 $K=V/\gamma$，可由试验确定；I_w、I_t、I_y、l_1 和 h 分别为梁的翘曲常数、自由扭转常数、绕弱轴的惯性矩、自由长度和高度(图 C6.1.3)。

支座处仅以腹板与柱相连的梁，在梁端截面不能保证完全没有扭转。在需要验算整体稳定时，φ_b 应乘以 0.85 的降低系数，详见陈绍蕃著：《钢结构设计原理》(北京：科学出版社，1987)。按 7 度或高于 7 度抗震设防的结构，由于罕遇地震下出现塑性，在可能出现塑性铰的部位（如梁端和集中荷载作用点）应有侧向支承点。由于地震力方向变化，塑性铰弯矩的方向也变化，要求梁上下翼缘均有支撑，这些支撑和相邻支撑点间的距离，应满足现行国家标准《钢结构设计规范》(GBJ17—88) 第 9.3.2 条对塑性设计的结构要求。在强烈地震作用下，梁弯矩的梯度很大，此时在现行国家标准《钢结构设计规范》(GBJ 17) 的式 (9.3.2-1)，即式

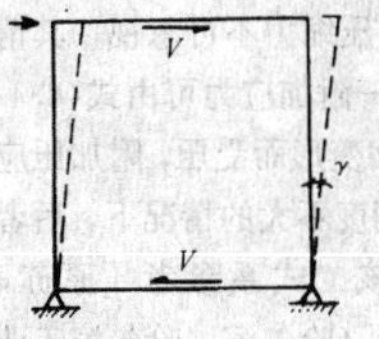

图 C6.1.3

$$\lambda_y \leqslant \left(60 - \frac{40M_1}{W_{px}f} \right) \sqrt{235/f_y}$$

中，f 可用 f_y 代替。在 $-1 \leqslant M_1/(W_{px}f) \leqslant 0.5$ 范围内，λ_y 在 $100\sqrt{235/f_x}$ 至 $40\sqrt{235/f_y}$ 之间变化。美国加州规范 (1988) 规定 $\lambda_y \leqslant 96$，但美国 AISC (1986) 极限状态设计 (LRFD) 规范却给出高烈度地震区 $\lambda_y \leqslant 25\sqrt{235/f_y}$，与前者出入甚大，两者分别大体接近现行国家标准《钢结构设计规范》(GBJ17—88) 规范式 (9.3.2-1) 和 (9.3.2-2) 的最大和最小值。

第 6.1.5 条 本条按现行国家标准《钢结构设计规范》(GBJ 17) 拟定，补充了框架梁端部截面的抗剪强度计算公式。

第 6.1.6 条 梁板件宽度比应随截面塑性变形发展的程度而满足不同要求。形成塑性铰后需要实现较大转动者，要求最严格，按 7 度或 7 度以上抗震设防的结构中，梁可能出现塑性铰的区段，应满足表 6.1.5 的要求，此时转动能力达弹性转动能力的 7～9 倍。该表的规定与现行国家标准《钢结构设计规范》(GBJ17—88) 表 9.1.4 的规定相同。

对于非地震区和设防烈度为 6 度的地震区，当框架梁中可能出现塑性铰时，梁的塑性铰截面转动能力不如强震区高，满足表 6.1.5 中 6 度和非抗震设防的宽厚比限值时，截面非弹性转动能力可达弹性转动的 3 倍，已经够用。$b/t \leqslant 11$ 是参照美国 AISC (LRFD) 规范确定的，$h_0/t_w \leqslant 90$ 比它稍严。

兼充支撑系统横杆的梁，在受弯的同时受有轴力。若抗震设防的梁端部有可能出现塑性铰，则腹板宽厚比应符合压弯构件塑性设计要求，计算公式见现行国家标准《钢结构设计规范》(GBJ17—88) 表 9.1.4。

第 6.1.7 条 美国加州规范 (1988) 考虑倾复力矩对传力不连续部位的柱进行竖向荷载组合时，对地震作用 E 按 $3(R_w/8)E$ 考虑，设计柱截面时容许应力乘 1.7。当 $R_w \approx 10$ 时，大约为将地震作用乘以 2。结合我国具体情况，建议对这些部位的地震作用乘以大于 1.5 的增大系数。

第二节 轴心受压柱

第 6.2.1 和 6.2.2 条 高层建筑中的轴心受压柱一般不涉及抗震问题，柱的主要特点是钢材厚度可能超过 40mm，有时甚至超过 100mm。厚壁柱设计有两个不同于一般轴心受压柱的问题：一是强度设计值 f 的取值，二是稳定系数 φ 的取值。

本规程第二章系根据现行国家标准《碳素结构钢》(GB/T700) 和《低合金结构钢》(GB/T1591) 的规定编写的，其中包括了 Q235 和 Q345 钢厚板的屈服点标准值，而抗力分项系数则应有一定的实验统计资料作为依据。

当工字形截面翼缘厚度超过 40mm 时，残余应力沿厚度变化，使稳定承载力不同于厚度较薄者。欧州钢结构协会 1978 年的《钢结构设计建议》(ECCS European Recommendation for steel construction) 规定，厚度超过 40mm 的热轧 H 型钢 φ 系数，用比 a、b、c 三条曲线都低的 d 曲线，但后来的研究表明，这一规定偏于保守。因此，欧共体的官方规范 Eurocode 3(1983 草案) 把 40mm 改为 80mm。德国稳定规范 DIN 18800—Ⅱ 1988 年试行本也规定，厚度不超过 80mm 者 φ 系数不予降低。鉴于这一更改有充分根据，我们采用了以 80mm 分界的规定。

厚壁焊接 H 型和箱型截面柱，还未见到国外发表的研究资料。关于焊接工字形截面，欧共体 Eurocode 3 和德国 DIN 18800—Ⅱ 都以 40mm 分界，而箱型截面则以板件宽度比是否小于 30mm 分界。箱形截面 $b/t \geqslant 30$ 者用 b 曲线，$b/t < 30$ 者用 c 曲线，这是因为宽厚比小者残余应力大，不过焊缝大小对 φ 系数有很大关系，如果箱型截面壁板间的焊缝是部分熔透而非全熔透，那么 b 曲线的适用范围还可扩大。

我们对轧制厚板组成的焊接工字形截面和焊接箱型截面的残余应力分布，进行了理论分析，并通过对 600mm×600mm×70mm 的箱型截面残余应力的实测，验证了残余应力的计算模型，在此基础上完成了多个焊接工字形和箱型截面的 φ 系数计算，计算结果证实厚壁箱型截面的 φ 系数可以按现行国家标准《钢结构设计规范》(GBJ17—88) 规定的 b 类和 c 类截面采用，不过分界可取 $b/t=20$ 而不是 30。计算也表明，轧制厚板焊接工字形截面绕弱轴的稳定计算，需要比 d 类还低的曲线，不过残余应力的最大值取决于截面积与焊接输入热量的比值，而不是板的厚度。这一比值，可近似地用面积 A 和腹板厚度 t_w 的比值来取代。因此，对于这类焊接工字形截面的 φ 值不必区分板厚是否大于 80mm，而可将厚度 40mm 以上的截面弱轴都归入 d 截面，强轴都归入 c 类截面。d 类 φ 曲线和 a、b、c 三类用同一公式描述，系数 α_1、α_2、α_3 大体根据三种不同尺寸工字形截面的平均 φ 值确定。目前，高层建筑的焊接工字形截面柱的翼缘板，常用精密火焰切割加工成需要的宽度，由于焰割板边缘有很高的残余拉应力，柱的 φ 系数可和 $t \leqslant 40$mm 者一样，对强轴和弱轴都取 b 曲线。

第三节 框 架 柱

第 6.3.1 条 框架柱的强度和稳定，依第五章算得的内力按现行国家标准《钢结构设计规范》(GBJ 17) 第五章和第九章的公式计算，但柱计算长度、截面塑性抵抗矩和板件宽厚比，应满足本节各项规定的要求。在罕遇地震作用下，结构整体倒塌和层间极限变形的验算，可以揭示框架体系柱截面是否适当，因此本条还规定柱截面应能满足第 5.5.3 条的要求。

第 6.3.2 条 框架柱的计算长度应根据具体情况区别对待。当不考虑水平荷载作用时，框架柱计算长度按现行国家标准《钢结构设计规范》(GBJ 17) 一般规定确定柱计算长度系数 μ，这里给出 μ 的两个近似公式，即式 (6.3.2-1) 和 (6.3.2-2)，它们具

有较好的精度。由于是代数式，比“钢结构设计规范”中的超越方程简便。

当计入风力及多遇地震引起的内力时，框架失稳属于极值型问题。在满足整个建筑整体稳定的情况下，位移符合层间位移限制时，柱计算长度系数介于无侧移和有侧移两种情况之间，故可取为$\mu=1.0$。若层间位移甚小，也可考虑按无侧移柱确定μ值，这里限于层间位移小于$0.001h$（相当于安装垂直度允许误差），这时侧移影响可以忽略。

第6.3.3条 本条公式（6.3.3-1）是为了实现强柱弱梁的设计概念，使塑性铰出现在梁端而不是出现在柱端。梁和柱的抗弯能力，即塑性铰弯矩，分别为：

$M_{pb}=W_{pb}f_{yb}$

$M_{pc}=1.15W_{pc}(f_{yc}-\sigma_N)$　　（当$N/A_cf_{yc}>0.13$时）

式中　W_{pb}、W_{pc}——分别为梁和柱截面的塑性抵抗矩；

f_{yb}、f_{yc}——分别为梁和柱钢材的屈服强度标准值；

σ_N——轴力产生的柱压应力，$\sigma_N=N/A_c$。

强柱弱梁条件是在柱节点上

$$\Sigma M_{pc}>\Sigma M_{pb}$$

这里偏于安全地略去了系数1.15，得到式（6.3.3-1）。塑性铰本应在强烈地震下才出现，但式（6.3.3-1）中的σ_N取多遇地震作用的组合，原因是如果控制过严，往往不经济或很难实现，且柱出现少量塑性并不致引起倒塌。在实际工程设计中，如果能做到式（6.3.3-1）左端比右端大得稍多，是有利的。

但在实际工程中，特别是采用框筒结构时，甚至式（6.3.3-1）也往往难以普遍满足，若为此加大柱截面，使工程的用钢量增加较多，是很不经济的。此时允许改按式（6.3.3-2）验算柱的轴压比，该式引自现行国家标准《钢结构设计规范》（GBJ 17）第九章。日本在北京京城大厦和京广中心的高层钢结构设计中，规定柱的轴压比不大于0.67，不要求控制强柱弱梁。美国加州规范规定必需满足强柱弱梁，而一般不要求控制轴压比。本条强调强柱弱梁的重要性，要求在设计中尽可能考虑，但也重视节约钢材。

第6.3.4条 按6度抗震设防和非抗震设防的结构，柱不会出现塑性铰，其板件宽厚比可按现行国家标准《钢结构设计规范》（GBJ 17）第五章的规定确定。

按7度和7度以上抗震设防的结构，按照强柱弱梁的要求，柱一般不会出现塑性铰，但是考虑到材料性能变异、截面尺寸偏差以及未计及的竖向地震作用等因素，柱在某些情况下也可能出现塑性铰。因此，柱的板件宽厚比也应考虑按塑性发展来加以限制，不过不需要象梁那样严格，因为柱即使出现了塑性铰，也不致于有较大转动，本条所规定的宽厚比就是这样考虑确定的，对7度设防地区比对8、9度设防地区更放宽一些。

第6.3.5条 本条式（6.3.5）的目的是在强大的地震作用下，使工字形截面柱和梁连接的节点域腹板不致失稳，以利于吸收地震能量。该式是美国加州规范提出的，由试验资料得来。节点域的抗剪强度需另行计算。式（6.3.5）也适用于箱型柱节点域。

第6.3.6条 柱长细比越大，其延性越差，所以地震区柱长细比不应太大。

第6.3.7条 参见第6.1.7条的条文说明。

第四节　中　心　支　撑

第6.4.1条 K形支撑体系在地震作用下，可能因受压斜杆屈曲或受拉斜杆屈服，引起较大的侧向变形，使柱发生屈曲甚至造成倒塌，故不应在抗震结构中采用。

第6.4.2条 地震作用下支撑体系的滞回性能，主要取决于其受压行为，支撑长细比大者，滞回圈较小，吸收能量的能力较弱。本条考虑了美国加州规范规定抗震支撑长细比不大于$120\sqrt{235/f_y}$，也注意到了日本关于高层建筑抗震支撑长细比应小于$50/\sqrt{f_y}$（此处f_y以t/cm^2为单位）的极严要求，根据支撑长细比小于$40\sqrt{235/f_y}$左右时才能避免在反复拉压作用下承载力显著降低的研究结果，对不同设防烈度下的支撑最大长细比作了不同规定。

第6.4.3条 板件局部失稳影响支撑斜杆的承载力和消能能力，其宽厚比需要加以限制。有些试验资料表明，板件宽厚比取得比塑性设计要求更小一些，对支撑抗震有利。哈尔滨建筑大学试验研究也证明了这种看法，根据试验结果提出本条建议。

试验还表明，双角钢组合T形截面支撑斜杆绕截面对称轴失稳时，会因弯扭屈曲和单肢屈曲而使滞回性能下降，故不宜用于设防烈度大于等于7度的地区。

第6.4.4条 由于高层建筑在水平荷载下变形较大，常需考虑P-Δ效应。它是由两部分引起的，包括楼层安装初始倾斜率的影响和水平荷载下楼层侧移的影响，式（6.4.4-1）中的系数包括了初始倾斜率和其他不利因素的影响。

柱压缩变形对十字交叉斜杆产生的压缩力不可忽视，其情况和十字交叉缀条体系的格构柱类似，这一附加应力可由式（6.4.4-2）计算，人字形和V形支撑也因柱压缩变形而受压，附加压应力可按式（6.4.4-3）计算，但在楼层梁刚度不大的情况下，后者附加压应力没有十字交叉斜杆严重。该二式系参考［原苏联］E. N. Белня著，颜景田译，《金属结构》（哈尔滨：哈尔滨工业大学出版社，1985）及其他文献。

第6.4.5条 人字支撑斜杆受压屈曲后，使横梁产生较大变形，并使体系的抗剪能力发生较大退化。有鉴于此，将其地震作用引起的内力乘以放大系数1.5，以提高斜撑的承载力，此系数按美国加州规范的规定采用。

第6.4.6条 在罕遇地震下斜杆反复受拉压，且屈曲后变形增长很大，转为受拉时变形不能完全拉直，这就造成再次受压时承载力降低，即出现退化现象，长细比越大，退化现象越严重，这种现象需要在计算支撑斜杆时予以考虑。式（6.4.6）是由美国加州规范的公式加以改写得出的，计算时仍以多遇地震为准。此式的η和中国建筑科学研究院工程抗震研究所编《抗震验算和构造措施》（上、下册，北京：1986）钢压杆非弹性工作阶段综合折减系数k相当接近，见表6.4.6。

折减系数的比较　　　　表6.4.6

λ	50	70	90	120
η（Q235）	0.84	0.79	0.75	0.69
k	0.90	0.80	0.70	0.65

第6.4.7条 为了不加重人字支撑和V形支撑的负担，与这类支撑相连的楼盖横梁，应在相连节点处保持连续，在计算梁截面时不考虑斜撑起支点作用，按简支梁跨中受竖向集中荷载计算，这是参考美国加州规范提出的。

第6.4.8条 这条要求是根据已有的双角钢支撑在循环荷载下的试验资料提出的。根据国外有关研究，若按一般要求设置填板，则两填板间的单肢变形较大，缩小填板间距离，可防止这种变形。

第6.4.9条 目前世界各国都在研究各种形式的消能装置，带有摩擦耗能装置的中心支撑就是有效方法之一。这里列上这一条，意在提倡这类支撑的研制和应用。

第五节　偏　心　支　撑

第6.5.1条 偏心支撑框架的每根支撑，至少应有一端交在梁上，而不是交在梁与柱的交点或相对方向的另一支撑节点上。这样，在支撑与柱之间或支撑与支撑之间，有一段梁，称为耗能梁段。耗能梁段是偏心支撑框架的“保险丝”，在大震作用下通过耗能梁段的非弹性变形耗能，而支撑不屈曲。因此，每根支撑至少一端必须与耗能梁段连接。

第6.5.2～6.5.3条 美国加州规范规定，梁的抗剪承载力取 $V=0.55fdt_w$，d 为梁截面高度，t_w 为腹板厚度。本条文中 $V=0.58fh_0t_w$ 与我国现行国家标准《钢结构设计规范》(GBJ 17)一致。

耗能梁段的折减抗弯承载力，即式（6.5.2-3)，考虑了轴力对抗弯承载力的降低，此式取自美国加州规范，比我国现行国家标准《钢结构设计规范》(GBJ 17) 的规定少了1.15，偏于安全。当耗能梁段的轴力较大时，对非弹性变形有影响。以往并没有做过较大轴力试验，建议在设置耗能梁段时应尽量避免。

当存在轴力时，腹板的折减塑性受剪承载力 V_{pc} 可按下式计算：

$$V_{pc}=\sqrt{1-(N/N_y)^2}\cdot V_p$$

式中，N 为梁段的轴力；$N_y=Af_y$ 为梁的轴向屈服承载力，但该式缺少试验根据，且第6.5.4条规定，净长 $a<2.2M_p/V_p$ 的梁段，轴力由翼缘承担，故该式未列入条文。

第6.5.4条 净长 $a\leqslant1.6M_p/V_p$ 的耗能梁段为短梁段，其非弹性变形主要为剪切变形，属剪切屈服型；净长 $a>1.6M_p/V_p$ 的为长梁段，其非弹性变形主要为弯曲变形，属弯曲屈服型。试验研究表明，剪切屈服型耗能梁段对偏心支撑框架抵抗大震特别有利。一方面，能使其弹性刚度与中心支撑框架接近；另一方面，其耗能能力和滞回性能优于弯曲屈服型。耗能梁段净长最好不超过 $1.3M_p/V_p$，不过梁段越短，塑性变形越大，有可能导致过早的塑性破坏。弯曲屈服型耗能梁段不宜用于支撑与柱之间的原因，是目前还没有合适的节点连接。本规程图8.7.3-1的节点适用于短梁段，同样的节点连接用于长梁段时，性能很差，非弹性变形还没有充分发展，即在翼缘连接处出现裂缝。

第6.5.5条 耗能梁段的强度设计，包括腹板和翼缘的抗力。腹板承担剪力，设计剪力不超过受剪承载力的80%，使其在多遇地震下保持弹性。可以认为，净长 $a<2.2M_p/V_p$ 的耗能梁段，腹板完全用来抗剪，轴力和弯矩只能由翼缘承担。而净长 $a>2.2M_p/V_p$ 的梁段，腹板和翼缘共同抵抗轴力和弯矩。

第6.5.6条 偏心支撑框架的设计意图是提供耗能梁段，当地震作用足够大时，耗能梁段屈服，而支撑不屈曲。能否实现这一意图，取决于支撑的承载力。支撑的设计抗轴压能力，至少应为耗能梁段达屈服强度时支撑轴力的1.6倍，才能保证梁段进入非弹性变形而支撑不屈曲。若偏心支撑为人字形或V形支撑，则不应按第6.4.6条的规定再乘增大系数1.5。设置适当的加劲肋后，耗能梁段的极限受剪承载力超过 $0.9f_yh_0t_w$，为设计受剪承载力 $0.58fh_0t_w$ 的1.63倍，故系数1.6为最小系数。建议具体设计时，支撑截面适当取大一些。

第6.5.7条 强柱弱梁的设计原则同样适用于偏心支撑框架。考虑到梁钢材的屈服强度可能会提高，为了使塑性铰出现在梁而不是柱中，可将柱的设计内力适当提高。但本条文的要求并不保证底层的柱脚不出现塑性铰，当水平位移足够大时，作为固定端的底层柱脚有可能屈服。

第6.5.8条 试验表明，焊在耗能梁段上的贴板并不能充分发挥作用。若在腹板上开洞，将使耗能梁段的性能复杂化，使偏心支撑的性能不好预测。梁段板件宽厚比的要求，比一般框架梁的要高些。

第6.5.9条 高层钢结构顶层的支撑与 $(n-1)$ 层上的耗能梁段连接，即使顶层不设耗能梁段，满足强度要求的支撑仍不会屈曲，而且顶层的地震力较小。

第七章 组合楼盖

第一节 一般要求

第7.1.1条 组合梁混凝土翼板的有效宽度，系按现行国家标准《混凝土结构设计规范》(GBJ 10) 的规定采用。高层钢结构中的组合楼板一般不用板托，故本章仅对无板托的组合梁作出规定。

第7.1.2条 塑性设计要求控制钢梁截面的板件宽厚比，避免因板件局部失稳而降低构件承载力。

第7.1.3条 国内外试验表明，符合本条规定条件的连续组合梁某些截面，能形成塑性铰，产生所需的转动，实现内力重分配。力比 γ 小于0.5是根据哈尔滨建筑大学的试验和国内外资料分析提出的。

第7.1.4条 在试算时，若假定中间支座两侧负弯矩区受拉翼板开裂区长度，分别为相应跨度的0.15倍，则可参考有关资料列出的柔性系数及荷载项进行内力分析。欧共体组合结构规程认为，距中间支座 $0.15l$ 范围内（l 为梁的跨度）确定梁截面刚度时，不应考虑混凝土翼板的存在，但翼板中的钢筋应计入。考虑变截面影响进行内力分析，除可较真实地反映梁的实际受力情况外，还不致对支座截面的负弯矩值计算过高。

第7.1.5条 组合梁的变形计算，是根据现行国家标准《建筑结构设计统一标准》(GBJ 68) 的规定，按荷载的长短期效应组合考虑。对于长期效应组合，用 $2\alpha_E$ 确定换算截面，这主要是考虑混凝土在长期荷载下的徐变影响。

第7.1.6条 本条说明混凝土翼板计算厚度在不同情况下的取值，均符合实际情况。

第7.1.7条 组合板施工阶段设计时仅考虑压型钢板的强度和变形，如果不满足要求，可加临时支护以减小板跨，设计跨度可按临时支护的跨度考虑；但使用阶段设计时，跨度必需按拆除临时支护后的设计跨度考虑。若压型钢板仅作为模板，则此时不应考虑它的承载作用。目前在高层钢结构中，大多仅作为施工模板，因此时不需作防火保护层，总造价较经济。

第7.1.8条 挠曲效应是由于压型钢板变形而增加的混凝土厚度。当挠度 w 小于20mm时，可假定在 $1kN/m^2$ 的均布施工荷载中考虑此效应；当挠度大于20mm时，应附加 $0.7w$ 厚度的混凝土重量。

第7.1.9条 本条参照欧共体《组合板设计规程》(1981)、英国《压型钢板楼板设计与施工规程》(1982) 和欧共体编制的《钢和混凝土组合结构统一标准》(1985) 拟定。

第7.1.10～7.1.12条 参照日本建筑学会《钢铺板结构设计与施工规范》(1970) 拟定。

第二节 组合梁设计

第7.2.1条 组合梁截面抗弯能力计算符合简化塑性理论假定的截面情况是：(1) 塑性中和轴位于钢梁腹板上的第二类截面，或连续组合梁在支座处负弯矩区段的截面，当截面符合第7.1.1条的规定时，(2) 塑性中和轴位于混凝土受压翼缘内的第一类截面；(3) 混凝土翼板与钢梁具有完全抗剪连接。

第7.2.2条 与现行国家标准《钢结构设计规范》(GBJ 17) 相比，这里增加了负弯矩作用时的截面抗弯能力计算，是连续组合梁设计所需要的。

第7.2.5条 拟定本条款是为了适应连续组合梁设计的需要，便于在相应的剪跨区段内配置抗剪连接件。

第7.2.8条 栓钉受剪承载力设计值 N_v^s 的计算式，是通过推出试验或梁式试验结果推导出来的。连接件的破坏形式与混凝土的强度等级和品种有关，有时还取决于连接件的型号和材质。栓钉承载力与栓钉长度有关，随长度而增大，但当栓钉长度与其直径之比大于4后，承载力的增加就很少了。若栓钉长度太短，不仅承载力很低，而且会出现拉脱破坏。

式（7.2.8-1）和式（7.2.8-2），引自现行国家标准《钢结构设计规范》(GBJ 17)，但对式（7.2.8-2）作了适当修改。计算表明，在一般情况下，式（7.2.8-2）均小于式（7.2.8-1），使得按前者计算变得没有意义，不少使用单位反映，栓钉数量过多，对此提出意见。应该指出，欧洲钢结构协会1981年的组合结构规范中，对于高径比为4.2的栓钉，其承载力的限制条件为$0.7A_sf_u$；美国AISC的LRFD规范（1986）规定的承载力限制条件为A_sf_u，这两本极限状态设计规范都采用极限抗拉强度最小值f_u。经报请建设部主管部门同意，在式（7.2.8-2）中采用了f_u。

第7.2.9条 当压型钢板肋与钢梁平行时，栓钉受剪承载力设计值N_v^s按式（7.2.8）计算，但当$b/h_p<1.5$时，应乘以折减系数。

第7.2.10～7.2.11条 部分抗剪连接的组合梁，一般用于组合截面抗弯强度可以不充分发挥的情况，例如，施工时钢梁下无临时支护的组合梁，其钢梁截面受施工荷载控制，或截面受挠度控制的构件。这时，在极限弯曲状态下的混凝土翼板和钢梁各有自身的中和轴，为此，抗剪连接件必须具有一定的柔性，才能在受到纵向剪力作用时产生较大的相对滑移。

具有一定的柔性连接件条件是：圆柱头栓钉直径不能超过22mm，其杆长不小于4倍栓钉直径；浇注的混凝土强度等级不能高于C30。除非满足这些条件，或已由试验表明，该连接件的变形性能满足理想塑性性能的假定，否则均应视为刚性连接件。

第7.2.12、7.2.13条 均为简化计算公式。

第7.2.14～7.2.17条 关于纵向界面横向钢筋的设计方法，系参照欧洲钢结构协会（ECCS）组合结构设计规程拟定。

第7.2.18条 根据现行国家标准《建筑结构荷载规范》(GBJ 9)和《建筑结构设计统一标准》(GBJ 68)，对组合梁的挠度应进行长、短期荷载效应组合下的挠度计算，取其中较大者。

第7.2.19条 组合梁混凝土裂缝宽度的计算，参考了现行国家标准《混凝土结构设计规范》(GBJ 10)的规定。国内试验资料表明，公式（7.2.19）是可信的。

第7.2.21条 组合梁在正弯矩区，钢梁受压翼缘与混凝土板相连，不存在失稳问题。在负弯矩区段，下翼缘受压，虽然钢梁上翼缘与混凝土板相连，但下翼缘仍应设置，参见本规程第6.1.4条的条文说明，其具体做法可参见本规程第8.5.4条。

第三节 压型钢板组合楼板设计

第7.3.1条 组合板的端部锚固，是保证组合板抗剪作用的必要手段，在任何情况下，均应设置端部锚固件。

第7.3.3条 考虑到作为受拉钢筋的压型钢板没有混凝土保护层，以及中和轴附近材料强度发挥不充分等原因，对压型钢板和混凝土的强度设计值予以折减。冶金部建筑研究总院对组合楼板试验得出的抗弯能力试验值，与按本条公式得出的计算值作过比较，建议按本条的公式计算。

第7.3.4条 本条所列公式，为根据试验结果得出的经验公式。冶金部建筑研究总院进行了多种国产板型的压型钢板组合板试验，采用了焊接横向钢筋的组合方式，通过正交设计试验研究，得出这种组合板的纵向抗剪能力，与其跨度l_v、平均肋宽b、有效高度h和压型钢板厚度有密切关系，所得经验公式经国内专家鉴定认可。

1972年，美国M.L.Porter和G.E.Ekbery主要根据压痕板试验，提出纵向抗剪能力计算公式，除在美国《组合楼板设计与施工准则》中采用外，近几年已成为国际通用公式。该式为：

$$V_u=\varphi\left[\frac{d_s}{s}\left(m\frac{A_s}{l_v}+kB\sqrt{f_c}\right)+\frac{\gamma g_1 l}{2}\right]$$

式中，φ为材料强度折减系数，取0.8；s为剪力筋间距，对压痕板为1；A_s为肋节距宽度内压型钢板截面面积，l_v为剪跨，B为组合板肋节距宽度；f_c为混凝土轴心抗压强度设计值；g_1为混凝土板单位长度自重；γ为临时支撑影响系数；l为简支组合板跨度；m、k分别为试验结果线性回归线的斜率和截距。若采用带压痕的或闭合式（非开口式）的压型钢板，建议采用Porter公式。

第7.3.5和7.3.6条 参照欧共体《组合板设计规程》、英国标准《压型钢板楼板设计施工规程》、欧共体《钢和混凝土组合结构统一标准》和我国现行国家标准《混凝土结构设计规范》(GBJ 10)等拟定。

第7.3.7条 根据现行国家标准《建筑结构设计统一标准》(GBJ 68)和《建筑结构荷载规范》(GBJ 9)的规定，组合板的挠度应按长期和短期荷载效应组合进行计算，取其较大者。允许挠度值可按现行国家标准《混凝土结构设计规范》(GBJ 10)的规定。日本规定为板跨的1/360。

第7.3.7条 参照日本压型钢板结构设计施工规范的规定采用。

第四节 组合梁和组合板的构造要求

第7.4.1条 本条参考欧共体组合结构设计规程拟定。

第7.4.2条 组合板试验表明，剪力筋设置在剪跨区内的效果，与全跨设置的效果相近。

第7.4.7条 组合板试验表明，板端锚固可阻止压型钢板与混凝土之间的滑移。栓钉锚固件应设置在简支组合板端部支座处或连续组合板各跨端部。

第7.4.8条 组合板中的压型钢板，当支承在砖墙或砌体上时，其支承长度不应小于75mm。

第八章 节点设计

第一节 设计原则

第8.1.1条 抗震设防的高层钢结构的节点设计，主要参考日本钢结构节点设计手册、美国加州规范和欧共体抗震规范等拟定。节点连接的承载力要高于构件本身的承载力，是各国结构抗震设计遵循的共同原则。要求抗震设防但受风荷载控制的结构，在设计工程中是常见的，也应符合抗震设计的构造规定。

第8.1.2条 梁柱构件塑性区的长度是参照日本的规定提出的。节点设计应验算的项目，也是参考日本设计手册拟定。

第8.1.3条 节点连接的最大承载力要高于构件本身的全塑性受弯承载力，是考虑构件的实际屈服强度可能高于屈服强度标准值，在罕遇地震作用下构件出现塑性铰时，结构仍能保持完整，继续发挥承载作用。本条参考国外规定并结合我国目前情况，增大系数取1.2，受剪时考虑跨中荷载的影响取1.3。

工字形截面绕强轴弯曲的塑性设计公式，系引自现行国家标准《钢结构设计规范》(GBJ 17)第九章。工字形截面绕弱弯曲的塑性设计公式，系参考日本《钢结构塑性设计指南》提出。

第8.1.4条 详见第6.1.4条的条文说明。

第8.1.5条 层状撕裂主要出现在T形接头、十字形接头和角部接头中，这些地方的约束程度使得母材在厚度方向引起应变，由于延性有限而无法调整，应采用合理的连接构造。

第8.1.7条 柱的工地接头位置，要便于工人现场操作。柱带悬臂梁段的悬伸长度，除考虑受力条件外，尚应考虑运输尺寸限制和便于装车运输。

第二节 连 接

第 8.2.1 条 焊接的传力最充分，不会滑移，良好的焊接构造和焊接质量可提供足够的延性，但要求对焊缝进行探伤检查，此外，焊接有残余应力。高强度螺栓施工较方便，但连接或拼接全部采用高强度螺栓，会使接头尺寸过大，板材消耗较多，且螺栓价格也较贵，此外，螺栓连接不能避免在大震时滑移。在高层钢结构的工程实践中，柱的拼接总是用全焊接，而抗震支撑的连接或拼接，为了施工方便，大多用高强度螺栓连接。

栓焊混合连接应用比较普遍，即翼缘用焊接，腹板用螺栓连接。先用螺栓安装定位然后对翼缘施焊，具有施工上的优点。试验表明，其滞回曲线与完全焊接时的相近。翼缘焊接对螺栓预拉力有一定影响，试验表明，可使螺栓预拉力平均降低约 10%，因此腹板连接用的高强度螺栓，其实际应力宜留有裕度。

第 8.2.3 条 板边开坡口，对于保证焊缝全截面焊透十分重要，必需符合焊接工艺的要求，随着坡口角度的减小，焊根开口宽度要增大。也可采用大坡口和小焊根开口，但焊根开口宽度较小，根部熔化很困难，必需采用细焊条，焊接进度也要放慢。若根部开口过宽，要多用焊条，且将增加焊接收缩量。

为了焊透和焊满，应设置焊接衬板和引弧板。

焊缝的坡口形式和尺寸，除国标规定者外，也可采用其他适用的行之有效的做法。在建筑钢结构中，通常用 V 形坡口，较少采用 U 形坡口。

第 8.2.4 条 焊缝金属与母材相适应，是根据抗拉强度考虑的。焊缝的屈服点通常要比母材高出不少，在满足承载力要求的前提下，应采用屈服强度较低的焊条，使焊缝具有较好的延性。两种不同强度的材料焊接时，应按强度较低的材料选用焊条。

第 8.2.5 条 摩擦型高强度螺栓连接，依靠被连接构件间摩擦阻力传力，节点连接的变形小。高层钢结构要承受风荷载和地震的反复作用，当采用螺栓连接时，应选用摩擦型高强度螺栓，可避免在使用荷载下产生滑移。

第 8.2.6 条 高强度螺栓连接的最大抗剪承载力，是考虑在罕遇地震下连接间的摩擦力被克服，此时连接的抗剪承载力取决于螺栓的抗剪能力。式（8.2.6）是参考日本规定采用的。根据日本文献的说明，考虑到螺栓连接中部分螺栓的破坏出现在螺栓杆而不是螺纹处，使螺栓连接的最大抗剪承载力在整体上有所提高，故式中用 0.75 代替通常的 0.58。

第三节 梁与柱的连接

第 8.3.1 条 梁与柱的刚性连接，分为柱贯通式和巨形框架和梁贯通式两种。在工程实例中，采用梁贯通式的较少，见于箱型梁与柱的连接中。

在框架结构中，要求柱在框架平面内有较大的惯性矩，而在截面面积相同的情况下工字形柱绕弱轴的惯性矩比箱形截面的惯性矩小；因此在互相垂直的方向都组成框架的柱，宜采用箱形截面。十字形截面柱虽然在两个方向都具有较大惯性矩，但仅适用于钢骨混凝土柱。

第 8.3.2 条 本条指出，梁与柱刚接的节点必需验算的项目，抗震设防的结构尚应验算节点域的稳定及其在大震下的屈服程度，详见第 8.3.9 条。抗震设防的结构中，柱的水平加劲肋厚度一般要求与对应的梁翼缘等厚，故不必计算。

第 8.3.3 条 常用的梁与柱刚性连接的形式有：（1）全部焊接；（2）栓焊混合连接；（3）全部用高强度螺栓连接（大多通过 T 形连接件连接）。全部焊接适用于工厂连接，不适用于工地连接。全部螺栓连接费用太高。我国大多采用栓焊混合的现场连接形式。

第 8.3.4 条 梁与工字形柱弱轴连接时，梁翼缘与柱横向加劲肋要求用全熔透焊缝焊接，以免在地震作用下框架往复变形时破坏。根据美国的研究，此时连接板（即柱横向加劲肋）宜伸出柱外约 100mm，以免该板在与柱翼缘的连处因板件宽度突变而破裂。

第 8.3.5 条 梁翼缘与柱焊接的坡口、焊根开口宽度、扇形切角的加工以及引弧板的设置，对于保证焊接的质量和连接的抗震性能，都是非常重要的。改变扇形切角端部与梁翼缘连接处的圆弧半径，是参照了日本在坂神地震后发表的《铁骨工事技术指针》（1996）提出的。该端与梁端翼缘处焊缝间应保持 10mm 以上，梁下翼缘板反面与柱翼缘相接处，易引发裂缝，宜适当焊接。考虑仰焊困难，可仅在下翼缘焊接，用焊脚为 6mm 左右的角焊缝，长度不小于梁翼缘宽度之半。

第 8.3.6 条 抗震设防结构中，梁与柱连接处加劲肋与梁翼缘等厚，是参考日本的设计经验采用的。日本甚至规定加劲肋的厚度应比梁翼缘的厚度大一级，因该加劲肋十分重要，厚度加大一级是考虑钢板有负公差，并认为即使保守一点，因材料用量有限，是值得的。考虑到柱腹板实际上要传走一部分力，故本条规定与梁翼缘等厚。在非抗震设防的结构中，对该加劲肋厚度也根据设计经验作了限制性规定。

第 8.3.7 条 水平加劲肋（隔板）与柱翼缘（箱形柱壁板）的连接焊缝，当框架受水平地震往复作用时，要经受角变形，故应作成全熔透焊缝。

熔化咀电渣焊要求在箱型柱截面的对称位置同时施焊，以防止构件变形。

第 8.3.8 条 柱腹板加劲肋的位置应与梁翼缘齐平。当柱两侧的主梁不等高时，应按本条规定处理。条文中未规定当两端梁高不等时采用斜向加劲肋，因在高层钢结构中较少采用。

第 8.3.9 条 工字形柱与梁连接的节点域，除应满足第 6.3.6 条规定外，尚应按本条规定验算其抗剪强度，对于抗震设防的结构，尚应验算其在大震时的屈服程度。

节点域在周边弯矩和剪力的作用下，其剪应力为

$$\tau=\frac{M_{b1}+M_{b2}}{h_bh_ct_p}-\frac{V_{c1}+V_{c2}}{2h_ct_p}$$

或

$$\tau=\frac{M_{c1}+M_{c2}}{h_bh_ct_p}-\frac{V_{b1}+V_{b2}}{2h_bt_p}$$

式中 M_{c1} 和 M_{c2} 分别为与节点域相连的上下柱传来的弯矩，V_{c1} 和 V_{c2} 分别为上下柱传来的剪力 V_{c1} 和 V_{c2} 分别为左右梁传来的剪力，其余符号的意义参见规程条文。在本规程取第一式，工程设计中为了简化计算通常略去式中的第二项，计算表明，这样使所得剪应力偏高 20%～30%。试验表明，节点域的实际抗剪屈服强度因边缘构件的存在而有较大提高，本条参照日本规定。

式（8.3.9-1）未考虑柱轴力对节点域强度的影响，是考虑到系数 4/3 留有较大的余地，日本在工程设计中也不考虑柱轴力对板域强度的影响，这是日本专家解释的。

在抗震设防的结构中，若节点域厚度太大，将使其不能吸收地震能量，若太小，又使框架的水平位移太大。根据日本的研究，使节点域的屈服承载力为框架梁构件屈服承载力的 0.7～1.0 倍是适合的，计算公式宜取 0.7。式（8.3.9-2）验算在梁达到全塑性弯矩的 0.7 倍（此时节点域即将达到塑性）时，节点域的剪应力是否超过钢材抗剪强度设计值。该式系参考日本鹿岛出版社 1988 年出版《建筑构造计算实例集》（2）提出。为了避免由此引起节点域过厚导致多用钢材，对于我国广大的 7 度设防地区，本条规定取 0.6。

若按式（8.3.9-2）得出的节点域厚度大于柱腹板的厚度，根据日本的经验，宜采用对节点域局部加厚的办法，即将该部分柱腹板在制作时用较厚钢板，与邻接的柱腹板进行工厂拼接，以便于焊接垂直方向的构件连接板，而不宜加焊贴板。若为 H 型钢柱，只能焊贴板补强。

第 8.3.10 条 箱型柱 V_p 的计算式中，受力不均匀系数 0.9（双腹板为 1.8）是根据哈尔滨建筑大学在高层钢结构课题试验中得出的，所得不均匀系数在 0.85 至 0.99 之间，其平均值大于 0.9，日本在有关规定中取 8/9，现行国家标准《钢结构设计规范》（GBJ 17）规定用 0.8。

第 8.3.11 条 偏心弯矩是支承点反力对螺栓连接产生的。

第四节 柱与柱的连接

第 8.4.1 条 当高层钢结构底部有钢骨混凝土结构层时，工字形截面钢柱延伸至钢骨混凝土中仍为工字形截面，而箱型柱延伸至钢骨混凝土中，应改用十字形截面，以便与混凝土结成整体。

第 8.4.2 条 箱型柱的组装焊缝通常采用 V 形坡口部分熔透焊缝，其有效熔深不宜小于板厚的 1/3，对抗震设防的结构不宜小于板厚的 1/2。作为实例，深圳发展中心大厦（未考虑抗震）取 $t/3$，上海希尔顿酒店取 $t/4+3\text{mm}$，北京京城大厦（按 8 度抗震设防）取 $t/2$，t 为柱的板厚。

柱在主梁上下各 600mm 范围内，应采用全熔透焊缝，是考虑该范围柱段在大震时将进入塑性区。600mm 是日本在工程设计中通常采用的数值，当柱截面较小时也有采用 500mm 的。

第 8.4.3 条 箱型柱的耳板宜仅设置在一个方向，对工地施焊比较方便。

第 8.4.4 条 美国 AISC 规范规定，当柱支承在承压板上或在拼接处端部铣平承压时，应有足够螺栓或焊缝使所有部件均可靠就位，接头应能承受由规定的侧向力和 75%的计算恒荷载所产生的任何拉力。日本规范规定，在不产生拉力的情况下，端部紧密接触可传递 25%的压力和 25%的弯矩。我国现行国家标准《钢结构设计规范》（GBJ 17）规定，轴心受压柱或压弯柱的端部为铣平端时，柱身的最大压力由铣平端传递，其连接焊缝、铆钉或螺栓应按最大压力的 15%计算。考虑到高层建筑的重要性，本条文规定，上下柱接触面可直接传递压力和弯矩各 25%。

非抗震设防的结构中，在不产生拉力的情况下，考虑端面直接传力可简化连接，但在高层钢结构中尚未见到应用的实例。

第 8.4.5 条 当按内力设计柱的拼接时，可按本条规定设计。但在抗震设防的结构中，应按第 8.1.3 条的规定设计。

第 8.4.6 条 图 8.4.6 所示箱形柱的工地接头，是日本在高层建筑钢结构中采用的典型构造方式，在我国已建成的高层钢结构中已被广泛采用。下柱横隔板应与柱壁板焊接一定深度，使周边铣平后不致将焊根露出。

第 8.4.7 条 当柱需要改变截面时，宜将变截面段设于主梁接头部位，使柱在层间保持等截面。变截面段的坡度不宜过大，例如，不宜超过 1∶4，上海锦江分馆采用 1∶6，取决于工程的具体情况。柱变截面处，宜在柱上带悬臂段，把不规则的连接留到工厂去做，以保证施工质量。为避免焊缝重叠，柱变截面上下接头的标高，应离开梁翼缘连接焊缝至少 150mm。

第 8.4.8 条 伸入长度参考日本规定采用。十字形截面柱的接头，在抗震结构中应采用焊接。十字形柱与箱形柱连接处的过渡段，位于主梁之下，紧靠主梁。伸入箱形柱内的十字形柱腹板，通过专用的长臂工艺装备焊接。

第 8.4.9 条 在钢结构向钢骨混凝土结构过渡的楼层，为了保证传力平稳和提高结构的整体性，栓钉是不可缺少的。但由于受力情况较复杂，试验表明，对栓钉设置还提不出明确要求，一般认为，混凝土部分内力应由栓钉传递，且箱形柱变为十字形柱后钢柱截面减小引起的内力差，也应由栓钉传递。高层钢结构常用栓钉直径为 19mm。在组合梁中栓钉间距沿轴线方向不得小于 5d，列距不得小于 4d，边距不得小于 35mm，此规定可参考。

第五节 梁与梁的连接

第 8.5.1 条 在本条所述的连接形式中，第一种应用最多。

第 8.5.2 条 按本条规定设计时，应结合第 8.1.3 条及其条文说明综合考虑。

第 8.5.3 条 次梁与主梁的连接，一般为次梁简支于主梁，次梁腹板通过高强度螺栓与主梁连接。次梁与主梁的刚性连接用于梁的跨较大、要求减小梁的挠度时。图 8.5.3 为次梁与主梁刚性连接的构造举例。

第 8.5.5 条 本条提出的梁腹板开洞时孔口及其位置的尺寸规定，主要参考美国钢结构标准节点构造大样。

用套管补强有孔梁的承载力时，可根据以下三点考虑：(1) 可分别验算受弯和受剪时的承载力；(2) 弯矩仅由翼缘承受；(3) 剪力由套管和梁腹板共同承担，即

$$V = V_s + V_w$$

式中 V_s——套管的抗剪承载力，

V_w——梁腹板的抗剪承载力。

补强管的长度一般等于梁翼缘宽度或稍短，管壁厚度宜比梁腹板厚度大一级。角焊缝的焊脚长度可取 $0.7t_w$，t_w 为梁腹板厚度。

第六节 钢 柱 脚

第 8.6.1 条 高层钢框架柱与基础的连接，一般采用刚性柱脚，轴心受压柱可设计成铰接柱脚。条文中没有对铰接柱脚作专门规定，设计时应使其底板有足够尺寸，防止基础混凝土在压力下早期破坏；应采用屈服强度较低的材料作锚栓，以保证柱脚转动时锚栓的变形能力。在高层建筑钢结构设置地下室以及在地下室中设置钢骨混凝土结构层的情况下，柱脚承受的地震力较小，且不易准确确定，故本条规定此时可按弹性阶段设计规定进行设计。

第 8.6.2 条 埋入式柱脚埋深是参考日本有关规定提出的。

第 8.6.3 条 埋入式柱脚的构造比较合理，易于安装就位，柱脚的嵌固性容易保证，当柱脚的埋入深度超过一定数值后，柱的全塑性弯矩可以传递给基础。根据日本的研究，在埋入式柱脚中，力的传递主要通过混凝土对钢柱翼缘的承压力所产生的抵抗矩承受的，柱钉传力机制在这种柱脚中作用不明显，但为了保证柱脚的整体性，仍应设置栓钉。

式 (8.6.3) 系参考日本秋山宏著《铁骨柱脚の耐震设计》（东京：技報堂，1985）一书拟定的，为日本目前采用的计算公式。该式的推导如下：

根据力的平衡条件（图 8.6.3-2），可得以下二式

$$b_f x\sigma(d-x) - V(h_0 + d/2) = 0$$

$$b_f(d-x)\sigma - b_f x\sigma - V = 0$$

消去 x，即可得式 (8.6.3)。

第 8.6.4 条 V_1 为柱下端的剪力，计算时不考虑钢柱与混凝土间的粘结力和底板的抗弯能力，计算简图如图 8.6.4-3 所示。以上部反力合力 V_2 处为支点，其距基础梁顶面的距离为 d_c，下部反力合力为 V_1，根据 $V_2>V_1$ 的条件，取 V_1 距钢柱底部距离为 $d/4$，是偏于安全的，它大于柱脚的设计剪力 V。根据日本的研究，此处混凝土的抗剪强度设计值宜取混凝土的抗拉强度设计值。保护层厚度也参考了日本规定。

第 8.6.5 条 M_0 为作用于钢柱埋入处顶部的弯矩，V 为作用于钢柱埋入处顶部的水平剪力，M 为作用于钢柱脚底部的弯矩。本条参考李和华主编《钢结构连接节点设计手册》（北京：中国建筑工业出版社，1992）拟定。

第 8.6.6 条 外包式柱脚的轴力，通过钢柱底板传至基础，剪力和弯矩主要由外包混凝土承担，通过箍筋传给外包混凝土及其中的主筋，再传至基础。与埋入式柱脚不同，在外包式柱脚中，栓

钉起重要的传力作用。

本条及上条的设计规定，主要参考日本秋山宏著《铁骨柱脚の耐震设计》，一书提出。

第8.6.7条 采用外露式柱脚时，柱脚刚性难以完全保证，若内力分析时视为刚性柱脚，应考虑反弯点下移引起的柱顶弯矩增大。当柱脚底板尺寸较大时，应采用靴梁式柱脚。

第七条 支撑连接

第8.7.1条 高强度螺栓连接应计算每个螺栓的最大受剪承载力、支撑板件或节点板的挤穿抗力、节点板的净截面最大抗拉承载力和节点板与构件连接焊缝的最大承载力，其方法在任何钢结构教程中都有规定，此处不拟赘述。计算螺栓连接的最大承载力时，螺栓的抗剪承载力应按本章节8.2.6条的规定采用。

为了安装方便，有时将支撑两端在工厂与框架构件焊在一起，支撑中部设工地拼接，此时拼接仍应按式（8.1.3-3）计算。

第8.7.2条 采用支托式连接时的支撑平面外计算长度，是参考日本的试验研究结果和有关设计规定提出的。工形截面支撑腹板位于框架平面内时的计算长度，是根据主梁上翼缘有混凝土楼板、下翼缘有隅撑以及楼层高度等情况提出来的。

第8.7.3条 根据偏心支撑框架的设计要求，与耗能梁段相连的支撑端和长梁段的抗弯承载力之和，应超过耗能梁段端的最大弯矩。试验也表明，支撑端的弯矩较大，支撑与梁段的连接应考虑这一因素。支撑直接焊在梁段上的节点连接特别有效。

一般说来，支撑轴线与梁轴线的交点应在耗能梁段的端点，但支点位于梁端内，可使支撑连接的设计更灵活。

第8.7.4条 试验表明，耗能梁段在端头设置加劲肋是必要的。净长小于$2.6M_p/V_p$的耗能梁段，非弹性变形很大，为了防止翼缘屈曲，在距梁端b_f处应设置腹板加劲肋。

对于剪切型梁段，腹板屈曲降低了梁的非弹性往复抗剪能力。腹板上设置加劲肋，可以防止腹板过早屈曲，使腹板充分发挥抗剪能力，同时减少由于腹板反复屈曲变形而产生的刚度退化。

第8.7.5条 试验表明，腹板的加劲肋只需与梁的腹板及下翼缘焊接。为了保证耗能梁段能充分发挥非弹性变形能力，还是要求三面焊接。

耗能梁段净长小于$1.6M_p/V_p$时为剪切型，大于$2.6M_p/V_p$时为弯曲型，前者要求的加劲肋间距较小。当其小于$2.2M_p/V_p$或虽大于此值但剪力较大时，其加劲肋间距较弯曲型时为小，除两端设置加劲肋外，还要求设置中间加劲肋。

第8.7.6条 耗能梁段两端的上下翼缘应设置水平侧向支撑，以保证梁段和支撑斜杆的稳定。楼板不能看作侧向支撑。梁段两端在平面内有较大竖向位移，侧向支撑应尽量不影响梁端的竖向位移。因此应当将侧向支撑设在梁端头的一侧。侧向支撑中的轴力可能大于条文规定的值，可以设计得保守一些。

美国加州规范建议，侧向支撑的轴力为耗能梁段达V_p或M_{pc}时，支撑点梁翼缘中力的较小者的1%。本条文按现行国家标准《钢结构设计规范》（GBJ 10）第五章的规定采用，偏于安全。

第九章 幕墙与钢框架的连接

第一节 一般要求

第9.1.1条 高层钢结构设计中，非承重幕墙虽不是承重构件，但它与钢框架的连接有其特殊要求，若连接遭到破坏，导致幕墙构件脱落，将会造成重大经济损失和人员伤亡，因此应予以应有的重视。

非承重幕墙一般有金属幕墙、玻璃幕墙和预制钢筋混凝土幕墙（即挂板）三类，我国现有高层钢结构多数采用玻璃幕墙，较少采用铝合金幕墙和预制钢筋混凝土幕墙。铝合金幕墙造价较高，预制钢筋混凝土幕墙重量大，刚度大，在设计、制作、安装等方面都较前两者复杂，对混凝土幕墙的节点连接，必须采取周密的构造措施，避免产生钢框架与幕墙之间设计未考虑的相互不利影响。

其他非结构构件主要是指内隔墙。目前，内隔墙较多采用轻钢龙骨石膏板，这种内隔墙一般有较好的适应变形的能力，不需特殊处理。其他整体刚度较大的内隔墙，可按本章所定原则采取相应的构造措施。

第9.1.2条 有关幕墙本身的设计，在国家现行标准《玻璃幕墙工程技术规范》（JGJ 102—96）中，对玻璃幕墙的设计已有规定，混凝土幕墙可按类似原则根据现行国家标准《混凝土结构设计规范》（GBJ 10）进行设计。

第9.1.3条 在地震作用或风荷载下，幕墙构件不互相碰撞，不脱落，是对幕墙的基本要求之一。幕墙允许的最大变形角为1/150，介于多遇地震和罕遇地震下层间位移变形角容许值之间，也就是说，可以保证在多遇地震时不碰撞、不脱落，但不能保证在罕遇地震时不破坏或脱落，日本也是这样规定的。

第9.1.4条 本条规定与节点连接无直接关系，但分离缝合适与否，直接关系到幕墙是否会在层间位移不超过层高位移限值时互相碰撞，因为节点连接有可能因附加的碰撞力而破坏。

分离缝之间应填塞压缩性良好的弹性填充材料和密封材料，如海棉橡胶、硅酮膏等，以便在可能出现碰撞时起缓冲作用，并满足建筑功能上的密封要求。

分离缝的宽度是根据京城大厦和其他一些建筑的设计规定提出的。玻璃幕墙由于玻璃间隙能吸收一定的层间变位量，因而玻璃幕墙之间的纵横向分离缝允许小于本条规定值。

第二节 连接节点的设计和构造

第9.2.1条 幕墙构件与钢框架的连接节点，应具备承重、固定和可动三种功能。三种功能可分别设置三种节点，必要时也可由一个节点同时具备固定和承重两种功能。典型构造举例见表9.2.1。

承重点主要承受幕墙的竖向荷载，并且具有调整标高的功能。固定节点的作用是将幕墙固定在主体结构上，主要承受侧向荷载和平面外荷载，节点受力复杂。可动节点是能适应较大层间变位的主体结构与幕墙构件连接的一种特殊节点，当主体结构产生层间变位时，可动节点能吸收设计允许的层间随动变位。

综上所述，在水平荷载下，幕墙构件与钢框架连接的可靠性，将由节点连接强度和随动变位功能双重控制。

连接方式举例　　表9.2.1

构成	名称	实际随动性	固定度	连接方式	原理图
板式	滑动式（与梁底部连接）	水平移动	上部长圆孔 下部铰接	螺栓连接	
板式	转动式	旋转	上部长圆孔 下部长圆孔	螺栓连接 暗销	

注：△—支座；○—铰接；→←—长圆孔连接；▲△—允许向上位移的支座

第9.2.2条 由于幕墙构件仅通过节点的紧固件和连接件与钢框架连接，因此应采用延性好的钢材作紧固件和连接件，以避免出现突然的脆性破坏。

第 9.2.3 条 本条所列为幕墙的常遇荷载，若工程中还需考虑特殊荷载，宜按实际情况采用。

第 9.2.4 条 本条所列幕墙构件风荷载，与现行行业标准《玻璃幕墙工程技术规范》(JGJ 102）所采用的一致。

第 9.2.5 条 本条与第四章第三节相比，补充了平面外水平地震作用。这是根据幕墙节点受力特点补充的。

第 9.2.6 条 本条是考虑幕墙热胀相碰引起的附加作用力，若使 $\alpha\Delta T=(2c-d)/l$，就可消除温度应力的影响。从连接点看，还要考虑由于幕墙和钢结构的材料热胀系数不同引起的内力。

第 9.2.7 条 本条规定取自本规程第 5.4.1 条，温度效应取值参考了国外资料。不考虑平面内和平面外地震作用同时出现，是参考国外的设计规定提出的。

第 9.2.8 条 连接节点设计，应符合现行国家标准《钢结构设计规范》(GBJ 17）的规定。本条规定了紧固件的设计内力要乘以不小于 2.5 的增大系数，是参考美国 UBC 关于连接墙板与主体结构的紧固件应有不小安全系数等于 4 的规定，结合我国的设计规定提出的。

第 9.2.9 条 与现行国家标准《钢结构设计规范》(GBJ 17）的规定一致。

第 9.2.10 条 螺栓、角钢的最小构造尺寸，系综合国内外若干高层钢结构工程中幕墙与连接件的构造，并参考国外资料提出的。

第 9.2.11～9.2.15 条 这五条都是可动节点的构造措施。可动节点示意图见规程图 9.2.11，其位置举例可参见表 9.2.1。由于我国高层钢结构是 80 年代才开始发展的，关于可动节点的构造措施，积累的经验和资料不多，本规程列出的构造措施，是在汇集我们已有经验的基础上，参考了国外经验（主要是日本的资料）提出的。这些构造措施的目的是：(1）使可动节点在设计相对变位值范围内具有良好的位移性能。为了减少相对运动时的摩擦力，在可动节点部位设置了滑移垫片。垫片一般为 1mm 厚薄片，可采用聚四氟乙烯、氟化树脂、不锈钢等材料。为适应水平滑移或转动需要，在连接铁件上开设长圆孔，其长向孔径可按第 9.2.12 和 9.2.13 条的要求确定。(2) 是为了便于安装和控制安装正确度。在连接铁件上开设大孔径的连接孔，在长圆孔的长向孔径中考虑了施工误差，都为便于安装创造条件，又可能吸收一定的施工误差。但安装时，预埋螺栓必需尽量位于长孔径的中心位置，施工的尺寸误差必须小于允许误差，否则将影响可动节点的变位性能，严重的甚至可能在层间变位小于层高的 1/150 时，连接点破坏，使幕墙脱落。

第三节 施工要点

第 9.3.1 条 本规程强调了从幕墙构件制作到安装的过程中，对节点预埋件的要求。这些要求尤其需要向各道工序的直接操作人员交底，并请质检部门严格把关。强调这些要求是实践经验的总结，因为幕墙构件全靠螺栓连接固定，若某道工序违反操作规程，因敲打碰撞螺栓使其受到损伤，就会留下隐患，轻则降低节点连接的安全度，甚至可能导致严重后果。万一实际工程中由于各道工序误差积累，造成较大偏差而又难以纠正，也只能由设计人员提出补救措施，而决不容许采取损伤预埋件的错误行为。

第 9.3.2 条 对可动节点长圆孔内的螺栓提出紧固时的控制扭矩要求，是为了使节点具有设计规定的相对变位功能。据国外资料，对预制钢筋混凝土构件，其扭矩以控制在 3000～5000N·cm 范围为宜。对玻璃幕墙，可按有关规定采用。习惯的拧紧度远远超过这个要求，过大的紧固力将使滑移垫片受到过大的挤压力，从而增大了摩擦力。试验表明，这会降低幕墙的随动功能，并且容易损坏滑移垫片。不容许活动孔内螺栓焊接固定，是考虑到滑移垫片在高温下有可能遭到破坏，并便于更换受到损伤的滑移垫片。

第 9.3.3 条 可动节点内不要使用不合格的滑移垫片，是为了保证其随动变位性能。要求连接铁件和紧固件的材料规格和精度，符合设计要求和有关规定，是保证连接功能的基本条件之一，不容忽视。

第 9.3.4 条 安装尺寸允许偏差根据国外规定（主要是日本规定）提出。从我国实际看，只要每道工序严格把关，也是可以做到的。

第 9.3.5 条 节点的连接铁件和紧固件，都必需事先作表面防锈处理，安装后要求再次作表面防锈处理，是考虑到安装过程中防锈层可能因焊接等原因被局部破坏。节点的防火也应予以应有重视，但需注意不要因此降低了可动节点的随动功能。

第 9.3.6 条 幕墙施工中的安全要求，应遵照有关标准的规定，其细则在本章中不可能一一列举。

第十章 制 作

第一节 一般要求

第 10.1.1 条 高层钢结构的施工详图，应由承担制作的钢结构制作厂负责绘制。编制施工详图时，设计人员应详细了解并熟悉最新的工程规范，以及工厂制作和工地安装的专业技术。

监理工程师是指合同文件明确规定可以代表业主的人。由于高层建筑钢结构施工详图的数量很大，为保证工期，制作单位的图纸应分别提交审批。施工详图已经审批认可后，由于材料代用、工艺或其他原因，通常总是需要进行修改的。修改时应向原设计单位申报，并签署文件后才能生效，作为施工的依据。

第 10.1.2 条 高层钢结构的制作是一项很严密的流水作业过程，应当根据工程特点编制制作工艺。制作工艺应包括：施工中所依据的标准，制作厂的质量保证体系，成品的质重量保证体系和为保证成品达到规定的要求而制定的措施，生产场地的布置，采用的加工、焊接设备和工艺装备，焊工和检查人员的资质证明，各类检查项目表格，生产进度计算表。一部完整的考虑周密的制作工艺是保证质量的先决条件，是制作前期工作的重要环节。

第 10.1.3 条 在制作构造复杂的构件时，应根据构件的组成情况和受力情况确定其加工、组装、焊接等的方法，保证制作质量，必要时应进行工艺性试验。

第 10.1.4 条 本条规定了对钢尺和其他主要测量工具的检测要求，测量部门的校定是保证质量和精度的关键。校定得出的钢卷尺各段尺寸的偏差表，在使用中应随时依照调整。由于高层钢结构工程施工周期较长，随着气温的变化，会使量具产生误差，特别是在大量工程测量中会更为明显，各个部门要按气温情况来计算温度修正值，以保证尺寸精度。

第 10.1.5 条 对节点构造复杂的钢结构，出厂前应在制作厂进行预拼装，并应有详细记录作为调整的依据。对受到运输条件限制而需要在工厂分段制作的大型构件，也应根据情况进行预拼装。

第二节 材 料

第 10.2.1 条 本条对采用的钢材必须具有质量证明书并符合各项要求，做出了明确规定，对质量有疑义的钢材应抽样检查。这里的“疑义”是指对有质量证明书的材料有怀疑，而不包括无质量证明书的材料。

对国内材料，考虑其实际情况，对材质证明中有个别指标缺项者，可允许补作试验。

第10.2.2条 本条款提到的各种焊接材料、螺栓、防腐涂料，为国家标准规定的产品或设计文件规定使用的产品，故均应符合国家标准之规定和设计要求，并应有质量证明书。

选用的焊接材料，应与构件所用钢材的强度相匹配，必要时应通过试验确定。下面给出的选用表仅作参考，选用时应根据焊接工艺的具体情况做出适当的修正。厚板的焊接，特别是当低合金结构钢的板厚大于 25mm 时，应采用碱性低氢焊条，若采用酸性焊条，会使焊缝金属大量吸收氢，甚至引起焊缝开裂。

焊条选用表 表C10.2.2-1

钢号	焊条型号		备注
	国标	牌号	
Q235	E4303 E4316 E4315 E4301	J422 J426 J427 J423	厚板结构的焊条宜选用低氢型焊条
Q345	E5016 E5016 E5003 E5001	J506 J507 J502 J503	主要承重构件、厚板结构及应力较大的低合金结构钢的焊接，应选用低氢型焊条，以防氢脆

自动焊、半自动焊的焊丝和焊剂选用表 表C10.2.2-2

钢号	埋弧焊丝+焊剂牌号	CO_2 焊丝
Q235	H08A+HJ431 H08A+HJ430 H08MnA+HJ230	H08Mn2Si
Q345	H08MnA+HJ431 H08MnA+HJ430 H10Mn2+HJ230	H08Mn2SiA

本条款对焊接材料的贮存和管理做了必要的规定，编写时参考了国家现行标准《焊接质量管理规程》(JB 3228)、焊接材料产品样本等资料。由于各种资料提法不一，本规程仅对两项指标进行了一般性的规定。焊接材料保管的好坏对焊缝质量影响很大，因此在条件许可时，应从严控制各项指标。

螺栓的质量优劣对连接部位的质量和安全以及构件寿命的长短都有影响，所以应严格按规定存放、管理和使用。扭矩系数是高强度螺栓的重要指标，若螺栓碰伤、混批，扭矩系数就无法保证，因此有以上问题的高强度螺栓应禁用。

在腐蚀损失中，钢结构的腐蚀损失占有重要份额，因此对高层建筑钢结构采用的防腐涂料的质量，应给予足够重视。对防腐涂料应加强管理，禁止使用失效涂料，以保证涂装质量。

第三节 放样、号料和切割

第10.3.1条 为保证高层建筑钢结构的制作质量，凡几何形状不规则的节点，均应按 1:1 放足尺大样，核对安装尺寸和焊缝长度，并根据需要制作样板或样杆。

焊接收缩量可根据分析计算或参考经验数据确定，必要时应作工艺试验。

第10.3.2条 高层建筑钢框架柱的弹性压缩量，应根据经常作用的荷载引起的柱轴力确定。压缩量与分担的荷载面积有关，周边柱压缩量较小，中间柱压缩量较大，因此，各柱的压缩量是不等的。根据日本《超高层建筑》构造篇的介绍，弹性压缩需要的长度增量在相邻柱间相差不超过 5mm 时，对梁的连接在容许范围之内，可以采用相同的增量。这样，可以按此原则将柱子分为若干组，从而减少增量值的种类。在钢结构和混凝土混合结构高层建筑中，混凝土剪力墙的压应力较低，而柱的压应力很高，二者的压缩量相差颇大，应予以特别重视。

第10.3.3条 关于号料和切割的要求，要注意下列事项：

一、弯曲件的取料方向，一般应使弯折线与钢材轧制方向垂直，以防止出现裂纹；

二、号料工作应考虑切割的方法和条件，要便于切割下料工序的进行；

三、高层建筑钢结构制作中，宽翼缘型钢等材料采用锯切下料时，切割面一般不需再加工，从而可大大提高生产效率，宜普遍推广使用，但有端部铣平要求的构件，应按要求另行铣端。由于高层钢结构构件的尺寸精度要求较高，下料时除锯切外，还应尽量使用自动切割、半自动切割、切板机等，以保证尺寸精度。

第四节 矫正和边缘加工

第10.4.1条 对矫正的要求可说明如下：

一、本条规定了矫正的一般方法，强调要根据钢材的特性、工艺的可能性以及成形后的外观质量等因素，确定矫正方法；

二、普通碳素钢和低合金结构钢允许加热矫正的工艺要求，在现行国家标准《钢结构工程施工及验收规范》(GB 50205) 中已有具体规定，故本条只提出原则要求；

第10.4.2条 对边缘加工的要求，可说明如下：

一、精密切割与普通火焰切割的切割机具和切割工艺过程基本相同，但精密切割采用精密割咀和丙烷气，切割后断面的平整和尺寸精度均高于普通火焰切割，可完成焊接坡口加工等，以代替刨床加工，对提高切割质量和经济效益有很大益处。本条规定的目的，是提高制作质量和促进我国钢结构制作工艺的进步；

二、高层钢结构的焊接坡口形式较多，精度要求较高，采用手工方法加工难以保证质量，应尽量使用机械加工；

三、使用样板控制焊接坡口尺寸及角度的方法，是方便可行的，但要时常检验，应在自检、互检和交检的控制下，确保其质量；

四、本条参考了现行国家标准《钢结构工程施工及验收规范》(GB 50205) 的规定，并增加了被加工表面的缺口、清渣及坡度的要求，为了更为明确，以表格的形式表示。

在表 10.4.2 中，边线是指刨边或铣边加工后的边线，规定的容许偏差是根据零件尺寸或不经划线刨边和铣边的零件尺寸的容许偏差确定的，弯曲矢高的偏差不得与尺寸偏差叠加。

第五节 组 装

第10.5.1条 对组装的要求，可作如下说明：

一、构件的组装工艺要根据高层钢结构的特点来考虑。组装工艺应包括：组装次序、收缩量分配、定位点、偏差要求、工装设计等；

二、零部件的检查应在组装前进行，应检查编号、数量、几何尺寸、变形和有害缺陷等。

第10.5.2条 表 10.5.2 的组装允许偏差，参考日本《建筑工程钢结构施工验收规范》(JASS6)，根据对我国高层钢结构施工的调查，将其中某些项目的允许偏差值做了必要的修改。

第六节 焊 接

第10.6.1条 高层建筑钢结构的焊接与一般建筑钢结构的焊接有所不同，对焊工的技术水平要求更高，特别是几种新的焊接方法的采用，使得焊工的培训工作显得更为重要。因此，在施工中焊工应按照其技术水平从事相应的焊接工作，以保证焊接质量。

停焊时间的增加和技术的老化，都将直接影响焊接质量。因此，对焊工应每三年考核一次，停焊超过半年的焊工应重新进行考核。

第 10.6.2 条 首次采用是指本单位在此以前未曾使用过的钢材、焊接材料、接头形式及工艺方法，都必须进行工艺评定。工艺评定应对可焊性、工艺性和力学性能等方面进行试验和鉴定，达到规定标准后方可用于正式施工。在工艺评定中应选出正确的工艺参数指导实际生产，以保证焊接质量能满足设计要求。

第 10.6.3 条 高层建筑钢结构对焊接质量的要求比对其他结构要高，厚板较多、新的接头形式和焊接方法的采用，都对工艺措施提出更严格的要求。因此，焊接工作必须在焊接工程师的指导下进行，并应制定工艺文件，指导施工。

施工中应严格按照工艺文件的规定执行，在有疑义时，施工人员不得擅自修改，应上报技术部门，由主管工程师根据情况进行处理。

第 10.6.4 条 由于生产的各个焊条厂都有各自的配方和工艺流程，控制含水率的措施也有差异，因此本规程对焊条的烘焙温度和时间未做具体规定，仅规定按产品说明书的要求进行烘培。

低氢型焊条和烘焙次数过多，药皮中的铁合金容易氧化，分解碳酸盐，易老化变质，降低焊接质量，所以本规程对反复烘焙次数进行了控制，以不超过二次为限。

本条款的制定，参考了国家现行标准《焊条质量管理规程》(JB 3228)、《建筑钢结构焊接规程》(JGJ 81) 和美国标准《钢结构焊接规范》(ANSI/AWS D1.1—88)。

第 10.6.5 条 为了严格控制焊剂中的含水量，焊剂在使用前必须按规定进行烘焙。焊丝表面的油污和锈蚀在高温作用下会分解出气体，易在焊缝中造成气孔和裂纹等缺陷，因此，对焊丝表面必须仔细进行清理。

第 10.6.6 条 本条款选自原国家机械委员会颁布的《二氧化碳气体保护焊工艺规程》(JB 2286—87)，用于二氧化碳气体保护焊的保护气体，必须满足本条款之规定数值，方可达到良好的保护效果。

第 10.6.7 条 焊接场地的风速大时，会破坏二氧化碳气体对焊接电弧的保护作用，导致焊缝产生缺陷。因此，本规程给出了风速限值，超过此限时应设置防护装置。

第 10.6.8 条 装配间隙过大会影响焊接质量，降低接头强度。定位焊的施焊条件较差，出现各种缺陷的机会较多。焊接区的油污、锈蚀在高温作用下分解出气体，易造成气孔、裂纹等缺陷。据此，特对焊前进行检查和修整做出规定。

第 10.6.9 条 本条对一些较重要的焊缝应配置引弧板和引出板做出的具体规定。焊缝通过引板过渡升温，可以防止构件端部未焊透、未熔合等缺陷，同时也对消除熄弧处弧坑有利。为保证焊接质量稳定，要求引板的材质和坡口形式同于焊件，必要时可做试验确定。

第 10.6.10 条 在焊区以外的母材上打火引弧，会导致被烧伤母材表面应力集中，缺口附近的断裂韧性值降低，承受动荷载时的疲劳强度也将受到影响，特别是低合金结构钢对缺口的敏感性高于普通碳素钢，故更应避免“乱打弧”现象。

第 10.6.11 条 本条款的制定参考了现行国家标准《钢结构工程施工及验收规范》(GB 50205) 和部分国内高层钢结构制作的有关技术资料。钢板厚度越大，散热速度越快，焊接热影响区易形成组织硬化，生成焊接残余应力，使焊缝金属和熔合线附近产生裂纹。当板厚超过一定数值时，用预热的办法减慢冷却速度，有利于氢的逸出和降低残余应力，是防止裂纹的一项工艺措施。

本条款仅给出了环境温度为 0℃以上时的预热温度，对于环境温度在 0℃以下者未做具体规定，制作单位应通过试验确定适当的预热温度。

第 10.6.12 条 后热处理也是防止裂纹的一项措施，一般与预热措施配合使用。后热处理使焊件从焊后温度过渡到环境温度的过程延长，即降低冷却速度，有利于焊缝中氢的逸出，能较好地防止冷裂纹的产生，同时能调整焊接收缩应力，防止收缩应力裂纹。考虑到高层建筑钢结构厚板较多，防止裂纹是关键问题之一，故将后热处理列入规程条款中。因各工程的具体情况不同，各制作单位的施焊条件也不同，所以未做硬性规定，制作单位应通过工艺评定来确定工艺措施。

第 10.6.13 条 高层建筑钢结构的主要承力节点中，要求全熔透的焊缝较多，清根则是保证焊缝熔透的措施之一。清根方法以碳弧气刨为宜，清根工作应由培训合格的人员进行，以保证清根质量。

第 10.6.14 条 层状撕裂的产生是由于焊缝中存在收缩应力，当接头处约束度过大时，会导致沿板厚度方向产生较大的拉力，此时若钢板中存在片状硫化夹杂物，就易产生层状撕裂。厚板在高层建筑钢结构中应用较多，特别是大于 50mm 超厚板的使用，潜在着层状撕裂的危险。因此，防止沿厚度方向产生层状撕裂是梁柱接头中最值得注意的问题。根据国内外一些资料的介绍和一些制作单位的经验，本条款综合给出了几个方面可采取的措施。由于裂纹的形成是错综复杂的，所以施工中应采取那些措施，需依据具体情况具体分析而定。

碳当量法是将各种元素按相当于含碳量的作用总合起来，碳是各种合金元素中对钢材淬硬、冷裂影响最明显的因素，国际焊接学会推荐的碳当量为 $C_{eq}=C+Mn/6+(Ni+Cu)/15+(Cr+Mo+V)/5$ (%)，C_{eq} 值越高，钢材的淬硬倾向越大，需较高的预热温度和严格的工艺措施。

焊接裂纹敏感系数是日本提出和应用的，它计入钢材化学成份，同时考虑板厚和焊缝含氢量对裂纹倾向的影响，由此求出防裂纹的预热温度。焊接裂纹敏感系数 $P_{cm}=C+Si/30+Mn/20+Cu/20+Ni/60+Cr/20+Mo/15+V/10+5B+板厚/600+H/60$ (%)，预热温度 $T℃=1440P_{cm}-392$。

第 10.6.15 条 消耗熔嘴电渣焊在高层建筑钢结构中的应用是一门较新的技术，由熔嘴电渣焊的施焊部位是封闭的，消除缺陷相当困难，因此要求改善焊接环境和施焊条件，当出现影响焊接质量的情况时，应停止焊接。

为保证焊接工作的正常进行，对垫板下料和加工精度应严格要求，并应严格控制装配间隙。间隙过大易使熔池铁水泄漏，造成缺陷。当间隙大于 1mm 时，应进行修整和补救。

焊接时应由两台电渣焊机在构件两侧同时施焊，以防焊件变形。因焊接电压随焊接过程而变化，施焊时应随时注意调整，以保持规定数值。

焊接过程中应使焊件处于赤热状态，其表面温度在 800℃以上时熔合良好，当表面温度不足 800℃时，应适当调整焊接工艺参数，适量增加渣池的总热能。

第 10.6.16 条 栓钉焊接面上的水、锈、油等有害杂质对焊接质量有影响，因此，在焊接前应将焊接面上的杂质仔细清除干净，以保证栓焊的顺利进行。从事栓钉焊的焊工应经过专门训练，栓钉焊所用电源应为专门电源，在与其他电源并用时必须有足够的容量。

第 10.6.17 条 栓钉焊是近些年发展起来的特种焊接方法，其检查方法不同于其他焊接方法，因此，本规程将栓钉焊的质量检验作为一项专门条款给出。本条款的编制主要参考了日本的有关标准和资料。

栓钉焊缝外观应全部检查，其焊肉形状应整齐，焊接部位应全部熔合。

需更换不合格栓钉时，在去掉旧栓钉以后，焊接新栓钉之前，应先修补母材，将母材缺损处磨修平整，然后再焊新栓钉，更换过的栓钉应重新做弯曲试验，以检验新栓钉的焊接质量。

第10.6.18条 本条款对焊缝质量的外观检查时间进行了规定，这里考虑延迟裂纹的出现需要一定的时间，而高层建筑钢结构构件采用低合金结构钢及厚板较多，存在延迟断裂的可能性更大，对构件的安全存在着潜在的危险，因此应对焊缝的检查时间进行控制。考虑到实际生产情况，将全部检查项目都放到24h后进行有一定困难，所以仅对24h后应对裂纹倾向进行复验做出了规定。

本条款在严禁的缺陷一项中，增加了熔合性飞溅的内容。当熔合性飞溅严重时，说明施焊中的焊接热能量过大，由此造成施焊区温度过高，接头韧性降低，影响接头质量，因此，对焊接中出现的熔合性飞溅要严加控制。

焊缝质量的外观检验标准大部分均由设计规定，设计无规定者极少。本规程给出的表10.6.18仅用于设计无规定时。该表的编制，参考了现行国家标准《钢结构工程施工及验收规范》（GB 50205）、日本《建筑工程钢结构施工验收规范》以及国内部分有关资料。

第10.6.19条 高层建筑钢结构节点部位中，有相当一部分是要求全熔透的，因此，本规程特将焊缝的超声波检查探伤作为一个专门条款提出。

按照现行国家标准《钢结构工程施工及验收规范》（GB 50205）的规定，焊缝检验分为三个等级，一级用于动荷载或静荷载受拉，二级用于动荷载或静荷载受压，三级用于其他角焊缝。本条款给出的超检数量，参考了该规范的规定。在《钢焊缝手工超声波检验方法和探伤结果分级》（GB 11345—89）中，按检验的完善程度分为*A*、*B*、*C*三个等级。*A*级最低，*B*级一般，*C*级最高。评定等级分为Ⅰ、Ⅱ、Ⅲ、Ⅳ四个等级，Ⅰ级最高、Ⅳ级最低。根据高层钢结构的特点和要求以及施工单位的建议，本条款比照《钢焊缝手工超声波检验方法和探伤结果分级》（GB 11345—89）的规定，给出了高层建筑钢结构受拉、受压焊缝应达到的检验等级和评定等级。

本条款给出的超声波检查数量和等级标准，仅限于设计文件无规定时使用。

第10.6.20条 为保证焊接质量，应对不合格焊缝的返修工作给予充分重视，一般应编制返修工艺。本规程仅对几种返修方法做出了一般性规定，施工单位还应根据具体情况做出返修方法的规定。

焊接裂纹是焊接工作中最危险的缺陷，也是导致结构脆性断裂的原因之一。焊缝产生裂纹的原因很多，也很复杂，一般较难分辨清楚。因此，焊工不得随意修补裂纹，必须由技术人员制定出返修措施后再进行返修。

本条款对低合金结构钢的返修次数做出了明确规定，因低合金结构钢在同一处返修的次数过多，容易损伤合金元素，在热影响区产生晶粒粗大和硬脆过热组织，并伴有较大残余应力停滞在返修区段，易发生质量事故。

第七节 制 孔

第10.7.1条 制孔分零件制孔和成品制孔，即组装前制孔和组装后制孔。

保证孔的精度可以有很多方法，目前国外广泛使用的多轴立式钻床、数控钻床等，可以达到很高精度，消除了尺寸误差，但这些设备国内还不普及，所以本规程推荐模板制孔的方法。正确使用钻模制孔，可以保证高强度螺栓组装孔和工地安装孔的精度。采用模板制孔应注意零件、构件与模板贴紧，以免铁屑进入钻套。零件、构件上的中心线与模板中心线要对齐。

第10.7.2条 本条根据现行国家标准《钢结构工程施工及验收规范》（GB 50205）的规定，针对高层钢结构的生产特点，作了相应修改。

第10.7.3条 本条与现行国家标准《钢结构工程施工及验收规范》（GB 50205）的规定相同，所以不另做说明。

第八节 摩擦面的加工

第10.8.1条 高强度螺栓结合面的加工，是为了保证连接接触面的抗滑移系数达到设计要求。结合面加工的方法和要求，应按国家现行标准《钢结构高强度螺栓连接的设计及验收规程》（JGJ 82）执行。

第10.8.2条 本条参考现行国家标准《钢结构工程施工及验收规范》（GB 50205），规定了喷砂、喷（抛）丸和砂轮打磨等方法，是为方便施工单位根据自己的条件选择。但不论选用那一种方法，凡经加工过的表面，其抗滑移系数值必须达到设计要求。

本条文去掉了酸洗加工的方法，是因为现行国家标准《钢结构设计规范》（GBJ 17）已不允许用酸洗加工，而且酸洗在建筑结构上很难做到，即使小型构件能用酸洗，残存的酸液往往会继续腐蚀连接面。

第10.8.3条 经过处理的抗滑移面，如有油污或涂有油漆等物，将会降低抗滑移系数值，故对加工好的连接面必须加以保护。

第10.8.4条 本条规定了制作厂进行抗滑移系数实验的时间和试验报告的主要内容。一般说来，制作厂宜在钢结构制作前进行抗滑移系数试验，并将其纳入工艺，指导生产。

第10.8.5条 本条规定了高强度螺栓抗滑移系数试件的制作依据和标准。考虑到我国目前高层建筑钢结构施工有采用国外标准的工程，所以本文中也允许按设计文件规定的制作标准制作试件。

第九节 端 部 加 工

第10.9.1条 有些构件端部要求磨平顶紧以传递荷载，这时端部要精加工。为保证加工质量，本条规定构件要在矫正合格后才能进行端部加工。表10.9.1是根据现行国家标准《钢结构工程施工及验收规范》（GB 50205）的规定制定的。

第十节 防锈、涂层、编号和发运

第10.10.1、10.10.2条 参照现行国家标准《钢结构工程施工及验收规范》（GB 50205）的规定制定。

第10.10.3条 本条指出了防锈涂料和涂层厚度的依据标准，强调涂料要配套使用。

第10.10.4条 本条规定了不涂漆表面的处理要求，以保证构件和外观质量，对有特殊要求的，应按设计文件的规定进行。

第10.10.5条 本条规定在涂层完毕后对构件编号的要求。由于高层钢结构构件数量多，品种多，施工场地相对狭小，构件编号是一件很重要的工作。编号应有统一规定和要求，以利于识别。

第10.10.6条 包装对成品质量有直接影响。合格的产品，如果发运、堆放和管理不善，仍可能发生质量问题，所以应当引起重视。一般构件要有防止变形的措施，易碰部位要有适当的保护措施；节点板、垫板等小型零件宜装箱保存；零星构件及其他部件等，都要按同一类别用螺栓和铁丝紧固成束；高强度螺栓、螺母、垫圈应配套并有防止受潮等保护措施；经过精加工的构件表面和有特殊要求的孔壁要有保护措施等。

第10.10.7条 高层建筑钢结构层数多，施工场地相对狭小，如果存放和发运不当，会给安装单位造成很大困难，影响工程进度和带来不必要的损失，所以制作厂应与吊装单位根据安装施工组织设计的次序，认真编制安装程序表，进行包装和发运。

第10.10.8条　由于高层建筑钢结构数量大，品种多，一旦管理不善，造成的后果是严重的，所以本条规定的目的是强调制作单位在成品发运时，一定要与定货单位作好交接工作，防止出现构件混乱、丢失等问题。

第十一节　构件验收

第10.11.1条　本规程所指验收，是构件出厂验收，即对具备出厂条件的构件按照工程标准要求检查验收。

表10.11.1-1～表10.11-4的允许偏差，是参考了现行国家标准《钢结构工程施工及验收规范》(GB 50205)和日本《建筑工程钢结构施工验收规范》编制的，根据我国高层建筑钢结构施工情况，对其中各项做了补充和修改，补充和修改的依据是通过一些新建高层建筑钢结构的施工调查取得的。

第10.11.2条　本条是在现行国家标准《钢结构工程施工及验收规范》(GB 50205)规定的基础上，结合高层建筑钢结构的特点制定的，增加了无损检验和必要的材料复验要求。

本条规定的目的，是要制作厂为安装单位提供在制作过程中变更设计、材料代用等的资料，以便据以施工，同时也为竣工验收提供原始资料。

第十一章　安　　装

第一节　一般要求

第11.1.1条　编制施工组织设计或施工方案是组织高层建筑钢结构安装的重要工作，应按结构安装施工组织设计的一般要求，结合高层建筑钢结构的特点进行编制，其具体内容这里不拟一一列举。

第11.1.3条　安装用的焊接材料、高强度螺栓和栓钉等，必须具有产品出厂的质量证明书，并符合设计要求和有关标准的要求，必要时还应对这些材料进行复验，合格后方能使用。

第11.1.4条　高层建筑钢结构工程安装工期较长，使用的机具和工具必须进行定期检验，保证达到使用要求的性能及各项指标。

第11.1.5条　安装的主要工艺，在安装工作开始前必须进行工艺试验（也叫工艺考核），以试验得出的各项参数指导施工。

第11.1.6条　高层建筑钢结构构件数量很多，构件制作尺寸要求严，对钢结构加工质量的检查，应比单层房屋钢结构构件要求更严格，特别是外形尺寸，要求安装单位在构件制作时就派员到构件制作厂进行检查，发现超出允许偏差的质量问题时，一定要在厂内修理，避免运到现场再修理。

第11.1.7条　土建施工单位、钢结构制作单位和钢结构安装单位三家使用的钢尺，必须是由同一计量部门由同一标准鉴定的。原则上，应由土建施工单位（总承包单位）向安装单位提供鉴定合格的钢尺。

第11.1.8条　高层建筑钢结构是多单位、多机械、多工种混合施工的工程，必须严格遵守国家和企业颁发的现行环境保护和劳动保护法规以及安全技术规程。在施工组织设计中，要针对工程特点和具体条件提出环境保护、安全施工和消防方面的措施。

第二节　定位轴线、标高和地脚螺栓

第11.2.1条　安装单位对土建施工单位提出的高层建筑钢结构安装定位轴线、水准标高、柱基础位置线、预埋地脚螺栓位置线、钢筋混凝土基础面的标高、混凝土强度等级等各项数据，必需进行复查，符合设计和规范的要求后，方能进行安装。上述各项的实际偏差不得超过允许偏差。

第11.2.2条　柱子的定位轴线，可根据现场场地宽窄，在建筑物外部或建筑物内部设辅助控制轴线。

现场比较宽敞、钢结构总高度在100m以内时，可在柱子轴线的延长线上适当位置设置控制桩位，在每条延长线上设置两个桩位，供架设经纬仪用；现场比较狭小、钢结构总高度在100m以上时，可在建筑物内部设辅助线，至少要设3个点，每2点连成的线最好要垂直，因此，三点不得在一条直线上。

钢结构安装时，每一节柱子的定位轴线不得使用下一节柱子的定位轴线，应从地面控制轴线引到高空，以保证每节柱子安装正确无误，避免产生过大的积累偏差。

第11.2.3条　地脚螺栓（锚栓）可选用固定式或可动式，以一次或二次的方法埋设。不管用何种方法埋设，其螺栓的位置、标高、丝扣长度等应符合设计和规范的要求。

第11.2.4条　地脚螺栓的紧固力一般由设计规定，可按表C11.2.4采用。

地脚螺栓紧固力　　表C11.2.4

地脚螺栓直径（mm）	紧固轴力（kN）
30	60
36	90
42	150
48	160
56	240
64	300

地脚螺栓螺母的止退，一般可用双螺母，也可在螺母拧紧后将螺母与螺栓杆焊牢。

第11.2.5条　高层建筑钢结构安装时，其标高控制可以用两种方法：一是按相对标高安装，柱子的制作长度偏差只要不超过规范规定的允许偏差±3mm即可，不考虑焊缝的收缩变形和荷载引起的压缩变形对柱子的影响，建筑物总高度只要达到各节柱制作允许偏差总和以及柱压缩变形总和就算合格；另一种是按设计标高安装，（不是绝对标高，不考虑建筑物沉降），即按土建施工单位提供的基础标高安装，第一节柱子底面标高和各节柱子累加尺寸的总和，应符合设计要求的总尺寸，每节柱接头产生的收缩变形和建筑物荷载引起的压缩变形，应加到柱子的加工长度中去，钢结构安装完成后，建筑物总高度应符合设计要求的总高度。

第11.2.6条　底层第一节柱安装时，可在柱子底板下的地脚螺栓上加一个螺母，螺母上表面的标高调整到与柱底板标高齐平，放上柱子后，利用底板下的螺母控制柱子的标高，精度可达±1mm以内，用以代替在柱子的底板下做水泥墩子的老办法。柱子底板下预留的空隙，可以用无收缩砂浆以捻浆法填实。使用这种方法时，对地脚螺栓的强度和刚度应进行计算。

第三节　构件的质量检查

第11.3.1条　安装单位应派有检查经验的人员深入到钢结构制作厂，从构件制作过程到构件成品出厂，逐个进行细致检查，并作好书面记录。

第11.3.2条　对主要构件，如梁、柱、支撑等的制作质量，在构件运到现场后仍应进行复查（前面检查得再细，总会有漏检的项目），凡是质量不符合要求的，都应在地面修理。如果构件吊到高空发现问题再吊回地面修理，就会严重影响安装进度。

第11.3.3条　对端头用坡口焊缝连接的梁、柱、支撑等构件，在检查其长度尺寸时，应将焊缝的收缩值计入构件的长度。如按设计标高进行安装时，还要将柱子的压缩变形值计入构件的长度。

制作厂在构件加工时，应将焊缝收缩值和压缩变形值计入构件长度。

第11.3.4条　在检查构件外形尺寸、构件上的节点板、螺栓孔等位置时，应以构件的中心线为基准进行检查，不得以构件的棱边、侧面对准基准线进行检查，否则可能导致误差。

第四节 构件的安装顺序

第 11.4.1 条 高层建筑钢结构的安装顺序对安装质量有很大影响，为了确保安装质量，应遵循本条规定的步骤。

第 11.4.2 条 流水区段的划分要考虑本条列举的诸因素，区段内的结构应具有整体性和便于划分。

第 11.4.3 条 每节柱高范围内全部构件的安装顺序，不论是柱、梁、支撑或其他构件，平面上应从中间向四周扩展安装，竖向要由下向上逐件安装，这样在整个安装过程中，由于上部和周边处于自由状态，构件安装进档和测量校正都易于进行，能取得良好的安装效果。

有一种习惯，即先安装一节柱子的顶层梁。但顶层梁固定了，将使中间大部分构件进档困难，测量校正费力费时，增加了安装的难度。

第 11.4.4 条 高层建筑钢结构构件的安装顺序，要用图和表格的形式表示，图中标出每个构件的安装顺序，表中给出每一顺序号的构件名称、编号，安装时需用节点板的编号、数量、高强度螺栓的型号、规格、数量，普通螺栓的规格和数量等。从构件质量检查、运输、现场堆存到结构安装，都使用这一表格，可使高层建筑钢结构安装有条不紊，有节奏、有秩序地进行。

第五节 构件接头的现场焊接顺序

第 11.5.1 条 构件接头的现场焊接顺序，比构件的安装顺序更为重要，如果不按合理的顺序进行焊接，就会使结构产生过大的变形，严重的会将焊缝拉裂，造成重大质量事故。本条规定的作业顺序必须严格执行，不得任意变更。高层建筑钢结构构件接头的焊接工作，应在一个流水段的一节柱范围内，全部构件的安装、校正、固定、预留焊缝收缩量（也考虑温度变化的影响）和弹性压缩量均已完成并经质量检查部门检查合格后方能开始，因焊接后再发现大的偏差将无法纠正。

第 11.5.2 条 构件接头的焊接顺序，在平面上应从中间向四周并对称扩展焊接，使整个建筑物外形尺寸得到良好的控制，焊缝产生的残余应力也较小。

柱与柱接头和梁与柱接头的焊接以互相协调为好，一般可以先焊一节柱的顶层梁，再从下往上焊各层梁与柱的接头；柱与柱的接头可以先焊也可以最后焊。

第 11.5.3 条 焊接顺序编完后，应绘出焊接顺序图，列出焊接顺序表，表中注明构件接头采用那种焊接工艺，标明使用的焊条、焊丝、焊剂的型号、规格、焊接电流，在焊接工作完成后，记入焊工代号，对于监督和管理焊接工作有指导作用。

第 11.5.4 条 构件接头的焊接顺序按照参加焊接工作的焊工人数进行分配后，应在规定时间内完成焊接，如不能按时完成，就会打乱焊接顺序。而且，焊工不得自行调换焊接顺序，更不允许改变焊接顺序。

第六节 钢构件的安装

第 11.6.1 条 柱子的安装工序应该是：(1) 调整标高；(2) 调整位移（同时调整上柱和下柱的扭转）；(3) 调整垂直偏差。如此重复数次。如果不按这样的工序调整，会很费时间，效率很低。

第 11.6.2 条 当构件截面较小，在地面将几个构件拼成扩大单元进行安装时，吊点的位置和数量应由计算或试吊确定，以防因吊点位置不正确造成结构永久变形。

第 11.6.3 条 柱子、主梁、支撑等各类构件都有连接板等附件，有的节点板很大很重，人力搬不动，如果不和构件一起起吊上去，起重机单独安装很不经济，也很不安全，所以要随构件一起起吊。为了在高空组拼方便，可以用铰链把节点板连接在构件上，到达安全位置后，旋转过来就能对正，方便安装。

第 11.6.4 条 构件上设置的爬梯或轻便走道，是供安装人员高空作业使用的，应在地面就牢固地连接在构件上，和构件一起起吊；如到高空再设置，既不安全更不经济。

第 11.6.5 条 柱子、主梁、支撑等主要构件安装时，应在就位并临时固定后，立即进行校正，并永久固定（柱接头临时耳板用高强度螺栓固定，也是永久固定的一种）。不能使一节柱子高度范围的各个构件都临时连接，这样在其他构件安装时，稍有外力，该单元的构件都会变动，钢结构尺寸将不易控制，安装达不到优良的质量，也很不安全。

第 11.6.6 条 安装上的构件，要在当天形成稳定的空间体系。安装工作中任何时候，都要考虑安装好的构件是否稳定牢固，因为随时可能会由于停电、刮风、下雨、下雪等而停止安装。

第 11.6.7 条 安装高层建筑钢结构使用的塔式起重机，有外附在建筑物上的，随着建筑物增高，起重机的塔身也要往上接高，起重机塔身的刚度要靠与钢结构的附着装置来维持。采用内爬式塔式起重机时，随着建筑物的增高，要依靠钢结构一步一步往上爬升。塔式起重机的爬升装置和附着装置及其对钢结构的影响，都必须进行计算，根据计算结果，制定相应的技术措施。

第 11.6.8 条 楼面上铺设的压型钢板和楼板的模板，承载能力比较小，不得在上面堆放过重的施工机械等集中荷载。安装活荷载必须限制或经过计算，以防压坏钢梁和压型钢板，造成事故。

第 11.6.9 条 一节柱的各层梁安装完毕后，宜随即把楼梯安装上，并铺好梁面压型钢板。这样的施工顺序，既方便下一道工序，又保证施工安全。国内有些高层建筑钢结构的楼梯和压型钢板施工，与钢结构错开 6～10 层，施工人员上下要从塔式起重机上爬行，既不方便，也不安全。

第 11.6.10 条 采用外墙板做围护结构时，因外墙板重量较大，而钢结构重量较轻，在挂外墙板时应对称均匀安装，使建筑物不致偏心荷载，并使其压缩变形比较均匀。

第 11.6.11 条 楼板对建筑物的刚度和稳定性有重要影响，楼板还是抗扭的重要结构，因此，要求钢结构安装到第六层时，应将第一层楼板的钢筋混凝土浇完，使钢结构安装和楼板施工相距不超过 5 层。如果因某些原因超过 5 层或更多层数时，应由现场责任工程师会同设计和质量监督部门研究解决。

第 11.6.12 条 一个流水段一节柱子范围的构件要一次装齐并验收合格，再开始安装上面一节柱的构件，不要造成上下数节柱的构件都不装齐，结果东补一根构件，西补一根构件，既延长了安装工期，又不能保证工程质量，施工也很不安全。

第七节 安装的测量校正

第 11.7.1 条 高层建筑钢结构安装中，楼层高度的控制可以按相对标高，也可以按设计标高，但在安装前要先决定用哪一种方法，可会同建设单位、设计单位、质量检查部门共同商定。

第 11.7.2 条 柱子安装时，垂直偏差一定要校正到±0.000，先不留焊缝收缩量。在安装和校正柱与柱之间的主梁时，再把柱子撑开，留出接头焊接收缩量，这时柱子产生的内力，在焊接完成和焊缝收缩后也就消失。

第 11.7.3 条 高层建筑钢结构对温度很敏感，日照、季节温差、焊接等产生的温度变化，会使它的各种构件在安装过程中不断变动外形尺寸，安装中要采取能调整这种偏差的技术措施。

如果在日照变化小的早中晚或阴天进行构件的校正工作，由于高层钢结构平面尺寸较小，又要分流水段，每节柱的施工周期很短，这样做的结果就会因测量校正工作拖了安装进度。

另一种方法是不论在什么时候，都以当时经纬仪的垂直平面为垂直基准，进行柱子的测量校正工作。温度的变化会使柱子的垂直度发生变化，这些偏差在安装柱与柱之间的主梁时，用外力强制复位，使回到要求的位置（焊接接头别忘了留焊缝收缩量），这时柱子内会产生 30～40N/mm^2 的温度应力，试验证明，它比由于构件加工偏差进行强制校正时产生的内应力要小得多。

第 11.7.4 条 用缆风绳或支撑校正柱子时，在松开缆风绳或支撑时，柱子能保持±0的垂直状态，才能算校正完毕。

如果缆风绳或支撑的力量很大，柱子就有很大的安装内力，松开缆风绳或支撑，柱子的位置就变化了，这样也会使结构产生较大的变形，此时不能算校正完毕。

第 11.7.5 条 上柱和下柱发生较大的扭转偏差时，可以在上柱和下柱耳板的不同侧面加垫板，通过用连接板夹紧，就可以达到校正这种扭转偏差的目的。

第 11.7.6 条 仅对被安装的柱子本身进行测量校正是不够的，柱子一般有多层梁，一节柱有二层、三层，甚至四层梁，柱和柱之间的主梁截面大，刚度也大，在安装主梁时柱子会变动，产生超出规定的偏差。因此，在安装柱和柱之间的主梁时，还要对柱子进行跟踪校正；对有些主梁连系的隔跨甚至隔两跨的柱子，也要一起监测。这时，配备的测量人员也要适当增加，只有采取这样的措施，柱子的安装质量才有保证。

第 11.7.7 条 在楼面安装压型钢板前，梁面上必须先放出压型钢板的位置线，按照图纸规定的行距、列距顺序排放。要注意相邻二列压型钢板的槽口必须对齐，使组合楼板钢筋混凝土下层的主筋能顺利地放入压型钢板的槽内。

第 11.7.8 条 栓钉也要按图纸的规定，在钢梁上放出栓钉的位置线，使栓钉焊完后在钢梁上排列整齐。

第 11.7.9 条 各节柱的定位轴线，一定要从地面控制轴线引上来，并且要在下一节柱的全部构件安装、焊接、栓接并验收合格后进行引线工作；如果提前将线引上来，该层有的构件还在安装，结构还会变动，引上来的线也在变动，这样就保证不了柱子定位轴线的准确性。

第 11.7.10 条 结构安装的质量检查记录，必须是构件已安装完成，而且焊接、栓接等工作也已完成并验收合格后的最后一次检查记录，中间检查的各次记录不能作为安装的验收记录。如柱子的垂直度偏差检查记录，只能是在安装完毕，且柱间梁的安装、焊接、栓接也已完成后所作的测量记录。

第八节 安装的焊接工艺

第 11.8.1 条 高层建筑钢结构柱子和主梁的钢板，一般都比较厚，材质要求也较严，主要接头要求用焊缝连接，并达到与母材等强。这种焊接工作，工艺比较复杂，施工难度大，不是一般焊工能够很快达到所要求技术水平的。所以在开工前，必须针对工程具体要求，进行焊接工艺试验，以便一方面提高焊工的技术水平，一方面取得与实际焊接工艺一致的各项参数，制定符合高层建筑钢结构焊接施工的工艺规程，指导安装现场的焊接施工。

第 11.8.2 条 焊接用的焊条、焊丝、焊剂等焊接材料，在选用时应与母材强度等级相匹配，并考虑钢材的焊接性能等条件。钢材焊接性能可参考下列碳当量公式选用：$C_{eq}=C+Mn/6+Si/24+Ni/40+Cr/5+Mo/4+V/14<0.44\%$，引弧板的材质必须与母材一致，必要时可通过试验选用。

第 11.8.3 条 焊接工作开始前，焊口应清理干净，这一点往往为焊工所忽视。如果焊口清理不干净，垫板又不密贴，会严重影响焊接质量，造成返工。

第 11.8.4 条 定位点焊是焊接构件组拼时的重要工序，定位点焊不当会严重影响焊接质量。定位点焊的位置、长度、厚度应由计算确定，其焊接质量应与焊缝相同。定位点焊的焊工，应该是具有点焊技能考试合格的焊工，这一点往往被忽视。由装配工任意进行点焊是不对的。

第 11.8.5 条 框架柱截面一般较大，钢板又较厚，焊接时应由两个焊工在柱子两个相对边的对称位置以大致相等的速度逆时针方向施焊，以免产生焊接变形。

第 11.8.6 条 柱子接头用引弧板进行焊接时，首先焊接的相对边焊缝不宜超过4层，焊毕应清理焊根，更换引弧板方向，在另两边连续焊8层，然后清理焊根和更换引弧板方向，在相垂直的另两边焊8层，如此循环进行，直到将焊缝全部焊完，参见图C11.8.7*b*。

第 11.8.7 条 柱子接头不加引弧板焊接时，两个焊工在对面焊接，一个焊工焊两面，也可以两个焊工以逆时针方向转圈焊接。前者要在第一层起弧点和第二层起弧点相距30～50mm开始焊接（图C11.8.7*a*）。每层焊道要认真清渣，焊到柱棱角处要放慢焊条运行速度，使柱棱成为方角。

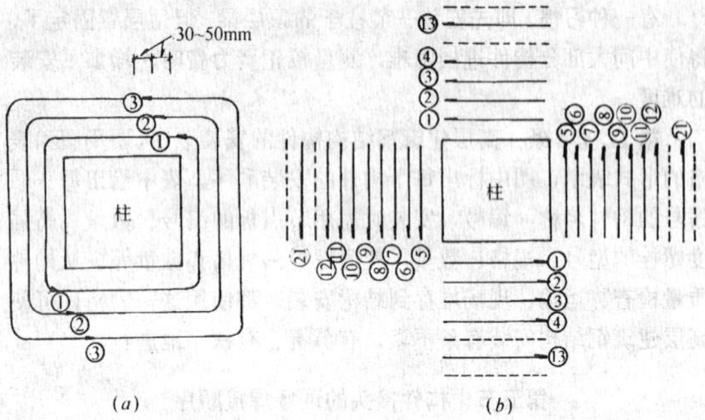

图 C11.8.7 柱接头焊接顺序

(*a*) 焊道起点的错位；(*b*) 焊接顺序；

第 11.8.8 条 梁与柱接头的焊缝在一条焊缝的两个端头加引弧板（另一侧为收弧板）。引弧板的长度不小于30mm，其坡口角应与焊缝坡口一致。焊接工作结束后，要等焊缝冷却再割去引弧板，并留5～10mm，以免损伤焊缝。

第 11.8.9 条 梁翼缘与柱的连接焊缝，一般宜先焊梁的下翼缘再焊上翼缘。由于在荷载下梁的下翼缘受压，上翼缘受拉，故认为先焊下翼缘最合理。

一根梁两个端头的焊缝不宜同时焊接，宜先焊一端头，再焊另一端头。

第 11.8.10 条 柱与柱、梁与柱接头的焊接收缩值，可用试验的方法，或按公式计算，或参考经验公式确定，有条件时最好用试验的方法。制作厂应将焊接收缩值加到构件制作长度中去。

第 11.8.11 条 规定焊接时的风速是为了保证焊接质量，5m/s时是三级风，气象特征为树叶及小树枝摇动不息，旗帜展开，基本风压为$6.8\sim17.15N/m^2$；3m/s是二级风，气象特征是人面感觉有风，树叶有微响，风向标能转动，基本风压为$1.51\sim6.41N/m^2$。

工厂规定的风速值较小，是因为厂房内风速一般较小。

第 11.8.12 条 焊接工作完成后，焊工应在距焊缝5～10mm的明显位置上打上焊工代号钢印，此规定在施工中必须严格执行。焊缝的外观检查和超声波探伤检查的各次记录，都应整理成书面形式，以便在发现问题时便于分析查找原因。

第 11.8.13 条 一条焊缝重焊如超过二次，母材和焊缝将不能保证原设计的要求，此时应更换母材。如果设计和检验部门同意进行局部处理，是允许的，但要保证处理质量。

第 11.8.14 条 母材由于焊接产生层状撕裂时，若缺陷严重，要更换母材；若缺陷仅发生在局部，经设计和质量检验部门同意，可以局部处理。

第 11.8.15 条 栓钉焊有直接焊在钢梁上和穿透压型钢板焊在钢梁上两种型式，施工前必须进行试焊，焊点处有铁锈、油污等脏物时，要用砂轮清除锈污，露出金属光泽。焊接时，焊点处不能有水和结露。压型钢板表面有锌层必须除去以免产生铁锌共晶体熔敷金属。栓钉焊的地线装置必须正确，防止产生偏弧。

第九节　高强度螺栓施工工艺

第 11.9.2 条　高强度螺栓长度按下式计算：

$$L = A + B + C + D$$

式中，L 为螺杆需要的长度；A 为接头各层钢板厚度总和；B 为垫圈厚度；C 为螺母厚度；D 为拧紧螺栓后丝扣露出 2～3 扣的长度。

统计出各种长度的高强度螺栓后，要进行归类合并，以 5 或 10mm 为级差，种类应越少越好。表 11.9.2 列出的数值，是根据上列公式计算的结果。

第 11.9.4 条　高强度螺栓节点上的螺栓孔位置、直径等超过规定偏差时，应重新制孔，将原孔用电焊填满磨平，再放线重新打孔。安装中遇到几层钢板的螺孔不能对正时，只允许用铰刀扩孔。扩孔直径不得超过原孔径 2mm。绝对禁止用气割扩高强度螺栓孔，若用气割扩高强度螺栓孔时应按重大质量事故处理。

第 11.9.5 条　高强度螺栓按扭矩系数使螺杆产生额定的拉力。如果螺栓不是自由穿入而是强行打入，或用螺母把螺栓强行拉入螺孔内，则钢板的孔壁与螺栓杆产生挤压力，将使扭矩转化的拉力很大一部分被抵消，使钢板压紧力达不到设计要求，结果达不到高强度螺栓接头的安装质量，这是必须注意的。

高强度螺栓在一个接头上的穿入方向要一致，目的是为了整齐美观和操作方便。

第 11.9.6 条　高层钢结构中，柱与梁的典型连接，是梁的腹板用高强度螺栓连接，梁翼缘用焊接。这种接头的施工顺序是，先拧紧腹板上的螺栓，再焊接梁翼缘板的焊缝，或称"先栓后焊"。焊接热影响使高强度螺栓轴力损失约 5%～15%（平均损失 10%左右），这部分损失在螺栓连接设计中通常忽略不计。

第 11.9.8 条　高强度螺栓初拧和复拧的目的，是先把螺栓接头各层钢板压紧；终拧则使每个螺栓的轴力比较均匀。如果钢板不预先压紧，一个接头的螺栓全部拧完后，先拧的螺栓就会松动。因此，初拧和复拧完毕要检查钢板密贴的程度。一般初拧扭矩不能用得太小，最好用终拧扭矩的 89%。

第 11.9.9 条　高强度螺栓拧紧的次序，应从螺栓群中部向四周扩展逐个拧紧，无论是初拧、复拧还是终拧，都要遵守这一规则，目的是使高强度螺栓接头的各层钢板达到充分密贴，避免产生弹簧效应。

第 11.9.10 条　拧紧高强度螺栓用的定扭矩搬子，要定期进行定扭矩值的检查，每天上下午上班前都要校核一次。高强度螺栓使用扭矩大，搬手在强大的扭矩下工作，原来调好的扭矩值很容易变动，所以检查定扭矩搬子的额定扭矩值，是十分必要的。

第 11.9.11 条　高强度螺栓从安装到终拧要经过几次拧紧，每遍都不能少，为了明确拧紧的次数，规定每拧一遍都要做上记号。用不同记号区别初拧、复拧、终拧，是防止漏拧的较好办法。

第十节　结构的涂层

第 11.10.1～11.10.4 条　高层建筑钢结构都要用防火涂层，因此钢结构加工厂在构件制作时只作防锈处理，用防锈涂层刷两道，不涂刷面层。但构件的接头，不论是焊接还是螺栓连接，一般是不刷油漆和各种涂料的，所以钢结构安装完成后，要补刷这些部位的涂层工作。钢结构安装后补刷涂层的部位，包括焊缝周围、高强度螺栓及摩擦面外露部分，以及构件在运输安装时涂层被擦伤的部位。

高层建筑钢结构安装补刷涂层工作，必须在整个安装流水段内的结构验收合格后进行，否则在刷涂层后再作别的项目工作，还会损伤涂层。涂料和涂刷工艺应和结构加工时所用相同。露天、冬季涂刷，还要制定相应的施工工艺。

第十一节　安装的竣工验收

第 11.11.1～11.11.3 条　高层建筑钢结构的竣工验收工作分为二步：第一步是每个流水区段一节柱子的全部构件安装、焊接、栓接等各单项工程，全部检查合格后，要进行隐蔽工程验收工作，这时要求这一段内的原始记录应该齐全。第二步是在各流水区段的各项工程全部检查合格后，进行竣工验收。竣工验收按照本节规定的各条，由各有关单位办理。

高层建筑钢结构的整体偏差，包括整个建筑物的平面弯曲、垂直度、总高度允许偏差等，虽然作了具体规定，但执行起来很困难，还有待专门研究，提出符合实际和便于执行的办法。

第十二章　防　火

第一节　一 般 要 求

第 12.1.1 条　高层钢结构建筑既有一般高层建筑的消防特点，又有钢结构在高温条件下的特有规律，故高层建筑钢结构的防火设计应符合现行国家标准《高层民用建筑设计防火规范》(GB 50045)、《建筑设计防火规范》(GBJ 16) 以及本规程的有关补充规定。

高层建筑的防火特点，在现行国家标准《高层民用建筑设计防火规范》(GB 50045) 的编写说明中已作了详细论述，这里不再赘述。

钢结构在高温条件下的特有规律，主要是强度降低和蠕变。对于建筑用钢来说，在 260℃以前其强度不降低，260～280℃开始下降，达到 400℃时屈服现象消失，强度明显降低，当达到 450～500℃时，钢材内部再结晶使强度急速下降，进而失去承载力。蠕变在较低温度时也会发生，但只有在高于 $0.3T_r$（以绝对温度表示的金属熔点）时才比较明显，对于碳素钢来说，该温度大体为 300～350℃；对于合金来说，该温度大体为 400～450℃。温度越高，蠕变越明显，而建筑物的火灾温度可高达 900～1000℃，所以经受火灾的钢结构应考虑蠕变的影响。

第 12.1.2 条　本条对高层建筑钢结构的主要承重构件及钢板剪力墙、抗剪支撑、吊顶、防火墙等构件的燃烧性能及耐火极限作了规定，其根据如下：

楼板是水平承重构件，根据火灾统计资料及建筑构件的实际构造情况，其耐火极限一级定为 1.50h，二级定为 1.00h，是合适的；楼板将荷载传递给梁，梁的耐火极限比楼板略高也是应该的，梁和楼板的耐火极限仅对该层有较大影响，与其他楼层关系不大。而柱则不然，在高层建筑结构体系中，下面的柱支承上面的柱，下面的柱如果发生意外，将直接影响上面诸层的安危，从这一点看，下面的柱比上面的柱重要，尤其是十几层以下的柱更重要，所以把柱的耐火极限按其所处的不同位置分别提出不同要求，这样处理既满足了消防和结构上的要求，又降低了工程造价。

抗剪支撑和钢板剪力墙，按风和地震作用组合引起的内力设计，考虑到火灾和大风同时发生的机会很小，故将其耐火极限定为比柱的耐火极限稍低的档次。

在表 2.1.2 中附加了三条注释，对设在钢梁上的防火墙、中庭桁架及设有自动灭火设备的楼梯的耐火极限，分别做了放宽规定。

日本建筑基准法施行令规定，自顶层算起的 4 层内，防火极限为 1.00h；5～14 层耐火极限为 2.00h；14 层以下为 3.00h。本条在编制时也参考采用。

第 12.1.3 条　建筑物内存放可燃物的平均重量超过 2kN/m² 的房间，一般都是火灾荷载较大的房间，当室内火灾荷载较大时，一旦失火则往往使火灾的燃烧持续时间也长。

火灾燃烧持续时间与火灾荷载及燃烧条件的关系如下式：

$$T=\frac{qA}{(550-600)A_0\sqrt{H}}$$

式中，T 为燃烧持续时间 (min)；q 为火灾荷载，即单位等效可燃物量 (kN/m^2)；A 为室内地板面积 (m^2)；A_0 为房间开口面积 (m^2)；H 为开口高度 (m)。

第二节　防火保护材料及保护层厚度的确定

第 12.2.1 条　未加保护的钢结构的耐火极限一般为 0.25h，必须采取适当的防火保护措施才能达到第 12.1.2 条的要求。

目前，大多数钢结构采用了钢结构防火涂料喷涂保护，也有采用板型材和现浇混凝土保护的。在防火涂料中，薄涂型的涂层厚度为 2～7mm，当加热至 150～350℃时，所含树脂和防火剂（此外为无机填料）发生物理化学变化，使涂层膨胀增厚，从而起到防火保护作用，但是其耐火极限不超过 1.5h。厚涂型则是以水泥、水玻璃、石膏为胶结料，掺膨胀蛭石、膨胀珍珠岩、空心微珠和岩（矿）棉而成，涂层厚度在 8mm 以上，改变厚度可满足不同的耐火极限要求。板型材常见的有石膏板、水泥蛭石板、硅酸钙板和岩（矿）棉板，使用时需通过粘结剂或紧固件固定在构件上。现浇混凝土表观密度大，遇火易爆裂，应用上受到一定限制。

选用防火保护材料的基本原则是：

(1) 良好的绝热性，导热系数小或热容量大；

(2) 在装修、正常使用和火灾升温过程中，不开裂，不脱落，能牢固地附着在构件上，本身又有一定的结构强度，并且粘结强度大或有可靠的固定方式；

(3) 不腐蚀钢材，呈碱性且氯离子含量低；

(4) 不含危害人体健康的石棉等物质。

材料的上述性能只有通过理化、力学性能测试数据，耐火试验观测报告，以及长期使用情况调查，才能反映出来，生产厂家应提供这方面的技术资料。

我国现行标准《钢结构防火涂料应用技术规程》(CECS 24—90) 对防火涂料的技术指标已有明确规定，而板型材的防火保护技术和消防专业标准尚待开发。

第 12.2.2 条　防火保护材料选好之后，保护层厚度的确定十分重要。由于影响因素较多，如材料的种类、钢构件的截面形状和尺寸、荷载形式与大小，以及要求的耐火极限等。因此，确定厚度的最好办法，是进行构件的耐火试验。试验用实际构件或标准钢梁的尺寸、试验条件与方法、判定条件等，应符合国家现行标准《建筑构件耐火性能试验方法》(GB 9978) 和《钢结构防火涂料应用技术规程》(CECS 24—90) 的规定，而柱以及标准钢柱的判定条件急待建立。

国家现行标准《钢结构防火涂料应用技术规程》(CECS 24—90) 附录三中的推算公式如下：

$$d_1=\frac{g_1/H_{p1}}{g_2/H_{p2}}\times d_2\times k$$

式中　d_1 为防火涂层厚度 (mm)；g 为钢梁单位长度的重量 (N/m)；H_p 为钢梁防火涂层接触面周长 (mm)；k 为系数，对钢梁为 1.0，对相应楼层钢柱的保护层厚度为 1.25，下标 1、2 分别代表实际钢梁和试验标准钢梁。

附录七的试验公式来源于欧共体的钢结构防火规程和设计手册，仅适用于厚涂型钢结构防火涂料和板型材保护的热轧非组合构件。

薄型防火涂料遇火膨胀增厚，性能相应改变，宜以耐火试验确定其厚度值。

第 12.2.3 条　国内已做过钢筋混凝土楼板的耐火试验，设计单位可以从现行国家标准《高层民用建筑设计防火规范》(GB 50045)、《建筑设计防火规范》(GBJ 16) 以及消防单位编制的"建筑构件耐火试验数据手册"中查阅有关数据。

压型钢板组合楼板的厚度规定引自英国标准，待国内积累了试验数据再作修改补充。

第三节　防火构造与施工

第 12.3.1 条　钢结构防火保护的效果，除选择合适的保护材料与厚度外，还与施工质量、管理水平密切相关，因此要求具备这方面的知识和经验的专业施工队来实施，在完工后进行交工验收。

防火涂层的施工与验收按《钢结构防火涂料应用技术规程》(CECS 24—90) 进行，板型材则应把重点放在板的固定和接缝部位的处理上。

第 12.3.2 条　此条既照顾了不同品种材料的特性，也利于材料新品种、新技术的引进和开发。

第 12.3.3 条　潮湿与侵蚀性环境会加剧钢材的锈蚀过程，尤其是锈层的膨胀将导致防火保护层的开裂、剥落，从而失去防火保护作用，因此，应按有关规定，对钢结构作防腐蚀处理。

第 12.3.4～12.3.7 条　根据美国高层钢结构文献、英国防火规范、我国现行国家标准《高层民用建筑设计防火规范》(GB 50045) 及其他标准、德国手册等文献整理而成。

一、防火涂料保护。目前国内已发展了十余种防火涂料，年产量在 5000t 以上，其主要品种的技术性能也已达到国际上 80 年代先进水平，同时积累了丰富的实践经验，并制定了钢结构防火涂料两个国家标准，为这一防火保护方法的推广应用创造了有利条件。

当涂层内设置钢丝网时，必须使钢丝网以某种方式固定在钢结构上，固定点的间距以 400mm 为宜。钢丝网的接口至少有 40mm 宽的重叠部分，且重叠不得超过三层，并保持钢丝网与构件表面的净距在 6mm 左右。

该法的特点是施工技术简便，故应用较广，不足之处是喷涂时污染环境，材料损耗较大，装饰效果也不理想。

二、板型材包复。北京香格里拉饭店的钢结构，曾采用这种保护方法，该法虽然具有干法施工、不受气候条件限制、融防火保护和装修于一体等优点，但板的裁切加工、安装固定、接缝处理等，技术要求高，应用不及防火涂料广泛。

三、水冷却。水冷却的方式有两种：一种是将空心的钢柱和钢梁连成管网，其内装有抗冻剂和防锈剂的水溶液，通过泵或水受热时的温差作用使水循环。从理论上讲，此法防火保护效果最佳，但技术难度较大，国外只有少数应用实例，故本规程未列入。另一种是采用自动水喷淋系统，一旦火灾发生，传感元件动作，将水喷洒在构件表面上，此法主要适用于钢屋架的防火保护。设计时，可采用中级危险级闭式系统，并按现行国家标准《自动喷水灭火系统设计规范》(GBJ 84) 的有关规定执行。

例　题

一、附录二例题——建筑物偏心率计算

某楼层按 D 值法求得的剪力分布系数如例图 1 所示。令坐标原点位于建筑的左下端，取该平面的正中为重心位置（实际应为该平面垂直构件轴力合力的位置），偏心距为

$$e_x=|857.1-900|=42.9\text{cm}$$

$$e_y=|562.5-500|=62.5\text{cm}$$

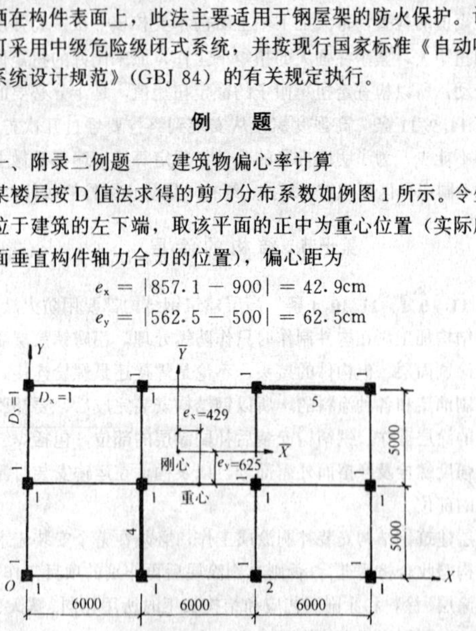

例图 1　存在偏心的建筑物

围绕刚心的扭转刚度之 x 分量为

$\Sigma(K_x \cdot y^2) = (1\times2+5)\times437.5^2+1\times4\times62.5^2+(1\times3+2)\times562.5^2=2.94\times10^6$

$\Sigma(K_y \cdot x^2) = 1\times3\times857.1^2+(1+4)\times257.1^2+1\times3\times342.9^2+1\times3\times942.9^2=5.55\times10^6$

$K_T=\Sigma(K_x \cdot y^2)+\Sigma(K_y \cdot x^2)=2.94\times10^6+5.55\times10^6=8.40\times10^6$

据此得

$$r_{ex}=\sqrt{\frac{K_T}{\Sigma K_x}}=\sqrt{\frac{8.49\times10^6}{16}}=728\text{cm}$$

$$r_{ey}=\sqrt{\frac{K_T}{\Sigma K_y}}=\sqrt{\frac{8.49\times10^6}{14}}=779\text{cm}$$

因此，偏心率分别为

$$\varepsilon_{ex}=\frac{e_y}{r_{ex}}=\frac{62.5}{728}=0.086$$

$$\varepsilon_{ey}=\frac{e_x}{r_{ey}}=\frac{42.9}{779}=0.055$$

二、附录六例题——带竖缝混凝土剪力墙板的计算

1. 设计基本条件

基本几何尺寸：$h=3000\text{mm}$，$l=4060\text{mm}$，$n_s=7$，$l_1=580\text{mm}$，$h_1=1300\text{mm}$，

总剪力：$F_v=1350\text{kN}$

材料：C30 混凝土，缝间墙纵筋采用Ⅱ级钢筋，板中分布筋采用Ⅰ级钢筋。

2. 墙板基本几何尺寸校核与确定

$h_1=1300\text{mm}<0.45h=0.45\times3000=1350\text{mm}$ 可以

$\frac{l_1}{h_1}=\frac{580}{1300}=0.446>0.4$，且$<0.6$，可以

$h_{sol}=(h-h_1)/2=(3000-1300)/2=850\text{mm}>l_1=580\text{mm}$ 可以。

为确定墙板厚度，首先假定 $t=150\text{mm}$，$\rho_{sh}=0.006$

$$\rho_2=\rho_{sh}\frac{f_{shy}}{f_{cm}}=0.006\times\frac{210}{16.5}=0.076$$

$$I=tl_1^3/12=150\times580^3/12=2.44\times10^9\text{mm}^4$$

$$I_{os}=1.08I=1.08\times2.44\times10^9=2.63\times10^9\text{mm}^4$$

$$\omega=\frac{2}{1+\frac{0.4I_{os}}{tl_1^2h_1\rho_2}}=\frac{2}{1+\frac{0.4\times2.63\times10^9}{150\times580^2\times1300\times0.076}}=1.65$$

故可得

$$t=\frac{F_v}{\omega\rho_{sh}lf_{shy}}=\frac{1350000}{1.65\times0.006\times4060\times210}=159.9\text{mm},$$

取 $t=160\text{mm}$

3. 缝间墙截面承载能力计算

1）缝间墙内力

$$V_1=\frac{F_v}{n_1}=\frac{1350}{7}=192.86\text{kN}$$

$$M=V_1\frac{h_1}{2}=192.86\times\frac{1.3}{2}=125.36\text{kN}$$

$$N=0.9\frac{h_1}{l_1}V_1=0.9\times\frac{1.3}{0.58}\times192.86=389.1\text{kN}$$

2）缝间墙正截面承载力计算

$$e_0=\frac{M}{N}=\frac{125.36}{389.1}=0.322\text{m}$$

$$\Delta e=0.003h=0.003\times3.0=0.009\text{m}$$

取　$a_1=0.1l_1=0.1\times580=58\text{mm}$

则　$e=e_0+\Delta e+l_1/2-a_1=322+9+580/2-58=563.0\text{mm}$

$x=N/(tf_{cm})=389100/(160\times16.5)=147.4\text{mm}$

$$A_s=\frac{N(e-h_0+x/2)}{f_{sy}(h_0-a_1)}=\frac{389100\times(563-522+147.4/2)}{310(522-58)}=310.27\text{mm}^2$$

取 2ϕ14，其 $A_s=308\text{mm}^2$，实际配筋量与计算值相差不超过 5%。

3）缝间墙斜截面承载力验算

$\eta_v\cdot V_1=1.2\times192.86=231.4\text{kN}$

$0.18t(l_1-a_1)f_c=0.18\times160\times(580-58)\times15=225500\text{N}=225.5\text{kN}$

负偏差不超过 5%，满足要求。

4）实体墙斜截面承载能力验算

$$\lambda=0.8\frac{n_1-1}{n_1}=0.8\times\frac{7-1}{7}=0.686$$

$$k_s=\frac{\lambda\beta(l_1/h_1)}{\beta^2+(l_1/h_1)^2[h/(h-h_1)]^2}=\frac{0.686\times0.9\times(580/1300)}{0.9^2+(580/1300)^2\times[3000/(3000-1300)]^2}=0.192$$

则 $\eta_v V_1=231.4\text{kN}<k_stl_1f_c=0.192\times160\times580\times15=267200\text{N}$ 满足要求

4. 墙板 V-u 曲线

1）缝间墙纵筋屈服时的抗剪承载力 V_{y1} 和墙板总体侧移 u_y

$$V_{y1}=\mu\frac{l_1}{h_1}A_sf_{syk}=3.41\times\frac{580}{1300}\times308\times335=157000\text{N}=157.0\text{kN}$$

$$\rho=\frac{A_s}{t(l_1-a_s)}=\frac{308}{160\times(580-58)}=0.0036$$

$$B_1=\frac{E_sA_s(l_1-a_1)^2}{1.35+6(E_s/E_c)\rho}=\frac{2\times10^5\times308\times(580-58)^2}{1.35+6(2.0\times10^5)/(3.0\times10^4)\times0.0036}=1.123\times10^{13}\text{N/mm}^2$$

$$\rho_1=\rho\cdot f_{sy}/f_{cm}=0.0036\times310/16.5=0.068$$

$$\xi=\left[35\rho_1+20\left(\frac{l_1-a_1}{h_s}\right)^2\right]\left(\frac{h-h_1}{h}\right)^2=\left[35\times0.068+20\times\left(\frac{580-58}{1300}\right)^2\right]\times\left(\frac{3000-1300}{3000}\right)^2=1.8$$

$$K_y=\frac{12}{\xi h_1^3}B_1=\frac{12}{1.8\times1300^3}\times1.123\times10^{13}=34080\text{N/mm}$$

$$u_y=V_{y1}/K_y=157000/34080=4.6\text{mm}$$

2）缝间墙弯压破坏时的最大抗剪承载力 V_{u1} 和墙板的极限总体侧移 u_u

$A=tf_{cmk}=160\times22=3520\text{N/mm}$

$B=e_1+\Delta e-l_1/2=(580/1.8)+9.0-(580/2)=41.2\text{mm}$

$C=A_sf_{syk}(l_1-2a_1)=308\times335\times(580-2\times58)=47876000\text{N-mm}$

$$x=\left[-AB+\sqrt{(AB)^2+2AC}\right]/A=\left[-3520\times41.2+\sqrt{(3520\times41.2)^2+2\times3520\times47876000}\right]\div3520=128.8\text{mm}$$

于是

$$V_{u1}=1.1txf_{cmk}l_1/h_1=1.1\times160\times128.8\times22\times580/1300=222500\text{N}=222.5\text{kN}$$

$K_u=0.2K_y=0.2\times34080=6810\text{N/mm}$

$u_u=u_y+(V_{u1}-V_{y1})/K_u=4.6+(222500-157000)/6816=14.2\text{mm}$

3）墙板的极限侧移值 u_{max}

$$u_{max}=\frac{h}{\sqrt{\rho_1}}\cdot\frac{h_1}{l_1-a_1}\cdot10^{-3}=\frac{3000}{\sqrt{0.068}}\cdot\frac{1300}{580-58}\cdot10^{-3}=28.7\text{mm}$$

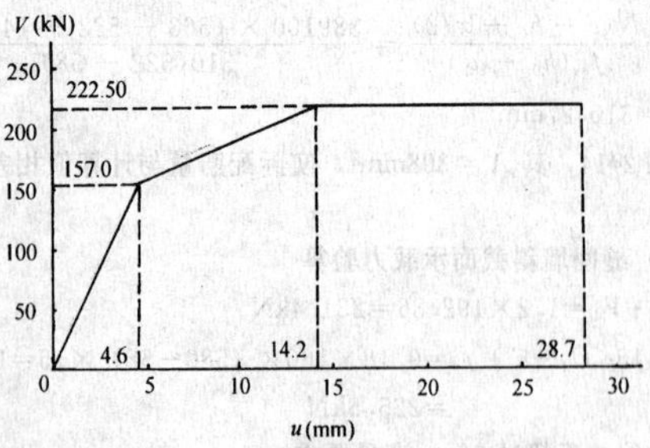

例图 2

5. 墙板横向分布钢筋的确定

取横向分布钢筋为 2ϕ8@100，且因 $V_1=192.86\text{kN}\approx1.2V_{y\cdot1}=1.2\times157.0=188.4\text{kN}$

$$\rho_{sh}=\frac{A_{sh}}{ts}=\frac{2\times50.3}{160\times100}=0.0063$$

$$\rho_{sh}>0.6\times V_{ul}/(tl_1f_{shyk})=0.6\times222500/(160\times580\times235)=0.0062 \text{ 可以}$$

三、附录七例题——钢构件防火保护层计算

【例一】 设有一受均布荷载的工字形截面连续梁（二次超静定），已知：跨度 $l=6\text{m}$；梁的截面系数 $A_i/V=139\text{m}^{-1}$；梁的截面塑性抵抗矩 $W_p=628\times10^3\text{mm}^3$；钢材屈服强度 $f_y=235\text{N/mm}^2$；梁的布荷载 $w=36\text{kN/m}$；喷涂防火保护材料，其导热系数为 $\lambda=0.1\text{W/m℃}$。求耐火极限为 1.5h 时的保护层厚度。

（1）计算荷载等级 C

梁在火灾时的设计弯矩为

$$S=wl^2/16=36\times6^2/16=81\text{kN-m}$$

梁在室温下的最大抗弯承载力为

$$R=M_p=W_pf_y=628\times235\times10^3=147.6\text{kN-m}$$

由 $S/R=81/147.6=0.55$，查附表 7.1，得 $\xi=0.66$，故荷载等级为

$$C=kS/R=0.66\times0.55=0.363$$

（2）确定临界温度。根据 $C=0.363$，查附表 7.2，得 $T_s=558℃$。

（3）计算保护层厚度 a

$$a=0.0104\times\frac{\lambda A_i}{V}\left(\frac{T}{T_s-140}\right)^{1.3}$$
$$=0.0104\times0.1\times139\times[90/(558-140)]^{1.3}$$
$$=19.6\text{mm}$$

【例二】 设有一用重含水隔热材料作箱形包裹的中心受压柱，已知：柱高＝3.50m，一端固定，一端铰支；柱截面 $A=14.9\times10^3\text{mm}^2$，构件截面系数用表面积与体积的比值表示，$A_i/V=80.5\text{m}^{-1}$；截面回转半径 $i=75.8$，钢材室温屈服点 $f_y=235\text{N/mm}^2$；作用荷载 $S=1700\text{kN}$；防火保护材料性能：材料导热系数 $\lambda=0.2\text{W/m℃}$，$\rho=800\text{kg/m}^3$，比热 1.7kJ/kg℃，含水率 $w=20\%$（按重量计）。

求耐火极限为 2.5h 的保护层厚度。

（1）计算荷载等级 C

取柱的长细比 $\lambda=0.7h/i=0.7\times3500/75.6=32.3$，查现行国家标准《钢结构设计规范》(GBJ 17) 附表 3.3，得 $\varphi=0.868$，故柱的临界屈曲荷载为

$$R=235\times0.886\times14.9=3102\text{kN}$$

由附表 7.1 查得柱的欠载系数 $\xi=0.85$，因此，荷载等级为

$$C=\xi S/R=0.85\times1700/3102=0.466$$

（2）确定临界温度 T_s

根据 $C=0.466$，查附表 7.2，得 $T_s=507℃$。

（3）计算保护层厚度 a

$$a=0.0104\times\frac{\lambda A_i}{V}\left(\frac{T}{T_s-140}\right)^{1.3}$$
$$=0.0104\times0.2\times80.5\times[150/(507-140)]^{1.3}$$
$$=52.3\text{mm}$$

（4）厚度修正值

1）$c_s\rho_s=0.520\times7850=4082$

$2c\rho aA_i/V=2\times1.7\times800\times0.0523\times80.5=11451$

$2c\rho aA_i/V>c_sp_s$，故属重型防火保护材料

$$\left(\frac{A_i}{V}\right)_{mod}=\frac{A_i}{V}\cdot\frac{c_sp_s}{c_s\rho_s+c\rho aA_i/2V}$$
$$=80.5\times\frac{4082}{4082+1.7\times800\times0.0523\times80.5/2}$$
$$=47.3\text{m}^{-1}$$

用 47.3m^{-1} 代替 80.5m^{-1}，重新计算厚度，得

$$a'=0.0104\times0.2\times47.3\times[150/(507-140)]^{1.3}=30.7\text{mm}$$

2）根据含水率的厚度修正

$$t_1=\frac{w\rho a^2}{5\lambda}=\frac{20\times800\times0.0307^2}{5\times0.2}=15\text{min}$$

重新设计算厚度

$$a=0.0104\times0.2\times47.3\times[135/(507-140)]^{1.3}=26.8\text{mm}$$

中华人民共和国行业标准

轻型钢结构住宅技术规程

Technical specification for lightweight residential buildings of steel structure

JGJ 209—2010

批准部门：中华人民共和国住房和城乡建设部
施行日期：2 0 1 0 年 1 0 月 1 日

中华人民共和国住房和城乡建设部
公　　告

第552号

关于发布行业标准《轻型钢结构住宅技术规程》的公告

现批准《轻型钢结构住宅技术规程》为行业标准，编号为JGJ 209－2010，自2010年10月1日起实施。其中，第3.1.2、3.1.8、4.4.3、5.1.4、5.1.5条为强制性条文，必须严格执行。

本规程由我部标准定额研究所组织中国建筑工业出版社出版发行。

中华人民共和国住房和城乡建设部

2010年4月17日

前　言

根据原建设部《关于印发〈2005年工程建设标准规范制订、修订计划（第一批）〉的通知》（建标函［2005］84号）的要求，规程编制组经广泛调查研究，认真总结实践经验，参考有关国际标准和国外先进标准，并在广泛征求意见的基础上，制定本规程。

本规程的主要技术内容是：1. 总则；2. 术语和符号；3. 材料；4. 建筑设计；5. 结构设计；6. 钢结构施工；7. 轻质楼板和轻质墙体与屋面施工；8. 验收与使用。

本规程中以黑体字标志的条文为强制性条文，必须严格执行。

本规程由住房和城乡建设部负责管理和对强制条文的解释，由中国建筑科学研究院负责具体技术内容的解释。执行过程中如有意见或建议，请寄送中国建筑科学研究院（地址：北京市北三环东路30号，邮编：100013）。

本规程主编单位： 中国建筑科学研究院

本规程参编单位： 清华大学
同济大学
天津大学
湖南大学
兰州大学
北京交通大学
住房和城乡建设部住宅产业化促进中心
住房和城乡建设部科技发展促进中心
国家住宅与居住环境工程技术研究中心
五洲工程设计研究院
北京市工业设计研究院
中国建筑材料科学研究总院
中冶集团建筑研究总院
北京华丽联合高科技有限公司
巴特勒（上海）有限公司
云南世博兴云房地产有限公司
北京大诚太和钢结构科技有限公司
宝业集团浙江建设产业研究院有限公司
上海宝钢建筑工程设计研究院

本规程主要起草人员： 王明贵　石永久　陈以一　陈志华　舒兴平　周绪红　王能关　姜忆南　丁大益　汤荣伟　朱景仕　娄乃琳　任　民　高宝林　吴转琴　朱恒杰　王赛宁　张大力　何发祥　杨建行　张秀芳

本规程主要审查人员： 马克俭　刘锡良　蔡益燕　张爱林　李国强　范　重　刘燕辉　谢尧生　尹敏达　李元齐　杨强跃

目 次

Contents

1 总　则

1.0.1 为应用轻型钢结构住宅建筑技术做到安全适用、经济合理、技术先进、确保质量，制定本规程。

1.0.2 本规程适用于以轻型钢框架为结构体系，并配套有满足功能要求的轻质墙体、轻质楼板和轻质屋面建筑系统，层数不超过6层的非抗震设防以及抗震设防烈度为6～8度的轻型钢结构住宅的设计、施工及验收。

1.0.3 轻型钢结构住宅的设计、施工和验收，除应符合本规程外，尚应符合现行国家有关标准的规定。

2 术语和符号

2.1 术　语

2.1.1 轻型钢框架　light steel frame

轻型钢框架是指由小截面的热轧H型钢、高频焊接H型钢、普通焊接H型钢或异形截面型钢、冷轧或热轧成型的钢管等构件构成的纯框架或框架-支撑结构体系。

2.1.2 集成化住宅建筑　integrated residential building

在标准化、模数化和系列化的原则下，构件、设备由工厂化配套生产，在建造现场组装的住宅建筑。

2.1.3 导轨　track

在轻钢龙骨墙体中，布置在龙骨顶部或底部的为龙骨定位的槽形钢构件。

2.1.4 热桥　thermal bridge

围护结构中保温隔热能力较弱的部位，这些部位热阻较小，热传导较快。

2.1.5 低层钢结构住宅　low-rise residential buildings of steel structures

1～3层的钢结构住宅。

2.1.6 多层钢结构住宅　multi-story residential buildings of steel structures

4～6层的钢结构住宅。

2.2 符　号

2.2.1 作用及作用效应

F_{Ek}——水平地震作用标准值；

S_d——作用组合的效应设计值；

S_{Gk}——永久荷载效应标准值；

S_{Qk}——可变荷载效应标准值；

S_{wk}——风荷载效应标准值；

S_{Ehk}——水平地震作用效应标准值；

S_{GE}——重力荷载代表值效应的标准值；

w_0——基本风压；

w_k——风荷载标准值。

2.2.2 材料及结构抗力

E——钢材弹性模量；

f——钢材的抗拉、抗压和抗弯强度设计值；

f_y——钢材的屈服强度；

f_{yf}——钢构件翼缘板的屈服强度；

f_{yw}——钢构件腹板的屈服强度；

M_y——钢梁截面边缘屈服弯矩；

M_p——钢梁截面全塑性弯矩；

R_d——结构或结构构件的抗力设计值。

2.2.3 几何参数

b——钢构件翼缘自由外伸宽度；

h_b——梁截面高度；

h_c——柱截面高度；

h_w——钢构件腹板净高；

t_f——钢构件翼缘的厚度；

t_w——钢构件腹板的厚度。

2.2.4 系数

α_{max}——水平地震影响系数最大值；

β_{gz}——阵风系数；

γ_0——结构重要性系数；

γ_{Eh}——水平地震作用分项系数；

γ_G——永久荷载分项系数；

γ_Q——活荷载分项系数；

γ_w——风荷载分项系数；

γ_{RE}——承载力抗震调整系数；

μ_s——风荷载体型系数；

μ_z——风压高度变化系数；

ψ_Q——活荷载组合值系数；

ψ_w——风荷载组合值系数。

3 材　料

3.1 结构材料

3.1.1 轻型钢结构住宅承重结构采用的钢材宜为Q235－B钢或Q345－B钢，也可采用Q345－A钢，其质量应分别符合现行国家标准《碳素结构钢》GB/T 700和《低合金高强度结构钢》GB/T 1591的规定。当采用其他牌号的钢材时，应符合相应的规定和要求。

3.1.2 轻钢结构采用的钢材应具有抗拉强度、伸长率、屈服强度以及硫、磷含量的合格保证。对焊接承重结构的钢材尚应具有碳含量的合格保证和冷弯试验的合格保证。对有抗震设防要求的承重结构钢材的屈服强度实测值与抗拉强度实测值的比值不应大于0.85，伸长率不应小于20%。

3.1.3 钢材的强度设计值和物理性能指标应按现行国家标准《钢结构设计规范》GB 50017和《冷弯薄壁型钢结构技术规范》GB 50018的有关规定采用。

3.1.4 钢结构的焊接材料应符合下列要求：

1 手工焊接采用的焊条应符合现行国家标准《碳钢焊条》GB/T 5117 或《低合金钢焊条》GB/T 5118 的规定，选择的焊条型号应与主体金属力学性能相适应；

2 自动焊接或半自动焊接采用的焊丝和相应的焊剂应与主体金属力学性能相适应，并应符合现行国家有关标准的规定；

3 焊缝的强度设计值应按现行国家标准《钢结构设计规范》GB 50017 和《冷弯薄壁型钢结构技术规范》GB 50018 的有关规定采用。

3.1.5 钢结构连接螺栓、锚栓材料应符合下列要求：

1 普通螺栓应符合现行国家标准《六角头螺栓》GB/T 5782 和《六角头螺栓 C 级》GB/T 5780 的规定；

2 高强度螺栓应符合现行国家标准《钢结构用高强度大六角头螺栓》GB/T 1228、《钢结构用高强度大六角螺母》GB/T 1229、《钢结构用高强度垫圈》GB/T 1230、《钢结构用高强度大六角头螺栓、大六角螺母、垫圈技术条件》GB/T 1231 和《钢结构用扭剪型高强度螺栓连接副》GB/T 3632 的规定；

3 锚栓可采用现行国家标准《碳素结构钢》GB/T 700 中规定的 Q235 钢或《低合金高强度结构钢》GB/T 1591 中规定的 Q345 钢制成；

4 螺栓、锚栓连接的强度设计值、高强度螺栓的预拉力值以及高强度螺栓连接的钢材摩擦面抗滑移系数应按现行国家标准《钢结构设计规范》GB 50017 和《冷弯薄壁型钢结构技术规范》GB 50018 的有关规定采用。

3.1.6 轻型钢结构住宅基础用混凝土应符合现行国家标准《混凝土结构设计规范》GB 50010 的规定，混凝土强度等级不应低于 C20。

3.1.7 轻型钢结构住宅基础用钢筋应符合现行国家标准《混凝土结构设计规范》GB 50010 的规定。

3.1.8 不配钢筋的纤维水泥类板材和不配钢筋的水泥加气发泡类板材不得用于楼板及楼梯间和人流通道的墙体。

3.1.9 水泥加气发泡类板材中配置的钢筋（或钢构件或钢丝网）应经有效的防腐处理，且钢筋的粘结强度不应小于 1.0MPa。

3.1.10 楼板用水泥加气发泡类材料的立方体抗压强度标准值不应低于 6.0MPa。

3.1.11 轻质楼板中的配筋可采用冷轧带肋钢筋，其性能应符合国家现行标准《冷轧带肋钢筋》GB 13788 以及《钢筋焊接网混凝土结构技术规程》JGJ 114 的规定。

3.1.12 楼板用钢丝网应进行镀锌处理，其规格应采用直径不小于 0.9mm、网格尺寸不大于 20mm×20mm 的冷拔低碳钢丝编织网。钢丝的抗拉强度标准值不应低于 450MPa。

3.1.13 楼板用定向刨花板不应低于 2 级，甲醛释放限量应为 1 级，且应符合现行行业标准《定向刨花板》LY/T 1580 的规定。

3.2 围护材料

3.2.1 轻型钢结构住宅的轻质围护材料宜采用水泥基的复合型多功能轻质材料，也可以采用水泥加气发泡类材料、轻质混凝土空心材料、轻钢龙骨复合墙体材料等。围护材料产品的干密度不宜超过 $800kg/m^3$。

3.2.2 轻质围护材料应采用节地、节能、利废、环保的原材料，不得使用国家明令淘汰、禁止或限制使用的材料。

3.2.3 轻质围护材料应符合现行国家标准《民用建筑工程室内环境污染控制规范》GB 50325 和《建筑材料放射性核素限量》GB 6566 的规定，并应符合室内建筑装饰材料有害物质限量的规定。

3.2.4 轻质围护材料应满足住宅建筑规定的物理性能、热工性能、耐久性能和结构要求的力学性能。

3.2.5 轻质围护新材料及其应用技术，在使用前必须经相关程序核准，使用单位应对材料进行复检和技术资料审核。

3.2.6 预制的轻质外墙板和屋面板应按等效荷载设计值进行承载力检验，受弯承载力检验系数不应小于 1.35，连接承载力检验系数不应小于 1.50，在荷载效应的标准组合作用下，板受弯挠度最大值不应超过板跨度的 1/200，且不应出现裂缝。

3.2.7 轻质墙体的单点吊挂力不应低于 1.0kN，抗冲击试验不得小于 5 次。

3.2.8 轻质围护板材采用的玻璃纤维增强材料应符合我国现行行业标准《耐碱玻璃纤维网布》JC/T 841 的要求。

3.2.9 水泥基围护材料应满足下列要求：

1 水泥基围护材料中掺加的其他废料应符合现行国家有关标准的规定；

2 用于外墙或屋面的水泥基板材应配钢筋网或钢丝网增强，板边应有企口；

3 水泥加气发泡类墙体材料的立方体抗压强度标准值不应低于 4.0MPa；

4 用于采暖地区的外墙材料或屋面材料抗冻性在一般环境中不应低于 D15，干湿交替环境中不应低于 D25；

5 外墙材料、屋面材料的软化系数不应小于 0.65；

6 建筑屋面防水材料、外墙饰面材料与基底材料应相容，粘结应可靠，性能应稳定，并应满足防水抗渗要求，在材料规定的正常使用年限内，不得因外界湿度或温度变化而发生开裂、脱落等现象；

7 安装外墙板的金属连接件宜采用铝合金材料，

有条件时也可采用不锈钢材料，如用低碳钢或低合金高强度钢材料应做有效的防腐处理；

8 外墙板连接件的壁厚：当采用低碳钢或低合金高强度钢材料时，在低层住宅中不宜小于3.0mm，多层住宅中不宜小于4.0mm；当采用铝合金材料时尚应分别加厚1.0mm；

9 屋面板与檩条连接的自钻自攻螺钉规格不宜小于ST6.3；

10 墙板嵌缝粘结材料的抗拉强度不应低于墙板基材的抗拉强度，其性能应可靠。嵌缝胶条或胶片宜采用三元乙丙橡胶或氯丁橡胶。

3.2.10 轻钢龙骨复合墙体材料应满足下列要求：

1 蒙皮用定向刨花板不宜低于2级，甲醛释放限量应为1级；

2 蒙皮用钢丝网水泥板的厚度不宜小于15mm，水泥纤维板（或水泥压力板、挤出板等）应配置钢丝网增强；

3 蒙皮用石膏板的厚度不应小于12mm，并应具有一定的防水和耐火性能；

4 非承重的轻钢龙骨壁厚不应小于0.5mm，双面热浸镀锌量不应小于$100g/m^2$，双面镀锌层厚度不应小于$14\mu m$，且材料性能应符合现行国家标准《建筑用轻钢龙骨》GB/T 11981的规定；

5 自钻自攻螺钉的规格不宜小于ST4.2，并应符合现行国家标准《十字槽盘头自钻自攻螺钉》GB/T 15856.1、《十字槽沉头自钻自攻螺钉》GB/T 15856.2、《十字槽半沉头自钻自攻螺钉》GB/T 15856.3、《六角法兰面自钻自攻螺钉》GB/T 15856.4和《六角凸缘自钻自攻螺钉》GB/T 15856.5的规定。

3.3 保温材料

3.3.1 用于轻型钢结构住宅的保温隔热材料应具有满足设计要求的热工性能指标、力学性能指标和耐久性能指标。

3.3.2 轻型钢结构住宅的保温隔热材料可采用模塑聚苯乙烯泡沫板（EPS板）、挤塑聚苯乙烯泡沫板（XPS板）、硬质聚氨酯板（PU板）、岩棉、玻璃棉等。保温隔热材料性能指标应符合表3.3.2的规定。

表3.3.2 保温隔热材料性能指标

检验项目 \ 品名	EPS板	XPS板	PU板	岩棉	玻璃棉
表观密度(kg/m^3)	≥20	≥35	≥25	40-120	≥10
导热系数[W/(m·K)]	≤0.041	≤0.033	≤0.026	≤0.042	≤0.050
水蒸气渗透系数[ng/(Pa·m·s)]	≤4.5	≤3.5	≤6.5	—	—
压缩强度(MPa，形变10%)	≥0.10	≥0.20	≥0.08	—	—
体积吸水率(%)	≤4	≤2	≤4	≤5	≤4

3.3.3 当使用EPS板、XPS板、PU板等有机泡沫塑料作为轻型钢结构住宅的保温隔热材料时，保温隔热系统整体应具有合理的防火构造措施。

4 建筑设计

4.1 一般规定

4.1.1 轻型钢结构住宅建筑设计应以集成化住宅建筑为目标，应按模数协调的原则实现构配件标准化、设备产品定型化。

4.1.2 轻型钢结构住宅应按照建筑、结构、设备和装修一体化设计原则，并应按配套的建筑体系和产品为基础进行综合设计。

4.1.3 轻型钢结构住宅建筑设计应符合现行国家标准对当地气候区的建筑节能设计规定。有条件的地区应采用太阳能或风能等可再生能源。

4.1.4 轻型钢结构住宅建筑设计应符合现行国家标准《住宅建筑规范》GB 50368和《住宅设计规范》GB 50096的规定。

4.2 模数协调

4.2.1 轻型钢结构住宅设计中的模数协调应符合现行国家标准《住宅建筑模数协调标准》GB/T 50100的规定。专用体系住宅建筑可以自行选择合适的模数协调方法。

4.2.2 轻型钢结构住宅的建筑设计应充分考虑构、配件的模数化和标准化，应以通用化的构配件和设备进行模数协调。

4.2.3 结构网格应以模数网格线定位。模数网格线应为基本设计模数的倍数，宜采用优先参数为6M（1M＝100mm）的模数系列。

4.2.4 装修网格应由内部部件的重复量和大小决定，宜采用优先参数为3M。管道设备可采用M/2、M/5和M/10。厨房、卫生间等设备多样、装修复杂的房间应注重模数协调的作用。

4.2.5 预制装配式轻质墙板应按模数协调要求确定墙板中基本板、洞口板、转角板和调整板等类型板的规格、截面尺寸和公差。

4.2.6 当体系中的部分构件难于符合模数化要求时，可在保证主要构件的模数化和标准化的条件下，通过插入非模数化部件适调间距。

4.3 平面设计

4.3.1 平面设计应在优先尺寸的基础上运用模数协调实现尺寸的配合，优先尺寸宜根据住宅设计参数与所选通用性强的成品建筑部件或组合件的尺寸确定。

4.3.2 平面设计应在模数化的基础上以单元或套型

进行模块化设计。

4.3.3 楼梯间和电梯间的平面尺寸不符合模数时，应通过平面尺寸调整使之组合成为周边模数化的模块。

4.3.4 建筑平面设计应与结构体系相协调，并应符合下列要求：

1 平面几何形状宜规则，其凹凸变化及长宽比例应满足结构对质量、刚度均匀的要求，平面刚度中心与质心宜接近或重合；

2 空间布局应有利于结构抗侧力体系的设置及优化；

3 应充分兼顾钢框架结构的特点，房间分隔应有利于柱网设置。

4.3.5 可采用异形柱、扁柱、扁梁或偏轴线布置墙柱等方式，宜避免室内露柱或露梁。

4.3.6 平面设计宜采用大开间。

4.3.7 轻质楼板可采用钢丝网水泥板或定向刨花板等轻质薄型楼板与密肋钢梁组合的楼板结构体系，建筑面层宜采用轻质找平层，吊顶时宜在密肋钢梁间填充玻璃棉或岩棉等措施满足埋设管线和建筑隔声的要求。

4.3.8 轻质楼板可采用预制的轻质圆孔板，板面宜采用轻质找平层，板底宜采用轻质板吊顶。

4.3.9 对压型钢板现浇钢筋混凝土楼板，应设计吊顶。

4.3.10 空调室外机应安装在预留的设施上，不得在轻质墙体上安装吊挂任何重物。

4.4 轻质墙体与屋面设计

4.4.1 根据因地制宜、就地取材、优化组合的原则，轻质墙体和屋面材料应采用性能可靠、技术配套的水泥基预制轻质复合保温条形板、轻钢龙骨复合保温墙体、加气混凝土板、轻质砌块等轻质材料。

4.4.2 应根据保温或隔热的要求选择合适密度和厚度的轻质围护材料，轻质围护体系各部分的传热系数K和热惰性指标D应符合当地节能指标，并应符合建筑隔声和耐火极限的要求。

4.4.3 外墙保温板应采用整体外包钢结构的安装方式。当采用填充钢框架式外墙时，外露钢结构部位应做外保温隔热处理。

4.4.4 当采用轻质墙板墙体时，外墙体宜采用双层中空形式，内层镶嵌在钢框架内，外层包裹悬挂在钢结构外侧。

4.4.5 当采用轻钢龙骨复合墙体时，用于外墙的轻钢龙骨宜采用小方钢管桁架结构。若采用冷弯薄壁C型钢龙骨时，应双排交错布置形成断桥。轻钢龙骨复合墙体应符合下列要求：

1 外墙体的龙骨宜与主体钢框架外侧平齐，外墙保温材料应外包覆盖主体钢结构；

2 对轻钢龙骨复合墙体应进行结露验算。

4.4.6 当采用轻质砌块墙体时，外墙砌体应外包钢结构砌筑并与钢结构拉结，否则，应对钢结构做保温隔热处理。

4.4.7 轻质墙体和屋面应有防裂、防潮和防雨措施，并应有保持保温隔热材料干燥的措施。

4.4.8 门窗缝隙应采取构造措施防水和保温隔热，填充料应耐久、可靠。

4.4.9 外墙的挑出构件，如阳台、雨篷、空调室外板等均应作保温隔热处理。

4.4.10 对墙体的预留洞口或开槽处应有补强措施，对隔声和保温隔热功能应有弥补措施。

4.4.11 非上人屋面不宜设女儿墙，否则，应有可靠的防风或防积雪的构造措施。

4.4.12 屋面板宜采用水泥基的预制轻质复合保温板，板边应有企口拼接，拼缝应密实可靠。

4.4.13 屋面保温隔热系统应与外墙保温隔热系统连续且密实衔接。

4.4.14 屋面保温隔热系统应外包覆盖在钢檩条上，屋檐挑出钢构件应有保温隔热措施。当采用室内吊顶保温隔热屋面系统时，屋面与吊顶之间应有通风措施。

5 结构设计

5.1 一般规定

5.1.1 轻型钢结构住宅结构设计应符合现行国家标准《工程结构可靠性设计统一标准》GB 50153 的规定，住宅结构的设计使用年限不应少于50年，其安全等级不应低于二级。

5.1.2 轻型钢结构住宅的结构体系应根据建筑层数和抗震设防烈度选用轻型钢框架结构体系或轻型钢框架-支撑结构体系。

5.1.3 轻型钢结构住宅框架结构体系，宜利用镶嵌填充的轻质墙体侧向刚度对整体结构抗侧移的作用，墙体的侧向刚度应根据墙体的材料和连接方式的不同由试验确定，并应符合下列要求：

1 应通过足尺墙片试验确定填充墙对钢框架侧向刚度的贡献，按位移等效原则将墙体等效成交叉支撑构件，并应提供支撑构件截面尺寸的计算公式；

2 抗侧力试验应满足：当钢框架层间相对侧移角达到1/300时，墙体不得出现任何开裂破坏；当达到1/200时，墙体在接缝处可出现修补的裂缝；当达到1/50时，墙体不应出现断裂或脱落。

5.1.4 轻型钢结构住宅结构构件承载力应符合下列要求：

1 无地震作用组合 $\gamma_0 S_d \leqslant R_d$ (5.1.4-1)

2 有地震作用组合 $S_d \leqslant R_d/\gamma_{RE}$ (5.1.4-2)

式中：γ_0——结构重要性系数，对于一般钢结构住宅安全等级取二级，当设计使用年限不少于50年时，γ_0 取值不应小于1.0；

S_d——作用组合的效应设计值，应按本规程第5.1.5条规定计算；

R_d——结构或结构构件的抗力设计值；

γ_{RE}——承载力抗震调整系数，按现行国家标准《建筑抗震设计规范》GB 50011的规定取值。

5.1.5 作用组合的效应设计值应按下列公式确定：

1 无地震作用组合的效应：

$$S_d=\gamma_G S_{Gk}+\psi_Q\gamma_Q S_{Qk}+\psi_w\gamma_w S_{wk} \quad (5.1.5\text{-}1)$$

式中：γ_G——永久荷载分项系数，当可变荷载起控制作用时应取1.2，当永久荷载起控制作用时应取1.35，当重力荷载效应对构件承载力有利时不应大于1.0；

γ_Q——楼（屋）面活荷载分项系数，应取1.4；

γ_w——风荷载分项系数，应取1.4；

S_{Gk}——永久荷载效应标准值；

S_{Qk}——楼（屋）面活荷载效应标准值；

S_{wk}——风荷载效应标准值；

ψ_Q、ψ_w——分别为楼（屋）面活荷载效应组合值系数和风荷载效应组合值系数，当永久荷载起控制作用时应分别取0.7和0.6；当可变荷载起控制作用时应分别取1.0和0.6或0.7和1.0。

2 有地震作用组合的效应：

$$S_d=\gamma_G S_{GE}+\gamma_{Eh}S_{Ehk} \quad (5.1.5\text{-}2)$$

式中：S_{GE}——重力荷载代表值效应的标准值；

S_{Ehk}——水平地震作用效应标准值；

γ_{Eh}——水平地震作用分项系数，应取1.3。

3 计算变形时，应采用作用（荷载）效应的标准组合，即公式（5.1.5-1）和公式（5.1.5-2）中的分项系数均应取1.0。

5.1.6 轻型钢结构住宅的楼（屋）面活荷载、基本风压应按照现行国家标准《建筑结构荷载规范》GB 50009的规定采用。

5.1.7 需要进行抗震验算的轻型钢结构住宅，应按现行国家标准《建筑抗震设计规范》GB 50011的有关规定执行。

5.1.8 轻型钢结构住宅在风荷载和多遇地震作用下，楼层内最大弹性层间位移分别不应超过楼层高度的1/400和1/300。

5.1.9 层间位移计算可不计梁柱节点域剪切变形的影响。

5.2 构造要求

5.2.1 框架柱长细比应符合下列要求：

1 低层轻型钢结构住宅或非抗震设防的多层轻型钢结构住宅的框架柱长细比不应大于150 $\sqrt{235/f_y}$；

2 需要进行抗震验算的多层轻型钢结构住宅的框架柱长细比不应大于120 $\sqrt{235/f_y}$。

5.2.2 中心支撑的长细比应符合下列要求：

1 低层轻型钢结构住宅或非抗震设防的多层轻型钢结构住宅的支撑构件长细比，按受压设计时不宜大于180 $\sqrt{235/f_y}$；

2 需要进行抗震验算的多层轻型钢结构住宅的支撑构件长细比，按受压设计时不宜大于150 $\sqrt{235/f_y}$；

3 当采用拉杆时，其长细比不宜大于250 $\sqrt{235/f_y}$，但对张紧拉杆可不受此限制。

5.2.3 框架柱构件的板件宽厚比限值应符合下列要求：

1 低层轻型钢结构住宅或非抗震设防的多层轻型钢结构住宅的框架柱，其板件宽厚比限值应按现行国家标准《钢结构设计规范》GB 50017有关受压构件局部稳定的规定确定；

2 需要进行抗震验算的多层轻型钢结构住宅中的H形截面框架柱，其板件宽厚比限值可按下列公式计算确定，但不应大于现行国家标准《钢结构设计规范》GB 50017规定的限值。

1）当 $0\leqslant\mu_N<0.2$ 时：

$$\frac{b/t_f}{15\sqrt{235/f_{yf}}}+\frac{h_w/t_w}{650\sqrt{235/f_{yw}}}\leqslant 1,$$

$$且\ \frac{h_w/t_w}{\sqrt{235/f_{yw}}}\leqslant 130 \quad (5.2.3\text{-}1)$$

2）当 $0.2\leqslant\mu_N<0.4$ 且 $\frac{h_w/t_w}{\sqrt{235/f_{yw}}}\leqslant 90$ 时：

当 $\frac{h_w/t_w}{\sqrt{235/f_{yw}}}\leqslant 70$ 时，

$$\frac{b/t_f}{13\sqrt{235/f_{yf}}}+\frac{h_w/t_w}{910\sqrt{235/f_{yw}}}\leqslant 1 \quad (5.2.3\text{-}2)$$

当 $70<\frac{h_w/t_w}{\sqrt{235/f_{yw}}}\leqslant 90$ 时，

$$\frac{b/t_f}{19\sqrt{235/f_{yf}}}+\frac{h_w/t_w}{190\sqrt{235/f_{yw}}}\leqslant 1 \quad (5.2.3\text{-}3)$$

式中：μ_N——框架柱轴压比，柱轴压比为考虑地震作用组合的轴向压力设计值与柱截面面积和钢材强度设计值之积的比值；

b、t_f——翼缘板自由外伸宽度和板厚；

h_w、t_w——腹板净高和厚度；

f_{yf}——翼缘板屈服强度；

f_{yw}——腹板屈服强度。

3）当 $\mu_N\geqslant 0.4$ 时，应按现行国家标准《建筑抗震设计规范》GB 50011的有关规定执行。

3 需要进行抗震验算的多层轻型钢结构住宅中的非H形截面框架柱，其板件宽厚比限值应按现行国家标准《建筑抗震设计规范》GB 50011的有关规定执行。

5.2.4 框架梁构件的板件宽厚比限值应符合下列要求：

1 对低层轻型钢结构住宅或非抗震设防的多层轻型钢结构住宅的框架梁，其板件宽厚比限值应符合现行国家标准《钢结构设计规范》GB 50017的有关规定；

2 需要进行抗震验算的多层轻型钢结构住宅中的H形截面梁，其板件宽厚比可按本规程5.2.3条第2款的规定执行；

3 需要进行抗震验算的多层轻型钢结构住宅中的非H形截面梁，其板件宽厚比应按现行国家标准《建筑抗震设计规范》GB 50011的有关规定执行。

5.3 结构构件设计

5.3.1 轻型钢结构住宅的钢构件宜选用热轧H型钢、高频焊接或普通焊接的H型钢、冷轧或热轧成型的钢管、钢异形柱等。

5.3.2 轻型钢结构住宅的框架柱构件计算长度应按现行国家标准《钢结构设计规范》GB 50017的有关规定计算。

5.3.3 轻型钢结构住宅构件和连接的承载力应按现行国家标准《钢结构设计规范》GB 50017的有关规定计算，需要进行抗震验算的还应按现行国家标准《建筑抗震设计规范》GB 50011的有关规定进行。

5.3.4 需要进行抗震验算的多层轻型钢结构住宅中的H形截面钢框架柱和梁的板件宽厚比，若不满足现行国家标准《建筑抗震设计规范》GB 50011的有关规定，但符合本规程公式（5.2.3-1）～公式（5.2.3-3）的规定时，在抗震承载力计算中可取翼缘截面全部有效，腹板截面仅考虑两侧宽度各$30t_w\sqrt{235/f_{yw}}$的部分有效，且钢材强度设计值应乘以0.75系数折减。

5.3.5 轻型钢结构住宅框架柱可采用钢异形柱。用H型钢可拼接成的异形截面如图5.3.5所示，其中L形截面柱的承载力可按本规程附录A计算。

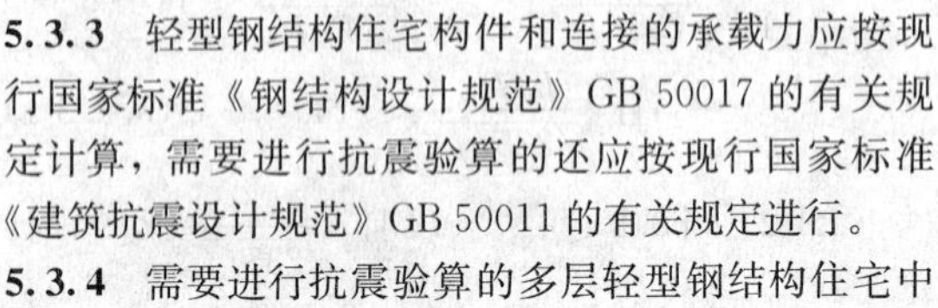

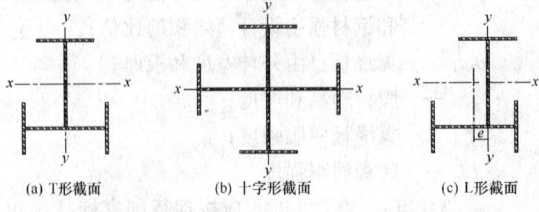

(a) T形截面　(b) 十字形截面　(c) L形截面

图5.3.5 钢异形柱

5.3.6 轻型钢结构住宅的楼板应采用轻质板材，如钢丝网水泥板、定向刨花板、轻骨料圆孔板、配筋的加气发泡类水泥板等预制板材，也可部分或全部采用现浇轻骨料钢筋混凝土板。

5.3.7 应对轻质楼板进行承载力检验，受弯承载力检验系数不应小于1.35，并在荷载效应的标准组合作用下，板的受弯挠度最大值不应超过板跨度的1/200，且不应出现裂缝。

5.3.8 预制装配式轻质楼板与钢结构梁应有可靠连接。

5.3.9 对钢丝网水泥板或定向刨花板等轻质薄型楼板与密肋钢梁组合的楼板结构，在计算分析时，应根据实际情况对楼板平面内刚度作出合理的计算假定。

5.4 节点设计

5.4.1 钢框架梁柱节点连接形式宜采用高强度螺栓连接，高强度螺栓宜采用扭剪型。

5.4.2 对高强度螺栓连接节点，高强度螺栓的级别、大小、数量、排列和连接板等应按现行国家标准《钢结构设计规范》GB 50017的规定进行计算和设计，需要进行抗震验算的还应满足现行国家标准《建筑抗震设计规范》GB 50011的有关规定。

5.4.3 对焊接连接节点，焊缝的形式、焊接材料、焊缝质量等级、焊接质量保证措施等应按现行国家标准《钢结构设计规范》GB 50017的有关规定进行计算和设计，需要进行抗震验算的还应符合现行国家标准《建筑抗震设计规范》GB 50011的有关规定。

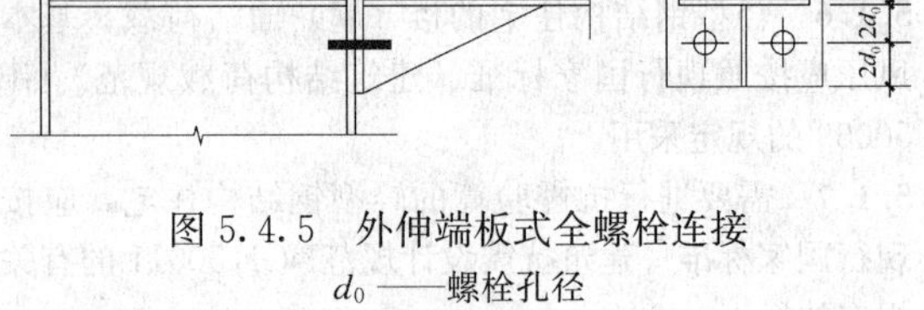

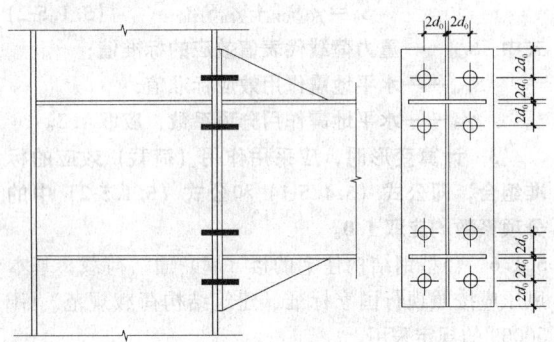

图5.4.5 外伸端板式全螺栓连接

d_0——螺栓孔径

5.4.4 需要进行抗震验算的节点，当构件的宽厚比不满足现行国家标准《建筑抗震设计规范》GB 50011的规定但符合本规程5.2.3条2款规定时，可用M_y代替《建筑抗震设计规范》GB 50011中的M_p进行验算。

5.4.5 H型钢梁、柱可采用外伸端板式全螺栓连接（图5.4.5），端板厚度和高强度螺栓数可按刚性节点设计计算。

5.4.6 钢管柱与H型钢梁的刚性连接可采用柱带悬臂梁段式连接（图5.4.6），梁的拼接可采用全螺栓连接或焊接和螺栓连接相结合的连接形式。

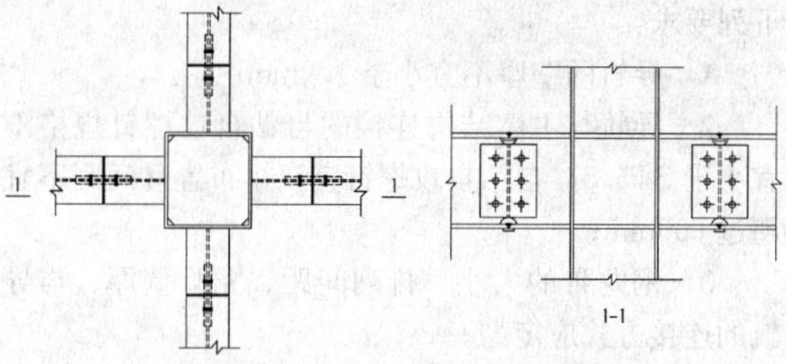

图5.4.6 柱带悬臂梁段式连接

5.4.7 钢管柱与H型钢梁的刚性连接可采用圆弧过渡隔板贯通式节点（图5.4.7-1），也可采用变宽度隔板贯通式节点（图5.4.7-2）。

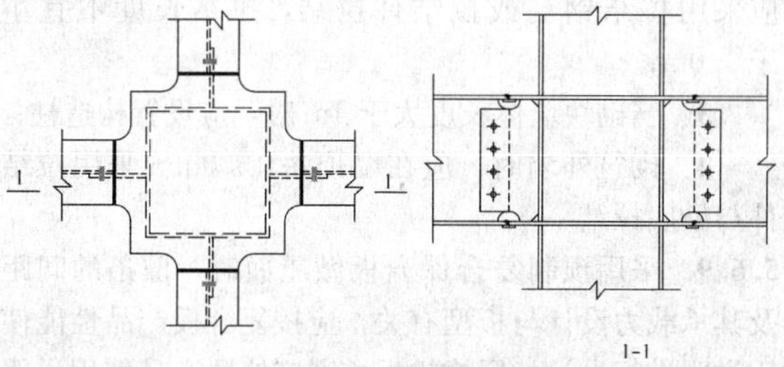

图5.4.7-1 圆弧过渡隔板贯通式节点

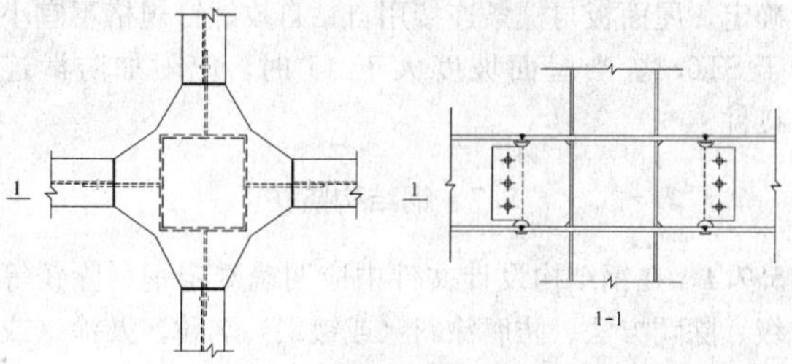

图5.4.7-2 变宽度隔板贯通式节点

5.4.8 钢管柱与H型钢梁的连接也可采用在柱外面加套筒的套筒式梁柱节点（图5.4.8），其构造应符合下列要求：

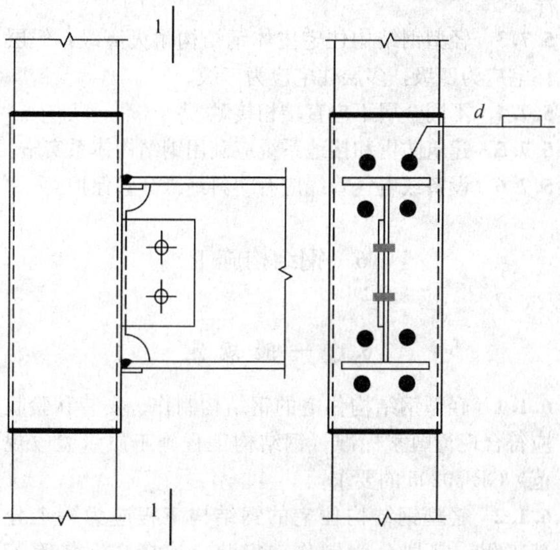

图5.4.8 套筒式梁柱节点

1 套筒的壁厚应大于钢管柱壁厚与梁翼缘板厚最大值的1.2倍；

2 套筒的高度应高出梁上、下翼缘外60mm～100mm；

3 除套筒上、下端与柱焊接外，还应在梁翼缘上下附近对套筒进行塞焊，塞孔直径 d 不宜小于20mm。

5.4.9 钢柱脚可采用预埋锚栓与柱脚板连接的外露式做法，也可采用预埋钢板与钢柱现场焊接，并应符合下列要求：

1 柱脚板厚度不应小于柱翼缘厚度的1.5倍。

2 预埋锚栓的长度不应小于锚栓直径的25倍。

3 柱脚钢板与基础混凝土表面的摩擦极限承载力可按下式计算：

$$V = 0.4(N + T) \qquad (5.4.9)$$

式中：N——柱轴力设计值；

T——受拉锚栓的总拉力，当柱底剪力大于摩擦力时应设抗剪件。

4 柱脚与底板间应设置加劲肋。

5 柱脚板与基础混凝土间产生的最大压应力标准值不应超过混凝土轴向抗压强度标准值的2/3。

6 对预埋锚栓的外露式柱脚，在柱脚底板与基础表面之间应留50mm～80mm的间隙，并应采用灌浆料或细石混凝土填实间隙。

7 钢柱脚在室内平面以下部分应采用钢丝网混凝土包裹。

5.5 地基基础

5.5.1 应根据住宅层数、地质状况、地域特点等因素，轻型钢结构住宅的基础形式可采用柱下独立基础或条形基础，当有地下室时，可采用筏板基础或独立柱基加防水板的做法，必要时也可采用桩基础。

5.5.2 基础底面应有素混凝土垫层，基础中钢筋的混凝土保护层厚度一般不应小于40mm，有地下水时宜适当增加混凝土保护层厚度。

5.5.3 地基基础的变形和承载力计算应按现行国家标准《建筑地基基础设计规范》GB 50007的规定进行。

5.5.4 当地基主要受力层范围内不存在软弱黏土层时，轻型钢结构住宅的地基及基础可不进行抗震承载力验算。

5.5.5 轻型钢结构住宅设有地下室时，地下室的钢柱宜采用钢丝网水泥砂浆包裹。地下室的防水应符合现行国家标准《地下工程防水技术规范》GB 50108的要求。

5.6 非结构构件设计

5.6.1 外围护墙、内隔墙、屋面、女儿墙、雨篷、太阳能支架、屋顶水箱支架，以及其他建筑附属设备等非结构构件及其连接，应满足抗风和抗震要求。

5.6.2 建筑附属设备体系的重力超过所在楼层重力的10%时，应计入整体结构计算。

5.6.3 作用于非结构构件表面上的风荷载标准值应按下式计算：

$$w_k = \beta_{gz}\mu_z\mu_s w_0 \quad (5.6.3)$$

式中：w_k ——作用于非结构构件表面上的风荷载标准值（kN/m^2）；

β_{gz} ——阵风系数；

μ_s ——风荷载体型系数；

μ_z ——风压高度变化系数；

w_0 ——基本风压（kN/m^2）。

式中各系数和基本风压应按现行国家标准《建筑结构荷载规范》GB 50009 的规定采用，且 w_k 不应小于 $1.0kN/m^2$。

5.6.4 非结构构件自重产生的水平地震作用标准值应按下式计算：

$$F_{Ek} = 5.0\alpha_{max}G \quad (5.6.4)$$

式中：F_{Ek} ——沿最不利方向施加于非结构构件重心处的水平地震作用标准值（kN）；

α_{max} ——水平地震影响系数最大值：6 度抗震设计时取 0.04；7 度抗震设计时取 0.08，但当设计基本加速度为 0.15g 时取 0.12；8 度抗震设计时取 0.16，但当设计基本加速度为 0.30g 时取 0.24；

G ——非结构构件的重力荷载代表值（kN）。

5.6.5 在外围护墙体及其连接的承载力极限状态计算中，应计算地震作用效应与风荷载效应的组合，组合系数应分别轮换取 0.6 与 1.0。

5.6.6 采用预制轻质墙板做围护墙体应符合下列要求：

1 双层外墙时，其中外侧复合保温墙板应外包式挂在主体钢框架结构上，内侧墙板宜填充式镶嵌在钢框架之间且与柱内侧平齐，两墙板之间可留有一定的空隙；

2 外墙外挂节点形式和设计可按我国现行行业标准《金属与石材幕墙工程技术规范》JGJ 133 的有关规定进行；

3 内隔墙镶嵌节点可采用 U 形金属夹间断固定在墙板上、下端与主体钢结构或楼板上；

4 内墙长度超过 5m 宜设置构造柱，外墙长度超过 4m 宜设置收缩缝；

5 门窗洞口宜有专用洞边板，洞口边、角部应有防裂措施。

5.6.7 采用轻钢龙骨复合墙板做围护墙体时，钢龙骨与上、下导轨应采用自钻自攻螺钉连接，并应符合下列要求：

1 导轨的壁厚不宜小于 1.0mm；

2 导轨与主体结构连接的自钻自攻螺钉规格不宜小于 ST5.5，自钻自攻螺钉宜双排布置且间距不宜超过 600mm；

3 钢龙骨的大小、排列间距、龙骨壁厚、与导轨的连接方式应定型。

5.6.8 采用轻质砌块做围护墙体时应符合下列要求：

1 对外包钢结构砌筑的砌块应有可靠连接和咬槎；

2 轻质砌块墙体与钢柱相接处，每 600mm 高度应采用拉结钢筋或拉结件拉结，拉结长度不宜小于 1.0m；

3 当砌块墙体长度大于 4m 时，应设置构造柱；

4 砌筑外墙时，应在墙顶每 1500mm 采用拉结件与梁底拉结。

5.6.9 采用预制复合保温板做屋面时，檩条的间距及其承载力设计与板型有关，应按复合板产品性能使用说明进行设计。屋檐挑板长度应按照产品使用说明确定。屋面板与檩条连接用自钻自攻螺钉规格不宜小于 ST6.3。当屋面坡度大于 45°时，应附加防滑连接件。

5.7 钢结构防护

5.7.1 在钢结构设计文件中应明确规定钢材除锈等级、除锈方法、防腐涂料（或镀层）名称、及涂（或镀）层厚度等要求。

5.7.2 除锈应采用喷砂或抛丸方法，除锈等级应达到 Sa2.5，不得在现场带锈涂装或除锈不彻底涂装。

5.7.3 轻型钢结构住宅主体钢结构耐火等级：低层住宅应为四级，多层住宅应为三级。

5.7.4 不同金属不应直接相接触。

5.7.5 建筑防雷和接地系统应利用钢结构体系实施。

5.7.6 设备或电气管线应有塑料绝缘套管保护。

6 钢结构施工

6.1 一 般 规 定

6.1.1 轻型钢结构住宅的钢结构制作、安装和验收应符合现行国家标准《钢结构工程施工质量验收规范》GB 50205 的要求。

6.1.2 轻型钢结构住宅的钢结构工程应为一个分部工程，宜划分为制作、安装、连接、涂装等若干个分项工程，每个分项工程应包含一个或若干个检验批。

6.1.3 轻型钢结构住宅的钢结构工程施工前应编写施工组织设计文件，应建立项目质量保证体系，应有过程管理措施。

6.2 钢结构的制作与安装

6.2.1 钢结构制作、除锈和涂装应在工厂进行，钢构件在制作前应根据设计图纸编制构件加工详图，并应制定合理的加工流程。

6.2.2 钢结构所用材料（包括钢材、连接材料、涂装材料等）应具有质量证明文件，并应符合设计文件要求和现行国家有关标准的规定。

6.2.3 除锈应按设计文件要求进行，当设计文件未作规定时，宜选用喷砂或抛丸除锈方法，并应达到不低于 Sa2.5 级除锈等级。

6.2.4 除锈后的钢材表面经检查合格后，应在 4h 内进行涂装，涂装后 4h 内不得淋雨。

6.2.5 涂装时的环境温度和相对湿度应符合涂料产品说明书的要求，当产品说明书无要求时，环境温度宜在 5℃～38℃之间，相对湿度不宜大于 85%。

6.2.6 高强度螺栓摩擦面、埋入钢筋混凝土结构内的钢构件表面及密封构件内表面不应做涂装。待安装的焊缝附近、高强度螺栓节点板表面及节点板附近，在安装完毕后应予补涂。

6.2.7 钢构件的螺栓孔应采用钻成孔，严禁烧孔或现场气割扩孔。

6.2.8 高强度螺栓摩擦面的抗滑移系数应达到设计要求。

6.2.9 焊接材料在现场应有烘焙和防潮存放措施。

6.2.10 钢结构施工应有可靠措施确保预埋件尺寸符合设计允许偏差的要求。

6.2.11 钢结构安装顺序应先形成稳定的空间单元，然后再向外扩展，并应及时消除误差。

6.2.12 柱的定位轴线应从地面控制轴线直接上引，不得从下层柱轴线上引。

6.2.13 构件运输、堆放应垫平固牢，搬运构件时不得采用损伤构件或涂层的滑移拖运。

6.3 钢结构的验收

6.3.1 钢结构工程施工质量的验收应在施工单位自检合格的基础上，按照检验批、分项工程的划分，作为主体结构分部工程验收。

6.3.2 钢结构分部工程的合格应在各分项工程均合格的基础上，进行质量控制资料检查、材料性能复验资料检查、观感质量现场检查。各项检查均应要求资料完整、质量合格。

6.3.3 分项工程的合格应在所含检验批均合格的基础上，并应对资料的完整性进行检查。

6.3.4 检验批合格质量应符合下列要求：

1 主控项目应符合合格质量标准的要求；

2 一般项目其检验结果应有 80%及以上的检验点符合合格质量标准的要求，且最大值不应超过其允许值的 1.2 倍；

3 质量检查记录、质量证明文件等资料应完整。

7 轻质楼板和轻质墙体与屋面施工

7.1 一般规定

7.1.1 轻质楼板、轻质墙体与屋面工程的施工应编制施工组织设计文件。施工组织设计文件应符合下列要求：

1 选用的楼板材料、墙体材料、屋面材料，以及防水材料、连接配件材料、防裂增强网片材料或粘接材料的种类、性能、规格或尺寸等，均应符合设计规定和材料性能要求，对预制楼板、屋面板和外墙板应进行结构性能检验，对外墙保温板和屋面保温板应进行热工性能检验；

2 施工方法应根据产品特点和设计要求编制，包括楼板、墙板和屋面板的具体吊装方法，楼板、墙板和屋面板与主体钢结构的连接方法，屋面和外墙立面的防水做法，基础防潮层做法，门、窗洞口做法，穿墙管线以及吊挂重物的加固构造措施等；

3 应详细制订施工进度网络图、劳动力投入计划和施工机械机具的组织调配计划，冬期或雨期施工应有保证措施；

4 应对施工人员进行技术培训和施工技术交底，应设专人对各工序和隐蔽工程进行验收；

5 应有安全、环保和文明施工措施；

6 应严格按设计图纸施工，不得在现场临时随意开凿、切割、开孔。

7.1.2 施工前准备工作应符合下列要求：

1 材料进场时，应有专人验收，生产企业应提供产品合格证和质量检验报告，板材不应出现翘曲、裂缝、掉角等外观缺陷，尺寸偏差应符合设计要求；

2 材料进场后，应按不同种类或规格堆放，并不得被其他物料污染，露天堆放时，应有防潮、防雨和防暴晒等措施；

3 墙板安装前，应先清理基层，按墙体排板图测量放线，并应用墨线标出墙体、门窗洞口、管线、配电箱、插座、开关盒、预埋件、钢板卡件、连接节点等位置，经检查无误，方可进行安装施工；

4 应对预埋件进行复查和验收；

5 应先做基础的防潮层，验收合格后方可施工墙体。

7.1.3 墙体与屋面施工应在主体结构验收后进行，内隔墙宜在做楼、地面找平层之前进行，且宜从顶层开始向下逐层施工，否则应有措施防止底层墙体由于累积荷载而损坏。

7.2 轻质楼板安装

7.2.1 有楼面次梁结构的，次梁连接节点应满足承载力要求，次梁挠度不应大于跨度的1/200。对桁架式次梁，各榀桁架的下弦之间应有系杆或钢带拉结。

7.2.2 吊装应按楼板排板图进行，并应严格控制施工荷载，对悬挑部分的施工应设临时支撑措施。

7.2.3 大于100mm的楼板洞口应在工厂预留，对所有洞口应填补密实。

7.2.4 当采用预制圆孔板或配筋的水泥发泡类楼板时，板与钢梁搭接长度不应小于50mm，并应有可靠连接，采用焊接的应对焊缝进行防腐处理。

7.2.5 当采用OSB板或钢丝网水泥板等薄型楼板时，板与钢梁搭接长度不应小于30mm，采用自攻螺钉连接时，规格不宜小于ST5.5，长度应穿透钢梁翼缘板不少于3圈螺纹，间距对OSB板不宜大于300mm，对钢丝网水泥板应在板四角固定。

7.2.6 楼板安装应平整，相邻板面高差不宜超过3mm。

7.3 轻质墙板安装

7.3.1 墙板施工前应做好下列技术准备：

1 设计墙体排板图（包含立面、平面图）；

2 确定墙板的搬运、起重方法；

3 确定外墙板外包主体钢结构的干挂施工方法；

4 制定测量措施；

5 制定高空作业安全措施。

7.3.2 外墙干挂施工应符合下列要求：

1 干挂节点应专门设计，干挂金属构件应采用镀锌或不锈钢件，宜避免现场施焊，否则应对焊缝做好有效的防腐处理；

2 外墙干挂施工应由专业施工队伍或在专业技术人员指导下进行。

7.3.3 双层墙板施工应符合下列要求：

1 双层墙板在安装好外侧墙板后，可根据设计要求安装固定好墙内管线，验收合格后方可安装内侧板；

2 双层外墙的内侧墙板宜镶嵌在钢框架内，与外层墙板拼缝宜错开200mm～300mm排列，并应按内隔墙板安装方法进行。

7.3.4 内隔墙板安装应符合下列要求：

1 应从主体钢柱的一端向另一端顺序安装，有门窗洞口时，宜从洞口向两侧安装；

2 应先安装定位板，并在板侧的企口处、板的两端均匀满刮粘结材料，空心条板的上端应局部封孔；

3 顺序安装墙板时，应将板侧榫槽对准另一板的榫头，对接缝隙内填满的粘结材料应挤紧密实，并应将挤出的粘结材料刮平；

4 板上、下与主体结构应采用U形钢卡连接。

7.3.5 建筑墙体施工中的管线安装应符合下列要求：

1 外墙体内不宜安装管线，必要时应由设计确定；

2 应使用专用切割工具在板的单面竖向开槽切割，槽深不宜大于板厚的1/3，当不得不沿板横向开槽时，槽长不应大于板宽的1/2；

3 管线、插座、开关盒的安装应先固定，方可用粘结材料填实、粘牢、平整；

4 设备控制柜、配电箱可安装在双层墙板上。

7.3.6 墙面整理和成品保护应符合下列要求：

1 墙面接缝处理应在门框、窗框、管线及设备安装完毕后进行；

2 应检查墙面：补满破损孔隙，清洁墙面，对不带饰面的毛坯墙应满铺防裂网刮腻子找平；

3 对有防潮或防渗漏要求的墙体，应按设计要求进行墙面防水处理；

4 对已完成抹灰或刮完腻子的墙面不得再进行任何剔凿；

5 在安装施工过程中及工程验收前，应对墙体采取防护措施，防止污染或损坏。

7.4 轻质砌块墙体施工

7.4.1 轻质砌块应采用与砌块配套的专用砌筑砂浆或专用胶粘剂砌筑，专用砌筑砂浆或专用胶粘剂应符合质量标准要求，并应提供产品质量合格证书和质量检测报告。

7.4.2 砌块施工前准备工作应符合下列要求：

1 进场砌块和配套材料堆放应有防潮或防雨措施，砌块下面应放置托板并码放成垛，堆放高度不宜超过2m；

2 墙体施工前，应清理基层、测量放线，标明门窗洞口和预埋件位置，并应保护好预埋管线。

7.4.3 砌块施工应符合下列要求：

1 砌块应采用专用工具锯割，禁止砍剁；

2 砌块应进行排块，排列应拼缝平直，上、下层应交错布置，错缝搭接不应小于1/3块长，并且不应小于100mm；

3 砌筑底部第一皮砌块时，应采用1：3水泥砂浆铺垫，各层砌块均应带线砌筑，并应保证砌筑砂浆或胶粘剂饱满均匀，缝宽宜为2mm～3mm；

4 丁字墙与转角墙应同时砌筑，如不能同时砌筑，应留出斜槎或有拉结筋的直槎；

5 砌筑时应随时用水平尺和靠尺检查，发现超标应及时调整，在砌筑后24小时内不得敲击切凿墙体；

6 门窗洞口过梁宜采用与砌块同质材料的配筋过梁，否则应做保温隔热处理；

7 砌块墙体预埋管线应竖向开槽，槽深不宜大于墙厚的1/4，若横向开槽，槽深度不宜大于墙厚1/5。墙体开槽应采用专用工具切割，管线固定后应及时填浆密实缝隙；

8 外墙应抹防水砂浆和刮腻子，对刮完腻子的砌块墙体不得再进行任何剔凿，墙体验收前，应采取防护措施。

7.5 轻钢龙骨复合墙体施工

7.5.1 施工准备应符合下列要求：

1 运输和堆放轻钢龙骨或蒙皮用面板时应文明装卸，不得扔摔、碰撞，应防止变形；

2 锯割龙骨和面板应采用专用工具，切割后的龙骨和面板应边缘整齐、尺寸准确；

3 施工机具进场应提供产品合格证，安装工具或机具应保证能正常使用；

4 应先清理基层，按设计要求进行墙位置测量放线，应用墨线标出墙的中心线和墙的宽度线，弹线应清晰，位置应准确，检查无误后方可施工。

7.5.2 轻钢龙骨复合墙体施工应符合下列要求：

1 轻钢龙骨复合墙体施工应由专业施工队伍或在专业技术人员指导下进行；

2 龙骨的安装应符合以下要求：

1）应按放线位置固定上下槽型导轨到主体结构上，固定槽型导轨应采用六角头带法兰盘的自钻自攻螺钉，规格不宜小于ST5.5，间距不宜大于600mm，钉长应满足穿透钢梁翼板后外露不小于3圈螺纹；

2）竖向龙骨端部应安装在导轨内，龙骨与导轨壁用平头自钻自攻螺钉ST4.2固定，竖向龙骨应平直，不得扭曲，龙骨间距应符合专业设计要求或产品使用要求；

3）预埋管线应与龙骨固定。

3 面板的安装应符合下列要求：

1）面板宜竖向铺设，面板长边接缝应安装在竖龙骨上，对曲面隔墙，面板可横向铺设；

2）面板安装应错缝排列，接缝不应在同一根竖向龙骨上，面板间的接缝应采用专用材料填补；

3）安装面板时，宜采用不小于ST5.5的平头自钻自攻螺钉从板中部向板的四边固定，钉头略埋入板内，钉眼宜用石膏腻子抹平，钉长应满足穿透龙骨壁板厚度外露不小于3圈螺纹；

4）有防水、防潮要求的面板不得采用普通纸面石膏板，外墙的外表面应按设计要求做防水施工。

4 保温材料的安装应符合下列要求：

1）用聚苯板或聚氨酯板保温材料时，应采用专用自钻自攻螺钉将保温板与龙骨固定，若是单层保温板，应将保温板安装在龙骨外侧上，保温板铺设应连续、紧密拼接，不得有缝隙，验收合格后方可进行面板安装；

2）用玻璃棉或岩棉保温材料时，宜采用带有单面或双面防潮层的铝箔表层，防潮层应置于建筑物内侧，其表面不得有孔，防潮层应拉紧后固定在龙骨上，周边应搭接或锁缝，不得有缝隙，验收合格后方可进行面板安装；

3）不得采用将保温材料填充在龙骨之间的保温隔热做法。

7.6 轻质保温屋面施工

7.6.1 屋面施工前应符合下列要求：

1 设计屋面排板图；

2 确定屋面板搬运、起重和安装方法；

3 制定高空作业安全措施。

7.6.2 屋面施工应由专业施工队伍或由专业技术人员指导进行。

7.6.3 每块屋面板应至少有两根檩条支撑，板与檩条连接应按产品专业技术规定进行或采用螺栓连接。

7.6.4 屋面板与檩条当采用自钻自攻螺钉连接时，应符合下列要求：

1 螺钉规格不宜小于ST6.3；

2 螺钉长度应穿透檩条翼缘板外露不少于3圈螺丝；

3 螺钉帽应加扩大垫片；

4 坡度较大时应有止推件抗滑移措施。

7.6.5 屋面板侧边应有企口，拼缝处的保温材料应连续，企口内应有填缝剂，板应紧密排列，不得有热桥。

7.6.6 屋面板安装验收合格后，方可进行防水层或安装屋面瓦施工。

7.7 施 工 验 收

7.7.1 轻质楼板工程的施工验收应按主体结构验收要求进行，可作为主体结构中的一个分项工程。

7.7.2 轻质墙体和屋面工程施工质量验收应按一个分部工程进行，其中应包含外墙、内墙、屋面和门窗等若干个分项工程。

7.7.3 轻质楼板安装平面水平度全长不宜超过10mm。

7.7.4 墙体施工允许偏差和检验方法应符合表7.7.4的规定。

表7.7.4 墙体施工允许偏差和检验方法

序号	项目			允许偏差（mm）	检验方法
1	轴线位移			5	用尺量
2	表面平整度			3	用2m靠尺和塞尺量
3	垂直度	每层	≤3m	3	用2m脱线板或吊线，尺量
			>3m	5	
		全高	≤10m	10	用经纬仪或吊线，尺量
			>10m	15	
4	门窗洞口尺寸			±5	用尺量
5	外墙上下窗偏移			10	用经纬仪或吊线

7.7.5 分项工程质量标准应符合下列要求：

1 各检验批质量验收文件应齐全，施工质量验收应合格；

2 观感质量验收应合格；

3 有关结构性能或使用功能的进场材料检验资料应齐全，并应符合设计要求。

8 验收与使用

8.1 验 收

8.1.1 轻型钢结构住宅工程施工质量验收应在施工总承包单位自检合格的基础上，由施工总承包单位向建设单位提交工程竣工报告，申请工程竣工验收。工程竣工报告须经总监理工程师签署意见。

8.1.2 竣工验收应由建设单位组织实施，勘察单位、设计单位、监理单位、施工单位应共同参与。

8.1.3 轻型钢结构住宅工程施工质量验收应按检验批、分项工程、分部（或子分部）工程的划分，并应符合下列要求：

1 应符合现行国家标准《建筑工程施工质量验收统一标准》GB 50300、《钢结构工程施工质量验收规范》GB 50205和其他相关专业验收规范的规定；

2 应符合工程勘察、设计文件的要求；

3 参加验收的各方人员应具备规定的资格；

4 应在施工单位自检评定合格的基础上进行；

5 隐蔽工程在隐蔽前应由施工单位通知有关单位验收并形成验收文件；

6 涉及结构安全的试块、试件以及有关材料，应按规定进行见证取样检测；

7 检验批的质量应按主控项目和一般项目验收；

8 对涉及结构安全和使用功能的重要分部工程应进行抽样检测；

9 承担见证取样检测及有关结构安全检测的单位应具有相应资质；

10 工程的观感质量应由验收人员通过现场检查，并应共同确认。

8.1.4 轻型钢结构住宅工程施工质量验收合格应符合下列要求：

1 应进行建筑节能专项验收，主要包括建筑物体形系数、窗墙面积比、各部分围护结构的传热系数、外墙遮阳系数等，均应符合现行国家标准《建筑节能工程施工质量验收规范》GB 50411和建筑设计文件的要求；

2 各分部（或子分部）工程的质量均应验收合格；

3 质量控制资料应完整；

4 各分部（或子分部）工程有关安全和功能的检测资料应完整；

5 主要功能项目的抽查结果应符合相关专业质量验收规范的规定；

6 观感质量验收应符合要求。

8.1.5 工程验收合格后，建设单位应依照有关规定，向当地建设行政主管部门备案。

8.2 使用与维护

8.2.1 建设单位在工程竣工验收合格后，应取得当地规划、消防、人防等有关部门的认可文件和准许使用文件，并应在道路畅通，水、电、气、暖具备的条件下，将有关文件交给物业后方可交付使用。

8.2.2 建设单位交付使用时，应提供住宅使用说明书，住宅使用说明书中包含的使用注意事项应符合表8.2.2的规定。

表8.2.2 使用注意事项

房屋部位	注 意 事 项
主体结构	钢结构不能拆除，不能渗水受潮，涂装层不得铲除，装修不得在钢结构上施焊
墙体	墙体不能拆除，改动非承重墙应经原设计单位批准。不得在外墙上安装任何挂件，外围护墙体饰面层不得破坏、受潮或渗水
防水层	厨房或卫生间的防水层，装修时不得破坏
门、窗	不得更改或加设门窗
阳台	不得加设阳台附属设施
烟道	设有烟道的，抽油烟机管应接入烟道内，不得封堵或拆除烟道

续表 8.2.2

房屋部位	注意事项
空调机位	按原设计位置装置空调，不得随意打洞和安装空调或其他设备
供水设施	供水主立管不得移动、接分叉或毁坏
排水设施	排水主立管不得移动、接分叉或毁坏
供电设施	不得改动公共部位供配电设施
消防设施	消防设施不得遮掩或毁坏，不得阻碍消防通道，不得动用消防水源
保温构造	墙体、屋面、楼地面等的各类保温系统包括饰面层、加强层、保温层等均不得铲除和削弱。不得有渗水

8.2.3 用户在使用过程中，不得增大楼面、屋面原设计使用荷载。

8.2.4 物业应定期检修外墙和屋面防水层，应保证外围护系统正常使用。

附录A　L形截面柱的承载力计算公式

A.0.1 L形截面柱（图A.0.1）的强度应按下列公式计算：

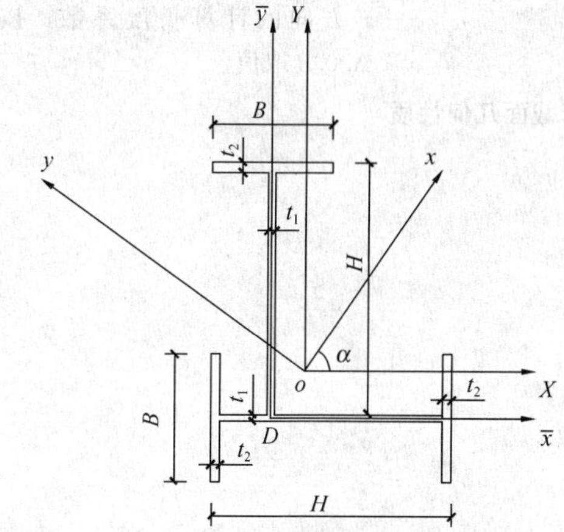

图A.0.1　L形截面柱

$$\sigma=\frac{N}{A}\pm\frac{M_x}{I_x}y\pm\frac{M_y}{I_y}x\pm\frac{B_\omega}{I_\omega}\omega_s \quad (A.0.1\text{-}1)$$

$$\tau=\frac{V_xS_y}{I_yt}+\frac{V_yS_x}{I_xt}+\frac{M_\omega S_\omega}{I_\omega t}+\frac{M_kt}{I_k} \quad (A.0.1\text{-}2)$$

式中：N——柱轴向力；

M_x、M_y——绕柱截面形心主坐标轴 x、y 的弯矩；

V_x、V_y——柱截面形心主坐标轴 x、y 方向的剪力；

B_ω——弯曲扭转双力矩，$B_\omega=\int_A\sigma_\omega\omega_s\mathrm{d}A=E\frac{\mathrm{d}^2\Phi}{\mathrm{d}z^2}\int_A\omega_s^2\mathrm{d}A$；

M_z——扭矩，$M_z=GI_k\frac{\mathrm{d}\Phi}{\mathrm{d}z}-EI_\omega\frac{\mathrm{d}^3\Phi}{\mathrm{d}z^3}=M_k+M_\omega$；

Φ——截面的扭转角，以右手螺旋规律确定其正负号；

S_x、S_y——截面静矩；

I_x、I_y——截面轴惯性矩；

I_ω——翘曲常数，亦称为扇性矩或弯曲扭转惯性矩，$I_\omega=\frac{1}{3}\sum_A(\omega_{s,i}^2+\omega_{s,i}\omega_{s,i+1}+\omega_{s,i+1}^2)t_ib_i$；

I_k——扭转常数，$I_k=\sum_{i=1}^{n}I_{k,i}=\frac{1}{3}\sum_{i=1}^{n}b_it_i^3$；

S_ω——扇性静矩，$S_\omega=\int_0^s\omega_st\mathrm{d}s$；

ω_s——扇性坐标；

$\omega_{s,i}$、$\omega_{s,i+1}$——横截面中第 i 个板件两端点 i 和 $i+1$ 的扇形坐标；

b_i、t_i——第 i 个板件的宽度和厚度。

A.0.2 L形截面柱的轴心受压稳定性应符合下式要求：

$$\frac{N}{\varphi A}\leqslant f \quad (A.0.2)$$

式中：φ——L形截面柱轴心受压的稳定系数，应根据L形截面柱的换算长细比 λ 按 b 类截面确定；

f——为材料设计强度。

A.0.3 L形截面柱（图A.0.1）压弯稳定性应符合下式要求：

$$\frac{N}{\varphi A}+\frac{\beta_{tx}M_x}{\varphi_{bx}W_x}+\frac{\beta_{ty}M_y}{\varphi_{by}W_y}-\frac{2(\beta_yM_x+\beta_xM_y)}{i_0^2\varphi A}\leqslant f \quad (A.0.3\text{-}1)$$

$$i_0^2=\frac{(I_x+I_y)}{A}+x_0^2+y_0^2 \quad (A.0.3\text{-}2)$$

$$\beta_x=\frac{\int_A x(x^2+y^2)\mathrm{d}A}{2I_y}-x_0 \quad (A.0.3\text{-}3)$$

$$\beta_y=\frac{\int_A y(x^2+y^2)\mathrm{d}A}{2I_x}-y_0 \quad (A.0.3\text{-}4)$$

$$\varphi_{bx}=\frac{\pi^2EI_y}{W_xf_y(\mu_yl)^2}\left[\beta_y+\sqrt{\beta_y^2+\frac{I_\omega}{I_y}+\frac{GI_k}{\pi^2EI_y}(\mu_yl)^2}\right] \quad (A.0.3\text{-}5)$$

$$\varphi_{by} = \frac{\pi^2 EI_x}{W_y f_y (\mu_x l)^2} \left[\beta_x + \sqrt{\beta_x^2 + \frac{I_\omega}{I_x} + \frac{GI_k}{\pi^2 EI_x} (\mu_x l)^2} \right] \tag{A.0.3-6}$$

式中：f_y ——材料屈服强度；

E ——材料弹性模量；

G ——材料剪变模量；

l ——构件长度；

A ——构件截面面积；

x_0、y_0 ——截面剪心坐标；

W_x、W_y ——截面模量；

β_x ——L形截面关于 x 轴不对称常数，当 M_x 作用下受压区位于剪心同一侧时，β_x 和 M_x 取正号，反之则取负号；

β_y ——L形截面关于 y 轴不对称常数，当 M_y 作用下受压区位于剪心同一侧时，β_y 和 M_y 取正号，反之则取负号；

φ_{bx}、φ_{by} ——分别为 x、y 轴的稳定系数，其值不大于1.0，且当稳定系数的值大于0.6时，应按现行国家标准《钢结构设计规范》GB 50017 的规定进行折减；

β_{tx}、β_{ty} ——等效弯矩系数，按现行国家标准《钢结构设计规范》GB 50017 的规定取值；

μ_x、μ_y ——分别为 x、y 方向的计算长度系数，按表 A.0.3 取值。

表 A.0.3 计算长度系数

约束条件	μ_x	μ_y	μ_ω
两端简支	1.0	1.0	1.0
两端固定	0.5	0.5	0.5
一端固定，一端简支	0.7	0.7	0.7
一端固定，一端自由	2.0	2.0	2.0

A.0.4 当L形截面柱采用图 A.0.1 形式时，截面几何性质按表 A.0.4 取值，换算长细比可按下列简化式计算：

$$\lambda = \frac{1}{\sqrt{0.44\alpha - 0.62\sqrt{\alpha^2 - 2.27(\lambda_x^2 + \lambda_y^2 + \lambda_\omega^2)/(\lambda_x \lambda_y \lambda_\omega)^2}}} \tag{A.0.4-1}$$

$$\alpha = \frac{1}{\lambda_x^2}(1 - y_0^2/i_0^2) + \frac{1}{\lambda_y^2}(1 - x_0^2/i_0^2) + \frac{1}{\lambda_\omega^2} \tag{A.0.4-2}$$

$$\lambda_x = \frac{\mu_x l A}{I_x} \tag{A.0.4-3}$$

$$\lambda_y = \frac{\mu_y l A}{I_y} \tag{A.0.4-4}$$

$$\lambda_\omega = \frac{\mu_\omega l}{\sqrt{\frac{I_\omega}{A i_0^2} + \frac{(\mu_\omega l)^2 GI_k}{\pi^2 EA i_0^2}}} \tag{A.0.4-5}$$

式中：λ_x、λ_y、λ_ω ——分别为 x、y、z 方向的柱长细比；

μ_ω ——z 方向的计算长度系数，按表 A.0.3 取值。

表 A.0.4 图 A.0.1 的L形截面几何性质

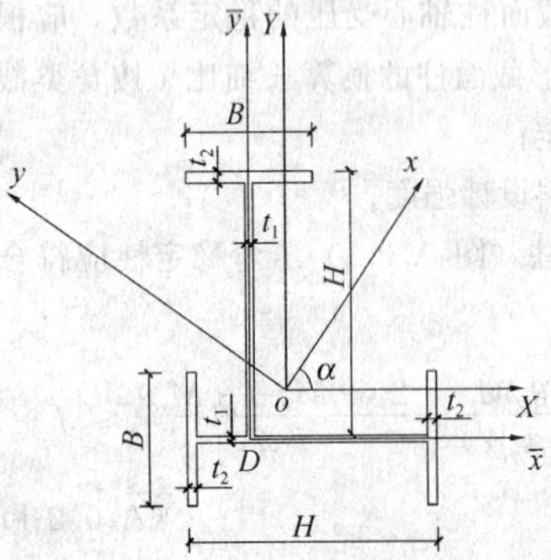

序号	$H \times B \times t_1 \times t_2$ (mm)	截面面积 A (mm^2)	形心坐标 (mm) $\bar{x}_0$	形心坐标 (mm) $\bar{y}_0$	剪心坐标 (mm) x_0	剪心坐标 (mm) y_0	夹角 α (°)	惯性矩 I_x (cm^4)	惯性矩 I_y (cm^4)	惯性矩 I_k (cm^4)	惯性矩 I_ω (cm^6)	惯性半径 (cm) i_x	惯性半径 (cm) i_y	不对称截面常数 i_0^2 (cm^2)	不对称截面常数 β_x (cm)	不对称截面常数 β_y (cm)
1	100×50×5×7	1945	14.5	29.5	−24.7	−16.8	27.3	376.5	172	2.48	1095.7	4.40	2.97	37.1	4.07	2.15
2	150×75×5×7	2970	21.8	44.2	−37.5	−24.8	28.2	1303.0	826	3.75	8492.0	6.62	4.55	84.8	6.13	3.13
3	200×100×5.5×8	4468	29.2	58.9	−50.4	−32.8	28.5	3515.1	1680.9	7.23	41100	8.87	6.13	154.4	8.16	4.11
4	250×125×6×9	6213	36.6	73.7	−63.2	−40.8	28.7	7688.9	3708.0	12.55	141520	11.1	7.73	240.1	10.2	5.09
5	300×150×6.5×9	7774.5	43.7	88.1	−75.7	−48.8	28.8	13693.5	6602.9	16.22	354500	13.3	9.22	342.2	12.3	6.11
6	350×175×7×11	10444	51.5	103.4	−89.0	−56.8	29.0	25578.4	12469.6	30.98	933280	15.7	10.9	475.9	14.2	7.04
7	400×200×8×13	13888	59.0	118.4	−101.9	−65.0	29.0	44669.1	21800.9	57.04	2147100	17.9	12.5	624.7	16.3	8.03
8	450×200×9×14	16122	72.9	131.9	−124.2	−67.2	31.2	64926.0	29943.0	75.90	3002700	20.1	13.6	787.9	20.4	8.38
9	500×200×10×16	19120	86.9	145.7	−146.1	−68.9	32.8	95181.1	41980.9	113.9	4315300	22.3	14.8	978.5	24.5	8.62

注：表中形心坐标为工程坐标系 $\bar{x}D\bar{y}$ 中的坐标值，而剪心坐标为形心主坐标系中的坐标值。

本规程用词说明

1 为便于在执行本规程条文时区别对待，对要求严格程度不同的用词说明如下：

1)表示很严格，非这样做不可的：
正面词采用“必须”，反面词采用“严禁”；

2)表示严格，在正常情况下均应这样做的：
正面词采用“应”，反面词采用“不应”或“不得”；

3)表示允许稍有选择，在条件许可时，首先应这样做的：
正面词采用“宜”，反面词采用“不宜”；

4)表示有选择，一定条件下可以这样做的，采用“可”。

2 条文中指明应按其他有关标准执行的写法为：“应符合……的规定”或“应按……执行”。

引用标准名录

1 《建筑地基基础设计规范》GB 50007
2 《建筑结构荷载规范》GB 50009
3 《混凝土结构设计规范》GB 50010
4 《建筑抗震设计规范》GB 50011
5 《钢结构设计规范》GB 50017
6 《冷弯薄壁型钢结构技术规范》GB 50018
7 《住宅设计规范》GB 50096
8 《住宅建筑模数协调标准》GB/T 50100
9 《地下工程防水技术规范》GB 50108
10 《工程结构可靠性设计统一标准》GB 50153
11 《钢结构工程施工质量验收规范》GB 50205
12 《建筑工程施工质量验收统一标准》GB 50300
13 《民用建筑工程室内环境污染控制规范》GB 50325
14 《住宅建筑规范》GB 50368
15 《建筑节能工程施工质量验收规范》GB 50411
16 《碳素结构钢》GB/T 700
17 《钢结构用高强度大六角头螺栓》GB/T 1228
18 《钢结构用高强度大六角螺母》GB/T 1229
19 《钢结构用高强度垫圈》GB/T 1230
20 《钢结构用高强度大六角头螺栓、大六角螺母、垫圈技术条件》GB/T 1231
21 《低合金高强度结构钢》GB/T 1591
22 《钢结构用扭剪型高强度螺栓连接副》GB/T 3632
23 《碳钢焊条》GB/T 5117
24 《低合金钢焊条》GB/T 5118
25 《六角头螺栓 C级》GB/T 5780
26 《六角头螺栓》GB/T 5782
27 《建筑材料放射性核素限量》GB 6566
28 《建筑用轻钢龙骨》GB/T 11981
29 《冷轧带肋钢筋》GB 13788
30 《十字槽盘头自钻自攻螺钉》GB/T 15856.1
31 《十字槽沉头自钻自攻螺钉》GB/T 15856.2
32 《十字槽半沉头自钻自攻螺钉》GB/T 15856.3
33 《六角法兰面自钻自攻螺钉》GB/T 15856.4
34 《六角凸缘自钻自攻螺钉》GB/T 15856.5
35 《钢筋焊接网混凝土结构技术规程》JGJ 114
36 《金属与石材幕墙工程技术规范》JGJ 133
37 《耐碱玻璃纤维网布》JC/T 841
38 《定向刨花板》LY/T 1580

中华人民共和国行业标准

轻型钢结构住宅技术规程

JGJ 209—2010

条 文 说 明

制 订 说 明

《轻型钢结构住宅技术规程》JGJ 209－2010，经住房和城乡建设部2010年4月17日以第552号公告批准、发布。

本规程制订过程中，编制组进行了广泛的调查研究，总结了近几年我国钢结构住宅工程建设的实践经验，同时参考了国外先进技术法规、技术标准，并做了大量的有关材料性能、建筑和结构性能、节点连接等试验。

为便于广大设计、施工、科研、学校等单位有关人员在使用本规程时能正确理解和执行条文规定，《轻型钢结构住宅技术规程》编制组按章、节、条顺序编制了本规程的条文说明，对条文规定的目的、依据以及执行中需注意的有关事项进行了说明，还着重对强制性条文的强制性理由作了解释。但是，本条文说明不具备与标准正文同等的法律效力，仅供使用者作为理解和把握标准规定的参考。在使用中如果发现本条文说明有不妥之处，请将意见函寄中国建筑科学研究院。

目　次

1 总　　则

自从2000年我国首次召开钢结构住宅技术研讨会以来，全国积极开展有关钢结构住宅的科研和工程实践活动。不仅有许多高等院校和科研院所进行了大量的专项科学技术研究，取得了丰富的成果，而且有许多企业进行了各种形式的新型建筑材料开发和钢结构住宅工程试点，积累了丰富的工程经验。近几年来，在我国出现的钢结构住宅建筑形式有：普通钢结构住宅工程、国外引进的冷弯薄壁型钢低层住宅工程，还有自主研发的轻钢框架配套复合保温墙板的低层和多层钢结构住宅工程等等。钢结构住宅的工程实践，有利于促进我国住宅产业化的进程，有利于整体提升我国建筑行业技术进步，有利于带动建材、冶金等相关产业的发展，有利于促进钢结构在建筑领域的应用，拉动内需。

为适应国家经济建设的需要，推广应用钢结构住宅建筑技术，规范钢结构住宅技术标准，实现钢结构住宅的功能和性能，结合我国城镇建设和建筑工程发展的实际情况，在广泛调查研究，认真总结近几年我国钢结构住宅建设经验，并在做了大量的有关材性、体系和节点等试验的基础上，由中国建筑科学研究院负责，组织有关设计、高校、科研和生产企业等单位，制定我国轻型钢结构住宅技术规程。

本规程适用于轻型钢结构住宅的设计、施工和验收，重点突出"轻型"。由轻型钢框架结构体系和配套的轻质墙体、轻质楼面、轻质屋面建筑体系所组成的轻型节能住宅建筑。可用于抗震或非抗震地区的不超过6层的钢结构住宅建筑。对公寓等其他建筑可参考使用。

本规程所说的"轻质材料"是指与传统的材料如钢筋混凝土相比干密度小一半以上。

本规程所指的轻型钢框架是指由小截面热轧H型钢、高频焊接H型钢、普通焊接H型或异形截面的型钢、冷轧或热轧成型的方（或矩、圆）形钢管组成的纯框架或框架-支撑结构体系。结合轻质楼板和利用墙体抗侧力等有利因素，能使钢框架结构体系不仅用钢量省，而且解决了可以建造多层结构的技术问题，尤其是能与我国现行规范体系保持一致，满足抗震要求，是一种符合中国国情的轻型钢结构住宅体系。

轻型钢结构住宅是一种专用建筑体系，轻型钢结构住宅的设计与建造必须要有材性稳定、耐候耐久、安全可靠、经济实用的轻质围护配套材料及其与钢结构连接的配套技术，尤其是轻质外围护墙体及其与钢结构的连接配套技术。由于其"轻型"，结构性能优越，建筑层数又不超过6层，易于抗震。只要配套材料和技术完善，则经济性较好，便于推广应用。

轻型钢结构住宅是一种新的建筑体系，涉及的材料是新型建筑材料，设计方法是"建筑、结构、设备与装修一体化"，强调"配套"：材料要配套、技术要配套、设计要配套，是在企业开发的专用体系基础上，按本规程的规定进行具体工程的设计、施工和验收。

对普通钢结构与现浇钢筋混凝土楼板结构体系的钢结构住宅，应按我国现行有关标准设计。对冷弯薄壁型钢低层住宅建筑，应按其专业标准执行。

3 材　　料

3.1 结构材料

3.1.1 关于钢结构材料是引自现行国家标准《钢结构设计规范》GB 50017的规定。推荐轻型钢结构住宅宜采用Q235-B碳素结构钢以及Q345-B低合金高强度结构钢，主要是这两种牌号的钢材具有多年的生产与使用经验，材质稳定，性能可靠，经济指标较好。且B级钢材具有常温冲击韧性的合格保证，满足住宅环境的使用温度，没有必要使用更高级别或更高强度等级的钢材。当对冲击韧性不作交货保证时，也可以采用Q345-A。

3.1.2 该条是引自现行国家标准《钢结构设计规范》GB 50017和《建筑抗震设计规范》GB 50011的规定。

3.1.3 对于冷加工成型的钢材，当壁厚不大于6mm的材料强度设计值按现行国家标准《冷弯薄壁型钢结构技术规范》GB 50018的规定取值，但构件计算公式仍然采用现行国家标准《钢结构设计规范》GB 50017的规定。当壁厚大于6mm的材料设计强度和构件设计计算公式都按现行国家标准《钢结构设计规范》GB 50017的规定执行。

3.1.8 水泥纤维类材料中的纤维只能作为防裂措施，不能作为受力材料。这类材料中有的抗冻融性能差，易粉化，现实中的纤维材料性能差别很大，有的抗碱性能差，耐久性得不到保证。这类材料（包括水泥压力板、挤出板等）强度较高，但是易脆断。考虑到实际使用情况，用于室内环境作为楼板时应配置钢筋。

水泥加气发泡类材料抗压强度较低，一般仅有3MPa～8MPa，且孔隙率较大，易受潮，钢筋得不到保护，耐久性受影响。考虑到实际使用情况，本规范要求双层配筋并对钢筋作保护性处理，抗压强度不应小于6.0MPa。

以上两种材料属于新型建材（指与传统的钢筋混凝土比），它们具有轻质、高强特点，适用于预制装配施工，受到市场的欢迎。但开发者和使用者对其用途和性能不全了解。为规范这两类材料的用途，有必要对涉及结构安全性的新材料作出强制性规定。

3.1.10～3.1.13 这几条给出了当前轻质楼板选材的基本规定。

3.2 围护材料

3.2.1～3.2.6 围护材料是钢结构住宅技术的重点和难点，要求它质量轻、强度高、保温隔热性能好、经久耐用、经济适用。国外钢结构住宅及其住宅产业化之所以比我国成熟，主要是国外的建材业发达，可供选用的建材品种多、质量好、科技含量高，应用配套技术全面，能形成体系化。随着建筑工业化的发展，发达国家早在20世纪四五十年代便开始了墙体建筑材料的转变：即小块墙材向大块墙材转变，块体墙材向各种轻质板材和复合板材方向转变。墙体的材料是节能建筑的关键。轻质围护材料应采用节地、节能、利废和环保的材料，严禁使用国家明令禁止、淘汰或限制的材料。要坚持建筑资源可持续利用的科学发展观。

根据我国国情，建议围护材料采用以普通水泥为主要原料的复合型多功能预制轻质条形板材、轻质块体，或者是轻钢龙骨复合保温墙体等。围护材料产品的干密度不宜超过800kg/m³，并以条形板为宜，便于施工安装。以保温为主要目的外墙板或屋面板，应选用密度较小的复合保温板材；以隔热为主要目的外墙板或屋面板，应选用密度较大的复合保温板材。产品质量及试验方法均按我国国家有关标准执行，外墙板受弯承载力、连接节点承载力的设计和试验应结合本规程第5.6节非结构构件设计的要求进行，承载力检验系数以及其他指标不应小于相关条文的规定。有关承载力性能的试验应按现行国家标准《混凝土结构工程施工质量验收规范》GB 50204的规定执行。

轻质围护材料应为专门生产厂家制造，生产厂家应有质量保证体系、有产品标准、有专业生产的工艺设备和技术、有产品使用安装工法，并具有试验和经专家论证、政府主管部门备案的资料和文件。使用单位应作材料复检和技术资料审核。

3.2.7 轻质墙板的单点吊挂力试验可参考我国现行行业标准《建筑隔墙用轻质条板》JG/T 169的有关规定进行。

3.2.9 水泥基的轻质围护材料，除了应满足一般性要求外，还应满足该条所列各款的专门规定。

3.2.10 轻钢龙骨复合墙体也是一种较好的围护体系，龙骨采用C型钢或小方钢管桁架结构体系，除了应满足一般性要求外，还应满足该条所列各款的专门规定。

3.3 保温材料

3.3.1、**3.3.2** 该节所列工程中常用的保温隔热材料，其性能指标取自我国现行相关标准规范的规定。

3.3.3 采用有机泡沫塑料作为保温隔热材料时，应对其有防火保护措施，如采用水泥浇筑的聚苯夹心复合板形式等。

4 建筑设计

4.1 一般规定

4.1.1 集成化住宅建筑是工业化和产业化的要求，而工业化的前提是标准化和模数化。轻型钢结构住宅建筑具有产业化的优势和特点，轻型钢结构住宅技术开发应以工业化为手段，以产业化为目标，进行产品和技术配套开发，形成房屋体系。此条为轻型钢结构住宅建筑技术方向性导则。

4.1.2 轻型钢结构住宅建筑的构件或配件及其应用技术，具有较高的工业化生产程度和较严谨的操作程序，难以现场复制。否则，其功能或性能得不到保证。因此建筑、结构、设备和装修设计应紧密配合，应综合考虑，实现一体化设计，避免现场随意改动。

4.1.3 轻型钢结构住宅是一种新的节能建筑体系，建筑设计必须进行节能专项设计，执行我国建筑节能政策。我国地域辽阔，从南到北气候差异较大，建筑节能指标要求不同，建筑节能设计应符合当地节能指标要求。

4.1.4 轻型钢结构住宅也是一种住宅，应满足住宅的基本功能和性能，应符合现行国家住宅建筑设计标准。

4.2 模数协调

模数协调就是设计尺寸协调和生产活动协调。它既能使设计者的建筑、结构、设备、电气等专业技术文件相互协调；又能达到设计者、制造业者、经销商、建筑业者和业主等人员之间的生产活动相互协调一致，其目的就是推行住宅产业化。产业化的前提是工业化，而工业化生产是在标准化指导下进行的。住宅有其灵活多样性特点，如何最大限度地采用通用化建筑构配件和建筑设备，通过模数协调，实现灵活多样化要求，是设计者要解决的问题。轻型钢结构住宅建筑设计和制造是易于实现产业化的，可以做到设计标准化、生产工厂化、现场装配化。本节旨在引导技术和产品开发以及设计和建造应以产业化为方向，实现建筑产品和部件的尺寸协调以及安装位置的模数协调。

4.3 平面设计

4.3.1 优先尺寸就是从模数数列中事先排选出的模数或扩大模数尺寸。在选用部件中对通用性强的尺寸关系，指定其中几种尺寸系列作为优先尺寸，其他部件应与已选定部件的优先尺寸关联配合。

4.3.4 住宅建筑平面设计在方案阶段应与钢结构专

业配合，便于结构专业布置梁柱，使结构受力合理、用材经济，充分发挥钢结构优势。

4.3.5 室内露柱或露梁影响使用和美观，在平面布置时，建筑和结构专业应充分配合，合理布置构件，或采用异形构件满足建筑使用要求。

4.3.6 住宅大开间布置，有利于住宅空间灵活分隔，具有可改性。

4.3.7～4.3.9 关于楼板的建筑做法，把它们归于平面设计中，供设计者参考。

4.4 轻质墙体与屋面设计

4.4.1、4.4.2 外墙和屋面属于外围护体系，是钢结构住宅建筑设计的重点之一，其设计应满足住宅建筑的功能和性能，并应与主体结构同寿命。

4.4.3 外围护墙体是建筑节能的关键，墙体要有一定的热阻值，才能达到保温隔热的效果。钢结构特点之一是钢材的导热系数远大于墙板的导热系数，其热阻相对很小，热量极易通过钢材传导流失，形成"热桥"。因此，要在钢结构部位增加热阻，采取隔热保温措施。该条给出了墙板式墙体可操作的强制性做法。

钢结构结合预制墙板装配的建筑体系，是近年来开发钢结构住宅建筑的主要形式之一。但这种新的建筑体系不为广大工程师们所熟悉，为规范这种建筑体系设计，有必要对涉及建筑主要功能性、适用性的设计方法作出强制性规定。

4.4.4～4.4.6 分别给出了轻质墙板式墙体、轻钢龙骨式墙体和砌块式墙体的建筑做法。

5 结 构 设 计

5.1 一 般 规 定

5.1.2 在结构体系中，也可以采用小型方钢管组成的格构式梁柱体系，与轻钢龙骨墙体结合，适用低层建筑，由专业公司进行设计。

5.1.3 国内外关于框架填充墙体抗侧力的研究表明，忽略填充墙体的侧向刚度作用，对抗震不利。填充墙使得结构的侧向刚度增大，同时也增大了地震作用。框架与填充墙之间的相互作用，使得钢框架的内力重分布。考虑填充墙的作用，不仅有利于结构抗震，而且还可利用填充墙体抗侧移，从而减少框架设计的用钢量，使结构轻型成为可能。中国建筑科学研究院曾对某企业生产的水泥基聚苯复合保温板、圆孔板以及轻钢龙骨填充墙体与钢框架共同抗侧力进行了足尺试验，通过与裸框架抗侧移性能的对比试验，按位移等效原理得出了不同墙体的等效交叉支撑计算公式，完全满足"小震不坏、中震可修、大震不脱落"要求，为该企业墙板的应用提供了试验依据。本规程规定，墙体的侧向刚度应根据墙体的材料和连接方式的不同由试验确定，并应满足当钢框架层间相对侧移角达到1/300时，墙体不得出现任何开裂破坏；当达到1/200时，墙体可在接缝处出现可以修补的裂缝；当达到1/50时，墙体不应出现断裂或脱落。试验应有往复作用过程，并应有等效支撑构件截面尺寸的计算公式，以便应用计算。墙体抗侧力试验应与实际应用一致，不进行抗侧力试验或试验达不到要求的不得利用墙体抗侧力进行结构计算。砌块墙体整体性能较差，应慎用其抗侧力。

5.1.4、5.1.5 依据现行国家标准《建筑结构荷载规范》GB 50009和《建筑抗震设计规范》GB 50011，结合轻型钢结构住宅建筑的特点，给出了荷载效应组合的具体表达式和相关系数，旨在统一和规范这类结构计算的输入条件。

5.1.9 轻型钢结构住宅的钢构件截面较小，变形主要是构件刚度控制，节点域变形可忽略不计。

5.2 构 造 要 求

5.2.1 低层轻型钢结构住宅的框架柱长细比，无论有无抗震设防要求，都按现行国家标准《钢结构设计规范》GB 50017 的规定取 $150\sqrt{235/f_y}$，而没有按我国现行标准《门式刚架轻型房屋钢结构技术规程》CECS 102 的规定取柱长细比 180，主要是考虑低层建筑层数可能建到 3 层，框架柱长细比取值有所从严。几十年的工程实践证明，按 180 的柱长细比建造的轻钢房屋未见柱失稳直接破坏的报道，考虑到有利于推广轻型钢结构住宅新型建筑体系，没有按更严的规定取值。对非抗震的多层轻型钢结构住宅框架柱长细比按现行国家标准《钢结构设计规范》GB 50017 的规定取 $150\sqrt{235/f_y}$。但是，对有抗震设防要求的多层轻型钢结构住宅框架柱长细比应按现行国家标准《建筑抗震设计规范》GB 50011 的规定执行。

5.2.2 支撑构件板件的宽厚比应按现行国家标准《钢结构设计规范》GB 50017 的规定取值。

5.2.3 同济大学对薄壁的 H 形截面构件进行了一定数量的试验研究和数值分析，结果表明，当构件截面翼缘宽厚比和腹板高厚比符合本公式的要求时，构件能满足 $V_u/V_e \geqslant 1$ 和$V_{50}/V_u \geqslant 0.75$ 两个条件，V_u 为考虑局部屈曲后的计算极限承载力，其中 V_e 为在轴力和弯矩共同作用下截面边缘屈服时的水平承载力，V_{50} 为构件在相对变形 1/50 的循环中尚能保持的水平承载力。满足上述两个条件，意味构件可以保持一定的延性，并且能继续承受作用于其上的重力荷载。研究结果已用于 5 层轻型钢结构试点房屋建设。以 Q235 钢为例，公式（5.2.3-1）和公式(5.2.3-3)表示如图 1 所示的阴影区域。

5.3 结构构件设计

5.3.2、5.3.3 本规程规定，冷加工成型的钢构件按

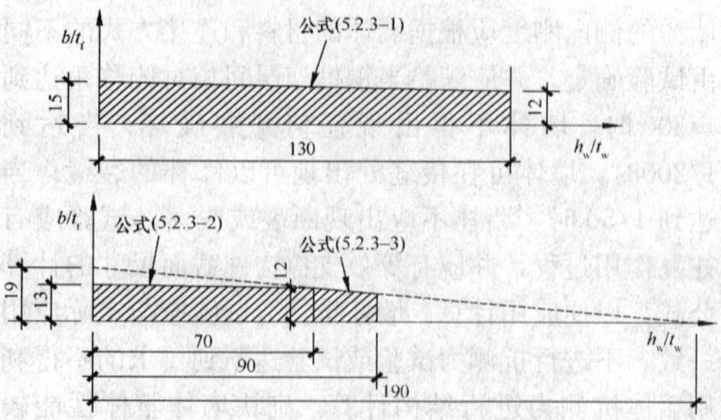

图 1　公式（5.2.3）应用图示

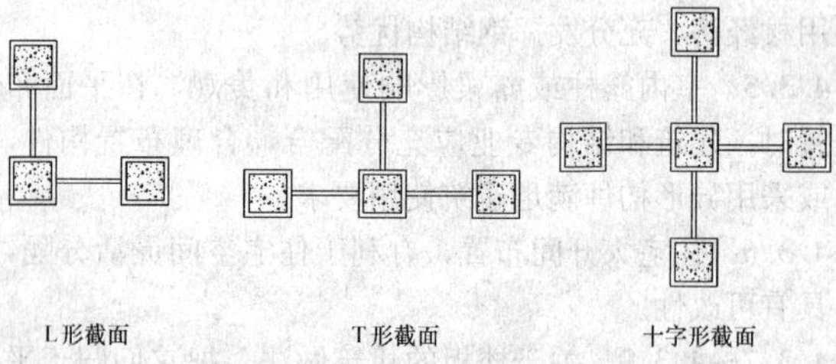

图 2　方钢管混凝土组合异形柱

现行国家标准《钢结构设计规范》GB 50017 的规定进行设计计算，只是对壁厚不大于 6mm 的材料强度设计值按现行国家标准《冷弯薄壁型钢结构技术规范》GB 50018 的规定采用。

5.3.4　本条规定与第 5.2.3 条第 2 款配套使用。对于有地震作用组合，则考虑到大宽厚比构件的延性低于厚实截面，在采用现行国家标准《建筑抗震设计规范》GB 50011 仅用小震烈度进行结构抗震计算时，应考虑这种影响，对构件承载力考虑一个折减系数。经过一定数量的构件试验和 2 榀足尺框架反复加载试验，在此基础上，进行大量数值分析和基于等能量消耗的推导，提出该系数取 0.75 的建议。

5.3.5　此条提出的截面形式主要是解决钢结构住宅室内露柱的问题，有关 L 形截面柱的计算公式是根据中国建筑科学研究院的研究成果，其研究论文见："钢异形柱弯扭相关屈曲研究"，《钢结构》Vol. 21，2006；"钢异形柱轴心受压承载力实用计算研究"，《钢结构》Vol. 22，2007；"钢异形柱压弯组合实用计算研究"，《钢结构》Vol. 23，2008。陈绍蕃教授对公式进行了简化，见本规程附录 A 公式（A. 0. 4-1）。

另外，还可采用方钢管组合的异形柱，截面形式如图 2 所示，天津大学对此进行了研究其研究论文见"钢结构和组合结构异形柱"，《钢结构》，Vol. 21，2006；"十字形截面方钢管混凝土组合异形柱轴压承载力试验"，《天津大学学报》Vol. 39，2006；"十字形截面方钢管混凝土组合异形柱研究"，《工业建筑》，Vol. 37，2007；"方钢管混凝土组合异形柱的理论分析与试验研究"，天津大学博士论文，2008。在此推荐参考应用。

5.3.6～5.3.9　这些条文给出了轻质楼板的一些做法，还望在实践中推陈出新，日臻完善。使用单位应对轻质楼板做承载力复检和技术资料审核。如果用传统的现浇钢筋混凝土楼板，自重较大，钢材的用量有可能会增大，但技术上是可行的。

5.4　节 点 设 计

5.4.1～5.4.3　建议采用高强度螺栓连接，主要是体现和倡导钢结构装配化施工的特点，施工速度快，质量容易控制。无论是螺栓连接还是焊接，都要求设计人员进行设计和计算确定连接强度，不应让加工厂或施工单位做节点连接的"深化"设计。

5.4.4　本条规定考虑当构件的宽厚比不满足现行国家标准《建筑抗震设计规范》GB 50011 的规定但符合本规程 5.2.3 条 2 款规定时，构件截面当进入塑性，截面板件有可能就出现屈曲，无法达到截面全塑性弯矩 M_p，因此可用 M_y 代替《建筑抗震设计规范》GB 50011 中的 M_p 进行验算，这是引用同济大学的研究成果。

5.4.5　H 型钢梁、柱采用端板全螺栓式连接，可满足现场全装配施工的需要，而且能避免现场焊接质量不能保证的弊端，这方面的研究成果较多，我国现行标准《门式刚架轻型房屋钢结构技术规程》CECS 102 中也有较详细的设计计算公式，推荐给工程技术人员应用实践。

5.4.6、5.4.7　柱带外伸梁段后，将梁的现场连接外移，容易满足设计要求。柱横隔板贯通的节点形式是近几年来抗震研究的成果之一，由于在工厂施焊，焊缝质量容易得到保证，在此介绍几种节点连接方法供设计参考。

5.4.8　对小截面的方、矩形钢管柱，在梁柱连接节点处，当不方便加焊内横隔板时，可以采用外套筒式的节点加强方法进行梁柱连接。该条是根据中国建筑科学研究院的研究成果提出的套筒构造要求，在轻钢结构中有推广应用的实际意义。近几年来，我国同济大学、湖南大学、天津大学等都做了这方面的研究工作，并于 2008 年在武汉市进行了几十万平方米的钢结构住宅工程实践，在日本也有这方面的研究和实践报道，在此提出这种节点形式供设计参考。

5.4.9　该条对柱脚的做法建议是出于施工便利考虑的，按照此做法的柱脚为刚接柱脚。式中 T 可根据柱脚板下反力直线分布假定，按柱受力偏心距的大小确定。

5.5　地 基 基 础

5.5.1　轻钢住宅由于自重轻，基础相对节省，形式相对简单，一般做独立柱基或条形基础就能满足要求。

5.6 非结构构件设计

5.6.4 非结构构件的地震放大系数为5.0是依据现行国家标准《建筑抗震设计规范》GB 50011的规定计算得出，我国现行行业标准《金属与石材幕墙工程技术规范》JGJ 133对此也是这样规定的。

5.6.5 外围护结构构件所承受的风荷载效应和地震作用效应同时组合是参考我国现行行业标准《金属与石材幕墙工程技术规范》JGJ 133的规定。

5.6.6～5.6.8 分别给出了墙板式墙体、轻钢龙骨式墙体和轻质砌块墙体的构造要求，以满足围护结构安全性要求。

5.6.9 各生产厂家的屋面复合保温板结构和材料不同，生产厂家应对自己的产品有受弯承载力试验报告，给出产品使用说明。

5.7 钢结构防护

5.7.1、5.7.2 钢结构的寿命取决于防腐涂装施工质量，涂层的防护作用程度和防护时间长短取决于涂层质量，而涂层质量受到表面处理（除锈质量）、涂层厚度（涂装道数）、涂料品种、施工质量等因素的影响，这些因素的影响程度大致为表1所示：

表1 各种因素对涂层的影响

因素	影响程度（%）
表面处理（除锈质量）	49.5
涂层厚度（涂装道数）	19.5
涂料品种	4.9
施工质量	26.1

钢材只有经过表面彻底清理去除铁锈、轧屑和油类等污染物，底层涂料才能永久地附着于钢材上并对它起有效的保护作用。因此本条要求采用喷砂或抛丸方法除锈，并严禁现场带锈涂装或除锈不彻底涂装。

5.7.3 此条规定来自现行国家标准《住宅建筑规范》GB 50368。

5.7.4 不同的金属接触后有可能发生电位腐蚀，如设备铜管若直接与钢结构材料相接触就有可能生锈。

6 钢结构施工

6.2 钢结构的制作与安装

6.2.4 经除锈后的钢材表面在检查合格后，应在4h内进行涂装，主要是防止钢材再度生锈，影响漆膜质量。

6.2.5 本条规定涂装时的温度以5℃～38℃为宜，只适合在室内无阳光直射的情况。如果在阳光直接照射下，钢材表面温度可能比气温高8℃～12℃，涂装时，当超过漆膜耐热性温度时，钢材表面上的漆膜就容易产生气泡而局部鼓起，使附着力降低。低于0℃时，钢材表面涂装容易使漆膜冻结不易固化。湿度超过85%时，钢材表面有露点凝结，漆膜附着力变差。

涂装后4h内不得淋雨，是因为漆膜表面尚未固化，容易被雨水冲坏。

7 轻质楼板和轻质墙体与屋面施工

7.1 一般规定

7.1.1 要求施工单位编制轻质楼板和轻质墙体与屋面分项工程的施工组织技术文件，提交材料选用说明、具体施工方法、施工进度计划、质量保证体系、安全施工措施等，这些是保证轻质楼板和轻质墙体与屋面工程施工安装质量的有效措施。施工组织技术文件应经设计或监理工程师审核确认后实施。

7.1.2 施工单位应重视轻质楼板、轻质墙板、轻质屋面板及施工配套材料的进场验收，对保证下一步安装工作顺利开展有着重要作用。安装墙板前，一定要先做基础地梁的防潮处理，阻断潮湿从地梁进入墙板内。该条要求对墙面管线开槽位置、预埋件、卡件位置及数量进行核查也是保证隐蔽工程安装质量的有效方法。

7.1.3 该条规定了墙体和屋面施工单位进入现场施工安装的交接作业面。对多层建筑，为防止墙体自重对底层累积，有可能造成底层墙体开裂，可以从顶层开始，逐层向下安装。或者每层墙体顶端预留一定的挠度变形缝隙也可。

7.2 轻质楼板安装

目前，工程中使用的轻质楼板主要有两类，一类是厚型的，如预制圆孔板、水泥加气发泡板。另一类是薄型板，如OSB板、钢丝网水泥板等。本节给出了这些楼板安装的基本要求，具体细则还应结合各专业设计进行。

7.3 轻质墙板安装

7.3.1、7.3.2 墙板安装除满足一般规定外，还应按该节专门规定进行施工，尤其是外挂墙板的安装，应由专业施工队伍或在专业技术人员指导下进行。

7.3.3 双层外墙有利于防止钢结构热桥，容易实现节能指标要求，在此给出了双层墙板的安装要求供参考。

7.3.4 内隔墙条形板的安装，在其他工程中应用较广，技术成熟，有专门规范指导，该条归纳了常见做法，便于指导轻钢住宅墙体工程。

7.3.5 该条强调墙板中不应现场随便开凿，应严格遵守建筑、结构和设备一体化设计规定，提前做好有关准备。外墙中通常不设计管线，避免破坏墙体功能。

7.3.6 墙板安装完毕后，应作门窗洞口专门处理，并配合门窗安装，对墙体进行一体化处理，再作建筑饰面施工，验收前应有成品保护措施。

7.4 轻质砌块墙体施工

7.4.1～7.4.3 砌块墙体技术较为成熟，本节归纳了简单要求，指导工程实践。外墙砌筑时，在钢结构梁柱位置应按设计要求作好热桥处理，用砌块包裹时应注意连接可靠。

7.5 轻钢龙骨复合墙体施工

7.5.1 要做好轻钢龙骨复合墙体的施工，首先要使用合格的制品和配套材料。提供产品合格证书和性能检测报告是工程验收质量保证内容之一。对材料进场有验收要求，同时对基层的清理和放线作出了具体规定，以保证安装工作的正确实施。轻钢龙骨复合墙体的安装应是在主体钢结构验收合格后进行。

7.5.2 轻钢龙骨复合墙体施工专业性较强，该条要求选择专业施工公司或在专业技术人员指导下进行安装。该条还对墙体安装过程中几个主要工序提出了具体要求，施工单位只要在墙体龙骨安装、两侧面板安装和复合墙体保温材料安装几个主要方面严格按照合理的工法操作，即可达到工程设计要求。

岩棉或玻璃棉不能填充在龙骨之间，如果这样做，龙骨与面板就有可能形成一道道热桥，不仅起不到保温隔热作用，而且在热冷交替变化下，会在墙体表面形成一道道阴影。该条第4款中第3）项的要求是对保温隔热做法的规定，保温隔热材料一定要覆盖钢结构。

7.6 轻质保温屋面施工

7.6.1、7.6.2 施工单位应根据屋面工程情况编制屋面板排板图，并应提出安全施工组织计划和在专业技术人员指导下进行屋面的安装。

7.6.3～7.6.5 屋面板一般宜采用水泥基的复合保温条形板，板侧边应有企口，便于拼缝填粘接腻子。屋面保温板应有最大悬挑长度试验确定的数据，应有承载最大跨度的试验数据，设计和安装时不应超过产品使用说明书规定的这些数据。

7.7 施工验收

轻质楼板和轻质墙体与屋面工程的施工质量验收重在过程，应做好施工前的组织设计，施工时落实过程监督，最后主要是外观检查和资料归档。

8 验收与使用

8.1 验 收

8.1.3 本条提出了轻型钢结构住宅工程质量验收的基本要求，主要有：参加建筑工程质量验收各方人员应具备规定的资格；建筑工程质量验收应在施工单位检验评定合格的基础上进行；检验批质量应按主控项目和一般项目进行验收；隐蔽工程的验收；涉及结构安全的见证取样检测；涉及结构安全和使用功能的重要分部工程的抽样检验以及承担见证试验单位资质的要求；观感质量的现场检查等。

8.1.4 竣工验收是轻型钢结构住宅工程投入使用前的最后一次验收，也是最重要的一次验收。验收合格的条件有6个，首先是节能专项验收，该条给出了当前可操作的具体节能验收指标，如“建筑体形系数、窗墙面积比、各部分围护结构的传热系数和外窗遮阳系数”等内容，均应符合现行国家标准《建筑节能工程施工质量验收规范》GB 50411。另外，除了各分部工程应合格，并且有关的资料应完整以外，还须进行以下3个方面的检查。

涉及安全和使用功能的分部工程应进行检验资料的复查。不仅要全面检查其完整性，而且对分部工程验收时补充进行的见证抽样检验报告也要复核。这种强化验收的手段体现了对安全和主要使用功能的重视。

此外，对主要使用功能还须进行抽查。使用功能的检查是对建筑工程和设备安装工程最终质量的综合检验，也是用户最为关心的内容。

最后，还须由参加验收的各方人员共同进行观感质量检查，共同确认是否通过验收。

8.2 使用与维护

8.2.1 钢结构住宅竣工验收合格，取得当地规划、消防、人防等有关部门的认可文件或准许使用文件，并满足地方建设行政主管部门规定的备案要求，才能说明住宅已经按要求建成。在此基础上，住宅具备接通水、电、燃气、暖气等条件后，可交付使用。

物业档案是实行物业管理必不可少的重要资料，是物业管理区域内对所有房屋、设备、管线等进行正确使用、维护、保养和修缮的技术依据，因此必须妥为保管。物业档案的所有者是业主委员会，物业档案最初应由建设单位负责形成和建立，在物业交付使用时由建设单位移交给物业管理企业。每个物业管理企业在服务合同终止时，都应将物业档案移交给业主委员会，并保证其完好。

8.2.2 住宅使用说明书是指导用户正确使用住宅的技术文件，本条特别规定了住宅使用说明书中应包含的使用注意事项，对于保证钢结构住宅的使用寿命是非常重要的。

8.2.3 本条对用户正确使用提出了要求，保证住宅的安全。

8.2.4 本条对物业提出的要求，有利于保证钢结构住宅的使用寿命。

中华人民共和国行业标准

拱形钢结构技术规程

Technical specification for steel arch structure

JGJ/T 249—2011

批准部门：中华人民共和国住房和城乡建设部
施行日期：2 0 1 2 年 5 月 1 日

中华人民共和国住房和城乡建设部
公　　告

第 1057 号

关于发布行业标准《拱形钢结构技术规程》的公告

现批准《拱形钢结构技术规程》为行业标准，编号为 JGJ/T 249－2011，自 2012 年 5 月 1 日起实施。

本规程由我部标准定额研究所组织中国建筑工业出版社出版发行。

中华人民共和国住房和城乡建设部

2011 年 7 月 4 日

前　　言

根据住房和城乡建设部《关于印发〈2008 年工程建设标准规范制订、修订计划（第一批）〉的通知》（建标［2008］102 号）的要求，规程编制组经广泛调查研究，认真总结实践经验，参考有关国际标准和国外先进标准，并在广泛征求意见的基础上，编制本规程。

本规程的主要技术内容是：1　总则；2　术语和符号；3　材料；4　结构与节点选型；5　荷载效应分析；6　设计；7　制作与安装；8　工程验收；相关附录。

本规程由住房和城乡建设部负责管理，由清华大学土木工程系负责具体技术内容的解释。执行过程中如有意见或建议，请寄送清华大学土木工程系（地址：北京市海淀区清华园 1 号，邮编：100084）。

本规程主编单位：清华大学
五洋建设集团股份有限公司

本规程参编单位：浙江大学
哈尔滨工业大学
浙江精工钢构有限公司
宝钢钢构有限公司
浙江东南网架股份有限公司
上海宝冶集团有限公司
西安建筑科技大学
天津大学
湖南大学
中国建筑科学研究院
中国航空工业规划设计研究院
中国农业大学
江苏沪宁钢机股份有限公司
上海建工集团
中建钢构有限公司
河北金环钢结构工程有限公司
珠江钢管有限公司
鞍山东方钢结构有限公司

本规程主要起草人员：郭彦林　罗　海　韩林海　王　宏　王明贵　刘　涛　朱　丹　陈国栋　陈志华　辛克贵　肖　瑾　杨强跃　张　强　武　岳　周观根　郑永会　郝际平　贺明玄　赵　阳　剧锦三　莫敏玲　钱基宏　徐伟英　崔晓强　舒兴平　童根树　窦　超

本规程主要审查人员：陈禄如　张毅刚　刘树屯　金德钧　柴　昶　鲍广鑑　顾　强　曹平周　路克宽　陈敖宜　杨蔚彪　丁　阳

目 次

Contents

1 总 则

1.0.1 为在拱形钢结构的设计、制作、安装及验收中贯彻执行国家的技术经济政策，做到技术先进、安全适用、经济合理、确保质量，制定本规程。

1.0.2 本规程适用于工业与民用建筑和构筑物中拱形钢结构的设计、制作、安装及验收。

1.0.3 拱形钢结构应根据工程实际情况，综合考虑其使用功能、荷载性质、施工条件等，选择合理的结构类型、轴线形状、节点形式及构造与施工方法，满足构件在运输、安装及使用过程中的强度、稳定性和刚度要求，符合防腐、防火要求。

1.0.4 拱形钢结构的设计、施工及验收，除应符合本规程外，尚应符合国家现行有关标准的规定。

2 术语和符号

2.1 术 语

2.1.1 拱形钢结构 steel arch structure

拱轴线为二维曲线（如圆弧形、抛物线形、悬链线形、椭圆线形等），依靠拱脚推力来抵抗拱轴平面内荷载作用的实腹式截面或开孔截面钢拱、钢管桁架拱、索拱以及钢管混凝土拱的总称。

2.1.2 城市人行桥 platform bridge

跨越道路、供行人通行的桥梁结构，主要承受自重荷载、风雪荷载及行人荷载等。

2.1.3 实腹式截面拱 solid-web steel arch

截面腹板无开孔削弱的钢拱。

2.1.4 腹板开孔钢拱 steel arch with web opening

截面腹板有开孔（洞）的钢拱。

2.1.5 钢管桁架拱 latticed steel tubular arch

采用圆管或方（矩）管构成的平面或立体桁架所形成的钢拱。

2.1.6 索拱 cable arch

将拉索按一定规则布置，与拱体杂交形成的结构体系。

2.1.7 钢管混凝土拱 concrete filled steel tubular arch

由钢管混凝土构件组成的拱形结构。

2.1.8 钢管混凝土桁架拱 latticed concrete filled steel tubular arch

由钢管混凝土构件组成的桁架拱形结构。

2.1.9 无铰拱 arch fixed at two ends

拱体无铰且拱脚固定的拱形结构。

2.1.10 两铰拱 pin-ended arch

拱脚为铰接的拱形结构。

2.1.11 三铰拱 three-hinged arch

拱脚为铰接且拱体有一铰接节点（一般位于拱顶）的拱形结构。

2.1.12 矢高 rise of arch

拱形结构轴线顶点到两拱脚连线的距离。

2.1.13 矢跨比 rise-to-span ratio

拱形结构轴线顶点到两拱脚连线的距离与拱脚间跨度的比值。

2.1.14 等代梁 equivalent beam

具有与拱形结构相同跨度、承受相同竖向荷载的简支梁。

2.1.15 跃越屈曲 snap-through buckling

拱形结构在外荷载作用下由于拱轴线压缩变形，导致拱在平面内由上凸的位形突然失去稳定，转变为下凹的位形。

2.1.16 设计位形 design configuration

从设计图纸中确定的构件或节点的空间位置坐标，是结构施工完毕的目标位形。

2.1.17 施工变形预调值 preset deformation during construction

结构安装时构件或节点的位形与设计位形的坐标差值。按照施工变形预调值安装结构，其成型状态能满足设计位形的要求。

2.1.18 拆撑 removal of temporary supporting

采用临时支撑进行安装的钢结构工程，构件安装完毕后按照一定顺序逐步拆除临时支撑的过程。

2.2 符 号

2.2.1 作用和作用效应设计值

F——集中荷载；

q——分布荷载集度；

N_H——拱脚水平推力；

M——弯矩；

N——轴心力；

V——剪力。

2.2.2 计算指标

E、E_s——钢材的弹性模量；

E_c——混凝土的弹性模量；

E_{sc}——钢管混凝土的组合轴压弹性模量；

G——钢材的剪变模量；

f——钢材的抗拉、抗压和抗弯强度设计值；

f_v——钢材的抗剪强度设计值；

f_y——钢材的屈服强度（或屈服点）；

f_c——混凝土抗压强度设计值；

f_{ck}——混凝土抗压强度标准值；

f_{sc}——钢管混凝土组合轴压强度设计值；

σ——正应力；

τ——剪应力；

δ——结构变形值；

ρ——质量密度。

2.2.3 几何参数

A——截面面积；

A_e——等效截面面积；

A_c——单根分肢钢管内混凝土的截面面积；

A_b——单根平腹杆钢管的截面面积；

A_d——单根斜腹杆钢管的截面面积；

A_s——单根分肢的钢管面积；

A_{sc}——钢管混凝土构件的组合截面面积；

I——毛截面惯性矩；

I_c——混凝土毛截面惯性矩；

I_{sc}——钢管混凝土组合截面毛截面惯性矩；

W——毛截面模量；

W_{sc}——钢管混凝土组合截面毛截面模量；

B——矩形钢管短边边长；

D——圆钢管外直径或矩形钢管长边边长；

h——截面的高度；

h_0——腹板的计算高度；

b——翼缘自由外伸宽度；

t_f——翼缘的厚度；

t_w——腹板的厚度；

g——腹板孔洞的净间距；

r——圆形孔洞半径；

L——拱的跨度；

H——拱的矢高；

R——圆弧拱拱轴圆弧的半径；

S——拱的轴线长度；

λ——长细比；

λ_x——拱轴线平面内的长细比；

Θ——拱的圆心角；

$\bar{\lambda}$——正则化长细比；

λ_h——拱轴线平面外换算长细比；

λ_e——腹板开孔钢拱或钢管桁架拱的换算长细比；

λ_n——钢管混凝土拱的名义长细比。

2.2.4 计算系数及其他

α_E——钢材和混凝土的弹性模量比；

α_s——构件截面含钢率；

φ——轴心受压拱的稳定系数；

φ_0——轴心受压桁架拱的稳定系数；

η——钢管桁架拱的整体与构件稳定相关作用系数；

η'——矢跨比对钢管混凝土拱结构轴压稳定承载力的影响系数；

γ_x、γ_y——对主轴 x、y 的截面塑性发展系数；

ξ——钢管混凝土的约束效应系数标准值，设计值用 ξ_0 表示；

κ——拱脚推力计算系数；

K_{ao}——拱形钢结构弹性弯扭屈曲系数；

k_a——腹板开孔钢拱的平面内弹性屈曲系数；

k_{cr}——长期荷载作用对钢管混凝土拱结构的影响系数；

K_{sn}——跃越屈曲计算系数。

3 材 料

3.1 钢 材

3.1.1 拱形钢结构宜采用 Q345、Q390、Q420 和 Q460 钢材，其质量与性能应符合现行国家标准《碳素结构钢》GB/T 700 和《低合金高强度结构钢》GB/T 1591 的规定。

3.1.2 拱形钢结构处于侵蚀性介质的外露环境或对耐腐蚀有特别要求时，可采用符合现行国家标准《耐候结构钢》GB/T 4171 的焊接耐候钢。

3.1.3 拱形钢结构所用钢材应具有抗拉强度、伸长率、屈服强度和硫、磷含量的合格保证，对焊接结构尚应有碳当量的合格保证。同时，焊接承重结构以及重要的非焊接承重结构采用的钢材还应具有冷弯试验的合格保证。对需要验算疲劳的结构所用钢材，尚应有冲击韧性的合格保证。

3.1.4 承受地震作用并可能进入弹塑性工作状态的拱形钢结构构件，其钢材性能除应符合本规程第3.1.3条的规定外，尚应符合屈强比不大于0.85，伸长率不小于20%且具有良好的可焊性和合格的冲击韧性等附加性能要求。

3.1.5 拱形钢结构中，厚度大于或等于40mm的钢板，因焊接约束力与工作拉应力作用，在沿板厚方向承受较大拉应力时，应按现行国家标准《厚度方向性能钢板》GB 5313 的规定，附加保证厚度方向性能要求，其板厚方向的断面收缩率不应小于15%。

3.1.6 拱形钢结构可采用焊接或轧制型材与管材。当采用钢管时，应符合下列规定：

1 圆钢管宜选用符合现行国家标准《直缝电焊钢管》GB/T 13793 的直缝焊接圆钢管，其规格宜按现行国家标准《结构用冷弯空心型钢尺寸、外形、重量及允许偏差》GB/T 6728 或本规程附录A选用；

2 圆钢管选用热轧无缝钢管时，其材质、性能等应符合现行国家标准《结构用无缝钢管》GB/T 8162 的规定；

3 矩形钢管宜选用符合现行行业标准《建筑结构用冷弯矩形钢管》JG/T 178 的焊接矩形钢管，并要求为Ⅰ级产品，其规格可按本规程附录A选用。

3.1.7 索拱结构中索体可采用钢丝绳、钢绞线、钢丝束和钢拉杆等，其材料标准应符合下列规定：

1 钢丝绳应符合现行国家标准《重要用途钢丝绳》GB 8918 的规定；

2 钢绞线索应符合现行行业标准《高强度低松弛预应力热镀锌钢绞线》YB/T 152 和《镀锌钢绞线》

YB/T 5004 的规定；

3 钢丝束索及其外防护层应符合国家现行标准《桥梁缆索用热镀锌钢丝》GB/T 17101 和《建筑缆索用高密度聚乙烯套料》CJ/T 297 的规定；

4 钢拉杆应符合现行国家标准《钢拉杆》GB/T 20934 的规定。

3.1.8 索拱结构中锚具材料应符合现行国家标准《优质碳素结构钢》GB/T 699、《合金结构钢》GB/T 3077 和《一般工程用铸造碳钢件》GB/T 11352 的规定。

3.1.9 拱形钢结构所用铸钢节点，其钢材牌号、质量与性能等技术条件应符合现行国家标准《焊接结构用铸钢件》GB/T 7659 的规定。

3.1.10 在拱形钢结构的设计和钢材订货文件中，应注明所采用钢材的钢号、等级、对钢材力学性能、工艺性能的附加要求以及钢材质量、性能所依据的标准名称等。

3.2 连接材料

3.2.1 拱形钢结构的焊接材料应符合下列规定：

1 手工焊接采用的焊条，应符合现行国家标准《碳钢焊条》GB/T 5117 或《低合金钢焊条》GB/T 5118 的规定，选择的焊条型号应与主体金属力学性能相适应；

2 埋弧焊用焊丝和焊剂，应符合现行国家标准《埋弧焊用碳钢焊丝和焊剂》GB/T 5293、《埋弧焊用低合金钢焊丝和焊剂》GB/T 12470 及《气体保护电弧焊用碳钢、低合金钢焊丝》GB/T 8110 的规定；

3 熔化嘴电渣焊和非熔化嘴电渣焊采用的焊丝，应符合现行国家标准《熔化焊用钢丝》GB/T 14957 的规定；

4 焊材的强度与性能应与母材相匹配，当两种不同强度的钢材焊接时宜采用与低强度钢材相适应的焊接材料。

3.2.2 拱形钢结构螺栓连接的材料应符合下列规定：

1 普通螺栓应符合现行国家标准《六角头螺栓》GB/T 5782 和《六角头螺栓 C 级》GB/T 5780 的规定；

2 高强度螺栓应符合现行国家标准《钢结构用扭剪型高强度螺栓连接副》GB/T 3632 或《钢结构用高强度大六角头螺栓》GB/T 1228、《钢结构用高强度大六角螺母》GB/T 1229 与《钢结构用高强度大六角头螺栓、大六角螺母、垫圈技术条件》GB/T 1231 的规定。

3.3 混凝土

3.3.1 钢管混凝土拱中的混凝土可采用普通混凝土、高强混凝土，宜优先采用高性能自密实混凝土。强度等级宜采用 C30～C80，水灰比应控制在 0.45 以下。

3.3.2 混凝土轴心抗压、轴心抗拉强度标准值 f_{ck}、f_{tk}应按表 3.3.2-1 采用。轴心抗压、轴心抗拉强度设计值 f_c、f_t和弹性模量 E_c应按表 3.3.2-2 采用。

表 3.3.2-1 混凝土的强度标准值

混凝土强度等级	C30	C35	C40	C45	C50	C55	C60	C65	C70	C75	C80
f_{ck} (N/mm^2)	20.1	23.4	26.8	29.6	32.4	35.5	38.5	41.5	44.5	47.4	50.2
f_{tk} (N/mm^2)	2.01	2.20	2.39	2.51	2.64	2.74	2.85	2.93	2.99	3.05	3.11

表 3.3.2-2 混凝土的强度设计值和弹性模量

混凝土强度等级	C30	C35	C40	C45	C50	C55	C60	C65	C70	C75	C80
f_c (N/mm^2)	14.3	16.7	19.1	21.1	23.1	25.3	27.5	29.7	31.8	33.8	35.9
f_t (N/mm^2)	1.43	1.57	1.71	1.80	1.89	1.96	2.04	2.09	2.14	2.18	2.22
E_c ($\times 10^4$ N/mm^2)	3.00	3.15	3.25	3.35	3.45	3.55	3.60	3.65	3.70	3.75	3.80

注：采用泵送混凝土且无实测数据时，表中高强混凝土的弹性模量 E_c应乘折减系数 0.95。

4 结构与节点选型

4.1 一般规定

4.1.1 拱形钢结构的截面形式与轴线形状、节点构造与拱脚构造，应根据建筑物的功能要求、荷载条件、跨度大小、施工方法及基础条件综合确定。

4.1.2 拱形钢结构可选用等截面或变截面的实腹式截面拱、腹板开孔钢拱、钢管桁架拱、钢管混凝土拱以及上述各种形式的钢拱与拉索（或拉杆）、撑杆组合形成的索拱结构。

4.1.3 拱形钢结构的轴线形状可选用圆弧形、抛物线形、椭圆线形、悬链线形以及变曲率线形等，拱脚约束条件可采用铰接或固接等。

4.1.4 当拱形钢结构为非落地拱时，其支承柱或框架柱应具有足够的刚度和承载力以抵抗拱脚推力。当拱脚沉降或侧移较大时，应考虑对无铰拱与两铰拱受力性能的影响。

4.1.5 拱形钢结构的选型应考虑面外支撑的设置要求。面外支撑可采用钢桁架、钢梁、檩条及屋面板体系等。

4.2 结构选型

4.2.1 拱形钢结构宜根据荷载及荷载效应组合的控

制工况，进行轴线形状的优化分析。全跨水平均布竖向荷载作用的控制工况，宜优先选用抛物线拱。沿轴线均布竖向荷载作用的控制工况，宜优先选用悬链线拱。

4.2.2 拱形钢结构可采用实腹式截面拱及腹板开孔钢拱。实腹式截面拱可采用工字形截面、箱形截面或圆管截面。腹板开孔钢拱可采用工字形或组合截面，组合截面的翼缘可采用钢板、圆钢管或矩形钢管等形式，腹板上可开圆形、椭圆形、方（矩）形以及六边形孔等（图 4.2.2）。

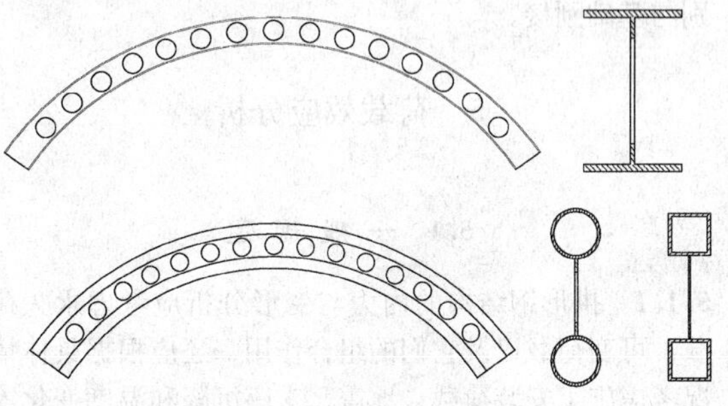

图 4.2.2 腹板开孔钢拱

4.2.3 钢管桁架拱可采用平面桁架和立体桁架。立体桁架可采用三角形、矩形及梯形截面等（图 4.2.3），其弦杆与腹杆可采用圆钢管、矩形钢管或其他型钢等，斜腹杆与弦杆的夹角宜控制在 30°～60° 范围内。对于三角形截面的钢管桁架拱，宜优先选择正三角形截面。

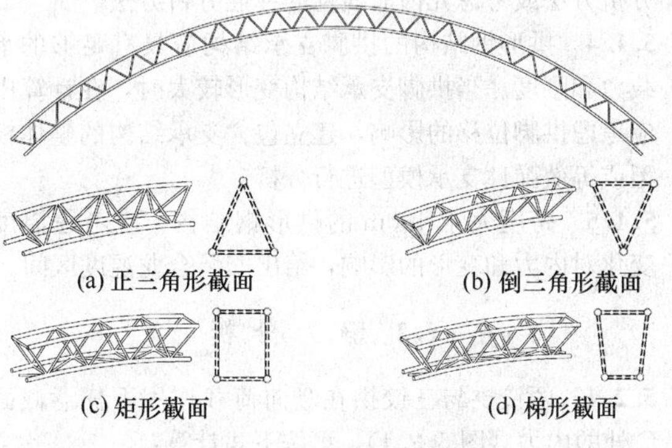

图 4.2.3 钢管桁架拱

4.2.4 索拱结构应综合考虑拱轴线的形式、矢跨比、主要荷载类型、支座条件、使用功能及构造要求等因素确定合理的布索形式，可选用如下类型：

1 由拉索和拱体组成的弦张式索拱结构（图 4.2.4-1）；

2 由拉索、撑杆和拱体组成的弦撑式索拱结构（图 4.2.4-2）；

3 由拉索、索盘和拱体组成的车辐式索拱结构（图 4.2.4-3）；

4 由拉索、桥面和拱体组成的索拱桥结构（图 4.2.4-4）。

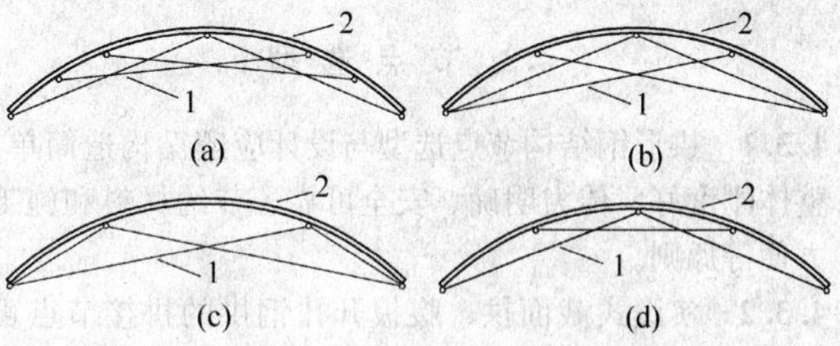

图 4.2.4-1 弦张式索拱结构

1—拉索；2—拱体

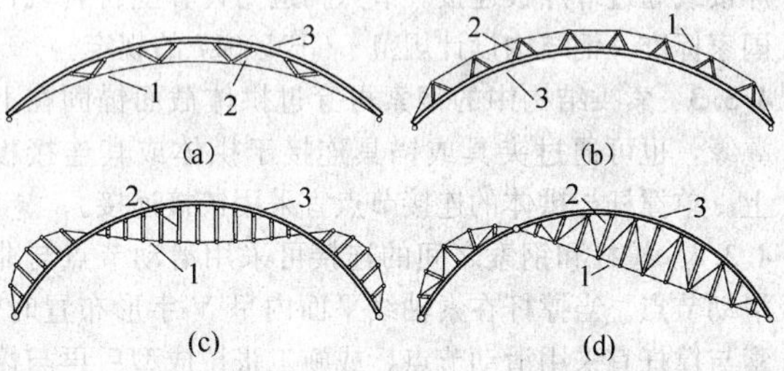

图 4.2.4-2 弦撑式索拱结构

1—拉索；2—撑杆；3—拱体

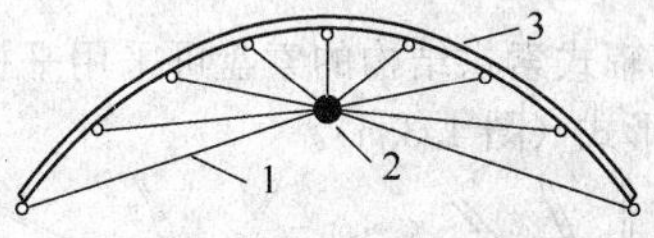

图 4.2.4-3 车辐式索拱结构

1—拉索；2—索盘；3—拱体

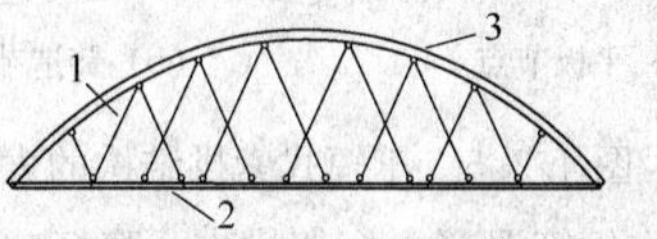

图 4.2.4-4 索拱桥结构

1—拉索；2—桥面；3—拱体

4.2.5 车辐式索拱的矢跨比宜选择在 0.3～0.5 之间，索盘位置应控制在拱脚连线之上，宜位于拱矢高的一半附近。

4.2.6 钢管混凝土拱截面可选用单钢管混凝土截面、哑铃形截面、桁架式截面等。哑铃形截面与桁架式截面的弦杆可采用钢管混凝土构件，且不宜断开，腹杆可采用圆钢管或者方矩管（图 4.2.6）。

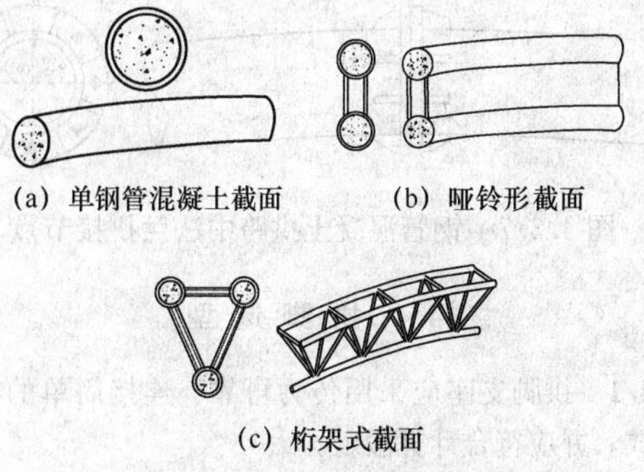

图 4.2.6 钢管混凝土拱

4.3 节点选型

4.3.1 拱形钢结构节点选型与设计应遵循构造简单、整体刚度好、传力明确、安全可靠、节约材料和施工方便等原则。

4.3.2 实腹式截面拱、腹板开孔钢拱的拼接节点可采用对接焊缝连接、法兰连接或端板连接。钢管桁架拱的弦杆宜通长设置，腹杆与其连接可采用直接相贯焊接或通过节点板连接。节点构造与计算应符合现行国家标准《钢结构设计规范》GB 50017 的规定。

4.3.3 索拱结构中的钢索可穿过拱体截面锚固在上翼缘，也可通过夹具或锚具连接于拱体或其连接板上。单撑杆与拱体的连接节点宜采用铰接连接。

4.3.4 撑杆和钢索之间的连接可采用滑动节点与非滑动节点。当撑杆在索轴线平面内呈 V 字形布置时，索与撑杆宜采用滑动节点，或施工张拉成型后再与撑杆节点固定，形成非滑动节点。当撑杆为单杆且与拱体铰接连接时，其撑杆与拉索的连接节点应采用非滑动节点。

4.3.5 车辐式索拱结构的索盘可采用平板节点、铸造节点等形式（图 4.3.5）。

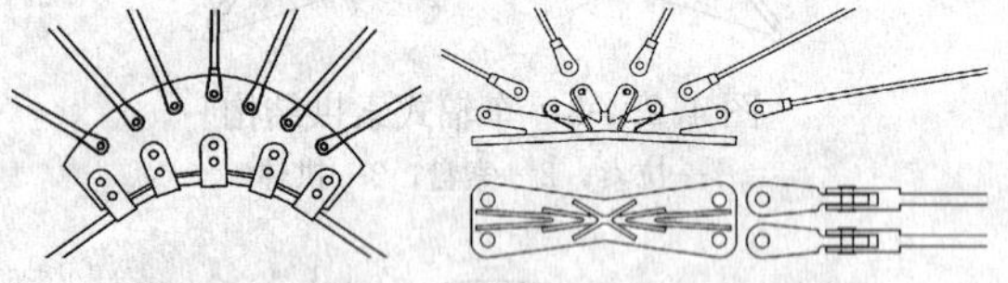

(a) 平板节点　　(b) 铸造节点

图 4.3.5 车辐式索拱结构的索盘

4.3.6 在钢管混凝土桁架拱中，腹杆宜与弦杆直接相贯焊接或通过节点板连接，可采用图 4.3.6 的构造形式。

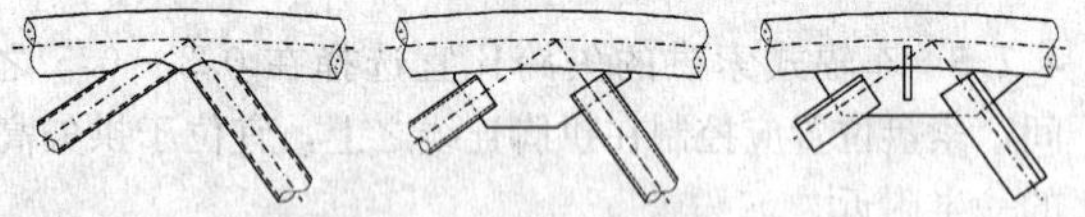

(a)　　(b)　　(c)

图 4.3.6 钢管混凝土桁架拱中腹杆与弦杆的连接

4.3.7 当钢管混凝土拱的跨度超过 30m 时，可在跨中设置法兰拼接节点（图 4.3.7）。

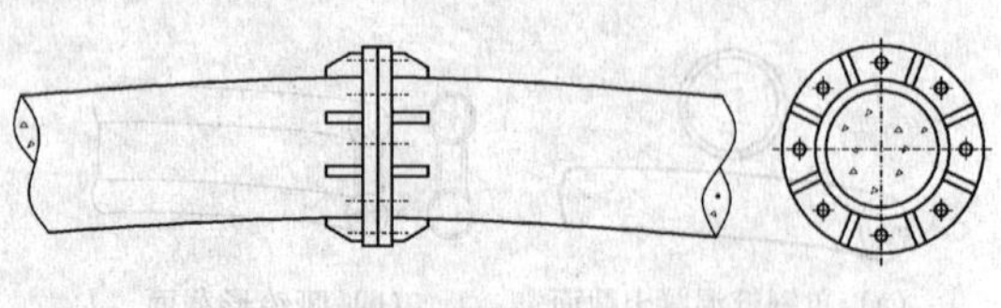

图 4.3.7 钢管混凝土拱跨中法兰拼接节点

4.4 拱脚选型

4.4.1 拱脚支座应采用传力可靠、连接简单的构造形式，并应符合计算假定。

4.4.2 拱形钢结构应考虑拱脚推力对基础（落地拱时）或下部结构（位于支承结构上时）的影响，并采取相应措施。当拱脚推力较大及条件允许时，宜设置连接拱脚的钢绞线或型钢拉杆。

4.4.3 实腹式截面拱采用铰接拱脚时，可设置拱脚加劲肋并采用销轴连接；拱脚刚接时，拱脚部位的截面高度宜适当扩大，或采取加强措施如设置加劲肋或填充混凝土等。腹板开孔钢拱的拱脚附近宜避免开孔。

4.4.4 钢管桁架拱采用铰接拱脚时，可将各分肢在拱脚处收于一点；采用刚接拱脚时，可将每个弦杆分别与基础刚接。

5 荷载效应分析

5.1 一般规定

5.1.1 拱形钢结构的内力与变形分析应考虑永久荷载、可变荷载以及它们的组合作用，还应根据具体情况考虑施工安装荷载、地震、支座沉降和温度变化等作用。荷载的标准值、分项系数、组合系数等，应按现行国家标准《建筑结构荷载规范》GB 50009 的规定取值。

5.1.2 对于风荷载、雪荷载等可变荷载，应考虑其在拱轴线平面内的最不利分布作用，还应考虑其可能在拱平面外产生的不利作用。

5.1.3 拱形钢结构的内力与变形计算可采用线弹性分析方法或考虑几何非线性的弹性分析方法。

5.1.4 拱形钢结构的拱脚支承结构应具有足够的承载力和刚度。当拱脚支承结构变形较大时，在计算中应考虑拱脚位移的影响，建立包含支承结构的整体模型或等效弹性支承模型进行分析。

5.1.5 跨度大于 120m 的拱形钢结构，应考虑温度变化对内力和变形的影响，给出安装合龙温度区间。

5.2 静力分析

5.2.1 两铰拱与三铰拱在竖向荷载作用下任意截面 C 处的内力（图 5.2.1），可按下式计算：

$$M_C = M^0 - N_H y$$

$$V_C = V^0 \cos\theta - N_H \sin\theta \tag{5.2.1}$$

$$N_C = -V^0 \sin\theta - N_H \cos\theta$$

式中：M——截面在拱轴线平面内的弯矩（N·m），以使拱的内缘纤维受拉为正；

N——截面的轴力（N），以拉力为正；

V——截面的剪力（N），以使隔离体顺时针转动为正；

y——截面 C 的纵坐标（m），向上为正；

θ——截面 C 处拱轴切线与 X 轴所呈的锐角，左半拱为正，右半拱为负；

N_H——拱脚水平推力（N）。

注：上标 0 表示等代梁的内力，下标 C 表示拱的截面 C 处的内力。

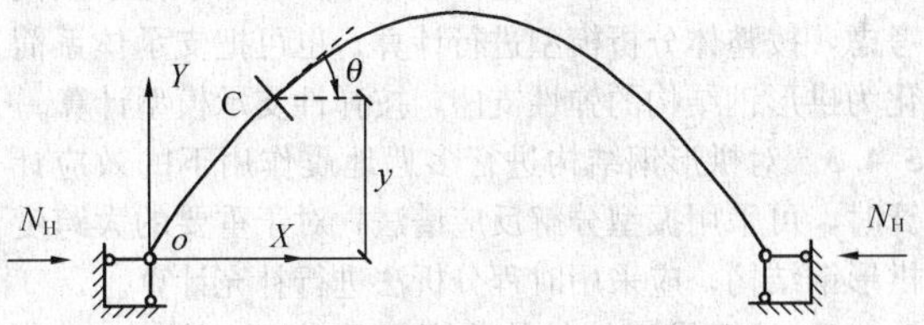

图 5.2.1 拱的内力计算

5.2.2 承受竖向荷载作用的等截面两铰拱及无铰拱，其拱脚推力可按式（5.2.2-1）计算：

$$N_H = \kappa_1 \kappa_2 N_0 \tag{5.2.2-1}$$

式中：κ_1 ——拱脚推力调整系数，可按本规程附录 B 中表 B-1 采用；

κ_2 ——与截面刚度相关的折减系数；

N_0 ——拱脚推力基准值（N）。

1 与截面刚度相关的折减系数 κ_2 可按下式计算：

$$\kappa_2 = \frac{1}{1 + \frac{EI}{EA \cdot H^2}\omega} \tag{5.2.2-2}$$

式中：ω ——系数，可按本规程附录 B 中表 B-2 采用；

E ——材料弹性模量（N/m^2）；

I ——截面惯性矩（m^4）；

A ——截面面积（m^2）；

H ——拱的矢高（m）。

2 拱脚推力基准值 N_0 可按下列公式计算：

当承受全跨或半跨水平均布荷载 q 时：

$$N_0 = \frac{qL^2}{8H} \tag{5.2.2-3}$$

当承受拱顶集中或 1/4 跨集中荷载 F 时：

$$N_0 = \frac{FL}{4H} \tag{5.2.2-4}$$

式中：L ——拱的跨度（m）。

5.2.3 承受竖向荷载作用的三铰拱，其拱脚反力可按下列公式计算：

$$N_H = \frac{M_C^0}{H} \tag{5.2.3-1}$$

$$N_V = N_C^0 \tag{5.2.3-2}$$

式中：N_H ——拱脚水平推力；

M_C^0 ——等代梁的跨中弯矩；

N_V ——拱脚竖向反力；

N_C^0 ——等代梁的支座竖向反力。

5.2.4 实腹式等截面圆弧形两铰拱的竖向变形可按下列公式计算：

竖向均布荷载作用下：

$$\delta = a_1 \frac{qL^4}{EI} + a_2 \frac{qL^2}{GA} \tag{5.2.4-1}$$

竖向集中荷载作用下：

$$\delta = a_1 \frac{FL^3}{EI} + a_2 \frac{FL}{GA} \tag{5.2.4-2}$$

式中：δ ——竖向位移值（m）；

q ——竖向均布荷载（N/m）；

F ——竖向集中荷载（N）；

EI ——截面抗弯刚度（$N \cdot m^2$）；

GA ——截面抗剪刚度（N）；

a_1、a_2 ——对应于荷载工况的系数，可按本规程附录 C 中表 C-1 确定。

5.2.5 腹板开圆形孔的工形截面圆弧形两铰拱的竖向变形，可按下列方法计算：

1 将腹板开圆形孔拱等效为矩形孔洞的双肢缀板格构式拱（图 5.2.5），其几何尺寸可按照公式（5.2.5-1）确定：

$$h_e = 1.70 \cdot R$$
$$l_e = 1.58 \cdot R \tag{5.2.5-1}$$

式中：h_e ——双肢缀板格构式拱的矩形孔洞的高度（m）；

l_e ——双肢缀板格构式拱的矩形孔洞的宽度（m）；

R ——腹板开孔钢拱的圆形孔半径（m）。

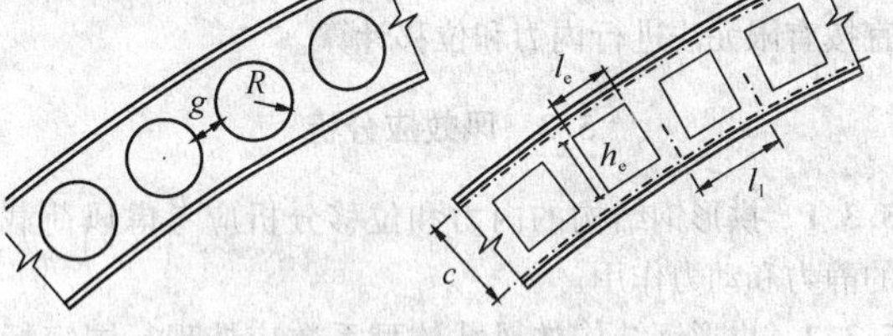

(a) 腹板开圆形孔拱　(b) 双肢缀板格构式拱

图 5.2.5 腹板开圆形孔钢拱的等效示意

2 竖向变形可按下列公式计算：

竖向均布荷载 q 作用时：

$$\delta = a_1 \frac{qL^4}{EI_e} + a_2 \frac{qL^2}{GA_e} + a_3 \frac{\lambda_1^2}{24EA_1}\left(1 + \frac{2}{k}\right)qL^2 \tag{5.2.5-2}$$

竖向集中荷载 F 作用时：

$$\delta = a_1 \frac{FL^3}{EI_e} + a_2 \frac{FL}{GA_e} + a_3 \frac{\lambda_1^2}{24EA_1}\left(1 + \frac{2}{k}\right)FL \tag{5.2.5-3}$$

式中：a_1、a_2、a_3 ——系数，可按本规程附录 C 中表 C-2 确定；

I_e ——等效截面惯性矩（m^4）；

A_e ——等效截面面积（m^2）；

A_1 ——双肢缀板格构截面的每个分肢面积（m^2）；

λ_1 ——等效格构式拱的分肢长细比；

k ——缀板与分肢的线刚度比值。

1） 等效截面惯性矩 I_e 按下式计算：

$$I_e = I_0 - \frac{\pi}{4} \frac{t_w R^4}{g + 2R} \quad (5.2.5\text{-}4)$$

2）等效截面面积 A_e 按下式计算：

$$A_e = A_0 - \frac{\pi t_w R^2}{g + 2R} \quad (5.2.5\text{-}5)$$

3）等效格构式拱的分肢长细比 λ_1 按下式计算：

$$\lambda_1 = l_1 / i_1 \quad (5.2.5\text{-}6)$$

4）缀板与分肢的线刚度比值 k 按下式计算：

$$k = (I_b / c) / (I_1 / l_1) \quad (5.2.5\text{-}7)$$

式中：I_0——不考虑腹板开孔计算的惯性矩（m^4）；

g——孔洞边缘间距（m）；

t_w——腹板厚度（m）；

A_0——不考虑腹板开孔计算的截面积（m^2）；

t_w——腹板厚度（m）；

l_1——缀板间的中心距（m）；

i_1——每个分肢的回转半径（m）；

I_b——缀板的截面惯性矩（m^4）；

c——两分肢的轴线间距（m）；

I_1——每个分肢的截面惯性矩（m^4）。

5.2.6 对于变截面拱和轴线形状复杂的拱形钢结构，宜按有限元法进行内力和位移计算。

5.3 风效应分析

5.3.1 拱形钢结构的内力和位移分析应考虑风荷载的静力和动力作用。

5.3.2 拱形钢结构的风载体型系数应按现行国家标准《建筑结构荷载规范》GB 50009 的规定取值；对于体型复杂且重要的拱形钢结构，其风载体型系数宜通过风洞试验确定。

5.3.3 对于中小跨度拱形钢结构可采用平均风荷载乘以风振系数的方法近似考虑结构的风动力效应，风振系数参考取值为1.2～1.8。

5.3.4 对于满足下列条件之一的拱形钢结构，宜通过风振响应分析确定风动力效应：

1 跨度大于120m；

2 结构基本自振周期大于1.0s；

3 体型复杂且较为重要的结构。

5.3.5 拱形钢结构屋面围护结构的设计，应考虑风压极值的影响，并考虑结构内压与外部风荷载的叠加效应。

5.4 地震作用分析

5.4.1 在抗震设防烈度为7度的地区，对于拱形钢结构当矢跨比大于或等于1/5时，应进行水平抗震验算；当矢跨比小于1/5时，应进行竖向和水平抗震验算；在抗震设防烈度为8度或9度的地区，对于拱形钢结构应进行水平和竖向抗震验算。拱跨度大于120m时，应进行罕遇地震分析。

5.4.2 在地震作用分析时，应考虑支承体系对拱形钢结构受力的影响，宜将拱形钢结构与支承体系共同考虑，按整体分析模型进行计算；也可把支承体系简化为拱形钢结构的弹性支座，按弹性支承模型计算。

5.4.3 对拱形钢结构进行多遇地震作用下的效应计算时，可采用振型分解反应谱法；对于重要的大跨度拱形钢结构，应采用时程分析法进行补充计算。

5.4.4 计算拱形钢结构多遇地震作用下的效应时，对于拱脚落地的拱形钢结构，阻尼比值可取0.02；对于钢管混凝土拱形钢结构，阻尼比可取0.035；对设有混凝土支承结构的拱形钢结构，整体计算时阻尼比值可取0.03。罕遇地震弹塑性计算时，阻尼比值可取0.05。

5.4.5 拱形钢结构构件的抗震承载力调整系数应符合现行国家标准《建筑抗震设计规范》GB 50011 的规定。

6 设 计

6.1 一 般 规 定

6.1.1 拱形钢结构的设计应进行强度、整体稳定性（平面内与平面外整体稳定）以及变形计算，还应进行局部稳定验算及节点强度验算。

6.1.2 对于变截面、轴线形状复杂以及重要的拱形钢结构，可采用弹塑性全过程分析确定其整体稳定承载力。

6.1.3 采用有限元法计算拱形钢结构的变形和承载力时，其计算模型应符合下列规定：

1 对实腹式截面拱，宜选用考虑截面剪切变形影响的梁单元。如果截面板件高厚比或者宽厚比不能保证局部稳定性，应选用壳单元。

2 对腹板开孔钢拱，宜采用壳单元。

3 对钢管桁架拱，杆件宜采用梁单元。

4 对索拱结构，拉索可采用索单元，拱体可采用梁单元或壳单元。

5 钢材可采用理想弹塑性应力与应变曲线或采用两折线强化模型，强化模量取2%的弹性模量。拉索可采用线弹性应力与应变曲线。

6.1.4 满足下列条件之一时，可不进行钢拱平面外整体稳定计算：

1 在平面外有足够刚度的屋面板约束时；

2 当平面外有足够数量的支撑且能够约束钢拱截面的面外位移与扭转时；

3 承受全跨水平均布荷载的双轴对称工字形等截面圆弧两铰拱，当沿拱轴线等间距设置面外完全支撑，且相邻支承点距离 S_1 与截面翼缘宽度 b_f 的比值满足公式（6.1.4-1）时。

$$\frac{S_1}{b_f} \leqslant 2.3 + 0.092\lambda_x \quad (6.1.4\text{-}1)$$

式中：λ_x ——拱轴线平面内的几何长细比，应按公式（6.1.4-2）确定。

$$\lambda_x = \frac{S}{2i_x} \tag{6.1.4-2}$$

式中：S ——拱轴线长度（m）；

i_x ——拱轴线平面内的截面回转半径（m）。

6.1.5 当拱矢跨比较小时，应计算拱的跃越屈曲荷载。符合下式要求的实腹式截面钢拱，可不进行跃越屈曲验算。

$$L\sqrt{\frac{A}{12I_x}} > K_{sn} \tag{6.1.5}$$

式中：L ——拱的跨度（m）；

A ——拱的毛截面面积（m^2）；

I_x ——拱轴线平面内的毛截面惯性矩（m^4）；

K_{sn} ——跃越屈曲系数，按表6.1.5采用。

表6.1.5 跃越屈曲系数

支承条件	矢跨比				
	0.05	0.075	0.10	0.15	0.20
两铰拱	35	23	17	10	8
无铰拱	319	97	42	13	6

6.1.6 拱形钢结构最大竖向位移计算值不应超过其跨度的1/400，平面内拱顶最大水平侧移计算值不应超过其跨度的1/200。荷载取值与组合系数应符合现行国家标准《建筑结构荷载规范》GB 50009的规定。

6.1.7 对于直接承受中级或重级工作制悬挂吊车荷载的拱形钢结构，应按照现行国家标准《钢结构设计规范》GB 50017中的规定进行疲劳验算。

6.2 实腹式截面拱

6.2.1 实腹式截面拱的强度计算、局部稳定性计算应符合现行国家标准《钢结构设计规范》GB 50017的规定。

6.2.2 轴心受压实腹式截面圆弧及抛物线钢拱的平面内整体稳定承载力可按下式计算：

$$\frac{N}{\varphi A} \leqslant f \tag{6.2.2}$$

式中：N ——拱脚轴力设计值（N）；

A ——拱的毛截面面积（m^2）；

φ ——轴心受压拱的平面内稳定系数，应根据拱轴线形式、拱轴线平面内的几何长细比、截面类型、矢跨比按本规程附录D采用；

f ——钢材的抗压强度设计值（N/m^2）。

6.2.3 承受轴力和平面内弯矩共同作用的实腹式截面圆弧及抛物线钢拱的平面内整体稳定承载力可按下式计算：

$$\frac{N}{\varphi A f} + \alpha\left(\frac{M}{\gamma_x W_x f}\right)^2 \leqslant 1 \tag{6.2.3}$$

式中：N ——最大轴力设计值（N）；

M ——最大弯矩设计值（N·m）；

φ ——轴心受压拱的平面内稳定系数；

γ_x ——截面塑性发展系数，应按照现行国家标准《钢结构设计规范》GB 50017的规定取值；

W_x ——拱轴线平面内弯曲的毛截面模量（m^3）；

α ——与支承条件、截面形式有关的系数，按表6.2.3确定。

表6.2.3 压弯拱的系数 α

截面形式	支承条件		
	三铰拱	两铰拱	无铰拱
圆管截面	0.83	0.76	0.69
工字形截面	1.11	1.00	0.91
箱形截面	0.91	0.83	0.76

6.2.4 无面外支撑的轴心受压热轧圆管截面圆弧形两铰拱，其平面外整体稳定承载力可按照公式（6.2.4-1）计算：

$$\frac{N}{\varphi_{out} A} \leqslant f \tag{6.2.4-1}$$

式中：N ——最大轴力设计值（N）；

φ_{out} ——轴心受压拱的平面外稳定系数，可根据两铰拱的换算长细比 λ_h 按照现行国家标准《钢结构设计规范》GB 50017中c类截面取值。

换算长细比 λ_h 可按公式（6.2.4-2）～式（6.2.4-4）计算：

$$\lambda_h = \frac{\lambda_y}{\sqrt{K_{ao}}} \tag{6.2.4-2}$$

$$\lambda_y = \frac{S}{i_y} \tag{6.2.4-3}$$

$$K_{ao} = \frac{(\pi^2 - \Theta^2)^2}{\pi^2(\pi^2 + 1.3\Theta^2)} \tag{6.2.4-4}$$

式中：λ_y ——拱的换算长细比；

i_y ——拱轴线平面外的毛截面回转半径（m）；

K_{ao} ——拱的平面外弹性弯扭屈曲系数；

Θ ——拱的圆心角，以弧度为单位。

6.3 腹板开孔钢拱

6.3.1 腹板开圆形孔的工形截面拱的强度计算应取最不利截面进行，其正应力、剪应力及折算应力应符合现行国家标准《钢结构设计规范》GB 50017的规定。

6.3.2 腹板开圆形孔的工形截面圆弧形两铰拱，在进行平面内整体稳定计算时，可按本规程第5.2.5条的规定将其等效为矩形孔的双肢缀板式格构拱。

6.3.3 轴心受压腹板开圆形孔的工形截面圆弧形两铰拱的平面内整体稳定承载力可按下列步骤计算：

1 换算长细比 λ_e 应按下式计算：

$$\lambda_e = \sqrt{\lambda_x^2 + \frac{\pi^2}{12}\left(1 + \frac{2}{k}\right)\lambda_1^2} \qquad (6.3.3\text{-}1)$$

2 弹性屈曲系数 k_a 应按下式计算：

$$k_a = \left(1 - \frac{1.96}{\lambda_e}\right) - \left(1.29 - \frac{11.9}{\lambda_e}\right)\left(\frac{H}{L}\right)^{\left(2.93 - \frac{34.8}{\lambda_e}\right)} \qquad (6.3.3\text{-}2)$$

3 正则化长细比 $\bar{\lambda}$ 应按下式计算：

$$\bar{\lambda} = \frac{\lambda_e}{\pi}\sqrt{\frac{f_y}{k_a E}} \qquad (6.3.3\text{-}3)$$

4 稳定性应按下式验算：

$$\frac{N}{\varphi A_e} \leqslant f \qquad (6.3.3\text{-}4)$$

式中：λ_x——拱轴线平面内的几何长细比；

λ_1——等效格构拱的分肢长细比；

k——缀板与分肢的线刚度比值；

H、L——拱的矢高与跨度（m）；

f_y——钢材的屈服强度（N/m^2）；

E——钢材的弹性模量（N/m^2）；

N——拱脚轴力设计值（N）；

A_e——等效截面面积（m^2），按本规程公式（5.2.5-5）确定；

φ——平面内稳定系数，根据正则化长细比 $\bar{\lambda}$ 按本规程附录E采用。

6.3.4 腹板开圆形孔的工形截面圆弧形两铰拱，承受轴力和平面内弯矩共同作用时，其平面内整体稳定承载力可按下式计算：

$$\frac{N}{\varphi A_e} + \frac{M}{W_e} \leqslant f \qquad (6.3.4)$$

式中：N——最大轴力设计值（N）；

M——平面内最大弯矩设计值（N·m）；

W_e——按等效双肢缀板式格构拱确定的拱轴线平面内截面模量（m^3）。

6.3.5 腹板开孔钢拱的板件局部稳定性应满足下列规定：

1 孔半径 R 宜符合下式要求：

$$0.5 < \frac{2R}{h_0} < 0.7 \qquad (6.3.5\text{-}1)$$

2 孔洞的间距 g 不应小于 $h_0/3$。

3 当孔半径满足公式（6.3.5-1）的规定时，孔与翼缘之间的板件（图6.3.5中区域A）的高厚比限值应符合下式要求：

$$\frac{h_1}{t_w} \leqslant 17\sqrt{\frac{235}{f_y}} \qquad (6.3.5\text{-}2)$$

相邻孔之间的板件（图6.3.5中区域B）的高厚比限值应符合下式要求：

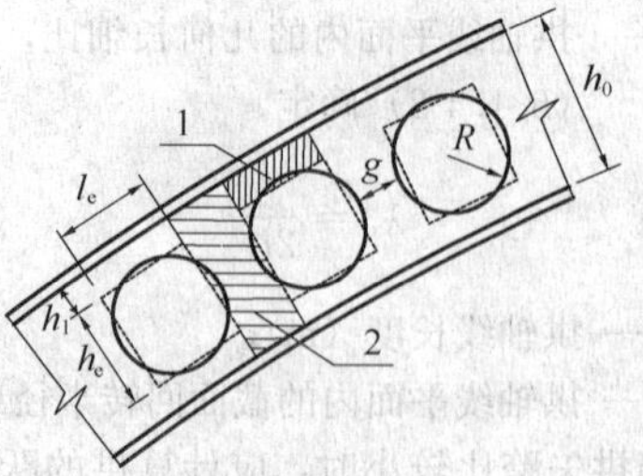

图6.3.5 腹板开孔钢拱的局部稳定性

1—腹板区域A；2—腹板区域B

$$\frac{h_0}{t_w} \leqslant 50\sqrt{\frac{235}{f_y}} \qquad (6.3.5\text{-}3)$$

4 钢拱截面翼缘的局部稳定应符合下式要求：

$$\frac{b_1}{t} \leqslant 15\sqrt{\frac{235}{f_y}} \qquad (6.3.5\text{-}4)$$

式中：h_0——腹板的计算高度（m）；

h_1——等效双肢缀板式格构拱的矩形孔与翼缘之间的腹板高度（m）；

t_w——腹板厚度（m）；

b_1——翼缘自由外伸宽度（m）；

t——翼缘厚度（m）。

6.4 钢管桁架拱

6.4.1 本节适用于不直接承受动力荷载、无直腹杆、节点采用杆件直接相贯焊缝连接的钢管（圆管、方管或矩形管）桁架拱。

6.4.2 钢管桁架拱的杆件及节点强度计算应符合现行国家标准《钢结构设计规范》GB 50017的规定。

6.4.3 钢管桁架拱应保证腹杆不先于整体结构而破坏。圆钢管径厚比不应大于 $100(235/f_y)$，方管或矩形管的最大外缘尺寸与壁厚的比值不应超过 $40\sqrt{235/f_y}$。

6.4.4 轴心受压圆弧形钢管桁架两铰拱的平面内整体稳定承载力可按下式计算：

$$\frac{N}{\eta\varphi_0 A} \leqslant f \qquad (6.4.4\text{-}1)$$

式中：N——拱脚轴力设计值（N）；

η——整体与局部稳定相关作用影响系数；

φ_0——钢管桁架拱的平面内稳定系数，根据换算长细比 λ_e 按本规程附录F采用；

A——弦杆分肢面积之和（m^2）。

整体与局部稳定相关作用影响系数 η 应按下列公式计算：

$$\eta = 1 - \left(a_1\frac{H}{L} + a_2\right)\frac{\lambda_c}{\lambda_e} \qquad (6.4.4\text{-}2)$$

$$\lambda_e = \sqrt{\lambda_x^2 + \left[1 - \left(\frac{\Theta}{2\pi}\right)^2\right]\frac{\pi^2 EA}{K_v}} \quad (6.4.4\text{-}3)$$

$$K_v = EA_d \sin^2\theta \cos\theta \cos^2\varphi \quad (6.4.4\text{-}4)$$

式中：a_1、a_2——截面类型系数，按表 6.4.4 采用；

λ_c——节间弦杆的长细比，取上弦和下弦节间长度的平均值计算；

λ_e——换算长细比；

λ_x——钢管桁架拱拱轴线平面内的几何长细比；

Θ——圆心角，以弧度为单位；

K_v——钢管桁架拱的剪切刚度（N）；

A_d——节间内参与剪力传递的各斜腹杆截面面积之和（m^2），对于平面桁架拱为 A_{d0}，对于三角形截面、矩形截面空间桁架拱为 $2A_{d0}$，A_{d0} 为单个斜腹杆的截面面积；

θ——斜腹杆与弦杆的夹角（图 6.4.4a）；

φ——斜腹杆所在平面与截面对称轴的夹角，对平面桁架拱等于零（图 6.4.4b）。

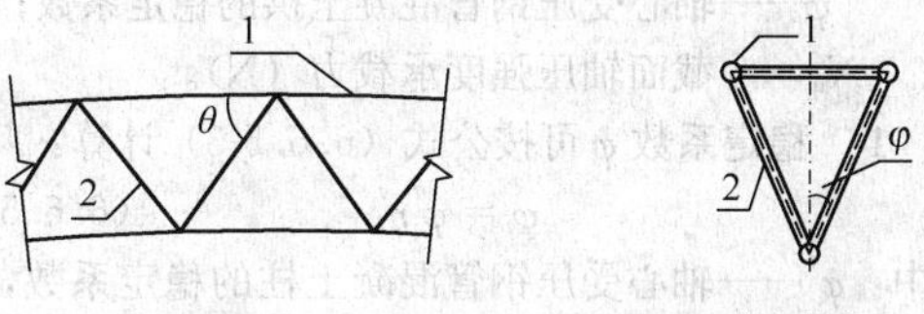

(a)夹角θ　　(b)夹角φ

图 6.4.4　钢管桁架拱剪切刚度的计算角度

1—弦杆；2—斜腹杆

表 6.4.4　截面类型系数

截面类型	a_1	a_2
矩形或梯形	0.15	0.075
正三角形	0.17	0.075
倒三角形	0.24	0.056

6.4.5　承受轴力和平面内弯矩共同作用的圆弧形两铰钢管桁架拱的平面内整体稳定承载力应按下式计算：

$$\frac{N}{\eta\varphi_0 A} + \frac{M}{\eta W_x} \leqslant f \quad (6.4.5)$$

式中：N——最大轴力设计值（N）；

M——最大弯矩设计值（N·m）；

W_x——按弦杆轴线确定的等效截面模量（m^3），对于平面桁架拱和倒梯形（或矩形）截面钢管桁架拱等于 $I_x/(H/2)$；对于三角形截面钢管桁架拱等于 $\mu \cdot I_x/(2H/3)$。I_x 为拱轴线内惯性矩，H 为截面高度。截面模量系数 μ 按照表 6.4.5 确定。

表 6.4.5　截面模量系数 μ

截面类型	荷载形式					
	全跨水平均布	半跨水平均布	全跨轴线均布	半跨轴线均布	跨中集中	1/4 跨集中
正三角形	1.5	1.15	1.8	1.15	1.5	1.1
倒三角形	1.15	1.15	1.2	1.15	1.6	1.4

6.4.6　钢管桁架拱的杆件稳定性应按照现行国家标准《钢结构设计规范》GB 50017 的规定执行。对壁厚小于或等于 6mm 的冷成型薄壁钢管杆件应按现行国家标准《冷弯薄壁型钢结构技术规范》GB 50018 确定。杆件的计算长度应按表 6.4.6 采用。

表 6.4.6　杆件的计算长度

桁架类别	弯曲方向		弦　杆	腹　杆	
				支座斜杆和支座竖杆	其他腹杆
平面钢管桁架拱	平面内		l	l	$0.9l$
	平面外		l_1	l	l
立体钢管桁架拱	三角形截面	平面内	$0.9l$	l	$0.9l$
		平面外	$0.9l$	l	$0.9l$
	方形、矩形与梯形截面	平面内	l	l	$0.9l$
		平面外	l	l	l

注：1　对立体桁架，表中所指平面为相邻二弦杆构成的平面；

2　l 为杆件的节间长度，l_1 为弦杆侧向支撑点之间的距离；

3　对端部缩头或压扁的圆管腹杆，其计算长度取 $1.0l$。

6.4.7　钢管桁架拱的杆件长细比不宜超过表 6.4.7 中规定的数值。

表 6.4.7　杆件的容许长细比 [λ]

	杆件形式	杆件受拉	杆件受压	受压与压弯	受拉与拉弯
钢管桁架拱	一般杆件	300	180	—	—
	支座附近杆件	250			

6.5　索　　拱

6.5.1　对于弦张式索拱结构以及车辐式索拱结构，拉索预应力取值应以拉索张紧为宜。

6.5.2　对弦撑式索拱结构，应综合考虑建筑造型、使用功能、边界条件与合理的预应力取值，通过试算确定初始几何形状以及相应的预应力分布。拉索预应力取值应保证在永久荷载控制的荷载组合作用下，拉索不松弛。

6.5.3　索与拱体、索与撑杆、索与索盘以及索与索的连接节点应符合计算假定，应做到传力路线明确、确保安全并便于制作与安装。

6.5.4 索拱结构的承载力计算宜采用有限元分析方法。

6.6 钢管混凝土拱

Ⅰ 一般规定

6.6.1 本节适用于拱轴线为圆弧形、截面形式为圆形截面和矩形截面、承受静力荷载或间接承受动力荷载作用的钢管混凝土拱的设计和计算。

6.6.2 钢管混凝土拱在施工阶段，尚应按空钢管进行承载力、稳定性和变形验算。施工阶段的荷载主要为湿混凝土自重和实际可能作用的施工荷载。

6.6.3 钢管混凝土拱的约束效应系数应符合下列规定：

1 约束效应系数的标准值 ξ 应按公式（6.6.3-1）计算：

$$\xi=\frac{A_s f_y}{A_c f_{ck}} \quad (6.6.3\text{-}1)$$

2 约束效应系数的设计值 ξ_0 应按公式（6.6.3-2）计算：

$$\xi_0=\frac{A_s f}{A_c f_c} \quad (6.6.3\text{-}2)$$

式中：f_{ck}——混凝土的轴心抗压强度标准值（N/m^2）；

f_y——钢材的屈服强度（N/m^2）；

f_c——混凝土的轴心抗压强度设计值（N/m^2）；

f——钢材的抗拉、抗压和抗弯强度设计值（N/m^2）；

A_s——钢管的横截面面积（m^2）；

A_c——混凝土的横截面面积（m^2）。

3 ξ 的取值范围宜在 0.2～4.0 之间。当钢管混凝土拱用于地震区时，圆钢管混凝土拱的约束效应系数标准值 ξ 不应小于 0.6，对于矩形钢管混凝土，ξ 值不应小于 1.0。

6.6.4 钢管混凝土拱的组合轴压强度、组合弹性刚度的计算应符合下列规定：

1 组合轴压强度设计值 f_{sc} 应按下列公式计算：

对于圆钢管混凝土：

$$f_{sc}=(1.14+1.02\xi_0)f_c \quad (6.6.4\text{-}1)$$

对于矩形钢管混凝土：

$$f_{sc}=(1.18+0.85\xi_0)f_c \quad (6.6.4\text{-}2)$$

式中：f_c——混凝土的轴心抗压强度设计值（N/m^2）；

ξ_0——构件截面的约束效应系数设计值。

2 钢管混凝土拱的组合弹性轴压刚度 EA 应按下式计算：

$$EA=E_{sc}A_{sc} \quad (6.6.4\text{-}3)$$

式中：E_{sc}——组合轴压弹性模量（N/m^2），可按本规程附录 G 确定；

A_{sc}——组合截面的横截面面积（m^2），等于 A_s+A_c。

3 钢管混凝土拱的组合弹性抗弯刚度 EI 应按下式计算：

$$EI=E_sI_s+\alpha E_cI_c \quad (6.6.4\text{-}4)$$

式中：E_s、E_c——钢材和混凝土的弹性模量（N/m^2），分别按现行国家标准《钢结构设计规范》GB 50017 和《混凝土结构设计规范》GB 50010 的规定采用；

I_s、I_c——钢管和混凝土的截面惯性矩（m^4）；

α——抗弯刚度折减系数，对于圆钢管混凝土，$\alpha=0.8$；对于矩形钢管混凝土，$\alpha=0.6$。

Ⅱ 钢管混凝土拱承载力计算

6.6.5 轴心受压钢管混凝土拱的平面内整体稳定承载力应符合下列公式规定：

$$N\leqslant\varphi N_u \quad (6.6.5\text{-}1)$$

$$N_u=A_{sc}f_{sc} \quad (6.6.5\text{-}2)$$

式中：N——轴压力设计值（N）；

φ——轴心受压钢管混凝土拱的稳定系数；

N_u——截面轴压强度承载力（N）。

1 稳定系数 φ 可按公式（6.6.5-3）计算：

$$\varphi=\varphi'\eta' \quad (6.6.5\text{-}3)$$

式中：φ'——轴心受压钢管混凝土柱的稳定系数，可根据名义长细比 λ_n 按本规程附录 H 确定；

η'——矢跨比对钢管混凝土拱的轴压稳定承载力的影响系数，可按本规程附录 J 确定。

2 名义长细比 λ_n 可按下列规定计算：

对于圆钢管混凝土：

$$\lambda_n=\frac{4L_0}{D} \quad (6.6.5\text{-}4)$$

对于矩形钢管混凝土绕强轴弯曲：

$$\lambda_n=\frac{2\sqrt{3}L_0}{D} \quad (6.6.5\text{-}5)$$

对于矩形钢管混凝土绕弱轴弯曲：

$$\lambda_n=\frac{2\sqrt{3}L_0}{B} \quad (6.6.5\text{-}6)$$

式中：D——圆钢管外直径或矩形钢管长边边长（m）；

B——矩形钢管短边边长（m）；

L_0——拱轴等效计算长度（m），对于无铰拱取 $0.36S$，两铰拱取 $0.5S$，三铰拱取 $0.58S$，S 为拱轴线长度。

6.6.6 钢管混凝土拱的截面受弯承载力应按公式（6.6.6）计算：

$$M_u=\gamma_m W_{sc} f_{sc} \quad (6.6.6)$$

式中：γ_m、W_{sc}——截面抗弯塑性发展系数与截面抗弯模量（m^3），应按表 6.6.6 的规定计算。

表 6.6.6　截面抗弯塑性发展系数与截面抗弯模量

参　数	截　面	计算公式
截面抗弯塑性发展系数	圆钢管混凝土	$\gamma_m=1.1+0.48\ln(\xi+0.1)$
	矩形钢管混凝土	$\gamma_m=1.04+0.48\ln(\xi+0.1)$
截面抗弯模量	圆钢管混凝土	$W_{sc}=\pi D^3/32$
	矩形钢管混凝土绕强轴弯曲	$W_{sc}=BD^2/6$
	矩形钢管混凝土绕弱轴弯曲	$W_{sc}=B^2D/6$

6.6.7　承受轴力和平面内弯矩共同作用的钢管混凝土拱的平面内承载力应符合下列规定：

当 $\frac{N}{N_u}\geqslant 2\varphi^3\eta_0$ 时：

$$\frac{N}{\varphi N_u}+\frac{a}{d}\left(\frac{M}{M_u}\right)\leqslant 1 \quad (6.6.7\text{-}1)$$

当 $\frac{N}{N_u}<2\varphi^3\eta_0$ 时：

$$-b\left(\frac{N}{N_u}\right)^2-c\left(\frac{N}{N_u}\right)+\frac{1}{d}\left(\frac{M}{M_u}\right)\leqslant 1 \quad (6.6.7\text{-}2)$$

式中：φ——轴心受压钢管混凝土拱的稳定系数，按本规程第 6.6.5 条规定取值；

N——最大轴压力设计值（N）；

M——平面内最大弯矩设计值（N·m）；

η_0——系数，按表 6.6.7 的规定计算；

$a\sim d$——系数，按本规程附录 K 确定。

表 6.6.7　系数 η_0 计算

截面	约束效应系数	计算公式
圆钢管混凝土	$\xi\leqslant 0.4$ 时	$\eta_0=0.5-0.245\xi$
	$\xi>0.4$ 时	$\eta_0=0.1+0.14\xi^{-0.84}$
矩形钢管混凝土	$\xi\leqslant 0.4$ 时	$\eta_0=0.5-0.318\xi$
	$\xi>0.4$ 时	$\eta_0=0.1+0.13\xi^{-0.81}$

Ⅲ　钢管混凝土桁架拱整体承载力计算

6.6.8　钢管混凝土桁架拱（图 6.6.8）的轴压承载力计算应满足本规程第 6.6.5 条规定。桁架拱的名义长细比应按换算长细比 λ_{ox} 取值，计算方法应符合表 6.6.8 的规定。

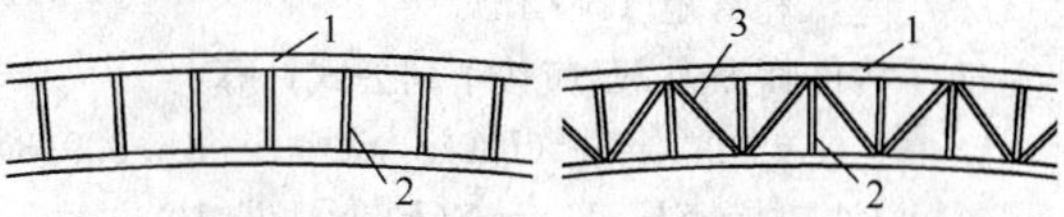

（a）平腹杆体系　（b）斜腹杆体系

图 6.6.8　钢管混凝土桁架拱

1—弦杆；2—平腹杆；3—斜腹杆

表 6.6.8　钢管混凝土桁架拱的换算长细比

项目	截面形式	腹杆体系	计 算 公 式
双肢	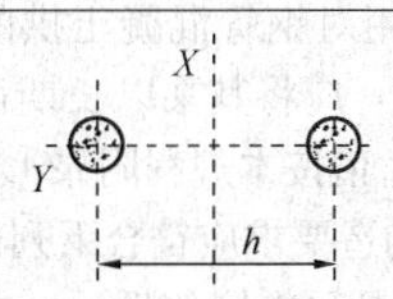	平腹杆	$\lambda_{ox}=\sqrt{\lambda_x^2+\frac{\pi^2}{12}\lambda_1^2+\frac{\pi^2\alpha_1\lambda_0^2 l_1}{6h}\cdot\left(1+\frac{1}{\alpha_s\cdot\alpha_E}\right)}$
		斜腹杆	$\lambda_{ox}=\sqrt{\lambda_x^2+54\alpha_d\cdot\left(1+\frac{1}{\alpha_s\cdot\alpha_E}\right)+\frac{2\pi^2\alpha_b h}{l_1}\cdot\left(1+\frac{1}{\alpha_s\cdot\alpha_E}\right)}$
三肢	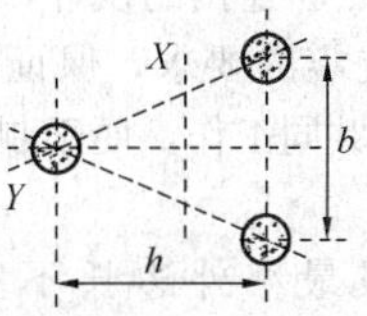	平腹杆	$\lambda_{ox}=\sqrt{\lambda_x^2+0.1\pi^2\lambda_1^2+\frac{0.2\alpha_1\pi^2 l_1\lambda_0^2}{h}\left(1+\frac{1}{\alpha_s\cdot\alpha_E}\right)}$
		斜腹杆	$\lambda_{ox}=\sqrt{\lambda_x^2+54\alpha_d\cdot\left(1+\frac{1}{\alpha_s\cdot\alpha_E}\right)+2\pi^2\alpha_b\cdot\frac{h}{l_1}\cdot\left(1+\frac{1}{\alpha_s\cdot\alpha_E}\right)}$
四肢	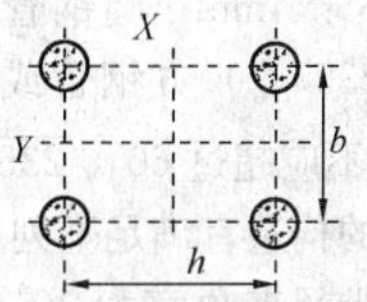	平腹杆	$\lambda_{ox}=\sqrt{\lambda_x^2+\frac{\pi^2}{12}\lambda_1^2+\frac{\pi^2\alpha_1\lambda_0^2 l_1}{6h}\cdot\left(1+\frac{1}{\alpha_s\cdot\alpha_E}\right)}$
		斜腹杆	$\lambda_{ox}=\sqrt{\lambda_x^2+54\alpha_d\cdot\left(1+\frac{1}{\alpha_s\cdot\alpha_E}\right)+\frac{2\pi^2\alpha_b h}{l_1}\cdot\left(1+\frac{1}{\alpha_s\cdot\alpha_E}\right)}$

注：1　Y-Y 轴的对称平面为拱轴线所在平面；
2　l_1 为节间的几何长度，h 为桁架拱在拱轴线平面内的截面高度；
3　A_s 为单根弦杆的钢管面积，A_c 为单根弦杆的核心混凝土面积；
4　A_1 为平腹杆体系中单根腹杆的钢管截面面积，A_d 为斜腹杆体系中单根斜腹杆的钢管截面面积，A_b 为斜腹杆体系中单根平腹杆的钢管截面面积；
5　$\lambda_x=L_0/i_x$ 为桁架拱的几何长细比，其中 L_0 为拱轴等效计算长度，应符合本规程第 6.6.5 条的规定；
6　λ_{ox} 为整个构件对 x 轴的换算长细比，λ_1 为单肢一个节间的长细比，λ_0 为空钢管平腹杆的长细比；
7　$\alpha_E=E_s/E_c$ 为钢材和混凝土的弹性模量比，$\alpha_s=A_s/A_c$ 为单根弦杆的含钢率，$\alpha_1=A_s/A_1$ 为单根弦杆和腹杆的钢管面积的比值，$\alpha_d=A_s/A_d$ 为单根弦杆和斜腹杆的钢管面积的比值，$\alpha_b=A_s/A_b$ 为单根弦杆和平腹杆的钢管横截面面积的比值。

6.6.9 钢管混凝土桁架拱在弯矩平面内的压弯承载力计算应符合下列规定：

当 $\frac{M}{N} \leqslant \frac{M_B}{N_B}$ 时：

$$\frac{N}{\varphi \Sigma A_{sc}} + \frac{M}{W_{sc}(1-\varphi N/N_{cr})} \leqslant f_{sc} \quad (6.6.9\text{-}1)$$

当 $\frac{M}{N} > \frac{M_B}{N_B}$ 时：

$$-N + \frac{M}{r_c(1-N/N_{cr})} \leqslant 1.05\Sigma A_s f \quad (6.6.9\text{-}2)$$

式中：N——最大轴力设计值（N）；

M——平面内最大弯矩设计值（N·m）；

f_{sc}——钢管混凝土组合轴压强度设计值（N/m²）；

N_{cr}——构件临界力（N）；

W_{sc}——构件截面总抵抗矩（m³）；

r_c——截面重心至压区弦杆重心轴的距离（m）；

N_B、M_B——承载力相关曲线特征点对应的轴力（N）和弯矩（N·m）。

1　构件临界力 N_{cr} 应按下列公式计算：

$$N_{cr} = \pi^2 (EA)_{sc}/\lambda_{ox}^2 \quad (6.6.9\text{-}3)$$

$$(EA)_{sc} = \Sigma E_{sc}A_{sc} = \Sigma(E_sA_s + E_cA_c) \quad (6.6.9\text{-}4)$$

式中：$(EA)_{sc}$——构件总的轴压刚度（N）。

2　构件截面总抵抗矩 W_{sc} 应符合下列公式的要求：

对于双肢或四肢结构：

$$W_{sc} = I_{sc}/(h/2) \quad (6.6.9\text{-}5)$$

对于三肢结构：

$$W_{sc} = I_{sc}/(2h/3) \quad (6.6.9\text{-}6)$$

式中：I_{sc}——截面的整体惯性矩（m⁴）；

h——截面的高度（m）。

3　承载力相关曲线特征点对应的轴力 N_B 和弯矩 M_B 应按下列公式计算：

$$N_B = \varphi \cdot N_{uc} - N_{ut} \quad (6.6.9\text{-}7)$$

$$M_B = \varphi \cdot N_{uc} \cdot r_c + N_{ut} \cdot r_t \quad (6.6.9\text{-}8)$$

$$N_{uc} = \Sigma A_{sc} f_{sc} \quad (6.6.9\text{-}9)$$

$$N_{ut} = 1.05\Sigma A_s f \quad (6.6.9\text{-}10)$$

式中：N_{uc}——构件总轴压承载力（N）；

N_{ut}——构件总轴拉承载力（N）；

ΣA_s——截面中钢材部分总面积（m²）；

r_t——截面重心至拉区弦杆重心轴的距离（m）。

4　截面重心至压区弦杆及拉区弦杆重心轴的距离 r_c 与 r_t 应按下列公式计算：

$$r_c = \frac{N_{uc1}}{N_{uc}}h \quad (6.6.9\text{-}11)$$

$$r_t = \frac{N_{uc2}}{N_{uc}}h \quad (6.6.9\text{-}12)$$

式中：N_{uc1}——拉区弦杆的轴压承载力总和（N）；

N_{uc2}——压区弦杆的轴压承载力总和（N）；

h——桁架拱在拱轴线平面内的截面高度（m）。

6.6.10 承受轴力和平面内弯矩共同作用的钢管混凝土桁架拱，除按本规程公式（6.6.9-1）和公式（6.6.9-2）验算整体稳定承载力外，尚应验算单拱肢稳定承载力。当单拱肢长细比 λ_1 符合下列条件时，可不验算单拱肢稳定承载力：

对于平腹杆格构式构件：

$$\lambda_1 \leqslant 40 \text{ 且 } \lambda_1 \leqslant 0.5\lambda_{max} \quad (6.6.10\text{-}1)$$

对于斜腹杆格构式构件：

$$\lambda_1 \leqslant 0.7\lambda_{max} \quad (6.6.10\text{-}2)$$

式中：λ_{max}——构件在 X-X 和 Y-Y 方向换算长细比的较大值。

6.6.11 钢管混凝土桁架拱的腹杆承载力设计应符合现行国家标准《钢结构设计规范》GB 50017 的规定。

6.6.12 钢管混凝土桁架拱的弦杆节间承载力应符合下列规定：

1　承受轴压力与弯矩共同作用时，节间弦杆承载力设计可按本规程第 6.6.7 条计算，其计算长度可取节间几何长度；

2　承受轴向拉力 N_t 的节间弦杆承载力应符合公式（6.6.12）的规定：

$$N_t \leqslant 1.05A_s f \quad (6.6.12)$$

Ⅳ　其他规定

6.6.13 验算长期荷载作用对钢管混凝土拱的轴压极限承载力设计值的影响时，应将其乘以长期荷载作用影响系数 k_{cr} 进行折减。k_{cr} 值按本规程附录 L 确定。

6.6.14 钢管混凝土拱的构造要求应符合下列规定：

1　钢管混凝土拱的节点和连接的设计，应满足承载力、刚度、稳定性和抗震的要求，保证力的传递，使钢管和管中混凝土能共同工作，便于制作、安装和管中混凝土的浇灌施工。

2　钢管的外直径或最小外边长不宜小于 100mm，钢管的壁厚不宜小于 4mm；圆钢管的外径与壁厚之比不应超过 $150(235/f_y)$；方钢管或矩形管的最大外缘尺寸与壁厚之比不应超过 $60\sqrt{235/f_y}$。

3　斜腹杆体系桁架拱的构造宜满足下列要求：

1）斜腹杆与弦杆轴线间夹角宜为 40°～60°的范围；

2）杆件轴线宜交于节点中心，或者腹杆轴线交点与弦杆轴线距离不宜大于弦杆直径的 1/4（当大于 1/4 时，应考虑其偏心影响）；

3）平腹杆端部净距不宜小于 50mm。

4　平腹杆体系桁架拱的构造宜满足下列要求：

1）腹杆中心距离不应大于弦杆中心距离的 4

倍（$l_1/b \leqslant 4$）；

2）腹杆空钢管面积不宜小于弦杆钢管面积的1/4（$A_s/A_1 \leqslant 4$）；

3）腹杆的长细比不宜大于单根弦杆长细比的1/2（$\lambda_0 \leqslant 0.5\lambda_1$）。

5 三肢和四肢钢管混凝土桁架拱截面 b/h 宜取 0.3～1；b 为桁架拱在拱轴线平面内的截面宽度；h 为桁架拱在拱轴线平面内的截面高度。

7 制作与安装

7.1 一般规定

7.1.1 拱形钢结构的制作与安装，除符合本规程外，尚应符合现行国家标准《钢结构工程施工质量验收规范》GB 50205 和《混凝土工程施工质量验收规范》GB 50204 的规定。

7.1.2 拱形钢结构的施工单位应具有相应的施工资质，并具有完整的质量保证体系。

7.1.3 拱形钢结构采用的钢材、焊接材料、连接材料、混凝土材料等性能，应符合设计文件的要求和本规程第 3 章的规定。

7.1.4 施工单位应根据设计文件、国家有关规范、标准及企业制作、安装工艺编制施工详图。施工详图宜由原设计工程师认可。当需要对设计文件进行修改时，施工单位应向原设计单位申报，经同意并签署文件后才有效。

7.1.5 拱形钢结构或构件设置施工变形预调值时，应在施工详图中注明，并在制作或安装时进行预变形。

7.1.6 拱形钢结构制作前，应根据设计文件、施工详图、国家有关规范、标准以及施工单位的条件，编制制作工艺文件。

7.1.7 对复杂拱形钢结构，宜进行工艺性试验以及计算机预拼装模拟。

7.1.8 拱形钢结构的安装，应根据设计图的要求，并编制施工组织设计。

7.1.9 安装工艺应保证拱形钢结构的稳定性且不应造成构件的永久变形。构件安装就位后应进行临时固定并进行校正，当不能形成稳定的结构体系时应设置临时支撑或进行临时加固。必要时宜对结构进行施工阶段全过程受力分析。

7.1.10 对大型或复杂拱形钢结构的吊点位置和吊耳应进行专门计算，并应符合设计或施工要求。

7.1.11 当拱形钢结构采用临时支撑安装时，应考虑支撑对结构内力改变的影响；应对支撑下部结构进行验算，在拆除临时支撑时宜进行拆撑分析，编制施工方案。

7.2 制　作

7.2.1 放样和号料应符合下列规定：

1 拱形钢结构应根据施工详图进行放样。放样和号料应预留焊接收缩量及切割、端铣等加工余量。

2 放样和样板（样杆）的允许偏差，应符合表 7.2.1 的规定。

3 需要弯曲的构件在号料时应按工艺规定的方向取料，弯曲构件的受拉部位钢材表面，不应有冲眼和划痕等缺陷。

表 7.2.1 放样和样板（样杆）的允许偏差

项　目	允许偏差（mm）
平行线距离和分段尺寸	±0.5
对角线	±1.0
长度	0～+0.5
宽度	−0.5～0
孔距	±0.5
组孔中心线距离	±0.5
加工样板的角度	±20′

7.2.2 切割和边缘加工应符合下列规定：

1 钢材的切割应根据厚度、形状、加工工艺、设计要求，选择适合的方法进行。型钢宜采用锯切方法，钢管相贯线宜采用数控相贯线切割机切割。

2 需要边缘加工的构件，宜采用铣削、刨削、车削等方式进行加工。

7.2.3 拱形钢结构制孔宜采用下列方法：

1 使用数控钻床或多轴立式钻床等制孔；

2 同类孔径较多时，采用模板制孔；

3 精度要求较高时，在构件成型后制孔；

4 小批量制作的孔，采用样板画线制孔。

7.2.4 拱形钢结构的矫正和弯曲成型加工应符合下列规定：

1 对原材料变形或加工及焊接引起的变形，宜采用冷矫正或热矫正方法进行矫正。

2 由钢板组装焊接而成的构件宜采用直接下料成型，钢管和型材宜采用成品弯曲。弯曲加工可采用冷弯曲和热弯曲。

3 碳素结构钢在环境温度低于−16℃、低合金高强度结构钢在环境温度低于−12℃时，不应进行冷矫正和冷弯曲。冷弯曲加工可采用压力机、折弯机、弯管机、弯角机等机械设备。钢管和型材的最小冷弯曲半径应根据设备能力、截面规格和工艺条件确定，必要时可进行工艺试验。

4 采用热弯曲加工成型时，加热温度宜控制在900℃～1000℃；碳素结构钢和低合金结构钢在温度分别下降到700℃和800℃之前，应结束加工，低合金结构钢应自然冷却。不得在兰脆温度区段进行弯曲加工。

5 焊接钢管的纵向焊缝宜避开受拉区。钢管及型材弯曲部位的螺栓孔宜在弯曲加工后再开孔。

6　弯曲成型后的曲线应光滑，构件表面不应有明显褶皱，且局部凹凸度不应大于 1mm。弯曲部位不应存在裂纹、过烧、分层等缺陷。

7　弯曲加工精度的校核可采用中心规和弯曲加工样板。对于大型构件，可按图 7.2.4 采用数值方式表示弯曲量。

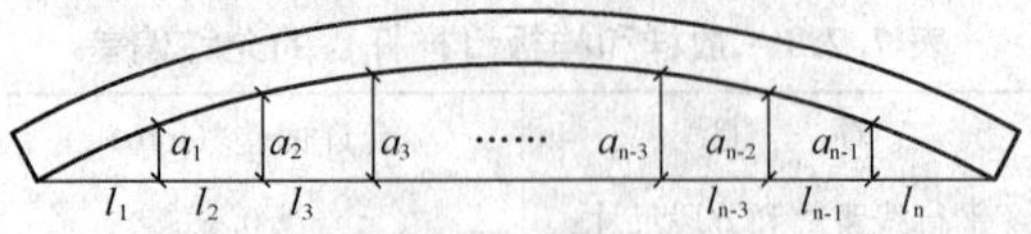

图 7.2.4　弯曲量的数值表示法

7.2.5　拱形钢结构组装应符合下列规定：

1　拱形钢结构组装应在胎架上进行，胎架应有足够的承载力和刚度并稳定可靠。当拱形钢结构尺寸较大时可分段制作，采用分段制作时应在工厂内进行整榀预拼装。

2　组装前应对零部件进行严格检查，填写实测记录，并制作必要的工装。

3　组装时应根据焊接等收缩变形情况，预放收缩余量；对有预变形要求的构件，应在组装前按要求做好预变形。

4　组装应按制作工艺文件规定的顺序进行，构件的隐蔽部位应在焊接完成，并经检查合格后方可封闭。

5　组装过程应避免零、部件间的强制性装配，避免装配过程造成较大的结构内力。

7.2.6　拱形钢结构焊接应符合下列规定：

1　施焊前应由焊接技术责任人根据焊接工艺评定结果编制焊接工艺文件，向操作人员进行技术交底，并及时处理施工过程中的焊接技术问题。

2　焊工应严格按照批准的焊接工艺文件中规定的焊接方法、工艺参数、施焊顺序等进行焊接。

3　焊接材料与母材的匹配应符合设计要求。焊接材料在使用前，应按其产品说明书及焊接工艺文件的规定进行烘焙和存放。

4　拱形钢结构焊接坡口的形状和尺寸应符合设计要求。

5　应采取工艺措施控制焊接变形，减小焊接应力。

6　对二次及二次以上相贯的隐蔽焊缝，当设计要求隐蔽焊缝需要焊接时，应制定合理的焊接顺序，确保隐蔽焊缝在被覆盖前焊接完成，并在焊缝检查合格后进行覆盖。

7　焊接钢管的纵向或环向焊缝质量等级应符合设计要求。当设计无要求时，应符合现行国家标准《钢结构工程施工质量验收规范》GB 50205 的二级质量等级要求。两段钢管的对接节点，纵向焊缝间的最短焊缝距离不应小于 5 倍钢管壁厚，且不应小于 80mm（图 7.2.6）。

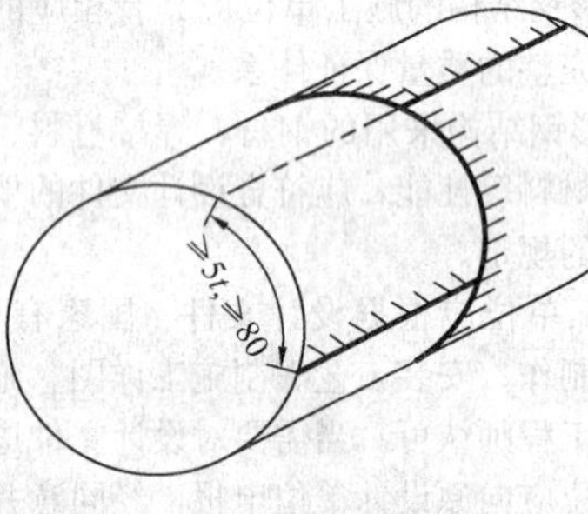

图 7.2.6　两段钢管的对接节点

7.2.7　实腹式截面拱制作尚应符合下列规定：

1　当截面较小且起拱度不大时，可直接采用弯管机或液压机弯曲成型；当截面较大时，宜采用钢板下料直接拼焊成拱；

2　实腹式截面拱制作允许偏差应符合表 7.2.7 的要求。

表 7.2.7　实腹式截面拱制作允许偏差（mm）

项目		允许偏差	检验方法	图例
拱段长度		±3.0	用钢尺检查	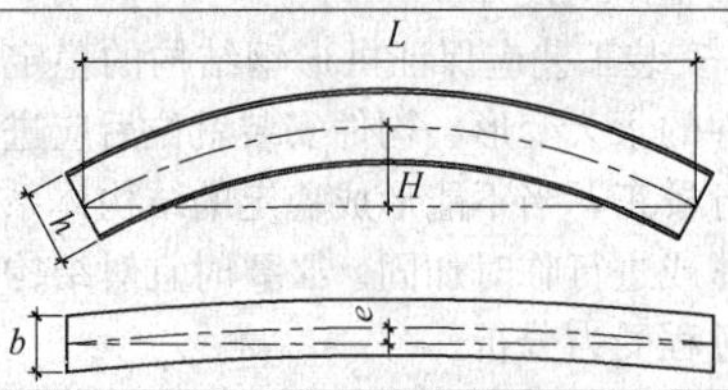
矢高 H		$L/2500$，且不大于 8.0	用拉线和钢尺检查	
侧弯 e		$L/3000$，且不大于 6.0		
截面尺寸	端部	±3.0	用钢尺检查	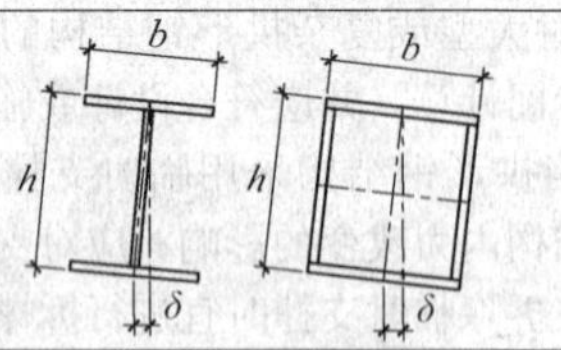
	其他处	±5.0		
扭曲 δ		$h/250$，且不大于 5.0	用吊线和钢尺检查	
端部垂直度 Δ		$h/500$，且不大于 3.0	用直角尺和钢尺检查	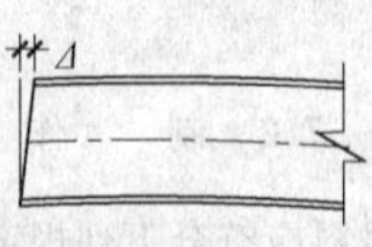

7.2.8 腹板开孔钢拱的制作尚应符合下列规定：

1 孔口转角处应尽量避免尖角，宜用圆角过渡；

2 在腹板上开孔时，应根据施工详图在钢板上放出孔的大样，放样和号料时应预留收缩余量及切割等加工余量；

3 采用型钢直接弯曲成型的拱形钢结构在腹板上开孔时，宜在构件弯曲成型后进行腹板开孔加工；

4 采用腹板数控切割、翼缘板弯曲成型加工的组装工艺时，宜在钢板下料时直接切割开孔；

5 腹板开孔钢拱的制作允许偏差应符合表 7.2.8 的要求。

表 7.2.8 腹板开孔截面钢拱制作允许偏差（mm）

<table>
<tr><th colspan="2">项 目</th><th>允许偏差</th><th>检验方法</th><th>图 例</th></tr>
<tr><td colspan="2">跨度 L</td><td>±3.0</td><td>用钢尺检查</td><td rowspan="3">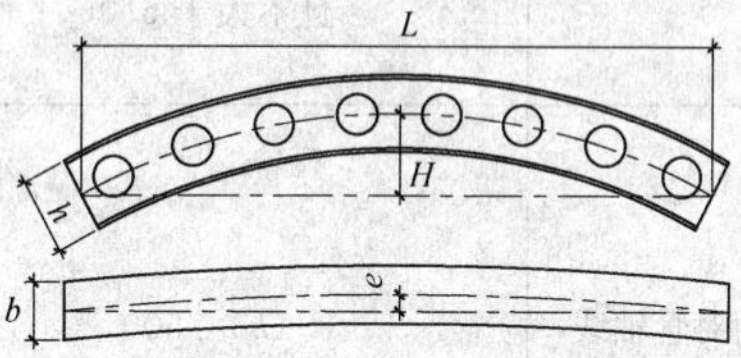
</td></tr>
<tr><td colspan="2">矢高 H</td><td>L/2500，且不大于 8.0</td><td rowspan="2">用拉线和钢尺检查</td></tr>
<tr><td colspan="2">侧弯 e</td><td>L/3000，且不大于 6.0</td></tr>
<tr><td rowspan="2">截面尺寸</td><td>端部</td><td>±3.0</td><td rowspan="2">用钢尺检查</td><td rowspan="3">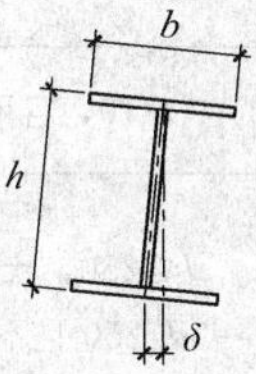
</td></tr>
<tr><td>其他处</td><td>±5.0</td></tr>
<tr><td colspan="2">扭曲 δ</td><td>h/250，且不大于 5.0</td><td>用吊线和钢尺检查</td></tr>
<tr><td colspan="2">端部垂直度 Δ</td><td>h/500，且不大于 3.0</td><td>用直角尺和钢尺检查</td><td>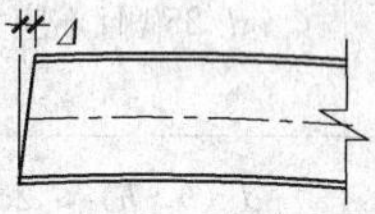
</td></tr>
<tr><td colspan="2">开孔直径 d</td><td>±3.0</td><td>用钢尺检查</td><td>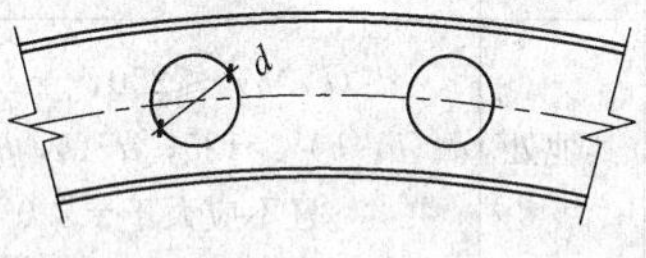
</td></tr>
<tr><td rowspan="2">孔位偏差</td><td>中心弧长 A</td><td>±5.0</td><td>用钢尺检查</td><td rowspan="2">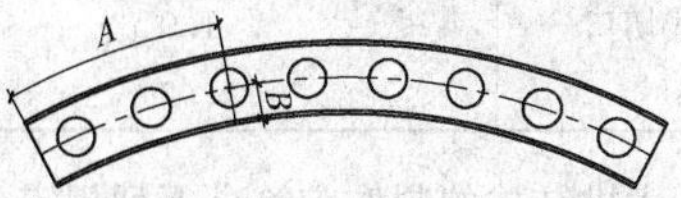
</td></tr>
<tr><td>孔中心至翼缘板外表面距离 B</td><td>±3.0</td><td>用钢尺检查</td></tr>
</table>

7.2.9 钢管桁架拱制作应符合下列规定：

1 钢管的弯曲成型加工应在直管验收合格后进行。

2 钢管的弯曲成型方法应根据设计要求、设备条件、钢管规格等确定，宜采用冷弯曲成型。当冷弯曲不能满足要求时，可采用中频加热弯曲成型。

3 钢管桁架拱制作允许偏差应符合表 7.2.9 的要求。

表 7.2.9 钢管桁架拱制作允许偏差（mm）

项目		允许偏差	检验方法	图例
跨度 L		±3.0	用钢尺检查	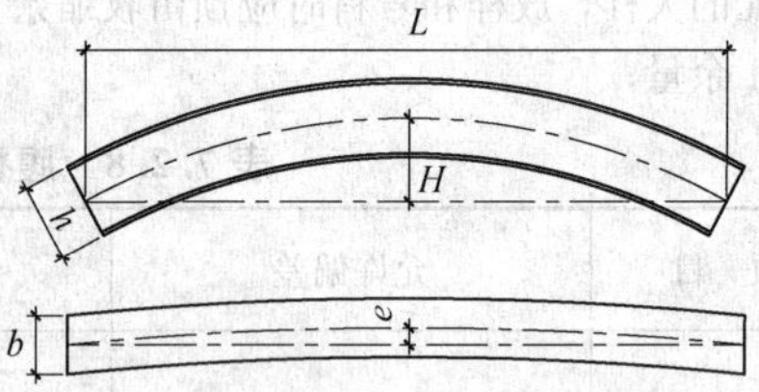
矢高 H		$L/2500$，且不大于 8.0	用拉线和钢尺检查	
侧弯 e		$L/3000$，且不大于 6.0		
管端面对管轴线的垂直度 Δ		d（h）/500，且不应大于 3.0	用角尺、塞尺检查	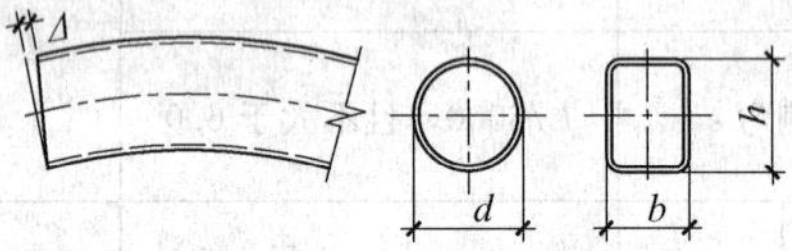
对口错边 Δ		$t/10$，且不应大于 3.0	用钢尺检查	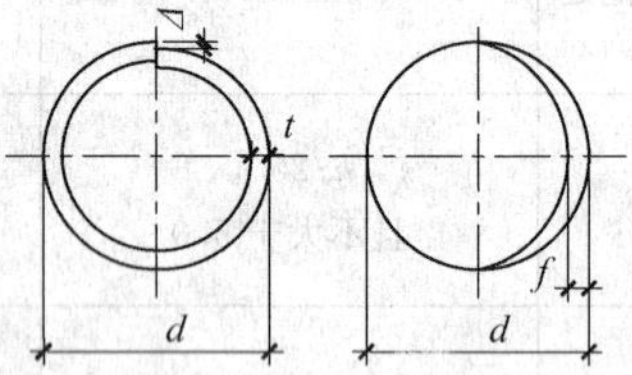
弯曲后椭圆度 f	端部	$d\leqslant250$，±1.0；$d>250$，$d/250$ 且不应大于±3.0	用卡尺和游标卡尺检查	
	其他处	$d\leqslant250$，±2.0；$d>125$，$d/250$ 且不应大于±5.0		
截面尺寸 d、b、h	端部	d（b，h）$\leqslant250$，±1.0；d（b，h）>250，d（b，h）/250 且不应大于±3.0	用钢尺检查	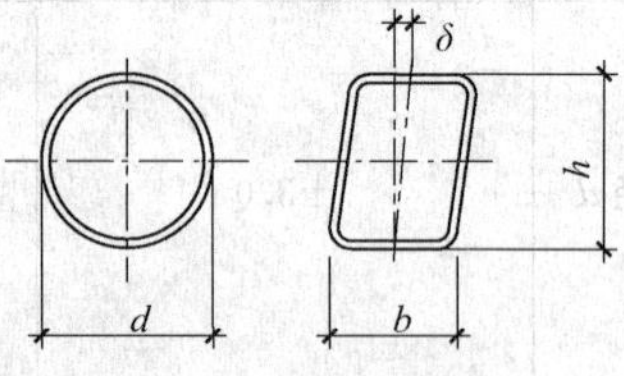
	其他处	d（b，h）$\leqslant250$，±2.0；d（b，h）>125，d（b，h）/250 且不应大于±5.0		
扭曲 δ		$h/250$，且不应大于 5.0	用吊线和钢尺检查	
相贯线切口		1.0	用套模和游标卡尺检查	—

7.2.10 索拱结构的制作应符合下列规定：

1 索拱结构的拱可采用实腹截面钢拱、腹板开孔截面钢拱和钢管桁架拱，其制作应符合本规程第 7.2.7、7.2.8 和 7.2.9 条的规定；

2 索拱结构的钢索制作应符合设计要求；

3 索拱结构的索盘、锚具、夹具及连接节点的制作宜采用机械加工成型，其允许偏差应符合设计要求和国家现行有关标准的规定。

7.2.11 钢管混凝土拱制作应符合下列规定：

1 钢管混凝土拱所用钢管宜采用圆形和矩形截面；

2 浇筑混凝土时在钢管上开的进料孔宜为圆孔，圆孔直径宜小于钢管直径或边长的 1/2，开孔位置宜尽量避开受拉区；

3 钢管混凝土拱的钢管制作允许偏差应符合本规程表 7.2.7 和表 7.2.9 的规定。

7.3 安　装

7.3.1 安装前应设置标高和轴线基准点。基准点的设置应符合下列规定：

1 标高基准点的设置宜以拱脚底板支承面为基准，设在拱脚便于观测处。其余标高观测点宜设置在拱顶、拱轴线形状变化处或纵横拱交叉处等位置。

2 在拱脚底板上表面的纵横方向两侧宜各设一个轴线基准点，并宜在标高观测点处同步设置轴线观测点。

7.3.2 拱形钢结构安装前，应对基础及预埋件进行验收。

7.3.3 钢拱构件吊装前，应根据构件的外形、重量、安装现场条件等确定绑扎方法和绑扎点位置。必要时宜对构件进行吊装工况验算。

7.3.4 拱形钢结构的安装顺序宜从拱脚至拱顶方向两侧对称安装。拱脚在安装过程中应采取临时措施可靠固定。

7.3.5 对于复杂、特殊及新型的拱形钢结构，宜在施工阶段进行监测。

7.3.6 拱形钢结构安装时应考虑温度、光照等影响。结构的定位测量宜在早晨、傍晚或阴天条件下进行。

7.3.7 拱形钢结构在安装过程中应及时连接侧向稳定构件，或采用缆风绳等临时施工措施，以确保结构或构件的稳定性。缆风绳等临时施工措施应根据计算确定，并应可靠锚固。

7.3.8 拱形钢结构临时支撑卸载时，宜遵循从拱脚至拱顶对称拆撑的顺序。拆撑方法的确定，应保证结构受力体系的合理转化。拆撑过程引起支撑内力增加应在支撑设计中考虑。

7.3.9 拱形钢结构可采用分段吊装高空组对法、旋转起扳法、整体提升法、分段累积提升法、旋转起扳提升法、滑移法等方法安装。

7.3.10 采用分段吊装高空组对法安装时，沿拱跨度方向宜设置满堂脚手架或点式临时支撑架。满堂脚手架或点式支撑架的设置应根据安装工况与拆撑卸载工况经计算分析确定。

7.3.11 采用旋转起扳法安装时应符合下列规定：

1 应考虑拱形钢结构从卧式状态向设计位形转化时结构内力、变形以及拱脚支座推力的变化。

2 当采用液压起扳时，起扳动力应大于起扳荷载的1.5倍，起扳线速度不大于0.5m/min，缆风绳承载力应大于最大荷载的5倍。当采用卷扬机起扳时，起扳动力应大于起扳荷载的2倍，缆风绳承载力应大于最大荷载的8倍。缆风绳最大荷载应考虑牵引角度变化、线速度不同步、伸长量不同等引起的内力增加。卷扬机应锚固牢靠。

3 在起扳过程中，应对拱形钢结构设制动索装置，避免发生倾覆。当拱形钢结构跨度较大且侧向稳定性较差时，应增设侧向稳定措施，并宜进行侧向稳定验算。

4 起扳装置、制动装置与临时支撑等应可靠锚接。

7.3.12 采用整体提升或分段累积提升法安装时应符合下列规定：

1 提升点的设置应符合拱形钢结构的受力与变形要求，在提升前宜对结构进行施工过程验算；

2 提升架底座设计、提升架的稳定性及承载力等应经计算确定，并应考虑因多点提升不同步或拆撑卸载不均匀而产生的内力增加；

3 提升过程及提升就位后，应有可靠的临时措施防止结构晃动；

4 分段累积提升时，应在分段对接点处设置安全操作平台与防护措施。

7.3.13 索拱结构安装尚应符合下列规定：

1 索拱结构中的索张拉施工时宜以张拉力控制为主、结构变形控制为辅的原则进行张拉；

2 索拱结构施工前，应进行施工张拉过程分析；

3 索的张拉顺序、分级次数宜通过计算分析确定，并宜经原设计工程师确认；索力损失可采用超张拉方法弥补；

4 安装时应考虑索力的变化，避免因拉索退出工作导致结构破坏；

5 索张拉力的监测宜采用油压表读数、张拉伸长量、压力传感器、磁通量等方法。

7.3.14 钢管混凝土拱安装尚应符合下列规定：

1 采用预制钢管混凝土拱时，应待管内混凝土强度达到设计值的50%以后，方可进行吊装。

2 采用先安装空钢管结构后浇筑管内混凝土的施工方法时，应按施工阶段的荷载验算空钢管结构的承载力和稳定性。在浇筑混凝土时，由施工阶段荷载引起的钢管初始最大压应力值不宜超过$0.35f$。

3 混凝土浇筑宜采用导管浇筑法、手工逐段浇筑法或泵送顶升浇筑法。施工前应根据设计要求进行混凝土配合比设计和必要的浇筑工艺试验，并编制浇筑作业指导书。

4 混凝土的浇筑工作宜连续进行，必须间歇时，间歇时间不应超过混凝土的终凝时间。

5 混凝土的浇筑质量，可采用敲击钢管的方法进行初步检查，如有异常则应采用超声波检测。对不密实的部位应采用钻孔压浆法进行补强，然后将钻孔补焊封闭。

7.3.15 拱形钢结构安装允许偏差应符合表7.3.15的规定：

表 7.3.15 拱形钢结构安装允许偏差（mm）

项目		允许偏差	检查方法	图例
拱脚底座中心对定位轴线的偏移 Δ		5.0	用吊线和钢尺检查	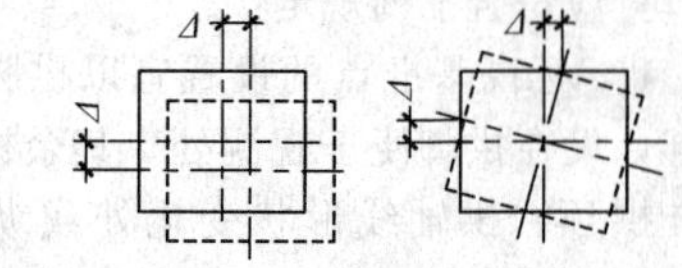
跨度 L		±L/2000，且不应大于±30.0	用经纬仪和光电测距仪测量	
跨中垂直度 Δ		L/1500，且不应大于 25.0	用吊线和钢尺检查	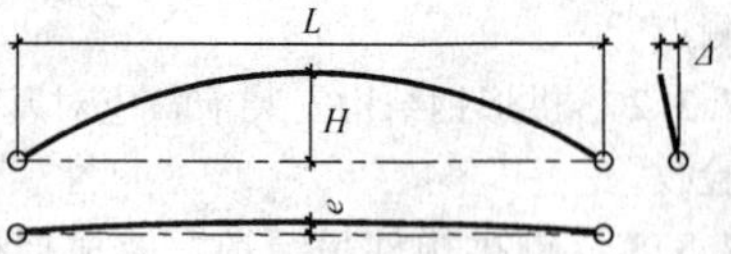
侧向弯曲矢高 e	L≤60m	L/1000，且不应大于 10.0	用拉线、吊线和钢尺检查	
	60<L≤120m	L/2500，且不大于 20.0		
	L>120m	L/2500，且不大于 40.0		
相邻钢拱顶面高差	支座处	10.0	用水准仪和钢尺检查	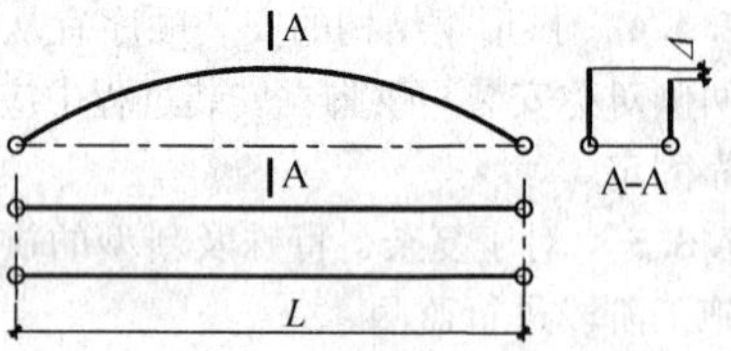
	其他处	15.0		

7.4 防腐与防火涂装

7.4.1 除锈涂装应符合下列规定：

1 除锈宜采用喷砂或抛丸方法，使用的磨料应符合设计要求及国家现行有关标准的规定。除锈等级应达到 $Sa2\frac{1}{2}$级或以上。

2 防腐涂料的品种、涂装遍数、涂层厚度等应符合设计要求及现行国家标准《钢结构工程施工质量验收规范》GB 50205 的规定。

7.4.2 除火涂装应符合下列规定：

1 应根据抗火设计要求采用喷涂防火或外包覆防火，其耐火等级及耐火极限应符合国家现行有关标准的规定；

2 防火涂料涂装应符合设计要求及国家现行有关标准的规定；

3 防腐涂料和防火涂料同时使用时，其相容性应满足相关技术要求。

8 工程验收

8.1 一般规定

8.1.1 拱形钢结构工程验收除应符合本规程的规定，尚应符合现行国家标准《钢结构工程施工质量验收规范》GB 50205 的规定。

8.1.2 拱形钢结构工程施工质量的验收应在施工单位自检合格的基础上，按照检验批的划分，进行拱形钢结构分项工程验收。

8.1.3 拱形钢结构分项工程可包含若干个检验批，如材料检验批（钢材、连接材料及混凝土）、制作检验批、除锈涂装检验批和安装检验批等。

8.1.4 检验批合格质量应符合下列规定：

1 主控项目必须符合合格质量标准的要求；

2 一般项目其检验结果应有 80%及以上的检验点符合合格质量标准的要求，且最大值不应超过其允许值的 1.2 倍；

3 质量检查记录、质量证明文件等资料应完整。

8.2 工程质量合格规定

8.2.1 竣工验收应由建设单位组织实施，勘察单位、设计单位、监理单位、施工单位共同参与。参加验收的各方人员应具备规定的资格。

8.2.2 拱形钢结构分项工程施工质量的合格应在各检验批均合格的基础上，进行质量控制资料检查、材料性能复验资料检查、观感质量现场检查。各项检查均应要求资料完整、质量合格。

8.2.3 拱形钢结构分项工程施工质量控制资料应包括材料合格证明文件、材料实验报告、焊缝质量检测报告、各检验批记录等，并应符合工程勘察、设计文件的要求。

8.2.4 拱形钢结构分项工程施工材料的复验资料应包括涉及结构安全性能的原材料及成品的见证取样复

验报告。承担见证取样、检测的单位应具有相应资质。

8.2.5 对钢管混凝土拱形钢结构，管内混凝土的浇灌质量，可采用敲击钢管的方法进行初步检查，如有异常则应采用超声波检测。

附录A 冷弯方（矩）形钢管、圆钢管截面特性

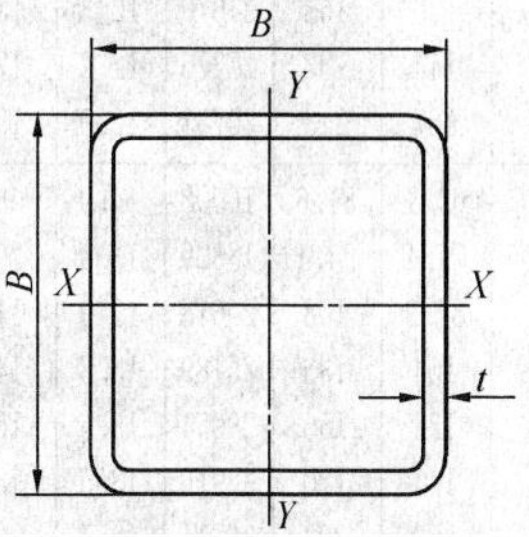

图 A-1 冷弯正方形钢管

表 A-1 冷弯正方形钢管外形尺寸、允许偏差及截面特性

边长(mm)	允许偏差(mm)	壁厚(mm)	理论重量(kg/m)	截面面积(cm^2)	惯性矩(cm^4)	回转半径(cm)	截面抵抗矩(cm^3)	扭转常数	
B	$\pm\Delta$	t	M	A	$I_x=I_y$	$r_x=r_y$	$W_x=W_y$	I_t (cm^4)	C_t (cm^3)
100	±0.80	4.0	11.7	11.9	226	3.9	45.3	361	68.1
		5.0	14.4	18.4	271	3.8	54.2	439	81.7
		6.0	17.0	21.6	311	3.8	62.3	511	94.1
		8.0	21.4	27.2	366	3.7	73.2	644	114
		10	25.5	32.6	411	3.5	82.2	750	130
110	±0.90	4.0	13.0	16.5	306	4.3	55.6	486	83.6
		5.0	16.0	20.4	368	4.3	66.9	593	100
		6.0	18.8	24.0	424	4.2	77.2	695	116
		8.0	23.9	30.4	505	4.1	91.9	879	143
		10	28.7	36.5	575	4.0	104.5	1032	164
120	±0.90	4.0	14.2	18.1	402	4.7	67.0	635	101
		5.0	17.5	22.4	485	4.6	80.9	776	122
		6.0	20.7	26.4	562	4.6	93.7	910	141
		8.0	26.8	34.2	696	4.5	116	1155	174
		10	31.8	40.6	777	4.4	129	1376	202
130	±1.00	4.0	15.5	19.8	517	5.1	79.5	815	119
		5.0	19.1	24.4	625	5.1	96.3	998	145
		6.0	22.6	28.8	726	5.0	112	1173	168
		8.0	28.9	36.8	883	4.9	136	1502	209
		10	35.0	44.6	1021	4.8	157	1788	245
		12	39.6	50.4	1075	4.6	165	1998	268

续表 A-1

边长(mm)	允许偏差(mm)	壁厚(mm)	理论重量(kg/m)	截面面积(cm^2)	惯性矩(cm^4)	回转半径(cm)	截面抵抗矩(cm^3)	扭转常数	
B	$\pm\Delta$	t	M	A	$I_x=I_y$	$r_x=r_y$	$W_x=W_y$	I_t (cm^4)	C_t (cm^3)
135	±1.00	4.0	16.1	20.5	582	5.3	86.2	915	129
		5.0	19.9	25.3	705	5.3	104	1122	157
		6.0	23.6	30.0	820	5.2	121	1320	183
		8.0	30.2	38.4	1000	5.0	148	1694	228
		10	36.6	46.6	1160	4.9	172	2021	267
		12	41.5	52.8	1230	4.8	182	2271	294
		13	44.1	56.2	1272	4.7	188	2382	307
140	±1.10	4.0	16.7	21.3	651	5.5	53.1	1022	140
		5.0	20.7	26.4	791	5.5	113	1253	170
		6.0	24.5	31.2	920	5.4	131	1475	198
		8.0	31.8	40.6	1154	5.3	165	1887	248
		10	38.1	48.6	1312	5.2	187	2274	291
		12	43.4	55.3	1398	5.0	200	2567	321
		13	46.1	58.8	1450	4.9	207	2698	336
150	±1.20	4.0	18.0	22.9	808	5.9	108	1265	162
		5.0	22.3	28.4	982	5.9	131	1554	197
		6.0	26.4	33.6	1146	5.8	153	1833	230
		8.0	33.9	43.2	1412	5.7	188	2364	289
		10	41.3	52.6	1652	5.6	220	2839	341
		12	47.1	60.1	1780	5.4	237	3230	380
		14	53.2	67.7	1915	5.3	255	3566	414
160	±1.20	4.0	19.3	24.5	987	6.3	123	1540	185
		5.0	23.8	30.4	1202	6.3	150	1894	226
		6.0	28.3	36.0	1405	6.2	176	2234	264
		8.0	36.9	47.0	1776	6.1	222	2877	333
		10	44.4	56.6	2047	6.0	256	3490	395
		12	50.9	64.8	2224	5.8	278	3997	443
		14	57.6	73.3	2409	5.7	301	4437	486
170	±1.30	4.0	20.5	26.1	1191	6.7	140	1856	210
		5.0	25.4	32.3	1453	6.7	171	2285	256
		6.0	30.1	38.4	1702	6.6	200	2701	300
		8.0	38.9	49.6	2118	6.5	249	3503	381
		10	47.5	60.5	2501	6.4	294	4233	453
		12	54.6	69.6	2737	6.3	322	4872	511
		14	62.0	78.9	2981	6.1	351	5435	563
180	±1.40	4.0	21.8	27.7	1422	7.2	158	2210	237
		5.0	27.0	34.4	1737	7.1	193	2724	290
		6.0	32.1	40.8	2037	7.0	226	3223	340
		8.0	41.5	52.8	2546	6.9	283	4189	432
		10	50.7	64.6	3017	6.8	335	5074	515
		12	58.4	74.5	3322	6.7	369	5865	584
		14	66.4	84.5	3635	6.6	404	6569	645

续表 A-1

边长(mm)	允许偏差(mm)	壁厚(mm)	理论重量(kg/m)	截面面积(cm^2)	惯性矩(cm^4)	回转半径(cm)	截面抵抗矩(cm^3)	扭转常数	
B	$\pm\Delta$	t	M	A	$I_x=I_y$	$r_x=r_y$	$W_x=W_y$	I_t (cm^4)	C_t (cm^3)
190	±1.50	4.0	23.0	29.3	1680	7.6	176	2607	265
		5.0	28.5	36.4	2055	7.5	216	3216	325
		6.0	33.9	43.2	2413	7.4	254	3807	381
		8.0	44.0	56.0	3208	7.3	319	4958	486
		10	53.8	68.6	3599	7.2	379	6018	581
		12	62.2	79.3	3985	7.1	419	6982	661
		14	70.8	90.2	4379	7.0	461	7847	733
200	±1.60	4.0	24.3	30.9	1968	8.0	197	3049	295
		5.0	30.1	38.4	2410	7.9	241	3763	362
		6.0	35.8	45.6	2833	7.8	283	4459	426
		8.0	46.5	59.2	3566	7.7	357	5815	544
		10	57.0	72.6	4251	7.6	425	7072	651
		12	66.0	84.1	4730	7.5	473	8230	743
		14	75.2	95.7	5217	7.4	522	9276	828
		16	83.8	107	5625	7.3	562	10210	900
220	±1.80	5.0	33.2	42.4	3238	8.7	294	5038	442
		6.0	39.6	50.4	3813	8.7	347	5976	521
		8.0	51.5	65.6	4828	8.6	439	7815	668
		10	63.2	80.6	5782	8.5	526	9533	804
		12	73.5	93.7	6487	8.3	590	11149	922
		14	83.9	107	7198	8.2	654	12625	1032
		16	93.9	119	7812	8.1	710	13971	1129
250	±2.00	5.0	38.0	48.4	4805	10.0	384	7443	577
		6.0	45.2	57.6	5672	9.9	454	8843	681
		8.0	59.1	75.2	7229	9.8	578	11598	878
		10	72.7	92.6	8707	9.7	697	14197	1062
		12	84.8	108	9859	9.6	789	16691	1226
		14	97.1	124	11018	9.4	881	18999	1380
		16	109	139	12047	9.3	964	21146	1520
280	±2.20	5.0	42.7	54.4	6810	11.2	486	10513	730
		6.0	50.9	64.8	8054	11.1	575	12504	863
		8.0	66.6	84.8	10317	11.0	737	16436	1117
		10	82.1	104	12479	10.9	891	20173	1356
		12	96.1	122	14232	10.8	1017	23804	1574
		14	110	140	15989	10.7	1142	27195	1779
		16	124	158	17580	10.5	1256	30393	1968
300	±2.40	6.0	54.7	69.6	9964	12.0	664	15434	997
		8.0	71.6	91.2	12801	11.8	853	20312	1293
		10	88.4	113	15519	11.7	1035	24966	1572
		12	104	132	17767	11.6	1184	29514	1829
		14	119	153	20017	11.5	1334	33783	2073
		16	135	172	22076	11.4	1472	37837	2299
		19	156	198	24813	11.2	1654	43491	2608

续表 A-1

边长(mm)	允许偏差(mm)	壁厚(mm)	理论重量(kg/m)	截面面积(cm^2)	惯性矩(cm^4)	回转半径(cm)	截面抵抗矩(cm^3)	扭转常数	
B	$\pm\Delta$	t	M	A	$I_x=I_y$	$r_x=r_y$	$W_x=W_y$	I_t (cm^4)	C_t (cm^3)
320	±2.60	6.0	58.4	74.4	12154	12.8	759	18789	1140
		8.0	76.6	97	15653	12.7	978	24753	1481
		10	94.6	120	19016	12.6	1188	30461	1804
		12	111	141	21843	12.4	1365	36066	2104
		14	128	163	24670	12.3	1542	41349	2389
		16	144	183	27276	12.2	1741	46393	2656
		19	167	213	30783	12.0	1924	53485	3022
350	±2.80	6.0	64.1	81.6	16008	14.0	915	24683	1372
		7.0	74.1	94.4	18329	13.9	1047	28684	1582
		8.0	84.2	108	20618	13.9	1182	32557	1787
		10	104	133	25189	13.8	1439	40127	2182
		12	124	156	29054	13.6	1660	47598	2552
		14	141	180	32916	13.5	1881	54679	2905
		16	159	203	36511	13.4	2086	61481	3238
		19	185	236	41414	13.2	2367	71137	3700
380	±3.00	8.0	91.7	117	26683	15.1	1404	41849	2122
		10	113	144	32570	15.0	1714	51645	2596
		12	134	170	37697	14.8	1984	61349	3043
		14	154	197	42818	14.7	2253	70586	3471
		16	174	222	47621	14.6	2506	79505	3878
		19	203	259	54240	14.5	2855	92254	4447
		22	231	294	60175	14.3	3167	104208	4968
400	±3.20	8.0	96.5	123	31269	15.9	1564	48934	2362
		9.0	108	138	34785	15.9	1739	54721	2630
		10	120	153	38216	15.8	1911	60431	2892
		12	141	180	44319	15.7	2216	71843	3395
		14	163	208	50414	15.6	2521	82735	3877
		16	184	235	56153	15.5	2808	93279	4336
		19	215	274	64111	15.3	3206	108410	4982
		22	245	312	71304	15.1	3565	122676	5578
450	±3.40	9.0	122	156	50087	17.9	2226	78384	3363
		10	135	173	55100	17.9	2449	86629	3702
		12	160	204	64164	17.7	2851	103150	4357
		14	185	236	73210	17.6	3254	119000	4989
		16	209	267	81802	17.5	3636	134431	5595
		19	245	312	93853	17.3	4171	156736	6454
		22	279	355	104919	17.2	4663	177910	7257
480	±3.50	9.0	130	166	61128	19.1	2547	95412	3845
		10	144	184	67289	19.1	2804	105488	4236
		12	171	218	78517	18.9	3272	125698	4993
		14	198	252	89722	18.8	3738	145143	5723
		16	224	285	100407	18.7	4184	164111	6426
		19	262	334	115475	18.6	4811	191630	7428
		22	300	382	129413	18.4	5392	217978	8369
500	±3.60	9.0	137	174	69324	19.9	2773	108034	4185
		10	151	193	76341	19.9	3054	119470	4612
		12	179	228	89187	19.8	3568	142420	5440
		14	207	264	102010	19.7	4080	164530	6241
		16	235	299	114260	19.6	4570	186140	7013
		19	275	350	131591	19.4	5264	217540	8116
		22	314	400	147690	19.2	5908	247690	9155

注：表中理论重量按钢密度 7.85g/cm^3 计算。

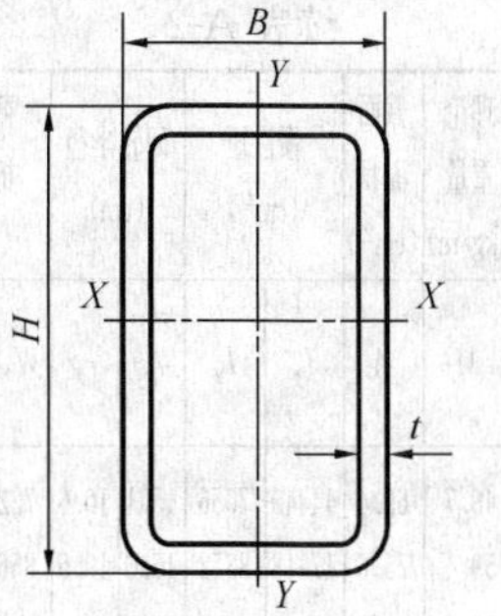

图 A-2 冷弯矩形钢管

表 A-2 冷弯长方形钢管外形尺寸、允许偏差及截面特性

边长(mm)		允许偏差(mm)	壁厚(mm)	理论重量(kg/m)	截面面积(cm^2)	惯性矩(cm^4)		回转半径(cm)		截面抵抗矩(cm^3)		扭转常数	
H	B	$\pm\Delta$	t	M	A	I_x	I_y	r_x	r_y	W_x	W_y	I_t (cm^4)	C_t (cm^3)
120	80	±0.90	4.0	11.7	11.9	294	157	4.4	3.2	49.1	39.3	330	64.9
			5.0	14.4	18.3	353	188	4.4	3.2	58.8	46.9	401	77.7
			6.0	16.9	21.6	106	215	4.3	3.1	67.7	53.7	166	83.4
			7.0	19.1	24.4	438	232	4.2	3.1	73.0	58.1	529	99.1
			8.0	21.4	27.2	476	252	4.1	3.0	79.3	62.9	584	108
140	80	±1.00	4.0	13.0	16.5	429	180	5.1	3.3	61.4	45.1	411	76.5
			5.0	15.9	20.4	517	216	5.0	3.2	73.8	53.9	499	91.8
			6.0	18.8	24.0	570	248	4.9	3.2	85.3	61.9	581	106
			8.0	23.9	30.4	708	293	4.8	3.1	101	73.3	731	129
150	100	±1.20	4.0	14.9	18.9	594	318	5.6	4.1	79.3	63.7	661	105
			5.0	18.3	23.3	719	384	5.5	4.0	95.9	79.8	807	127
			6.0	21.7	27.6	834	444	5.5	4.0	111	88.8	915	147
			8.0	28.1	35.8	1039	519	5.4	3.9	138	110	1148	182
			10	33.4	42.6	1161	614	5.2	3.8	155	123	1426	211
160	60	±1.20	4.0	13.0	16.5	500	106	5.5	2.5	62.5	35.4	294	63.8
			4.5	14.5	18.5	552	116	5.5	2.5	69.0	38.9	325	70.1
			6.0	18.9	24.0	693	144	5.4	2.4	86.7	48.0	410	87.0
160	80	±1.20	4.0	14.2	18.1	598	203	5.7	3.3	71.7	50.9	493	88.0
			5.0	17.5	22.4	722	214	5.7	3.3	90.2	61.0	599	106
			6.0	20.7	26.4	836	286	5.6	3.3	104	76.2	699	122
			8.0	26.8	33.6	1036	344	5.5	3.2	129	85.9	876	149
180	65	±1.20	4.0	14.5	18.5	709	142	6.2	2.8	78.8	43.8	396	79.0
			4.5	16.3	20.7	784	156	6.1	2.7	87.1	48.1	439	87.0
			6.0	21.2	27.0	992	194	6.0	2.7	110	59.8	557	108
180	100	±1.30	4.0	16.7	21.3	926	374	6.6	4.2	103	74.7	853	127
			5.0	20.7	26.3	1124	452	6.5	4.1	125	90.3	1012	154
			6.0	24.5	31.2	1309	524	6.4	4.1	145	104	1223	179
			8.0	31.5	40.4	1643	651	6.3	4.0	182	130	1554	222
			10	38.1	48.5	1859	736	6.2	3.9	206	147	1858	259

续表 A-2

边长(mm)		允许偏差(mm)	壁厚(mm)	理论重量(kg/m)	截面面积(cm^2)	惯性矩(cm^4)		回转半径(cm)		截面抵抗矩(cm^3)		扭转常数	
H	B	$\pm\Delta$	t	M	A	I_x	I_y	r_x	r_y	W_x	W_y	I_t (cm^4)	C_t (cm^3)
200	100	±1.30	4.0	18.0	22.9	1200	410	7.2	4.2	120	82.2	984	142
			5.0	22.3	28.3	1459	497	7.2	4.2	146	99.4	1204	172
			6.0	26.1	33.6	1703	577	7.1	4.1	170	115	1413	200
			8.0	34.4	43.8	2146	719	7.0	4.0	215	144	1798	249
			10	41.2	52.6	2444	818	6.9	3.9	244	163	2154	292
200	120	±1.40	4.0	19.3	24.5	1353	618	7.4	5.0	135	103	1345	172
			5.0	23.8	30.4	1649	750	7.4	5.0	165	125	1652	210
			6.0	28.3	36.0	1929	874	7.3	4.9	193	146	1947	245
			8.0	36.5	46.4	2386	1079	7.2	4.8	239	180	2507	308
			10	44.4	56.6	2806	1262	7.0	4.7	281	210	3007	364
200	150	±1.50	4.0	21.2	26.9	1584	1021	7.7	6.2	158	136	1942	219
			5.0	26.2	33.4	1935	1245	7.6	6.1	193	166	2391	267
			6.0	31.1	39.6	2268	1457	7.5	6.0	227	194	2826	312
200	150	±1.50	8.0	40.2	51.2	2892	1815	7.4	6.0	283	242	3664	396
			10	49.1	62.6	3348	2143	7.3	5.8	335	286	4428	471
			12	56.6	72.1	3668	2353	7.1	5.7	367	314	5099	532
			14	64.2	81.7	4004	2564	7.0	5.6	400	342	5691	586
220	140	±1.50	4.0	21.8	27.7	1892	948	8.3	5.8	172	135	1987	224
			5.0	27.0	34.4	2313	1155	8.2	5.8	210	165	2447	274
			6.0	32.1	40.8	2714	1352	8.1	5.7	247	193	2891	321
			8.0	41.5	52.8	3389	1685	8.0	5.6	308	241	3746	407
			10	50.7	64.6	4017	1989	7.8	5.5	365	284	4523	484
			12	58.5	74.5	4408	2187	7.7	5.4	401	312	5206	546
			13	62.5	79.6	4624	2292	7.6	5.4	420	327	5517	575
250	150	±1.60	4.0	24.3	30.9	2697	1234	9.3	6.3	216	165	2665	275
			5.0	30.1	38.4	3304	1508	9.3	6.3	264	201	3285	337
			6.0	35.8	45.6	3886	1768	9.2	6.2	311	236	3886	396
			8.0	46.5	59.2	4886	2219	9.1	6.1	391	296	5050	504
			10	57.0	72.6	5825	2634	9.0	6.0	466	351	6121	602
			12	66.0	84.1	6458	2925	8.8	5.9	517	390	7088	684
			14	75.2	95.7	7114	3214	8.6	5.8	569	429	7954	759
250	200	±1.70	5.0	34.0	43.4	4055	2885	9.7	8.2	324	289	5257	457
			6.0	40.5	51.6	4779	3397	9.6	8.1	382	340	6237	538
			8.0	52.8	67.2	6057	4304	9.5	8.0	485	430	8136	691
			10	64.8	82.6	7266	5154	9.4	7.9	581	515	9950	832
			12	75.4	96.1	8159	5792	9.2	7.8	653	579	11640	955
			14	86.1	110	9066	6430	9.1	7.6	725	643	13185	1069
			16	96.4	123	9853	6983	9.0	7.5	788	698	14596	1171

续表 A-2

边长 (mm)		允许偏差 (mm)	壁厚 (mm)	理论重量 (kg/m)	截面面积 (cm^2)	惯性矩 (cm^4)		回转半径 (cm)		截面抵抗矩 (cm^3)		扭转常数	
H	B	$\pm\Delta$	t	M	A	I_x	I_y	r_x	r_y	W_x	W_y	I_t (cm^4)	C_t (cm^3)
260	180	±1.80	5.0	33.2	42.4	4121	2350	9.9	7.5	317	261	4695	426
			6.0	39.6	50.4	4856	2763	9.8	7.4	374	307	5566	501
			8.0	51.5	65.6	6145	3493	9.7	7.3	473	388	7267	642
			10	63.2	80.6	7363	4174	9.5	7.2	566	646	8850	772
			12	73.5	93.7	8245	4679	9.4	7.1	634	520	10328	884
			14	84.0	107	9147	5182	9.3	7.0	703	576	11673	988
300	200	±2.00	5.0	38.0	48.4	6241	3361	11.4	8.3	416	336	6836	552
			6.0	45.2	57.6	7370	3962	11.3	8.3	491	396	8115	651
			8.0	59.1	75.2	9389	5042	11.2	8.2	626	504	10627	838
			10	72.7	92.6	11313	6058	11.1	8.1	754	606	12987	1012
			12	84.8	108	12788	6854	10.9	8.0	853	685	15236	1167
			14	97.1	124	14287	7643	10.7	7.9	952	764	17307	1311
			16	109	139	15617	8340	10.6	7.8	1041	834	19223	1442
350	200	±2.10	5.0	41.9	53.4	9032	3836	13.0	8.5	516	384	8475	647
			6.0	49.9	63.6	10682	4527	12.9	8.4	610	453	10065	764
			8.0	65.3	83.2	13662	5779	12.8	8.3	781	578	13189	986
			10	80.5	102	16517	6961	12.7	8.2	944	696	16137	1193
			12	94.2	120	18768	7915	12.5	8.1	1072	792	18962	1379
			14	108	138	21055	8856	12.4	8.0	1203	886	21578	1554
			16	121	155	23114	9698	12.2	7.9	1321	970	24016	1713
350	250	±2.20	5.0	45.8	58.4	10520	6306	13.4	10.4	601	504	12234	817
			6.0	54.7	69.6	12457	7458	13.4	10.3	712	594	14554	967
			8.0	71.6	91.2	16001	9573	13.2	10.2	914	766	19136	1253
			10	88.4	113	19407	11588	13.1	10.1	1109	927	23500	1522
			12	104	132	22196	13261	12.9	10.0	1268	1060	27749	1770
			14	119	152	25008	14921	12.8	9.9	1429	1193	31729	2003
			16	134	171	27580	16434	12.7	9.8	1575	1315	35497	2220
350	300	±2.30	7.0	68.6	87.4	16270	12874	13.6	12.1	930	858	22599	1347
			8.0	77.9	99.2	18341	14506	13.6	12.1	1048	967	25633	1520
			10	96.2	122	22298	17623	13.5	12.0	1274	1175	31548	1852
			12	113	144	25625	20257	13.3	11.9	1464	1350	37358	2161
			14	130	166	28962	22883	13.2	11.7	1655	1526	42837	2454
			16	146	187	32046	25305	13.1	11.6	1831	1687	48072	2729
			19	170	217	36204	28569	12.9	11.5	2069	1904	55439	3107
400	200	±2.40	6.0	54.7	69.6	14789	5092	14.5	8.6	739	509	12069	877
			8.0	71.6	91.2	18974	6517	14.4	8.5	949	652	15820	1133
			10	88.4	113	23003	7864	14.3	8.4	1150	786	19368	1373
			12	104	132	26248	8977	14.1	8.2	1312	898	22782	1591
			14	119	152	29545	10069	13.9	8.1	1477	1007	25956	1796
			16	134	171	32546	11055	13.8	8.0	1627	1105	28928	1983

续表 A-2

边长 (mm)		允许偏差 (mm)	壁厚 (mm)	理论重量 (kg/m)	截面面积 (cm^2)	惯性矩 (cm^4)		回转半径 (cm)		截面抵抗矩 (cm^3)		扭转常数	
H	B	$\pm\Delta$	t	M	A	I_x	I_y	r_x	r_y	W_x	W_y	I_t (cm^4)	C_t (cm^3)
400	250	±2.50	5.0	49.7	63.4	14440	7056	15.1	10.6	722	565	14773	937
			6.0	59.4	75.6	17118	8352	15.0	10.5	856	668	17580	1110
			8.0	77.9	99.2	22048	10744	14.9	10.4	1102	860	23127	1440
			10	96.2	122	26806	13029	14.8	10.3	1340	1042	28423	1753
			12	113	144	30766	14926	14.6	10.2	1538	1197	33597	2042
			14	130	166	34762	16872	14.5	10.1	1738	1350	38460	2315
			16	146	187	38448	19628	14.3	10.0	1922	1490	43083	2570
400	300	±2.60	7.0	74.1	94.4	22261	14376	15.4	12.3	1113	958	27477	1547
			8.0	84.2	107	25152	16212	15.3	12.3	1256	1081	31179	1747
			10	104	133	30609	19726	15.2	12.2	1530	1315	38407	2132
			12	122	156	35284	22747	15.0	12.1	1764	1516	45527	2492
			14	141	180	39979	25748	14.9	12.0	1999	1717	52267	2835
			16	159	203	44350	28535	14.8	11.9	2218	1902	58731	3159
			19	185	236	50309	32326	14.6	11.7	2515	2155	67883	3607
450	250	±2.70	6.0	64.1	81.6	22724	9245	16.7	10.6	1010	740	20687	1253
			8.0	84.2	107	29336	11916	16.5	10.5	1304	953	27222	1628
			10	104	133	35737	14470	16.4	10.4	1588	1158	33473	1983
			12	123	156	41137	16663	16.2	10.3	1828	1333	39591	2314
			14	141	180	46587	18824	16.1	10.2	2070	1506	45358	2627
			16	159	203	51651	20821	16.0	10.1	2295	1666	50857	2921
450	350	±2.80	7.0	85.1	108	32867	22448	17.4	14.4	1461	1283	41688	2053
			8.0	96.7	123	37151	25360	17.4	14.3	1651	1449	47354	2322
			10	120	153	45418	30971	17.3	14.2	2019	1770	58458	2842
			12	141	180	52650	35911	17.1	14.1	2340	2052	69468	3335
			14	163	208	59898	40823	17.0	14.0	2662	2333	79967	3807
			16	184	235	66727	45443	16.9	13.9	2966	2597	90121	4257
			19	215	274	76195	51834	16.7	13.8	3386	2962	104670	4889
450	400	±3.00	9.0	115	147	45711	38225	17.6	16.1	2032	1911	65371	2938
			10	127	163	50259	42019	17.6	16.1	2234	2101	72219	3272
			12	151	192	58407	48837	17.4	15.9	2596	2442	85923	3846
			14	174	222	66554	55631	17.3	15.8	2958	2782	99037	4398
			16	197	251	74264	62055	17.2	15.7	3301	3103	111766	4926
			19	230	293	85024	71012	17.0	15.6	3779	3551	130101	5671
			22	262	334	94835	79171	16.9	15.4	4215	3959	147482	6363
500	200	±3.10	9.0	94.2	120	36774	8847	17.5	8.6	1471	885	23642	1584
			10	104	133	40321	9671	17.4	8.5	1613	967	26005	1734
			12	123	156	46312	11101	17.2	8.4	1853	1110	30620	2016
			14	141	180	52390	12496	17.1	8.3	2095	1250	34934	2280
			16	159	203	58015	13771	16.9	8.2	2320	1377	38999	2526

续表 A-2

边长(mm)		允许偏差(mm)	壁厚(mm)	理论重量(kg/m)	截面面积(cm^2)	惯性矩(cm^4)		回转半径(cm)		截面抵抗矩(cm^3)		扭转常数	
H	B	$\pm\Delta$	t	M	A	I_x	I_y	r_x	r_y	W_x	W_y	I_t (cm^4)	C_t (cm^3)
500	250	±3.20	9.0	101	129	42199	14521	18.1	10.6	1688	1161	35044	2017
			10	112	143	46324	15911	18.0	10.6	1853	1273	38624	2214
			12	132	168	53457	18363	17.8	10.5	2138	1469	45701	2585
			14	152	194	60659	20776	17.7	10.4	2426	1662	58778	2939
			16	172	219	67389	23015	17.6	10.3	2696	1841	37358	3272
500	300	±3.30	10	120	153	52328	23933	18.5	12.5	2093	1596	52736	2693
			12	141	180	60604	27726	18.3	12.4	2424	1848	62581	3156
			14	163	208	68928	31478	18.2	12.3	2757	2099	71947	3599
			16	184	235	76763	34994	18.1	12.2	3071	2333	80972	4019
			19	215	274	87609	39838	17.9	12.1	3504	2656	93845	4606
500	400	±3.40	10	135	173	64334	45823	19.3	16.3	2573	2291	84403	3653
			12	160	204	74895	53355	19.2	16.2	2996	2668	100471	4298
			14	185	236	85466	60848	19.0	16.1	3419	3042	115881	4919
			16	209	267	95510	67957	18.9	16.0	3820	3398	130866	5515
			19	245	312	109600	77913	18.7	15.8	4384	3896	152512	6360
			22	279	356	122539	87039	18.6	15.6	4902	4352	173112	7148
500	450	±3.50	10	143	183	70337	59941	19.6	18.1	2813	2664	101581	4132
			12	170	216	82040	69920	19.5	18.0	3282	3108	121022	4869
			14	196	250	93736	79865	19.4	17.9	3749	3550	139716	5580
			16	222	283	104884	89340	19.3	17.8	4195	3971	157943	6264
			19	260	331	120595	102683	19.1	17.6	4824	4564	184368	7238
			22	297	378	135115	115003	18.9	17.4	5405	5111	209643	8151
500	480	±3.60	10	148	189	73939	69499	19.8	19.2	2958	2896	112236	4420
			12	175	223	86328	81146	19.7	19.1	3453	3381	133767	5211
			14	203	258	98697	92763	19.6	19.0	3948	3865	154499	5977
			16	229	292	110508	103853	19.4	18.8	4420	4327	174736	6713
			19	269	342	127193	119515	19.3	18.7	5088	4980	204127	7765
			22	307	391	142660	134031	19.1	18.5	5706	5585	232306	8753

注：表中理论重量按钢密度 7.85g/cm^3 计算。

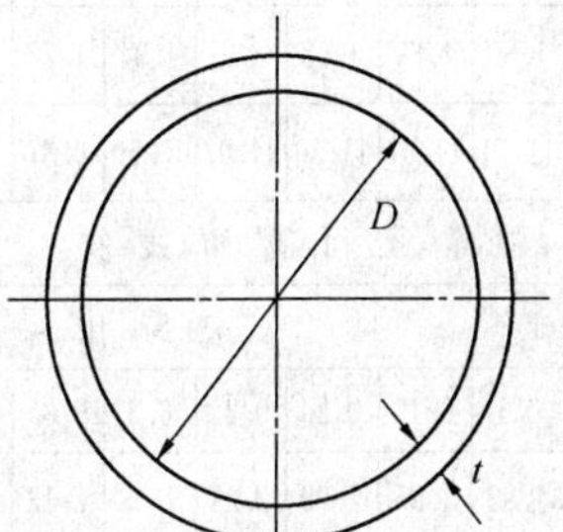

图 A-3 空心圆管截面特性尺寸

表 A-3 空心圆管外形尺寸、允许偏差及截面特性

管径(mm)	壁厚(mm)	理论重量(kg/m)	截面面积(cm^2)	惯性矩(cm^4)	回转半径(cm)	截面抵抗矩(cm^3)	抗扭截面系数(cm^3)
D	t	M	A	$I_x=I_y$	$r_x=r_y$	$W_x=W_y$	W_n
114.3	4	1.1	13.9	211	3.9	37	74
	5	1.4	17.2	257	3.9	45	90
	6	1.7	20.4	300	3.8	52	105
	8	2.2	26.7	379	3.8	66	133
139.7	4	1.4	17.0	393	4.8	56	112
	5	1.7	21.1	480	4.8	69	138
	6	2.1	25.2	564	4.7	81	162
	8	2.7	33.1	720	4.7	103	206
159	4	1.6	19.5	585	5.5	74	147
	5	2.0	24.2	718	5.4	90	180
	6	2.3	28.8	845	5.4	106	212
	8	3.1	37.9	1084	5.3	136	273
168.3	4	1.7	20.6	697	5.8	83	166
	6	2.5	30.6	1008	5.7	120	240
	8	3.3	40.3	1297	5.7	154	308
	10	4.1	49.7	1563	5.6	186	372
	12	4.9	58.9	1809	5.5	215	430
219.1	4	2.2	27.0	1563	7.6	143	285
	6	3.2	40.1	2281	7.5	208	416
	8	4.3	53.0	2958	7.5	270	540
	10	5.4	65.7	3597	7.4	328	657
	12	6.4	78.0	4198	7.3	383	766
	14	7.5	90.2	4763	7.3	435	870
323.9	6	4.8	59.9	7569	11.2	467	935
	8	6.4	79.4	9905	11.2	612	1223
	10	8.0	98.6	12152	11.1	750	1501
	12	9.5	117.5	14312	11.0	884	1768
	14	11.1	136.2	16388	11.0	1012	2024
	16	12.7	154.7	18381	10.9	1135	2270
355.6	6	5.3	65.9	10065	12.4	566	1132
	8	7.0	87.3	13195	12.3	742	1484
	10	8.7	108.5	16215	12.2	912	1824
	12	10.5	129.5	19130	12.2	1076	2152
	14	12.2	150.2	21941	12.1	1234	2468
	16	14.0	170.6	24651	12.0	1386	2773

续表 A-3

管径 (mm)	壁厚 (mm)	理论重量 (kg/m)	截面面积 (cm^2)	惯性矩 (cm^4)	回转半径 (cm)	截面抵抗矩 (cm^3)	抗扭截面系数 (cm^3)
D	t	M	A	$I_x=I_y$	$r_x=r_y$	$W_x=W_y$	W_n
406.4	6	6.0	75.4	15121	14.2	744	1488
	8	8.0	100.1	19864	14.1	978	1955
	10	10.0	124.5	24463	14.0	1204	2408
	12	12.0	148.6	28922	14.0	1423	2847
	14	14.0	172.5	33244	13.9	1636	3272
	16	16.0	196.1	37430	13.8	1842	3684
	18	18.0	219.5	41484	13.7	2042	4083
	20	19.9	242.7	45409	13.7	2235	4469
457	6	6.8	85.0	21607	15.9	946	1891
	8	9.0	112.8	28432	15.9	1244	2488
	10	11.2	140.4	35074	15.8	1535	3069
	12	13.5	167.7	41535	15.7	1818	3635
	14	15.7	194.7	47820	15.7	2093	4185
	16	18.0	221.6	53932	15.6	2360	4720
	18	20.2	248.1	59874	15.5	2620	5240
	20	22.4	274.4	65648	15.5	2873	5746
508	6	7.5	94.6	29796	17.7	1173	2346
	8	10.0	125.6	39260	17.7	1545	3091
	10	12.5	156.4	48496	17.6	1909	3818
	12	15.0	186.9	57507	17.5	2264	4528
	14	17.5	217.2	66298	17.5	2610	5220
	16	20.0	247.2	74871	17.4	2947	5895
	18	22.5	276.9	83231	17.3	3276	6553
	20	25.0	306.5	91381	17.3	3597	7195
559	6	8.3	104.2	39831	19.6	1425	2850
	8	11.0	138.4	52538	19.5	1879	3759
	10	13.8	172.4	64968	19.4	2324	4648
	12	16.5	206.1	77124	19.3	2759	5518
	14	19.3	239.6	89011	19.3	3184	6369
	16	22.0	272.8	100632	19.2	3600	7200
	18	24.7	305.8	111991	19.1	4006	8013
	20	27.5	338.5	123093	19.1	4404	8808
610	6	9.0	113.8	51897	21.4	1701	3403
	8	12.0	151.2	68517	21.3	2246	4492
	10	15.0	188.4	84804	21.2	2780	5560
	12	18.0	225.3	100763	21.1	3303	6607
	14	21.0	262.0	116398	21.1	3816	7632
	16	24.0	298.4	131715	21.0	4318	8637
	18	27.0	334.6	146716	20.9	4810	9620
	20	30.0	370.5	161408	20.9	5292	10584

注：表中理论重量按钢密度 7.85g/cm^3 计算。

附录 B 拱形钢结构拱脚推力计算系数

表 B-1 拱脚推力调整系数 κ_1

等截面圆弧拱										
荷载条件	支承条件	矢跨比								
		0.1	0.15	0.2	0.25	0.3	0.35	0.4	0.45	0.5
全跨水平均布荷载	两铰拱	0.99	0.98	0.97	0.96	0.94	0.92	0.90	0.87	0.84
	无铰拱	1.01	1.01	1.02	1.03	1.04	1.06	1.07	1.09	1.11
半跨水平均布荷载	两铰拱	0.50	0.49	0.49	0.48	0.47	0.46	0.45	0.44	0.42
	无铰拱	0.53	0.53	0.53	0.54	0.55	0.56	0.57	0.58	0.59
拱顶集中荷载	两铰拱	0.77	0.76	0.75	0.74	0.72	0.70	0.68	0.66	0.63
	无铰拱	0.94	0.94	0.94	0.93	0.93	0.93	0.92	0.92	0.91
1/4 跨集中荷载	两铰拱	0.54	0.56	0.54	0.53	0.52	0.51	0.51	0.49	0.47
	无铰拱	0.52	0.57	0.55	0.56	0.57	0.57	0.60	0.61	0.62
等截面抛物线拱										
荷载条件	支承条件	矢跨比								
		0.1	0.15	0.2	0.25	0.3	0.35	0.4	0.45	0.5
全跨水平均布荷载	两铰拱	1.00	1.00	1.00	1.00	1.00	1.00	1.00	1.00	1.00
	无铰拱	1.00	1.00	1.00	1.00	1.00	1.00	1.00	1.00	1.00
半跨水平均布荷载	两铰拱	0.51	0.51	0.51	0.51	0.51	0.50	0.51	0.51	0.51
	无铰拱	0.52	0.51	0.51	0.51	0.51	0.51	0.52	0.52	0.52
拱顶集中荷载	两铰拱	0.78	0.78	0.78	0.77	0.77	0.77	0.77	0.78	0.79
	无铰拱	0.95	0.94	0.93	0.93	0.92	0.91	0.91	0.91	0.91
1/4 跨集中荷载	两铰拱	0.55	0.55	0.56	0.56	0.56	0.56	0.57	0.57	0.58
	无铰拱	0.52	0.52	0.53	0.54	0.54	0.54	0.55	0.55	0.55

表 B-2 系数 ω

等截面圆弧形拱									
支承条件	矢跨比								
	0.1	0.15	0.20	0.25	0.3	0.35	0.4	0.45	0.5
两铰拱	1.80	1.69	1.58	1.45	1.34	1.23	1.14	1.06	1.00
无铰拱	11.71	11.61	11.39	11.02	10.50	9.87	9.19	8.51	7.89
等截面抛物线拱									
支承条件	矢跨比								
	0.1	0.15	0.20	0.25	0.3	0.35	0.4	0.45	0.5
两铰拱	1.92	1.95	1.99	2.03	2.08	2.13	2.64	5.14	8.78
无铰拱	11.75	11.58	11.41	11.26	11.14	11.06	11.05	11.65	13.04

附录C 拱形钢结构变形计算系数

表 C-1 实腹式截面圆弧形两铰拱的变形计算系数

矢跨比	全跨竖向均布荷载（δ为拱顶挠度）		半跨竖向均布荷载（δ为1/4跨挠度）		拱顶竖向集中荷载（δ为拱顶挠度）		1/4跨竖向集中荷载（δ为1/4跨挠度）	
H/L	a_1 (10^{-5})	a_2	a_1 (10^{-5})	a_2	a_1 (10^{-5})	a_2	a_1 (10^{-5})	a_2
0.1	1.28	1.06	43.1	0.410	55.4	1.77	147	1.01
0.2	6.22	0.323	45.2	0.154	71.5	0.617	153	0.425
0.3	18.0	0.197	49.2	0.100	103	0.417	163	0.315
0.4	42.5	0.173	56.1	0.0916	157	0.381	178	0.309
0.5	86.3	0.179	68.9	0.0980	240	0.386	207	0.322

表 C-2 腹板开圆形孔的工形截面圆弧形两铰拱的变形计算系数

全跨竖向均布荷载，δ为拱跨中点的挠度			
矢跨比	a_1 (10^{-5})	a_2	a_3
0.1	1.28	1.059	0.0393
0.2	6.22	0.323	0.0190
0.3	18.0	0.197	0.0240
0.4	42.5	0.173	0.0376
0.5	86.3	0.179	0.0576
半跨竖向均布荷载，δ为拱1/4跨处的挠度			
矢跨比	a_1 (10^{-5})	a_2	a_3
0.1	43.1	0.410	0.0571
0.2	45.2	0.154	0.0390
0.3	49.2	0.100	0.0343
0.4	56.1	0.0916	0.0352
0.5	68.9	0.0980	0.0472
拱顶竖向集中荷载，δ为拱跨中点的挠度			
矢跨比	a_1 (10^{-5})	a_2	a_3
0.1	55.4	1.769	0.155
0.2	71.5	0.617	0.124
0.3	103	0.417	0.138
0.4	157	0.381	0.161
0.5	240	0.386	0.182
1/4跨处竖向集中荷载，δ为拱1/4跨处的挠度			
矢跨比	a_1 (10^{-5})	a_2	a_3
0.1	147	1.013	0.186
0.2	153	0.425	0.146
0.3	163	0.315	0.128
0.4	178	0.309	0.135
0.5	207	0.322	0.143

附录D 实腹截面钢拱平面内稳定系数

D.1 轴心受压圆弧拱稳定系数

D.1.1 热轧圆管等截面轴心受压圆弧拱的稳定系数应符合下列规定：

1 对于三铰拱，可根据面内长细比和矢跨比按表D.1.1-1取值。

表 D.1.1-1 热轧圆管截面三铰圆弧拱的稳定系数

$\lambda_x\sqrt{\frac{f_y}{235}}$	矢跨比								
	0.10	0.15	0.20	0.25	0.30	0.35	0.40	0.45	0.50
20	0.934	0.943	0.946	0.948	0.949	0.950	0.951	0.952	0.938
30	0.889	0.900	0.905	0.908	0.910	0.912	0.913	0.914	0.898
40	0.837	0.850	0.857	0.861	0.864	0.866	0.868	0.869	0.852
50	0.778	0.793	0.800	0.805	0.809	0.811	0.813	0.815	0.796
60	0.710	0.727	0.735	0.740	0.744	0.747	0.749	0.751	0.733
70	0.639	0.656	0.664	0.669	0.673	0.676	0.678	0.680	0.662
80	0.569	0.583	0.590	0.595	0.598	0.600	0.602	0.603	0.590
90	0.500	0.512	0.518	0.523	0.525	0.527	0.529	0.530	0.518
100	0.438	0.448	0.453	0.456	0.458	0.460	0.461	0.462	0.451
110	0.383	0.391	0.395	0.398	0.399	0.401	0.402	0.402	0.392
120	0.335	0.342	0.345	0.347	0.349	0.350	0.350	0.351	0.342
130	0.294	0.300	0.303	0.305	0.306	0.306	0.307	0.308	0.299
140	0.260	0.265	0.267	0.269	0.269	0.270	0.270	0.271	0.263
150	0.229	0.235	0.237	0.238	0.239	0.239	0.240	0.240	0.233
160	0.204	0.209	0.211	0.212	0.213	0.213	0.213	0.214	0.208
170	0.183	0.187	0.189	0.190	0.191	0.191	0.191	0.192	0.187
180	0.165	0.169	0.170	0.171	0.172	0.172	0.172	0.173	0.169
190	0.149	0.152	0.154	0.155	0.155	0.156	0.156	0.156	0.153
200	0.135	0.138	0.140	0.141	0.141	0.141	0.142	0.142	0.139

注：表内中间值可采用插值法求得。

2 对于两铰拱，可根据面内长细比和矢跨比按表D.1.1-2取值。

表 D.1.1-2 热轧圆管截面两铰圆弧拱的稳定系数

$\lambda_x\sqrt{\frac{f_y}{235}}$	矢跨比								
	0.10	0.15	0.20	0.25	0.30	0.35	0.40	0.45	0.50
20	0.921	0.941	0.952	0.959	0.963	0.964	0.965	0.966	0.967
30	0.900	0.919	0.925	0.929	0.931	0.932	0.933	0.934	0.934
40	0.866	0.882	0.888	0.891	0.893	0.894	0.895	0.895	0.895
50	0.823	0.840	0.846	0.848	0.849	0.850	0.849	0.848	0.847
60	0.782	0.794	0.798	0.799	0.798	0.796	0.794	0.791	0.787
70	0.732	0.740	0.741	0.740	0.737	0.733	0.728	0.722	0.716
80	0.674	0.677	0.677	0.673	0.668	0.662	0.654	0.647	0.638
90	0.611	0.612	0.608	0.603	0.595	0.588	0.579	0.569	0.559

续表 D.1.1-2

$\lambda_x\sqrt{\frac{f_y}{235}}$	矢跨比								
	0.10	0.15	0.20	0.25	0.30	0.35	0.40	0.45	0.50
100	0.548	0.546	0.541	0.534	0.526	0.517	0.507	0.496	0.485
110	0.487	0.484	0.478	0.471	0.463	0.453	0.443	0.432	0.421
120	0.431	0.428	0.422	0.415	0.406	0.397	0.387	0.377	0.366
130	0.383	0.379	0.373	0.366	0.358	0.349	0.340	0.330	0.320
140	0.341	0.337	0.331	0.325	0.317	0.309	0.300	0.291	0.282
150	0.304	0.301	0.295	0.289	0.282	0.274	0.266	0.258	0.249
160	0.273	0.269	0.264	0.258	0.252	0.245	0.237	0.230	0.222
170	0.245	0.242	0.238	0.232	0.226	0.220	0.213	0.206	0.199
180	0.222	0.219	0.215	0.210	0.204	0.198	0.192	0.185	0.179
190	0.202	0.199	0.195	0.190	0.185	0.179	0.174	0.168	0.162
200	0.184	0.181	0.177	0.173	0.168	0.163	0.158	0.152	0.147

注：表内中间值可采用插值法求得。

3 对于无铰拱，可根据面内长细比和矢跨比按表 D.1.1-3 取值。

表 D.1.1-3 热轧圆管截面无铰圆弧拱的稳定系数

$\lambda_x\sqrt{\frac{f_y}{235}}$	矢跨比								
	0.10	0.15	0.20	0.25	0.30	0.35	0.40	0.45	0.50
20	0.916	0.948	0.962	0.969	0.974	0.978	0.981	0.983	0.985
30	0.896	0.928	0.940	0.948	0.954	0.958	0.961	0.964	0.966
40	0.876	0.907	0.918	0.927	0.934	0.939	0.943	0.946	0.948
50	0.856	0.885	0.896	0.905	0.911	0.917	0.920	0.924	0.926
60	0.830	0.859	0.871	0.880	0.886	0.891	0.895	0.898	0.901
70	0.802	0.830	0.844	0.853	0.859	0.864	0.868	0.872	0.875
80	0.775	0.801	0.814	0.822	0.828	0.833	0.837	0.841	0.844
90	0.745	0.769	0.781	0.788	0.794	0.798	0.802	0.806	0.809
100	0.712	0.731	0.742	0.748	0.753	0.757	0.761	0.764	0.767
110	0.677	0.692	0.702	0.708	0.712	0.716	0.720	0.724	0.727
120	0.638	0.650	0.657	0.662	0.666	0.670	0.674	0.678	0.681
130	0.596	0.608	0.614	0.618	0.622	0.625	0.628	0.631	0.634
140	0.554	0.563	0.568	0.571	0.574	0.577	0.580	0.583	0.586
150	0.514	0.520	0.523	0.526	0.529	0.532	0.535	0.537	0.539
160	0.472	0.478	0.480	0.482	0.484	0.486	0.488	0.490	0.492

续表 D.1.1-3

$\lambda_x\sqrt{\frac{f_y}{235}}$	矢跨比								
	0.10	0.15	0.20	0.25	0.30	0.35	0.40	0.45	0.50
170	0.433	0.438	0.440	0.442	0.444	0.446	0.448	0.450	0.452
180	0.400	0.404	0.406	0.408	0.410	0.412	0.414	0.416	0.418
190	0.368	0.372	0.374	0.375	0.376	0.377	0.378	0.379	0.380
200	0.342	0.345	0.347	0.348	0.349	0.350	0.351	0.352	0.353

注：表内中间值可采用插值法求得。

D.1.2 焊接工字形等截面轴心受压圆弧拱的稳定系数应符合下列规定：

1 对于三铰拱，可根据面内长细比和矢跨比按表 D.1.2-1 取值。

表 D.1.2-1 焊接工字形截面三铰圆弧拱的稳定系数

$\lambda_x\sqrt{\frac{f_y}{235}}$	矢跨比								
	0.10	0.15	0.20	0.25	0.30	0.35	0.40	0.45	0.50
20	0.920	0.932	0.937	0.940	0.942	0.944	0.945	0.946	0.931
30	0.860	0.873	0.880	0.884	0.887	0.889	0.890	0.891	0.874
40	0.797	0.812	0.820	0.824	0.826	0.827	0.828	0.829	0.812
50	0.732	0.748	0.755	0.759	0.761	0.763	0.764	0.765	0.748
60	0.665	0.680	0.687	0.691	0.693	0.695	0.696	0.697	0.680
70	0.600	0.615	0.622	0.626	0.629	0.631	0.633	0.635	0.618
80	0.543	0.558	0.565	0.570	0.573	0.575	0.577	0.578	0.561
90	0.489	0.502	0.508	0.512	0.515	0.517	0.518	0.519	0.507
100	0.436	0.448	0.454	0.457	0.459	0.461	0.462	0.463	0.451
110	0.387	0.398	0.403	0.406	0.408	0.409	0.410	0.411	0.399
120	0.341	0.351	0.355	0.358	0.360	0.361	0.362	0.363	0.351
130	0.301	0.310	0.314	0.316	0.317	0.318	0.319	0.320	0.309
140	0.267	0.274	0.277	0.279	0.280	0.281	0.282	0.282	0.272
150	0.235	0.242	0.245	0.246	0.247	0.248	0.248	0.248	0.241
160	0.208	0.215	0.217	0.218	0.219	0.220	0.221	0.221	0.214
170	0.186	0.192	0.194	0.195	0.196	0.197	0.197	0.197	0.190
180	0.167	0.172	0.174	0.175	0.175	0.176	0.176	0.177	0.171
190	0.150	0.155	0.157	0.157	0.158	0.158	0.159	0.159	0.154
200	0.136	0.140	0.142	0.143	0.143	0.144	0.144	0.144	0.140

注：表内中间值可采用插值法求得。

2 对于两铰拱，可根据面内长细比和矢跨比按表 D.1.2-2 取值。

表 D.1.2-2 焊接工字形等截面两铰圆弧拱的稳定系数

$\lambda_x\sqrt{\frac{f_y}{235}}$	矢跨比								
	0.10	0.15	0.20	0.25	0.30	0.35	0.40	0.45	0.50
20	0.880	0.909	0.925	0.936	0.944	0.948	0.950	0.952	0.953
30	0.871	0.892	0.905	0.911	0.915	0.917	0.918	0.919	0.920
40	0.840	0.853	0.858	0.860	0.861	0.860	0.859	0.857	0.855
50	0.798	0.805	0.807	0.807	0.806	0.803	0.799	0.795	0.791
60	0.748	0.751	0.751	0.748	0.744	0.740	0.735	0.729	0.723
70	0.693	0.693	0.690	0.686	0.681	0.676	0.671	0.665	0.660
80	0.636	0.635	0.632	0.629	0.625	0.620	0.615	0.610	0.604
90	0.583	0.582	0.580	0.576	0.571	0.565	0.559	0.552	0.545
100	0.532	0.530	0.527	0.522	0.516	0.510	0.503	0.495	0.486
110	0.482	0.480	0.476	0.470	0.464	0.457	0.449	0.440	0.431
120	0.433	0.431	0.427	0.422	0.415	0.407	0.399	0.390	0.381
130	0.389	0.387	0.383	0.377	0.370	0.362	0.353	0.344	0.334
140	0.349	0.346	0.341	0.335	0.328	0.320	0.312	0.303	0.294
150	0.313	0.309	0.304	0.298	0.292	0.284	0.276	0.267	0.259
160	0.281	0.277	0.272	0.266	0.260	0.253	0.245	0.237	0.229
170	0.252	0.248	0.243	0.238	0.232	0.226	0.219	0.212	0.204
180	0.227	0.224	0.220	0.215	0.209	0.203	0.197	0.190	0.183
190	0.205	0.202	0.198	0.194	0.189	0.183	0.177	0.171	0.164
200	0.187	0.184	0.180	0.176	0.171	0.166	0.161	0.155	0.149

注：表内中间值可采用插值法求得。

3 对于无铰拱，可根据面内长细比和矢跨比按表 D.1.2-3 取值。

表 D.1.2-3 焊接工字形等截面无铰圆弧拱的稳定系数

$\lambda_x\sqrt{\frac{f_y}{235}}$	矢跨比								
	0.10	0.15	0.20	0.25	0.30	0.35	0.40	0.45	0.50
20	0.855	0.900	0.926	0.941	0.951	0.958	0.963	0.967	0.969
30	0.848	0.891	0.913	0.925	0.933	0.940	0.945	0.949	0.952
40	0.838	0.879	0.897	0.908	0.916	0.922	0.927	0.931	0.934
50	0.827	0.858	0.874	0.883	0.890	0.895	0.899	0.903	0.906
60	0.807	0.830	0.843	0.850	0.855	0.860	0.863	0.867	0.870
70	0.784	0.801	0.811	0.817	0.822	0.825	0.828	0.831	0.834

续表 D.1.2-3

$\lambda_x\sqrt{\frac{f_y}{235}}$	矢跨比								
	0.10	0.15	0.20	0.25	0.30	0.35	0.40	0.45	0.50
80	0.755	0.769	0.777	0.782	0.785	0.788	0.791	0.794	0.796
90	0.724	0.734	0.740	0.743	0.746	0.749	0.751	0.753	0.755
100	0.687	0.695	0.700	0.703	0.705	0.707	0.709	0.711	0.713
110	0.648	0.655	0.659	0.662	0.664	0.666	0.668	0.670	0.672
120	0.612	0.618	0.622	0.625	0.627	0.629	0.631	0.633	0.635
130	0.575	0.581	0.585	0.588	0.591	0.593	0.595	0.597	0.599
140	0.540	0.546	0.550	0.553	0.555	0.557	0.559	0.561	0.563
150	0.505	0.510	0.513	0.516	0.519	0.521	0.523	0.525	0.527
160	0.471	0.475	0.478	0.481	0.484	0.487	0.489	0.491	0.493
170	0.438	0.442	0.445	0.448	0.451	0.453	0.455	0.457	0.459
180	0.407	0.411	0.414	0.416	0.418	0.420	0.422	0.424	0.426
190	0.377	0.381	0.384	0.386	0.388	0.390	0.392	0.394	0.396
200	0.349	0.353	0.355	0.357	0.359	0.361	0.363	0.365	0.367

注：表内中间值可采用插值法求得。

D.1.3 焊接箱形等截面轴心受压圆弧拱的稳定系数应符合下列规定：

1 对于三铰拱，可根据面内长细比和矢跨比按表 D.1.3-1 取值。

表 D.1.3-1 焊接箱形截面三铰圆弧拱的稳定系数

$\lambda_x\sqrt{\frac{f_y}{235}}$	矢跨比								
	0.10	0.15	0.20	0.25	0.30	0.35	0.40	0.45	0.50
20	0.927	0.939	0.943	0.946	0.948	0.950	0.951	0.952	0.937
30	0.876	0.889	0.894	0.897	0.900	0.902	0.903	0.904	0.891
40	0.815	0.828	0.833	0.836	0.839	0.841	0.843	0.845	0.832
50	0.743	0.759	0.764	0.767	0.770	0.772	0.774	0.775	0.763
60	0.672	0.686	0.692	0.696	0.698	0.700	0.701	0.702	0.691
70	0.599	0.612	0.618	0.622	0.624	0.626	0.627	0.628	0.617
80	0.525	0.538	0.544	0.548	0.550	0.552	0.554	0.555	0.545
90	0.460	0.472	0.478	0.482	0.484	0.486	0.488	0.489	0.480
100	0.401	0.413	0.418	0.421	0.423	0.425	0.426	0.427	0.418
110	0.333	0.342	0.346	0.349	0.351	0.352	0.352	0.353	0.346
120	0.286	0.294	0.297	0.299	0.301	0.302	0.303	0.304	0.296
130	0.247	0.254	0.257	0.258	0.259	0.259	0.260	0.260	0.255
140	0.215	0.220	0.222	0.223	0.223	0.224	0.224	0.225	0.219

续表 D.1.3-1

$\lambda_x\sqrt{\frac{f_y}{235}}$	矢跨比								
	0.10	0.15	0.20	0.25	0.30	0.35	0.40	0.45	0.50
150	0.188	0.193	0.195	0.195	0.196	0.196	0.197	0.197	0.192
160	0.164	0.168	0.169	0.170	0.170	0.170	0.171	0.171	0.167
170	0.146	0.149	0.150	0.151	0.151	0.151	0.151	0.151	0.149
180	0.130	0.133	0.133	0.134	0.134	0.134	0.135	0.135	0.133
190	0.116	0.119	0.120	0.120	0.120	0.121	0.121	0.121	0.118
200	0.104	0.107	0.108	0.109	0.109	0.109	0.109	0.109	0.107

注：表内中间值可采用插值法求得。

2 对于两铰拱，可根据面内长细比和矢跨比按表 D.1.3-2 取值。

表 D.1.3-2 焊接箱形截面两铰圆弧拱的稳定系数

$\lambda_x\sqrt{\frac{f_y}{235}}$	矢跨比								
	0.10	0.15	0.20	0.25	0.30	0.35	0.40	0.45	0.50
20	0.868	0.903	0.922	0.934	0.942	0.947	0.951	0.954	0.956
30	0.861	0.886	0.900	0.910	0.916	0.920	0.923	0.925	0.927
40	0.843	0.861	0.870	0.874	0.877	0.878	0.878	0.878	0.876
50	0.804	0.815	0.819	0.820	0.819	0.817	0.814	0.811	0.807
60	0.750	0.757	0.758	0.757	0.754	0.749	0.744	0.739	0.733
70	0.692	0.695	0.694	0.690	0.685	0.679	0.672	0.665	0.657
80	0.632	0.631	0.628	0.623	0.616	0.608	0.601	0.593	0.585
90	0.566	0.564	0.560	0.555	0.548	0.541	0.533	0.525	0.517
100	0.504	0.502	0.498	0.492	0.485	0.478	0.470	0.462	0.454
110	0.450	0.448	0.444	0.439	0.432	0.425	0.417	0.409	0.400
120	0.398	0.396	0.392	0.386	0.379	0.371	0.363	0.353	0.344
130	0.348	0.345	0.341	0.335	0.328	0.320	0.311	0.302	0.293
140	0.305	0.302	0.298	0.293	0.286	0.278	0.270	0.262	0.254
150	0.267	0.264	0.260	0.255	0.249	0.243	0.236	0.228	0.220
160	0.233	0.230	0.226	0.222	0.216	0.210	0.204	0.198	0.191
170	0.206	0.203	0.199	0.195	0.190	0.185	0.179	0.173	0.167
180	0.181	0.179	0.176	0.172	0.167	0.162	0.157	0.152	0.147
190	0.161	0.159	0.156	0.152	0.148	0.144	0.140	0.135	0.130
200	0.144	0.142	0.139	0.136	0.132	0.128	0.124	0.120	0.116

注：表内中间值可采用插值法求得。

3 对于无铰拱，可根据面内长细比和矢跨比按表 D.1.3-3 取值。

表 D.1.3-3 焊接箱形截面无铰圆弧拱的稳定系数

$\lambda_x\sqrt{\frac{f_y}{235}}$	矢跨比								
	0.10	0.15	0.20	0.25	0.30	0.35	0.40	0.45	0.50
20	0.843	0.890	0.918	0.936	0.947	0.955	0.961	0.966	0.970
30	0.836	0.879	0.904	0.920	0.931	0.938	0.944	0.948	0.952
40	0.829	0.867	0.889	0.904	0.913	0.920	0.926	0.930	0.934
50	0.819	0.853	0.871	0.884	0.892	0.899	0.904	0.908	0.912
60	0.805	0.832	0.847	0.857	0.865	0.871	0.876	0.880	0.883
70	0.782	0.804	0.817	0.825	0.831	0.836	0.840	0.844	0.848
80	0.754	0.771	0.781	0.787	0.792	0.797	0.801	0.805	0.808
90	0.722	0.734	0.742	0.747	0.751	0.754	0.757	0.760	0.763
100	0.683	0.694	0.700	0.704	0.707	0.710	0.713	0.716	0.718
110	0.643	0.652	0.657	0.661	0.664	0.667	0.669	0.671	0.673
120	0.598	0.607	0.611	0.614	0.617	0.620	0.622	0.624	0.626
130	0.551	0.559	0.564	0.568	0.570	0.572	0.574	0.576	0.578
140	0.510	0.517	0.521	0.524	0.527	0.530	0.532	0.534	0.536
150	0.471	0.477	0.481	0.484	0.487	0.489	0.491	0.493	0.495
160	0.432	0.438	0.442	0.445	0.448	0.450	0.452	0.454	0.456
170	0.398	0.403	0.407	0.410	0.413	0.415	0.417	0.419	0.421
180	0.365	0.370	0.373	0.376	0.378	0.380	0.382	0.384	0.386
190	0.334	0.338	0.341	0.343	0.345	0.347	0.349	0.351	0.353
200	0.304	0.308	0.310	0.312	0.314	0.316	0.318	0.320	0.322

注：表内中间值可采用插值法求得。

D.2 轴心受压抛物线拱稳定系数

D.2.1 热轧圆管等截面轴心受压抛物线拱的稳定系数应符合下列规定：

1 对于三铰拱，可根据面内长细比和矢跨比按表 D.2.1-1 取值。

表 D.2.1-1 热轧圆管截面三铰抛物线拱的稳定系数

$\lambda_x\sqrt{\frac{f_y}{235}}$	矢跨比								
	0.10	0.15	0.20	0.25	0.30	0.35	0.40	0.45	0.50
20	1.000	1.000	1.000	1.000	1.000	1.000	1.000	1.000	1.000
30	1.000	1.000	1.000	1.000	1.000	1.000	1.000	1.000	1.000
40	1.000	1.000	1.000	1.000	1.000	1.000	1.000	1.000	1.000
50	0.880	0.924	0.963	1.000	1.000	1.000	1.000	1.000	1.000
60	0.802	0.855	0.905	0.951	0.984	0.997	1.000	1.000	1.000

续表 D. 2. 1-1

$\lambda_x\sqrt{\frac{f_y}{235}}$	矢跨比								
	0.10	0.15	0.20	0.25	0.30	0.35	0.40	0.45	0.50
70	0.715	0.766	0.829	0.881	0.927	0.949	0.960	0.967	0.970
80	0.623	0.681	0.742	0.801	0.852	0.873	0.889	0.898	0.901
90	0.548	0.603	0.661	0.715	0.773	0.791	0.805	0.811	0.814
100	0.480	0.526	0.578	0.631	0.689	0.706	0.716	0.720	0.722
110	0.418	0.462	0.509	0.555	0.606	0.622	0.631	0.635	0.636
120	0.367	0.404	0.446	0.488	0.537	0.549	0.556	0.558	0.558
130	0.322	0.355	0.392	0.430	0.474	0.485	0.490	0.492	0.492
140	0.283	0.314	0.346	0.380	0.421	0.430	0.434	0.436	0.435
150	0.251	0.277	0.307	0.338	0.375	0.382	0.386	0.387	0.387
160	0.222	0.248	0.274	0.303	0.335	0.342	0.345	0.346	0.345
170	0.199	0.221	0.245	0.270	0.301	0.307	0.310	0.311	0.310
180	0.177	0.199	0.221	0.244	0.272	0.277	0.280	0.280	0.280
190	0.159	0.180	0.200	0.221	0.247	0.251	0.254	0.254	0.254
200	0.144	0.163	0.181	0.201	0.225	0.229	0.231	0.231	0.231

注：表内中间值可采用插值法求得。

2 对于两铰拱，可根据面内长细比和矢跨比按表 D. 2. 1-2 取值。

表 D. 2. 1-2 热轧圆管截面两铰抛物线拱的稳定系数

$\lambda_x\sqrt{\frac{f_y}{235}}$	矢跨比								
	0.10	0.15	0.20	0.25	0.30	0.35	0.40	0.45	0.50
20	0.936	0.989	1.000	1.000	1.000	1.000	1.000	1.000	1.000
30	0.928	0.978	1.000	1.000	1.000	1.000	1.000	1.000	1.000
40	0.908	0.958	0.993	1.000	1.000	1.000	1.000	1.000	1.000
50	0.872	0.926	0.971	0.996	1.000	1.000	1.000	1.000	1.000
60	0.830	0.880	0.930	0.964	0.984	0.994	1.000	1.000	1.000
70	0.783	0.833	0.879	0.913	0.935	0.950	0.958	0.964	0.967
80	0.724	0.769	0.812	0.841	0.865	0.880	0.890	0.895	0.898
90	0.659	0.698	0.734	0.761	0.782	0.796	0.804	0.808	0.810
100	0.592	0.624	0.654	0.679	0.696	0.708	0.714	0.716	0.716
110	0.525	0.551	0.578	0.601	0.613	0.622	0.628	0.630	0.630
120	0.466	0.488	0.508	0.530	0.542	0.549	0.553	0.554	0.552
130	0.413	0.432	0.452	0.469	0.478	0.484	0.487	0.487	0.486
140	0.366	0.384	0.400	0.413	0.422	0.429	0.431	0.431	0.429
150	0.326	0.342	0.356	0.369	0.376	0.381	0.383	0.382	0.380
160	0.292	0.306	0.320	0.329	0.335	0.339	0.341	0.341	0.340
170	0.262	0.275	0.285	0.295	0.301	0.305	0.306	0.305	0.304
180	0.233	0.246	0.257	0.267	0.272	0.275	0.276	0.275	0.274
190	0.210	0.224	0.235	0.242	0.247	0.249	0.250	0.249	0.247
200	0.188	0.201	0.211	0.220	0.224	0.227	0.228	0.227	0.225

注：表内中间值可采用插值法求得。

3 对于无铰拱，可根据面内长细比和矢跨比按表 D. 2. 1-3 取值。

表 D. 2. 1-3 热轧圆管截面无铰抛物线拱的稳定系数

$\lambda_x\sqrt{\frac{f_y}{235}}$	矢跨比								
	0.10	0.15	0.20	0.25	0.30	0.35	0.40	0.45	0.50
20	0.964	1.000	1.000	1.000	1.000	1.000	1.000	1.000	1.000
30	0.949	1.000	1.000	1.000	1.000	1.000	1.000	1.000	1.000
40	0.930	0.997	1.000	1.000	1.000	1.000	1.000	1.000	1.000
50	0.908	0.975	1.000	1.000	1.000	1.000	1.000	1.000	1.000
60	0.883	0.949	0.990	1.000	1.000	1.000	1.000	1.000	1.000
70	0.854	0.921	0.967	0.988	1.000	1.000	1.000	1.000	1.000
80	0.826	0.893	0.939	0.964	0.980	0.986	0.996	0.998	0.999
90	0.796	0.861	0.905	0.932	0.949	0.959	0.966	0.970	0.972
100	0.760	0.825	0.870	0.896	0.913	0.924	0.931	0.935	0.936
110	0.724	0.785	0.828	0.857	0.874	0.887	0.893	0.897	0.900
120	0.688	0.741	0.785	0.816	0.834	0.846	0.854	0.859	0.862
130	0.646	0.697	0.739	0.769	0.791	0.806	0.816	0.822	0.826
140	0.601	0.645	0.689	0.721	0.747	0.763	0.774	0.782	0.787
150	0.557	0.599	0.641	0.673	0.700	0.718	0.731	0.740	0.746
160	0.515	0.554	0.591	0.627	0.653	0.672	0.686	0.696	0.703
170	0.473	0.509	0.547	0.581	0.607	0.626	0.641	0.651	0.659
180	0.438	0.470	0.502	0.533	0.561	0.583	0.596	0.607	0.615
190	0.403	0.433	0.463	0.493	0.521	0.540	0.556	0.566	0.573
200	0.370	0.399	0.428	0.458	0.481	0.502	0.515	0.526	0.533

注：表内中间值可采用插值法求得。

D. 2. 2 焊接工字形等截面轴心受压抛物线拱的稳定系数应符合下列规定：

1 对于三铰拱，可根据面内长细比和矢跨比按表 D.2.2-1 取值。

表 D.2.2-1 工字形截面三铰抛物线拱的稳定系数

$\lambda_x\sqrt{\frac{f_y}{235}}$	矢跨比								
	0.10	0.15	0.20	0.25	0.30	0.35	0.40	0.45	0.50
20	0.969	1.000	1.000	1.000	1.000	1.000	1.000	1.000	1.000
30	0.904	0.963	1.000	1.000	1.000	1.000	1.000	1.000	1.000
40	0.835	0.895	0.953	0.991	1.000	1.000	1.000	1.000	1.000
50	0.762	0.821	0.881	0.932	0.970	0.985	0.993	0.996	0.998
60	0.689	0.745	0.803	0.856	0.904	0.924	0.937	0.945	0.948
70	0.622	0.675	0.727	0.777	0.826	0.849	0.862	0.869	0.873
80	0.560	0.609	0.660	0.706	0.752	0.773	0.784	0.790	0.793
90	0.501	0.547	0.595	0.640	0.685	0.705	0.715	0.720	0.723
100	0.443	0.486	0.532	0.575	0.619	0.638	0.647	0.652	0.654
110	0.391	0.430	0.472	0.512	0.553	0.573	0.581	0.584	0.586
120	0.342	0.378	0.417	0.455	0.496	0.511	0.517	0.521	0.521
130	0.300	0.333	0.367	0.403	0.442	0.454	0.459	0.461	0.461
140	0.265	0.294	0.324	0.357	0.394	0.403	0.407	0.408	0.408
150	0.236	0.260	0.286	0.315	0.350	0.358	0.361	0.362	0.361
160	0.208	0.230	0.255	0.280	0.311	0.318	0.321	0.322	0.321
170	0.185	0.205	0.227	0.250	0.277	0.284	0.287	0.288	0.286
180	0.165	0.183	0.203	0.224	0.250	0.256	0.257	0.258	0.257
190	0.149	0.165	0.183	0.202	0.226	0.231	0.233	0.233	0.232
200	0.134	0.149	0.165	0.183	0.204	0.209	0.211	0.211	0.210

注：表内中间值可采用插值法求得。

2 对于两铰拱，可根据面内长细比和矢跨比按表 D.2.2-2 取值。

表 D.2.2-2 工字形等截面两铰抛物线拱的稳定系数

$\lambda_x\sqrt{\frac{f_y}{235}}$	矢跨比								
	0.10	0.15	0.20	0.25	0.30	0.35	0.40	0.45	0.50
20	0.938	0.982	1.000	1.000	1.000	1.000	1.000	1.000	1.000
30	0.926	0.970	1.000	1.000	1.000	1.000	1.000	1.000	1.000
40	0.885	0.928	0.969	0.994	1.000	1.000	1.000	1.000	1.000
50	0.832	0.874	0.917	0.949	0.969	0.982	0.989	0.993	0.996
60	0.772	0.814	0.854	0.887	0.909	0.925	0.935	0.941	0.945
70	0.710	0.747	0.783	0.814	0.834	0.849	0.859	0.865	0.867
80	0.650	0.683	0.715	0.743	0.761	0.774	0.782	0.787	0.789
90	0.593	0.624	0.653	0.678	0.695	0.707	0.714	0.718	0.719
100	0.537	0.564	0.592	0.614	0.629	0.640	0.646	0.649	0.650
110	0.484	0.508	0.531	0.551	0.564	0.574	0.579	0.581	0.581
120	0.434	0.455	0.475	0.493	0.504	0.512	0.516	0.517	0.516
130	0.387	0.405	0.423	0.439	0.449	0.454	0.457	0.457	0.456
140	0.343	0.360	0.375	0.389	0.398	0.403	0.405	0.405	0.404
150	0.306	0.320	0.334	0.346	0.352	0.356	0.358	0.358	0.357
160	0.273	0.286	0.298	0.308	0.314	0.317	0.318	0.318	0.317
170	0.245	0.256	0.267	0.275	0.281	0.284	0.285	0.284	0.282
180	0.221	0.231	0.240	0.248	0.252	0.255	0.255	0.254	0.253
190	0.199	0.208	0.217	0.224	0.228	0.229	0.230	0.229	0.228
200	0.180	0.189	0.197	0.203	0.206	0.207	0.208	0.207	0.206

注：表内中间值可采用插值法求得。

3 对于无铰拱，可根据面内长细比和矢跨比按表 D.2.2-3 取值。

表 D.2.2-3 工字形等截面无铰抛物线拱的稳定系数

$\lambda_x\sqrt{\frac{f_y}{235}}$	矢跨比								
	0.10	0.15	0.20	0.25	0.30	0.35	0.40	0.45	0.50
20	0.908	0.988	1.000	1.000	1.000	1.000	1.000	1.000	1.000
30	0.898	0.978	1.000	1.000	1.000	1.000	1.000	1.000	1.000
40	0.883	0.961	1.000	1.000	1.000	1.000	1.000	1.000	1.000
50	0.864	0.935	0.978	0.996	1.000	1.000	1.000	1.000	1.000
60	0.843	0.903	0.944	0.972	0.991	0.998	1.000	1.000	1.000
70	0.813	0.866	0.904	0.931	0.952	0.965	0.973	0.978	0.980
80	0.780	0.826	0.866	0.896	0.917	0.931	0.939	0.944	0.947
90	0.743	0.786	0.826	0.860	0.885	0.903	0.913	0.919	0.923
100	0.706	0.748	0.789	0.825	0.851	0.870	0.882	0.890	0.895
110	0.666	0.707	0.750	0.787	0.816	0.837	0.850	0.858	0.864
120	0.625	0.665	0.707	0.746	0.776	0.799	0.814	0.824	0.829
130	0.586	0.625	0.665	0.702	0.734	0.758	0.774	0.785	0.792
140	0.547	0.584	0.623	0.659	0.690	0.715	0.732	0.743	0.750
150	0.509	0.545	0.582	0.618	0.647	0.672	0.688	0.701	0.708
160	0.470	0.507	0.542	0.577	0.605	0.629	0.646	0.658	0.666
170	0.435	0.470	0.505	0.537	0.565	0.588	0.605	0.616	0.623

续表 D. 2. 2-3

$\lambda_x\sqrt{\frac{f_y}{235}}$	矢跨比								
	0.10	0.15	0.20	0.25	0.30	0.35	0.40	0.45	0.50
180	0.402	0.434	0.467	0.499	0.526	0.549	0.565	0.576	0.583
190	0.370	0.401	0.432	0.462	0.488	0.510	0.526	0.537	0.545
200	0.340	0.369	0.399	0.427	0.453	0.474	0.489	0.500	0.507

注：表内中间值可采用插值法求得。

D. 2. 3 焊接箱形等截面轴心受压抛物线拱的稳定系数应符合下列规定：

1 对于三铰拱，可根据面内长细比和矢跨比按表 D. 2. 3-1 取值。

表 D. 2. 3-1 焊接箱形截面三铰抛物线拱的稳定系数

$\lambda_x\sqrt{\frac{f_y}{235}}$	矢跨比								
	0.10	0.15	0.20	0.25	0.30	0.35	0.40	0.45	0.50
20	0.983	1.000	1.000	1.000	1.000	1.000	1.000	1.000	1.000
30	0.925	0.984	1.000	1.000	1.000	1.000	1.000	1.000	1.000
40	0.861	0.926	0.979	0.999	1.000	1.000	1.000	1.000	1.000
50	0.788	0.851	0.915	0.963	0.991	0.997	0.999	1.000	1.000
60	0.708	0.771	0.836	0.893	0.939	0.959	0.969	0.975	0.978
70	0.634	0.692	0.754	0.811	0.864	0.886	0.898	0.906	0.909
80	0.559	0.614	0.673	0.728	0.781	0.803	0.815	0.821	0.825
90	0.492	0.544	0.597	0.647	0.694	0.717	0.728	0.734	0.735
100	0.430	0.477	0.525	0.574	0.620	0.640	0.650	0.655	0.656
110	0.374	0.416	0.464	0.508	0.553	0.570	0.577	0.581	0.583
120	0.325	0.363	0.406	0.448	0.492	0.504	0.511	0.513	0.514
130	0.283	0.317	0.354	0.391	0.431	0.443	0.448	0.449	0.449
140	0.246	0.277	0.309	0.343	0.379	0.389	0.392	0.393	0.392
150	0.217	0.243	0.272	0.303	0.335	0.342	0.345	0.346	0.345
160	0.190	0.215	0.241	0.269	0.297	0.303	0.306	0.307	0.306
170	0.171	0.191	0.216	0.240	0.265	0.271	0.273	0.274	0.273
180	0.152	0.172	0.194	0.216	0.238	0.243	0.245	0.245	0.244
190	0.136	0.154	0.175	0.196	0.215	0.219	0.221	0.221	0.220
200	0.122	0.140	0.159	0.178	0.195	0.199	0.201	0.201	0.201

注：表内中间值可采用插值法求得。

2 对于两铰拱，可根据面内长细比和矢跨比按表 D. 2. 3-2 取值。

表 D. 2. 3-2 焊接箱形截面两铰抛物线拱的稳定系数

$\lambda_x\sqrt{\frac{f_y}{235}}$	矢跨比								
	0.10	0.15	0.20	0.25	0.30	0.35	0.40	0.45	0.50
20	0.942	0.985	1.000	1.000	1.000	1.000	1.000	1.000	1.000
30	0.917	0.974	1.000	1.000	1.000	1.000	1.000	1.000	1.000
40	0.887	0.950	0.989	0.999	1.000	1.000	1.000	1.000	1.000
50	0.846	0.901	0.945	0.975	0.989	0.996	0.999	0.999	1.000
60	0.789	0.838	0.883	0.919	0.941	0.956	0.965	0.971	0.974
70	0.730	0.771	0.812	0.845	0.867	0.884	0.894	0.901	0.905
80	0.665	0.702	0.737	0.768	0.788	0.803	0.811	0.816	0.818
90	0.595	0.628	0.661	0.688	0.705	0.718	0.725	0.729	0.730
100	0.530	0.560	0.589	0.613	0.629	0.641	0.648	0.650	0.651
110	0.469	0.497	0.524	0.545	0.559	0.569	0.575	0.576	0.577
120	0.418	0.442	0.465	0.483	0.496	0.504	0.508	0.509	0.508
130	0.369	0.389	0.408	0.424	0.435	0.441	0.445	0.445	0.443
140	0.324	0.342	0.358	0.373	0.381	0.386	0.389	0.388	0.387
150	0.285	0.300	0.316	0.328	0.335	0.340	0.342	0.342	0.340
160	0.252	0.267	0.280	0.291	0.297	0.301	0.302	0.302	0.301
170	0.225	0.237	0.249	0.259	0.265	0.268	0.270	0.269	0.268
180	0.201	0.213	0.224	0.233	0.237	0.240	0.242	0.241	0.240
190	0.181	0.192	0.202	0.211	0.214	0.217	0.218	0.218	0.217
200	0.163	0.174	0.183	0.191	0.195	0.197	0.198	0.198	0.196

注：表内中间值可采用插值法求得。

3 对于无铰拱，可根据面内长细比和矢跨比按表 D. 2. 3-3 取值。

表 D. 2. 3-3 焊接箱形截面无铰抛物线拱的稳定系数

$\lambda_x\sqrt{\frac{f_y}{235}}$	矢跨比								
	0.10	0.15	0.20	0.25	0.30	0.35	0.40	0.45	0.50
20	0.832	0.973	1.000	1.000	1.000	1.000	1.000	1.000	1.000
30	0.877	0.984	1.000	1.000	1.000	1.000	1.000	1.000	1.000
40	0.878	0.970	1.000	1.000	1.000	1.000	1.000	1.000	1.000
50	0.865	0.946	0.994	1.000	1.000	1.000	1.000	1.000	1.000
60	0.849	0.920	0.965	0.991	0.999	1.000	1.000	1.000	1.000
70	0.823	0.886	0.927	0.956	0.974	0.984	0.988	0.991	0.992
80	0.792	0.847	0.886	0.915	0.936	0.949	0.955	0.959	0.961
90	0.758	0.807	0.845	0.875	0.898	0.913	0.922	0.927	0.931
100	0.719	0.765	0.805	0.839	0.864	0.882	0.893	0.900	0.904

续表 D.2.3-3

$\lambda_x\sqrt{\frac{f_y}{235}}$	矢跨比								
	0.10	0.15	0.20	0.25	0.30	0.35	0.40	0.45	0.50
110	0.678	0.722	0.763	0.800	0.828	0.848	0.861	0.869	0.875
120	0.635	0.677	0.719	0.758	0.788	0.811	0.826	0.835	0.842
130	0.590	0.632	0.675	0.715	0.746	0.771	0.787	0.798	0.805
140	0.545	0.586	0.629	0.669	0.701	0.728	0.744	0.757	0.764
150	0.502	0.541	0.582	0.622	0.656	0.683	0.700	0.713	0.722
160	0.462	0.499	0.538	0.575	0.609	0.636	0.655	0.668	0.677
170	0.425	0.460	0.498	0.534	0.565	0.591	0.609	0.622	0.631
180	0.390	0.424	0.459	0.494	0.523	0.548	0.566	0.578	0.587
190	0.357	0.389	0.422	0.454	0.483	0.507	0.524	0.536	0.545
200	0.325	0.355	0.387	0.418	0.445	0.468	0.484	0.496	0.504

注：表内中间值可采用插值法求得。

附录 E 腹板开圆形孔的工字形圆弧两铰拱平面内稳定系数

$\bar{\lambda}$	稳定系数	$\bar{\lambda}$	稳定系数	$\bar{\lambda}$	稳定系数	$\bar{\lambda}$	稳定系数	$\bar{\lambda}$	稳定系数
0.05	0.996	0.55	0.832	1.05	0.577	1.55	0.336	2.05	0.207
0.1	0.983	0.6	0.813	1.1	0.548	1.6	0.319	2.1	0.198
0.15	0.963	0.65	0.792	1.15	0.519	1.65	0.303	2.15	0.190
0.2	0.934	0.7	0.770	1.2	0.492	1.7	0.288	2.2	0.182
0.25	0.920	0.75	0.746	1.25	0.466	1.75	0.274	2.25	0.175
0.3	0.907	0.8	0.721	1.3	0.441	1.8	0.261	2.3	0.168
0.35	0.894	0.85	0.694	1.35	0.417	1.85	0.249	2.35	0.161
0.4	0.880	0.9	0.665	1.4	0.395	1.9	0.237	2.4	0.155
0.45	0.865	0.95	0.636	1.45	0.374	1.95	0.227	2.45	0.149
0.5	0.849	1	0.607	1.5	0.354	2	0.216	2.5	0.144

注：表内中间值可采用插值法求得。

附录 F 圆弧形两铰钢管桁架拱的平面内稳定系数

F.0.1 平面和倒梯形（矩形）截面圆弧形两铰钢管桁架拱的稳定系数可根据矢跨比的不同，按表 F.0.1-1 与表 F.0.1-2 确定。

表 F.0.1-1 平面和倒梯形（矩形）截面桁架拱的稳定系数（矢跨比 $H/L<0.20$）

$\lambda_c\sqrt{\frac{f_y}{235}}$	0	1	2	3	4	5	6	7	8	9
0	1.000	1.000	1.000	1.000	0.999	0.998	0.997	0.996	0.995	0.993
10	0.991	0.989	0.987	0.985	0.982	0.979	0.976	0.973	0.969	0.966
20	0.962	0.958	0.953	0.949	0.945	0.940	0.936	0.931	0.927	0.923
30	0.918	0.914	0.909	0.905	0.900	0.895	0.891	0.886	0.881	0.876
40	0.872	0.867	0.862	0.857	0.852	0.847	0.842	0.837	0.835	0.832
50	0.829	0.826	0.823	0.820	0.817	0.814	0.811	0.807	0.804	0.801
60	0.797	0.793	0.790	0.786	0.782	0.778	0.774	0.770	0.765	0.761
70	0.757	0.752	0.747	0.743	0.738	0.733	0.728	0.723	0.717	0.712
80	0.707	0.701	0.696	0.690	0.684	0.678	0.673	0.667	0.661	0.655
90	0.649	0.642	0.636	0.630	0.624	0.617	0.611	0.605	0.598	0.592
100	0.586	0.579	0.573	0.567	0.560	0.554	0.548	0.542	0.535	0.529
110	0.523	0.517	0.511	0.505	0.499	0.493	0.487	0.481	0.476	0.470
120	0.464	0.459	0.453	0.448	0.443	0.437	0.432	0.427	0.422	0.417
130	0.412	0.407	0.402	0.397	0.392	0.388	0.383	0.379	0.374	0.370
140	0.365	0.361	0.357	0.353	0.349	0.345	0.341	0.337	0.333	0.329
150	0.325	0.322	0.318	0.314	0.311	0.307	0.304	0.301	0.297	0.294
160	0.291	0.288	0.285	0.281	0.278	0.275	0.273	0.270	0.267	0.264
170	0.261	0.258	0.256	0.253	0.250	0.248	0.245	0.243	0.240	0.238
180	0.235	0.233	0.231	0.228	0.226	0.224	0.222	0.220	0.217	0.215
190	0.213	0.211	0.209	0.207	0.205	0.203	0.201	0.199	0.198	0.196
200	0.194	0.192	0.190	0.189	0.187	0.185	0.183	0.182	0.180	0.179
210	0.177	0.175	0.174	0.172	0.171	0.169	0.168	0.166	0.165	0.164
220	0.162	0.161	0.159	0.158	0.157	0.155	0.154	0.153	0.152	0.150
230	0.149	0.148	0.147	0.145	0.144	0.143	0.142	0.141	0.140	0.139
240	0.137	0.136	0.135	0.134	0.133	0.132	0.131	0.130	0.129	0.128
250	0.126	0.125	0.124	0.123	0.122	0.121	0.121	0.120	0.119	0.118

表 F.0.1-2 平面和倒梯形（矩形）截面桁架拱的稳定系数（矢跨比 $H/L\geqslant 0.20$）

$\lambda_c\sqrt{\frac{f_y}{235}}$	0	1	2	3	4	5	6	7	8	9
0	1.000	1.000	1.000	0.999	0.999	0.999	0.998	0.997	0.996	0.995
10	0.994	0.993	0.992	0.990	0.989	0.987	0.985	0.983	0.981	0.979
20	0.977	0.974	0.971	0.968	0.964	0.961	0.958	0.955	0.952	0.949

续表 F. 0. 1-2

$\lambda_e\sqrt{\frac{f_y}{235}}$	0	1	2	3	4	5	6	7	8	9
30	0.946	0.942	0.939	0.936	0.932	0.929	0.925	0.922	0.918	0.915
40	0.911	0.907	0.904	0.900	0.896	0.892	0.888	0.884	0.880	0.875
50	0.871	0.867	0.862	0.858	0.853	0.848	0.844	0.839	0.834	0.829
60	0.824	0.818	0.813	0.808	0.802	0.797	0.791	0.785	0.779	0.773
70	0.767	0.761	0.755	0.749	0.742	0.736	0.730	0.723	0.716	0.710
80	0.703	0.696	0.689	0.681	0.672	0.663	0.654	0.645	0.637	0.628
90	0.619	0.611	0.603	0.594	0.586	0.578	0.570	0.562	0.554	0.547
100	0.539	0.532	0.524	0.517	0.510	0.503	0.496	0.490	0.483	0.476
110	0.470	0.464	0.457	0.451	0.445	0.439	0.433	0.428	0.422	0.416
120	0.411	0.406	0.400	0.395	0.390	0.385	0.380	0.375	0.371	0.366
130	0.361	0.357	0.353	0.348	0.344	0.340	0.336	0.332	0.328	0.324
140	0.320	0.316	0.312	0.309	0.305	0.301	0.298	0.294	0.291	0.288
150	0.284	0.281	0.278	0.275	0.272	0.269	0.266	0.263	0.260	0.257
160	0.254	0.252	0.249	0.246	0.244	0.241	0.239	0.236	0.234	0.231
170	0.229	0.227	0.224	0.222	0.220	0.217	0.215	0.213	0.211	0.209
180	0.207	0.205	0.203	0.201	0.199	0.197	0.195	0.193	0.191	0.190
190	0.188	0.186	0.184	0.183	0.181	0.179	0.178	0.176	0.174	0.173
200	0.171	0.170	0.168	0.167	0.165	0.164	0.162	0.161	0.160	0.158
210	0.157	0.155	0.154	0.153	0.152	0.150	0.149	0.148	0.146	0.145
220	0.144	0.143	0.142	0.141	0.139	0.138	0.137	0.136	0.135	0.134
230	0.133	0.132	0.131	0.130	0.129	0.128	0.127	0.126	0.125	0.124
240	0.122	0.121	0.120	0.119	0.118	0.117	0.116	0.116	0.115	0.122
250	0.114	0.113	0.112	0.111	0.110	0.109	0.108	0.107	0.106	0.105

F. 0. 2 正三角形截面圆弧形两铰钢管桁架拱的稳定系数可根据矢跨比的不同，按表 F. 0. 2-1 与表 F. 0. 2-2 确定。

表 F. 0. 2-1　正三角形截面桁架拱的稳定系数

（矢跨比 $H/L<0.20$）

$\lambda_e\sqrt{\frac{f_y}{235}}$	0	1	2	3	4	5	6	7	8	9
0	1.000	1.000	1.000	0.999	0.999	0.998	0.997	0.996	0.994	0.993
10	0.991	0.989	0.987	0.985	0.983	0.980	0.977	0.975	0.971	0.968
20	0.964	0.957	0.951	0.944	0.938	0.932	0.925	0.919	0.912	0.906
30	0.900	0.893	0.887	0.880	0.874	0.868	0.861	0.855	0.848	0.842
40	0.835	0.829	0.822	0.816	0.809	0.803	0.796	0.790	0.783	0.776
50	0.770	0.765	0.761	0.758	0.754	0.750	0.746	0.742	0.738	0.734
60	0.730	0.726	0.722	0.718	0.713	0.709	0.704	0.700	0.695	0.690
70	0.686	0.681	0.676	0.671	0.666	0.661	0.656	0.651	0.646	0.641

续表 F. 0. 2-1

$\lambda_e\sqrt{\frac{f_y}{235}}$	0	1	2	3	4	5	6	7	8	9
80	0.635	0.630	0.625	0.619	0.614	0.608	0.603	0.597	0.592	0.586
90	0.581	0.575	0.570	0.564	0.559	0.553	0.547	0.542	0.536	0.531
100	0.525	0.520	0.514	0.509	0.503	0.498	0.493	0.487	0.482	0.477
110	0.471	0.466	0.461	0.456	0.451	0.446	0.441	0.436	0.431	0.426
120	0.421	0.417	0.412	0.407	0.403	0.398	0.394	0.389	0.385	0.381
130	0.376	0.372	0.368	0.364	0.360	0.356	0.352	0.348	0.344	0.340
140	0.336	0.333	0.329	0.325	0.322	0.318	0.315	0.312	0.308	0.305
150	0.302	0.298	0.295	0.292	0.289	0.286	0.283	0.280	0.277	0.274
160	0.271	0.268	0.266	0.263	0.260	0.257	0.255	0.252	0.250	0.247
170	0.245	0.242	0.240	0.237	0.235	0.233	0.231	0.228	0.226	0.224
180	0.222	0.220	0.217	0.215	0.213	0.211	0.209	0.207	0.205	0.203
190	0.202	0.200	0.198	0.196	0.194	0.192	0.191	0.189	0.187	0.186
200	0.184	0.182	0.181	0.179	0.177	0.176	0.174	0.173	0.171	0.170
210	0.168	0.167	0.166	0.164	0.163	0.161	0.160	0.159	0.157	0.156
220	0.155	0.153	0.152	0.151	0.150	0.148	0.147	0.146	0.145	0.144
230	0.143	0.141	0.140	0.139	0.138	0.137	0.136	0.135	0.134	0.133
240	0.132	0.131	0.130	0.129	0.128	0.127	0.126	0.125	0.124	0.123
250	0.122	0.121	0.120	0.119	0.118	0.117	0.116	0.115	0.114	0.113

表 F. 0. 2-2　正三角形截面桁架拱的稳定系数

（矢跨比 $H/L\geqslant0.20$）

$\lambda_e\sqrt{\frac{f_y}{235}}$	0	1	2	3	4	5	6	7	8	9
0	1.000	1.000	1.000	1.000	0.999	0.999	0.999	0.998	0.998	0.997
10	0.997	0.996	0.995	0.995	0.994	0.993	0.992	0.991	0.990	0.988
20	0.986	0.982	0.977	0.973	0.968	0.963	0.959	0.954	0.950	0.945
30	0.940	0.935	0.931	0.926	0.921	0.916	0.911	0.906	0.901	0.896
40	0.891	0.886	0.881	0.876	0.870	0.865	0.860	0.854	0.849	0.843
50	0.838	0.832	0.826	0.821	0.815	0.809	0.803	0.797	0.791	0.785
60	0.779	0.772	0.766	0.760	0.753	0.747	0.740	0.734	0.727	0.721
70	0.714	0.707	0.701	0.694	0.687	0.680	0.674	0.667	0.660	0.653
80	0.646	0.640	0.633	0.625	0.617	0.609	0.601	0.593	0.585	0.577
90	0.570	0.562	0.555	0.547	0.540	0.533	0.526	0.519	0.512	0.505
100	0.498	0.492	0.485	0.479	0.472	0.466	0.460	0.454	0.448	0.442
110	0.437	0.431	0.425	0.420	0.415	0.409	0.404	0.399	0.394	0.389
120	0.384	0.379	0.375	0.370	0.365	0.361	0.356	0.352	0.348	0.344
130	0.340	0.335	0.331	0.328	0.324	0.320	0.316	0.312	0.309	0.305
140	0.302	0.298	0.295	0.291	0.288	0.285	0.282	0.279	0.275	0.272
150	0.269	0.266	0.264	0.261	0.258	0.255	0.252	0.250	0.247	0.244

续表 F. 0. 2-2

$\lambda_e\sqrt{\frac{f_y}{235}}$	0	1	2	3	4	5	6	7	8	9
160	0.242	0.239	0.237	0.234	0.232	0.230	0.227	0.225	0.223	0.220
170	0.218	0.216	0.214	0.212	0.210	0.208	0.206	0.204	0.202	0.200
180	0.198	0.196	0.194	0.192	0.190	0.189	0.187	0.185	0.183	0.182
190	0.180	0.178	0.177	0.175	0.174	0.172	0.170	0.169	0.167	0.166
200	0.165	0.163	0.162	0.160	0.159	0.158	0.156	0.155	0.154	0.152
210	0.151	0.150	0.148	0.147	0.146	0.145	0.144	0.142	0.141	0.140
220	0.139	0.138	0.137	0.136	0.135	0.133	0.132	0.131	0.130	0.129
230	0.128	0.127	0.126	0.125	0.124	0.123	0.122	0.122	0.121	0.120
240	0.119	0.118	0.117	0.116	0.115	0.114	0.114	0.113	0.112	0.111
250	0.110	0.109	0.108	0.108	0.107	0.106	0.105	0.104	0.104	0.103

F. 0. 3 倒三角形截面圆弧形两铰钢管桁架拱的稳定系数可根据矢跨比的不同，按表 F. 0. 3-1 与表 F. 0. 3-2 确定。

表 F. 0. 3-1 倒三角形截面桁架拱的稳定系数
（矢跨比 $H/L<0.20$）

$\lambda_e\sqrt{\frac{f_y}{235}}$	0	1	2	3	4	5	6	7	8	9
0	1.000	1.000	1.000	0.999	0.998	0.997	0.996	0.994	0.993	0.991
10	0.988	0.986	0.983	0.980	0.977	0.974	0.970	0.967	0.963	0.958
20	0.954	0.952	0.949	0.946	0.943	0.940	0.937	0.934	0.931	0.927
30	0.924	0.921	0.918	0.915	0.911	0.908	0.905	0.901	0.898	0.894
40	0.891	0.887	0.883	0.879	0.876	0.872	0.868	0.864	0.859	0.855
50	0.851	0.846	0.842	0.837	0.833	0.828	0.823	0.818	0.813	0.808
60	0.803	0.798	0.793	0.787	0.782	0.776	0.771	0.765	0.759	0.753
70	0.747	0.741	0.735	0.729	0.723	0.717	0.711	0.704	0.698	0.691
80	0.685	0.678	0.671	0.665	0.658	0.651	0.645	0.638	0.631	0.625
90	0.618	0.611	0.604	0.598	0.591	0.584	0.578	0.571	0.564	0.558
100	0.551	0.545	0.538	0.532	0.526	0.519	0.513	0.507	0.501	0.495
110	0.489	0.483	0.477	0.471	0.465	0.460	0.454	0.449	0.443	0.438
120	0.432	0.427	0.422	0.417	0.412	0.407	0.402	0.397	0.392	0.388
130	0.383	0.379	0.374	0.370	0.365	0.361	0.357	0.352	0.348	0.344
140	0.340	0.336	0.333	0.329	0.325	0.321	0.318	0.314	0.310	0.307
150	0.304	0.300	0.297	0.294	0.290	0.287	0.284	0.281	0.278	0.275
160	0.272	0.269	0.266	0.263	0.261	0.258	0.255	0.252	0.250	0.247
170	0.245	0.242	0.240	0.237	0.235	0.232	0.230	0.228	0.226	0.223
180	0.221	0.219	0.217	0.215	0.213	0.211	0.209	0.207	0.205	0.203
190	0.201	0.199	0.197	0.195	0.193	0.191	0.190	0.188	0.186	0.185

续表 F. 0. 3-1

$\lambda_e\sqrt{\frac{f_y}{235}}$	0	1	2	3	4	5	6	7	8	9
200	0.183	0.181	0.180	0.178	0.176	0.175	0.173	0.172	0.170	0.169
210	0.167	0.166	0.164	0.163	0.162	0.160	0.159	0.157	0.156	0.155
220	0.153	0.152	0.151	0.150	0.148	0.147	0.146	0.145	0.144	0.142
230	0.141	0.140	0.139	0.138	0.137	0.136	0.135	0.134	0.133	0.132
240	0.131	0.130	0.129	0.128	0.127	0.126	0.125	0.124	0.123	0.122
250	0.121	0.120	0.119	0.118	0.117	0.116	0.115	0.114	0.113	0.112

表 F. 0. 3-2 倒三角形截面桁架拱的稳定系数
（矢跨比 $H/L\geqslant0.20$）

$\lambda_e\sqrt{\frac{f_y}{235}}$	0	1	2	3	4	5	6	7	8	9
0	1.000	1.000	1.000	0.999	0.999	0.998	0.998	0.997	0.996	0.995
10	0.993	0.992	0.991	0.989	0.987	0.985	0.983	0.981	0.979	0.976
20	0.974	0.970	0.966	0.963	0.959	0.955	0.952	0.948	0.944	0.941
30	0.937	0.933	0.929	0.925	0.921	0.917	0.913	0.909	0.905	0.901
40	0.897	0.892	0.888	0.884	0.879	0.875	0.870	0.865	0.861	0.856
50	0.851	0.846	0.841	0.836	0.831	0.826	0.821	0.815	0.810	0.804
60	0.799	0.793	0.788	0.782	0.776	0.770	0.764	0.758	0.752	0.746
70	0.739	0.733	0.727	0.720	0.714	0.707	0.701	0.694	0.687	0.681
80	0.674	0.667	0.660	0.653	0.644	0.636	0.627	0.619	0.611	0.602
90	0.594	0.586	0.578	0.571	0.563	0.555	0.548	0.540	0.533	0.526
100	0.519	0.512	0.505	0.498	0.491	0.485	0.478	0.472	0.466	0.459
110	0.453	0.447	0.441	0.436	0.430	0.424	0.419	0.413	0.408	0.403
120	0.398	0.393	0.388	0.383	0.378	0.373	0.368	0.364	0.359	0.355
130	0.351	0.346	0.342	0.338	0.334	0.330	0.326	0.322	0.318	0.315
140	0.311	0.307	0.304	0.300	0.297	0.293	0.290	0.287	0.283	0.280
150	0.277	0.274	0.271	0.268	0.265	0.262	0.259	0.256	0.254	0.251
160	0.248	0.246	0.243	0.241	0.238	0.236	0.233	0.231	0.228	0.226
170	0.224	0.221	0.219	0.217	0.215	0.213	0.211	0.209	0.206	0.204
180	0.202	0.200	0.199	0.197	0.195	0.193	0.191	0.189	0.188	0.186
190	0.184	0.182	0.181	0.179	0.177	0.176	0.174	0.173	0.171	0.170
200	0.168	0.167	0.165	0.164	0.162	0.161	0.159	0.158	0.157	0.155
210	0.154	0.153	0.151	0.150	0.149	0.148	0.146	0.145	0.144	0.143
220	0.142	0.140	0.139	0.138	0.137	0.136	0.135	0.134	0.133	0.132
230	0.131	0.130	0.129	0.128	0.127	0.126	0.125	0.124	0.123	0.122
240	0.121	0.120	0.119	0.118	0.117	0.116	0.116	0.115	0.114	0.113
250	0.112	0.111	0.110	0.109	0.108	0.107	0.106	0.105	0.104	0.103

附录G 钢管混凝土组合弹性模量

表 G-1 圆钢管混凝土的组合弹性模量 E_{sc}（N/mm²）

钢材牌号		Q235					
混凝土强度等级		C30	C40	C50	C60	C70	C80
截面含钢率 α_s	0.04	28938	35738	41422	47614	53704	59489
	0.05	31072	37873	43557	49748	55838	61623
	0.06	33206	40007	45691	51882	57972	63758
	0.07	35340	42141	47825	54016	60106	65892
	0.08	37475	44275	49959	56150	62240	68026
	0.09	39609	46409	52093	58285	64375	70160
	0.10	41743	48543	54227	60419	66509	72294
	0.11	43877	50677	56361	62553	68643	74428
	0.12	46011	52812	58496	64687	70777	76562
	0.13	48145	54946	60630	66821	72911	78697
	0.14	50279	57080	62764	68955	75045	80831
	0.15	52414	59214	64898	71089	77179	82965
	0.16	54548	61348	67032	73224	79314	85099
	0.17	56682	63482	69166	75358	81448	87233
	0.18	58816	65617	71301	77492	83582	89367
	0.19	60950	67751	73435	79626	85716	91502
	0.20	63084	69885	75569	81760	87850	93636
钢材牌号		Q345					
混凝土强度等级		C30	C40	C50	C60	C70	C80
截面含钢率 α_s	0.04	25398	30642	35026	39801	44497	48959
	0.05	27814	33059	37442	42217	46913	51375
	0.06	30230	35475	39858	44633	49330	53791
	0.07	32647	37891	42274	47049	51746	56207
	0.08	35063	40307	44691	49465	54162	58624
	0.09	37479	42724	47107	51882	56578	61040
	0.10	39895	45140	49523	54298	58994	63456
	0.11	42312	47556	51939	56714	61411	65872
	0.12	44728	49972	54356	59130	63827	68288
	0.13	47144	52388	56772	61547	66243	70705
	0.14	49560	54805	59188	63963	68659	73121
	0.15	51976	57221	61604	66379	71075	75537
	0.16	54393	59637	64020	68795	73492	77953
	0.17	56809	62053	66437	71211	75908	80370
	0.18	59225	64469	68853	73628	78324	82786
	0.19	61641	66886	71269	76044	80740	85202
	0.20	64057	69302	73685	78460	83157	87618

续表 G-1

钢材牌号		Q390					
混凝土强度等级		C30	C40	C50	C60	C70	C80
截面含钢率 α_s	0.04	24709	29570	33633	38058	42411	46546
	0.05	27241	32101	36164	40590	44943	49078
	0.06	29772	34633	38696	43121	47474	51610
	0.07	32304	37165	41227	45653	50006	54141
	0.08	34835	39696	43759	48184	52537	56673
	0.09	37367	42228	46291	50716	55069	59204
	0.10	39899	44759	48822	53248	57601	61736
	0.11	42430	47291	51354	55779	60132	64268
	0.12	44962	49823	53885	58311	62664	66799
	0.13	47493	52354	56417	60842	65195	69331
	0.14	50025	54886	58949	63374	67727	71862
	0.15	52557	57417	61480	65906	70259	74394
	0.16	55088	59949	64012	68437	72790	76926
	0.17	57620	62481	66543	70969	75322	79457
	0.18	60151	65012	69075	73500	77853	81989
	0.19	62683	67544	71607	76032	80385	84520
	0.20	65215	70075	74138	78564	82917	87052

钢材牌号		Q420					
混凝土强度等级		C30	C40	C50	C60	C70	C80
截面含钢率 α_s	0.04	24386	29037	32924	37159	41324	45280
	0.05	26995	31646	35533	39767	43932	47889
	0.06	29604	34254	38142	42376	46541	50497
	0.07	32212	36863	40750	44984	49149	53106
	0.08	34821	39471	43359	47593	51758	55714
	0.09	37429	42080	45967	50201	54366	58323
	0.10	40038	44688	48576	52810	56975	60931
	0.11	42646	47297	51184	55418	59583	63540
	0.12	45255	49905	53793	58027	62192	66148
	0.13	47863	52514	56401	60636	64800	68757
	0.14	50472	55123	59010	63244	67409	71366
	0.15	53080	57731	61618	65853	70017	73974
	0.16	55689	60340	64227	68461	72626	76583
	0.17	58297	62948	66835	71070	75235	79191
	0.18	60906	65557	69444	73678	77843	81800
	0.19	63514	68165	72052	76287	80452	84408
	0.20	66123	70774	74661	78895	83060	87017

注：表内中间值可采用插值法求得。

表 G-2 矩形钢管混凝土的组合弹性模量 E_{sc}（N/mm^2）

钢材牌号		Q235					
混凝土强度等级		C30	C40	C50	C60	C70	C80
截面含钢率 α_s	0.04	28231	35270	41153	47562	53866	59854
	0.05	30009	37049	42932	49341	55644	61633
	0.06	31788	38827	44710	51119	57423	63411
	0.07	33566	40605	46489	52898	59201	65190
	0.08	35345	42384	48267	54676	60980	66968
	0.09	37123	44162	50046	56454	62758	68747
	0.10	38902	45941	51824	58233	64537	70525
	0.11	40680	47719	53603	60011	66315	72303
	0.12	42459	49498	55381	61790	68093	74082
	0.13	44237	51276	57160	63568	69872	75860
	0.14	46016	53055	58938	65347	71650	77639
	0.15	47794	54833	60717	67125	73429	79417
	0.16	49573	56612	62495	68904	75207	81196
	0.17	51351	58390	64273	70682	76986	82974
	0.18	53129	60169	66052	72461	78764	84753
	0.19	54908	61947	67830	74239	80543	86531
	0.20	56686	63725	69609	76018	82321	88310
钢材牌号		Q345					
混凝土强度等级		C30	C40	C50	C60	C70	C80
截面含钢率 α_s	0.04	24339	29768	34305	39247	44108	48727
	0.05	26353	31781	36318	41261	46122	50740
	0.06	28366	33795	38332	43274	48135	52754
	0.07	30380	35808	40345	45288	50149	54767
	0.08	32393	37822	42359	47301	52162	56781
	0.09	34407	39835	44372	49315	54176	58794
	0.10	36420	41849	46386	51328	56190	60808
	0.11	38434	43862	48399	53342	58203	62821
	0.12	40447	45876	50413	55355	60217	64835
	0.13	42461	47889	52427	57369	62230	66848
	0.14	44474	49903	54440	59382	64244	68862
	0.15	46488	51916	56454	61396	66257	70875
	0.16	48501	53930	58467	63409	68271	72889
	0.17	50515	55943	60481	65423	70284	74902
	0.18	52528	57957	62494	67436	72298	76916
	0.19	54542	59970	64508	69450	74311	78929
	0.20	56555	61984	66521	71463	76325	80943

续表 G-2

钢材牌号		Q390					
混凝土强度等级		C30	C40	C50	C60	C70	C80
截面含钢率 α_s	0.04	23533	28564	32770	37350	41856	46137
	0.05	25643	30674	34879	39460	43966	48246
	0.06	27752	32784	36989	41570	46075	50356
	0.07	29862	34893	39099	43679	48185	52466
	0.08	31972	37003	41208	45789	50295	54575
	0.09	34081	39113	43318	47899	52404	56685
	0.10	36191	41222	45428	50008	54514	58795
	0.11	38301	43332	47537	52118	56624	60904
	0.12	40410	45442	49647	54228	58733	63014
	0.13	42520	47551	51757	56337	60843	65124
	0.14	44630	49661	53866	58447	62953	67233
	0.15	46739	51771	55976	60557	65062	69343
	0.16	48849	53880	58086	62666	67172	71453
	0.17	50959	55990	60195	64776	69282	73562
	0.18	53068	58100	62305	66886	71391	75672
	0.19	55178	60209	64415	68995	73501	77782
	0.20	57288	62319	66524	71105	75611	79891
钢材牌号		Q420					
混凝土强度等级		C30	C40	C50	C60	C70	C80
截面含钢率 α_s	0.04	23137	27951	31975	36357	40668	44764
	0.05	25311	30125	34148	38531	42842	46938
	0.06	27485	32299	36322	40705	45016	49111
	0.07	29658	34472	38496	42879	47190	51285
	0.08	31832	36646	40670	45053	49364	53459
	0.09	34006	38820	42843	47226	51537	55633
	0.10	36180	40994	45017	49400	53711	57807
	0.11	38353	43167	47191	51574	55885	59980
	0.12	40527	45341	49365	53748	58059	62154
	0.13	42701	47515	51539	55921	60232	64328
	0.14	44875	49689	53712	58095	62406	66502
	0.15	47049	51862	55886	60269	64580	68675
	0.16	49222	54036	58060	62443	66754	70849
	0.17	51396	56210	60234	64617	68928	73023
	0.18	53570	58384	62407	66790	71101	75197
	0.19	55744	60558	64581	68964	73275	77371
	0.20	57917	62731	66755	71138	75449	79544

注：表内中间值可采用插值法求得。

附录 H　钢管混凝土轴压构件稳定系数

表 H-1　圆钢管混凝土稳定系数 φ'

钢材牌号	混凝土强度等级	α_s	名义长细比 λ_n									
			20	30	40	50	60	70	80	90	100	110
Q235	C30	0.04	0.972	0.923	0.875	0.828	0.783	0.739	0.696	0.654	0.614	0.575
		0.08	0.975	0.930	0.886	0.843	0.800	0.758	0.716	0.675	0.635	0.595
		0.12	0.977	0.935	0.893	0.852	0.810	0.769	0.729	0.688	0.648	0.608
		0.16	0.978	0.938	0.898	0.858	0.818	0.778	0.738	0.697	0.657	0.616
		0.20	0.980	0.941	0.902	0.863	0.824	0.784	0.745	0.704	0.664	0.623
	C40	0.04	0.957	0.901	0.847	0.795	0.746	0.699	0.655	0.613	0.573	0.536
		0.08	0.960	0.908	0.858	0.809	0.762	0.717	0.674	0.632	0.593	0.555
		0.12	0.962	0.913	0.864	0.818	0.772	0.728	0.685	0.644	0.604	0.566
		0.16	0.964	0.916	0.869	0.824	0.779	0.736	0.694	0.653	0.613	0.574
		0.20	0.966	0.919	0.874	0.829	0.785	0.742	0.700	0.660	0.620	0.581
	C50	0.04	0.946	0.886	0.828	0.773	0.722	0.674	0.628	0.586	0.547	0.510
		0.08	0.950	0.893	0.839	0.787	0.738	0.691	0.646	0.605	0.565	0.528
		0.12	0.952	0.898	0.845	0.795	0.747	0.701	0.657	0.616	0.577	0.539
		0.16	0.954	0.901	0.850	0.801	0.754	0.709	0.665	0.624	0.585	0.547
		0.20	0.956	0.904	0.854	0.806	0.760	0.715	0.672	0.631	0.591	0.553
	C60	0.04	0.936	0.872	0.811	0.754	0.700	0.651	0.604	0.562	0.523	0.488
		0.08	0.940	0.879	0.821	0.767	0.715	0.667	0.622	0.580	0.541	0.505
		0.12	0.942	0.884	0.828	0.775	0.725	0.677	0.633	0.591	0.552	0.515
		0.16	0.944	0.887	0.833	0.781	0.731	0.684	0.640	0.599	0.559	0.523
		0.20	0.946	0.890	0.837	0.785	0.737	0.690	0.646	0.605	0.565	0.529
	C70	0.04	0.928	0.860	0.797	0.738	0.683	0.632	0.585	0.542	0.504	0.469
		0.08	0.932	0.868	0.807	0.750	0.697	0.648	0.602	0.560	0.521	0.486
		0.12	0.934	0.872	0.814	0.758	0.706	0.657	0.612	0.570	0.531	0.496
		0.16	0.936	0.876	0.818	0.764	0.713	0.665	0.619	0.578	0.539	0.503
		0.20	0.939	0.879	0.822	0.769	0.718	0.670	0.625	0.583	0.545	0.509
	C80	0.04	0.921	0.851	0.785	0.724	0.668	0.616	0.569	0.526	0.488	0.454
		0.08	0.925	0.858	0.795	0.737	0.682	0.632	0.585	0.543	0.505	0.470
		0.12	0.927	0.863	0.802	0.744	0.691	0.641	0.595	0.553	0.515	0.480
		0.16	0.929	0.866	0.806	0.750	0.697	0.648	0.603	0.560	0.522	0.487
		0.20	0.932	0.869	0.810	0.755	0.702	0.654	0.608	0.566	0.528	0.492

续表 H-1

钢材牌号	混凝土强度等级	α_s	名义长细比 λ_n									
			20	30	40	50	60	70	80	90	100	110
Q345	C30	0.04	0.977	0.937	0.895	0.851	0.806	0.760	0.713	0.664	0.587	0.509
		0.08	0.981	0.947	0.910	0.870	0.828	0.784	0.737	0.687	0.608	0.527
		0.12	0.984	0.953	0.919	0.882	0.842	0.798	0.751	0.701	0.620	0.538
		0.16	0.986	0.958	0.926	0.891	0.851	0.808	0.762	0.711	0.629	0.545
		0.20	0.988	0.962	0.932	0.897	0.859	0.816	0.770	0.719	0.636	0.551
	C40	0.04	0.961	0.911	0.860	0.811	0.762	0.713	0.666	0.618	0.547	0.474
		0.08	0.966	0.921	0.875	0.829	0.782	0.736	0.688	0.640	0.566	0.491
		0.12	0.969	0.927	0.884	0.840	0.795	0.749	0.702	0.653	0.578	0.501
		0.16	0.972	0.932	0.891	0.848	0.804	0.759	0.711	0.663	0.586	0.508
		0.20	0.974	0.936	0.896	0.855	0.811	0.766	0.719	0.670	0.593	0.514
	C50	0.04	0.950	0.893	0.837	0.784	0.733	0.683	0.635	0.589	0.521	0.451
		0.08	0.954	0.903	0.852	0.802	0.753	0.704	0.657	0.610	0.539	0.467
		0.12	0.958	0.909	0.861	0.812	0.765	0.717	0.669	0.622	0.550	0.477
		0.16	0.961	0.914	0.867	0.820	0.773	0.726	0.679	0.631	0.558	0.484
		0.20	0.963	0.918	0.873	0.827	0.780	0.733	0.686	0.638	0.564	0.489
	C60	0.04	0.938	0.876	0.817	0.760	0.707	0.656	0.608	0.563	0.498	0.431
		0.08	0.943	0.886	0.831	0.777	0.726	0.676	0.629	0.583	0.515	0.447
		0.12	0.947	0.892	0.839	0.788	0.737	0.688	0.641	0.595	0.526	0.456
		0.16	0.950	0.897	0.846	0.795	0.746	0.697	0.650	0.603	0.533	0.462
		0.20	0.952	0.901	0.851	0.801	0.752	0.704	0.657	0.610	0.539	0.468
	C70	0.04	0.928	0.862	0.799	0.740	0.685	0.634	0.586	0.542	0.479	0.415
		0.08	0.934	0.872	0.813	0.757	0.704	0.653	0.606	0.561	0.496	0.430
		0.12	0.937	0.878	0.821	0.767	0.715	0.665	0.617	0.572	0.506	0.438
		0.16	0.940	0.883	0.828	0.774	0.723	0.674	0.626	0.581	0.513	0.445
		0.20	0.943	0.887	0.833	0.780	0.729	0.680	0.633	0.587	0.519	0.450
	C80	0.04	0.920	0.850	0.785	0.724	0.668	0.616	0.568	0.524	0.463	0.402
		0.08	0.926	0.860	0.799	0.740	0.686	0.634	0.587	0.543	0.480	0.416
		0.12	0.929	0.866	0.807	0.750	0.696	0.646	0.598	0.554	0.490	0.424
		0.16	0.932	0.871	0.813	0.757	0.704	0.654	0.607	0.562	0.497	0.430
		0.20	0.935	0.875	0.818	0.763	0.711	0.661	0.613	0.568	0.502	0.435

续表 H-1

钢材牌号	混凝土强度等级	α_s	名义长细比 λ_n									
			20	30	40	50	60	70	80	90	100	110
Q390	C30	0.04	0.979	0.941	0.900	0.857	0.812	0.763	0.712	0.650	0.557	0.483
		0.08	0.983	0.952	0.917	0.878	0.835	0.788	0.737	0.673	0.577	0.500
		0.12	0.986	0.959	0.927	0.891	0.849	0.803	0.752	0.686	0.589	0.510
		0.16	0.989	0.964	0.935	0.900	0.860	0.814	0.763	0.696	0.597	0.518
		0.20	0.991	0.969	0.941	0.907	0.868	0.822	0.771	0.704	0.604	0.523
	C40	0.04	0.963	0.913	0.864	0.815	0.765	0.715	0.664	0.605	0.519	0.450
		0.08	0.968	0.925	0.880	0.834	0.787	0.738	0.687	0.627	0.537	0.466
		0.12	0.971	0.932	0.890	0.846	0.800	0.752	0.701	0.639	0.548	0.475
		0.16	0.974	0.937	0.897	0.855	0.810	0.762	0.711	0.649	0.556	0.482
		0.20	0.977	0.941	0.903	0.862	0.817	0.770	0.719	0.656	0.562	0.487
	C50	0.04	0.950	0.895	0.840	0.786	0.734	0.683	0.633	0.576	0.494	0.428
		0.08	0.956	0.906	0.855	0.805	0.755	0.705	0.655	0.597	0.512	0.444
		0.12	0.960	0.913	0.865	0.817	0.768	0.718	0.668	0.609	0.522	0.453
		0.16	0.963	0.918	0.872	0.825	0.777	0.728	0.678	0.618	0.530	0.459
		0.20	0.965	0.922	0.878	0.832	0.785	0.736	0.685	0.625	0.536	0.464
	C60	0.04	0.939	0.877	0.818	0.761	0.707	0.655	0.606	0.551	0.472	0.409
		0.08	0.944	0.888	0.833	0.779	0.727	0.676	0.627	0.570	0.489	0.424
		0.12	0.948	0.895	0.842	0.790	0.739	0.689	0.639	0.582	0.499	0.433
		0.16	0.951	0.900	0.849	0.798	0.748	0.698	0.648	0.590	0.506	0.439
		0.20	0.954	0.905	0.855	0.805	0.755	0.705	0.656	0.597	0.512	0.444
	C70	0.04	0.928	0.862	0.799	0.740	0.684	0.632	0.583	0.530	0.454	0.394
		0.08	0.934	0.873	0.814	0.758	0.704	0.652	0.603	0.549	0.470	0.408
		0.12	0.938	0.880	0.823	0.768	0.716	0.665	0.615	0.560	0.480	0.416
		0.16	0.942	0.885	0.830	0.776	0.724	0.673	0.624	0.568	0.487	0.422
		0.20	0.945	0.890	0.836	0.783	0.731	0.680	0.631	0.574	0.492	0.427
	C80	0.04	0.920	0.850	0.784	0.723	0.666	0.613	0.565	0.513	0.440	0.381
		0.08	0.926	0.860	0.799	0.740	0.685	0.633	0.584	0.531	0.455	0.395
		0.12	0.930	0.867	0.808	0.751	0.696	0.645	0.596	0.542	0.465	0.403
		0.16	0.933	0.872	0.814	0.758	0.705	0.653	0.604	0.550	0.471	0.409
		0.20	0.936	0.877	0.820	0.764	0.711	0.660	0.611	0.556	0.477	0.413

续表 H-1

钢材牌号	混凝土强度等级	α_s	名义长细比 λ_n									
			20	30	40	50	60	70	80	90	100	110
Q420	C30	0.04	0.980	0.943	0.904	0.860	0.814	0.764	0.710	0.629	0.539	0.467
		0.08	0.985	0.955	0.921	0.882	0.838	0.789	0.735	0.651	0.558	0.484
		0.12	0.988	0.963	0.932	0.895	0.853	0.804	0.750	0.664	0.569	0.494
		0.16	0.990	0.968	0.940	0.905	0.863	0.815	0.761	0.674	0.578	0.501
		0.20	0.992	0.973	0.946	0.912	0.872	0.824	0.769	0.681	0.584	0.506
	C40	0.04	0.963	0.915	0.866	0.816	0.765	0.714	0.662	0.586	0.502	0.435
		0.08	0.969	0.927	0.883	0.837	0.788	0.738	0.685	0.606	0.520	0.451
		0.12	0.973	0.934	0.893	0.849	0.802	0.752	0.699	0.619	0.530	0.460
		0.16	0.976	0.940	0.901	0.858	0.812	0.762	0.709	0.628	0.538	0.466
		0.20	0.978	0.945	0.907	0.865	0.820	0.770	0.717	0.635	0.544	0.472
	C50	0.04	0.951	0.895	0.841	0.787	0.734	0.682	0.631	0.558	0.478	0.415
		0.08	0.957	0.907	0.857	0.807	0.756	0.704	0.653	0.577	0.495	0.429
		0.12	0.961	0.915	0.867	0.819	0.769	0.718	0.666	0.589	0.505	0.438
		0.16	0.964	0.920	0.875	0.827	0.778	0.728	0.675	0.598	0.513	0.444
		0.20	0.967	0.925	0.881	0.834	0.786	0.736	0.683	0.605	0.518	0.449
	C60	0.04	0.939	0.877	0.818	0.761	0.706	0.653	0.603	0.533	0.457	0.396
		0.08	0.945	0.889	0.834	0.780	0.727	0.675	0.624	0.552	0.473	0.410
		0.12	0.949	0.896	0.844	0.791	0.739	0.688	0.637	0.563	0.483	0.419
		0.16	0.952	0.902	0.851	0.800	0.749	0.697	0.646	0.571	0.490	0.425
		0.20	0.955	0.906	0.857	0.806	0.756	0.705	0.653	0.578	0.495	0.429
	C70	0.04	0.928	0.862	0.799	0.739	0.683	0.630	0.580	0.513	0.440	0.381
		0.08	0.934	0.873	0.814	0.757	0.703	0.651	0.600	0.531	0.455	0.395
		0.12	0.939	0.880	0.824	0.769	0.715	0.663	0.613	0.542	0.464	0.403
		0.16	0.942	0.886	0.831	0.777	0.724	0.672	0.621	0.550	0.471	0.408
		0.20	0.945	0.891	0.837	0.783	0.731	0.679	0.628	0.556	0.476	0.413
	C80	0.04	0.919	0.849	0.783	0.721	0.664	0.611	0.561	0.496	0.425	0.369
		0.08	0.925	0.860	0.798	0.739	0.683	0.631	0.581	0.514	0.441	0.382
		0.12	0.930	0.867	0.808	0.750	0.695	0.643	0.593	0.524	0.450	0.390
		0.16	0.933	0.873	0.814	0.758	0.704	0.652	0.601	0.532	0.456	0.395
		0.20	0.937	0.877	0.820	0.765	0.711	0.659	0.608	0.538	0.461	0.400

注：表内中间值可采用插值法求得。

表 H-2　矩形钢管混凝土稳定系数 φ'

钢材牌号	混凝土强度等级	α_s	名义长细比 λ_n									
			20	30	40	50	60	70	80	90	100	110
Q235	C30	0.04	0.965	0.917	0.870	0.824	0.780	0.737	0.696	0.655	0.617	0.579
		0.08	0.967	0.924	0.881	0.838	0.797	0.756	0.715	0.676	0.637	0.599
		0.12	0.969	0.928	0.887	0.847	0.806	0.767	0.727	0.688	0.650	0.611
		0.16	0.970	0.931	0.892	0.853	0.814	0.775	0.736	0.697	0.659	0.620
		0.20	0.972	0.934	0.896	0.858	0.819	0.781	0.743	0.704	0.666	0.627
	C40	0.04	0.950	0.896	0.843	0.793	0.745	0.699	0.656	0.615	0.576	0.540
		0.08	0.953	0.902	0.853	0.806	0.760	0.716	0.674	0.634	0.595	0.558
		0.12	0.955	0.907	0.860	0.814	0.770	0.727	0.685	0.645	0.607	0.570
		0.16	0.957	0.910	0.864	0.820	0.776	0.734	0.694	0.654	0.615	0.578
		0.20	0.958	0.912	0.868	0.824	0.782	0.740	0.700	0.660	0.622	0.584
	C50	0.04	0.940	0.881	0.825	0.772	0.722	0.674	0.630	0.588	0.550	0.514
		0.08	0.943	0.888	0.835	0.785	0.737	0.691	0.648	0.607	0.568	0.532
		0.12	0.945	0.892	0.841	0.792	0.746	0.701	0.658	0.618	0.579	0.543
		0.16	0.947	0.895	0.846	0.798	0.752	0.708	0.666	0.626	0.587	0.551
		0.20	0.948	0.898	0.849	0.803	0.757	0.714	0.672	0.632	0.594	0.557
	C60	0.04	0.931	0.868	0.809	0.753	0.701	0.652	0.607	0.565	0.527	0.492
		0.08	0.934	0.875	0.819	0.766	0.715	0.668	0.624	0.582	0.544	0.509
		0.12	0.936	0.879	0.825	0.773	0.724	0.678	0.634	0.593	0.555	0.519
		0.16	0.938	0.882	0.829	0.778	0.730	0.685	0.641	0.601	0.562	0.526
		0.20	0.939	0.885	0.833	0.783	0.735	0.690	0.647	0.607	0.568	0.532
	C70	0.04	0.923	0.857	0.795	0.738	0.684	0.634	0.588	0.546	0.507	0.473
		0.08	0.926	0.864	0.805	0.750	0.698	0.649	0.604	0.563	0.524	0.490
		0.12	0.928	0.868	0.811	0.757	0.706	0.659	0.614	0.573	0.535	0.500
		0.16	0.930	0.871	0.815	0.762	0.712	0.665	0.621	0.580	0.542	0.507
		0.20	0.932	0.874	0.819	0.767	0.717	0.671	0.627	0.586	0.548	0.512
	C80	0.04	0.916	0.848	0.784	0.725	0.670	0.619	0.572	0.530	0.492	0.458
		0.08	0.920	0.855	0.794	0.737	0.684	0.634	0.588	0.546	0.508	0.474
		0.12	0.922	0.859	0.800	0.744	0.692	0.643	0.598	0.556	0.518	0.484
		0.16	0.924	0.862	0.804	0.749	0.698	0.650	0.605	0.563	0.525	0.491
		0.20	0.925	0.865	0.808	0.753	0.703	0.655	0.610	0.569	0.531	0.496

续表 H-2

钢材牌号	混凝土强度等级	α_s	名义长细比 λ_n									
			20	30	40	50	60	70	80	90	100	110
Q345	C30	0.04	0.971	0.931	0.890	0.848	0.805	0.761	0.715	0.669	0.610	0.529
		0.08	0.975	0.941	0.905	0.867	0.826	0.784	0.739	0.692	0.632	0.547
		0.12	0.978	0.947	0.914	0.878	0.839	0.798	0.753	0.706	0.644	0.559
		0.16	0.980	0.952	0.921	0.886	0.849	0.808	0.764	0.716	0.654	0.567
		0.20	0.982	0.956	0.926	0.893	0.856	0.816	0.772	0.724	0.661	0.573
	C40	0.04	0.955	0.906	0.857	0.809	0.762	0.715	0.669	0.623	0.568	0.493
		0.08	0.960	0.916	0.871	0.827	0.782	0.736	0.691	0.645	0.588	0.510
		0.12	0.963	0.922	0.880	0.837	0.794	0.749	0.704	0.658	0.600	0.520
		0.16	0.965	0.926	0.886	0.845	0.803	0.759	0.714	0.668	0.609	0.528
		0.20	0.967	0.930	0.891	0.851	0.810	0.766	0.721	0.675	0.616	0.534
	C50	0.04	0.944	0.889	0.835	0.783	0.733	0.685	0.639	0.594	0.541	0.469
		0.08	0.948	0.898	0.849	0.800	0.753	0.706	0.660	0.615	0.560	0.486
		0.12	0.952	0.904	0.857	0.810	0.764	0.718	0.673	0.627	0.572	0.496
		0.16	0.954	0.909	0.863	0.818	0.773	0.727	0.682	0.636	0.580	0.503
		0.20	0.956	0.912	0.868	0.824	0.779	0.734	0.689	0.643	0.587	0.508
	C60	0.04	0.933	0.873	0.815	0.760	0.708	0.659	0.612	0.568	0.517	0.448
		0.08	0.938	0.882	0.828	0.777	0.727	0.678	0.632	0.588	0.536	0.464
		0.12	0.941	0.888	0.836	0.786	0.738	0.690	0.644	0.600	0.546	0.474
		0.16	0.943	0.892	0.842	0.794	0.746	0.699	0.653	0.608	0.554	0.481
		0.20	0.946	0.896	0.847	0.799	0.752	0.706	0.660	0.615	0.561	0.486
	C70	0.04	0.924	0.859	0.798	0.741	0.687	0.637	0.590	0.547	0.498	0.431
		0.08	0.929	0.869	0.811	0.757	0.705	0.656	0.610	0.566	0.515	0.447
		0.12	0.932	0.874	0.819	0.767	0.716	0.667	0.621	0.577	0.526	0.456
		0.16	0.934	0.879	0.825	0.774	0.724	0.676	0.630	0.586	0.533	0.462
		0.20	0.937	0.883	0.830	0.779	0.730	0.682	0.636	0.592	0.539	0.467
	C80	0.04	0.916	0.848	0.785	0.726	0.670	0.619	0.572	0.529	0.482	0.417
		0.08	0.921	0.857	0.797	0.741	0.688	0.638	0.591	0.548	0.499	0.432
		0.12	0.924	0.863	0.805	0.750	0.698	0.649	0.602	0.559	0.509	0.441
		0.16	0.927	0.868	0.811	0.757	0.706	0.657	0.611	0.567	0.516	0.447
		0.20	0.929	0.871	0.816	0.762	0.712	0.663	0.617	0.573	0.522	0.452

续表 H-2

钢材牌号	混凝土强度等级	α_s	名义长细比 λ_n									
			20	30	40	50	60	70	80	90	100	110
Q390	C30	0.04	0.973	0.936	0.897	0.855	0.811	0.765	0.717	0.666	0.579	0.502
		0.08	0.978	0.947	0.913	0.875	0.834	0.789	0.741	0.690	0.600	0.520
		0.12	0.981	0.954	0.923	0.887	0.848	0.804	0.756	0.704	0.612	0.530
		0.16	0.984	0.959	0.930	0.896	0.858	0.814	0.767	0.714	0.621	0.538
		0.20	0.986	0.963	0.936	0.903	0.866	0.823	0.775	0.722	0.628	0.544
	C40	0.04	0.957	0.909	0.861	0.813	0.765	0.717	0.669	0.621	0.539	0.468
		0.08	0.962	0.920	0.877	0.832	0.787	0.740	0.692	0.643	0.559	0.484
		0.12	0.965	0.927	0.886	0.844	0.800	0.754	0.706	0.656	0.570	0.494
		0.16	0.968	0.932	0.893	0.852	0.809	0.763	0.715	0.665	0.578	0.501
		0.20	0.971	0.936	0.899	0.859	0.816	0.771	0.723	0.673	0.585	0.507
	C50	0.04	0.945	0.891	0.838	0.786	0.736	0.686	0.638	0.591	0.514	0.445
		0.08	0.950	0.901	0.853	0.804	0.756	0.708	0.660	0.612	0.532	0.461
		0.12	0.954	0.908	0.862	0.815	0.768	0.721	0.673	0.625	0.543	0.471
		0.16	0.957	0.913	0.869	0.823	0.777	0.730	0.682	0.634	0.551	0.477
		0.20	0.959	0.917	0.874	0.830	0.784	0.738	0.690	0.641	0.557	0.483
	C60	0.04	0.934	0.874	0.817	0.762	0.709	0.659	0.611	0.565	0.491	0.426
		0.08	0.939	0.884	0.831	0.779	0.728	0.679	0.631	0.585	0.508	0.441
		0.12	0.942	0.891	0.840	0.790	0.740	0.692	0.644	0.597	0.519	0.450
		0.16	0.945	0.896	0.846	0.797	0.749	0.701	0.653	0.606	0.526	0.456
		0.20	0.948	0.900	0.852	0.804	0.756	0.708	0.660	0.612	0.532	0.461
	C70	0.04	0.924	0.860	0.799	0.741	0.687	0.636	0.588	0.544	0.472	0.410
		0.08	0.929	0.870	0.813	0.758	0.706	0.656	0.608	0.563	0.489	0.424
		0.12	0.933	0.876	0.822	0.769	0.717	0.668	0.620	0.574	0.499	0.433
		0.16	0.936	0.881	0.828	0.776	0.726	0.677	0.629	0.583	0.506	0.439
		0.20	0.938	0.885	0.833	0.782	0.732	0.683	0.636	0.589	0.512	0.444
	C80	0.04	0.915	0.848	0.784	0.725	0.669	0.617	0.570	0.526	0.457	0.396
		0.08	0.921	0.858	0.798	0.741	0.687	0.637	0.589	0.545	0.473	0.410
		0.12	0.925	0.864	0.806	0.751	0.698	0.648	0.601	0.556	0.483	0.419
		0.16	0.927	0.869	0.813	0.758	0.707	0.657	0.609	0.564	0.490	0.425
		0.20	0.930	0.873	0.818	0.764	0.713	0.663	0.616	0.570	0.496	0.430

续表 H-2

钢材牌号	混凝土强度等级	α_s	名义长细比 λ_n									
			20	30	40	50	60	70	80	90	100	110
Q420	C30	0.04	0.975	0.939	0.900	0.858	0.814	0.766	0.716	0.654	0.561	0.486
		0.08	0.980	0.951	0.917	0.880	0.837	0.791	0.741	0.677	0.580	0.503
		0.12	0.983	0.958	0.928	0.892	0.852	0.806	0.755	0.691	0.592	0.513
		0.16	0.986	0.964	0.935	0.902	0.862	0.817	0.766	0.701	0.601	0.521
		0.20	0.988	0.968	0.941	0.909	0.870	0.826	0.775	0.709	0.607	0.527
	C40	0.04	0.958	0.911	0.863	0.815	0.767	0.717	0.667	0.609	0.522	0.453
		0.08	0.963	0.922	0.880	0.835	0.789	0.741	0.691	0.630	0.541	0.469
		0.12	0.967	0.930	0.890	0.847	0.802	0.755	0.704	0.643	0.552	0.478
		0.16	0.970	0.935	0.897	0.856	0.812	0.765	0.714	0.653	0.560	0.485
		0.20	0.972	0.939	0.903	0.863	0.820	0.773	0.722	0.660	0.566	0.490
	C50	0.04	0.946	0.892	0.839	0.787	0.736	0.686	0.636	0.580	0.497	0.431
		0.08	0.951	0.903	0.855	0.806	0.757	0.708	0.658	0.601	0.515	0.446
		0.12	0.955	0.910	0.864	0.818	0.770	0.721	0.672	0.613	0.525	0.455
		0.16	0.958	0.915	0.872	0.826	0.779	0.731	0.681	0.622	0.533	0.462
		0.20	0.961	0.920	0.877	0.833	0.787	0.738	0.689	0.629	0.539	0.467
	C60	0.04	0.925	0.861	0.800	0.742	0.686	0.634	0.584	0.516	0.443	0.384
		0.08	0.940	0.885	0.832	0.780	0.729	0.679	0.630	0.574	0.492	0.427
		0.12	0.943	0.892	0.841	0.791	0.741	0.691	0.642	0.586	0.502	0.435
		0.16	0.946	0.897	0.848	0.799	0.750	0.701	0.651	0.594	0.509	0.442
		0.20	0.949	0.902	0.854	0.806	0.757	0.708	0.659	0.601	0.515	0.446
	C70	0.04	0.924	0.860	0.799	0.741	0.686	0.634	0.586	0.533	0.457	0.396
		0.08	0.929	0.870	0.813	0.758	0.706	0.655	0.606	0.552	0.473	0.410
		0.12	0.933	0.877	0.822	0.769	0.717	0.667	0.618	0.563	0.483	0.419
		0.16	0.936	0.882	0.829	0.777	0.726	0.676	0.627	0.572	0.490	0.425
		0.20	0.939	0.886	0.834	0.783	0.733	0.683	0.634	0.578	0.496	0.430
	C80	0.04	0.915	0.847	0.783	0.724	0.667	0.615	0.567	0.516	0.442	0.384
		0.08	0.921	0.858	0.798	0.741	0.686	0.635	0.587	0.534	0.458	0.397
		0.12	0.925	0.865	0.807	0.751	0.698	0.647	0.599	0.545	0.467	0.405
		0.16	0.928	0.870	0.813	0.759	0.706	0.656	0.607	0.553	0.474	0.411
		0.20	0.930	0.874	0.818	0.765	0.713	0.663	0.614	0.559	0.480	0.416

注：表内中间值可采用插值法求得。

附录J 矢跨比对钢管混凝土拱稳定承载力的影响系数

表 J-1 矢跨比对圆钢管混凝土拱的稳定承载力影响系数 η'

名义长细比 λ_n	矢跨比					
	0.10	0.15	0.20	0.25	0.30	0.35
20	0.949	0.970	0.981	0.989	0.993	0.994
30	0.962	0.982	0.988	0.993	0.995	0.996
40	0.963	0.981	0.988	0.991	0.993	0.994
50	0.961	0.981	0.988	0.991	0.992	0.993
60	0.969	0.984	0.989	0.990	0.989	0.986
70	0.975	0.985	0.987	0.985	0.981	0.976
80	0.980	0.984	0.984	0.978	0.971	0.962
90	0.984	0.986	0.979	0.971	0.958	0.947
100	0.987	0.984	0.975	0.962	0.948	0.932
110	0.988	0.982	0.970	0.955	0.939	0.919

表 J-2 矢跨比对矩形钢管混凝土拱的稳定承载力影响系数 η'

名义长细比 λ_n	矢跨比					
	0.10	0.15	0.20	0.25	0.30	0.35
20	0.895	0.931	0.951	0.963	0.971	0.976
30	0.920	0.947	0.962	0.972	0.979	0.983
40	0.938	0.958	0.968	0.972	0.976	0.977
50	0.939	0.952	0.957	0.958	0.957	0.954
60	0.929	0.938	0.939	0.938	0.934	0.928
70	0.921	0.925	0.924	0.919	0.912	0.904
80	0.919	0.917	0.913	0.906	0.895	0.884
90	0.911	0.908	0.902	0.894	0.882	0.871
100	0.908	0.905	0.897	0.886	0.874	0.861
110	0.913	0.909	0.901	0.890	0.876	0.862

注：1 长细比 λ_n 对于单拱按本规程第 6.6.5 条计算，格构式按本规程表 6.6.8 计算；
2 表内中间值可采用插值法求得。

附录K 压弯钢管混凝土拱的平面内承载力计算系数

K.0.1 系数 a、b、c、d 系数应按下列公式计算：

$$a=1-2\varphi^2\eta_0 \quad (K.0.1\text{-}1)$$

$$b=\frac{1-\zeta_0}{\varphi^3\eta_0^2} \quad (K.0.1\text{-}2)$$

$$c=\frac{2(\zeta_0-1)}{\eta_0} \quad (K.0.1\text{-}3)$$

对于圆钢管混凝土：

$$d=1-0.4\left(\frac{N}{N_E}\right) \quad (K.0.1\text{-}4)$$

对于矩形钢管混凝土：

$$d=1-0.25\left(\frac{N}{N_E}\right) \quad (K.0.1\text{-}5)$$

式中：ζ_0——与约束效应系数标准值 ζ 有关的系数；

N_E——名义欧拉临界力（N），按公式（K.0.1-6）计算。

$$N_E=\pi^2(E_sA_s+E_cA_c)/\lambda_n^2 \quad (K.0.1\text{-}6)$$

K.0.2 系数 ζ_0 应按下列公式计算：

对于圆钢管混凝土：

$$\zeta_0=1+0.18\xi^{-1.15} \quad (K.0.2\text{-}1)$$

对于矩形钢管混凝土：

$$\zeta_0=1+0.14\xi^{-1.3} \quad (K.0.2\text{-}2)$$

附录 L 长期荷载作用对钢管混凝土拱的影响系数

表 L-1 长期荷载作用对圆钢管混凝土的影响系数 k_{cr}

长期荷载比 n	ξ	名义长细比 λ_n									
		20	30	40	50	60	70	80	90	100	110
0.2	0.5	0.899	0.863	0.831	0.814	0.800	0.791	0.785	0.783	0.785	0.791
	1.0	0.915	0.885	0.860	0.842	0.829	0.819	0.813	0.811	0.813	0.819
	1.5	0.924	0.899	0.877	0.860	0.846	0.836	0.829	0.827	0.829	0.836
	2.0	0.931	0.909	0.890	0.872	0.858	0.848	0.842	0.839	0.841	0.848
	2.5	0.936	0.916	0.900	0.882	0.868	0.857	0.851	0.849	0.851	0.857
	3.0	0.940	0.923	0.908	0.890	0.875	0.865	0.859	0.857	0.859	0.865
	3.5	0.944	0.928	0.915	0.897	0.882	0.872	0.865	0.863	0.865	0.872
	4.0	0.947	0.933	0.922	0.903	0.888	0.878	0.871	0.869	0.871	0.878
0.4	0.5	0.887	0.850	0.819	0.802	0.789	0.780	0.774	0.772	0.774	0.780
	1.0	0.902	0.873	0.848	0.830	0.817	0.807	0.802	0.800	0.802	0.808
	1.5	0.911	0.886	0.865	0.847	0.834	0.824	0.818	0.816	0.818	0.824
	2.0	0.918	0.896	0.877	0.860	0.846	0.836	0.830	0.828	0.830	0.836
	2.5	0.923	0.903	0.887	0.869	0.855	0.845	0.839	0.837	0.839	0.845
	3.0	0.927	0.910	0.895	0.877	0.863	0.853	0.847	0.845	0.847	0.853
	3.5	0.931	0.915	0.902	0.884	0.870	0.860	0.853	0.851	0.853	0.860
	4.0	0.934	0.919	0.908	0.890	0.876	0.865	0.859	0.857	0.859	0.866
0.6	0.5	0.874	0.838	0.807	0.791	0.778	0.769	0.763	0.762	0.763	0.769
	1.0	0.889	0.860	0.835	0.819	0.805	0.796	0.790	0.788	0.790	0.796
	1.5	0.898	0.873	0.852	0.835	0.822	0.812	0.806	0.805	0.807	0.813
	2.0	0.905	0.883	0.865	0.847	0.834	0.824	0.818	0.816	0.818	0.824
	2.5	0.910	0.890	0.875	0.857	0.843	0.833	0.827	0.825	0.827	0.834
	3.0	0.914	0.896	0.883	0.865	0.851	0.841	0.835	0.833	0.835	0.841
	3.5	0.917	0.902	0.889	0.871	0.857	0.847	0.841	0.839	0.841	0.848
	4.0	0.920	0.906	0.895	0.877	0.863	0.853	0.847	0.845	0.847	0.854
0.8	0.5	0.861	0.826	0.795	0.779	0.767	0.758	0.752	0.751	0.753	0.758
	1.0	0.876	0.848	0.823	0.807	0.794	0.784	0.779	0.777	0.779	0.785
	1.5	0.885	0.861	0.840	0.823	0.810	0.801	0.795	0.793	0.795	0.801
	2.0	0.891	0.870	0.852	0.835	0.822	0.812	0.806	0.805	0.807	0.813
	2.5	0.896	0.877	0.862	0.844	0.831	0.821	0.815	0.814	0.816	0.822
	3.0	0.900	0.883	0.870	0.852	0.839	0.829	0.823	0.821	0.823	0.829
	3.5	0.904	0.888	0.876	0.859	0.845	0.835	0.829	0.827	0.830	0.836
	4.0	0.907	0.893	0.882	0.865	0.851	0.841	0.835	0.833	0.835	0.842

表 L-2 长期荷载作用对矩形钢管混凝土的影响系数 k_{cr}

长期荷载比 n	ξ	名义长细比 λ_n									
		20	30	40	50	60	70	80	90	100	110
0.2	0.5	0.926	0.897	0.868	0.851	0.835	0.822	0.811	0.803	0.798	0.795
	1.0	0.937	0.912	0.887	0.875	0.863	0.855	0.848	0.844	0.843	0.845
	1.5	0.943	0.921	0.899	0.889	0.880	0.874	0.871	0.870	0.871	0.875
	2.0	0.947	0.927	0.907	0.899	0.893	0.888	0.887	0.888	0.891	0.898
	2.5	0.951	0.932	0.914	0.907	0.902	0.900	0.899	0.902	0.907	0.916
	3.0	0.953	0.936	0.919	0.914	0.910	0.909	0.910	0.914	0.921	0.930
	3.5	0.956	0.940	0.924	0.919	0.917	0.917	0.919	0.924	0.932	0.943
	4.0	0.958	0.943	0.928	0.924	0.923	0.924	0.927	0.933	0.942	0.954
0.4	0.5	0.913	0.884	0.856	0.839	0.823	0.811	0.800	0.792	0.787	0.784
	1.0	0.923	0.899	0.875	0.862	0.851	0.843	0.836	0.833	0.832	0.833
	1.5	0.929	0.908	0.886	0.876	0.868	0.862	0.858	0.857	0.859	0.863
	2.0	0.934	0.914	0.894	0.886	0.880	0.876	0.874	0.875	0.879	0.885
	2.5	0.937	0.919	0.901	0.894	0.889	0.887	0.887	0.890	0.895	0.903
	3.0	0.940	0.923	0.906	0.901	0.897	0.896	0.897	0.901	0.908	0.918
	3.5	0.942	0.927	0.911	0.907	0.904	0.904	0.906	0.911	0.919	0.930
	4.0	0.944	0.930	0.914	0.911	0.910	0.911	0.914	0.920	0.929	0.941
0.6	0.5	0.900	0.872	0.843	0.827	0.812	0.799	0.789	0.781	0.776	0.773
	1.0	0.910	0.886	0.862	0.850	0.839	0.831	0.825	0.821	0.820	0.822
	1.5	0.916	0.895	0.873	0.864	0.856	0.850	0.846	0.845	0.847	0.851
	2.0	0.920	0.901	0.882	0.874	0.867	0.864	0.862	0.863	0.867	0.873
	2.5	0.924	0.906	0.888	0.882	0.877	0.874	0.874	0.877	0.882	0.890
	3.0	0.926	0.910	0.893	0.888	0.884	0.883	0.885	0.889	0.895	0.905
	3.5	0.929	0.913	0.897	0.894	0.891	0.891	0.893	0.899	0.906	0.917
	4.0	0.931	0.916	0.901	0.898	0.897	0.898	0.901	0.907	0.916	0.928
0.8	0.5	0.887	0.859	0.831	0.815	0.800	0.788	0.778	0.770	0.765	0.762
	1.0	0.897	0.873	0.850	0.837	0.827	0.819	0.813	0.809	0.808	0.810
	1.5	0.903	0.882	0.861	0.851	0.843	0.838	0.834	0.833	0.835	0.839
	2.0	0.907	0.888	0.869	0.861	0.855	0.851	0.850	0.851	0.855	0.861
	2.5	0.910	0.893	0.875	0.869	0.864	0.862	0.862	0.865	0.870	0.878
	3.0	0.913	0.897	0.880	0.875	0.872	0.871	0.872	0.876	0.883	0.892
	3.5	0.915	0.900	0.884	0.881	0.878	0.878	0.881	0.886	0.894	0.904
	4.0	0.917	0.903	0.888	0.885	0.884	0.885	0.888	0.894	0.903	0.915

注：1　长细比 λ_n 对于单拱按本规程第 6.6.5 条计算，格构式按本规程表 6.6.8 计算；约束效应系数 ξ 按规程式（6.6.3-1）计算；

2　表内中间值可采用插值法求得。

本规程用词说明

1 为便于在执行本规程条文时区别对待，对要求严格程度不同的用词说明如下：

1）表示很严格，非这样做不可的：
正面词采用“必须”，反面词采用“严禁”；

2）表示严格，在正常情况下均应这样做的：
正面词采用“应”，反面词采用“不应”或“不得”；

3）表示允许稍有选择，在条件许可时首先应这样做的：
正面词采用“宜”，反面词采用“不宜”；

4）表示有选择，在一定条件下可以这样做的，采用“可”。

2 条文中指明应按其他有关标准执行的写法为：“应符合……的规定”或“应按……执行”。

引用标准名录

1 《建筑结构荷载规范》GB 50009
2 《混凝土结构设计规范》GB 50010
3 《建筑抗震设计规范》GB 50011
4 《钢结构设计规范》GB 50017
5 《冷弯薄壁型钢结构技术规范》GB 50018
6 《混凝土工程施工质量验收规范》GB 50204
7 《钢结构工程施工质量验收规范》GB 50205
8 《优质碳素结构钢》GB/T 699
9 《碳素结构钢》GB/T 700
10 《钢结构用高强度大六角头螺栓》GB/T 1228
11 《钢结构用高强度大六角螺母》GB/T 1229
12 《钢结构用高强度大六角头螺栓、大六角螺母、垫圈技术条件》GB/ T 1231
13 《低合金高强度结构钢》GB/T 1591
14 《合金结构钢》GB/T 3077
15 《钢结构用扭剪型高强度螺栓连接副》GB/T 3632
16 《耐候结构钢》GB/T 4171
17 《碳钢焊条》GB/T 5117
18 《低合金钢焊条》GB/T 5118
19 《埋弧焊用碳钢焊丝和焊剂》GB/T 5293
20 《厚度方向性能钢板》GB 5313
21 《六角头螺栓 C级》GB/T 5780
22 《六角头螺栓》GB/T 5782
23 《结构用冷弯空心型钢尺寸、外形、重量及允许偏差》GB/T 6728
24 《焊接结构用铸钢件》GB/T 7659
25 《气体保护电弧焊用碳钢、低合金钢焊丝》GB/T 8110
26 《结构用无缝钢管》GB/T 8162
27 《重要用途钢丝绳》GB 8918
28 《一般工程用铸造碳钢件》GB/T 11352
29 《埋弧焊用低合金钢焊丝和焊剂》GB/T 12470
30 《直缝电焊钢管》GB/T 13793
31 《熔化焊用钢丝》GB/T 14957
32 《桥梁缆索用热镀锌钢丝》GB/T 17101
33 《钢拉杆》GB/T 20934
34 《建筑结构用冷弯矩形钢管》JG/T 178
35 《高强度低松弛预应力热镀锌钢绞线》YB/T 152
36 《建筑缆索用高密度聚乙烯套料》CJ/T 297
37 《镀锌钢绞线》YB/T 5004

中华人民共和国行业标准

拱形钢结构技术规程

JGJ/T 249—2011

条 文 说 明

制 定 说 明

《拱形钢结构技术规程》JGJ/T 249-2011经住房和城乡建设部2011年7月4日以第1057号公告批准、发布。

本规程制定过程中，编制组对我国拱形钢结构近年来的发展、技术进步与工程应用情况进行了大量调查研究，总结了我国拱形钢结构工程建设的实践经验，同时参考了国外先进技术法规、技术标准，并进行了多项试验，为规程的制定提供了重要依据。

为便于广大设计、施工、科研、学校等单位有关人员在使用本规程时能正确理解和执行条文规定，《拱形钢结构技术规程》编制组按章、节、条顺序编制了本规程的条文说明，对条文规定的目的、依据以及执行中需注意的有关事项进行了说明。但是，本条文说明不具备与规程正文同等的法律效力，仅供使用者作为理解和把握规程规定的参考。

目　次

1 总 则

1.0.1 拱形钢结构由于拱轴线的曲线形状以及推力作用等特点，其选型设计、稳定计算、加工制作及安装验收与梁柱等直构件存在差异。本规程为拱形钢结构的设计、制作、安装与验收提供指导。

1.0.2 本条限定了规程的适用范围。由于城市人行桥的荷载类型及其作用与建筑结构基本相同，故本规程也适用于城市人行桥中的拱形钢结构。但大型公路、铁路桥梁的拱形钢结构需考虑车辆移动荷载、风振效应、波浪冲击荷载、船舶撞击荷载、地震多点输入等，故不列入本规程的适用范围。

3 材 料

3.1 钢 材

3.1.2 当采用一般钢材使用的焊接材料焊接时，焊缝区的防腐仍应特别注意。

3.3 混 凝 土

3.3.1 一般用于拱形钢结构中的混凝土多为钢管混凝土。由于钢管本身是封闭的，多余水分不能排出，因而水灰比不宜过大。采用流动性混凝土或塑性混凝土主要取决于采用的浇灌工艺。

良好的混凝土密实度是保证钢管和核心混凝土之间共同工作的重要前提。高强混凝土、自密实高性能混凝土是已应用比较成熟的新技术。研究结果表明，在钢管混凝土中采用自密实高性能混凝土时，只要按有关规定严格控制其质量，便能够满足对钢管混凝土的设计要求。

4 结构与节点选型

4.1 一 般 规 定

4.1.2 拱形钢结构选型包括确定结构形式、轴线形状、截面形式、拱脚约束条件以及细部节点构造等。索拱结构可以根据设计需要由拉索、撑杆或索盘与其他任何形式的纯拱进行组合，形成受力合理、经济高效的承载力体系。

4.1.5 拱形钢结构的设计，不仅要满足平面内稳定承载力的要求，也应考虑面外支撑的设置。因为无面外支撑拱的整体稳定承载力较低，常为结构设计的控制因素之一。

4.2 结 构 选 型

4.2.1 全跨水平均布竖向荷载作用下的抛物线拱、全跨轴线均布竖向荷载作用下的悬链线拱为轴心受压拱，其承载效率较高。

4.2.2 腹板开孔钢拱兼具拱和开洞构件的特点，适用于建筑美学或管道设备穿出的功能要求。腹板开孔钢拱可采用组合截面形式。

4.2.3 研究表明，矩形截面与梯形截面钢管桁架拱的面内稳定承载力相当。全跨均布荷载作用下，当矢跨比大于0.15时，正三角形截面拱的承载力比倒三角形截面高很多，而在半跨均布荷载作用下或竖向集中荷载作用下，二者承载力基本相同（参见《钢管桁架拱平面内失稳与破坏机理的数值研究》，工程力学，2010年第11期）。

4.2.4 弦张式索拱与车辐式索拱通过拉索约束或牵制作用限制拱体的变形发展，从而达到提高拱体刚度与整体承载力、减少拱脚推力的目的。这种类型的索拱结构通过拉索与拱体的拉扯作用，可以明显改善拱体的受力性能，降低纯拱结构对反对称几何初始缺陷的敏感性。其中，弦张式索拱结构一般在承受半跨荷载、减小水平推力或考虑建筑美观因素时采用。弦撑式索拱结构通过撑杆的反向作用给拱体提供弹性支承，进而降低拱体的弯矩峰值，提高结构的整体刚度与承载力，与张弦梁的受力机理类似。一般地，钢拱的矢跨比越大、长细比越大，拉索对拱体稳定性能的提高作用越明显。

4.2.5 研究表明，当车辐式索拱的矢跨比在本条所述范围内，且索盘位于矢高的一半位置时，其稳定性能及承载效率较优（参见《车辐结构平面内弹性稳定承载力及设计建议》，空间结构，2006年第1期）。

4.4 拱 脚 选 型

4.4.1 拱形钢结构的拱脚为铰接时，其构造设计应尽量保证其拱脚具有充分的转动能力，且能有效传递剪力和轴力；刚接时要能充分传递弯矩，否则应根据实际构造情况在计算时考虑拱脚节点的弯矩－转角特性。此外，拱脚构造使得内力传递越简单，其可靠性越能得到保证。

4.4.3 刚接拱脚处一般弯矩较大，可采取构造措施如填充加劲板或填充混凝土加强，以防止拱脚处构件应力过大而引起构件局部屈曲或强度破坏。

5 荷载效应分析

5.1 一 般 规 定

5.1.2 近年来对钢结构的事故调查表明，钢结构由风荷载、雪荷载等可变荷载引发的工程事故增多，故本条提醒工程设计人员要重视荷载的最不利分布形式，特别是局部雪荷载的堆积作用。

5.1.3 分析表明，考虑几何非线性与否对拱脚反力的计算结果影响较小，故拱脚反力计算可采用线性分析方法；但在计算拱形钢结构的内力与变形时，特别对大、中跨度的拱（跨度不小于60m），宜采用考虑几何非线性的弹性分析方法。

5.1.4 当拱下部支承结构的变形对拱本身的内力和变形都有较大影响时，应充分考虑拱与下部支承结构之间的相互作用。因而，在计算时应建立包含支承结构的整体模型或等效弹性支承模型进行分析。

5.1.5 拱形钢结构对温度效应较为敏感，特别在矢跨比不大的情况下。因此在进行大跨度拱形钢结构设计时应进行温度效应分析，并与其他荷载效应进行组合计算截面强度与整体稳定性。在施工安装过程，要正确设置合龙温度区间。

5.2 静力分析

5.2.2 承受竖向荷载作用的超静定拱，其拱脚水平推力与矢跨比、截面弯曲刚度与轴压刚度的比值有关。本条文给出的数值考虑了上述因素的影响，计算表格与公式由清华大学依据计算结果给出。

5.2.5 上式在实腹式截面拱的基础上，对弯曲项和剪切项根据开洞情况进行了等效修正，并增加了由剪力次弯矩引起的变形项，根据有限元计算结果拟合得到变形计算公式中的各系数。

5.3 风效应分析

5.3.1 风荷载对结构的作用表现为平均风压的不均匀分布作用和脉动风压作用。拱形钢结构的风效应分析目前在理论上已较为成熟，但尚缺乏简便实用的工程计算方法；因此在实际工程设计中，应根据具体情况由专业机构对拱形钢结构的风效应进行分析或进行风洞试验。

5.3.2 虽然拱形钢结构的几何形状相对简单，《建筑结构荷载规范》GB 50009中对不同矢跨比的落地拱和高架拱的风荷载体型系数都作了规定，但实际工程中的拱形钢结构风压分布还会受到其他一些因素的影响，如风向、曲率变化以及相邻建筑物等，因此对于体型复杂且重要的拱形钢结构，其风荷载体型系数宜通过风洞试验确定。

5.3.3 以风振系数表达的结构等效静风荷载主要适用于以基阶振动为主的高耸型结构，拱形钢结构的振动中往往存在多阶振型的贡献，因此采用风振系数考虑拱形钢结构的风致动力效应只是一种近似方法。由于拱形钢结构的形式多样，动力性能也差别较大，因此很难给出统一的风振系数表达式。本条给出的风振系数是对一些常见拱形钢结构形式分析后得到的参考取值。实际设计时，结构跨度较大且自振频率较低者取较大值。

5.3.4 对于何为大型复杂的拱结构，目前尚无明确定义。根据工程经验，当结构跨度大于120m时可视为大型拱结构；此外，根据美国、澳大利亚等国家的规范，当结构自振周期大于1.0s时，其风动力效应较为明显。因此，对于符合以上条件的拱结构，均应进行较为精确的等效静风荷载分析。当采用风振时程分析方法或随机振动理论分析时，输入的风荷载时程或功率谱宜根据风洞试验确定。

5.3.5 从已发生的房屋结构风灾害调查结果来看，在强风作用下的屋面围护结构破坏较为普遍，因此应在设计时考虑阵风系数的影响。阵风系数宜根据风洞试验结果确定，也可参考《建筑结构荷载规范》GB 50009中的相关规定。此外，由于门窗突然开启（或破碎）导致建筑内压骤增，进而引发屋盖被掀起的实例也较多，因此设计中需要根据具体情况考虑结构内压与外部风吸力的叠加作用。

5.4 地震作用分析

5.4.1 拱形钢结构水平振动与竖向振动属同一数量级，但矢跨比较大的拱形钢结构，将以水平振动为主。在设防烈度为7度的地震区，当拱形钢结构矢跨比大于或等于1/5时，竖向地震作用对拱形钢结构的影响不大，因此本条规定在设防烈度为7度的地震区、矢跨比大于或等于1/5的拱形钢结构可不进行竖向抗震验算，但必须进行水平抗震验算。在抗震设防烈度为6度的地区，拱形钢结构可不进行抗震验算。

6 设计

6.1 一般规定

6.1.1 拱形钢结构一般以压弯受力居多，其设计应包含强度、稳定以及刚度计算，还应进行局部稳定性计算。对于实腹式与腹板开孔拱，局部稳定计算通过限制板件的宽厚比保证；对于格构式拱，局部稳定指节间内构件的稳定性。与梁比较，拱称为推力结构。对于拱形钢结构的设计，结构整体稳定计算是十分重要的内容，必须予以高度重视。

拱形钢结构通常在均布竖向荷载作用下具有较好的承载性能，但是在荷载呈偏跨分布作用下，特别在局部荷载较大的位置会产生较大的弯矩，结构受力较为不利。风荷载和雪荷载在拱屋面上往往呈现不均匀分布的特点，因此应根据具体情况确定荷载的最不利分布形式。

6.1.2 对于等截面实腹式圆弧拱、抛物线拱，腹板开圆孔工字形截面圆弧拱、相贯焊接节点的圆弧形钢管桁架拱的平面内稳定计算，本规程已给出相应的计算公式。对于截面与轴线变化复杂的拱形钢结构，尚无可供设计使用的简化设计方法，故推荐按照有限元分析方法进行计算。

采用有限元法计算拱平面内整体稳定承载力时，

取拱平面内最低阶整体屈曲模态作为初始几何缺陷的分布形式，其缺陷幅值按拱跨度的 $1/n$ 取值。对反对称屈曲的拱按《钢结构设计规范》GB 50017 中 a、b、c、d 类截面分别取 $n=600$、500、400、300。几何初始缺陷的取值源于德国 DIN 18800-Ⅱ提供的数值，其综合考虑了几何初始缺陷和残余应力两项因素的影响。采用弹塑性全过程有限元分析方法计算拱形钢结构的极限承载力时，其计算结果直接与单元类型的选取、拱单元的划分数量、屈服条件及软件之间算法的差异、极值点的确定以及计算人员知识水平的高低等多因素有关，建议拱形钢结构的荷载效应（按照标准值组合计算）不应大于拱平面内稳定承载力计算值（按照荷载标准值组合后的比例关系确定）与 K 值之比。其中 K 反映了荷载效应（标准值）与结构抗力取值（标准值）的不利影响（1.645），再考虑到有限元计算的不确定因素（暂定 1.2），K 综合取值 2.0。

目前对拱形钢结构平面外稳定承载力的研究工作较少，尚没有可直接采用的简化计算公式。采用有限元方法计算拱平面外稳定承载力时，可同时取拱平面内与平面外的最低阶整体屈曲模态作为初始几何缺陷的分布形式，其面内外缺陷幅值按拱跨度的 $1/n$ 取值；对面内反对称屈曲的拱按《钢结构设计规范》GB 50017 中 a、b、c、d 类截面分别取 $n=600$、500、400、300。面外缺陷幅值按面外屈曲波长的 1/750 取值。按照有限元分析方法计算拱的平面外稳定时，除了考虑拱材料与几何非线性外，还应采用能够反映拱轴线面外变形、绕拱轴线扭转及拱脚实际约束条件的空间模型，按照这一计算模型所获得的计算结果反映了拱的空间失稳特性。同样建议拱形钢结构的荷载效应（按照标准值组合计算）不应大于拱平面外稳定承载力计算值（按照荷载标准值组合后的比例关系确定）与 K 值之比。同前所述，K 综合取值 2.0。

6.1.3 对于实腹式等截面梁，可采用梁单元，但单元类型应能充分考虑截面剪切变形的影响。研究结果表明，对于粗短拱或者扁拱，其剪切变形对其承载力影响较大。如果构成截面的板件宽厚比超过其限值，应用壳单元可以考虑板件局部屈曲的影响。对于腹板开孔截面拱，采用梁单元模型会产生较大的误差，因而建议采用壳单元亦能考虑板件局部变形的影响。但若能提炼出腹板开孔截面拱的简化计算模型，亦可用梁单元计算。对于钢管桁架拱，一般要求弦杆做成弧形曲线，故采用梁单元能考虑其附加弯曲变形。条件允许时，建议对拱采用梁单元与壳单元分别计算并取二者的较小值作为承载力设计值。特别对于空腔内采用加劲肋的箱形截面拱，采用壳单元更能反映构件的实际受力情况，也可通过壳单元进一步优化截面设计以及加劲肋配置。

计算拱形钢结构稳定承载力，必然要考虑结构或构件的塑性发展。有限元弹塑性分析时，钢材采用理想弹塑性应力应变曲线常会出现迭代不收敛现象，故采用适当强化的计算模型以解决收敛问题。

6.1.4 在建筑拱形钢结构屋面，通常存在檩条以及屋面板等次构件的面外支撑作用，当支撑构件具有足够刚度能够完全限制钢拱的面外位移或扭转时，能保证钢拱不发生整体面外失稳。清华大学的研究表明，对于两铰拱即拱脚截面处的线位移及绕拱轴切线的扭转角完全受到约束而拱轴在其平面内及面外弯曲自由的情况，且面外支撑应能充分约束支承点处截面的面外位移与扭转的情况，只要满足公式（6.1.4-1），钢拱的面外失稳不先于面内失稳。

6.1.5 此条参照德国 DIN18800-Ⅱ-1990。研究表明，满足上述条件的实腹式截面钢拱，其跃越屈曲不先于反对称弯曲失稳发生。

6.1.6 此值是综合近年来国内外的设计与使用经验而确定的。

6.2 实腹式截面拱

6.2.1 拱脚处一般轴力较大，需要特别注意验算该处截面强度与局部稳定性。如果拱脚处局部应力较大，可采取加强措施，如设置加劲板等。

6.2.2 大量数值分析及试验结果表明，《钢结构设计规范》GB 50017 的柱子曲线不适用于轴心受压实腹式截面拱平面内稳定性计算，因此特别为拱形钢结构制定了一套稳定曲线（参见《均匀受压两铰圆弧钢拱的平面内稳定设计曲线》，工程力学，2008 年第 9 期；《轴心受压抛物线拱平面内稳定性及设计方法研究》，建筑结构学报，2009 年第 3 期）。

6.2.3 通常荷载工况下实腹式截面拱属于压弯构件，其平面内整体稳定性验算仍采用 N-M 相关公式，其公式中的参数由数值分析结果拟合获得。其中 α 反映了截面形式及支座条件的影响，参见《焊接工字形截面抛物线拱平面内稳定性试验研究》，建筑结构学报，2009 年第 3 期。

6.2.4 无面外支撑的轴压圆管截面圆弧形两铰拱的平面外稳定计算，基于等效原则把平面外弯扭屈曲转化成平面内弯曲屈曲计算，这里假定拱脚处的平动自由度和绕拱轴切线方向的转动自由度均被约束。具体参见《圆管截面两铰圆弧轴心受压拱的平面外稳定性及设计方法》，工业建筑，2009 年第 12 期。

6.3 腹板开孔钢拱

6.3.3 弹性屈曲系数 k_a 的概念及计算参见《实腹圆弧钢拱的平面内稳定极限承载力设计理论及方法》，建筑结构学报，2007 年第 3 期等。

6.3.4 腹板开孔与实腹式截面拱的最大区别在于腹板孔对其截面剪切刚度的削弱作用，因此借鉴缀板式格构柱稳定承载力的计算思路，可以按照长细比等效的思路将腹板开圆孔拱等效为缀板式格构拱，通过换算长细比进行平面内整体稳定性计算（参见《腹板开洞钢拱的平面内稳定极限承载力设计理论及方法》，建筑结构学报，2007年第3期等）。

6.3.5 研究结果表明，当孔直径位于$0.5h_0 \sim 0.7h_0$之间时其承载效率（单位重量对屈曲荷载的贡献）最高；当孔间距g小于$h_0/3$时，其承载效率迅速下降。

开孔拱的腹板屈曲后的承载力下降较多，因此需要通过控制板件的宽厚比限制其局部失稳。对于腹板的局部屈曲，需要进行两部分板件的设计：一为孔与翼缘之间的板件A，可近似认为三边简支一边自由板；二为孔与孔之间的板件B，近似认为两对边受剪且弹性支承于翼缘及两对边自由。

6.4 钢管桁架拱

6.4.2 关于钢管桁架拱的杆件和节点的承载力计算可参照《钢结构设计规范》GB 50017中“钢管结构”的规定执行。

6.4.3 研究表明，钢管桁架拱中斜腹杆发生破坏后，会导致整体承载力大幅下降（参见《钢管桁架拱平面内失稳与破坏机理的数值研究》，工程力学，2010年），因此进行钢管桁架拱设计时应首先保证腹杆构件的稳定性。钢管外缘尺寸与壁厚比值的限值参考《钢结构设计规范》GB 50017中相关规定。

6.4.4 根据清华大学对钢管桁架拱整体稳定性研究成果（《轴心受压圆弧形钢管桁架拱平面内稳定性能及设计方法》，建筑结构学报，2010年第8期），钢管桁架拱平面内失稳破坏时，总是伴随着受压弦杆的局部变形，因此应考虑杆件稳定性与钢拱整体稳定性的相关作用。公式（6.4.4-2）中提出的相关作用影响系数η正是考虑了这一影响因素，其中φ_0为不考虑相关作用时平面内整体稳定系数。η是矢跨比γ和参数λ_c/λ_e的函数，随着节间弦杆长细比与桁架拱换算长细比的比值λ_c/λ_e增大，弦杆局部稳定对整体承载力的削弱作用加大。公式（6.4.4-3）中换算长细比的引入考虑了桁架拱平面内稳定承载力计算时剪切刚度的影响。

6.4.5 压弯圆弧形钢管桁架拱采用N-M相关公式进行平面内稳定性验算，公式（6.4.5）中弯矩项中存在相关作用系数，主要在于桁架拱平面内弯曲时，同样存在受压弦杆的局部稳定对整体稳定承载力的削弱作用。由于三角形截面钢管桁架拱的等效截面模量W介于$I/(2H/3)$和$I/(H/3)$之间，因此引入截面模量系数予以修正。表6.4.5荷载形式中，水平均布荷载指沿着轴线的水平投影均匀分布的竖向荷载，一般雪荷载等活荷载属于此类；轴线均布荷载指沿着轴线均匀分布的竖向荷载，一般屋面板等自重荷载属于此类。具体参见《四边形截面圆弧空间钢管桁架拱平面内稳定性及试验研究》，建筑结构学报，2010年第8期。

6.4.6 钢管桁架拱中，其杆件失稳依据其弯曲方向可分为平面内失稳与平面外失稳。

对于平面钢管桁架拱，表6.4.6中杆件平面内计算长度系数取值与《钢结构设计规范》GB 50017中桁架略有不同，考虑到钢管桁架拱主要承受轴力与沿拱轴线正负弯矩的共同作用，上下弦杆几乎处于平等地位，故取值比钢结构设计规范中桁架构件稍偏安全。对弦杆平面外稳定计算，偏于安全地取其弦杆侧向支撑点之间的距离作为计算长度。

对于三角形截面的立体钢管桁架拱的杆件计算长度，其三根弦杆构成了非常稳定的三角形截面，当桁架拱构件在其平面内和平面外屈曲时，受到的约束作用比平面桁架拱要大得多。特别是弦杆平面内外的计算长度，与平面桁架拱弦杆的平面内外计算长度比较有所降低，故取0.9而不是取1.0。对于方形、矩形以及梯形截面立体钢管桁架拱的杆件平面内与平面外计算长度，为了简化计算仍偏于安全地取与平面桁架拱相同。

6.4.7 此条中容许长细比限值参考《钢结构设计规范》GB 50017并结合实际经验而定。

6.5 索　拱

6.5.1 对于弦张式索拱结构以及车辐式索拱结构，索的张拉作用在钢拱变形时才能发挥出来，所以对其不必施加预应力，但在施工时以张紧为宜。在使用期间，可以允许拉索在可变荷载（如风荷载等偶然作用）作用下松弛，但在永久荷载作用下，拉索宜保持张紧状态。

6.5.2 对于弦撑式索拱结构，拉索的主要作用是消减拱体中的弯矩峰值，因而对拉索施加预应力主要是用来提高拱体的承载力与刚度。因此，要求在永久荷载控制的荷载组合作用下，拉索不松弛，在可变荷载控制的组合作用下，不要因拉索松弛而导致索拱结构失效。

6.5.4 索拱结构是索与拱体组成的一种杂交结构，索的作用主要是通过限制拱体的变形或者消减拱体的弯矩峰值来提高结构的承载力与刚度。拉索的作用使得拱体轴向压力增加，弯矩减小，拱体本应更易失稳，但由于拱体本身又受拉索的约束，其整体稳定性大大提高。特别是对于弦张式索拱结构以及车辐式索拱结构，由于拉索的牵制作用，大大减低了拱体对初始缺陷的敏感性。因此，宜把拉索与拱体作为整体考虑，计算其承载力。目前对索拱结构的整体稳定计算的实用方法还研究不多，故建议按有限元方法进行承载力分析。

6.6 钢管混凝土拱

6.6.1 本节的条文适用于圆弧形钢管混凝土拱的设计和计算。适用参数范围：约束效应系数ξ为0.2～

4.0，名义长细比 λ_n 或换算长细比 λ_{ox} 为 20～110，矢跨比为 0.10～0.35。对于格构式钢管混凝土拱，除上述条件外，其截面高度 h 与跨度 L 的比值宜为 1/20～1/50。

6.6.3 对于目前建筑工程中常用的钢材，采用 C30 以上强度等级的混凝土比较合理。在常用含钢率情况下，Q235 钢和 Q345 钢宜配 C30～C50 或 C60 混凝土，Q390 钢和 Q420 钢宜配 C60 及以上的混凝土，且约束效应系数不宜大于 4，也不宜小于 0.3。

对钢管混凝土的理论分析和实验研究的结果都表明，由于钢管对其核心混凝土的约束作用，使混凝土材料本身性质得到改善，即强度得以提高，塑性和韧性性能大为改善。同时，由于混凝土的存在可以延缓或阻止钢管发生内凹的局部屈曲；在这种情况下，不仅钢管和混凝土材料本身的性质对钢管混凝土性能的影响很大，而且二者几何特性和物理特性参数如何"匹配"，也将对钢管混凝土构件力学性能起着非常重要的影响。研究结果表明，可以以约束效应系数作为衡量这种相互作用的基本参数。

在本规程适用参数范围内，约束效应系数 ξ 越大，则构件的延性越好，反之则越差。当钢管混凝土用作地震区的结构柱时，为了保证钢管混凝土构件具有良好的延性，提出此限值。

6.6.4 对本条各款说明如下：

1 数值分析方法可以计算获得钢管混凝土轴压时纵向压力和纵向应变之间的关系曲线。这是代表钢管混凝土整体的荷载-应变关系，将轴向荷载 N 除以全截面面积 A_{sc}（对于圆钢管混凝土：$A_{sc}=\pi r^2$，r 是钢管外半径；对于矩形钢管混凝土：$A_{sc}=BD$，B、D 分别为其边长），即得截面上的名义应力 $\bar{\sigma}=N/A_{sc}$，此关系也就是钢管混凝土组合应力-应变关系。经与大量实测曲线比较，吻合程度很好。

此荷载-应变关系的各阶段都获得了数学表达式。由此得到了弹性阶段的组合弹性模量 E_{sc}、弹塑性阶段的组合切线模量 E_{sct} 和强化阶段的组合强化模量 E_{sch}。定义由弹塑性阶段转入强化阶段的点为组合强度标准值 f_{scy}，表达式如下：

1）对于圆钢管混凝土：

$$f_{scy}=(1.14+1.02\xi)\cdot f_{ck} \quad (1)$$

2）对于矩形钢管混凝土：

$$f_{scy}=(1.18+0.85\xi)\cdot f_{ck} \quad (2)$$

引入钢材和混凝土的材料分项系数后，即得到钢管混凝土轴心受压强度设计值 f_{sc} 的计算公式。

在采用 f_{sc} 为设计钢管混凝土构件的强度指标时，对轴心受压构件的承载力进行了可靠性分析。在收集和整理了 2139 个试件的试验结果，按不同钢材牌号、混凝土强度等级、含钢率和荷载比的情况进行分析和计算以后表明，采用本规定的设计方法所确定的钢管混凝土基本构件的抗力满足《建筑结构可靠度设计统一标准》GB 50068 中规定对延性破坏构件的可靠性要求。

2 从钢管混凝土轴压应力-应变关系曲线可导出组合轴压弹性模量、切线模量和强化模量，公式如下：

1）组合弹性模量：

$$E_{sc}=\frac{f_{scp}}{\varepsilon_{scp}} \quad (3)$$

对圆钢管混凝土：

比例极限：

$$f_{scp}=\left[0.192\left(\frac{f_y}{235}\right)+0.488\right]f_{scy} \quad (4)$$

比例极限应变：

$$\varepsilon_{scp}=3.25\times10^{-6}f_y \quad (5)$$

对矩形钢管混凝土：

比例极限：

$$f_{scp}=\left[0.263\left(\frac{f_y}{235}\right)+0.365\left(\frac{30}{f_{ck}}\right)+0.104\right]f_{scy} \quad (6)$$

比例极限应变：

$$\varepsilon_{scp}=3.01\times10^{-6}f_y \quad (7)$$

2）切线模量：

$$E_{sct}=\frac{(A_1 f_{scy}-B_1\bar{\sigma})\bar{\sigma}}{(f_{scy}-f_{scp})f_{scp}}E_{sc} \quad (8)$$

其中，系数 $A_1=1-\frac{E_{sch}}{E_{sc}}\left(\frac{f_{scp}}{f_{scy}}\right)^2$；$B_1=1-\frac{E_{sch}}{E_{sc}}\left(\frac{f_{scp}}{f_{scy}}\right)$；平均应力 $\bar{\sigma}=\frac{N}{A_{sc}}$。

3）强化阶段模量：

对于圆钢管混凝土：

$$E_{sch}=420\xi+550 \quad (9)$$

对于矩形钢管混凝土：

$$E_{sch}=220\xi+450 \quad (10)$$

3 钢管混凝土结构的抗弯刚度，目前国内外各规程的规定不尽相同。考虑到构件受弯时混凝土开裂的可能，对混凝土部分的抗弯刚度宜适当折减。研究结果表明，圆形钢管对其核心混凝土的约束效果要优于矩形钢管，对其混凝土部分的抗弯刚度的折减可略小。

6.6.5 钢管混凝土典型的 φ'-λ_n 关系见图 1，大致可分为三个阶段，即当 $\lambda_n\leqslant\lambda_o$ 时，稳定系数 $\varphi'=1$，构件属于强度破坏；当 $\lambda_o<\lambda_n\leqslant\lambda_p$ 时，构件失去稳定时处在弹塑性阶段；当 $\lambda_n>\lambda_p$ 时，构件属于弹性失稳。

轴心受压稳定系数 φ' 的计算方法如下：

$\lambda_n\leqslant\lambda_o$ 时： $$\varphi'=1 \quad (11)$$

$\lambda_o<\lambda_n\leqslant\lambda_p$ 时： $$\varphi'=a_0\lambda_n^2+b_0\lambda_n+c_0 \quad (12)$$

$\lambda_n>\lambda_p$ 时： $$\varphi'=\frac{d_0}{(\lambda_n+35)^2} \quad (13)$$

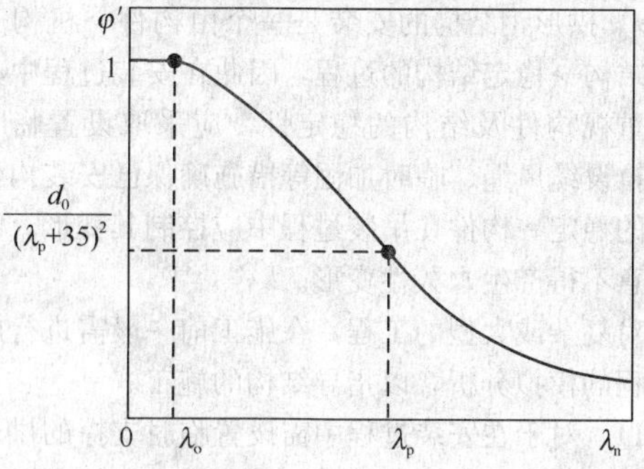

图 1　典型的 φ'-λ_n 关系曲线

其中，$a_0=\dfrac{1+(35+2\lambda_p-\lambda_o)e_0}{(\lambda_p-\lambda_o)^2}$；$b_0=e_0-2a_0\lambda_p$；

$c_0=1-a_0\lambda_o^2-b_0\lambda_o$；$e_0=\dfrac{-d_0}{(\lambda_p+35)^3}$

对于圆钢管混凝土：

$$d_0=\left[13000+4657\ln\left(\frac{235}{f_y}\right)\right]\left(\frac{25}{f_{ck}+5}\right)^{0.3}\left(\frac{\alpha_s}{0.1}\right)^{0.05} \tag{14}$$

对于矩形钢管混凝土：

$$d_0=\left[13500+4810\ln\left(\frac{235}{f_y}\right)\right]\left(\frac{25}{f_{ck}+5}\right)^{0.3}\left(\frac{\alpha_s}{0.1}\right)^{0.05} \tag{15}$$

λ_p 和 λ_o 分别为钢管混凝土轴压构件发生弹性和弹塑性失稳时对应的界限长细比。

对于圆钢管混凝土：

$$\lambda_p=\frac{1743}{\sqrt{f_y}},\ \lambda_o=\pi\sqrt{\frac{420\xi+550}{(1.02\xi+1.14)f_{ck}}} \tag{16}$$

对于矩形钢管混凝土：

$$\lambda_p=\frac{1811}{\sqrt{f_y}},\ \lambda_o=\pi\sqrt{\frac{220\xi+450}{(0.85\xi+1.18)f_{ck}}} \tag{17}$$

式中：f_y 与 f_{ck} 均以 MPa 为单位代入。

矢跨比对轴心受压钢管混凝土拱的影响系数有影响。参考拱形钢结构的研究结果，并参考国内现有钢管混凝土拱桥方面的研究结果确定了影响系数 η'。

拱轴等效计算长度 L_0 的取值方法参考钢管混凝土拱桥方面的研究成果确定。

6.6.7　钢管混凝土拱单杆构件的平面内压弯受力性能和钢管混凝土偏压直构件的受力性能总体上类似，钢管混凝土曲杆短构件的 N/N_u-M/M_u 相关曲线（也可称为强度相关关系）如图 2 所示，与钢管混凝土直构件类似，也存在一平衡点 A。

钢管混凝土典型的 N/N_u-M/M_u 强度关系曲线大致可分为两部分，平衡点 A 的纵横坐标的计算公式见条款。曲线可用两个数学表达式来描述：

1　C-D 段（$N/N_u\geqslant 2\eta_0$ 时），可近似采用直线的函数形式来描述：

$$\frac{N}{N_u}+a\cdot\left(\frac{M}{M_u}\right)=1 \tag{18}$$

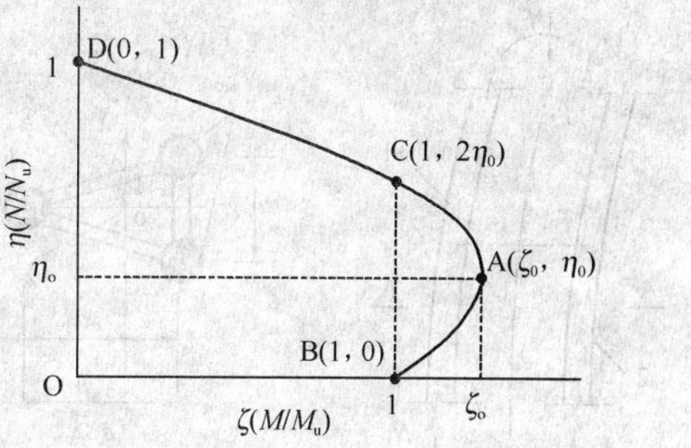

图 2　典型的 N/N_u-M/M_u 强度关系曲线

2　C-A-B 段（$N/N_u<2\eta_0$ 时），可采用抛物线的函数形式来描述：

$$-b\cdot\left(\frac{N}{N_u}\right)^2-c\cdot\left(\frac{N}{N_u}\right)+\left(\frac{M}{M_u}\right)=1 \tag{19}$$

式中：N_u ——钢管混凝土拱的轴压强度承载力；

M_u ——平面内受弯承载力；

M ——钢管混凝土拱轴平面内承受的最大弯矩。

考虑构件长细比影响时，钢管混凝土单杆拱的 N/N_u-M/M_u 相关方程修正为条款中的公式，同时材料分项系数均取 1.0。式中的 $1/d$ 是考虑二阶效应而对弯矩的放大系数。

6.6.9　格构式钢管混凝土拱受力性能和单杆构件的受力性能总体上类似，其 N/N_u-M/M_u 相关曲线（也可称为强度相关关系）如图 3 所示，与钢管混凝土拱单杆构件类似，也存在一平衡点 B，其中 N_u 为轴压强度承载力，M_u 为受弯承载力。

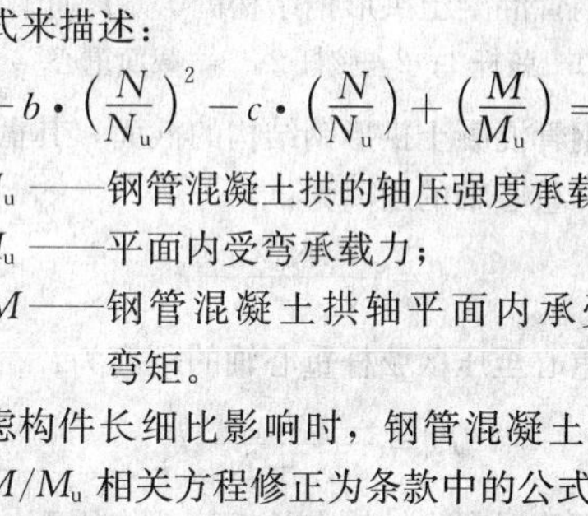

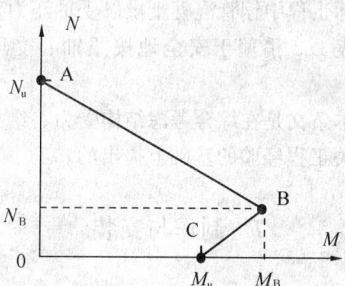

图 3　格构式拱形钢管混凝土结构
N-M 强度相关关系曲线

规程条款中换算长细比的计算进行了 $E_{sc}A_{sc}=E_sA_s+E_cA_c$ 的简化。简化条件为：$\xi=0.2\sim4.0$，$f_y=235\text{MPa}\sim420\text{MPa}$，$f_{cu}=30\text{MPa}\sim80\text{MPa}$，$\alpha_s=0.03\sim0.15$。在使用规程时需要注意。

图 4 以三肢平腹式钢管混凝土拱形钢结构为例，弦杆在弯矩作用下可分为拉区弦杆和压区弦杆，下面说明 r_c、r_t 的计算方法。

设 N_{uc1} 为拉区弦杆的轴压承载力总和，N_{uc2} 为压区弦杆的轴压承载力总和，则结构总的轴压承载力为 $N_{uc}=N_{uc1}+N_{uc2}=\Sigma A_{sc}f_{sc}$，$A_{sc}$ 和 f_{sc} 分别为单根钢管混凝土弦杆的截面积及轴压强度承载力。

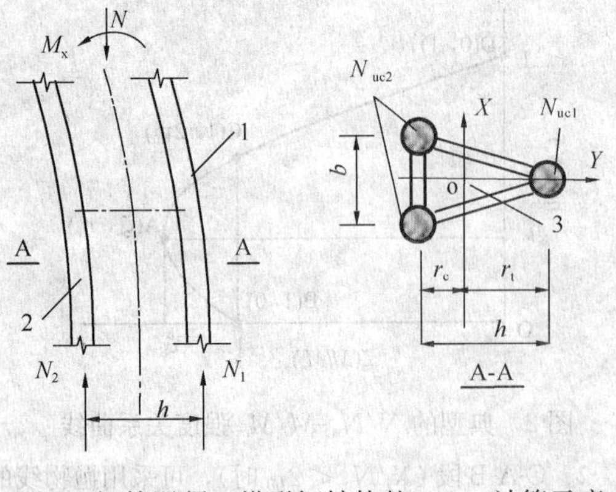

图 4　钢管混凝土拱形钢结构的 r_c、r_t 计算示意
1—弦杆 1；2—弦杆 2；3—截面重心

对于钢管混凝土拱形钢结构的截面，其截面重心至拉区弦杆重心轴的距离为：

$$r_t=\frac{N_{uc2}}{N_{uc1}+N_{uc2}}h \tag{20}$$

截面重心至压区弦杆重心轴的距离为：

$$r_c=\frac{N_{uc1}}{N_{uc1}+N_{uc2}}h \tag{21}$$

6.6.13　钢管混凝土结构在长期荷载作用下，混凝土的收缩和徐变会引起钢管和核心混凝土间的内力重分布现象。长期荷载作用可能导致钢管混凝土构件承载力的降低，而这种降低和长期荷载水平、截面约束效应系数、构件长细比和荷载偏心率有关。在工程常用范围内，根据分析结果提出长期荷载作用影响系数。研究表明，系数 k_{cr} 随着荷载偏心率的增大而增大，考虑到实际工程中钢管混凝土拱以受轴压力为主，故表 L-1 和表 L-2 稍偏于安全地按照轴心受压的情况取值。

6.6.14　本条文是在综合考虑结构受力、结构施工和钢结构有关工程经验的基础上提出的。

7　制作与安装

7.1　一般规定

7.1.5　拱形钢结构的施工变形预调值指拱体在制作与安装时，在设计位形的基础上附加一个二维位形增量，确保结构在安装成型后达到设计要求的结构外形。预变形的方式和变形量应在编制施工详图时加以明确。

7.1.7　在制作复杂拱形钢结构时，应根据其组成情况和受力状况确定其加工、组装、焊接方法，当一些工艺参数无法确定时，应通过工艺试验来确定。对连接复杂（如采用全螺栓连接或一个节点处有多个不同方向的构件连接）的情况，一般应在工厂内进行预拼装。预拼装可采用整体预拼装、相邻段（即前后、左右分段）预拼装、分块预拼装和首件预拼装等。

7.1.9　拱形钢结构的安装是一个由构件→机构→不稳定结构→稳定结构的过程，因此在安装过程中必须十分重视构件及结构的稳定性，应采取设置临时支撑、拉设缆风绳、临时加固等措施确保已安装构件和结构的稳定。构件在吊装过程中应控制其变形，特别要注意不得产生永久性变形。

对复杂或大型的工程，在施工前一般需进行施工全过程的模拟分析，以指导结构的施工。

7.1.11　对于在安装过程中需设置临时支撑的拱形钢结构，支撑可能会改变拱体的受力状态，特别对于钢管桁架拱，可能引起杆件内力变号。结构安装合龙后拆撑时，临时支撑逐步退出受力状态，而结构则逐步进入设计受力的最终状态。在这个过程中由于受力体系的转化，无论是临时支撑还是结构自身都会引起内力和变形的改变，如引起的内力和变形较大，则应分批按顺序拆除支撑。因此需要根据计算分析来确定拆除支撑的方法。同时，要求编制专门的方案来指导现场工人的操作。

7.2　制　　作

7.2.2　钢材的切割方法较多，如剪切、锯切或自动、半自动、手工气割和等离子切割等。剪切钢板厚度宜在 12mm 以下，对于重要构件必须去除剪切边缘的硬化部分。

自动、半自动、手工气割可切割任意厚度和任意形状的钢板，火焰切割后一般应对其切割面进行打磨处理。等离子切割可切割精度要求较高、厚度较薄的钢板。

7.2.3　当同种类型的零件板较多时，可先制作钻孔模板，并以此模板为基准进行套钻，以提高工作效率和加工精度。

当孔位精度要求较高或两组孔的间距过大时，可加工成整体构件后再进行打孔，以避免拼装误差、焊接变形及矫正对其带来的影响，确保孔位的精度。

7.2.4　对原材料矫正、零件矫正以及焊接变形矫正可采用冷矫正或热矫正。冷矫正一般采用机械矫正，如采用钢板矫平机、型钢矫正机等；热矫正一般采用火焰矫正，火焰矫正是把引起变形部位的金属局部加热到热塑状态，利用不均匀加热引起的变形来矫正已经发生的变形。

构件起拱方向的弧形腹板采用数控切割直接下料，相对应翼缘板采用卷板机弯曲成型，当钢板厚度很厚及弯曲曲率较大时可采用热成型。钢管和型材可采用弯管机或液压机冷弯成型，当曲率很大时可采用热弯曲方法成型。

钢管及型材弯曲后均存在拱度及侧向偏差，因此构件弯曲部位的螺栓孔应在弯曲成型后从其基准面重新定位后制孔，以保证与其相连的杆件能顺利安装。

弯曲部位产生的裂纹、分层、过烧等缺陷严重影响到结构安全，对弯曲后的钢板应进行外观检查及无损检测，以确保工程的安全。

弯曲加工样板检查，当零件弦长小于或等于1500mm时，样板弦长不应小于零件弦长的2/3；当零件弦长大于1500mm时，样板弦长不应小于1500mm，且其成型部位与样板的间隙不得大于1.0mm。

7.2.5 按照拱形钢结构投影尺寸放出1∶1大样图，并搭设组装胎架，胎架强度和刚度应满足构件重量、胎架自重及组装定位时外部施加的荷载需求。当拱形钢结构跨度及拱高较大时，由于一次组装比较困难，可分段加工制作，待各分段构件制作完成后，进行预拼装并在各分段两端做好标识，以确保现场顺利安装。

构件组装定位时，应充分考虑后序工作的加工余量，如焊接收缩、端部铣削、焊接变形矫正等。对有预变形要求的构件，应在组装前做好预变形，同时还需考虑焊接对预变形带来的影响。

组装时，应严格按照工艺文件规定的组装顺序进行，对构件的隐蔽部位应先进行焊接、除锈等，并在检查合格后再进行二次组装。

7.2.6 由于拱形钢结构工程中的焊接节点和焊接接头不可能进行现场实物取样，为保证工程焊接质量，必须在构件制作和结构安装焊接前进行焊接工艺评定，并根据焊接工艺评定的结果制定相应的焊接工艺。施焊前，应对操作人员进行技术交底，以明确焊接方法、焊接部位、焊接顺序、焊缝等级、焊角尺寸、焊接参数及焊接材料的选用、烘焙等要求，并对需重点注意的部位进行特别说明。焊接技术负责人应随时检查焊缝质量，及时处理由各方面因素引发的焊接技术问题。

焊接材料与母材的匹配应符合相关规范要求。低碳钢含碳量低，产生焊接裂纹的倾向小，焊接性能较好，一般按焊缝金属与母材等强度的原则选择焊条。低合金高强度结构钢应选择低氢型焊条，由于焊缝实际强度往往比用标准试板测定的熔敷金属强度高20MPa～90MPa，为使焊缝金属的机械性能与母材基本相同，选择的焊条应略低于母材的强度。

焊接时，应采用对称焊法、倒焊法、跳焊法等焊接工艺措施减少焊接变形。采用预热、后热及层间温度控制等工艺措施减小焊接应力。

7.2.7 实腹式截面拱构件类型较多，当截面较大时，由于采用普通的机械弯曲成型易对构件造成裂纹、褶皱等缺陷，所以宜采用钢板直接下料拼焊成拱形。

7.2.8 腹板开孔截面钢拱腹板开孔转角处宜采用圆角，以避免应力集中。

型钢直接弯曲成型时，如腹板先开孔，当弯曲成型至腹板开孔部位，由于此处截面的削弱，易造成不规则的变形，因此宜在钢拱弯曲成型后再进行腹板开孔加工。

腹板采用数控切割时，一并将腹板上的孔割出，这样孔的形状和精度比较容易保证。为节省钢板用量，腹板开孔及弯曲成型可采用图5所示的方法：

1 将工字型钢A按照横轴半长r_{uh}[即$r(R+h_0/2)/R$]、纵轴半长r_{uv}[即$r(R-r_{uh})/R$]以及腹板高度的1/2切割成两部分；

2 将工字型钢B按照横轴半长r_{dh}[即$r(R-h_0/2)/R$]、纵轴半长r_{dv}[即$r(R+r_{dh})/R$]以及腹板高度的1/2切割成两部分；

3 冷弯工字型钢A的上半边构件，使得腹板的洞口直径正好达到$2r$，即可获得腹板开洞工形截面钢拱的上半边构件；

4 冷弯工字型钢B的下半边构件，使得腹板的洞口直径正好达到$2r$，即可获得腹板开洞工形截面钢拱的下半边构件；

5 焊接上下两半边构件，便可形成腹板开洞工字形截面钢拱。

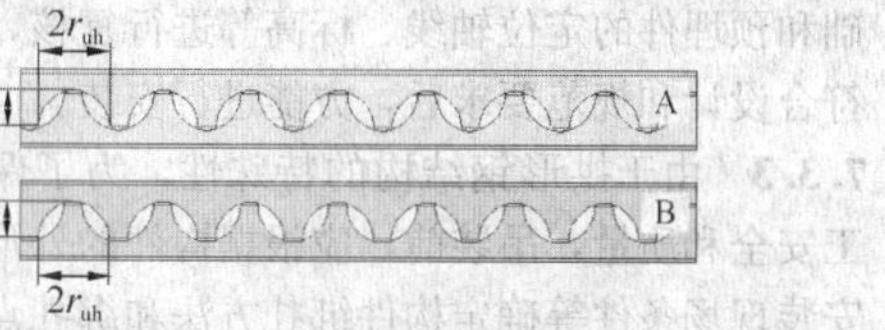

(a) 数控切割

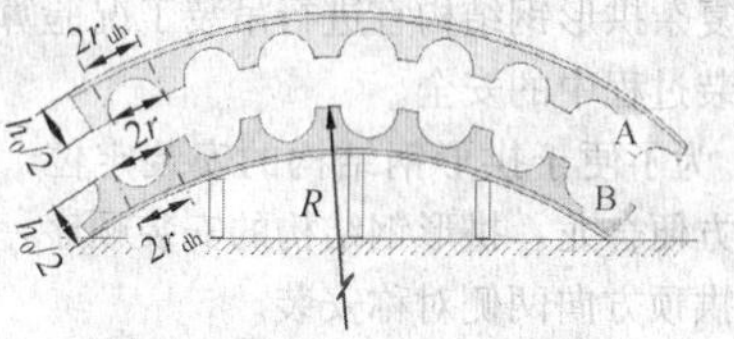

(b) 冷弯成型

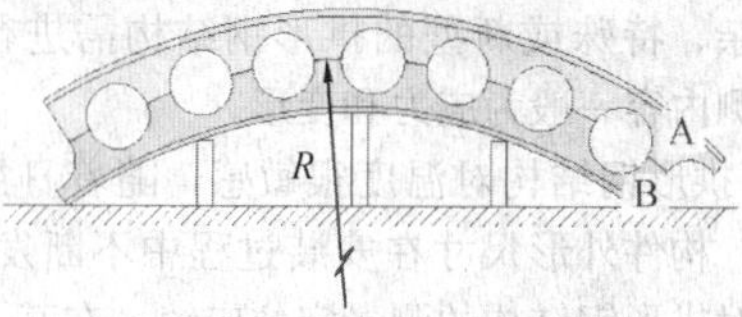

(c) 对焊

图5 腹板数控切割开孔与翼缘板弯曲成型工艺

7.2.9 钢管桁架拱制作前，原材料的各项偏差均应符合相关规范要求。

钢管的弯曲成型一般分为热弯曲成型和冷弯曲成型，具体成型工艺应根据设计要求、钢管径厚比、设备条件等确定。一般采用冷弯曲成型加工方法，当弯曲半径小于规定的最小弯曲半径时，可采用中频加热弯曲成型，以防止冷弯曲造成的裂纹等缺陷。

7.2.10 索拱结构采用的实腹截面拱、腹板开孔截面拱和钢管桁架拱等截面形式，是在纯拱基础上加设了钢索后形成的，因此其钢拱部分加工制作与本规程第7.2.7、7.2.8和7.2.9条的要求相同。

索拱结构的索盘、锚具、夹具及连接节点应具有较高的精度，因此宜采用机械方法精确加工，以控制偏差在允许范围内。

7.2.11 灌浆孔宜为圆孔，以避免应力集中。其开孔位置应满足灌浆要求，且尽量避开受拉区域。钢管混凝土拱是在钢管拱的基础上加灌混凝土，因此其制作允许偏差应符合表7.2.7和表7.2.9的要求。

7.3 安　　装

7.3.1 本条对拱形钢结构安装的标高和轴线基准点的设置作出了规定。基准点应在安装前进行设置。标高基准点的设置一般以拱脚底板支承面作为标高定位基准，同时还应设置标高观测点。观测点一般设置在拱顶、拱轴线形状变化处或纵横拱交叉处等位置。轴线基准点一般设置在拱脚底板上表面的纵横方向的两侧，同时还应设置轴线观测点。轴线观测点一般设置在标高观测点的同一位置。

7.3.2 拱形钢结构安装单位应对土建单位提交的基础和预埋件的定位轴线、标高等进行复核，各项数据符合设计和规范要求后，方能进行安装。

7.3.3 由于拱形钢结构的特殊性，为了保证吊装施工安全和质量，吊装前，应根据构件的外形、重量和安装现场条件等确定构件绑扎方法和绑扎点位置，对绑扎点位置难以确定的，一般应通过计算来确定。对大型或复杂拱形钢结构宜进行吊装工况验算，确保构件在吊装过程中的安全。

7.3.4 为了便于拱形钢结构的安装定位，减少累积误差，方便合龙，拱形钢结构的安装顺序一般采用从拱脚至拱顶方向两侧对称安装。

7.3.5 为确保在施工过程和使用过程中的安全，对一些复杂、特殊或新型的拱形钢结构需进行健康监测，监测内容一般为应力和变形。

7.3.6 拱形钢结构对温度很敏感，随着日照、温度的变化，构件外形尺寸在安装过程中不断发生变化。因此，对拱形钢结构的测量定位应统一在某一特定的时间或条件，一般选择在早晨、傍晚或阴天（即温度变化小、日照很弱）条件下进行。

7.3.7 为了防止结构或构件在受外力作用下产生过大的变形，保证安装过程中的结构或构件稳定，应及时连接拱形钢结构的侧向稳定构件，或者采用缆风绳固定等临时措施。当采用缆风绳固定时，一般应通过计算确定缆风绳的大小、锚固点位置及张紧力等。

7.3.8 当拱形钢结构在安装过程中设置临时支撑时，安装结束后需拆除支撑。拆撑的顺序有相应的要求，对拱形钢结构，一般应从拱脚向拱顶方向顺序拆撑，这样能确保受力体系的合理转化。

7.3.9 拱形钢结构的安装应根据结构特点以及施工现场条件，按照安全、合理、经济的原则选择施工方案。一般可采用分段吊装高空组对法、旋转起扳法、整体提升法、分段累积提升法、旋转起扳提升法、滑移法等方法安装，也可采用两种或两种以上方法组合进行安装。

7.3.10 拱形钢结构的分段大小应根据施工现场吊装设备确定。当采用分段吊装高空组对法安装时，应设置临时支撑。临时支撑可采用满堂脚手架或点式支撑架，点式支撑架一般采用格构式或单肢式。临时支撑的大小、尺寸、间距等应根据安装和卸载工况计算确定，应保证有足够的承载力、刚度与稳定性。

7.3.11 本条规定了采用旋转起扳法安装时的要求。

拱形钢结构在地面拼装时一般采用卧式拼装，因此在进行起扳时，应考虑从卧式状态向安装位置（即设计位置）转化时的结构内力、变形以及支座推力的变化，为此应采取必要措施保证结构和设备的安全。

起扳方式一般有液压起扳和卷扬机起扳，液压起扳较平稳。

为防止拱形钢结构在起扳过程中发生倾覆，对拱形钢结构应设置制动索，制动索沿起扳方向和相反方向对称设置，在起扳过程中一边收紧，另一边放松。始终保持两边张紧的状态。

7.3.12 本条规定了采用整体提升或分段累积提升法安装时的要求。

拱形钢结构采用提升法施工时，提升点的设置至关重要，其设置原则是保证结构在提升过程中的受力和变形符合设计要求。当不能满足要求时，应对结构进行临时加固。

采用提升法施工时，还应对提升架进行验算。验算的内容有提升架的底座（包括基础）、提升架自身的承载力和稳定性等。提升架在计算时，应考虑提升点不同步、拆撑卸载不均匀等不利因素。

拱形钢结构提升时，可采用设置导轨的形式来保证结构不晃动，对提升架一般可设置缆风绳来保证其稳定性。

7.3.13 本条规定了索拱结构安装时的要求。

索拱结构中索的张拉方法应根据设计要求确定，一般采用以张拉力控制为主、变形控制为辅的双控原则。当张拉力和变形不能同时满足时，应以张拉力控制为主，但此时应分析原因，找出问题所在，并进行及时调整，以满足设计要求。

索拱结构的施工方法（如索的张拉顺序、分级次数等）应由施工全过程模拟分析确定，并应经原设计工程师确认，对施工过程应进行全程监控，特别是对索力和结构变形应进行监测。索力可通过油压表读数、索伸长量、压力传感器或EM磁通量等方法来测得，变形可通过全站仪测量得到。索力和变形均应控制在设计计算的范围内。

索的张拉一般可分成二～三级。如分成二级张拉，第一级一般张拉到设计值的70%，第二级张拉到设计值的100%；如采用三级张拉，第一级一般张拉到设计值的 50%，第二级张拉到设计值的 80%，第三级张拉到设计值的 100%。

索的张拉还应考虑各索相互之间的影响。

索在张拉时索力会有一定的损失。因此，在张拉时一般应考虑超张拉。超张拉值应根据连接节点形式确定，一般可取3%～5%。

7.3.14 本条规定了钢管混凝土拱安装时的要求。

钢管混凝土拱可采用预制钢管混凝土拱和现浇钢管混凝土拱。当采用预制钢管混凝土拱时，管内的混凝土强度应达到设计值的 50%以后，才能进行吊装。当采用现浇钢管混凝土拱时，应对空钢管进行施工条件下的强度和稳定性验算。同时，还应考虑在浇筑混凝土时，钢管的最大初始压应力不能超过其抗压强度设计值的 35%。

混凝土的配合比除了应满足有关力学性能指标的要求外，还应注意混凝土坍落度的选择。混凝土配合比应根据混凝土设计强度等级计算，并通过试验确定。对钢管混凝土拱内的混凝土质量的检测一般采用敲击法，通过听声音来检查，当发现有异常时，可采用超声波进行检测。当检测发现有质量问题（即不密实）时，可采用在钢管上钻孔进行压浆补强。

7.4 防腐与防火涂装

7.4.1 除锈一般采用喷砂机或抛丸机进行。当构件体积较大，无法放入喷砂或抛丸机内时，也可采用手工喷砂。磨料一般采用棱角砂、金刚砂、钢丸、断丝等，也可采用两种不同磨料按一定配比的混合物。磨料粒径选用 1.2mm～3mm 为佳，压缩空气压力为 0.4MPa～0.6MPa，喷距 100mm～300mm，喷角 90°±45°，加工处理后的构件表面呈灰白色为最佳。

涂料品种、涂装遍数、涂层厚度均应符合设计要求。当设计对涂层厚度无要求时，涂层干漆膜总厚度：室外应为 150μm，室内应为 125μm，其允许偏差为－25μm。每遍涂层干漆膜厚度的允许偏差为－5μm。

防腐涂装时的环境温度和相对湿度应符合涂料产品说明书的要求，当说明书无要求时，环境温度宜在5℃～38℃之间，相对湿度不应大于 85%。涂装时构件表面不应有结露；涂料未干前应避免雨淋、水冲等，并应防止机械撞击。

7.4.2 防火保护措施应按照安全可靠、经济实用和美观的原则选用。在要求的耐火极限内能有效地保护钢构件，并在钢构件受火产生变形时，不发生结构性破坏，仍能保持原有的保护作用直至规定的耐火时间。

防腐涂料和防火涂料同时使用时，应防止其发生化学反应对钢构件产生有害影响。

中华人民共和国国家标准

冷弯薄壁型钢结构技术规范

Technical code of cold-formed thin-wall steel structures

GB 50018－2002

主编部门：湖北省发展计划委员会

批准部门：中华人民共和国建设部

施行日期：2 0 0 3 年 1 月 1 日

中华人民共和国建设部
公　告

第63号

建设部关于发布国家标准《冷弯薄壁型钢结构技术规范》的公告

现批准《冷弯薄壁型钢结构技术规范》为国家标准，编号为GB 50018—2002，自2003年1月1日起实施。其中，第3.0.6、4.1.3、4.1.7、4.2.1、4.2.3、4.2.4、4.2.5、4.2.7、9.2.2、10.2.3条为强制性条文，必须严格执行。原《冷弯薄壁型钢结构技术规范》GBJ 18—87同时废止。

本规范由建设部标准定额研究所组织中国计划出版社出版发行。

中华人民共和国建设部

二〇〇二年九月二十七日

前　言

本规范是根据建设部建标［1998］94号文的要求，由主编部门湖北省发展计划委员会、主编单位中南建筑设计院会同有关单位对1987年国家计划委员会批准颁布的《冷弯薄壁型钢结构技术规范》GBJ 18—87进行全面修订而成的。

本规范共11章5个附录，这次修订的主要内容有：

1. 按新修订的国家标准《建筑结构可靠度设计统一标准》的规定，增加了在采用不同安全等级时需结合考虑设计使用年限的内容；

2. 增列了在单层房屋设计中考虑受力蒙皮作用的设计原则；

3. 补充了弯矩作用于非对称平面内的单轴对称开口截面压弯构件稳定性的计算公式；

4. 对三种不同的受压板件的有效宽厚比计算修改成以板组为计算单元，考虑相邻板件的约束影响，并采用统一的计算公式；

5. 新增了自攻（自钻）螺钉、拉铆钉、射钉及喇叭形焊缝等新型连接方式的内容；

6. 对广泛应用的压型钢板增加了用作非组合效应楼板、同时承受弯矩和剪力作用的计算方法；

7. 新增了应用十分广泛的薄壁型钢墙梁的设计规定与构造要求；

8. 补充了多跨门式刚架体系中刚架柱的计算长度计算公式，补充了刚架梁垂直挠度限值、柱顶侧移限值等规定。

本规范将来可能进行局部修订，有关局部修订的信息和条文内容将刊登在《工程建设标准化》杂志上。

本规范以黑体字标志的条文为强制性条文，必须严格执行。

本规范由建设部负责管理和对强制性条文的解释，中南建筑设计院负责具体技术内容的解释。

为了提高规范的质量，请各单位在执行本规范过程中，结合工程实践，认真总结经验，并将意见和建议寄至：湖北省武汉市武昌中南二路十号中南建筑设计院《冷弯薄壁型钢结构技术规范》国家标准管理组（邮编：430071，E-mail：lwssc@public.wh.hb.cn）。

本规范主编单位、参编单位和主要起草人：

主 编 单 位： 中南建筑设计院

参 编 单 位： 同济大学
深圳大学
西安建筑科技大学
哈尔滨工业大学
福州大学
湖南大学
东风汽车公司基建管理部
武汉大学
上海交通大学
中国建筑标准设计研究所
浙江杭萧钢构股份有限公司
南昌大学
福建长祥建筑钢结构有限公司
喜利得（中国）有限公司

主要起草人： 陈雪庭　陆祖欣　沈祖炎　张中权
何保康　徐厚军　张耀春　魏潮文
周绪红　孔次融　方山峰　周国樑
蔡益燕　陈国津　郭耀杰　高轩能
单银木　熊　皓　王　稚

目　次

1 总　　则

1.0.1 为使冷弯薄壁型钢结构的设计和施工贯彻执行国家的技术经济政策，做到技术先进、经济合理、安全适用、确保质量，特制定本规范。

1.0.2 本规范适用于建筑工程的冷弯薄壁型钢结构的设计与施工。

1.0.3 本规范未考虑直接承受动力荷载的承重结构和受有强烈侵蚀作用的冷弯薄壁型钢结构的特殊要求。

1.0.4 本规范的设计原则是根据现行国家标准《建筑结构可靠度设计统一标准》GB 50068 制定的。

1.0.5 设计冷弯薄壁型钢结构时，应结合工程实际，合理选用材料、结构方案和构造措施，保证结构在运输、安装和使用过程中满足强度、稳定性和刚度要求，符合防火、防腐要求。

1.0.6 冷弯薄壁型钢结构的设计和施工，除应符合本规范外，尚应符合现行有关国家标准的规定。

2 术语、符号

2.1 术　　语

2.1.1 板件　elements

薄壁型钢杆件中相邻两纵边之间的平板部分。

2.1.2 加劲板件　stiffened elements

两纵边均与其他板件相连接的板件。

2.1.3 部分加劲板件　partially stiffened elements

一纵边与其他板件相连接，另一纵边由符合要求的边缘卷边加劲的板件。

2.1.4 非加劲板件　unstiffened elements

一纵边与其他板件相连接，另一纵边为自由的板件。

2.1.5 均匀受压板件　uniformly compressed elements

承受轴心均匀压力作用的板件。

2.1.6 非均匀受压板件　non-uniformly compressed elements

承受线性非均匀分布应力作用的板件。

2.1.7 子板件　sub-elements

一纵边与其他板件相连接，另一纵边与符合要求的中间加劲肋相连接或两纵边均与符合要求的中间加劲肋相连接的板件。

2.1.8 宽厚比　width-to-thickness ratio

板件的宽度与厚度之比。

2.1.9 有效宽厚比　effective width-to-thickness ratio

考虑受压板件利用屈曲后强度时，为了简化计算，将板件的宽度予以折减，折减后板件的计算宽度与板厚之比。

2.1.10 冷弯效应　effect of cold forming

因冷弯引起钢材性能改变的现象。

2.1.11 受力蒙皮作用　stressed skin action

与支承构件可靠连接的压型钢板体系所具有的抵抗板自身平面内剪切变形的能力。

2.1.12 喇叭形焊缝　flare groove welds

连接圆角与圆角或圆角与平板间隙处的焊缝。

2.2 符　　号

2.2.1 作用及作用效应

B——双力矩；

F——集中荷载；

M——弯矩；

N——轴心力；

N_t——一个连接件所承受的拉力；

N_v——一个连接件所承受的剪力；

P——高强度螺栓的预拉力；

V——剪力。

2.2.2 计算指标

E——钢材的弹性模量；

G——钢材的剪变模量；

N_v^s——电阻点焊每个焊点的抗剪承载力设计值；

N_t^b——一个螺栓的抗拉承载力设计值；

N_v^b——一个螺栓的抗剪承载力设计值；

N_c^b——一个螺栓的承压承载力设计值；

N_t^f——一个自攻螺钉或射钉的抗拉承载力设计值；

N_v^f——一个连接件的抗剪承载力设计值；

f——钢材的抗拉、抗压和抗弯强度设计值；

f_{ce}——钢材的端面承压强度设计值；

f_v——钢材的抗剪强度设计值；

f_y——钢材的屈服强度；

f_c^b，f_t^b，f_v^b——螺栓的承压、抗拉和抗剪强度设计值；

f_c^w，f_t^w，f_v^w——对接焊缝的抗压、抗拉和抗剪强度设计值；

f_f^w——角焊缝的抗压、抗拉和抗剪强度设计值；

σ——正应力；

τ——剪应力。

2.2.3 几何参数

A——毛截面面积；

A_n——净截面面积；

A_e——有效截面面积；

A_{en}——有效净截面面积；

H——柱的高度；

H_0——柱的计算高度；

I——毛截面惯性矩；

I_n——净截面惯性矩；

I_t——毛截面抗扭惯性矩；

I_ω——毛截面扇性惯性矩；

I_{es}——压型钢板边加劲肋的惯性矩；

I_{is}——压型钢板中加劲肋的惯性矩；

S——毛截面面积矩；

W——毛截面模量；

W_n——净截面模量；

W_ω——毛截面扇性模量；

W_e——有效截面模量；

W_{en}——有效净截面模量；

a——卷边的高度；格构式檩条上弦节间长度；连接件的间距；

a_{max}——连接件的最大容许间距；

b——截面或板件的宽度；

b_0——截面的计算宽度（或高度）；

b_s——压型钢板中子板件的宽度；

b_e——板件的有效宽度；

c——与计算板件邻接的板件的宽度；

d——直径；

d_0——构件中孔洞的直径；

d_e——螺栓螺纹处的有效直径；

e——偏心距；

e_a——荷载作用点到弯心的距离；

e_0——截面弯心在对称轴上的坐标（以形心为原点）；

e_x——等效偏心距；

h——截面或板件的高度；

h_0——腹板的计算高度；

h_f——角焊缝的焊脚尺寸；

i——回转半径；

l——长度或跨度；侧向支承点间的距离；型钢截面中心线长度；

l_w——焊缝的计算长度；

l_0——计算长度；

l_ω——扭转屈曲的计算长度；

r_i——截面第 i 个棱角内表面的弯曲半径；

t——厚度；

θ——夹角；

λ——长细比；

λ_0——换算长细比；

λ_ω——弯扭屈曲的换算长细比。

2.2.4 计算系数

k——受压板件的稳定系数；

k_1——板组约束系数；

n——连接处的螺栓数；两侧向支承点间的节间总数；

n_c——内力为压力的节间数；

n_v——每个螺栓的剪切面数；

n_1——同一截面处的连接件数；

α，β——构件的约束系数；

β_m——等效弯矩系数；

γ——钢材抗拉强度与屈服强度的比值；

γ_R——抗力分项系数；

ξ_1，ξ_2——计算受弯构件整体稳定系数时采用的系数；

η——计算受弯构件整体稳定系数时采用的系数；计算考虑冷弯效应的强度设计值时采用的系数；截面系数；

ζ——计算受弯构件整体稳定系数时采用的系数；

μ——刚架柱的计算长度系数；

μ_b——梁的侧向计算长度系数；

ρ——质量密度；受压板件有效宽厚比计算系数；

φ——轴心受压构件的稳定系数；

φ_b，φ'_b——受弯构件的整体稳定系数；

ψ——应力分布不均匀系数。

3 材 料

3.0.1 用于承重结构的冷弯薄壁型钢的带钢或钢板，应采用符合现行国家标准《碳素结构钢》GB/T 700 规定的 Q235 钢和《低合金高强度结构钢》GB/T 1591 规定的 Q345 钢。当有可靠根据时，可采用其他牌号的钢材，但应符合相应有关国家标准的要求。

3.0.2 用于承重结构的冷弯薄壁型钢的带钢或钢板，应具有抗拉强度、伸长率、屈服强度、冷弯试验和硫、磷含量的合格保证；对焊接结构尚应具有碳含量的合格保证。

3.0.3 在技术经济合理的情况下，可在同一构件中采用不同牌号的钢材。

3.0.4 焊接采用的材料应符合下列要求：

1 手工焊接用的焊条，应符合现行国家标准《碳钢焊条》GB/T 5117或《低合金钢焊条》GB/T 5118 的规定。选择的焊条型号应与主体金属力学性能相适应。

2 自动焊接或半自动焊接用的焊丝，应符合现行国家标准《熔化焊用钢丝》GB/T 14957 的规定。选择的焊丝和焊剂应与主体金属相适应。

3 二氧化碳气体保护焊接用的焊丝，应符合现行国家标准《气体保护电弧焊用碳钢、低合金钢焊丝》GB/T 8110 的规定。

4 当 Q235 钢和 Q345 钢相焊接时，宜采用与 Q235 钢相适应的焊条或焊丝。

3.0.5 连接件（连接材料）应符合下列要求：

1 普通螺栓应符合现行国家标准《六角头螺栓 C级》GB/T 5780的规定，其机械性能应符合现行国家标准《紧固件机械性能、螺栓、螺钉和螺柱》GB/T 3089.1的规定。

2 高强度螺栓应符合现行国家标准《钢结构用高强度大六角头螺栓、大六角螺母、垫圈与技术条件》GB/T 1228～1231 或《钢结构用扭剪型高强度螺栓连接副》GB/T 3632～3633 的规定。

3 连接薄钢板或其他金属板采用的自攻螺钉应符合现行国家标准《自钻自攻螺钉》GB/T 15856.1～4、GB/T 3098.11 或《自攻螺栓》GB/T 5282～5285 的规定。

3.0.6 在冷弯薄壁型钢结构设计图纸和材料订货文件中，应注明所采用的钢材的牌号和质量等级、供货条件等以及连接材料的型号（或钢材的牌号）。必要时尚应注明对钢材所要求的机械性能和化学成分的附加保证项目。

4 基本设计规定

4.1 设计原则

4.1.1 本规范采用以概率理论为基础的极限状态设计方法，以分项系数设计表达式进行计算。

4.1.2 冷弯薄壁型钢承重结构应按承载能力极限状态和正常使用极限状态进行设计。

4.1.3 设计冷弯薄壁型钢结构时的重要性系数 γ_0 应根据结构的安全等级、设计使用年限确定。

一般工业与民用建筑冷弯薄壁型钢结构的安全等级取为二级，设计使用年限为 50 年时，其重要性系数不应小于 1.0；设计使用年限为 25 年时，其重要性系数不应小于 0.95。特殊建筑冷弯薄壁型钢结构安全等级、设计使用年限另行确定。

4.1.4 按承载能力极限状态设计冷弯薄壁型钢结构，应考虑荷载效应的基本组合，必要时尚应考虑荷载效应的偶然组合，采用荷载设计值和强度设计值进行计算。荷载设计值等于荷载标准值乘以荷载分项系数；强度设计值等于材料强度标准值除以抗力分项系数，冷弯薄壁型钢结构的抗力分项系数 $\gamma_R = 1.165$。

4.1.5 按正常使用极限状态设计冷弯薄壁型钢结构，应考虑荷载效应的标准组合，采用荷载标准值和变形限值进行计算。

4.1.6 计算结构构件和连接时，荷载、荷载分项系数、荷载效应组合和荷载组合值系数的取值，应符合现行国家标准《建筑结构荷载规范》GB 50009 的规定。

注：对支承轻屋面的构件或结构（屋架、框架等），当仅承受一个可变荷载，其水平投影面积超过 60m²时，屋面均布活荷载标准值宜取 0.3kN/m²。

4.1.7 设计刚架、屋架、檩条和墙梁时，应考虑由于风吸力作用引起构件内力变化的不利影响，此时永久荷载的荷载分项系数应取 1.0。

4.1.8 结构构件的受拉强度应按净截面计算；受压强度应按有效净截面计算；稳定性应按有效截面计算。

4.1.9 构件的变形和各种稳定系数可按毛截面计算。

4.1.10 当采用不能滑动的连接件连接压型钢板及其支承构件形成屋面和墙面等围护体系时，可在单层房屋的设计中考虑受力蒙皮作用，但应同时满足下列要求：

1 应由试验或可靠的分析方法获得蒙皮组合体的强度和刚度参数，对结构进行整体分析和设计；

2 屋脊、檐口和山墙等关键部位的檩条、墙梁、立柱及其连接等，除了考虑直接作用的荷载产生的内力外，还必须考虑由整体分析算得的附加内力进行承载力验算；

3 必须在建成的建筑物的显眼位置设立永久性标牌，标明在使用和维护过程中，不得随意拆卸压型钢板，只有设置了临时支撑后方可拆换压型钢板，并在设计文件中加以规定。

4.2 设计指标

4.2.1 钢材的强度设计值应按表 4.2.1 采用。

表 4.2.1 钢材的强度设计值（N/mm²）

钢材牌号	抗拉、抗压和抗弯 f	抗剪 f_v	端面承压（磨平顶紧）f_{ce}
Q235 钢	205	120	310
Q345 钢	300	175	400

4.2.2 计算全截面有效的受拉、受压或受弯构件的强度，可采用按本规范附录 C 确定的考虑冷弯效应的强度设计值。

4.2.3 经退火、焊接和热镀锌等热处理的冷弯薄壁型钢构件不得采用考虑冷弯效应的强度设计值。

4.2.4 焊缝的强度设计值应按表 4.2.4 采用。

表 4.2.4 焊缝的强度设计值（N/mm²）

构件钢材牌号	对接焊缝			角焊缝
	抗压 f_c^w	抗拉 f_t^w	抗剪 f_v^w	抗压、抗拉和抗剪 f_f^w
Q235 钢	205	175	120	140
Q345 钢	300	255	175	195

注：1 当 Q235 钢与 Q345 钢对接焊接时，焊缝的强度设计值应按表 4.2.4 中 Q235 钢栏的数值采用；
2 经 X 射线检查符合一、二级焊缝质量标准的对接焊缝的抗拉强度设计值采用抗压强度设计值。

4.2.5 C级普通螺栓连接的强度设计值应按表4.2.5采用。

表4.2.5 C级普通螺栓连接的强度设计值(N/mm^2)

类别	性能等级	构件钢材的牌号	
	4.6级、4.8级	Q235钢	Q345钢
抗拉 f_t^b	165	—	—
抗剪 f_v^b	125	—	—
承压 f_c^b	—	290	370

4.2.6 电阻点焊每个焊点的抗剪承载力设计值应按表4.2.6采用。

表4.2.6 电阻点焊的抗剪承载力设计值

相焊板件中外层较薄板件的厚度 t(mm)	每个焊点的抗剪承载力设计值 N_v^s(kN)	相焊板件中外层较薄板件的厚度 t(mm)	每个焊点的抗剪承载力设计值 N_v^s(kN)
0.4	0.6	2.0	5.9
0.6	1.1	2.5	8.0
0.8	1.7	3.0	10.2
1.0	2.3	3.5	12.6
1.5	4.0	—	—

4.2.7 计算下列情况的结构构件和连接时，本规范4.2.1至4.2.6条规定的强度设计值，应乘以下列相应的折减系数。

1 平面格构式檩条的端部主要受压腹杆：0.85；

2 单面连接的单角钢杆件：

1）按轴心受力计算强度和连接：0.85；

2）按轴心受压计算稳定性：$0.6+0.0014\lambda$；

注：对中间无联系的单角钢压杆，λ为按最小回转半径计算的杆件长细比。

3 无垫板的单面对接焊缝：0.85；

4 施工条件较差的高空安装焊缝：0.90；

5 两构件的连接采用搭接或其间填有垫板的连接以及单盖板的不对称连接：0.90。

上述几种情况同时存在时，其折减系数应连乘。

4.2.8 钢材的物理性能应符合表4.2.8的规定。

表4.2.8 钢材的物理性能

弹性模量 E (N/mm^2)	剪变模量 G (N/mm^2)	线膨胀系数 α (以每℃计)	质量密度 ρ (kg/m^3)
206×10^3	79×10^3	12×10^{-6}	7850

4.3 构造的一般规定

4.3.1 冷弯薄壁型钢结构构件的壁厚不宜大于6mm，也不宜小于1.5mm（压型钢板除外），主要承重结构构件的壁厚不宜小于2mm。

4.3.2 构件受压部分的壁厚尚应符合下列要求：

1 构件中受压板件的最大宽厚比应符合表4.3.2的规定。

表4.3.2 受压板件的宽厚比限值

板件类别 \ 钢材牌号	Q235钢	Q345钢
非加劲板件	45	35
部分加劲板件	60	50
加劲板件	250	200

2 圆管截面构件的外径与壁厚之比，对于Q235钢，不宜大于100；对于Q345钢，不宜大于68。

4.3.3 构件的长细比应符合下列要求：

1 受压构件的长细比不宜超过表4.3.3中所列数值；

表4.3.3 受压构件的容许长细比

项次	构件类别	容许长细比
1	主要构件（如主要承重柱、刚架柱、桁架和格构式刚架的弦杆及支座压杆等）	150
2	其他构件及支撑	200

2 受拉构件的长细比不宜超过350，但张紧的圆钢拉条的长细比不受此限。当受拉构件在永久荷载和风荷载组合作用下受压时，长细比不宜超过250；在吊车荷载作用下受压时，长细比不宜超过200。

4.3.4 用缀板或缀条连接的格构式柱宜设置横隔，其间距不宜大于2～3m，在每个运输单元的两端均应设置横隔。实腹式受弯及压弯构件的两端和较大集中荷载作用处应设置横向加劲肋，当构件腹板高厚比较大时，构造上宜设置横向加劲肋。

5 构件的计算

5.1 轴心受拉构件

5.1.1 轴心受拉构件的强度应按下式计算：

$$\sigma=\frac{N}{A_n}\leqslant f \quad (5.1.1\text{-}1)$$

式中 σ——正应力；

N——轴心力；

A_n——净截面面积；

f——钢材的抗拉、抗压和抗弯强度设计值。

高强度螺栓摩擦型连接处的强度应按下列公式计算：

$$\sigma=\left(1-0.5\frac{n_1}{n}\right)\frac{N}{A_n}\leqslant f \quad (5.1.1\text{-}2)$$

$$\sigma=\frac{N}{A}\leqslant f \quad (5.1.1\text{-}3)$$

式中 n_1——所计算截面（最外列螺栓）处的高强度螺栓数；

n——在节点或拼接处，构件一端连接的高强度螺栓数；

A——毛截面面积。

5.1.2 计算开口截面的轴心受拉构件的强度时，若轴心力不通过截面弯心（或不通过Z形截面的扇性零点），则应考虑双力矩的影响。

注：本条规定也适用于轴心受压、拉弯、压弯构件。

5.2 轴心受压构件

5.2.1 轴心受压构件的强度应按下式计算：

$$\sigma=\frac{N}{A_{en}}\leqslant f \qquad (5.2.1)$$

式中 A_{en}——有效净截面面积。

5.2.2 轴心受压构件的稳定性应按下式计算：

$$\frac{N}{\varphi A_e}\leqslant f \qquad (5.2.2)$$

式中 φ——轴心受压构件的稳定系数，应按本规范表A.1.1-1或表A.1.1-2采用；

A_e——有效截面面积。

5.2.3 计算闭口截面、双轴对称的开口截面和截面全部有效的不卷边的等边单角钢轴心受压构件的稳定系数时，其长细比应取按下列公式算得的较大值：

$$\lambda_x=\frac{l_{0x}}{i_x} \qquad (5.2.3\text{-}1)$$

$$\lambda_y=\frac{l_{0y}}{i_y} \qquad (5.2.3\text{-}2)$$

式中 λ_x、λ_y——构件对截面主轴x轴和y轴的长细比；

l_{0x}、l_{0y}——构件在垂直于截面主轴x轴和y轴的平面内的计算长度；

i_x、i_y——构件毛截面对其主轴x轴和y轴的回转半径。

5.2.4 计算单轴对称开口截面（如图5.2.4所示）轴心受压构件的稳定系数时，其长细比应取按公式5.2.3-2和下式算得的较大值：

$$\lambda_\omega=\lambda_x\sqrt{\frac{s^2+i_0^2}{2s^2}+\sqrt{\left(\frac{s^2+i_0^2}{2s^2}\right)^2-\frac{i_0^2-\alpha e_0^2}{s^2}}} \qquad (5.2.4\text{-}1)$$

$$s^2=\frac{\lambda_x^2}{A}\left(\frac{I_\omega}{l_\omega^2}+0.039I_t\right) \qquad (5.2.4\text{-}2)$$

$$i_0^2=e_0^2+i_x^2+i_y^2 \qquad (5.2.4\text{-}3)$$

式中 λ_ω——弯扭屈曲的换算长细比；

I_ω——毛截面扇性惯性矩；

I_t——毛截面抗扭惯性矩；

e_0——毛截面的弯心在对称轴上的坐标；

l_ω——扭转屈曲的计算长度，$l_\omega=\beta\cdot l$；

l——无缀板时，为构件的几何长度；有缀板时，取两相邻缀板中心线的最大间距；

α，β——约束系数，按表5.2.4采用。

表5.2.4 开口截面轴心受压和压弯构件的约束系数

项次	构件两端的支承情况	无缀板		有缀板	
		α	β	α	β
1	两端铰接，端部截面可以自由翘曲	1.00	1.00	—	—
2	两端嵌固，端部截面的翘曲完全受到约束	1.00	0.50	0.80	1.00
3	两端铰接，端部截面的翘曲完全受到约束	0.72	0.50	0.80	1.00

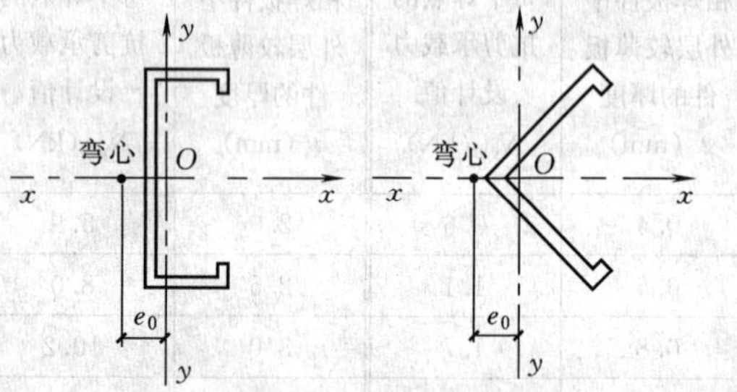

图5.2.4 单轴对称开口截面示意图

5.2.5 有缀板的单轴对称开口截面轴心受压构件弯扭屈曲的换算长细比λ_ω可按公式5.2.4-1计算，约束系数α、β可按表5.2.4采用，但扭转屈曲的计算长度$l_\omega=\beta\cdot a$，a为缀板中心线的最大间距。

构件两支承点间至少应设置2块缀板（不包括构件支承点处的缀板或封头板在内）。

5.2.6 格构式轴心受压构件的稳定性应按公式5.2.2计算，其长细比应按下列规定取λ_{0x}和λ_{0y}中的较大值：

1 缀板连接的双肢格构式构件（如图5.2.6a所示）。

$$\lambda_{0x}=\lambda_x \qquad (5.2.6\text{-}1)$$

$$\lambda_{0y}=\sqrt{\lambda_y^2+\lambda_1^2} \qquad (5.2.6\text{-}2)$$

2 缀条连接的双肢格构式构件（如图5.2.6b所示）。

$$\lambda_{0x}=\lambda_x$$

$$\lambda_{0y}=\sqrt{\lambda_y^2+27\frac{A}{A_1}} \qquad (5.2.6\text{-}3)$$

3 缀条连接的三肢格构式构件（如图5.2.6c所示）。

$$\lambda_{0x}=\sqrt{\lambda_x^2+\frac{42A}{A_1(1.5-\cos^2\theta)}} \qquad (5.2.6\text{-}4)$$

$$\lambda_{0y}=\sqrt{\lambda_y^2+\frac{42A}{A_1\cdot\cos^2\theta}} \qquad (5.2.6\text{-}5)$$

式中 λ_{0x}、λ_{0y}——格构式构件的换算长细比；

λ_x——整个构件对x轴的长细比；

λ_y——整个构件对虚轴(y轴)的长细比；

λ_1——单肢对其自身主轴（1 轴）的长细比，计算长度取缀板间净距；

A——所有单肢毛截面的面积之和；

A_1——构件横截面所截各斜缀条毛截面面积之和。

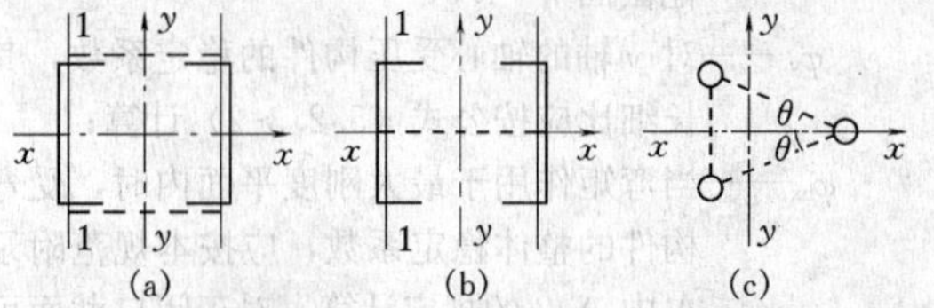

图 5.2.6　格构式构件截面示意图

格构式轴心受压构件，当缀材为缀条时，其分肢的长细比 λ_1 不应大于构件最大长细比 λ_{max} 的 0.7 倍；当缀材为缀板时，λ_1 不应大于 40，且不应大于 λ_{max} 的 0.5 倍（当 $\lambda_{max}<50$ 时，取 $\lambda_{max}=50$），此时可不计算单肢的强度和稳定性。

斜缀条与构件轴线间的夹角宜不小于 40°，不大于 70°。

5.2.7　格构式轴心受压构件的剪力应按下式计算：

$$V=\frac{fA}{80}\sqrt{\frac{f_y}{235}} \tag{5.2.7}$$

式中　V——剪力；

A——构件所有单肢毛截面面积之和；

f_y——钢材的屈服强度，Q235 钢的 $f_y=235\text{N/mm}^2$，Q345 钢的 $f_y=345\text{N/mm}^2$。

剪力 V 值沿构件全长不变，由承受该剪力的有关缀板或缀条分担。

5.3　受弯构件

5.3.1　荷载通过截面弯心并与主轴平行的受弯构件（如图5.3.1所示）的强度和稳定性应按下列公式计算：

强度：
$$\sigma=\frac{M_{max}}{W_{enx}}\leqslant f \tag{5.3.1-1}$$

$$\tau=\frac{V_{max}S}{It}\leqslant f_v \tag{5.3.1-2}$$

稳定性：
$$\frac{M_{max}}{\varphi_{bx}W_{ex}}\leqslant f \tag{5.3.1-3}$$

式中　M_{max}——跨间对主轴 x 轴的最大弯矩；

V_{max}——最大剪力；

W_{enx}——对主轴 x 轴的较小有效净截面模量；

τ——剪应力；

S——计算剪应力处以上截面对中和轴的面积矩；

I——毛截面惯性矩；

t——腹板厚度之和；

φ_{bx}——受弯构件的整体稳定系数，应按本规范附录 A 中 A.2 的规定计算；

W_{ex}——对截面主轴 x 轴的受压边缘的有效截面模量；

f_v——钢材抗剪强度设计值。

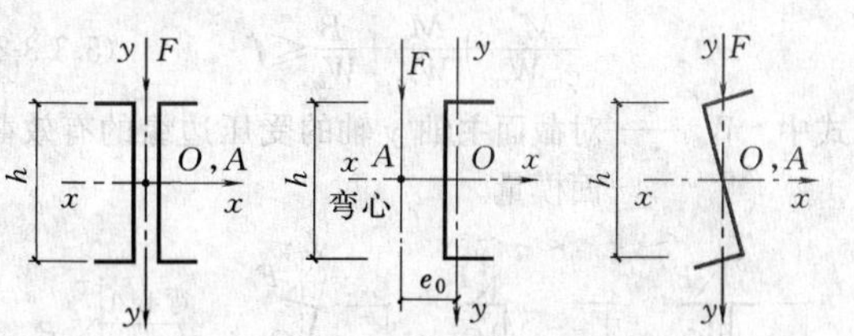

图 5.3.1　荷载通过弯心并与主轴平行的受弯构件截面示意图

5.3.2　荷载偏离截面弯心但与主轴平行的受弯构件（如图5.3.2所示）的强度和稳定性应按下列公式计算：

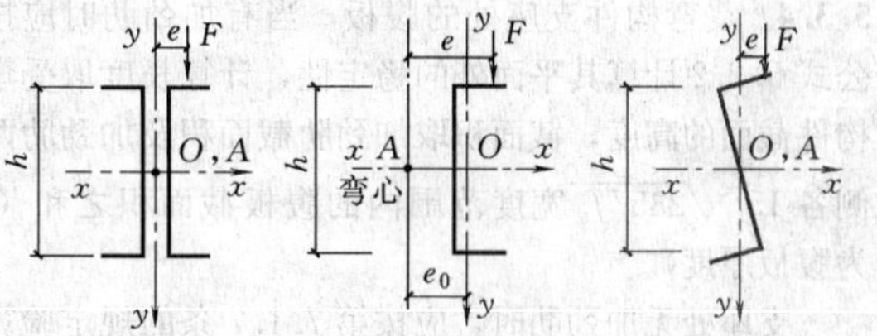

图 5.3.2　荷载偏离弯心但与主轴平行的受弯构件截面示意图

强度：
$$\sigma=\frac{M}{W_{enx}}+\frac{B}{W_\omega}\leqslant f \tag{5.3.2-1}$$

稳定性：
$$\frac{M_{max}}{\varphi_{bx}W_{ex}}+\frac{B}{W_\omega}\leqslant f \tag{5.3.2-2}$$

式中　M——计算弯矩；

B——与所取弯矩同一截面的双力矩，当受弯构件的受压翼缘上有铺板，且与受压翼缘牢固相连并能阻止受压翼缘侧向变位和扭转时，$B=0$，此时可不验算受弯构件的稳定性。其他情况，B 可按本规范附录 A 中 A.4 的规定计算；

W_ω——与弯矩引起的应力同一验算点处的毛截面扇性模量。

剪应力可按公式 5.3.1-2 验算。

5.3.3　荷载偏离截面弯心且与主轴倾斜的受弯构件（如图5.3.3所示），当在构造上能保证整体稳定性时，其强度可按式 5.3.3-1 计算：

$$\sigma=\frac{M_x}{W_{enx}}+\frac{M_y}{W_{eny}}+\frac{B}{W_\omega}\leqslant f \tag{5.3.3-1}$$

式中　M_x、M_y——对截面主轴 x、y 轴的弯矩（图 5.3.3所示的截面中，x 轴为强轴，y 轴为弱轴）；

W_{eny}——对截面主轴 y 轴的有效净截面模量。

x 轴和 y 轴方向的剪应力可分别按公式 5.3.1-2 验算。

上述受弯构件，当不能在构造上保证整体稳定性时，可按公式 5.3.3-2 计算其稳定性：

$$\frac{M_x}{\varphi_{bx}W_{ex}}+\frac{M_y}{W_{ey}}+\frac{B}{W_\omega}\leqslant f \qquad (5.3.3\text{-}2)$$

式中 W_{ey}——对截面主轴 y 轴的受压边缘的有效截面模量。

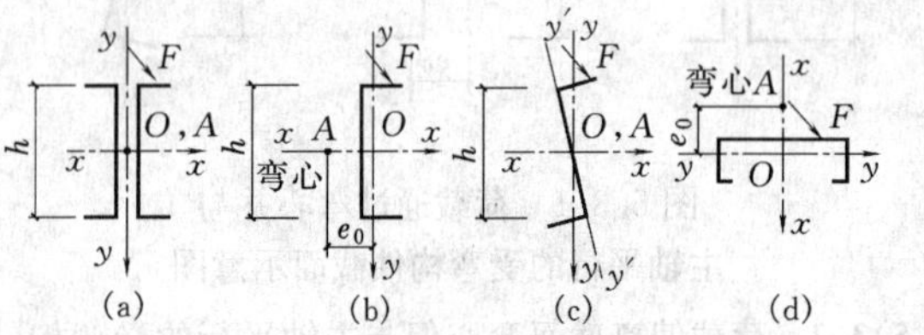

图 5.3.3 荷载偏离弯心且与主轴倾斜的受弯构件截面示意图

5.3.4 受弯构件支座处的腹板，当有加劲肋时应按公式 5.2.2 计算其平面外的稳定性，计算长度取受弯构件截面的高度，截面积取加劲肋截面积及加劲肋两侧各 $15t\sqrt{235/f_y}$ 宽度范围内的腹板截面积之和（t 为腹板厚度）。

支座处无加劲肋时，应按第 7.1.7 条的规定验算局部受压承载力。

5.4 拉弯构件

5.4.1 拉弯构件的强度应按下式计算：

$$\sigma=\frac{N}{A_n}\pm\frac{M_x}{W_{nx}}\pm\frac{M_y}{W_{ny}}\leqslant f \qquad (5.4.1)$$

式中 W_{nx}、W_{ny}——对截面主轴 x、y 轴的净截面模量。

若拉弯构件截面内出现受压区，且受压板件的宽厚比大于第 5.6.1 条规定的有效宽厚比时，则在计算其净截面特性时应按图 5.6.5 所示位置扣除受压板件的超出部分。

5.5 压弯构件

5.5.1 压弯构件的强度应按下式计算：

$$\sigma=\frac{N}{A_{en}}\pm\frac{M_x}{W_{enx}}\pm\frac{M_y}{W_{eny}}\leqslant f \qquad (5.5.1)$$

5.5.2 双轴对称截面的压弯构件，当弯矩作用于对称平面内时，应按公式 5.5.2-1 计算弯矩作用平面内的稳定性：

$$\frac{N}{\varphi A_e}+\frac{\beta_m M}{\left(1-\frac{N}{N'_E}\varphi\right)W_e}\leqslant f \qquad (5.5.2\text{-}1)$$

式中 M——计算弯矩，取构件全长范围内的最大弯矩；

β_m——等效弯矩系数；

N'_E——系数，$N'_E=\frac{\pi^2 EA}{1.165\lambda^2}$；

E——钢材的弹性模量；

λ——构件在弯矩作用平面内的长细比；

W_e——对最大受压边缘的有效截面模量。

当弯矩作用在最大刚度平面内时（如图 5.5.2 所示），尚应按公式 5.5.2-2 计算弯矩作用平面外的稳定性：

$$\frac{N}{\varphi_y A_e}+\frac{\eta M_x}{\varphi_{bx}W_{ex}}\leqslant f \qquad (5.5.2\text{-}2)$$

式中 η——截面系数，对闭口截面 $\eta=0.7$，对其他截面 $\eta=1.0$；

φ_y——对 y 轴的轴心受压构件的稳定系数，其长细比应按公式（5.2.3-2）计算；

φ_{bx}——当弯矩作用于最大刚度平面内时，受弯构件的整体稳定系数，应按本规范附录 A 中 A.2 的规定计算，对于闭口截面可取 $\varphi_{bx}=1.0$。

M_x 应取构件计算段的最大弯矩。

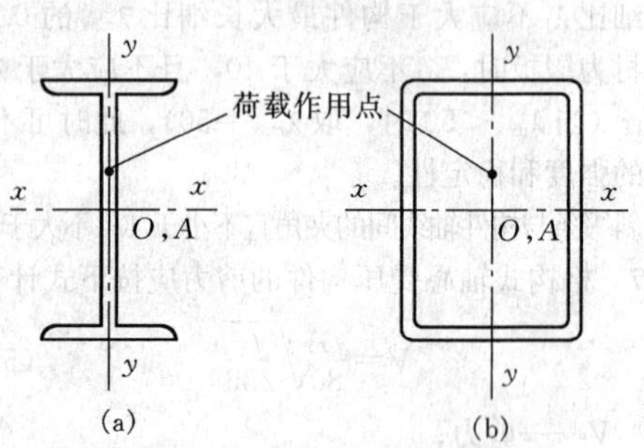

图 5.5.2 双轴对称截面示意图

5.5.3 压弯构件的等效弯矩系数 β_m 应按下列规定采用：

1 构件端部无侧移且无中间横向荷载时：

$$\beta_m=0.6+0.4\frac{M_2}{M_1} \qquad (5.5.3)$$

式中 M_1、M_2——分别为绝对值较大和较小的端弯矩，当构件以单曲率弯曲时 $\frac{M_2}{M_1}$ 取正值，当构件以双曲率弯曲时，$\frac{M_2}{M_1}$ 取负值。

2 构件端部无侧移但有中间横向荷载时：

$$\beta_m=1.0$$

3 构件端部有侧移时：

$$\beta_m=1.0$$

5.5.4 单轴对称开口截面（如图 5.2.4 所示）的压弯构件，当弯矩作用于对称平面内时，除应按第 5.5.2 条计算弯矩作用平面内的稳定性外，尚应按公式 5.2.2 计算其弯矩作用平面外的稳定性，此时，公式 5.2.2 中的轴心受压构件稳定系数 φ 应按公式 5.5.4-1 算得的弯扭屈曲的换算长细比 λ_ω 由本规范表 A.1.1-1 或表 A.1.1-2 查得。

$$\lambda_\omega=\lambda_x\sqrt{\frac{s^2+a^2}{2s^2}+\sqrt{\left(\frac{s^2+a^2}{2s^2}\right)^2-\frac{a^2-\alpha\ (e_0-e_x)^2}{s^2}}} \qquad (5.5.4\text{-}1)$$

$$a^2=e_0^2+i_x^2+i_y^2+2e_x\left(\frac{U_y}{2I_y}-e_0-\xi_2 e_a\right)$$

(5.5.4-2)

$$U_y=\int_A x(x^2+y^2)\mathrm{d}A \quad (5.5.4\text{-}3)$$

式中 e_x——等效偏心距，$e_x=\pm\frac{\beta_m M}{N}$，当偏心在截面弯心一侧时$e_x$为负，当偏心在与截面弯心相对的另一侧时$e_x$为正。$M$取构件计算段的最大弯矩；

ξ_2——横向荷载作用位置影响系数，查表A.2.1；

s——计算系数，按公式5.2.4-2计算；

e_a——横向荷载作用点到弯心的距离：对于偏心压杆或当横向荷载作用在弯心时$e_a=0$；当荷载不作用在弯心且荷载方向指向弯心时 e_a 为负，而离开弯心时 e_a 为正。

若$l_{0x}\leqslant l_{0y}$，当压弯构件采用本规范表B.1.1-3或表B.1.1-4中所列型钢或当$e_x+\frac{e_0}{2}\leqslant 0$时，可不计算其弯矩作用平面外的稳定性。

当弯矩作用在对称平面内（如图5.2.4所示），且使截面在弯心一侧受压时，尚应按下式计算：

$$\left|\frac{N}{A_e}-\frac{\beta_{my}M_y}{\left(1-\frac{N}{N'_{Ey}}\right)W'_{ey}}\right|\leqslant f \quad (5.5.4\text{-}4)$$

式中 β_{my}——对y轴的等效弯矩系数，应按第5.5.3条的规定采用；

W'_{ey}——截面的较小有效截面模量；

N'_{Ey}——系数，$N'_{Ey}=\frac{\pi^2 EA}{1.165\lambda_y^2}$。

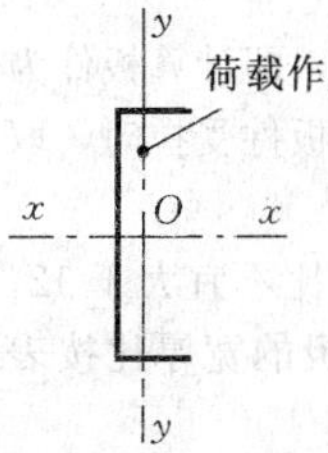

图5.5.5 单轴对称开口截面绕对称轴弯曲示意图

5.5.5 单轴对称开口截面压弯构件，当弯矩作用于非对称主平面内时（如图5.5.5所示），除应按公式5.5.5-1计算其弯矩作用平面内的稳定性外，尚应按公式5.5.5-2计算其弯矩作用平面外的稳定性。

$$\frac{N}{\varphi_x A_e}+\frac{\beta_m M_x}{\left(1-\frac{N}{N'_{Ex}}\varphi_x\right)W_{ex}}+\frac{B}{W_\omega}\leqslant f$$

(5.5.5-1)

$$\frac{N}{\varphi_y A_e}+\frac{M_x}{\varphi_{bx}W_{ex}}+\frac{B}{W_\omega}\leqslant f \quad (5.5.5\text{-}2)$$

式中 φ_x——对x轴的轴心受压构件的稳定系数，其长细比应按公式5.2.4-1计算；

N'_{Ex}——系数，$N'_{Ex}=\frac{\pi^2 EA}{1.165\lambda_x^2}$。

5.5.6 双轴对称截面双向压弯构件的稳定性应按下列公式计算：

$$\frac{N}{\varphi_x A_e}+\frac{\beta_{mx}M_x}{\left(1-\frac{N}{N'_{Ex}}\varphi_x\right)W_{ex}}+\frac{\eta M_y}{\varphi_{by}W_{ey}}\leqslant f$$

(5.5.6-1)

$$\frac{N}{\varphi_y A_e}+\frac{\eta M_x}{\varphi_{bx}W_{ex}}+\frac{\beta_{my}M_y}{\left(1-\frac{N}{N'_{Ey}}\varphi_y\right)W_{ey}}\leqslant f$$

(5.5.6-2)

式中 φ_{by}——当弯矩作用于最小刚度平面内时，受弯构件的整体稳定系数，应按本规范附录A中A.2的规定计算；

β_{mx}——对x轴的等效弯矩系数，应按第5.5.3条的规定采用。

5.5.7 格构式压弯构件，除应计算整个构件的强度和稳定性外，尚应计算单肢的强度和稳定性。

计算缀板或缀条内力用的剪力，应取构件的实际剪力和按第5.2.7条算得的剪力中的较大值。

5.5.8 格构式压弯构件，当弯矩绕实轴（x轴）作用时，其弯矩作用平面内和平面外的整体稳定性计算均与实腹式构件相同，但在计算弯矩作用平面外的整体稳定性时，公式5.5.2-2中的φ_y应按第5.2.6条中的换算长细比λ_{0y}确定，φ_b应取1.0；当弯矩绕虚轴（y轴）作用时，其弯矩作用平面内的整体稳定性应按下式计算：

$$\frac{N}{\varphi_y A_e}+\frac{\beta_{my}M_y}{\left(1-\frac{N}{N'_{Ey}}\varphi_y\right)W_{ey}}\leqslant f \quad (5.5.8)$$

式中φ_y、N'_{Ey}均应按换算长细比λ_{0y}确定，弯矩作用平面外的整体稳定性可不计算，但应计算分肢的稳定性。

5.6 构件中的受压板件

5.6.1 加劲板件、部分加劲板件和非加劲板件的有效宽厚比应按下列公式计算：

当$\frac{b}{t}\leqslant 18\alpha\rho$时：

$$\frac{b_e}{t}=\frac{b_c}{t} \quad (5.6.1\text{-}1)$$

当$18\alpha\rho<\frac{b}{t}<38\alpha\rho$时：

$$\frac{b_e}{t}=\left(\sqrt{\frac{21.8\alpha\rho}{\frac{b}{t}}}-0.1\right)\frac{b_c}{t} \quad (5.6.1\text{-}2)$$

当$\frac{b}{t}\geqslant 38\alpha\rho$时：

$$\frac{b_e}{t}=\frac{25\alpha\rho}{\frac{b}{t}}\cdot\frac{b_c}{t} \quad (5.6.1\text{-}3)$$

式中 b——板件宽度；

t——板件厚度；

b_e——板件有效宽度；

α——计算系数，$\alpha=1.15-0.15\psi$，当 $\psi<0$ 时，取 $\alpha=1.15$；

ψ——压应力分布不均匀系数，$\psi=\frac{\sigma_{\min}}{\sigma_{\max}}$；

$\sigma_{\max}$——受压板件边缘的最大压应力（N/mm²），取正值；

$\sigma_{\min}$——受压板件另一边缘的应力（N/mm²），以压应力为正，拉应力为负；

b_c——板件受压区宽度，当 $\psi\geqslant0$ 时，$b_c=b$；当 $\psi<0$ 时，$b_c=\frac{b}{1-\psi}$；

ρ——计算系数，$\rho=\sqrt{\frac{205k_1k}{\sigma_1}}$，其中 σ_1 按本规范第 5.6.7 条、5.6.8 条的规定确定；

k——板件受压稳定系数，按第 5.6.2 条的规定确定；

k_1——板组约束系数，按第 5.6.3 条的规定采用；若不计相邻板件的约束作用，可取 $k_1=1$。

5.6.2 受压板件的稳定系数可按下列公式计算：

1 加劲板件。

当 $1\geqslant\psi>0$ 时：

$$k=7.8-8.15\psi+4.35\psi^2 \quad (5.6.2\text{-}1)$$

当 $0\geqslant\psi\geqslant-1$ 时：

$$k=7.8-6.29\psi+9.78\psi^2 \quad (5.6.2\text{-}2)$$

2 部分加劲板件。

1）最大压应力作用于支承边（如图 5.6.2a 所示）。

当 $\psi\geqslant-1$ 时：

$$k=5.89-11.59\psi+6.68\psi^2 \quad (5.6.2\text{-}3)$$

2）最大压应力作用于部分加劲边（如图 5.6.2b 所示）。

当 $\psi\geqslant-1$ 时：

$$k=1.15-0.22\psi+0.045\psi^2 \quad (5.6.2\text{-}4)$$

3 非加劲板件。

1）最大压应力作用于支承边（如图 5.6.2c 所示）。

当 $1\geqslant\psi>0$ 时：

$$k=1.70-3.025\psi+1.75\psi^2 \quad (5.6.2\text{-}5)$$

当 $0\geqslant\psi>-0.4$ 时：

$$k=1.70-1.75\psi+55\psi^2 \quad (5.6.2\text{-}6)$$

当 $-0.4\geqslant\psi\geqslant-1$ 时：

$$k=6.07-9.51\psi+8.33\psi^2 \quad (5.6.2\text{-}7)$$

2）最大压应力作用于自由边（如图 5.6.2d 所示）。

当 $\psi\geqslant-1$ 时：

$$k=0.567-0.213\psi+0.071\psi^2 \quad (5.6.2\text{-}8)$$

注：当 $\psi<-1$ 时，以上各式的 k 值按 $\psi=-1$ 的值采用。

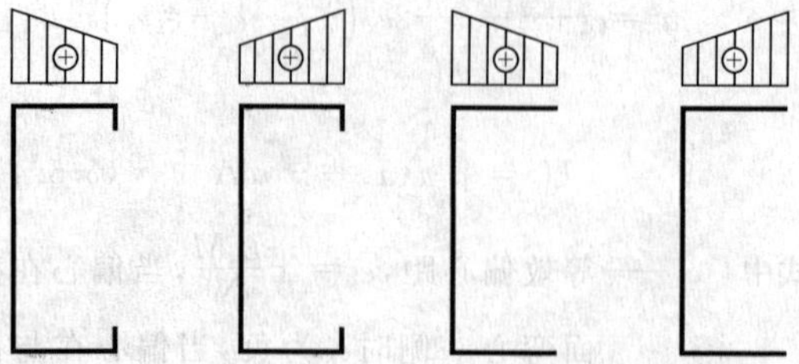

图 5.6.2 部分加劲板件和非加劲板件的应力分布示意图

5.6.3 受压板件的板组约束系数应按下列公式计算：

当 $\xi\leqslant1.1$ 时：

$$k_1=\frac{1}{\sqrt{\xi}} \quad (5.6.3\text{-}1)$$

当 $\xi>1.1$ 时：

$$k_1=0.11+\frac{0.93}{(\xi-0.05)^2} \quad (5.6.3\text{-}2)$$

$$\xi=\frac{c}{b}\sqrt{\frac{k}{k_c}} \quad (5.6.3\text{-}3)$$

式中 b——计算板件的宽度；

c——与计算板件邻接的板件的宽度，如果计算板件两边均有邻接板件时，即计算板件为加劲板件时，取压应力较大一边的邻接板件的宽度；

k——计算板件的受压稳定系数，由第 5.6.2 条确定；

k_c——邻接板件的受压稳定系数，由第 5.6.2 条确定。

当 $k_1>k'_1$ 时，取 $k_1=k'_1$，k'_1 为 k_1 的上限值。对于加劲板件 $k'_1=1.7$；对于部分加劲板件 $k'_1=2.4$；对于非加劲板件 $k'_1=3.0$。

当计算板件只有一边有邻接板件，即计算板件为非加劲板件或部分加劲板件，且邻接板件受拉时，取 $k_1=k'_1$。

5.6.4 部分加劲板件中卷边的高厚比不宜大于 12，卷边的最小高厚比应根据部分加劲板的宽厚比按表 5.6.4 采用。

表 5.6.4 卷边的最小高厚比

$\frac{b}{t}$	15	20	25	30	35	40	45	50	55	60
$\frac{a}{t}$	5.4	6.3	7.2	8.0	8.5	9.0	9.5	10.0	10.5	11.0

注：a——卷边的高度；
b——带卷边板件的宽度；
t——板厚。

5.6.5 当受压板件的宽厚比大于第 5.6.1 条规定的有效宽厚比时，受压板件的有效截面应自截面的受压部分按图 5.6.5 所示位置扣除其超出部分（即图中不带斜线部分）来确定，截面的受拉部分全部有效。

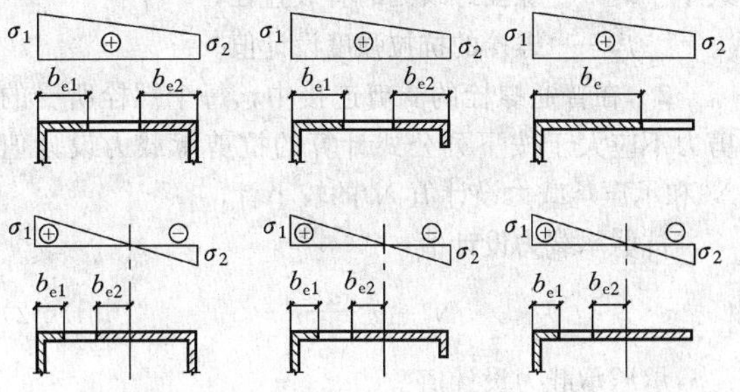

(a) 加劲板件　(b) 部分加劲板件　(c) 非加劲板件

图 5.6.5　受压板件的有效截面图

图 5.6.5 中的 b_{e1} 和 b_{e2} 按下列规定计算：

对于加劲板件：

当 $\psi \geqslant 0$ 时：

$$b_{e1}=\frac{2b_e}{5-\psi},\quad b_{e2}=b_e-b_{e1} \tag{5.6.5-1}$$

当 $\psi<0$ 时：

$$b_{e1}=0.4b_e,\quad b_{e2}=0.6b_e \tag{5.6.5-2}$$

对于部分加劲板件及非加劲板件：

$$b_{e1}=0.4b_e,\quad b_{e2}=0.6b_e \tag{5.6.5-3}$$

式中 b_e 按第 5.6.1 条确定。

5.6.6　圆管截面构件的外径与壁厚之比符合第 4.3.2 条的规定时，在计算中可取其截面全部有效。

5.6.7　在轴心受压构件中板件的有效宽厚比应根据由构件最大长细比所确定的轴心受压构件的稳定系数与钢材强度设计值的乘积（φf）作为 σ_1 按第 5.6.1 条的规定计算。

5.6.8　在拉弯、压弯和受弯构件中板件的有效宽厚比应按下列规定确定：

1　对于压弯构件，截面上各板件的压应力分布不均匀系数 ψ 应由构件毛截面按强度计算，不考虑双力矩的影响。最大压应力板件的 σ_1 取钢材的强度设计值 f，其余板件的最大压应力按 ψ 推算。有效宽厚比按第 5.6.1 条的规定计算。

2　对于受弯及拉弯构件，截面上各板件的压应力分布不均匀系数 ψ 及最大压应力应由构件毛截面按强度计算，不考虑双力矩的影响。有效宽厚比按第 5.6.1 条的规定计算。

3　板件的受拉部分全部有效。

6　连接的计算与构造

6.1　连接的计算

6.1.1　对接焊缝和角焊缝的强度应按下列公式计算：

1　对接焊缝轴心受拉。

$$\sigma=\frac{N}{l_w t}\leqslant f_t^w \tag{6.1.1-1}$$

2　对接焊缝轴心受压。

$$\sigma=\frac{N}{l_w t}\leqslant f_c^w \tag{6.1.1-2}$$

3　对接焊缝受弯同时受剪。

拉应力：

$$\sigma=\frac{M}{W_f}\leqslant f_t^w \tag{6.1.1-3}$$

剪应力：

$$\tau=\frac{VS_f}{I_f t}\leqslant f_v^w \tag{6.1.1-4}$$

对接焊缝中剪应力 τ 和正应力 σ 均较大处：

$$\sqrt{\sigma^2+3\tau^2}\leqslant 1.1 f_t^w \tag{6.1.1-5}$$

4　正面直角角焊缝受剪（作用力垂直于焊缝长度方向）。

$$\sigma_f=\frac{N}{0.7h_f l_w}\leqslant 1.22 f_f^w \tag{6.1.1-6}$$

5　侧面直角角焊缝受剪（作用力平行于焊缝长度方向）。

$$\tau_f=\frac{N}{0.7h_f l_w}\leqslant f_f^w \tag{6.1.1-7}$$

6　在垂直于角焊缝长度方向的应力 σ_f 和沿角焊缝长度方向的剪应力 τ_f 共同作用处。

$$\sqrt{\left(\frac{\sigma_f}{1.22}\right)^2+\tau_f^2}\leqslant f_f^w \tag{6.1.1-8}$$

式中　l_w——焊缝计算长度之和。采用引弧板或引出板施焊的对接焊缝，每条焊缝的计算长度可取其实际长度 l；不符合上述施焊方法的对接焊缝和所有角焊缝，每条焊缝的计算长度均取实际长度 l 减去 $2h_f$；

h_f——角焊缝的焊脚尺寸；

t——连接构件中较薄板件的厚度；

W_f——焊缝截面模量；

S_f——焊缝截面的最大面积矩；

I_f——焊缝截面惯性矩；

σ_f——垂直于焊缝长度方向的应力，按焊缝有效截面（$0.7h_f l_w$）计算；

τ_f——沿焊缝长度方向的剪应力，按焊缝有效截面（$0.7h_f l_w$）计算；

f_c^w、f_t^w——对接焊缝的抗压、抗拉强度设计值；

f_v^w——对接焊缝的抗剪强度设计值；

f_f^w——角焊缝的抗压、抗拉和抗剪强度设计值。

6.1.2　喇叭形焊缝的强度应按下列公式计算：

1　当连接板件的最小厚度小于或等于 4mm 时，轴力 N 垂直于焊缝轴线方向作用的焊缝（如图 6.1.2-1 所示）的抗剪强度应按下式计算：

$$\tau=\frac{N}{l_w t}\leqslant 0.8f \tag{6.1.2-1}$$

轴力 N 平行于焊缝轴线方向作用的焊缝（如图 6.1.2-2 所示）的抗剪强度应按下式计算：

$$\tau=\frac{N}{l_w t}\leqslant 0.7f \qquad (6.1.2\text{-}2)$$

式中　t——连接钢板的最小厚度；

l_w——焊缝计算长度之和，每条焊缝的计算长度均取实际长度 l 减去 $2h_f$，h_f 应按图 6.1.2-3 确定；

f——连接钢板的抗拉强度设计值。

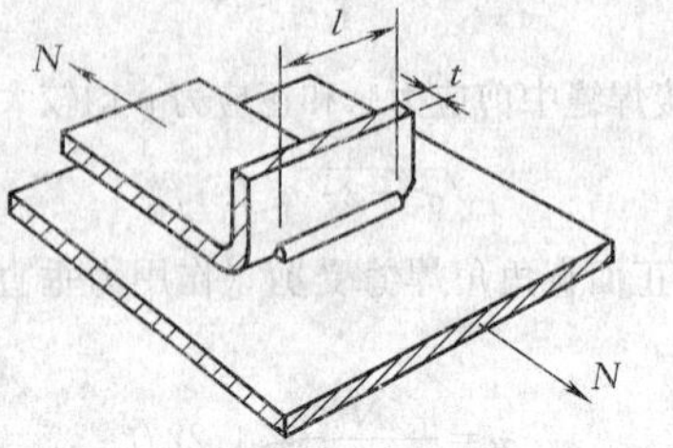

图 6.1.2-1　端缝受剪的单边喇叭形焊缝

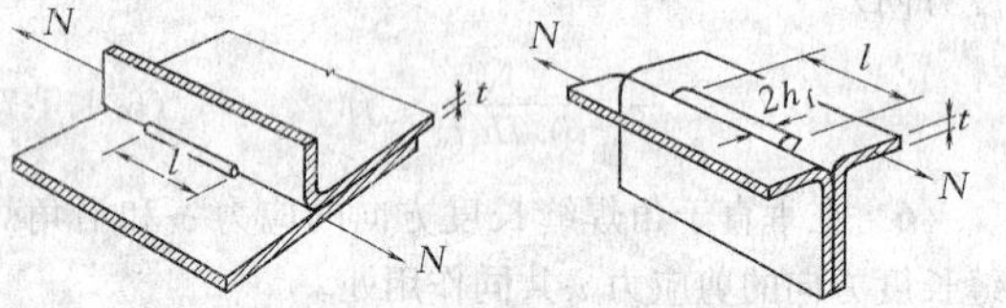

图 6.1.2-2　纵向受剪的喇叭形焊缝

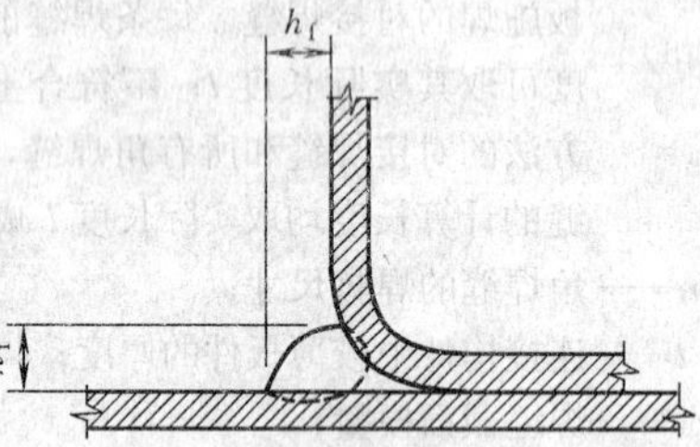

图 6.1.2-3　单边喇叭形焊缝

2　当连接板件的最小厚度大于 4mm 时，纵向受剪的喇叭形焊缝的强度除按公式 6.1.2-2 计算外，尚应按公式 6.1.1-7 做补充验算，但 h_f 应按图 6.1.2-2b 或图 6.1.2-3 确定。

6.1.3　电阻点焊可用于构件的缀合或组合连接，每个焊点所承受的最大剪力不得大于本规范表 4.2.6 中规定的抗剪承载力设计值。

6.1.4　普通螺栓的强度应按下列规定计算：

1　在普通螺栓杆轴方向受拉的连接中，每个螺栓所受的拉力不应大于按下式计算的抗拉承载力设计值 N_t^b。

$$N_t^b=\frac{\pi d_e^2}{4}f_t^b \qquad (6.1.4\text{-}1)$$

式中　d_e——螺栓螺纹处的有效直径；

f_t^b——螺栓的抗拉强度设计值。

2　在普通螺栓的受剪连接中，每个螺栓所受的剪力不应大于按下列公式计算的抗剪承载力设计值 N_v^b 和承压承载力设计值 N_c^b 的较小者。

抗剪承载力设计值：

$$N_v^b=n_v\frac{\pi d^2}{4}f_v^b \qquad (6.1.4\text{-}2)$$

承压承载力设计值：

$$N_c^b=d\sum t f_c^b \qquad (6.1.4\text{-}3)$$

式中　n_v——剪切面数；

d——螺杆直径，对于全螺纹螺栓，取 $d=d_e$；

$\sum t$——同一受力方向的承压构件的较小总厚度；

f_c^b、f_v^b——螺栓的承压、抗剪强度设计值。

3　同时承受剪力和杆轴方向拉力的普通螺栓连接，应符合下列公式要求：

$$\sqrt{\left(\frac{N_v}{N_v^b}\right)^2+\left(\frac{N_t}{N_t^b}\right)^2}\leqslant 1 \qquad (6.1.4\text{-}4)$$

$$N_v\leqslant N_c^b \qquad (6.1.4\text{-}5)$$

式中　N_v、N_t——每个螺栓所承受的剪力和拉力。

6.1.5　高强度螺栓摩擦型连接中，高强度螺栓的强度应按下列公式计算：

1　每个螺栓所受的剪力不应大于按下式计算的抗剪承载力设计值 N_v^b。

$$N_v^b=\alpha\cdot n_f\cdot\mu\cdot P \qquad (6.1.5\text{-}1)$$

式中　α——系数，当最小板厚 $t\leqslant$6mm 时取 0.8，当最小板厚 $t>$6mm 时取 0.9；

n_f——传力摩擦面数；

μ——抗滑移系数，应按表 6.1.5-1 采用；

P——高强度螺栓的预拉力，应按表 6.1.5-2 采用。

表 6.1.5-1　抗滑移系数 μ 值

连接处构件接触面的处理方法	构件的钢材牌号	
	Q235	Q345
喷砂（丸）	0.40	0.45
热轧钢材轧制表面清除浮锈	0.30	0.35
冷轧钢材轧制表面清除浮锈	0.25	—

注：除锈方向应与受力方向相垂直。

表 6.1.5-2　高强度螺栓的预拉力 P 值（kN）

螺栓的性能等级	螺栓公称直径（mm）		
	M12	M14	M16
8.8 级	45	60	80
10.9 级	55	75	100

2　每个螺栓所受的沿螺栓杆轴方向的拉力不应

大于按下式计算的抗拉承载力设计值 N_t^b。

$$N_t^b = 0.8P \tag{6.1.5-2}$$

3 同时承受摩擦面间的剪力 N_v 和沿螺栓杆轴方向的拉力 N_t 作用的高强度螺栓应符合下列公式要求：

$$N_v \leqslant N_v^b = \alpha \cdot n_f \cdot \mu \cdot (P - 1.25N_t) \tag{6.1.5-3}$$

$$N_t \leqslant 0.8P \tag{6.1.5-4}$$

6.1.6 在构件的节点处或拼接接头的一端，当螺栓沿受力方向的连接长度 l_b 大于 $15d_0$ 时，应将螺栓的承载力设计值乘以折减系数 $\left(1.1 - \frac{l_b}{150d_0}\right)$；当 l_b 大于 $60d_0$ 时，折减系数为 0.7，d_0 为孔径。

6.1.7 用于压型钢板之间和压型钢板与冷弯型钢构件之间紧密连接的抽芯铆钉（拉铆钉）、自攻螺钉和射钉连接的强度可按下列规定计算：

1 在压型钢板与冷弯型钢等支承构件之间的连接件杆轴方向受拉的连接中，每个自攻螺钉或射钉所受的拉力应不大于按下列公式计算的抗拉承载力设计值。

当只受静荷载作用时：

$$N_t^f = 17tf \tag{6.1.7-1}$$

当受含有风荷载的组合荷载作用时：

$$N_t^f = 8.5tf \tag{6.1.7-2}$$

式中 N_t^f——一个自攻螺钉或射钉的抗拉承载力设计值（N）；

t——紧挨钉头侧的压型钢板厚度（mm），应满足 $0.5\text{mm} \leqslant t \leqslant 1.5\text{mm}$；

f——被连接钢板的抗拉强度设计值（N/mm^2）。

当连接件位于压型钢板波谷的一个四分点时（如图 6.1.7b 所示），其抗拉承载力设计值应乘以折减系数 0.9；当两个四分点均设置连接件时（如图 6.1.7c 所示）则应乘以折减系数 0.7。

自攻螺钉在基材中的钻入深度 t_c 应大于 0.9mm，其所受的拉力应不大于按下式计算的抗拉承载力设计值。

$$N_t^f = 0.75t_c df \tag{6.1.7-3}$$

式中 d——自攻螺钉的直径（mm）；

t_c——钉杆的圆柱状螺纹部分钻入基材中的深度（mm）；

f——基材的抗拉强度设计值（N/mm^2）。

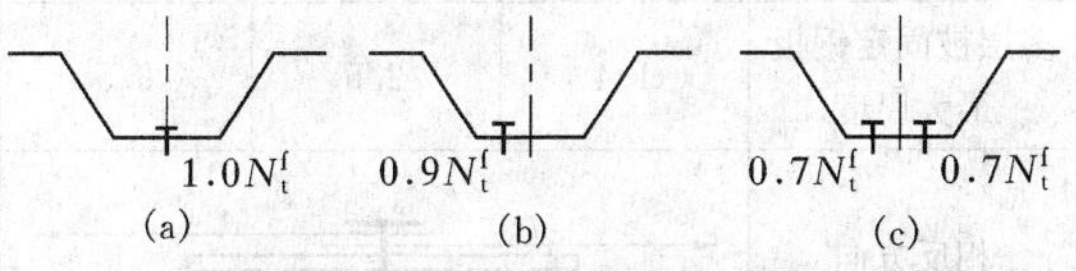

图 6.1.7 压型钢板连接示意图

2 当连接件受剪时，每个连接件所承受的剪力应不大于按下列公式计算的抗剪承载力设计值。

抽芯铆钉和自攻螺钉：

当 $\frac{t_1}{t} = 1$ 时：

$$N_v^f = 3.7\sqrt{t^3 d}f \tag{6.1.7-4}$$

且

$$N_v^f \leqslant 2.4tdf \tag{6.1.7-5}$$

当 $\frac{t_1}{t} \geqslant 2.5$ 时：

$$N_v^f = 2.4tdf \tag{6.1.7-6}$$

当 $\frac{t_1}{t}$ 介于 1 和 2.5 之间时，N_v^f 可由公式 6.1.7-4 和 6.1.7-6 插值求得。

式中 N_v^f——一个连接件的抗剪承载力设计值（N）；

d——铆钉或螺钉直径（mm）；

t——较薄板（钉头接触侧的钢板）的厚度（mm）；

t_1——较厚板（在现场形成钉头一侧的板或钉尖侧的板）的厚度（mm）；

f——被连接钢板的抗拉强度设计值（N/mm^2）。

射钉：

$$N_v^f = 3.7tdf \tag{6.1.7-7}$$

式中 t——被固定的单层钢板的厚度（mm）；

d——射钉直径（mm）；

f——被固定钢板的抗拉强度设计值（N/mm^2）。

当抽芯铆钉或自攻螺钉用于压型钢板端部与支承构件（如檩条）的连接时，其抗剪承载力设计值应乘以折减系数 0.8。

3 同时承受剪力和拉力作用的自攻螺钉和射钉连接，应符合下式要求：

$$\sqrt{\left(\frac{N_v}{N_v^f}\right)^2 + \left(\frac{N_t}{N_t^f}\right)^2} \leqslant 1 \tag{6.1.7-8}$$

式中 N_v、N_t——一个连接件所承受的剪力和拉力；

N_v^f、N_t^f——一个连接件的抗剪和抗拉承载力设计值。

6.1.8 由两槽钢（或卷边槽钢）连接而成的组合工形截面（如图 6.1.8 所示），其连接件（如焊缝、点焊、螺栓等）的最大纵向间距 a_{max} 应按下列规定采用：

1 对于压弯构件，应取按下列公式算得之较小者。

$$a_{max} = \frac{n_1 N_v^f I_y}{VS_y} \tag{6.1.8-1}$$

$$a_{max} = \frac{li_1}{2i_y} \tag{6.1.8-2}$$

式中 n_1——同一截面处的连接件数；

N_v^f——一个连接件的抗剪承载力设计值，对于电阻点焊可取 $N_v^f = N_v^s$；

I_y——组合工形截面对平行于腹板的重心轴 y 的惯性矩；

V——剪力，取实际剪力及按第 5.2.7 条算得的剪力中的较大值；

S_y——单个槽钢对 y 轴的面积矩；

l——构件支承点间的长度；

i_1——单个槽钢对其自身平行于腹板的重心轴的回转半径；

i_y——组合工形截面对 y 轴的回转半径。

2 对于受弯构件：

$$a_{\max}=\frac{2N_t^f h_0}{dq_0} \qquad (6.1.8\text{-}3)$$

式中 N_t^f——一个连接件的抗拉承载力设计值，对电阻点焊可取 $N_t^f=0.3N_v^s$；

h_0——最靠近上、下翼缘的两排连接件间的垂直距离；

d——单个槽钢的腹板中面至其弯心的距离；

q_0——等效荷载集度。

受弯构件的等效荷载集度应按下列规定采用：对于分布荷载应取实际荷载集度的 3 倍；对于集中荷载或反力，应将集中力除以荷载分布长度或连接件的纵向间距，取其中的较大值。

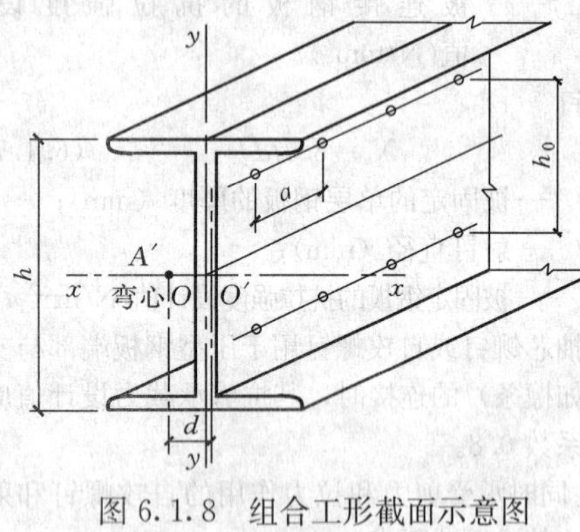

图 6.1.8 组合工形截面示意图

注：A'系单个槽钢的弯心；

O'系单个槽钢腹板中心线与对称轴 x 的交点。

6.2 连接的构造

6.2.1 当被连接板件的厚度 $t\leqslant 6$mm 时，焊缝的计算长度不得小于 30mm；当 $t>6$mm 时，不得小于 40mm。角焊缝的焊脚尺寸不宜大于 $1.5t$（t 为相连板件中较薄板件的厚度）。直接相贯的钢管节点的角焊缝焊脚尺寸可放大到 $2.0t$。

6.2.2 当采用喇叭形焊缝时，单边喇叭形焊缝的焊脚尺寸 h_f（如图 6.1.2-3 所示）不得小于被连接板件的最小厚度的 1.4 倍。

6.2.3 电阻点焊的焊点中距不宜小于 $15\sqrt{t}$（mm），焊点边距不宜小于 $10\sqrt{t}$（mm）（t 系被连接板件中较薄板件的厚度）。

6.2.4 螺栓的中距不得小于螺栓孔径 d_0 的 3 倍，端距不得小于螺栓孔径的 2 倍，边距不得小于螺栓孔径的 1.5 倍（如图 6.2.4 所示）。在靠近弯角边缘处的螺栓孔边距，尚应满足使用紧固工具的要求。

6.2.5 抽芯铆钉（拉铆钉）和自攻螺钉的钉头部分应靠在较薄的板件一侧。连接件的中距和端距不得小于连接件直径的 3 倍，边距不得小于连接件直径的 1.5 倍。受力连接中的连接件数不宜少于 2 个。

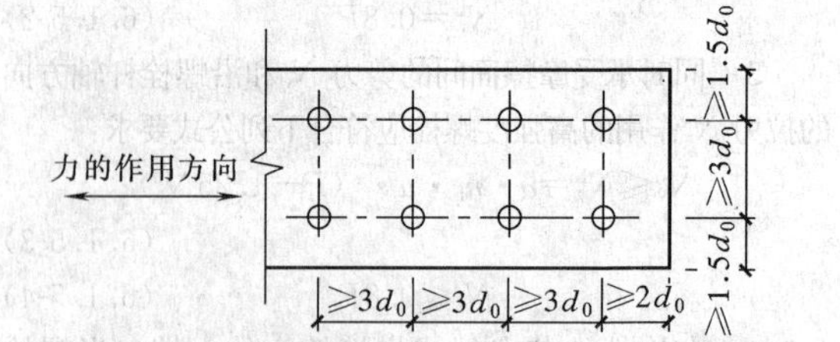

图 6.2.4 螺栓最小间距示意图

6.2.6 抽芯铆钉的适用直径为 2.6～6.4mm，在受力蒙皮结构中宜选用直径不小于 4mm 的抽芯铆钉；自攻螺钉的适用直径为 3.0～8.0mm，在受力蒙皮结构中宜选用直径不小于 5mm 的自攻螺钉。

6.2.7 自攻螺钉连接的板件上的预制孔径 d_0 应符合下式要求：

$$d_0=0.7d+0.2t_t \qquad (6.2.7\text{-}1)$$

且

$$d_0\leqslant 0.9d \qquad (6.2.7\text{-}2)$$

式中 d——自攻螺钉的公称直径（mm）；

t_t——被连接板的总厚度（mm）。

6.2.8 射钉只用于薄板与支承构件（即基材如檩条）的连接。射钉的间距不得小于射钉直径的 4.5 倍，且其中距不得小于 20mm，到基材的端部和边缘的距离不得小于 15mm，射钉的适用直径为 3.7～6.0mm。

射钉的穿透深度（指射钉尖端到基材表面的深度，如图 6.2.8 所示）应不小于 10mm。

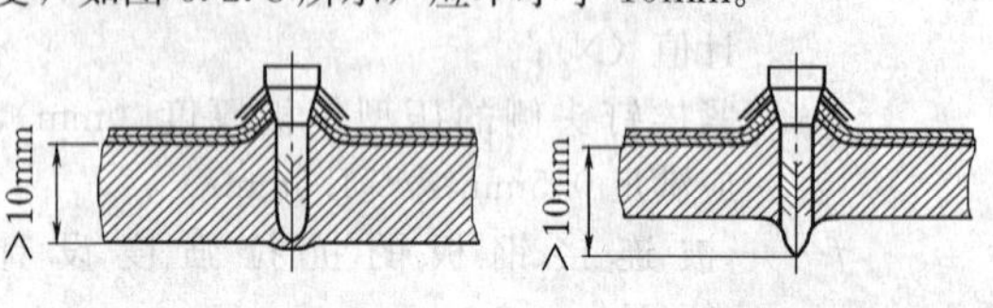

图 6.2.8 射钉的穿透深度

基材的屈服强度应不小于 150N/mm²，被连钢板的最大屈服强度应不大于 360N/mm²。基材和被连钢板的厚度应满足表6.2.8-1和表 6.2.8-2 的要求。

表 6.2.8-1 被连钢板的最大厚度（mm）

射钉直径（mm）	≥3.7	≥4.5	≥5.2
单一方向	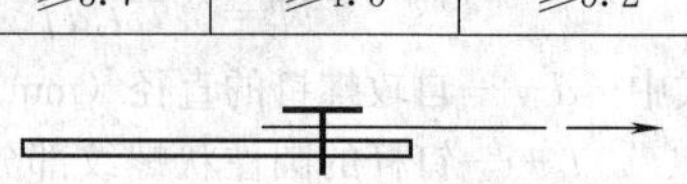		
单层被固定钢板最大厚度	1.0	2.0	3.0
多层被固定钢板最大厚度	1.4	2.5	3.5
相反方向			
所有被固定钢板最大厚度	2.8	5.0	7.0

表 6.2.8-2 基材的最小厚度

射钉直径（mm）	≥3.7	≥4.5	≥5.2
最小厚度（mm）	4.0	6.0	8.0

6.2.9 在抗拉连接中，自攻螺钉和射钉的钉头或垫圈直径不得小于14mm；且应通过试验保证连接件由基材中的拔出强度不小于连接件的抗拉承载力设计值。

7 压型钢板

7.1 压型钢板的计算

7.1.1 本节有关压型钢板计算的规定仅适用于屋面板、墙板和非组合效应的压型钢板楼板。

7.1.2 压型钢板（如图 7.1.2 所示）受压翼缘的有效宽厚比应按下列规定采用：

1 两纵边均与腹板相连，或一纵边与腹板相连、另一纵边与符合第 7.1.4 条要求的中间加劲肋相连的受压翼缘，可按加劲板件由本规范第 5.6.1 条确定其有效宽厚比；

2 有一纵边与符合第 7.1.4 条要求的边加劲肋相连的受压翼缘，可按部分加劲板件由本规范第 5.6.1 条确定其有效宽厚比。

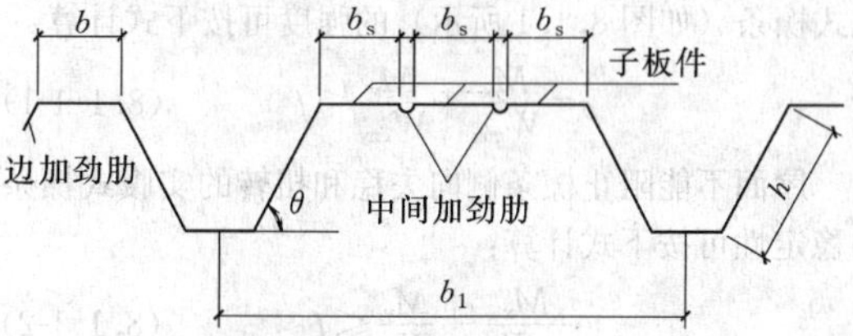

图 7.1.2 压型钢板截面示意图

7.1.3 压型钢板腹板的有效宽厚比应按本规范第 5.6.1 条规定采用。

7.1.4 压型钢板受压翼缘的纵向加劲肋应符合下列规定：

边加劲肋：

$$I_{es} \geqslant 1.83t^4\sqrt{\left(\frac{b}{t}\right)^2-\frac{27100}{f_y}} \quad (7.1.4\text{-}1)$$

且 $$I_{es} \geqslant 9t^4$$

中间加劲肋：

$$I_{is} \geqslant 3.66t^4\sqrt{\left(\frac{b_s}{t}\right)^2-\frac{27100}{f_y}} \quad (7.1.4\text{-}2)$$

且 $$I_{is} \geqslant 18t^4$$

式中 I_{es}——边加劲肋截面对平行于被加劲板件截面之重心轴的惯性矩；

I_{is}——中间加劲肋截面对平行于被加劲板件截面之重心轴的惯性矩；

b_s——子板件的宽度；

b——边加劲板件的宽度；

t——板件的厚度。

7.1.5 压型钢板的强度可取一个波距或整块压型钢板的有效截面，按受弯构件计算。

7.1.6 压型钢板腹板的剪应力应符合下列公式的要求：

当 $h/t<100$ 时：

$$\tau \leqslant \tau_{cr}=\frac{8550}{(h/t)} \quad (7.1.6\text{-}1)$$

$$\tau \leqslant f_v \quad (7.1.6\text{-}2)$$

当 $h/t \geqslant 100$ 时：

$$\tau \leqslant \tau_{cr}=\frac{855000}{(h/t)^2} \quad (7.1.6\text{-}3)$$

式中 τ——腹板的平均剪应力（N/mm^2）；

τ_{cr}——腹板的剪切屈曲临界剪应力；

h/t——腹板的高厚比。

7.1.7 压型钢板支座处的腹板，应按下式验算其局部受压承载力：

$$R \leqslant R_w \quad (7.1.7\text{-}1)$$

$$R_w=\alpha t^2\sqrt{fE}\ (0.5+\sqrt{0.02l_c/t})\ [2.4+(\theta/90)^2] \quad (7.1.7\text{-}2)$$

式中 R——支座反力；

R_w——一块腹板的局部受压承载力设计值；

α——系数，中间支座取 $\alpha=0.12$，端部支座取 $\alpha=0.06$；

t——腹板厚度（mm）；

l_c——支座处的支承长度，$10mm<l_c<200mm$，端部支座可取 $l_c=10mm$；

θ——腹板倾角（$45°\leqslant\theta\leqslant90°$）。

7.1.8 压型钢板同时承受弯矩 M 和支座反力 R 的截面，应满足下列要求：

$$M/M_u \leqslant 1.0 \quad (7.1.8\text{-}1)$$

$$R/R_w \leqslant 1.0 \quad (7.1.8\text{-}2)$$

$$M/M_u+R/R_w \leqslant 1.25 \quad (7.1.8\text{-}3)$$

式中 M_u——截面的弯曲承载力设计值，$M_u=W_e f$。

7.1.9 压型钢板同时承受弯矩 M 和剪力 V 的截面，应满足下列要求：

$$\left(\frac{M}{M_u}\right)^2+\left(\frac{V}{V_u}\right)^2 \leqslant 1 \quad (7.1.9)$$

式中 V_u——腹板的抗剪承载力设计值，$V_u=(ht\cdot\sin\theta)\ \tau_{cr}$，$\tau_{cr}$ 按第 7.1.6 条的规定计算。

7.1.10 在压型钢板的一个波距上作用集中荷载 F 时，可按下式将集中荷载 F 折算成沿板宽方向的均

布线荷载 q_{re}，并按 q_{re} 进行单个波距或整块压型钢板有效截面的弯曲计算。

$$q_{re}=\eta\frac{F}{b_1} \tag{7.1.10}$$

式中 F——集中荷载；

b_1——压型钢板的波距；

η——折算系数，由试验确定；无试验依据时，可取 $\eta=0.5$。

屋面压型钢板的施工或检修集中荷载按 1.0kN 计算，当施工荷载超过 1.0kN 时，则应按实际情况取用。

7.1.11 压型钢板的挠度与跨度之比不宜超过下列限值：

屋面板：屋面坡度<1/20 时 1/250，屋面坡度≥1/20 时1/200；

墙板：1/150；

楼板：1/200。

7.1.12 仅作模板使用的压型钢板上的荷载，除自重外，尚应计入湿钢筋混凝土楼板重和可能出现的施工荷载。如施工中采取了必要的措施，可不考虑浇注混凝土的冲击力，挠度计算时可不计施工荷载。

7.2 压型钢板的构造

7.2.1 压型钢板腹板与翼缘水平面之间的夹角 θ 不宜小于 45°。

7.2.2 压型钢板宜采用镀锌钢板、镀铝锌钢板或在其基材上涂有彩色有机涂层的钢板辊压成型。

7.2.3 屋面、墙面压型钢板的基材厚度宜取 0.4～1.6mm，用作楼面模板的压型钢板厚度不宜小于 0.5mm。压型钢板宜采用长尺板材，以减少板长方向之搭接。

7.2.4 压型钢板长度方向的搭接端必须与支承构件（如檩条、墙梁等）有可靠的连接，搭接部位应设置防水密封胶带，搭接长度不宜小于下列限值：

波高≥70mm 的高波屋面压型钢板：350mm；

波高<70mm 的低波屋面压型钢板：屋面坡度≤1/10 时 250mm，屋面坡度>1/10 时 200mm；

墙面压型钢板：120mm。

7.2.5 屋面压型钢板侧向可采用搭接式、扣合式或咬合式等连接方式。当侧向采用搭接式连接时，一般搭接一波，特殊要求时可搭接两波。搭接处用连接件紧固，连接件应设置在波峰上，连接件应采用带有防水密封胶垫的自攻螺钉。对于高波压型钢板，连接件间距一般为 700～800mm；对于低波压型钢板，连接件间距一般为 300～400mm。

当侧向采用扣合式或咬合式连接时，应在檩条上设置与压型钢板波形相配套的专门固定支座，固定支座与檩条用自攻螺钉或射钉连接，压型钢板搁置在固定支座上。两片压型钢板的侧边应确保在风吸力等因素作用下的扣合或咬合连接可靠。

7.2.6 墙面压型钢板之间的侧向连接宜采用搭接连接，通常搭接一个波峰，板与板的连接件可设在波峰，亦可设在波谷。连接件宜采用带有防水密封胶垫的自攻螺钉。

7.2.7 铺设高波压型钢板屋面时，应在檩条上设置固定支架，檩条上翼缘宽度应比固定支架宽度大 10mm。固定支架用自攻螺钉或射钉与檩条连接，每波设置一个；低波压型钢板可不设固定支架，宜在波峰处采用带有防水密封胶垫的自攻螺钉或射钉与檩条连接，连接件可每波或隔波设置一个，但每块低波压型钢板不得小于 3 个连接件。

7.2.8 用作非组合楼面的压型钢板支承在钢梁上时，其支承长度不得小于 50mm；支承在混凝土、砖石砌体等其他材料上时，支承长度不得小于 75mm。在浇注混凝土前，应将压型钢板上的油脂、污垢等有害物质清除干净。

7.2.9 铺设楼面压型钢板时，应避免过大的施工集中荷载，必要时可设置临时支撑。

8 檩条与墙梁

8.1 檩条的计算

8.1.1 屋面能起阻止檩条侧向失稳和扭转作用的实腹式檩条（如图 8.1.1 所示）的强度可按下式计算：

$$\sigma=\frac{M_x}{W_{enx}}+\frac{M_y}{W_{eny}}\leqslant f \tag{8.1.1-1}$$

屋面不能阻止檩条侧向失稳和扭转的实腹式檩条的稳定性可按下式计算：

$$\frac{M_x}{\varphi_b W_{ex}}+\frac{M_y}{W_{ey}}\leqslant f \tag{8.1.1-2}$$

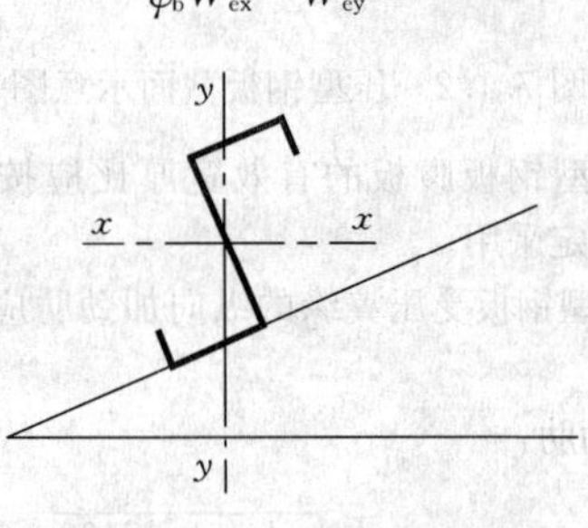

图 8.1.1 实腹式檩条示意图

8.1.2 当风荷载使实腹式檩条下翼缘受压时，其稳定性可按公式 8.1.1-2 计算。

8.1.3 平面格构式檩条上弦的强度按公式 5.5.1 计算，稳定性可按下式计算：

$$\frac{N}{\varphi_{min}A_e}+\frac{M_x}{W_{ex}}+\frac{M_y}{W_{ey}}\leqslant f \tag{8.1.3-1}$$

式中 φ_{min}——轴心受压构件的稳定系数，根据构件的最大长细比按本规范附录 A 表

A. 1. 1 采用；

M_x、M_y——对檩条上弦截面主轴 x 和 y 的弯矩，x 轴垂直于屋面。

公式中的弯矩 M_x和 M_y可按下列规定采用：

1 计算 M_x时，拉条可作为侧向支承点。计算强度时，支承点处的 M_x可按下式计算：

$$M_x=\frac{q_y l_1^2}{10} \quad (8.1.3\text{-}2)$$

计算稳定性时，M_x可取侧向支承点间全长范围内的最大弯矩。

2 节点和跨中处：

$$M_y=\frac{q_x a^2}{10} \quad (8.1.3\text{-}3)$$

式中 l_1——侧向支承点间的距离；

a——上弦的节间长度；

q_x——垂直于屋面方向的均布荷载分量；

q_y——平行于屋面方向的均布荷载分量。

8.1.4 当风荷载作用下平面格构式檩条下弦受压时，下弦应采用型钢，其强度和稳定性可按下列公式计算：

强度：

$$\sigma=\frac{N}{A_{en}}\leqslant f \quad (8.1.4\text{-}1)$$

稳定性：

$$\frac{N}{\varphi_{min}A_e}\leqslant f \quad (8.1.4\text{-}2)$$

8.1.5 平面格构式檩条受压弦杆在平面内的计算长度应取节间长度，平面外的计算长度应取侧向支承点间的距离（布置在弦杆处的拉条可作为侧向支承点），腹杆在平面内、外的计算长度均取节点几何长度。

端压腹杆的长细比不得大于 150。

8.1.6 檩条在垂直屋面方向的容许挠度与其跨度之比，可按下列规定采用：

1 瓦楞铁屋面：1/150；

2 压型钢板、钢丝网水泥瓦和其他水泥制品瓦材屋面：1/200。

8.2 檩条的构造

8.2.1 实腹式檩条可采用檩托与屋架、刚架相连接（如图 8.2.1 所示）。

8.2.2 平面格构式檩条的高度可取跨度的 1/12～1/20。

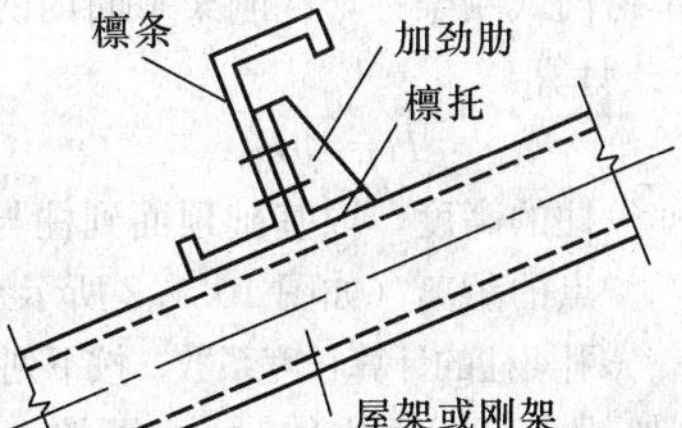

图 8.2.1 实腹式檩条端部连接示意图

平面格构式檩条的端压腹杆应采用型钢。

当风荷载使平面格构式檩条下弦受压时，宜在檩条上、下弦杆处均设置拉条和撑杆。

8.2.3 实腹式檩条跨度大于 4m 时，在受压翼缘应设置拉条或撑杆，拉条和撑杆的截面应按计算确定。圆钢拉条直径不宜小于 10mm，撑杆的长细比不得大于 200。

当檩条上、下翼缘表面均设置压型钢板，并与檩条牢固连接时可不设拉条和撑杆。

8.2.4 利用檩条作为水平支撑压杆时，檩条长细比不得大于 200（拉条和撑杆可作为侧向支承点），并应按压弯构件验算其强度和稳定性。

8.3 墙梁的计算

8.3.1 简支墙梁（如图 5.3.3d 所示）的强度应按公式 5.3.3-1 和下列公式计算：

$$\tau_x=\frac{3V_{xmax}}{4b_0 t}\leqslant f_v \quad (8.3.1\text{-}1)$$

$$\tau_y=\frac{3V_{ymax}}{2h_0 t}\leqslant f_v \quad (8.3.1\text{-}2)$$

式中 V_{xmax}、V_{ymax}——竖向荷载设计值（q_x）和水平风荷载设计值（q_y）所产生的剪力的最大值；

b_0、h_0——墙梁截面沿截面主轴 x、y 方向的计算高度，取相交板件连接处两内弧起点间的距离；

t——墙梁截面的厚度。

两侧挂墙板的墙梁和一侧挂墙板、另一侧设有可阻止其扭转变形的拉杆的墙梁，可不计弯扭双力矩的影响（即可取 $B=0$）。

8.3.2 若构造上不能保证墙梁的整体稳定时，尚需按公式5.3.3-2计算其稳定性，但公式中的 φ_{bx}应按仅作用着 M_x（忽略 M_y及 B 的影响）的情况由附录 A 中 A.2 的规定计算。

8.3.3 墙梁的容许挠度与其跨度之比，可按下列规定采用：

1 压型钢板、瓦楞铁墙面(水平方向)：1/150；

2 窗洞顶部的墙梁(水平方向和竖向)：1/200。

且其竖向挠度不得大于 10mm。

8.4 墙梁的构造

8.4.1 墙梁主要承受水平风荷载，宜将其刚度较大主平面置于水平方向。

8.4.2 当墙梁跨度大于 4m 时，宜在跨中设置一道拉条；当墙梁跨度大于 6m 时，可在跨间三分点处各设置一道拉条。拉条承担的墙体自重通过斜拉条传至承重柱或墙架柱，一般每隔 5 道拉条设置一对斜拉条（如图 8.4.2 所示），以分段传递墙体自重。

圆钢拉条直径不宜小于 10mm，所需截面面积应通过计算确定。

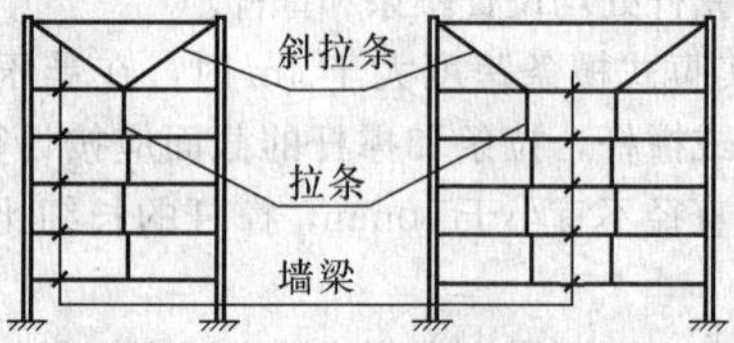

图 8.4.2　拉条布置示意图

9　屋　架

9.1　屋架的计算

9.1.1　计算屋架各杆件内力时，假定各节点均为铰接，次应力可不计算，但应考虑在屋面风吸力的作用下，可能导致屋架杆件内力变号的不利影响，并核算屋架支座锚栓的抗拉承载力。

9.1.2　屋架杆件的计算长度（如图 9.1.2 所示）可按下列规定采用：

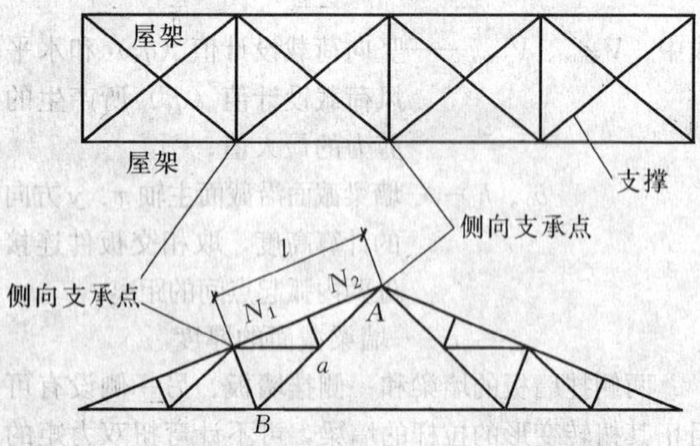

图 9.1.2　屋架杆件计算长度示意图

1　在屋架平面内，各杆件的计算长度可取节点间的距离；

2　在屋架平面外，弦杆应取侧向支承点间的距离；腹杆取节点间的距离（图 9.1.2 中的腹杆 a 应取 AB 间的距离），如等节间的受压弦杆或腹杆之侧向支承点间的距离为节间长度的 2 倍，且内力不等时，其计算长度应按下式确定：

$$l_0=\left(0.75+0.25\frac{N_2}{N_1}\right)l \tag{9.1.2-1}$$

且

$$l_0\geqslant 0.5l \tag{9.1.2-2}$$

式中　l_0——杆件的计算长度；

l——杆件的侧向支承点间的距离；

N_1——较大的压力，计算时取正值；

N_2——较小的压力或拉力，计算时压力取正值，拉力取负值。

侧向不能移动的点（支撑点或节点），可作为屋架的侧向支承点。当檩条、系杆或其他杆件未与水平（或垂直）支撑节点或其他不移动点相连接时，不能作为侧向支承点。

9.2　屋架的构造

9.2.1　两端简支的跨度不小于 15m 的三角形屋架和跨度不小于 24m 的梯形或平行弦屋架，当下弦无曲折时，宜起拱，拱度可取跨度的 1/500。

9.2.2　屋盖应设置支撑体系。当支撑采用圆钢时，必须具有拉紧装置。

9.2.3　屋架杆件宜采用薄壁钢管（方管、矩形管、圆管）。

9.2.4　屋架杆件的接长宜采用焊接或螺栓连接，且须与杆件等强。接长连接应设置在杆件内力较小的节间内。屋架拼装接头的数量及位置应按施工及运输条件确定。

9.2.5　屋架节点的构造应符合下列要求：

1　杆件重心轴线宜汇交于节点中心；

2　应在薄弱处增设加强板或采取其他措施增强节点的刚度；

3　应便于施焊、清除污物和涂刷油漆。

10　刚　　架

10.1　刚架的计算

10.1.1　刚架梁、柱的强度和稳定性应按下列规定计算：

1　刚架梁在刚架平面内可仅按压弯构件计算其强度；实腹式刚架梁应按压弯构件计算其在刚架平面外的稳定性；

2　实腹式刚架柱应按压弯构件计算其强度和稳定性；

3　格构式刚架柱应按压弯构件计算其强度和弯矩作用平面内的稳定性；

4　格构式刚架梁和柱的弦杆、腹杆以及缀条等应分别按轴心受拉及轴心受压构件计算各单个杆件的强度和稳定性；

5　变截面刚架柱的稳定性可按最大弯矩处的有效截面进行计算，此时，轴心力应取与最大弯矩同一截面处的轴心力。

10.1.2　单跨门式刚架柱，在刚架平面内的计算长度 H_0 应按下式计算：

$$H_0=\mu H \tag{10.1.2-1}$$

式中　H——柱的高度，取基础顶面到柱与梁轴线交点的距离（如图 10.1.2 所示）；

μ——刚架柱的计算长度系数，按下列方法确定。

1　刚架梁为等截面构件时，μ 可按表 A.3.1 或表 A.3.2 取用；

2　刚架梁为变截面构件时，μ 可按下式计算：

$$\mu=\sqrt{\frac{24EI_1}{K\cdot H^3}} \quad (10.1.2\text{-}2)$$

$$K=\frac{1}{\Delta} \quad (10.1.2\text{-}3)$$

式中 K——刚架在柱顶单位水平荷载作用下的侧移刚度；

Δ——刚架按一阶弹性分析得到的在柱顶单位水平荷载作用下的柱顶侧移；

I_1——刚架柱大头截面的惯性矩。

3 对于板式柱脚上述刚架柱计算长度系数 μ 宜根据柱脚构造情况乘以下列调整系数：

柱脚铰接：0.85

柱脚刚接：1.2

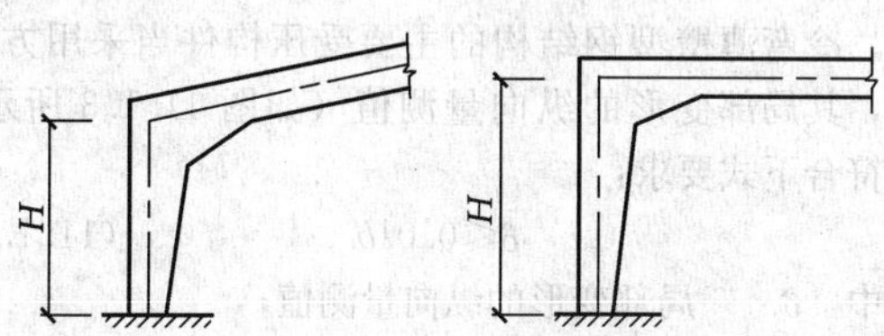

图 10.1.2 刚架柱的高度示意图

10.1.3 多跨门式刚架柱在刚架平面内的计算长度应按公式(10.1.2-1)计算，其计算长度系数可按下列规定确定。

1 当中间柱为两端铰接柱（即摇摆柱）时，边柱的计算长度系数 μ_r 可按下列公式计算：

$$\mu_r=\eta\cdot\mu \quad (10.1.3\text{-}1)$$

$$\eta=\sqrt{1+\frac{\sum(N_{li}/H_{li})}{\sum(N_{fj}/H_{fj})}} \quad (10.1.3\text{-}2)$$

式中 η——放大系数；

μ——按第 10.1.2 条确定的单跨门式刚架柱的计算长度系数；

N_{li}——中间第 i 个摇摆柱的轴向力；

N_{fj}——第 j 个边柱的轴向力；

H_{li}——中间第 i 个摇摆柱的高度；

H_{fj}——第 j 个边柱的高度。

查表 A.3.1 或表 A.3.2 计算 μ 时，刚架梁的长度应取梁的跨度(即边柱到相邻中间柱之间的距离)的 2 倍。

摇摆柱的计算长度系数取 1.0。

2 当中间柱为非摇摆柱时，各刚架柱的计算长度系数可按下式计算：

$$\mu_i=\sqrt{\frac{1.2N_{Ei}}{K\cdot N_i}\cdot\sum\frac{N_i}{H_i}} \quad (10.1.3\text{-}3)$$

$$N_{Ei}=\frac{\pi^2EI_i}{H_i^2} \quad (10.1.3\text{-}4)$$

式中 μ_i——第 i 根刚架柱的计算长度系数，宜根据柱脚构造情况按第 10.1.2 条第 3 款乘以相应的调整系数；

N_{Ei}——第 i 根刚架柱以大头截面为准的欧拉临界力；

H_i、N_i——第 i 根刚架柱的高度、轴压力；

I_i——第 i 根刚架柱大头截面的惯性矩。

10.1.4 实腹式刚架梁和柱在刚架平面外的计算长度，应取侧向支承点间的距离，侧向支承点间可取设置隅撑处及柱间支撑连接点。当梁（或柱）两翼缘的侧向支承点间的距离不等时，应取最大受压翼缘侧向支承点间的距离。

10.1.5 格构式刚架梁和柱的弦杆、腹杆和缀条等单个构件的计算长度 l_0（如图 10.1.5 所示）应按下列规定采用：

1 在刚架平面内，各杆件均取节点间的距离；

2 在刚架平面外，腹杆和缀条取节点间的距离，弦杆取侧向支承点间的距离，若受压弦杆在该长度范围内的内力有变化时，按下列规定计算：

1）当内力均为压力时，可按公式（9.1.2-1）、（9.1.2-2）计算，此时式中 N_1 应取最大的压力，N_2 应取最小的压力；

2）当内力在侧向支承点间的几个节间内为压力，另几个节间内为拉力时，可按下式计算，但不得小于受压节间的总长。

$$l_0=\left(1.5+0.5\frac{\overline{N}_t}{\overline{N}_c}\right)\cdot\frac{n_c}{n}\cdot l \quad (10.1.5\text{-}1)$$

且 $$l_0\leqslant l \quad (10.1.5\text{-}2)$$

式中 l——侧向支承点间的距离；

$\overline{N}_t$——所有拉力的平均值，计算时取负值；

$\overline{N}_c$——所有压力的平均值，计算时取正值；

n——两侧向支承点间节间总数；

n_c——内力为压力的节间数。

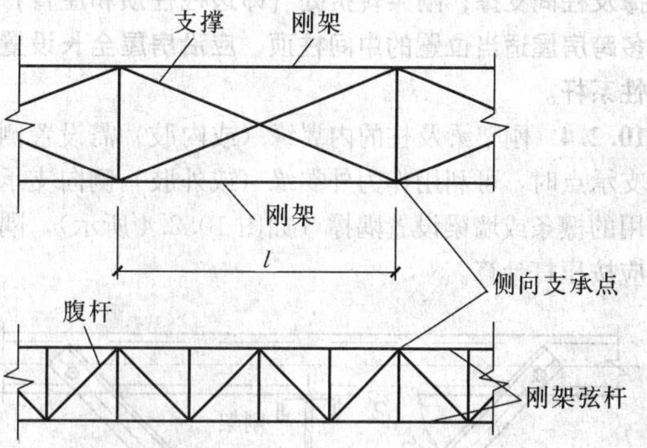

图 10.1.5 格构式刚架弦杆平面外计算长度示意图

10.1.6 刚架梁的竖向挠度与其跨度的比值，不宜大于表10.1.6-1所列限值；刚架柱在风荷载标准值作用下的柱顶水平位移与柱高度的比值，不宜大于表 10.1.6-2 所列限值，以保证刚架有足够的刚度及屋面墙面等的正常使用。

表 10.1.6-1 刚架梁的竖向挠度限值

屋 盖 情 况	挠度限值
仅支撑压型钢板屋面和檩条（承受活荷载或雪荷载）	$l/180$
尚有吊顶	$l/240$
有吊顶且抹灰	$l/360$

注：1 对于单跨山形门式刚架，l 系一侧斜梁的坡面长度；对于多跨山形门式刚架，l 指相邻两柱之间斜梁一坡的坡面长度；
2 对于悬臂梁，l 取其悬伸长度的 2 倍。

表 10.1.6-2 刚架柱顶侧移限值

吊车情况	其 他 情 况	柱顶侧移限值
无吊车	采用压型钢板等轻型钢墙板时 采用砖墙时	$H/75$ $H/100$
有桥式吊车	吊车由驾驶室操作时 吊车由地面操作时	$H/400$ $H/180$

注：表中 H 为刚架柱高度。

10.2 刚架的构造

10.2.1 用于刚架梁、柱的冷弯薄壁型钢，其壁厚不应小于 2mm。

10.2.2 刚架梁的最小高度与其跨度之比：格构式梁可取 1/15～1/25；实腹式梁可取 1/30～1/45。

10.2.3 门式刚架房屋应设置支撑体系。在每个温度区段或分期建设的区段，应设置横梁上弦横向水平支撑及柱间支撑；刚架转折处（即边柱柱顶和屋脊）及多跨房屋适当位置的中间柱顶，应沿房屋全长设置刚性系杆。

10.2.4 刚架梁及柱的内翼缘（或内肢）需设置侧向支承点时，可利用作为外翼缘（或外肢）侧向支承点用的檩条或墙梁设置隅撑（如图 10.2.4 所示），隅撑应按压杆计算。

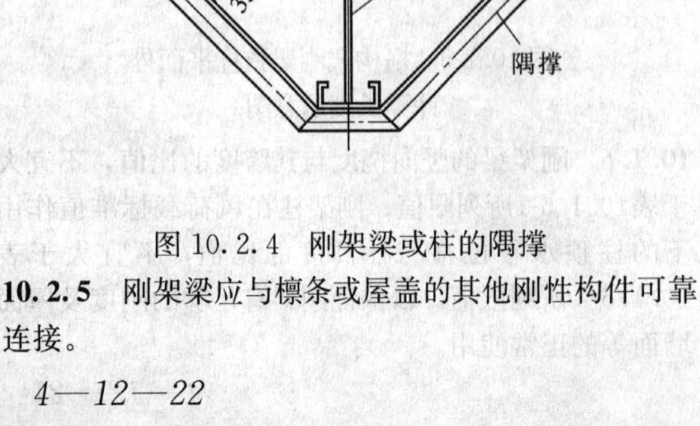

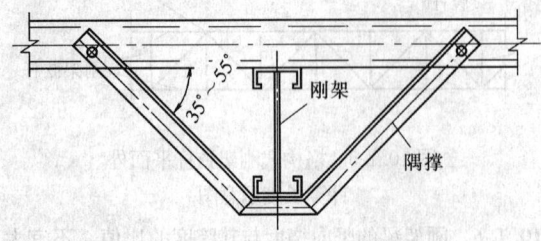

图 10.2.4 刚架梁或柱的隅撑

10.2.5 刚架梁应与檩条或屋盖的其他刚性构件可靠连接。

11 制作、安装和防腐蚀

11.1 制作和安装

11.1.1 构件上应避免刻伤。放样和号料应根据工艺要求预留制作和安装时的焊接收缩余量及切割、刨边和铣平等加工余量。

11.1.2 应保证切割部位准确、切口整齐，切割前应将钢材切割区域表面的铁锈、污物等清除干净，切割后应清除毛刺、熔渣和飞溅物。

11.1.3 钢材和构件的矫正，应符合下列要求：

1 钢材的机械矫正，应在常温下用机械设备进行。冷弯薄壁型钢结构的主要受压构件当采用方管时，其局部变形的纵向量测值（如图 11.1.3 所示）应符合下式要求：

$$\delta \leqslant 0.01b \tag{11.1.3}$$

式中 δ——局部变形的纵向量测值；

b——局部变形的量测标距，取变形所在面的宽度。

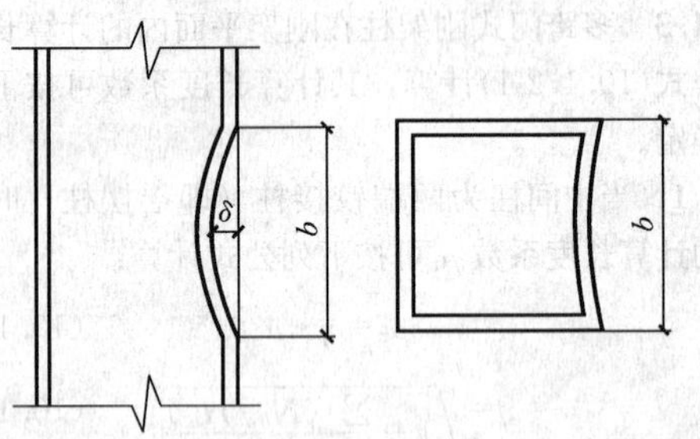

图 11.1.3 局部变形纵向量测示意图

2 碳素结构钢在环境温度低于－16℃，低合金结构钢在环境温度低于－12℃时，不得进行冷矫正和冷弯曲。

3 碳素结构钢和低合金结构钢，加热温度应根据钢材性能选定，但不得超过 900℃。低合金结构钢在加热矫正后，应在自然状态下缓慢冷却。

4 构件矫正后，挠曲矢高不应超过构件长度的 1/1000，且不得大于 10mm。

11.1.4 构件的制孔应符合下列要求：

1 高强度螺栓孔应采用钻成孔；

2 螺栓孔周边应无毛刺、破裂、喇叭口和凹凸的痕迹，切屑应清除干净。

11.1.5 构件的组装和工地拼装应符合下列要求：

1 构件组装应在合适的工作平台及装配胎模上进行，工作平台及胎模应测平，并加以固定，使构件重心线在同一水平面上，其误差不得大于 3mm。

2 应按施工图严格控制几何尺寸，结构的工作线与杆件的重心线应交汇于节点中心，两者误差不得大于 3mm。

3 组装焊接构件时，构件的几何尺寸应依据焊缝等收缩变形情况，预放收缩余量；对有起拱要求的构件，必须在组装前按规定的起拱量做好起拱，起拱偏差应不大于构件长度的1/1000，且不大于6mm。

4 杆件应防止弯扭，拼装时其表面中心线的偏差不得大于3mm。

5 杆件搭接和对接时的错缝或错位不得大于0.5mm。

6 构件的定位焊位置应在正式焊缝部位内，不得将钢材烧穿，定位焊采用的焊接材料型号应与正式焊接用的相同。

7 构件之间连接孔中心线位置的误差不得大于2mm。

11.1.6 冷弯薄壁型钢结构的焊接应符合下列要求：

1 焊接前应熟悉冷弯薄壁型钢的特点和焊接工艺所规定的焊接方法、焊接程序和技术措施，根据试验确定具体焊接参数，保证焊接质量。

2 焊接前应把焊接部位的铁锈、污垢、积水等清除干净，焊条、焊剂应进行烘干处理。

3 型钢对接焊接或沿截面围焊时，不得在同一位置起弧灭弧，而应盖过起弧处一段距离后方能灭弧，不得在母材的非焊接部位和焊缝端部起弧或灭弧。

4 焊接完毕，应清除焊缝表面的熔渣及两侧飞溅物，并检查焊缝外观质量。

5 构件在焊接前应采取减少焊接变形的措施。

6 对接焊缝施焊时，必须根据具体情况采用适宜的焊接措施（如预留空隙、垫衬板单面焊及双面焊等方法），以保证焊透。

7 电阻点焊的各项工艺参数（如通电时间、焊接电流、电极压力等）的选择应保证焊点抗剪强度试验合格，在施焊过程中，各项参数均应保持相对稳定，焊件接触面应紧密贴合。

8 电阻点焊宜采用圆锥形的电极头，其直径应不小于$5\sqrt{t}$（t为焊件中外侧较薄板件的厚度），施焊过程中，直径的变动幅度不得大于1/5。

11.1.7 冷弯薄壁型钢结构构件应在涂层干燥后进行包装，包装应保护构件涂层不受损伤，且应保证构件在运输、装卸、堆放过程中不变形、不损坏、不散失。

11.1.8 冷弯薄壁型钢结构的安装应符合下列要求：

1 结构安装前应对构件的质量进行检查。构件的变形、缺陷超出允许偏差时，应进行处理。

2 结构吊装时，应采取适当措施，防止产生永久性变形，并应垫好绳扣与构件的接触部位。

3 不得利用已安装就位的冷弯薄壁型钢构件起吊其他重物。不得在主要受力部位加焊其他物件。

4 安装屋面板前，应采取措施保证拉条拉紧和檩条的位置正确。

5 安装压型钢板屋面时，应采取有效措施将施工荷载分布至较大面积，防止因施工集中荷载造成构件局部压屈。

11.1.9 冷弯薄壁型钢结构制作和安装质量除应符合本规范规定外，尚应符合现行国家标准《钢结构工程施工质量验收规范》GB 50205的规定。当喷涂防火涂料时，应符合现行国家标准《钢结构防火涂料通用技术条件》GB 14907 的规定。

11.2 防 腐 蚀

11.2.1 冷弯薄壁型钢结构必须采取有效的防腐蚀措施，构造上应考虑便于检查、清刷、油漆及避免积水，闭口截面构件沿全长和端部均应焊接封闭。

11.2.2 冷弯薄壁型钢结构应根据其使用条件和所处环境，选择相应的表面处理方法和防腐措施。

对冷弯薄壁型钢结构的侵蚀作用分类可参见本规范表D.0.1。

11.2.3 冷弯薄壁型钢结构应按设计要求进行表面处理，除锈方法和除锈等级应符合现行国家标准《涂装前钢材表面锈蚀等级和除锈等级》GB 8923 的规定。

11.2.4 冷弯薄壁型钢结构采用化学除锈方法时，应选用具备除锈、磷化、钝化两个以上功能的处理液，其质量应符合现行国家标准《多功能钢铁表面处理液通用技术条件》GB/T 12612 的规定。

11.2.5 冷弯薄壁型钢结构应根据具体情况选用下列相适应的防腐措施：

1 金属保护层（表面合金化镀锌、镀铝锌等）。

2 防腐涂料：

1）无侵蚀性或弱侵蚀性条件下，可采用油性漆、酚醛漆或醇酸漆；

2）中等侵蚀性条件下，宜采用环氧漆、环氧酯漆、过氯乙烯漆、氯化橡胶漆或氯醋漆；

3）防腐涂料的底漆和面漆应相互配套。

3 复合保护：

1）用镀锌钢板制作的构件，涂装前应进行除油、磷化、钝化处理（或除油后涂磷化底漆）；

2）表面合金化镀锌钢板、镀锌钢板（如压型钢板、瓦楞铁等）的表面不宜涂红丹防锈漆，宜涂 H06—2 锌黄环氧酯底漆或其他专用涂料进行防护。

11.2.6 冷弯薄壁型钢采用的涂装材料，应具有出厂质量证明书，并应符合设计要求。涂覆方法除设计规定外，可采用手刷或机械喷涂。

11.2.7 涂料、涂装遍数、涂层厚度均应符合设计要求。当设计对涂装无明确规定时，一般宜涂 4～5 遍，干膜总厚度室外构件应大于150μm，室内构件应大于120μm，允许偏差为±25μm。

11.2.8 涂装时的环境温度和相对湿度应符合涂料产

品说明书的要求，当产品说明书无要求时，环境温度宜在5～38℃之间，相对湿度不应大于85%，构件表面有结露时不得涂装，涂装后4h内不得淋雨。

11.2.9 冷弯薄壁型钢结构目测涂装质量应均匀、细致、无明显色差、无流挂、失光、起皱、针孔、气泡、裂纹、脱落、脏物粘附、漏涂等，必须附着良好(用划痕法或粘力计检查)。漆膜干透后，应用干膜测厚仪测出干膜厚度，做出记录，不合规定的应补涂。涂装质量不合格的应重新处理。

11.2.10 冷弯薄壁型钢结构的防腐处理应符合下列要求：

1 钢材表面处理后6h内应及时涂刷防腐涂料，以免再度生锈。

2 施工图中注明不涂装的部位不得涂装，安装焊缝处应留出30～50mm暂不涂装。

3 冷弯薄壁型钢结构安装就位后，应对在运输、吊装过程中漆膜脱落部位以及安装焊缝两侧未油漆部位补涂油漆，使之不低于相邻部位的防护等级。

4 冷弯薄壁型钢结构外包、埋入混凝土的部位可不做涂装。

5 易淋雨或积水的构件且不易再次油漆维护的部位，应采取措施密封。

11.2.11 冷弯薄壁型钢结构在使用期间应定期进行检查与维护。维护年限可根据结构的使用条件、表面处理方法、涂料品种及漆膜厚度分别按本规范表D.0.2采用。

11.2.12 冷弯薄壁型钢结构重新涂装的质量应符合现行国家标准《钢结构工程施工质量验收规范》GB 50205的规定。

附录A 计算系数

A.1 轴心受压构件的稳定系数

A.1.1 轴心受压构件的稳定系数可根据钢材的牌号按下列表格查得。

表 A.1.1-1 Q235钢轴心受压构件的稳定系数 φ

λ	0	1	2	3	4	5	6	7	8	9
0	1.000	0.997	0.995	0.992	0.989	0.987	0.984	0.981	0.979	0.976
10	0.974	0.971	0.968	0.966	0.963	0.960	0.958	0.955	0.952	0.949
20	0.947	0.944	0.941	0.938	0.936	0.933	0.930	0.927	0.924	0.921
30	0.918	0.915	0.912	0.909	0.906	0.903	0.899	0.896	0.893	0.889
40	0.886	0.882	0.879	0.875	0.872	0.868	0.864	0.861	0.858	0.855
50	0.852	0.849	0.846	0.843	0.839	0.836	0.832	0.829	0.825	0.822
60	0.818	0.814	0.810	0.806	0.802	0.797	0.793	0.789	0.784	0.779
70	0.775	0.770	0.765	0.760	0.755	0.750	0.744	0.739	0.733	0.728
80	0.722	0.716	0.710	0.704	0.698	0.692	0.686	0.680	0.673	0.667

续表

λ	0	1	2	3	4	5	6	7	8	9
90	0.661	0.654	0.648	0.641	0.634	0.626	0.618	0.611	0.603	0.595
100	0.588	0.580	0.573	0.566	0.558	0.551	0.544	0.537	0.530	0.523
110	0.516	0.509	0.502	0.496	0.489	0.483	0.476	0.470	0.464	0.458
120	0.452	0.446	0.440	0.434	0.428	0.423	0.417	0.412	0.406	0.401
130	0.396	0.391	0.386	0.381	0.376	0.371	0.367	0.362	0.357	0.353
140	0.349	0.344	0.340	0.336	0.332	0.328	0.324	0.320	0.316	0.312
150	0.308	0.305	0.301	0.298	0.294	0.291	0.287	0.284	0.281	0.277
160	0.274	0.271	0.268	0.265	0.262	0.259	0.256	0.253	0.251	0.248
170	0.245	0.243	0.240	0.237	0.235	0.232	0.230	0.227	0.225	0.223
180	0.220	0.218	0.216	0.214	0.211	0.209	0.207	0.205	0.203	0.201
190	0.199	0.197	0.195	0.193	0.191	0.189	0.188	0.186	0.184	0.182
200	0.180	0.179	0.177	0.175	0.174	0.172	0.171	0.169	0.167	0.166
210	0.164	0.163	0.161	0.160	0.159	0.157	0.156	0.154	0.153	0.152
220	0.150	0.149	0.148	0.146	0.145	0.144	0.143	0.141	0.140	0.139
230	0.138	0.137	0.136	0.135	0.133	0.132	0.131	0.130	0.129	0.128
240	0.127	0.126	0.125	0.124	0.123	0.122	0.121	0.120	0.119	0.118
250	0.117	—	—	—	—	—	—	—	—	—

表 A.1.1-2 Q345钢轴心受压构件的稳定系数 φ

λ	0	1	2	3	4	5	6	7	8	9
0	1.000	0.997	0.994	0.991	0.988	0.985	0.982	0.979	0.976	0.973
10	0.971	0.968	0.965	0.962	0.959	0.956	0.952	0.949	0.946	0.943
20	0.940	0.937	0.934	0.930	0.927	0.924	0.920	0.917	0.913	0.909
30	0.906	0.902	0.898	0.894	0.890	0.886	0.882	0.878	0.874	0.870
40	0.867	0.864	0.860	0.857	0.853	0.849	0.845	0.841	0.837	0.833
50	0.829	0.824	0.819	0.815	0.810	0.805	0.800	0.794	0.789	0.783
60	0.777	0.771	0.765	0.759	0.752	0.746	0.739	0.732	0.725	0.718
70	0.710	0.703	0.695	0.688	0.680	0.672	0.664	0.656	0.648	0.640
80	0.632	0.623	0.615	0.607	0.599	0.591	0.583	0.574	0.566	0.558
90	0.550	0.542	0.535	0.527	0.519	0.512	0.504	0.497	0.489	0.482
100	0.475	0.467	0.460	0.452	0.445	0.438	0.431	0.424	0.418	0.411
110	0.405	0.398	0.392	0.386	0.380	0.375	0.369	0.363	0.358	0.352
120	0.347	0.342	0.337	0.332	0.327	0.322	0.318	0.313	0.309	0.304
130	0.300	0.296	0.292	0.288	0.284	0.280	0.276	0.272	0.269	0.265
140	0.261	0.258	0.255	0.251	0.248	0.245	0.242	0.238	0.235	0.232
150	0.229	0.227	0.224	0.221	0.218	0.216	0.213	0.210	0.208	0.205
160	0.203	0.201	0.198	0.196	0.194	0.191	0.189	0.187	0.185	0.183
170	0.181	0.179	0.177	0.175	0.173	0.171	0.169	0.167	0.165	0.163
180	0.162	0.160	0.158	0.157	0.155	0.153	0.152	0.150	0.149	0.147
190	0.146	0.144	0.143	0.141	0.140	0.138	0.137	0.136	0.134	0.133

续表

λ	0	1	2	3	4	5	6	7	8	9
200	0.132	0.130	0.129	0.128	0.127	0.126	0.124	0.123	0.122	0.121
210	0.120	0.119	0.118	0.116	0.115	0.114	0.113	0.112	0.111	0.110
220	0.109	0.108	0.107	0.106	0.106	0.105	0.104	0.103	0.101	0.101
230	0.100	0.099	0.098	0.098	0.097	0.096	0.095	0.094	0.094	0.093
240	0.092	0.091	0.091	0.090	0.089	0.088	0.088	0.087	0.086	0.086
250	0.085	—	—	—	—	—	—	—	—	—

A.2 受弯构件的整体稳定系数

A.2.1 对于图 5.3.1 所示单轴或双轴对称截面（包括反对称截面）的简支梁，当绕对称轴（x 轴）弯曲时，其整体稳定系数应按下式计算：

$$\varphi_{bx}=\frac{4320Ah}{\lambda_y^2W_x}\xi_1\left(\sqrt{\eta^2+\zeta}+\eta\right)\cdot\left(\frac{235}{f_y}\right) \quad (A.2.1\text{-}1)$$

$$\eta=2\xi_2e_a/h \quad (A.2.1\text{-}2)$$

$$\zeta=\frac{4I_\omega}{h^2I_y}+\frac{0.156I_t}{I_y}\left(\frac{l_0}{h}\right)^2 \quad (A.2.1\text{-}3)$$

式中 λ_y——梁在弯矩作用平面外的长细比；

A——毛截面面积；

h——截面高度；

l_0——梁的侧向计算长度，$l_0=\mu_b l$；

μ_b——梁的侧向计算长度系数，按表 A.2.1 采用；

l——梁的跨度；

ξ_1、ξ_2——系数，按表 A.2.1 采用；

e_a——横向荷载作用点到弯心的距离：对于偏心压杆或当横向荷载作用在弯心时 $e_a=0$；当荷载不作用在弯心且荷载方向指向弯心时 e_a 为负，而离开弯心时 e_a 为正；

W_x——对 x 轴的受压边缘毛截面模量；

I_ω——毛截面扇性惯性矩；

I_y——对 y 轴的毛截面惯性矩；

I_t——扭转惯性矩。

如按上列公式算得的 $\varphi_{bx}>0.7$，则应以 φ'_{bx} 值代替 φ_{bx}，φ'_{bx} 值应按下式计算：

$$\varphi'_{bx}=1.091-\frac{0.274}{\varphi_{bx}} \quad (A.2.1\text{-}4)$$

表 A.2.1 两端及跨间侧向均为简支的受弯构件的 ξ_1、ξ_2 和 μ_b 值

序号	弯矩作用平面内的荷载及支承情况	跨间无侧向支承		跨中设一道侧向支承		跨间有不少于两个等距离布置的侧向支承	
		$\mu_b=1.00$		$\mu_b=0.50$		$\mu_b=0.33$	
		ξ_1	ξ_2	ξ_1	ξ_2	ξ_1	ξ_2
1	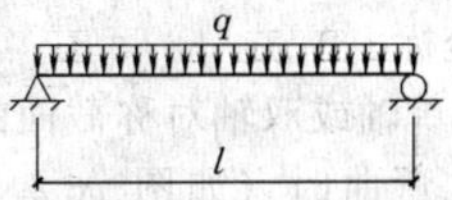	1.13	0.46	1.35	0.14	1.37	0.06
2	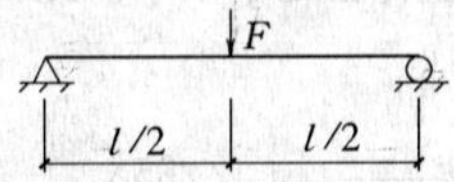	1.35	0.55	1.83	0	1.68	0.08
3	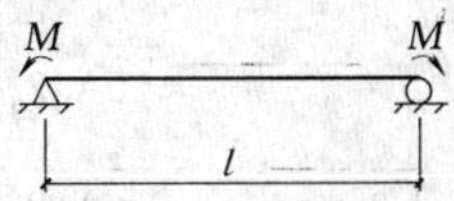	1.00	0	1.00	0	1.00	0
4	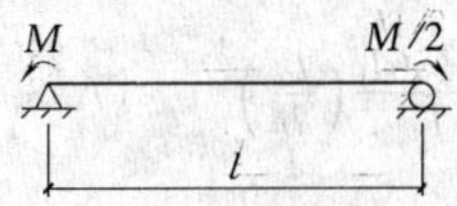	1.32	0	1.31	0	1.31	0
5	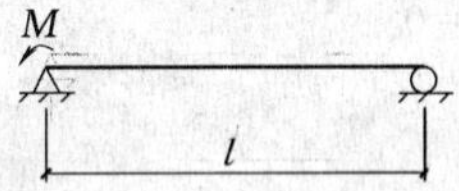	1.83	0	1.77	0	1.75	0
6	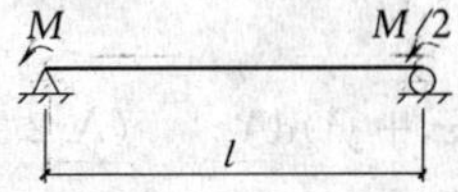	2.39	0	2.13	0	2.03	0
7	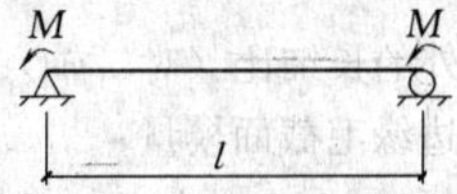	2.24	0	1.89	0	1.77	0

A.2.2 对于图 A.2.2 所示单轴对称截面简支梁，x 轴（强轴）为不对称轴，当绕 x 轴弯曲时，其整体稳定系数仍可按公式 A.2.1-1 计算，但需以下式代替公式 A.2.1-2：

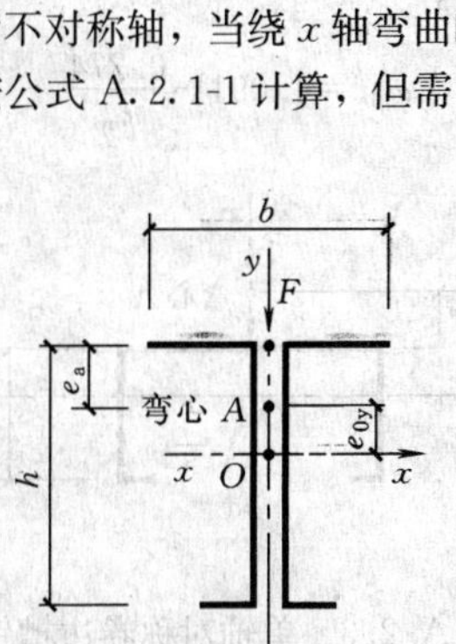

图 A.2.2 单轴对称截面示意图

$$\eta=2\ (\xi_2 e_a+\beta_y)\ /h \qquad (A.2.2\text{-}1)$$

$$\beta_y=\frac{U_x}{2I_x}-e_{0y} \qquad (A.2.2\text{-}2)$$

$$U_x=\int_A y(x^2+y^2)\mathrm{d}A \qquad (A.2.2\text{-}3)$$

式中　I_x——对 x 轴的毛截面惯性矩；

e_{0y}——弯心的 y 轴坐标。

A.2.3　对于图 5.3.1 所示单轴或双轴对称截面的简支梁，当绕 y 轴（弱轴）弯曲时（如图 A.2.3 所示），如需计算稳定性，其整体稳定系数 φ_{by} 可按下式计算：

$$\varphi_{by}=\frac{4320Ab}{\lambda_x^2 W_y}\xi_1\left(\sqrt{\eta^2+\zeta}+\eta\right)\left(\frac{235}{f_y}\right) \qquad (A.2.3\text{-}1)$$

$$\eta=2\ (\xi_2 e_a+\beta_x)\ /b \qquad (A.2.3\text{-}2)$$

$$\zeta=\frac{4I_\omega}{b^2 I_x}+\frac{0.156I_t}{I_x}\left(\frac{l_0}{b}\right)^2 \qquad (A.2.3\text{-}3)$$

当 y 轴为对称轴时：

$$\beta_x=0$$

当 y 轴为非对称轴时：

$$\beta_x=\frac{U_y}{2I_y}-e_{0x} \qquad (A.2.3\text{-}4)$$

$$U_y=\int_A x(x^2+y^2)\mathrm{d}A \qquad (A.2.3\text{-}5)$$

式中　b——截面宽度；

λ_x——弯矩作用平面外的长细比（对 x 轴）；

W_y——对 y 轴的受压边缘毛截面模量；

e_{0x}——弯心的 x 轴坐标。

当 $\varphi_{by}>0.7$ 时，应以 φ'_{by} 代替 φ_{by}，φ'_{by} 按下式计算：

$$\varphi'_{by}=1.091-\frac{0.274}{\varphi_{by}} \qquad (A.2.3\text{-}6)$$

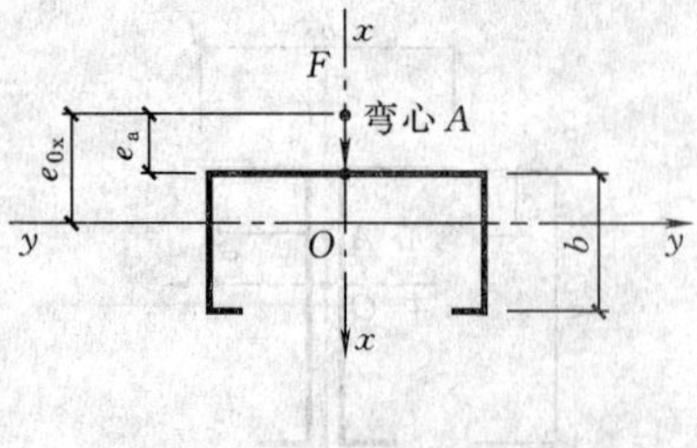

图 A.2.3　单轴对称卷边槽钢

A.3　刚架柱的计算长度系数

A.3.1　等截面刚架柱的计算长度系数 μ 见表 A.3.1。

表 A.3.1　等截面刚架柱的计算长度系数 μ

柱与基础的连接方式 \ K_2/K_1	0	0.2	0.3	0.5	1.0	2.0	3.0	4.0	7.0	≥10.0
刚　接	2.00	1.50	1.40	1.28	1.16	1.08	1.06	1.04	1.02	1.00
铰　接	∞	3.42	3.00	2.63	2.33	2.17	2.11	2.08	2.05	2.00

注：1　$K_1=I_1/H$，$K_2=I_2/l$；

2　I_1 系柱顶处的截面惯性矩；

I_2 系刚架梁的截面惯性矩；

H 系刚架柱的高度；

l 系刚架梁的长度，在山形门式刚架中为斜梁沿折线的总长度；

3　当横梁与柱铰接时，取 $K_2=0$。

A.3.2　变截面刚架柱的计算长度系数 μ 见表 A.3.2。

表 A.3.2　变截面刚架柱的计算长度系数 μ

柱与基础的连接方式	I_0/I_1 \ K_2/K_1	0.1	0.2	0.3	0.5	0.75	1.0	2.0	≥10.0
铰接	0.01	5.03	4.33	4.10	3.89	3.77	3.74	3.70	3.65
	0.05	4.90	3.98	3.65	3.39	3.25	3.19	3.10	3.05
	0.10	4.66	3.82	3.48	3.19	3.04	2.98	2.94	2.75
	0.15	4.61	3.75	3.37	3.10	2.93	2.85	2.72	2.65
	≥0.20	4.59	3.67	3.30	3.00	2.84	2.75	2.63	2.55

注：I_0 系柱脚处的截面惯性矩。

A.4　简支梁的双力矩 B 的计算

A.4.1　简支梁的双力矩 B 可根据荷载情况按表 A.4.1 中所列公式计算。

表 A.4.1　简支梁双力矩 B 的计算公式

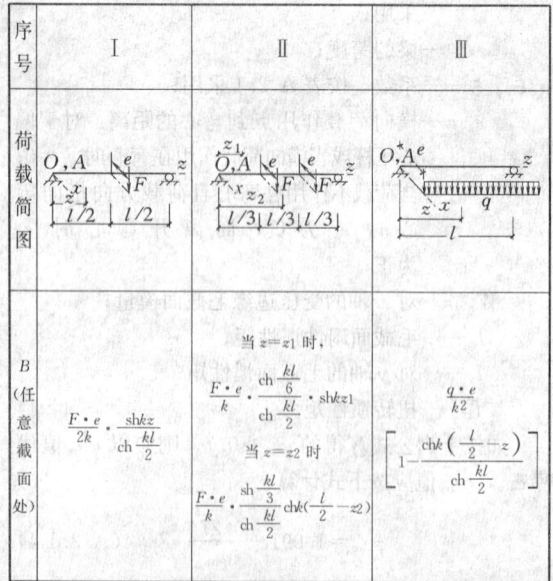

序号	Ⅰ	Ⅱ	Ⅲ
荷载简图	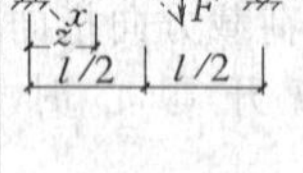	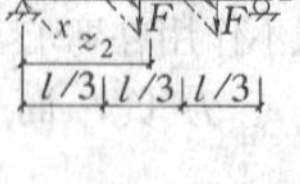	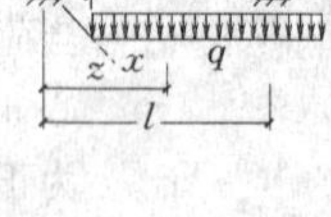
B（任意截面处）	$\frac{F\cdot e}{2k}\cdot\frac{\mathrm{sh}kz}{\mathrm{ch}\frac{kl}{2}}$	当 $z=z_1$ 时，$\frac{F\cdot e}{k}\cdot\frac{\mathrm{ch}\frac{kl}{6}}{\mathrm{ch}\frac{kl}{2}}\cdot\mathrm{sh}kz_1$ 当 $z=z_2$ 时 $\frac{F\cdot e}{k}\cdot\frac{\mathrm{sh}\frac{kl}{3}}{\mathrm{ch}\frac{kl}{2}}\mathrm{ch}k(\frac{l}{2}-z_2)$	$\frac{q\cdot e}{k^2}\left[1-\frac{\mathrm{ch}k\left(\frac{l}{2}-z\right)}{\mathrm{ch}\frac{kl}{2}}\right]$

续表

序号	Ⅰ	Ⅱ	Ⅲ
B_{max}（跨中）	$0.02\delta \cdot F \cdot e \cdot l$	$0.02\delta \cdot F \cdot e \cdot l$	$0.01\delta \cdot q \cdot e \cdot l^2$

注：k——弯扭特性系数，$k=\sqrt{GI_t/EI_\omega}$；

G——钢材的剪变模量，$G=0.79\times10^5\,N/mm^2$；

δ——B_{max}的计算系数，可由下图查得。

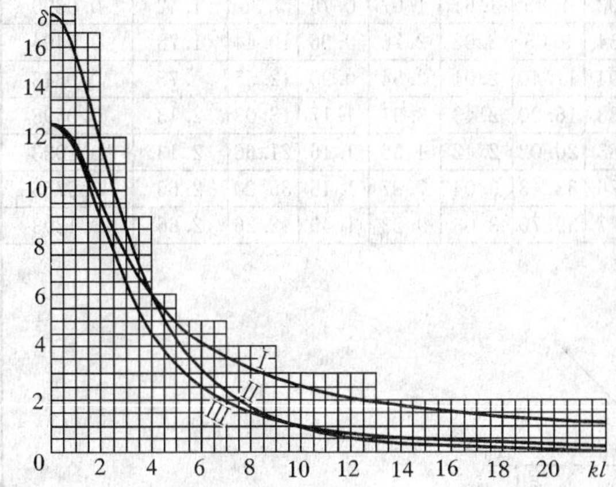

δ—kl 图

A. 4. 2 由双力矩 B 所产生的正向应力符号按表A. 4. 2采用。

表 A. 4. 2 由双力矩 *B* 所引起的正应力符号

荷载与截面简图 / 截面上的点	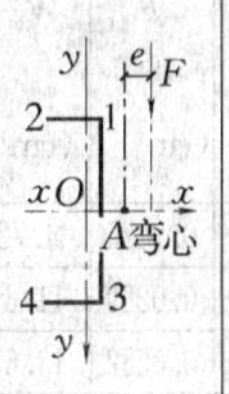	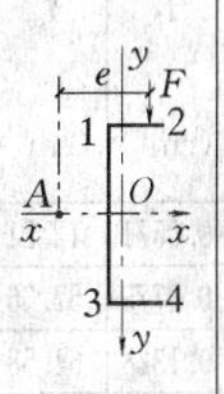	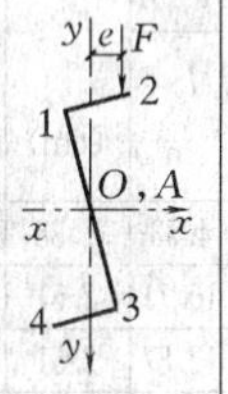	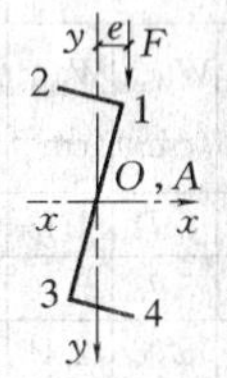
1	－	＋	＋	－
2	＋	－	－	＋
3	＋	－	＋	－
4	－	＋	－	＋

注：1 表中正应力符号"＋"代表压应力，"－"代表拉应力；

2 表中外荷载 F 绕截面弯心 A 顺时针方向旋转；如外荷载 F 绕截面弯心 A 逆时针方向旋转，则表中所有符号均应反号。

附录B 截 面 特 性

B. 1 常用截面特性表

B. 1. 1 常用截面特性表见表 B. 1. 1-1～表 B. 1. 1-8。

表 B. 1. 1-1 方钢管

尺寸(mm) h	t	截面面积 (cm^2)	每米长质量 (kg/m)	I_x (cm^4)	i_x (cm)	W_x (cm^3)
25	1.5	1.31	1.03	1.16	0.94	0.92
30	1.5	1.61	1.27	2.11	1.14	1.40
40	1.5	2.21	1.74	5.33	1.55	2.67
40	2.0	2.87	2.25	6.66	1.52	3.33
50	1.5	2.81	2.21	10.82	1.96	4.33
50	2.0	3.67	2.88	13.71	1.93	5.48
60	2.0	4.47	3.51	24.51	2.34	8.17
60	2.5	5.48	4.30	29.36	2.31	9.79
80	2.0	6.07	4.76	60.58	3.16	15.15
80	2.5	7.48	5.87	73.40	3.13	18.35
100	2.5	9.48	7.44	147.91	3.95	29.58
100	3.0	11.25	8.83	173.12	3.92	34.62
120	2.5	11.48	9.01	260.88	4.77	43.48
120	3.0	13.65	10.72	306.71	4.74	51.12
140	3.0	16.05	12.60	495.68	5.56	70.81
140	3.5	18.58	14.59	568.22	5.53	81.17
140	4.0	21.07	16.44	637.97	5.50	91.14
160	3.0	18.45	14.49	749.64	6.37	93.71
160	3.5	21.38	16.77	861.34	6.35	107.67
160	4.0	24.27	19.05	969.35	6.32	121.17
160	4.5	27.12	21.05	1073.66	6.29	134.21
160	5.0	29.93	23.35	1174.44	6.26	146.81

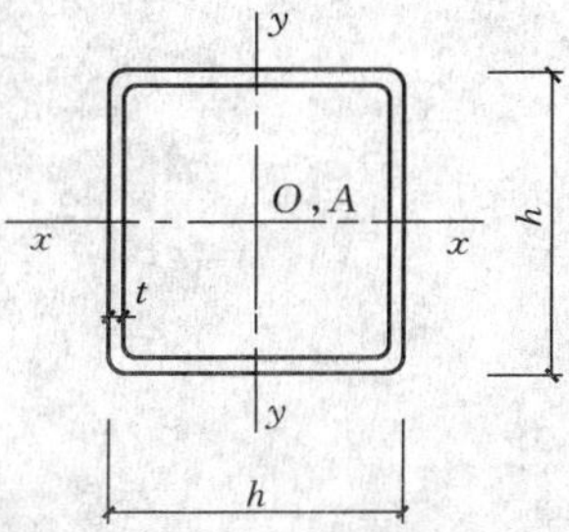

表 B.1.1-2 等边角钢

尺寸（mm）		截面面积（cm^2）	每米长质量（kg/m）	y_0（cm）	x_0-x_0				$x-x$		$y-y$		x_1-x_1	e_0（cm）	I_t（cm^4）
b	t				I_{x_0}（cm^4）	i_{x_0}（cm）	$W_{x_0 max}$（cm^3）	$W_{x_0 min}$（cm^3）	I_x（cm^4）	i_x（cm）	I_y（cm^4）	i_y（cm）	I_{x1}（cm^4）		
30	1.5	0.85	0.67	0.828	0.77	0.95	0.93	0.35	1.25	1.21	0.29	0.58	1.35	1.07	0.0064
30	2.0	1.12	0.88	0.855	0.99	0.94	1.16	0.46	1.63	1.21	0.36	0.57	1.81	1.07	0.0149
40	2.0	1.52	1.19	1.105	2.43	1.27	2.20	0.84	3.95	1.61	0.90	0.77	4.28	1.42	0.0203
40	2.5	1.87	1.47	1.132	2.96	1.26	2.62	1.03	4.85	1.61	1.07	0.76	5.36	1.42	0.0390
50	2.5	2.37	1.86	1.381	5.93	1.58	4.29	1.64	9.65	2.02	2.20	0.96	10.44	1.78	0.0494
50	3.0	2.81	2.21	1.408	6.97	1.57	4.95	1.94	11.40	2.01	2.54	0.95	12.55	1.78	0.0843
60	2.5	2.87	2.25	1.630	10.41	1.90	6.38	2.38	16.90	2.43	3.91	1.17	18.03	2.13	0.0598
60	3.0	3.41	2.68	1.657	12.29	1.90	7.42	2.83	20.02	2.42	4.56	1.16	21.66	2.13	0.1023
75	2.5	3.62	2.84	2.005	20.65	2.39	10.30	3.76	33.43	3.04	7.87	1.48	35.20	2.66	0.0755
75	3.0	4.31	3.39	2.031	24.47	2.38	12.05	4.47	39.70	3.03	9.23	1.46	42.26	2.66	0.1293

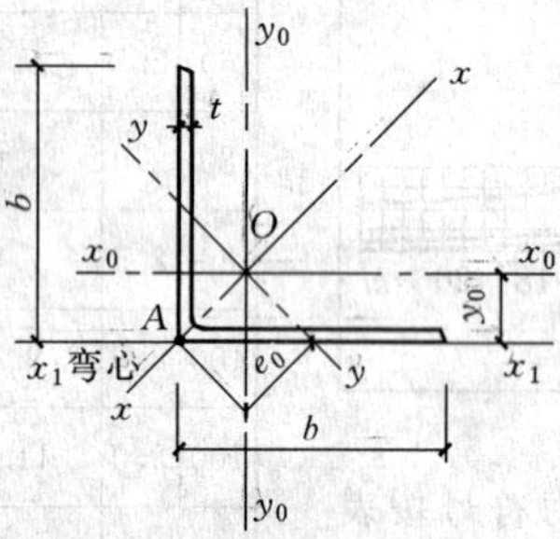

表 B.1.1-3 槽 钢

尺寸（mm）			截面面积（cm^2）	每米长质量（kg/m）	x_0（cm）	$x-x$			$y-y$				y_1-y_1	e_0（cm）	I_t（cm^4）	I_ω（cm^6）	k（cm^{-1}）	$W_{\omega 1}$（cm^4）	$W_{\omega 2}$（cm^4）
h	b	t				I_x（cm^4）	i_x（cm）	W_x（cm^3）	I_y（cm^4）	i_y（cm）	W_{ymax}（cm^3）	W_{ymin}（cm^3）	I_{y1}（cm^4）						
60	30	2.5	2.74	2.15	0.883	14.38	2.31	4.89	2.40	0.94	2.71	1.13	4.53	1.88	0.0571	12.21	0.0425	4.72	2.51
80	40	2.5	3.74	2.94	1.132	36.70	3.13	9.18	5.92	1.26	5.23	2.06	10.71	2.51	0.0779	57.36	0.0229	11.61	6.37
80	40	3.0	4.43	3.48	1.159	42.66	3.10	10.67	6.93	1.25	5.98	2.44	12.87	2.51	0.1328	64.58	0.0282	13.64	7.34
100	40	2.5	4.24	3.33	1.013	62.07	3.83	12.41	6.37	1.23	6.29	2.13	10.72	2.30	0.0884	99.70	0.0185	17.07	8.44
100	40	3.0	5.03	3.95	1.039	72.44	3.80	14.49	7.47	1.22	7.19	2.52	12.89	2.30	0.1508	113.23	0.0227	20.20	9.79
120	40	2.5	4.74	3.72	0.919	95.92	4.50	15.99	6.72	1.19	7.32	2.18	10.73	2.13	0.0988	156.19	0.0156	23.62	10.59
120	40	3.0	5.63	4.42	0.944	112.28	4.47	18.71	7.90	1.19	8.37	2.58	12.91	2.12	0.1688	178.49	0.0191	28.13	12.33
140	50	3.0	6.83	5.36	1.187	191.53	5.30	27.36	15.52	1.51	13.08	4.07	25.13	2.75	0.2048	487.60	0.0128	48.99	22.93
140	50	3.5	7.89	6.20	1.211	218.88	5.27	31.27	17.79	1.50	14.69	4.70	29.37	2.74	0.3223	546.44	0.0151	56.72	26.09
160	60	3.0	8.03	6.30	1.432	300.87	6.12	37.61	26.90	1.83	18.79	5.89	43.35	3.37	0.2408	1119.78	0.0091	78.25	38.21
160	60	3.5	9.29	7.20	1.456	344.94	6.09	43.12	30.92	1.82	21.23	6.81	50.63	3.37	0.3794	1264.16	0.0108	90.71	43.68

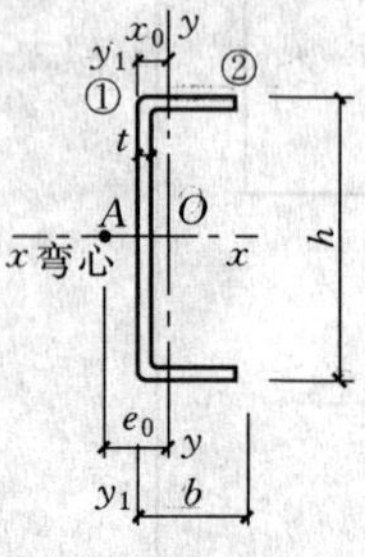

表 B. 1. 1-4 卷边槽钢

尺寸（mm）				截面面积（cm^2）	每米长质量（kg/m）	x_0	$x-x$			$y-y$				y_1-y_1	e_0	I_t	I_ω	k	$W_{\omega 1}$	$W_{\omega 2}$
h	b	a	t			（cm）	I_x（cm^4）	i_x（cm）	W_x（cm^3）	I_y（cm^4）	i_y（cm）	W_{ymax}（cm^3）	W_{ymin}（cm^3）	I_{y1}（cm^4）	（cm）	（cm^4）	（cm^6）	（cm^{-1}）	（cm^4）	（cm^4）
80	40	15	2.0	3.47	2.72	1.452	34.16	3.14	8.54	7.79	1.50	5.36	3.06	15.10	3.36	0.0462	112.9	0.0126	16.03	15.74
100	50	15	2.5	5.23	4.11	1.706	81.34	3.94	16.27	17.19	1.81	10.08	5.22	32.41	3.94	0.1090	352.8	0.0109	34.47	29.41
120	50	20	2.5	5.98	4.70	1.706	129.40	4.65	21.57	20.96	1.87	12.28	6.36	38.36	4.03	0.1246	660.9	0.0085	51.04	48.36
120	60	20	3.0	7.65	6.01	2.106	170.68	4.72	28.45	37.36	2.21	17.74	9.59	71.31	4.87	0.2296	1153.2	0.0087	75.68	68.84
140	50	20	2.0	5.27	4.14	1.590	154.03	5.41	22.00	18.56	1.88	11.68	5.44	31.86	3.87	0.0703	794.79	0.0058	51.44	52.22
140	50	20	2.2	5.76	4.52	1.590	167.40	5.39	23.91	20.03	1.87	12.62	5.87	34.53	3.84	0.0929	852.46	0.0065	55.98	56.84
140	50	20	2.5	6.48	5.09	1.580	186.78	5.39	26.68	22.11	1.85	13.96	6.47	38.38	3.80	0.1351	931.89	0.0075	62.56	63.56
140	60	20	3.0	8.25	6.48	1.964	245.42	5.45	35.06	39.49	2.19	20.11	9.79	71.33	4.61	0.2476	1589.8	0.0078	92.69	79.00
160	60	20	2.0	6.07	4.76	1.850	236.59	6.24	29.57	29.99	2.22	16.19	7.23	50.83	4.52	0.0809	1596.28	0.0044	76.92	71.30
160	60	20	2.2	6.64	5.21	1.850	257.57	6.23	32.20	32.45	2.21	17.53	7.82	55.19	4.50	0.1071	1717.82	0.0049	83.82	77.55
160	60	20	2.5	7.48	5.87	1.850	288.13	6.21	36.02	35.96	2.19	19.47	8.66	61.49	4.45	0.1559	1887.71	0.0056	93.87	86.63
160	70	20	3.0	9.45	7.42	2.224	373.64	6.29	46.71	60.42	2.53	27.17	12.65	107.20	5.25	0.2836	3070.5	0.0060	135.49	109.92
180	70	20	2.0	6.87	5.39	2.110	343.93	7.08	38.21	45.18	2.57	21.37	9.25	75.87	5.17	0.0916	2934.34	0.0035	109.50	95.22
180	70	20	2.2	7.52	5.90	2.110	374.90	7.06	41.66	48.97	2.55	23.19	10.02	82.49	5.14	0.1213	3165.62	0.0038	119.44	103.58
180	70	20	2.5	8.48	6.66	2.110	420.20	7.04	46.69	54.42	2.53	25.82	11.12	92.08	5.10	0.1767	3492.15	0.0044	133.99	115.73
200	70	20	2.0	7.27	5.71	2.000	440.04	7.78	44.00	46.71	2.54	23.32	9.35	75.88	4.96	0.0969	3672.33	0.0032	126.74	106.15
200	70	20	2.2	7.96	6.25	2.000	479.87	7.77	47.99	50.64	2.52	25.31	10.13	82.49	4.93	0.1284	3963.82	0.0035	138.26	115.74
200	70	20	2.5	8.98	7.05	2.000	538.21	7.74	53.82	56.27	2.50	28.18	11.25	92.09	4.89	0.1871	4376.18	0.0041	155.14	129.75
220	75	20	2.0	7.87	6.18	2.080	574.45	8.54	52.22	56.88	2.69	27.35	10.50	90.93	5.18	0.1049	5313.52	0.0028	158.43	127.32
220	75	20	2.2	8.62	6.77	2.080	626.85	8.53	56.99	61.71	2.68	29.70	11.38	98.91	5.15	0.1391	5742.07	0.0031	172.92	138.93
220	75	20	2.5	9.73	7.64	2.070	703.76	8.50	63.98	68.66	2.66	33.11	12.65	110.51	5.11	0.2028	6351.05	0.0035	194.18	155.94

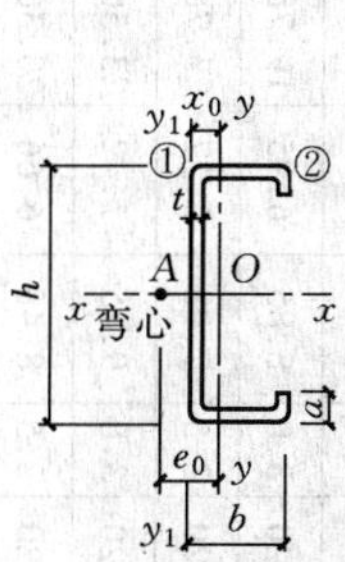

表 B.1.1-5 卷边 Z 形钢

尺寸(mm)				截面面积	每米长质量	θ	x_1-x_1			y_1-y_1			$x-x$				$y-y$				I_{x1y1}	I_t	I_ω	k	$W_{\omega1}$	$W_{\omega2}$
h	b	a	t	(cm^2)	(kg/m)	(°)	I_{x1} (cm^4)	i_{x1} (cm)	W_{x1} (cm^3)	I_{y1} (cm^4)	i_{y1} (cm)	W_{y1} (cm^3)	I_x (cm^4)	i_x (cm)	W_{x1} (cm^3)	W_{x2} (cm^3)	I_y (cm^4)	i_y (cm)	W_{y1} (cm^3)	W_{y2} (cm^3)	(cm^4)	(cm^4)	(cm^6)	(cm^{-1})	(cm^4)	(cm^4)
100	40	20	2.0	4.07	3.19	24.017	60.04	3.84	12.01	17.02	2.05	4.36	70.70	4.17	15.93	11.94	6.36	1.25	3.36	4.42	23.93	0.0542	325.0	0.0081	49.97	29.16
100	40	20	2.5	4.98	3.91	23.767	72.10	3.80	14.42	20.02	2.00	5.17	84.63	4.12	19.18	14.47	7.49	1.23	4.07	5.28	28.45	0.1038	381.9	0.0102	62.25	35.03
120	50	20	2.0	4.87	3.82	24.050	106.97	4.69	17.83	30.23	2.49	6.17	126.06	5.09	23.55	17.40	11.14	1.51	4.83	5.74	42.77	0.0649	785.2	0.0057	84.05	43.96
120	50	20	2.5	5.98	4.70	23.833	129.39	4.65	21.57	35.91	2.45	7.37	152.05	5.04	28.55	21.21	13.25	1.49	5.89	6.89	51.30	0.1246	930.9	0.0072	104.68	52.94
120	50	20	3.0	7.05	5.54	23.600	150.14	4.61	25.02	40.88	2.41	8.43	175.92	4.99	33.18	24.80	15.11	1.46	6.89	7.92	58.99	0.2116	1058.9	0.0087	125.37	61.22
140	50	20	2.5	6.48	5.09	19.417	186.77	5.37	26.68	35.91	2.35	7.37	209.19	5.67	32.55	26.34	14.48	1.49	6.69	6.78	60.75	0.1350	1289.0	0.0064	137.04	60.03
140	50	20	3.0	7.65	6.01	19.200	217.26	5.33	31.04	40.83	2.31	8.43	241.62	5.62	37.76	30.70	16.52	1.47	7.84	7.81	69.93	0.2296	1468.2	0.0077	164.94	69.51
160	60	20	2.5	7.48	5.87	19.983	288.12	6.21	36.01	58.15	2.79	9.90	323.13	6.57	44.00	34.95	23.14	1.76	9.00	8.71	96.32	0.1559	2634.3	0.0048	205.98	86.28
160	60	20	3.0	8.85	6.95	19.783	336.66	6.17	42.08	66.66	2.74	11.39	376.76	6.52	51.48	41.08	26.56	1.73	10.58	10.07	111.51	0.2656	3019.4	0.0058	247.41	100.15
160	70	20	2.5	7.98	6.27	23.767	319.13	6.32	39.89	87.74	3.32	12.76	374.6	6.85	52.35	38.23	32.11	2.01	10.53	10.86	126.37	0.1663	3793.3	0.0041	238.87	106.91
160	70	20	3.0	9.45	7.42	23.567	373.64	6.29	46.71	101.10	3.27	14.76	437.72	6.80	61.33	45.01	37.03	1.98	12.39	12.58	146.86	0.2836	4365.0	0.0050	285.78	124.26
180	70	20	2.5	8.48	6.66	20.367	420.18	7.04	46.69	87.74	3.22	12.76	473.34	7.47	57.27	44.88	34.58	2.02	11.66	10.86	143.18	0.1767	4907.9	0.0037	294.53	119.41
180	70	20	3.0	10.05	7.89	20.183	492.61	7.00	54.73	101.11	3.17	14.76	553.83	7.42	67.22	52.89	39.89	1.99	13.72	12.59	166.47	0.3016	5652.2	0.0045	353.32	138.92

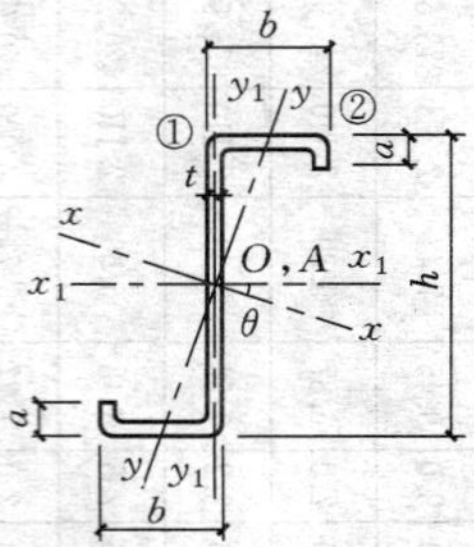

表 B.1.1-6 斜卷边 Z 形钢

尺寸(mm)				截面面积	每米长质量	θ	x_1-x_1			y_1-y_1			$x-x$				$y-y$				I_{x1y1}	I_t	I_ω	k	$W_{\omega1}$	$W_{\omega2}$
h	b	a	t	(cm^2)	(kg/m)	(°)	I_{x1} (cm^4)	i_{x1} (cm)	W_{x1} (cm^3)	I_{y1} (cm^4)	i_{y1} (cm)	W_{y1} (cm^3)	I_x (cm^4)	i_x (cm)	W_{x1} (cm^3)	W_{x2} (cm^3)	I_y (cm^4)	i_y (cm)	W_{y1} (cm^3)	W_{y2} (cm^3)	(cm^4)	(cm^4)	(cm^6)	(cm^{-1})	(cm^4)	(cm^4)
140	50	20	2.0	5.392	4.233	21.986	162.065	5.482	23.152	39.363	2.702	6.234	185.962	5.872	30.377	22.470	15.466	1.694	6.107	8.067	59.189	0.0719	1298.621	0.0046	118.281	59.185
140	50	20	2.2	5.909	4.638	21.998	176.813	5.470	25.259	42.928	2.695	6.809	202.926	5.860	33.352	24.544	16.814	1.687	6.659	8.823	64.638	0.0953	1407.575	0.0051	130.014	64.382
140	50	20	2.5	6.676	5.240	22.018	198.446	5.452	28.349	48.154	2.686	7.657	227.828	5.842	37.792	27.598	18.771	1.667	7.468	9.941	72.659	0.1391	1563.520	0.0058	147.558	71.926
160	60	20	2.0	6.192	4.861	22.104	246.830	6.313	30.854	60.271	3.120	8.240	283.680	6.768	40.271	29.603	23.422	1.945	8.018	9.554	90.733	0.0826	2559.036	0.0035	175.940	82.223
160	60	20	2.2	6.789	5.329	22.113	269.592	6.302	33.699	65.802	3.113	9.009	309.891	6.756	44.225	32.367	25.503	1.938	8.753	10.450	99.179	0.1095	2779.796	0.0039	193.430	89.569
160	60	20	2.5	7.676	6.025	22.128	303.090	6.284	37.886	73.935	3.104	10.143	348.487	6.738	50.132	36.445	28.537	1.928	9.834	11.775	111.642	0.1599	3098.400	0.0044	219.605	100.26
180	70	20	2.0	6.992	5.489	22.185	356.620	7.141	39.624	87.417	3.536	10.514	410.315	7.660	51.502	37.679	33.722	2.196	10.191	11.289	131.674	0.0932	4643.994	0.0028	249.609	111.10
180	70	20	2.2	7.669	6.020	22.193	389.835	7.130	43.315	95.518	3.529	11.502	448.592	7.648	56.570	41.226	36.761	2.189	11.136	12.351	144.034	0.1237	5052.769	0.0031	274.455	121.13
180	70	20	2.5	8.676	6.810	22.205	438.835	7.112	48.759	107.460	3.519	12.964	505.087	7.630	64.143	46.471	41.208	2.179	12.528	13.923	162.307	0.1807	5654.157	0.0035	311.661	135.81
200	70	20	2.0	7.392	5.803	19.305	455.430	7.849	45.543	87.418	3.439	10.514	506.903	8.281	56.094	43.435	35.944	2.205	11.109	11.339	146.944	0.0986	5882.294	0.0025	302.430	123.44
200	70	20	2.2	8.109	6.365	19.309	498.023	7.837	49.802	95.520	3.432	11.503	554.346	8.268	61.618	47.533	39.197	2.200	12.138	12.419	160.756	0.1308	6403.010	0.0028	332.826	134.66
200	70	20	2.5	9.176	7.203	19.314	560.921	7.819	56.092	107.462	3.422	12.964	624.421	8.249	69.876	53.596	43.962	2.189	13.654	14.021	181.182	0.1912	7160.113	0.0032	378.452	151.08
220	75	20	2.0	7.992	6.274	18.300	592.787	8.612	53.890	103.580	3.600	11.751	652.866	9.038	65.085	51.328	43.500	2.333	12.829	12.343	181.661	0.1066	8483.845	0.0022	383.110	148.38
220	75	20	2.2	8.769	6.884	18.302	648.520	8.600	58.956	113.220	3.593	12.860	714.276	9.025	71.501	56.190	47.465	2.327	14.023	13.524	198.803	0.1415	9242.136	0.0024	421.750	161.95
220	75	20	2.5	9.926	7.792	18.305	730.926	8.581	66.448	127.443	3.583	14.500	805.086	9.006	81.096	63.392	53.283	2.317	15.783	15.278	224.175	0.2068	10347.65	0.0028	479.804	181.87
250	75	20	2.0	8.592	6.745	15.389	799.640	9.647	63.791	103.580	3.472	11.752	856.690	9.985	71.976	61.841	46.532	2.327	14.553	12.090	207.280	0.1146	11298.92	0.0020	485.919	169.98
250	75	20	2.2	9.429	7.402	15.387	875.145	9.634	70.012	113.223	3.465	12.860	937.579	9.972	78.870	67.773	50.789	2.321	15.946	14.211	226.864	0.1521	12314.34	0.0022	535.491	184.53
250	75	20	2.5	10.676	8.380	15.385	986.898	9.615	78.952	127.447	3.455	14.500	1057.30	9.952	89.108	76.584	57.044	2.312	18.014	16.169	255.870	0.2224	13797.02	0.0025	610.188	207.38

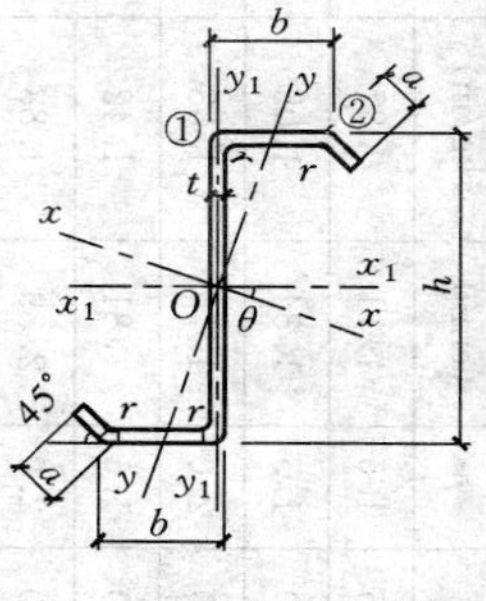

表 B.1.1-7 卷边等边角钢

尺寸（mm）			截面面积（cm^2）	每米长质量（kg/m）	y_0（cm）	x_0-x_0				$x-x$		$y-y$		x_1-x_1	e_0（cm）	I_t（cm^4）	I_ω（cm^6）
b	a	t				I_{x_0}（cm^4）	i_{x_0}（cm）	$W_{x_0 \max}$（cm^3）	$W_{x_0 \min}$（cm^3）	I_x（cm^4）	i_x（cm）	I_y（cm^4）	i_y（cm）	I_{x1}（cm^4）			
40	15	2.0	1.95	1.53	1.404	3.93	1.42	2.80	1.51	5.74	1.72	2.12	1.04	7.78	2.37	0.0260	3.88
60	20	2.0	2.95	2.32	2.026	13.83	2.17	6.83	3.48	20.56	2.64	7.11	1.55	25.94	3.38	0.0394	22.64
75	20	2.0	3.55	2.79	2.396	25.60	2.69	10.68	5.02	39.01	3.31	12.19	1.85	45.99	3.82	0.0473	36.55
75	20	2.5	4.36	3.42	2.401	30.76	2.66	12.81	6.03	46.91	3.28	14.60	11.83	55.90	3.80	0.0909	43.33

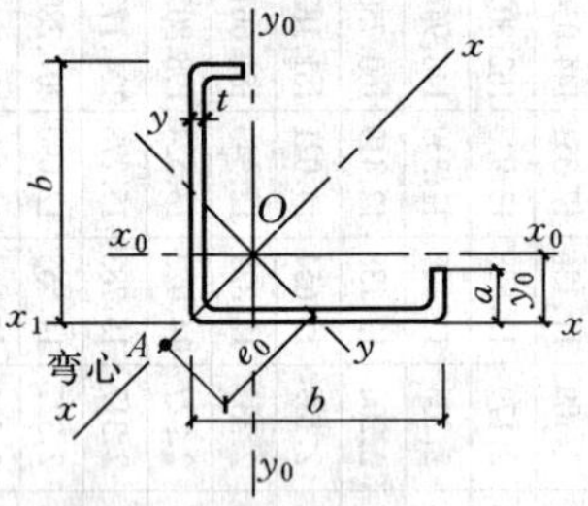

表 B.1.1-8 焊接薄壁圆钢管

尺寸（mm）		截面面积（cm^2）	每米长质量（kg/m）	I（cm^4）	i（cm）	W（cm^3）	尺寸（mm）		截面面积（cm^2）	每米长质量（kg/m）	I（cm^4）	i（cm）	W（cm^3）
d	t						d	t					
25	1.5	1.11	0.87	0.77	0.83	0.61	114	2.5	8.76	6.87	136.20	3.94	23.89
30	1.5	1.34	1.05	1.37	1.01	0.91	114	3.0	10.46	8.21	161.30	3.93	28.30
30	2.0	1.76	1.38	1.73	0.99	1.16	121	2.0	7.48	5.87	132.40	4.21	21.88
40	1.5	1.81	1.42	3.37	1.36	1.68	121	2.5	9.31	7.31	163.50	4.19	27.02
40	2.0	2.39	1.88	4.32	1.35	2.16	121	3.0	11.12	8.73	193.70	4.17	32.02
51	2.0	3.08	2.42	9.26	1.73	3.63	127	2.0	7.85	6.17	153.40	4.42	24.16
57	2.0	3.46	2.71	13.08	1.95	4.59	127	2.5	9.78	7.68	189.50	4.40	29.84
60	2.0	3.64	2.86	15.34	2.05	5.10	127	3.0	11.69	9.18	224.70	4.39	35.39
70	2.0	4.27	3.35	24.72	2.41	7.06	133	2.5	10.25	8.05	218.20	4.62	32.81
76	2.0	4.65	3.65	31.85	2.62	8.38	133	3.0	12.25	9.62	259.00	4.60	38.95
83	2.0	5.09	4.00	41.76	2.87	10.06	133	3.5	14.24	11.18	298.70	4.58	44.92
83	2.5	6.32	4.96	51.26	2.85	12.35	140	2.5	10.80	8.48	255.30	4.86	36.47
89	2.0	5.47	4.29	51.74	3.08	11.63	140	3.0	12.91	10.13	303.10	4.85	43.29
89	2.5	6.79	5.33	63.59	3.06	14.29	140	3.5	15.01	11.78	349.80	4.83	49.97
95	2.0	5.84	4.59	63.20	3.29	13.31	152	3.0	14.04	11.02	389.90	5.27	51.30
95	2.5	7.26	5.70	77.76	3.27	16.37	152	3.5	16.33	12.82	450.30	5.25	59.25
102	2.0	6.28	4.93	78.55	3.54	15.40	152	4.0	18.60	14.60	509.60	5.24	67.05
102	2.5	7.81	6.14	96.76	3.52	18.97	159	3.0	14.70	11.54	447.40	5.52	56.27
102	3.0	9.33	7.33	114.40	3.50	22.43	159	3.5	17.10	13.42	517.00	5.50	65.02
108	2.0	6.66	5.23	93.60	3.75	17.33	159	4.0	19.48	15.29	585.30	5.48	73.62
108	2.5	8.29	6.51	115.40	3.73	21.37	168	3.0	15.55	12.21	529.40	5.84	63.02
108	3.0	9.90	7.77	136.50	3.72	25.28	168	3.5	18.09	14.20	612.10	5.82	72.87
114	2.0	7.04	5.52	110.40	3.96	19.37	168	4.0	20.61	16.18	693.30	5.80	82.53

续表

尺寸（mm）		截面面积	每米长质量	I	i	W	尺寸（mm）		截面面积	每米长质量	I	i	W
d	t	（cm^2）	（kg/m）	（cm^4）	（cm）	（cm^3）	d	t	（cm^2）	（kg/m）	（cm^4）	（cm）	（cm^3）
180	3.0	16.68	13.09	653.50	6.26	72.61	203	4.0	25.01	19.63	1238.00	7.04	122.01
180	3.5	19.41	15.24	756.00	6.24	84.00	219	3.0	20.36	15.98	1187.00	7.64	108.44
180	4.0	22.12	17.36	856.80	6.22	95.20	219	3.5	23.70	18.61	1376.00	7.62	125.65
194	3.0	18.00	14.13	821.10	6.75	84.64	219	4.0	27.02	21.81	1562.00	7.60	142.62
194	3.5	20.95	16.45	950.50	6.74	97.99	245	3.0	22.81	17.91	1670.00	8.56	136.30
194	4.0	23.88	18.75	1078.00	6.72	111.10	245	3.5	26.55	20.84	1936.00	8.54	158.10
203	3.0	18.85	15.00	943.00	7.07	92.87	245	4.0	30.28	23.77	2199.00	8.52	179.50
203	3.5	21.94	17.22	1092.00	7.06	107.55							

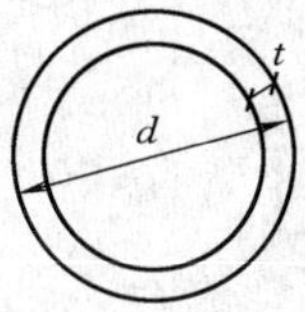

B.2 截面特性的近似计算公式

下列近似计算公式均按截面中心线进行计算。

x 轴向右为正，y 轴向上为正。

B.2.1 半圆钢管。

$A=\pi rt$

$z_0=0.363r$

$I_x=1.571r^3t$

$I_y=0.298r^3t$

$I_t=1.047rt^3$

$I_\omega=0.0374r^5t$

$e_0=0.636r$

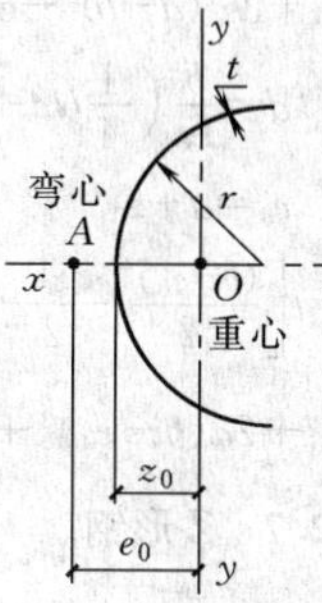

B.2.2 等边角钢。

$A=2bt$

$e_0=\dfrac{b}{2\sqrt{2}}$

$I_x=\dfrac{1}{3}b^3t$

$I_y=\dfrac{1}{12}b^3t$

$I_t=\dfrac{2}{3}bt^3$

$I_\omega=0$

$I_{x0}=I_{y0}=\dfrac{5}{24}b^3t$

$y_0=\dfrac{b}{4}$

$U_y=\dfrac{b^4t}{12\sqrt{2}}$

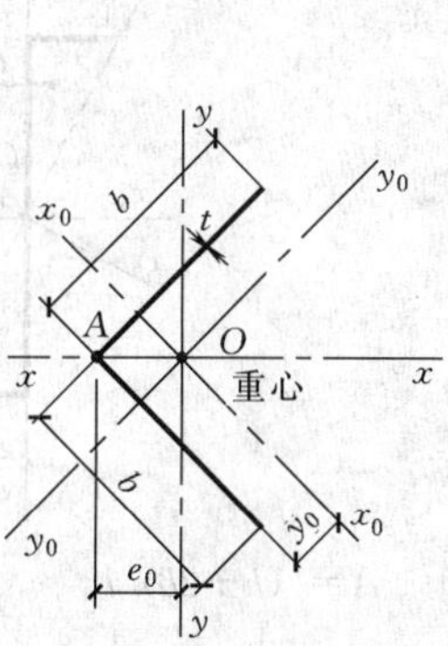

B.2.3 卷边等边角钢。

$A=2(b+a)t$

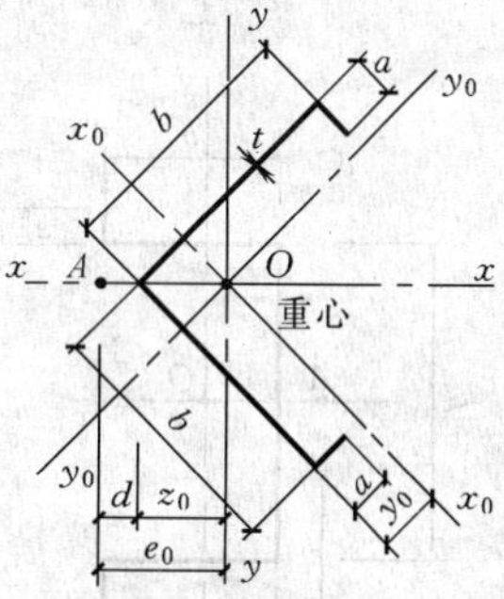

$z_0=\dfrac{b+a}{2\sqrt{2}}$

$I_x=\dfrac{1}{3}(b^3+a^3)t+ba(b-a)t$

$I_y=\dfrac{1}{12}(b+a)^3t$

$I_t=\dfrac{2}{3}(b+a)t^3$

$$I_\omega=d^2b^2\left(\frac{b}{3}+\frac{a}{4}\right)t+\frac{2}{3}a\left[\frac{d}{\sqrt{2}}\left(\frac{3}{2}b-a\right)-ba\right]^2t$$

$d=\dfrac{ba^2(3b-2a)}{3\sqrt{2}\cdot I_x}\cdot t$

$e_0=d+z_0$

$y_0=\dfrac{a+b}{4}$

$I_{x0}=I_{y0}=\dfrac{5}{24}(a-b)^3t+\dfrac{a^2bt}{4}+\dfrac{5}{12}b^3t$

$U_y=\dfrac{t}{12\sqrt{2}}(b^4+4b^3a-6b^2a^2+a^4)$

B.2.4 槽钢。

$A=(2b+h)\ t$

$z_0=\dfrac{b^2}{2b+h}$

$I_x=\dfrac{1}{12}h^3t+\dfrac{1}{2}bh^2t$

$I_y=hz_0^2t+\dfrac{1}{6}b^3t+2b\cdot\left(\dfrac{b}{2}-z_0\right)^2t$

$I_t=\dfrac{1}{3}(2b+h)\ t^3$

$I_\omega=\dfrac{b^3h^2t}{12}\cdot\dfrac{2h+3b}{6b+h}$

$e_0=d+z_0$

$d=\dfrac{3b^2}{6b+h}$

$U_y=\dfrac{1}{2}(b-z_0)^4t-\dfrac{1}{2}z_0^4t-z_0^3ht+\dfrac{1}{4}(b-z_0)^2h^2t-\dfrac{1}{4}z_0^2h^2t-\dfrac{1}{12}z_0h^3t$

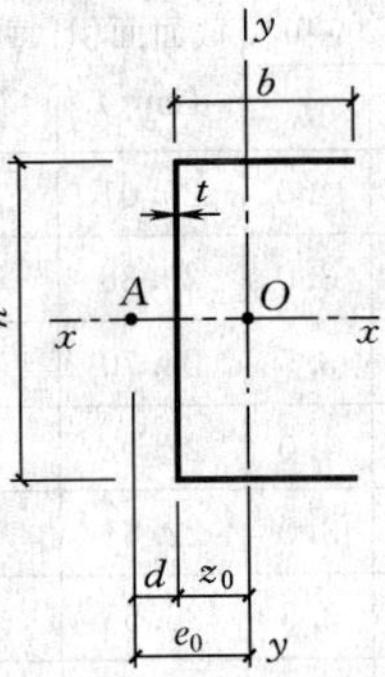

B.2.5 向外卷边槽钢。

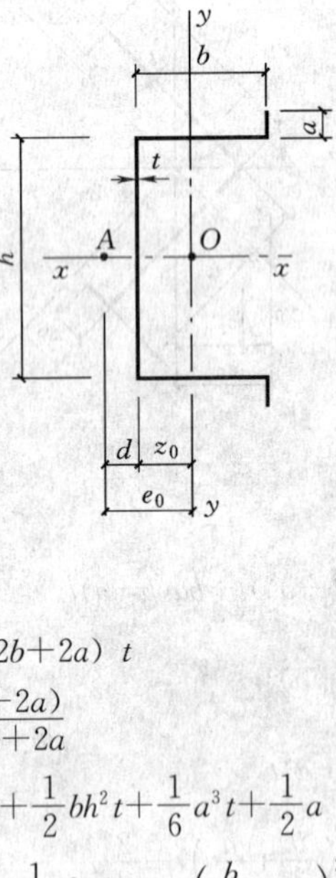

$A=(h+2b+2a)\ t$

$z_0=\dfrac{b\ (b+2a)}{h+2b+2a}$

$I_x=\dfrac{1}{12}h^3t+\dfrac{1}{2}bh^2t+\dfrac{1}{6}a^3t+\dfrac{1}{2}a\ (h+a)^2t$

$I_y=hz_0^2t+\dfrac{1}{6}b^3t+2b\cdot\left(\dfrac{b}{2}-z_0\right)^2t+2a\ (b-z_0)^2t$

$I_t=\dfrac{1}{3}(h+2b+2a)\ t^3$

$I_\omega=\dfrac{d^2h^3t}{12}+\dfrac{h^2}{6}[d^3+(b-d)^3]t+\dfrac{a}{6}[3h^2\ (d-b)^2+6ha\ (d^2-b^2)+4a^2\ (d+b)^2]t$

$d=\dfrac{b}{I_x}\left(\dfrac{1}{4}bh^2+\dfrac{1}{2}ah^2-\dfrac{2}{3}a^3\right)t$

$e_0=d+z_0$

$U_y=t\left[\dfrac{(b-z_0)^4}{2}-\dfrac{z_0^4}{2}-z_0^3h+\dfrac{(b-z_0)^2h^2}{4}-\dfrac{z_0^2h^2}{4}-\dfrac{z_0h^3}{12}+2a\ (b-z_0)^3+2\ (b-z_0)\left(\dfrac{a^3}{3}+\dfrac{a^2h}{2}+\dfrac{ah^2}{4}\right)\right]$

B.2.6 向内卷边槽钢。

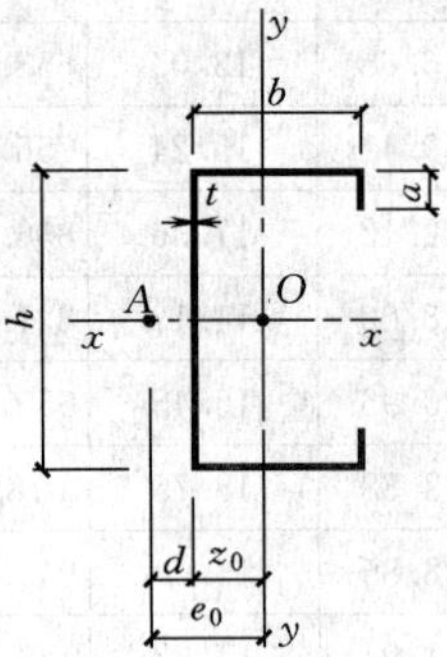

$A=(h+2b+2a)t$

$z_0=\dfrac{b(b+2a)}{h+2b+2a}$

$I_x=\dfrac{1}{12}h^3t+\dfrac{1}{2}bh^2t+\dfrac{1}{6}a^3t+\dfrac{1}{2}a(h-a)^2t$

$I_y=hz_0^2t+\dfrac{1}{6}b^3t+2b\cdot\left(\dfrac{b}{2}-z_0\right)^2t+2a(b-z_0)^2t$

$I_t=\dfrac{1}{3}(h+2b+2a)t^3$

$I_\omega=\dfrac{d^2h^3t}{12}+\dfrac{h^2}{6}[d^3+(b-d)^3]t+\dfrac{a}{6}[3h^2(d-b)^2-6ha(d^2-b^2)+4a^2(d+b)^2]t$

$d=\dfrac{b}{I_x}\left(\dfrac{1}{4}bh^2+\dfrac{1}{2}ah^2-\dfrac{2}{3}a^3\right)t$

$e_0=d+z_0$

$U_y=t\left[\dfrac{(b-z_0)^4}{2}-\dfrac{z_0^4}{2}-z_0^3h+\dfrac{(b-z_0)^2h^2}{4}-\dfrac{z_0^2h^2}{4}-\dfrac{z_0h^3}{12}+2a(b-z_0)^3+2(b-z_0)\left(\dfrac{a^3}{3}-\dfrac{a^2h}{2}+\dfrac{ah^2}{4}\right)\right]$

B.2.7 Z形钢。

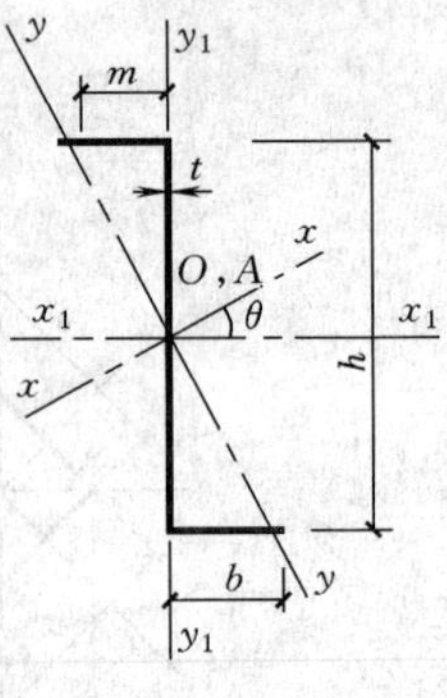

$A=(h+2b)\ t$

$I_{x1}=\dfrac{1}{12}h^3t+\dfrac{1}{2}bh^2t$

$I_{y1}=\dfrac{2}{3}b^3t$

$I_t=\dfrac{1}{3}(h+2b)\ t^3$

$$I_{x1y1}=-\frac{1}{2}b^2ht$$

$$\mathrm{tg}2\theta=\frac{2I_{x1y1}}{I_{y1}-I_{x1}}$$

$$I_x=I_{x1}\cos^2\theta+I_{y1}\sin^2\theta-2I_{x1y1}\sin\theta\cos\theta$$

$$I_y=I_{x1}\sin^2\theta+I_{y1}\cos^2\theta+2I_{x1y1}\sin\theta\cos\theta$$

$$I_\omega=\frac{b^3h^2t}{12}\cdot\frac{b+2h}{h+2b}$$

$$m=\frac{b^2}{h+2b}$$

B. 2. 8 卷边 Z 形钢。

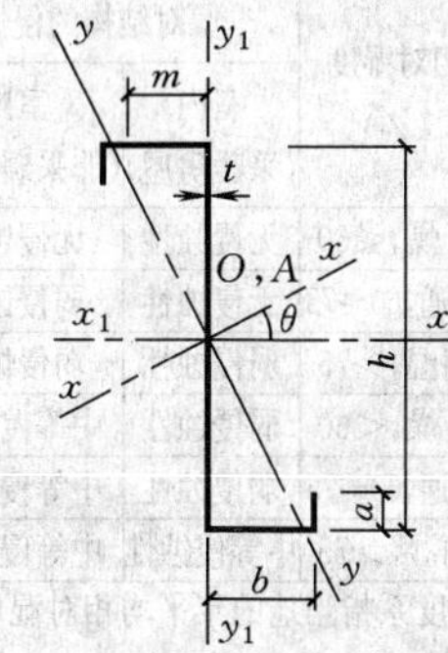

$$A=(h+2b+2a)\ t$$

$$I_{x1}=\frac{1}{12}h^3t+\frac{1}{2}bh^2t+\frac{1}{6}a^3t+\frac{1}{2}at\ (h-a)^2$$

$$I_{y1}=b^2t\left(\frac{2}{3}b+2a\right)$$

$$I_{x1y1}=-\frac{1}{2}bt\ [bh+2a\ (h-a)]$$

$$\mathrm{tg}2\theta=\frac{2I_{x1y1}}{I_{y1}-I_{x1}}$$

$$I_x=I_{x1}\cos^2\theta+I_{y1}\sin^2\theta-2I_{x1y1}\sin\theta\cos\theta$$

$$I_y=I_{x1}\sin^2\theta+I_{y1}\cos^2\theta+2I_{x1y1}\sin\theta\cos\theta$$

$$I_t=\frac{1}{3}\ (h+2b+2a)\ t^3$$

$$I_\omega=\frac{b^2t}{12\ (h+2b+2a)}\ [h^2b\ (2h+b)+2ah\ (3h^2+6ah+4a^2)+4abh\ (h+3a)\ +4a^3\ (4b+a)]$$

$$m=\frac{2ab\ (h+a)\ +b^2h}{(h+2b+2a)\ h}$$

B. 2. 9 斜卷边 Z 形钢。

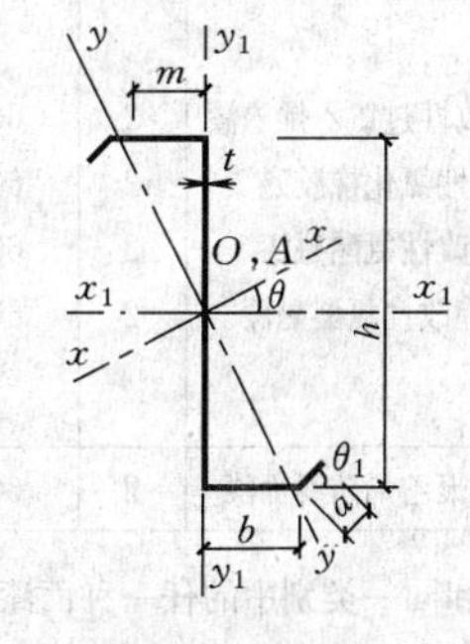

$$A=(h+2b+2a)\ t$$

$$I_{x1}=\frac{1}{12}h^3t+\frac{1}{2}h^2t\ (a+b)\ -a^2ht\sin\theta_1+\frac{2}{3}a^3t\sin^2\theta_1$$

$$I_{y1}=\frac{2}{3}b^3t+2ab^2t+2a^2bt\cos\theta_1+\frac{2}{3}a^3t\cos^2\theta_1$$

$$I_{x1y1}=-\frac{1}{2}hb^2t-habt+a^2bt\sin\theta_1-\frac{1}{2}ha^2t\cos\theta_1+\frac{2}{3}a^3t\sin\theta_1\cos\theta_1$$

$$\mathrm{tg}2\theta=\frac{2I_{x1y1}}{I_{y1}-I_{x1}}$$

$$I_x=I_{x1}\cos^2\theta+I_{y1}\sin^2\theta-2I_{x1y1}\sin\theta\cos\theta$$

$$I_y=I_{x1}\sin^2\theta+I_{y1}\cos^2\theta+2I_{x1y1}\sin\theta\cos\theta$$

$$I_t=\frac{1}{3}\ (h+2b+2a)\ t^3$$

$$I_\omega=\frac{t}{12}\ [2h^2m^3+3h^3m^2+2h^2\ (b-m)^3+6ah^2\ (b-m)^2+6a^2h\ (b-m)\ n+2a^3n^2]$$

$$m=\frac{bh\ (b+2a)\ +a^2n}{(h+2b+2a)\ h}$$

$$n=2b\sin\theta_1+h\cos\theta_1$$

B. 2. 10 圆钢管。

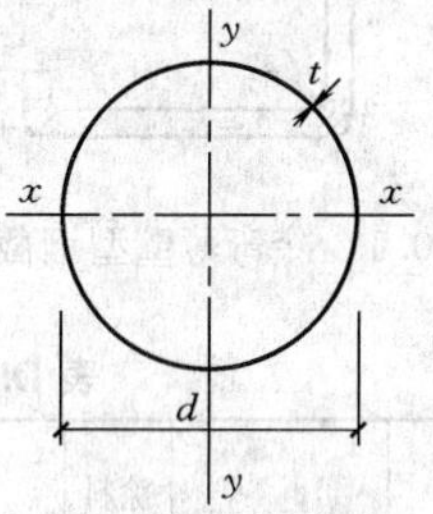

$$A=\pi dt$$

$$I_x=I_y=\frac{1}{8}\pi td^3$$

$$i_x=\frac{d}{2\sqrt{2}}$$

附录 C 考虑冷弯效应的强度设计值的计算方法

C. 0. 1 考虑冷弯效应的强度设计值 f' 可按下式计算：

$$f'=\left[1+\frac{\eta(12\gamma-10)t}{l}\sum_{i=1}^{n}\frac{\theta_i}{2\pi}\right]f \tag{C. 0. 1-1}$$

式中 η——成型方式系数，对于冷弯高频焊（圆变）方、矩形管，取 $\eta=1.7$；对于圆管和其他方式成型的方、矩形管及开口型钢，取 $\eta=1.0$；

γ——钢材的抗拉强度与屈服强度的比值，对于 Q235 钢可取 $\gamma=1.58$，对于 Q345 钢可取 $\gamma=1.48$；

n——型钢截面所含棱角数目；

θ——型钢截面上第 i 个棱角所对应的圆周角（如图 C.0.1 所示），以弧度为单位；

l——型钢截面中心线的长度，可取型钢截面积与其厚度的比值。

型钢截面中心线的长度 l，亦可按下式计算：

$$l=l'+\frac{1}{2}\sum_{i=1}^{n}\theta_i(2r_i+t) \qquad (C.0.1\text{-}2)$$

式中 l'——型钢平板部分宽度之和；

r_i——型钢截面上第 i 个棱角内表面的弯曲半径；

t——型钢厚度。

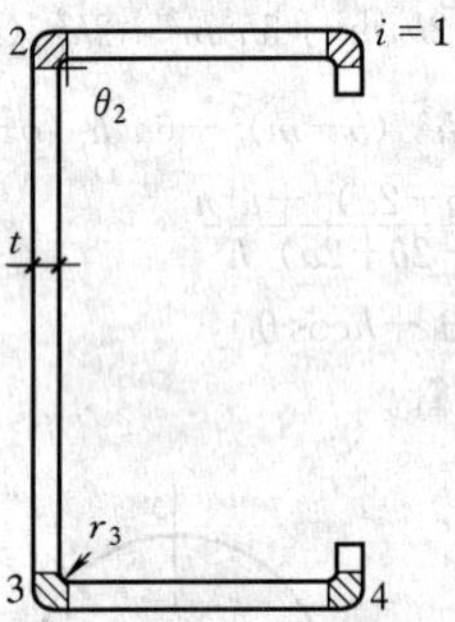

图 C.0.1　冷弯薄壁型钢截面示意图

附录 D　侵蚀作用分类和防腐涂料底、面漆配套及维护年限

D.0.1　外界条件对冷弯薄壁型钢结构的侵蚀作用分类可按表 D.0.1 采用。

表 D.0.1　外界条件对冷弯薄壁型钢结构的侵蚀作用分类

序号	地区	相对湿度（%）	对结构的侵蚀作用分类		
			室内（采暖房屋）	室内（非采暖房屋）	露　天
1	农村、一般城市的商业区及住宅	干燥，<60	无侵蚀性	无侵蚀性	弱侵蚀性
2		普通，60～75	无侵蚀性	弱侵蚀性	中等侵蚀性
3		潮湿，>75	弱侵蚀性	弱侵蚀性	中等侵蚀性
4	工业区、沿海地区	干燥，<60	弱侵蚀性	中等侵蚀性	中等侵蚀性
5		普通，60～75	弱侵蚀性	中等侵蚀性	中等侵蚀性
6		潮湿，>75	中等侵蚀性	中等侵蚀性	中等侵蚀性

注：1　表中的相对湿度系指当地的年平均相对湿度，对于恒温恒湿或有相对湿度指标的建筑物，则按室内相对湿度采用；

2　一般城市的商业区及住宅区泛指无侵蚀性介质的地区，工业区是包括受侵蚀介质影响及散发轻微侵蚀性介质的地区。

D.0.2　常用防腐涂料底、面漆配套及维护年限可按表 D.0.2 采用。

表 D.0.2　常用防腐涂料底、面漆配套及维护年限

侵蚀作用类别		表面处理	涂料类别	底面漆配套涂料						维护年限(年)
				底　漆	道数	膜厚(μ)	面　漆	道数	膜厚(μ)	
室内	无侵蚀性	喷砂（丸）除锈，酸洗除锈，手工或半机械化除锈	第一类	Y53－31 红丹油性防锈漆	2	60				15～20
				Y53－32 铁红油性防锈漆	2	60	C04－2 各色醇酸磁漆	2	60	
	弱侵蚀性			F53－31 红丹酚醛防锈漆	2	60				10～15
				F53－33 铁红酚醛防锈漆	2	60	C04－45 灰醇酸磁漆	2	60	
				C53－31 红丹醇酸防锈漆	2	60				
室外	弱侵蚀性			C06－1 铁红醇酸底漆	2	60	C04－5 灰云铁醇酸磁漆	2	60	8～10
				F53－40 云铁醇酸防锈漆	2	60				
室内	中等侵蚀性	酸洗磷化处理、喷砂（丸）除锈	第二类	H06－2 铁红环氧树脂底漆	2	60	灰醇酸改性过氯乙烯磁漆	2	60	10～15
				铁红环氧化改性 M 树脂底漆	2	60	醇酸改性氯化橡胶磁漆	2	60	
室外				H53－30 云铁环氧树脂底漆	2	60	醇酸改性氯醋磁漆	2	60	5～7
							聚氨酯改性氯醋磁漆	2	60	
				氯磺化聚乙烯防腐底漆	2	60	氯磺化聚乙烯防腐面漆	2	60	5～7

注：表中所列第一类或第二类中任何一种底漆（氯磺化聚乙烯防腐底漆除外）可和同一类别中的任一种面漆配套使用。

本规范用词说明

1 为便于在执行本规范条文时区别对待，对要求严格程度不同的用词说明如下：

1）表示很严格，非这样做不可的用词：

正面词采用“必须”；反面词采用“严禁”。

2）表示严格，在正常情况下均应这样做的用词：

正面词采用“应”；反面词采用“不应”或“不得”。

3）表示允许稍有选择，在条件许可时首先应这样做的用词：

正面词采用“宜”或“可”；反面词采用“不宜”。

2 规范中指明应按其他有关标准和规范执行的写法为：“应符合……要求（或规定）”或“应按……执行”。

中华人民共和国国家标准

冷弯薄壁型钢结构技术规范

GB 50018—2002

条 文 说 明

目　次

1 总　　则

1.0.2　本条明确指出本规范仅适用于工业与民用房屋和一般构筑物的经冷弯（或冷压）成型的冷弯薄壁型钢结构的设计与施工，而热轧型钢的钢结构设计应符合现行国家标准《钢结构设计规范》GB 50017的规定。

1.0.3　本条对原规范“不适用于受有强烈侵蚀作用的冷弯薄壁型钢结构”有所放宽，虽然本次修订仍保持原规范钢材壁厚不宜大于6mm的规定，锈蚀后果比较严重，但随着钢材材质及防腐涂料的改进，冷弯型钢的应用范围日益扩大，目前我国已能生产壁厚12.5mm或更厚的冷弯型钢，与普通热轧型钢已无多大区别，故适当放宽。但受强烈侵蚀介质作用的薄壁型钢结构，必须综合考虑其防腐蚀的特殊要求。现行国家标准《工业建筑防腐蚀设计规范》GB 50046中将气态介质、腐蚀性水、酸碱盐溶液、固态介质和污染土对建筑物长期作用下的腐蚀性分为四个等级，在有强烈侵蚀作用的环境中一般不采用冷弯薄壁型钢结构。

3 材　　料

3.0.1　本规范仍仅推荐现行国家标准《碳素结构钢》GB/T 700中规定的Q235钢和《低合金高强度结构钢》GB/T 1951中规定的Q345钢，原因是这两种牌号的钢材具有多年生产与使用的经验，材质稳定，性能可靠，经济指标较好，而其他牌号的钢材或因产量有限、性能尚不稳定，或因技术经济效果不佳、使用经验不多，而未获推荐应用。但本条中加列了“当有可靠根据时，可采用其他牌号的钢材”的规定。此外，在现行国家标准《碳素结构钢》中提出：“A级钢的含碳量可以不作交货条件”，由于焊接结构对钢材含碳量要求严格，所以Q235A级钢不宜在焊接结构中使用。

3.0.6　本条提出在设计和材料订货中应具体考虑的一些注意事项。

4 基本设计规定

4.1 设计原则

4.1.3　新修订的国家标准《建筑结构可靠度设计统一标准》GB 50068对结构重要性系数γ_0做了两点改变：其一，γ_0不仅仍考虑结构的安全等级，还考虑了结构的设计使用年限；其二，将原标准γ_0取值中的“等于”均改为“不应小于”，给予不同投资者对结构安全度设计要求选择的余地。对于一般工业与民用建筑冷弯薄壁型钢结构，经统计分析其安全等级多为二级，其设计使用年限为50年，故其重要性系数不应小于1；对于设计使用年限为25年的易于替换的构件（如作为围护结构的压型钢板等），其重要性系数适当降低，取为不小于0.95；对于特殊建筑物，其安全等级及设计使用年限应根据具体情况另行确定。

4.1.5　本条系参照现行国家标准《建筑结构荷载规范》GB 50009规定对于正常使用极限状态，应根据不同的设计要求，采用荷载的标准组合、频遇值组合或准永久组合。对于冷弯薄壁型钢结构来说，只考虑荷载效应的标准组合，采用荷载标准值和容许变形进行计算。

4.1.9　构件的变形和各种稳定系数，按理也应分别按净截面、有效截面或有效净截面计算，但计算比较繁琐，为了简化计算而作此规定，采用毛截面计算其精度在允许范围内。

4.1.10　现场实测表明，具有可靠连接的压型钢板围护体系的建筑物，其承载能力和刚度均大于按裸骨架算得的值。这种因围护墙体在自身平面内的抗剪能力而加强了的结构整体工作性能的效应称为受力蒙皮作用。考虑受力蒙皮作用不仅能节省材料和工程造价，还能反映结构的真实工作性能，提高结构的可靠性。

连接件的类型是发挥受力蒙皮作用的关键。用自攻螺钉、抽芯铆钉（拉铆钉）和射钉等紧固件可靠连接的压型钢板和檩条、墙梁等支承构件组成的蒙皮组合体具有可观的抗剪能力，可发挥受力蒙皮作用。采用挂钩螺栓等可滑移的连接件组成的组合体不具有抗剪能力，不能发挥受力蒙皮作用。

受力蒙皮作用的大小与压型钢板的类型、屋面和墙面是否开洞、支承檩条或墙梁的布置形式以及连接件的种类和布置形式等因素有关，为了对结构进行整体分析，应由试验方法对上述各部件组成的蒙皮组合体（包括开洞的因素在内）开展试验研究，确定相应的强度和刚度等参数。

图1a表示有蒙皮围护的平梁门式刚架体系在水平风荷载作用下的变形情况，整个屋面像平放的深梁一样工作，檐口檩条类似上、下弦杆，除受弯外，还承受轴向压、拉作用。

为把风荷载传给基础，山墙处可设置墙梁蒙皮体系，也可设交叉支撑体系。图1b表示有蒙皮围护的山形门式刚架体系，在竖向屋面荷载作用下的变形情况。两侧屋面类似于斜放的深梁受弯，屋脊檩条受压，檐口檩条受拉。为保证受力蒙皮作用，山墙柱顶水平处应设置拉杆。当承受水平风荷作用时，也有类似于图1a的受力情况。因此脊檩、檐口檩条和山墙部位是关键部位，设计中应予重视。

由于考虑受力蒙皮作用，压型钢板及其连接等就成了整体受力结构体系的重要组成部分，不能随

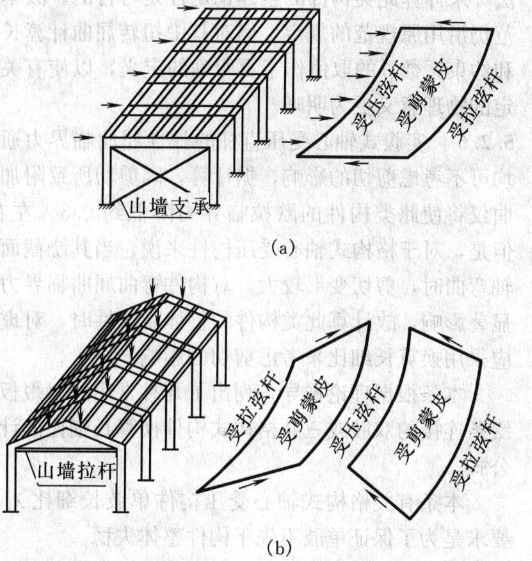

图1 受力蒙皮作用示意图

便拆卸。

4.2 设计指标

4.2.1、4.2.4、4.2.5 本规范对钢材的强度设计值、焊缝强度设计值仍按原规范取值，但4.2.5条中普通粗制螺栓，改为C级普通螺栓并对构件钢材为Q345钢中螺栓的承压强度设计值 f_c^b 之值有所降低。

4.2.2 （含附录C）冷弯薄壁型钢系由钢板或钢带经冷加工成型的。由于冷作硬化的影响，冷弯型钢的屈服强度将较母材有较大的提高，提高的幅度与材质、截面形状、尺寸及成型工艺等项因素有关，原规范利用塑性理论导得了此冷弯效应的理论公式，并经试验证实作了简化处理以方便使用。由于80年代方、矩形钢管的成型方式均为先将钢板经冷弯高频焊成圆管，然后再冲成方、矩形钢管（即圆变方）形成两次冷加工，故其与屈服强度提高因素有关的成型方式系数 η 取1.7，对于圆管和其他开口型钢 η 取1.0。近年来冷弯成型方式不断改进，由圆变方的已不是唯一的成型方式，可以由钢板一次成型成方、矩管，即少了一道冷加工工序，故本规范规定其他方式成型的方矩管 $\eta=1.0$。

4.2.3 经退火、焊接和热镀锌等热处理的冷弯薄壁型钢构件其冷弯硬化的影响已不复存在，故作此规定。

4.3 构造的一般规定

4.3.1 本条仍保持了原规范对壁厚不宜大于6mm的限制。由于冷弯型钢结构与普通钢结构的主要区别在于结构材料成型方式的不同以及由此导致截面特性、材性及计算理论等方面的差异，按理不宜对冷弯型钢的壁厚加以限制，且随着冷弯型钢生产状况的改善及设备生产能力的日益发展，我国已能生产壁厚12.5mm（部分生产厂的可达22mm、国外为25.4mm）的冷弯型钢，但由于实验数据不足及使用经验不多，所以仍保留壁厚的限制，但如有可靠依据，冷弯型钢结构的壁厚可放宽至12.5mm。

5 构件的计算

5.1 轴心受拉构件

5.1.1 轴心受拉构件中的高强度螺栓摩擦型连接处，应按公式5.1.1-2和5.1.1-3计算其强度。这是因为高强度螺栓摩擦型连接系藉板间摩擦传力，而在每个螺栓孔中心截面处，该高强度螺栓所传递的力的一部分已在孔前传走，原规范考虑孔前板间的接触面可能存在缺陷，孔前传力系数可能不足一半，为安全起见，取孔前传力系数为0.4，但根据试验，孔前传力系数大多数情况为0.6，少数情况为0.5，同时，为了与现行国家标准《钢结构设计规范》GB 50017协调一致，故在公式5.1.1-2中取孔前传力系数为0.5。此外由于 $\left(1-0.5\frac{n_1}{n}\right)N<N$，因此，除应按公式5.1.1-2计算螺栓孔处构件的净截面强度外，尚需按公式5.1.1-3计算构件的毛截面强度。

5.1.2 当轴心拉力不通过截面弯心（或不通过Z形截面的扇性零点）时，受拉构件将处于拉、扭组合的复杂受力状态，其强度应按下式计算：

$$\sigma=\frac{N}{A_n}\pm\frac{B}{W_\omega}\leqslant f \tag{1}$$

式中 N——轴心拉力；

A_n——净截面面积；

B——双力矩；

W_ω——毛截面的扇性模量。

有时，公式(1)中第2项翘曲应力 σ_ω（$=B/W_\omega$）可能占总应力的30%以上，在这种情况下，不计双力矩 B 的影响是不安全的。

但是，双力矩 B 及截面弯扭特性（除有现成图表可查者外）的计算比较繁冗，为了简化设计计算，对于闭口截面、双轴对称开口截面等的轴心受拉构件，则可不计双力矩的影响，直接按第5.1.1条的规定计算其强度。

由于轴心受压构件、拉弯及压弯构件均有类似情况，故亦一并列入本条。

5.2 轴心受压构件

5.2.1 当轴心受压构件截面有所削弱（如开孔或缺口等）时，应按公式5.2.1计算其强度，式中 A_{en} 为有效净截面面积，应按下列规定确定：

1 有效截面面积 A_e 按本规范第 5.6.7 条中的规定算得；

2 若孔洞或缺口位于截面的无效部位，则 $A_{en}=A_e$；若孔洞或缺口位于截面的有效部位，则 $A_{en}=Ae-$（位于有效部位的孔洞或缺口的面积）。

3 开圆孔的均匀受压加劲板件的有效宽度 b'_e，可按下列公式确定。

当 $d_0/b\leqslant 0.1$ 时：

$$b'_e=b_e$$

当 $0.1<d_0/b\leqslant 0.5$ 时：

$$b'_e=b_e-\frac{0.91d_0}{\lambda_c^2}$$

当 $0.5<d_0/b\leqslant 0.7$ 时：

$$b'_e=b_e-\frac{1.11d_0}{\lambda_c^2}$$

$$\lambda_c=0.53\frac{b}{t}\cdot\sqrt{\frac{f_y}{E}}$$

式中 d_0——孔径；

b_e——相应未开孔均匀受压加劲板件的有效宽度，按第 5.6 节的规定计算；

b、t——板件的实际宽度、厚度；

f_y——钢材的屈服强度；

E——钢材的弹性模量。

若轴心受压构件截面没有削弱，则仅需按公式 5.2.2 计算其稳定性而毋须计算其强度。

5.2.2 轴心受压构件应按公式 5.2.2 计算其稳定性。

通过理论分析和对各类开口、闭口截面冷弯薄壁型钢轴心受压构件的试验研究，证实轴心受压杆件的稳定性可采用单一柱子曲线进行计算。根据对现有试验结果的统计分析和计算比较，柱子曲线可由基于边缘屈服准则的 Perry 公式计算，式中之初始相对偏心率 ε_0 系按试验结果经分析比较确定。

5.2.3 闭口截面、双轴对称开口截面的轴心受压构件多系在刚度较小的主平面内弯曲失稳。不卷边的等边单角钢轴心受压构件系单轴对称截面，由于截面形心和剪心不重合，因此在轴心压力作用下，此类构件有可能发生弯扭屈曲。但若能保证等边单角钢各外伸肢截面全部有效，则在轴心压力作用下此类构件的扭转失稳承载能力比弯曲失稳承载能力降低不多。鉴于在冷弯薄壁型钢结构中，单角钢通常用于支撑等较为次要的构件，为避免计算过于繁琐，故近似将其归入本条。

对于受力较大的不卷边等边单角钢压杆，则宜作为单轴对称开口截面按第 5.2.4 条的规定计算。

5.2.4、5.2.5 近年来，国内有关单位对单轴对称开口截面轴心受压构件弯扭失稳问题所进行的更为深入的理论分析和试验研究表明，采用“换算长细比法”来计算此类构件的整体稳定性是可行的，故本规范仍沿用原规范的规定，但对其中扭转屈曲计算长度和约束系数 β 的取值作了更明确的定义，以使有关规定的物理意义更为明晰。

5.2.6 实腹式轴心受压直杆的弹性屈曲临界力通常均可不考虑剪切的影响，据计算，因剪切所致附加弯曲仅将使此类构件的欧拉临界力降低约 0.3%左右。但是，对于格构式轴心受压构件来说，当其绕截面虚轴弯曲时，剪切变形较大，对构件弯曲屈曲临界力有显著影响，故计算此类构件的整体稳定性时，对虚轴应采用换算长细比来考虑剪切的影响。

本条根据理论推导，列出了几种常用的以缀板或缀条连接的双肢或三肢格构式构件换算长细比的计算公式。

本条有关格构式轴心受压构件单肢长细比 λ_1 的要求是为了保证单肢不先于构件整体失稳。

5.2.7 格构式轴心受压构件应能承受按公式 5.2.7 算得的剪力。

格构式轴心受压构件由于在制作、运输及安装过程中会产生初始弯曲（通常假定构件的初始挠曲为一正弦半波，构件中点处的最大初挠曲值不大于构件全长的 1/750），同时，轴心力的作用存在着不可避免的初始偏心（根据实测统计分析，一般可取此初始偏心值为 0.05ρ，ρ 系此构件的截面核心距），在轴心力作用下，此格构式轴心受压构件内将会产生剪力，以受力最大截面边缘屈服作为临界条件，即可求得公式 5.2.7 所示之杆内最大剪力 V。

5.3 受弯构件

5.3.1～5.3.4 内容与原规范第 4.5.1 条～第 4.5.4 条基本相同。为了方便使用，在下述 3 个方面做了修订：

1 在计算梁的整体稳定系数时，一般都是对 x 轴（强轴）进行计算，而且本规范中的 x 轴大都是对称轴，因此对薄壁型钢梁而言，主要是计算 φ_{bx}，故在附录 A 中第 A.2.1 条列出了 x 轴为对称轴的 φ_{bx} 计算公式，而 x 轴为非对称轴的情况，在梁中也可能碰到，在压弯杆件中常用，故在第 A.2.2 条列出了 x 轴为非对称轴时 φ_{bx} 的计算方法。以上本来都是写成一个公式，这次把一个公式分两条，突出了 x 轴是对称轴时的计算，也考虑了 x 轴为非对称轴时的情况，最大的好处是避免了可能出现的误解。

2 有时还要计算截面绕 y 轴（弱轴）弯曲时梁的整体稳定系数 φ_{by}。一般都不写出 φ_{by} 的计算公式，而是由计算者自己按计算 φ_{by} 的公式采代换其中相对应的几何特性，不仅使用不方便，而且可能出错。故在第 A.2.3 条列出了 φ_{by} 的计算公式，不仅解决了上述问题，而且可以提高计算工效。

3 以往在计算梁的整体稳定系数时，还要用到

一个计算系数 ξ_3，对于承受横向荷载的梁它小于1。现在按更完善的理论分析和试验证明，它的值可取为1，它在梁的整体稳定系数计算中不起任何作用，故取消了这个计算系数，更简化了计算。

5.4 拉弯构件

5.4.1 冷弯薄壁型钢结构构件的设计计算均不考虑截面发展塑性，而以边缘屈服作为其承载能力的极限状态，故本条规定，在轴心拉力和2个主平面内弯矩的作用下，拉弯构件应按公式5.4.1计算强度，式中的截面特性均以净截面为准。考虑到在小拉力、大弯矩情况下截面上可能出现受压区，故在条文中加列了这种情况下净截面算法的规定。

5.5 压弯构件

5.5.1 在轴心压力和2个主平面内弯矩的共同作用下，压弯构件的强度应按公式5.5.1计算，考虑到构件截面削弱的可能性，式中的截面特性均应按有效净截面确定。

5.5.2 双轴对称截面的压弯构件，当弯矩作用于对称平面内时，计算其弯矩作用平面内稳定性的相关公式5.5.2-1是根据边缘屈服准则，假定钢材为理想弹塑性体，构件两端简支，作用着轴心压力和两端等弯矩，并考虑了初弯曲和初偏心的综合影响，构件的变形曲线为半个正弦波，这些理想条件均满足的前提下导得的，在此基础上，引入计算长度系数来考虑其他端部约束条件的影响，以等效弯矩系数 β_m 来表征其他荷载情况（如不等端弯矩，横向荷载等）的影响，此外，公式5.5.2-1还考虑了轴心力所致附加弯矩的影响，因此，该式可用于各类双轴对称截面压弯构件弯矩作用平面内稳定性的计算。

双轴对称截面的压弯构件，当弯矩作用在最大刚度平面内时，应按公式5.5.2-2计算弯矩作用平面外的稳定性，此式系按弹性稳定理论导出的直线相关公式（对双轴对称截面的压弯构件，一般是偏于安全的），与轴心受压构件及受弯构件整体稳定性的计算公式自然衔接，且考虑了不同截面形状（开口或闭口截面）、荷载情况及侧向支承条件的影响，适用范围较为广泛。

5.5.4 对于图2所示的单轴对称开口截面压弯构件，当弯矩作用于对称平面内时，除应按公式5.5.2-1计算其弯矩作用平面内的稳定性外，尚应按公式5.2.2计算其弯矩作用平面外的稳定性，但式中的轴心受压构件稳定系数 φ 应按由单轴对称开口截面压弯构件弯扭屈曲理论算得的用公式5.5.4-1表述的换算长细比 λ_ω 确定。近年来所进行的大量较为系统的试验结果证实，上述“换算长细比法”是可行的。此外，考虑到横向荷载作用位置对构件平面外稳定性的影响，在公式5.5.4-2中加列了 $\xi_2 e_a$ 项，其中 ξ_2 是横向荷载作用位置的影响系数，e_a 系横向荷载作用点到弯心的距离，规定当横向荷载指向弯心时，e_a 为负值，横向荷载离开弯心时，e_a 为正值。

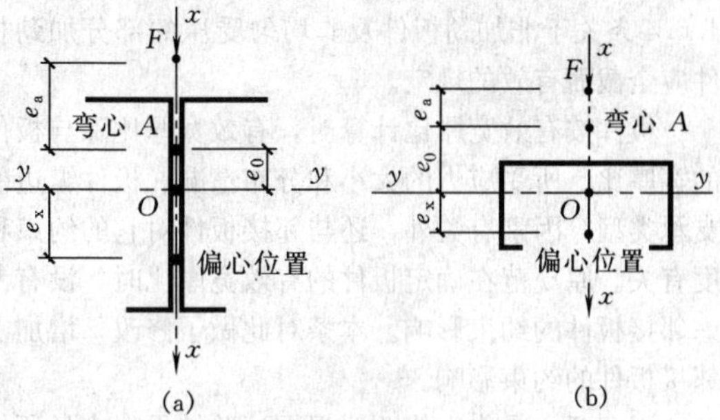

图2 单轴对称开口截面压弯构件示意图

理论计算和试验研究表明，对于常用的单轴对称开口截面压弯构件而言，若作用于对称平面内的弯矩所致等效偏心距位于截面弯心一侧，且其绝对值不小于 $\frac{e_0}{2}$（e_0 为截面形心至弯心距离）时，构件将不会发生弯扭屈曲，故本条规定此时毋需计算其弯矩作用平面外的稳定性，以方便设计计算。

5.5.5 公式5.5.1-1和公式5.5.5-2均系半经验公式，是考虑到与轴心受压构件及受弯构件的整体稳定性计算公式的自然衔接和协调，并与有限试验结果做了分析、比较后确定的。

5.5.6 双轴对称截面的双向压弯构件稳定性的计算公式5.5.6-1和公式5.5.6-2均系半经验式，是考虑到和轴心受压构件、受弯构件及单向压弯构件的稳定性计算公式的衔接和协调，且与有关理论研究成果及少量试验资料作了对比分析后确定的。

5.5.7、5.5.8 格构式压弯构件，除应计算整个构件的强度和稳定性外，尚应计算单肢的强度和稳定性，以保证单肢不致先于整体破坏。

计算缀板和缀条的内力时，不考虑实际剪力和由构件初始缺陷所产生的剪力（由本规范第5.2.7条确定）的叠加作用（因为两者叠加的概率是很小的），而取两者的较大剪力较为合理。

5.6 构件中的受压板件

5.6.1 本条所指的加劲板件即为两纵边均与其他板件相连接的板件；部分加劲板件即为一纵边与其他板件相连接，另一纵边由符合第5.6.4条要求的卷边加劲的板件；非加劲板件即为一纵边与其他板件相连接，另一纵边为自由边的板件。例如箱形截面构件的腹板和翼板都是加劲板件；槽形截面构件的腹板是加劲板件，翼缘是非加劲板件；卷边槽形截面构件的腹板是加劲板件，翼缘是部分加劲板件。

根据上海交通大学、湖南大学和南昌大学对箱形截面、卷边槽形截面和槽形截面的轴心受压、偏心受压板件的132个试验所得数据的分析，发现不论是哪一类板件都具有屈曲后强度，都可以采用有效截面的方式进行计算。因此本次修改不再采用原规范第4.6.4条关于非加劲板件及非均匀受压的部分加劲板件应全截面有效的规定。

板件按有效宽厚比计算时，有效宽厚比除与板件的宽厚比、所受应力的大小和分布情况、板件纵边的支承类型等因素有关外，还与邻接板件对它的约束程度有关。原规范在确定板件的有效宽厚比时，没有考虑邻接板件的约束影响。本条对此做了修改，增加了邻接板件的约束影响。

以上两点是本次修改时根据试验结果对本条所做的主要修改。

由于考虑相邻板件的约束影响后，确定板件有效宽厚比的参数数目又有增加，如仍采用列表的方式确定板件的有效宽厚比，表格量将大幅增加，于使用不便，因此本条采用公式确定板件的有效宽厚比。

根据对试验数据的分析，对于加劲板件、部分加劲板件和非加劲板件的有效宽厚比的计算，都可以采用一个统一的公式，即公式5.6.1-1至公式5.6.1-3，公式中的计算系数ρ考虑了相邻板件的约束影响、板件纵边的支承类型和板件所受应力的大小和分布情况。

$$\rho=\sqrt{\frac{205k_1k}{\sigma_1}} \tag{2}$$

式中 k——板件受压稳定系数，与板件纵边的支承类型和板件所受应力的分布情况有关；

k_1——板组约束系数，与邻接板件的约束程度有关；

σ_1——受压板件边缘的最大控制应力（N/mm^2），与板件所受力的各种情况有关。

如计算中不考虑板组约束影响，可取板组约束系数$k_1=1$，此时计算得到的有效宽厚比的值与原规范的基本相符。

目前国际上已有不少国家采用统一的公式计算加劲板件、部分加劲板和非加劲板件的有效宽厚比，而统一公式的表达形式因各国依据的实验数据而有所不同。

本次修改对受压板件有效截面的取法及分布位置也做了修改（见第5.6.5条），规定截面的受拉部分全部有效，有效宽度按一定比例分置在受压的两侧。因此，有效宽厚比计算公式5.6.1-1至公式5.6.1-3的右侧为板件受压区的宽度b_c，即有效宽厚比用受压区宽厚比的一部分来表示。

有效宽厚比的计算公式由三段组成：第一段为当$b/t\leqslant 180\alpha\rho$时，板件全部有效；第三段为当$b/t\geqslant 38\alpha\rho$时，板件的有效宽厚比为一常数$25\alpha\rho\dfrac{b_c}{b}$；第二段即$18\alpha\rho<b/t<38\alpha\rho$时为过渡段，衔接第一段与第三段。对于均匀受压的加劲板件（即$\alpha=1$，$\rho=2$，$b_c=b$），当$b/t\leqslant 36$时，板件全部有效；当$b/t\geqslant 76$时，板件有效宽厚比为常数50。原规范为当$b/t\leqslant 30$时，板件全部有效；当$b/t\geqslant 60$时，板件有效宽厚比为常数45；但当$b/t\geqslant 130$后，板件有效宽厚比又有增加。原规范的数值是根据当时所做试验结果制订的，当时箱形截面试件是由两槽形截面焊接而成。由于焊接应力较大，使数值有所降低。考虑到目前型材供应的改善，焊接应力会相应降低，这次修改对数值适当提高。美国和欧洲规范的数值为：当$b/t\leqslant 38$时，板件全部有效；当b/t很大时，板件有效宽厚比渐近于56.8；当$b/t=76$时，有效宽厚比为47.5，相当于本规范的95%。因此，本规范的数值与美国和欧洲规范的比较接近。

5.6.2 本条给出了第5.6.1条有关公式中需要的板件受压稳定系数k的计算公式。这些公式均为根据薄板稳定理论计算的结果经过回归得到的。

5.6.3 本条给出了第5.6.1条有关公式中需要的板组约束系数k_1的计算公式。板组约束系数与构件截面的形式、截面组成的几何尺寸以及所受的应力大小和分布情况等有关。根据上海交通大学、湖南大学和南昌大学对箱形截面、带卷边槽形截面和槽形截面的轴心受压、偏心受压构件132个试验所得数据的分析，发现不同的截面形式和不同的受力状况时，板组约束系数是有区别的，但对于常用的冷弯薄壁型钢构件的截面形式和尺寸其变化幅度不大。考虑到构件的有效截面特性与板组约束系数的关系并不十分敏感，为了使用上的方便，对加劲板件、部分加劲板件和非加劲板件采用了统一的板组约束系数计算公式。

板件的弹性失稳临界应力为：

$$\sigma_{cr}=\frac{\pi^2Ek}{12(1-\mu^2)}\cdot\left(\frac{t}{b}\right)^2 \tag{3}$$

式中 k——板件的受压稳定系数；

E——弹性模量；

μ——泊桑系数；

b——板件的宽度；

t——板件的厚度。

式（3）表明板件的临界应力与稳定系数k和宽厚比b/t有关，为了简便，式（3）可表示为：

$$\sigma_{cr}=A\frac{k}{\left(\dfrac{b}{t}\right)^2} \tag{4}$$

图3表示一由板件组成的卷边槽形截面，腹板宽度为w，翼缘宽度为f，厚度均为t。作用于腹板的板组约束系数用k_{1w}表示，作用于翼缘的板组约束系数用k_{1f}表示，腹板的弹性临界应力σ_{crw}和翼缘的弹性临界应力σ_{crf}可分别用下式表示：

$$\sigma_{crw}=A\frac{k_wk_{1w}}{\left(\dfrac{w}{t}\right)^2} \tag{5}$$

$$\sigma_{\mathrm{crf}}=A\frac{k_{\mathrm{f}}k_{1\mathrm{f}}}{\left(\frac{f}{t}\right)^{2}} \tag{6}$$

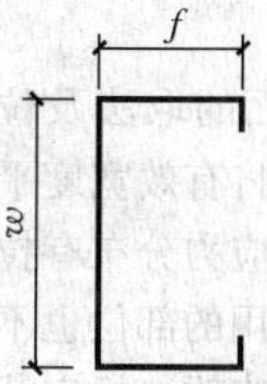

图 3　卷边槽形截面

当考虑板组稳定时，应有 $\sigma_{\mathrm{crw}}=\sigma_{\mathrm{crf}}$，将式（5）和式（6）代入，则有：

$$\frac{k_{1\mathrm{f}}}{k_{1\mathrm{w}}}=\left(\frac{f}{w}\sqrt{\frac{k_{\mathrm{w}}}{k_{\mathrm{f}}}}\right)^{2} \tag{7}$$

令

$$\xi_{\mathrm{w}}=\frac{f}{w}\sqrt{\frac{k_{\mathrm{w}}}{k_{\mathrm{f}}}} \tag{8}$$

得

$$\frac{k_{1\mathrm{f}}}{k_{1\mathrm{w}}}=\xi_{\mathrm{w}}^{2} \tag{9}$$

式（9）表示按板组弹性失稳时，两块相邻板的板组约束系数之间的应有关系，即翼缘的板组约束系数 $k_{1\mathrm{f}}$ 和腹板的板组约束系数 $k_{1\mathrm{w}}$ 之间应有的关系。

本条在根据试验数据拟合板组约束系数 k_1 的计算公式（3）至公式（5）时，也考虑了公式（9）所表示的关系。

表 1 至表 6 是试验数据与按第 5.6.1 条至第 5.6.3 条的规定计算得到的理论结果的比较，表中还列出了按原规范和按美国规范的计算结果。比较结果表明，这次修改是比较满意的。

表 1　34 根箱形截面试件的试验结果 N_{t} 与各种方法计算结果 N_{c} 的比较 $N_{\mathrm{t}}/N_{\mathrm{c}}$

指标 \ 方法	本规范方法考虑板组约束	本规范方法不考虑板组约束（$k_1=1$）	原规范方法（GBJ 18—87）	美国规范方法
平均值	1.14	1.14	1.06	1.20
均方差	0.199	0.195	0.240	0.200
最大值	1.72	1.72	1.72	1.72
最小值	0.88	0.85	0.77	0.89

表 2　13 根短柱、22 根长柱卷边槽形截面最大压应力在支承边的试件的试验结果 N_{t} 与各种方法计算结果 N_{c} 的比较 $N_{\mathrm{t}}/N_{\mathrm{c}}$

指标 \ 方法	本规范方法考虑板组约束		本规范方法不考虑板组约束（$k_1=1$）		原规范方法（GBJ 18—87）		美国规范方法	
	短柱	长柱	短柱	长柱	短柱	长柱	短柱	长柱
平均值	1.018	1.113	0.991	1.080	1.024	1.072	0.881	0.907
均方差	0.188	0.102	0.159	0.075	0.156	0.095	0.083	0.068
最大值	1.318	1.361	1.202	1.268	1.211	1.259	1.054	1.031
最小值	0.740	0.910	0.727	0.967	0.754	0.902	0.732	0.749

表 3　8 根短柱、7 根长柱卷边槽形截面最大压应力在卷边边的试件的试验结果 N_{t} 与各种方法计算结果 N_{c} 的比较 $N_{\mathrm{t}}/N_{\mathrm{c}}$

指标 \ 方法	本规范方法考虑板组约束		本规范方法不考虑板组约束（$k_1=1$）		原规范方法（GBJ 18—87）		美国规范方法	
	短柱	长柱	短柱	长柱	短柱	长柱	短柱	长柱
平均值	1.028	1.035	0.985	0.993	0.878	0.940	0.783	0.854
均方差	0.168	0.189	0.147	0.176	0.160	0.184	0.124	0.124
最大值	1.305	1.360	1.215	1.294	1.110	1.247	0.995	1.053
最小值	0.756	0.709	0.743	0.702	0.638	0.786	0.592	0.683

表 4　14 根槽形截面最大压应力在支承边的试件的试验结果 N_{t} 与各种方法计算结果 N_{c} 的比较 $N_{\mathrm{t}}/N_{\mathrm{c}}$

指标 \ 方法	本规范方法考虑板组约束	本规范方法不考虑板组约束（$k_1=1$）	原规范方法（GBJ 18—87）	美国规范方法
平均值	1.138	1.106	1.993	1.480
均方差	0.141	0.143	0.250	0.498
最大值	1.349	1.356	2.480	2.510
最小值	0.879	0.873	1.640	0.900

表 5　24 根槽形截面最大压应力在自由边的试件的试验结果 N_{t} 与各种方法计算结果 N_{c} 的比较 $N_{\mathrm{t}}/N_{\mathrm{c}}$

指标 \ 方法	本规范方法考虑板组约束	本规范方法不考虑板组约束（$k_1=1$）	原规范方法（GBJ 18—87）	美国规范方法
平均值	1.097	1.180	2.227	1.318
均方差	0.199	0.246	0.655	0.471
最大值	1.591	1.763	4.091	2.348
最小值	0.800	0.785	1.276	0.675

表 6　10 根槽形截面腹板非均匀受压试件的试验结果 N_{t} 与各种方法计算结果 N_{c} 的比较 $N_{\mathrm{t}}/N_{\mathrm{c}}$

指标 \ 方法	本规范方法考虑板组约束	本规范方法不考虑板组约束（$k_1=1$）	原规范方法（GBJ 18—87）	美国规范方法
平均值	0.967	0.967	1.261	0.989
均方差	0.136	0.137	0.400	0.150
最大值	1.190	1.194	1.806	1.245
最小值	0.758	0.762	0.762	0.802

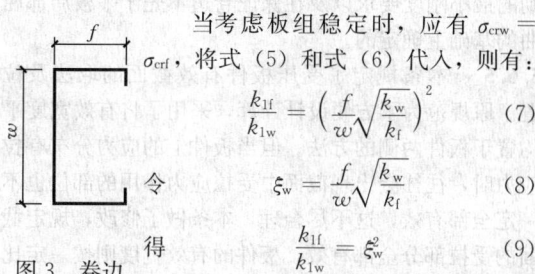

表 1 至表 6 表明，与试验结果相比考虑板组约束

与不考虑板组约束的计算结果在平均值与均方差方面差别不大，但在某些情况下，两者可以有较大差别，不考虑板组约束有时会偏于不安全，有时则会偏于过分保守，可由下列两例看出。

例1：箱形截面，轴心受压。

1. 不考虑板组约束。

$k=4, k_1=1, \sigma_1=205, \rho=2$　　$b/t=120$

短边：$b/t=20<18\rho=36, b_e/t=20$　　$b/t=20$

长边：$b/t=120>38\rho=76$，$b_e/t=50$

故：$A_e=(2\times20+2\times50)t^2=140t^2$

2. 考虑板组约束。

$k=4$，$k_c=4$，$\psi=1$，$b_c=b$，$\alpha=1$，$\sigma_1=205$

k_1 计算：

长边：$\xi=20/120=1/6$，$k_1=1/\sqrt{\xi}=2.5>1.7$，取1.7

短边：$\xi=120/20=6$，$k_1=0.11+0.93/(\xi-0.05)^2=0.136$

b_e/t 计算：

长边：$\rho=\sqrt{k_1 k}=2.6$，$b/t=120>38\rho=99$，$b_e/t=25\rho=65$

短边：$\rho=\sqrt{k_1 k}=0.74$，$18\rho=13<b/t=20<38\rho=28$

$$b_e/t=\left(\sqrt{\frac{21.8\rho}{b/t}}-0.1\right)\cdot\frac{b_c}{t}=16$$

故：$A_e=(2\times16+2\times65)t^2=162t^2$

结论：不考虑板组约束过于保守。

例2：箱形截面，轴心受压。

1. 不考虑板组约束。

$k=4$，$k_1=1$，$\sigma_1=205$，$\rho=2$

短边：$b/t=76=38\rho=76$，$b_e/t=25\rho=50$

长边：$b/t=120>38\rho=76, b_e/t=50$　$b/t=180$

故：$A_e=(2\times50+2\times50)t^2=200t^2$　　$b/t=76$

2. 考虑板组约束。

$k=4$，$k_c=4$，$\psi=1$，$b_c=b$，$\alpha=1$，$\sigma_1=205$

k_1 计算：

长边：$\xi=76/180=0.422$，$k_1=1/\sqrt{\xi}=1.54$

短边：$\xi=180/76=2.368$，$k_1=0.11+0.93/(\xi-0.05)^2=0.283$

b_e/t 计算：

长边：$\rho=\sqrt{k_1 k}=2.48$，$b/t=180>38\rho=94$，$b_e/t=25\rho=62$

短边：$\rho=\sqrt{k_1 k}=1.06$，$b/t=76>38\rho=40.28$，$b_e/t=25\rho=26.5$

故：$A_e=(2\times26.5+2\times62)t^2=177t^2$

结论：不考虑板组约束偏于不安全。

对于其他截面形式及受力状况也都有这种情况，不再列举。从以上例子可以看出，考虑板组约束作用是合理的。

5.6.4　本条规定的卷边高厚比限值是按其作为边加劲的最小刚度要求以及在保证卷边不先于平板局部屈曲的基础上确定的。

5.6.5　本条规定了受压板件有效截面的取法及位置。原规范为了方便设计计算，采用了将有效宽度平均置于板件两侧的方法。但当板件上的应力分布有拉应力时，往往会出现截面中受拉应力作用的部位也不一定全部有效，这不尽合理。本条做了修改，规定截面的受拉部分全部有效，板件的有效宽度则按一定比例分置在受压部分的两侧。

5.6.6　本条规定了轴心受压圆管构件保证局部稳定的圆管外径与壁厚之比的限值，该限值是按理想弹塑性材料推导得到的。

5.6.7　轴心受压构件截面上承受的最大应力是由压杆整体稳定控制的，其值为 φf。因此，在确定截面上板件的有效宽度时，宜将 φf 作为板件的最大控制应力 σ_1。

5.6.8　构件中板件的有效宽厚比与板件所受的压应力分布不均匀系数 ψ 及最大压应力 σ_{max} 有关。本条规定是关于拉弯、压弯和受弯构件中受压板件不均匀系数 ψ 和最大压应力值的计算，并据此按照第5.6.1条的规定计算受压板件的有效宽厚比。

压弯构件在受力过程中由于压力的 $P—\Delta$ 效应，其受力具有几何非线性性质，使截面上的内力和应力分布的计算比较复杂，为了简化计算，同时考虑到压弯构件一般由稳定控制，计及 $P—\Delta$ 效应后截面上的最大应力大多是用足的或相差不大，因此本条规定截面上最大控制应力值可取为钢材的强度设计值 f，同时截面上各板件的压应力分布不均匀系数 ψ 可取按构件毛截面作强度计算时得到的值，不考虑双力矩的影响。各板件中的最大控制应力则由截面上的强度设计值 f 和各板件的应力分布不均匀系数 ψ 推算得到。

受弯及拉弯构件因没有或可以不考虑 $P—\Delta$ 效应，截面上各板件的应力分布下不均匀系数 ψ 及最大压应力值均取按构件毛截面作强度计算得到的值，不考虑双力矩的影响。

6　连接的计算与构造

6.1　连接的计算

6.1.2　以美国康奈尔大学为主的AWS结构焊接委员会第11分委员会，在试验研究的基础上，于1976年提出了薄板结构焊接标准的建议，其中给出了喇叭形焊缝的设计方法。试验证明，当被连板件的厚度 $t\leqslant4.5$mm时，沿焊缝的横向和纵向传递剪力的连接的破坏模式均为沿焊缝轮廓线处的薄板撕裂。

美国 1986 年《冷弯型钢结构构件设计规范》规定，当被连板件的厚度 $t \leqslant 4$mm 时，单边喇叭形焊缝端缝受剪时，考虑传力有一定的偏心，取标准强度为 $0.833F_u$；喇叭形焊缝纵向受剪时考虑了两种情况：当焊脚高度和被连板厚满足 $t \leqslant 0.7h_f < 2t$，或当卷边高度小于焊缝长度时，卷边部分传力甚少，薄板为单剪破坏，标准强度为 $0.75F_u$；当焊脚高度满足 $0.7h_f \geqslant 2t$，或卷边高度大于焊缝长度时，卷边部分也可传递较大的剪力，能在焊缝的两侧发生薄板的双剪破坏，标准强度成倍增长为 $1.5F_u$。该规范的安全系数取为 2.5，则上述各种情况的相应允许强度分别为：$0.333F_u$、$0.3F_u$ 和 $0.6F_u$。该规范还规定，当被连板件的厚度 $t>4$mm 时，尚应按一般角焊缝进行验算。

在制定本规范条文时，参考美国 86 规范，按着相同的安全系数，转化为我国的表达形式。设 $[R]$ 为美国规范所给的允许强度，R_k 为按我国规范设计时的标准强度，则有：

$$\frac{R_k}{\gamma_s \cdot \gamma_R} = [R] \tag{10}$$

式中 γ_s 和 γ_R 分别为我国的荷载平均分项系数和钢材的抗力分项系数。

将上式写成我国规范的强度设计表达式，有：

$$\frac{R_k}{\gamma_R} = \gamma_s [R]$$

或

$$\frac{R_k}{\gamma_R} = [R] \frac{f}{f_u} \cdot \gamma_s \cdot \gamma_R \cdot \frac{f_u}{f_y} \tag{11}$$

由（11）式，将美国规范 $[R]$ 中的 F_u 用 f 代换后得到转化为我国设计强度的转化系数为 $\gamma_s \cdot \gamma_R \cdot \frac{f_u}{f_y}$。近似取平均荷载分项系数 $\gamma_s=1.3$，钢材的抗力分项系数 $\gamma_R=1.165$。对 Q235 钢，最小强屈比为 1.6，则转化系数为 2.423，相应的设计强度分别为 $0.81f$、$0.71f$ 和 $1.42f$，取整数即分别为 $0.8f$、$0.7f$ 和 $1.4f$；对板厚小于 4mm 的 Q345 钢，其最小强屈比为 1.5，相应的转化系数为 2.272，设计强度分别为 $0.76f$、$0.68f$ 和 $1.36f$。考虑到喇叭形焊缝在我国的研究和应用尚不充分，在本条文的编写中，偏于安全的将双剪破坏的设计强度按单剪取值。同时将 Q345 钢的相应设计强度表达式近似取为 Q235 钢的相应式子。

6.1.4 为了与其他机械式连接件的承载力设计值表达式相协调，将普通螺栓连接强度的应力表达式改为单个螺栓的承载力设计值表达式。

6.1.7 用于压型钢板之间和压型钢板与冷弯型钢等支承构件之间的紧固件连接的承载力设计值，一般应由生产厂家通过试验确定。欧洲建议（Recommendations for Steel Construction ECCSTC7, The Design and Testing of Connections in Steel Sheetingand Sections）对常用的抽芯铆钉、自攻螺钉和射钉等的连接强度做过大量试验研究工作，总结出保证连接不出现脆性破坏的构造要求和偏于安全的计算方法。

大量试验表明，承受拉力的压型钢板与冷弯型钢等支承构件间的紧固件有可能被从基材中拔出而失效；也可能被连接的薄钢板沿连接件头部被剪脱或拉脱而失效。后者在承受风力作用时有可能出现疲劳破坏，因此欧洲建议中规定，遇风组合作用时，连接件的抗剪脱和抗拉脱的抗拉承载力设计值取静荷作用时的一半。建议还采用不同的折减系数，考虑连接件在压型钢板波谷的不同部位设置时，可能产生的杠杆力和两个连接件传力不等而带来的不利影响。

试验表明传递剪力的连接不存在遇风组合的疲劳问题，抗剪连接的破坏模式主要以被连接板件的撕裂和连接件的倾斜拔出为主。单个连接件的抗剪承载力设计值仅与被连板件的厚度和其屈服强度的标准值以及连接件的直径有关。

我国一些单位也对抽芯铆钉和自攻螺钉连接做过试验研究，并证实了欧洲建议所建议的公式是偏于安全保守的。因此本规范采用了这些公式，只做了强度设计值的代换。

欧洲建议规定：永久荷载的荷载分项系数为 1.3，活荷载的为 1.5，与薄钢板连接的紧固件的抗力分项系数为 $\gamma_m=1.1$，因此当取平均荷载分项系数为 1.4 时，欧洲建议在连接的承载力设计值之外的安全系数为 $1.4\times1.1=1.54$。我国的相应平均荷载分项系数为 1.3，取连接的抗力分项系数与钢材的相同，即 $\gamma_R=1.165$，则相应的安全系数为 $1.3\times1.165=1.52$。可见中、欧双方在冷弯薄壁型钢结构方面的安全系数基本相当。欧洲建议中所用的屈服强度的设计值 σ_e 相当于我国的钢材标准强度 f_y，因此取 $\gamma_R f=1.165f=\sigma_e$，对公式进行代换。也就是说对欧洲建议的公式的右侧均乘以 1.165，并用 f 取代 σ_e，即得规范中的相应公式。需要说明的是，为了简化公式，将抽芯铆钉的抗剪强度设计值计算表达式取与自攻螺钉相当的表达式。

6.2 连接的构造

6.2.1 本条补充了直接相贯的钢管节点的角焊缝尺寸可放大到 $2.0t$ 的规定。由于这种节点的角焊缝只在钢管壁的外侧施焊，不存在两侧施焊的过烧问题，是可以被接受的。另外，在具体设计中应参考现行国家标准《钢结构设计规范》GB 50017 中有关侧面角焊缝最大计算长度的规定。

6.2.5、6.2.6、6.2.8、6.2.9 这四条的规定来源于欧洲建议，这些构造规定是 6.1.7 条中各公式的适用条件，因此必须满足。

6.2.7 被连板件上安装自攻螺钉（非自钻自攻螺钉）用的钻孔孔径直接影响连接的强度和柔度。孔径的大小应由螺钉的生产厂家规定。1981 年的欧洲建议曾以表格形式给出了孔径的建议值。本规范采用了由归纳出的公式形式给出的预制孔建议值。

7 压型钢板

7.1 压型钢板的计算

7.1.6 τ_{cr} 计算公式 7.1.6-1 和 7.1.6-3 分别为腹板弹塑性和弹性剪切屈曲临界应力设计值。

7.1.7 楼面压型钢板施工期间，可能出现较大的支座反力或集中荷载，由于压型钢板的腹板厚度 t 相对较薄，在局部集中荷载作用下，可能出现一种称之为腹板压跛（Web Crippling）现象。腹板压跛涉及因素较多，很难用理论精确分析，R_w 计算公式 7.1.7-2 是根据大量试验后给出的。该式取自欧洲建议。但公式 7.1.7-2 是取 $r=5t$ 代入欧洲建议公式得出的。

7.1.8 支座反力处同时作用有弯矩的验算的相关公式 7.1.8，是欧洲各国做了 1500 余个试件试验整理给出的。欧洲规范 EC3—ENV1993—1—3，1996 也取用该相关公式。

7.1.9 弯矩 M 和剪力 V 共同作用截面验算的相关公式 7.1.9 取自欧洲规范 EC3—ENV1993—1—3，1996。

7.1.10 集中荷载 F 作用下的压型钢板计算，根据国内外试验资料分析，集中荷载主要由荷载作用点相邻的槽口协同工作，究竟由几个槽口参与工作，这与板型、尺寸等有关，目前尚无精确的计算方法，一般根据试验结果确定。规范给出的将集中荷载 F 沿板宽方向折算成均布线荷载 q_{re}（公式 7.1.10）是一个近似简化公式，该式取自欧洲建议，式中折算系数 η 由试验确定，若无试验资料，欧洲建议规定取 $\eta=0.5$。此时，用该式的计算方法，近似假定为集中荷载 F 由两个槽口承受，这对多数压型钢板的板型是偏安全的。

屋面压型钢板上的集中荷载主要是施工或使用期间的检修荷载。按我国荷载规范规定，屋面板施工或检修荷载 $F=1.0$kN；验算时，荷载 F 不乘荷载分项系数，除自重外，不与其他荷载组合。但当施工期间的施工集中荷载超过 1.0kN，则应按实际情况取用。

7.1.11 屋面和墙面压型钢板挠度控制值是根据近十多年我国实践经验给出的。近几年，压型钢板出现不少新的板型，对特殊异形的压型钢板，建议其承载力、挠度通过试验确定。

7.2 压型钢板的构造

7.2.1～7.2.9 这些条文均是关于屋面、墙面和作为永久性模板的楼面压型钢板的构造要求规定。条文中增加了近几年在实际工程中采用的压型钢板侧向扣合式和咬合式连接方式，这两种连接方法，连接件隐藏在压型板下面，可避免渗漏现象。此外，近几年勾头螺栓在工程中已很少采用，因此，条文中对于压型钢板连接件主要选用自攻螺栓（或射钉），但这类连接件必须带有较好的防水密封胶垫材料，以防连接点渗漏。

8 檩条与墙梁

8.1 檩条的计算

8.1.1 实腹式檩条在屋面荷载作用下，系双向受弯构件，当采用开口薄壁型钢（如卷边 Z 形钢和槽形钢）时，由于荷载作用点对截面弯心存在偏心，因而必须考虑弯扭双力矩的影响，严格说来，应按规范公式 5.3.3-1 验算截面强度，即：

$$\sigma=\frac{M_x}{W_{enx}}+\frac{M_y}{W_{eny}}+\frac{B}{W_\omega}\leqslant f$$

但是，在实际工程中，由于屋面板与檩条的连接能阻止或部分阻止檩条的侧向弯曲和扭转，M_y 和 B 的数值相应减少，如按上式计算，则算得的檩条应力过大，偏于保守；如果根据试验数据反算 M_y 和 B 的折减系数，又由于屋面和檩条的形式多样，很难定出恰当的系数，因此，本规范仍采用公式 8.1.1-1 作为强度计算公式，即：

$$\sigma=\frac{M_x}{W_{enx}}+\frac{M_y}{W_{eny}}\leqslant f$$

采用上式的根据是：

1 利用 M_y/W_{eny} 一项来包络由于侧向弯曲和双力矩引起的应力，按照近年来工程实践的检验，一般是偏于安全的同时也简化了计算，便于设计者使用；

2 根据对收集到的 Z 形薄壁檩条试验数据的统计分析，当活载效应与恒载效应之比为 0.5、1、2、3 时，用一次二阶矩概率方法，算得其可靠度指标 β 均大于 3.2（Q345 钢平均为 3.287，Q235.F 钢平均为 3.378；Q235 钢平均为 4.044），可见该公式是可靠的；

3 只有屋面板材与檩条有牢固的连接，即用自攻螺钉、螺栓、拉铆钉和射钉等与檩条牢固连接，且屋面板材有足够的刚度（例如压型钢板），才可认为能阻止檩条侧向失稳和扭转，可不验算其稳定性。

对塑料瓦材料等刚度较弱的瓦材或屋面板材与檩条未牢固连接的情况，例如卡固在檩条支架上的压型钢板（扣板），板材在使用状态下可自由滑动，即屋面板材与檩条未牢固连接，不能阻止檩条侧向失稳和扭转，应按公式 8.1.1-2 验算檩条的稳定性，即：

$$\frac{M_x}{\varphi_b W_{ex}}+\frac{M_y}{W_{ey}}\leqslant f$$

8.1.2 实腹式檩条在风荷载作用下，下翼缘受压时受压下翼缘将产生侧向失稳和扭转，虽然与屋面牢固连接的上翼缘对受压下翼的失稳和扭转有一定的约束作用，但受力较复杂。本规范仍按公式 8.1.1-2 验算其稳定性。

8.1.3 平面格构式檩条（包括桁架式与下撑式）上弦受力情况比较复杂，一般除了轴心力 N 和弯矩 M_x、M_y 以外，还有双力矩 B 的影响，因此，计算比较繁琐。为了简化计算，通过对收集到的已建成工程的调查资料及大量试验数据的研究、分析，规范推荐公式 5.5.1 和 8.1.3-1 来计算其强度和稳定性，但对公式中的 N、M_x、M_y 的计算作了具体规定，使之能包络双力矩 B 的影响。此外，在构造上，则建议平面格构式檩条的上弦节点采用缀板与腹杆连接，以减少上弦杆的弯扭变形，减小双力矩 B 的影响。

通过近 20 根各种平面格构式檩条的试验资料表明，这两个计算公式具有足够的可靠度。

8.1.4 平面格构式檩条，过去主要用于较重屋面，风吸力使下弦内力变号问题不突出，广泛采用压型钢板屋面后，对于跨度大、檩距大等不宜采用实腹檩条的情况，格构式檩条仍具有一定的用途。本条规定平面格构式檩条在风吸力作用下下弦受压时下弦应采用型钢。同时为确保下弦平面外的稳定，应在下弦平面内布置必要的拉条和撑杆。

8.1.5 平面格构式檩条受压弦杆平面外计算长度应取侧向支承点间的距离（拉条可作为侧向支承点）。通常为了减少檩条在使用阶段和施工过程中的侧向变形和扭转，在其两侧都设置了拉条，而拉条又与端部的刚性构件（如钢筋混凝土天沟或有刚性撑杆的桁架）相连，故拉条可作为侧向支承点。

8.1.6 檩条的容许挠度限值属于正常使用极限状态，其值主要根据使用条件而定。为了保证屋面的正常使用，避免因檩条挠度过大致使屋面瓦材断裂而出现漏水现象，必须控制檩条的挠度限值。

本条所列檩条挠度限值与原规范基本相同，通过对实际工程使用情况的调查和檩条的挠度试验，均表明这些限值基本上是合适的。新增加的压型钢板虽属轻屋面，但因这种板材屋面坡度较小，通常均小于 1/10，为了防止由于檩条过大变形导致板面积水，加速钢板的锈蚀，故对其作出了较为严格的规定，将这种屋面檩条的容许挠度值提高为 1/200。

8.2 檩条的构造

8.2.1 实腹式檩条目前常用截面形式为 Z 形钢、槽钢和卷边槽钢，其截面重心较高，在屋面荷载作用下，常产生较大的扭矩，使檩条扭转和倾覆。因此，条文规定在檩条两端与屋架、刚架连接处宜采用檩托，并且上、下用两个螺栓固定，使檩条的端部形成对扭转的约束支座，籍以防止檩条在支座处的扭转变形和倾覆，并保证檩条支座范围内腹板的稳定性。当檩条高度小于 100mm 时，也可只用一排两个螺栓固定。

8.2.2 通常平面格构式檩条的高度与跨度及荷载有关。根据调查，目前工业厂房的檩条跨度 l 大多为 6m，当为中等屋面荷载（檩距为 1.5m 的钢丝网水泥瓦）时，檩条高度 h 一般采用 300mm，即 $h/l=1/20$；当为重屋面荷载（檩距为 3m 的预应力钢筋混凝土单槽瓦）时，檩条高度一般采用 500mm，即 $h/l=1/12$，这些檩条的实测挠度在 1/250～1/500 之间，可以满足正常使用的要求。故本规范仍采用平面格构式檩条的高度可取跨度的 1/12～1/20 的规定。

此外，平面格构式檩条的试验结果表明，端部受压腹杆如采用型钢，不但其承载能力高，而且也易于保证施工质量，因此，本条明确规定端部受压腹杆应采用型钢，以确保质量。

第 8.1.4 条规定风荷载作用下，平面格构式檩条下弦受压时，下弦应采用型钢，但下弦平面外的稳定应在下弦平面上设置支承点，一般宜用拉条和撑杆组成。支撑点的间距以不大于 3m 为宜。

8.2.3 拉条和撑杆的布置，系参照多年来的工程实践经验提出的，它能够起到提高檩条侧向稳定与屋面整体刚度的作用，故仍维持原规范的规定。

实腹檩条下翼缘在风荷载作用下受压时，布置在靠近下翼缘的拉条和撑杆可作为受压下翼缘平面外的侧向支承点。但此时上翼缘应与屋面板材牢固连接。

当前有较多的工程为了保温或隔热或建筑需要，在檩条上下翼缘上均设压型钢板（双层构造）。当上下压型钢板均与檩条牢固连接时，这种构造可保证檩条的整体稳定，可不设拉条和撑杆。但安装压型钢板时，应采取临时措施，以防施工过程中檩条失稳。

8.2.4 利用檩条作屋盖水平支撑压杆时，檩条的最大长细比应满足本规范第 4.3.3 条的规定，即 $\lambda \leqslant 200$，这时檩条的拉条和撑杆可作为平面外的侧向支承点。当风荷载或吊车荷载作用时檩条应按压弯构件验算其强度和稳定性。

8.3 墙梁的计算

8.3.1 墙梁的强度按公式 5.3.3-1 计算，是构造上能保证墙梁整体稳定的情况。例如墙梁两侧均设置墙板或一侧设置墙板另一侧设置可阻止其扭转变形的拉杆和撑杆时，可认为构造上能保证墙梁整体稳定性。且可不计弯扭双力矩的影响，即 $B=0$。

8.3.2 构造上不能保证墙梁的整体稳定，系指第 8.3.1 以外的情况。例如墙板未与墙梁牢固连接或采用挂板形式；拉条或撑杆在构造上不能阻止墙梁侧向扭转等情况，均应按公式 5.3.3-2 验算其整体稳定性。

8.3.3 窗顶墙梁的挠度规定比其他墙梁的挠度严

格，主要保证窗和门的开启，以及墙梁变形时门窗玻璃不致损坏。

9 屋 架

9.1 屋架的计算

9.1.1 由于屋架上弦杆件一般都是连续的，屋架节点并非理想铰接，因此，必然存在着次应力的影响，有时还是相当大的，但通常屋架的计算都忽略了次应力的影响，按节点为铰接考虑，一般都能达到应有的安全度，在实际工程中也未发现因简化计算出现安全事故。为了避免次应力的繁琐计算，采用按屋架各节点均为铰接的简化计算方法，是切实可行的，故本规范仍沿用原规范的规定。至于特别重要的工业与民用建筑中的屋架，则应在计算中考虑次应力的影响。

9.1.2 根据现行国家标准《钢结构设计规范》GB 50017的规定，桁架腹杆（支座竖杆与支座斜杆除外）的计算长度，在屋架平面内应取 $0.8l$（l 为节点中心间的距离）。这是考虑到一般钢结构腹杆与弦杆的连接，均采用节点板或其他加劲措施，能使腹杆端部在屋架平面内的转动受到弦杆的约束，故应予折减。而冷弯薄壁型钢结构中腹杆与弦杆的连接，大都采用顶接方式，仅能起到一定的约束作用，所以，仍采用节点中心间的距离作为腹杆的计算长度。

在屋架平面外，弦杆的计算长度一般取侧向支承点间的距离。如等节间的受压弦杆或腹杆之侧向支承点为节点长度的2倍，且内力不等时，则可根据压弯构件或拉弯构件弹性曲线的一般方程，利用初参数法来确定其临界力及计算长度。

公式9.1.2-1系简化公式，其计算结果与精确公式相当接近。

9.2 屋架的构造

9.2.1 冷弯薄壁型钢屋架平面内的刚度还是比较好的，一般均能满足正常使用要求，但为了消除由于视差的错觉所引起之屋架下挠的不安全感，确保屋架下弦与吊车顶部的净空尺寸，15m以上的屋架均宜起拱。大量试验数据证明，在设计荷载作用下相对挠度的实测值均小于跨度的1/500，因此，规定屋架的起拱高度可取跨度的1/500。

9.2.2 为了保证屋盖结构的空间工作，提高其整体刚度，承担或传递水平力，避免压杆的侧向失稳，以及保证屋盖在安装和使用时的稳定，应分别根据屋架跨度及其载荷的不同情况设置横向水平支撑、纵向水平支撑、垂直支撑及系杆等可靠的支撑体系。

9.2.3 为了充分发挥冷弯型钢断面性能和提高冷弯型钢屋架杆件的防腐能力及便于维修，规范推荐冷弯型钢屋架采用封闭断面。

9.2.4 屋架杆件的接长主要指弦杆。屋架拼装接头的数量和位置，应结合施工及运输的具体条件确定。拼装接头可采用焊接或螺栓连接。

9.2.5 本条主要是指在设计屋架节点时，构造上应注意的有关事项。

10 刚 架

10.1 刚架的计算

10.1.1 刚架梁是以承受弯矩为主、轴力为次的压弯构件，其轴力随坡度的减小而减小（对于山形门式刚架，斜梁轴力沿梁长是逐渐改变的），当屋面坡度不大于1∶2.5时，由于轴力很小，可仅按压弯构件计算其在刚架平面内的强度（此时轴压力产生的应力一般不超过总应力的5%），而不必验算其在刚架平面内的稳定性。

刚架在其平面内的整体稳定，可由刚架柱的稳定计算来保证，变截面柱（通常为楔形柱）在刚架平面内的稳定验算可以套用等截面压弯构件的计算公式。

刚架梁、柱在刚架平面外的稳定性可由檩条和墙梁设置隅撑来保证，设置隅撑的间距可参照现行国家标准《钢结构设计规范》GB 50017中受弯构件不验算整体稳定性的条件来确定。

10.1.2 刚架的失稳有无侧移失稳和有侧移失稳之分，而有侧移失稳一般具有最小的临界力，实际工程中，门式刚架通常在刚架平面内没有侧向支撑，且刚架梁、柱线刚度比并不太小，因此在确定刚架柱在刚架平面内的计算长度时，只考虑有侧移失稳的情况。表A.3.1适用于梁、柱均为等截面的单跨刚架，表A.3.2适用于等截面梁、楔形柱的单跨刚架。当刚架横梁为变截面时，不能采用上述方法，本条给出的计算公式有相当好的精度。

由于常用的柱脚构造并不能完全做到理想铰接或完全刚接的要求，考虑到柱脚的实际约束情况，对柱的计算长度系数予以修正。

10.1.3 多跨刚架的中间柱多采用摇摆柱，此时，摇摆柱自身的稳定性依赖刚架的抗侧移刚度，作用于摇摆柱中的轴力将起促进刚架失稳的作用，因此，边柱的计算长度系数按第10.1.2条的规定计算时，应乘以放大系数。而摇摆柱的计算长度系数应取1.0。

10.1.4 在刚架平面外，实腹式梁和柱的计算长度，应取侧向支承点间的距离。作为侧向支承点的檩条、墙梁必须与水平支撑、柱间支撑或其他刚性杆件相连，否则，一般不能作为侧向支承点。但当屋面板、墙面板采用压型钢板、夹芯板等板材，而板与檩条、墙梁有可靠连接时，檩条、墙梁可以作为侧向支承点。当梁（或柱）两翼缘的侧向支承点间的距离不等时，为安全起见，应取最大受压翼缘侧向支承点间的距离。

10.1.6 为了保证刚架有足够的刚度以及屋面、墙面以及吊车梁的正常使用，必须限制刚架梁的竖向挠度和柱顶水平位移（侧移）。根据国内的研究结果并参考国外的有关资料，规范给出了表 10.1.6-1 和表 10.1.6-2 的规定。当屋面梁没有悬挂荷载时，刚架梁垂直于屋面的挠度一般均能满足表 10.1.6-1 的要求而不必验算。表 10.1.6-2 是按照平板式铰接柱脚的情况给出的，平板式柱脚按刚接计算时，表 10.1.6-2 中所列限值尚应除以 1.2。

10.2 刚架的构造

10.2.2 刚架梁的最小高度与其跨度之比的建议值，是根据工程经验给出的，但只是建议值，并非硬性规定。

10.2.3 门式刚架基本上是作为平面刚架工作的，其平面外刚度较差，设置适当的支撑体系是极为重要的，因此本规范这次修订对此作了原则规定。

支撑体系的主要作用有：平面刚架与支撑一起组成几何不变的空间稳定体系：提高其整体刚度，保证刚架的平面外稳定性；承担并传递纵向水平力；以及保证安装时的整体性和稳定性。

支撑体系包括屋盖横向水平支撑、柱间支撑及系杆等。

支撑桁架的弦杆为刚架梁（或柱），斜腹杆为交叉支撑，竖腹杆可以是檩条（或墙梁），为了保持檩条（或墙梁）的规格一致，或者当刚架间距较大，为了保证安装时有较大的整体刚度，竖腹杆及刚性系杆亦可用另加的焊接钢管、方管、H 型钢或其他截面形式的杆件。位于温度区段或分期建设区段两端的支撑桁架竖腹杆或刚性系杆按所传递的纵向水平力或所支撑构件轴力的 $1\Big/\left(80\sqrt{\frac{235}{f_y}}\right)$之较大者设计（当所支撑构件为实腹梁的翼缘时，其轴力为 $A\cdot f$）。

11 制作、安装和防腐蚀

11.1 制作和安装

11.1.3 钢材和构件的矫正：

1 钢材的机械矫正，一般应在常温下用机械设备进行，矫正后的钢材，在表面上不应有凹、凹痕及其他损伤。

2 对冷矫正和冷弯曲的最低环境温度进行限制，是为了保证钢材在低温情况下受到外力时不致产生冷脆断裂。在低温下钢材受到外力脆断要比冲孔和剪切加工时而断裂更敏感，故环境温度应作严格限制。

3 碳素结构钢和低合金结构钢，允许加热矫正，但不得超过正火温度（900℃）。低合金结构钢在加热矫正后，应在自然状态下缓慢冷却，缓慢冷却是为了防止加热区脆化，故低合金结构钢加热后不应强制冷却。

11.1.4 构件用螺栓、高强度螺栓、铆钉等连接的孔，其加工方法有钻孔、冲孔等，应根据技术要求合理选择加工方法。钻孔是一种机械切削加工，孔壁损伤小，加工质量较好。冲孔是在压力下的剪切加工，孔壁周围会产生冷作硬化现象，孔壁质量较差，但其生产效率较高。

11.1.5 焊接构件组装后，经焊接矫正后产生收缩变形，影响构件的几何尺寸的正确性，因此在放组装大样或制作组装胎模时，应根据构件的规格、焊接、组装方法等不同情况，预放不同的收缩余量。对有起拱要求的构件，除在零件加工时做出起拱外，在组装时还应按规定做好起拱。

构件的定位焊是正式缝的一部分，因此定位焊缝不允许存在最终熔入正式焊缝的缺陷，定位焊采用的焊接材料型号，应与焊接材质相同匹配。

11.2 防腐蚀

11.2.3 钢材表面的锈蚀度和清洁度可按现行国家标准《涂装前钢材表面锈蚀等级和除锈等级》GB 8923，目视外观或做样板、照片对比。

11.2.4 化学除锈方法在一般钢结构制造厂已逐步淘汰，因冷弯薄壁型钢结构部分构件尚在应用化学处理方法进行表面处理，如喷（镀）锌、铝等，故本规范仍将其列入。

11.2.6 对涂覆方法，一般不作具体限制要求，可用手刷，也可采用无气或有气喷涂，但从美观看，高压无气喷涂漆面较为均匀。

11.2.8 本条规定涂装时的环境温度以 5～38℃为宜，只适合在室内无阳光直射情况。如在阳光直射情况下，钢材表面温度会比气温高 8～12℃，涂装时漆膜的耐热性只能在 40℃以下，当超过漆膜耐热性温度时，钢材表面上的漆膜就容易产生气泡而局部鼓起，使附着力降低。

低于 0℃时，室外钢材表面涂装容易使漆膜冻结不易固化，湿度超过 85%时，钢材表面有露点凝结，漆膜附着力变差。

涂装后 4h 内不得淋雨，是因漆膜表面尚未固化，容易被雨水冲坏。

中华人民共和国行业标准

低层冷弯薄壁型钢房屋建筑技术规程

Technical specification for low-rise cold-formed thin-walled steel buildings

JGJ 227—2011

批准部门：中华人民共和国住房和城乡建设部

施行日期：2 0 1 1 年 1 2 月 1 日

中华人民共和国住房和城乡建设部
公　　告

第903号

关于发布行业标准《低层冷弯薄壁型钢房屋建筑技术规程》的公告

现批准《低层冷弯薄壁型钢房屋建筑技术规程》为行业标准，编号为JGJ 227-2011，自2011年12月1日起实施。其中，第3.2.1、4.5.3、12.0.2条为强制性条文，必须严格执行。

本规程由我部标准定额研究所组织中国建筑工业出版社出版发行。

中华人民共和国住房和城乡建设部

2011年1月28日

前　　言

根据原建设部《关于印发〈2007年工程建设标准规范制订、修订计划（第一批）〉的通知》（建标[2007] 125号）的要求，规程编制组经广泛调查研究，认真总结实践经验，参考有关国际标准和国外先进标准，并在广泛征求意见的基础上，编制本规程。

本规程中以黑体字标志的条文为强制性条文，必须严格执行。

本规程由住房和城乡建设部负责管理和对强制性条文的解释，由中国建筑标准设计研究院负责具体技术内容的解释。执行过程中如有意见或建议，请寄送至中国建筑标准设计研究院（北京市海淀区首体南路9号主语国际2号楼，邮编：100048）。

本规程主编单位：中国建筑标准设计研究院

本规程参编单位：西安建筑科技大学
同济大学
长安大学
清华大学
公安部天津消防研究所
博思格钢铁（中国）
上海美建钢结构有限公司
北新房屋有限公司
上海绿筑住宅系统科技有限公司
欧文斯科宁（中国）投资有限公司
北京豪斯泰克钢结构有限公司
中国建筑金属结构协会建筑钢结构委员会
浙江杭萧钢构股份有限公司
上海钢之杰钢结构建筑有限公司

本规程主要起草人员：沈祖炎　何保康　郁银泉
周天华　申　林　李元齐
郭彦林　王彦敏　刘承宗
苏明周　秦雅菲　王宗存
张跃峰　张中权　姜　涛
杨朋飞　杨家骥　杜兆宇
李正春　杨强跃　吴曙崇

本规程主要审查人员：张耀春　周绪红　陈雪庭
徐厚军　姜学诗　郭耀杰
顾　强　李志明　郭　兵

目 次

Contents

1 总 则

1.0.1 为规范低层冷弯薄壁型钢房屋建筑的设计、制作、安装及验收，做到技术先进、经济合理、安全适用、确保质量，制定本规程。

1.0.2 本规程适用于以冷弯薄壁型钢为主要承重构件，层数不大于3层，檐口高度不大于12m的低层房屋建筑的设计、施工及验收。

1.0.3 本规程根据现行国家标准《建筑结构可靠度设计统一标准》GB 50068、《建筑结构荷载规范》GB 50009、《建筑抗震设计规范》GB 50011、《钢结构设计规范》GB 50017、《冷弯薄壁型钢结构技术规范》GB 50018和《钢结构工程施工质量验收规范》GB 50205等规定的原则，结合低层冷弯薄壁型钢房屋的特点制定。

1.0.4 设计低层冷弯薄壁型钢房屋建筑时，应合理选用材料、结构方案和构造措施，应保证结构满足强度、稳定性和刚度要求，并符合防火、防腐要求。

1.0.5 低层冷弯薄壁型钢房屋建筑的设计、施工及验收，除应符合本规程外，尚应符合国家现行有关标准的规定。

2 术语和符号

2.1 术 语

2.1.1 腹板加劲件 web stiffener

与腹板连接防止腹板屈曲的部件。

2.1.2 刚性撑杆 blocking

与结构构件相连，传递结构构件平面外侧向力，为被支承构件提供侧向支点的构件。

2.1.3 拼合构件 built-up member

由槽形或卷边槽形构件等通过连接组成的工字形或箱形构件。

2.1.4 连接角钢 clip angle

用于构件之间连接，通常弯成90°的构件。

2.1.5 屋檐悬挑 eave overhang

从外墙的结构外皮到屋顶结构外皮之间的水平距离。

2.1.6 钢带 flat strap

由钢板切割成一定宽度的板带，可用于支撑中的拉条或传递拉力的构件。

2.1.7 楼面梁 floor joist

支承楼面荷载的水平构件。

2.1.8 过梁 header

墙或屋面开口处主要将竖向荷载传递到相邻的竖向受力构件的水平构件。

2.1.9 立柱 wall stud

组成墙体单元的竖向受力构件。

2.1.10 斜梁 rafter

按屋面坡度倾斜布置的支承屋面荷载的屋面构件。

2.1.11 山墙悬挑 gable overhang

从山墙的结构外皮到屋顶结构外皮之间的水平距离。

2.1.12 受力蒙皮作用 stressed skin action

与支承构件可靠连接的结构面板体系所具有的抵抗自身平面内剪切变形的能力。

2.1.13 结构面板 structural sheathing

直接安装在立柱或梁上的面板，用以传递荷载和支承墙（梁）。

2.1.14 顶导梁、底导梁或边梁 track

布置在墙的顶部或底部以及楼层系统周边的槽形构件。

2.1.15 墙体结构 wall framing

由立柱、顶导梁、底导梁、面板、支撑、拉条或撑杆等部件通过连接件形成的组合构件，用于承受竖向荷载或水平荷载。

2.1.16 承重墙 bearing wall

承受竖向外荷载的墙体。

2.1.17 抗剪墙 shear wall

承受面内水平荷载的墙体。

2.1.18 非承重墙 non-bearing wall

不承受竖向外荷载的墙体。

2.1.19 钢板厚度 thickness of steel plate

钢基板厚度和镀层厚度之和。

2.2 符 号

2.2.1 作用和作用效应

M——弯矩；

N——轴力；

N_v^f——一个螺钉的抗剪承载力设计值；

P_s——一对抗拔连接件之间墙体段承受的水平剪力；

S_w——考虑风荷载效应组合下抗剪墙单位计算长度的剪力；

S_E——考虑地震作用效应组合下抗剪墙单位计算长度的剪力；

S_j——作用在第j面抗剪墙体单位长度上的水平剪力；

R_t——目标试验荷载；

R_{min}——试验荷载结果的最小值；

V——剪力；

σ_{cd}——轴压时的畸变屈曲应力；

σ_{md}——受弯时的畸变屈曲应力。

2.2.2 计算指标

E——钢材的弹性模量；

f——钢材抗拉、抗压、抗弯强度设计值；

f_y——钢材屈服强度；

f_v——钢材抗剪强度设计值；

f_v^s——螺钉材料抗剪强度设计值；

f_e——钢材端面承压强度设计值；

K——抗剪刚度；

M_d——畸变屈曲受弯承载力设计值；

M_C——考虑轴力影响的整体失稳受弯承载力设计值；

M_A——考虑轴力影响的畸变屈曲受弯承载力设计值；

N_u——稳定承载力设计值；

N_C——整体失稳时轴压承载力设计值；

N_A——畸变屈曲时轴压承载力设计值；

P_{nom}——名义抗剪强度；

V_j——第 j 面抗剪墙体承担的水平剪力设计值；

S_h——抗剪墙单位计算长度的受剪承载力设计值；

S^*——荷载效应设计值；

R_d——承载力设计值；

Δ——风荷载标准值或多遇地震作用标准值产生的楼层内最大的弹性层间位移；垂直度；剪切变形。

2.2.3 几何参数

A——毛截面面积；

A_0——洞口总面积；

A_e——有效截面面积；

A_{en}——有效净截面面积；

A_{cd}——畸变屈曲时有效截面面积；

a——卷边高度；

b——截面或板件的宽度；

f——侧向弯曲矢高；

H——基础顶面到建筑物最高点的高度；房屋楼层高度；抗剪墙高度；

h——截面或板件的高度；

H_0——腹板的计算高度；

I——毛截面惯性矩；

I_{sf}——加劲板件对中轴线的惯性矩；

L——长度或跨度；

l——长度或跨度；侧向支承点间的距离；

t——厚度；

t_s——等效板件厚度；

W——截面模量；

W_e——有效截面模量；

λ——长细比；构件畸变屈曲半波长；

λ_{cd}——确定 A_{cd} 用的无量纲长细比；

λ_{md}——确定 M_d 用的无量纲长细比。

2.2.4 计算系数及其他

k_ϕ——计算受弯构件的承载力和稳定性时的系数；

k_t——考虑结构试件变异性的因子；

k_{sc}——结构特性变异系数；

k_f——几何尺寸不定性变异系数；

k_m——材料强度不定性变异系数；

N'_E——计算压弯构件的承载力和稳定性时的系数；

n——螺钉个数；抗剪墙数；

T——结构基本自振周期；

α——屋面坡度；折减系数；

β_m——等效弯矩系数；

γ_R——抗力分项系数；

γ_{RE}——承载力抗震调整系数；

μ_x、μ_y、μ_w——计算长度系数；

μ_r——屋面积雪分布系数；

φ——轴心受压构件的整体稳定系数；

η——计算受弯构件整体稳定系数时采用的系数；轴力修正系数；

ξ——多个螺钉连接的承载力折减系数。

3 材料与设计指标

3.1 材料选用

3.1.1 钢材选用应符合下列规定：

1 用于低层冷弯薄壁型钢房屋承重结构的钢材，应采用符合现行国家标准《碳素结构钢》GB/T 700、《低合金高强度结构钢》GB/T 1591 规定的 Q235 级、Q345 级钢材，或符合现行国家标准《连续热镀锌钢板及钢带》GB/T 2518 和《连续热镀铝锌合金镀层钢板及钢带》GB/T 14978 规定的 550 级钢材。当有可靠依据时，可采用其他牌号的钢材，但应符合相应有关国家标准的规定。

注：本规程将 550 级钢材定名为 LQ550。

2 用于承重结构的冷弯薄壁型钢的钢材，应具有抗拉强度、伸长率、屈服强度、冷弯试验和硫、磷含量的合格保证；对焊接结构，尚应具有碳含量的合格保证。

3 在技术经济合理的情况下，可在同一结构中采用不同牌号的钢材。

4 用于承重结构的冷弯薄壁型钢的钢带或钢板的镀层标准应符合现行国家标准《连续热镀锌钢板及钢带》GB/T 2518 和《连续热镀铝锌合金镀层钢板及钢带》GB/T 14978 的规定。

3.1.2 连接件（连接材料）应符合下列规定：

1 普通螺栓应符合现行国家标准《六角头螺栓 C级》GB/T 5780 的规定，其机械性能应符合现行国家标准《紧固件机械性能 螺栓、螺钉和螺柱》GB/T 3098.1 的规定。

2 高强度螺栓应符合现行国家标准《钢结构用高强度大六角头螺栓、大六角螺母、垫圈与技术条件》GB/T 1228～GB/T 1231 或《钢结构用扭剪型高强度螺栓连接副》GB/T 3632 的规定。

3 连接薄钢板、其他金属板或其他板材采用的自攻、自钻螺钉应符合现行国家标准《自钻自攻螺钉》GB/T 15856.1～GB/T 15856.5 或《自攻螺钉》GB/T 5282～GB/T 5285 的规定。

4 抽芯铆钉应采用现行国家标准《标准件用碳素钢热轧圆钢》GB/T 715 中规定的 BL2 或 BL3 号钢制成，同时符合现行国家标准《抽芯铆钉》GB/T 12615～12618 的规定。

5 射钉应符合现行国家标准《射钉》GB/T 18981 的规定。

3.1.3 锚栓可采用符合现行国家标准《碳素结构钢》GB/T 700 规定的 Q235 级钢或符合现行国家标准《低合金高强度结构钢》GB/T 1591 规定的 Q345 级钢制成。

3.1.4 在低层冷弯薄壁型钢房屋的结构设计图纸和材料订货文件中，应注明所采用的钢材的牌号、质量等级、供货条件等以及连接材料的型号（或钢材的牌号）。必要时尚应注明对钢材所要求的机械性能和化学成分的附加保证项目。钢板厚度不得出现负公差。

3.1.5 结构板材可采用结构用定向刨花板、石膏板、结构用胶合板、水泥纤维板和钢板等材料。当有可靠依据时，也可采用其他材料。

3.1.6 围护材料宜采用节能环保的轻质材料，并应满足国家现行有关标准对耐久性、适用性、防火性、气密性、水密性、隔声和隔热等性能的要求。

3.2 设计指标

3.2.1 冷弯薄壁型钢钢材强度设计值应按表 3.2.1 的规定采用。

表 3.2.1 冷弯薄壁型钢钢材的强度设计值（N/mm^2）

钢材牌号	钢材厚度 t(mm)	屈服强度 f_y	抗拉、抗压和抗弯 f	抗剪 f_v	端面承压（磨平顶紧）f_e
Q235	$t \leqslant 2$	235	205	120	310
Q345	$t \leqslant 2$	345	300	175	400
LQ550	$t < 0.6$	530	455	260	—
	$0.6 \leqslant t \leqslant 0.9$	500	430	250	
	$0.9 < t \leqslant 1.2$	465	400	230	
	$1.2 \leqslant t \leqslant 1.5$	420	360	210	

3.2.2 自钻螺钉、螺钉、拉铆钉和射钉的承载力设计值应按照现行国家标准《冷弯薄壁型钢结构技术规范》GB 50018 的规定执行。对于与 LQ550 级钢板相连的自钻螺钉、螺钉、拉铆钉和射钉，其抗剪强度应按照本规程附录 A 进行试验确定。

3.2.3 计算下列情况的结构构件和连接时，本规程第 3.2.1 条和第 3.2.2 条规定的强度设计值，应乘以下列相应的折减系数：

1 平面格构式檩条的端部主要受压腹杆：0.85。

2 单面连接的单角钢杆件：

1）按轴心受力计算构件承载力和连接：0.85；

2）按轴心受压计算构件稳定性：$0.6 + 0.0014\lambda$。

注：对中间无联系的单角钢压杆，λ 为按最小回转半径计算的杆件长细比。

3 两构件的连接采用搭接或其间填有垫板的连接以及单盖板的不对称连接：0.90。

上述几种情况同时存在时，其折减系数应连乘。

4 基本设计规定

4.1 设计原则

4.1.1 本规程结构设计采用以概率理论为基础的极限状态设计法，以分项系数设计表达式进行计算。

4.1.2 本规程中的承重结构，应按承载能力极限状态和正常使用极限状态进行设计。

4.1.3 当结构构件和连接按不考虑地震作用的承载能力极限状态设计时，应根据现行国家标准《建筑结构荷载规范》GB 50009 的规定采用荷载效应的基本组合进行计算。当结构构件和连接按考虑地震作用的承载能力极限状态设计时，应根据现行国家标准《建筑抗震设计规范》GB 50011 规定的荷载效应组合进行计算，其中承载力抗震调整系数 γ_{RE} 取 0.9。

4.1.4 当结构构件按正常使用极限状态设计时，应根据现行国家标准《建筑结构荷载规范》GB 50009 规定的荷载效应的标准组合和现行国家标准《建筑抗震设计规范》GB 50011 规定的荷载效应组合进行计算。

4.1.5 结构构件的受拉强度应按净截面计算；受压强度应按有效净截面计算；稳定性应按有效截面计算；变形和各种稳定系数均可按毛截面计算。

4.1.6 构件中受压板件有效宽度的计算应按现行国家标准《冷弯薄壁型钢结构技术规范》GB 50018 计算；当板厚小于 2mm 时，应考虑相邻板件的约束作用。

4.2 荷载与作用

4.2.1 屋面雪荷载、风荷载，除本规程另有规定外，应按现行国家标准《建筑结构荷载规范》GB 50009 的规定采用。

4.2.2 屋面竖向均布活荷载的标准值（按水平投影

面积计算）应取 0.5kN/m²。

4.2.3 地震作用应按现行国家标准《建筑抗震设计规范》GB 50011的规定计算。

4.2.4 施工集中荷载宜取 1.0kN，并应在最不利位置处验算。

4.2.5 复杂体型房屋屋面的风载体型系数可按房屋屋面和墙面分区确定（图 4.2.5），纵风向时屋顶（R）部分的风载体型系数应取−0.8，其余部分的风载体型系数应按现行国家标准《建筑结构荷载规范》GB 50009 采用。

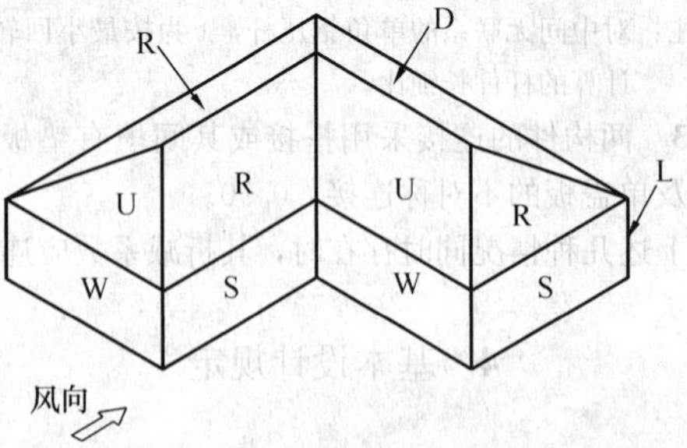

图 4.2.5 房屋屋面和墙面分区

W—迎风墙；U—迎风坡屋顶；S—边墙；R—纵风向坡屋顶；L—背风墙；D—背风坡屋顶

4.2.6 复杂屋面的屋面积雪分布系数的确定应符合下列规定：

1 当屋面坡度（α）小于或等于 25°时，屋面积雪分布系数 μ_r 为 1.0；当屋面坡度（α）大于或等于 50°时，μ_r 为 0；当屋面坡度（α）大于 25°且小于 50°时，μ_r 按线性插值取用。

2 设计屋面承重构件时，应考虑雪荷载不均匀分布的荷载情况。各屋面的雪荷载分布系数应按下列规定进行调整（图 4.2.6）：

1） 对迎风面屋面积雪分布系数，取 $0.75\mu_r$；

2） 对背风面屋面积雪分布系数，取 $1.25\mu_r$；

3） 对侧风面屋面：在屋面无遮挡情况时，侧风面屋面积雪分布系数取 $0.5\mu_r$；在屋面有遮挡情况时，遮挡前侧风面屋面积雪分布系数取 $0.75\mu_r$，遮挡后侧风面屋面积雪分布系数取 $1.25\mu_r$。

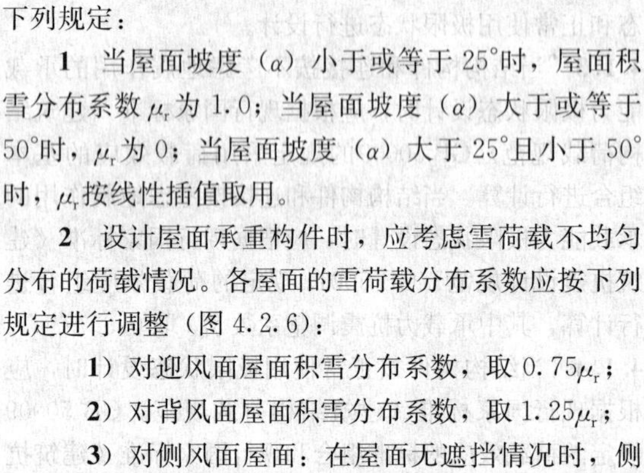

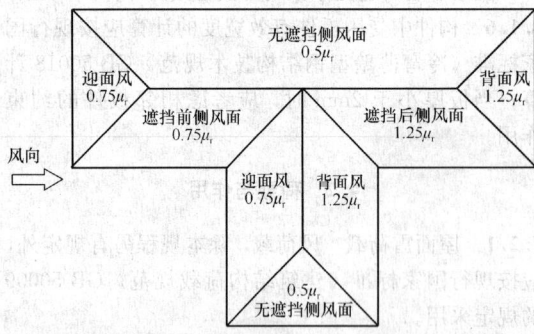

图 4.2.6 屋面积雪分布系数

4.3 建筑设计及结构布置

4.3.1 低层冷弯薄壁型钢房屋建筑设计宜避免偏心过大或在角部开设洞口（图 4.3.1）。当偏心较大时，应计算由偏心而导致的扭转对结构的影响。

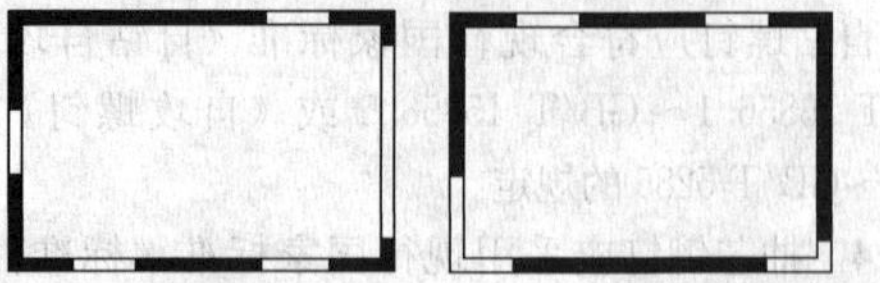

(a) 偏心较大　(b) 角部开洞

图 4.3.1 不宜采用的建筑平面示意

4.3.2 抗剪墙体在建筑平面和竖向宜均衡布置，在墙体转角两侧 900mm 范围内不宜开洞口；上、下层抗剪墙体宜在同一竖向平面内；当抗剪内墙上下错位时，错位间距不宜大于 2.0m。

4.3.3 在设计基本地震加速度为 0.3g 及以上或基本风压为 0.70kN/m² 及以上的地区，低层冷弯薄壁型钢房屋建筑和结构布置应符合下列规定：

1 与主体建筑相连的毗屋应设置抗剪墙，如图 4.3.3-1（a）所示。

2 不宜设置如图 4.3.3-1（b）所示的退台。

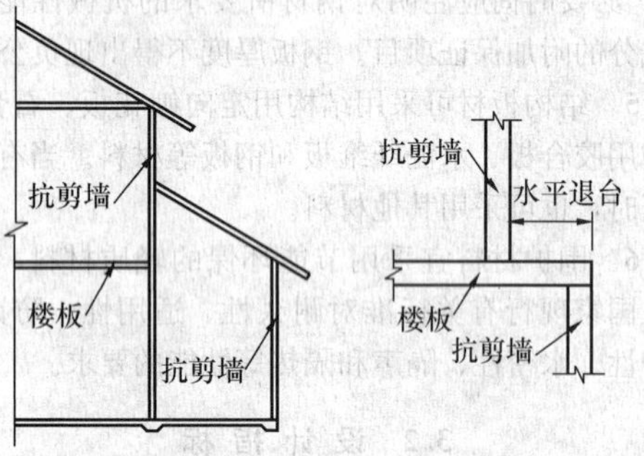

(a) 毗屋　(b) 平面退台

图 4.3.3-1 建筑立面示意

3 由抗剪墙所围成的矩形楼面或屋面的长度与宽度之比不宜超过 3。

4 抗剪墙之间的间距不应大于 12m。

5 平面凸出部分的宽度小于主体宽度的 2/3 时，凸出长度 L 不宜超过 1200mm（图 4.3.3-2），超过时，凸出部分与主体部分应各自满足本规程第 8 章关于抗剪墙体长度的要求。

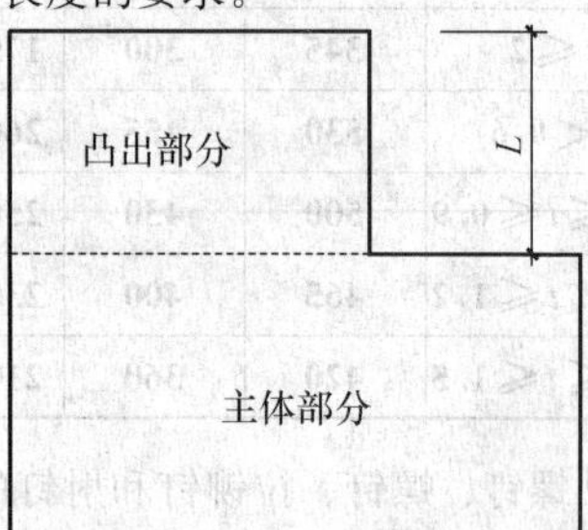

图 4.3.3-2 平面凸出示意

4.3.4 外围护墙设计应符合下列规定：

1 应满足国家现行有关标准对节能的要求。

2 与主体钢结构应有可靠的连接。

3 应满足防水、防火、防腐要求。

4 节点构造和板缝设计，应满足保温、隔热、隔声、防渗要求，且坚固耐久。

4.3.5 隔墙设计应符合下列规定：

1 应有良好的隔声、防火性能和足够的承载力。

2 应便于埋设各种管线。

3 门框、窗框与墙体连接应可靠，安装应方便。

4 分室墙宜采用轻质墙板或冷弯薄壁型钢石膏板墙，也可采用易拆型隔墙板。

4.3.6 吊顶应根据工程的隔声、隔振和防火性能等要求进行设计。

4.3.7 抗剪墙体应布置在建筑结构的两个主轴方向，并应形成抗风和抗震体系。

4.4 变形限值

4.4.1 计算结构和构件的变形时，可不考虑螺栓或螺钉孔引起的构件截面削弱的影响。

4.4.2 受弯构件的挠度不宜大于表4.4.2规定的限值。

表4.4.2 受弯构件的挠度限值

构件类别	构件挠度限值
楼层梁：	
全部荷载	$L/250$
活荷载	$L/500$
门、窗过梁	$L/350$
屋架	$L/250$
结构板	$L/200$

注：1 表中L为构件跨度；

2 对悬臂梁，按悬伸长度的2倍计算受弯构件的跨度。

4.4.3 水平风荷载作用下，墙体立柱垂直于墙面的横向弯曲变形与立柱长度之比不得大于1/250。

4.4.4 由水平风荷载标准值或多遇地震作用标准值产生的层间位移与层高之比不应大于1/300。

4.5 构造的一般规定

4.5.1 构件受压板件的宽厚比不应大于表4.5.1规定的限值。

表4.5.1 受压板件的宽厚比限值

板件类别	宽厚比限值
非加劲板件	45
部分加劲板件	60
加劲板件	250

4.5.2 受压构件的长细比，不宜大于表4.5.2规定的限值。受拉构件的长细比，不宜大于350，但张紧拉条的长细比可不受此限制。当受拉构件在永久荷载和风荷载或多遇地震组合作用下受压时，长细比不宜大于250。

表4.5.2 受压构件的长细比限值

构件类别	长细比限值
主要承重构件（梁、立柱、屋架等）	150
其他构件及支撑	200

4.5.3 冷弯薄壁型钢结构承重构件的壁厚不应小于0.6mm，主要承重构件的壁厚不应小于0.75mm。

4.5.4 低层冷弯薄壁型钢房屋同一榀构架的立柱、楼板梁、屋架宜在同一平面内，构件形心之间的偏心不宜超过20mm。

4.5.5 冷弯薄壁型钢构件的腹板开孔时（图4.5.5）应满足下列要求：

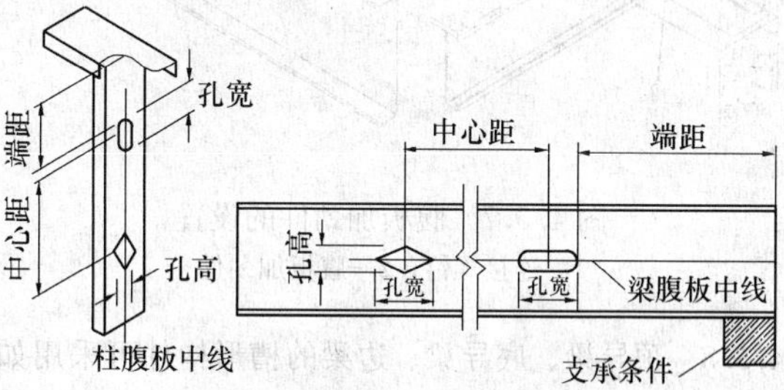

图4.5.5 构件开孔示意

1 孔口的中心距不应小于600mm。

2 水平构件的孔高不应大于腹板高度的1/2和65mm的较小值。

3 竖向构件的孔高不应大于腹板高度的1/2和40mm的较小值。

4 孔宽不宜大于110mm。

5 孔口边至最近端部边缘的距离不得小于250mm。

当不满足时，应根据本规程第4.5.6条的要求对孔口加强。

4.5.6 当腹板开孔不满足本规程第4.5.5条的要求时，应对孔口进行加强，见图4.5.6。孔口加强件可

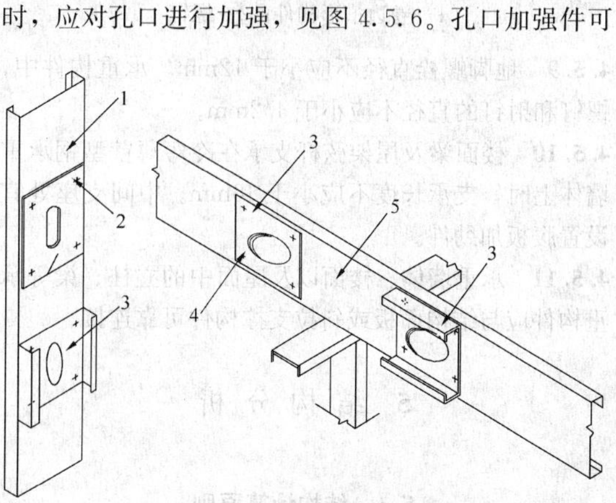

图4.5.6 孔口加强示意

1—立柱；2—螺钉；3—洞口加强件；4—自攻螺钉；5—梁

采用平板、槽形构件或卷边槽形构件。孔口加强件的厚度不应小于所要加强腹板的厚度，且伸出孔口四周不应小于25mm。加强件与腹板应采用螺钉连接，螺钉最大中心间距应为25mm，最小边距应为12mm。

4.5.7 在构件支座和集中荷载作用处，应设置腹板加劲件。加劲件可采用厚度不小于1.0mm的槽形构件和卷边槽形构件，且其高度宜为被加劲构件腹板高度减去10mm。加劲件与构件腹板之间应采用螺钉连接（图4.5.7）。螺钉应布置均匀。

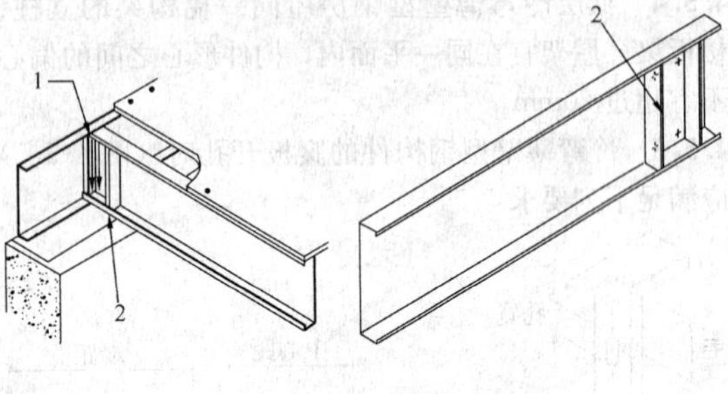

图4.5.7 腹板加劲件的设置

1—连接螺钉；2—腹板加劲件

4.5.8 顶导梁、底导梁、边梁的槽形构件可采用如图4.5.8所示的拼接形式，每侧连接腹板的螺钉不应少于4个，连接翼缘的螺钉不应少于2个。卷边槽形构件的拼接件厚度不应小于所连接的构件厚度。

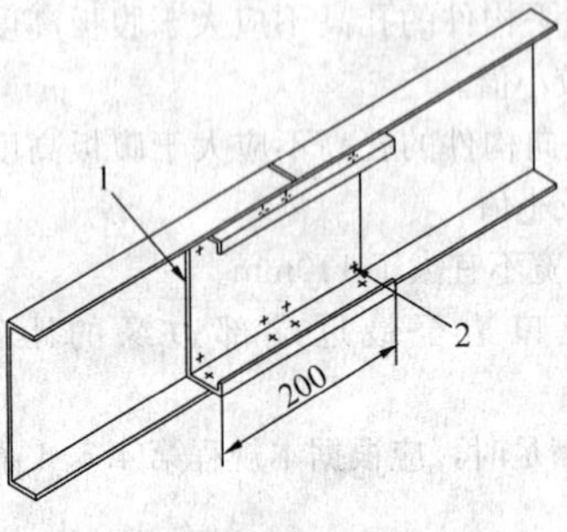

图4.5.8 槽形构件拼接示意

1—卷边槽形构件；2—螺钉

4.5.9 地脚螺栓直径不应小于12mm。承重构件中，螺钉和射钉的直径不应小于4.2mm。

4.5.10 楼面梁及屋架弦杆支承在冷弯薄壁型钢承重墙体上时，支承长度不应小于40mm。中间支座处宜设置腹板加劲件。

4.5.11 承重墙体、楼面以及屋面中的立柱、梁等承重构件应与结构面板或斜拉支撑构件可靠连接。

5 结构分析

5.1 结构计算原则

5.1.1 低层冷弯薄壁型钢房屋建筑竖向荷载应由承重墙体的立柱独立承担；水平风荷载或水平地震作用应由抗剪墙体承担。

5.1.2 低层冷弯薄壁型钢房屋建筑结构设计可在建筑结构的两个主轴方向分别计算水平荷载的作用。每个主轴方向的水平荷载应由该方向抗剪墙体承担，可根据其抗剪刚度大小按比例分配，并应考虑门窗洞口对墙体抗剪刚度的削弱作用。

各墙体承担的水平剪力可按下式计算：

$$V_j = \frac{\alpha_j K_j L_j}{\sum_{i=1}^{n} \alpha_i K_i L_i} V \quad (5.1.2)$$

式中：V_j——第j面抗剪墙体承担的水平剪力；

V——由水平风荷载或多遇地震作用产生的X方向或Y方向总水平剪力；

K_j——第j面抗剪墙体单位长度的抗剪刚度，按表5.2.4采用；

α_j——第j面抗剪墙体门窗洞口刚度折减系数，按本规程第8.2.4条规定的折减系数采用；

L_j——第j面抗剪墙体的长度；

n——X方向或Y方向抗剪墙数。

5.1.3 构件应按下列规定进行验算：

1 墙体立柱应按压弯构件验算其强度、稳定性及刚度；

2 屋架构件应按屋面荷载的效应，验算其强度、稳定性及刚度；

3 楼面梁应按承受楼面竖向荷载的受弯构件验算其强度和刚度。

5.2 水平荷载效应分析

5.2.1 在计算水平地震作用时，阻尼比可取0.03，结构基本自振周期可按下式计算：

$$T = 0.02H \sim 0.03H \quad (5.2.1)$$

式中：T——结构基本自振周期（s）；

H——基础顶面到建筑物最高点的高度（m）。

5.2.2 水平地震作用效应的计算可采用底部剪力法。

5.2.3 作用在抗剪墙体单位长度上的水平剪力可按下式计算：

$$S_j = \frac{V_j}{L_j} \quad (5.2.3)$$

式中：S_j——作用在第j面抗剪墙体单位长度上的水平剪力；

5.2.4 在水平荷载作用下抗剪墙体的层间位移与层高之比可按下式计算：

$$\frac{\Delta}{H} = \frac{V_k}{\sum_{j=1}^{n} \alpha_j K_j L_j} \quad (5.2.4)$$

式中：Δ——风荷载标准值或多遇地震作用标准值产

生的楼层内最大的弹性层间位移；

H——房屋楼层高度；

V_k——风荷载标准值或多遇地震标准值作用下楼层的总剪力；

n——平行于风荷载或多遇地震作用方向的抗剪墙数。

表 5.2.4 抗剪墙体的抗剪刚度 K[kN/(m·rad)]

立柱材料	面板材料(厚度)	K
Q235 和 Q345	定向刨花板(9.0mm)	2000
	纸面石膏板(12.0mm)	800
LQ550	纸面石膏板(12.0mm)	800
	LQ550 波纹钢板(0.42mm)	2000
	定向刨花板(9.0mm)	1450
	水泥纤维板(8.0mm)	1100

注：1 墙体立柱卷边槽形截面高度对 Q235 级和 Q345 级钢应不小于 89mm，对 LQ550 级钢立柱截面高度不应小于 75mm，间距应不大于 600mm；墙体面板的钉距在周边不应大于 150mm，内部应不大于 300mm；

2 表中所列数值均为单面板组合墙体的抗剪刚度值，两面设置面板时取相应两值之和；

3 中密度板组合墙体可按定向刨花板组合墙体取值；

4 当采用其他面板时，抗剪刚度应由附录 B 规定的试验确定。

6 构件和连接计算

6.1 构 件 计 算

6.1.1 冷弯薄壁型钢构件常用的截面类型可采用图 6.1.1-1、6.1.1-2 所示截面。

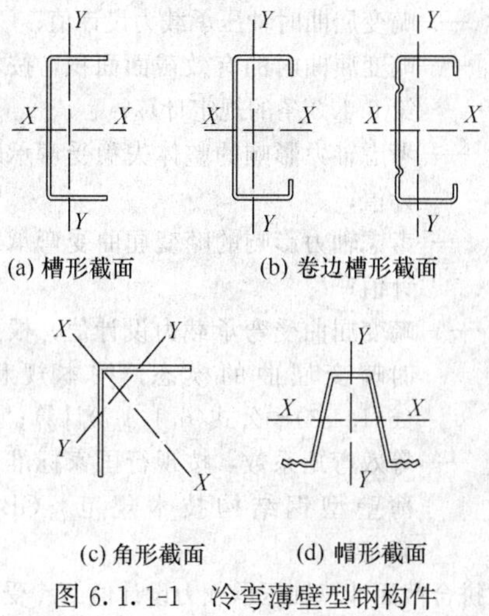

图 6.1.1-1 冷弯薄壁型钢构件常用的单一截面类型

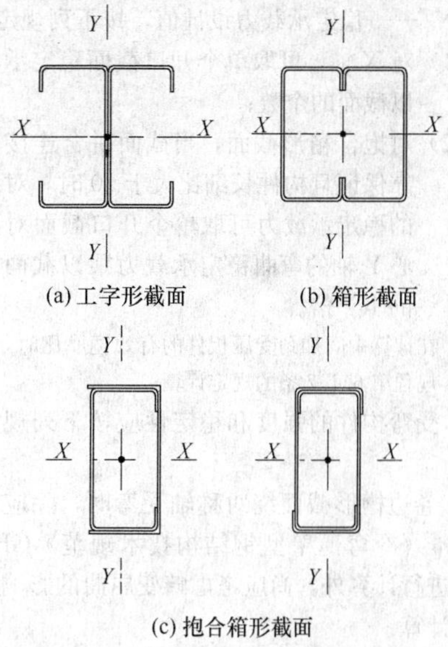

图 6.1.1-2 冷弯薄壁型钢构件常用的拼合截面类型

6.1.2 轴心受拉构件的强度应按现行国家标准《冷弯薄壁型钢结构技术规范》GB 50018 的规定进行计算。

6.1.3 轴心受压构件的强度和稳定性应按下列规定进行计算：

1 开口截面除应按现行国家标准《冷弯薄壁型钢结构技术规范》GB 50018 的规定进行计算外，对于不符合本规程第 6.1.6 条规定的，还应考虑畸变屈曲的影响，可按下列规定进行计算：

$$N \leqslant A_{cd} f \quad (6.1.3\text{-}1)$$

$$\lambda_{cd} = \sqrt{\frac{f_y}{\sigma_{cd}}} \quad (6.1.3\text{-}2)$$

当 $\lambda_{cd} < 1.414$ 时：

$$A_{cd} = A(1 - \lambda_{cd}^2/4) \quad (6.1.3\text{-}3)$$

当 $1.414 \leqslant \lambda_{cd} \leqslant 3.6$ 时：

$$A_{cd} = A[0.055(\lambda_{cd} - 3.6)^2 + 0.237] \quad (6.1.3\text{-}4)$$

式中：N——轴压力；

A——毛截面面积；

A_{cd}——畸变屈曲时有效截面面积；

f——钢材抗压强度设计值；

λ_{cd}——确定 A_{cd} 用的无量纲长细比；

f_y——钢材屈服强度；

σ_{cd}——轴压畸变屈曲应力，应按本规程附录 C 中第 C.0.1 条的规定计算。

2 拼合截面（图 6.1.1-2）的强度应按公式（6.1.3-5）计算，稳定性应按公式（6.1.3-6）计算：

$$N \leqslant A_{en} f \quad (6.1.3\text{-}5)$$

$$N \leqslant N_u \quad (6.1.3\text{-}6)$$

式中：A_{en}——有效净截面面积；

N_u ——稳定承载力设计值，按下列规定计算：

1）对 X 轴，可取单个开口截面稳定承载力乘以截面的个数；

2）对抱合箱形截面，当截面拼合连接处有可靠保证且构件长细比大于 50 时，对绕 Y 轴的稳定承载力可取单个开口截面对自身形心 Y 轴的弯曲稳定承载力乘以截面个数后的 1.2 倍。

注：在计算中间加劲受压板件的有效宽厚比时，应按本规程第 6.1.7 条的规定计算。

6.1.4 受弯构件的强度和稳定性应按下列规定进行计算：

1 卷边槽形截面绕对称轴受弯时，除应按现行国家标准《冷弯薄壁型钢结构技术规范》GB 50018 的规定进行计算外，尚应考虑畸变屈曲的影响，按下列公式计算：

当 $k_\phi \geqslant 0$ 时： $M \leqslant M_d$ （6.1.4-1）

当 $k_\phi < 0$ 时： $M \leqslant \dfrac{W_e}{W} M_d$ （6.1.4-2）

式中：M——弯矩；

k_ϕ——系数，应按本规程附录 C 中第 C.0.2 条的规定计算；

W——截面模量；

W_e——有效截面模量，截面中受压板件的有效宽度按现行国家标准《冷弯薄壁型钢结构技术规范》GB 50018 的规定进行计算，在计算中间加劲受压板件的有效宽厚比时，应按本规程第 6.1.7 条的规定计算；计算有效宽厚比时，截面的应力分布按全截面受 $1.165M_d$ 弯矩值计算；

M_d——畸变屈曲受弯承载力设计值，按下列规定计算：

1）当畸变屈曲的模态为卷边槽形和 Z 形截面的翼缘绕翼缘与腹板的交线转动时，畸变屈曲受弯承载力设计值应按下列公式计算：

$$\lambda_{md} = \sqrt{\frac{f_y}{\sigma_{md}}} \quad (6.1.4\text{-}3)$$

当 $\lambda_{md} \leqslant 0.673$ 时：$M_d = Wf$ （6.1.4-4）

当 $\lambda_{md} > 0.673$ 时：$M_d = \dfrac{Wf}{\lambda_{md}}\left(1 - \dfrac{0.22}{\lambda_{md}}\right)$ （6.1.4-5）

2）当畸变屈曲的模态为竖直腹板横向弯曲且受压翼缘发生横向位移时，畸变屈曲受弯承载力设计值应按下列公式进行计算：

当 $\lambda_{md} < 1.414$ 时： $M_d = Wf\left(1 - \dfrac{\lambda_{md}^2}{4}\right)$ （6.1.4-6）

当 $\lambda_{md} \geqslant 1.414$ 时： $M_d = Wf\,\dfrac{1}{\lambda_{md}^2}$ （6.1.4-7）

式中：λ_{md}——确定 M_d 用的无量纲长细比；

σ_{md}——受弯时的畸变屈曲应力，应按本规程附录 C 中第 C.0.2 条的规定计算。

2 拼合截面（图 6.1.1-2）绕 X 轴的强度和稳定性应按现行国家标准《冷弯薄壁型钢结构技术规范》GB 50018 的规定计算。拼合截面的几何特性可取各单个开口截面绕本身形心主轴几何特性之和。对抱合箱形截面，当截面拼合连接处有可靠保证时，可将构件翼缘部分作为部分加劲板件按照叠加后的厚度来考虑组合后截面的有效宽厚比。

6.1.5 压（拉）弯构件的强度和稳定性应按现行国家标准《冷弯薄壁型钢结构技术规范》GB 50018 的规定进行计算。需考虑畸变屈曲的影响时，可按下列公式计算：

$$\frac{N}{N_j} + \frac{\beta_m M}{M_j} \leqslant 1.0 \quad (6.1.5\text{-}1)$$

$$N_j = \min(N_C, N_A) \quad (6.1.5\text{-}2)$$

$$M_j = \min(M_C, M_A) \quad (6.1.5\text{-}3)$$

$$N_C = \varphi A_e f \quad (6.1.5\text{-}4)$$

$$M_C = \left(1 - \frac{N}{N'_E}\varphi\right) W_e f \quad (6.1.5\text{-}5)$$

$$N_A = A_{cd} f \quad (6.1.5\text{-}6)$$

$$M_A = \left(1 - \frac{N}{N'_E}\varphi\right) M_d \quad (6.1.5\text{-}7)$$

$$N'_E = \frac{\pi^2 EA}{1.165\lambda^2} \quad (6.1.5\text{-}8)$$

$$b_{es} = b_e - 0.1t(b/t - 60) \quad (6.1.5\text{-}9)$$

式中：φ——轴心受压构件的稳定系数，按现行国家标准《冷弯薄壁型钢结构技术规范》GB 50018 的规定采用；

A_e——有效截面面积，对于受压板件宽厚比大于 60 的板件，应采用公式（6.1.5-9）对板件有效宽度进行折减；

b_{es}——折减后的板件有效宽度；

N_C——整体失稳时轴压承载力设计值；

N_A——畸变屈曲时轴压承载力设计值；

A_{cd}——畸变屈曲时的有效截面面积，按本规程第 6.1.3 条的规定计算；

M_C——考虑轴力影响的整体失稳受弯承载力设计值；

M_A——考虑轴力影响的畸变屈曲受弯承载力设计值；

M_d——畸变屈曲受弯承载力设计值，根据弯曲时畸变屈曲的模态，按本规程公式（6.1.4-3）～公式（6.1.4-7）计算；

β_m——等效弯矩系数，按现行国家标准《冷弯薄壁型钢结构技术规范》GB 50018 确定。

对拼合截面计算轴压承载力设计值 N_j、受弯承载力设计值 M_j 时，应分别按本规程第 6.1.3 条第 2 款和第6.1.4条第2款的规定进行。

6.1.6 冷弯薄壁型钢结构开口截面构件符合下列情况之一时，可不考虑畸变屈曲对构件承载力的影响：

1 构件受压翼缘有可靠的限制畸变屈曲变形的约束。

2 构件长度小于构件畸变屈曲半波长（λ）；畸变屈曲半波长可按下列公式计算：

对轴压卷边槽形截面，$\lambda = 4.8\left(\frac{I_x hb^2}{t^3}\right)^{0.25}$ (6.1.6-1)

对受弯卷边槽形和Z形截面，$\lambda = 4.8\left(\frac{I_x hb^2}{2t^3}\right)^{0.25}$ (6.1.6-2)

$$I_x = a^3 t(1+4b/a)/[12(1+b/a)] \quad (6.1.6\text{-}3)$$

式中：h——腹板高度；

b——翼缘宽度；

a——卷边高度；

t——壁厚；

I_x——绕X轴毛截面惯性矩。

3 构件截面采取了其他有效抑制畸变屈曲发生的措施。

6.1.7 中间加劲板件宽度可按等效板件的有效宽度采用（图6.1.7a）。等效板件厚度（图6.1.7b）可按下式计算：

$$t_s = \sqrt[3]{12I_{sf}/b} \quad (6.1.7)$$

式中：t_s——等效板件厚度；

I_{sf}——中间加劲板件对中轴线的惯性矩；

b——中间加劲板件的宽度。

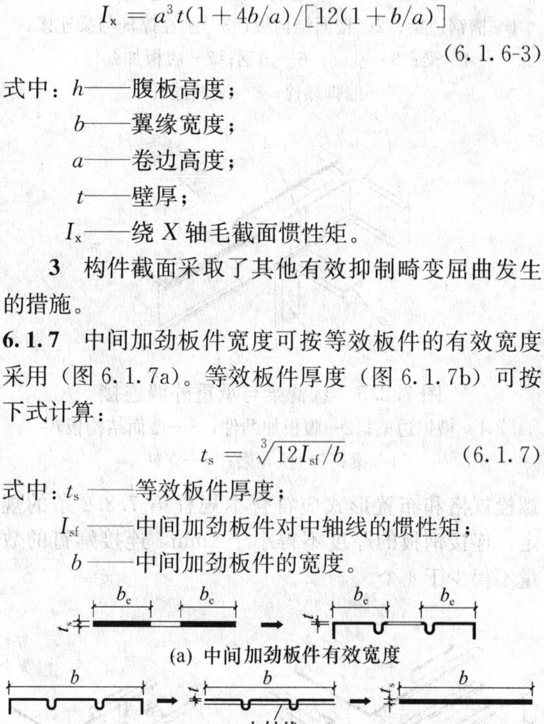

图6.1.7 中间加劲板件有效宽度和厚度

6.2 连接计算和构造

6.2.1 连接计算和构造应符合下列规定：

1 应符合现行国家标准《冷弯薄壁型钢结构技术规范》GB 50018有关螺钉连接计算的规定。

2 连接LQ550级板材且螺钉连接受剪时，尚应按下式对螺钉单剪抗剪承载力进行验算：

$$N_v^f \leqslant 0.8A_e f_v^s \quad (6.2.1\text{-}1)$$

式中：N_v^f——一个螺钉的抗剪承载力设计值；

A_e——螺钉螺纹处有效截面面积；

f_v^s——螺钉材料抗剪强度设计值，可由本规程附录A规定的标准试验确定。

3 多个螺钉连接的承载力应在按本条第1、2款得到的承载力的基础上乘以折减系数，折减系数应按下式计算：

$$\xi = \left(0.535 + \frac{0.465}{\sqrt{n}}\right) \leqslant 1.0 \quad (6.2.1\text{-}2)$$

式中：n——螺钉个数。

6.2.2 采用螺钉连接时，螺钉至少应有3圈螺纹穿过连接构件。螺钉的中心距和端距不得小于螺钉直径的3倍，边距不得小于螺钉直径的2倍。受力连接中的螺钉连接数量不得少于2个。用于钢板之间连接时，钉头应靠近较薄的构件一侧（图6.2.2）。

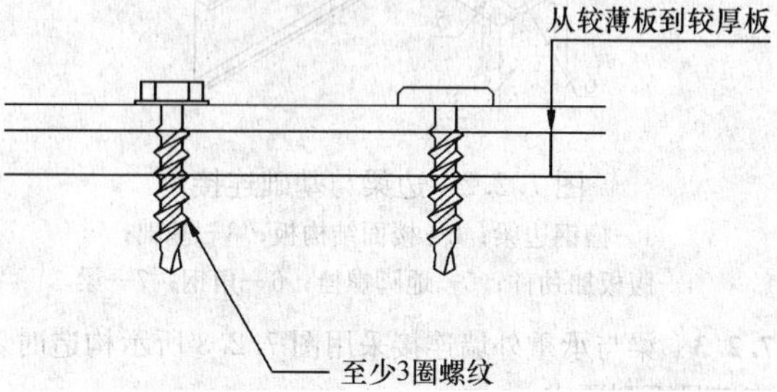

图6.2.2 螺钉连接示意

7 楼盖系统

7.1 一般规定

7.1.1 楼面构件宜采用冷弯薄壁槽形、卷边槽形型钢。楼面梁宜采用冷弯薄壁卷边槽形型钢，跨度较大时也可采用冷弯薄壁型钢桁架。楼盖构件之间宜用螺钉可靠连接。

7.1.2 楼面梁应按受弯构件验算其强度、整体稳定性以及支座处腹板的局部稳定性。当楼面梁的上翼缘与结构面板通过螺钉可靠连接、且楼面梁间的刚性撑杆和钢带支撑的布置符合本规程7.2节的规定时，梁的整体稳定可不验算。当楼面梁支承处布置腹板承压加劲件时，楼面梁腹板的局部稳定性可不验算。

7.1.3 验算楼面梁的强度和刚度时，可不考虑楼面面板的组合作用。

7.1.4 受力螺钉连接节点以及地脚螺栓节点的设计应符合本规程和有关的现行国家标准的规定。

7.2 楼盖构造

7.2.1 槽钢边梁、腹板加劲件和刚性撑杆的厚度不应小于与之连接的梁的厚度。槽钢边梁与相连梁的每一翼缘应至少用1个螺钉可靠连接；腹板加劲件与梁腹板应至少用4个螺钉可靠连接，与槽钢边梁应至少用2个螺钉可靠连接。承压加劲件截面形式宜与对应墙体立柱相同，最小长度应为对应楼面梁截面高度减去10mm。

7.2.2 边梁与基础连接采用图7.2.2所示构造时，连接角钢的规格宜采用150mm×150mm，厚度应不小于1.0mm，角钢与边梁应至少采用4个螺钉可靠连接，与基础应采用地脚螺栓连接。地脚螺栓宜均匀布置，距离墙端部或墙角应不大于 300mm，直径应不小于 12mm，间距应不大于 1200mm，埋入基础深度应不小于其直径的 25 倍。

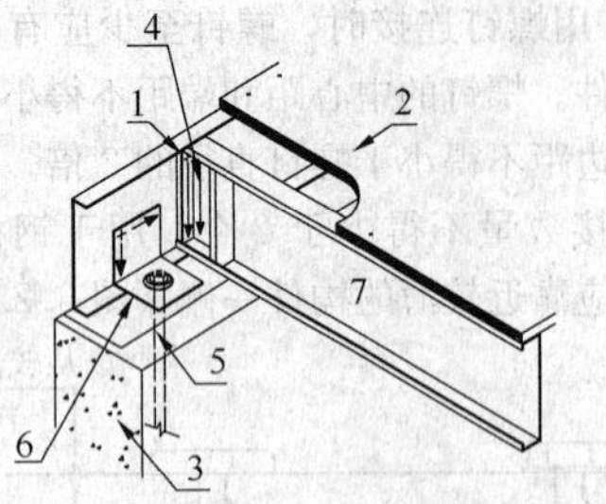

图 7.2.2　边梁与基础连接

1—槽钢边梁；2—楼面结构板；3—基础；
4—腹板加劲件；5—地脚螺栓；6—角钢；7—梁

7.2.3　梁与承重外墙连接采用图 7.2.3 所示构造时，应满足下列要求：

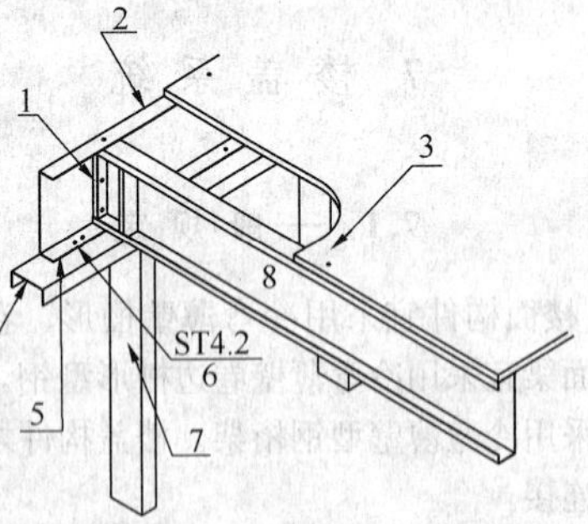

图 7.2.3　梁与承重外墙连接

1—腹板加劲件；2—槽钢边梁；3—楼面结构板；
4—顶导梁；5—槽钢边梁与顶导梁连接；
6—螺钉；7—立柱；8—梁

1　顶导梁与立柱应至少用 2 个螺钉可靠连接；

2　顶导梁与梁应至少用 2 个螺钉可靠连接；

3　顶导梁与槽钢边梁应采用螺钉可靠连接，间距应不大于对应墙体立柱间距。

7.2.4　悬臂梁与基础连接采用图 7.2.4 所示的构造时，地脚螺栓规格和布置形式与本规程第 7.2.2 条规定相同。在悬臂梁间每隔一个间距应设置刚性撑杆，其中部用连接角钢与基础连接，角钢应至少用 4 个螺钉与撑杆连接，端部与梁应至少用 2 个螺钉连接。刚性撑杆截面形式应与梁相同，厚度不应小于 1.0mm。

7.2.5　悬臂梁与承重外墙连接采用图 7.2.5 所示的构造时，应符合本规程第 7.2.3 条第 1、2 款的要求以及第 7.2.4 条中有关刚性撑杆设置的要求。

7.2.6　楼面与基础间连接采用图 7.2.6 所示设置木槛的构造时，木槛与基础应采用地脚螺栓连接，楼面边梁和木槛应采用钢板、普通铁钉或螺钉连接。地脚

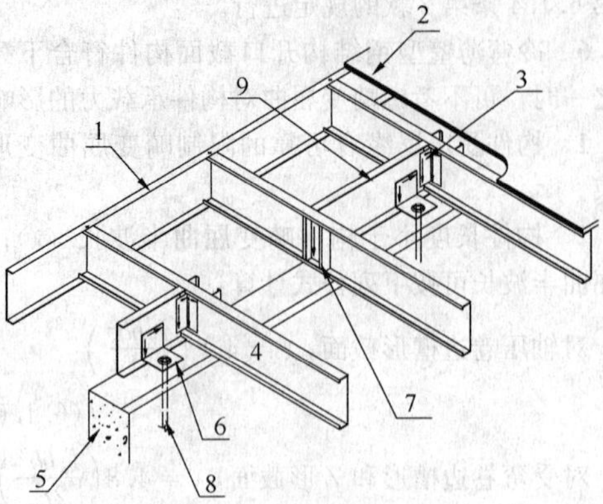

图 7.2.4　悬臂梁与基础连接

1—槽钢边梁；2—楼面结构板；3—刚性撑杆与梁连接；
4—梁；5—基础；6—角钢；7—腹板加劲件；
8—地脚螺栓；9—刚性撑杆

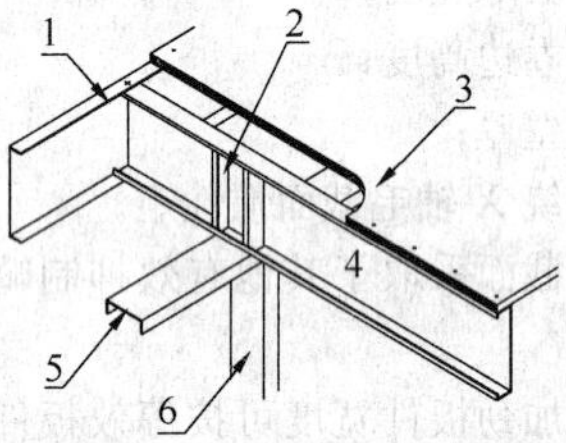

图 7.2.5　悬臂梁与承重外墙连接

1—槽钢边梁；2—腹板加劲件；3—楼面结构板；
4—梁；5—顶导梁；6—立柱

螺栓规格和布置形式应符合本规程第 7.2.2 条的规定，连接钢板的厚度不得小于 1mm，连接螺钉的数量不得少于 4 个。

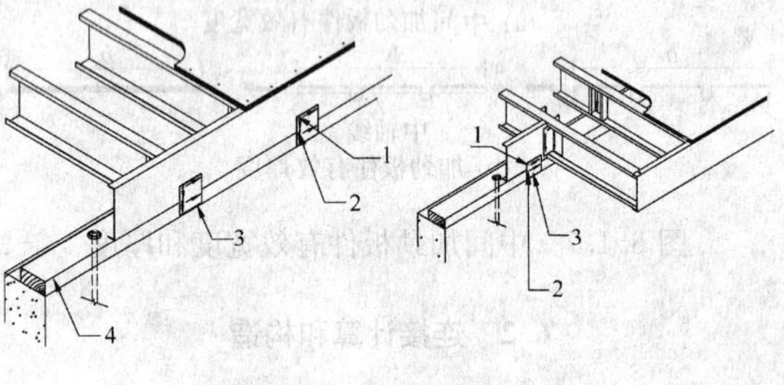

图 7.2.6　楼面与基础连接

1—螺钉；2—普通铁钉；3—钢板；4—木槛

7.2.7　当悬挑楼盖末端支承上部承重墙体时（图 7.2.7），楼面梁悬挑长度不宜超过跨度的 1/3。悬挑部分宜采用拼合Ⅰ字形截面构件，其纵向连接间距不得大于 600mm，每处上下各应至少用 2 个螺钉连接，且拼合构件向内延伸不应小于悬挑长度的 2 倍。

7.2.8　简支梁在内承重墙顶部采用图 7.2.8 所示的搭接时，搭接长度不应小于 150mm，每根梁应至少用 2 个螺钉与顶导梁连接。梁与梁之间应至少用 4 个

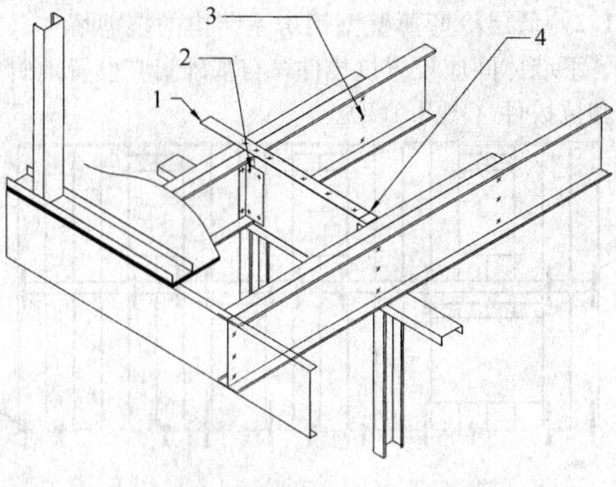

图 7.2.7　悬臂拼合梁与承重外墙连接

1—钢带支撑；2—连接角钢；3—梁-梁连接螺钉；
4—刚性撑杆与梁连接

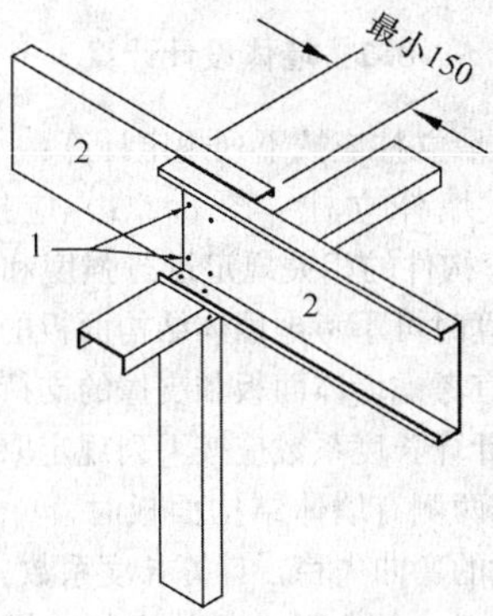

图 7.2.8　梁搭接

1—连接螺钉；2—梁

螺钉连接。

7.2.9　连续梁中间支座处应沿支座长度方向设置刚性撑杆，间距不宜大于 3.0m，其规格和连接应符合本规程第 7.2.4 条的规定。当楼面梁在中间支座处背靠背搭接时（图 7.2.8），可不布置刚性撑杆。

7.2.10　当楼面梁的跨度超过 3.6m 时，梁跨中在下翼缘应设置通长钢带支撑和刚性撑杆（图 7.2.10-1）。刚性撑杆沿钢带方向宜均匀布置，间距不宜大于 3.0m，且应在钢带两端设置。刚性撑杆的规格和构造应符合本规程第 7.2.4 条的规定。钢带的宽度不应小于 40mm，厚度不应小于 1.0mm。钢带两端应至少各用 2 个螺钉与刚性撑杆相连，并应与楼面梁至少通过 1 个螺钉连接。刚性撑杆可以采用交叉钢带支撑代替（图 7.2.10-2），钢带厚度不应小于 1.0mm。

7.2.11　楼板开洞最大宽度不宜超过 2.4m，洞口周边宜设置拼合箱形截面梁（图 7.2.11-1），拼合构件上下翼缘应采用螺钉连接，间距不应大于 600mm。梁之间宜采用角钢连接片连接（图 7.2.11-2），角钢每肢的螺钉不应少于 2 个。

7.2.12　结构面板宜采用结构用定向刨花板，厚度不应小于 15mm。结构面板与梁应采用螺钉连接，板边

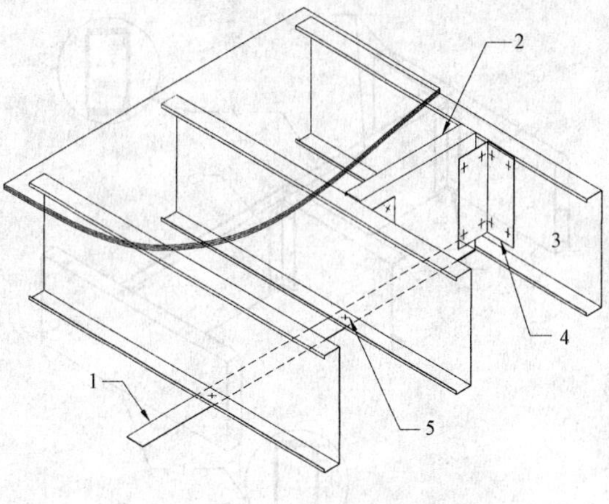

图 7.2.10-1　梁下翼缘钢带支撑

1—下翼缘钢带支撑；2—刚性撑杆；3—梁；
4—连接角钢；5—连接螺钉

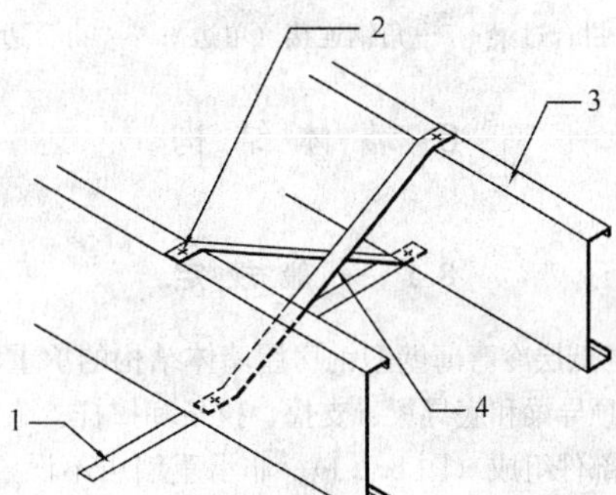

图 7.2.10-2　交叉钢带支撑

1—下翼缘钢带支撑；2—螺钉；3—梁；4—交叉钢带支撑

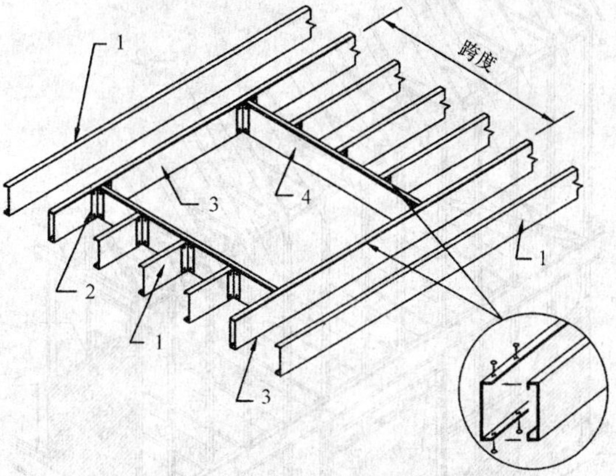

图 7.2.11-1　楼板开洞

1—梁；2—角钢；3—边梁；4—过梁

缘处螺钉的间距不应大于 150mm，板中间区螺钉的间距不应大于 300mm，螺钉孔边距不应小于 12mm。

7.2.13　在基本风压不小于 0.7kN/m² 或地震基本加速度为 0.3g 及以上的区域，楼面结构面板的厚度不应小于 18mm，且结构面板与梁连接的螺钉间距不应大于 150mm。

7.2.14　当有可靠依据时，楼面构造可采用其他构造方式。

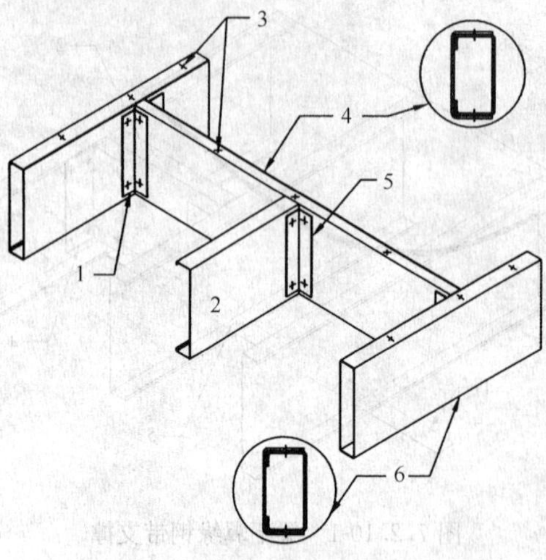

图 7.2.11-2　楼板洞口连接

1—角钢连接（双边）；2—梁；3—梁上下翼缘连接螺钉；4—拼合过梁；5—角钢连接（单边）；6—拼合边梁

8　墙 体 结 构

8.1　一 般 规 定

8.1.1　低层冷弯薄壁型钢房屋墙体结构的承重墙应由立柱、顶导梁和底导梁、支撑、拉条和撑杆、墙体结构面板等部件组成（图 8.1.1）。非承重墙可不设置支撑、

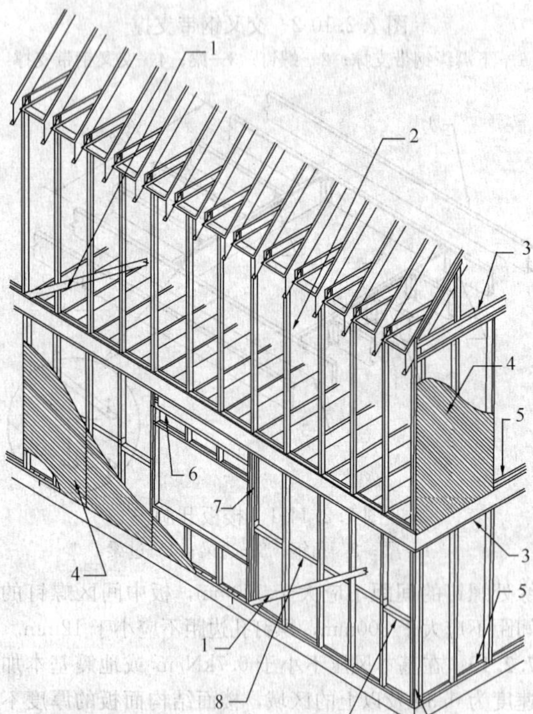

图 8.1.1　墙体结构系统示意

1—钢带斜拉条；2—二层墙体立柱；3—顶导梁；4—墙结构面板；5—底导梁；6—过梁；7—洞口柱；8—钢带水平拉条；9—刚性撑杆；10—角柱

拉条和撑杆。墙体立柱的间距宜为 400mm～600mm。

8.1.2　低层冷弯薄壁型钢房屋结构的抗剪墙体，在上、下墙体间应设置抗拔件，与基础间应设置地脚螺栓和抗拔件（图 8.1.2）。

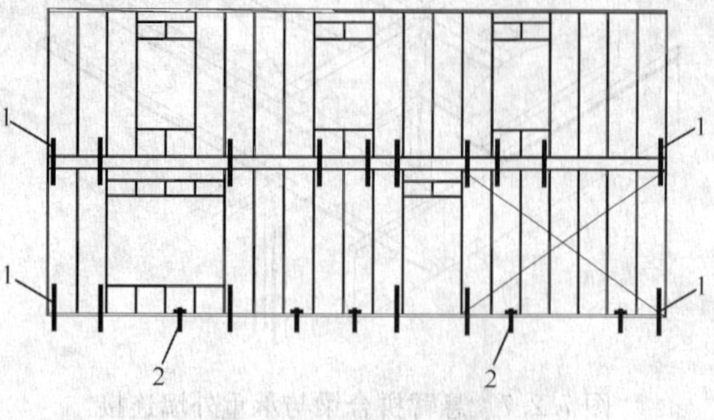

图 8.1.2　抗剪墙连接件布置

1—抗拔件；2—地脚螺栓

8.2　墙体设计计算

8.2.1　承重墙立柱应按下列规定计算：

1　承重墙体立柱（图 8.2.1）应按本规程第 6.1.5 条压弯构件的相关规定进行强度和整体稳定计算，强度计算时可不考虑墙体结构面板的作用。整体稳定计算时宜考虑墙体面板和支撑的支持作用。承重墙体立柱的计算长度系数应按下列规定取用：

1）当两侧有墙体结构面板时，可仅计算绕 X 轴的弯曲失稳，计算长度系数 μ_x 可取 0.4；

2）当仅一侧有墙体结构面板，另一侧至少有一道刚性撑杆或钢带拉条时，需分别计算绕 X 轴、Y 轴的弯曲失稳和弯扭失稳，计算长度系数可取 $\mu_x=\mu_y=\mu_w=0.65$；

3）当两侧无墙体结构面板，应分别计算绕 X 轴、Y 轴的弯曲失稳和弯扭失稳，计算长度系数：对无支撑时可取 $\mu_x=\mu_y=\mu_w=0.8$，中间有一道支撑（刚性撑杆、双侧钢带拉条）可取 $\mu_x=\mu_w=0.8$，$\mu_y=0.5$。

计算承重内墙立柱时，宜考虑室内房间气压差对垂直于墙面的作用，室内房间气压差可取 0.2kN/m^2。

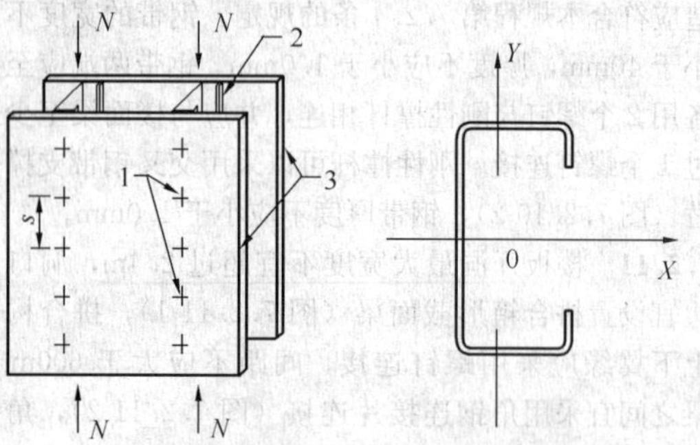

图 8.2.1　带墙体面板的立柱示意

1—自攻螺钉；2—墙体立柱；3—墙体结构面板

2　承重墙体立柱还应对螺钉之间的立柱段，按轴心受压杆进行绕截面弱轴的稳定性验算。当墙体两侧有结构面板时，立柱段的计算长度 l_{0y} 应取 $2s$，s 为连接螺钉的间距。

8.2.2　非承重墙体的立柱承受垂直墙面的横向风荷载时，应按本规程第 6.1.4 条受弯构件的相关规定进行强度和变形验算，计算时可不考虑墙体面板的影响。

8.2.3　墙体端部、门窗洞口边等位置与抗拔锚栓连接的拼合立柱应按本规程第 6.1.2 条和第 6.1.3 条规定的轴心受力杆件计算，轴心力为倾覆力矩产生的轴向力 N 与原有轴力的叠加。其中各层由倾覆力矩产生的轴向力 N 可按式（8.2.3）和图 8.2.3 计算。验算受压稳定时，拼合主柱的计算长度系数应按本规程第 8.2.1 条的规定取用。

$$N=\eta P_s h/b \tag{8.2.3}$$

式中：N——由倾覆力矩引起的向上拉拔力和向下压力；

η——轴力修正系数：当为拉力时，$\eta=1.25$；当为压力时，$\eta=1$；

P_s——为一对抗拔连接件之间墙体段承受的水平剪力；

h——墙体高度；

b——抗剪墙体单元宽度，即一对抗拔连接件之间墙体宽度。

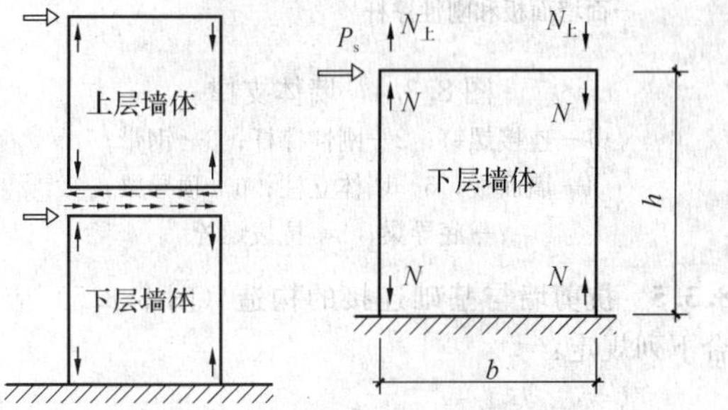

图 8.2.3　上、下层间由倾覆力矩引起的向上拉拔力和向下压力

8.2.4　抗剪墙的受剪承载力应按下列规定验算：

1　在风荷载作用下，抗剪墙单位计算长度上的剪力 S_w（kN/m）应符合下式的要求：

$$S_w \leqslant S_h \tag{8.2.4-1}$$

2　在抗震设防区，多遇地震作用下抗剪墙单位计算长度上的剪力 S_E（kN/m）应符合下式的要求：

$$S_E \leqslant S_h/\gamma_{RE} \tag{8.2.4-2}$$

式中：S_w——考虑风荷载效应组合下抗剪墙单位计算长度的剪力，应按本规程公式（5.2.3）计算；

S_E——考虑地震作用效应组合下抗剪墙单位计算长度的剪力，应按本规程公式（5.2.3）计算；对于规则结构，外墙应乘以放大系数 1.15，对于不规则结构，外墙应乘以放大系数 1.3；

γ_{RE}——承载力抗震调整系数，取 $\gamma_{RE}=0.9$；

S_h——抗剪墙单位计算长度的受剪承载力设计值，按表 8.2.4 取值。

3　计算抗剪墙单位计算长度的受剪承载力设计值 S_h，当开有洞口时，应乘以折减系数 α，折减系数 α 按下列规定确定：

1）当洞口尺寸在 300mm 以下时，$\alpha=1.0$。

2）当洞口宽度 $300\text{mm}\leqslant b\leqslant 400\text{mm}$，洞口高度 $300\text{mm}\leqslant h\leqslant 600\text{mm}$ 时，α 宜由试验确定；当无试验依据时，可按下式确定：

$$\alpha=\frac{\gamma}{3-2\gamma} \tag{8.2.4-3}$$

$$\gamma=\frac{1}{1+\dfrac{A_0}{H\sum L_i}} \tag{8.2.4-4}$$

式中：A_0——洞口总面积；

H——抗剪墙高度；

$\sum L_i$——无洞口墙长度总和。

3）当洞口尺寸超过上述规定时，$\alpha=0$。

表 8.2.4　抗剪墙单位长度的受剪承载力设计值 S_h（kN/m）

立柱材料	面板材料（厚度）	S_h
Q235 和 Q345	定向刨花板（9.0mm）	7.20
	纸面石膏板（12.0mm）	2.50
LQ550	纸面石膏板（12.0mm）	2.90
	LQ550 波纹钢板（0.42mm）	8.00
	定向刨花板（9.0mm）	6.40
	水泥纤维板（8.0mm）	3.70

注：1　墙体立柱卷边槽形截面高度，对 Q235 级和 Q345 级钢不应小于 89mm，对 LQ550 级不应小于 75mm，立柱间距不应大于 600mm；

2　表中所列值均为单面板组合墙体的受剪承载力设计值；两面设置面板时，受剪承载力设计值为相应面板材料的两值之和，但对 LQ550 波纹钢板单面板组合墙体的值应乘以 0.8 后再相加；

3　组合墙体的宽度小于 450mm 时，可忽略其受剪承载力；大于 450mm 而小于 900mm 时，表中受剪承载力设计值乘以 0.5；

4　中密度板组合墙体可按定向刨花板取用受剪承载力设计值；

5　单片抗剪墙体的最大计算长度不宜超过 6m；

6　墙体面板的钉距在周边不应大于 150mm，在内部不应大于 300mm。

8.2.5　低层冷弯薄壁型钢建筑的墙体，应进行施工过程验算。

8.3　构造要求

8.3.1　墙体立柱和墙体面板的构造应符合下列规定

（图 8.3.1）：

1 墙体立柱宜按照模数上下对应设置。

2 墙体立柱可采用卷边冷弯槽钢构件或由卷边冷弯槽钢构件、冷弯槽钢构件组成的拼合构件；立柱与顶、底导梁应采用螺钉连接。

3 承重墙体的端边、门窗洞口的边部应采用拼合立柱，拼合立柱间采用双排螺钉固定，螺钉间距不应大于 300mm。

4 在墙体的连接处，立柱布置应满足钉板要求。

5 墙体面板应与墙体立柱采用螺钉连接，墙体面板的边部和接缝处螺钉的间距不宜大于 150mm，墙体面板内部的螺钉间距不宜大于 300mm。

6 墙体面板进行上下拼接时宜错缝拼接，在拼接缝处应设置厚度不小于 0.8mm 且宽度不小于 50mm 的连接钢带进行连接。

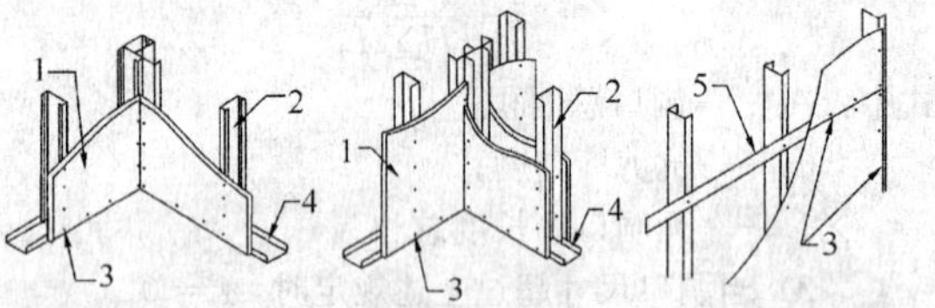

图 8.3.1 墙体与墙体的连接

1—墙面板；2—墙体立柱；3—螺钉；
4—底导梁；5—钢带拉条

8.3.2 墙体顶、底导梁的构造应符合下列规定：

1 墙体顶、底导梁宜采用冷弯槽钢构件，顶、底导梁壁厚不宜小于所连接墙体立柱的壁厚。

2 承重墙体的顶导梁可按支承在墙体两立柱之间的简支梁计算，并应根据由楼面梁或屋架传下的跨间集中反力与考虑施工时的 1.0kN 集中施工荷载产生的较大弯矩设计值，按本规程第 6.1.4 条的规定验算其强度和稳定性。

8.3.3 墙体开洞的构造应符合下列规定：

1 在承重墙体的门、窗洞口上方和两侧应分别设置过梁和洞口边立柱，洞口边立柱宜从墙体底部直通至墙体顶部或过梁下部，并与墙体底导梁和顶导梁相连接。

2 洞口过梁的形式可选用实腹式或桁架式。

3 当采用桁架式过梁，上部集中荷载宜作用在桁架的节点上。

4 门、窗洞口边立柱应由两根或两根以上的卷边冷弯槽钢拼合而成。

8.3.4 墙体支撑的设置和构造应符合下列规定：

1 对两侧面无墙体面板与立柱相连的抗剪墙，应设置交叉支撑和水平支撑。交叉支撑可采用钢带拉条，钢带拉条宽度不宜小于 40mm，厚度不宜小于 0.8mm，宜在墙体两侧设置；水平支撑可采用钢带拉条和刚性撑杆，对层高小于 2.7m 的抗剪墙，宜在立柱 1/2 高度处设置，对层高大于或等于 2.7m 的抗剪墙，宜在立柱三分点高度处设置。水平刚性撑杆应在墙体的两端设置，且水平间距不宜大于 3.5m。刚性撑杆采用和立柱同宽的槽形截面，其翼缘用螺钉和钢带拉条相连接，端部弯起和立柱相连接（图 8.3.4a、c）。

2 对一侧无墙面板的抗剪墙，应在该侧按本条第 1 款的要求设置水平支撑（图 8.3.4b）。

3 在地震基本加速度为 0.30g 及以上或基本风压为 0.70kN/m^2 及以上的地区，抗剪墙应设置交叉支撑和水平支撑，支撑截面应通过计算确定。

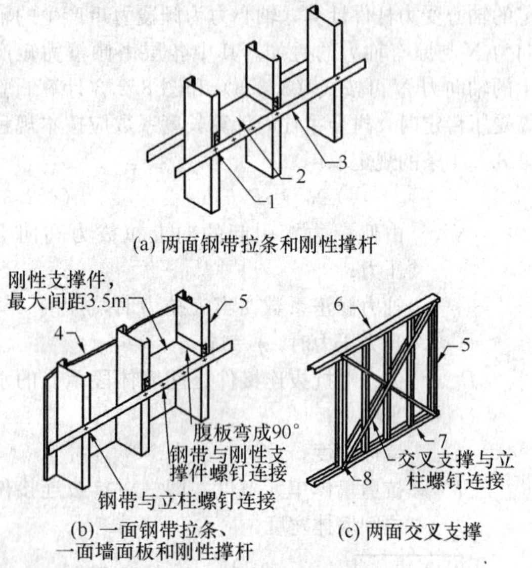

图 8.3.4 墙体支撑

1—连接螺钉；2—刚性撑杆；3—钢带；
4—墙面板；5—墙体立柱；6—顶导梁；
7—底导梁；8—抗拔螺栓

8.3.5 抗剪墙与基础连接的构造（图 8.3.5）应符合下列规定：

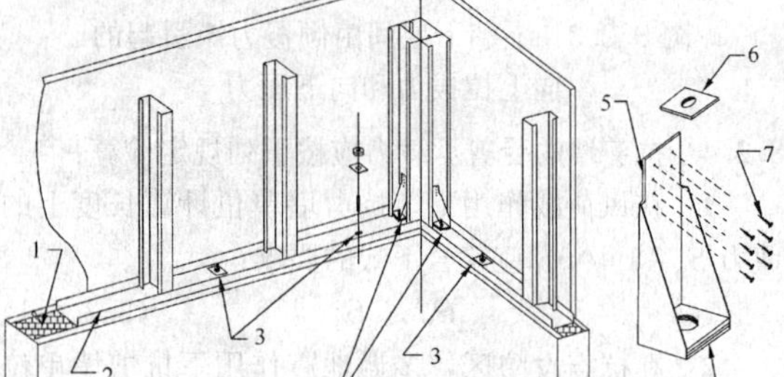

图 8.3.5 墙体与基础的连接

1—防腐防潮垫层；2—底导梁；3—地脚螺栓；
4—抗拔螺栓及抗拔连接件；5—立板；6—垫片；7—螺钉；8—底板

1 墙体底导梁与基础连接的地脚螺栓设置应按计算确定，其直径不应小于 12mm，间距不应大于 1200mm，地脚螺栓距墙角或墙端部的最大距离不应大于 300mm。

2 墙体底导梁和基础之间宜通长设置厚度不应小于 1mm 的防腐防潮垫，其宽度不应小于底导梁的宽度。

3 抗剪墙应在下列位置设置抗拔锚栓和抗拔连接件，其间距不宜大于 6m：

1) 在抗剪墙的端部和角部；

2) 落地洞口部位的两侧；

3) 对非落地洞口，当洞口下部墙体的高度小于 900mm 时，在洞口部位的两侧。

4 抗拔连接件的立板钢板厚度不宜小于 3mm，底板钢板、垫片厚度不宜小于 6mm，与立柱连接的螺钉应计算确定，且不宜少于 6 个。

5 抗拔锚栓、抗拔连接件大小及所用螺钉的数量应由计算确定，抗拔锚栓的规格不宜小于 M16。

8.3.6 抗剪墙与楼盖和下层抗剪墙的连接（图 8.3.6-1、图 8.3.6-2）应符合下列规定：

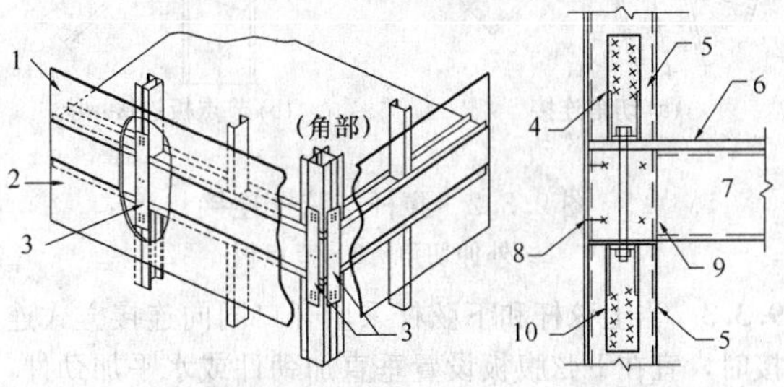

(a) 条形连接件　(b) 抗拔锚栓

图 8.3.6-1　上、下层外部抗剪墙连接

1—上层墙面板；2—下层墙面板；3—条形连接件；4—抗拔连接件；5—墙体立柱；6—楼面结构板；7—楼盖梁；8—槽钢端梁；9—腹板加劲件；10—抗拔连接件

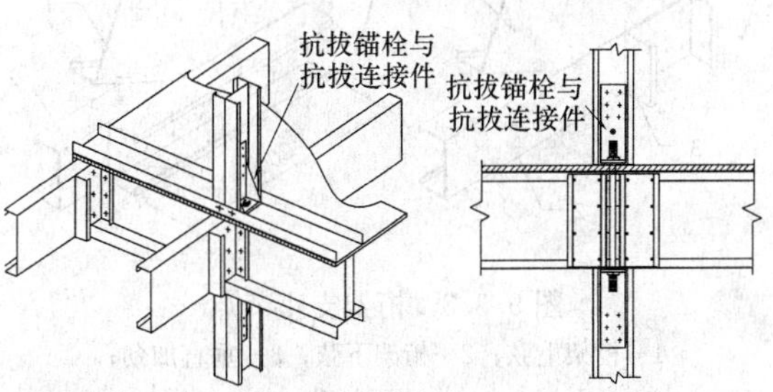

图 8.3.6-2　上、下层内部抗剪墙连接

1 抗剪墙与上部楼盖、墙体的连接形式可采用条形连接件或抗拔锚栓；条形连接件或抗拔锚栓应在下列部位设置：

1) 抗剪墙的端部、墙体拼接处；

2) 沿外部抗剪墙，其间距不应大于 2m；

3) 上层抗剪墙落地洞口部位的两侧；

4) 在上层抗剪墙非落地洞口部位，当洞口下部墙体的高度小于 900mm 时，在洞口部位的两侧。

2 条形连接件的截面及所用螺钉的数量应由计算确定，其厚度不应小于 1.2mm，宽度不应小于 80mm。

3 条形连接件与下部墙体、楼盖或上部墙体采用螺钉连接时，螺钉数量不应少于 6 个。

4 抗剪墙的顶导梁与上部采用螺钉连接时，每根楼面梁不宜少于 2 个，槽钢边梁 1m 范围内不宜少于 8 个。

8.3.7 当有可靠根据时，墙体构造可采用其他构造方式。

9　屋 盖 系 统

9.1　一 般 规 定

9.1.1 屋面承重结构可采用桁架或斜梁，斜梁上端支承于抱合截面的屋脊梁。

9.1.2 在屋架上弦应铺设结构板或设置屋面钢带拉条支撑。当屋架采用钢带拉条支撑时，支撑与所有屋架的交点处应用螺钉连接。交叉钢带拉条的厚度不应小于 0.8mm。屋架下弦宜铺设结构板或设置纵向支撑杆件。

9.1.3 在屋架腹杆处宜设置纵向侧向支撑和交叉支撑（图 9.1.3）。

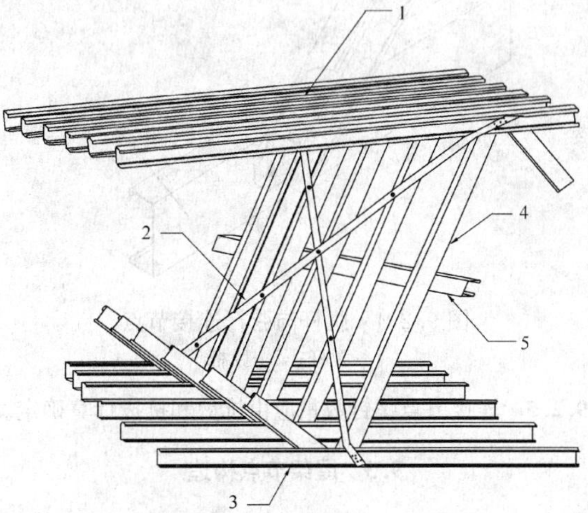

图 9.1.3　腹杆刚性支撑

1—桁架上弦；2—交叉钢带支撑；3—桁架下弦；4—桁架腹杆；5—腹杆侧向支撑

9.2　设 计 规 定

9.2.1 设计屋架时，应考虑由于风吸力作用引起构件内力变化的不利影响，此时永久荷载的荷载分项系数应取 1.0。

9.2.2 计算屋架各杆件内力时，可假定屋架弦杆为连续杆，腹杆与弦杆的连接点为铰接。

9.2.3 屋架杆件的计算长度可按下列规定采用：

1 在屋架平面内，各杆件的计算长度可取杆件节点间的距离。

2 在屋架平面外，各杆件的计算长度可按下列规定采用：

1）当屋架上弦铺设结构面板时，上弦杆计算长度可取弦杆螺钉连接间距的2倍；当采用檩条约束时，上弦杆计算长度可取檩条间的距离；

2）当屋架腹杆无侧向支撑时，计算长度可取节点间距离；当设有侧向支撑时，计算长度可取节点与屋架腹杆侧向支撑点间的距离；

3）当屋架下弦铺设结构面板时，下弦杆计算长度可取弦杆螺钉连接间距的2倍；当采用纵向支撑杆件时，下弦杆计算长度可取侧向不动点间的距离。

9.2.4 当屋架腹杆采用与弦杆背靠背连接时（图9.2.4），设计腹杆时应考虑面外偏心距的影响，按绕弱轴弯曲的压弯构件计算，偏心距应取腹杆截面腹板外表面到形心的距离。

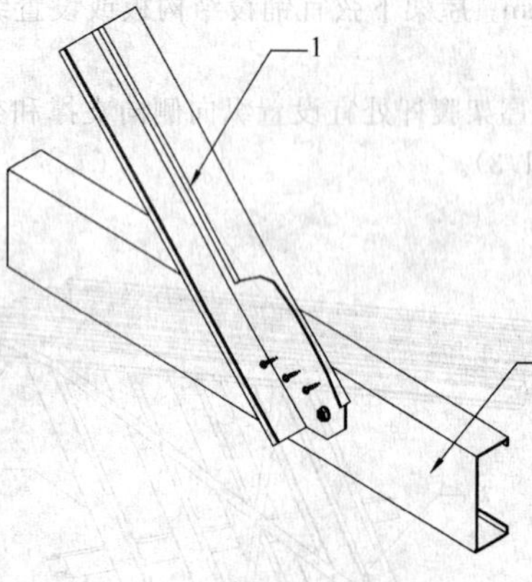

图 9.2.4 腹杆与弦杆连接节点

1—腹杆；2—弦杆

9.2.5 连接节点螺钉数量应由抗剪和抗拔计算确定。

9.3 屋架节点构造

9.3.1 屋脊处无集中荷载时，屋架的腹杆与弦杆在屋脊处可直接连接（图9.3.1a）；屋脊处有集中荷载时应通过连接板连接（图9.3.1b、c）。当采用连接板连接时，连接板宜卷边加强（图9.3.1b）或设置加强件（图9.3.1c）。弦杆与腹杆或与节点板之间连接螺钉数量不宜少于4个。采用直接连接时，屋脊处必须设置纵向刚性支撑。

9.3.2 屋架的腹杆与弦杆在弦杆中部连接时，可直接连接或通过连接板连接。当屋架腹杆与弦杆直接连接时，腹杆端头可切角，切角外伸长度不宜大于30mm，腹杆端部卷边连线以内应设置不少于2个螺钉（图9.3.2a）；当屋架与弦杆间采用连接板连接时，应至少有一根腹杆与弦杆直接连接（图9.3.2b）。必要时，弦杆连接节点处可采用拼合闭口截面进行加强，加劲件的长度不应小于200mm。

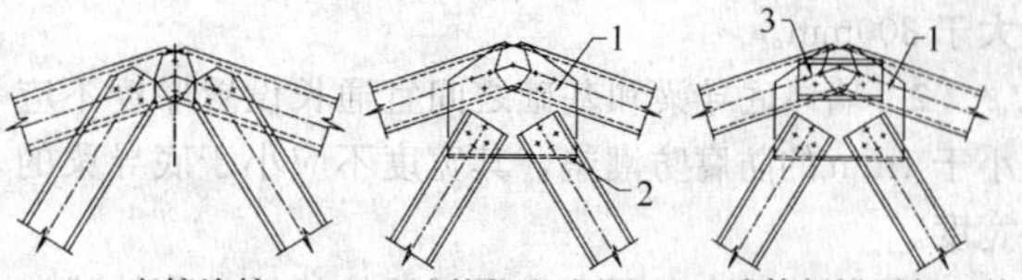

(a) 直接连接 (b) 连接板卷边加强 (c) 连接板设置加强件

图 9.3.1 屋架屋脊节点

1—连接板；2—卷边加强；3—加强件

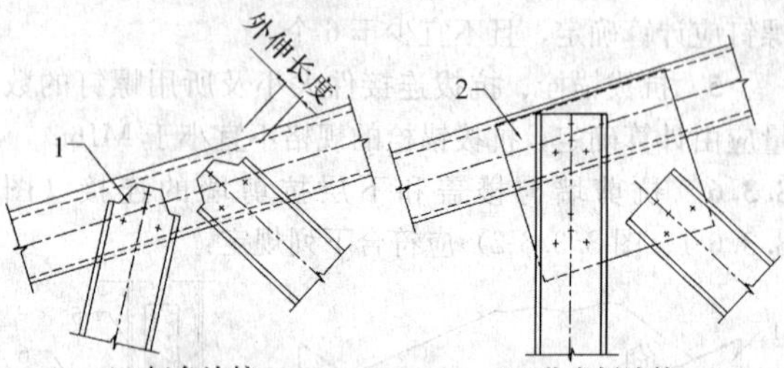

(a) 切角连接 (b) 节点板连接

图 9.3.2 腹杆与弦杆连接

1—外伸切角；2—节点板

9.3.3 当上弦杆和下弦杆采用开口同向连接方式连接时，宜在下弦腹板设置垂直加劲件或水平加劲件，加劲件厚度不应小于弦杆构件的厚度（图9.3.3），桁架下弦在支座节点处端部下翼缘应延伸与上弦杆下翼缘相交。当采用水平加劲件时，水平加劲件的长度不应小于200mm。梁式结构中，斜梁应通过连接件与屋脊梁相连。

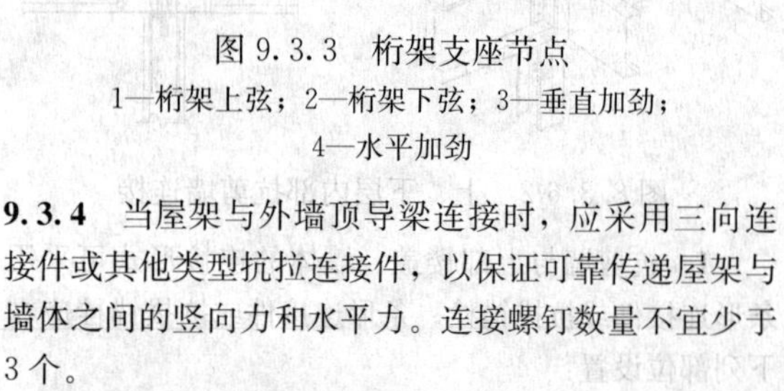

图 9.3.3 桁架支座节点

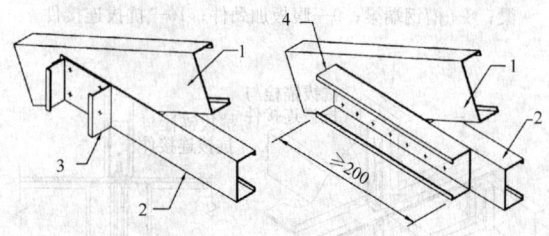

1—桁架上弦；2—桁架下弦；3—垂直加劲；4—水平加劲

9.3.4 当屋架与外墙顶导梁连接时，应采用三向连接件或其他类型抗拉连接件，以保证可靠传递屋架与墙体之间的竖向力和水平力。连接螺钉数量不宜少于3个。

9.3.5 山墙屋架的腹杆与山墙立柱宜上下对应，并应沿外侧设置间距不大于2m的条形连接件（图9.3.5）。

9.3.6 当有可靠根据时，屋架构造可采用其他构造方式。

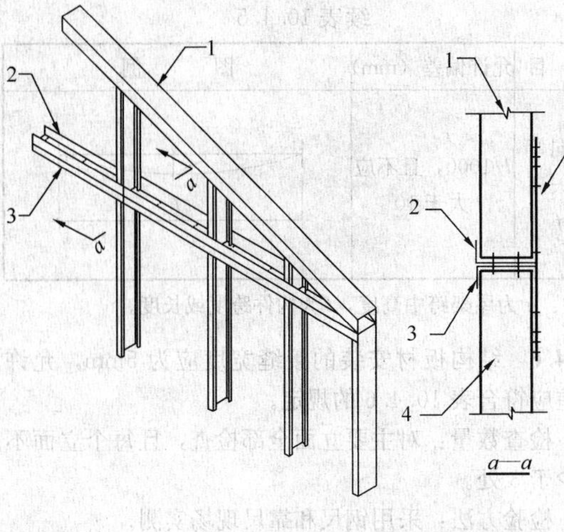

图 9.3.5　桁架与山墙连接
1—山墙屋架；2—底层梁；3—顶导梁；
4—山墙；5—条形连接件

10　制作、防腐、安装及验收

10.1　制　　作

10.1.1　冷弯薄壁型钢构件应根据设计文件进行构件详图、清单、制作工艺的编制。

10.1.2　原材料的品种、规格和性能应符合现行国家相关产品标准和设计的要求。

10.1.3　冷弯薄壁型钢的冷弯和矫正加工环境温度不得低于－10℃。

10.1.4　钢构件应进行标识，标识应清晰、明显、不易涂改。

10.1.5　构件拼装宜在专用的平台上进行，在拼装前应对平台的平整度、角度、垂直度进行检测，合格后方可进行；拼装完成的单元应保证整体平整度、垂直度在允许偏差范围以内。

10.2　防　　腐

10.2.1　对于一般腐蚀性地区，结构用冷弯薄壁型钢构件镀层的镀锌量不应低于 $180g/m^2$（双面）或镀铝锌量不应低于 $100g/m^2$（双面）；对于高腐蚀性地区或特殊建筑物，镀锌量不应低于 $275g/m^2$（双面）或镀铝锌量不应低于 $100g/m^2$（双面），并应满足现行国家或行业标准的规定。

10.2.2　冷弯薄壁型钢结构的连接件应根据不同腐蚀性地区，采用镀锌或镀铝锌材料。

10.2.3　冷弯薄壁型钢结构构件严禁进行热切割。

10.2.4　在冷弯薄壁型钢和其他材料之间应使用下列有效的隔离措施进行防护，防止两种材料相互腐蚀：

1　金属管线与钢构件之间应放置橡胶垫圈，避免两者直接接触。

2　墙体与混凝土基础之间应放置防腐防潮垫。

10.2.5　冷弯薄壁型钢构件在露天环境中放置时，应避免由于雨雪、暴晒、冰雹等气候环境对构件及其表面镀层造成腐蚀。

10.2.6　当构件表面镀层出现局部破坏时，应进行防腐处理。

10.3　安　　装

10.3.1　冷弯薄壁型钢构件的安装应严格按照设计图纸进行。

10.3.2　在进行整体组装时，应符合下列要求：

1　墙体结构要增设临时支撑、十字交叉支撑。

2　楼面梁应增设梁间支撑。

3　桁架单元之间应增设水平和垂直支撑。

4　应采取有效措施将施工荷载分布至较大面积。

10.3.3　冷弯薄壁型钢结构安装过程中应采取措施避免撞击。受撞击变形的杆件应校正到位。

10.3.4　用于石膏板、结构用定向刨花板与钢板连接的螺钉，其头部应沉入石膏板、结构用定向刨花板（0～1）mm，螺钉周边板材应无破损。

10.4　验　　收

10.4.1　冷弯薄壁型钢构件的加工应按设计要求控制尺寸，其允许偏差应符合表 10.4.1 的规定。

检查数量：按钢构件数抽查 10%，且不应少于 3 件。

检验方法：游标卡尺、钢尺和角尺、半圆塞规检查。

表 10.4.1　冷弯薄壁型钢构件加工允许偏差

检查项目		允许偏差（mm）
构件长度		－3～0
截面尺寸	腹板高度	±1
	翼缘宽度	±1
	卷边高度	±1.5
翼缘与腹板和卷边之间的夹角		±1°

10.4.2　冷弯薄壁型钢墙体外形尺寸、立柱间距、门窗洞口位置及其他构件位置应符合设计要求，其允许偏差应符合表 10.4.2 的规定。

检查数量：按同类构件数抽查 10%，且不应少于 3 件。

检验方法：钢尺和靠尺检查。

表 10.4.2　冷弯薄壁型钢墙体组装允许偏差

检查项目	允许偏差(mm)	检查项目	允许偏差(mm)
长度	－5～0	墙体立柱间距	±3
高度	±2	洞口位置	±2
对角线	±3	其他构件位置	±3
平整度	h/1000(h 为墙高)		

10.4.3 冷弯薄壁型钢屋架外形尺寸的允许偏差应符合表 10.4.3 的规定。

检查数量：按同类构件数抽查 10%，且不应少于 3 件。

检验方法：钢尺和角尺检查。

表 10.4.3 冷弯薄壁型钢屋架组装允许偏差

检查项目	允许偏差（mm）	检查项目	允许偏差（mm）
屋架长度	−5～0	跨中拱度	0～+6
支撑点距离	±3	相邻节间距离	±3
跨中高度	±6	弦杆间的夹角	±2°
端部高度	±3		

10.4.4 冷弯薄壁型钢结构主体结构的整体垂直度和整体平面弯曲的允许偏差应符合表 10.4.4 的规定。

检查数量：对主要立面全部检查。对每个所检查的立面，除两端外，尚应选取中间部位进行检查。

检验方法：采用吊线、经纬仪等测量。

表 10.4.4 冷弯薄壁型钢结构主体结构整体垂直度和整体平面弯曲允许偏差

项 目	允许偏差（mm）	图 例
主体结构的整体垂直度 Δ	$H/1000$，且不应大于 10	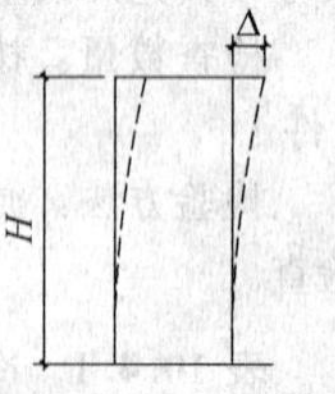
主体结构的整体平面弯曲 Δ	$L/1500$，且不应大于 10	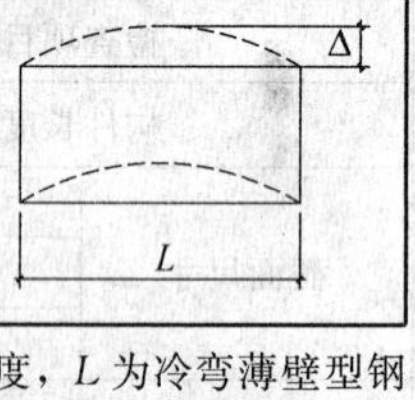

注：H 为冷弯薄壁型钢结构檐口高度，L 为冷弯薄壁型钢结构平面长度或宽度。

10.4.5 屋架、梁的垂直度和侧向弯曲矢高的允许偏差应符合表 10.4.5 的规定。

检查数量：按同类构件数抽查 10%，且不应少于 3 个。

检验方法：用吊线、经纬仪和钢尺现场实测。

表 10.4.5 屋架、梁的垂直度和侧向弯曲矢高允许偏差

项 目	允许偏差（mm）	图 例
垂直度 Δ	$h/250$，且不应大于 15	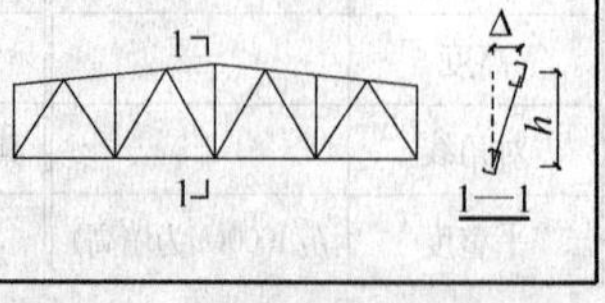
侧向弯曲矢高 f	$l/1000$，且不应大于 10	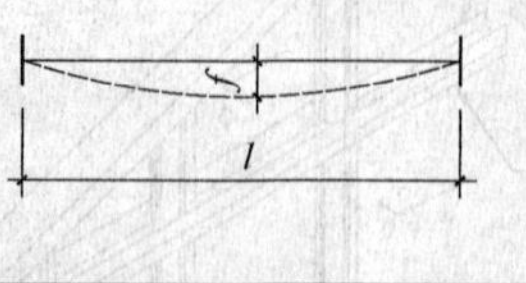

注：h 为屋架跨中高度，l 为构件跨度或长度。

10.4.6 结构板材安装的接缝宽度应为 5mm，允许偏差应符合表 10.4.6 的规定。

检查数量：对主要立面全部检查，且每个立面不应少于 3 处。

检验方法：采用钢尺和靠尺现场实测。

表 10.4.6 结构板材安装允许偏差

项 目	允许偏差（mm）
结构板材之间接缝宽度	±2
相邻结构板材之间的高差	±3
结构板材平整度	±8

11 保温、隔热与防潮

11.1 一 般 规 定

11.1.1 低层冷弯薄壁型钢房屋的保温、隔热与防潮应满足相关国家现行标准的规定。

11.1.2 低层冷弯薄壁型钢房屋工程中采用的技术文件、承包合同文件对节能工程质量的要求和节能工程施工质量验收应符合现行国家标准《建筑节能工程施工质量验收规范》GB 50411 的规定。

11.1.3 低层冷弯薄壁型钢房屋工程使用的保温材料和节能设备等，必须符合设计要求及国家现行有关标准的规定，保温隔热材料应具有良好的长期使用热阻保持性。在保温产品标签中应具体确定材料的导热系数（或热阻值），或在施工现场提供保温材料导热系数（或热阻值）的书面证明材料，并应符合设计要求。

11.2 保温隔热构造

11.2.1 外墙保温隔热可在墙体空腔中填充纤维类保温材料和（或）在墙体外铺设硬质板状保温材料。采用墙体空腔中填充纤维类保温材料时，热阻计算应考虑立柱等热桥构件的影响，保温材料宽度应等于或略大于立柱间距，厚度不宜小于立柱截面高度。

11.2.2 屋面保温隔热可采用保温材料沿坡屋面斜铺或在顶层吊顶上方平铺的方法。采用保温材料在顶层吊顶上方平铺的方式时，在顶层墙体顶端和墙体与屋盖系统连接处，应确保保温材料、隔汽层和防潮层的连续性和密闭性。

11.3 防潮构造

11.3.1 外墙及屋顶的外覆材料应符合现行国家或行业标准规定的耐久性、适用性以及防火性能的要求。在外覆材料内侧，结构覆面板材外侧，应设置防潮层，其物理性能、防水性能和水蒸气渗透性能应符合设计要求。

11.3.2 门窗洞口周边、穿出墙或屋面的构件周边应以专用泛水材料密封处理，泛水材料可采用自粘性防水卷材或金属板材等。

11.3.3 建筑围护结构设计应防止不良水汽凝结的发生。严寒和寒冷地区建筑的外墙、外挑楼板及屋顶如果不采取通风措施，宜在保温材料（冬季）温度较高一侧设置一层隔汽层。

11.3.4 施工时应确保保温材料、防潮层和隔汽层的连续性、密闭性、整体性。

11.3.5 屋顶保温材料与屋面结构板材间的屋顶空气间层宜采用通风设计，并应确保屋顶空气间层中空气流动通道的通畅。在屋顶通风口处应设置防止白蚁等有害昆虫进入屋顶通风间层的保护网。室内的排气管道宜通至室外，不宜将室内气体排入屋顶通风间层内。

12 防火

12.0.1 低层冷弯薄壁型钢房屋建筑的防火设计除应符合本规程的规定外，尚应符合现行国家标准《建筑设计防火规范》GB 50016 的有关规定。

12.0.2 建筑中的下列部位应采用耐火极限不低于 1.00h 的不燃烧体墙和楼板与其他部位分隔：

1 配电室、锅炉房、机动车库。

2 资料库（室）、档案库（室）、仓储室。

3 公共厨房。

12.0.3 附建于冷弯薄壁型钢住宅建筑并仅供该住宅使用的机动车库，与居住部分相连通的门应采用乙级防火门，且车库隔墙距地面 100mm 范围内不应开设任何洞口。

12.0.4 位于住宅单元之间的墙两侧的门窗洞口，其最近边缘之间的水平间距不应小于 1.0m。

12.0.5 由不同高度组成的一座冷弯薄壁型钢建筑，较低部分屋面上开设的天窗与相接的较高部分外墙上的门窗洞口之间的最小距离不应小于 4.0m。当符合下列情况之一时，该距离可不受限制：

1 较低部分安装了自动喷水灭火系统或天窗为固定式乙级防火窗。

2 较高部分外墙面上的门为火灾时能够自动关闭的乙级防火门，窗口、洞口设有固定式乙级防火窗。

12.0.6 浴室、卫生间和厨房的垂直排风管，应采取防回流措施或在支管上设置防火阀。厨房的排油烟管道与垂直排风管连接的支管处应设置动作温度为150℃的防火阀。

12.0.7 建筑内管道穿过楼板、住宅建筑单元之间的墙和分户墙时，应采用防火封堵材料将空隙紧密填实；当管道为难燃或可燃材质时，应在贯穿部位两侧采取阻火措施。

12.0.8 低层冷弯薄壁型钢住宅建筑内可设置火灾报警装置。

13 试验

13.1 一般规定

13.1.1 对低层冷弯薄壁型钢房屋建筑，构件材料的性能及连接件、单根构件、结构局部、整体结构等的承载力及使用性能设计指标，可经过合理、有效的试验确定。

13.1.2 当使用的材料在现行规范规定以外，或组件的组成和构造无法按现行国家和行业标准计算抗力或刚度时，结构性能可根据试验方法确定。

13.1.3 试验应由有资质的第三方检测机构进行。

13.1.4 试验应出具正式的试验报告，除了试验结果外，对每个试验还应清楚表述试验条件，包括加载和测量变形的方法以及其他相关数据。报告还应包括试验试件是否满足接受准则。

13.2 性能试验

13.2.1 本节的试验适用于整体结构、结构局部、单根构件或连接件等原型试件，可对设计进行验证以作为计算的一种替代；本节的试验不适用于结构模型试验，也不适用于总体设计准则的确立。

13.2.2 试件应与结构验证需要的试件类别和名义尺寸相同。试件的材料与制作应遵守相关标准的规定及设计提出的要求。组装方法应与实际产品相同。

13.2.3 墙体的抗剪试验尚应符合本规程附录 B 的规定。

13.2.4 试验的目标试验荷载 R_t 应由下式确定：

$$R_t = k_t S^* \qquad (13.2.4)$$

式中：S^* ——荷载效应设计值；应符合现行国家标准《建筑结构荷载规范》GB 50009 和《建筑抗震设计规范》GB 50011 的规定；

k_t ——考虑结构试件变异性的因子，可根据本规程第 13.2.5 条确定的结构特性变异系数 k_{sc} 按表 13.2.4 插值采用。

表 13.2.4 考虑结构试件变异性的因子 k_t

试件数量	结构特性变异系数 k_{sc}					
	5%	10%	15%	20%	25%	30%
1	1.18	1.39	1.63	1.92	2.25	2.63
2	1.13	1.27	1.42	1.60	1.79	2.01
3	1.10	1.22	1.34	1.48	1.63	1.79
4	1.09	1.19	1.29	1.40	1.52	1.65
5	1.08	1.16	1.25	1.35	1.45	1.56
10	1.05	1.10	1.16	1.22	1.28	1.34
100	1.00	1.00	1.00	1.00	1.00	1.00

13.2.5 结构特性变异系数 k_{sc} 可由下式计算：

$$k_{sc}=\sqrt{k_f^2+k_m^2} \qquad (13.2.5)$$

式中：k_f——几何尺寸不定性变异系数，对于构件可取 0.05；对于连接可取 0.10；

k_m——材料强度不定性变异系数，对于 Q235 级钢和 Q345 级钢可取 0.10；对于 LQ550 级钢可取 0.05；对于连接可取 0.10；对于未列入本规程的钢材，其值应由使用材料的统计分析确定。

13.2.6 试验应符合下列规定：

1 加载设备应校准，并注意确保荷载系统对试件无附加约束，施加的力的分布和持续时间应能代表结构设计所承受的荷载。对短期静力荷载，试验荷载应以均匀速率加载，持续试验时间不应少于 5min。

2 应至少在下列时刻记录变形：

1）加载前；

2）加载后；

3）卸载后。

13.2.7 具体产品和组件的承载力设计值可通过原型试验确定，所有试件必须在目标试验荷载下符合各种设计要求，承载力设计值应由下式确定：

$$R_d=\frac{R_{min}}{1.1k_t} \qquad (13.2.7)$$

式中：R_d——承载力设计值；

R_{min}——试验结果的最小值；

k_t——考虑结构试件变异性的因子，根据结构特性变异系数 k_{sc} 按本规程表 13.2.4 取用。

附录 A 确定螺钉材料抗剪强度设计值的标准试验

A.0.1 螺钉材料抗剪强度设计值的确定可采用图 A.0.1 所示试验方法，并应符合下列相关规定：

1 应在试验装置夹头处设置垫块，从而确保试验装置施加的荷载通过搭接节点中心。

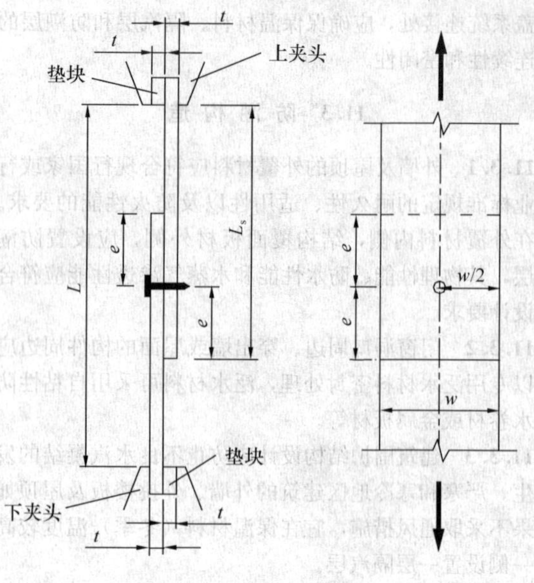

图 A.0.1 试验装置示意

L—连接板搭接后总长度（不包括夹头夹住部分）；L_s—单块连接板长度（不包括夹头夹住部分）；w—连接板宽度；e—端距；t—连接板厚度

2 连接板应采用钢板，其厚度不得小于螺钉直径，以保证螺栓被剪断；螺钉至少应有 3 圈螺纹穿过钢板。

3 螺钉的端距和边距均不得小于其直径的 3 倍，且不宜小于 20mm；连接板宽度不得小于螺钉直径的 6 倍，且不宜小于 40mm。

4 单块连接板长度 L_s（不包括夹头夹住部分）不宜小于 100mm，连接板搭接后总长度 L（不包括夹头夹住部分）不宜小于 160mm。

A.0.2 当螺钉不能钻穿钢板时，应在钢板上预开孔，预开孔径 d_0 应不小于 0.9d（d 为螺钉公称直径）。

A.0.3 试验中，加载速率的控制应符合现行国家标准《金属材料 室温拉伸试验方法》GB/T 228 的规定。

A.0.4 螺钉剪断承载力设计值应由下式确定：

$$N_{vt}^s=\frac{R_{min}}{1.1k_t} \qquad (A.0.4)$$

式中：N_{vt}^s——螺钉剪断承载力设计值；

R_{min}——螺钉剪断试验结果的最小值；

k_t——考虑结构试件变异性的因子，根据结构特性变异系数 k_{sc} 按本规程 13.2.4 条的表 13.2.4 取用。

A.0.5 螺钉材料抗剪强度设计值应按下列公式确定：

$$f_v^s=\frac{N_{vt}^s}{A_e} \qquad (A.0.5\text{-}1)$$

$$A_e=\frac{\pi d_e^2}{4} \qquad (A.0.5\text{-}2)$$

式中：d_e——螺钉有效直径；

A_e——螺钉螺纹处有效面积；

N_{vt}^s——试验得到的一个螺钉剪断承载力设计值；

f_v^s——螺钉抗剪强度设计值。

附录B 墙体抗剪试验方法

B.0.1 冷弯薄壁型钢组合墙体的抗剪试验试件的制作应采用与实际工程材料、连接方式一致的1∶1比例的足尺尺寸。测试组合墙体在水平风荷载作用下的抗剪性能时，可采用单调水平加载；测试组合墙体在水平地震作用下的抗剪性能时，应采用低周反复水平加载。

B.0.2 试验装置与试验加载设备应满足试体的设计受力条件和支承方式的要求，试验台在其可能提供反力部位的刚度，不应小于试体刚度的10倍。

B.0.3 墙体通过加载器施加竖向荷载时，应在门架与加载器之间设置滚动导轨（图B.0.3），其摩擦系数不应大于0.01。

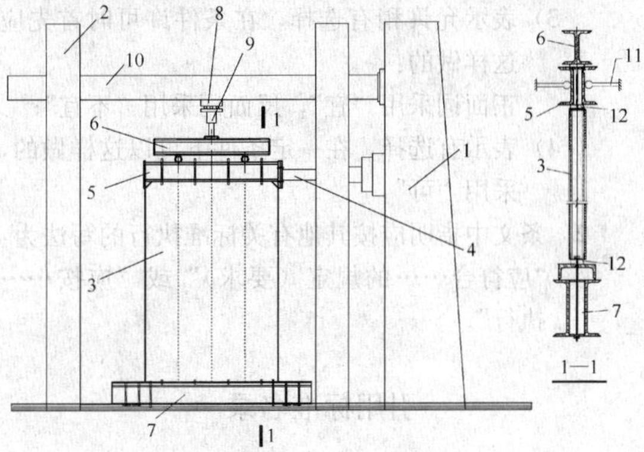

图 B.0.3 墙片试验装置示意

1—反力墙；2—门架；3—试体；4—往复作动器；5—加载顶梁；6—分配梁；7—试验台座；8—滚动导轨；9—千斤顶；10—反力梁；11—侧向滚动支撑；12—16mm厚垫板

B.0.4 量测仪表的选择，应满足试体极限破坏的最大量程，其分辨率应满足最小荷载作用下的分辨能力。位移计量的仪表最小分度值不宜大于所测总位移的0.5%，示值允许误差不大于仪表满量程的±1.0%。各种记录仪的精度不得低于仪表满量程的±0.5%。

B.0.5 冷弯薄壁型钢组合墙体抗剪试验的加载方法，根据试验的目的可按下列要求进行：

1 竖向荷载的大小应为试体的目标试验荷载，在施加水平荷载前按照静力加载要求一次加到位，并保持恒定不变。

2 单调水平加载时，在试体屈服前应采用荷载控制并分级加载，接近屈服荷载前宜减小荷载级差加载；试体屈服后应采用变形控制分级加载。每级荷载应保持2min～3min后方可采集和记录各测点的数据，直至破坏。

3 低周反复水平加载时，在正式试验前应先进行预加反复荷载试验2次，预加载值不宜超过试体屈服荷载的30%。正式试验时，试体屈服前应采用荷载控制并分级加载，接近屈服荷载前宜减小荷载级差加载；试体屈服后应采用变形控制，变形值应取屈服时试体的最大位移，并以该位移值的倍数为级差进行加载控制。屈服前每级荷载可反复一次，屈服以后宜反复三次。试验过程中，应保持反复加载的连续性和均匀性，加载或卸载的速度宜一致。

B.0.6 冷弯薄壁型钢组合墙体抗剪试验的数据处理，可按下列原则进行：

1 水平荷载作用下试体的剪切变形，应扣除试体的水平滑移和转动。

2 试体的屈服荷载和屈服位移，可根据单调水平加载的荷载-位移曲线或低周反复水平加载的骨架曲线，采用能量等值法或作图法确定。

3 试体的最大荷载和变形，应取试体承受荷载最大时相应的荷载和相应变形。

4 试体的破坏荷载和变形，应取试体在最大荷载出现之后，随变形增加而荷载下降至最大荷载的85%时的相应荷载和相应变形。

5 试体的刚度、延性系数、承载能力降低性能和能量耗散能力等指标，可参照现行行业标准《建筑抗震试验方法规程》JGJ 101对混凝土试体拟静力试验规定的方法确定。

附录C 构件畸变屈曲应力计算

C.0.1 卷边槽形截面构件（图C.0.1）的轴压畸变屈曲应力σ_{cd}可按下列公式计算：

$$\sigma_{cd}=\frac{E}{2A}\left[(\alpha_1+\alpha_2)-\sqrt{(\alpha_1+\alpha_2)^2-4\alpha_3}\right] \tag{C.0.1-1}$$

$$\alpha_1=\frac{\eta}{\beta_1}(I_x b^2+0.039J\lambda^2)+\frac{k_\phi}{\beta_1\eta E} \tag{C.0.1-2}$$

$$\alpha_2=\eta\left(I_y+\frac{2}{\beta_1}\bar{y}bI_{xy}\right) \tag{C.0.1-3}$$

$$\alpha_3=\eta\left(\alpha_1 I_y-\frac{\eta}{\beta_1}I_{xy}^2b^2\right) \tag{C.0.1-4}$$

$$\beta_1=\bar{x}^2+\frac{(I_x+I_y)}{A} \tag{C.0.1-5}$$

$$\lambda=4.80\left(\frac{I_x b^2 h}{t^3}\right)^{0.25} \tag{C.0.1-6}$$

$$\eta = \left(\frac{\pi}{\lambda}\right)^2 \quad (C.0.1\text{-}7)$$

$$k_\phi = \frac{Et^3}{5.46(h+0.06\lambda)}\left[1-\frac{1.11\sigma'_{cd}}{Et^2}\left(\frac{h^2\lambda}{h^2+\lambda^2}\right)^2\right] \quad (C.0.1\text{-}8)$$

σ'_{cd}由公式（C.0.1-1）计算，其中α_1应改用公式（C.0.1-9）计算：

$$\alpha_1 = \frac{\eta}{\beta_1}(I_x b^2 + 0.039J\lambda^2) \quad (C.0.1\text{-}9)$$

卷边受压翼缘的A、$\bar{x}$、$\bar{y}$、J、I_x、I_y、I_{xy}通过下列公式确定：

$$A = (b+a)t \quad (C.0.1\text{-}10)$$

$$\bar{x} = \frac{(b^2+2ba)}{2(b+a)} \quad (C.0.1\text{-}11)$$

$$\bar{y} = \frac{a^2}{2(b+a)} \quad (C.0.1\text{-}12)$$

$$J = \frac{t^3(b+a)}{3} \quad (C.0.1\text{-}13)$$

$$I_x = \frac{bt^3}{12} + \frac{ta^3}{12} + bt\bar{y}^2 + at\left(\frac{a}{2}-\bar{y}\right)^2 \quad (C.0.1\text{-}14)$$

$$I_y = \frac{tb^3}{12} + \frac{at^3}{12} + at(b-\bar{x})^2 + bt\left(\bar{x}-\frac{b}{2}\right)^2 \quad (C.0.1\text{-}15)$$

$$I_{xy} = bt\left(\frac{b}{2}-\bar{x}\right)(-\bar{y}) + at\left(\frac{a}{2}-\bar{y}\right)(b-\bar{x}) \quad (C.0.1\text{-}16)$$

式中：h——腹板高度；

b——翼缘宽度；

a——卷边高度；

t——壁厚。

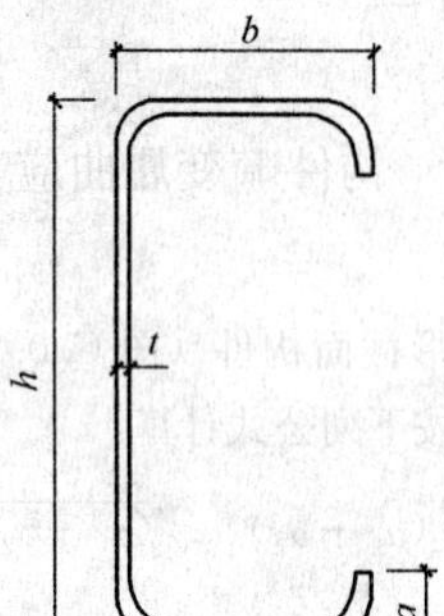

图 C.0.1　槽形截面示意

a—翼缘卷边的高度；b—翼缘的宽度；
h—构件的高度；t—板件的厚度

C.0.2　卷边槽形和Z形截面构件绕对称轴弯曲时，畸变屈曲应力σ_{md}可按公式（C.0.1-1）计算，但系数λ和k_ϕ应按下列公式计算：

$$\lambda = 4.80\left(\frac{I_x b^2 h}{2t^3}\right)^{0.25} \quad (C.0.2\text{-}1)$$

$$k_\phi = \frac{2Et^3}{5.46(h+0.06\lambda)}\left[1-\frac{1.11\sigma'_{md}}{Et^2}\left(\frac{h^4\lambda^2}{12.56\lambda^4+2.192h^2+13.39\lambda^2h^2}\right)\right] \quad (C.0.2\text{-}2)$$

如k_ϕ为负值，k_ϕ按公式（C.0.2-2）计算时，应取$\sigma'_{md}=0$。

如完全约束带卷边翼缘在畸变屈曲时的转动的支撑间距小于由公式（C.0.2-1）计算得到的λ时，λ应取支撑间距。

σ'_{md}可由公式（C.0.1-1）、（C.0.1-9）、（C.0.1-3）、（C.0.1-4）、（C.0.1-5）、（C.0.2-1）、（C.0.1-7）和（C.0.2-2）计算。

本规程用词说明

1　为便于在执行本规程条文时区别对待，对要求严格程度不同的用词说明如下：

1）表示很严格，非这样做不可的：
正面词采用“必须”，反面词采用“严禁”；

2）表示严格，在正常情况下均应这样做的：
正面词采用“应”，反面词采用“不应”或“不得”；

3）表示允许稍有选择，在条件许可时首先应这样做的：
正面词采用“宜”，反面词采用“不宜”；

4）表示有选择，在一定条件下可以这样做的，采用“可”。

2　条文中指明应按其他有关标准执行的写法为：“应符合……的规定（要求）”或“应按……执行”。

引用标准名录

1　《建筑结构荷载规范》GB 50009
2　《建筑抗震设计规范》GB 50011
3　《建筑设计防火规范》GB 50016
4　《钢结构设计规范》GB 50017
5　《冷弯薄壁型钢结构技术规范》GB 50018
6　《建筑结构可靠度设计统一标准》GB 50068
7　《钢结构工程施工质量验收规范》GB 50205
8　《建筑节能工程施工质量验收规范》GB 50411
9　《金属材料　室温拉伸试验方法》GB/T 228
10　《碳素结构钢》GB/T 700
11　《标准件用碳素钢热轧圆钢》GB/T 715
12　《钢结构用高强度大六角头螺栓、大六角螺母、垫圈与技术条件》GB/T 1228～GB/T 1231
13　《低合金高强度结构钢》GB/T 1591
14　《连续热镀锌钢板及钢带》GB/T 2518
15　《紧固件机械性能　螺栓、螺钉和螺柱》GB/T 3098.1

16 《钢结构用扭剪型高强度螺栓连接副》GB/T 3632

17 《自攻螺钉》GB/T 5282～GB/T 5285

18 《六角头螺栓　C级》GB/T 5780

19 《抽芯铆钉》GB/T 12615～12618

20 《连续热镀铝锌合金镀层钢板及钢带》GB/T 14978

21 《自钻自攻螺钉》GB/T 15856.1～GB/T 15856.5

22 《射钉》GB/T 18981

23 《建筑抗震试验方法规程》JGJ 101

中华人民共和国行业标准

低层冷弯薄壁型钢房屋建筑技术规程

JGJ 227—2011

条 文 说 明

制 定 说 明

《低层冷弯薄壁型钢房屋建筑技术规程》JGJ 227-2011，经住房和城乡建设部 2011 年 1 月 28 日以第 903 号公告批准、发布。

本规程制定过程中，编制组进行了广泛的调查研究，总结了近几年我国低层冷弯薄壁型钢房屋建筑技术的实践经验，同时参考了国外先进技术法规、技术标准，并做了大量的材料性能试验、构件试验、防火试验、足尺振动台试验和可靠度分析等研究。

为便于广大设计、施工、科研、学校等单位有关人员在使用本规程时能正确理解和执行条文规定，《低层冷弯薄壁型钢房屋建筑技术规程》编制组按章、节、条顺序编制了本规程的条文说明，对条文规定的目的、依据以及执行中需注意的有关事项进行了说明，还着重对强制性条文的强制性理由做了解释。但是，本条文说明不具备与规程正文同等的法律效力，仅供使用者作为理解和把握规程规定的参考。

目　次

1 总　则

1.0.2 本条明确本规程仅适用于经冷弯（或冷压）成型的冷弯薄壁型钢结构房屋的设计与施工，且承重构件的壁厚可不大于2mm。对热轧型钢的钢结构设计或房屋中部分使用到的热轧型钢构件的设计，应符合现行国家标准《钢结构设计规范》GB 50017的规定。

根据现行国家标准《建筑设计防火规范》GB 50016的规定，三级耐火等级建筑的最多允许层数为5层，四级耐火等级建筑的最多允许层数为2层。按照冷弯薄壁型钢房屋建筑的建筑构件燃烧性能和耐火极限，将其层数限制在3层及3层以下，同时考虑到该类建筑的层高，对建筑高度也作了相应的限制。

根据编制组所完成的三个足尺振动台试验（一个2层、两个3层），此类房屋层间抗剪与抗拔连接是保证结构抗震整体稳定性的关键。根据试验现象，此类房屋地震烈度9度时可满足不倒塌的要求。

本条所称的房屋为居住类建筑。

该体系主要承重构件的设计使用年限为50年。

3 材料与设计指标

3.1 材 料 选 用

3.1.1 编制组在制定本规程时曾参考《冷弯薄壁型钢结构技术规范》GB 50018，并对现行国家标准《连续热镀铝锌合金镀层钢板及钢带》GB/T 14978中的550级钢材S550的力学性能进行过系统的分析，得出了550级钢材可以用于冷弯薄壁型钢房屋结构的结果，并得到了不同厚度时的屈服强度和强度设计值作为设计依据。因此，本规程将550级钢材作为可以选用的钢材之一。对于现行国家标准《连续热镀锌钢板及钢带》GB/T 2518和《连续热镀铝锌合金镀层钢板及钢带》GB/T 14978中其他级别的钢材，由于未进行过系统的分析，在使用时可按屈服强度的大小偏安全地归入Q345级或Q235级使用。本规程中将550级钢材定名为LQ550，材性参考澳大利亚标准《AS/NZS 4600：2005》中G450（厚度$t \geqslant 1.5$mm）、G500（$1.5\text{mm} > t > 1.0$mm）和G550（$t \leqslant 1.0$mm）三种钢材。目前，这类550级钢材国内已有生产，并广泛用于2mm以下冷弯薄壁型钢构件，其屈服强度在550MPa左右，但随厚度变化很大，其材料性能要求见现行国家标准《连续热镀锌钢板及钢带》GB/T 2518及《连续热镀铝锌合金镀层钢板及钢带》GB/T 14978中的550级钢材，其断后延伸率未规定。

当采用国外钢材时，该钢材必须符合我国现行有关标准的规定。

3.1.4 本条提出在设计和材料订货中应具体考虑的一些注意事项。考虑到本规程受力构件所用的钢板厚度在2mm以下，为保证结构的安全，规定钢板厚度不得出现负公差。

3.1.5 结构用定向刨花板的规格和性能应符合国家现行标准《定向刨花板》LY/T 1580、《室内装饰装修材料人造板及其制品中甲醛释放限量》GB 18580的规定和设计要求。当用于墙体时，宜采用二级以上的板材，用于楼面时宜采用三级以上的板材；结构胶合板的性能应符合现行国家标准《胶合板、普通胶合板通用技术条件》GB/T 9846的规定；普通纸面石膏板的规格和性能应符合现行国家标准《纸面石膏板》GB/T 9775的规定。

3.1.6 (1)保温隔热材料可采用玻璃棉等轻质纤维状保温材料或挤塑聚苯板等硬质板状保温材料。(2)防水材料可采用防水卷材（改性沥青或PVC材料）或复合板等材料。(3)屋面材料可采用沥青瓦、金属瓦等轻质材料。(4)内墙覆面材料可采用纸面石膏板或钢丝网水泥砂浆粉刷涂料等材料。(5)外墙饰面材料可采用PVC、金属或木质挂板等材料。(6)楼板可采用木楼板，也可采用钢与混凝土组合楼板。(7)门窗可采用各种轻质材料门窗。(8)屋面采光瓦可采用各种适宜的采光窗或采光瓦。

3.2 设 计 指 标

3.2.1 同济大学在广泛收集国内生产的LQ550级薄板材料性能数据的基础上，提出按照表中的厚度范围将LQ550级钢材划分为四类。同时基于同济大学、西安建筑科技大学及国外同类材料相关基本构件（轴压、偏压、受弯）试验的承载力试验数值，主要继承国内冷弯薄壁型钢结构基本构件承载力计算方法，进行了系统的构件设计可靠度分析。在此基础上，建议按照目前钢结构设计规范的传统，采用与现行国家标准《冷弯薄壁型钢结构技术规范》GB 50018相同的抗力分项系数，即$\gamma_R = 1.165$，按照国家标准《建筑结构可靠度设计统一标准》GB 50068的要求，得到表中不同厚度的屈服强度及设计强度建议值[沈祖炎，李元齐，王磊，王彦敏，徐宏伟，屈服强度550MPa高强钢材冷弯薄壁型钢结构可靠度分析，建筑结构学报，2006，27(3)：26-33，41]。目前，国内仅少数企业能生产LQ550级薄板材，其材料性能与国外同类板材差别较大。表3.2.1是根据目前国产板材的可靠度分析结果给出的。另外，同济大学、西安建筑科技大学、中国建筑标准设计研究院及相关企业针对2mm以下Q235级和Q345级钢材的基本构件承载力试验研究和设计可靠度分析表明，采用表中的设计强度建议值，在本规程给出的计算方法内，也能够满足国家标准《建筑结构可靠度设计统一标准》GB 50068对这类材料的基本构件设计可靠度的要求。表中各材料的相应抗剪设计强度直接取设计强度的 $\sqrt{3}/3$。对 LQ550 级钢材，由于厚度较薄，不会采用端面承压的构造，因此不再给出端面承压的强度设计值。

3.2.3 本条主要参照国家标准《冷弯薄壁型钢结构技术规范》GB 50018－2002 制定。

4 基本设计规定

4.1 设计原则

4.1.3 承载力抗震调整系数 γ_{RE} 取 0.9 是鉴于此类构件的延性较差，塑性发展有限。同时，随着地震烈度的增大，应注重抗震构造措施的加强，如边缘部位螺钉间距加密，抗剪墙与基础之间、上下抗剪墙之间以及抗剪墙与屋面之间的连接加强。

4.2 荷载与作用

4.2.5 本条参照现行国家标准《建筑结构荷载规范》GB 50009 并综合欧洲荷载规范、澳大利亚荷载规范，给出了纵风向坡屋顶的体型系数。

4.2.6 μ_r 首先要考虑屋面坡度的影响。当坡度 $\alpha \leqslant 25°$ 时，不考虑积雪滑落的因素而取为 μ_r 为 1.0；当 $\alpha \geqslant 50°$ 时，认为屋面不能存雪而取 μ_r 为 0；之间按线性插值。

现行国家标准《建筑结构荷载规范》GB 50009 已经规定了简单屋面的积雪分布系数，但并无复杂屋面的积雪分布系数说明。参照澳大利亚荷载规范、欧洲荷载规范，将中国荷载规范在复杂屋面上的应用作进一步明确和解释。即将复杂住宅屋面区分为迎风面、背风面、无遮挡侧风面、遮挡前侧风面和遮挡后侧风面五种情况。

4.3 建筑设计及结构布置

4.3.3 建筑结构系统宜规则布置。当建筑物出现以下情况之一时，应被认为是不规则的：

1 结构外墙从基础到最顶层不在同一个垂直平面内。

2 楼板或屋面某一部分的边沿没有抗剪墙体提供支承。

3 部分楼面或者屋面，从结构墙体向外悬挑长度大于 1.2m。

4 楼面或屋面的开洞宽度超出了 3.6m，或者洞口较大尺寸超出楼面或屋面最小尺寸的 50%。

5 楼面局部出现垂直错位，且没有被结构墙体支承。

6 结构墙体没有在两个正交方向同时布置。

7 结构单元的长宽比大于 3。超过时应考虑楼板平面内变形对整体结构的影响。

当结构布置不规则时，可以布置适宜的型钢、桁架构件或其他构件，以形成水平和垂直抗侧力系统。

4.3.4～4.3.6 条文从原则上提出墙体及吊顶的设计要求。因不同制造企业的工艺技术不尽相同，细部构造会有所不同，本规程从应用的角度不作具体规定，能满足现行标准的有关规定并保证安全即可。

4.4 变形限值

4.4.3 本条所指的横向变形系指立柱跨中位置承受水平风荷载作用下的挠度，其限值 1/250 是参照美国、澳大利亚相关规程规定并略作调整后确定。

4.5 构造的一般规定

4.5.1 本条中受压板件的宽厚比限值是为了限制板件的变形，并保证截面承载力计算基本符合本规程给出的计算模式，因此与钢材材料的强度无关。

4.5.3 进行可靠度分析时，壁厚太薄的试件，材料强度、试验结果离散性过大，所以规定了最小壁厚的要求。

4.5.4 构件形心之间的偏心超过 20mm 后，应考虑附加偏心距对构件的影响(图 1)。楼面梁支承在承重墙体上，当楼面梁与墙体柱中心线偏差较小时，楼面梁承担的荷载可直接传递到墙体立柱，在楼盖边梁和支承墙体顶导梁中引起的附加弯矩可以忽略，不必验算边梁和顶导梁的承载力，否则要单独计算，计算方法同墙体过梁。

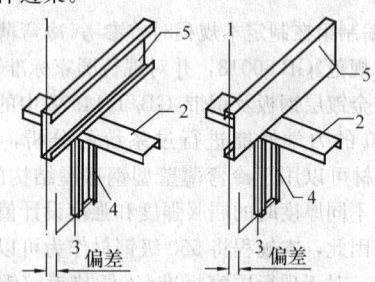

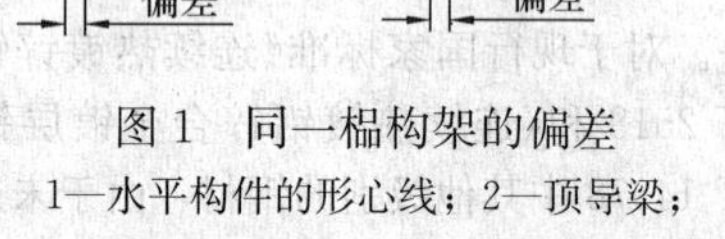

图 1 同一榀构架的偏差

1—水平构件的形心线；2—顶导梁；

3—立柱的形心线；4—立柱；5—水平构件

4.5.6 本条提到的螺钉包括自钻螺钉和螺钉。以后有关条款中提到螺钉时也是如此。

4.5.9 本条是对直径的最低要求。

4.5.10 本条规定是要保证梁及屋架在支承处的局部稳定。楼面梁及屋架弦杆支承长度的规定是参照美国规范取值，主要是从构造确保楼面梁及屋架弦杆在支座处具备一定支承面积，同时加强了楼面、屋面和墙体结构连接的整体性。

4.5.11 低层冷弯薄壁型钢结构属于受力蒙皮结构，结构面板既是重要的抗侧力构件(抗剪墙体)的组成部分，同时也为所连接构件提供可靠的稳定性保障，因此必须可靠连接。

5 结构分析

5.1 结构计算原则

5.1.1 低层冷弯薄壁型钢房屋是由复合墙板组成的"盒子"式结构，上下层之间的立柱和楼(屋)面之间的型钢构件直接相连，双面所覆板材一般沿建筑物竖向是不连续的。因此，楼(屋)面竖向荷载及结构自重都假定仅由承重墙体的立柱独立承担，但双面所覆板材对立柱构件失稳的约束将在立柱的计算长度中考虑。另外，结构的水平荷载(风或地震作用)仅由具备抗剪能力的承重墙(抗剪墙体)承担。

5.1.2 参考"盒子"式结构的分析，每个主轴方向的水平荷载可根据对应方向上各有效抗剪墙的抗剪刚度大小按比例分配，并考虑门窗洞口对墙体抗剪刚度的削弱作用。由于在低层冷弯薄壁型钢房屋中每片抗剪墙一般宽度有限，其刚度假定与墙体宽度成正比。楼面和屋面在自身平面内应具有足够刚度的要求，将由本规程有关章节的构造规定保证。

5.1.3 楼面梁一般采用帽形或槽形(卷边)构件，在受压翼缘与楼面板采用规定间距的螺钉相连，对面外整体失稳及畸变屈曲的约束有保障，只需要按承受楼面竖向荷载的受弯构件验算其承载力和刚度。在相关构造不能肯定对面外整体失稳及畸变屈曲提供有效约束时，也可以按照本规程第6.1.4条的规定，进行稳定验算。

5.2 水平荷载效应分析

5.2.1 在计算水平地震作用时，阻尼比参考一般钢结构建筑取0.03，结构基本自振周期的近似估计参考现行国家标准《建筑抗震设计规范》GB 50011给出。从同济大学、中国建筑标准设计研究院、西安建筑科技大学、博思格钢铁（中国）、北京豪斯泰克钢结构有限公司、上海钢之杰钢结构建筑有限公司等完成的3栋足尺振动台模型试验中得到的基本自振周期也符合公式（5.2.1）。

5.2.2 根据同济大学、中国建筑标准设计研究院、西安建筑科技大学、博思格钢铁（中国）、北京豪斯泰克钢结构有限公司、上海钢之杰钢结构建筑有限公司等完成的3栋足尺振动台模型试验研究分析表明，对低层冷弯薄壁型钢房屋采用底部剪力法进行地震力计算，并按各主轴方向上各有效抗剪墙的抗剪刚度大小按比例分配该层的地震力，估计得到的模型抗震能力基本符合振动台试验的实际情况，表明采用底部剪力法进行水平地震力计算是合适的。

5.2.4 表5.2.4中的抗剪刚度值，可分别由1∶1组合墙体模型试验的单调加载荷载-转角（V-γ）曲线和滞回加载时荷载-转角（V-γ）滞回曲线的骨架曲线确定（图2）。

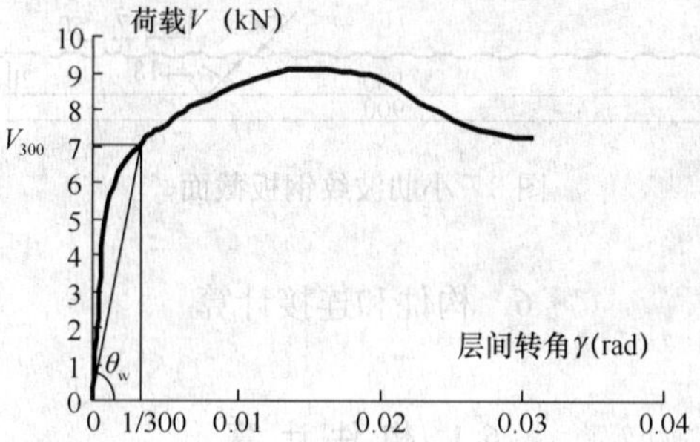

(a) 单调加载荷载－转角（V-γ）曲线

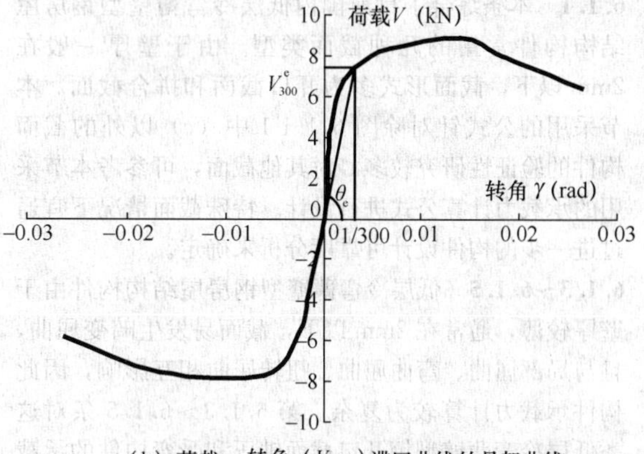

(b) 荷载－转角（V-γ）滞回曲线的骨架曲线

图2 组合墙体变形限值及抗剪刚度

对风荷载，由图2（a）可得墙体侧移1/300rad时的刚度为：

$$K_{w0}=\tan\theta_w=\frac{V_{300}}{1/300} \quad (1)$$

每米宽墙体的刚度为：$K_w=\frac{K_{w0}}{l_w}$，则有：

$$K_w=\frac{V_{300}}{(1/300)l_w}\ \ \text{kN/(m·rad)} \quad (2)$$

同理，地震作用下抗剪组合墙体的水平侧向刚度也可由图2（b）荷载-转角（V-γ）滞回曲线的骨架曲线确定如下：

多遇地震作用下抗剪组合墙体的水平侧向弹性变形限值取为1/300层高，每米宽墙体的刚度为：

$$K_e=\frac{V^e_{300}}{(1/300)l_w}\ \ \text{kN/(m·rad)} \quad (3)$$

表5.2.4中抗剪刚度值，即为按上述式（2）和式（3）根据相关试验结果确定并作调整而得。

风荷载和多遇地震作用下结构处于弹性阶段，试验结果表明1/300层高变形时组合墙体的抗风刚度K_w和抗震刚度K_e很接近，故在表5.2.4中将二者的抗侧移刚度值取为一致。由于低层冷弯薄壁型钢房屋建筑的自重很轻，地震作用对其影响不明显，故本规程未考虑罕遇地震作用下的结构计算。

表5.2.4中试验用小肋波纹钢板基材厚度0.42mm，波高4mm，波宽18mm，宽厚比约43，高厚比约10，截面尺寸见图3。建议取用表中值时，波纹钢板的宽厚比不大于43，高厚比不大于10。

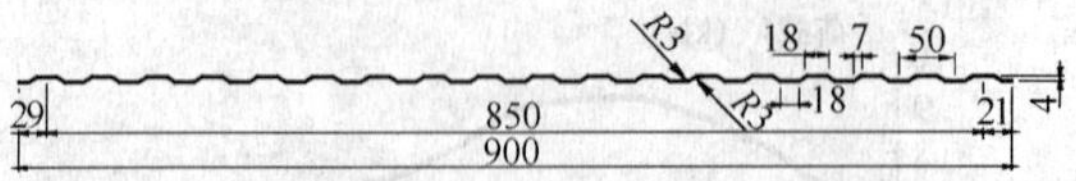

图3 小肋波纹钢板截面

6 构件和连接计算

6.1 构 件 计 算

6.1.1 本条综合了目前国内低层冷弯薄壁型钢房屋结构构件常用的几种截面类型。由于壁厚一般在2mm以下，截面形式多为开口截面和拼合截面。本节采用的公式针对除图6.1.1-1中（c）以外的截面构件的验证性研究较多。对其他截面，可参考本节采用的承载力计算公式进行设计。特殊截面情况下宜通过进一步的构件设计可靠度分析来确定。

6.1.3～6.1.5 低层冷弯薄壁型钢房屋结构构件由于壁厚较薄，通常在2mm以下，截面易发生畸变屈曲，且与局部屈曲、弯曲屈曲、扭转屈曲相互影响，因此构件承载力计算较为复杂。第6.1.3～6.1.5条对这类低层冷弯薄壁型钢开口截面轴压和受弯构件的承载力计算及畸变屈曲以外的稳定性计算，仍按现行国家标准《冷弯薄壁型钢结构技术规范》GB 50018各类构件的相应规定进行，但因为板件很薄，有效宽厚比计算中必须考虑板组稳定影响；对畸变失稳对应的承载力，直接参考澳大利亚标准（AS/NZS 4600：2005）的公式给出。对压弯构件，本规程建议采用一个简单的相关公式来考虑。对由典型开口截面拼合而成的截面的轴压构件，原则上可由两个单个开口截面轴压构件的承载力简单叠加，但考虑到组合后的截面部分板件重合，且之间有按构造要求布置的螺钉（间距不小于600mm）相连，对相互之间的板件稳定有明显影响，且一般由于内外覆板的约束而只存在墙体面外弯曲的可能，根据相关试验研究结果可以考虑这部分的增强。同济大学、西安建筑科技大学、中国建筑标准设计研究院、博思格钢铁（中国）、上海绿筑住宅系统科技有限公司、上海钢之杰钢结构建筑有限公司等开展合作研究，对LQ550级、Q235级、Q345级钢材开口及拼合截面的轴压构件、偏压构件、受弯构件承载力及破坏模式进行了系统的试验研究。同济大学采用本规程提出的公式进行承载力估计，对各类构件进行了详细的设计可靠度分析，结果表明该方法是合理可行的，能够满足相关设计可靠度的要求。对压（拉）弯构件，式（6.1.5-1）～式（6.1.5-7）仅考虑卷边槽形截面绕对称轴弯曲的情况，这也是卷边槽形截面实际工程应用中的主要情形。

6.1.6 由于冷弯薄壁型钢构件截面畸变屈曲行为复杂且破坏具有脆性，结构构造设计中应尽量避免出现，这样可在提高构件承载力的同时，避免了复杂的计算。目前有一定研究基础的构造设计措施包括：1）构件受压翼缘有可靠的限制畸变屈曲变形的约束，如构件受压翼缘的外侧平面覆有有效板材及螺钉连接间距加密一倍；2）构件长度小于构件畸变屈曲半波长λ，从而抑制截面畸变屈曲的形成；3）构件截面采取如设置间距小于构件畸变屈曲的半波长λ的拉条或隔板等有效抑制畸变屈曲发生的措施。

6.1.7 在现行国家标准《冷弯薄壁型钢结构技术规范》GB 50018中没有对中间加劲板件给出有效宽度的计算方法。本条参考澳大利亚标准（AS/NZS 4600：2005），按“等效板件”的概念给出这类板件的有效宽度计算公式。同济大学对LQ550级钢材含中间加劲板件截面的轴压构件承载力进行了试验研究及计算分析，表明该方法的合理性，并容易与现有规范的计算方法相衔接。在中间加劲板件有效宽度实际计算中，主要是先根据图6.1.7（a）中左图得到失效宽度，再根据右图考虑原始截面失效的面积或面积矩。

6.2 连接计算和构造

6.2.1 螺钉的抗剪连接破坏主要表现为被连接板件的撕裂和连接件的倾斜拔脱，这两种破坏模式下的承载力可采用《冷弯薄壁型钢结构技术规范》GB 50018中推荐的公式进行计算。采用2mm以下薄板或高强度薄板时，试验中还发现有明显的螺钉剪断现象，存在一定的“刀口”效应，其承载力也明显低于上述两种破坏模式。澳大利亚标准（AS/NZS 4600：2005）要求该承载力由试验确定，且不能小于1.25倍规范公式承载力（即被连接板件的撕裂和连接件的倾斜拔脱对应的承载力）。另外，同济大学进行的一系列单剪试验研究表明，当一个螺钉的抗剪承载力不低于按螺钉螺纹处有效截面面积和材料抗剪强度计算得到的剪断承载力的80%时，螺钉有可能发生剪断破坏，因此建议按式（6.2.1）验算，使螺钉连接受剪时不会发生剪断破坏，仍可按规范公式进行计算。目前，由于对不同厂家生产的螺钉材料的抗剪承载力缺乏标准，且“刀口”效应难以定量化，所以本条第2款规定单剪剪断承载力应考虑相连的板件厚度及连接顺序，由标准试验确定。同时，采用多个螺钉连接时，螺钉群存在明显的剪切滞后效应。同济大学在试验研究的基础上，建议参考文献La Boube RA，Sokol MA. Behavior of screw connections in residential construction. Journal of Structural Engineering，2002，128（1）：115-118的公式。由于原公式在$n=1$时不等于1，故将其中一个系数0.467改为0.465。

7 楼 盖 系 统

7.1 一 般 规 定

7.1.1 本节关于楼盖的构造主要参考美国钢铁协会

(AISI) 低层住宅描述性设计中冷弯型钢骨架标准的有关规定制定。图 4 为示意图，具体设计时，在安全可靠的前提下，可以采用其他的连接节点形式。

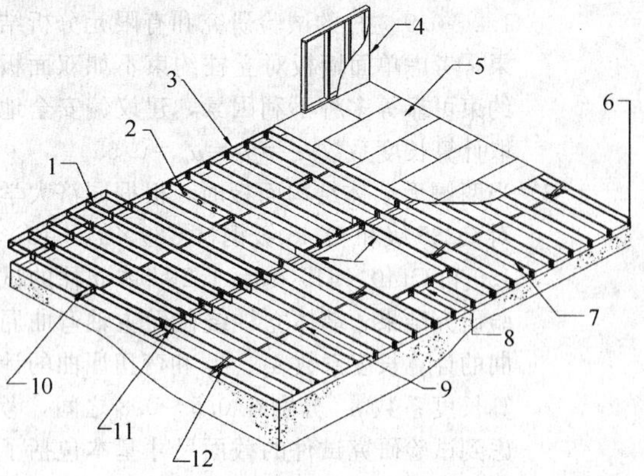

图 4　楼盖系统

1—悬臂梁；2—腹板开洞加劲；3—槽钢边梁；4—墙架；5—楼面结构板；6—梁支座加劲件；7—连续梁；8—洞口过梁；9—下翼缘连续带支撑；10—刚性支撑；11—梁搭接；12—交叉支撑

当房屋设计有地下室或半地下室，或者底层架空设置时，相应的一层地面承力系统也称为楼盖系统，图 4 描述的是支承在混凝土基础/墙体上的钢楼盖的构件组成。根据设计，楼盖有多种支承形式，但楼盖的构造形式基本相同。

楼盖系统由冷弯薄壁槽形构件、卷边槽形构件、楼面结构板和支撑、拉条、加劲件所组成，构件与构件之间宜用螺钉可靠连接。考虑到实际的需要，楼面梁也可采用冷弯薄壁矩形钢管、桁架或其他型钢构件，以及其他连接形式，并按有关的现行国家标准设计。

7.1.2　结构面板或顶棚面板与楼面梁通过螺钉按构造要求连接时，可为梁提供可靠的侧向支撑。在正常使用条件下，梁不会产生平面外失稳现象，因此不需验算梁的整体稳定性。这是本规程推荐使用的基本构造方式。

对于多跨梁，在中间支承处，由于存在较大的负弯矩和剪力作用，应按弯剪组合作用验算相应截面。

在构造上，对于楼面梁腹板开孔有限制。开孔离开支承点一定距离，开孔对应的剪力相对较小，当楼面梁跨度较大时，需要验算相应截面受剪承载力。

7.1.3　楼面结构面板，包括吊顶板，对减小楼面梁的挠度有正面作用。考虑到结构面板为多块拼接，连接方式为小直径螺钉，且板之间有间隙，一般无法准确地定量确定组合作用的大小。因此计算挠度时，不考虑组合作用。

7.2　楼盖构造

7.2.1　边梁对结构面板边缘起加强作用，同时是连接楼面梁与墙体的过渡构件。梁在支承点处宜布置腹板承压加劲件，避免复杂的腹板局部稳定性验算。当厚度大于 1.1mm 时，可采用相应的无卷边槽钢作为承压加劲件。安装时承压加劲件应与楼面梁腹板支座区中心对齐，宜设置在楼面梁的开口一侧，且应尽量与下翼缘顶紧。

7.2.2　地脚螺栓采用 Q235B 材料。本条提及的地脚螺栓是一种构造措施，主要作用是将房屋和基础紧密连成一体，抵抗水平荷载的作用。该地脚螺栓不应视为抵抗房屋倾覆的抗拔构件，房屋抗拔构件在墙体系统设计中另行设计和布置。

7.2.4、7.2.5　悬挑梁在支承处布置刚性撑杆，刚性撑杆与结构面板连接，确保悬挑楼盖部分的水平作用（剪力）可以方便地传递到楼盖其他部分，进而传递到下层墙体，同时限制了悬挑梁在支座处的转动，增强了楼面梁的整体稳定性和楼面系统的整体性。刚性撑杆可以折弯端部腹板直接与梁用螺钉连接，也可以通过角钢连接片与梁连接，角钢连接片规格宜为 50mm×50mm，厚度应不小于梁的厚度。

7.2.6　本构造方式有利于调平基础，并减弱基础-墙体间冷桥作用。

7.2.7　楼盖悬挑长度不宜过大，主要是考虑到悬挑楼盖支承承重墙体时，房屋体系受力条件和传力路径复杂，简化计算时可能不安全。悬挑梁应基于计算确定，采用拼合双构件的目的主要是基于减少构件规格的考虑。

7.2.8　搭接为铰接，由于有 2 层腹板，通常不必设置加劲件。如果设计为连续搭接构件，支承点每侧的搭接长度应不小于相应跨度的 1/10，且通过螺钉可靠连接。

7.2.9　本条规定是为防止楼面梁整体或局部倾覆。

7.2.10　结构面板传递到楼面梁的垂直荷载并不是作用在梁截面的弯心处，梁受弯扭作用。当梁跨度较大时，布置跨中刚性撑杆和下翼缘钢带，可以阻止梁整体扭转失稳。

7.2.12、7.2.13　楼盖系统是水平传力路径的主要构件，结构面板只有具备一定的厚度并与楼面梁可靠连接，楼盖系统才能简化为平面内刚性的隔板，可靠地传递水平荷载。当水平作用较大时，适当增加结构面板的厚度和螺钉连接密度可增大楼面平面内刚度，确保房屋安全。

楼面结构板有多种形式，可以是结构用定向刨花板，也可以铺设密肋压型钢板，上浇薄层混凝土；也可在楼面梁顶加设对角拉条，且拉条与每根梁顶面都有螺钉连接固定，再铺设非结构面板。在构造上必须保证整个楼盖系统具有足够的平面内刚度，以便安全可靠地传递水平荷载作用。

7.2.14　本规程鼓励采用新的材料和新的构造做法。

8 墙体结构

8.1 一般规定

8.1.1 低层冷弯薄壁型钢房屋建筑的墙体，是由冷弯薄壁型钢骨架、墙体结构面板、填充保温材料等通过螺钉连接组合而成的复合体，为方便设计计算，根据墙体在建筑中所处位置、受力状态划分为外墙、内墙、承重墙、抗剪墙和非承重墙等几类。

8.1.2 抗拔连接件（抗拔锚栓、抗拔钢带等）是连接抗剪墙体与基础以及上下抗剪墙体并传递水平荷载的重要部件，因此，抗剪墙体的抗拔连接件设置必须要保证房屋结构整体传递水平荷载的可靠性。对仅承受竖向荷载的承重墙单元，一般可不设抗拔件。足尺墙体试验和振动台试验表明，抗拔连接件对保证结构整体抗倾覆能力具有重要作用，设计及安装必须对此予以充分重视。

8.2 墙体设计计算

8.2.1 对本条说明如下：

1 承重墙体的墙体面板、支撑和墙体立柱通过螺钉连接形成共同受力的组合体，墙体立柱不仅承受由屋盖桁架和楼面梁等传来的竖向荷载 N，同时还承受垂直于墙面传来的风荷载引起的弯矩 M_x，其受力形式为压弯构件。

1）当两侧有墙体结构面板时，由于墙面板对立柱的约束作用较强，根据国内多家单位的试验研究结果，立柱一般不会发生整体扭转失稳和畸变屈曲。根据西安建筑科技大学、长安大学、北新房屋有限公司、博思格钢铁（中国）等单位对 Q235 级和 Q345 级钢材 C89×44.5×12×1.2～0.9、C140×44.5×12×1.2～0.9、C140×41×14×1.6 和 LQ550 级高强度钢材的 C75×40×8×0.75、C102×51×12×1.0 墙体立柱的试验和有限元研究结果，μ_y 均很小，并考虑到试验研究试件的截面尺寸基本包括了常用规格，故本条建议可不计算绕 Y 轴的弯曲失稳。

绕 X 轴（墙面外）的弯曲失稳，在所有试验中均未发生此种破坏，故由于缺乏试验和理论研究资料，确定 μ_x 时无直接依据。根据无墙板但中间有一道支撑（刚性撑杆、双侧拉条）时 $\mu_x=0.65$～0.8，本条凭经验建议取：$\mu_x=0.4$。

2）当仅有一侧墙体结构面板时，单侧墙体面板和另一侧拉条或支撑对立柱的约束相对较弱，故本条建议对墙体立柱除承载力计算外，还应进行整体稳定性计算。综合西安建筑科技大学、长安大学等单位对 C89×44.5×12×1.2～0.9 和 C140×44.5×12×1.2～0.9 立柱的试验研究和有限元分析结果，考虑单面墙板对立柱约束不如双面板约束可靠等多种不利因素，建议偏安全地取计算长度系数 $\mu_x=\mu_y=\mu_w=0.65$。

3）当两侧无墙体结构面板时，根据同济大学对 Q235 级和 Q345 级钢材 C89×41×13×1.0 和 C140×41×13×1.2 墙体立柱的试验研究结果，墙体立柱绕截面主轴弯曲屈曲的计算长度系数 μ_x、μ_y 和弯扭屈曲的计算长度系数 μ_w 分别在 0.5～0.8 之间，考虑到试验研究试件的截面尺寸基本包括了常用规格，并参照国外相关研究，故本条建议统一取 $\mu_x=\mu_y=\mu_w=0.8$。

当两侧无墙面板但中间至少有一道支撑（刚性撑杆、双侧拉条）时，参照同济大学、西安建筑科技大学和长安大学等单位的试验研究，建议取 $\mu_x=\mu_w=0.8$，$\mu_y=0.5$。

计算承重内墙立柱时，宜考虑室内房间气压差对垂直于墙面的作用，室内房间气压差参照澳大利亚规范可取 0.2kN/m^2。

2 对墙体面板连接螺钉之间的立柱段，当轴力较大时可能发生绕截面弱轴的失稳，需按轴心受压杆验算其稳定性，同时考虑到可能发生因施工等原因导致某一螺钉连接失效，计算时立柱的计算长度取 $l_{0y}=2s$，即 2 倍的连接螺钉间距。

8.2.2 对非承重外墙体，横向风荷载可按现行国家标准《建筑结构荷载规范》GB 50009 规定的风荷载取用；对非承重内墙体，横向风荷载可取室内房间气压差，室内房间气压差参照澳大利亚规范可取 0.2kN/m^2。

8.2.3 抗剪墙体单元为一对抗拔连接件之间的墙体段，在水平荷载作用下抗拔连接件处将产生由倾覆力矩引起的向上拉拔力和向下的压力，并在相同位置拼合立柱（设置抗拔件的立柱应为 2 个或 2 个以上单根立柱的拼合柱）上、下层间传递，故计算与抗拔连接件相连接的拼合立柱时应考虑由倾覆力矩引起的向上拉拔力和向下压力 N 的影响。

8.2.4 抗剪墙体的受剪承载力通常由 1∶1 的墙体模型试验确定。一般情况下，水平荷载作用时的受剪承载力可由单调水平加载试验结果确定。由单调加载试验的荷载-位移（P-Δ）曲线的屈服点确定其屈服承载力 P_y 作为标准值，并考虑相应的抗力分项系数即可得到相应的承载力设计值。由于抗剪墙体的多样性和试验数据的有限性，目前无法采用统计和回归方法得到抗力分项系数。有鉴于此，本条依据西安建筑科技大学、长安大学、北新房屋有限公司、博思格钢铁（中国）等单位的试验研究结果，参考美国和日本规范容许应力法的安全系数，采用“等安全系数”原理，反算出按我国概率极限状态设计法“等效抗力分项系数 γ'_{R}”（水平风荷载为 $\gamma'_{R}=1.25$）。以美国规范为例，容许应力法（ASD）的设计表达式有：

$$S \leqslant R/k = [R]; [R] = P_{nom}/k \quad (5)$$

式中：k——安全系数，风荷载时 $k=2.0$；

P_{nom}——墙体的“名义抗剪强度”，抗风时按静载试验结果取值，美国规范的“名义抗剪强度”或标准强度相当于试验中试件的最大荷载值 P_{max}。若以单调水平加载试验的屈服承载力 P_y 作为抗力标准值 R_k，最大荷载值 P_{max} 代替美国规范的“名义抗剪强度”P_{nom}，则等效我国规范抗力分项系数 γ'_{R} 为：

$$\frac{R_k}{\gamma_s \cdot \gamma'_R} = [R] = P_{max}/k; \gamma'_R = \frac{P_y k}{\gamma_s P_{max}}; \quad (6)$$

$$抗风: \gamma'_R = \frac{2P_y}{1.35P_{max}} \quad (7)$$

式中：γ_s——按我国规范取荷载平均分项系数，考虑轻钢住宅活荷载比重大，抗风时近似取 1.35。

表 8.2.4 中的数据就是按上述原则，根据相关试验数据经过处理而来。

表 8.2.4 注 3 中“当组合墙体的宽度大于 450mm 而小于 900mm 时，表中受剪承载力设计值乘以 0.5”借鉴了日本的相关技术资料。

表 8.2.4 注 5 中“单片抗剪墙体的最大计算长度不宜超过 6m”是根据墙体构造第 8.3.5 条第 3 款中“抗拔锚栓的间距不宜大于 6m”的规定确定。

对开有洞口的抗剪墙体，洞口对组合墙体受剪承载力的影响目前国内的研究不足，本条借鉴美、日等国的相关技术资料给出。

波纹钢板的构造要求见第 5.2.4 条条文说明。

8.3 构造要求

8.3.1 墙体连接处立柱布置，满足钉板要求。

8.3.2 墙体顶导梁进行受力分析计算时，除了考虑施工活荷载外，若墙体骨架的立柱、楼面梁、屋架间距相同且其竖向轴线在同一平面（或轴线偏心不大于 20mm）时，则可认为顶导梁不承受屋架或楼面梁传来的荷载，否则需按上部屋架、椽子或楼面梁传来的荷载对顶导梁进行相应的承载力和刚度验算。

底导梁可不计算屋面、楼面和墙面等传来的荷载，但应具有足够的承载力和刚度，以保证墙体与基础或下部结构连接的可靠性。

8.3.3 承重墙体门、窗洞口上方设置过梁主要是为了承受洞口上方屋架或楼面梁传来的荷载。

实腹式过梁常用箱形、工字形和 L 形等截面形式：箱形过梁可由两根冷弯卷边槽钢面对面拼合而成，工字形过梁可由两根冷弯卷边槽钢背靠背拼合而成，L 形截面过梁由冷弯 L 型钢组成，可以单根，也可以两根拼合；当过梁下部设置短立柱时，短立柱可采用冷弯卷边槽钢，和门、窗框用自钻螺钉连接。

箱形截面、工字形截面过梁与顶导梁采用螺钉连接，双排布置，纵向间距不应大于 300mm。过梁型钢的壁厚不宜小于柱的壁厚，过梁端部与洞口边立柱采用螺钉进行连接，过梁端部的支承长度不宜小于 40mm。L 形截面过梁的角钢短肢和顶导梁可采用间距不大于 300mm 的螺钉连接，长肢与主柱和短立柱应采用螺钉连接。

当过梁的跨度、上部荷载较大时可采用冷弯型钢桁架式过梁。

8.3.4 当选用结构面板蒙皮支撑时，结构面板与立柱通过螺钉连成整体；在施工阶段，当未安装结构面板时，宜对墙体骨架设置临时附加支撑。

当选用钢带拉条设置柔性交叉支撑时，两个交叉钢带拉条可布置在墙体立柱的同一侧，也可分别布置在墙体立柱的两侧。

8.3.5 地脚螺栓宜布置在底导梁截面中线上。抗拔锚栓通常应与抗拔连接件组合使用。抗剪墙与抗拔锚栓组合使用时，为了充分发挥抗剪墙的抗剪效应，抗拔锚栓的间距不宜大于 6m，且抗拔锚栓距墙角或墙端部的最大距离不宜大于 300mm。

8.3.6 抗剪墙与上部楼盖、墙体的连接采用条形连接件或抗拔螺栓是为了能够保证可靠地承受和传递水平剪力及抗拔力。

抗剪墙的顶导梁与上部楼盖应可靠连接，以确保传递上部结构传下来的水平力。

8.3.7 低层冷弯薄壁型钢房屋的墙体系由多种材料、多种构件拼装而成，其细部构造形式各国也有差异，且随时间的推移不断出现新的材料和构造做法，考虑到我国应用该种体系时间不长，本节给出的墙体构造与连接规定，在构造合理、传力明确，安全可靠地承受和传递荷载，并满足相应计算要求的基础上，主要借鉴和参考美国、日本等国家的相关规范和技术资料制定了各条规定。

9 屋盖系统

9.1 一般规定

9.1.1 目前用于冷弯薄壁型钢结构体系的屋面承重结构主要分为桁架和斜梁两种形式。桁架体系以承受轴力为主，斜梁以承受弯矩为主。

9.1.3 当腹杆较长时，侧向支撑可以有效减少腹杆在桁架平面外的计算长度。交叉支撑能够保证腹杆体系的整体性，有利于保持屋架的整体稳定。

9.2 设计规定

9.2.2 本条中力学简化模型与实际屋架的构造完全相符。实际工程中弦杆为一根连续的构件，而腹杆则通过螺钉与弦杆相连。弦杆按本规程第6.1.5条压弯构件的相关规定进行承载力和整体稳定计算，腹杆按本规程第6.1.2条和6.1.3条轴心受力构件的相关规定进行计算。

9.2.3 冷弯薄壁型钢结构屋面与其他类型屋面不同之处在于上弦杆会铺设结构用定向刨花板（OSB）等结构面板，它对上弦杆件上翼缘受压失稳时有较强的约束作用。计算长度取螺钉间距的2倍是考虑到在打螺钉过程中，有可能出现单个螺钉失效的情况，为了保证弦杆稳定计算的可靠度，取2倍螺钉间距。

9.2.4 腹杆通常都按轴压或轴拉构件计算，不考虑偏心距的影响。对于薄壁构件存在整体稳定和局部稳定相关性的问题，计算和试验表明，当腹杆与弦杆背靠背连接时，面外偏心距的存在会降低腹杆承载力10%～15%左右，因此该偏心距应该在计算中考虑。

9.3 屋架节点构造

9.3.1 试验表明，当屋脊附近作用有集中荷载时，如果屋脊节点刚度较弱，节点的破坏会先于构件的失稳破坏。因此要根据荷载的情况，来选择相应的屋脊节点形式。图9.3.1中，(a)适用于屋脊处无集中荷载的情况，(c)适用于屋脊处有集中荷载的情况，(b)节点刚度介于两者之间。

9.3.2 水平加劲的存在能够增加下弦杆的抗扭刚度，防止腹杆传给弦杆的荷载较大时导致弦杆在连接部位的扭转屈曲破坏。考虑到仅在外伸切角范围内设置螺钉时，外伸板件存在失稳的可能，因此规定腹杆端部卷边连线以内应设置不少于2个螺钉。

9.3.5 条形连接件可以抵抗向上的风吸力和地震作用产生的上拔力，以增强墙体和屋面体系的整体性，防止在飓风和强震作用下，屋面与墙体相分离。

10 制作、防腐、安装及验收

10.1 制 作

10.1.1 冷弯薄壁型钢结构设计是以结构工程师为主导，详图设计人员配合，并考虑到工厂设备的实际生产能力而进行的一体化过程。目前不同厂家都有自己独立的设计软件、节点图集和加工设备，本条从宏观流程上对设计生产过程进行了规定，使国内冷弯薄壁型钢结构的设计和生产能够标准化、系统化。

10.1.3 对冷矫正和冷弯曲的最低环境温度进行限制，是为了保证钢材在低温情况下受到外力时不致产生冷脆断裂。在低温下钢材受到外力脆断要比冲孔和剪切加工时更敏感，故环境温度应作严格限制。冷弯薄壁型钢的冷弯和矫正加工环境温度不得低于−10℃。

10.1.4 低层冷弯薄壁型钢房屋实质上是一种工业化生产的装配式结构体系。为了区分各种构件，必须对构件进行明确标识并和装配图纸对应起来，以提高后期的拼装效率和准确性。本条即是为了实现这一目的而编制的。

10.2 防 腐

10.2.1 本条参考美国和澳大利亚规范关于腐蚀性地区的划分综合确定。一般腐蚀性地区是指城市及其近郊的非工业区，高腐蚀性地区是指工业区或近海地区。

10.2.4 对本条各款说明如下：

1 当金属管线与钢构件之间接触时会发生电化学腐蚀，因此有必要在两者之间增加橡胶垫圈，阻断电化学腐蚀的通道。

2 防潮垫一方面是为了防止基础中的湿气腐蚀钢构件，另一方面是避免钢构件与基础材料相接触导致化学物质对钢材的腐蚀。

10.3 安 装

10.3.3 冷弯薄壁型钢构件壁厚较薄，在冲击外力作用下容易产生局部变形或整体弯曲，导致构件存在缺陷部位。在构件正式安装前，要对这些部位进行校正或补强，以免影响结构的受力性能。

10.3.4 本条主要保证结构板材和钢板的连接质量，螺钉头如果沉入板材中的尺寸超过1mm，则可能对板材局部造成损坏，外表上看螺钉依然和板材连接，实际上和螺钉接触的板材可能已经被局部压坏或破裂，螺钉和板材处于“分离”状态。

10.4 验 收

10.4.1 规定冷弯成型构件的允许偏差是为了保证构件的加工精度，同时便于现场的拼装。规定构件长度的允许偏差为负值，其目的是为了保证构件的连接质量同时减少工作量。如果构件过长就必须在现场进行切割，既无法保证切割接头的质量又增大了工作量，如果构件稍短一些的话，可以通过适当调整构件的位置使拼装顺利完成。

10.4.2、10.4.3 冷弯薄壁型钢结构实际上是一种预制装配系统，因此其装配质量的好坏主要在于控制结构构件的外形尺寸以及装配完成后的墙体或屋架定位尺寸的偏差，本条对此进行了详细的规定。

10.4.4 限定主体结构的整体垂直度可以防止在轴向荷载作用下二阶效应的产生，保证结构的安全。整体平面弯曲的规定保证了墙体的平整度，为板材的安装提供了平整的基层骨架。

10.4.6 接缝宽度的规定是为了使板材在热胀冷缩时留出足够的空间，以免相互挤压使表面隆起。板材的高差和平整度的限定是为了保证墙面在进行外部装修时能够提供平整的基层，以保证装修质量。

11 保温、隔热与防潮

11.1 一 般 规 定

11.1.1 本节的编写目的，在于改善冷弯薄壁型钢建筑的热环境，提高暖通空调系统的能源利用效率，提高建筑热舒适性，满足防潮防冷凝要求，以满足国家相关节能标准和法规的要求。

各类建筑的节能设计，必须根据当地具体的气候条件，并考虑到不同地区的气候、经济、技术和建筑结构与构造的实际情况。

低层冷弯薄壁型钢房屋的防潮设计，主要是为了防止由于空气渗透、雨水渗透、水蒸气渗透及不良冷凝结露等所造成的建筑物内部的不良水汽积累，以确保建筑物达到预期的耐久年限，并提高建筑物内部的空气质量。

11.1.3 本条主要是保证保温材料的安装质量及其保温性能的可审查性。在国内，部分保温材料生产厂商对产品的正规标识不够重视，一旦安装完成，通过局部的简单检查尚无法确认保温效果。尤其是现场发泡与制作产品，其材质与密度在现场制作后更加难以确定。考虑到低层冷弯薄壁型钢房屋项目规模较小，为尽量避免每个单体项目的现场节能检测，确保保温材料热工性能达到设计要求，本条文对保温材料的热阻标示、可审查性提出了要求。

11.2 保温隔热构造

11.2.1 为确保墙体空腔中填充的保温材料不会塌陷，保温材料应轻质且回弹性能好，厚度与轻钢立柱厚度等厚或略厚，通常采用玻璃棉毡等轻质纤维状保温产品。

在墙体外铺设的硬质板状保温材料，主要目的是减少钢立柱热桥的影响，以防止建筑墙体内表面或内部的冷凝和结露。由于冷弯薄壁型钢立柱的传热能力比立柱间空腔保温材料的传热能力大许多，其热桥效应对建筑围护传热会产生很大的影响，计算外墙热阻时应考虑保温材料的性能折减，参考美国 ASHRAE 90.1-2001 标准，表1为常见空腔保温材料热阻值的修正系数。

表1 外墙空腔保温材料热阻值修正系数表

轻钢立柱尺寸 (mm)	轻钢立柱间距 (mm)	空腔保温材料热阻值 ($m^2 \cdot K/W$)	修正系数
50×100	400	1.90	0.50
		2.30	0.46
		2.60	0.43
50×100	600	1.90	0.60
		2.30	0.55
		2.60	0.52
50×150	400	3.35	0.37
		3.70	0.35
50×150	600	3.35	0.45
		3.70	0.43
50×200	400	4.40	0.31
50×200	600	4.40	0.38

注：1 空腔保温材料热阻值乘以修正系数即为空腔保温材料实际热阻值；

2 本表适用的外墙轻钢立柱钢板厚度不大于1.6mm；

3 当采用与表1不同的保温材料热阻值时，可进行插值计算。

为减少轻钢立柱的热桥效应，防止墙体内部冷凝和墙面出现立柱黑影，宜在外墙的轻钢立柱外侧连续铺设硬质板状保温材料，常见的如挤塑聚苯乙烯泡沫板等。严寒地区的居住建筑，宜在外墙的轻钢立柱外侧连续铺设热阻值不小于 $1.40m^2 \cdot K/W$ 的硬质板状保温材料；寒冷地区的居住建筑，宜在外墙的轻钢立柱外侧连续铺设热阻值不小于 $0.60m^2 \cdot K/W$ 的硬质板状保温材料；严寒与寒冷地区的公共建筑，宜在外墙的轻钢立柱外侧连续铺设热阻值不小于 $0.50m^2 \cdot K/W$ 的硬质板状保温材料。

11.2.2 冷弯薄壁型钢建筑屋顶保温材料一般有在吊顶上平铺和随坡屋面斜铺的两种方式。保温材料（一般为玻璃棉等纤维类保温材料）在吊顶上平铺，节省保温材料，且其上有通风隔热空间，可以提高屋顶的保温隔热性能。考虑到冷弯薄壁型钢屋顶蓄热性能低，在采用保温材料随屋面斜铺的方式时，应将保温材料热阻按标准要求予以提高以满足国家热工标准中屋顶隔热性能的要求。在构造设计时，应确保屋顶保温材料与墙体保温材料的连续性，以防止由于保温材料不连续而造成的传热损失和冷凝。

为减少屋顶钢构件的热桥效应，防止屋顶内部冷凝和屋顶室内侧出现立柱黑影，在顶层吊顶上方平铺的纤维类屋顶保温材料，厚度不宜小于屋顶钢构件截面高度并不宜小于 200mm；沿坡屋面斜铺的保温材料，在寒冷地区和严寒地区，宜增加铺设连续的硬质板状保温材料，以防止屋顶面冷凝和室内侧出现黑影。

11.3 防潮构造

11.3.1 外覆层是指屋面瓦片、外墙面材或外墙挂板等建筑最外侧保护层，目的是遮挡外界风雨侵袭以保护内部构造，可遮挡掉绝大部分的外部雨水。其耐久年限应在综合考虑初次投资与后期维护（拆换清洗等）的基础上确定，并满足相关国家或行业标准的规定。

由于外覆层的本身材料属性、材料老化和施工及维护缺陷等原因，外覆层本身可能做不到万无一失的防水，而需要结合防潮层来遮挡掉偶然进入到外覆层内部的水分。防潮层材料的选择取决于外覆层材料的防护性能和可靠性，常见的防潮层材料，有沥青防潮纸毡、防潮透气膜等。其物理性能、防水性能和水蒸气渗透性取决于具体的墙体设计。

11.3.3 不良水汽凝结，如不适当的冷凝和结露，易降低房屋构件的耐久性，降低保温材料的保温性能，破坏室内装修，并滋生霉菌，降低室内的空气品质。

在围护构造中设置隔汽层，可减少冬季室内相对湿度较高一侧的水蒸气透过覆面材料向围护体系内部的渗透，减少了在围护体系中产生冷凝的可能。常见的隔汽材料，有牛皮纸贴面、铝箔贴面和聚丙烯贴面等，隔汽层材料的渗透系数不应大于 5.7×10^{-11} kg/(Pa·s·m^2)。由于各地区气候环境与生活方式的差异性很大，目前对隔汽层的设置方法尚无确定的通用方法。例如严寒和寒冷地区，隔汽层应在冬季的暖侧设置。而在我国的南方湿热地区，由于存在室外空气湿度和温度大大高于室内的情况（例如夏季使用室内空调的情况下），加之不同项目室内采用空调、除湿、换气的情况差异很大，宜根据具体情况，在温湿度计算分析的基础上确定隔汽层的设置方法。

11.3.4 为减少热桥影响，防止局部结露，保温材料、防潮层和隔汽层应连续铺设，不留缝隙孔洞。防潮层和隔汽层应按设计要求合理搭接，并及时修补破损之处等易造成潮湿问题的薄弱部位。

11.3.5 冷弯薄壁型钢建筑的屋顶保温材料主要为在吊顶板上或在屋面结构板下方空腔内设置的玻璃棉等纤维类保温材料，屋顶空气间层内部容易潮湿，加之室内水蒸气逸入屋顶空气间层内部引起的较高湿度，如无通风措施，易集聚在屋顶间层内部，降低保温材料的保温性能，产生冷凝结露等现象，并降低屋面结构板等木基结构板的寿命。

屋面通风的方式主要有屋面通风口、通风机械或成品通风屋檐与通风屋脊等，宜尽量利用热空气上升的原理，室外空气从屋顶底部进入，从屋顶顶部排出，通风间层高度不宜小于50mm。

在湿热地区，部分屋顶采用隔汽层设于屋面上侧（或利用防水层），屋顶对内开放，对外封闭的做法，以防止室外潮湿空气进入屋顶空气间层。在这种情况下，一般屋顶间层不采取对外通风措施，但在设计上应确保吊顶材料的透气性以保证屋顶空气间层内部的干燥。

12 防火

12.0.1 本条规定了本规程防火设计的适用范围，明确了与现行国家标准《建筑设计防火规范》GB 50016之间的关系。冷弯薄壁型钢建筑有其自身的结构特点，在建筑防火设计中应执行本章的规定。对于本章没有规定的，如建筑的耐火等级、防火间距、安全疏散、消防设施等，应按现行国家标准《建筑设计防火规范》GB 50016 的有关规定设计。

12.0.2、12.0.3 本条规定了附设于冷弯薄壁型钢住宅建筑内的危险性较大场所与建筑其他部分的防火分隔要求。对因使用需要等开设的门窗洞口，应考虑采取相应的防火保护措施。

为了防止机动车库泄漏的燃油蒸气进入住宅部分，要求距车库地面 100mm 范围内的隔墙上不应开设任何洞口。在车辆较多的情况下，或者不是仅供该住宅使用的车库的防火设计应按《汽车库、修车库、停车场设计防火规范》GB 50067 的规定执行。

12.0.4 为了防止住宅发生火灾时，相邻单元受火灾烟气的影响，本条对单元之间的墙两侧窗口最近边缘之间的水平距离做了规定。此外，单元之间的墙应砌至屋面板底部，这样才能使该隔墙真正起到防火隔断作用，从而把火灾限制在一个单元之内，防止蔓延，减少损失。在单元式住宅中，单元之间的墙应无门窗洞口，以达到防火分隔的目的。如果屋面板的耐火极限不能达到相应的要求，需要考虑通过采取隔墙出屋面等措施，来防止火灾在单元之间的蔓延。

12.0.5 本条主要是为了防止火灾时火焰不至于迅速烧穿天窗而蔓延到建筑较高部分的墙面上。设置自动喷水灭火系统或固定式防火窗等可以有效地防止火灾的蔓延。

12.0.6 为防止火灾通过建筑内的浴室、卫生间和厨房的垂直排风管道（自然排风或机械排风）蔓延，要求这些部位的垂直排风管采取防回流措施或在其支管上设置防火阀。由于厨房中平时操作排出的废气温度较高，若在垂直排风管上设置 70℃时动作的防火阀将会影响平时厨房操作中的排风。根据厨房操作需要和厨房常见火灾发生时的温度，本条规定住宅厨房的排油烟管道的支管与垂直排风管连接处应设 150℃时动作的防火阀。

12.0.7 住宅建筑内的管道如水管等，因受条件限制必须穿过单元之间的墙和分户墙时，应用水泥砂浆等不燃材料或防火材料将管道周围的缝隙紧密填塞。对于采用塑料等遇高温或火焰易收缩变形或烧蚀的材质的管道，为减少火灾和烟气穿过防火分隔体，应采取措施使该类管道在受火后能被封闭，如设置热膨胀型阻火圈等。

12.0.8 考虑到住宅内的使用人员有可能处于睡眠状态，设置火灾报警装置，可以在发生火灾时及时报警，为人员的安全逃生提供有利条件。

13 试 验

13.1 一 般 规 定

13.1.1、13.1.2 考虑到目前国内外低层冷弯薄壁型钢房屋体系构造形式多样，在发达国家已形成类似产品化的工艺和设计，且不断创新，本规程对其他可能出现的构件截面、连接构造等不可能全部包括，同时参考国外相关标准，从鼓励创新的角度，提出了本章的相关规定。从结构设计安全角度出发，本章的规定仅针对本规程涉及的低层冷弯薄壁型钢住宅体系的节点、连接、紧固件、新截面形式及新构件（包括抗剪墙体）组合形式的承载能力进行试验；不适用于材料本身，也不得将试验结果推广到整个行业。需要进行承载能力试验的可能情形主要包括：1）当使用的材料在现行规范规定以外时；2）组件的组成和构造无法按现行规范计算抗力或刚度时。

13.1.4 本条的规定主要是为保障完成的试验必须具有可重复性及试验结果存档的规范性。

13.2 性 能 试 验

13.2.1、13.2.2 低层冷弯薄壁型钢房屋结构构件本身壁厚非常薄，厚度方向的尺寸效应及施工工艺的影响非常明显，缩尺的模型试验很难反映真实性能，因此，本节的方法不适用于结构模型试验。试件名义上应与结构验证需要的试件类别和尺寸相同，且试件的材料与制作应遵守相关标准的规定及设计提出的要求，组装方法应与实际产品相同。另外，从目前我国的结构设计制度现状和规范体系要求出发，本节中的试验方法只能适用于采用整体结构、结构局部、单根构件或连接件等原型试件进行试验，对设计进行验证以作为计算的一种替代，不能用于总体设计准则的确立。

13.2.3 目前，我国的相关规范体系中对各类试验方法的规定还不完善。本规程结合规程编制组中西安建筑科技大学开展的相关试验研究工作及经验，对低层冷弯薄壁型钢房屋墙体的抗剪试验给出了参考。

13.2.4、13.2.5 作为承载能力的验证试验，本条参考澳大利亚规范（AS/NZS 4600：2005）。同济大学基于概率分析，给出了对试验的目标试验荷载 R_t 的取值规定。其中结构试件变异性的因子 k_t 参考试件结构特性变异系数 k_{sc} 及试件的数量给出，对应保证率为95%。在结构特性变异系数 k_{sc} 的计算中，由于目前低层冷弯薄壁型钢房屋结构的研究仅主要针对构件和连接，材料包括Q235级、Q345级和LQ550级钢，因此，本条参考澳大利亚规范（AS/NZS 4600：2005）的取值规定及同济大学已完成的相关试验的统计，对几何尺寸不定性变异系数 k_f 及材料强度不定性变异系数 k_m 给出了相应的明确规定。对于未列入规范中的钢材，其值应由使用材料的统计分析确定。

13.2.6 本条给出了试验中加载及数据采集应符合的一些基本要求，主要参考澳大利亚规范（AS/NZS 4600：2005）。

13.2.7 作为针对给定目标试验荷载下的承载力设计值验证试验，考虑到目前国内的试验认证资质及体系的现状，本条提出了较严格的要求，即按照一组试验（一般最少3个）中的最小值来确定承载力设计值。如果在试验中能够确认某个试件的试验存在明显的错误而导致其承载力严重低估，可以按要求重新进行新的一组试验。另外，系数1.1是基于目标可靠度指标 β 在3.2到3.5之间对应的抗力分项系数。对应于其他目标可靠度指标水平，可按 $1.0+0.15(\beta-2.7)$ 确定。

附录A 确定螺钉材料抗剪强度设计值的标准试验

A.0.1 对本条说明如下：

1 为确保试验装置施加的荷载通过搭接节点中心，保证螺钉受到纯剪切作用，应在试验装置夹头处设置垫块。

2 为保证螺钉被剪断，连接板应采用钢板，其厚度不得小于螺钉直径；螺钉至少应有3圈螺纹穿过钢板。

A.0.2 本条参考现行国家标准《冷弯薄壁型钢结构技术规范》GB 50018的有关规定给出。

A.0.3 本条参考现行国家标准《金属材料 室温拉伸试验方法》GB/T 228给出，即在弹性范围内，试验机夹头的分离速率应尽可能保持恒定，应力速率应控制在$(6\sim60)\mathrm{N/mm^2\cdot s^{-1}}$的范围内。在塑性范围内应变速率不应超过0.0025/s。

附录B 墙体抗剪试验方法

B.0.1 冷弯薄壁型钢组合墙体，是由冷弯薄壁型钢骨架和墙体面板组成的蒙皮抗侧力体系，其受剪承载力取决于组合墙体的组成、墙体材料和连接螺钉间距等多种因素，应由1∶1的墙体模型抗剪试验确定其抗剪性能。在水平风荷载作用下，按静力作用考虑墙体的抗剪性能；在水平地震作用下，则按拟静力方法测试墙体的抗剪性能和抗震指标。

B.0.2～B.0.4 本条规定了试验装置的设计和配备、量测仪表的选择。具体规定可参照现行行业标准《建筑抗震试验方法规程》JGJ 101拟静力试验规定的内容确定。

B.0.5 根据本规程第B.0.1条，不同试验目的选择不同试验加载方法。试验中试体施加的竖向荷载是模拟试体在真实结构中所受竖向荷载的作用，抗风时按试体在整体结构中可能承受最大荷载的标准值取用，抗震时按代表值取用。试验时可按静力均匀施加于试体上，试验过程中应保证施加的竖向荷载恒定不变。

正式做试验前，为了消除试体内部组织的不均匀性和检查试验装置及测量仪表的反应是否正常，宜先进行预加反复荷载试验2次，预加荷载值宜为试体屈服荷载的30%。对单调水平加载试验，可根据已有试验结果或经验预估屈服荷载，在试验结束后根据水平剪力-位移曲线确定试体的实际屈服点；对反复水平加载试验，可根据单调水平加载试验结果或经验预估屈服荷载，在试验结束后根据骨架曲线确定试体的实际屈服点。由于冷弯薄壁型钢组合墙体是由多种材料组成的复合体，一般其荷载-位移曲线无明显转折点，目前对这类试体的屈服点确定尚无统一规定方法，有鉴于此，建议采用目前应用较为广泛的“能量等值法”或“作图法”确定屈服点。

B.0.6 试验过程中，水平荷载作用下试体在发生剪切变形的同时可能产生一定的水平滑移和转动，数据处理时，试体的实际剪切变形应扣除水平滑移和转动。

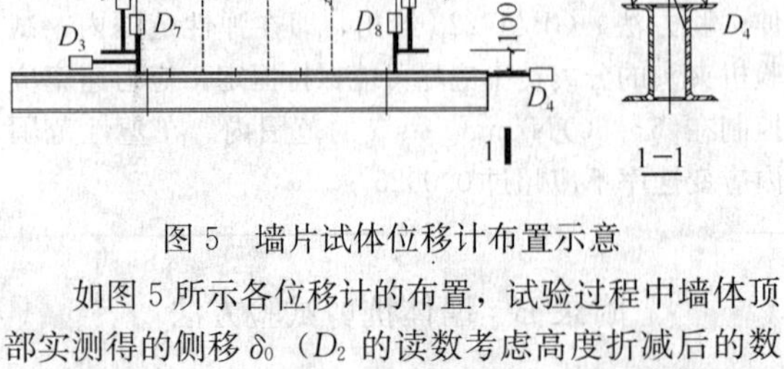

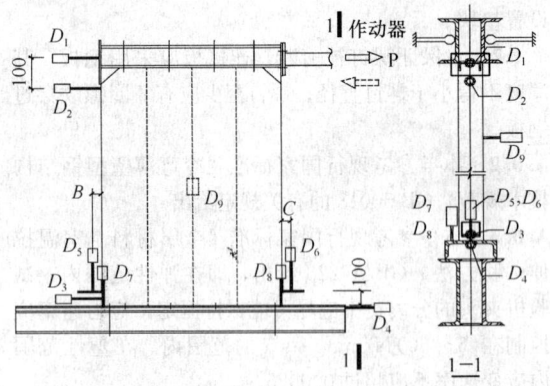

图5 墙片试体位移计布置示意

如图5所示各位移计的布置，试验过程中墙体顶部实测得的侧移 δ_0（D_2 的读数考虑高度折减后的数值），是由墙体转动时的顶部侧移 δ_ϕ、墙体与台座相对滑动位移 δ_l 以及墙体的实际剪切变形 δ 三部分组成。墙体的实际剪切变形δ包括面板的剪切变形和螺钉连接处的累积变形，故墙体的实际剪切变形为：

$$\Delta=\delta=\delta_0-\delta_l-\delta_\phi \tag{8}$$

$$\delta_0=\frac{1}{2}\left(\frac{HD_2}{H-100}+D_1\right) \tag{9}$$

$$\delta_\phi=\frac{H}{L+B+C}\cdot\delta_\alpha \tag{10}$$

$$\delta_\alpha=(D_6-D_8)-(D_5-D_7) \tag{11}$$

$$\delta_l=D_3-D_4 \tag{12}$$

式中：δ_0——试验中位移计 D_2 的实测数据考虑高度折减后的数值；

δ_l——为试件的水平滑移，即位移计 D_3 和 D_4 的差值（m）；

δ_ϕ——为墙体转动引起的顶部侧移（m），按图7所示计算；

B、C——见图5；

L、H——见图6。

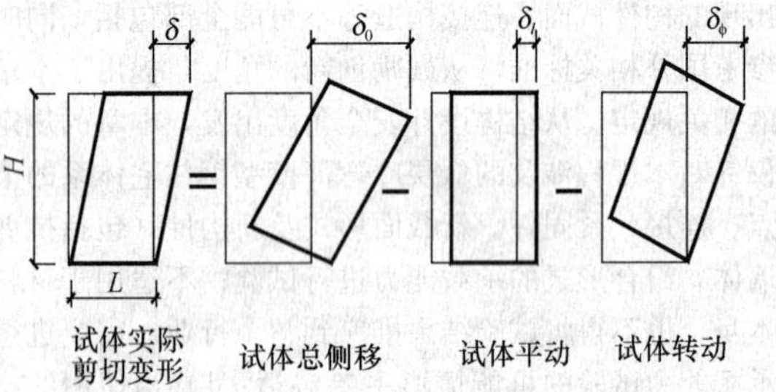

图6 墙片试体的实际剪切变形

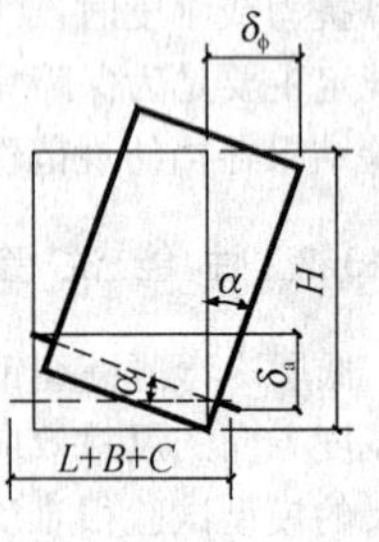

图7 试体转动侧移

本条主要借鉴了现行行业标准《建筑抗震试验方法规程》JGJ 101对混凝土试体拟静力试验规定的方法确定。

根据本条处理所得试验数据，按本规程第5.2.4条条文说明的方法可得到抗剪墙体的抗剪刚度设计值，按本规程第8.2.4条条文说明的方法可得到抗剪墙体的受剪承载力设计值。

附录C 构件畸变屈曲应力计算

C.0.1、C.0.2 本附录关于畸变屈曲应力的计算方法主要参考了澳大利亚冷弯型钢结构规范（AS/NZS 4600：2005）。

中华人民共和国行业标准

空间网格结构技术规程

Technical specification for space frame structures

JGJ 7—2010

批准部门：中华人民共和国住房和城乡建设部
实施日期：2 0 1 1 年 3 月 1 日

中华人民共和国住房和城乡建设部
公　告

第700号

关于发布行业标准《空间网格结构技术规程》的公告

现批准《空间网格结构技术规程》为行业标准，编号为JGJ 7－2010，自2011年3月1日起实施。其中，第3.1.8、3.4.5、4.3.1、4.4.1、4.4.2条为强制性条文，必须严格执行。原行业标准《网架结构设计与施工规程》JGJ 7－91和《网壳结构技术规程》JGJ 61－2003同时废止。

本规程由我部标准定额研究所组织中国建筑工业出版社出版发行。

中华人民共和国住房和城乡建设部

2010年7月20日

前　言

根据原建设部《关于印发〈二OO四年度工程建设城建、建工行业标准制订、修订计划〉的通知》（建标［2004］66号）的要求，规程编制组经广泛调查研究，认真总结实践经验，参考有关国际标准和国外先进标准，并在广泛征求意见的基础上，修订了本规程。

本规程的主要技术内容是：总则、术语和符号、基本规定、结构计算、杆件和节点的设计与构造、制作、安装与交验等，包括了空间网格结构的定义、网格形式、计算模型、稳定与抗震分析、杆件和各类节点的设计与构造要求、制作、安装与交验。

本规程修订的主要技术内容是：将《网架结构设计与施工规程》JGJ 7－91和《网壳结构技术规程》JGJ 61－2003的内容合并。在计算方面，对《网壳结构技术规程》JGJ 61－2003的稳定分析极限承载力与容许承载力之比系数K作出了调整，并对采用大直径空心球时焊接空心球受拉与受压承载力设计值计算公式作适当调整，改进了压弯或拉弯的承载力计算公式。结构体系方面，新增了立体管桁架、立体拱架与张弦立体拱架。在杆件与节点方面，新增了对杆件设计时的低应力小规格拉杆、受力方向相邻弦杆截面刚度变化等构造方面的要求。新增铸钢节点、销轴式节点与预应力拉索节点。对组合网架补充了螺栓环节点与焊接球缺节点。增加了聚四氟乙烯可滑动支座节点。在制作、安装施工方面，新增了折叠展开式整体提升法，新增了高空散装法对拼装支架搭设的具体要求。

本规程中以黑体字标志的条文为强制性条文，必须严格执行。

本规程由住房和城乡建设部负责管理和对强制性条文的解释，由中国建筑科学研究院负责具体技术内容的解释。执行过程中如有意见或建议，请寄送中国建筑科学研究院（地址：北京市北三环东路30号中国建筑科学研究院建筑结构研究所，邮编：100013）。

本规程主编单位：中国建筑科学研究院

本规程参编单位：浙江大学
东南大学
哈尔滨工业大学
北京工业大学
同济大学
中国建筑标准设计研究院
上海建筑设计研究院有限公司
煤炭工业太原设计研究院
天津大学
浙江东南网架股份有限公司
徐州飞虹网架（集团）有限公司

本规程主要起草人员：赵基达　蓝　天　董石麟
严　慧　肖　炽　沈世钊
曹　资　赵　阳　刘锡良
张运田　姚念亮　钱若军
范　峰　刘善维　张毅刚
王平山　周观根　韩庆华
钱基宏　宋　涛　崔靖华

本规程主要审查人员：沈祖炎　尹德钰　范　重
耿笑冰　甘　明　朱　丹
吴耀华　杨庆山　马宝民
周　岱　张　伟

目　次

Contents

1 总 则

1.0.1 为了在空间网格结构的设计与施工中贯彻执行国家的技术经济政策，做到技术先进、安全适用、经济合理、确保质量，制定本规程。

1.0.2 本规程适用于主要以钢杆件组成的空间网格结构，包括网架、单层或双层网壳及立体桁架等结构的设计与施工。

1.0.3 设计空间网格结构时，应从工程实际情况出发，合理选用结构方案、网格布置与构造措施，并应综合考虑材料供应、加工制作与现场施工安装方法，以取得良好的技术经济效果。

1.0.4 单层网壳结构不应设置悬挂吊车。网架和双层网壳结构直接承受工作级别为A3及以上的悬挂吊车荷载，当应力变化的循环次数大于或等于 5×10^4 次时，应进行疲劳计算，其容许应力幅及构造应经过专门的试验确定。

1.0.5 进行空间网格结构设计与施工时，除应符合本规程外，尚应符合国家现行有关标准的规定。

2 术语和符号

2.1 术 语

2.1.1 空间网格结构 space frame, space latticed structure

按一定规律布置的杆件、构件通过节点连接而构成的空间结构，包括网架、曲面型网壳以及立体桁架等。

2.1.2 网架 space truss, space grid

按一定规律布置的杆件通过节点连接而形成的平板型或微曲面型空间杆系结构，主要承受整体弯曲内力。

2.1.3 交叉桁架体系 intersecting lattice truss system

以二向或三向交叉桁架构成的体系。

2.1.4 四角锥体系 square pyramid system

以四角锥为基本单元构成的体系。

2.1.5 三角锥体系 triangular pyramid system

以三角锥为基本单元构成的体系。

2.1.6 组合网架 composite space truss

由作为上弦构件的钢筋混凝土板与钢腹杆及下弦杆构成的平板型网架结构。

2.1.7 网壳 latticed shell, reticulated shell

按一定规律布置的杆件通过节点连接而形成的曲面状空间杆系或梁系结构，主要承受整体薄膜内力。

2.1.8 球面网壳 spherical latticed shell, braced dome

外形为球面的单层或双层网壳结构。

2.1.9 圆柱面网壳 cylindrical latticed shell, braced vault

外形为圆柱面的单层或双层网壳结构。

2.1.10 双曲抛物面网壳 hyperbolic paraboloid latticed shell

外形为双曲抛物面的单层或双层网壳结构。

2.1.11 椭圆抛物面网壳 elliptic paraboloid latticed shell

外形为椭圆抛物面的单层或双层网壳结构。

2.1.12 联方网格 lamella grid

由二向斜交杆件构成的菱形网格单元。

2.1.13 肋环型 ribbed type

球面上由径向与环向杆件构成的梯形网格单元。

2.1.14 肋环斜杆型 ribbed type with diagonal bars (Schwedler dome)

球面上由径向、环向与斜杆构成的三角形网格单元。

2.1.15 三向网格 three-way grid

由三向杆件构成的类等边三角形网格单元。

2.1.16 扇形三向网格 fan shape three-way grid (Kiewitt dome)

球面上径向分为 n（n=6，8）个扇形曲面，在扇形曲面内由平行杆件构成联方网格，与环向杆件共同形成三角形网格单元。

2.1.17 葵花形三向网格 sunflower shape three-way grid

球面上由放射状二向斜交杆件构成联方网格，与环向杆件共同形成三角形网格单元。

2.1.18 短程线型 geodesic type

以球内接正20面体相应的等边球面三角形为基础，再作网格划分的三向网格单元。

2.1.19 组合网壳 composite latticed shell

由作为上弦构件的钢筋混凝土板与钢腹杆及下弦杆构成的网壳结构。

2.1.20 立体桁架 spatial truss

由上弦、腹杆与下弦杆构成的横截面为三角形或四边形的格构式桁架。

2.1.21 焊接空心球节点 welded hollow spherical joint

由两个热冲压钢半球加肋或不加肋焊接成空心球的连接节点。

2.1.22 螺栓球节点 bolted spherical joint

由螺栓球、高强螺栓、销子（或螺钉）、套筒、锥头或封板等零部件组成的机械装配式节点。

2.1.23 嵌入式毂节点 embeded hub joint

由柱状毂体、杆端嵌入件、上下盖板、中心螺栓、平垫圈、弹簧垫圈等零部件组成的机械装配式节点。

2.1.24 铸钢节点 cast steel joint

以铸造工艺制造的用于复杂形状或受力条件的空间节点。

2.1.25 销轴节点 pin axis joint

由销轴和销板构成，具有单向转动能力的机械装配式节点。

2.2 符 号

2.2.1 作用、作用效应与响应

$\boldsymbol{F}$——空间网格结构节点荷载向量；

$F_{\mathrm{Evk}i}$——作用在 i 节点的竖向地震作用标准值；

$F_{\mathrm{Ex}ji}$、$F_{\mathrm{Ey}ji}$、$F_{\mathrm{Ez}ji}$——j 振型、i 节点分别沿 x、y、z 方向的地震作用标准值；

$F_{\mathrm{t+\Delta t}}$——网壳全过程稳定分析时 $t+\Delta t$ 时刻节点荷载向量；

F_{t}——滑移时总启动牵引力；

F_{t1}、F_{t2}——整体提升时起重滑轮组的拉力；

G_i——空间网格结构第 i 节点的重力荷载代表值；

G_{ok}——滑移牵引力计算时空间网格结构的总自重标准值；

G_1——整体提升时每根拔杆所负担的空间网格结构、索具等荷载；

g_{ok}——网架自重荷载标准值；

M——作用于空心球节点的主钢管杆端弯矩；

$N_{\mathrm{t+\Delta t}}^{(i-1)}$——网壳全过程稳定分析时 $t+\Delta t$ 时刻相应的杆件节点内力向量；

N_p——多维反应谱法计算时第 p 杆的最大内力响应值；

N_{x}、N_{y}、N_{xy}——组合网架带肋平板的 x、y 向的压力与剪力；

$N_{\mathrm{o}i}$、$N_{\mathrm{t}i}$——组合网架肋和平板等代杆系的轴向力设计值；

N_{R}——空心球节点的轴向受压或受拉承载力设计值；

N_{m}——单层网壳空心球节点拉弯或压弯的承载力设计值；

N——作用于空心球节点的主钢管杆端轴力；

$N_{\mathrm{t}}^{\mathrm{b}}$——高强度螺栓抗拉承载力设计值；

$N_{\mathrm{Ev}i}$——竖向地震作用引起的第 i 杆件轴向力设计值；

$N_{\mathrm{G}i}$——在重力荷载代表值作用下第 i 杆件轴向力设计值；

$N_{\mathrm{E}}^{\mathrm{m}}$，$N_{\mathrm{E}}^{\mathrm{c}}$，$N_{\mathrm{E}}^{\mathrm{d}}$——网壳的主肋、环杆及斜杆的地震作用轴向力标准值；

$N_{\mathrm{Gmax}}^{\mathrm{m}}$，$N_{\mathrm{Gmax}}^{\mathrm{c}}$，$N_{\mathrm{Gmax}}^{\mathrm{d}}$——重力荷载代表值作用下网壳的主肋、环杆及斜杆轴向力标准值的绝对最大值；

$N_{\mathrm{E}}^{\mathrm{r}}$，$N_{\mathrm{E}}^{\mathrm{c}}$——网壳抬高端斜杆、其他弦杆与斜杆的地震作用轴向力标准值；

$N_{\mathrm{Gmax}}^{\mathrm{r}}$，$N_{\mathrm{Gmax}}^{\mathrm{c}}$——重力荷载代表值作用下网壳抬高端 1/5 跨度范围内斜杆、其他弦杆与斜杆轴向力标准值的绝对最大值；

$N_{\mathrm{E}}^{\mathrm{t}}$，$N_{\mathrm{E}}^{l}$，$N_{\mathrm{E}}^{\mathrm{w}}$——网壳横向弦杆、纵向弦杆与腹杆的地震作用轴向力标准值；

N_{Gmax}^{l}，$N_{\mathrm{Gmax}}^{\mathrm{w}}$——重力荷载代表值作用下网壳纵向弦杆、腹杆轴向力标准值的绝对最大值；

$[q_{\mathrm{ks}}]$——按网壳稳定性验算确定的容许承载力标准值；

q_{w}——除网架自重以外的屋面荷载或楼面荷载的标准值；

s_{Ek}——空间网格结构杆件地震作用标准值的效应；

s_j、s_k——j 振型、k 振型地震作用标准值的效应；

Δt——温差；

u——网架结构可不考虑温度作用影响的下部支承结构与支座的允许水平位移；

U、$\dot{U}$、$\ddot{U}$——节点位移向量、速度向量、加速度向量；

$\ddot{U}_{\mathrm{g}}$——地面运动加速度向量；

U_{ix}、U_{iy}、U_{iz}——节点 i 在 x、y、z 三个方向最大位移响应值；

$\Delta U^{(i)}$——网壳全过程稳定分析时当前位移的迭代增量；

X_{ji}、Y_{ji}、Z_{ji}——j 振型、i 节点的 x、y、z 方向的相对位移。

2.2.2 材料性能

E——材料的弹性模量；

f——钢材的抗拉强度设计值；

$f_{\mathrm{t}}^{\mathrm{b}}$——高强度螺栓经热处理后的抗拉强度设计值；

ν——材料的泊松比；

α——材料的线膨胀系数。

2.2.3 几何参数与截面特性

A_{eff}——螺栓球节点中高强度螺栓的有效截面面积；

A_i——组合网架带肋板在 i（$i=1$，2，3，4）方向等代杆系的截面面积；

B——圆柱面网壳的宽度或跨度；

B_e——网壳的等效薄膜刚度；

B_{e11}、B_{e22}——网壳沿 1、2 方向的等效薄膜刚度；

b_{hp}——嵌入式毂节点嵌入榫颈部宽度；

C——结构阻尼矩阵；

D——空心球节点的空心球外径、螺栓球节点的钢球直径；

D_{e11}、D_{e22}——网壳沿 1、2 方向的等效抗弯刚度；

D_e——网壳的等效抗弯刚度；

d——与空心球相连的主钢管杆件的外径；

d_1、d_2——汇交于空心球节点的两根钢管的外径；

d_1^b、d_s^b——螺栓球节点两相邻螺栓的较大直径、较小直径；

d_h——嵌入式毂节点的毂体直径；

d_{ht}——嵌入式毂节点的嵌入榫直径；

f——圆柱面网壳的矢高；

f_1——网架结构的基本频率；

h_{hp}——嵌入式毂节点嵌入榫高度；

K——空间网格结构总弹性刚度矩阵；

K_t——网壳全过程稳定分析时 t 时刻结构的切线刚度矩阵；

L——圆柱面壳的长度或跨度；

L_2——网架短向跨度；

l_s——螺栓球节点的套筒长度；

l——杆件节点之间中心长度；螺栓球节点的高强度螺栓长度；

l_0——杆件的计算长度；

r——球面或圆柱面网壳的曲率半径；滑移时滚动轴的半径；

M——空间网格结构质量矩阵；

r_1、r_2——椭圆抛物面网壳两个方向的主曲率半径；

r_1——滑移时滚轮的外圆半径；

s——组合网架 1、2 两方向肋的间距；

t——空心球壁厚，组合网架平板厚度；

α——嵌入式毂节点的杆件两端嵌入榫不共面的扭角；

θ——汇交于空心球节点任意两相邻杆件夹角；汇交于螺栓球节点两相邻螺栓间的最小夹角；

φ——嵌入式毂节点毂体嵌入榫的中线与其相连的杆件轴线的垂线之间的夹角。

2.2.4 计算系数

c——场地修正系数；空心球节点压弯或拉弯计算时的主钢管偏心系数；

g——重力加速度；

k——滚动滑移时钢制轮与钢之间的滚动摩擦系数；

m——按振型分解反应谱法计算中考虑的振型数；

α_j、α_{vj}——相应于 j 振型自振周期的水平与竖向地震影响系数；

γ_j——j 振型参与系数；

ζ——滑移时阻力系数；

ζ_j、ζ_k——j、k 振型的阻尼比；

η_d——空心球节点加肋承载力提高系数；

η_0——大直径空心球节点承载力调整系数；

η_m——考虑空心球节点受压弯或拉弯作用的影响系数；

λ——抗震设防烈度系数；螺栓球节点套筒外接圆直径与螺栓直径的比值；

λ_T——k 振型与 j 振型的自振周期比；

$[\lambda]$——杆件的容许长细比；

μ_1、μ_2——滑移时滑动、滚动摩擦系数；

ξ——螺栓球节点螺栓拧入球体长度与螺栓直径的比值；

ρ_{jk}——多维反应谱法计算时 j 振型与 k 振型的耦联系数；

ψ_v——竖向地震作用系数。

3 基本规定

3.1 结构选型

3.1.1 网架结构可采用双层或多层形式；网壳结构可采用单层或双层形式，也可采用局部双层形式。

3.1.2 网架结构可选用下列网格形式：

1 由交叉桁架体系组成的两向正交正放网架、两向正交斜放网架、两向斜交斜放网架、三向网架、单向折线形网架（图 A.0.1）；

2 由四角锥体系组成的正放四角锥网架、正放抽空四角锥网架、棋盘形四角锥网架、斜放四角锥网架、星形四角锥网架（图 A.0.2）；

3 由三角锥体系组成的三角锥网架、抽空三角锥网架、蜂窝形三角锥网架（图 A.0.3）。

3.1.3 网壳结构可采用球面、圆柱面、双曲抛物面、椭圆抛物面等曲面形式，也可采用各种组合曲面形式。

3.1.4 单层网壳可选用下列网格形式：

1 单层圆柱面网壳可采用单向斜杆正交正放网格、交叉斜杆正交正放网格、联方网格及三向网格等形式（图 B.0.1）。

2 单层球面网壳可采用肋环型、肋环斜杆型、三向网格、扇形三向网格、葵花形三向网格、短程线型等形式（图 B.0.2）。

3 单层双曲抛物面网壳宜采用三向网格，其中两个方向杆件沿直纹布置。也可采用两向正交网格，杆件沿主曲率方向布置，局部区域可加设斜杆（图 B.0.3）。

4 单层椭圆抛物面网壳可采用三向网格、单向斜杆正交正放网格、椭圆底面网格等形式（图 B.0.4）。

3.1.5 双层网壳可由两向、三向交叉的桁架体系或由四角锥体系、三角锥体系等组成，其上、下弦网格可采用本规程第 3.1.4 条的方式布置。

3.1.6 立体桁架可采用直线或曲线形式。

3.1.7 空间网格结构的选型应结合工程的平面形状、跨度大小、支承情况、荷载条件、屋面构造、建筑设计等要求综合分析确定。杆件布置及支承设置应保证结构体系几何不变。

3.1.8 单层网壳应采用刚接节点。

3.2 网架结构设计的基本规定

3.2.1 平面形状为矩形的周边支承网架，当其边长比（即长边与短边之比）小于或等于 1.5 时，宜选用正放四角锥网架、斜放四角锥网架、棋盘形四角锥网架、正放抽空四角锥网架、两向正交斜放网架、两向正交正放网架。当其边长比大于 1.5 时，宜选用两向正交正放网架、正放四角锥网架或正放抽空四角锥网架。

3.2.2 平面形状为矩形、三边支承一边开口的网架可按本规程第 3.2.1 条进行选型，开口边必须具有足够的刚度并形成完整的边桁架，当刚度不满足要求时可采用增加网架高度、增加网架层数等办法加强。

3.2.3 平面形状为矩形、多点支承的网架可根据具体情况选用正放四角锥网架、正放抽空四角锥网架、两向正交正放网架。

3.2.4 平面形状为圆形、正六边形及接近正六边形等周边支承的网架，可根据具体情况选用三向网架、三角锥网架或抽空三角锥网架。对中小跨度，也可选用蜂窝形三角锥网架。

3.2.5 网架的网格高度与网格尺寸应根据跨度大小、荷载条件、柱网尺寸、支承情况、网格形式以及构造要求和建筑功能等因素确定，网架的高跨比可取 1/10～1/18。网架在短向跨度的网格数不宜小于 5。确定网格尺寸时宜使相邻杆件间的夹角大于 45°，且不宜小于 30°。

3.2.6 网架可采用上弦或下弦支承方式，当采用下弦支承时，应在支座边形成边桁架。

3.2.7 当采用两向正交正放网架，应沿网架周边网格设置封闭的水平支撑。

3.2.8 多点支承的网架有条件时宜设柱帽。柱帽宜设置于下弦平面之下（图 3.2.8a），也可设置于上弦平面之上（图 3.2.8b）或采用伞形柱帽（图 3.2.8c）。

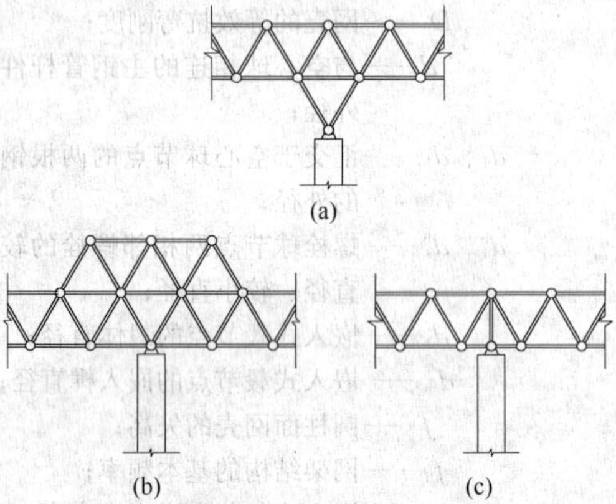

图 3.2.8 多点支承网架柱帽设置

3.2.9 对跨度不大于 40m 的多层建筑的楼盖及跨度不大于 60m 的屋盖，可采用以钢筋混凝土板代替上弦的组合网架结构。组合网架宜选用正放四角锥形式、正放抽空四角锥形式、两向正交正放形式、斜放四角锥形式和蜂窝形三角锥形式。

3.2.10 网架屋面排水找坡可采用下列方式：

1 上弦节点上设置小立柱找坡（当小立柱较高时，应保证小立柱自身的稳定性并布置支撑）；

2 网架变高度；

3 网架结构起坡。

3.2.11 网架自重荷载标准值可按下式估算：

$$g_{ok} = \sqrt{q_w} L_2 / 150 \quad (3.2.11)$$

式中：g_{ok}——网架自重荷载标准值（kN/m^2）；

q_w——除网架自重以外的屋面荷载或楼面荷载的标准值（kN/m^2）；

L_2——网架的短向跨度（m）。

3.3 网壳结构设计的基本规定

3.3.1 球面网壳结构设计宜符合下列规定：

1 球面网壳的矢跨比不宜小于 1/7；

2 双层球面网壳的厚度可取跨度（平面直径）的 1/30～1/60；

3　单层球面网壳的跨度（平面直径）不宜大于80m。

3.3.2　圆柱面网壳结构设计宜符合下列规定：

1　两端边支承的圆柱面网壳，其宽度 B 与跨度 L 之比（图3.3.2）宜小于1.0，壳体的矢高可取宽度 B 的1/3～1/6；

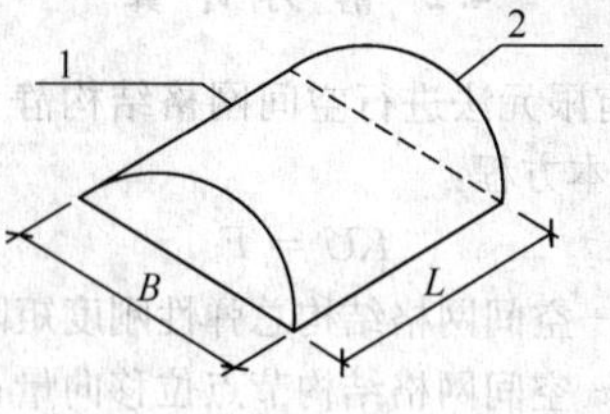

图3.3.2　圆柱面网壳跨度 L、宽度 B 示意

1—纵向边；2—端边

2　沿两纵向边支承或四边支承的圆柱面网壳，壳体的矢高可取跨度 L（宽度 B）的1/2～1/5；

3　双层圆柱面网壳的厚度可取宽度 B 的1/20～1/50；

4　两端边支承的单层圆柱面网壳，其跨度 L 不宜大于35m；沿两纵向边支承的单层圆柱面网壳，其跨度（此时为宽度 B）不宜大于30m。

3.3.3　双曲抛物面网壳结构设计宜符合下列规定：

1　双曲抛物面网壳底面的两对角线长度之比不宜大于2；

2　单块双曲抛物面壳体的矢高可取跨度的1/2～1/4（跨度为两个对角支承点之间的距离），四块组合双曲抛物面壳体每个方向的矢高可取相应跨度的1/4～1/8；

3　双层双曲抛物面网壳的厚度可取短向跨度的1/20～1/50；

4　单层双曲抛物面网壳的跨度不宜大于60m。

3.3.4　椭圆抛物面网壳结构设计宜符合下列规定：

1　椭圆抛物面网壳的底边两跨度之比不宜大于1.5；

2　壳体每个方向的矢高可取短向跨度的1/6～1/9；

3　双层椭圆抛物面网壳的厚度可取短向跨度的1/20～1/50；

4　单层椭圆抛物面网壳的跨度不宜大于50m。

3.3.5　网壳的支承构造应可靠传递竖向反力，同时应满足不同网壳结构形式所必需的边缘约束条件；边缘约束构件应满足刚度要求，并应与网壳结构一起进行整体计算。各类网壳的相应支座约束条件应符合下列规定：

1　球面网壳的支承点应保证抵抗水平位移的约束条件；

2　圆柱面网壳当沿两纵向边支承时，支承点应保证抵抗侧向水平位移的约束条件；

3　双曲抛物面网壳应通过边缘构件将荷载传递给下部结构；

4　椭圆抛物面网壳及四块组合双曲抛物面网壳应通过边缘构件沿周边支承。

3.4　立体桁架、立体拱架与张弦立体拱架设计的基本规定

3.4.1　立体桁架的高度可取跨度的1/12～1/16。

3.4.2　立体拱架的拱架厚度可取跨度的1/20～1/30，矢高可取跨度的1/3～1/6。当按立体拱架计算时，两端下部结构除了可靠传递竖向反力外还应保证抵抗水平位移的约束条件。当立体拱架跨度较大时应进行立体拱架平面内的整体稳定性验算。

3.4.3　张弦立体拱架的拱架厚度可取跨度的1/30～1/50，结构矢高可取跨度的1/7～1/10，其中拱架矢高可取跨度的1/14～1/18，张弦的垂度可取跨度的1/12～1/30。

3.4.4　立体桁架支承于下弦节点时桁架整体应有可靠的防侧倾体系，曲线形的立体桁架应考虑支座水平位移对下部结构的影响。

3.4.5　对立体桁架、立体拱架和张弦立体拱架应设置平面外的稳定支撑体系。

3.5　结构挠度容许值

3.5.1　空间网格结构在恒荷载与活荷载标准值作用下的最大挠度值不宜超过表3.5.1中的容许挠度值。

表3.5.1　空间网格结构的容许挠度值

结构体系	屋盖结构（短向跨度）	楼盖结构（短向跨度）	悬挑结构（悬挑跨度）
网架	1/250	1/300	1/125
单层网壳	1/400	—	1/200
双层网壳 立体桁架	1/250	—	1/125

注：对于设有悬挂起重设备的屋盖结构，其最大挠度值不宜大于结构跨度的1/400。

3.5.2　网架与立体桁架可预先起拱，其起拱值可取不大于短向跨度的1/300。当仅为改善外观要求时，最大挠度可取恒荷载与活荷载标准值作用下挠度减去起拱值。

4　结构计算

4.1　一般计算原则

4.1.1　空间网格结构应进行重力荷载及风荷载作用下的位移、内力计算，并应根据具体情况，对地震、温度变化、支座沉降及施工安装荷载等作用下的位

移、内力进行计算。空间网格结构的内力和位移可按弹性理论计算；网壳结构的整体稳定性计算应考虑结构的非线性影响。

4.1.2 对非抗震设计，作用及作用组合的效应应按现行国家标准《建筑结构荷载规范》GB 50009 进行计算，在杆件截面及节点设计中，应按作用基本组合的效应确定内力设计值；对抗震设计，地震组合的效应应按现行国家标准《建筑抗震设计规范》GB 50011 计算。在位移验算中，应按作用标准组合的效应确定其挠度。

4.1.3 对于单个球面网壳和圆柱面网壳的风载体型系数，可按现行国家标准《建筑结构荷载规范》GB 50009 取值；对于多个连接的球面网壳和圆柱面网壳，以及各种复杂形体的空间网格结构，当跨度较大时，应通过风洞试验或专门研究确定风载体型系数。对于基本自振周期大于 0.25s 的空间网格结构，宜进行风振计算。

4.1.4 分析网架结构和双层网壳结构时，可假定节点为铰接，杆件只承受轴向力；分析立体管桁架时，当杆件的节间长度与截面高度（或直径）之比不小于 12（主管）和 24（支管）时，也可假定节点为铰接；分析单层网壳时，应假定节点为刚接，杆件除承受轴向力外，还承受弯矩、扭矩、剪力等。

4.1.5 空间网格结构的外荷载可按静力等效原则将节点所辖区域内的荷载集中作用在该节点上。当杆件上作用有局部荷载时，应另行考虑局部弯曲内力的影响。

4.1.6 空间网格结构分析时，应考虑上部空间网格结构与下部支承结构的相互影响。空间网格结构的协同分析可把下部支承结构折算等效刚度和等效质量作为上部空间网格结构分析时的条件；也可把上部空间网格结构折算等效刚度和等效质量作为下部支承结构分析时的条件；也可以将上、下部结构整体分析。

4.1.7 分析空间网格结构时，应根据结构形式、支座节点的位置、数量和构造情况以及支承结构的刚度，确定合理的边界约束条件。支座节点的边界约束条件，对于网架、双层网壳和立体桁架，应按实际构造采用两向或一向可侧移、无侧移的铰接支座或弹性支座；对于单层网壳，可采用不动铰支座，也可采用刚接支座或弹性支座。

4.1.8 空间网格结构施工安装阶段与使用阶段支承情况不一致时，应区别不同支承条件分析计算施工安装阶段和使用阶段在相应荷载作用下的结构位移和内力。

4.1.9 根据空间网格结构的类型、平面形状、荷载形式及不同设计阶段等条件，可采用有限元法或基于连续化假定的方法进行计算。选用计算方法的适用范围和条件应符合下列规定：

1 网架、双层网壳和立体桁架宜采用空间杆系有限元法进行计算；

2 单层网壳应采用空间梁系有限元法进行计算；

3 在结构方案选择和初步设计时，网架结构、网壳结构也可分别采用拟夹层板法、拟壳法进行计算。

4.2 静 力 计 算

4.2.1 按有限元法进行空间网格结构静力计算时可采用下列基本方程：

$$KU = F \tag{4.2.1}$$

式中：K——空间网格结构总弹性刚度矩阵；

U——空间网格结构节点位移向量；

F——空间网格结构节点荷载向量。

4.2.2 空间网格结构应经过位移、内力计算后进行杆件截面设计，如杆件截面需要调整应重新进行计算，使其满足设计要求。空间网格结构设计后，杆件不宜替换，如必须替换时，应根据截面及刚度等效的原则进行。

4.2.3 分析空间网格结构因温度变化而产生的内力，可将温差引起的杆件固端反力作为等效荷载反向作用在杆件两端节点上，然后按有限元法分析。

4.2.4 当网架结构符合下列条件之一时，可不考虑由于温度变化而引起的内力：

1 支座节点的构造允许网架侧移，且允许侧移值大于或等于网架结构的温度变形值；

2 网架周边支承、网架验算方向跨度小于 40m，且支承结构为独立柱；

3 在单位力作用下，柱顶水平位移大于或等于下式的计算值：

$$u = \frac{L}{2\xi EA_{\mathrm{m}}}\left(\frac{E\alpha\ \Delta t}{0.038f} - 1\right) \tag{4.2.4}$$

式中：f——钢材的抗拉强度设计值（$\mathrm{N/mm^2}$）；

E——材料的弹性模量（$\mathrm{N/mm^2}$）；

α——材料的线膨胀系数（1/℃）；

Δt——温差（℃）；

L——网架在验算方向的跨度（m）；

A_{m}——支承（上承或下承）平面弦杆截面积的算术平均值（$\mathrm{mm^2}$）；

ξ——系数，支承平面弦杆为正交正放时 $\xi=1.0$，正交斜放时 $\xi=\sqrt{2}$，三向时 $\xi=2.0$。

4.2.5 预应力空间网格结构分析时，可根据具体情况将预应力作为初始内力或外力来考虑，然后按有限元法进行分析。对于索应考虑几何非线性的影响，并应按预应力施加程序对预应力施工全过程进行分析。

4.2.6 斜拉空间网格结构可按有限元法进行分析。斜拉索（或钢棒）应根据具体情况施加预应力，以确保在风荷载和地震作用下斜拉索处于受拉状态，必要时可设置稳定索加强。

4.2.7 由平面桁架系或角锥体系组成的矩形平面、周边支承网架结构，可简化为正交异性或各向同性的平板按拟夹层板法进行位移、内力计算。

4.2.8 网壳结构采用拟壳法分析时，可根据壳面形式、网格布置和构件截面把网壳等代为当量薄壳结构，在由相应边界条件求得拟壳的位移和内力后，可按几何和平衡条件返回计算网壳杆件的内力。网壳等效刚度可按本规程附录C进行计算。

4.2.9 组合网架结构可按有限元法进行位移、内力计算。分析时应将组合网架的带肋平板离散成能承受轴力、膜力和弯矩的梁元和板壳元，将腹杆和下弦作为承受轴力的杆元，并应考虑两种不同材料的材性。

4.2.10 组合网架结构也可采用空间杆系有限元法作简化计算。分析时可将组合网架的带肋平板等代为仅能承受轴力的上弦，并与腹杆和下弦构成两种不同材料的等代网架，按空间杆系有限元法进行位移、内力计算。等代上弦截面及带肋平板中内力可按本规程附录D确定。

4.3 网壳的稳定性计算

4.3.1 单层网壳以及厚度小于跨度1/50的双层网壳均应进行稳定性计算。

4.3.2 网壳的稳定性可按考虑几何非线性的有限元法（即荷载—位移全过程分析）进行计算，分析中可假定材料为弹性，也可考虑材料的弹塑性。对于大型和形状复杂的网壳结构宜采用考虑材料弹塑性的全过程分析方法。全过程分析的迭代方程可采用下式：

$$\boldsymbol{K}_{\mathrm{t}}\Delta\boldsymbol{U}^{(i)}=\boldsymbol{F}_{\mathrm{t}+\Delta\mathrm{t}}-\boldsymbol{N}_{\mathrm{t}+\Delta\mathrm{t}}^{(i-1)} \tag{4.3.2}$$

式中：$\boldsymbol{K}_{\mathrm{t}}$——$t$时刻结构的切线刚度矩阵；

$\Delta\boldsymbol{U}^{(i)}$——当前位移的迭代增量；

$\boldsymbol{F}_{\mathrm{t}+\Delta\mathrm{t}}$——$t+\Delta t$时刻外部所施加的节点荷载向量；

$\boldsymbol{N}_{\mathrm{t}+\Delta\mathrm{t}}^{(i-1)}$——$t+\Delta t$时刻相应的杆件节点内力向量。

4.3.3 球面网壳的全过程分析可按满跨均布荷载进行，圆柱面网壳和椭圆抛物面网壳除应考虑满跨均布荷载外，尚应考虑半跨活荷载分布的情况。进行网壳全过程分析时应考虑初始几何缺陷（即初始曲面形状的安装偏差）的影响，初始几何缺陷分布可采用结构的最低阶屈曲模态，其缺陷最大计算值可按网壳跨度的1/300取值。

4.3.4 按本规程第4.3.2条和第4.3.3条进行网壳结构全过程分析求得的第一个临界点处的荷载值，可作为网壳的稳定极限承载力。网壳稳定容许承载力（荷载取标准值）应等于网壳稳定极限承载力除以安全系数K。当按弹塑性全过程分析时，安全系数K可取为2.0；当按弹性全过程分析、且为单层球面网壳、柱面网壳和椭圆抛物面网壳时，安全系数K可取为4.2。

4.3.5 当单层球面网壳跨度小于50m、单层圆柱面网壳拱向跨度小于25m、单层椭圆抛物面网壳跨度小于30m时，或进行网壳稳定性初步计算时，其容许承载力可按本规程附录E进行计算。

4.4 地震作用下的内力计算

4.4.1 对用作屋盖的网架结构，其抗震验算应符合下列规定：

1 在抗震设防烈度为8度的地区，对于周边支承的中小跨度网架结构应进行竖向抗震验算，对于其他网架结构均应进行竖向和水平抗震验算；

2 在抗震设防烈度为9度的地区，对各种网架结构应进行竖向和水平抗震验算。

4.4.2 对于网壳结构，其抗震验算应符合下列规定：

1 在抗震设防烈度为7度的地区，当网壳结构的矢跨比大于或等于1/5时，应进行水平抗震验算；当矢跨比小于1/5时，应进行竖向和水平抗震验算；

2 在抗震设防烈度为8度或9度的地区，对各种网壳结构应进行竖向和水平抗震验算。

4.4.3 在单维地震作用下，对空间网格结构进行多遇地震作用下的效应计算时，可采用振型分解反应谱法；对于体型复杂或重要的大跨度结构，应采用时程分析法进行补充计算。

4.4.4 按时程分析法计算空间网格结构地震效应时，其动力平衡方程应为：

$$\boldsymbol{M}\ddot{\boldsymbol{U}}+\boldsymbol{C}\dot{\boldsymbol{U}}+\boldsymbol{K}\boldsymbol{U}=-\boldsymbol{M}\ddot{\boldsymbol{U}}_{\mathrm{g}} \tag{4.4.4}$$

式中：$\boldsymbol{M}$——结构质量矩阵；

$\boldsymbol{C}$——结构阻尼矩阵；

$\boldsymbol{K}$——结构刚度矩阵；

$\ddot{\boldsymbol{U}}$，$\dot{\boldsymbol{U}}$，$\boldsymbol{U}$——结构节点相对加速度向量、相对速度向量和相对位移向量；

$\ddot{\boldsymbol{U}}_{\mathrm{g}}$——地面运动加速度向量。

4.4.5 采用时程分析法时，应按建筑场地类别和设计地震分组选用不少于两组的实际强震记录和一组人工模拟的加速度时程曲线，其平均地震影响系数曲线应与振型分解反应谱法所采用的地震影响系数曲线在统计意义上相符。加速度曲线峰值应根据与抗震设防烈度相应的多遇地震的加速度时程曲线最大值进行调整，并应选择足够长的地震动持续时间。

4.4.6 采用振型分解反应谱法进行单维地震效应分析时，空间网格结构j振型、i节点的水平或竖向地震作用标准值应按下式确定：

$$\left.\begin{aligned}F_{\mathrm{Ex}ji}&=\alpha_j\gamma_jX_{ji}G_i\\F_{\mathrm{Ey}ji}&=\alpha_j\gamma_jY_{ji}G_i\\F_{\mathrm{Ez}ji}&=\alpha_j\gamma_jZ_{ji}G_i\end{aligned}\right\} \tag{4.4.6-1}$$

式中：$F_{\mathrm{Ex}ji}$、$F_{\mathrm{Ey}ji}$、$F_{\mathrm{Ez}ji}$——j振型、i节点分别沿x、y、z方向的地震作用标准值；

α_j——相应于j振型自振周期的水平地震影响系数，

按现行国家标准《建筑抗震设计规范》GB 50011确定；当仅 z 方向竖向地震作用时，竖向地震影响系数取 $0.65\alpha_j$；

X_{ji}、Y_{ji}、Z_{ji}——分别为 j 振型、i 节点的 x、y、z 方向的相对位移；

G_i——空间网格结构第 i 节点的重力荷载代表值，其中恒载取结构自重标准值；可变荷载取屋面雪荷载或积灰荷载标准值，组合值系数取0.5；

γ_j——j 振型参与系数，应按公式（4.4.6-2）～（4.4.6-4）确定。

当仅 x 方向水平地震作用时，j 振型参与系数应按下式计算：

$$\gamma_j=\frac{\sum_{i=1}^{n}X_{ji}G_i}{\sum_{i=1}^{n}(X_{ji}^2+Y_{ji}^2+Z_{ji}^2)G_i} \quad (4.4.6\text{-}2)$$

当仅 y 方向水平地震作用时，j 振型参与系数应按下式计算：

$$\gamma_j=\frac{\sum_{i=1}^{n}Y_{ji}G_i}{\sum_{i=1}^{n}(X_{ji}^2+Y_{ji}^2+Z_{ji}^2)G_i} \quad (4.4.6\text{-}3)$$

当仅 z 方向竖向地震作用时，j 振型参与系数应按下式计算：

$$\gamma_j=\frac{\sum_{i=1}^{n}Z_{ji}G_i}{\sum_{i=1}^{n}(X_{ji}^2+Y_{ji}^2+Z_{ji}^2)G_i} \quad (4.4.6\text{-}4)$$

式中：n——空间网格结构节点数。

4.4.7 按振型分解反应谱法进行在多遇地震作用下单维地震作用效应分析时，网架结构杆件地震作用效应可按下式确定：

$$S_{Ek}=\sqrt{\sum_{j=1}^{m}S_j^2} \quad (4.4.7\text{-}1)$$

网壳结构杆件地震作用效应宜按下列公式确定：

$$S_{Ek}=\sqrt{\sum_{j=1}^{m}\sum_{k=1}^{m}\rho_{jk}S_jS_k} \quad (4.4.7\text{-}2)$$

$$\rho_{jk}=\frac{8\zeta_j\zeta_k(1+\lambda_T)\lambda_T^{1.5}}{(1-\lambda_T^2)^2+4\zeta_j\zeta_k(1+\lambda_T)^2\lambda_T} \quad (4.4.7\text{-}3)$$

式中：S_{Ek}——杆件地震作用标准值的效应；

S_j、S_k——分别为 j、k 振型地震作用标准值的效应；

ρ_{jk}——j 振型与 k 振型的耦联系数；

ζ_j、ζ_k——分别为 j、k 振型的阻尼比；

λ_T——k 振型与 j 振型的自振周期比；

m——计算中考虑的振型数。

4.4.8 当采用振型分解反应谱法进行空间网格结构地震效应分析时，对于网架结构宜至少取前10～15个振型，对于网壳结构宜至少取前25～30个振型，以进行效应组合；对于体型复杂或重要的大跨度空间网格结构需要取更多振型进行效应组合。

4.4.9 在抗震分析时，应考虑支承体系对空间网格结构受力的影响。此时宜将空间网格结构与支承体系共同考虑，按整体分析模型进行计算；亦可把支承体系简化为空间网格结构的弹性支座，按弹性支承模型进行计算。

4.4.10 在进行结构地震效应分析时，对于周边落地的空间网格结构，阻尼比值可取0.02；对设有混凝土结构支承体系的空间网格结构，阻尼比值可取0.03。

4.4.11 对于体型复杂或较大跨度的空间网格结构，宜进行多维地震作用下的效应分析。进行多维地震效应计算时，可采用多维随机振动分析方法、多维反应谱法或时程分析法。当按多维反应谱法进行空间网格结构三维地震效应分析时，结构各节点最大位移响应与各杆件最大内力响应可按本规程附录F公式进行组合计算。

4.4.12 周边支承或多点支承与周边支承相结合的用于屋盖的网架结构，其竖向地震作用效应可按本规程附录G进行简化计算。

4.4.13 单层球面网壳结构、单层双曲抛物面网壳结构和正放四角锥双层圆柱面网壳结构水平地震作用效应可按本规程附录H进行简化计算。

5 杆件和节点的设计与构造

5.1 杆　　件

5.1.1 空间网格结构的杆件可采用普通型钢或薄壁型钢。管材宜采用高频焊管或无缝钢管，当有条件时应采用薄壁管型截面。杆件采用的钢材牌号和质量等级应符合现行国家标准《钢结构设计规范》GB 50017的规定。杆件截面应按现行国家标准《钢结构设计规范》GB 50017根据强度和稳定性的要求计算确定。

5.1.2 确定杆件的长细比时，其计算长度 l_0 应按表5.1.2采用。

表 5.1.2　杆件的计算长度 l_0

结构体系	杆件形式	节点形式				
		螺栓球	焊接空心球	板节点	毂节点	相贯节点
网架	弦杆及支座腹杆	1.0l	0.9l	1.0l	—	—
	腹杆	1.0l	0.8l	0.8l		
双层网壳	弦杆及支座腹杆	1.0l	1.0l	1.0l	—	—
	腹杆	1.0l	0.9l	0.9l		
单层网壳	壳体曲面内	—	0.9l	—	1.0l	0.9l
	壳体曲面外		1.6l		1.6l	1.6l
立体桁架	弦杆及支座腹杆	1.0l	1.0l	—	—	1.0l
	腹杆	1.0l	0.9l			0.9l

注：l 为杆件的几何长度（即节点中心间距离）。

5.1.3　杆件的长细比不宜超过表 5.1.3 中规定的数值。

表 5.1.3　杆件的容许长细比 [λ]

结构体系	杆件形式	杆件受拉	杆件受压	杆件受压与压弯	杆件受拉与拉弯
网架 立体桁架 双层网壳	一般杆件	300	180	—	—
	支座附近杆件	250			
	直接承受动力荷载杆件	250			
单层网壳	一般杆件	—	—	150	250

5.1.4　杆件截面的最小尺寸应根据结构的跨度与网格大小按计算确定，普通角钢不宜小于 L50×3，钢管不宜小于 ϕ48×3。对大、中跨度空间网格结构，钢管不宜小于 ϕ60×3.5。

5.1.5　空间网格结构杆件分布应保证刚度的连续性，受力方向相邻的弦杆其杆件截面面积之比不宜超过 1.8 倍，多点支承的网架结构其反弯点处的上、下弦杆宜按构造要求加大截面。

5.1.6　对于低应力、小规格的受拉杆件其长细比宜按受压杆件控制。

5.1.7　在杆件与节点构造设计时，应考虑便于检查、清刷与油漆，避免易于积留湿气或灰尘的死角与凹槽，钢管端部应进行封闭。

5.2　焊接空心球节点

5.2.1　由两个半球焊接而成的空心球，可根据受力大小分别采用不加肋空心球（图 5.2.1-1）和加肋空心球（图 5.2.1-2）。空心球的钢材宜采用现行国家标准《碳素结构钢》GB/T 700 规定的 Q235B 钢或《低合金高强度结构钢》GB/T 1591 规定的 Q345B、Q345C 钢。产品质量应符合现行行业标准《钢网架焊接空心球节点》JG/T 11 的规定。

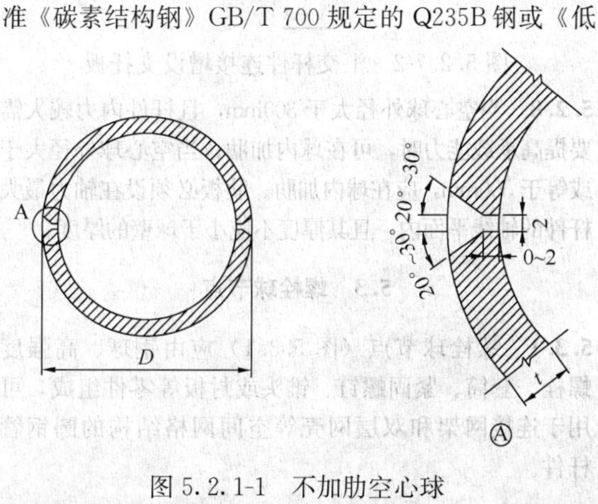

图 5.2.1-1　不加肋空心球

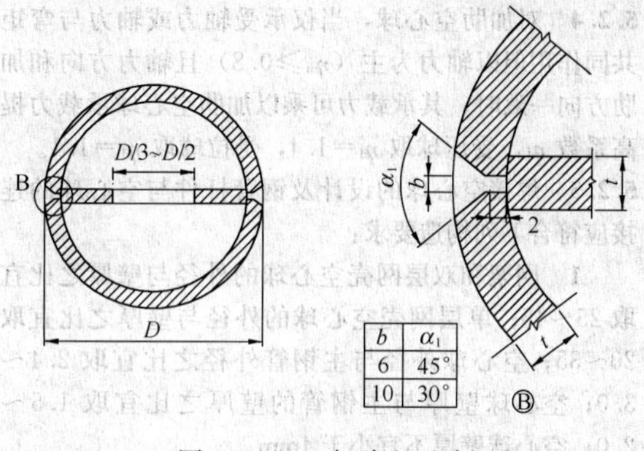

图 5.2.1-2　加肋空心球

5.2.2　当空心球直径为 120mm～900mm 时，其受压和受拉承载力设计值 N_R（N）可按下式计算：

$$N_R = \eta_0\left(0.29 + 0.54\frac{d}{D}\right)\pi t d f \tag{5.2.2}$$

式中：η_0——大直径空心球节点承载力调整系数，当空心球直径≤500mm 时，η_0＝1.0；当空心球直径＞500mm 时，η_0＝0.9；

D——空心球外径（mm）；

t——空心球壁厚（mm）；

d——与空心球相连的主钢管杆件的外径（mm）；

f——钢材的抗拉强度设计值（N/mm²）。

5.2.3　对于单层网壳结构，空心球承受压弯或拉弯的承载力设计值 N_m 可按下式计算：

$$N_m = \eta_m N_R \tag{5.2.3-1}$$

式中：N_R——空心球受压和受拉承载力设计值（N）；

η_m——考虑空心球受压弯或拉弯作用的影响系数，应按图 5.2.3 确定，图中偏心系数 c 应按下式计算：

$$c = \frac{2M}{Nd} \tag{5.2.3-2}$$

式中：M——杆件作用于空心球节点的弯矩（N·mm）；

N——杆件作用于空心球节点的轴力（N）；

d——杆件的外径（mm）。

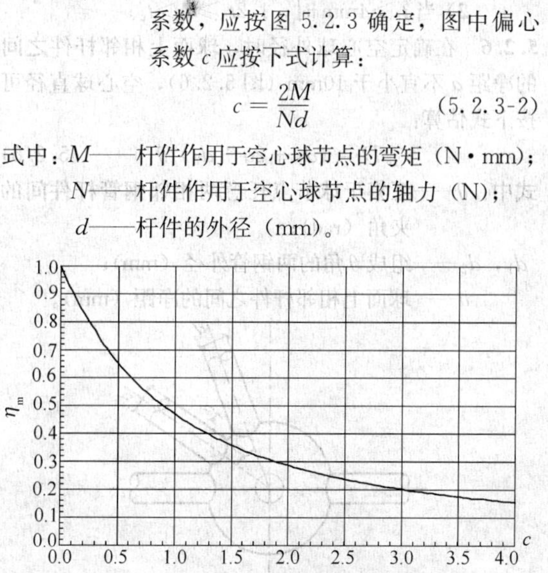

图 5.2.3　考虑空心球受压弯或拉弯作用的影响系数 η_m

5.2.4 对加肋空心球，当仅承受轴力或轴力与弯矩共同作用但以轴力为主（$\eta_m \geqslant 0.8$）且轴力方向和加肋方向一致时，其承载力可乘以加肋空心球承载力提高系数 η_d，受压球取 $\eta_d = 1.4$，受拉球取 $\eta_d = 1.1$。

5.2.5 焊接空心球的设计及钢管杆件与空心球的连接应符合下列构造要求：

1 网架和双层网壳空心球的外径与壁厚之比宜取 25～45；单层网壳空心球的外径与壁厚之比宜取 20～35；空心球外径与主钢管外径之比宜取 2.4～3.0；空心球壁厚与主钢管的壁厚之比宜取 1.5～2.0；空心球壁厚不宜小于 4mm。

2 不加肋空心球和加肋空心球的成型对接焊接，应分别满足图 5.2.1-1 和图 5.2.1-2 的要求。加肋空心球的肋板可用平台或凸台，采用凸台时，其高度不得大于 1mm。

3 钢管杆件与空心球连接，钢管应开坡口，在钢管与空心球之间应留有一定缝隙并予以焊透，以实现焊缝与钢管等强，否则应按角焊缝计算。钢管端头可加套管与空心球焊接（图 5.2.5）。套管壁厚不应小于 3mm，长度可为 30mm～50mm。

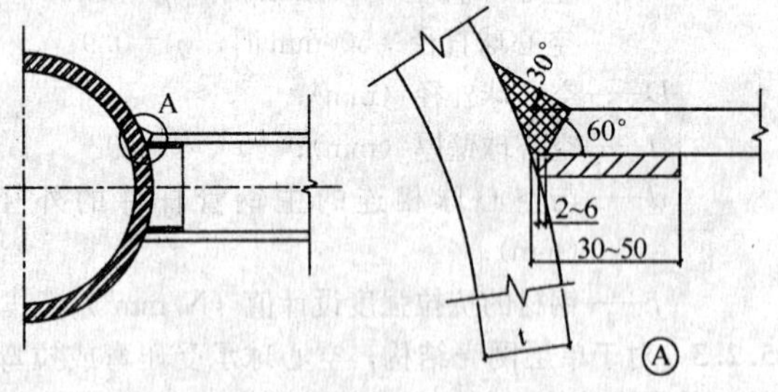

图 5.2.5 钢管加套管的连接

4 角焊缝的焊脚尺寸 h_f 应符合下列规定：

1）当钢管壁厚 $t_c \leqslant 4$mm 时，$1.5t_c \geqslant h_f > t_c$；

2）当 $t_c > 4$mm 时，$1.2t_c \geqslant h_f > t_c$。

5.2.6 在确定空心球外径时，球面上相邻杆件之间的净距 a 不宜小于 10mm（图 5.2.6），空心球直径可按下式估算：

$$D = (d_1 + 2a + d_2)/\theta \quad (5.2.6)$$

式中：θ——汇集于球节点任意两相邻钢管杆件间的夹角（rad）；

d_1，d_2——组成 θ 角的两钢管外径（mm）；

a——球面上相邻杆件之间的净距（mm）。

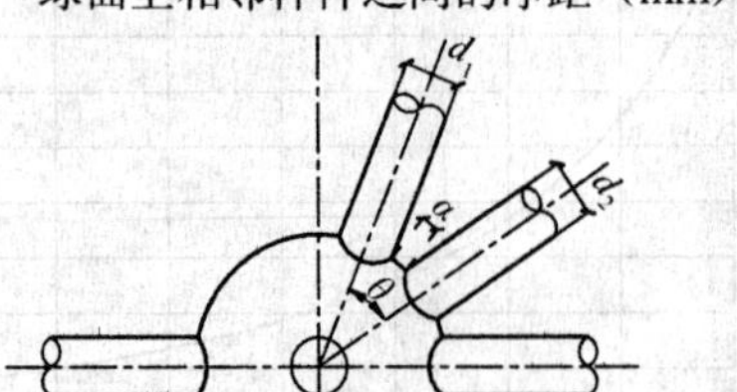

图 5.2.6 空心球节点相邻钢管杆件

5.2.7 当空心球直径过大、且连接杆件又较多时，为了减少空心球节点直径，允许部分腹杆与腹杆或腹杆与弦杆相汇交，但应符合下列构造要求；

1 所有汇交杆件的轴线必须通过球中心线；

2 汇交两杆中，截面积大的杆件必须全截面焊在球上（当两杆截面积相等时，取受拉杆），另一杆坡口焊在相汇交杆上，但应保证有 3/4 截面焊在球上，并应按图 5.2.7-1 设置加劲板；

3 受力大的杆件，可按图 5.2.7-2 增设支托板。

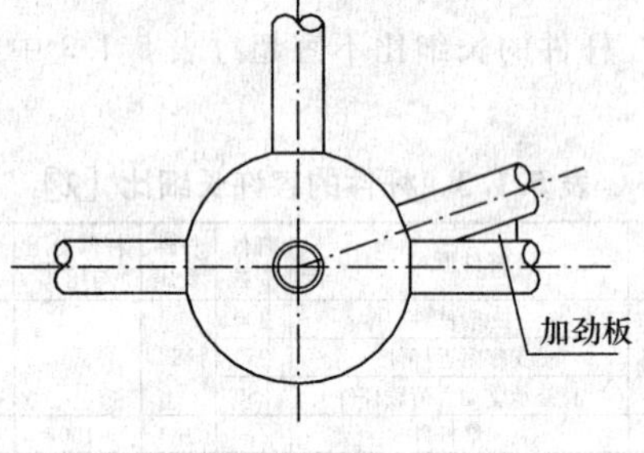

图 5.2.7-1 汇交杆件连接

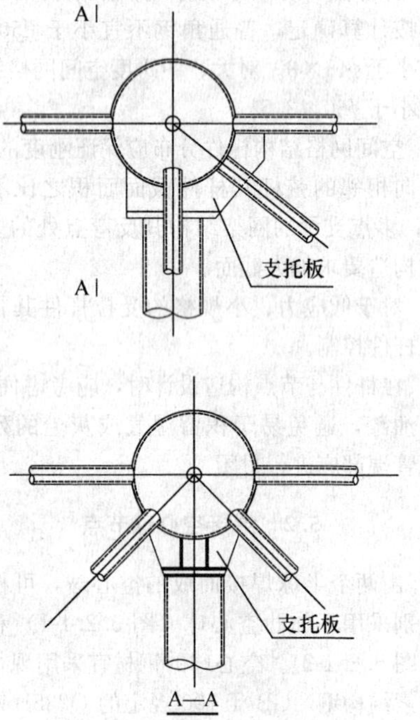

图 5.2.7-2 汇交杆件连接增设支托板

5.2.8 当空心球外径大于 300mm，且杆件内力较大需要提高承载能力时，可在球内加肋；当空心球外径大于或等于 500mm，应在球内加肋。肋板必须设在轴力最大杆件的轴线平面内，且其厚度不应小于球壁的厚度。

5.3 螺栓球节点

5.3.1 螺栓球节点（图 5.3.1）应由钢球、高强度螺栓、套筒、紧固螺钉、锥头或封板等零件组成，可用于连接网架和双层网壳等空间网格结构的圆钢管杆件。

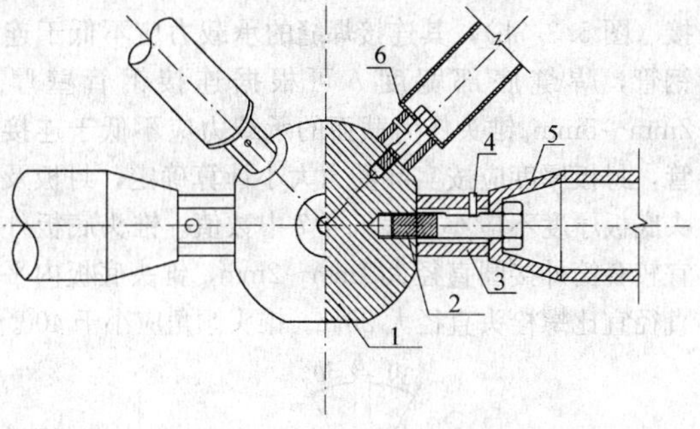

图 5.3.1　螺栓球节点

1—钢球；2—高强度螺栓；3—套筒；
4—紧固螺钉；5—锥头；6—封板

5.3.2　用于制造螺栓球节点的钢球、高强度螺栓、套筒、紧固螺钉、封板、锥头的材料可按表 5.3.2 的规定选用，并应符合相应标准技术条件的要求。产品质量应符合现行行业标准《钢网架螺栓球节点》JG/T 10 的规定。

表 5.3.2　螺栓球节点零件材料

零件名称	推荐材料	材料标准编号	备　注
钢　球	45 号钢	《优质碳素结构钢》GB/T 699	毛坯钢球锻造成型
高强度螺栓	20MnTiB，40Cr，35CrMo	《合金结构钢》GB/T 3077	规格 M12～M24
	35VB，40Cr，35CrMo		规格 M27～M36
	35CrMo，40Cr		规格 M39～M64×4
套筒	Q235B	《碳素结构钢》GB/T 700	套筒内孔径为 13mm～34mm
	Q345	《低合金高强度结构钢》GB/T 1591	套筒内孔径为 37mm～65mm
	45 号钢	《优质碳素结构钢》GB/T 699	
紧固螺钉	20MnTiB	《合金结构钢》GB/T 3077	螺钉直径宜尽量小
	40Cr		
锥头或封板	Q235B	《碳素结构钢》GB/T 700	钢号宜与杆件一致
	Q345	《低合金高强度结构钢》GB/T 1591	

5.3.3　钢球直径应保证相邻螺栓在球体内不相碰并应满足套筒接触面的要求（图 5.3.3），可分别按下列公式核算，并按计算结果中的较大者选用。

$$D \geqslant \sqrt{\left(\frac{d_s^b}{\sin\theta}+d_1^b\cot\theta+2\xi d_1^b\right)^2+\lambda^2 {d_1^b}^2} \tag{5.3.3-1}$$

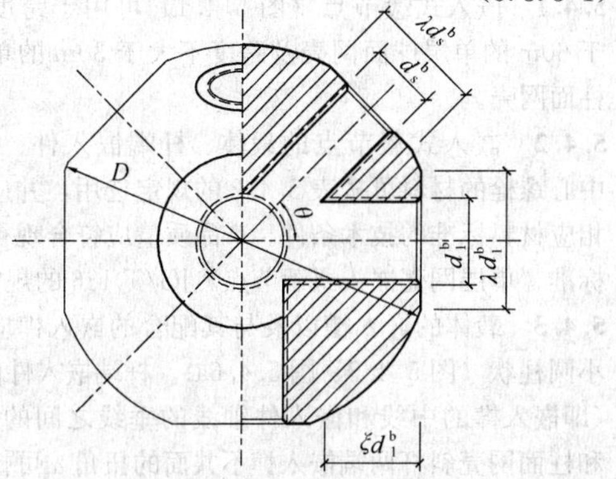

图 5.3.3　螺栓球与直径有关的尺寸

$$D \geqslant \sqrt{\left(\frac{\lambda d_s^b}{\sin\theta}+\lambda d_1^b\cot\theta\right)^2+\lambda^2 {d_1^b}^2} \tag{5.3.3-2}$$

式中：D——钢球直径（mm）；

θ——两相邻螺栓之间的最小夹角（rad）；

d_1^b——两相邻螺栓的较大直径（mm）；

d_s^b——两相邻螺栓的较小直径（mm）；

ξ——螺栓拧入球体长度与螺栓直径的比值，可取为 1.1；

λ——套筒外接圆直径与螺栓直径的比值，可取为 1.8。

当相邻杆件夹角 θ 较小时，尚应根据相邻杆件及相关封板、锥头、套筒等零部件不相碰的要求核算螺栓球直径。此时可通过检查可能相碰点至球心的连线与相邻杆件轴线间的夹角不大于 θ 的条件进行核算。

5.3.4　高强度螺栓的性能等级应按规格分别选用。对于 M12～M36 的高强度螺栓，其强度等级应按 10.9 级选用；对于 M39～M64 的高强度螺栓，其强度等级应按 9.8 级选用。螺栓的形式与尺寸应符合现行国家标准《钢网架螺栓球节点用高强度螺栓》GB/T 16939 的要求。选用高强度螺栓的直径应由杆件内力确定，高强度螺栓的受拉承载力设计值 N_t^b 应按下式计算：

$$N_t^b = A_{eff} f_t^b \tag{5.3.4}$$

式中：f_t^b——高强度螺栓经热处理后的抗拉强度设计值，对 10.9 级，取 430N/mm²；对 9.8 级，取 385N/mm²；

A_{eff}——高强度螺栓的有效截面积，可按表 5.3.4 选取。当螺栓上钻有键槽或钻孔时，A_{eff} 值取螺纹处或键槽、钻孔处二者中的较小值。

表 5.3.4　常用高强度螺栓在螺纹处的有效截面面积 A_{eff} 和承载力设计值 N_t^b

性能等级	规格 d	螺距 p（mm）	A_{eff}（mm²）	N_t^b（kN）
10.9 级	M12	1.75	84	36.1
	M14	2	115	49.5
	M16	2	157	67.5
	M20	2.5	245	105.3
	M22	2.5	303	130.5
	M24	3	353	151.5
	M27	3	459	197.5
	M30	3.5	561	241.2
	M33	3.5	694	298.4
	M36	4	817	351.3
9.8 级	M39	4	976	375.6
	M42	4.5	1120	431.5
	M45	4.5	1310	502.8
	M48	5	1470	567.1
	M52	5	1760	676.7
	M56×4	4	2144	825.4
	M60×4	4	2485	956.6
	M64×4	4	2851	1097.6

注：螺栓在螺纹处的有效截面积 $A_{eff}=\pi(d-0.9382p)^2/4$。

5.3.5 受压杆件的连接螺栓直径，可按其内力设计值绝对值求得螺栓直径计算值后，按表 5.3.4 的螺栓直径系列减少 1～3 个级差。

5.3.6 套筒（即六角形无纹螺母）外形尺寸应符合扳手开口系列，端部要求平整，内孔径可比螺栓直径大 1mm。

套筒可按现行国家标准《钢网架螺栓球节点用高强度螺栓》GB/T 16939 的规定与高强度螺栓配套采用，对于受压杆件的套筒应根据其传递的最大压力值验算其抗压承载力和端部有效截面的局部承压力。

对于开设滑槽的套筒应验算套筒端部到滑槽端部的距离，应使该处有效截面的抗剪力不低于紧固螺钉的抗剪力，且不小于 1.5 倍滑槽宽度。

套筒长度 l_s（mm）和螺栓长度 l（mm）可按下列公式计算（图 5.3.6）：

$$l_s = m + B + n \quad (5.3.6\text{-}1)$$

$$l = \xi d + l_s + h \quad (5.3.6\text{-}2)$$

式中：B——滑槽长度（mm），$B = \xi d - K$；

ξd——螺栓伸入钢球长度（mm），d 为螺栓直径，ξ 一般取 1.1；

m——滑槽端部紧固螺钉中心到套筒端部的距离（mm）；

n——滑槽顶部紧固螺钉中心至套筒顶部的距离（mm）；

K——螺栓露出套筒距离（mm），预留 4mm～5mm，但不应少于 2 个丝扣；

h——锥头底板厚度或封板厚度（mm）。

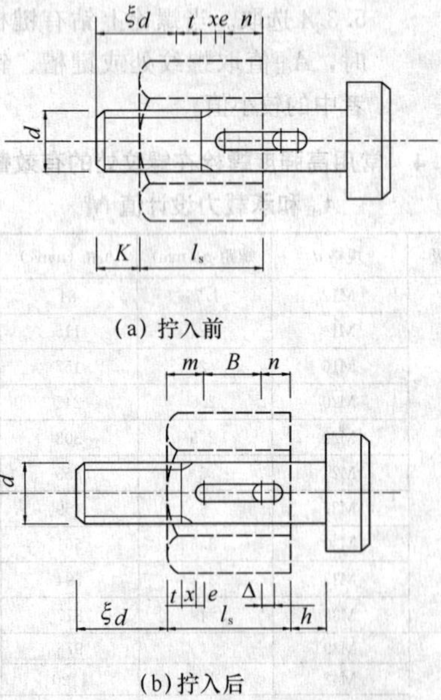

(a) 拧入前

(b) 拧入后

图 5.3.6 套筒长度及螺栓长度

图中：t——螺纹根部到滑槽附加余量，取 2 个丝扣；

x——螺纹收尾长度；

e——紧固螺钉的半径；

Δ——滑槽预留量，一般取 4mm。

5.3.7 杆件端部应采用锥头（图 5.3.7a）或封板连接（图 5.3.7b），其连接焊缝的承载力应不低于连接钢管，焊缝底部宽度 b 可根据连接钢管壁厚取 2mm～5mm。锥头任何截面的承载力应不低于连接钢管，封板厚度应按实际受力大小计算确定，封板及锥头底板厚度不应小于表 5.3.7 中数值。锥头底板外径宜较套筒外接圆直径大 1mm～2mm，锥头底板内平台直径宜比螺栓头直径大 2mm。锥头倾角应小于 40°。

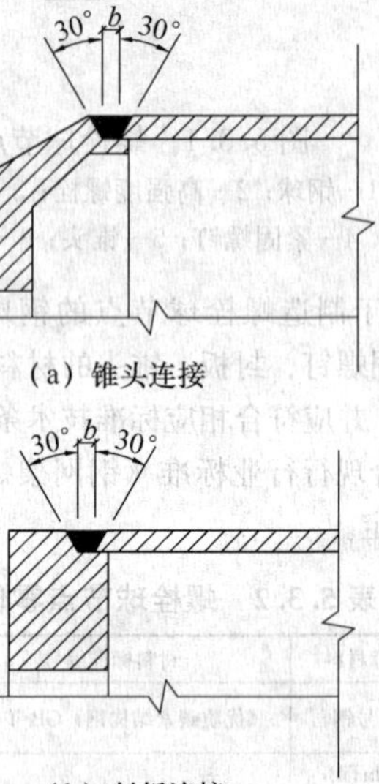

(a) 锥头连接

(b) 封板连接

图 5.3.7 杆件端部连接焊缝

表 5.3.7 封板及锥头底板厚度

高强度螺栓规格	封板/锥头底厚（mm）	高强度螺栓规格	锥头底厚（mm）
M12、M14	12	M36～M42	30
M16	14	M45～M52	35
M20～M24	16	M56×4～M60×4	40
M27～M33	20	M64×4	45

5.3.8 紧固螺钉宜采用高强度钢材，其直径可取螺栓直径的 0.16～0.18 倍，且不宜小于 3mm。紧固螺钉规格可采用 M5～M10。

5.4 嵌入式毂节点

5.4.1 嵌入式毂节点（图 5.4.1）可用于跨度不大于 60m 的单层球面网壳及跨度不大于 30m 的单层圆柱面网壳。

5.4.2 嵌入式毂节点的毂体、杆端嵌入件、盖板、中心螺栓的材料可按表 5.4.2 的规定选用，并应符合相应材料标准的技术条件。产品质量应符合现行行业标准《单层网壳嵌入式毂节点》JG/T 136 的规定。

5.4.3 毂体的嵌入槽以及与其配合的嵌入榫应做成小圆柱状（图 5.4.3、图 5.4.6a）。杆端嵌入件倾角 φ（即嵌入榫的中线和嵌入件轴线的垂线之间的夹角）和柱面网壳斜杆两端嵌入榫不共面的扭角 α 可按本规程附录 J 进行计算。

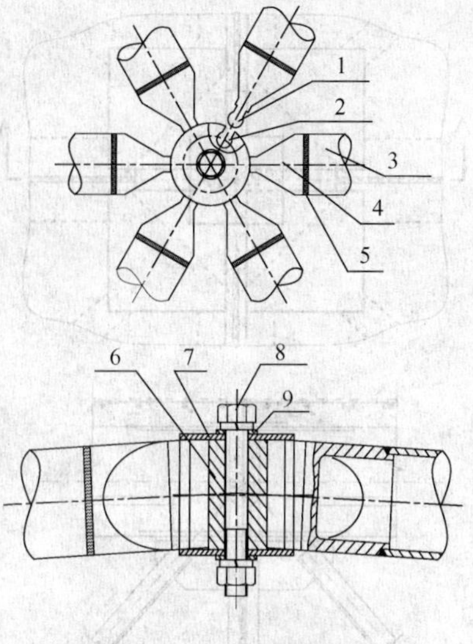

图 5.4.1　嵌入式毂节点

1—嵌入榫；2—毂体嵌入槽；3—杆件；4—杆端嵌入件；5—连接焊缝；6—毂体；7—盖板；8—中心螺栓；9—平垫圈、弹簧垫圈

表 5.4.2　嵌入式毂节点零件推荐材料

零件名称	推荐材料	材料标准编号	备　注
毂体	Q235B	《碳素结构钢》GB/T 700	毂体直径宜采用 100mm～165mm
盖板	Q235B	《碳素结构钢》GB/T 700	—
中心螺栓	Q235B	《碳素结构钢》GB/T 700	—
杆端嵌入件	ZG230－450H	《焊接结构用碳素钢铸件》GB 7659	精密铸造

5.4.4　嵌入件几何尺寸（图 5.4.3）应按下列计算方法及构造要求设计：

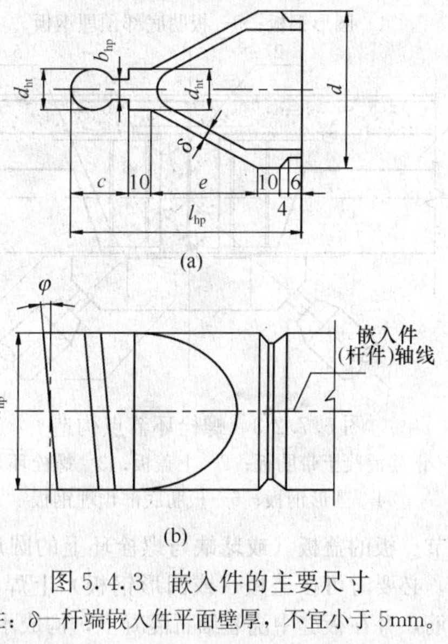

图 5.4.3　嵌入件的主要尺寸

注：δ—杆端嵌入件平面壁厚，不宜小于 5mm。

1　嵌入件颈部宽度 b_{hp} 应按与杆件等强原则计算，宽度 b_{hp} 及高度 h_{hp} 应按拉弯或压弯构件进行强度验算；

2　当杆件为圆管且嵌入件高度 h_{hp} 取圆管外径 d 时，$b_{hp} \geqslant 3t_c$（t_c 为圆管壁厚）；

3　嵌入榫直径 d_{ht} 可取 $1.7b_{hp}$ 且不宜小于 16mm；

4　尺寸 c 可根据嵌入榫直径 d_{ht} 及嵌入槽尺寸计算；

5　尺寸 e 可按下式计算：

$$e = \frac{1}{2}(d - d_{ht})\cot 30° \tag{5.4.4}$$

5.4.5　杆件与杆端嵌入件应采用焊接连接，可参照螺栓球节点锥头与钢管的连接焊缝。焊缝强度应与所连接的钢管等强。

5.4.6　毂体各嵌入槽轴线间夹角 θ（即汇交于该节点各杆件轴线间的夹角在通过该节点中心切平面上的投影）及毂体其他主要尺寸（图 5.4.6）可按本规程附录 J 进行计算。

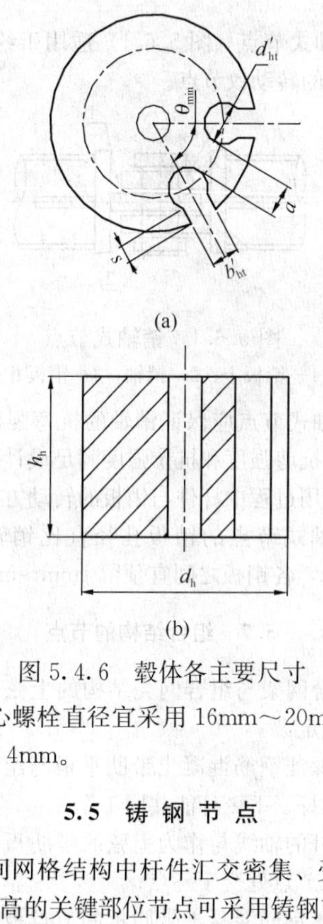

图 5.4.6　毂体各主要尺寸

5.4.7　中心螺栓直径宜采用 16mm～20mm，盖板厚度不宜小于 4mm。

5.5　铸 钢 节 点

5.5.1　空间网格结构中杆件汇交密集、受力复杂且可靠性要求高的关键部位节点可采用铸钢节点。铸钢节点的设计和制作应符合国家现行有关标准的规定。

5.5.2　焊接结构用铸钢节点的材料应符合现行国家标准《焊接结构用碳素钢铸件》GB 7659 的规定，必要时可参照国际标准或其他国家的相关标准执行；非焊接结构用铸钢节点的材料应符合现行国家标准《一般工程用铸造碳钢件》GB/T 11352 的规定。

5.5.3　铸钢节点的材料应具有屈服强度、抗拉强度、伸长率、截面收缩率、冲击韧性等力学性能和碳、硅、锰、硫、磷等化学成分含量的合格保证，对焊接结构用铸钢节点的材料还应具有碳当量的合格保证。

5.5.4　铸钢节点设计时应根据铸钢件的轮廓尺寸选择合理的壁厚，铸件壁间应设计铸造圆角。制造时应严格控制铸造工艺、铸模精度及热处理工艺。

5.5.5 铸钢节点设计时应采用有限元法进行实际荷载工况下的计算分析，其极限承载力可根据弹塑性有限元分析确定。当铸钢节点承受多种荷载工况且不能明显判断其控制工况时，应分别进行计算以确定其最小极限承载力。极限承载力数值不宜小于最大内力设计值的3.0倍。

5.5.6 铸钢节点可根据实际情况进行检验性试验或破坏性试验。检验性试验时试验荷载不应小于最大内力设计值的1.3倍；破坏性试验时试验荷载不应小于最大内力设计值的2.0倍。

5.6 销轴式节点

5.6.1 销轴式节点（图5.6.1）适用于约束线位移、放松角位移的转动铰节点。

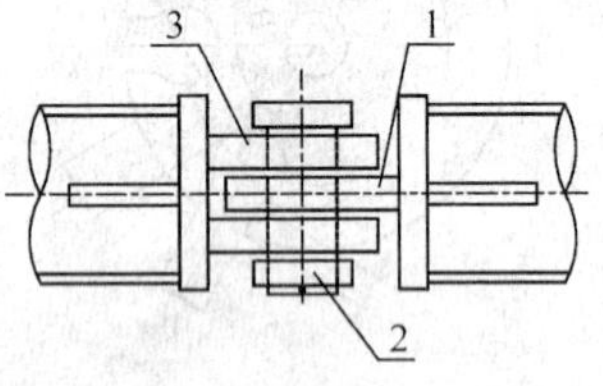

图5.6.1 销轴式节点

1—销板Ⅰ；2—销轴；3—销板Ⅱ

5.6.2 销轴式节点应保证销轴的抗弯强度和抗剪强度、销板的抗剪强度和抗拉强度满足设计要求，同时应保证在使用过程中杆件与销板的转动方向一致。

5.6.3 销轴式节点的销板孔径宜比销轴的直径大1mm～2mm，各销板之间宜预留1mm～5mm间隙。

5.7 组合结构的节点

5.7.1 组合网架与组合网壳结构的上弦节点构造应符合下列规定：

1 应保证钢筋混凝土带肋平板与组合网架、组合网壳的腹杆、下弦杆能共同工作；

2 腹杆的轴线与作为上弦的带肋板有效截面的中轴线应在节点处交于一点；

3 支承钢筋混凝土带肋板的节点板应能有效地传递水平剪力。

5.7.2 钢筋混凝土带肋板与腹杆连接的节点构造可采用下列三种形式：

1 焊接十字板节点（图5.7.2-1)，可用于杆件为角钢的组合网架与组合网壳；

2 焊接球缺节点（图5.7.2-2)，可用于杆件为圆钢管、节点为焊接空心球的组合网架与组合网壳；

3 螺栓环节点（图5.7.2-3)，可用于杆件为圆钢管、节点为螺栓球的组合网架与组合网壳。

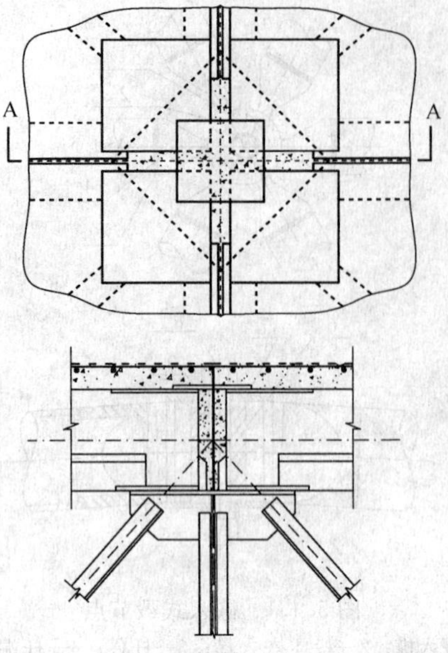

图5.7.2-1 焊接十字板节点构造

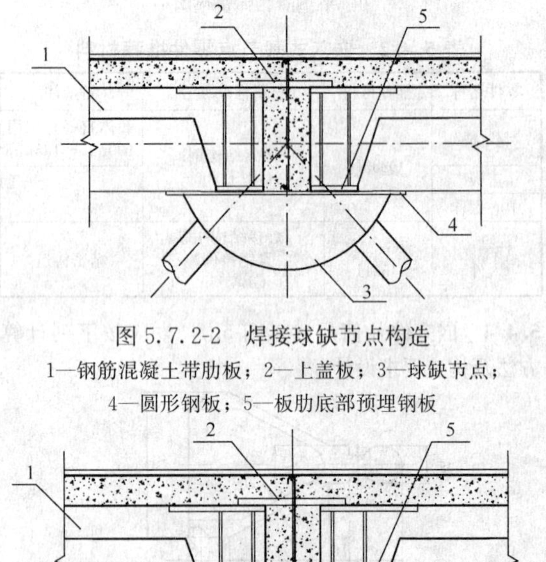

图5.7.2-2 焊接球缺节点构造

1—钢筋混凝土带肋板；2—上盖板；3—球缺节点；4—圆形钢板；5—板肋底部预埋钢板

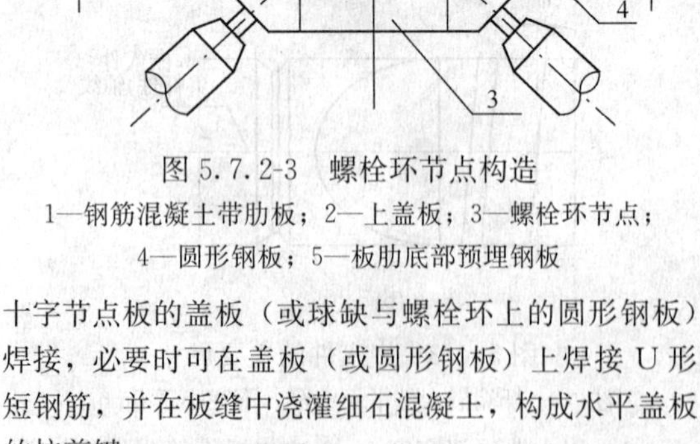

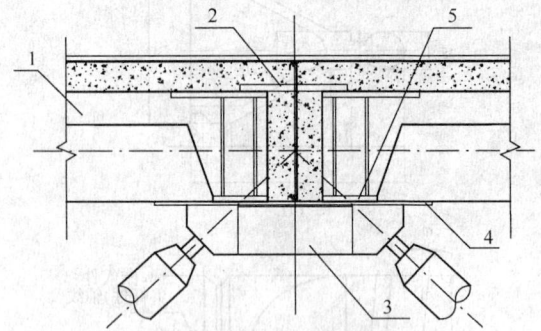

图5.7.2-3 螺栓环节点构造

1—钢筋混凝土带肋板；2—上盖板；3—螺栓环节点；4—圆形钢板；5—板肋底部预埋钢板

5.7.3 组合网架与组合网壳结构节点的构造应符合下列规定：

1 钢筋混凝土带肋板的板肋底部预埋钢板应与十字节点板的盖板（或球缺与螺栓环上的圆形钢板）焊接，必要时可在盖板（或圆形钢板）上焊接U形短钢筋，并在板缝中浇灌细石混凝土，构成水平盖板的抗剪键；

2 后浇板缝中宜配置通长钢筋；

3 当节点承受负弯矩时应设置上盖板，并应将其与板肋顶部预埋钢板焊接；

4　当组合网架用于楼层时，板面宜采用配筋后浇的细石混凝土面层；

5　组合网架与组合网壳未形成整体时，不得在钢筋混凝土上弦板上施加不均匀集中荷载。

5.8　预应力索节点

5.8.1　预应力索可采用钢绞线拉索、扭绞型平行钢丝拉索或钢拉杆，相应的拉索形式与端部节点锚固可采用下列方式：

1　钢绞线拉索，索体应由带有防护涂层的钢绞线制成，外加防护套管。固定端可采用挤压锚，张拉端可采用夹片锚，锚板应外带螺母用以微调整索索力（图5.8.1-1）。

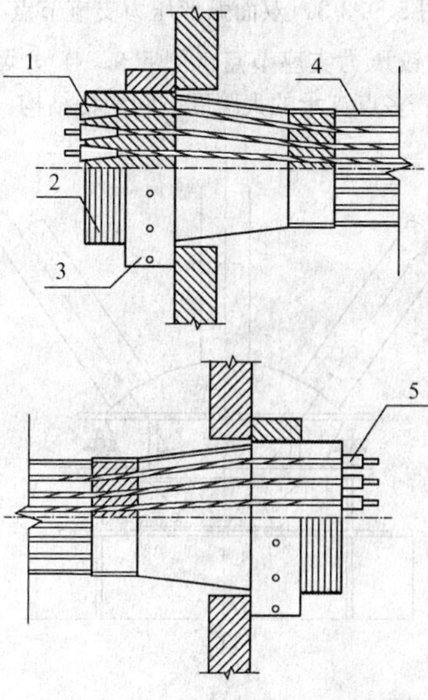

图5.8.1-1　钢绞线拉索

1—夹片锚；2—锚板；3—外螺母；4—护套；5—挤压锚

2　扭绞型平行钢丝拉索，索体应为平行钢丝束扭绞成型，外加防护层。钢索直径较小时可采用压接方式锚固，钢索直径大于30mm时宜采用铸锚方式锚固。锚固节点可外带螺母或采用耳板销轴节点（图5.8.1-2）。

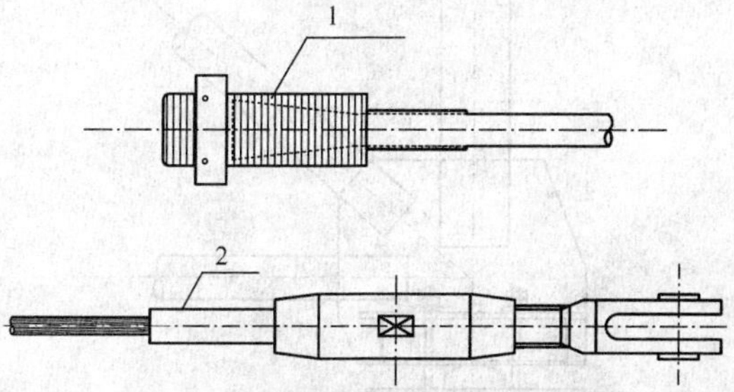

图5.8.1-2　扭绞型平行钢丝拉索

1—铸锚；2—压接锚

3　钢拉杆，拉杆应为带有防护涂层的优质碳素结构钢、低合金高强度钢、合金结构钢或不锈钢，两端锚固方式应为耳板销轴节点，并宜配有可调节索长的调节套筒（图5.8.1-3）。

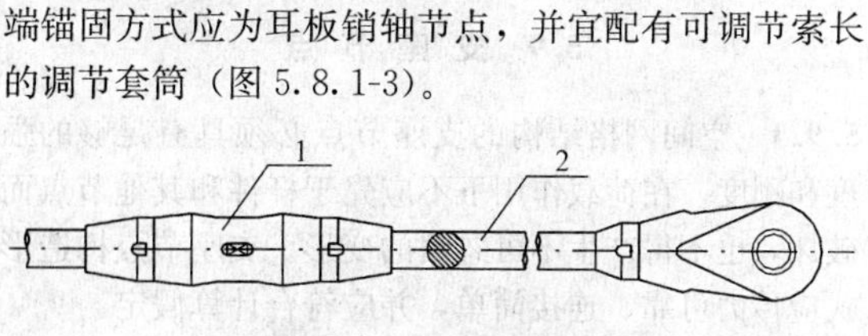

图5.8.1-3　钢拉杆

1—调节套筒；2—钢棒

5.8.2　预应力体外索在索的转折处应设置鞍形垫板，以保证索的平滑转折（图5.8.2）。

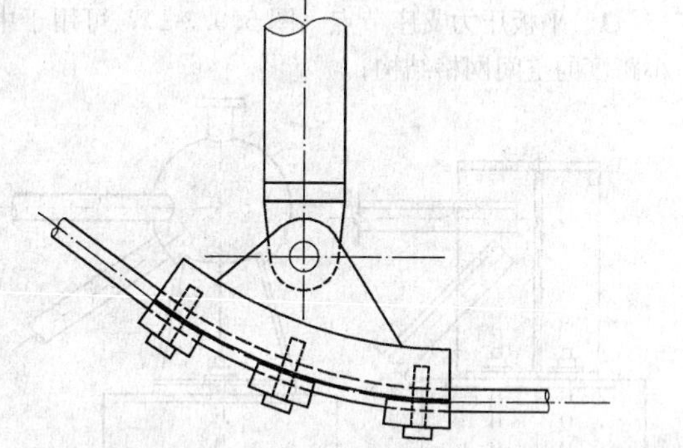

图5.8.2　预应力体外索的鞍形垫板

5.8.3　张弦立体拱架撑杆下端与索相连的节点宜采用两半球铸钢索夹形式，索夹的连接螺栓应受力可靠，便于在拉索预应力各阶段拧紧索夹。张弦立体拱架的拉索宜采用两端带有铸锚的扭绞型平行钢丝索，拱架端部宜采用铸钢件作为索的锚固节点（图5.8.3）。

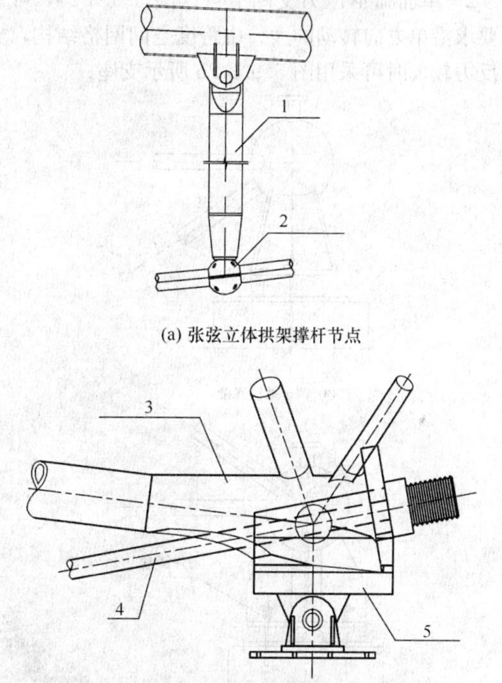

(b)张弦立体拱架支座索锚固节点

图5.8.3　张弦立体拱架节点

1—撑杆；2—铸钢索夹；3—铸钢锚固节点；4—索；5—支座节点

5.9 支 座 节 点

5.9.1 空间网格结构的支座节点必须具有足够的强度和刚度，在荷载作用下不应先于杆件和其他节点而破坏，也不得产生不可忽略的变形。支座节点构造形式应传力可靠、连接简单，并应符合计算假定。

5.9.2 空间网格结构的支座节点应根据其主要受力特点，分别选用压力支座节点、拉力支座节点、可滑移与转动的弹性支座节点以及兼受轴力、弯矩与剪力的刚性支座节点。

5.9.3 常用压力支座节点可按下列构造形式选用：

1 平板压力支座节点（图 5.9.3-1），可用于中、小跨度的空间网格结构；

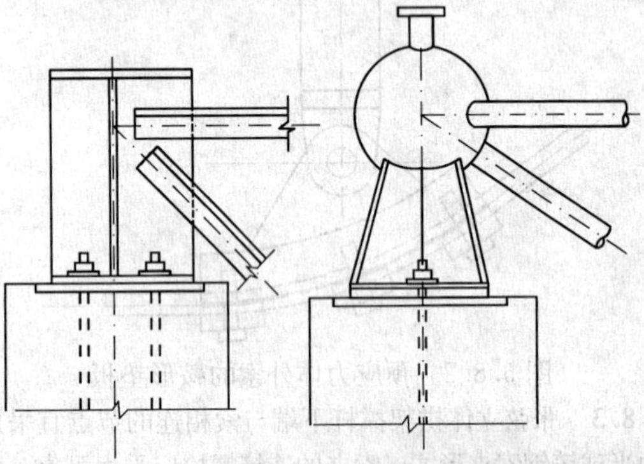

(a) 角钢杆件　　(b) 钢管杆件

图 5.9.3-1　平板压力支座节点

2 单面弧形压力支座节点（图 5.9.3-2），可用于要求沿单方向转动的大、中跨度空间网格结构，支座反力较大时可采用图 5.9.3-2b 所示支座；

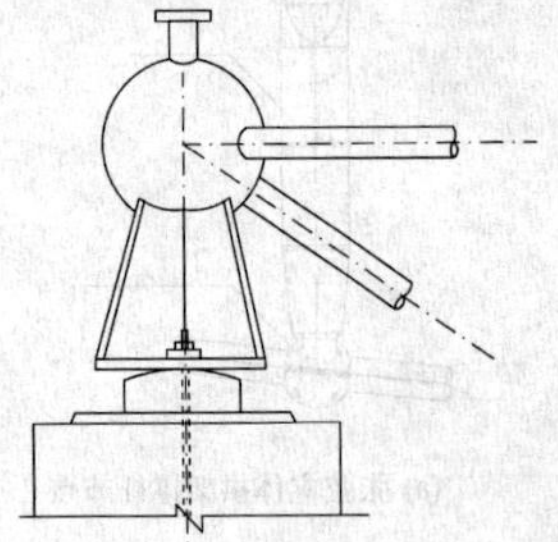

(a) 两个螺栓连接

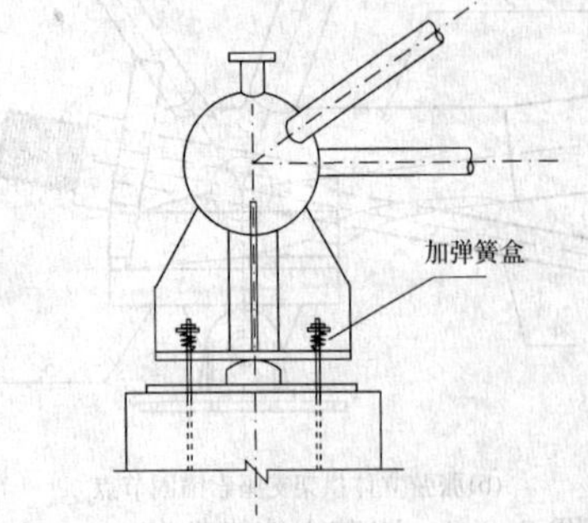

(b) 四个螺栓连接

图 5.9.3-2　单面弧形压力支座节点

3 双面弧形压力支座节点（图 5.9.3-3），可用于温度应力变化较大且下部支承结构刚度较大的大跨度空间网格结构；

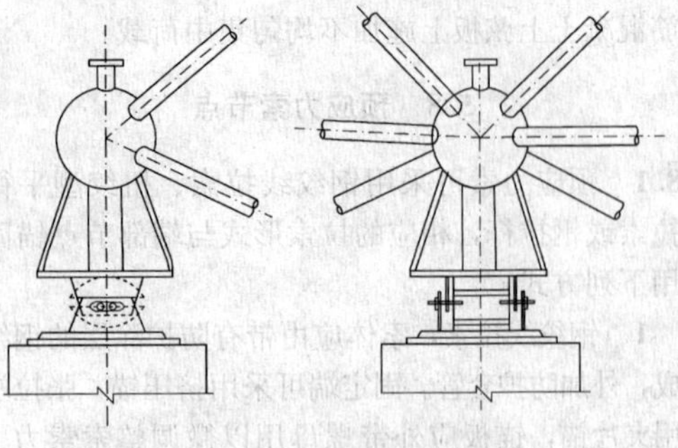

(a) 侧视图　　(b) 正视图

图 5.9.3-3　双面弧形压力支座节点

4 球铰压力支座节点（图 5.9.3-4），可用于有抗震要求、多点支承的大跨度空间网格结构。

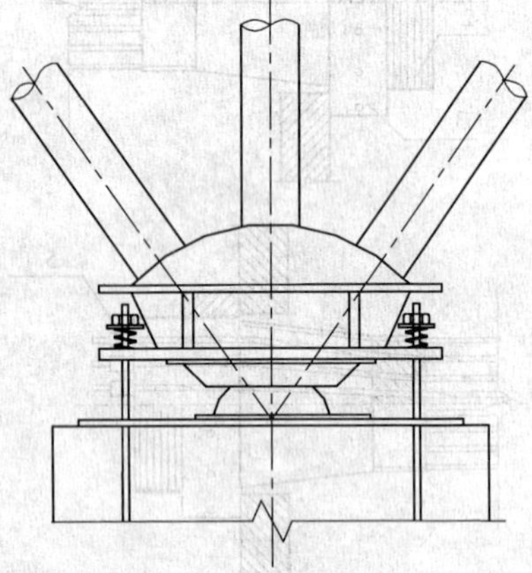

图 5.9.3-4　球铰压力支座节点

5.9.4 常用拉力支座节点可按下列构造形式选用：

1 平板拉力支座节点（同图 5.9.3-1），可用于较小跨度的空间网格结构；

2 单面弧形拉力支座节点（图 5.9.4-1），可用于要求沿单方向转动的中、小跨度空间网格结构；

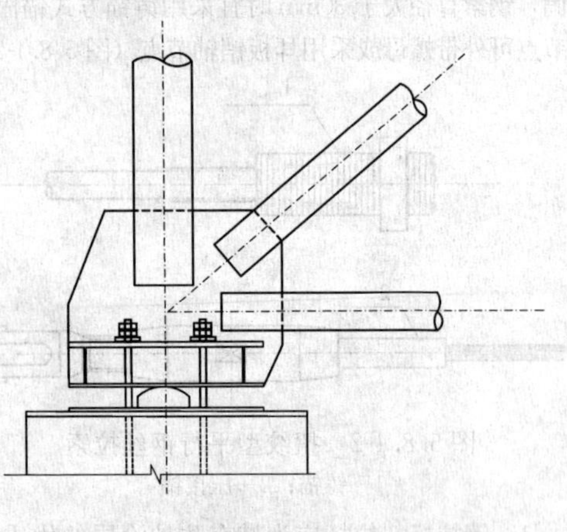

图 5.9.4-1　单面弧形拉力支座节点

3 球铰拉力支座节点（图 5.9.4-2），可用于多点支承的大跨度空间网格结构。

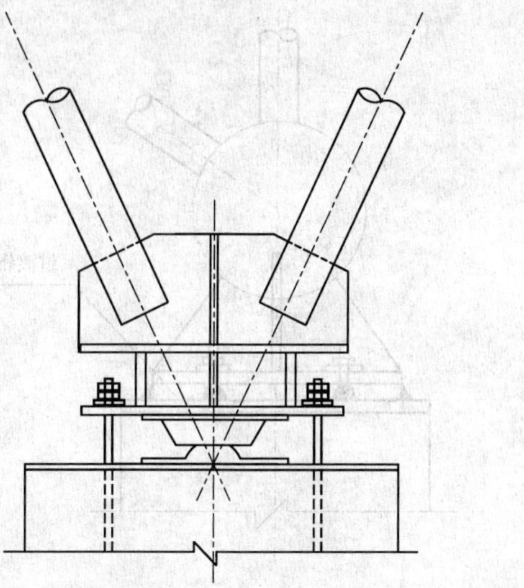

图 5.9.4-2 球铰拉力支座节点

5.9.5 可滑动铰支座节点（图 5.9.5），可用于中、小跨度的空间网格结构。

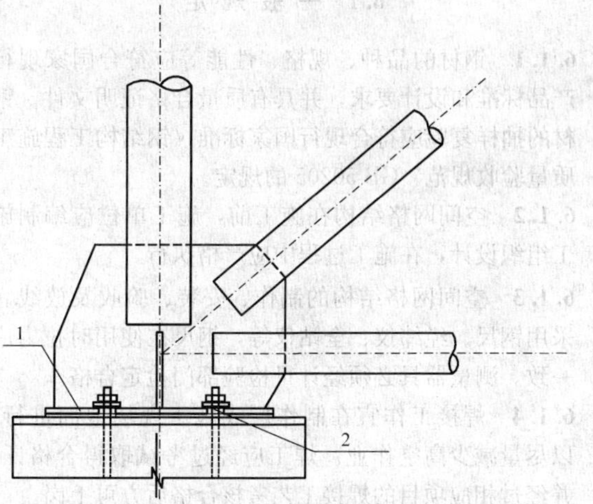

图 5.9.5 可滑动铰支座节点
1—不锈钢板或聚四氟乙烯垫板；
2—支座底板开设椭圆形长孔

5.9.6 橡胶板式支座节点（图 5.9.6），可用于支座反力较大、有抗震要求、温度影响、水平位移较大与有转动要求的大、中跨度空间网格结构，可按本规程附录 K 进行设计。

5.9.7 刚接支座节点（图 5.9.7）可用于中、小跨度空间网格结构中承受轴力、弯矩与剪力的支座节点。支座节点竖向支承板厚度应大于焊接空心球节点球壁厚度 2mm，球体置入深度应大于 2/3 球径。

5.9.8 立体管桁架支座节点可按图 5.9.8 选用。

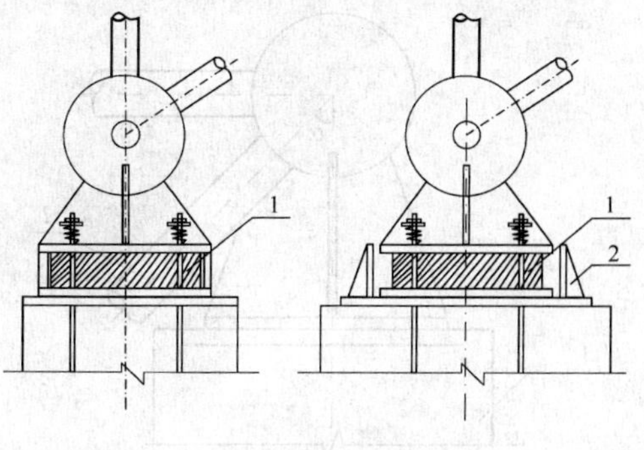

图 5.9.6 橡胶板式支座节点
1—橡胶垫板；2—限位件

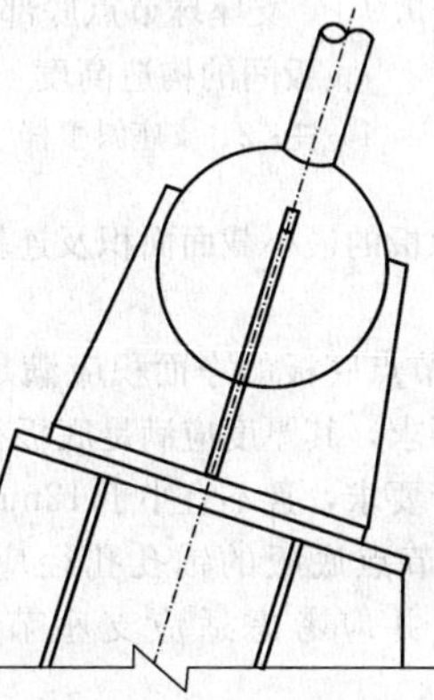

图 5.9.7 刚接支座节点

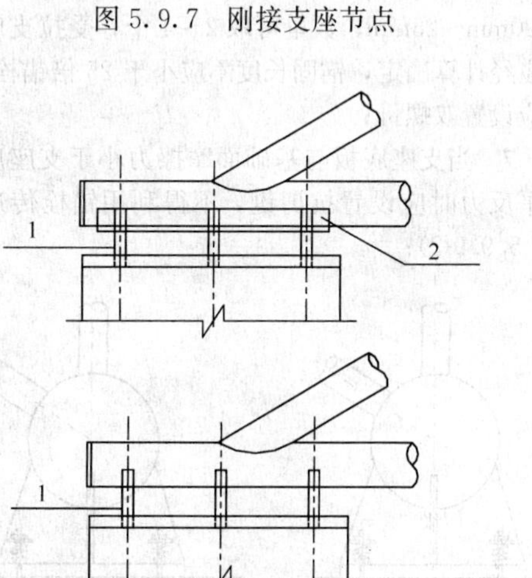

图 5.9.8 立体管桁架支座节点
1—加劲板；2—弧形垫板

5.9.9 支座节点的设计与构造应符合下列规定：

1 支座竖向支承板中心线应与竖向反力作用线一致，并与支座节点连接的杆件汇交于节点中心；

2 支座球节点底部至支座底板间的距离应满足支座斜腹杆与柱或边梁不相碰的要求（图 5.9.9-1）；

3 支座竖向支承板应保证其自由边不发生侧向屈曲，其厚度不宜小于 10mm；对于拉力支座节点，

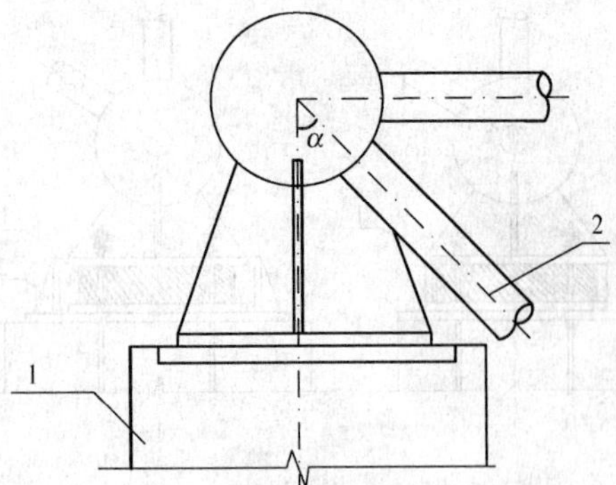

图 5.9.9-1 支座球节点底部与支座底板间的构造高度

1—柱；2—支座斜腹杆

支座竖向支承板的最小截面面积及连接焊缝应满足强度要求；

4 支座节点底板的净面积应满足支承结构材料的局部受压要求，其厚度应满足底板在支座竖向反力作用下的抗弯要求，且不宜小于 12mm；

5 支座节点底板的锚孔孔径应比锚栓直径大 10mm 以上，并应考虑适应支座节点水平位移的要求；

6 支座节点锚栓按构造要求设置时，其直径可取 20mm～25mm，数量可取 2～4 个；受拉支座的锚栓应经计算确定，锚固长度不应小于 25 倍锚栓直径，并应设置双螺母；

7 当支座底板与基础面摩擦力小于支座底部的水平反力时应设置抗剪键，不得利用锚栓传递剪力（图 5.9.9-2）；

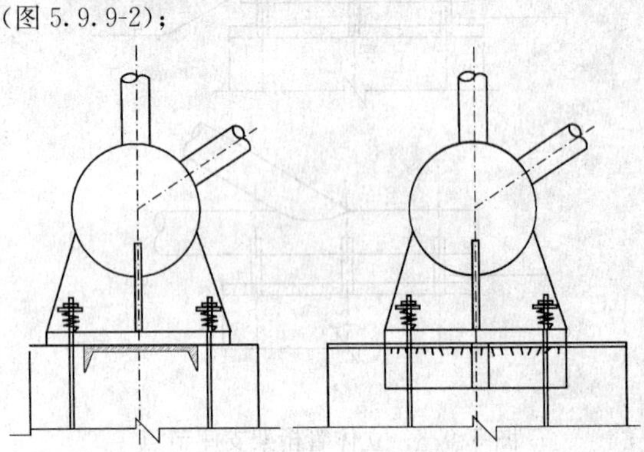

图 5.9.9-2 支座节点抗剪键

8 支座节点竖向支承板与螺栓球节点焊接时，应将螺栓球球体预热至 150℃～200℃，以小直径焊条分层、对称施焊，并应保温缓慢冷却。

5.9.10 弧形支座板的材料宜用铸钢，单面弧形支座板也可用厚钢板加工而成。板式橡胶支座应采用由多层橡胶片与薄钢板相间粘合而成的橡胶垫板，其材料性能及计算构造要求可按本规程附录 K 确定。

5.9.11 压力支座节点中可增设与埋头螺栓相连的过渡钢板，并应与支座预埋钢板焊接（图 5.9.11）。

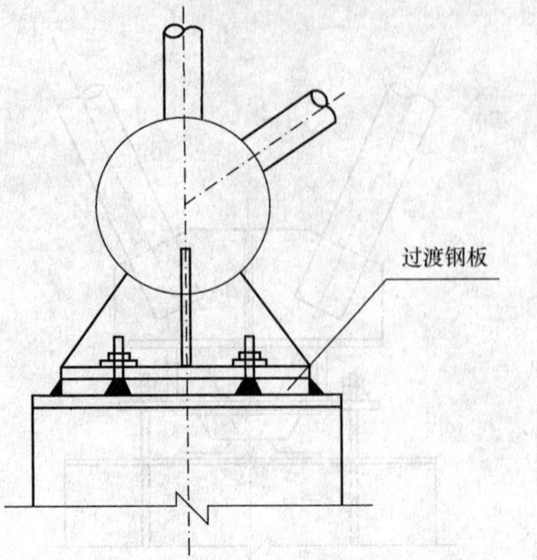

图 5.9.11 采用过渡钢板的压力支座节点

6 制作、安装与交验

6.1 一 般 规 定

6.1.1 钢材的品种、规格、性能等应符合国家现行产品标准和设计要求，并具有质量合格证明文件。钢材的抽样复验应符合现行国家标准《钢结构工程施工质量验收规范》GB 50205 的规定。

6.1.2 空间网格结构在施工前，施工单位应编制施工组织设计，在施工过程中应严格执行。

6.1.3 空间网格结构的制作、安装、验收及放线宜采用钢尺、经纬仪、全站仪等，钢尺在使用时拉力应一致。测量器具必须经计量检验部门检定合格。

6.1.4 焊接工作宜在制作厂或施工现场地面进行，以尽量减少高空作业。焊工应经过考试取得合格证，并经过相应项目的焊接工艺考核合格后方可上岗。

6.1.5 空间网格结构安装前，应根据定位轴线和标高基准点复核和验收支座预埋件、预埋锚栓的平面位置和标高。预埋件、预埋锚栓的施工偏差应符合现行国家标准《钢结构工程施工质量验收规范》GB 50205 的规定。

6.1.6 空间网格结构的安装方法，应根据结构的类型、受力和构造特点，在确保质量、安全的前提下，结合进度、经济及施工现场技术条件综合确定。空间网格结构的安装可选用下列方法：

1 高空散装法 适用于全支架拼装的各种类型的空间网格结构，尤其适用于螺栓连接、销轴连接等非焊接连接的结构。并可根据结构特点选用少支架的悬挑拼装施工方法：内扩法（由边支座向中央悬挑拼装）、外扩法（由中央向边支座悬挑拼装）。

2 分条或分块安装法 适用于分割后结构的刚度和受力状况改变较小的空间网格结构。分条或分块的大小应根据起重设备的起重能力确定。

3 滑移法 适用于能设置平行滑轨的各种空间网格结构，尤其适用于必须跨越施工（待安装的屋盖结构下部不允许搭设支架或行走起重机）或场地狭窄、起重运输不便等情况。当空间网格结构为大柱网或平面狭长时，可采用滑架法施工。

4 整体吊装法 适用于中小型空间网格结构，吊装时可在高空平移或旋转就位。

5 整体提升法 适用于各种空间网格结构，结构在地面整体拼装完毕后提升至设计标高、就位。

6 整体顶升法 适用于支点较少的各种空间网格结构。结构在地面整体拼装完毕后顶升至设计标高、就位。

7 折叠展开式整体提升法 适用于柱面网壳结构等。在地面或接近地面的工作平台上折叠拼装，然后将折叠的机构用提升设备提升到设计标高，最后在高空补足原先去掉的杆件，使机构变成结构。

6.1.7 安装方法确定后，应分别对空间网格结构各吊点反力、竖向位移、杆件内力、提升或顶升时支承柱的稳定性和风载下空间网格结构的水平推力等进行验算，必要时应采取临时加固措施。当空间网格结构分割成条、块状或悬挑法安装时，应对各相应施工工况进行跟踪验算，对有影响的杆件和节点应进行调整。安装用支架或起重设备拆除前应对相应各阶段工况进行结构验算，以选择合理的拆除顺序。

6.1.8 安装阶段结构的动力系数宜按下列数值选取：液压千斤顶提升或顶升取1.1；穿心式液压千斤顶钢绞线提升取1.2；塔式起重机、拔杆吊装取1.3；履带式、汽车式起重机吊装取1.4。

6.1.9 空间网格结构正式安装前宜进行局部或整体试拼装，当结构较简单或确有把握时可不进行试拼装。

6.1.10 空间网格结构不得在六级及六级以上的风力下进行安装。

6.1.11 空间网格结构在进行涂装前，必须对构件表面进行处理，清除毛刺、焊渣、铁锈、污物等。经过处理的表面应符合设计要求和国家现行有关标准的规定。

6.1.12 空间网格结构宜在安装完毕、形成整体后再进行屋面板及吊挂构件等的安装。

6.2 制作与拼装要求

6.2.1 空间网格结构的杆件和节点应在专门的设备或胎具上进行制作与拼装，以保证拼装单元的精度和互换性。

6.2.2 空间网格结构制作与安装中所有焊缝应符合设计要求。当设计无要求时应符合下列规定：

1 钢管与钢管的对接焊缝应为一级焊缝；

2 球管对接焊缝、钢管与封板（或锥头）的对接焊缝应为二级焊缝；

3 支管与主管、支管与支管的相贯焊缝应符合现行行业标准《建筑钢结构焊接技术规程》JGJ 81的规定；

4 所有焊缝均应进行外观检查，检查结果应符合现行行业标准《建筑钢结构焊接技术规程》JGJ 81的规定；对一、二级焊缝应作无损探伤检验，一级焊缝探伤比例为100%，二级焊缝探伤比例为20%，探伤比例的计数方法为焊缝条数的百分比，探伤方法及缺陷分级应分别符合现行行业标准《钢结构超声波探伤及质量分级法》JG/T 203和《建筑钢结构焊接技术规程》JGJ 81的规定。

6.2.3 空间网格结构的杆件接长不得超过一次，接长杆件总数不应超过杆件总数的10%，并不得集中布置。杆件的对接焊缝距节点或端头的最短距离不得小于500mm。

6.2.4 空间网格结构制作尚应符合下列规定：

1 焊接球节点的半圆球，宜用机床坡口。焊接后的成品球表面应光滑平整，不应有局部凸起或折皱。焊接球的尺寸允许偏差应符合表6.2.4-1的规定。

表 6.2.4-1 焊接球尺寸的允许偏差

项目	规格(mm)	允许偏差(mm)
直径	$D\leqslant300$	±1.5
	$300<D\leqslant500$	±2.5
	$500<D\leqslant800$	±3.5
	$D>800$	±4.0
圆度	$D\leqslant300$	1.5
	$300<D\leqslant500$	2.5
	$500<D\leqslant800$	3.5
	$D>800$	4.0
壁厚减薄量	$t\leqslant10$	$0.18t$，且不应大于1.5
	$10<t\leqslant16$	$0.15t$，且不应大于2.0
	$16<t\leqslant22$	$0.12t$，且不应大于2.5
	$22<t\leqslant45$	$0.11t$，且不应大于3.5
	$t>45$	$0.08t$，且不应大于4.0
对口错边量	$t\leqslant20$	1.0
	$20<t\leqslant40$	2.0
	$t>40$	3.0

注：D为焊接球的外径，t为焊接球的壁厚。

2 螺栓球不得有裂纹。螺纹应按6H级精度加工，并应符合现行国家标准《普通螺纹 公差》GB/T 197的规定。螺栓球的尺寸允许偏差应符合表6.2.4-2的规定。

表 6.2.4-2　螺栓球尺寸的允许偏差

项　　目	规格(mm)	允许偏差
毛坯球直径	$D\leqslant120$	+2.0mm −1.0mm
	$D>120$	+3.0mm −1.5mm
球的圆度	$D\leqslant120$	1.5mm
	$120<D\leqslant250$	2.5mm
	$D>250$	3.5mm
同一轴线上两铣平面平行度	$D\leqslant120$	0.2mm
	$D>120$	0.3mm
铣平面距球中心距离	—	±0.2mm
相邻两螺栓孔中心线夹角	—	±30′
铣平面与螺栓孔轴线垂直度	—	0.005r

注：D 为螺栓球直径，r 为铣平面半径。

3　嵌入式毂节点杆端嵌入榫与毂体槽口相配合部分的制造精度应满足 0.1mm～0.3mm 间隙配合的要求。杆端嵌入件倾角 φ 制造中以 30′分类，与杆件组焊时，在专用胎具上微调，其调整后的偏差为 20′。嵌入式毂节点尺寸允许偏差应符合表 6.2.4-3 的规定。

表 6.2.4-3　嵌入式毂节点尺寸的允许偏差

项　　目	允许偏差
嵌入槽圆孔对分布圆中心线的平行度	0.3mm
分布圆直径	±0.3mm
直槽部分对圆孔平行度	0.2mm
毂体嵌入槽间夹角	±20′
毂体端面对嵌入槽分布圆中心线的端面跳动	0.3mm
端面间平行度	0.5mm

6.2.5　钢管杆件宜用机床下料。杆件下料长度应预加焊接收缩量，其值可通过试验确定。杆件制作长度的允许偏差应为±1mm。采用螺栓球节点连接的杆件其长度应包括锥头或封板；采用嵌入式毂节点连接的杆件，其长度应包括杆端嵌入件。

6.2.6　支座节点、铸钢节点、预应力索锚固节点、H 型钢、方管、预应力索等的制作加工应符合设计及现行国家标准《钢结构工程施工质量验收规范》GB 50205 等的规定。

6.2.7　空间网格结构宜在拼装模架上进行小拼，以保证小拼单元的形状和尺寸的准确性。小拼单元的允许偏差应符合表 6.2.7 规定。

表 6.2.7　小拼单元的允许偏差

项　　目	范　围	允许偏差(mm)
节点中心偏移	$D\leqslant500$	2.0
	$D>500$	3.0
杆件中心与节点中心的偏移	d (b) $\leqslant200$	2.0
	d (b) >200	3.0
杆件轴线的弯曲矢高	—	$L_1/1000$，且不应大于 5.0
网格尺寸	$L\leqslant5000$	±2.0
	$L>5000$	±3.0
锥体（桁架）高度	$h\leqslant5000$	±2.0
	$h>5000$	±3.0
对角线长度	$L\leqslant7000$	±3.0
	$L>7000$	±4.0
平面桁架节点处杆件轴线错位	d (b) $\leqslant200$	2.0
	d (b) >200	3.0

注：1　D 为节点直径；
2　d 为杆件直径，b 为杆件截面边长；
3　L_1 为杆件长度，L 为网格尺寸，h 为锥体（桁架）高度。

6.2.8　分条或分块的空间网格结构单元长度不大于 20m 时，拼接边长度允许偏差应为±10mm；当条或块单元长度大于 20m 时，拼接边长度允许偏差应为±20mm。高空总拼应有保证精度的措施。

6.2.9　空间网格结构在总拼前应精确放线，放线的允许偏差应为边长的 1/10000。总拼所用的支承点应防止下沉。总拼时应选择合理的焊接工艺顺序，以减少焊接变形和焊接应力。拼装与焊接顺序应从中间向两端或四周发展。网壳结构总拼完成后应检查曲面形状，其局部凹陷的允许偏差应为跨度的 1/1500，且不应大于 40mm。

6.2.10　螺栓球节点及用高强度螺栓连接的空间网格结构，按有关规定拧紧高强度螺栓后，应对高强度螺栓的拧紧情况逐一检查，压杆不得存在缝隙，确保高强度螺栓拧紧。安装完成后应对拉杆套筒的缝隙和多余的螺孔用油腻子填嵌密实，并应按规定进行防腐处理。

6.2.11　支座安装应平整垫实，必要时可用钢板调整，不得强迫就位。

6.3　高空散装法

6.3.1　采用小拼单元或杆件直接在高空拼装时，其顺序应能保证拼装精度，减少累积误差。悬挑法施工时，应先拼成可承受自重的几何不变结构体系，然后逐步扩拼。为减少扩拼时结构的竖向位移，可设置少量支撑。空间网格结构在拼装过程中应对控制点空间坐标随时跟踪测量，并及时调整至设计要求值，不应使拼装偏差逐步积累。

6.3.2 当选用扣件式钢管搭设拼装支架时，应在立杆柱网中纵横每相隔15m～20m设置格构柱或格构框架，作为核心结构。格构柱或格构框架必须设置交叉斜杆，斜杆与立杆或水平杆交叉处节点必须用扣件连接牢固。

6.3.3 格构柱应验算强度、整体稳定性和单根立杆稳定性；拼装支架除应验算单根立杆强度和稳定性外，尚应采取构造措施保证整体稳定性。压杆计算长度 l_0 应取支架步高。

计算时工作条件系数 μ_a 可取0.36，高度影响系数 μ_b 可按下式计算：

$$\mu_b=\frac{1}{1+0.005H_s} \tag{6.3.3}$$

式中：μ_b ——高度影响系数；

H_s ——支架搭设高度（m）。

6.3.4 对于高宽比比较大的拼装支架还应进行抗倾覆验算。

6.3.5 拼装支架搭设应符合下列规定：

1 必须设置足够完整的垂直剪刀撑和水平剪刀撑；

2 支架应与土建结构连接牢固，当无连接条件时，应设置安全缆风绳、抛撑等；

3 支架立杆安装每步高允许垂直偏差应为±7mm；支架总高20m以下时，全高允许垂直偏差应为±30mm；支架总高20m以上时，全高允许垂直偏差应为±48mm；

4 扣件拧紧力矩不应小于40N·m，抽检率不应低于20%；

5 支架在结构自重及施工荷载作用下，其立杆总沉降量不应大于10mm；

6 支架搭设的其余技术要求应符合现行行业标准《建筑施工扣件式钢管脚手架安全技术规范》JGJ 130的相关规定。

6.3.6 在拆除支架过程中应防止个别支承点集中受力，宜根据各支承点的结构自重挠度值，采用分区、分阶段按比例下降或用每步不大于10mm的等步下降法拆除支承点。

6.4 分条或分块安装法

6.4.1 将空间网格结构分成条状单元或块状单元在高空连成整体时，分条或分块结构单元应具有足够刚度并保证自身的几何不变性，否则应采取临时加固措施。

6.4.2 在分条或分块之间的合拢处，可采用安装螺栓或其他临时定位等措施。设置独立的支撑点或拼装支架时，应符合本规程第6.3.2条的规定。合拢时可用千斤顶或其他方法将网格单元顶升至设计标高，然后连接。

6.4.3 网格单元宜减少中间运输。如需运输时，应采取措施防止变形。

6.5 滑 移 法

6.5.1 滑移可采用单条滑移法、逐条积累滑移法与滑架法。

6.5.2 空间网格结构在滑移时应至少设置两条滑轨，滑轨间必须平行。根据结构支承情况，滑轨可以倾斜设置，结构可上坡或下坡牵引。当滑轨倾斜时，必须采取安全措施，使结构在滑移过程中不致因自重向下滑动。对曲面空间网格结构的条状单元可用辅助支架调整结构的高低；对非矩形平面空间网格结构，在滑轨两边可对称或非对称将结构悬挑。

6.5.3 滑轨可固定于梁顶面或专用支架上，也可置于地面。轨面标高宜高于或等于空间网格结构支座设计标高。滑轨及专用支架应能抵抗滑移时的水平力及竖向力，专用支架的搭设应符合本规程第6.3.2条的规定。滑轨接头处应垫实，两端应做圆倒角，滑轨两侧应无障碍，滑轨表面应光滑平整，并应涂润滑油。大跨度空间网格结构的滑轨采用钢轨时，安装应符合现行国家标准《桥式和门式起重机制造和轨道安装公差》GB/T 10183的规定。

6.5.4 对大跨度空间网格结构，宜在跨中增设中间滑轨。中间滑轨宜用滚动摩擦方式滑移，两边滑轨宜用滑动摩擦方式滑移。当滑移单元由于增设中间滑轨引起杆件内力变号时，应采取措施防止杆件失稳。

6.5.5 当设置水平导向轮时，宜设在滑轨内侧，导向轮与滑轨的间隙应在10mm～20mm之间。

6.5.6 空间网格结构滑移时可用卷扬机或手拉葫芦牵引，根据牵引力大小及支座之间的杆件承载力，左右每边可采用一点或多点牵引。牵引速度不宜大于0.5m/min，不同步值不应大于50mm。牵引力可按滑动摩擦或滚动摩擦分别按下列公式进行验算：

1 滑动摩擦

$$F_t \geqslant \mu_1 \cdot \zeta \cdot G_{ok} \tag{6.5.6-1}$$

式中：F_t ——总启动牵引力；

G_{ok} ——空间网格结构的总自重标准值；

μ_1 ——滑动摩擦系数，在自然轧制钢表面，经粗除锈充分润滑的钢与钢之间可取0.12～0.15；

ζ ——阻力系数，当有其他因素影响牵引力时，可取1.3～1.5。

2 滚动摩擦

$$F_t \geqslant \left(\frac{k}{r_1}+\mu_2\frac{r}{r_1}\right)\cdot G_{ok}\cdot \zeta_1 \tag{6.5.6-2}$$

式中：F_t ——总启动牵引力；

G_{ok} ——空间网格结构总自重标准值；

k——钢制轮与钢轨之间滚动摩擦力臂，当圆顶轨道车轮直径为100mm～150mm时，取0.3mm，车轮直径为200mm～300mm时，取0.4mm；

μ_2——车轮轴承摩擦系数，滑动开式轴承取0.1，稀油润滑取0.08，滚珠轴承取0.015，滚柱轴承、圆锥滚子轴承取0.02；

ζ_1——阻力系数，由小车制造安装精度、钢轨安装精度、牵引的不同步程度等因素确定，取1.1～1.3；

r_1——滚轮的外圆半径（mm）；

r——轴的半径（mm）。

6.5.7 空间网格结构在滑移施工前，应根据滑移方案对杆件内力、位移及支座反力进行验算。当采用多点牵引时，还应验算牵引不同步对结构内力的影响。

6.6 整体吊装法

6.6.1 空间网格结构整体吊装可采用单根或多根拔杆起吊，也可采用一台或多台起重机起吊就位，并应符合下列规定：

1 当采用单根拔杆整体吊装方案时，对矩形网架，可通过调整缆风绳使空间网格结构平移就位；对正多边形或圆形结构可通过旋转使结构转动就位；

2 当采用多根拔杆方案时，可利用每根拔杆两侧起重机滑轮组中产生水平力不等原理推动空间网格结构平移或转动就位（图6.6.1）；

3 空间网格结构吊装设备可根据起重滑轮组的拉力进行受力分析，提升或就位阶段可分别按下列公式计算起重滑轮组的拉力：

提升阶段（图6.6.1a），

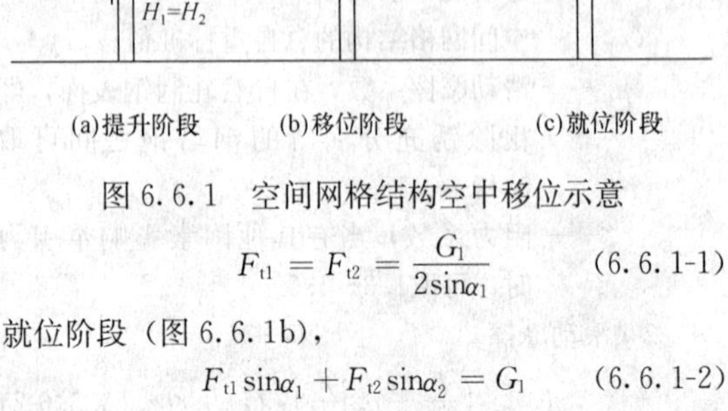

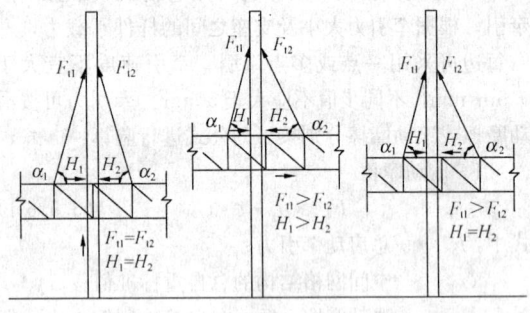

(a)提升阶段 (b)移位阶段 (c)就位阶段

图6.6.1 空间网格结构空中移位示意

$$F_{t1}=F_{t2}=\frac{G_1}{2\sin\alpha_1} \quad (6.6.1\text{-}1)$$

就位阶段（图6.6.1b），

$$F_{t1}\sin\alpha_1+F_{t2}\sin\alpha_2=G_1 \quad (6.6.1\text{-}2)$$

$$F_{t1}\cos\alpha_1=F_{t2}\cos\alpha_2 \quad (6.6.1\text{-}3)$$

式中：G_1——每根拔杆所担负的空间网格结构、索具等荷载（kN）；

F_{t1}、F_{t2}——起重滑轮组的拉力（kN）；

α_1、α_2——起重滑轮组钢丝绳与水平面的夹角（rad）。

6.6.2 在空间网格结构整体吊装时，应保证各吊点起升及下降的同步性。提升高差允许值（即相邻两拔杆间或相邻两吊点组的合力点间的相对高差）可取吊点间距离的1/400，且不宜大于100mm，或通过验算确定。

6.6.3 当采用多根拔杆或多台起重机吊装空间网格结构时，宜将拔杆或起重机的额定负荷能力乘以折减系数0.75。

6.6.4 在制订空间网格结构就位总拼方案时，应符合下列规定：

1 空间网格结构的任何部位与支承柱或拔杆的净距不应小于100mm；

2 如支承柱上设有凸出构造（如牛腿等），应防止空间网格结构在提升过程中被凸出物卡住；

3 由于空间网格结构错位需要，对个别杆件暂不组装时，应进行结构验算。

6.6.5 拔杆、缆风绳、索具、地锚、基础及起重滑轮组的穿法等，均应进行验算，必要时可进行试验检验。

6.6.6 当采用多根拔杆吊装时，拔杆安装必须垂直，缆风绳的初始拉力值宜取吊装时缆风绳中拉力的60%。

6.6.7 当采用单根拔杆吊装时，应采用球铰底座；当采用多根拔杆吊装时，在拔杆的起重平面内可采用单向铰接头。拔杆在最不利荷载组合作用下，其支承基础对地面的平均压力不应大于地基承载力特征值。

6.6.8 当空间网格结构承载能力允许时，在拆除拔杆时可采用在结构上设置滑轮组将拔杆悬挂于空间网格结构上逐段拆除的方法。

6.7 整体提升法

6.7.1 空间网格结构整体提升可在结构柱上安装提升设备进行提升，也可在进行柱子滑模施工的同时提升，此时空间网格结构可作为操作平台。

6.7.2 提升设备的使用负荷能力，应将额定负荷能力乘以折减系数，穿心式液压千斤顶可取0.5～0.6；电动螺杆升板机可取0.7～0.8；其他设备通过试验确定。

6.7.3 空间网格结构整体提升时应保证同步。相邻两提升点和最高与最低两个点的提升允许高差值应通过验算或试验确定。在通常情况下，相邻两个提升点允许高差值，当用升板机时，应为相邻点距离的1/400，且不应大于15mm；当采用穿心式液压千斤顶时，应为相邻点距离的1/250，且不应大于25mm。最高点与最低点允许高差值，当采用升板机时应为35mm，当采用穿心式液压千斤顶时应为50mm。

6.7.4 提升设备的合力点与吊点的偏移值不应大

于10mm。

6.7.5 整体提升法的支承柱应进行稳定性验算。

6.8 整体顶升法

6.8.1 当空间网格结构采用整体顶升法时，宜利用空间网格结构的支承柱作为顶升时的支承结构，也可在原支承柱处或其附近设置临时顶升支架。

6.8.2 顶升用的支承柱或临时支架上的缀板间距，应为千斤顶使用行程的整倍数，其标高偏差不得大于5mm，否则应用薄钢板垫平。

6.8.3 顶升千斤顶可采用螺旋千斤顶或液压千斤顶，其使用负荷能力应将额定负荷能力乘以折减系数，丝杠千斤顶取0.6～0.8，液压千斤顶取0.4～0.6。各千斤顶的行程和升起速度必须一致，千斤顶及其液压系统必须经过现场检验合格后方可使用。

6.8.4 顶升时各顶升点的允许高差应符合下列规定：

1 不应大于相邻两个顶升支承结构间距的1/1000，且不应大于15mm；

2 当一个顶升点的支承结构上有两个或两个以上千斤顶时，不应大于千斤顶间距的1/200，且不应大于10mm。

6.8.5 千斤顶应保持垂直，千斤顶或千斤顶合力的中心与顶升点结构中心线偏移值不应大于5mm。

6.8.6 顶升前及顶升过程中空间网格结构支座中心对柱基轴线的水平偏移值不得大于柱截面短边尺寸的1/50及柱高的1/500。

6.8.7 顶升用的支承结构应进行稳定性验算，验算时除应考虑空间网格结构和支承结构自重、与空间网格结构同时顶升的其他静载和施工荷载外，尚应考虑上述荷载偏心和风荷载所产生的影响。如稳定性不满足时，应采取措施予以解决。

6.9 折叠展开式整体提升法

6.9.1 将柱面网壳结构由结构变成机构，在地面拼装完成后用提升设备整体提升到设计标高，然后在高空补足杆件，使机构成为结构。在作为机构的整个提升过程中应对网壳结构的杆件内力、节点位移及支座反力进行验算，必要时应采取临时加固措施。

6.9.2 提升用的工具宜采用液压设备，并宜采用计算机同步控制。提升点应根据设计计算确定，可采用四点或四点以上的提升点进行提升。提升速度不宜大于0.2m/min，提升点的不同步值不应大于提升点间距的1/500，且不应大于40mm。

6.9.3 在提升过程中只允许机构在竖直方向作一维运动。提升用的支架应符合本规程第6.3.2条的规定，并应设置导轨。

6.9.4 柱面网壳结构由若干条铰线分成多个区域，每条铰线包含多个活动铰，应保证同一铰线上的各个铰节点在一条直线上，各条铰线之间应相互平行。

6.9.5 对提升过程中可能出现瞬变的柱面网壳结构，应设置临时支撑或临时拉索。

6.10 组合空间网格结构施工

6.10.1 预制钢筋混凝土板几何尺寸的允许偏差及混凝土质量标准应符合现行国家标准《混凝土结构工程施工质量验收规范》GB 50204的有关规定。

6.10.2 灌缝混凝土应采用微膨胀补偿收缩混凝土，并应连续灌筑。当灌缝混凝土强度达到强度等级的75%以上时，方可拆除支架。

6.10.3 组合空间网格结构的腹杆及下弦杆的制作、拼装允许偏差及焊缝质量要求应符合本规程第6.2节的规定。

6.10.4 组合空间网格结构安装方法可采用高空散装法、整体提升法、整体顶升法。

6.10.5 组合空间网格结构在未形成整体前，不得拆除支架或施加局部集中荷载。

6.11 交　　验

6.11.1 空间网格结构的制作、拼装和安装的每道工序完成后均应进行检查，凡未经检查，不得进行下一工序的施工，每道工序的检查均应作出记录，并汇总存档。结构安装完成后必须进行交工验收。

组成空间网格结构的各种节点、杆件、高强度螺栓、其他零配件、构件、连接件等均应有出厂合格证及检验记录。

6.11.2 交工验收时，应检查空间网格结构的各边长度、支座的中心偏移和高度偏差，各允许偏差应符合下列规定：

1 各边长度的允许偏差应为边长的1/2000且不应大于40mm；

2 支座中心偏移的允许偏差应为偏移方向空间网格结构边长（或跨度）的1/3000，且不应大于30mm；

3 周边支承的空间网格结构，相邻支座高差的允许偏差应为相邻间距的1/400，且不大于15mm；对多点支承的空间网格结构，相邻支座高差的允许偏差应为相邻间距的1/800，且不应大于30mm；支座最大高差的允许偏差不应大于30mm。

6.11.3 空间网格结构安装完成后，应对挠度进行测量。测量点的位置可由设计单位确定。当设计无要求时，对跨度为24m及以下的情况，应测量跨中的挠度；对跨度为24m以上的情况，应测量跨中及跨度方向四等分点的挠度。所测得的挠度值不应超过现荷载条件下挠度计算值的1.15倍。

6.11.4 空间网格结构工程验收，应具备下列文件和记录：

1 空间网格结构施工图、设计变更文件、竣工图；

2 施工组织设计；

3　所用钢材及其他材料的质量证明书和试验报告；

4　零部件产品合格证和试验报告；

5　焊接质量检验资料；

6　总拼就位后几何尺寸偏差、支座高度偏差和挠度测量记录。

附录A　常用网架形式

A.0.1　交叉桁架体系可采用下列五种形式：

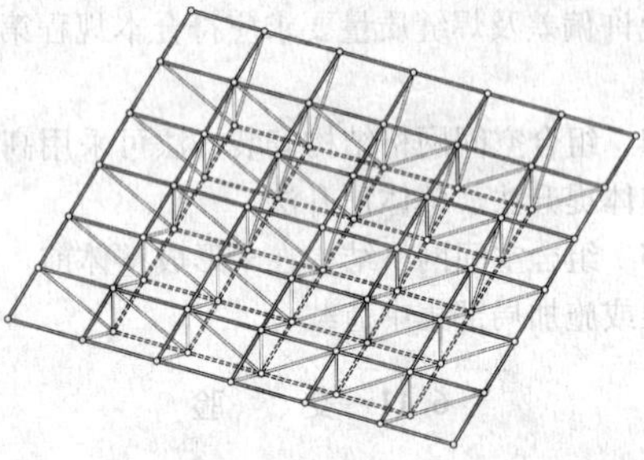

图 A.0.1（a）　两向正交正放网架

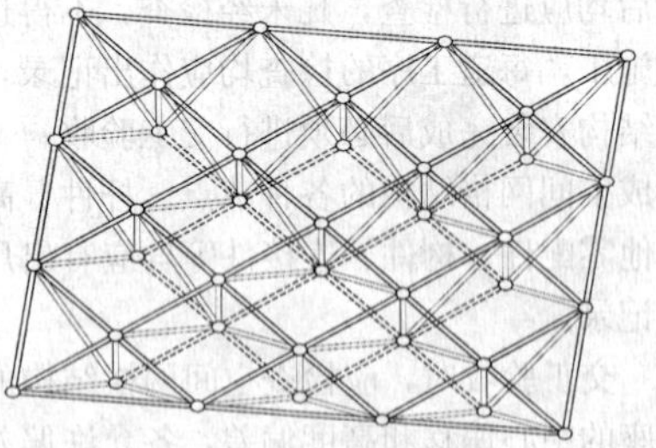

图 A.0.1（b）　两向正交斜放网架

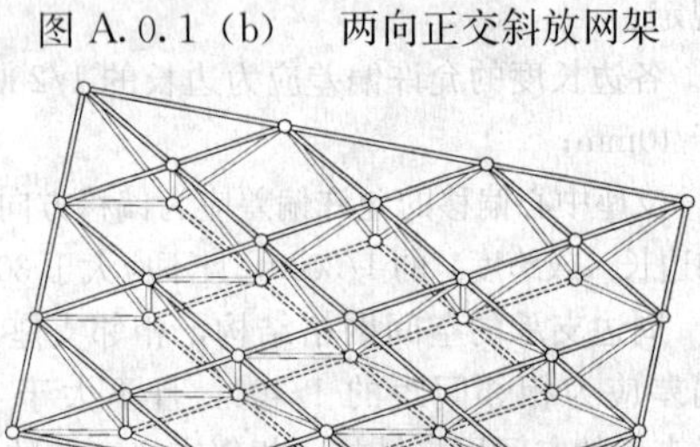

图 A.0.1（c）　两向斜交斜放网架

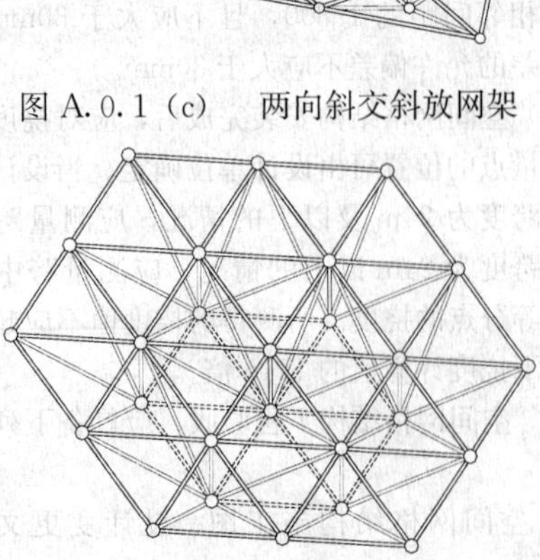

图 A.0.1（d）　三向网架

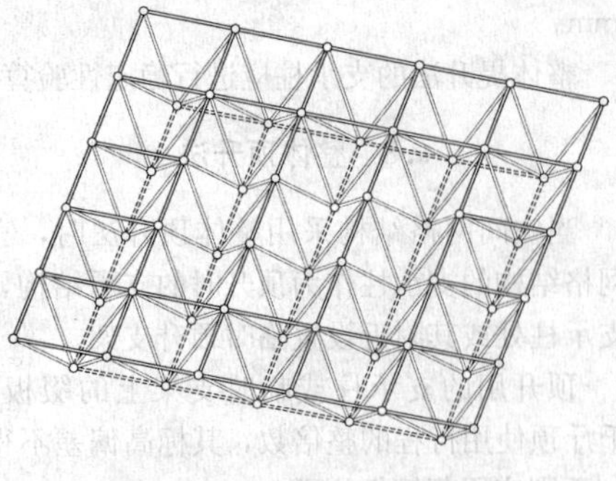

图 A.0.1（e）　单向折线形网架

A.0.2　四角锥体系可采用下列五种形式：

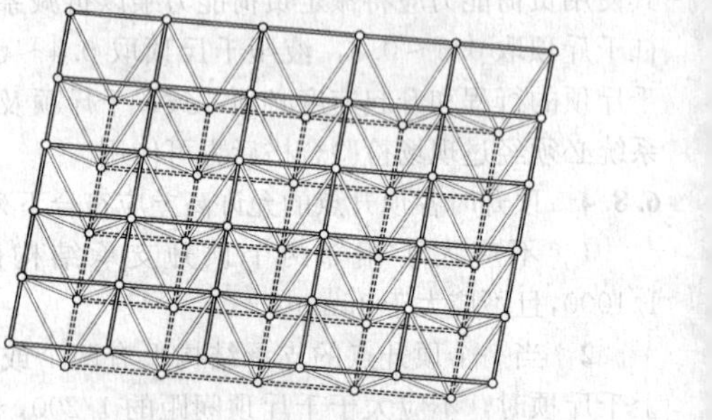

图 A.0.2（a）　正放四角锥网架

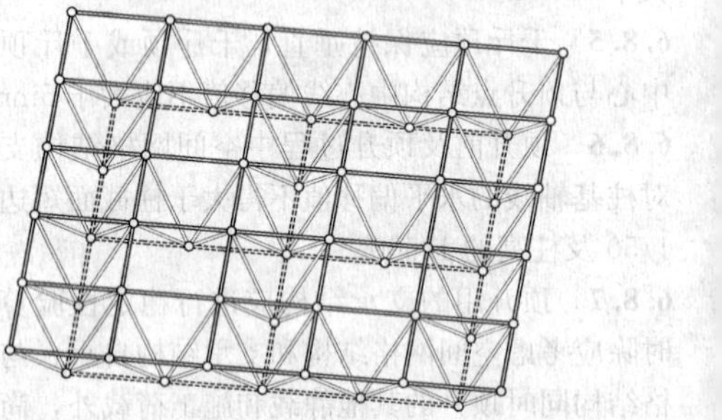

图 A.0.2（b）　正放抽空四角锥网架

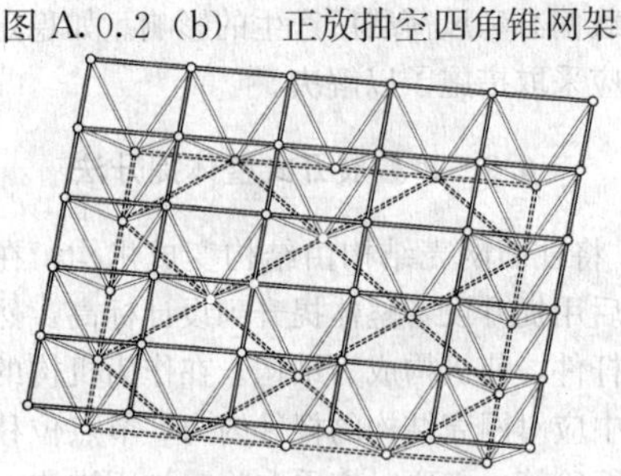

图 A.0.2（c）　棋盘形四角锥网架

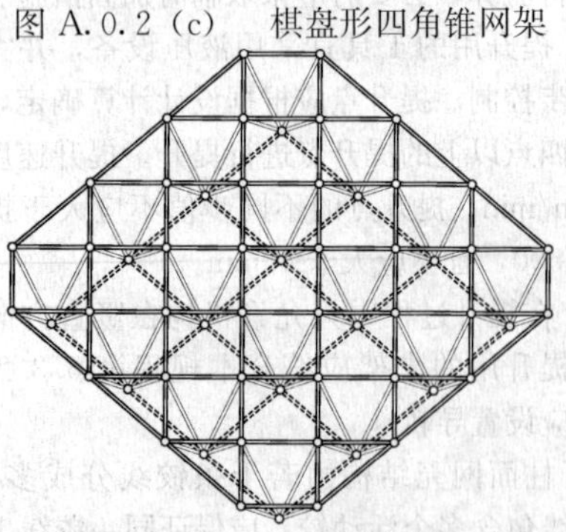

图 A.0.2（d）　斜放四角锥网架

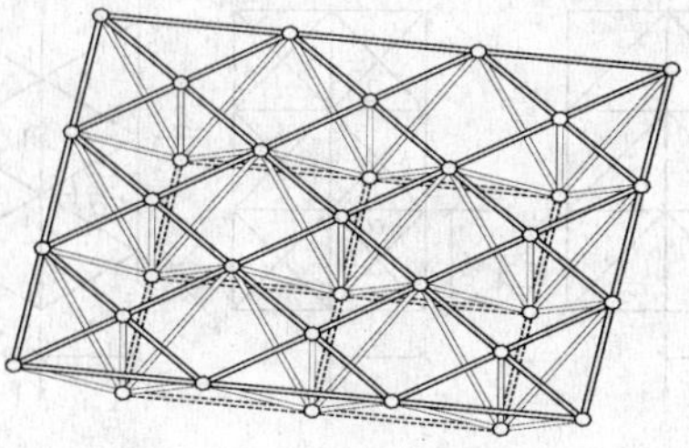

图 A.0.2（e） 星形四角锥网架

A.0.3 三角锥体系可采用下列三种形式：

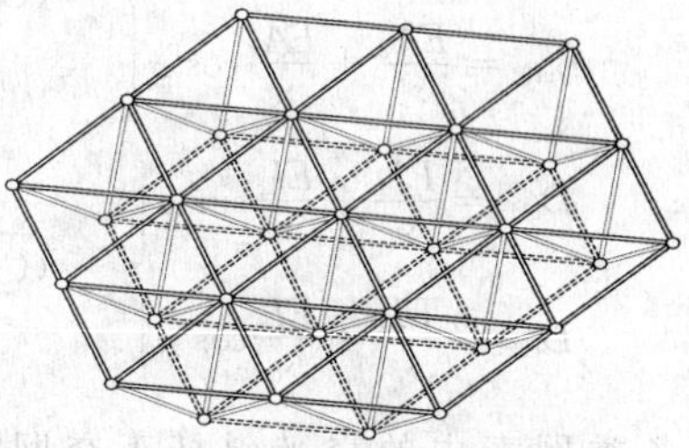

图 A.0.3（a） 三角锥网架

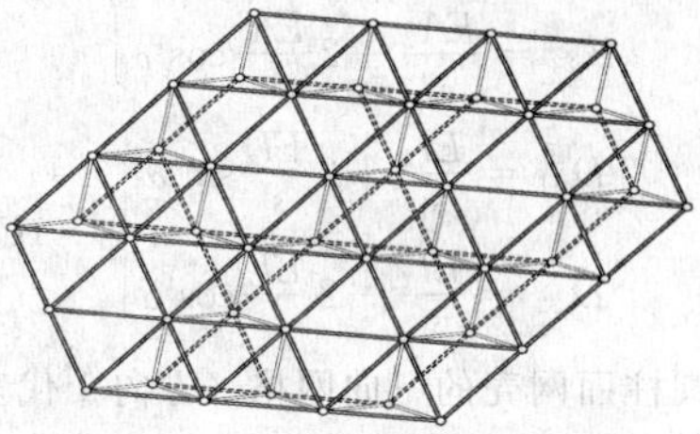

图 A.0.3（b） 抽空三角锥网架

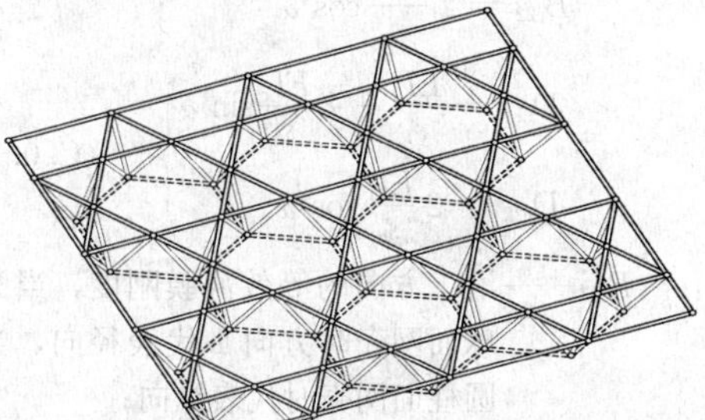

图 A.0.3（c） 蜂窝形三角锥网架

附录 B 常用网壳形式

B.0.1 单层圆柱面网壳网格可采用下列四种形式：

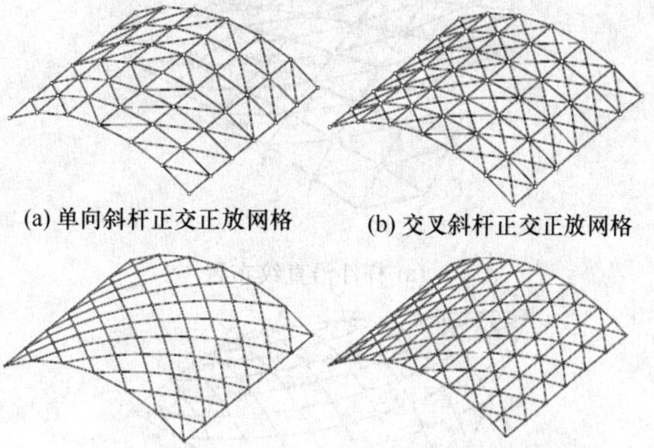

(a) 单向斜杆正交正放网格 (b) 交叉斜杆正交正放网格

(c) 联方网格 (d) 三向网格(其网格也可转90°方向布置)

图 B.0.1 单层圆柱面网壳网格形式

B.0.2 单层球面网壳网格可采用下列六种形式：

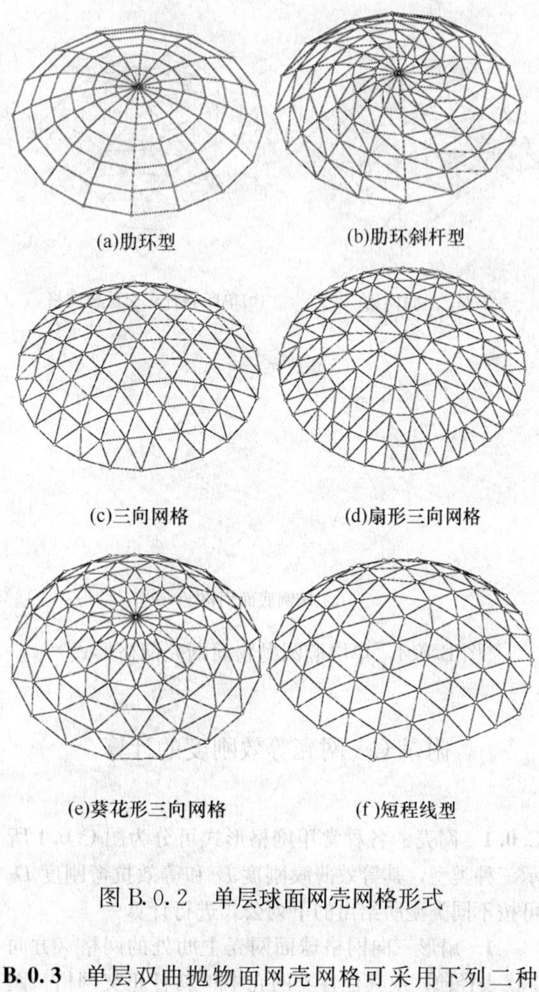

(a)肋环型 (b)肋环斜杆型

(c)三向网格 (d)扇形三向网格

(e)葵花形三向网格 (f)短程线型

图 B.0.2 单层球面网壳网格形式

B.0.3 单层双曲抛物面网壳网格可采用下列二种形式：

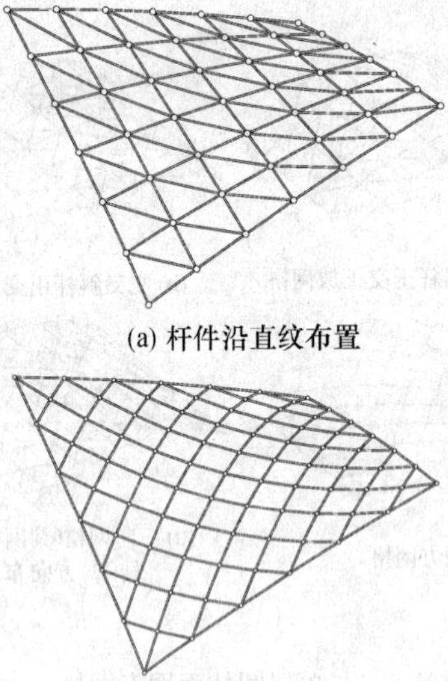

(a) 杆件沿直纹布置

(b) 杆件沿主曲率方向布置

图 B.0.3 单层双曲抛物面网壳网格形式

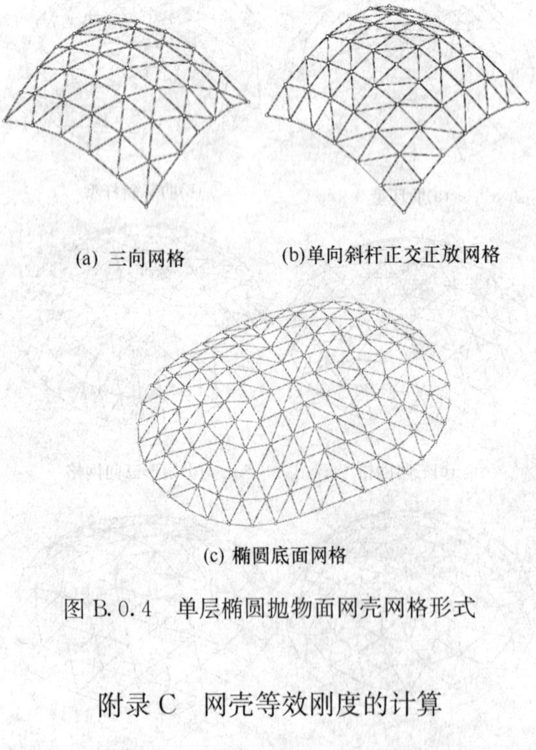

(a) 三向网格

(b) 单向斜杆正交正放网格

(c) 椭圆底面网格

图 B.0.4 单层椭圆抛物面网壳网格形式

附录 C 网壳等效刚度的计算

C.0.1 网壳的各种常用网格形式可分为图 C.0.1 所示三种类型，其等效薄膜刚度 B_e 和等效抗弯刚度 D_e 可按不同类型所给出的下列公式进行计算。

1 扇形三向网格球面网壳主肋处的网格（方向 1 代表径向）或其他各类网壳中单斜杆正交网格（图 C.0.1a）

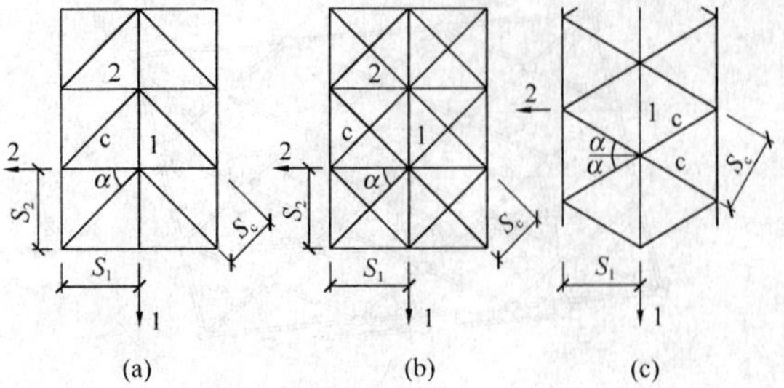

(a) (b) (c)

图 C.0.1 网壳常用网格形式

$$\left.\begin{aligned} B_{e11} &= \frac{EA_1}{s_1} + \frac{EA_c}{s_c}\sin^4\alpha \\ B_{e22} &= \frac{EA_2}{s_2} + \frac{EA_c}{s_c}\cos^4\alpha \end{aligned}\right\} \quad \text{(C.0.1-1)}$$

$$\left.\begin{aligned} D_{e11} &= \frac{EI_1}{s_1} + \frac{EI_c}{s_c}\sin^4\alpha \\ D_{e22} &= \frac{EI_2}{s_2} + \frac{EI_c}{s_c}\cos^4\alpha \end{aligned}\right\} \quad \text{(C.0.1-2)}$$

2 各类网壳中的交叉斜杆正交网格（图 C.0.1b）

$$\left.\begin{aligned} B_{e11} &= \frac{EA_1}{s_1} + 2\,\frac{EA_c}{s_c}\sin^4\alpha \\ B_{e22} &= \frac{EA_2}{s_2} + 2\,\frac{EA_c}{s_c}\cos^4\alpha \end{aligned}\right\} \quad \text{(C.0.1-3)}$$

$$\left.\begin{aligned} D_{e11} &= \frac{EI_1}{s_1} + 2\,\frac{EI_c}{s_c}\sin^4\alpha \\ D_{e22} &= \frac{EI_2}{s_2} + 2\,\frac{EI_c}{s_c}\cos^4\alpha \end{aligned}\right\} \quad \text{(C.0.1-4)}$$

3 圆柱面网壳的三向网格（方向 1 代表纵向）或椭圆抛物面网壳的三向网格（图 C.0.1c）

$$\left.\begin{aligned} B_{e11} &= \frac{EA_1}{s_1} + 2\,\frac{EA_c}{s_c}\sin^4\alpha \\ B_{e22} &= 2\,\frac{EA_c}{s_c}\cos^4\alpha \end{aligned}\right\} \quad \text{(C.0.1-5)}$$

$$\left.\begin{aligned} D_{e11} &= \frac{EI_1}{s_1} + 2\,\frac{EI_c}{s_c}\sin^4\alpha \\ D_{e22} &= 2\,\frac{EI_c}{s_c}\cos^4\alpha \end{aligned}\right\} \quad \text{(C.0.1-6)}$$

式中：B_{e11}——沿 1 方向的等效薄膜刚度，当为圆球面网壳时方向 1 代表径向，当为圆柱面网壳时代表纵向；

B_{e22}——沿 2 方向的等效薄膜刚度，当为圆球面网壳时方向 2 代表环向，当为圆柱面网壳时代表横向；

D_{e11}——沿 1 方向的等效抗弯刚度；

D_{e22}——沿 2 方向的等效抗弯刚度；

A_1、A_2、A_c——沿 1、2 方向和斜向的杆件截面面积；

s_1、s_2、s_c——1、2 方向和斜向的网格间距；

I_1、I_2、I_c——沿 1、2 方向和斜向的杆件截面惯性矩；

α——沿 2 方向杆件和斜杆的夹角。

附录 D　组合网架结构的简化计算

D.0.1　当组合网架结构的带肋平板采用如图 D.0.1a 的布置形式时，可假定为四组杆系组成的等代上弦杆（图 D.0.1b），其截面面积应按下列公式计算：

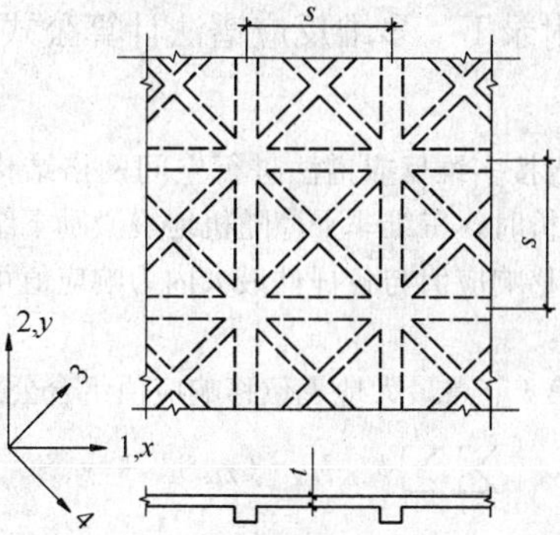

(a) 带肋平板

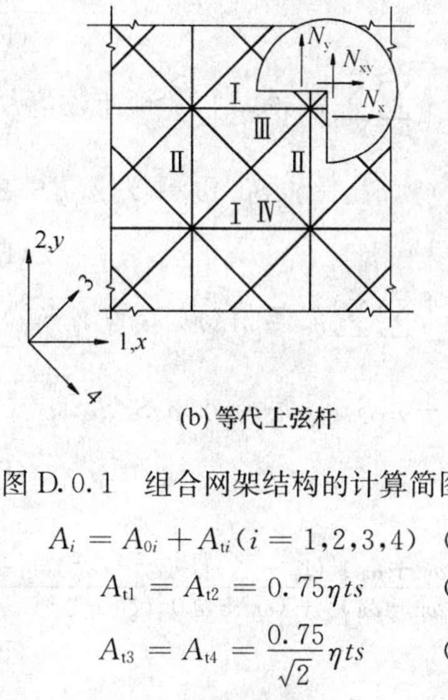

(b) 等代上弦杆

图 D.0.1　组合网架结构的计算简图

$$A_i = A_{0i} + A_{ti} (i = 1,2,3,4) \quad \text{(D.0.1-1)}$$

$$A_{t1} = A_{t2} = 0.75\eta ts \quad \text{(D.0.1-2)}$$

$$A_{t3} = A_{t4} = \frac{0.75}{\sqrt{2}}\eta ts \quad \text{(D.0.1-3)}$$

式中：A_{0i}——i 方向肋的截面面积（$i=1$，2，3，4）；

A_{ti}——带肋板的平板部分在 i 方向等代杆系的截面面积（i=1，2，3，4）；计算矩形平面组合网架边界处内力时，A_{t1}、A_{t2}应减半，取 $0.375\eta ts$；

t——平板厚度；

s——1、2 两方向肋的间距；

η——考虑钢筋混凝土平板泊松比 ν 的修正系数，当 $\nu=1/6$ 时，可取 $\eta=0.825$。

组合网架带肋平板的混凝土弹性模量，在长期荷载组合下应乘折减系数 0.5，在短期荷载组合下应乘折减系数 0.85。

D.0.2　肋和平板等代杆系的轴向力设计值 N_{0i}、N_{ti} 可按下列公式计算：

$$N_{0i} = \frac{A_{0i}}{A_i}N_i \quad \text{(D.0.2-1)}$$

$$N_{ti} = \frac{A_{ti}}{A_i}N_i \quad \text{(D.0.2-2)}$$

式中：N_i——由截面积为 A_i 的等代上弦杆组成的网架结构所求得的上弦内力设计值（i=1，2，3，4）。

D.0.3　Ⅰ、Ⅲ类三角形单元与Ⅱ、Ⅳ类三角形单元（图 D.0.1b）内的平板内力设计值 N_x、N_y、N_{xy} 可分别按下列公式计算：

$$\begin{Bmatrix} N_x \\ N_y \\ N_{xy} \end{Bmatrix} = \frac{1}{2s}\begin{bmatrix} 2 & 1 & 1 \\ -2 & 3 & 3 \\ 0 & 1 & -1 \end{bmatrix}\begin{Bmatrix} N_{t1} \\ \sqrt{2}N_{t3} \\ \sqrt{2}N_{t4} \end{Bmatrix} \quad \text{(D.0.3-1)}$$

$$\begin{Bmatrix} N_x \\ N_y \\ N_{xy} \end{Bmatrix} = \frac{1}{2s}\begin{bmatrix} -2 & 3 & 3 \\ 2 & 1 & 1 \\ 0 & 1 & -1 \end{bmatrix}\begin{Bmatrix} N_{t2} \\ \sqrt{2}N_{t3} \\ \sqrt{2}N_{t4} \end{Bmatrix} \quad \text{(D.0.3-2)}$$

式中：N_{ti}——三角形单元边界处相应平板等代杆系的轴力设计值。计算矩形平面组合网架边界处内力时，N_{t1}、N_{t2} 应加倍，取 $2N_{t1}$、$2N_{t2}$。

D.0.4　根据板的连接构造，对多支点双向多跨连续板或四支点单跨板，应计算带肋板的肋中和板中的局部弯曲内力。

附录 E　网壳结构稳定承载力计算公式

E.0.1　当单层球面网壳跨度小于 50m、单层圆柱面网壳宽度小于 25m、单层椭圆抛物面网壳跨度小于 30m，或对网壳稳定性进行初步计算时，其容许承载力标准值 $[q_{ks}]$（kN/m^2）可按下列公式计算：

1　单层球面网壳

$$[q_{ks}] = 0.25\frac{\sqrt{B_e D_e}}{r^2} \quad \text{(E.0.1-1)}$$

式中：B_e——网壳的等效薄膜刚度（kN/m）；

D_e——网壳的等效抗弯刚度（kN·m）；

r——球面的曲率半径（m）。

扇形三向网壳的等效刚度 B_e 和 D_e 应按主肋处的网格尺寸和杆件截面进行计算；短程线型网壳应按三角形球面上的网格尺寸和杆件截面进行计算；肋环斜杆型和葵花形三向网壳应按自支承圈梁算起第三圈环梁处的网格尺寸和杆件截面进行计算。网壳径向和环向的等效刚度不相同时，可采用两个方向的平均值。

2　单层椭圆抛物面网壳，四边铰支在刚性横隔上

$$[q_{ks}] = 0.28\mu \frac{\sqrt{B_e D_e}}{r_1 r_2} \quad (E.0.1\text{-}2)$$

$$\mu = \frac{1}{1 + 0.956\frac{q}{g} + 0.076\left(\frac{q}{g}\right)^2} \quad (E.0.1\text{-}3)$$

式中：r_1、r_2 ——椭圆抛物面网壳两个方向的主曲率半径（m）；

μ ——考虑荷载不对称分布影响的折减系数；

g、q ——作用在网壳上的恒荷载和活荷载（kN/m^2）。

注：公式（E.0.1-3）的适用范围为 $q/g = 0 \sim 2$。

3 单层圆柱面网壳

1） 当网壳为四边支承，即两纵边固定铰支（或固结），而两端铰支在刚性横隔上时：

$$[q_{ks}] = 17.1\frac{D_{e11}}{r^3(L/B)^3} + 4.6\times10^{-5}\frac{B_{e22}}{r(L/B)} + 17.8\frac{D_{e22}}{(r+3f)B^2} \quad (E.0.1\text{-}4)$$

式中：L、B、f、r ——分别为圆柱面网壳的总长度、宽度、矢高和曲率半径（m）；

D_{e11}、D_{e22} ——分别为圆柱面网壳纵向（零曲率方向）和横向（圆弧方向）的等效抗弯刚度（kN·m）；

B_{e22} ——圆柱面网壳横向等效薄膜刚度（kN/m）。

当圆柱面网壳的长宽比 L/B 不大于 1.2 时，由式（E.0.1-4）算出的容许承载力应乘以考虑荷载不对称分布影响的折减系数 μ。

$$\mu = 0.6 + \frac{1}{2.5 + 5\frac{q}{g}} \quad (E.0.1\text{-}5)$$

注：公式（E.0.1-5）的适用范围为 $q/g = 0 \sim 2$。

2） 当网壳仅沿两纵边支承时：

$$[q_{ks}] = 17.8\frac{D_{e22}}{(r+3f)B^2} \quad (E.0.1\text{-}6)$$

3） 当网壳为两端支承时：

$$[q_{ks}] = \mu\left(0.015\frac{\sqrt{B_{e11}D_{e11}}}{r^2\sqrt{L/B}} + 0.033\frac{\sqrt{B_{e22}D_{e22}}}{r^2(L/B)\xi} + 0.020\frac{\sqrt{I_h I_v}}{r^2\sqrt{Lr}}\right)$$
$$\xi = 0.96 + 0.16(1.8 - L/B)^4 \quad (E.0.1\text{-}7)$$

式中：B_{e11} ——圆柱面网壳纵向等效薄膜刚度；

I_h、I_v ——边梁水平方向和竖向的线刚度（kN·m）。

对于桁架式边梁，其水平方向和竖向的线刚度可按下式计算：

$$I_{h,v} = E(A_1 a_1^2 + A_2 a_2^2)/L \quad (E.0.1\text{-}8)$$

式中：A_1、A_2 ——分别为两根弦杆的面积；

a_1、a_2 ——分别为相应的形心距。

两端支承的单层圆柱面网壳尚应考虑荷载不对称分布的影响，其折减系数 μ 可按下式计算：

$$\mu = 1.0 - 0.2\frac{L}{B} \quad (E.0.1\text{-}9)$$

注：公式（E.0.1-9）的适用范围为 $L/B = 1.0 \sim 2.5$。

以上各式中网壳等效刚度的计算公式可见本规程附录C。

附录F 多维反应谱法计算公式

F.0.1 当按多维反应谱法进行空间网格结构三维地震效应分析时，三维非平稳随机地震激励下结构各节点最大位移响应值与各杆件最大内力响应值可按下列公式计算：

1 第 i 节点最大地震位移响应值组合公式：

$$U_{ix} = \left\{\sum_{j=1}^{m}\sum_{k=1}^{m}\phi_{j,ix}\phi_{k,ix}[(\gamma_{jx}S_{hxj} + \gamma_{jy}S_{hyj})(\gamma_{kx}S_{hxk} + \gamma_{ky}S_{hyk})\rho_{jk} + \gamma_{jz}\gamma_{kz}\rho_{jk}S_{vj}S_{vk}]\right\}^{\frac{1}{2}} \quad (F.0.1\text{-}1)$$

$$U_{iy} = \left\{\sum_{j=1}^{m}\sum_{k=1}^{m}\phi_{j,iy}\phi_{k,iy}[(\gamma_{jx}S_{hxj} + \gamma_{jy}S_{hyj})(\gamma_{kx}S_{hxk} + \gamma_{ky}S_{hyk})\rho_{jk} + \gamma_{jz}\gamma_{kz}\rho_{jk}S_{vj}S_{vk}]\right\}^{\frac{1}{2}} \quad (F.0.1\text{-}2)$$

$$U_{iz} = \left\{\sum_{j=1}^{m}\sum_{k=1}^{m}\phi_{j,iz}\phi_{k,iz}[(\gamma_{jx}S_{hxj} + \gamma_{jy}S_{hyj})(\gamma_{kx}S_{hxk} + \gamma_{ky}S_{hyk})\rho_{jk} + \gamma_{jz}\gamma_{kz}\rho_{jk}S_{vj}S_{vk}]\right\}^{\frac{1}{2}} \quad (F.0.1\text{-}3)$$

$$\rho_{jk} = \frac{2\sqrt{\zeta_j\zeta_k}[(\omega_j+\omega_k)^2(\zeta_j+\zeta_k) + (\omega_j^2-\omega_k^2)(\zeta_j-\zeta_k)]}{4(\omega_j-\omega_k)^2 + (\omega_j+\omega_k)^2(\zeta_j+\zeta_k)^2} \quad (F.0.1\text{-}4)$$

$$S_{hxj} = \frac{\alpha_{hxj}g}{\omega_j^2},\quad S_{hyj} = \frac{\alpha_{hyj}g}{\omega_j^2},\quad S_{vj} = \frac{\alpha_{vj}g}{\omega_j^2},\quad S_{hxk} = \frac{\alpha_{hxk}g}{\omega_k^2},\quad S_{hyk} = \frac{\alpha_{hyk}g}{\omega_k^2},\quad S_{vk} = \frac{\alpha_{vk}g}{\omega_k^2} \quad (F.0.1\text{-}5)$$

式中：U_{ix}、U_{iy}、U_{iz} ——依次为节点 i 在 X、Y、Z 三个方向最大位移响应值；

m ——计算时所考虑的振型数；

ϕ ——振型矩阵，$\phi_{j,ix}$、$\phi_{k,ix}$ 分别为相应 j 振型、k 振型时节点 i 在 X 方向的振型值；$\phi_{j,iy}$、$\phi_{k,iy}$ 与

$\phi_{j,iz}$、$\phi_{k,iz}$ 类推；

γ ——振型参与系数，γ_{jx}、γ_{jy}、γ_{jz} 依次为第 j 振型在 X、Y、Z 激励方向的振型参与系数；

ρ_{jk} ——振型间相关系数；

ω_j、ω_k ——分别为相应第 j 振型、第 k 振型的圆频率；

ζ_j、ζ_k ——分别为相应第 j 振型、第 k 振型的阻尼比；

S_{hxj}、S_{hyj} ——分别为相应于 j 振型自振周期的 X 向水平位移反应谱值和 Y 向水平位移反应谱值；

S_{hxk}、S_{hyk} ——分别为相应于 k 振型自振周期的 X 向水平位移反应谱值和 Y 向水平位移反应谱值；

S_{vj} ——相应于 j 振型自振周期的竖向位移反应谱值；

S_{vk} ——相应于 k 振型自振周期的竖向位移反应谱值；

g ——重力加速度；

α_{hxj}、α_{hyj}、α_{vj} ——依次为相应于 j 振型自振周期的 X 向水平、Y 向水平与竖向地震影响系数，取 $\alpha_{hyj}=0.85\alpha_{hxj}$，$\alpha_{vj}=0.65\alpha_{hxj}$；

α_{hxk}、α_{hyk}、α_{vk} ——依次为相应于 k 振型自振周期的 X 向水平、Y 向水平与竖向地震影响系数，取 $\alpha_{hyk}=0.85\alpha_{hxk}$，$\alpha_{vk}=0.65\alpha_{hxk}$。

2 第 p 杆最大地震内力响应值（即随机振动中最大响应的均值）的组合公式为：

$$N_p=\left\{\sum_{j=1}^{m}\sum_{k=1}^{m}\beta_{jp}\beta_{kp}\left[(\gamma_{jx}S_{hxj}+\gamma_{jy}S_{hyj})(\gamma_{kx}S_{hxk}+\gamma_{ky}S_{hyk})\rho_{jk}+\gamma_{jz}\gamma_{kz}\rho_{jk}S_{vj}S_{vk}\right]\right\}^{\frac{1}{2}} \quad (F.0.1\text{-}6)$$

$$\beta_{jp}=\sum_{q=1}^{t}T_{pq}\phi_{jq},\ \beta_{kp}=\sum_{q=1}^{t}T_{pq}\phi_{kq} \quad (F.0.1\text{-}7)$$

式中：N_p ——第 p 杆的最大内力响应值；

t ——结构总自由度数；

T ——内力转换矩阵，T_{pq} 为矩阵中的元素，根据节点编号和单元类型确定。

附录 G 用于屋盖的网架结构竖向地震作用和作用效应的简化计算

G.0.1 对于周边支承或多点支承和周边支承相结合的用于屋盖的网架结构，竖向地震作用标准值可按下式确定：

$$F_{Evki}=\pm\psi_v\cdot G_i \quad (G.0.1)$$

式中：F_{Evki} ——作用在网架第 i 节点上竖向地震作用标准值；

ψ_v ——竖向地震作用系数，按表 G.0.1 取值。

表 G.0.1 竖向地震作用系数

设防烈度	场地类别		
	Ⅰ	Ⅱ	Ⅲ、Ⅳ
8	—	0.08	0.10
9	0.15	0.15	0.20

对于平面复杂或重要的大跨度网架结构可采用振型分解反应谱法或时程分析法作专门的抗震分析和验算。

G.0.2 对于周边简支、平面形式为矩形的正放类和斜放类（指上弦杆平面）用于屋盖的网架结构，在竖向地震作用下所产生的杆件轴向力标准值可按下列公式计算：

$$N_{Evi}=\pm\xi_i\,|N_{Gi}| \quad (G.0.2\text{-}1)$$

$$\xi_i=\lambda\xi_v\left(1-\frac{r_i}{r}\eta\right) \quad (G.0.2\text{-}2)$$

式中：N_{Evi} ——竖向地震作用引起第 i 杆的轴向力标准值；

N_{Gi} ——在重力荷载代表值作用下第 i 杆轴向力标准值；

ξ_i ——第 i 杆竖向地震轴向力系数；

λ ——抗震设防烈度系数，当 8 度时 $\lambda=1$，9 度时 $\lambda=2$；

ξ_v ——竖向地震轴向力系数，可根据网架结构的基本频率按图 G.0.2-1 和表 G.0.2-1 取用；

r_i ——网架结构平面的中心 O 至第 i 杆中点 B 的距离（图 G.0.2-2）；

r ——OA 的长度，A 为 OB 线段与圆（或椭圆）锥底面圆周的交点（图 G.0.2-2）；

η ——修正系数，按表 G.0.2-2 取值。

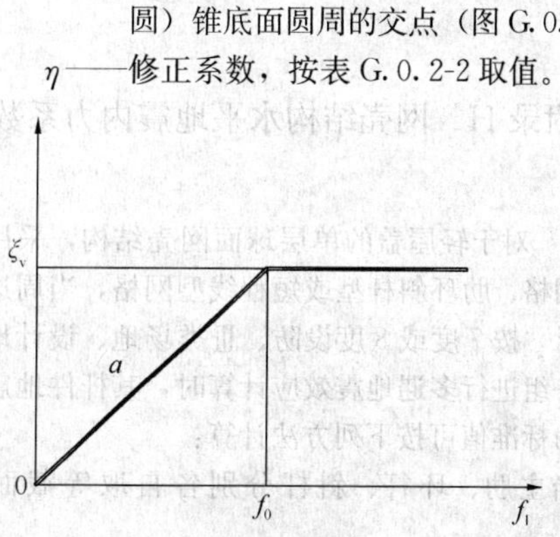

图 G.0.2-1 竖向地震轴向力系数的变化

注：a 及 f_0 值可按表 G.0.2-1 取值。

网架结构的基本频率可近似按下式计算：

$$f_1 = \frac{1}{2}\sqrt{\frac{\sum G_j w_j}{\sum G_j w_j^2}} \quad (G.0.2\text{-}3)$$

式中：w_j ——重力荷载代表值作用下第 j 节点竖向位移。

表 G.0.2-1　确定竖向地震轴向力系数的参数

场地类别	a		f_0 (Hz)
	正放类	斜放类	
Ⅰ	0.095	0.135	5.0
Ⅱ	0.092	0.130	3.3
Ⅲ	0.080	0.110	2.5
Ⅳ	0.080	0.110	1.5

表 G.0.2-2　修 正 系 数

网架结构上弦杆布置形式	平面形式	η
正放类	正方形	0.19
	矩　形	0.13
斜放类	正方形	0.44
	矩　形	0.20

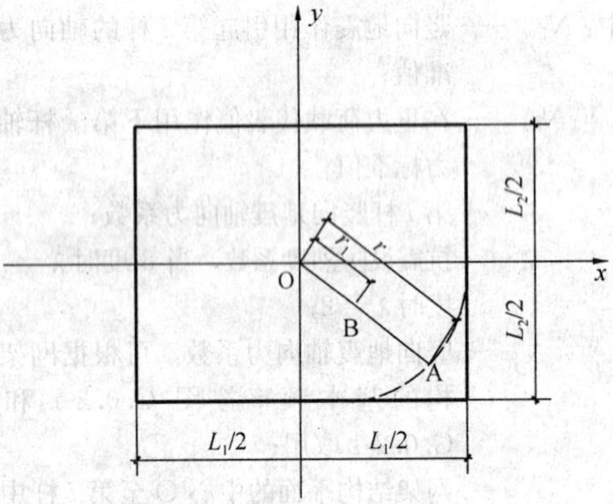

图 G.0.2-2　计算修正系数的长度

附录 H　网壳结构水平地震内力系数

H.0.1　对于轻屋盖的单层球面网壳结构，采用扇形三向网格、肋环斜杆型或短程线型网格，当周边固定铰支承，按 7 度或 8 度设防、Ⅲ类场地、设计地震分组第一组进行多遇地震效应计算时，其杆件地震作用轴向力标准值可按下列方法计算：

当主肋、环杆、斜杆分别各自取等截面杆设计时：

主肋：$N_E^m = c\xi_m N_{Gmax}^m$　(H.0.1-1)

环肋：$N_E^c = c\xi_c N_{Gmax}^c$　(H.0.1-2)

斜杆：$N_E^d = c\xi_d N_{Gmax}^d$　(H.0.1-3)

式中：N_E^m, N_E^c, N_E^d ——网壳的主肋、环杆及斜杆的地震作用轴向力标准值；

$N_{Gmax}^m, N_{Gmax}^c, N_{Gmax}^d$ ——重力荷载代表值作用下网壳的主肋、环杆及斜杆的轴向力标准值的绝对最大值；

ξ_m、ξ_c、ξ_d ——主肋、环杆及斜杆地震轴向力系数；设防烈度为 7 度时，按表 H.0.1-1 确定，8 度时取表中数值的 2 倍；

c ——场地修正系数，按表 H.0.1-2 确定。

表 H.0.1-1　单层球面网壳杆件地震轴向力系数 ξ

矢跨比 (f/L)	0.167	0.200	0.250	0.300
ξ_m	0.16			
ξ_c	0.30	0.32	0.35	0.38
ξ_d	0.26	0.28	0.30	0.32

表 H.0.1-2　场地修正系数 c

场地类别	Ⅰ	Ⅱ	Ⅲ	Ⅳ
c	0.54	0.75	1.00	1.55

H.0.2　对于轻屋盖单层双曲抛物面网壳结构，斜杆为拉杆（沿斜杆方向角点为抬高端）、弦杆为正交正放网格；当四角固定铰支承、四边竖向铰支承，按 7 度或 8 度设防、Ⅲ类场地、设计地震分组第一组进行多遇地震效应计算时，其杆件地震作用轴向力标准值可按下列方法计算：

除了刚度远远大于内部杆的周边及抬高端斜杆外，所有弦杆及斜杆均取等截面杆件设计时：

抬高端斜杆：$N_E^t = c\xi N_{Gmax}^t$　(H.0.2-1)

弦杆及其他斜杆：$N_E^c = c\xi N_{Gmax}^c$　(H.0.2-2)

式中：N_E^t, N_E^c ——网壳抬高端斜杆及其他弦杆与斜杆的地震作用轴向力标准值；

N_{Gmax}^t ——重力荷载代表值作用下，网壳抬高端 1/5 跨度范围内斜杆的轴向力标准值的绝对最大值；

N_{Gmax}^c ——重力荷载代表值作用下，网壳全部弦杆和其他斜杆的轴向力标准值的绝对最大值；

ξ ——网壳杆件地震轴向力系数；设防烈度为 7 度时，$\xi = 0.15$ 取，8 度时取 $\xi = 0.30$。

H.0.3　对于轻屋盖正放四角锥双层圆柱面网壳结构，沿两纵边固定铰支承在上弦节点、两端竖向铰支在刚性横隔上，当按 7 度及 8 度设防、Ⅲ类场地、设计地震分组第一组进行多遇地震效应计算时，其杆件地震作用轴向力标准值可按下列方法计算：

当纵向弦杆、腹杆分别按等截面设计，横向弦杆分为两类时：

横向上、下弦杆：$N_E^t = c\xi_t N_G^t$　　(H.0.3-1)

纵向弦杆：$N_E^l = c\xi_l N_{Gmax}^l$　　(H.0.3-2)

腹杆：$N_E^w = c\xi_w N_{Gmax}^w$　　(H.0.3-3)

式中：N_E^t, N_E^l, N_E^w——网壳横向弦杆、纵向弦杆与腹杆的地震作用轴向力标准值；

N_G^t——重力荷载代表值作用下网壳横向弦杆轴向力标准值；

N_{Gmax}^l, N_{Gmax}^w——重力荷载代表值作用下分别为网壳纵向弦杆与腹杆轴向力标准值的绝对最大值；

ξ_t、ξ_l、ξ_w——横向弦杆、纵向弦杆、腹杆的地震轴向力系数；设防烈度为7度时，按表H.0.3确定，8度时取表中数值的2倍。

表 H.0.3　双层圆柱面网壳地震轴向力系数 ξ

f/B				0.167	0.200	0.250	0.300
横向弦杆 ξ_t	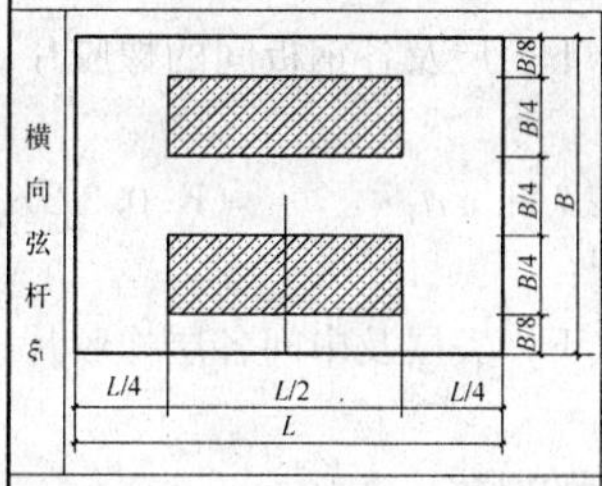	图中阴影部分杆件	上弦	0.22	0.28	0.40	0.54
			下弦	0.34	0.40	0.48	0.60
		图中空白部分杆件	上弦	0.18	0.23	0.33	0.44
			下弦	0.27	0.32	0.40	0.48
纵向弦杆 ξ_l			上弦	0.18	0.32	0.56	0.78
			下弦	0.10	0.16	0.24	0.34
腹杆 ξ_w				0.50			

附录J　嵌入式毂节点主要尺寸的计算公式

J.0.1　嵌入式毂节点的毂体嵌入槽以及与其配合的嵌入榫呈圆柱状。嵌入榫的中线和与其相连杆件轴线的垂线之间的夹角，即杆件端嵌入榫倾角 φ（图5.4.3b），可分别按下列公式计算：

对于球面网壳杆件及圆柱面网壳的环向杆件：

$$\varphi = \arcsin\left(\frac{l}{2r}\right) \qquad (J.0.1\text{-}1)$$

对于圆柱面网壳的斜杆：

$$\varphi = \arcsin\frac{2r\sin^2\dfrac{\beta}{2}}{\sqrt{4r^2\sin^2\dfrac{\beta}{2}+\dfrac{l_b^2}{4}}} \qquad (J.0.1\text{-}2)$$

式中：r——球面或圆柱面网壳的曲率半径；

l——杆件几何长度；

β——圆柱面网壳相邻两母线所对应的中心角（图J.0.1c）；

l_b——斜杆所对应的三角形网格底边几何长度，对于单向斜杆及交叉斜杆正交正放网格按图J.0.1a取用；对于联方网格及三向网格按图J.0.1b取用。

J.0.2　球面网壳杆件和圆柱面网壳的环向杆件，同一根杆件的两端嵌入榫中心线在同一平面内；圆柱面网壳的斜杆两端嵌入榫的中心线不在同一平面内（图J.0.2），其扭角 α 应按下式计算：

$$\alpha = \pm\,\mathrm{arccot}\left(\frac{l}{2l_b}\tan\frac{\beta}{2}\right) \qquad (J.0.2)$$

式中：l——杆件几何长度；

l_b——见图J.0.1中（a）、（b）；

β——见图J.0.1中（c）；

注："+"表示顺时针向；"−"表示逆时针向。

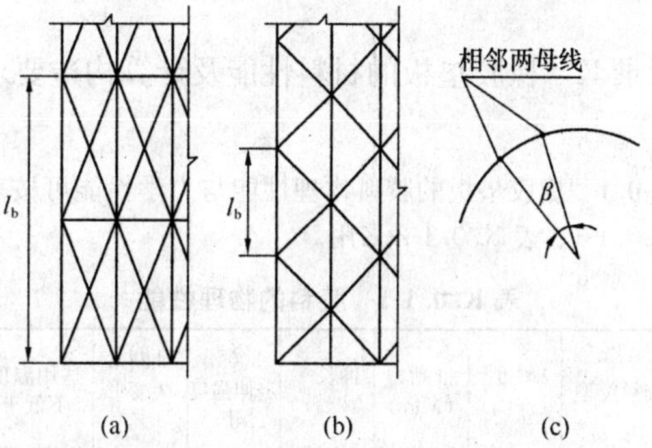

图J.0.1　圆柱面网壳的网格尺寸与角度

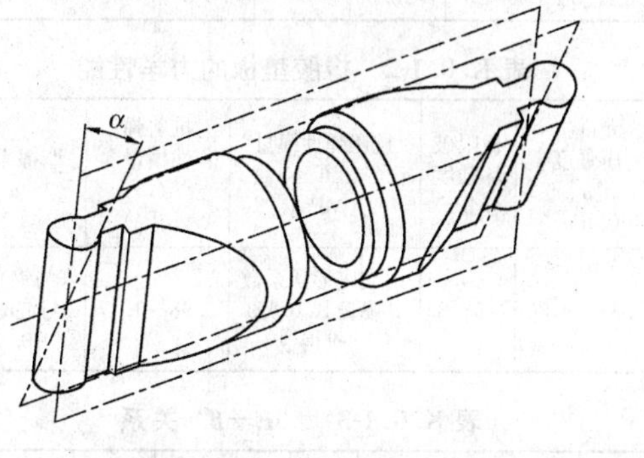

图J.0.2　圆柱面网壳斜杆两端嵌入榫中心线的扭角

J.0.3　嵌入式毂节点中的毂体上各嵌入槽轴线间夹角 θ 应为汇交于该节点各杆件轴线间的夹角在通过该节点中心切平面上的投影（图5.4.6a），应按下式计算：

$$\theta = \arccos\frac{\cos\theta_0 - \sin\varphi_1 \cdot \sin\varphi_2}{\cos\varphi_1 \cdot \cos\varphi_2} \qquad (J.0.3)$$

式中：θ_0——相汇交二杆间的夹角，可按三角形网格用余弦定理计算；

φ_1、φ_2——相汇交二杆件嵌入榫的中线与相应嵌入件（杆件）轴线的垂线之间的夹角（即杆端嵌入榫倾角）（图5.4.3）。

J.0.4　毂体的其他各主要尺寸（图5.4.6）应符合下

列规定：

毂体直径 d_h 应分别按下列公式计算，并按计算结果中的较大者选用。

$$d_h=\frac{(2a+d'_{ht})}{\theta_{min}}+d'_{ht}+2s \quad (J.0.4-1)$$

$$d_h=2\left(\frac{d+10}{\theta_{min}}+c-l_{hp}\right) \quad (J.0.4-2)$$

式中：a——两嵌入槽间最小间隙，可取本规程第5.4.4条中的 b_{hp}；

d'_{ht}——按嵌入榫直径 d_{ht} 加上配合间隙；

θ_{min}——毂体嵌入槽轴线间最小夹角（rad）；

s——按截面面积 $2h_h \cdot s$ 的抗剪强度与杆件抗拉强度等强原则计算。

槽口宽度 b'_{hp} 等于嵌入件颈部宽度 b_{hp} 加上配合间隙；毂体高度等于嵌入件高度（管径）加1mm。

附录K 橡胶垫板的材料性能及计算构造要求

K.0.1 橡胶垫板的胶料物理性能与力学性能可按表K.0.1-1、表K.0.1-2采用。

表K.0.1-1 胶料的物理性能

胶料类型	硬度（邵氏）	扯断力（MPa）	伸长率（%）	300%定伸强度（MPa）	扯断永久变形（%）	适用温度不低于
氯丁橡胶	60°±5°	≥18.63	≥4.50	≥7.84	≤25	-25℃
天然橡胶	60°±5°	≥18.63	≥5.00	≥8.82	≤20	-40℃

表K.0.1-2 橡胶垫板的力学性能

允许抗压强度 [σ]（MPa）	极限破坏强度（MPa）	抗压弹性模量 E（MPa）	抗剪弹性模量 G（MPa）	摩擦系数 μ
7.84～9.80	>58.82	由支座形状系数 β 按表K.0.1-3查得	0.98～1.47	（与钢）0.2（与混凝土）0.3

表K.0.1-3 “$E-\beta$”关系

β	4	5	6	7	8	9	10	11	12
E（MPa）	196	265	333	412	490	579	657	745	843
β	13	14	15	16	17	18	19	20	
E（MPa）	932	1040	1157	1285	1422	1559	1706	1863	

注：支座形状系数 $\beta=\frac{ab}{2(a+b)d_i}$；$a$, b 分别为支座短边及长边长度（m）；d_i 为中间橡胶层厚度（m）。

K.0.2 橡胶垫板的设计计算应符合下列规定：

1 橡胶垫板的底面面积 A 可根据承压条件按下式计算：

$$A\geqslant\frac{R_{max}}{[\sigma]} \quad (K.0.2-1)$$

式中：A——橡胶垫板承压面积，即 $A=a\times b$（如橡胶垫板开有螺孔，则应减去开孔面积）；

a, b——支座的短边与长边的边长；

R_{max}——网架全部荷载标准值作用下引起的支座反力；

$[\sigma]$——橡胶垫板的允许抗压强度，按本规程表K.0.1-2采用。

2 橡胶垫板厚度应根据橡胶层厚度与中间各层钢板厚度确定（图K.0.2）。

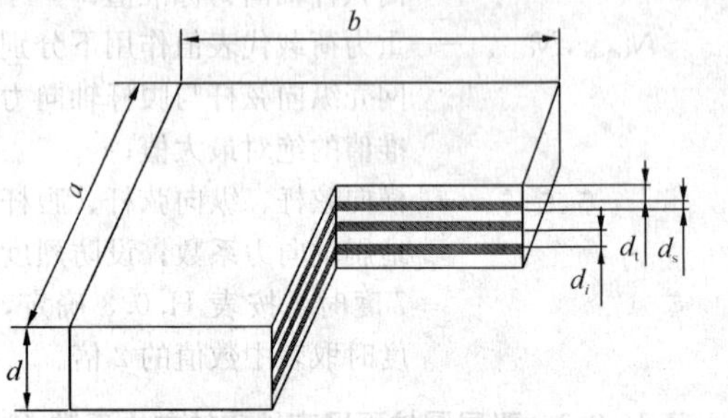

图K.0.2 橡胶垫板的构造

橡胶层厚度可由上、下表层及各钢板间的橡胶片厚度之和确定：

$$d_0=2d_t+n\,d_i \quad (K.0.2-2)$$

式中：d_0——橡胶层厚度；

d_t、d_i——分别为上（下）表层及中间各层橡胶片厚度；

n——中间橡胶片的层数。

根据橡胶剪切变形条件，橡胶层厚度应同时满足下列公式的要求：

$$d_0\geqslant1.43u \quad (K.0.2-3)$$

$$d_0\leqslant0.2a \quad (K.0.2-4)$$

式中：u——由于温度变化等原因在网架支座处引起的水平位移。

上、下表层橡胶片厚度宜取2.5mm，中间橡胶层常用厚度宜取5mm、8mm、11mm，钢板厚度宜取用2mm～3mm。

3 橡胶垫板平均压缩变形 w_m 可按下式计算：

$$w_m=\frac{\sigma_m d_0}{E} \quad (K.0.2-5)$$

式中：σ_m——平均压应力，$\sigma_m=\frac{R_{max}}{A}$。

橡胶垫板的平均压缩变形应满足下列条件：

$$0.05d_0\geqslant w_m\geqslant\frac{1}{2}\theta_{max}a \quad (K.0.2-6)$$

式中：θ_{max}——结构在支座处的最大转角（rad）。

4 在水平力作用下橡胶垫板应按下式进行抗滑移验算：

$$\mu R_g\geqslant GA\frac{u}{d_0} \quad (K.0.2-7)$$

式中：μ——橡胶垫板与混凝土或钢板间的摩擦系数，按本规程表K.0.1-2采用；

R_g——乘以荷载分项系数0.9的永久荷载标准值作用下引起的支座反力；

G——橡胶垫板的抗剪弹性模量，按本规程表K.0.1-2采用。

K.0.3 橡胶垫板的构造应符合下列规定：

1 对气温不低于－25℃地区，可采用氯丁橡胶垫板；对气温不低于－30℃地区，可采用耐寒氯丁橡胶垫板；对气温不低于－40℃地区，可采用天然橡胶垫板；

2 橡胶垫板的长边应顺网架支座切线方向平行放置，与支柱或基座的钢板或混凝土间可用502胶等胶粘剂粘结固定；

3 橡胶垫板上的螺孔直径应大于螺栓直径10mm～20mm，并应与支座可能产生的水平位移相适应；

4 橡胶垫板外宜设限位装置，防止发生超限位移；

5 设计时宜考虑长期使用后因橡胶老化而需更换的条件，在橡胶垫板四周可涂以防止老化的酚醛树脂，并粘结泡沫塑料；

6 橡胶垫板在安装、使用过程中，应避免与油脂等油类物质以及其他对橡胶有害的物质的接触。

K.0.4 橡胶垫板的弹性刚度计算应符合下列规定：

1 分析计算时应把橡胶垫板看作为一个弹性元件，其竖向刚度 K_{z0} 和两个水平方向的侧向刚度 K_{n0} 和 K_{s0} 分别可取为：

$$K_{z0}=\frac{EA}{d_0},\ K_{n0}=K_{s0}=\frac{GA}{d_0} \quad (K.0.4\text{-}1)$$

2 当橡胶垫板搁置在网架支承结构上，应计算橡胶垫板与支承结构的组合刚度。如支承结构为独立柱时，悬臂独立柱的竖向刚度 K_{zl} 和两个水平方向的侧向刚度 K_{nl}、K_{sl} 应分别为：

$$K_{zl}=\frac{E_l A_l}{l},\ K_{nl}=\frac{3E_l I_{nl}}{l^3},\ K_{sl}=\frac{3E_l I_{sl}}{l^3} \quad (K.0.4\text{-}2)$$

式中：E_l——支承柱的弹性模量；

I_{nl}、I_{sl}——支承柱截面两个方向的惯性矩；

l——支承柱的高度。

橡胶垫板与支承结构的组合刚度，可根据串联弹性元件的原理，分别求得相应的组合竖向与侧向刚度 K_z、K_n、K_s，即：

$$K_z=\frac{K_{z0}K_{zl}}{K_{z0}+K_{zl}},K_n=\frac{K_{n0}K_{nl}}{K_{n0}+K_{nl}},K_s=\frac{K_{s0}K_{sl}}{K_{s0}+K_{sl}} \quad (K.0.4\text{-}3)$$

本规程用词说明

1 为便于在执行本规程条文时区别对待，对要求严格程度不同的用词说明如下：

1）表示很严格，非这样做不可的：
正面词采用“必须”，反面词采用“严禁”；

2）表示严格，在正常情况下均应这样做的：
正面词采用“应”，反面词采用“不应”或“不得”；

3）表示允许稍有选择，在条件许可时首先这样做的：
正面词采用“宜”，反面词采用“不宜”；

4）表示有选择，在一定条件下可以这样做的，采用“可”。

2 条文中指明应按其他有关标准执行的写法为：“应符合……的规定”或“应按……执行”。

引用标准名录

1 《建筑结构荷载规范》GB 50009

2 《建筑抗震设计规范》GB 50011

3 《钢结构设计规范》GB 50017

4 《混凝土结构工程施工质量验收规范》GB 50204

5 《钢结构工程施工质量验收规范》GB 50205

6 《普通螺纹　公差》GB/T 197

7 《优质碳素结构钢》GB/T 699

8 《碳素结构钢》GB/T 700

9 《低合金高强度结构钢》GB/T 1591

10 《合金结构钢》GB/T 3077

11 《焊接结构用碳素钢铸件》GB 7659

12 《桥式和门式起重机制造和轨道安装公差》GB/T 10183

13 《一般工程用铸造碳钢件》GB/T 11352

14 《钢网架螺栓球节点用高强度螺栓》GB/T 16939

15 《建筑钢结构焊接技术规程》JGJ 81

16 《建筑施工扣件式钢管脚手架安全技术规范》JGJ 130

17 《钢网架螺栓球节点》JG/T 10

18 《钢网架焊接空心球节点》JG/T 11

19 《单层网壳嵌入式毂节点》JG/T 136

20 《钢结构超声波探伤及质量分级法》JG/T 203

中华人民共和国行业标准

空间网格结构技术规程

JGJ 7—2010

条　文　说　明

制订说明

《空间网格结构技术规程》JGJ 7－2010，经住房和城乡建设部2010年7月20日以700号公告批准、发布。

本规程是在《网架结构设计与施工规程》JGJ 7－91和《网壳结构技术规程》JGJ 61－2003的基础上合并修订而成的。《网架结构设计与施工规程》JGJ 7－91的主编单位是中国建筑科学研究院、浙江大学，参编单位是天津大学、东南大学、煤炭部太原煤矿设计研究院、河海大学、同济大学、中国建筑标准设计研究所，主要起草人员是蓝天、董石麟、刘锡良、肖炽、刘善维、钱若军、陈扬骥、严慧、张运田、蒋寅、樊晓红；《网壳结构技术规程》JGJ 61－2003的主编单位是中国建筑科学研究院，参编单位是浙江大学、煤炭部太原设计研究院、北京工业大学、同济大学、哈尔滨建筑大学、上海建筑设计研究院、北京市机械施工公司，主要起草人员是蓝天、董石麟、刘善维、刘景园、沈世钊、陈昕、钱若军、曹资、严慧、董继斌、姚念亮、陆锡军、张伟、赵鹏飞、樊晓红。

本规程修订过程中，编制组对我国空间网格结构近年来的发展、技术进步与工程应用情况进行了大量调查研究，总结了许多工程实践经验，在收集了大量试验资料的同时补充了多项试验，并与国内新颁布的相关标准进行了协调，为规程修订提供了重要依据。

为便于广大设计、施工、科研、学校等单位的有关人员在使用本规程时能正确理解和执行条文规定，《空间网格结构技术规程》编制组按章、节、条顺序编制了本规程的条文说明，对条文规定的目的、依据以及执行中需注意的有关事项进行了说明，还着重对强制性条文的理由作了解释。但是，本条文说明不具备与标准正文同等的法律效力，仅供使用者作为理解和把握标准规定的参考。

目　次

1 总　　则

1.0.1 本条是空间网格结构的设计与施工中必须遵循的原则。

1.0.2 本规程是以原《网架结构设计与施工规程》JGJ 7－91与原《网壳结构技术规程》JGJ 61－2003为主，综合考虑二本规程共同点与各自特点，将网架、网壳与新增加的立体桁架统称空间网格结构。空间网格结构包括主要承受弯曲内力的平板型网架、主要承受薄膜力的单层与双层网壳，同时也包括现在常用的立体管桁架。当平板型网架上弦构件或双层网壳上弦构件采用钢筋混凝土板时，构成了组合网架或组合网壳。当空间网格结构采用预应力索组合时形成预应力空间网格结构，本规程中的有关章节均可适用于这些类型空间网格的设计与施工。

原《网架结构设计与施工规程》JGJ 7－91中对于网架的最大跨度有规定，而《网壳结构技术规程》JGJ 61－2003已不再对跨度作限定，因此本规程也不再对最大跨度作专门限定。因为不论空间网格结构跨度大小，其结构设计都将受到承载能力与稳定的约束，而其构造与施工原理都是相同的，这样更有利于空间网格结构的技术发展与进步。

为了便于在空间网格结构设计时理解相关条文，对空间网格屋盖结构的跨度划分为：大跨度为60m以上；中跨度为30m～60m；小跨度为30m以下。

1.0.3 对于采用何种类型的空间结构体系，应由设计人员综合考虑建筑要求、下部结构布置、结构性能与施工制作安装而确定，以取得良好的技术经济效果。

1.0.4 单层网壳由于承受集中力对于其内力与稳定性不利，故不宜设置悬挂吊车，而网架与双层网壳结构有很好的空间受力性能，承受悬挂吊车荷载后比之平面桁架杆力能迅速分散且内力分布比较均匀。但动荷载会使杆件和节点产生疲劳，例如钢管杆件连接锥头或空心球的焊缝、焊接空心球本身及螺栓球与高强度螺栓，目前这方面的试验资料还不多。故本规程规定当直接承受工作级别为A3级以上的悬挂吊车荷载，且应力变化的循环次数大于或等于5×10^4次时，可由设计人员根据具体情况，如动力荷载的大小与容许应力幅经过专门的试验来确定其疲劳强度与构造要求。

3 基本规定

3.1 结构选型

3.1.1 当网架结构跨度较大，需要较大的网架结构高度而网格尺寸与杆件长细比又受限时，可采用三层形式；当网壳结构跨度较大时，因受整体稳定影响应采用双层网壳，为了既满足整体稳定要求，又使结构相对比较轻巧，也可采用局部双层网壳形式。

3.1.2 条文中按网格组成形式，如交叉桁架体系、四角锥体系与三角锥体系，列出了国内常用的13种网架形式。

3.1.3 网壳结构的曲面形式多种多样，能满足不同建筑造型的要求。本规程中仅列出一般常用的典型几何曲面，即球面、圆柱面、双曲抛物面与椭圆抛物面，这些曲面都可以几何学方程表达。必要时可通过这几个典型的几何曲面互相组合，创造更多类型的曲面形式。此外，网壳也可以采用非典型曲面，往往是在给定的边界与外形条件下，采用多项式的数学方程来拟合其曲面，或者采用链线、膜等实验手段来寻求曲面。

3.1.4 单层网壳的杆件布置方式变化多样，本条中仅对常用曲面给出一些最常用的形式供设计人员选用，设计人员也可以参照现有的布置方式进行变换。

本规程根据网格的形成方式对不同形式的网壳统一命名。例如联方型，国外称Lamella，用于圆柱网壳时早期多为木梁构成的菱形网格，节点为刚性连接，从而保证壳体几何不变。用于钢网壳时一般加纵向杆件或由纵向的屋面檩条而形成三角形网格，这样就由联方网格演变为三向网格；如在球面网壳中，对肋环斜杆型，国外都是以这种形式网壳的提出者Schwedler的名字命名，称为施威德勒穹顶；又如扇形三向网格与葵花形网格在国外往往都列为联方型穹顶，如果杆件按放射状曲线，自球中心开始将球面分成大小不等的菱形，即形成本条的葵花形网格球面网壳；如果将圆形平面划分为若干个扇形（一般是6或8个），再以平行肋分成大小相等的菱形网格，这种形式在国外以其创始人Kiewitt的名字命名，称为凯威特穹顶，为了在屋面上放檩条而设置了环肋，这样就划分为三角形网格，本规程统一称为扇形三向网格球面网壳。

3.1.6 立体桁架通常是由二根上弦、一根下弦或一根上弦、二根下弦组成的单向桁架式结构体系，早期都是采用直线形式，近几年曲线形式的立体桁架以其建筑形式丰富在航站楼、会展中心中广泛应用，且一般都采用钢管相贯节点形式。

3.1.7 本条文使设计人员可对不同的建筑选用最适宜的空间网格结构。应注意网架与网壳在受力特性与支承条件方面有较大差异。网架结构整体以承受弯曲内力为主，支承条件应提供竖向约束（结构计算时水平约束可以放松，只是应加局部水平约束处理以保证不出现刚体位移，或直接采用下部结构的水平刚度）；而网壳则以承受薄膜内力为主，支承条件一般都希望有水平约束，能可靠承受网壳结构的水平推力或水平切向力。

3.1.8 网架、双层网壳、立体桁架在计算时节点可采用铰接模型，并在网架与双层网壳的设计与制作中可采用接近铰接的螺栓球节点。而单层网壳虽与双层网壳形式相似，但计算分析与节点构造截然不同，单层网壳是刚接杆件体系，计算时杆件必须采用梁单元，考虑6个自由度，且设计与构造上必须达到刚性节点要求。

3.2 网架结构设计的基本规定

3.2.1 对于周边支承的矩形网架，宜根据不同的边长比选用相应的网架类型以取得较好的经济指标。

3.2.2 平面形状为矩形，三边支承一边开口的网架，对开口边的刚度有一定要求，通常有两种处理方法：一种是在网架开口边加反梁（图1）。另一种方法是将整体网架的高度较周边支承时的高度适当加高，开口边杆件适当加大。根据48m×48m平面三边支承一边开口的两向正交正放网架、两向正交斜放网架、斜向四角锥网架、正放四角锥和正放抽空四角锥网架等五种网架的计算结果表明，加反梁和不加反梁两种方法的用钢量及挠度都相差不多，故上述支承条件的中小跨度网架，上述两种方法都可采用。当跨度较大或平面形状比较狭长时，则在开口边加反梁的方法较为有利。设计时应注意在开口边要形成边桁架，以加强整体性。

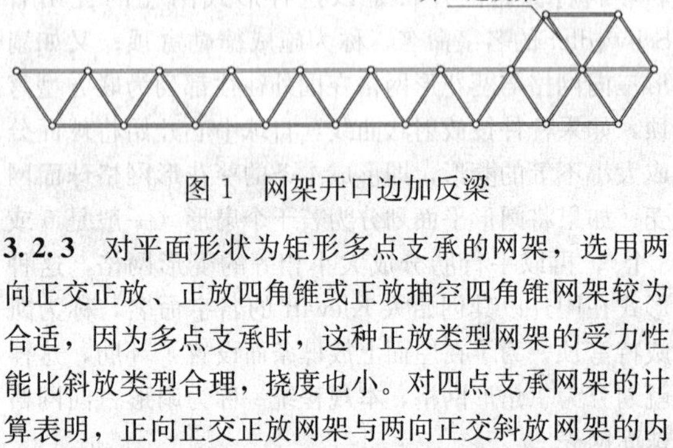

图1 网架开口边加反梁

3.2.3 对平面形状为矩形多点支承的网架，选用两向正交正放、正放四角锥或正放抽空四角锥网架较为合适，因为多点支承时，这种正放类型网架的受力性能比斜放类型合理，挠度也小。对四点支承网架的计算表明，正向正交正放网架与两向正交斜放网架的内力比为5∶7，挠度比为6∶7。

3.2.4 平面形状为圆形、正六边形和接近正六边形的多边形且周边支承的网架，大多应用于大中跨度的公共建筑中。从平面布置及建筑造型看，比较适宜选用三向网架、三角锥网架和抽空三角锥网架。特别是当平面形状为正六边形时，这种网架的网格布置规整，杆件种类少，施工较方便。经计算表明，三向网架、三角锥和抽空三角锥网架的用钢量和挠度较为接近，故在规程中予以推荐采用。

蜂窝形三角锥网架计算用钢量较少，建筑造型也好，适用于各种规则的平面形状。但其上弦网格是由六边形和三角形交叉组成，屋面构造较为复杂，整体性也差些，目前国内在大跨度屋盖中还缺少实践经验，故建议在中小跨度屋盖中采用。

3.2.5 网架的最优高跨比则主要取决于屋面体系（采用钢筋混凝土屋面时为1/10～1/14，采用轻屋面时为1/13～1/18），并有较宽的最优高度带。规程中所列的高跨比是根据网架优化结果通过回归分析而得。优化时以造价为目标函数，综合考虑了杆件、节点、屋面与墙面的影响，因而具有比较科学的依据。对于网格尺寸应综合考虑柱网尺寸与网架的网格形式，网架二相邻杆间夹角不宜小于30°，这是网架的制作与构造要求的需要，以免杆件相碰或节点尺寸过大。

3.2.6 网架结构一般采用上弦支承方式。当因建筑功能要求采用下弦支承时，应在网架的四周支座边形成竖直或倾斜的边桁架，以确保网架的几何不变形性，并可有效地将上弦垂直荷载和水平荷载传至支座。

3.2.7 两向正交正放网架平面内的水平刚度较小，为保证各榀网架平面外的稳定性及有效传递与分配作用于屋盖结构的风荷载等水平荷载，应沿网架上弦周边网格设置封闭的水平支撑，对于大跨度结构或当下弦周边支撑时应沿下弦周边网格设置封闭的水平支撑。

3.2.8 对多点支承网架，由于支承柱较少，柱子周围杆件的内力一般很大。在柱顶设置柱帽可减小网架的支承跨度，并分散支承柱周围杆件内力，节点构造也较易处理，所以多点支承网架一般宜在柱顶设置柱帽。柱帽形式可结合建筑功能（如通风、采光等）要求而采用不同形式。

3.2.9 以钢筋混凝土板代替上弦的组合网架结构国内已建成近40幢。用于楼层中的新乡百货大楼售货大厅楼层网架，平面几何尺寸为34m×34m；用于屋盖中的抚州体育馆网架，平面几何尺寸为58m×45.5m，都取得了较好的技术经济效果。规程中规定组合网架用于楼层中跨度不大于40m；用于屋盖中跨度不大于60m是以上述实践为依据的。

3.2.10 网架屋面排水坡度的形成方式，过去大多采用在上弦节点上加小立柱形成排水坡。但当网架跨度较大时，小立柱自身高度也随之增加，引起小立柱自身的稳定问题。当小立柱较高时应布置支撑，用于解决小立柱的稳定问题，同时有效将屋面风荷载与地震等水平力传递到网架结构。近年来为克服上述缺点，多采用变高度网架形成排水坡，这种做法不但节省了小立柱，而且网架内力也趋于均匀，缺点是网架杆件与节点种类增多，给网架加工制作增加一定麻烦。

3.2.11 网架自重的估算公式是一个近似的经验公式，原网架规程中的网架自重估算公式均小于工程实际，而近几年来网架一般都采用轻屋面，网架自重估算偏小的影响较大，为确保网架结构的安全，根据大量工程的统计结果，对原网架规程的网架自重计算公式作了适当提高，将原分母下的参数200调整至150，使网架自重估算值比原网架规程公式约增加30%。另外由于型钢网架工程应用很少，故该公式中不再列入型钢网架自重调整系数。

3.3 网壳结构设计的基本规定

3.3.1～3.3.4 各条分别对球面网壳、圆柱面网壳、双曲抛物面网壳及椭圆抛物面网壳的构造尺寸以及单层网壳的适用跨度作了规定，这是根据国内外已建成的网壳工程统计分析所得的经验数值。根据国内外已建成的单层网壳工程情况，考虑到单层网壳非线性屈曲分析技术的进步，将单层网壳适用跨度比《网壳结构技术规程》JGJ 61-2003作了适当放宽。但在接近该限值时单层网壳其受力将主要受整体稳定控制，故工程设计时不宜大于各类单层网壳的跨度限值。圆柱面网壳可采用两端边支承、沿两纵向边支承或沿四边支承，对于不同的支承方式本规程给出了相应的几何参数要求。

3.3.5 网壳的支承构造，包括其支座节点与边缘构件，对网壳的正确受力是十分重要的。如果不能满足所必需的边缘约束条件，实现不了网壳以承受薄膜内力为主的受力特性的要求，有时会造成弯曲内力的大幅度增加，使网壳杆件内力变化，甚至内力产生反号。对边缘构件要有刚度要求，以实现网壳支座的边缘约束条件。为准确分析网壳受力，边缘约束构件应与网壳结构一起进行整体计算。

3.4 立体桁架、立体拱架与张弦立体拱架设计的基本规定

3.4.1～3.4.3 立体桁架高跨比与网架的高跨比一致。立体拱架的矢高与双层圆柱面网壳一致，而对拱架厚度比双层圆柱面网壳适当加厚。张弦立体拱架的结构矢高、拱架矢高与张弦的垂度是参照近几年工程应用情况给出的。立体桁架、立体拱架与张弦立体拱架近几年工程应用比较多的是采用相贯节点的管桁架形式，管桁架截面常为上弦两根杆件、下弦一根杆件的倒三角形。管桁架的弦杆（主管）与腹杆（支管）及两腹杆（支管）之间的夹角不宜小于30°。

3.4.4 防侧倾体系可以是边桁架或上弦纵向水平支撑。曲线形的立体桁架在竖向荷载作用下其支座水平位移较大，下部结构设计时要考虑这一影响。

3.4.5 当立体桁架、立体拱架与张弦立体拱架应用于大、中跨度屋盖结构时，其平面外的稳定性应引起重视，应在上弦设置水平支撑体系（结合檩条）以保证立体桁架（拱架）平面外的稳定性。

3.5 结构挠度容许值

3.5.1 空间网格结构的计算容许挠度，是综合近年国内外的工程设计与使用经验而定的。对网架、立体桁架用于屋盖时规定为不宜超过网架短向跨度或桁架跨度的1/250。一般情况下，按强度控制而选用的杆件不会因为这样的刚度要求而加大截面。至于一些跨度特别大的网架，即使采用了较小的高度（如跨高比为1/16），只要选择恰当的网架形式，其挠度仍可满足小于1/250跨度的要求。当网架用作楼层时则参考混凝土结构设计规范，容许挠度取跨度的1/300。网壳结构的最大计算位移规定为单层不得超过短向跨度的1/400，双层不得超过短向跨度的1/250，由于网壳的竖向刚度较大，一般情况下均能满足此要求。对于在屋盖结构中设有悬挂起重设备的，为保证悬挂起重设备的正常运行，与钢结构设计规范一致，其最大挠度值提高到不宜大于结构跨度的1/400。

3.5.2 国内已建成的网架，有的起拱，有的不起拱。起拱给网架制作增加麻烦，故一般网架可以不起拱。当网架或立体桁架跨度较大时，可考虑起拱，起拱值可取小于或等于网架短向跨度（立体桁架跨度）的1/300。此时杆件内力变化“较小”，设计时可按不起拱计算。

4 结构计算

4.1 一般计算原则

4.1.1 空间网格结构主要应对使用阶段的外荷载（对网架结构主要为竖向荷载，网壳结构则包括竖向和水平向荷载）进行内力、位移计算，对单层网壳通常要进行稳定性计算，并据此进行杆件截面设计。此外，对地震、温度变化、支座沉降及施工安装荷载，应根据具体情况进行内力、位移计算。由于在大跨度结构中风荷载往往非常关键，本条特别强调风荷载作用下的计算。

4.1.3 风荷载往往对网壳的内力和变形有很大影响，对在现行国家标准《建筑结构荷载规范》GB 50009中没有相应的风荷载体型系数及跨度较大的复杂形体空间网格结构，应进行模型风洞试验以确定风荷载体型系数，也可通过数值风洞等方法分析确定体型系数。大跨度结构的风振问题非常复杂，特别对于大型、复杂形体的空间网格结构宜进行基于随机振动理论的风振响应计算或风振时程分析。

4.1.4 网架结构、双层网壳和立体桁架的计算模型可假定为空间铰接杆系结构，忽略节点刚度的影响，不计次应力；单层网壳的计算模型应假定为空间刚接梁系结构，杆件要承受轴力、弯矩（包括扭矩）和剪力。

立体桁架中，主管是指在节点处连续贯通的杆件，如桁架弦杆；支管则指在节点处断开并与主管相连的杆件，如与主管相连的腹杆。

4.1.5 作用在空间网格结构杆件上的局部荷载在分析时先按静力等效原则换算成节点荷载进行整体计

算，然后考虑局部弯曲内力的影响。

4.1.6 空间网格结构与其支承结构之间相互作用的影响往往十分复杂，因此分析时应考虑两者的相互作用而进行协同分析。结构分析时应根据上、下部的影响设计结构体系的传力路线，确定上、下部连接的刚度并选择合适的计算模型。

4.1.7 空间网格结构的支承条件对结构的计算结果有较大的影响，支座节点在哪些方向有约束或为弹性约束应根据支承结构的刚度和支座节点的连接构造来确定。

网架结构、双层网壳按铰接杆系结构每个节点有三个线位移来确定支承条件，网架结构一般下部为独立柱或框架柱支承，柱的水平侧向刚度较小，并由于网架受力为类似于板的弯曲型，因此对于网架支座的约束可采用两向或一向可侧移铰接支座或弹性支座；单层网壳结构按刚接梁系结构每个节点有三个线位移和三个角位移来确定支承条件。因此，单层网壳支承条件的形式比网架结构和双层网壳的要多。

4.1.8 网格结构在施工安装阶段的支承条件往往与使用阶段不一致，如采用悬挑拼装施工的网壳结构，其支承边界条件与使用状态下网壳的边界条件完全不同。此时应特别注意施工安装阶段全过程位移和内力分析计算，并可作为网壳的初内力和初应变而残留在网壳内。

4.1.9 网格结构的计算方法较多，列入本规程的只是比较常用的和有效的计算方法。总体上包括两类计算方法，即基于离散化假定的有限元方法（包括空间杆系有限元法和空间梁系有限元法）和基于连续化假定的方法（包括拟夹层板分析法和拟壳分析法）。

空间杆系有限元法即空间桁架位移法，可用来计算各种形式的网架结构、双层网壳结构和立体桁架结构。

空间梁系有限元法即空间刚架位移法，主要用于单层网壳的内力、位移和稳定性计算。

拟夹层板分析法和拟壳分析法物理概念清晰，有时计算也很方便，常与有限元法互为补充，但计算精度和适用性不如有限元法，故本规程建议仅在结构方案选择和初步设计时采用。

4.2 静力计算

4.2.1 有限单元法是将网格结构的每根杆件作为一个单元，采用矩阵位移法进行计算。网架结构和双层网壳以杆件节点的三个线位移为未知数，单层网壳以节点的三个线位移和三个角位移为未知数。无论是理论分析及模型试验乃至工程实践均表明，这种杆系的有限单元法是迄今为止分析网格结构最为有效、适用范围最为广泛且相对而言精度也是最高的方法。目前这种方法在国内外已被普遍应用于网格结构的设计计算中，因此本规程将其列为分析网格结构的主要方法。

有限单元法可以用来分析不同类型、具有任意平面和几何外形、具有不同的支承方式及不同的边界条件、承受不同类型外荷载的网格结构。有限单元法不仅可用于网壳结构的静力分析，还可用于动力分析、抗震分析以及稳定分析。这种方法适合于在计算机上进行运算，目前我国相关单位已编制了一些网格结构分析与设计的计算机软件可供使用。由于杆系和梁系有限元法在不少书本中已有详尽的论述，本规程仅列出其基本方程。

值得指出，对于空间梁单元，尚有考虑弯曲、剪切、扭转、翘曲和轴向变形耦合影响的、更为精确的单元。每个节点除了通常的三个线位移和三个角位移，还考虑截面翘曲的影响，即增加了表征截面翘曲变形的翘曲角自由度，因此每个节点有七个自由度。目前的大多数分析程序只包含了一般的空间梁单元，可满足大多数实际工程的计算精度要求；对于杆件约束扭转影响十分显著的情况，可考虑采用七个自由度的空间梁单元。

4.2.2 空间网格结构设计中，由于杆件截面调整而进行的重分析次数一般为 3～4 次。空间网格结构设计后，如由于备料困难等原因必须进行杆件替换时，应根据截面及刚度等效的原则进行，被替换的杆件应不是结构的主要受力杆件且数量不宜过多（通常不超过全部杆件的 5%），否则应重新复核。

4.2.3 本条给出了空间网格结构温度内力的计算原则。对于杆件只承受轴向力的网架结构和双层网壳结构，因温差引起的杆件内力可由下式计算：

$$N_{ij}=\overline{N}_{ij}-E\Delta t\alpha A_{ij} \tag{1}$$

式中：$\overline{N}_{ij}$——温度变化等效荷载作用下的杆件内力；

E——空间网格结构材料的弹性模量；

α——空间网格结构材料的线膨胀系数，对于钢材$\alpha=0.000012/℃$；

A_{ij}——杆件的截面面积；

Δt——温差（℃），以升温为正。

空间网格结构的温度应力是指在温度场变化作用下产生的应力，温度场变化范围应取施工安装完毕时的气温与当地常年最高或最低气温之差。一般情况下，可取均匀温度场，即式（1）中的温差 Δt。但对某些大型复杂结构，在有些情况下（如室内构件与室外构件、迎光面构件与背光面构件等）会形成梯度较大的温度场分布，此时应进行温度场分析，确定合理的温度场分布，相应的，式（1）中的 Δt 应改为 Δt_{ij}。

4.2.4 对于网架结构，温度应力主要由支承体系阻碍网架变形而产生，其中支承平面的弦杆受影响最大，应作为网架是否考虑温度应力的依据。支承平面弦杆的布置情况，可归纳为正交正放、正交斜放、三向等三类。

其次，在网架的不同区域中，支承平面弦杆的温度应力也不同。计算表明，边缘区域比中间区域大，考虑到边缘区域杆件大部分由构造决定，有较富裕的强度储备，本条将支承平面弦杆的跨中区域最大温度应力小于0.038f（f为钢材强度设计值）作为不必进行温度应力验算的依据，条文中的规定经计算均满足这一要求。

4.2.5 对于预应力空间网格结构，往往采用多次分批施加预应力及加荷的原则（即多阶段设计原则），使结构在使用荷载下达到最佳内力状态。同时，由于施工工艺和施工设备的限制，施工过程中也会出现分级分批张拉预应力的情况。因此预应力网格结构的设计不仅要分析结构在使用阶段的受力特性，而且要考虑结构在施工阶段的受力性能，施工阶段的受力分析甚至可能比使用阶段更重要。因此，对预应力空间网格结构进行考虑施工程序的全过程分析是十分必要的。

4.2.6 斜拉索的单元分析可采用有限单元法和二力直杆法（亦称等效弹性模量法）。有限元分析中的索单元主要包括二节点直线杆单元和多节点曲线索单元两类。前者没有考虑索自重垂度的影响，索长度较小时误差较小，通常需将整索划分为若干单元；后者则考虑了索自重垂度影响，可视整索为一个单元。

对斜拉网格结构的整体而言，二力直杆法也是有限元方法。将斜拉索等代为弹性模量随索张力大小而变化的受拉二力直杆单元，其刚度矩阵即归结为常规杆单元的刚度矩阵。等效弹性模量可由下式计算：

$$E_{\mathrm{eq}}=\frac{E}{1+\dfrac{EA(\gamma Al)^{2}}{12T^{3}}} \tag{2}$$

式中：E——斜拉索的弹性模量；

A——斜拉索的截面面积；

γ——斜拉索的比重；

l——斜拉索的水平跨度；

T——斜拉索的索张力。

显然，E_{eq}与斜拉索的索张力有关。该方法十分有效，在斜拉结构和塔桅结构的分析中应用广泛。

4.2.7 网架结构的拟夹层板法计算，是指把网架结构连续化为由上、下表层（即上、下弦杆）和夹心层（即腹杆）组成的正交异性或各向同性的夹层板，采用考虑剪切变形的、具有三个广义位移的平板理论的分析方法。一般情况下，由平面桁架系或角锥体组成的网架结构均可采用这种方法来计算。通过分析比较，拟夹层板法的计算精度在通常情况下能满足工程的要求。

拟夹层板法曾是国内应用较广的方法之一。采用该法计算网架结构时，可直接查用图表，比较简便，容易掌握，不必借助于电子计算机。目前国内已有不少著作和手册介绍此法，并有现成图表可供设计人员使用，故本规程不再给出具体的计算公式和计算图表。

4.2.8 大部分网壳结构可通过连续化的计算模型等代为正交异性，甚至各向同性的薄壳结构，并根据边界条件求解薄壳的微分方程式而得出薄壳的位移和内力，然后可通过内力等效的原则，由拟壳结构的薄膜内力和弯曲内力返回计算网壳杆件的轴力、弯矩和剪力。

4.2.9、4.2.10 组合网架结构的计算分析目前主要采用有限元法。对于上弦带肋平板有两种计算模型，一是将带肋平板分离为梁元与板壳元；另一是把带肋平板等代为上弦杆，仍采用空间桁架位移法作简化计算。本规程把这两种计算方法均推荐为分析组合网架时采用。

按空间桁架位移法简化计算组合网架的具体步骤、等代上弦杆截面积的确定及反算平板中的薄膜内力均在本规程附录D中作了阐述。该法计算简便，可采用普通网架结构的计算程序，目前国内许多组合网架实际工程的分析计算均采用了该方法，能满足工程计算精度的要求。

4.3 网壳的稳定性计算

4.3.1 单层网壳和厚度较小的双层网壳均存在整体失稳（包括局部壳面失稳）的可能性；设计某些单层网壳时，稳定性还可能起控制作用，因而对这些网壳应进行稳定性计算。从大量双曲抛面网壳的全过程分析与研究来看，从实用角度出发，可以不考虑这类网壳的失稳问题，作为一种替代保证，结构刚度应该是设计中的主要考虑因素，而这是在常规计算中已获保证的。

4.3.2 以非线性有限元分析为基础的结构荷载-位移全过程分析可以把结构强度、稳定乃至刚度等性能的整个变化历程表示得十分清楚，因而可以从全局的意义上来研究网壳结构的稳定性问题。目前，考虑几何及材料非线性的荷载-位移全过程分析方法已相当成熟，包括对初始几何缺陷、荷载分布方式等因素影响的分析方法也比较完善。因而现在完全有可能要求对实际大型网壳结构进行仅考虑几何非线性的或考虑双重非线性的荷载-位移全过程分析，在此基础上确定其稳定性承载力。考虑双重非线性的全过程分析（即弹塑性全过程分析）可以给出精确意义上的结果，只是需耗费较多计算时间。在可能条件下，尤其对于大型的和形状复杂的网壳结构，应鼓励进行考虑双重非线性的全过程分析。

4.3.3 当网壳受恒载和活载作用时，其稳定性承载力以恒载与活载的标准组合来衡量。大量算例分析表明：荷载的不对称分布（实际计算中取活载的半跨分布）对球面网壳的稳定性承载力无不利影响；对四边支承的柱面网壳当其长宽比 $L/B\leqslant1.2$ 时，活载的半跨分布对网壳稳定性承载力有一定影响；而对椭圆抛物面网壳和两端支承的圆柱面网壳，活载的半跨分布影响则较大，应在计算中考虑。

初始几何缺陷对各类网壳的稳定性承载力均有较大影响，应在计算中考虑。网壳的初始几何缺陷包括节点位置的安装偏差、杆件的初弯曲、杆件对节点的偏心等，后面两项是与杆件计算有关的缺陷。我们在分析网壳稳定性时有一个前提，即在强度设计阶段网壳所有杆件都已经过强度和杆件稳定验算。这样，与杆件有关的缺陷对网壳总体稳定性（包括局部壳面失稳问题）的影响就自然地被限制在一定范围内，而且在相当程度上可以由关于网壳初始几何缺陷（节点位置偏差）的讨论来覆盖。

节点安装位置偏差沿壳面的分布是随机的。通过实例进行的研究表明：当初始几何缺陷按最低阶屈曲模态分布时，求得的稳定性承载力是可能的最不利值。这也就是本规程推荐采用的方法。至于缺陷的最大值，按理应采用施工中的容许最大安装偏差；但大量算例表明，当缺陷达到跨度的1/300左右时，其影响往往才充分展现；从偏于安全角度考虑，本条规定了“按网壳跨度的1/300”作为理论计算的取值。

4.3.4 确定安全系数 K 时考虑到下列因素：(1) 荷载等外部作用和结构抗力的不确定性可能带来的不利影响；(2) 复杂结构稳定性分析中可能的不精确性和结构工作条件中的其他不利因素。对于一般条件下的钢结构，第一个因素可用系数1.64来考虑；第二个因素暂设用系数1.2来考虑，则对于按弹塑性全过程分析求得的稳定极限承载力，安全系数 K 应取为 $1.64\times1.2\approx2.0$。对于按弹性全过程分析求得的稳定极限承载力，安全系数 K 中尚应考虑由于计算中未考虑材料弹塑性而带来的误差；对单层球面网壳、柱面网壳和双曲扁网壳的系统分析表明，塑性折减系数 c_p（即弹塑性极限荷载与弹性极限荷载之比）从统计意义上可取为0.47，则系数 K 应取为 $1.64\times1.2/0.47\approx4.2$。对其他形状更为复杂的网壳无法作系统分析，对这类网壳和一些大型或特大型网壳，宜进行弹塑性全过程分析。

4.3.5 本条附录给出的稳定性实用计算公式是由大规模参数分析的方法求出的，即结合不同类型的网壳结构，在其基本参数（几何参数、构造参数、荷载参数等）的常规变化范围内，应用非线性有限元分析方法进行大规模的实际尺寸网壳的全过程分析，对所得到的结果进行统计分析和归纳，得出网壳结构稳定性的变化规律，最后用拟合方法提出网壳稳定性的实用计算公式。总计对2800余例球面、圆柱面和椭圆抛物面网壳进行了全过程分析。所提出的公式形式简单，便于应用。

给出实用计算公式的目的是为了设计人员应用方便；然而，尽管所进行的参数分析规模较大，但仍然难免有某些疏漏之处，简单的公式形式也很难把复杂的实际现象完全概括进来，因而条文中对这些公式的应用范围作了适当限制。

4.4 地震作用下的内力计算

4.4.1、4.4.2 本二条给出的抗震验算原则是通过对网架与网壳结构进行大量计算机实例计算与理论分析总结得出的，系针对水平放置的空间网格结构。

网架结构属于平板网格结构体系。由大量网架结构计算机分析结果表明，当支承结构刚度较大时，网架结构将以竖向振动为主。所以在设防烈度为8度的地震区，用于屋盖的网架结构应进行竖向和水平抗震验算，但对于周边支承的中小跨度网架结构，可不进行水平抗震验算，可仅进行竖向抗震验算。在抗震设防烈度为6度或7度的地区，网架结构可不进行抗震验算。

网壳结构属于曲面网格结构体系。与网架结构相比，由于壳面的拱起，使得结构竖向刚度增加，水平刚度有所降低，因而使网壳结构水平振动将与竖向振动属同一数量级，尤其是矢跨比较大的网壳结构，将以水平振动为主。对大量网壳结构计算机分析结果表明，在设防烈度为7度的地震区，当网壳结构矢跨比不小于1/5时，竖向地震作用对网壳结构的影响不大，而水平地震作用的影响不可忽略，因此本条规定在设防烈度为7度的地震区，矢跨比不小于1/5的网壳结构可不进行竖向抗震验算，但必须进行水平抗震验算。在抗震设防烈度为6度的地区，网壳结构可不进行抗震验算。

4.4.5 采用时程分析法时，应考虑地震动强度、地震动谱特征和地震动持续时间等地震动三要素，合理选择与调整地震波。

1 地震动强度

地震动强度包括加速度、速度及位移值。采用时程分析法时，地震动强度是指直接输入地震响应方程的加速度的大小。加速度峰值是加速度曲线幅值中最大值。当震源、震中距、场地、谱特征等因素均相同，而加速度峰值高时，则建筑物遭受的破坏程度大。

为了与设计时的地震烈度相当，对选用的地震记录加速度时程曲线应按适当的比例放大或缩小。根据选用的实际地震波加速度峰值与设防烈度相应的多遇地震时的加速度时程曲线最大值相等的原则，实际地震波的加速度峰值的调整公式为：

$$a'(t)=\frac{A'_{\max}}{A_{\max}}a(t) \tag{3}$$

式中：$a'(t)$、$A'_{\max}$——调整后地震加速度曲线及峰值；

$a(t)$、$A_{\max}$——原记录的地震加速度曲线及峰值。

调整后的加速度时程的最大值 A'_{max} 按《建筑抗震设计规范》GB 50011-2001 表 5.1.2-2 采用，即：

表 1　时程分析所用的地震加速度时程曲线的最大值（cm/s^2）

地震影响	6 度	7 度	8 度	9 度
多遇地震	18	35(55)	70(110)	140

注：括号内的数值分别用于设计基本地震加速度为 0.15g 和 0.30g 的地区。

2　地震动谱特征

地震动谱特征包括谱形状、峰值、卓越周期等因素，与震源机制、地震波传播途径、反射、折射、散射和聚焦以及场地特性、局部地质条件等多种因素相关。当所选用的加速度时程曲线幅值的最大值相同，而谱特征不同，则计算出的地震响应往往相差很大。

考虑到地震动的谱特征，在选取实际地震波时，首先应选择与场地类别相同的一组地震波，而后经计算选用其平均地震影响系数曲线与振型分解反应谱法所采用的地震影响系数曲线在统计意义上相符的加速度时程曲线。所谓"在统计意义上相符"指的是，用选择的加速度时程曲线计算单质点体系得出的地震影响系数曲线与振型分解反应谱法所采用的地震影响系数曲线相比，在不同周期值时均相差不大于 20%。

3　地震动持续时间

所取地震动持续时间不同，计算出的地震响应亦不同。尤其当结构进入非线性阶段后，由于持续时间的差异，使得能量损耗积累不同，从而影响了地震响应的计算结果。

地震动持续时间有不同定义方法，如绝对持时、相对持时和等效持时，使用最方便的是绝对持时。按绝对持时计算时，输入的地震加速度时程曲线的持续时间内应包含地震记录最强部分，并要求选择足够长的持续时间，一般建议取不少结构基本周期的 10 倍，且不小于 10s。

4.4.8　为设计人员使用简便，根据大量计算机分析，本条给出振型分解反应谱法所需至少考虑的振型数。按《建筑抗震设计规范》GB 50011-2001 条文说明，振型个数一般亦可取振型参与质量达到总质量 90% 所需的振型数。

4.4.10　阻尼比取值应根据结构实测与试验结果经统计分析而得来。

1　多高层钢结构阻尼比取值

有关结构阻尼比值有多种建议，早期以 20 世纪 60 年代纽马克（N. M. Newmark）及 20 世纪 70 年代武藤清给出的实测值资料较为系统。日本建筑学会阻尼评定委员会于 2003 年发布了 205 栋多高层建筑阻尼比实测结果，其中钢结构 137 栋，钢-混凝土混合结构 43 栋，混凝土结构 25 栋。由大量实测结果分析统计得出阻尼比变化规律及第一阶阻尼比 ζ_1 的简化计算公式，并给出绝大部分钢结构 ζ_1 均小于 0.02 的结论。

影响阻尼比值的因素甚为复杂，现仍属于正在研究的课题。在没有其他充分科学依据之前，多高层钢结构阻尼比取 0.02 是可行的。

2　空间网格结构阻尼比取值

空间网格结构的阻尼比值最好是由空间网格结构实测和试验统计分析得出，但至今这方面的资料甚少。研究表明，结构类型与材料是影响结构阻尼比值的重要因素，所以在缺少实测资料的情况下，可参考多高层钢结构，对于落地支承的空间网格结构阻尼比可取 0.02。

对设有混凝土结构支承体系的空间网格结构，阻尼比值可采用下式计算：

$$\zeta=\frac{\sum_{s=1}^{n}\zeta_s W_s}{\sum_{s=1}^{n}W_s} \tag{4}$$

式中：ζ——考虑支承体系与空间网格结构共同工作时，整体结构的阻尼比；

ζ_s——第 s 个单元阻尼比；对钢构件取 0.02，对混凝土构件取 0.05；

n——整体结构的单元数；

W_s——第 s 个单元的位能。

梁元位能为：

$$W_s=\frac{L_s}{6(EI)_s}(M_{as}^2+M_{bs}^2-M_{as}M_{bs}) \tag{5}$$

杆元位能为：

$$W_s=\frac{N_s^2 L_s}{2(EA)_s} \tag{6}$$

式中：L_s、$(EI)_s$、$(EA)_s$——分别为第 s 杆的计算长度、抗弯刚度和抗拉刚度；

M_{as}、M_{bs}、N_s——分别取第 s 杆两端在重力荷载代表值作用下的静弯矩和静轴力。

上述阻尼比值计算公式是考虑到不同材料构件对结构阻尼比的影响，将空间网格结构与混凝土结构支承体系视为整体结构，引用等效结构法的思路，用位能加权平均法推导得出的。

为简化计算，对于设有混凝土结构支承的空间网格结构，当将空间网格结构与混凝土结构支承体系按整体结构分析或采用弹性支座简化模型计算时，本条给出阻尼比可取 0.03 的建议值。这是经大量计算机实例计算及收集的实测结果经统计分析得来。

4.4.11　地震时的地面运动是一复杂的多维运动，包括三个平动分量和三个转动分量。对于一般传统结构仅分别进行单维地震作用效应分析即可满足设计要求的精确度，但对于体型复杂或较大跨度的网格结构，宜进行多维地震作用下的效应分析。这是由于空间网格结构为空间结构体系，呈现明显的空间受力和变形特点，如水平和竖向地震对网壳结构的反应都有较大影响。因此，需对网壳结构进行多维地震响应分析。此外，网壳结构频率甚为密集，应考虑各振型之间的相关性。根据大量空间网格结构计算机分析，如单层球面网壳，除少数杆件外，三维地震内力均大于单维地震内力，有些杆件地震内力要大1.5倍～2倍左右，可见对于体型复杂或较大跨度的空间网格结构宜进行多维地震响应分析。

进行多维地震效应计算时，可采用多维随机振动分析方法、多维反应谱法或时程分析法。按《建筑抗震设计规范》GB 50011－2001，当多维地震波输入时，其加速度最大值通常按1(水平1)：0.85(水平2)：0.65(竖向)的比例调整。

由于空间网格结构自由度甚多，由传统的随机振动功率谱方法推导的CQC表达式计算工作量巨大，很难用于工程计算，因此建议采用多维虚拟激励随机振动分析方法。该法自动包含了所有参振振型间的相关性以及激励之间的相关性，与传统的CQC法完全等价，是一种精确、快速的CQC法，特别适用于分析自由度多、频率密集的网壳结构在多维地震作用下的随机响应。

为了更便于设计人员采用，以多维随机振动分析理论为基础，建立了空间网格结构多维抗震分析的实用反应谱法。附录F给出的即是按多维反应谱法进行空间网格结构三维地震效应分析时，各节点最大位移响应与各杆件最大内力响应的组合公式。其中考虑了《建筑抗震设计规范》GB 50011－2001所提出的当三维地震作用时，其加速度最大值按1(水平1)：0.85(水平2)：0.65(竖向)的比例。

采用时程分析法进行多维地震效应计算时，计算方法与单维地震效应分析相同，仅地面运动加速度向量中包含了所考虑的几个方向同时发生的地面运动加速度项。

4.4.12 为简化计算，本条给出周边支承或多点支承与周边支承相结合的用于屋盖的网架结构竖向地震作用效应简化计算方法。

本规程附录G中所列出的简化计算方法是采用反应谱法和时程法，对不同跨度、不同形式的周边支承或多点支承与周边支承相结合的用于屋盖的网架结构进行了竖向地震作用下的大量计算机分析，总结地震内力系数分布规律而提出的。

4.4.13 为了减少7度和8度设防烈度时网壳结构的设计工作量，在大量实例分析的基础上，给出承受均布荷载的几种常用网壳结构杆件地震轴向力系数值，以便于设计人员直接采用。

对于单层球面网壳结构，考虑了各类杆件各自为等截面情况；对于单层双曲抛物面网壳结构，考虑了弦杆和斜杆均为等截面情况，仅抬高端斜拉杆由于受力较大需要另行设计；

对于双层圆柱面网壳结构，考虑纵向弦杆和腹杆分别为等截面情况。由于横向弦杆各单元地震内力系数沿网壳横向1/4跨度附近较大，所以给出的地震内力系数除按矢跨比、上下弦不同外，还按横向弦杆各单元位置划分了两类区域，在本规程表H.0.3中以阴影与空白分别表示。

5 杆件和节点的设计与构造

5.1 杆　　件

5.1.1 本条明确规定网格结构杆件的材质应符合现行国家标准《钢结构设计规范》GB 50017的有关规定，严禁采用非结构用钢管。管材强调了采用高频焊管或无缝钢管，主要考虑高频焊管价格比无缝钢管便宜，且高频焊管性能完全满足使用要求。

5.1.2 空间网格结构杆件的计算长度按结构类型、节点形式与杆件所处的部位分别考虑。

网架结构压杆计算长度的确定主要是根据国外理论研究和有关手册规定以及我国对网架压杆计算长度的试验研究。对螺栓球节点，因杆两端接近铰接，计算长度取几何长度（节点至节点的距离）。对空心球节点网架，由于受该节点上相邻拉杆的约束，其杆件的计算长度可作适当折减，弦杆及支座腹杆取$0.9l$，腹杆则仍按普通钢结构的规定取$0.8l$。对采用板节点的，为偏于安全，仍按一般平面桁架的规定。

双层网壳的节点一般可视为铰接。但由于双层网壳中大多数上、下弦杆均受压，它们对腹杆的转动约束要比网架小，因此对焊接空心球节点和板节点的双层网壳的腹杆计算长度作了调整，其计算长度取$0.9l$，而上、下弦杆和螺栓球节点的双层网壳杆件的计算长度仍取为几何长度。

单层网壳在壳体曲面内、外的屈曲模态不同，因此其杆件在壳体曲面内、外的计算长度不同。

在壳体曲面内，壳体屈曲模态类似于无侧移的平面刚架。由于空间汇交的杆件较少，且相邻环向（纵向）杆件的内力、截面都较小，因此相邻杆件对压杆的约束作用不大，这样其计算长度主要取决于节点对杆件的约束作用。根据我国的试验研究，考虑焊接空心球节点与相贯节点对杆的约束作用时，杆件计算长度可取为$0.9l$，而毂节点在壳体曲面内对杆件的约束作用很小，杆件的计算长度应取为几何长度。

在壳体曲面外，壳体有整体屈曲和局部凹陷两种屈曲模态，在规定杆件计算长度时，仅考虑了局部凹陷一种屈曲模态。由于网壳环向（纵向）杆件可能受压、受拉或内力为零，因此其横向压杆的支承作用不确定，在考虑压杆计算长度时，可以不计其影响，而仅考虑压杆远端的横向杆件给予的弹性转动约束，经简化计算，并适当考虑节点的约束作用，取其计算长度为 $1.6l$。

对于立体桁架，其上弦压杆与支座腹杆无其他杆件约束，故其计算长度均取 $1.0l$，采用空心球节点与相贯节点时，腹杆计算长度取 $0.9l$。

5.1.3 空间网格结构杆件的长细比按结构类型，杆件所处位置与受力形式考虑如下：

网架、双层网壳与立体桁架其压杆的长细比仍取用原网架规程取值，即 $[\lambda] \leqslant 180$，多年网架工程实践证明这个压杆的长细比取值是适宜的，是完全可以保证结构安全的。

从网架工程的实践来，很少有拉杆其长细比达到 400 的，本次修订中将网架、立体桁架与双层网壳的长细比限值调整到与双层网壳一致，统一取 $[\lambda] \leqslant 300$。对于网架、立体桁架与双层网壳的支座附件杆件，由于边界条件复杂，杆件内力有时产生变号，故对其长细比控制从严，$[\lambda] \leqslant 250$。对于直接承受动力荷载的杆件，从严控制于 $[\lambda] \leqslant 250$。

统计已建成的单层网壳其压杆的计算长细比一般在 60～150。考虑到网壳结构主要由受压杆件组成，压杆太柔会造成杆件初弯曲等几何初始缺陷，对网壳的整体稳定形成不利影响；另外杆件的初始弯曲，会引起二阶力的作用，因此，单层网壳杆件受压与压弯时其长细比按照现行国家标准《钢结构设计规范》GB 50017 的有关规定取 $[\lambda] \leqslant 150$。

5.1.4 根据多年来空间网格结构的工程实践规定了杆件截面的最小尺寸。但这并不是说，所有空间网格工程都可以采用本条规定的最小截面尺寸，这里明确指出，杆件最小截面尺寸必须在实际工程中根据计算分析经杆件截面验算后确定。

5.1.5 空间网格结构杆件当其内力分布变化较大时，如杆件按满应力设计，将会造成沿受力方向相邻杆件规格过于悬殊，而造成杆件截面刚度的突变，故从构造要求考虑，其受力方向相连续的杆件截面面积之比不宜超过 1.8 倍，对于多点支承网架，虽然其反弯点处杆件内力很小，也应考虑杆件刚度连续原则，对反弯点处的上下弦杆宜按构造要求加大截面。

5.1.6 由于大量的空间网格结构实际工程中，小规格的低应力拉杆经常会出现弯曲变形，其主要原因是此类杆件受制作、安装及活荷载分布影响时，小拉力杆转化为压杆而导致杆件弯曲，故对于低应力的小规格拉杆宜按压杆来控制长细比。

5.1.7 本条规定提醒设计人员注意细部构造设计，避免给施工和维护造成困难。

5.2 焊接空心球节点

5.2.1 目前针对焊接空心球的有关试验和理论分析基本集中在焊接空心球和圆钢管的连接。因此本条明确焊接空心球适用于连接圆钢管。如需应用焊接空心球连接其他类型截面的钢管，应进行专门的研究。

5.2.2 焊接空心球在我国已广泛用作网架结构的节点，近年来在单层网壳结构中也得到了应用，取得了一定的经验。

由于网架和网壳结构中空心球为多向受力，计算与试验均很复杂，为简化，以往设计中均以单向受力（受压或受拉）情况下空心球的承载能力来决定空心球的允许设计荷载。而单向受力空心球的承载力，原《网架结构设计与施工规程》JGJ 7－91 中的公式是以大量的试验数据（其中绝大多数为单向受压且球直径为 500mm 以下）用数理统计方法得出的经验公式。随着工程应用的发展，出现了直径大于 500mm 的空心球，同时随着计算技术的进步，已有条件对空心球节点进行数值计算分析，原《网壳结构技术规程》JGJ 61－2003 编制时即采用数值计算和已有试验结果一起参与数理统计，进行回归分析，数值分析结果表明，在满足空心球的有关构造要求后，单向拉、压时空心球均为强度破坏。考虑设计使用方便，将空心球节点承载力设计值公式统一为一种形式。数值计算分析考虑了节点破坏时钢管与球体连接处已进入塑性状态，产生较大的塑性变形，故采用了以弹塑性理论为基础的非线性有限元法。本次规程编制时仍采用拉、压承载力设计值统一公式形式，根据空心球制作实际情况和钢板供货大量出现负公差的情况，对空心球壁厚的允许减薄量进行了放宽，同时放宽了对较大直径空心球直径允许偏差和圆度允许偏差的限制，以及对口错边量的限制。据此，本次修编中又作了上述限制放宽后的计算分析，并与原规程未放宽时的计算结果作了比较，在此基础上对《网壳结构技术规程》JGJ 61－2003 公式中的相关系数作了调整。

因目前大于 500mm 直径的焊接空心球制作质量离散性较大，试验数据离散性较大，同时试验数据也较少，因此对于直径大于 500mm 的焊接空心球，对其承载力设计值考虑 0.9 的折减系数，以保证足够的安全度。

经本次修订调整后的公式，基本覆盖了数值分析和试验结果，同时与其他经验公式比较也均能覆盖。由于受拉空心球的试验较少，大直径空心球受拉试验更少，当有可靠试验依据时，大直径受拉空心球强度设计值可适当提高。

5.2.3 单层网壳的杆端除承受轴向力外，尚有弯矩、扭矩及剪力作用。在单层球面及柱面网壳中，由于弯矩作用在杆与球接触面产生的附加正应力在不同部分出入较大，一般可增加 20%～50%左右。对轴力和弯矩共同作用下的节点承载力，《网壳结构技术规程》JGJ 61－2003 根据经验给出了考虑空心球承受压弯或拉弯作用的影响系数 $\eta_m = 0.8$。本次修订时，根据试验结果、有限元分析和简化理论分析，得到了 η_m 与

偏心系数 c 相应的的计算公式，偏心系数 $c=2M/(Nd)$，η_m 不再限定为统一的 0.8。η_m 可采用下述方法确定：

(1) $0 \leqslant c \leqslant 0.3$ 时

$$\eta_m = \frac{1}{1+c} \tag{7}$$

(2) $0.3 < c < 2.0$ 时

$$\eta_m = \frac{2}{\pi}\sqrt{3+0.6c+2c^2} - \frac{2}{\pi}(1+\sqrt{2}c) + 0.5 \tag{8}$$

(3) $c \geqslant 2.0$ 时

$$\eta_m = \frac{2}{\pi}\sqrt{c^2+2} - \frac{2c}{\pi} \tag{9}$$

上式中：

$$c = \frac{2M}{Nd} \tag{10}$$

式中：M——作用在节点上的弯矩（N·mm）；

N——作用在节点上的轴力（N）。

为了便于设计人员使用，本规程中将上述公式以图形形式表示，设计人员只要根据偏心系数 c，即可按图查到影响系数 η_m。

5.2.4 《网壳结构技术规程》JGJ 61－2003 采用了承载力提高系数 η_d 考虑空心球设加劲肋的作用，受压球取 $\eta_d=1.4$，受拉球取 $\eta_d=1.1$。考虑到承受弯矩为主的空心球目前还缺少工程实践，加劲肋对弯矩作用下节点承载力的影响尚无足够的试验结果，实际工程中也难以保证加劲肋位于弯矩作用平面内，因此在弯矩较大的情况下，不考虑加劲肋的作用，以确保安全。对以轴力为主而弯矩较小的情况（$\eta_m \geqslant 0.8$），仍可考虑加劲肋承载力提高系数。

5.2.5 本条中所提出的一些构造要求是为了避免空心球在受压时会由于失稳而破坏。为了使钢管杆件与空心球连接焊缝做到与钢管等强，规定钢管应开坡口（从工艺要求考虑钢管壁厚大于 6mm 的必须开坡口），焊缝要焊透。根据大量工程实践的经验，钢管端部加套管是保证焊缝质量、方便拼装的好办法。当采用的焊接工艺可以保证焊接质量时，也可以不加套管。此外本条对管、球坡口焊缝尺寸与角焊缝高度也作了具体规定。

5.2.8 加肋空心球的肋板应设置在空间网格结构最大杆件与主要受力杆件组成的轴线平面内。对于受力较大的特殊节点，应根据各主要杆件在空心球节点的连接情况，验算肋板平面外空心球节点的承载能力。

5.3 螺栓球节点

5.3.1 利用高强度螺栓将圆钢管与螺栓球连接而成的螺栓球节点，在构造上比较接近于铰接计算模型，因此适用于双层以及两层以上的空间网格结构中圆钢管杆件的节点连接。

5.3.2 螺栓球节点的材料在选用时考虑以下因素：

螺栓球节点上沿各汇交杆件的轴向端部设有相应螺孔，当分别拧入杆件中的高强度螺栓后即形成网架整体。钢球的硬度可略低于螺栓的硬度，材料强度也较螺栓低，因而球体原坯材料选用 45 号钢，且不进行热处理，可以满足设计要求，并便于加工制作。球体原坯宜采用锻造成型。

锥头或封板是圆钢管杆件通过高强度螺栓与钢球连接的过渡零件，它与钢管焊接成一体，因此其钢号宜与钢管一致，以方便施焊。

套筒主要传递压力，因此对于与较小直径高强度螺栓（≤M33）相应的套筒，可选取 Q235 钢。对于与较大直径高强度螺栓（≥M36）相应的套筒，为避免由于套筒承压面积的增大而加大钢球直径，宜选用 Q345 钢或 45 号钢。

高强度螺栓的钢材应保证其抗拉强度、屈服强度与淬透性能满足设计技术条件的要求。结合目前国内钢材的供应情况和实际使用效果，推荐采用 40Cr 钢、35CrMo 钢，同时考虑到多年使用和厂家习惯用材，对于 M12～M24 的高强度螺栓还可采用 20MnTiB 钢，M27～M36 的高强度螺栓还可采用 35VB 钢。

紧固螺钉也宜选用高强度钢材，以免拧紧高强度螺栓时被剪断。

5.3.4 现行国家标准《钢网架螺栓球节点用高强度螺栓》GB/T 16939将高强度螺栓的性能等级按照其直径大小分为 10.9 级与 9.8 级两个等级，这是根据我国高强度螺栓生产的实际情况而确定的。

高强度螺栓在制作过程中要经过热处理，使成调质钢。热处理的方式是先淬火，再高温回火。淬火可以提高钢材强度，但降低了它的韧性，再回火可恢复钢的韧性。对于采用规程推荐材料的高强度螺栓，影响其能否淬透的主要因素是螺栓直径的大小。当螺栓直径较小（M12～M36）时，其截面芯部能淬透，因此在此直径范围内的高强度螺栓性能等级定为 10.9 级。对大直径高强度螺栓（M39～M64×4），由于芯部不能淬透，从稳妥、可靠、安全出发将其性能等级定为 9.8 级。

本规程采用高强度螺栓经热处理后的抗拉强度设计值为 430N/mm²，为使 9.8 级的高强度螺栓与其具有相同的抗力分项系数，其抗拉强度设计值相应定为 385N/mm²。由于本规程中已考虑了螺栓直径对性能等级的影响，在计算高强度螺栓抗拉设计承载力时，不必再乘以螺栓直径对承载力的影响系数。

高强度螺栓的最高性能等级采用 10.9 级，即经过热处理后的钢材极限抗拉强度 f_u 达 1040N/mm²～1240N/mm²，规定不低于 1000N/mm²，屈服强度与抗拉强度之比为 0.9，以防止高强度螺栓发生延迟断裂。所谓延迟断裂是指钢材在一定的使用环境下，虽然使用应力远低于屈服强度，但经过一段时间后，外表可能尚未发现明显塑性变形，钢材却发生了突然脆断现象。导致延迟断裂的重要因素是应力腐蚀，而应力腐蚀则随高强度螺栓抗拉强度的提高而增加。因此性能等级为10.9级与9.8级的高强度螺栓，其抗拉强度的下限值分别取1000N/mm²与900N/mm²，可使螺栓保持一定的断裂韧度。

5.3.5 根据螺栓球节点连接受力特点可知，杆件的轴向压力主要是通过套筒端面承压来传递的，螺栓主要起连接作用。因此对于受压杆件的连接螺栓可不作验算。但从构造上考虑，连接螺栓直径也不宜太小，设计时可按该杆件内力绝对值求得螺栓直径后适当减小，建议减小幅度不大于表5.3.4中螺栓直径系列的3个级差。减少螺栓直径后的套筒应根据传递的压力值验算其承压面积，以满足实际受力要求，此时套筒可能有别于一般套筒，施工安装时应予以注意。

5.3.7 钢管端部的锥头或封板以及它们与钢管间的连接焊缝均为杆件的重要组成部分，应确保锥头或封板以及连接焊缝与钢管等强，一般封板用于连接直径小于76mm的钢管，锥头用于连接直径大于或等于76mm的钢管。

封板与锥头的计算可考虑塑性的影响，其底板厚度都不应太薄，否则在较小的荷载作用下即可能使塑性区在底板处贯通，从而降低承载力。

锥头底板厚度和锥壁厚度变化应与内力变化协调，锥壁与锥头底板及钢管交接处应和缓变化，以减少应力集中。

本规程中的表5.3.7摘自《钢网架螺栓球节点用高强度螺栓》GB/T 16939-1997附录A表3。

5.4 嵌入式毂节点

5.4.1 嵌入式毂节点是20世纪80年代我国自行开发研制的装配式节点体系。对嵌入式毂节点的足尺模型及采用此节点装配成的单层球面网壳的试验结果证明，结构本身具有足够的强度、刚度和安全保证。

20多年来，我国用嵌入式毂节点已建成近100个单层球面网壳和圆柱面网壳，面积达20余万平方米。曾应用于体育馆、展览馆、娱乐中心、食堂等建筑的屋盖。并在40m～60m的煤泥浓缩池、贮煤库和20000m³以上的储油罐中采用。这些已建成的工程经多年的应用实践证明了这种节点的可靠性。

5.4.2 杆端嵌入件的形式比较复杂，嵌入榫的倾角也各不相同，采用机械加工工艺难于实现，一般铸钢件又不能满足精度要求，故选择精密铸造工艺生产嵌入件。

5.4.6 毂体是嵌入式毂节点的主体部件，毛坯可用热轧大直径棒料，经机械加工而成。为保证汇于毂体的杆件可靠地连接在一起，毂体应有足够的刚度和强度，嵌入槽的尺寸精度应保证各嵌入件能顺利嵌入并良好吻合。毂体直径是根据以下原则确定的：

1 槽孔开口处的抗剪强度大于杆件截面的抗拉强度；

2 保证两槽孔间有足够的强度；

3 相邻两杆件不能相碰。

5.5 铸 钢 节 点

5.5.1 铸钢节点由于自重大、造价高，所以在实际工程中主要适用于有特殊要求的关键部位。

5.5.2、5.5.3 铸钢件的材质必须符合化学成分及力学性能的要求，同时应具有良好的焊接性能，以保证与被连接件的焊接质量。当节点设计需要更高等级的铸钢材料时，可参照国际标准或其他国家的相关标准执行，如德国标准或日本标准。

5.5.5、5.5.6 条件具备时铸钢件均宜进行足尺试验或缩尺试验，试验要求由设计单位提出。铸钢节点试验必须辅以有限元分析和对比，以便确定节点内部的应力分布。考虑到铸钢材料的离散性、设计经验的不足及弹塑性有限元分析的不定性，其安全系数比其他节点略有提高。

5.6 销轴式节点

5.6.3 销轴式节点一般为外露节点，同时为保证安装精度，销轴式节点的销轴与销板均应进行精确加工。

5.7 组合结构的节点

5.7.1、5.7.2 组合网架与组合网壳上弦节点的连接构造合理性直接关系到组合网架和组合网壳结构能否协同工作。根据工程实践经验和试验研究成果，本条中给出的组合网架和组合网壳结构上弦节点构造图经合理设计可保证这两种不同材料的构件间的共同工作，可实现上弦节点在上弦平面内与各杆件间连接的要求。

图5.7.2-1中所示节点构造主要用于角钢组合网架，板肋底部预埋钢板应与十字节点板的盖板焊接牢固以传递内力，必要时盖板上可焊接U形短钢筋（在板缝中后浇筑细石混凝土）或为盖板加抗剪锚筋，缝中宜配置通长钢筋，以从构造上加强整体性。当组合网架用于楼层时，宜在预制混凝土板上配筋后浇筑细石混凝土面层。在已建成使用的新乡百货大楼扩建工程以及长沙纺织大厦工程中都采用了类似的经验。

当腹杆为圆钢管、节点为焊接空心球时，可将图5.7.2-1所示十字节点板改用冲压成型的球缺（一般不足半球）与钢盖板焊接，预制钢筋混凝土上弦板可直接搁置在球缺节点的支承盖板上，并将上弦板肋上的预埋件与盖板焊接牢固。灌缝后将上弦板四角顶部的埋板间连以另一盖板使之成为整体铰支座（图5.7.2-2）。对于采用螺栓球节点的组合网架，上弦节点与腹杆间的连接件亦可将图5.7.2-1所示十字节点板改用相应的螺栓环等代替（图5.7.2-3）。这些构造方案在国内组合网架工程中均有所采用。

5.7.3 组合网格结构施工支架的搭设应符合施工负荷的要求，在节点未形成整体前严禁在钢筋混凝土面板上施加过量不均匀荷载，防止施工支架超载破坏而危及结构安全。

5.8 预应力索节点

5.8.1 设计中采用哪种预应力索应根据具体结构与施工条件来确定。钢绞线拉索施工简便且成本低，但预应力锚头尺寸较大并需加防护外套，防腐要求高；扭绞型平行钢丝拉索其制索与锚头的加工都必须在工厂完成，质量可靠，但索的长度控制要求严且施工技术要求高；钢棒拉杆是近年开始应用的一种新形式，端部用螺纹连接质量可靠，防护处理容易，当拉杆较长时要10m左右设一个接头。除了小吨位的拉索外，对于大吨位的拉索应有可靠的索长微调系统以确保索力的正确。

5.8.2 体外索转折处设鞍形垫板，其作用是保证索在转折处的弯曲半径以免应力集中。

5.8.3 张弦桁架撑杆下端与索连接节点要求设置随时可以上紧的索夹是为了防止预应力张拉时索夹的可能滑动。桁架端部预应力索锚固处因节点内力大且应力复杂，故宜用铸钢节点。

5.9 支座节点

5.9.1 空间网格结构支座节点的构造应与结构分析所取的边界条件相符，否则将使结构的实际内力、变形与计算内力、变形出现较大差异，并可能由此而危及空间网格结构的整体安全。一个合理的支座节点必须是受力明确、传力简捷、安全可靠。同时还应做到构造简单合理、制作拼装方便，并具有较好的经济性。

5.9.2 根据空间网格结构支座节点的主要受力特点可分为压力支座节点、拉力支座节点、可滑移、转动的弹性支座节点以及兼受轴力、弯矩与剪力的刚性支座节点。

5.9.3 平板压力支座节点构造简单、加工方便，但支座底板下应力分布不均匀，与计算假定相差较大。一般仅适用于较小跨度的网架支座。

单面弧形压力支座节点及双面弧形压力支座节点，支座节点可沿弧面转动。它们可分别应用于要求支座节点沿单方向转动的中小跨度网架结构，或为适应温度变化而需支座节点转动并有一定侧移，且下部支承结构具有较大刚度的大跨度网架结构，双面弧形是在支座底板与支承面顶板上焊出带椭圆孔的梯形钢板然后以螺栓将它们连为一体。这种支座节点构造与不动圆柱铰支承的约束条件比较接近，但它只能沿一个方向转动，而且不利于抗震。虽然这种节点构造较复杂但鉴于当前铸造工艺的进步，这类节点制作尚属方便，具有一定应用空间。

球铰压力支座节点是由一个置于支承和面上的凸形半实心球与一个连于节点支承底板的凹形半球相嵌合，并以锚栓相连而成，锚栓螺母下设弹簧以适应节点转动，这种构造可使支座节点绕两个水平轴自由转动而不产生线位移。它既能较好地承受水平力又能自由转动，比较符合不动球铰支承的约束条件且有利于抗震。但其构造较复杂，一般用于多点支承的大跨度空间网格结构。

可滑动铰支座节点（图5.9.5）、板式橡胶支座节点（图5.9.6）可按有侧移铰支座计算。常用压力支座节点可按相对于节点球体中心的铰接支座计算，但应考虑下部结构的侧向刚度。

5.9.4 对于某些矩形平面周边支承的网架，如两向正交斜放网架，在竖向荷载作用下网架角隅支座上常出现拉力，因此应根据传递支座拉力的要求来设计这种支座节点。常用拉力支座节点主要有平板拉力支座节点、单面弧形拉力支座节点以及球铰拉力支座。它们共同的特点都是利用连接支座节点与下部支承结构的锚栓来传递拉力，此时锚栓应有足够的锚固深度。且锚栓应设置双螺母，并应将锚栓上的垫板焊于相应的支座底板上。

当支座拉力较小时，为简便起见，可采用与平板压力支座节点相同的构造。但此时锚栓承受拉力，因此平板拉力支座节点仅适用于跨度较小的网架。

当支座拉力较大，且对支座节点有转动要求时，可在单面弧形压力支座节点的基础上增设锚栓承力架，当锚栓承受较大拉力时，藉以减轻支座底板的负担。可用于大、中跨度的网架。

5.9.6 板式橡胶支座是在支座底板与支承面顶板或过渡钢板间加设橡胶垫板而实现的一种支座节点。由于橡胶垫板具有良好的弹性和较大的剪切变位能力，因而支座既可微量转动又可在水平方向产生一定的弹性变位。为防止橡胶垫板产生过大的水平变位，可将支座底板与支承面顶板或过渡钢板加工成“盆”形，或在节点周边设置其他限位装置（可在橡胶垫板外围设图5.9.6所示钢板或角钢构成的方框，橡胶垫板与方框间应留有足够空隙）。防止橡胶垫板可能产生的过大位移。支座底板与支承面顶板或过渡钢板由贯穿橡胶垫板的锚栓连成整体。锚栓的螺母下也应设置压力弹簧以适应支座的转动。支座底板与橡胶垫板上应开设相应的圆形或椭圆形锚孔，以适应支座的水平变位。

板式橡胶支座在我国网格结构中已得到普遍应用，效果良好。本规程附录K列出了橡胶垫板的材料性能及有关计算与构造要点，可供设计参考。

5.9.7 刚接支座节点应能可靠地传递轴向力、弯矩与剪力。因此这种支座节点除本身应具有足够刚度外，支座的下部支承结构也应具有较大刚度，使下部结构在支座反力作用下所产生的位移和转动都能控制在设计允许范围内。

图 5.9.7 表示空心球节点刚接支座。它是将刚度较大的支座节点板直接焊于支承顶面的预埋钢板上，并将十字节点板与节点球体焊成整体，利用焊缝传力。锚栓设计时应考虑支座节点弯矩的影响。

5.9.8 当立体管桁架支座反力较小时可采用图 5.9.8 所示构造。但对于支座反力较大的管桁架节点宜在管桁架管件底部加设弧形垫板，通过弧形垫板使杆件与支座竖向支承板相连，既可使钢管杆件截面得到加强，同时也可避免主要连接焊缝横切钢管杆件截面，改善支座节点附近杆件的受力状况。

5.9.9 考虑到支座节点可能存在一定的水平反力，为减少由此而产生的附加弯矩，应尽量减小支座球节点中心至支座底板的距离。

对于上弦支承空间网格结构，设计时应控制边缘斜腹杆与支座节点竖向中心线间具有适当夹角，防止斜腹杆与支座柱边相碰，在支座设计时应进行放样验算。

支座底板与支座竖板厚度应根据支座反力进行验算，确保其强度与稳定性要求。

当支座节点中的水平剪力大于竖向压力的 40% 时，不应利用锚栓抗剪。此时应通过抗剪键传递水平剪力。

5.9.10 弧形支座板由于形状变异，宜用铸钢浇铸成型。为简便起见，单面弧形支座板也可用厚钢板加工成型。橡胶支座垫板系指由符合橡胶材料技术要求的多层橡胶片与薄钢板相间粘合压制而成的橡胶垫板，一般由工程橡胶制品厂专业生产。不得采用纯橡胶垫板。

5.9.11 在实际工程中要求将支座节点底板上的锚孔精确对准已埋入支承柱内的锚栓，对土建施工精度要求较高，因此对传递压力为主的网架压力支座节点中也可以在支座底板与支承面顶板间增设过渡钢板。

过渡钢板上设埋头螺栓与支座底板相连，过渡钢板可通过侧焊缝与支承面顶板相连，这种构造支座底板传力虽较间接，但可简化施工。当支座底板面积较大时可在过渡钢板上开设椭圆形孔，以槽焊与支承面顶板相连，以确保钢板间的紧密接触。

6 制作、安装与交验

6.1 一 般 规 定

6.1.1 空间网格结构的施工，首先必须加强对材质的检验，经验表明，由于材质不清或采用可焊性差的合金钢材常造成焊接质量差等隐患，甚至造成返工等质量问题。

6.1.3 空间网格结构施工控制几何尺寸精度的难度较大，而且精度要求比一般平面结构严格，故所用测量器具应经计量检验合格。

6.1.4 为了保证空间网格结构施工的焊接质量，明确规定焊工应经过考核合格，持证上岗，并规定焊接内容应与考试内容相同。

6.1.5 在工程实践中，由于支座预埋件或预埋锚栓的偏差较大，安装单位在没有复核和验收的情况下，匆忙施工，常造成事故。为避免这种情况的发生，特规定本条文。

6.1.6 空间网格结构各种安装方法的主要内容和区别如下：

1 高空散装法是指网格结构的杆件和节点或事先拼成的小拼单元直接在设计位置总拼，拼装时一般要搭设全支架，有条件时，可选用局部支架的悬挑法安装，以减少支架的用量。

2 分条分块安装法是将整个空间网格结构的平面分割成若干条状或块状单元，吊装就位后再在高空拼成整体。分条一般是在网格结构的长跨方向上分割。条状单元的大小，视起重机起重能力而定。

3 滑移法是将网格结构的条状单元向一个方向滑移的施工方法。网格结构的滑移方向可以水平、向上、向下或曲线方向。它比分条安装法具有网格结构安装与室内土建施工平行作业的优点，因而缩短工期，节约拼装支架，起重设备也容易解决。

对于具有中间柱子的大面积房屋或狭长平面的矩形建筑可采用滑架法施工，分段的空间网格结构在可滑移的拼装架上就位拼装完成，移动拼装支架，再拼接下一段网格结构，如此反复进行，直至网格结构拼装完成。滑架法的特点是拼装支架移动而结构本身在原位逐条高空拼装，结构拼装后不再移动，比较安全。

4 整体吊装法吊装中小型空间网格结构时，一般采用多台吊车抬吊或拔杆起吊，大型空间网格结构由于重量较大及起吊高度较高，则宜用多根拔杆吊装，在高空作移动或转动就位安装。

5、6 整体提升或整体顶升方法只能作垂直起升，不能作水平移动。提升与顶升的区别是：当空间网格结构在起重设备的下面称为提升；当空间网格结构在起重设备的上面称为顶升。由于空间网格结构的重心和提（顶）升力作用点的相对位置不同，其施工特点也有所不同。当采用顶升法时，应特别注意由于顶升的不同步，顶升设备作用力的垂直度等原因而引起的偏移问题，应采取措施尽量减少其偏移，而对提升法来说，则不是主要问题。因此，起升、下降的同步控制，顶升法要求更严格。

7 折叠展开式整体提升法的特点是首先将柱面网壳结构分成若干块，块与块之间设置若干活动铰节点使之形成若干条能够灵活转动的铰线，并去掉铰线上方或下方的杆件，使结构变成机构。安装时提升设备将变成机构的柱面网壳结构垂直地向上运动，柱面网壳结构便能逐渐形成所需的结构形状，再将因结构转动需要而拆去的杆件补上即可。这种安装方法，由于是在地面或接近地面拼装，因而可以省去大量的拼装支架和大型起重设备。折叠展开式整体提升法也可适用于球面网壳结构的安装。

对某些空间网格结构根据其结构特点和现场条件，可采用两种或两种以上不同的安装方法结合起来综合运用，以求安装方法的更合理化。例如球面网壳结构可以将四周向内扩拼的悬挑法（内扩法）与中央部分用提升法或吊装法结合起来安装。

6.1.7 选择吊点时，首先应使吊点位置与空间网格结构支座相接近；其次应使各起重设备的负荷尽量接近，避免由于起重设备负荷悬殊而引起起升时过大的升差。在大型空间网格结构安装中应加强对起重设备的维修管理，达到安装过程中确保安全可靠的要求，当采用升板机或滑模千斤顶安装空间网格结构时，还应考虑个别设备出故障而加大邻近设备负荷的因素。

6.1.8 安装阶段的动力系数是在正常施工条件下，在现场实测所得。当用履带式或汽车式起重机吊装时，应选择同型号的设备，起吊时应采用最低档起重速度，严禁高速起升和急刹车。

6.2 制作与拼装要求

6.2.2 对焊缝质量的检验，首先应对全部焊缝进行外观检查。无损探伤检验的取样部位以设计单位为主并与监理、施工单位协商确定，首先应检验应力最大以及跨中与支座附近的拉杆。

6.2.3 空间网格结构杆件在接长时，钢管的对接焊缝必须保证一级焊缝。对接杆件不应布置在支座腹杆、跨中的下弦杆及承受疲劳荷载的杆件。

6.2.4 焊接球节点允许偏差值中壁厚减薄量允许偏差由两部分组成：一是钢板负公差，二是在轧制过程中空心球局部拉薄量，是根据工厂长期生产实践统计值计算而来。

螺栓球由圆钢经加热后锻压而成，在加工过程中有时会产生表面微裂纹，表面微裂纹可经打磨处理，严禁存在深度更深或内部的裂纹。

6.2.9 空间网格结构的总拼，应采取合理的施焊顺序，尽量减少焊接变形和焊接应力。总拼时的施焊顺序应从中间向两端或从中间向四周发展。这样，网格结构在拼接时就可以有一端自由收缩，焊工可随时调节尺寸（如预留收缩量的调整等），既保证网格结构尺寸的准确又使焊接应力较小。

按照本规程第 4.3.3 条，对网壳结构稳定性进行全过程分析时考虑初始曲面安装偏差，计算值可取网壳跨度的 1/300。实际上安装允许偏差不仅由稳定计算控制，还应考虑屋面排水、美观等因素，因此，将此值定为随跨度变化（跨度的 1/1500）并给予一最大限值 40mm，进行双控。

6.2.10 螺栓球节点的高强度螺栓应确保拧紧，工程中总存在个别高强度螺栓拧紧不够的所谓“假拧”情况，因此本条文强调要设专人对高强度螺栓拧紧情况逐根检查。另外螺栓球节点拧紧螺栓后不加任何填嵌密封与防腐处理时，接头与大气相通，其中高强度螺栓与钢管、锥头或封板等内壁容易腐蚀，因此施工后必须认真执行密封防腐要求。

6.3 高空散装法

6.3.3 对于重大工程或当缺乏经验时，对所设计的支架应进行试压，以检验其承载力、刚度及有无不均匀沉降等。

当选用扣件式钢管搭设拼装支架时，其核心结构应用多立杆格构柱（图 2），常用有二立杆、三立杆、四立杆、五立杆、六立杆、七立杆等形式。

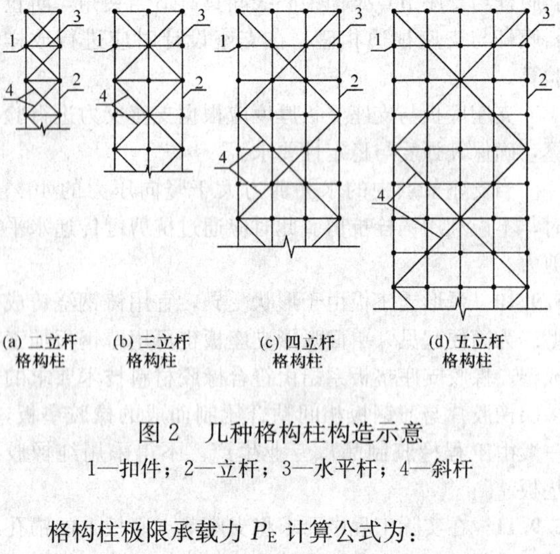

图 2 几种格构柱构造示意

1—扣件；2—立杆；3—水平杆；4—斜杆

格构柱极限承载力 P_E 计算公式为：

$$P_E = \frac{\pi^2 EI}{4H^2} \cdot \frac{1}{1 + U\dfrac{\pi^2 EI}{4H^2}} \cdot \mu_a \cdot \mu_b \tag{11}$$

式中：P_E——格构柱极限承载力；

E——钢弹性模量；

I——格构柱整体惯性矩；

$$I = \sum (IX + Aa^2);$$

H——格构柱总高；

μ_a——工作条件系数，$\mu_a = 0.36$；

μ_b——高度影响系数 $\mu_b = \dfrac{1}{1 + 0.005H_s}$

（H_s——支架搭设高度）；

U——单位水平位移：

二立杆时： $$U = \frac{2kd^2}{hb^2} \tag{12}$$

三立杆时： $$U = \frac{(3/4)k(1+\sin^2\alpha)d^2 + (1/2)kb^2}{hb^2} \tag{13}$$

四立杆时：$U=\frac{(2/3)k(1+\sin^2\alpha)d^2+(1/3)kb^2}{hb^2}$ (14)

五立杆时：$U=\frac{(5/8)k(1+\sin^2\alpha)d^2+(1/4)kb^2}{hb^2}$ (15)

六立杆时：$U=\frac{(3/5)k(1+\sin^2\alpha)d^2+(1/5)kb^2}{hb^2}$ (16)

七立杆时：$U=\frac{(7/12)k(1+\sin^2\alpha)d^2+(1/6)kb^2}{hb^2}$ (17)

式中：k——扣件挠曲系数，$k=0.001\text{mm/N}$；

α——斜杆与地面水平夹角；

d——一个单元网格斜杆对角线长；

b——一个单元网格的宽（立杆间距）；

h——一个单元网格高（水平杆步高）。

格构柱间距一般取15m～20m，其余支架水平杆步高与立杆间距布置与格构支架相同。

单根立杆稳定验算：

$$\frac{N}{\varphi A}\cdot\frac{1}{\mu_a\mu_b}\leqslant f \tag{18}$$

式中：N——每根立杆所承受的荷载；

φ——轴心受压构件的稳定系数，根据长细比λ由行业标准《建筑施工扣件式钢管脚手架安全技术规范》JGJ 130－2001附录C表C取值；

A——立杆截面面积；

f——钢材抗压强度计算值，$f=205\text{N/mm}^2$。

立杆强度验算：

$$\frac{N}{A}\cdot\frac{1}{\mu_a\mu_b}\leqslant f \tag{19}$$

式中各符号意义相同。

6.4 分条或分块安装法

6.4.1 当空间网格结构分割成条状或块状单元后，对于正放类空间网格结构，在自重作用下若能形成稳定体系，可不考虑加固措施。而对于斜放类空间网格结构，分割后往往形成几何可变体系，因而需要设置临时加固杆件。各种加固杆件在空间网格结构形成整体后方可拆除。

6.4.2 空间网格结构被分割成条（块）状单元后，在合拢处产生的挠度值一般均超过空间网格结构形成整体后该处的自重挠度值。因此，在总拼前应用千斤顶等设备调整其挠度，使之与空间网格结构形成整体后该处挠度相同，然后进行总拼。

6.5 滑 移 法

6.5.1 滑移法一般分为单条滑移法、逐条积累滑移法和滑架法三种，前二种为结构滑移；而后一种为支架滑移，结构本身不滑移。

1 单条滑移法——几何不变的空间网格结构单元在滑轨上单条滑移到设计位置后拼接成整体；

2 逐条积累滑移法——几何不变的空间网格结构单元在滑轨上逐条积累滑移到设计位置形成整体结构；

3 滑架法——施工时先搭设一个拼装支架，在拼装支架上拼装空间网格结构，完成相应几何不变的空间网格结构单元后移动拼装支架拼装下一单元。空间网格结构在分段滑移的拼装支架上分段拼装成整体，结构本身不滑移。

6.5.2 采用滑移法施工时，应至少设置两条滑轨，滑轨之间必须平行，表面光滑平整，滑轨接头处垫实。如不垫实，当网格结构滑到该处时，滑轨接头处会因承受重量而下陷，未下陷处就会挡住滑移中的支座而形成“卡轨”。

6.5.3 滑轨可固定在梁顶面（混凝土梁或钢梁）、地面及专用支架上，滑轨设置可以等高也可以不等高。

6.5.4 对跨度大的空间网格结构在滑移时，除两边的滑轨外，一般在中间也可设置滑轨。中间滑轨一般采用滚动摩擦，两边滑轨采用滑动摩擦。牵引点设置在两边滑轨，中间滑轨不设牵引点。由于增设了中间滑轨，改变了结构的受力情况，因此必须进行验算。当杆件应力不满足设计要求时应采取临时加固措施。

6.6 整体吊装法

6.6.2 根据空间网格结构吊装时现场实测资料，当相邻吊点间高差达吊点间距离的1/400时，各节点的反力约增加15％～30％，因此本条将提升高差允许值予以限制。

6.6.6 为防止在起吊和旋转过程中拔杆端部偏移过大，应加大缆风绳预紧力，缆风绳初始拉力应取该缆风绳受力的60％。

6.7 整体提升法

6.7.3 在提升过程中，由于设备本身的因素，施工荷载的不均匀以及操作方面等原因，会出现升差。当升差超过某一限值时，会对空间网格结构杆件产生过大的附加应力，甚至使杆件内力变号，还会使空间网格结构产生较大的偏移。因此，必须严格控制空间网格结构相邻提升点及最高与最低点的允许升差。

6.7.4 为防止起升时空间网格结构晃动，故对提升设备的合力点及其偏移值作出规定。

6.8 整体顶升法

6.8.4 整体顶升法允许升差值的规定同本规程第6.7.3条，由于整体顶升法大多用于支点较少的点支承空间网格结构，一般跨度较大，因此，允许升差值有所不同。

6.9 折叠展开式整体提升法

6.9.4 为保证在展开运动中各铰线平行，应用全站仪进行全过程跟踪测量校正。

6.9.5 在提升过程中，机构的空间铰在运行轨迹中有时会出现三排铰在一直线上的瞬变状态，在施工组织设计中应给予足够的重视，并采取可靠的措施，以确保柱面网壳结构在展开的运动中不致出现瞬变而失稳。

6.10 组合空间网格结构施工

6.10.1～6.10.3 组合空间网格结构中的钢筋混凝土板的混凝土质量、钢筋材质要求、预制板的几何尺寸及灌缝混凝土要求等均应符合现行国家标准《混凝土结构工程施工质量验收规范》GB 50204 要求。

为增强预制板灌缝后的整体性，灌缝混凝土应连续浇筑，不留设施工缝。

6.10.5 组合空间网格结构在施工时应特别注意，在未形成整体结构前（即未形成整体组合结构前），安装用的支撑体系必须牢固可靠，并不得集中堆放屋面板等局部集中荷载。

6.11 交　　验

6.11.2 空间网格结构安装中如支座标高产生偏差，可用钢板垫平垫实。如支座水平位置超过允许值，应由设计、监理、施工单位共同研究解决办法。严禁用捯链等强行就位。

6.11.3 空间网格结构若干控制点的挠度是对设计和施工的质量综合反映，故必须测量这些数据值并记录存档。挠度测量点的位置一般由设计单位确定。当设计无要求时，对小跨度，设在下弦中央一点；对大、中跨度，可设五点：下弦中央一点，两向下弦跨度四分点处各二点；对三向网架应测量每向跨度三个四等分点处的挠度，测量点应能代表整个结构的变形情况。本条文中允许实测挠度值大于现荷载条件下挠度计算值（最多不超过 15%）是考虑到材料性能、施工误差与计算上可能产生的偏差。

中华人民共和国行业标准

索结构技术规程

Technical specification for cable structures

JGJ 257—2012

批准部门：中华人民共和国住房和城乡建设部
施行日期：2 0 1 2 年 8 月 1 日

中华人民共和国住房和城乡建设部
公　　告

第1323号

关于发布行业标准《索结构技术规程》的公告

现批准《索结构技术规程》为行业标准，编号为JGJ 257－2012，自2012年8月1日起实施。其中，第5.1.2、5.1.5条为强制性条文，必须严格执行。

本规程由我部标准定额研究所组织中国建筑工业出版社出版发行。

中华人民共和国住房和城乡建设部

2012年3月1日

前　　言

根据原建设部《关于1991年工程建设行业标准制定、修订项目计划表（建设部部分第一批）》（建标[1991] 413号）的要求，规程编制组经广泛调查研究，认真总结实践经验，参考有关国际标准和国外先进标准，并在广泛征求意见的基础上，编制了本规程。

本规程的主要技术内容是：总则；术语和符号；基本规定；索体与锚具；设计与分析；节点设计与构造；制作、安装及验收等，包括了索结构的定义、索结构形式、计算模型、索和锚具的材料及性能、各类节点的设计与构造要求、制作安装与验收。

本规程以黑体字标志的条文为强制性条文，必须严格执行。

本规程由住房和城乡建设部负责管理和对强制性条文的解释，由中国建筑科学研究院负责具体技术内容的解释。执行过程中如有意见或建议，请寄送中国建筑科学研究院建筑结构研究所（地址：北京市北三环东路30号，邮政编码：100013）。

本规程主编单位：中国建筑科学研究院

本规程参编单位：哈尔滨工业大学
同济大学
东南大学
北京工业大学
安徽省建筑设计研究院
淄博市建筑设计研究院
中国建筑西南设计研究院有限公司
浙江东南网架股份有限公司
巨力索具股份有限公司
柳州欧维姆机械股份有限公司
布鲁克（成都）工程有限公司
珠海市晶艺玻璃工程有限公司
广东坚朗五金制品股份有限公司

本规程主要起草人员：蓝　天　钱基宏　沈世钊
赵鹏飞　武　岳　肖　炽
宋士军　曹　资　赵基达
朱兆晴　谢永铸　邓开国
钱若军　徐荣熙　于　滨
周观根　厉　敏　龙　跃
王德勤　陈跃华　杨建国

本规程主要审查人员：张毅刚　刘锡良　张其林
耿笑冰　甘　明　郭彦林
张同亿　秦　杰　陈志华
冯　健

目　次

Contents

1 总　则

1.0.1 为在索结构的设计与施工中贯彻执行国家的技术经济政策，做到技术先进、安全适用、经济合理、确保质量，制定本规程。

1.0.2 本规程适用于以索为主要受力构件的各类建筑索结构，包括悬索结构、斜拉结构、张弦结构及索穹顶等的设计、制作、安装及验收。

1.0.3 索结构的设计、制作、安装及验收，除应符合本规程的规定外，尚应符合国家现行有关标准的规定。

2 术语和符号

2.1 术　语

2.1.1 拉索　tension cable

由索体和锚具组成的受拉构件。

2.1.2 索体　cable body

拉索受力的主要部分，可为钢丝束、钢绞线、钢丝绳或钢拉杆。

2.1.3 索结构　cable structure

由拉索作为主要受力构件而形成的预应力结构体系。

2.1.4 悬索结构　cable-suspended structure

由一系列作为主要承重构件的悬挂拉索按一定规律布置而组成的结构体系，包括单层索系（单索、索网）、双层索系及横向加劲索系。

2.1.5 斜拉结构　cable-stayed structure

在立柱（塔、桅）上挂斜拉索到主要承重构件而组成的结构体系。

2.1.6 张弦结构　structure with tensioning chord

由上弦刚性结构或构件与下弦拉索以及上下弦之间撑杆组成的结构体系。

2.1.7 索穹顶　cable dome

由脊索、谷索、环索、撑杆及斜索组成并支承在圆形、椭圆形或多边形刚性周边构件上的结构体系。

2.1.8 索桁架　cable truss

由在同一竖向平面内两根曲率方向相反的索以及两索之间的撑杆组成的结构体系。

2.1.9 横向加劲索系　transversely stiffened suspended cable system

由平行布置的单索及与索垂直方向上设置的梁或桁架等横向加劲构件组成的结构体系，通过对横向加劲构件两端施加强迫位移在整个体系中建立预应力。

2.1.10 柔性索　flexible cable

仅承受拉力的构件，如钢丝束、钢绞线、钢丝绳及钢拉杆。

2.1.11 劲性索　rigid cable

长度远大于其截面特征尺寸，可承受拉力和部分弯矩的构件，如型钢等。

2.1.12 初始几何状态　initial geometrical state

单索悬挂后，在自重作用下的自然形态。

2.1.13 初始预应力状态　initial prestressed state

索结构在预应力施加完毕后的自平衡状态。

2.1.14 荷载状态　loading state

索结构在外部荷载作用下的平衡状态。

2.2 符　号

2.2.1 材料性能

E——索体材料的弹性模量；

F——拉索的抗拉力设计值；

F_{tk}——拉索的极限抗拉力标准值；

N_d——拉索承受的最大轴向拉力设计值；

α——索体材料的线膨胀系数。

2.2.2 几何参数

A——索体净截面积；

l——拉索长度。

2.2.3 计算系数

γ_R——拉索的抗力分项系数；

γ_0——结构重要性系数；

γ_{pi}——预应力作用分项系数。

2.2.4 其他

σ_{l1}——拉索张拉端锚固压实内缩引起的预应力损失。

3 基 本 规 定

3.1 结 构 选 型

3.1.1 索结构的选型应根据建筑物的功能与形状，综合考虑材料供应、加工制作与现场施工安装方法，选择合理的结构形式、边缘构件及支承结构，且应保证结构的整体刚度和稳定性。

3.1.2 当索结构用于建筑物屋盖时，宜选用本规程中所规定的悬索结构、斜拉结构、张弦结构或索穹顶。悬索结构可采用单层索系（单索、索网）、双层索系及横向加劲索系。

3.1.3 单索宜采用重型屋面。当平面为矩形或多边形时，可将拉索平行布置构成单曲下凹屋面［图3.1.3（a）］。当平面为圆形时，拉索可按辐射状布置构成碟形的屋面，中心宜设置受拉环［图3.1.3（b）］。当平面为圆形并允许在中心设置立柱时，拉索可按辐射状布置构成伞形屋面［图3.1.3（c）］。

3.1.4 索网宜采用轻型屋面。平面形状可为方形、矩形、多边形、菱形、圆形、椭圆形等（图3.1.4）。

3.1.5 双层索系宜采用轻型屋面。承重索与稳定索

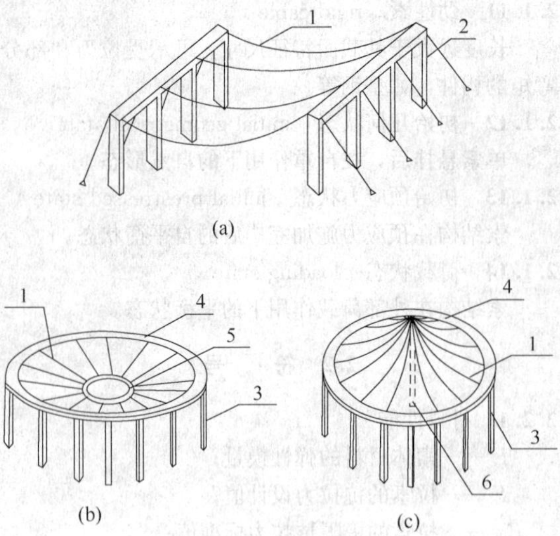

图 3.1.3　单索

1—承重索；2—边柱；3—周边柱；4—圈梁；
5—受拉环；6—中柱

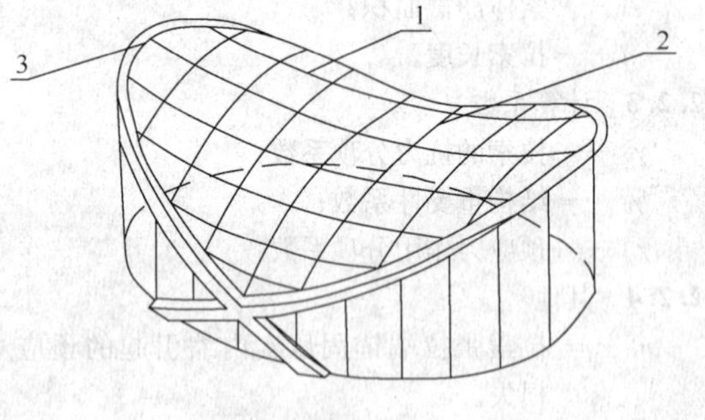

图 3.1.4　索网

1—承重索；2—稳定索；3—拱

可采用不同的组合方式，两索之间应分别以受压撑杆或拉索相联系。当平面为矩形或多边形时，承重索、稳定索宜平行布置，构成索桁架形式的双层索系［图 3.1.5（a）］；当平面为圆形时，承重索、稳定索宜按辐射状布置，中心宜设置受拉环［图 3.1.5（b）］。

3.1.6　横向加劲索系宜采用轻型屋面。当平面形状为方形、矩形或多边形时，拉索应沿纵向平行布置。

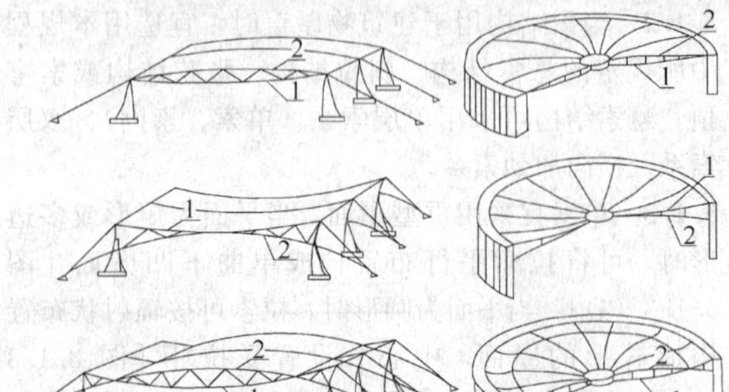

(a) 矩形平面　(b) 圆形平面

图 3.1.5　双层索系结构

1—承重索；2—稳定索

横向加劲构件宜采用桁架或梁（图 3.1.6）。

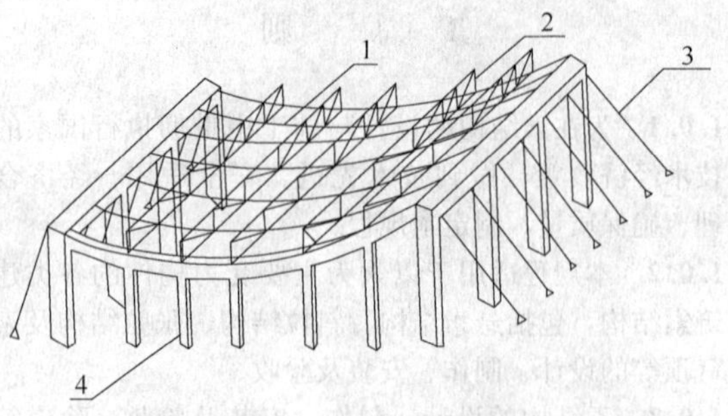

图 3.1.6　横向加劲索系

1—索；2—横向加劲构件；3—锚索；4—柱

3.1.7　斜拉结构宜采用轻型屋面，设置的立柱（桅杆）应高出屋面；斜拉索可平行布置，也可按辐射状布置。

3.1.8　张弦结构宜采用轻型屋面。张弦结构可按单向、双向或空间布置成形以适应不同形状的平面，并应符合下列规定：

1　单向张弦结构的平面形状可为方形或矩形，按照上弦不同的构造方式宜采用张弦梁、张弦拱或张弦拱架等形式；

2　双向张弦结构的平面形状可为方形或矩形，宜采用如单向张弦结构的各种上弦构造方式呈正交布置成形；

3　空间张弦结构的平面形状可为圆形、椭圆形或多边形，宜采用辐射式张弦结构或张弦网壳（弦支穹顶）。张弦网壳（弦支穹顶）的网格形式应按现行行业标准《空间网格结构技术规程》JGJ 7 选用。

3.1.9　索穹顶的屋面宜采用膜材。当屋盖平面为圆形或拟椭圆形时，索穹顶的网格宜采用梯形［图 3.1.9（a）］，联方形［图 3.1.9（b）］或其他适宜的形式。索穹顶的上弦可设脊索及谷索，下弦应设若干层的环索，上下弦之间以斜索及撑杆连接。

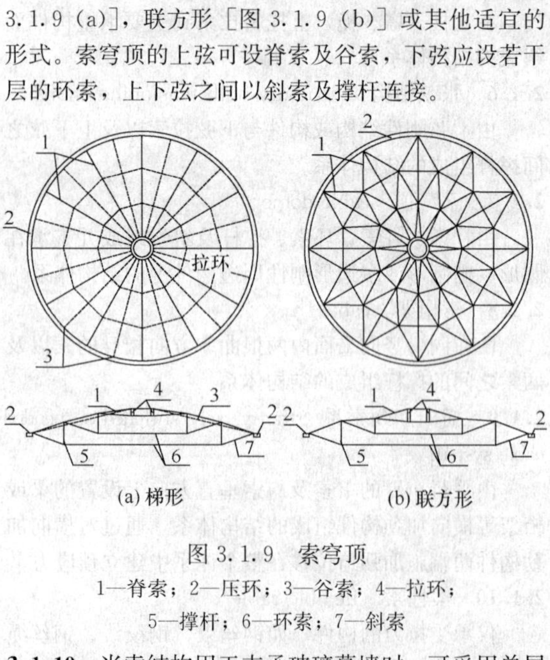

(a) 梯形　(b) 联方形

图 3.1.9　索穹顶

1—脊索；2—压环；3—谷索；4—拉环；
5—撑杆；6—环索；7—斜索

3.1.10　当索结构用于支承玻璃幕墙时，可采用单层索系或双层索系。单层索系宜采用单索、平面索网或曲面索网。双层索系宜采用索桁架。

3.1.11 当索结构用于支承玻璃采光顶时，可采用单层索系、双层索系或张弦结构。单层索系宜采用曲面索网；双层索系宜采用平行布置或辐射布置索桁架；张弦结构宜采用张弦拱。

3.2 结构设计

3.2.1 根据受力要求，索结构应选用仅承受拉力的柔性索或可承受拉力和部分弯矩的劲性索。

3.2.2 索的预应力宜采用下列方法建立：

1 在单索上采用钢筋混凝土屋面板等重屋面，并可在屋面板上加荷并浇筑板缝，然后卸载建立预应力；

2 在索网中通过张拉稳定索、承重索建立预应力；

3 在双层索系中通过张拉稳定索或承重索建立预应力，也可调节承重索与稳定索之间的撑杆长度建立预应力；

4 在横向加劲索系中，宜通过下压横向加劲构件的两端支座使其强迫就位，从而对纵向索建立预应力；

5 在张弦结构中，宜通过张拉拉索、伸长撑杆等方法建立预应力。

3.2.3 索的反力可采用下列方法传递：

1 形成自平衡体系；

2 以斜拉索或斜拉杆通过地锚传至地基；

3 通过边梁及其支承结构（如柱、框架、落地拱）传至地基。

3.2.4 设计索结构屋面时，应采取措施防止屋面被风掀起。对风吸力特别大的部位应采取加强屋面和索的连接构造或对屋盖局部加大屋面自重等措施。

3.2.5 对于单索屋盖，当平面为矩形时，索两端支点可设计为等高或不等高，索的垂度宜取跨度的1/10～1/20；当平面为圆形时，中心受拉环与结构外环直径之比宜取1/8～1/17，索的垂度宜取跨度的1/10～1/20。

3.2.6 对于索网屋盖，承重索的垂度宜取跨度的1/10～1/20，稳定索的拱度宜取跨度的1/15～1/30。

3.2.7 对于双层索系屋盖，当平面为矩形时，承重索的垂度宜取跨度的1/15～1/20，稳定索的拱度可取跨度的1/15～1/25；当平面为圆形时，中心受拉环与结构外环直径之比宜取1/5～1/12，承重索的垂度宜取跨度的1/17～1/22，稳定索的拱度宜取跨度的1/16～1/26。

3.2.8 对于横向加劲索系屋盖，悬索两端支点可设计为等高或不等高，索的垂度宜取跨度的1/10～1/20，横向加劲构件（梁或桁架）的高度宜取跨度的1/15～1/25。

3.2.9 对于双层索系玻璃幕墙，索桁架矢高宜取跨度的1/10～1/20。

3.2.10 张弦拱（张弦拱架）的垂度宜取结构跨度的1/10～1/14。

3.2.11 张弦网壳矢高不宜小于跨度的1/10。

3.2.12 索穹顶的高度与跨度之比不宜小于1/8；斜索与水平面相交的角度宜大于15°。

3.2.13 悬索结构中，单索屋盖最大挠度与跨度之比自初始几何状态之后不宜大于1/200；索网、双层索系及横向加劲索系屋盖最大挠度与跨度之比自初始预应力状态之后不宜大于1/250。

3.2.14 斜拉结构、张弦结构或索穹顶屋盖在荷载作用下的最大挠度与跨度之比自初始预应力状态之后不宜大于1/250。

3.2.15 单层平面索网玻璃幕墙的最大挠度与跨度之比不宜大于1/45。曲面索网及双层索系玻璃幕墙自初始预应力状态之后的最大挠度与跨度之比不宜大于1/200。

3.2.16 曲面索网及双层索系玻璃采光顶自初始预应力状态之后的最大挠度与跨度之比不宜大于1/200。张弦结构玻璃采光顶自初始预应力状态之后的最大挠度与跨度之比不宜大于1/200。

4 索体与锚具

4.1 一般规定

4.1.1 拉索应由索体与锚具组成。

4.1.2 拉索索体宜采用钢丝束、钢绞线、钢丝绳或钢拉杆。

4.1.3 拉索两端锚具的构造应由建筑外观、索体类型、索力、施工安装、索力调整、换索等多种因素确定。

4.1.4 室外长拉索宜考虑风振和雨振影响并应设置适当的阻尼减振装置。

4.2 索体材料与性能

4.2.1 钢丝束索体的选用应满足下列要求：

1 钢丝的质量、性能应符合现行国家标准《桥梁缆索用热镀锌钢丝》GB/T 17101的规定，钢丝束的质量、性能应符合现行国家标准《斜拉桥热挤聚乙烯高强钢丝拉索技术条件》GB/T 18365的规定；

2 半平行钢丝束索体（图4.2.1），宜采用直径5mm或7mm的高强度、低松弛、耐腐蚀钢丝，钢丝束外应以高强缠包带缠包，应有热挤高密度聚乙烯（HDPE）护套，在高温、高腐蚀环境下护套宜采用双层，高密度聚乙烯技术性能应符合现行行业标准《桥梁缆索用高密度聚乙烯护套料》CJ/T 297的规定；

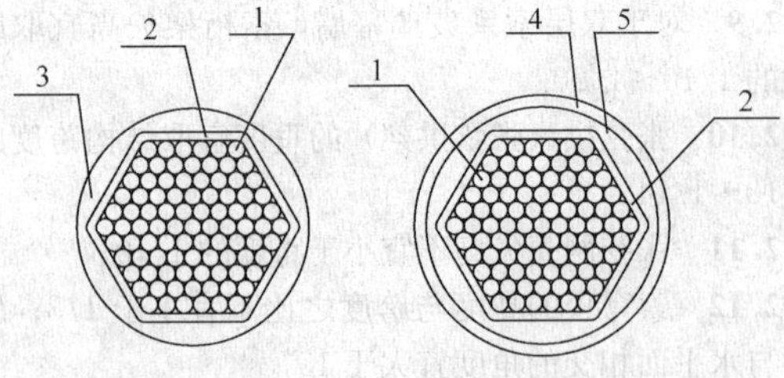

(a) 单层护套索体　(b) 双层护套索体

图 4.2.1　钢丝束索体截面形式

1—高强钢丝；2—高强缠包带；3—HDPE 护套；
4—外层 HDPE 护套；5—内层 HDPE 护套

3　钢丝束的极限抗拉强度宜选用 1670MPa、1770MPa 等级别。

4.2.2　钢绞线索体的选用应满足下列要求：

1　钢绞线的质量、性能应符合国家现行标准《预应力混凝土用钢绞线》GB/T 5224、《高强度低松弛预应力热镀锌钢绞线》YB/T 152、《镀锌钢绞线》YB/T 5004 的规定；

2　钢绞线索体（图 4.2.2）可分别采用镀锌钢绞线、高强度低松弛预应力热镀锌钢绞线、不锈钢钢绞线；

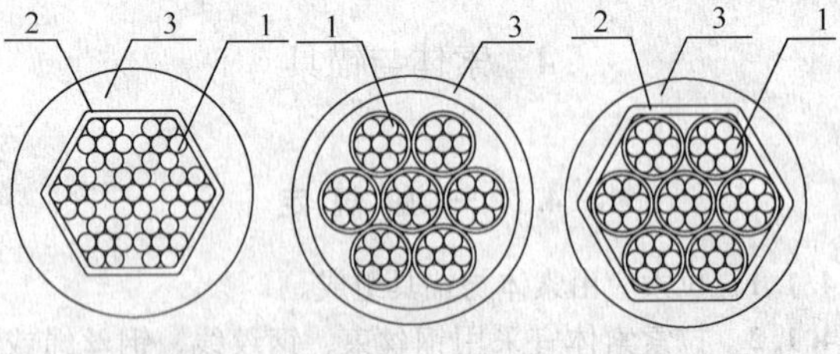

(a) 整体型　(b) 单根防腐型　(c) 单根防腐整体型

图 4.2.2　钢绞线索体截面形式

1—钢绞线；2—高强缠包带；3—HDPE 护套

3　钢绞线的极限抗拉强度可选用 1570MPa、1720MPa、1770MPa、1860MPa 或 1960MPa 等级别；

4　不锈钢绞线的质量、性能、极限抗拉强度应符合现行行业标准《建筑用不锈钢绞线》JG/T 200 的规定。

4.2.3　钢丝绳索体的选用应满足下列要求：

1　钢丝绳的质量、性能应符合现行国家标准《一般用途钢丝绳》GB/T 20118 的规定，密封钢丝绳的质量、性能应符合现行行业标准《密封钢丝绳》YB/T 5295 的规定。

2　钢丝绳索体宜采用密封钢丝绳、单股钢丝绳、多股钢丝绳截面形式（图 4.2.3）。钢丝绳索体应由绳芯和钢丝股组成，结构用钢丝绳应采用无油镀锌钢芯钢丝绳。

3　钢丝绳的极限抗拉强度可选用 1570MPa、1670MPa、1770MPa、1870MPa 或 1960MPa 等级别。

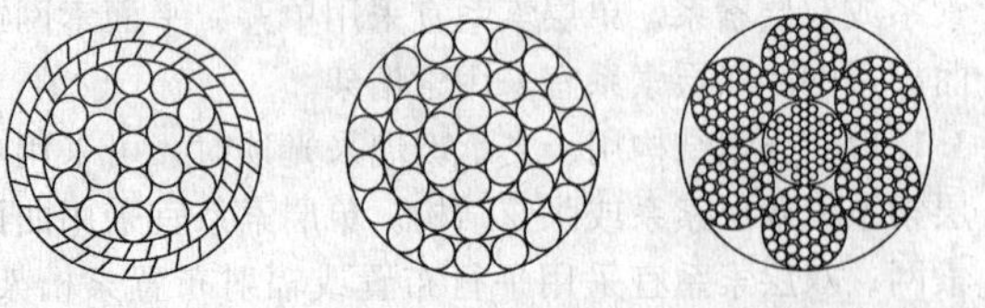

(a) 密封钢丝绳　(b) 单股钢丝绳　(c) 多股钢丝绳

图 4.2.3　钢丝绳索体截面形式

4　不锈钢钢丝绳的质量、性能、极限抗拉强度应符合现行国家标准《不锈钢丝绳》GB/T 9944 的规定。

4.2.4　钢拉杆索体的选用应满足下列要求：

1　钢拉杆的质量、性能应符合现行国家标准《钢拉杆》GB/T 20934 的规定；

2　钢拉杆杆体的屈服强度可选用 345MPa、460MPa、550MPa 或 650MPa 等级别。

4.2.5　索体材料的弹性模量宜由试验确定。在未进行试验的情况下，索体材料的弹性模量可按表 4.2.5 取值。

表 4.2.5　索体材料弹性模量

索体类型		弹性模量(N/mm²)
钢丝束		$(1.9\sim2.0)\times10^5$
钢丝绳	单股钢丝绳	1.4×10^5
	多股钢丝绳	1.1×10^5
钢绞线	镀锌钢绞线	$(1.85\sim1.95)\times10^5$
	高强度低松弛预应力钢绞线	$(1.85\sim1.95)\times10^5$
	预应力混凝土用钢绞线	$(1.85\sim1.95)\times10^5$
钢拉杆		2.06×10^5

4.2.6　索体材料的线膨胀系数值宜由试验确定。

4.3　锚　　具

4.3.1　热铸锚锚具和冷铸锚锚具的质量、性能、检验和验收应符合现行行业标准《塑料护套半平行钢丝拉索》CJ 3058 的规定。

4.3.2　挤压锚具、夹片锚具的质量、性能、检验和验收应符合现行国家标准《预应力筋用锚具、夹具和连接器》GB/T 14370、《预应力筋用锚具、夹具和连接器应用技术规程》JGJ 85 的规定。

4.3.3　玻璃幕墙拉索压接锚具的制作、验收应符合现行行业标准《建筑幕墙用钢索压管接头》JG/T 201 的规定。

4.3.4　钢拉杆锚具的制作、验收应符合现行国家标准《钢拉杆》GB/T 20934 的规定。

4.3.5　拉索常用锚具及连接的构造形式应满足安装和调节的需要（图 4.3.5）。钢丝束、钢丝绳索体可

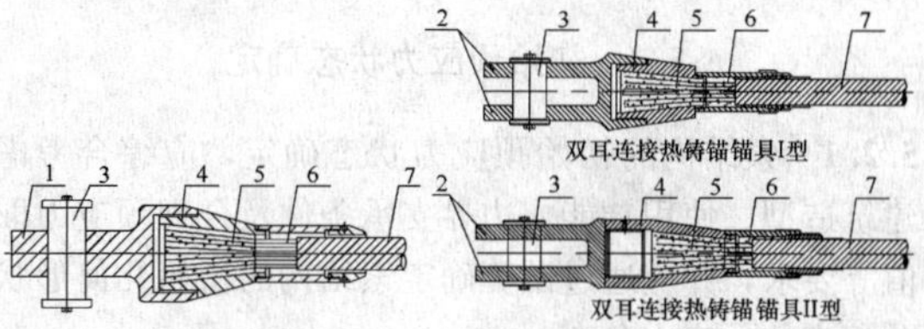

(a) 单耳连接热铸锚锚具　(b) 双耳连接热铸锚锚具

1—单耳叉；2—双耳叉；3—销轴；4—锚环；5—热铸料；6—高强钢丝；7—索体

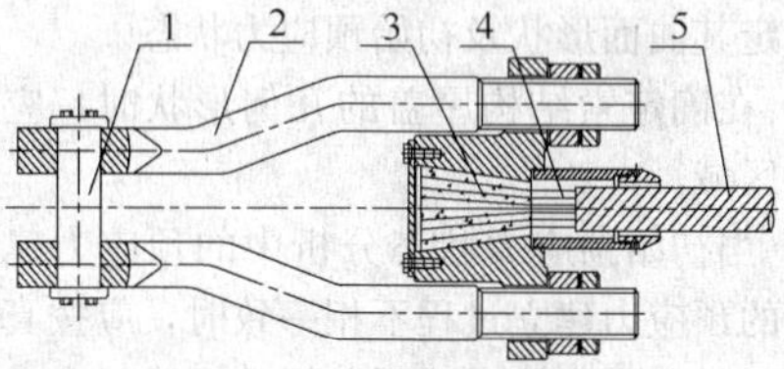

(c) 双螺杆连接热铸锚锚具

1—销轴；2—螺杆锚环；3—热铸料；4—高强钢丝；5—索体

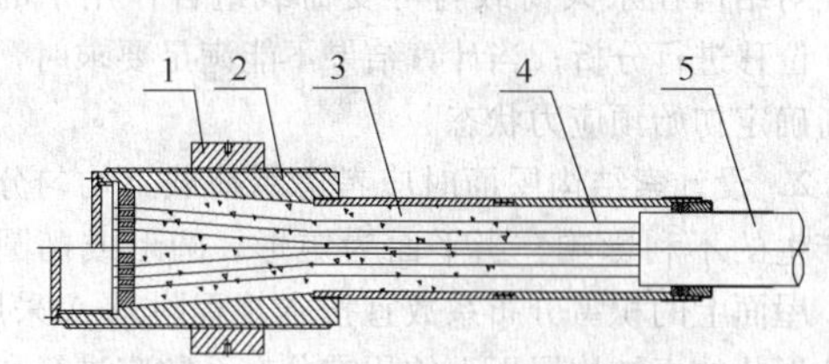

(d) 螺纹螺母连接冷铸锚锚具

1—螺母；2—锚环；3—冷铸料；4—高强钢丝；5—索体

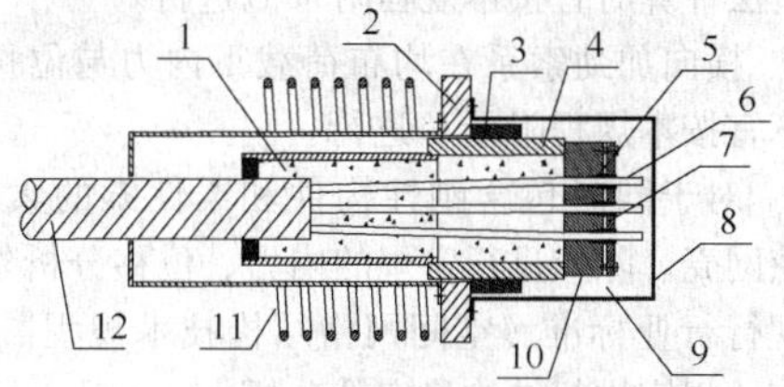

(e) 夹片锚具

1—环氧砂浆；2—垫板；3—螺母；4—支撑筒；5—夹片；6—钢绞线；7—防松装置；8—保护罩；9—防腐油脂；10—锚板；11—螺旋筋；12—索体

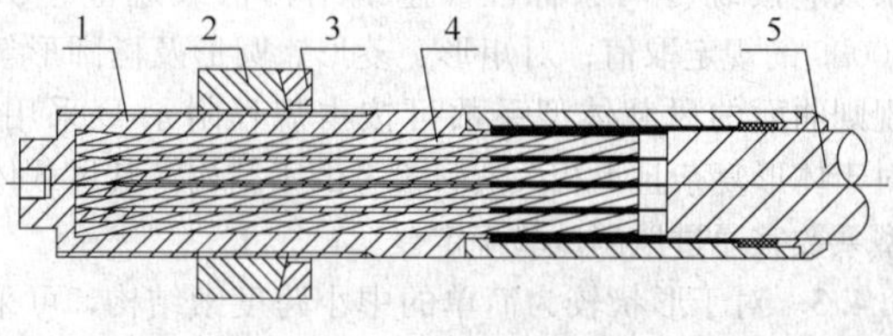

(f) 挤压锚具

1—锚固套；2—螺母；3—球垫；4—钢绞线；5—索体

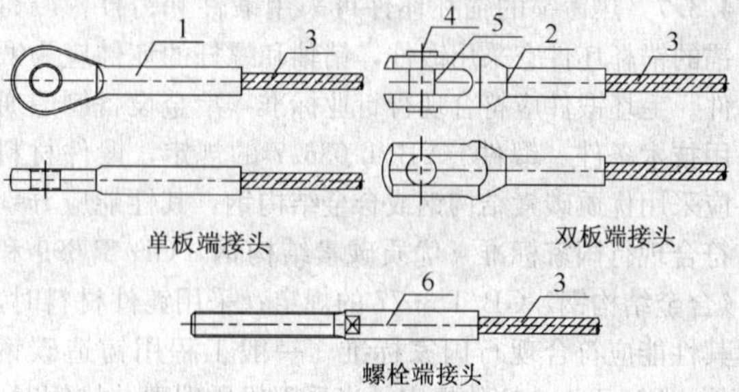

(g) 压接锚具

1—单板端接头；2—双板端接头；3—钢索；4—端盖；5—销轴；6—螺栓端接头

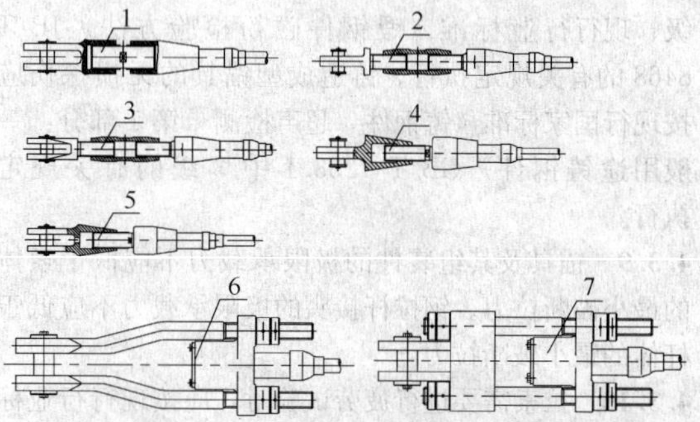

(h) 锚具调节方式

1—双耳双向螺杆调节型；2—单耳套筒调节型；3—双耳套筒调节型；4—单耳单向螺杆调节型；5—双耳单向螺杆调节型；6—双螺杆Ⅰ型；7—双螺杆Ⅱ型

图 4.3.5　拉索锚具构造形式及调节方式

采用热铸锚锚具或冷铸锚锚具。钢绞线索体可采用夹片锚具，也可采用挤压锚具或压接锚具。承受低应力或动荷载的夹片锚具应有防松装置。

4.3.6　钢拉杆宜采用单耳板、双耳板或螺纹螺母连接接头［图 4.3.6（a）、图 4.3.6（b）、图 4.3.6（c）］，并宜采用连接器进行连接或调节［图 4.3.6（d）］。

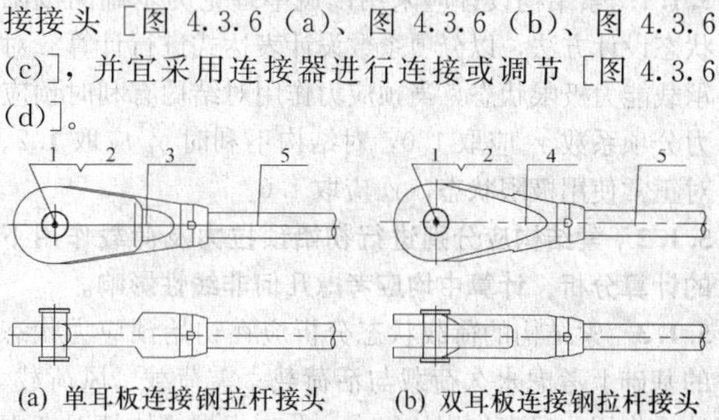

(a) 单耳板连接钢拉杆接头　(b) 双耳板连接钢拉杆接头

1—销轴；2—端盖；3—单耳接头；4—双耳接头；5—杆体

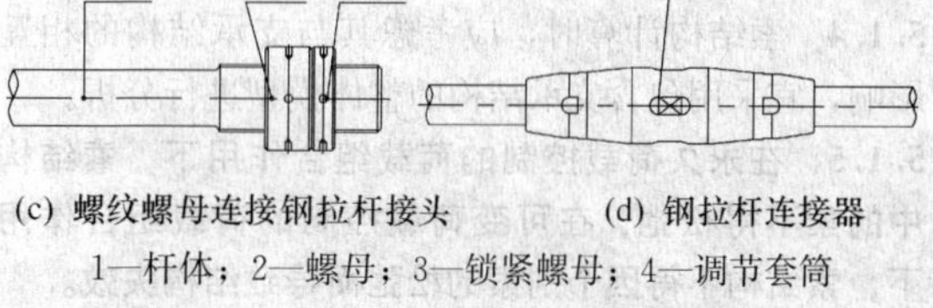

(c) 螺纹螺母连接钢拉杆接头　(d) 钢拉杆连接器

1—杆体；2—螺母；3—锁紧螺母；4—调节套筒

图 4.3.6　钢拉杆接头及连接构造形式

4.3.7 热铸锚的锚杯坯件可采用锻件和铸件，冷铸锚的锚杯坯件宜采用锻件，销轴和螺杆的坯件应为锻件。毛坯锻件应符合现行行业标准《冶金设备制造通用技术条件　锻件》YB/T 036.7 的规定，锻件材料应采用优质碳素结构钢或合金结构钢，其性能应分别符合现行国家标准《优质碳素结构钢》GB/T 699 和《合金结构钢》GB/T 3077 的规定；采用铸件材料时，其性能应符合现行国家标准《一般工程用铸造碳钢件》GB/T 11352 的规定；当采用优质碳素结构钢时，宜采用 45 号钢。

4.3.8 锻钢成型锚具的无损探伤应按现行国家标准《锻轧钢棒超声检验方法》GB/T 4162 中 A 级或 B 级、现行行业标准《锻钢件磁粉检验方法》JB/T 8468 的有关规定执行。铸造成型锚具的无损探伤应按现行国家标准《铸钢件　超声检测　第 1 部分：一般用途铸钢件》GB/T 7233.1 中 3 级的有关规定执行。

4.3.9 锚具及其组装件的极限承载力不应低于索体的最小破断拉力。钢拉杆接头的极限承载力不应低于杆体的最小破断拉力。

4.3.10 拉索需要进行疲劳试验时，应按现行行业标准《预应力筋用锚具、夹具和连接器应用技术规程》JGJ 85、《塑料护套半平行钢丝拉索》CJ 3058 有关规定执行，玻璃幕墙拉索压管接头的疲劳试验应按现行行业标准《建筑幕墙用钢索压管接头》JG/T 201 的有关规定执行。

5　设计与分析

5.1　设计基本规定

5.1.1 索结构设计应采用以概率理论为基础的极限状态设计方法，以分项系数设计表达式进行计算。对承载能力极限状态，当预应力作用对结构有利时预应力分项系数 γ_{pi} 应取 1.0，对结构不利时 γ_{pi} 应取 1.2。对正常使用极限状态，γ_{pi} 应取 1.0。

5.1.2 索结构应分别进行初始预拉力及荷载作用下的计算分析，计算中均应考虑几何非线性影响。

5.1.3 索结构的荷载状态分析应在初始预应力状态的基础上考虑永久荷载与活荷载、雪荷载、风荷载、地震作用、温度作用的组合，并应根据具体情况考虑施工安装荷载。拉索截面及节点设计应采用荷载的基本组合，位移计算应采用荷载的标准组合。

5.1.4 索结构计算时，应考虑其与支承结构的相互影响，宜采用包含支承结构的整体模型进行分析。

5.1.5 在永久荷载控制的荷载组合作用下，索结构中的索不得松弛；在可变荷载控制的荷载组合作用下，索结构不得因个别索的松弛而导致结构失效。

5.1.6 对于使用中需要更换拉索的情况，在计算和节点构造上应作专门处理。

5.2　初始预应力状态确定

5.2.1 索结构的初始预应力状态确定，应综合考虑建筑造型、使用功能、边界支承条件及合理预应力取值等要求，并应通过试算确定索结构的初始几何形状及相应的预应力分布。

5.2.2 当索结构曲面形状简单且以受均布荷载为主时，宜通过解析方法确定其曲面形状及初始预应力状态；当索结构曲面形状复杂无法用解析函数表示且初始预应力状态难以确定时，应通过考虑力学平衡的方法来确定其曲面形状及初始预应力状态。

5.2.3 在确定索结构屋盖的几何形状时，应避免形成扁平区域。

5.2.4 当初始预应力状态分析中的预应力建立过程与实际的预应力建立过程不相一致时，应按真实的预应力建立过程进行施工成形分析。

5.3　静 力 分 析

5.3.1 索结构的静力分析应在初始预应力状态的基础上对结构在永久荷载与可变荷载组合作用下的内力、位移进行分析；当计算结果不能满足要求时，应重新确定初始预应力状态。

5.3.2 设计索结构屋面时应考虑雪荷载不均匀分布所产生的不利影响。当平面为矩形、圆形或椭圆形时，屋面上的积雪分布系数宜按本规程附录 A 采用。复杂形状的索结构屋面上的积雪分布系数应进行专门研究确定。

5.3.3 单索在任意连续分布荷载下的内力与位移采用解析法计算时宜按本规程附录 B 进行。

5.3.4 横向加劲索系在均布荷载下内力与位移的简化计算宜按本规程附录 C 进行。

5.3.5 对于同时包含刚性构件和柔性索的索结构，如张弦网壳，除应进行常规的内力、位移分析外，尚应按现行行业标准《空间网格结构技术规程》JGJ 7 中的有关规定进行结构稳定性分析。

5.4　风效应分析

5.4.1 索结构设计时应考虑风荷载的静力和动力效应。

5.4.2 对索结构进行风静力效应分析时，风载体型系数应按现行国家标准《建筑结构荷载规范》GB 50009 的规定取值；对矩形、菱形、圆形及椭圆形等规则曲面的风载体型系数可按本规程附录 D 采用；对于体形复杂且无相关资料参考的索结构，其风载体型系数宜通过风洞试验确定。

5.4.3 对于形状较为简单的中小跨度索结构，可采用对平均风荷载乘风振系数的方法近似考虑结构的风动力效应。风振系数可取为：单索 1.2～1.5；索网

1.5～1.8；双层索系 1.6～1.9；横向加劲索系 1.3～1.5；其他类型索结构 1.5～2.0；其中，结构跨度较大且自振频率较低者取较大值。

5.4.4 对于满足下列条件之一的索结构，应通过风振响应分析确定风动力效应：

1 跨度大于 25m 的平面索网结构或跨度大于 60m 的其他类型索结构；

2 索结构的基本自振周期大于 1.0s；

3 体型复杂且较为重要的结构。

5.4.5 对于墙面或屋面开洞的非封闭式索结构，应根据具体情况考虑内压与结构外部风荷载的叠加效应。

5.5 地震效应分析

5.5.1 对于抗震设防烈度为 7 度及 7 度以上地区，索结构应进行多遇地震作用效应分析。

5.5.2 对于抗震设防烈度为 7 度或 8 度地区、体型较规则的中小跨度索结构，可采用振型分解反应谱法进行地震效应分析；对于其他情况，应考虑索结构几何非线性，采用时程分析法进行单维地震作用抗震计算，并宜进行多维地震效应时程分析。

5.5.3 采用时程分析法时，应按建筑场地类别和设计地震分组选用不少于两组的实际强震记录和一组人工模拟的加速度时程曲线，其平均地震影响系数曲线应与现行国家标准《建筑抗震设计规范》GB 50011 所给出的地震影响系数曲线在统计意义上相符。加速度时程曲线最大值应根据与抗震设防烈度相应的多遇地震的加速度时程曲线最大值进行调整，并应选择足够长的地震动持续时间。

5.5.4 在进行地震效应分析时，对于计算模型中仅含索元的结构阻尼比值宜取 0.01；对于由索元与其他构件单元组成的结构体系的阻尼比值应进行调整。

5.5.5 索结构抗震分析时，宜采用包括支承结构在内的整体模型进行计算；也可把支承结构简化为索结构的弹性支座，按弹性支承模型进行计算。支承结构应按有关规范进行抗震验算。

5.5.6 平行布置的单索及横向加劲索系索结构的自振频率与振型可按本规程附录 E 进行简化计算。

5.6 索截面计算

5.6.1 拉索的抗拉力设计值应按下式计算：

$$F = \frac{F_{tk}}{\gamma_R} \quad (5.6.1)$$

式中：F——拉索的抗拉力设计值（kN）；

F_{tk}——拉索的极限抗拉力标准值（kN）；

γ_R——拉索的抗力分项系数，取 2.0；当为钢拉杆时取 1.7。

5.6.2 拉索的承载力应按下式验算：

$$\gamma_0 N_d \leqslant F \quad (5.6.2)$$

式中：N_d——拉索承受的最大轴向拉力设计值（kN）；

γ_0——结构的重要性系数。

6 节点设计与构造

6.1 一 般 规 定

6.1.1 索结构节点构造应符合计算假定，应做到传力路线明确、确保安全并便于制作和安装。

6.1.2 索结构节点的钢材及节点连接件材料应按现行国家标准《钢结构设计规范》GB 50017 的规定选用。节点采用锻造、锻压、铸造或其他加工方法进行制作时，其材质应按现行国家标准《低合金高强度结构钢》GB/T 1591、《优质碳素结构钢》GB/T 699 的有关规定选用。

6.1.3 索结构节点的承载力和刚度应按现行国家标准《钢结构设计规范》GB 50017 的规定进行验算。索结构节点应满足其承载力设计值不小于拉索内力设计值 1.25～1.5 倍的要求。

6.1.4 索结构主要受拉节点的焊缝质量等级应为一级，其他的焊缝质量等级不应低于二级。

6.1.5 索结构节点的构造设计应考虑施加预应力的方式、结构安装偏差及进行二次张拉的可能性。

6.2 索与索的连接节点

6.2.1 双向拉索的连接（图 6.2.1-1）、拉索与柔性边索的连接（图 6.2.1-2）以及径向索与环索的连接（图 6.2.1-3）宜分别采用 U 形夹具、螺栓夹板或铸

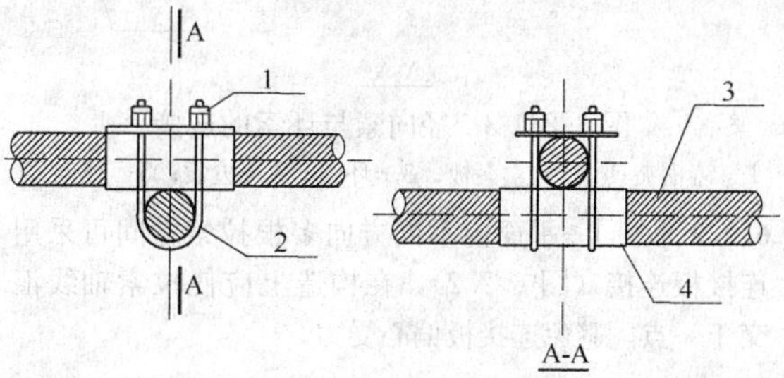

(a) 双向拉索的U形夹具连接

1—双螺帽；2—U形夹；3—拉索；4—厚铅皮

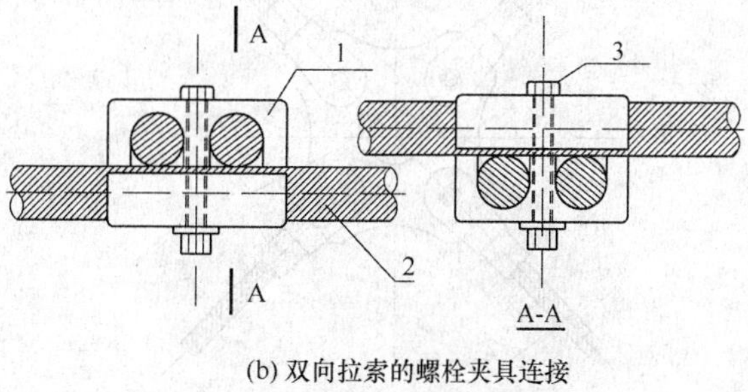

(b) 双向拉索的螺栓夹具连接

1—钢夹板；2—拉索；3—螺栓

图 6.2.1-1 双向拉索的连接

钢夹具。索体在夹具中不应滑移，夹具与索体之间的摩擦力应大于夹具两侧索体的索力之差，并应采取措施保证索体防护层不被挤压损坏。

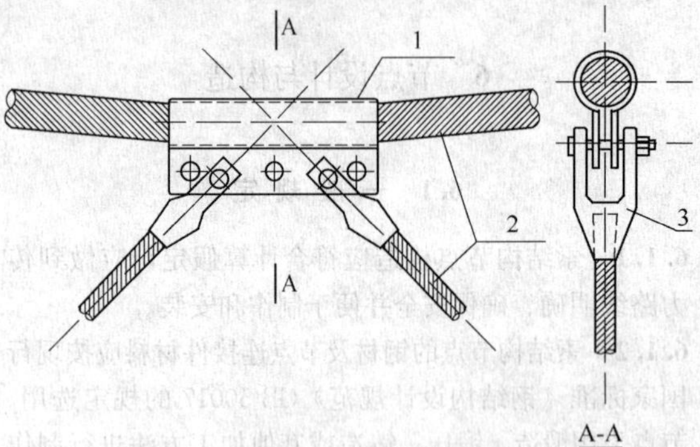

图 6.2.1-2 拉索与柔性边索的连接

1—钢夹板；2—拉索；3—锚具

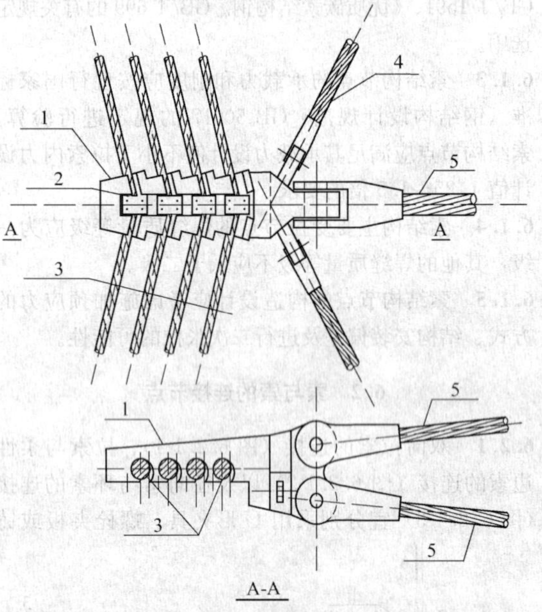

图 6.2.1-3 径向索与环索的连接

1—铸钢夹具；2—索夹板；3—环索；4—边索；5—径向索

6.2.2 在同一平面内不同方向多根拉索之间可采用连接板连接（图 6.2.2），在构造上应使拉索轴线汇交于一点，避免连接板偏心受力。

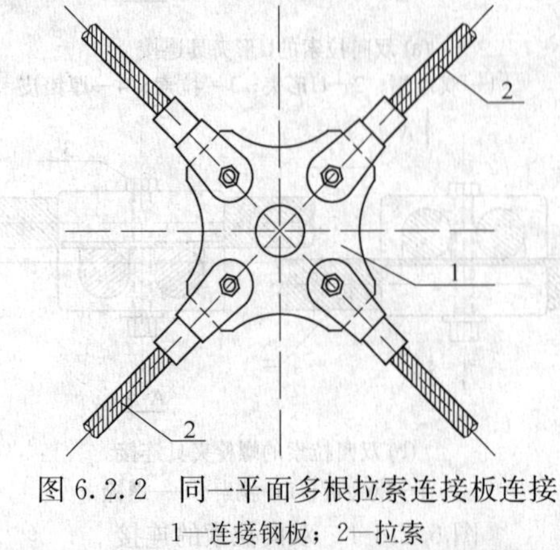

图 6.2.2 同一平面多根拉索连接板连接

1—连接钢板；2—拉索

6.3 索与刚性构件的连接节点

6.3.1 横向加劲索系的拉索与作为横向加劲构件的桁架下弦的连接，可采用 U 形夹具，在构造上应满足桁架下弦与索之间可产生转角位移但不产生相对线位移的要求（图 6.3.1）。

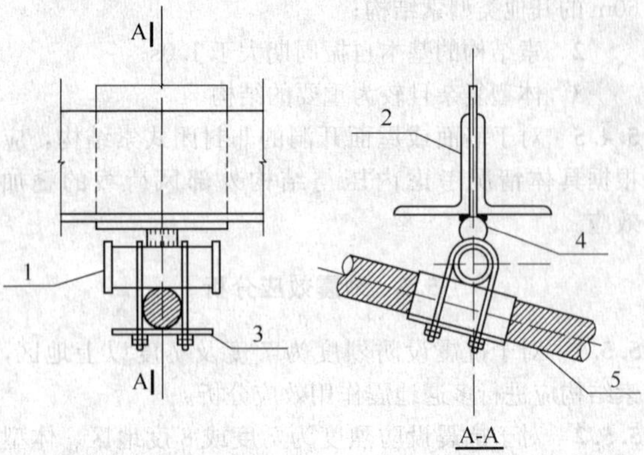

图 6.3.1 横向加劲索系的拉索与桁架下弦连接

1—圆钢管；2—桁架下弦；3—U 形夹具；4—圆钢；5—拉索

6.3.2 斜拉结构节点应由立柱（撑杆）、拉索及调节器构成，拉索与立柱（撑杆）可通过耳板连接。

6.3.3 张弦梁、张弦拱、张弦拱架结构的索、杆节点连接构造应满足索与撑杆之间可产生转角位移的要求。

6.3.4 张弦网壳结构下弦节点应由环索、斜索、撑杆构成，拉索与撑杆宜通过耳板连接（图 6.3.4）。

6.3.5 索穹顶结构上弦节点应由脊索、斜索、撑杆

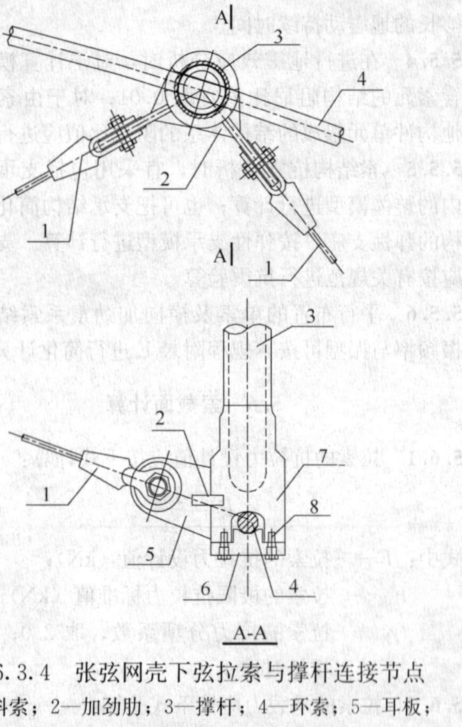

图 6.3.4 张弦网壳下弦拉索与撑杆连接节点

1—斜索；2—加劲肋；3—撑杆；4—环索；5—耳板；6—索夹；7—铸钢节点；8—固定螺栓

构成，拉索与撑杆通过索夹具连接（图 6.3.5-1），索穹顶结构下弦节点应由环索、斜索、撑杆构成，环索与撑杆通过索夹具连接（图 6.3.5-2）。

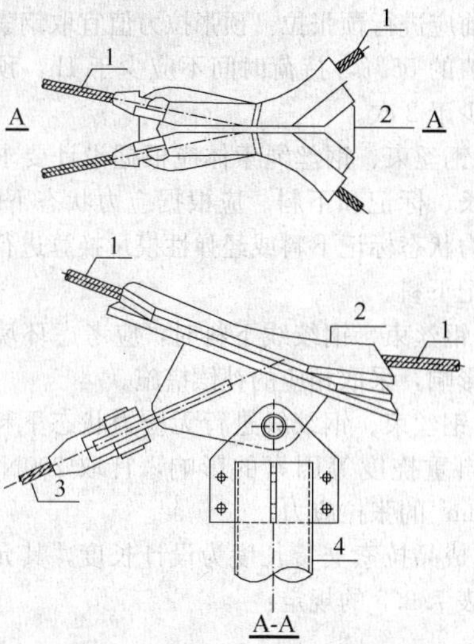

图 6.3.5-1　索穹顶上弦节点连接

1—脊索；2—索夹具；3—斜索；4—撑杆

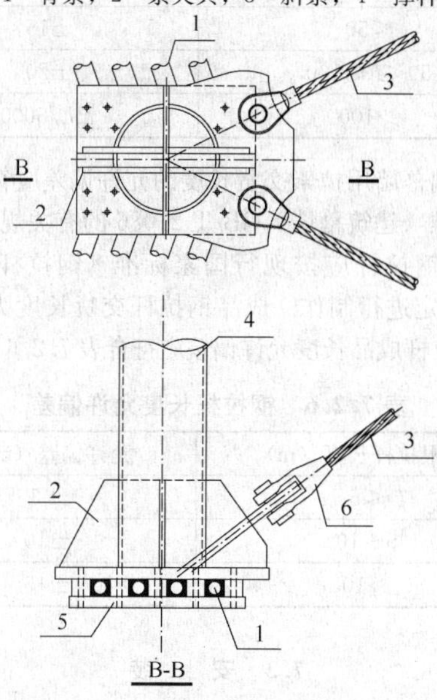

图 6.3.5-2　索穹顶下弦节点连接

1—环索；2—加劲肋；3—斜索；4—撑杆；5—索夹具；6—锚具

6.4　索与支承构件的连接节点

6.4.1　拉索的锚固节点应采取可靠、有效的构造措施，保证传力可靠、减少预应力损失及施工便利；应保证锚固区的局部承压强度及刚度。

6.4.2　拉索与钢筋混凝土支承构件的连接宜通过预埋钢管或预埋锚栓将拉索锚固，拉索与钢支承构件的连接宜通过加肋钢板将拉索锚固，通过端部的螺母与螺杆调整拉索拉力。

6.4.3　可张拉的拉索锚具与支座的连接应保证张拉区有足够的施工空间，便于张拉施工操作。

6.5　索与屋面、玻璃幕墙和采光顶的连接节点

6.5.1　拉索与钢筋混凝土屋面板的连接宜采用连接板或钢筋钩连接（图 6.5.1-1），拉索与屋面钢檩条的连接宜采用夹具或螺栓夹具连接（图 6.5.1-2）。

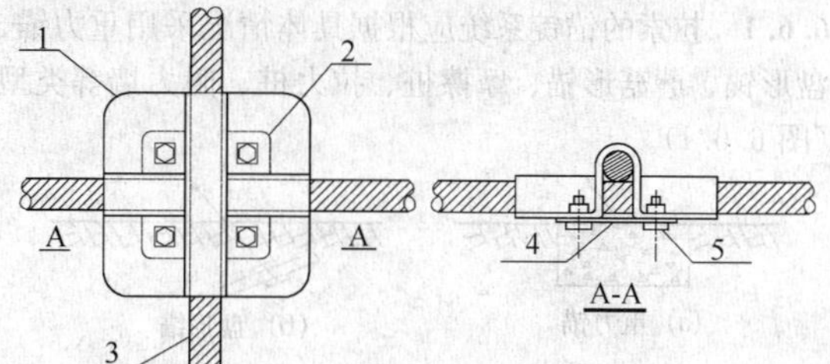

(a) 连接板连接

1—连接板；2—搭屋面板；3—拉索；4—厚垫板；5—固定螺栓

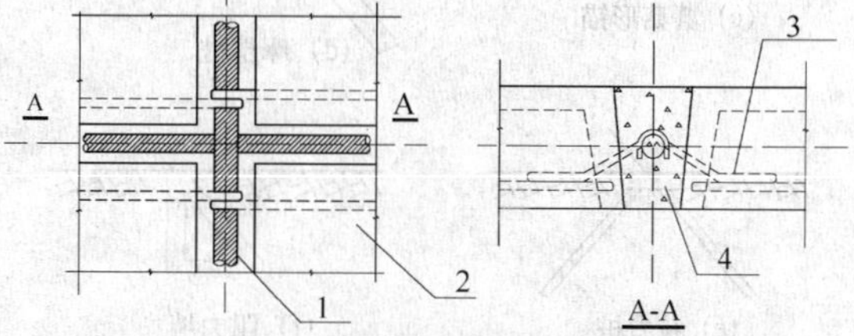

(b) 钢筋钩连接

1—拉索；2—混凝土屋面板；3—钢筋钩；4—混凝土填缝

图 6.5.1-1　拉索与钢筋混凝土屋面板的连接

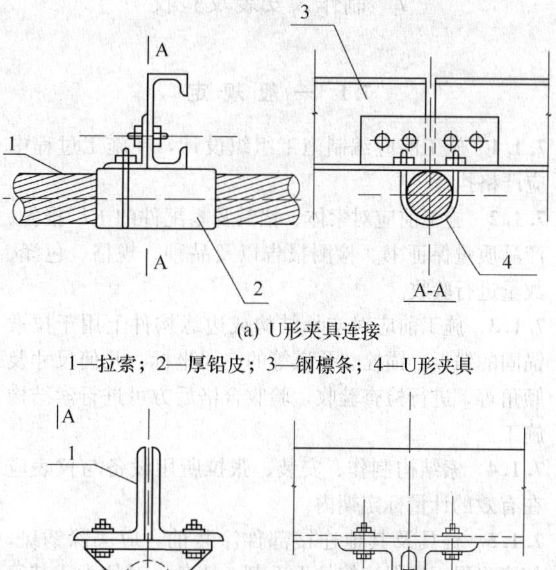

(a) U形夹具连接

1—拉索；2—厚铅皮；3—钢檩条；4—U形夹具

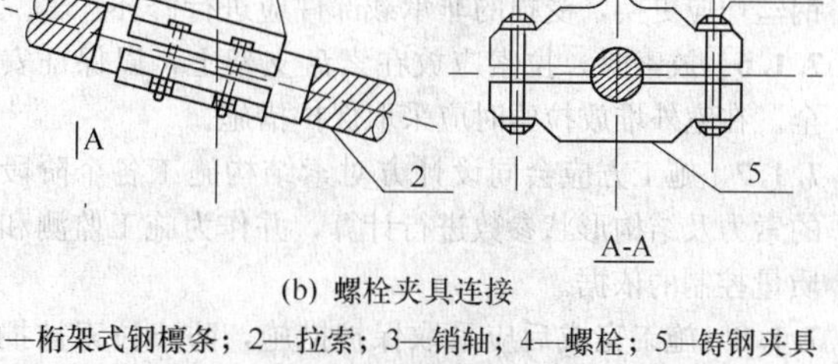

(b) 螺栓夹具连接

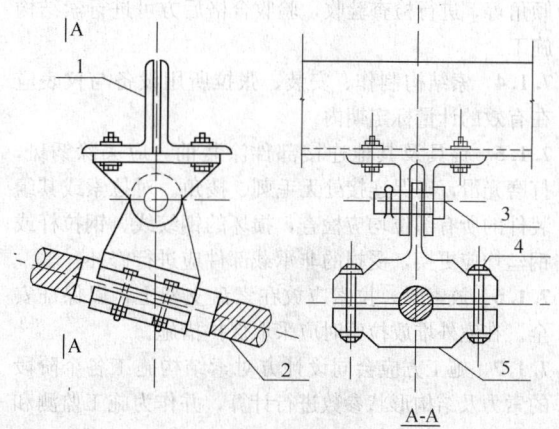

1—桁架式钢檩条；2—拉索；3—销轴；4—螺栓；5—铸钢夹具

图 6.5.1-2　拉索与屋面钢檩条的连接

6.5.2 拉索与玻璃幕墙和采光顶的连接节点除应满足传力可靠的要求外，还应同时满足与玻璃构件的连接要求。

6.6 锚锭系统

6.6.1 拉索的锚锭系统应根据具体情况采用重力锚、盘形锚、蘑菇形锚、摩擦桩、拉力桩、阻力墙等类型（图 6.6.1）。

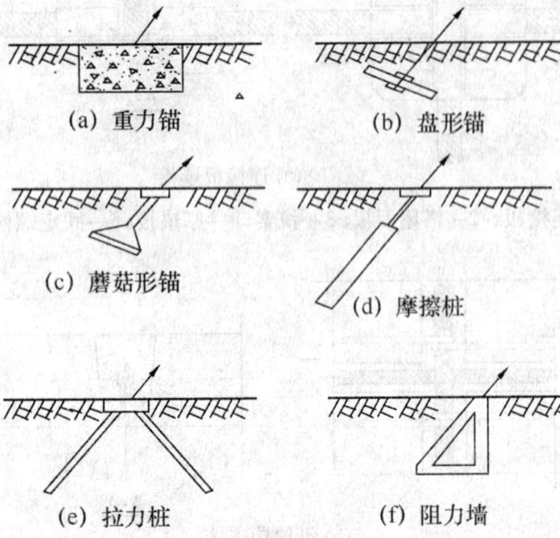

图 6.6.1 拉索的锚锭系统

7 制作、安装及验收

7.1 一般规定

7.1.1 施工前应编制施工组织设计，在施工过程中应严格执行。

7.1.2 施工前应对索体、锚具及零配件的出厂报告、产品质量保证书、检测报告以及品种、规格、色泽、数量进行验收。

7.1.3 施工前应对支承结构或边缘构件上用于拉索锚固的锚板、锚栓、孔道等的空间坐标、几何尺寸及倾角等，进行检查验收，验收合格后方可进行索结构施工。

7.1.4 索结构制作、安装、张拉所用设备与仪表应在有效的计量标定期内。

7.1.5 锚具及其他连接部件涂装前，应去除锈斑，打磨光滑，确保连接处无毛刺、棱角。对拉索或其组装件的所有部位均应检查，损坏的钢绞线、钢拉杆或钢丝均应更换，受损的非承载部件应进行修补。

7.1.6 放索时，拉索应放在索盘支架上，以保证安全。在室外堆放拉索时应采取保护措施。

7.1.7 施工方应会同设计方对索结构施工各个阶段的索力及结构形状参数进行计算，并作为施工监测和质量控制的依据。

7.1.8 施工完成后应采取保护措施，防止拉索被损坏。在拉索的周边不得进行焊接、切割等作业。

7.2 制　　索

7.2.1 非低松弛索体（钢丝绳、不锈钢钢绞线等）在下料前应进行预张拉。预张拉力值宜取钢索抗拉强度标准值的 55%，持荷时间不应少于 1h，预张拉次数不应少于 2 次。

7.2.2 钢丝束、钢丝绳索体应根据设计要求对索体进行测长、标记和下料。应根据应力状态下的索长，进行应力状态标记下料或经弹性模量换算进行无应力状态标记下料。

7.2.3 钢丝束、钢绞线下料时，应考虑环境温度对索长的影响，采取相应的补偿措施。

7.2.4 钢丝束、钢绞线进行无应力状态下料时，应考虑其自重挠度等因素的影响，宜取 200N/mm^2～300N/mm^2 的张拉应力。

7.2.5 成品拉索交货长度为设计长度，其允许偏差应符合表 7.2.5 的规定：

表 7.2.5 拉索长度允许偏差

拉索长度 L（m）	允许偏差（mm）
≤50	±15
50<L≤100	±20
>100	±L/5000

玻璃幕墙用拉索交货长度的允许偏差应符合现行国家标准《建筑幕墙》GB/T 21086 的有关规定。

7.2.6 钢拉杆应按现行国家标准《钢拉杆》GB/T 20934 规定进行制作。成品钢拉杆交货长度为设计长度，钢拉杆成品长度允许偏差应符合表 7.2.6 的规定。

表 7.2.6 钢拉杆长度允许偏差

单根拉杆长度（m）	允许偏差（mm）
≤5	±5
5～10	±10
>10	±15

7.3 安　　装

7.3.1 拉索两锚固端间距的允许偏差应为 L/3000（L 为两锚固端的距离）和 20mm 两者之间的较小值。

7.3.2 拉索的安装工艺应满足整体结构对索的安装顺序和初始态索力的要求，并应计算出每根拉索的安装索力和伸长量。

7.3.3 拉索在安装过程中应采取有效措施防止损坏。

7.3.4 索结构安装时，应在相应工作面上设置安全网，作业人员应系安全带。

7.3.5 在户外作业时，宜在风力不大于四级的情况下进行。在安装过程中应注意风速和风向，应采取安全防护措施避免拉索发生过大摆动。有雷电时，应停止作业。

7.3.6 拉索在安装过程中，应防止雨水进入索体及锚具内部。

7.3.7 索夹安装时，应满足各施工阶段索夹拼装螺栓的拧紧力矩要求。

7.3.8 安装顺序宜先安装承重索，后安装稳定索，并应根据设计的初始几何形态曲面和预应力值进行调整。

7.3.9 各种屋面构件宜对称安装。

7.4 张拉及索力调整

7.4.1 拉索张拉前应进行预应力施工全过程模拟计算，计算时应考虑拉索张拉过程对预应力结构的作用及对支承结构的影响，应根据拉索的预应力损失情况确定适当的预应力超张拉值。

7.4.2 张拉前应对张拉系统的设备和仪表进行标定，标定时应由千斤顶主动顶加载试验设备，并应绘出图表供现场使用。

7.4.3 拉索张拉应遵循分阶段、分级、对称、缓慢匀速、同步加载的原则。

7.4.4 拉索张拉前应确定以索力控制为主或结构位移控制为主的原则。对结构重要部位宜同时进行索力和位移双控制；并应规定索力和位移的允许偏差。

7.4.5 拉索张拉过程中应检测并复核拉力、实际伸长量和油缸伸出量，每级张拉时间不应少于0.5min，并应做好记录。记录内容应包括：日期、时间、环境温度、索力、索伸长量和结构位移的测量值。

7.4.6 由单根钢绞线组成的群锚，可逐根张拉拉索。

7.4.7 采用张拉设备施加预应力时，其作用点形心应经过拉索轴线。

7.4.8 拉索张拉时可直接用千斤顶与经校验的配套压力表监控拉索的张拉力。必要时，也可用其他测力装置同步监控拉索的张拉力。

7.4.9 悬索结构的拉索张拉尚应满足下列要求：

1 张拉时，应综合考虑边缘构件及支承结构刚度与索力间的相互影响；

2 拉索分阶段分级张拉时，应防止边缘构件与屋面构件变形过大；

3 各阶段张拉后，应检查张拉力、拱度及挠度；张拉力允许偏差不宜大于设计值10%，拱度及挠度允许偏差不宜大于设计值5%。

7.4.10 斜拉结构的拉索张拉应考虑立柱、钢架和拱架等支承结构与被吊挂结构的变形协调以及结构变形对索力的影响，施工时应以结构关键点的变形量及索力作为主要施工监控内容。

7.4.11 张弦梁、张弦拱、张弦桁架的拉索张拉尚应满足下列要求：

1 在钢结构拼装完成、拉索安装到位后，进行拉索预紧，预紧力宜取预应力状态索力的10%～15%；

2 张拉过程中应保证结构的平面外稳定。

7.4.12 张弦网壳结构的拉索张拉，应考虑多索分批张拉相互间的影响，单层网壳和厚度较小的双层网壳的拉索张拉时，应注意防止结构的局部或整体失稳。

7.4.13 在索力、位移调整完成后，对于钢绞线拉索的夹片锚具应采取防松措施，使夹片在低应力状态下不至松动。对钢丝拉索端的连接螺纹应检查螺纹咬合丝扣数量和螺母外露丝扣长度是否满足设计要求，并应在螺纹上加装防松装置。

7.4.14 在玻璃幕墙、采光顶的拉索张拉施工完成后，在面板安装前可根据拉索的分布情况进行配重检测，配重量取1.05倍至1.2倍的面板自重。

7.4.15 拉索张拉时应考虑预应力损失，张拉端锚固压实内缩引起的预应力损失 σ_{l1} 应按下式计算：

$$\sigma_{l1} = \frac{a}{l}E \tag{7.4.15}$$

式中：a——张拉端锚固压实内缩位移值，可按表7.4.15取值；

E——索材料的弹性模量；

l——拉索长度。

表 7.4.15 张拉端锚固压实内缩位移值 a

锚具类型		a（mm）
端部螺母连接锚具	螺母间隙	1
夹片式锚具	端部夹片有顶压	5
	端部夹片无顶压	6～8

7.5 防护要求

7.5.1 室外拉索应采取可靠的密封防水、防腐蚀和耐老化措施；室内拉索应采取可靠的防火措施和相应的防腐蚀措施。

7.5.2 索体采取普通防腐时，对高强钢丝或钢绞线应进行镀锌、镀铝锌、防锈漆、环氧喷涂处理或对索体包裹护套；索体采取多层防护时，对高强钢丝和钢绞线应经防腐蚀处理后再在索体外包裹护套；两端锚具应采用表面镀层防腐蚀或喷涂防腐涂料。

7.5.3 当拉索外露的塑料护套有耐老化要求时，应采用双层塑料护套，内层添加抗老化剂和抗紫外线成分，外层应满足建筑色彩要求。

7.5.4 索体防火宜采用钢管内布索、钢管外涂敷防火涂料保护的方法，当拉索外露的塑料护套有防火要求时，应在塑料护套中添加阻燃材料或外涂满足防火要求的特殊涂料。

7.6 维　　护

7.6.1 拉索的维护应由工程承包单位会同设计、制作、安装单位共同编制维护手册，交业主在日常使用中执行。其余构件维护可按国家现行有关标准执行。

7.6.2 应定期检查拉索在使用过程中是否出现松弛现象，并应采用恰当措施予以张紧。

7.6.3 索体护套破损后所用的修补材料应与原护套材料一致，修补后的护套性能应与原性能一致。

7.7 验　　收

7.7.1 索结构作为子分部工程，应按现行国家标准《钢结构工程施工质量验收规范》GB 50205和本规程的规定，按制作分项工程、安装分项工程和索张拉分项工程分别进行验收。

7.7.2 验收应具备下列资料：

1 结构设计图、竣工图、图纸会审记录、设计变更文件、使用软件名称；

2 施工组织设计、技术交底记录；

3 产品质量保证书、产品出厂检验报告、制作工艺设计；

4 施工检验记录，隐蔽工程验收记录，加工、安装自检记录；千斤顶标定记录；拉索张拉及结构变位记录、张拉行程记录；

5 锚具无损探伤报告。

7.7.3 拉索制作分项工程应按下列规定进行验收：

1 主控项目

1）拉索外径允许偏差应按现行国家标准《斜拉桥热挤聚乙烯高强钢丝拉索技术条件》GB/T 18365验收；

2）成品拉索长度允许偏差应符合本规程第7.2.5条的规定；

3）成品钢拉杆长度允许偏差应符合本规程第7.2.6条的规定；

4）索体材料及性能应符合本规程第4.2节的规定。

2 一般项目

1）索体表面应圆整、光洁、无损伤、无污垢、护套无破损；

2）锚具、销轴及其他连接件表面应无损伤；锚具护层不应存在破损、起皱、发白等情况，护层外观均匀有一定光泽。

7.7.4 索安装分项工程应按下列规定进行验收：

1 主控项目

1）安装完成的索力和垂度、拱度应符合设计要求；

2）拉索和其他结构构件连接的节点应符合设计要求；

3）所有锚具和其他连接件应符合设计要求。

2 一般项目

1）安装完成后，索体表面应圆整、光洁、无损伤、无污垢、护套无破损，如果护套存在破损，应作相应的修补；

2）安装完成后，锚具、销轴及其他连接件表面应无损伤；如果存在损伤，应作相应的修补。

7.7.5 拉索张拉分项工程应按下列规定进行验收：

1 主控项目

1）张拉完成后的拉索拉力和拱度、挠度应满足设计要求；

2）拉索和其他结构构件连接的节点应满足设计要求；

3）所有锚具和其他连接件应满足设计要求。

2 一般项目

1）张拉完成后，索体表面应圆整、光洁、无损伤、无污垢、护套无破损；

2）张拉完成后，锚具、销轴及其他连接件应无损伤；

3）张拉完成后结构变形均符合设计要求。

7.7.6 拉索张拉完成后，索体、锚具及其他连接件的永久性防护工程应满足设计要求。

附录A　索结构屋面的雪荷载积雪分布系数

A.0.1 矩形、单曲下凹屋面，碟形屋面，伞形屋面，椭圆平面、马鞍形屋面的雪荷载积雪分布系数宜分别按图A.0.1-1～图A.0.1-4采用。

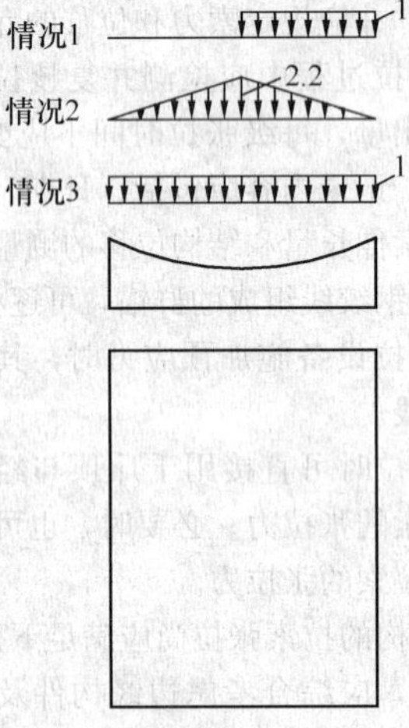

图A.0.1-1　矩形、单曲下凹屋面

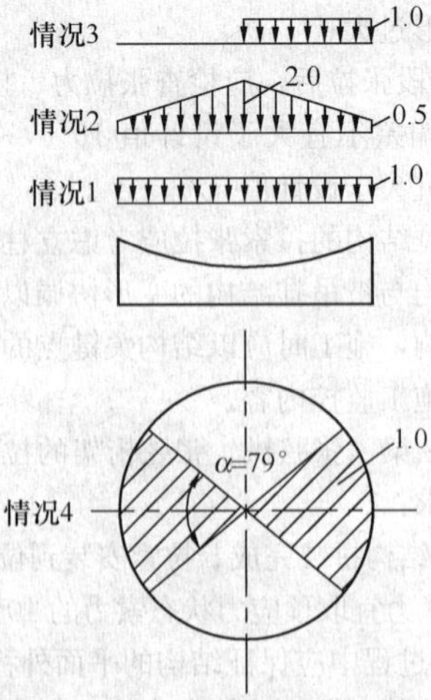

图A.0.1-2　碟形屋面

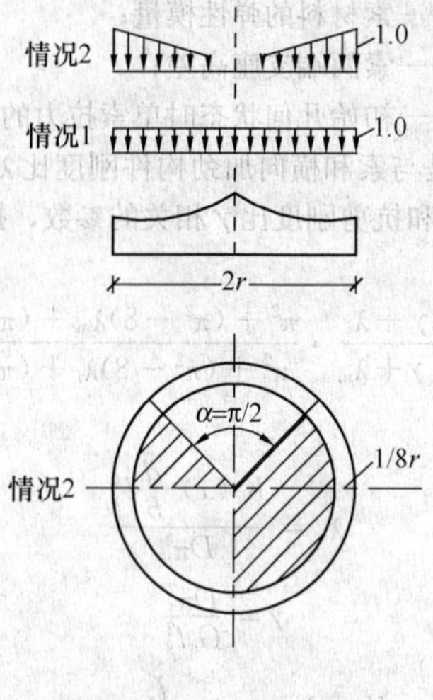

图 A.0.1-3　伞形屋面

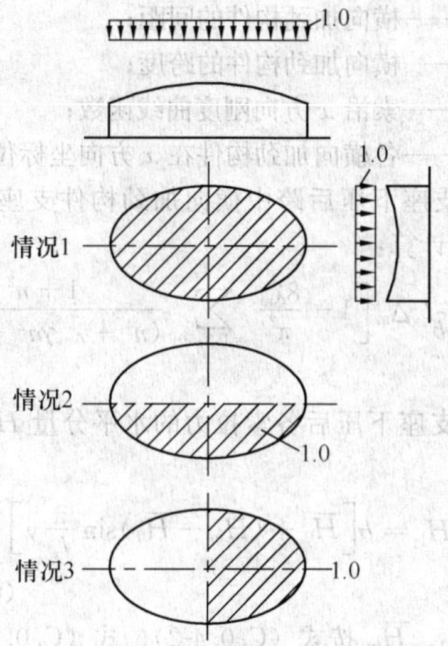

图 A.0.1-4　椭圆平面、马鞍形屋面

附录 B　单索在任意分布荷载下的解析法计算

B.0.1　在初始任意分布荷载 $q_0(x)$ 下，单索的初始几何形态宜按下式计算（图 B.0.1）：

$$z_0(x)=\frac{M(x)}{H_0}+\frac{a_0}{l}x \qquad (B.0.1)$$

式中：l——单索跨度；

a_0——单索两端支座高差；

x——水平坐标；

$M(x)$——跨度等于索跨度的简支梁在 $q_0(x)$ 荷载下的弯矩函数；

H_0——初始几何状态时单索拉力的水平分量。

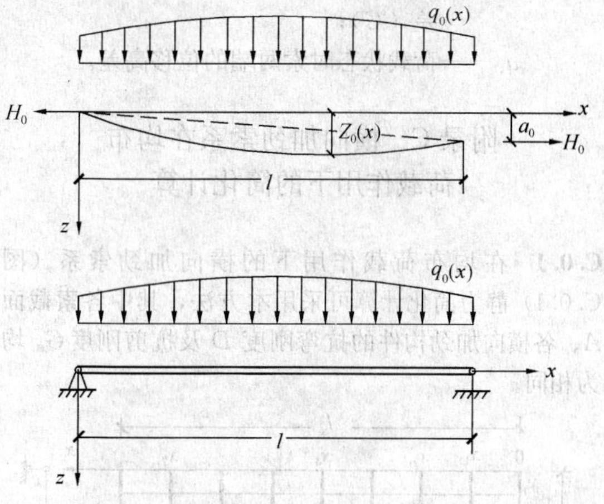

图 B.0.1　初始几何形态时单索在分布荷载下的计算简图

B.0.2　当分布荷载由初始 $q_0(x)$ 增加到 $q_L(x)$ 时，单索的拉力水平分量可按下式计算（图 B.0.2）。

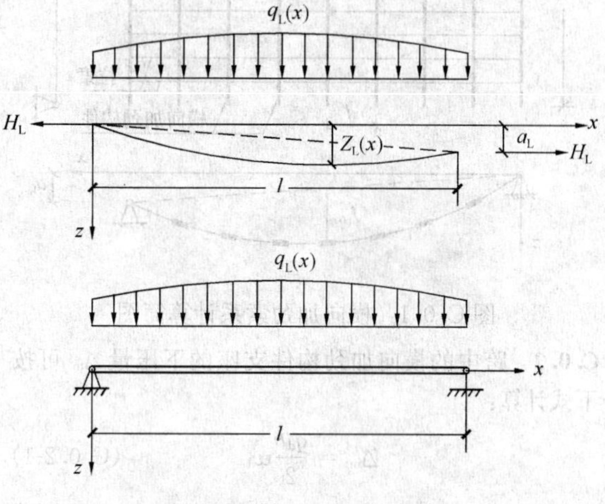

图 B.0.2　荷载状态时单索在分布荷载下的计算简图

$$H_L^3+\left[\frac{EA}{2lH_0^2}\int_0^l V_0^2(x)\mathrm{d}x-H_0-\frac{EA(a_t^2-a_0^2)}{2l^2}-\frac{EA(u_r-u_L)}{l}+EA\alpha\Delta t\right]H_L^2-\frac{EA}{2l}\int_0^l V_t^2(x)\mathrm{d}x=0$$

(B.0.2-1)

单索的几何形态可按下式计算：

$$Z_L(x)=\frac{M_L(x)}{H_L}+\frac{q_t}{l}x \qquad (B.0.2-2)$$

式中：H_L——荷载状态时单索拉力的水平分量；

$V_0(x)$——跨度等于索跨度的简支梁相应在 $q_0(x)$ 荷载下的剪力函数；

$V_t(x)$——跨度等于索跨度的简支梁相应在 $q_L(x)$ 荷载下的剪力函数；

$M_L(x)$——跨度等于索跨度的简支梁在 $q_L(x)$ 荷载下的简支梁弯矩；

$Z_L(x)$——单索几何形状坐标；

A——单索的截面面积；

E——索材料的弹性模量；

u_L、u_r——由初始状态到荷载状态时单索的左、右两端支座水平位移；

α——索材料的线膨胀系数；

Δt——索由初始状态到荷载状态时的温

差（℃）；

a_t——荷载状态时索两端的位移高差。

附录C 横向加劲索系在均布荷载作用下的简化计算

C.0.1 在均布荷载作用下的横向加劲索系（图C.0.1）静力简化计算可采用本方法，其中各索截面A、各横向加劲构件的抗弯刚度D及抗剪刚度G_s均为相同。

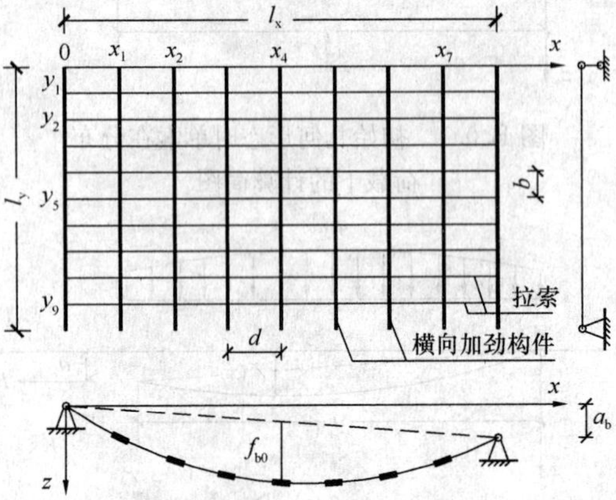

图C.0.1 横向加劲索系计算简图

C.0.2 跨中的横向加劲构件支座的下压量Δ_m可按下式计算：

$$\Delta_m = \frac{q_d b}{2} w_1 \tag{C.0.2-1}$$

其他第i榀横向加劲构件支座的下压量Δ_i可按下式计算：

$$\Delta_i = \Delta_m \frac{4x(l_x - x)}{l_x^2} \beta_i \tag{C.0.2-2}$$

式中：q_d——均布面荷载设计值；

w_1——单索在单位荷载作用下的跨中挠度值，由式（C.0.2-3）计算；

β_i——参数，按式（C.0.2-6）计算；

l_x——拉索的跨度；

b——拉索间距。

式（C.0.2-1）、式（C.0.2-2）中的计算参数可按下列规定计算确定：

1 单索在单位荷载作用下的跨中挠度值w_1可按下列公式计算：

$$w_1 = \frac{3 l_x^4 \alpha}{128 f_{b0}^2 EA\mu} \tag{C.0.2-3}$$

$$\alpha = 1 + \frac{16 f_{b0}^2}{3 l_x^2} + \frac{a_b^2}{l_x^2} \tag{C.0.2-4}$$

$$\mu = 1 + \frac{3 H_0 l_x^2}{16 EA f_{b0}^2} \tag{C.0.2-5}$$

式中：f_{b0}——支座下压前索的初始垂度；

A——单索的截面面积；

E——索材料的弹性模量；

a_b——索两端支座高差；

H_0——初始几何状态时单索拉力的水平分量。

2 β_i是与索和横向加劲构件刚度比λ_i及加劲构件抗弯刚度和抗剪刚度比γ相关的参数，按下列公式计算：

$$\beta_i = \frac{1 + \lambda_i \gamma + \lambda_i}{1 + \lambda_m \gamma + \lambda_m} \cdot \frac{\pi^2 + (\pi^2 - 8)\lambda_m + (\pi^2 - 8)\lambda_m \gamma}{\pi^2 + (\pi^2 - 8)\lambda_i + (\pi^2 - 8)\lambda_i \gamma} \tag{C.0.2-6}$$

$$\lambda_i = \frac{K_i(x) \frac{d}{b} l_y^4}{D\pi^4} \tag{C.0.2-7}$$

$$\gamma = \frac{D\pi^2}{G_s l_y^2} \tag{C.0.2-8}$$

$$K_i(x) = \frac{l_x^2}{4 w_1 x (l_x - x)} \tag{C.0.2-9}$$

式中：d——横向加劲构件的间距；

l_y——横向加劲构件的跨度；

$K_i(x)$——索沿x方向刚度曲线函数；

x——各横向加劲构件在x方向坐标位置。

C.0.3 支座下压后跨中横向加劲构件支座反力R_m可按下式计算：

$$R_m = \frac{d}{2 w_1 b} l_y \Delta_m \left[1 - \frac{8\lambda_m}{\pi^2} \sum_{n=1,3,5\cdots} \frac{1 + n^2\gamma}{(n^4 + \lambda_m \gamma n^2 + \lambda_m) n^2} \right] \tag{C.0.3}$$

C.0.4 支座下压后各索拉力的水平分量H_j可按下式计算：

$$H_j = b \left[\overline{H}_0 + (\overline{H}_m - \overline{H}_0) \sin \frac{\pi}{l_y} y \right] \tag{C.0.4-1}$$

式中：$\overline{H}_0$、$\overline{H}_m$按式（C.0.4-2）、式（C.0.4-3）、式（C.0.4-4）计算。当计算$\overline{H}_0$时应取$y=0$；当计算$\overline{H}_m$时应取$y=\frac{l_y}{2}$；

$$\overline{H}_j = \frac{(q_{d0} + \Delta q_j) l_x^2}{8(f_{b0} + w_j)} \tag{C.0.4-2}$$

$$\Delta q_j = \frac{64 EA\alpha}{3 l_x^4 b} \left[w_j^3 + 3 f_{b0} w_j^2 + \left(2 f_{b0}^2 + \frac{3 l_x^2}{8EA} \overline{H}_0 b\alpha \right) w_j \right] \tag{C.0.4-3}$$

$$w_j = \Delta_m + \frac{4}{\pi} \left(\frac{q_{d0} \cdot d \cdot l_y^4}{D\pi^4} - \lambda_m \Delta_m \sum_{n=1,3,5\cdots} \frac{1 + n^2\gamma}{n(n^4 + \lambda_m \gamma n^2 + \lambda_m)} \sin \frac{n\pi}{l_y} y \right) \tag{C.0.4-4}$$

$$j = 0, m$$

式中：q_{d0}——初始几何状态时均布荷载设计值。

C.0.5 支座下压后及均布荷载下索拉力的水平分量H_j应按本规程式（C.0.4-1）、式（C.0.4-2）、式（C.0.4-3）、式（C.0.4-4）计算，其中q_{d0}应按q_d

取用。

C.0.6 支座下压后均布荷载作用下，横向加劲索系几何曲面函数 $Z(x,y)$ 可按下式确定：

$$Z(x,y)=\frac{4(f_{b0}+\Delta_m)(l_x-x)x}{l_x^2}\left(1+\frac{w_m-\Delta_m}{f_{b0}+\Delta_m}\sin\frac{\pi}{l_y}y\right) \tag{C.0.6}$$

C.0.7 横向加劲构件在支座下压后和均布荷载作用下的弯矩函数可按下式计算：

$$M_i(y)=\frac{4K_i(x)\dfrac{d}{b}l_y^2}{\pi^3}\Delta_i\sum_{i=1,3,5,\cdots}^{\infty}\frac{n}{n^4+\lambda_i\gamma n^2+\lambda_i}\sin\frac{n\pi}{l_y}y \tag{C.0.7}$$

附录D 索结构屋面的风载体型系数

表D 索结构屋面的风载体型系数

项次	平面体型	体型系数 μ_s
1	矩形平面单曲下凹屋面	$\frac{f_b}{L}=\frac{1}{20}-\frac{1}{10}$ 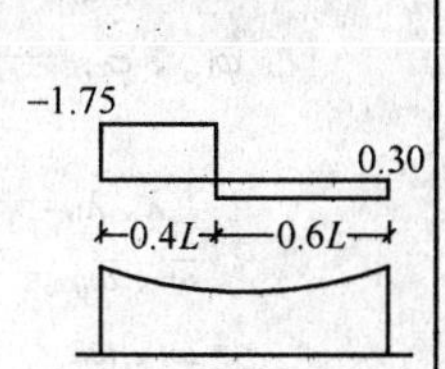
2	圆形平面碟形屋面	$\frac{f_b}{D}=\frac{1}{20}-\frac{1}{10}$ 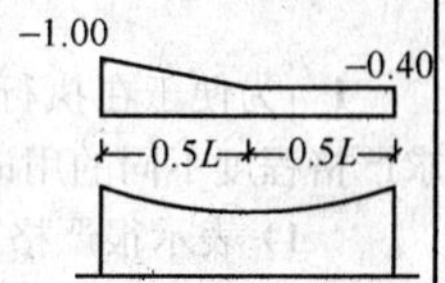
3	圆形平面伞形屋面	$\frac{a_b}{D}=\frac{1}{20}-\frac{1}{10}$ 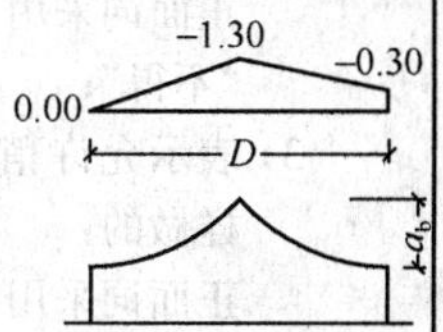
4	菱形平面马鞍形屋面	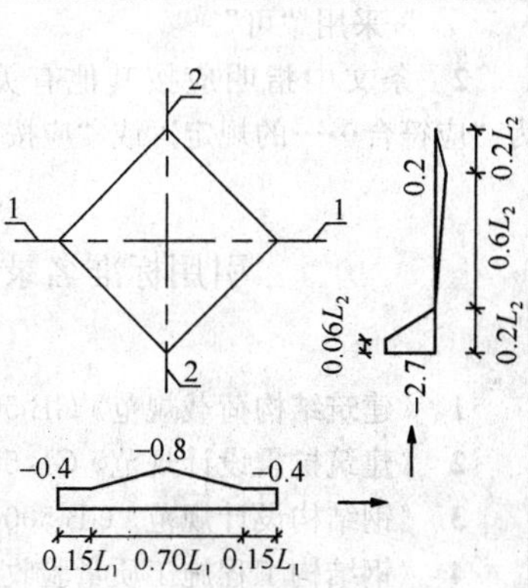 1—低点；2—高点

续表D

项次	平面体型	体型系数 μ_s
5	圆形平面马鞍形屋面	$\frac{f_b}{L}=\frac{1}{20}-\frac{1}{10}$ 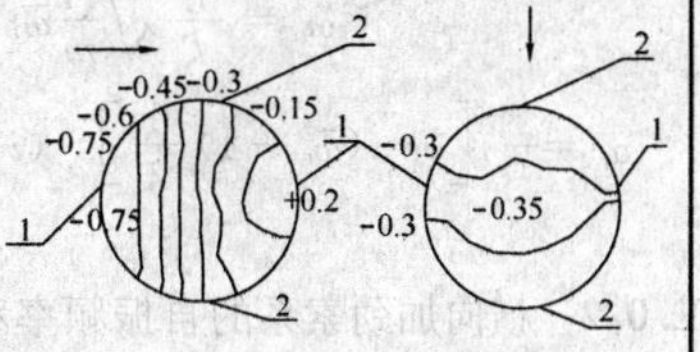 1—高端；2—低端
6	椭圆形平面马鞍形屋面	$\frac{f_b}{D}=\frac{1}{20}-\frac{1}{10}$ 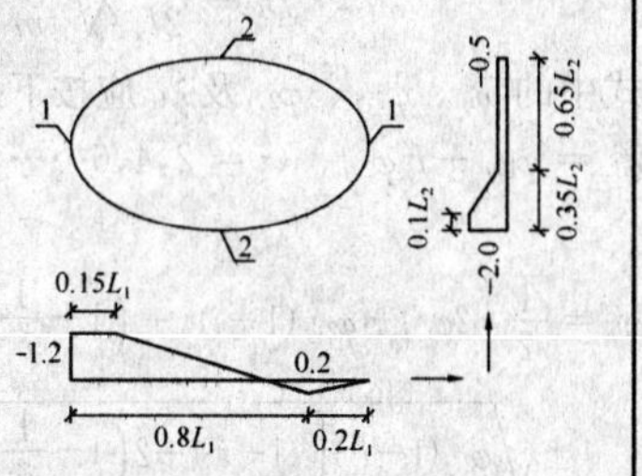 1—低点；2—高点

注：D 为圆形平面的直径；L 为索的跨度；a_b 为承重索和稳定索的两端支座高差；f_b 为承重索的垂度。

附录E 单索及横向加劲索系的结构自振频率和振型简化计算

E.0.1 平行布置的单索的自振频率和振型可近似按下式计算：

1 自振频率计算公式：

$$f_i=\frac{\overline{\omega}_i}{2l}\sqrt{\frac{H}{m}} \tag{E.0.1-1}$$

式中的 $\overline{\omega}_i^2$ 应按下式确定：

当 $i=2$，4，6……时：

$$\overline{\omega}_i^2=i^2 \tag{E.0.1-2a}$$

当 $i=1$，3，5……时：

$$\overline{\omega}_i^2=\frac{1}{2}\left\{1+i^2+\left(1+\frac{1}{i^2}\right)\lambda\pm\sqrt{(1-i^2)\left[(1-i^2)+2\left(1-\frac{1}{i^2}\right)\lambda\right]+\left(1+\frac{1}{i^2}\right)^2\lambda^2}\right\} \tag{E.0.1-2b}$$

按式（E.0.1-2）计算 $\overline{\omega}_i$ 时，将出现两个频率解，当该对称振型的两个频率解均在前后两个反对称振型频率之间时，该对称振型的两个频率解均为真实解，否则只有一个真实解。

式（E.0.1-2）中的 λ 应按下式确定：

$$\lambda=\frac{512EAf^2}{\pi^4l^2H} \tag{E.0.1-3}$$

2 振型计算公式：

$$W=\left(\left|\sin\frac{\pi}{2}i\right|\sin\frac{\pi}{l}x+\alpha_i\sin\frac{i\pi}{l}x\right)\sin\omega_i t$$

$$(i=2,3,4\cdots\cdots)\qquad(E.0.1\text{-}4)$$

式中的 ω_i 及 α_i 应按下列公式确定：

$$\omega_i=\frac{\pi}{l}\sqrt{\frac{H}{m}}\overline{\omega}_i\qquad(E.0.1\text{-}5)$$

$$\alpha_i=-i\left[1-(\overline{\omega}_i^2-1)\frac{1}{\lambda}\right]\quad(i=3,5,7\cdots\cdots)$$

(E.0.1-6)

E.0.2 横向加劲索系的自振频率和振型可近似按下式计算：

1 自振频率计算公式：

$$f_{ij}=\frac{\overline{\omega}_{ij}}{2l_x}\sqrt{\frac{H_m}{m}}\qquad(E.0.2\text{-}1)$$

式中的 $\overline{\omega}_{ij}$、$\varphi_{1,j}$、$\varphi_{2,j}$ 及 λ_b 应按下列公式确定：

$$\overline{\omega}_{ij}^2=\varphi_{1,j}+i^2\varphi_{2,j}\quad(i=2,4,6\cdots\cdots,j=1,2,3,4\cdots\cdots)$$

(E.0.2-2)

$$\overline{\omega}_{ij}^2=\frac{1}{2}\left\{2\varphi_{1,j}+\varphi_{2,j}(1+i)^2+\left(1+\frac{1}{i^2}\right)\lambda_b\right.$$

$$\left.\pm\sqrt{\varphi_{2,j}(1-i^2)\left[(1-i^2)+2\left(1-\frac{1}{i^2}\right)\lambda_b\right]+\left(1+\frac{1}{i^2}\right)^2\lambda_b^2}\right\}$$

$$(i=3,5,7\cdots\cdots,j=1,2,3\cdots\cdots)\qquad(E.0.2\text{-}3)$$

$$\varphi_{1,j}=D_t\left(\frac{l_x}{\pi}\right)^2\left(\frac{j\pi}{l_y}\right)^4\frac{1}{H_m},$$

$$\varphi_{2,j}=\left(H_0+\frac{(H_m-H_0)8j^2}{\pi(4j^2-1)}\right)\frac{1}{H_m}$$

(E.0.2-4)

$$\lambda_b=\frac{512EA_b(f_{s0}+\Delta m)^2}{\pi^4l_x^2H_m}\left[1+\left(\frac{\Delta f}{f_{s0}+\Delta m}\right)\frac{16j^2}{(4j^2-1)}\right]$$

(E.0.2-5)

按式（E.0.2-3）计算 $\overline{\omega}_{ij}$ 时，将出现两个频率解，当该对称振型的两个频率解均在前后两个反对称振型频率之间时，该对称振型的两个频率解均为真实解，否则只有一个真实解。

2 振型计算公式：

$$W=\left(\left|\sin\frac{\pi}{2}i\right|\sin\frac{\pi}{l_x}x+\alpha_{ij}\sin\frac{i\pi}{l_x}x\right)\sin\frac{j\pi}{l_y}y\sin\omega_{ij}t$$

$$(i=2,3,4\cdots\cdots,j=1,2,3\cdots\cdots)$$

(E.0.2-6)

式中的 ω_{ij} 及 α_{ij} 应按下列公式确定：

$$\omega_{ij}=\frac{\pi}{l_x}\sqrt{\frac{H_m}{m}}\overline{\omega}_{ij}\qquad(E.0.2\text{-}7)$$

$$\alpha_{ij}=-i\left[1-(\overline{\omega}_{ij}^2-\varphi_{1,j}-\varphi_{2,j})\frac{1}{\lambda_b}\right]$$

$$(i=3,5,7\cdots\cdots,j=1,2,3\cdots\cdots)$$

(E.0.2-8)

式中：A、A_b——单索、单位宽度承重索的截面面积；

D_t——单位宽度横向加劲构件的抗弯刚度；

E——索材料的弹性模量；

f_i、f_{ij}——索结构的自振频率；

f——单索的垂度；

f_{s0}——横向加劲索系支座下压前索的初始垂度；

H——单索拉力的水平分量；

H_0、H_m——横向加劲索系的单位宽度边索索力与跨中索力；

l、l_x、l_y——单索、沿承重索或横向加劲构件方向的跨度；

m——单位面积的质量；

W——索结构振型；

Δf——横向加劲索系跨中加劲构件的跨中挠度；

Δm——横向加劲索系跨中加劲构件支座下压量；

α_i——索结构对称振型组合系数；

$\varphi_{1,j}$、$\varphi_{2,j}$——横向加劲索系加劲构件刚度参数与索力分布参数；

λ、λ_b——单索、承重索的索结构参数；

$\overline{\omega}_i$、$\overline{\omega}_{ij}$——无量纲化圆频率；

ω_i、ω_{ij}——圆频率。

本规程用词说明

1 为便于在执行本规程条文时区别对待，对要求严格程度不同的用词说明如下：

1） 表示很严格，非这样做不可的：
正面词采用“必须”，反面词采用“严禁”；

2） 表示严格，在正常情况下均应这样做的：
正面词采用“应”，反面词采用“不应”或“不得”；

3） 表示允许稍有选择，在条件许可时首先这样做的：
正面词采用“宜”，反面词采用“不宜”；

4） 表示有选择，在一定条件下可以这样做的，采用“可”。

2 条文中指明应按其他有关标准执行的写法为“应符合……的规定”或“应按……执行”。

引用标准名录

1 《建筑结构荷载规范》GB 50009

2 《建筑抗震设计规范》GB 50011

3 《钢结构设计规范》GB 50017

4 《钢结构工程施工质量验收规范》GB 50205

5 《优质碳素结构钢》GB/T 699

6 《低合金高强度结构钢》GB/T 1591

7 《合金结构钢》GB/T 3077

8 《锻轧钢棒超声检验方法》GB/T 4162

9 《预应力混凝土用钢绞线》GB/T 5224

10 《铸钢件 超声检测 第1部分：一般用途铸钢件》GB/T 7233.1

11 《不锈钢丝绳》GB/T 9944

12 《一般工程用铸造碳钢件》GB/T 11352

13 《预应力筋用锚具、夹具和连接器》GB/T 14370

14 《桥梁缆索用热镀锌钢丝》GB/T 17101

15 《斜拉桥热挤聚乙烯高强钢丝拉索技术条件》GB/T 18365

16 《一般用途钢丝绳》GB/T 20118

17 《钢拉杆》GB/T 20934

18 《建筑幕墙》GB/T 21086

19 《空间网格结构技术规程》JGJ 7

20 《预应力筋用锚具、夹具和连接器应用技术规程》JGJ 85

21 《建筑用不锈钢绞线》JG/T 200

22 《建筑幕墙用钢索压管接头》JG/T 201

23 《锻钢件磁粉检验方法》JB/T 8468

24 《桥梁缆索用高密度聚乙烯护套料》CJ/T 297

25 《塑料护套半平行钢丝拉索》CJ 3058

26 《冶金设备制造通用技术条件 锻件》YB/T 036.7

27 《高强度低松弛预应力热镀锌钢绞线》YB/T 152

28 《镀锌钢绞线》YB/T 5004

29 《密封钢丝绳》YB/T 5295

中华人民共和国行业标准

索结构技术规程

JGJ 257—2012

条 文 说 明

制 订 说 明

《索结构技术规程》JGJ 257－2012，经住房和城乡建设部 2012 年 3 月 1 日以第 1323 号公告批准、发布。

本规程编制过程中，编制组进行了系统广泛的调查研究，总结了我国索结构结构工程设计及施工中的实践经验，同时参考有关国内标准，并在广泛征求意见的基础上编制了本规程。

为了便于广大设计、施工、科研、学校等单位有关人员在使用本规程时能正确理解和执行条文规定，《索结构技术规程》编制组按照章、节、条顺序编制了本规程的条文说明，对条文规定的目的、依据以及执行中需注意的有关事项进行了说明，还着重对强制性条文的强制性理由进行了解释。但是，本条文说明不具备和规程正文同等的法律效应，仅供使用者作为理解和把握规程中有关规定的参考。

目　次

1 总　则

1.0.1 本规程所称的"索结构"是指在建筑结构的屋盖（含采光顶）和玻璃幕墙中所广泛采用的以索作为主要受力构件的结构形式，并将其归纳为悬索结构、斜拉结构、张弦结构和索穹顶。

3 基本规定

3.1 结构选型

3.1.1 本条指明了几个影响索结构形式的主要因素，并强调了结构的整体刚度和稳定。

3.1.2 本条是综合考虑索结构受力特点、组成形式等因素进行的分类，基本涵盖了目前屋盖用索结构的所有形式，其中对传统的悬索结构又进行了细分。

3.1.3 单索易在不对称性荷载下产生机构性位移，抗负风压的能力也很差。采用重型屋面是解决问题的一个途径。

3.1.4 索网由相互正交和曲率相反的承重索和稳定索组成，形成负高斯曲率的曲面。在施加一定的预应力后，索网可以具有很大的刚度，可采用轻型屋面。

3.1.5 双层索系的承重索、稳定索、受压撑杆和拉索一般布置在同一竖向平面内。由于其外形与受力特点与传统平面桁架相似，所以又被称为"索桁架"。双层索系的布置方式取决于建筑平面。在施加预应力后，稳定索可以和承重索一起抵抗竖向荷载作用，从而使体系的刚度得到加强，它同时具有良好的形状稳定性，可采用轻型屋面。

3.1.6 设置横向加劲构件是改善单层索系工作性能的一种方法。横向加劲构件可采用梁或桁架，它们与索垂直相交并设置于索上。开始安装时，横向加劲构件的两端支座与支承之间空开一段距离，然后对两端支座下压而产生强迫位移，从而在结构中建立预应力。这时横向加劲构件呈反拱状态，承受负弯矩。施加荷载后，跨中挠度逐步增加，横向加劲构件也转而承受正弯矩。实践表明，通过下压支座而建立的预应力，使横向加劲构件与索共同受力，并大大增加了屋盖结构的刚度，尤其是在承受不均匀分布荷载时，横向加劲构件能有效地分担和传递荷载。当建筑物平面形状为方形、矩形或多边形时，横向加劲索系是一种适宜采用的结构体系。

3.1.7 为抵抗风的上吸力作用，必要时宜设置斜拉结构的下拉防风索。

3.1.8 张弦结构是由刚度较大的刚性构件与柔性的"弦"、连接二者的撑杆组成。由于索的参与，张弦结构的整体刚度远大于单纯刚性构件的刚度。

张弦网壳亦称弦支穹顶。

3.1.9 索穹顶是一种索系支承式结构。此时，空间索系是主要承重结构，而膜材主要起围护作用。从受力特点看，索穹顶是一种特殊形式的双层空间索系。梯形索穹顶由美国盖格（D. Geiger）首先提出，其中脊索与斜索、撑杆位于同一竖直平面内，脊索呈辐射状布置，环索将同一圈撑杆的下端连成一体，膜材覆盖在脊索上，谷索布置在相邻脊索之间并用于将膜材张紧。联方形索穹顶由美国李维（M. Levy）首先提出，其中脊索被布置成联方型网格的形式，不设谷索。

3.2 结构设计

3.2.1 在选择索的形式时，应综合考虑结构特点、力学性能、施工难易、造价等多种因素。其中，劲性索在保持抗拉结构充分利用材料强度这一优点的同时，还可改善结构的形状稳定性。

3.2.2 预应力的大小与分布对索结构的刚度具有重要影响，对索结构施加预应力是施工的重要环节。根据不同的结构形式，本条给出了几种常用的、行之有效的施加预应力方法。在具体实践时，应结合结构特点及计算结果灵活选择或采取其他有效方法。

3.2.5～3.2.8 对于悬索结构来说，索的垂度与跨度之比是十分重要的参数。一般地，在同等条件下，此比值越小，结构的形状稳定性及刚度越差，索的拉力也越大；反之，结构性态得以改善，但结构所占空间也有所加大。本规程中对各种悬索体系的规定取自国内外工程实践的经验，可作为设计时参考。

3.2.13 索结构属于柔性结构，只有在对其施加一定的预应力后，索结构才能具有必要的刚度和有效地承受荷载，因此本条规定除单索外的其他索结构跨中竖向位移均由初始预应力状态位置算起。跨中竖向位移与跨度之比的限值 1/250 系参考现行行业标准《空间网格结构技术规程》JGJ 7 确定，从国内若干已建成的悬索结构可知，当索结构按满足承载能力极限状态要求选定几何尺寸及索截面后，一般均能满足本条规定的结构刚度要求。

对于单索结构，考虑到一般均采用钢筋混凝土屋面板等重屋面，在屋面板上加荷并浇筑板缝，然后卸载建立预应力，所以本条规定单索跨中竖向位移自初始几何状态位置算起。

4 索体与锚具

4.1 一般规定

4.1.1 本条说明了拉索的基本组成形式。

4.1.2 本条列出了目前常用索体形式，如钢丝束、钢绞线、钢丝绳或钢拉杆形式，其他新型索体如碳纤维拉索等，待研究推广及应用到一定程度后再列入。

钢丝束、钢绞线、钢丝绳可用于不同长度、不同索力和不同工作环境条件。由一组单根钢绞线组成的群锚钢绞线拉索安装方便，适用于小型设备高空作业。钢拉杆主要优点为不易燃、耐久、耐腐蚀，可用于室内或室外，钢拉杆受制造能力限制，一般10m左右设置一个接头，可利用正反牙套筒接长。

4.1.3 本条说明了确定拉索两端锚具构造形式的主要因素。

4.1.4 长度大于50m的拉索要考虑风振和雨振的影响。拉索的减振措施可参考桥梁斜拉索的做法。

4.2 索体材料与性能

4.2.1 在索结构中最常用的是半平行钢丝束，它由若干根高强度钢丝采用同心绞合方式一次扭绞成型，捻角2°～4°，扭绞后在钢丝束外缠包高强缠包带，缠包层应齐整致密、无破损；然后热挤高密度聚乙烯（HDPE）护套。钢丝拉索的HDPE护套分为单层和双层。双层HDPE套的内层为黑色耐老化的HDPE层，厚度为（3～4）mm；外层为根据业主需要确定的彩色HDPE层，厚度为（2～3）mm。钢丝束进行精确下料后两端加装冷、热锚进行预张拉，拉索以成盘或成圈方式包装，这种拉索的运输和施工都比较方便。

4.2.2 钢绞线是由多根高强钢丝呈螺旋形绞合而成，可按1×3、1×7、1×19和1×37等规格选用，钢绞线索体具有破断力大、施工安装方便等特点。

4.2.3 密封钢丝绳是以若干平行圆形钢丝束为缆心，外面逐层捻裹截面为“Z”形的钢丝，相邻两层的捻向相反，互相咬合形成防护层，包裹住内部的钢丝束。这种钢丝绳结构紧凑，具有最大面积率，水分不易侵入，成为密封钢丝绳。相对一般钢丝绳而言，密封钢丝绳具有强度高、弹性模量大等优点，但价格较贵。

钢丝绳是由多股钢丝围绕一核心绳芯捻制而成，绳芯可采用纤维芯或金属芯。纤维芯的特点是柔软性好，便于施工，但强度较低，纤维芯受力后直径会缩小，导致索伸长，从而降低索的力学性能和耐久性，所以结构用钢丝绳应采用无油镀锌钢芯钢丝绳。

4.2.4 钢拉杆是近年来开发的一种新型拉锚构件，主要由圆柱形杆体、调节套筒、锁母和两端形式各异的接头拉环组成，由碳素钢、合金钢制成，具有强度高、韧性好等特点，可广泛用于空间结构、桥梁等。

4.2.5 本条根据制索厂家提供的数据，仅供设计计算时参考使用。应注意，对于多根钢丝束组合索体，特别是钢绞线组合类型索体，其弹性模量变化范围较大。

4.3 锚 具

4.3.1 浇铸锚具分为热铸锚锚具和冷铸锚锚具。热铸锚锚具采用低熔点的合金填料进行浇铸，合金熔液冷却后锚住索体。冷铸锚锚具采用环氧树脂和铁砂、矿粉、固化剂、增韧剂等搅拌后浇入锚杯，凝固后与索体形成锥塞。本条规定了浇铸锚具制作、验收的行业标准。

4.3.2 单个的挤压锚具或夹片锚具主要用于锚固单股钢绞线，由一组夹片锚具或挤压锚具构成的群锚用于钢绞线索体的锚固。本条规定了挤压锚具、夹片锚具制作、验收的行业标准。

4.3.3 压接锚具通常采用高强钢材做成索套，在高压下挤压成形握裹住索体，属握裹式锚具。本条规定了压接锚具制作、验收的行业标准。

4.3.5 图4.3.5（b）中锚具的锚杯与接头是分体制作，然后通过螺纹互相连接。图4.3.5（c）双螺杆连接的热铸锚锚具适用于准确建立索力值及大距离调节张拉引伸量情况。图4.3.5（d）冷铸锚锚具采用了螺纹螺母连接，适用于大吨位索力值情况，并能调整索力值。图4.3.5（e）夹片锚具用于钢绞线索体，适用于大距离调节张拉引伸量情况，一组钢绞线组成的群锚拉索适用于小型设备高空安装。图4.3.5（f）挤压锚具采用了螺母承压连接，适用于大吨位索力值情况，并能调整索力值。图4.3.5（g）压接锚具加工制作比较简单，适用于较小拉力情况。图4.3.5（h）采用双向螺杆或调节套筒调节形式的浇铸锚具，由于施加预应力时对油泵给千斤顶供油加压与旋转螺杆或套筒的同步要求高，张拉后套筒与螺杆间有一定的间隙预应力损失，一般用于索力较小、对拉索张拉力准确值建立要求不严格的拉索。

4.3.7 锚具材料应采用低合金高强度结构钢，并经过热处理以提高综合机械性能。小锚具采用锻造方式制作，大锚具采用铸造制作。

4.3.9 为实现“强锚固”的要求，要求锚具和连接件后于索体破断。

5 设计与分析

5.1 设计基本规定

5.1.1 预应力荷载是一种人为施加的结构内力，其变异性（即偏离原设计值的程度）对结构整体的影响可能是有利的，也可能是不利的。例如，放大预应力可以导致索结构的刚度提高，但同时也会降低索材料的安全储备并增加下部支承结构的负担。此外，对于非自平衡式索结构，放大或缩小预应力还可能导致结构的初始平衡位置发生变化。

5.1.2 索结构分析中应考虑几何非线性影响，但可不考虑材料非线性。几何非线性是悬索理论的固有特点，与初始垂度相比，悬索在荷载增量作用下产生的竖向位移并不是微量，这在小垂度问题中尤为如此。

因此索结构的平衡方程必须考虑按变形后新的几何位置来建立。对于较为刚性的索结构，如斜拉结构和张弦结构，在进行荷载状态计算时，可不考虑几何非线性的影响。

5.1.3 本条规定了索结构设计应计算或验算的内容。

5.1.4 本条强调了支承结构对索结构的影响。与网壳等拱形结构类似，支承结构的变形对索结构的内力和变形都有较大影响，可能会产生较大的附加内力，也可能会使部分索段因松弛而退出工作。

5.1.5 索具有只能受拉不能受压的特点，当索内力为负时即意味着出现了松弛现象，索将退出工作。加大预拉力可以有效减少松弛现象的出现，但是会增加索支承结构的负担。通常情况下，少量的索在短时间内出现松弛不会影响结构的整体稳定性，当外荷载撤除后松弛的索又会张紧恢复工作。但在某些情况下，比如对于索穹顶结构，索松弛可能会导致结构产生不可逆的变形，甚至结构整体垮塌，这种情况是应当在设计中严格避免的。

5.1.6 如果在建筑使用周期内需要更换索体，则应在设计时对换索过程进行分析，确定合理的换索方案；还应在节点构造上保证索体更换的可操作性。

5.2 初始预应力状态确定

5.2.1 初始预应力状态确定是索结构分析和设计的前提和关键，应综合考虑建筑造型、使用功能和结构受力合理等方面的要求，通过反复试算确定。

5.2.2 索网的几何形状通常可采用由两组正交的、曲率相反的索形成具有负高斯曲率的曲面。索网的形状还取决于索力和边缘构件的形式。对于椭圆形、菱形、圆形等简单平面投影形状的索结构，一般可采用双曲抛物面形式的索网曲面，其优点是整个曲面采用同一曲率、曲面形成简单、索力也比较均匀，但是当平面形状复杂时，索网曲面就难以用解析函数来描述，其初始几何形状应通过考虑力学平衡的方法来确定。

5.2.3 扁平区域不仅容易在屋面形成积水或积雪，而且会导致结构的局部刚度较弱。

5.3 静力分析

5.3.2 本规程附录A为根据国外资料给出的常用索结构的雪荷载情况及相应的积雪分布系数，可供计算时采用。由于当前有关雪荷载分布的资料很少，设计人员应根据具体地区及实际的屋盖形式进行专门分析确定雪荷载分布情况，特别要注意由于刮风造成的屋面积雪不均匀分布荷载。

5.3.3、5.3.4 采用本规程提供的解析法分析索结构时应符合以下条件：

1 索的垂度与跨度比小于1/10；索的支座高差与其跨度之比不大于1/10；

2 索结构的支承刚度足够大，可简化为固定铰支承计算模型。

单索的计算理论是基于以下两点基本假设：首先索是理想柔性的，既不能受压，也不能抗弯；其次索的材料符合胡克定律，即索的应力和应变符合线性关系。采用解析方法分析单索有两种方法：一是按荷载沿索长分布的精确计算法，当荷载沿索长均匀分布时索的形状是一悬链线；另一种是按荷载沿索跨分布的近似计算法，当荷载沿跨度均匀分布时索的形状是一抛物线，由于悬链线的计算非常繁琐，在实际应用中，一般均按抛物线计算，本规程附录B所给出的公式是按此假定推导而得。

本规程附录C中给出的横向加劲索系简化计算方法是根据索与横向加劲索构件不同的力学特征，将该结构简化为一组具有相互作用弹性地基梁。从有限元非线性分析及结构模型试验的结果来看，这种结构在均布荷载下基本上呈线性反应的特征。因此在简化分析中引入了线性变形的假定，这样就可应用叠加原理。为了更好地表现结构的特点，在涉及索的计算中仍尽可能地考虑索的非线性特征。

5.3.5 传统的以拉索为主的悬索结构一般不存在失稳问题，但是对于由刚性构件和柔性索共同组成的索结构，如张弦网壳结构，存在由刚性构件受压所导致的结构整体或局部失稳问题，在设计时应予以重视。

5.4 风效应分析

5.4.1 索结构属风敏感结构体系，风荷载对结构的作用表现为平均风压的不均匀分布作用和脉动风压的动力作用。对于索结构的风效应分析，目前在理论上已较为成熟，但尚缺乏简便实用的工程计算方法；因此在实际工程设计中，应根据具体情况，由专业机构对索结构的风效应进行分析或进行风洞试验。

5.4.2 影响屋盖结构风压分布的因素很多，也很复杂，如曲面的几何形状、曲率、风向等等。因此条文规定悬索结构的风荷载体型系数宜进行风洞试验确定。附录D列出的风荷载体型系数系根据原建工部建筑科学研究院和原哈尔滨建筑大学所做的风洞试验结果以及参考有关国外资料汇编而成。

5.4.3 由于索结构的响应与荷载呈非线性关系，所以定义索结构的荷载风振系数在理论上是不严密的，应该定义结构响应风振系数。在这方面，国内学者已开展了一定数量的研究工作。但是由于响应风振系数在实际使用中不甚方便，特别是考虑不同荷载的组合效应时；此外，响应风振系数也与现行荷载规范规定的荷载风振系数不相协调，在实际使用中易出现混淆问题，因此本规程仍采用了荷载风振系数的概念。从实际索结构的力学特点来看，当结构完全张紧成形后，其力学性能接近线性，因此可以用荷载风振系数来近似计算索结构的风动力效应。

5.4.4 对于本条列出的索结构情况，应对风动力效应进行较为细致地分析。当采用风振时程分析方法或随机振动理论分析时，输入的风荷载时程或功率谱宜根据风洞试验确定。本条规定的结构自振周期大于1s是参考了美国、澳大利亚等国的荷载规范规定。

5.4.5 从已发生的房屋结构风灾害来看，在强风作用下由于门窗突然开启（或破碎）导致建筑内压骤增，进而引发屋盖被掀起的实例较多，因此设计中需要根据具体情况考虑内压与结构外部风吸力的叠加作用。

5.5 地震效应分析

5.5.2 当进行索结构单维地震效应分析时，对 X、Y、Z 三个方向的地震作用效应均应分别计算；

当进行多维地震效应时程分析时，对输入的地震加速度时程曲线最大值按以下比例调整：

1 （X 水平方向）：0.85（Y 水平方向）：0.65（Z 竖向）

1 （Y 水平方向）：0.85（X 水平方向）：0.65（Z 竖向）

5.5.3 采用时程分析法时，要注意正确选择输入的地震加速度时程曲线，应满足地震动三要素的要求，即频谱特征、有效峰值和持续时间均应符合规定。

1 频谱特征：先按实际地震波的卓越周期与场地特征周期值相接近的原则，初步选择数个实际地震波；继而经计算选用其平均地震影响系数曲线与现行抗震规范所给出的地震影响系数曲线在统计意义上相符的加速度时程曲线。所谓"在统计意义上相符"指的是，用选择的加速度时程曲线计算单质点体系得出的地震影响系数曲线与现行抗震规范所给出的地震影响系数曲线相比，在不同周期值时均相差不大于20%。

2 有效峰值：根据选用的实际地震波加速度峰值与设防烈度相应的多遇地震时的加速度时程曲线最大值相等的原则，对实际地震波进行调整。地震加速度时程曲线的最大值见现行国家标准《建筑抗震设计规范》GB 50011－2010 表 5.1.2-2。

3 持续时间：输入的加速度时程曲线的持续时间应包含地震记录最强部分，并要求选择足够长的持续时间。一般建议选择的持续时间取不少于结构基本周期的10倍，且不小于10s。

5.5.4 影响阻尼比值的因素甚为复杂，随结构类型、材料、屋面、质量、刚度、节点构造、动力特性等多种因素变化。阻尼比取值应根据结构实测与试验结果经统计分析而得来。

1 仅含索元的结构阻尼比取值：

根据收集到的国内外资料统计，对于无屋面覆盖层的索结构的阻尼比值均远远小于0.01，对于有轻屋面覆盖层的索结构阻尼比值约为0.01左右，极少部分为0.01～0.02，仅个别达0.03。为安全设计，建议仅含索元的结构阻尼比值取0.01。

2 由索元与其他构件单元组成的结构体系的阻尼比取值：

对于由索元与其他构件单元组成的索结构，阻尼比值可采用下式计算：

$$\zeta=\frac{\sum_{s=1}^{n}\zeta_s W_s}{\sum_{s=1}^{n}W_s} \tag{1}$$

式中：ζ——计算结构的阻尼比值；

ζ_s——第 s 个单元阻尼比值。对索元取0.01；对钢构件取0.02；对混凝土构件取0.05；

n——计算结构的单元数；

W_s——第 s 个单元的位能；

梁元位能为：$W_s=\frac{L_s}{6(EI)_s}(M_{as}^2+M_{bs}^2-M_{as}M_{bs})$ 杆元位能为：$W_s=\frac{N_s^2L_s}{2(EA)_s}$

L_s、$(EI)_s$、$(EA)_s$——分别为第 s 杆的计算长度、抗弯刚度和抗拉刚度；

M_{as}、M_{bs}、N_s——分别取结构在重力荷载代表值作用下第 s 杆两端的静弯矩和该杆静轴力。

5.5.6 为简化计算，本条给出了几类典型索结构的自振频率与振型的简化计算方法。

附录E中对于平行布置的单索及横向加劲索系采用瑞雷－里兹法给出了索结构的自振频率与振型。索结构的基频为反对称双半波振型，对于对称振型则以二项正弦函数来逼近，以反映振动中索力增量对于频率与振型的影响。简化计算与有限元分析及模型试验结果相比精度较高，可以满足工程分析需要。由于简化计算推导中采用了索是小垂度的假定，因此本条给出的公式适用范围为索垂跨比与稳定索的拱跨比为 $\frac{1}{8}\sim\frac{1}{20}$。

5.6 索截面计算

5.6.1 关于拉索的抗力分项系数，以往由于缺少统计数据，只能按允许应力法反推。在这次规程编制过程中，受编制组委托由哈尔滨工业大学对由巨力集团提供的近800根钢拉杆以及OVM公司提供的500余根钢绞线的拉拔试验数据进行了统计分析，在此基础上采用基于可靠度理论的一次二阶矩法得到钢绞线的抗力分项系数约为1.12，相当于安全系数为1.4；钢拉杆的抗力分项系数约为1.23，相当于安全系数为1.53。此外，同济大学的学者也对高强钢丝束拉索开展过类似研究，得到材料的抗力分项系数为1.15，相当于安全系数为1.55。总的来看，国内一些大型拉索生产企业的产品生产质量较为稳定，材料离散性不大。但是由于以上数据所依据的仅是部分厂家的索体抗拉强度统计值，在实际使用过程中不同厂家产品之间还会有一定的离散性，而且索体与锚具连接时也存在一定程度的强度折减，因此在最终确定规程的拉索抗力分项系数时，综合考虑了上述因素，确定钢丝束、钢绞线和钢丝绳的抗力分项系数取2.0，钢拉杆的抗力分项系数取1.7。此外，由于钢丝束、钢绞线和钢丝绳中各钢丝的受力不完全相同，因此“拉索的极限抗拉力标准值”为拉索的最小破断索力，而不是钢丝破断力的总和。由于各钢丝的受力不完全相同，对于钢丝束、钢绞线、钢丝绳，“拉索的极限抗拉力标准值”为拉索的最小破断索力，而不是钢丝破断力的总和。

6 节点设计与构造

6.1 一 般 规 定

6.1.1 索结构的节点可分为索与索连接节点、索与刚性构件连接节点、玻璃幕墙和采光顶节点等多种类型。本条强调节点的构造设计应与结构分析时所作的计算假定尽量相符。由于实际工程中的节点构造需考虑制作工艺和安装的要求，节点的刚度、嵌固能力等有时难达到与计算分析所假定的一致，所以在结构分析和设计时应考虑到节点刚度或变形的影响。

6.1.5 由于结构安装偏差、索体松弛效应等影响，在索结构节点构造设计时应考虑进行二次张拉的可能性。

6.2 索与索的连接节点

6.2.1 索与索之间的连接主要指承重索与稳定索之间的连接。本条列出的几种夹具仅是目前常用的夹具，夹具夹紧之后需保证不得产生滑移。由于连续索夹具节点两侧索体的索力在一般情况下都不相等，为保证结构的几何稳定，应确保夹具与索体之间的摩擦力大于夹具两侧索体的索力之差，同时应注意防止索夹损伤拉索护套表面。

6.2.2 应根据拉索的交叉角度优化连接节点板的外形，避免因角度过小使拉索相碰，应采取构造措施减少因开孔和造型切角引起的应力集中。

6.3 索与刚性构件的连接节点

6.3.1 在横向加劲索系中索与桁架节点应可靠连接，不应产生相对滑移。但由于索与桁架下弦节点存在偏心矩，故在节点设计时需考虑出桁架平面内的弯矩的影响。

6.3.2 由于斜拉结构的拉索拉力往往较大，对连接耳板的强度应予以验算。设计时应特别注意连接耳板平面外的稳定性。

6.4 索与支承构件的连接节点

6.4.3 对于张拉节点，设计时应根据可能出现的节点预应力超张拉情况，验算节点承载力。可张拉节点应有可靠的防松措施。

6.5 索与屋面、玻璃幕墙和采光顶的连接节点

6.5.1 本条列出常用的两种钢筋混凝土屋面板与索的连接方式。通常做法是将钢筋混凝土屋面板搁置在连接板上，通过连接板将屋面荷载传递至索，钢筋混凝土屋面板宜与索节点处的连接板焊接。对于承受较小荷载的悬索结构也可采用将钢筋混凝土屋面板的钢筋钩直接与索相连的方式。

7 制作、安装及验收

7.1 一 般 规 定

本节主要规定索结构施工前应做好的主要准备工作。索结构施工前应制定完整的施工组织设计，并经审核批准，必要时可组织专家审查。

索结构施工过程应与设计考虑的荷载工况一致。为了做好索结构的施工工作，施工单位与设计单位的密切配合至关重要。必要时，在施工的重要阶段设计人员可在现场进行指导、检查，对拉索安装时的垂度和拱度偏差、张拉时索力变化、结构变形应进行必要的观测。

7.2 制 索

7.2.1 非低松弛索体预张拉的作用主要是消除钢索的非弹性变形影响，预张拉值由设计确定，如设计没有明确的规定可按本规定取值。

预张拉应在其相匹配的张拉台座上进行。预张拉荷载可用油压千斤顶的压力表控制，压力表精度等级应不低于1.5级，其量程应与预张拉荷载大小相匹配。预张拉时，可将预张拉值数据相同的钢索串联，并用工具索配长，同时张拉。

7.2.4 进行无应力状态下料时，需取（200～300）N/mm^2的张拉应力，主要作用是保证索的平直及克服自重挠度对索长的影响要求。

7.3 安 装

7.3.5 拉索安装时受风力影响较大，发生较大风时，应中止作业，并采取措施确保安全。

7.3.6 应特别注意保护拉索护套与锚具连接部位的密闭性，防止雨水、潮气等的进入。

7.3.7 传力索夹的安装，应考虑拉索张拉后直径变

小对索夹夹持力的影响，索夹固定螺栓一般分为初拧、中拧和终拧三个过程，也可根据具体情况将后两个过程合二为一。在拉索张拉前可将索夹螺栓初拧，张拉后进行中拧，结构承受全部恒载后对索夹进行检查并终拧。拧紧程度可用扭矩扳手控制。

7.3.9 拉索是柔性构件、易变形，为使结构变形对称，最终形成设计要求的曲面，屋面构件应分级对称进行安装。

7.4 张拉及索力调整

7.4.1 宜建立索结构和支承结构的整体结构模型进行拉索的张拉力计算，模拟施工过程的各个阶段进行分析，应使各个张拉阶段的结构内力和变形均在规定的结构安全工作范围内，从而确定合理的拉索张拉方案。

7.4.2 根据实际经验，千斤顶标定时试验机主动压千斤顶与千斤顶主动顶试验机两者的试验结果是不同的。因此试验时，应模拟施工中千斤顶主动顶工件的工况。

7.4.3 当需要张拉的索数量较多、张拉设备不足时，可以将索分批进行张拉，但分批张拉也应对称进行。

张拉过程中，张拉预应力在结构传递是经过一定时间逐步完成的，因此，应缓慢均匀地张拉，同批张拉的索应同步张拉。

由于可能存在预应力传递过程摩擦损失、索松弛及锚具锚固效率等问题造成的预应力损失。因此，可根据具体情况确定是否需要超张拉，超张拉值应控制在规定的结构安全工作范围内。

7.4.4 不同的索结构对预应力变化的敏感程度不同。因此，在张拉前应由设计单位和施工单位共同确定张拉的控制原则，即是控制索力还是控制位移，或两者兼控，并确定索力及位移的允许偏差值。一般宜控制在10%以内。

7.4.5 本条规定的张拉时间为最低要求值。

7.4.9 悬索结构属于柔性结构，张拉时，可能会比较敏感地改变屋面形态，而屋面形态的改变又会直接影响结构内力分布，因此，屋面的拱度和挠度控制精度应更严格。

7.4.10 斜拉结构当采用桅杆支撑且其根部节点为球铰时，桅杆顶部位移对预应力张拉较为敏感，在张拉过程中应用多台经纬仪进行观测监控，以保证其在安全范围内摆动，张拉结束后，要求结构曲面、标高、桅杆倾斜方向及角度皆符合设计要求。

7.4.12 张弦网壳采取分批张拉时，应对称进行。

7.4.15 拉索张拉时应考虑预应力损失。其中因拉索张拉端锚固压实内缩引起的预应力损失 σ_{l1} 将随索的长度增加而减少。在实际工程中，拉索长度较短时（如20m～30m）需要考虑预应力损失情况，当拉索长度较长时，锚固的压实内缩量引起的预应力损失很小，可忽略不计。

当有条件采用测试仪器测定索力时，除预应力松弛损失外，其他预应力损失可不进行计算，直接根据测试仪器控制张拉索力。

7.5 防护要求

7.5.2 室外拉索的防护要求较严，尤其是两端锚具部位。室外拉索的防腐蚀主要考虑防止雨水侵蚀，以及密封材料的老化。各种防腐方式根据使用条件和结构主要性能等因素选用。必要时可考虑换索要求。

锚具的零件防腐蚀可参照钢结构的防腐蚀要求处理，室外锚具不宜采用冷镀锌处理。应特别重视钢绞线拉索端头处的防腐蚀密封处理。

本条中所列的防腐蚀方法适用于环境为一般大气介质条件，实践证明比较有效。如有其他可靠的方法，证明有效者也可使用。

7.5.4 当有消防要求时，室内拉索应考虑满足防火的基本要求。带塑料护套的拉索，其防火可参照电线电缆的防火涂料做法。

7.6 维护

7.6.2 索结构在使用过程中，由于存在季节温度变化、风雨冰雪等气象现象作用以及动荷载、混凝土的徐变、索松弛及支座沉降等多种因素影响。拉索的预应力会降低，根据需要可进行定期检查，建议结构完工后半年一次，以后可一年一次，稳定后可不进行观测。

中华人民共和国行业标准

低张拉控制应力拉索技术规程

Technical specification for tension cable of low control stress for tensioning

JGJ/T 226—2011

批准部门：中华人民共和国住房和城乡建设部
施行日期：2 0 1 2 年 3 月 1 日

中华人民共和国住房和城乡建设部
公　　告

第 1013 号

关于发布行业标准《低张拉控制应力拉索技术规程》的公告

现批准《低张拉控制应力拉索技术规程》为行业标准，编号为 JGJ/T 226－2011，自 2012 年 3 月 1 日起实施。

本规程由我部标准定额研究所组织中国建筑工业出版社出版发行。

中华人民共和国住房和城乡建设部

2011 年 5 月 10 日

前　言

根据住房和城乡建设部《关于印发〈2008 年工程建设标准规范制订、修订计划（第一批）〉的通知》（建标［2008］102 号）的要求，规程编制组经广泛调查研究，认真总结实践经验，参考有关国际标准和国外先进标准，并在广泛征求意见的基础上，编制本规程。

本规程的主要技术内容是：1 总则；2 术语和符号；3 拉索材料与锚固体系；4 设计基本规定；5 结构构件设计；6 施工及验收。

本规程由住房和城乡建设部负责管理，由浙江省二建建设集团有限公司负责具体技术内容的解释。执行过程中如有意见或建议，请寄送浙江省二建建设集团有限公司（地址：浙江省宁波市海曙区东渡路 55 号华联写字楼 18 楼，邮编：315000）。

本规程主编单位：浙江省二建建设集团有限公司
浙江省一建建设集团有限公司

本规程参编单位：浙江大学宁波理工学院
同济大学
中国建筑科学研究院上海分院
浙江省交通工程集团有限公司
杭州萧宏建设集团有限公司
广东坚朗五金制品有限公司
浙江展诚建设集团公司
宁波市建筑工程安全质量监督总站

本规程主要起草人员：张幸祥　邵凯平　陈春雷　叶家丽　吴佳雄　王银辉　王达磊　南建林　范厚彬　章铭荣　厉　敏　吴建挺　郑建华　吴利民

本规程主要审查人员：叶可明　金伟良　陈天民　裘　涛　陶学康　钱基宏　张承起　李海波　姚光恒　周志祥　郝玉柱　赵灿晖

目　次

Contents

1 总　　则

1.0.1 为了在低张拉控制应力拉索的设计与施工中做到技术先进、安全适用、确保质量、经济合理，制定本规程。

1.0.2 本规程适用于风障拉索、楼梯（护栏）扶索、公路缆索护栏以及其他非承重的低张拉控制应力拉索体系的设计、施工及验收。

1.0.3 低张拉控制应力拉索体系的设计、施工及验收，除应符合本规程外，尚应符合国家现行有关标准的规定。

2 术语和符号

2.1 术　　语

2.1.1 拉索体系　tension cable system

由拉索、锚具（连接器）以及其他辅件组成的柔性体。

2.1.2 低张拉控制应力拉索　tension cable of low control stress for tensioning

张拉控制应力不超过其索材料抗拉强度标准值的40%的非承重拉索，简称拉索。

2.1.3 防松装置　locking device for tension cable

防止低张拉控制应力拉索锚固系统松动的装置。

2.1.4 锚具支承承力装置　supporting device for anchorage

支承和传递拉索拉力至锚具的装置。

2.1.5 整束多点锚固　full-bundle with multi-joint anchor for tension cable

拉索在张拉单元内为连续束，除两端锚固于结构外，中间尚有多处锚固节点的连接形式。

2.1.6 分束连接锚固　splitting-bundle with connecting anchor for tension cable

拉索在张拉单元内为非连续的多段束，除两端锚固于结构外，每段束之间以连接器连接并锚固于锚固节点的连接形式。

2.1.7 整束两端锚固　full-bundle with two-ends anchor for tension cable

拉索在张拉单元内为连续束，仅两端锚固于结构外，中间尚有多处非锚固节点的连接形式。

2.1.8 锚固节点　anchor joint

拉索锚固于结构上的固定点。

2.1.9 拉索材料强度折减系数　strength reduction factor of tension cable material

拉索产品标准提供的最小破断拉力和全部金属公称截面面积与对应材料抗拉强度标准值的乘积之比。

2.2 符　　号

2.2.1 材料物理力学性能

E——钢材的弹性模量；

f——钢材的抗拉、抗压和抗弯强度设计值；

f_{ptk}——拉索材料的抗拉强度标准值；

α——材料的线膨胀系数；

σ_b——钢材的公称抗拉强度。

2.2.2 作用和作用效应

a——锚具和辅件变形量；

N_a——拉索拉力设计值；

M_x、M_y——分别绕截面主轴 x、y 的弯矩设计值；

q_{ih}——水平作用荷载标准值；

σ_{con}——拉索张拉控制应力；

τ——梁计算截面的剪应力；

Δ——拉索锚固节点结构位移量；

ΔT——环境温度差值。

2.2.3 几何参数

l——拉索张拉单元长度；

l_1——拉索锚固节点间距离；

I——毛截面的惯性矩；

S——毛截面的面积矩；

W_x、W_y——分别为按梁截面受压纤维确定的对 x 和 y 轴的毛截面模量；

W_{nx}、W_{ny}——分别为截面对其 x 和 y 轴的净截面模量。

2.2.4 系数

η_a——拉索-锚具组装件效率系数；

η_p——拉索材料效率系数；

φ_b——钢结构梁按绕截面强轴弯曲所确定的整体稳定系数。

3 拉索材料与锚固体系

3.1 拉 索 材 料

3.1.1 低张拉控制应力拉索可采用不锈钢单丝或钢丝束索体、钢丝绳索体、钢绞线索体或钢拉杆索体。

3.1.2 不锈钢单丝或钢丝束索体所用不锈钢丝的质量应符合现行国家标准《不锈钢丝》GB/T 4240 的有关规定。

3.1.3 钢丝绳索体所用钢丝绳的质量应符合现行国家标准《重要用途钢丝绳》GB/T 8918、《不锈钢丝绳》GB/T 9944 和《一般用途钢丝绳》GB/T 20118 的有关规定。

3.1.4 镀锌钢绞线和不锈钢绞线索体用钢绞线的质量应符合现行行业标准《镀锌钢绞线》YB/T 5004、《建筑用不锈钢绞线》JG/T 200 的有关规定。

3.1.5 钢拉杆索体用钢拉杆的质量应符合现行国家

标准《钢拉杆》GB/T 20934 的有关规定。

3.1.6 采用其他材料的拉索索体材料时，其质量、性能应符合现行国家标准《结构加固修复用碳纤维片材》GB/T 21490 等相关标准的规定。

3.1.7 拉索材料物理力学性能应满足下列规定：

1 拉索材料抗拉强度标准值应按本规程第3.1.2～3.1.5 条标准规定取用。

2 拉索材料的弹性模量宜由试验确定。当无试验数据时，可按表 3.1.7-1 取用。

3 拉索材料的线膨胀系数宜由试验确定。当无试验数据时，可按表 3.1.7-2 取用。

表 3.1.7-1 拉索材料弹性模量

拉索材料种类		弹性模量（$\times 10^5$MPa）
不锈钢丝		2.06
钢丝绳		0.80～1.40
钢绞线	镀锌	1.95
	不锈钢	1.20～1.50
钢拉杆	钢	2.06
	不锈钢	2.06

表 3.1.7-2 拉索材料的线膨胀系数 α

拉索材料种类		线膨胀系数（$\times 10^{-5}$/℃）
不锈钢丝	不锈钢丝	1.75
	平行不锈钢丝索	1.84
钢丝绳		1.59
钢绞线		1.32
钢拉杆	钢	1.20
	不锈钢	1.75

3.2 锚具、连接器及辅件

3.2.1 拉索锚具可分为镦头锚具、螺母锚具、压接（挤压）锚具和冷铸或热铸锚具等。锚具应根据拉索品种、锚固和张拉工艺等要求合理选用。

3.2.2 拉索用锚具、连接器的质量应符合现行国家标准《预应力筋用锚具、夹具和连接器》GB/T 14370 的有关规定。

3.2.3 拉索用锚具（连接器）的静载锚固性能，应由拉索-锚具（连接器）组装件静载试验测定的锚具效率系数（η_a）和达到实测极限拉力时组装件中拉索的总应变（ε_{apu}）确定，并应符合下列规定：

1 当拉索采用压接（挤压）式锚具时，锚具效率系数 η_a 不应小于 0.90；当拉索采用镦头式锚具时，锚具效率系数 η_a 不应小于 0.92；当拉索采用其他锚具时，锚具效率系数 η_a 不应小于 0.95；

2 拉索总应变 ε_{apu} 不应小于 2.0%；

3 拉索-锚具（连接器）组装件的破坏形式应是拉索的破断，锚具（连接器）不应破损。

拉索-锚具（连接器）效率系数应根据试验结果并按下式计算确定：

$$\eta_a = \frac{F_{apu}}{\eta_p F_{pm}} \tag{3.2.3}$$

式中：η_a ——为拉索-锚具（连接器）组装件静载锚固性能效率系数；

F_{apu} ——拉索-锚具（连接器）的实测极限拉力（kN）；

F_{pm} ——由拉索试样实测破断荷载计算得到的平均极限抗拉力（kN）；

η_p ——拉索效率系数，取 $\eta_p = 1.0$。

3.2.4 低张拉控制应力拉索的螺母锚具宜配置相应的防松装置；对有整体调束要求的拉索或兼作为施加预应力用的锚固体系还宜设置相应的支承承力装置，并应符合本规程附录图 A.0.1-1、图 A.0.1-2 的规定。

3.2.5 辅件材料宜采用和拉索体系相同品种的材料，当采用与拉索不同种类材料时，除应符合强度和刚度要求外，尚应满足与拉索体系相一致的耐久性要求。

4 设计基本规定

4.1 一般规定

4.1.1 低张拉控制应力拉索、锚固体系以及辅件应根据使用环境、性能匹配、强度协调和施工操作等要求合理设计与选用。

4.1.2 低张拉控制应力拉索和锚固体系以及辅件应具备符合其功能要求的承载能力和刚度。

4.1.3 低张拉控制应力拉索体系的拉索和锚固点（立柱）应根据其适用范围，分别按风障拉索、楼梯（护栏）扶索和公路缆索护栏设计。

4.1.4 低张拉控制应力拉索，除应保证索材在弹性状态下工作外，尚应在各种工况下使索力大于零。

4.1.5 低张拉控制应力拉索、锚固体系和辅件的设计应考虑水平作用荷载、风荷载、裹冰荷载、预张拉力、温度变化和支承结构变形等作用及组合。其荷载的标准值应按国家现行标准《建筑结构荷载规范》GB 50009 和《公路桥梁抗风设计规范》JTG/T D60-01 的规定选用。

4.1.6 拉索水平作用荷载标准值可按表 4.1.6 值选用。

表 4.1.6 拉索水平作用荷载标准值

拉索类别		水平作用荷载
风障拉索		按《公路桥梁抗风设计规范》JTG/T D60-01-2004 中第 4.2.1 条和第 4.3.1 条的规定取用
楼梯（护栏）扶索	住宅	0.5kN/m
	公共建筑	1.0kN/m
公路缆索护栏		53kN/m

注：水平作用荷载垂直于拉索轴线方向作用。

4.1.7 拉索允许最大动态变形量不应超过表4.1.7的规定。

表4.1.7 拉索允许最大动态变形量（mm）

拉索类别	最大动态变形量
风障拉索	10
楼梯（护栏）扶索	$h/100$
公路缆索护栏	1100

注：1 拉索允许最大动态变形系指垂直于拉索轴方向变形矢量值。

2 表中 h 为楼梯立柱高度，单位为"mm"。

4.1.8 低张拉控制应力拉索的张拉控制应力 σ_{con} 不应大于 $0.40f_{ptk}$，不宜小于 $0.15f_{ptk}$。

4.1.9 低张拉控制应力拉索体系应按设计要求对钢立柱和其他钢部件按钢结构防腐要求进行维护和保养。对拉索、锚具和辅件定期检查其磨损、腐蚀情况，对损坏严重的应及时更换。

4.2 预应力损失值计算

4.2.1 低张拉控制应力拉索预应力损失值应包括拉索锚具及辅件变形引起预加应力的损失、锚固节点结构构件位移引起预加应力值的损失和拉索工作状态环境温度变化引起预加应力值的损失等。

4.2.2 拉索因锚具和辅件变形引起预加应力的损失值可按下式计算：

$$\sigma_{l1} = \frac{a}{10^3 \times l} E_s \qquad (4.2.2)$$

式中：σ_{l1} ——锚具和辅件变形引起预加应力的损失值（N/mm^2）；

a——拉索张拉端锚具和辅件变形值（mm），可按表4.2.2选用；

l——拉索张拉单元长度（m）；

E_s——拉索材料弹性模量（N/mm^2），可按本规程表3.1.7-1选用。

表4.2.2 锚具和辅件变形值 a（mm）

锚具种类	a
镦头、螺母	1
热铸、冷铸	5
压接（挤压）	1

注：a 值也可根据实测数据确定。

4.2.3 锚固节点结构构件沿拉索轴向位移引起的预加应力损失值，可按下式计算：

$$\sigma_{l2} = \frac{\Delta S}{10^3 \times l_1} E_s \qquad (4.2.3)$$

式中：σ_{l2} ——锚固节点结构沿索轴向位移引起预加应力损失值（N/mm^2）；

l_1——拉索张拉单元内两相邻锚固节点距离（m）；

ΔS——拉索相邻锚固节点结构最大位移量（mm），按表4.2.3选用。

表4.2.3 锚固节点结构最大位移量（mm）

锚固节点位置	位移量 ΔS
端部锚固节点	6
中间锚固节点	4

注：该最大位移是指锚固节点结构最上排拉索处沿轴向变位。

4.2.4 拉索因环境温度变化引起的预加应力损失值，可按下式计算：

$$\sigma_{l3} = \alpha \Delta T E_s \qquad (4.2.4)$$

式中：σ_{l3} ——环境温度变化引起的预加应力损失值（N/mm^2）；

α ——拉索材料线膨胀系数（$10^{-5}/℃$），宜由试验确定，当无试验数据时，可按本规程表3.1.7-2值取用；

ΔT——环境温度差值（℃），宜按当地气象资料根据拉索设计使用年限期的最大温差取用。

4.2.5 当拉索采用分批张拉时，应考虑后张拉索对先张拉索的轴向弹性变形影响。

5 结构构件设计

5.1 立 柱

5.1.1 风障拉索和楼梯（护栏）扶索的立柱可按悬臂受弯构件设计。

5.1.2 立柱和支座连接的承载能力极限状态设计时，应考虑荷载效应的基本组合；正常使用极限状态设计时，应考虑荷载效应的标准组合。

5.1.3 立柱宜根据拉索体系的功能要求、所承受荷载大小和工作环境等条件，选用钢结构或其他结构材料，其质量和性能应符合现行国家标准《钢结构设计规范》GB 50017或其他结构材料标准的规定。

5.1.4 承受双向弯曲作用的钢结构立柱在主平面内受弯的抗弯强度应符合下式的要求：

$$\frac{10^6 \times M_x}{W_{nx}} + \frac{10^6 \times M_y}{W_{ny}} \leqslant f \qquad (5.1.4)$$

式中：M_x、M_y ——分别为立柱绕其截面主轴 x 和 y 轴的弯矩设计值（kN·m）；

W_{nx}、W_{ny} ——分别为立柱截面对其主轴 x 和 y 轴的净截面模量（mm^3）；

f——立柱钢材料抗弯强度设计值（N/mm^2），可按现行国家标准《钢结构设计规范》GB 50017规定值取用。

5.1.5 承受双向弯矩作用的钢结构立柱，其整体稳定应符合下式的要求：

$$\frac{10^6 \times M_x}{\varphi_b W_x} + \frac{10^6 \times M_y}{W_y} \leqslant f \qquad (5.1.5)$$

式中：W_x、W_y——分别为截面按受压纤维确定的对其主轴 x、y 的毛截面模量（mm^3）；

φ_b——按绕截面强轴弯曲所确定的梁整体稳定系数，可按现行国家标准《钢结构设计规范》GB 50017 的规定取用。

5.1.6 在主平面内受弯的钢结构立柱，其截面抗剪强度应符合下式的要求：

$$\frac{10^3 \times V \cdot S}{I \cdot t_w} \leqslant f_v \qquad (5.1.6)$$

式中：V——计算截面沿腹板平面作用的剪力（kN）；

S——计算剪力处以上毛截面对其中和轴的面积矩（mm^3）；

I——毛截面惯性矩（mm^4）；

t_w——计算剪应力截面腹板厚度（mm）；

f_v——立柱钢材的抗剪强度设计值（N/mm^2），可按现行国家标准《钢结构设计规范》GB 50017 规定取用。

5.1.7 钢结构立柱与支座连接设计应符合现行国家标准《钢结构设计规范》GB 50017 有关钢结构连接和构造规定。

5.1.8 当立柱采用混凝土结构材料时，其设计应符合现行国家标准《混凝土结构设计规范》GB 50010 的规定。

5.1.9 公路缆索护栏立柱设计和构造要求应按现行行业标准《公路交通安全设施设计规范》JTG D81 和《公路交通安全设施设计细则》JTG/T D81 的有关规定执行。

5.2 拉 索

5.2.1 拉索材料应根据索的功能要求确定。

5.2.2 拉索拉力最大值应满足下式要求：

$$N_a \leqslant N_t \qquad (5.2.2)$$

式中：N_a——计算索拉力最大值（kN）；其值按本规程 5.2.3 计算；

N_t——索材料拉力设计值（kN），按本规程附录 B 所选用索材最小整索破断拉力值除以材料分项系数 1.8 取用。

5.2.3 风障拉索和楼梯（护栏）扶索的索张力（拉力）值 N_a 应按下式计算：

$$N_a = \frac{10^6 \times q \cdot l_1^2}{8\Delta S} \qquad (5.2.3)$$

式中：N_a——计算索最大张（拉）力值（kN）；

q——作用在拉索上的水平作用荷载设计值（kN/m），对风障拉索按本规程 5.2.4 条计算，楼梯（护栏）扶索按本规程表 4.1.6 取值；

l_1——拉索两相邻锚固节点间距离（m）；

ΔS——拉索最大允许动变形量（mm），按本规程表 4.1.7 值取用。

5.2.4 风障拉索水平作用荷载设计值应按下式计算：

$$q = 4.9 \times 10^{-3} \rho V_g^2 C_d D \qquad (5.2.4\text{-}1)$$

$$V_g = C_v V_z \qquad (5.2.4\text{-}2)$$

式中：q——作用在拉索单位长度上的静阵风荷载（kN/m）；

ρ——空气密度（kg/m^3），一般取 1.25；

C_d——拉索截面迎风阻力系数，可按行业标准《公路桥梁抗风设计规范》JTG/T D60-01-2004 表 4.3.4-1 值取用；

D——拉索直径（mm）；

V_g——静阵风风速（m/s）；

C_v——静阵风系数，可按行业标准《公路桥梁抗风设计规范》JTG /T D60-01-2004 表 4.2.1 的规定值取用；

V_z——基准高度处的风速（m/s），可按行业标准《公路桥梁抗风设计规范》JTG/T D60-01-2004 附表 A 取用。

5.2.5 公路缆索护栏拉索设计和构造要求应按现行行业标准《公路交通安全设施设计规范》JTG D81 和《公路交通安全设施设计细则》JTG/T D81 的有关规定执行。

5.3 辅 件

5.3.1 拉索体系所采用的防松装置、支承承力装置以及其他紧固辅件的设计除应符合拉索各种工况下的强度、硬度和刚度要求外，尚应做到构造简单、安装方便并与拉索体系协调。

5.3.2 辅件制作及性能应符合现行国家标准《普通螺纹基本尺寸》GB 196、《普通螺纹公差与配合》GB 197、《紧固件机械性能　螺栓、螺钉和螺柱》GB/T 3098.1、《紧固件机械性能　螺母　粗牙螺纹》GB/T 3098.2 和《紧固件机械性能　螺母　细牙螺纹》GB/T 3098.4 等有关规定。

6 施工及验收

6.1 一 般 规 定

6.1.1 低张拉控制应力拉索施工应编制施工方案，并应符合有关结构工程施工质量验收规范和施工图设计文件的要求。

6.1.2 张拉用机具设备和仪器应计量标定、校准合格后方可使用。施加索力应采用专用设备，其施力值宜在设备负荷标定值的25%～80%之间。

6.1.3 拉索的张拉应在立柱安装并验收合格后方可进行。

6.2 立柱制作安装

6.2.1 立柱拉索孔位应按设计要求加工，尺寸允许偏差为±2mm。

6.2.2 立柱与基础连接采用预埋件时，应在基础施工时按设计要求埋设，预埋件应牢固，位置准确，其偏差应符合设计规定。

6.2.3 风障拉索和楼梯（护栏）扶索立柱的安装应符合设计规定，其标高允许偏差为±10mm，且相邻两柱的标高允许偏差为±5mm；水平位置沿拉索轴向柱距安装允许偏差为±10mm；垂直于轴向水平位置安装允许偏差为±5mm。

6.2.4 公路缆索护栏立柱安装应符合设计规定和现行行业标准《公路交通安全设施施工技术规范》JTG F71的有关规定。

6.3 拉 索 制 备

6.3.1 拉索调直张拉应符合下列规定：

1 制索前钢丝绳应进行调直张拉。调直张拉应力宜采用拉索材料抗拉强度标准值的40%～55%。初张拉不应少于2次，每次持荷时间不应小于50min。

2 单丝不锈钢丝调直张拉应力宜采用其抗拉强度标准值的30%，张拉调直不应少于2次。

3 钢绞线拉索调直张拉应力宜采用钢绞线材料抗拉强度标准值的20%。

6.3.2 采用钢丝镦头锚具时，应先作钢丝可镦性试验，并应符合规定要求后方可进行镦头。钢丝镦头的头型直径应为1.4～1.5倍钢丝直径，高度应为0.95～1.05倍钢丝直径。钢丝束两端均采用镦头锚具时，钢丝束应等长下料。

6.3.3 当拉索采用压接（挤压）锚具时，其规格尺寸应符合现行行业标准《建筑幕墙用钢索压管接头》JG/T 201的有关要求。

6.3.4 钢绞线挤压锚具挤压时，在挤压模内腔或挤压套外表面应涂润滑油等润滑剂，压力表读数应符合操作说明书的规定。

6.3.5 压接（挤压）锚具的压制应符合下列规定：

1 压制前设计确定压接接头尺寸并选用相应压制模量；

2 压制前应清洁模具的模膛并检查模具安装是否平齐；

3 压接接头应在压力机上缓慢压制成型；

4 压接后（锚具）表面应光滑、无毛刺，不应有裂纹。

6.3.6 采用成品拉索时，应符合现行国家标准《钢丝绳吊索——插编索扣》GB/T 16271等相关标准的规定。

6.4 拉索、锚具及辅件安装

6.4.1 拉索、锚具及辅件的安装可分为整束多点锚固、整束两端锚固和分束连接锚固三种形式。

6.4.2 采用整束多点锚固时，拉索、锚具和辅件的安装应符合下列规定：

1 整束应根据设计的锚固节点位置、构造规定，分别按顺序安装需要穿越立柱孔洞的锚具和辅件并形成拉索基本组装件，并应符合本规程附录A.0.1、A.0.2的规定；

2 拉索基本组装件应从张拉单元端部锚固节点按顺序穿越各立柱至另一端锚固节点；

3 穿越张拉单元后拉索基本组装件两端应安装锚具或支承承力结构等辅件并应作临时拉紧固定；

4 在有需要的锚固节点安装其他开口形式的锚具或辅件。

6.4.3 采用整束两端锚固时，拉索、锚具和辅件的安装应满足下列要求：

1 整束应从一张拉端立柱按顺序穿越中间立柱孔洞至另一张拉端立柱，并应分别安装两张拉端的锚具和辅件并形成拉索基本组装件，并应符合本规程附录A.0.1、A.0.2、A.0.3的构造规定；

2 应对拉索基本组装件两端作临时拉紧。

6.4.4 采用分束连接锚固时，拉索、锚具、连接器和辅件安装应符合下列规定：

1 各分束应按设计的锚固节点位置、构造规定，按顺序安装需要穿越立柱孔洞的锚具或辅件并形成分束基本组装件；

2 各分束基本组装件应安装在设计规定位置，并应通过连接器临时连接形成张拉单元内整束。

6.4.5 拉索应从上向下按顺序进行安装。

6.5 张拉与锚固

6.5.1 拉索张拉控制应力应根据拉索张拉单元长度、锚固体系、张拉工艺等由设计计算确定。

6.5.2 低张拉控制应力拉索用张拉机具，应根据张拉力大小、锚固体系、拉索张拉单元长度等条件，匹配选择液压千斤顶、机械张力器、扭力扳手等张拉机具。各种张拉机具均应在规定的有效标定期内使用。

6.5.3 采用整束多点锚固时，宜采用两端同时张拉；当支承结构变形满足规定要求且锚固体系有效时，也可采用单端张拉。张拉顺序可从一端向另一端（图6.5.3a），也可从中间向两端进行（图6.5.3b），其中间节点的构造应符合本规程附录A.0.4的规定，同时逐一对各节点进行张拉锚固。

6.5.4 采用整束两端锚固时，应两端同时张拉至设计规定的控制应力并锚固（图6.5.4）。

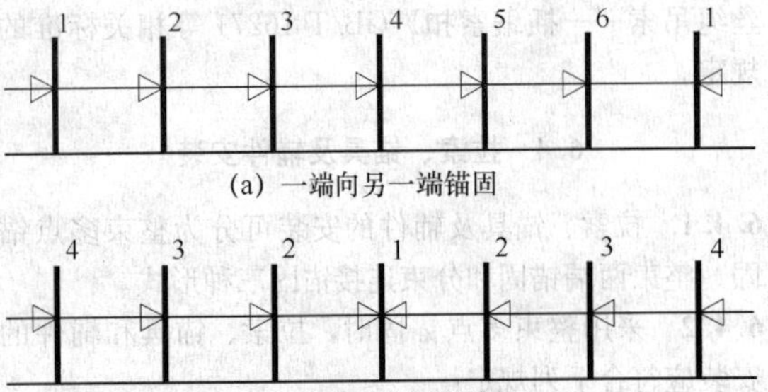

(a) 一端向另一端锚固

(b) 中间向两端锚固

图 6.5.3　整束多点锚固顺序

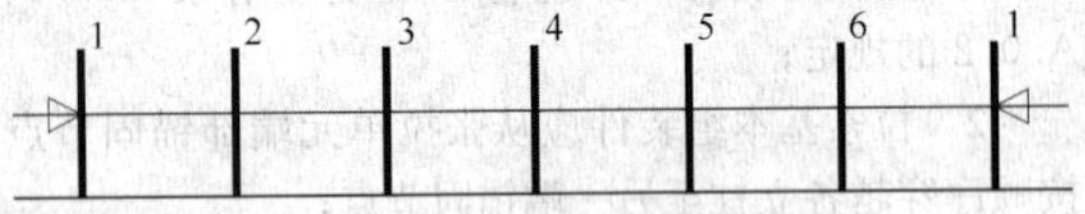

图 6.5.4　整束两端锚固

6.5.5　采用分束连接锚固时，一般可采用单端张拉。其锚固形式可分为：

1　连接器锚固时，张拉前一拉索时应卸除与连接器连接的后一束拉索，待张拉至规定控制应力并锚固后方可进行后一束拉索的张拉和锚固（图 6.5.5a）；

2　错位独立锚固时，其张拉和锚固应按本规程第 6.5.4 条执行（图 6.5.5b）。

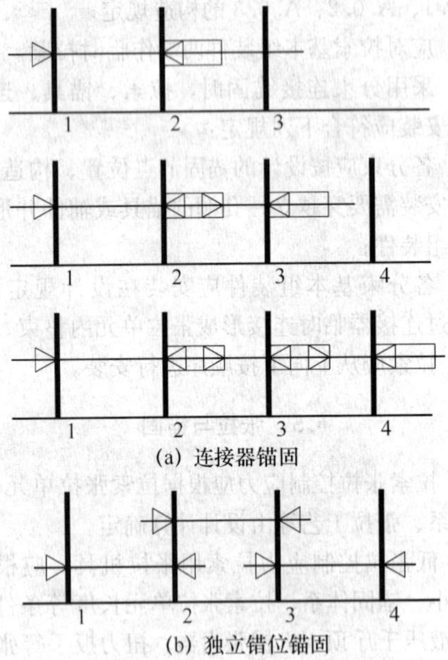

(a) 连接器锚固

(b) 独立错位锚固

图 6.5.5　分束连接锚固

6.5.6　拉索的张拉和锚固应从下向上按顺序进行。

6.5.7　每根拉索张拉后，实际索力值与设计规定值的偏差应为±5%。最后一根拉索张拉锚固后，应检查拉索体系的索力值和支承结构变形，不符合要求时应进行调束补张拉。

6.5.8　张拉锚固后拉索应顺直、表面光洁无锈蚀、无刻痕；锚具及辅件应位置准确，结合紧密。

6.6　验　收

6.6.1　低张拉控制应力拉索体系分项工程验收应包括下列内容：

1　设计文件、图纸会审记录和设计变更文件；

2　制作和张拉专项施工方案、技术交底记录；

3　材料质量证明文件和进场检验报告；

4　施工过程记录；

5　施工质量验收记录。

6.6.2　检验批、低张拉控制应力拉索体系分项工程的质量验收可按本规程附录 C.0.1 记录；各检验批质量验收可按本规程附录 C.0.2～C.0.4 记录；质量验收程序和组织应符合现行国家标准《建筑工程施工质量验收统一标准》GB 50300 的规定。

附录 A　典型锚固节点构造示意图

A.0.1　镦头锚节点根据锚固节点功能和构造要求不同可分为带防松装置的螺母锚具节点、带支承装置节点、一般节点以及可调节节点等。

1　螺母锚具防松装置由带固定孔的垫圈、锚固螺母、带螺纹压接管、拉索、沉头螺钉和锚固节点结构等组成（图 A.0.1-1）。

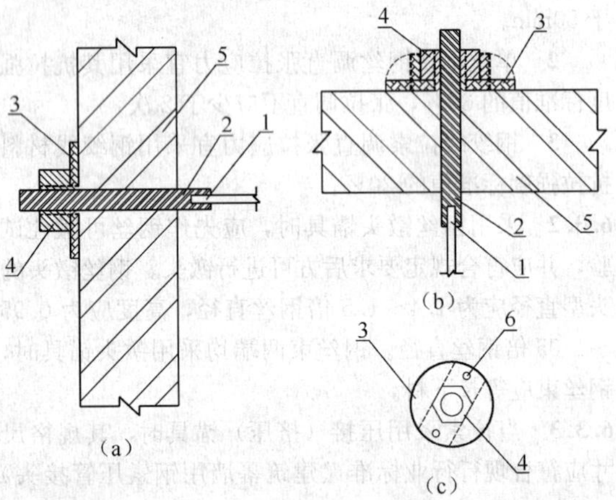

图 A.0.1-1　螺母锚具防松装置构造

1—钢丝绳；2—带螺纹压接管；3—带固定孔垫圈；4—锚固螺母；5—锚固节点结构；6—沉头螺钉

2　带支承承力装置的可调节镦头锚节点，由支承承力装置、穿心螺杆、螺母和垫圈以及锚固节点结构组成（图 A.0.1-2）。

3　用于固定端的一般镦头锚节点，由镦头钢丝、支承承力垫板以及锚固节点结构组成（图 A.0.1-3）。

4　用于张拉端的可调节镦头锚节点，由穿心螺杆、螺母和垫圈以及锚固节点结构组成（图 A.0.1-4）。

A.0.2　钢丝绳或钢绞线压接（挤压）锚节点按节

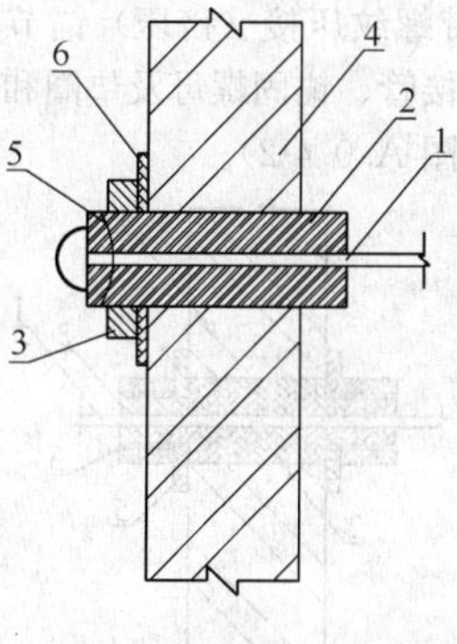

图 A.0.1-2　带支承承力装置可调镦头锚节点构造

1—镦头后单丝；2—穿心螺杆；3—施力和锚固螺母；4—锚固节点结构；5—支承承力装置；6—垫圈

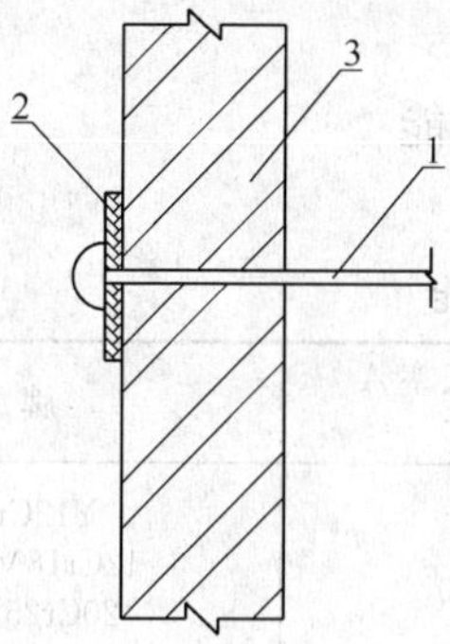

图 A.0.1-3　一般镦头锚节点构造

1—镦头后单丝；2—支承承力垫板；3—锚固节点结构

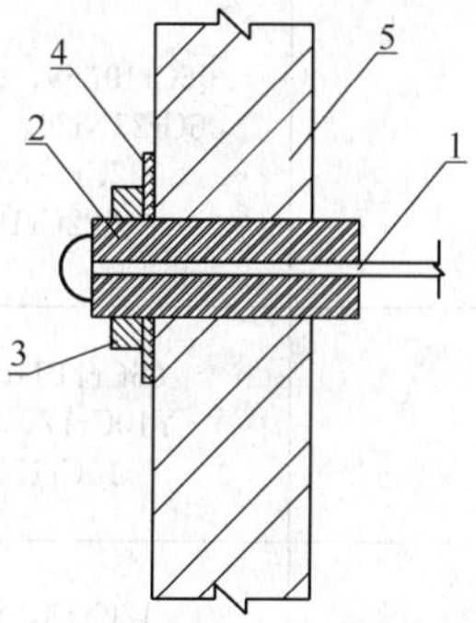

图 A.0.1-4　可调节镦头锚节点构造

1—镦头后单丝；2—穿心螺杆；3—施力和锚固螺母；4—垫圈；5—锚固节点结构

点功能不同可分为不可调和可调压接（挤压）锚节点。

1　用于固定端不可调压接（挤压）锚节点，由被压接的钢丝绳或钢绞线拉索、带承压头的压接管、承压垫板和锚固节点结构等组成（图 A.0.2-1）。

2　用于张拉端可调压接（挤压）锚节点，由被压接的钢丝绳或钢绞线拉索、带螺纹的压接管、承压垫圈、锚固螺母和锚固节点结构等组成（图 A.0.2-2）。

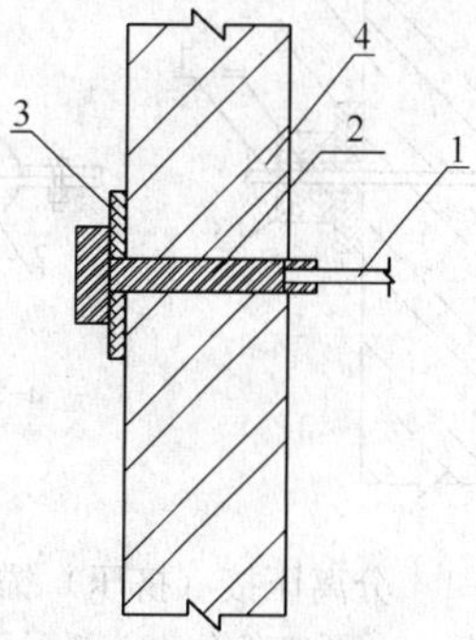

图 A.0.2-1　不可调压接（挤压）锚节点构造

1—钢丝绳（钢绞线）；2—带承压头压接管；3—承压垫板；4—锚固节点结构

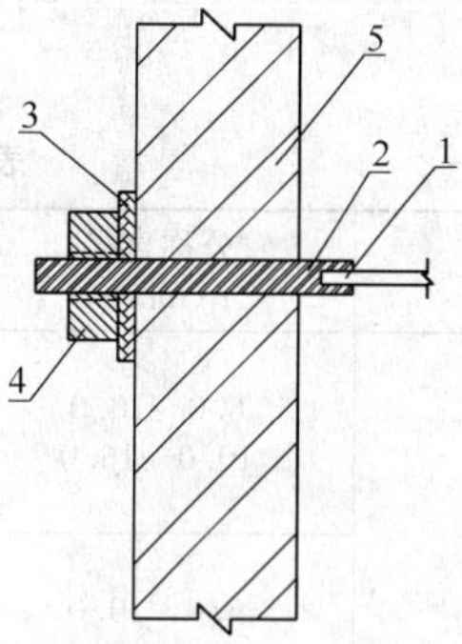

图 A.0.2-2　可调节压接（挤压）锚节点构造

1—钢丝绳（钢绞线）；2—带螺纹压接管；3—承压垫圈；4—锚固螺母；5—锚固节点结构

A.0.3　冷（热）铸锚节点由钢丝绳或钢绞线、带螺纹铸锚、锚固螺母、锚固节点结构以及冷（热）铸材料等组成（图 A.0.3）。

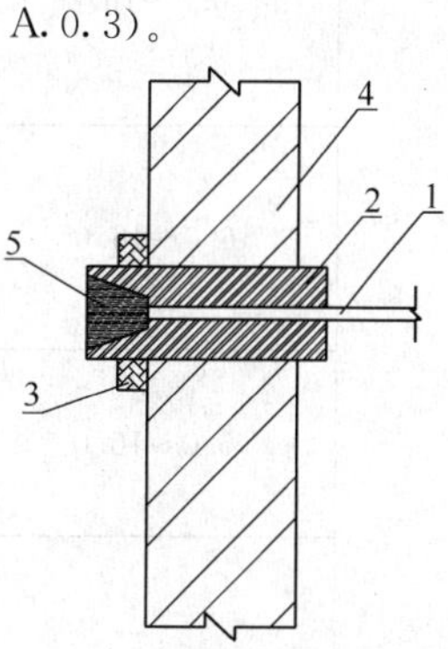

图 A.0.3　冷（热）铸锚节点构造

1—钢丝绳（钢绞线）；2—带螺纹铸锚；3—螺母；4—锚固节点结构；5—冷（热）铸材料

A.0.4　中间锚固节点根据锚固形式不同可分为分离压接（挤压）锚节点和两端带螺纹的压接（挤压）锚节点。

1 分离压接（挤压）锚节点是由拉索、开口套管、弧形压接板、紧固螺栓、垫圈和中间锚固节点结构等组成（图 A. 0. 4-1）。

2 两端带螺纹压接（挤压）锚节点由拉索、两端带螺纹的压接管、锚固螺母及垫圈和中间锚固节点结构等组成（图 A. 0. 4-2）。

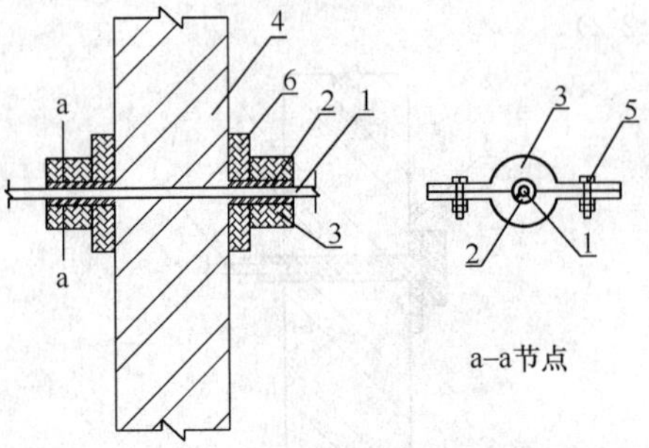

图 A. 0. 4-1　分离压接（挤压）锚节点构造

1—拉索；2—开口套管；3—弧形压接板；
4—中间锚固节点结构；5—紧固螺栓；6—垫圈

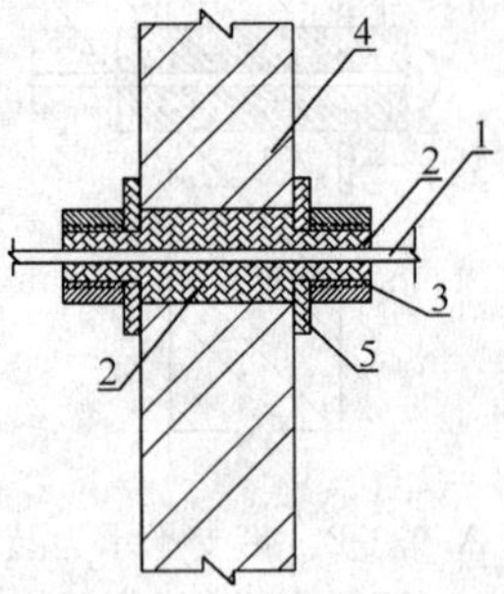

图 A. 0. 4-2　中间节点压管式锚节点构造

1—两端拉索；2—带螺纹压接管；3—锚固螺母；
4—中间锚固节点结构；5—垫圈

附录 B　拉索材料规格和力学性能

表 B. 0. 1　不锈钢丝规格和力学性能

交货状态	公称直径（mm）	抗拉强度 R_m（MPa）	断后伸长率 A（%）	牌　号
软态	6. 0～10. 0 10. 0～16. 0	580～830 550～800	≥30 ≥30	Y12Cr18Ni9 12Cr18MN9Ni5N 20Cr25Ni20Si2
	6. 0～10. 0 10. 0～16. 0	520～770 500～750	≥30 ≥30	06Cr25Ni20，06Cr23Ni13 022Cr17Ni4M02 06Cr17Ni12M02 Y12Cr18Ni9cu3
	6. 0～16. 0	600～850	≥15	30Cr13，y30Cr13 12Cr12Ni2，20Cr17Ni2
轻拉	6. 0～10. 0 10. 0～16. 0	770～1050 750～1030	—	06Cr19Ni9，06Cr23Ni13 06Cr23Ni20，y12Cr18Ni9 022Cr17Ni14M02， 022Cr19Ni10
	6. 0～16. 0	480～730	—	06Cr11Ti，10Cr17 Y10Cr17，06Cr11Ti 10Cr17M0N6
	6. 0～16. 0	550～800	—	12Cr13，y12Cr13 20Cr13
	6. 0～16. 0	600～850	—	30Cr13，32Cr13M0 Y30Cr13，y16Cr17Ni2M0
冷拉	6. 0～12. 0	950～1250	—	12Cr17Mn6Ni5N 12Cr18Ni9，06Cr19Ni9 06Cr17Ni12M02

注：表中值摘自国家标准《不锈钢丝》GB/T 4240－2009。

表 B.0.2 重要用途钢丝绳规格和力学性能

钢丝绳结构	钢丝绳公称直径 D (mm)	允许偏差	参考重量 (kg/100m)	钢丝绳公称抗拉强度(MPa) 1570	1670	1770	1870	1960
				钢丝绳最小破断拉力(kN)				
6×7+IWS 6×9W+IWR	8.0	+5 0	24.8	36.1	38.4	40.7	43.0	45.0
	9.0		31.3	45.7	48.6	51.5	54.4	57.0
	10.0		38.7	56.4	60.0	63.5	67.1	70.4
	11.0		46.8	68.2	72.5	76.9	81.2	85.1
	12.0		55.7	81.2	86.3	91.5	96.7	101.0
	13.0		65.4	95.3	101.0	107.0	113.0	119.0
	14.0		75.9	110.0	118.0	125.0	132.0	138.0
	16.0		99.1	144.0	153.0	163.0	172.0	180.0
	18.0		125.0	183.0	194.0	206.0	218.0	228.0
6×19S+IWR 6×19W+IWR	12.0	+5 0	58.4	80.5	85.6	90.7	95.9	100.0
	13.0		68.5	94.5	100.0	106.0	113.0	118.0
	14.0		79.5	110.0	117.0	124.0	130.0	137.0
	16.0		104.0	143.0	152.0	161.0	170.0	179.0
	18.0		131.0	181.0	193.0	204.0	216.0	226.0
6×25Fi+IWR 6×26WS+IWR 6×29Fi+IWR 6×31WS+IWR 6×36WS+IWR 6×37S+IWR 6×41WS+IWR 6×49SWS+IWR 6×55SWS+IWR	12.0	+5 0	60.2	80.5	85.6	90.7	95.9	100.0
	13.0		70.6	94.5	100.0	106.0	113.0	118.0
	14.0		81.9	110.0	117.0	124.0	130.0	137.0
	16.0		107.0	143.0	152.0	161.0	170.0	179.0
	18.0		135.0	181.0	193.0	204.0	216.0	226.0

注：表中值摘自国家标准《重要用途钢丝绳》GB/T 8918－2006。

表 B.0.3 不锈钢丝绳规格和力学性能

结构	公称直径 (mm)	允许偏差 (mm)	最小破断拉力 (kN)	参考重量 (kg/100m)
6×7+IWS	6.0 8.0	+0.60 0	18.6 40.6	15.1 26.6
6×19+IWS	6.0 6.4	+0.40 0	23.5 28.5	14.9 16.4
	7.2	+0.50 0	34.7	20.8
	8.0	0.56 0	40.1	25.8
	9.5	+0.66 0	53.4	36.2
6×19+IWR	11.0	+0.76 0	72.5	53.0
	12.7	+0.84 0	101.0	68.2
	14.3	+0.91 0	127.0	87.8
	16.0	0.99 0	156.0	106.0
	19.0	+1.14 0	221.0	157.0

续表 B.0.3

结构	公称直径(mm)	允许偏差(mm)	最小破断拉力(kN)	参考重量(kg/100m)
6×19S 6×19W 6×25Fi 6×26WS 6×31WS	6.0 7.0	+0.42 0	23.9 32.6	15.4 20.7
	8.0 9.0 10.0	+0.56 0	42.6 54.0 63.0	27.0 34.2 42.2
	11.0 12.0	+0.66 0	76.2 85.6	53.1 60.8
	13.0 14.0 16.0	+0.82 0	106.0 123.0 161.0	71.4 82.8 108.0
	18.0	+1.10 0	192.0	137.0
8×19S 8×19W 8×25Fi 8×26WS 8×31WS	8.0 9.0 10.0	+0.56 0	42.6 54.0 61.2	28.3 35.8 44.2
	11.0 12.0	+0.66 0	74.0 83.3	53.5 63.7
	13.0 14.0 16.0	+0.82 0	103.0 120.0 156.0	74.8 86.7 113.0
	18.0	+1.10 0	187.0	143.0

注：表中值摘自国家标准《不锈钢丝绳》GB/T 9944－2002。

表 B.0.4　一般用途钢丝绳规格和力学性能

钢丝绳结构	钢丝绳公称直径(mm)	参考重量(kg/100m)	钢丝绳公称抗拉强度(MPa)					
			1570	1670	1770	1870	1960	2160
			钢丝绳最小破断拉力(kN)					
1×7	6.0	18.8	30.5	32.5	34.4	36.4	—	—
	6.6	22.7	36.9	39.3	41.6	44.0	—	—
	7.2	27.1	43.9	46.7	49.5	52.3	—	—
	7.8	31.8	51.6	54.9	58.2	61.4	—	—
	8.4	36.8	59.8	63.6	67.4	71.3	—	—
	9.0	42.3	68.7	73.0	77.4	81.8	—	—
	9.6	48.1	78.1	83.1	88.1	93.1	—	—
	10.5	57.6	93.5	99.4	105.0	111.0	—	—
	11.5	69.0	112.0	119.0	126.0	134.0	—	—
	12.0	75.2	122.0	130.0	138.0	145.0	—	—

续表 B.0.4

钢丝绳结构	钢丝绳公称直径(mm)	参考重量(kg/100m)	钢丝绳公称抗拉强度(MPa)					
			1570	1670	1770	1870	1960	2160
			钢丝绳最小破断拉力(kN)					
1×19	6.0	18.3	30.0	31.9	33.8	35.7	—	—
	6.5	21.4	35.2	37.4	39.6	41.9	—	—
	7.0	24.8	40.8	43.4	46.0	48.6	—	—
	7.5	28.5	46.8	49.8	52.8	55.7	—	—
	8.0	32.4	56.6	56.6	60.0	63.4	—	—
	8.5	36.6	60.1	63.9	67.8	71.6	—	—
	9.0	41.1	67.4	71.7	76.0	80.3	—	—
	10.0	50.7	83.2	88.6	93.8	99.1	—	—
	11.0	61.3	101.0	107.0	114.0	120.0	—	—
	12.0	73.0	120.0	127.0	135.0	143.0	—	—
	13.0	85.7	141.0	150.0	159.0	167.0	—	—
	14.0	99.4	163.0	173.0	184.0	194.0	—	—
	15.0	114.0	187.0	199.0	211.0	223.0	—	—
	16.0	130.0	213.0	227.0	240.0	254.0	—	—
1×37	5.6	15.7	24.1	25.7	27.2	28.7	—	—
	6.3	19.9	30.5	32.5	34.4	36.4	—	—
	7.0	24.5	37.7	40.1	42.5	44.9	—	—
	7.7	29.7	45.6	48.5	51.4	54.3	—	—
	8.4	35.4	54.3	57.7	61.2	64.7	—	—
	9.1	41.5	63.7	67.8	71.8	75.9	—	—
	9.8	48.1	73.9	78.6	83.3	88.0	—	—
	10.5	55.2	84.8	90.2	95.6	101.0	—	—
	11.0	60.6	93.1	99.0	105.0	111.0	—	—
	12.0	72.1	111.0	118.0	125.0	132.0	—	—
	12.5	78.3	120.0	128.0	136.0	143.0	—	—
	14.0	98.2	151.0	160.0	170.0	180.0	—	—
	15.5	120.0	185.0	197.0	208.0	220.0	—	—
	17.0	145.0	222.0	236.0	251.0	265.0	—	—
	18.0	162.0	249.0	265.0	281.0	297.0	—	—
6×7类 6×7+IWS 6×9W+IWR	6.0	13.9	20.3	21.6	22.9	24.2	—	—
	7.0	19.0	27.6	29.4	31.1	32.9	—	—
	8.0	24.8	36.1	38.4	40.7	43.0	—	—
	9.0	31.3	45.7	48.6	51.5	54.4	—	—
	10.0	38.7	56.4	60.0	63.5	67.1	—	—
	11.0	46.8	68.2	72.5	76.9	81.2	—	—
	12.0	55.7	81.2	86.3	91.5	96.7	—	—
	13.0	65.4	95.3	101.0	107.0	113.0	—	—
	14.0	75.9	110.0	118.0	125.0	132.0	—	—
	16.0	99.1	144.0	153.0	163.0	172.0	—	—
	18.0	125.0	183.0	194.0	206.0	218.0	—	—

续表 B.0.4

钢丝绳结构	钢丝绳公称直径(mm)	参考重量(kg/100m)	钢丝绳公称抗拉强度(MPa)					
			1570	1670	1770	1870	1960	2160
			钢丝绳最小破断拉力(kN)					
6×19(a)类 6×19S+IWR 6×19W+IWR	6.0	14.6	20.1	21.4	22.7	24.0	25.1	27.7
	7.0	19.9	27.4	29.1	30.9	32.6	34.2	37.7
	8.0	25.9	35.8	38.0	40.3	42.6	44.6	49.2
	9.0	32.8	45.3	48.2	51.0	53.9	56.5	62.3
	10.0	40.6	55.9	59.5	63.0	66.6	69.8	76.9
	11.0	49.1	67.6	71.9	76.2	80.6	84.4	93.0
	12.0	58.4	80.5	85.6	90.7	95.9	100.0	111.0
	13.0	68.5	94.5	100.0	106.0	113.0	118.0	130.0
	14.0	79.5	110.0	117.0	124.0	130.0	137.0	151.0
	16.0	104.0	143.0	152.0	161.0	170.0	179.0	197.0
	18.0	131.0	181.0	193.0	204.0	216.0	226.0	249.0
6×19(b)类 6×19+IWR 6×19+IWR	6.0	14.4	18.8	20.0	21.2	22.4	—	—
	7.0	19.6	25.5	27.2	28.8	30.4	—	—
	8.0	25.6	33.4	35.5	37.6	39.7	—	—
	9.0	32.4	42.2	44.9	47.6	50.3	—	—
	10.0	40.0	52.1	55.4	58.8	62.1	—	—
	11.0	48.4	63.1	67.1	71.1	75.1	—	—
	12.0	57.6	75.1	79.8	84.6	89.4	—	—
	13.0	67.6	88.1	93.7	99.3	105.0	—	—
	14.0	78.4	102.0	109.0	115.0	122.0	—	—
	16.0	102.0	133.0	142.0	150.0	159.0	—	—
	18.0	130.0	169.0	180.0	190.0	201.0	—	—
6×37(a)类 6×25Fi+IWR 6×26WS+IWR 6×29Fi+IWR 6×31WS+IWR 6×36WS+IWR 6×37S+IWR 6×41WS+IWR 6×49SWS+IWR 6×55SWS+IWR	8.0	26.8	35.8	38.0	40.3	42.6	44.7	49.2
	10.0	41.8	55.9	59.5	63.0	66.6	69.8	76.9
	12.0	60.2	80.5	85.6	90.7	95.9	100.0	111.0
	13.0	70.6	94.5	100.0	106.0	113.0	118.0	130.0
	14.0	81.9	110.0	117.0	124.0	130.0	137.0	151.0
	16.0	107.0	143.0	152.0	161.0	170.0	179.0	197.0
	18.0	135.0	181.0	193.0	204.0	216.0	226.0	249.0

续表 B.0.4

钢丝绳结构	钢丝绳公称直径(mm)	参考重量(kg/100m)	钢丝绳公称抗拉强度(MPa)					
			1570	1670	1770	1870	1960	2160
			钢丝绳最小破断拉力(kN)					
6×37(b)类 6×37+IWR	6.0	14.4	18.0	19.2	20.3	21.5	—	—
	7.0	19.6	24.5	26.1	27.7	29.2	—	—
	8.0	25.6	32.1	34.1	36.1	38.2	—	—
	9.0	32.4	40.6	43.2	45.7	48.3	—	—
	10.0	40.0	50.1	53.3	56.5	59.7	—	—
	11.0	48.4	60.6	64.5	68.3	72.2	—	—
	12.0	57.6	72.1	76.7	81.3	85.9	—	—
	13.0	67.6	84.6	90.0	95.4	101.0	—	—
	14.0	78.4	98.2	104.0	111.0	117.0	—	—
	16.0	102.0	128.0	136.0	145.0	153.0	—	—
	18.0	130.0	162.0	173.0	183.0	193.0	—	—
8×19类 8×19S+IWR 8×19W+IWR	10.0	42.2	54.3	57.8	61.2	64.7	67.8	74.7
	11.0	51.1	65.7	69.9	74.1	78.3	82.1	90.4
	12.0	60.8	78.2	83.2	88.2	93.2	97.7	108.0
	13.0	71.3	91.8	97.7	103.0	109.0	115.0	126.0
	14.0	82.7	106.0	113.0	120.0	127.0	133.0	146.0
	16.0	108.0	139.0	148.0	157.0	166.0	174.0	191.0
	18.0	137.0	176.0	187.0	198.0	210.0	220.0	242.0

注：1 钢丝绳结构为1×7、1×19的最小钢丝破断拉力总和＝钢丝绳最小破断拉力×1.111；
2 钢丝绳结构为1×37的最小钢丝破断拉力总和＝钢丝绳最小破断拉力×1.176；
3 钢丝绳结构为6×7类(6×7＋IWS、6×9W＋IWR)和6×37(b)类(6×37＋IWR)最小钢丝破断拉力总和＝钢丝绳最小破断拉力×1.214；
4 钢丝绳结构为6×19(a)类(6×19S＋IWR、6×19W＋IWR)最小钢丝破断拉力总和＝钢丝绳最小破断拉力×1.308；
5 钢丝绳结构为6×19(b)类(6×19＋IWR、6×19＋IWR)和6×37(a)类(6×25Fi＋IWR、6×26WS＋IWR、6×29Fi＋IWR、6×31WS＋IWR、6×36WS＋IWR、6×37S＋IWR、6×41WS＋IWR、6×49SWS＋IWR、6×55SWS＋IWR)最小钢丝破断拉力总和＝钢丝绳最小破断拉力×1.321；
6 钢丝绳结构为8×19类(8×19S＋IWR、8×19W＋IWR)最小钢丝破断拉力总和＝钢丝绳最小破断拉力×1.360；
7 表中值均摘自国家标准《一般用途钢丝绳》GB/T 20118-2006钢芯钢丝绳。

表 B.0.5 镀锌钢绞线规格和力学性能

钢丝绳结构	公称直径(mm)		全部钢丝断面面积(mm^2)	参考重量(kg/100m)	钢丝绳公称抗拉强度(MPa)			
					1270	1370	1470	1570
	钢绞线	钢丝			钢丝绳最小破断拉力(kN)			
1×3	6.2	2.9	19.82	16.49	23.10	24.90	26.80	28.60
	6.4	3.2	24.13	20.09	28.10	30.40	32.60	34.80
	7.5	3.5	28.86	24.03	33.70	36.30	39.00	41.60
	8.6	4.0	37.70	31.38	44.00	47.50	50.90	54.40
1×7	6.0	2.0	21.99	18.31	25.60	27.70	29.70	31.70
	6.6	2.2	26.61	22.15	31.00	33.50	35.90	38.40
	7.2	2.4	31.67	26.36	37.00	39.90	42.80	45.70
	7.8	2.6	37.16	30.93	43.40	46.80	50.20	53.60
	8.4	2.8	43.10	35.88	50.30	54.30	58.20	62.20
	9.0	3.0	49.48	41.19	57.80	62.30	66.90	71.40
	9.6	3.2	56.30	46.87	65.70	70.90	76.10	81.30
	10.5	3.5	67.35	56.07	78.60	84.80	91.00	97.20
	11.4	3.8	79.39	66.09	92.70	100.00	107.00	114.00
	12.0	4.0	87.96	73.22	102.00	110.00	118.00	127.00

续表 B.0.5

钢丝绳结构	公称直径(mm)		全部钢丝断面面积(mm^2)	参考重量(kg/100m)	钢丝绳公称抗拉强度(MPa)			
					1270	1370	1470	1570
	钢绞线	钢丝			钢丝绳最小破断拉力(kN)			
1×19	6.0	1.2	21.49	17.89	24.50	26.50	28.40	30.30
	6.5	1.3	25.22	20.99	28.80	31.00	33.30	35.60
	7.0	1.4	29.25	24.35	33.40	36.00	38.60	41.30
	8.0	1.6	38.20	31.80	43.60	47.10	50.50	53.90
	9.0	1.8	48.35	40.25	55.20	59.60	63.90	68.30
	10.0	2.0	59.69	49.69	68.20	73.60	78.90	84.30
	11.0	2.2	72.22	60.12	82.50	89.00	95.50	102.00
	12.0	2.4	85.95	71.55	98.20	105.00	113.00	121.00
	12.5	2.5	93.27	77.64	106.00	114.00	123.00	131.00
	13.0	2.6	100.88	83.98	115.00	124.00	133.00	142.00
	14.0	2.8	116.99	97.39	133.00	144.00	154.00	165.00
	15.0	3.0	134.30	118.80	153.00	165.00	177.00	189.00
	16.0	3.2	152.81	127.21	174.00	188.00	202.00	215.00
	17.5	3.5	182.80	152.17	208.00	225.00	241.00	258.00
	20.0	4.0	238.76	198.76	272.00	294.00	315.00	337.00
1×37	7.0	1.0	29.06	24.19	31.30	33.80	36.30	38.70
	7.7	1.1	35.16	29.27	37.90	40.90	43.90	46.70
	9.1	1.3	49.11	40.88	53.00	57.10	61.30	65.50
	9.8	1.4	56.96	47.42	61.40	66.30	71.10	76.00
	11.2	1.6	74.39	61.92	80.30	86.60	92.90	99.20
	12.6	1.8	94.15	78.38	101.00	109.00	117.00	125.00
	14.0	2.0	116.24	96.76	125.00	135.00	145.00	155.00
	15.5	2.2	140.65	117.08	151.00	163.00	175.00	187.00
	16.8	2.4	167.38	139.34	180.00	194.00	209.00	223.00
	17.5	2.5	181.62	151.19	196.00	211.00	226.00	242.00
	18.2	2.6	196.44	163.53	212.00	228.00	245.00	262.00

注：表中值摘自行业标准《镀锌钢绞线》YB/T 5004-2001。

表 B.0.6 建筑用不锈钢绞线规格和力学性能

绞线公称直径(mm)	结构	公称金属截面积(mm^2)	钢丝公称直径(mm)	绞线计算最小破断拉力		每米理论质量(g/m)	交货长度(m)
				高强度级(kN)	中强度级(kN)		
6.0	1×7	22.0	2.00	28.6	22.0	173	≥600
7.0		30.4	2.35	39.5	30.4	239	
8.0		38.6	2.65	50.2	38.6	304	
10.0		61.7	3.35	80.2	61.7	486	
6.0	1×19	21.5	1.20	28.0	21.5	170	≥500
8.0		38.2	1.60	49.7	38.2	302	
10.0		59.7	2.00	77.6	59.7	472	
12.0		86.0	2.40	112.0	86.0	680	
14.0		117.0	2.80	152.0	117.0	925	
16.0		153.0	3.20	199.0	153.0	1209	

续表 B.0.6

绞线公称直径(mm)	结构	公称金属截面积(mm^2)	钢丝公称直径(mm)	绞线计算最小破断拉力		每米理论质量(g/m)	交货长度(m)
				高强度级(kN)	中强度级(kN)		
16.0	1×37	154.0	2.30	200.0	154.0	1223	≥400
18.0		196.0	2.60	255.0	196.0	1563	
20.0		236.0	2.85	307.0	236.0	1878	

注：表中值摘自行业标准《建筑用不锈钢绞线》JG/T 200-2007。

附录C 质量验收记录

C.0.1 低张拉控制应力拉索体系分项工程质量验收可按表C.0.1记录。

表C.0.1 拉索体系分项工程质量验收记录

<table>
<tr><td>工程名称</td><td></td><td>结构类型</td><td></td><td>层数</td><td></td></tr>
<tr><td>施工单位</td><td></td><td>项目技术负责人</td><td></td><td>质量员</td><td></td></tr>
<tr><td>分包单位</td><td></td><td>分包项目负责人</td><td></td><td>分包质量员</td><td></td></tr>
</table>

序号	检验批名称	检验批数	施工单位检查评定	监理(建设)单位验收意见
1				
2				
3				
4				
5				
6				
质量控制资料				
安全和功能检验(检测)报告				
观感质量验收				

<table>
<tr><td rowspan="4">验收结论
(由监理
或建设单
位填写)</td><td rowspan="4"></td><td>施工单位：　　　　年　月　日</td></tr>
<tr><td>分包单位：　　　　年　月　日</td></tr>
<tr><td>设计单位：　　　　年　月　日</td></tr>
<tr><td>监理单位：
(建设单位项目专业负责人)　　　　年　月　日</td></tr>
</table>

注：对于公路缆索护栏工程可按照本质量验收记录使用。

C.0.2 拉索原材料检验批质量验收可按表C.0.2记录。

表C.0.2 拉索原材料检验批质量验收记录

<table>
<tr><td colspan="3">工程名称</td><td></td><td>分项工程名称</td><td></td><td>项目经理</td><td></td></tr>
<tr><td colspan="3">施工单位</td><td></td><td>验收部位</td><td colspan="3"></td></tr>
<tr><td colspan="3">施工执行标准
名称及编号</td><td colspan="3"></td><td>专业工长
（施工员）</td><td></td></tr>
<tr><td colspan="3">分包单位</td><td></td><td>分包项目经理</td><td></td><td>施工班组长</td><td></td></tr>
<tr><td colspan="3">质量验收规范的规定</td><td colspan="2">施工单位自检记录</td><td colspan="3">监理（建设）
单位验收记录</td></tr>
<tr><td rowspan="5">主控项目</td><td>1</td><td>不锈钢单丝的质量符合有关规定（3.1.2条）</td><td colspan="2"></td><td colspan="3"></td></tr>
<tr><td>2</td><td>钢丝绳质量符合有关规定（3.1.3条）</td><td colspan="2"></td><td colspan="3"></td></tr>
<tr><td>3</td><td>钢绞线质量符合有关规定（3.1.4条）</td><td colspan="2"></td><td colspan="3"></td></tr>
<tr><td>4</td><td>钢拉杆质量符合有关规定（3.1.5条）</td><td colspan="2"></td><td colspan="3"></td></tr>
<tr><td>5</td><td>锚具、夹具和连接器的性能符合有关规定（3.2.3条）</td><td colspan="2"></td><td colspan="3"></td></tr>
<tr><td rowspan="4">一般项目</td><td>1</td><td>拉索材料外观质量符合要求（3.1.2～3.1.5条）</td><td colspan="2"></td><td colspan="3"></td></tr>
<tr><td>2</td><td>锚具、夹具和连接器的外观应符合要求（3.2.2条）</td><td colspan="2"></td><td colspan="3"></td></tr>
<tr><td>3</td><td>拉索材料物理性能应符合规定（3.1.7条）</td><td colspan="2"></td><td colspan="3"></td></tr>
<tr><td>4</td><td></td><td colspan="2"></td><td colspan="3"></td></tr>
<tr><td colspan="3">施工操作依据</td><td colspan="2"></td><td colspan="3"></td></tr>
<tr><td colspan="3">质量检查记录</td><td colspan="2"></td><td colspan="3"></td></tr>
<tr><td colspan="2">施工单位检查
结果评定</td><td colspan="6">项目专业
质量检查员：　　　　项目专业
技术负责人：
年　月　日</td></tr>
<tr><td colspan="2">监理（建设）
单位验收结论</td><td colspan="6">专业监理工程师：
（建设单位项目专业技术负责人）
年　月　日</td></tr>
</table>

C.0.3 立柱安装检验批质量验收可按表C.0.3记录。

表C.0.3 立柱安装检验批质量验收记录

工程名称		分项工程名称		验收部位	
施工单位		专业工长（施工员）		项目经理	
分包单位		分包项目经理		施工班组长	
施工执行标准名称及编号					

质量验收规范的规定					施工单位自检记录	监理（建设）单位验收记录
主控项目	1	立柱拉索孔位		≤2mm		
	2	立柱与基础连接		6.2.2条		
	3					
一般项目	1	立柱标高	矢量位移	±10mm		
	2		相邻	±5mm		
	3	立柱位置	纵向	±10mm		
	4		横向	±5mm		
施工操作依据						
质量检查记录（质量证明文件）						
施工单位检查结果评定	项目专业质量检查员： 项目专业技术负责人： 年 月 日					
监理（建设）单位验收结论	专业监理工程师：（建设单位项目专业技术负责人） 年 月 日					

注：本表由施工项目专业质量检查员填写，专业监理工程师（建设单位项目技术负责人）确认签字。

C.0.4 拉索制备、安装、张拉及锚固检验批质量验收可按表 C.0.4 记录。

表 C.0.4 拉索制备、安装、张拉及锚固检验批质量验收记录

工程名称		分项工程名称		项目经理	
施工单位		验收部位			
施工执行标准名称及编号				专业工长（施工员）	
分包单位		分包项目经理		施工班组长	
质量验收规范的规定		施工单位自检记录		监理（建设）单位验收记录	
1	拉索制备符合有关规定（6.3.1～6.3.6条）				
2	拉索安装符合有关规定（6.4.1～6.4.5条）				
3	张拉、锚固符合有关规定（6.5.1～6.5.8条）				
施工操作依据					
质量检查记录					
施工单位检查结果评定	项目质量检查员：		项目专业技术负责人：	年 月 日	
监理（建设）单位验收结论	监理工程师：（建设单位项目技术负责人）			年 月 日	

本规程用词说明

1 为便于在执行本规程条文时区别对待，对要求严格程度不同的用词说明如下：

1）表示很严格、非这样做不可的：
正面词采用“必须”，反面词采用“严禁”；

2）表示严格，在正常情况下均应这样做的：
正面词采用“应”，反面词采用“不应”或“不得”；

3）表示允许稍有选择，在条件许可时首先应这样做的：
正面词采用“宜”；反面词采用“不宜”；

4）表示有选择，在一定条件下可以这样做的，采用“可”。

2 条文中指明应按其他有关标准执行的写法为：“应符合……或规定”或“应按……执行”。

引用标准名录

1 《建筑结构荷载规范》GB 50009

2 《混凝土结构设计规范》GB 50010

3 《钢结构设计规范》GB 50017

4 《建筑工程施工质量验收统一标准》GB 50300

5 《普通螺纹基本尺寸》GB 196

6 《普通螺纹公差与配合》GB 197

7 《紧固件机械性能 螺栓、螺钉和螺柱》GB/T 3098.1

8 《紧固件机械性能 螺母 粗牙螺纹》GB/T 3098.2

9 《紧固件机械性能 螺母 细牙螺纹》GB/T 3098.4

10 《不锈钢丝》GB/T 4240

11 《重要用途钢丝绳》GB/T 8918

12 《不锈钢丝绳》GB/T 9944

13 《预应力筋用锚具、夹具和连接器》GB/T 14370

14 《钢丝绳吊索——插编索扣》GB/T 16271

15 《一般用途钢丝绳》GB/T 20118

16 《钢拉杆》GB/T 20934

17 《结构加固修复用碳纤维片材》GB/T 21490

18 《公路桥梁抗风设计规范》JTG/T D60-01

19 《公路交通安全设施施工技术规范》JTG F71

20 《公路交通安全设施设计规范》JTG D81

21 《公路交通安全设施设计细则》JTG/T D81

22 《建筑用不锈钢绞线》JG/T 200

23 《建筑幕墙用钢索压管接头》JG/T 201

24 《镀锌钢绞线》YB/T 5004

中华人民共和国行业标准

低张拉控制应力拉索技术规程

JGJ/T 226—2011

条 文 说 明

制 定 说 明

《低张拉控制应力拉索技术规程》JGJ/T 226－2011，经住房和城乡建设部2011年5月10日以第1013号公告批准、发布。

本规程制定过程中，编制组进行了大量的调查研究和验证试验，总结了我国低张拉控制应力拉索的设计和施工的实践经验，同时参考了国外先进技术法规、技术标准，通过试验［拉索—锚具（连接器）组装件静载锚固性能试验］取得了锚固性能效率系数等重要技术参数。

为便于广大设计、施工、科研、学校等单位有关人员在使用本规程时能正确理解和执行条文规定，《低张拉控制应力拉索技术规程》编制组按章、节、条顺序编制了本规程的条文说明，对条文规定的目的、依据以及执行中需注意的有关事项进行了说明。但是，本条文说明不具备与规程正文同等的法律效力，仅供使用者作为理解和把握规程规定的参考。

目　次

1 总 则

1.0.2 根据低张拉控制应力拉索的定义，明确了其适用范围，即风障拉索、楼梯（护栏）扶索和公路缆索护栏。风障拉索是公路和桥梁风障系统的组成部分，所谓风障系统由立柱、PVC风障条和拉索组成，主要用于减弱和改变风速风向，以避免由于横风造成交通事故。风障拉索主要是使风障系统各立柱间通过拉索锚固而形成整体，同时还可在交通事故发生后对人身和物品起到一定的保护作用。楼梯（护栏）扶索通常指室内外楼梯或景观护栏的拉索，具有安全围护的功能。公路缆索护栏拉索是公路安全设施中一种柔性护栏，由钢管立柱和两端锚固在端立柱的拉索组成，能较好地吸收碰撞能量。除此之外，某些景观设计需要的拉索或吊索也属于低张拉控制应力范畴。

2 术语和符号

2.1 术 语

2.1.2 低张拉控制应力拉索除其张拉控制应力较低外，一般处于裸露环境下工作，在正常使用工作状态时，拉索不作为承重体系组成部分，但在偶然荷载作用时体系仍应具备相应的承载能力。同时，为了区分预应力筋，将低张拉控制应力的上限定为国家标准《混凝土结构设计规范》GB 50010－2002 第6.1.3条规定的预应力筋张拉控制应力下限，即 $0.40f_{ptk}$，其下限根据工程实践不宜小于 $0.15f_{ptk}$。

3 拉索材料与锚固体系

3.1 拉 索 材 料

3.1.1～3.1.7 低张拉控制应力拉索一般在自然裸露状态下使用，对材料的防腐性能要求较高，应采用防腐性能较高或本身具有防腐性能的不锈钢材料，所涉材料质量、性能要求均以现行国家或行业标准为依据，主要涉及的国家现行标准有《重要用途钢丝绳》GB/T 8918、《不锈钢丝绳》GB/T 9944、《一般用途钢丝绳》GB/T 20118 和《镀锌钢绞线》YB/T 5004、《建筑用不锈钢绞线》JG/T 200 和《不锈钢丝》GB/T 4240 等。本规程从上述标准中选择适用于低张拉控制应力拉索使用的规格形成附录 B.0.1～B.0.6，供使用时选择。

鉴于拉索产品标准是以最小破断拉力值作为其特征值，即为其标准值，是由拉索金属材料截面面积和金属材料抗拉强度标准值乘积并考虑加工工艺强度降低影响而得到。但在工程应用设计中应取用其设计值，该值是由标准值除以材料分项系数得到。根据标准化协会标准《预应力钢结构技术规程》CECS 212：2006 第4.4.1条和《膜结构技术规程》CECS 158：2004 第4.2.3条，分项系数取为1.8。

拉索的物理性能是指弹性模量和线膨胀系数，分别取自标准化协会标准《预应力钢结构技术规程》CECS 212：2006 的表4.4.2、表4.4.3和《点支式玻璃幕墙工程技术规程》CECS 127：2001 的表5.4.4、表5.4.5。

3.2 锚具、连接器及辅件

3.2.3 明确了低张拉控制应力拉索用的锚具、连接器的基本性能要求，需满足国家标准《预应力筋用锚具、夹具和连接器》GB/T 14370－2007 中第5.5.1条和第5.7节关于锚具连接器组装件的静载锚固性能的要求，其试验也按现行国家标准《预应力筋用锚具、夹具和连接器》GB/T 14370 执行。

由于拉索均以单索为张拉单元，计算拉索-锚具（连接器）的锚固性能效率系数时预应力筋效率系数 η_p 均取1.0。故拉索组装件锚固性能效率系数为 $\eta_a=F_{apu}/F_{pm}$，式中 F_{apu} 为拉索-锚具（连接器）组装件的实测极限拉力，F_{pm} 为同批拉索试样实测破断拉力的平均值。η_a 值根据拉索品种、材料及锚具形式确定：

1）压接（挤压）式锚具，根据行业标准《建筑幕墙用钢索压管接头》JG/T 201－2007 中5.2.1.1款"接头最小破断拉力应大于钢索最小破断拉力的90%"确定为 $\eta_a\geqslant0.90$。

2）镦头锚具相当于夹具，根据国家标准《预应力筋用锚具、夹具和连接器》GB/T 14370－2007 中第5.6.1条的规定确定为 $\eta_a\geqslant0.92$。

3）除上述两类锚具外的其他锚具形式，包括连接器均按国家标准《预应力筋用锚具、夹具和连接器》GB/T 14370－2007 的规定确定为 $\eta_a\geqslant0.95$。

4）破断时总应变也按国家标准《预应力筋用锚具、夹具和连接器》GB/T 14370－2007 的规定确定为 $\varepsilon_{apu}\geqslant2.0\%$。

鉴于低张拉控制应力拉索的工作状态均以单根拉索为基准，所以在作组装件静载锚固性能试验时，拉索有效长度可按现行国家标准《预应力筋用锚具、夹具和连接器》GB/T 14370 的规定取0.8m。

3.2.4 低张拉控制应力拉索一个主要特点是控制应力低，在 $(0.15\sim0.4)\sigma_{con}$ 间，其锚固体系和张拉工艺有别于常规张拉工艺和锚固体系。由于拉索直径通常较小，张拉控制拉力较低或者定期需要调整张拉力，不能采用常规的施加预应力机具，往往采用锚具和加力器合一的螺母锚具形式。为了保证螺母旋转施力时不会产生拉索松动或扭转，需设置防松装置。

4 设计基本规定

4.1 一般规定

4.1.3 由于风障拉索、楼梯（护栏）扶索和公路缆索护栏在荷载大小、允许最大动态变形等方面要求差别颇大，且设计的基本方法上也不尽相同，因此按风障拉索、楼梯（护栏）扶索和公路缆索护栏分别设计。鉴于公路缆索护栏设计在现行行业标准《公路交通安全设施设计规范》JTG D81 和《公路交通安全设施设计细则》JTG/T D81 中已有详细规定，本规程不再重复。

4.1.4 虽然低张拉控制应力拉索在正常使用条件下并非承重结构构件，但是仍有连接和形成整体锚固，并在偶然荷载作用时具有一定承载能力的要求，拉索必须在任何工况下都处于受拉状态。

4.1.6 低张拉控制应力拉索体系设计时的荷载，主要是水平作用荷载。风障拉索的水平作用荷载以横阵风荷载为主，根据现行行业标准《公路桥梁抗风设计规范》JTG/T D60 有关规定计算。楼梯（护栏）扶索的水平作用荷载根据国家标准《建筑结构荷载规范》GB 50009－2001，按住宅和公共建筑分别取 0.5kN/m 和 1.0kN/m。公路缆索护栏拉索的水平作用荷载根据现行行业标准《公路交通安全设施设计规范》JTG D81 按柔性护栏条件确定。

4.1.7 拉索允许最大动态变形量的确定，风障拉索是根据拉索体系相关部位（如立柱）等允许变形和工程实践而定；楼梯（护栏）扶索则是根据行业标准《住宅楼梯 栏杆、扶手》JG 3002.3－92 规定；而公路缆索护栏的最大动态变形量是根据行业标准《公路交通安全设施设计细则》JTG/T D81-2006 第 4.4.1 条的条文说明“缆索最大位移应满足规定值(110cm)”的要求确定。

4.1.8 拉索一般是全裸露环境下工作，温差对索力的影响较大。资料表明，当昼夜最大温度差 35℃时，温度应力损失达 12%以上，所以确定张拉控制应力下限不宜小于 $0.15\sigma_{con}$。

5 结构构件设计

5.1 立柱

5.1.5～5.1.7 工程应用大多采用钢结构立柱，立柱按钢结构设计，应满足抗弯强度、抗剪强度和整体稳定性要求，其具体设计计算按现行国家标准《钢结构设计规范》GB 50017 受弯构件相关内容执行。若立柱采用混凝土结构材料时，就按现行国家标准《混凝土结构设计规范》GB 50010 进行设计计算。

5.2 拉索

5.2.3 风障拉索和楼梯（护栏）扶索按两点支承的抛物线形简支拉索结构计算，作用荷载为均布荷载 q，抛物线矢高为 ΔS，拉索跨径为 l_1，由拉索结构计算可得到拉索索力水平分力为 $H=\frac{ql_1^2}{8\Delta S}$，因矢高 ΔS 与跨径 l_1 之比小于 0.1，故简化为拉索索力 $N_a \approx H=\frac{ql_1^2}{8\Delta S}$。

5.2.4 风障拉索的主要荷载是静阵风荷载，因拉索为圆截面，其迎风面的投影高度即为其直径，所以根据行业标准《公路桥梁抗风设计规范》JTG/T D60-01-2004 中公式（4.3.1），作用在拉索单位长度上的静阵风荷载为 $q=\frac{1}{2}\rho V_g^2 C_d D$。式中 V_g 为拉索所在高度处静阵风风速（m/s），其值 $V_g=C_v V_z$，其中阵风系数 C_V 按该行业标准中表 4.2.1 取值，而基准高度 Z 处的静阵风风速 V_z（m/s）则可根据风障拉索设计使用年限按 10 年、50 年和 100 年重现期下基本风速值选用。

6 施工及验收

6.1 一般规定

6.1.3 强调了拉索张拉和锚固前应对前一道工序，即立柱安装进行验收。

6.3 拉索制备

6.3.1 拉索多以卷盘形式供货，制索时需进行调直或初张拉。对钢丝绳类拉索为了消除制绳时弹性变形其初张拉应力取（0.40～0.55）σ_{con}，该数据来源于标准化协会标准《预应力钢结构技术规程》CECS 212：2006 第 4.5.1 条，对单丝或束采用镦头锚具时盘卷钢丝也有调直要求。

6.3.2 采用钢丝镦头锚具时，钢丝可镦性试验的控制指标即本规程第 3.2.3 条规定的镦头锚具—钢丝组装件静载锚固性能满足 $\eta_a \geqslant 0.92$ 和 $\varepsilon_{apu} \geqslant 2.0\%$ 的要求。

6.4 拉索、锚具及辅件安装

6.4.1～6.4.4 拉索、锚具及辅件的安装时，除用于张拉和锚固的端柱外，拉索还需穿越中间立柱上的预留孔洞，并在部分中间立柱上锚固。拉索从一端立柱向另一端立柱安装时，由于闭合式锚具或辅件是无法穿越立柱孔洞，所以对应的锚具和辅件均需按一定的顺序随拉索穿越安装就位，形成拉索基本组件（见图 1）。

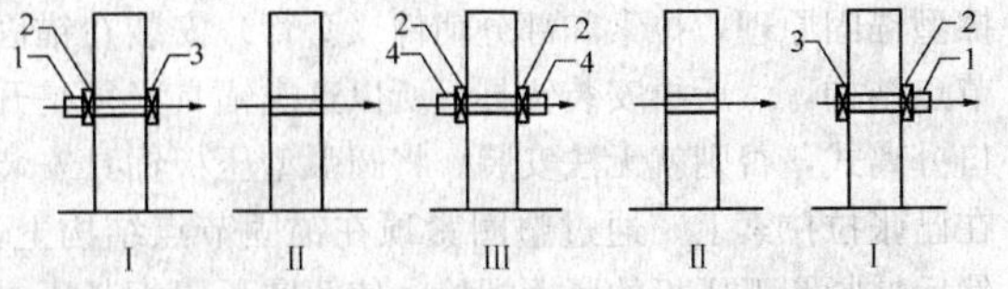

(a) 整束多点锚固

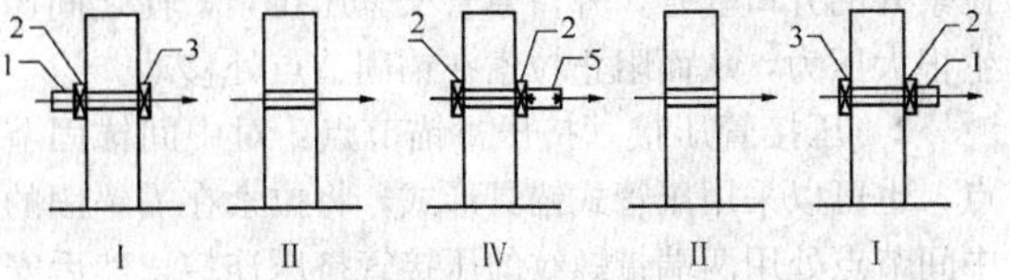

(b) 分束连接锚固

图1 拉索、锚具及辅件安装顺序

Ⅰ—张拉端立柱；Ⅱ—中间非锚固立柱；Ⅲ—中间锚固立柱；Ⅳ—中间连接器锚固立柱；1—张拉端锚具；2—张拉端辅件；3—张拉端锚固立柱侧辅件；4—中间锚固节点锚具；5—连接器兼锚具

示意图步骤说明：

立柱Ⅰ是张拉端，整束多点锚固时，拉索、锚具及辅件安装顺序如图1（a）所示。拉索从其左侧穿越顺序是，锚具1→辅件2（包括防松装置等）→张拉端立柱Ⅰ孔洞→辅件3→非锚固立柱Ⅱ（可以是若干个）→锚具4→辅件2→中间锚固立柱Ⅲ→……

分束连接锚固时，拉索、锚具及辅件安装顺序如图1（b）所示。与整束多点锚固不同之处在于立柱Ⅳ既是锚固节点，又是分索的连接节点，因此该连接器要起到锚具连接两分束双重作用。风障拉索在设计单元内通常有多根拉索通过连接器连接并张拉成整体。

整束两端锚固相对简单，不存在中间锚固节点。楼梯（护栏）扶索以及公路缆索护栏常采用此类形式。

6.5 张拉与锚固

6.5.3～6.5.5 介绍了整束多点锚固、整束两端锚固和分束连接锚固三种锚固形式的张拉和锚固要求。

整束两端锚固的张拉和锚固与常见的预应力筋施工方法完全一致。整束多点锚固则在两端锚固的基础上，再对中间其他节点进行锚固。

分束连接锚固又可进一步分为连接器锚固和错位独立锚固两种方式。连接器锚固时，拉索需先与连接器连接形成拉索基本组装件，而张拉时又要分束张拉，故张拉前一束拉索时应卸除与连接器连接的后一束拉索。后一束张拉时应尽可能避免对前一束张拉力的影响，应采取措施防止连接器在后一束张拉时产生转动。错位独立锚固的张拉和锚固与整束两端锚固相同。

6.6 验　　收

6.6.1～6.6.2 拉索体系验收属于分项工程验收。验收依据除了现行国家标准《建筑工程施工质量验收统一标准》GB 50300和本规程规定外，公路缆索护栏验收还应符合现行行业标准《公路交通安全设施施工技术规范》JTG F71的要求。

附录A　典型锚固节点构造示意图

A.0.1 镦头锚节点根据功能要求不同，其构造可分为带防松装置的螺母锚具节点、带支承承力装置节点、一般节点以及可调节节点。

1 锚具（螺母式）在低张拉控制应力下防松是必须的，一种最简单的防松装置，由防松垫圈，固定垫圈用沉头螺钉等组成。工艺和原理是：拉索安装张拉锚固前先将带螺孔的防松垫圈安装在锚固节点结构上（由两个固定螺钉将其定位并固定在锚固节点结构上），然后张拉并锚固（采用螺母式锚具），再将防松垫圈一边或两边沿六角螺母六角边的任意边翻转90°，使其紧压在螺母的六角边中某一边。所以当螺母要松动（转动）时，受到垫圈垂直压紧边的约束不能转动，而垫圈又由两螺钉固定在锚固节点结构上不能转动。最终螺母就不能转动，达到防松效果。

2 带支承承力装置的锚固节点：为了减少拉索张紧过程的各种阻力，在穿心螺杆与镦头接触面增加一个尺寸与穿心螺杆完全相同的短杆，其一面与镦头平压接，另一面加工成弧状与穿心螺杆接触面以弧面状配合。所以当螺母拧紧过程就可避免或减少由于穿心螺杆转动而带动拉索转动所造成的阻力和拉索扭转变形。

3 一般镦头锚节点：一般用于固定端，镦头锚固在墩头垫板。该垫板孔径略大于单丝直径，所以单丝的镦头扩大部位就支承在垫板上，垫板直接承压在锚固节点结构，因此镦头垫板实质上就是支承承力装置。

4 可调节镦头锚节点：可调节单丝镦头锚固节点是用于张拉端，镦头垫板改为穿心螺杆，单丝穿于中空螺杆作为镦头的支承承力装置，该螺杆通过其外螺纹与匹配的螺母以螺纹连接，螺母直接承压在锚固节点结构上。螺母和穿心螺杆组成了支承承力装置，而螺母通过扭紧过程，使单丝拉索张紧，所以螺母与穿心螺杆也是张拉装置。

A.0.2 压接（挤压）锚节点根据功能要求不同分为不可调节和可调节压接（挤压）锚节点。

1 不可调节压接（挤压）锚节点：这是一种压接（挤压）锚具锚固节点形式，拉索通过带承压头的压接管，将拉索挤压连接于管中（有一定压接长度），带承压头的压接管，通过承压垫圈压紧在锚固节点结构上，带承压头的压接管和承压垫圈组成了支承承力装置。一般用于拉索固定端。

2 可调节压接（挤压）锚节点：与图A.0.2-1不同的是压接管是一端带螺纹，另一端压接拉索，支承承力装置由带螺纹压接管和紧固螺母组成，当螺母拧紧时，拉索就张紧，通过压接管和螺母压紧在锚固节点的结构上。

A.0.3 这是一种铸锚形式，拉索通过铸锚锥体将拉索在锥体部位分叉，然后用冷或热铸合金，将其浇铸在锚具锥体内，形成锥塞式锚具，而且该锚具的外周带螺纹，与其匹配的专用螺母将其紧固在锚固节点结构上。

A.0.4 中间锚固节点根据拉索和锚具形式不同锚固节点构造不同。

1 分离压接（挤压）锚节点：这是一种通长拉索在中间锚固节点的锚固连接形式，锚具是分离式摩擦型锚固原理，拉索和部分辅件（套管）安装在锚固节点结构，然后再安装锚具，所以这类锚具必须是开口分离式，否则就无法安装。将圆弧型压板锚具安装在已张拉拉索上，通过垫圈紧顶在锚固节点结构上，然后拧紧圆弧压板的紧固螺栓，使两圆弧压板紧压在拉索外的开口套管，开口套管又紧压拉索，使之间产生很大压力，从而阻止拉索在锚固节点处移动。

2 压接管压接（挤压）锚节点：对中间锚固节点，也可以采用压管式锚具形式，将拉索在需锚固的中间节点处用两端带螺纹的压接管挤压连接，然后安装紧固螺母、垫圈。在锚固节点两侧同步拧紧螺母，该节点即可形式锚固节点。由于锚固节点结构两侧螺母紧固的限制，拉索不能左右移动。

中华人民共和国行业标准

钢结构高强度螺栓连接技术规程

Technical specification for high strength bolt connections of steel structures

JGJ 82—2011

批准部门：中华人民共和国住房和城乡建设部
施行日期：2 0 1 1 年 1 0 月 1 日

中华人民共和国住房和城乡建设部
公　　告

第875号

关于发布行业标准《钢结构高强度螺栓连接技术规程》的公告

现批准《钢结构高强度螺栓连接技术规程》为行业标准，编号为JGJ 82-2011，自2011年10月1日起实施。其中，第3.1.7、4.3.1、6.1.2、6.2.6、6.4.5、6.4.8条为强制性条文，必须严格执行。原行业标准《钢结构高强度螺栓连接的设计、施工及验收规程》JGJ 82-91同时废止。

本规程由我部标准定额研究所组织中国建筑工业出版社出版发行。

中华人民共和国住房和城乡建设部

2011年1月7日

前　　言

根据原建设部《关于印发〈2004年工程建设标准规范制订、修订计划〉的通知》（建标［2004］66号）的要求，规程编制组经广泛调查研究，认真总结实践经验，参考有关国际标准和国外先进标准，并在广泛征求意见的基础上，修订本规程。

本规程的主要技术内容是：1. 总则；2. 术语和符号；3. 基本规定；4. 连接设计；5. 连接接头设计；6. 施工；7. 施工质量验收。

本规程修订的主要技术内容是：1. 增加调整内容：由原来的3章增加调整到7章；增加第2章“术语和符号”、第3章“基本规定”、第5章“接头设计”；原来的第二章“连接设计”调整为第4章，原来第三章“施工及验收”调整为第6章“施工”和第7章“施工质量验收”；2. 增加孔型系数，引入标准孔、大圆孔和槽孔概念；3. 增加涂层摩擦面及其抗滑移系数μ；4. 增加受拉连接和端板连接接头，并提出杠杆力计算方法；5. 增加栓焊并用连接接头；6. 增加转角法施工和检验；7. 细化和明确高强度螺栓连接分项工程检验批。

本规程中以黑体字标志的条文为强制性条文，必须严格执行。

本规程由住房和城乡建设部负责管理和强制性条文的解释，由中冶建筑研究总院有限公司负责具体技术内容的解释。执行过程中如有意见或建议，请寄送中冶建筑研究总院有限公司（地址：北京市海淀区西土城路33号，邮编：100088）。

本规程主编单位：中冶建筑研究总院有限公司

本规程参编单位：国家钢结构工程技术研究中心
铁道科学研究院
中冶京诚工程技术有限公司
包头钢铁设计研究总院
清华大学
青岛理工大学
天津大学
北京工业大学
西安建筑科技大学
中国京冶工程技术有限公司
北京远达国际工程管理有限公司
中冶京唐建设有限公司
浙江杭萧钢构股份有限公司
上海宝冶建设有限公司
浙江精工钢结构有限公司
浙江泽恩标准件有限公司
北京三杰国际钢结构有限公司
宁波三江检测有限公司
北京多维国际钢结构有限公司
北京首钢建设集团有限公司
五洋建设集团股份有限公司

本规程主要起草人员：侯兆欣　柴　昶　沈家骅　贺贤娟　文双玲　王　燕　王元清　何文汇　王　清　马天鹏　杨强跃　张爱林　陈志华　严洪丽　程书华　陈桥生　郭剑云　郝际平　洪　亮　蒋荣夫　张圣华　张亚军　孟令阁

本规程主要审查人员：沈祖炎　陈禄如　刘树屯　柯长华　徐国彬　赵基达　尹敏达　范　重　游大江　李元齐

目　次

Contents

1 总 则

1.0.1 为在钢结构高强度螺栓连接的设计、施工及质量验收中做到技术先进、经济合理、安全适用、确保质量，制定本规程。

1.0.2 本规程适用于建筑钢结构工程中高强度螺栓连接的设计、施工与质量验收。

1.0.3 高强度螺栓连接的设计、施工与质量验收除应符合本规程外，尚应符合国家现行有关标准的规定。

2 术语和符号

2.1 术 语

2.1.1 高强度大六角头螺栓连接副 heavy-hex high strength bolt assembly

由一个高强度大六角头螺栓，一个高强度大六角螺母和两个高强度平垫圈组成一副的连接紧固件。

2.1.2 扭剪型高强度螺栓连接副 twist-off-type high strength bolt assembly

由一个扭剪型高强度螺栓，一个高强度大六角螺母和一个高强度平垫圈组成一副的连接紧固件。

2.1.3 摩擦面 faying surface

高强度螺栓连接板层之间的接触面。

2.1.4 预拉力（紧固轴力） pre-tension

通过紧固高强度螺栓连接副而在螺栓杆轴方向产生的，且符合连接设计所要求的拉力。

2.1.5 摩擦型连接 friction-type joint

依靠高强度螺栓的紧固，在被连接件间产生摩擦阻力以传递剪力而将构件、部件或板件连成整体的连接方式。

2.1.6 承压型连接 bearing-type joint

依靠螺杆抗剪和螺杆与孔壁承压以传递剪力而将构件、部件或板件连成整体的连接方式。

2.1.7 杠杆力（撬力）作用 prying action

在受拉连接接头中，由于拉力荷载与螺栓轴心线偏离引起连接件变形和连接接头中的杠杆作用，从而在连接件边缘产生的附加压力。

2.1.8 抗滑移系数 mean slip coefficient

高强度螺栓连接摩擦面滑移时，滑动外力与连接中法向压力（等同于螺栓预拉力）的比值。

2.1.9 扭矩系数 torque-pretension coefficient

高强度螺栓连接中，施加于螺母上的紧固扭矩与其在螺栓导入的轴向预拉力（紧固轴力）之间的比例系数。

2.1.10 栓焊并用连接 connection of sharing on a shear load by bolts and welds

考虑摩擦型高强度螺栓连接和贴角焊缝同时承担同一剪力进行设计的连接接头形式。

2.1.11 栓焊混用连接 joint with combined bolts and welds

在梁、柱、支撑构件的拼接及相互间的连接节点中，翼缘采用熔透焊缝连接，腹板采用摩擦型高强度螺栓连接的连接接头形式。

2.1.12 扭矩法 calibrated wrench method

通过控制施工扭矩值对高强度螺栓连接副进行紧固的方法。

2.1.13 转角法 turn-of-nut method

通过控制螺栓与螺母相对转角值对高强度螺栓连接副进行紧固的方法。

2.2 符 号

2.2.1 作用及作用效应

F——集中荷载；

M——弯矩；

N——轴心力；

P——高强度螺栓的预拉力；

Q——杠杆力（撬力）；

V——剪力。

2.2.2 计算指标

f——钢材的抗拉、拉压和抗弯强度设计值；

f_c^b——高强度螺栓连接件的承压强度设计值；

f_t^b——高强度螺栓的抗拉强度设计值；

f_v——钢材的抗剪强度设计值；

f_v^b——高强度螺栓的抗剪强度设计值；

N_c^b——单个高强度螺栓的承压承载力设计值；

N_t^b——单个高强度螺栓的受拉承载力设计值；

N_v^b——单个高强度螺栓的受剪承载力设计值；

σ——正应力；

τ——剪应力。

2.2.3 几何参数

A——毛截面面积；

A_{eff}——高强度螺栓螺纹处的有效截面面积；

A_f——一个翼缘毛截面面积；

A_n——净截面面积；

A_w——腹板毛截面面积；

a——间距；

d——直径；

d_0——孔径；

e——偏心距；

h——截面高度；

h_f——角焊缝的焊脚尺寸；

I——毛截面惯性矩；

l——长度；

S——毛截面面积矩。

2.2.4 计算系数及其他

k——扭矩系数；

n——高强度螺栓的数目；

n_i——所计算截面上高强度螺栓的数目；

n_v——螺栓的剪切面数目；

n_f——高强度螺栓传力摩擦面数目；

μ——高强度螺栓连接摩擦面的抗滑移系数；

N_v——单个高强度螺栓所承受的剪力；

N_t——单个高强度螺栓所承受的拉力；

P_c——高强度螺栓施工预拉力；

T_c——施工终拧扭矩；

T_{ch}——检查扭矩。

3 基本规定

3.1 一般规定

3.1.1 高强度螺栓连接设计采用概率论为基础的极限状态设计方法，用分项系数设计表达式进行计算。除疲劳计算外，高强度螺栓连接应按下列极限状态准则进行设计：

1 承载能力极限状态应符合下列规定：

1）抗剪摩擦型连接的连接件之间产生相对滑移；

2）抗剪承压型连接的螺栓或连接件达到剪切强度或承压强度；

3）沿螺栓杆轴方向受拉连接的螺栓或连接件达到抗拉强度；

4）需要抗震验算的连接其螺栓或连接件达到极限承载力。

2 正常使用极限状态应符合下列规定：

1）抗剪承压型连接的连接件之间应产生相对滑移；

2）沿螺栓杆轴方向受拉连接的连接件之间应产生相对分离。

3.1.2 高强度螺栓连接设计，宜符合连接强度不低于构件的原则。在钢结构设计文件中，应注明所用高强度螺栓连接副的性能等级、规格、连接类型及摩擦型连接摩擦面抗滑移系数值等要求。

3.1.3 承压型高强度螺栓连接不得用于直接承受动力荷载重复作用且需要进行疲劳计算的构件连接，以及连接变形对结构承载力和刚度等影响敏感的构件连接。

承压型高强度螺栓连接不宜用于冷弯薄壁型钢构件连接。

3.1.4 高强度螺栓连接长期受辐射热（环境温度）达150℃以上，或短时间受火焰作用时，应采取隔热降温措施予以保护。当构件采用防火涂料进行防火保护时，其高强度螺栓连接处的涂料厚度不应小于相邻构件的涂料厚度。

当高强度螺栓连接的环境温度为100℃～150℃时，其承载力应降低10%。

3.1.5 直接承受动力荷载重复作用的高强度螺栓连接，当应力变化的循环次数等于或大于5×10^4次时，应按现行国家标准《钢结构设计规范》GB 50017中的有关规定进行疲劳验算，疲劳验算应符合下列原则：

1 抗剪摩擦型连接可不进行疲劳验算，但其连接处开孔主体金属应进行疲劳验算；

2 沿螺栓轴向抗拉为主的高强度螺栓连接在动力荷载重复作用下，当荷载和杠杆力引起螺栓轴向拉力超过螺栓受拉承载力30%时，应对螺栓拉应力进行疲劳验算；

3 对于进行疲劳验算的受拉连接，应考虑杠杆力作用的影响；宜采取加大连接板厚度等加强连接刚度的措施，使计算所得的撬力不超过荷载外拉力值的30%；

4 栓焊并用连接应按全部剪力由焊缝承担的原则，对焊缝进行疲劳验算。

3.1.6 当结构有抗震设防要求时，高强度螺栓连接应按现行国家标准《建筑抗震设计规范》GB 50011等相关标准进行极限承载力验算和抗震构造设计。

3.1.7 在同一连接接头中，高强度螺栓连接不应与普通螺栓连接混用。承压型高强度螺栓连接不应与焊接连接并用。

3.2 材料与设计指标

3.2.1 高强度大六角头螺栓（性能等级8.8s和10.9s）连接副的材质、性能等应分别符合现行国家标准《钢结构用高强度大六角头螺栓》GB/T 1228、《钢结构用高强度大六角螺母》GB/T 1229、《钢结构用高强度垫圈》GB/T 1230以及《钢结构用高强度大六角头螺栓、大六角螺母、垫圈技术条件》GB/T 1231的规定。

3.2.2 扭剪型高强度螺栓（性能等级10.9s）连接副的材质、性能等应符合现行国家标准《钢结构用扭剪型高强度螺栓连接副》GB/T 3632的规定。

3.2.3 承压型连接的强度设计值应按表3.2.3采用。

表3.2.3 承压型高强度螺栓连接的强度设计值（N/mm²）

螺栓的性能等级、构件钢材的牌号和连接类型			抗拉强度 f_t^b	抗剪强度 f_v^b	承压强度 f_c^b
承压型连接	高强度螺栓连接副	8.8s	400	250	—
		10.9s	500	310	—
	连接处构件	Q235	—	—	470
		Q345	—	—	590
		Q390	—	—	615
		Q420	—	—	655

3.2.4 高强度螺栓连接摩擦面抗滑移系数 μ 的取值应符合表 3.2.4-1 和表 3.2.4-2 中的规定。

表 3.2.4-1 钢材摩擦面的抗滑移系数 μ

连接处构件接触面的处理方法		构件的钢号			
		Q235	Q345	Q390	Q420
普通钢结构	喷砂（丸）	0.45	0.50		0.50
	喷砂（丸）后生赤锈	0.45	0.50		0.50
	钢丝刷清除浮锈或未经处理的干净轧制表面	0.30	0.35		0.40
冷弯薄壁型钢结构	喷砂（丸）	0.40	0.45	—	—
	热轧钢材轧制表面清除浮锈	0.30	0.35	—	—
	冷轧钢材轧制表面清除浮锈	0.25	—	—	—

注：1 钢丝刷除锈方向应与受力方向垂直；
2 当连接构件采用不同钢号时，μ 应按相应的较低值取值；
3 采用其他方法处理时，其处理工艺及抗滑移系数值均应经试验确定。

表 3.2.4-2 涂层摩擦面的抗滑移系数 μ

涂层类型	钢材表面处理要求	涂层厚度（μm）	抗滑移系数
无机富锌漆	$Sa2\frac{1}{2}$	60～80	0.40*
锌加底漆（ZINGA）			0.45
防滑防锈硅酸锌漆		80～120	0.45
聚氨酯富锌底漆或醇酸铁红底漆	Sa2 及以上	60～80	0.15

注：1 当设计要求使用其他涂层（热喷铝、镀锌等）时，其钢材表面处理要求、涂层厚度以及抗滑移系数均应经试验确定；
2 *当连接板材为 Q235 钢时，对于无机富锌漆涂层抗滑移系数 μ 值取 0.35；
3 防滑防锈硅酸锌漆、锌加底漆（ZINGA）不应采用手工涂刷的施工方法。

3.2.5 每一个高强度螺栓的预拉力设计取值应按表 3.2.5 采用。

表 3.2.5 一个高强度螺栓的预拉力 P（kN）

螺栓的性能等级	螺栓规格						
	M12	M16	M20	M22	M24	M27	M30
8.8s	45	80	125	150	175	230	280
10.9s	55	100	155	190	225	290	355

3.2.6 高强度螺栓连接的极限承载力取值应符合现行国家标准《建筑抗震设计规范》GB 50011 有关规定。

4 连接设计

4.1 摩擦型连接

4.1.1 摩擦型连接中，每个高强度螺栓的受剪承载力设计值应按下式计算：

$$N_v^b = k_1 k_2 n_f \mu P \quad (4.1.1)$$

式中：k_1——系数，对冷弯薄壁型钢结构（板厚 $t \leqslant$ 6mm）取 0.8；其他情况取 0.9；

k_2——孔型系数，标准孔取 1.0；大圆孔取 0.85；荷载与槽孔长方向垂直时取 0.7；荷载与槽孔长方向平行时取 0.6；

n_f——传力摩擦面数目；

μ——摩擦面的抗滑移系数，按本规程表 3.2.4-1 和 3.2.4-2 采用；

P——每个高强度螺栓的预拉力（kN），按本规程表 3.2.5 采用；

N_v^b——单个高强度螺栓的受剪承载力设计值（kN）。

4.1.2 在螺栓杆轴方向受拉的连接中，每个高强度螺栓的受拉承载力设计值应按下式计算：

$$N_t^b = 0.8P \quad (4.1.2)$$

式中：N_t^b——单个高强度螺栓的受拉承载力设计值（kN）。

4.1.3 高强度螺栓连接同时承受剪力和螺栓杆轴方向的外拉力时，其承载力应按下式计算：

$$\frac{N_v}{N_v^b} + \frac{N_t}{N_t^b} \leqslant 1 \quad (4.1.3)$$

式中：N_v——某个高强度螺栓所承受的剪力（kN）；

N_t——某个高强度螺栓所承受的拉力（kN）。

4.1.4 轴心受力构件在摩擦型高强度螺栓连接处的强度应按下列公式计算：

$$\sigma = \frac{N'}{A_n} \leqslant f \quad (4.1.4\text{-}1)$$

$$\sigma = \frac{N}{A} \leqslant f \quad (4.1.4\text{-}2)$$

式中：A——计算截面处构件毛截面面积（mm^2）；

A_n——计算截面处构件净截面面积（mm^2）；

f——钢材的抗拉、拉压和抗弯强度设计值（N/mm^2）；

N——轴心拉力或轴心压力（kN）；

N'——折算轴力（kN），$N' = \left(1 - 0.5\frac{n_1}{n}\right)N$；

n——在节点或拼接处，构件一端连接的高强度螺栓数；

n_1——计算截面（最外列螺栓处）上高强度螺栓数。

4.1.5 在构件节点或拼接接头的一端，当螺栓沿受力方向连接长度 l_1 大于 $15d_0$ 时，螺栓承载力设计值应乘以折减系数 $\left(1.1 - \frac{l_1}{150d_0}\right)$。当 l_1 大于 $60d_0$ 时，折减系数为 0.7，d_0 为相应的标准孔孔径。

4.2 承压型连接

4.2.1 承压型高强度螺栓连接接触面应清除油污及

浮锈等，保持接触面清洁或按设计要求涂装。设计和施工时不应要求连接部位的摩擦面抗滑移系数值。

4.2.2 承压型连接的构造、选材、表面除锈处理以及施加预拉力等要求与摩擦型连接相同。

4.2.3 承压型连接承受螺栓杆轴方向的拉力时，每个高强度螺栓的受拉承载力设计值应按下式计算：

$$N_t^b = A_{eff} f_t^b \qquad (4.2.3)$$

式中：A_{eff}——高强度螺栓螺纹处的有效截面面积（mm^2），按表 4.2.3 选取。

表 4.2.3 螺栓在螺纹处的有效截面面积 A_{eff}（mm^2）

螺栓规格	M12	M16	M20	M22	M24	M27	M30
A_{eff}	84.3	157	245	303	353	459	561

4.2.4 在受剪承压型连接中，每个高强度螺栓的受剪承载力，应按下列公式计算，并取受剪和承压承载力设计值中的较小者。

受剪承载力设计值：

$$N_v^b = n_v \frac{\pi d^2}{4} f_v^b \qquad (4.2.4\text{-}1)$$

承压承载力设计值：

$$N_c^b = d \sum t f_c^b \qquad (4.2.4\text{-}2)$$

式中：n_v——螺栓受剪面数目；

d——螺栓公称直径（mm）；在式（4.2.4-1）中，当剪切面在螺纹处时，应按螺纹处的有效截面面积 A_{eff} 计算受剪承载力设计值；

$\sum t$——在不同受力方向中一个受力方向承压构件总厚度的较小值（mm）。

4.2.5 同时承受剪力和杆轴方向拉力的承压型连接的高强度螺栓，应分别符合下列公式要求：

$$\sqrt{\left(\frac{N_v}{N_v^b}\right)^2 + \left(\frac{N_t}{N_t^b}\right)^2} \leqslant 1 \qquad (4.2.5\text{-}1)$$

$$N_v \leqslant N_c^b / 1.2 \qquad (4.2.5\text{-}2)$$

4.2.6 轴心受力构件在承压型高强度螺栓连接处的强度应按本规程第 4.1.4 条规定计算。

4.2.7 在构件的节点或拼接接头的一端，当螺栓沿受力方向连接长度 l_1 大于 15 d_0 时，螺栓承载力设计值应按本规程第 4.1.5 条规定乘以折减系数。

4.2.8 抗剪承压型连接正常使用极限状态下的设计计算应按照本规程第 4.1 节有关规定进行。

4.3 连接构造

4.3.1 每一杆件在高强度螺栓连接节点及拼接接头的一端，其连接的高强度螺栓数量不应少于 2 个。

4.3.2 当型钢构件的拼接采用高强度螺栓时，其拼接件宜采用钢板；当连接处型钢斜面斜度大于 1/20 时，应在斜面上采用斜垫板。

4.3.3 高强度螺栓连接的构造应符合下列规定：

1 高强度螺栓孔径应按表 4.3.3-1 匹配，承压型连接螺栓孔径不应大于螺栓公称直径 2mm。

2 不得在同一个连接摩擦面的盖板和芯板同时采用扩大孔型（大圆孔、槽孔）。

表 4.3.3-1 高强度螺栓连接的孔径匹配（mm）

螺栓公称直径				M12	M16	M20	M22	M24	M27	M30
孔型	标准圆孔	直径		13.5	17.5	22	24	26	30	33
	大圆孔	直径		16	20	24	28	30	35	38
	槽孔	长度	短向	13.5	17.5	22	24	26	30	33
			长向	22	30	37	40	45	50	55

3 当盖板按大圆孔、槽孔制孔时，应增大垫圈厚度或采用孔径与标准垫圈相同的连续型垫板。垫圈或连续垫板厚度应符合下列规定：

1）M24 及以下规格的高强度螺栓连接副，垫圈或连续垫板厚度不宜小于 8mm；

2）M24 以上规格的高强度螺栓连接副，垫圈或连续垫板厚度不宜小于 10mm；

3）冷弯薄壁型钢结构的垫圈或连续垫板厚度不宜小于连接板（芯板）厚度。

4 高强度螺栓孔距和边距的容许间距应按表 4.3.3-2 的规定采用。

表 4.3.3-2 高强度螺栓孔距和边距的容许间距

名 称	位置和方向			最大容许间距（两者较小值）	最小容许间距
中心间距	外排（垂直内力方向或顺内力方向）			$8d_0$ 或 $12t$	$3d_0$
	中间排	垂直内力方向		$16d_0$ 或 $24t$	
		顺内力方向	构件受压力	$12d_0$ 或 $18t$	
			构件受拉力	$16d_0$ 或 $24t$	
	沿对角线方向			—	
中心至构件边缘距离	顺力方向			$4d_0$ 或 $8t$	$2d_0$
	切割边或自动手工气割边				$1.5d_0$
	轧制边、自动气割边或锯割边				

注：1 d_0 为高强度螺栓连接板的孔径，对槽孔为短向尺寸；t 为外层较薄板件的厚度；

2 钢板边缘与刚性构件（如角钢、槽钢等）相连的高强度螺栓的最大间距，可按中间排的数值采用。

4.3.4 设计布置螺栓时，应考虑工地专用施工工具的可操作空间要求。常用扳手可操作空间尺寸宜符合表 4.3.4 的要求。

表 4.3.4　施工扳手可操作空间尺寸

扳手种类		参考尺寸 (mm) a	参考尺寸 (mm) b	示意图
手动定扭矩扳手		$1.5d_0$ 且不小于 45	140＋c	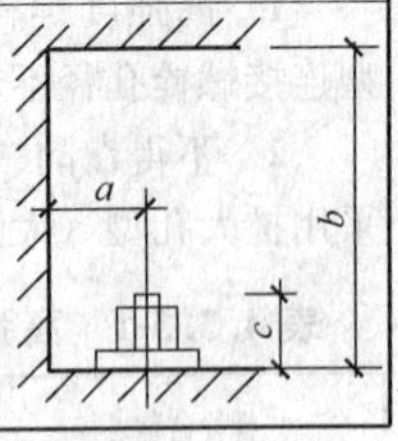
扭剪型电动扳手		65	530＋c	
大六角电动扳手	M24 及以下	50	450＋c	
	M24 以上	60	500＋c	

5　连接接头设计

5.1　螺栓拼接接头

5.1.1　高强度螺栓全栓拼接接头适用于构件的现场全截面拼接，其连接形式应采用摩擦型连接。拼接接头宜按等强原则设计，也可根据使用要求按接头处最大内力设计。当构件按地震组合内力进行设计计算并控制截面选择时，尚应按现行国家标准《建筑抗震设计规范》GB 50011 进行接头极限承载力的验算。

5.1.2　H 型钢梁截面螺栓拼接接头（图 5.1.2）的计算原则应符合下列规定：

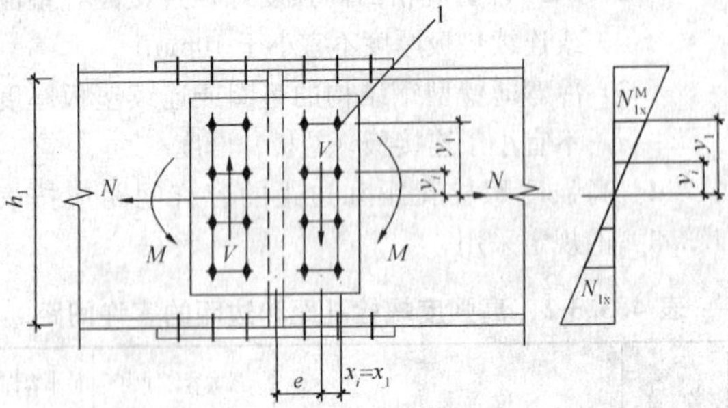

图 5.1.2　H 型钢梁高强度螺栓拼接接头
1—角点 1 号螺栓

1　翼缘拼接板及拼接缝每侧的高强度螺栓，应能承受按翼缘净截面面积计算的翼缘受拉承载力；

2　腹板拼接板及拼接缝每侧的高强度螺栓，应能承受拼接截面的全部剪力及按刚度分配到腹板上的弯矩；同时拼接处拼材与螺栓的受剪承载力不应小于构件截面受剪承载力的 50%；

3　高强度螺栓在弯矩作用下的内力分布应符合平截面假定，即腹板角点上的螺栓水平剪力值与翼缘螺栓水平剪力值成线性关系；

4　按等强原则计算腹板拼接时，应按与腹板净截面承载力等强计算；

5　当翼缘采用单侧拼接板或双侧拼接板中夹有垫板拼接时，螺栓的数量应按计算增加 10%。

5.1.3　在 H 型钢梁截面螺栓拼接接头中的翼缘螺栓计算应符合下列规定：

1　拼接处需由螺栓传递翼缘轴力 N_f 的计算，应符合下列规定：

1) 按等强拼接原则设计时，应按下列公式计算，并取二者中的较大者：

$$N_f = A_{nf} f\left(1-0.5\frac{n_1}{n}\right) \qquad (5.1.3\text{-}1)$$

$$N_f = A_f f \qquad (5.1.3\text{-}2)$$

式中：A_{nf} ——一个翼缘的净截面面积（mm^2）；

A_f ——一个翼缘的毛截面面积（mm^2）；

n_1 ——拼接处构件一端翼缘高强度螺栓中最外列螺栓数目。

2) 按最大内力法设计时，可按下式计算取值：

$$N_f = \frac{M_1}{h_1} + N_1\frac{A_f}{A} \qquad (5.1.3\text{-}3)$$

式中：h_1 ——拼接截面处，H 型钢上下翼缘中心间距离（mm）；

M_1 ——拼接截面处作用的最大弯矩（kN・m）；

N_1 ——拼接截面处作用的最大弯矩相应的轴力（kN）。

2　H 型钢翼缘拼接缝一侧所需的螺栓数量 n 应符合下式要求：

$$n \geqslant N_f/N_v^b \qquad (5.1.3\text{-}4)$$

式中：N_f ——拼接处需由螺栓传递的上、下翼缘轴向力（kN）。

5.1.4　在 H 型钢梁截面螺栓拼接接头中的腹板螺栓计算应符合下列规定：

1　H 型钢腹板拼接缝一侧的螺栓群角点栓 1（图 5.1.2）在腹板弯矩作用下所承受的水平剪力 N_{1x}^M 和竖向剪力 N_{1y}^M，应按下列公式计算：

$$N_{1x}^M = \frac{(MI_{wx}/I_x + Ve)y_1}{\sum(x_i^2 + y_i^2)} \qquad (5.1.4\text{-}1)$$

$$N_{1y}^M = \frac{(MI_{wx}/I_x + Ve)x_1}{\sum(x_i^2 + y_i^2)} \qquad (5.1.4\text{-}2)$$

式中：e ——偏心距（mm）；

I_{wx} ——梁腹板的惯性矩（mm^4），对轧制 H 型钢，腹板计算高度取至弧角的上下边缘点；

I_x ——梁全截面的惯性矩（mm^4）；

M ——拼接截面的弯矩（kN・m）；

V ——拼接截面的剪力（kN）；

N_{1x}^M ——在腹板弯矩作用下，角点栓 1 所承受的水平剪力(kN)；

N_{1y}^M ——在腹板弯矩作用下，角点栓 1 所承受的竖向剪力（kN）；

x_i ——所计算螺栓至栓群中心的横标距（mm）；

y_i ——所计算螺栓至栓群中心的纵标距（mm）。

2　H 型钢腹板拼接缝一侧的螺栓群角点栓 1（图 5.1.2）在腹板轴力作用下所承受的水平剪力 N_{1x}^N 和竖向剪力 N_{1y}^V，应按下列公式计算：

$$N_{1x}^{N}=\frac{N}{n_{w}}\frac{A_{w}}{A} \qquad (5.1.4\text{-}3)$$

$$N_{1y}^{V}=\frac{V}{n_{w}} \qquad (5.1.4\text{-}4)$$

式中：A_w ——梁腹板截面面积（mm^2）；

N_{1x}^{N} ——在腹板轴力作用下，角点栓 1 所承受的同号水平剪力（kN）；

N_{1y}^{V} ——在剪力作用下每个高强度螺栓所承受的竖向剪力(kN)；

n_w ——拼接缝一侧腹板螺栓的总数。

3 在拼接截面处弯矩 M 与剪力偏心弯矩 Ve、剪力 V 和轴力 N 作用下，角点 1 处螺栓所受的剪力 N_v 应满足下式的要求：

$$N_{v}=\sqrt{(N_{1x}^{M}+N_{1x}^{N})^{2}+(N_{1y}^{M}+N_{1y}^{N})^{2}}\leqslant N_{v}^{b} \qquad (5.1.4\text{-}5)$$

5.1.5 螺栓拼接接头的构造应符合下列规定：

1 拼接板材质应与母材相同；

2 同一类拼接节点中高强度螺栓连接副性能等级及规格应相同；

3 型钢翼缘斜面斜度大于 1/20 处应加斜垫板；

4 翼缘拼接板宜双面设置；腹板拼接板宜在腹板两侧对称配置。

5.2 受拉连接接头

5.2.1 沿螺栓杆轴方向受拉连接接头（图 5.2.1），由 T 形受拉件与高强度螺栓连接承受并传递拉力，适用于吊挂 T 形件连接节点或梁柱 T 形件连接节点。

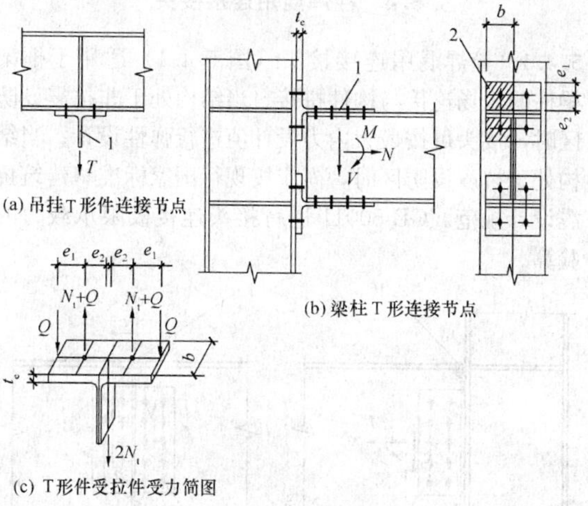

(a) 吊挂 T 形件连接节点　(b) 梁柱 T 形连接节点　(c) T 形件受拉件受力简图

图 5.2.1 T 形受拉件连接接头

1—T 形受拉件；2—计算单元

5.2.2 T 形件受拉连接接头的构造应符合下列规定：

1 T 形受拉件的翼缘厚度不宜小于 16mm，且不宜小于连接螺栓的直径；

2 有预拉力的高强度螺栓受拉连接接头中，高强度螺栓预拉力及其施工要求应与摩擦型连接相同；

3 螺栓应紧凑布置，其间距除应符合本规程第 4.3.3 条规定外，尚应满足 $e_1\leqslant 1.25e_2$ 的要求；

4 T 形受拉件宜选用热轧剖分 T 型钢。

5.2.3 计算不考虑撬力作用时，T 形受拉连接接头应按下列规定计算确定 T 形件翼缘板厚度与连接螺栓。

1 T 形件翼缘板的最小厚度 t_{ec} 按下式计算：

$$t_{ec}=\sqrt{\frac{4e_{2}N_{t}^{b}}{bf}} \qquad (5.2.3\text{-}1)$$

式中：b——按一排螺栓覆盖的翼缘板（端板）计算宽度（mm）；

e_1——螺栓中心到 T 形件翼缘边缘的距离（mm）；

e_2——螺栓中心到 T 形件腹板边缘的距离（mm）。

2 一个受拉高强度螺栓的受拉承载力应满足下式要求：

$$N_{t}\leqslant N_{t}^{b} \qquad (5.2.3\text{-}2)$$

式中：N_t——一个高强度螺栓的轴向拉力（kN）。

5.2.4 计算考虑撬力作用时，T 形受拉连接接头应按下列规定计算确定 T 形件翼缘板厚度、撬力与连接螺栓。

1 当 T 形件翼缘厚度小于 t_{ec} 时应考虑橇力作用影响，受拉 T 形件翼缘板厚度 t_e 按下式计算：

$$t_{e}\geqslant\sqrt{\frac{4e_{2}N_{t}}{\psi bf}} \qquad (5.2.4\text{-}1)$$

式中：ψ——撬力影响系数，$\psi=1+\delta\alpha'$；

δ——翼缘板截面系数，$\delta=1-\frac{d_0}{b}$；

α'——系数，当 $\beta\geqslant 1.0$ 时，α' 取 1.0；当 $\beta<1.0$ 时，$\alpha'=\frac{1}{\delta}\left(\frac{\beta}{1-\beta}\right)$，且满足 $\alpha'\leqslant 1.0$；

β——系数，$\beta=\frac{1}{\rho}\left(\frac{N_t^b}{N_t}-1\right)$；

ρ——系数，$\rho=\frac{e_2}{e_1}$。

2 撬力 Q 按下式计算：

$$Q=N_{t}^{b}\left[\delta\alpha\rho\left(\frac{t_{e}}{t_{ec}}\right)^{2}\right] \qquad (5.2.4\text{-}2)$$

式中：α——系数，$\alpha=\frac{1}{\delta}\left[\frac{N_t}{N_t^b}\left(\frac{t_{ec}}{t_e}\right)^2-1\right]\geqslant 0$。

3 考虑撬力影响时，高强度螺栓的受拉承载力应按下列规定计算：

1）按承载能力极限状态设计时应满足下式要求：

$$N_{t}+Q\leqslant 1.25N_{t}^{b} \qquad (5.2.4\text{-}3)$$

2）按正常使用极限状态设计时应满足下式要求：

$$N_{t}+Q\leqslant N_{t}^{b} \qquad (5.2.4\text{-}4)$$

5.3 外伸式端板连接接头

5.3.1 外伸式端板连接为梁或柱端头焊以外伸端板，

再以高强度螺栓连接组成的接头（图 5.3.1）。接头可同时承受轴力、弯矩与剪力，适用于钢结构框架（刚架）梁柱连接节点。

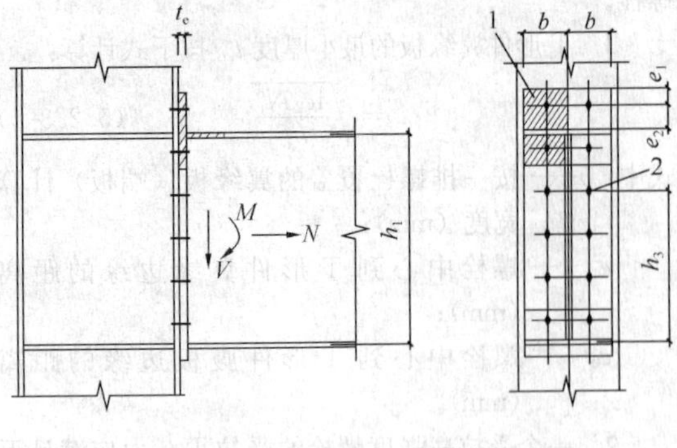

图 5.3.1　外伸式端板连接接头

1—受拉 T 形件；2—第三排螺栓

5.3.2　外伸式端板连接接头的构造应符合下列规定：

1　端板连接宜采用摩擦型高强度螺栓连接；

2　端板的厚度不宜小于 16mm，且不宜小于连接螺栓的直径；

3　连接螺栓至板件边缘的距离在满足螺栓施拧条件下应采用最小间距紧凑布置；端板螺栓竖向最大间距不应大于 400mm；螺栓布置与间距除应符合本规程第 4.3.3 条规定外，尚应满足 $e_1 \leqslant 1.25e_2$ 的要求；

4　端板直接与柱翼缘连接时，相连部位的柱翼缘板厚度不应小于端板厚度；

5　端板外伸部位宜设加劲肋；

6　梁端与端板的焊接宜采用熔透焊缝。

5.3.3　计算不考虑撬力作用时，应按下列规定计算确定端板厚度与连接螺栓。计算时接头在受拉螺栓部位按 T 形件单元（图 5.3.1 阴影部分）计算。

1　端板厚度应按本规程公式（5.2.3-1）计算。

2　受拉螺栓按 T 形件（图 5.3.1 阴影部分）对称于受拉翼缘的两排螺栓均匀受拉计算，每个螺栓的最大拉力 N_t 应符合下式要求：

$$N_t = \frac{M}{n_2 h_1} + \frac{N}{n} \leqslant N_t^b \qquad (5.3.3\text{-}1)$$

式中：M——端板连接处的弯矩；

N——端板连接处的轴拉力，轴力沿螺栓轴向为压力时不考虑（$N=0$）；

n_2——对称布置于受拉翼缘侧的两排螺栓的总数（如图 5.3.1 中 $n_2=4$）；

h_1——梁上、下翼缘中心间的距离。

3　当两排受拉螺栓承载力不能满足公式（5.3.3-1）要求时，可计入布置于受拉区的第三排螺栓共同工作，此时最大受拉螺栓的拉力 N_t 应符合下式要求：

$$N_t = \frac{M}{h_1\left[n_2 + n_3\left(\frac{h_3}{h_1}\right)^2\right]} + \frac{N}{n} \leqslant N_t^b \qquad (5.3.3\text{-}2)$$

式中：n_3——第三排受拉螺栓的数量（如图 5.3.1 中 $n_3=2$）；

h_3——第三排螺栓中心至受压翼缘中心的距离（mm）。

4　除抗拉螺栓外，端板上其余螺栓按承受全部剪力计算，每个螺栓承受的剪力应符合下式要求：

$$N_v = \frac{V}{n_v} \leqslant N_v^b \qquad (5.3.3\text{-}3)$$

式中：n_v——抗剪螺栓总数。

5.3.4　计算考虑撬力作用时，应按下列规定计算确定端板厚度、撬力与连接螺栓。计算时接头在受拉螺栓部位按 T 形件单元（图 5.3.1 阴影部分）计算。

1　端板厚度应按本规程式（5.2.4-1）计算；

2　作用于端板的撬力 Q 应按本规程式（5.2.4-2）计算；

3　受拉螺栓按对称于梁受拉翼缘的两排螺栓均匀受拉承担全部拉力计算，每个螺栓的最大拉力应符合下式要求：

$$\frac{M}{n_t h_1} + \frac{N}{n} + Q \leqslant 1.25 N_t^b \qquad (5.3.4)$$

当轴力沿螺栓轴向为压力时，取 $N=0$。

4　除抗拉螺栓外，端板上其余螺栓可按承受全部剪力计算，每个螺栓承受的剪力应符合式（5.3.3-3）的要求。

5.4　栓焊混用连接接头

5.4.1　栓焊混用连接接头（图 5.4.1）适用于框架梁柱的现场连接与构件拼接。当结构处于非抗震设防区时，接头可按最大内力设计值进行弹性设计；当结构处于抗震设防区时，尚应按现行国家标准《建筑抗震设计规范》GB 50011 进行接头连接极限承载力的验算。

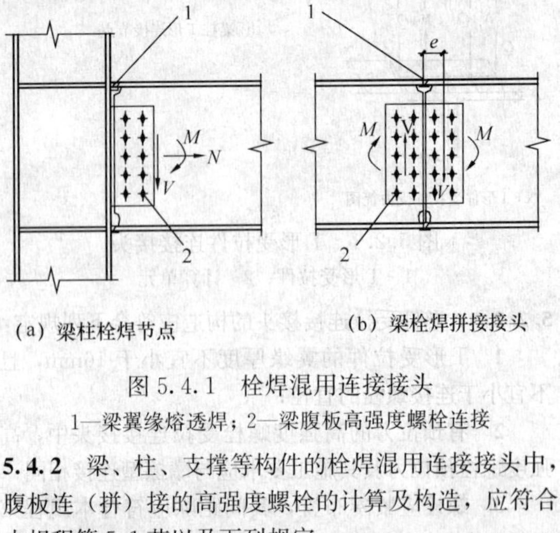

(a) 梁柱栓焊节点　　(b) 梁栓焊拼接接头

图 5.4.1　栓焊混用连接接头

1—梁翼缘熔透焊；2—梁腹板高强度螺栓连接

5.4.2　梁、柱、支撑等构件的栓焊混用连接接头中，腹板连（拼）接的高强度螺栓的计算及构造，应符合本规程第 5.1 节以及下列规定：

1　按等强方法计算拼接接头时，腹板净截面宜考虑锁口孔的折减影响；

2　施工顺序宜在高强度螺栓初拧后进行翼缘的焊接，然后再进行高强度螺栓终拧；

3　当采用先终拧螺栓再进行翼缘焊接的施工工序时，腹板拼接高强度螺栓宜采取补拧措施或增加螺栓数量10%。

5.4.3　处于抗震设防区且由地震作用组合控制截面设计的框架梁柱栓焊混用接头，当梁翼缘的塑性截面模量小于梁全截面塑性截面模量的70%时，梁腹板与柱的连接螺栓不得少于2列，且螺栓总数不得小于计算值的1.5倍。

5.5　栓焊并用连接接头

5.5.1　栓焊并用连接接头（图5.5.1）宜用于改造、加固的工程。其连接构造应符合下列规定：

1　平行于受力方向的侧焊缝端部起弧点距板边不应小于 h_f，且与最外端的螺栓距离应不小于 $1.5d_0$；同时侧焊缝末端应连续绕角焊不小于 $2h_f$ 长度；

2　栓焊并用连接的连接板边缘与焊件边缘距离不应小于30mm。

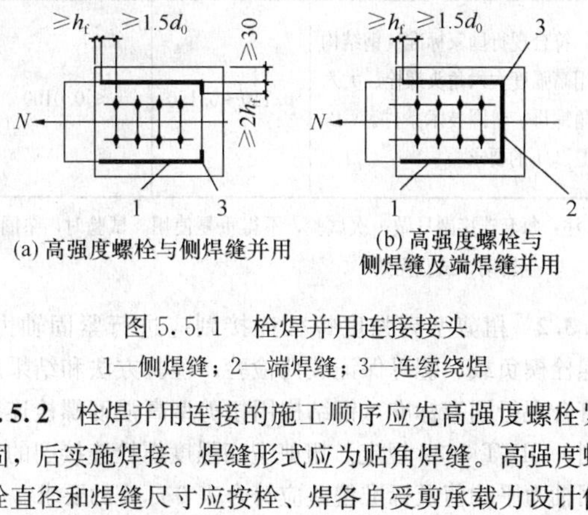

(a) 高强度螺栓与侧焊缝并用　　(b) 高强度螺栓与侧焊缝及端焊缝并用

图5.5.1　栓焊并用连接接头

1—侧焊缝；2—端焊缝；3—连续绕焊

5.5.2　栓焊并用连接的施工顺序应先高强度螺栓紧固，后实施焊接。焊缝形式应为贴角焊缝。高强度螺栓直径和焊缝尺寸应按栓、焊各自受剪承载力设计值相差不超过3倍的要求进行匹配。

5.5.3　栓焊并用连接的受剪承载力应分别按下列公式计算：

1　高强度螺栓与侧焊缝并用连接

$$N_{wb} = N_{fs} + 0.75N_{bv} \quad (5.5.3\text{-}1)$$

式中：N_{bv}——连接接头中摩擦型高强度螺栓连接受剪承载力设计值（kN）；

N_{fs}——连接接头中侧焊缝受剪承载力设计值（kN）；

N_{wb}——连接接头的栓焊并用连接受剪承载力设计值（kN）。

2　高强度螺栓与侧焊缝及端焊缝并用连接

$$N_{wb} = 0.85N_{fs} + N_{fe} + 0.25N_{bv} \quad (5.5.3\text{-}2)$$

式中：N_{fe}——连接接头中端焊缝受剪承载力设计值（kN）。

5.5.4　在既有摩擦型高强度螺栓连接接头上新增角焊缝进行加固补强时，其栓焊并用连接设计应符合下列规定：

1　摩擦型高强度螺栓连接和角焊缝焊接连接应分别承担加固焊接补强前的荷载和加固焊接补强后所增加的荷载；

2　当加固前进行结构卸载或加固焊接补强前的荷载小于摩擦型高强度螺栓连接承载力设计值25%时，可按本规程第5.5.3条进行连接设计。

5.5.5　当栓焊并用连接采用先栓后焊的施工工序时，应在焊接24h后对离焊缝100mm范围内的高强度螺栓补拧，补拧扭矩应为施工终拧扭矩值。

5.5.6　摩擦型高强度螺栓连接不宜与垂直受力方向的贴角焊缝（端焊缝）单独并用连接。

6　施　　工

6.1　储运和保管

6.1.1　大六角头高强度螺栓连接副由一个螺栓、一个螺母和两个垫圈组成，使用组合应按表6.1.1规定。扭剪型高强度连接副由一个螺栓、一个螺母和一个垫圈组成。

表6.1.1　大六角头高强度螺栓连接副组合

螺　栓	螺　母	垫　圈
10.9s	10H	（35～45）HRC
8.8s	8H	（35～45）HRC

6.1.2　高强度螺栓连接副应按批配套进场，并附有出厂质量保证书。高强度螺栓连接副应在同批内配套使用。

6.1.3　高强度螺栓连接副在运输、保管过程中，应轻装、轻卸，防止损伤螺纹。

6.1.4　高强度螺栓连接副应按包装箱上注明的批号、规格分类保管；室内存放，堆放应有防止生锈、潮湿及沾染脏物等措施。高强度螺栓连接副在安装使用前严禁随意开箱。

6.1.5　高强度螺栓连接副的保管时间不应超过6个月。当保管时间超过6个月后使用时，必须按要求重新进行扭矩系数或紧固轴力试验，检验合格后，方可使用。

6.2　连接构件的制作

6.2.1　高强度螺栓连接构件的栓孔孔径应符合设计要求。高强度螺栓连接构件制孔允许偏差应符合表6.2.1的规定。

表 6.2.1　高强度螺栓连接构件制孔允许偏差（mm）

公称直径			M12	M16	M20	M22	M24	M27	M30
孔型	标准圆孔	直径	13.5	17.5	22.0	24.0	26.0	30.0	33.0
		允许偏差	+0.43 0	+0.43 0	+0.52 0	+0.52 0	+0.52 0	+0.84 0	+0.84 0
		圆度	1.00		1.50				
	大圆孔	直径	16.0	20.0	24.0	28.0	30.0	35.0	38.0
		允许偏差	+0.43 0	+0.43 0	+0.52 0	+0.52 0	+0.52 0	+0.84 0	+0.84 0
		圆度	1.00		1.50				
	槽孔	长度 短向	13.5	17.5	22.0	24.0	26.0	30.0	33.0
		长度 长向	22.0	30.0	37.0	40.0	45.0	50.0	55.0
		允许偏差 短向	+0.43 0	+0.43 0	+0.52 0	+0.52 0	+0.52 0	+0.84 0	+0.84 0
		允许偏差 长向	+0.84 0	+0.84 0	+1.00 0	+1.00 0	+1.00 0	+1.00 0	+1.00 0
中心线倾斜度			应为板厚的3%，且单层板应为2.0mm，多层板叠组合应为3.0mm						

6.2.2　高强度螺栓连接构件的栓孔孔距允许偏差应符合表6.2.2的规定。

表 6.2.2　高强度螺栓连接构件孔距允许偏差（mm）

孔距范围	<500	501～1200	1201～3000	>3000
同一组内任意两孔间	±1.0	±1.5	—	—
相邻两组的端孔间	±1.5	±2.0	±2.5	±3.0

注：孔的分组规定：

1　在节点中连接板与一根杆件相连的所有螺栓孔为一组；

2　对接接头在拼接板一侧的螺栓孔为一组；

3　在两相邻节点或接头间的螺栓孔为一组，但不包括上述1、2两款所规定的孔；

4　受弯构件翼缘上的孔，每米长度范围内的螺栓孔为一组。

6.2.3　主要构件连接和直接承受动力荷载重复作用且需要进行疲劳计算的构件，其连接高强度螺栓孔应采用钻孔成型。次要构件连接且板厚小于或等于12mm时可采用冲孔成型，孔边应无飞边、毛刺。

6.2.4　采用标准圆孔连接处板迭上所有螺栓孔，均应采用量规检查，其通过率应符合下列规定：

1　用比孔的公称直径小1.0mm的量规检查，每组至少应通过85%；

2　用比螺栓公称直径大(0.2～0.3)mm的量规检查(M22及以下规格为大0.2mm，M24～M30规格为大0.3mm)，应全部通过。

6.2.5　按本规程第6.2.4条检查时，凡量规不能通过的孔，必须经施工图编制单位同意后，方可扩钻或补焊后重新钻孔。扩钻后的孔径不应超过1.2倍螺栓直径。补焊时，应用与母材相匹配的焊条补焊，严禁用钢块、钢筋、焊条等填塞。每组孔中经补焊重新钻孔的数量不得超过该组螺栓数量的20%。处理后的孔应作出记录。

6.2.6　高强度螺栓连接处的钢板表面处理方法及除锈等级应符合设计要求。连接处钢板表面应平整、无焊接飞溅、无毛刺、无油污。经处理后的摩擦型高强度螺栓连接的摩擦面抗滑移系数应符合设计要求。

6.2.7　经处理后的高强度螺栓连接处摩擦面应采取保护措施，防止沾染脏物和油污。严禁在高强度螺栓连接处摩擦面上作标记。

6.3　高强度螺栓连接副和摩擦面抗滑移系数检验

6.3.1　高强度大六角头螺栓连接副应进行扭矩系数、螺栓楔负载、螺母保证载荷检验，其检验方法和结果应符合现行国家标准《钢结构用高强度大六角头螺栓、大六角螺母、垫圈技术条件》GB/T 1231规定。高强度大六角头螺栓连接副扭矩系数的平均值及标准偏差应符合表6.3.1的要求。

表 6.3.1　高强度大六角头螺栓连接副扭矩系数平均值及标准偏差值

连接副表面状态	扭矩系数平均值	扭矩系数标准偏差
符合现行国家标准《钢结构用高强度大六角头螺栓、大六角螺母、垫圈技术条件》GB/T l231的要求	0.110～0.150	≤0.0100

注：每套连接副只做一次试验，不得重复使用。试验时，垫圈发生转动，试验无效。

6.3.2　扭剪型高强度螺栓连接副应进行紧固轴力、螺栓楔负载、螺母保证载荷检验，检验方法和结果应符合现行国家标准《钢结构用扭剪型高强度螺栓连接副》GB/T 3632规定。扭剪型高强度螺栓连接副的紧固轴力平均值及标准偏差应符合表6.3.2的要求。

表 6.3.2　扭剪型高强度螺栓连接副紧固轴力平均值及标准偏差值

螺栓公称直径		M16	M20	M22	M24	M27	M30
紧固轴力值(kN)	最小值	100	155	190	225	290	355
	最大值	121	187	231	270	351	430
标准偏差（kN）		≤10.0	≤15.4	≤19.0	≤22.5	≤29.0	≤35.4

注：每套连接副只做一次试验，不得重复使用。试验时，垫圈发生转动，试验无效。

6.3.3　摩擦面的抗滑移系数（图6.3.3）应按下列规定进行检验：

1　抗滑移系数检验应以钢结构制作检验批为单位，由制作厂和安装单位分别进行，每一检验批三组；单项工程的构件摩擦面选用两种及两种以上表面处理工艺时，则每种表面处理工艺均需检验；

2 抗滑移系数检验用的试件由制作厂加工，试件与所代表的构件应为同一材质、同一摩擦面处理工艺、同批制作，使用同一性能等级的高强度螺栓连接副，并在相同条件下同批发运；

3 抗滑移系数试件宜采用图 6.3.3 所示形式（试件钢板厚度 $2t_2 \geqslant t_1$）；试件的设计应考虑摩擦面在滑移之前，试件钢板的净截面仍处于弹性状态；

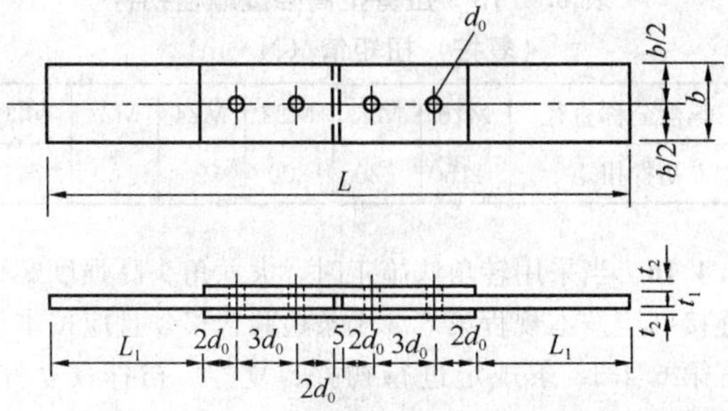

图 6.3.3 抗滑移系数试件

4 抗滑移系数应在拉力试验机上进行并测出其滑移荷载；试验时，试件的轴线应与试验机夹具中心严格对中；

5 抗滑移系数 μ 应按下式计算，抗滑移系数 μ 的计算结果应精确到小数点后 2 位。

$$\mu = \frac{N}{n_f \cdot \sum P_t} \qquad (6.3.3)$$

式中：N——滑移荷载；

n_f——传力摩擦面数目，$n_f = 2$；

P_t——高强度螺栓预拉力实测值（误差小于或等于 2%），试验时控制在 $0.95P \sim 1.05P$ 范围内；

$\sum P_t$——与试件滑动荷载一侧对应的高强度螺栓预拉力之和。

6 抗滑移系数检验的最小值必须大于或等于设计规定值。当不符合上述规定时，构件摩擦面应重新处理。处理后的构件摩擦面应按本节规定重新检验。

6.4 安 装

6.4.1 高强度螺栓长度 l 应保证在终拧后，螺栓外露丝扣为 2～3 扣。其长度应按下式计算：

$$l = l' + \Delta l \qquad (6.4.1)$$

式中：l'——连接板层总厚度（mm）；

Δl——附加长度（mm），$\Delta l = m + n_w s + 3p$；

m——高强度螺母公称厚度（mm）；

n_w——垫圈个数；扭剪型高强度螺栓为 1，大六角头高强度螺栓为 2；

s——高强度垫圈公称厚度（mm）；

p——螺纹的螺距（mm）。

当高强度螺栓公称直径确定之后，Δl 可按表 6.4.1 取值。但采用大圆孔或槽孔时，高强度垫圈公称厚度（s）应按实际厚度取值。根据式 6.4.1 计算出的螺栓长度按修约间隔 5mm 进行修约，修约后的长度为螺栓公称长度。

表 6.4.1 高强度螺栓附加长度 Δl（mm）

螺栓公称直径	M12	M16	M20	M22	M24	M27	M30
高强度螺母公称厚度	12.0	16.0	20.0	22.0	24.0	27.0	30.0
高强度垫圈公称厚度	3.00	4.00	4.00	5.00	5.00	5.00	5.00
螺纹的螺距	1.75	2.00	2.50	2.50	3.00	3.00	3.50
大六角头高强度螺栓附加长度	23.0	30.0	35.5	39.5	43.0	46.0	50.5
扭剪型高强度螺栓附加长度	—	26.0	31.5	34.5	38.0	41.0	45.5

6.4.2 高强度螺栓连接处摩擦面如采用喷砂（丸）后生赤锈处理方法时，安装前应以细钢丝刷除去摩擦面上的浮锈。

6.4.3 对因板厚公差、制造偏差或安装偏差等产生的接触面间隙，应按表 6.4.3 规定进行处理。

表 6.4.3 接触面间隙处理

项目	示意图	处理方法
1	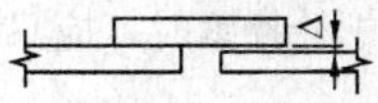	Δ＜1.0mm 时不予处理
2	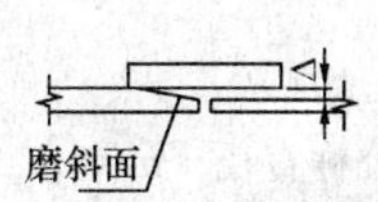	Δ＝（1.0～3.0）mm 时将厚板一侧磨成 1∶10 缓坡，使间隙小于 1.0mm
3	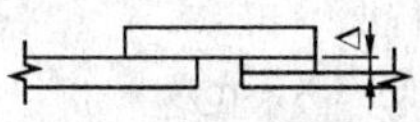	Δ＞3.0mm 时加垫板，垫板厚度不小于 3mm，最多不超过 3 层，垫板材质和摩擦面处理方法应与构件相同

6.4.4 高强度螺栓连接安装时，在每个节点上应穿入的临时螺栓和冲钉数量，由安装时可能承担的荷载计算确定，并应符合下列规定：

1 不得少于节点螺栓总数的 1/3；

2 不得少于 2 个临时螺栓；

3 冲钉穿入数量不宜多于临时螺栓数量的 30%。

6.4.5 在安装过程中，不得使用螺纹损伤及沾染脏物的高强度螺栓连接副，不得用高强度螺栓兼作临时螺栓。

6.4.6 工地安装时，应按当天高强度螺栓连接副需要使用的数量领取。当天安装剩余的必须妥善保管，不得乱扔、乱放。

6.4.7 高强度螺栓的安装应在结构构件中心位置调

整后进行，其穿入方向应以施工方便为准，并力求一致。高强度螺栓连接副组装时，螺母带圆台面的一侧应朝向垫圈有倒角的一侧。对于大六角头高强度螺栓连接副组装时，螺栓头下垫圈有倒角的一侧应朝向螺栓头。

6.4.8　安装高强度螺栓时，严禁强行穿入。当不能自由穿入时，该孔应用铰刀进行修整，修整后孔的最大直径不应大于 1.2 倍螺栓直径，且修孔数量不应超过该节点螺栓数量的 25%。修孔前应将四周螺栓全部拧紧，使板迭密贴后再进行铰孔。严禁气割扩孔。

6.4.9　按标准孔型设计的孔，修整后孔的最大直径超过 1.2 倍螺栓直径或修孔数量超过该节点螺栓数量的 25%时，应经设计单位同意。扩孔后的孔型尺寸应作记录，并提交设计单位，按大圆孔、槽孔等扩大孔型进行折减后复核计算。

6.4.10　安装高强度螺栓时，构件的摩擦面应保持干燥，不得在雨中作业。

6.4.11　大六角头高强度螺栓施工所用的扭矩扳手，班前必须校正，其扭矩相对误差应为±5%，合格后方准使用。校正用的扭矩扳手，其扭矩相对误差应为±3%。

6.4.12　大六角头高强度螺栓拧紧时，应只在螺母上施加扭矩。

6.4.13　大六角头高强度螺栓的施工终拧扭矩可由下式计算确定：

$$T_c = kP_c d \qquad (6.4.13)$$

式中：d——高强度螺栓公称直径（mm）；

k——高强度螺栓连接副的扭矩系数平均值，该值由第 6.3.1 条试验测得；

P_c——高强度螺栓施工预拉力（kN），按表 6.4.13 取值；

T_c——施工终拧扭矩（N·m）。

表 6.4.13　高强度大六角头螺栓施工预拉力（kN）

螺栓性能等级	螺栓公称直径						
	M12	M16	M20	M22	M24	M27	M30
8.8s	50	90	140	165	195	255	310
10.9s	60	110	170	210	250	320	390

6.4.14　高强度大六角头螺栓连接副的拧紧应分为初拧、终拧。对于大型节点应分为初拧、复拧、终拧。初拧扭矩和复拧扭矩为终拧扭矩的 50%左右。初拧或复拧后的高强度螺栓应用颜色在螺母上标记，按本规程第 6.4.13 条规定的终拧扭矩值进行终拧。终拧后的高强度螺栓应用另一种颜色在螺母上标记。高强度大六角头螺栓连接副的初拧、复拧、终拧宜在一天内完成。

6.4.15　扭剪型高强度螺栓连接副的拧紧应分为初拧、终拧。对于大型节点应分为初拧、复拧、终拧。初拧扭矩和复拧扭矩值为 $0.065 \times P_c \times d$，或按表 6.4.15 选用。初拧或复拧后的高强度螺栓应用颜色在螺母上标记，用专用扳手进行终拧，直至拧掉螺栓尾部梅花头。对于个别不能用专用扳手进行终拧的扭剪型高强度螺栓，应按本规程第 6.4.13 条规定的方法进行终拧（扭矩系数可取 0.13）。扭剪型高强度螺栓连接副的初拧、复拧、终拧宜在一天内完成。

表 6.4.15　扭剪型高强度螺栓初拧（复拧）扭矩值（N·m）

螺栓公称直径	M16	M20	M22	M24	M27	M30
初拧扭矩	115	220	300	390	560	760

6.4.16　当采用转角法施工时，大六角头高强度螺栓连接副应按本规程第 6.3.1 条检验合格，且应按本规程第 6.4.14 条规定进行初拧、复拧。初拧（复拧）后连接副的终拧角度应按表 6.4.16 规定执行。

表 6.4.16　初拧（复拧）后大六角头高强度螺栓连接副的终拧转角

螺栓长度 L 范围	螺母转角	连接状态
$L \leqslant 4d$	1/3 圈（120°）	连接形式为一层芯板加两层盖板
$4d < L \leqslant 8d$ 或 200mm 及以下	1/2 圈（180°）	
$8d < L \leqslant 12d$ 或 200mm 以上	2/3 圈（240°）	

注：1　螺母的转角为螺母与螺栓杆之间的相对转角；

2　当螺栓长度 L 超过螺栓公称直径 d 的 12 倍时，螺母的终拧角度应由试验确定。

6.4.17　高强度螺栓在初拧、复拧和终拧时，连接处的螺栓应按一定顺序施拧，确定施拧顺序的原则为由螺栓群中央顺序向外拧紧，和从接头刚度大的部位向约束小的方向拧紧（图 6.4.17）。几种常见接头螺栓施拧顺序应符合下列规定：

1　一般接头应从接头中心顺序向两端进行（图 6.4.17a）；

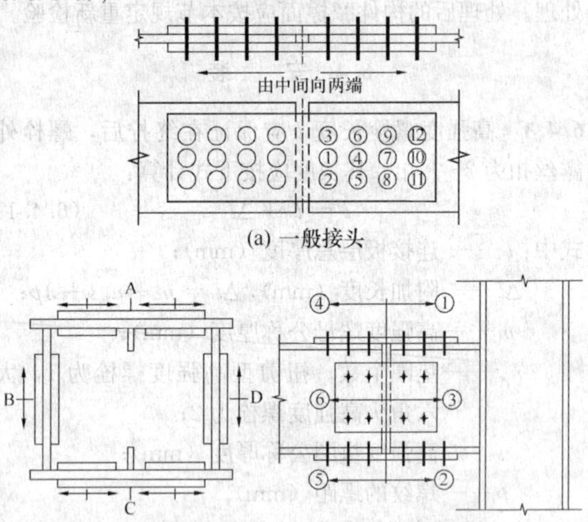

(a) 一般接头

(b) 箱形接头　(c) 工字梁接头

图 6.4.17　常见螺栓连接接头施拧顺序

2　箱形接头应按A、C、B、D的顺序进行（图6.4.17b）；

3　工字梁接头栓群应按①～⑥顺序进行（图6.4.17c）；

4　工字形柱对接螺栓紧固顺序为先翼缘后腹板；

5　两个或多个接头栓群的拧紧顺序应先主要构件接头，后次要构件接头。

6.4.18　对于露天使用或接触腐蚀性气体的钢结构，在高强度螺栓拧紧检查验收合格后，连接处板缝应及时用腻子封闭。

6.4.19　经检查合格后的高强度螺栓连接处，防腐、防火应按设计要求涂装。

6.5　紧固质量检验

6.5.1　大六角头高强度螺栓连接施工紧固质量检查应符合下列规定：

1　扭矩法施工的检查方法应符合下列规定：

1）用小锤（约0.3kg）敲击螺母对高强度螺栓进行普查，不得漏拧；

2）终拧扭矩应按节点数抽查10%，且不应少于10个节点；对每个被抽查节点应按螺栓数抽查10%，且不应少于2个螺栓；

3）检查时先在螺杆端面和螺母上画一直线，然后将螺母拧松约60°；再用扭矩扳手重新拧紧，使两线重合，测得此时的扭矩应在 $0.9T_{ch}$～$1.1T_{ch}$ 范围内。T_{ch} 应按下式计算：

$$T_{ch}=kPd \quad (6.5.1)$$

式中：P——高强度螺栓预拉力设计值（kN），按本规程表3.2.5取用；

T_{ch}——检查扭矩（N·m）。

4）如发现有不符合规定的，应再扩大1倍检查，如仍有不合格者，则整个节点的高强度螺栓应重新施拧；

5）扭矩检查宜在螺栓终拧1h以后、24h之前完成；检查用的扭矩扳手，其相对误差应为±3%。

2　转角法施工的检查方法应符合下列规定：

1）普查初拧后在螺母与相对位置所画的终拧起始线和终止线所夹的角度应达到规定值；

2）终拧转角应按节点数抽查10%，且不应少于10个节点；对每个被抽查节点按螺栓数抽查10%，且不应少于2个螺栓；

3）在螺杆端面和螺母相对位置画线，然后全部卸松螺母，再按规定的初拧扭矩和终拧角度重新拧紧螺栓，测量终止线与原终止线画线间的角度，应符合本规程表6.4.16要求，误差在±30°者为合格；

4）如发现有不符合规定的，应再扩大1倍检查，如仍有不合格者，则整个节点的高强度螺栓应重新施拧；

5）转角检查宜在螺栓终拧1h以后、24h之前完成。

6.5.2　扭剪型高强度螺栓终拧检查，以目测尾部梅花头拧断为合格。对于不能用专用扳手拧紧的扭剪型高强度螺栓，应按本规程第6.5.1条的规定进行终拧紧固质量检查。

7　施工质量验收

7.1　一般规定

7.1.1　高强度螺栓连接分项工程验收应按现行国家标准《钢结构工程施工质量验收规范》GB 50205和本规程的规定执行。

7.1.2　高强度螺栓连接分项工程检验批合格质量标准应符合下列规定：

1　主控项目必须符合现行国家标准《钢结构工程施工质量验收规范》GB 50205中合格质量标准的要求；

2　一般项目其检验结果应有80%及以上的检查点（值）符合现行国家标准《钢结构工程施工质量验收规范》GB 50205中合格质量标准的要求，且允许偏差项目中最大超偏差值不应超过其允许偏差限值的1.2倍；

3　质量检查记录、质量证明文件等资料应完整。

7.1.3　当高强度螺栓连接分项工程施工质量不符合现行国家标准《钢结构工程施工质量验收规范》GB 50205和本规程的要求时，应按下列规定进行处理：

1　返工或更换高强度螺栓连接副的检验批，应重新进行验收；

2　经有资质的检测单位检测鉴定能够达到设计要求的检验批，应予以验收；

3　经有资质的检测单位检测鉴定达不到设计要求，但经原设计单位核算认可能够满足结构安全的检验批，可予以验收；

4　经返修或加固处理的检验批，如满足安全使用要求，可按处理技术方案和协商文件进行验收。

7.2　检验批的划分

7.2.1　高强度螺栓连接分项工程检验批宜与钢结构安装阶段分项工程检验批相对应，其划分宜遵循下列原则：

1　单层结构按变形缝划分；

2　多层及高层结构按楼层或施工段划分；

3　复杂结构按独立刚度单元划分。

7.2.2　高强度螺栓连接副进场验收检验批划分宜遵循下列原则：

1 与高强度螺栓连接分项工程检验批划分一致；

2 按高强度螺栓连接副生产出厂检验批批号，宜以不超过2批为1个进场验收检验批，且不超过6000套；

3 同一材料（性能等级）、炉号、螺纹（直径）规格、长度（当螺栓长度≤100mm时，长度相差≤15mm；当螺栓长度>100mm时，长度相差≤20mm，可视为同一长度）、机械加工、热处理工艺及表面处理工艺的螺栓、螺母、垫圈为同批，分别由同批螺栓、螺母及垫圈组成的连接副为同批连接副。

7.2.3 摩擦面抗滑移系数验收检验批划分宜遵循下列原则：

1 与高强度螺栓连接分项工程检验批划分一致；

2 以分部工程每2000t为一检验批；不足2000t者视为一批进行检验；

3 同一检验批中，选用两种及两种以上表面处理工艺时，每种表面处理工艺均需进行检验。

7.3 验收资料

7.3.1 高强度螺栓连接分项工程验收资料应包含下列内容：

1 检验批质量验收记录；

2 高强度大六角头螺栓连接副或扭剪型高强度螺栓连接副见证复验报告；

3 高强度螺栓连接摩擦面抗滑移系数见证试验报告（承压型连接除外）；

4 初拧扭矩、终拧扭矩（终拧转角）、扭矩扳手检查记录和施工记录等；

5 高强度螺栓连接副质量合格证明文件；

6 不合格质量处理记录；

7 其他相关资料。

本规程用词说明

1 为便于在执行本规程条文时区别对待，对要求严格程度不同的用词说明如下：

1）表示很严格，非这样做不可的：
正面词采用“必须”，反面词采用“严禁”；

2）表示严格，在正常情况下均应这样做的：
正面词采用“应”，反面词采用“不应”或“不得”；

3）表示允许稍有选择，在条件许可时首先应这样做的：
正面词采用“宜”，反面词采用“不宜”；

4）表示有选择，在一定条件下可以这样做的，采用“可”。

2 条文中指明应按其他有关标准执行的写法为：“应符合……的规定”或“应按……执行”。

引用标准名录

1 《建筑抗震设计规范》GB 50011

2 《钢结构设计规范》GB 50017

3 《钢结构工程施工质量验收规范》GB 50205

4 《钢结构用高强度大六角头螺栓》GB/T 1228

5 《钢结构用高强度大六角螺母》GB/T 1229

6 《钢结构用高强度垫圈》GB/T 1230

7 《钢结构用高强度大六角头螺栓、大六角螺母、垫圈技术条件》GB/T 1231

8 《钢结构用扭剪型高强度螺栓连接副》GB/T 3632

中华人民共和国行业标准

钢结构高强度螺栓连接技术规程

JGJ 82—2011

条 文 说 明

修 订 说 明

《钢结构高强度螺栓连接技术规程》JGJ 82 - 2011，经住房和城乡建设部2011年1月7日以第875号公告批准、发布。

本规程是在《钢结构高强度螺栓连接的设计、施工及验收规程》JGJ 82 - 91的基础上修订而成，上一版的主编单位是湖北省建筑工程总公司，参编单位是包头钢铁设计研究院、铁道部科学院、冶金部建筑研究总院、北京钢铁设计研究总院，主要起草人员是柴昶、吴有常、沈家骅、程季青、李国兴、肖建华、贺贤娟、李云、罗经亩。本规程修订的主要技术内容是：1. 增加、调整内容：由原来的3章增加调整到7章；增加第2章“术语和符号”、第3章“基本规定”、第5章“接头设计”；原第二章“连接设计”调整为第4章，原第三章“施工及验收”调整为第6章“施工”和第7章“施工质量验收”；2. 增加孔型系数，引入标准孔、大圆孔和槽孔概念；3. 增加涂层摩擦面及其抗滑移系数；4. 增加受拉连接和端板连接接头，并提出杠杆力(撬力)计算方法；5. 增加栓焊并用连接接头；6. 增加转角法施工和检验内容；7. 细化和明确高强度螺栓连接分项工程检验批。

本规程修订过程中，编制组进行了一般调研和专题调研相结合的调查研究，总结了我国工程建设的实践经验，对本次新增内容“孔型系数”、“涂层摩擦面抗滑移系数”、“栓焊并用连接”、“转角法施工”等进行了大量试验研究，并参考国内外类似规范而取得了重要技术参数。

为便于广大设计、施工、科研、学校等单位有关人员在使用本规程时能正确理解和执行条文规定，《钢结构高强度螺栓连接技术规程》编制组按章、节、条顺序编制了本规程的条文说明，对条文规定的目的、依据以及执行中需注意的有关事项进行了说明，还着重对强制性条文的强制性理由做了解释。但是，本条文说明不具备与规程正文同等的法律效力，仅供使用者作为理解和把握规程规定的参考。

目　次

1 总 则

1.0.1 本条为编制本规程的宗旨和目的。

1.0.2 本条明确了本规程的适用范围。

1.0.3 本规程的编制是以原行业标准《钢结构高强度螺栓连接的设计、施工及验收规程》JGJ 82－91 为基础，对现行国家标准《钢结构设计规范》GB 50017、《冷弯薄壁型钢结构技术规范》GB 50018 及《钢结构工程施工质量验收规范》GB 50205 等规范中有关高强度螺栓连接的内容，进行细化和完善，对上述三个规范中没有涉及但实际工程实践中又遇到的内容，参照国内外相关试验研究成果和标准引入和补充，以满足工程实际要求。

2 术语和符号

2.1 术 语

本规程给出了 13 个有关高强度螺栓连接方面的特定术语，该术语是从钢结构高强度螺栓连接设计与施工的角度赋予其涵义的，但涵义又不一定是术语的定义。本规程给出了相应的推荐性英文术语，该英文术语不一定是国际上的标准术语，仅供参考。

2.2 符 号

本规程给出了 41 个符号及其定义，这些符号都是本规程各章节中所引用且未给具体解释的。对于在本规程各章节条文中所使用的符号，应以本条或相关条文中的解释为准。

3 基 本 规 定

3.1 一 般 规 定

3.1.1 高强度螺栓的摩擦型连接和承压型连接是同一个高强度螺栓连接的两个阶段，分别为接头滑移前、后的摩擦和承压阶段。对承压型连接来说，当接头处于最不利荷载组合时才发生接头滑移直至破坏，荷载没有达到设计值的情况下，接头可能处于摩擦阶段。所以承压型连接的正常使用状态定义为摩擦型连接是符合实际的。

沿螺栓杆轴方向受拉连接接头在外拉力的作用下也分两个阶段，首先是连接端板之间被拉脱离前，螺栓拉应力变化很小，被拉脱离后螺栓或连接件达到抗拉强度而破坏。当外拉力(含撬力)不超过 0.8P(摩擦型连接螺栓受拉承载力设计值)时，连接端板之间不会被拉脱离，因此将定义为受拉连接的正常使用状态。

3.1.2 目前国内只有高强度大六角头螺栓连接副(10.9s、8.8s)和扭剪型高强度螺栓连接副(10.9s)两种产品，从设计计算角度上没有区别，仅施工方法和构造上稍有差别。因此设计可以不选定产品类型，由施工单位根据工程实际及施工经验来选定产品类型。

3.1.3 因承压型连接允许接头滑移，并有较大变形，故对承受动力荷载的结构以及接头变形会引起结构内力和结构刚度有较大变化的敏感构件，不应采用承压型连接。

冷弯薄壁型钢因板壁很薄，孔壁承压能力非常低，易引起连接板撕裂破坏，并因承压承载力较小且低于摩擦承载力，使用承压型连接非常不经济，故不宜采用承压型连接。但当承载力不是控制因素时，可以考虑采用承压型连接。

3.1.4 高环境温度会引起高强度螺栓预拉力的松弛，同时也会使摩擦面状态发生变化，因此对高强度螺栓连接的环境温度应加以限制。试验结果表明，当温度低于 100℃时，影响很小。当温度在(100～150)℃范围时，钢材的弹性模量折减系数在 0.966 左右，强度折减很小。中冶建筑研究总院有限公司的试验结果表明，当接头承受 350℃以下温度烘烤时，螺栓、螺母、垫圈的基本性能及摩擦面抗滑移系数基本保持不变。温度对高强度螺栓预拉力有影响，试验结果表明，当温度在(100～150)℃范围时，螺栓预拉力损失增加约为 10%，因此本条规定降低 10%。当温度超过 150℃时，承载力降低显著，采取隔热防护措施应更经济合理。

3.1.5 对摩擦型连接，当其疲劳荷载小于滑移荷载时，螺栓本身不会产生交变应力，高强度螺栓没有疲劳破坏的情况。但连接板或拼接板母材有疲劳破坏的情况发生。本条中循环次数的规定是依据现行国家标准《钢结构设计规范》GB 50017 的有关规定确定的。

高强度螺栓受拉时，其连接螺栓有疲劳破坏可能，国内外研究及国外规范的相关规定表明，螺栓应力低于螺栓抗拉强度 30%时，或螺栓所产生的轴向拉力(由荷载和杠杆力引起)低于螺栓受拉承载力 30%时，螺栓轴向应力几乎没有变化，可忽略疲劳影响。当螺栓应力超过螺栓抗拉强度 30%时，应进行疲劳验算，由于国内有关高强度螺栓疲劳强度的试验不足，相关规范中没有设计指标可依据，因此目前只能针对个案进行试验，并根据试验结果进行疲劳设计。

3.1.6 现行国家标准《建筑抗震设计规范》GB 50011 规定钢结构构件连接除按地震组合内力进行弹性设计外，还应进行极限承载力验算，同时要满足抗震构造要求。

3.1.7 高强度螺栓连接和普通螺栓连接的工作机理完全不同，两者刚度相差悬殊，同一接头中两者并用没有意义。承压型连接允许接头滑移，并有较大变形，而焊缝的变形有限，因此从设计概念上，承压型连接不能和焊接并用。本条涉及结构连接的安全，为从设计源头上把关，定为强制性条款。

3.2 材料与设计指标

3.2.1 当设计采用进口高强度大六角头螺栓（性能等级8.8s和10.9s）连接副时，其材质、性能等应符合相应产品标准的规定。设计计算参数的取值应有可靠依据。

3.2.2 当设计采用进口扭剪型高强度螺栓（性能等级10.9s）连接副时，其材质、性能等应符合相应产品标准的规定。设计计算参数的取值应有可靠依据。

3.2.3 当设计采用其他钢号的连接材料时，承压强度取值应有可靠依据。

3.2.4 高强度螺栓连接摩擦面抗滑移系数可按表3.2.4规定值取值，也可按摩擦面的实际情况取值。当摩擦承载力不起控制因素时，设计可以适当降低摩擦面抗滑移系数值。设计应考虑施工单位在设备及技术条件上的差异，慎重确定摩擦面抗滑移系数值，以保证连接的安全度。

喷砂应优先使用石英砂；其次为铸钢砂；普通的河砂能够起到除锈的目的，但对提高摩擦面抗滑移系数效果不理想。

喷丸（或称抛丸）是钢材表面处理常用的方法，其除锈的效果较好，但对满足高摩擦面抗滑移系数的要求有一定的难度。对于不同抗滑移系数要求的摩擦面处理，所使用的磨料（主要是钢丸）成分要求不同。例如，在钢丸中加入部分钢丝切丸或破碎钢丸，以及增加磨料循环使用次数等措施都能改善摩擦面处理效果。这些工艺措施需要加工厂家多年经验积累和总结。

对于小型工程、加固改造工程以及现场处理，可以采用手工砂轮打磨的处理方法，此时砂轮打磨的方向应与受力方向垂直，打磨的范围不应小于4倍螺栓直径。手工砂轮打磨处理的摩擦面抗滑移系数离散相对较大，需要试验确定。

试验结果表明，摩擦面处理后生成赤锈的表面，其摩擦面抗滑移系数会有所提高，但安装前应除去浮锈。

本条新增加涂层摩擦面的抗滑移系数值，其中无机富锌漆是依据现行国家标准《钢结构设计规范》GB 50017的有关规定制定。防滑防锈硅酸锌漆已在铁路桥梁中广泛应用，效果很好。锌加底漆（ZINGA）属新型富锌类底漆，其锌颗粒较小，在国内外所进行试验结果表明，抗滑移系数值取0.45是可靠的。同济大学所进行的试验结果表明，聚氨酯富锌底漆或醇酸铁红底漆抗滑移系数平均值在0.2左右，取0.15是有足够可靠度的。

涂层摩擦面的抗滑移系数值与钢材表面处理及涂层厚度有关，因此本条列出钢材表面处理及涂层厚度有关要求。当钢材表面处理及涂层厚度不符合本条的要求时，应需要试验确定。

在实际工程中，高强度螺栓连接摩擦面采用热喷铝、镀锌、喷锌、有机富锌以及其他底漆处理，其涂层摩擦面的抗滑移系数值需要有可靠依据。

3.2.5 高强度螺栓预拉力 P 只与螺栓性能等级有关。当采用进口高强度大六角头螺栓和扭剪型高强度螺栓时，预拉力 P 取值应有可靠依据。

3.2.6 抗震设计中构件的高强度螺栓连接或焊接连接尚应进行极限承载力设计验算，据此本条作出了相应规定。具体计算方法见《建筑抗震设计规范》GB 50011-2010第8.2.8条。

4 连接设计

4.1 摩擦型连接

4.1.1 本条所列螺栓受剪承载力计算公式与现行国家标准《钢结构设计规范》GB 50017规定的基本公式相同，仅将原系数0.9替换为 k_1，并增加系数 k_2。

k_1 可取值为0.9与0.8，后者适用于冷弯型钢等较薄板件（板厚 $t \leqslant 6$mm）连接的情况。

k_2 为孔型系数，其取值系参考国内外试验研究及相关标准确定的。中冶建筑研究总院有限公司所进行的试验结果表明，M20高强度螺栓大圆孔和槽型孔孔型系数分别为0.95和0.86，M24高强度螺栓大圆孔和槽型孔孔型系数分别为0.95和0.87，因此本条参照美国规范的规定，高强度螺栓大圆孔和槽型孔孔型系数分别为0.85、0.7、0.6。另外美国规范所采用的槽型孔分短槽孔和长槽孔，考虑到我国制孔加工工艺的现状，本次只考虑一种尺寸的槽型孔，其短向尺寸与标准圆孔相同，但长向尺寸介于美国规范短槽孔和长槽孔尺寸的中间。正常情况下，设计应采用标准圆孔。

涂层摩擦面对预拉力松弛有一定的影响，但涂层摩擦面抗滑移系数值中已考虑该因素，因此不再折减。

摩擦面抗滑移系数的取值原则上应按本规程3.2.4条采用，但设计可以根据实际情况适当调整。

4.1.5 本条所规定的折减系数同样适用于栓焊并用连接接头。

4.2 承压型连接

4.2.1 除正常使用极限状态设计外，承压型连接承载力计算中没有摩擦面抗滑移系数的要求，因此连接板表面可不作摩擦面处理。虽无摩擦面处理的要求，但其他如除锈、涂装等设计要求不能降低。

由于承压型连接和摩擦型连接是同一高强度螺栓

连接的两个不同阶段，因此，两者在设计和施工的基本要求(除抗滑移系数外)是一致的。

4.2.3 按照现行国家标准《钢结构设计规范》GB 50017的规定，公式 4.2.3 是按承载能力极限状态设计时螺栓达到其受拉极限承载力。

4.2.8 由于承压型连接和摩擦型连接是同一高强度螺栓连接的两个不同阶段，因此，将摩擦型连接定义为承压型连接的正常使用极限状态。按正常使用极限状态设计承压型连接的抗剪、抗拉以及剪、拉同时作用计算公式同摩擦型连接。

4.3 连接构造

4.3.1 高强度大六角头螺栓扭矩系数和扭剪型高强度螺栓紧固轴力以及摩擦面抗滑移系数都是统计数据，再加上施工的不确定性以及螺栓延迟断裂问题，单独一个高强度螺栓连接的不安全隐患概率要高，一旦出现螺栓断裂，会造成结构的破坏，本条为强制性条文。

对不施加预拉力的普通螺栓连接，在个别情况下允许采用一个螺栓。

4.3.3 本条列出了高强度螺栓连接孔径匹配表，其内容除原有规定外，参照国内外相应规定与资料，补充了大圆孔、槽孔的孔径匹配规定，以便于应用。对于首次引入大圆孔、槽孔的应用，设计上应谨慎采用，有三点值得注意：

1 大圆孔、槽孔仅限在摩擦型连接中使用；

2 只允许在芯板或盖板其中之一按相应的扩大孔型制孔，其余仍按标准圆孔制孔；

3 当盖板采用大圆孔、槽孔时，为减少螺栓预拉力松弛，应增设连续型垫板或使用加厚垫圈(特制)。

考虑工程施工的实际情况，对承压型连接的孔径匹配关系均按与摩擦型连接相同取值(现行国家标准《钢结构设计规范》GB 50017 对承压型连接孔径要求比摩擦型连接严)。

4.3.4 高强度螺栓的施拧均需使用特殊的专用扳手，也相应要求必需的施拧操作空间，设计人员在布置螺栓时应考虑这一施工要求。实际工程中，常有为紧凑布置而净空限制过小的情况，造成施工困难或大部分施拧均采用手工套筒，影响施工质量与效率，这一情况应尽量避免。表 4.3.4 仅为常用扳手的数据，供设计参考，设计可根据施工单位的专用扳手尺寸来调整。

5 连接接头设计

5.1 螺栓拼接接头

5.1.1 高强度螺栓全栓拼接接头应采用摩擦型连接，以保证连接接头的刚度。当拼接接头设计内力明确且不变号时，可根据使用要求按接头处最大内力设计，其所需接头螺栓数量较少。当构件按地震组合内力进行设计计算并控制截面选择时，应按现行国家标准《建筑抗震设计规范》GB 50011 进行连接螺栓极限承载力的验算。

5.1.2 本条适用于 H 型钢梁截面螺栓拼接接头，在拼接截面处可有弯矩 M 与剪力偏心弯矩 Ve、剪力 V 和轴力 N 共同作用，一般情况弯矩 M 为主要内力。

5.1.3 本条对腹板拼接螺栓的计算只列出按最大内力计算公式，当腹板拼接按等强原则计算时，应按与腹板净截面承载力等强计算。同时，按弹性计算方法要求，可仅对受力较大的角点栓 1(图 5.1.2)处进行验算。

一般情况下 H 型钢柱与支撑构件的轴力 N 为主要内力，其腹板的拼接螺栓与拼接板宜按与腹板净截面承载力等强原则计算。

5.2 受拉连接接头

5.2.3、5.2.4 T 形受拉件在外加拉力作用下其翼缘板发生弯曲变形，而在板边缘产生撬力，撬力会增加螺栓的拉力并降低接头的刚度，必要时在计算中考虑其不利影响。T 形件撬力作用计算模型如图 1 所示，分析时假定翼缘与腹板连接处弯矩 M 与翼缘板栓孔中心净截面处弯矩 M_2' 均达到塑性弯矩值，并由平衡条件得：

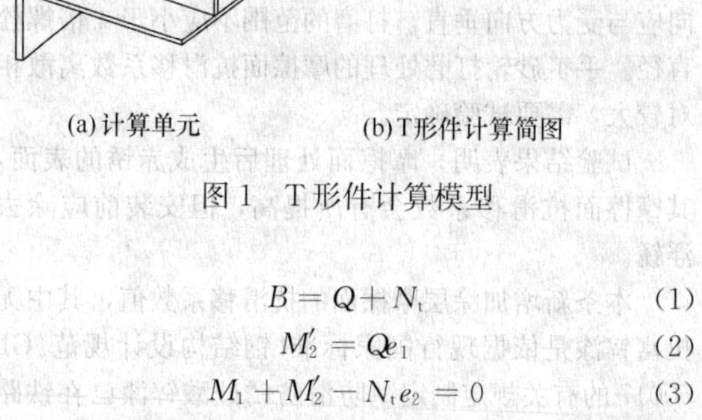

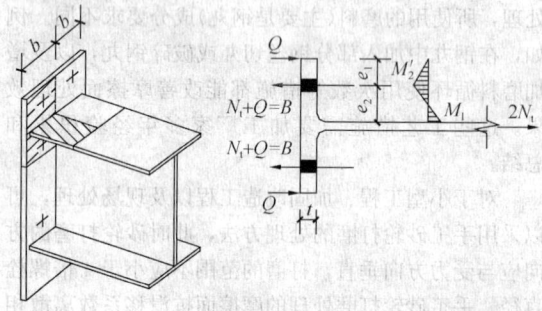

(a) 计算单元　　(b) T形件计算简图

图 1 T 形件计算模型

$$B = Q + N_t \quad (1)$$

$$M_2' = Qe_1 \quad (2)$$

$$M_1 + M_2' - N_t e_2 = 0 \quad (3)$$

经推导后即可得到计入撬力影响的翼缘厚度计算公式如下：

$$t = \sqrt{\frac{4N_t e_2}{bf_y(1+\alpha\delta)}} \quad (4)$$

式中：f_y 为翼缘钢材的屈服强度，α、δ 为相关参数。当 $\alpha=0$ 时，撬力 $Q=0$，并假定螺栓受力 N_t 达到 N_t^b，以钢板设计强度 f 代替屈服强度 f_y，则得到

翼缘厚度 t_c 的计算公式(5)。故可认为 t_c 为T形件不考虑撬力影响的最小厚度。撬力 $Q=0$ 意味着T形件翼缘在受力中不产生变形，有较大的抗弯刚度，此时，按欧洲规范计算要求 t_c 不应小于(1.8～2.2)d(d为连接螺栓直径)，这在实用中很不经济。故工程设计宜适当考虑撬力并减少翼缘板厚度。即当翼缘板厚度小于 t_c 时，T形连接件及其连接应考虑撬力的影响，此时计算所需的翼缘板较薄，T形件刚度较弱，但同时连接螺栓会附加撬力 Q，从而会增大螺栓直径或提高强度级别。本条根据上述公式推导与使用条件，并参考了美国钢结构设计规范(AISC)中受拉T形连接接头设计方法，分别提出了考虑或不考虑撬力的T形受拉接头的设计方法与计算公式。由于推导中简化了部分参数，计算所得撬力值会略偏大。

$$t_c=\sqrt{\frac{4N_t^b e_2}{bf}} \tag{5}$$

公式中的 N_t^b 取值为 $0.8P$，按正常使用极限状态设计时，应使高强度螺栓受拉板间保留一定的压紧力，保证连接件之间不被拉离；按承载能力极限状态设计时应满足式(5.2.4-3)的要求，此时螺栓轴向拉力控制在 $1.0P$ 的限值内。

5.3 外伸式端板连接接头

5.3.1 端板连接接头分外伸式和平齐式，后者转动刚度只及前者的30%，承载力也低很多。除组合结构半刚性连接节点外，已较少应用，故本节只列出外伸式端板连接接头。图5.3.1外伸端板连接接头仅为典型图，实际工程中可按受力需要做成上下端均为外伸端板的构造。关于接头连接一般应采用摩擦型连接，对门式刚架等轻钢结构也宜采用承压型连接。

5.3.2 本条根据工程经验与国内外相关规定的要求，列出了外伸端板的构造规定。当考虑撬力作用时，外伸端板的构造尺寸(见图5.3.1)应满足 $e_1 \leqslant 1.25e_2$ 的要求。这是由于计算模型假定在极限荷载作用时杠杆力分布在端板边缘，若 e_1 与 e_2 比值过大，则杠杆力的分布由端板边缘向内侧扩展，与杠杆力计算模型不符，为保证计算模型的合理性，因此应限制 $e_1 \leqslant 1.25e_2$。

为了减小弯矩作用下端板的弯曲变形，增加接头刚度，宜在外伸端板的中间设竖向短加劲肋。同时考虑梁受拉翼缘的全部撬力均由梁端焊缝传递，故要求该部位焊缝为熔透焊缝。

5.3.3、5.3.4 按国内外研究与相关资料，外伸端板接头计算均可按受拉T形件单元计算，本条据此提出了相关的计算公式。主要假定是对称于受拉翼缘的两排螺栓均匀受拉，以及转动中心在受压翼缘中心。关于第三排螺栓参与受拉工作是按陈绍蕃教授的有关论文列入的。对于上下对称布置螺栓的外伸式端板连接接头，本条计算公式同样适用。当考虑撬力作用时，受拉螺栓宜按承载能力极限状态设计。当按正常使用极限状态设计时，公式(5.3.4)右边的 $1.25N_t^b$ 改为 N_t^b 即可。

5.4 栓焊混用连接接头

5.4.1 栓焊混用连接接头是多、高层钢结构梁柱节点中最常用的接头形式，本条中图示了此类典型节点，规定了接头按弹性设计与极限承载力验算的条件。

5.4.2 混用连接接头中，腹板螺栓连(拼)接的计算构造仍可参照第5.1节的规定进行。同时，结合工程经验补充提出了有关要求。翼缘焊缝焊后收缩有可能会引起腹板高强度螺栓连接摩擦面发生滑移，因此对施工的顺序有所要求，施工单位应采取措施以避免腹板摩擦面滑移。

5.5 栓焊并用连接接头

5.5.1 栓焊并用连接在国内设计中应用尚少，故原则上不宜在新设计中采用。

5.5.2 从国内外相关标准和研究文献以及试验研究看，摩擦型高强度螺栓连接与角焊缝能较好地共同工作，当螺栓的规格、数量等与焊缝尺寸相匹配到一定范围时，两种连接的承载力可以叠加，甚至超过两者之和。据此本文提出节点构造匹配的规定。

5.5.3 综合国内外相关标准和研究文献以及试验研究结果得出并用系数，计算分析和试验结果证明栓焊并用连接承载力长度折减系数要小于单独螺栓或焊接连接，本条不考虑这一有利因素，偏于安全。

5.5.4 在加固改造或事故处理中采用栓焊并用连接比较现实，本条结合国外相关标准和研究文献以及试验研究，给出比较实用、简化的设计计算方法。

5.5.5 焊接时高强度螺栓处的温度有可能超过100℃，而引起高强度螺栓预拉力松弛，因此需要对靠近焊缝的螺栓补拧。

5.5.6 由于端焊缝与摩擦型高强度螺栓连接的刚度差异较大，目前对于摩擦型高强度螺栓连接单独与端焊缝并用连接的研究尚不充分，本次修订暂不纳入。

6 施 工

6.1 储运和保管

6.1.1 本条规定了大六角头高强度螺栓连接副的组成、扭剪型高强度螺栓连接副的组成。

6.1.2 高强度螺栓连接副的质量是影响高强度螺栓连接安全性的重要因素，必须达到螺栓标准中技术条件的要求，不符合技术条件的产品，不得使用。因此，每一制造批必须由制造厂出具质量保证书。由于高强度螺栓连接副制造厂是按批保证扭矩系数或紧固轴力，所以在使用时应在同批内配套使用。

6.1.3 螺纹损伤后将会改变高强度螺栓连接副的扭矩系数或紧固轴力，因此在运输、保管过程中应轻装、轻卸，防止损伤螺纹。

6.1.4 本条规定了高强度螺栓连接副在保管过程中应注意事项，其目的是为了确保高强度螺栓连接副使用时同批；尽可能保持出厂状态，以保证扭矩系数或紧固轴力不发生变化。

6.1.5 现行国家标准《钢结构用高强度大六角头螺栓、大六角螺母、垫圈技术条件》GB/T 1231 和《钢结构用扭剪型高强度螺栓连接副》GB/T 3632 中规定高强度螺栓的保质期 6 个月。在不破坏出厂状态情况下，对超过 6 个月再次使用的高强度螺栓，需重新进行扭矩系数或轴力复验，合格后方准使用。

6.2 连接构件的制作

6.2.1 根据第 4.3.3 条，增加大圆孔和槽孔两种孔型。并规定大圆孔和槽孔仅限于盖板或芯板之一，两者不能同时采用大圆孔和槽孔。

6.2.3 当板厚时，冲孔工艺会使孔边产生微裂纹和变形，钢板表面的不平整降低钢结构疲劳强度。随着冲孔设备及加工工艺的提高，允许板厚小于或等于 12mm 时可冲孔成型，但对于承受动力荷载且需进行疲劳计算的构件连接以及主体结构梁、柱等构件连接不应采用冲孔成型。孔边的毛刺和飞边将影响摩擦面板层密贴。

6.2.6 钢板表面不平整，有焊接飞溅、毛刺等将会使板面不密贴，影响高强度螺栓连接的受力性能，另外，板面上的油污将大幅度降低摩擦面的抗滑移系数，因此表面不得有油污。表面处理方法的不同，直接影响摩擦面的抗滑移系数的取值，设计图中要求的处理方法决定了抗滑移系数值的大小，故加工中必须与设计要求一致。

6.2.7 高强度螺栓连接处钢板表面上，如粘有脏物和油污，将大幅度降低板面的抗滑移系数，影响高强度螺栓连接的承载能力，所以摩擦面上严禁作任何标记，还应加以保护。

6.3 高强度螺栓连接副和摩擦面抗滑移系数检验

6.3.1、6.3.2 高强度螺栓运到工地后，应按规定进行有关性能的复验。合格后方准使用，是使用前把好质量的关键。其中高强度大六角头螺栓连接副扭矩系数复验和扭剪型高强度螺栓连接副紧固轴力复验是现行国家标准《钢结构工程施工质量验收规范》GB 50205 进场验收中的主控项目，应特别重视。

6.3.3 本条规定抗滑移系数应分别经制造厂和安装单位检验。当抗滑移系数符合设计要求时，方准出厂和安装。

1 制造厂必须保证所制作的钢结构构件摩擦面的抗滑移系数符合设计规定，安装单位应检验运至现场的钢结构构件摩擦面的抗滑移系数是否符合设计要求；考虑到每项钢结构工程的数量和制造周期差别较大，因此明确规定了检验批量的划分原则及每一批应检验的组数；

2 抗滑移系数检验不能在钢结构构件上进行，只能通过试件进行模拟测定；为使试件能真实地反映构件的实际情况，规定了试件与构件为相同的条件；

3 为了避免偏心引起测试误差，本条规定了试件的连接形式采用双面对接拼接；为使试件能真实反映实际构件，因此试件的连接计算应符合有关规定；试件滑移时，试板仍处于弹性状态；

4 用拉力试验测得的抗滑移系数值比用压力试验测得的小，为偏于安全，本条规定了抗滑移系数检验采用拉力试验；为避免偏心对试验值的影响，试验时要求试件的轴线与试验机夹具中心线严格对中；

5 在计算抗滑移系数值时，对于大六角头高强度螺栓 P_t 为拉力试验前拧在试件上的高强度螺栓实测预拉力值；因为高强度螺栓预拉力值的大小对测定抗滑移系数有一定的影响，所以本条规定了每个高强度螺栓拧紧预拉力的范围；

6 为确保高强度螺栓连接的可靠性，本条规定了抗滑移系数检验的最小值必须大于或等于设计值，否则就认为构件的摩擦面没有处理好，不符合设计要求，钢结构不能出厂或者工地不能进行拼装，必须对摩擦面作重新处理，重新检验，直到合格为止。

监理工程师将试验合格的摩擦面作为样板，对照检查构件摩擦面处理结果，有参考和借鉴的作用。

6.4 安　　装

6.4.1 相同直径的螺栓其螺纹部分的长度是固定的，其值为螺母厚度加 5～6 扣螺纹。使用过长的螺栓将浪费钢材，增加不必要的费用，并给高强度螺栓施拧时带来困难，有可能出现拧到头的情况。螺栓太短的会使螺母受力不均匀，为此本条提出了螺栓长度的计算公式。

6.4.4 构件安装时，应用冲钉来对准连接节点各板层的孔位。应用临时螺栓和冲钉是确保安装精度和安全的必要措施。

6.4.5 螺纹损伤及沾染脏物的高强度螺栓连接副其扭矩系数将会大幅度变大，在同样终拧扭矩下达不到螺栓设计预拉力，直接影响连接的安全性。用高强度螺栓兼作临时螺栓，由于该螺栓从开始使用到终拧完成相隔时间较长，在这段时间内因环境等各种因素的影响（如下雨等），其扭矩系数将会发生变化，特别是螺纹损伤概率极大，会严重影响高强度螺栓终拧预拉力的准确性，因此，本条规定高强度螺栓不能兼作临时螺栓。

6.4.6 为保证大六角头高强度螺栓的扭矩系数和扭

剪型高强度螺栓的轴力，螺栓、螺母、垫圈及表面处理出厂时，按批配套装箱供应。因此要求用到螺栓应保持其原始出厂状态。

6.4.7 对于大六角头高强度螺栓连接副，垫圈设置内倒角是为了与螺栓头下的过渡圆弧相配合，因此在安装时垫圈带倒角的一侧必须朝向螺栓头，否则螺栓头就不能很好与垫圈密贴，影响螺栓的受力性能。对于螺母一侧的垫圈，因倒角侧的表面平整、光滑，拧紧时扭矩系数较小，且离散率也较小，所以垫圈有倒角一侧应朝向螺母。

6.4.8 强行穿入螺栓，必然损伤螺纹，影响扭矩系数从而达不到设计预拉力。气割扩孔的随意性大，切割面粗糙，严禁使用。修整后孔的最大直径和修孔数量作强制性规定是必要的。

6.4.9 过大孔，对构件截面局部削弱，且减少摩擦接触面，与原设计不一致，需经设计核算。

6.4.11 大六角头高强度螺栓，采用扭矩法施工时，影响预拉力因素除扭矩系数外，就是拧紧机具及扭矩值，所以规定了施拧用的扭矩扳手和矫正扳手的误差。

6.4.13 高强度螺栓连接副在拧紧后会产生预拉力损失，为保证连接副在工作阶段达到设计预拉力，为此在施拧时必须考虑预拉力损失值，施工预拉力比设计预拉力增加10%。

6.4.14 由于连接处钢板不平整，致使先拧与后拧的高强度螺栓预拉力有很大的差别，为克服这一现象，提高拧紧预拉力的精度，使各螺栓受力均匀，高强度螺栓的拧紧应分为初拧和终拧。当单排(列)螺栓个数超过15时，可认为是属于大型接头，需要进行复拧。

6.4.15 扭剪型高强度螺栓连接副不进行扭矩系数检验，其初拧(复拧)扭矩值参照大六角头高强度螺栓连接副扭矩系数的平均值(0.13)确定。

6.4.16 在某些情况下，大六角头高强度螺栓也可采用转角法施工。高强度螺栓连接副首先须经第6.3.1条检验合格方可应用转角法施工。大量转角试验用一层芯板、两层盖板基础上得出，所以作出三层板规定。本条是参考国外(美国和日本)标准及中冶建筑研究总院有限公司试验研究成果得出。作为国内第一次引入转角法施工，对其适用范围有较严格的规定，应符合下列要求：

1 螺栓直径规格范围为：M16、M20、M22、M24；

2 螺栓长度在$12d$之内；

3 连接件(芯板和盖板)均为平板，连接件两面与螺栓轴垂直；

4 连接形式为双剪接头(一层芯板加两层盖板)；

5 按本规程第6.4.14条初拧(复拧)，并画出转角起始标记，按本条进行终拧。

6.4.17 螺栓群由中央顺序向外拧紧，为使高强度螺栓连接处板层能更好密贴。

6.4.19 高强度螺栓连接副在工厂制造时，虽经表面防锈处理，有一定的防锈能力，但远不能满足长期使用的防锈要求，故在高强度螺栓连接处，不仅要对钢板进行涂漆防锈，对高强度螺栓连接副也应按照设计要求进行涂漆防锈、防火。

6.5 紧固质量检验

6.5.1 考虑到在进行施工质量检查时，高强度螺栓的预拉力损失大部分已经完成，故在检查扭矩计算公式中，高强度螺栓的预拉力采用设计值。现行国家标准《钢结构工程施工质量验收规范》GB 50205中终拧扭矩的检验是按照施工扭矩值的±10%以内为合格，由于预拉力松弛等原因，终拧扭矩值基本上在1.0～1.1倍终拧扭矩标准值范围内(施工扭矩值=1.1倍终拧扭矩标准值)，因此本条规定与现行国家标准《钢结构工程施工质量验收规范》GB 50205并无实质矛盾，待修订时统一。

6.5.2 不能用专用扳手拧紧的扭剪型高强度螺栓，应根据所采用的紧固方法(扭矩法或转角法)按本规程第6.5.1条的规定进行检查。

7 施工质量验收

7.1 一 般 规 定

7.1.1 高强度螺栓连接属于钢结构工程中的分项工程之一，其施工质量的验收按照现行国家标准《钢结构工程施工质量验收规范》GB 50205执行，对于超出《钢结构工程施工质量验收规范》GB 50205的项目可按本规程的规定进行验收。

7.1.2、7.1.3 本节中列出的合格质量标准及不合格项目的处理程序来自于现行国家标准《钢结构工程施工质量验收规范》GB 50205和《建筑工程施工质量验收统一标准》GB 50300，其目的是强调并便于工程使用。

7.2 检验批的划分

7.2.1 高强度螺栓连接分项工程检验批划分应按照现行国家标准《钢结构工程施工质量验收规范》GB 50205的规定执行。

7.2.2 高强度螺栓连接副进场验收属于高强度螺栓连接分项工程中的验收项目，其验收批的划分除考虑高强度螺栓连接分项工程检验批划分外，还应考虑出厂批及螺栓规格。

高强度螺栓连接副进场验收属于复验，其产品标准中规定出厂检验最大批量不超过3000套，作为复验的最大批量不宜超过2个出厂检验批，且不宜超过6000套。

同一材料（性能等级）、炉号、螺纹（直径）规格、长度（当螺栓长度≤100mm时，长度相差≤15mm；当螺栓长度＞100mm时，长度相差≤20mm，可视为同一长度）、机械加工、热处理工艺及表面处理工艺的螺栓为同批；同一材料、炉号、螺纹规格、厚度、机械加工、热处理工艺及表面处理工艺的螺母为同批；同一材料、炉号、直径规格、厚度、机械加工、热处理工艺及表面处理工艺的垫圈为同批。分别由同批螺栓、螺母及垫圈组成的连接副为同批连接副。

7.2.3 摩擦面抗滑移系数检验属于高强度螺栓连接分项工程中的一个强制性检验项目，其检验批的划分除应考虑高强度螺栓连接分项检验批外，还应考虑不同的处理工艺和钢结构用量。

中华人民共和国国家标准

铝合金结构设计规范

Code for design of aluminium structures

GB 50429—2007

主编部门：上海市建设和交通委员会
批准部门：中华人民共和国建设部
施行日期：2 0 0 8 年 3 月 1 日

中华人民共和国建设部
公　　告

第 726 号

建设部关于发布国家标准《铝合金结构设计规范》的公告

现批准《铝合金结构设计规范》为国家标准，编号为GB 50429—2007，自2008年3月1日起实施。其中，第 3.3.1、4.1.2、4.1.3、4.1.4、4.2.2、4.3.4、4.3.5、4.3.6、10.4.3、10.5.1 条为强制性条文,必须严格执行。

本规范由建设部标准定额研究所组织中国计划出版社出版发行。

中华人民共和国建设部

二○○七年十月二十三日

前　　言

根据建设部建标〔2003〕102 号文《关于印发“2002～2003年度工程建设国家标准制订、修订计划”的通知》要求,本规范由同济大学、现代建筑设计集团上海建筑设计研究院有限公司会同有关单位编制而成。

在编制本规范过程中,进行了系统的试验研究和理论分析,调查总结了近年来国内外在铝合金结构设计和施工方面的实践经验,参考了欧洲、美国和日本的有关设计规范和设计手册,考虑了我国现有的技术水平和经济条件,在力争做到技术先进、经济合理、便于实践、与其他标准协调的基础上,经过反复讨论、修改充实和试设计,最后经审查定稿。

本规范共有11章3个附录,主要内容是:总则,术语和符号,材料,基本设计规定,板件的有效截面,受弯构件的计算,轴心受力构件的计算,拉弯构件和压弯构件的计算,连接计算,构造要求,铝合金面板。

本规范以黑体字标识的条文为强制性条文,必须严格执行。

本规范由建设部负责管理和对强制性条文的解释,由同济大学和现代建筑设计集团上海建筑设计研究院有限公司负责具体内容的解释。在执行本规范过程中,请各单位结合工程实践总结经验。对本规范的意见和建议,请寄至同济大学土木工程学院《铝合金结构设计规范》国家标准管理组(地址:上海市四平路1239号;邮编:200092;传真:021－65980644)。

本规范主编单位、参编单位和主要起草人:

主 编 单 位:同济大学
现代建筑设计集团上海建筑设计研究院有限公司

参 编 单 位:同济大学建筑设计研究院
上海远大铝业工程有限公司
长江精工钢结构(集团)股份有限公司
上海精锐国际建筑系统有限公司
广东金刚幕墙工程有限公司
上海高新铝质工程股份有限公司
上海亚泽金属屋面装饰工程有限公司
中南建筑集团有限公司装饰幕墙公司

主要起草人:张其林　杨联萍　姚念亮　吴明儿
(以下按姓氏笔画排列)
丁洁民　王平山　吕西林　杨仁杰
李静斌　吴水根　吴亚舸　吴志平
吴　芸　何卫良　邱枕戈　张　铮
张军涛　陈国栋　金　鑫　屈文俊
孟根宝力高　赵　华　胡全成
倪　月　徐国军　黄庆文　黄明鑫
董　震　焦　瑜　谢子孟

目　次

1 总 则

1.0.1 为在铝合金结构设计中贯彻执行国家的技术经济政策，做到技术先进、经济合理、安全适用、确保质量，制定本规范。

1.0.2 本规范适用于工业与民用建筑和构筑物的铝合金结构设计，不适用于直接受疲劳动力荷载的承重结构和构件设计。

1.0.3 本规范的设计原则是根据现行国家标准《建筑结构可靠度设计统一标准》GB 50068 制定的，按本规范设计时，尚应符合《建筑结构荷载规范》GB 50009、《建筑抗震设计规范》GB 50011、《中国地震动参数区划图》GB 18306 和《构筑物抗震设计规范》GB 50191的规定。

1.0.4 设计铝合金结构时，应从工程实际情况出发，合理选用材料、结构方案和构造措施，满足结构构件在运输、安装和使用过程中的强度、稳定性和刚度要求，并符合防火、防腐蚀要求。

1.0.5 铝合金结构的设计，除应符合本规范外，尚应符合国家现行有关标准的规定。

2 术语和符号

2.1 术 语

2.1.1 强度 strength

构件截面材料或连接抵抗破坏的能力。强度计算是防止结构构件或连接因材料强度被超过而破坏的计算。

2.1.2 强度标准值 characteristic value of strength

国家标准规定的铝材名义屈服强度（规定非比例伸长应力）或抗拉强度。

2.1.3 强度设计值 design value of strength

铝合金材料或连接的强度标准值除以相应抗力分项系数后的数值。

2.1.4 屈曲 buckling

杆件或板件在轴心压力、弯矩、剪力单独或共同作用下突然发生与原受力状态不符的较大变形而失去稳定。

2.1.5 承载能力 load-carrying capacity

结构或构件不会因强度、稳定等因素破坏所能承受的最大内力，或达到不适应于继续承载的变形时的内力。

2.1.6 一阶弹性分析 the first order elastic analysis

不考虑结构二阶变形对内力产生的影响，根据未变形的结构建立平衡条件，按弹性阶段分析结构内力及位移。

2.1.7 二阶弹性分析 the second order elastic analysis

考虑结构二阶变形对内力产生的影响，根据位移后的结构建立平衡条件，按弹性阶段分析结构内力及位移。

2.1.8 弱硬化 weak hardening

状态为 T6 的铝合金材料为弱硬化合金。

2.1.9 强硬化 strong hardening

状态为除 T6 以外的其他铝合金材料为强硬化合金。

2.1.10 有效厚度 effective thickness

考虑受压板件屈曲后强度以及焊接热影响区效应对构件承载力进行计算时，板件的折减计算厚度。

2.1.11 加劲板件 stiffened elements

两纵边均与其他板件相连的板件。

2.1.12 非加劲板件 unstiffened elements

一纵边与其他板件相连，另一纵边为自由的板件。

2.1.13 边缘加劲板件 edge stiffened elements

一纵边与其他板件相连，另一纵边由符合要求的边缘卷边加劲的板件。

2.1.14 中间加劲板件 intermediate stiffened elements

中间加劲板件是指带中间加劲肋的加劲板件。

2.1.15 子板件 sub-elements

子板件是指一纵边与其他板件相连，另一纵边与中间加劲肋相连或两纵边均与中间加劲肋相连的板件。

2.1.16 腹板屈曲后强度 post-buckling strength of web plates

腹板屈曲后尚能继续保持承受荷载的能力。

2.1.17 整体稳定 overall stability

在外荷载作用下，对整个结构或构件能否发生屈曲或失稳的评估。

2.1.18 计算长度 effective length

构件在其有效约束点间的几何长度乘以考虑杆端变形情况和所受荷载情况的系数而得的等效长度，用以计算构件的长细比。计算焊缝连接强度时采用的焊缝长度。

2.1.19 长细比 slenderness ratio

构件计算长度与构件截面回转半径的比值。

2.1.20 换算长细比 equivalent slenderness ratio

在轴心受压构件的整体稳定计算中，按临界力相等的原则，将弯扭或扭转失稳换算为弯曲失稳时采用的长细比。

2.1.21 钨极氩弧焊 gas tungsten arc welding

使用钨极的氩弧焊，又称非熔化极氩弧焊、TIG 焊。

2.1.22 熔化极氩弧焊 gas metal arc welding

使用熔化电极的氩弧焊，又称 MIG 焊。

2.1.23 焊接热影响区　heat affected zone

母材受焊接热影响效应作用的范围，简称 HAZ。

2.2 符　号

2.2.1 作用及作用效应设计值：

F——集中荷载；

H——水平力；

M——弯矩；

N——轴心力；

P——一个高强度螺栓的预拉力；

Q——重力荷载；

V——剪力。

2.2.2 计算指标：

E——铝合金材料的弹性模量；

G——铝合金材料的剪变模量；

N_t^b, N_v^b, N_c^b——一个螺栓的抗拉、抗剪和承压承载力设计值；

N_v^r，N_c^r——一个铆钉的抗剪和承压承载力设计值；

N_{tp}^b——螺栓头及螺母下构件抗冲切承载力设计值；

R_w——铝合金压型面板中的腹板局部受压承载力设计值；

f——铝合金材料的抗拉、抗压和抗弯强度设计值；

f_v——铝合金材料的抗剪强度设计值；

$f_{0.2}$——铝合金材料的规定非比例伸长应力，也称名义屈服强度；

f_u——铝合金材料的抗拉极限强度；

$f_{u,haz}$——铝合金材料焊接热影响区的抗拉、抗压和抗弯强度设计值；

$f_{v,haz}$——铝合金材料焊接热影响区的抗剪强度设计值；

f_t^b, f_v^b, f_c^b——螺栓的抗拉、抗剪和承压强度设计值；

f_v^r, f_c^r——铆钉的抗剪和承压强度设计值；

f_t^w, f_v^w, f_c^w——对接焊缝的抗拉、抗剪和抗压强度设计值；

f_f^w——角焊缝的抗拉、抗剪和抗压强度设计值；

α——铝合金材料的线膨胀系数；

ν——铝合金材料的泊松比；

ρ——铝合金材料的质量密度；

σ——正应力；

σ_{cr}，τ_{cr}——受压板件的弹性临界应力、板件的剪切屈曲临界应力；

σ_f——按焊缝有效截面计算，垂直于焊缝长度方向的应力；

σ_{haz}——作用在临界失效面，垂直于焊缝长度方向的正应力；

σ_N——垂直于焊缝有效截面的正应力；

τ_f——按焊缝有效截面计算，沿焊缝长度方向的剪应力；

τ_{haz}——作用在临界失效面，平行于焊缝长度方向的剪应力；

τ_N——有效截面上垂直于焊缝长度方向的剪应力；

τ_S——有效截面上平行于焊缝长度方向的剪应力。

2.2.3 几何参数：

A——毛截面面积；

A_e——有效截面面积；

A_{en}——有效净截面面积；

B——铝合金面板的波距；

I——毛截面惯性矩；

I_ω——毛截面扇性惯性矩；

I_t——毛截面抗扭惯性矩；

W_e——有效截面模量；

W_{en}——有效净截面模量；

S——计算剪应力处以上毛截面对中和轴的面积矩；

b——截面或板件的宽度；

b_{haz}——板件的焊接热影响区宽度；

c——加劲肋等效高度；

d——螺栓杆直径；

d_e——螺栓在螺纹处的有效直径；

d_0——铆钉孔直径；螺栓孔直径；

d_m——为下列两者中较小值：

(a) 螺栓头或螺母外接圆直径与内切圆直径的平均值；

(b) 当采用垫圈时为垫圈的外径；

e_a——荷载作用点至弯心的距离；

h——截面或板件的高度；框架结构每层的高度；

h_e——角焊缝计算厚度；

h_f——角焊缝的焊脚尺寸；

i——回转半径；

i_0——截面对剪心的极回转半径；

k——受压板件的局部稳定系数；

l——长度或跨度；

l_0——计算长度；

l_ω——扭转屈曲的计算长度；

l_y——梁的侧向计算长度；

l_w——焊缝计算长度；

t——板件厚度；对接焊缝计算厚度；

t_e——板件有效厚度；

t_w——腹板厚度；

t_p——螺栓头或螺母下构件的厚度；

t_1——铝合金面板T形支托腹板的最小厚度；

t_2——铝合金面板T形支托腹板的最大厚度；

$\sum t$——在不同受力方向中一个受力方向承压构件总厚度的较小值；

y_0——截面形心至剪心的距离；

θ——夹角；

λ——长细比；

$\bar{\lambda}$——板件的换算柔度系数；受弯构件的弯扭稳定相对长细比；轴心受压构件的相对长细比；

λ_ω——扭转屈曲换算长细比。

2.2.4 计算系数及其他：

n_v——受剪面数目；

n_f——传力摩擦面数目；

n_c——框架结构每层内柱的数目；

n_s——框架结构的层数；

n——在节点或拼接处，构件一端连接的高强度螺栓数目；

n_1——所计算截面（最外列螺栓处）上高强度螺栓数目；

Δu——框架结构的层间位移；

α_1，α_2——Winter折算系数；

α_{2i}——考虑二阶效应时第i层杆件的侧移弯矩增大系数；

β_1——临界弯矩修正系数；

β_2——荷载作用点位置影响系数；

β_3——荷载形式不同时对单轴对称截面的修正系数；

β_f——正面角焊缝的强度设计值增大系数；

β_m——等效弯矩系数；

γ_R——铝合金结构构件的抗力分项系数；

γ_0——结构的重要性系数；

γ——截面塑性发展系数；

η——修正系数；

μ——摩擦面的抗滑移系数；柱的计算长度系数；

ρ_{haz}——焊接热影响区范围内材料的强度折减系数；

φ——轴心受压构件的稳定系数；

$\bar{\varphi}$——轴心受压构件的稳定计算系数；

φ_b——受弯构件的整体稳定系数；

ψ——应力分布不均匀系数。

3 材 料

3.1 结 构 铝

3.1.1 用于承重结构的铝合金应采用轧制板、冷轧带、拉制管、挤压管、挤压型材、棒材等锻造铝合金。

3.1.2 应根据结构的重要性、荷载特征、结构形式、应力状态、连接方式、材料厚度等因素，选用合适的铝合金牌号、规格及其相应状态，并应符合现行国家标准的规定和要求。

铝合金结构材料型材宜采用5×××系列和6×××系列铝合金；板材宜采用3×××系列和5×××系列铝合金。板材力学性能应符合现行国家标准《铝及铝合金轧制板材》GB/T 3880和《铝及铝合金冷轧带材》GB/T 8544的规定；型材及棒材应符合现行国家标准《铝及铝合金挤压棒材》GB/T 3191、《铝及铝合金拉（轧）制无缝管》GB/T 6893、《铝及铝合金热挤压管》GB/T 4437、《铝合金建筑型材》GB 5237、《工业用铝及铝合金热挤压型材》GB/T 6892的规定。

3.2 连 接

3.2.1 铝合金结构的螺栓连接应符合下列要求：

1 普通螺栓材料宜采用铝合金、不锈钢，也可采用经热浸镀锌、电镀锌或镀铝等可靠表面处理后的钢材。

2 铝合金结构的螺栓连接不宜采用有预拉力的高强度螺栓，确需采用时应满足本规范相应条款的规定。

3 普通螺栓应符合现行国家标准《紧固件机械性能 螺栓、螺钉和螺柱》GB/T 3098.1、《紧固件机械性能 有色金属制造的螺栓、螺钉、螺柱和螺母》GB/T 3098.10、《紧固件机械性能不锈钢螺母》GB/T 3098.15、《六角头螺栓 C级》GB/T 5780和《六角头螺栓》GB/T 5782的规定。

3.2.2 铝合金结构的铆钉材料应采用铝合金或不锈钢，并应符合现行国家标准《半圆头铆钉（粗制）》GB/T 863.1和《半圆头铆钉》GB 867的规定。

3.2.3 铝合金结构焊接用焊丝应符合现行国家标准《铝及铝合金焊丝》GB 10858的规定，宜选用SAlMG-3焊丝（Eur 5356）及SAlSi-1焊丝（Eur 4043）。焊接工艺可采用熔化极惰性气体保护电弧焊（MIG焊）和钨极惰性气体保护电弧焊（TIG焊）。

注：TIG焊适用于厚度小于或等于6mm构件的焊接。

3.3 热 影 响 区

3.3.1 采用焊接铝合金结构时，必须考虑热影响区材料强度降低带来的不利影响。热影响区范围内强度的折减系数 ρ_{haz} 应按表3.3.1采用。

表 3.3.1　热影响区范围内材料强度的折减系数 ρ_{haz}

合金牌号	状　态	ρ_{haz}
6061、6063、6063A	T4	1.00
	T5/T6	0.50
5083	O/F	1.00
	H112	0.80
3003	H24	0.20
3004	H34/H36	0.20

注：表中数值适用于材料焊接后存放的环境温度大于10℃，存放时间大于3d的情况。

3.3.2　热影响区范围应符合下列规定：

1　当板件端部距焊缝边缘长度小于 $3b_{haz}$ 时，热影响区（图3.3.2）扩展至板件尽端。

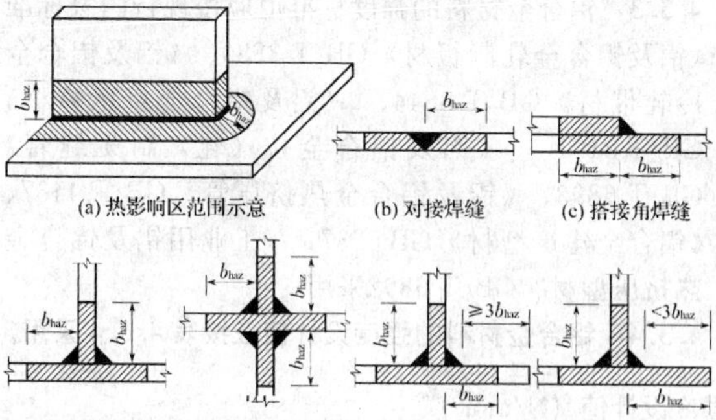

图 3.3.2　焊接热影响区范围

b_{haz}为板件的焊接热影响区宽度

2　采用熔化极惰性气体保护电弧焊（MIG焊）和钨极惰性气体保护电弧焊（TIG焊）焊接连接的6×××系列热处理合金或5×××系列冷加工硬化合金，热影响区宽度 b_{haz} 应符合表 3.3.2 的规定。

表 3.3.2　热影响区宽度 b_{haz}

退火温度（℃）	对于焊接件厚度（mm）	b_{haz}（mm）
$T_1 \leqslant 60$	$t \leqslant 8$	30
	$8 < t \leqslant 16$	40
	$t > 16$	应根据硬度试验结果确定
$60 < T_1 \leqslant 120$	$t \leqslant 8$	30α
	$8 < t \leqslant 16$	40α
	$t > 16$	应根据硬度试验结果确定

注：1　α 为参数；$\alpha = 1 + (T_1 - 60)/120$。

2　表中 t 为焊接件的平均厚度。当焊接件厚度相差超过一倍时，b_{haz}值应根据硬度试验结果确定。

3.3.3　在连接计算中，应对焊件强度进行折减；在构件承载力计算中，应对截面进行折减。

4　基本设计规定

4.1　设计原则

4.1.1　本规范采用以概率理论为基础的极限状态设计方法，用分项系数设计表达式进行计算。

4.1.2　在铝合金结构设计文件中，应注明建筑结构的安全等级、设计使用年限、铝合金材料牌号及供货状态、连接材料的型号和对铝合金材料所要求的力学性能、化学成分及其他的附加保证项目。

4.1.3　铝合金结构应按下列承载能力极限状态和正常使用极限状态进行设计：

1　承载能力极限状态包括：构件和连接的强度破坏和因过度变形而不适于继续承载，结构和构件丧失稳定，结构转变为机动体系和结构倾覆。

2　正常使用极限状态包括：影响结构、构件和非结构构件正常使用或外观的变形，影响正常使用的振动，影响正常使用或耐久性能的局部损坏。

4.1.4　按承载能力极限状态设计铝合金结构时，应考虑荷载效应的基本组合，必要时尚应考虑荷载效应的偶然组合。按正常使用极限状态设计铝合金结构时，应按规定的荷载效应组合。

4.1.5　铝合金结构的计算模型和基本假定宜与构件连接的实际性能相符合。

4.1.6　铝合金结构的正常使用环境温度应低于100℃。

4.2　荷载和荷载效应计算

4.2.1　设计铝合金结构时应考虑永久荷载、可变荷载、支承结构的变形或沉降、施工荷载、安装荷载、检修荷载等及地震作用、温度变化作用。

4.2.2　设计铝合金结构时，荷载的标准值、荷载分项系数、荷载组合值系数等，应按现行国家标准《建筑结构荷载规范》GB 50009 的规定采用。

结构的重要性系数 γ_0 应按现行国家标准《建筑结构可靠度设计统一标准》GB 50068 的规定采用，其中对设计年限为 25 年的结构构件，γ_0 不应小于 0.95。

4.2.3　框架结构中，梁与柱的刚性连接应符合受力过程中梁柱间交角不变的假定，同时连接应具有充分的强度，承受交汇构件端部传递的所有最不利内力。梁和柱铰接时，应使连接具有充分的转动能力，且能有效地传递横向剪力与轴向力。梁与柱的半刚性连接只具有有限的转动刚度，在承受弯矩的同时会产生相应的交角变化，在内力分析时，必须预先确定连接的弯矩-转角特性曲线，以便考虑连接变形的影响。

4.2.4　框架结构内力分析宜符合下列规定：

1　框架结构内力分析可采用一阶弹性分析。

2　对$\frac{\sum N \cdot \Delta u}{\sum H \cdot h}>0.1$的框架结构宜采用二阶弹性分析，此时应在每层柱顶附加考虑由式（4.2.4-1）计算的假想水平力 H_{ni}。

$$H_{ni}=\frac{1}{200}k_c k_s Q_i \qquad (4.2.4\text{-}1)$$

式中　Δu——按一阶弹性分析求得的所计算楼层的层间侧移；

h——所计算楼层的高度；

$\sum N$——所计算楼层各柱轴心压力设计值之和；

$\sum H$——产生层间侧移 Δu 的所计算楼层及以上各层的水平力之和；

Q_i——第 i 层的总重力荷载设计值；

$k_s=\sqrt{0.5+1/n_s}$，$k_s \leqslant 1$；n_s——框架总层数；

$k_c=\sqrt{0.5+1/n_c}$，$k_c \leqslant 1$；n_c——第 i 层内柱的数目。

对无支撑的框架结构，当采用二阶弹性分析时，各杆件杆端的弯矩 M_{II} 可用下列近似公式进行计算：

$$M_{II}=M_{Ib}+\alpha_{2i}M_{Is} \qquad (4.2.4\text{-}2)$$

$$\alpha_{2i}=\frac{1}{1-\frac{\sum N \cdot \Delta u}{\sum H \cdot h}} \qquad (4.2.4\text{-}3)$$

式中　M_{Ib}——假定框架无侧移时按一阶弹性分析求得的各杆杆端弯矩；

M_{Is}——框架各节点侧移时按一阶弹性分析求得的各杆杆端弯矩；

α_{2i}——考虑二阶效应第 i 层杆件的侧移弯矩增大系数。

注：当按式（4.2.4-3）计算的 $\alpha_{2i} \geqslant 1.33$ 时，宜增加框架结构的刚度。

4.2.5　大跨度空间结构内力分析时宜考虑几何非线性效应的影响，应计算结构的整体稳定承载力。

4.3　设 计 指 标

4.3.1　铝合金材料的强度设计值等于强度标准值除以抗力分项系数。

4.3.2　铝合金结构构件的抗力分项系数 γ_R 在抗拉、抗压和抗弯情况下应取 1.2，在计算局部强度时应取 1.3。

4.3.3　铝合金材料的强度标准值应按现行国家标准《铝及铝合金轧制板材》GB/T 3880、《铝及铝合金冷轧带材》GB/T 8544、《铝及铝合金挤压棒材》GB/T 3191、《铝及铝合金拉（轧）制无缝管》GB/T 6893、《铝及铝合金热挤压管》GB/T 4437、《铝合金建筑型材》GB 5237、《工业用铝及铝合金热挤压型材》GB/T 6892采用。

4.3.4　铝合金材料的强度设计值应按表 4.3.4 采用。

表 4.3.4　铝合金材料强度设计值（N/mm²）

铝合金材料			用于构件计算		用于焊接连接计算	
牌号	状态	厚度 (mm)	抗拉、抗压和抗弯 f	抗剪 f_v	焊件热影响区抗拉、抗压和抗弯 $f_{u,haz}$	焊件热影响区抗剪 $f_{v,haz}$
6061	T4	所有	90	55	140	80
	T6	所有	200	115	100	60
6063	T5	所有	90	55	60	35
	T6	所有	150	85	80	45
6063A	T5	≤10	135	75	75	45
		>10	125	70	70	40
	T6	≤10	160	90	90	50
		>10	150	85	85	50
5083	O/F	所有	90	55	210	120
	H112	所有	90	55	170	95
3003	H24	≤4	100	60	20	10
3004	H34	≤4	145	85	35	20
	H36	≤3	160	95	40	20

4.3.5　铝合金结构普通螺栓和铆钉连接的强度设计值应按表4.3.5-1和表 4.3.5-2 采用。

表 4.3.5-1　普通螺栓连接的强度设计值（N/mm²）

螺栓的材料、性能等级和构件铝合金牌号			普通螺栓								
			铝合金			不锈钢			钢		
			抗拉 f_t^b	抗剪 f_v^b	承压 f_c^b	抗拉 f_t^b	抗剪 f_v^b	承压 f_c^b	抗拉 f_t^b	抗剪 f_v^b	承压 f_c^b
普通螺栓	铝合金	2B11	170	160	—	—	—	—	—	—	—
		2A90	150	145	—	—	—	—	—	—	—
	不锈钢	A2-50、A4-50	—	—	—	200	190	—	—	—	—
		A2-70、A4-70	—	—	—	280	265	—	—	—	—
	钢	4.6、4.8级	—	—	—	—	—	—	170	140	—
构件		6061-T4	—	—	210	—	—	210	—	—	210
		6061-T6	—	—	305	—	—	305	—	—	305
		6063-T5	—	—	185	—	—	185	—	—	185
		6063-T6	—	—	240	—	—	240	—	—	240
		6063A-T5	—	—	220	—	—	220	—	—	220
		6063A-T6	—	—	255	—	—	255	—	—	255
		5083-O/F/H112	—	—	315	—	—	315	—	—	315

表 4.3.5-2　铆钉连接的强度设计值（N/mm²）

铝合金铆钉牌号及构件铝合金牌号		铝合金铆钉	
		抗剪 f_v^r	承压 f_c^r
铆钉	5B05-HX8	90	—
	2A01-T4	110	—
	2A10-T4	135	—
构件	6061-T4	—	210
	6061-T6	—	305
	6063-T5	—	185
	6063-T6	—	240
	6063A-T5	—	220
	6063A-T6	—	255
	5083-O/F/H112	—	315

4.3.6　铝合金结构焊缝的强度设计值应按表 4.3.6 采用。

表 4.3.6　焊缝的强度设计值（N/mm²）

铝合金母材牌号及状态	焊丝型号	对接焊缝			角焊缝
		抗拉 f_t^w	抗压 f_c^w	抗剪 f_v^w	抗拉、抗压和抗剪 f_f^w
6061-T4 6061-T6	SAlMG-3 (Eur 5356)	145	145	85	85
	SAlSi-1 (Eur 4043)	135	135	80	80
6063-T5　6063-T6 6063A-T5　6063A-T6	SAlMG-3 (Eur 5356)	115	115	65	65
	SAlSi-1 (Eur 4043)	115	115	65	65
5083-O/F/H112	SAlMG-3 (Eur 5356)	185	185	105	105

注：对于两种不同种类合金的焊接，焊缝的强度设计值应采用较小值。

4.3.7　铝合金材料的物理性能指标应按表 4.3.7 采用。

表 4.3.7　铝合金的物理性能指标

弹性模量 E (N/mm²)	泊松比 ν	剪变模量 G (N/mm²)	线膨胀系数 α (以每℃计)	质量密度 ρ (kg/m³)
70000	0.3	27000	23×10^{-6}	2700

4.4　结构或构件变形的规定

4.4.1　为了不影响结构和构件的正常使用和观感，设计时应对结构或构件的变形进行控制。

1　受弯构件挠度的容许值不宜超过表 4.4.1 的规定。

表 4.4.1　受弯构件挠度的容许值

序号	构件类别	容许值
1	主体结构的构件	$l/250$
2	檩条和横隔板（在恒载作用下）	$l/200$
3	围护结构的构件和压型面板	$l/180$

注：l 为跨度或支点间距离，悬臂构件可取挑出长度的 2 倍。

2　在风荷载标准值作用下，框架柱顶水平位移不宜超过 $H/300$。H 为自基础顶面至柱顶的总高度。

4.4.2　计算结构或构件的变形时，可不考虑螺栓（或铆钉）孔引起的截面削弱。

4.4.3　为改善外观和使用条件，可将横向受力构件预先起拱，起拱大小应视实际需要而定，可为恒载标准值加 1/2 活载标准值所产生的挠度值。构件挠度可取在恒荷载和活荷载标准值作用下的挠度计算值减去起拱度。

4.5 构件的计算长度和容许长细比

4.5.1 确定桁架弦杆和单系腹杆（用节点板与弦杆连接）的长细比时，其计算长度 l_0 应按表 4.5.1 采用。

表 4.5.1 桁架弦杆和单系腹杆的计算长度 l_0

序号	弯曲方向	弦杆	腹杆	
			支座斜杆和支座竖杆	其他腹杆
1	在桁架平面内	l	l	$0.8l$
2	在桁架平面外	l_1	l	l
3	斜平面	—	l	$0.9l$

注：1 l 为构件的几何长度（节点中心间距离）；l_1 为桁架弦杆侧向支承点之间的距离。
2 斜平面系指与桁架平面斜交的平面，适用于构件截面两主轴均不在桁架平面内的单角铝腹杆和双角铝十字形截面腹杆。
3 无节点板的腹杆计算长度在任意平面内均取其等于几何长度（铝管结构除外）。

当桁架弦杆侧向支承点之间的距离为节间长度的2倍（图4.5.1）且两节间的弦杆轴心压力不相同时，则该弦杆在桁架平面外的计算长度，应按下式确定，但不应小于 $0.5l_1$：

$$l_0=l_1\left(0.75+0.25\frac{N_2}{N_1}\right) \qquad (4.5.1)$$

式中 N_1——较大的压力，计算时取正值；

N_2——较小的压力或拉力，计算时压力取正值，拉力取负值。

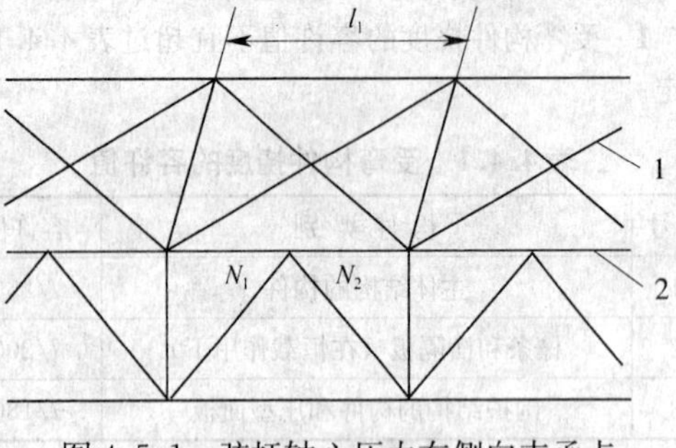

图 4.5.1 弦杆轴心压力在侧向支承点间有变化的桁架简图

1—支撑；2—桁架

桁架再分式腹杆体系的受压主斜杆及 K 形腹杆体系的竖杆等，在桁架平面外的计算长度应按式（4.5.1）确定，受拉主斜杆仍取 l_1；在桁架平面内的计算长度则应取节点中心间距离。

4.5.2 单层或多层框架等截面柱，在框架平面内的计算长度应等于该层柱的高度乘以计算长度系数 μ。框架可分为无支撑的纯框架和有支撑框架，有支撑框架根据抗侧移刚度的大小，可分为强支撑框架和弱支撑框架，并应符合下列规定：

1 无支撑纯框架。

1）当采用一阶弹性分析方法计算内力时，框架柱的计算长度系数 μ 应按国家标准《钢结构设计规范》GB 50017 附录 D 表 D-2 规定的有侧移框架柱的计算长度系数确定。

2）当采用二阶弹性分析方法计算内力且在每层柱顶附加考虑公式（4.2.4-1）的假想水平力 H_{ni} 时，框架柱的计算长度系数 μ 应取1.0。

2 有支撑框架。

1）当（支撑桁架、剪力墙、电梯井等）支撑结构的侧移刚度 S_b 满足式（4.5.2-1）的要求时，应为强支撑框架，框架柱的计算长度系数 μ 应按《钢结构设计规范》GB 50017 附录 D 表 D-1 规定的无侧移框架柱的计算长度系数确定。

$$S_b \geqslant 3\left(1.2\sum N_{bi}-\sum N_{0i}\right) \qquad (4.5.2\text{-}1)$$

式中 N_{bi}，N_{0i}——第 i 层层间所有框架柱用无侧移框架柱和有侧移框架柱计算长度系数算得的轴压构件稳定承载力之和。

2）当支撑结构的侧移刚度 S_b 不满足式（4.5.2-1）的要求时，为弱支撑框架，框架柱的轴压构件稳定系数 φ 按式（4.5.2-2）计算。

$$\varphi=\varphi_0+(\varphi_1-\varphi_0)\frac{S_b}{3\left(1.2\sum N_{bi}-\sum N_{0i}\right)} \qquad (4.5.2\text{-}2)$$

式中 φ_0，φ_1——按附录 B 得到的轴压构件稳定系数，查表时分别采用《钢结构设计规范》GB 50017 附录 D 中规定的无侧移框架柱和有侧移框架柱的计算长度系数。

4.5.3 平板网架、曲面网架和单层网壳杆件的计算长度应按表 4.5.3-1、表 4.5.3-2 取值。

表 4.5.3-1 平板和曲面网架杆件计算长度 l_0

杆 件	计算长度
弦杆及支座腹杆	l
腹 杆	l

注：l 为杆件几何长度（节点中心间距离）。

表 4.5.3-2 单层网壳杆件计算长度 l_0

计 算 面	计算长度
壳体曲面内	$0.9l$
壳体曲面外	$1.6l$

注：l 为杆件几何长度（节点中心间距离）。

4.5.4 受压构件的长细比不宜超过表4.5.4的容许值。

表4.5.4 受压构件的容许长细比

序号	构件名称	容许长细比
1	柱、桁架的杆件	150
	柱的缀条	
2	支撑	200
	用以减小受压构件长细比的杆件	

注：1 包括空间桁架在内的桁架的受压腹杆，当其内力等于或小于承载能力的50%时，容许长细比值可取200。

2 计算单角铝受压构件的长细比时，应采用角铝的最小回转半径，但计算在交叉点相互连接的交叉杆件平面外的长细比时，可采用与角铝肢边平行轴的回转半径。

3 跨度等于或大于60m的桁架，其受压弦杆和端压杆的容许长细比宜取100，其他承受静力荷载的受压腹杆可取150。

4 由容许长细比控制截面的杆件，在计算其长细比时，可不考虑扭转效应。

4.5.5 受拉构件的长细比不宜超过表4.5.5的容许值。

表4.5.5 受拉构件的容许长细比

序号	构件名称	一般建筑结构（承受静力荷载）
1	桁架的杆件	350
2	其他拉杆、支撑、系杆等（张紧的拉杆除外）	400

注：1 承受静力荷载的结构中，可仅计算受拉构件在竖向平面内的长细比。

2 受拉构件在永久荷载与风荷载组合下受压时，其长细比不宜超过250。

3 跨度等于或大于60m的桁架，其受拉弦杆和腹杆的长细比不宜超过300（承受静力荷载）。

4.5.6 网架、网壳杆件的长细比不宜超过表4.5.6-1和表4.5.6-2的容许值。

表4.5.6-1 网架杆件的容许长细比

杆件		平板网架	曲面网架
受压杆件		150	150
受拉杆件	一般杆件	350	350
	支座附近处杆件	300	300

表4.5.6-2 网壳杆件的容许长细比

网壳类别	压弯杆件	拉弯杆件
单层网壳	150	300

5 板件的有效截面

5.1 一般规定

5.1.1 对于可能出现受压局部屈曲的薄壁构件，可利用板件的屈曲后强度，并在确定构件有效截面的基础上进行强度及整体稳定验算。

5.1.2 设计焊接铝合金构件时，应考虑焊接热影响效应对截面的折减，并在确定构件有效截面的基础上进行强度及整体稳定验算。

5.1.3 有效截面的计算应采用有效厚度法。

5.1.4 构件截面的板件类型（图5.1.4）应符合国家有关标准规定。

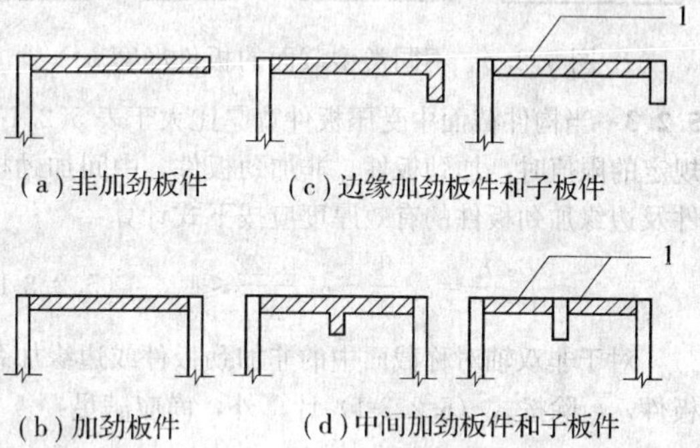

图5.1.4 板件类型

1—子板件

5.2 受压板件的有效厚度

5.2.1 当构件截面中受压板件宽厚比小于表5.2.1-1的限值时，板件应全截面有效。圆管截面的外径与壁厚之比不应超过表5.2.1-2的限值。

表5.2.1-1 受压板件全部有效的最大宽厚比

硬化程度	加劲板件、中间加劲板件		非加劲板件、边缘加劲板件	
	非焊接	焊接	非焊接	焊接
弱硬化	$21.5\varepsilon\sqrt{\eta k'}$	$17\varepsilon\sqrt{\eta k'}$	$6\varepsilon\sqrt{\eta k'}$	$5\varepsilon\sqrt{\eta k'}$
强硬化	$17\varepsilon\sqrt{\eta k'}$	$15\varepsilon\sqrt{\eta k'}$	$5\varepsilon\sqrt{\eta k'}$	$4\varepsilon\sqrt{\eta k'}$

注：1 表中$\varepsilon=\sqrt{240/f_{0.2}}$，$f_{0.2}$应按附录A确定。

2 η为加劲肋修正系数，应按第5.2.6条采用，对于不带加劲肋的板件，$\eta=1$。

3 $k'=k/k_0$，其中k为不均匀受压情况下的板件局部稳定系数，应按第5.2.5条采用。对于均匀受压板件，$k'=1.0$。对于加劲板件或中间加劲板件，$k_0=4$；对于非加劲板件或边缘加劲板件，$k_0=0.425$。

表 5.2.1-2 受压圆管截面的最大径厚比

硬化程度	非焊接	焊接
弱硬化	50 $(240/f_{0.2})$	35 $(240/f_{0.2})$
强硬化	35 $(240/f_{0.2})$	25 $(240/f_{0.2})$

5.2.2 计算板件宽厚比时，板件宽度应采用板件净宽。板件净宽应为扣除了相邻板件厚度后的剩余宽度(图 5.2.2)。

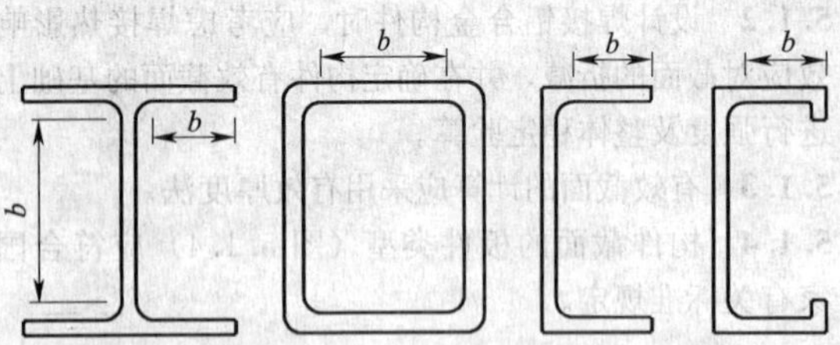

图 5.2.2 不同类型截面的板件净宽 b

5.2.3 当构件截面中受压板件宽厚比大于表 5.2.1-1 规定的限值时，加劲板件、非加劲板件、中间加劲板件及边缘加劲板件的有效厚度应按下式计算：

$$\frac{t_e}{t}=\alpha_1\frac{1}{\bar{\lambda}}-\alpha_2\frac{0.22}{\bar{\lambda}^2}\leqslant 1 \quad (5.2.3\text{-}1)$$

对于非双轴对称截面中的非加劲板件或边缘加劲板件，t_e 除按式（5.2.3-1）计算外，尚应满足：

$$\frac{t_e}{t}\leqslant\frac{1}{\bar{\lambda}^2} \quad (5.2.3\text{-}2)$$

式中 t_e——考虑局部屈曲的板件有效厚度；

t——板件厚度；

α_1，α_2——计算系数，应按表 5.2.3 取值；

$\bar{\lambda}$——板件的换算柔度系数，$\bar{\lambda}=\sqrt{f_{0.2}/\sigma_{cr}}$；

σ_{cr}——受压板件的弹性临界屈曲应力，应按第 5.2.4 条和第 5.2.6 条采用。

表 5.2.3 计算系数 α_1，α_2 的取值

系数	硬化程度	加劲板件、中间加劲板件		非加劲板件、边缘加劲板件	
		非焊接	焊接	非焊接	焊接
α_1	弱硬化	1.0	0.9	0.96	0.9
	强硬化	0.9	0.8	0.9	0.77
α_2	弱硬化	1.0	0.9	1.0	0.9
	强硬化	0.9	0.7	0.9	0.68

5.2.4 受压加劲板件、非加劲板件的弹性临界屈曲应力应按下式计算：

$$\sigma_{cr}=\frac{k\pi^2E}{12(1-\nu^2)\cdot(b/t)^2} \quad (5.2.4)$$

式中 k——受压板件局部稳定系数，应按第 5.2.5 条计算；

ν——铝合金材料的泊松比，$\nu=0.3$；

b——板件净宽，应按图 5.2.2 采用；

t——板件厚度。

5.2.5 受压板件局部稳定系数可按下列公式计算：

1 加劲板件：

当 $1\geqslant\psi>0$ 时，

$$k=\frac{8.2}{\psi+1.05} \quad (5.2.5\text{-}1)$$

当 $0\geqslant\psi\geqslant-1$ 时，

$$k=7.81-6.29\psi+9.78\psi^2 \quad (5.2.5\text{-}2)$$

当 $\psi<-1$ 时，

$$k=5.98(1-\psi)^2 \quad (5.2.5\text{-}3)$$

式中 ψ——压应力分布不均匀系数，$\psi=\sigma_{min}/\sigma_{max}$；

σ_{max}——受压板件边缘最大压应力（N/mm²），取正值；

σ_{min}——受压板件另一边缘的应力（N/mm²），取压应力为正，拉应力为负。

2 非加劲板件：

1）最大压应力作用于支承边：

当 $1\geqslant\psi>0$ 时，

$$k=\frac{0.578}{\psi+0.34} \quad (5.2.5\text{-}4)$$

当 $0\geqslant\psi>-1$ 时，

$$k=1.7-5\psi+17.1\psi^2 \quad (5.2.5\text{-}5)$$

2）最大压应力作用于自由边：

当 $1\geqslant\psi\geqslant-1$ 时，

$$k=0.425 \quad (5.2.5\text{-}6)$$

5.2.6 均匀受压的边缘加劲板件、中间加劲板件的弹性临界屈曲应力计算应符合下列规定：

1 弹性临界屈曲应力应按下式计算：

$$\sigma_{cr}=\frac{\eta k_0\pi^2E}{12(1-\nu^2)\cdot(b/t)^2} \quad (5.2.6\text{-}1)$$

式中 k_0——均匀受压板件局部稳定系数；对于边缘加劲板件，$k_0=0.425$；对于中间加劲板件 $k_0=4$；

η——加劲肋修正系数，用于考虑加劲肋对被加劲板件抵抗局部屈曲（或畸变屈曲）的有利影响。

2 加劲肋修正系数应按下列规定计算：

1）对于边缘加劲板件：

$$\eta=1+0.1(c/t-1)^2 \quad (5.2.6\text{-}2)$$

2）对于有一个等间距中间加劲肋的中间加劲板件：

$$\eta=1+2.5\frac{(c/t-1)^2}{b/t} \quad (5.2.6\text{-}3)$$

3）对于有两个等间距中间加劲肋的中间加劲板件：

$$\eta=1+4.5\frac{(c/t-1)^2}{b/t} \quad (5.2.6\text{-}4)$$

式中 t——加劲肋所在板件的厚度，也即加劲肋的等效厚度；

c——加劲肋等效高度；等效的原则是：加劲肋对其所在板件中平面的截面惯性矩与等效后的截面惯性矩相等，如图5.2.6所示，虚线表示等效加劲肋。

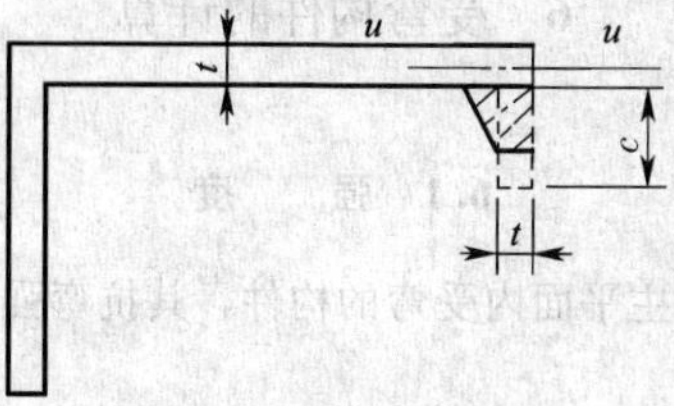

图 5.2.6 加劲肋等效原则

u-u 为板件中面

4）对于有两道以上中间加劲肋的中间加劲板件，宜保留最外侧两道加劲肋，并忽略其余加劲肋的加劲作用，按有两道加劲肋的情况计算。

5）对于其他带不规则加劲肋的复杂加劲板件：

$$\eta=\left(\frac{\sigma_{cr}}{\sigma_{cr0}}\right)^{0.8} \quad (5.2.6\text{-}5)$$

式中 σ_{cr}——假定加劲边简支情况下，该复杂加劲板件的临界屈曲应力，宜按有限元法或有限条法计算；

σ_{cr0}——假定加劲边简支情况下，不考虑加劲肋作用，同样尺寸的加劲板件的临界屈曲应力。可按式(5.2.6-1)计算，并取 $\eta=1.0$。

5.2.7 不均匀受压的边缘加劲板件、中间加劲板件及其他带不规则加劲肋的复杂加劲板件，其临界屈曲应力 σ_{cr}宜按有限元法计算，计算中可不考虑相邻板件的约束作用，按加劲边简支情况处理（图 5.2.7）。当缺乏计算依据时，可忽略加劲肋的加劲作用，按不均匀受压板件由第 5.2.4 条和第 5.2.5 条计算其临界屈曲应力 σ_{cr}，再由第 5.2.3 条计算板件的有效厚度，但截面中加劲肋部分的有效厚度应取板件的有效厚度和对加劲部分按非加劲板件单独计算的有效厚度中的较小值。

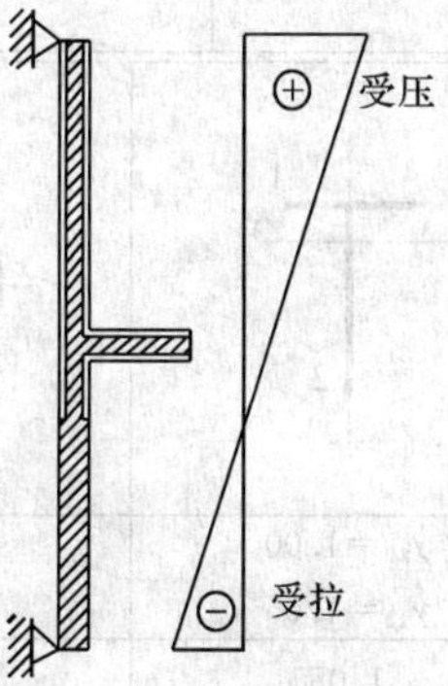

图 5.2.7 带加劲肋的不均匀受压板件

5.2.8 对于边缘加劲板件和中间加劲板件，除应将其作为整体按第 5.2.3 条计算外，尚应按加劲板件和非加劲板件根据第5.2.3条分别计算各子板件及加劲肋的有效厚度 t_e，并取各板件的最小有效厚度。

5.3 焊接板件的有效厚度

5.3.1 对于焊接铝合金构件，应考虑热影响区内因材料强度降低造成的截面削弱，并应用有效截面概念计算截面的削弱程度。有效截面应根据有效厚度法进行计算，材料强度设计值不再进行折减。

5.3.2 热影响区范围内的板件有效厚度（图 5.3.2）应按下式计算：

$$t_{e,haz}=\rho_{haz}t \quad (5.3.2)$$

式中 ρ_{haz} 按表 3.3.1 取值，b_{haz}按第 3.3.2 条确定。

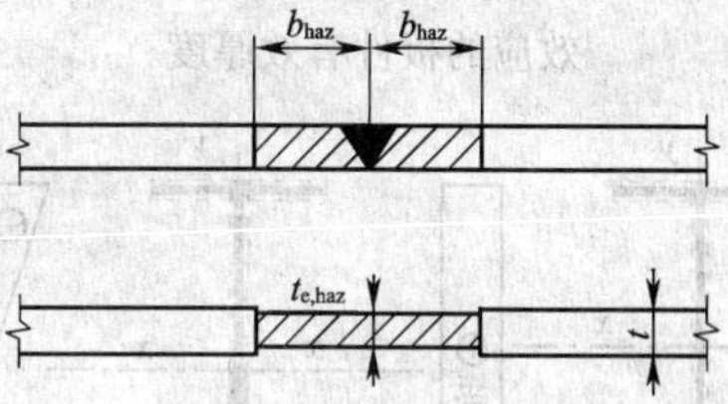

图 5.3.2 热影响区内板件的有效厚度

5.4 有效截面的计算

5.4.1 应按下述三种情况确定构件有效截面：

1 对于不满足第 5.2.1 条宽厚比限值的非焊接受压板件，应计算考虑局部屈曲影响的板件有效厚度 t_e，并在板件受压区范围内以有效厚度 t_e 取代板件厚度 t，但各板件根部连接区域或倒角部位应按全部有效处理（图 5.4.1-1）。

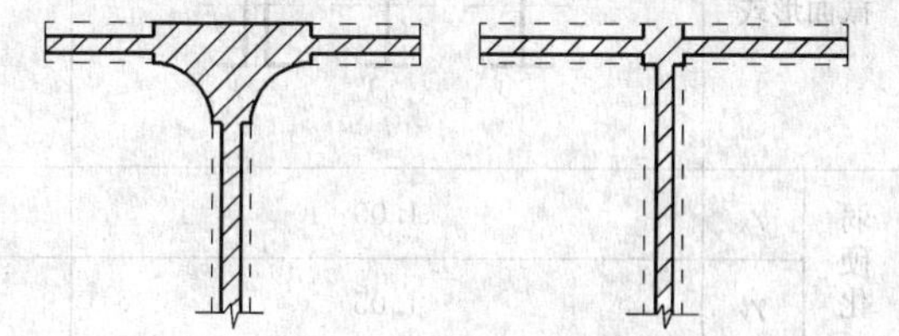

图 5.4.1-1 非焊接板件根部连接区域或倒角部位的有效截面

2 对于焊接受拉板件或满足第 5.2.1 条宽厚比限值的焊接受压板件，仅需按第 5.3.2 条计算有效厚度 $t_{e,haz}$，并在热影响区内应以有效厚度 $t_{e,haz}$取代板件厚度 t。

3 对于不满足第 5.2.1 条宽厚比限值的焊接受压板件，应同时考虑局部屈曲和热影响效应：在非热影响区的受压区范围内应以有效厚度 t_e取代板件厚度 t；在受拉区范围的热影响区内应以有效厚度 $t_{e,haz}$ 取代板件厚度 t；在受压区范围的热影响区内应以有效厚度 $t_{e,haz}$ 和有效厚度 t_e 中的较小值取代板件厚度 t（图 5.4.1-2）。

5.4.2 轴压构件的有效截面应按第 5.4.1 条确定的各板件有效厚度计算〔图 5.4.2（a)〕。

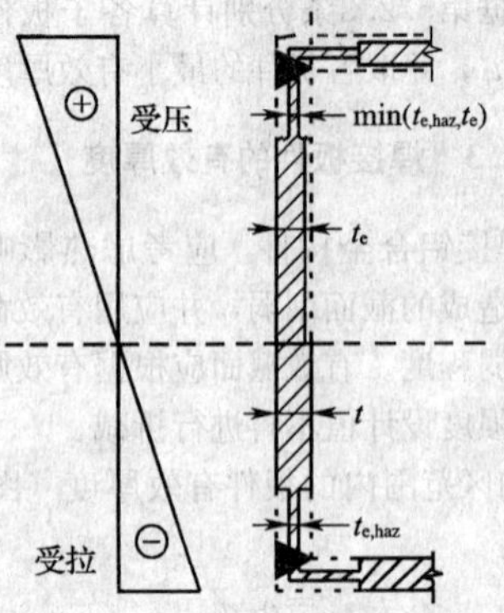

图 5.4.1-2　同时考虑局部屈曲和热影响效应的板件有效厚度

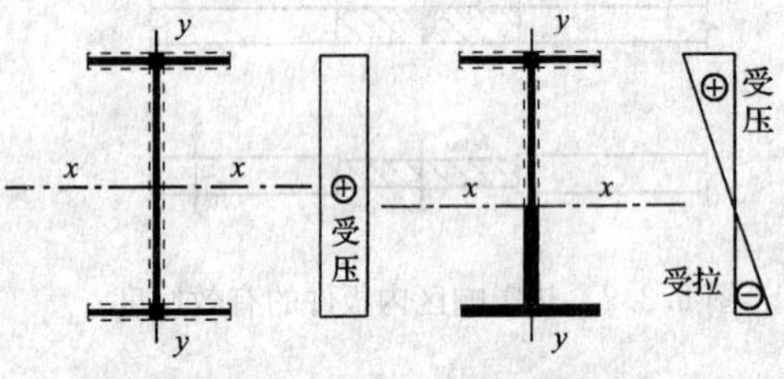

(a) 轴压构件　　(b) 受弯构件

图 5.4.2　有效截面的计算

x-x 为根据有效截面确定的中和轴

5.4.3　受弯构件及压弯构件的有效截面应按第5.4.1条确定的各板件有效厚度计算〔图 5.4.2(b)〕。

6　受弯构件的计算

6.1　强　　度

6.1.1　在主平面内受弯的构件，其抗弯强度应按下式计算：

$$\frac{M_x}{\gamma_x W_{enx}}+\frac{M_y}{\gamma_y W_{eny}}\leqslant f \qquad (6.1.1)$$

式中　M_x，M_y——同一截面处绕 x 轴和 y 轴的弯矩（对工字形截面：x 轴为强轴，y 轴为弱轴）；

W_{enx}，W_{eny}——对截面主轴 x 轴和 y 轴的较小有效净截面模量，应同时考虑局部屈曲、焊接热影响区以及截面孔洞的影响；

γ_x，γ_y——截面塑性发展系数，应按表6.1.1采用；

f——铝合金材料的抗弯强度设计值。

表 6.1.1　截面塑性发展系数 γ_x，γ_y

截面形式		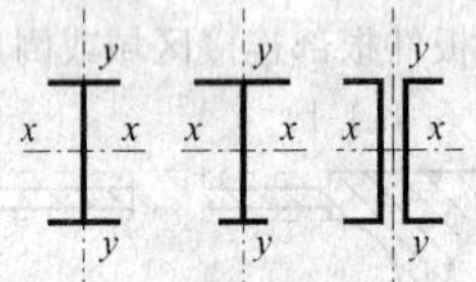	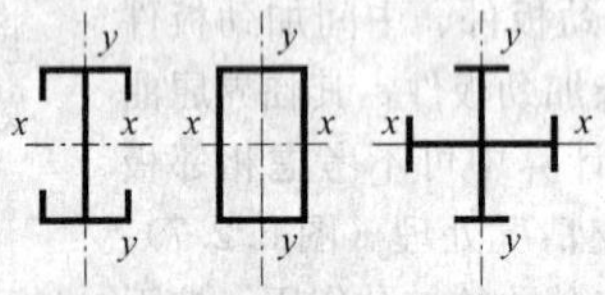	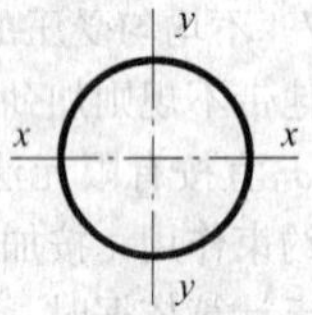
弱硬化	γ_x	1.00	1.00	1.00
	γ_y	1.05	1.00	1.00
强硬化	γ_x	1.00	1.00	1.00
	γ_y	1.00	1.00	1.00

截面形式		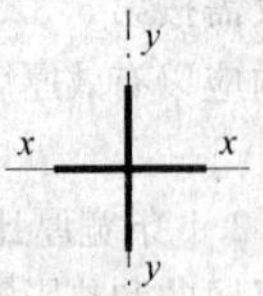 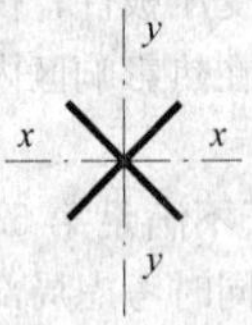	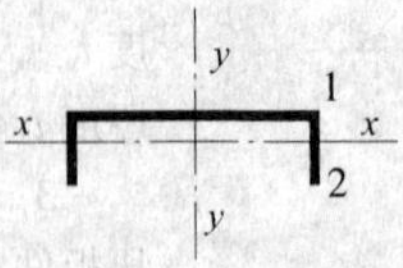	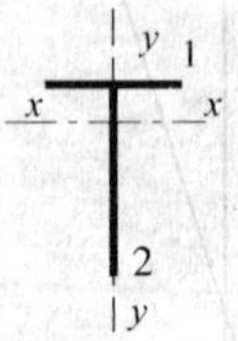	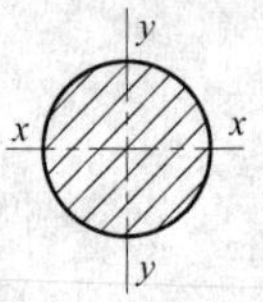
弱硬化	γ_x	1.05	$\gamma_{x1}=1.00$ $\gamma_{x2}=1.05$	$\gamma_{x1}=1.00$ $\gamma_{x2}=1.05$	1.10
	γ_y	1.05	1.00	1.05	1.10
强硬化	γ_x	1.00	$\gamma_{x1}=1.00$ $\gamma_{x2}=1.00$	$\gamma_{x1}=1.00$ $\gamma_{x2}=1.00$	1.05
	γ_y	1.00	1.00	1.00	1.05

6.1.2 在主平面内受弯的构件，其抗剪强度应按下式计算：

$$\tau=\frac{V_{max}S}{It_w}\leqslant f_v \quad (6.1.2)$$

式中 V_{max}——计算截面沿腹板平面作用的最大剪力；

S——计算剪应力处以上毛截面对中和轴的面积矩；

I——毛截面惯性矩；

t_w——腹板厚度；

f_v——材料的抗剪强度设计值。

6.2 整体稳定

6.2.1 符合下列情况时，可不计算梁的整体稳定性：

1 有铺板密铺在梁的受压翼缘上并与其牢固相连，能阻止梁受压翼缘的侧向位移时。

2 等截面工字形简支梁受压翼缘的自由长度 l 与其宽度 b 之比不超过表 6.2.1 所规定的数值时。

表 6.2.1 等截面工字形简支梁不需要计算整体稳定性的最大 l/b 值

跨中无侧向支承点的梁		跨中受压翼缘有侧向支承点的梁，不论荷载作用于何处
荷载作用在上翼缘	荷载作用在下翼缘	
$7.8\sqrt{240/f_{0.2}}$	$12.0\sqrt{240/f_{0.2}}$	$9.5\sqrt{240/f_{0.2}}$

对跨中无侧向支承点的梁，l 为其跨度；对跨中有侧向支承点的梁，l 为受压翼缘侧向支承点间的距离（梁的支座处视为有侧向支承）。

6.2.2 当不满足第 6.2.1 条时，在最大刚度平面内，受弯构件的整体稳定性应按下式计算：

$$\frac{M_x}{\varphi_b W_{ex}}\leqslant f \quad (6.2.2)$$

式中 M_x——绕强轴作用的最大弯矩；

W_{ex}——对强轴受压边缘的有效截面模量；

φ_b——梁的整体稳定系数，应按附录 C 计算。

6.2.3 梁的支座处，应采取构造措施防止梁端截面的扭转。

7 轴心受力构件的计算

7.1 强 度

7.1.1 轴心受拉构件的强度应按下式计算：

$$\sigma=\frac{N}{A_{en}}\leqslant f \quad (7.1.1)$$

式中 σ——正应力；

f——铝合金材料的抗拉强度设计值；

N——轴心拉力设计值；

A_{en}——有效净截面面积，对于受拉构件仅考虑焊接热影响区和截面孔洞的影响。

7.1.2 轴心受压构件的强度应按下式计算：

$$\sigma=\frac{N}{A_{en}}\leqslant f \quad (7.1.2)$$

式中 σ——正应力；

f——铝合金材料的抗压强度设计值；

N——轴心压力设计值；

A_{en}——有效净截面面积，对于受压构件应同时考虑局部屈曲、焊接热影响区和截面孔洞的影响。

7.1.3 轴心受力构件中，高强度摩擦型螺栓连接处的强度应按下列公式计算：

$$\sigma=\left(1-0.5\frac{n_1}{n}\right)\frac{N}{A_{en}}\leqslant f \quad (7.1.3\text{-}1)$$

$$\sigma=\frac{N}{A}\leqslant f \quad (7.1.3\text{-}2)$$

式中 n——在节点或拼接处，构件一端连接的高强度螺栓数目；

n_1——所计算截面最外排螺栓处的高强度螺栓数目；

A——毛截面面积。

7.2 整体稳定

7.2.1 实腹式轴心受压构件的稳定性应按下式计算：

$$\frac{N}{\overline{\varphi}A}\leqslant f \quad (7.2.1)$$

式中 $\overline{\varphi}$——轴心受压构件的稳定计算系数（取截面两主轴计算系数中的较小者），应按第 7.2.2 条和第 7.2.3 条的规定进行计算；

A——毛截面面积。

7.2.2 双轴对称截面轴心受压构件的稳定计算系数应按下式计算：

$$\overline{\varphi}=\eta_e\eta_{haz}\varphi \quad (7.2.2\text{-}1)$$

式中 η_e——修正系数，对需考虑板件局部屈曲的截面进行修正；截面中受压板件的宽厚比小于等于表 5.2.1-1 及表 5.2.1-2 规定时，$\eta_e=1$；

截面中受压板件的宽厚比大于表 5.2.1-1 规定时，$\eta_e=A_e/A$，A_e 为仅考虑局部屈曲影响的有效截面面积；

η_{haz}——焊接缺陷影响系数，按表 7.2.2 取用，若无焊接时，$\eta_{haz}=1$；

φ——轴心受压构件的稳定系数，应根据构件的长细比 λ、铝合金材料的强度标准值 $f_{0.2}$ 按附录 B 取用。

表 7.2.2　系数 η_{haz}、η_{as}

		弱硬化合金	强硬化合金
η_{haz}	沿构件长度方向纵向焊接	$\eta_{haz}=1-\left(1-\frac{A_1}{A}\right)10^{-\bar{\lambda}}-\left(0.05+0.1\frac{A_1}{A}\right)\bar{\lambda}^{1.3(1-\bar{\lambda})}$ 其中 $A_1=A-A_{haz}(1-\rho_{haz})$，$A_{haz}$ 为焊接热影响区面积	当 $\bar{\lambda}\leqslant 0.2$ 时： $\eta_{haz}=1$ 当 $\bar{\lambda}>0.2$ 时： $\eta_{haz}=1+0.04(4\bar{\lambda})^{(0.5-\bar{\lambda})}-0.22\bar{\lambda}^{1.4(1-\bar{\lambda})}$
η_{haz}	沿截面方向横向焊接	$\eta_{haz}=\rho_{haz}$	$\eta_{haz}=\rho_{haz}$
η_{as}		$\eta_{as}=1-2.4\psi^2\frac{\bar{\lambda}^2}{(1+\bar{\lambda}^2)(1+\bar{\lambda})^2}$	$\eta_{as}=1-3.2\psi^2\frac{\bar{\lambda}^2}{(1+\bar{\lambda}^2)(1+\bar{\lambda})^2}$
		$\psi=\frac{y_{max}-y_{min}}{h}$。其中 y_{max} 及 y_{min} 为截面最外边缘到截面形心的距离，$y_{max}\geqslant y_{min}$；h 为截面高度，$h=y_{max}+y_{min}$	

注：表中 $\bar{\lambda}$ 为相对长细比：$\bar{\lambda}=\frac{\lambda}{\pi}\sqrt{\frac{\eta_e f_{0.2}}{E}}$，其中长细比 λ 应按式（7.2.2-2）计算。

构件长细比 λ 应按下式确定：

$$\lambda_x=\frac{l_{0x}}{i_x}\qquad \lambda_y=\frac{l_{0y}}{i_y}\tag{7.2.2-2}$$

式中　λ_x，λ_y——构件对截面主轴 x 轴和 y 轴的长细比；

l_{0x}，l_{0y}——构件对截面主轴 x 轴和 y 轴的计算长度；

i_x，i_y——构件毛截面对其主轴 x 轴和 y 轴的回转半径。

7.2.3　非焊接单轴对称截面的轴心受压构件的稳定计算系数应按下式计算：

$$\bar{\varphi}=\eta_e\eta_{as}\varphi\tag{7.2.3-1}$$

式中　η_{as}——截面非对称性系数，应按表 7.2.2 取用。

单轴对称截面的构件，绕非对称轴的长细比 λ_x 仍应按式（7.2.2-2）计算，但绕对称轴应取计及扭转效应的下列换算长细比 $\lambda_{y\omega}$ 代替 λ_y：

$$\lambda_{y\omega}=\left\{\frac{1}{2}\left[\lambda_y^2+\lambda_\omega^2+\sqrt{(\lambda_y^2+\lambda_\omega^2)^2-4\lambda_y^2\lambda_\omega^2(1-y_0^2/i_0^2)}\right]\right\}^{\frac{1}{2}}\tag{7.2.3-2}$$

$$\lambda_\omega=\sqrt{\frac{i_0^2A}{\frac{I_t}{25.7}+\frac{I_\omega}{l_\omega^2}}}\tag{7.2.3-3}$$

$$i_0=\sqrt{i_x^2+i_y^2+y_0^2}\tag{7.2.3-4}$$

式中　λ_y——构件绕对称轴的长细比；

λ_ω——扭转屈曲换算长细比；

i_0——截面对剪心的极回转半径；

y_0——截面形心至剪心的距离；

I_ω——毛截面扇性惯性矩；

I_t——毛截面抗扭惯性矩；

l_ω——扭转屈曲计算长度，应按附录 C 中表 C-1 的规定计算。

7.2.4　对于铝合金材料状态除 O、F 和 T4 以外的端部焊接的构件，其计算长度取值时应按端部铰接考虑。

8　拉弯构件和压弯构件的计算

8.1　强　　度

8.1.1　弯矩作用在截面主平面内的拉弯构件和压弯构件，其强度应按下式计算：

$$\frac{N}{A_{en}}\pm\frac{M_x}{\gamma_xW_{enx}}\pm\frac{M_y}{\gamma_yW_{eny}}\leqslant f\tag{8.1.1}$$

式中　N——轴心拉力或轴心压力；

M_x，M_y——同一截面处绕截面主轴 x 轴和 y 轴的弯矩（对工字形截面，x 轴为强轴，y 轴为弱轴）；

A_{en}——有效净截面面积，应同时考虑局部屈曲、焊接热影响区以及截面孔洞的影响；

W_{enx}，W_{eny}——对 x 轴和 y 轴的有效净截面模量，应同时考虑局部屈曲、焊接热影响区以及截面孔洞的影响；

γ_x，γ_y——截面塑性发展系数，应按表 6.1.1 采用；

f——铝合金材料的抗拉、抗压和抗弯强度设计值。

8.2　整 体 稳 定

8.2.1　弯矩作用在截面对称轴平面内（绕 x 轴）的压弯构件，其稳定性应按下列规定计算：

1　弯矩作用平面内的稳定性：

$$\frac{N}{\bar{\varphi}_xA}+\frac{\beta_{mx}M_x}{\gamma_xW_{1ex}(1-\eta_1N/N'_{Ex})}\leqslant f\tag{8.2.1-1}$$

式中　N——所计算构件段范围内的轴心压力；

A——毛截面面积；

N'_{Ex}——参数，$N'_{Ex}=\pi^2EA/(1.2\lambda_x^2)$；

$\overline{\varphi}_x$——弯矩作用平面内的轴心受压构件稳定计算系数，按第7.2.1条确定；

M_x——所计算构件段范围内的最大弯矩；

W_{1ex}——在弯矩作用平面内对较大受压纤维的有效截面模量，应同时考虑局部屈曲、焊接热影响区的影响；

η_1——弱硬化合金取0.75，强硬化合金取0.9；

β_{mx}——等效弯矩系数。

2 等效弯矩系数β_{mx}，应按下列规定采用：

1）框架柱和两端支承的构件：

a 无横向荷载作用时：$\beta_{mx}=0.65+0.35\dfrac{M_2}{M_1}$，$M_1$和$M_2$为端弯矩，使构件产生同向曲率（无反弯点）时取同号；使构件产生反向曲率（有反弯点）时取异号，$|M_1|\geqslant|M_2|$；

b 有端弯矩和横向荷载同时作用时：使构件产生同向曲率时，$\beta_{mx}=1.0$；使构件产生反向曲率时，$\beta_{mx}=0.85$；

c 无端弯矩但有横向荷载作用时：$\beta_{mx}=1.0$。

2）悬臂构件和分析内力未考虑二阶效应的无支撑纯框架和弱支撑框架柱，$\beta_{mx}=1.0$。

3 对于单轴对称截面（T形和槽形截面）压弯构件，当弯矩作用在对称轴平面内且使翼缘受压时，除应按式（8.2.1-1）计算外，尚应按下式计算：

$$\left|\frac{N}{A_e}-\frac{\beta_{mx}M_x}{\gamma_x W_{2ex}(1-\eta_2 N/N'_{Ex})}\right|\leqslant f \tag{8.2.1-2}$$

式中 W_{2ex}——对无翼缘端的有效截面模量，应同时考虑局部屈曲、焊接热影响区的影响；

η_2——弱硬化合金取1.15，强硬化合金取1.25；

A_e——有效截面面积，应同时考虑局部屈曲和焊接热影响区的影响。

4 对于双轴对称工字形（含H形）和箱形（闭口）截面的压弯构件，其弯矩作用平面外的稳定性应按下式计算：

$$\frac{N}{\overline{\varphi}_y A}+\frac{\eta M_x}{\varphi_b W_{1ex}}\leqslant f \tag{8.2.1-3}$$

式中 $\overline{\varphi}_y$——弯矩作用平面外的轴心受压构件稳定计算系数，应按第7.2.1条确定；

φ_b——受弯构件整体稳定系数，应按附录C计算；对闭口截面为1.0；

M_x——所计算构件段范围内的最大弯矩；

η——截面影响系数，闭口截面为0.7，开口截面为1.0。

8.2.2 弯矩作用在两个主平面内的双轴对称工字形（含H形）和箱形（闭口）截面的压弯构件，其稳定性应按下列公式计算：

$$\frac{N}{\overline{\varphi}_x A}+\frac{\beta_{mx}M_x}{\gamma_x W_{ex}(1-\eta_1 N/N'_{Ex})}+\frac{\eta M_y}{\varphi_{by}W_{ey}}\leqslant f \tag{8.2.2-1}$$

$$\frac{N}{\overline{\varphi}_y A}+\frac{\eta M_x}{\varphi_{bx}W_{ex}}+\frac{\beta_{my}M_y}{\gamma_y W_{ey}(1-\eta_1 N/N'_{Ey})}\leqslant f \tag{8.2.2-2}$$

式中 $\overline{\varphi}_x$，$\overline{\varphi}_y$——对强轴x-x和弱轴y-y的轴心受压构件稳定计算系数；

φ_{bx}，φ_{by}——受弯构件整体稳定系数，应按附录C计算，对闭口截面均取1.0；

M_x，M_y——所计算构件段范围内对强轴和弱轴的最大弯矩；

N'_{Ex}，N'_{Ey}——参数，$N'_{Ex}=\pi^2EA/(1.2\lambda_x^2)$，$N'_{Ey}=\pi^2EA/(1.2\lambda_y^2)$；

W_{ex}，W_{ey}——对强轴和弱轴的有效截面模量，应同时考虑局部屈曲、焊接热影响区的影响；

β_{mx}，β_{my}——等效弯矩系数，应按第8.2.1条弯矩作用平面内稳定计算的有关规定计算。

9 连接计算

9.1 紧固件连接

9.1.1 普通螺栓和铆钉连接应按下列规定计算：

1 在普通螺栓或铆钉受剪的连接中，每个普通螺栓或铆钉的承载力设计值应取受剪和承压承载力设计值中的较小者。

受剪承载力设计值应按下列公式计算：

普通螺栓（受剪面在栓杆部位）

$$N_v^b=n_v\frac{\pi d^2}{4}f_v^b \tag{9.1.1-1}$$

普通螺栓（受剪面在螺纹部位）

$$N_v^b=n_v\frac{\pi d_e^2}{4}f_v^b \tag{9.1.1-2}$$

铆钉 $$N_v^r=n_v\frac{\pi d_0^2}{4}f_v^r \tag{9.1.1-3}$$

承压承载力设计值应按下列公式计算：

普通螺栓 $$N_c^b=d\sum t\cdot f_c^b \tag{9.1.1-4}$$

铆钉 $$N_c^r=d_0\sum t\cdot f_c^r \tag{9.1.1-5}$$

式中 n_v——受剪面数目；

d——螺栓杆直径；

d_e——螺栓在螺纹处的有效直径；

d_0——铆钉孔直径；

$\sum t$——在不同受力方向中一个受力方向承压构件总厚度的较小值；

f_v^b，f_c^b——螺栓的抗剪和承压强度设计值；

f_v^r，f_c^r——铆钉的抗剪和承压强度设计值。

2 铝合金铆钉不应用于杆轴方向受拉的连接中。

3 当普通螺栓承受沿杆轴方向的拉力时，螺栓同时应能承受由于撬力引起的附加拉力。

4 在普通螺栓杆轴方向受拉的连接中，每个普通螺栓包括撬力引起附加力的承载力设计值，应取螺栓抗拉承载力设计值和螺栓头及螺母下构件抗冲切承载力设计值中的较小者。

螺栓抗拉承载力设计值应按下式计算：

$$N_t^b = \frac{\pi d_e^2}{4} f_t^b \quad (9.1.1\text{-}6)$$

螺栓头及螺母下构件抗冲切承载力设计值应按下式计算：

$$N_{tp}^b = 0.8\pi d_m t_p f_v \quad (9.1.1\text{-}7)$$

式中 d_e——螺栓在螺纹处的有效直径；

d_m——为下列两者中较小值：螺栓头或螺母外接圆直径与内切圆直径的平均值；当采用垫圈时为垫圈的外径；

t_p——螺栓头或螺母下构件的厚度；

f_t^b——普通螺栓的抗拉强度设计值；

f_v——连接构件的抗剪强度设计值。

5 同时承受剪力和杆轴方向拉力的普通螺栓，应符合下列公式的要求：

$$\sqrt{\left(\frac{N_v}{N_v^b}\right)^2 + \left(\frac{N_t}{N_t^b}\right)^2} \leqslant 1 \quad (9.1.1\text{-}8)$$

$$N_v \leqslant N_c^b \quad (9.1.1\text{-}9)$$

$$N_t \leqslant N_{tp}^b \quad (9.1.1\text{-}10)$$

式中 N_v，N_t——某个普通螺栓所承受的剪力和拉力；

N_v^b，N_t^b，N_c^b——一个普通螺栓的抗剪、抗拉和承压承载力设计值。

9.1.2 高强度螺栓摩擦型连接应按下列规定计算：

1 在抗剪连接中，每个高强度螺栓的承载力设计值应按下式计算：

$$N_v^b = 0.8 n_f \mu P \quad (9.1.2\text{-}1)$$

式中 n_f——传力摩擦面数目；

μ——摩擦面的抗滑移系数；

P——一个高强度螺栓的预拉力，应按表9.1.2采用。

表 9.1.2 一个高强度螺栓的预拉力 P（kN）

螺栓的性能等级	螺栓公称直径（mm）		
	M16	M20	M24
8.8级	80	125	175
10.9级	100	155	225

2 在螺栓杆轴方向受拉的连接中，每个高强度螺栓的承载力设计值应按下式计算：

$$N_t^b = 0.8P \quad (9.1.2\text{-}2)$$

并应满足：$N_t^b \leqslant N_{tp}^b$ (9.1.2-3)

式中 N_{tp}^b——螺栓头及螺母下构件抗冲切承载力设计值。

3 当高强度螺栓摩擦型连接同时承受摩擦面间的剪力和螺栓杆轴方向的外拉力时，其承载力按下式计算：

$$\frac{N_v}{N_v^b} + \frac{N_t}{N_t^b} \leqslant 1 \quad (9.1.2\text{-}4)$$

并应满足：$N_t \leqslant N_{tp}^b$ (9.1.2-5)

式中 N_v，N_t——某个高强度螺栓所承受的剪力和拉力；

N_v^b，N_t^b——一个高强度螺栓的受剪、受拉承载力设计值。

9.1.3 高强度螺栓承压型连接应按下列规定计算：

1 承压型连接高强度螺栓的预拉力 P 可按照表9.1.2采用。应清除连接处构件接触面上的油污。

2 在抗剪连接中，承压型连接高强度螺栓承载力设计值的计算方法可与普通螺栓相同。

3 在杆轴方向受拉的连接中，承压型连接高强度螺栓承载力设计值的计算方法可与普通螺栓相同。

4 同时承受剪力和杆轴方向拉力的承压型连接的高强度螺栓，应符合下列公式的要求：

$$\sqrt{\left(\frac{N_v}{N_v^b}\right)^2 + \left(\frac{N_t}{N_t^b}\right)^2} \leqslant 1 \quad (9.1.3\text{-}1)$$

$$N_v \leqslant N_c^b / 1.2 \quad (9.1.3\text{-}2)$$

$$N_t \leqslant N_{tp}^b \quad (9.1.3\text{-}3)$$

式中 N_v，N_t——某个高强度螺栓所承受的剪力和拉力；

N_v^b，N_t^b，N_c^b——一个高强度螺栓的受剪、受拉和承压承载力设计值。

9.1.4 在构件的节点处或拼接接头的一端，当螺栓或铆钉沿轴向受力方向的连接长度 l_1 大于 $15d_0$ 时，应将螺栓或铆钉的承载力设计值乘以折减系数 $\left(1.1-\frac{l_1}{150d_0}\right)$。当 l_1 大于 $60d_0$ 时，折减系数为0.7。

注：d_0 为螺栓或铆钉的孔径。

9.1.5 当受剪螺栓或铆钉穿过填板或其他中间板件与构件连接，且填板或其他中间板件的厚度 t_p 大于螺栓直径 d 或铆钉孔径 d_0 的1/3时，由式(9.1.1-1)、(9.1.1-2)及(9.1.1-3)计算所得的受剪承载力设计值应分别乘以折减系数 $\left(\frac{9d}{8d+3t_p}\right)$ 或 $\left(\frac{9d_0}{8d_0+3t_p}\right)$。

9.1.6 当采用搭接或拼接板的单面连接传递轴心力时，因荷载偏心引起连接部位发生弯曲，不应采用铆钉连接；采用螺栓连接时，螺栓头及螺母下都应加垫圈以避免拉出破坏，且螺栓的数目应按计算增加10%。

9.1.7 螺栓连接的夹紧厚度或铆钉连接的铆合总厚度不宜超过螺栓直径或铆钉孔径的4.5倍。

9.1.8 采用自攻螺钉、钢拉铆钉（环槽铆钉）、射钉等的连接计算应符合有关标准的规定。

9.2 焊缝连接

9.2.1 铝合金结构焊缝连接设计时，应验算焊缝的强度、临近焊缝的铝合金构件焊接热影响区的强度。焊缝的强度设计值宜大于铝合金构件焊接热影响区的强度设计值。

9.2.2 对接焊缝的强度计算应符合以下规定：

1 在对接接头和T形接头中，垂直于轴心拉力或轴心压力的对接焊缝，其强度按下式计算：

$$\sigma=\frac{N}{l_w t}\leqslant f_t^w \text{ 或 } f_c^w \quad (9.2.2\text{-}1)$$

式中 N——轴心拉力或轴心压力；

l_w——焊缝计算长度；采用引弧板时，计算长度为焊缝全长；未采用引弧板时，计算长度为焊缝全长减去2倍焊缝计算厚度；

t——对接焊缝计算厚度；在对接接头中为连接件的较小厚度；在T形接头中为腹板的厚度；

f_t^w，f_c^w——对接焊缝的抗拉、抗压强度设计值。

2 在对接接头和T形接头中，平行于轴心拉力或轴心压力的对接焊缝，其强度应按下式计算：

$$\tau=\frac{N}{l_w t}\leqslant f_v^w \quad (9.2.2\text{-}2)$$

式中 f_v^w——对接焊缝的抗剪强度设计值。

3 在对接接头和T形接头中，承受弯矩和剪力共同作用的对接焊缝，其正应力和剪应力应分别验算；对同时受有较大正应力和剪应力的位置，还应验算折算应力，并按下列公式验算：

$$\sigma\leqslant f_t^w \text{或} f_c^w \quad (9.2.2\text{-}3)$$

$$\tau\leqslant f_v^w \quad (9.2.2\text{-}4)$$

$$\sqrt{\sigma^2+3\tau^2}\leqslant f_t^w \quad (9.2.2\text{-}5)$$

9.2.3 直角角焊缝的强度计算应符合以下规定：

1 直角角焊缝的设计承载力应满足下列公式：

$$\sqrt{\sigma_N^2+3(\tau_N^2+\tau_S^2)}\leqslant\sqrt{3}f_f^w \quad (9.2.3\text{-}1)$$

式中 σ_N——垂直于焊缝有效截面的正应力；

τ_N——有效截面上垂直焊缝长度方向的剪应力；

τ_S——有效截面上平行于焊缝长度方向的剪应力；

f_f^w——角焊缝的强度设计值。

2 在通过焊缝形心的拉力、压力或剪力作用下，可采用下列公式验算角焊缝的强度：

正面角焊缝（作用力垂直于焊缝长度方向）：

$$\sigma_f=\frac{N}{h_e l_w}\leqslant\beta_f f_f^w \quad (9.2.3\text{-}2)$$

侧面角焊缝（作用力平行于焊缝长度方向）：

$$\tau_f=\frac{N}{h_e l_w}\leqslant f_f^w \quad (9.2.3\text{-}3)$$

式中 σ_f——按焊缝有效截面计算，垂直于焊缝长度方向的应力；

τ_f——按焊缝有效截面计算，沿焊缝长度方向的剪应力；

h_e——角焊缝计算厚度，直角角焊缝等于$0.7h_f$，h_f为焊脚尺寸；

l_w——角焊缝计算长度，对每条焊缝取其实际长度减去$2h_f$；

β_f——正面角焊缝的强度设计值增大系数：对承受静力荷载的结构，$\beta_f=1.22$。

3 在通过焊缝形心的拉力、压力和剪力的综合作用下，可采用下式验算角焊缝的强度：

$$\sqrt{\left(\frac{\sigma_f}{\beta_f}\right)^2+\tau_f^2}\leqslant f_f^w \quad (9.2.3\text{-}4)$$

9.2.4 焊接热影响区的强度计算应符合以下规定：

1 对接焊缝焊接热影响区的临界失效面应为焊缝焊趾处平行于焊缝轴线方向沿构件厚度的剖切面，角焊缝焊接热影响区的临界失效面应为焊缝焊趾处平行于焊缝方向沿构件厚度的剖切面及角焊缝的焊脚熔合面（图9.2.4）。

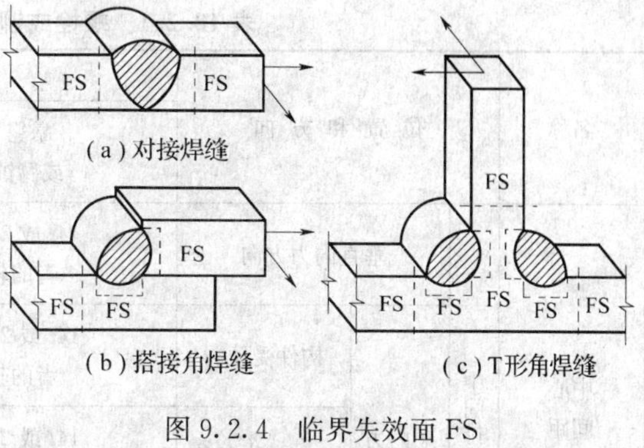

图9.2.4 临界失效面FS

2 焊接热影响区的设计强度应符合下述规定：

轴心拉力（压力）垂直于焊接热影响区的临界失效面：

$$\sigma_{haz}\leqslant f_{u,haz} \quad (9.2.4\text{-}1)$$

式中 σ_{haz}——作用在临界失效面，垂直于焊缝长度方向的正应力；

$f_{u,haz}$——构件焊接热影响区的抗拉、抗压和抗弯强度设计值。

剪力平行于焊接热影响区的临界失效面：

$$\tau_{haz} \leqslant f_{v,haz} \tag{9.2.4-2}$$

式中 τ_{haz}——作用在临界失效面，平行于焊缝长度方向的剪应力；

$f_{v,haz}$——构件焊接热影响区的抗剪强度设计值。

轴心拉力（压力）和剪力共同作用在焊接热影响区的临界失效面：

$$\sqrt{\sigma_{haz}^2 + 3\tau_{haz}^2} \leqslant f_{u,haz} \tag{9.2.4-3}$$

10 构 造 要 求

10.1 一 般 规 定

10.1.1 铝合金结构的构造应使结构受力简单明确，减少应力集中，并便于制作、安装、维护。

10.1.2 应采取必要的结构和构造措施以抵消或释放温度效应。

10.1.3 节点构造必须符合分析计算模型的假定，必要时应进行节点分析或试验验证。

10.1.4 构件在节点处的轴线宜汇交于一点，当不交于一点时应考虑偏心影响。

10.1.5 铝合金结构的连接宜采用紧固件连接。当采用焊接连接时，宜采取措施减少热影响效应对结构和构件强度降低的影响，焊接位置宜靠近构件低应力区。

10.2 螺栓连接和铆钉连接

10.2.1 螺栓或铆钉的距离（图 10.2.1）应符合表 10.2.1 的要求。

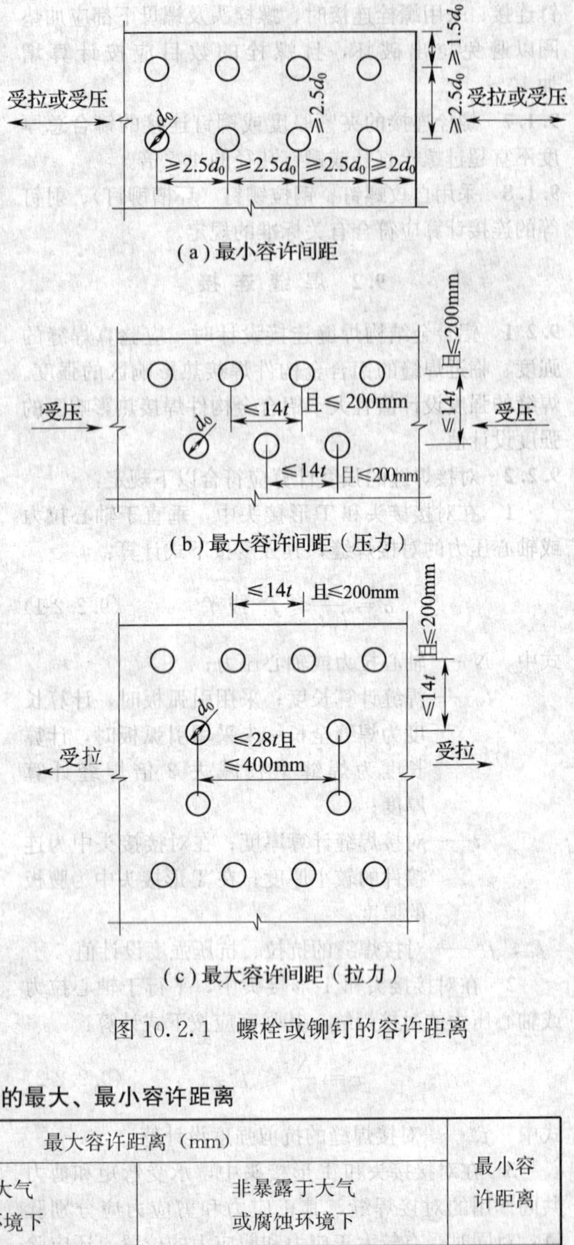

图 10.2.1 螺栓或铆钉的容许距离

表 10.2.1 螺栓或铆钉的最大、最小容许距离

名称	位置和方向			最大容许距离（mm）暴露于大气或腐蚀环境下	最大容许距离（mm）非暴露于大气或腐蚀环境下	最小容许距离
中心间距	垂直内力方向			14t 或 200（取两者的较小值）	14t 或 200（取两者的较小值）	2.5d_0
	中间排 顺内力方向	构件受压力		14t 或 200（取两者的较小值）	14t 或 200（取两者的较小值）	
		构件受拉力	外排	14t 或 200（取两者的较小值）	1.5 倍〔14t 或 200（取两者的较小值）〕	
			内排	28t 或 400（取两者的较小值）	1.5 倍〔28t 或 400（取两者的较小值）〕	
中心至构件边缘距离	顺内力方向			4t＋40	12t 或 150（取两者的较大值）	2d_0
	垂直内力方向					1.5d_0

注：d_0 为螺栓或铆钉的孔径，t 为外层较薄板件的厚度，单位：mm。

10.2.2 用于螺栓连接或铆钉连接的板件厚度不应小于螺栓或铆钉直径的1/4。

10.2.3 在连接构件上确定螺栓孔及铆钉孔的位置应避免出现腐蚀和局部屈曲，并应便于螺栓及铆钉的安装。

10.2.4 每一杆件在节点上以及拼接接头的一端，永久性的螺栓或铆钉数不宜少于2个。

10.2.5 沿杆轴方向受拉的螺栓连接中的端板，宜适当增强其刚度，以减少撬力对螺栓抗拉承载力的不利影响。

10.2.6 螺栓、铆钉连接件的抵抗中心宜与荷载中心重合。

10.3 焊缝连接

10.3.1 焊缝连接设计时不得任意加大焊缝，避免焊缝立体交叉和在一处集中大量焊缝，同时焊缝的布置宜对称于构件形心轴。

10.3.2 在受力构件中应采用完全熔透对接焊缝。在焊接质量得到保证的情况下，完全熔透焊缝的计算厚度可采用连接构件的厚度，当焊接构件的厚度不同时，应采用较小值。

10.3.3 在非受力构件中可采用部分熔透对接焊缝。

10.3.4 角焊缝高度 h_f 不应小于两焊件中较薄焊件母材厚度的70%，且不应小于3mm。

角焊缝符合下列情况时，焊缝计算长度 l_w 可采用全长范围（图10.3.4）：

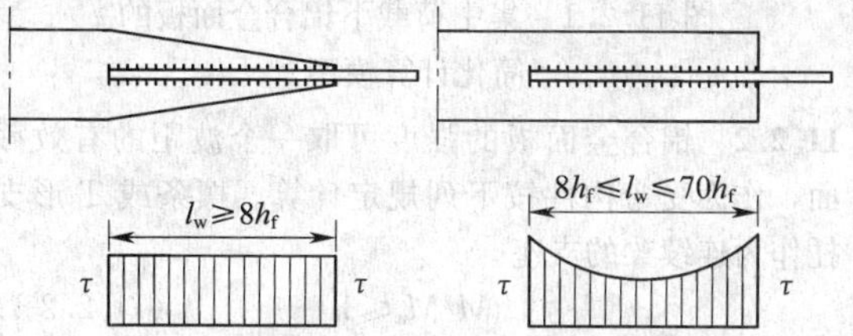

（a）均匀分布　　（b）不均匀分布

图10.3.4 角焊缝内力分布

1 角焊缝内力沿焊缝全长均匀分布，且符合 $l_w \geqslant 8h_f$ 时；

2 角焊缝内力沿焊缝全长不均匀分布，且符合 $8h_f \leqslant l_w \leqslant 70h_f$ 时。

10.3.5 连接构件的刚度差别很大时，焊缝计算长度 l_w 应考虑折减。

10.4 防火、隔热

10.4.1 铝合金结构应根据建筑物的耐火等级来确定耐火极限。

10.4.2 铝合金结构的防火措施可采用有效的水喷淋系统进行防护或消防部门认可的防火喷涂材料。

10.4.3 铝合金结构的表面长期受辐射热温度达80℃以上时，应加隔热层或采用其他有效的防护措施。

10.5 防　腐

10.5.1 当铝合金材料与除不锈钢以外的其他金属材料或含酸性或碱性的非金属材料接触、紧固时，应采用隔离材料，防止与其直接接触。

10.5.2 铝合金结构、构件应进行表面防腐处理，可采用阳极氧化、电泳涂漆、粉末喷涂、氟碳漆喷涂等防腐处理措施，并应按《铝合金建筑型材》GB 5237的规定执行。

10.5.3 阳极氧化性能应由氧化膜外观、颜色、最大厚度、反射率、耐磨性、耐蚀性、耐附着性及击穿电压等内容决定。阳极氧化膜的检测方法应按《铝合金建筑型材》GB 5237的规定执行。

氧化膜厚度级别应按结构的使用环境和条件而定，应符合表10.5.3的规定。用于铝合金结构构件的氧化膜级别不应小于AA15。对于大气污染条件恶劣的环境或需要耐磨时氧化膜级别应选用AA20、AA25。

表10.5.3 氧化膜厚度级别

级　别	最小平均膜厚（μm）	最小局部膜厚（μm）
AA15	15	12
AA20	20	16
AA25	25	20

10.5.4 铝合金结构表面进行维护清洗时应符合以下规定：

1 不得使用对铝合金保护膜有腐蚀作用的清洗剂，清洗剂应在有效期限内。

2 不宜用不同的清洗剂同时清洗同一个铝合金构件。

3 不宜用滴、流等方式清洗铝合金构件。

4 不宜在铝合金的节点等部位留有残余的清洗剂。

11 铝合金面板

11.1 一般规定

11.1.1 本章铝合金面板的计算和构造规定适用于直立锁边板、波纹板、梯形板冲压成型的屋面板或墙面板（图11.1.1）。

当腹板为曲面时，腹板净长 h 为腹板起弧点间的直线长度；腹板倾角 θ 为腹板起弧点连线和底面的夹角。

11.1.2 直立锁边铝合金面板可采用T形支托（图11.1.2）作为连接支座。

11.1.3 铝合金面板受压翼缘的有效厚度计算应按下

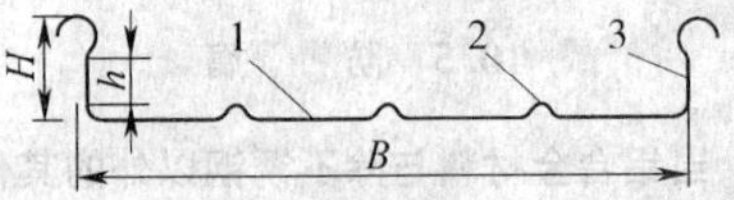

（a）直立锁边板

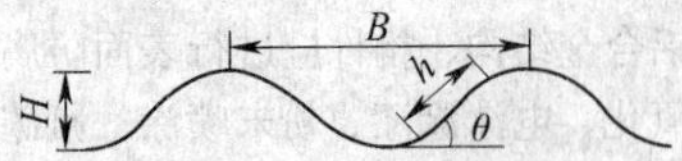

（b）波纹板

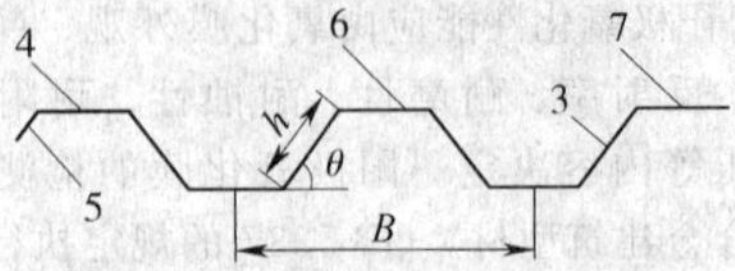

（c）梯形板

图 11.1.1　铝合金屋面板、墙面板

1—中间加劲板件；2—中间加劲肋；3—腹板；4—边缘加劲板件；5—边加劲肋；6—加劲板件；7—非加劲板件

B—波距；H—板高；h—腹板净长；θ—腹板倾角

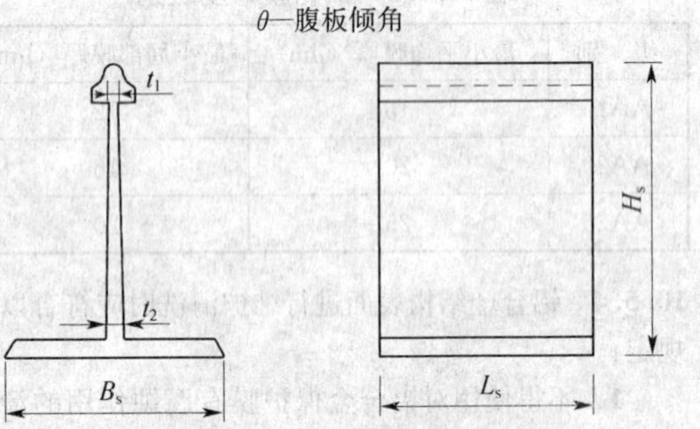

图 11.1.2　T形支托

H_s—支托高度；B_s—支托宽度；L_s—支托长度；t_1—支托腹板最小厚度；t_2—支托腹板最大厚度

列规定采用：

1　两纵边均与腹板相连且中间没有加劲的受压翼缘（图11.1.1c），可按加劲板件（图 5.1.4b）由本规范第 5.2.3 条确定其有效厚度。

2　两纵边均与腹板相连且中间有加劲的受压翼缘（图 11.1.1a），可按中间加劲板件（图 5.1.4d）由本规范第 5.2.3 条确定其有效厚度。当加劲肋多于两个时，可忽略中间部分加劲肋的有利作用（图 11.1.3）。

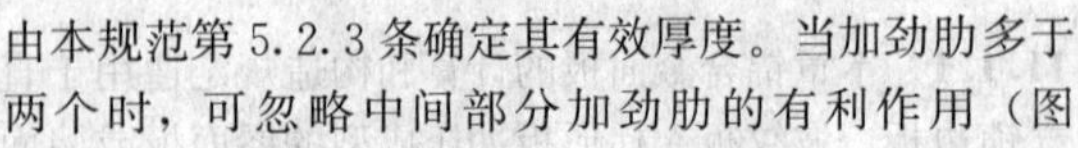

图 11.1.3　加劲肋的简化图

3　一纵边与腹板相连且有边缘加劲的受压翼缘（图 11.1.1c），可按边缘加劲板件（图 5.1.4c）由本规范第 5.2.3 条确定其有效厚度。

4　一纵边与腹板相连且没有边缘加劲的受压翼缘（图 11.1.1c），可按非加劲板件（图 5.1.4a）由本规范第 5.2.3 条确定其有效厚度。

11.1.4　一纵边与腹板相连的弧形受压翼缘（图 11.1.1b），应根据试验确定其有效厚度。

11.1.5　铝合金面板中腹板的有效厚度应按本规范第 5.2 节的规定进行计算。

11.1.6　铝合金面板的挠度应符合表 4.4.1 的规定。

11.2　强　　度

11.2.1　在铝合金面板的一个波距的板面上作用集中荷载 F 时（图 11.2.1a），可按下式将集中荷载 F 折算成沿板宽方向的均布线荷载 q_{re}（图 11.2.1b），并按 q_{re} 进行单个波距的有效截面的弯曲计算。

$$q_{re}=\eta\frac{F}{B} \tag{11.2.1}$$

式中　F——集中荷载；

B——波距；

η——折算系数，由试验确定；无试验依据时，可取 $\eta=0.5$。

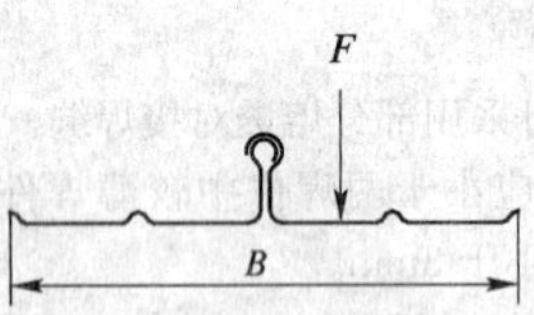

（a）

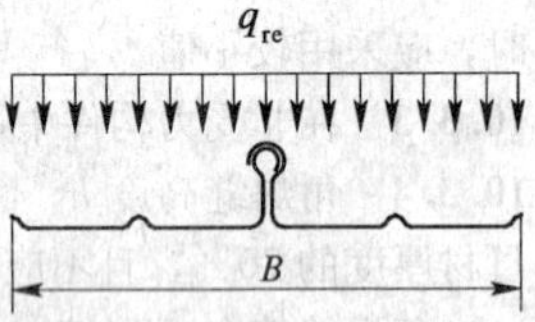

（b）

图 11.2.1　集中荷载下铝合金面板的简化计算模型

11.2.2　铝合金面板的强度可取一个波距的有效截面，作为受弯构件按下列规定计算。檩条或 T 形支托作为连续梁的支座。

$$M/M_u\leqslant 1 \tag{11.2.2-1}$$

$$M_u=W_e f \tag{11.2.2-2}$$

式中　M——截面所承受的最大弯矩，可按图 11.2.2 的面板计算模型求得；

M_u——截面的弯曲承载力设计值；

W_e——有效截面模量，应按第 5.4 节的规定计算。

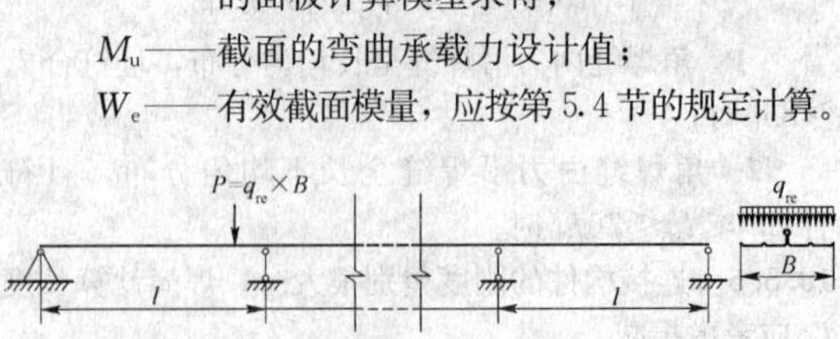

（a）

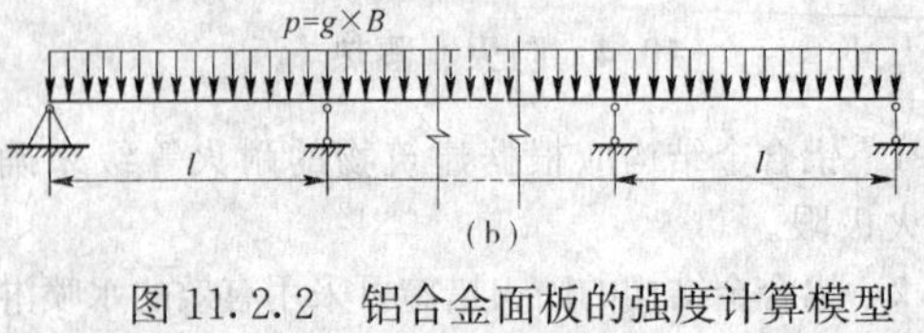

（b）

图 11.2.2　铝合金面板的强度计算模型

P—集中荷载产生的作用于面板计算模型上的集中力；B—波距；g—板面均布荷载；p—由 g 产生的作用于面板计算模型上的线均布力

11.2.3 铝合金面板 T 形支托的强度应按下式计算：

$$\sigma=\frac{R}{A_{en}}\leqslant f \tag{11.2.3-1}$$

$$A_{en}=t_1 L_s \tag{11.2.3-2}$$

式中 σ——正应力；

f——支托材料的抗拉和抗压强度设计值；

R——支座反力；

A_{en}——有效净截面面积；

t_1——支托腹板最小厚度；

L_s——支托长度。

11.2.4 铝合金面板和 T 形支托的受压和受拉连接强度应进行验算，必要时可按试验确定。

11.3 稳 定

11.3.1 铝合金面板中腹板的剪切屈曲应按下列公式计算：

当 $h/t\leqslant\frac{875}{\sqrt{f_{0.2}}}$时，$\begin{cases}\tau\leqslant\tau_{cr}=\frac{320}{h/t}\sqrt{f_{0.2}}\\ \tau\leqslant f_v\end{cases}$ (11.3.1-1)

当 $h/t\geqslant\frac{875}{\sqrt{f_{0.2}}}$时，$\tau\leqslant\tau_{cr}=\frac{280000}{(h/t)^2}$ (11.3.1-2)

式中 τ——腹板平均剪应力（N/mm^2）；

τ_{cr}——腹板的剪切屈曲临界应力；

f_v——抗剪强度设计值，应按表 4.3.4 取用；

$f_{0.2}$——名义屈服强度，应按附录表 A-1、A-2 取用；

h/t——腹板高厚比。

11.3.2 铝合金面板支座处腹板的局部受压承载力，应按下式验算：

$$\frac{R}{R_w}\leqslant 1 \tag{11.3.2-1}$$

$$R_w=\alpha t^2\sqrt{fE}\,(0.5+\sqrt{0.02l_c/t})\,[2.4+(\theta/90)^2] \tag{11.3.2-2}$$

式中 R——支座反力；

R_w——一块腹板的局部受压承载力设计值；

α——系数，中间支座取 0.12；端部支座取 0.06；

t——腹板厚度；

l_c——支座处的支承长度，$10mm<l_c<200mm$，端部支座可取 10mm；

θ——腹板倾角（$45°\leqslant\theta\leqslant 90°$）；

f——铝合金面板材料的抗压强度设计值。

11.3.3 铝合金面板 T 形支托的稳定性可简化为等截面柱模型（图 11.3.3b），简化模型应按下式计算：

$$\frac{R}{\varphi A}\leqslant f \tag{11.3.3}$$

式中 R——支座反力；

φ——轴心受压构件的稳定系数，应根据构件的长细比、铝合金材料的强度标准值 $f_{0.2}$ 按附录 B 取用；

A——毛截面面积，$A=tL_s$；

t——T 形支托等效厚度，按 $(t_1+t_2)/2$ 取值；

t_1——支托腹板最小厚度；

t_2——支托腹板最大厚度。

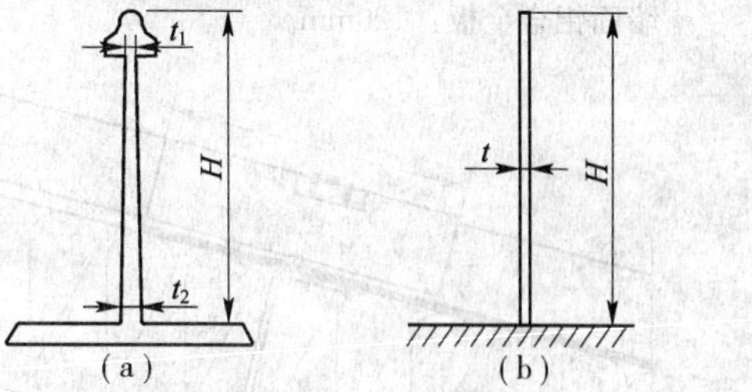

图 11.3.3 支托的简化模型

H—T 形支托高度

11.3.4 计算铝合金面板 T 形支托的稳定系数时，其计算长度应按下式计算：

$$l_0=\mu H \tag{11.3.4}$$

式中 μ——支托计算长度系数，可取 1.0 或由试验确定；

l_0——支托计算长度。

11.4 组 合 作 用

11.4.1 铝合金面板同时承受弯矩 M 和支座反力 R 的截面，应满足下列要求：

$$\begin{cases}M/M_u\leqslant 1\\ R/R_w\leqslant 1\\ 0.94\,(M/M_u)^2+(R/R_w)^2\leqslant 1\end{cases} \tag{11.4.1}$$

式中 M_u——截面的弯曲承载力设计值，$M_u=W_e f$；

W_e——有效截面模量，应按第 5.4 节的规定计算；

R_w——腹板的局部受压承载力设计值，应按公式（11.3.2）计算。

11.4.2 铝合金面板同时承受弯矩 M 和剪力 V 的截面，应满足下列要求：

$$(M/M_u)^2+(V/V_u)^2\leqslant 1 \tag{11.4.2}$$

式中 V_u——腹板的抗剪承载力设计值，取 $(ht\cdot\sin\theta)\,\tau_{cr}$ 和 $(ht\cdot\sin\theta)\,f_v$ 中较小值，τ_{cr} 应按公式（11.3.1）计算。

11.5 构 造 要 求

11.5.1 铝合金屋面板和墙面板的厚度宜取 0.6～3.0mm。铝合金面板宜采用长尺寸板材，以减少板长方向的搭接。

11.5.2 铝合金面板长度方向的搭接端必须与檩条、支座、墙梁等支承构件有可靠的连接（图 11.5.2），搭接部位应设置防水堵头，搭接处可采用焊接或泛水板，搭接部分长度方向中心宜与支承构件形心对齐，搭接长度 a 不宜小于下列限值：

波高不小于 70mm 的高波屋面铝合金板：350mm；

波高小于 70mm 的屋面铝合金板：屋面坡度小于 1/10 时，取 250mm；屋面坡度不小于 1/10 时，取 200mm；

墙面铝合金板：120mm。

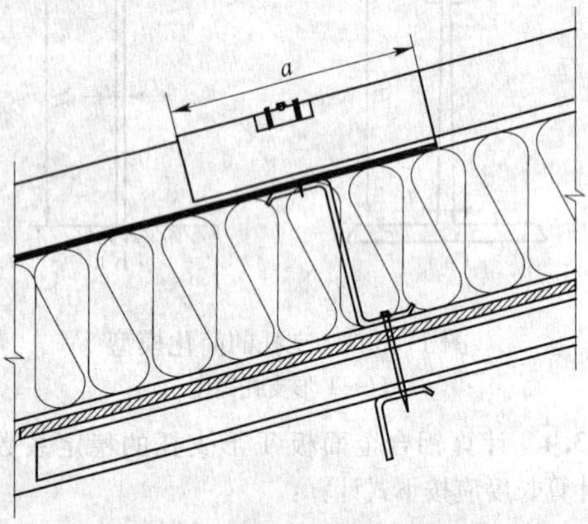

图 11.5.2 铝合金面板搭接图

11.5.3 铝合金屋面板侧向可采用搭接、扣合或咬合等方式进行连接。当侧向采用搭接式连接时，连接件宜采用带有防水密封胶垫的自攻螺钉。宜搭接一波，特殊要求时可搭接两波。搭接处应用连接件紧固，连接件应设置在波峰上。对于高波铝合金板，连接件间距宜为 700～800mm；对于低波铝合金板，连接件间距宜为 300～400mm。采用扣合式或咬合式连接时，应在檩条上设置与铝合金板波形板相配套的专门固定支座，固定支座和檩条用自攻螺钉或射钉连接，铝合金板应搁置在固定支座上（图 11.5.3）。两片铝合金板的侧边应确保在风吸力等因素作用下的扣合或咬合连接可靠。

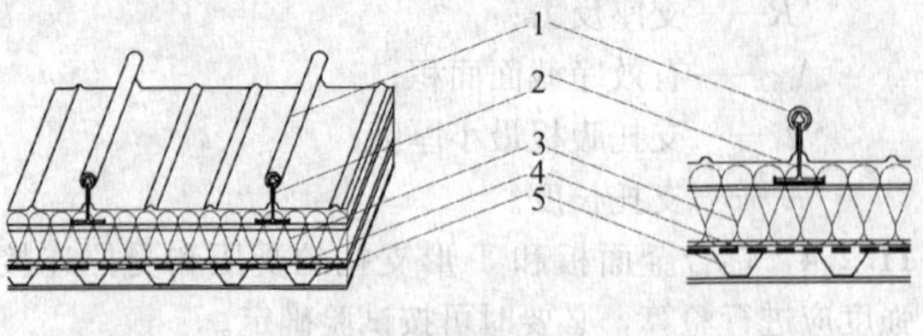

图 11.5.3 固定支座连接

1—铝合金面板；2—支托；3—绝热保温层；4—隔气层；5—压型钢板

11.5.4 铝合金墙面板之间的侧向连接宜采用搭接连接，宜搭接一个波峰，板与板的连接件可设在波峰，亦可设在波谷。连接件宜采用带有防水密封胶垫的自攻螺钉。

附录 A 结构用铝合金材料力学性能

常见结构用铝合金板、带材力学性能（标准值）可按表 A-1 采用，结构用铝合金管材、型材力学性能（标准值）可按表 A-2 采用。结构用铝合金板、带材、管材、型材的化学成分可按表 A-3 采用。凡采用的材料在表中未给出规定非比例伸长应力 $f_{0.2}$ 值或抗拉强度 f_u 值的，应通过试验确定其标准值。

表 A-1 结构用铝合金板、带材力学性能标准值

合金牌号	状态	产品类型	厚度 (mm)	规定非比例伸长应力 $f_{0.2}$（MPa）	抗拉强度 f_u（MPa）	伸长率（%） 50mm (5D)
3003	O	轧制板、冷轧带	0.2～10.0	≥35	95～125	≥18～23
	H12/H22	轧制板、冷轧带	0.2～4.5	≥85	120～155	≥2～6
	H14/H24	轧制板、冷轧带	0.2～4.5	≥115	135～175	≥1～5
	H16/H26	轧制板、冷轧带	0.2～4.5	≥145	165～205	≥1～4
	H18	轧制板、冷轧带	0.2～4.5	≥165	≥185	≥1～4
	H112	轧制板	4.5～12.5	≥70	≥115	≥8
			12.5～80.0	≥40	≥100	≥（12）
3004	O	轧制板、冷轧带	0.2～10.0	≥60	150～195	≥9～16
	H12/H22/H32	轧制板、冷轧带	0.5～4.5	≥145	190～240	≥1～5
	H14/H24/H34	轧制板、冷轧带	0.2～4.5	≥170	220～265	≥1～4
	H16/H26/H36	轧制板、冷轧带	0.2～4.5	≥190	240～285	≥1～4
	H18/H38	轧制板、冷轧带	0.2～4.5	≥215	≥260	≥1～4
	H112	轧制板	4.5～80.0	≥60	≥160	≥6

续表 A-1

合金牌号	状态	产品类型	厚度(mm)	规定非比例伸长应力 $f_{0.2}$ (MPa)	抗拉强度 f_u (MPa)	伸长率(%) 50mm (5D)
5005	O	轧制板、冷轧带	0.5～10.0	≥35	105～145	≥16～22
	H12/H22/H32	轧制板、冷轧带	0.5～4.5	≥85	120～155	≥3～7
	H14/H24/H34	轧制板、冷轧带	0.5～4.5	≥110	135～175	≥1～3
	H16/H26/H36	轧制板、冷轧带	0.5～4.5	≥125	155～175	≥1～3
	H18/H38	轧制板、冷轧带	0.5～4.5	—	≥175	≥1～3
	H112	轧制板	4.5～80.0	—	≥100	≥8
5052	O	轧制板、冷轧带	0.2～10.0	≥65	170～215	≥14～18
	H12/H22/H32	轧制板、冷轧带	0.2～4.5	≥155	215～265	≥3～7
	H14/H24/H34	轧制板、冷轧带	0.2～4.5	≥175	235～285	≥3～6
	H16/H26/H36	轧制板、冷轧带	0.2～4.5	≥200	255～305	≥3～4
	H18/H38	轧制板、冷轧带	0.2～4.5	≥220	≥270	≥3～4
	H112	轧制板	4.5～12.5	≥110	≥195	≥7
			12.5～80.0	≥65	≥175	≥(10)
5083	O	轧制板、冷轧带	0.5～4.5	≥125	275～350	≥16
	H22/H32	冷轧带	0.5～4.0	≥215	305～375	≥8～12
	H112	轧制板	4.5～40.0	≥125	≥275	≥11～12
			40.0～50	≥115	≥275	≥(10)
6061	O	冷轧带	0.4～2.9	≤85	≤145	≥14～16

表 A-2 结构用铝合金管材、型材力学性能标准值

合金牌号	产品类型	状态	直径(mm)	壁厚(mm)	规定非比例伸长应力 $f_{0.2}$ (MPa)	抗拉强度 f_u (MPa)	伸长率(%) 50mm
3003	挤压棒	O/H112	≤150	—	≥30	90～130	≥22
	拉制管	O	—	0.63～5.0	—	95～130	≥20～25
	拉制管	H14	—	0.63～5.0	≥115	≥140	≥3～4
	挤压管、挤压型材	O/H112	—	所有	≥30	≥90	≥22
5052	挤压棒	O/H112	≤150	—	≥70	≥175	≥20
	拉制管，挤压管、型材	O	—	所有	≥70	170～240	—
	拉制管	H14	—	所有	≥180	≥235	—
5083	拉制管、挤压管	O/H112	—	所有	≥110	270～350	≥12
	拉制管	H32	—	所有	≥235	≥315	≥5
5454	挤压管	O/H112	—	所有	≥85	≥215	≥12
6060	挤压型材	T5	—	≤3.2	≥110	≥150	≥8
6061	挤压棒	T6	≤150	—	≥240	≥260	≥9
		T4	≤150	—	≥110	≥180	≥14
		T4	—	0.63～5.0	≥100	≥205	≥14
		T6	—	0.63～5.0	≥240	≥290	≥8
	挤压管、挤压型材	T4	—	所有	≥110	≥180	≥16
	挤压管、挤压型材	T6	—	所有	≥240	≥265	≥8

续表 A-2

合金牌号	产品类型	状态	直径（mm）	壁厚（mm）	规定非比例伸长应力 $f_{0.2}$（MPa）	抗拉强度 f_u（MPa）	伸长率（%）50mm
6063	挤压棒	T6	≤25	—	≥170	≥205	≥9
		T5	12.5～25	—	≥105	≥145	≥7
		T6	—	0.63～5.0	≥195	≥230	≥8
	挤压管	T4	—	≤25	≥60	≥125	≥12
		T6	—	所有	≥170	≥205	≥10
	挤压型材	T4	—	所有	≥65	≥130	≥12
		T5	—	所有	≥110	≥160	≥8
		T6	—	所有	≥180	≥205	≥8
6063A	挤压型材	T4	—	所有	≥90	≥150	≥10
		T5	—	所有	≥150	≥190	≥5
		T6	—	所有	≥180	≥220	≥4
6082	挤压型材	T4	—	所有	≥110	≥205	≥14
		T6	—	所有	≥260	≥310	≥10

表 A-3　结构用铝合金板、带材、管材、型材的化学成分

合金牌号	化学成分（%）										
	Si	Fe	Cu	Mn	Mg	Cr	Zn	Ti	其他 单个	其他 合计	Al
3003	0.6	0.7	0.05～0.20	1.0～1.5	—	—	0.10	—	0.05	0.15	余量
3004	0.30	0.7	0.25	1.0～1.5	0.8～1.3	—	0.25	—	0.05	0.15	余量
5005	0.30	0.7	0.20	0.20	0.50～1.1	0.10	0.25	—	0.05	0.15	余量
5052	0.25	0.40	0.10	0.10	2.2～2.8	0.15～0.35	0.10	—	0.05	0.15	余量
5083	0.40	0.40	0.10	0.40～1.0	4.0～4.9	0.05～0.25	0.25	0.15	0.05	0.15	余量
5454	0.25	0.40	0.10	0.50～1.0	2.4～3.0	0.05～0.20	0.25	0.20	0.05	0.15	余量
6060	0.30～0.6	0.10～0.30	0.10	0.10	0.35～0.6	0.05	0.15	0.10	0.05	0.15	余量
6061	0.40～0.8	0.7	0.15～0.40	0.15	0.8～1.2	0.04～0.35	0.25	0.15	0.05	0.15	余量
6063	0.20～0.6	0.35	0.10	0.10	0.45～0.9	0.10	0.10	0.10	0.05	0.15	余量
6063A	0.30～0.6	0.15～0.35	0.10	0.15	0.6～0.9	0.05	0.15	0.10	0.05	0.15	余量
6082	0.7～1.3	0.50	0.10	0.40～1.0	0.6～1.2	0.25	0.20	0.10	0.05	0.15	余量

附录 B　轴心受压构件的稳定系数

表 B-1　弱硬化合金构件的轴心受压稳定系数 φ

$\lambda\sqrt{\frac{f_{0.2}}{240}}$	0	1	2	3	4	5	6	7	8	9
0	1.000	1.000	1.000	1.000	1.000	1.000	1.000	1.000	1.000	0.996
10	0.993	0.989	0.985	0.981	0.977	0.973	0.969	0.964	0.960	0.956
20	0.951	0.947	0.942	0.937	0.932	0.927	0.921	0.916	0.910	0.904
30	0.898	0.891	0.885	0.878	0.871	0.863	0.855	0.847	0.838	0.830
40	0.820	0.811	0.801	0.791	0.780	0.769	0.758	0.746	0.735	0.722
50	0.710	0.698	0.685	0.672	0.660	0.647	0.634	0.621	0.608	0.596

续表 B-1

$\lambda\sqrt{\frac{f_{0.2}}{240}}$	0	1	2	3	4	5	6	7	8	9
60	0.583	0.571	0.558	0.546	0.534	0.523	0.511	0.500	0.489	0.479
70	0.468	0.458	0.448	0.438	0.429	0.419	0.410	0.402	0.393	0.385
80	0.377	0.369	0.361	0.354	0.347	0.340	0.333	0.326	0.320	0.313
90	0.307	0.301	0.295	0.290	0.284	0.279	0.274	0.269	0.264	0.259
100	0.254	0.250	0.245	0.241	0.237	0.233	0.228	0.225	0.221	0.217
110	0.213	0.210	0.206	0.203	0.200	0.196	0.193	0.190	0.187	0.184
120	0.181	0.179	0.176	0.173	0.171	0.168	0.166	0.163	0.161	0.158
130	0.156	0.154	0.152	0.149	0.147	0.145	0.143	0.141	0.139	0.137
140	0.136	0.134	0.132	0.130	0.128	0.127	0.125	0.123	0.122	0.120
150	0.119	—	—	—	—	—	—	—	—	—

表 B-2 强硬化合金构件的轴心受压稳定系数 φ

$\lambda\sqrt{\frac{f_{0.2}}{240}}$	0	1	2	3	4	5	6	7	8	9
0	1.000	1.000	1.000	1.000	1.000	1.000	0.996	0.989	0.983	0.976
10	0.970	0.963	0.957	0.950	0.943	0.936	0.930	0.923	0.916	0.909
20	0.902	0.894	0.887	0.879	0.872	0.864	0.856	0.848	0.839	0.831
30	0.822	0.813	0.804	0.795	0.786	0.776	0.766	0.756	0.746	0.736
40	0.725	0.715	0.704	0.693	0.682	0.671	0.660	0.649	0.638	0.626
50	0.615	0.604	0.593	0.582	0.571	0.560	0.549	0.538	0.528	0.517
60	0.507	0.497	0.487	0.477	0.467	0.458	0.448	0.439	0.430	0.422
70	0.413	0.405	0.397	0.389	0.381	0.373	0.366	0.359	0.352	0.345
80	0.338	0.331	0.325	0.319	0.313	0.307	0.301	0.295	0.290	0.285
90	0.279	0.274	0.269	0.264	0.260	0.255	0.251	0.246	0.242	0.238
100	0.234	0.230	0.226	0.222	0.218	0.215	0.211	0.208	0.204	0.201
110	0.198	0.195	0.192	0.189	0.186	0.183	0.180	0.177	0.175	0.172
120	0.169	0.167	0.164	0.162	0.160	0.157	0.155	0.153	0.151	0.149
130	0.147	0.145	0.143	0.141	0.139	0.137	0.135	0.133	0.131	0.130
140	0.128	0.126	0.125	0.123	0.121	0.120	0.118	0.117	0.115	0.114
150	0.113	—	—	—	—	—	—	—	—	—

附录C 受弯构件的整体稳定系数

受弯构件的整体稳定系数应按下式计算：

$$\varphi_b=\frac{1+\eta+\bar{\lambda}^2}{2\bar{\lambda}^2}-\sqrt{\left(\frac{1+\eta+\bar{\lambda}^2}{2\bar{\lambda}^2}\right)^2-\frac{1}{\bar{\lambda}^2}} \quad \text{(C-1)}$$

式中 η——构件的几何缺陷系数，应按下式计算：

$$\eta=\alpha\ (\bar{\lambda}-\bar{\lambda}_0) \quad \text{(C-2)}$$

对于弱硬化合金：$\alpha=0.20$，$\bar{\lambda}_0=0.36$；

对于强硬化合金：$\alpha=0.25$，$\bar{\lambda}_0=0.30$。

$\bar{\lambda}$——弯扭稳定相对长细比，应按下式计算：

$$\bar{\lambda}=\sqrt{\frac{W_{ex}f}{M_{cr}}} \quad \text{(C-3)}$$

M_{cr}——弯扭稳定临界弯矩，应按下式计算：

$$M_{cr}=\beta_1\frac{\pi^2EI_y}{l_y^2}\left[\beta_2e_a+\beta_3\beta_y+\sqrt{(\beta_2e_a+\beta_3\beta_y)^2+\frac{I_\omega}{I_y}\left(1+\frac{GI_tl_\omega^2}{\pi^2EI_\omega}\right)}\right] \quad \text{(C-4)}$$

式中 I_y——绕弱轴 y 轴的毛截面惯性矩；

I_ω——毛截面扇性惯性矩，对于T形截面、十字形截面、角形截面可近似取 $I_\omega=0$；

I_t——毛截面扭转惯性矩，若截面是由长度为 h_i 和厚度为 t_i 的 n 个矩形块组成则可取 I_t 为：$I_t=\sum_{i=1}^{n}I_{it}=\frac{1}{3}\sum_{i=1}^{n}b_it_i^3$；

l_ω——扭转屈曲计算长度，取决于构件端部的约束条件，$l_\omega=\mu_\omega l$，μ_ω为扭转屈曲计算长度系数，应按表C-1 取用；

l_y——梁的侧向计算长度，$l_y=\mu_b l$，μ_b 为侧向计算长度系数；在跨间无侧向支撑时取 1；跨中设一道侧向支撑或跨间有不少于两个等距布置的侧向支撑时取0.5；

e_a——横向荷载作用点至剪心的距离，如图 C-1 所示；当横向荷载作用在剪心时 $e_a=0$；当荷载不作用在剪心且荷载方向指向剪心时 e_a 为负，离开剪心时 e_a 为正；

β_y——截面不对称系数，应按下式计算：

$$\beta_y=\frac{\int_A y\ (x^2+y^2)\ \mathrm{d}A}{2I_x}-y_0 \quad \text{(C-5)}$$

I_x——绕主轴 x 轴的毛截面惯性矩；

y_0——剪心至形心的竖向距离，当剪心到形心的指向与挠曲方向一致时取负，相反时取正；

β_1——临界弯矩修正系数，取决于受弯构件上的荷载作用形式，应按表 C-2 取值；

β_2——荷载作用点位置影响系数，应按表 C-2 取值；

β_3——荷载形式不同时对单轴对称截面的修正系数，应按表 C-2 取值。

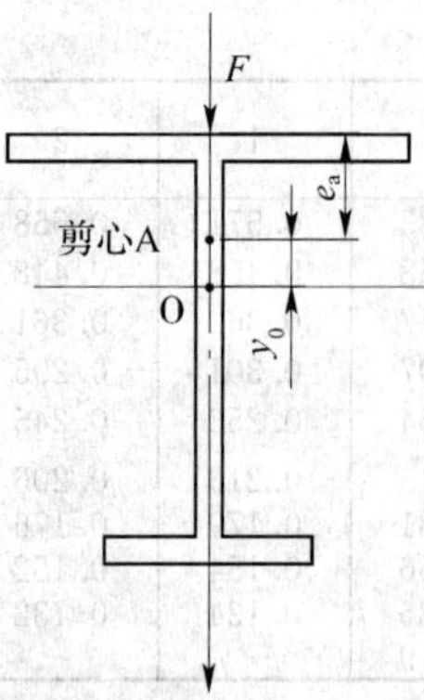

图 C-1 单轴对称截面

表 C-1 构件的扭转屈曲计算长度系数 μ_ω

序号	支撑条件	μ_ω
1	两端支承	1.0
2	一端支承，另一端自由	2.0

表 C-2 计算系数 β_1、β_2、β_3 的确定

弯矩作用平面内荷载及支承情况	弯矩图	计算长度系数 μ_b	β_1	β_2	β_3
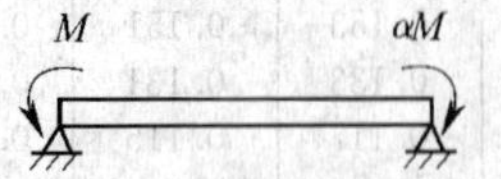	 α=1	1.0	1.000	—	1.000
		0.5	1.000	—	1.144
	 α=1/2	1.0	1.323	—	0.992
		0.5	1.514	—	2.271
	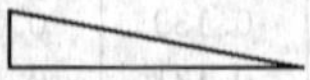 α=0	1.0	1.879	—	0.939
		0.5	2.150	—	2.150
	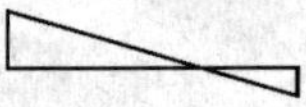 α=−1/2	1.0	2.704	—	0.676
		0.5	3.093	—	1.546
	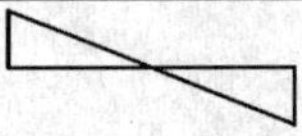 α=−1	1.0	2.752	—	0.000
		0.5	3.149	—	0.000
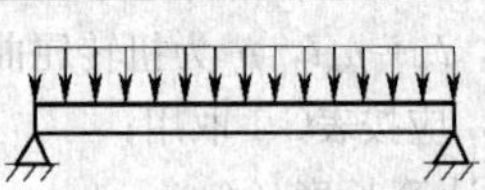		1.0	1.132	0.459	0.525
		0.5	0.972	0.304	0.980
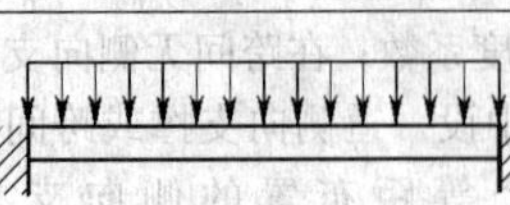	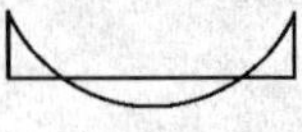	1.0	1.285	1.562	0.753
		0.5	0.712	0.652	1.070
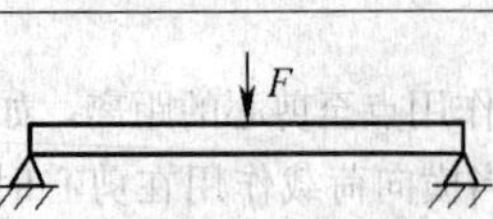	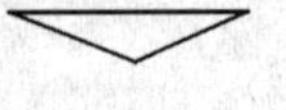	1.0	1.365	0.553	1.730
		0.5	1.070	0.432	3.050
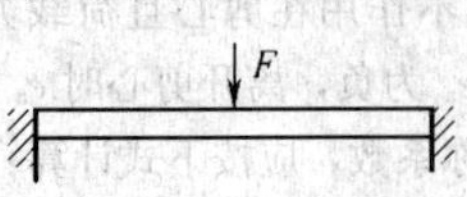	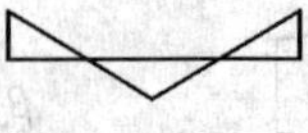	1.0	1.565	1.267	2.640
		0.5	0.938	0.715	4.800
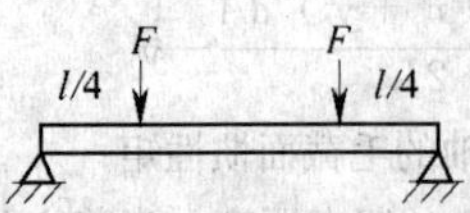		1.0	1.046	0.430	1.120
		0.5	1.010	0.410	1.890

本规范用词说明

1 为便于在执行本规范条文时区别对待，对要求严格程度不同的用词说明如下：

1）表示很严格，非这样做不可的用词：

正面词采用“必须”，反面词采用“严禁”。

2）表示严格，在正常情况下均应这样做的用词：

正面词采用“应”，反面词采用“不应”或“不得”。

3）表示允许稍有选择，在条件许可时首先应这样做的用词：

正面词采用“宜”，反面词采用“不宜”；

表示有选择，在一定条件下可以这样做的用词，采用“可”。

2 本规范中指明应按其他有关标准、规范执行的写法为“应符合……的规定”或“应按……执行”。

中华人民共和国国家标准

铝合金结构设计规范

GB 50429—2007

条 文 说 明

目　次

1 总　　则

1.0.2 本条文中工业与民用建筑系指不包括高温、有强烈腐蚀性气体及有强烈振源的工业与民用建筑。

2 术语和符号

本章所用的术语和符号是参照我国现行国家标准《工程结构设计基本术语和通用符号》GBJ 132 和《建筑结构设计术语和符号标准》GB/T 50083 的规定编写的，并根据需要增加了相关内容。

2.1 术　　语

本规范给出了 23 个有关铝合金设计方面的专用术语，并从铝合金结构设计的角度赋予其特定的涵义，但不一定是其严谨的定义。所给出的英文译名是参考国外某些标准确定的，不一定是国际上的标准术语。

2.2 符　　号

本规范给出了 110 个常用符号并分别作出了定义，这些符号都是本规范各章节中所引用的。

2.2.1 本条所用符号均为作用和作用效应的设计值，当用于标准值时，应加下标 k，如 Q_k 表示重力荷载的标准值。

2.2.2 $f_{0.2}$ 相当于铝合金材料国家标准中的 $\sigma_{p0.2}$。

3 材　　料

3.1 结　构　铝

3.1.1、3.1.2 本条是根据我国冶金部门编制的国家标准中所包括的变形铝及铝合金的各类规格及其可能在结构上的应用制订的，铝合金结构材料的选用充分考虑了结构的承载能力和防止在一定条件下结构出现脆性破坏的可能性。

关于铝合金名称的术语及其定义见国家标准《变形铝及铝合金牌号表示方法》GB/T 16474、《变形铝及铝合金状态代号》GB/T 16475、《铝及铝合金术语》GB 8005 中的相关规定。与本规范相关铝合金材料的基础状态定义见表 1。

表 1 基础状态代号、名称及说明与应用

代号	名　称	说明与应用
F	自由加工状态	适用于在成型过程中，对于加工硬化和热处理条件无特殊要求的产品，该状态产品的力学性能不作规定
O	退火状态	适用于经完全退火获得最低强度的加工产品
H	加工硬化状态	适用于通过加工硬化提高强度的产品，产品在加工硬化后可经过（也可不经过）使强度有所降低的附加热处理
T	热处理状态 （不同于 F、O、H 状态）	适用于热处理后，经过（或不经过）加工硬化达到稳定状态的产品

3.2 连　　接

3.2.1 本条为铝合金结构螺栓连接材料要求。

1 根据现行国家标准，螺栓的品种、规格及技术要求见表 2。

表 2 螺栓的品种、规格及技术要求

国家标准	规格范围	产品等级	材料及性能等级	表面处理
《六角头螺栓 C 级》GB/T 5780	M5 ~ M64	C 级	钢：$d \leqslant$ 39mm：3.6、4.6、4.8； d>39mm：按协议	① 不经处理 ② 电镀 ③ 非电解锌粉覆盖层
《六角头螺栓》GB/T 5782	M1.6 ~ M64	A 级 B 级*	钢：d<3：按协议； 3 $\leqslant d \leqslant$ 39mm：5.6、8.8、10.9； 3$\leqslant d \leqslant$16mm：9.8； d>39mm：按协议	① 氧化 ② 电镀 ③ 非电解锌粉覆盖层
			不锈钢：$d \leqslant$24mm：A2-70、A4-70； 24 mm < $d \leqslant$ 39mm：A2-50、A4-50； d>39mm：按协议	简单处理
			有色金属：Cu2、Cu3、Al4	

注：* A 级用于 $d \leqslant$24mm 和 $l \leqslant$10d 或 $l \leqslant$150mm（按较小值）的螺栓；
B 级用于 d>24mm 或 l>10d 或 l>150mm（按较小值）的螺栓。

2 国外几种主要的铝合金结构规范关于螺栓材料选用的规定：欧洲铝合金结构设计规范（prEN 1999-1-1：2002，下文简称欧规）允许使用铝合金螺栓、不锈钢螺栓和钢螺栓，并规定了这 3 类材料的力学性能值；英国铝合金结构设计规范（BS 8118：1991，下文简称英规）允许使用铝合金螺栓、不锈钢螺栓和钢螺栓，但未规定不锈钢螺栓和钢螺栓的力学性能值；美国铝合金结构设计规范（Specifications and guidelines for aluminum structures：1994，下文简称美规）仅允许使用铝合金螺栓。参考以上国外规范，本规范规定宜采用铝合金、不锈钢螺栓，也可采用钢螺栓。由于未作表面保护的钢螺栓同铝合金构件之间会发生电化学腐蚀，故使用钢螺栓时，必须做好表面处理，且表面镀层应保证具有一定的厚度。

3 铝合金结构连接中采用有预拉力的高强度螺栓应符合一定的适用条件，欧规和英规均规定了构件材料的名义屈服强度 $f_{0.2}$ 的最低值，欧规为 200N/mm^2，英规为 230N/mm^2。如不符合这一条件，则高强度螺栓连接节点的强度就应由试验来测定。而在美规中只允许使用普通螺栓，对高强度螺栓未作相应规定。

根据有关文献研究，当高强度螺栓的抗拉强度 f^b_u超过铝合金构件抗拉强度 f_u 的 3 倍时，如不采取特别的构造措施（如采用较大直径的硬质垫圈），则螺栓内强大的预拉力会造成与螺栓头或螺母相接触的铝合金构件表面损伤，进而引起螺栓松弛和预拉力损失。在极端温度变化或连接较长时，由于铝合金构件与钢螺栓具有不同的热传导系数，将会引起摩擦面抗滑移系数的变化，进而影响连接节点的强度。此外，不作任何处理的铝合金构件表面的抗滑移系数很低，根据有关文献研究约为 0.10～0.15；而对铝合金材料摩擦面的处理方法目前尚无相应的国家标准，也缺乏试验数据和统计资料。

因此，综合以上原因，本规范不推荐使用有预拉力的高强度螺栓连接。如在实际应用中确有条件，高强度螺栓应符合现行国家标准《栓接结构用大六角头螺栓》GB/T 18230.1、《栓接结构用大六角螺母》GB/T 18230.3、《栓接结构用平垫圈》GB/T 18230.5 的规定。当铝合金构件材料的名义屈服强度 $f_{0.2} \geqslant$ 200N/mm^2 时，可采用第 9.1.2～9.1.3 条中的设计公式计算连接节点的强度。当不符合这一条件时，应通过试验测定连接节点的强度。此外，在极端温度变化或连接较长时，无论铝合金构件材料的名义屈服强度 $f_{0.2}$是否大于等于 200N/mm^2，均应通过试验来测定连接节点的强度。

4 遵照以上原则，列入本规范条文并规定其强度设计值的螺栓材料、级别有：普通螺栓宜采用 2B11、2A90 铝合金螺栓和 A2-50、A4-50、A2-70、A4-70 不锈钢螺栓，也可采用具有可靠表面处理的 4.6 级、4.8 级 C 级钢螺栓。高强度螺栓可采用具有可靠表面处理的 8.8 级、10.9 级钢螺栓，但在规范条文中对其强度设计值不作具体规定，当需采用时可参照相应的规范、标准。应注意，A2-50 和 A4-50 不锈钢螺栓不应用于游泳池结构及直接与海水接触的结构。

3.2.2 本条为铝合金结构铆钉连接材料要求。

1 有国家标准的铆钉可分为 3 种类型：普通铆钉、抽芯铆钉和击芯铆钉。根据国内应用现状，抽芯铆钉和击芯铆钉主要应用在厚度很薄的铝合金面板连接中，用于铝合金承重结构连接的铆钉主要为普通铆钉。目前制定国家标准的普通铆钉有 12 个品种，半圆头铆钉的应用最为广泛，其他种类的铆钉例如沉头铆钉、平头铆钉，用于结构连接需考虑强度折减，由于缺乏试验资料和统计数据，因此暂不列入规范条文中。

2 根据国家标准《铆钉技术条件》GB 116，普通铆钉可用以下材料制成：碳素钢、特种钢、铜及其合金、铝及其合金。国外铝合金结构规范中关于铆钉材料选用的规定：欧规和美规仅允许使用铝合金铆钉；英规允许使用铝合金铆钉、不锈钢铆钉和钢铆钉，但未规定不锈钢铆钉和钢铆钉的力学性能值。参考国外规范，本规范仅允许采用铝合金铆钉用于结构连接。

3 列入本规范条文并规定其强度设计值的铆钉级别为：铝合金铆钉 5B05-HX8、2A01-T4、2A10-T4。《铆钉用铝及铝合金线材》GB 3196 中规定的另两种铆钉材料 1035-HX8、3A21-HX8 由于其抗剪强度过低，不予选用。

3.2.3 本条为铝合金结构焊丝材料及焊接工艺要求。

1 铝合金焊丝材料的选用，国家标准《铝及铝合金焊丝》GB 10858提供了较多种类的选择。结合国内外应用，对于5×××和6×××系列合金，应用最为广泛的焊丝主要有 2 种：含镁 5%的标准型铝镁焊丝 5356 和含硅 5%的铝硅焊丝 4043，即国家标准《铝及铝合金焊丝》GB 10858 中的 SAlMG-3（5356）和 SAlSi-1（4043），故推荐优先选用。

2 根据国内外应用现状，在铝合金结构焊接中，通常采用两种惰性气体保护电弧焊，即 MIG 焊和 TIG 焊。由于 TIG 焊使用永久钨极，电流大小受钨极直径的限制，故仅适用于较薄构件的焊接连接；而 MIG 焊电极为焊丝本身，可以使用比 TIG 焊大得多的电流，对于构件的厚度就没有限制，可用于厚度 50mm 以内构件的焊接连接。本条参照欧规的相关条文，规定 TIG 焊仅适用于厚度小于或等于 6mm 的构件焊接。

3.3 热 影 响 区

3.3.1 本条是强制性条文，规定了焊接热影响区的一般设计要求。根据国内外研究资料，对于除 O、T4 或 F 状态的铝合金焊接结构，由于热输入的影响，在临近焊缝的区域存在材料强度降低的现象，该区域称为焊接热影响区。焊接热影响效应对焊接结构的承载力将带来非常不利的影响。

热影响区材料强度的降低可采用单一的折减系数 ρ_{haz} 来考虑，该系数代表热影响区范围内材料强度同母材原始强度的比值。一般来说，热影响区材料的名义屈服强度 $f_{0.2}$ 的折减程度比抗拉强度 f_u 的折减程度更大一些。根据同济大学所完成的采用 MIG 和 TIG 焊接工艺，母材为 6061-T6 合金的对接焊缝硬度试验，得到的折减系数平均值为 0.59，由拉伸试验得到的 $f_{0.2}$ 的折减系数平均值为 0.43，f_u 的折减系数平均值为 0.62。欧洲规范给出的 6061-T6 合金 $f_{0.2}$ 及 f_u 的折减系数分别为 0.48 和 0.60。英国规范对 $f_{0.2}$ 及 f_u 的折减不作区分，6061-T6 合金的热影响区折减系数取 0.50。由此可见，对于 6061-T6 合金，试验结果同欧规和英规的规定符合较好。因缺乏其他合金材料的试验数据，并由于英规的规定比欧规偏于安全，故表 3.3.1 中 6×××系列合金及 5083 合金的 ρ_{haz} 主要根据英规的规定值给出。在 10℃以上的环境温度下至少存放 3d 的要求，是保证材料有最低限度的自然时效。

3×××合金在焊接后强度折减非常严重，根据工程经验焊接后热影响区的强度仅能达到初始强度的 20%，因此表 3.3.1 中 3003 及 3004 合金的 ρ_{haz} 取 0.20。建议 3×××系列合金不宜采用焊接连接。

对于表 3.3.1 未列出的其他材料，可由试验或参考其他国家设计规范确定其 ρ_{haz} 值。

3.3.2 本条规定了铝合金结构焊接热影响区的范围。

1 规定了对接焊缝和几种角焊缝连接的热影响区范围，因缺乏相关研究资料，对较厚焊件热影响区沿厚度方向的分布，偏保守地一律取热影响区边界垂直于焊件表面。

2 本条规定主要依据同济大学完成的对接焊缝连接试验结果，该结果稍大于欧规的规定。对于采用 6061-T6 合金的对接焊缝连接，当采用 MIG 焊接工艺时，随焊件厚度增大，热影响区范围也随之增大；采用 TIG 焊接工艺的焊件，其热影响区范围和同厚度的采用 MIG 焊接工艺的焊件基本相同，因此本条规定同样适用于 MIG 焊和 TIG 焊。由于试验焊件的最大厚度为 16mm，因此仅规定了厚度在 16mm 以内焊件的热影响区范围。对于厚度超过 16mm 的焊件，实际应用中如需采用，可根据硬度试验结果确定。当退火温度较高时，热影响区的范围会随之增大，增大系数 α 的规定来自欧规。

3.3.3 本条规定了铝合金结构中考虑焊接热影响效应的设计计算方法。

在焊缝连接计算中，需要校核热影响区范围内的应力不得超过其强度设计值，因此通常采用强度折减的方法来考虑热影响效应。在焊接构件承载力计算中，热影响区范围内材料强度降低带来的不利影响，通常采用将热影响区范围内材料强度取值同母材，但对截面进行折减的方法来考虑。

4 基本设计规定

4.1 设计原则

4.1.1 遵照《建筑结构可靠度设计统一标准》GB 50068，本规范采用以概率理论为基础的极限状态设计方法，用分项系数设计表达式进行计算。对于铝合金结构的疲劳计算，本规范不予考虑。

4.1.2 本条提出的在设计文件中应注明的内容，是与保证工程质量密切相关的。其中铝合金材料的牌号应与有关铝合金材料的现行国家标准或其他技术标准相符；对铝合金材料性能的要求，凡我国铝合金材料标准中各牌号能基本保证的项目可不再列出，只提附加保证和协议要求的项目，而当采用其他尚未形成技术标准的铝合金材料或国外铝合金材料时，必须详细列出有关铝合金材料性能的各项要求。

4.1.3 承载能力极限状态可理解为结构或构件发挥允许的最大承载功能的状态。正常使用极限状态可理解为结构或构件达到使用功能上允许的某个限值的状态。

4.1.4 荷载效应的组合原则是根据《建筑结构可靠度设计统一标准》GB 50068 的规定，结合铝合金结构的特点提出的。对荷载效应的偶然组合，统一标准只作出原则性的规定，具体的设计表达式及各种系数应符合专门规范的有关规定。对于正常使用极限状态，铝合金结构一般只考虑荷载效应的标准组合，当有可靠依据和实践经验时，亦可考虑荷载效应的频遇组合，当考虑长期效应时，可采用准永久组合。

4.1.6 铝合金材料具有优良的负温工作性能，在低温条件下其强度及延性均有所提高，所以不必规定铝合金结构的负温临界工作温度。但铝合金耐高温性能差，150℃以上时迅速丧失强度，这也是可以通过挤压工艺生产型材的主要原因。文献《铝及铝合金材料手册》（武泰等编，科学出版社，1994）给出了常用建筑型材 6063-T6 和 6061-T6 合金在不同温度下的典型抗拉力学性能，见表 3 所示。

表 3 6061-T6 合金与 6063-T6 合金在不同温度下的典型抗拉性能

温度（℃）	6061-T6			6063-T6		
	抗拉强度 f_u（MPa）	名义屈服强度 $f_{0.2}$（MPa）	伸长率 δ（%）	抗拉强度 f_u（MPa）	名义屈服强度 $f_{0.2}$（MPa）	伸长率 δ（%）
−196	414	324	22	324	248	24
−80	338	290	18	262	228	20
−28	324	283	17	248	221	19

续表 3

温度（℃）	6061-T6			6063-T6		
	抗拉强度 f_u（MPa）	名义屈服强度 $f_{0.2}$（MPa）	伸长率 δ（%）	抗拉强度 f_u（MPa）	名义屈服强度 $f_{0.2}$（MPa）	伸长率 δ（%）
24	310	276	17	241	214	18
100	290	262	18	214	193	15
149	234	214	20	145	133	20
204	131	103	28	62	45	40
260	51	34	60	31	24	75
316	32	19	85	23	17	80
371	24	12	95	16	14	105

4.2 荷载和荷载效应计算

4.2.1 国内外目前对铝合金结构抗震设计的研究还不深入。铝合金结构抗震设计时，对幕墙结构可以按照现行有关国家行业标准的规定执行；对其他结构，抗震设计参数可以按照现行抗震规范中的钢结构的有关参数取用。

4.2.3 梁柱连接一般采用刚性和铰接连接。半刚性连接的弯矩-转角关系较为复杂，它随连接形式、构造细节的不同而异。进行结构设计时，这种连接形式的实验数据或设计资料必须足以提供较为准确的弯矩-转角关系。

4.2.4 一阶分析是针对未变形的结构进行平衡分析，不考虑变形对外力效应的影响。在分析结构内力以进行强度计算时，除少数特殊结构外，按一阶分析通常可以获得足够精确的结果。二阶效应是指结构变形对力的效应，如结构水平位移对竖向力的效应P-Δ，杆件挠度对轴力作用的效应P-δ，杆件伸长或缩短产生的效应，弯曲使弦长减小的效应以及初始弯曲、初始倾斜产生的效应等。结构的变形将会在结构中引起附加内力，而附加内力的产生将会导致进一步的附加变形，如此往复。考虑二阶效应的方法是用二阶分析考虑变形对外力效应的影响，针对已变形的结构来进行平衡分析。铝合金框架结构的精确分析应考虑二阶效应。

对于侧移不是很大的框架或者计算精度要求不是很高的框架，其内力计算均可采用一阶弹性分析的方法。一阶弹性计算的结果对于一般的结构足够精确。

对于侧移很大的框架或者计算精度要求很高的框架，其内力计算应当采用二阶弹性分析的方法。

本条对铝合金框架结构的内力分析方法作出了具体规定，即所有框架结构（不论有无支撑结构）均可采用一阶弹性分析方法计算框架杆件的内力，但对于$\dfrac{\sum N\cdot\Delta u}{\sum H\cdot h}>0.1$的框架结构则推荐采用二阶弹性分析确定，以提高计算精度。

当采用二阶弹性分析时，为配合计算精度，不论是精确计算或近似计算，亦不论有无支撑结构，均应考虑结构和构件的各种缺陷（如柱子的初倾斜、初偏心和残余应力等）对内力的影响。其影响程度可通过在框架每层柱的柱顶作用有附加的假想水平力（概念荷载）H_{ni}来综合体现，见图1。

研究表明，框架层数越多，构件缺陷的影响越小。通过数值分析及与国外规范的比较，本规范采用了公式（4.2.4-1）计算H_{ni}。

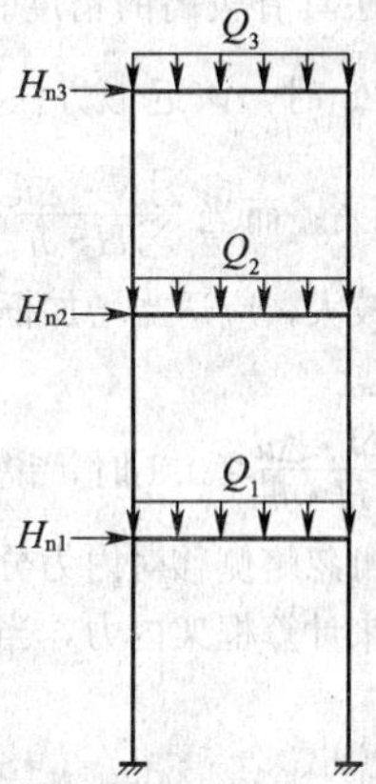

图1 假想水平力 H_{ni}

本条对无支撑纯框架在考虑侧移对内力影响采用二阶弹性分析时，提出了框架杆件端弯矩的计算方法。

当采用一阶分析时（图2），框架杆端弯矩$M_{\rm I}$为：

$$M_{\rm I}=M_{\rm Ib}+M_{\rm Is} \tag{1}$$

当采用二阶分析时，框架杆端弯矩$M_{\rm II}$为：

$$M_{\rm II}=M_{\rm Ib}+\alpha_{2i}M_{\rm Is} \tag{2}$$

式中 $M_{\rm Ib}$——假定框架无侧移时（图2b）按一阶弹性分析求得的各杆杆端弯矩；

$M_{\rm Is}$——框架各节点侧移时（图2c）按一阶弹性分析求得的各杆杆端弯矩；

α_{2i}——考虑二阶效应第i层杆件的侧移弯矩增大系数$\alpha_{2i}=\dfrac{1}{1-\dfrac{\sum N\cdot\Delta u}{\sum H\cdot h}}$。其中$\sum H$系指产生层间侧移$\Delta u$的所计算楼层及以上各层的水平荷载之和，不包括支座位移和温度的作用。

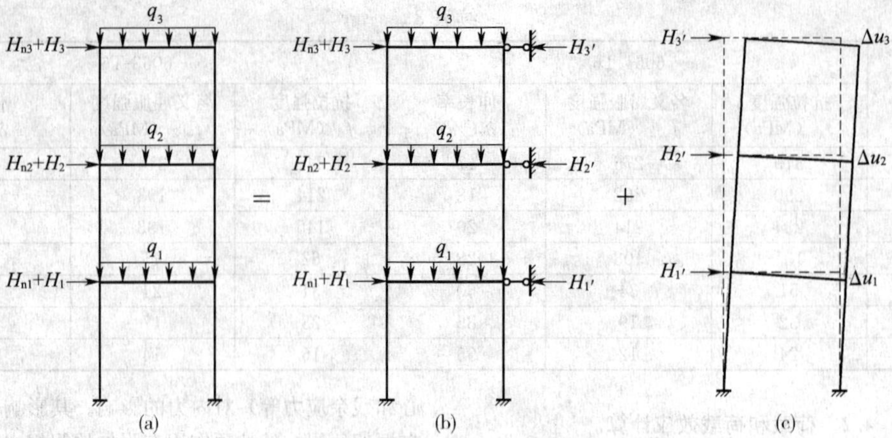

图 2　无支撑纯框架的一阶弹性分析

上述二阶弹性分析的近似计算方法与国外的规定基本相同。该计算方法不仅可用于二阶弯矩的计算，还可以用于二阶轴力及剪力的计算。经过大量具体实例验算证明该方法具有较高的精度。数值计算表明，当$\frac{\sum N\cdot\Delta u}{\sum H\cdot h}\leqslant 0.25$时，该近似方法比较精确，弯矩的误差不大于 10%；而当$\frac{\sum N\cdot\Delta u}{\sum H\cdot h}>0.25$（即 $\alpha_{2i}>1.33$）时，误差较大，应适当增加框架结构的侧移刚度，使 $\alpha_{2i}\leqslant 1.33$。

另外，当$\frac{\sum N\cdot\Delta u}{\sum H\cdot h}\leqslant 0.1$时，说明框架结构的抗侧移刚度较大，可忽略侧移对内力分析的影响，故可采用一阶分析法来计算框架内力，当然也不必考虑假象水平力 H_{ni}。

4.3　设计指标

4.3.1、4.3.2　本条遵照现行国家标准《建筑结构荷载规范》GB 50009 和《建筑结构可靠度设计统一标准》GB 50068 的规定，铝合金强度设计值根据强度标准值除以抗力分项系数求得，其中抗力分项系数根据以概率理论为基础的极限状态设计方法确定。

考虑到目前铝合金材料力学性能指标的统计资料尚不充分，且大部分经过热处理和冷加工硬化处理后的合金材料强屈比较低，破坏时极限伸长率较小，安全储备普遍低于钢材，在计算铝合金结构构件的抗力分项系数时目标可靠指标参照钢结构构件承载能力极限状态并相应提高一个等级，按 $\beta=3.7$ 采用。

按文献《建筑结构概率极限状态设计》（李继华等，中国建筑工业出版社，1990），采用概率方法计算时，极限状态方程为：

$$R-S_G-S_Q=0 \tag{3}$$

式中　R——结构抗力；

S_G——恒载效应；

S_Q——可变荷载效应（可为楼面活载效应 S_L 或风荷载效应 S_W 等）。

影响结构构件抗力 R 的因素主要有：材料性能的不确定性 Ω_m，几何参数的不确定性 Ω_a，计算模式的不确定性 Ω_p。其中：

1　材料性能的不确定性。主要取决于：

1）试件的材料性能，按试件实测数据采用；

2）构件材料性能与试件材料性能的差异。根据本规范编制组提供的 1042 根 6061-T6 合金试件以及来自日本的 28 根 5083-H112 合金试件的拉伸试验结果，经分析后得出其材性统计参数为：

合金 6061-T6：$\mu_{\Omega m}=1.0738$，$\delta_{\Omega m}=0.0992$；

合金 5083-H112：$\mu_{\Omega m}=1.2985$，$\delta_{\Omega m}=0.1374$。

2　几何参数的不确定性。主要取决于现有型材的生产工艺水平；由于缺乏充分的统计资料，计算中主要参考《铝合金建筑型材》GB/T 5237 对截面尺寸允许偏差要求，按普通级标准，取方管和 H 形两种型材计算截面几何参数统计特性，得 $\mu_{\Omega a}=1.00$，$\delta_{\Omega a}=0.05$。

3　计算模式的不确定性。考虑到铝合金结构计算理论与钢结构计算理论的近似性，计算模式 Ω_p 的统计特性可取：

轴心受拉：$\mu_{\Omega p}=1.05$，$\delta_{\Omega p}=0.07$；

轴心受压：$\mu_{\Omega p}=1.03$，$\delta_{\Omega p}=0.07$；

偏心受压：$\mu_{\Omega p}=1.12$，$\delta_{\Omega p}=0.10$。

综合上述三种主要因素，挤压铝合金构件抗力的统计参数可按下式计算：

抗力均值：$\mu_R=\mu_{\Omega p}\cdot\mu_{\Omega m}\cdot\mu_{\Omega a}$

抗力变异系数：$\delta_R=\sqrt{\delta_{\Omega p}^2+\delta_{\Omega m}^2+\delta_{\Omega a}^2}$

由此计算得到的不同材料、不同受力状态下的抗力统计特性见表 4 所示。

表 4　铝合金构件抗力统计特性

受力状态 / 材料	轴心受拉		轴心受压		偏心受压	
	μ_R	δ_R	μ_R	δ_R	μ_R	δ_R
6061-T6	1.127	0.1313	1.106	0.1313	1.203	0.149
5083-H112	1.3634	0.1621	1.3375	0.1621	1.4543	0.177

作用效应 S 的统计参数参照现行国家标准《建筑结构荷载规范》GB 50009—2001，设计基准期为 50 年，表 5 列出了部分调整后的常见荷载统计参数。

表 5　荷载统计参数

荷载分类	平均值/标准值	变异系数	分布类型
永久荷载 G	1.06	0.07	正态
楼面活载 L(办)	0.524	0.288	极值Ⅰ型
楼面活载 L(住)	0.644	0.2326	极值Ⅰ型
风荷载 W	0.908	0.193	极值Ⅰ型
雪荷载	1.139	0.225	极值Ⅰ型

结构计算中，恒＋活是基本荷载组合。目标可靠指标主要是在分析 $G+L$(办)，$G+L$(住)和 $G+W$ 三种荷载效应组合的基础上经优化方法确定的；其中 G 表示恒载，L 表示活载，W 表示风荷载。由于办公楼和住宅活荷载的统计参数不同，所以分开考虑。表 6 列出了采用优选法按不同合金牌号、不同受力状态计算的抗力分项系数 γ_R。计算中考虑了 $G+L$(办)，$G+L$(住)和 $G+W$ 三种荷载效应组合，荷载效应比值取 $\rho=S_{QK}/S_{GK}=0.25$，0.5，1.0，2.0 四种情况。

表 6　抗力分项系数 γ_R

铝合金牌号	轴心受拉	轴心受压	偏心受压
6061-T6	1.1755	1.1978	1.1574
5083-H112	1.0613	1.0819	1.0412

考虑到铝合金材性实验的统计数据有限，为安全起见，统一取铝合金结构构件的抗力分项系数 γ_R 为 1.2。

考虑到在计算局部强度时计算模式不确定性的变异性更大，并且目标可靠指标也应适当提高，偏于安全地取抗力分项系数 γ_R 为 1.3。

4.3.3　现行国家标准给出的各牌号及状态下铝合金板材、带材、棒材、挤压型材（管材）、拉制管材的材料强度标准值可能略有不同，设计中可根据具体情况按附录 A 采用，或按相应的国家标准采用。

附录 A 表 A-1 中铝合金的力学性能参照以下国家标准：《铝及铝合金轧制板材》GB/T 3880—1997；《铝及铝合金冷轧带材》GB/T 8544—1997。附录 A 表 A-2 中铝合金的力学性能参照以下国家标准：《铝及铝合金挤压棒材》GB/T 3191—1998；《铝及铝合金拉（轧）制无缝管》GB/T 6893—2000；《铝及铝合金热挤压管》GB/T 4437—2000；《铝合金建筑型材》GB 5237—2000；《工业用铝及铝合金热挤压型材》GB/T 6892—2000。附录 A 表 A-3 中铝合金的化学成分参照《变形铝及铝合金化学成分》GB/T 3190—1996。

4.3.4　表 4.3.4 中的材料强度设计值是根据材料的力学性能标准值除以抗力分项系数得到的，为便于设计应用，将得到的数值取 5 的整数倍。当采用附录 A 中的其他锻造铝合金材料时，强度设计值应按附录 A 给出的材料力学性能标准值按以下各式计算后取 5 的整数倍采用：

抗拉、抗压和抗弯强度设计值：$f=f_{0.2}/1.2$

抗剪强度设计值：$f_v=f/\sqrt{3}$

热影响区抗拉、抗压和抗弯强度设计值：$f_{u,haz}=\rho_{haz}f_u/1.3$

热影响区抗剪强度设计值：$f_{v,haz}=f_{u,haz}/\sqrt{3}$

4.3.5　本条规定了铝合金结构普通螺栓、铆钉连接的强度设计值。

1　关于铝合金结构普通螺栓、铆钉连接的可靠度研究由于资料和试验数据的缺乏，尚无法进行统计分析，因此也无法直接按统计方法得出连接的各项强度设计值。制定钢规时，对于连接的强度设计值是采用旧规范 TJ 17—74 的容许应力进行转化换算而得到的，同时根据当时的研究成果并参照前苏联 1981 年钢结构规范进行了局部调整。因为国内没有关于铝合金结构的规范，连接材料的种类、级别相当繁杂，原始资料和试验数据几乎没有，确定出适当的连接强度设计值就更为困难。因此，本规范中铝合金结构普通螺栓、铆钉连接强度设计值的确定方法，是采用比较国外几种主要的铝合金结构规范，即欧规、英规、美规以及钢规设计公式的形式和设计强度指标的取值，并通过比较普通螺栓、铆钉的强度设计值与材料机械性能值的关系式得出的。

2　普通螺栓、铆钉连接强度设计值与材料机械性能值的相关关系式：

1）钢规：普通螺栓、铆钉连接强度设计值与材料机械性能值的关系，如表 7 所示。

表 7　普通螺栓、铆钉连接强度设计值与材料机械性能关系（钢规）

连接类型 材料级别	普通螺栓(钢)			铆钉(钢)	
	C级 4.6、 4.8	A、B 级 5.6	A、B级 8.8	Ⅰ类孔	Ⅱ类孔
抗剪强度 设计值 $f_v^{b(r)}$	$0.35f_u^b$	$0.38f_u^b$	$0.40f_u^b$	$0.55f_u^r$	$0.46f_u^r$
抗拉强度 设计值 $f_t^{b(r)}$	$0.42f_u^b$	$0.42f_u^b$	$0.50f_u^b$	$0.36f_u^r$	$0.36f_u^r$
承压强度 设计值 $f_c^{b(r)}$	$0.82f_u$	$1.08f_u$	$1.08f_u$	$1.20f_u$	$0.98f_u$

注：1　f_u^b 普通螺栓抗拉强度（公称值）；f_u^r 铆钉抗拉强度；f_u 钢材抗拉强度（最小值）。

2　因钢规设计公式未考虑撬力的影响，表中 $f_t^{b(r)}$ 的取值考虑了 20% 的折减。

3　$f_c^{b(r)}$ 与构件受力性质和螺栓（铆钉）孔洞端距有关，钢规是根据受拉构件且端距＝$2d_0$ 确定的。

2）欧规：参照欧规内容，经调整得出与钢规相同的形式。欧规中各项强度设计值与材料机械性能值的关系式，如表 8 所示。

3）英规：参照英规内容，经调整得出与钢规相同的形式。英规中各项强度设计值与材料机械性能值的关系式，如表 9 所示。

表 8　普通螺栓、铆钉连接强度设计值与材料机械性能关系
（欧规变换为钢规设计公式形式）

连接类型材料级别或牌号	普通螺栓				铆钉
	钢		不锈钢	铝合金	铝合金
	4.6　5.6 6.8　8.8	10.9	A4-50 A4-70	5019　5754 6082	5019　5754 6082
抗剪强度设计值 $f_v^{b(r)}$	$0.48f_u^b$	$0.40f_u^b$	$0.40f_u^b$	$0.40f_u^b$	$0.48f_u^r$
抗拉强度设计值 $f_t^{b(r)}$	$0.58f_u^b$	$0.58f_u^b$	$0.38f_u^b$	$0.38f_u^b$	不推荐使用
承压强度设计值 $f_c^{b(r)}$	$1.16f_u$	$1.16f_u$	$1.16f_u$	$1.16f_u$	$1.16f_u$

注：1　f_u^b普通螺栓抗拉强度（最小值）；f_u^r铆钉抗拉强度（最小值）；f_u 铝合金抗拉强度（最小值）。
2　欧规在计算沿杆轴方向受拉的连接时，除需要验算螺栓的抗拉强度外，还需验算螺栓头、螺母对铝合金构件的抗冲切强度；由于铝合金构件的强度可能会比螺栓的强度低很多，因此抗冲切验算是很有必要的。但为了仍可采用类似钢规设计公式的形式，本次规范条文将抗冲切验算单独提出，并且为便于同表 7 中各项进行比较，将表中$f_t^{b(r)}$也作了 20%的折减以补偿未考虑撬力的不利影响。
3　欧规中构件承压强度的计算较为复杂，同螺栓（铆钉）孔洞端距、中距，以及螺栓（铆钉）和铝合金构件的抗拉强度比值有关；一般情况下螺栓（铆钉）的抗拉强度均远大于铝合金的抗拉强度，可不必考虑这一因素的影响；表中$f_c^{b(r)}$取值是按照构造要求的最小容许距离：即端距$=2d_0$、中距$=2.5d_0$ 确定的。

表 9　普通螺栓、铆钉连接强度设计值与材料机械性能关系
（英规变换为钢规设计公式形式）

连接类型材料级别或牌号	普通螺栓				铆钉	
	钢		不锈钢	铝合金	钢	铝合金
	C 级	A、B 级	A、B 级	A、B 级		
抗剪强度设计值 $f_v^{b(r)}$	$0.50f_y^b$	$0.55f_y^b$	$0.55f_p^b$	$0.27f_u^b$	$0.58f_y^r$	$0.28f_u^r$
抗拉强度设计值 $f_t^{b(r)}$	$0.83f_y^b$	$0.83f_y^b$	$0.83f_p^b$	$0.28f_u^b$	$0.83f_y^r$	$0.28f_u^r$
承压强度设计值 $f_c^{b(r)}$	$1.25f_p$	$1.25f_p$	$1.25f_p$	$1.25f_p$	$1.25f_p$	$1.25f_p$

注：1　$f_u^{b(r)}$铝合金螺栓（铆钉）抗拉强度（最小值）；$f_y^{b(r)}$钢螺栓（铆钉）屈服强度（最小值）；f_p^b不锈钢螺栓强度代表值，$f_p^b=\min[0.5(f_{0.2}^b+f_u^b), 1.2f_{0.2}^b]$。
2　f_p 铝合金强度代表值，$f_p=\min[0.5(f_{0.2}+f_u), 1.2f_{0.2}^b]$。
3　英规中抗拉强度设计值取值较低，是因为其中已经考虑了撬力作用的不利影响。
4　英规中构件承压强度的计算较为复杂，同螺栓（铆钉）孔洞端距、构件与螺栓（铆钉）杆直径比值有关；当端距$=2d_0$ 时，表中所列为 $f_c^{b(r)}$的最小值。

4）美规：参照美规内容，经调整得出与钢规相同的形式。根据美规 Part-1 铝合金结构设计：容许应力设计法，包括荷载分项系数在内的螺栓、铆钉抗剪承载力和抗拉承载力的总安全系数为2.34。根据我国荷载规范，如作用在结构上的荷载分项系数平均值取1.35，则可以得出螺栓、铆钉抗剪和抗拉强度的材料分项系数为 1.73。螺栓、铆钉的抗剪强度设计值与抗拉强度设计值与材料机械性能值的相关关系，如表 10 所示。

表 10　普通螺栓、铆钉连接强度设计值与材料机械性能关系（美规变换为钢规设计公式形式）

连接类型材料牌号	普通螺栓（铝合金）	铆钉（铝合金）
	2024-T4 6061-T6 7075-T73	1100-H14　2017-T4　2117-T4 5056-H32　6053-T61 6061-T6　7050-T7
抗剪强度设计值 $f_v^{b(r)}$	$0.58f_s^b$	$0.58f_s^r$

续表 10

连接类型材料牌号	普通螺栓（铝合金）	铆钉（铝合金）
	2024-T4 6061-T6 7075-T73	1100-H14　2017-T4　2117-T4 5056-H32　6053-T61 6061-T6　7050-T7
抗拉强度设计值 $f_t^{b(r)}$	$0.46f_u^b$	无规定

注：1　f_u^b普通螺栓抗拉强度；f_s^b普通螺栓抗剪强度；f_s^r铆钉抗剪强度。
2　$f_t^{b(r)}$取值作了 20%的折减以补偿未考虑撬力的不利影响。

3　欧规明确规定铆钉连接应设计为可传递剪力和压力，并要求尽量避免使铝合金铆钉承受拉力；英规明确规定铝合金铆钉不得承受拉力荷载；美规中仅给出了铝合金铆钉的抗剪强度设计值。因此，参考以上国外规范，本规范规定铝合金铆钉只可用于受剪连接中，故对铝合金铆钉的抗拉强度设计值不作规定。

4 根据表7～表10各国规范中普通螺栓、铆钉连接强度设计值与材料机械性能值的计算式，本规范按表11计算普通螺栓、铆钉的强度设计值。表中铝合金、不锈钢螺栓强度设计值计算式依据欧规，钢螺栓强度设计值计算式依据钢规，铝合金铆钉强度设计值计算式依据美规，构件承压强度设计值计算式取值依据欧规。表11中的材料机械性能指标取自表4.3.4铝合金材料的室温力学性能值以及现行国家标准《紧固件机械性能 有色金属制造的螺栓、螺钉、螺柱和螺母》GB/T 3098.10、《紧固件机械性能 不锈钢螺栓、螺钉和螺柱》GB/T 3098.6、《紧固件机械性能 螺栓、螺钉和螺柱》GB/T 3098.1、现行国家标准《铆钉用铝及铝合金线材》GB 3196，计算所得的强度设计值均取5的整数倍。6063A-T5和6063A-T6的抗拉强度均取厚度大于10mm时的较小值。

表11 普通螺栓、铆钉连接的强度设计值（N/mm²）

螺栓的材料、性能等级和构件铝合金的牌号			抗剪强度设计值 $f_v^{b(r)}$	抗拉强度设计值 f_t^b	承压强度设计值 $f_c^{b(r)}$
普通螺栓	铝合金	2B11	$0.40f_u^b$	$0.38f_u^b$	—
		2A90	$0.40f_u^b$	$0.38f_u^b$	—
	不锈钢	A2-50 A4-50	$0.40f_u^b$	$0.38f_u^b$	—
		A2-70 A4-70	$0.40f_u^b$	$0.38f_u^b$	—
	钢	4.6、4.8级	$0.35f_u^b$	$0.42f_u^b$	—
铆钉	铝合金	5B05-HX8	$0.58f_s^r$	—	—
		2A01-T4	$0.58f_s^r$	—	—
		2A10-T4	$0.58f_s^r$	—	—
构件	铝合金	6061-T4	—	—	$1.16f_u$
		6061-T6	—	—	$1.16f_u$
		6063-T5	—	—	$1.16f_u$
		6063-T6	—	—	$1.16f_u$
		6063A-T5	—	—	$1.16f_u$
		6063A-T6	—	—	$1.16f_u$
		5083-O/H112	—	—	$1.16f_u$

4.3.6 本条规定了铝合金结构焊缝的强度设计值。

1 欧规中规定的焊缝金属特征强度值如表12所示，焊缝金属特征强度的抗力分项系数为1.25。英规中规定的焊缝金属特征强度值如表13所示，表中未区分焊缝金属的不同：对6061、6063合金，表中值是采用4043A或5356焊丝得到的焊缝金属特征强度值；对5083合金，表中值是采用5556A或5356焊丝得到的焊缝金属特征强度值，焊缝金属特征强度的抗力分项系数为1.3。英规中还规定，如焊接工艺及过程不符合BS 4870标准的要求，则抗力分项系数应提高到1.6。以上两种规范均未区分MIG和TIG焊接工艺对焊缝强度的影响。

表12 焊缝金属特征强度值（N/mm²）（欧规）

特征强度	焊缝金属	母材合金牌号								
		3103	5052	5083	5454	6060	6005A	6061	6082	7020
f_w (N/mm²)	5356	—	170	240	220	160	180	190	210	260
	4043A	95	—	—	—	150	160	170	190	210

注：1 对于采用6060-T5合金的挤压型材及厚度5mm＜t＜25mm的材料，上述值应减小为140 N/mm²。
2 对于5754合金可采用5454合金的设计值，对于6063合金可采用6060合金的设计值。
3 如果焊缝金属为5056A，5556A，或5183合金可采用焊缝金属为5356合金的设计值。
4 如果焊缝金属为4047A或3103合金可采用焊缝金属为4043A合金的设计值。
5 对于两种不同种类合金的焊接，焊缝金属的特征强度应采用较小值。

表13 焊缝金属特征强度值（N/mm²）（英规）

特征强度	母材合金牌号								
	非热处理合金						热处理合金		
	1200	3103 3105	5251	5454	5154A	5083	6063	6061 6082	7020
f_w (N/mm²)	55	80	200	190	210	245	150	190	255

注：对于两种不同种类合金的焊接，焊缝金属的特征强度应采用较小值。

2 对于特定的母材与焊缝金属的组合，欧规和英规仅规定了焊缝金属的强度特征值，并通过具体的设计公式来体现对接焊缝与角焊缝设计强度的区别。本规范在形式上以参照钢规为基本原则，因此分别给出对接焊缝和角焊缝的强度设计值。

3 同一种铝合金母材选用不同的焊缝金属，焊缝的强度设计值是不同的。对于6061、6063及6063A合金，通常情况下按强度要求宜选用SAlMG-3（5356）焊丝，该种焊接组合焊缝强度较高。但由于6×××系列合金具有较强的裂纹热敏感性，当首先需要考虑控制裂纹数量和尺寸，以及耐腐蚀的要求较高时，宜选用抗热裂性能较好的SAlSi-1（4043）焊丝。但应注意，选用4043焊丝，焊缝金属在阳极氧化后呈灰黑色，铝合金母材在阳极氧化后呈银白色，二者色差较为明显，当要求结构美观时应慎用。而当母材为5083合金时，焊接时只能采用SAlMG-3（5356）焊丝。

4 根据同济大学完成的母材为6061-T6，焊丝分别采用5356及4043的铝合金结构对接焊缝和角焊缝试验，得到的焊缝特征强度平均值均稍大于欧规及英规的规定值。这说明在国内的材料生产和焊接加工条件下，采用欧规或英规的焊缝特征强度值，是可以保证安全的。因此，参考表12和表13，可得焊缝的强度设计值，如表14所示。表中强度设计值取欧规和英规的较小值，并取5的整数倍。

表 14　焊缝的强度设计值（N/mm^2）

铝合金母材牌号及状态	焊丝型号	对接焊缝强度设计值 f_t^w		
		欧　规	英　规	本规范取值
6061-T4 6061-T6	5356	190/1.25=152	190/1.3=146	145
	4043	170/1.25=136	190/1.3=146	135
6063-T5　6063-T6 6063A-T5　6063A-T6	5356	160/1.25=128	150/1.3=115	115
	4043	150/1.25=120	150/1.3=115	115
5083O/F/H112	5356	240/1.25=192	245/1.3=188	185

注：1　对接焊缝抗压强度设计值 $f_c^w=f_t^w$；

2　对接焊缝抗剪强度设计值 $f_v^w=f_t^w/\sqrt{3}$；

3　角焊缝抗拉、抗压和抗剪强度设计值 $f_f^w=f_v^w$。

5　关于焊缝质量等级和工艺评定可参考现行国家行业标准《铝及铝合金焊接技术规程》HGJ 222。

4.4　结构或构件变形的规定

4.4.1　本条规定了结构或构件变形的容许值。欧规中规定承受高标准装修的梁的变形容许值为 $L/360$。欧规中规定在风荷载标准值作用下，框架柱顶水平位移不宜超过 $H/300$。钢规中规定在风荷载标准值作用下，框架柱顶水平位移不宜超过 $H/400$。因此，本条规定在风荷载标准值作用下，框架柱顶水平位移不宜超过 $H/300$。围护结构构件的容许值是根据行业标准《玻璃幕墙工程技术规范》JGJ 102 采用的，铝合金屋面板和墙面板是指连续支承的大面积结构面板，其挠度控制值是根据板的强度和建筑要求，同时结合我国实践经验给出的限值。墙面装饰铝板不在本规范范围内，其挠度控制值根据《玻璃幕墙工程技术规范》JGJ 102 和《金属与石材幕墙工程技术规范》JGJ 133 的规定取值。

4.5　构件的计算长度和容许长细比

4.5.1、4.5.2　构件的计算长度与构件的支承条件有关，在材料弹性状态下，铝合金结构的构件计算长度参照国家标准《钢结构设计规范》GB 50017 中有关内容编写。

4.5.3　铝合金平板网架和曲面网架是指采用铰接节点的网格结构，铝合金单层网壳是指采用刚接节点的网格结构。

4.5.4、4.5.5　条文参照国家标准《钢结构设计规范》GB 50017 中有关内容编写。

4.5.6　在铝合金结构中，当构件长细比大于 150 时，稳定系数 φ 值很小，在网架结构的实际工程中，构件长细比大于 150 的情况比较少。考虑到以上情况并参照国家标准《钢结构设计规范》GB 50017 关于柱、桁架的受压构件容许长细比，本规范规定平板网架杆件的容许长细比为 150。

5　板件的有效截面

5.1　一 般 规 定

5.1.1　因铝合金弹性模量小，局部稳定问题突出。若限制受压板件的宽厚比，保证构件整体破坏前不发生局部屈曲，即不利用板件的屈曲后强度，则受压板件应满足较小的宽厚比限值（约为钢板件宽厚比的 1/2，参考条文第 5.2.1 条），设计出的截面不很经济；另外，考虑到目前国内多数厂家提供的铝合金幕墙型材均较薄，不能满足上述宽厚比限值。在借鉴发达国家铝合金结构设计规范编制经验的基础上（如欧规和英规都容许利用板件的屈曲后强度），本规范容许利用受压板件的屈曲后强度，并按有效截面法考虑局部屈曲对构件整体承载力的影响，以便更好地发挥材料性能。

5.1.2　本规范采用有效截面法考虑焊接热影响效应对构件承载力的不利影响。

5.1.3　铝合金构件多为挤压型材，截面形状复杂，加劲形式多样，采用有效宽度法计算有效截面时涉及到有效宽度在截面中如何分布的问题，这将导致计算更加复杂，所以本规范参考欧规和英规的编制经验，采用有效厚度法计算铝合金构件的有效截面。另外，采用有效厚度法便于统一计算原则，因为板件有效厚度的概念既可以用于考虑局部屈曲的影响，也可以用于考虑焊接热影响效应。但是应该指出：对于非轴心受压构件，即使采用同样的有效截面折算系数 $\rho=t_e/t=b_e/b$，由于按各自简化模型确定的截面中和轴位置和有效截面模量等参数有所不同，求得的截面承载力也会略有差异，如图 3 所示；经比较，按有效厚度法计算出的构件承载力略高于有效宽度法的计算结果，但两者均低于数值分析的结果。

5.1.4　板件分类主要依据《冷弯薄壁型钢结构技术规范》GB 50018 的板件分类法，并参考了欧规的相关规定。

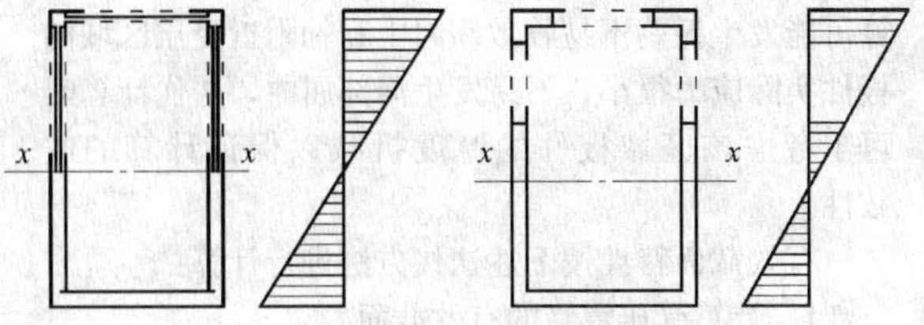

图3　分别按有效厚度法（左）及有效宽度法（右）确定的有效截面

5.2　受压板件的有效厚度

5.2.1　本条给出了受压板件全部有效的宽厚比限值，当板件宽厚比小于上述限值时，板件全截面有效，构件承载力不受局部屈曲的影响。该限值主要受材料硬化性能、名义屈服强度、板件应力梯度、加劲肋形式的影响。

目前，铝合金材料的本构关系广泛采用 Ramberg-Osgood 模型，该模型中的指数 n 是描述应变硬化的参数，n 值越小应变硬化程度越高。国内外的研究成果表明，n 值可以较好地反映铝合金材料的力学特性，因此可利用参数 n 将铝合金材料分为弱硬化合金和强硬化合金以考虑铝合金材性对构件力学性能的影响。本规范在受压板件宽厚比限值、有效厚度、受弯构件整体稳定、轴心受压构件稳定和压弯构件稳定等计算中验证了这种分类方法。欧规也采用弱硬化合金和强硬化合金的分类方法。

n 值应由材性试验确定，目前各国规范一般都不提供 n 值。这样，直接利用 n 值来区分弱硬化合金和强硬化合金很难实现。不过，n 值主要是由铝合金材料的状态决定的，热处理合金的 n 值一般较大。本规范采用欧规的相应公式计算了附录 A 中各种铝合金材料的 n 值，结果表明以铝合金材料的状态代替 n 值来区分弱硬化合金和强硬化合金是较为合适的，即规定状态为 T6 的铝合金材料为弱硬化合金，状态为除 T6 以外的其他铝合金材料为强硬化合金。

5.2.3　本条中式（5.2.3-1）由受压板件有效宽度的 winter 公式转换推导而得。根据国外研究成果并参考欧规，确定了计算系数 α_1，α_2；通过与国外的铝合金薄壁短柱试验数据和大量的数值分析结果比较，表明该公式完全适用于铝合金受压板件的计算。考虑到轴压非双轴对称构件中的非加劲板件或边缘加劲板件（例如槽形截面或 C 形截面的翼缘以及角形截面的外伸肢）受压屈曲后，截面形心及剪心均有所偏移，形成次弯矩促进构件稳定承载力的进一步降低，故本规范不考虑利用该类板件的屈曲后强度，其有效厚度按本条式（5.2.3-2）计算。

参考国外铝合金结构设计规范，本规范没有给出受压板件的最大宽厚比限值。

5.2.4、5.2.5　受压板件局部稳定系数计算公式参考了《冷弯薄壁型钢结构技术规范》GB 50018 和《欧洲钢结构设计规范》EC3。需要指出的是：涉及到如何考虑应力梯度对不均匀受压板件有效厚度的影响时，本规范与欧规及英规的处理方法略有差异。本规范采用以压应力分布不均匀系数 ψ 计算屈曲系数 k 的方法；而在欧规及英规中采用以压应力分布不均匀系数 ψ 计算换算宽厚比的方法。两种方法只是在公式表述形式上有所不同，本质上仍是一致的。

5.2.6、5.2.7　加劲肋修正系数 η 用于计算加劲肋对受压板件局部屈曲承载力的提高作用。第 5.2.6 条给出了常见三种加劲形式 η 的计算公式，该公式来自于 $\eta=\sigma_{cr}/\sigma_{cr0}=k/k_0$，其中 σ_{cr} 为带加劲肋单板的弹性屈曲应力理论解，k 为屈曲系数。以边缘加劲板件为例，图 4 绘出了加劲肋厚度与板件厚度相同时板件宽厚比 $\beta=15$ 和 $\beta=30$ 两种情况下，屈曲系数 k 与加劲肋高厚比 c/t 的关系。由图可见，屈曲系数与板件屈曲波长有关。当屈曲半波较长时，增大加劲肋的高厚比，不能显著地提高边缘加劲板件的屈曲系数，也即不能显著提高板件的临界屈曲应力。然而，考虑到实际构件中板件屈曲的相关性，其屈曲半波长度一般不超过 7 倍板宽，通常可以取屈曲半波长度与宽度的比值 $l/b=7$ 来确定边缘加劲板件的屈曲系数 k。图 5 是板件屈曲半波长度等于 7 倍板宽时，板件宽厚比等于 10、20、30、40 四种情况下，边缘加劲板件的屈曲系数与加劲肋高厚比的关系。由图可见，式（5.2.6-2）给出了相对保守的计算结果。

对于更复杂的加劲形式，一般很难通过弹性屈曲理论分析获得屈曲系数 k 和加劲肋修正系数 η。在此情况下，η 应按式（5.2.6-5）计算，其中 σ_{cr} 为假定加劲边简支的情况下，该复杂加劲板件的临界屈曲应力；可以按有限元法或有限条分法计算。σ_{cr0} 为假定加劲边简支的情况下，不考虑加劲肋作用，同样尺寸的加劲板件的临界屈曲应力，可按公式（5.2.6-1）计算，并取 $\eta=1.0$。在公式（5.2.6-5）中取指数为 0.8 而非 1.0，这样做是偏于保守的。在缺乏计算依据或不能按式（5.2.6-5）计算时，建议忽略加劲肋的加劲作用，即取 $\eta=1.0$。

5.2.8　当中间加劲板件或边缘加劲板件的加劲肋高厚比过大时，加劲肋本身可能先于板件局部屈曲，这时应将加劲肋视为非加劲板件，将子板件视为加劲板件分别计算其有效厚度 t_e，加劲肋和子板件的最终有效厚度应取上述有效厚度和将其作为整体按第5.2.3条计算的有效厚度这两者中的较小值。

5.3　焊接板件的有效厚度

5.3.1、5.3.2　对于焊接铝合金构件，采用有效厚度法计算有效截面时，通常采用假定热影响区内母材强度不变而折减厚度的方法考虑热影响区内的材料强度降低效应。

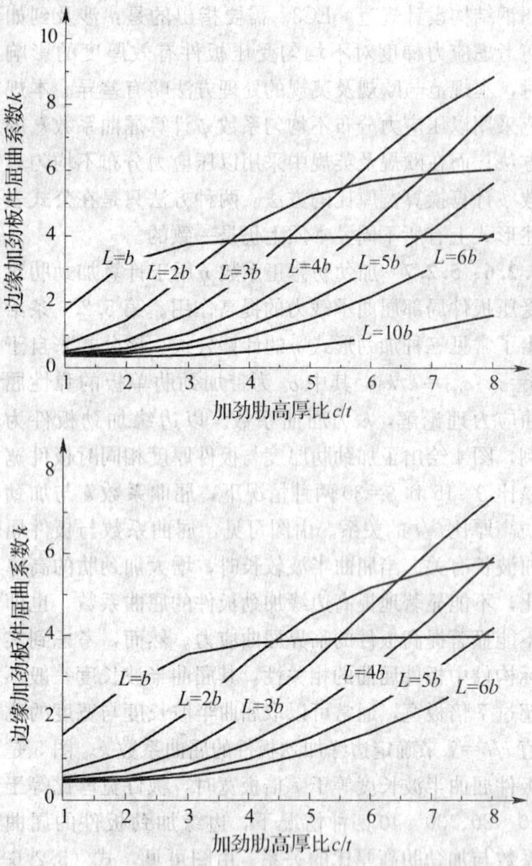

图4 加劲肋高厚比与加劲系数的关系

（上图板件宽厚比 $\beta=15$，下图板件宽厚比 $\beta=30$）

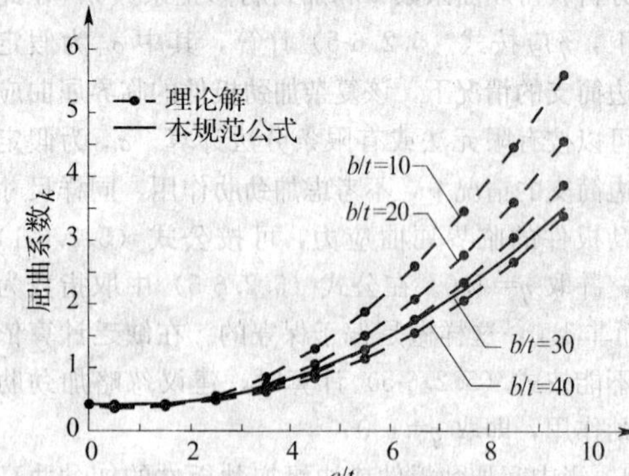

图5 边缘加劲板件在不同宽厚比情况下的屈曲系数

5.4 有效截面的计算

5.4.3 受弯构件或压弯构件中，不均匀受压加劲板件的有效厚度依赖于压应力分布不均匀系数 ψ，而计算 ψ 首先应确定截面中和轴位置，但中和轴位置又取决于各板件有效厚度在全截面中的分布，因此，需要通过迭代计算确定中和轴位置后才可以计算其他有效截面参数。当中和轴位于截面形状发生变化部分的附近时（例如工字形截面腹板和翼缘交界处），迭代计算可能发生振荡不易收敛。因中和轴附近受压区域的板件实际应力很小，不易发生局部屈曲，迭代计算时可不考虑该区域板件的厚度折减以保证计算的收敛性。

有效截面特性按下述迭代方法进行计算：

1 计算受压翼缘的有效截面。

2 假定腹板全部有效（不考虑局部屈曲影响，但对于焊接情况，仍应考虑焊接热影响效应，按第5.4.1条第2款确定腹板有效截面）确定中和轴位置。

3 根据中和轴位置计算腹板的压应力分布不均匀系数 ψ，并按第5.4.1条第3款确定腹板的有效截面。

4 根据第3步确定的腹板有效截面再次计算中和轴位置。

5 重复步骤第3、4步直至两次计算的腹板有效截面厚度及中和轴位置近似相等。

6 根据最后确定的中和轴位置及各受压板件的有效截面计算有效截面惯性矩 I_e 及有效截面模量 W_e，W_e 为距中和轴较远的受压侧有效截面模量。

6 受弯构件的计算

6.1 强　度

6.1.1 计算梁的抗弯强度时，考虑截面可以部分地发展塑性，故式（6.1.1）中引进了截面塑性发展系数 γ_x，γ_y。但是应该指出：对于铝合金结构而言，截面抵抗弯矩不仅取决于截面塑性抵抗矩，还与材料的非弹性性能有关。文献《铝合金结构》（意大利 马佐拉尼 著）的研究认为：γ_x，γ_y 的取值原则应是：保证梁在均匀弯曲作用下，跨中残余挠度 ν_r 小于其跨长的1‰。当采用材料名义屈服强度计算截面抵抗弯矩时，即按下式

$$M=\gamma' W f_{0.2}=\gamma' M_{0.2} \tag{4}$$

确定的截面塑性发展系数 γ'_x，γ'_y 往往小于1。这是因为根据铝合金材料的 $\sigma\sim\varepsilon$ 关系，应力区间 $f_p<\sigma<f_{0.2}$ 是在非弹性范围内的。当截面边缘应力达到 $f_{0.2}$ 再卸载时，结构已经发生残余变形。按上述原则确定的工字截面的塑性发展系数 γ' 如图6、图7所示。图中 L 为梁长，h 为梁高度，$\alpha_p=W_p/W$ 为截面形状系数，W_p 为塑性截面模量，W 为弹性截面模量。由图可见，在跨高比较大，形状系数较小和材料为弱硬化合金的情况下，满足跨中残余挠度要求的 γ'_y 往往小于1。但考虑到式（6.1.1）中采用了强度设计值 $f=f_{0.2}/\gamma_R$，而变形验算针对正常使用极限状态，通常采用强度标准值，故最后确定的截面塑性发展系数可适当放宽，即当塑性发展系数小于1时取1。

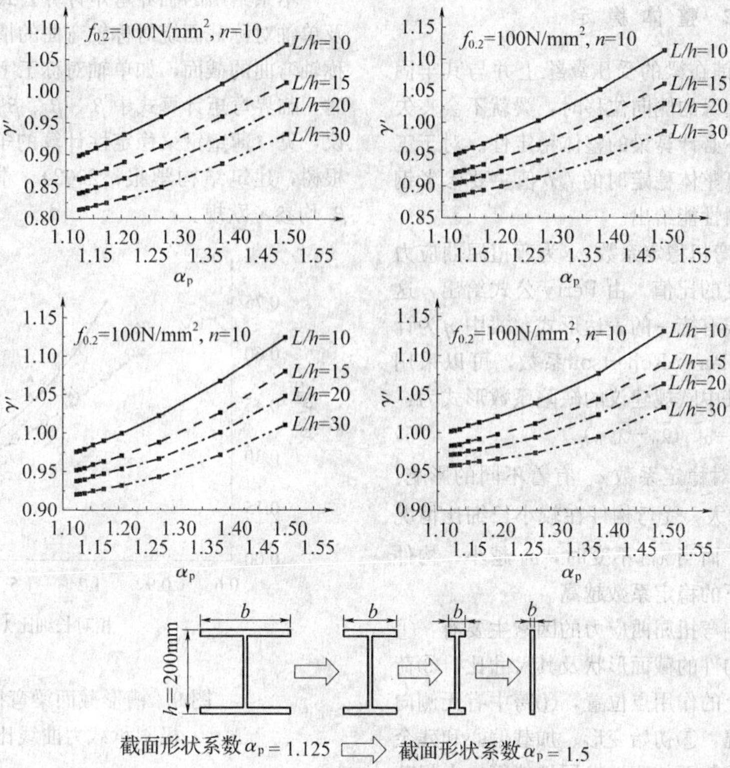

图 6　工字形截面绕强轴的塑性发展系数 γ'_x

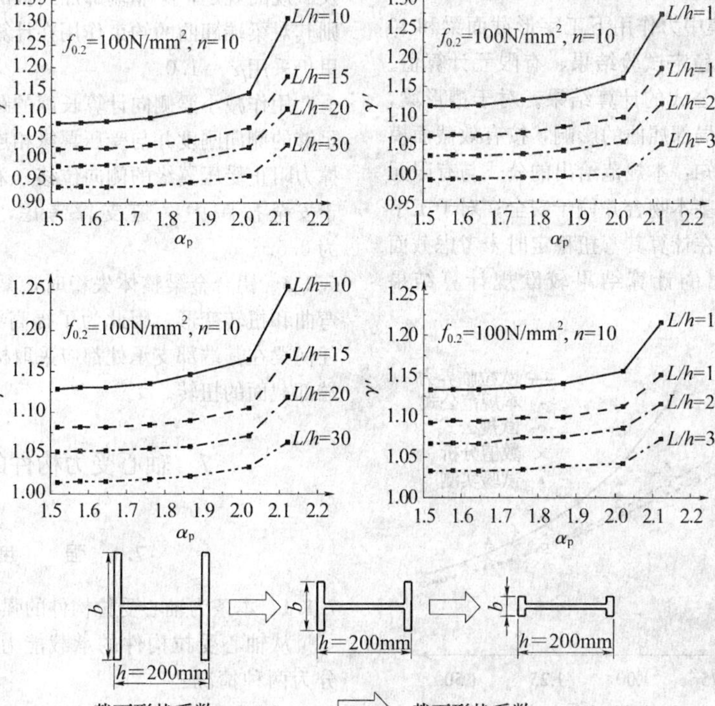

图 7　工字形截面绕弱轴的塑性发展系数 γ'_y

6.2 整体稳定

6.2.1 当有铺板密铺在梁的受压翼缘上并与其牢固连接，能阻止受压翼缘的侧向位移时，梁就不会丧失整体稳定，因此也不必计算梁的整体稳定性。对于工字形截面不需要验算整体稳定时的 l/b 值主要参考钢规并结合铝合金材料性能给出。

6.2.2 铝合金梁的弯扭稳定系数 φ_b 为弯扭屈曲应力与材料名义屈服强度的比值，由 Perry 公式给出，这样梁与柱的稳定曲线有统一的表达形式；式中 η 为计及构件几何缺陷的 Perry-Robertson系数，可以采用不同的取值方法，其中欧规建议的缺陷系数形式为：

$$\eta=\alpha_b\ (\bar{\lambda}_p-\bar{\lambda}_{0,b}) \tag{5}$$

式中，参数 α_b、$\bar{\lambda}_{0,b}$ 对稳定系数 φ_b 有着不同的影响：当 α_b 不变时，$\bar{\lambda}_{0,b}$ 越大，受弯构件在较小长细比情况下的稳定系数越高；而当 $\bar{\lambda}_{0,b}$ 不变时，α_b 越小，构件在中等长细比情况下的稳定系数越高。

分析表明，影响弯扭屈曲应力的因素主要有：①合金材料性能，②构件的截面形状及其尺寸比，③荷载类型及其在截面上的作用点位置，④跨中有无侧向支承和端部约束情况，⑤初始变形、加载偏心和残余应力等初始缺陷，⑥截面的塑性发展性能等。本规范根据不同合金材料、不同荷载作用形式下各类工字形截面、槽形截面、T 形截面梁的数值模拟计算结果，经统计分析后得出 α、$\bar{\lambda}_0$ 的取值，从而确定梁的弹塑性弯扭稳定系数计算公式。图 8 和图 9 给出了同济大学完成的 10 根跨中集中力作用下工字形截面梁和 10 根槽形截面梁的弯扭稳定试验结果、有限元计算值、本规范公式以及欧规公式的计算结果。对于槽形梁，考虑其截面受压部分局部屈曲的影响，按有效截面模量进行计算。由图可知：本规范给出的公式与有限元计算值和试验实测值基本吻合并偏于安全；对于工字形截面，由于本规范在计算其弯扭稳定时未考虑截面的塑性发展，故给出的计算结果较欧规计算结果偏小。

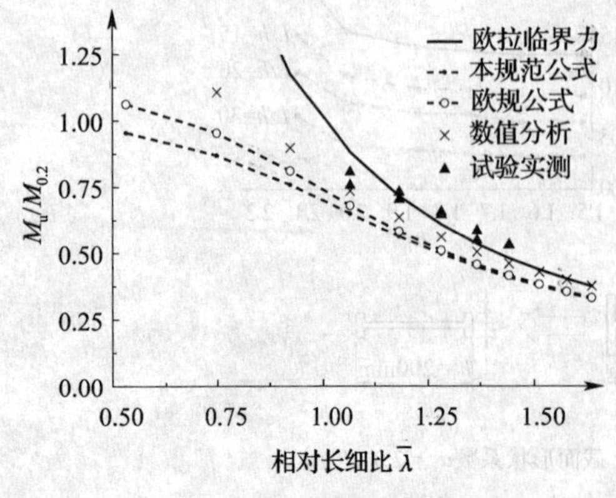

图 8 工字形截面梁弯扭稳定极限承载力曲线比较

本条给出的临界弯矩计算公式适用于对称截面以及单轴对称截面绕对称轴弯曲的情况。但对于绕非对称轴弯曲的截面，如单轴对称工字形截面绕强轴弯曲时，临界弯矩计算式中 β_1、β_2、β_3 的取值存在一定争议，见《薄壁钢梁稳定性计算的争议及其解决》（童根树，建筑结构学报，2002）。本条给出的 β_1、β_2、β_3 均参考欧规。

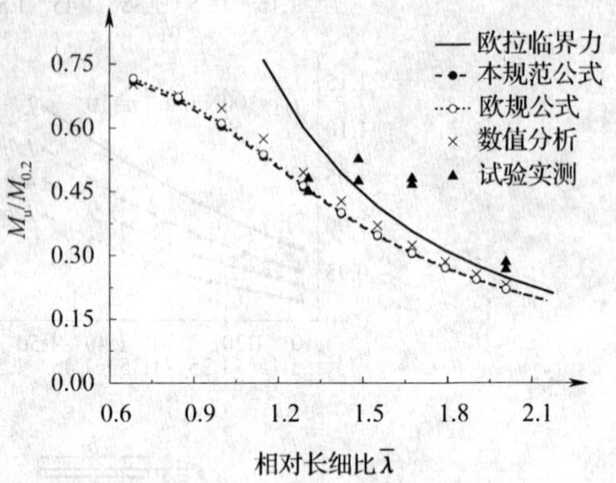

图 9 槽形截面梁弯扭稳定极限承载力曲线比较

本条中给出的翘曲计算长度系数 $\mu_\omega=1.0$ 适用于端部夹支的边界约束条件；对于端部有端板固定或端部支座有加劲肋板的情况，虽然翘曲约束有所增强，但根据文献《钢结构设计原理》（陈绍蕃）的分析以及欧规的规定，除非端部加劲板的厚度用得很大，否则其对梁端翘曲的约束作用在计算中可以忽略，故这里仍采用 $\mu_\omega=1.0$。

用作减小梁侧向计算长度的跨间侧向支撑应具有足够的侧向刚度并与受压翼缘相连，以提供足够的支撑力阻止受压翼缘的侧向位移。采用多道支撑时，偏于安全按跨中一道支撑考虑，取计算长度系数为 0.5。

6.2.3 铝合金梁整体失稳时，梁将发生较大的侧向弯曲和扭转变形，因此为了提高梁的稳定承载能力，任何梁在其端部支承处都应采取构造措施，以防止其端部截面的扭转。

7 轴心受力构件的计算

7.1 强 度

7.1.1 本条为轴心受拉构件的强度计算要求。

从轴心受拉构件的承载能力极限状态来看，可分为两种情况：

1 毛截面的平均应力达到材料的名义屈服强度，构件将产生很大的变形，即达到不适于继续承载的变形的极限状态。其计算式为：

$$\sigma=\frac{N}{A}\leqslant\frac{f_{0.2}}{\gamma_R}=f \tag{6}$$

式中抗力分项系数 γ_R 按第 4.3.2 条取 1.2。

2 考虑焊接热影响的净截面的平均应力达到材料的抗拉强度 f_u，即达到最大承载能力的极限状态，其计算式为：

$$\sigma=\frac{N}{A_{en}}\leqslant\frac{f_u}{\gamma_{uR}}=\frac{\gamma_R}{\gamma_{uR}}\cdot\frac{f_u}{f_{0.2}}\cdot\frac{f_{0.2}}{\gamma_R}$$

$$\approx\left(0.923\frac{f_u}{f_{0.2}}\right)\cdot\frac{f_{0.2}}{\gamma_R} \tag{7}$$

式中 γ_{uR} 为局部强度计算情况下的抗力分项系数，按第 4.3.2 条取 1.3。

对于附录 A 中所列的铝合金材料，其屈强比均小于或很接近于 0.923，为简化计算，本规范偏于安全地采用了净截面处应力不超过名义屈服强度的计算方法，采用下式［即本规范式（7.1.1）］：

$$\sigma=\frac{N}{A_{en}}\leqslant\frac{f_{0.2}}{\gamma_R}=f \tag{8}$$

如果采用了屈强比更大的铝合金材料，宜用式（6）和式（7）来计算，以确保安全。

7.1.2 当轴心受压构件截面有所削弱（如开孔或缺口等）时，应按式（7.1.2）计算其强度，式中 A_{en} 为有效净截面面积，应根据考虑局部屈曲及焊接影响的有效厚度计算有效截面，再减去截面孔洞面积得到有效净截面面积 A_{en}。

7.1.3 摩擦型高强度螺栓连接处，构件的强度计算公式是从连接的传力特点建立的。规范中的式（7.1.3-1）为计算最外排螺栓处由螺栓孔削弱的截面，在该截面上考虑了内力的一部分已由摩擦力在孔前传递。式中的系数 0.5 即为孔前传力系数。孔前传力系数大多数情况可取为 0.6，少数情况为 0.5。为了安全可靠，本规范取 0.5。某些情况下，构件强度可能由毛截面应力控制，所以要求同时按式（7.1.3-2）计算毛截面强度。

7.2 整体稳定

7.2.1、7.2.2 本条为轴心受压构件的稳定性计算要求。

1 轴心受压构件的稳定系数 φ 是根据构件的长细比 λ 按规范附录 B 的各表查出，表中 $\lambda\sqrt{f_{0.2}/240}$ 为考虑不同铝合金材料对长细比 λ 的修正。采用非线性函数的最小二乘法将各类截面的理论 φ 值拟合为 Perry-Roberson 公式形式的表达式：

$$\varphi=\left(\frac{1}{2\bar{\lambda}^2}\right)\{(1+\eta+\bar{\lambda}^2)-[(1+\eta+\bar{\lambda}^2)^2-4\bar{\lambda}^2]^{1/2}\}，且 \varphi\leqslant1 \tag{9}$$

式中 $\eta=\alpha(\bar{\lambda}-\bar{\lambda}_0)$ 为构件考虑初始弯曲及初偏心的系数。对于弱硬化材料构件：$\alpha=0.2$，$\bar{\lambda}_0=0.15$；对于强硬化材料构件：$\alpha=0.35$，$\bar{\lambda}_0=0.1$。$\bar{\lambda}=(\lambda/\pi)\sqrt{f_{0.2}/E}$ 为相对长细比。

图 10 为弱硬化合金柱子曲线与国内试验值的比较情况。图 11 为强硬化合金柱子曲线与试验值的比较情况，由于国内未进行强硬化合金的试验研究，该试验值来自于国外的试验结果。从试验值与公式计算结果的比较看，两者吻合较好。

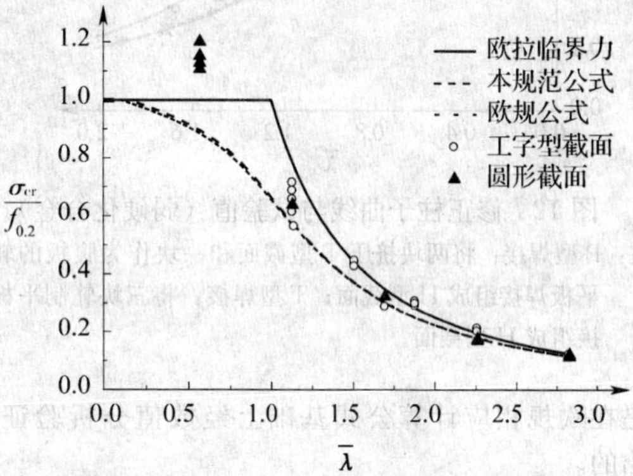

图 10　柱子曲线与试验值（弱硬化合金）

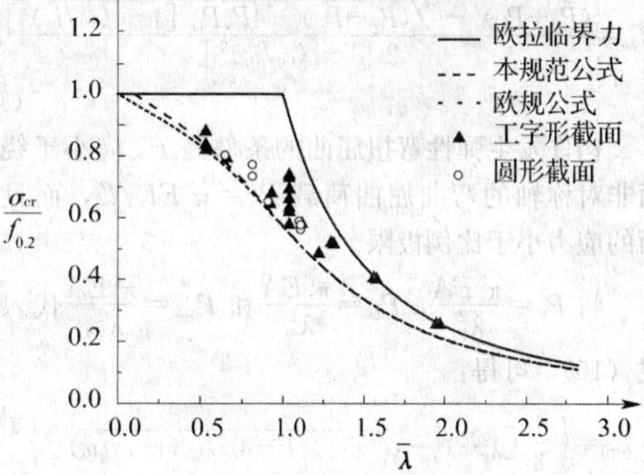

图 11　柱子曲线与试验值（强硬化合金）

2 焊接缺陷影响系数 η_{haz} 考虑了焊接对受压构件承载力的降低作用。η_{haz} 是根据 F. M. 马佐拉尼等人大量的数值模拟结果及在列日大学所进行的试验研究的基础上得出的；并经过了在同济大学结构试验室所进行的几十根焊接受压构件的试验验证。从试验值与公式计算结果的比较看，两者吻合较好，并偏于安全（见图 12）。

3 当截面中受压板件宽厚比较大，不满足全截面有效的宽厚比要求时，应采用修正系数 η_e 对截面进行折减。

4 对于十字形截面轴压构件，除应按本条进行验算外，尚应考虑其扭转失稳，设计中应采用必要的构造措施防止其发生扭转失稳。

7.2.3 鉴于工程上不会采用轴压焊接单轴对称截面构件以及轴压不对称截面构件，因此本规范仅给出了非焊接单轴对称截面的稳定计算公式。

系数 η_{as} 为构件截面非对称性影响系数，该系数

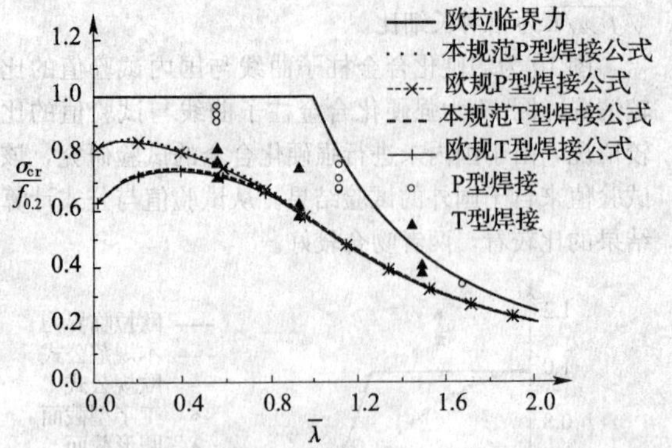

图 12 修正柱子曲线与试验值（弱硬化合金）

注：P 型焊接：将两块挤压 T 型截面和一块作为腹板的轧制平板焊接组成 H 型截面；T 型焊接：将三块轧制平板焊接组成 H 型截面。

是在欧规相应计算公式基础上经数值分析验证给出的。

根据弹性稳定理论，对于两端简支的轴心受压构件，其弯扭屈曲荷载为：

$$P_{y\omega}=\frac{(P_y+P_\omega)-\sqrt{(P_y+P_\omega)^2-4P_yP_\omega\left[1-(e_0/i_0)^2\right]}}{2\left[1-(e_0/i_0)^2\right]}P_y \tag{10}$$

构件发生弹性弯扭屈曲的条件是 $P_{y\omega}$ 应小于绕截面非对称轴的弯曲屈曲荷载 $P_x=\pi^2EI_x/l^2$，而且截面的应力小于比例极限。

将 $P_y=\frac{\pi^2EA}{\lambda_y^2}$，$P_\omega=\frac{\pi^2EA}{\lambda_\omega^2}$ 和 $P_{y\omega}=\frac{\pi^2EA}{\lambda_{y\omega}^2}$ 代入公式（10），可得：

$$\lambda_{y\omega}=\left\{\frac{1}{2}\left[\lambda_y^2+\lambda_\omega^2+\sqrt{(\lambda_y^2+\lambda_\omega^2)^2-4\lambda_y^2\lambda_\omega^2\left(1-e_0^2/i_0^2\right)}\right]\right\}^{\frac{1}{2}} \tag{11}$$

上式即为规范公式（7.2.3-2），其中，

λ_y——构件绕对称轴长细比，$\lambda_y=l_{0y}/i_y$；

λ_ω——扭转屈曲等效长细比，由式 $P_\omega=\frac{\pi^2EA}{\lambda_\omega^2}$ 及弹性扭转屈曲承载力公式 $P_\omega=\frac{1}{i_0^2}\left(\frac{\pi^2EI_\omega}{l_\omega^2}+GI_t\right)$ 可得：$\lambda_\omega=\sqrt{\frac{i_0^2A}{\frac{GI_t}{\pi^2E}+\frac{I_\omega}{l_\omega^2}}}$。

图 13 为单轴对称截面弱硬化合金柱子曲线与我国试验值的比较情况。从试验值与公式计算结果的比较看，总体上在考虑弯扭失稳后两者吻合较好。在中等长细比情况下，构件的试验值偏高。

7.2.4 对于端部为焊接连接的构件，即使其端部连接为刚接，但由于焊接热影响效应的存在使其刚度大大降低，故在计算受压构件长细比时，其计算长度取值应偏保守的按铰接考虑。由于状态 O、F 和 T4 的铝合金材料焊接后强度不下降，因此不用考虑焊接热影响效应对构件计算长度产生的影响。

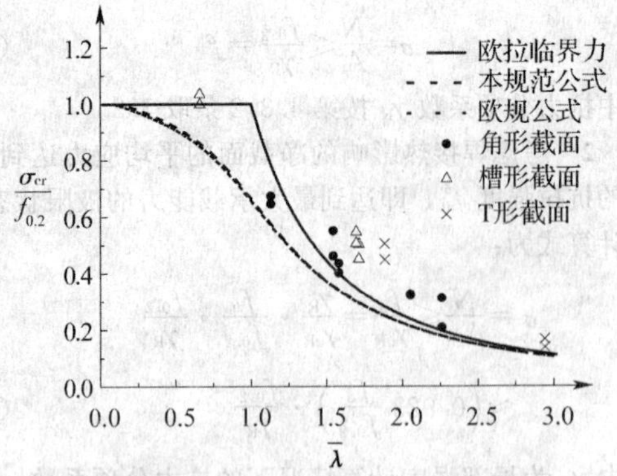

图 13 构件弯扭稳定试验值与规范公式比较

8 拉弯构件和压弯构件的计算

8.1 强 度

8.1.1 在轴力和弯矩的共同作用下，如按边缘纤维屈服准则，*N-M* 相关曲线应为直线。考虑截面内的塑性发展后，截面强度计算值大于按边缘纤维屈服准则得到的值，即 *N-M* 相关曲线呈凸曲线。这时，按线性相关公式计算是偏于安全的。本规范采用塑性发展系数来考虑截面的部分塑性发展，取值与受弯构件相一致。

8.2 整 体 稳 定

8.2.1 压弯构件的整体稳定要进行弯矩作用平面内和弯矩作用平面外稳定计算。

1 弯矩作用平面内的稳定。压弯构件的稳定承载力极限值，不仅与构件的长细比 λ 和偏心率 ε 有关，且与构件的截面形式和尺寸、构件轴线的初弯曲、截面上残余应力的分布和大小、材料的应力-应变特性、端部约束条件以及荷载作用方式等因素有关。因此，本规范采用了考虑上述各种因素的数值分析法，并将承载力极限值的理论计算结果作为确定实用计算公式的依据。

考虑抗力分项系数并引入弯矩非均匀分布时的等效弯矩系数后，由弹性阶段的边缘屈服准则可以导出下式：

$$\frac{N}{\varphi_xA}+\frac{\beta_{mx}M_x}{W_{1x}\left(1-\varphi_xN/N'_{Ex}\right)}\leqslant f \tag{12}$$

式中 N'_{Ex}—— 参数，$N'_{Ex}=N_{Ex}/1.2$；相当于欧拉临界力 N_{Ex} 除以抗力分项系数 $\gamma_R=1.2$。

对于满足截面宽厚比限值的压弯构件可以考虑截面部分塑性发展。此时压弯构件采用下式较为合理：

$$\frac{N}{\varphi_xA}+\frac{\beta_{mx}M_x}{W_{1x}\left(1-\eta_1N/N'_{Ex}\right)}\leqslant f \tag{13}$$

式中 η_1——修正系数。

对于单轴对称截面（即T形和槽形截面）压弯构件，当弯矩作用在对称轴平面内且使翼缘受压时，无翼缘端有可能由于拉应力较大而首先屈服。对此种情况，尚应对无翼缘侧采用下式进行计算：

$$\left|\frac{N}{A}-\frac{\beta_{mx}M_x}{W_{2x}(1-\eta_2 N/N'_{Ex})}\right|\leqslant f \tag{14}$$

式中　η_2—— 压弯构件受拉侧的修正系数。

修正系数 η_1 和 η_2 值与构件长细比、合金种类、截面形式、受弯方向和荷载偏心率等参数有关。针对上述各种参数进行大量数值计算，并将承载力极限值的理论计算结果代入式（13）和式（14），可以得到一系列 η_1 和 η_2 值。分析表明，η_1 和 η_2 值与铝合金的材料类型关系较大，根据弱硬化合金和强硬化合金对 η_1 和 η_2 分别取值较为合适。

与轴压构件相同，压弯构件当截面中受压板件的宽厚比大于表5.2.1-1或表5.2.1-2规定时，还应考虑局部屈曲的影响。本规范还考虑了截面非对称性和焊接缺陷的影响。在引入轴压构件稳定计算系数 $\overline{\varphi}_x$ 后，相关式（13）和式（14）成为：

$$\frac{N}{\overline{\varphi}_x A}+\frac{\beta_{mx}M_x}{\gamma_x W_{1ex}(1-\eta_1 N/N'_{Ex})}\leqslant f \tag{15}$$

$$\left|\frac{N}{A_e}-\frac{\beta_{mx}M_x}{\gamma_x W_{2ex}(1-\eta_2 N/N'_{Ex})}\right|\leqslant f \tag{16}$$

式（15）和式（16）即为规范式（8.2.1-1）和式（8.2.1-2）。

同济大学针对铝合金压弯构件弯矩平面内的稳定做了相关试验，包括6根绕弱轴受弯的偏压试件和6根绕强轴受弯的偏压试件，均为双轴对称H形截面弱硬化合金。图14为上述试验所得稳定承载力与数值计算结果的比较情况，可见两者吻合得较好。图15为规范式（8.2.1-1）与数值计算结果和欧洲规范相应公式的比较情况，可见本规范公式是偏于安全的。

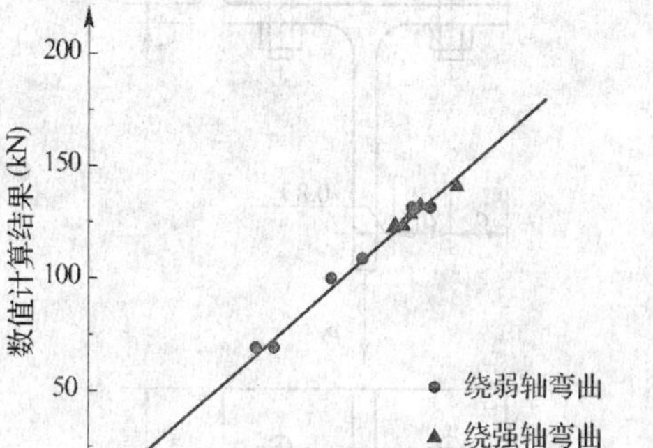

图14　面内失稳试验结果与数值计算结果的对比

2　弯矩作用平面外的稳定。双轴对称截面的压弯构件，当弯矩作用在最大刚度平面内时，应校核其

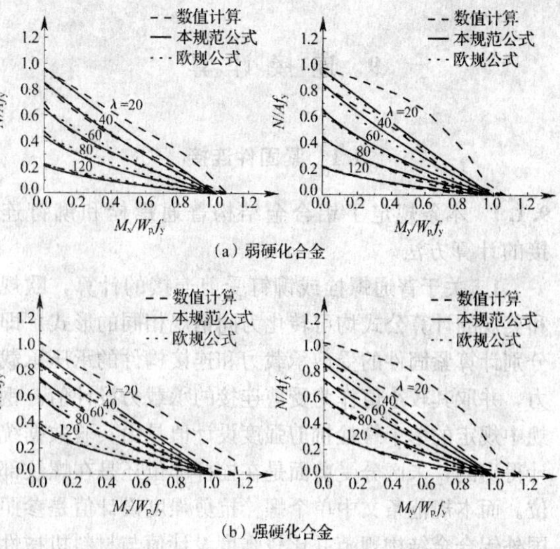

图15　本规范结果与数值计算结果和欧规结果的对比（x为强轴，y为弱轴）

弯矩作用平面外的稳定性。规范采用的由弹性稳定理论导出的线性相关公式是偏于安全的，与轴心受压构件和受弯构件整体稳定计算相衔接，并与理论分析结果和同济大学做的试验结果作了对比分析后确定的。

同济大学针对铝合金压弯构件弯矩平面外的稳定做了相关试验，为6根绕强轴受弯的双轴对称H形截面弱硬化合金偏压试件。图16为该试验所得稳定承载力与数值计算结果和欧洲规范相应公式的比较情况，可见本规范公式是偏于安全的。

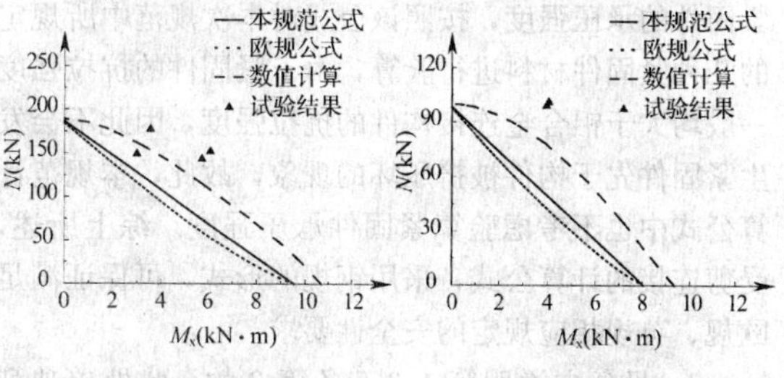

图16　本规范结果与试验结果、数值计算结果以及欧规结果的对比

鉴于对单轴对称截面压弯构件弯矩作用平面外稳定性的研究还不充分，暂定规范式（8.2.1-3）仅适用于双轴对称实腹式工字形（含H形）和箱形（闭口）截面的压弯构件。

8.2.2　双向弯曲的压弯构件，其稳定承载力极限值的计算较为复杂，一般仅考虑双轴对称截面的情况。规范采用的半经验性质的线性相关公式形式简单，可使双向弯曲压弯构件的稳定计算与轴心受压构件、单向弯曲压弯构件以及双向弯曲受弯构件的稳定计算都能互相衔接，并经研究表明是偏于安全的。

9 连接计算

9.1 紧固件连接

9.1.1 本条规定了铝合金结构普通螺栓和铆钉连接的计算方法。

1 关于普通螺栓或铆钉受剪连接的计算，欧规和英规的计算公式均可转化为同钢规相同的形式，即分别计算紧固件的受剪承载力和连接构件的承压承载力，并取其较小值作为受剪连接的承载力设计值。钢规中规定的单个螺栓抗剪强度设计值是由实验数据统计得出的，未区分受剪面是在栓杆部位还是在螺纹部位。而本规范条文中单个螺栓抗剪强度设计值是参照国外铝合金结构规范并比较强度设计值与材料机械性能值的相关关系式得出的，因此在计算公式中必须区分不同受剪部位剪切面积不同的影响。欧规中，连接构件承压承载力计算公式中考虑了紧固件端距与孔洞直径比值、中距与孔洞直径比值、紧固件抗拉强度与连接构件抗拉强度比值等参数的影响，计算公式较为复杂。如将欧规中规定的最小端距 $2d_0$、常用中距 $2.5d_0$ 代入，则计算得到的连接构件承压强度设计值为连接材料抗拉强度的 1.16 倍，基本相当并略高于钢规的规定。钢规的构件承压强度设计值是根据受拉构件且端距为 $2d_0$ 得到的试验统计值，因此可从简仍采用钢规的公式形式，不再考虑以上参数的影响，并规定 $2d_0$ 为允许端距的最小值。英规关于承压承载力的计算不仅要验算连接构件的承压强度，还要求验算紧固件的承压强度，按照该公式对本次规范中所规定的几种紧固件材料进行验算，由于紧固件的抗拉强度一般均大于铝合金连接构件的抗拉强度，因此不会发生紧固件先于构件被挤压坏的现象，故此，本规范计算公式中也不考虑验算紧固件承压强度。综上所述，受剪连接的计算公式，采用钢规的形式，可保证满足欧规、英规相应规定的安全性要求。

2 见条文说明第 4.3.5 条第 3 款，此处单独列出以强调其重要性。

3 关于普通螺栓杆轴方向受拉连接的计算，欧规明确要求在设计中应考虑因撬力作用引起的附加力的影响，即应采用适当的方法分析计算撬力的大小。在钢规中，不要求计算撬力，而仅将螺栓的抗拉强度设计值降低 20%，这相当于考虑了 25%的撬力。这样虽然简化了设计计算，但在某些情况下撬力与节点承受的轴向拉力的比值很可能会超过 25%，在设计中不考虑撬力作用是不安全的，因此作出本条规定。同时考虑到缺乏充分的理论和实验研究，为保证结构的安全，螺栓抗拉强度设计值仍按降低 20% 取值。

撬力作用是否显著，主要与连接板抗弯刚度和螺栓杆轴向抗拉刚度的比值有关，该比值越小，则撬力引起的不利影响越大。此外，撬力大小还与受拉型连接节点的形式、螺栓数目和位置等因素有关。对于如图 17 所示的双 T 形轴心受拉连接，给出其极限承载力的计算公式，以供参考。

图 17 中所示的由 4 个螺栓连接的双 T 形节点，在轴心拉力 P 的作用下，随 T 形构件翼缘板抗弯刚度和螺栓杆轴抗拉刚度比值的不同，可能会发生 3 种不同的破坏模式，见图 18。图 18 中黑色圆点代表翼缘出现塑性铰的位置，下面所示为翼缘板的弯矩图。

破坏模式 1：T 形构件螺栓孔洞处及 T 形构件腹板与翼缘交接处产生塑性铰破坏。极限承载力为：$P_1=4M_p/a_1$。其中，$M_p=0.25Bt^2f$ 为 T 形构件翼缘板的塑性抵抗弯矩，f 为翼缘材料的抗弯强度设计值，其余符号参见图 17。

破坏模式 2：T 形构件腹板与翼缘交接处产生塑性铰，同时螺栓被拉断。极限承载力为：$P_2=(2M_p+\sum N_t^b\cdot c)/(c+a_1)$。其中，$c\leqslant 1.25a_1$，$\sum N_t^b$ 为全部螺栓的受拉承载力。

破坏模式 3：螺栓被拉断。极限承载力为：$P_3=\sum N_t^b$。

连接节点的承载力应取 P_1、P_2 和 P_3 的最小值。当 T 形构件的翼缘板较薄时，节点容易发生模式 1 的破坏，撬力 Q 是非常显著的。上述公式来源于

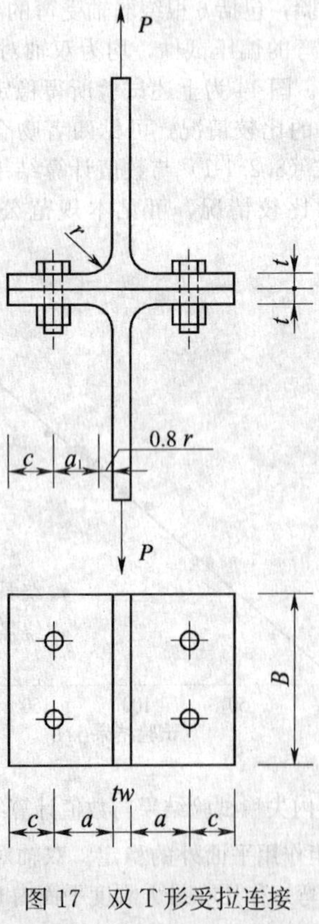

图 17 双 T 形受拉连接

《欧洲钢结构规范》EC3，并经在同济大学完成的铝合金双T形受拉节点试验研究，证明同样适用于铝合金结构的计算。对于其他类型的受拉型螺栓连接，在设计中应结合实际情况采用适当的方法分析计算撬力的大小。

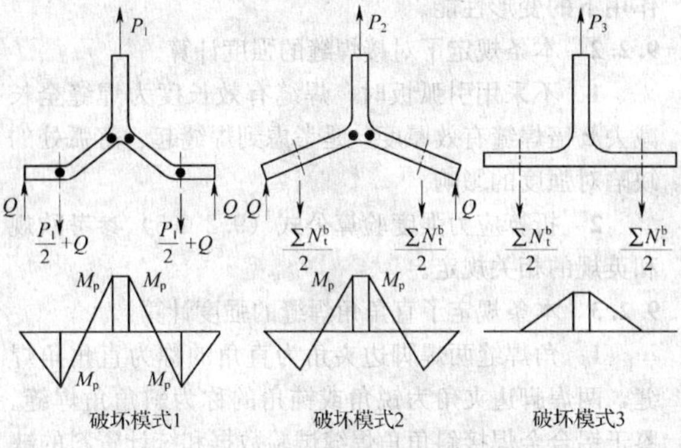

图 18 双 T 形受拉连接的破坏模式

4 关于普通螺栓沿杆轴方向受拉连接的计算，欧规中除规定应验算螺栓的抗拉承载力外，还提出应验算螺栓头及螺母下构件的抗冲切承载力，并将二者中的较小值作为受拉螺栓连接的承载力设计值。英规中不考虑构件抗冲切承载力的验算，美规也无此项要求。对铝合金结构而言，当所采用螺栓材料的抗拉强度超出铝合金连接构件的名义屈服强度较多时，如螺栓杆中的拉应力较大，螺栓头或螺母对连接构件的压紧应力有可能引起构件表面损伤进而使构件发生冲切破坏。因此，考虑构件抗冲切的验算是必要的。参考欧规公式，螺栓头及螺母下构件抗冲切承载力为 $B_{p,RD}=0.6\pi d_m t_p f_{0.2}/\gamma_{M2}$，其中 $\gamma_{M2}=1.25$ 为抗力分项系数。由于构件抗冲切实质上是验算构件的抗剪强度，故经变换后提出式（9.1.1-7），式中 0.8 来源于 $0.6\sqrt{3}/\gamma_{M2}=0.831$ 的取整值。

5 关于同时承受剪力和杆轴方向拉力的普通螺栓计算，英规为圆形相关公式，同钢规一致；欧规为直线相关公式 $N_v/N_v^b+N_t/1.4N_t^b\leqslant1$。本规范依据英规的设计形式，这样也可同钢规保持一致，同时应验算满足连接构件的承压承载力设计值和螺栓头及螺母下构件抗冲切承载力设计值。

9.1.2 本条规定了铝合金结构高强度螺栓摩擦型连接的计算方法。

1 设计公式采用与钢规相同的形式。表 9.1.2 中一个高强度螺栓的预拉力取值来源于钢规的相应规定，该预拉力值略小于欧规及英规中规定的预拉力值。经公式变换，该设计公式满足欧规及英规的安全度要求。式（9.1.2-1）中的系数 0.8 是考虑了抗力分项系数 1.25 得到的。

2 关于铝合金结构高强度螺栓摩擦型连接的抗滑移系数取值，欧规仅规定了“未作表面保护的标准轻度喷砂处理摩擦面”的抗滑移系数值，该值与连接板的总厚度有关，具体数值见表 15。采用表中数值时，摩擦面的表面处理应符合 ISO 468/1302 N10a 的规定。对于采用其他的表面处理方法，欧规规定均应通过标准试件试验得出抗滑移系数值。

表 15 铝合金摩擦面抗滑移系数
（N10a 标准轻度喷砂处理）

连接板总厚度（mm）	12≤Σt<18	18≤Σt<24	24≤Σt<30	30≤Σt
μ	0.27	0.33	0.37	0.40

英规仅规定了符合英国标准 BS 2451 规定要求的“喷铝砂处理摩擦面”的抗滑移系数值；对于其他的表面处理方法，规定均应通过标准试件试验得出抗滑移系数值。美规中只允许使用普通螺栓，对采用有预拉力的高强度螺栓未作相应规定。日本《铝合金建筑结构设计规范（2002年）》规定：当摩擦面的表面处理符合日本铝合金建筑结构协议会制定的《铝合金建筑结构制作要领》的要求，并且板厚在螺栓直径的 1/4 以上时，抗滑移系数可取 0.45。对于单面摩擦的连接，板厚在螺栓直径的 1/4 以上 1/2 以下时，抗滑移系数取 0.3。此处的板厚指上下两压板厚度之和与中间板的厚度中的较小值。无表面处理以及采用其他表面处理方法时，单面摩擦、双面摩擦的抗滑移系数都取 0.15。

由于铝合金材料种类繁多，已有的试验数据表明不同材料在同一种摩擦面处理条件下其抗滑移系数和摩擦抗力是有差别的。因此，摩擦连接时不论其处理方法如何，事先进行摩擦抗力试验，确保设计的安全度是一条基本原则。因缺乏充足的试验数据和统计资料，对铝合金构件的表面处理方法也缺少相应的国家标准，国外规范中的摩擦面处理方法在实际应用中也很难具体实施，故对高强度螺栓摩擦型连接的抗滑移系数，本规范未作出具体规定，如需采用应根据标准试件的试验测定结果确定。

9.1.3 本条规定了铝合金结构高强度螺栓承压型连接的计算方法，设计公式采用同钢规相同的形式。同普通螺栓相同，也要求验算螺栓头及螺母下构件抗冲切承载力设计值。

9.1.4 当构件的节点处或拼接接头的一端，螺栓或铆钉的连接长度 l_1 过大时，螺栓或铆钉的受力很不均匀，端部的螺栓或铆钉受力最大，往往首先破坏，并将依次向内逐个破坏。因此对长连接的抗剪承载力应进行适当折减。关于折减系数的规定，欧规为 $\beta_{Lf}=1-\frac{L_j-15d}{200d}$ 且 $0.75\leqslant\beta_{Lf}\leqslant1.0$，长连接的折减区段为 $15d\sim65d$。该公式来源于《欧洲钢结构规范》EC3，同钢规公式相比，稍偏于不安全，因此，本条款参照钢规公式制定。应注意本条规定不适用于沿连接的长度方向受力均匀的情况，如梁翼缘同腹板的紧固件连接。

9.1.5 关于借助填板或其他中间板件的紧固件连接，当填板较厚时，应考虑连接的抗剪承载力折减。本条款参照欧规公式制定。

9.1.6 单面连接会引起荷载的偏心，使紧固件除受剪力之外还受到拉力的作用，因此明确规定不得采用铆钉连接形式，且对螺栓连接应进行适当的抗剪承载力折减，螺栓数目按计算增加10%的规定参考了钢规相应条款。

9.1.7 当紧固件的夹紧厚度过大时，由于紧固件弯曲变形引起的抗剪承载力折减不应被忽视。英规明确规定，铆钉连接的铆合总厚度不得超过铆钉孔径的5倍。钢规对铆合总厚度超过铆钉孔径5倍时，规定应按计算适当增加铆钉的数目，且铆合总厚度不得超过铆钉孔径的7倍。美规规定的夹紧厚度过大时的强度折算不仅适用于铆钉连接，也适用于螺栓连接，规定当紧固件的夹紧厚度超过铆钉孔径或螺栓直径的4.5倍时，紧固件的抗剪承载力应当乘以折减系数 $\left(\frac{1}{0.5+G/(9d)}\right)$，其中 G 为紧固件的夹紧厚度，d 为铆钉孔径或螺栓直径，并规定一般情况下夹紧厚度不应超过 $6d$。

9.2 焊缝连接

9.2.1 本条规定了焊缝连接计算的一般原则。

1 同钢结构相比，焊接铝合金结构在热影响区内材料强度的降低在设计中是不容忽视的。铝合金焊缝连接的破坏，很可能发生在热影响区。因此，在焊缝连接计算中，必须验算热影响区的强度。

2 根据同济大学完成的铝合金对接焊缝连接的试验结果，当焊缝连接的破坏发生在热影响区处，试件破坏前有较大的变形，属于延性破坏；当焊缝连接的破坏发生在焊缝区域，试件破坏前的变形较小，属于脆性破坏。因此，铝合金构件与焊缝金属之间合理的组合宜满足焊缝的强度设计值大于铝合金构件热影响区的强度设计值。这样可明显改善焊接节点在荷载作用下的变形性能。

9.2.2 本条规定了对接焊缝的强度计算。

1 不采用引弧板时，焊缝有效长度为焊缝全长减去2倍焊缝有效厚度，是考虑到焊缝起、落弧处的缺陷对强度的影响。

2 折算应力强度验算公式（9.2.2-5）参考欧规和英规的相关规定。

9.2.3 本条规定了直角角焊缝的强度计算。

1 角焊缝两焊脚边夹角为直角的称为直角角焊缝，两焊脚边夹角为锐角或钝角的称为斜角角焊缝。鉴于铝合金焊接斜角角焊缝试验数据和统计资料的缺乏，且欧规、美规中均未规定斜角角焊缝。因此，本规范也暂不列入斜角角焊缝的强度计算公式。

2 关于直角角焊缝的计算，欧规、英规的计算公式实质上同钢规一致。以上规范均认为角焊缝的强度非常接近45°焊喉截面（焊缝有效截面）的强度，即在进行角焊缝设计时把45°焊喉截面作为设计控制截面。在大量试验的基础上，国际标准化组织推荐的角焊缝抗拉强度公式为 $\sqrt{\sigma_{\perp}^2+k_{\mathrm{w}}(\tau_{\perp}^2+\tau_{//}^2)}=f_{\mathrm{w}}$，式中 k_{w} 是与金属材料有关的值，一般在1.8～3之间变化，f_{w} 为焊缝金属的特征强度。欧规和英规均采用 $k_{\mathrm{w}}=3$，这样略偏于安全并且可同母材金属的强度理论相一致。在引入抗力分项系数后，并注意到 $f_{\mathrm{f}}^{\mathrm{w}}=f_{\mathrm{t}}^{\mathrm{w}}/\sqrt{3}$，因此可得规范式（9.2.3-1）。式中有效截面上的应力 $\sigma_{\perp}$、$\tau_{\perp}$、$\tau_{//}$ 如图19所示。

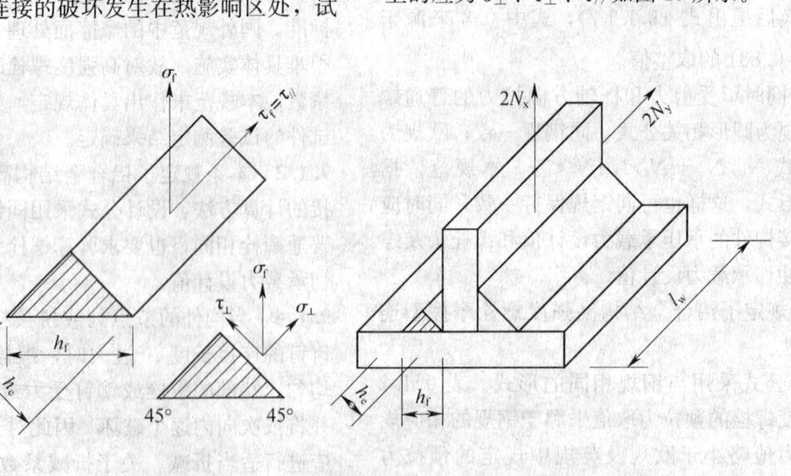

图19 角焊缝有效截面应力分布

3 由式（9.2.3-1）可推导出在特定荷载作用下的角焊缝设计公式（9.2.3-2）～式（9.2.3-4）。如图19所示，令 σ_{f} 为垂直于焊缝长度方向按焊缝有效截面计算的应力：$\sigma_{\mathrm{f}}=\frac{N_{\mathrm{x}}}{h_{\mathrm{e}}l_{\mathrm{w}}}$。$\sigma_{\mathrm{f}}$ 既不是正应力也不是剪应力，但可分解为：$\sigma_{\perp}=\sigma_{\mathrm{f}}/\sqrt{2}$，$\tau_{\perp}=\sigma_{\mathrm{f}}/\sqrt{2}$。又令 τ_{f} 为沿焊缝长度方向按焊缝有效截面计算的剪应力，显然：$\tau_{//}=\tau_{\mathrm{f}}=\frac{N_{\mathrm{y}}}{h_{\mathrm{e}}l_{\mathrm{w}}}$。将上述 $\sigma_{\perp}$、$\tau_{\perp}$、$\tau_{//}$ 代入公式

(9.2.3-1)，可得：$\sqrt{\left(\frac{\sigma_f}{\beta_f}\right)^2+\tau_f^2}\leqslant f_f^w$，即公式（9.2.3-4），式中 $\beta_f=1.22$，称为正面角焊缝强度的增大系数。

对正面角焊缝，$N_y=0$，只有垂直于焊缝长度方向的轴心力 N_x 作用，可得：$\sigma_f=\frac{N_x}{h_e l_w}\leqslant\beta_f f_f^w$，即公式（9.2.3-2）。

对侧面角焊缝，$N_x=0$，只有平行于焊缝长度方向的轴心力 N_y 作用，可得：$\tau_f=\frac{N_y}{h_e l_w}\leqslant f_f^w$，即公式（9.2.3-3）。

4 关于直角角焊缝的计算厚度 h_e，欧规和英规中均规定若整条焊缝能保证具有统一、确定的熔深时，深熔角焊缝的计算厚度可以加上熔深。在焊接质量较高的自动焊中，熔深较大，考虑熔深将计算厚度增大，无疑会带来较大的经济效益。钢规中对直角角焊缝不考虑熔深的作用，计算偏于保守。但由于国内铝合金结构的焊接经验尚少，故本次规范制定暂不考虑熔深对焊缝计算的有利影响。

5 钢规中允许采用部分焊透的对接焊缝和T形对接与角接组合焊缝，并按直角角焊缝的公式计算。而欧规中明确规定，铝合金受力构件的连接应采用完全焊透的对接焊缝，部分焊透的对接焊缝仅能用于次要的受力构件或非受力构件中。由于对部分焊透的对接焊缝和T形对接与角接组合焊缝在铝合金结构中尚缺乏足够的试验研究，因此，本规范暂不考虑这两类焊缝形式。

9.2.4 构件在临近焊缝的焊接热影响区发生强度弱化现象，因此需对该处的强度进行验算。计算公式参考欧规相关条款。

10 构造要求

10.1 一般规定

10.1.5 由于铝合金结构焊接热影响效应使构件强度降低很大，因此，铝合金结构的连接宜优先采用紧固件连接。焊接后经过人工时效或较长时间的自然时效，某些合金热影响区内材料的强度会有一定程度的恢复，因此可通过该方法改善某些合金热影响区强度降低的影响。此外，由于热影响效应的存在，即使将次要部件焊接在结构构件上也会严重降低构件的承载力。例如对于梁的设计，次要部件的焊接位置宜靠近梁的中和轴，或低应力区，并尽量远离弯矩较大的位置。

10.2 螺栓连接和铆钉连接

10.2.1 关于螺栓和铆钉的最大、最小容许距离，主要参考国内外有关规范的相关条款并结合我国钢结构设计规范的形式而制定。

10.2.2 在普通螺栓、高强度螺栓或铆钉连接中，当板厚过小时，在局部压力作用下板件会发生面外变形从而导致承压承载力下降。高强度螺栓连接时，板厚过小还会导致板件局部应力过大，摩擦面处理过程中板件容易发生变形而使得摩擦系数下降。本规范参考日本《铝合金建筑结构设计规范（2002年）》，规定了用于螺栓连接和铆钉连接的板件最小厚度。

10.2.4 本条规定了连接节点的最少紧固件数，要求紧固件宜不少于2个，理由为：仅有一个紧固件将使连接处产生转动并给安装带来极大困难，但对于小型非结构构件允许采用一个紧固件。

10.2.5 增强刚度的措施可采用设加劲肋、增加板厚等方法。

10.3 焊缝连接

10.3.1～10.3.5 本节关于焊缝连接的构造要求，主要参考国内外有关规范的相关条款制定。

10.4 防火、隔热

10.4.2 铝合金结构的防火措施，目前通常采用有效的水喷淋系统来进行防护，防火涂料对铝合金材料影响较大，铝合金材料容易与其他材料发生电化腐蚀，一般采用较少。

10.4.3 铝合金结构在受辐射热温度达到80℃时，铝合金材料的强度开始下降，超过100℃时，铝合金材料的强度明显下降，故要控制辐射热的温度。

10.5 防腐

10.5.1 当铝合金材料同其他金属材料（除不锈钢外）或含酸性或碱性的非金属材料连接、接触或紧固时，容易同相接触的其他材料发生电偶腐蚀。这时，应在铝合金材料与其他材料之间采用油漆、橡胶或聚四氟乙烯等隔离材料。

10.5.2 当铝合金材料处于海洋环境、工业环境等腐蚀性环境中时易发生电化学腐蚀，应在铝合金表面进行防腐绝缘处理。

10.5.3 阳极氧化是用电化学的方法在铝合金表面形成一层具有一定厚度和硬度的 Al_2O_3 膜层，该膜层能防止自然界有害因素对铝合金的腐蚀，其耐腐蚀性能与氧化膜的厚度成正比。粉末涂层是静电喷涂，经规定的方法形成的漆膜具有良好的抗腐蚀、抗冲击、耐磨等特点。由于近年来新型的防腐涂料不断出现和推广应用，产品不断更新发展，因此对防腐涂料和防腐方法不做具体规定，只要求进行有效的防腐处理，可按《铝合金建筑型材》GB 5237的规定执行。

10.5.4 铝合金表面的清洗，在选用清洗剂时，要注意清洗剂的有效期、适用范围，避免由此而产生对铝合金表面膜的不良影响。在清洗过程中不允许用混合清洗剂清洗铝合金表面，避免清洗剂之间产生不良化学反应。用滴、流方式清洗会使铝合金表面出现由于清洗的厚度不一，清洗的浓度不同而影响清洗的结果。在清洗中如果温度超过控制范围，会影响清洗效果。在清洗过程中应避免清洗剂长时间接触铝合金表面，在节点、接缝处要彻底清除清洗剂，避免清洗剂在节点和接缝处对材料表面的影响。

11 铝合金面板

11.1 一般规定

11.1.1 本规范仅考虑起结构作用的面板，不考虑仅起建筑装饰作用的板材。

11.1.6 近年来，出现了不少新的铝合金面板板型，对特殊异形的铝合金面板，建议通过实验确定其承载力和挠度。

11.2 强 度

11.2.1 集中荷载 F 作用下的铝合金面板计算与板型、尺寸等有关，目前尚无精确的计算方法，一般根据试验结果确定。规范给出的将集中荷载 F 沿板宽方向折算成均布线荷载 q_{re}［式（11.2.1）］是一个近似的简化公式，该式取自国外文献和《冷弯薄壁型钢结构技术规范》GB 50018，式中折算系数 η 由试验确定，若无试验资料，可取 $\eta=0.5$，即近似假定集中荷载 F 由两个槽口承受，这对于多数板型是偏于安全的。

铝合金屋面板上的集中荷载主要是施工或使用期间的检修荷载。按我国荷载规范规定，屋面板施工或检修荷载 $F=1.0$kN；验算时，荷载 F 不乘以荷载分项系数，除自重外，不与其他荷载组合。但如果集中荷载超过 1.0kN，则应按实际情况取用。

11.2.4 T形支托和面板的连接强度受材料性质及连接构造等许多因素影响，目前尚无精确的计算理论，需根据试验分别确定面板在受面外拉力和压力作用下的连接强度。

11.3 稳 定

11.3.1 式（11.3.1-1）和（11.3.1-2）分别为腹板弹塑性和弹性剪切屈曲临界应力设计值。

1 腹板弹性剪切屈曲应力。

根据弹性屈曲理论，腹板弹性剪切屈曲应力公式如下：

$$\tau_{cr}=\frac{k_s\pi^2E}{12(1-\nu^2)(h/t)^2} \tag{17}$$

式中 h/t——腹板的高厚比；

k_s——四边简支板的屈曲系数，按如下取值：

当 $a/h<1$ 时，$k_s=4+\frac{5.34}{(a/h)^2}$ (18)

当 $a/h>1$ 时，$k_s=5.34+\frac{4}{(a/h)^2}$ (19)

当腹板无横向加劲肋时，板的长宽比将是很大的，屈曲系数可取 $k_s=5.34$，代入公式（17）并考虑抗力分项系数 $\gamma_R=1.2$，可得：

$$\tau_{cr}\approx\frac{280000}{(h/t)^2} \tag{20}$$

2 腹板塑性剪切屈曲应力。

根据结构稳定理论，弹塑性屈曲应力可按下式计算：

$$\tau'_{cr}=\sqrt{\tau_p\tau_{cr}} \tag{21}$$

式中 τ_p——剪切比例极限，取 $0.8\tau_y$；

τ_y——剪切屈服强度，取 $f_{0.2}/\sqrt{3}$。

将式（17）代入式（21），同时取 $k_s=5.34$，并考虑抗力分项系数 $\gamma_R=1.2$，可得：

$$\tau'_{cr}\approx320\frac{\sqrt{f_{0.2}}}{h/t} \tag{22}$$

11.3.2 腹板局部承压涉及因素较多，很难精确分析。R_w 的计算式（11.3.2）是取 $r=5t$ 代入欧规公式得出的。

11.3.3、11.3.4 铝合金面板T形支托的稳定性可按等截面模型进行简化计算。支托端部受到板面的侧向支撑，根据面板侧向支撑情况，支托的计算长度系数 μ 的理论值范围为 0.7～2.0。同济大学进行的 0.9mm厚、65mm高、400mm宽的铝合金面板（图11.1.1a）实验中，量测了T形支托破坏时的支座反力值，表16为按本规范公式（11.3.3）计算得到的承载力标准值（取 μ 为 1.0、f 为 $f_{0.2}$）和试验值。考虑到实验得到的支托破坏数据有限，而板厚板型对支托侧向支撑的影响又比较复杂，本规范建议根据实验确定计算长度值。

表16 T形支托承载力标准值和试验值的比较（kN）

	承载力标准值 μ取1.0	试验值1	试验值2	试验值3	试验值4	试验值5	试验值6
承载力	6.38	6.585	5.819	6.154	6.341	5.15	5.29
状态	—	破坏	未破坏	未破坏	未破坏	未破坏	未破坏

11.4 组合作用

11.4.1 支座反力处同时作用有弯矩的验算相关公式取自欧规。

11.5 构造要求

11.5.1 铝合金屋面板和墙面板的基本构造如图20。

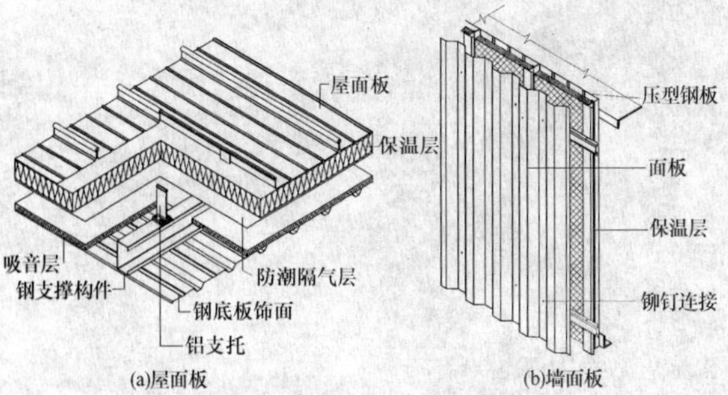

图 20 铝合金面板基本构造

铝合金挤压板件的厚度一般为 0.6～1.2mm，而非挤压板件的厚度目前可以达到 3.0mm。因此，本规范规定铝合金屋面板和墙面板的厚度宜取 0.6～3.0mm。

为了避免出现焊接搭接，铝合金面板应尽量通长布置。若面板确需焊接搭接，为了避免火灾隐患，焊接部位下的垫块应满足一定耐火等级的要求。

铝合金屋面板可通过自身的强度承受竖向荷载，也可通过屋面板下满铺的附加面支撑承受荷载。屋面板宜根据受力、防水、立面装饰等方面的要求，采用不同的承载方式。对于挤压成形的铝合金屋面板，当波高较小、板宽较大时，为保证施工及使用阶段的受力要求和屋面板的平整性，建议采用附加面支撑受力体系。

11.5.2～11.5.4 这些条文均是关于铝合金屋面、墙面的构造要求规定。条文中增加了近年来在实际工程中采用的铝合金板扣合式和咬合式连接方式，这两种连接方法均隐藏在铝合金板下面，可避免渗漏现象。对于使用自攻螺栓和射钉的连接，必须带有较好的防水密封胶垫材料，以防连接处渗漏。

中华人民共和国国家标准

木 结 构 设 计 规 范

Code for design of timber structures

GB 50005—2003

（2005 年版）

主编部门：中华人民共和国建设部

批准部门：中华人民共和国建设部

施行日期：2 0 0 4 年 1 月 1 日

中华人民共和国建设部
公　　告

第 375 号

建设部关于发布国家标准《木结构设计规范》局部修订的公告

现批准《木结构设计规范》GB 50005－2003 局部修订的条文，自 2006 年 3 月 1 日起实施。其中，第 3.1.11 条为强制性条文，必须严格执行。经此次修改的原条文同时废止。

中华人民共和国建设部
2005 年 11 月 11 日

中华人民共和国建设部
公　　告

第 189 号

建设部关于发布国家标准《木结构设计规范》的公告

现批准《木结构设计规范》为国家标准，编号为 GB 50005－2003，自 2004 年 1 月 1 日起实施。其中，第 3.1.2、3.1.8、3.1.11、3.1.13、3.3.1、4.2.1、4.2.9、7.1.5、7.2.4、7.5.1、7.5.10、7.6.3、8.1.2、8.2.2、10.2.1、10.3.1、10.4.1、10.4.2、10.4.3、11.0.1、11.0.3 条为强制性条文，必须严格执行。原《木结构设计规范》GBJ5－88 同时废止。

本规范由建设部标准定额研究所组织中国建筑工业出版社出版发行。

中华人民共和国建设部
2003 年 10 月 26 日

前　言

本规范是根据建设部建标［1999］37 号文的要求，由中国建筑西南设计研究院、四川省建筑科学研究院会同有关单位对《木结构设计规范》GBJ 5－88 进行修订而成。

修订过程中，编制组经过广泛地调查研究，进行了多次专题讨论，总结、吸收了国内外木结构设计、应用的实践经验和先进技术，参考了有关的国际标准和国外标准，并以多种方式广泛征求全国有关单位的意见后，经过反复讨论、修改，最后经审查通过定稿。

本次修订后共有 11 章 16 个附录。主要修订内容是：

1. 按修订后的《建筑结构可靠度设计统一标准》和《建筑结构荷载规范》对木结构可靠指标进行了校准；

2. 增加了对工程中使用进口木材的若干规定、进口规格材强度取值规定和进口木材现场识别要点及主要材性；

3. 对木结构构件计算部分作了局部修订和补充；

4. 木结构连接中增加了齿板连接；

5. 对胶合木结构作了局部修订和补充，并单设一章；

6. 增加轻型木结构，将普通木结构和轻型木结构各设一章；

7. 针对木结构建筑特点，将木结构防火单设一章；

8. 木结构的防护（防腐、防虫）列为一章。

本规范将来可能需要进行局部修订，有关局部修订的信息和条文内容将刊登在《工程建设标准化》杂志上。

本规范以黑体字标志的条文为强制性条文，必须严格执行。

本规范由建设部负责管理和对强制性条文的解释，中国建筑西南设计研究院负责具体技术内容的解释。在执行本规范过程中，请各单位结合工程实践，认真总结经验，并将意见和建议寄交四川省成都市星辉西路 8 号中国建筑西南设计研究院国家标准《木结构设计规范》管理组（邮编：610081，E-mail：xnymj @mail. sc. cninfo. net）。

本规范主编单位：中国建筑西南设计研究院
四川省建筑科学研究院

参加单位：哈尔滨工业大学
重庆大学
公安部四川消防科学研究所
四川大学
苏州科技学院

本规范主要起草人：林颖　王永维　蒋寿时　陈正祥　古天纯　黄绍胤　樊承谋　王渭云　梁坦　张新培　杨学兵　许方　倪春　余培明　周淑容　龙卫国

目 次

1 总 则

1.0.1 为在木结构设计中贯彻执行国家的技术经济政策，保证安全和人体健康，保护环境及维护公共利益制订本规范。

1.0.2 本规范适用于建筑工程中承重木结构的设计。

1.0.3 本规范的设计原则系根据国家标准《建筑结构可靠度设计统一标准》GB 50068 制定。

1.0.4 承重木结构宜在正常温度和湿度环境下的房屋结构中使用。未经防火处理的木结构不应用于极易引起火灾的建筑中；未经防潮、防腐处理的木结构不应用于经常受潮且不易通风的场所。

1.0.5 在确保工程质量前提下，可逐步扩大树种（例如速生树种）的利用。

1.0.6 木结构的设计，除应遵守本规范外，尚应符合国家现行有关强制性标准的规定。

2 术 语 与 符 号

2.1 术 语

2.1.1 木结构 timber structure

以木材为主制作的结构。

2.1.2 原木 log

伐倒并除去树皮、树枝和树梢的树干。

2.1.3 锯材 sawn lumber

由原木锯制而成的任何尺寸的成品材或半成品材。

2.1.4 方木 square timber

直角锯切且宽厚比小于 3 的、截面为矩形（包括方形）的锯材。

2.1.5 板材 plank

宽度为厚度三倍或三倍以上矩形锯材。

2.1.6 规格材 dimension lumber

按轻型木结构设计的需要，木材截面的宽度和高度按规定尺寸加工的规格化木材。

2.1.7 胶合材 glued lumber

以木材为原料通过胶合压制成的柱形材和各种板材的总称。

2.1.8 木材含水率 moisture content of wood

通常指木材内所含水分的质量占其烘干质量的百分比。

2.1.9 顺纹 parallel to grain

木构件木纹方向与构件长度方向一致。

2.1.10 横纹 perpendicular to grain

木构件木纹方向与构件长度方向相垂直。

2.1.11 斜纹 at an agnle to grain

木构件木纹方向与构件长度方向形成某一角度。

2.1.12 层板胶合木 glued laminated timber (Glulam)

以厚度不大于 45mm 的木板叠层胶合而成的木制品。

2.1.13 普通木结构 sawn and round timber structures

承重构件采用方木或圆木制作的单层或多层木结构。

2.1.14 轻型木结构 light wood frame construction

用规格材及木基结构板材或石膏板制作的木构架墙体、楼板和屋盖系统构成的单层或多层建筑结构。

2.1.15 墙骨柱 stud

轻型木结构房屋墙体中按一定间隔布置的竖向承重骨架构件。

2.1.16 木材目测分级 visually stress-graded lumber

用肉眼观测方式对木材材质划分等级。

2.1.17 木材机械分级 machine stress-rated lumber

采用机械应力测定设备对木材进行非破坏性试验，按测定的木材弯曲强度和弹性模量确定木材的材质等级。

2.1.18 齿板 turss plate

经表面处理的钢板冲压成带齿板，用于轻型桁架节点连接或受拉杆件的接长。

2.1.19 木基结构板材 wood-based structural-use panels

以木材为原料（旋切材，木片，木屑等）通过胶合压制成的承重板材，包括结构胶合板和定向木片板。

2.1.20 轻型木结构的剪力墙 shear wall of light wood frame construction

面层用木基结构板材或石膏板、墙骨柱用规格材构成的用以承受竖向和水平作用的墙体。

2.2 符 号

2.2.1 作用和作用效应

N——轴向力设计值；

N_b——保险螺栓所承受的拉力设计值；

M——弯矩设计值；

M_x、M_y——构件截面 x 轴和 y 轴的弯矩设计值；

M_0——横向荷载作用下跨中最大初始弯矩设计值；

V——剪力设计值；

σ_{mx}、σ_{my}——对构件截面 x 轴和 y 轴的弯曲应力设计值；

w——构件按荷载效应的标准组合计算的

挠度；

w_x、w_y——荷载效应的标准组合计算的沿构件截面 x 轴和 y 轴方向的挠度。

2.2.2 材料性能或结构的设计指标

E——木材顺纹弹性模量；

f_c——木材顺纹抗压及承压强度设计值；

$f_{c\alpha}$——木材斜纹承压强度设计值；

f_m——木材抗弯强度设计值；

f_t——木材顺纹抗拉强度设计值；

f_v——木材顺纹抗剪强度设计值；

$[w]$——受弯构件的挠度限值；

$[N_v]$——螺栓或钉连接每一剪面的承载力设计值。

2.2.3 几何参数

A——构件全截面面积；

A_n——构件净截面面积；

A_0——受压构件截面的计算面积；

A_c——承压面面积；

b——构件的截面宽度；

b_v——剪面宽度；

d——螺栓或钉的直径；

e_0——构件的初始偏心距；

h——构件的截面高度；

h_n——受弯构件在切口处净截面高度；

I——构件的全截面惯性矩；

i——构件截面的回转半径；

l_0——受压构件的计算长度；

S——剪切面以上的截面面积对中性轴的面积矩；

W——构件的全截面抵抗矩；

W_n——构件的净截面抵抗矩；

W_{nx}、W_{ny}——构件截面沿 x 轴和 y 轴的净截面抵抗矩；

α——上弦与下弦的夹角，或作用力方向与构件木纹方向的夹角；

λ——构件的长细比。

2.2.4 计算系数及其他

φ——轴心受压构件的稳定系数；

φ_l——受弯构件的侧向稳定系数；

φ_m——考虑轴向力和初始弯矩共同作用的折减系数；

φ_y——轴心压杆在垂直于弯矩作用平面 y-y 方向按长细比 λ_y 确定的稳定系数；

ψ_v——考虑沿剪面长度剪应力分布不均匀的强度折减系数；

k_v——螺栓或钉连接设计承载力的计算系数。

3 材 料

3.1 木 材

3.1.1 承重结构用材，分为原木、锯材（方木、板材、规格材）和胶合材。用于普通木结构的原木、方木和板材的材质等级分为三级；胶合木构件的材质等级分为三级；轻型木结构用规格材分为目测分级规格材和机械分级规格材，目测分级规格材的材质等级分为七级；机械分级规格材按强度等级分为八级。

3.1.2 普通木结构构件设计时，应根据构件的主要用途按表 3.1.2 的要求选用相应的材质等级。

表 3.1.2 普通木结构构件的材质等级

项次	主 要 用 途	材质等级
1	受拉或拉弯构件	Ⅰa
2	受弯或压弯构件	Ⅱa
3	受压构件及次要受弯构件（如吊顶小龙骨等）	Ⅲa

3.1.3 用于普通木结构的原木、方木和板材可采用目测法分级。分级时选材应符合本规范附录 A 的规定，不得采用商品材的等级标准替代。

3.1.4 用于普通木结构的木材，应从本规范表 4.2.1-1 和表 4.2.1-2 所列的树种中选用。主要的承重构件应采用针叶材；重要的木制连接件应采用细密、直纹、无节和无其他缺陷的耐腐的硬质阔叶材。

3.1.5 当采用新利用树种木材作承重结构时，可按本规范附录 B 的要求进行设计。对速生林材，应进行防腐、防虫处理。

3.1.6 在木结构工程中使用进口木材时，应遵守下列规定：

1 选择天然缺陷和干燥缺陷少、耐腐性较好的树种木材；

2 每根木材上应有经过认可的认证标识，认证等级应附有说明，并应符合我国商检规定，进口的热带木材，还应附有无活虫虫孔的证书；

3 进口木材应有中文标识，并按国别、等级、规格分批堆放，不得混淆，贮存期间应防止木材霉变、腐朽和虫蛀；

4 对首次采用的树种，应严格遵守先试验后使用的原则，严禁未经试验就盲目使用。

3.1.7 当需要对承重结构木材的强度进行测试验证时，应按本规范附录 C 的检验标准进行。

3.1.8 胶合木结构构件设计时，应根据构件的主要用途和部位，按表 3.1.8 的要求选用相应的材质等级。

表 3.1.8 胶合木结构构件的木材材质等级

项次	主 要 用 途	材质等级	木材等级配置图
1	受拉或拉弯构件	Ⅰ$_b$	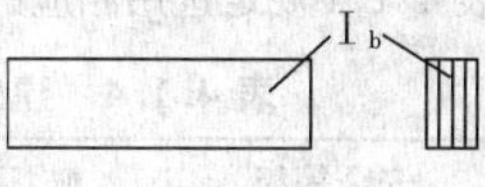
2	受压构件（不包括桁架上弦和拱）	Ⅲ$_b$	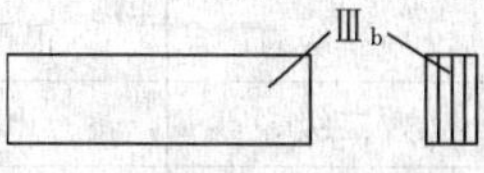
3	桁架上弦或拱，高度不大于 500mm 的胶合梁 （1）构件上、下边缘各 0.1h 区域，且不少于两层板 （2）其余部分	 Ⅱ$_b$ Ⅲ$_b$	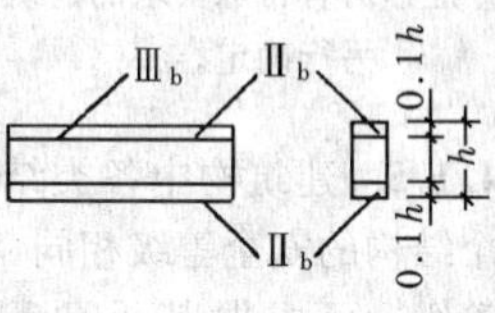
4	高度大于 500mm 的胶合梁 （1）梁的受拉边缘 0.1h 区域，且不少于两层板 （2）距受拉边缘 0.1～0.2h 区域 （3）受压边缘 0.1h 区域，且不少于两层板 （4）其余部分	 Ⅰ$_b$ Ⅱ$_b$ Ⅱ$_b$ Ⅲ$_b$	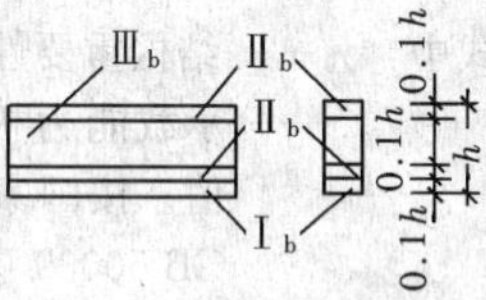
5	侧立腹板工字梁 （1）受拉翼缘板 （2）受压翼缘板 （3）腹　　板	 Ⅰ$_b$ Ⅱ$_b$ Ⅲ$_b$	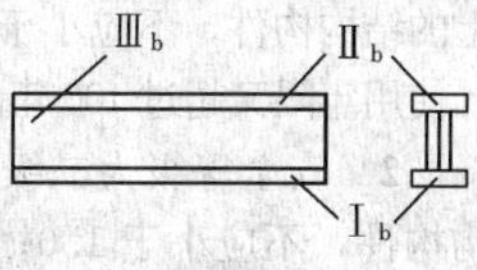

3.1.9 胶合木构件的木材采用目测法分级时，其选材标准应符合本规范附录 A 的规定。

3.1.10 在轻型木结构中，使用木基结构板、工字形木搁栅和结构复合材时，应遵守下列规定：

1 用作屋面板、楼面板和墙面板的木基结构板材（包括结构胶合板和定向木片板）应满足《木结构工程施工质量验收规范》GB 50206 以及相关产品标准的规定。进口木基结构板材上应有经过认可的认证标识、板材厚度以及板材的使用条件等说明。

2 用作楼盖和屋盖的工字形木搁栅的强度和制造要求应满足相关产品标准规定。如国内尚无产品标准，也可采用经过认可的国际标准或其他相关标准；进口工字形木搁栅上应有经过认可的认证标识以及其他相关的说明。

3 用作梁或柱的结构复合材（包括旋切板胶合木和旋切片胶合木）的强度应满足相关产品标准的规定。如国内尚无产品标准，也可采用经过认可的国际标准或其他相关标准；进口结构复合材上应有经过认可的认证标识以及其他相关的说明。

3.1.11 当采用目测分级规格材设计轻型木结构构件时，应根据构件的用途按表 3.1.11 要求选用相应的材质等级。

表 3.1.11 目测分级规格材的材质等级

项次	主 要 用 途	材质等级
1	用于对强度、刚度和外观有较高要求的构件	Ⅰ$_c$
2		Ⅱ$_c$
3	用于对强度、刚度有较高要求而对外观只有一般要求的构件	Ⅲ$_c$
4	用于对强度、刚度有较高要求而对外观无要求的普通构件	Ⅳ$_c$
5	用于墙骨柱	Ⅴ$_c$
6	除上述用途外的构件	Ⅵ$_c$
7		Ⅶ$_c$

3.1.12 轻型木结构用规格材当采用目测法进行分级时，分级的选材标准应符合本规范附录 A 的规定。

3.1.13 制作构件时，木材含水率应符合下列要求：

1 现场制作的原木或方木结构不应大于 25%；

2 板材和规格材不应大于 20%；

3 受拉构件的连接板不应大于 18%；

4 作为连接件不应大于 15%；

5 层板胶合木结构不应大于 15%，且同一构件各层木板间的含水率差别不应大于 5%

3.1.14 当受条件限制需直接使用超过本规范第 3.1.13 条含水率要求的木材制作原木或方木结构时，应符合下列规定：

1 计算和构造应符合本规范有关湿材的规定；

2 桁架受拉腹杆宜采用圆钢，以便于调整；

3 桁架下弦宜选用型钢或圆钢；当采用木下弦时，宜采用原木或"破心下料"（图 3.1.14）的方木；

4 不应使用湿材制作板材结构及受拉构件的连接板；

5 在房屋或构筑物建成后，应加强结构的检查和维护，结构的检查和维护可按本规范附录 D 的规

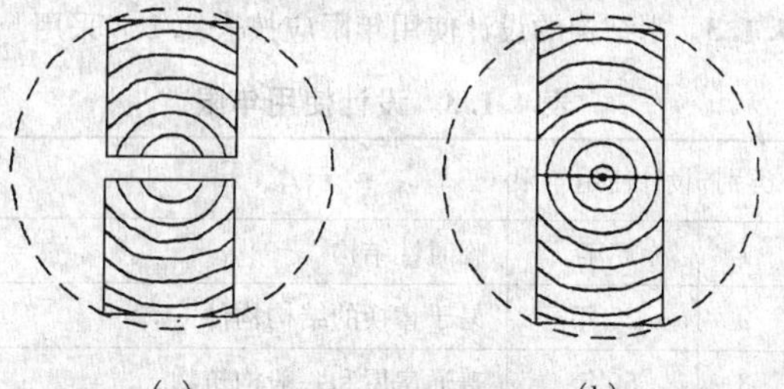

(a)　　(b)

图 3.1.14 "破心下料"的方木

定进行。

3.2 钢 材

3.2.1 承重木结构中采用的钢材，宜采用符合现行国家标准《碳素结构钢》GB 700 规定的 Q235 钢材。对于承受振动荷载或计算温度低于－30℃的结构宜采用 Q235 等级 D 的碳素结构钢。

3.2.2 螺栓材料应采用符合现行国家标准《六角头螺栓—A 和 B 级》GB 5782 和《六角头螺栓—C 级》GB 5780 的规定；钉的材料性能应符合现行国家标准有关规定。

3.2.3 钢构件焊接用的焊条，应符合现行国家标准《碳钢焊条》GB 5117 及《低合金钢焊条》GB 5118 的规定。焊条的型号应与主体金属强度相适应。

3.2.4 用于承重木结构中的钢材，应具有抗拉强度、伸长率、屈服点和硫、磷含量的合格保证。对焊接的构件尚应具有碳含量的合格保证。钢木桁架的圆钢下弦直径 d 大于 20mm 的拉杆，尚应具有冷弯试验的合格保证。

3.3 结构用胶

3.3.1 承重结构用胶，应保证其胶合强度不低于木材顺纹抗剪和横纹抗拉的强度。胶连接的耐水性和耐久性，应与结构的用途和使用年限相适应，并应符合环境保护的要求。

3.3.2 使用中有可能受潮的结构及重要的建筑物，应采用耐水胶；承重结构用胶，除应具有出厂质量证明文件外，产品使用前尚应按本规范附录 E 的规定检验其胶粘能力。

3.3.3 胶合木构件的胶合工艺要求可按本规范附录 F 的规定执行。

4 基本设计规定

4.1 设计原则

4.1.1 本规范采用以概率理论为基础的极限状态设计法。

4.1.2 木结构在规定的设计使用年限内应具有足够的可靠度。本规范所采用的设计基准期为 50 年。

4.1.3 木结构的设计使用年限应按表 4.1.3 采用。

表 4.1.3 设计使用年限

类别	设计使用年限	示 例
1	5 年	临时性结构
2	25 年	易于替换的结构构件
3	50 年	普通房屋和一般构筑物
4	100 年及以上	纪念性建筑物和特别重要建筑结构

4.1.4 根据建筑结构破坏后果的严重程度，建筑结构划分为三个安全等级。设计时应根据具体情况，按表 4.1.4 规定选用相应的安全等级。

表 4.1.4 建筑结构的安全等级

安全等级	破坏后果	建筑物类型
一级	很严重	重要的建筑物
二级	严重	一般的建筑物
三级	不严重	次要的建筑物

注：对有特殊要求的建筑物，其安全等级应根据具体情况另行确定。

4.1.5 建筑物中各类结构构件的安全等级，宜与整个结构的安全等级相同，对其中部分结构构件的安全等级，可根据其重要程度适当调整，但不得低于三级。

4.1.6 对于承载能力极限状态，结构构件应按荷载效应的基本组合，采用下列极限状态设计表达式：

$$\gamma_0 S \leqslant R \tag{4.1.6}$$

式中 γ_0——结构重要性系数；

S——承载能力极限状态的荷载效应的设计值。按国家标准《建筑结构荷载规范》GB 50009 进行计算；

R——结构构件的承载力设计值。

4.1.7 结构重要性系数 γ_0 可按下列规定采用：

1 安全等级为一级或设计使用年限为 100 年及以上的结构构件，不应小于 1.1；对安全等级为一级且设计使用年限又超过 100 年的结构构件，不应小于 1.2；

2 安全等级为二级或设计使用年限为 50 年的结构构件，不应小于 1.0；

3 安全等级为三级或设计使用年限为 5 年的结构构件，不应小于 0.9，对设计使用年限为 25 年的结构构件，不应小于 0.95。

4.1.8 对正常使用极限状态，结构构件应按荷载效应的标准组合，采用下列极限状态设计表达式：

$$S \leqslant C \tag{4.1.8}$$

式中 S——正常使用极限状态的荷载效应的设计值；

C——根据结构构件正常使用要求规定的变形限值。

4.1.9 木结构中的钢构件设计，应遵守国家标准《钢结构设计规范》GB 50017 的规定。

4.2 设计指标和允许值

4.2.1 普通木结构用木材的设计指标应按下列规定采用：

1 普通木结构用木材，其树种的强度等级应按表 4.2.1-1 和表 4.2.1-2 采用；

2 在正常情况下，木材的强度设计值及弹性模

量，应按表 4.2.1-3 采用；在不同的使用条件下，木材的强度设计值和弹性模量尚应乘以表 4.2.1-4 规定的调整系数；对于不同的设计使用年限，木材的强度设计值和弹性模量尚应乘以表 4.2.1-5 规定的调整系数。

表 4.2.1-1　针叶树种木材适用的强度等级

强度等级	组别	适　用　树　种
TC17	A	柏木　长叶松　湿地松　粗皮落叶松
	B	东北落叶松　欧洲赤松　欧洲落叶松
TC15	A	铁杉　油杉　太平洋海岸黄柏　花旗松—落叶松　西部铁杉　南方松
	B	鱼鳞云杉　西南云杉　南亚松
TC13	A	油松　新疆落叶松　云南松　马尾松　扭叶松　北美落叶松　海岸松
	B	红皮云杉　丽江云杉　樟子松　红松　西加云杉　俄罗斯红松　欧洲云杉　北美山地云杉　北美短叶松
TC11	A	西北云杉　新疆云杉　北美黄松　云杉—松—冷杉　铁—冷杉　东部铁杉　杉木
	B	冷杉　速生杉木　速生马尾松　新西兰辐射松

表 4.2.1-2　阔叶树种木材适用的强度等级

强度等级	适　用　树　种
TB20	青冈　椆木　门格里斯木　卡普木　沉水稍克隆　绿心木　紫心木　李叶豆　塔特布木
TB17	栎木　达荷玛木　萨佩莱木　苦油树　毛罗藤黄
TB15	锥栗（栲木）　桦木　黄梅兰蒂　梅萨瓦木　水曲柳　红劳罗木
TB13	深红梅兰蒂　浅红梅兰蒂　白梅兰蒂　巴西红厚壳木
TB11	大叶椴　小叶椴

4.2.2　对尚未列入本规范表 4.2.1-1、表 4.2.1-2 的进口木材，由出口国提供该木材的物理力学指标及主要材性，由本规范管理机构按规定的程序确定其等级。

4.2.3　下列情况，本规范表 4.2.1-3 中的设计指标，尚应按下列规定进行调整：

1　当采用原木时，若验算部位未经切削，其顺纹抗压、抗弯强度设计值和弹性模量可提高 15%；

2　当构件矩形截面的短边尺寸不小于 150mm 时，其强度设计值可提高 10%；

3　当采用湿材时，各种木材的横纹承压强度设计值和弹性模量以及落叶松木材的抗弯强度设计值宜降低 10%。

表 4.2.1-3　木材的强度设计值和弹性模量（N/mm^2）

强度等级	组别	抗弯 f_m	顺纹抗压及承压 f_c	顺纹抗拉 f_t	顺纹抗剪 f_v	横纹承压 $f_{c,90}$			弹性模量 E
						全表面	局部表面和齿面	拉力螺栓垫板下	
TC17	A	17	16	10	1.7	2.3	3.5	4.6	10000
	B		15	9.5	1.6				
TC15	A	15	13	9.0	1.6	2.1	3.1	4.2	10000
	B		12	9.0	1.5				
TC13	A	13	12	8.5	1.5	1.9	2.9	3.8	10000
	B		10	8.0	1.4				9000
TC11	A	11	10	7.5	1.4	1.8	2.7	3.6	9000
	B		10	7.0	1.2				
TB20	—	20	18	12	2.8	4.2	6.3	8.4	12000
TB17	—	17	16	11	2.4	3.8	5.7	7.6	11000
TB15	—	15	14	10	2.0	3.1	4.7	6.2	10000
TB13	—	13	12	9.0	1.4	2.4	3.6	4.8	8000
TB11	—	11	10	8.0	1.3	2.1	3.2	4.1	7000

注：计算木构件端部（如接头处）的拉力螺栓垫板时，木材横纹承压强度设计值应按“局部表面和齿面”一栏的数值采用。

表 4.2.1-4　不同使用条件下木材强度设计值和弹性模量的调整系数

使　用　条　件	调　整　系　数	
	强度设计值	弹性模量
露天环境	0.9	0.85
长期生产性高温环境，木材表面温度达 40～50℃	0.8	0.8
按恒荷载验算时	0.8	0.8
用于木构筑物时	0.9	1.0
施工和维修时的短暂情况	1.2	1.0

注：1　当仅有恒荷载或恒荷载产生的内力超过全部荷载所产生的内力的 80% 时，应单独以恒荷载进行验算；

2　当若干条件同时出现时，表列各系数应连乘。

表 4.2.1-5　不同设计使用年限时木材强度设计值和弹性模量的调整系数

设计使用年限	调　整　系　数	
	强度设计值	弹性模量
5 年	1.1	1.1
25 年	1.05	1.05
50 年	1.0	1.0
100 年及以上	0.9	0.9

4.2.4 进口规格材应由本规范管理机构按规定的专门程序确定强度设计值和弹性模量。

4.2.5 本规范采用的木材名称及常用树种木材主要特性见本规范附录 G；主要进口木材现场识别要点及主要材性见本规范附录 H；机械分级规格材的设计值及已经确定的目测分级规格材的树种和设计值见本规范附录 J。

4.2.6 木材斜纹承压的强度设计值，可按下列公式确定：

当 $\alpha<10°$ 时

$$f_{c\alpha}=f_c \tag{4.2.6-1}$$

当 $10°<\alpha<90°$ 时

$$f_{c\alpha}=\left[\frac{f_c}{1+\left(\frac{f_c}{f_{c,90}}-1\right)\frac{\alpha-10°}{80°}\sin\alpha}\right] \tag{4.2.6-2}$$

式中 $f_{c\alpha}$——木材斜纹承压的强度设计值（N/mm²）；

α——作用力方向与木纹方向的夹角（°）。

木材斜纹承压强度设计值亦可根据 f_c、$f_{c,90}$ 和 α 数值从图 4.2.6 查得。

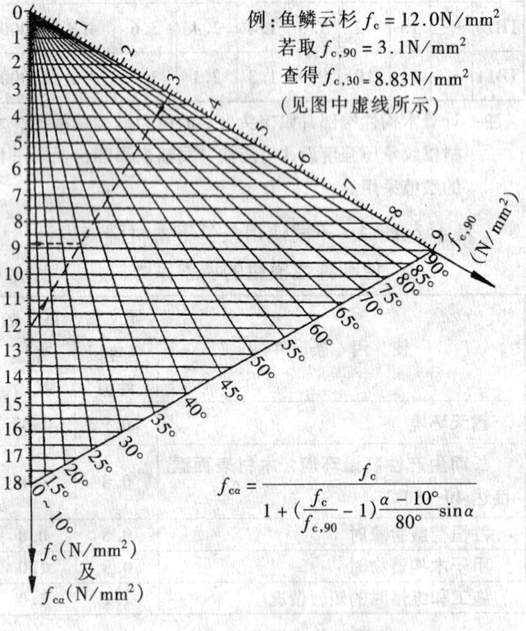

图 4.2.6 木材斜纹承压强度设计值

4.2.7 受弯构件的计算挠度，应满足表 4.2.7 的挠度限值。

表 4.2.7 受弯构件挠度限值

项 次	构件类别		挠度限值［ω］
1	檩 条	$l\leq3.3$m	1/200
		$l>3.3$m	1/250
2	椽 条		1/150
3	吊顶中的受弯构件		1/250
4	楼板梁和搁栅		1/250

注：表中，l——受弯构件的计算跨度。

4.2.8 验算桁架受压构件的稳定时，其计算长度 l_0 应按下列规定采用：

1 平面内：取节点中心间距；

2 平面外：屋架上弦取锚固檩条间的距离，腹杆取节点中心的距离；在杆系拱、框架及类似结构中的受压下弦，取侧向支撑点间的距离。

4.2.9 受压构件的长细比，不应超过表 4.2.9 规定的长细比限值。

表 4.2.9 受压构件长细比限值

项 次	构 件 类 别	长细比限值［λ］
1	结构的主要构件（包括桁架的弦杆、支座处的竖杆或斜杆以及承重柱等）	120
2	一般构件	150
3	支撑	200

4.2.10 原木构件沿其长度的直径变化率，可按每米 9mm（或当地经验数值）采用。验算挠度和稳定时，可取构件的中央截面，验算抗弯强度时，可取最大弯矩处的截面。

注：标注原木直径时，应以小头为准。

4.2.11 承重木结构中的钢构件部分，应按国家标准《钢结构设计规范》GB 50017 采用。

4.2.12 当采用两根圆钢共同受拉时，宜将钢材的强度设计值乘以 0.85 的调整系数。

对圆钢拉杆验算螺纹部分的净截面受拉，其强度设计值应按国家标准《钢结构设计规范》GB 50017 采用。

5 木结构构件计算

5.1 轴心受拉和轴心受压构件

5.1.1 轴心受拉构件的承载能力，应按下式验算：

$$\frac{N}{A_n}\leq f_t \tag{5.1.1}$$

式中 f_t——木材顺纹抗拉强度设计值（N/mm²）；

N——轴心受拉构件拉力设计值（N）；

A_n——受拉构件的净截面面积（mm²）。计算 A_n 时应扣除分布在 150mm 长度上的缺孔投影面积。

5.1.2 轴心受压构件的承载能力，应按下列公式验算：

1 按强度验算

$$\frac{N}{A_n}\leq f_c \tag{5.1.2-1}$$

2 按稳定验算

$$\frac{N}{\varphi A_0}\leq f_c \tag{5.1.2-2}$$

式中　f_c——木材顺纹抗压强度设计值（N/mm^2）；

N——轴心受压构件压力设计值（N）；

A_n——受压构件的净截面面积（mm^2）；

A_0——受压构件截面的计算面积（mm^2），按本规范第 5.1.3 条确定；

φ——轴心受压构件稳定系数，按本规范第 5.1.4 条确定。

5.1.3　按稳定验算时受压构件截面的计算面积，应按下列规定采用：

1　无缺口时，取

$$A_0=A$$

式中　A——受压构件的全截面面积（mm^2）；

2　缺口不在边缘时（图 5.1.3a），取 $A_0=0.9A$；

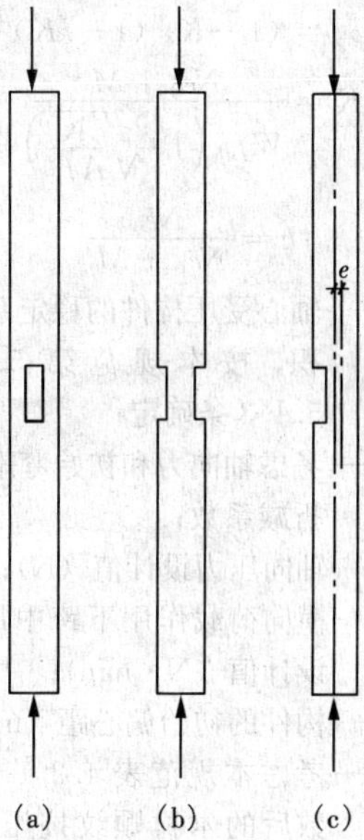

图 5.1.3　受压构件缺口

3　缺口在边缘且为对称时（图 5.1.3b），取 $A_0=A_n$；

4　缺口在边缘但不对称时（图 5.1.3c），应按偏心受压构件计算；

5　验算稳定时，螺栓孔可不作为缺口考虑。

5.1.4　轴心受压构件的稳定系数，应根据不同树种的强度等级按下列公式计算：

1　树种强度等级为 TC17、TC15 及 TB20：

当 $\lambda\leqslant75$ 时

$$\varphi=\frac{1}{1+\left(\frac{\lambda}{80}\right)^2} \qquad (5.1.4\text{-}1)$$

当 $\lambda>75$ 时

$$\varphi=\frac{3000}{\lambda^2} \qquad (5.1.4\text{-}2)$$

2　树种强度等级为 TC13、TC11、TB17、TB15、TB13 及 TB11：

当 $\lambda\leqslant91$ 时

$$\varphi=\frac{1}{1+\left(\frac{\lambda}{65}\right)^2} \qquad (5.1.4\text{-}3)$$

当 $\lambda>91$ 时

$$\varphi=\frac{2800}{\lambda^2} \qquad (5.1.4\text{-}4)$$

式中　φ——轴心受压构件的稳定系数；

λ——构件的长细比，按本规范第 5.1.5 条确定。

轴心受压构件稳定系数亦可根据不同的树种强度等级与木构件的长细比从本规范附录 K 的附表中查得。

5.1.5　构件的长细比，不论构件截面上有无缺口，均应按下列公式计算：

$$\lambda=\frac{l_0}{i} \qquad (5.1.5\text{-}1)$$

$$i=\sqrt{\frac{I}{A}} \qquad (5.1.5\text{-}2)$$

式中　l_0——受压构件的计算长度（mm）；

i——构件截面的回转半径（mm）；

I——构件的全截面惯性矩（mm^4）；

A——构件的全截面面积（mm^2）。

受压构件的计算长度，应按实际长度乘以下列系数：

两端铰接	1.0
一端固定，一端自由	2.0
一端固定，一端铰接	0.8

5.2　受 弯 构 件

5.2.1　受弯构件的抗弯承载能力，应按下式验算：

$$\frac{M}{W_n}\leqslant f_m \qquad (5.2.1)$$

式中　f_m——木材抗弯强度设计值（N/mm^2）；

M——受弯构件弯矩设计值（N·mm）；

W_n——受弯构件的净截面抵抗矩（mm^3）。

当需验算受弯构件的侧向稳定时，应按本规范附录 L 的规定计算。

5.2.2　受弯构件的抗剪承载能力，应按下式验算：

$$\frac{VS}{Ib}\leqslant f_v \qquad (5.2.2)$$

式中　f_v——木材顺纹抗剪强度设计值（N/mm^2）；

V——受弯构件剪力设计值（N），按本规范第 5.2.3 条确定；

I——构件的全截面惯性矩（mm^4）；

b——构件的截面宽度（mm）；

S——剪切面以上的截面面积对中性轴的面积矩（mm^3）。

5.2.3　荷载作用在梁的顶面，计算受弯构件的剪力 V 值时，可不考虑在距离支座等于梁截面高度的范围内的所有荷载的作用。

5.2.4　受弯构件应注意减小切口引起的应力集中。

宜采用逐渐变化的锥形切口，而不宜采用直角形切口。

简支梁支座处受拉边的切口深度，锯材不应超过梁截面高度的1/4；层板胶合材不应超过梁截面高度的1/10。

有可能出现负弯矩的支座处及其附近区域不应设置切口。

5.2.5 矩形截面受弯构件支座处受拉面有切口时，实际的抗剪承载能力，应按下式验算：

$$\frac{3V}{2bh_n}\left(\frac{h}{h_n}\right)\leqslant f_v \quad (5.2.5)$$

式中 f_v——木材顺纹抗剪强度设计值（N/mm^2）；

b——构件的截面宽度（mm）；

h——构件的截面高度（mm）；

h_n——受弯构件在切口处净截面高度（mm）；

V——按建筑力学方法确定的剪力设计值（N），不考虑本规范第5.2.3条规定。

5.2.6 受弯构件的挠度，应按下式验算：

$$w\leqslant[w] \quad (5.2.6)$$

式中 $[w]$——受弯构件的挠度限值（mm），按本规范表4.2.7采用；

w——构件按荷载效应的标准组合计算的挠度（mm）。

5.2.7 双向受弯构件，应按下列公式验算：

1 按承载能力验算

$$\sigma_{mx}+\sigma_{my}\leqslant f_m \quad (5.2.7\text{-}1)$$

2 按挠度验算

$$w=\sqrt{w_x^2+w_y^2}\leqslant[w] \quad (5.2.7\text{-}2)$$

式中 σ_{mx}、σ_{my}——对构件截面 x 轴、y 轴的弯曲应力设计值（N/mm^2）；

w_x、w_y——荷载效应的标准组合计算的对构件截面 x 轴、y 轴方向的挠度（mm）。

对构件截面 x 轴、y 轴的弯曲应力设计值，按下列公式计算：

$$\sigma_{mx}=\frac{M_x}{W_{nx}} \quad (5.2.7\text{-}3)$$

$$\sigma_{my}=\frac{M_y}{W_{ny}} \quad (5.2.7\text{-}4)$$

式中 M_x、M_y——对构件截面 x 轴、y 轴产生的弯矩设计值（N·mm）；

W_{nx}、W_{ny}——构件截面沿 x 轴、y 轴的净截面抵抗矩（mm^3）。

5.3 拉弯和压弯构件

5.3.1 拉弯构件的承载能力，应按下式验算：

$$\frac{N}{A_n f_t}+\frac{M}{W_n f_m}\leqslant 1 \quad (5.3.1)$$

式中 N、M——轴向拉力设计值（N）、弯矩设计值（N·mm）；

A_n、W_n——按本规范第5.1.1条计算的构件净截面面积（mm^2）、净截面抵抗矩（mm^3）；

f_t、f_m——木材顺纹抗拉强度设计值、抗弯强度设计值（N/mm^2）。

5.3.2 压弯构件及偏心受压构件的承载能力，应按下列公式验算：

1 按强度验算

$$\frac{N}{A_n f_c}+\frac{M}{W_n f_m}\leqslant 1 \quad (5.3.2\text{-}1)$$

$$M=Ne_0+M_0 \quad (5.3.2\text{-}2)$$

2 按稳定验算

$$\frac{N}{\varphi\varphi_m A_0}\leqslant f_c \quad (5.3.2\text{-}3)$$

$$\varphi_m=(1-K)^2(1-kK) \quad (5.3.2\text{-}4)$$

$$K=\frac{Ne_0+M_0}{Wf_m\left(1+\sqrt{\frac{N}{Af_c}}\right)} \quad (5.3.2\text{-}5)$$

$$k=\frac{Ne_0}{Ne_0+M_0} \quad (5.3.2\text{-}6)$$

式中 φ、A_0——轴心受压构件的稳定系数、计算面积，按本规范第5.1.4条和第5.1.3条确定；

φ_m——考虑轴向力和初始弯矩共同作用的折减系数；

N——轴向压力设计值（N）；

M_0——横向荷载作用下跨中最大初始弯矩设计值（N·mm）；

e_0——构件的初始偏心距（mm）；

f_c、f_m——考虑本规范表4.2.1-4所列调整系数后的木材顺纹抗压强度设计值、抗弯强度设计值（N/mm^2）。

5.3.3 当需验算压弯构件或偏心受压构件弯矩作用平面外的侧向稳定性时，应按下式验算：

$$\frac{N}{\varphi_y A_0 f_c}+\left(\frac{M}{\varphi_l W f_m}\right)^2\leqslant 1 \quad (5.3.3)$$

式中 φ_y——轴心压杆在垂直于弯矩作用平面 y-y 方向按长细比 λ_y 确定的轴心压杆稳定系数，按本规范第5.1.4条确定；

φ_l——受弯构件的侧向稳定系数，按本规范附录L确定；

N、M——轴向压力设计值（N）、弯曲平面内的弯矩设计值（N·mm）；

W——构件全截面抵抗矩（mm^3）。

6 木结构连接计算

6.1 齿 连 接

6.1.1 齿连接可采用单齿（图6.1.1-1）或双齿（图

6.1.1-2）的形式，并应符合下列规定：

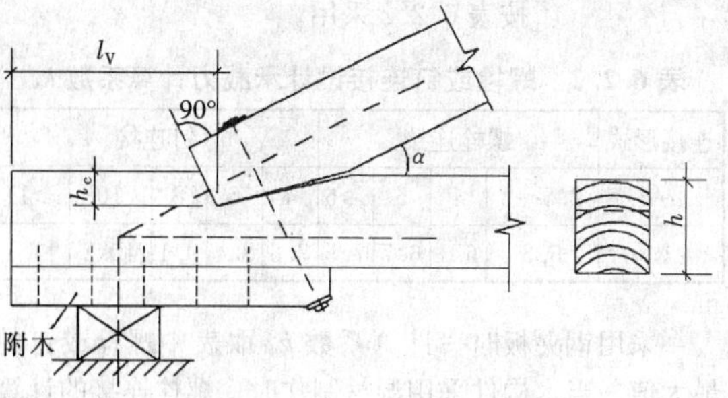

图 6.1.1-1　单齿连接

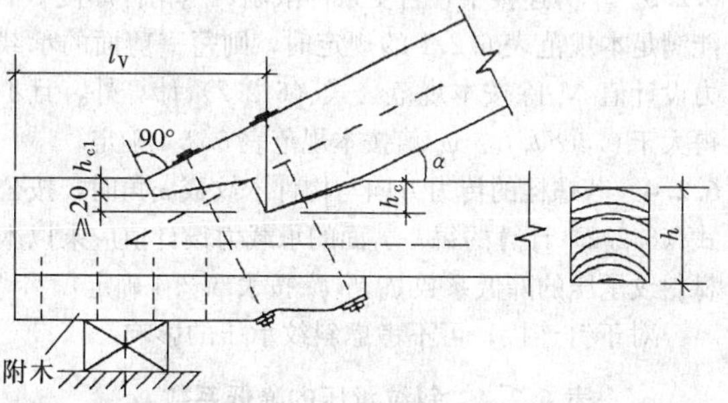

图 6.1.1-2　双齿连接

1　齿连接的承压面，应与所连接的压杆轴线垂直；

2　单齿连接应使压杆轴线通过承压面中心；

3　木桁架支座节点的上弦轴线和支座反力的作用线，当采用方木或板材时，宜与下弦净截面的中心线交汇于一点；当采用原木时，可与下弦毛截面的中心线交汇于一点，此时，刻齿处的截面可按轴心受拉验算；

4　齿连接的齿深，对于方木不应小于 20mm；对于原木不应小于 30mm；

桁架支座节点齿深不应大于 $h/3$，中间节点的齿深不应大于 $h/4$（h 为沿齿深方向的构件截面高度）；

双齿连接中，第二齿的齿深 h_c 应比第一齿的齿深 h_{c1} 至少大 20mm。单齿和双齿第一齿的剪面长度不应小于 4.5 倍齿深；

当采用湿材制作时，木桁架支座节点齿连接的剪面长度应比计算值加长 50mm。

6.1.2　单齿连接应按下列公式验算：

1　按木材承压

$$\frac{N}{A_c} \leqslant f_{c\alpha} \tag{6.1.2-1}$$

式中　$f_{c\alpha}$——木材斜纹承压强度设计值（N/mm^2），按本规范第 4.2.6 条确定；

N——作用于齿面上的轴向压力设计值（N）；

A_c——齿的承压面面积（mm^2）。

2　按木材受剪

$$\frac{V}{l_v b_v} \leqslant \psi_v f_v \tag{6.1.2-2}$$

式中　f_v——木材顺纹抗剪强度设计值（N/mm^2）；

V——作用于剪面上的剪力设计值（N）；

l_v——剪面计算长度（mm），其取值不得大于齿深 h_c 的 8 倍；

b_v——剪面宽度（mm）；

ψ_v——沿剪面长度剪应力分布不匀的强度降低系数，按表 6.1.2 采用。

表 6.1.2　单齿连接抗剪强度降低系数

l_v/h_c	4.5	5	6	7	8
ψ_v	0.95	0.89	0.77	0.70	0.64

6.1.3　双齿连接的承压，按本规范公式（6.1.2-1）验算，但其承压面面积应取两个齿承压面面积之和。

双齿连接的受剪，仅考虑第二齿剪面的工作，按本规范公式（6.1.2-2）计算，并符合下列规定：

1　计算受剪应力时，全部剪力 V 应由第二齿的剪面承受；

2　第二齿剪面的计算长度 l_v 的取值，不得大于齿深 h_c 的 10 倍；

3　双齿连接沿剪面长度剪应力分布不匀的强度降低系数 ψ_v 值应按表 6.1.3 采用。

表 6.1.3　双齿连接抗剪强度降低系数

l_v/h_c	6	7	8	10
ψ_v	1.00	0.93	0.85	0.71

6.1.4　桁架支座节点采用齿连接时，必须设置保险螺栓，但不考虑保险螺栓与齿的共同工作。保险螺栓应与上弦轴线垂直。保险螺栓应按本规范第 4.1.9 条进行净截面抗拉验算，所承受的轴向拉力应由下式确定：

$$N_b = N\mathrm{tg}\,(60° - \alpha) \tag{6.1.4}$$

式中　N_b——保险螺栓所承受的轴向拉力（N）；

N——上弦轴向压力的设计值（N）；

α——上弦与下弦的夹角（°）。

保险螺栓的强度设计值应乘以 1.25 的调整系数。

双齿连接宜选用两个直径相同的保险螺栓（图 6.1.1-2），但不考虑本规范第 4.2.12 条的调整系数。

木桁架下弦支座应设置附木，并与下弦用钉钉牢。钉子数量可按构造布置确定。附木截面宽度与下弦相同，其截面高度不小于 $h/3$（h 为下弦截面高度）。

6.2　螺栓连接和钉连接

6.2.1　螺栓连接和钉连接中可采用双剪连接（图

6.2.1-1）或单剪连接（图 6.2.1-2）。连接木构件的最小厚度，应符合表 6.2.1 的规定。

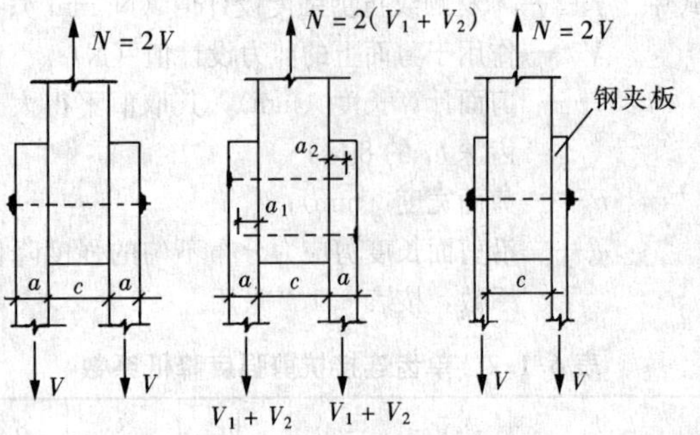

图 6.2.1-1　双剪连接

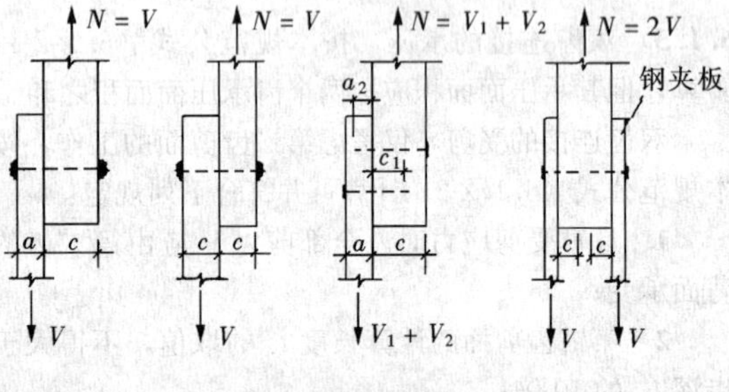

图 6.2.1-2　单剪连接

表 6.2.1　螺栓连接和钉连接中木构件的最小厚度

连接形式	螺栓连接		钉连接
	$d<18$mm	$d\geqslant18$mm	
双剪连接（图 6.2.1-1）	$c\geqslant5d$ $a\geqslant2.5d$	$c\geqslant5d$ $a\geqslant4d$	$c\geqslant8d$ $a\geqslant4d$
单剪连接（图 6.2.1-2）	$c\geqslant7d$ $a\geqslant2.5d$	$c\geqslant7d$ $a\geqslant4d$	$c\geqslant10d$ $a\geqslant4d$

注：表中 c——中部构件的厚度或单剪连接中较厚构件的厚度；

a——边部构件的厚度或单剪连接中较薄构件的厚度；

d——螺栓或钉的直径。

对于钉连接，表 6.2.1 中木构件厚度 a 或 c 值，应取钉在该构件中的实际有效长度。在未被钉穿的构件中，计算钉的实际有效长度时，应扣去钉尖长度（按 $1.5d$ 计）。若钉尖穿出最后构件的表面，则该构件计算厚度也应减少 $1.5d$。

6.2.2　木构件最小厚度符合本规范表 6.2.1 的规定时，螺栓连接或钉连接顺纹受力的每一剪面的设计承载力应按下式确定：

$$N_v=k_v d^2\sqrt{f_c} \quad (6.2.2)$$

式中　N_v——螺栓或钉连接每一剪面的承载力设计值（N）；

f_c——木材顺纹承压强度设计值（N/mm²）；

d——螺栓或钉的直径（mm）；

k_v——螺栓或钉连接设计承载力计算系数，按表 6.2.2 采用。

表 6.2.2　螺栓或钉连接设计承载力计算系数 k_v

连接形式	螺栓连接				钉连接				
a/d	2.5～3	4	5	≥6	4	6	8	10	≥11
k_v	5.5	6.1	6.7	7.5	7.6	8.4	9.1	10.2	11.1

采用钢夹板时，计算系数 k_v 取表中螺栓或钉的最大值。当木构件采用湿材制作时，螺栓连接的计算系数 k_v 不应大于 6.7。

6.2.3　单剪连接中，若受条件限制，木构件厚度 c 不能满足本规范表 6.2.1 的规定时，则每一剪面的承载力设计值 N_v 除按本规范公式（6.2.2）计算外，且不得大于 $0.3cd\psi_\alpha^2 f_c$。ψ_α 值按本规范表 6.2.4 确定。

6.2.4　若螺栓的传力方向与构件木纹成 α 角时，按公式（6.2.2）计算的每一剪面的承载力设计值应乘以木材斜纹承压的降低系数 ψ_α，（ψ_α 按表 6.2.4 确定）。

对于钉连接，可不考虑斜纹承压的影响。

表 6.2.4　斜纹承压的降低系数 ψ_α

角度 α（°）	螺栓直径（mm）					
	12	14	16	18	20	22
≤10	1	1	1	1	1	1
$10<\alpha<80$	1～0.84	1～0.81	1～0.78	1～0.75	1～0.73	1～0.71
≥80	0.84	0.81	0.78	0.75	0.73	0.71

注：α 在 10°和 80°之间时，按线性插入法确定。

6.2.5　螺栓的排列，可按两纵行齐列（图 6.2.5-1）或两纵行错列（图 6.2.5-2）布置，并应符合下列规定：

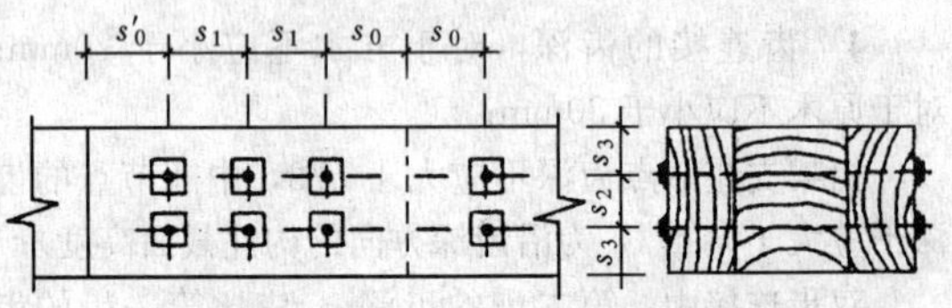

图 6.2.5-1　两纵行齐列

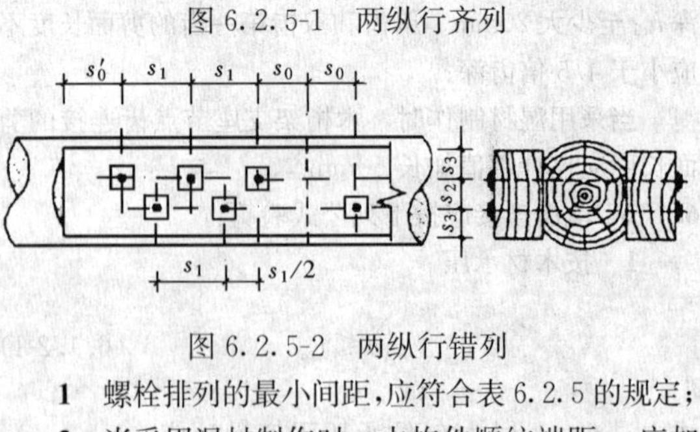

图 6.2.5-2　两纵行错列

1　螺栓排列的最小间距，应符合表 6.2.5 的规定；

2　当采用湿材制作时，木构件顺纹端距 s_0 应加长 70mm；

3　当构件成直角相交且力的方向不变时，螺栓排列的横纹最小边距：受力边不小于 $4.5d$；非受力边不小于 $2.5d$（图 6.2.5-3）；

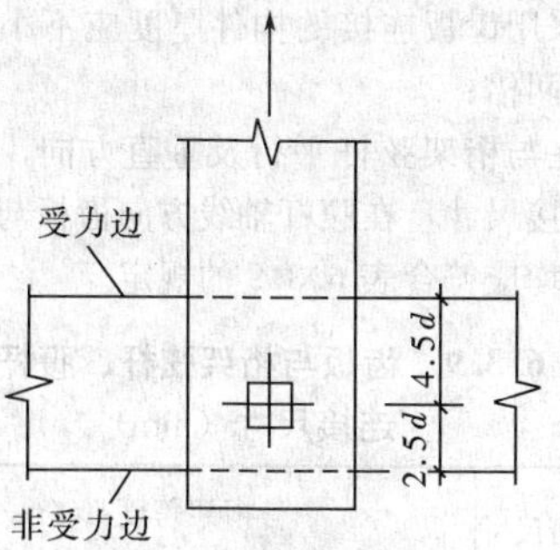

图 6.2.5-3　横纹受力时螺栓排列

4　当采用钢夹板时，钢板上的端距 s_0 取螺栓直径的 2 倍；边距 s_3 取螺栓直径的 1.5 倍。

表 6.2.5　螺栓排列的最小间距

构造特点	顺纹			横纹	
	端距		中距	边距	中距
	s_0	s'_0	s_1	s_3	s_2
两纵行齐列	7d		7d	3d	3.5d
两纵行错列			10d		2.5d

注：d——螺栓直径。

6.2.6　钉的排列，可采用齐列、错列或斜列（图 6.2.6）布置，其最小间距应符合表 6.2.6 的规定。对于软质阔叶材，其顺纹中距和端距应按表中规定增加 25%；对于硬质阔叶材和落叶松，采用钉连接应预先钻孔，若无法预先钻孔，则不应采用钉连接。

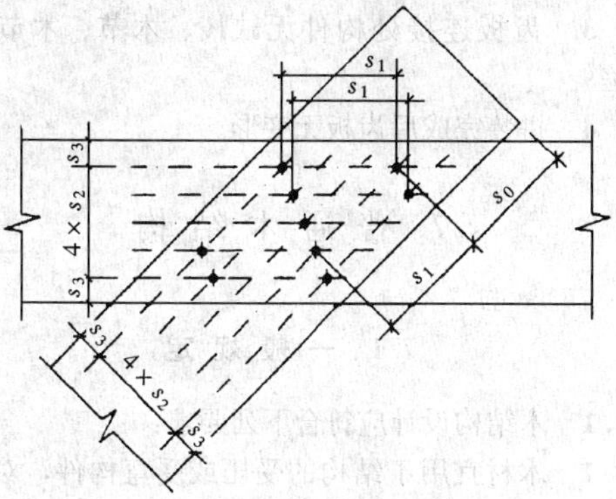

图 6.2.6　钉连接的斜列布置

在一个节点中，不得少于两颗钉。

表 6.2.6　钉排列的最小间距

a	顺纹		横纹		
	中距	端距	中距 s_2		边距
	s_1	s_0	齐列	错列或斜列	s_3
$a\geqslant10d$	15d				
$10d>a>4d$	取插入值	15d	4d	3d	4d
$a=4d$	25d				

注：d——钉的直径；

a——构件被钉穿的厚度（见本规范图 6.2.1-1 和图 6.2.1-2）。

6.3　齿板连接

6.3.1　齿板连接适用于轻型木结构建筑中规格材桁架的节点及受拉杆件的接长。处于腐蚀环境、潮湿或有冷凝水环境的木桁架不应采用齿板连接。齿板不得用于传递压力。

6.3.2　齿板应由镀锌薄钢板制作。镀锌应在齿板制造前进行，镀锌层重量不低于 275g/m^2。钢板可采用 Q235 碳素结构钢和 Q345 低合金高强度结构钢，其质量应符合国家标准《碳素结构钢》GB 700 和《低合金高强度结构钢》GB/T 1591 的规定。当有可靠依据时，也可采用其他型号的钢材。

6.3.3　齿板连接应按下列规定进行验算：

1　按承载能力极限状态荷载效应的基本组合验算齿板连接的板齿承载力、齿板受拉承载力、齿板受剪承载力和剪—拉复合承载力；

2　按正常使用极限状态标准组合验算板齿的抗滑移承载力。

6.3.4　板齿设计承载力应按下式计算：

$$N_r = n_r k_h A \qquad (6.3.4\text{-}1)$$

式中　n_r——齿承载力设计值（N/mm^2）。按本规范附录 M 确定；

A——齿板表面净面积（mm^2）。是指用齿板覆盖的构件面积减去相应端距 a 及边距 e 内的面积（图 6.3.4）。端距 a 应平行于木纹量测，并取 12mm 或 1/2 齿长的较大者。边距 e 应垂直于木纹量测，并取 6mm 或 1/4 齿长的较大者。

k_h——桁架支座节点弯矩系数。

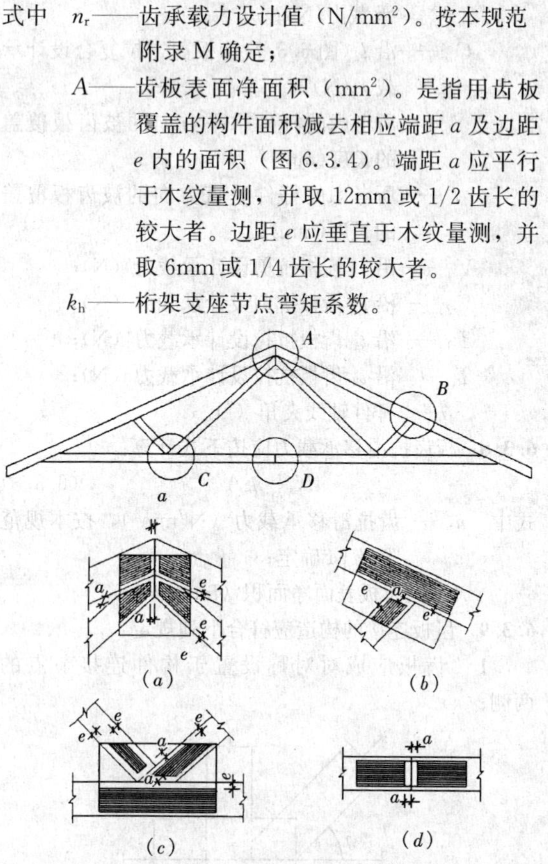

图 6.3.4　齿板的端距和边距

桁架支座节点弯矩影响系数 k_h，可按下列公式计算：

$$k_h = 0.85 - 0.05\,(12\text{tg}\alpha - 2.0) \qquad (6.3.4\text{-}2)$$

$$0.65 \leqslant k_h \leqslant 0.85$$

式中 α——桁架支座处上下弦间夹角。

6.3.5 齿板受拉设计承载力应按下式计算。

$$T_t = t_r b_t \quad (6.3.5)$$

式中 b_t——垂直于拉力方向的齿板截面宽度（mm）；

t_r——齿板受拉承载力设计值（N/mm），按本规范附录M确定。

6.3.6 齿板受剪设计承载力应按下式计算：

$$V_r = \gamma_r b_v \quad (6.3.6)$$

式中 b_v——平行于剪力方向的齿板受剪截面宽度（mm）；

γ_r——齿板受剪承载力设计值（N/mm），按本规范附录M确定。

6.3.7 齿板剪—拉复合设计承载力应按下列公式计算：

$$C_r = C_{r1} l_1 + C_{r2} l_2 \quad (6.3.7\text{-}1)$$

$$C_{r1} = V_{r1} + \frac{\theta}{90}(T_{r1} - V_{r1}) \quad (6.3.7\text{-}2)$$

$$C_{r2} = V_{r2} + \frac{\theta}{90}(T_{r2} - V_{r2}) \quad (6.3.7\text{-}3)$$

式中 C_{r1}——沿 l_1(图6.3.7)齿板剪—拉复合设计承载力(N)；

C_{r2}——沿 l_2(图6.3.7)齿板剪—拉复合设计承载力(N)；

l_1——所考虑的杆件水平方向的被齿板覆盖的长度(mm)；

l_2——所考虑的杆件垂直方向的被齿板覆盖的长度(mm)；

V_{r1}——沿 l_1 齿板抗剪设计承载力（N）；

V_{r2}——沿 l_2 齿板抗剪设计承载力（N）；

T_{r1}——沿 l_1 齿板抗拉设计承载力（N）；

T_{r2}——沿 l_2 齿板抗拉设计承载力（N）；

θ——杆件轴线夹角（°）。

6.3.8 板齿抗滑移承载力应按下式计算：

$$N_s = n_s A \quad (6.3.8)$$

式中 n_s——齿抗滑移承载力（N/mm^2），按本规范附录M确定；

A——齿板表面净面积（mm^2）。

6.3.9 齿板连接的构造应符合下列规定：

1 齿板应成对对称设置于构件连接节点的两侧；

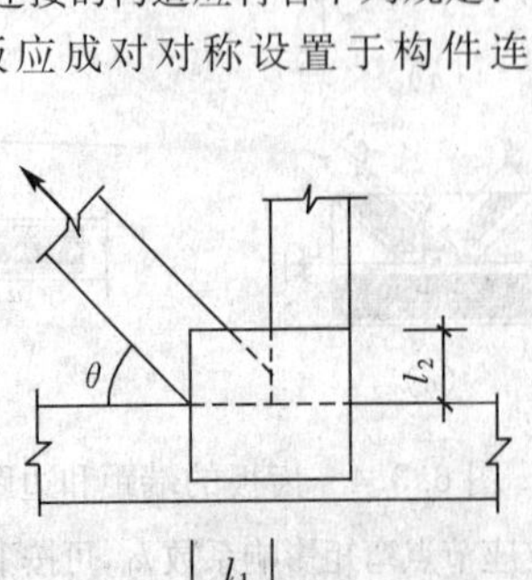

图6.3.7 齿板剪—拉复合受力

2 采用齿板连接的构件厚度应不小于齿嵌入构件深度的两倍；

3 在与桁架弦杆平行及垂直方向，齿板与弦杆的最小连接尺寸，在腹杆轴线方向齿板与腹杆的最小连接尺寸均应符合表6.3.9的规定。

表6.3.9 齿板与桁架弦杆、腹杆最小连接尺寸（mm）

规格材截面尺寸（mm×mm）	桁架跨度 L（m）		
	$L \leqslant 12$	$12 < L \leqslant 18$	$18 < L \leqslant 24$
40×65	40	45	—
40×90	40	45	50
40×115	40	45	50
40×140	40	50	60
40×185	50	60	65
40×235	65	70	75
40×285	75	75	85

6.3.10 齿板连接的构件制作应在工厂进行，并应符合下列要求：

1 板齿应与构件表面垂直；

2 板齿嵌入构件的深度应不小于板齿承载力试验时板齿嵌入试件的深度；

3 齿板连接处构件无缺棱、木节、木节孔等缺陷；

4 拼装完成后齿板无变形。

7 普通木结构

7.1 一般规定

7.1.1 木结构设计应符合下列要求：

1 木材宜用于结构的受压或受弯构件，对于在干燥过程中容易翘裂的树种木材（如落叶松、云南松等），当用作桁架时，宜采用钢下弦；若采用木下弦，对于原木，其跨度不宜大于15m，对于方木不应大于12m，且应采取有效防止裂缝危害的措施；

2 应积极创造条件采用胶合木构件或胶合木结构；

3 木屋盖宜采用外排水，若必须采用内排水时，不应采用木制天沟；

4 必须采取通风和防潮措施，以防木材腐朽和虫蛀；

5 合理地减少构件截面的规格，以符合工业化生产的要求；

6 应保证木结构特别是钢木桁架在运输和安装

过程中的强度、刚度和稳定性，必要时应在施工图中提出注意事项；

7 地震区设计木结构，在构造上应加强构件之间、结构与支承物之间的连接，特别是刚度差别较大的两部分或两个构件（如屋架与柱、檩条与屋架、木柱与基础等）之间的连接必须安全可靠。

7.1.2 在可能造成风灾的台风地区和山区风口地段，木结构的设计，应采取有效措施，以加强建筑物的抗风能力。尽量减小天窗的高度和跨度；采用短出檐或封闭出檐；瓦面（特别在檐口处）宜加压砖或座灰；山墙采用硬山；檩条与桁架（或山墙）、桁架与墙（或柱）、门窗框与墙体等的连接均应采取可靠锚固措施。

7.1.3 抗震设防烈度为8度和9度地区设计木结构建筑，根据需要，可采用隔震、消能设计。

7.1.4 在结构的同一节点或接头中有两种或多种不同的连接方式时，计算时应只考虑一种连接传递内力，不得考虑几种连接的共同工作。

7.1.5 杆系结构中的木构件，当有对称削弱时，其净截面面积不应小于构件毛截面面积的50%；当有不对称削弱时，其净截面面积不应小于构件毛截面面积的60%。

在受弯构件的受拉边，不得打孔或开设缺口。

7.1.6 圆钢拉杆和拉力螺栓的直径，应按计算确定，但不宜小于12mm。

圆钢拉杆和拉力螺栓的方形钢垫板尺寸，可按下列公式计算：

1 垫板面积（mm^2）

$$A=\frac{N}{f_{c\alpha}} \tag{7.1.6-1}$$

2 垫板厚度（mm）

$$t=\sqrt{\frac{N}{2f}} \tag{7.1.6-2}$$

式中 N——轴心拉力设计值（N）；

$f_{c\alpha}$——木材斜纹承压强度设计值（N/mm^2），根据轴心拉力 N 与垫板下木构件木纹方向的夹角，按本规范第4.2.6条的规定确定；

f——钢材抗弯强度设计值（N/mm^2）。

系紧螺栓的钢垫板尺寸可按构造要求确定，其厚度不宜小于0.3倍螺栓直径，其边长不应小于3.5倍螺栓直径。当为圆形垫板时，其直径不应小于4倍螺栓直径。

7.1.7 桁架的圆钢下弦、三角形桁架跨中竖向钢拉杆、受振动荷载影响的钢拉杆以及直径等于或大于20mm的钢拉杆和拉力螺栓，都必须采用双螺帽。

木结构的钢材部分，应有防锈措施。

7.1.8 在房屋或构筑物建成后，应按本规范附录D对木结构进行检查和维护。对于用湿材或新利用树种木材制作的木结构，必须加强使用前和使用后的第1～2年内的检查和维护工作。

7.2 屋面木基层和木梁

7.2.1 屋面木基层中的主要受弯构件，其承载力应按下列两种荷载组合进行验算，而挠度应按第1种荷载组合验算。

1 恒荷载和活荷载（或恒荷载和雪荷载）；

2 恒荷载和一个1.0kN施工集中荷载。

在第2种荷载作用下，进行施工或维修阶段承载能力验算时，木材强度设计值应乘以本规范表4.2.1-4的调整系数。

注：密铺屋面板，其计算宽度可按300mm考虑。

7.2.2 对设有锻锤或其他较大振动设备的房屋，屋面宜设置屋面板。

7.2.3 方木檩条宜正放，其截面高宽比不宜大于2.5。当方木檩条斜放时，其截面高宽比不宜大于2，并应按双向受弯构件进行计算。若有可靠措施以消除或减少沿屋面方向的弯矩和挠度时，可根据采取措施后的情况进行计算。

当采用钢木檩条时，应采取措施保证受拉钢筋下弦折点处的侧向稳定。

椽条在屋脊处应相互连接牢固。

7.2.4 抗震设防烈度为8度和9度地区屋面木基层抗震设计，应符合下列规定：

1 采用斜放檩条并设置密铺屋面板，檐口瓦应与挂瓦条扎牢；

2 檩条必须与屋架连牢，双脊檩应相互拉结，上弦节点处的檩条应与屋架上弦用螺栓连接；

3 支承在山墙上的檩条，其搁置长度不应小于120mm，节点处檩条应与山墙卧梁用螺栓锚固。

7.2.5 木梁宜采用原木、方木或胶合木制作。若有设计经验，也可采用其他木基材制作。

木梁在支座处应设置防止其侧倾的侧向支承和防止其侧向位移的可靠锚固。

当采用方木梁时，其截面高宽比一般不宜大于4，高宽比大于4的木梁应采取保证侧向稳定的必要措施。

当采用胶合木梁时，应符合胶合木梁的有关要求。

7.3 桁 架

7.3.1 桁架选型可根据具体条件确定，并宜采用静定的结构体系。当桁架跨度较大或使用湿材时，应采用钢木桁架；对跨度较大的三角形原木桁架，宜采用不等节间的桁架形式。

采用木檩条时，桁架间距不宜大于4m；采用钢木檩条或胶合木檩条时，桁架间距不宜大于6m。

7.3.2 桁架中央高度与跨度之比，不应小于表

7.3.2 规定的数值。

表 7.3.2 桁架最小高跨比

序 号	桁 架 类 型	h/l
1	三角形木桁架	1/5
2	三角形钢木桁架；平行弦木桁架；弧形、多边形和梯形木桁架	1/6
3	弧形、多边形和梯形钢木桁架	1/7

注：h——桁架中央高度；

l——桁架跨度。

7.3.3 桁架制作应按其跨度的 1/200 起拱。

7.3.4 设计木桁架时，其构造应符合下列要求：

1 受拉下弦接头应保证轴心传递拉力；下弦接头不宜多于两个；接头应锯平对正，宜采用螺栓和木夹板连接；

采用螺栓夹板（木夹板或钢夹板）连接时，接头每端的螺栓数由计算确定，但不宜少于 6 个，且不应排成单行；当采用木夹板时，应选用优质的气干木材制作，其厚度不应小于下弦宽度的 1/2；若桁架跨度较大，木夹板的厚度不宜小于 100mm；当采用钢夹板时，其厚度不应小于 6mm；

2 桁架上弦的受压接头应设在节点附近，并不宜设在支座节间和脊节间内；受压接头应锯平，可用木夹板连接，但接缝每侧至少应有两个螺栓系紧；木夹板的厚度宜取上弦宽度的 1/2，长度宜取上弦宽度的 5 倍；

3 支座节点采用齿连接时，应使下弦的受剪面避开髓心（图 7.3.4），并应在施工图中注明此要求。

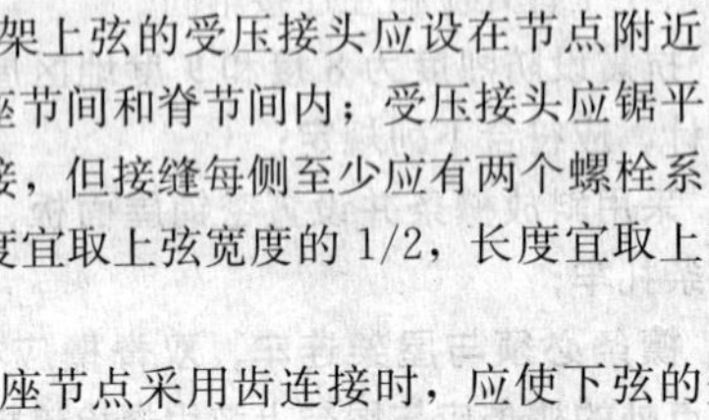

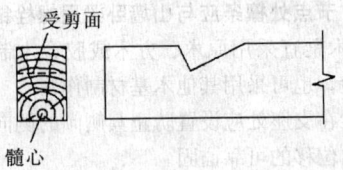

图 7.3.4 受剪面避开髓心示意图

7.3.5 钢木桁架的下弦，可采用圆钢或型钢。当跨度较大或有振动影响时，宜采用型钢。圆钢下弦应设有调整松紧的装置。

当下弦节点间距大于 250d（d 为圆钢直径）时，应对圆钢下弦拉杆设置吊杆。

杆端有螺纹的圆钢拉杆，当直径大于 22mm 时，宜将杆端加粗（如焊接一段较粗的短圆钢），其螺纹应由车床加工。

圆钢应经调直，需接长时宜采用对接焊或双帮条焊，不得采用搭接焊。焊接接头的质量应符合国家现行有关标准的规定。

7.3.6 当桁架上设有悬挂吊车时，吊点应设在桁架节点处；腹杆与弦杆应采用螺栓或其他连接件扣紧；支撑杆件与桁架弦杆应采用螺栓连接；当为钢木桁架时，应采用型钢下弦。

7.3.7 当有吊顶时，桁架下弦与吊顶构件间应保持不小于 100mm 的净距。

7.3.8 抗震设防烈度为 8 度和 9 度地区的屋架抗震设计，应符合下列规定：

1 钢木屋架宜采用型钢下弦，屋架的弦杆与腹杆宜用螺栓系紧，屋架中所有的圆钢拉杆和拉力螺栓，均应采用双螺帽；

2 屋架端部必须用不小于 Φ20 的锚栓与墙、柱锚固。

7.4 天 窗

7.4.1 天窗包括单面天窗和双面天窗。当设置双面天窗时，天窗架的跨度不应大于屋架跨度的 1/3。

单面天窗的立柱应设置在屋架的节点部位；双面天窗的荷载宜由屋脊节点及其相邻的上弦节点共同承担，并应设置斜杆与屋架上弦连接，以保证其平面内的稳定。

在房屋两端开间内不宜设置天窗。

天窗的立柱，应与桁架上弦牢固连接。当采用通长木夹板时，夹板不宜与桁架下弦直接连接（图 7.4.1）。

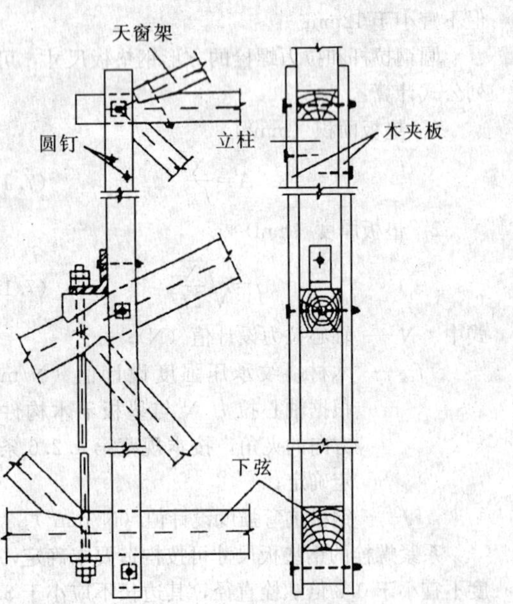

图 7.4.1 立柱的木夹板示意图

7.4.2 为防止天窗边柱受潮腐朽，边柱处屋架的檩条宜放在边柱内侧（图 7.4.2）。其窗樘和窗扇宜放在边柱外侧，并加设有效的挡雨设施。开敞式天窗应加设有效的挡雨板，并应作好泛水处理。

7.4.3 抗震设防烈度为 8 度和 9 度地区，不宜设置天窗。

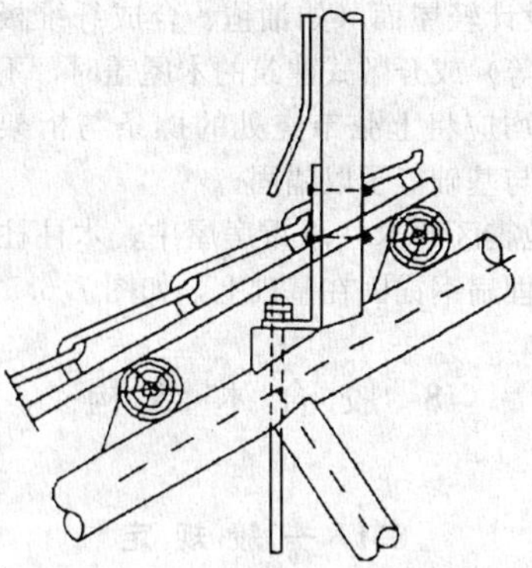

图 7.4.2　边柱柱脚构造示意图

7.5　支　撑

7.5.1　应采取有效措施保证结构在施工和使用期间的空间稳定，防止桁架侧倾，保证受压弦杆的侧向稳定，承担和传递纵向水平力。

7.5.2　屋盖应根据结构的型式和跨度、屋面构造及荷载等情况选用上弦横向支撑或垂直支撑。但当房屋跨度较大或有锻锤、吊车等振动影响时，除应设置上弦横向支撑外，尚应设置垂直支撑。

支撑构件的截面尺寸，可按构造要求确定。

注：垂直支撑系指在两榀屋架的上、下弦间设置交叉腹杆（或人字腹杆），并在下弦平面设置纵向水平系杆，用螺栓连接，与上部锚固的檩条构成一个稳定的桁架体系。

7.5.3　当采用上弦横向支撑时，房屋端部为山墙时，应在端部第二开间内设置上弦横向支撑（图 7.5.3）；房屋端部为轻型挡风板时，应在端开间内设置上弦横向支撑。当房屋纵向很长时，对于冷摊瓦屋面或跨度大的房屋，上弦横向支撑应沿纵向每 20～30m 设置一道。

上弦横向支撑的斜杆如采用圆钢，应设有调整松紧的装置。

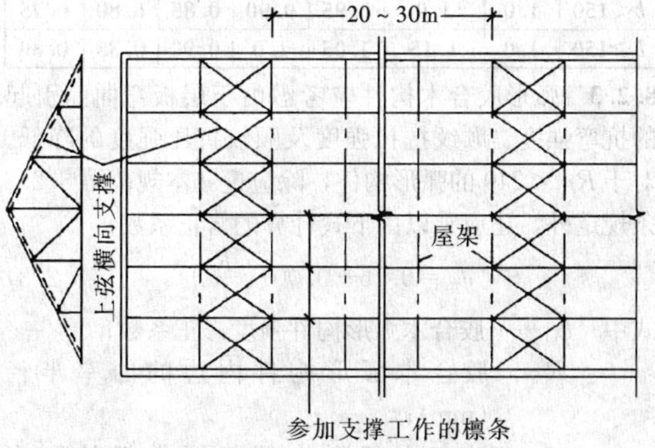

图 7.5.3　上弦横向支撑

7.5.4　当采用垂直支撑时，垂直支撑的设置可根据屋架跨度大小沿跨度方向设置一道或两道，沿房屋纵向应间隔设置，并在垂直支撑的下端设置通长的屋架下弦纵向水平系杆。

对上弦设置横向支撑的屋盖，当加设垂直支撑时，可仅在有上弦横向支撑的开间中设置，但应在其他开间设置通长的下弦纵向水平系杆。

7.5.5　下列部位，均应设置垂直支撑。

1　梯形屋架的支座竖杆处；

2　下弦低于支座的下沉式屋架的折点处；

3　设有悬挂吊车的吊轨处；

4　杆系拱、框架结构的受压部位处；

5　胶合木大梁的支座处。

垂直支撑的设置要求，除第 3 项应按本规范第 7.5.4 条的规定设置外，其余可仅在房屋两端第一开间（无山墙时）或第二开间（有山墙时）设置，但应在其他开间设置通长的水平系杆。

7.5.6　木柱承重房屋中，若柱间无刚性墙或木质剪力墙，除应在柱顶设置通长的水平系杆外，尚应在房屋两端及沿房屋纵向每隔 20～30m 设置柱间支撑。

木柱和桁架之间应设抗风斜撑，斜撑上端应连在桁架上弦节点处，斜撑与木柱的夹角不应小于 30°。

7.5.7　符合下列情况的非开敞式房屋，可不设置支撑。

1　有密铺屋面板和山墙，且跨度不大于 9m 时；

2　房屋为四坡项，且半屋架与主屋架有可靠连接时；

3　屋盖两端与其他刚度较大的建筑物相连时。

当房屋纵向很长，则应沿纵向每隔 20～30m 设置一道支撑。

7.5.8　当屋架设有双面天窗时，应按本规范第 7.5.3 条和第 7.5.4 条的规定设置天窗支撑。天窗架两边立柱处，应按本规范第 7.5.6 条的规定设置柱间支撑，且在天窗范围内沿主屋架的脊节点和支撑节点，应设置通长的纵向水平系杆。

7.5.9　抗震设防烈度为 6 度和 7 度地区的木结构支撑布置可与非抗震设计相同，按本节规定设计。抗震设防烈度为 8 度、屋面采用楞摊瓦或稀铺屋面板房屋，不论是否设置垂直支撑，都应在房屋单元两端第二开间及每隔 20m 设置一道上弦横向支撑；在设防烈度为 9 度时，对密铺屋面板的房屋，不论是否设置垂直支撑，都应在房屋单元两端第二开间设置一道上弦横向支撑；对冷摊瓦或稀铺屋面板房屋，除应在房屋单元两端第二开间及每隔 20m 同时设置一道上弦横向支撑和下弦横向支撑外，尚应隔间设置垂直支撑并加设下弦通长水平系杆。

7.5.10　地震区的木结构房屋的屋架与柱连接处应设置斜撑，当斜撑采用木夹板时，与木柱及屋架上、下弦应采用螺栓连接；木柱柱顶应设暗榫插入屋架下弦并用 U 形扁钢连接（图 7.5.10）。

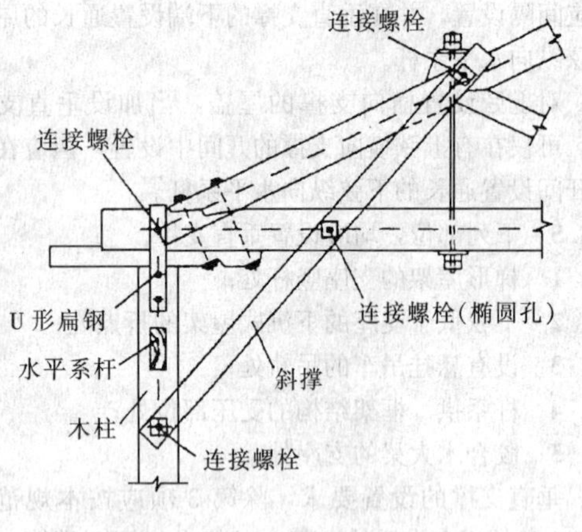

图 7.5.10　木构架端部斜撑连接

7.6　锚　　固

7.6.1　为加强木结构整体性，保证支撑系统的正常工作，设计时应采取必要的锚固措施。

7.6.2　下列部位的檩条应与桁架上弦锚固：

1　支撑的节点处（包括参加工作的檩条，见本规范图 7.5.3）；

2　为保证桁架上弦侧向稳定所需的支承点；

3　屋架的脊节点处。

有山墙时，上述檩条尚应与山墙锚固。

檩条的锚固可根据房屋跨度、支撑方式及使用条件选用螺栓、卡板（图 7.6.2）、暗销或其他可靠方法。

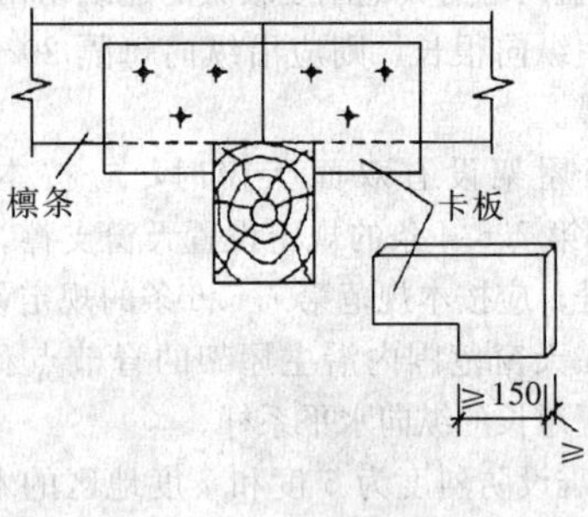

图 7.6.2　卡板锚固示意图

上弦横向支撑的斜杆应用螺栓与桁架上弦锚固。

7.6.3　当桁架跨度不小于 9m 时，桁架支座应采用螺栓与墙、柱锚固。当采用木柱时，木柱柱脚与基础应采用螺栓锚固。

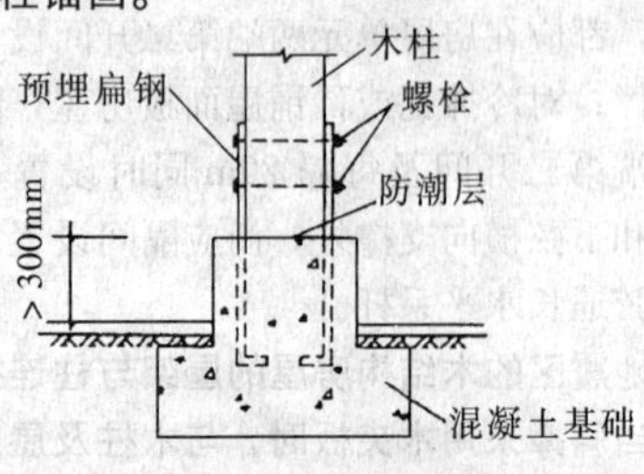

图 7.6.5　木柱与基础锚固和柱脚防潮

7.6.4　设计轻屋面（如油毡、合成纤维板材、压型钢板屋面等）或开敞式建筑的木屋盖时，不论桁架跨度大小，均应将上弦节点处的檩条与桁架、桁架与柱、木柱与基础等予以锚固。

7.6.5　地震区的木柱承重房屋中，木柱柱脚应采用螺栓及预埋扁钢锚固在基础上，如图 7.6.5 所示。

8　胶 合 木 结 构

8.1　一 般 规 定

8.1.1　本章规定适用于 30～45mm 厚的锯材胶合而成的层板胶合木构件制作的房屋结构的设计。

8.1.2　层板胶合木构件应采用经应力分级标定的木板制作。各层木板的木纹应与构件长度方向一致。

8.1.3　充分利用胶合木功能特点，做成外形美观，受力合理，经济适用的大、中、小跨度结构和构件。

8.1.4　直线形胶合木构件的截面可做成矩形和工字形；弧形构件和变截面构件宜采用矩形截面，胶合木檩条或搁栅可采用工字形截面。

8.1.5　胶合木构件设计应根据使用环境注明对结构用胶的要求，生产厂家严格遵循要求生产制作。

8.2　构 件 设 计

8.2.1　胶合木构件计算时可视为整体截面构件，不考虑胶缝的松弛性。

8.2.2　设计受弯、拉弯或压弯胶合木构件时，本规范表 4.2.1-3 的抗弯强度设计值应乘以表 8.2.2 的修正系数，工字形和 T 形截面的胶合木构件，其抗弯强度设计值除按表 8.2.2 乘以修正系数外，尚应乘以截面形状修正系数 0.9。

表 8.2.2　胶合木构件抗弯强度设计值修正系数

宽度 (mm)	截面高度 h (mm)						
	<150	150～500	600	700	800	1000	≥1200
b<150	1.0	1.0	0.95	0.90	0.85	0.80	0.75
b≥150	1.0	1.15	1.05	1.0	0.90	0.85	0.80

8.2.3　弧形胶合木构件应考虑由于层板弯曲而引起的抗弯强度、顺纹抗拉强度及顺纹抗压强度的降低。对于 $R/t<240$ 的弧形构件，除应遵守本规范第 8.2.2 条规定外，还应乘以由下式计算的修正系数：

$$\psi_m = 0.76 + 0.001\left(\frac{R}{t}\right) \tag{8.2.3}$$

式中　ψ_m——胶合木弧形构件强度修正系数；

R——胶合木弧形构件内边的曲率半径 (mm)；

t——胶合木弧形构件每层木板的厚度 (mm)。

8.3　设计构造要求

8.3.1　制作胶合木构件所用的木板，当采用一般针叶材和软质阔叶材时，刨光后的厚度不宜大于45mm；当采用硬木松或硬质阔叶材时，不宜大于35mm。木板的宽度不应大于180mm。

8.3.2 弧形构件曲率半径应大于300t（t为木板厚度），木板厚度不大于30mm，对弯曲特别严重的构件，木板厚度不应大于25mm。

8.3.3 屋架不应产生可见的挠度，胶合木桁架在制作时应按其跨度的1/200起拱。

8.3.4 制作胶合木构件的木板接长应采用指接。用于承重构件，其指接边坡度η不宜大于1/10，指长不应小于20mm，指端宽度b_f宜取0.2～0.5mm（图8.3.4）。

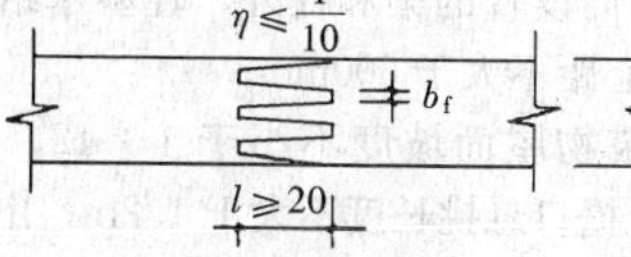

图8.3.4 木板指接

8.3.5 胶合木构件所用木板的横向拼宽可采用平接；上下相邻两层木板平接线水平距离不应小于40mm（图8.3.5）

图8.3.5 木板拼接

8.3.6 同一层木板指接接头间距不应小于1.5m，相邻上下两层木板层的指接接头距离不应小于10t（t为板厚）。

8.3.7 胶合木构件同一截面上板材指接接头数目不应多于木板层数的1/4。应避免将各层木板指接接头沿构件高度布置成阶梯形。

8.3.8 胶合木构件符合下列规定时，可不设置加劲肋：

1 工字形截面构件的腹板厚度不小于80mm，且不小于翼板宽度的一半；

2 矩形、工字形截面构件的高度h与其宽度b的比值，梁一般不宜大于6，直线形受压或压弯构件一般不宜大于5，弧形构件一般不宜大于4；超过上述高宽比的构件，应设置必要的侧向支撑，满足侧向稳定要求。

8.3.9 线性变截面构件设计时应注明坡度开始处和坡度终止处的截面高度。

8.3.10 弧形构件设计时应注明弯曲部分的曲率半径或曲线方程。

9 轻型木结构

9.1 一般规定

9.1.1 轻型木结构系指主要由木构架墙、木楼盖和木屋盖系统构成的结构体系，适用于三层及三层以下的民用建筑。

9.1.2 轻型木结构采用的材料应符合本规范第3章、第4章和附录J的有关规定。结构规格材截面尺寸见本规范附录N.1。

注：考虑板材规格因素，构件间距为305mm、406mm、490mm及610mm的尺寸可分别与本规范条文中相应的间距300mm、400mm、500mm及600mm等尺寸等同使用。

9.1.3 采用轻型木结构时，应满足当地自然环境和使用环境对建筑物的要求，并应采取可靠措施，防止木构件腐朽或被虫蛀。确保结构达到预期的设计使用年限。

9.1.4 轻型木结构的平面布置宜规则，质量和刚度变化宜均匀。所有构件之间应有可靠的连接和必要的锚固、支撑，保证结构的承载力、刚度和良好的整体性。

9.2 设计要求

9.2.1 轻型木结构建筑的构件及连接应根据树种、材质等级、荷载、连接型式及相关尺寸，按本规范第5章、第6章的计算方法进行设计。

9.2.2 轻型木结构建筑抗震设计应符合国家标准《建筑抗震设计规范》GB 50011的有关规定。水平地震作用计算可采用底部剪力法，结构基本自振周期可按经验公式$T=0.05H^{0.75}$估算。H为基础顶面到建筑物最高点的高度（m）。

9.2.3 在轻型木结构建筑中，由地震作用或风荷载引起的剪力，由剪力墙和楼、屋盖承受。当进行抗震验算时，取承载力抗震调整系数$\gamma_{RE}=0.80$，阻尼比取0.05。

9.2.4 楼、屋盖抗侧力设计可按本规范附录P进行

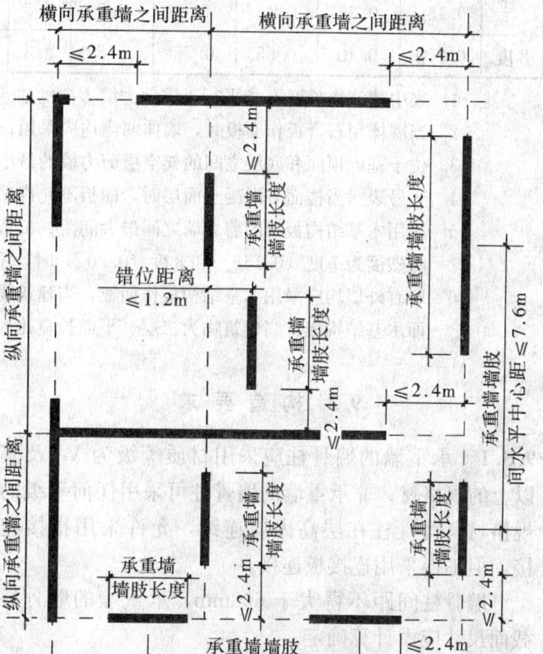

图9.2.6 剪力墙平面布置要求

设计。

9.2.5 由地震作用或风荷载产生的水平力，均应由木基结构板材和规格材组成的剪力墙承担。采用钉连接的剪力墙可按本规范附录Q进行设计。

9.2.6 当满足下列规定时，轻型木结构抗侧力设计可按构造要求进行：

1 建筑物每层面积不超过600m²，层高不大于3.6m；

2 抗震设防烈度为6度和7度（0.10g）时，建筑物的高宽比不大于1.2；抗震设防烈度为7度（0.15g）和8度（0.2g）时，建筑物的高宽比不大于1.0；建筑物高度指室外地面到建筑物坡屋顶二分之一高度处；

3 楼面活荷载标准值不大于2.5kN/m²；屋面活荷载标准值不大于0.5kN/m²；雪荷载按国家标准《建筑结构荷载规范》GB 50009有关规定取值；

4 不同抗震设防烈度和风荷载时，剪力墙的最小长度符合表9.2.6的规定；

5 剪力墙的设置符合下列规定（见图9.2.6）：

1） 单个墙段的高宽比不大于2∶1；

2） 同一轴线上墙段的水平中心距不大于7.6m；

3） 相邻墙之间横向间距与纵向间距的比值不大于2.5∶1；

4） 墙端与离墙端最近的垂直方向的墙段边的垂直距离不大于2.4m；

5） 一道墙中各墙段轴线错开距离不大于1.2m；

6 构件的净跨距不大于12.0m；

7 除专门设置的梁和柱外，轻型木结构承重构件的水平中心距不大于600mm；

8 建筑物屋面坡度不小于1∶12，也不大于1∶1，纵墙上檐口悬挑长度不大于1.2m；山墙上檐口悬挑长度不大于0.4m。

表9.2.6 按构造要求设计时剪力墙的最小长度

抗震设防烈度		基本风压（kN/m²）				剪力墙最大间距（m）	最大允许层数	每道剪力墙的最小长度					
		地面粗糙度						单层 二层或三层的顶层		二层的底层 三层的二层		三层的底层	
		A	B	C	D			面板用木基结构板材	面板用石膏板	面板用木基结构板材	面板用石膏板	面板用木基结构板材	面板用石膏板
6度	—	—	0.3	0.4	0.5	7.6	3	0.25L	0.50L	0.40L	0.75L	0.55L	—
7度	0.10g	—	0.35	0.5	0.6	7.6	3	0.30L	0.60L*	0.45L	0.90L*	0.70L	—
	0.15g	0.35	0.45	0.6	0.7	5.3	3	0.30L	0.60L*	0.45L	0.90L*	0.70L	—
8度	0.20g	0.40	0.55	0.75	0.8	5.3	2	0.45L	0.90L	0.70L	—	—	—

注：1 表中建筑物长度L指平行于该剪力墙方向的建筑物长度；

2 当墙体用石膏板作面板时，墙体两侧均应采用；当用木基结构板材作面板时，至少墙体一侧采用；

3 位于基础顶面和底层之间的架空层剪力墙的最小长度应与底层要求相同；

4 *号表示当楼面有混凝土面层时，面板不允许采用石膏板；

5 采用木基结构板材的剪力墙之间最大间距：抗震设防烈度为6度和7度（0.10g）时，不得大于10.6m；抗震设防烈度为7度（0.15g）和8度（0.20g）时，不得大于7.6m；

6 所有外墙均应采用木基结构板作面板，当建筑物为三层、平面长宽比大于2.5∶1时，所有横墙的面板应采用两面木基结构板；当建筑物为二层、平面长宽比大于2.5∶1时，至少横向外墙的面板应采用两面木基结构板。

9.3 构 造 要 求

9.3.1 承重墙的墙骨柱应采用材质等级为V_C及其以上的规格材；非承重墙的墙骨柱可采用任何等级的规格材。墙骨柱在层高内应连续，允许采用指接连接，但不得采用连接板连接。

墙骨柱间距不得大于600mm。承重墙的墙骨柱截面尺寸应由计算确定。

墙骨柱在墙体转角和交接处应加强，转角处的墙骨柱数量不得少于二根。

开孔宽度大于墙骨柱间距的墙体，开孔两侧的墙骨柱应采用双柱；开孔宽度小于或等于墙骨柱间净距并位于墙骨柱之间的墙体，开孔两侧可用单根墙骨柱。

9.3.2 墙体底部应有底梁板或地梁板，底梁板或地梁板在支座上突出的尺寸不得大于墙体宽度的1/3，宽度不得小于墙骨柱的截面高度。

墙体顶部应有顶梁板，其宽度不得小于墙骨柱截面的高度，承重墙的顶梁板宜不少于二层，但当来自楼盖、屋盖或顶棚的集中荷载与墙骨柱的中心距不大于50mm时，可采用单层顶梁板。非承重墙的顶梁板可为单层。

多层顶梁板上、下层的接缝应至少错开一个墙骨柱间距，接缝位置应在墙骨柱上。在墙体转角和交接处，上、下层顶梁板应交错互相搭接。单层顶梁板的接缝应位于墙骨柱上，并在接缝处的顶面采用镀锌薄钢带以钉连接。

9.3.3 当承重墙的开孔宽度大于墙骨柱间距时，应在孔顶加设过梁，过梁设计由计算确定。

非承重墙的开孔周围，可用截面高度与墙骨柱截面高度相等的规格材与相邻墙骨柱连接。非承重墙体的门洞，当墙体有耐火极限要求时，应至少用二根截面高度与底板梁宽度相同的规格材加强门洞。

9.3.4 当墙面板采用木基结构板材作面板、且最大墙骨柱间距为400mm时，板材的最小厚度为9mm；当最大墙骨柱间距为600mm时，板材的最小厚度为11mm。

墙面板采用石膏板作面板时，当最大墙骨柱间距为400mm时，板材的最小厚度为9mm；当最大墙骨柱间距为600mm时，板材的最小厚度为12mm。

9.3.5 轻型木结构的楼盖采用间距不大于600mm的楼盖搁栅、木基结构板材的楼面板和木基结构板材或石膏板铺设的顶棚组成。搁栅的截面尺寸由计算确定。

楼盖搁栅可采用矩形、工字形（木基材制品）截面。

9.3.6 楼盖搁栅在支座上的搁置长度不得小于40mm。

搁栅端部应与支座连接，或在靠近支座部位的搁栅底部采用连续木底撑、搁栅横撑或剪刀撑（见图9.3.6）。

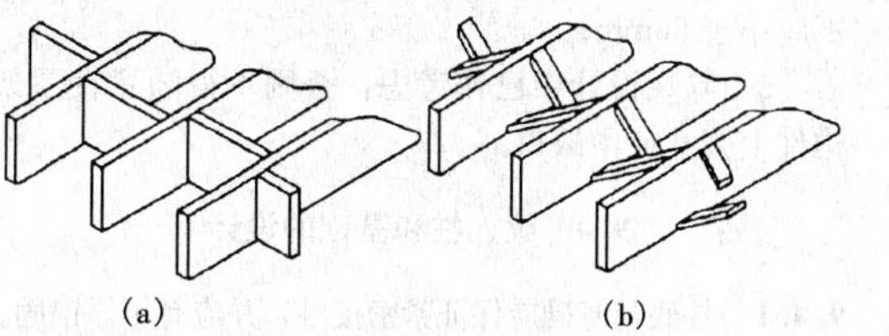

(a) (b)

图 9.3.6 搁栅间支撑示意图

(a) 搁栅横撑；(b) 剪刀撑

9.3.7 楼盖开孔的构造应符合下列要求：

1 开孔周围与搁栅垂直的封头搁栅，当长度大于1.2m时，应用两根搁栅；当长度超过3.2m时，封头搁栅的尺寸应由计算确定；

2 开孔周围与搁栅平行的封边搁栅，当封头搁栅长度超过800mm时，封边搁栅应为两根；当封头搁栅长度超过2.0m时，封边搁栅的截面尺寸应由计算确定；

3 开孔周围的封头搁栅以及被开孔切断的搁栅，当依靠楼盖搁栅支承时，应选用合适的金属搁栅托架或采用正确的钉连接方式。

9.3.8 支承墙体的楼盖搁栅应符合下列规定：

1 平行于搁栅的非承重墙，应位于搁栅或搁栅间的横撑上。横撑可用截面不小于40mm×90mm的规格材，横撑间距不得大于1.2m。

2 平行于搁栅的承重内墙，不得支承于搁栅上，应支承于梁或墙上。

3 垂直于搁栅的内墙，当为非承重墙时，距搁栅支座的距离不得大于900mm；当为承重墙时，距搁栅支座不得大于600mm。超过上述规定时，搁栅尺寸应由计算确定。

9.3.9 带悬挑的楼盖搁栅，当其截面尺寸为40mm×185mm时，悬挑长度不得大于400mm；当其截面尺寸等于或大于40mm×235mm时，悬挑长度不得大于600mm。未作计算的搁栅悬挑部分不得承受其他荷载。

当悬挑搁栅与主搁栅垂直时，未悬挑部分长度不应小于其悬挑部分长度的6倍，并应根据连接构造要求与双根边框梁用钉连接。

9.3.10 楼面板的厚度及允许楼面活荷载的标准值应符合表9.3.10的规定。

铺设木基结构板材时，板材长度方向与搁栅垂直，宽度方向拼缝与搁栅平行并相互错开。楼板拼缝应连接在同一搁栅上，板与板之间应留有不小于3mm的空隙。

表 9.3.10 楼面板厚度及允许楼面活荷载标准值

最大搁栅间距（mm）	木基结构板的最小厚度（mm）	
	$Q_k \leqslant 2.5kN/m^2$	$2.5kN/m^2 < Q_k < 5.0kN/m^2$
400	15	15
500	15	18
600	18	22

9.3.11 轻型木结构的屋盖，可采用由结构规格材制作的、间距不大于600mm的轻型桁架；跨度较小时，也可直接由屋脊板（或屋脊梁）、椽条和顶棚搁栅等构成。桁架、椽条和顶棚搁栅的截面应由计算确定，并应有可靠的锚固和支撑。

椽条和搁栅沿长度方向应连续，但可用连接板在竖向支座上连接。椽条和搁栅在支座上的搁置长度不得小于40mm，椽条的顶端在屋脊两侧应用连接板或按钉连接构造要求相互连接。

屋谷和屋脊椽条截面高度应比其他处椽条大50mm。

9.3.12 椽条或搁栅在屋脊处可由承重墙或支承长度不小于90mm的屋脊梁支承。

当椽条连杆跨度大于2.4mm时，应在连杆中心附近加设通长纵向水平系杆，系杆截面尺寸不小于

20mm×90mm（图9.3.12）。

当椽条连杆的截面尺寸不小于40mm×90mm时，对于屋面坡度大于1∶3的屋盖，可作为椽条的中间支座。

屋面坡度不小于1∶3时，且椽条底部有可靠的防止椽条滑移的连接时，则屋脊板可不设支座。此时，屋脊两侧的椽条应用钉与顶棚搁栅相连，按钉连接的要求设计。

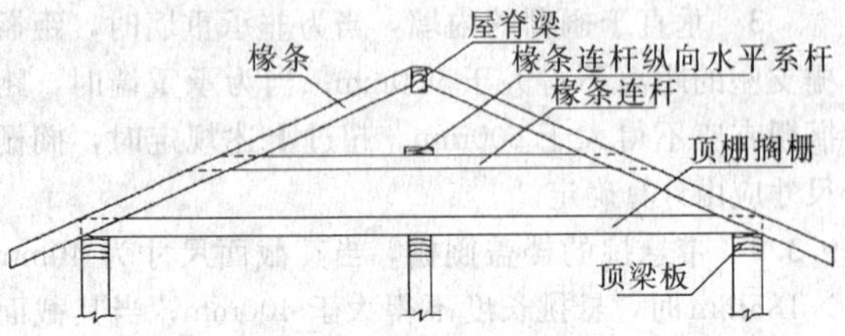

图9.3.12 椽条连杆加设通长纵向水平系杆做法示意图

9.3.13 当屋面或顶棚开孔大于椽条或搁栅间距离时，开孔周围的构件应进行加强。

9.3.14 上人屋顶的屋面板厚度应按本规范表9.3.10对楼面的要求选用，对不上人屋顶的屋面板厚度应符合表9.3.14的规定。

表9.3.14 屋面板厚度

支承板的间距（mm）	木基结构板的最小厚度（mm）	
	$G_k\leqslant0.3kN/m^2$ $s_k\leqslant2.0kN/m^2$	$0.3kN/m^2<G_k\leqslant1.3kN/m^2$ $s_k\leqslant2.0kN/m^2$
400	9	11
500	9	11
600	12	12

注：当恒荷载标准值 $G_k>1.3kN/m^2$ 或 $s_k\geqslant2.0kN/m^2$ 时，轻型木结构的构件及连接不能按构造设计，而应通过计算进行设计。

9.3.15 轻型木结构构件之间应有可靠的连接。各种连接件均应符合国家现行的有关标准，进口产品应符合《木结构设计规范》管理机构审查认可的按相关标准生产的合格产品。必要时应进行抽样检验。

轻型木结构构件之间的连接主要是钉连接。按构造设计的钉连接要求和楼面板、屋面板及墙面板与轻型木结构构架的钉连接要求见本规范附录N.2及N.3。

有抗震设防要求的轻型木结构，连接中关键部位应采用螺栓连接。

9.3.16 剪力墙和楼、屋盖应符合下列构造要求：

1 剪力墙骨架构件和楼、屋盖构件的宽度不得小于40mm，最大间距为600mm；

2 剪力墙相邻面板的接缝应位于骨架构件上，面板可水平或竖向铺设，面板之间应留有不小于3mm的缝隙；

3 木基结构板材的尺寸不得小于1.2m×2.4m，在剪力墙边界或开孔处，允许使用宽度不小于300mm的窄板，但不得多于两块；当结构板的宽度小于300mm时，应加设填块固定；

4 经常处于潮湿环境条件下的钉应有防护涂层；

5 钉距每块面板边缘不得小于10mm，中间支座上钉的间距不得大于300mm，钉应牢固的打入骨架构件中，钉面应与板面齐平；

6 当墙体两侧均有面板，且每侧面板边缘钉间距小于150mm时，墙体两侧面板的接缝应互相错开，避免在同一根骨架构件上。当骨架构件的宽度大于65mm时，墙体两侧面板拼缝可在同一根构件上，但钉应交错布置。

9.3.17 当木屋盖和楼盖用作混凝土或砌体墙体的侧向支承时，楼、屋盖应有足够的承载力和刚度，以保证水平力的可靠传递。木屋盖和楼盖与墙体之间应有可靠的锚固；锚固连接沿墙体方向的抵抗力应不小于3.0kN/m。

9.3.18 轻型木结构构件的开孔或缺口应符合下列规定：

1 屋盖、楼盖和顶棚等的搁栅的开孔尺寸不得大于搁栅截面高度的1/4，且距搁栅边缘不得小于50mm；

2 允许在屋盖、楼盖和顶棚等的搁栅上开缺口，但缺口必须位于搁栅顶面，缺口距支座边缘不得大于搁栅截面高度的1/2，缺口高度不得大于搁栅截面高度的1/3；

3 承重墙墙骨柱截面开孔或开凿缺口后的剩余高度不应小于截面高度的2/3，非承重墙不应小于40mm；

4 墙体顶梁板的开孔或开凿缺口后的剩余高度不应小于50mm；

5 除在设计中已作考虑，否则不得随意在屋架构件上开孔或留缺口。

9.4 梁、柱和基础的设计

9.4.1 柱底与基础应保证紧密接触，并应有可靠锚固。

9.4.2 梁在支座上的搁置长度不得小于90mm，梁与支座应紧密接触。

9.4.3 当梁是由多根规格材用钉连接做成组合截面梁时，应符合下列要求：

1 组合梁中单根规格材的对接应位于梁的支座上；

2 组合截面梁为连续梁时，梁中单根规格材的对接位置应位于距支座1/4梁净跨附近的范围内；相邻的单根规格材不得在同一位置上对接，在同一截面上对接的规格材数量不得超过梁规格材总数的一半；任一根规格材在同一跨内不得有二个或二个以上的接头；边跨内不得对接；

3 当组合截面梁采用40mm宽的规格材组成时，

规格材之间应沿梁高采用等分布置的二排钉连接，钉长不得小于90mm，钉的中距不得大于450mm，钉的端距为100～150mm；

4 当组合截面梁采用40mm宽的规格材以螺栓连接时，螺栓直径不得小于12mm，螺栓中距不得大于1.2m，螺栓端距不得大于600mm。

9.4.4 梁和柱的连接应根据计算确定。

9.4.5 组合柱和不符合本规范第9.4.3条规定的组合梁，应根据相应的设计方法和规定进行设计。

9.4.6 建筑物室内外地坪高差不得小于300mm，无地下室的底层木楼板必须架空，并应有通风防潮措施。

9.4.7 在易遭虫害的地方，应采用经防虫处理的木材作结构构件。木构件底部与室外地坪间的高差不得小于450mm。

9.4.8 直接安装在基础顶面的地梁板应经过防护剂加压处理，用直径不小于12mm、间距不大于2.0m的锚栓与基础锚固。锚栓埋入基础深度不得小于300mm，每根地梁板两端应各有一根锚栓，端距为100～300mm。

9.4.9 底层楼板搁栅直接置于混凝土基础上时，构件端部应作防腐防虫处理；当搁栅搁置在混凝土或砌体基础的预留槽内时，除构件端部应作防腐防虫处理外，尚应在构件端部两侧留出不小于20mm的空隙，且空隙中不得填充保温或防潮材料。

9.4.10 轻型木结构构件底部距架空层下地坪的净距小于150mm时，构件应采用经过防腐防虫处理的木材，或在地坪上铺设防潮层。

9.4.11 承受楼面荷载的地梁板截面不得小于40mm×90mm。当地梁板直接放置在条形基础的顶面时，地梁板和基础顶面的缝隙间应填充密封材料。

10 木结构防火

10.1 一般规定

10.1.1 木结构建筑的防火设计，应按本章规定执行。本章未规定的应遵照《建筑设计防火规范》GB 50016的规定执行。

10.2 建筑构件的燃烧性能和耐火极限

10.2.1 木结构建筑构件的燃烧性能和耐火极限不应低于表10.2.1的规定。

表10.2.1 木结构建筑中构件的燃烧性能和耐火极限

构件名称	耐火极限（h）
防火墙	不燃烧体3.00
承重墙、分户墙、楼梯和电梯井墙体	难燃烧体1.00
非承重外墙、疏散走道两侧的隔墙	难燃烧体1.00
分室隔墙	难燃烧体0.50
多层承重柱	难燃烧体1.00
单层承重柱	难燃烧体1.00
梁	难燃烧体1.00
楼盖	难燃烧体1.00
屋顶承重构件	难燃烧体1.00
疏散楼梯	难燃烧体0.50
室内吊顶	难燃烧体0.25

注：1 屋顶表层应采用不可燃材料；
2 当同一座木结构建筑由不同高度组成，较低部分的屋顶承重构件必须是难燃烧体，耐火极限不应小于1.00h。

10.2.2 各类建筑构件的燃烧性能和耐火极限可按本规范附录R确定。

10.3 建筑的层数、长度和面积

10.3.1 木结构建筑不应超过三层。不同层数建筑最大允许长度和防火分区面积不应超过表10.3.1的规定。

表10.3.1 木结构建筑的层数、长度和面积

层数	最大允许长度（m）	每层最大允许面积（m^2）
单层	100	1200
两层	80	900
三层	60	600

注：安装有自动喷水灭火系统的木结构建筑，每层楼最大允许长度、面积应允许在表10.3.1的基础上扩大一倍，局部设置时，应按局部面积计算。

10.4 防火间距

10.4.1 木结构建筑之间、木结构建筑与其他耐火等级的建筑之间的防火间距不应小于表10.4.1的规定。

表10.4.1 木结构建筑的防火间距（m）

建筑种类	一、二级建筑	三级建筑	木结构建筑	四级建筑
木结构建筑	8.00	9.00	10.00	11.00

注：防火间距应按相邻建筑外墙的最近距离计算，当外墙有突出的可燃构件时，应从突出部分的外缘算起。

10.4.2 两座木结构建筑之间、木结构建筑与其他结构建筑之间的外墙均无任何门窗洞口时，其防火间距不应小于4.00m。

10.4.3 两座木结构之间、木结构建筑与其他耐火等级的建筑之间，外墙的门窗洞口面积之和不超过该外墙面积的10%时，其防火间距不应小于表10.4.3的规定。

表10.4.3 外墙开口率小于10%时的防火间距（m）

建筑种类	一、二、三级建筑	木结构建筑	四级建筑
木结构建筑	5.00	6.00	7.00

10.5 材料的燃烧性能

10.5.1 木结构采用的建筑材料，其燃烧性能的技术指标应符合《建筑材料难燃性试验方法》GB 8625的规定。

10.5.2 室内装修材料：

房间内的墙面、吊顶、采光窗、地板等所采用的材料，其防火性能均应不低于难燃性 B_1 级。

10.5.3 管道及包覆材料或内衬：

1 管道内的流体能够造成管道外壁温度达到120℃及其以上时，管道及其包覆材料或内衬以及施工时使用的胶粘剂必须是不燃材料；

2 外壁温度低于120℃的管道及其包覆材料或内衬，其防火性能应不低于难燃性 B_1 级。

10.5.4 填充材料：

建筑中的各种构件或空间需填充吸音、隔热、保温材料时，这些材料的防火性能应不低于难燃性 B_1 级。

10.6 车 库

10.6.1 附设于木结构居住建筑并仅供该居住单元使用的机动车库，可视作该居住单元的一部分，应符合下列规定：

1 居住单元之间的隔墙不宜直接开设门窗洞口，确有困难时，可开启一樘单门，但应符合下列规定：

1）与机动车库直接相通的房间，不应设计为卧室；

2）隔墙的耐火极限不应低于1.0h；

3）门的耐火极限不应低于0.6h；

4）门上应装有无定位自动闭门器；

2 总面积不宜超过60m²。

10.7 采暖通风

10.7.1 木结构建筑内严禁设计使用明火采暖、明火生产作业等方面的设施。

10.7.2 用于采暖或炊事的烟道、烟囱、火炕等应采用非金属不燃材料制作，并应符合下列规定：

1 与木构件相临部位的壁厚不小于240mm；

2 与木结构之间的净距不小于120mm，且其周围具备良好的通风环境。

10.8 烹 饪 炉

10.8.1 烹饪炉的安装设计应符合下列规定：

1 放置烹饪炉的平台应为不燃烧体；

2 烹饪炉上方0.75m、周围0.45m的范围内不应有可燃装饰或可燃装置。

10.8.2 除本规范第10.8.1条要求外，燃气烹饪炉应符合《家用燃气燃烧器具安装及验收规程》CJJ 12—99的规定。

10.9 天 窗

10.9.1 由不同高度部分组成的一座木结构建筑，较低部分屋面上开设的天窗与相接的较高部分外墙上的门、窗、洞口之间最小距离不应小于5.00m，当符合下列情况之一时，其距离可不受限制：

1 天窗安装了自动喷水灭火系统或为固定式乙级防火窗；

2 外墙面上的门为遇火自动关闭的乙级防火门，窗口、洞口为固定式的乙级防火窗。

10.10 密 闭 空 间

10.10.1 木结构建筑中，下列存在密闭空间的部位应采取隔火措施：

1 轻型木结构层高小于或等于3m时，位于墙骨柱之间楼、屋盖的梁底部处；当层高大于3m时，位于墙骨柱之间沿墙高每隔3m处及楼、屋盖的梁底部处；

2 水平构件（包括屋盖，楼盖）和竖向构件（墙体）的连接处；

3 楼梯上下第一步踏板与楼盖交接处。

11 木结构防护

11.0.1 木结构中的下列部位应采取防潮和通风措施：

1 在桁架和大梁的支座下应设置防潮层；

2 在木柱下应设置柱墩，严禁将木柱直接埋入土中；

3 桁架、大梁的支座节点或其他承重木构件不得封闭在墙、保温层或通风不良的环境中（图11.0.1-1和图11.0.1-2）；

4 处于房屋隐蔽部分的木结构，应设通风孔洞；

5 露天结构在构造上应避免任何部分有积水的可能，并应在构件之间留有空隙（连接部位除外）；

6 当室内外温差很大时，房屋的围护结构（包括保温吊顶），应采取有效的保温和隔气措施。

11.0.2 木结构构造上的防腐、防虫措施，除应在设计图纸中加以说明外，尚应要求在施工的有关工序交接时，检查其施工质量，如发现有问题应立即纠正。

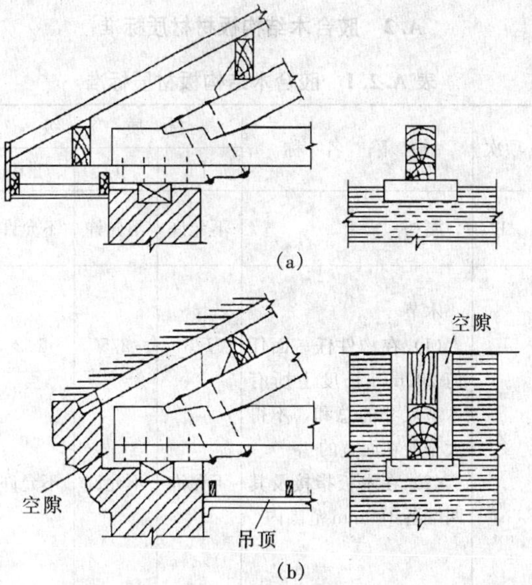

图 11.0.1-1 外排水屋盖支座节点通风构造示意图

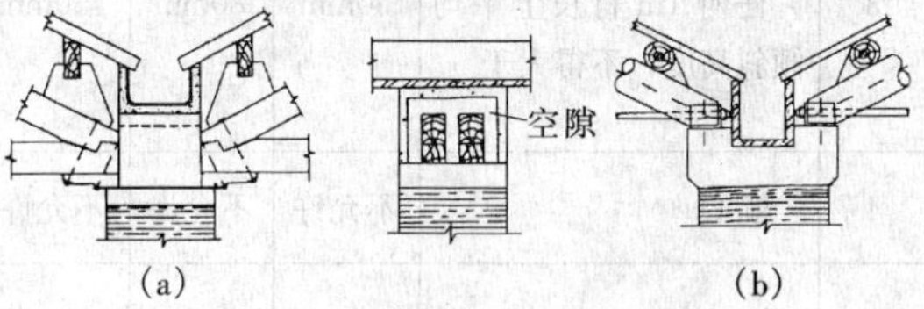

图 11.0.1-2 内排水屋盖支座节点通风构造示意图

11.0.3 下列情况，除从结构上采取通风防潮措施外，尚应进行药剂处理。

1 露天结构；

2 内排水桁架的支座节点处；

3 檩条、搁栅、柱等木构件直接与砌体、混凝土接触部位；

4 白蚁容易繁殖的潮湿环境中使用的木构件；

5 承重结构中使用马尾松、云南松、湿地松、桦木以及新利用树种中易腐朽或易遭虫害的木材。

11.0.4 常用的药剂配方及处理方法，可按现行国家标准《木结构工程施工质量验收规范》GB 50206 的规定采用。

注：1 虫害主要指白蚁、长蠹虫、粉蠹虫及天牛等的蛀蚀。

2 实践证明，沥青只能防潮，防腐效果很差，不宜单独使用。

11.0.5 以防腐、防虫药剂处理木构件时，应按设计指定的药剂成分、配方及处理方法采用。受条件限制而需改变药剂或处理方法时，应征得设计单位同意。

在任何情况下，均不得使用未经鉴定合格的药剂。

11.0.6 木构件（包括胶合木构件）的机械加工应在药剂处理前进行。木构件经防腐防虫处理后，应避免重新切割或钻孔。由于技术上的原因，确有必要作局部修整时，必须对木材暴露的表面，涂刷足够的同品牌药剂。

11.0.7 木结构的防腐、防虫采用药剂加压处理时，该药剂在木材中的保持量和透入度应达到设计文件规定的要求。设计未作规定时，则应符合现行国家标准《木结构工程施工质量验收规范》GB 50206 规定的最低要求。

附录 A 承重结构木材材质标准

A.1 一般承重木结构用木材材质标准

A.1.1 方木

表 A.1.1 承重结构方木材质标准

项次	缺陷名称	材质等级		
		$Ⅰ_a$	$Ⅱ_a$	$Ⅲ_a$
1	腐朽	不允许	不允许	不允许
2	木节 在构件任一面任何150mm长度上所有木节尺寸的总和，不得大于所在面宽的	1/3（连接部位为1/4）	2/5	1/2
3	斜纹 任何1m材长上平均倾斜高度，不得大于	50mm	80mm	120mm
4	髓心	应避开受剪面	不限	不限
5	裂缝 （1）在连接部位的受剪面上 （2）在连接部位的受剪面附近，其裂缝深度（有对面裂缝时用两者之和）不得大于材宽的	不允许 1/4	不允许 1/3	不允许 不限
6	虫蛀	允许有表面虫沟，不得有虫眼		

注：1 对于死节（包括松软节和腐朽节），除按一般木节测量外，必要时尚应按缺孔验算；若死节有腐朽迹象，则应经局部防腐处理后使用；

2 木节尺寸按垂直于构件长度方向测量。木节表现为条状时，在条状的一面不量（附图 A.1），直径小于 10mm 的活节不量。

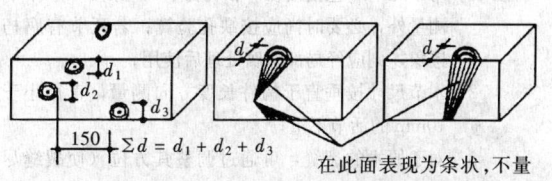

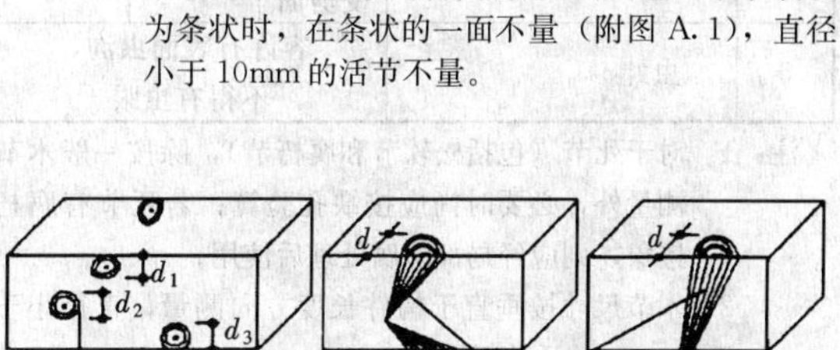

附图 A.1 木节量法

A.1.2 板材

表 A.1.2 承重结构板材材质标准

项次	缺陷名称	材质等级		
		Ⅰa	Ⅱa	Ⅲa
1	腐朽	不允许	不允许	不允许
2	木节 在构件任一面任何150mm长度上所有木节尺寸的总和，不得大于所在面宽的	1/4（连接部位为1/5）	1/3	2/5
3	斜纹 任何1m材长上平均倾斜高度，不得大于	50mm	80mm	120mm
4	髓心	不允许	不允许	不允许
5	裂缝 在连接部位的受剪面及其附近	不允许	不允许	不允许
6	虫蛀	允许有表面虫沟，不得有虫眼		

注：对于死节（包括松软节和腐朽节），除按一般木节测量外，必要时尚应按缺孔验算。若死节有腐朽迹象，则应经局部防腐处理后使用。

A.1.3 原木

表 A.1.3 承重结构原木材质标准

项次	缺陷名称	材质等级		
		Ⅰa	Ⅱa	Ⅲa
1	腐朽	不允许	不允许	不允许
2	木节 （1）在构件任一面任何150mm长度上沿周长所有木节尺寸的总和，不得大于所测部位原木周长的 （2）每个木节的最大尺寸，不得大于所测部位原木周长的	1/4 1/10（连接部位为1/12）	1/3 1/6	不限 1/6
3	扭纹 小头1m材长上倾斜高度不得大于	80mm	120mm	150mm
4	髓心	应避开受剪面	不限	不限
5	虫蛀	容许有表面虫沟，不得有虫眼		

注：1 对于死节（包括松软节和腐朽节），除按一般木节测量外，必要时尚应按缺孔验算；若死节有腐朽迹象，则应经局部防腐处理后使用；
2 木节尺寸按垂直于构件长度方向测量，直径小于10mm的活节不量；
3 对于原木的裂缝，可通过调整其方位（使裂缝尽量垂直于构件的受剪面）予以使用。

A.2 胶合木结构板材材质标准

表 A.2.1 胶合木结构板材材质标准

项次	缺陷名称	材质等级		
		Ⅰb	Ⅱb	Ⅲb
1	腐朽	不允许	不允许	不允许
2	木节 （1）在构件任一面任何200mm长度上所有木节尺寸的总和，不得大于所在面宽的 （2）在木板指接及其两端各100mm范围内	1/3 不允许	2/5 不允许	1/2 不允许
3	斜纹 任何1m材长上平均倾斜高度，不得大于	50mm	80mm	150mm
4	髓心	不允许	不允许	不允许
5	裂缝 （1）在木板窄面上的裂缝，其深度（有对面裂缝用两者之和）不得大于板宽的 （2）在木板宽面上的裂缝，其深度（有对面裂缝用两者之和）不得大于板厚的	1/4 不限	1/3 不限	1/2 对侧立腹板工字梁的腹板：1/3，对其他板材不限
6	虫蛀	允许有表面虫沟，不得有虫眼		
7	涡纹 在木板指接及其两端各100mm范围内	不允许	不允许	不允许

注：1 同表 A.1.1 注；
2 按本标准选材配料时，尚应注意避免在制成的胶合构件的连接受剪面上有裂缝；
3 对于有过大缺陷的木材，可截去缺陷部分，经重新接长后按所定级别使用。

A.3 轻型木结构用规格材材质标准

表 A.3 轻型木结构用规格材材质标准

项次	缺陷名称	材质等级			
		Ⅰc	Ⅱc	Ⅲc	Ⅳc
1	振裂和干裂	允许个别长度不超过 600mm，不贯通		贯通：长度不超过 600mm； 不贯通：长度不超过 900mm 或 $L/4$	贯通—$L/3$ 不贯通—全长 三面环裂—$L/6$
2	漏刨	构件的 10%轻度漏刨[3]		5%构件含有轻度漏刨[5]，或重度漏刨[4]，600mm	10%轻度漏刨伴有重度漏刨[4]
3	劈裂	b		$1.5b$	$b/6$
4	斜纹：斜率不大于	1∶12	1∶10	1∶8	1∶4
5	钝棱[6]	不超过 $h/4$ 和 $b/4$，全长或等效材面 如果每边钝棱不超过 $h/2$ 或 $b/3$，$L/4$		不超过 $h/3$ 和 $b/3$，全长或等效材面 如果每边钝棱不超过 $2h/3$ 或 $b/2$，$L/4$	不超过 $h/2$ 和 $b/2$，全长或等效材面 如果每边钝棱不超过 $7h/8$ 或 $3b/4$，$L/4$
6	针孔虫眼	每 25mm 的节孔允许 48 个针孔虫眼，以最差材面为准			
7	大虫眼	每 25mm 的节孔允许 12 个 6mm 的大虫眼，以最差材面为准			
8	腐朽—材心[16]*a*	不允许		当 $h>40$mm 时，不允许，否则 $h/3$ 或 $b/3$	1/3 截面[12]
9	腐朽—白腐[16]*b*	不允许		1/3 体积	
10	腐朽—蜂窝腐[16]*c*	不允许		1/6 材宽[12]—坚实[12]	100%坚实
11	腐朽—局部片状腐[16]*d*	不允许		1/6 材宽[12]、[13]	1/3 截面
12	腐朽—不健全材	不允许		最大尺寸 $b/12$ 和 50mm 长，或等效的多个小尺寸[12]	1/3 截面，深入部分 1/6 长度[14]
13	扭曲，横弯和顺弯[7]	1/2 中度		轻度	中度

项次	节子和节孔[15]高度(mm)	健全，均匀分布的死节(mm)		死节和节孔[8](mm)	健全，均匀分布的死节(mm)		死节和节孔[9](mm)	任何节子(mm)		节孔[10](mm)	任何节子(mm)		节孔[11](mm)
		材边	材心		材边	材心		材边	材心		材边	材心	
14	40	10	10	10	13	13	13	16	16	16	19	19	19
	65	13	13	13	19	19	19	22	22	22	32	32	32
	90	19	22	19	25	38	25	32	51	32	44	64	44
	115	25	38	22	32	48	29	41	60	35	57	76	48
	140	29	48	25	38	57	32	48	73	48	70	95	51
	185	38	57	32	51	70	38	64	89	51	89	114	64
	235	48	67	32	64	93	38	83	108	64	114	140	76
	285	57	76	32	76	95	38	95	121	76	140	165	89

续表 A.3

项次	缺陷名称	材质等级						
		V_c			VI_c		VII_c	
1	振裂和干裂	不贯通—全长 贯通和三面环裂 $L/3$			材面—长度不超过 600mm		贯通—长度不超过 600mm 不贯通—长度不超过 900mm 或不大于$L/4$	
2	漏刨	任何面中的轻度漏刨中，宽面含 10%的重度漏刨[4]			轻度漏刨—10%构件		轻度漏刨[5]占构件的 5%，或重度漏刨[4]，600mm	
3	劈裂	$2b$			b		$\frac{3b}{2}$	
4	裂纹：斜率不大于	1∶4			1∶6		1∶4	
5	钝棱[6]	不超过 $h/3$ 和 $b/4$，全长或等效材面， 如果每边钝棱不超过 $h/3$ 或 $3b/4$，$L/4$			不超过 $h/4$ 和 $b/4$，全长或等效材面， 如果每边钝棱不超过 $h/2$ 或 $b/3$，$L/4$		不超过 $h/3$ 和 $b/3$，全长或等效材面， 如果每边钝棱不超过 $2h/3$ 或 $b/2$，$L/4$	
6	针孔虫眼	每 25mm 的节孔允许 48 个针孔虫眼，以最差材面为准						
7	大虫眼	每 25mm 的节孔允许 12 个或 6mm 大虫眼，以最差材面为准						
8	腐朽—材心[16]a	1/3 截面[14]			不允许		$h/3$ 或 $b/3$	
9	腐朽—白腐[16]b	无限制			不允许		1/3 体积	
10	腐朽—蜂窝腐[16]c	100%坚实			不允许		$b/6$	
11	腐朽—局部片状腐[16]d	1/3 截面			不允许		$L/6$[13]	
12	腐朽—不健全材	1/3 截面，深入部分 $L/6$[14]			不允许		最大尺寸 $b/12$ 和 50mm 长，或等效的小尺寸[12]	
13	扭曲，横弯和顺弯[7]	1/2 中度			1/2 中度		轻度	
14	节子和节孔[15]宽度（mm）	任何节子（mm）材边	任何节子（mm）材心	节孔[11]（mm）	健全，均匀分布的死节（mm）	死节和节孔[9]（mm）	任何节子（mm）	节孔[10]（mm）
	40	19	19	19				
	65	32	32	32	19	16	25	19
	90	44	64	38	32	19	38	25
	115	57	76	44	38	25	51	32
	140	70	95	51	—	—	—	—
	185	89	114	64	—	—	—	—
	235	114	140	76	—	—	—	—
	285	140	165	89	—	—	—	—

注：1　目测分等应考虑构件所有材面以及两端。表中，b=构件宽度，h=构件厚度，L=构件长度。
2　除本注解已说明，缺陷定义详见国家标准《锯材缺陷》GB/T 4832。
3　深度不超过 1.6mm 的一组漏刨、漏刨之间的表面刨光。
4　重度漏刨为宽面上深度为 3.2mm、长度为全长的漏刨。
5　部分或全部漏刨，或全部糙面。
6　离材端全部或部分占据材面的钝棱，当表面要求满足允许漏刨规定，窄面上破坏要求满足允许节孔的规定（长度不超过同一等级最大节孔直径的二倍），钝棱的长度可为 300mm，每根构件允许出现一次。含有该缺陷的构件不得超过总数的 5%。
7　顺弯允许值是横弯的 2 倍。
8　每 1.2m 有一个或数个小节孔，小节孔直径之和与单个节孔直径相等。
9　每 0.9m 有一个或数个小节孔，小节孔直径之和与单个节孔直径相等。
10　每 0.6m 有一个或数个小节孔，小节孔直径之和与单个节孔直径相等。
11　每 0.3m 有一个或数个小节孔，小节孔直径之和与单个节孔直径相等。
12　仅允许厚度为 40mm。
13　假如构件窄面均有局部片状腐，长度限制为节孔尺寸的二倍。
14　不得破坏钉入边。
15　节孔可以全部或部分贯通构件。除非特别说明，节孔的测量方法同节子。
16a　材心腐朽是指某些树种沿髓心发展的局部腐朽，用目测鉴定。心材腐朽存在于活树中，在被砍伐的木材中不会发展。
16b　白腐是指木材中白色或棕色的小壁孔或斑点，由白腐菌引起。白腐存在于活树中，在使用时不会发展。
16c　蜂窝腐与白腐相似但囊孔更大。含有蜂窝腐的构件较未含蜂窝腐的构件不易腐朽。
16d　局部片状腐是柏树中槽状或壁孔状的区域。所有引起局部片状腐的木腐菌在树砍伐后不再生长。

附录B 承重结构中使用新利用树种木材设计要求

B.1 木材的主要特性

B.1.1 槐木 干燥困难，耐腐性强，易受虫蛀。

B.1.2 乌墨（密脉蒲桃） 干燥较慢，耐腐性强。

B.1.3 木麻黄 木材硬而重，干燥易，易受虫蛀，不耐腐。

B.1.4 隆缘桉、柠檬桉和云南蓝桉 干燥困难，易翘裂，云南蓝桉能耐腐，隆缘桉和柠蒙桉不耐腐。

B.1.5 檫木 干燥较易，干燥后不易变色，耐腐性较强。

B.1.6 榆木 干燥困难，易翘裂，收缩颇大，耐腐性中等，易受虫蛀。

B.1.7 臭椿 干燥易，不耐腐，易呈蓝变色，木材轻软。

B.1.8 桤木 干燥颇易，不耐腐。

B.1.9 杨木 干燥易，不耐腐，易受虫蛀。

B.1.10 拟赤杨 木材轻、质软、收缩小、强度低、易干燥，不耐腐。

注：木材的干燥难易系指板材而言，耐腐性系指心材部分在室外条件下而言，边材一般均不耐腐。在正常的温湿度条件下，用作室内不接触地面的构件，耐腐性并非是最重要的考虑条件。

B.2 应用范围

B.2.1 宜先在木柱、搁栅、檩条和较小跨度的钢木桁架中使用，在取得成熟经验后，再逐步扩大其应用范围。

B.2.2 不耐腐朽和易受虫蛀的树种木材，若无可靠的防腐防虫处理措施，不得用作露天结构。

B.3 设计指标

B.3.1 当材质和含水率符合本规范第3.1.2条和第3.1.13条的要求时，木材的强度设计值及弹性模量可按表B.3.1采用。

表B.3.1 新利用树种木材的强度设计值和弹性模量（N/mm^2）

强度等级	树种名称	抗弯 f_m	顺纹抗压及承压 f_c	顺纹抗剪 f_v	横纹承压 $f_{c,90}$ 全表面	横纹承压 $f_{c,90}$ 局部表面和齿面	横纹承压 $f_{c,90}$ 拉力螺栓垫板下	弹性模量 E
TB15	槐木 乌墨	15	13	1.8	2.8	4.2	5.6	9000
	木麻黄			1.6				

础上作选

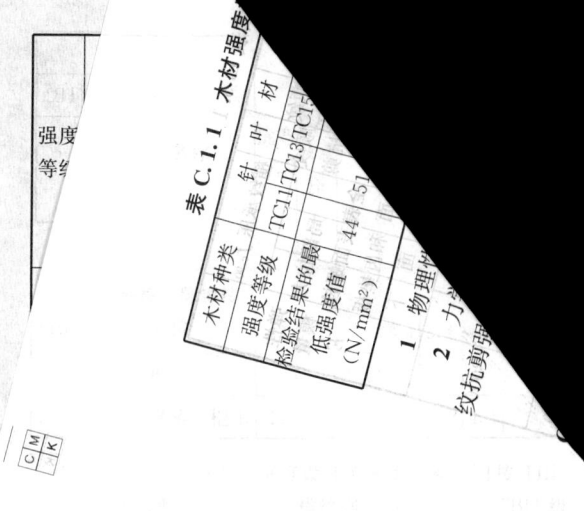

B.3.2 当计算轴心受压和压弯木构件

数值应按本规范第5.1.4条和5.3.2条确定。

B.4 构造要求

设计新利用树种木材的承重结构时，除应遵守本规范有关章节的设计和构造的规定外，尚应符合下列要求：

B.4.1 当以新用树种木材作屋盖的承重结构时，宜采用外部排水和无天窗的构造方式。若用于桁架，宜采用钢木桁架。

B.4.2 应按本规范第11章的规定，注意做好防虫防腐处理。对于木麻黄等易虫蛀不耐腐的木材宜用于外露部位。若需置入墙内时，除做好构件本身的防虫防腐处理外，尚应对入墙部位加涂防腐油二次。

B.4.3 桁架上弦采用方木时，其截面宽度不宜小于120mm；采用原木时，其小头直径不宜小于110mm。木构件的净截面面积不宜小于$5000mm^2$。若有条件，宜直接使用原木。

B.4.4 不宜采用新利用阔叶材制作钉和齿板连接的轻型木结构。

附录C 木材强度检验标准

C.1 方法概要

C.1.1 当取样检验一批木材的强度等级时，可根据其弦向静曲强度的检验结果进行判定。对于承重结构用材，应要求其检验结果的最低强度不得低于表C.1.1规定的数值。

C.1.2 本规范未列出树种名称的进口木材，若无国内试验资料可供借鉴，应在使用前进行下列试验：

……检验标准

		阔	叶	材		
	TC17	TB11	TB13	TB15	TB17	TB20
58	72	58	68	78	88	98

……性能方面：木材的密度和干缩率；

……学性能方面：木材的抗弯、顺纹抗压和顺……强度，以及木材的抗弯弹性模量。

C.2 试 验 方 法

C.2.1 按国家标准《木材物理力学性能试验方法总则》GB 1929 有关规定进行，并应将试验结果换算到含水率为 12%的数值。

C.3 取样方法及判定规则

C.3.1 为完成本规范第 C.1.1 条的检验，应从每批木材的总根数中随机抽取三根为试材，在每根试材髓心以外部分切取三个试件作为一组。根据各组平均值中最低的一个值确定该批木材的强度等级。

按检验结果确定的木材等级，不得高于本规范表 4.2.1-1 中同种木材的强度等级。对于树名不详的木材，应按检验结果确定的等级，采用该等级 B 组的设计指标。

C.3.2 为完成本规范第 C.1.2 条的检验，抽取的试材数量，可根据实际情况确定。一般情况下，宜随机抽取 5 根，每根试材在其髓心以外部分、切取每个试验项目的试件 6 个。

根据试验结果，比照性能相近树种的国产木材确定其强度等级和应用范围。

附录 D 木结构检查与维护要求

D.0.1 木结构工程在交付使用前应进行一次全面的检查，凡属要害部位（如支座节点和受拉接头等）均应逐个检查。凡是松动的钢拉杆和螺栓均应拧紧。

D.0.2 在工程交付使用后的两年内，使用单位（或房管部门），应根据当地气候特点（如雪季、雨季和风季前后）每年安排一次检查。两年以后的检查，可视具体情况予以安排。

检查内容：屋架支座节点有无受潮、腐蚀或虫蛀；天沟和天窗有无漏水或排水不畅；下弦接头处有无拉开，夹板的螺孔附近有无裂缝；屋架有无明显的下垂或倾斜；拉杆有无锈蚀，螺帽有无松动，垫板有无变形等等。

建设单位应对木结构（特别是公共建筑和厂房建筑）建立检查和维护的技术档案。

D.0.3 当发现有可能危及木结构安全的情况时，应及时进行加固。

注：采用钢丝捆绑的方法对防止裂缝的发展无明显效果。

附录 E 胶粘能力检验标准

E.1 方 法 概 要

E.1.1 胶的胶粘能力，可根据木材胶缝顺纹抗剪强度试验结果进行判定。对于承重结构用胶，其胶缝抗剪强度不应低于表 E.1.1 规定的数值。

表 E.1.1 对承重结构用胶胶粘能力的最低要求

试件状态	胶缝顺纹抗剪强度值（N/mm²）	
	红松等软木松	栎木或水曲柳
干　态	5.9	7.8
湿　态	3.9	5.4

E.2 材 料 要 求

E.2.1 胶合用的木材，应符合本规范第 3 章的要求。

E.2.2 胶液的工作活性，在 20±2℃室温下测定时，不应少于 2h。

E.2.3 胶合时木材的含水率，不应大于 15%。

E.3 试 件 制 备

E.3.1 试条由两块 25mm×60mm×320mm 的木板组成（图 E.3.1a）。木纹应与木板长度方向平行，年轮与胶合面成 40°～90°角。不得采用有树脂溢出的木材。

试条胶合前应经刨光，胶合面应密合，边角应完整。胶合面应在刨光后 2h 内涂胶。涂胶前，应清除胶合面的木屑和污垢。涂胶后应放置 15min 再叠合加压，压力可取 0.4～0.6N/mm²。在胶合过程中，室温宜为 20～25℃。

试条在加压状态下放置 24h，卸压后再养护 24h，方可加工试件。

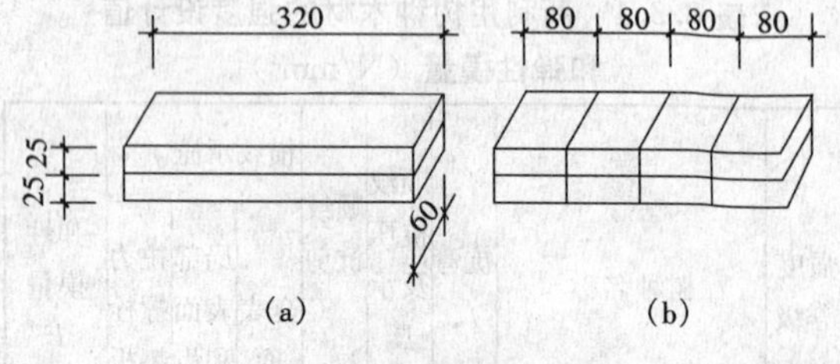

图 E.3.1 试条的尺寸

E.3.2 试件加工

将试件各截成四块（图 E.3.1b），按图 E.3.2 所示的形式和尺寸制成四个剪切试件。

试件刨光后应采用钢角尺检查，两端必须与侧面垂直，端面必须平整。试件受剪面尺寸的允许偏差为±0.5mm。

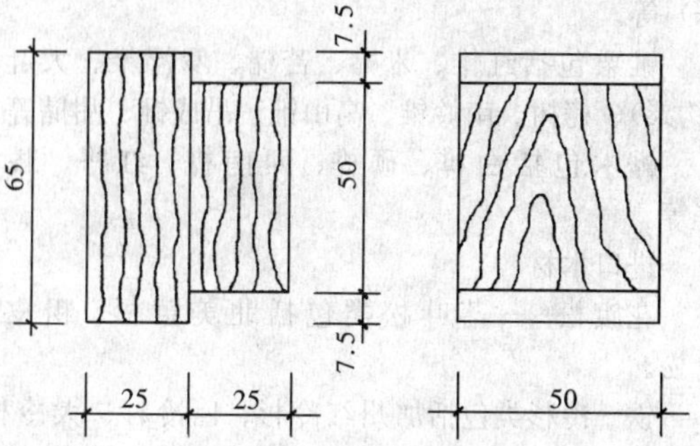

图E.3.2 胶缝顺纹剪切试件

E.4 试验装置与设备

试件应置于专门的剪切装置（图E.4）中，在小吨位（一般为40kN）的木材试验机上进行试验。试验机测力盘的读数精度，应达到估计破坏荷载的1%或以下。

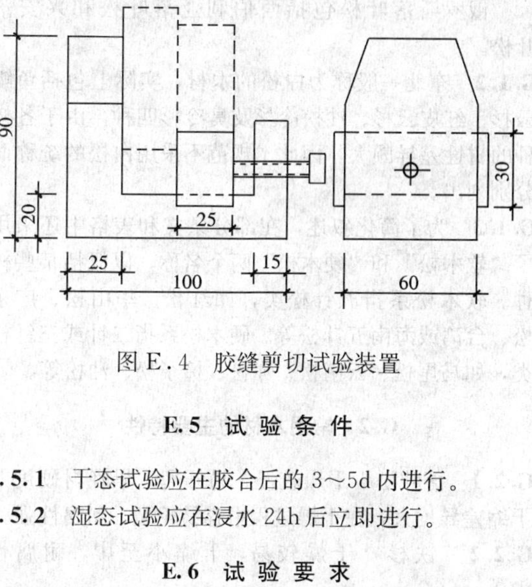

图E.4 胶缝剪切试验装置

E.5 试 验 条 件

E.5.1 干态试验应在胶合后的3～5d内进行。

E.5.2 湿态试验应在浸水24h后立即进行。

E.6 试 验 要 求

E.6.1 试验时，应先用游标卡尺测量剪切面尺寸，准确至0.1mm。试件放在夹具上应保证胶合面与加荷方向一致，加荷应均匀，加荷速度应控制试件3～5min内破坏。

试件破坏后，记录荷载量最大值；测量试件受剪面上沿木材剪坏的面积，精确至3%。

E.7 试验结果的整理与计算

E.7.1 剪切强度极限值按下式计算，精确至0.1N/mm²：

$$f_{vu}=\frac{Q_u}{A_v}$$

式中 f_{vu}——剪切强度极限值（N/mm²）；

Q_u——荷载最大值（N）；

A_v——剪切面积（mm²）。

E.7.2 试验记录应包括：强度极限及破坏特征，并应算出沿木材破坏面积与胶合总面积之比，以百分率计。

E.8 取样方法及判定规则

E.8.1 检验一批胶应至少用两个试条制成八个试件，每一试条各取两个试件作干态试验，两个作湿态试验。若试验结果符合本规范表E.1.1的要求，即认为该试件合格。若有一个试件不合格，须以加倍数量的试件重新试验，若仍有一个试件不合格，则该批胶应被判为不能用于承重结构。

E.8.2 若试件强度低于本规范表E.1.1所列数值，但其沿木材部分剪坏的面积不少于试件剪面的75%，则仍可认为该试件合格。

E.8.3 对常用的耐水胶，可仅作干态试验。

附录F 胶合工艺要求

F.0.1 胶合构件的胶合应在室内进行，在整个胶合和养护过程中，室温不应低于16℃。

F.0.2 为保证指接接头的质量，制作时，应在专门的铣床上加工；所采用的刀具应经技术鉴定合格；所铣的指头应完整，不得有缺损。

F.0.3 木板接头铣、刨后，应在12h内胶合。胶合时应对胶合面均匀加压，指接的压力为0.6～1.0N/mm²。指接加压时，应在指的两侧用卡具卡紧，然后从板端施压。接头胶合后，应在加压状态下养护24h（若用高频电热加速胶的固化，则可免除养护，但电热温度及时间应经试验确定）。

F.0.4 木板应在完成其指接胶合工序后，方可刨光胶合面，刨光的质量应符合下列规定：

1 上、下胶合面应密合，无局部透光；个别部位因刀口缺损造成的凸痕，不应高出板面0.2mm；

2 在刨光的木板中，靠近木节处的粗糙面长度不应大于100mm；

3 采用对接接头的两木板，其厚度偏差不应超过±0.1mm。

F.0.5 木板刨光后，宜在12h内胶合，至多不超过24h，木材上胶前，还应清除胶合面上的污垢。

F.0.6 木板上胶叠合后应对整个胶合面均匀加压。对于直线形构件压力应为0.3～0.5N/mm²。对于曲线形构件，压力应为0.5～0.6N/mm²。

F.0.7 为保证胶合构件在进入下一工序前胶缝有足够的强度，构件胶合的加压和养护时间应符合表F.0.7的要求。当采用高频电热或微波加热时，胶合加压及养护时间应按试验确定。

表 F.0.7 胶合构件加压及养护的最短时间

构件类别	室内温度（℃）		
	16～20	21～25	26～30
	加压持续时间（h）		
不起拱的构件	8	6	4
起拱的构件	18	8	6
曲线形构件	24	18	12
所有构件	加压及卸压后养护的总时间（h）		
	32	30	24

F.0.8 胶合构件的制造质量应符合下列规定：

1 胶缝局部未粘结段的长度，在构件剪力最大的部位，不应大于 75mm，在其他部位，不应大于 150mm；所有的未粘结处，均不得有贯穿构件宽度的通缝；相邻两个未粘结段的净距，应不小于 600mm；指接胶缝中，不得有未胶合处；

2 胶缝的厚度应控制在 0.1～0.3mm 之间，如局部有厚度超过 0.3mm 的胶缝，其长度应小于 300mm，且最大的厚度不应超过 1mm；

3 以底层木板为准，各层板在宽度方向凸出或凹进不应超过 2mm；

4 制成的胶合构件，其实际尺寸对设计尺寸的偏差不应超过±5mm，且不应超过设计尺寸的±3%。

附录G 本规范采用的木材名称及常用树种木材主要特性

G.1 本规范采用的木材名称

本规范除部分不便归类的木材仍采用原树种名称外，对同属而材性又相近的树种作了归类，并给予相应的木材名称，以利本规范的施行。

G.1.1 经归类的木材名称：

中国木材：

东北落叶松包括兴安落叶松和黄花落叶松（长白落叶松）二种。

铁杉包括铁杉、云南铁杉及丽江铁杉。

西南云杉包括麦吊云杉、油麦吊云杉、巴秦云杉及产于四川西部的紫果云杉和云杉。

红松包括红松、华山松、广东松、台湾及海南五针松。

西北云杉包括产于甘肃、青海的紫果云杉和云杉。

冷杉包括各地区产的冷杉属木材，有苍山冷杉、冷杉、岷江冷杉、杉松冷杉、臭冷杉、长苞冷杉等。

栎木包括麻栎、槲栎、柞木、小叶栎、辽东栎、抱栎、栓皮栎等。

青冈包括青冈、小叶青冈、竹叶青冈、细叶青冈、盘克青冈、滇真冈、福建青冈、黄青冈等。

椆木包括柄果椆、包椆、石栎、茸毛椆（猪栎）等。

锥栗包括红锥、米槠、苦槠、罗浮锥、大叶锥（钩栗）、栲树、南岭锥、高山锥、吊成锥、甜槠等。

桦木包括白桦、硕桦、西南桦、红桦、棘皮桦等。

进口木材：

花旗松——落叶松类包括北美黄杉、粗皮落叶松。

铁—冷杉类包括加州红冷杉、巨冷杉、大冷杉、太平洋银冷杉、西部铁杉、白冷杉等。

铁—冷杉类（北部）包括太平洋冷杉、西部铁杉。

南方松类包括火炬松、长叶松、短叶松、湿地松。

云杉—松—冷杉类包括落基山冷杉、香脂冷杉、黑云杉，北美山地云杉、北美短叶松、扭叶松、红果云杉、白云杉。

俄罗斯落叶松包括西伯利亚落叶松和兴安落叶松。

G.1.2 东北一般称为白松的木材，实际上包括鱼鳞云杉、红皮云杉、沙松冷杉及臭冷杉四种，由于各树种的材性差异颇大，因此本规范不采用白松的统称而分别列出。

G.1.3 为了简化叙述，在部分条文和表格中还采用了“软木松”和“硬木松”两个名称，以概括某些树种。软木松系指五针松类，如红松、华山松、广东松、台湾或海南五针松等。硬木松系指二针或三针松类，如马尾松、云南松、赤松、樟子松、油松等。

G.2 常用木材的主要特性

G.2.1 落叶松　干燥较慢、易开裂，早晚材硬度及干缩差异均大，在干燥过程中容易轮裂，耐腐性强。

G.2.2 铁杉　干燥较易，干缩小至中，耐腐性中等。

G.2.3 云杉　干燥易，干后不易变形，干缩较大，不耐腐。

G.2.4 马尾松、云南松、赤松、樟子松、油松等　干燥时可能翘裂，不耐腐，最易受白蚁危害，边材蓝变最常见。

G.2.5 红松、华山松、广东松、海南五针松、新疆红松等　干燥易，不易开裂或变形，干缩小，耐腐性中等，边材蓝变最常见。

G.2.6 栎木及椆木　干燥困难，易开裂，干缩甚大，强度高、甚重、甚硬，耐腐性强。

G.2.7 青冈　干燥难，较易开裂，可能劈裂，干缩甚大，耐腐性强。

G.2.8 水曲柳　干燥难，易翘裂，耐腐性较强。

G.2.9 桦木　干燥较易，不翘裂，但不耐腐。

注：干燥难易，耐腐性的解释同本规范附录B注。

附录H　主要进口木材现场识别要点及主要材性

H.1　针叶树林

H.1.1　南方松（southerm pine）。

学名：pinus spp

包括海湾油松（pinus elliottii）、长叶松（pinus palustris）、短叶松（pinus echinata）、火炬松（pinus taeda）、湿地松（pinus elliottii）。

木材特征：边材近白至淡黄、橙白色，心材明显，呈淡红褐或浅褐色。含树脂多，生长轮清晰。海湾油松早材带较宽，短叶松较窄，早晚材过渡急变。薄壁组织及木射线不可见，有纵横向树脂道及明显的树脂气味。木材纹理直但不均匀。

主要材性：海湾油松及长叶松强度较高，其他两种稍低。耐腐性中等，但防腐处理不易。干燥慢，干缩略大，加工较难，握钉力及胶粘性能好。

H.1.2　西部落叶松（western larch）。

学名：larix accidentalis

木材特征：边材带白或淡红褐色，带宽很少超过25mm，心材赤褐或淡红褐色。生长轮清晰而均匀，早材带占轮宽2/3以上，晚材带狭窄，早晚材过渡急变。薄壁组织不可见，木射线细，仅在径切面上可见不明显的斑纹。有纵横向树脂道，木材无异味，具有油性表面，手感油滑。木材纹理直。

主要材性：强度高，耐腐性中，但干缩较大，易劈裂和轮裂。

H.1.3　欧洲赤松（scotch pine，cocHa обыкновенная）。

学名：pinus sylvestris

木材特征：边材淡黄色，心材浅红褐色，在生材状态下心材边材区别不大，随着木材的干燥，心材颜色逐渐变深，与边材显著不同。生长轮清晰，早晚材界限分明，过渡急变。木射线不可见，有纵横向树脂道，且主要集中在生长轮的晚材部分。木材纹理直。

主要材性：强度中，耐腐性小，易受小蠹虫和天牛的危害。易干燥、干燥性能良好，胶粘性能良好。

H.1.4　俄罗斯落叶松（Лиственния）。

学名：larix

包括西伯利亚落叶松（larix sibirica）和兴安落叶松（larix dahurica）。

木材特征：边材白色，稍带黄褐色，心材红褐色，边材带窄，心边材界限分明。生长轮清晰，早材淡褐色，晚材深褐色，早晚材过渡急变。薄壁组织及木射线不可见。有纵横向树脂道，但细小且数目不多。

主要材性：强度高，耐腐性强，但防腐处理难。干缩较大，干燥较慢，在干燥过程中易轮裂。加工难，钉钉易劈。

H.1.5　花旗松（douglas fir）。

学名：pseudotsuga menziesii

北美花旗松分为北部（含海岸型）与南部两类，北部产的木材强度较高，南部产的木材强度较低，使用时应加注意。

木材特征：边材灰白至淡黄褐色，心材桔黄至浅桔红色，心边材界限分明。在原木截面上可见边材有一白色树脂圈，生长轮清晰，但不均匀，早晚材过渡急变。薄壁组织及木射线不可见。木材纹理直，有松脂香味。

主要材性：强度较高，但变化幅度较大，使用时除应注意区分其产地外，尚应限制其生长轮的平均宽度不应过大。耐腐性中，干燥性较好，干后不易开裂翘曲。易加工，握钉力良好，胶粘性能好。

H.1.6　南亚松（merkus pine）。

学名：pinus tonkinensis

木材特征：边材黄褐至浅红褐色，心材红褐带紫色。生长轮清晰但不均匀，早晚材区别明显，过渡急变。木射线略可见，有纵横向树脂道。木材光泽好，松脂气味浓，手感油滑。木材纹理直或斜。

主要材性：强度中，干缩中，干燥较难，且易裂，边材易蓝变。加工较难，胶粘性能差。

H.1.7　北美落叶松（tamarack）

学名：larix laricina

木材特征：边材带白色，狭窄，心材黄褐色（速生材淡红褐色）。生长轮宽而清晰，早材带占轮宽3/4以上，早晚材过渡急变。薄壁组织不可见，木射线仅在径面可见细而密不明显的斑纹。有纵横向树脂道。木材略含油质，手感稍润滑，但无气味。木材纹理呈螺旋纹。

主要材性：强度中，耐腐中，易加工。

H.1.8　西部铁杉（western hemlock）。

学名：tsuga heteophylla

木材特征：边材灰白至浅黄褐色，心材色略深，心材边材界限不分明。生长轮清晰，且呈波浪状，早材带占轮宽2/3以上，晚材呈玫瑰、淡紫或淡红色，且带黑色条纹（也称鸟喙纹）偶有白色斑点，原木近树皮的几个生长轮为白色，早晚材过渡渐变。薄壁组织不可见，木射线仅在径切面见不显著的细密斑纹，无树脂道。新伐材有酸性气味，木材纹理直而匀。

主要材性：强度中，不耐腐，且防腐处理难，干缩略大，干燥较慢。易加工、钉钉，胶粘性能良好。

H.1.9　太平洋银冷杉（pacific silver fir）。

学名：abies amabilis

木材特征：较一般冷杉色深，心边材区别不明显。生长轮清晰，早晚材过渡渐变。薄壁组织不可见，木射线在径切面有细而密的不显著斑纹，无树脂道，木材纹理直而匀。

主要材性：强度中，不耐腐，干缩略大，易干燥、加工、钉钉，胶粘性能良好。

H.1.10 欧洲云杉（european spruce，Eлв обыкновенная）。

学名：picea abies

木材特征：木材呈均匀白色，有时呈淡黄或淡红色，稍有光泽，心边材区别不明显。生长轮清晰，晚材较早材色深。有纵横向树脂道。木材纹理直，有松脂气味。

主要材性：强度中，不耐腐，防腐处理难。易干燥、加工、钉钉，胶粘性能好。

H.1.11 海岸松（maritime pine）。

学名：pinus pinastor

木材特征：类似欧洲赤松，但树脂较多。

主要材性：与欧洲赤松略同。

H.1.12 俄罗斯红松（korean pine кедр корейскин）。

学名：pinus koraiensis

木材特征：边材浅红白色，心材淡褐微带红色，心边材区别明显，但无清晰的界限。生长轮清晰，早晚材过渡渐变。木射线不可见，有纵横向树脂道，多均匀分布在晚材带。木材纹理直而匀。

主要材性：强度较欧洲赤松低，不耐腐。干缩小，干燥快，且干后性质好。易加工，切面光滑，易钉钉，胶粘性能好。

H.1.13 新西兰辐射松（new zealand radiata pine）。

学名：pinus radiata D. Don

木材特征：心材介于均匀的淡褐色到粟色之间，边材为奶黄色，生长轮清晰，心材较少。

主要材性：速生树种，强度随生长轮从木髓到边材的位置而不同。作为结构用材生长轮的平均宽度应限制在15mm以内或经机械分级。密度中等，适合窑干，新伐材蓝变极易发生，但可用有效措施控制，易于防腐处理，易于加工、紧固、指接和胶合。

H.1.14 东部云杉（eastern spruce）。

学名：picea spp

包括白云杉（picea glauca）、红云杉（picea rubens）、黑云杉（picea mariana）。

木材特征：心边材无明显区别，色呈白至淡黄褐色，有光泽。生长轮清晰，早材较晚材宽数倍。薄壁组织不可见，有纵横向树脂道。木材纹理直而匀。

主要材性：强度低，不耐腐，且防腐处理难。干缩较小，干燥快且少裂，易加工、钉钉，胶粘性能良好。

H.1.15 东部铁杉（eastern hemlock）。

学名：tsuga canadensis

木材特征：心材淡褐略带淡红色，边材色较浅，心边材无明显区别。生长轮清晰，早材占轮宽的2/3以上，早晚材过渡渐变至急变。薄壁组织不可见，木射线仅在径切面呈细而密不显著的斑纹，无树脂道。木材纹理不匀且常具螺旋纹。

主要材性：强度低于西部铁杉，不耐腐。干燥稍难，加工性能同西部铁杉。

H.1.16 白冷杉（white fir）。

学名：abies concolor

木材特征：木材白至黄褐色，其余特征与太平洋银冷杉略同。

主要材性：强度低于太平洋银冷杉，不耐腐，干缩小，易加工。

H.1.17 西加云杉（sitka spruce）。

学名：picea sitchensis

木材特征：边材乳白至淡黄色，心材淡红黄至淡紫褐色，心边材区别不明显。生长轮清晰，早材占生长轮的1/2至2/3，早晚材过渡渐变。薄壁组织及木射线不可见，有纵横向树脂道，木材稍有光泽，纹理直而匀，在弦面上常呈凹纹。

主要材性：强度低，不耐腐，干缩较小；易干燥、加工、钉钉，胶粘性能良好。

H.1.18 北美黄松（ponderosa pine）。

学名：pinus ponderosa

木材特征：边材近白至淡黄色，带宽（常含80个以上的生长轮），心材微黄至淡红或橙褐色。生长轮不清晰至清晰，早晚材过渡急变。薄壁组织及木射线不可见，有纵横向树脂道，木材纹理直，匀至不匀。

主要材性：强度较低，不耐腐，防腐处理略难，干缩略小，易干燥、加工、钉钉，胶粘性能良好。

H.1.19 巨冷杉（grand fir）。

学名：abies grandis

木材特征：与白冷杉近似。

主要材性：强度较白冷杉略低，其余性质略同。

H.1.20 西伯利亚松（кедр сибирский）。

学名：pinus sibirica

木材特征：与俄罗斯红松同。

主要材性：与俄罗斯红松同。

H.1.21 小干松（lodgepole pine）。

学名：pinus contorta

木材特征：边材近白至淡黄色，心材淡黄至淡黄褐色，心边材颜色相近，难清晰区别。生长轮尚清晰，早晚材过渡急变。薄壁组织不可见，木射线细，有纵横向树脂道。生材有明显的树脂气味，木材纹理直而不匀。

主要材性：强度低，不耐腐，防腐处理难，常受小蠹虫和天牛的危害。干缩略大，干燥快且性质良好，易加工、钉钉，胶粘性能良好。

H.2 阔叶树林

H.2.1 门格里斯木（mengris）。

学名：koonpassia spp

木材特征：边材白或浅黄色，心材新切面呈浅红至砖红色，久变深桔红色。生长轮不清晰，管孔散生，分布较匀，有侵填体。轴向薄壁组织呈环管束状、似翼状或连续成段的窄带状，木射线可见，在径面呈斑纹，弦面呈波浪。无胞间道，木材有光泽，且有黄褐色条纹，纹理交错间有波状纹。

主要材性：强度高，耐腐，干缩小，干燥性质良好，加工难，钉钉易劈裂。

H.2.2 卡普木（山樟，kapur）。

学名：dryobalanops spp

木材特征：边材浅黄褐或略带粉红色，新切面心材为粉红至深红色，久变为红褐、深褐或紫红褐色，心边材区别明显。生长轮不清晰，管孔呈单独体，分布匀，有侵填体。轴向薄壁组织呈傍管状或翼状。木射线少，有径面上的斑纹，弦面上的波痕。有轴向胞间道，呈白色点状、单独或断续的长弦列。木材有光泽，新切面有类似樟木气味，纹理略交错至明显交错。

主要材性：强度高，耐腐，但防腐处理难，干缩大，干燥缓慢，易劈裂。加工难，但钉钉不难，胶粘性能好。

H.2.3 沉水稍（重娑罗双、塞兰甘巴都，selangau batu）。

学名：shorea spp 或 hopeas spp

木材特征：材色浅褐至黄褐色，久变深褐色，边材色浅，心边材易区别。生长轮不清晰，管孔散生，分布均匀。轴向薄壁组织呈环管束状、翼状或聚翼状，木射线可见，有轴向胞间道，在横截面呈点状或长弦列。木材纹理交错。

主要材性：强度高，耐腐，但防腐处理难，干缩较大，干燥较慢，易裂，加工较难，但加工后可得光滑的表面。

H.2.4 克隆（克鲁因，keruing）。

学名：dipterocarpus spp

木材特征：边材灰褐至灰黄或紫灰色，心材新切面为紫红色，久变深紫红褐或浅红褐色，心边材区别明显。生长轮不清晰，管孔散生，分布不均，无侵填体，含褐色树胶。轴向薄壁组织呈傍管型、离管型，周边薄壁组织存在于胞间道周围呈翼状，木射线可见，有轴向胞间道，在横截面呈白点状、单独或短弦列（2～3个），偶见长弦列。木材有光泽，在横截面有树胶渗出，纹理直或略交错。

主要材性：强度高但次于沉水稍，心材略耐腐，而边材不耐腐，防腐处理较易。干缩大且不匀，干燥较慢，易翘裂。加工难，易钉钉，胶粘性能良好。

H.2.5 绿心木（greenheart）。

学名：ocotea rodiaei

木材特征：边材浅黄白色，心材浅黄绿色，有光泽，心边材区别不明显。生长轮不清晰，管孔分布匀，呈单独或2～3个径列，含树胶。轴向薄壁组织呈环管束状、环管状或星散状。木射线细色浅，放大镜下见径面斑纹，弦面无波痕，无胞间道。木材纹理直或交错。

主要材性：强度高，耐腐。干燥难，端面易劈裂，但翘曲小，加工难，钉钉易劈，胶粘性能好。

H.2.6 紫心木（purpleheart）。

学名：peltogyne spp

木材特征：边材白色且有紫色条纹，心材为紫色，心边材区别明显，生长轮略清晰，管孔分布均匀，呈单独间或2～3个径列，偶见树胶。轴向薄壁组织呈翼状、聚翼状，间有断续带状。木射线色浅可见，径面有斑纹，弦面无波痕，无胞间道。木材有光泽，纹理直，间有波纹及交错纹。

主要材性：强度高，耐腐，心材极难浸注。干燥快，加工难，钉钉易劈裂。

H.2.7 李叶豆（贾托巴木，jatoba）。

学名：hymeneae courbaril

木材特征：边材白或浅灰色，略带浅红褐色，心材黄褐至红褐色，有条纹，心边材区别明显。生长轮清晰，管孔分布不匀，呈单独状，含树胶。轴向薄壁组织呈轮界状、翼状或聚翼状，木射线多，径面有显著银光斑纹，弦面无波痕，有胞间道。木材有光泽，纹理直或交错。

主要材性：强度高，耐腐。干燥快，易加工。

H.2.8 塔特布木（tatabu）。

学名：diplotropis purpurea

木材特征：边材灰白略带黄色，心材浅褐至深褐色，心边材区别明显。生长轮略清晰，管孔分布均匀，呈单独状，轴向薄壁组织呈环管束状、聚翼状连接成断续窄带。木射线略细，径面有斑纹，弦面无波痕，无胞间道。木材光泽弱，手触有腊质感，纹理直或不规则。

主要材性：强度高，耐腐，加工难。

H.2.9 达荷玛木（dahoma）。

学名：piptadeniastrum africanum

木材特征：边材灰白色，心材浅黄灰褐至黄褐色，心边材区别明显。生长轮清晰。管孔呈单独或2～4个径列，有树胶。轴向薄壁组织呈不连续的轮界状、管束状、翼状和聚翼状；木射线细但可见。木材新切面有难闻的气味，纹理较直或交错。

主要材性：强度中，耐腐。干燥缓慢，变形大，易加工、钉钉，胶粘性能良好。

H.2.10 萨佩莱木（sapele）。

学名：entandrophragma cylindricum

木材特征：边材浅黄或灰白色，心材为深红或深紫色，心边材区别明显。生长轮清晰，管孔呈单独、短径列、径列或斜径列。薄壁组织呈轮界状、环管状或宽带状；木射线细不明显，径面有规则的条状花纹或断续短条纹。木材具有香椿似的气味，纹理交错。

主要材性：强度中，耐腐中，易干燥、加工、钉钉，胶粘性能良好。

H.2.11 苦油树（安迪罗巴，andiroba）。

学名：carapa guianensis

木材特征：木材深褐至黑褐色，心材较边材略深，心边材区别不明显。生长轮清晰，管孔分布较匀，呈单独或2～3个径列，含深色侵填体。轴向薄壁组织呈环管状或轮界状，木射线略多，径面有斑纹，弦面无波痕，无胞间道。木材径面有光泽，纹理直或略交错。

主要材性：强度中，耐腐中，干缩中。易加工，钉钉易裂，胶粘性能良好。

H.2.12 毛罗藤黄（曼尼巴利，manniballi）。

学名：moronbea coccinea

木材特征：边材浅黄色，心材深黄或黄褐色，心边材区别略明显。生长轮略清晰，管孔分布不甚均匀，呈单独、间或二至数个径列，含树胶。轴向薄壁组织呈同心带状或环管状，木射线略细，径面有斑纹，弦面无波痕，无胞间道，木材有光泽，加工时有微弱香气，纹理直。

主要材性：强度中，耐腐，易气干、加工。

H.2.13 黄梅兰蒂（黄柳桉，yellow meranti）。

学名：shorea spp

木材特征：心材浅黄褐或浅褐色带黄，边材新伐时亮黄至浅黄褐色，心边材区别明显。生长轮不清晰，管孔散生，分布颇匀，有侵填体。轴向薄壁组织多，木射线细，有胞间道，在横截面呈白点状长弦列。木材纹理交错。

主要材性：强度中，耐腐中。易干燥、加工、钉钉，胶粘性能良好。

H.2.14 梅萨瓦木（marsawa）。

学名：anisopteia spp

木材特征：边材浅黄色，心材浅黄褐或淡红色，生材心边材区别不明显，久之心材色变深。生长轮不清晰。管孔呈单独、间或成对状，有侵填体。轴向薄壁组织呈环管状、环管束状或呈散状，木射线色浅可见，径面有斑纹，有胞间道。木材有光泽，纹理直或略交错，有时略有螺旋纹。

主要材性：强度中，心材略耐腐，防腐处理难。干燥慢，加工难，胶粘性能良好。

H.2.15 红劳罗木（red louro）。

学名：ocotea rubra

木材特征：边材黄灰至略带浅红灰色，心材略带浅红褐色至红褐色，心边材区别不明显。生长轮不清晰、管孔分布颇匀，呈单独或2～3个径列，有侵填体。轴向薄壁组织呈环管状、环管束状或翼状，木射线略少，无胞间道。木材略有光泽，纹理直，间有螺旋状。

主要材性：强度中，耐腐，但防腐处理难。易干燥、加工，胶粘性能良好。

H.2.16 深红梅兰蒂（深红柳桉，dark red meranti）。

学名：shorea spp

木材特征：边材桃红色，心材红至深红色，有时微紫，心边材区别略明显。生长轮不清晰，管孔散生、斜列，分布匀，偶见侵填体。木射线狭窄但可见，有胞间道，在横截面呈白点状长弦列。木材纹理交错。

主要材性：强度中，耐腐，但心材防腐处理难。干燥快，易加工、钉钉，胶粘性能良好。

H.2.17 浅红梅兰蒂（浅红柳桉，light red meranti）。

学名：shorea spp

木材特征：心材浅红至浅红褐色，边材色较浅，心边材区别明显。生长轮不清晰，管孔散生、斜列，分布匀，有侵填体。轴向薄壁组织呈傍管型、环管束状及翼状，少数聚翼状。木射线及跑间道同黄梅兰蒂。木材纹理交错。

主要材性：强度略低于深红梅兰蒂，其余性质同黄梅兰蒂。

H.2.18 白梅兰蒂（白柳桉，white meranti）。

学名：shorea spp

木材特征：心材新伐时白色，久变浅黄褐色，边材色浅，心边材区别明显。生长轮不清晰，管孔散生，少数斜列，分布较匀。轴向薄壁组织多，木射线窄，仅见波痕，有胞间道，在横截面呈白点状、同心圆或长弦列。木材纹理交错。

主要材性：强度中至高、不耐腐，防腐处理难。干缩中至略大，干燥快，加工易至难。

H.2.19 巴西红厚壳木（杰卡雷巴，jacareuba）。

学名：calophyllum brasiliensis

木材特征：心材红或深红色，有时夹杂暗红色条纹，边材较浅，心边材区别明显。生长轮不清晰，管孔少。轴向薄壁组织呈带状，木射线细，径面上有斑纹，弦面无波痕，无胞间道。木材有光泽，纹理交错。

主要材性：强度低，耐腐。干缩较大，干燥慢，易翘曲，易加工，但加工时易起毛或撕裂，钉钉难，胶粘性能好。

H.2.20 小叶椴（дипа мелколистная）。

学名：tilia cordata

木材特征：木材白色略带浅红色，心边材区别不明显。生长轮略清晰，管孔略小。木射线在径面有斑纹。木材纹理直。

主要材性：强度低，不耐腐，但易防腐处理。易干燥，且干后性质好，易加工，加工后切面光滑。

H.2.21 大叶椴（T. plalyphyllos）

材质与小叶椴类似。

注：本规范介绍的识别要点，仅供工程建设单位对物资供应部门声明的树种进行核对使用，所提供的木材树种不明时，则应提请当地林业科研单位进行鉴别。

附录J 进口规格材强度设计指标

J.1 已经换算的目测分级进口规格材的强度设计指标

J.1.1 已经换算的部分目测分级进口规格材的强度设计值和弹性模量见表J.1.1-1、J.1.1-2，但尚应乘以表J.1.1-3的尺寸调整系数。

表 J.1.1-1 北美地区目测分级进口规格材强度设计值和弹性模量

名称	等级	截面最大尺寸（mm）	抗弯 f_m	顺纹抗压 f_c	顺纹抗拉 f_t	顺纹抗剪 f_v	横纹承压 $f_{c,90}$	弹性模量 E
			设计值（N/mm²）					
花旗松—落叶松类（南部）	Ⅰ$_c$	285	16	18	11	1.9	7.3	13000
	Ⅱ$_c$		11	16	7.2	1.9	7.3	12000
	Ⅲ$_c$		9.7	15	6.2	1.9	7.3	11000
	Ⅳ$_c$、Ⅴ$_c$		5.6	8.3	3.5	1.9	7.3	10000
	Ⅵ$_c$	90	11	18	7.0	1.9	7.3	10000
	Ⅶ$_c$		6.2	15	4.0	1.9	7.3	10000
花旗松—落叶松类（北部）	Ⅰ$_c$	285	15	20	8.8	1.9	7.3	13000
	Ⅱ$_c$		9.1	15	5.4	1.9	7.3	11000
	Ⅲ$_c$		9.1	15	5.4	1.9	7.3	11000
	Ⅳ$_c$、Ⅴ$_c$		5.1	8.8	3.2	1.9	7.3	10000
	Ⅵ$_c$	90	10	19	6.2	1.9	7.3	10000
	Ⅶ$_c$		5.6	16	3.5	1.9	7.3	10000
铁—冷杉（南部）	Ⅰ$_c$	285	15	16	9.9	1.6	4.7	11000
	Ⅱ$_c$		11	15	6.7	1.6	4.7	10000
	Ⅲ$_c$		9.1	14	5.6	1.6	4.7	9000
	Ⅳ$_c$、Ⅴ$_c$		5.4	7.8	3.2	1.6	4.7	8000
	Ⅵ$_c$	90	11	17	6.4	1.6	4.7	9000
	Ⅶ$_c$		5.9	14	3.5	1.6	4.7	8000
铁—冷杉（北部）	Ⅰ$_c$	285	14	18	8.3	1.6	4.7	12000
	Ⅱ$_c$		11	16	6.2	1.6	4.7	11000
	Ⅲ$_c$		11	16	6.2	1.6	4.7	11000
	Ⅳ$_c$、Ⅴ$_c$		6.2	9.1	3.5	1.6	4.7	10000
	Ⅵ$_c$	90	12	19	7.0	1.6	4.7	10000
	Ⅶ$_c$		7.0	16	3.8	1.6	4.7	10000
南方松	Ⅰ$_c$	285	20	19	11	1.9	6.6	12000
	Ⅱ$_c$		13	17	7.2	1.9	6.6	12000
	Ⅲ$_c$		11	16	5.9	1.9	6.6	11000
	Ⅳ$_c$、Ⅴ$_c$		6.2	8.8	3.5	1.9	6.6	10000
	Ⅵ$_c$	90	12	19	6.7	1.9	6.6	10000
	Ⅶ$_c$		6.7	16	3.8	1.9	6.6	9000

续表 J.1.1-1

名称	等级	截面最大尺寸（mm）	抗弯 f_m	顺纹抗压 f_c	顺纹抗拉 f_t	顺纹抗剪 f_v	横纹承压 $f_{c,90}$	弹性模量 E
			设计值（N/mm²）					
云杉—松—冷杉类	Ⅰ$_c$	285	13	15	7.5	1.4	4.9	10300
	Ⅱ$_c$		9.4	12	4.8	1.4	4.9	9700
	Ⅲ$_c$		9.4	12	4.8	1.4	4.9	9700
	Ⅳ$_c$、Ⅴ$_c$		5.4	7.0	2.7	1.4	4.9	8300
	Ⅵ$_c$	90	11	15	5.4	1.4	4.9	9000
	Ⅶ$_c$		5.9	12	2.9	1.4	4.9	8300
其他北美树种	Ⅰ$_c$	285	9.7	11	4.3	1.2	3.9	7600
	Ⅱ$_c$		6.4	9.1	2.9	1.2	3.9	6900
	Ⅲ$_c$		6.4	9.1	2.9	1.2	3.9	6900
	Ⅳ$_c$、Ⅴ$_c$		3.8	5.4	1.6	1.2	3.9	6200
	Ⅵ$_c$	90	7.5	11	3.2	1.2	3.9	6900
	Ⅶ$_c$		4.3	9.4	1.9	1.2	3.9	6200

表 J.1.1-2 欧洲地区目测分级进口规格材强度设计值和弹性模量

名称	等级	截面最大尺寸（mm）	抗弯 f_m	顺纹抗压 f_c	顺纹抗拉 f_t	顺纹抗剪 f_v	横纹承压 $f_{c,90}$	弹性模量 E
			设计值（N/mm²）					
欧洲赤松 欧洲落叶松 欧洲云杉	Ⅰ$_c$	285	17	18	8.2	2.2	6.4	12000
	Ⅱ$_c$		14	17	6.4	1.8	6.0	11000
	Ⅲ$_c$		9.3	14	4.6	1.3	5.3	8000
	Ⅳ$_c$、Ⅴ$_c$		8.1	13	3.7	1.2	4.8	7000
	Ⅵ$_c$	90	14	16	6.9	1.3	5.3	8000
	Ⅶ$_c$		12	15	5.5	1.2	4.8	7000
欧洲道格拉斯松	Ⅰ$_c$、Ⅱ$_c$	285	12	16	5.1	1.6	5.5	11000
	Ⅲ$_c$		7.9	13	3.6	1.2	4.8	8000
	Ⅳ$_c$、Ⅴ$_c$		6.9	12	2.9	1.1	4.4	7000

表 J.1.1-3 尺寸调整系数

等级	截面高度（mm）	抗弯 截面宽度（mm）		顺纹抗压	顺纹抗拉	其他
		40和65	90			
Ⅰ$_c$、Ⅱ$_c$、Ⅲ$_c$、Ⅳ$_c$、Ⅴ$_c$	≤90	1.5	1.5	1.15	1.5	1.0
	115	1.4	1.4	1.1	1.4	1.0
	140	1.3	1.3	1.1	1.3	1.0
	185	1.2	1.2	1.05	1.2	1.0
	235	1.1	1.2	1.0	1.1	1.0
	285	1.0	1.1	1.0	1.0	1.0
Ⅵ$_c$、Ⅶ$_c$	≤90	1.0	1.0	1.0	1.0	1.0

J.1.2 北美地区目测分级规格材代码和本规范目测分级规格材代码对应关系见表J.1.2。

表 J.1.2 北美地区规格材与本规范规格材对应关系

本规范规格材等级	北美规格材等级
$Ⅰ_c$	Select structural
$Ⅱ_c$	No.1
$Ⅲ_c$	No.2
$Ⅳ_c$	No.3
$Ⅴ_c$	Stud
$Ⅵ_c$	Construction
$Ⅶ_c$	Standard

J.2 机械分级规格材的强度设计指标

J.2.1 机械分级规格材的强度设计值和弹性模量见表J.2.1。

表 J.2.1 机械分级规格材强度设计值和弹性模量（N/mm^2）

强 度	强度等级							
	M10	M14	M18	M22	M26	M30	M35	M40
抗弯 f_m	8.20	12	15	18	21	25	29	33
顺纹抗拉 f_t	5.0	7.0	9.0	11	13	15	17	20
顺纹抗压 f_c	14	15	16	18	19	21	22	24
顺纹抗剪 f_v	1.1	1.3	1.6	1.9	2.2	2.4	2.8	3.1
横纹承压 $f_{c,90}$	4.8	5.0	5.1	5.3	5.4	5.6	5.8	6.0
弹性模量 E	8000	8800	9600	10000	11000	12000	13000	14000

J.2.2 部分国家机械分级规格材等级与本规范机械分级规格材等级对应关系见表J.2.2。

表 J.2.2 机械分级强度等级对应关系表

本规范采用等级	M10	M14	M18	M22	M26	M30	M35	M40
北美采用等级		1200f-1.2E	1450f-1.3E	1650f-1.5E	1800f-1.6E	2100f-1.8E	2400f-2.0E	2850f-2.3E
新西兰采用等级	MSG6	MSG8	MSG10		MSG12		MSG15	
欧洲采用等级		C14	C18	C22	C27	C30	C35	C40

注：1 对于北美机械分级规格材，横纹承压和顺纹抗剪的强度设计值为《木结构设计规范》GB 50005-2003表J.1.1-1中相应目测分级规格材的强度设计值。

2 对于那些经过认证审核并且在生产过程中有常规足尺测试的特征强度值，其强度设计值可按有关程序由测试特征强度值（而不是强度相关关系）确定。

J.3 规格材的共同作用系数

J.3.1 当规格材搁栅数量大于3根，且与楼面板、屋面板或其他构件有可靠连接时，设计搁栅的抗弯承载力时，可将抗弯强度设计值f_m乘以1.15的共同作用系数。

附录K 轴心受压构件稳定系数

表 K.0.1 TC17、TC15及TB20级木材的φ值表

λ	0	1	2	3	4	5	6	7	8	9
0	1.000	1.000	0.999	0.998	0.998	0.996	0.994	0.992	0.990	0.988
10	0.985	0.981	0.978	0.974	0.970	0.966	0.962	0.957	0.952	0.947
20	0.941	0.936	0.930	0.924	0.917	0.911	0.904	0.898	0.891	0.884
30	0.877	0.869	0.862	0.854	0.847	0.839	0.832	0.824	0.816	0.808
40	0.800	0.792	0.784	0.776	0.768	0.760	0.752	0.743	0.735	0.727
50	0.719	0.711	0.703	0.695	0.687	0.679	0.671	0.663	0.655	0.648
60	0.640	0.632	0.625	0.617	0.610	0.602	0.595	0.588	0.580	0.573
70	0.566	0.559	0.552	0.546	0.539	0.532	0.519	0.506	0.493	0.481
80	0.469	0.457	0.446	0.435	0.425	0.415	0.406	0.396	0.387	0.379
90	0.370	0.362	0.354	0.347	0.340	0.332	0.326	0.319	0.312	0.306
100	0.300	0.294	0.288	0.283	0.277	0.272	0.267	0.262	0.257	0.252
110	0.248	0.243	0.239	0.235	0.231	0.227	0.223	0.219	0.215	0.212
120	0.208	0.205	0.202	0.198	0.195	0.192	0.189	0.186	0.183	0.180
130	0.178	0.175	0.172	0.170	0.167	0.165	0.162	0.160	0.158	0.155
140	0.153	0.151	0.149	0.147	0.145	0.143	0.141	0.139	0.137	0.135
150	0.133	0.132	0.130	0.128	0.126	0.125	0.123	0.122	0.120	0.119
160	0.117	0.116	0.114	0.113	0.112	0.110	0.109	0.108	0.106	0.105
170	0.104	0.102	0.101	0.100	0.0991	0.0980	0.0968	0.0958	0.0947	0.0936
180	0.0926	0.0916	0.0906	0.0896	0.0886	0.0876	0.0867	0.0858	0.0849	0.0840
190	0.0831	0.0822	0.0814	0.0805	0.0797	0.0789	0.0781	0.0773	0.0765	0.0758
200	0.0750									

表中的φ值系按下列公式算得：

当$\lambda \leqslant 75$时 $$\varphi=\frac{1}{1+\left(\frac{\lambda}{80}\right)^2}$$

当$\lambda > 75$时 $$\varphi=\frac{3000}{\lambda^2}$$

表 K.0.2 TC13、TC11、TB17、TB15、TB13及TB11级木材的φ值表

λ	0	1	2	3	4	5	6	7	8	9
0	1.000	1.000	0.999	0.998	0.996	0.994	0.992	0.988	0.985	0.981
10	0.977	0.972	0.967	0.962	0.956	0.949	0.943	0.936	0.929	0.921
20	0.914	0.905	0.897	0.889	0.880	0.871	0.862	0.853	0.843	0.834
30	0.824	0.815	0.805	0.795	0.785	0.775	0.765	0.755	0.745	0.735
40	0.725	0.715	0.705	0.696	0.686	0.676	0.666	0.657	0.647	0.638
50	0.628	0.619	0.610	0.601	0.592	0.583	0.574	0.565	0.557	0.548
60	0.540	0.532	0.524	0.516	0.508	0.500	0.492	0.485	0.477	0.470
70	0.463	0.456	0.449	0.442	0.436	0.429	0.422	0.416	0.410	0.404
80	0.398	0.392	0.386	0.380	0.374	0.369	0.364	0.358	0.353	0.348
90	0.343	0.338	0.331	0.324	0.317	0.310	0.304	0.298	0.292	0.286
100	0.280	0.274	0.269	0.264	0.259	0.254	0.249	0.244	0.240	0.236
110	0.231	0.227	0.223	0.219	0.215	0.212	0.208	0.204	0.201	0.198
120	0.194	0.191	0.188	0.185	0.182	0.179	0.176	0.174	0.171	0.168
130	0.166	0.163	0.161	0.158	0.156	0.154	0.151	0.149	0.147	0.145
140	0.143	0.141	0.139	0.137	0.135	0.133	0.131	0.130	0.128	0.126
150	0.124	0.123	0.121	0.120	0.118	0.116	0.115	0.114	0.112	0.111
160	0.109	0.108	0.107	0.105	0.104	0.103	0.102	0.100	0.0992	0.0980
170	0.0969	0.0958	0.0946	0.0936	0.0925	0.0914	0.0904	0.0894	0.0884	0.0874
180	0.0864	0.0855	0.0845	0.0836	0.0827	0.0818	0.0809	0.0801	0.0792	0.0784
190	0.0776	0.0768	0.0760	0.0752	0.0744	0.0736	0.0729	0.0721	0.0714	0.0707
200	0.0700									

表中的 φ 值系按下列公式算得：

当 $\lambda \leqslant 91$ 时 $\varphi=\frac{1}{1+\left(\frac{\lambda}{65}\right)^{2}}$

当 $\lambda > 91$ 时 $\varphi=\frac{2800}{\lambda^{2}}$

附录 L 受弯构件侧向稳定计算

L.0.1 受弯构件侧向稳定按下式验算：

$$\frac{M}{\varphi_{l} W} \leqslant f_{\mathrm{m}} \quad (\mathrm{L}.0.1)$$

式中 f_{m}——木材抗弯强度设计值（$\mathrm{N/mm^2}$）；

M——构件在荷载设计值作用下的弯矩（N·mm）；

W——受弯构件的全截面抵抗矩（$\mathrm{mm^3}$）；

φ_{l}——受弯构件的侧向稳定系数，按本规范第 L.0.2 条和第 L.0.3 条分别确定。

L.0.2 当受弯构件的两个支点处设有防止其侧向位移和侧倾的侧向支承，并且截面的最大高度对其截面宽度之比不超过下列数值时，侧向稳定系数 φ_{l} 取等于 1：

$h/b=4$，未设有中间的侧向支承；

$h/b=5$，在受压弯构件长度上由类似檩条等构件作为侧向支承；

$h/b=6.5$，受压边缘直接固定在密铺板上或间距不大于 600mm 的搁栅上；

$h/b=7.5$，受压边缘直接固定在密铺板上或间距不大于 600mm 的搁栅上，并且受弯构件之间安装有横隔板，其间隔不超过受弯构件截面高度的 8 倍；

$h/b=9$，受弯构件的上下边缘在长度方向上都被固定。

L.0.3 当受弯构件的两个支点处设有防止其侧向位移和侧倾的侧向支承，且有可靠锚固，但不满足本规范第 L.0.2 条的条件时，侧向稳定系数 φ_{l} 应按下式计算：

$$\varphi_{l}=\frac{(1+1/\lambda_{\mathrm{m}}^{2})}{2c_{\mathrm{m}}}-\sqrt{\left[\frac{1+1/\lambda_{\mathrm{m}}^{2}}{2c_{\mathrm{m}}}\right]^{2}-\frac{1}{c_{\mathrm{m}}\lambda_{\mathrm{m}}^{2}}} \quad (\mathrm{L}.0.3\text{-}1)$$

式中 φ_{l}——受弯构件的侧向稳定系数；

c_{m}——考虑受弯构件木材有关的系数；

$c_{\mathrm{m}}=0.95$ 用于锯材的系数；

λ_{m}——考虑受弯构件的侧向刚度因数，按下式计算：

$$\lambda_{\mathrm{m}}=\sqrt{\frac{4l_{\mathrm{ef}}h}{\pi b^{2}k_{\mathrm{m}}}} \quad (\mathrm{L}.0.3\text{-}2)$$

k_{m}——梁的侧向稳定验算时，与构件木材强度等级有关的系数，按表 L.0.3 采用；

h、b——受弯构件的截面高度、宽度；

l_{ef}——验算侧向稳定时受弯构件的有效长度，按本规范第 L.0.4 条确定。

表 L.0.3 柱和梁的稳定性验算时考虑构件木材强度等级有关系数

木材强度等级	TC17，TC15，TB20	TC13，TC11，TB17，TB15、TB13 及 TB11
用于柱 k_{m}	330	300
用于梁 k_{m}	220	220

L.0.4 验算受弯构件的侧向稳定时，其计算长度 l_{ef} 等于实际长度乘以表 L.0.4 中所示的计算长度系数。

表 L.0.4 计算长度系数

梁的类型和荷载情况	荷载作用在梁的部位		
	顶部	中部	底部
简支梁，两端相等弯矩		1.0	
简支梁，均匀分布荷载	0.95	0.90	0.85
简支梁，跨中一个集中荷载	0.80	0.75	0.70
悬臂梁，均匀分布荷载		1.2	
悬臂梁，在悬端一个集中荷载		1.7	
悬臂梁，在悬端作用弯矩		2.0	

在梁的支座处应设置用来防止侧向位移和侧倾的侧向支承。在梁的跨度内，若设置有类似檩条能阻止侧向位移和侧倾的侧向支承时，实际长度应取侧向支承点之间的距离；若未设置有侧向支承时，实际长度应取两支座之间的距离或悬臂梁的长度。

附录 M 齿板试验要点及承载力设计值的确定

M.1 材 料 要 求

M.1.1 试验所用齿板应与工程中实际使用的齿板相一致。齿板厚度误差应控制在±5%之内。齿板在试验前应用清洗剂清洗以去除油污。

M.1.2 试验所用规格材厚度应与工程中实际使用的规格材厚度相一致，宽度应与试验所用齿板宽度相协调。确定齿极限承载力时，所用规格材含水率应为 14%±0.2%，相对质量密度应为 $0.82\rho \pm 0.03$。其中 ρ 为试验规格材的平均相对质量密度。木材的年轮应与规格材的宽面相正切，齿板区域不应有木节等缺陷。

M.2 试 验 要 求

M.2.1 试验所用加载速度应为 1.0mm/min±50% 以保证在 5～20min 内试件达极限承载力。

M.2.2 齿极限承载力为板齿承受的极限荷载除以齿板表面净面积。应各取10个试件以确定下列情况齿的极限承载力：

1 荷载平行于木纹及齿板主轴（图M.2.2a）；

2 荷载平行于木纹但垂直于齿板主轴（图M.2.2b）；

3 荷载垂直于木纹但平行于齿板主轴（图M.2.2c）；

4 荷载垂直于木纹及齿板主轴（图M.2.2d）。

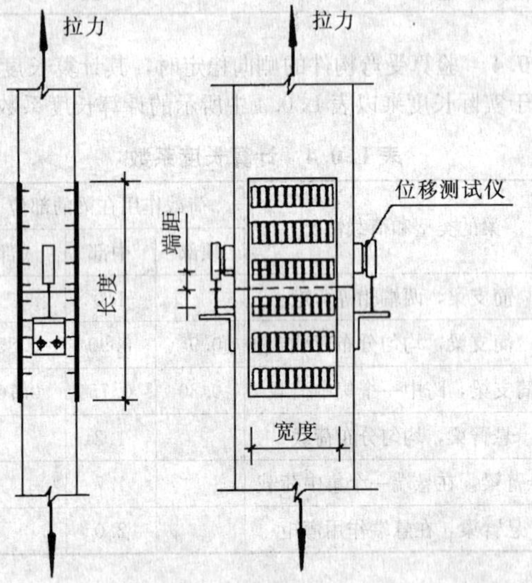

图M.2.2a 荷载平行于木纹及齿板主轴
$\alpha=0°$ $\theta=0°$

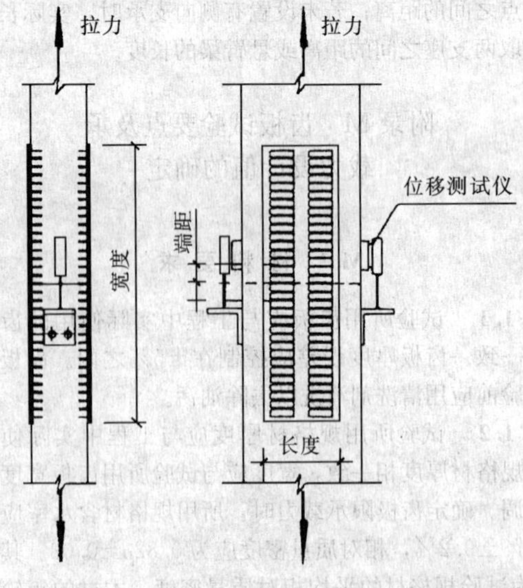

图M.2.2b 荷载平行于木纹但垂直于齿板主轴
$\alpha=0°$ $\theta=90°$

制作试件时，应将齿板上位于规格材端距a及边距e内的齿去除。

安装齿板时，应将板齿全部压入木材，齿板与木材间无空隙。压入木材的齿板厚度不应超过其厚度的二分之一。

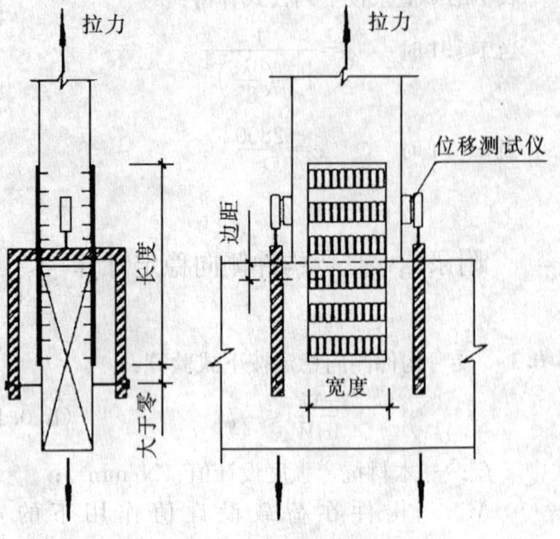

图M.2.2c 荷载垂直于木纹但平行于齿板主轴
$\alpha=90°$ $\theta=0°$

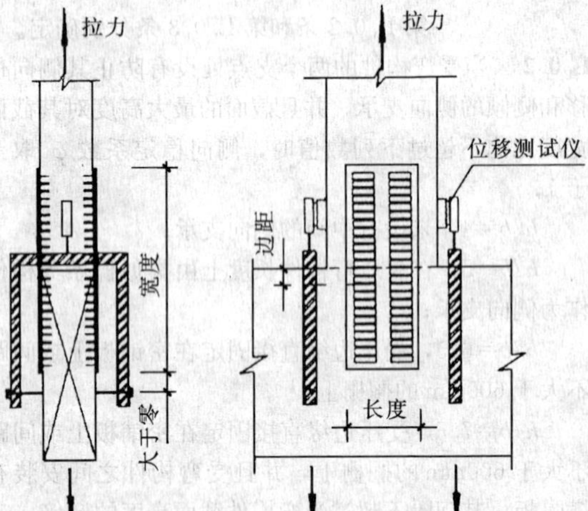

图M.2.2d 荷载垂直于木纹及齿板主轴
$\alpha=90°$ $\theta=90°$

在保证齿破坏的情况下，试验所用齿板应尽可能长。对于测试项目2和4，在保证齿破坏的情况下，试验所用齿板应尽可能宽。

M.2.3 齿板极限受拉承载力为齿板承受的极限拉力除以垂直于拉力方向的齿板截面宽度。应各取3个试件以确定下列情况齿板极限受拉承载力。

1 荷载平行于齿板主轴（图M.2.2a）；

2 荷载垂直于齿板主轴（图M.2.2b）。

试验所用齿板应足够大以避免发生齿破坏。

M.2.4 齿板受剪极限承载力为齿板承受的极限剪力除以平行于剪力方向的齿板剪切面长度。应各取3个试件以确定图M.2.4所列情况齿板极限受剪承载力。其中30°T、60°T、120°T和150°T为剪-拉复合受力情况；30℃、60℃、120℃和150℃为剪-压复合受力情况；0°与90°为纯剪情况。

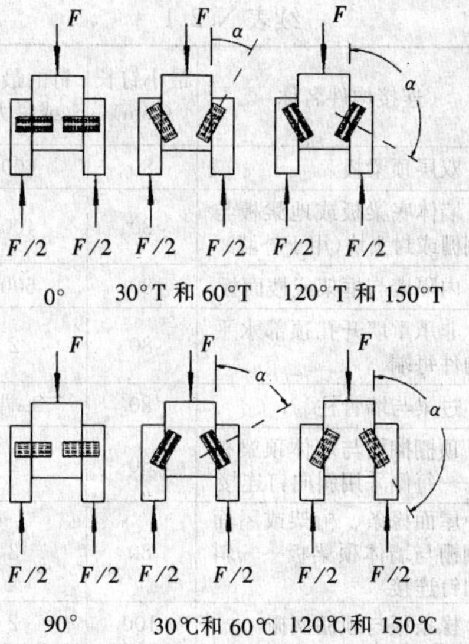

图 M.2.4　受剪试验中齿板主轴的方向

M.2.5　应测试 3 块用于制造齿板的钢板以确定其极限受拉承载力和相应的修正系数。修正系数为该钢板型号的规定最小极限受拉承载力除以试验所得 3 块试件的平均极限受拉承载力。

M.3　极限承载力的校正

M.3.1　齿板受拉承载力的校正试验值应为试验所得齿板极限受拉承载力乘以本规范第 M.2.5 条中的修正系数。

M.3.2　齿板受剪承载力的校正试验值应为试验所得齿板极限受剪承载力乘以本规范第 M.2.5 条中的修正系数。

M.4　齿板承载力设计值的确定

M.4.1　齿板承载力设计值

1　若荷载平行于齿板主轴（$\theta=0°$）

$$n_r=\frac{P_1P_2}{P_1\sin^2\alpha+P_2\cos^2\alpha}\qquad(\text{M.4.1-1})$$

2　若荷载垂直于齿板主轴（$\theta=90°$）

$$n'_r=\frac{P'_1P'_2}{P'_1\sin^2\alpha+P'_2\cos^2\alpha}\qquad(\text{M.4.1-2})$$

式中，P_1、P_2、P'_1 和 P'_2 取值为按本规范第 M.2.2 条确定的 10 个与 α、θ 相关的齿极限承载力试验值中的 3 个最小值的平均值除以系数 k。确定 P_1、P_2、P'_1 和 P'_2 时所用的 θ 与 α（图 M.2.2a-d）取值如下：

P_1：$\alpha=0°$　$\theta=0°$；P_2：$\alpha=90°$　$\theta=0°$；

P'_1：$\alpha=0°$　$\theta=90°$；P'_2：$\alpha=90°$　$\theta=90°$

3　系数 k 应按下式计算：

对阻燃处理后含水率小于或等于 15%的规格材：

$$k=1.88+0.27r\qquad(\text{M.4.1-3})$$

对阻燃处理后含水率大于 15%且小于 20%的规格材：

$$k=2.64+0.38r\qquad(\text{M.4.1-4})$$

对未经阻燃处理含水率小于或等于 15%的规格材：

$$k=1.69+0.24r\qquad(\text{M.4.1-5})$$

对未经阻燃处理含水率大于 15%且小于 20%的规格材：

$$k=2.11+0.3r\qquad(\text{M.4.1-6})$$

式中　r——恒载标准值与活载标准值之比，$r=1.0$～5.0；若 $r<1.0$ 或 >5.0，则取 $r=1.0$ 或 5.0。

4　当齿板主轴与荷载方向夹角 θ 不等于“0°”或“90°”时，齿承载力设计值应在 n_r 与 n'_r 间用线性插值法确定。

M.4.2　齿板受拉承载力设计值

取按本规范第 M.2.3 条确定的 3 个受拉极限承载力校正试验值中 2 个最小值的平均值除以 1.75。

M.4.3　齿板受剪承载力设计值

取按本规范第 M.2.4 条确定的 3 个受剪极限承载力校正试验值中 2 个最小值的平均值除以 1.75。若齿板主轴与荷载方向夹角与本规范第 M.2.4 条规定不同时，齿板受剪承载力设计值应按线性插值法确定。

M.4.4　齿抗滑移承载力

1　若荷载平行于齿板主轴（$\theta=0°$）

$$n_s=\frac{P_{s1}P_{s2}}{P_{s1}\sin^2\alpha+P_{s2}\cos^2\alpha}\qquad(\text{M.4.4-1})$$

2　若荷载垂直于齿板主轴（$\theta=90°$）

$$n'_s=\frac{P'_{s1}P'_{s2}}{P'_{s1}\sin^2\alpha+P'_{s2}\cos^2\alpha}\qquad(\text{M.4.4-2})$$

式中，P_{s1}、P_{s2}、P'_{s1} 和 P'_{s2} 取值为按本规范第 M.2.2 条确定的在木材连接处产生 0.8mm 相对滑移时的 10 个齿极限承载力试验值中的平均值除以系数 k_s。确定 P_{s1}、P_{s2}、P'_{s1} 和 P_{s2} 时采用的 θ 与 α 取值如下：

P_{s1}：$\alpha=0°$　$\theta=0°$；P_{s2}：$\alpha=90°$　$\theta=0°$；

P'_{s1}：$\alpha=0°$　$\theta=90°$；P'_{s2}：$\alpha=90°$　$\theta=90°$

3　对含水率小于或等于 15%的规格材，$k_s=1.40$；对含水率大于 15%且小于 20%的规格材，$k_s=1.75$。

4　当齿板主轴与荷载方向夹角 θ 不等于“0°”或“90°”时，齿抗滑移承载力应在 n_s 与 n'_s 间用线性插值法确定。

附录 N　轻型木结构的有关要求

N.1　规格材的截面尺寸

N.1.1　轻型木结构用规格材截面尺寸见表 N.1.1。

表 N.1.1 结构规格材截面尺寸表

截面尺寸 宽(mm)×高(mm)	40×40	40×65	40×90	40×115	40×140	40×185	40×235	40×285
截面尺寸 宽(mm)×高(mm)	—	65×65	65×90	65×115	65×140	65×185	65×235	65×285
截面尺寸 宽(mm)×高(mm)	—	—	90×90	90×115	90×140	90×185	90×235	90×285

注：1 表中截面尺寸均为含水率不大于20%、由工厂加工的干燥木材尺寸；

2 进口规格材截面尺寸与表列规格材尺寸相差不超2mm时，可与其相应规格材等同使用，但在计算时，应按进口规格材实际截面进行计算；

3 不得将不同规格系列的规格材在同一建筑中混合使用。

N.1.2 机械分级的速生树种规格材截面尺寸见表N.1.2。

表 N.1.2 速生树种结构规格材截面尺寸表

截面尺寸 宽（mm）×高（mm）	45×75	45×90	45×140	45×190	45×240	45×290

注：同表N.1.1注1及注3。

N.2 按构造设计的轻型木结构的钉连接要求

N.2.1 按构造设计的轻型木结构构件之间的钉连接要求见表N.2.1。

表 N.2.1 按构造设计的轻型木结构的钉连接要求

序号	连接构件名称	最小钉长（mm）	钉的最少数量或最大间距
1	楼盖搁栅与墙体顶梁板或底梁板——斜向钉连接	80	2颗
2	边框梁或封边板与墙体顶梁板或底梁板——斜向钉连接	60	150mm
3	楼盖搁栅木底撑或扁钢底撑与楼盖搁栅	60	2颗
4	搁栅间剪刀撑	60	每端2颗
5	开孔周边双层封边梁或双层加强搁栅	80	300mm
6	木梁两侧附加托木与木梁	80	每根搁栅处2颗
7	搁栅与搁栅连接板	80	每端2颗
8	被切搁栅与开孔封头搁栅（沿开孔周边垂直钉连接）	80	5颗
		100	3颗
9	开孔处每根封头搁栅与封边搁栅的连接（沿开孔周边垂直钉连接）	80	5颗
		100	3颗
10	墙骨柱与墙体顶梁板或底梁板，采用斜向钉连接或垂直钉连接	60	4颗
		80	2颗
11	开孔两侧双根墙骨柱，或在墙体交接或转角处的墙骨柱	80	750mm
12	双层顶梁板	80	600mm
13	墙体底梁板或地梁板与搁栅或封头块（用于外墙）	80	400mm
14	内隔墙与框架或楼面板	80	600mm
15	非承重墙开孔顶部水平构件每端	80	2颗
16	过梁与墙骨柱	80	每端2颗
17	顶棚搁栅与墙体顶梁板——每侧采用斜向钉连接	80	2颗
18	屋面椽条、桁架或屋面搁栅与墙体顶梁板——斜向钉连接	80	3颗
19	椽条板与顶棚搁栅	100	2颗
20	椽条与搁栅（屋脊板有支座时）	80	3颗
21	两侧椽条在屋脊通过连接板连接，连接板与每根椽条的连接	60	4颗
22	椽条与屋脊板——斜向钉连接或垂直钉连接	80	3颗
23	椽条拉杆每端与椽条	80	3颗
24	椽条拉杆侧向支撑与拉杆	60	2颗
25	屋脊椽条与屋脊或屋谷椽条	80	2颗
26	椽条撑杆与椽条	80	3颗
27	椽条撑杆与承重墙——斜向钉连接	80	2颗

N.3 墙面板、楼（屋）面板与支承构件的钉连接要求

N.3.1 墙面板、楼（屋）面板与支承构件的钉连接要求见表N.3.1。

表 N.3.1 墙面板、楼（屋）面板与支承构件的钉连接要求

连接面板名称	连接件的最小长度（mm）				钉的最大间距
	普通圆钢钉或麻花钉	螺纹圆钉或麻花钉	屋面钉	U型钉	
厚度小于13mm的石膏墙板	不允许	不允许	45	不允许	沿板边缘支座150mm； 沿板跨中支座300mm
厚度小于10mm的木基结构板材	50	45	不允许	40	
厚度10～20mm的木基结构板材	50	45	不允许	50	
厚度大于20mm的木基结构板材	60	50	不允许	不允许	

附录 P　轻型木结构楼、屋盖抗侧力设计

P.0.1　轻型木结构的楼、屋盖抗侧力应按下列要求进行设计：

1　楼、屋盖每个单元的长宽比不得大于 4∶1；

2　楼、屋盖在侧向荷载作用下，可假定沿楼、屋盖宽度方向均匀分布，其抗剪承载力设计值可按下式计算：

$$V = f_{\mathrm{d}} \cdot B \qquad (\mathrm{P.0.1\text{-}1})$$

$$f_{\mathrm{d}} = f_{\mathrm{vd}} k_1 k_2 \qquad (\mathrm{P.0.1\text{-}2})$$

式中　f_{vd}——采用木基结构板材的楼、屋盖抗剪强度设计值（kN/m），见表 P.0.1 及图 P.0.1；

k_1——木基结构板材含水率调整系数；当木基结构板材的含水率小于 16%时，取 $k_1=1.0$；当含水率大于 16%，但不大于 20%时，取 $k_1=0.75$；

k_2——骨架构件材料树种的调整系数；花旗松——落叶松类及南方松 $k_2=1.0$；铁—冷杉类 $k_2=0.9$；云杉—松—冷杉类 $k_2=0.8$；其他北美树种 $k_2=0.7$；

B——楼、屋盖平行于荷载方向的有效宽度（m）。

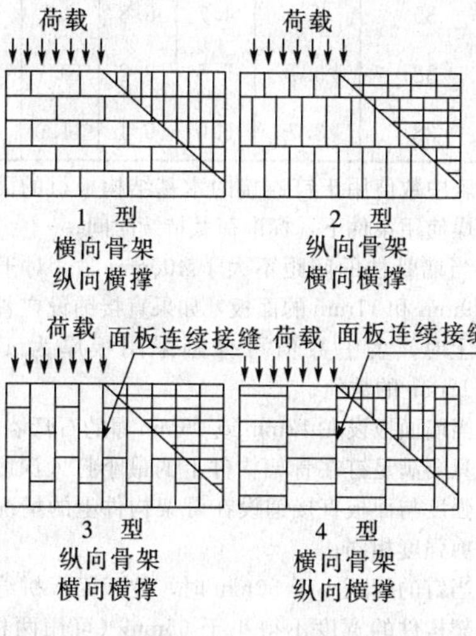

图 P.0.1　楼、屋盖侧向荷载作用

3　楼、屋盖边界杆件的计算：

1）与荷载方向垂直的边界杆件用来抵抗楼、屋盖平面内的最大弯矩；

2）楼、屋盖边界杆件的轴向力可按下式计算：

$$N_{\mathrm{r}} = \frac{M_1}{B_0} \pm \frac{M_2}{b} \qquad (\mathrm{P.0.1\text{-}3})$$

表 P.0.1　采用木基结构板材的楼、屋盖抗剪强度设计值 f_{vd}（kN/m）

<table>
<tr><th rowspan="5">普通圆钉直径(mm)</th><th rowspan="5">钉在骨架构件中最小打入深度(mm)</th><th rowspan="5">面板最小名义厚度(mm)</th><th rowspan="5">骨架构件最小宽度(mm)</th><th colspan="4">有填块</th><th colspan="2">无填块</th></tr>
<tr><th colspan="4">平行于荷载的面板边连续的情况下（3型和4型），面板边缘钉的间距（mm）</th><th colspan="2">面板边缘钉的最大间距为150mm</th></tr>
<tr><th>150</th><th>100</th><th>65</th><th>50</th><th rowspan="3">荷载与面板连续边垂直的情况下（1型）</th><th rowspan="3">所有其他情况下（2型、3型、4型）</th></tr>
<tr><th colspan="4">在其他情况下（1型和2型），面板边钉的间距（mm）</th></tr>
<tr><th>150</th><th>150</th><th>100</th><th>75</th></tr>
<tr><td rowspan="4">2.8</td><td rowspan="4">31</td><td rowspan="2">7</td><td>40</td><td>3.0</td><td>4.0</td><td>6.0</td><td>6.8</td><td>2.7</td><td>2.0</td></tr>
<tr><td>65</td><td>3.4</td><td>4.5</td><td>6.8</td><td>7.7</td><td>3.0</td><td>2.2</td></tr>
<tr><td rowspan="2">9</td><td>40</td><td>3.3</td><td>4.5</td><td>6.7</td><td>7.5</td><td>3.0</td><td>2.2</td></tr>
<tr><td>65</td><td>3.7</td><td>5.0</td><td>7.5</td><td>8.5</td><td>3.3</td><td>2.5</td></tr>
<tr><td rowspan="6">3.1</td><td rowspan="6">35</td><td rowspan="2">9</td><td>40</td><td>4.3</td><td>5.7</td><td>8.6</td><td>9.7</td><td>3.9</td><td>2.9</td></tr>
<tr><td>65</td><td>4.8</td><td>6.4</td><td>9.7</td><td>10.9</td><td>4.3</td><td>3.2</td></tr>
<tr><td rowspan="2">11</td><td>40</td><td>4.5</td><td>6.0</td><td>9.0</td><td>10.3</td><td>4.1</td><td>3.0</td></tr>
<tr><td>65</td><td>5.1</td><td>6.8</td><td>10.2</td><td>11.5</td><td>4.5</td><td>3.4</td></tr>
<tr><td rowspan="2">12</td><td>40</td><td>4.8</td><td>6.4</td><td>9.5</td><td>10.7</td><td>4.3</td><td>3.2</td></tr>
<tr><td>65</td><td>5.4</td><td>7.2</td><td>10.7</td><td>12.1</td><td>4.7</td><td>3.5</td></tr>
<tr><td rowspan="6">3.7</td><td rowspan="6">38</td><td rowspan="2">12</td><td>40</td><td>5.2</td><td>6.9</td><td>10.3</td><td>11.7</td><td>4.5</td><td>3.4</td></tr>
<tr><td>65</td><td>5.8</td><td>7.7</td><td>11.6</td><td>13.1</td><td>5.2</td><td>3.9</td></tr>
<tr><td rowspan="2">15</td><td>40</td><td>5.7</td><td>7.6</td><td>11.4</td><td>13.0</td><td>5.1</td><td>3.9</td></tr>
<tr><td>65</td><td>6.4</td><td>8.5</td><td>12.9</td><td>14.7</td><td>5.7</td><td>4.3</td></tr>
<tr><td rowspan="2">18</td><td>65</td><td>不允许</td><td>11.5</td><td>16.7</td><td>不允许</td><td>不允许</td><td>不允许</td></tr>
<tr><td>90</td><td>不允许</td><td>13.4</td><td>19.2</td><td>不允许</td><td>不允许</td><td>不允许</td></tr>
</table>

注：1　表中数值用于钉连接的木基结构板材的楼、屋盖面板，在干燥使用条件下，标准荷载持续时间；

2　当钉的间距小于 50mm 时，位于面板拼缝处的骨架构件的宽度不得小于 65mm（可用两根 40mm 宽的构件组合在一起传递剪力），钉应错开布置；

3　当直径为 3.7mm 的钉的间距小于 75mm 时，位于面板拼缝处的骨架构件的宽度不得小于 65mm（可用两根 40mm 宽的构件组合在一起传递剪力），钉应错开布置；

4　当钉的直径为 3.7mm，面板最小名义厚度为 18mm 时，需布置两排钉；

5　当楼、屋盖所用的钉的直径不是表中规定数值时（采用射钉），抗剪承载力应按以下方法计算：将表中承载力乘以折算系数 $(d_1/d_2)^2$，式中 d_1 为非标准钉的直径，d_2 为表中标准钉的直径。

式中 N_r——边界杆件的轴向压力或轴向拉力设计值（kN）；

M_1——楼、屋盖全长平面内的弯矩设计值（kN·m）；

B_0——平行于荷载方向的边界杆件中心距（m）；

M_2——楼、屋盖上开孔长度内的弯矩设计值（kN·m）；

b——沿平行于荷载方向的开孔尺寸（m），不得小于0.6m。

3）对于简支楼、屋盖在均布荷载作用下的弯矩设计值 M_1 和 M_2 可分别按下式计算：

$$M_1 = \frac{WL^2}{8} \qquad (P.0.1\text{-}4)$$

$$M_2 = \frac{Wa^2}{8} \qquad (P.0.1\text{-}5)$$

式中 W——作用于楼、屋盖的侧向均布荷载设计值（kN/m）；

L——垂直于侧向荷载方向的楼、屋盖长度（m）；

a——垂直于侧向荷载方向的开孔长度（m）。

4 楼、屋盖边界杆件在楼、屋盖长度范围内应连续。如中间断开，则应采取可靠的连接，保证其能抵抗所承担的轴向力。楼、屋盖的面板，不得用来作为杆件的连接板。

附录Q 轻型木结构剪力墙抗侧力设计

Q.0.1 轻型木结构的剪力墙应按下列要求进行设计：

1 剪力墙墙肢的高宽比不得大于3.5∶1。剪力墙的高度是指楼层内从剪力墙底梁板的底面到顶梁板的顶面间的垂直距离。

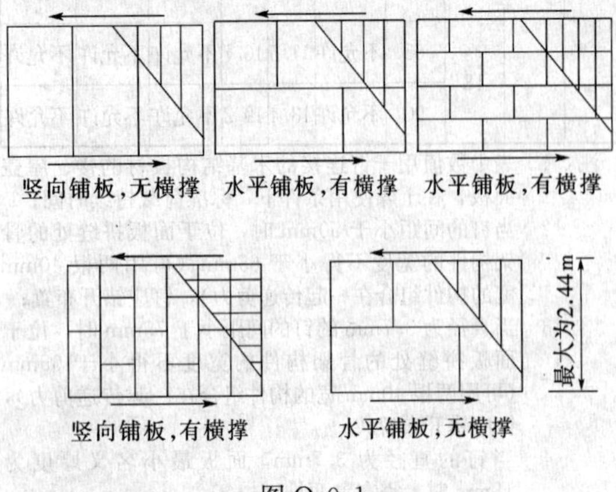

图 Q.0.1

2 单面铺设面板有墙骨柱横撑的剪力墙，其抗剪承载力设计值可按下式计算：

$$V = \Sigma f_d l \qquad (Q.0.1\text{-}1)$$

$$f_d = f_{vd} k_1 \cdot k_2 \cdot k_3 \qquad (Q.0.1\text{-}2)$$

式中 f_{vd}——采用木基结构板材作面板的剪力墙的抗剪强度设计值（kN/m），见表Q.0.1-1和图Q.0.1；

l——平行于荷载方向的剪力墙墙肢长度（m）；

k_1——木基结构板材含水率调整系数；按本规范附录P规定取值；

k_2——骨架构件材料树种的调整系数；按本规范附录P的规定取值；

k_3——强度调整系数，仅用于无横撑水平铺板的剪力墙，见表Q.0.1-2。

对于双面铺板的剪力墙，无论两侧是否采用相同材料的木基结构板材，剪力墙的抗剪承载力设计值等于墙体两面抗剪承载力设计值之和。

表 Q.0.1-1 采用木基结构板材的剪力墙抗剪强度设计值 f_{vd}（kN/m）

面板最小名义厚度（mm）	钉在骨架构件中最小打入深度（mm）	普通钢钉直径（mm）	面板直接铺于骨架构件			
			面板边缘钉的间距（mm）			
			150	100	75	50
7	31	2.8	3.2	4.8	6.2	8.0
9	31	2.8	3.5	5.4	7.0	9.1
9	35	3.1	3.9	5.7	7.3	9.5
11	35	3.1	4.3	6.2	8.0	10.5
12	35	3.1	4.7	6.8	8.7	11.4
12	38	3.7	5.5	8.2	10.7	13.7
15	38	3.7	6.0	9.1	11.9	15.6

注：1 表中数值用于钉连接的木基结构板材的面板，干燥使用条件下，标准荷载持续时间；

2 当墙骨柱的间距不大于400mm时，对于厚度为9mm和11mm的面板，如果直接铺设在骨架构件上时，表中数值可分别采用板厚为11mm和12mm的数值；

3 当墙面板设在12mm或15mm厚的石膏墙板上时，只要满足钉在骨架构件上的最小打入深度，抗剪强度与面板直接铺设在骨架构件上的情况下的抗剪强度相同；

4 当钉的间距小于50mm时，位于面板拼缝处的骨架构件的宽度不得小于65mm（可用两根40mm宽的构件组合在一起传递剪力），钉应错开布置；

5 当直径为3.7mm的钉的间距小于75mm时，位于面板拼缝处的骨架构件的宽度不得小于65mm（可用两根40mm宽的构件组合在一起传递剪力），钉应错开布置；

6 当剪力墙中所用的钉直径不是表中规定数值时（采用射钉），抗剪承载力按以下方法计算：将表中承载力乘以折算系数 $(d_1/d_2)^2$，式中，d_1 为非标准钉的直径，d_2 为表中标准钉的直径。

表 Q.0.1-2 无横撑水平铺设面板的剪力墙强度调整系数 k_3

边支座上钉的间距（mm）	中间支座上钉的间距（mm）	墙骨柱间距（mm）			
		300	400	500	600
150	150	1.0	0.8	0.6	0.5
150	300	0.8	0.6	0.5	0.4

注：墙骨柱柱间无横撑剪力墙的抗剪强度可将有横撑剪力墙的抗剪强度乘以抗剪调整系数。有横撑剪力墙的面板边支座上钉的间距为150mm，中间支座上钉的间距为300mm。

3 剪力墙边界杆件的计算：

剪力墙两侧边界杆件所受的轴向力按下式计算：

$$N_r = \frac{M}{B_0} \tag{Q.0.1-3}$$

式中 N_r——剪力墙边界杆件的拉力或压力设计值（kN）；

M——侧向荷载在剪力墙平面内产生的弯矩（kN·m）；

B_0——剪力墙两侧边界构件的中心距（m）。

4 剪力墙边界杆件在长度上应连续。如果中间断开，则应采取可靠的连接保证其能抵抗轴向力。剪力墙面板不得用来作为杆件的连接板。

5 当恒载不能抵抗剪力墙的倾覆时，墙体与基础应采用抗倾覆锚固。

6 剪力墙上有开孔时，开孔周围的骨架构件和连接应加强，以保证传递开孔周围的剪力。开孔剪力墙的抗剪承载力设计值等于开孔两侧墙肢的抗剪承载力设计值之和，而不计入开孔上下方墙体的抗剪承载力设计值。开孔两侧的每段墙肢都应保证其抗倾覆的能力。

附录R 各类建筑构件燃烧性能和耐火极限

表 R.0.1 各类建筑构件的燃烧性能和耐火极限

构件名称	构件组合描述（mm）	耐火极限（h）	燃烧性能
墙体	1 墙骨柱间距：400～600；截面为40×90； 2 墙体构造：		
	（1）普通石膏板＋空心隔层＋普通石膏板＝15＋90＋15	0.50	难燃
	（2）防火石膏板＋空心隔层＋防火石膏板＝12＋90＋12	0.75	难燃
	（3）防火石膏板＋绝热材料＋防火石膏板＝12＋90＋12	0.75	难燃
	（4）防火石膏板＋空心隔层＋防火石膏板＝15＋90＋15	1.00	难燃
	（5）防火石膏板＋绝热材料＋防火石膏板＝15＋90＋15	1.00	难燃
	（6）普通石膏板＋空心隔层＋普通石膏板＝25＋90＋25	1.00	难燃
	（7）普通石膏板＋绝热材料＋普通石膏板＝25＋90＋25	1.00	难燃

续表 R.0.1

构件名称	构件组合描述（mm）	耐火极限（h）	燃烧性能
楼盖顶棚	楼盖顶棚采用规格材搁栅或工字形搁栅，搁栅中心间距为400～600，楼面板厚度为15的结构胶合板或定向木片板（OSB）：		
	1 搁栅底部有12厚的防火石膏板，搁栅间空腔内填充绝热材料	0.75	难燃
	2 搁栅底部有两层12厚的防火石膏板，搁栅间空腔内无绝热材料	1.00	难燃
柱	1 仅支撑屋顶的柱：		
	（1）由截面不小于140×190实心锯木制成	0.75	可燃
	（2）由截面不小于130×190胶合木制成	0.75	可燃
	2 支撑屋顶及地板的柱：		
	（1）由截面不小于190×190实心锯木制成	0.75	可燃
	（2）由截面不小于180×190胶合木制成	0.75	可燃
梁	1 仅支撑屋顶的横梁：		
	（1）由截面不小于90×140实心锯木制成	0.75	可燃
	（2）由截面不小于80×160胶合木制成	0.75	可燃
	2 支撑屋顶及地板的横梁：		
	（1）由截面不小于140×240实心锯木制成	0.75	可燃
	（2）由截面不小于190×190实心锯木制成	0.75	可燃
	（3）由截面不小于130×230胶合木制成	0.75	可燃
	（4）由截面不小于180×190胶合木制成	0.75	可燃

本规范用词用语说明

1 为便于在执行本标准条文时区别对待，对要求严格程度不同的用词说明如下：

1） 表示很严格，非这样做不可的用词：

正面词采用“必须”，反面词采用“严禁”。

2） 表示严格，在正常情况下均应这样做的用词：

正面词采用“应”，反面词采用“不应”或“不得”。

3） 表示允许稍有选择，在条件许可时首先应这样做的用词：

正面词采用“宜”或“可”，反面词采用“不宜”。

2 条文中指定应按其他有关标准、规范执行时，写法为“应符合……的规定”。非必须按所指A定的标准、规范或其他规定执行时，写法为“可参照……”。

中华人民共和国国家标准

木结构设计规范

GB 50005—2003

条 文 说 明

目　次

1 总　　则

1.0.1　本条主要阐明制订本规范的目的。

就木结构而言，除应做到保证安全和人体健康、保护环境及维护公共利益外，还应大力发展人工林，合理使用木结构，充分发挥木结构在建筑工程中的作用，改变过去由于对生态保护重视不够，我国森林资源破坏严重，导致被动地限制木结构在建筑工程中的正常使用的状态，做到合理地使用木材（天然林材、速生林材），以促进我国木结构发展。

1.0.2　关于本规范的适用范围：

1　根据建设部就《木结构设计规范》修编任务提出的“积极总结和吸收国内外设计和应用木结构的成熟经验，特别是现代木结构的先进技术，使修订后的规范满足和适应当前经济和社会发展的需要”的要求，本规范在建筑中的适用范围为住宅、单层工业建筑和多种使用功能的大中型公共建筑；

2　由于本规范未考虑木材在临时性工程和工具结构中的应用问题，因此，本规范不适用于临时性建筑设施以及施工用支架、模板和桅杆等工具结构的设计。

1.0.3　由于《建筑结构可靠度设计统一标准》GB 50068(以下简称《统一标准》)对建筑结构设计的基本原则(结构可靠度和极限状态设计原则)作出了统一规定，并明确要求各类材料结构的设计规范必须予以遵守(见该标准第1章)。因此，本规范以《统一标准》为依据，对木结构的设计原则作出相应的具体规定。

1.0.4　本条如下说明：

1　使用条件中所规定的“宜在正常温度和湿度环境下”，一般可理解为温度和湿度仅随天气变化的室内环境中。强调了以“通风良好”为前提；对长期处于某一定温度工作环境中的承重木结构，若温度、湿度较高，将会对木材强度造成累积性损伤，降低其承载能力，故应根据使用对有关强度设计值及弹性模量采用温度、湿度影响系数进行修正；

2　在经常、反复受潮且不易通风的环境中，木构件最容易腐朽，因而，不应采用木结构。至于露天木结构，要求必须经过防潮和防腐处理。

1.0.5　由于我国常用树种的木材资源不能满足需要，须扩大树种利用。一些速生树种如速生杉木、速生冷杉，进口的速生材如辐射松等将会进入建筑市场，这是符合可持续发展方向的，木结构技术应努力适应这种发展形势。

1.0.6　主要明确规范应配套使用。

2 术 语 与 符 号

2.1　术　　语

本规范这次修订增加了术语一节，在我国惯用的木结构术语基础上，列出了新术语，主要是根据《木材科技词典》及参照国际上木结构技术常用术语进行编写。例如，规格材、轻型木结构等。

2.2　符　　号

在原《木结构设计规范》GBJ 5－88 的符号基础上，根据本次修订内容的需要，增加了若干新的符号。例如，受弯构件的侧向稳定系数等有关符号。

3 材　　料

3.1　木　　材

3.1.1　承重结构用木材，首次增加了“规格材”。

3.1.2　我国对普通承重结构所用木材的分级，历来按其材质分为三级。这次修订规范未对该材质标准进行修改。

3.1.3　为了便于使用，现就板、方材的材质标准中，如何考虑木材缺陷的限值问题作如下简介：

1　木节

由图1可见，外观相同的木节对板材和方材的削弱是不同的。同一大小的木节，在板材中为贯通节，在方木中则为锥形节。显然，木节对方木的削弱要比板材小，方木所保留的未割断的木纹也比板材多，因此，若将板、方材的材质标准分开，则方木木节的限值，便可在不降低构件设计承载力的前提下予以适当放宽。为了确定具体放宽尺度，规范组曾以云南松、杉木、冷杉和马尾松为试件，进行了158根构件试验，并根据其结构制订了材质标准中方木木节限值的规定。

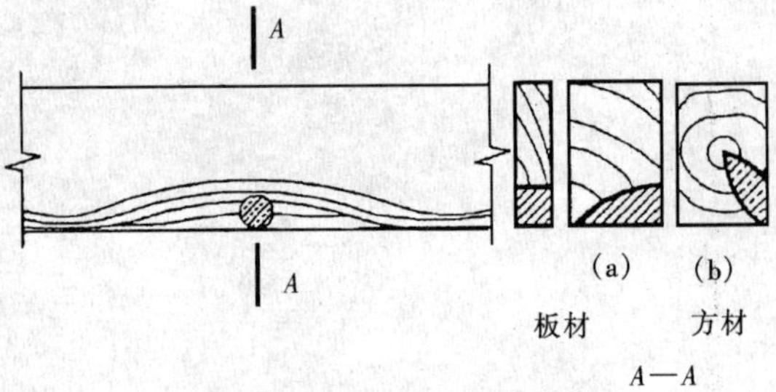

图1　板材、方材中的木节

2　斜纹

我国材质标准中斜纹的限值，早期一直沿用前苏联的规定。过去修订规范时曾对其使用效果进行了调查。结果表明：

1）有不少树种木材，其内外纹理的斜度不一致，往往当表层纹理接近限值时，其内层纹理的斜度已略嫌大；

2）如木材纹理较斜、木构件含水率偏高，在干燥过程中就会产生扭翘变形和斜裂缝，而对构件受力不利。

因此，有必要适当加严木材表面斜纹的限值。

为了估计标准中斜纹限值加严后对成批木材合格率的影响，规范修订组曾对斜纹材较多的落叶松和云南松进行抽样调查。其结果表明，按现行标准的斜纹限值选材并不显著影响合格率（见表1）。

表1 仅按斜纹要求选材在成批来料中的合格率

树种名称	材质等级		
	$Ⅰ_a$	$Ⅱ_a$	$Ⅲ_a$
落叶松	78.4％	92.2％	97.2％
云南松	71.8％～82.2％	77.8％～91.2％	91.0～94.1％

3　髓心

现行材质标准对方木有髓心应避开受剪面的规定。这是根据以前北京市建筑设计院和原西南建筑科学研究所对木材裂缝所作的调查，以及该所对近百根木材所作的观测的结果制定的。因为在有髓心的方木上最大裂缝（以下简称主裂缝）一般生在较宽的面上，并位于离髓心最近的位置，逐渐向着髓心发展（见表2）。一般从髓心所在位置，即可判定最大裂缝将发生在哪个面的哪个部位。若避开髓心即意味着在剪面上避开了危险的主裂缝。因此，这也是防止裂缝危害的一项很有效的措施。

另外，在板材截面上，若有髓心，不仅将显著降低木板的承载能力，而且可能产生危险的裂缝和过大的截面变形，对构件及其连接的受力均甚不利。因此，在板材的材质标准中，作了不允许有髓心规定。多年来的实践证明，这对板材的选料不会造成很大的损耗。

表2 木材干缩裂缝位置与髓心的关系

项次	裂缝规律	说明
1	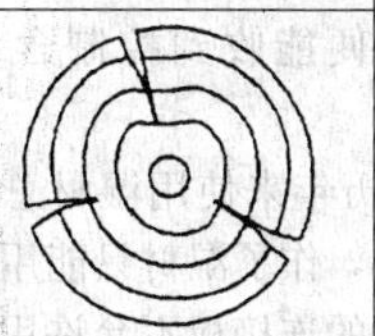	原木的干裂（除轮裂外），一般沿径向，朝着髓心发展，对于原木的构件只要不采用单排螺栓连接，一般不易在受剪面上遇到危险性裂缝
2	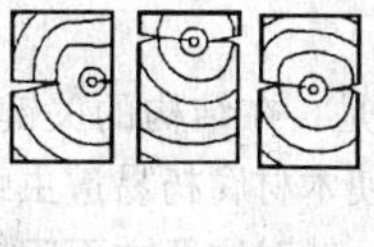	这是有髓心方木常见的主裂缝。它发生在方木较宽的面上。并位于最近髓心的位置（一般与髓心处于同一水平面上），故应使连接的受剪面避开髓心
3	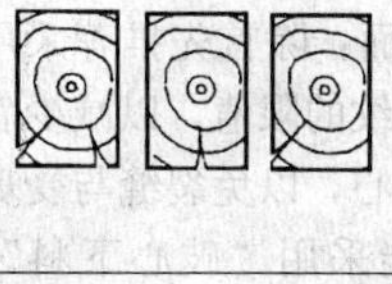	这三种干缩裂缝多发生在原木未解锯前。锯成方木后，有时还会稍稍发展，但对螺栓连接无甚影响，值得注意的是这种裂缝，若在近裂缝一侧刻齿槽，可能对齿连接的承载能力稍有影响
4	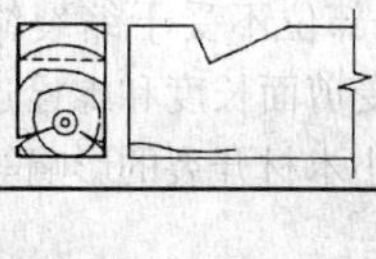	若将近裂缝的一面朝下，齿槽刻在远离裂缝一侧，就避免了裂缝对齿连接的危害

4　裂缝

裂缝是影响结构安全的一个重要因素，材质标准中应当规定其限值。试验结果表明，裂缝对木结构承载能力的影响程度，随着裂缝所在部位的不同以及木材纹理方向的变化，相差十分悬殊。一般说来，在连接的受剪面上，裂缝将直接降低其承载能力，而位于受剪面附近的裂缝，是否对连接的受力有影响，以及影响的大小，则在很大程度上取决于木材纹理是否正常。至于裂缝对受拉、受弯以及受压构件的影响，在木纹顺直的情况下，是不明显的。但若木纹的斜度很大，则其影响将显得十分突出，几乎随着斜纹的斜度增大，而使构件的承载力呈直线下降；这以受拉构件最为严重，受弯构件次之，受压构件较轻。

综上所述，规范以加严对木材斜纹的限制为前提，作出了对裂缝的规定：一是不容许连接的受剪面上有裂缝；二是对连接受剪面附近的裂缝深度加以限制。至于“受剪面附近”的含义，一般可理解为：在受剪面上下各30mm的范围内。

3.1.4　近几年来，我国每年从国外进口相当数量的木材，其中部分用于工程建设。考虑到今后一段时期，木材进口量还可能增加，故在本条中增加了进口木材树种。考虑到这方面的用途，对材料的质量与耐久性的要求较高，而目前木材的进口渠道多，质量相差悬殊，若不加强技术管理，容易使工程遭受不应有的经济损失，甚至发生质量、安全事故。因此，有必要对进口木材的选材及设计指标的确定，作出统一的规定，以确保工程的安全、质量与经济效益。

3.1.5　由于我国常用树种的木材资源已不能满足需要，过去一些不常用的树种木材，特别是阔叶材中的速生树种，在今后木材供应中将占一定的比例。

过去修订规范时，曾组织了对这方面问题的调查研究和专题科研工作，其主要情况如下：

1　从16个省（市、自治区）的调查结果来看，以往阔叶材主要用于传统的民居建筑，并且主要是用作柱子、搁栅、檩条和中国式梁架结构的构件。后来才逐渐在地方工业小厂房和民用建筑中用作构件，但跨度一般都比较小。

2　由于木材主要用于受压和受弯，一般所选用的截面尺寸也较大，所以受木材干缩裂缝等缺陷的影响不甚显著。但有些软质阔叶材，例如杨木之类在长期荷载作用下，其挠度远比针叶材大，故使用单位多建议规范应适当降低这类木材的弹性模量。

3　各地对使用阔叶材都有一条共同的经验，即保证工程质量的关键在于能否做好防腐和防虫处理。过去在维修民居建筑中遇到的也几乎都是因腐朽和虫蛀而发生的问题。因此，多年来中国林业科学研究院木材工业研究所、热带林业研究所、铁道部铁道科学研究院、广东省建筑科学研究所、福建省建筑科学研究所和广东、福建等省的有关单位在这方面都做了大量研究工作，对防腐防虫药剂有一定的创新。

根据调查和有关试验研究的成果，经讨论认为：

1 对于扩大树种利用的问题，应持积极、慎重的态度，坚持一切经过试验的原则。使用前，必须经过荷载试验和试点工程的考验。只有在取得成熟经验后，才能逐步扩大其应用范围。

2 由于过去主要是民间使用，因而在当前工程建设中应作为新利用树种木材对待。在规范中应与常用木材分开，另作专门规定，列入附录中。

3 迄今为止只有在受压和受弯构件中应用的经验较多，作为受拉构件尚嫌依据不足，为确保工程质量，现阶段仅推荐在木柱、搁栅、檩条和较小跨度的钢木桁架中使用。

4 考虑到设计经验不足和过去民间建筑用料较大等情况，在确定新利用树种木材的设计指标时，不宜单纯依据试验值，而应按工程实践经验作适当降低的调整。

5 规范应强调防腐和防虫的重要性，并从通风防潮和药剂处理两方面采取措施，以保证使用的安全。

根据以上讨论，制订了列入本规范附录 B 的内容。

3.1.6 前一时期，工程建设所需的进口木材，在其订货、商检、保存和使用等方面，均因缺乏专门的技术标准，无法正常管理，而存在不少问题。例如：有的进口木材，由于订货时随意选择木材的树种与等级，致使应用时增加了处理工作量与损耗；有的进口木材，不附质量证书或商检报告，使接收工作增加很多麻烦；有的进口木材，由于管理混乱，木材的名称与产地不详，给使用造成困难。此外，有些单位对不熟悉的树种木材，不经试验便盲目使用，以至造成了一些不应有的工程事故，鉴于以上情况，提出了这些基本规定，要求工程结构的设计、施工与管理人员执行。

3.1.8、3.1.9 关于胶合用材等级及其材质标准

胶合用材材质标准的可靠性，曾经委托原哈尔滨建筑工程学院按随机取样的原则，做了 30 根受弯构件破坏试验，其结果表明，按现行材质标准选材所制成的胶合构件，能够满足承重结构可靠度的要求。同时较为符合我国木材的材质状况，可以提高低等级木材在承重结构中的利用率。

3.1.10 本条对轻型木结构中使用的木基结构板材、工字形木搁栅和结构复合材的材料作了规定。

1 木基结构板材应满足集中荷载、冲击荷载以及均布荷载试验要求。同时，考虑到在施工过程中，会因天气、工期耽误等因素，板材可能受潮，这就要求木基结构板材应有相应的耐潮湿能力、搁栅的中心间距以及板厚等要求，均应清楚地表明在板材上。

2、3 当国内尚无国家标准，经研究，可采用有关的国际标准。例如，对于工字形木搁栅，可采用 ASTMD5055；对于结构复合材，可采用 ASTMD5456。

3.1.11、3.1.12 轻型木结构用规格材主要根据用途分类。分类越细越经济，但过细又给生产和施工带来不便。我国规格材定为七等，规定了每等的材质标准与我国传统方法一样采用目测法分等，与之相关的设计值，应通过对不同树种，不同等级规格材的足尺试验确定。

3.1.13 规定木材含水率的理由和依据如下：

1 木结构若采用较干的木材制作，在相当程度上减小了因木材干缩造成的松弛变形和裂缝的危害，对保证工程质量作用很大。因此，原则上应要求木材经过干燥。考虑到结构用材的截面尺寸较大，只有气干法较为切实可行，故只能要求尽量提前备料，使木材在合理堆放和不受曝晒的条件下逐渐风干。根据调查，这一工序即使时间很短，也能收到一定的效果。

2 原木和方木的含水率沿截面内外分布很不均匀。原西南建筑科学研究所对 30 余根云南松木材的实测表明，在料棚气干的条件下，当木材表层 20mm 深处的含水率降到 16.2%～19.6%时，其截面平均含水率均为 24.7%～27.3%。基于现场对含水率的检验只需一个大致的估计，引用了这一关系作为检验的依据。但应说明的是，上述试验是以 120mm×160mm 中等规格的方木进行测定的。若木材截面很大，按上述关系估计其平均含水率就会偏低很多；这是因为大截面的木材内部水分很难蒸发之故。例如，中国林业科学研究院曾经测得：当大截面原木的表层含水率已降低到 12%以下，其内部含水率仍高达 40%以上。但这个问题并不影响使用这条补充规定，因为对大截面木材来说，内部干燥总归很慢，关键是只要表层干到一定程度，便能收到控制含水率的效果。

3.1.14 本规范根据各地历年来使用湿材总结的经验教训，以及有关科研成果，作了湿材只能用于原木和方木构件的规定（其接头的连接板不允许用湿材）。因为这两类构件受木材干裂的危害不如板材构件严重。

湿材对结构的危害主要是：在结构的关键部位，可能引起危险性的裂缝，促使木材腐朽易遭虫蛀，使节点松动，结构变形增大等。针对这几方面问题，规范采取了下列措施：

1 防止裂缝的危害方面：除首先推荐采用钢木结构外，在选材上加严了斜纹的限值，以减少斜裂缝的危害；要求受剪面避开髓心，以免裂缝与受剪面重合；在制材上，要求尽可能采用“破心下料”的方法，以保证方木的重要受力部位不受干缩裂缝的危害；在构造上，对齿连接的受剪面长度和螺栓连接的端距均予以适当加大，以减小木材开裂的影响等。

2　减小构件变形和节点松动方面，将木材的弹性模量和横纹承压的计算指标予以适当降低，以减小湿材干缩变形的影响，并要求桁架受拉腹杆采用圆钢，以便于调整。此外，还根据湿材在使用过程中容易出现的问题，在检查和维护方面作了具体的规定。

3　防腐防虫方面，给出防潮、通风构造示意图。"破心下料"的制作方法作如下说明：

因为含髓心的方木，其截面上的年层大部分完整，内外含水率梯度又很大，以致干缩时，弦向变形受到径向约束，边材的变形受到心材约束，从而使内应力过大，造成木材严重开裂。为了解除这种约束，可沿髓心剖开原木，然后再锯成方材，就能使木材干缩时变形较为自由，显然减小了开裂程度。原西南建筑科学研究院进行的近百根木材的试验和三个试点工程，完全证明了其防裂效果。但"破心下料"也有其局限性，既要求原木的径级至少在320mm以上，才能锯出屋架料规格的方木，同时制材要在髓心位置下锯，对制材速度稍有影响。因此规范建议仅用于受裂缝危害最大的桁架受拉下弦，尽量减小采用"破心下料"构件的数量，以便于推广。

3.2　钢　　材

3.2.1、3.2.2　本规范在钢结构设计规范有关规定的基础上，进一步明确承重木结构用钢宜以Q235钢材为主。这种钢材有长期生产和使用经验，具有材质稳定、性能可靠、经济指标较好、供应也较有保证等优点。

3.2.3　有的工地乱用焊条的情况时有发生，容易导致工程安全事故的发生，因而有必要加以明确。

3.2.4　主要明确在钢材质量合格保证的问题上，不能因用于木结构而放松了要求。

另外，考虑到钢木桁架的圆钢下弦、直径$d\geqslant$20mm的钢拉杆（包括连接件）为结构中的重要构件，若其材质有问题，易造成重大工程安全事故，因此，有必要对这些钢构件作出"尚应具有冷弯试验合格保证"的补充规定。

3.3　结构用胶

3.3.1～3.3.2　胶合结构的承载能力首先取决于胶的强度及其耐久性。因此，对胶的质量要有严格的要求：

1　应保证胶缝的强度不低于木材顺纹抗剪和横纹抗拉的强度

因为不论在荷载作用下或由于木材胀缩引起的内力，胶缝主要是受剪应力和垂直于胶缝方向的正应力作用。一般说来，胶缝对压应力的作用总是能够胜任的。因此，关键在于保证胶缝的抗剪和抗拉强度。当胶缝的强度不低于木材顺纹抗剪和横纹抗拉强度时，就意味着胶连接的破坏基本上沿着木材部分发生，这也就保证了胶连接的可靠性；

2　应保证胶缝工作的耐久性

胶缝的耐久性取决于它的抗老化能力和抗生物侵蚀能力。因此，主要要求胶的抗老化能力应与结构的用途和使用年限相适应。但为了防止使用变质的胶，故提出对每批胶均应经过胶结能力的检验，合格后方可使用。

所有胶种必须符合有关环境保护的规定。

对于新的胶种，在使用前必须提出经过主管机关鉴定合格的试验研究报告为依据，通过试点工程验证后，方可逐步推广应用。

4　基本设计规定

4.1　设计原则

4.1.1　根据《统一标准》GB 50068规定，本规范仍采用以概率理论为基础的极限状态设计方法。

在本次修订过程中，重新对目标可靠指标β_0。进行了核准。校准所需要的荷载统计参数(表3)及影响木结构抗力的主要因素的统计参数(表4)，分别由建筑结构荷载规范管理组和木结构设计规范管理组提供。这些参数的数据是通过调查，实测和试验取得的(木结构部分参见《木结构抗力统计参数的研究》一文)。在统计分析中，还参考了国内外有关文献所推荐的、经过实践检验的方法。因而，不论从数据来源或处理上均较可靠，可以用于木结构可靠度的计算。

表3　荷载（或荷载效应）的统计参数

荷载种类	平均值/标准值	变异系数
恒荷载	1.06	0.07
办公楼楼面活荷载	0.524	0.288
住宅楼面活荷载	0.644	0.233
雪荷载	1.14	0.22

表4　木构件抗力的统计参数

构件受力类		受　弯	顺纹受压	顺纹受拉	顺纹受剪
天然缺陷	K_{Q1}	0.75	0.80	0.66	—
	δ_{Q1}	0.16	0.14	0.19	—
干燥缺陷	K_{Q2}	0.85	—	0.90	0.82
	δ_{Q2}	0.04	—	0.04	0.10
长期荷载	K_{Q3}	0.72	0.72	0.72	0.72
	δ_{Q3}	0.12	0.12	0.12	0.12
尺寸影响	K_{Q4}	0.89	—	0.75	0.90
	δ_{Q4}	0.06	—	0.07	0.06
几何特性偏　差	K_A	0.94	0.96	0.96	0.96
	δ_A	0.08	0.06	0.06	0.06
方程精确性	P	1.00	1.00	1.00	0.97
	δ_P	0.05	0.05	0.05	0.08

假定主要的随机变量服从下列分布：

恒荷载：正态分布；

楼面活荷载、风荷载、雪荷载：极值Ⅰ型分布；

抗力：对数正态分布。

根据上述计算条件，反演得到按原规范设计的各类构件，其可靠指标β如下：

受弯	3.8
顺纹受压	3.8
顺纹受拉	4.3
顺纹受剪	3.9

按照《统一标准》的规定，一般工业与民用建筑的木结构，其安全等级应取二级，其可靠指标β不应小于下列规定值。

对于延性破坏的构件	3.2
对于脆性破坏的构件	3.7

由此可见，β均符合《统一标准》要求。

4.1.2～4.1.5 根据《统一标准》作出的规定。

4.1.6、4.1.8 承载能力极限状态可理解为结构或结构构件发挥允许的最大承载功能的状态。结构构件由于塑性变形而使其几何形状发生显著改变，虽未达到最大承载能力，但已彻底不能使用，也属于达到或超过这种极限状态。因此，当结构或结构构件出现下列状态之一时，即认为达到或超过承载能力极限状态：

1 整个结构或结构的一部分作为刚体失去平衡（如倾覆等）；

2 结构构件或连接因材料强度被超过而破坏（包括疲劳破坏），或因过度的塑性变形而不适于继续承载；

3 结构转变为机动体系；

4 结构或结构构件丧失稳定（如压屈等）。

正常使用极限状态可理解为结构或结构构件达到或超过使用功能上允许的某个限值的状态。例如：某些构件必须控制变形、裂缝才能满足使用要求，因过大的变形会造成房屋内粉刷层剥落，填充墙和隔墙开裂及屋面漏水等后果。过大的裂缝会影响结构的耐久性，过大的变形、裂缝也会造成用户心理上的不安全感。因此，当结构或结构构件出现下列状态之一时，即认为达到或超过了正常使用极限状态：

1 影响正常使用或外观的变形；

2 影响正常使用或耐久性能的局部损坏（包括裂缝）；

3 影响正常使用的振动；

4 影响正常使用的其他特定状态。

根据协调，有关结构荷载的规定，一律由《建筑结构荷载规范》GB 50009（以下简称荷载规范）制订。本条文仅为规范间衔接的需要作些原则规定，其中需要说明的是：

1 荷载按国家现行荷载规范施行，应理解为：除荷载标准值外，还包括荷载分项系数和荷载组合系数在内，均应按该规范所确定的数值采用，不得擅自改变。

2 对于正常使用极限状态的计算，由于资料不足，研究不够充分，仍沿用多年以来使用的方法，按荷载的标准值进行计算，并只考虑荷载的短期效应组合，而不考虑长期效应的组合。

4.1.7 建筑结构的安全等级主要按建筑结构破坏后果的严重性划分。根据《统一标准》的规定分类三级。大量的一般工业与民用建筑定为二级。从过去修订规范所作的调查分析可知，这一规定是符合木结构实际情况的，因此，本规范作了相应的规定。但应注意的是，对于人员密集的影剧院和体育馆等建筑应按重要建筑物考虑。对于临时性的建筑则可按次要建筑物考虑。至于纪念性建筑和其他有特殊要求的建筑物，其安全等级可按具体情况另行确定，不受《统一标准》约束。结构重要性系数综合《统一标准》第1.0.5条和第1.0.8条因素来确定。

4.2 设计指标和允许值

4.2.1～4.2.3 本规范和原规范一样只保留荷载分项系数，而将抗力分项系数隐含在强度设计值内。因此，本章所给出的木材强度设计值，应等于木材的强度标准值除以抗力分项系数。但因对不同树种的木材，尚需按规范所划分的强度等级，并参照长期工程实践经验，进行合理的归类，故实际给出的木材强度设计值是经过调整后的，与直接按上述方法算得的数值略有不同。现将新规范在木材分级及其设计指标的确定上所作的考虑扼要介绍如下：

1 木材的强度设计值

主要考虑以下几点：

1）原规范的考虑是：应使归入每一强度等级的树种木材，其各项受力性质的可靠指标β等于或接近于本规范采用的目标可靠性指标β_0。所谓“接近”含义，是指该树种木材的可靠性指标β应满足下列界限值的要求：

$$\beta_0-0.25\leqslant\beta\leqslant\beta_0+0.25$$

《统一标准》取消了不超过±0.25的规定，取$\beta\geqslant\beta_0$。

2）对自然缺陷较多的树种木材，如落叶松、云南松和马尾松等，不能单纯按其可靠性指标进行分级，需根据主要使用地区的意见进行调整，以使其设计指标的取值，与工程实践经验相符。

3）对同一树种有多个产地试验数据的情况，其设计指标的确定，系采用加权平均值作为该树种的代表值。其“权”数按每个产地的木材蓄积量确定。

根据上述原则确定的强度设计值，可在材料总用量基本不变的前提下，使木构件可靠指标的一致性得到显著的改善。

另外，有关本条的规定还需说明以下几点：

1）由于本规范已考虑了干燥缺陷对木材强度的影响，因而表4.2.1-3所给出的设计指标，除横纹承压强度设计值和弹性模量须按木构件制作时的含水率予以区别对待外，其他各项指标对气干材和湿材同样适用，而不必另乘其他折减系数。但应指出的是，本规范做出这一规定还有一个基本假设，即湿材做的构件能在结构未受到全部设计荷载作用之前就已达到气干状态。对于这一假设，只要设计能满足结构的通风要求，是不难实现的。

2）对于截面短边尺寸$b \geqslant 150$mm方木的受弯，以及直接使用原木的受弯和顺纹受压，曾根据有关地区的实践经验和当时设计指标取值的基准，作出了其容许应力可提高15%的规定。前次修订规范，对强度设计值的取值，改以目标可靠指标为依据，其基准也作了相应的变动。根据重新核算结果，$b \geqslant$ 150mm的方木以提高10%较恰当。

2 木材的弹性模量

原规范通过调查研究，曾总结了下列情况：

1）178种国产木材的试验数据表明，木材的E值不仅与树种有关，而且差异之大不容忽视，以东北落叶松与杨木为例，前者高达12800N/mm²，而后者仅为7500N/mm²。

2）英、美、澳、北欧等国的设计规范，对于木材的E值一向按不同树种分别给出。

3）我国南方地区从长期使用原木檩条的观察中发现，其实际挠度比方木和半圆木为小。原建筑工程部建筑科学研究院的试验数据和湖南省建筑设计院的实测结果证实了这一观察结果。初步分析认为是由于原木的纤维基本完整，在相同的受力条件下，其变形较小的缘故。

4）原建筑工程部建筑科学研究院对10根木梁在荷载作用下，其木材含水率由饱和变至气干状态所作的挠度实测表明，湿材构件因其初始含水率高、弹性模量低而增大的变形部分，在木材干燥后不能得到恢复。因此，在确定使用湿材作构件的弹性模量时，应考虑含水率的影响，才能保证木构件在使用中的正常工作，这一结论已为四川、云南、新疆等地的调查数据所证实。

根据以上情况，对弹性模量的取值仍按原规范作了如下规定：

1）区别树种确定其设计值；

2）原木的弹性模量允许比方木提高15%；

3）考虑到湿材的变形较大，其弹性模量宜比正常取值降低10%。

这次修订规范，结合木结构可靠度课题的调研工作，重新考核了上述规定，认为是符合实际的，因此，予以保留。但对木材弹性模量的基本取值，则根据受弯木构件在正常使用极限状态设计条件下可靠度的校准结果作了一些调整。表4.2.1-1中的弹性模量设计值就是根据调整结果给出的。

3 木材横纹承压设计指标$f_{c,90}$

根据各地反映，按我国早期规范设计的垫木和垫板的尺寸偏小，往往在使用中出现变形过大的迹象。为此，原规范修订组曾在四川、福建、湖南、广东、新疆、云南等地进行过调查实测。其结果基本上可以归纳为两种情况。一是因设计不合理所造成的；另一是因使用湿材变形增大所导致的。为了验证后一种情况，原西南建筑科学研究院曾以云南松和冷杉做了6组试验。其结果表明，湿材的横纹承压变形不仅较大，而且不能随着木材的干燥和强度的提高而得到恢复。

基于以上结论，对前一种情况，采取了给出合理的计算公式予以解决；对后一种情况，根据试验结果和四川、内蒙、云南等地的设计经验，取用一个降低系数（0.9）以考虑湿材对构件变形的影响。

4 增加了进口材的树种和设计指标：主要来源于“进口木材在工程上应用的规定”，并由规范组根据新的资料，按我国分级原则，进行了局部调整。

4.2.4～4.2.5 进口规格材的指标，本规范仅对确定方法作了原则规定。仅对北美规格材设计指标进行了换算，其他国家进口规格材的指标将根据需要按下列要求逐步换算规定。

对标有目测分级和机械分级的进口木材规格材，其设计值的取值不应直接采用规格材上的标注值，而应遵循下列规定确定取值：

1 应由本规范管理机构对规格材所在国的负责分级的机构进行调查认可，经过认可的机构所做的分级才能进入本规范使用；

2 应对该进口木材的分级规格、设计值确定方法及相关标准的关系进行审查，确定该进口材设计值与本规范木材设计值之间的换算关系，并加以换算。

4.2.7 在木屋盖结构中，木檩条挠度偏大一直是使用单位经常反映的问题之一。早期的研究多认为是我国规范对木材弹性模量设计取值不合理所致，为此，在实测和试验基础上，对木材弹性模量设计值作了较全面的修订。同时借助于概率法，对GBJ 5-88按正常使用极限状态设计的可靠指标进行校准，校准是在下列工作基础上进行的：

1 用广义的结构构件抗力R和综合荷载效应S这两个相互独立的综合随机变量，对影响正常使用极限状态的各变量进行归纳。

2 假定R、S均服从对数正态分布。

校准采用了下列简化公式

$$\beta=\frac{\ln\left(K\times\frac{R_{R}}{R_{S}}\right)}{\sqrt{\delta_{R}^{2}+\delta_{S}^{2}}}$$

其中：

1）K为正常使用极限状态下构件的安全系

数。原规范规定的允许挠度值（如檩条为 $L/200$），实际上是设计时的容许值，并非正常使用极限状态的极限值，调查表明，当 $L>3.3$m 的檩条、搁栅和吊顶梁其挠度达 $L/150$ 时（对 $L<3.3$m 的檩条为 $L/120$ 时），便不能正常使用，故可将 $L/150$ 视为挠度极限值，而 $L/150$ 和 $L/200$ 之差即为正常使用极限状态的安全裕度。或可认为，挠度极限值与允许挠度值之比，为正常使用极限状态下的安全系数。各种受弯构件的值见表 5。

表 5　**β 值的校准结果**

构件分类	檩条 $L>3.3$m			檩条 $L\leqslant3.3$m			搁栅		吊顶梁
荷载组合	$G+S$	$G+S$	$G+S$	$G+S$	$G+S$	$G+S$	$G+L_1$	$G+L_2$	G
Q_N/G_K	0.2	0.3	0.5	0.2	0.3	0.5	1.5	1.5	0
K	1.33	1.33	1.33	1.67	1.67	1.67	1.67	1.67	1.67
R_R	0.83	0.83	0.83	0.83	0.83	0.83	0.83	0.83	1.04
δ_R	0.14	0.14	0.14	0.14	0.14	0.14	0.14	0.14	0.14
R_S	1.074	1.079	1.088	1.074	1.079	1.088	0.844	0.94	1.06
δ_S	0.07	0.076	0.091	0.07	0.076	0.091	0.15	0.13	0.07
β	0.18	0.14	0.087	1.63	1.57	1.45	2.42	2.03	3.15
m_β	0.14			1.55			2.22		3.15

2）R_R 为广义构件抗力 R 的平均值 μ_R 与其标准值 R_K 之比，即 $R_R=\mu_R/R_K$，δ_R 为 R 的变异系数。

弹性模量的标准值虽是用小试件弹性模量值为代表，但实际上构件弹性模量与小试件弹性模量有下列不同：小试件弹性模量以短期荷载作用下、高跨比较大的、无疵清材小试件进行试验得来的。而构件则承受长期荷载、高跨比较小且含有木材天然缺陷，以及由于施工制作的误差，其截面惯矩也有较大的变异。这些因素均使构件广义抗力不同于用小试件弹性模量确定的标准抗力。通过试验研究和大量调查计算所确定的各种受弯构件的 R_R 和 δ_R 列于表 5。

3）R_S 为综合荷载效应 S 的平均值 μ_s 与其标准值 S_K 之比，即 $R_S=\mu_s/S_K$，δ_S 为 S 的变异系数。根据表 4.2.7 的数据和不同的恒、活荷载比值，算得的 R_S、δ_S 见表 4.2.7。

从表 4.2.7 的校准结果可知：

1　跨度 $L\leqslant3.3$m 的檩条和搁栅的可靠指标符合《统一标准》的要求。

2　吊顶梁的可靠指标较高，这也是合适的，因为吊顶梁是以恒荷载为主的构件，应有较高的可靠指标。

3　跨度 $L>3.3$m 的檩条的可靠指标显著偏低，究其原因，主要是相应的挠度容许值定得偏大。

显而易见，对于檩条挠度偏大的问题，以采取局部修订受弯构件控制值的办法解决最为合理、有效。因此，将檩条挠度限值的规定分为两档：一档（$L\leqslant3.3$m）为 $L/200$；另一档（$L>3.3$m）为 $L/250$。

根据挠度限值计算得到跨度 $L>3.3$m 的檩条的可靠指标 $\beta=1.55$，较好地满足了《统一标准》的要求。

4.2.8　当确定屋架上弦平面外的计算长度时，虽可根据稳定验算的需要自行确定应锚固的檩条根数和位置，但下列檩条，在任何情况下均须与上弦锚固：

1　桁架上弦节点处的檩条；

2　用作支撑系统杆件的檩条。

另外，应注意的是锚固方法，必须符合本规范 7.6.2 条的要求，否则不能算作锚固。

4.2.9　受压构件长细比限值的规定，主要是为了从构造上采取措施，以避免单纯依靠计算，取值过大而造成刚度不足。对于这个限值，在这几年发布的国外标准中，除前苏联外，一般规定都比较宽。例如，美国标准为 173（$L_0/h\leqslant50$）；北欧五国和 ISO 的标准均为 170（次要构件为 200）。由于我国尚缺乏这方面的实践经验，因此，有待今后做工作后再考虑。

4.2.10　我国 20 世纪 50 年代的规范曾参照前苏联的规定，将原木直径变化率取为每米 10mm，但由于没有明确标注原木直径时以大头还是小头为准，以致在执行中出现过一些争议。以前修订规范，通过调查实测了解到：我国常用树种的原木，其直径变化率大致在每米 9～10mm 之间，且习惯上多以小头为准来标注原木的直径。因此，在明确以小头为准的同时，规定了原木直径变化率可按每米 9mm 采用。这样确定的设计截面的直径，一般偏于安全。

4.2.11～4.2.12　有关木结构中的钢材部分，应按国家标准《钢结构设计规范》的规定采用。只有遇到特殊问题时，才由本规范作出补充规定。

两根圆钢共同受拉是钢木桁架常见的构造。为了考虑其受力不均的影响，本规范根据有关单位的实测数据和长期的设计经验，作出了钢材的强度设计值应乘以 0.85 的调整系数的补充规定。

5　木结构构件计算

5.1　轴心受拉和轴心受压构件

5.1.1　考虑到受拉构件在设计时总是验算有螺孔或齿槽的部位，故将考虑孔槽应力集中影响的应力集中系数，直接包含在木材抗拉强度设计值的数值内，这样不但方便，也不至于漏乘。

计算受拉构件的净截面面积 A_n 时，考虑有缺孔木材受拉时有“迂回”破坏的特征（图 2），故规定应将分布在 150mm 长度上的缺孔投影在同一截面上扣除，其所以定为 150mm，是考虑到与附录表 A.1.1 中有关木节的规定相一致。

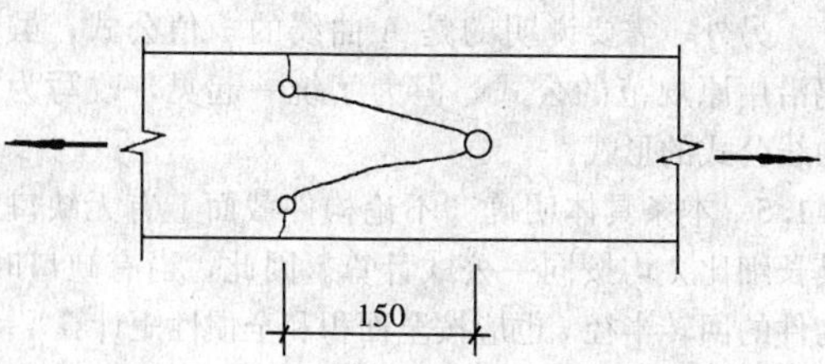

图 2 受拉构件的“迂回”破坏示意图

计算受拉下弦支座节点处的净截面面积 A_n 时，应将槽齿和保险螺栓的削弱一并扣除（图 3）。

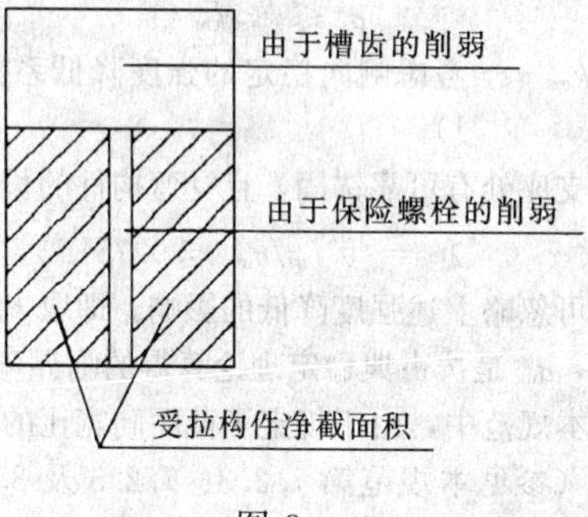

图 3

5.1.2～5.1.3 对轴心受压构件的稳定验算，当缺口不在边缘时，构件截面的计算面积 A_n 的取值规定说明如下：

根据建筑力学的分析，局部缺孔对构件的临界荷载的影响甚小。按照建筑力学的一般方法，有缺孔构件的临界力为 N_{cr}^{h}，可按下式计算：

$$N_{cr}^{h}=\frac{\pi^2 EI}{l^2}\left[1-\frac{2}{l}\int_0^l\frac{I_h}{I}\sin^2\frac{\pi z}{l}\mathrm{d}z\right]$$

式中 I——无缺孔截面惯性矩；

I_h——缺孔截面惯性矩；

l——构件长度。

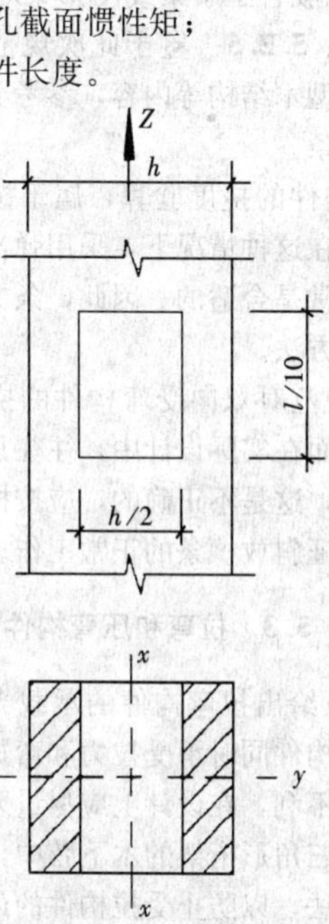

图 4

当缺孔宽度等于截面宽度的一半（按本规范第 7.1.5 条所规定的最大缺孔情形），长度等于构件长度的 1/10（图 4）时，根据上式并化简可求得临界力为：

对 x-x 轴

$$N_{crx}^{h}=0.975N_{crx}$$

对 y-y 轴

$$N_{cry}^{h}=0.9N_{cry}$$

式中 N_{crx}、N_{cry}——对 x 轴或对 y 轴失稳时无缺孔构件的临界力。

因此，为了计算简便，同时也不影响结构安全，对于缺孔不在边缘时一律采用 $A_0=0.9A$。

5.1.4 1973 年修订规范，因考虑到新的材质标准及设计参数，基本上均按我国自己的试验实测数据确定，在这种情况下，轴心受压构件的稳定系数 φ 值仍然沿用前苏联的公式计算是否妥当，有必要加以验证。为此，曾先后进行了三个树种共 84 根有木节与无木节的构件试验。其结果表明，前苏联规范中的 φ 值，由于是按无木节的材料确定的，因而在 $\lambda<100$ 时，要比实测值显著偏高，应予调低。但在讨论中有两种不同意见：一种意见认为，在过去实际工程中，未见受压构件发生过这类质量事故，若要调低应作慎重考虑；另一种意见认为，过去设计的受压构件一般多属构造要求控制其截面尺寸的情况，以致反映不出 φ 值偏高的影响。但这与过去所采用的结构型式较为单一，今后若采用其他型式的结构，则受压构件的设计就有可能遇到不是由构造控制的情况，因此，还是应当酌情调低为好。经反复磋商，最后一致同意，一方面继续做工作，另一方面可结合偏心受压构件计算公式简化工作对 φ 值调低的要求，在小范围内作些调整。因此，实际上没有解决这个问题（只调低了 3%～6%）。

1988 年修订规范前，由于开展木结构可靠度课题的研究，需对原规范轴心受压构件的可靠度进行反演分析，因而又从另一角度发现了中等长细比构件的可靠指标 β 值的偏低问题。为了解决这个问题，规范管理组除委托原重庆建筑工程学院和四川省建筑科学研究院再进行一批冷杉木材的构件试验外，还同时组织广东、新疆两省区的建筑科学研究所和华南工学院等单位作了阔叶材树种木材的构件试验。这次试验的试件数共计 249 根，连同 1973 年修订规范所做的试验，试件总数达 333 根。根据这些试验结果整理分析得到的稳定系数 φ 值，除证实存在着上述的偏低问题外，还发现 φ 值与树种有一定关系。这与国外若干结论在本质上是一致的。例如，丹麦 Anker Engelund 在 1947 年就提出临界应力与 l/i 的关系曲线，应按不同树种和含水率分别给出。又如国际标准化组织 ISO 制订的木结构规范，在稳定验算中，也按不同强度等级的木材给出不同的弹性模量 E_0 与抗压强度设计值

f_c 的比值。因此，1988 年修订规范决定按不同强度等级的树种木材给出不同的 φ 的值曲线。最初拟给出 A、B、C 三条曲线，后经反复核算结果，认为以给出两条曲线较为合理。一条是保留原规范（GBJ 5-73）的曲线（图 5-A），它适用于 TC17、TC15 及 TB20 三个强度等级；另一条是 1988 年修订规范安全度课题建议调低的曲线（图 5-B），它适用于 TC13、TC11、TB17、TB15、TB13 及 TB11 强度等级。经可靠度验算，1988 年规范及 1973 年规范受压构件按稳定设计的可靠指标及其标准差的数值列于表 6。

表 6　受压木构件按稳定验算的可靠指标比较

项目名称	GBJ 5-88			GBJ 5-73
	采用公式(4.1.4-1)及公式(4.1.4-2)的树种木材（曲线 A）	采用公式(4.1.4-3)及公式(4.1.4-4)的树种木材（曲线 B）	总体情况	
平均可靠指标 m_β	3.16	3.43	3.34	2.75
标准差 S_β	0.075	0.198	0.210	0.376

注：S_β 值越小，表示 β 的一致性越好。

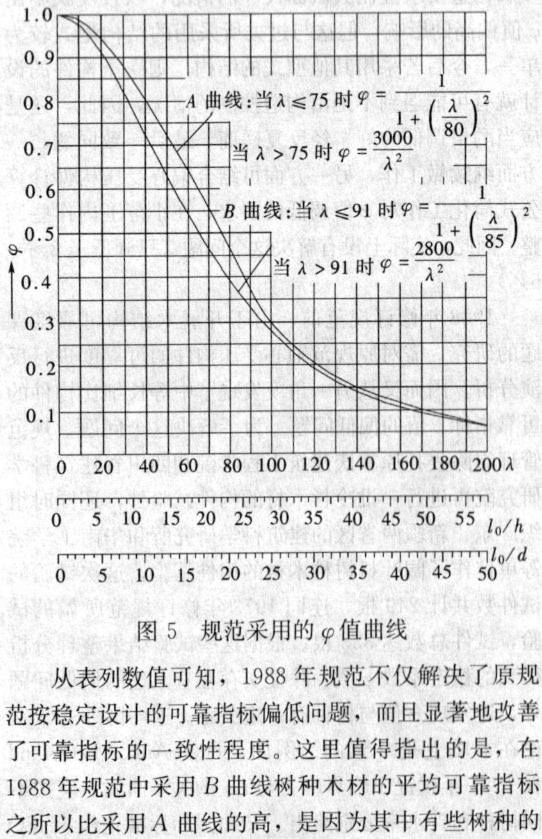

图 5　规范采用的 φ 值曲线

从表列数值可知，1988 年规范不仅解决了原规范按稳定设计的可靠指标偏低问题，而且显著地改善了可靠指标的一致性程度。这里值得指出的是，在 1988 年规范中采用 B 曲线树种木材的平均可靠指标之所以比采用 A 曲线的高，是因为其中有些树种的缺陷比较多，其设计指标曾根据使用地区的要求作了较大的降低调整，因此，使平均可靠指标有所提高。

另外，需要说明的是 A 曲线的 φ 值公式，虽然仍沿用原规范的公式，但为了统一起见，改写为 B 曲线公式的形式。

5.1.5　本条具体明确"不论构件截面上有无缺口"，其长细比 λ 均按同一公式计算。因此，当有缺口时，构件的回转半径 i 也应按全面积和全惯性矩计算。

5.2　受弯构件

5.2.1　受弯构件的弯曲强度验算，一般应满足下述条件：

$$\sigma_s \leqslant k_{ins} f_m$$

式中　k_{ins}——考虑侧向稳定的强度降低系数（$k_{ins} \leqslant 1$）。

若支座处有可靠锚固，且受弯构件的长细比

$$\lambda_m = \sqrt{f_m/\sigma_{mc}} \leqslant 0.75$$

则可忽略上述强度降低的影响，即取 $k_{ins}=1$。在上式中，σ_{mc} 是按古典稳定理论算得的临界弯曲应力。

在本规范中，由于规定了截面高宽比的限值和锚固要求（参见本规范第 7.2.3、7.2.5 及 8.3.9 条的规定），已从构造上满足了受弯构件侧向稳定的要求。当需验算受弯构件的侧向稳定时，参照美国规范提供了本规范附录 L。

5.2.2　在一般情况下，受弯木构件的剪切工作对构件强度不起控制作用，设计上往往略去了这方面的验算。由于实际工程情况复杂，且曾发生过因忽略验算木材抗剪强度而导致的事故，因此，还是应当注意对某些受弯构件的抗剪验算，例如：

1　当构件的跨度与截面高度之比很小时；

2　在构件支座附近有大的集中荷载时；

3　当采用胶合工字梁或 T 形梁时。

5.2.3、5.2.4、5.2.5　鉴于此次规范增加了有关胶合木结构和轻型木结构等内容，参考美国、加拿大规范增加了这三条。

5.2.6　受弯构件的挠度验算，属于按正常使用极限状态的设计。在这种情况下，采用弹性分析方法确定构件的挠度通常是合适的。因此，条文中没有特别指出挠度的计算方法。

5.2.7　早期规范对双向受弯构件的挠度验算未作明确的规定，因而在实际设计中，往往只验算沿截面高度方向的挠度，这是不正确的，应按构件的总挠度进行验算，以保证斜放檩条的正常工作。

5.3　拉弯和压弯构件

5.3.1　本条虽给出拉弯构件的承载力验算公式，但应指出的是木构件同时承受拉力和弯矩的作用，对木材的工作十分不利，在设计上应尽量采取措施予以避免。例如，在三角形桁架的木下弦中，就可以采取净截面对中的办法，以防止受拉构件的最薄弱部位——有缺口的截面上产生弯矩。

5.3.2 1973年版规范采用的雅辛斯基公式，虽然避免了边缘应力公式在相对偏心率 m 较小的情况下出现的矛盾，但它本身也存在着一些难以克服的缺陷。例如：

1 未考虑轴向力与弯矩共同作用所产生的附加挠度的影响，不能全面反映压弯构件的工作特性。

2 该公式的准确性，在很大程度上取决于稳定系数 φ 的取值。然而 φ 值却是根据轴心受压构件的试验结果确定的。因此，很难同时满足轴心受压与偏心受压两方面的要求。

3 属于单一参数的经验公式结构，对数据拟合的适应性差。

1988年修订规范，由于对 φ 值公式和木材抗弯、抗压强度设计值的取值方法都作了较大的变动，致使本已很难调整的雅辛斯基公式变得更难以适应新的情况。试算结果表明，与过去设计值相比，其最大偏差可达+12%和−26%。为此，决定改用根据设计经验与试验结果确定的双 φ 公式验算压弯构件的承载能力，即：

$$\frac{N}{\varphi\varphi_{\mathrm{m}}A_{\mathrm{n}}} \leqslant f_{\mathrm{c}}$$

式中 φ_{m}——为考虑轴心力和横向弯矩共同作用的折减系数（参见本规范第5.3.2条）；

φ——为稳定系数。

由于公式有两个参数进行调整与控制，容易适应各种条件的变化。为了具体考察公式的适用性，曾以不同的相对偏心率 m 和长细比 λ，对不同强度等级的木构件进行了试算，并与相同条件下的边缘应力公式计算值、雅辛斯基公式计算值、国内外试验值以及经验设计值等进行了对比，其结果表明：

1 在常用的相对偏心率 m 和长细比 λ 的区段内，所有计算、试验和设计的结果均甚接近。

2 在较小的相对偏心率的区段内，例如当 $m \leqslant 0.1$ 时，公式的部分计算结果虽比边缘应力公式的计算值低很多，但与试验值相比，却较为接近。这也进一步说明了公式的合理性。因为正是在这一区段内，边缘应力公式存在着固有的缺陷，致使所算得的压弯构件的承载能力反而比轴心受压还要高。

3 在相对偏心率和长细比都很大的区段内，例如当 $m=10$，$\lambda=120 \sim 150$ 时，公式的计算结果要比边缘应力公式计算值低约14%（个别值可低达17%）；比试验值低约8%（个别值可低达12%）。但这样大偏心距与长细比的构件，在工程中实属罕遇。即使遇到，也应在设计上作偏于安全的处理。

综上所述，公式从总体情况来看是合理的、适用的。尽管在局部情况中，可能使木材的用量略有增加，但从木结构可靠度的校准结果来看，是有必要的。

在2002年修订规范时，考虑到压弯构件和偏压构件具有不同的受力性质，偏压构件的承载能力要低一些，前苏联新规范的压弯构件计算中对偏压构件的情况补充了附加验算公式，此附加验算公式完全是根据压弯和偏压的对比试验求得的。而此试验值又和我国的理论公式相一致，为全面地反映压弯和偏压以及介于其间的构件受力性质，将GBJ 5－88中的 φ_{m} 公式修订为本规范公式（5.3.2-4～5.3.2-6）。

5.3.3 GBJ 5－88关于压弯构件或偏心受压构件在弯矩作用平面外的稳定性验算，是不考虑弯矩的影响，仅在弯矩作用平面外按轴心压杆稳定验算。在2002年修订规范时，经验算发现在弯矩较大的情况下偏于不安全，故按一般力学原理提出验算公式（5.3.3）。

6 木结构连接计算

6.1 齿 连 接

6.1.1 齿连接的可靠性在很大程度上取决于其构造是否合理。因此，尽管齿连接的形式很多，本规范仅推荐采用正齿构造的单齿连接和双齿连接。所谓正齿，是指齿槽的承压面正对着所抵承的承压构件，使该构件传来的压力明确地作用在承压面上，以保证其垂直分力对齿连接受剪面的横向压紧作用，以改善木材的受剪工作条件。因此，在本条文中规定：

1 齿槽的承压面应与所连接的压杆轴线垂直；

2 单齿连接压杆轴线应通过承压面中心。

与此同时，考虑到正确的齿连接设计还与所采用的齿深和齿长有关，因此，也相应地作了必要的规定，以防止因这方面构造不当，而导致齿连接承载能力的急剧下降。

另外，应指出的是，当采用湿材制作时，齿连接的受剪工作可能受到木材端裂的危害。为此，若干屋架的下弦未采用“破心下料”的方木制作，或直接使用原木时，其受剪面的长度应比计算值加大50mm，以保证实际的受剪面有足够的长度。

6.1.2 1988年规范根据下列关系确定 ψ_{v} 值：

1 单齿连接

由于木材抗剪强度设计值所引用的尺寸影响系数是以 $l_{\mathrm{v}}/h_{\mathrm{c}}=4$ 的试件试验结果确定的。因此，在考虑沿剪面长度剪应力分布不均匀的影响时，应将 $l_{\mathrm{v}}/h_{\mathrm{c}}=4$ 的 ψ_{v} 值定为1.0。据此，将试验曲线进行了平移，并得到当 $l_{\mathrm{v}}/h_{\mathrm{c}} \geqslant 6$ 的 ψ_{v} 值关系式为：

$$\psi_{\mathrm{v}}=1.155-0.064l_{\mathrm{v}}/h_{\mathrm{c}}$$

1988规范即按此式确定 $l_{\mathrm{v}}/h_{\mathrm{c}} \geqslant 6$ 时的 ψ_{v} 值。至于 $l_{\mathrm{v}}/h_{\mathrm{c}}=4.5$ 及 $l_{\mathrm{v}}/h_{\mathrm{c}}=5$ 的 ψ_{v} 取值，则按 $l_{\mathrm{v}}/h_{\mathrm{c}}=4$ 和 $l_{\mathrm{v}}/h_{\mathrm{c}}=6$ 的 ψ_{v} 值的连线确定。

2 双齿连接

对试验曲线作同上的平移后得到当 $l_{\mathrm{v}}/h_{\mathrm{c}} \geqslant 6$ 时的

ψ_v 值的关系式为：

$$\psi_v = 1.435 - 0.0725 l_v / h_c$$

根据 ψ_v 值和有关的抗力统计参数，计算了齿连接的可靠指标，其结果可以满足目标可靠指标的要求（参见表 7）。

表 7 齿连接可靠指标 β 及其一致性比较

连接形式	GBJ 5-88	
	m_β	S_β
单 齿	3.86	0.39
双 齿	3.86	0.39

注：S_β 越小表示 β 的一致性越好。

6.1.4 在齿连接中，木材抗剪属于脆性工作，其破坏一般无预兆。为防止意外，应采取保险的措施。长期的工程实践表明，在被连接的构件间用螺栓予以拉结，可以起到保险的作用。因为它可使齿连接在其受剪面万一遭到破坏时，不致引起整个结构的坍塌，从而也就为抢修提供了必要的时间。因此，本规范规定桁架的支座节点采用齿连接时，必须设置保险螺栓。

为了正确设计保险螺栓，本规范对下列问题作了统一规定：

1 构造符合要求的保险螺栓，其承受的拉力设计值可按本规范推荐的简便公式确定。因为保险螺栓的受力情况尽管复杂，但在这种情况下，其计算结果与试验值较为接近，可以满足实用的要求。

2 考虑到木材的剪切破坏是突然发生的，对螺栓有一定的冲击作用，故规定宜选用延性较好的钢材（例如：Q235 钢材）制作。但它的强度设计值仍可乘以 1.25 的调整系数，以考虑其受力的短暂性。

3 关于螺栓与齿能否共同工作的问题，原建筑工程部建筑科学研究院和原四川省建筑科学研究所的试验结果均证明：在齿未破坏前，保险螺栓几乎是不受力的。故明确规定在设计中不应考虑二者的共同工作。

4 在双齿连接中，保险螺栓一般设置两个。考虑到木材剪切破坏后，节点变形较大，两个螺栓受力较为均匀，故规定不考虑本规范第 4.2.12 条的调整系数。

6.2 螺栓连接和钉连接

6.2.1 螺栓连接和钉连接的承载能力受木材剪切、劈裂、承压以及螺栓和钉的弯曲等条件的控制，其中以充分利用螺栓和钉的抗弯能力最能保证连接的受力安全。另外，许多试验表明，在很薄构件的连接（特别是受拉接头）中，其破坏多从销槽处木材劈裂开始。而施工也发现，拼合很薄构件连接时，木材容易被敲劈。因此，规范规定了螺栓连接和钉连接中木构件的最小厚度，以便从构造上保证连接受力的合理性与可靠性。

1988 年修订规范，仅对螺栓直径 $d \geqslant 18$mm 的情况，作了补充规定，要求其边部构件或单剪连接中较薄构件的厚度 a 不应小于 $4d$，以避免因木构件劈裂而降低螺栓连接的承载能力。

6.2.2 按照本规范公式（6.2.2）确定螺栓连接或钉连接的设计承载力时，其连接的构造必须符合本规范第 6.2.1 条和第 6.2.5 条的要求。

6.2.3 由于在单剪连接中，有可能遇到木构件厚度 c 不满足本规范表 6.2.1 最小厚度要求的情况，因而需要作这一补充验算。

6.2.4 本规范表 6.2.4 中的 ψ_α 值，虽然称为“考虑木材斜纹承压的降低系数”，但实质上给出的是该系数的平方根值，因此，应用时应直接与本规范公式（6.2.2）中的设计承载力 V 相乘，而不与木材顺纹承压强度设计值相乘。

6.2.5～6.2.6 本规范表 6.2.5 和表 6.2.6 的最小间距的规定，主要是为了从构造上采取措施，以保证螺栓连接和钉连接的承载力不受木材剪切工作的控制，以保证连接受力的安全。

在 2002 年修订规范时，补充了横纹受力时螺栓排列的规定。

6.3 齿 板 连 接

6.3.1～6.3.2 齿板为薄钢板制成，受压承载力极低，故不能将齿板用于传递压力。为保证齿板质量，所用钢材应满足条文规定的国家标准要求。由于齿板较薄，生锈会降低其承载力以及耐久性。为防止生锈，齿板应由镀锌钢板制成且对镀锌层质量应有所规定。考虑到条文规定的镀锌要求在腐蚀与潮湿环境仍然是不够的，故不能将齿板用于腐蚀以及潮湿环境。

6.3.3 齿板存在三种基本破坏模式。其一为板齿屈服并从木材中拔出；其二为齿板净截面受拉破坏；其三为齿板剪切破坏。故设计齿板时，应对板齿承载力、齿板受拉承载力与受剪承载力进行验算。另外，在木桁架节点中，齿板常处于剪-拉复合受力状态。故尚应对剪-拉复合承载力进行验算。

板齿滑移过大将导致木桁架产生影响其正常使用的变形，故应对板齿抗滑移承载力进行验算。

6.3.4～6.3.8 鉴于我国缺乏齿板连接的研究与工程积累，故齿板承载力计算公式主要参考加拿大木结构设计规范提出。考虑到中、加两国结构设计规范的不同，作了适当调整。

6.3.9 齿板为成对对称设置，故被连接构件厚度不能小于齿嵌入深度的两倍。齿板与弦杆、腹杆连接尺寸过小易导致木桁架在搬运、安装过程中损坏。

6.3.10 齿板安装不正确则不能保证齿板连接承载力达到设计要求。考虑到《木结构工程施工质量验收规范》GB 50206 未给出齿板的有关施工质量要求，故特列本条。

7 普通木结构

7.1 一般规定

7.1.1 选用合理的结构型式和构造方法，可以保证木结构的正常工作和延长结构的使用年限，能够收到良好的技术经济效果。因此，对木结构选型和构造作了如下考虑：

1 推荐采用以木材为受压或受弯构件的结构型式。虽然工程实践表明，只要选材符合标准，构造处理得当，即使在跨度很大的桁架中，采用木材制作的受拉构件，也能安全可靠地工作，但问题在于木材的天然缺陷对构件受拉性能影响很大，必须选用优质并经过干燥的材料才能胜任。从材料供应情况来看，几乎很难办到。因此，宜推荐采用钢木桁架或撑托式结构。在这类结构中，木材仅作为受压或压弯构件，它们对木材材质和含水率的要求均较受拉构件为低，可收到既充分利用材料，又确保工程质量的效果。

2 为合理利用缺陷较多、干燥中容易翘裂的树种木材（如落叶松、云南松等），由于这类木材的翘裂变形，过去在跨度较大的房屋中使用，问题比较多。其原因虽是多方面的，但关键在于使用湿材，而又未采取防止裂缝的措施。针对这一情况，并根据有关科研成果和工程使用经验，规定了屋架跨度的限值，并强调应采取有效的防止裂缝危害的措施。

3 胶合木结构能更好的满足造型要求，有利于小规格木材和低等级木材的使用，从而促进人工速生林木材的发展，所以建议尽量创造条件使用胶合木结构，以利于推广这种先进技术。

4 多跨木屋盖房屋的内排水，常由于天沟构造处理不当或检修不及时产生堵水渗透，致使木屋架支座节点易于受潮腐朽，影响屋盖承重木结构的安全，因此推荐采取外排水的结构型式。

木制天沟经常由于天沟刚度不够，变形过大，或因油毡防水层局部损坏，致使天沟腐朽、漏水，直接危害屋架支座节点。有些工程曾出过这样的质量事故，因此在规范中规定“不应采用木制天沟”。

5 木结构的防腐和防虫是保证结构安全使用的重要问题。必须从设计构造上采用通风防潮措施，使木结构各部分通风干燥，防止腐朽虫蛀，因此，在本条文中强调这一问题的重要性。

6 木结构具有较好的延性、对抗震是有利的，但是在设计中应注意加强构件之间和结构与支承物之间的连接。

7.1.2 为了减少风灾对木结构的破坏影响，在总结沿海地区经验的基础上，本规范提出一些构造要求，以加强木结构房屋的抗风能力。

造成风灾危害除因设计计算考虑不周外，一般均由于构造处理不当所引起，根据浙江、福建、广东等地调查，砖木结构建筑物因台风造成的破坏过程一般是：迎风面的大部分门窗框先被破坏或屋盖的山墙出檐部分先被掀开缺口，接着大风直贯室内，瓦、屋面板、檩条等相继被刮掉，最后造成山墙和屋架呈悬臂孤立状态而倒塌。

构造措施方面应注意以下几点：

1 为防止瞬间风吸力超过屋盖各个部件的自重，避免屋瓦等被掀揭，宜采用增加屋面自重和加强瓦材与屋盖木基层整体性的办法（如压砖、坐灰、瓦材加以固定等）。

2 应防止门窗扇和门窗框被刮掉。因为这将使原来封闭的建筑变为局部开敞式，改变了整个建筑的风载体型系数，这是造成房屋倒塌的重要因素。因此，除使用应注意经常维修外，规范有必要强调门窗应予锚固。

3 应注意局部构造处理以减少风力的作用。例如，檐口处出檐与不出檐，檐口封闭与不封闭，其局部表面的风力体型系数相差甚大。因此，出檐要短或作成封闭出檐；山墙宜做成硬山以及在满足采光和通风要求下尽量减少天窗的高度和跨度等，都是减少风害的有效措施。

4 应加强房屋的整体性和锚固措施，锚固可采用不同的构造方式，但其做法应足以抵抗风力。

7.1.3 隔震和消能是建筑结构减轻地震灾害的一项新技术，是抵御地震对建筑破坏的有效方法，尤其是在高烈度地区使用效果十分明显。现代木结构型式、节点刚性程度和整体刚度多样，相差较大，可根据实际情况选择和采用隔震、消能方法减轻结构的震害。

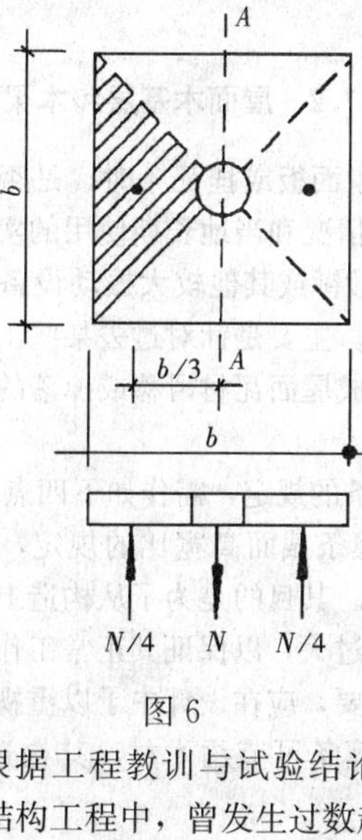

图 6

7.1.4 这是根据工程教训与试验结论而作出的规定。在我国木结构工程中，曾发生过数起因采用齿连接与螺栓连接共同受力而导致齿连接超载破坏的事故，值得引起注意。

7.1.6 调查发现，一些工程中有拉力螺栓钢垫板陷入木材的情况。其主要原因之一是钢垫板未经计算，选用的尺寸偏小所致。因此在规范中提出了钢垫板应经计算的要求。为了设计方便，规范中列入了方形钢垫板的计算公式。

假定 $N/4$ 产生的弯矩，由 A-A 截面承受（参见图 6），并忽略螺栓孔的影响，则钢垫板面积 A 为：

$$A=\frac{\text{拉杆轴向拉力设计值}}{\text{垫板下木材横纹承压强度设计值}}=\frac{N}{f_{c,90}}$$

而由 $\frac{b}{3}\times\frac{N}{4}=\frac{1}{6}bt^2 f$，可得垫板厚度 t 为：

$$t=\sqrt{\frac{N}{2f}}$$

式中　f——钢垫板的抗弯强度设计值。

计算垫板尺寸时注意以下两点：

1　若钢垫板不是方形，则不能套用此公式，应根据具体情况另行计算。

2　当计算支座节点或脊节点的钢垫板时，考虑到这些部位的木纹不连续，垫板下木材横纹承压强度设计值应按本规范表 4.2.1-3 中局部表面及齿面一栏的数值确定。

7.1.7　根据工程实践经验，对较重要的圆钢构件采用双螺帽，拧紧后能防止意外的螺帽松脱事故，在有振动的场所，其作用尤为显著。

7.1.8　由于木材固有的缺陷，即使设计和施工都很良好的木结构，也会因使用不当、维护不善而导致木材受潮腐朽、连接松弛、结构变形过大等问题发生，直接影响到结构的安全和寿命。因此，为了保证木结构的安全工作并延长使用寿命，必须加强对木结构在使用过程中的检查与维护工作。

本规范附录 D 的检查和维护要点，是根据各地木结构使用经验以及工程结构检查和调查中发生的问题总结出来的。

7.2　屋面木基层和木梁

7.2.1　设计屋面板或挂瓦条时，是否需要计算，可根据屋面具体情况和当地长期使用的实践经验决定。

7.2.2　对有锻锤或其他较大振动设备的房屋需设置屋面板的规定。主要是针对过去某些工程，由于厂房振动较大，造成屋面瓦材滑移或掉落的事故而采取的措施。

7.2.3　对本条的规定，需作如下四点说明：

1　方木檩条截面高宽比的规定，是根据调查实测结果提出的。其目的是为了从构造上防止檩条沿屋面方向的变形过大，以保证其正常工作。这对楞摊瓦的屋面尤为重要，应在设计中予以重视。

2　正放檩条可节约木材，其构造也比较简单，故推荐采用。

3　钢木檩条受拉钢筋下折处的节点容易摆动，应采取措施保证其侧向稳定。有些工程用一根钢筋（或木条）将同开间的钢木檩条下折处连牢，以增加侧向稳定，使用效果较好，也不费事，故在条文中提出这一要求。

7.2.4　对 8 度和 9 度地震区的屋面木基层设计，提出了必要的加强措施，以利于抗震。

7.2.5　考虑到木梁设计虽较简单，但应注意保证其侧向稳定，因此，在本条中增加了这方面的构造要求。

7.3　桁　　架

7.3.1　桁架的选型主要决定于屋面材料、木材的材质与规格。本规范作了如下考虑：

1　钢木桁架具有构造合理，能避免斜纹、木节、裂缝等缺陷的不利影响，解决下弦选材困难和易于保证工程质量等优点，故推荐在桁架跨度较大或采用湿材或采用新利用树种时应用。

2　三角形原木桁架采用不等节间的结构形式比较经济。根据设计经验，当跨度在 15～18m 之间，开间在 3～4m 的相同条件下，可比等节间桁架节约木材 10%～18%。故推荐在跨度较大的原木桁架中应用。

7.3.2　桁架的高跨比过小，将使桁架的变形过大。过去在工程中曾发生过这方面引起的质量事故。因此，根据国内外长期使用经验，对各类型木桁架的最小高跨比作出具体规定。经进行系统的验算表明，如将高跨比放宽一档，将使桁架的相对挠度增加 13.2%～27.7%，桁架上弦应力增大 12.8%～32.2%。这不仅使得桁架的刚度大为削弱，而且使得木材的用量增加 7.7%～12.5%。

7.3.3　为了保证屋架不产生影响人的安全感的挠度，不论木屋架和钢木屋架，在制作时均应加以起拱。对于起拱的数值，是根据长期使用经验决定的，并应在起拱的同时调整上下弦，以保证屋架的高跨比不变。

7.3.4　木桁架的下弦受拉接头、上弦受压接头和支座节点均是桁架结构中的关键部位。为了保证其工作的可靠性，设计时应注意三个要点：一是传力明确；二是能防止木材裂缝的危害；三是接头应有足够的侧向刚度。本条规定的构造措施，就是根据这三点要求，在总结各地实践经验的基础上提出的。其中需要加以说明的有以下几点：

1　在受拉接头中，最忌的是受剪面与木材的主裂缝重合（裂缝尚未出现时，最忌与木材的髓心所在面重合）。为了防止出现这一情况，最佳的办法是采用"破心下料"锯成的方木；或是在配料时，能通过方位的调整，而使螺栓的受剪面避开裂缝或髓心。然而这两项措施并非在所有情况下都能做到的。因此，规范必须在推荐上述措施的同时，进一步采取必要的保险措施，以使接头不至于发生脆性破坏。这些措施包括：

1）规定接头每端的螺栓数目不宜少于 6 个，

以使连接中的螺栓直径不致过粗，这就从构造上保证了接头受力具有较好的韧性。

2）规定螺栓不得排成单行，从而保证了半数以上螺栓的剪面不会与主裂缝重合，其余的螺栓，虽仍有可能遇到裂缝，但此时的主裂缝已不位于截面高度的中央，很难有贯通之可能，提高了接头工作的可靠性。

3）规定在跨度较大的桁架中，采用较厚的木夹板，其目的在于保证螺栓处于良好的受力状态，并使接头具有较大的侧向刚度。

2 在上弦接头中，最忌的是接头位置不当和侧向刚度差。为此，本条文对这两个关键问题都作了必要的规定。强调上弦受压接头“应锯平对接”，其目的在于防止采用“斜搭接”。因为斜搭接不仅不易紧密抵承，而且更主要的是它的侧向刚度差，容易使上弦鼓出平面外。

3 在桁架的支座节点中采用齿连接，只要其受剪面能避开髓心（或木材的主裂缝），一般就不会出安全事故。因此，本条文规定：对于这一构造措施应在施工图中注明。

4 对木桁架的最大跨度问题，由于各地使用的树种不同，经验也不同，要规定一个统一的限值较为困难。况且，大跨度木桁架的主要问题是下弦接头多，致使桁架的挠度大。为了减小桁架的变形，本条文作出了“下弦接头不宜多于两个”的规定。由于商品材的长度有限，因而这一规定本身已间接地起到了限制木桁架跨度的作用。

7.3.5 钢木桁架具有良好的工作性能，可以解决大跨度木结构以及在木结构工程中使用湿材的许多涉及安全的技术问题。因此，得到了广泛的应用，但由于设计、施工水平不同，在应用中也发生了一些不应发生的工程质量事故。调查表明，这些事故几乎都是由于构造不当所造成的，而不是钢木桁架本身的性能问题。为了从构造上采取统一的技术措施，以确保钢木桁架的质量，曾组织了“钢木桁架合理构造的试验规定”这一重点课题的研究，本规范根据其研究成果，将其与安全有关的结论作出必要的规定。

7.3.6 调查的结果表明，尽管各地允许采用的吊车吨位不同，但只要采取了必要的技术措施，其运行结果均未对结构产生危及安全和正常使用的影响。因此，本条文仅从保证承重结构的工作安全出发，对桁架其支撑的构造提出设计要求，而未具体限制吊车的最大吨位。

7.3.8 对8度和9度地震区的屋架设计，提出了必要的加强措施，以利于抗震。

7.4 天 窗

7.4.1～7.4.3 天窗是屋盖结构中的一个薄弱部位。若构造处理不当，容易发生质量事故。根据调查，主要有以下几个问题：

1 天窗过于高大，使屋面刚度削弱很多，兼之天窗重心较高，更易导致天窗侧向失稳。

2 如果采用大跨度的天窗，而又未设中柱，仅靠两边柱将荷载集中地传给屋架的两个节点，致使屋架的变形过大。

3 仅由两根天窗柱传力的天窗本身不是稳定的结构，不能正常工作。

4 天窗边柱的夹板通至下弦，并用螺栓直接与下弦系紧，致使天窗荷载在边柱上与上弦抵承不良的情况下传给下弦，从而导致下弦的木材被撕裂。因此，规定夹板不宜与桁架下弦直接连接。

5 有些工程由于天窗防雨设施不良，引起其边柱和屋架的木材受潮腐朽，从而危及承重结构的安全。

针对以上存在的问题，制定了本节的条文，以便从构造上消除隐患，保证整个屋盖结构的正常工作。

7.5 支 撑

7.5.1～7.5.2 规范对保证木屋盖空间稳定所作的规定，是在总结工程实践、试验实测结果以及综合分析各方面意见的基础上制订的。从试验研究和理论分析结果来看，这些规定比较符合实际情况。

1 关于屋面刚度的作用

实践和试验证明，不同构造方式的屋面有不同的刚度。普通单层密铺屋面板有相当大的刚度，即使是楞摊瓦屋面也有一定的刚度。例如，原规范编制组曾对一楞摊瓦屋面房屋进行了刚度试验。该房屋采用跨度为15m的原木屋架，下弦标高4m，屋架间距3.9m，240mm山墙（三根490mm×490mm壁柱），稀铺屋面板（空隙约60%）。当取掉垂直支撑后（无其他支撑），在房屋端部屋架节点的檩条上加纵向水平荷载。当每个节点水平荷载达2.8kN时，屋架脊节点的瞬时水平变位为：端起第1榀屋架为6.5mm；第6榀为4.9mm；第12榀为4.4mm。这说明楞摊瓦屋面也有一定的刚度，并且能将屋面的纵向水平力传递相当远的距离。

由于屋面刚度对保证上弦出平面稳定、传递屋面的纵向水平力都起相当大的作用，因此，在考虑木屋盖的空间稳定时，屋面刚度是一个不可忽视的因素。

2 关于支撑的作用

支撑是保证平面结构空间稳定的一项措施，各种支撑的作用和效果因支撑的形式、构造和外力特点而异。根据试验实测和工程实践经验表明：

1）垂直支撑能有效地防止屋架的侧倾，并有助于保持屋盖的整体性，因而也有助于保证屋盖刚度可靠地发挥作用，而不致遭到不应有的削弱。

2）上弦横向支撑在参与支撑工作的檩条与屋架有可靠锚固的条件下，能起着空间桁架的作用。

3）下弦横向支撑对承受下弦平面的纵向水平力比较直接有效。

综上所述，说明任何一种支撑系统都不是保证屋盖空间稳定的惟一措施，但在“各得其所”的条件下，又都是重要而有效的措施。因此，在工程实践中，应从房屋的具体构造情况出发，考虑各种支撑的受力特点，合理地加以选用。而在复杂的情况下，还应把不同支撑系统配合起来使用，使之共同发挥各自应有的作用。

例如，在一般房屋中，屋盖的纵向水平力主要是房屋两端的风力和屋架上弦出平面而产生的水平力。根据试验实测，后一种水平力，其数值不大，而且力的方向又不是一致的。因此在风力不大的情况下，需要支撑承担的纵向水平力亦不大，采用上弦横向支撑或垂直支撑均能达到保证屋盖空间稳定的要求，但若为圆钢下弦的钢木屋架，则以选用上弦横向支撑，较容易解决构造问题。

若房屋跨度较大，或有较大的风力和吊车振动影响时，则以选用上弦横向支撑和垂直支撑共同工作为好。对“跨度较大”的理解，有的认为指跨度大于或等于15m的房屋，有的认为若屋面荷载很大，跨度为12m的房屋就应算“跨度较大”。在执行中各地可根据本地区经验确定。

7.5.3 关于上弦横向支撑的设置方法，规范侧重于房屋的两端，因为风力的作用主要在两端。当房屋跨度较大，或为楞摊瓦屋面时，为保证房屋中间部分的屋盖刚度，应在中间每隔20～30m设置一道。在上弦横向支撑开间内设置垂直支撑，主要是为了施工和维修方便，以及加强屋盖的整体作用。

7.5.4 工程实测与试验结果表明，只有当垂直支撑能起到竖向桁架体系的作用时，才能收到应有的传力效果。因此，本规范规定，凡是垂直支撑均应加设通长的纵向水平系杆，使之与锚固的檩条、交叉的腹杆（或人字形腹杆）共同构成一个不变的桁架体系。仅有交叉腹杆的“剪刀撑”不算垂直支撑。

7.5.5 本条所述部位均需设置垂直支撑。其目的是为了保证这些部位的稳定或是为了传递纵向水平力。这些垂直支撑沿房屋纵向的布置间距可根据具体情况决定，但应有通长的系杆互相联系。

7.5.6 在执行本条文时，应注意以下两点：

1 若房屋中同时有横向支撑与柱间支撑时，两种支撑应布置在同一开间内，使之更好地共同工作。

2 在木柱与桁架之间设有抗风斜撑时，木柱与斜撑连接处的截面强度应按压弯构件验算。

7.5.7 明确规定屋盖中可不设置支撑的范围，其目的虽然是为了考虑屋面刚度和两端房屋刚度对屋盖空间稳定的作用，但也为了防止擅自扩大不设置支撑的范围。条文中有关界限值的规定，主要是根据实践经验和调查资料确定的。

7.5.8 有天窗时屋盖的空间稳定问题，主要是天窗架的稳定和天窗范围内主屋架上弦的侧向稳定问题。

在实际调查中发现，有的工程在天窗范围内无保证屋架上弦侧向稳定的措施，致使屋架上弦向平面外鼓出。各地经验认为一般只要在主屋架的脊节点处设置通长的水平系杆，即可保证上弦的侧向稳定。但若天窗跨度较大，房屋两端刚度又较差时，则宜设置天窗范围内的主屋架上弦横向支撑（不论房屋有无上弦横向支撑，在天窗范围内均应设置）。

7.5.9 根据抗震设防烈度不同对木结构支撑的设置要求也不同，对8度和9度区的木结构房屋支撑系统作了相应的加强。

7.5.10 由于木柱房屋在柱顶与屋架的连接处比较薄弱，因此，规定在地震区的木柱房屋中，应在屋架与木柱连接处加设斜撑并作好连接。

7.6 锚 固

7.6.1 本节所述的锚固，是指檩条与桁架（或墙）、桁架与墙（或柱）、柱与基础的连接。桁架及柱的锚固主要是防止风吸力影响以及起固定桁架和柱的作用。檩条的锚固主要是使屋面与桁架连成整体，以保证桁架上弦的侧向稳定及抵抗风吸力的作用。当采用上弦横向支撑时，檩条的锚固尤为重要，因为在无支撑的区间内，防止桁架的侧倾和保证上弦的侧向稳定，均需依靠参加支撑工作的通长檩条。

7.6.2 檩条与屋架上弦的连接各地做法不同，多数地区采用钉连接。有的地区当屋架跨度较大时，则将节点檩条用螺栓锚固。

檩条锚固方法，除应考虑是否需要承受风吸力外，还应考虑屋盖所采用的支撑形式。当采用垂直支撑时，由于每榀屋架均与支撑有联系，檩条的锚固一般采用钉连接即能满足要求。当有振动影响或在较大跨度房屋中采用上弦横向支撑时，支撑节点处的檩条应用螺栓、暗销或卡板等锚固，以加强屋面的整体性。

7.6.3 就一般情况而言，桁架支座均应用螺栓与墙、柱锚固。但在调查中发现有若干地区，仅在桁架跨度较大的情况下，才加以锚固。故本规范规定为9m及其以上的桁架必须锚固。至于9m以下的桁架是否需要锚固，则由各地自行处理。

7.6.4 这是根据工程实践经验与教训作出的规定，在执行时只能补充当地原有的有效措施，而不能削减本条文所规定的锚固。

8 胶合木结构

8.1 一般规定

8.1.1 本规范关于胶合木结构的条文，只适用于由木板胶合而成的承重构件以及由木板胶合构件组成的承重结构，而不适用于由胶合板和木板组合而成的胶合板结构。这是考虑到这种结构使用经验还不多，其性能还有待于进一步研究。

制作胶合木构件的木板厚度要求是根据木材类别、构件形状（直接或曲线）的不同而规定的，以适应不同的成型要求，保证胶合质量。

8.1.2 本条对胶合木构件制作要求做了规定。制作胶合木构件所用的木板应有材质等级的正规标注，并应按本规范表3.1.8根据构件不同受力要求和用途选材。为了使各层木板在整体工作时协调，要求各层木板的木纹与构件长度方向一致。

8.1.3 胶合木在建筑工程中的采用，是合理和优化使用木材、发展现代木结构的重要方向。胶合木构件具有构造简单、制作方便、强度较高及耐火极限高且能以短小材料制作成几十米、上百米跨度的形式多样、造型美观大方的各种构件的优点，因而国际上大量用于大体量、大跨度和对防火要求高的各种大型公共建筑、体育建筑、会堂、游泳场馆、工厂车间及桥梁等民用与工业建筑、构筑物。技术和经验成熟，在我国有广泛的应用前景和市场。在中、小跨度建筑中，胶合木构件可取代实木构件，节省大径木材。

8.1.4 胶合木构件截面形状的选取，在满足设计要求的情况下，同时也要考虑制作是否方便。对于直线形胶合木构件，通常采用矩形和工字形截面；而对于曲线形胶合木构件，工字形截面在制作上相对就较为困难，一般均采用矩形截面，方便制作，也有利于胶合。对于大跨度情况，一般都采用直线形或曲线形桁架。

8.1.5 这是为了保证制作胶合木构件按照设计要求生产合格产品。

8.2 构件设计

8.2.1 本条仍沿用GBJ 5－88的规定。一般来说，胶合木的强度高于实木，国外的标准对胶合木的设计强度规定都有别于实木，我国在这方面系统的实验工作和大量数据还缺乏，如果引用国际上的强度设计值，也还需要做大量的转换工作，需要一定的时间。目前，在暂时沿用原规范的同时，将进一步在这方面继续做研究工作。

8.2.2 本规范表8.2.2的修正系数是参照前苏联建筑法规CHиПⅡ-B.4的取值确定的。在纳入我国木结构规范前，曾由原建筑工程部建筑科学研究院组织有关单位进行了验证性试验。

对工字形和T形截面胶合木构件，抗弯强度设计值除乘以本规范表8.2.2的修正系数外，尚应乘以截面形状修正系数0.9的规定，是根据本规范第8.3.8条构造要求确定的，即腹板厚度不应小于80mm，且不应小于翼缘板宽度的一半。若不符合这一规定，将会由于腹板过薄而造成胶合木构件受力不安全。

8.3 设计构造要求

8.3.1 制作胶合木构件所用木板的厚度根据材质不同而有所不同，这是为了确保加压时各层木板压平，胶缝密合，从而保证胶合质量。

8.3.2 弧形胶合木构件制作时需要弯曲成型，板的厚度对弯曲难易有直接影响，因此规定不论硬质木材或软质木材，木板的厚度均不应超过30mm，且不大于构件曲率半径1/300。

8.3.3 荷载作用下，桁架会产生变形。为了保证屋架不产生可见的垂度和影响桁架的正常工作，在制作时，采用预先起拱办法。

8.3.4 制作胶合木构件的木板的接长方式，本规范这次修订时不再保留“当不具备指接条件时，可采用斜搭接。……还可采用对接代替部分斜搭接，……”的规定。这是考虑到，当时，GBJ 5－88做出这一规定，是基于过去由于受技术、制作条件的限制，在指接技术的掌握和加工设备普遍具备方面还存在一定困难这种实际情况。随着我国经济的发展、技术水平的提高和制作手段的进步，采用指接已不再是困难的事了。

8.3.5～8.3.7 该三条对胶合木构件中接头布置的规定，其原则是既保证构件工作的可靠性，又尽可能充分利用短料。

由于接指具有很好的传力性能，当各层木板全部采用指接接头时，国际标准只规定上、下两侧最外层木板上的接头间距不得小于1.5m，其余中间层木板的接头只要求适当错开，而并不规定相邻木板接头间的距离限制。考虑到我国使用指接接头于工程的经验较少，仍规定间距不得小于$10t$（t为板厚），以保证安全。今后，随着使用经验的积累将逐步向国际标准靠拢。

8.3.8 关于是否设置加劲肋的规定，主要是为了保证构件受力时的平面外稳定。本条沿用原规范规定，因为这些限制有理论分析的依据，同时也为使用经验所证实。

8.3.9 为了确保线性变截面构件制作时截面尺寸的准确，作为控制尺寸，有必要规定变截面构件坡度开始和终止处的截面高度。

8.3.10 为了确保曲线形构件制作时形状的准确，规定设计时应注明曲线形构件相应的曲率半径或曲线方程，制作时有据可依。

9 轻型木结构

9.1 一般规定

9.1.1 轻型木结构是一种将小尺寸木构件按不大于

600mm的中心间距密置而成的结构形式。结构的承载力、刚度和整体性是通过主要结构构件（骨架构件）和次要结构构件（墙面板，楼面板和屋面板）共同作用得到的。轻型木结构亦称“平台式骨架结构”，这是因为施工时，每层楼面为一个平台，上一层结构的施工作业可在该平台上完成，其基本构造如图7。

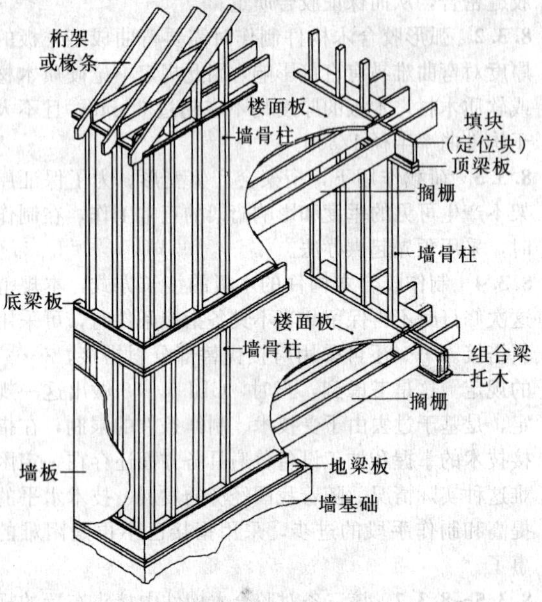

图7 轻型木结构基本构造示意图

本章的规定参考了加拿大建筑规范中住宅和小型建筑一章以及《美国建筑规范》2000年版（International Building Code）中轻型木结构设计的有关内容。此外，还参考了《加拿大轻型木结构工程手册》1995年版（Canadian Engineering Guide for Wood Frame Construction）、《美国地震灾害预防委员会规范》1996年版（NEHRP）和美国林纸协会《木结构设计规范》1997年版（National Design Specification for Wood Construction）的有关规定。

9.1.2 轻型木结构的结构性能不仅与设计方法正确与否有关，还与材料和连接件是否符合有关的产品标准有直接的关系。所有的结构材料，包括用于规格材和结构面板的材料，都必须附有相应的等级标识或证明。

附录N给出的规格材截面尺寸是为了使轻型木结构的设计和施工标准化。但是，目前大部分进口规格材的尺寸是按英制生产的，所以本规范允许在采用进口规格材时，其截面尺寸只要与表列规格材尺寸相差不大于2mm，在工程中视作等同。为避免对构件的安装和工程维修造成影响，在一幢建筑中不应将不同规格系列的规格材混用。

9.1.4 与其他建筑材料的结构相比，轻型木结构相对质量较轻，因此在地震和风荷载作用下具有很好的延性。尽管如此，对于不规则建筑和有大开口的建筑，仍应注意结构设计的有关要求。所谓不规则建筑，除了指建筑物的形状不规则外，还包括结构本身的刚度和质量的分布的不均匀。轻型木结构是一种具有高次超静定的结构体系，这个优点使得一些非结构构件也能起到抗侧向力的功能。但是这种高次超静定的结构使得结构分析非常复杂。所以，许多情况下，设计上往往采用经过长期工程实践证明的可靠构造。

9.2 设计要求

9.2.1 在抗侧力设计可按构造要求的轻型木结构中，承受竖向荷载的构件（板、梁、柱及桁架等），仍应按本规范有关要求进行计算。

9.2.2 结构基本自振周期估算经验公式取用于《美国地震灾害预防委员会规范》（NEHRP）1996年版。

9.2.6 本条规定了建筑物本身和使用的限制条件，包括楼面面积、每层墙体高度、跨度、使用荷载、抗震设防烈度和最大基本风压等。这些限制条件并不是对轻型木结构使用的限制，它是指满足这些限制条件的建筑物可以采用本章的构造设计法进行设计和施工。

9.3 构造要求

9.3.1 轻型木结构墙骨柱的竖向荷载承载力与墙骨柱本身截面的高度、墙骨柱之间的间距以及层高有关。竖向荷载作用下的墙骨柱的侧向弯曲和截面宽度与墙骨柱的高度比值有关。如果截面高度方向与墙面垂直，则墙体面板约束了墙骨柱侧向弯曲，同截面高度方向与墙面平行布置的方式相比，承载力大了许多。所以，除了在荷载很小的情况下，例如在阁楼的山墙面，墙骨柱可按截面高度方向与墙面平行的方向放置，否则墙骨柱的截面高度方向必须与墙面垂直。在地下室中，如用墙体代替柱和梁而墙体表面无面板时，应在墙骨柱之间加横撑防止墙骨柱的侧向弯曲。

开孔两侧的双墙骨柱是为了加强开孔边构件传递荷载的能力。

9.3.4 如果外墙维护材料直接固定在墙体骨架材料上（或固定在与面板上连接的木筋上），面板采用何种材料对钉的抗拔力影响不大。但是，如果当维护材料直接固定在面板上时，只有结构胶合板和定向木片板才能提供所需的钉的抗拔力。这时，面板的厚度根据所需维护材料的要求而定。

本条给出的墙面板材是针对根据板材的生产标准生产并适合室外用的结构板材，包括结构胶合板和定向木片板。最小厚度是指板材的名义厚度。

9.3.5 设计搁栅时，搁栅在均布荷载作用下，受荷面积等于跨度乘以搁栅间距。因为大部分的楼盖体系中，互相平行的搁栅数量大于3根。3根以上互相平行、等间距的构件在荷载作用下，其抗弯强度可以提高。所以在设计楼盖搁栅的抗弯承载力时，可将抗弯强度设计值乘以 1.15 的调整系统（见本规范附录 J 有关规定）。当按使用极限状态设计楼盖时，则不需考虑构件的共同作用。设计根据结构的变形要求进行。

9.3.6 如果搁置长度不够，会导致搁栅或支座的破坏。最小搁置长度的要求也是搁栅与支座钉连接的要求。搁栅底撑、间撑和剪刀撑用来提高楼盖体系抗变形和抗振动能力。如采用其他工程木产品代替规格材搁栅，则构件之间可采用不同的支撑方式。

9.3.7 在楼梯开孔周围，被截断的搁栅的端部应支承在封头搁栅上，封头搁栅应支承在楼盖搁栅或封边搁栅上。封头搁栅所承受的荷载值根据所支承的被截断的搁栅数量计算，被截断搁栅的跨度越大，承受的荷载越大。封头搁栅或封边搁栅是否需要采用双层加强或通过计算单独设计，都取决于封头搁栅的跨度。一般来说，开孔时，为降低封头搁栅的跨度，一般将开孔长边布置在平行于搁栅的方向。

9.3.8 一般来讲，位于搁栅上的非承重隔墙引起的附加荷载较小，不需要另外增加加强搁栅。但是，如果平行于搁栅的隔墙不位于搁栅上时，隔墙的附加荷载可能会引起楼面板变形。在这种情况下，应在隔墙下搁栅间，按 1.2m 中心间距布置截面 40mm×90mm，长度为搁栅净距的填块，填块两端支承在搁栅上，并将隔墙荷载传至搁栅。

对于承重墙，墙下搁栅可能会超出设计承载力。当承重隔墙与搁栅平行时，承重隔墙应由下层承重墙体或梁承载。当承重隔墙与搁栅垂直时，如隔墙仅承担上部阁楼荷载，承重隔墙与支座的距离不应大于 900mm。如隔墙承载上部一层楼盖时，承重墙与支座的距离不应大于 600mm。

9.3.10 本条给出的楼面板材是针对根据板材的生产标准生产的结构板材，包括结构胶合板和定向木片板。最小厚度是指板材的名义厚度。

铺设板材时，应将板的长向与搁栅长度方向垂直。

9.3.16 施工时应采用正确的施工方法保证剪力墙和楼、屋盖能满足设计承载力要求。

当用木基结构板材时，为了适应板材变形，板材之间应留有 3mm 空隙。板材随着含水率的变化，空隙的宽度会有所变化。

面板上的钉不得过度打入。这是因为钉的过度打入会对剪力墙的承载力和延性有极大的破坏。所以建议钉距板和框架材料边缘至少 10mm，以减少框架材料的可能劈裂以及防止钉从板边被拉出。

剪力墙和楼、屋盖的单位抗剪承载力通过板材的足尺试验得到。试验发现，过度使用窄长板材会导致剪力墙和楼、屋盖的抗剪承载力降低。所以为了保证最小抗剪承载力，窄板的数量应有所限制。

足尺试验还表明，如果剪力墙两侧安装同类型的木基结构板材，墙体的抗剪承载力约是墙体只有单面墙板的 2 倍。为了达到这一承载力，板材接缝应互相错开；当墙体两侧的面板拼缝不能互相错开时，墙骨柱的宽度必须至少为 65mm（或用两根截面为 40mm 宽的构件组合在一起）。

9.3.17 木构件和砌体或混凝土构件之间的连接不得采用斜钉连接。试验表明这种连接方式在横向力的作用下不可靠。同样，历次的地震灾害证明，采用与安装在砌体或混凝土墙体上的托木连接的方式也不能起到抗震作用，所以现在也禁止使用。

9.3.18 大部分的骨架构件允许在其上开缺口或开孔。对于搁栅和椽条只要缺口和开孔尺寸不超过限定条件，并且位置靠近支座弯矩较小的地方就能保证安全。如果不满足本条的缺口和开孔规定，则开孔构件必须加强。

屋面桁架构件上的缺口和开孔的要求比其他一般骨架构件的要求要高，这主要是因为桁架构件本身的材料截面有效利用率高。单个桁架构件的强度值较高，截面较经济，所以任何截面的削弱将严重破坏桁架构件的承载力。管道和布线应尽量避开构件，安排在阁楼空间或在吊顶内。

9.4 梁、柱和基础的设计

9.4.3 承受均布荷载的等跨连续梁，最大弯矩一般出现在支座和跨中，在每跨距支座 1/4 点附近的弯矩几乎为零，所以接缝位置最好设在每跨的 1/4 点附近。

同一截面上的接缝数量应有限制以保证梁的连续性。除此之外，单根构件的接缝数量在任何一跨内不能超过一个，这也是为了保证梁的连续性。横向相邻构件的接缝不能出现在同一点。

9.4.9 当木构件置于砌体或混凝土构件上而这些砌体或混凝土构件与地面直接接触时，如果木构件不作防腐处理或其他的防腐办法阻止有害生物的侵袭，木构件就会腐烂。未经防腐处理的木材置于混凝土板或基础上时（如地下室木隔墙或木柱），必须采用防潮层（例如聚乙烯薄膜等）将木构件与混凝土分开。当底层木梁或搁栅置于混凝土基础墙的预留槽内时，尤其当梁底比室外地坪低的时候，应在木构件和支座之间加上防潮层，同时在构件端部预留槽内留出空隙，防止木构件和混凝土接触并保持空气的流动。空隙之间不得填充保温材料。

10 木结构防火

10.1 一般规定

10.1.1 本条规定木结构防火设计的适用范围以及与《建筑设计防火规范》之间的关系。对于本章未规定的部分，按《建筑设计防火规范》中四级耐火等级建筑的规定执行。

10.2 建筑构件的燃烧性能和耐火极限

10.2.1 本条参考1999年美国国家防火协会（NFPA）标准220、2000年美国的《国际建筑规范》（IBC）以及1995年《加拿大国家建筑规范》中对于木结构建筑的燃烧性能和耐火极限的有关规定，结合《建筑设计防火规范》以及我国其他有关防火试验标准对于材料燃烧性能和耐火极限的要求而制定的。本规范中所采用的数据多为加拿大国家研究院建筑科学研究所提供的实验数据。

木结构建筑火灾发生之后的明显特点之一是容易产生飞火，古今实例颇多，仅以我国2002年海南木结构别墅群火灾为例，燃烧过程中不断有燃烧着的木块飞向四周，引起草地起火，连续烧毁40多栋。为此，专门提出屋顶表层需采用不燃材料。美、加建筑亦作如此规定。

当一座木结构建筑有不同的高度时，考虑到较低的部分发生火灾时，火焰会向较高部分的外墙蔓延，所以要求此时较低部分的屋盖的耐火极限不得低于一小时。

10.3 建筑的层数、长度和面积

10.3.1 本条的规定是根据下列情况制定的：

1 尽管木结构建筑没有划分耐火等级，但从其构件的耐火性能比较，它的耐火等级介于《建筑设计防火规范》中所规定的三级和四级之间。《建筑设计防火规范》规定，四级耐火等级的建筑只允许建两层，其针对的主要对象是我国以前的传统木结构，而现在，在重新修订编制的《木结构设计规范》有关防火条文的严格约束下，构件耐火性能优于四级的木结构建筑建三层是安全的。

2 本规范表10.3.1，是在吸收国外有关规范数据的基础上，并对我国《建筑设计防火规范》中的有关条文进行分析比较作出的相应规定。

10.4 防 火 间 距

10.4.1 本条中木结构与木结构之间、木结构与其他耐火等级的建筑之间的防火间距，是在充分分析了国内外相关建筑法规基础之上，根据木结构和其他建筑结构的耐火等级的情况制定。

10.4.2～10.4.3 参考了2000年美国《国际建筑规范》（IBC）以及1995年《加拿大国家建筑规范》中的有关要求，结合我国具体情况制订。

火灾试验证明，发生火灾的建筑对相邻建筑的影响与该建筑物外墙的耐火极限和外墙上的门窗开孔率有直接关系。

2000年美国的《国际建筑规范》（IBC）中规定了有防火保护的木结构建筑外墙的耐火极限。建筑物类型以及和防火间距之间的关系如表8：

表8 建筑物类型以及和防火间距之间的关系

防火间距（m）	耐火极限（h）		
	火灾危险性高的建筑（H类）	火灾危险性中等的厂房（F-1类），商业类建筑（M类主要包括商店，超市等）和火灾危险性中等的仓库（S-1）	其他类型建筑，包括火灾危险性低的厂房，仓库，居住和其他商业建筑
0～3	3	2	1
3～6	2	1	1
6～12	1	1	1
12以上	0	0	0

另外，根据外墙上门窗开孔率的大小IBC给出了开孔率大小和防火间距之间的关系。如表9：

表9 开孔率大小和防火间距之间的关系

开孔分类	防火间距 a（m）							
	$0<a\leqslant2$	$2<a\leqslant3$	$3<a\leqslant6$	$6<a\leqslant9$	$9<a\leqslant12$	$12<a\leqslant15$	$15<a\leqslant18$	$a>18$
无防火保护	不允许开孔	不允许开孔	10%	15%	25%	45%	70%	不限制
有防火保护	不允许开孔	15%	25%	45%	75%	不限制	不限制	不限制

如果相邻建筑的外墙无洞口，并且外墙能满足1h的耐火极限，防火间距可减少至4m。

考虑到有些建筑防火间距不足，完全不开门窗比较困难，允许每一面外墙开孔率不超过10%时，其防火间距可减少至6.0m，但要求外墙的耐火极限不小于1h，同时每面外墙的围护材料必须是难燃材料。

10.5 材料的燃烧性能

10.5.1 我国对建筑材料的燃烧性能有比较严格的要求，各项技术指标都必须符合《建筑材料难燃性试验方法》GB 8625的要求，木结构用材亦不例外。

10.5.2～10.5.4 由于木结构建筑构件为可燃或难燃材料，所以对建筑内部装修材料的防火性能必须有较为严格的要求，尽量延缓火势过快地突破装饰层这道防线。《建筑内部装修设计防火规范》GB 50222“总则”中明确规定：“本规范不适用于古建筑和木结构建筑的内部装修设计。”故而，本章参照1998《加拿大全国房屋法规》做出了具体规定。

10.6 车 库

10.6.1 参照1998《加拿大全国房屋法规》第6.3.3.6条规定，经过分析，认为科学合理，故予采纳。对车库大小，加拿大是以停放机动车辆数为标准，我们认为定位不够准确。结合我国居住水平，作出以面积为限定标准。

10.7 采暖通风

10.7.1 为控制木结构建筑火灾发生率，作本条规定。

10.7.2 保留原规范内容，并根据具体情况作了合理修订。

10.8 烹饪炉

10.8.1 参照1998年《加拿大全国房屋法规》第6.1.6.1条，经分析，认为科学合理，予以采用。

10.9 天窗

10.9.1 本条主要是为了防止火灾时，火焰不致迅速烧穿天窗而蔓延到较高外墙面上。采取自动喷水灭火设施或防火门窗，可以有效地防止火焰的蔓延。

10.10 密闭空间

10.10.1 本条主要是针对轻型木结构中的密闭空间，一旦密闭空间内发生火灾，通过隔火措施，将火限制在一定的密闭空间，阻止火烟、火热蔓延。

11 木结构防护

11.0.1 木材的腐朽，系受木腐菌侵害所致。在木结构建筑中，木腐菌主要依赖潮湿的环境而得以生存与发展，各地的调查表明，凡是在结构构造上封闭的部位以及易经常受潮的场所，其木构件无不受木腐菌的侵害，严重者甚至会发生木结构坍塌事故。与此相反，若木结构所处的环境通风干燥良好，其木构件的使用年限，即使已逾百年，仍然可保持完好无损的状态。因此，为防止木结构腐朽，首先应采取既经济、又有效的构造措施。只有在采取构造措施后仍有可能遭受菌害的结构或部位，才需用防腐剂进行处理。

建筑木结构构造上的防腐措施，主要是通风与防潮。本条的内容便是根据各地工程实践经验总结而成。

这里应指出的是，通过构造上的通风、防潮，使木结构经常保持干燥，在很多情况下能对虫害起到一定的抑制作用，因此，应与药剂配合使用，以取得更好的防虫效果。

11.0.2 这是根据工程实践的教训而作出的规定。对于隐蔽工程和装配后无法检验的部位，一定要注意做好每道工序的质量检查与评定工作，以免因局部漏检而造成工程返工。

11.0.3 本条所指出的五种情况，均是在构造上采取了通风防潮的措施后，仍需采取药剂处理的木构件和若干结构部位。但在这些情况下，应选用哪种药剂以及如何处理才能达到防护的要求，则由国家标准《木结构工程施工质量验收规范》GB 50206做出规定。

11.0.5～11.0.7 此三条均是根据木结构防腐防虫工程的实践经验编写的。为了保证工程的安全和质量，应严格执行这些条文中规定的程序与技术要求。

附录P 轻型木结构楼、屋盖抗侧力设计

楼、屋盖长宽比限制小于或等于4∶1是为了保证水平力作用下所有剪力墙同时达到设计承载力。

附录Q 轻型木结构剪力墙抗侧力设计

剪力墙肢高宽比限制为3.5∶1是为了保证所有的墙肢当达到极限承载力时以剪切变形为主。当墙肢的高宽比增加时，墙肢的结构表现接近于悬臂梁。

中华人民共和国行业标准

轻型木桁架技术规范

Technical code for light wood trusses

JGJ/T 265—2012

批准部门：中华人民共和国住房和城乡建设部
施行日期：2 0 1 2 年 8 月 1 日

中华人民共和国住房和城乡建设部
公　　告

第 1327 号

关于发布行业标准《轻型木桁架技术规范》的公告

现批准《轻型木桁架技术规范》为行业标准，编号为 JGJ/T 265－2012，自 2012 年 8 月 1 日起实施。

本规范由我部标准定额研究所组织中国建筑工业出版社出版发行。

中华人民共和国住房和城乡建设部

2012 年 3 月 1 日

前　　言

根据原建设部《关于印发〈2006 年工程建设标准规范制订、修订计划（第一批）〉的通知》（建标[2006]77 号）的要求，规范编制组经广泛调查研究，认真总结实践经验，参考有关国际标准和国外先进标准，并在广泛征求意见的基础上，编制本规范。

本规范主要技术内容是：总则、术语和符号、材料、基本设计规定、构件与连接设计、轻型木桁架设计、防护、制作与安装、维护管理。

本规范由住房和城乡建设部负责管理。由中国建筑西南设计研究院有限公司负责具体技术内容的解释。执行过程中如有意见或建议，请寄送中国建筑西南设计研究院有限公司（地址：四川省成都市天府大道北段 866 号，邮编：610042）。

本规范主编单位：中国建筑西南设计研究院有限公司

本规范参编单位：四川省建筑科学研究院
哈尔滨工业大学
同济大学
四川大学
重庆大学
公安部四川消防研究所
中国林业科学研究院

本规范参加单位：欧洲木业协会
加拿大木业协会
MITEK 澳大利亚公司
苏州皇家整体住宅系统股份有限公司
赫英木结构制造（天津）有限公司
上海宏加新型建筑结构制造有限公司

本规范主要起草人员：龙卫国　王永维　杨学兵　倪　春　祝恩淳　张新培　何敏娟　周淑容　蒋明亮　王渭云　倪　竣　张绍明　张海燕　李俊明　方　明

本规范主要审查人员：戴宝城　熊海贝　陆伟东　吕建雄　古天纯　邱培芳　杨　军　孙德魁　王林安　程少安

目　次

Contents

1 总 则

1.0.1 为在轻型木桁架的应用中贯彻执行国家的技术经济政策，做到技术先进、安全适用、经济合理，确保质量，制定本规范。

1.0.2 本规范适用于在建筑工程中采用金属齿板进行节点连接的轻型木桁架及相关结构体系的设计、制作、安装和维护管理。

1.0.3 轻型木桁架的设计、制作、安装和维护管理，除应符合本规范的规定外，尚应符合国家现行有关标准的规定。

2 术语和符号

2.1 术 语

2.1.1 规格材 dimension lumber

木材截面的宽度和高度按规定尺寸生产加工的规格化的木材。

2.1.2 齿板 truss plate

用于轻型木桁架节点连接或杆件接长的经表面镀锌处理的钢板经冲压成带齿的金属板。

2.1.3 钉板 nail-on plate

用于桁架节点连接的经表面镀锌处理的带圆孔金属板。连接时采用圆钉固定在杆件上。

2.1.4 结合板 field splice plate

用于桁架部分节点在施工现场进行连接的经表面镀锌处理的钢板经冲压成一半带齿，另一半带圆孔的金属板。

2.1.5 金属连接件 metal connector

用于固定、连接、支承木桁架或木构件的专用金属构件。如梁托、螺栓、柱帽、直角连接件、金属板条等。

2.1.6 轻型木桁架 light wood truss

采用规格材制作桁架杆件，并由齿板在桁架节点处将各杆件连接而形成的木桁架。

2.1.7 组合桁架 girder truss

主要用于支承轻型木桁架的桁架。一般由多榀相同的轻型木桁架组成。

2.1.8 悬臂桁架 cantilever truss

桁架端部上弦杆与下弦杆相交面的外端位于支座边沿外侧的桁架。

2.1.9 支座端节点 heel joint

桁架端部支座处，上弦杆与下弦杆相交的节点。

2.1.10 对接节点 splice joint

当桁架跨度较大时，弦杆用齿板对接接长的节点。

2.1.11 屋脊节点 pitch break joint

桁架屋脊处上弦杆与腹杆相交的节点。

2.1.12 搭接节点 lapped joint

桁架下弦杆与加强杆相搭接时，位于加强杆末端处的节点。

2.1.13 腹杆节点 web joint

桁架腹杆与弦杆相交的节点。

2.2 符 号

2.2.1 作用和作用效应

M——弯矩设计值；

N——轴向力设计值；

P_w——下弦规格材的抗剪承载力；

P_A——梁端剪力；

R——梁端支座反力；

V——剪力设计值；

ω——构件按荷载效应的标准组合计算的挠度。

2.2.2 材料性能或强度设计指标

E——木材弹性模量；

f_c——木材顺纹抗压及承压强度设计值；

$f_{c,90}$——木材横纹承压强度设计值；

f_m——木材抗弯强度设计值；

f_t——木材顺纹抗拉强度设计值；

f_v——木材顺纹抗剪强度设计值；

n_r——板齿强度设计值；

t_r——齿板抗拉强度设计值；

ν_r——齿板抗剪强度设计值；

$[\omega]$——受弯构件的挠度限值。

2.2.3 几何参数

A——构件全截面面积；

A_n——构件净截面面积；

b——构件的截面宽度；

h——构件的截面高度；

h_n——构件的净截面高度；

I——构件的全截面惯性矩；

l_0——受压构件的计算长度；

L_b——支承面宽度；

W——构件的截面模量；

W_n——构件的净截面模量。

2.2.4 计算系数及其他

K_B——构件局部受压长度调整系数；

K_{Zcp}——构件局部受压尺寸调整系数；

k_h——桁架端节点弯矩影响系数；

φ——轴心受压构件的稳定系数；

φ_l——受弯构件的侧向稳定系数；

φ_m——考虑轴向力和初始弯矩共同作用的折减系数；

φ_y——轴心压杆在垂直于弯矩作用平面 y-y 方向按长细比 λ_y 确定的稳定系数。

3 材　料

3.1 规 格 材

3.1.1 轻型木桁架的杆件应采用经目测分级或机械分级的规格材制作。规格材目测分级的选材标准和强度指标、规格材机械分级的强度指标应符合现行国家标准《木结构设计规范》GB 50005 的规定。

3.1.2 制作桁架时，规格材含水率应小于 20%。

3.1.3 轻型木桁架弦杆和腹杆的截面尺寸不应小于 40mm×65mm。

3.1.4 当轻型木桁架采用目测分级规格材时，木桁架的上弦杆、下弦杆以及截面尺寸为 40mm×65mm 的腹杆，所采用的规格材等级不应低于Ⅲ$_c$级。当轻型木桁架采用机械分级规格材时，木桁架的上弦杆和下弦杆采用的规格材强度等级不宜低于 M14 级。

3.1.5 制作桁架时，严禁采用指接接头的规格材。

3.2 齿板与连接件

3.2.1 齿板和连接件应由经镀锌处理后的薄钢板制作。镀锌应在齿板和连接件制作前进行。镀锌层重量不应低于 275g/m^2。钢板可采用 Q235 碳素结构钢和 Q345 低合金高强度结构钢。齿板采用的钢材性能应满足表 3.2.1 的要求。对于进口齿板，当有可靠依据时，也可采用其他型号的钢材。

表 3.2.1　齿板采用钢材的性能要求

钢材品种	屈服强度（N/mm^2）	抗拉强度（N/mm^2）	伸长率（δ_5，%）
Q235	≥235	≥370	26
Q345	≥345	≥470	21

3.2.2 齿板和连接件用钢应具有屈服强度、抗拉强度、伸长率和硫、磷含量的合格保证。其质量应符合现行国家标准《碳素结构钢》GB/T 700 和《低合金高强度结构钢》GB/T 1591 的规定。

3.2.3 轻型木桁架采用的连接件应符合国家现行有关标准的规定及设计要求。尚无相应标准的连接件应符合设计要求，并应有满足设计要求的产品质量合格证书或相关的检测报告。

4 基本设计规定

4.1 设 计 原 则

4.1.1 本规范采用以概率理论为基础的极限状态设计法。

4.1.2 轻型木桁架的使用年限应与主体结构的使用年限相同，并应按表 4.1.2 采用。

表 4.1.2　设计使用年限

类别	设计使用年限	示　例
1	5 年	临时性结构
2	25 年	易于替换的结构构件
3	50 年	普通房屋
4	100 年及以上	特别重要的建筑结构

4.1.3 轻型木桁架及其各杆件的安全等级宜与整个建筑结构的安全等级相同。设计时应根据建筑结构的具体情况，按表 4.1.3 规定选用相应的安全等级。

表 4.1.3　建筑结构的安全等级

安全等级	破坏后果	建筑物类型
一级	很严重	重要的建筑物
二级	严重	一般的建筑物
三级	不严重	次要的建筑物

注：对有特殊要求的建筑物，其安全等级应根据具体情况另行确定。

4.1.4 对于承载能力极限状态，轻型木桁架各杆件及连接应按荷载效应基本组合，采用下列极限状态设计表达式：

$$\gamma_0 S \leqslant R \tag{4.1.4}$$

式中：γ_0——结构重要性系数；取值应符合现行国家标准《木结构设计规范》GB 50005 的规定；

S——承载能力极限状态的荷载效应设计值；按现行国家标准《建筑结构荷载规范》GB 50009 进行计算；

R——轻型木桁架各杆件或连接的承载力设计值。

4.1.5 对正常使用极限状态，应按荷载效应的标准组合，采用下列极限状态设计表达式：

$$S \leqslant C \tag{4.1.5}$$

式中：S——正常使用极限状态的荷载效应设计值；

C——轻型木桁架结构或桁架各杆件按正常使用要求规定的变形限值。

4.2 设计指标和允许值

4.2.1 规格材强度设计值与弹性模量应按现行国家标准《木结构设计规范》GB 50005 的规定采用。未包含的进口规格材应由本规范管理机构按国家规定的程序确定其强度设计值与弹性模量。

4.2.2 轻型木桁架（图 4.2.2）允许变形限值应符合表 4.2.2 的规定。

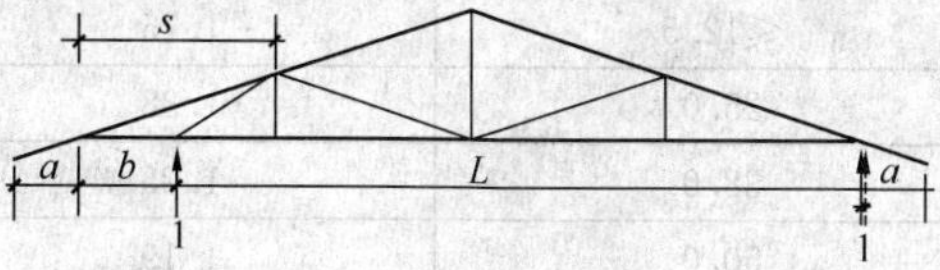

图 4.2.2 桁架几何尺寸取值示意图

1—支座；s—上、下弦节间的尺寸；a—上、下弦杆件悬挑段的尺寸；b—桁架悬臂段的尺寸；L—桁架跨度

表 4.2.2 轻型木桁架变形限值

变形部位			用途：屋盖	用途：楼盖
允许挠度 $[\omega]$	上弦节间		$s/180$	$s/180$
	下弦节间		$s/360$	$s/360$
	悬臂段 b		$b/120$	$b/120$
	悬挑段 a		$a/120$	不适用
	下弦最大挠度		$L/180$	$L/180$
			$L/360$（按恒载时）	$L/360$（按恒载时）
	桁架下有吊顶时，节点或节间最大挠度	灰泥或石膏板吊顶	$L/360$（按活载时）	$L/360$（按活载时）
		其他吊顶	$L/240$（按活载时）	$L/360$（按活载时）
		无吊顶	$L/240$（按活载时）	$L/360$（按活载时）
水平变形限值（mm）	铰支座处		25	

注：上、下弦节间变形是指相对于节端的局部变形，s 取所计算变形处的节间几何尺寸。

4.2.3 当轻型木桁架在恒载作用下产生的挠度大于 5mm 时，桁架的制作应按其恒载作用产生的挠度起拱。

4.2.4 轻型木桁架所采用的齿板强度设计值应按表 4.2.4-1 和表 4.2.4-2 的规定采用，并应符合下列规定：

1 齿板安装时宜采用平压；如果安装齿板使用滚筒压制，滚筒的直径应大于 600mm，并且表 4.2.4-1 和表 4.2.4-2 中各设计值应乘以 0.8 的调整系数；

2 齿板强度等级Ⅰ级和Ⅱ级适用于厚度大于等于 0.9mm 的齿板；齿板强度等级Ⅲ级适用于厚度大于等于 1.2mm 的齿板；齿板强度等级Ⅳ级适用于厚度大于等于 1.5mm 的齿板；

3 齿板强度设计值应根据规格材在使用状态下的含水率进行调整，干燥使用状态下调整系数 k_ω 取 1.00；潮湿使用状态下调整系数 k_ω 取 0.67；

4 采用经阻燃处理的规格材时，齿板强度设计值的调整系数 k_r 应由试验确定；

5 满足表 4.2.4-1 和表 4.2.4-2 中板齿和齿板强度设计值规定的进口齿板应符合本规范附录 A 的规定。

表 4.2.4-1 板齿强度设计值 n_r

（N/mm^2，木材全干比重为 $\rho \geqslant 0.40$）

齿板荷载工况	齿板强度等级 Ⅰ	Ⅱ	Ⅲ	Ⅳ
荷载作用方向与木纹方向和齿板主轴平行	1.80	1.35	1.45	1.35
荷载作用方向与木纹方向平行，与齿板主轴垂直	1.24	1.17	1.05	0.79
荷载作用方向与木纹方向垂直，与齿板主轴平行	1.03	0.85	1.03	1.03
荷载作用方向与木纹方向和齿板主轴垂直	1.14	1.03	1.24	1.14

表 4.2.4-2 齿板强度设计值

（N/mm，木材全干比重为 $\rho \geqslant 0.40$）

齿板荷载工况			齿板强度等级 Ⅰ	Ⅱ	Ⅲ	Ⅳ
齿板抗拉强度 t_r	荷载作用方向与齿板主轴平行		113		208	
	荷载作用方向与齿板主轴垂直		84		84	
齿板抗剪强度 ν_r	荷载作用方向与齿板主轴的夹角	0°	56		79	
		30°	68		110	
		60°	82		115	
		90°	62		84	
		120°	42		70	
		150°	39		68	

4.2.5 由齿板试验确定板齿和齿板强度设计值时，应按本规范附录 A 的要求进行。

5 构件与连接设计

5.1 构 件 设 计

5.1.1 轴心受拉构件的承载力应按下式进行验算：

$$\frac{N_t}{A_n} \leqslant f_t \qquad (5.1.1)$$

式中：f_t——规格材顺纹抗拉强度设计值（N/mm^2）；

N_t——轴心受拉构件拉力设计值（N）；

A_n——受拉构件的净截面面积（mm^2）；计算 A_n 时，应扣除分布在150mm长度上的缺孔投影面积。

5.1.2 轴心受压构件的承载力应按下列公式进行验算：

1 按强度验算

$$\frac{N_c}{A_n} \leqslant f_c \quad (5.1.2\text{-}1)$$

2 按稳定验算

$$\frac{N_c}{\varphi A} \leqslant f_c \quad (5.1.2\text{-}2)$$

式中：f_c——规格材顺纹抗压强度设计值（N/mm^2）；

N_c——轴心受压构件压力设计值（N）；

A_n——受压构件的净截面面积（mm^2）；

A——受压构件的全截面面积（mm^2）；

φ——轴心受压构件稳定系数；按本规范第5.1.3条确定。

5.1.3 规格材的轴心受压构件稳定系数应按下列公式确定：

当 $\lambda \leqslant 75$ 时，$$\varphi = \frac{1}{1+\left(\frac{\lambda}{80}\right)^2} \quad (5.1.3\text{-}1)$$

当 $\lambda > 75$ 时，$$\varphi = \frac{3000}{\lambda^2} \quad (5.1.3\text{-}2)$$

构件长细比为：$$\lambda = \frac{l_0}{i} \quad (5.1.3\text{-}3)$$

桁架受压构件的计算长度为：

$$l_0 = K_e l_p \quad (5.1.3\text{-}4)$$

式中：i——构件截面的回转半径（mm）；

l_p——桁架计算模型节点之间的实际距离；对于桁架平面内，取两节点中心距离；对于桁架平面外，取侧向支承点（如檩条或撑条）之间的距离；

K_e——在桁架平面内取0.8；在桁架平面外取1.0。

5.1.4 构件局部受压的承载力应按下式进行验算：

$$\frac{N_c}{AK_B K_{Zcp}} \leqslant f_{c,90} \quad (5.1.4)$$

式中：$f_{c,90}$——规格材横纹承压强度设计值（N/mm^2）；

N_c——局部压力设计值（N）；

A——局部受压截面面积（mm^2）；

K_B——局部受压长度调整系数；应按表5.1.4-1取值；当局部受压区域内有较高弯曲应力时不应采用本系数；

K_{Zcp}——局部受压尺寸调整系数；应按表5.1.4-2取值。

表 5.1.4-1 局部受压长度调整系数 K_B

顺纹测量承压长度(mm)	修正系数 K_B
≤12.5	1.75
25.0	1.38
38.0	1.25
50.0	1.19
75.0	1.13
100.0	1.10
≥150.0	1.00

注：1. 当承压长度为中间值时，可采用插入法求出 K_B 值；
2. 局部受压的区域离构件端部不得小于75mm。

表 5.1.4-2 局部受压尺寸调整系数 K_{Zcp}

构件截面宽度与构件截面高度的比值	K_{Zcp}
≤1.0	1.00
≥2.0	1.15

注：比值在1.0～2.0之间时，可采用插入法求出 K_{Zcp} 值。

5.1.5 当构件的两侧承受局部压力（图5.1.5），且局部受压中心之间的距离不大于构件截面高度时，局部受压截面面积按下式确定，并且，验算时 $f_{c,90}$ 应采用全表面横纹承压强度设计值。

$$A = b\left(\frac{L_1 + L_2}{2}\right) \leqslant 1.5bL_1 \quad (5.1.5)$$

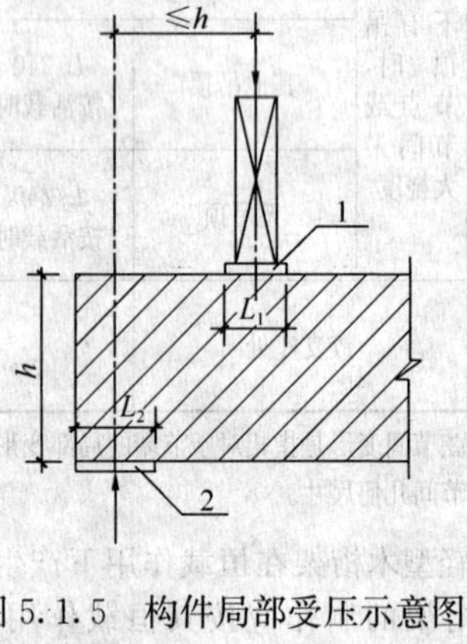

图5.1.5 构件局部受压示意图

1—局部受压较小边；2—局部受压较大边

式中：b——局部受压截面宽度（mm）；

L_1——局部受压截面较小边长度（mm）；

L_2——局部受压截面较大边长度（mm）。

5.1.6 对于两侧承受局部压力的构件，可用齿板加强局部压力区域。齿板加强后，构件的局部受压承载力应按本规范公式（5.1.4）计算。

5.1.7 受弯构件的抗弯承载力应按下式进行验算：

$$\frac{M}{W_n} \leqslant f_m \quad (5.1.7)$$

式中：f_m——规格材抗弯强度设计值（N/mm^2）；

M——受弯构件弯矩设计值（N·mm）；

W_n——受弯构件的净截面模量（mm^3）。

当需验算受弯构件的侧向稳定时，应按现行国家标准《木结构设计规范》GB 50005的规定计算。

5.1.8 受弯构件的抗剪承载力应按下式验算：

$$\frac{Vs}{Ib} \leqslant f_{\mathrm{v}} \qquad (5.1.8)$$

式中：f_{v}——规格材顺纹抗剪强度设计值($\mathrm{N/mm^2}$)；

V——受弯构件剪力设计值(N)；

I——构件的全截面惯性矩($\mathrm{mm^4}$)；

b——构件的截面宽度(mm)；

s——剪切面以上的截面面积对中和轴的面积矩($\mathrm{mm^3}$)。

5.1.9 拉弯构件的承载力应按下式验算：

$$\frac{N}{A_{\mathrm{n}} f_{\mathrm{t}}} + \frac{M}{W_{\mathrm{n}} f_{\mathrm{m}}} \leqslant 1 \qquad (5.1.9)$$

式中：N、M——轴向拉力设计值（N）、弯矩设计值（N·mm）；

A_{n}——拉弯构件净截面面积（$\mathrm{mm^2}$）；按本规范第5.1.1条规定计算；

W_{n}——拉弯构件净截面模量（$\mathrm{mm^3}$）；

f_{t}、f_{m}——规格材顺纹抗拉强度设计值、抗弯强度设计值（$\mathrm{N/mm^2}$）。

5.1.10 压弯构件的承载力应按下列公式验算：

1 按强度验算

$$\frac{N}{A_{\mathrm{n}} f_{\mathrm{c}}} + \frac{M}{W_{\mathrm{n}} f_{\mathrm{m}}} \leqslant 1 \qquad (5.1.10\text{-}1)$$

2 按稳定验算

$$\frac{N}{\varphi \varphi_{\mathrm{m}} A} \leqslant f_{\mathrm{c}} \qquad (5.1.10\text{-}2)$$

$$\varphi_{\mathrm{m}} = (1-K)^2 \qquad (5.1.10\text{-}3)$$

$$K = \frac{M}{W f_{\mathrm{m}} \left(1 + \sqrt{\dfrac{N}{A f_{\mathrm{c}}}}\right)} \qquad (5.1.10\text{-}4)$$

式中：A_{n}、W_{n}——构件净截面面积（$\mathrm{mm^2}$）、净截面模量（$\mathrm{mm^3}$）；

φ、A——轴心受压构件的稳定系数与全截面面积（$\mathrm{mm^2}$）；

φ_{m}——考虑轴向力和弯矩共同作用的折减系数；

N——轴向压力设计值（N）；

M——横向荷载作用下构件最大弯矩设计值（N·mm）；

f_{c}、f_{m}——规格材顺纹抗压强度设计值、抗弯强度设计值（$\mathrm{N/mm^2}$）。

5.1.11 压弯构件弯矩作用平面外的侧向稳定应按下式验算：

$$\frac{N}{\varphi_{\mathrm{y}} A f_{\mathrm{c}}} + \left(\frac{M}{\varphi_l W f_{\mathrm{m}}}\right)^2 \leqslant 1 \qquad (5.1.11)$$

式中：φ_{y}——由垂直于弯矩作用平面方向的长细比λ_{y}确定的轴心压杆稳定系数；

φ_l——受弯构件的侧向稳定系数，按现行国家标准《木结构设计规范》GB 50005确定；

N、M——轴向压力设计值（N），弯矩平面内的弯矩设计值（N·mm）；

W——构件截面模量（$\mathrm{mm^3}$）；

A——构件的全截面面积（$\mathrm{mm^2}$）。

5.2 桁架及其杆件变形验算

5.2.1 桁架及其杆件的变形应按下式验算：

$$\omega \leqslant [\omega] \qquad (5.2.1)$$

式中：ω——按荷载效应标准组合及桁架分析模型计算所得桁架及其杆件的变形；

$[\omega]$——桁架及其杆件的变形限值（mm），应按本规范表4.2.2的规定取值。

5.3 齿板连接承载力计算

5.3.1 齿板连接不宜用于腐蚀、潮湿或有冷凝水的环境。齿板不得用于传递压力。

5.3.2 齿板连接应按承载能力极限状态荷载效应的基本组合验算齿板连接的板齿承载力、齿板抗拉承载力、齿板抗剪承载力和齿板剪-拉复合承载力。

5.3.3 在节点处，应按轴心受压或轴心受拉构件进行构件净截面强度验算，构件净截面高度h_{n}应按下列规定取值：

1 在支座端节点处，下弦杆件的净截面高度h_{n}为杆件截面底边到齿板上边缘的尺寸；上弦杆件的h_{n}为齿板在杆件截面高度方向的垂直距离[图5.3.3(a)]；

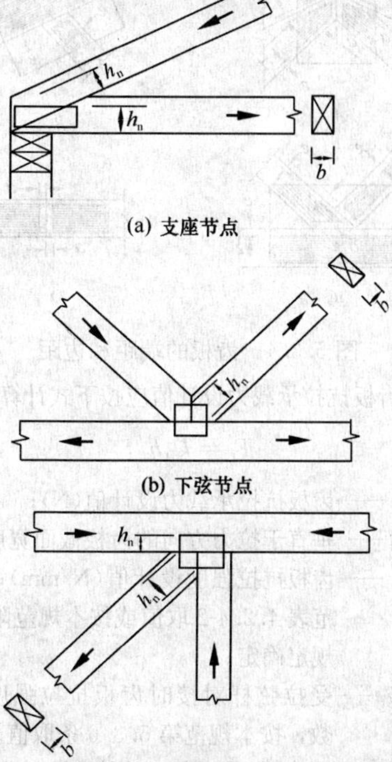

(a) 支座节点

(b) 下弦节点

(c) 上弦节点

图5.3.3 杆件净截面尺寸示意图

2 在腹杆节点和屋脊节点处，杆件的净截面高度 h_n 为齿板在杆件截面高度方向的垂直距离［图 5.3.3 (b)、(c)］。

5.3.4 板齿承载力设计值应按下列公式计算：

$$N_r = n_r k_h A \quad (5.3.4\text{-}1)$$

$$k_h = 0.85 - 0.05(12\tan\alpha - 2.0) \quad (5.3.4\text{-}2)$$

式中：N_r——板齿承载力设计值(N)；

n_r——板齿强度设计值(N/mm²)；按本规范表 4.2.4-1 取值或按本规范附录 A 的规定确定；

A——齿板表面净面积(mm²)；是指用齿板覆盖的构件面积减去相应端距 a 及边距 e 内的面积(图 5.3.4)；端距 a 应平行于木纹量测，并不大于 12mm 或 1/2 齿长的较大者；边距 e 应垂直于木纹量测，并取 6mm 或 1/4 齿长的较大者；

k_h——桁架端节点弯矩影响系数；$0.65 \leqslant k_h \leqslant 0.85$；

α——桁架端节点处上、下弦间夹角(°)。

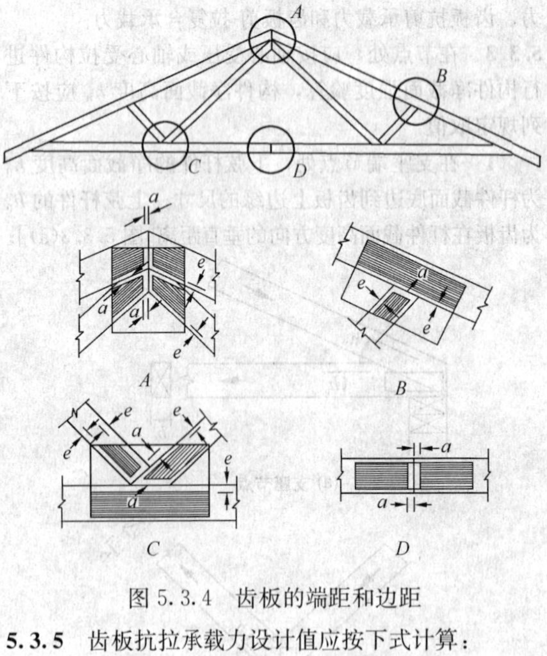

图 5.3.4 齿板的端距和边距

5.3.5 齿板抗拉承载力设计值应按下式计算：

$$T_r = k t_r b_t \quad (5.3.5)$$

式中：T_r——齿板抗拉承载力设计值(N)；

b_t——垂直于拉力方向的齿板截面宽度(mm)；

t_r——齿板抗拉强度设计值(N/mm)；按本规范表 4.2.4-2 取值或按本规范附录 A 的规定确定；

k——受拉弦杆对接时齿板抗拉强度调整系数，按本规范第 5.3.6 条取值。

5.3.6 受拉弦杆对接时，齿板计算宽度 b_t 和抗拉强度调整系数 k 应按下列规定取值：

1 当齿板宽度小于或等于弦杆截面高度 h 时，齿板的计算宽度 b_t 可取齿板宽度，齿板抗拉强度调整系数应取 $k=1.0$。

2 当齿板宽度大于弦杆截面高度 h 时，齿板的计算宽度 b_t 可取 $b_t=h+x$，x 取值应符合下列规定：

1）对接处无填块时，x 应取齿板凸出弦杆部分的宽度，但不应大于 13mm；

2）对接处有填块时，x 应取齿板凸出弦杆部分的宽度，但不应大于 89mm。

3 当齿板宽度大于弦杆截面高度 h 时，抗拉强度调整系数 k 应按下列规定取值：

1）对接处齿板凸出弦杆部分无填块时，应取 $k=1.0$；

2）对接处齿板凸出弦杆部分有填块且齿板凸出部分的宽度≤25mm 时，应取 $k=1.0$；

3）对接处齿板凸出弦杆部分有填块且齿板凸出部分的宽度＞25mm 时，k 应按下式计算：

$$k = k_1 + \beta k_2 \quad (5.3.6)$$

式中：$\beta = x/h$，k_1、k_2 计算系数应按表 5.3.6 取值。

4 对接处采用的填块截面宽度应与弦杆相同。在桁架节点处进行弦杆对接时，该节点处的腹杆可视为填块。

表 5.3.6 计算系数 k_1、k_2

弦杆截面高度 h(mm)	k_1	k_2
65	0.96	−0.228
90～185	0.962	−0.288
285	0.97	−0.079

注：当 h 值为表中数值之间时，可采用插入法求出 k_1、k_2 值。

5.3.7 齿板抗剪承载力设计值应按下式计算：

$$V_r = \nu_r b_v \quad (5.3.7)$$

式中：V_r——齿板抗剪承载力设计值 (N)；

b_v——平行于剪力方向的齿板受剪截面宽度 (mm)；

ν_r——齿板抗剪强度设计值(N/mm)，按本规范表 4.2.4-2 取值或按本规范附录 A 的规定确定。

5.3.8 当齿板承受剪-拉复合力时（图 5.3.8），齿板

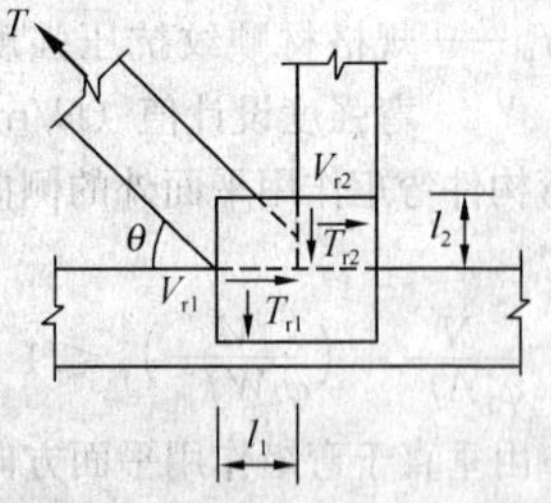

图 5.3.8 齿板剪-拉复合受力

剪-拉复合承载力设计值应按下列公式计算：

$$C_r = C_{r1} l_1 + C_{r2} l_2 \quad (5.3.8\text{-}1)$$

$$C_{r1} = V_{r1} + \frac{\theta}{90}(T_{r1} - V_{r1}) \quad (5.3.8\text{-}2)$$

$$C_{r2} = T_{r2} + \frac{\theta}{90}(V_{r2} - T_{r2}) \quad (5.3.8\text{-}3)$$

式中：C_r——齿板剪-拉复合承载力设计值(N)；

C_{r1}——沿 l_1 方向齿板剪-拉复合强度设计值(N/mm)；

C_{r2}——沿 l_2 方向齿板剪-拉复合强度设计值(N/mm)；

l_1——所考虑的杆件沿 l_1 方向的被齿板覆盖的长度(mm)；

l_2——所考虑的杆件沿 l_2 方向的被齿板覆盖的长度(mm)；

V_{r1}——沿 l_1 方向齿板抗剪强度设计值(N/mm)；

V_{r2}——沿 l_2 方向齿板抗剪强度设计值(N/mm)；

T_{r1}——沿 l_1 方向齿板抗拉强度设计值(N/mm)；

T_{r2}——沿 l_2 方向齿板抗拉强度设计值(N/mm)；

T——腹杆承受的设计拉力(N)；

θ——杆件轴线间夹角(°)。

5.3.9 受压弦杆对接时，应符合下列规定：

1 对接各杆件的板齿承载力设计值不应小于该杆轴向压力设计值的65%。

2 对竖切受压节点（图5.3.9），对接各杆板齿承载力设计值不应小于垂直于受压弦杆对接面的荷载分量设计值的65%与平行于受压弦杆对接面的荷载分量设计值之矢量和。

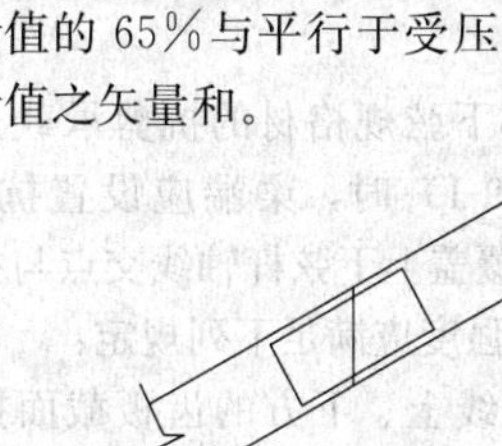

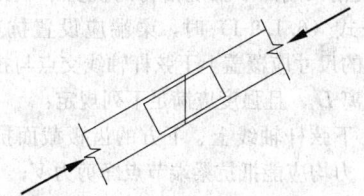

图5.3.9 弦杆对接时竖切受压节点示意图

5.3.10 弦杆对接处，当需考虑齿板的抗弯承载力时，齿板抗弯承载力设计值 M_r 应按公式（5.3.10-1）、公式（5.3.10-2）及公式（5.3.10-3）计算。对接节点处的弯矩 M_f 和拉力 T_f 应满足公式（5.3.10-4）及公式（5.3.10-5）的要求。

$$M_r = 0.27 t_r (0.5 w_b + y)^2 + 0.18 b f_c (0.5h - y)^2 - T_f y \quad (5.3.10\text{-}1)$$

$$y = \frac{0.25 b h f_c + 1.85 T_f - 0.5 w_b t_r}{t_r + 0.5 b f_c} \quad (5.3.10\text{-}2)$$

$$w_b = k b_t \quad (5.3.10\text{-}3)$$

$$M_r \geqslant M_f \quad (5.3.10\text{-}4)$$

$$t_r \cdot w_b \geqslant T_f \quad (5.3.10\text{-}5)$$

式中：M_r——齿板抗弯承载力设计值(N·mm)；

t_r——齿板抗拉强度设计值(N/mm)；

w_b——齿板截面计算的有效宽度(mm)；

b_t——齿板计算宽度(mm)，按本规范第5.3.6条的规定确定；

k——齿板抗拉强度调整系数，按本规范第5.3.6条的规定确定；

y——弦杆中心线与木/钢组合中心轴线的距离(mm)，可为正数或负数；当 y 在齿板之外时，弯矩公式(5.3.10-1)失效，不能采用；

b、h——分别为弦杆截面宽度(mm)、高度(mm)；

T_f——对接节点处的拉力设计值(N)；对接节点处受压时取0；

M_f——对接节点处的弯矩设计值(N·mm)；

f_c——规格材顺纹抗压强度设计值(N/mm²)。

5.4 与其他结构体系连接设计

5.4.1 当下部结构为砌体结构、钢筋混凝土结构或钢结构时，应在下部结构上方设置经防腐处理的木垫梁，木桁架与木垫梁连接；当下部结构为木结构时，木桁架应直接与墙体顶梁板或其他木构件连接。

5.4.2 木桁架与墙体顶梁板或木垫梁的连接、木垫梁与下部结构的连接应通过计算确定，且计算时应考虑风和地震荷载引起的侧向力以及风荷载引起的上拔力。上部结构产生的水平力或上拔力应乘以1.2倍的放大系数。

5.4.3 木垫梁与下部结构应采用锚栓或螺栓连接；除应满足计算要求外，锚栓或螺栓直径不应小于10mm，间距不应大于2.0m，锚栓埋入深度不得小于300mm，且每根木垫梁两端应各设置一根锚栓，端距为100mm～300mm。

5.4.4 木桁架与木垫梁、墙体顶梁板或其他木构件应采用金属连接件或钉连接。当采用钉连接时，除应满足计算要求外，钉的总数不应少于3颗，钉的直径不应小于3.3mm，钉的长度不应小于80mm。屋顶端部以及洞口侧面的木桁架宜采用金属连接件连接。

5.4.5 当有上拔力时，屋顶端部以及洞口侧面的木桁架与木垫梁、墙体顶梁板或其他木构件应采用抗拔金属连接件连接。对于在其他位置的木桁架，连接木桁架的抗拔金属连接件之间的间距不应大于2.4m。

5.4.6 连接及连接件应按现行国家标准《钢结构设计规范》GB 50017和《木结构设计规范》GB 50005的有关规定进行承载力验算。

6 轻型木桁架设计

6.1 木桁架的计算

6.1.1 木桁架形式应根据屋面形状、荷载分布、跨度和使用要求进行设计。常用形式可按本规范附录B的规定采用。木桁架的节点分为支座端节点、屋脊节点、对接节点、腹杆节点及搭接节点（图6.1.1）。

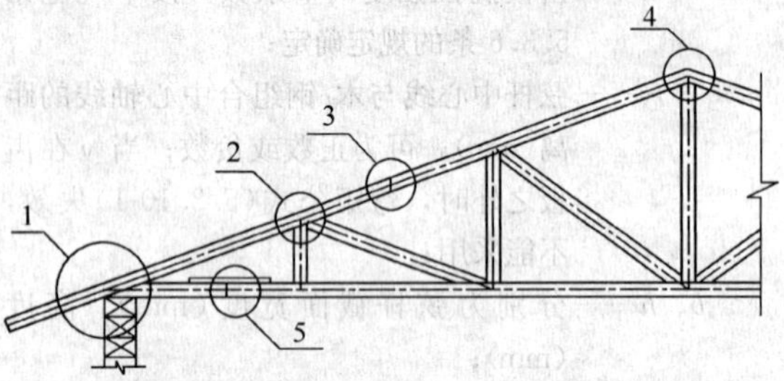

图6.1.1 木桁架节点示意图

1—支座端节点；2—腹杆节点；3—对接节点；4—屋脊节点；5—搭接节点

6.1.2 木桁架应按结构形式和连接位置建立平面桁架静力计算模型，所有荷载均应作用在桁架平面内。桁架构件内力与变形应根据计算模型进行静力计算。

6.1.3 木桁架静力分析时，屋面均布荷载应根据桁架间距、受荷面积均匀分配到桁架上弦或下弦。

6.1.4 桁架静力计算模型应满足下列条件：

1 弦杆应为多跨连续杆件；

2 弦杆在屋脊节点、变坡节点和对接节点处应为铰接节点；

3 弦杆对接节点处用于抗弯时应为刚接节点；

4 腹杆两端节点应为铰节点；

5 桁架两端与下部结构连接一端应为固定铰支，另一端应为活动铰支。

6.1.5 桁架设计模型中对各类相应节点的计算假定应符合本规范附录C的规定。

6.1.6 桁架构件设计时，各杆件的轴力与弯矩的取值应满足下列规定：

1 杆件的轴力应取杆件两端轴力的平均值；

2 弦杆节间弯矩应取该节间所受的最大弯矩；

3 对拉弯或压弯杆件，轴力应取杆件两端轴力的平均值，弯矩应取杆件跨中弯矩与两端弯矩中较大者。

6.1.7 当相同桁架数量大于等于3榀且桁架之间的间距小于等于600mm时，如果所有桁架都与楼面板或屋面板有可靠连接，这时，桁架弦杆的抗弯强度设计值 f_m 可乘以1.15的共同作用系数。

6.1.8 设计齿板连接节点时，作用于齿板连接节点上的力，应取与该节点相连杆件的杆端内力。

6.1.9 当木桁架端部采用梁式端节点时（图6.1.9），在支座内侧支承点上的下弦杆截面高度不应小于1/2原下弦杆截面高度或100mm两者中的较大值，并应按下列要求验算该端支座节点的承载力：

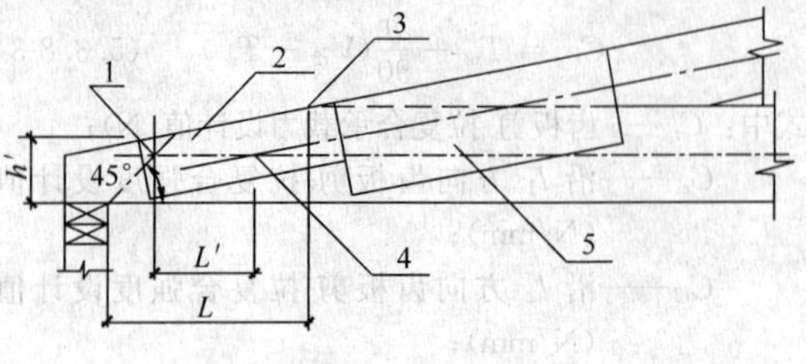

图6.1.9 桁架梁式端节点示意图

1—投影交点；2—抗剪齿板；3—上弦杆起始点；4—上下弦杆轴线交点；5—主要齿板

1 端节点抗弯验算时，用于抗弯验算的弯矩为支座反力乘以从支座内侧边缘到上弦杆起始点的水平距离 L。

2 当图中投影交点比上、下弦杆轴线交点更接近桁架端部时，端节点需进行抗剪验算。桁架端部下弦规格材的抗剪承载力应按下式验算：

$$\frac{1.5R}{nbh'} \leqslant f_v \qquad (6.1.9\text{-}1)$$

式中：b——规格材截面宽度（mm）；

f_v——规格材顺纹抗剪强度设计值（N/mm²）；

R——梁端支座总反力（N）；

n——当由多榀相同尺寸的规格材木桁架形成组合桁架时，n 为形成组合桁架的桁架榀数；

h'——下弦杆在投影交点处的截面计算高度（mm）。

3 当桁架端部下弦规格材的抗剪承载力不满足本规范公式（6.1.9-1）时，梁端应设置抗剪齿板。抗剪齿板的尺寸应覆盖上下弦杆轴线交点与投影交点之间的距离 L'，且强度应满足下列规定：

1）下弦杆轴线上、下方的齿板截面抗剪承载力均应能抵抗梁端节点净剪力 V；

2）沿着下弦杆轴线的齿板截面抗剪承载力应能抵抗梁端节点净剪力 V；

3）梁端节点净剪力应按下式计算：

$$V = \left(\frac{1.5R}{nh'} - bf_v\right)L' \qquad (6.1.9\text{-}2)$$

式中：L'——上下弦杆轴线交点与投影交点之间的距离（mm）。

6.1.10 对于由多榀桁架组成的组合桁架，作用于组合桁架的荷载应由每榀桁架均匀承担。当多榀桁架之间采用钉连接时，钉的承载力应按下式验算：

$$q\left(\frac{n-1}{n}\right)\left(\frac{s}{n_r}\right) \leqslant N_v \qquad (6.1.10)$$

式中：N_v——钉连接的抗剪承载力设计值(N)；

n——组成组合桁架的桁架榀数；

s——钉连接的间距(mm)；

n_r——钉列数；

q——作用于组合桁架的均布线荷载(N/mm)。

6.2 木桁架的构造

6.2.1 桁架之间的间距宜为600mm，当设计要求增加桁架间距时，最大间距不得超过1200mm。

6.2.2 轻型木桁架采用齿板连接时应符合下列构造规定：

1 齿板应成对对称设置于构件连接节点的两侧；

2 采用齿板连接的构件厚度不应小于齿嵌入构件深度的两倍；

3 在与桁架弦杆平行及垂直方向，齿板与弦杆的最小连接尺寸以及在腹杆轴线方向齿板与腹杆的最小连接尺寸均应符合表6.2.2的规定；

4 弦杆对接所用齿板宽度不应小于弦杆相应宽度的65%。

表6.2.2 齿板与桁架弦杆、腹杆最小连接尺寸（mm）

规格材截面尺寸（mm×mm）	桁架跨度L(m)		
	$L\leqslant12$	$12<L\leqslant18$	$18<L\leqslant24$
40×65	40	45	—
40×90	40	45	50
40×115	40	45	50
40×140	40	50	60
40×185	50	60	65
40×235	65	70	75
40×285	75	75	85

6.2.3 当用齿板加强局部承压区域时（图6.2.3），齿板加强弦杆局部横纹承压节点处应符合下列规定：

1 加强齿板底部边缘距离支承接触面应小于6mm；

2 与支承接触面相对面的腹杆接触面不应小于支承接触面；

3 齿板两侧边缘距离支承接触面的边缘不应大于3mm。

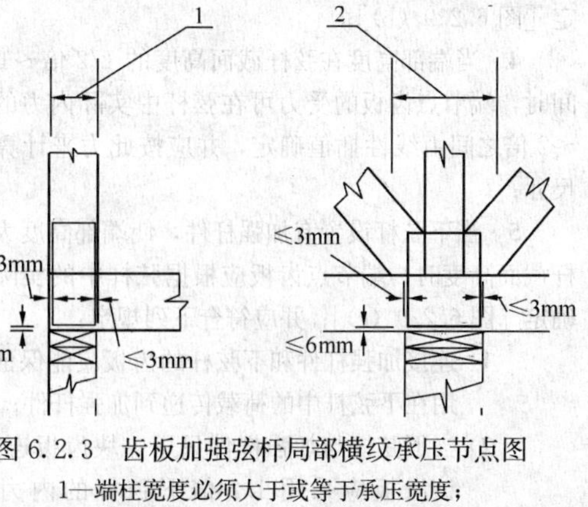

图6.2.3 齿板加强弦杆局部横纹承压节点图

1—端柱宽度必须大于或等于承压宽度；
2—腹杆区域必须大于或等于承压宽度

6.2.4 桁架设计时，对接节点应设置在弯曲应力较低的部位。下弦杆的中间支座必须设置在节点上。

6.2.5 桁架设计时，上弦对接节点按铰接计算时应符合下列要求：

1 对接节点宜设置于节间一端的四分点处，其位置可在节间长度的±10%内调整；

2 对接节点不得设置在与支座、弦杆变坡处或屋脊节点相邻的弦杆节间内。

6.2.6 桁架设计时，下弦对接节点应符合下列要求：

1 对接节点不得设置在与支座、弦杆变坡处相邻的弦杆节间内；

2 对接节点可设置于节间一端的四分点处，其位置可在节间长度的±10%内调整；

3 除邻近支座端节点的腹杆节点外，其余腹杆节点可设置对接接头；对于图6.2.6所示的桁架，其下弦腹杆节点可设对接接头。

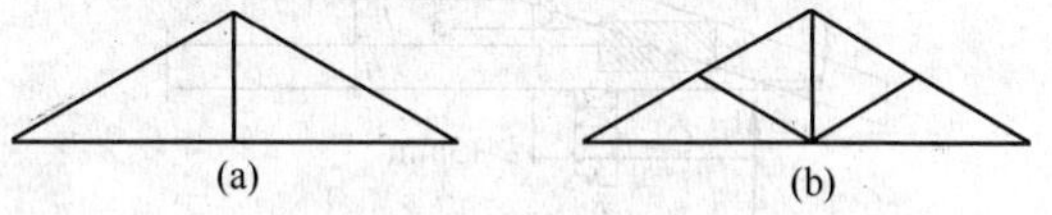

图6.2.6 简单桁架

6.2.7 桁架上、下弦杆的对接节点不应设置在同一节间内。相邻两榀桁架的弦杆对接节点不宜设置于相同节间内。桁架腹杆杆件严禁采用对接节点。

6.2.8 短悬臂桁架设计时应符合下列要求：

1 桁架两端悬臂长度之和不应超过桁架净跨的1/4，且桁架每端最大悬臂长度不应超过1400mm。

2 对于没有加强楔块的短悬臂（图6.2.8-1），最大悬臂长度C应按下式计算：

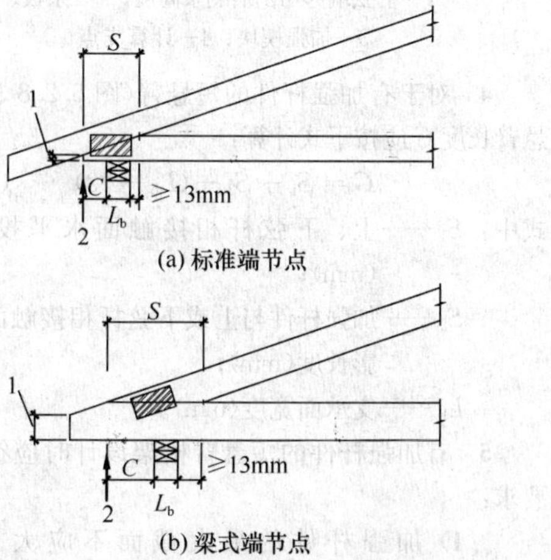

图6.2.8-1 无楔块桁架悬臂部分示意图

1—下弦端部切割后剩余高度；2—计算支点

$$C = S - (L_b + 13) \quad (6.2.8\text{-}1)$$

式中：S——上、下弦杆相接触面水平投影长度(mm)；

L_b——支承面宽度(mm)。

端节点齿板应根据作用在弦杆上的实际内力确定。当弦杆斜切面过长时宜按构造要求设置构造齿板（即系板）。

3 对于有加强楔块的短悬臂（图 6.2.8-2），最大悬臂长度 C 和楔块最小长度 S_2 应按下式计算：

$$C = S_1 + 89 \quad (6.2.8\text{-}2)$$

$$S_2 = L_b + 100 \quad (6.2.8\text{-}3)$$

式中：S_1——上、下弦杆相接触面水平投影长度(mm)；

L_b——支承面宽度(mm)。

用于确定上、下弦杆接触面水平投影长度 S 的最大长度时，S_2 的尺寸可由楔块高度 h_1 等于下弦杆截面高度 h 来确定。端部节点齿板应根据弦杆中的实际内力确定。楔块上应设系板与上下弦连接，系板面积取相应端节点齿板面积的 20%。

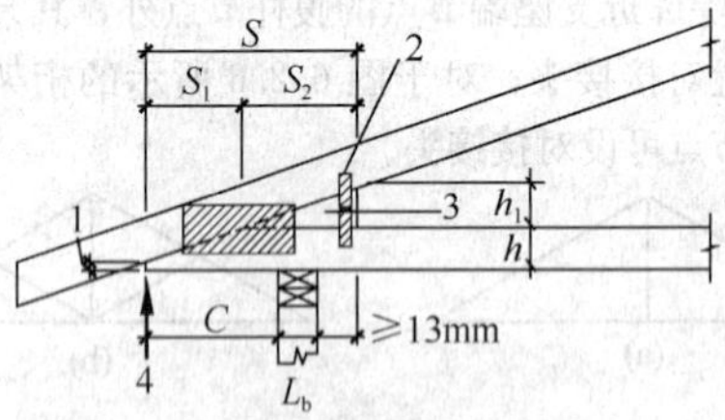

(a) 标准端节点

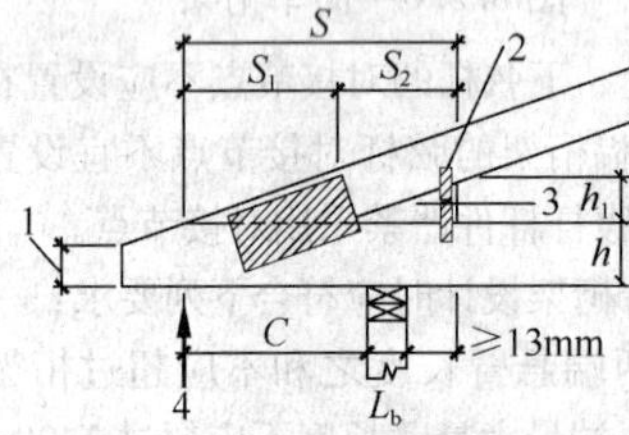

(b) 梁式端节点

图 6.2.8-2 有楔块桁架悬臂部分示意图

1—下弦端部切割后剩余高度；2—系板；3—加强楔块；4—计算支点

4 对于有加强杆件的短悬臂(图 6.2.8-3)，最大悬臂长度 C 应按下式计算：

$$C = S_1 + S_2 - (L_b + 13) \quad (6.2.8\text{-}4)$$

式中：S_1——上、下弦杆相接触面水平投影长度(mm)；

S_2——加强杆件与上或下弦杆相接触面水平投影长度(mm)；

L_b——支承面宽度(mm)。

5 有加强杆件的短悬臂桁架设计时应符合下列要求：

1) 加强杆件的最大截面不应大于 40mm×185mm；

2) 上弦加强杆长度 LT 不应小于端节间上弦杆长度的1/2，下弦加强杆长度 LB 不应小于端节间下弦杆长度的 2/3；

3) 连接加强杆件和弦杆的齿板应能保证将作用在弦杆上的荷载传递到加强杆件；当加强杆件和弦杆只用一块齿板连接时，应采用 1.2 倍的弦杆内力设计该齿板；

4) 桁架支座端节点考虑加强杆件的作用时，该节点上的齿板在需要加强的弦杆上的连接宽度 y 应不小于 25mm；

5) 上下弦杆交接面过长时宜设置附加系板（图 6.2.8-3）。

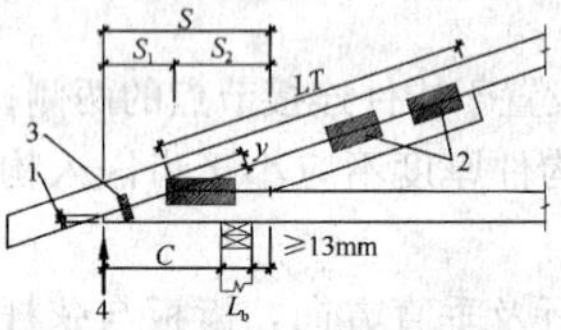

(a) 标准端节点,加强上弦杆

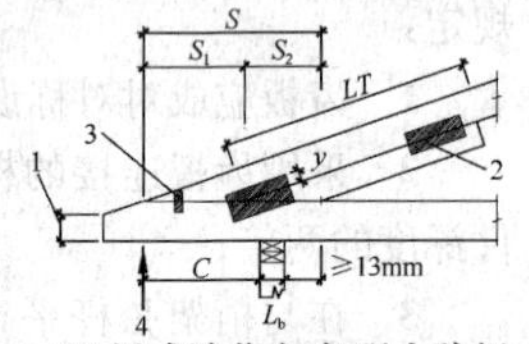

(b) 梁式端节点,加强上弦杆

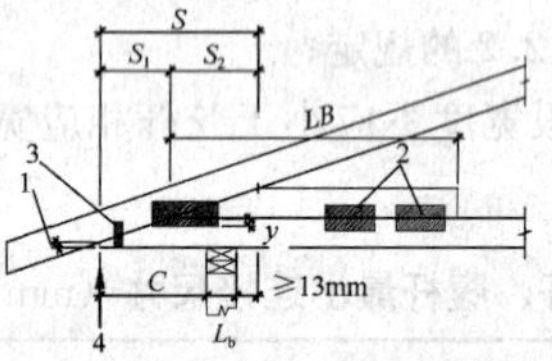

(c) 标准端节点,加强下弦杆

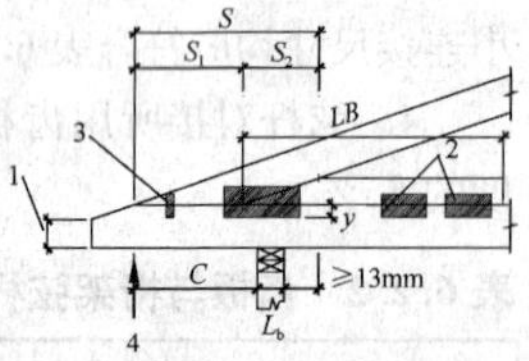

(d) 梁式端节点,加强下弦杆

图 6.2.8-3 有加强杆件的桁架悬臂部分示意图

1—下弦端部切割后剩余高度；2—系板；3—附加系板；4—计算支点

6.2.9 除短悬臂桁架外，桁架端节点处齿板设计应符合下列规定：

1 若下弦端部经切割后，其剩余高度小于或等于 6mm 时，则端部高度应取为零；

2 若下弦端部经切割后，其剩余高度小于或等于下弦杆截面高度的 1/2 时，端节点齿板应根据弦杆中的实际内力确定［图 6.2.9（a）］；

3 若下弦端部未经切割，即端部高度为弦杆截面高度时，端节点齿板应根据弦杆中实际内力的 2 倍确定［图 6.2.9（b）］；

4 当端部高度在弦杆截面高度的 1/2 倍～1 倍之间时，端节点齿板的受力可在弦杆中实际内力的 1 倍～2 倍之间由线性插值确定，并应按此力来计算齿板尺寸；

5 当下弦杆设置有加强杆件，使端部高度大于弦杆截面高度时，端节点齿板应根据弦杆中的实际内力确定［图 6.2.9（c）］；并应符合下列规定：

1) 连接加强杆件和下弦杆的齿板应能保证将作用在下弦杆中的荷载传递到加强杆件；

2) 当下弦杆与加强杆件只用一块齿板连接时，该齿板应采用 1.2 倍下弦杆的内力进行设计；

3）加强杆件的长度不得小于下弦杆长度的 2/3，截面尺寸不得大于 40mm×185mm，端部经切割后剩余高度应小于截面高度的 1/2。

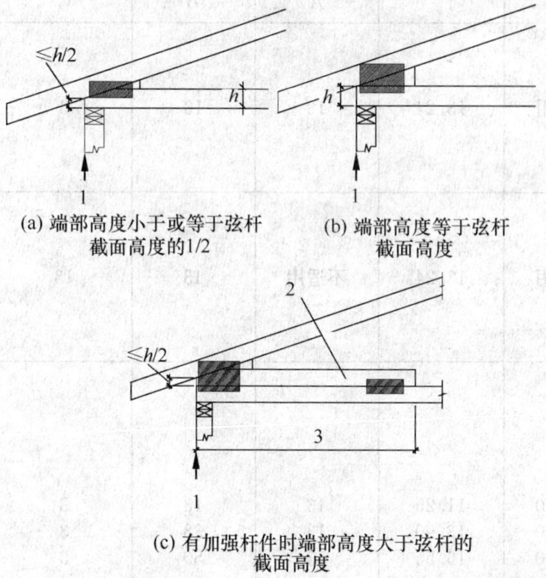

图 6.2.9　桁架端部高度示意图

1—计算支点；2—加强杆件，截面尺寸不得大于 40mm×185mm；3—加强杆件长度，不得小于下弦杆长度的 2/3

6.2.10　作用于桁架节点处，并使该节点处弦杆横纹受拉的集中荷载 P 大于 2.5kN 时，齿板与弦杆的最小连接尺寸 y（mm）应按下式计算：

$$y=\frac{P-2.5}{0.1\rho} \tag{6.2.10}$$

式中：P——节点集中荷载设计值（kN）；

ρ——木材全干比重。

当按公式（6.2.10）得出的最小连接尺寸大于弦杆截面高度的 3/4 时，应取 3/4 截面高度。

6.2.11　当多榀桁架用钉连成一榀组合桁架时，桁架之间的钉连接应满足下列要求：

1　钉连接的最多行数和最少行数应符合表 6.2.11 的规定；

2　钉长不应小于 75mm，钉的最大间距应为 300mm；顺纹最小钉间距应为 $20d$，顺纹最小钉端距应为 $15d$；横纹最小钉间距应为 $10d$，横纹最小钉边距应为 $5d$；

3　连接成一榀组合桁架的单个桁架不应多于 10 榀。

表 6.2.11　钉行数限值

杆件截面高度(mm)	最多钉行数	最少钉行数
65	1	1
90	2	1
115	2	1
140	3	2

续表 6.2.11

杆件截面高度(mm)	最多钉行数	最少钉行数
185	4	2
235	5	3
285	6	3

6.2.12　多榀轻型木桁架用钉连成组合桁架，当每榀桁架受力不同时，其弦杆钉连接除应满足本规范第 6.2.11 条的规定外，每榀桁架之间的钉连接尚应满足表 6.2.12 的要求，且相互连接的桁架榀数不应多于 5 榀。

表 6.2.12　不同榀数组合桁架的钉接方式

桁架榀数	钉接方式
2	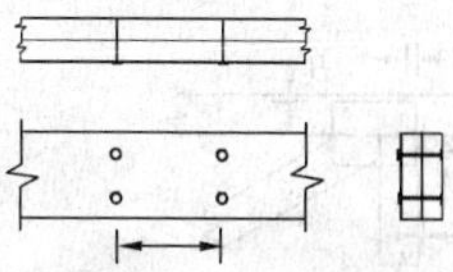
3	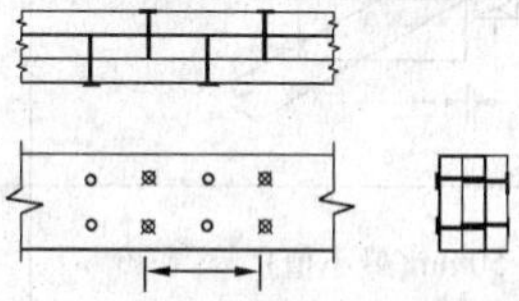
4	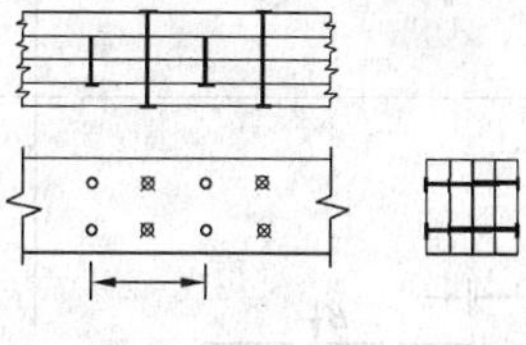
5	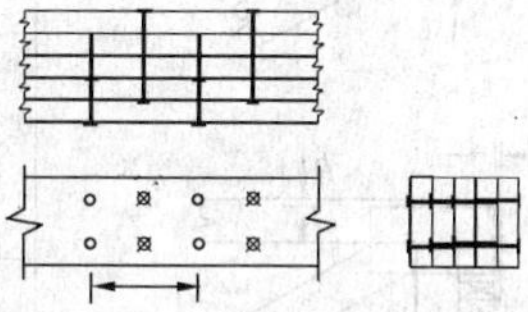

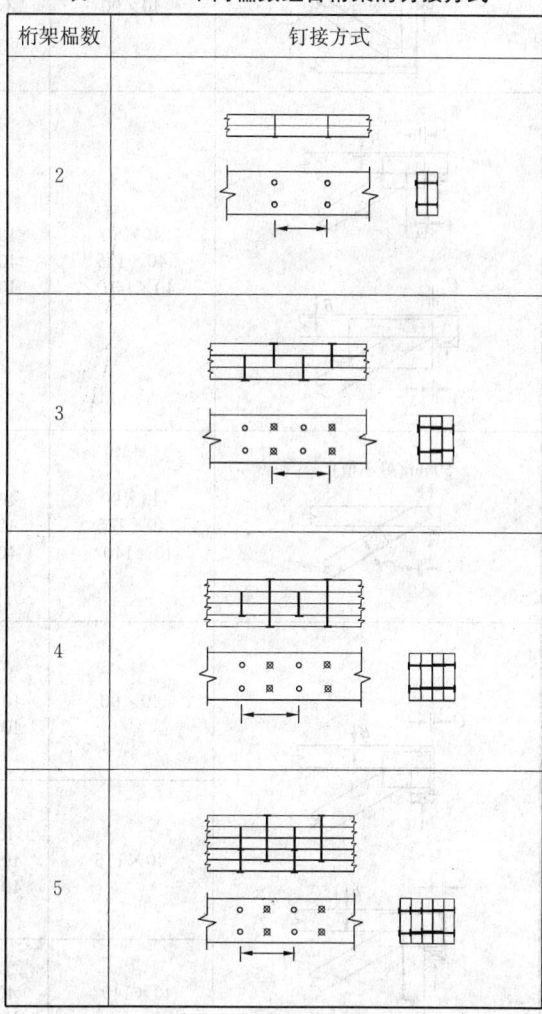

注：1　3 榀及 3 榀以上桁架组合成整体时，不同榀之间的钉间距应相互交错；

2　4 榀及 5 榀桁架组合成整体时，除用钉连接外，每节间内应用一根直径 $d\geqslant13$mm的螺栓将各榀桁架连成整体。

6.2.13　对于规格材立置的上承式桁架，对应于各类支承形式的构件规格、最大支座反力应按表 6.2.13 的规定采用。同时构件边缘最大间隙 A、B、C 也应满足表 6.2.13 的要求。

表 6.2.13　立置规格材上承式木桁架的设计规定

支承细节	上弦杆尺寸（mm）	最小腹杆尺寸（mm）	最大支座反力（kN）	最大允许间隙（mm）		
				A	*B*	*C*
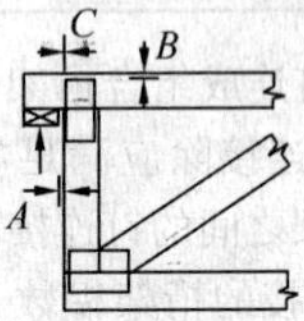	40×90	不适用	13.24	13	13	3
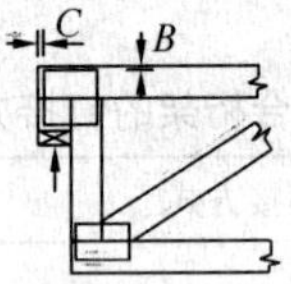	40×90	不适用	13.24	不适用	13	13
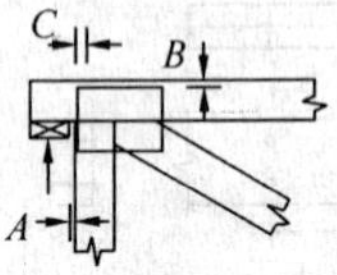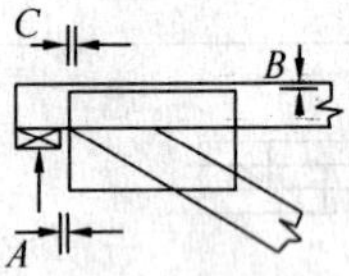	40×90 40×115 40×140*	40×90 40×90 40×90	11.25 13.90 16.55	13 13 13	13 38 50	3 3 3
50mm(最小值)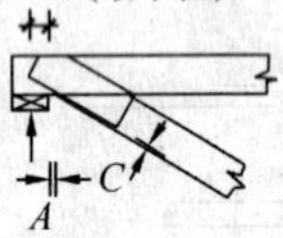	40×90 40×115 40×140*	40×90 40×90 40×90	15.89 17.87 19.86	13 13 13	不适用	6 6 6
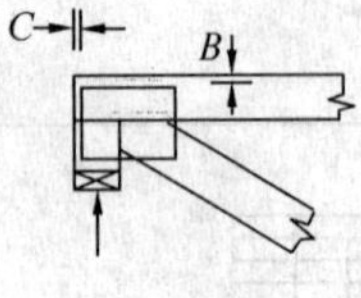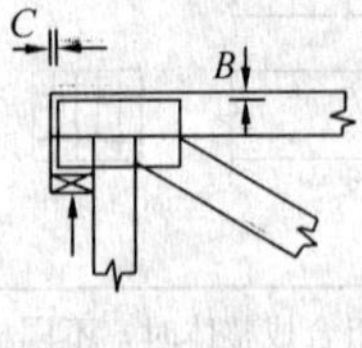	40×90	40×90 40×115 40×140	15.89 18.54 21.19	不适用	13 13 13	13 13 13
	40×115	40×90 40×115 40×140	16.22 20.02 23.84	不适用	38 38 38	13 13 13
	40×140*	40×90 40×115 40×140	16.55 21.52 26.48	不适用	50 50 50	13 13 13

注：1　对短期荷载作用，最大支座反力可提高 20%；当恒载产生的内力超过全部荷载所产生的内力的 80%时，最大支座反力应减小 20%；

2　规格材的全干比重应大于 0.40；

3　* 表示上弦杆尺寸可比 140mm 更大。

6.2.14　对于规格材平置的上承式桁架，对应于各类支承形式的构件规格、最大支座反力应按表 6.2.14 的规定采用；同时构件边缘最大间隙 *A*、*B*、*C* 也应满足表 6.2.14 的要求。

表 6.2.14 平置规格材上承式木桁架的设计规定

支承细节	上弦杆尺寸（mm）	最大支座反力（kN）	最大允许间隙（mm）		
			A	*B*	*C*
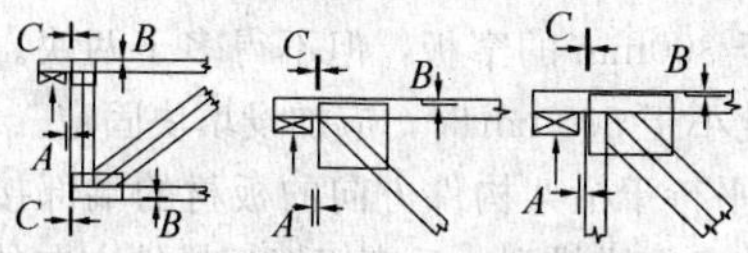	40×90	3.97	13	3	3
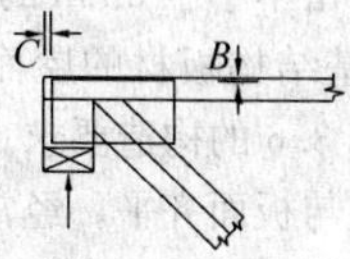	40×90	10.59	不适用	3	13
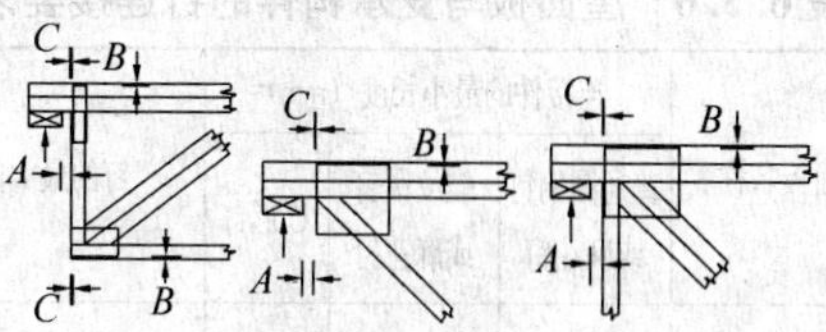	2—40×90	10.59	13	3	3
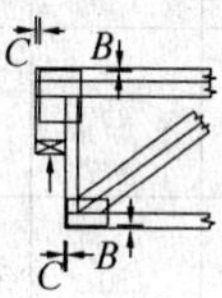	2—40×90	10.59	不适用	3	13
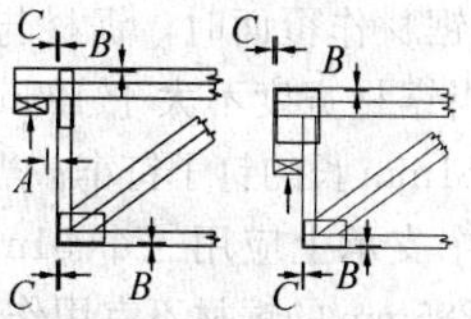	2—40×90	—	不适用	3	3
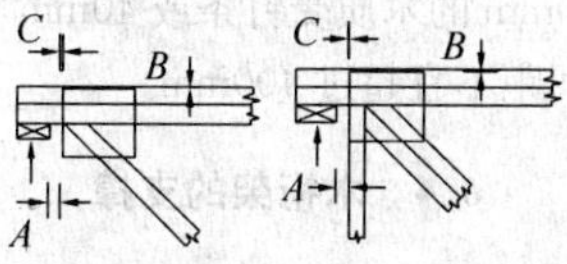	2—40×65	7.57	13	3	3
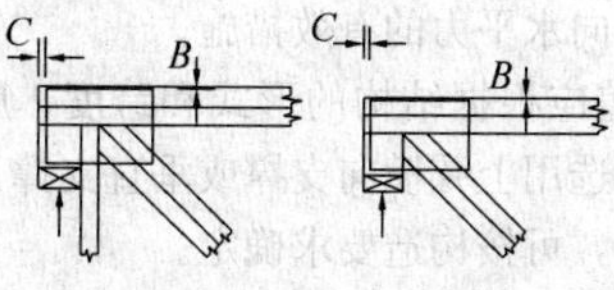	2—40×90	26.48	不适用	3	13

注：1 对短期荷载作用，最大支座反力可提高20%；当恒载产生的内力超过全部荷载所产生的内力的80%时，最大支座反力应减小20%。

2. 规格材的全干比重应大于0.4。

6.2.15 轻型木桁架应采用齿板进行节点连接。对于需要在安装现场再进行节点连接的轻型木桁架，可采用结合板（图6.2.15）进行节点连接。结合板采用圆钉连接部分可按本规范附录D的规定进行验算。

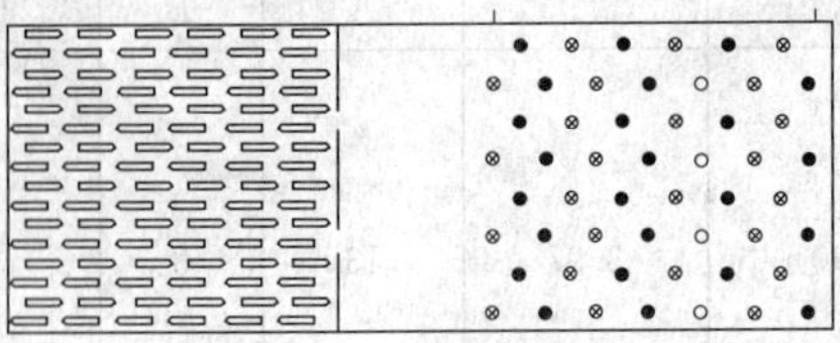

图6.2.15 结合板示意图

6.2.16 对于下弦有连续支承点的轻型木桁架，可采用钉板（图6.2.16）在安装现场进行节点连接。钉板可按本规范附录D的规定进行验算。

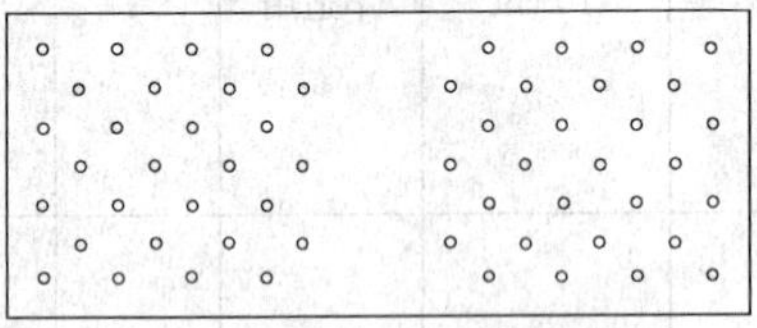

图6.2.16 钉板示意图

6.3 木桁架的屋面木基层

6.3.1 轻型木桁架宜采用结构用木基结构板材作为屋面板，屋面板宜直接与桁架上弦杆连接。

6.3.2 当屋面板采用结构用木基结构板材，并且轻型木结构建筑满足国家标准《木结构设计规范》GB 50005－2003（2005年版）第9.2.6条的规定时，屋面板的最小厚度应分别符合表6.3.2-1和表6.3.2-2的规定。

表6.3.2-1 上人屋顶的屋面板厚度

板支座的最大间距（mm）	木基结构板的最小厚度（mm）	
	$Q_K\leqslant2.5kN/m^2$	$2.5kN/m^2<Q_K<5.0kN/m^2$
300	15	15
400	15	15
600	18	22

注：Q_K 为屋面活荷载标准值。

表6.3.2-2 不上人屋顶的屋面板厚度

板支座的最大间距（mm）	木基结构板的最小厚度（mm）	
	$G_K\leqslant0.3kN/m^2$ $s_K\leqslant2.0kN/m^2$	$0.3kN/m^2<G_K\leqslant1.3kN/m^2$ $s_K\leqslant2.0kN/m^2$
300	9	11
400	9	11
600	12	12

注：当恒荷载标准值 $G_K>1.3kN/m^2$ 或 $s_K>2.0kN/m^2$，轻型木结构的构件及连接不能按构造设计，而应通过计算进行设计。

6.3.3 当结构用木基结构板不满足本规范第6.3.2条的要求时，应按国家标准《木结构设计规范》GB 50005－2003（2005年版）附录P的要求对屋盖进行抗侧力设计。

6.3.4 结构用木基结构板材的尺寸不宜小于1200mm×2400mm。在屋盖边界或开孔处，可使用宽度不小于300mm的窄板，但不得多于两块。当结构板的宽度小于300mm时，应加设填块固定。

6.3.5 平行于桁架构件方向的板材的端部接缝应在桁架构件上交错排列。垂直于桁架构件方向的接缝处应设置40mm×40mm的木填块或使用H形金属夹固定。相邻面板间应留不小于3mm的空隙。

6.3.6 结构用木基结构板材的屋面板与支承构件的钉连接应满足表6.3.6的构造要求。钉应牢固打入骨架构件中，钉面应与板面齐平。经常处于潮湿环境条件下的钉应有防护涂层。

表6.3.6 屋面板与支承构件的钉连接要求

连接面板名称	连接件的最小长度（mm）			钉的最大间距
	普通圆钢钉或麻花钉	螺纹圆钉或麻花钉	U形钉	
厚度小于10mm的木基结构板材	50	45	40	沿板边缘支座150mm； 沿板跨中支座300mm
厚度(10～20)mm的木基结构板材	50	45	50	
厚度大于20mm的木基结构板材	60	50	不允许	

6.3.7 当采用锯材作覆面时，锯材与桁架构件之间应牢固连接。当锯材宽度不大于185mm时，每个支承上应用两个51mm长的钉子钉牢；当锯材宽度大于185mm时，每个支承上应用三个51mm长的钉子钉牢。宽度大于285mm的锯材不宜用作屋面板。

6.3.8 当采用金属板作屋面板时，宜在桁架之间设置20mm×90mm的木质受钉条或40mm×90mm的檩条，其中心间距不宜超过400mm。

6.4 木桁架的支撑

6.4.1 应采取保证桁架在施工和使用期间的空间稳定，防止桁架侧倾，保证受压弦杆的侧向稳定以及承担和传递纵向水平力的有效措施。

6.4.2 屋盖应根据结构的形式和跨度、屋面构造及荷载等情况选用上弦横向支撑或垂直支撑。支撑构件的截面尺寸，可按构造要求确定。

6.4.3 桁架上弦杆应布置连续的水平支撑，其间距不应大于6m。当上弦杆和木基结构板直接连接时，可不设置上弦杆平面内的支撑。

6.4.4 桁架下弦杆应布置连续的水平支撑，其间距不应大于8m。当下弦杆和顶棚格栅直接连接时，可不设置下弦杆平面内的支撑。

6.4.5 当需要布置腹杆支撑时，其间距不应大于6m。交叉支撑的角度宜为45°。

6.4.6 当采用连续水平支撑防止屈曲变形时，应使用交叉支撑进行锚固。当使用钢杆作为支撑时，应设置可调整的拉紧装置。

6.4.7 桁架在安装就位过程中，应设置临时支撑。临时支撑可采用临时支架或桁架间临时垂直支撑。临时支撑可在桁架安装完成后拆除或作为永久支撑保留。

7 防　　护

7.1 防　　火

7.1.1 由轻型木桁架组成的结构构件，其燃烧性能和耐火极限应符合现行国家标准《建筑设计防火规范》GB 50016的有关规定。

7.1.2 由轻型木桁架组成的楼、屋盖，当其空间的面积超过300m^{2}以及宽度或长度超过20m时，应设置防火隔断。

7.1.3 房屋分户单元之间的楼、屋盖处应设置连续的防火隔断。

7.1.4 设置防火隔断时，可采用厚度不应小于12mm的石膏板、厚度不应小于12mm的胶合板或其他满足防火要求的材料。

7.1.5 在管道穿越轻型木桁架楼、屋盖处，应在管道与楼、屋盖接触处进行密封。

7.1.6 轻型木桁架楼、屋盖构件的燃烧性能和耐火极限可按表7.1.6确定。

表7.1.6 轻型木桁架楼、屋盖构件的燃烧性能和耐火极限

构件名称	构件组合描述	耐火极限(h)	燃烧性能
屋盖轻型木桁架	木桁架中心间距为600mm，木桁架底部为1层15.9mm厚防火石膏板	0.75	难燃
楼盖轻型木桁架	① 木桁架中心间距不大于600mm； ② 楼盖空间有隔声材料； ③ 1层15.9mm厚防火石膏板	0.50	难燃
	① 木桁架中心间距不大于600mm； ② 楼盖空间有隔声材料，隔声材料的重量为≥2.8kg/m^{2}的岩棉或炉渣材料，且厚度不小于90mm； ③ 1层15.9mm厚防火石膏板	0.75	难燃

续表7.1.6

构件名称	构件组合描述	耐火极限(h)	燃烧性能
楼盖轻型木桁架	① 木桁架中心间距不大于600mm； ② 楼盖空间无隔声材料； ③ 2层15.9mm厚防火石膏板	1.00	难燃
	① 木桁架中心间距不大于600mm； ② 楼盖空间无隔声材料； ③ 2层12.7mm厚防火石膏板	0.75	难燃

注：桁架构件截面不小于40mm×90mm，金属齿板厚度不小于1mm、齿长不小于8mm、木桁架高度不小于235mm。

7.2 防腐和防虫

7.2.1 室内轻型木桁架、组合桁架的支座节点不得密封在墙、保温层或通风不良的环境中。

7.2.2 防腐处理应根据设计要求进行，设计未作具体规定的，应符合现行国家标准《木结构设计规范》GB 50005和《木结构工程施工质量验收规范》GB 50206的有关规定。

7.2.3 木桁架采用经防腐处理的规格材时，规格材应有显著的防腐处理标识，标明处理厂家或商标、使用分类等级、所使用的防腐剂、载药量及透入度。

7.2.4 经化学药剂处理后的木材使用金属连接板时，应根据产品所用的不同防腐剂类型按表7.2.4选择合适的镀锌金属连接板。经特殊防腐处理的木材，应根据木材防腐处理单位和金属连接板供应商的建议选用合适的金属连接板。除了金属连接板外，所有的钢连接件，包括所有与防腐处理木材有接触的紧固件和圆钉都需要考虑正确的防腐措施。

表7.2.4 不同防腐剂所适用的镀锌金属连接板

防腐剂类型	镀锌金属连接板
含硼酸钠盐复合防腐剂	钢板的镀锌层重量≥275g/m^2
含碘复合防腐剂	钢板的镀锌层重量≥275g/m^2
硼酸钠盐类防火和防腐剂	钢板的镀锌层重量≥275g/m^2
氨溶季氨铜（ACQ）	钢板的镀锌层重量≥565g/m^2
铜-硼-唑复合防腐剂（CuAz-1） 铜-唑复合防腐剂（CuAz-2）	钢板的镀锌层重量≥565g/m^2

7.2.5 在特殊环境或露天环境中使用的金属连接板，应采取额外的防腐措施。当在特殊环境或露天环境中使用镀锌层重量为275g/m^{2}的镀锌金属连接板时，应在金属连接板上涂刷一层下列化合物之一：

1 环氧聚酰胺底漆（SSPC-Paint 22）；

2 煤焦油环氧树脂聚酰胺黑漆或深红底漆（SSPC-Paint 16）；

3 乙烯基丁缩醛铬酸锌盐底漆（SSPC-Paint 27）和常温使用的沥青砂胶漆（厚涂型）（SSPC-Paint 12）；

7.2.6 在桁架安装过程中和安装完成后，应在施工现场对预埋金属连接板涂刷所有防护涂层。在涂刷涂层之前，应去除预埋金属连接板上的灰尘和油污。

7.3 保温通风和防潮

7.3.1 除非常温暖潮湿地区外，屋盖应采用通风屋顶。自然通风时，通风口总面积不应小于通风空间面积的1/300，进风孔面积不应超过出风孔面积；通风口金属筛网应采取防腐蚀措施，并应防止雨水或雪进入通风口。

7.3.2 屋顶或顶棚处应设置连续的气密层。在屋顶与外墙交接处应保证气密层交接的连续。

7.3.3 屋顶宜设置防止蒸汽冷凝并具有适当的蒸汽渗透性的连续保温层。

7.3.4 屋面雨水排放宜采用有组织排水，屋顶排水系统的设计和安装应符合国家现行有关屋面工程技术规范的要求。

7.3.5 在屋面与墙交界处、天沟处、屋面开洞处、屋顶坡度或方向改变处，应安装防止水分进入屋顶和墙体的泛水板。坡屋顶屋脊处可不安装泛水板。坡屋顶与墙或烟囱交接处，应安装将水排离墙或烟囱的阶梯形泛水板（或称为泻水假屋顶或马鞍形泛水）。金属泛水板应防腐蚀，并应满足相应要求。

7.3.6 屋顶应设置防水层。当采用砖瓦时，砖瓦下应铺设防水卷材或其他满足防水要求的屋面防水材料。防水卷材应从檐口起平行铺设，上层搭接下层，最小搭接宽度为100mm。屋顶屋脊上可铺设屋脊砖瓦。

8 制作与安装

8.1 制　　作

8.1.1 轻型木桁架必须满足本章规定的制作最低质量要求。

8.1.2 齿板连接的构件制作宜在工厂进行，并应符合下列要求：

1 板齿应与构件表面垂直；

2 板齿嵌入构件的深度不应小于板齿承载力试验时板齿嵌入试件的深度；

3 拼装完成后齿板应无变形。

8.1.3 桁架所用规格材的树种、尺寸、等级应符合设计图纸的规定。当树种相同时，可采用力学性能达到或超过设计规定的其他等级的规格材代替原设计的规格材。采用与设计等级要求不同的规格材，或采用与原设计不符的结构复合材时，必须经设计人员复核同意。

8.1.4 齿板存放时应避免损坏，用于制作木桁架的齿板应完好无损。

8.1.5 齿板的规格、类型、尺寸应与设计规定一致。

8.1.6 在不影响其他设计要求和桁架使用功能的前提下，可采用尺寸在单向或双向大于设计规定的同类型、同规格的金属齿板替代原设计的齿板（图8.1.6）。

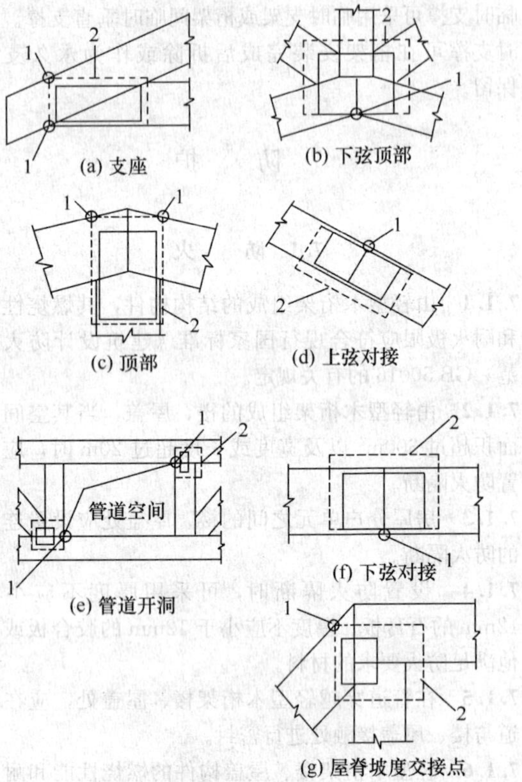

图 8.1.6 齿板安装示意图

1—齿板不得超过的控制点；2—虚线表示齿板以大代小时可延伸的位置

8.1.7 除设计另有规定，应在每个桁架节点的两侧同时设置齿板，齿板位置应与设计图纸一致。金属齿板安装位置的允许误差应为±6mm。

8.1.8 齿板安装不得影响其他设计要求和桁架使用功能。

8.1.9 齿板安装时，连接点应符合下列要求：

1 木材表面缺陷应包括死节、树皮、树脂囊、脱落节和钝棱。当通过齿槽孔可见板齿长度的1/4或以上时，应认定为板齿倒伏；在齿槽孔范围内发生木材表面隆起（即木材超出其正常表面），也应认定为板齿倒伏（图8.1.9-1）。

2 齿板连接处木构件宽度大于50mm时，木材表面缺陷的面积与板齿倒伏的面积之和不得大于该构件与齿板接触面积的20%（图8.1.9-2）。

3 齿板连接处木构件宽度小于或等于50mm时，

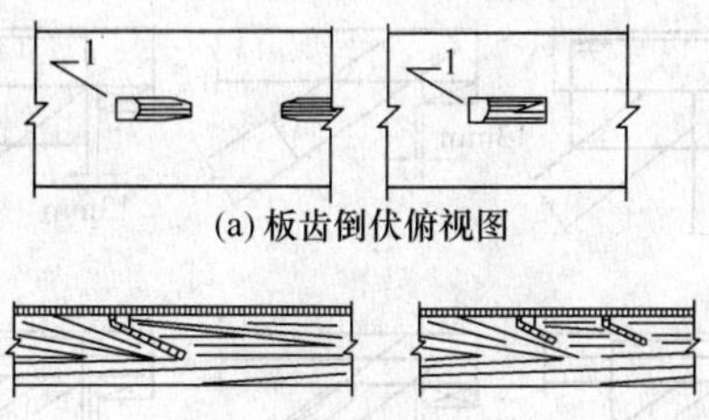

图 8.1.9-1　板齿倒伏示意图

1—槽孔可见板齿长度的1/4

木材表面缺陷的面积与板齿倒伏的面积之和不得大于该构件与齿板接触面积的10%（图 8.1.9-2）。

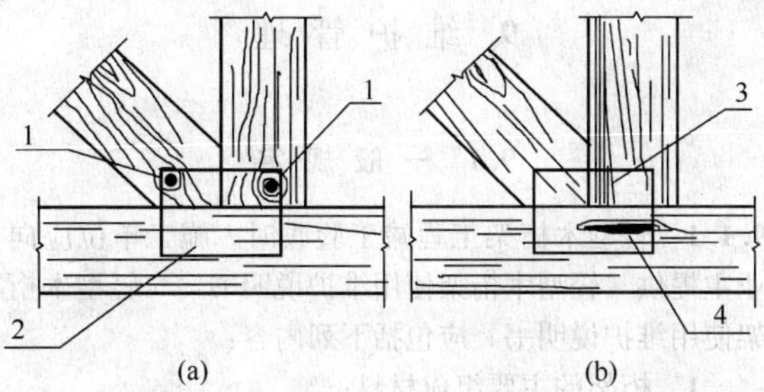

图 8.1.9-2　齿板接触面积内的木材表面缺陷示意图

1—木节；2—接触面无木材缺陷时板齿倒伏；3—钝棱；4—树脂囊

8.1.10　轻型木桁架的制作误差不得超过表 8.1.10 中的规定值。

表 8.1.10　桁架的制作误差

	相同桁架间尺寸差	与设计尺寸间的误差
桁架长度方向	12.5mm	18.5mm
桁架高度方向	6.5mm	12.5mm

注：1　桁架长度系指不包括悬挑或外伸部分的桁架总长。用于限定制作误差。

2　桁架高度系指不包括悬挑或外伸等上、下弦杆突出部分的全榀桁架最高部位处的高度，为上弦顶面到下弦底面的总高度。用于限定制作误差。

8.1.11　制作轻型木桁架的木构件应锯切下料准确，桁架杆件在节点处应连接紧密。已制作完成的桁架杆件间制作误差的缝隙应符合下列规定：

1　当杆件间对接面超过齿板尺寸时，齿板边缘处构件之间的最大缝隙为3mm[图 8.1.11(a)]；

2　当楼盖桁架弦杆对接时，全部对接接头范围内构件之间的最大缝隙为1.5mm[图 8.1.11(b)]；

3　当屋盖桁架弦杆对接时，齿板边缘处构件之间的最大缝隙为3mm[图 8.1.11(b)]；

4　当杆件间对接面没有超过齿板尺寸时，对接边缘处构件间的最大缝隙为3mm[图 8.1.11(c)]。

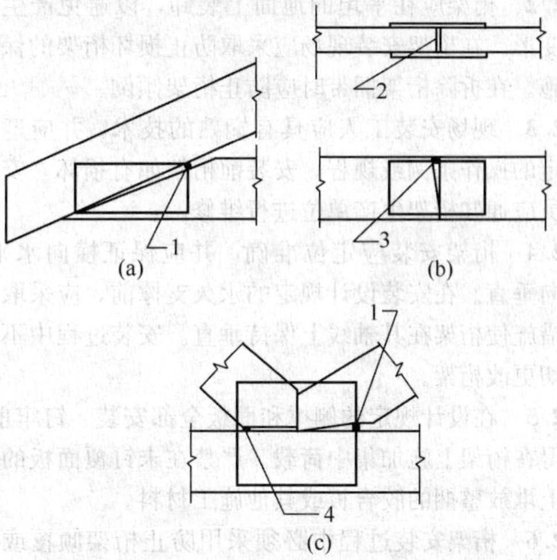

图 8.1.11　木构件间的允许缝隙示意图

1—齿板边缘处缝隙；2—楼盖桁架弦杆对接缝隙；3—屋盖桁架弦杆对接处齿板边缘处缝隙；4—对接边缘处构件间缝隙

8.1.12　板齿或桁架制作过程中引起的木构件劈裂不得超过所用树种、木材等级的允许值。在安装或拆除齿板过程中，当木构件损坏产生的缺陷超过允许值时，不得重新安装齿板，应更换木构件。

8.1.13　除设计另有规定，桁架节点中超过本规范第 8.1.11 条规定的缝隙均应用填片充塞。填片可采用镀锌金属片或经设计同意的其他材料。填片充塞应在齿板固定完成后进行。填片宽度应大于20mm，长度应为填片塞入缝隙后再弯贴到被填塞构件上的尺寸不小于25mm。填片应使用直径不小于3mm的螺纹钉或其他具有抗拔力的紧固件固定在构件上（图 8.1.13）。

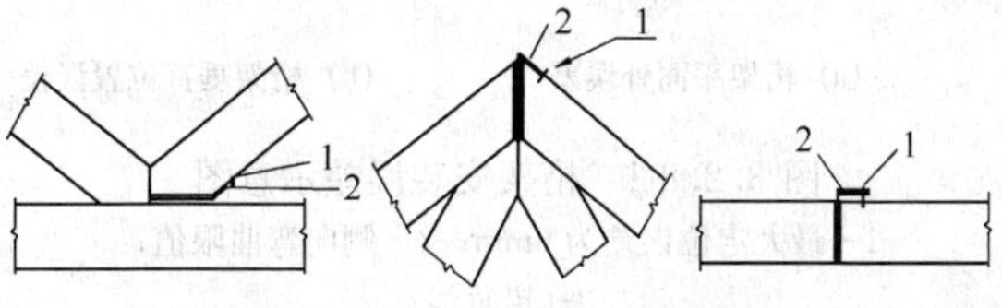

图 8.1.13　缝隙的填塞示意图

1—螺纹钉；2—填片

8.1.14　当安装齿板范围内的构件由于前期安装过齿板而含有齿孔或构件由于其他原因已有损坏时，板齿的作用应折半考虑。当板齿安装位置与前期已安装过齿板的区域不重叠（即木材无齿孔）时，板齿的作用可全部考虑。

8.2　搬运和安装

8.2.1　在桁架制作、运输和安装过程中，应避免使桁架承受过大的侧向弯曲。桁架的运输和安装可按本规范附录 E 的规定进行。

8.2.2 桁架应在平坦的地面上装卸，以避免产生侧向变形。在桁架安装现场应采取防止损坏桁架的保护措施。在拆除桁架捆带时应防止桁架倾倒。

8.2.3 现场安装工人应具有娴熟的技术，并应遵守规定的操作条例或规程。安装前桁架如有损坏，安装人员应通知桁架生产单位进行维修。

8.2.4 桁架安装应定位准确，并应保证横向水平、竖向垂直。在安装设计规定的永久支撑前，应采取有效措施使桁架在其轴线上保持垂直。安装过程中不得锯切更改桁架。

8.2.5 在设计规定的侧撑和面板全部安装、钉牢前，不得在桁架上施加集中荷载。严禁在未钉覆面板的桁架上堆放整捆的胶合板或其他施工材料。

8.2.6 桁架安装过程中必须采用防止桁架倾覆或发生连续倾倒的临时支撑。

8.2.7 覆面板与桁架的连接、桁架的锚固和剪刀支撑的连接必须符合设计要求，并保证屋面体系具有抵抗侧向风荷载和地震荷载的整体刚度。

8.2.8 桁架的安装应满足下列要求：

1 桁架整体平面的侧向弯曲或任一弦杆及面板的弯曲不得超过 $L/200$（L 为桁架的跨度或弦杆、腹杆及节点之间的长度）和 50mm 两者中的较小者[图 8.2.8-1(a)]。

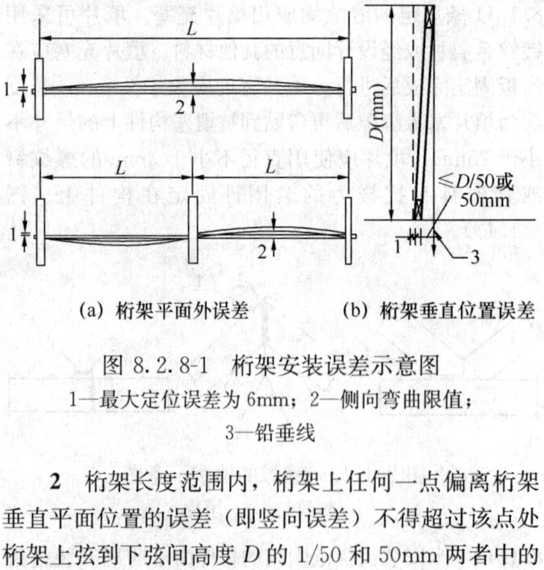

图 8.2.8-1 桁架安装误差示意图

1—最大定位误差为 6mm；2—侧向弯曲限值；3—铅垂线

2 桁架长度范围内，桁架上任何一点偏离桁架垂直平面位置的误差（即竖向误差）不得超过该点处桁架上弦到下弦间高度 D 的 1/50 和 50mm 两者中的较小者[图 8.2.8-1(b)]。

3 桁架在支座上安装的位置不得偏离设计位置 6mm。吊件或桁架支座与其设计位置的偏差亦不应大于 6mm。桁架的间距应符合设计的规定。

4 除设计另有规定，上弦支承的平行弦桁架，其支座内边缘与第一根竖杆或斜腹杆的间距不得大于 13mm（图 8.2.8-2）。

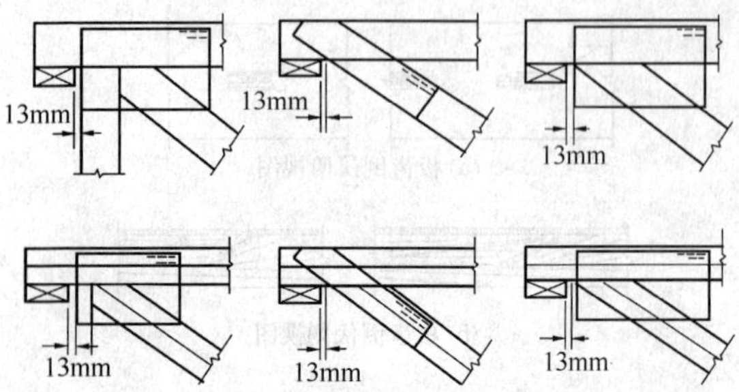

图 8.2.8-2 上弦支承平行弦桁架的安装误差（包括单杆和双杆上弦）示意图

9 维护管理

9.1 一般规定

9.1.1 轻型木桁架工程竣工验收时，施工单位应向业主提供《轻型木桁架使用维护说明书》。《轻型木桁架使用维护说明书》应包括下列内容：

1 桁架的主要组成材料；

2 使用注意事项；

3 日常与定期的维护、保养要求；

4 承包商的保修责任。

9.1.2 在桁架交付使用后，业主或物业管理部门根据检查和维修的情况，应对检查结果和维修过程作出详细、准确的记录，并应建立检查和维修的技术档案。

9.2 检查与维修

9.2.1 轻型木桁架的常规检查可采用以经验判断为主的非破坏性方法，在现场对桁架易损坏部位可进行目测观察或手动检查。检查和维护应符合下列规定：

1 轻型木桁架工程竣工使用 1 年时，应对桁架工程进行一次常规检查。使用 1 年后，业主或物业管理部门应根据当地气候特点（雪季、雨季和风季前后），每 5 年进行一次常规检查。

2 常规检查的项目应包括：

1）桁架不应有变形、开裂和损坏；

2）桁架连接节点不应松动，构件不应有腐蚀和虫害的迹象；

3）屋面桁架不应渗漏，保温材料不应受潮；

4）桁架齿板表面不应有严重的腐蚀，齿板不应松动和脱落。

3 对常规检查项目中不符合要求的内容，应及时维修。

9.2.2 当桁架构件有腐蚀和虫害的迹象时，应根据腐蚀的程度、虫害的性质和损坏程度制定处理方案，及时进行维护。

附录A　齿板试验要点及强度设计值的确定

A.1　材料要求

A.1.1　试验所用齿板应与工程中实际使用的齿板相一致。齿板厚度误差应为±5%。齿板在试验前应用清洗剂清洗以去除油污。

A.1.2　试验所用规格材厚度应与工程中实际使用的规格材厚度相一致，宽度应与试验所用齿板宽度相协调。确定板齿或齿板极限承载力时，所用规格材含水率应为15%±0.2%，全干比重应为0.82ρ±0.03。其中ρ为试验规格材的平均全干比重。木材的年轮应与规格材的宽面相正切，齿板区域不应有木节等缺陷。

A.2　试验要求

A.2.1　试验所用加载速度应为1.0mm/min±50%，以保证在5min～20min内试件达到极限承载力。

A.2.2　板齿极限强度应为板齿承受的极限荷载除以齿板表面净面积。应各取10个试件以确定下列情况时板齿的极限强度：

1　荷载平行于木纹及齿板主轴（图A.2.2-1）；

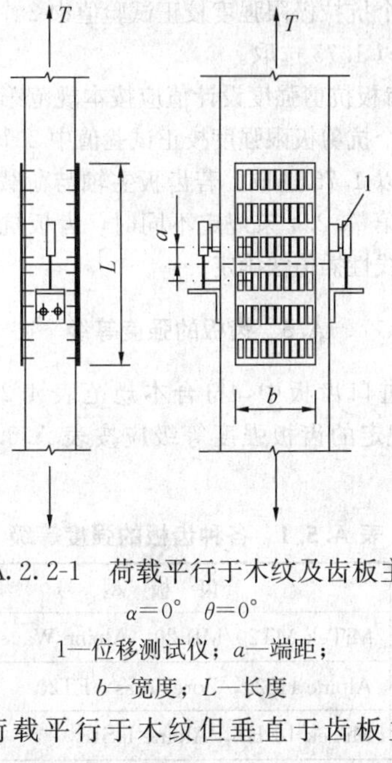

图A.2.2-1　荷载平行于木纹及齿板主轴

$\alpha=0°$　$\theta=0°$

1—位移测试仪；a—端距；

b—宽度；L—长度

2　荷载平行于木纹但垂直于齿板主轴（图A.2.2-2）；

3　荷载垂直于木纹但平行于齿板主轴（图A.2.2-3）；

4　荷载垂直于木纹及齿板主轴（图A.2.2-4）。

制作试件时，应将齿板上位于规格材端距a及边距e内的板齿去除。

安装齿板时，应将板齿全部压入木材，齿板与木

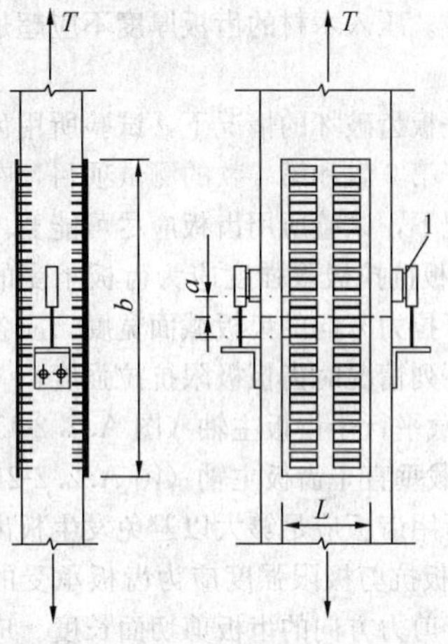

图A.2.2-2　荷载平行于木纹但垂直于齿板主轴

$\alpha=0°$　$\theta=90°$

1—位移测试仪；a—端距；

b—宽度；L—长度

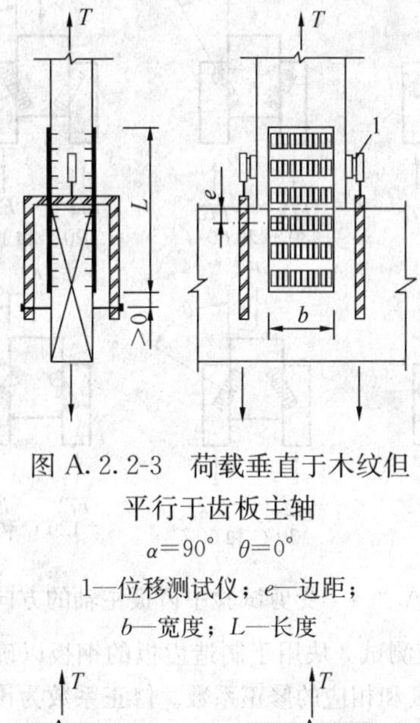

图A.2.2-3　荷载垂直于木纹但平行于齿板主轴

$\alpha=90°$　$\theta=0°$

1—位移测试仪；e—边距；

b—宽度；L—长度

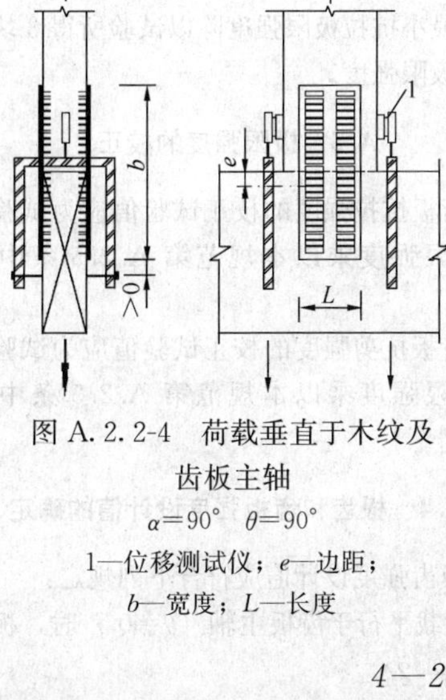

图A.2.2-4　荷载垂直于木纹及齿板主轴

$\alpha=90°$　$\theta=90°$

1—位移测试仪；e—边距；

b—宽度；L—长度

材间无空隙。压入木材的齿板厚度不应超过其厚度的二分之一。

在保证板齿破坏的情况下，试验所用齿板应尽可能长。对于第 2 款和第 4 款的测试项目，在保证板齿破坏的情况下，试验所用齿板应尽可能宽。

A.2.3 齿板抗拉极限强度应为齿板承受的极限拉力除以垂直于拉力方向的齿板截面宽度。应各取 3 个试件以确定下列情况时齿板极限抗拉强度：

1 荷载平行于齿板主轴（图 A.2.2-1）；

2 荷载垂直于齿板主轴（图 A.2.2-2）；

试验所用齿板应足够大以避免发生板齿破坏。

A.2.4 齿板抗剪极限强度应为齿板承受的极限剪力除以平行于剪力方向的齿板剪切面长度。应各取 3 个试件以确定图 A.2.4 所列情况时齿板极限抗剪强度。其中 θ 为 30°T、60°T、120°T 和 150°T 是剪-拉复合受力情况；θ 为 30℃、60℃、120℃ 和 150℃ 是剪-压复合受力情况；θ 为 0°与 90°是纯剪情况。

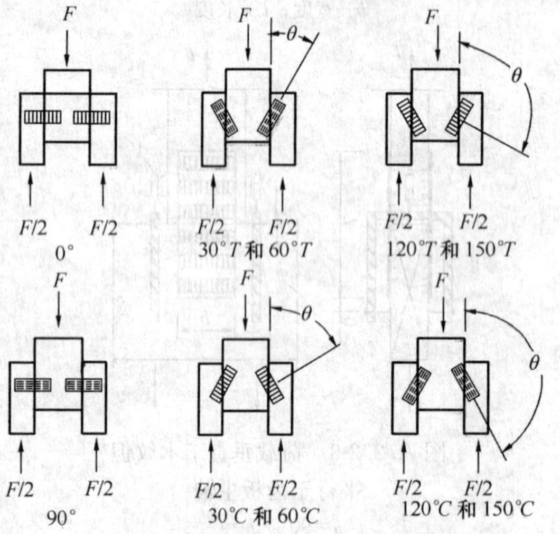

图 A.2.4 受剪试验中齿板主轴的方向

A.2.5 应测试 3 块用于制造齿板的钢板以确定其抗拉极限强度和相应的修正系数。修正系数为该钢板型号的规定最小抗拉极限强度除以试验所得 3 块试件的平均抗拉极限强度。

A.3 极限强度的校正

A.3.1 齿板抗拉强度的校正试验值应为试验所得齿板抗拉极限强度乘以本规范第 A.2.5 条中的修正系数。

A.3.2 齿板抗剪强度的校正试验值应为试验所得齿板抗剪极限强度乘以本规范第 A.2.5 条中的修正系数。

A.4 板齿和齿板强度设计值的确定

A.4.1 板齿强度设计值应符合下列规定：

1 荷载平行于齿板主轴（$\theta=0°$）时，板齿强度设计值按下式计算：

$$n_{\mathrm{r}}=\frac{P_1 P_2}{P_1\sin^2\alpha+P_2\cos^2\alpha} \qquad \text{(A.4.1-1)}$$

2 荷载垂直于齿板主轴（$\theta=90°$）时，板齿强度设计值按下式计算：

$$n'_{\mathrm{r}}=\frac{P'_1 P'_2}{P'_1\sin^2\alpha+P'_2\cos^2\alpha} \qquad \text{(A.4.1-2)}$$

以上各式中，P_1、P_2、P'_1 和 P'_2 的取值应采用按本规范第 A.2.2 条确定的相应各值的 10 个与 α、θ 相关的板齿极限强度试验值中的 3 个最小值的平均值除以系数 1.89。

确定 P_1、P_2、P'_1 和 P'_2 时所用的 θ 与 α 取值应符合表 A.4.1 的规定。

表 A.4.1 板齿极限强度与荷载作用方向的对应表

荷载作用方向	板齿极限强度			
	P_1	P'_1	P_2	P'_2
与木纹的夹角 α（°）	0	0	90	90
与齿板主轴的夹角 θ（°）	0	90	0	90

3 当齿板主轴与荷载方向夹角 θ 不等于“0°”或“90°”时，板齿强度设计值应在 n_{r} 与 n'_{r} 间用线性插值法确定。

A.4.2 齿板抗拉强度设计值应按本规范第 A.2.3 条确定的 3 个抗拉极限强度校正试验值中 2 个最小值的平均值除以 1.75 选取。

A.4.3 齿板抗剪强度设计值应按本规范第 A.2.4 条确定的 3 个抗剪极限强度校正试验值中 2 个最小值的平均值除以 1.75 选取。若齿板主轴与荷载方向夹角与本规范第 A.2.4 条规定不同时，齿板抗剪强度设计值应按线性插值法确定。

A.5 齿板的强度等级

A.5.1 进口齿板中，符合本规范表 4.2.4-1 和表 4.2.4-2 规定的齿板强度等级应按表 A.5.1 的规定选用。

表 A.5.1 各种齿板的强度等级

强度等级	齿 板 型 号
I	MiTek MT20/MII 20，Alpine Wave
II	Alpine HS20，ForeTruss　FT20
III	MiTek 18 HS，Alpine HS18
VI	MiTek MT-16/MII-16，London ES-16

注：表中齿板型号均为进口齿板，采用时应根据生产商及型号对照选用。

A.5.2 未包含在本规范表 A.5.1 的齿板，应按本规范附录 A 的要求确定齿板特征值，并由本规范管理机构按国家规定的程序确定其强度等级。

附录B　轻型木桁架常用形式

B.0.1　轻型木桁架常用形式见图 B.0.1 所示。

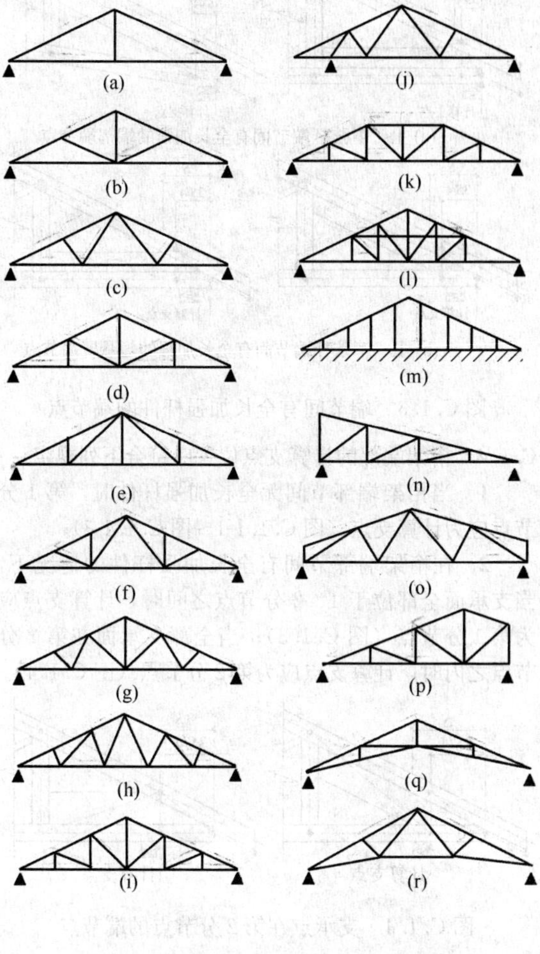

图 B.0.1　轻型木桁架常用形式示意图

B.0.2　对于支撑在钢筋混凝土屋面板上的木桁架常用形式见图 B.0.2 所示。

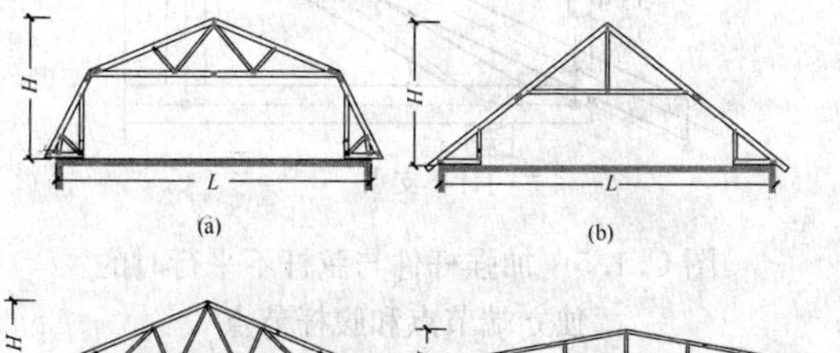

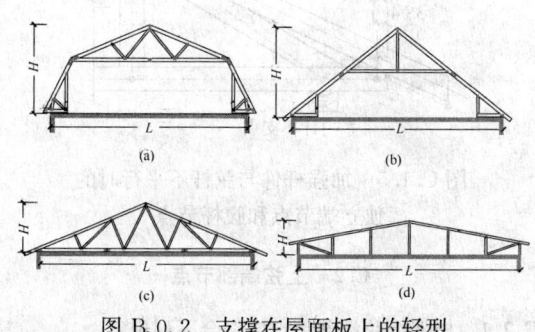

图 B.0.2　支撑在屋面板上的轻型木桁架常用形式示意图

附录C　桁架节点计算假定

C.1　桁架端节点

C.1.1　三角形桁架端节点可假定成三个分节点和三根虚拟杆件（图 C.1.1-1）。分节点的确定方法和虚拟杆件应符合下列规定：

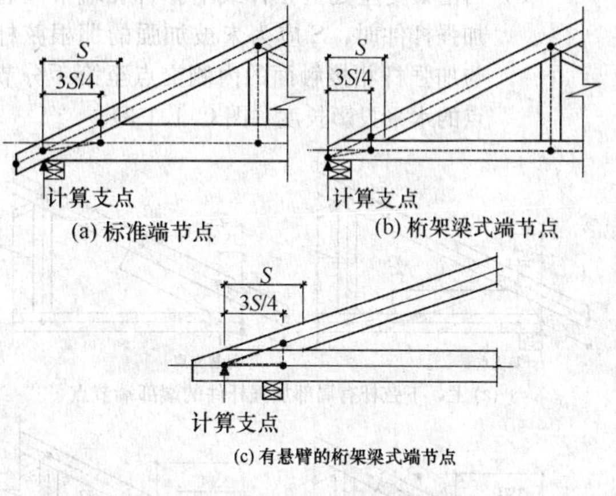

图 C.1.1-1　支座端节点

1　第1分节点位置的确定应满足下列要求：

1） 对于标准端节点[图 C.1.1-1(a)]，在端节点处上下弦杆件中较短一根的端部作一垂线，该垂线与上、下弦杆轴线相交，两交点中水平位置较低者应为第1分节点；

2） 对于桁架梁式端节点[图 C.1.1-1(b)]，在下弦杆端部作一垂线，该垂线与上、下弦杆轴线相交，两交点中水平位置较低者应为第1分节点；

3） 对于有悬臂的桁架梁式端节点[图 C.1.1-1(c)]，当支座位于上下弦杆相接触面之间时，在上弦杆外侧截断点作一垂线，该垂线与上、下弦杆轴线相交，两交点中水平位置较低者应为第1分节点。

2　第2分节点应位于下弦杆轴线上，且距第1分节点水平距离为 $3S/4$ 处。S 的确定应符合下列规定：

1） 当桁架支座处上、下弦杆间无加强楔块时，S 应为上、下弦杆相接触面的内侧交点至第1分节点的水平投影长度（图 C.1.1-1）；

2） 当桁架支座处上、下弦杆间有加强楔块时，S 应为上弦杆下边与加强楔块内边的交点至第1分节点的水平投影长度（图 C.1.1-2）；

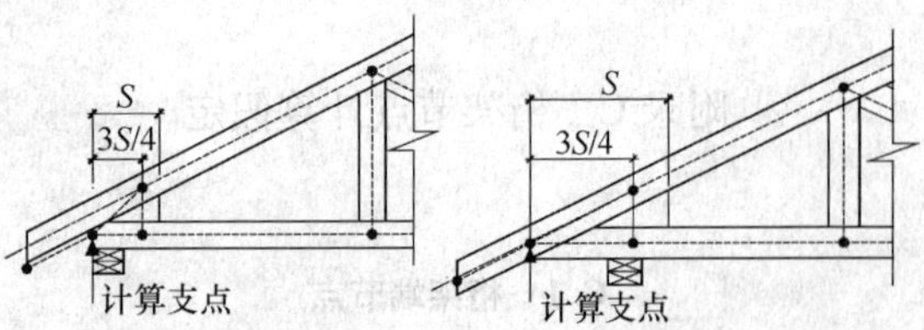

(a) 有加强楔块的端部端节点　(b) 有加强楔块的短悬臂端节点

图 C.1.1-2　有加强楔块的端节点

3）当桁架支座处上弦杆或下弦杆在端节间有加强杆件时，S 应为未被加强的那根弦杆与加强杆相接触面的内侧交点至第 1 分节点的水平投影长度（图 C.1.1-3）。

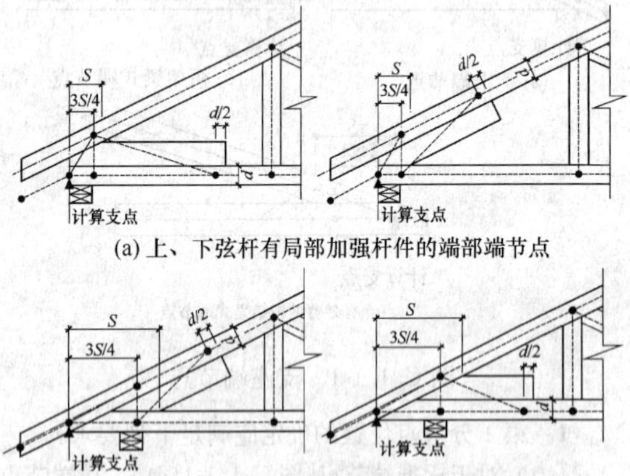

(a) 上、下弦杆有局部加强杆件的端部端节点

(b) 上、下弦杆有局部加强杆件的短悬臂端节点

图 C.1.1-3　端节间有局部加强杆件的端节点

3 过第 2 分节点作一垂线与上弦杆轴线的交点应为第 3 分节点。

4 第 1、2 分节点间水平投影距离（3S/4）不应大于 600mm。当第 2、3 分节点与第 1 分节点间距小于 50mm 时，则可将三个分节点简化为一个，即仅设第 1 分节点。

5 各分节点间的连线应作为虚拟杆件，虚拟杆件的截面尺寸、材质与其相邻的上下弦杆相同，靠支座一端上下弦杆间铰接，另一端与相邻上下弦杆连续。虚拟的竖杆的截面尺寸应为 40mm×90mm、弹性模量应为 10000MPa，与上下弦均为半铰连接。

C.1.2 当桁架支座处上、下弦杆的端节间有局部加强杆件（非端节间全长）时，桁架支座处应假定为 4 个分节点。前三个分节点的确定方法按本规范第 C.1.1 条的规定，第 4 分节点应位于被加强的弦杆的轴线上，距加强杆件端部“$d/2$”处，d 为被加强弦杆的截面高度（图 C.1.1-3）。第 4 虚拟杆件截面尺寸和材质应与加强杆件相同。

C.1.3 当桁架支座处上、下弦杆的端节间有全长加强杆件时，桁架支座处应假定为 4 个分节点。前三个分节点的确定方法按本规范第 C.1.1 条的规定，被加强的弦杆轴线与腹杆轴线相交处应为第 4 分节点（图 C.1.3）。第 4 虚拟杆件截面尺寸和材质应与加强杆件相同。

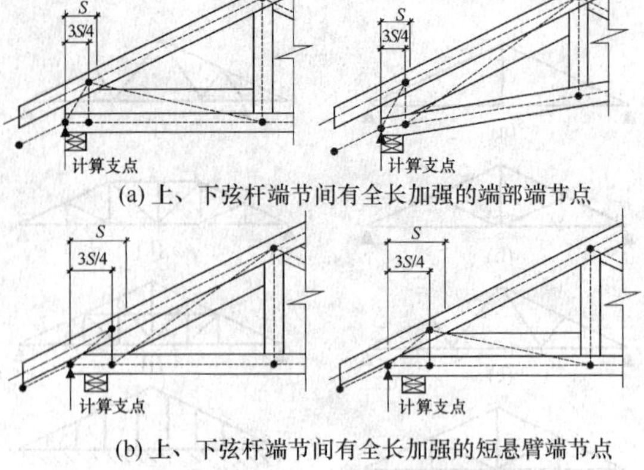

(a) 上、下弦杆端节间有全长加强的端部端节点

(b) 上、下弦杆端节间有全长加强的短悬臂端节点

图 C.1.3　端节间有全长加强杆件的端节点

C.1.4 桁架端部的计算支点位置应符合下列规定：

1 当桁架端部节间无全长加强杆件时，第 1 分节点应为计算支点（图 C.1.1-1～图 C.1.1-3）；

2 在桁架端部节间有全长加强杆件的情况下，当支承面全部位于 1、2 分节点之间时，计算支点应为第 1 分节点（图 C.1.3）；当全部支承面在第 2 分节点之内时，计算支点应为第 2 分节点（图 C.1.4）。

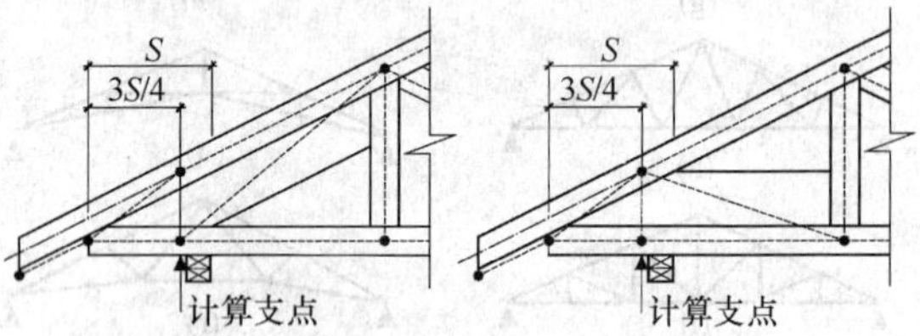

图 C.1.4　支承点在第 2 分节点的端节点

C.1.5 当支座端节间的全长加强杆件与弦杆不平行时，则加强杆与弦杆之间应分成独立的端节点和腹杆节点进行设计（图 C.1.5）。

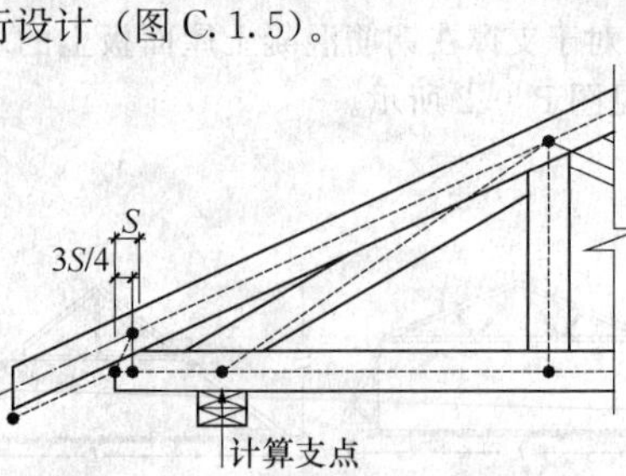

图 C.1.5　加强杆件与弦杆不平行时的
独立端节点和腹杆节点

C.2　上弦端部节点

C.2.1 桁架上弦端部节点应符合下列规定：

1 两相邻上弦杆竖向相切时，上弦杆端部竖向相交的交线与两上弦杆轴线相交获得两个交点，该两交点的中点应假定为该处上弦端部的模拟节点[图C.2.1(a)]；

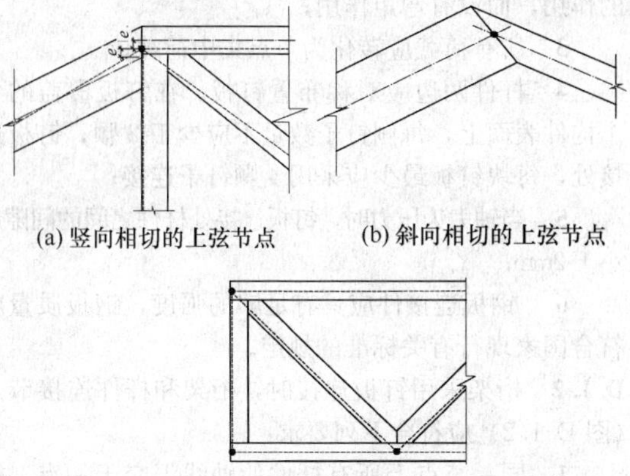

(a) 竖向相切的上弦节点　　(b) 斜向相切的上弦节点

(c) 上弦角节点

图 C.2.1　上弦端部节点示意图

2　两相邻上弦斜向相切时，两上弦杆轴线的交点应假定为该处模拟节点[图 C.2.1(b)]；

3　桁架上弦端部为直角时，上弦杆轴线与上弦杆端部垂线的交点应假定为该处模拟节点[图 C.2.1(c)]。

C.3　杆件对接节点

C.3.1　弦杆对接节点应为两弦杆轴线与对接线相交所得到的两个交点的中点（图 C.3.1）。

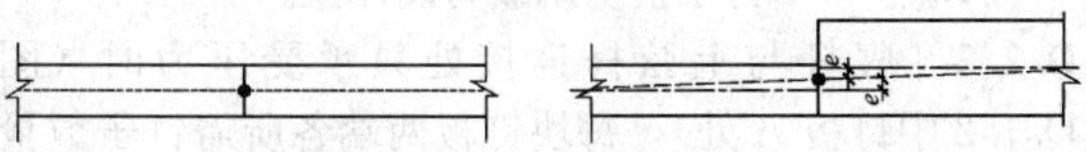

图 C.3.1　对接节点

C.4　搭 接 节 点

C.4.1　在相搭接的两杆件中，较短杆件的端面与两个相互搭接杆件轴线间距的平分线的交点应为杆件搭接节点（图 C.4.1）。

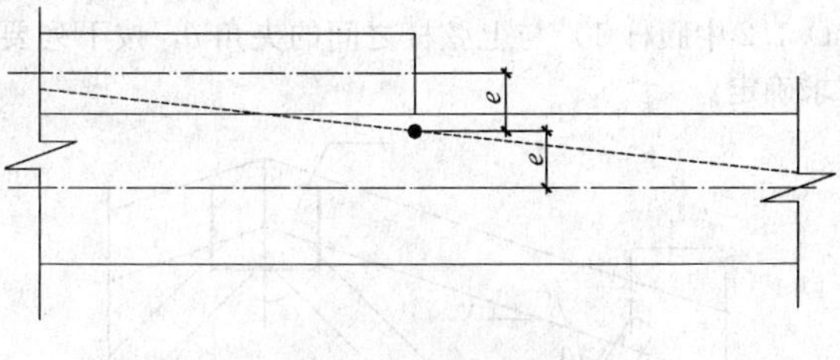

图 C.4.1　搭接节点

C.5　腹 杆 节 点

C.5.1　桁架腹杆节点应为节点处腹杆和弦杆相接触面的中点与弦杆轴线垂直相交所得的交点（图 C.5.1）。

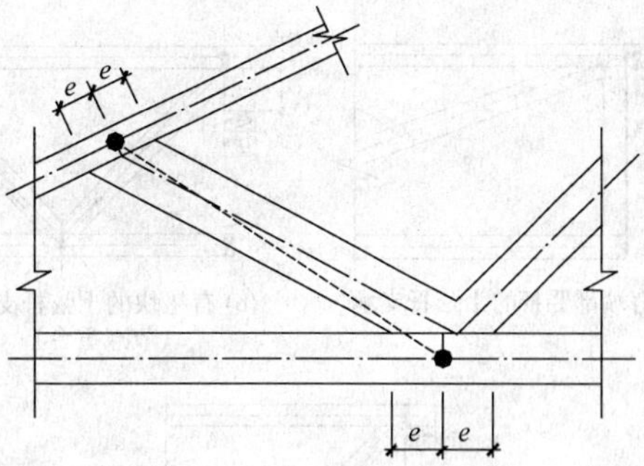

图 C.5.1　腹杆节点

C.6　内　节　点

C.6.1　桁架内节点应为节点处两侧腹杆与竖杆两侧相接触面的各边相对应边缘之间最小间距的中点与竖杆轴线垂直相交的交点（图 C.6.1）。

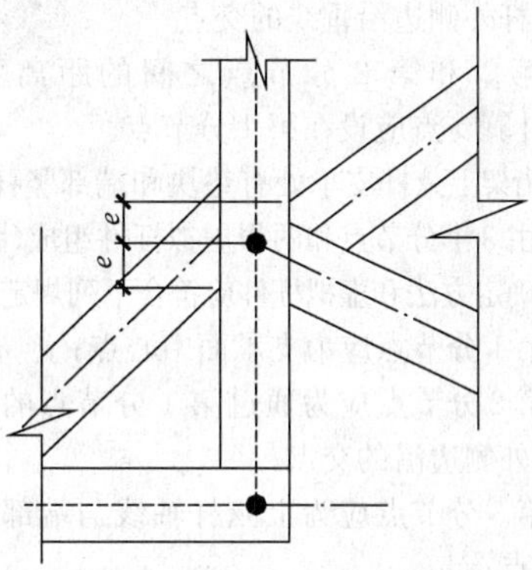

图 C.6.1　内节点

C.7　杆 端 支 点

C.7.1　桁架杆端支点应为过桁架端部第1分节点的上弦轴线平行线与支座支承面外侧垂线的交点（图 C.7.1）。

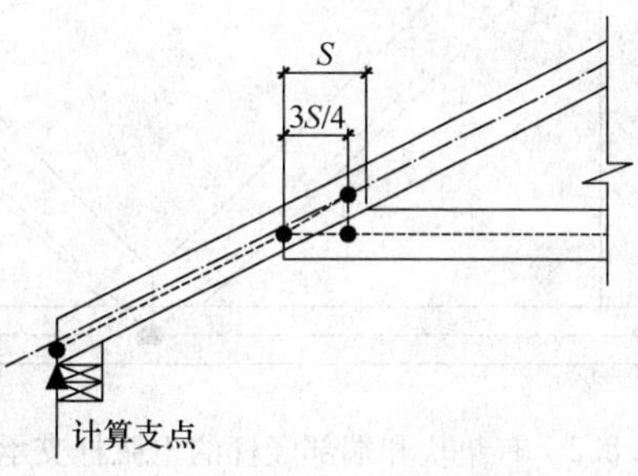

图 C.7.1　杆端支承节点

C.8　上弦杆支点

C.8.1　桁架上弦杆支点应由两个分节点组成，分节点的确定方法应符合下列规定：

1　第1分节点应为上弦杆轴线与支承面内侧边沿垂线的交点（图 C.8.1）；

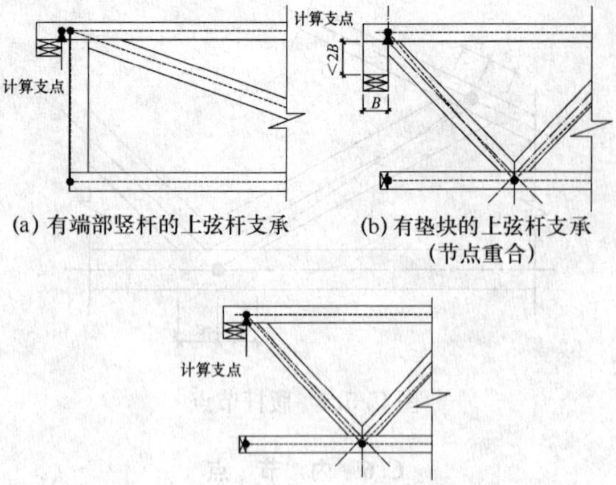

(a) 有端部竖杆的上弦杆支承　(b) 有垫块的上弦杆支承（节点重合）

(c) 上弦杆支承（节点重合）

图 C. 8. 1　上弦杆支点

2　第 2 分节点应为上弦杆轴线与桁架端部杆件交汇处腹杆外侧边沿垂线的交点；

3　第 1 和第 2 分节点之间的距离不应大于 13mm；计算支点应设在第 1 分节点。

C. 8. 2　桁架上弦杆支承处有垫块和端部竖杆时，上弦杆支点应由 3 个分节点和两根虚拟杆件组成(图 C. 8. 2)。分节点的确定方法和虚拟杆件应符合下列规定：

1　第 1 分节点应为支承面中心点；

2　第 2 分节点应为通过第 1 分节点的水平线与端部竖杆外侧边沿的交点；

3　第 3 分节点应为上弦杆轴线与端部竖杆外侧边沿的交点；

4　1～3、2～3 分节点间的连线应作为虚拟杆件，计算支点应设在第 1 分节点。

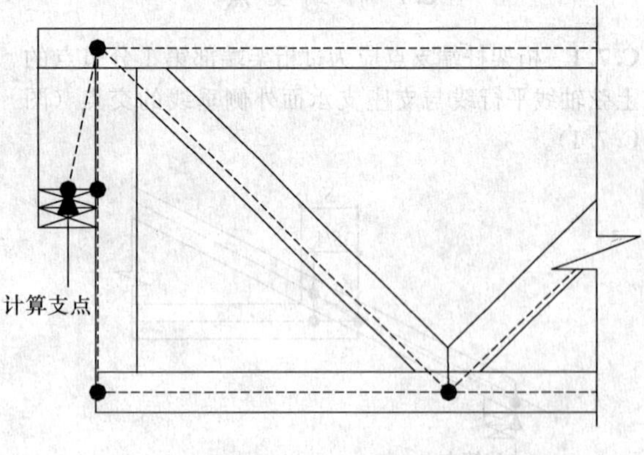

图 C. 8. 2　有垫块和端部竖杆的上弦杆支承节点

附录 D　钉板验算规定

D. 1　钉板的设计规定

D. 1. 1　本附录的规定适用于使用金属钉板（结合板、圆孔板）连接的木桁架的设计验算。金属钉板验算应符合下列规定：

1　金属连接板至少一端应采用圆钉连接；

2　除弦杆的连接外，所有钉板连接处仅受轴力的作用，而没有弯矩作用；

3　所有荷载应转化为节点集中荷载；

4　杆件两边应对称布置钉板；在钉板覆盖的各个构件表面上，每侧钉子数量不应少于 2 颗；钉板连接处，每块钉板最少应采用 4 颗钉子连接；

5　当轴力为压力时，钉板连接处杆件之间的间隙应小于 2mm；

6　钢板连接件应具有足够的强度，钢板质量应符合国家现行有关标准的规定。

D. 1. 2　桁架采用钉板连接时，桁架和杆件连接节点（图 D. 1. 2）应符合下列要求：

1　同一节点上所有杆件的轴线汇交于一点，桁架节点为铰节点；

2　上、下弦杆没有变坡；

3　支座支承处杆件没有采用加强措施，且杆件轴线的交点位于支座支承面内。

D. 2　钉板用于腹杆与弦杆连接的验算

D. 2. 1　腹杆与上弦杆连接处只承受拉力时（图 D. 1. 2 中钉板 A 处），钉板上的钉子应能够承受该拉力。每块钉板两端各所需钉子数量应按下式确定：

$$n = \frac{N_1}{2R_{90,d}} \tag{D. 2. 1}$$

式中：N_1—— 腹杆（腹杆 1）的轴向力设计值；

$R_{90,d}$—— 钉子抗剪承载力设计值。

D. 2. 2　腹杆与上弦杆连接处只承受压力时（图 D. 1. 2 中钉板 A 处），每块钉板两端各所需钉子数量应按下式确定：

$$n = K_{red}\frac{N_1}{2R_{90,d}} \tag{D. 2. 2}$$

式中：K_{red}—— 腹杆连接影响系数，按本规范第 D. 2. 3 条确定；

$R_{90,d}$—— 钉子抗剪承载力设计值。

D. 2. 3　腹杆连接影响系数 K_{red} 应根据腹杆（图 D. 1. 2 中腹杆 1）与上弦杆之间的夹角 θ，按下列要求确定：

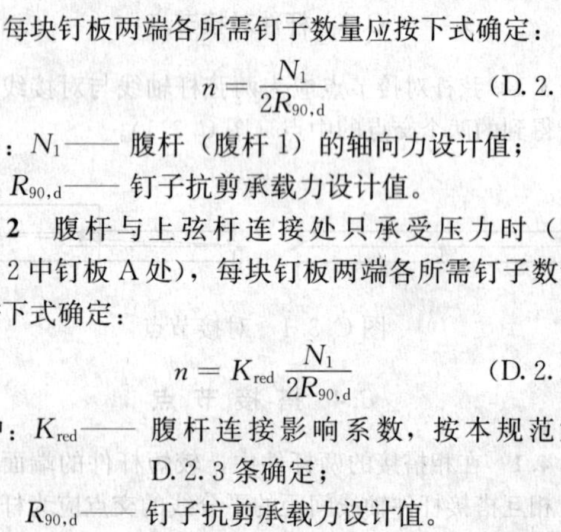

图 D. 1. 2　钉板连接示意图

1—钉板 A；2—钉板 B；3—钉板 C；4—腹杆 1；5—腹杆 2

1 腹杆与上弦杆之间的角度 $\theta > 75°$时，应取 $K_{red} = 0.5$；

2 腹杆与上弦杆之间的角度 $45° < \theta < 75°$时，应取 $K_{red} = 0.75$；

3 腹杆与上弦杆之间的角度 $\theta < 45°$时，应取 $K_{red} = 1.0$。

D.2.4 当腹杆 1 与上弦杆之间的角度由腹杆 1 与腹杆 2 之间的角度确定时（图 D.1.2），腹杆 1 与其他构件间的连接验算和腹杆 2 与其他构件间的连接验算，可按本规范第 D.2.2 条和第 D.2.3 条执行。

D.2.5 在下弦杆与钉板连接处（图 D.1.2 中钉板 B 处），两个腹杆在下弦杆轴线方向产生合力 N_{12} 时，每块钉板两端各所需钉子数量应按下式确定：

$$n = \frac{N_{12}}{2R_{90,d}} + 2 \qquad (D.2.5)$$

D.2.6 在屋脊节点处（图 D.1.2 中钉板 C 处），杆件间的连接验算应按下列规定进行：

1 腹杆与上弦杆之间的连接验算应按本规范第 D.2.1 条进行，腹杆中轴向力设计值可为拉力或压力；

2 当两个弦杆之间承受压力，且弦杆之间间隙小于 2mm 时，上弦杆之间的每块钉板两端各所需钉子数量按构造要求不少于 2 颗；

3 当两个弦杆之间承受拉力，上弦杆之间的连接验算应按本规范第 D.2.1 条进行，轴向力设计值应取弦杆的轴向力；

4 当验算两腹杆产生的竖向合力时，屋脊节点处每块钉板两端各所需钉子数量应按下式确定：

$$n = \frac{N_2 \cdot \cos\alpha}{2R_{90,d}} \qquad (D.2.6)$$

式中：N_2——两腹杆之一的轴向力设计值；

α——腹杆与垂直方向的夹角。

D.2.7 在支座节点处，当支承点位于下弦杆下部时（图 D.2.7），每块钉板两端各所需钉子数量应按本规范公式（D.2.1）确定，公式中轴向力为钉板上任何一端所承受的拉力，并按下式确定：

$$N_t = \frac{N_a}{\cos\nu} \qquad (D.2.7)$$

式中：N_a——上弦杆的轴向压力设计值；

ν——上弦杆与水平方向的夹角。

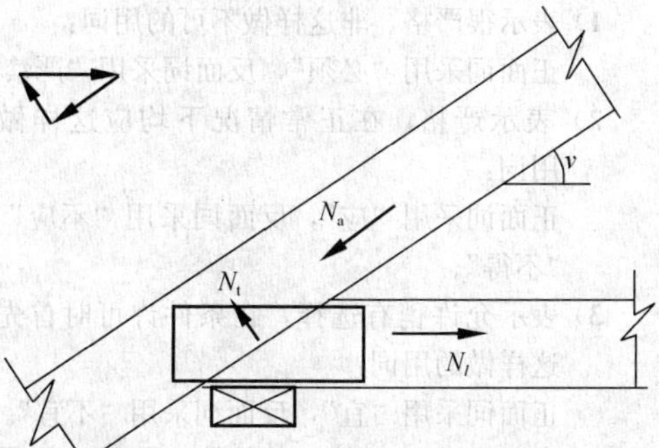

图 D.2.7 支座支撑在下弦杆下部

D.2.8 在支座节点处，当支承点位于上弦杆下部时（图 D.2.8），每块钉板两端各所需钉子数量应按本规范公式（D.2.1）确定，轴向力设计值应取下弦杆的轴向拉力。

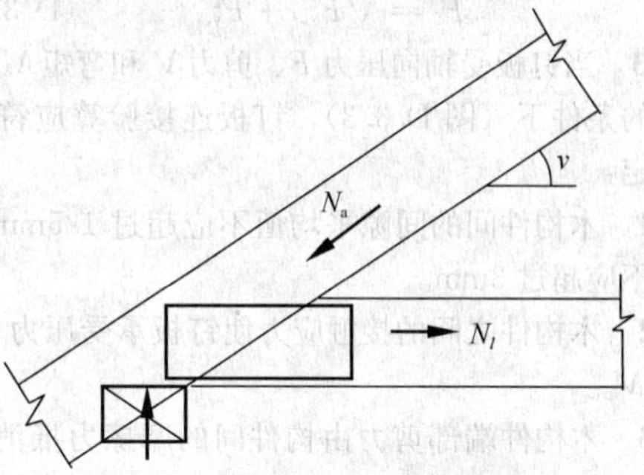

图 D.2.8 支座支撑在上弦杆下部

D.3 钉板用于弦杆接长的验算

D.3.1 当上下弦杆的接长采用钉板连接时，钉板连接的验算应根据弦杆是承受拉力作用，还是承受压力作用的不同情况进行验算。

D.3.2 当钉板受轴向拉力 N、剪力 V 和弯矩 M 共同作用的条件下，钉板连接验算应按下列规定进行：

1 假设作用于钉板上的轴力、剪力和力矩作用于钉子群的重心点（图 D.3.2）；

2 钉子群的位置坐标的原点设置在钉子群的重心点；

3 钉子群中钉子最大侧向力产生在距离重心最远的一个钉子上；

4 每块钉板应承受木构件产生的轴力、剪力和力矩各种荷载值的 1/2；

5 钉子群中钉子 i 在 x 方向和 y 方向的分力应按下列公式计算：

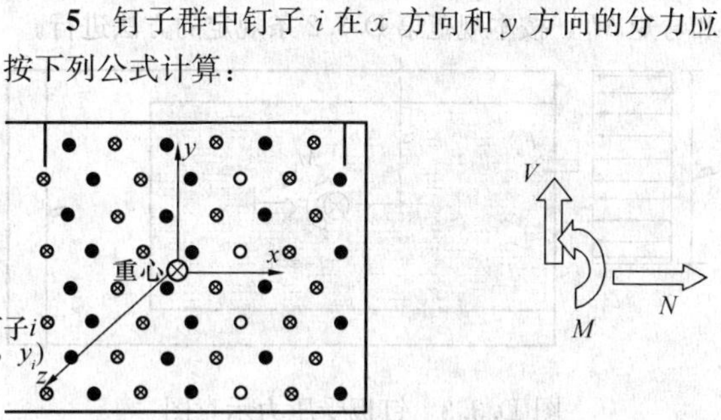

图 D.3.2 钉板受拉力示意图

$$F_{x,i} = \frac{N}{n} - \frac{M \cdot y_{y,i}}{I_p} \qquad (D.3.2\text{-}1)$$

$$F_{y,i} = \frac{V}{n} - \frac{M \cdot x_{y,i}}{I_p} \qquad (D.3.2\text{-}2)$$

$$I_p = \sum_{i=1}^{n} (x_i^2 + y_i^2) \qquad (D.3.2\text{-}3)$$

式中：N、V、M——分别为作用于钉板上的轴力、剪力和弯矩；

n——单个钉板上一端的钉子数量；

x_i、y_i——钉子 i 距重心点 x 方向和 y 方向的距离。

6 钉子群中钉子 i 承受的侧向力应按下式计算：

$$F_i = \sqrt{F_{x,i}^2 + F_{y,i}^2} \qquad (D.3.2\text{-}4)$$

D.3.3 当钉板受轴向压力 F、剪力 V 和弯矩 M 共同作用的条件下（图 D.3.3），钉板连接验算应符合下列规定：

1 木构件间的间隙平均值不应超过 1.5mm，最大值不应超过 3mm。

2 木构件之间的接触应力使钉板承受压力 $F_{x,n}$、弯矩 M_p。

3 木构件端部剪力由构件间的摩擦力抵消，钉板不承受剪力。

4 钉子群重心距构件上边缘为 a，构件之间的接触压力区高度 h_c 按下式计算：

$$h_c = \frac{F}{b \cdot f_c} \qquad (D.3.3\text{-}1)$$

式中：F——木构件的轴向压力（N）；

b——木构件的宽度（mm）；

f_c——木构件的抗压强度设计值（N/mm²）。

5 钉子群承受的弯矩 M_p 按下式计算：

$$M_p = \frac{1}{2}\left[M - F\left(a - \frac{h_c}{2}\right)\right] \qquad (D.3.3\text{-}2)$$

式中：M——节点处木构件中的弯矩设计值（N·mm）；

F——节点处木构件中的轴向压力（N）。

6 钉子群承受的轴向压力 $F_{x,n}$ 按下式计算：

$$F_{x,n} = \frac{F}{2} \qquad (D.3.3\text{-}3)$$

7 钉子群中钉子 i 的验算应根据轴向压力 $F_{x,n}$ 和弯矩 M_p，按本规范第 D.3.2 条规定的方法进行。

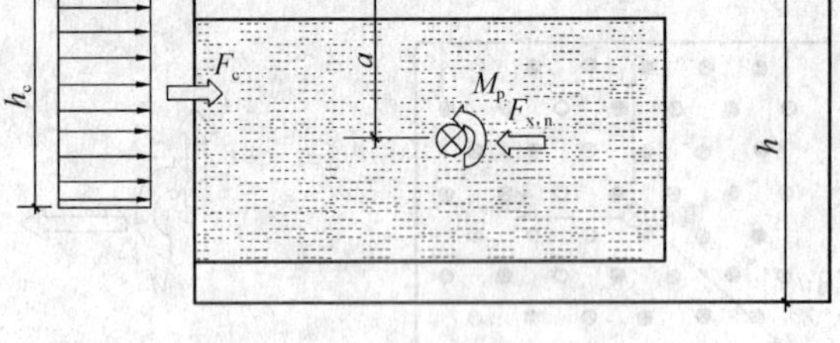

图 D.3.3 钉板受压力示意图

附录 E 桁架运输与安装规定

E.0.1 单榀轻型木桁架起吊与运输时，应按下列规定进行（图 E.0.1）：

1 当桁架跨度为 $L \leqslant 6$m 时，可采用单点起吊，或采用人工搬运；

2 当桁架跨度为 $6\text{m} < L \leqslant 9\text{m}$ 时，桁架可采用两点起吊，起吊点之间距离应为 $L/2$；

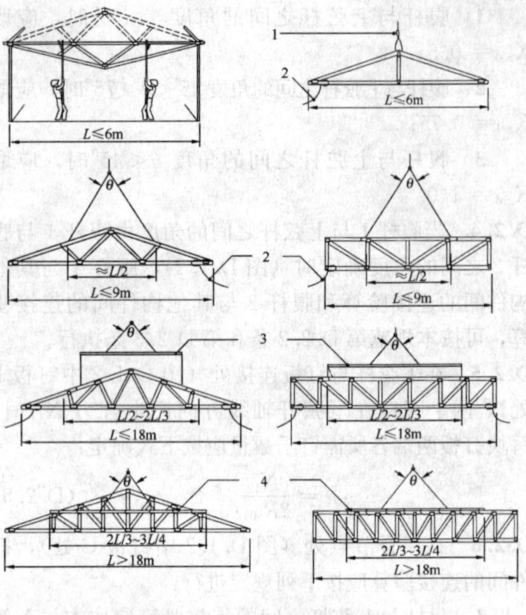

图 E.0.1 桁架的运输与安装

1—单点吊；2—导向线；3—分配梁；4—起吊梁

3 当桁架跨度为 $9\text{m} < L \leqslant 18\text{m}$ 时，桁架可采用长度为 $L/2 \sim 2L/3$ 的分配梁起吊；

4 当桁架跨度为 $L > 18$m 时，桁架可采用长度为 $2L/3 \sim 3L/4$ 的起吊梁起吊；

5 当采用吊运方式搬运或安装桁架时，应设置导向线。

E.0.2 桁架在安装前存放时，应布置足够的竖向支承和侧向支撑，避免桁架产生过大的侧向弯曲或发生倾覆。

E.0.3 桁架在运输和安装过程中，当发生齿板与杆件连接不牢或板齿钉钉入不当造成节点松动时，不应将松动的齿板钉回原位，应与设计人员或生产厂家联系，共同确定修复方案。

本规范用词说明

1 为便于在执行本规范条文时区别对待，对要求严格程度不同的用词说明如下：

1）表示很严格，非这样做不可的用词：
正面词采用"必须"，反面词采用"严禁"。

2）表示严格，在正常情况下均应这样做的用词：
正面词采用"应"，反面词采用"不应"或"不得"。

3）表示允许稍有选择，在条件许可时首先应这样做的用词：
正面词采用"宜"，反面词采用"不宜"。

4）表示有选择，在一定条件下可以这样做的用词，采用"可"。

2 条文中指明应按其他有关标准执行的写法为“应符合……的规定”或“应按……执行”。

引用标准名录

1 《木结构设计规范》GB 50005
2 《建筑结构荷载规范》GB 50009
3 《建筑设计防火规范》GB 50016
4 《钢结构设计规范》GB 50017
5 《木结构工程施工质量验收规范》GB 50206
6 《碳素结构钢》GB/T 700
7 《低合金高强度结构钢》GB/T 1591

中华人民共和国行业标准

轻型木桁架技术规范

JGJ/T 265—2012

条　文　说　明

制 订 说 明

《轻型木桁架技术规范》JGJ/T 265－2012，经住房和城乡建设部2012年3月1日以第1327号公告批准、发布。

本规范制订过程中，编制组经过广泛的调查研究，参考了加拿大《轻型木桁架设计规程》（TPIC-Truss Design Procedures and Specifications for Light Metal Plate Connected Wood Trusses），总结并吸收了欧美地区在轻型木桁架技术和设计、应用等方面的成熟经验，并结合我国的具体情况，编制了本规范。

为了便于广大设计、施工、科研和学校等单位的有关人员在使用本技术规范时能正确理解和执行条文规定，《轻型木桁架技术规范》编制组按章、节、条顺序编制了本技术规范的条文说明，对条文规定的目的、依据以及执行中需注意的有关事项进行了说明。但是，本条文说明不具备与标准正文同等的法律效力，仅供使用者作为理解和把握标准规定的参考。

目 次

1 总　　则

1.0.1　本条主要阐明制订本技术规范的目的。

考虑到我国轻型木结构建筑的发展趋势，轻型木桁架在建筑中的应用将会越来越多。本技术规范主要规范了轻型木桁架的设计、制作与安装和维护管理，指导轻型木桁架在工程中的应用，避免在工程中出现质量问题。

1.0.2　本条规定了本技术规范的适用范围。

本技术规范全面采用欧美国家近几十年来轻型木桁架的先进技术和先进工艺，结合我国实际情况，制订我国轻型木桁架的设计和施工体系。本技术规范主要适用于采用金属齿板和规格材进行节点连接的轻型木桁架的设计、施工和维护管理。轻型木桁架主要用于住宅、单层工业建筑和公共建筑中。除用于木结构建筑外，也适用于在钢筋混凝土结构、钢结构和砌体结构中的楼面系统或屋面系统。

1.0.3　本条主要明确应与相关规范配套使用。

由于国家标准《木结构设计规范》GB 50005－2003（2005年版）目前正在进行修订，因此，对于轻型木桁架的设计，在执行本技术规范的有关规定时，当出现与国家标准《木结构设计规范》GB 50005－2003（2005年版）的相关规定有不同之处时，可按本规范的要求执行。

2 术语和符号

2.1 术　　语

在国家相关标准中有关轻型木桁架的惯用术语基础上，列出了新术语。主要是参照国际上轻型木桁架技术常用术语进行编写。例如，结合板、组合桁架、支座端节点、屋脊节点等。

2.2 符　号

解释了本规范采用的主要符号的意义。

3 材　　料

3.1 规 格 材

3.1.3、3.1.4　明确规定了轻型木桁架的杆件尺寸和材质等级的最低要求。

轻型木桁架所用的规格材等级和尺寸应符合设计图纸的要求。当制作轻型木桁架时，没有符合设计要求的规格材，可使用不同等级的规格材进行替代，但是，替代材料的各项材性指标都应满足或超过设计要求的材料等级。当轻型木桁架采用金属齿板进行节点连接时，由于金属齿板抗侧强度在不同树种的木材中是不同的，如果使用不同于设计要求的树种替代时，虽然其各项材性指标都可能高于设计要求的木材，但金属齿板的抗侧强度可能会不满足设计要求。因此，为了避免这个问题，当没有木桁架设计人员的许可时，只能采用相同树种的较高等级的规格材替代原设计所要求的规格材等级。

3.2 齿板与连接件

3.2.1　本条规定了国产金属齿板应采用的钢材种类和钢材最低性能应满足的要求。对于进口金属齿板，他们应满足相应进口国的钢材等级和最低力学性能的规定。表1、表2是不同地区进口金属齿板的钢材等级和最低力学性能。齿板常用的形式如图1所示。

表1　北美地区制造的金属齿板的钢材等级和最低力学性能

等级	SQ230	SQ255	SQ275	HSLA I340 或 HSLA II340	HSLA I410 或 HSLA II410
极限抗拉强度(MPa)	310	360	380	410	480
最小屈服强度(MPa)	230	255	275	340	410
伸长率（50mm间距）(%)	20	18	16	20	16

注：镀锌层可以在齿板生产前完成，宜采用G90的镀锌层。

表2　澳大利亚、新西兰制造的金属齿板的钢材等级和最低力学性能

等　级	G250	G300	G350	G450	G500	G550
极限抗拉强度(MPa)	320	340	420	480	520	550
最小屈服强度(MPa)	250	300	350	450	500	550
伸长率（50mm间距）(%)	25	20	15	10	8	2

注：G450适用于厚度大于1.50mm的冷轧钢。G500适用于厚度介于1.00mm和1.50mm之间的冷轧钢。G550适用于厚度不大于1.00mm的冷轧钢。

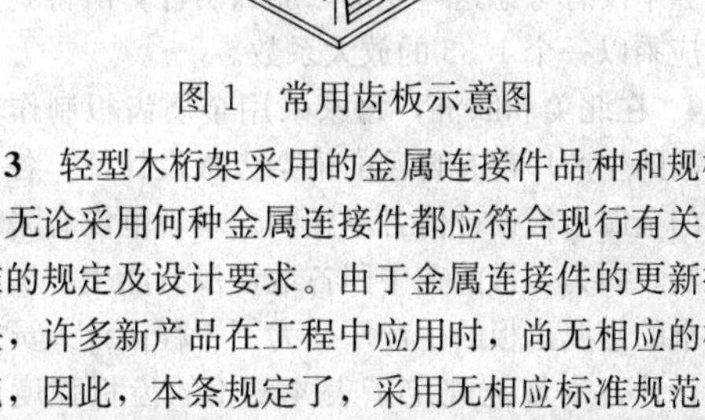

图1　常用齿板示意图

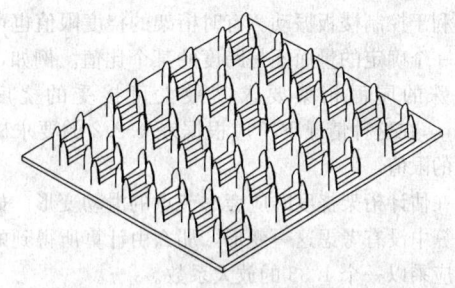

3.2.3　轻型木桁架采用的金属连接件品种和规格较多，无论采用何种金属连接件都应符合现行有关国家标准的规定及设计要求。由于金属连接件的更新换代较快，许多新产品在工程中应用时，尚无相应的标准规范，因此，本条规定了，采用无相应标准规范的连接件首先应满足设计规定的性能要求，并应提供满足设计要求的产品质量合格证书或经相关的检验机构对

金属连接件进行检测合格的报告。

4 基本设计规定

4.1 设计原则

根据《建筑结构可靠度设计统一标准》GB 50068和《木结构设计规范》GB 50005相关规定，本规范仍采用以概率理论为基础的极限状态设计方法。本节的相关规定均来源于上述两本国家标准。

4.1.4、4.1.5 在进行屋面体系的轻型木桁架设计时，根据抗震设防要求应考虑地震作用的放大效应对屋面轻型木桁架的影响。

本规范仅用于单榀桁架的竖向荷载计算；桁架系统抗侧力验算应按屋盖结构进行计算，与下部结构的连接应通过计算确定。

4.2 设计指标和允许值

4.2.1 在现行国家标准《木结构设计规范》GB 50005中已规定了规格材的强度设计值和弹性模量设计值，本规范只需直接引用。对于该规范中未包含的进口规格材的强度设计值和弹性模量设计值，应按国家规定的相关程序进行确定。

4.2.2 本条表4.2.2中规定的挠度限值是根据美国《轻型木桁架国家设计规范》（ANSI/TPI 1-National Design Standard for Metal Plate Connected Wood Truss Construction）和加拿大《轻型木桁架设计规程》（TPIC-Truss Design Procedures and Specifications for Light Metal Plate Connected Wood Trusses）中的相应挠度限值制定的。工程师可根据需要对桁架（尤其是楼板桁架）采用更为严格的挠度要求。当需要考虑楼板振动控制时，因为通常随着楼板跨度的增加会引起楼板振动的问题，所以采用更严格的挠度限值有利于控制楼板振动。有时桁架的挠度限值也可以采用一个确定的量而不是跨度的某个比值。例如，某一特殊的屋面桁架要求其最大可接受的挠度为50mm，在这种情况下不应根据表4.2.2的要求确定挠度的限值。

在估计桁架挠度时应考虑节点的滑动变形。如果在计算中没有考虑这一变形，那么由计算所得到的挠度时应乘以一个1.33的放大系数。

4.2.4 在北美和欧洲，每家采用金属齿板制作轻型木桁架的生产厂都有自己的桁架齿板设计值，各个生产厂的金属齿板设计值各不相同。本规范没有采纳这一方法。因为，目前在中国各地还没有能生产满足设计要求的金属齿板的生产厂，为了工程设计人员便于进行设计，本规范规定了表4.2.4的齿板强度设计值。所以，本规范采用的设计值并不代表某一厂家的齿板设计值，而是通过金属齿板主要的生产商提供的齿板设计值进行对比分析，并根据对规格材设计值相同的转换方法而确定的。

虽然，用这一方法得到的设计值并不能充分利用齿板的力学性能，但这些设计值可以为工程设计人员提供一定的灵活性，从而不必担心市场上是否有设计所要求的齿板产品和型号。符合本规范设计值的进口齿板应按本规范附录A表A.5.1选用。

齿板的设计值适用于材料全干比重在0.4～0.45之间的树种。大量的研究表明材料的全干比重和齿板抗侧强度之间有一定的线性关系，即当材料的全干比重增加时，齿板的抗侧强度也随之增加。所以当使用较高全干比重的规格材时，如果有按本规范附录A的试验方法得到的数据支持，也可以采用更高的设计值。

由于齿板在构件连接节点的两侧均是对称布置，本规范规定的齿板强度设计值是节点处一对（两块）齿板的强度设计值。

4.2.5 由于金属齿板的规格和种类不统一，制作桁架时采用的材料全干比重也随树种不同而变化，因此，本条规定了按本规范附录A的试验方法也可得到齿板的强度设计值。本条与国家标准《木结构设计规范》GB 50005-2003（2005年版）的相关规定是一致的。

5 构件与连接设计

5.1 构件设计

5.1.3 受压构件的有效长度 l_0 计算时，对于桁架平面内节点间取0.8的调整系数主要是为了考虑构件端部的实际约束情况。Grant等（参考文献：Grant, D., Keenan, F. J., Korbonen, J. E. 1986. Effective length of compression web members in light wood trusses. Forest Products Journal. Vol. 36, No. 5: 57-60）在1986年的试验表明这一假定是合理的。桁架弦杆和腹杆平面外的有效长度见图2。桁架弦杆构件的有效长度也可以由结构分析来确定，在分析中应根据实际情况适当考虑构件端部的约束情况。平面内最小的有效长度不应小于杆件长度的0.65倍。

5.1.4 局部受压尺寸调整系数 K_{Zcp} 是考虑构件的设置对局部受压承载力的影响。由于材料的生长特性，试验表明同一构件的宽边的抗压强度要高于窄边的抗

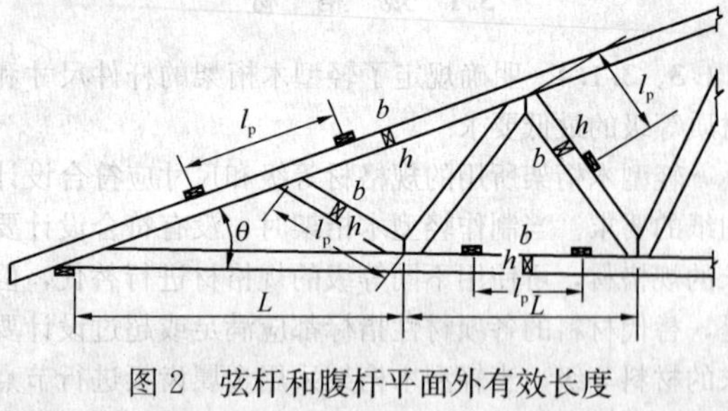

图2 弦杆和腹杆平面外有效长度

压强度（参考文献：①Lum，C. 1994. Rationalizing compression perpendicular-to-grain design. Report to Forestry Canada. No. 13. Project No. 1510K018，Forintek Canada Corp.，Vancouver，BC. ②Lum，C. 1995. Compression perpendicular-to-grain design in CSA O86. 1-94. Report to Forestry Canada. No. 14. Project No. 1510K018，Forintek Canada Corp.，Vancouver，BC.）。

当局部受压长度小于 150mm 且局部受压的区域离构件端部不小于 75mm 时，横纹抗压强度可以乘以支承长度调整系数 K_B。但该局部受压长度调整系数对于局部受压区域内有较高弯曲应力时不适用。

对于桁架杆件的横纹局部受压分两种情况。第一种情况是局部压力仅作用于杆件的一面，相应的局部受压区域的另一面没有局部压力。腹杆与弦杆的交界面是第一种横纹局部受压的典型例子。第一种横纹局部受压只需按本规范第 5.1.4 条对构件的局部受压表面进行承载力验算。

第二种情况是局部压力同时作用于杆件的两侧，这种情况大多数位于桁架的支承节点处，如本规范图 6.2.3 所示。对于第二种横纹局部受压，除了按本规范第 5.1.4 条对构件的局部受压两个表面分别进行承载力验算之外，还要对构件内部的局部受压区进行承载力验算。具体的验算方法可参考加拿大《轻型木桁架设计规程》（TPIC-Truss Design Procedures and Specifications for Light Metal Plate Connected Wood Trusses）。当第二种局部受压区域采用了齿板加强时，则不需要对构件内部的局部受压区进行承载力验算，只需按照本规范第 5.1.4 条和第 5.1.5 条的要求验算构件局部受压的承载力。

5.1.6 研究表明，可采用桁架齿板加强来提高构件的局部受压承载力（参考文献：Bulmanis，N. S.，Latos，H. A.，Keenan，F. J. 1983. Improving the bearing strength of supports of light wood trusses. Canadian Journal of Civil Engineering，Vol. 10，pp. 306-312.）。当构件的局部受压区域和齿板布置满足本规范第 6.2.3 条的要求时，只需按照本规范第 5.1.4 条的要求验算构件局部受压的承载力。

5.3 齿板连接承载力计算

5.3.3 在节点处，应采用构件的净截面验算构件的抗拉和抗压强度。构件抗拉或抗压计算时的 h_n 是指抗拉或抗压构件在节点中实际受力处的有效高度。当抗拉或抗压构件中的轴力除以有效截面面积后得到的应力超过木材抗拉或抗压承载能力时，在削弱的净截面处有可能会发生抗拉或抗压的破坏。

在下弦杆和上弦杆相交的支座端节点处，下弦杆净截面的有效高度 h_n 为齿板顶部到下弦杆下表面的距离［本规范图 5.3.3 (a)］。如果节点处下弦杆的有效高度只考虑延伸到齿板的下边缘，则沿齿板下边缘的木材抗剪承载力为薄弱环节。然而，齿板下边缘的剪切破坏与实际观察到的破坏并不相符。试验表明在支座端节点处的破坏通常为竖向开裂。所以如果齿板下边缘到弦杆下边缘之间的距离较小，下弦杆在节点处的有效高度可以延伸到弦杆的下边缘。

当支座端节点处的上弦杆有两块齿板时（图 3），上弦杆的净截面高度 h_n 应为两块齿板可覆盖的上弦杆最大高度。对于同样的节点，下弦杆的净截面高度 h_n 应为两块齿板有效高度之和。节点中齿板之间的距离由下弦杆中水平剪力和拉力来决定。

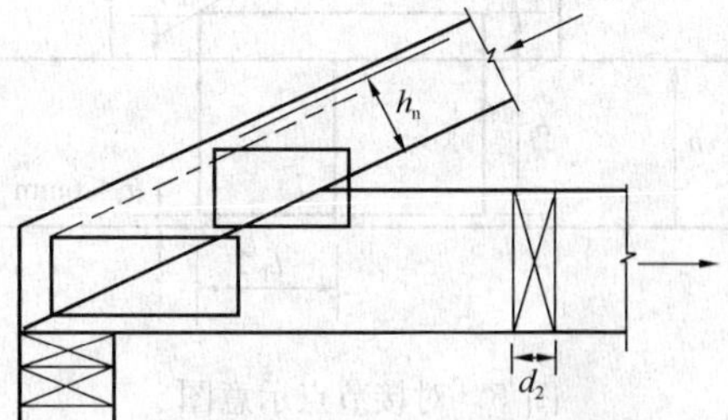

图 3　节点处上弦杆中 h_n 示意图

5.3.4 桁架端节点弯矩影响系数 k_h 考虑了端节点上的弯矩对齿板承载力的影响，该系数的大小是由大量木桁架设计经验确定的。对于坡度较小的桁架（坡度小于3：12）该影响系数为 0.85，对于坡度较大的桁架（坡度大于 5.5：12）该影响系数为 0.65。

对于上弦杆和下弦杆没有直接相交的端部节点（图 4），这一影响系数不适用。

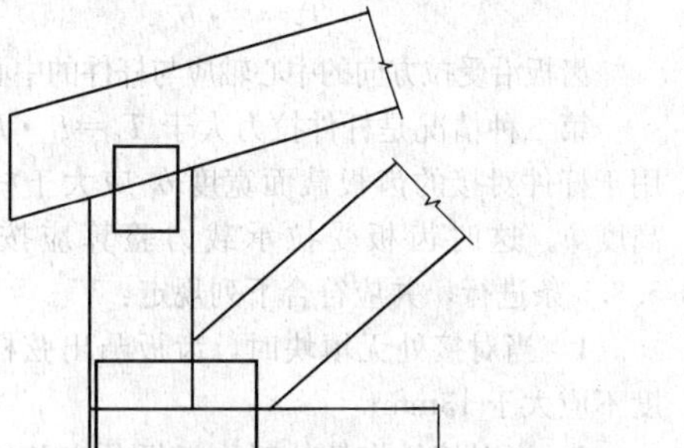

图 4　桁架端节点示意图

5.3.6 与弦杆高度相同的齿板一般可以提供足够的抗拉强度。当齿板净截面不能满足承载力要求时，需要使用宽度大于弦杆高度的齿板，有时还可能会用木填块来进一步提高齿板的承载力。在这种情况下，实际能有效传递节点处拉力的齿板宽度由最大允许有效宽度的控制。

早期的研究显示，齿板传递拉力的能力随着齿板宽度凸出弦杆部分的高度的增加而降低。这些研究成果表明超出的齿板宽度越大，传递到该部分的拉应力则越小（参考文献：Njoto, I., Salim, I. 1978. Tensile strength of eccentric roof truss tension splices. Department of Civil Engineering and Applied Mechanics. McGill University.）。本条规定的承载力调整系数 k 是一个经验系数。对于有填块加强的对接节点，试验显示超出弦杆高度部分的齿板有效宽度为 89mm，本条文中对于齿板有效宽度的限值正是根据该试验结果而设定的。图 5 所示为有无填块时的最大允许有效宽度。

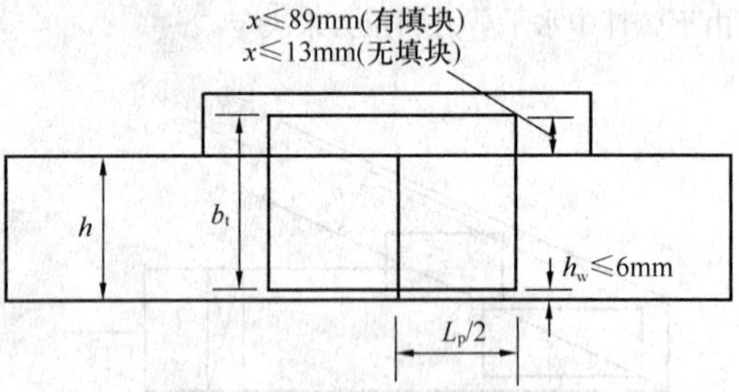

图 5　对接节点示意图

对于宽度大于弦杆高度的齿板，试验表明这种节点首先在弦杆对接面下边缘处出现拉应力破坏，然后沿着弦杆和填块的对接面剪切破坏。弦杆对接面下边缘处发生的拉应力破坏是由节点中的偏心受力引起的。

受拉杆件对接时，齿板根据杆件拉力的大小分为两种情况。第一种情况是杆件拉力小于或等于 $T_r = t_r \cdot h$ 时，表明用于杆件对接的齿板截面宽度 b_t 不需大于杆件的截面高度 h。这时齿板受拉承载力验算可按下式计算：

$$T_r = t_r \cdot b_t \tag{1}$$

齿板沿受拉方向的中心轴应与杆件的中心轴重合。

第二种情况是杆件拉力大于 $T_r = t_r \cdot h$ 时，表明用于杆件对接的齿板截面宽度 b_t 应大于杆件的截面高度 h。这时齿板受拉承载力验算应按本规范第 5.3.5 条进行，并应符合下列规定：

1　当对接处无填块时，齿板凸出弦杆部分的宽度不应大于 13mm；

2　当对接处有填块时，齿板凸出弦杆部分的宽度不应大于 89mm。

5.3.8　剪力和拉力的复合公式与国家标准《木结构设计规范》GB 50005－2003（2005 年版）中的相关公式相同，仅修正了原公式中部分错误。该公式是参照美国《轻型木桁架国家设计规范》（ANSI/TPI 1-National Design Standard for Metal Plate Connected Wood Truss Construction）和加拿大《轻型木桁架设计规程》（TPIC-Truss Design Procedures and Specifications for Light Metal Plate Connected Wood Trusses）中的相应公式得到的。该公式利用交接面处齿板的抗拉和抗剪强度来估算齿板在交接面处的复合应力。1986 年 Kocher 的试验证明这个公式是保守的（参考文献：Kocher, G. L., 1986. An experimental investigation of buckling in the unsupported regions of metal connector plates as used in parallel-chord wood truss joints. Department of Civil and Environmental Engineering. Marquette University.）。

当腹杆的角度很小或很大时，齿板在交接面处基本上只有一种破坏模式，这时该公式得到的承载力和实际比较接近。

5.3.9　在设计受压弦杆对接节点时，齿板不传递压力，但连接受压对接节点的齿板刚度会影响节点处压力的分配。一般在设计时假定齿板的承载力为压力的 65%，并按此进行板齿的验算。美国《轻型木桁架国家设计规范》和加拿大《轻型木桁架设计规程》都采用了这一假定。

虽然在生产加工时应尽量保证让对接杆件的接头处没有缝隙，但在实际生产过程中很难做到。当受压节点有缝隙时，齿板将承受 100%的压力直到缝隙闭合为止。研究表明，当接头处有缝隙时，齿板会发生局部屈曲和滑移。当缝隙在 1.6mm 范围内时，通常主要的变形是齿滑移。当缝隙在 3.2mm 左右时，齿板多会产生局部屈曲（参考文献：Kirk, L. S., McLain, T. E., Woeste, F. E. 1989. Effect of gap size on performance of metal plated joints in compression. Society of Wood Science and Technology, Wood and Fiber, Vol. 21, No. 3: 274-288.）。在任何情况下，由 1.6mm 或 3.2mm 左右的缝隙导致的局部屈曲或滑移不会导致节点的破坏。对于节点设计来说，缝隙处发生的局部屈曲不会影响桁架的强度。由于平行弦楼盖桁架通常由挠度控制，所以平行弦楼盖桁架中受压对接节点的位移变形会进一步影响桁架的挠度。

5.3.10　本条中各公式是参照美国《轻型木桁架国家设计规范》（ANSI/TPI 1-National Design Standard for Metal Plate Connected Wood Truss Construction）和加拿大《轻型木桁架设计规程》（TPIC-Truss Design Procedures and Specifications for Light Metal Plate Connected Wood Trusses）。这些公式基于试验和理论的结合。有关的拉弯节点试验表明，所有的节点破坏都发生在齿板净截面处（参考文献：O' Regan, P. J., Woeste, F. E., Lewis, S. L. 1998. Design procedure for the steel net-section of tension splice joints in MPC wood trusses. Forest Products Journal. Vol. 48, No. 5: 35-42.）。试验结果和三个用于计算对接节点处齿板净截面极限抗弯承载力的理论模型进行了对比。在此试验研究的基础上，采用了最精确的一个理论模型并在其基础上发展形成了公式（5.3.10-1）。

因为弯矩承载力的计算公式中假定中性轴 y 是位于齿板内的，所以需要检验计算所得的中性轴是否符合这一假定。如果中性轴不在齿板内，公式（5.3.10-1）是不适用的。这种情况通常发生在弯矩很小但拉力很大的时候。

当节点为压弯复合受力时，可将压力的65%作为拉力来设计该节点。这一假定与受压对接节点齿板的设计相同。

6 轻型木桁架设计

6.1 木桁架的计算

6.1.9 本条规定参照了加拿大《轻型木桁架设计规程》（TPIC-Truss Design Procedures and Specifications for Light Metal Plate Connected Wood Trusses）。

6.1.10 对于支承其他轻型木桁架的组合桁架，设计人员需首先假定组合桁架中每榀桁架所承担的荷载。一般通常假定每一榀桁架承担相同的荷载。这一理想的分配假定忽略了偏心和平面外变形以及下弦杆扭转的影响，并且假定每一榀桁架之间的连接为刚性连接。在实际应用中，有许多因素可以弥补假定的误差所带来的影响。众所周知，每一榀桁架所承担的力和该榀桁架的相对刚度有关。由于组合桁架是由多榀相同的桁架组成，所以假定每榀桁架承担相同的荷载是合理的。另外，多榀相同桁架的共同作用可抵消因每榀桁架受力不均所带来的影响。桁架上下弦的永久支撑可减少偏心，平面外变形以及下弦杆扭转所造成的影响。

对于由三榀桁架组成的组合桁架，各榀桁架之间的连接可以用钉将外部的桁架直接与中间的桁架连接。对于由多于三榀桁架组成的组合桁架，除了用钉连接之外，还需要用螺栓或其他连接件将其组成组合桁架的各榀桁架连接起来。对于由多于三榀桁架组成的组合桁架，无论在任何情况下，都不能只用钉将各榀桁架连接起来。在设计时，只能考虑一种连接件（钉、螺栓或其他连接件）来传递各榀桁架之间的荷载。不可将两种不同的连接件的承载力叠加。

当作用于组合桁架的荷载来自一边时，用于连接第一榀桁架和其他桁架之间的连接件需传递较大的荷载。例如，假设由三榀桁架组成的组合桁架的每榀桁架承担相同的荷载，则第一榀和第二榀桁架之间的连接件需传递第二榀和第三榀桁架荷载的总和（2/3作用于组合桁架的荷载）。

6.2 木桁架的构造

6.2.8 本条对于短悬臂设计的规定参照了加拿大《轻型木桁架设计规程》（TPIC-Truss Design Procedures and Specifications for Light Metal Plate Connected Wood Trusses）。

6.2.10 本条的规定参照了加拿大《轻型木桁架设计规程》（TPIC-Truss Design Procedures and Specifications for Light Metal Plate Connected Wood Trusses）。原公式仅适用于两种树种，为了让该公式适用于更多不同的树种，对原公式进行了拟合，故公式（6.2.10）为拟合公式。本条文主要是针对构件横纹抗拉的强度设计。用于支承其他轻型木桁架等的组合桁架下弦杆经常会出现这种情况。

由不同齿板尺寸连接的40mm×140mm规格材的横纹抗拉试验表明，当作用在构件上的集中横纹抗拉荷载不大于2.5kN时，构件无需用齿板加强。当集中横纹抗拉荷载大于2.5kN时，荷载作用点需用齿板加强。

6.2.13、6.2.14 上承式桁架可承受的最大支座反力主要是根据73个上承式平行弦桁架的试验结果确定的（参考文献：Percival，D. H.，et al. 1985. Test results from an investigation of parallel-chord，top-chord bearing wood trusses. Research Report 85-1. Small Homes Council-Building Research Council. Urbana-Champaign，IL.），试验包括了不同的树种，齿板尺寸以及规格材的平置或立置。最大支座反力取决于总的反力和荷载作用时间。对于永久荷载，最大支座反力应相应降低。对于短期荷载，最大支座反力可适当提高。设计时，当支座反力大于本规范表6.2.13和表6.2.14的限值时，不宜采用此种支承方式。

另外，上承式平行弦桁架的设计应考虑上弦杆超出桁架部分可能出现的剪切破坏。早期试验表明（参考文献：McAlpine，W. R.，Grossthanner，O. A. 1979. Proposed design methods for three typical truss details：Top chord bearing of floor trusses. Proceedings of the 1979 Metal Plate Wood Truss Conference. P-79-28. Forest Products Research Society. Medison，WI.）：当端部腹杆和支座之间的距离在13mm至25mm之间时，剪应力不是决定性因素。表6.2.13和表6.2.14中的最大支座反力是根据腹杆和支座之间的间隙为13mm时而得到的，因此当间隙超过13mm时，应考虑剪切和弯矩对超出桁架部分的弦杆的影响。

6.4 木桁架的支撑

6.4.2 桁架的永久支撑应与所设计的桁架垂直以保证桁架的整体工作及减小计算长度。与桁架垂直的永久支撑作用力应足以保证构件的侧向稳定。一般可以假定作用在每一个侧向支撑上的力为桁架构件中计算所得的最大轴向压力的20%。永久支撑的设计应考虑拉力和压力的作用。

侧向支撑必须和对角支撑或一些其他的等效支承一起有效工作。累计侧向支撑力应等于支撑力乘以所支撑的桁架的片数。当采用对角支撑时，桁架的片数为对角支撑之间的桁架片数。累计支撑力不应超过支撑构件，钉连接或任何其他连接的承载力。

6.4.3 桁架的上弦杆平面内永久支撑应足以抵抗上弦杆的水平位移。屋面覆面板或金属屋面和其他允许使用的屋面材料，如果按横膈设计，可以用作永久水平支撑。当金属屋面用作横膈时，设计时必须明确屋面搭接和连接固定的要求以传递支撑之间的力。

檩条的间距不能超过设计图纸中桁架上弦杆的轴压计算长度，并要与上弦杆有可靠的连接。当没有适当的横膈以避免檩条侧向移动时，设计时应在上弦杆底部设置永久对角支撑。如图6所示，尽管使用了间距较小的檩条，仍有必要在上弦杆平面内设置永久对角支撑。

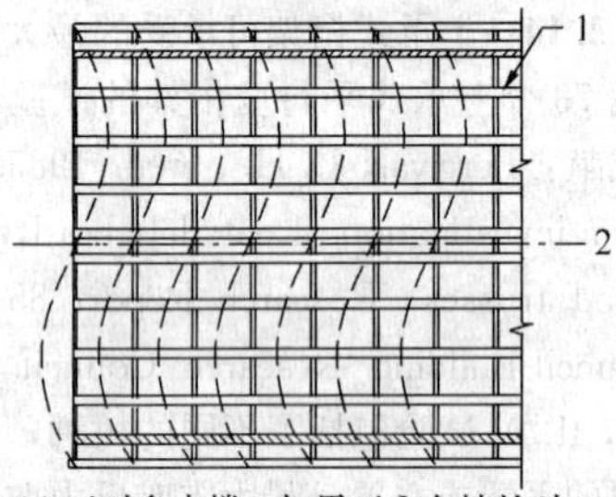

(a) 无对角支撑：如果无永久性的对角支撑系统，即使屋面檩条布置间距很近，上弦杆也可能发生屈曲

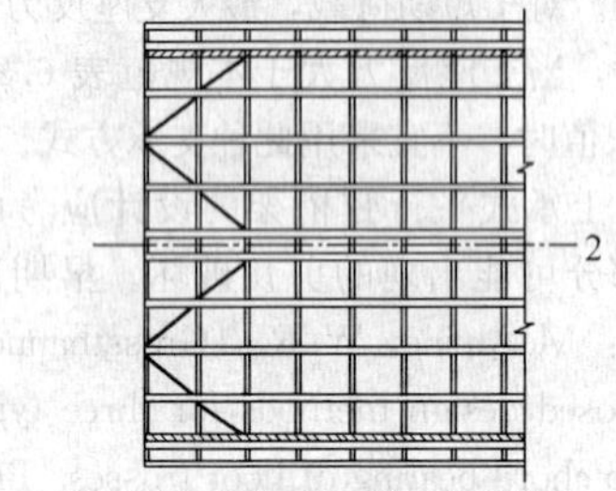

(b) 有对角支撑：永久性对角支撑系统用钉固定在上弦杆件的底面可以防止水平滑移

图6 屋面檩条作为上弦杆永久支撑

1—屋面檩条；2—屋脊线

6.4.4 桁架下弦杆平面内永久支撑的设置可以用来固定桁架设计间距以及提供下弦杆的侧向支撑，抵抗由风荷载或其他荷载引起下弦杆受压时产生屈曲。在多跨桁架或悬挑桁架中，在下弦杆受压的部分应设置侧向支撑以避免发生屈曲。设置侧向支撑的方法同简支桁架的上弦杆。图7所示为下弦杆平面内的侧向永久支撑和对角支撑的共同使用。

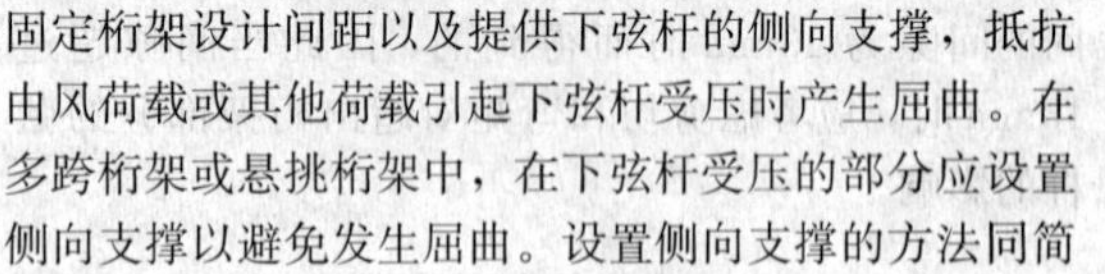

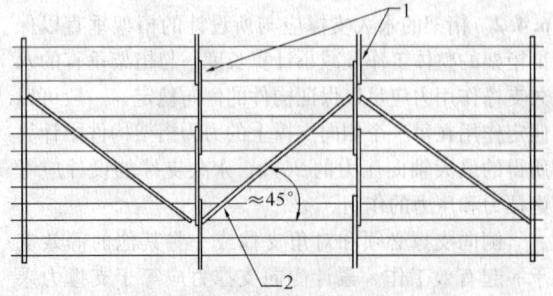

图7 下弦杆平面内永久支撑

1—连续水平支撑；2—防止水平支撑滑移的对角支撑

当下弦杆有工程设计的水平横膈或石膏板支撑时，可以不设置连续侧向支撑和对角支撑。

6.4.5 腹杆平面内的侧向支撑可以保证桁架的竖向位置和设计间距。另外，当腹杆中需要采用永久侧向支撑以减小计算长度时，该永久侧向支撑的布置位置需要在设计图纸中标明。设计时还应对腹杆的永久侧向支撑设置对角支撑或者其他等效支撑以约束侧向支撑移动[图8(a)]。

当桁架设计不需要布置任何腹杆平面内的永久侧向支撑时，设计时为了保证屋面系统的稳定，可能仍需要布置间断的或连续的对角支撑[图8(b)]。腹杆平面内的永久对角支撑还可以控制挠度或振动。

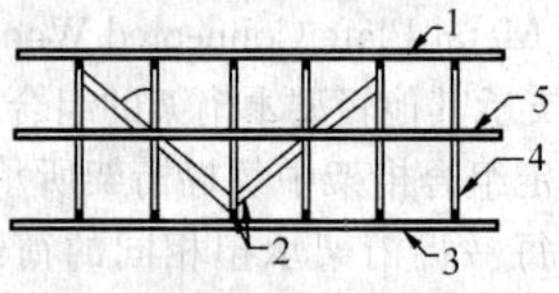

(a) 防止连续水平支撑滑移

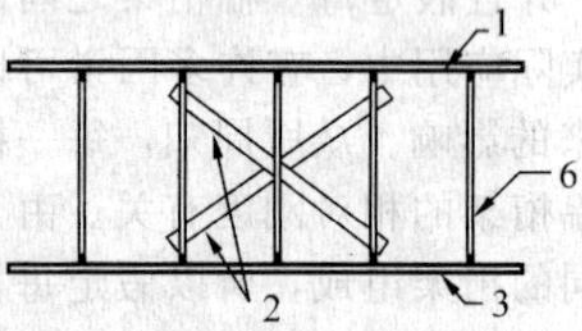

(b) 提高抗侧刚度

图8 腹杆平面内永久性对角支撑

1—覆面板材；2—对角支撑；3—天花板；4—受压腹杆；5—连续水平支撑；6—腹杆

7 防 护

7.1 防 火

轻型木桁架的防火设计应符合现行国家标准《建筑设计防火规范》GB 50016 和《木结构设计规范》GB 50005 的有关规定。本节仅规定了轻型木桁架的防火构造要求，并给出了轻型木桁架构件的燃烧性能和耐火极限，以便设计和施工时参照执行。

8 制作与安装

8.1 制 作

8.1.5 在桁架设计时应指定齿板的规格、类型和尺寸。未经设计，不允许按面积相等的方法用两块齿板替代原设计的单块齿板。例如，在桁架设计中一端节点处应采用125mm×400mm的齿板进行连接，则不可以用两块125mm×200mm的齿板替代。

8.1.6 在木桁架设计中，对于相同类型和规格的齿板，当齿板的单向或双向尺寸大于设计尺寸时，可以用来替代原齿板。但需要注意，当齿板在一个方向大于设计尺寸，而在另一个方向小于设计尺寸时，即使齿板总面积大于原设计齿板面积，仍不可以用于替代原齿板。另外，替代的齿板上板齿方向必须和原设计中齿板的板齿方向一致，与齿板面积无关。

本规范图 8.1.6 所示为布置齿板的位置，如果齿板的边缘在一根或多根木构件外突出时，可能会在安装桁架时影响到桁架的使用。最严重的情况是，齿板在上弦构件上边缘或下弦构件下边缘外的突出部分会影响覆面板的安装，这种情况是不允许的。另外，当齿板突出部分位于阁楼空间或穿过楼面桁架的管道槽时，都会影响到正常的使用功能。

8.1.9 桁架设计允许每一片齿板与节点处各个构件接触面上最多 20%（对于连接较窄木构件的齿板为 10%）的板齿在连接中失效，失效的原因包括生产过程中的原因以及木构件缺陷导致的原因。其中板齿的倒伏属于生产过程原因导致的失效。

对于失效的板齿采用上述的限值可以在齿板验收时保证足够的有效板齿连接，但对于齿板与木构件之间连接的接触面还是需要进行基本的目测检验以确定失效的板齿不超过上述限值，这样可以避免在齿板连接的接触面出现较大的木材缺陷或在生产过程中因为对中误差导致大量非正常的板齿倒伏。

附录 A 齿板试验要点及强度设计值的确定

《木结构设计规范》GB 50005－2003（2005 版）附录 M 中给出了板齿承载力设计值和齿抗滑移承载力设计值，以验算板齿承载力和齿抗滑移承载力。由于两种承载力都是用以验算板齿的强度，同时为了和常用的连接件设计保持一致，本规范附录 A 中板齿承载力设计值将上述规范附录 M 中板齿承载力设计值和齿抗滑移承载力设计值合并，取两者的较小值作为其承载力设计值。经过计算和比较，对大多数常用齿板而言，齿抗滑移承载力在板齿承载力计算中不起控制作用，因此，对计算结果没有影响。然而当齿抗滑移承载力较小时，计算的结果会较为保守。

中华人民共和国国家标准

木骨架组合墙体技术规范

Technical code for partitions with timber framework

GB/T 50361—2005

主编部门：中 国 建 材 工 业 协 会
批准部门：中华人民共和国建设部
施行日期：2 0 0 6 年 3 月 1 日

中华人民共和国建设部
公　　告

第 384 号

建设部关于发布国家标准《木骨架组合墙体技术规范》的公告

现批准《木骨架组合墙体技术规范》为国家标准，编号为GB/T 50361—2005，自 2006 年 3 月 1 日起实施。

本规范由建设部标准定额研究所组织中国计划出版社出版发行。

中华人民共和国建设部

二〇〇五年十一月三十日

前　　言

根据建设部建标［2000］44 号文件要求，标准编制组经过调查研究，参考有关国际标准和国外先进经验，结合我国的具体情况，编制本规范。

本规范的主要技术内容有：1. 总则；2. 术语和符号；3. 基本规定；4. 材料；5. 墙体设计；6. 施工和生产；7. 质量和验收；8. 维护管理。

本规范由建设部负责管理，由国家建筑材料工业局标准定额中心站负责具体技术内容的解释。

本规范在执行过程中，请各单位注意总结经验，积累资料，随时将有关意见和建议反馈给国家建筑材料工业局标准定额中心站（北京市西城区西直门内北顺城街 11 号，邮政编码：100035），以供今后修订时参考。

本规范主编单位、参编单位和主要起草人：

主 编 单 位：国家建筑材料工业局标准定额中心站

中国建筑西南设计研究院

参 编 单 位：四川省建筑科学研究院

公安部天津消防研究所

主要起草人：吴佐民　龙卫国　郝德泉　王永维　杨学兵　冯　雅　倪照鹏　邱培芳　张红娜

目　次

1 总　则

1.0.1 为使木骨架组合墙体的应用做到技术先进、保证安全适用和人体健康、确保质量，制定本规范。

1.0.2 本规范适用于住宅建筑、办公楼和《建筑设计防火规范》GBJ 16规定的丁、戊类工业建筑的非承重墙体的设计、施工、验收和维护管理。

1.0.3 按本规范设计时，荷载应按现行国家标准《建筑结构荷载规范》GB 50009的规定执行。

1.0.4 木骨架组合墙体的应用设计及安装施工，除应符合本规范的规定外，尚应符合国家现行有关标准的规定。

2 术语和符号

2.1 术　语

2.1.1 规格材　dimension lumber

木材截面的宽度和高度按规定尺寸生产加工的规格化的木材。

2.1.2 板材　plank

宽度为厚度3倍或3倍以上的矩形锯材。

2.1.3 木骨架　timber studs

墙体中按一定间距布置的非承重的规格材骨架构件。

2.1.4 墙面板　boards

用于墙体表面的墙面板材。

2.1.5 木骨架组合墙体　partitions with timber framework

在由规格材制作的木骨架外部覆盖墙面板，并可在木骨架构件之间的空隙内填充保温隔热及隔声材料而构成的非承重墙体。

2.1.6 直钉连接　vertical nailing

钉子钉入方向垂直于两构件间连接面的钉连接。

2.1.7 斜钉连接　diagonal nailing

钉子钉入方向与两构件间连接面成一定斜角的钉连接。

2.2 符　号

2.2.1 材料力学性能

E——材料弹性模量；

f——材料强度设计值。

2.2.2 作用和作用效应

S——作用效应组合的设计值；

R——构件截面承载力设计值；

S_E——地震作用效应和其他荷载效应按基本组合的设计值；

q_{EK}——垂直于墙平面的均布水平地震作用标准值；

P_{EK}——平行于墙体平面的集中水平地震作用标准值；

G_K——木骨架组合墙体重力荷载标准值。

2.2.3 几何参数

A——墙面面积。

2.2.4 系数

γ_0——结构构件重要性系数；

γ_{RE}——结构构件承载力抗震调整系数；

β_E——动力放大系数；

α_{max}——水平地震影响系数最大值。

2.2.5 其他

C——根据结构构件正常使用要求规定的变形限值。

3 基本规定

3.1 结构组成

3.1.1 木骨架组合墙体的类型按下列规定采用：

1 根据墙体的功能和用途分为外墙、分户墙和房间隔墙。

2 根据设计要求分为单排木骨架墙体、木骨架加防声横条墙体和双排木骨架墙体（图3.1.1）。

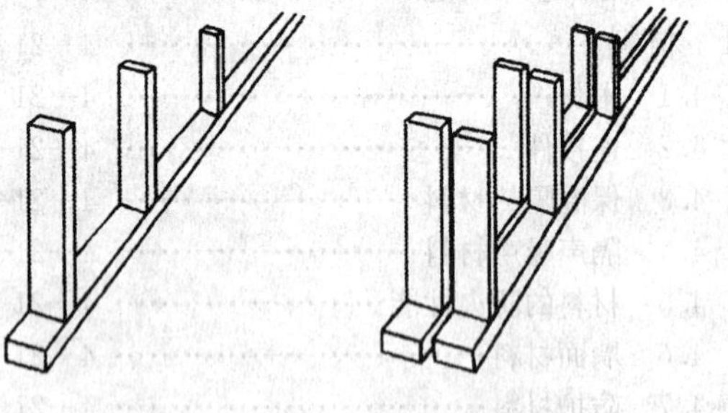

(a)单排木骨架　(b)双排木骨架

图3.1.1 墙体结构形式

3.1.2 木骨架组合墙体的结构组成有以下几种（图3.1.2）：

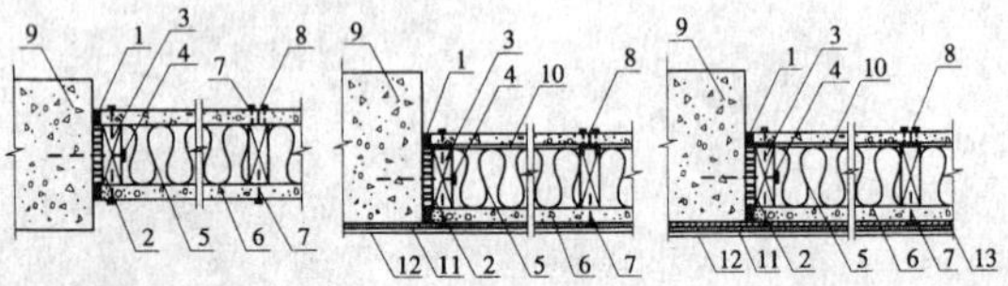

(a)分户墙和房间隔墙（有或无保温层）　(b)外墙（有或无保温层）　(c)外墙（有外保温层）

图3.1.2 木骨架组合墙体构成示意图

1—密封胶；2—密封条；3—木骨架；4—连接螺栓；5—保温材料；6—墙面板；7—面板固定螺钉；8—墙面板连接缝及密封材料；9—钢筋混凝土主体结构；10—隔汽层；11—防潮层；12—外墙面保护层及装饰层；13—外保温层

1 分户墙和房间隔墙的构造主要由木骨架、墙面材料、密封材料和连接件组成。当按设计要求需要时，也包括保温材料、隔声材料和防护材料。

2 外墙的构造主要由木骨架、外墙面材料、保温材料、隔声材料、内墙面材料、外墙面挡风防潮材料、防护材料、密封材料和连接件组成。

3.1.3 木骨架应采用符合设计要求的规格材制作。同一墙体木骨架的边框和立柱应采用截面尺寸相同的规格材。

3.1.4 木骨架宜竖立布置（图3.1.4），木骨架的立柱间距 s_0 宜为600mm、400mm或450mm。木骨架构件的布置应满足下列要求：

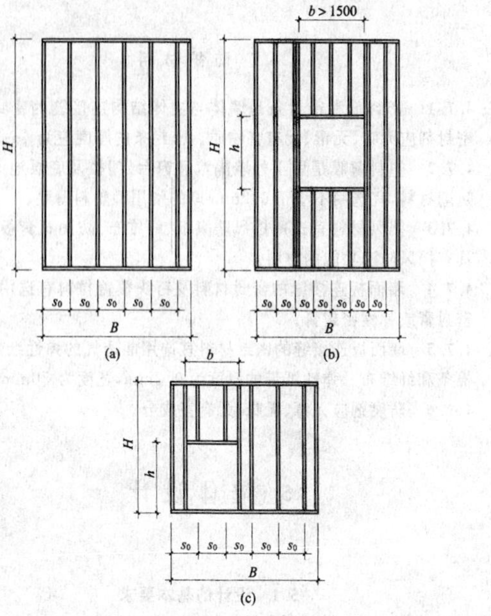

图 3.1.4 木骨架布置示意图

1 按间距 s_0 的尺寸等分墙体；

2 在等分点上布置立柱，木骨架墙体周边均应设置边框；

3 墙体上有洞口时，当洞口边缘不在等分点上时，应在洞口边缘布置立柱；当洞口宽度大于 1.50m 时，洞口两侧均宜设双根立柱。

3.2 设计基本规定

3.2.1 本规范采用以概率理论为基础的极限状态设计法。

3.2.2 木骨架组合墙体的安全等级采用二级，其所有木构件的安全等级亦采用二级。

3.2.3 木骨架组合墙体除自重外，不承受竖向荷载，也无任何支撑功能。木骨架组合墙体用作外墙时，还应承受风荷载，墙面板应具有足够强度将风荷载传递到木骨架。

3.2.4 木骨架组合墙体应具有足够的承载能力、刚度和稳定性，并与结构主体可靠连接。

3.2.5 木骨架组合墙体及其与结构主体的连接，应进行抗震设计。

3.2.6 对于承载能力极限状态，木骨架构件的设计表达式应符合下列要求：

1 非抗震设计时，应按荷载效应的基本组合，采用下列设计表达式：

$$\gamma_0 S \leqslant R \tag{3.2.6-1}$$

式中 γ_0——结构构件重要性系数，$\gamma_0 \geqslant 1$；

S——承载能力极限状态的荷载效应的设计值，按现行国家标准《建筑结构荷载规范》GB 50009 的规定进行计算；

R——结构构件的承载力设计值。

2 抗震设计时，考虑地震作用效应组合，采用下列设计表达式：

$$S_E \leqslant R/\gamma_{RE} \tag{3.2.6-2}$$

式中 S_E——地震作用效应和其他荷载效应按基本组合的设计值；

γ_{RE}——结构构件承载力抗震调整系数，一般情况下取 1.0。

3.2.7 对正常使用极限状态，结构构件应按荷载效应的标准组合，采用下列设计表达式：

$$S \leqslant C \tag{3.2.7}$$

式中 S——正常使用极限状态的荷载效应的组合值；

C——根据结构构件正常使用要求规定的变形限值。

3.2.8 木材的设计指标和构件的变形限值，按现行国家标准《木结构设计规范》GB 50005 的规定采用。

3.3 施工基本规定

3.3.1 木骨架组合墙的施工必须保证安全，消防设施应齐全。

3.3.2 施工工地现场必须整洁，应建立清洁、安静的施工环境。施工中产生的废弃物应分类堆放，严禁乱扔、乱放。有害物质应分类封闭包装，并及时处理，严禁造成二次环境污染。

3.3.3 施工中应严格控制噪声、粉尘和废气对周围环境的影响。

3.3.4 施工必须按设计图纸进行，严禁不按设计要求随意施工。

3.3.5 施工所用的各种材料必须具有产品质量合格证书。

3.3.6 施工必须按程序进行，每项施工完成后应进行自检并做好检测记录，自检合格后才能交由下一个工序继续施工。

3.3.7 施工应有工程监理单位负责监督、检查(检测)施工质量。

4 材 料

4.1 木 材

4.1.1 用于木骨架组合墙体的木材，宜优先选用针叶材树种。

4.1.2 当使用规格材制作木骨架时，可采用任何等级的规格材，规格材的材质等级见现行国家标准《木结构设计规范》GB 50005。

当现场利用板材加工木骨架时，其材质等级宜采用Ⅱ级。

4.1.3 木骨架采用规格材制作时，规格材含水率不应大于 20%。当现场采用板材制作木骨架时，板材含水率不应大于 18%。

4.1.4 当使用马尾松、云南松、湿地松、桦木以及新利用树种和速生材种中易遭虫蛀和易腐朽的木材时，木骨架应按设计要求进行防虫、防腐处理。常用的药剂配方及处理方法，可按现行国家标准《木结构工程施工质量验收规范》GB 50206 的规定采用。

4.2 连 接 件

4.2.1 木骨架组合墙体与主体结构的连接应采用连接件进行连接。连接件应符合现行国家标准的有关规定及设计要求。尚无相应标准的连接件应符合设计要求，并应有产品质量出厂合格证书。

4.2.2 当墙体的连接件采用钢材时，宜采用 Q235 钢，其质量应符合现行国家标准《碳素结构钢》GB/T 700 的规定。当采用其他牌号的钢材时，尚应符合有关标准的规定和要求。连接件所用钢材的强度设计值应按现行国家标准《钢结构设计规范》GB 50017 的规定采用。

4.2.3 墙体连接采用的钢材，除不锈钢及耐候钢外，其他钢材应进行表面热浸镀锌处理、无机富锌涂料处理或采取其他有效的防腐、防锈措施。当采用表面热浸镀锌处理时，锌膜厚度应符合现行国家标准《金属覆盖层 钢铁制件热浸镀锌层技术要求及试验方法》GB/T 13912 的规定。

4.2.4 墙体连接件采用的钢材和强度设计值尚应符合下列要求：

1 普通螺栓应符合现行国家标准《六角头螺栓 C级》GB/T 5780 和《六角头螺栓》GB/T 5782 的规定。

2 木螺钉应符合现行国家标准《十字槽沉头木螺钉》GB/T 951 和《开槽沉头木螺钉》GB/T 100 的规定。

3 自钻自攻螺钉应符合现行国家标准《十字槽盘头自钻自攻螺钉》GB/T 15856.1 和《十字槽沉头自钻自攻螺钉》GB/T 15856.2 的规定。

4 墙体其他连接件应符合下列现行国家标准的规定：

《紧固件 螺栓和螺钉通孔》GB/T 5277；

《紧固件机械性能 螺栓、螺钉和螺柱》GB/T 3098.1；

《紧固件机械性能 螺母 粗牙螺纹》GB/T 3098.2；

《紧固件机械性能 螺母 细牙螺纹》GB/T 3098.4；

《紧固件机械性能 自攻螺钉》GB/T 3098.5；

《紧固件机械性能 自钻自攻螺钉》GB/T 3098.11。

4.3 保温隔热材料

4.3.1 木骨架组合墙体保温隔热材料宜采用岩棉、矿棉和玻璃棉。

4.3.2 用岩棉、矿棉、玻璃棉做墙体内部保温隔热材料，宜采用刚性、半刚性成型材料，填充应固定在木骨架上，不得松动，以确保需填充的厚度内被满填，不得采用松散的保温隔热材料松填墙体。

4.3.3 岩棉、矿棉作为墙体保温隔热材料时，物理性能指标应符合现行国家标准《绝热用岩棉、矿渣棉及其制品》GB/T 11835 的规定。

4.3.4 玻璃棉作为墙体保温隔热材料时，物理性能指标应符合现行国家标准《绝热用玻璃棉及其制品》GB/T 13350 的规定。

4.4 隔声吸声材料

4.4.1 木骨架组合墙体隔声吸声材料宜采用岩棉、矿棉、玻璃棉和纸面石膏板，或其他适合的板材。

4.4.2 其他板材作为墙体隔声材料时，单层板的平均隔声量不应小于 22dB。

4.5 材料的防火性能

4.5.1 木骨架组合墙体所采用的各种防火材料应为国家认可检测机构检验合格的产品。

4.5.2 木骨架组合墙体的墙面材料宜采用纸面石膏板，如采用其他材料，其燃烧性能应符合现行国家标准《建筑材料燃烧性能分级方法》GB 8624 关于 A 级材料的要求。四级耐火等级建筑物的墙面材料的燃烧性能可为 B_1 级。

4.5.3 木骨架组合墙体填充材料的燃烧性能应为 A 级。

4.6 墙面材料

4.6.1 分户墙、房间隔墙和外墙内侧的墙面板一般采用纸面石膏板。纸面石膏板应根据墙体的性能要求分为普通型、防火型及防潮型三种。

纸面石膏板的主要技术性能指标应以供货商提供的产品出厂合格证所标注的性能指标为依据，应符合现行国家标准《纸面石膏板》GB/T 9775 的要求，其主要技术性能应符合表 4.6.1 的规定。

表 4.6.1 纸面石膏板产品质量标准

板材厚度（mm）	纵向断裂荷载（N）	横向断裂荷载（N）	遇火物理性能（稳定时间）
9.5	360	140	
12	500	180	
15	650	220	≥20min 适用于防火型纸面石膏板
18	800	270	
21	950	320	
25	1100	370	

4.6.2 外墙外侧墙面材料一般选用防潮型纸面石膏板。防潮型纸面石膏板厚度不应小于 9.5mm。

4.7 防护材料

4.7.1 密封剂和密封条是墙体与主体结构连接缝的密封材料。密封剂应无味、无毒、无有害物质。密封条的厚度应为 4～20mm。

4.7.2 塑料薄膜是用于外墙隔汽和窗台、门槛及底层地面防渗、防潮材料，宜选用不小于 0.2mm 厚的耐用型塑料薄膜。

4.7.3 挡风材料宜选用挡风防潮纸、纤维布、防潮石膏板或其他具有挡风防潮功能的材料。

4.7.4 墙面板连接缝的密封材料及钉头覆盖材料宜选用石膏粉密封膏或弹性密封膏。

4.7.5 墙面板连接缝的密封材料宜选用能透气的弹性纸带、玻璃棉条和纤维布。弹性纸带的厚度为 0.2mm，宽度为 50mm。

4.7.6 防腐剂应无毒、无味、无有害成分。

5 墙体设计

5.1 设计的基本要求

5.1.1 设计木骨架组合墙体时，应满足下列功能要求：

1 用作外墙时：

1)房屋的建筑功能；

2)墙体的承载功能；

3)保温隔热功能；

4)隔声功能；

5)防火功能；

6)防潮功能；

7)防风功能；

8)防雨功能；

9)密封功能。

2 用作分户墙和房间隔墙时：

1)房屋的建筑功能；

2)墙体的承载功能；

3)隔声功能；

4)防火功能；

5)防潮功能；

6)密封功能。

5.1.2 木骨架组合墙体根据保温隔热功能要求分为 4 级，应符合本规范第 5.4 节的规定。

5.1.3 木骨架组合墙体根据隔声功能要求分为 7 级，应符合本规范第 5.5 节的规定。

5.1.4 采用木骨架组合墙体的建筑耐火等级按墙体的耐火极限分为 4 级，应符合本规范第 5.6 节的规定。

5.1.5 分户墙和房间隔墙设计，应符合下列要求：

1 根据本规范第 5.1.3 条、第 5.1.4 条规定的要求，选定墙体的隔声级别和防火级别。

2 根据房屋使用功能要求，确定门窗尺寸和位置。

3 根据本条前两款要求，确定木骨架尺寸和墙体构造，并按现行国家标准《木结构设计规范》GB 50005 对构件强度和刚度进行验算，对规格材尺寸进行调整。

4 设计墙体和主体结构的连接方式及连接构造。

5 根据需要，确定有关防潮、密封等构造措施。

6 特殊部位结构设计。

5.1.6 外墙设计应符合下列要求：

1 根据本规范第 5.1.2 条、第 5.1.3 条和第 5.1.4 条规定的要求，选定外墙保温隔热、隔声和防火级别。

2 根据房屋建筑功能要求，确定门、窗尺寸和位置。

3 根据本条前两款要求，确定木骨架尺寸和墙体构造，并按现行国家标准《建筑结构荷载规范》GB 50009 和《木结构设计规范》GB 50005的要求，对构件强度和刚度进行验算，对规格材尺寸进行调整。

4 进行墙体和主体结构的连接设计。

5 设计防风、防雨、防潮及密封等构造措施。

6 特殊部位结构设计。

5.2 木骨架结构设计

5.2.1 木骨架构件应执行本规范第 3.2 节的规定，并按本规范第 5.1.5 条、第 5.1.6 条的规定进行设计。

5.2.2 垂直于墙平面的均布水平地震作用标准值，可按下式计算：

$$q_{EK}=\beta_E\alpha_{max}G_K/A \quad (5.2.2\text{-}1)$$

式中 q_{EK}——垂直于墙平面的均布水平地震作用标准值，kN/m²；

β_E——动力放大系数，可取 5.0；

α_{max}——水平地震影响系数最大值，应按表 5.2.2 采用；

G_K——木骨架组合墙体重力荷载标准值，kN；

A——墙面面积，m²。

表 5.2.2 水平地震影响系数最大值 α_{max}

抗震设防烈度	6 度	7 度	8 度
α_{max}	0.04	0.08(0.12)	0.16(0.24)

注：7、8 度时括号内数值分别用于设计基本地震加速度为 0.15g 和 0.30g 的地区。

平行于墙体平面的集中水平地震作用标准值，可按下式计算：

$$P_{EK}=\beta_E\alpha_{max}G_K \quad (5.2.2\text{-}2)$$

式中 P_{EK}——平行于墙体平面的集中水平地震作用标准值，kN。

5.2.3 木骨架组合墙体中规格材尺寸见表 5.2.3-1。当采用机械分级的速生树种规格材时，截面尺寸见表 5.2.3-2。

表 5.2.3-1 规格材截面尺寸表

截面尺寸 宽(mm)×高(mm)	40×40	40×65	40×90	40×115	40×140	40×185	40×235	40×285

注：1 表中截面尺寸均为含水率不大于 20%、由工厂加工的干燥木材尺寸。

2 进口规格材截面尺寸与表列规格尺寸相差不超过 2mm 时，可与其相应规格材等同使用，但在计算时，应按进口规格材实际截面进行计算。

3 不得将不同规格系列的规格材在同一建筑中混合使用。

表 5.2.3-2 速生树种结构规格材截面尺寸表

截面尺寸 宽(mm)×高(mm)	45×75	45×90	45×140	45×190	45×240	45×290

注：同表 5.2.3-1 注 1 及注 3。

5.2.4 木骨架设计时，规格材宜选用 V_c 级，经过计算亦可选用其他等级木材。

5.2.5 水平构件尺寸宜与木骨架立柱尺寸一致。

5.2.6 当立柱中心间距为 600mm 和 400mm 时，木骨架宜用宽度为 1200mm 的墙面板覆面；当立柱中心间距为 450mm 时，木骨架宜用宽度为 900mm 的墙面板覆面。

5.2.7 当受力需要时，可采用两根或几根截面尺寸相同的立柱加强洞口两侧。

5.3 连接设计

5.3.1 木骨架组合墙体连接设计包括木骨架构件之间的连接设计和木骨架组合墙体与钢筋混凝土主体结构的连接设计。

5.3.2 木骨架组合墙体为分户墙、房间隔墙和高度不大于 3m 的外墙时，与主体结构的连接应采用墙体上下两边连接的方式；木骨架组合墙体为高度大于 3m 的外墙时，与主体结构的连接应采用墙体周围四边连接的方式。

5.3.3 分户墙及房间隔墙的连接设计一般可不进行计算，当需要计算时，可根据所受荷载按外墙的连接计算规定进行计算。

5.3.4 外墙的连接承载力计算，应计入重力荷载、风荷载和地震荷载作用。

5.3.5 分户墙及房间隔墙的木骨架构件之间的连接应采用直钉连接或斜钉连接，钉直径不应小于 3mm。当木骨架之间采用直钉连接时，每个连接节点不得少于 2 颗钉，钉长应大于 80mm，钉入构件的深度(含钉尖)不得小于 12d(d 为钉直径)；当采用斜钉连接时，每个连接节点不得少于 3 颗钉，钉长应大于 80mm，钉入构件的深度(含钉尖)不得小于 12d(d 为钉直径)，斜钉应与钉入构件成 30°角，从距构件端 1/3 钉长位置钉入(图 5.3.5)。

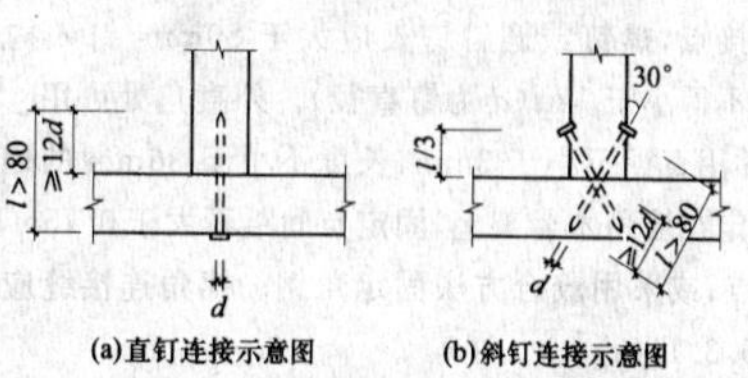

(a)直钉连接示意图　　(b)斜钉连接示意图

图 5.3.5 房间隔墙木骨架构件之间连接示意图

5.3.6 木骨架组合墙体与主体结构的连接应采用膨胀螺栓连接(方式一)、自钻自攻螺钉连接(方式二)和销钉连接(方式三)(图 5.3.6)。分户墙及房间隔墙与主体结构连接采用的连接件直径不应小于 6mm，连接件锚入主体结构长度不得小于 5d(d 为连接件的直径)，连接点间距不大于 1.2m，每一连接边不少于 4 个连接点。采用销钉连接时，应在混凝土构件上预留孔。连接件应布置在木骨架宽度中心的 1/3 区域内，木骨架上均应预先钻导孔，导孔直径为 0.8d(d 为连接件直径)。

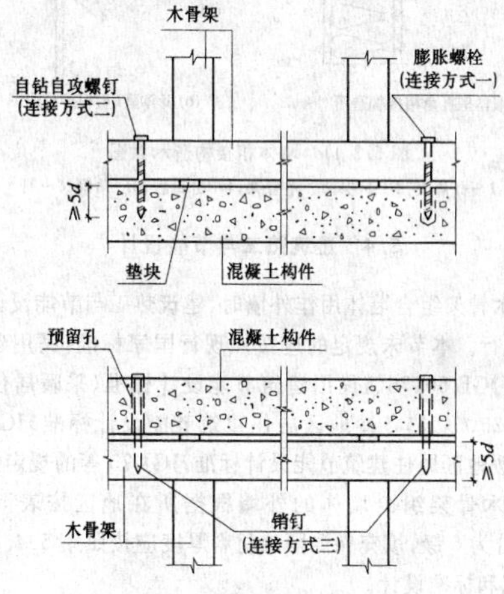

图 5.3.6 墙体与主体结构连接示意图

5.3.7 当房间隔墙尺寸较小时，墙与主体结构的连接可采用射钉连接。射钉直径不应小于 3.7mm，锚入主体结构长度不得小于7.5d(d 为射钉直径)，连接点间距不应大于 600mm。射钉与木骨架末端的距离不应小于 100mm，并应沿木骨架宽度的中心线布置。

5.3.8 外墙承受较大荷载时，木骨架构件之间宜采用角链连接(图 5.3.8)。角链所用螺钉直径及数量应根据所承受的内力按现行国家标准《木结构设计规范》GB 50005 的相关公式计算确定，螺钉长度应大于 30mm。角链尺寸应根据所承受的内力按现行国家标准《钢结构设计规范》GB 50017 的相关公式计算确定。

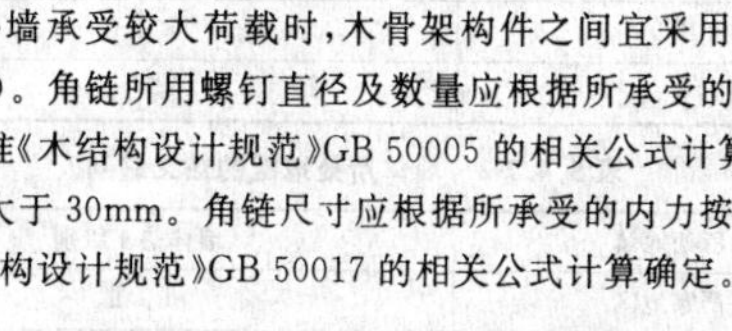

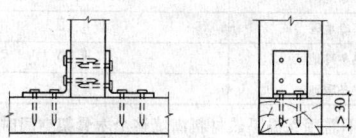

图 5.3.8 外墙木骨架构件之间角链连接示意图

5.3.9 外墙与主体结构的连接方式应符合本规范第 5.3.6 条的规定，并且，连接点的数量和连接件的尺寸应根据连接件所承受的内力按现行国家标准《木结构设计规范》GB 50005 的相关公式计算确定。

5.3.10 连接所用螺栓及钉排列的最小间距应符合现行国家标准《木结构设计规范》GB 50005 的相关规定。

5.3.11 木骨架组合墙体之间相接时，应满足下列构造要求：

1 两墙体呈直角相接时，相接墙体的木骨架应用直径不小于3mm 的螺钉或圆钉牢固连接，连接点间距不大于 0.75m，且不少于 4 个连接点，螺钉或圆钉钉长应大于 80mm，钉入构件的深度(含钉尖)不得小于 12d(d 为钉直径)。外直角处可用∟50×50 角钢保护，并用直径不小于 3mm、长度不小于 36mm 的螺钉或圆钉将角钢固定在墙角木骨架上，固定点间距不大于 0.75m，且不少于4 个固定点；或采用胶合方法固定角钢。拐角连接缝应用密封胶封闭[图 5.3.11(a)]。

2 两墙体呈 T 型相接时，相接墙体的木骨架应用直径不小于 3mm 的螺钉或圆钉牢固连接，连接点间距不大于 0.75m，且不少于 4 个连接点，螺钉或圆钉钉长应大于 80mm，钉入构件的深度(含钉尖)不得小于 12d(d 为钉直径)。拐角连接缝应用密封胶封闭[图 5.3.11(b)]。

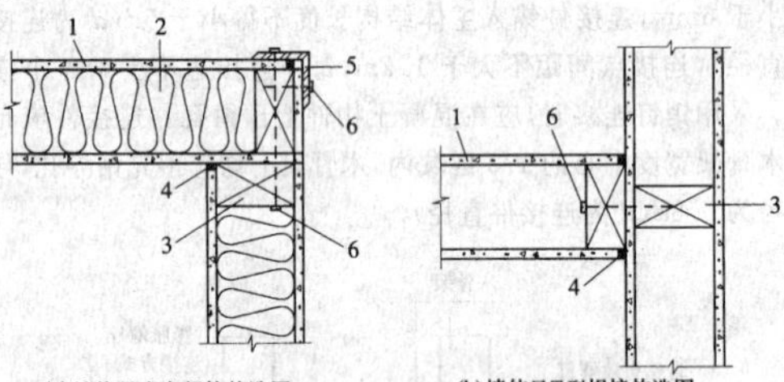

(a)墙体呈直角相接构造图　　(b)墙体呈T型相接构造图

图 5.3.11 墙体相接构造示意图

1—石膏板；2—矿棉；3—木骨架；4—密封胶；5—角钢；6—钉

5.4 建筑热工与节能设计

5.4.1 木骨架组合墙体用作外墙时，建筑热工与节能设计应按本节规定执行。本节未规定的应按照现行国家标准《民用建筑热工设计规范》GB 50176、《民用建筑节能设计标准(采暖居住建筑部分)》JGJ 26、《夏热冬冷地区居住建筑节能设计标准》JGJ 134 和《夏热冬暖地区居住建筑节能设计标准》JGJ 75 等的规定执行。

5.4.2 木骨架组合墙体的外墙根据所在地区按表 5.4.2-1、5.4.2-2分为 5 级，填充保温隔热材料厚度应按照第 5.4.1 条中的相关规范和标准设计。

表 5.4.2-1 墙体热工级别

热工级别	传热系数[W/(m²·K)]
I_t	≤0.4
II_t	≤0.5
III_t	≤0.6
IV_t	≤1.0
V_t	≤1.2

表 5.4.2-2 墙体所处地域的热工级别

所处地域	墙体热工级别
严寒地区	I_t、II_t
寒冷地区	II_t、III_t
夏热冬冷地区	III_t、IV_t
夏热冬暖地区	IV_t、V_t

5.4.3 当不需用保温隔热材料满填整个木骨架空间时，保温隔热材料与空气间层之间宜设允许蒸汽渗透，不允许空气循环的隔空气膜层。

5.4.4 木骨架组合墙体中空气间层应布置在建筑围护结构的低温侧。

5.4.5 在木骨架组合墙体外墙外饰面层宜设防水、透气的挡风防潮纸。

5.4.6 木骨架组合墙体外墙高温侧应设隔汽层，以防止蒸汽渗透，在墙体内部产生凝结，使保温材料或墙体受潮。

5.4.7 穿越墙体的设备管道和固定墙体的金属连接件应采用高效保温隔热材料填实空隙。

5.5 隔声设计

5.5.1 木骨架组合墙体隔声设计应按本节规定执行。本节未规定的应按照现行国家标准《民用建筑隔声设计规范》GBJ 118 的规定执行。

5.5.2 木骨架组合墙体根据隔声要求按表 5.5.2-1 分为 7 级。根据功能要求，应符合表 5.5.2-2 的规定。

表 5.5.2-1 墙体隔声级别

隔声级别	计权隔声量指标(dB)
I_n	≥55
II_n	≥50
III_n	≥45
IV_n	≥40
V_n	≥35
VI_n	≥30
VII_n	≥25

表 5.5.2-2 墙体功能要求的隔声级别

功能要求	隔声级别
特殊要求	I_n
特殊要求的会议室、办公室隔墙	II_n
办公室、教室等隔墙	II_n、III_n
住宅分户墙、旅馆客房与客房隔墙	III_n、IV_n
无特殊安静要求的一般房间隔墙	V_n、VI_n、VII_n

5.5.3 设备管道穿越木骨架组合墙体时，对管道穿越空隙以及墙与墙连接部位的接缝间隙应采用隔声密封胶或密封条，隔声标准应大于 40dB。

5.5.4 在木骨架组合墙体中布置有设备管道时，设备管道应设有防振、隔噪声措施。

5.6 防火设计

5.6.1 木骨架组合墙体可用作 6 层及 6 层以下住宅建筑和办公楼的非承重外墙和房间隔墙，以及房间面积不超过 100m² 的 7～18 层普通住宅和高度为 50m 以下的办公楼的房间隔墙。

5.6.2 木骨架组合墙体的耐火极限不应低于表 5.6.2 的规定。

表 5.6.2 木骨架组合墙体的耐火极限(h)

构件名称	建筑分类			
	一级耐火等级或 7～18 层一、二级耐火等级的普通住宅	二级耐火等级	三级耐火等级	四级耐火等级
非承重外墙	不适用	1.00	1.00	无要求
户与走廊、楼梯间的墙	不适用	不适用	不适用	0.50
分户墙	不适用	不适用	不适用	0.50
房间隔墙	0.50	0.50	0.50	无要求

注：对于一级耐火等级的工业建筑和办公建筑，其房间隔墙的耐火极限不低于 0.75h。

5.6.3 木骨架组合墙体覆面材料的燃烧性能应符合表 5.6.3 的规定。

表 5.6.3 木骨架组合墙体覆面材料的燃烧性能

构件名称	建筑分类			
	一级耐火等级或 7～18 层一、二级耐火等级的普通住宅	二级耐火等级	三级耐火等级	四级耐火等级
外墙覆面材料	纸面石膏板和 A 级耐火材料	纸面石膏板和 A 级耐火材料	纸面石膏板和 A 级耐火材料	可燃材料
房间隔墙覆面材料	纸面石膏板和 A 级耐火材料	纸面石膏板和 A 级耐火材料	纸面石膏板或难燃材料	可燃材料

5.6.4 墙体内设管道、电气线路或者管道、电气线路穿过墙体时，应对管道和电气线路进行绝缘保护。管道、电气线路与墙体之间的缝隙应采用防火封堵材料将其填塞密实。

5.6.5 锚固件之间、锚固件与覆面材料边缘之间的距离应达到相关标准的要求。锚固件应具有足够的长度，保证墙面材料在规定受热时间内不至于脱落。

5.7 墙面设计

5.7.1 分户墙和房间隔墙的墙面板采用纸面石膏板时，一般墙体两面采用单层板，当隔声量要求较高时，应采用两面双层板。

5.7.2 当要求墙体防潮、防水、挡风时，墙面板（如卫生间、地下室、外墙体的外墙面等）应选择防潮型纸面石膏板。

5.7.3 当耐火等级要求较高时，墙面板应选择防火型纸面石膏板。

5.7.4 木骨架组合墙体的墙面板应采用螺钉或屋面钉固定在木骨架上，钉直径不得小于 2.5mm，钉入木骨架的深度不得小于 20mm；钉的布置及固定应符合下列规定：

1 当墙体采用双面单层墙面板时，两侧墙面板接缝的位置应错开一个木骨架间距。

2 当墙体采用双层墙面板时，外层墙面板接缝的位置应与内层墙面板接缝的位置错开一个木骨架间距。用于固定内层墙面板的钉距不应大于 600mm。固定外层墙面板的钉距应符合本条第 3 款的规定。

3 外层墙面板边缘钉钉距：在内墙上不得大于 200mm，在外墙上不得大于 150mm；外层墙面板中间钉钉距：在内墙上不得大于 300mm；在外墙上不得大于 200mm。钉头中心距离墙面板边缘：不得小于 15mm。

5.8 防护设计

5.8.1 外墙隔汽层和墙体局部防渗防潮宜选用 0.2mm 厚的耐用型塑料薄膜。

5.8.2 墙体与建筑物四周构件连接缝密封宜选用密封剂和密封条。

5.8.3 墙面板的连接缝密封宜选用石膏粉密封膏或弹性密封膏，然后用弹性纸带、玻璃棉条和纤维布密封。

5.8.4 用于固定石膏板的螺钉头宜用石膏粉密封膏和防锈密封膏覆盖，覆盖面积应大于两倍钉头直径，或采用其他防锈措施。

5.8.5 木骨架组合墙体外墙的边框不允许直接与地面或楼面接触，应采取防潮措施防止墙体受潮。

5.8.6 木骨架组合墙体外墙与建筑四周的间隙应采用密封材料填实，防止空气渗透。

5.9 特殊部位设计

5.9.1 木骨架组合墙体上安装电源插座盒时，插座盒宜采用螺钉固定在木骨架上。墙体有隔声要求时，插座盒与墙面板之间宜采用石膏抹灰进行密封，插座盒周围的石膏覆盖层厚度不小于 10mm；或在插座盒两旁立柱之间填充符合隔声要求的岩棉（图 5.9.1）。

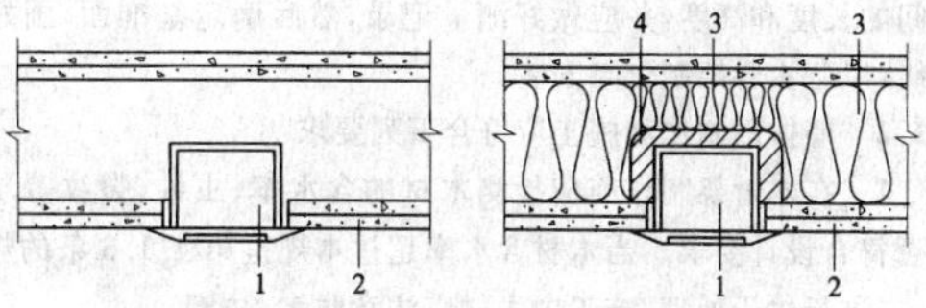

(a) 无隔声要求时　　(b)有隔声要求时

图 5.9.1 电源插座盒安装示意图

1—插座盒；2—墙面板；3—岩棉；4—石膏抹灰

5.9.2 隔声要求不大于 50dB 的隔墙允许设备管道穿越。需穿管的墙面板上应预先钻孔，孔洞的直径应比管道直径大 15mm，管道与孔洞之间的间隙应采用密封胶进行密封。管道直径较大或重量较重时，应采用铁件将管道固定在木骨架上。当需在墙内敷设电源线时，应将电源线敷于 PVC 管内，再将 PVC 管敷设在墙内。当 PVC 管需穿越木骨架时，可在木骨架构件宽度方向的中间 1/3 区域内预先钻孔（图 5.9.2）。

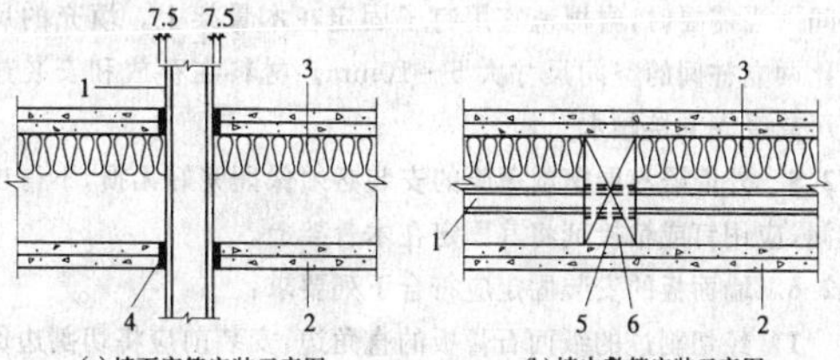

(a) 墙面穿管安装示意图　　(b) 墙内敷管安装示意图

图 5.9.2 墙面穿管及墙内敷管安装示意图

1—管线；2—墙面板；3—岩棉；4—密封胶；5—留穿线孔；6—木骨架

5.9.3 木骨架组合墙体上悬挂物体时，根据不同悬挂物体重量可采用下列不同方式进行固定，固定点之间的间距应大于 200mm：

1 悬挂重量小于 150N 时，可采用直径不小于 3mm 的膨胀螺钉进行固定[图 5.9.3(a)]。

2 悬挂重量超过 150N 但小于 300N 时，可采用锚固装置加以固定，锚杆直径不小于 6mm[图 5.9.3(b)]。

3 悬挂重量超过 300N 但小于 500N 时，可用直径不小于 6mm 的自攻螺钉将悬挂物固定在木骨架上，自攻螺钉锚入木骨架的深度不得小于 30mm[图 5.9.3(c)]。

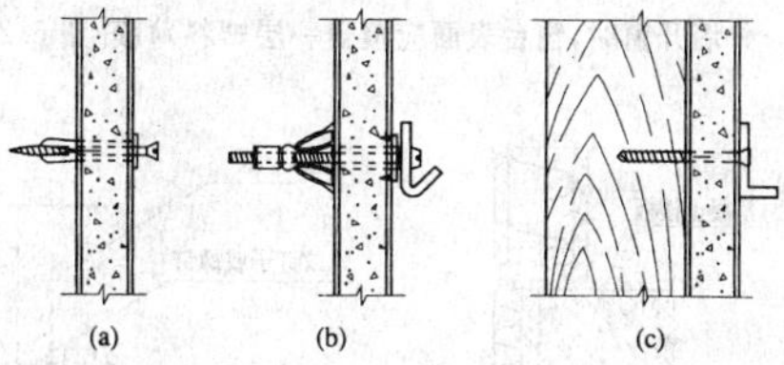

(a)　(b)　(c)

图 5.9.3 墙体上悬挂物体的固定方法示意图

6 施工和生产

6.1 施 工 准 备

6.1.1 施工前应按工程设计文件的技术要求，设计施工方案、施工程序与要求，向施工人员进行技术交底。

6.1.2 施工前应备好符合设计要求的各种材料，所选购的材料必须有产品出厂合格证。

6.2 施 工 要 求

6.2.1 施工作业基面必须清理干净，不得有浮灰和油污；作业基面的平整度、强度和干燥度应符合设计要求；应准确测量作业基面空间的长度和高度，并应做好测量记录，然后确定基准面，画好安装线，以备木骨架制作与安装。

6.2.2 墙体的制作和施工应符合下列要求：

1 在木骨架制作前应检测木材的含水率、虫蛀、裂纹等质量是否符合设计要求。当木材含水率超过本规范第4.1.3条的规定时，应进行烘干处理，施工中木材应注意防水、防潮。

2 木骨架的上、下边框和立柱与墙面板接触的表面应按设计要求的尺寸刨平、刨光。木骨架构件截面尺寸的负偏差不应大于2mm。

3 根据施工条件，木骨架可工厂预制或现场制作组装。

6.2.3 木骨架的安装应符合下列要求：

1 木骨架安装前应按安装线安装好塑料垫，待木骨架安装固定后用密封剂和密封条填严、填满四周连接缝。

2 木骨架安装完成后应按本规范第7.1.3条的规定检测其垂直方向和水平方向的垂直度。两表面应平整、光洁，表面平整度偏差应小于3mm。

6.2.4 当选用岩棉毡时，应按设计要求的厚度将岩棉毡填满立柱之间。当需要时，岩棉毡宜用钉子固定在木骨架上。填充的尺寸应比两立柱间的空间尺寸大5～10mm。材料在存放和安装过程中严禁受潮和接触水。

6.2.5 外墙隔汽层塑料薄膜的安装必须保证完好无损，不得出现破漏，应用钉或粘接剂将其固定在木骨架上。

6.2.6 墙面板的安装固定应符合下列要求：

1 经切割过的纸面石膏板的直角边，安装前应将切割边倒角45°，倒角深度应为板厚的1/3。

2 安装完成后，墙体表面的平整度偏差应小于3mm。纸面石膏板的表面纸层不应破损，螺钉头不应穿入纸层。

3 外墙面板在存放和施工中严禁与水接触或受潮。

6.2.7 墙面板连接缝的密封、钉头覆盖的施工应符合下列要求：

1 墙面板连接缝的密封、钉头的覆盖应用石膏粉密封膏或弹性密封膏填严、填满，并抹平打光。

2 墙体与建筑物四周构件连接缝的密封应用密封剂连续、均匀地填满连接缝并抹平打光。

6.2.8 外墙体局部防渗、防潮保护应符合下列要求：

1 外墙体顶端与建筑物构件之间覆盖一层塑料薄膜，当外墙体施工完毕后，剪去多余的塑料薄膜[图6.2.8(a)]。

2 外墙开窗时，窗台表面应覆盖一层塑料薄膜[图6.2.8(b)]。

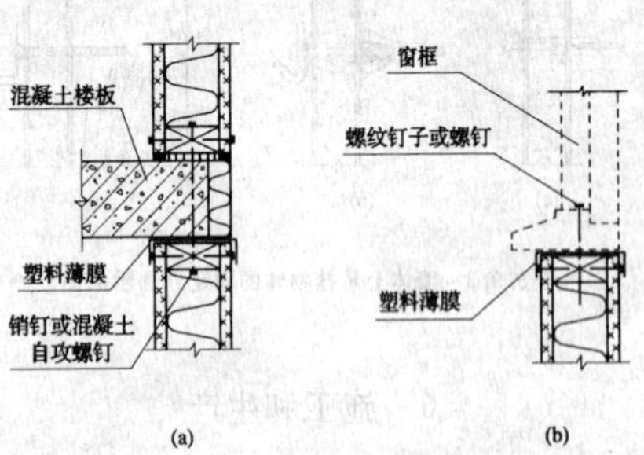

图6.2.8 外墙体防渗、防潮构造示意图

6.2.9 木骨架组合墙体工厂预制与现场安装应符合下列要求：

1 当用销钉固定时，应按设计要求在混凝土楼板或梁上预留孔洞。预留孔位置偏差不应大于10mm。

2 当用自钻自攻螺钉或膨胀螺钉固定时，墙体按设计要求定位后，应将木骨架边框与主体结构构件一起钻孔，再进行固定。

3 预制墙体在吊运过程中，应避免碰坏墙体的边角、墙面或震裂墙面板，应保证每面墙体完好无损。

7 质量和验收

7.1 质量要求

7.1.1 木骨架组合墙体墙面应平整，不应有裂纹、裂缝。墙面不平整度不应大于3mm。

7.1.2 木骨架组合墙体墙面板缝密封应完整、严实，不应开裂。

7.1.3 木骨架组合墙体应垂直，竖向垂直偏差不应大于3mm；水平方向偏差不应大于5mm。

7.1.4 木骨架组合墙体所采用材料的性能指标应符合现行国家标准的规定和设计要求。

7.1.5 木骨架组合墙体的连接固定方式、特殊部位的结构形式、局部安装与保护等应符合设计要求。

7.1.6 木骨架组合墙体的性能指标应符合设计要求。

7.2 质量检验

7.2.1 木骨架组合墙体施工应按设计程序分项检查验收并交接，未经检查验收合格者，不得进行后续施工。

7.2.2 木骨架组合墙体墙面平整度的检测应用2m长直尺检测，尺面与墙面间的最大间隙不应大于5mm，每米长度内不应多于1处。

7.2.3 木骨架组合墙体垂直度的检测应用2m长水平仪检测，竖向的最大偏差不应大于5mm，水平方向的最大偏差不应大于3mm。

7.3 工程验收

7.3.1 木骨架组合墙体施工完成后，应按本规范的相关要求组织验收。

7.3.2 木骨架组合墙体工程验收时，应提交下列技术文件，并应归档：

1 工程设计文件、设计变更通知单、工程承包合同。

2 工程施工组织设计文件、施工方案、技术交底记录。

3 主要材料的产品出厂合格证、材性试验或检测报告。

4 木骨架组合墙体施工质量的自检记录和测试报告。

7.3.3 木骨架组合墙体工程验收时，除按本规范规定的程序外，还应遵守现行国家标准《建筑装饰装修工程质量验收规范》GB 50210的有关规定。

8 维护管理

8.1 一般规定

8.1.1 采用木骨架组合墙体的工程竣工验收时，墙体承包商应向业主提供《木骨架组合墙体使用维护说明书》。《木骨架组合墙体使用维护说明书》应包括下列内容：

1 墙体的主要组成材料和基本的组成形式；

2 墙体的主要性能参数；

3 使用注意事项；

4 日常与定期的维护、保养要求；

5 墙面悬挂荷载的注意事项和规定；

6 承包商的保修责任。

8.1.2 墙体交付使用后，业主或物业管理部门应根据《木骨架组合墙体使用维护说明书》的相关要求及注意事项，制定墙体的维修、保养计划及制度。

8.1.3 在墙体交付使用后，业主或物业管理部门根据检查和维修的情况，应对检查结果和维修过程作出详细、准确的记录，并建立检查和维修的技术档案。

8.2 检查与维修

8.2.1 木骨架组合墙体的日常维护和保养应符合下列规定：

1 应避免猛烈地撞击墙体；

2 应避免锐器与墙面接触；

3 应避免纸面石膏板墙面长时间接近超过50℃的高温；

4 墙体应避免水的浸泡；

5 墙体上的悬挂荷载不应超过设计的规定。

8.2.2 木骨架组合墙体的日常检查一般采用以经验判断为主的非破坏性方法，在现场对墙体易损坏部位进行检查。日常检查和维护应符合下列规定：

1 墙体工程竣工使用1年时，应对墙体工程进行一次日常检查，此后，业主或物业管理部门应根据当地气候特点（如雪季、雨季和风季前后），每5年进行一次日常检查。

2 日常检查的项目应包括：

1）内、外墙墙面不应有变形、开裂和损坏；

2）墙体与主体结构的连接不应松动；

3）墙体面板不应受潮；

4）外墙上门窗边框的密封胶或密封条不应有开裂、脱落、老化等损坏现象；

5）墙体面板的固定螺钉不应松动和脱落。

3 应对本条第2款检查项目中不符合要求的内容，由业主或物业管理部门组织实施一般的维修，主要是封闭裂缝，以及对各种易损零部件进行更换或修复。

8.2.3 当发现木骨架构件有腐蚀和虫害的迹象时，应根据腐蚀的程度、虫害的性质和损坏程度制定处理方案，及时进行补强加固或更换。

本规范用词说明

1 为便于在执行本规范条文时区别对待，对要求严格程度不同的用词说明如下：

1）表示很严格，非这样做不可的用词：

正面词采用"必须"，反面词采用"严禁"。

2）表示严格，在正常情况下均应这样做的用词：

正面词采用"应"，反面词采用"不应"或"不得"。

3）表示允许稍有选择，在条件许可时首先应这样做的用词：

正面词采用"宜"，反面词采用"不宜"；

表示有选择，在一定条件下可以这样做的用词，采用"可"。

2 本规范中指明应按其他有关标准、规范执行的写法为"应符合……的规定"或"应按……执行"。

中华人民共和国国家标准

木骨架组合墙体技术规范

GB/T 50361—2005

条 文 说 明

目　次

1 总　　则

1.0.1 本条主要阐明制定本规范的目的，为了与现行国家标准《木结构设计规范》GB 50005 相协调，并考虑到木骨架组合墙体的特点，规范除了规定应做到技术先进、安全适用和确保质量外，还特别提出应保证人体健康。

1.0.2 本条规定了本技术规范的使用范围。考虑到木骨架组合墙体的燃烧性能只能达到难燃级，所以本条将其使用范围限制在普通住宅建筑和火灾荷载与住宅建筑相当的办公楼。另外，考虑到《建筑设计防火规范》GBJ 16 规定的丁、戊类工业建筑主要用来储存、使用和加工难燃烧或非燃烧物质，其火灾危险性相对较低，所以本条允许其使用木骨架组合墙体作为其非承重外墙和房间隔墙。

1.0.3 木骨架组合墙体的设计应考虑自重、地震荷载和风荷载，一般情况下，墙体用作外墙时，对墙体起控制作用的是风荷载，墙体中的木骨架及其连接必须具有足够的承载能力，能承受风荷载的作用，荷载取值应按现行国家标准《建筑结构荷载规范》GB 50009的规定执行。

1.0.4 与木骨架组合墙体材料的选用以及墙体的设计与施工密切相关的还有下列现行国家标准或行业标准：《木结构设计规范》GB 50005、《建筑抗震设计规范》GB 50011、《民用建筑节能设计标准(采暖居住建筑部分)》JGJ 26、《民用建筑热工设计规范》GB 50176、《外墙内保温板质量检验评定标准》DBJ 01—30、《建筑设计防火规范》GBJ 16、《高层民用建筑设计防火规范》GB 50045、《建筑内部装修设计防火规范》GB 50222、《夏热冬暖地区居住建筑节能设计标准》JGJ 75、《民用建筑隔声设计规范》GBJ 118、《纸面石膏板产品质量标准》GB/T 9775、《绝热用岩棉、矿渣棉及其制品》GB/T 11835、《民用建筑工程室内环境污染控制规范》GB 50325、《建筑材料燃烧性能分级方法》GB 8624 等，其相关的规定也应参照执行。

3 基本规定

3.1 结构组成

3.1.2 木骨架组合墙体的结构组成有以下几种：

1 一般分户墙及房间隔墙的结构组成(图 1、图 2)：

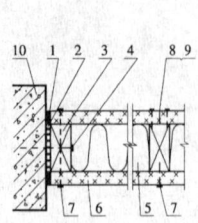

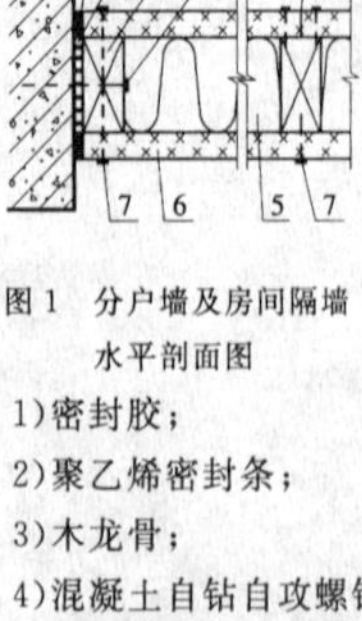

图 1 分户墙及房间隔墙水平剖面图

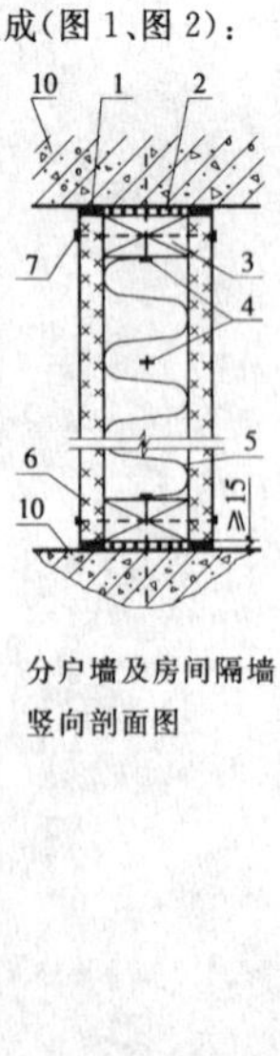

图 2 分户墙及房间隔墙竖向剖面图

1)密封胶；

2)聚乙烯密封条；

3)木龙骨；

4)混凝土自钻自攻螺钉或螺栓；

5)岩棉毡(密度≥28kg/m³)；

6)墙面板——纸面石膏板；

7)墙面板连接螺钉；

8)墙面板连接缝密封材料——石膏粉密封膏或弹性密封膏；

9)墙面板连接缝密封纸带；

10)建筑物的混凝土柱、楼板。

隔声房间隔墙的结构组成(图 3、图 4)除同图 1、图 2 相同的 1)～10)外，还有：

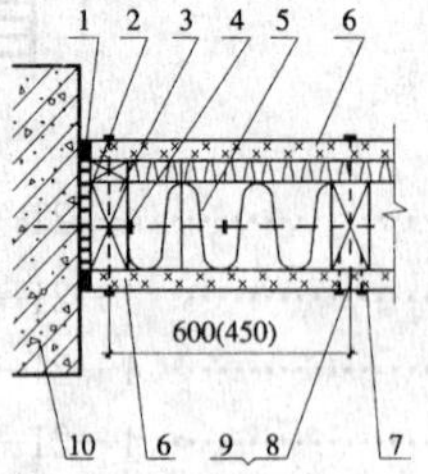

图 3 隔声内墙水平剖面图

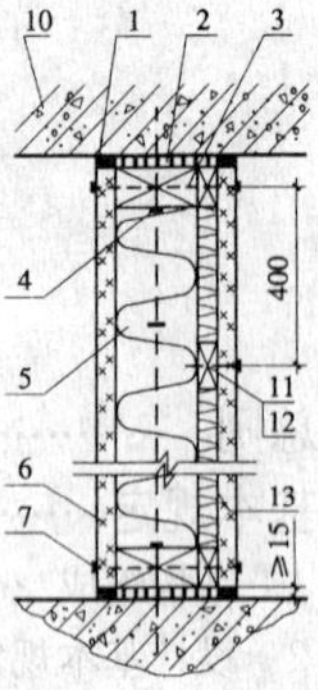

图 4 隔声内墙竖向剖面图

11)防声弹性木条；

12)螺纹钉子或螺钉；

13)岩棉毡(密度≥28kg/m³)。

2 一般外墙体的结构组成(图 5、图 6)：

1)～3)同图 1、图 2；

4)岩棉毡，密度≥40kg/m³；

5)外墙面板——防水型纸面石膏板；

6)外挂装饰板：彩色钢板、铝塑板、彩色聚乙烯板等；

7)～10)同图 1、图 2；

11)销钉 ϕ10×300mm；

12)塑料垫，厚≥10mm；

13)自钻自攻螺钉或螺栓；

14)木骨架定位螺钉；

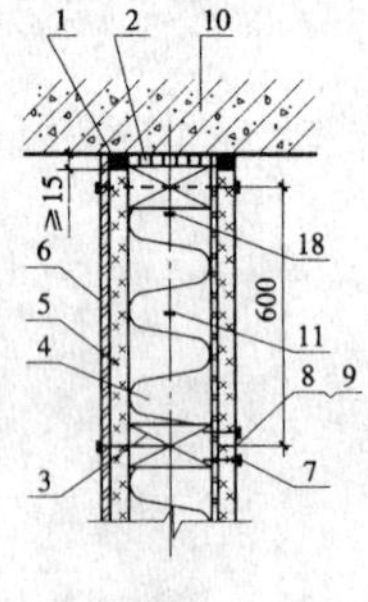

图 5 外墙水平剖面图

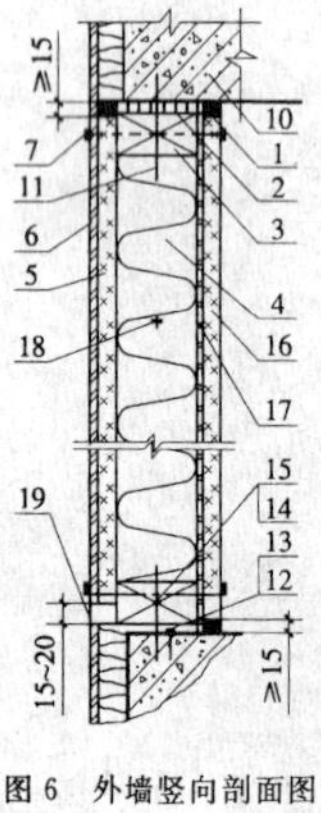

图 6 外墙竖向剖面图

15)塑料薄膜；

16)内墙面板——石膏板；

17)隔汽层——塑料薄膜；

18)混凝土自钻自攻螺钉或螺栓；

19)通风气缝。

3.1.3 用于制作木骨架组合墙体的规格材，在根据设计要求选定其规格和截面尺寸时，应考虑墙体要适应工业化制作，以及便于墙面板的安装，因此，同一块墙体中木骨架边框和中部的骨架构件应采用截面高度相同的规格材。

3.1.4 木骨架竖立布置主要是方便整个墙体的制作和施工。当有特殊要求时，也可采用构件水平布置的木骨架。

由于墙面板采用的板材平面标准尺寸一般为 1200mm×2400mm，因此，木骨架组合墙体中木骨柱的间距允许采用 600mm 或 400mm 两种尺寸；当采用 900mm×2400mm 的纸面石膏板时，立柱的间距应为

450mm。这样，墙面板的连接缝正好能位于木骨柱构件的截面中心位置处，能较好地固定和安装墙面板。为了保证墙面板的固定和安装，当墙体上需要开门窗洞口时，规范规定了木骨架构件在墙体中布置的基本要求。当墙体设计要求必须采用其他尺寸的间距时，应尽量减少尺寸的改变对整个墙体的施工和制作带来的不利影响。

3.2 设计基本规定

3.2.1 本规范的基本设计方法应与现行国家标准《木结构设计规范》GB 50005 一致。《木结构设计规范》GB 50005 的设计方法采用现行国家标准《建筑结构可靠度设计标准》GB 50068 统一规定的"以概率理论为基础的极限状态设计法"，故本规范应采用该方法进行设计。

3.2.2 现行国家标准《木结构设计规范》GB 50005 规定，一般建筑物安全等级均定为二级，建筑物中各类结构构件的安全等级，宜与整个结构的安全等级相同，故本规范确定木骨架组合墙体安全等级为二级。建筑物安全等级按一级设计时，木骨架组合墙体的安全等级，亦应定为一级。

3.2.3～3.2.5 木骨架组合墙体虽然是非承重墙体，但应有足够的承载能力。因此，应满足一系列要求——强度、刚度、稳定性、抗震性能等。同时，木骨架组合墙体不管是整块制作后吊装还是现场组装，均应与主体结构有可靠的、正确的连接，才能保证墙体正常、安全地工作。

3.2.6、3.2.7 本条提供木骨架组合墙体承载能力极限状态和正常使用极限状态的基本计算公式，与现行国家标准《木结构设计规范》GB 50005 一致。一般情况时，结构重要性系数 $\gamma_0 \geqslant 1$。

3.2.8 木材设计指标和构件的变形限值等，均应执行现行国家标准《木结构设计规范》GB 50005 的有关规定。如果现行国家标准《木结构设计规范》GB 50005 未予规定，可参照最新版本的《木结构设计手册》的相关内容选用。

4 材 料

4.1 木 材

4.1.1 作为具有一定承载能力的墙体，应优先选用针叶树种，因为针叶树种的树干长直，纹理平顺、材质均匀、木节少、扭纹少、能耐腐朽和虫蛀、易干燥、少开裂和变形，具有较好的力学性能，木质较软而易加工。

4.1.2 国外主要用规格材作为墙体的木骨架，由于是通过设计确定木骨架的尺寸，故本规范不限制使用规格材等级。

国内取材时，相当一段时间还会使用板材在现场加工，此时，明确规定板材的等级宜采用Ⅱ级。

4.1.3 与现行国家标准《木结构设计规范》GB 50005 规定的规格材含水率一致，规格材含水率不应大于 20%。在我国使用墙体时，考虑到我国的现状，经常会采用未经工厂干燥的板材在现场制作木骨架，为保证质量，故对板材的含水率作了更为严格的规定。

4.1.4 鉴于木骨架的使用环境，我国一些易虫蛀和腐朽的木材在使用时不仅要经过干燥处理，还一定要经过药物处理，否则一旦虫蛀、腐朽发生，又不易检查发现，后果会相当严重。

4.2 连 接 件

4.2.1、4.2.2 木骨架组合墙体构件间的连接以及墙体与主体结构的连接，是整个墙体工程中十分重要的组成部分，墙体连接的可靠性决定了墙体是否能满足使用功能的要求，是否能保证墙体的安全使用。因此，要求连接采用的各种材料应有足够的耐久性和可靠性，能保证墙体的连接符合设计要求。在实际工程中，连接材料的品种和规格很多，以及许多连接件的新产品不断进入建筑市场，因此，木骨架组合墙体所采用的连接件和紧固件应符合现行国家标准及符合设计要求。当所采用的连接材料为新产品时，应按国家标准经过性能和强度的检测，达到设计要求后才能在工程中使用。

4.2.3 木骨架组合墙体用于外墙时，经常受自然环境不利因素的影响，如日晒、雨淋、风沙、水汽等作用的侵蚀。因此，要求连接材料应具备防风雨、防日晒、防锈蚀和防撞击等功能。对连接材料，除不锈钢及耐候钢外，其他钢材应采用有效的防腐、防锈处理，以保证连接材料的耐久性。

4.3 保温隔热材料

4.3.1 岩棉、矿棉和玻璃棉是目前世界上最为普通的建筑保温隔热材料，这些材料具有以下优点：

1 导热系数小，既隔热又防火，保温隔热性能优良；

2 材料有较高的孔隙率和较小的表观密度，一般密度不大于 $100kg/m^3$，有利于减轻墙体的自重；

3 具有较低的吸湿性，防潮，热工性能稳定；

4 造价低廉，成型和使用方便；

5 无腐蚀性，对人体健康不造成直接影响。

因此，采用岩棉、矿棉和玻璃棉作为木骨架组合墙体保温隔热材料。

4.3.2 松散保温隔热材料在墙体内部分布不均匀，将直接影响墙体的保温隔热性和隔声效果。采用刚性、半刚性成型保温隔热材料，解决了松散材料松填墙体所造成的墙体内部分布不均匀的问题，保证了空气间层厚度均匀，能充分发挥不同材料的性能，还具有施工方便等优点。

4.3.3、4.3.4 对影响岩棉、矿棉和玻璃棉的质量以及木骨架组合墙体性能的主要物理性能指标作出了规定，同时要求纸面石膏板，岩棉、矿棉和玻璃棉等材料应符合国家相关的产品技术标准。例如，设计时应控制岩棉、矿棉和玻璃棉的热物理性能指标，需符合表 1 和表 2 的规定，这样基本能保证墙体的热工节能性能。

表 1 岩棉、矿棉的热物理性能指标

产品类别	导热系数[W/(m·K)]，(平均温度 20±5℃)	吸湿率
棉	≤0.044	≤5%
板	≤0.044	
毡	≤0.049	

表 2 玻璃棉的热物理性能指标

产品类别	导热系数[W/(m·K)]，(平均温度 20±5℃)	含水率
棉	≤0.042	≤1%
板	≤0.046	
毡	≤0.043	

4.4 隔声吸声材料

4.4.1 纸面石膏板具有质量轻，并具有一定的保温隔热性，石膏板的导热系数约为 0.2W/(m·K)。石膏制品的主要成分是二水石膏，含 21%的结晶水，遇火时，结晶水释放产生水蒸气，消耗热能，且水蒸气幕不利于火势蔓延，防火效果较好。

石膏制品为中性，不含对人体有害的成分，因石膏对水蒸气的呼吸性能，可调节室内湿度，使人感觉舒适，是国家倡导发展的绿色建材。而且石膏板加工性能好，材料尺寸稳定，装饰美观，可锯、可钉、可粘结，可做各种理想、美观、高贵、豪华的造型；它不受虫害、鼠害，使用寿命长，具有一定的隔声效果，是理想的木骨架组合墙体墙面板。

石膏板、岩棉、矿棉、玻璃棉材料作为隔声、吸声材料是由它的构造特征和吸声机理所决定的，表 3、表 4 和表 5 是国内有关研究单位对石膏板、岩棉、矿棉、玻璃棉材料的声学测试指标。

表 3 纸面石膏板隔声量指标

板材厚度 (mm)	面密度 (kg/m²)	隔声量(dB)						
		125Hz	250Hz	500Hz	1000Hz	2000Hz	4000Hz	$\bar{R}$
9.5	9.5	11	17	22	28	27	27	22
12.0	12.0	14	21	26	31	30	30	25
15.0	15.0	16	24	28	33	32	32	27
18.0	18.0	17	23	29	33	34	33	28

表 4 岩(矿)棉吸声系数

厚度 (mm)	表观密度 (kg/m³)	吸声系数						
		100Hz	125Hz	250Hz	500Hz	1000Hz	2000Hz	4000Hz
50	120	0.08	0.11	0.30	0.75	0.91	0.89	0.97
50	150	0.08	0.11	0.33	0.73	0.90	0.80	0.96
75	80	0.21	0.31	0.59	0.87	0.83	0.91	0.97
75	150	0.23	0.31	0.58	0.82	0.81	0.91	0.96
100	80	0.27	0.35	0.64	0.89	0.90	0.96	0.98
100	100	0.33	0.38	0.53	0.77	0.78	0.87	0.95
100	120	0.30	0.38	0.62	0.82	0.81	0.91	0.96

表 5 玻璃棉吸声系数

材料名称	板材厚度 (mm)	密度 (kg/m²)	吸声系数					
			125Hz	250Hz	500Hz	1000Hz	2000Hz	4000Hz
超细玻璃棉	5	20	0.15	0.35	0.85	0.85	0.86	0.86
	7	20	0.22	0.55	0.89	0.81	0.93	0.84
	9	20	0.32	0.80	0.73	0.78	0.86	—
	10	20	0.25	0.60	0.85	0.87	0.87	0.85
	15	20	0.50	0.80	0.85	0.85	0.86	0.80
	5	25	0.15	0.29	0.85	0.83	0.87	—
	7	25	0.23	0.67	0.80	0.77	0.86	—
	9	25	0.32	0.85	0.70	0.80	0.89	—
	9	30	0.28	0.57	0.54	0.70	0.82	—
玻璃棉毡	5～50	30～40	平均 0.65				0.8	

在人耳可听的主要频率范围内(常用中心频率从 125Hz 至 4000Hz 的 6 个倍频带所反映出的墙体隔声性能随频率的变化),纸面石膏板、岩棉、矿棉和玻璃棉等材料在宽频带范围内具有吸声系数较高,吸声性能长期稳定、可靠的隔声吸声特性。

4.4.2 为了使设计、施工人员在设计施工中更为方便、简单,鼓励采用新型材料,对其他适合作木骨架组合墙体隔声的板材规定了单层板最低平均隔声量。

4.5 材料的防火性能

4.5.1 本条对与木骨架组合墙体有关的各种材料的质量作出了总体规定,从而保证整个墙体能够达到一定的质量标准。

4.5.2 木骨架组合墙体覆面材料的燃烧性能对整个墙体的燃烧性能有着重要影响。国外比较成熟的此类墙体的覆面材料多数使用纸面石膏板,因此本技术规范推荐使用纸面石膏板。该墙体体系的覆面材料也可以使用其他材料,但其燃烧性能必须符合现行国家标准《建筑材料燃烧性能分级方法》GB 8624 关于 A 级材料的要求,从而保证整个墙体能够达到本规范规定的燃烧性能。《建筑设计防火规范》GBJ 16—87 对四级耐火等级建筑物的最高层数和防火分区最大允许建筑面积都作了相关规定,并且其构件的耐火极限要求相对较低,所以本条允许其墙面材料的燃烧性能为 B_1 级。

4.5.3 为了保证整个墙体体系的防火性能,本技术规范规定其填充材料必须是不燃材料,如岩棉、矿棉。

4.6 墙面材料

4.6.1 纸面石膏板常用的规格有以下几种:

纸面石膏板厚度分为:9.5mm、12mm、15mm、18mm;

纸面石膏板长度分为:1.8m、2.1m、2.4m、2.7m、3.0m、3.3m、3.6m;

纸面石膏板宽度分为:900mm、1200mm。

5 墙体设计

5.1 设计的基本要求

5.1.1 对木骨架组合墙体用作内、外墙时各种功能要求作出规定,设计人员在设计时,应满足这些功能要求。

5.1.2～5.1.4 木骨架组合墙体的功能,除承受荷载外,主要是保温隔热、隔声和防火功能,根据功能的具体要求,分别分为 4 级、7 级和 4 级,这里是原则的提示,具体要求见后面各节。

5.1.5 对分户墙及房间隔墙的设计步骤,作出明确规定,指导设计人员设计,不致漏项。

5.1.6 对外墙的设计步骤,作出明确规定,指导设计人员设计,不致漏项。

5.2 木骨架结构设计

5.2.1 本条规定的木骨架在静力荷载及风载作用下,设计应遵守的基本原则和步骤,这些规定与现行国家标准《木结构设计规范》GB 50005 是一致的。

5.2.2 这是对垂直于墙平面的均匀水平地震作用标准值作出的规定,主要用于外墙,这条基本与现行国家标准《玻璃幕墙工程技术规范》JGJ 102 相关规定一致。

5.3 连接设计

5.3.1 木骨架是木骨架组合墙体的主要受力构件,因此木骨架构件之间及木骨架组合墙体与主体结构之间的连接承载能力应满足使用要求。

5.3.2 木骨架布置形式以竖立布置为主,竖立布置的木骨架将所受荷载传递至上、下边框,上、下边框成为主要受力边,因此,墙体与主体结构的连接方式,应以上下边连接方式为主;当外墙高度大于 3m 时,由于所受风荷载较大,规范规定应采用四边连接方式,即通过侧边木骨架分担部分墙面荷载,以减小上、下边框的受力。

5.3.3 分户墙及房间隔墙一般情况下主要承受重力荷载、地震荷载作用,由于所受荷载较小,通常按构造进行连接设计即可满足要求。

5.3.5 木骨架构件之间的直钉连接通常在墙体预制情况下采用和用于木骨架内部节点;而斜钉连接常用于现场施工连接。

5.3.6 在木骨架上预先钻导孔,是防止连接件钉入木骨架时造成木材开裂。

5.3.11 有关墙体细部构造是参照北欧有关标准的构造规定而确定的。外墙直角的保护也可采用金属、木材、塑料或其他加强材料。

5.4 建筑热工与节能设计

5.4.1 我国已经编制了北方严寒和寒冷地区、夏热冬冷地区和南方夏热冬暖地区的居住建筑节能设计标准,并已先后发布实施。公共建筑节能设计标准也即将颁布。以上节能标准对建筑围护结构建筑热工指标作了明确的规定,因此,木骨架组合墙体作为一种不同形式的建筑围护结构,也应遵守国家有关建筑节能相关标准的规定。

5.4.2 我国幅员辽阔,地形复杂,各地气候差异很大。为了建筑物适应各地不同的气候条件,在进行建筑的节能设计时,应根据建筑物所处城市的建筑气候分区和 5.4.1 条中相关标准,确定建筑围护结构合理的热工性能参数,为了使设计人员在设计中更为方便、简单,因而把木骨架组合外墙墙体,按表 5.4.2-1、5.4.2-2 分为5级，供设计人员选择。

5.4.3 木骨架组合墙体的外墙体保温隔热材料不能满填整个木骨架空间时，在墙体内保温隔热材料与空气间层之间，由于受温度梯度分布影响，将产生空气和蒸汽渗透迁移现象，对保温隔热材料这种比较疏散多孔材料的防潮作用和保温隔热性能有较大的影响。空气间层中的空气在保温隔热材料中渗入渗出，直接带走了热量，在渗入渗出的线路上的空气升温降湿和降温升湿，会使某些部位保温隔热材料受潮甚至产生凝结，使材料的热绝缘性降低。因此，在保温隔热材料与空气间层之间应设允许蒸汽渗透，不允许空气渗透的隔空气膜层，能有效地防止空气的渗透，又可让水蒸气渗透扩散，从而保证了墙体内部保温隔热材料不受潮，保持其热绝缘性。

5.4.4 当建筑围护结构内、外表面出现温差时，建筑围护结构内部的湿度将会重新分布，温度较高的部位有较高的水蒸气分压，这个压力梯度会使水蒸气向温度低的方向迁移。同时，在温度较低的区域材料有较大的平衡湿度，在围护结构中将出现平衡湿度的梯度，湿度迁移的方向从低温指向高温，表明液态水将会从低温侧向高温方向迁移，大量的理论和实验研究以及工程实践都表明，这是建筑热工领域中建筑围护结构热湿迁移的基本理论。

在建筑热工工程应用领域，利用在围护结构中出现温度梯度的条件下，湿平衡会使高温方向的水蒸气与低温方向的液态水进行反向迁移，使高温方向的水蒸气重湿度和低温方向的液态水重湿度都有减少的趋势这一原理，在建筑围护结构的低温侧设空气间层，切断了保温材料层与其他材料层的联系，也斩断了液态水的通路。相应空气间层的高温侧所形成的相对湿度较低的空气边界环境，可干燥它所接触的保温材料，所以木骨架组合墙体的外墙体空气间层应布置在建筑围护结构的低温侧。

5.4.5 在木骨架组合墙体外墙的外饰面层宜设防水、透气的挡风防潮纸的主要原因是：

1 因外墙面材料主要为纸面石膏板，设挡风防潮纸可防止外墙表面受雨、雪等侵蚀受潮。

2 由于冬季木骨架组合墙体的外墙在室内温度大于室外气温时，墙体内水蒸气将从室内水蒸气分压高的高温侧向室外水蒸气分压低的低温侧迁移，在木骨架组合墙体外墙的外饰面层设透气的挡风防潮纸来允许渗透，使墙体内水蒸气在保温隔热材料层不产生积累，防止结露，从而保证了墙体内保温隔热材料的热绝缘性。

5.4.6 由于木骨架组合外墙体内填充的是保温隔热材料，为了防止蒸汽渗透在墙体保温隔热材料内部产生凝结，使保温材料或墙体受潮，因此，高温侧应设隔汽层。

5.4.7 木骨架组合外墙是装配式建筑围护结构，为了防止墙体出现施工所产生的间隙、孔洞，防止室外空气渗透，使墙体保温隔热材料内部产生凝结，墙体受潮，影响墙体的保温隔热性能和质量从而增加建筑能耗，本条对之作出了相关的条文规定。

5.5 隔声设计

5.5.1 木骨架组合墙体是轻质围护结构，这些墙体的面密度较小，根据围护结构隔声质量定律，它们的隔声性能较差，难以满足隔声的要求。为了保证建筑的物理环境质量，隔声设计也就显得很重要，因此，本标准必须考虑建筑的隔声设计。

5.5.2 为了在设计过程中比较方便、简单地选择木骨架组合墙体的隔声性能，使条文具有可操作性，根据木骨架组合墙体不同构造形式的隔声性能，将木骨架组合墙体隔声性能按表5.5.2-1分为7级，从25dB至55dB每5dB为一个级差，基本能满足本规范所适用范围的建筑不同围护结构隔声的要求。表6为几种墙体隔声性能和构造措施参考表，设计时按照现行国家标准《民用建筑隔声设计规范》GBJ 118的规定，根据建筑的不同功能要求，选择围护结构的不同隔声级别。

表6 几种墙体隔声性能和构造措施

隔声级别	计权隔声量指标(dB)	构造措施
$Ⅰ_n$	≥55	1. M140双面双层板（填充保温材料140mm）； 2. 双排M65墙骨柱（每侧墙骨柱之间填充保温材料65mm），两排墙骨柱间距25mm，双面双层板
$Ⅱ_n$	≥50	M115双面双层板（填充保温材料115mm）
$Ⅲ_n$	≥45	M115双面单层板（填充保温材料115mm）
$Ⅳ_n$	≥40	M90双面双层板（填充保温材料90mm）
$Ⅴ_n$	≥35	1. M65双面单层板（填充保温材料65mm）； 2. M45双面双层板（填充保温材料45mm）
$Ⅵ_n$	≥30	1. M45双面单层板（填充保温材料45mm）； 2. M45双面双层板
$Ⅶ_n$	≥25	M45双面单层板

注：表中M表示木骨架立柱高度，单位为mm。

5.5.3、5.5.4 设备管道穿越墙体或布置有设备管道、安装电源盒、通风换气等设备开孔时，会使墙体出现施工所产生的间隙、孔洞，设备、管道运行所产生的噪声，将直接影响墙体的隔声性能，为了保证建筑的声环境质量，使墙体的隔声指标真正达到国家设计标准的要求，必须对管道穿越空隙以及墙与墙连接部位的接缝间隙进行建筑隔声处理，对设备管道应设有相应的防振、隔噪声措施。

5.6 防火设计

5.6.1 考虑到木骨架组合墙体很难达到国家现行标准《建筑设计防火规范》GBJ 16规定的不燃烧体，所以本技术规范除了对该墙体的适用范围作了限制外，还对采用该墙体的建筑物层数和高度作了限制。本条的部分内容是依据《高层民用建筑设计防火规范》GB 50045—95中的有关条款制定的。

5.6.2、5.6.3 第5.6.2条只对木骨架组合墙体的耐火极限作出了规定。因为本墙体最多只能做到难燃烧体，所以在表5.6.2和表5.6.3中没有重复。根据《建筑设计防火规范》GBJ 16—87（2001年版）表2.0.1的规定，一、二、三级耐火等级建筑物的非承重外墙和一、二级耐火等级建筑物的房间隔墙都必须是不燃烧体，但鉴于本墙体无法达到不燃烧体标准，所以表5.6.2中对该墙体的燃烧性能适当放松，但严格限制其适用范围，以保证整个建筑物的安全性。同时，表5.6.3还对该类墙体的覆面材料作了更细化的规定。

因为一级耐火等级的工业、办公建筑物对防火的要求相对较高，所以表5.6.2的注将该类建筑物内房间隔墙的耐火极限提高了0.25h，以保证该类建筑物的防火安全。

5.6.4 本条是为了保证整个墙体的防火性能，防止火灾从一个空间穿过管道孔洞或管线传播到其他空间。

5.6.5 本条对石膏板的安装作了详细规定。墙体的防火性能取决于多方面的因素，如石膏板的层数、石膏板的类型、质量和石膏板的安装方法以及填充岩棉的质量和方法等。

5.7 墙面设计

5.7.4 有关墙面板固定的构造要求是研究和吸收北欧相关标准的构造措施后，作出的规定。

5.9 特殊部位设计

5.9.1 电源插座盒与墙面板之间采用石膏抹灰并密封，其目的是为了隔声。

5.9.2 对于隔声要求大于50dB的隔墙，如果在墙板上开孔穿管，所形成的间隙即使采用密封胶密封，墙体隔声也难于满足大于50dB的要求，因此，对于隔声要求大于50dB的隔墙不允许开孔穿过设备管线。

5.9.3 悬挂物固定方式是参照北欧有关标准参数而确定。

6 施工和生产

6.2 施 工 要 求

6.2.6 经切割过的纸面石膏板的直角边，安装前应将切割边倒角并打光，以备密封，如图7所示。

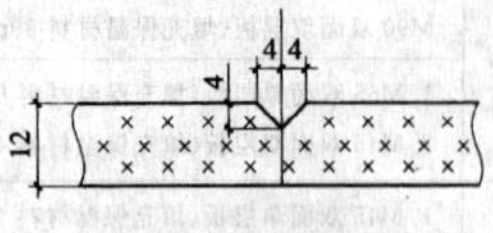

图7 纸面石膏板的倒角

外墙面板的下端面与建筑物构件表面间应留有10～20mm的缝隙，以便外墙体通风、水汽出入，防止墙体内部材料受潮变形。

外墙面板在存放和施工中严禁与水接触或受潮，这一点很重要，必须十分注意。

7 质量和验收

7.1 质 量 要 求

7.1.1 木骨架组合墙体的质量要求都作出了明确的数量指标，以便作为工程质量与验收的依据。

7.1.4 木骨架组合墙体的主要性能指标应在工程施工前所做的样品试验测试时提供可靠的检测报告，以备工程验收时参考。故各地区采用木骨架组合墙体时，必须根据当地的气候条件和建筑要求标准，设计适当的墙体厚度，特别是保温隔热层厚度，选择经济合理的设计方案，以满足建筑节能、隔声和防火要求。

7.3 工 程 验 收

7.3.2 本条款列出的应提交的工程验收资料是木骨架组合墙体工程验收时必不可少的。但在实际操作中，墙体的验收可能与整个建筑工程一起进行，其应提交的技术文件、报告、记录等可一起提交，以备建筑工程统一验收时使用。

8 维 护 管 理

8.1 一 般 规 定

8.1.1 为了使木骨架组合墙体在使用过程中能达到和保持设计要求的预定功能，保证墙体的安全使用，要求墙体承包商向业主提供《木骨架组合墙体使用维护说明书》，其目的主要是让业主清楚地了解该墙体的有关性能和指标参数，能做到正确使用和进行一般的维护。

8.2 检查与维修

8.2.2 一般情况下，木骨架组合墙体在工程竣工使用一年后，墙体采用的材料和配件的一些缺陷均有不同程度的暴露，这时，应对木骨架组合墙体进行一次全面检查和维护。此后，业主或物业管理部门应根据当地气候特点，在容易对木骨架组合墙体造成破坏的雪季、雨季和风季前后，每5年进行一次日常检查。日常检查和维护一般由业主或物业管理部门自行组织实施。

中华人民共和国国家标准

胶合木结构技术规范

Technical code of glued laminated timber structures

GB/T 50708—2012

主编部门：四 川 省 住 房 和 城 乡 建 设 厅
批准部门：中华人民共和国住房和城乡建设部
施行日期：2 0 1 2 年 8 月 1 日

中华人民共和国住房和城乡建设部
公　　告

第 1273 号

关于发布国家标准《胶合木结构技术规范》的公告

现批准《胶合木结构技术规范》为国家标准，编号为 GB/T 50708－2012，自 2012 年 8 月 1 日起实施。

本规范由我部标准定额研究所组织中国建筑工业出版社出版发行。

中华人民共和国住房和城乡建设部

2012 年 1 月 21 日

前　　言

根据原建设部《关于印发〈2006 年工程建设标准规范制订、修订计划（第一批）〉的通知》（建标［2006］77 号）的要求，由中国建筑西南设计研究院有限公司会同有关单位编制完成的。

本规范在编制过程中，编制组经过广泛的调查研究，参考国际先进标准，总结并吸收了国内外有关胶合木结构技术和设计、应用的成熟经验，并在广泛征求意见的基础上，最后经审查定稿。

本规范共分 10 章和 8 个附录，主要技术内容包括：总则、术语和符号、材料、基本设计规定、构件设计、连接设计、构件防火设计、构造要求、构件制作与安装、防护与维护。

本规范由住房和城乡建设部负责管理。由中国建筑西南设计研究院有限公司负责具体技术内容的解释。在执行本规范过程中，请各单位结合工程实践，认真总结经验，并将意见和建议寄送中国建筑西南设计研究院有限公司（地址：四川省成都市天府大道北段 866 号，木结构规范管理组收，邮编：610042，邮箱：xnymjg@xnjz.com）。

本规范主编单位：中国建筑西南设计研究院有限公司

本规范参编单位：四川省建筑科学研究院
哈尔滨工业大学
同济大学
四川大学
重庆大学
北京林业大学
公安部四川消防研究所
中国林业科学研究院

本规范参加单位：美国林业与纸业协会及APA工程木协会
中国欧盟商会欧洲木业协会
汉高（中国）投资有限公司
瑞士普邦公司
成都川雅木业有限公司
苏州皇家整体住宅系统股份有限公司
赫英木结构制造（天津）有限公司
上海宏加新型建筑结构制造有限公司

本规范主要起草人员：龙卫国　王永维　杨学兵　许　方　祝恩淳　张新培　何敏娟　周淑容　蒋明亮　郑炳丰　张绍明　王渭云　殷亚方　申世杰　倪　竣　张华君　李俊明　方　明

本规范主要审查人员：戴宝城　熊海贝　陆伟东　吕建雄　古天纯　邱培芳　杨　军　孙德魁　王林安　程少安

目次

Contents

1 总　　则

1.0.1　为在胶合木结构的应用中贯彻执行国家的技术经济政策，做到技术先进、安全适用、经济合理、确保质量、保护环境，制定本规范。

1.0.2　本规范适用于建筑工程中承重胶合木结构的设计、生产制作和安装。

1.0.3　本规范胶合木宜采用针叶材，胶合木构件截面的层板组合不得低于4层。

1.0.4　胶合木结构的施工验收应符合现行国家标准《建筑工程施工质量验收统一标准》GB 50300和《木结构工程施工质量验收规范》GB 50206的有关规定。

1.0.5　胶合木结构的设计、制作和安装，除应符合本规范的规定外，尚应符合国家现行有关标准的规定。

2 术语和符号

2.1 术　　语

2.1.1　胶合木　structural laminated timber (glulam)

以厚度为20mm～45mm的板材，沿顺纹方向叠层胶合而成的木制品。也称层板胶合木，或称结构用集成材。

2.1.2　普通胶合木层板　lamina

通过用肉眼观测方式对木材材质划分等级，按构件的主要用途和部位选用相应的材质等级，并用于制作胶合木的板材。

2.1.3　目测分级层板　visual graded lamina

在工厂用肉眼观测方式对木材材质划分等级，并用于制作胶合木的板材。

2.1.4　机械弹性模量分级层板　machine graded lamina

在工厂采用机械设备对木材进行非破损检测，按测定的木材弹性模量对木材材质划分等级，并用于制作胶合木的板材。

2.1.5　组坯　lamina lay-ups

在胶合木制作时，根据层板的材质等级，按规定的叠加方式和配置要求将层板组合在一起的过程。

2.1.6　同等组合　members of same lamina grade (MSLG)

胶合木构件只采用材质等级相同的层板进行组合。

2.1.7　异等组合　members of different lamina grade (MDLG)

胶合木构件采用两个或两个以上的材质等级的层板进行组合。

2.1.8　对称异等组合　balanced lay-up

胶合木构件采用异等组合时，不同等级的层板以构件截面中心线为对称轴，成对称布置的组合。

2.1.9　非对称异等组合　unbalanced lay-up

胶合木构件采用异等组合时，不同等级的层板在构件截面中心线两侧成非对称布置的组合。

2.1.10　表面层板　outmost lamina

异等组合胶合木中，位于构件截面的表面边缘，距构件边缘不小于1/16截面高度范围内的层板。

2.1.11　外侧层板　exterior lamina

异等组合胶合木中，与表面层板相邻的，距构件外边缘不小于1/8截面高度范围内的层板。

2.1.12　内侧层板　inner lamina

异等组合胶合木中，与外侧层板相邻的，距构件外边缘不小于1/4截面高度范围内的层板。

2.1.13　中间层板　middle zone lamina

异等组合胶合木中，与内侧层板相邻的，位于构件截面中心线两侧各1/4截面高度范围内的层板。

2.2 符　　号

2.2.1　材料力学性能

E——胶合木弹性模量；

f_c——胶合木顺纹抗压及承压强度设计值；

f_{cE}——胶合木受压构件抗压临界屈曲强度设计值；

$f_{c\alpha}$——胶合木斜纹承压强度设计值；

f_m——胶合木抗弯强度设计值；

f_{mE}——胶合木受弯构件抗弯临界屈曲强度设计值；

f_t——胶合木顺纹抗拉强度设计值；

f_v——胶合木顺纹抗剪强度设计值；

$[w]$——受弯构件的挠度限值。

2.2.2　作用和作用效应

M——弯矩设计值；

M_x、M_y——构件截面x轴和y轴的弯矩设计值；

N——轴向力设计值；

P——经调整后的剪板在构件侧面上顺纹承载力设计值；

Q——经调整后的剪板在构件侧面上横纹承载力设计值；

R——构件截面承载力设计值；

S——作用效应组合的设计值；

V——剪力设计值；

σ_{mx}、σ_{my}——对构件截面x轴和y轴的弯曲应力设计值；

w——构件按荷载效应的标准组合计算的挠度。

2.2.3　几何参数

A——构件全截面面积；

A_n——构件净截面面积；

A_0——受压构件截面的计算面积；
A_c——承压面面积；
b——构件的截面宽度；
d——螺栓或钉的直径；
e_0——构件的初始偏心距；
h——构件的截面高度；
h_b——变截面构件的截面最大高度；
h_n——受弯构件在切口处净截面高度；
I——构件的全截面惯性矩；
i——构件截面的回转半径；
l_c——受压构件两个支点间的计算长度；
S——剪切面以上的截面面积对中性轴的面积矩；
W——构件的全截面抵抗矩；
W_n——构件的净截面抵抗矩；
λ——构件的长细比。

2.2.4 系数

k_i——变截面直线受弯构件设计强度相互作用调整系数；
γ_0——结构构件重要性系数；
φ——轴心受压构件的稳定系数；
φ_l——受弯构件的侧向稳定系数。

2.2.5 其他

C——根据结构构件正常使用要求规定的变形限值；
β_e——根据耐火极限 t 的规定调整后的有效炭化速率。

3 材　料

3.1 木　材

3.1.1 胶合木构件采用的层板分为普通胶合木层板、目测分级层板和机械分级层板三类。用于制作胶合木的层板厚度不应大于 45mm，通常采用 20mm～45mm。胶合木构件宜采用同一树种的层板组成。

3.1.2 普通胶合木层板材质等级为 3 级，其材质等级标准应符合表 3.1.2 的规定。

表 3.1.2 普通胶合木层板材质等级标准

项次	缺陷名称		材质等级		
			Ⅰb	Ⅱb	Ⅲb
1	腐朽		不允许	不允许	不允许
2	木节	在构件任一面任何 200mm 长度上所有木节尺寸的总和，不得大于所在面宽的	1/3	2/5	1/2
		在木板指接及其两端各 100mm 范围内	不允许	不允许	不允许
3	斜纹 任何 1m 材长上平均倾斜高度，不得大于		50mm	80mm	150mm
4	髓心		不允许	不允许	不允许
5	裂缝	在木板窄面上的裂缝，其深度（有对面裂缝用两者之和）不得大于板宽的	1/4	1/3	1/2
		在木板宽面上的裂缝，其深度（有对面裂缝用两者之和）不得大于板厚的	不限	不限	对侧立腹板工字梁的腹板：1/3，对其他板材不限
6	虫蛀		允许有表面虫沟，不得有虫眼		
7	涡纹 在木板指接及其两端各 100mm 范围内		不允许	不允许	不允许

注：1 按本标准选材配料时，尚应注意避免在制成的胶合构件的连接受剪面上有裂缝；
2 对于有过大缺陷的木材，可截去缺陷部分，经重新接长后按所定级别使用。

3.1.3 目测分级层板材质等级为 4 级，其材质等级标准应符合表 3.1.3-1 的规定。当目测分级层板作为对称异等组合的外侧层板或非对称异等组合的抗拉侧层板，以及同等组合的层板时，表 3.1.3-1 中 Ⅰd、Ⅱd 和 Ⅲd 三个等级的层板尚应根据不同的树种级别满足下列规定的性能指标：

1 对于长度方向无指接的层板，其弹性模量（包括平均值和 5%的分位值）应满足表 3.1.3-2 规定的性能指标；

2 对于长度方向有指接的层板，其抗弯强度或抗拉强度（包括平均值和 5%的分位值）应满足表 3.1.3-2 规定的性能指标。

表 3.1.3-1 目测分级层板材质等级标准

项次	缺陷名称		材质等级			
			Ⅰd	Ⅱd	Ⅲd	Ⅳd
1	腐朽		不允许			
2	木节	在构件任一面任何 150mm 长度上所有木节尺寸的总和，不得大于所在面宽的	1/5	1/3	2/5	1/2
		边节尺寸不得大于宽面的	1/6	1/4	1/3	1/2
3	斜纹 任何 1m 材长上平均倾斜高度，不得大于		60mm	70mm	80mm	125mm

续表 3.1.3-1

项次	缺陷名称	材质等级			
		Ⅰ$_d$	Ⅱ$_d$	Ⅲ$_d$	Ⅳ$_d$
4	髓心	不允许			
5	裂缝	允许极其微小裂缝，在层板长度≥3m时，裂纹长度不超0.5m			
6	轮裂	不允许	不允许	小于板材宽度的25%，但与边部距离不可小于宽度的25%	
7	平均年轮宽度	≤6mm	≤6mm	—	
8	虫蛀	允许有表面虫沟，不得有虫眼			
9	涡纹 在木板指接及其两端各100mm范围内	不允许			
10	其他缺陷	非常不明显			

表 3.1.3-2 目测分级层板强度和弹性模量的性能指标（N/mm²）

树种级别及目测等级				弹性模量		抗弯强度		抗拉强度	
SZ1	SZ2	SZ3	SZ4	平均值	5%分位值	平均值	5%分位值	平均值	5%分位值
Ⅰ$_d$	—	—	—	14000	11500	54.0	40.5	32.0	24.0
Ⅱ$_d$	Ⅰ$_d$	—	—	12500	10500	48.5	36.0	28.0	21.5
Ⅲ$_d$	Ⅱ$_d$	Ⅰ$_d$	—	11000	9500	45.5	34.0	26.5	20.0
—	Ⅲ$_d$	Ⅱ$_d$	Ⅰ$_d$	10000	8500	42.0	31.5	24.5	18.5
—	—	Ⅲ$_d$	Ⅱ$_d$	9000	7500	39.0	29.5	23.5	17.5
—	—	—	Ⅲ$_d$	8000	6500	36.0	27.0	21.5	16.0

注：1 层板的抗拉强度，应根据层板的宽度，乘以本规范表 3.1.5-2 规定的调整系数；

2 表中树种级别应符合本规范表 4.2.2-1 的规定。

3.1.4 机械分级层板分为机械弹性模量分级层板和机械应力分级层板。机械弹性模量分级层板为9级，其弹性模量平均值应符合表 3.1.4-1 的规定。机械应力分级层板应符合现行国家标准《木结构设计规范》GB 50005 的有关规定。当采用机械应力分级层板制作胶合木时，机械应力分级层板与机械弹性模量分级层板的对应关系应符合表 3.1.4-2 的规定。

表 3.1.4-1 机械弹性模量分级层板弹性模量的性能指标

分等等级	M_E7	M_E8	M_E9	M_E10	M_E11	M_E12	M_E14	M_E16	M_E18
弯曲弹性模量（N/mm²）	7000	8000	9000	10000	11000	12000	14000	16000	18000

表 3.1.4-2 机械应力分级层板与机械弹性模量分级层板的对应关系

机械弹性模量等级	M_E8	M_E9	M_E10	M_E11	M_E12	M_E14
机械应力等级	M10	M14	M22	M26	M30	M40

3.1.5 机械弹性模量分级层板，当层板为指接层板，且作为对称异等组合的表面和外侧层板、非对称异等组合抗拉侧的表面和外侧层板，以及同等组合的层板时，除满足弹性模量平均值的要求外，其抗弯强度或抗拉强度应满足表 3.1.5-1 规定的性能指标。

表 3.1.5-1 机械分级层板强度性能指标（N/mm²）

分等等级		M_E7	M_E8	M_E9	M_E10	M_E11	M_E12	M_E14	M_E16	M_E18
抗弯强度	平均值	33.0	36.0	39.0	42.0	45.0	48.5	54.0	63.0	72.0
	5%分位值	25.0	27.0	29.5	31.5	34.0	36.5	40.5	47.5	54.0
抗拉强度	平均值	20.0	21.5	23.5	24.5	26.5	28.5	32.0	37.5	42.5
	5%分位值	15.0	16.0	17.5	18.5	20.0	21.5	24.0	28.0	32.0

注：表中层板的抗拉强度，应根据层板的宽度，乘以表 3.1.5-2 规定的调整系数。

表 3.1.5-2 抗拉强度调整系数

层板宽度尺寸	调整系数	层板宽度尺寸	调整系数
b≤150mm	1.00	200mm<b≤250mm	0.90
150mm<b≤200mm	0.95	b>250mm	0.85

3.1.6 机械应力分级层板的弹性模量可根据本规范表 3.1.4-2 的对应关系，采用等级相对应的机械弹性模量分级层板的弹性模量。机械应力分级层板作为对称异等组合的表面和外侧层板、非对称异等组合抗拉侧的表面和外侧层板，以及同等组合的层板时，除满足弹性模量平均值的要求外，其抗弯强度或抗拉强度应满足本规范表 3.1.5-1 规定的性能指标。

3.1.7 各等级的机械弹性模量分级层板除满足相应等级的性能指标外，尚应符合表 3.1.7 规定的机械分级层板的目测材质标准。

表 3.1.7 机械分级层板的目测材质标准

内容	标准
腐朽	不允许
裂缝	允许极微小裂缝
变色	不明显
隆起木纹	不明显
层板两端部材质（仅用于机械应力分级层板）	当分级设备无法对层板两端进行测量时，在层板端部，因缺陷引起的强度折减的等效节孔率不得超过层板中间部分的节孔率
其他缺陷	非常细微

3.1.8 胶合木构件制作时，层板在胶合前含水率不应大于15%，且相邻层板间含水率相差不应大于5%。

3.2 结构用胶

3.2.1 胶合木结构用胶必须满足结合部位的强度和耐久性的要求，应保证其胶合强度不低于木材顺纹抗剪和横纹抗拉的强度。胶粘剂的防水性和耐久性应满足结构的使用条件和设计使用年限的要求，并应符合环境保护的要求。

3.2.2 结构用胶粘剂应根据胶合木结构的使用环境（包括气候、含水率、温度）、木材种类、防水和防腐要求以及生产制造方法等条件选择使用。

3.2.3 承重结构采用的胶粘剂按其性能指标分为Ⅰ级胶和Ⅱ级胶。在室内条件下，普通的建筑结构可采用Ⅰ级或Ⅱ级胶粘剂。对下列情况的结构应采用Ⅰ级胶粘剂：

1 重要的建筑结构；

2 使用中可能处于潮湿环境的建筑结构；

3 使用温度经常大于50℃的建筑结构；

4 完全暴露在大气条件下，以及使用温度小于50℃，但是所处环境的空气相对湿度经常超过85%的建筑结构。

3.2.4 当承重结构采用酚类胶和氨基塑料缩聚胶粘剂时，胶粘剂的性能指标应符合表3.2.4的规定。

表3.2.4 承重结构用酚类胶和氨基塑料缩聚胶粘剂性能指标

性能项目		Ⅰ级胶粘剂		Ⅱ级胶粘剂		试验方法
剪切强度特征值（N/mm²）	胶缝厚度	0.1mm	1.0mm	0.1mm	1.0mm	应符合本规范第A.1节的规定
	A1	10	8	10	8	
	A2	6	4	6	4	
	A3	8	6.4	8	6.4	
	A4	6	4	不要求循环处理	不要求循环处理	
	A5	8	6.4	不要求循环处理	不要求循环处理	
浸渍剥离		高温处理 任何试件中最大剥离率小于5.0%		低温处理 任何试件中最大剥离率小于10.0%		应符合本规范第A.2节的规定
垂直于胶缝的拉伸试验		胶合部件的平均垂直拉伸强度应符合： 1 控制件不应低于2N/mm²； 2 处理件不应低于控制件平均值的80%				应符合本规范第A.4节的规定
木材干缩试验		平均压缩剪切强度不低于1.5N/mm²				应符合本规范第A.5节的规定

注：A1～A5为剪切试验时试件的5种处理方法，应符合本规范表A.1.4的规定，胶缝厚度为0.1mm和1.0mm。

3.2.5 当承重结构采用单成分聚氨酯胶粘剂时，胶粘剂的性能指标应符合表3.2.5的规定。

表3.2.5 承重结构用单成分聚氨酯胶粘剂性能指标

性能项目		Ⅰ级胶粘剂		Ⅱ级胶粘剂		试验方法
剪切强度特征值（N/mm²）	胶缝厚度	0.1mm	0.5mm	0.1mm	0.5mm	应符合本规范第A.1节的规定
	A1	10	9	10	9	
	A2	6	5	6	5	
	A3	8	7.2	8	7.2	
	A4	6	5	不要求循环处理	不要求循环处理	
	A5	8	7.2	不要求循环处理	不要求循环处理	
浸渍剥离		高温处理 任何试件中最大剥离率小于5.0%		低温处理 任何试件中最大剥离率小于10.0%		应符合本规范第A.2节的规定
耐久性试验		在测试期间，6个胶缝试件中不得有1个失败； 测试后，每个剩余试件中平均蠕变变形不得超过0.05mm				应符合本规范第A.3节的规定
垂直于胶缝的拉伸试验		垂直于胶缝的平均拉伸强度应符合： 1 控制件不应低于5N/mm²； 2 处理件不应低于控制件平均值的80%				应符合本规范第A.4节的规定

注：A1～A5为剪切试验时试件的5种处理方法，应符合本规范表A.1.4的规定，胶缝厚度为0.1mm和0.5mm。

3.3 钢材

3.3.1 胶合木结构中使用的钢材宜采用Q235钢、Q345钢、Q390钢和Q420钢，其质量应分别符合现行国家标准《碳素结构钢》GB/T 700和《低合金高强度结构钢》GB/T 1591的有关规定。当采用其他牌号的钢材时，应符合国家现行有关标准的规定。

3.3.2 下列情况的承重构件或连接材料宜采用D级碳素结构钢或D级、E级低合金高强度结构钢：

1 直接承受动力荷载或振动荷载的焊接构件或连接件；

2 工作温度等于或低于－30℃的构件或连接件。

3.3.3 钢材应具有抗拉强度、伸长率、屈服强度和硫、磷含量的合格保证，对焊接构件或连接件尚应有含碳量的合格保证。

3.3.4 连接材料应符合下列规定：

1 手工焊接采用的焊条，应符合现行国家标准《碳钢焊条》GB/T 5117或《低合金钢焊条》GB/T 5118的有关规定，选择的焊条型号应与主体金属力学性能相适应；

2 普通螺栓应符合现行国家标准《六角头螺栓—C级》GB/T 5780和《六角头螺栓》GB/T 5782的有关规定；

3 高强度螺栓应符合现行国家标准《钢结构用

高强度大六角头螺栓》GB/T 1228、《钢结构用高强度大六角螺母》GB/T 1229、《钢结构用高强度垫圈》GB/T 1230、《钢结构用高强度大六角头螺栓、大六角螺母、垫圈技术条件》GB/T 1231或《钢结构用扭剪型高强度螺栓连接副技术条件》GB/T 3633的有关规定；

4 锚栓可采用现行国家标准《碳素结构钢》GB/T 700中规定的Q235钢或《低合金高强度结构钢》GB/T 1591中规定的Q345钢制成；

5 钉的材料性能应符合国家现行有关标准的规定。

4 基本设计规定

4.1 设计原则

4.1.1 本规范采用以概率理论为基础的极限状态设计法。

4.1.2 胶合木结构在规定的设计使用年限内应具有足够的可靠度。本规范所采用的设计基准期为50年。

4.1.3 胶合木结构的设计使用年限应按表4.1.3采用。

表4.1.3 设计使用年限

类别	设计使用年限	示例
1	25年	易于替换的结构构件
2	50年	普通房屋和一般构筑物
3	100年及以上	纪念性建筑物和特别重要建筑结构

4.1.4 根据建筑结构破坏后果的严重程度，建筑结构划分为三个安全等级。设计时应根据具体情况，按表4.1.4规定选用相应的安全等级。

表4.1.4 建筑结构的安全等级

安全等级	破坏后果	建筑物类型
一级	很严重	重要的建筑物
二级	严重	一般的建筑物
三级	不严重	次要的建筑物

注：对有特殊要求的建筑物，其安全等级应根据具体情况另行确定。

4.1.5 建筑物中胶合木结构主要构件的安全等级，应与整个结构的安全等级相同。对其中部分次要构件的安全等级，可根据其重要程度适当调整，但不得低于三级。

4.1.6 对于承载能力极限状态，结构构件应按荷载效应的基本组合，采用下列极限状态设计表达式：

$$\gamma_0 S \leqslant R \quad (4.1.6)$$

式中：γ_0——结构重要性系数；

S——承载能力极限状态的荷载效应的设计值，按现行国家标准《建筑结构荷载规范》GB 50009的有关规定进行计算；

R——结构构件的承载力设计值。

4.1.7 结构重要性系数γ_0应按下列规定采用：

1 安全等级为一级或设计使用年限为100年及以上的结构构件，不应小于1.1；对安全等级为一级且设计使用年限又超过100年的结构构件，不应小于1.2；

2 安全等级为二级或设计使用年限为50年的结构构件，不应小于1.0；

3 安全等级为三级或设计使用年限为25年的结构构件，不应小于0.95。

4.1.8 对正常使用极限状态，结构构件应按荷载效应的标准组合，采用下列极限状态设计表达式：

$$S \leqslant C \quad (4.1.8)$$

式中：S——正常使用极限状态的荷载效应的设计值；

C——根据结构构件正常使用要求规定的变形限值。

4.1.9 胶合木结构中的钢构件设计，应符合现行国家标准《钢结构设计规范》GB 50017的规定。

4.2 设计指标和允许值

4.2.1 采用普通胶合木层板制作胶合木的设计指标，应按下列规定采用：

1 普通层板胶合木的强度等级应根据选用的树种，按表4.2.1-1的规定采用。

表4.2.1-1 普通层板胶合木适用树种分级表

强度等级	组别	适用树种
TC17	A	柏木、长叶松、湿地松、粗皮落叶松
	B	东北落叶松、欧洲赤松、欧洲落叶松
TC15	A	铁杉、油杉、太平洋海岸黄柏、花旗松-落叶松、西部铁杉、南方松
	B	鱼鳞云杉、西南云杉、南亚松
TC13	A	油松、新疆落叶松、云南松、马尾松、扭叶松、北美落叶松、海岸松
	B	红皮云杉、丽江云杉、樟子松、红松、西加云杉、俄罗斯红松、欧洲云杉、北美山地云杉、北美短叶松
TC11	A	西北云杉、新疆云杉、北美黄松、云杉-松-冷杉、铁-冷杉、东部铁杉、杉木
	B	冷杉、速生杉木、速生马尾松、新西兰辐射松

2　在正常情况下，普通层板胶合木强度设计值及弹性模量，应按表4.2.1-2的规定采用。

表4.2.1-2　普通层板胶合木的强度设计值和弹性模量（N/mm^2）

强度等级	组别	抗弯 f_m	顺纹抗压及承压 f_c	顺纹抗拉 f_t	顺纹抗剪 f_v	横纹承压 $f_{c,90}$ 全表面	局部表面和齿面	拉力螺栓垫板下	弹性模量 E
TC17	A	17	16	10	1.7	2.3	3.5	4.6	10000
	B		15	9.5	1.6				
TC15	A	15	13	9.0	1.6	2.1	3.1	4.2	10000
	B		12	9.0	1.5				
TC13	A	13	12	8.5	1.5	1.9	2.9	3.8	10000
	B		10	8.0	1.4				9000
TC11	A	11	10	7.5	1.4	1.8	2.7	3.6	9000
	B		10	7.0	1.2				

3　在不同的使用条件下，胶合木强度设计值和弹性模量尚应乘以表4.2.1-3规定的调整系数。对于不同的设计使用年限，胶合木强度设计值和弹性模量还应乘以表4.2.1-4规定的调整系数。

表4.2.1-3　不同使用条件下胶合木强度设计值和弹性模量的调整系数

使用条件	调整系数 强度设计值	弹性模量
使用中胶合木构件含水率大于15%时	0.8	0.8
长期生产性高温环境，木材表面温度达40℃～50℃	0.8	0.8
按恒荷载验算时	0.65	0.65
用于木构筑物时	0.9	1.0
施工和维修时的短暂情况	1.2	1.0

注：1　当仅有恒荷载或恒荷载产生的内力超过全部荷载所产生的内力的80%时，应单独以恒荷载进行验算；
2　使用中胶合木构件含水率大于15%时，横纹承压强度设计值尚应再乘以0.8的调整系数；
3　当若干条件同时现出现时，表列各系数应连乘。

表4.2.1-4　不同设计使用年限时胶合木强度设计值和弹性模量的调整系数

设计使用年限	调整系数 强度设计值	弹性模量
25年	1.05	1.05
50年	1.0	1.0
100年及以上	0.9	0.9

4　当采用普通胶合木层板制作胶合木构件时，构件的强度设计值按整体截面设计，不考虑胶缝的松弛性。在设计受弯、拉弯或压弯的普通层板胶合木构件时，按以上各款确定的抗弯强度设计值应乘以表4.2.1-5规定的修正系数。工字形和T形截面的胶合木构件，其抗弯强度设计值除按表4.2.1-5乘以修正系数外，尚应乘以截面形状修正系数0.9。

表4.2.1-5　胶合木构件抗弯强度设计值修正系数

宽　度（mm）	截面高度 h（mm） <150	150～500	600	700	800	1000	≥1200
b<150	1.0	1.0	0.95	0.90	0.85	0.80	0.75
b≥150	1.0	1.15	1.05	1.0	0.90	0.85	0.80

5　对于曲线形构件，抗弯强度设计值除应遵守以上各款规定外，还应乘以由下式计算的修正系数：

$$k_r = 1 - 2000\left(\frac{t}{R}\right)^2 \qquad (4.2.1)$$

式中：k_r——胶合木曲线形构件强度修正系数；
R——胶合木曲线形构件内边的曲率半径（mm）；
t——胶合木曲线形构件每层木板的厚度（mm）。

4.2.2　采用目测分级层板和机械弹性模量分级层板制作的胶合木的强度设计指标应按下列规定采用：

1　用于制作胶合木的目测分级层板和机械弹性模量分级层板采用的木材，其树种级别、适用树种及树种组合应符合表4.2.2-1的规定。

表4.2.2-1　胶合木适用树种分级表

树种级别	适用树种及树种组合名称
SZ1	南方松、花旗松-落叶松、欧洲落叶松以及其他符合本强度等级的树种
SZ2	欧洲云杉、东北落叶松以及其他符合本强度等级的树种
SZ3	阿拉斯加黄扁柏、铁－冷杉、西部铁杉、欧洲赤松、樟子松以及其他符合本强度等级的树种
SZ4	鱼鳞云杉、云杉－松－冷杉以及其他符合本强度等级的树种

注：表中花旗松-落叶松、铁-冷杉产地为北美地区。南方松产地为美国。

2　胶合木分为异等组合与同等组合二类。异等组合分为对称组合与非对称组合。受弯构件和压弯构件宜采用异等组合，轴心受力构件和当受弯构件的荷载作用方向与层板窄边垂直时，应采用同等组合。胶合木强度及弹性模量的特征值应符合本规范附录B的规定。

3　胶合木强度设计值及弹性模量应按表 4.2.2-2、表 4.2.2-3 和表 4.2.2-4 规定采用。

表 4.2.2-2　对称异等组合胶合木的强度设计值和弹性模量（N/mm^2）

强度等级	抗弯 f_m	顺纹抗压 f_c	顺纹抗拉 f_t	弹性模量 E
$TC_{YD}30$	30	25	20	14000
$TC_{YD}27$	27	23	18	12500
$TC_{YD}24$	24	21	15	11000
$TC_{YD}21$	21	18	13	9500
$TC_{YD}18$	18	15	11	8000

注：当荷载的作用方向与层板窄边垂直时，抗弯强度设计值 f_m 应乘以 0.7 的系数，弹性模量 E 应乘以 0.9 的系数。

表 4.2.2-3　非对称异等组合胶合木的强度设计值和弹性模量（N/mm^2）

强度等级	抗弯 f_m		顺纹抗压 f_c	顺纹抗拉 f_t	弹性模量 E
	正弯曲	负弯曲			
$TC_{YF}28$	28	21	21	18	13000
$TC_{YF}25$	25	19	19	17	11500
$TC_{YF}23$	23	17	17	15	10500
$TC_{YF}20$	20	15	15	13	9000
$TC_{YF}17$	17	13	13	11	6500

注：当荷载的作用方向与层板窄边垂直时，抗弯强度设计值 f_m 应采用正向弯曲强度设计值并乘以 0.7 的系数，弹性模量 E 应乘以 0.9 的系数。

表 4.2.2-4　同等组合胶合木的强度设计值和弹性模量（N/mm^2）

强度等级	抗弯 f_m	顺纹抗压 f_c	顺纹抗拉 f_t	弹性模量 E
TC_T30	30	27	21	12500
TC_T27	27	25	19	11000
TC_T24	24	22	17	9500
TC_T21	21	20	15	8000
TC_T18	18	17	13	6500

4　胶合木构件顺纹抗剪强度设计值应按表 4.2.2-5 规定采用。

表 4.2.2-5　胶合木构件顺纹抗剪强度设计值（N/mm^2）

树种级别	强度设计值 f_v
SZ1	2.2
SZ2、SZ3	2
SZ4	1.8

5　胶合木构件横纹承压强度设计值应按表 4.2.2-6 规定采用。

表 4.2.2-6　胶合木构件横纹承压强度设计值（N/mm^2）

树种级别	强度设计值 $f_{c,90}$		
	局部承压		全表面承压
	构件中间承压	构件端部承压	
SZ1	7.5	6.0	3.0
SZ2、SZ3	6.2	5.0	2.5
SZ4	5.0	4.0	2.0
承压位置示意图	构件中间承压 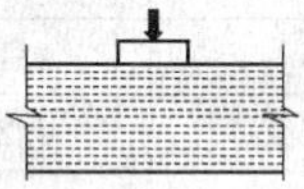	构件端部承压 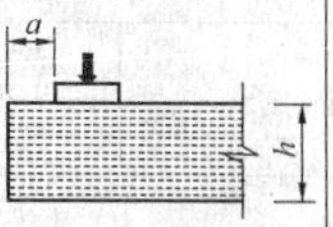 1. 当 $h \geq 100mm$ 时，$a \leq 100mm$；2. 当 $h < 100mm$ 时，$a \leq h$	构件全表面承压 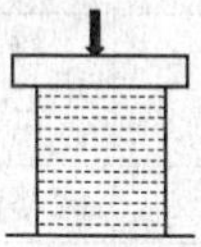

6　胶合木斜纹承压的强度设计值可按下式计算：

$$f_{c,\theta} = \frac{f_c f_{c,90}}{f_c \sin^2\theta + f_{c,90} \cos^2\theta} \tag{4.2.2}$$

式中：f_c——胶合木构件的顺纹抗压强度设计值（N/mm^2）；

$f_{c,90}$——胶合木构件的横纹承压强度设计值（N/mm^2）；

$f_{c,\theta}$——胶合木斜纹承压强度设计值（N/mm^2）；

θ——荷载与构件纵向顺纹方向的夹角（0°～90°）。

4.2.3　采用目测分级层板和机械分级层板制作胶合木的强度设计值及弹性模量应按下列规定进行调整：

1　在不同的使用条件下，胶合木强度设计值和弹性模量应乘以本规范表 4.2.1-3 规定的调整系数。对于不同的设计使用年限，胶合木强度设计值和弹性模量尚应乘以本规范表 4.2.1-4 规定的调整系数。

2　当构件截面高度大于 300mm，荷载作用方向垂直于层板截面宽度方向时，抗弯强度设计值应乘以体积调整系数 k_v，k_v 按下式计算：

$$k_v = \left[\left(\frac{130}{b}\right)\left(\frac{305}{h}\right)\left(\frac{6400}{L}\right)\right]^{\frac{1}{c}} \leq 1.0 \tag{4.2.3-1}$$

式中：b——构件截面宽度（mm）；

h——构件的截面高度（mm）；

L——构件在零弯矩点之间的距离（mm）；

c——树种系数，一般取 $c=10$，当对某一树种有具体经验时，可按经验取值。

3　当构件截面高度大于 300mm，荷载作用方向平行于层板截面宽度方向时，抗弯强度设计值应乘以截面高度调整系数 k_h，k_h 按下式计算：

$$k_h = \left(\frac{300}{h}\right)^{\frac{1}{9}} \quad (4.2.3\text{-}2)$$

4.2.4　在工程中使用进口胶合木时，进口胶合木的强度设计值和弹性模量应符合本规范附录 C 的规定。对于不符合本规范附录 C 规定的胶合木构件，应按本规范附录 D 的规定，根据构件足尺试验确定其强度等级。

4.2.5　受弯构件的计算挠度，应满足表 4.2.5 的挠度限值。

表 4.2.5　受弯构件挠度限值

项次	构件类别			挠度限值 [ω]
1	檩条	$l \leqslant 3.3$m		$l/200$
		$l > 3.3$m		$l/250$
2	椽条			$l/150$
3	吊顶中的受弯构件			$l/250$
4	楼面梁和搁栅			$l/250$
5	屋面大梁	工业建筑		$l/120$
		民用建筑	无粉刷吊顶	$l/180$
			有粉刷吊顶	$l/240$

注：表中 l 为受弯构件的计算跨度。

5　构件设计

5.1　等截面直线形受弯构件

5.1.1　等截面直线形受弯构件设计时，应符合下列规定：

1　简支梁、连续梁和悬臂梁的计算跨度为梁的净跨加上每端支座的 1/2 支承长度。

2　受弯构件除靠近支座的端部外，不得在构件的其他位置开口。在支座处受拉侧的开口高度不得大于构件截面高度的1/10与 75mm 之间的较小者，开口长度不得大于跨度的 1/3；在端部受压侧的开口高度不得大于构件截面高度的 2/5，开口长度不得大于跨度的 1/3。

3　构件端部受压侧有斜切口时，斜切口的最大高度不得大于构件截面高度的 2/3，水平长度不得大于构件截面高度的 3 倍。当水平长度大于构件截面高度的 3 倍时，应进行斜切口受剪承载能力的验算。

4　当在构件上开口时，宜将切口转角做成折线或做成圆角。

5.1.2　计算构件承载力时，净截面面积 A_n 的计算应符合下列规定：

1　净面积等于全截面面积减去由钻孔、刻槽或其他因素削弱的面积；

2　荷载沿顺纹方向作用时，对于交错布置的销类紧固件，当相邻两排的紧固件在顺纹方向的间距小于 4 倍紧固件的直径时，则可认为相邻紧固件在同一截面上；

3　计算剪板连接的净面积（图 5.1.2）时，净面积等于全面积减去螺栓孔以及安装剪板的槽口的面积。剪板交错布置时，当相邻两排剪板在顺纹方向的间距小于或等于一个剪板的直径时，则可认为相邻紧固件在同一截面上。

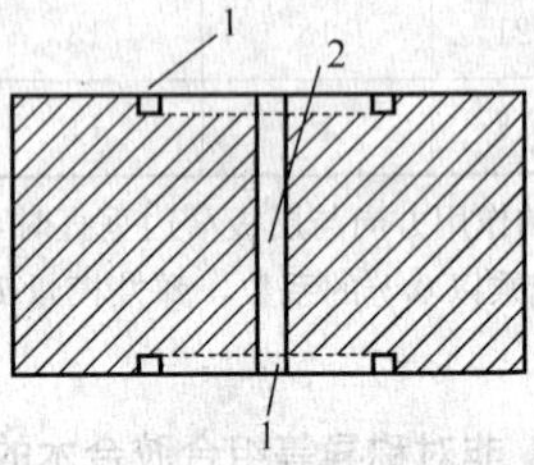

图 5.1.2　剪板连接中构件的截面净面积

1—用于安装剪板的刻槽；2—螺栓孔

5.1.3　受弯构件的受弯承载能力应按下式计算：

1　按强度计算：

$$\frac{M}{W_n} \leqslant f_m \quad (5.1.3\text{-}1)$$

2　按稳定验算：当构件截面宽度小于截面高度、沿受压边长度方向没有侧向支撑并且构件在端部没有防止构件转动的支撑时，受弯构件的侧向稳定应按下式计算：

$$\frac{M}{\varphi_l W_n} \leqslant f'_m \quad (5.1.3\text{-}2)$$

式中：f_m ——胶合木抗弯强度设计值（N/mm^2）；

f'_m ——不考虑高度或体积调整系数的胶合木抗弯强度设计值（N/mm^2）；

M ——受弯构件弯矩设计值（N·mm）；

W_n ——受弯构件的净截面抵抗矩（mm^3）。

φ_l ——受弯构件的侧向稳定系数，按本规范第 5.1.4 条规定采用。

5.1.4　受弯构件的侧向稳定系数 φ_l 应按下列公式计算：

$$\varphi_l = \frac{1+\left(\frac{f_{mE}}{f'_m}\right)}{1.9} - \sqrt{\left[\frac{1+\left(\frac{f_{mE}}{f'_m}\right)}{1.9}\right]^2 - \frac{\left(\frac{f_{mE}}{f'_m}\right)}{0.95}} \quad (5.1.4\text{-}1)$$

$$f_{mE} = \frac{0.67E}{\lambda^2} \quad (5.1.4\text{-}2)$$

$$\lambda = \sqrt{\frac{l_e h}{b^2}} \quad (5.1.4\text{-}3)$$

式中：f'_m ——不考虑高度或体积调整系数的胶合木

抗弯强度设计值（N/mm²）；

E——弹性模量（N/mm²）；

f_{mE}——受弯构件抗弯临界屈曲强度设计值（N/mm²）；

λ——受弯构件的长细比，不得大于50；

b——受弯构件的截面宽度（mm）；

h——受弯构件的截面高度（mm）；

l_e——构件计算长度，按表5.1.4采用。

表5.1.4 受弯构件的计算长度

构件	作用的荷载	当 $l_u/h<7$ 时	当 $l_u/h\geqslant 7$ 时
悬臂梁	均布荷载	$l_e=1.33l_u$	$l_e=0.90l_u+3h$
	自由端作用集中荷载	$l_e=1.87l_u$	$l_e=1.44l_u+3h$
单跨梁	均布荷载	$l_e=2.06l_u$	$l_e=1.63l_u+3h$
	跨中作用集中荷载，跨中无侧向支撑	$l_e=1.80l_u$	$l_e=1.37l_u+3h$
	跨中作用集中荷载，跨中有侧向支撑	$l_e=1.11l_u$	
	两个相等集中荷载，各自作用在1/3跨处，且在1/3跨处均有侧向支撑	$l_e=1.68l_u$	
	三个相等集中荷载，各自作用在1/4跨处，且在1/4跨处均有侧向支撑	$l_e=1.54l_u$	
	四个相等集中荷载，各自作用在1/5跨处，且在1/5跨处均有侧向支撑	$l_e=1.68l_u$	
	五个相等集中荷载，各自作用在1/6跨处，且在1/6跨处均有侧向支撑	$l_e=1.73l_u$	
	六个相等集中荷载，各自作用在1/7跨处，且在1/7跨处均有侧向支撑	$l_e=1.78l_u$	
	七个相等集中荷载，各自作用在1/8跨处，且在1/8跨处均有侧向支撑	$l_e=1.84l_u$	
	支座两端作用相等纯弯矩	$l_e=1.84l_u$	

注：1 l_u 为受弯构件两个支撑点之间的实际距离。当支座处有侧向支撑而沿构件长度方向无附加支撑时，l_u 为支座之间的距离。当受弯构件在构件中部以及支座处有侧向支撑时，l_u 为中间支撑与端支座之间的距离；

2 h 为构件截面高度；

3 对于单跨或悬臂构件，当荷载条件不符合表中规定时，构件计算长度按以下规定确定：

当 $l_u/h<7$ 时，$l_e=2.06l_u$；当 $7\leqslant l_u/h<14.3$ 时，$l_e=1.63l_u+3h$；当 $l_u/h\geqslant 14.3$ 时，$l_e=1.84l_u$；

4 多跨连续梁的计算，可根据表中的值或计算分析得到。

5.1.5 受弯构件的顺纹受剪承载能力，应满足下式的要求：

$$\frac{VS}{Ib}\leqslant f_v \tag{5.1.5}$$

式中：f_v——胶合木顺纹抗剪强度设计值(N/mm²)；

V——受弯构件剪力设计值（N）；按本规范第5.1.6条确定；

I——构件的全截面惯性矩（mm⁴）；

b——构件的截面宽度（mm）；

S——剪切面以上的截面面积对中和轴的面积矩（mm³）。

5.1.6 荷载作用在梁顶面，计算受弯构件的剪力设计值 V 时，应符合下列规定：

1 均布荷载作用时，可不考虑在距离支座等于梁截面高度 h 的范围内的荷载作用；

2 集中荷载作用时（图5.1.6），对于在距离支座等于梁截面高度 h 的范围内的各个集中荷载，应考虑各集中荷载值乘以相应的 x/h（x 为各荷载作用点距支座边的距离）的荷载作用。

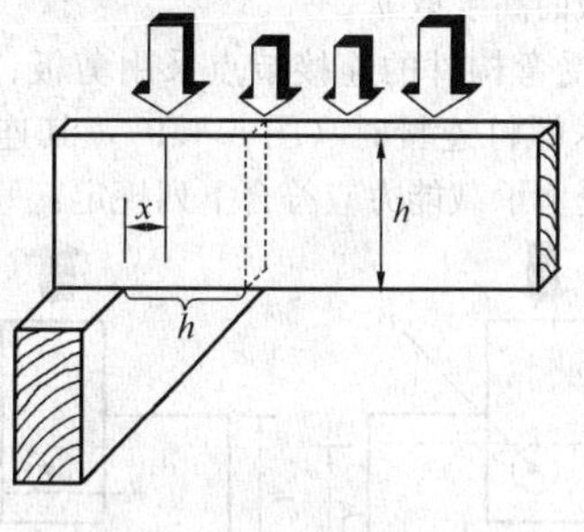

图5.1.6 支座处集中荷载作用时剪力设计值计算示意图

5.1.7 受弯构件在受拉侧有切口时，受剪承载能力设计值应按下列公式验算：

1 矩形截面构件：

$$\frac{3V}{2bh_n}\left(\frac{h}{h_n}\right)^2\leqslant f_v \tag{5.1.7-1}$$

2 圆形截面构件：

$$\frac{3V}{2A_n}\left(\frac{h}{h_n}\right)^2\leqslant f_v \tag{5.1.7-2}$$

式中：f_v——胶合木顺纹抗剪强度设计值(N/mm²)；

V——剪力设计值（N）；

b——构件的截面宽度（mm）；

h——构件的截面高度（mm）；

h_n——受弯构件在切口处净截面高度（mm）；

A_n——切口处净截面面积（mm²）。

5.1.8 受弯构件在支座受压侧有缺口或斜切口时（图5.1.8），构件的受剪承载能力应符合下列规定：

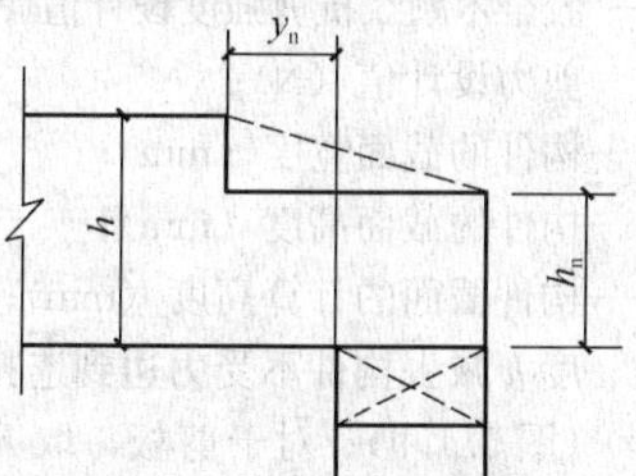

图5.1.8 受弯构件端部受压边切口示意图

1 当 $y_n \leqslant h_n$ 时，应满足下式要求：

$$\frac{3V}{2b\left[h-\frac{y_n(h-h_n)}{h_n}\right]} \leqslant f_v \quad (5.1.8)$$

式中：f_v——胶合木顺纹抗剪强度设计值（N/mm^2）；

b——构件的截面宽度（mm）；

h——构件的截面高度（mm）；

h_n——受弯构件在切口处净截面高度（mm）；当端部为锥形切口时，h_n 取支座内侧边缘处的截面高度；

V——考虑全跨内所有荷载作用的剪力设计值（N）；

y_n——支座内边缘到梁切口处距离。

2 当 $y_n > h_n$ 时，应满足本规范公式（5.1.5）的要求，截面高度取 h_n。

5.1.9 当受弯构件的连接节点采用剪板、螺栓、销或六角头木螺钉连接时（图 5.1.9），其连接处胶合木构件的受剪承载能力应符合下列规定：

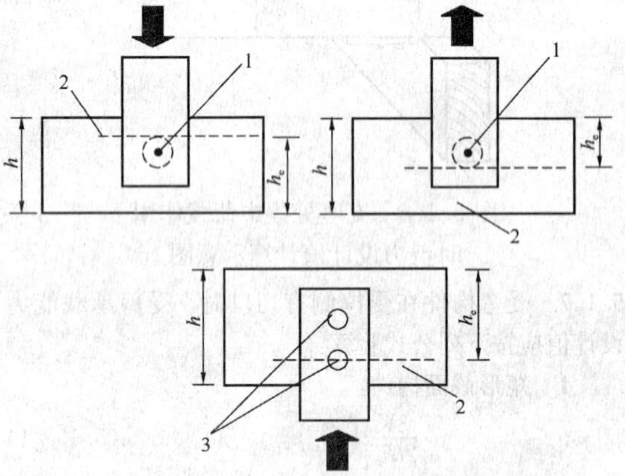

图 5.1.9 受弯构件的连接件受力示意图

1—剪板；2—不受力边；3—螺栓、销或六角头木螺钉

1 当连接处与构件支座内边缘的距离小于 5h 时，应满足下式要求：

$$\frac{3V}{2bh_e}\left(\frac{h}{h_e}\right)^2 \leqslant f_v \quad (5.1.9\text{-}1)$$

2 当连接处与构件支座内边缘的距离大于或等于 5h 时，应满足下式要求：

$$\frac{3V}{2bh_e} \leqslant f_v \quad (5.1.9\text{-}2)$$

式中：f_v——胶合木顺纹抗剪强度设计值（N/mm^2）；

V——剪力设计值（N）；

b——构件的截面宽度（mm）；

h——构件的截面高度（mm）；

h_e——构件截面的计算高度（mm）；取截面高度 h 减去构件不受力边到连接件的距离（图 5.1.9）；对于剪板，取 h 减去不受力边至剪板最近边缘的距离；对于螺栓、销和六角头木螺钉，取 h 减去不受力边缘到螺栓、销和六角头木螺钉中心的距离。

5.1.10 受弯构件的挠度，应按下式验算：

$$w \leqslant [w] \quad (5.1.10)$$

式中：$[w]$——受弯构件的挠度限值（mm），按本规范表 4.2.5 采用；

w——构件按荷载效应的标准组合计算的挠度（mm）。

5.1.11 双向受弯构件的受弯承载能力，应按下式验算：

$$\frac{M_x}{W_{nx}f_{mx}}+\frac{M_y}{W_{ny}f_{my}} \leqslant 1 \quad (5.1.11)$$

式中：M_x、M_y——相对于构件截面 x 轴和 y 轴产生的弯矩设计值（N·mm）；

f_{mx}、f_{my}——调整后的胶合木正向弯曲或侧向弯曲的抗弯强度设计值（N/mm^2）；

W_{nx}、W_{ny}——构件截面沿 x 轴 y 轴的净截面抵抗矩（mm^3）。

5.2 变截面直线形受弯构件

5.2.1 变截面直线形受弯构件包括单坡和双坡变截面构件。从构件斜面最低点到最高点的高度范围内，应采用相同等级的层板。构件的斜面制作应在工厂完成，不得在现场切割制作。

本节仅对斜面在受压边的构件作出规定，不考虑斜面在受拉边的构件。

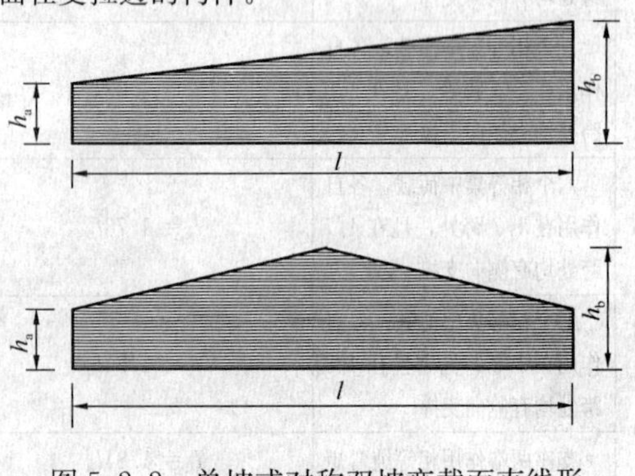

图 5.2.2 单坡或对称双坡变截面直线形受弯构件示意图

5.2.2 均布荷载作用下，支座为简支的单坡或对称双坡变截面直线形受弯构件（图 5.2.2）的抗弯（包括稳定）、抗剪以及横纹承压承载力应按下列规定进行验算：

1 最大弯曲应力处离截面高度较小一端的距离 z、最大弯曲应力处截面的高度 h_z 和最大弯曲应力处受弯承载能力应按下列公式进行验算：

$$z=\frac{l}{2h_a+l\tan\theta}h_a \quad (5.2.2\text{-}1)$$

$$h_z=2h_a\frac{h_a+l\tan\theta}{2h_a+l\tan\theta} \quad (5.2.2\text{-}2)$$

$$\sigma_m \leqslant \varphi_l k_i f'_m \quad (5.2.2\text{-}3)$$

$$\sigma_m = \frac{3ql^2}{4bh_a(h_a + l\tan\theta)} \quad (5.2.2\text{-}4)$$

式中：σ_m——最大弯曲应力处的弯曲应力值（N/mm²）；

h_a——构件最小端的截面高度（mm）；

l——构件跨度（mm）；

θ——构件斜面与水平面的夹角（°）；

q——均布荷载设计值（N/mm）；

f'_m——不考虑高度或体积调整系数的胶合木抗弯强度设计值（N/mm²）；

k_i——变截面直线受弯构件设计强度相互作用调整系数，按本规范第5.2.3条规定采用；

φ_l——受弯构件的侧向稳定系数，按本规范第5.1.4条规定采用；

2 最大弯曲应力处顺纹受剪承载能力应按下式验算：

$$\sigma_m \tan\theta \leqslant f_v \quad (5.2.2\text{-}5)$$

式中：f_v——胶合木抗剪强度设计值（N/mm²）；

3 支座处顺纹受剪承载能力应按本规范第5.1.5条规定进行验算；截面尺寸取支座处构件的截面尺寸；

4 最大弯曲应力处横纹受压承载能力应按下式验算：

$$\sigma_m \tan^2\theta \leqslant f_{c,90} \quad (5.2.2\text{-}6)$$

式中：$f_{c,90}$——胶合木横纹承压强度设计值（N/mm²）。

5.2.3 荷载作用下变截面矩形受弯构件的抗弯强度设计值，除考虑本规范第4.2节规定的调整系数外，还应乘以按下式计算的相互作用调整系数 k_i：

$$k_i = \frac{1}{\sqrt{1 + \left(\frac{f_m \tan^2\theta}{f_v}\right)^2 + \left(\frac{f_m \tan^2\theta}{f_{c,90}}\right)^2}} \quad (5.2.3)$$

式中：f_m——胶合木抗弯强度设计值（N/mm²）；

$f_{c,90}$——胶合木横纹承压强度设计值（N/mm²）；

f_v——胶合木抗剪强度设计值（N/mm²）；

θ——构件斜面与水平面的夹角（°）。

5.2.4 单个集中荷载作用下，单坡或对称双坡变截面矩形受弯构件的最大承载力应按下列规定进行验算：

1 当集中荷载作用处截面高度大于最小端截面高度的2倍时，最大弯曲应力作用点位于截面高度为最小端截面高度的2倍处，即最大弯曲应力处离截面高度较小一端的距离 $z = h_a/\tan\theta$；

2 当集中荷载作用处截面高度小于或等于最小端截面高度的2倍时，最大弯曲应力作用点位于集中荷载作用处；

3 最大弯曲应力处受弯承载能力应按下列公式进行验算：

$$\sigma_m < \varphi_l k_i f'_m \quad (5.2.4\text{-}1)$$

$$\sigma_m = \frac{6M}{bh_z^2} \quad (5.2.4\text{-}2)$$

式中：σ_m——最大弯曲应力处的弯曲应力值(N/mm²)；

M——最大弯矩设计值（N·mm）；

b——构件截面宽度（mm）；

h_z——最大弯曲应力处的截面高度（mm）；

φ_l——受弯构件的侧向稳定系数，按本规范第5.1.4条规定采用；

k_i——构件设计强度相互作用调整系数，按本规范第5.2.3条规定采用；

f'_m——不考虑高度或体积调整系数的胶合木抗弯强度设计值（N/mm²）。

4 最大弯曲应力处顺纹受剪承载能力和横纹受压承载能力应按式（5.2.2-5）和式（5.2.2-6）进行验算。并且，支座处顺纹受剪承载能力应按本规范第5.1.5条规定进行验算，截面尺寸取支座处构件的截面尺寸。

5.2.5 均布荷载或集中荷载作用下的单坡或对称双坡变截面矩形受弯构件的挠度 ω_m，可根据变截面构件的等效截面高度，按等截面直线形构件计算，并应符合下列规定：

1 均布荷载作用下，等效截面高度 h_c 应按下式计算：

$$h_c = k_c h_a \quad (5.2.5)$$

式中：h_c——等效截面高度；

h_a——较小端的截面高度；

k_c——截面高度折算系数，按表5.2.5确定。

表 5.2.5 均布荷载作用下变截面梁截面高度折算系数 k_c 取值

对称双坡变截面梁		单坡变截面梁	
当 $0<C_h\leqslant1$ 时	当 $1<C_h\leqslant3$ 时	当 $0<C_h\leqslant1.1$ 时	当 $1.1<C_h\leqslant2$ 时
$k_c=1+0.66C_h$	$k_c=1+0.62C_h$	$k_c=1+0.46C_h$	$k_c=1+0.43C_h$

注：表中 $C_h = \frac{h_b - h_a}{h_a}$；$h_b$ 为最高截面高度；h_a 为最小端的截面高度。

2 集中荷载或其他荷载作用下，构件的挠度应按线弹性材料力学方法确定。

5.3 曲线形受弯构件

5.3.1 曲线形受弯构件包括等截面曲线形受弯构件和变截面曲线形受弯构件（图5.3.1）。曲线形构件曲率半径 R 应大于 $125t$（t 为层板厚度）。

5.3.2 曲线形矩形截面受弯构件的抗弯承载能力，应按下列规定验算：

1 对于等截面曲线形受弯构件，抗弯承载能力应按下式验算：

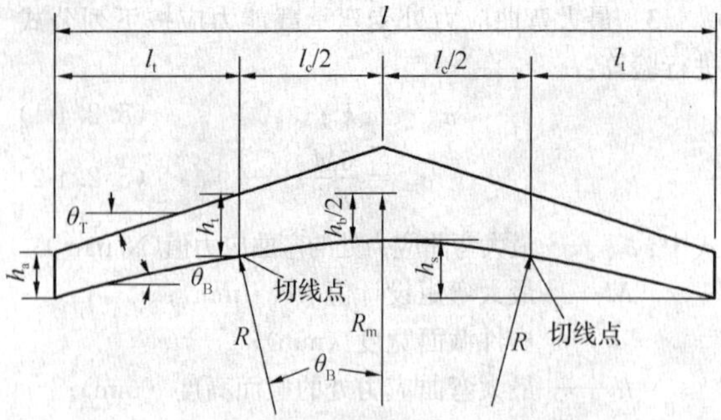

图 5.3.1　变截面曲线形受弯构件示意

$$\frac{6M}{bh^2} \leqslant k_r f_m \quad (5.3.2\text{-}1)$$

式中：f_m——胶合木抗弯强度设计值（N/mm²）；

M——受弯构件弯矩设计值（N·mm）；

b——构件的截面宽度（mm）；

h——构件的截面高度（mm）；

k_r——胶合木曲线形构件强度修正系数，按本规范公式（4.2.1）计算。

2　对于变截面曲线形受弯构件，抗弯承载能力的验算应将变截面直线部分按本规范第5.2节的规定验算，曲线部分应按下列公式验算：

$$K_\theta \frac{6M}{bh_b^2} \leqslant \varphi_l k_r f'_m \quad (5.3.2\text{-}2)$$

$$K_\theta = D + H\frac{h_b}{R_m} + F\left(\frac{h_b}{R_m}\right)^2 \quad (5.3.2\text{-}3)$$

式中：M——曲线部分跨中弯矩设计值（N·mm）；

b——构件截面宽度（mm）；

h_b——构件在跨中的截面高度（mm）；

φ_l——受弯构件的侧向稳定系数；

K_θ——几何调整系数；式中，D、H和F为系数，应按表5.3.2确定；

R_m——构件中心线处的曲率半径；

f'_m——不考虑高度或体积调整系数的胶合木抗弯强度设计值（N/mm²）。

表 5.3.2　*D*、*H* 和 *F* 系数取值表

构件上部斜面夹角 θ_T（弧度）	D	H	F
2.5	1.042	4.247	−6.201
5.0	1.149	2.036	−1.825
10.0	1.330	0.0	0.927
15.0	1.738	0.0	0.0
20.0	1.961	0.0	0.0
25.0	2.625	−2.829	3.538
30.0	3.062	−2.594	2.440

注：对于中间的角度，可采用插值法得到D、E和F值。

5.3.3　曲线形矩形截面受弯构件的受剪承载能力应按下式验算：

$$\frac{3V}{2bh_a} \leqslant f_v \quad (5.3.3)$$

式中：f_v——胶合木抗剪强度设计值（N/mm²）；

V——受弯构件端部剪力设计值（N）；

b——构件截面宽度（mm）；

h_a——构件在端部的截面高度（mm）。

5.3.4　曲线形受弯构件的径向承载能力应按本规范附录E的规定进行验算。

5.3.5　变截面曲线形受弯构件的挠度应按下列公式进行验算：

$$\omega_c = \frac{5q_k l^4}{32Eb\,(h_{eq})^3} \quad (5.3.5\text{-}1)$$

$$h_{eq} = (h_a + h_b)(0.5 + 0.735\tan\theta_T) - 1.41h_b\tan\theta_B \quad (5.3.5\text{-}2)$$

式中：ω_c——构件跨中挠度（mm）；

q_k——均布荷载标准值（N/mm）；

l——跨度（mm）；

E——弹性模量；

b——构件的截面宽度（mm）；

h_b——构件在跨中的截面高度（mm）；

h_a——构件在端部的截面高度（mm）；

θ_B——底部斜角度数；

θ_T——顶部斜角度数。

5.4　轴心受拉和轴心受压构件

5.4.1　轴心受拉构件的承载能力应按下式验算：

$$\frac{N}{A_n} \leqslant f_t \quad (5.4.1)$$

式中：f_t——胶合木顺纹抗拉强度设计值（N/mm²）；

N——轴心拉力设计值（N）；

A_n——净截面面积（mm²）。

5.4.2　轴心受压构件的承载能力应按下列要求进行验算：

1　按强度验算：

$$\frac{N}{A_n} \leqslant f_c \quad (5.4.2\text{-}1)$$

2　按稳定验算：

$$\frac{N}{\varphi A_0} \leqslant f_c \quad (5.4.2\text{-}2)$$

式中：f_c——胶合木材顺纹抗压强度设计值(N/mm²)；

N——轴心压力设计值（N）；

A_0——受压构件截面的计算面积（mm²），按本规范第5.4.3条确定；

φ——轴心受压构件稳定系数，按本规范第5.4.4条确定。

5.4.3　按稳定验算时受压构件截面的计算面积A_0应按下列规定采用：

1　无缺口时，取$A_0 = A$（A受压构件的全截面面积，mm²）；

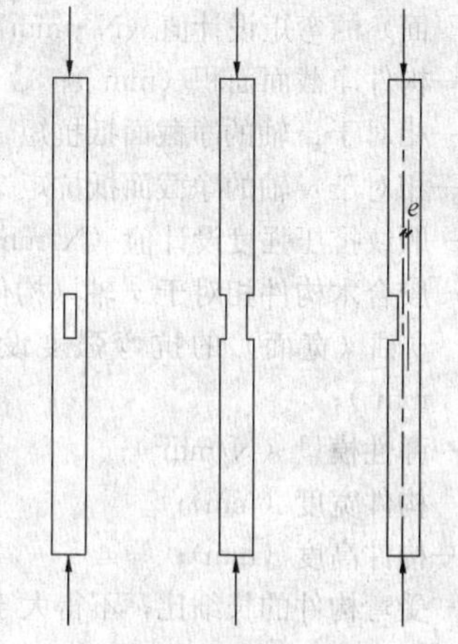

图 5.4.3　受压构件缺口

2　缺口不在边缘时(图 5.4.3a)，取 $A_0=0.9A$；

3　缺口在边缘且为对称时(图 5.4.3b)，取 $A_0=A_n$；

4　缺口在边缘但不对称时(图 5.4.3c)，应按偏心受压构件计算；

5　验算稳定时，螺栓孔可不作为缺口考虑。

5.4.4　轴心受压构件稳定系数 φ 的取值应按下列规定：

1　轴心受压构件稳定系数应按下列公式计算：

$$\varphi=\frac{1+(f_{cE}/f_c)}{1.8}-\sqrt{\left[\frac{1+(f_{cE}/f_c)}{1.8}\right]^2-\frac{f_{cE}/f_c}{0.9}} \tag{5.4.4-1}$$

$$f_{cE}=\frac{0.47E}{(l_0/b)^2} \tag{5.4.4-2}$$

$$l_0=k_l l \tag{5.4.4-3}$$

式中：f_c——胶合木顺纹抗压强度设计值（N/mm^2）；

b——矩形截面边长，其他形状截面，可用 $r\sqrt{12}$ 代替，（r 为截面的回转半径）；对于变截面矩形构件取有效边长 b_c，b_c 按本规范第 5.4.7 条计算；

E——弹性模量（N/mm^2）；

l——构件实际长度；

l_0——计算长度；

k_l——长度计算系数，取值见表 5.4.4。

表 5.4.4　长度计算系数 k_l 的取值

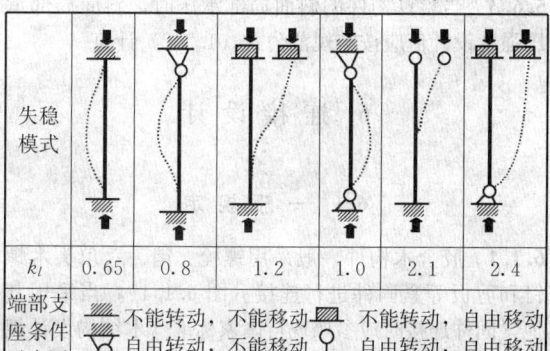

失稳模式			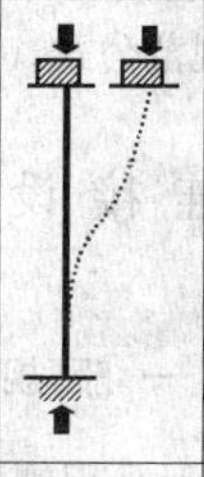			
k_l	0.65	0.8	1.2	1.0	2.1	2.4
端部支座条件示意图	不能转动，不能移动；自由转动，不能移动			不能转动，自由移动；自由转动，自由移动		

2　当沿受压构件长度方向布置有使构件不产生侧向位移的支撑时，轴心受压构件稳定系数 $\varphi=1$。

5.4.5　轴心受压构件的长细比 l_0/b 不得超过 50。施工期间，长细比允许不超过 75。在计算构件的长细比时，长细比应取 l_{01}/h 与 l_{02}/b 两个中的较大值（图 5.4.5）。

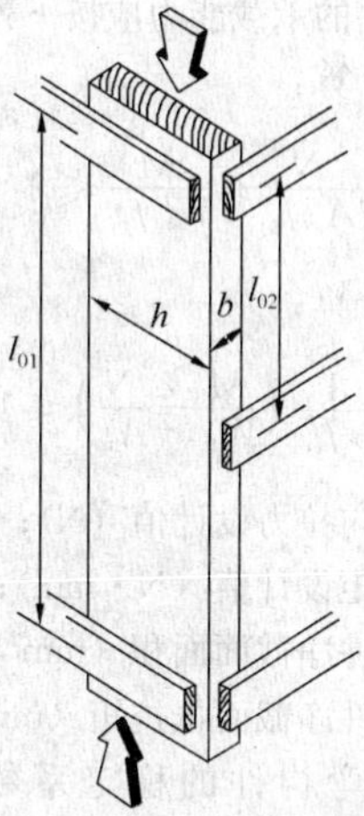

图 5.4.5　受压构件示意

5.4.6　矩形变截面轴心受压构件的承载能力应按下列规定进行验算：

1　按强度验算：

$$\frac{N}{A_n}\leqslant f_c \tag{5.4.6-1}$$

2　按稳定计算：

$$\frac{N}{\varphi A_c}\leqslant f_c \tag{5.4.6-2}$$

式中：f_c——顺纹抗压强度设计值（N/mm^2）；

N——轴心受压构件压力设计值（N）；

A_n——受压构件最小净截面面积（mm^2）。

A_c——按有效边长 b_c 计算的截面面积（mm^2）；b_c 按本规范第 5.4.7 条计算；

φ——轴心受压构件稳定系数，按本规范第 5.4.4 条计算。

5.4.7　变截面受压构件中，构件截面每边的有效边长 b_c 按下式计算：

$$b_c=b_{min}+(b_{max}-b_{min})\left[a-0.15\left(1-\frac{b_{min}}{b_{max}}\right)\right] \tag{5.4.7-1}$$

式中：b_{min}——受压构件计算边的最小边长；

b_{max}——受压构件计算边的最大边长；

a——支座条件计算系数，按表 5.4.7 取值。

表 5.4.7　计算系数 a 的取值

构件支座条件	a 值
截面较大端支座固定，较小端无支座或简支	0.70
截面较小端支座固定，较大端无支座或简支	0.30
两端简支，构件尺寸朝一端缩小	0.50
两端简支，构件尺寸朝两端缩小	0.70

当构件支座条件不符合表5.4.7中的规定时，截面有效边长 b_c 按下式计算：

$$b_c = b_{min} + \frac{b_{max} - b_{min}}{3} \quad (5.4.7\text{-}2)$$

5.5 拉弯和压弯构件

5.5.1 拉弯构件的承载能力应按下列公式验算：

1 按强度计算：

$$\frac{N}{A_n f_t} + \frac{M}{W_n f_m} \leqslant 1 \quad (5.5.1\text{-}1)$$

2 按稳定计算：

$$\frac{1}{\varphi_l f'_m}\left(\frac{M}{W_n} - \frac{N}{A_n}\right) \leqslant 1 \quad (5.5.1\text{-}2)$$

式中：N——轴向拉力设计值（N）；

M——弯矩设计值（N·mm）；

A_n——构件净截面面积（mm^2）；

W_n——构件净截面抵抗矩（mm^3）；

φ_l——受弯构件的稳定系数，按本规范第5.1.4条计算；

f_t——胶合木顺纹抗拉强度设计值（N/mm^2）；

f_m——胶合木抗弯强度设计值（N/mm^2）；

f'_m——不考虑高度或体积调整系数的胶合木抗弯强度设计值（N/mm^2）。

5.5.2 当轴向受压构件沿一个或两个截面主轴方向承载弯矩时(图5.5.2)，承载能力应按下列公式验算：

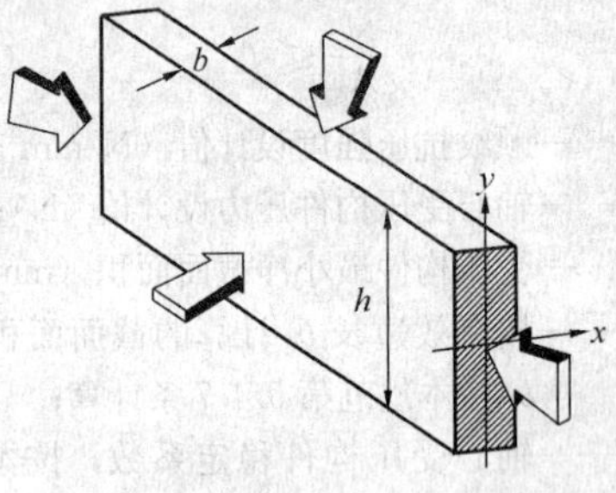

图5.5.2 压弯构件示意图

$$\left(\frac{N}{A_n f_c}\right)^2 + \frac{M_x}{W_{nx} f_{mx}\left[1 - \frac{N}{A_n f_{cEx}}\right]} + \frac{M_y}{W_{ny} f_{my}\left[1 - \left(\frac{N}{A_n f_{cEy}}\right) - \left(\frac{M_x}{W_{nx} f_{mE}}\right)^2\right]} \leqslant 1 \quad (5.5.2\text{-}1)$$

$$f_{cEx} = \frac{0.47E}{(l_{0x}/h)^2} \quad (5.5.2\text{-}2)$$

$$f_{cEy} = \frac{0.47E}{(l_{0y}/b)^2} \quad (5.5.2\text{-}3)$$

$$f_{mE} = \frac{0.67E}{\lambda^2} \quad (5.5.2\text{-}4)$$

式中：N——轴向压力设计值（N）；

M_x、M_y——相对于 x 轴（构件窄面）和 y 轴（宽面）的弯矩设计值（N·mm）；

A_n——构件净截面面积（mm^2）；

W_{nx}——相对于 x 轴的净截面抵抗矩（mm^3）；

W_{ny}——相对于 y 轴的净截面抵抗矩（mm^3）；

f_c——顺纹抗压强度设计值（N/mm^2）；

f_{mx}、f_{my}——胶合木构件相对于 x 轴（构件窄面）和 y 轴（宽面）的抗弯强度设计值（N/mm^2）；

E——弹性模量（N/mm^2）；

b——构件宽度（mm）；

h——构件高度（mm）；

λ——受弯构件的长细比，不得大于50，按本规范第5.1.4条确定；

l_{0x}、l_{0y}——计算长度，按本规范公式（5.4.4-3）确定。

5.5.3 当采用本规范公式（5.5.2-1）进行验算时，应满足下列规定：

1 对于 x 轴单向弯曲或双向弯曲时：

$$\frac{N}{A} < f_{cEx} \quad (5.5.3\text{-}1)$$

2 对于 y 轴单向弯曲或双向弯曲时：

$$\frac{N}{A} < f_{cEy} \quad (5.5.3\text{-}2)$$

3 对于双向弯曲时：

$$\frac{M_x}{W_{nx}} < f_{mE} \quad (5.5.3\text{-}3)$$

5.6 构件的局部承压

5.6.1 构件的顺纹局部承压承载能力，应按下列要求验算：

1 验算构件的顺纹局部承压时，按承压净面积计算。构件的顺纹局部承压强度设计值应采用顺纹抗压强度设计值。

2 当局部承压产生的压应力大于顺纹受压强度设计值的75%时，局部承压的荷载应作用在厚度不小于6mm的钢板上或其他具有相同刚度的材料上。

5.6.2 构件的横纹局部承压产生的压应力，不得大于本规范表4.2.2-6中规定的胶合木横纹承压强度值。

5.6.3 当验算构件的斜面局部承压时，斜面局部承压强度设计值应按本规范公式（4.2.2）计算。

6 连接设计

6.1 一般规定

6.1.1 胶合木构件一般采用螺栓、销、六角头木螺钉和剪板等紧固件进行连接（图6.1.1）。当采用其他紧固件连接时应参照现行国家标准《木结构设计规范》GB 50005中的有关规定进行设计。紧固件的规格尺寸应符合国家现行相关产品标准的规定。

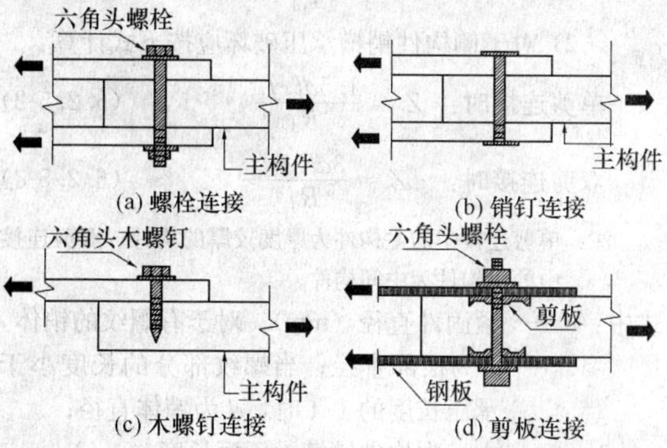

图 6.1.1　胶合木构件的主要连接方式

6.1.2　当紧固件头部有螺帽时，螺帽与胶合木表面之间应安装垫圈。当紧固件受拉时，垫圈的面积应按胶合木表面局部承压强度值进行计算。采用钢垫圈时，垫圈的厚度不得小于直径（对于圆形垫圈）或长边（对于矩形垫圈）的1/10。

6.1.3　构件连接设计时，应避免因不同紧固件之间的偏心作用产生横纹受拉。同一连接中，不宜采用不同种类的紧固件。

6.1.4　紧固件连接设计应符合下列规定：

1　紧固件安装完成后，构件面与面之间应紧密接触；

2　连接中应考虑含水率变化可能产生的收缩变形；

3　当采用螺栓、销或六角头木螺钉作为紧固件时，其直径不应小于6mm。

6.1.5　各种连接的承载力设计值应根据下列规定采用：

1　对于某一树种，单根紧固件连接的承载力设计值，与该树种木材的不同材质等级无关；

2　连接中，当类型、尺寸以及屈服模式相同的紧固件的数量大于或等于两根时，总的连接承载力设计值为每一单个紧固件承载力设计值的总和。

6.1.6　连接设计时，单根紧固件的侧向承载力设计值和抗拔承载力设计值应根据具体情况乘以下列各项强度调整系数：

1　螺栓、销、六角头木螺钉和剪板的剪面承载力设计值以及六角头木螺钉的抗拔承载力设计值应乘以本规范表4.2.1-3和表4.2.1-4规定的含水率调整系数、温度调整系数和设计使用年限调整系数。

2　当螺栓、销和六角头木螺钉位于主构件的端部时，紧固件的抗拔承载力设计值应乘以端面调整系数 k_e。对于六角头木螺钉取 $k_e=0.75$；对于其他紧固件取 $k_e=0.67$。

3　当连接的侧构件采用钢板时，剪板连接的顺纹荷载作用下的设计承载力应乘以本规范第6.3.4条规定的金属侧板调整系数 k_s。

4　当采用螺栓、销或六角头木螺钉作为紧固件，并符合以下条件时，设计承载力不考虑含水率调整系数：

1）仅有1个紧固件；

2）两个或两个以上的紧固件沿顺纹方向排成一行；

3）两行或两行以上的紧固件，每行紧固件分别用单独的连接板连接。

5　当直径小于25mm的螺栓、销、六角头木螺钉排成一行或剪板排成一行时，各单根紧固件的承载力设计值应乘以按本规范附录F确定的紧固件组合作用系数 k_g。

6.2　销轴类紧固件的连接计算

6.2.1　销轴类紧固件的端距、边距、间距和行距的最小值尺寸应符合表6.2.1的规定。

表 6.2.1　销轴类紧固件的端距、边距、间距和行距的最小值尺寸

距离名称	顺纹荷载作用时		横纹荷载作用时		
最小端距 e_1	受拉构件	$\geqslant 7d$	$\geqslant 4d$		
	受压构件	$\geqslant 4d$			
最小边距 e_2	当 $l/d \leqslant 6$	$\geqslant 1.5d$	荷载作用边		$\geqslant 4d$
	当 $l/d > 6$	取1.5d与$r/2$两者较大值	无荷载作用边		$\geqslant 1.5d$
最小间距 s	$\geqslant 4d$		横纹方向	中间各排	$\geqslant 3d$
				外侧一排	$\geqslant 1.5d$，并$\leqslant$125mm
最小行距 r	$\geqslant 2d$		当 $l/d \leqslant 2$		$\geqslant 2.5d$
			当 $2 < l/d < 6$		$\geqslant (5l+10d)/8$
			当 $l/d \geqslant 6$		$\geqslant 5d$
几何位置示意图	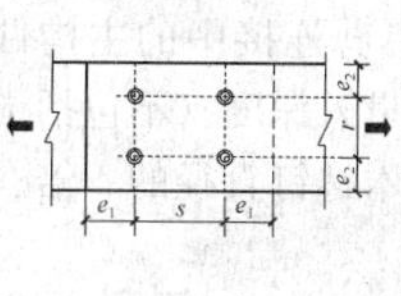		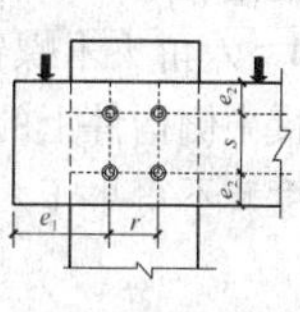		

注：用于确定最小边距的 l/d 值（l 为紧固件长度，d 为紧固件的直径），应取下列两者中的较小值：

1　紧固件在主构件中的贯入深度 l_m 与直径 d 的比值 l_m/d；

2　紧固件在侧面构件中的总贯入深度 l_s 与直径 d 的比值 l_s/d。

6.2.2　交错布置的销轴类紧固件（图6.2.2），应按以下规定确定紧固件的端距、边距、间距和行距布置要求：

1　对于顺纹荷载作用下交错布置的紧固件，当相邻行上的紧固件在顺纹方向的间距不大于4d时，则认为相邻行的紧固件位于同一截面；

2　对于横纹荷载作用下交错布置的紧固件，当相邻行上的紧固件在横纹方向的间距不小于4d时，则紧固件在顺纹方向的间距不受限制；当相邻行上的

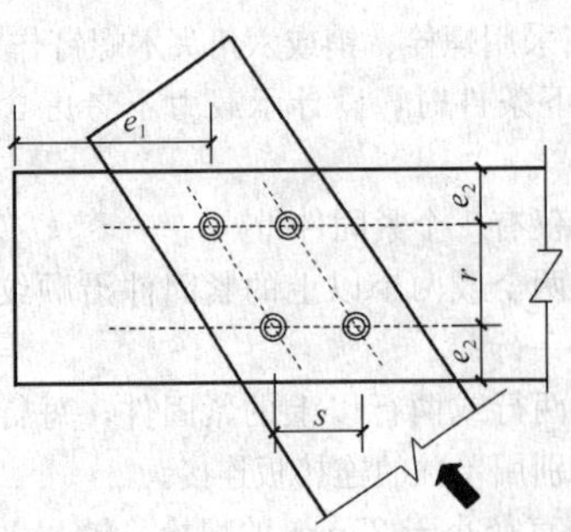

图 6.2.2　紧固件交错布置几何位置示意图

紧固件在横纹方向的间距小于 4d 时，则紧固件在顺纹方向的间距应符合本规范表 6.2.1 的规定。

6.2.3　当六角头木螺钉承受轴向上拔荷载时的端距、边距、间距和行距的最小值应满足表 6.2.3 的规定。

表 6.2.3　六角头木螺钉承受轴向上拔荷载时的端距、边距、间距和行距的最小值

距 离 名 称	最 小 值
端距 e_1	$\geqslant 4d$
边距 e_2	$\geqslant 1.5d$
行距 r 和间距 s	$\geqslant 4d$

注：d 为六角头木螺钉的直径。

6.2.4　对于采用单剪或对称双剪的销轴类紧固件的连接（图 6.2.4），当满足下列要求时，承载力设计值可按本规范第 6.2.5 条的规定计算：

1　构件连接面应紧密接触；

2　荷载作用方向与销轴类紧固件轴线方向垂直；

3　紧固件在构件上的边距、端距以及间距应符合本规范表 6.2.1 的规定；

4　六角头木螺钉在单剪连接中的主构件上或双剪连接中侧构件上的最小贯入深度（不包括端尖部分的长度）不得小于六角头木螺钉直径的 4 倍。

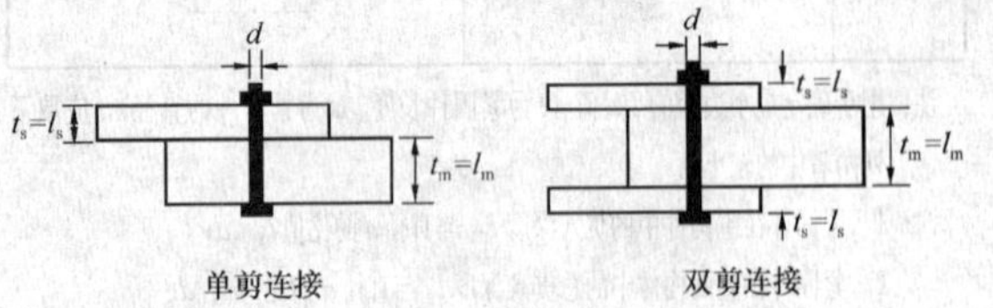

图 6.2.4　销轴类紧固件的连接方式

6.2.5　对于采用单剪或对称双剪连接的销轴类紧固件，每一剪面承载力设计值 Z 应按下列 4 种破坏模式进行计算，并取各计算结果中的最小值作为销轴类紧固件连接的承载力设计值。

1　销槽承压破坏：

1）对于单剪连接或双剪连接时主构件销槽承压破坏应按下式计算：

$$Z=\frac{1.5dl_m f_{em}}{R_d} \tag{6.2.5-1}$$

2）对于侧构件销槽承压破坏应按下式计算：

单剪连接时：$$Z=\frac{1.5dl_s f_{es}}{R_d} \tag{6.2.5-2}$$

双剪连接时：$$Z=\frac{3dl_s f_{es}}{R_d} \tag{6.2.5-3}$$

注：单剪连接中的主构件为厚度较厚的构件；双剪连接中的主构件为中间构件。

式中：d——紧固件直径（mm）；对于有螺纹的销体，d 为根部直径；当螺纹部分的长度小于承压长度的 1/4 时，d 为销体直径；

l_m、l_s——主、次构件销槽承压面长度（mm）；

f_{em}、f_{es}——主、次构件销槽承压强度标准值（N/mm²），按本规范第 6.2.6 条确定；

R_d——与紧固件直径、破坏模式及荷载与木纹间夹角有关的折减系数，按表 6.2.5 规定采用。

表 6.2.5　折减系数 R_d

破 坏 模 式	折减系数 R_d
销槽承压破坏	$4K_\theta$
销槽局部挤压破坏	$3.6K_\theta$
单个或两个塑性铰破坏	$3.2K_\theta$

注：表中 $K_\theta=1+0.25(\theta/90)$，$\theta$ 为荷载与木材顺纹方向的最大夹角（$0°\leqslant\theta\leqslant 90°$）。

2　销槽局部挤压破坏应按下式计算：

$$Z=\frac{1.5k_1 dl_s f_{es}}{R_d} \tag{6.2.5-4}$$

$$k_1=\frac{\sqrt{R_e+2R_e^2(1+R_t+R_t^2)+R_t^2R_e^3}-R_e(1+R_t)}{1+R_e} \tag{6.2.5-5}$$

式中：R_e——为 f_{em}/f_{es}；

R_t——为 l_m/l_s。

3　单个塑性铰破坏：

1）对于单剪连接时主构件单个塑性铰破坏应按下式计算：

$$Z=\frac{1.5k_2 dl_m f_{em}}{(1+2R_e)R_d} \tag{6.2.5-6}$$

$$k_2=-1+\sqrt{2(1+R_e)+\frac{2f_{yb}(1+2R_e)d^2}{3f_{em}l_m^2}} \tag{6.2.5-7}$$

式中：f_{yb}——销轴类紧固件抗弯强度标准值（N/mm²），按本规范第 6.2.7 条规定取值。

2）对于侧构件单个塑性铰破坏应按下式计算：

单剪连接时：$$Z=\frac{1.5k_3 dl_s f_{em}}{(2+R_e)R_d} \tag{6.2.5-8}$$

双剪连接时：$Z=\dfrac{3k_3 dl_s f_{em}}{(2+R_e)R_d}$　　(6.2.5-9)

$$k_3=-1+\sqrt{\frac{2(1+R_e)}{R_e}+\frac{2f_{yb}(2+R_e)d^2}{3f_{em}l_s^2}}$$
(6.2.5-10)

4　主侧构件两个塑性铰破坏应按下式计算：

单剪连接时：$Z=\dfrac{1.5d^2}{R_d}\sqrt{\dfrac{2f_{em}f_{yb}}{3(1+R_e)}}$　(6.2.5-11)

双剪连接时：$Z=\dfrac{3d^2}{R_d}\sqrt{\dfrac{2f_{em}f_{yb}}{3(1+R_e)}}$　(6.2.5-12)

6.2.6　销槽承压强度标准值应按下列规定取值：

1　销轴类紧固件销槽顺纹承压强度 $f_{e,0}$（N/mm²）：

$$f_{e,0}=77G \qquad (6.2.6\text{-}1)$$

式中：G——主构件材料的全干相对密度；常用树种木材的全干相对密度应符合本规范附录G的规定。

2　销轴类紧固件销槽横纹承压强度 $f_{e,90}$（N/mm²）：

$$f_{e,90}=\frac{212G^{1.45}}{\sqrt{d}} \qquad (6.2.6\text{-}2)$$

式中：d——销轴类紧固件直径（mm）。

3　当作用在构件上的荷载与木纹呈夹角 θ 时，销槽承压强度 $f_{e,\theta}$ 按下式确定：

$$f_{e,\theta}=\frac{f_{e,0}f_{e,90}}{f_{e,0}\sin^2\theta+f_{e,90}\cos^2\theta} \qquad (6.2.6\text{-}3)$$

式中：θ——荷载与木纹方向的夹角。

4　当销轴类紧固件插入主构件端部并且与主构件纵向平行时，主构件上的销槽承压强度取 $f_{e,90}$。

5　紧固件在钢材上的销槽承压强度按钢材的抗拉强度标准值计算。紧固件在混凝土构件上的销槽承压强度按混凝土立方抗压强度标准值的2.37倍计算。

6.2.7　销轴类紧固件的抗弯强度标准值和销槽的承压长度应符合下列规定：

1　销轴类紧固件抗弯强度标准值应取销轴屈服强度的1.3倍；

2　当销轴的贯入深度小于10倍销轴直径时，承压面的长度不应包括销轴尖端部分的长度。

6.2.8　互相不对称的三个构件连接时，剪面承载力设计值Z应按两个侧构件中销槽承压长度最小的侧构件作为计算标准，按对称连接计算得到的最小剪面承载力作为连接的剪面设计承载力。

6.2.9　当四个或四个以上构件连接时，每一剪面按单剪连接计算。连接的剪面设计承载力等于最小承载力乘以剪面数量。

6.2.10　当单剪连接中的荷载与紧固件轴线呈一定角度时（除90°外），垂直于紧固件轴线方向作用的荷载分量不得超过紧固件剪面设计承载力。平行于紧固件轴线方向的荷载分量，应采取可靠的措施，满足局部承压要求。

6.2.11　当六角头木螺钉承受侧向荷载和外拔荷载时（图6.2.11），其承载力设计值应按下式确定：

$$Z'_\alpha=\frac{(W'h_d)Z'}{(W'h_d)\cos^2\alpha+Z'\sin^2\alpha} \qquad (6.2.11)$$

式中：α——木构件表面与荷载作用方向的夹角；

h_d——六角头木螺钉有螺纹部分打入主构件的有效长度（mm）；

W'——六角头木螺钉的抗拔承载力设计值（N/mm）；

Z'——六角头木螺钉的剪面设计承载力（kN）。

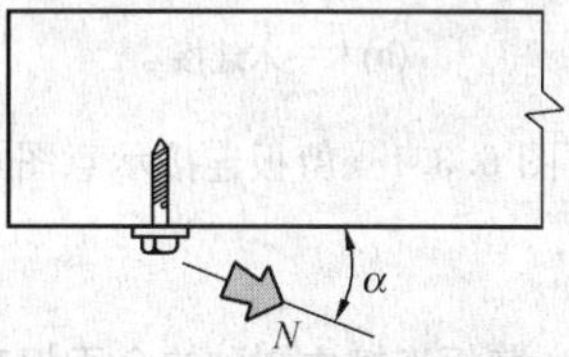

图6.2.11　六角头木螺钉受侧向、外拔荷载

6.2.12　六角头木螺钉的抗拔强度设计承载力应符合下列规定：

1　当六角头木螺钉中轴线与木纹垂直时，抗拔强度设计值应按下式确定：

$$W=43.2G^{3/2}d^{3/4} \qquad (6.2.12)$$

式中：W——抗拔强度设计值（N/mm）；

G——主构件材料的全干相对密度；

d——木螺钉直径（mm）。

2　当六角头木螺钉轴线与木纹平行时，抗拔强度设计值按公式（6.2.12）计算后，尚应乘以0.75的折减系数。

6.3　剪板的连接计算

6.3.1　剪板材料可采用压制钢和可锻铸铁（玛钢）制作，剪板种类和连接方式应符合表6.3.1的规定（图6.3.1）。

表6.3.1　剪板的种类和连接方式

材料	压制钢剪板	可锻铸铁（玛钢）剪板
形状	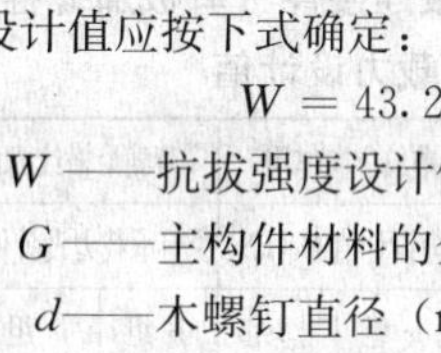	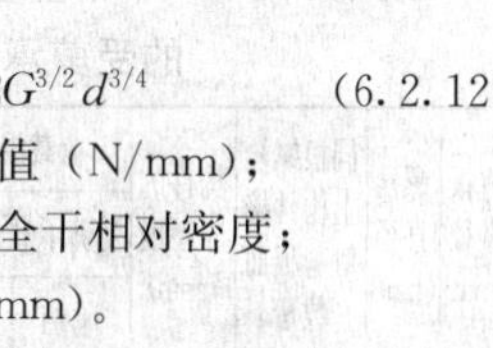
连接方式	木—木连接中，两片剪板背对紧靠，采用螺栓或木螺钉连接，承载单剪	木—钢连接中，采用螺栓或木螺钉连接剪板

6.3.2　剪板的强度设计值与木材的全干相对密度有关，木材的全干相对密度分组应符合表6.3.2-1的规定。单个剪板的受剪承载力设计值应符合表6.3.2-2

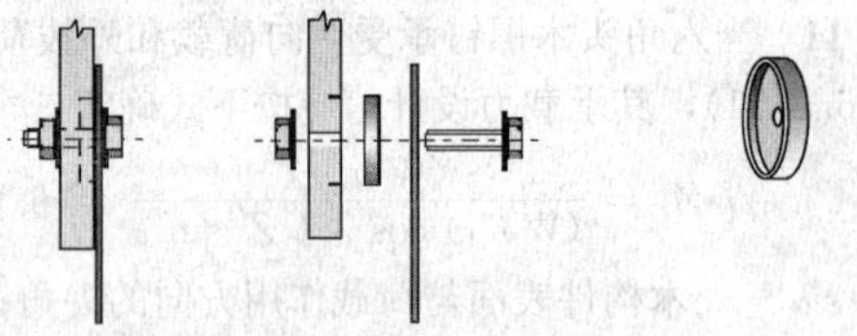

(a)木—钢连接

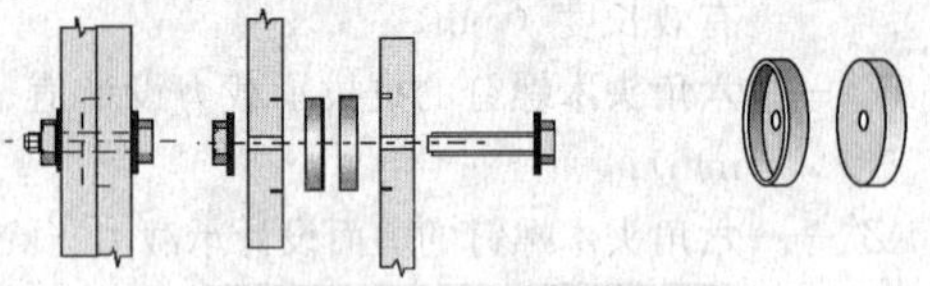

(b)木—木连接

图 6.3.1 剪板连接示意图

的规定。

表 6.3.2-1 剪板连接中树种的全干相对密度分组

全干相对密度分组	全干相对密度 G
J_1	$0.49 \leqslant G < 0.60$
J_2	$0.42 \leqslant G < 0.49$
J_3	$G < 0.42$

表 6.3.2-2 单个剪板连接件（剪板加螺栓）的受剪承载力设计值

剪板直径(mm)	螺栓直径(mm)	同根螺栓上构件接触剪板面数量	构件的净厚度(mm)	荷载沿顺纹方向作用 受剪承载力设计值 P (kN)			荷载沿横纹方向作用 受剪承载力设计值 Q (kN)		
				J_1 组	J_2 组	J_3 组	J_1 组	J_2 组	J_3 组
67	19	1	≥38	18.5	15.4	13.9	12.9	10.7	9.2
		2	≥38	14.4	12.0	10.4	10.0	8.4	7.2
			51	18.9	15.7	13.6	13.2	10.9	9.5
			≥64	19.8	16.5	14.3	13.8	11.4	10.0
102	19或22	1	≥38	26.0	21.7	18.7	18.1	15.0	12.9
			≥44	30.2	25.2	21.7	21.0	17.5	15.2
		2	≥44	20.1	16.7	14.5	14.0	11.6	9.8
			51	22.4	18.7	16.1	15.6	13.0	11.3
			64	25.5	21.3	18.4	17.6	14.8	12.8
			76	28.6	23.9	20.6	19.9	16.6	14.3
			≥88	29.9	24.9	21.5	20.8	17.4	14.9

注：表中设计值应乘以本规范表 6.3.4 的调整系数。

6.3.3 当剪板采用六角头木螺钉作为紧固件时，六角头木螺钉在主构件中贯入深度不得小于表 6.3.3 的规定。

表 6.3.3 六角头木螺钉在构件中最小贯入深度

剪板规格(mm)	侧构件	六角头木螺钉在主构件中贯入深度（d 为公称直径）树种全干相对密度分组		
		J_1 组	J_2 组	J_3 组
102	木材或钢材	$8d$	$10d$	$11d$
67	木材	$5d$	$7d$	$8d$
	钢材	$3.5d$	$4d$	$4.5d$

注：贯入深度不包括钉端尖部分。

6.3.4 当侧构件采用钢板时，102mm 的剪板连接件的顺纹荷载作用下的受剪承载力设计值 P 应根据树种全干相对密度，按表 6.3.4 中规定的调整系数 k_s 进行调整。

表 6.3.4 剪板连接件的顺纹承载力调整系数

树种全干相对密度分组	J_1 组	J_2 组	J_3 组
k_s	1.11	1.05	1.00

6.3.5 当荷载作用方向与顺纹方向有夹角时，剪板受剪承载力设计值 N_θ 按下式计算：

$$N_\theta = \frac{PQ}{P\sin^2\theta + Q\cos^2\theta} \tag{6.3.5}$$

式中：θ——荷载与木纹方向（构件纵轴方向）的夹角；

P——调整后的剪板顺纹受剪承载力设计值，按本规范表 6.3.2-2 的规定取值；

Q——调整后的剪板横纹受剪承载力设计值，按本规范表 6.3.2-2 的规定取值。

6.3.6 当剪板位于构件端部的垂直面或对称于构件轴线的斜切面上时，剪板受剪承载力设计值应按下列规定确定：

1 当构件端部截面为垂直面（α=90°），垂直面上的荷载沿任意方向作用时（图 6.3.6-1），承载力设计值应按下式计算：

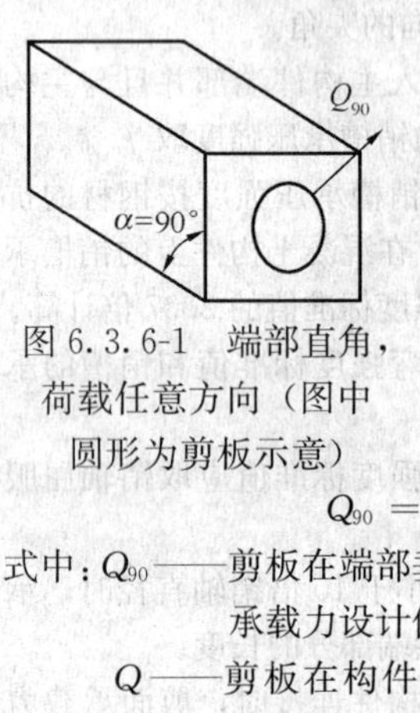

图 6.3.6-1 端部直角，荷载任意方向（图中圆形为剪板示意）

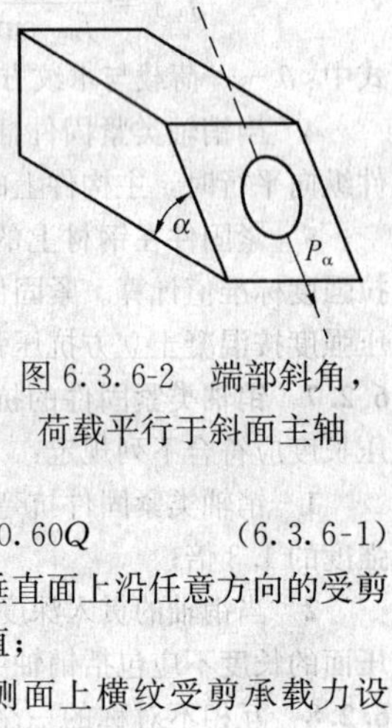

图 6.3.6-2 端部斜角，荷载平行于斜面主轴

$$Q_{90} = 0.60Q \tag{6.3.6-1}$$

式中：Q_{90}——剪板在端部垂直面上沿任意方向的受剪承载力设计值；

Q——剪板在构件侧面上横纹受剪承载力设计值。

2 当构件端部截面为斜面（0°＜α＜90°），荷载作用方向与斜面主轴平行（φ＝0°）时（图 6.3.6-2），受剪承载力设计值应按下式计算：

$$P_\alpha = \frac{PQ_{90}}{P\sin^2\alpha + Q_{90}\cos^2\alpha} \tag{6.3.6-2}$$

式中：P_α——斜面上与斜面轴线方向平行（φ＝0°）的受剪承载力设计值；

P——剪板在构件侧面上顺纹受剪承载力设计值。

3 当构件端部截面为斜面（0°＜α＜90°），荷载作用方向与斜面主轴垂直（$\varphi=90°$）时（图 6.3.6-3），受剪承载力设计值应按下式计算：

$$Q_{\alpha}=\frac{QQ_{90}}{Q\sin^{2}\alpha+Q_{90}\cos^{2}\alpha} \tag{6.3.6-3}$$

式中：Q_{α}——斜面上与切割斜面轴线方向垂直（$\varphi=90°$）的受剪承载力设计值。

4 当构件端部截面为斜面（$0°<\alpha<90°$），荷载作用方向与斜面主轴的夹角为 φ（$0°<\varphi<90°$）时（图 6.3.6-4），受剪承载力设计值应按下式计算：

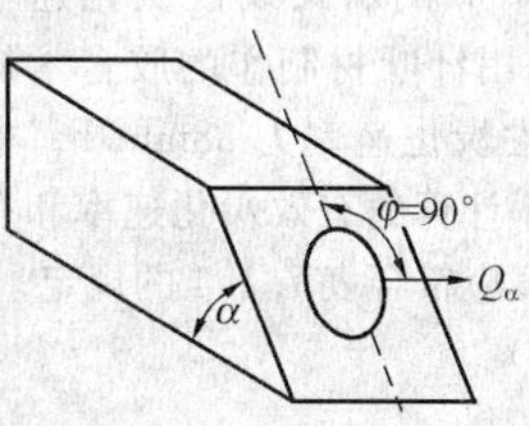

图 6.3.6-3 端部斜角，荷载垂直于斜面主轴

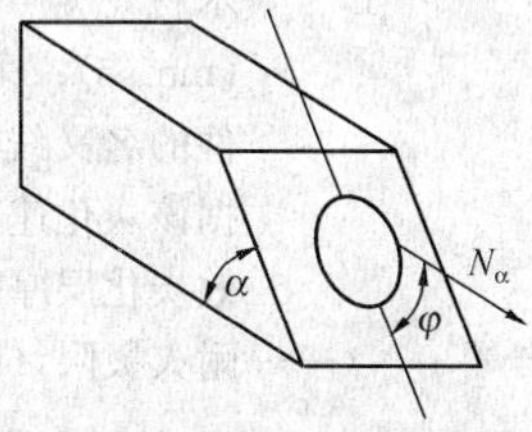

图 6.3.6-4 端部斜角荷载成 φ 角

$$N_{\alpha}=\frac{P_{\alpha}Q_{\alpha}}{P_{\alpha}\sin^{2}\varphi+Q_{\alpha}\cos^{2}\varphi} \tag{6.3.6-4}$$

式中：N_{α}——斜面上与切割斜面轴线方向呈斜角（$0°<\varphi<90°$）的受剪承载力设计值；

φ——斜面内荷载与斜面对称轴之间的夹角。

6.3.7 剪板在构件上安装时，边距和端距（图 6.3.7a）应符合以下规定：

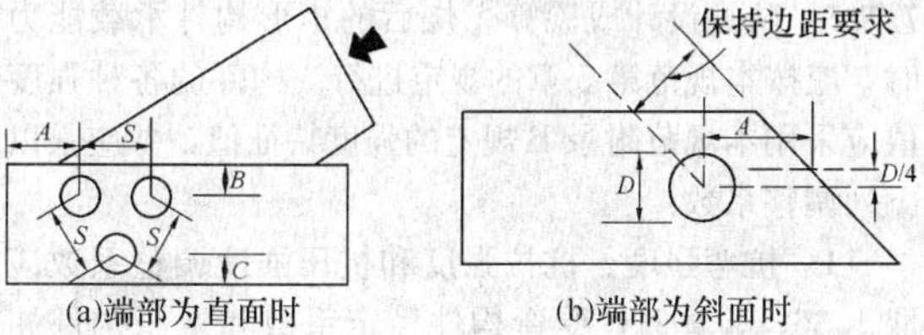

图 6.3.7 剪板的几何位置示意图

A—端距；B—不受荷边距；C—受荷边距；D—剪板直径；S—剪板间距

1 剪板布置的边距应符合表 6.3.7-1 的规定。

表 6.3.7-1 剪板的最小边距（mm）

剪板类型	荷载与构件纵轴线的夹角 θ			
	θ=0°	45°≤θ≤90°		
		不受荷边 C	受荷边 B	
			承载力折减 83%时	承载力不折减时(100%)
67mm	45	45	45	70
102mm	70	70	70	95

注 1 当荷载作用为横纹方向时，构件受荷边为与荷载相邻的边缘，不受力边与受力边相对应；

2 0°～45°之间的边距可采用直线插值法确定；

3 承载力折减值为 83%～100%之间时，可按直线插值法确定最小边距。

2 剪板布置的端距应符合表 6.3.7-2 的规定。

表 6.3.7-2 剪板的最小端距（mm）

剪板类型	荷载与构件纵轴线的夹角 θ			
	受压构件 θ=0°		受拉构件 θ=0°～90° 受压构件 θ=90°	
	承载力折减 63%时	承载力不折减时(100%)	承载力折减 63%时	承载力不折减时(100%)
67mm	65	100	70	140
102mm	85	140	60	180

注：1 0°～90°之间的端距可采用直线插值法确定；

2 承载力折减值为 63%～100%之间时，可按直线插值法确定最小端距。

6.3.8 剪板在构件上的间距（本规范图 6.3.7a）应符合以下规定：

1 当两个剪板中心连线与顺纹方向的夹角 $\alpha=0°$ 或 $\alpha=90°$ 时，剪板间距应符合表 6.3.8-1 的规定。

表 6.3.8-1 剪板的最小间距（mm）

剪板类型	荷载与构件纵轴线的夹角 θ					
	θ=0°			θ=60°～90°		
	α=0°		α=90°	α=90°	α=90°	
	承载力折减 50%时	承载力不折减时(100%)			承载力折减 50%时	承载力不折减时(100%)
67mm	90	170	90	90	90	110
102mm	130	230	130	130	130	150

注：1 0°～60°之间的间距可采用直线插值法确定；

2 承载力折减值为 50%～100%之间时，可按直线插值法确定最小间距。

2 当两个剪板中心连线与顺纹方向的夹角 α 为 $0°\leqslant\alpha\leqslant90°$ 时，剪板的最小间距应按下列规定确定：

1）当剪板受剪承载力达到本规范表 6.3.2-2 中规定的受剪承载力的 100%，剪板之间的连线与顺纹方向的夹角为 α 时（图 6.3.8），剪板在顺纹方向的间距 S_0 与横纹方向的间距 S_{90}，应分别按下列公式确定：

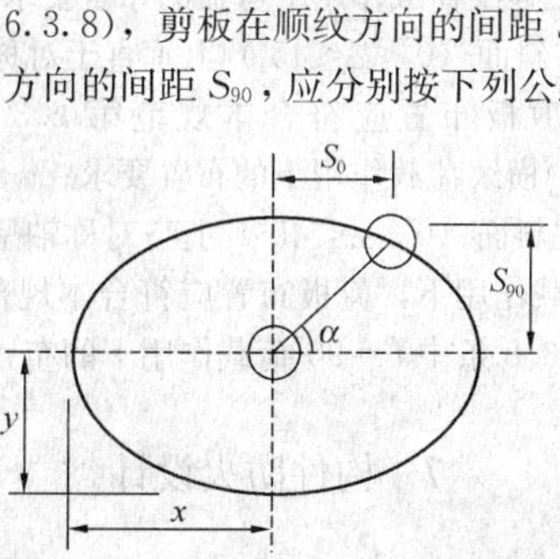

图 6.3.8 剪板连线与顺纹方向的夹角与间距之间的关系

$$S_{0}=\sqrt{\frac{x^{2}y^{2}}{x^{2}\tan^{2}\alpha+y^{2}}} \tag{6.3.8-1}$$

$$S_{90}=S_{0}\tan\alpha \tag{6.3.8-2}$$

式中：x 与 y 值应根据表 6.3.8-2 确定。

表 6.3.8-2 剪板之间连线与顺纹方向夹角 α 为 0°和 90°时的 x 与 y 值（mm）

剪板类型	剪板间连线与顺纹方向的夹角	荷载与构件纵轴线的夹角 θ	
		$0° \leqslant \theta < 60°$	$60° \leqslant \theta < 90°$
67mm	$x(\alpha = 0°)$	$170 - 1.33\theta$	90
	$y(\alpha = 90°)$	$90 + 0.33\theta$	110
102mm	$x(\alpha = 0°)$	$230 - 1.67\theta$	130
	$y(\alpha = 90°)$	$130 + 0.33\theta$	150

2）当剪板受剪承载力达到本规范表 6.3.2-2 中规定的受剪承载力的 50%时，对于 67mm 剪板，取 $x = y = 90$mm；对于 102mm 剪板，取 $x = y = 130$mm，并均按式（6.3.8-1）和式（6.3.8-2）确定剪板在顺纹方向的间距 S_0 与横纹方向的间距 S_{90}。

3）当剪板受剪承载力为本规范表 6.3.2-2 中规定的 50%～90%之间时，剪板所需的最小间距 S_0 和 S_{90}，应按受剪承载力达到 50%和 100%时计算所需的最小间距，由直线插值法确定。

6.3.9 构件垂直端面或斜切面上的剪板应根据下列规定对构件侧面上剪板的边距、端距以及间距等布置要求进行布置：

1 在垂直端面以及斜面（$45° \leqslant \alpha < 90°$）上沿任意方向的荷载作用下，剪板布置应符合本规范第 6.3.7 条和第 6.3.8 条中横纹荷载作用下剪板的布置要求；

2 在斜面（$0° < \alpha < 45°$）上平行于对称轴的荷载作用下，剪板布置应符合本规范第 6.3.7 条和第 6.3.8 条中顺纹荷载作用下剪板的布置要求；

3 在斜面（$0° < \alpha < 45°$）上垂直于对称轴的荷载作用下，剪板布置应符合本规范第 6.3.7 条和第 6.3.8 条中横纹荷载作用下的布置要求；

4 在斜面（$0° < \alpha < 45°$）上与对称轴呈任意夹角（φ）的荷载作用下，剪板布置应符合本规范第 6.3.7 条和第 6.3.8 条中0°～90°荷载作用下的布置要求。

7 构件防火设计

7.1 防火设计

7.1.1 胶合木结构构件的防火设计和防火构造除应遵守本章的规定外，还应符合现行国家标准《建筑设计防火规范》GB 50016 的有关规定。

7.1.2 本章规定的设计方法适用于耐火极限不超过 2.00h 的构件防火设计。

7.1.3 在进行胶合木构件的防火设计和验算时，恒载和活载均应采用标准值。

7.1.4 胶合木构件燃烧 t 小时后，有效炭化速率应根据下式计算：

$$\beta_e = \frac{1.2\beta_n}{t^{0.187}} \quad (7.1.4)$$

式中：β_e——根据耐火极限 t 的要求确定的有效炭化速率(mm/h)；

β_n——木材燃烧 1.00h 的名义线性炭化速率(mm/h)；采用针叶材制作的胶合木构件的名义线性炭化速率为 38mm/h。根据该炭化速率计算的有效炭化速率和有效炭化层厚度应符合表 7.1.4 的规定；

t——耐火极限（h）。

表 7.1.4 有效炭化速率和炭化层厚度

构件的耐火极限 t (h)	有效炭化速率 β_e (mm/h)	有效炭化层厚度 T (mm)
0.50	52.0	26
1.00	45.7	46
1.50	42.4	64
2.00	40.1	80

7.1.5 防火设计或验算燃烧后的矩形构件承载能力时，应按本规范第 5 章的规定进行。构件的各种强度值应采用本规范附录 B 规定的强度特征值，并应乘以下列调整系数：

1 抗弯强度、抗拉强度和抗压强度调整系数应取 1.36；验算时，受弯构件稳定系数和受压构件屈曲强度调整系数应取 1.22；

2 受弯和受压构件的稳定计算时，应采用燃烧后的截面尺寸，弹性模量调整系数应取 1.05；

3 当考虑体积调整系数时，应按燃烧前的截面尺寸计算体积调整系数。

7.1.6 构件燃烧后（图 7.1.6）几何特征的计算公式应按表 7.1.6 的规定采用。

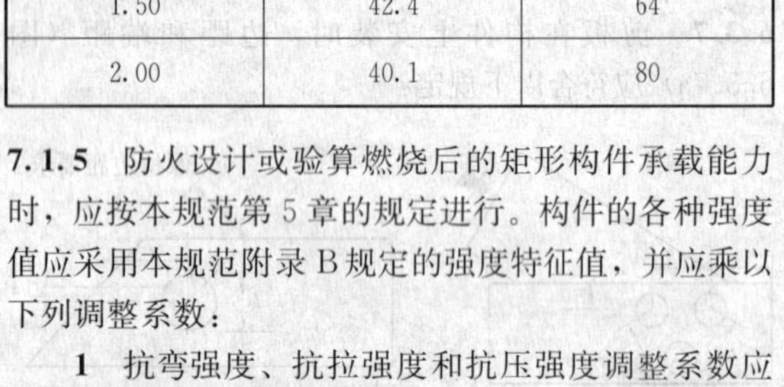

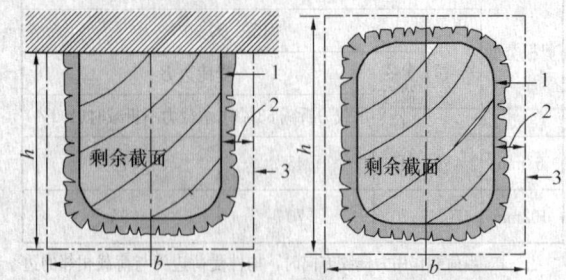

图 7.1.6 三面曝火和四面曝火构件截面简图

1—构件燃烧后剩余截面边缘；2—有效炭化厚度 T；3—构件燃烧前截面边缘

表 7.1.6　构件燃烧后的几何特征

截面几何特征	三面曝火时	四面曝火时
截面面积 mm^2	$A(t)=(b-2\beta_e t)(h-\beta_e t)$	$A(t)=(b-2\beta_e t)(h-2\beta_e t)$
截面抵抗矩(主轴方向) mm^3	$W(t)=\frac{(b-2\beta_e t)(h-\beta_e t)^2}{6}$	$W(t)=\frac{(b-2\beta_e t)(h-2\beta_e t)^2}{6}$
截面抵抗矩(次轴方向) mm^3	—	$W(t)=\frac{(h-2\beta_e t)(b-2\beta_e t)^2}{6}$
截面惯性矩(主轴方向) mm^4	$I(t)=\frac{(b-2\beta_e t)(h-\beta_e t)^3}{12}$	$I(t)=\frac{(b-2\beta_e t)(h-2\beta_e t)^3}{12}$
截面惯性矩(次轴方向) mm^4	—	$I(t)=\frac{(h-2\beta_e t)(b-2\beta_e t)^3}{12}$

注：表中，h——燃烧前截面高度（mm）；b——燃烧前截面宽度（mm）；t——耐火极限时间（h）；β_e——有效炭化速率（mm/h）。

7.2　防火构造

7.2.1　当胶合木构件考虑耐火极限的要求时，其层板组坯除应符合本规范第 9 章的规定外，还应满足以下构造规定：

1　对于耐火极限为 1.00h 的胶合木构件，当构件为非对称异等组合时，应在受拉边减去一层中间层板，并增加一层表面抗拉层板。当构件为对称异等组合时，应在上下两边各减去一层中间层板，并各增加一层表面抗拉层板。构件设计时，按未改变层板组合的情况进行。

2　对于耐火极限为 1.50h 或 2.00h 的胶合木构件，当构件为非对称异等组合时，应在受拉边减去两层中间层板，并增加两层表面抗拉层板。当构件为对称异等组合时，应在上下两边各减去两层中间层板，并各增加两层表面抗拉层板。构件设计时，按未改变层板组合的情况进行。

7.2.2　当采用厚度为 50mm 以上的木材（锯材或胶合木）作为屋面板或楼面板时（图 7.2.2a），楼面板或屋面板端部应坐落在支座上，其防火设计和构造应符合下列要求：

1　当屋面板或楼面板采用单舌或双舌企口板连接时（图 7.2.2b），屋面板或楼面板可作为一面曝火受弯构件进行防火设计；

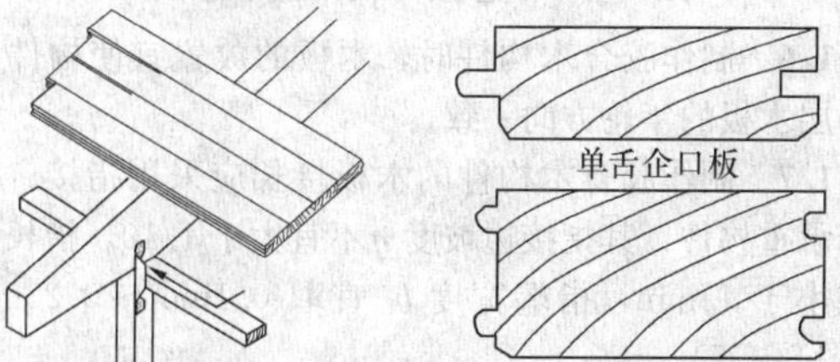

图 7.2.2　锯材或胶合木楼（屋）面板示意图

2　当屋面板或楼面板采用直边拼接时，屋面板或楼面板可作为两侧部分曝火而底面完全曝火的受弯构件，可按三面曝火构件进行防火设计。此时，两侧部分曝火的炭化速率应为有效炭化速率的 1/3。

7.2.3　主、次梁连接时，金属连接件可采用隐藏式连接（图 7.2.3）。

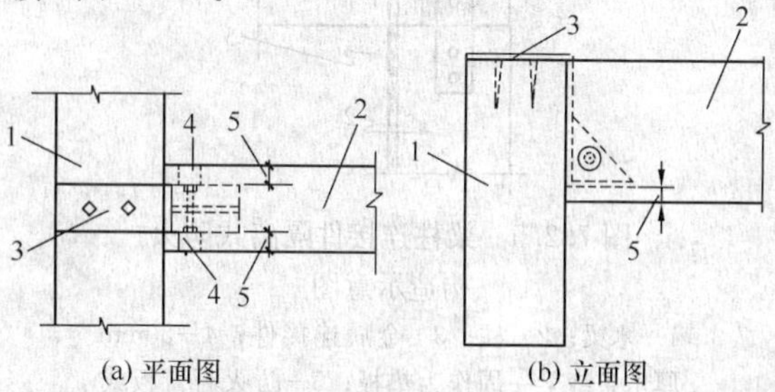

图 7.2.3　主、次梁之间的隐藏式连接示意图
1—主梁；2—次梁；3—金属连接件；4—木塞；5—侧面或底面木材厚度≥40mm

7.2.4　金属连接件表面可采用截面厚度不小于 40mm 的木材作为连接件表面附加防火保护层（图 7.2.4）。

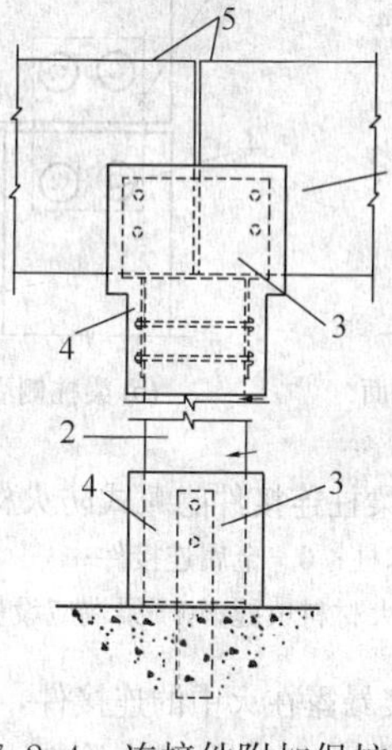

图 7.2.4　连接件附加保护层的防火构造示意图
1—木梁；2—木柱；3—金属连接件；4—厚度≥40mm 的木材保护层；5—梁端应设侧向支撑

7.2.5　梁柱连接中，当要求连接处金属连接件不应暴露在火中时，除可采用本规范第 7.2.4 条规定的方法外，还可采用以下构造措施（图 7.2.5）：

1　将梁柱连接处包裹在耐火极限为 1.00h 的墙体中；

2　采用截面尺寸为 40mm×90mm 的规格材和厚度大于 15mm 的防火石膏板在梁柱连接处进行隔离。

7.2.6　梁柱连接中，当外观设计要求构件外露，并且连接处直接暴露在火中时，可将金属连接件嵌入木构件内，固定用的螺栓孔采用木塞封堵，梁柱连接缝采用防火材料填缝（图 7.2.6）。

7.2.7　梁柱连接中，当设计对构件连接处无外观要

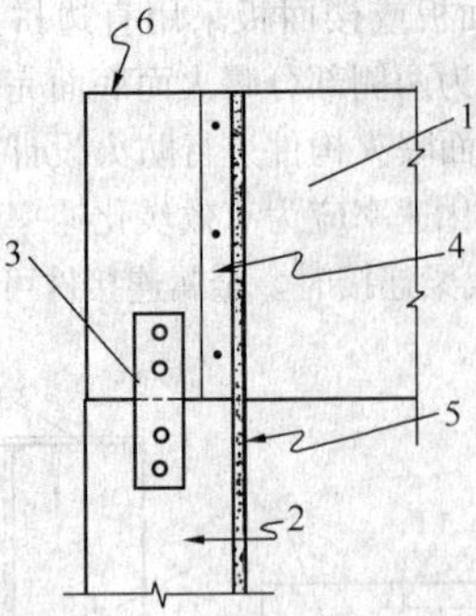

图 7.2.5　梁柱连接件隔离式防火构造示意图

1—木梁；2—柱；3—金属连接件；4—50mm厚木条绕梁一周作为垫板；5—防火石膏板或规格材；6—梁端应设侧向支撑

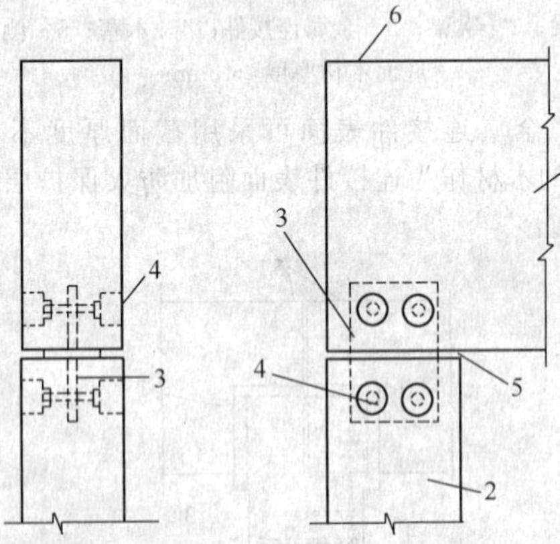

(a) 梁柱端立面　　(b) 梁柱侧立面

图 7.2.6　梁柱连接件隐藏式防火构造示意图

1—木梁；2—木柱；3—金属连接件；4—木塞；5—腻子或其他防火材料填缝；6—梁端应设侧向支撑

求时，对于直接暴露在火中的连接件，应在连接件表面涂刷耐火极限为 1.00h 的防火涂料（图 7.2.7）。

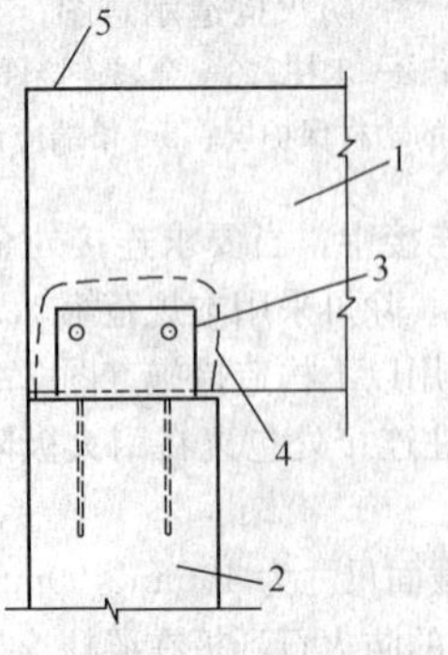

图7.2.7　梁柱连接件外露式防火构造示意图

1—木梁；2—柱；3—金属连接件；4—连接件表面涂刷防火涂料；5—梁端应设侧向支撑

7.2.8　当设计要求顶棚需满足 1.00h 耐火极限时，可采用截面尺寸为 40mm×90mm 的规格材作为衬木，并在底部铺设厚度大于 15mm 的防火石膏板（图 7.2.8）。

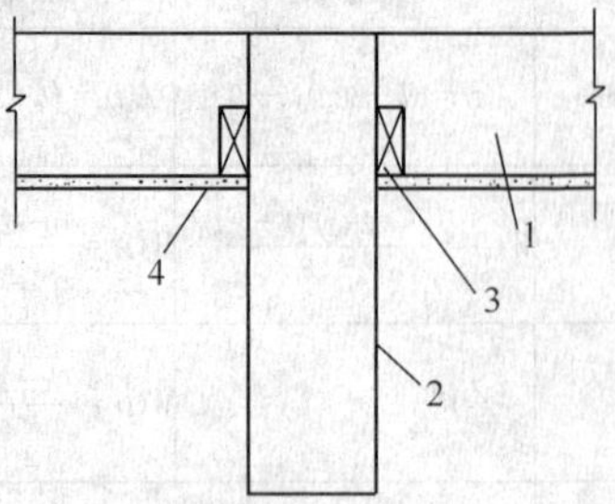

图 7.2.8　顶棚防火构造示意图

1—次梁；2—主梁；3—衬木；4—防火石膏板

8　构 造 要 求

8.1　一 般 规 定

8.1.1　胶合木结构的设计应考虑构件含水率变化对构件尺寸和构件连接的影响。采用螺栓和六角头木螺钉作紧固件时，应注意预钻孔的尺寸。

8.1.2　构件连接时应避免出现横纹受拉现象，多个紧固件不宜沿顺纹方向布置成一排。

8.1.3　胶合木结构的连接设计应考虑耐久性的影响。

8.1.4　本章规定的节点构造中，紧固件的数量、尺寸以及连接件的设计均应通过设计和计算确定。构件的连接和安装应与设计要求相符。

8.1.5　当胶合梁上有悬挂荷载时，荷载作用点的位置应在梁顶或在梁中和轴以上的位置（图 8.1.5），并按本规范第 5.1.9 条的规定验算梁在吊点处的受剪承载力。

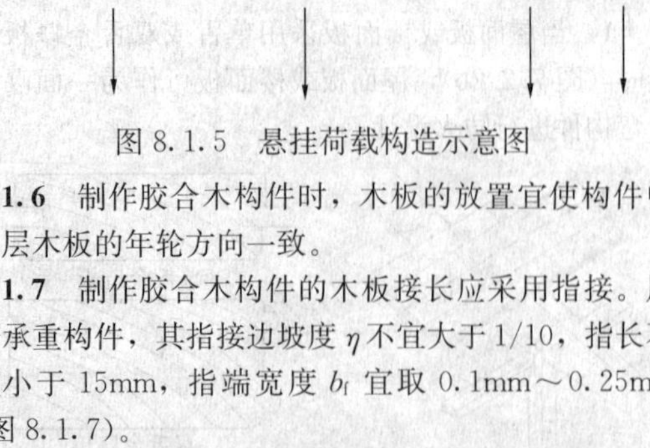

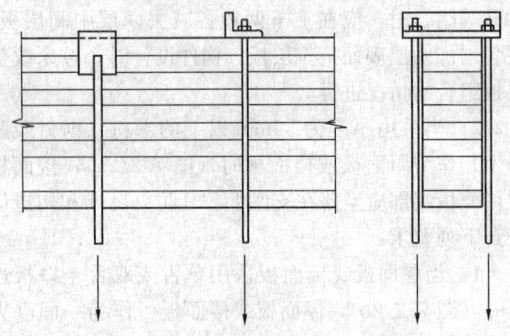

图 8.1.5　悬挂荷载构造示意图

8.1.6　制作胶合木构件时，木板的放置宜使构件中各层木板的年轮方向一致。

8.1.7　制作胶合木构件的木板接长应采用指接。用于承重构件，其指接边坡度 η 不宜大于 1/10，指长不应小于 15mm，指端宽度 b_t 宜取 0.1mm～0.25mm（图 8.1.7）。

8.1.8　胶合木构件所用木板的横向拼宽可采用平接；上下相邻两层木板平接线水平距离不应小于 40mm

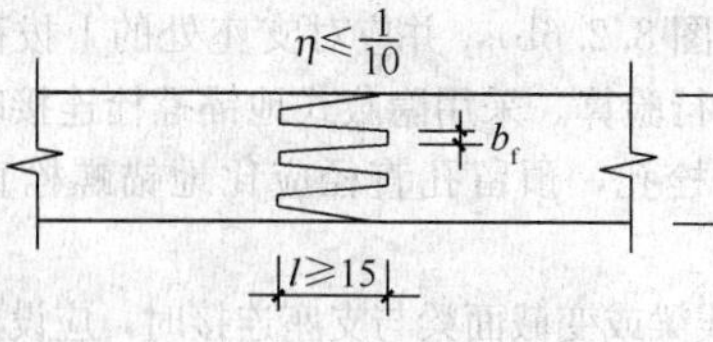

图 8.1.7 木板指接

(图 8.1.8)。

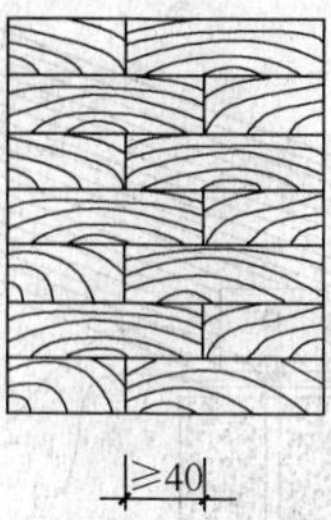

图 8.1.8 木板拼接

8.1.9 同一层木板指接接头间距不应小于 1.5m，相邻上下两层木板层的指接接头距离不应小于 10t。

注：t 为板厚。

8.1.10 胶合木构件同一截面上板材指接接头数目不应多于木板层数的 1/4。应避免将各层木板指接接头沿构件高度布置成阶梯形。

8.1.11 层板指接时应符合以下对木材缺陷和加工缺陷的规定：

1 层板内不允许有裂缝、涡纹及树脂条纹；

2 木节距指端的净距不应小于木节直径的 3 倍；

3 层板缺指或坏指的宽度不得大于各类层板允许木节尺寸的 1/3；

4 在指长范围内及离指根 75mm 的距离内，允许截面上一个角有钝棱或边缘缺损存在，但钝棱面积不得大于正常截面面积的 1%。

8.1.12 胶合木矩形、工字形截面构件的高度 h 与其宽度 b 的比值，梁一般不宜大于 6，直线形受压或压弯构件一般不宜大于 5，弧形构件一般不宜大于 4；超过上述高宽比的构件，应设置必要的侧向支撑，满足侧向稳定要求。

8.1.13 胶合木桁架在制作时应按其跨度的 1/200 起拱。对于较大跨度的胶合木屋面梁，起拱高度为恒载作用下计算挠度的 1.5 倍。

8.2 梁与砌体或混凝土结构的连接

8.2.1 胶合木梁与砌体或混凝土结构连接时，应避免采用切口连接。木构件不得与砌体或混凝土构件直接接触。

8.2.2 胶合梁支座连接可以采用焊接板或角钢连接（图 8.2.2)。木构件与砌体、混凝土构件及金属连接件之间应留有大于 10mm 的空隙，与连接件接触的梁角应根据焊缝的位置进行倒角。采用角钢连接时，角钢不得与垫板焊接。

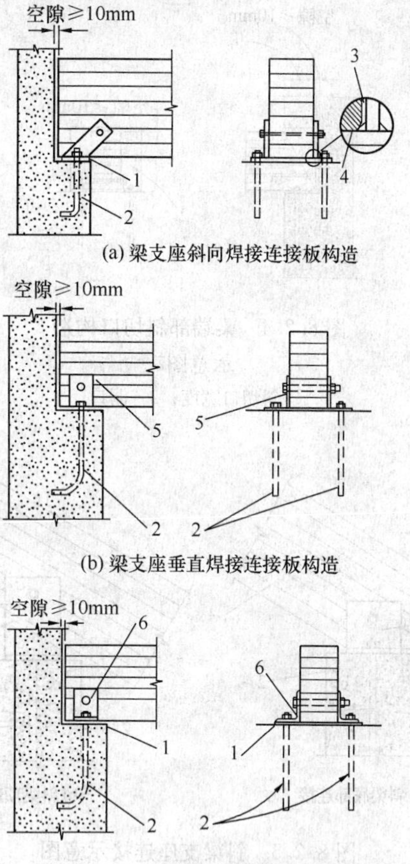

(a) 梁支座斜向焊接连接板构造

(b) 梁支座垂直焊接连接板构造

(c) 梁支座角钢连接板构造

图 8.2.2 胶合梁支座连接构造示意图

1—金属垫板；2—地锚螺栓；3—金属连接件与梁之间空隙；4—梁角倒角；5—金属连接侧板（与垫板焊接)；6—角钢（不得与垫板焊接)

8.2.3 当支座宽度小于胶合木构件的截面宽度时，预埋螺栓应放置在构件的中部，可与支座底板焊接，也可将螺栓穿过底板，在底板面上采用螺栓连接。当采用螺栓连接时，在构件上应预留安装螺栓与螺帽的槽口（图 8.2.3)。

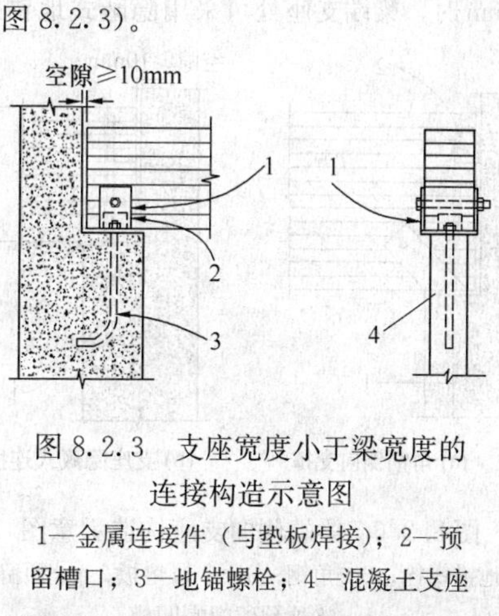

图 8.2.3 支座宽度小于梁宽度的连接构造示意图

1—金属连接件（与垫板焊接)；2—预留槽口；3—地锚螺栓；4—混凝土支座

8.2.4 当梁有较大变形时，梁的端部应做成斜切口，斜切口宽度不得超过支座外边缘（图 8.2.4）。

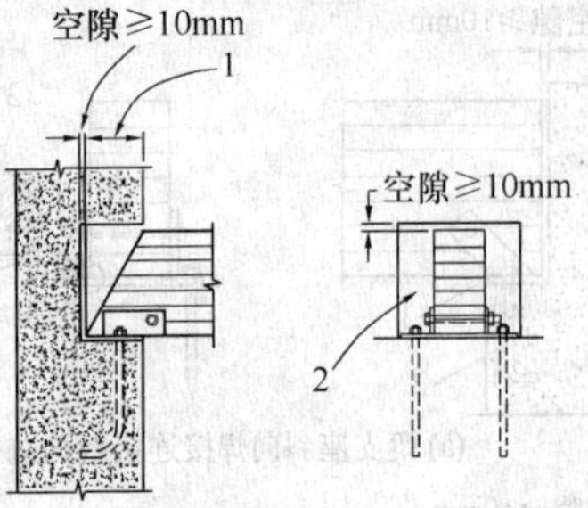

图 8.2.4　梁端部斜切口构造示意图

1—斜切口宽度；2—洞口

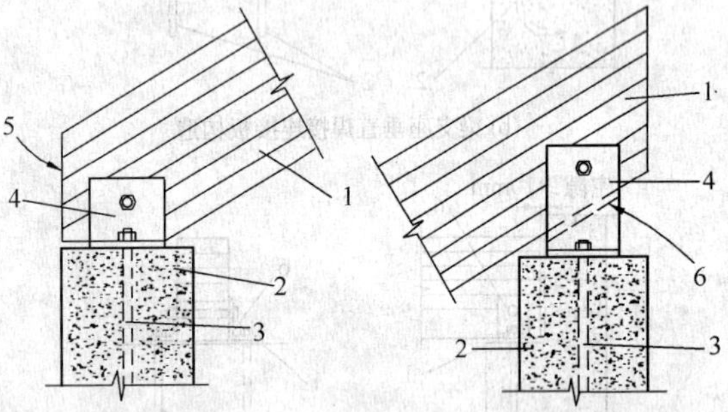

(a)斜梁底部连接　　(b)斜梁顶部连接

图 8.2.5　斜梁支座连接示意图

1—斜梁；2—支座；3—地锚螺栓；4—连接件侧板；5—梁端应设侧向支撑；6—斜向金属垫板

8.2.5　斜梁底部与支座连接时，斜梁底部及外边缘不应超出支座外缘（图 8.2.5a）。当斜梁顶部与支座连接时，不得在构件连接处开槽口，斜梁底边应放置在与金属连接件侧板焊接的斜向垫板上（图 8.2.5b）。

8.2.6　梁端支座处当采用角钢作为侧向支撑时，角钢与木梁不得连接（图 8.2.6a）。当梁截面高度不大于 450mm 时，梁端支座处可采用隐蔽式地锚螺栓的连接方式（图 8.2.6b），并应对支座处的上拔荷载和水平荷载进行验算。采用隐蔽式地锚螺栓连接时，梁中应预留螺栓孔，预留孔直径应比地锚螺栓直径大 10mm。

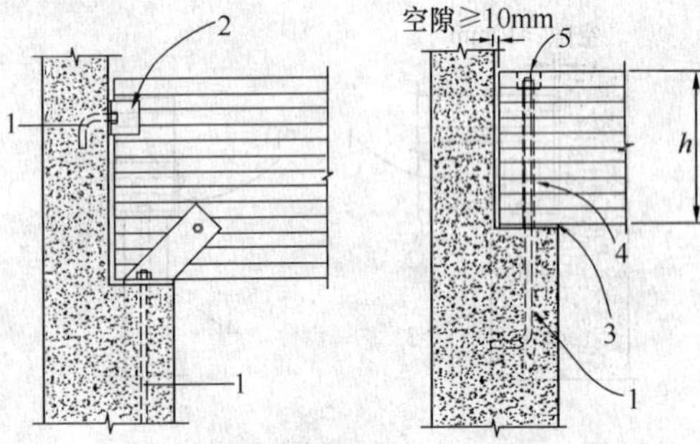

(a) 角钢侧向支撑　　(b) 支座隐藏式连接

图 8.2.6　梁端侧向支座构造示意图

1—地锚螺栓；2—角钢；3—金属垫板；4—预留孔；5—梁顶预留螺帽凹槽

8.2.7　曲线梁或变截面梁与支座连接时，应设置低摩擦力的底板，并在底板上预留椭圆形槽孔，允许构件水平移动（图 8.2.7）。

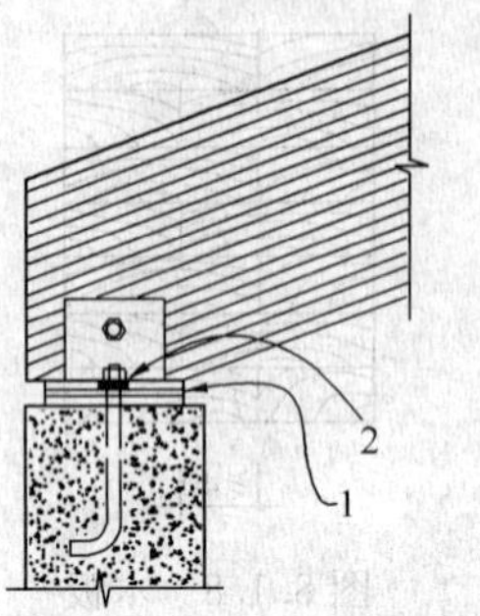

图 8.2.7　曲线梁或变截面梁支座示意图

1—低摩擦力底板；2—椭圆形槽孔

8.3　梁与梁的连接

8.3.1　悬臂连续梁由简支梁和悬臂梁组成，结构系统主要有三种形式（图 8.3.1a）。悬臂梁与简支梁之间的连接可采用金属悬臂梁托连接（图 8.3.1b、c）。悬臂梁应根据金属梁托的位置和厚度开槽，使金属梁托与梁顶面齐平，并用螺栓连接。

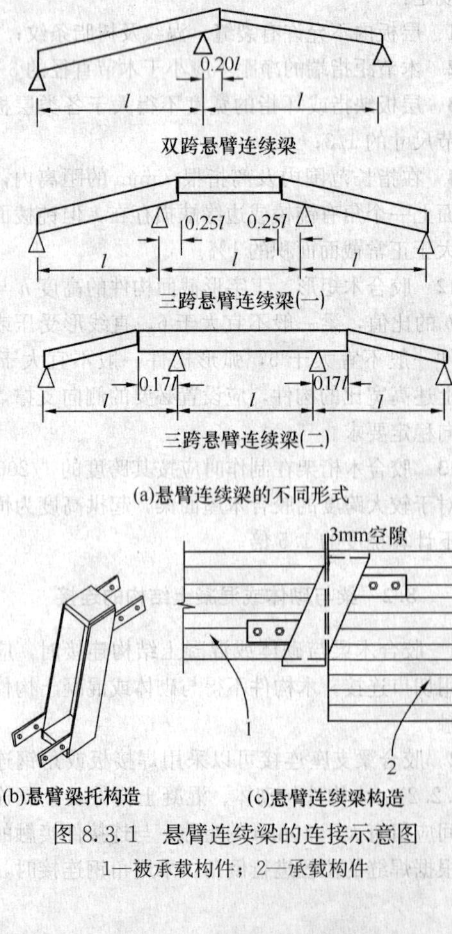

图 8.3.1　悬臂连续梁的连接示意图

1—被承载构件；2—承载构件

8.3.2 悬臂连续梁的拉力由附加扁钢承担。当附加扁钢不与梁托整体连接时，扁钢应用螺栓连接两端的胶合梁（图 8.3.2a）。当扁钢与悬臂梁托焊接成整体时，扁钢上应预留椭圆形槽孔，并通过螺栓与两端的胶合梁连接（图 8.3.2b）。

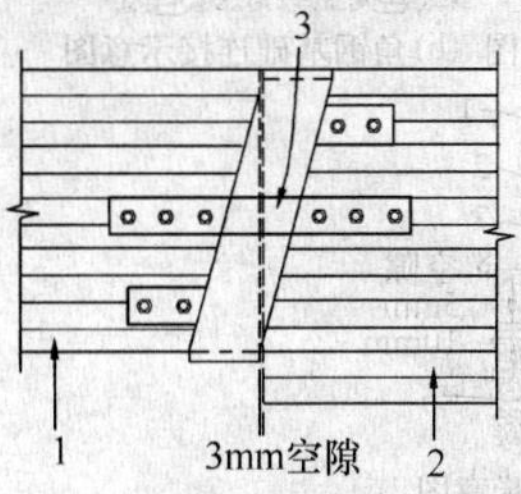

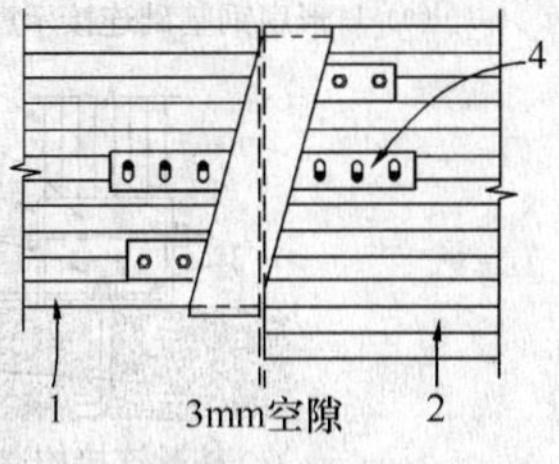

(a)扁钢与梁托之间不焊接的构造 (b)扁钢与梁托之间焊接的构造

图 8.3.2 扁钢与梁托连接构造示意图

1—被承载构件；2—承载构件；3—连接板连接两端的梁；4—连接板与梁托焊接

8.3.3 次梁与主梁连接时，紧固件应靠近支座承载面。

8.3.4 当主梁仅单侧有次梁连接时，宜采用侧固式连接件连接（图 8.3.4）。

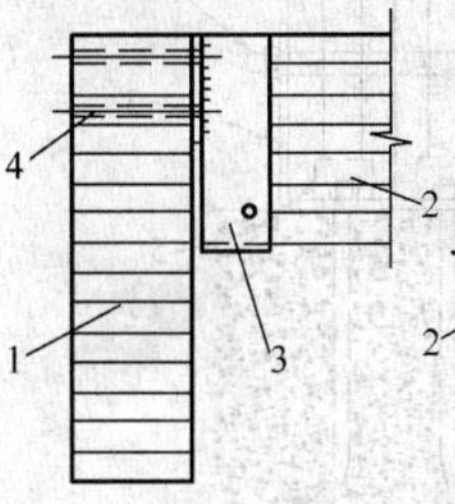

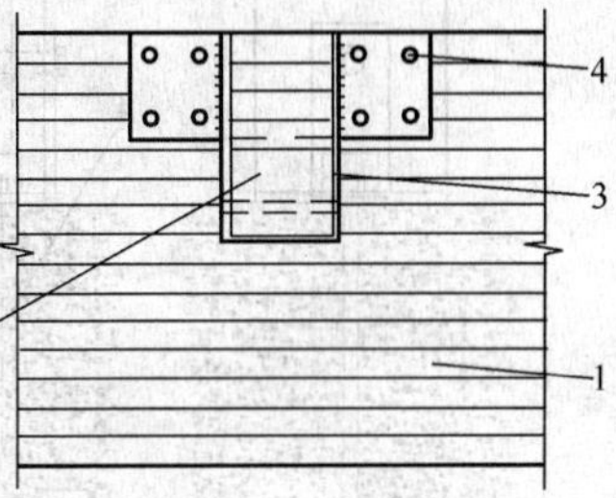

图 8.3.4 次梁与主梁采用侧固式连接件示意图

1—主梁；2—次梁；3—金属侧固式连接件；4—螺栓

8.3.5 主梁两侧均有次梁连接时，应符合下列规定：

1 安装次梁梁托时不得在主梁梁顶开槽口。

2 当采用外露连接件时（图 8.3.5a），梁托附加扁钢上的紧固件应安装在预留椭圆形槽孔内。可采用在梁顶部附加通长扁钢代替梁托两侧带槽孔的扁钢。

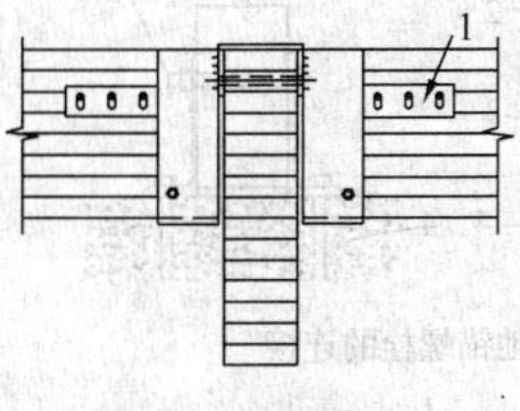

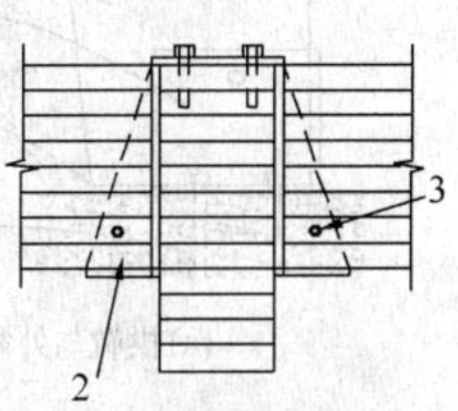

(a) 外露连接件 (b) 半隐藏连接件

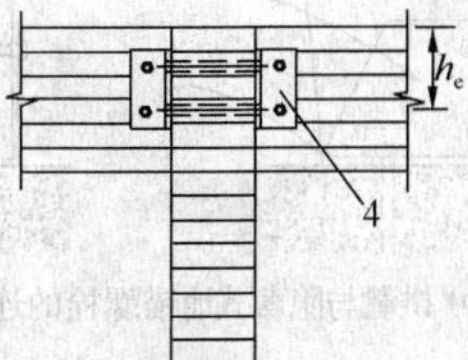

(c) 角钢连接件

图 8.3.5 次梁与主梁的连接示意图

1—附加扁钢；2—梁托加劲肋；3—螺栓或螺钉；4—角钢连接件

3 当采用半隐藏式连接件时（图 8.3.5b），应在次梁截面中间开槽安装梁托加劲肋，加劲肋应采用螺栓或六角头木螺钉与次梁连接。荷载不大时，梁托底部可嵌入次梁内与次梁底面齐平。

4 当次梁承受的荷载较轻或次梁截面尺寸较小时，主梁与次梁之间可采用角钢连接件连接（图 8.3.5c）。采用角钢连接件时，次梁应按高度为 h_e 的切口梁计算。角钢连接件上的螺栓间距不应小于 $5d$。

注：1 h_e 为下部螺栓距梁顶的高度；

2 d 为螺栓直径。

8.3.6 起支撑作用的檩条应与桁架或大梁可靠锚固，在台风地区或在设防烈度 8 度及 8 度以上地区，更应加强檩条与桁架、大梁和端部山墙的锚固连接。采用螺栓锚固时，螺栓直径不应小于 12mm。

8.3.7 在屋脊处和需外挑檐口的椽条应采用螺栓连接，其余椽条均可用钉连接固定。椽条接头应设在檩条处，相邻椽条接头至少应错开一个檩条间距。

8.4 梁和柱的连接

8.4.1 木梁与木柱或与钢柱在中间支座的连接，可采用 U 形连接件连接（图 8.4.1a、b），或采用 T 形连接钢板连接（图 8.4.1c）。当梁端局部承压不满足要求时，可在柱顶部附加底板。

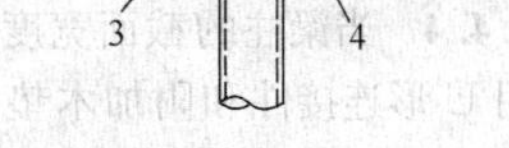

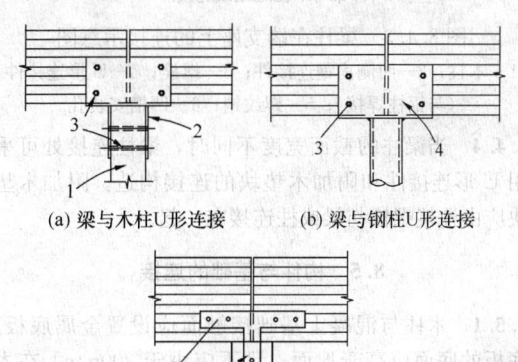

(a) 梁与木柱U形连接 (b) 梁与钢柱U形连接

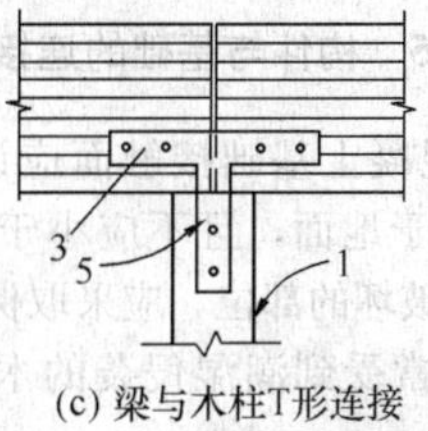

(c) 梁与木柱T形连接

图 8.4.1 梁柱在中间支座连接示意图

1—木柱；2—金属焊接连接件；3—螺栓；4—U 形连接件（与钢柱焊接）；5—两侧的 T 形连接件

8.4.2 梁在屋脊处与柱连接时，可采用柱顶剖斜口的连接构造（图 8.4.2a），也可采用在柱顶安装三角形填块的连接构造（图 8.4.2b）。

8.4.3 梁与木柱或与钢柱在端支座处的连接，可采用扁钢连接件连接（图 8.4.3a），或采用 U 形连接件连接（图 8.4.3b）。当要求连接件不外露时，梁与木柱连接可采用隐藏式连接构造（图 8.4.3c）。隐藏式连接应采用螺纹销进行连接，螺纹销在梁或柱内的长

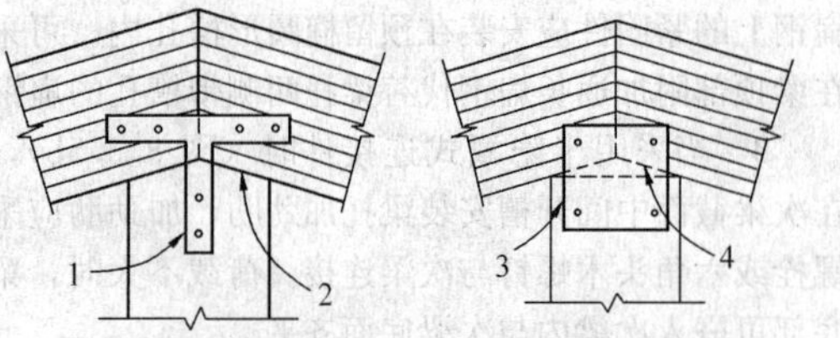

(a) 柱顶剖斜口的连接　(b) 柱顶加填块的连接

图 8.4.2　梁柱在屋脊处连接构造示意图

1—两侧的 T 形连接件；2—柱顶斜面；
3—两侧的金属连接板；4—三角形填块

度不应大于 150mm。

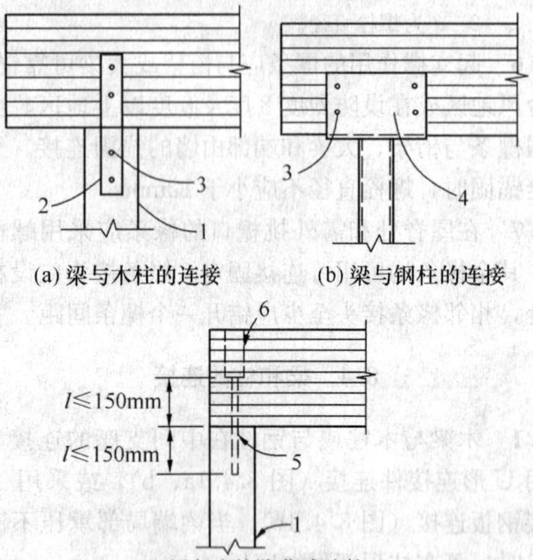

(a) 梁与木柱的连接　(b) 梁与钢柱的连接

(c) 梁与木柱隐藏式连接

图 8.4.3　梁柱在端支座上的连接示意图

1—木柱；2—两侧扁钢连接件；3—螺栓；4—U 形连接件（与钢柱焊接）；5—螺纹销；6—凹槽安装孔

8.4.4　当梁柱的截面宽度不同时，梁柱连接处可采用 U 形连接件和附加木垫块的连接构造。附加木垫块应由连接螺栓与梁或柱连接在一起。

8.5　构件与基础的连接

8.5.1　木柱与混凝土基础接触面应设置金属底板，底板的底面应高于地面，且不应小于 300mm。在木柱容易受到撞击破坏的部位，应采取保护措施。长期暴露在室外或经常受到潮湿侵袭的木柱应作好防腐处理。

8.5.2　柱与基础的锚固可采用 U 形扁钢、角钢和柱靴（图 8.5.2）。

8.5.3　当基础表面尺寸较小，柱两侧不能安装外露地锚螺栓时，可采用隐藏式地锚螺栓的连接构造（图 8.5.3）。

8.5.4　拱靴与地锚螺栓的连接可采用外露连接（图 8.5.4a），或采用隐藏式连接（图 8.5.4b）。

8.5.5　拱脚与木梁连接时，拱脚连接件应采用剪板与木梁连接（图 8.5.5a），剪板采用六角头木螺钉固定，剪板和六角头木螺钉应位于构件截面中心线上。当拱脚与钢梁连接时，拱脚连接件与钢梁之间的连接

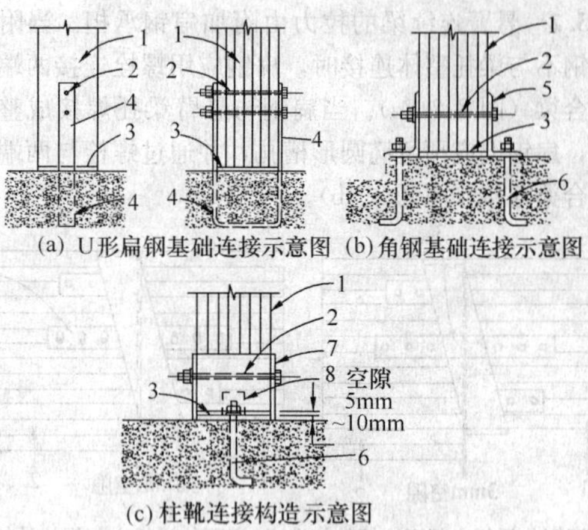

(a) U 形扁钢基础连接示意图　(b) 角钢基础连接示意图

(c) 柱靴连接构造示意图

图 8.5.2　柱与基础的锚固示意图

1—木柱；2—螺栓；3—金属底板；4—U 形扁钢；5—角钢；6—地锚螺栓；7—焊接柱靴；8—嵌入孔洞（用于安装地锚螺栓）

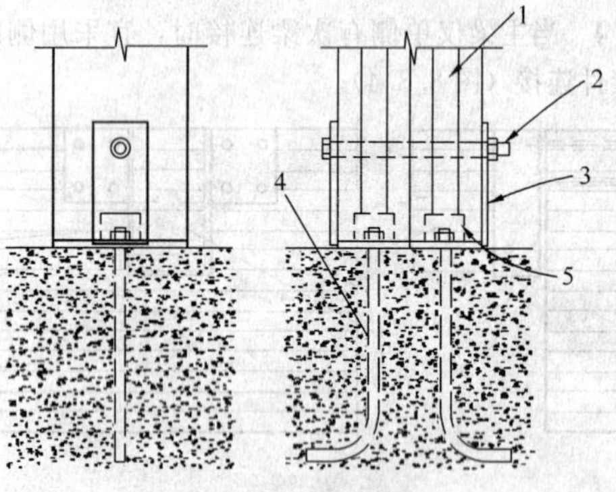

图 8.5.3　隐藏式地锚螺栓连接构造示意图

1—木柱；2—螺栓；3—金属侧板；4—地锚螺栓；5—嵌入孔洞

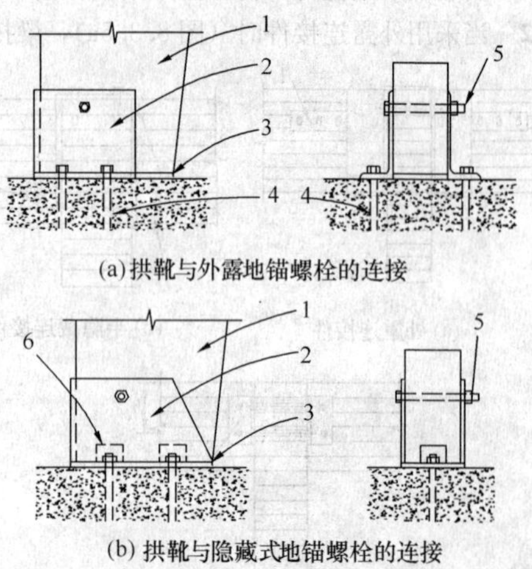

(a) 拱靴与外露地锚螺栓的连接

(b) 拱靴与隐藏式地锚螺栓的连接

图 8.5.4　拱靴与地锚螺栓连接构造

1—木拱；2—焊接连接件；3—金属底板；4—地锚螺栓；5—螺栓；6—嵌入孔洞（用于安装地锚螺栓）

应采用现场焊接（图 8.5.5b）。

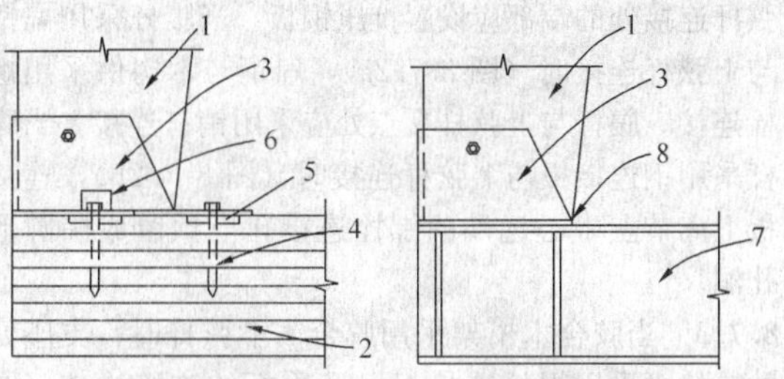

(a) 拱和木梁的连接　(b) 拱和钢梁的连接

图 8.5.5　拱与梁的连接构造

1—木拱；2—木梁；3—焊接连接件；4—六角头木螺钉；5—剪板；6—嵌入孔洞（用于安装六角头木螺钉）；7—钢梁；8—现场焊接

8.5.6　当需要采用钢拉杆承载拱的外推作用力时，钢拉杆与拱的连接可采用钢拉杆与金属底板焊接（图 8.5.6a），或采用杆端有螺纹的钢拉杆与拱脚连接件连接（图 8.5.6b），杆端固定螺帽必须采用双螺帽。当拱的基础之间需要采用钢拉杆承载拱的外推作用力时，可在基础之间采用地锚钢拉杆（图 8.5.6c）。

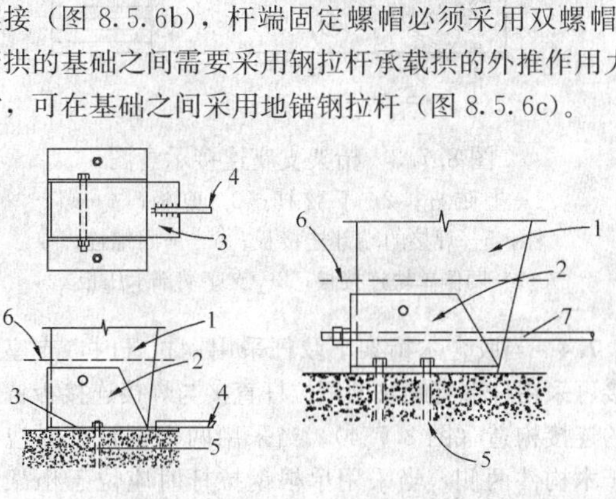

(a) 焊接拉杆　(b) 杆端带螺纹拉杆

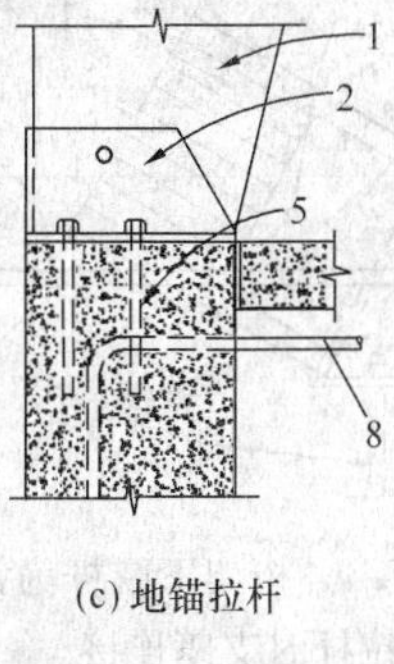

(c) 地锚拉杆

图 8.5.6　拱和三种附加拉杆的构造

1—木拱；2—焊接连接件；3—金属底板；4—焊接钢拉杆；5—地锚螺栓；6—地面标高；7—杆端带螺纹拉杆；8—地锚拉杆

8.5.7　当拱与基础之间按铰连接设计时，拱靴应通过钢基座与基础连接，拱靴与钢基座之间采用圆销连接（图 8.5.7a）。当拱与基础之间不是铰连接设计时，拱靴可通过地锚螺栓直接与基础连接（图 8.5.7b）。连接拱与拱靴的紧固件应位于构件截面中心线附近，紧固件应符合最小间距的要求。

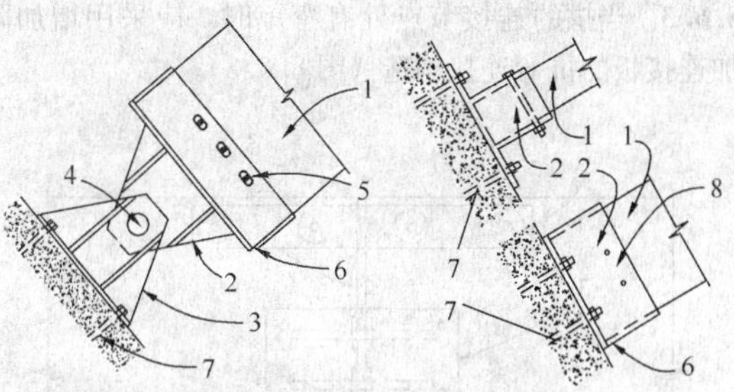

(a) 拱与基础之间采用铰连接　(b) 拱和基础之间采用其他连接

图 8.5.7　拱于基础之间的连接构造

1—木拱；2—拱靴；3—钢基座；4—圆销；5—椭圆形螺栓孔；6—底部预留排水孔；7—地锚螺栓；8—螺栓靠近截面中心

8.6　拱构件的连接

8.6.1　当拱的坡度大于 1∶4 时，拱的顶部可采用由螺栓连接的剪板进行连接（图 8.6.1a）；当竖向剪力较大、或构件截面高度较大时，拱的顶部可采用附加剪板连接的构造（图 8.6.1b）；当拱的坡度较小时，拱的顶部可采用销钉连接的剪板，并在构件两侧用螺栓连接的钢板进行连接（图 8.6.1c）。

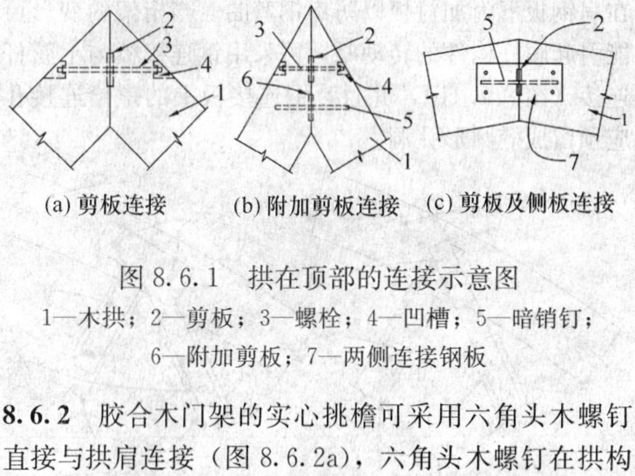

(a) 剪板连接　(b) 附加剪板连接　(c) 剪板及侧板连接

图 8.6.1　拱在顶部的连接示意图

1—木拱；2—剪板；3—螺栓；4—凹槽；5—暗销钉；6—附加剪板；7—两侧连接钢板

8.6.2　胶合木门架的实心挑檐可采用六角头木螺钉直接与拱肩连接（图 8.6.2a），六角头木螺钉在拱构件中贯入长度不应小于 4 倍螺钉直径，并应满足抗拔要求。当胶合木门架采用空心挑檐时，除采用六角头木螺钉直接与拱肩连接外，空心挑檐构件之间应用螺旋销连接（图 8.6.2b）。挑檐的连接设计应考虑悬臂的影响。

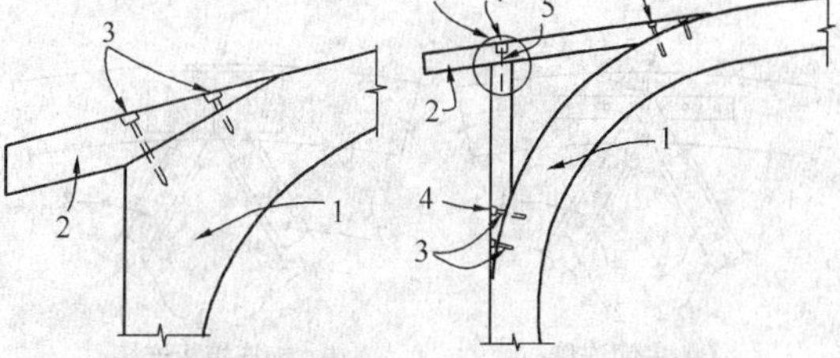

(a) 门架实心挑檐的连接　(b) 门架空心挑檐的连接

图 8.6.2　门架挑檐的连接示意图

1—木拱；2—挑檐；3—六角头木螺钉；4—凹槽；5—螺旋销；6—挑檐构件连接

8.6.3 当拱的连接节点处有弯矩时，应采用增加附加连接板的抗弯连接构造（图8.6.3）。

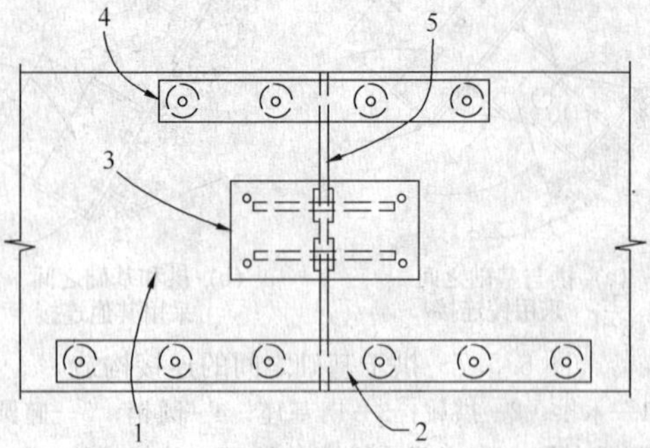

图8.6.3 拱的抗弯连接构造示意图

1—木拱；2—附加抗拉连接板；3—连接板；4—附加连接板；5—抗压钢板

8.7 桁架构件的连接

8.7.1 采用胶合木制作的桁架，腹杆与上弦杆之间的铰接连接可采用扁钢或连接板的连接构造（图8.7.1）。腹杆与上弦杆之间应保留一定的空隙。当腹杆采用扁钢、销钉与上弦杆连接时（图8.7.1a），应在扁钢板下附加衬板以防扁钢弯曲。当桁架的变形可能引起腹杆构件的转动时，可采用钢连接板与上弦杆连接（图8.7.1b），并且，钢连接板上的螺栓连接孔应预留成椭圆形孔洞。

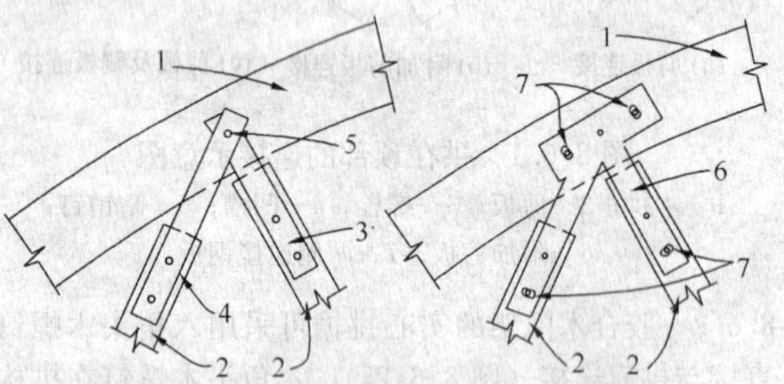

(a) 扁钢连接 (b) 钢连接板连接

图8.7.1 桁架中腹杆和上弦杆的连接示意图

1—连续上弦杆；2—腹杆；3—扁钢板；4—衬板；5—销钉；6—钢连接板；7—椭圆形槽孔

8.7.2 胶合木桁架的腹杆与上弦杆在顶部中点的连接可采用扁钢或连接板的连接构造（图8.7.2），上弦杆连接处的端部应设置抗压钢板。当腹杆采用扁钢与上弦杆连接时（图8.7.2a），扁钢与木构件采用螺栓连接，腹杆与上弦杆交点处应采用销钉连接。当腹杆采用钢连接板与上弦杆连接时（图8.7.2b），连接板上离节点中心远端的螺栓连接孔应预留成椭圆形孔洞。

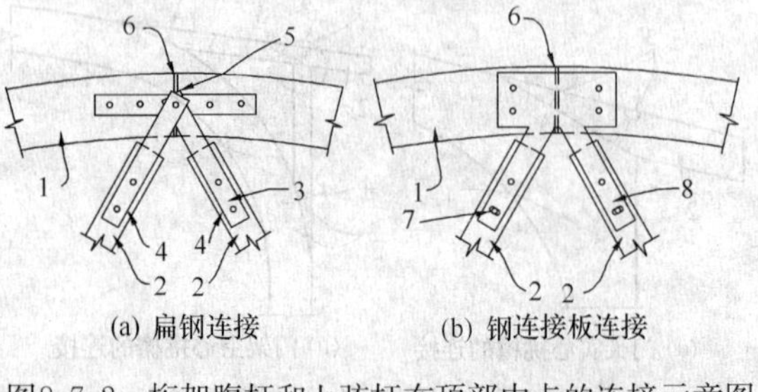

(a) 扁钢连接 (b) 钢连接板连接

图8.7.2 桁架腹杆和上弦杆在顶部中点的连接示意图

1—上弦杆；2—腹杆；3—扁钢板；4—衬板；5—销钉；6—抗压钢板；7—椭圆形槽孔；8—钢连接板

8.7.3 当胶合木桁架采用胶合木下弦杆时，支座处的连接可采用焊接连接板以及剪板的连接构造（图8.7.3）。在上弦杆端部应设置支座端部承压板，剪板采用螺栓连接。当下弦构件截面较大时，单块连接板可用上下两块扁钢代替。

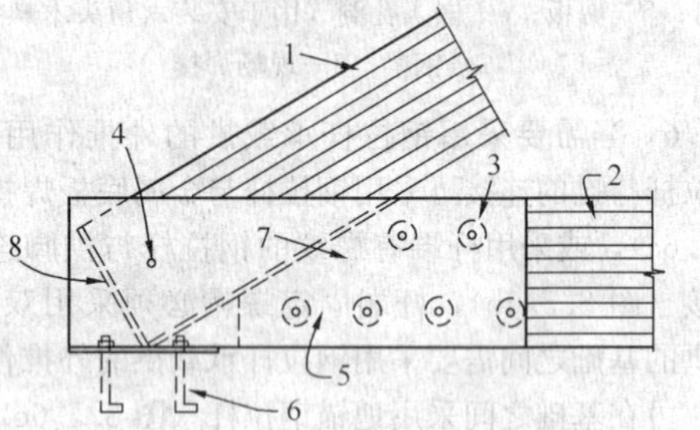

图8.7.3 桁架支座连接示意图

1—上弦杆；2—下弦杆；3—剪板；4—螺栓；5—焊接的端部连接板；6—锚固螺栓；7—两侧单块连接板；8—支座端部承压板

8.7.4 当胶合木桁架下弦杆采用钢拉杆时，支座连接可采用杆端有螺纹的钢拉杆直接与焊接连接板锚固的连接构造（图8.7.4）。当采用两根钢拉杆时应位于木构件两侧，当采用单根钢拉杆时应位于桁架中心线。

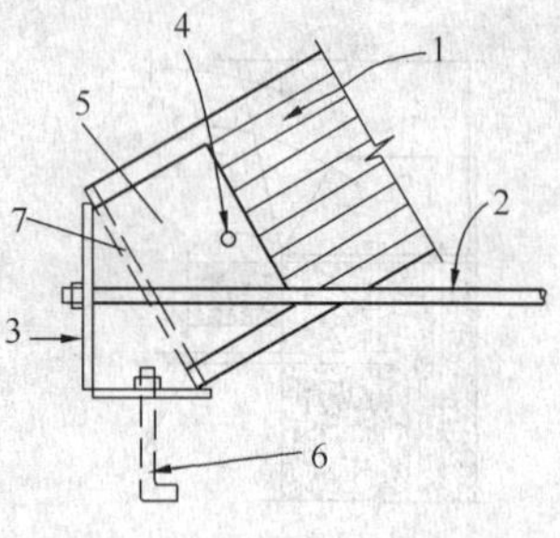

图8.7.4 桁架下弦杆为钢拉杆时支座连接

1—上弦杆；2—钢拉杆；3—焊接端部连接件；4—螺栓；5—侧面连接板；6—锚固螺栓；7—支座端部承压板

8.7.5 桁架的横向支撑和垂直支撑均应采用螺栓固定在桁架上、下弦节点处，固定点距离节点中心不应大于400mm。在剪刀撑两杆相交处的空隙内，应用厚度与空隙尺寸相同的木垫块填充并用螺栓固定。

8.8 构件耐久性构造

8.8.1 当木构件与混凝土墙或砌体墙接触时，接触面应设置防潮层，或预留缝隙。对于柱和拱预留的缝隙宽度应考虑荷载产生的变形，并可采用固定在混凝土或砌体上的木线条进行隐蔽（图 8.8.1），木线条不得与柱或拱连接。

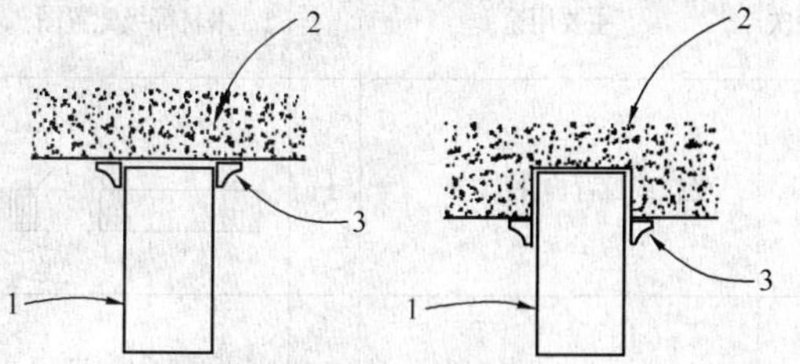

图 8.8.1　胶合木构件与混凝土或砌体构件的防潮处理示意图

1—柱或拱；2—混凝土或砌体；3—木线条

8.8.2　当建筑物有悬挑屋面时，应保证屋面有不小于 2%的坡度（图 8.8.2）。封檐板应采用天然耐腐或经过防腐处理的木材。

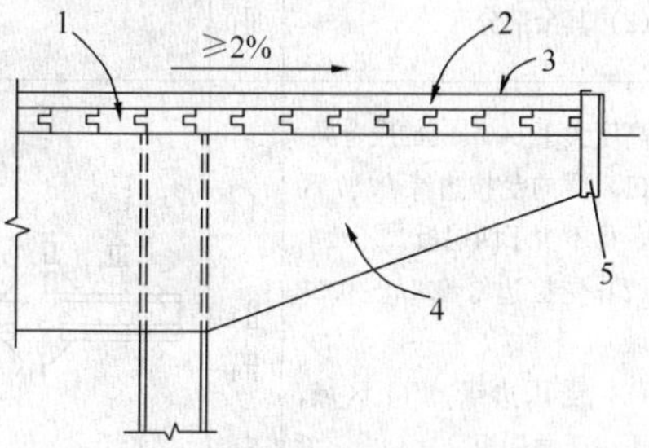

图 8.8.2　悬挑屋面的耐久性构造示意图

1—屋面板；2—保温层；3—屋面材料；4—屋面梁；5—带滴水条封檐板

8.8.3　当建筑物屋面有外露悬臂梁时，悬臂梁应用金属盖板保护，并应采用防腐处理木材（图 8.8.3）。对有外观要求的外露结构应定期进行维护。

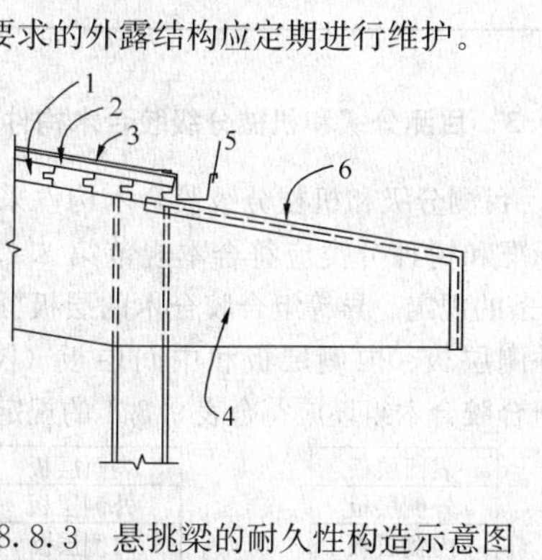

图 8.8.3　悬挑梁的耐久性构造示意图

1—屋面板；2—保温层；3—屋面材料；4—屋面梁；5—天沟；6—金属泛水板

8.8.4　胶合木门架可采用实心挑檐和墙体进行保护（图 8.8.4a），对于无墙体保护的外露的部分应进行防腐处理（图 8.8.4b）。

8.8.5　对于部分外露的拱应对木材进行防腐处理或采用防腐木材制作构件，并且在明露部分应采用金属泛水板加以保护（图 8.8.5）。金属泛水板应伸盖过拱基座，拱底最低点离地面的净距不得小于 350mm。

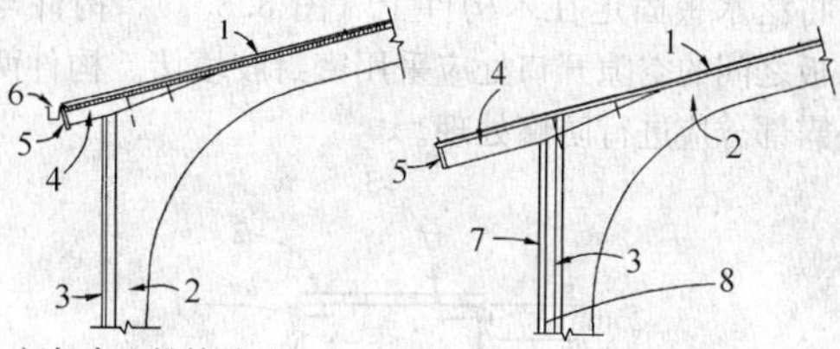

(a) 门架实心挑檐的耐久性构造　　(b) 门架明露部分的耐久性构造

图 8.8.4　门架的耐久性构造示意图

1—屋面；2—门架；3—墙体；4—挑梁；5—封檐板；6—天沟；7—金属盖板或封板；8—墙体外侧外露部分

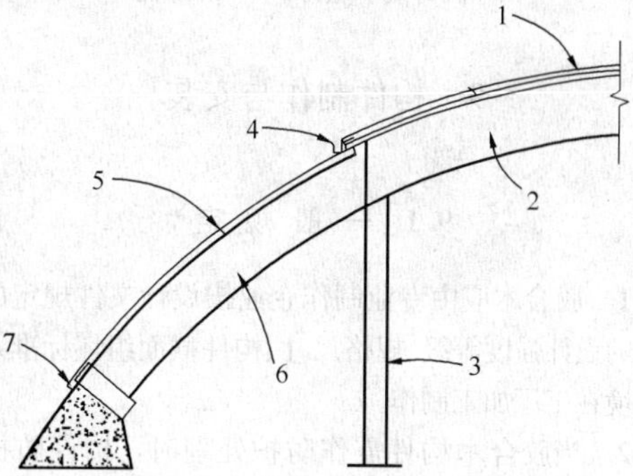

图 8.8.5　部分明露的拱耐久性构造

1—屋面；2—拱；3—墙体；4—天沟；5—金属泛水板；6—拱外露部分；7—泛水板末端

8.8.6　当水平或斜置的外露构件顶部安装金属泛水板时，泛水板与构件之间应设置厚度不小于 5mm 的不连续木条，并用圆钉或木螺钉将泛水板、木条固定在木构件上（图 8.8.6）。构件的两侧、端部与泛水板之间的空隙开口处应加设防虫网。构件两侧外露部分应进行防腐处理。

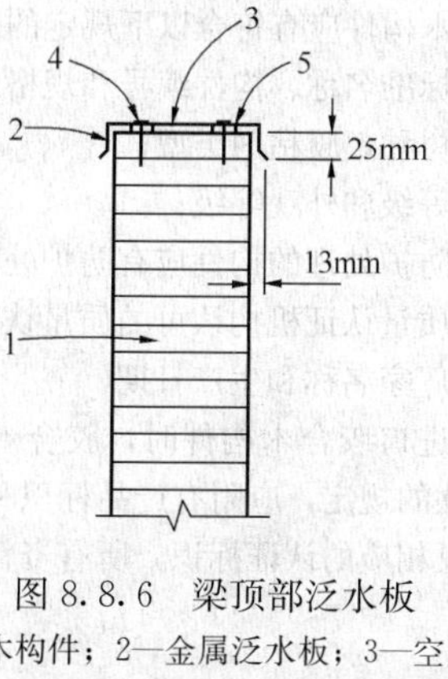

图 8.8.6　梁顶部泛水板

1—木构件；2—金属泛水板；3—空隙；4—圆钉或木螺钉；5—不连续木条

8.8.7　梁端部或竖向构件外露部分安装金属泛水板时，泛水板与构件之间应预留空隙，并用圆钉或木螺钉将泛水板固定在木构件上（图 8.8.7）。构件与泛水板之间的空隙开口处应采用密封胶填堵。构件两侧外露部分应进行防腐处理。

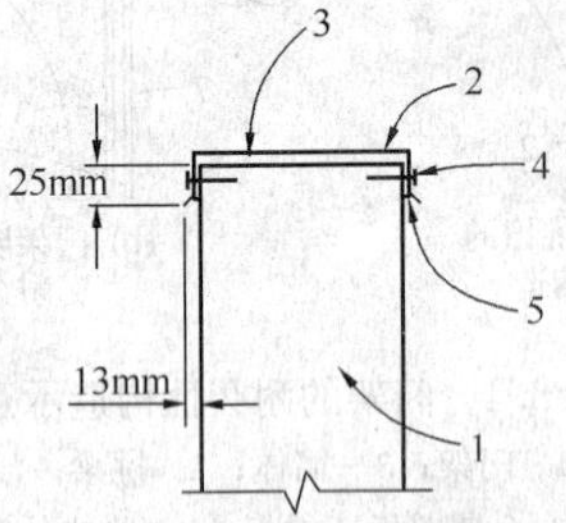

图 8.8.7 竖向构件立面泛水板做法
1—木构件；2—金属泛水板；3—空隙；
4—圆钉或木螺钉；5—密封胶

9 构件制作与安装

9.1 一 般 规 定

9.1.1 胶合木应由专业制作企业按设计文件规定的胶合木的设计强度等级、规格尺寸、构件截面组坯标准及使用环境在工厂加工制作。

9.1.2 当胶合木构件需作防护处理时，构件防护处理应在胶合木加工厂完成，并应有防护处理合格检验报告。

9.1.3 胶合木加工厂提供给施工现场的层板胶合木或胶合木构件的质量和包装，应符合国家相关标准的规定，并附有生产合格证书、本批次胶合木胶缝完整性、指接强度检验报告。

9.1.4 制作完成的异等非对称组合的胶合木构件应在构件上明确注明截面使用的上下方向。

9.1.5 胶合木结构的制作企业和施工企业应具有相应的资质。施工企业应有完善的质量保证体系和管理制度。

9.1.6 胶合木构件应有符合以下规定的产品标识：

1 产品标准名称、构件编号和规格尺寸；

2 木材树种，胶粘剂类型；

3 强度等级和外观等级；

4 经过防护处理的构件应有防护处理的标记；

5 经过质量认证机构认可的质量认证标记；

6 生产厂家名称和生产日期。

9.1.7 采用进口胶合木构件时，胶合木构件应符合合同技术条款的规定，应附有产品标识和设计标准等相关资料以及相应的认证标识，所有资料均应有中文标识。

9.2 普通层板胶合木构件组坯

9.2.1 普通层板胶合木构件制作时，采用的层板等级标准和树种分类应符合本规范表 3.1.2 及表 4.2.1-1 的规定。构件截面应根据构件的主要用途以及层板材质等级按表 9.2.1 的规定进行组坯。

表 9.2.1 胶合木结构构件的普通胶合木层板材质等级

项次	主要用途	材质等级	木材等级配置图
1	受拉或拉弯构件	$Ⅰ_b$	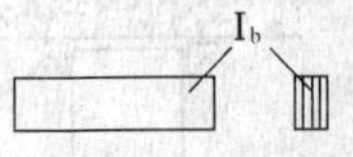
2	受压构件（不包括桁架上弦和拱）	$Ⅲ_b$	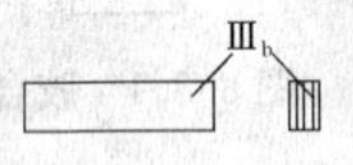
3	桁架上弦或拱，高度不大于 500mm 的胶合梁 （1）构件上、下边缘各 0.1h 区域，且不少于两层板 （2）其余部分	 $Ⅱ_b$ $Ⅲ_b$	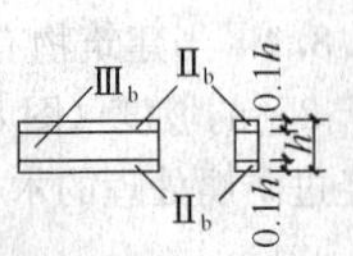
4	高度大于 500mm 的胶合梁 （1）梁的受拉边缘 0.1h 区域，且不少于两层板 （2）受拉边缘 0.1h～0.2h 区域 （3）受压边缘 0.1h 区域，且不少于两层板 （4）其余部分	 $Ⅰ_b$ $Ⅱ_b$ $Ⅱ_b$ $Ⅲ_b$	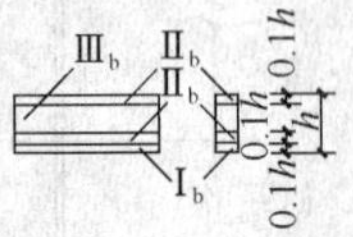
5	侧立腹板工字梁 （1）受拉翼缘板 （2）受压翼缘板 （3）腹板	 $Ⅰ_b$ $Ⅱ_b$ $Ⅲ_b$	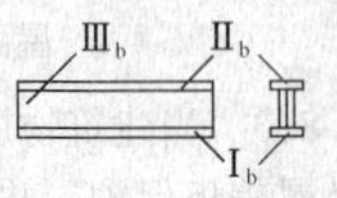

9.3 目测分级和机械分级胶合木构件组坯

9.3.1 目测分级和机械分级胶合木构件采用的层板等级标准和树种分类应符合本规范第 3.1.3 条及第 4.2.2 条的规定。异等组合胶合木的层板分为表面层板、外侧层板、内侧层板和中间层板（图 9.3.1）。异等组合胶合木组坯应符合表 9.3.1 的规定。

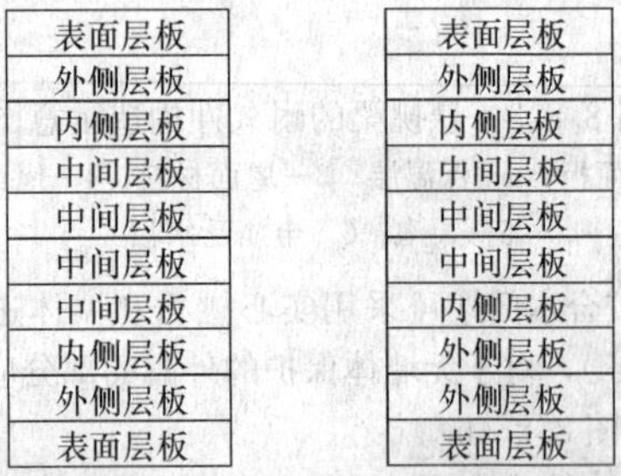

(a) 对称布置　　(b) 非对称布置

图 9.3.1 胶合木不同部位层板的名称

表 9.3.1　异等组合胶合木组坯

层板总层数	层板组坯名称	层板组坯数量
4	表面抗压层板	1
	中间层板	2
	表面抗拉层板	1
5～8	表面抗压层板	1
	内侧抗压层板	1
	中间层板	1～4
	内侧抗拉层板	1
	表面抗拉层板	1
9～12	表面抗压层板	1
	外侧抗压层板	1
	内侧抗压层板	1
	中间层板	3～6
	内侧抗拉层板	1
	外侧抗拉层板	1
	表面抗拉层板	1
13～16	表面抗压层板	1
	外侧抗压层板	1
	内侧抗压层板	2
	中间层板	5～8
	内侧抗拉层板	2
	外侧抗拉层板	1
	表面抗拉层板	1
17～18	表面抗压层板	2
	外侧抗压层板	1
	内侧抗压层板	2
	中间层板	7～8
	内侧抗拉层板	2
	外侧抗拉层板	1
	表面抗拉层板	2

9.3.2　当设计仅采用外侧层板和中间层板进行组合时，除外侧层板和中间层板的材质应符合本规范第 3 章的规定外，胶合木的强度等级应按本规范附录 D 的规定进行确定。

9.3.3　采用异等组合时，构件受拉一侧的表面层板宜采用机械分级层板。当采用机械分级时，其弹性模量的等级不得小于表 9.3.3 中各强度等级相对应的等级要求，并按本规范第 9.3.4 条和第 9.3.5 条进行组坯。

表 9.3.3　异等组合胶合木中表面层板所需的弹性模量的最低要求

对称布置	非对称布置	受拉侧表面层板弹性模量等级的最低要求
$TC_{YD}30$	$TC_{YF}28$	M_E18
$TC_{YD}27$	$TC_{YF}25$	M_E16
$TC_{YD}24$	$TC_{YF}23$	M_E14
$TC_{YD}21$	$TC_{YF}20$	M_E12
$TC_{YD}18$	$TC_{YF}17$	M_E9

9.3.4　异等组合胶合木的组坯级别分为 4 级。组坯级别应根据表面层板的级别和树种级别，按表 9.3.4-1、表 9.3.4-2 的规定确定。

表 9.3.4-1　对称异等组合胶合木的组坯级别

表面层板的级别	树种级别			
	SZ1	SZ2	SZ3	SZ4
M_E18	A_{YD}级	—	—	—
M_E16	B_{YD}级	A_{YD}级	—	—
M_E14	C_{YD}级	B_{YD}级	A_{YD}级	—
M_E12	D_{YD}级	C_{YD}级	B_{YD}级	A_{YD}级
M_E11	—	D_{YD}级	C_{YD}级	B_{YD}级
M_E10	—	—	D_{YD}级	C_{YD}级
M_E9	—	—	—	D_{YD}级

表 9.3.4-2　非对称异等组合胶合木的组坯级别

表面层板的级别	树种级别			
	SZ1	SZ2	SZ3	SZ4
M_E18	A_{YF}级	—	—	—
M_E16	B_{YF}级	A_{YF}级	—	—
M_E14	C_{YF}级	B_{YF}级	A_{YF}级	—
M_E12	D_{YF}级	C_{YF}级	B_{YF}级	A_{YF}级
M_E11	—	D_{YF}级	C_{YF}级	B_{YF}级
M_E10	—	—	D_{YF}级	C_{YF}级
M_E9	—	—	—	D_{YF}级

9.3.5 异等组合胶合木的组坯应按表 9.3.5-1 和表 9.3.5-2 的要求进行配置。

表 9.3.5-1 对称异等组合胶合木的组坯级别配置标准

组坯级别	层板材料要求	表面层板	外侧层板	内侧层板	中间层板
A_{YD}级	目测分级层板等级	不可使用	不可使用	不可使用	$\geqslant \mathrm{III}_d$
	机械分级层板等级	M_E	$\geqslant M_E-\triangle 1M_E$	$\geqslant M_E-\triangle 2M_E$	$\geqslant M_E-\triangle 4M_E$
	宽面材边节子比率	1/6	1/6	1/4	1/3
B_{YD}级	目测分级层板等级	不可使用	不可使用	$\geqslant \mathrm{III}_d$	$\geqslant \mathrm{IV}_d$
	机械分级层板等级	M_E	$\geqslant M_E-\triangle 1M_E$	$\geqslant M_E-\triangle 2M_E$	$\geqslant M_E-\triangle 4M_E$
	宽面材边节子比率	1/6	1/4	1/3	1/2

续表 9.3.5-1

组坯级别	层板材料要求	表面层板	外侧层板	内侧层板	中间层板
C_{YD}级	目测分级层板等级	不可使用	$\geqslant \mathrm{II}_d$	$\geqslant \mathrm{III}_d$	$\geqslant \mathrm{IV}_d$
	机械分级层板等级	M_E	$\geqslant M_E-\triangle 1M_E$	$\geqslant M_E-\triangle 2M_E$	$\geqslant M_E-\triangle 4M_E$
	宽面材边节子比率	1/6	1/4	1/3	1/2
D_{YD}级	目测分级层板等级	不可使用	$\geqslant \mathrm{III}_d$	$\geqslant \mathrm{III}_d$	$\geqslant \mathrm{IV}_d$
	机械分级层板等级	M_E	$\geqslant M_E-\triangle 1M_E$	$\geqslant M_E-\triangle 2M_E$	$\geqslant M_E-\triangle 4M_E$
	宽面材边节子比率	1/4	1/3	1/3	1/2

注：1 M_E 为表面层板的弹性模量级别，最低要求按本规范表 9.3.3 确定。$M_E-\triangle 1M_E$，$M_E-\triangle 2M_E$ 和 $M_E-\triangle 4M_E$ 分别表示该层板的弹性模量级别比 M_E 小 1、2、4 级差。

2 如果构件的强度可通过足尺试验或计算机模拟计算并结合试验得到证实，即使层板的组合配置不满足表中的规定，也可认为构件满足标准要求。

表 9.3.5-2 非对称异等组合胶合木的组坯级别配置标准

组坯级别	内容	受压侧				受拉侧			
		表面层板	外侧层板	内侧层板	中间层板	中间层板	内侧层板	外侧层板	表面层板
A_{YF}级	目测分级层板等级	$\geqslant \mathrm{II}_d$	$\geqslant \mathrm{II}_d$	$\geqslant \mathrm{III}_d$	$\geqslant \mathrm{III}_d$	$\geqslant \mathrm{II}_d$	不可使用	不可使用	不可使用
	机械分级层板等级	$\geqslant M_E-\triangle 2M_E$	$\geqslant M_E-\triangle 2M_E$	$\geqslant M_E-\triangle 3M_E$	$\geqslant M_E-\triangle 4M_E$	$\geqslant M_E-\triangle 4M_E$	$\geqslant M_E-\triangle 2M_E$	$\geqslant M_E-\triangle 1M_E$	M_E
	宽面材边节子比率	1/4	1/4	1/3	1/3	1/3	1/4	1/6	1/6
B_{YF}级	目测分级层板等级	$\geqslant \mathrm{III}_d$	$\geqslant \mathrm{III}_d$	$\geqslant \mathrm{IV}_d$	$\geqslant \mathrm{IV}_d$	$\geqslant \mathrm{IV}_d$	$\geqslant \mathrm{III}_d$	不可使用	不可使用
	机械分级层板等级	$\geqslant M_E-\triangle 2M_E$	$\geqslant M_E-\triangle 2M_E$	$\geqslant M_E-\triangle 3M_E$	$\geqslant M_E-\triangle 4M_E$	$\geqslant M_E-\triangle 4M_E$	$\geqslant M_E-\triangle 2M_E$	$\geqslant M_E-\triangle 1M_E$	M_E
	宽面材边节子比率	1/3	1/3	1/2	1/2	1/2	1/3	1/4	1/6
C_{YF}级	目测分级层板等级	$\geqslant \mathrm{III}_d$	$\geqslant \mathrm{III}_d$	$\geqslant \mathrm{IV}_d$	$\geqslant \mathrm{IV}_d$	$\geqslant \mathrm{IV}_d$	$\geqslant \mathrm{III}_d$	$\geqslant \mathrm{II}_d$	不可使用
	机械分级层板等级	$\geqslant M_E-\triangle 2M_E$	$\geqslant M_E-\triangle 2M_E$	$\geqslant M_E-\triangle 3M_E$	$\geqslant M_E-\triangle 4M_E$	$\geqslant M_E-\triangle 4M_E$	$\geqslant M_E-\triangle 2M_E$	$\geqslant M_E-\triangle 1M_E$	M_E
	宽面材边节子比率	1/3	1/3	1/2	1/2	1/2	1/3	1/4	1/6
D_{YF}级	目测分级层板等级	$\geqslant \mathrm{III}_d$	$\geqslant \mathrm{III}_d$	$\geqslant \mathrm{IV}_d$	$\geqslant \mathrm{IV}_d$	$\geqslant \mathrm{IV}_d$	$\geqslant \mathrm{III}_d$	$\geqslant \mathrm{III}_d$	不可使用
	机械分级层板等级	$\geqslant M_E-\triangle 2M_E$	$\geqslant M_E-\triangle 2M_E$	$\geqslant M_E-\triangle 3M_E$	$\geqslant M_E-\triangle 4M_E$	$\geqslant M_E-\triangle 4M_E$	$\geqslant M_E-\triangle 2M_E$	$\geqslant M_E-\triangle 1M_E$	M_E
	宽面材边节子比率	1/3	1/3	1/2	1/2	1/2	1/3	1/3	1/4

注：1 M_E 为受拉侧表面层板的弹性模量级别，最低要求按本规范表 9.3.3 确定。$M_E-\triangle 1M_E$，$M_E-\triangle 2M_E$ 和 $M_E-\triangle 4M_E$ 分别表示该层板的弹性模量级别比 M_E 小 1、2、4 级差。

2 如果构件的强度可通过足尺试验或计算机模拟计算并结合试验得到证实，即使层板的组合配置不满足表中的规定，也可认为构件满足标准要求。

9.3.6 同等组合胶合木的层板可采用目测分级层板、机械分级层板。目测分级或机械分级等级应符合表9.3.6-1和表9.3.6-2的规定。

表9.3.6-1 同等组合胶合木采用目测分级层板的材质要求

同等级组合胶合木强度等级	目测分级层板的材质等级			
	树种级别			
	SZ1	SZ2	SZ3	SZ4
TC_T30	$Ⅰ_d$	—	—	—
TC_T27	$Ⅱ_d$	$Ⅰ_d$	—	—
TC_T24	$Ⅲ_d$	$Ⅱ_d$	$Ⅰ_d$	—
TC_T21	—	$Ⅲ_d$	$Ⅱ_d$	$Ⅰ_d$
TC_T18	—	—	$Ⅲ_d$	$Ⅱ_d$

表9.3.6-2 同等组合胶合木采用机械弹性模量分级层板的材质要求

强度等级	机械分级层板的弹性模量等级
TC_T30	M_E14
TC_T27	M_E12
TC_T24	M_E11
TC_T21	M_E10
TC_T18	M_E9

9.3.7 同等组合胶合木的组坯级别分为3级，组坯级别应根据选定层板的目测分级或机械分级等级和树种级别，按表9.3.7-1和表9.3.7-2的规定确定。

表9.3.7-1 同等组合胶合木采用目测分级层板的组坯级别

目测分级层板等级	树种级别			
	SZ1	SZ2	SZ3	SZ4
$Ⅰ_d$	A_D级	A_D级	A_D级	A_D级
$Ⅱ_d$	B_D级	B_D级	B_D级	B_D级
$Ⅲ_d$	C_D级	C_D级	C_D级	—

表9.3.7-2 同等组合胶合木采用机械弹性模量分级层板的组坯级别

机械分级层板等级	树种级别			
	SZ1	SZ2	SZ3	SZ4
M_E16	A_D级	A_D级	—	—
M_E14	A_D级	A_D级	A_D级	—
M_E12	B_D级	A_D级	A_D级	A_D级
M_E11	C_D级	B_D级	A_D级	A_D级
M_E10	—	C_D级	B_D级	A_D级
M_E9	—	—	C_D级	B_D级

9.3.8 同等组合胶合木的组坯应按表9.3.8的要求进行配置。

表9.3.8 同等组合胶合木的组坯级别配置标准

组坯级别	层板组合标准	
A_D级	目测分级层板	$\geqslant Ⅰ_d$
	机械分级层板	M_E
	宽面材边节子比率	1/6
B_D级	目测分级层板	$\geqslant Ⅱ_d$
	机械分级层板	M_E
	宽面材边节子比率	1/4
C_D级	目测分级层板	$\geqslant Ⅲ_d$
	机械分级层板	M_E
	宽面材边节子比率	1/3

9.4 构件制作

9.4.1 用于制作胶合木构件的层板厚度在沿板宽方向上的厚度偏差不超过±0.2mm，在沿板长方向上的厚度偏差不超过±0.3mm。

9.4.2 制作胶合木构件的生产区的室温应大于15℃，空气相对湿度宜在40%～80%之间。在构件固化过程中，生产区的室温和空气相对湿度应符合胶粘剂的要求。

9.4.3 层板指接接头在切割后应保持指形切面的清洁，并应在24h内进行粘合。指接接头涂胶时，所有指形表面应全部涂抹。固化加压时端压力应根据采用树种和指长，控制在$2N/mm^2$～$10N/mm^2$的范围内，加压时间不得低于2s。指接层板应在接头胶粘剂完全固化后，再开展下一步的加工制作。

9.4.4 层板胶合前表面应光滑，无灰尘，无杂质，无污染物和其他渗出物质。各层木板木纹应平行于构件长度方向。层板涂胶后应在所用胶粘剂规定的时间要求内进行加压胶合，胶合前不得污染胶合面。

9.4.5 胶合木的胶缝应均匀，胶缝厚度应为0.1mm～0.3mm。厚度超过0.3mm的胶缝的连续长度不应大于300mm，且胶缝厚度不得超过1mm。在承受平行于胶缝平面的剪力时，构件受剪部位漏胶长度不应大于75mm，其他部位不大于150mm。在室外使用环境条件下，层板宽度方向的平接头和层板板底开槽的槽内均应填满胶。

9.4.6 层板胶合时应确保夹具在胶层上均匀加压，所施加的压力应符合胶粘剂使用说明书的规定。对于厚度不大于35mm的层板，胶合时施加压力应不小于$0.6N/mm^2$；对于弯曲的构件和厚度大于35mm的层板，胶合时应施加更大的压力。

9.4.7 胶合木构件加工及堆放现场应有防止构件损坏，以及防雨、防日晒和防止胶合木含水率发生变化的措施。

9.4.8 经防腐处理的胶合木构件应保证在运输和存放过程中防护层不被损坏。经防腐处理的胶合木或构件需重新开口或钻孔时，需用喷涂法修补防护层。

9.4.9 在桁架制作 $l/200$ 的起拱时，应将桁架上弦脊节点上提 $l/200$，其他上弦节点中心落在脊节点和端节点的连线上且节间水平投影保持不变；在保持桁架高度不变的条件下，确定桁架下弦的各节点位置。当梁起拱后，上下边缘应呈弧形。

注：l 为桁架跨度。

9.4.10 当设计对胶合木构件有外观要求时，构件的外观质量应满足现行国家标准《木结构工程施工质量验收规范》GB 50206 的有关规定。

9.4.11 胶合木构件制作的尺寸偏差不应大于表 9.4.11 的规定。

表 9.4.11 胶合木桁架、梁和柱制作的允许偏差

项次	项目			允许偏差（mm）	检验方法
1	构件截面尺寸	截面宽度		±2	钢尺量
		截面高度	$h\leqslant400$	+4 或 −2	
			$h>400$	+0.01h 或 −0.005h	
2	构件长度	$l\leqslant2$m		±2	钢尺量桁架支座节点中心间距，梁、柱全长（高）
		2m<$l\leqslant$20m		±0.01l	
		$l>$20m		±20	
3	桁架高度	跨度不大于 15m		±10	钢尺量脊节点中心与下弦中心距离
		跨度大于 15m		±15	
4	受压或压弯构件纵向弯曲（除预起拱尺寸外）			$l/500$	拉线钢尺量
5	弦杆节点间距			±5	钢尺量
6	齿连接刻槽深度			±2	
7	支座节点受剪面	长度		−10	
		宽度		−3	
8	螺栓中心间距	进孔处		±0.2d	
		出孔处	垂直木纹方向	±0.5d 并且$\leqslant4b/100$	
			顺木纹方向	±1d	
9	钉进孔处的中心间距			±1d	
10	桁架起拱尺寸	长度		±20	以两支座节点下弦中心线为准，拉一水平线，用钢尺量
		高度		−10	跨中下弦中心线与拉线之间距离，用钢尺量

注：d 为螺栓或钉的直径；l 为构件长度（弧形构件为弓长）；b 为板束总厚度；h 为截面高度。

9.4.12 当胶合木桁架构件需制作足尺大样时，足尺大样的尺寸应用经计量认证合格的量具度量，大样尺寸与设计尺寸的允许偏差不应超过表 9.4.12 的规定。

表 9.4.12 桁架大样尺寸允许偏差

桁架跨度（m）	跨度偏差（mm）	结构高度偏差（mm）	节点间距偏差（mm）
≤15	±5	±2	±2
>15	±7	±3	±2

9.5 构件连接施工

9.5.1 螺栓连接施工时，被连接构件上的钻孔孔径应略大于螺栓直径，但不应大于螺栓直径 1.0mm。螺栓中心位置的偏差应符合现行国家标准《木结构工程施工质量验收规范》GB 50206 的有关规定。预留多个螺栓钻孔时宜将被连接构件临时固定后，一次贯通施钻。安装螺栓时应拧紧，确保各被连接构件紧密接触，但拧紧时不得将金属垫板嵌入胶合木构件中。承受拉力的螺栓应采用双螺帽拧紧。

9.5.2 六角头木螺钉连接施工时，需根据胶合木树种的全干相对密度制作引孔，无螺纹部分的引孔直径同螺栓杆径，引孔深度等于无螺纹长度；有螺纹部分的引孔直径应符合表 9.5.2 的规定，引孔深度不小于螺钉有螺纹部分的长度。对于直径大的六角头木螺钉，引孔直径可取上限。对于主要承受拔出力的六角头木螺钉，当边、端间距足够大时，在树种全干相对密度小于 0.5 时可不作引孔处理。六角头木螺钉应用扳手拧入，不得用锤击入，允许用润滑剂减少拧入时的阻力。

表 9.5.2 六角头木螺钉连接时螺纹部分引孔的直径要求

树种的全干相对密度	$G>0.6$	$0.5<G\leqslant0.6$	$G\leqslant0.5$
引孔直径	$0.65d\sim0.85d$	$0.60d\sim0.75d$	$0.70d$

注：d—六角头木螺钉直径。

9.5.3 剪板连接的剪盘和螺栓或六角头木螺钉应配套，连接施工时应采用与剪板规格品种相应的专用钻具一次成孔（包括安放剪板的窝眼）。当采用六角头木螺钉替代螺栓时，六角头木螺钉有螺纹部分的孔也应作引孔，孔径为螺杆直径的 70%。采用金属侧板时，螺帽下可以不设金属垫圈，并应选择合适的螺杆长度，防止螺纹与金属侧板间直接承压。当胶合木构件含水率尚未达到当地平衡含水率时，应及时复拧螺帽或六角头木螺钉，确保被连接构件间紧密接触。

9.6 构 件 安 装

9.6.1 胶合木构件在吊装就位过程中，当与该结构构件设计受力条件不一致时，应根据结构构件自重及所受施工荷载进行安全验算。构件在吊装时，应力不应超过 1.2 倍胶合木强度设计值。

9.6.2 构件为平面结构时，吊装就位过程中应有保证其平面外稳定的措施，就位后应设必要的临时支撑，防止发生失稳或倾覆。

9.6.3 构件与构件间的连接位置、连接方法应符合设计规定。

9.6.4 构件运输和存放时，应将构件整齐的堆放。对于工字形、箱形截面梁宜分隔堆放，上下分隔层垫块竖向应对齐，悬臂长度不宜超过构件长度的1/4。桁架宜竖向放置，支承点应设在桁架两端节点支座处，下弦杆的其他位置不得有支承物。数榀桁架并排竖向放置时，应在上弦节点处采取措施将各桁架固定在一起。

9.6.5 雨期安装胶合木结构时应具有防雨措施。

9.6.6 桁架安装时应先按设计要求的位置，在桁架上标出支座中心线。支承在木柱上的桁架，柱顶应设暗榫嵌入桁架下弦，用U形扁钢锚固并设斜撑与桁架上弦第二节点牵牢（图9.6.6）。

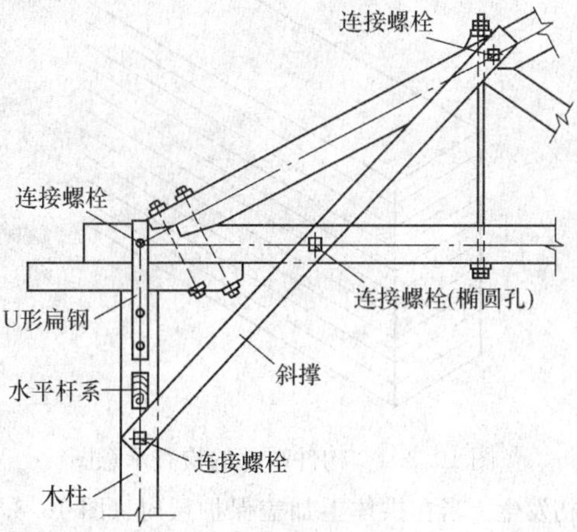

图9.6.6 桁架支承在木柱上

9.6.7 结构构件拼装后的几何尺寸偏差不应超过表9.6.7的规定。

表9.6.7 桁架、柱等组合构件拼装后的几何尺寸允许偏差（mm）

构件名称	项目		允许偏差
组合截面柱	截面高度		−3
	长度	≤15m	±10
		>15m	±15
桁架	高度	跨度≤15m	±10
		跨度>15m	±15
	节间距离		±5
	起拱尺寸	长度	+20
		高度	−10
	跨度	≤15m	±10
		>15m	±15

9.6.8 桁架、梁及柱的安装允许偏差应不大于表9.6.8的规定。

表9.6.8 桁架、梁及柱的安装允许偏差

项次	项目	允许偏差（mm）	检查方法
1	结构中心线的间距	±20	钢尺量
2	垂直度	H/200且不大于15	吊线钢尺量
3	受压或压弯构件纵向弯曲	L/300	吊（拉）线钢尺量
4	支座轴线对支承面中心位移	10	钢尺量
5	支座标高	±5	用水准仪

注：H为桁架或柱的高度；L为构件长度。

10 防护与维护

10.1 一般规定

10.1.1 胶合木构件不应与混凝土或砌体结构构件直接接触，当无法避免时，应设置防潮层或采用经防腐处理的胶合木构件。

10.1.2 当胶合木结构用在室外环境或经常潮湿环境中时（木材的平衡含水率大于20%），胶合木构件必须经过加压防腐处理。木材的平衡含水率与温度、湿度的关系应符合本规范附录H的规定。

10.2 防腐处理

10.2.1 胶合木构件应根据设计的使用年限、使用环境及木材的渗透性等要求，确定构件是否需要进行防腐处理，并确定防腐处理所使用的防腐剂种类、处理质量要求及处理方法。

10.2.2 胶合木防腐处理方法可根据使用树种、采用药剂，分为先胶合层板后处理构件或先处理层板后胶合构件两种方法。当使用水溶性防腐剂时，不得采用先胶合后处理的方式。

10.2.3 胶合木结构使用环境可按现行行业标准《防腐木材的使用分类和要求》LY/T 1636的有关规定进行分类。所使用的防腐剂应符合现行行业标准《木材防腐剂》LY/T 1635的有关规定。胶合木构件在各类条件下应达到的防腐处理透入度及载药量应符合现行国家标准《木结构工程施工质量验收规范》GB 50206的有关规定。

10.2.4 经防腐处理的胶合木应有显著的防腐处理标识，标明处理厂家或商标、使用分类等级、所使用的防腐剂、载药量及透入度。

10.2.5 未经防护处理的木梁支承在砖墙或混凝土构件上时，其接触面应设防潮层，且梁端不得埋入墙身或混凝土中，四周应留有宽度不小于30mm的空隙并与大气相通（图10.2.5）。

10.2.6 胶合木构件应支承在混凝土、柱墩或基础上，柱墩顶标高应高于室外地面标高300mm，虫害

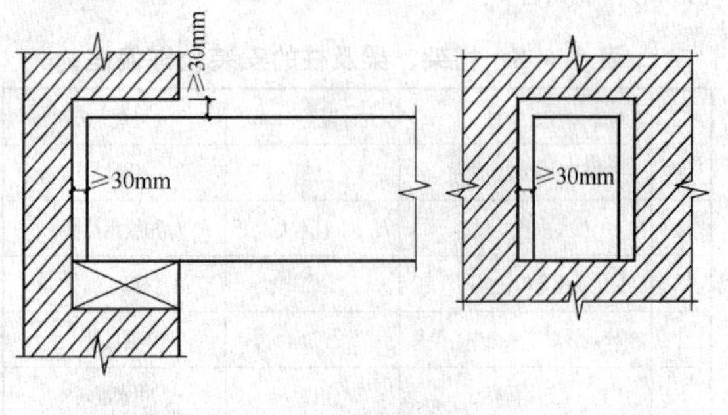

图 10.2.5　木梁在墙体内预留空隙示意图

地区不得低于 450mm。未经防护处理的木柱不得接触或埋入土中。木柱与柱墩接触面间应设防潮层，防潮层可选用耐久性满足设计使用年限的防水卷材。

10.2.7　胶合后进行防腐处理的构件，在处理前应加工到设计的最后尺寸，处理后不应随意切割。当必须作局部修整时，应对修整后的木材表面涂抹足够的同品牌药剂。

10.3　检查和维护

10.3.1　对于暴露在室外、或者经常位于在潮湿环境中的胶合木构件，必须进行定期检查和维护。当发现胶合木构件有腐蚀和虫害的迹象时，应根据腐蚀的程度、虫害的性质和损坏程度制定处理方案，及时对构件进行补强加固或更换。

10.3.2　胶合木的拱或柱应定期对拱靴或柱靴进行检查和维护。应重点检查直接暴露在室外的拱或柱的表面层板处是否有开裂和腐朽（图 10.3.2）。

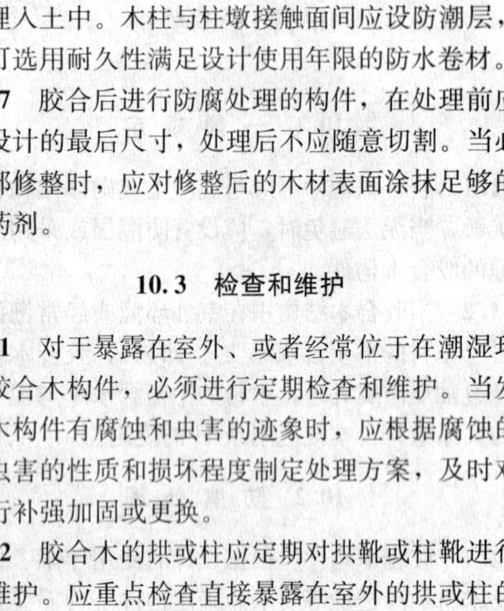

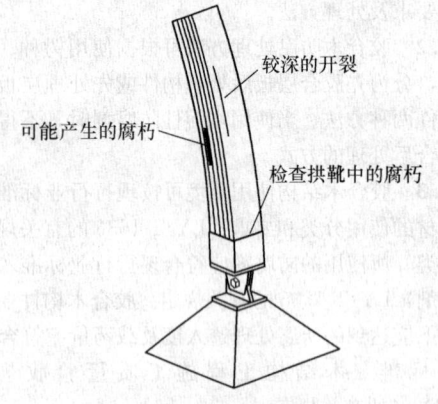

图 10.3.2　拱检查部位示意图

10.3.3　胶合木构件之间或胶合木构件与建筑物其他构件之间的连接处，应检查隐藏面是否出现潮湿或腐朽（图 10.3.3）。

10.3.4　对于易吸收水分产生开裂的构件端部应定期进行检查和维护（图 10.3.4）。

10.3.5　当构件出现腐朽时，应及时找出腐朽的原因，隔绝潮湿源。对于胶合木拱和超过屋面边缘的构件可采取延伸屋面或在拱体上加盖保护层等措施防止

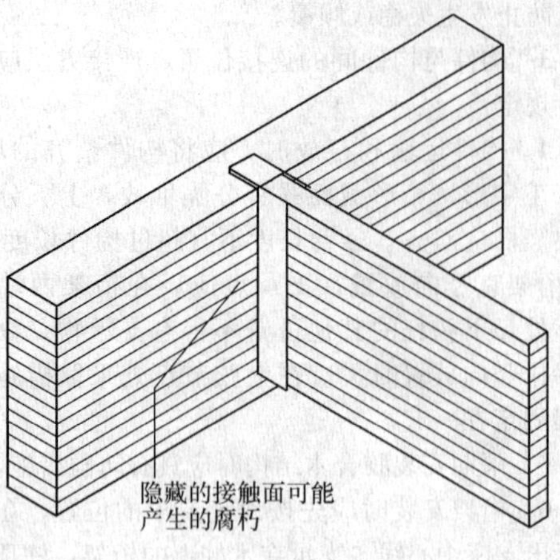

图 10.3.3　构件连接处检查部位示意图

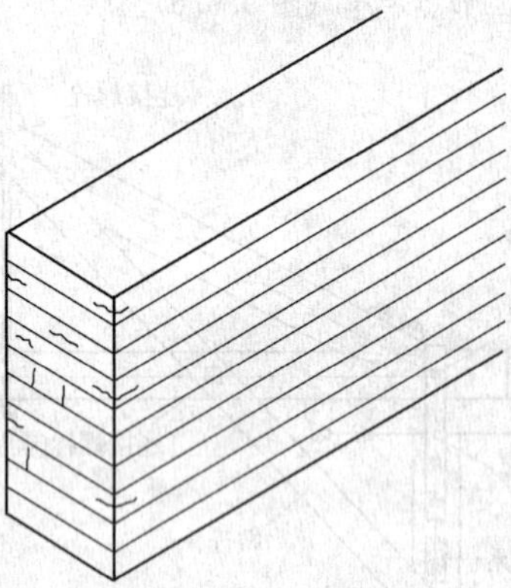

图 10.3.4　构件端部的检查示意图

腐朽发生。当在拱体上加盖保护层时（图 10.3.5），应在拱截面四周固定厚度不小于 15mm 的木龙骨后，再采用防水胶合板封闭，并预留通风口。防水胶合板应延伸到拱支座以下。

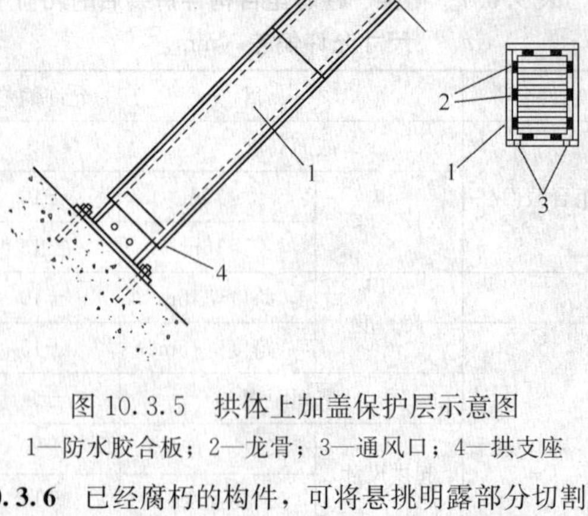

图 10.3.5　拱体上加盖保护层示意图

1—防水胶合板；2—龙骨；3—通风口；4—拱支座

10.3.6　已经腐朽的构件，可将悬挑明露部分切割成变截面梁（图 10.3.6）。当构件去除腐朽部分剩下的截面仍能承载设计荷载时，可在现场对构件进行防腐处理，也可待构件干燥后，采用其他保护方法防止构件进一步腐朽。在去除腐朽部分时，腐朽材必须彻底

清除干净，腐朽周围的木材必须完全干燥。

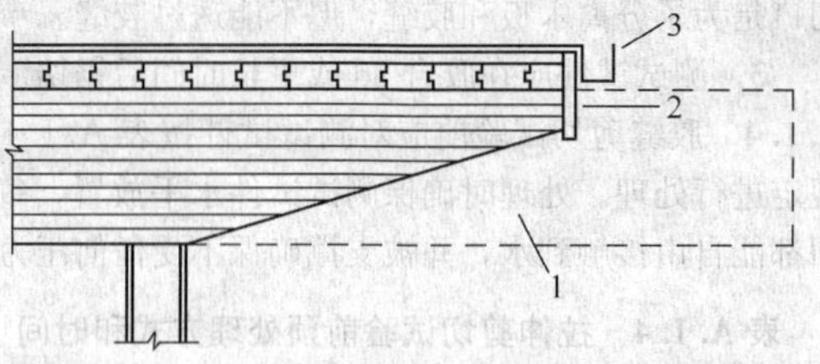

图 10.3.6　已腐朽构件的保护

1—切割已腐朽的梁；2—封檐板；3—新增天沟

10.3.7　对构件进行非结构性破坏的维修时，应将腐朽部位清除并干燥，出现的空洞可采用木块或环氧树脂材料进行填充。采用的木质填充物必须经过加压防腐处理。采用环氧树脂时，应将树脂填充至构件的表面。

10.3.8　构件需进行结构性破坏的维修时，应经过专门设计才能进行。

附录 A　胶粘剂性能要求和测试方法

A.1　剪 切 试 验

A.1.1　当进行胶缝剪切试验时，胶合试件应采用密度为（700±50）kg/m³，含水率为（12±1)%，未经处理的直纹理榉木（Fagus sylvatica L.）木材，试件胶缝厚度应根据胶粘剂种类分别采用为 0.1mm、0.5mm 和 1.0mm，胶合试件胶缝的最小平均剪切强度值应符合表 A.1.1 的规定。

表 A.1.1　胶缝的最小平均剪切强度（N/mm²）

试件处理方法	0.1mm胶缝		0.5mm胶缝		1.0mm胶缝	
	类型Ⅰ	类型Ⅱ	类型Ⅰ	类型Ⅱ	类型Ⅰ	类型Ⅱ
A1	10	10	9	9	8	8
A2	6	6	5	5	4	4
A3	8	8	7.2	7.2	6.4	6.4
A4	6	不要求循环处理	5	不要求循环处理	4	不要求循环处理
A5	8	不要求循环处理	7.2	不要求循环处理	6.4	不要求循环处理

注：试件处理方法应符合本规范第 A.1.4 条的规定。

A.1.2　胶缝剪切试验中，用于同一循环处理的木板（包括不同的胶缝厚度）应取自同一块木材，应使木板的年轮与胶合面之间的夹角在 30°～90°之间。胶合组件制作应按下列方法进行：

1　从榉木板上刨切出顺纹方向至少 300mm 长、横纹方向至少 130mm 宽的两块木板（图 A.1.2）。

2　木板在长度和宽度方向应按每道锯片厚度预留必要的锯割加工余量。

3　对于 0.1mm 厚胶缝的测试，使用两块(5.0±0.1)mm 厚的木板。对于(0.5±0.1)mm 和(1.0±0.1)mm 厚胶缝的测试，使用一块(6.0±0.1)mm 厚的木板和一块(5.0±0.1)mm 厚的木板，并在 6mm 厚木板上开出(0.5±0.1)mm 深，(14±1)mm 宽的凹槽(图 A.1.2a)。

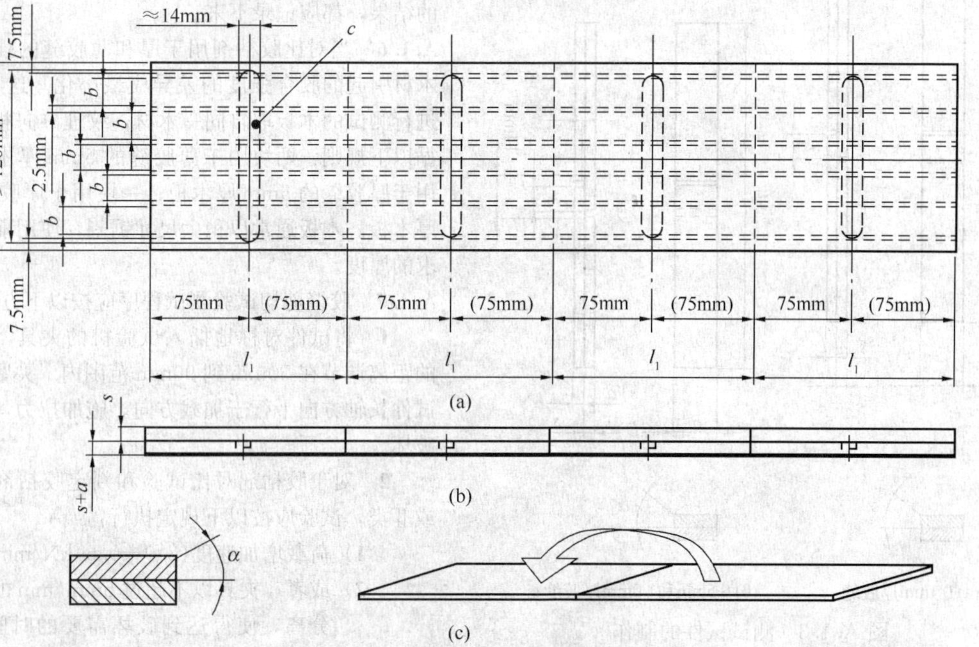

图 A.1.2　层板胶合木板试样

a—厚胶缝的厚度；b—试件宽度(20.0±0.1)mm；c—用于厚胶缝测试的凹槽；l_1—试件总长度(150±5)mm；s—用于薄胶缝测试的木板厚度(5.0±0.1)mm；α—年轮和胶合面的夹角(30°～90°)

4 轻微刨光或使用砂纸磨光每个胶合表面，仔细清除胶合面上的污垢，不得触摸或弄脏加工好的表面，24h 内将木板胶合。涂胶后加压前，木板应按图 A.1.2c 所示胶合到一起，以确保胶合组件是取自同一块木板。

5 对于 0.1mm 厚胶缝的测试，胶合两块 5mm 厚木板，施压生成 10mm 厚胶合组件。对于(0.5±0.1)mm 和(1.0±0.1)mm 厚胶缝的测试，将胶粘剂倒入开槽木板的凹槽，保证加压时挤出。将一块 6mm 厚开槽并涂胶的木板和一块 5mm 厚未开槽木板叠合加压，生成大于 11mm 厚的胶合组件。胶合时压力应在胶合面上均匀分布。

6 遵循胶粘剂制造商关于加工条件的要求，包括胶粘剂准备和应用、胶粘剂涂抹、开放和闭合陈化时间、加压大小和时间，并在报告中写明。对于厚胶缝，胶粘剂各组成分应预先混合均匀。

A.1.3 胶合组件加压胶合后，在测试前，胶合组件应放在标准气候条件下平衡处理 7d。根据胶粘剂制造商的要求，可能进行更长时间的平衡处理。胶合组件经平衡处理后应按以下规定制作测试试件：

1 从完全固化的胶合组件上锯切测试试件，切掉边缘 7.5mm，沿纹理方向从每个胶合组件中锯切五条宽 b=20mm 的木条(图 A.1.3)。将这些木条锯切成长 l_1=(150±5)mm 的试件。

2 在木条胶合部分垂直纹理制作两个宽度大于 2.5mm 的平底切口，这样在厚胶缝试件凹槽中间部分(图 A.1.3)形成宽度 l_2=(10±0.1)mm 的搭接。切口是为了分离木板和胶缝，但不能透过胶缝。

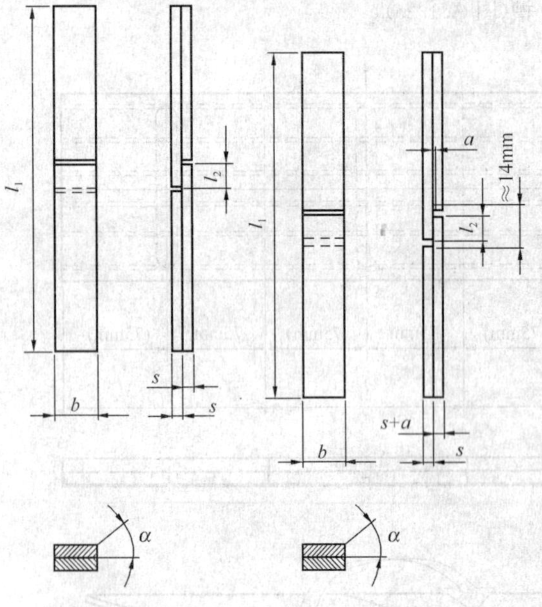

(a) 0.1mm厚胶缝　　(b) 0.5mm和1.0mm厚胶缝

图 A.1.3 测试试件的制作

a—厚胶缝的厚度；b—试件宽度(20.0±0.1)mm；l_1—试件总长度(150±5)mm；l_2—试件搭接长度(10.0±0.1)mm；s—用于胶缝测试的木板厚度(5.0±0.1)mm；α—年轮和胶合面的夹角(30°～90°)

3 测试试件应在胶合 3d 或更长时间后锯切。

A.1.4 胶缝剪切试验前应对测试试件按表 A.1.4 的规定进行处理。处理时确保测试试件水平放置，每个面都能自由接触到水，并被支撑确保不受任何压力。

表 A.1.4 拉伸剪切试验前预处理方式和时间

名称	处理方式
A1	标准气候条件下放置 7d 后立即测试
A2	浸入(20±5)℃水中 4d，湿态下测试试件
A3	浸入(20±5)℃水中 4d，标准气候条件下重新平衡处理到原始质量，干态下测试试件
A4	浸入沸水中 6.00h，浸入(20±5)℃水中 2.00h，湿态下测试试件
A5	浸入沸水中 6.00h，浸入(20±5)℃水中 2.00h，标准气候条件下重新平衡处理到原始质量，干态下测试试件

注：1 标准气候条件定义为：温度(20±2)℃，相对空气湿度(65±5)%；

2 原始质量允许公差在+2%和−1%之间。

A.1.5 胶缝剪切试验应保证有足够数量的试件，表 A.1.4 中的每种处理方式应提供 10 个有效结果。测试结果中，当木材破坏而不是胶缝破坏，并且数值低于表 A.1.1 中规定的最小值，或者外观检查显示胶粘剂未正确涂布的，都为无效结果。所有有效或无效的结果，都应记录下来。

A.1.6 当对比胶粘剂用于厚和薄胶缝的强度时，由木材引起的胶合强度的差异应最小化。这种情况下，进行测试的木板取自同一木材，纹理方向相同，且遵循以下规则：两块用于薄胶缝的 5mm 厚木板；一块用于厚胶缝的 5mm 厚木板；一块用于厚胶缝的 6mm 厚木板。木板通常以稍大尺寸锯割，使用前刨切到要求的厚度。

A.1.7 胶缝剪切试验测试程序应按以下方法进行：

1 将试件对称地插入试验机的夹具，夹具之间的距离调节在 50mm 到 90mm 范围内。夹紧试件，使试件长轴方向平行于加载方向。施加拉力，直到试件破坏。

2 对于胶粘剂对比试验和判定胶粘剂属于Ⅰ类或Ⅱ类，试验应按以下规定执行：

1）荷载增加速度(2.0+0.5)kN/min；

2）或者，夹具以不超过 5mm/min 的速率匀速分离，使得达到破坏需要的时间在 30s～90s 之间。

3 记录破坏荷载。

4 对于每个测试过的试件，肉眼观察估计并记录木破率，再精确至 10%。

A.1.8 测试设备应该符合以下其中一项：

1 荷载增加速度(2.0±0.5)kN/min；

2 夹具运动的速率应符合国际标准 ISO 5893 的要求。

夹口应以楔形固定试件，保证试件可自动对准以防止加载时滑动。

A.1.9 以 10 次有效测试的剪切强度平均值表达剪切强度的测试结果，并以 10 次有效测试的木破率平均值表达木破率的测试结果。每个试件的剪切强度应按下式计算：

$$\tau = \frac{P_{max}}{200} \quad (A.1.9)$$

式中：τ——剪切强度(N/mm^2)；

P_{max}——最大破坏荷载(N)。

A.2 浸渍剥离试验

A.2.1 当进行胶缝浸渍剥离试验时，胶合试件应采用密度为(425±25)kg/m^3，含水率为(12±1)%的弦切直纹云杉(Picea abies L.)木材。胶合试件抗剥离性能应符合表 A.2.1 的规定。

表 A.2.1 抗剥离性能要求(%)

平衡处理	胶粘剂类型	任何试件中最大剥离率(%)
高温处理	Ⅰ	5.0
低温处理	Ⅱ	10.0

A.2.2 浸渍剥离试验中，应准备四块层板。层板木材要求没有缺陷，不宜有节子，不得使用径切层板。当节子无法避免时，允许节子最大直径 20mm，不允许有纵向截断节。当胶粘剂用于硬木树种或化学处理材时，要使用有代表性的木材样品准备四块层板。

A.2.3 层板应在标准气候条件下平衡处理至少 7d，确保木材含水率达到(12±1)%。

A.2.4 每块层板应保证制作不少于六个，且尺寸为(150±5)mm 宽、(30±1)mm 厚、长约 500mm 的测试层板。测试层板厚度为刨光后的尺寸。根据表 A.2.4 的规定，在刨光后 8.00h 内胶合层板，制作成胶合组件。每个胶合组件内，确保六块层板具有一致的年轮方向。

表 A.2.4 胶合组件的准备要求

参　数	单元 1 和 2	单元 3 和 4
胶粘剂涂布(双面)	根据厂家推荐	根据厂家推荐
环境温度	(20±2)℃	(20±2)℃
开放陈化时间	≤5min	≤5min
闭合陈化时间	厂家推荐最小值	厂家推荐最大值
胶合压力(针叶材)	(0.6±0.1)N/mm^2	(0.6±0.1)N/mm^2
加压时间	厂家推荐值	厂家推荐值

A.2.5 胶合组件加压胶合后，在锯切试件前，应在标准气候条件中平衡处理 7d。根据胶粘剂制造商要求，可延长平衡时间。胶合组件经平衡处理后应按以下规定制作成测试试件：

1 用可产生光滑表面的工具，从 4 个待测胶合组件的每一个中，垂直于胶合面切下全截面的两个试件。每个测试试件长为 75mm，距离任意端头最短不得少于 50mm。

2 记录下从准备试件到测试试件的时间间隔。

A.2.6 胶缝浸渍剥离试验测试程序应按以下方法进行：

1 准确称量并记录试件的重量；

2 将试件放入压力锅并使其不漂浮，加入 10℃～25℃的水直到淹没试件，保持试件完全浸没在水中；

3 用大于 5mm 厚的金属棒、金属网或其他工具将试件隔离开，使得试件所有端面自由暴露在水中；

4 根据表 A.2.6 的规定，按本规范第 A.2.7 条进行高温程序，测试是否符合用于户外的Ⅰ类胶粘剂的要求。或按本规范第 A.2.8 条规定进行低温程序，测试是否符合用于中等气候条件的Ⅱ类胶粘剂的要求。

表 A.2.6 浸渍剥离试验循环处理规定

处理方式	参　数	单位	用于Ⅰ类胶粘剂的高温程序	用于Ⅱ类胶粘剂的低温程序
水浸注	水温	℃	10～25	10～25
	绝对压力	kPa	25±5	25±5
	持续时间	min	15	15
	绝对压力	kPa	600±25	600±25
	持续时间	h	1	1
	浸注循环次数	—	2	2
干燥	空气温度	℃	65±3	27.5±2.5
	空气湿度	%	12.5±2.5	30±5
	空气流速	m/s	2.25±0.25	2.25±0.25
	持续时间	h	20	90
循环次数	完整循环次数（包含两次水浸注处理和一次干燥处理的循环）	—	3	2

A.2.7 浸渍剥离试验的高温程序适用于Ⅰ类胶粘剂的测试，测试程序应按以下方法进行：

1 将压力锅内压力减小到绝对压力(25±5)kPa，并保持 0.25h。

2 释放真空后，施加绝对压力至(600±25)kPa，并保持 1.00h。

3 再次重复第 1 和第 2 款的真空—加压循环，进行时间约 2.50h 的两次循环浸注。

4 两次循环浸注完成后，在空气入口温度(65±3)℃、相对湿度(10～15)%、风速(2.25±0.25)m/s的设备中，干燥试件20h。干燥过程中，试件间距至少50mm，端面平行于气流方向。

5 干燥过程完成后，准确控制试件质量。任何试件，只有当质量达到原始质量的100%到110%之间时，才认为是浸注—干燥结束。如果试件在干燥20h后的质量超出其原始质量10%，应再次将试件放入干燥通道，经受相同的干燥条件，1.00h后取出试件并重新称重，重复此过程直到试件质量在要求的范围内。在干燥处理过程中的20h内，可以取走试件进行称重检测，以确保试件不会干燥过度。

6 记录下试件每次在浸注—干燥循环后的质量，记录每个试件达到要求质量所需要的总的干燥时间。如果干燥处理后试件质量低于原始质量，则丢弃此试件，制作并测试新的试件。

7 重复本条第1款～6款的整个浸注—干燥循环2次，总测试时间应超过3d。

A.2.8 浸渍剥离试验的低温程序适用于Ⅱ类胶粘剂的测试，测试程序应按以下方法进行：

1 将锅内压力减小至绝对压力(25±5)kPa，并保持0.25h。

2 释放真空后，施加绝对压力(600±25)kPa，并保持1.00h。

3 再次重复第1和第2款的真空—加压循环，进行时间约2.50h的两次循环浸注。

4 两次循环浸注完成后，在空气入口温度(25～30)℃、相对湿度(30±5)%、风速(2.25±0.25)m/s的设备中，干燥试件90h。干燥过程中，试件间距至少50mm，端面平行于气流方向。

5 干燥过程完成后，准确控制试件质量。任何试件，只有当质量达到原始质量的100%到110%之间时，才认为是浸注—干燥结束。如果试件在干燥90h后的质量超出其原始质量10%，应再次将试件放入干燥通道，经受相同的干燥条件，2.00h后取出试件并重新称重，重复此过程直到试件质量在要求的范围内。在干燥处理过程中的90h内，可以取走试件进行称重检测，以确保试件不会干燥过度。

6 记录下试件每次在浸注—干燥循环后的质量，记录每个试件达到要求质量所需要的总的干燥时间。如果干燥处理后试件质量低于原始质量，则丢弃此试件，重新制作并测试新的试件。

7 再重复本条第1款～6款的整个浸注—干燥循环1次，总测试时间应超过8d。

A.2.9 浸渍剥离测量和试件的评估应在最终干燥处理后1.00h内进行。使用带有强光的10倍放大镜，以确定胶缝分离是否是有效剥离。应测量两个端面的总剥离长度和总胶线长度，以mm为单位。

A.2.10 胶缝浸渍剥离试验中有效剥离应满足以下条件之一：

1 胶缝本身的分离。

2 胶缝和木材层板间的破坏，胶缝上未粘有木材纤维。

3 总是发生在胶缝外第一层细胞的木材破坏，破坏路径不由纹理角度和年轮结构决定。木材纤维细如绒毛，为木材层板和胶缝的界面。

以下情况产生不得作为胶缝剥离：

1 实木破坏，破裂途径明显受纹理角度和年轮结构影响。

2 独立的胶缝分层，长度小于2.5mm，离最近的分层大于5mm。

3 胶缝中的分层沿着节子或树脂道，或由胶缝中暗藏的节子引起。当怀疑胶缝分层是由节子引起时，应使用楔子和锤子（或相似工具）打开胶缝并检查是否存在暗藏节子。如果分层是由暗藏节子引起的，分层不应认为是脱胶。

4 与胶缝平行相邻的年轮晚材区的破坏。

当超出最大脱胶要求时，建议打开分层的胶缝，仔细检查。

A.2.11 计算每个试件的脱胶率，并以百分比表达，结果应精确到0.1%。剥离率应按下式计算：

$$D=\frac{l_1}{l_2}\times 100\% \qquad (A.2.11)$$

式中：D ——剥离百分比；

l_1——两个端面上总剥离长度（mm）；

l_2——两个端面上胶缝总长度（mm）。

A.3 耐久性试验

A.3.1 当进行胶缝耐久性试验时，胶合试件应采用密度为$(700\pm50)kg/m^3$，含水率为(12±1)%的未经处理的榉木(Fagus sylvatica L.)木材。胶缝耐久性试验应满足以下规定：

1 试验应使用6个多胶缝测试试件，并不得有一个在测试期失败；

2 试验完成后，每个测试试件中胶线的平均蠕变变形不得超过0.05mm。

A.3.2 层板单元应纹理通直，无节子。年轮与胶合面的夹角应该在30°～60°之间。木材应没有腐朽、机械加工缺陷和任何干燥缺陷。

A.3.3 层板单元应在标准气候条件中平衡处理至少7d，使木材含水率达到(12±1)%。

A.3.4 胶缝耐久性试验应至少准备9个层板单元，制作成六个试件。每个层板单元刨光后的尺寸为：厚度(16±0.1)mm，宽度(60±0.1)mm，沿纹理方向长度(305±0.1)mm。在涂胶前应重新刨光每个层板后，8.00h内进行胶合。

A.3.5 胶缝耐久性试验应采用以下设备：

1 除了弹簧特征的要求以外，试验夹具设备可采用图 A. 3. 5 所示的设备。

2 弹簧应具有以下特征：采用的金属丝直径为15mm；弹簧外围直径(未承载时)为 105mm；弹簧总圈数 10. 5 圈；两端固定并焊接；自由长度 320mm；最大载荷下压缩距离为 40～50mm。弹簧屈强系数应为 81N/mm。

3 加热室应保持在(70±2)℃。

4 气候箱应保持(20±2)℃和(85±5)%相对湿度，或(50±2)℃和(75±5)%相对湿度。

5 采用万能力学试验机为夹具加载。

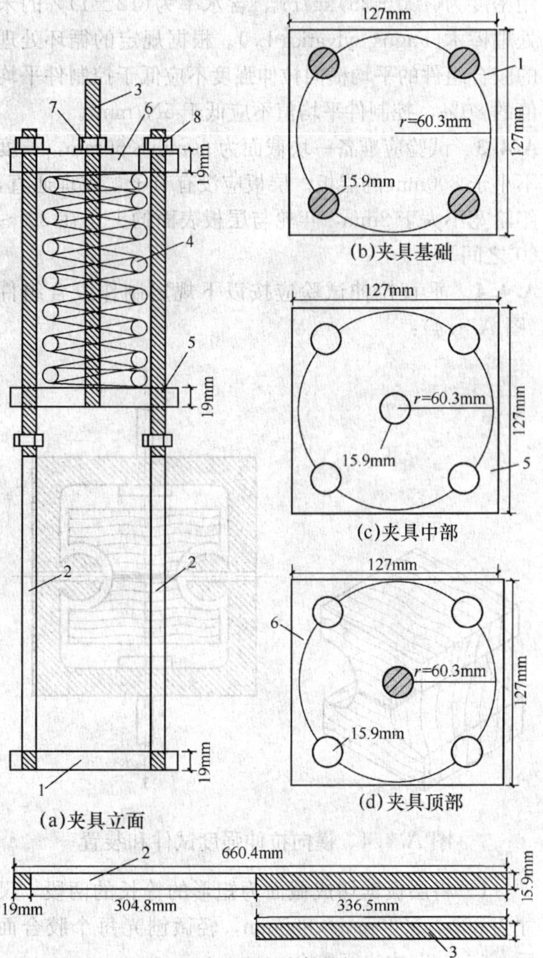

图 A. 3. 5 试验夹具示意图

1—钢底板（厚 19mm）；2—定位立柱螺杆（d = 15. 9mm）；3—中心螺杆（d=15. 9mm）；4—弹簧；5—中间钢隔板（厚 19mm）；6—顶部钢隔板（厚 19mm）；7—中心定位螺母；8—四角定位螺母

A. 3. 6 每个胶合组件采用两块层板单元作为两侧面板，中间层部件交替采用 7 个定距块和 8 个芯层木块做成(图 A. 3. 6)。每个胶合组件应按以下规定制作成测试试件：

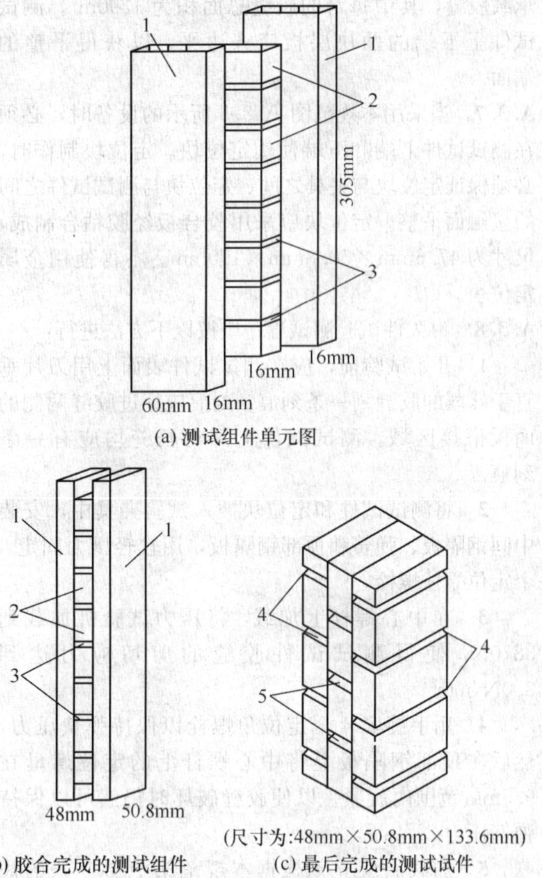

图 A. 3. 6 测试试件的制作

1—层板单元；2—芯层木块；3—定距块；4—槽口(3. 2mm 宽)；5—空隙

1 芯层木块应从第三块层板单元上切取。芯层木块尺寸为：沿纹理方向长为(28. 5±0. 1)mm、厚度为(16±0. 1)mm、宽度为(60±0. 1)mm。

2 定距块必须由合适的材料制作，以便在取走时不破坏试样，或不改变芯层木块的位置。定距块尺寸：长为 6. 4mm，厚度比中间木块稍小，宽度为 60. 0mm。

3 胶合组件胶合时，两侧层板单元的端部截面上的年轮方向应一致，两侧层板沿长度方向夹住中间层部件。应保证胶合加压过程中芯层木块不得滑动(图 A. 3. 6b)。

4 在每个 28. 5mm 长的芯层木块表面上应标记出垂直于纹理的截面中心线位置，并将标记线延伸到试件边缘。加压胶合后，以此标记线为中心，在试件两侧面板上开 3. 2mm 宽的槽口，槽口应达到胶缝位置，但不得透过胶缝。

5 三个测试组件中的每个可制作成 2 个长度为 133. 6mm 的测试试件。每个测试试件包含 4 个整的芯层木块（图 A. 3. 6c），12 个胶缝（50. 8mm ×

12.7mm)。进行轴向压缩加载时，测试试件上共6对承载胶缝，其中每对的胶缝总面积为1290m²。测试试件上下端的两块层板应齐边平，以获得平整的端面。

A.3.7 当采用本规范图A.3.5所示的设备时，必须在测试试件上端和下端使用定位块。定位块制作时，必须保证定位块与夹具之间、定位块与测试试件之间的接触面平整。定位块应采用胶合板经胶粘合制成，尺寸为47.6mm×50.8mm×100mm。不得使用金属定位块。

A.3.8 耐久性试验测试程序应按以下方法进行：

1 开始试验前，应在测试试件表面上用刀片垂直于暴露的胶缝划一条刻痕，刻痕应穿过胶缝两侧的面板搭接区域。测试试件上每对胶缝均应有一条刻痕。

2 将测试试件和定位块插入试验夹具中，安装中间钢隔板、弹簧和顶部钢隔板，用较轻压力固定4个定位立柱螺栓。

3 在中心螺杆上加载，将压力试验机加载到3870N，使得测试试件胶缝的剪切应力达到3.0N/mm²。

4 用手旋紧4个定位角螺栓以保持弹簧压力，然后在顶部钢隔板上将中心螺杆上的定位螺母在9.5mm范围内旋紧。以便胶缝破坏时仍然可以保持弹簧压力。

5 加载后应立刻根据本规范第A.3.9条的规定，对6个测试试件按阶段进行气候循环处理。

A.3.9 胶缝蠕变试验时，试件所处的循环阶段测试气候条件应符合表A.3.9的规定。

表A.3.9 蠕变试验时测试气候的要求

循环阶段	温度(℃)	相对湿度(%)	平衡含水率(%)	时间(h)
1	70±2	约5～10	约1～1.5	336
2	20±2	85±5	约18.5	336
3	50±2	75±5	约13	336

注：每14d的气候循环应连续，当必须将夹具从一个气候条件移动到另一个气候条件时，操作应迅速和平稳。

A.3.10 耐久性试验应定期对试件进行评估，以便发现可能的破坏。在42d的测试期完成后，测试夹具应从气候箱中移出。如果至少有5个试件完好，将试件卸载后，应测量两侧所有胶缝沿刻痕线的滑移距离(即变形)并记录测量结果，精确至0.01mm。最后计算平均值。

A.4 垂直拉伸试验

A.4.1 本节对纤维酸破坏测试的规定只适用于出现下列情况之一时：

1 使用酚类胶和氨基塑料缩聚胶粘剂，假定pH值低于4；

2 使用单成分聚氨酯胶粘剂。

A.4.2 当进行垂直拉伸试验时，试件采用的木材和试验要求应根据使用的胶粘剂种类按以下规定进行：

1 使用酚类胶和氨基塑料缩聚胶粘剂时，胶合试件应采用密度为(425±25)kg/m³，含水率为(12±1)%的云杉(Picea abies L.)木材。根据规定的循环处理的胶合组件的平均横向拉伸强度不应低于控制件平均值的80%，控制件平均值不应低于2N/mm²。

2 使用单成分聚氨酯胶粘剂时，胶合试件应采用密度为(700±25)kg/m³，含水率为(12±1)%的未处理榉木(Fagus sylvatica L.)。根据规定的循环处理的胶合组件的平均横向拉伸强度不应低于控制件平均值的80%，控制件平均值不应低于5N/mm²。

A.4.3 试验应准备一块截面为60mm×60mm，长度不小于800mm的层板。层板应没有节子，纹理通直，年轮宽不大于2mm，年轮与层板表面的夹角在30°～60°之间。

A.4.4 垂直拉伸试验应按以下规定制作胶合组件(图A.4.4)：

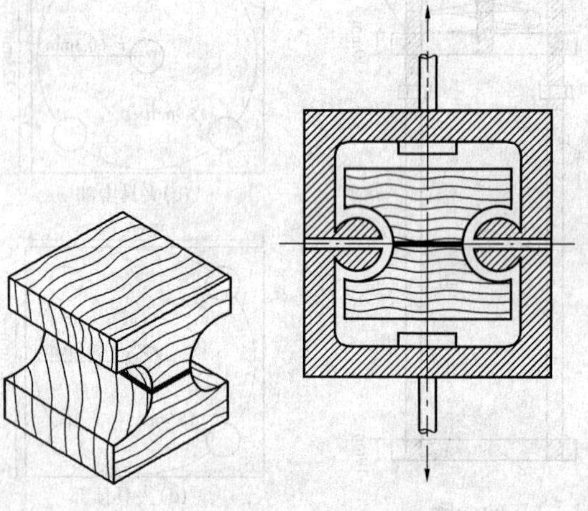

图A.4.4 横向拉伸强度试件和装置

1 将层板锯切成截面为矩形的等长的两段，尺寸为30mm×60mm×800mm，轻微刨光每个胶合面后，应在8h内进行胶合。

2 仔细清除污垢，不得触摸或弄脏加工好的表面。除胶粘剂制造商要求的含水率外，胶合前应将木材放入标准气候条件中进行平衡处理，使含水率达到(12±1)%；

3 涂胶前混合胶粘剂和固化剂，胶缝为0.5mm厚，可使用0.5mm垫片获得。当胶粘剂主剂和固化剂分别单独施加时，胶缝为0.1mm厚，可使用0.1mm垫片获得。

4 应准备足够数量的垫片60mm×45mm×(0.5±0.05)mm或60mm×45mm×(0.1±0.02)mm(一块

800mm 长的木材至少需要 10 个垫片）。将垫片放置在木材锯切表面，间距 35mm，长度方向横跨锯切表面。垫片之间的间隙用胶粘剂填充。保证胶粘剂不流出测试区域。

5 按锯切前的纹理方向，使木材纹理一致并夹紧。施加(0.6±0.1)MPa 的压力，以垫片为计算面积。

6 在标准气候条件下，根据胶粘剂制造商建议的时间或 24h 两者中选择较长的一个时间，保持施加的压力。

7 加压胶合后，将胶合组件在标准气候条件下平衡处理 7d～14d。根据胶粘剂制造商建议，可进行更长时间的平衡处理。

8 记录胶合组件从准备到温度循环处理的时间。

A.4.5 经平衡处理的胶合组件应按以下规定制作成测试试件：

1 使用直径为 25mm 的锋利木钻头，沿胶合组件长度方向垂直于胶缝打孔，孔中心线应位于胶缝上，孔中心间距依次为(50.0±0.5)mm 和(30.0±0.5)mm 交替，以获得一系列(25±1)mm 长度的胶缝；

2 为防止孔的边缘磨损，钻孔时胶合组件下应垫一块木材；

3 对称地刨光胶合组件至(50.0±0.5)mm×(50.0±0.5)mm，并切成(60±1)mm 长的测试试件(图 A.4.5)。

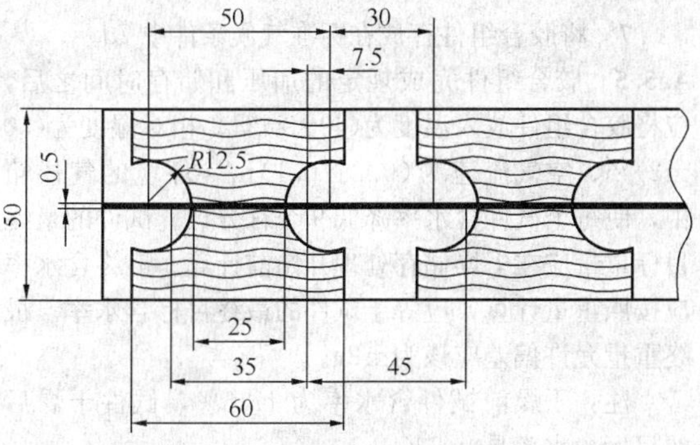

图 A.4.5 拉伸测试试件

A.4.6 测试时应保证有足够数量的试件，以便提供 8 个通过循环处理的有效结果，以及 8 个控制试件。当试件木材破坏时的强度值低于要求值，或肉眼检查表明胶粘剂没有正确涂布，则测试结果无效，应放弃。

A.4.7 从胶合组件不相邻位置上取至少 8 个试件储存在标准气候条件下，直到质量达到恒重后，作为控制试件进行测试。另外，从胶合组件不相邻位置上选择至少 8 个试件进行循环处理。循环处理应有 4 次循环过程，每次循环过程包含 3 个循环阶段。循环阶段的测试气候条件应符合表 A.4.7 的规定。

经 4 次循环处理后，将处理试件存放在标准气候条件中，直到质量达到恒重后，再进行测试。

注：质量达到恒重定义为：连续称重，直到时间间隔为 24h 的相邻两次称重的差值低于试件质量的 0.1%。

表 A.4.7 气候循环储存条件

循环阶段	时间（h）	温度（℃）	相对湿度（%）
A	24	50±2	87.5±2.5
B	8	10±2	87.5±2.5
C	16	50±2	≤20

注：条件 A 和 B 通常是将试件存放在适当温度并部分盛水的容器，并考虑到释放过多的压力。绝对不允许试件互相接触，或试件接触水。条件 C 通常是将试件自由存放在干燥箱里。

A.4.8 垂直拉伸试验测试程序应按以下方法进行：

1 将夹具放到试验机上，将试件插入夹具进行拉伸试验直到试件破坏；

2 试验加载可按以下情况之一进行：

1）荷载增加速度（10±1）kN/min；

2）如果试验机不能实现荷载恒速增加，可使夹具恒速，到达指定平均破坏荷载所需要的时间不少于 15s。

A.4.9 每个试件的破坏类型应采用(A，B/C)表示方法，并以百分比表示，精确到 10%。其中，A 为实木木材的破坏率；B 为沿着胶缝的界面或胶的破坏率(破坏区域内具有或没有肉眼可见的木纤维覆盖)；C 为 B 类破坏区域内可观察到的木纤维覆盖率。

A.4.10 以 8 个有效测试试件的平均(算术平均值)破坏强度表达测试结果。每个试件的横向拉伸强度按下式计算：

$$f_1 = \frac{F_{max}}{A} \tag{A.4.10}$$

式中：f_1——横向拉伸强度（N/mm^2）；

F_{max}——最大破坏荷载（N）；

A——面积（mm^2）。

A.5 木材干缩试验

A.5.1 木材干缩试验时，试件应采用密度为(425±25)kg/m^3，含水率为(12±1)%的云杉(Picea abies L.)木材。干缩测试后的平均压缩剪切强度应大于 1.5N/mm^2。

A.5.2 木材干缩试验应对胶合层板进行平衡处理，测量含水率并进行最后加工。层板应没有节子，纹理通直，年轮与层板胶合面的夹角在 35°～55°之间(图 A.5.2)。干缩试验应按以下规定制作胶合层板：

1 从三块长度不小于 1200mm 的木板上制作三对面板(6 块)，面板尺寸为：长度 400mm、宽度 140mm、厚度(20±0.5)mm。使年轮与胶合面相切，

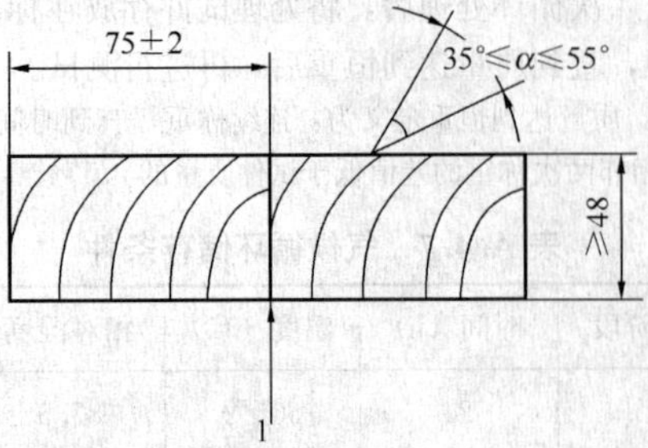

图 A.5.2 芯板截面示意图

［刨光后尺寸 140mm 宽×(40.0±0.5)mm 厚］

1—Ⅰ类胶粘剂胶缝；α—年轮方向与胶合面的夹角

半径在 60mm 到 140mm 之间。每对匹配的面板用来生产一块试件。

2 制作三块用于胶合的芯板，芯板尺寸为：长度 400mm，宽度 140mm，厚度(40.0±0.5)mm。芯板应采用两块(75±2)mm 宽、厚度大于 48mm 的木板制作。两块木板应沿长度方向用Ⅰ类胶粘剂胶合到一起。

3 平衡处理芯板和面板，使用于同一个胶合组件的三片木材平均含水率为(17.5±0.5)%。单张芯板或面板含水率可以为(17±1)%。芯板和面板应储存在 20℃，75%～80%相对湿度环境中，使木材含水率升高至 16%～18%。

4 胶合前应轻微刨光芯板和面板，或用砂纸轻微砂光每个胶合表面，仔细清除污垢，在 8.00h 内进行胶合。

A.5.3 胶合前，从每块芯板和面板上截取试样进行木材含水率测试。按下式计算并记录每个试件的平均含水率：

$$w_m = \frac{w_1 + w_2 + 2w_3}{4} \qquad (A.5.3)$$

式中：w_m——试件平均含水率(%)；

w_1——第一块面板的含水率(%)；

w_2——第二块面板的含水率(%)；

w_3——芯板的含水率(%)。

A.5.4 每种需测试的胶粘剂应制作 3 个胶合组件，每个组件按以下规定制作：

1 按图 A.5.4(a)所示制作胶合组件，使面板年轮弯向背对胶合面，面板的纹理与芯板纹理垂直(图 A.5.4b、c)；

2 安置两个(0.5±0.01)mm 厚的铝框架垫片(图 A.5.4e)，一个垫片在芯板上，一个在面板上，用来限制胶合区域(100±0.1)mm×(100±0.1)mm，胶缝名义厚度 0.50mm；

3 将胶粘剂涂布到芯板和面板的胶合面上，保证良好的表面润湿；为了便于清除多余并固化的胶粘剂，胶合前在芯板和面板侧面封贴胶带；

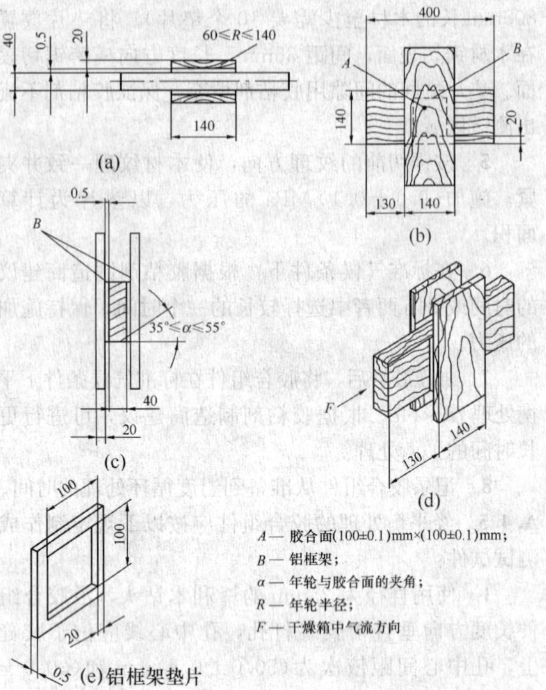

图 A.5.4 测试试件示意图

4 胶合工艺应在标准气候条件中进行，施加(7.7±0.1)kN 的荷载并保持 24h；

5 移走夹具并仔细清除胶合组件表面上过多并固化的胶粘剂；

6 称重并记录每个试件的重量，精确到 g，作为初重；

7 将胶合组件存放在标准气候条件中 7d。

A.5.5 胶合组件完成规定的加压和储存时间之后，应将胶合组件放入温度为(40±2)℃、相对湿度为(30±2)%、空气流速为(0.7±0.1)m/s 环境的气候箱中，使每个试件含水率降低 9 个百分点。试件的最终目标重量应在干燥储存处理开始前计算。最终含水率应按照重量计算，应等于试件的最终目标含水率。最终重量允许偏差应该为±2g。

注：干燥前试件含水率为 17.5%，试件干燥后的目标含水率是 8.5%。

A.5.6 试件放入气候箱时，应使胶缝方向平行于空气流向(图 A.5.4d)。胶合组件的重量应每天控制。每次控制后，试件在烘箱中的位置应该旋转一次，以保证所有的试件获得一致的干燥处理。当试件获得最终重量并从气候箱中移走，应该用一个假样品取代原来的位置。记录每个试件获得最终重量所需要的天数。

A.5.7 将胶合组件干燥好后，两块面板齐边，将四块辅助的云杉木板(约 220mm 长、30mm 厚)胶合到试件上，以确保加载均匀，留下小的间隙(约 3mm)以允许在压力下自由移动(图 A.5.7)。在所有的胶合、加压操作过程中应避免测试区域受压。

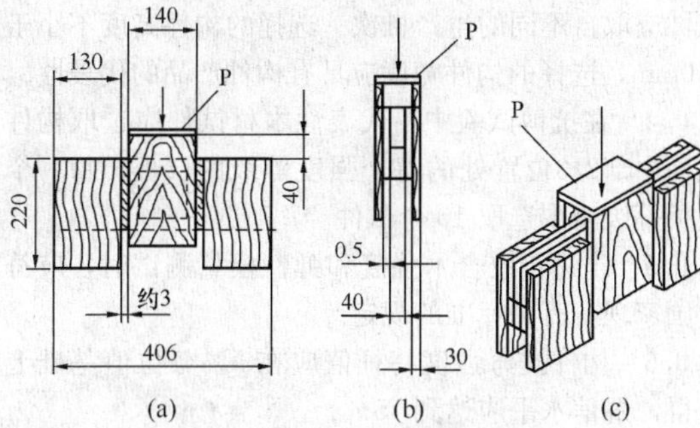

图 A.5.7　试件设计

P—测试平面

A.5.8　按本规范第 A.5.5 条和第 A.5.7 条干燥储存处理并制作后，将所有试件储存在标准气候条件下两个星期。在最后一个试件完成干燥储存处理后，才能进行试验。

A.5.9　当测试试件之一在本规范第 A.5.10 条规定的测试程序进行前失败，应放弃全部三个试件。按本规范第 A.5.4～A.5.7 条的规定重新准备三个测试试件。

A.5.10　木材干缩试验测试程序应按以下方法进行：

1　将试件插入试验机。本规范图 A.5.7c 中的测试平面 P 可以校直(即用铰链或球状关节)。

2　平板应制作光滑，与试件顶部紧密配合，确保紧密接触。铰链或类似的装置在正确的位置锁紧，使测试平面 P 与样本表面齐平。肉眼检查确保木支撑体和支撑表面间没有间隙存在。

3　施加压力，直到试件破坏；加载方法可按以下情况之一进行：

1）荷载增长速率(20±5)kN/min；

2）当试验机荷载不能恒速递增，应采用夹具恒速运动，使试件在 70s 内破坏。

4　记录破坏荷载，精确到 N。

A.5.11　木材干缩试验应以三个试件的剪切强度平均值表达最终测试结果，精确到 0.1N/mm²。试件剪切强度应按下式计算：

$$\tau = \frac{F_{max}}{A} \qquad (A.5.11)$$

式中：τ——剪切强度（N/mm²）；

F_{max}——最大破坏荷载（N）；

A——面积，20000mm²。

附录 B　胶合木强度和弹性模量特征值

B.0.1　非对称异等组合胶合木的强度特征值和弹性模量应符合表 B.0.1 的规定。

表 B.0.1　非对称异等组合胶合木的强度特征值和弹性模量（N/mm²）

强度等级	抗弯 f_{mk}		顺纹抗压 f_{ck}	顺纹抗拉 f_{tk}	弹性模量 E
	正弯曲	负弯曲			
$TC_{YF}28$	38	28	30	25	13000
$TC_{YF}25$	34	25	26	22	11500
$TC_{YF}23$	31	23	24	20	10500
$TC_{YF}20$	27	20	21	18	9000
$TC_{YF}17$	23	17	17	15	6500

B.0.2　对称异等组合胶合木的强度特征值和弹性模量应符合表 B.0.2 的规定。

表 B.0.2　对称异等组合胶合木的强度特征值和弹性模量（N/mm²）

强度等级	抗弯 f_{mk}	顺纹抗压 f_{ck}	顺纹抗拉 f_{tk}	弹性模量 E
	正弯曲			
$TC_{YD}30$	40	31	27	14000
$TC_{YD}27$	36	28	24	12500
$TC_{YD}24$	32	25	21	11000
$TC_{YD}21$	28	22	18	9500
$TC_{YD}18$	24	19	16	8000

B.0.3　同等组合胶合木的强度特征值和弹性模量应符合表 B.0.3 的规定。

表 B.0.3　同等组合胶合木的强度特征值和弹性模量（N/mm²）

强度等级	抗弯 f_{mk}	顺纹抗压 f_{ck}	顺纹抗拉 f_{tk}	弹性模量 E
TC_T30	40	33	29	12500
TC_T27	36	30	26	11000
TC_T24	32	27	23	9500
TC_T21	28	24	20	8000
TC_T18	24	21	17	6500

附录 C　进口胶合木强度和弹性模量设计值的规定

C.0.1　在木结构工程中直接使用进口胶合木时，进口胶合木构件应按以下规定确定其强度设计值和弹性模量：

1　进口胶合木构件产品应有经过认证许可的认证机构的等级标识，主要进口胶合木常用等级应符合表 C.0.1 的规定；

表 C.0.1 进口胶合木常用等级

层板组合形式	主要进口国家和地区	
	美 国	欧 洲
同等组合	№.5DF/№.50SP №.3DF/№.48SP	GL36h GL32h GL30h GL28h GL24h
异等组合	30F-2.1E 28F-2.1E 26F-1.9E 24F-1.8E 22F-1.6E 20F-1.5E 16F-1.3E	GL36c GL32c GL30c GL28c GL24c

2 进口胶合木构件产品应提供层板组坯方法，以及该组坯方法应符合国家现行有关标准的规定；

3 进口胶合木不同组合的各种等级，应由本规范管理机构按国家规定的专门程序确定强度设计值和弹性模量。

C.0.2 对于按本规范规定进行生产制作的进口胶合木构件，不同组合时的各种等级的强度设计值和弹性模量，可直接按本规范规定的强度设计值和弹性模量采用。

附录 D 根据构件足尺试验确定胶合木强度等级

D.0.1 根据构件足尺试验确定胶合木强度等级，应验证抗弯强度特征值 $f_{m,k}$、抗弯强度特征值 $f_{v,k}$ 及平均弹性模量 E_m 等主要力学性能。

D.0.2 满足下列条件时，胶合木强度即可确定为本规范规定的某个相应等级：

1 截面高度为 300mm 的胶合木，经实际测量的抗弯强度特征值 $f_{m,k}$ 和平均弹性模量值 E_m 均大于本规范规定的强度等级表中所列某一等级的数值；

2 经实际测量的抗剪强度特征值大于表 D.0.2 中某一树种分级组别的抗剪强度特征值；

表 D.0.2 胶合木抗剪强度特征值（N/mm²）

树种分级组别	SZ1	SZ2 和 SZ3	SZ4
抗剪强度特征值 $f_{v,k}$	4.5	4.1	3.6

3 如果胶合木试件的截面高度不为 300mm，则抗弯强度应乘以系数 k_h。

$$k_h=\left(\frac{300}{h}\right)^{\frac{1}{9}} \qquad (D.0.2)$$

D.0.3 在抗弯试验中，胶合木构件的代表性试件不应小于 2 组试件平均值，每组最少 15 个试件，每组试件应取自不同的生产批次。选择的构件高度不小于 300mm，选择的构件宽度应具有构件产品的代表性。

D.0.4 在抗剪试验中，代表性木材试件应选取构件截面中部2/3位置处的每个强度等级的层板。每一个层板等级至少选取 10 个试件。

D.0.5 当进行胶合木强度和弹性模量测试时，应符合国家现行有关标准的规定。

D.0.6 构件抗弯强度特征值应在 5%分位值基础上获得，置信水平应达到 75%。

D.0.7 对已经过足尺试验确定强度分级的胶合木，在生产质量控制中，不论在工厂内部或外部的质量检测时，指接的抗弯强度特征值 $f_{m,j,k}$ 应符合下列规定：

$$f_{m,j,k}\geqslant \text{最小值}\begin{Bmatrix}\text{两次实验测得的平均特征值的 }90\%\\ 1.2f_{m,g,k}\end{Bmatrix} \qquad (D.0.7)$$

式中：$f_{m,g,k}$——胶合木组坯时层板相应强度等级的抗弯强度特征值。

每一次指接抗弯强度特征值的实验应采用与构件截面 $h/6$ 处的层板等级相同的指接层板进行试验，每次实验至少应从每个等级中选取 20 个试件，并得到指接抗弯强度平均特征值。

D.0.8 当使用层板抗拉强度特征值确定同等组合的胶合木强度等级时，构件的抗弯强度特征值和平均弹性模量由下列公式计算：

抗弯强度特征值：$f_{m,k}=7.5+1.25f_{t,l,k}$ (D.0.8-1)

平均弹性模量：$E=1.05E'_l$ (D.0.8-2)

式中：$f_{t,l,k}$——层板抗拉强度特征值（N/mm²）；

E'_l——层板的平均弹性模量（N/mm²）。

D.0.9 对已经过层板抗拉强度特征值确定强度分级的胶合木，在生产质量控制中，不论在工厂内部或外部的质量检测时，指接的抗弯强度特征值 $f_{m,j,k}$ 应满足下列要求：

$$f_{m,j,k}\geqslant 1.2f_{m,g,k} \qquad (D.0.9)$$

式中：$f_{m,g,k}$——胶合木组坯时层板相应强度等级的抗弯强度特征值。

附录 E 曲线形受弯构件径向承载力计算

E.0.1 曲线形矩形截面受弯构件的径向承载能力应按下列规定计算：

1 等截面曲线形受弯构件的径向承载能力按应下式验算：

$$\frac{3M}{2R_m bh}\leqslant f_r \qquad (E.0.1\text{-}1)$$

式中：M——跨中弯矩设计值（N·mm）；

b——构件截面宽度（mm）；

h——构件截面高度（mm）；

R_m——构件中心线处的曲率半径（mm）；

f_r——胶合木材径向抗拉（f_{rt}）或径向抗压（f_{rc}）强度设计值；按本规范第 E.0.2 条的规定取值。

2 变截面曲线形受弯构件的径向承载能力应按下列公式验算：

$$K_r C_r \frac{6M}{bh_b^2} \leqslant f_r \quad (E.0.1\text{-}2)$$

$$K_r = A + B\frac{h_b}{R_m} + C\left(\frac{h_b}{R_m}\right)^2 \quad (E.0.1\text{-}3)$$

$$C_r = \alpha + \beta\frac{h_b}{R_m} \quad (E.0.1\text{-}4)$$

式中：K_r——径向应力系数；公式中 A、B、C 系数由表 E.0.1-1 确定；

C_r——构件形状折减系数；集中荷载作用时按表 E.0.1-2 确定；均布荷载作用时，公式中 α、β 系数由表 E.0.1-3 确定；

h_b——构件在跨中的截面高度。

表 E.0.1-1 系数 *A*、*B*、*C* 取值表

构件上部斜面夹角 θ_T（弧度）	系数		
	A	B	C
2.5	0.0079	0.1747	0.1284
5.0	0.0174	0.1251	0.1939
7.5	0.0279	0.0937	0.2162
10.0	0.0391	0.0754	0.2119
15.0	0.0629	0.0619	0.1722
20.0	0.0893	0.0608	0.1393
25.0	0.1214	0.0605	0.1238
30.0	0.1649	0.0603	0.1115

注：对于中间角度，系数可采用直线插值法确定。

表 E.0.1-2 集中荷载作用下变截面弯曲构件的形状折减系数 C_r

对于三分点上相同的集中荷载		对于跨中集中荷载	
l/l_c	C_r 值	l/l_c	C_r 值
任何值	1.05	1.0	0.75
		2.0	0.80
		3.0	0.85
		4.0	0.90

注：1 l/l_c 为其他值时，C_r 值可采用直线插值法确定；

2 表中 l_c 为构件曲线段跨度，l 为构件全长跨度。

表 E.0.1-3 均布荷载作用下变截面弯曲构件的形状折减系数计算取值表

屋面坡度	l/l_c	α	β
2∶12	1	0.44	−0.55
	2	0.68	−0.65

续表 E.0.1-3

屋面坡度	l/l_c	α	β
2∶12	3	0.82	−0.70
	4	0.89	−0.68
	≥8	1.00	0.00
3∶12	1	0.62	−0.85
	2	0.82	−0.87
	3	0.94	−0.83
	4	0.98	−0.63
	≥8	1.00	0.00
4∶12	1	0.71	−0.87
	2	0.88	−0.82
	3	0.97	−0.82
	4	1.00	−0.23
	≥8	1.00	0.00
5∶12	1	0.79	−0.88
	2	0.95	−0.78
	3	0.98	−0.68
	4	1.00	0.00
	≥8	1.00	0.00
6∶12	1	0.85	−0.88
	2	1.00	−0.73
	3	1.00	−0.43
	4	1.00	0.00
	≥8	1.00	0.00

注：1 l/l_c 为其他值时，α 和 β 值可采用直线插值法确定；

2 表中 l_c 为构件曲线段跨度，l 为构件全长跨度。

E.0.2 胶合木构件径向抗压设计强度值和径向抗拉设计强度值按下列规定采用：

1 当弯矩的作用使得构件呈变直的趋势，则为径向抗拉；否则为径向抗压；

2 构件的径向抗压设计强度值 f_{rc} 按胶合木横纹抗压强度设计值 $f_{c,90}$ 采用；

3 构件的径向抗拉强度设计值 f_{rt} 取顺纹抗剪强度设计值 f_v 的 1/3。

附录 F 构件中紧固件数量的确定与常用紧固件的 k_g 值

F.1 构件中紧固件数量的确定

F.1.1 当紧固件的排列满足下列规定之一时，紧固件可视作一行：

1 两个或两个以上的剪板连接沿荷载作用方向直线布置时；

2 当两个或两个以上承受单剪或多剪的销轴类紧固件，沿荷载方向直线布置。

F.1.2 当相邻两行上的紧固件交错布置时，每一行中紧固件的数量按下列规定确定：

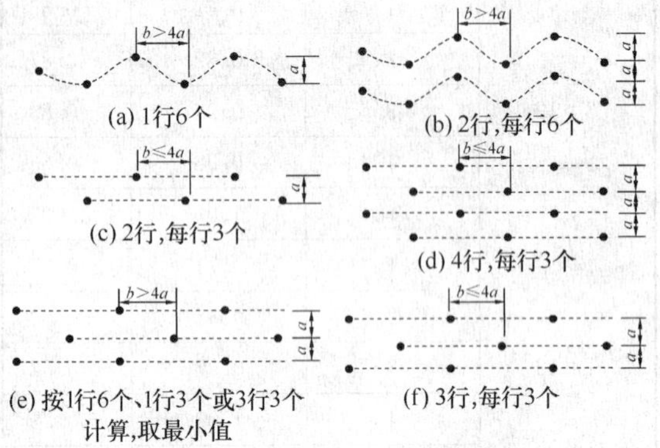

图 F.1.2 交错布置紧固件在每行中数量确定示意图

1 紧固件交错布置的行距 a 小于相邻行中沿长度方向上两交错紧固件间最小间距 b 的 1/4 时，即 $b>4a$ 时，相邻行按一行计算紧固件数量（图 F.1.2a、图 F.1.2b、图 F.1.2e）；

2 当 $b\leqslant 4a$ 时，相邻行分为两行计算紧固件数量（图 F.1.2c、图 F.1.2d、图 F.1.2f）；

3 当紧固件的行数为偶数时，本条第 1 款规定适用于任何一行紧固件的数量计算（图 F.1.2b、图 F.1.2d）；当行数为奇数时，分别对各行的 k_g 进行确定（图 F.1.2e、图 F.1.2f）。

F.1.3 计算主构件截面面积 A_m 和侧构件截面面积 A_s 时，应采用毛截面的面积。当荷载沿横纹方向作用在构件上时，其等效截面面积等于构件的厚度与紧固件群外包宽度的乘积，紧固件群外包宽度应取两边缘紧固件之间中心线的距离（图 F.1.3）。当仅有一行紧固件时，该行紧固件的宽度等于顺纹方向紧固件间距要求的最小值。

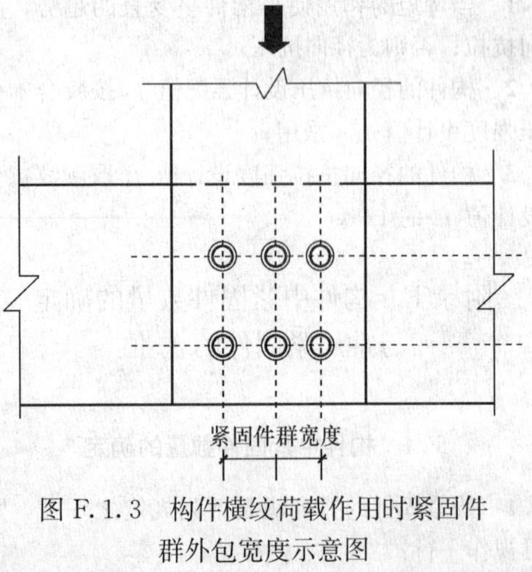

图 F.1.3 构件横纹荷载作用时紧固件群外包宽度示意图

F.2 常用紧固件组合作用调整系数 k_g 值

F.2.1 当销类连接件直径 D 小于 6.5mm 时，组合作用调整系数 k_g 等于 1.0。

F.2.2 在构件连接中，当侧面构件为木材时，常用紧固件的组合作用调整系数 k_g 应符合表 F.2.2-1 和表 F.2.2-2 的规定。

表 F.2.2-1 螺栓、销和木螺钉的组合作用系数 k_g

（侧构件为木材）

A_s/A_m	A_s (mm^2)	每排中紧固件的数量										
		2	3	4	5	6	7	8	9	10	11	12
0.5	3225	0.98	0.92	0.84	0.75	0.68	0.61	0.55	0.50	0.45	0.41	0.38
	7740	0.99	0.96	0.92	0.87	0.81	0.76	0.70	0.65	0.61	0.47	0.53
	12900	0.99	0.98	0.95	0.91	0.87	0.83	0.78	0.74	0.70	0.66	0.62
	18060	1.00	0.98	0.96	0.93	0.90	0.87	0.83	0.79	0.76	0.72	0.69
	25800	1.00	0.99	0.97	0.95	0.93	0.90	0.87	0.84	0.81	0.78	0.75
	41280	1.00	0.99	0.98	0.97	0.95	0.93	0.91	0.89	0.87	0.84	0.82
1	3225	1.00	0.97	0.91	0.85	0.78	0.71	0.64	0.59	0.54	0.49	0.45
	7740	1.00	0.99	0.96	0.93	0.88	0.84	0.79	0.74	0.70	0.65	0.61
	12900	1.00	0.99	0.98	0.95	0.92	0.89	0.86	0.82	0.78	0.75	0.71
	18060	1.00	0.99	0.98	0.97	0.94	0.92	0.89	0.86	0.83	0.80	0.77
	25800	1.00	1.00	0.99	0.98	0.96	0.94	0.92	0.90	0.87	0.85	0.82
	41280	1.00	1.00	0.99	0.98	0.97	0.96	0.95	0.93	0.91	0.90	0.88

注：当侧构件截面毛面积与主构件截面毛面积之比 $A_s/A_m>1.0$ 时，应采用 A_m/A_s。

表 F.2.2-2 102 剪板的组合作用系数 k_g

（侧构件为木材）

A_s/A_m	A_s (mm^2)	每排中紧固件的数量										
		2	3	4	5	6	7	8	9	10	11	12
0.5	3225	0.90	0.73	0.59	0.48	0.41	0.35	0.31	0.27	0.25	0.22	0.20
	7740	0.95	0.83	0.71	0.60	0.52	0.45	0.40	0.36	0.32	0.29	0.27
	12900	0.97	0.88	0.78	0.69	0.60	0.53	0.47	0.43	0.39	0.35	0.32
	18060	0.97	0.91	0.82	0.74	0.66	0.59	0.53	0.48	0.44	0.40	0.37
	25800	0.98	0.93	0.86	0.79	0.72	0.65	0.59	0.54	0.49	0.45	0.42
	41280	0.99	0.95	0.91	0.85	0.79	0.73	0.67	0.62	0.58	0.54	0.50
1	3225	1.00	0.87	0.72	0.59	0.50	0.43	0.38	0.34	0.30	0.28	0.25
	7740	1.00	0.93	0.83	0.72	0.63	0.55	0.48	0.43	0.39	0.36	0.33
	12900	1.00	0.95	0.88	0.79	0.71	0.63	0.57	0.51	0.46	0.42	0.39
	18060	1.00	0.97	0.91	0.83	0.76	0.69	0.62	0.57	0.52	0.47	0.44
	25800	1.00	0.98	0.93	0.87	0.81	0.75	0.69	0.63	0.58	0.54	0.50
	41280	1.00	0.98	0.95	0.91	0.87	0.82	0.77	0.72	0.67	0.62	0.58

注：当侧构件截面毛面积与主构件截面毛面积之比 $A_s/A_m>1.0$ 时，应采用 A_m/A_s。

F.2.3 在构件连接中，当侧面构件为钢材时，常用紧固件的组合作用调整系数 k_g 应符合表 F.2.3-1 和表 F. 2. 3-2 的规定。

表 F. 2. 3-1 螺栓、销和木螺钉的组合作用系数 k_g（侧构件为钢材）

A_m/A_s	A_m (mm^2)	每行中紧固件的数量										
		2	3	4	5	6	7	8	9	10	11	12
12	3225	0.97	0.89	0.80	0.70	0.62	0.55	0.49	0.44	0.40	0.37	0.34
	7740	0.98	0.93	0.85	0.77	0.70	0.63	0.57	0.52	0.47	0.43	0.40
	12900	0.99	0.96	0.92	0.86	0.80	0.75	0.69	0.64	0.60	0.55	0.52
	18060	0.99	0.97	0.94	0.90	0.85	0.81	0.76	0.71	0.67	0.63	0.59
	25800	1.00	0.98	0.96	0.94	0.90	0.87	0.83	0.79	0.76	0.72	0.69
	41280	1.00	0.99	0.98	0.96	0.94	0.91	0.88	0.86	0.83	0.80	0.77
	77400	1.00	0.99	0.99	0.98	0.96	0.95	0.93	0.91	0.90	0.87	0.85
	129000	1.00	1.00	0.99	0.99	0.98	0.97	0.96	0.95	0.93	0.92	0.90
18	3225	0.99	0.93	0.85	0.76	0.68	0.61	0.54	0.49	0.44	0.41	0.37
	7740	0.99	0.95	0.90	0.83	0.75	0.69	0.62	0.57	0.52	0.48	0.44
	12900	1.00	0.98	0.94	0.90	0.85	0.79	0.74	0.69	0.65	0.60	0.56
	18060	1.00	0.98	0.96	0.93	0.89	0.85	0.80	0.76	0.72	0.68	0.64
	25800	1.00	0.99	0.97	0.95	0.93	0.90	0.87	0.83	0.80	0.77	0.73
	41280	1.00	0.99	0.98	0.97	0.95	0.93	0.91	0.89	0.86	0.83	0.81
	77400	1.00	1.00	0.99	0.98	0.97	0.96	0.95	0.93	0.92	0.90	0.88
	129000	1.00	1.00	0.99	0.99	0.98	0.98	0.97	0.96	0.95	0.94	0.92
24	25800	1.00	0.99	0.97	0.95	0.93	0.89	0.86	0.83	0.79	0.76	0.72
	41280	1.00	0.99	0.98	0.97	0.95	0.93	0.91	0.88	0.85	0.83	0.80
	77400	1.00	1.00	0.99	0.98	0.97	0.96	0.95	0.93	0.91	0.90	0.88
	129000	1.00	1.00	0.99	0.99	0.98	0.98	0.97	0.96	0.95	0.93	0.92
30	25800	1.00	0.98	0.96	0.93	0.89	0.85	0.81	0.77	0.73	0.69	0.65
	41280	1.00	0.99	0.97	0.95	0.93	0.90	0.87	0.83	0.80	0.77	0.73
	77400	1.00	0.99	0.99	0.97	0.96	0.94	0.92	0.90	0.88	0.85	0.83
	129000	1.00	1.00	0.99	0.98	0.97	0.96	0.95	0.94	0.92	0.90	0.89
35	25800	0.99	0.97	0.94	0.91	0.86	0.82	0.77	0.73	0.68	0.64	0.60
	41280	1.00	0.98	0.96	0.94	0.91	0.87	0.84	0.80	0.76	0.73	0.69
	77400	1.00	0.99	0.98	0.97	0.95	0.92	0.90	0.88	0.85	0.82	0.79
	129000	1.00	0.99	0.99	0.98	0.97	0.95	0.94	0.92	0.90	0.88	0.86
42	25800	0.99	0.97	0.93	0.88	0.83	0.78	0.73	0.68	0.63	0.59	0.55
	41280	0.99	0.98	0.95	0.92	0.88	0.84	0.80	0.76	0.72	0.68	0.64
	77400	1.00	0.99	0.97	0.95	0.93	0.90	0.88	0.85	0.81	0.78	0.75
	129000	1.00	0.99	0.98	0.97	0.96	0.94	0.92	0.90	0.88	0.85	0.83
50	25800	0.99	0.96	0.91	0.85	0.79	0.74	0.68	0.63	0.58	0.54	0.51
	41280	0.99	0.97	0.94	0.90	0.85	0.81	0.76	0.72	0.67	0.63	0.59
	77400	1.00	0.98	0.97	0.94	0.91	0.88	0.85	0.81	0.78	0.74	0.71
	129000	1.00	0.99	0.98	0.96	0.95	0.92	0.90	0.87	0.85	0.82	0.79

表 F. 2. 3-2 102 剪板组合作用系数 k_g（侧构件为钢材）

A_m/A_s	A_m (mm^2)	每行中紧固件的数量										
		2	3	4	5	6	7	8	9	10	11	12
12	5	0.91	0.75	0.60	0.50	0.42	0.36	0.31	0.28	0.25	0.23	0.21
	8	0.94	0.80	0.67	0.56	0.47	0.41	0.36	0.32	0.29	0.26	0.24
	16	0.96	0.87	0.76	0.66	0.58	0.51	0.45	0.40	0.37	0.33	0.31
	24	0.97	0.90	0.82	0.73	0.64	0.57	0.51	0.46	0.42	0.39	0.35
	40	0.98	0.94	0.87	0.80	0.73	0.66	0.60	0.55	0.50	0.46	0.43
	64	0.99	0.96	0.91	0.86	0.80	0.74	0.69	0.63	0.59	0.55	0.51
	120	0.99	0.98	0.95	0.91	0.87	0.83	0.79	0.74	0.70	0.66	0.63
	200	1.00	0.99	0.97	0.95	0.92	0.89	0.85	0.82	0.79	0.75	0.72
18	5	0.97	0.83	0.68	0.56	0.47	0.41	0.36	0.32	0.28	0.26	0.24
	8	0.98	0.87	0.74	0.62	0.53	0.46	0.40	0.36	0.32	0.30	0.27
	16	0.99	0.92	0.82	0.73	0.64	0.56	0.50	0.45	0.41	0.37	0.34
	24	0.99	0.94	0.87	0.78	0.70	0.63	0.57	0.51	0.47	0.43	0.39
	40	0.99	0.96	0.91	0.85	0.78	0.72	0.66	0.60	0.55	0.51	0.47
	64	1.00	0.97	0.94	0.89	0.84	0.79	0.74	0.69	0.64	0.60	0.56
	120	1.00	0.99	0.97	0.94	0.90	0.87	0.83	0.79	0.75	0.71	0.67
	200	1.00	0.99	0.98	0.96	0.94	0.91	0.89	0.86	0.82	0.79	0.76
24	40	1.00	0.96	0.91	0.84	0.77	0.71	0.65	0.59	0.54	0.50	0.46
	64	1.00	0.98	0.94	0.89	0.84	0.78	0.73	0.68	0.63	0.58	0.54
	120	1.00	0.99	0.96	0.94	0.90	0.86	0.82	0.78	0.74	0.70	0.66
	200	1.00	0.99	0.98	0.96	0.94	0.91	0.88	0.85	0.82	0.78	0.75
30	40	0.99	0.93	0.86	0.78	0.70	0.63	0.57	0.52	0.47	0.43	0.40
	64	0.99	0.96	0.90	0.84	0.78	0.71	0.66	0.60	0.56	0.51	0.48
	120	0.99	0.98	0.94	0.90	0.86	0.81	0.76	0.71	0.67	0.63	0.59
	200	1.00	0.98	0.96	0.94	0.91	0.87	0.83	0.79	0.76	0.72	0.68
35	40	0.98	0.91	0.83	0.74	0.66	0.59	0.53	0.48	0.43	0.40	0.36
	64	0.99	0.94	0.88	0.81	0.73	0.67	0.61	0.56	0.51	0.47	0.43
	120	0.99	0.97	0.93	0.88	0.82	0.77	0.72	0.67	0.62	0.58	0.54
	200	1.00	0.98	0.95	0.92	0.88	0.84	0.80	0.76	0.71	0.68	0.64
42	40	0.97	0.88	0.79	0.69	0.61	0.54	0.48	0.43	0.39	0.36	0.33
	64	0.98	0.92	0.84	0.76	0.69	0.62	0.56	0.51	0.46	0.42	0.39
	120	0.99	0.95	0.90	0.85	0.78	0.72	0.67	0.62	0.57	0.53	0.49
	200	0.99	0.97	0.94	0.90	0.85	0.80	0.76	0.71	0.67	0.62	0.59
50	40	0.95	0.86	0.75	0.65	0.56	0.49	0.44	0.39	0.35	0.32	0.30
	64	0.97	0.90	0.81	0.72	0.64	0.57	0.51	0.46	0.42	0.38	0.35
	120	0.98	0.94	0.88	0.81	0.74	0.68	0.62	0.57	0.52	0.48	0.45
	200	0.99	0.96	0.92	0.87	0.82	0.77	0.71	0.66	0.62	0.58	0.54

附录 G 常用树种木材的全干相对密度

表 G 常用树种木材的全干相对密度

树种及树种组合	全干相对密度 G	机械分级（MSR）树种	全干相对密度 G
阿拉斯加黄扁柏	0.46	花旗松-落叶松	
海岸西加云杉	0.39	$E\leqslant$13100MPa	0.50
花旗松-落叶松	0.50	E=13800MPa	0.51
花旗松-落叶松(北部)	0.49	E=14500MPa	0.52
花旗松-落叶松(南部)	0.46	E=15200MPa	0.53
东部铁杉	0.41	E=15860MPa	0.54
东部云杉	0.41	E=16500MPa	0.55
东部白松	0.36	南方松	
铁-冷杉	0.43	E=11720MPa	0.55
铁冷杉(北部)	0.46	E=12400MPa	0.57
北部树种	0.35	云杉-松-冷杉	
北美黄松	0.43	E=11720MPa	0.42

续表 G

树种及树种组合	全干相对密度 G	机械分级（MSR）树种	全干相对密度 G
西加云杉	0.43	E=12400MPa	0.46
南方松	0.55	西部针叶材树种	
云杉-松-冷杉	0.42	E=6900MPa	0.36
西部铁杉	0.47	铁-冷杉	
欧洲云杉	0.46	$E\leqslant$10300MPa	0.43
欧洲赤松	0.52	E=11000MPa	0.44
欧洲冷杉	0.43	E=11720MPa	0.45
欧洲黑松	0.58	E=12400MPa	0.46
欧洲落叶松	0.58	E=13100MPa	0.47
欧洲花旗松	0.50	E=13800MPa	0.48
东北落叶松	0.55	E=14500MPa	0.49
樟子松	0.42	E=15200MPa	0.50
		E=15860MPa	0.51
		E=16500MPa	0.52

附录 H 不同温度与湿度下的木材平衡含水率

表 H 不同温度与湿度下的木材平衡含水率（%）

温度（℃）	相对湿度（%）																		
	5	10	15	20	25	30	35	40	45	50	55	60	65	70	75	80	85	90	95
−1.1	1.4	2.6	3.7	4.6	5.5	6.3	7.1	7.9	8.7	9.5	10.4	11.3	12.4	13.6	14.9	16.5	18.5	21.0	24.3
4.4	1.4	2.6	3.7	4.6	5.5	6.3	7.1	7.9	8.7	9.5	10.4	11.3	12.4	13.5	14.9	16.5	18.5	21.0	24.4
10	1.4	2.6	3.6	4.6	5.5	6.3	7.1	7.9	8.7	9.5	10.3	11.2	12.3	13.4	14.8	16.4	18.4	20.9	24.3
15.6	1.3	2.5	3.6	4.6	5.4	6.3	7.0	7.8	8.6	9.4	10.2	11.1	12.1	13.3	14.6	16.2	18.2	20.7	24.1
21.1	1.3	2.5	3.5	4.5	5.4	6.2	6.9	7.7	8.5	9.2	10.1	11.0	12.0	13.1	14.4	16.0	18.0	20.5	23.9
26.7	1.3	2.4	3.5	4.4	5.3	6.1	6.8	7.6	8.3	9.1	9.9	10.8	11.8	12.9	14.2	15.7	17.7	20.2	23.6
32.2	1.2	2.4	3.4	4.3	5.1	5.9	6.7	7.4	8.1	8.9	9.7	10.6	11.5	12.6	13.9	15.4	17.4	19.9	23.3
37.8	1.2	2.3	3.3	4.2	5.0	5.8	6.5	7.2	7.9	8.7	9.5	10.3	11.2	12.3	13.6	15.1	17.0	19.5	22.9
43.3	1.1	2.2	3.2	4.0	4.9	5.6	6.3	7.0	7.7	8.5	9.2	10.0	11.0	12.0	13.2	14.7	16.6	19.1	22.5
48.9	1.1	2.1	3.0	3.9	4.7	5.4	6.1	6.8	7.5	8.2	8.9	9.8	10.7	11.7	12.9	14.4	16.2	18.6	22.0
54.4	1.0	2.0	2.9	3.7	4.5	5.2	5.9	6.6	7.3	7.9	8.7	9.5	10.3	11.3	12.5	14.0	15.8	18.2	21.5
60	0.9	1.9	2.8	3.6	4.3	5.0	5.7	6.3	7.0	7.7	8.4	9.1	10.0	11.0	12.2	13.6	15.4	17.7	21.0
65.6	0.9	1.8	2.6	3.4	4.1	4.8	5.5	6.1	6.7	7.4	8.1	8.8	9.7	10.6	11.8	13.2	14.9	17.2	20.5
71.1	0.8	1.6	2.4	3.2	3.9	4.6	5.2	5.8	6.5	7.1	7.8	8.5	9.3	10.3	11.4	12.7	14.4	16.7	19.9

本规范用词说明

1 为便于在执行本规范条文时区别对待，对要求严格程度不同的用词，说明如下：

1）表示很严格，非这样做不可的用词：
正面词采用“必须”，反面词采用“严禁”。

2）表示严格，在正常情况下均应这样做的用词：
正面词采用“应”，反面词采用“不应”或“不得”。

3）表示允许稍有选择，在条件许可时首先应这样做的用词：
正面词采用“宜”，反面词采用“不宜”；

4）表示有选择，在一定条件下可以这样做的用词，采用“可”。

2 本规范中指明应按其他有关标准执行的写法为“应按……执行”或“应符合……的规定”。

引用标准名录

1 《木结构设计规范》GB 50005

2 《建筑结构荷载规范》GB 50009

3 《建筑设计防火规范》GB 50016

4 《钢结构设计规范》GB 50017

5 《木结构工程施工质量验收规范》GB 50206

6 《建筑工程施工质量验收统一标准》GB 50300

7 《碳素结构钢》GB/T 700

8 《钢结构用高强度大六角头螺栓》GB/T 1228

9 《钢结构用高强度大六角螺母》GB/T 1229

10 《钢结构用高强度垫圈》GB/T 1230

11 《钢结构用高强度大六角头螺栓、大六角螺母、垫圈技术条件》GB/T 1231

12 《低合金高强度结构钢》GB/T 1591

13 《钢结构用扭剪型高强度螺栓连接副技术条件》GB/T 3633

14 《碳钢焊条》GB/T 5117

15 《低合金钢焊条》GB/T 5118

16 《六角头螺栓—C 级》GB/T 5780

17 《六角头螺栓》GB/T 5782

18 《木材防腐剂》LY/T 1635

19 《防腐木材的使用分类和要求》LY/T 1636

中华人民共和国国家标准

胶合木结构技术规范

GB/T 50708—2012

条 文 说 明

制 订 说 明

《胶合木结构技术规范》GB/T 50708－2012已由住房和城乡建设部于2012年1月21日第1273号公告批准、发布。

在编制过程中，规范编制组经过广泛的调查研究，主要参考了美国标准National Design Specification For Wood Construction 2005，总结并吸收了欧美地区在胶合木结构技术和设计、应用等方面的成熟经验，结合我国的具体情况，并在广泛征求意见的基础上，编制了本规范。

为了便于广大工程技术人员、科研和学校的相关人员在使用本技术规范时能正确理解和执行条文规定，《胶合木结构技术规范》编制组按章、节、条顺序编制了本规范的条文说明，对条文规定的目的、依据以及执行中需注意的有关事项进行了说明。但是，本条文说明不具备与规范正文同等的法律效力，仅供使用者作为理解和把握规范规定的参考。

目　次

1 总　　则

1.0.1 本条主要阐明制定本规范的目的。

近年来，随着我国的经济发展，胶合木结构在工程建设中大量涌现。由于在国家标准《木结构设计规范》GB 50005－2003 修订过程中，对胶合木结构的内容未作新的修订，其胶合木结构的相关内容已远远落后于国际先进技术。根据胶合木结构的发展趋势和现有国家标准的具体情况，本技术规范主要规范了胶合木结构的设计，指导胶合木结构在工程中的应用，避免在工程中出现质量问题。

1.0.2 本条规定了本规范的适用范围。考虑到我国木结构建筑的发展趋势，胶合木结构在建筑中的适用范围为住宅、单层工业建筑和多种使用功能的大中型公共建筑，主要适用于大跨度、大空间的结构形式。本规范不适用于临时性建筑设施以及施工用支架、模板和拔杆等工具结构的设计。

国家标准《木结构设计规范》GB 50005－2003 规定的胶合木结构系采用我国传统的胶合工艺、组坯方式、选材标准和设计指标的一套体系，本规范综合借鉴国际上近三十年来胶合木结构的先进技术和先进工艺，制定出我国新的胶合木结构设计和施工体系。

1.0.3 本条规定了本规范适用的木材种类为针叶树种木材，结构构件截面的层板组合应大于 4 层。根据我国木材资源现状和我国进口木材状况，以及目前胶合木结构加工技术，本规范不考虑采用阔叶树种木材制作胶合木。

1.0.4、**1.0.5** 主要明确规范应配套使用。

由于与胶合木结构的设计、制作和安装相关的国家标准和行业标准较多，因此在实际使用时，其他标准规范的相关规定也应参照执行。

对于胶合木结构的设计，当与国家标准《木结构设计规范》GB 50005－2003（2005 年版）的相关规定有不同时，应以本规范为设计依据。

2 术语与符号

2.1 术　　语

在国家相关标准中有关木结构的惯用术语基础上，列出了新术语，主要是根据《木材科技词典》及参照国际上胶合木结构技术常用术语进行编写。例如，目测分级层板、层板组坯、对称异等组合等。

2.1.10～2.1.13 各条内容如图 1 所示。

2.2 符　　号

解释了本规范采用的主要符号的意义。

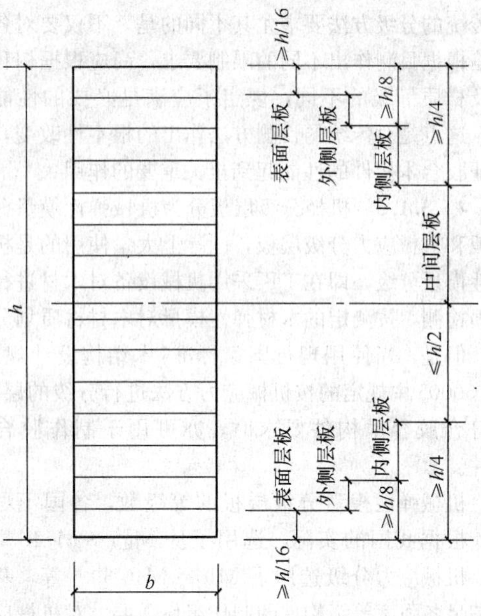

图 1　异等组合胶合木构件各层板位置示意图

3 材　　料

3.1 木　　材

3.1.1 国家标准《木结构设计规范》GB 50005－2003 规定的胶合木构件系采用我国传统的胶合工艺、组坯方式、选材标准和设计指标的一套体系。目前国际上，用于制作胶合木构件的层板采用了更精细的目测分级和机械分级层板。为了胶合木结构能在我国科学健康地发展，我们借鉴了国际先进技术，并与我国实际相结合，制定新的分级标准，但由于实践经验不足及我国广大科技人员还有一个熟悉、了解的过程，为便于使用，仍保留了传统的分级方法。故本规范胶合木构件采用的层板分为普通胶合木层板、目测分级层板和机械分级层板。

考虑到不同树种木材的物理力学性能的差异，胶合木宜采用同一树种的层板制作，并规定了层板的最大厚度限值。

3.1.2 普通胶合木层板材质等级仍按国家标准《木结构设计规范》GB 50005－2003（2005 年版）的规定分为三级，各项分级指标均未改动。对于尚不能按胶合木目测分级层板和机械分级层板进行选材时，仍应按国家标准《木结构设计规范》GB 50005－2003（2005 年版）的规定设计和制作胶合木结构。

3.1.3 目测分级层板材质等级分为 4 级，与传统胶合木层板相比，分级更为精细，要求更为严格，更能充分利用木材的强度，从而提高胶合材构件的承载能力。

当目测分级层板作为对称异等组合外侧层板或非对称异等组合抗拉侧层板，以及同等组合的层板时，与传统的分级方法要求尤其不同的是，不仅要对各种缺陷根据目测作出不同的限制要求，尚应根据树种级别及材质等级的不同，规定了应满足必要的性能指标。这点是对传统的目测方法作出的根本性改变，对保证胶合木构件的性能起到至关重要的作用。

3.1.4、**3.1.5** 机械分级层板分为机械弹性模量分级层板和机械应力分级层板，国际上大量使用的是机械弹性模量分级，即在工厂采用机械设备对木材进行非破损检测，按测定的木材弹性模量对木材材质划分等级。但是，当使用现行国家标准《木结构设计规范》GB 50005 中规定的按机械应力方法进行分级的层板，并符合胶合木构件要求时，亦可用于制作胶合木构件。

机械弹性模量分级层板的等级数，各国不尽相同，根据我国的实际，选用了从 M_E7～M_E18 共 9 等，机械应力分级选用了 M10～M40 共 6 等，基本能满足各强度等级构件的制作组坯需要。对机械应力分级层板，根据弹性模量相应关系，给出了与机械弹性模量分层等级的对照表，供设计人员使用。

应强调的是，机械弹性模量分级层板，主要是根据弹性模量来分级的，但当层板为指接层板，并且作为对称异等组合的表面和外侧层板，非对称异等组合抗拉侧的表面和外侧层板，以及同等组合的层板时，除满足弹性模量要求外，还应满足抗弯强度或抗拉强度的性能指标要求。这和目测分级层板要求的类似，是保证构件关键受力部位的性能要求，以提高构件的承载能力。

3.1.6 与本规范第 3.1.5 条要求相同，即不管是机械弹性模量分级还是机械应力分级，在关键部位的层板，还应保证其最关键的性能要求，以提高构件的承载能力。

3.1.7 在本规范第 3.1.3 条规定中，可以看出目测分级层板，除按对缺陷分级外，还有对性能的要求。同理对机械分级层板，除按性能进行分级外，还对一些缺陷项目规定了目测要求。这样，可以全面地保证构件质量，这与传统的分级方法相比，理念上是一个很大的进步。

3.1.8 胶合木构件制作时，应严格控制层板的含水率。制作时层板含水率应在 8%～15%的范围内。考虑到含水率对层板变形的影响，因此，制作构件时相邻层板的含水率不应有较大的差别。

3.2 结构用胶

3.2.1 胶合木结构用胶是影响构件质量和结构安全的重要因素之一。蠕变测试作为胶粘剂长期行为(抗蠕变性能)的评估手段是非常重要的。耐候性(直接暴露于水和阳光中)是胶粘剂耐久性的一种评估手段。耐久性体现了胶粘剂抵抗直接暴露于自然环境中引起降解的能力。规定胶粘剂胶合强度应高于木材顺纹抗剪和横纹抗拉强度的要求，其重点是确定胶粘剂强度必须超越木材基材，这反映了胶粘剂的实际用途。

3.2.2、**3.2.3** 结构工程木制品包含许多产品，如室内用(干气候条件)产品和户外用(直接暴露于气候)产品。因此，明确区分两组不同的胶粘剂是非常必要的。Ⅰ级胶满足户外暴露要求，适合于所有产品应用，而Ⅱ级胶只能满足室内干用途的要求。仅允许使用满足较高要求的Ⅰ级胶，是一种选择，但这会导致浪费。

3.2.4、**3.2.5** 本规范只规定采用酚类胶和氨基胶，其主要原因是此两类胶种是被国际承重胶合木市场广泛接受认可的。本规范所规定的胶粘剂性能试验方法和指标是参照欧洲标准《用于承重结构的酚醛胶和尿素胶——分类和性能要求》EN 301、《承重木结构用胶——试验方法(酚类和氨基塑料胶粘剂)》EN 302、EN 15425 要求和《承重木结构用胶——试验方法(聚氨酯胶粘剂)》EN 15416 的规定制定。

3.3 钢　材

3.3.1～3.3.3 本规范在现行国家标准《钢结构设计规范》GB 50017 有关规定的基础上，进一步明确了胶合木结构对钢材的选用要求。主要明确在钢材质量合格保证的问题上，不能因用于胶合木结构而放松了要求。

由于当前国内胶合木结构的应用大量采用进口的胶合木构件，在构件连接时也同样采用了进口的钢连接件，因此，本规范规定在胶合木结构中使用其他牌号的钢材应符合国家现行有关标准的规定，主要是针对进口钢连接件作出的要求。

3.3.4 由于在实际工程中，连接材料的品种和规格很多，以及许多连接件和连接材料的不断出现，对于胶合木结构所采用的连接件和紧固件应符合相关的国家标准及符合设计要求。当所采用的连接材料为新产品时，应按相关的国家标准经过性能和强度的检测，达到设计要求后才能在工程中使用。

4 基本设计规定

4.1 设计原则

根据现行国家标准《建筑结构可靠设计统一标准》GB 50068 和《木结构设计规范》GB 50005 相关规定，本规范仍采用以概率理论为基础的极限状态设计方法。本节的相关规定均来源于上述两本国家标准，仅取消了设计使用年限为 5 年的规定，主要原因是认为目前将胶合木结构作为临时建筑，会浪费木材资源。

4.2 设计指标和允许值

4.2.1 采用普通胶合木层板制作的胶合木构件，其设计指标均采用国家标准《木结构设计规范》GB 50005－2003(2005年版)的规定。特别应指出的是，普通胶合木构件对其层板等级要求和组坯方式均应符合本规范第9章9.2节中对普通层板胶合木结构组坯要求，只有符合这些要求，才能使用本条的设计指标和修正系数进行设计。

4.2.2 本条主要规定了采用目测分级和机械弹性模量分级层板制作的胶合木的强度设计指标。需要特别强调的有以下几点：

1 树种的归类

首先，我们应该根据不同树种的物理力学特性，对树种进行归类，层板的组合应和归类的树种级别挂钩。

从理论上讲，对于给定胶合木的某个强度等级，无论任何树种，只要能满足规定的某个强度等级下的刚度和强度性能要求，都可以采用。但是，由于每个树种在刚度和强度方面都有其天然的数值范围，所以，在实际应用中，这种天然特性会在技术和经济上造成一定的限制。各国的木材和建筑实验室通过大量木材的小清材试验和构件试验，对不同树种之间的刚度和强度的数值变化范围有了一定的认识。各国根据自己的树种特点和数据，采用了不同的处理方法。有的地区树种较为单一，采用不考虑树种的简单组合，有的地区则按不同的单独树种的层板进行组合，优点是有效地利用不同树种之间物理力学特性的差异，合理利用了木材，但这样做过于繁琐，普遍适用性差。而有的国家，尤其是需要不断大量进口木材的国家，则将树种进行适当归类，使层板组合和树种归类之间的关系体现为：既不太复杂，也不过于简单。太复杂为今后新树种的利用增添不必要的麻烦，过于简单则不能达到有效利用木材资源的目的。

但值得注意的是，某些树种涵盖的地域广泛，在通常情况下，从某一地区来的某一树种，与来自于其他地区的同一树种，在力学特征是有差异的，显然在树种归类时，应根据地理分布进一步作出区分。

本规范根据有关国家提供的技术资料和相关标准规范的规定，将树种归类为SZ1～SZ4四类。对于未列入本规范表4.2.2-1的树种，将根据相关部门提供的数据资料，根据本规范的有关规定，由规范管理机构对比核定并归类后补入。

2 组合分类

根据胶合木构件受力特点，考虑最有效地利用木材资源，胶合木分为异等组合与同等组合两类。同等组合是胶合木构件只采用材质等级相同的层板进行组合，而异等组合是胶合木构件采用两个或两个以上的材质等级的层板进行组合。异等组合还可进一步分为对称异等和非对称异等组合，对称异等组合是胶合木构件采用异等组合时，不同等级的层板以构件截面中心线为对称轴对称布置的组合。而非对称异等组合是指胶合木构件采用异等组合时，不同等级的层板在构件截面中心线两侧非对称布置的组合。轴心受力构件以及受弯构件中荷载方向与层板窄边垂直时，应采用同等组合，受弯构件以及压弯构件宜采用异等组合。

世界各国对不同组合给出了不同等级，如日本标准规定对称异等组合有9个等级，非对称异等组合亦有9个等级，同等组合有10个等级。而欧洲标准规定同等组合与非同等组合各为5个等级。美国标准是根据层板的树种不同、机械分级或目测分级的不同分别规定为不同等级，更为复杂。经规范编制组认真研究，反复协商，为了方便我国初次使用胶合木，并能涵盖通常所需的强度范围，本规范将同等组合、对称异等组合和非对称异等组合各分为5个等级，供设计人员选用和工厂生产。

3 胶合木分级的表示

各国标准规范的胶合木分级表示如下：

日本标准 E 170 —F 495

→弯曲强度特征值(0.1MPa)（495）

→弯曲弹性模量平均值(GPa)（170）

欧洲标准 GL36c—异等组合

GL36 h—同等组合

→弯曲强度特征值(MPa)（36）

美国标准 30 F—2.1 E

→弯曲弹性模量平均值（2.1）

→弯曲强度特征值（30）

我国木材强度等级分级一直采用弯曲强度设计值作为标识，如TC17，其中17系弯曲强度设计值。规范编制组经过研究认为维持国家标准《木结构设计规范》GB 50005的表示方法，本规范直接使用弯曲强度设计值表示胶合木强度等级。TC_{YD}、TC_{YF}、TC_{T}分别表示对称异等组合、非对称异等组合和同等组合。$TC_{YD}30$中的数字表示抗弯强度设计值30MPa。

必须强调的是，这些等级均要严格按本规范第9.3节规定的组坯方式及对层板的等级要求进行工厂生产，其合格品才能使用本节的各项指标及系数。

4 本规范的强度等级与其他国家和地区的强度等级由于分级粗细不同，细节上亦有差别，不能完全一一建立对应关系。欧洲的分级数与我国较为接近，本标准同等组合中，强度等级$TC_{T}27$、$TC_{T}24$、$TC_{T}21$、$TC_{T}18$可分别对应于欧洲标准的GL36h、GL32h、GL28h、GL24h；异等组合中，强度等级$TC_{YD}27$、$TC_{YD}24$、$TC_{YD}21$、$TC_{YD}18$可分别对应于欧洲标准的GL36c、GL32c、GL28c、GL24c。但使用这些对应关系时，还是应特别慎重。

5 胶合木主要力学指标相关公式

根据欧洲、日本的相关资料进行统计分析，得出以下结论：

1)均符合线性关系；

2)对称异等组合、非对称异等组合关系一致，可用同一关系式进行分析；

3)异等组合和同等组合应有区别；

4)最后选定公式如下：

异等组合：$f_{ck}=0.76f_{mk}+0.71$

$f_{tk}=0.69f_{mk}-0.87$

同等组合：$f_{ck}=0.77f_{mk}+2.6$

$f_{ck}=0.73f_{mk}-0.65$

5)为方便设计、加工制作和施工，异等组合的对称、非对称力学指标关系式尽管可用同一公式表达，但在设计指标列表时，对称异等组合、非对称异等组合的强度指标仍然分别给出。

6 综上所述，在附录B中，分别给出非对称异等组合、对称异等组合、同等组合胶合木强度和弹性模量的特征值。

7 设计值

在胶合木强度特征值确定后，与现行国家标准《木结构设计规范》GB 50005对规格材强度指标从特征值转换为设计值的规定和方法相同，进行计算转换，得出本规范规定的各种组合强度设计值。应特别指出的是，使用本节所规定的设计值的层板及胶合木构件的组坯一定要满足本规范第9章相关规定要求。

胶合木斜纹承压强度的计算公式采用Hankinson公式，这样，本规范中凡是牵涉到斜纹强度的计算的内容，例如销槽斜向承压强度、销轴紧固件斜向承载力等，都与木材斜纹承压公式取得了一致。

4.2.3 规定了在不同条件下胶合木构件强度设计值和弹性模量的调整系数。当构件截面高度大于300mm，荷载作用方向垂直于构件截面的层板胶合缝时，抗弯强度设计值应乘以体积调整系数k_v；如果荷载作用方向平行于构件截面的层板胶合缝时，抗弯强度设计值应乘以高度调整系数k_h。

4.2.4 考虑到现阶段我国在木结构工程中直接使用进口胶合木的情况较多，特作出规定。

5 构件设计

5.1 等截面直线形受弯构件

5.1.1 对胶合梁切口大小和长度的限制参考了美国、日本等国家的标准，这些限制是根据长期的工程实践经验得到。

5.1.4 国家标准《木结构设计规范》GB 50005-2003附录L提供了用于计算锯材受弯构件的稳定系数φ_l，但未给出计算胶合木构件时的稳定系数。本条参考了《美国木结构设计规范》-National Design Specification For Wood Construction 2005（简称NDS2005，余同）中对于受弯构件稳定系数的计算方法。该方法根据1956年由芬兰人Ylinen在《一种在弹性与非弹性范围内求解轴向受力等截面柱的屈曲应力与截面面积的方法》一文提出的受压构件的稳定系数公式得到的。该方法中采用的假定模型的应力—应变曲线关系的斜度与应力大小成正比，斜度的变化速度为常数。考虑木材为非弹性工作，引用切线模量理论而得到连续的φ值公式。把非弹性、非匀质材料以及构件的初始偏心用系数c来模拟。

$$\varphi_l=\frac{1+(f_{mE}/f_m^*)}{2c}-\sqrt{\left[\frac{1+(f_{mE}/f_m^*)}{2c}\right]^2-\frac{(f_{mE}/f_m^*)}{c}}$$

式中：f_m^*——抗弯强度设计值（N/mm²），调整系数不包括高度和体积调整系数；

c——非线性常数，对于梁构件$c=0.95$；

f_{mE}——受弯构件的临界屈曲强度设计值（N/mm²），按下式计算：

$$f_{cE}=\frac{1.20E_{min}}{\lambda^2}$$

按允许应力法计算时，E_{min}按下式取值：

$$E_{min}=E[1-1.645COV_E](1.05)/1.66=0.528E$$

式中：E——弹性模量设计值；

1.05——纯弯弹性模量的调整系数；

1.66——安全系数；

COV_E——弹性模量的变异系数，对于胶合木：$COV_E=0.1$。

根据NDS2005，按荷载与抗力系数法（LRFD）计算时，E_{min}从允许应力转换到荷载与抗力系数法状态下的强度时应乘上转换系数$1.5/\phi_s$，$\phi_s=0.85$，由此得到转换系数为1.76。所以，在荷载与抗力系数法的状态下，临界屈曲强度设计值为：

$$f_{mE}^{LRFD}=\frac{1.20E_{min}\times1.76}{\lambda^2}=\frac{1.2\times0.528E\times1.76}{\lambda^2}=\frac{1.1E}{\lambda^2}$$

由荷载与抗力系数法转换到极限状态法，可按下列步骤：

$$\alpha_L L+\alpha_D D\leqslant\varphi K_D R$$

$$L\left(\alpha_L+\alpha_D\frac{D}{L}\right)\leqslant\varphi K_D R$$

$$L(\alpha_L+\alpha_D\gamma)\leqslant\varphi K_D R$$

$$L\leqslant\frac{\varphi K_D R}{\alpha_L+\alpha_D\gamma}$$

式中：α_L——活荷载分项系数；

α_D——恒荷载分项系数；

L——活荷载；

D——恒荷载；

φ——抗力系数；

K_D——荷载作用系数（考虑荷载组合时间效应）；

R——抗力设计值；

γ——恒活载比，假定为 1∶3。

假定在荷载与抗力系数法条件下和极限状态下条件下采用相同的活荷载，则：

$$\frac{\varphi^{\mathrm{LRFD}} K_{\mathrm{D}}^{\mathrm{LRFD}} R_{\mathrm{LRFD}}}{(\alpha_{\mathrm{L}}^{\mathrm{LRFD}}+\alpha_{\mathrm{D}}^{\mathrm{LRFD}}\gamma)}=\frac{\varphi^{\mathrm{LSD}} K_{\mathrm{D}}^{\mathrm{LSD}} R_{\mathrm{LSD}}}{(\alpha_{\mathrm{L}}^{\mathrm{LSD}}+\alpha_{\mathrm{D}}^{\mathrm{LSD}}\gamma)}$$

$$R_{\mathrm{LSD}}=R_{\mathrm{LRFD}}\frac{K_{\mathrm{D}}^{\mathrm{LRFD}}\varphi^{\mathrm{LRFD}}(\alpha_{\mathrm{L}}^{\mathrm{LSD}}+\alpha_{\mathrm{D}}^{\mathrm{LSD}}\gamma)}{K_{\mathrm{D}}^{\mathrm{LSD}}\varphi^{\mathrm{LSD}}(\alpha_{\mathrm{L}}^{\mathrm{LRFD}}+\alpha_{\mathrm{D}}^{\mathrm{LRFD}}\gamma)}$$

所以，从荷载与抗力系数法的状态到极限状态下应乘上转换系数：

$$K_{\mathrm{LRFD}}^{\mathrm{LSD}}=\frac{K_{\mathrm{D}}^{\mathrm{LRFD}}\varphi^{\mathrm{LRFD}}(\alpha_{\mathrm{L}}^{\mathrm{LSD}}+\alpha_{\mathrm{D}}^{\mathrm{LSD}}\gamma)}{K_{\mathrm{D}}^{\mathrm{LSD}}\varphi^{\mathrm{LSD}}(\alpha_{\mathrm{L}}^{\mathrm{LRFD}}+\alpha_{\mathrm{D}}^{\mathrm{LRFD}}\gamma)}$$

根据 NDS2005，上式中的系数分别为：

系　　数	荷载与抗力系数法（LRFD）	极限状态法（LSD）
K_{D}，荷载作用系数（考虑荷载组合时间效应）	$K_{\mathrm{D}}^{\mathrm{LRFD}}=0.8$	$K_{\mathrm{D}}^{\mathrm{LRFD}}=1.0$
φ，抗力系数	$\varphi^{\mathrm{LRFD}}=0.85$	$\varphi^{\mathrm{LSD}}=1.0$
α_{D}，恒荷载分项系数	$\alpha_{\mathrm{D}}^{\mathrm{LRFD}}=1.2$	$\alpha_{\mathrm{D}}^{\mathrm{LSD}}=1.2$
α_{L}，活荷载分项系数	$\alpha_{\mathrm{L}}^{\mathrm{LRFD}}=1.6$	$\alpha_{\mathrm{L}}^{\mathrm{LSD}}=1.4$

将所有系数代入上式，得到转换系数 $K_{\mathrm{LRFD}}^{\mathrm{LSD}}=0.612$。

所以，在极限状态法下的临界屈曲强度设计值为：

$$f_{\mathrm{mE}}^{\mathrm{LSD}}=0.612\times\frac{1.1E}{\lambda^2}=\frac{0.67E}{\lambda^2}$$

本条关于受弯构件有效长度的取值方法参考了 NDS2005。

5.1.7 受拉边有切口的矩形截面受弯构件的受剪承载力计算参照了 NDS2005 的有关规定。本条公式是建立在受弯构件抗剪计算公式 5.1.5 上的。对于给定剪力以及截面高度时，剪应力随着截面高度与切口剩余截面高度的比值 h/h_{n} 的增加而增加。这种关系通过对不同截面高度的受弯构件的试验得到了验证。

5.1.8 本条公式参考了 NDS2005 的有关规定。

5.1.9 当连接部位与构件端部的距离小于 $5h$ 时，其受力特性与端部有切口的矩形截面受弯构件情况相似，此时，h_{e}/h 相当于 h_{n}/h。

5.1.11 公式(5.1.11)与《木结构设计规范》GB 50005-2003 中公式(5.2.7-1)相同，但是，本规范考虑了胶合木构件相对于 x 轴和 y 轴不同的抗弯强度设计值。

5.2 变截面直线形受弯构件

本节变截面直线形受弯构件的计算方法根据 1965 年美国农业部出版的《变截面木梁的挠度以及应力》一文给出的步骤和方法。计算方法的数学关系根据伯努利-欧拉(Bernoulli-Euler)的梁理论建立。通过对截面尺寸均匀变化的梁的试验进一步证明了理论结果。

5.3 曲线形受弯构件

本节采用的变截面曲线形受弯构件的计算根据美国木结构学会(AITC)出版的《木结构设计手册》(Timber Construction Manual-5th Edition)规定的方法。该方法也被日本规范采用。

5.4 轴心受拉和轴心受压构件

5.4.4 国家标准《木结构设计规范》GB 50005-2003 第 5.1.4 条规定了轴心压杆的稳定系数 φ 的计算方法，即按树种不同，采用分段公式表达。按这种方法采用的两条曲线有 2 个折点和 4 个公式，在折点处公式不连续。此外，每条曲线的折点处，在设计值下和在破坏值下折点的位置不同，对可靠度验算带来不便。所以，本条参照 NDS 2005，采用了连续公式。该连续公式系根据 1956 年由芬兰人 Ylinen 于《一种在弹性与非弹性范围内求解轴向受力等截面柱的屈曲应力与截面面积的方法》一文提出的受压构件的稳定系数公式得到的。该方法中采用的假定模型的应力-应变曲线关系的斜度与应力大小成正比，斜度的变化速度为常数。考虑木材为非弹性工作，引用切线模量理论而得到连续的 φ 值公式。把非弹性、非匀质材料以及构件的初始偏心用系数 c 来模拟。

$$\varphi_l=\frac{1+(f_{\mathrm{cE}}/f_{\mathrm{c}})}{2c}-\sqrt{\left[\frac{1+(f_{\mathrm{cE}}/f_{\mathrm{c}})}{2c}\right]^2-\frac{(f_{\mathrm{cE}}/f_{\mathrm{c}})}{c}}$$

式中：f_{c}——胶合木材顺纹抗压强度设计值(N/mm²)；

c——非线性常数，对于胶合木 $c=0.9$；

f_{cE}——受压构件的临界屈曲强度设计值(N/mm²)，按下式计算：

$$f_{\mathrm{cE}}=\frac{0.822E_{\min}}{\lambda^2}$$

按允许应力法计算时，$E_{\min}$ 按下式取值：

$$E_{\min}=E[1-1.645COV_{\mathrm{E}}](1.05)/1.66=0.528E$$

式中：E——弹性模量设计值；

1.05——考虑与纯弯弹性模量的调整系数，对于胶合木，取 1.05；

1.66——安全系数；

COV_{E}——弹性模量的变异系数，对于胶合木：$COV_{\mathrm{E}}=0.1$。

根据 NDS 2005，按荷载与抗力系数法计算时，$E_{\min}$ 从允许应力转换到荷载与抗力系数状态下的强度时应乘上转换系数 $1.5/\phi_{\mathrm{s}}$，$\phi_{\mathrm{s}}=0.85$，由此得到转换系数为 1.76。所以，在荷载与抗力系数法的状态下，临界屈曲强度设计值为：

$$f_{\mathrm{cE}}^{\mathrm{LRFD}}=\frac{0.822E_{\min}\times1.76}{\lambda^2}=\frac{0.822\times0.528E\times1.76}{\lambda^2}$$

$$= \frac{0.76E}{\lambda^2}$$

由荷载与抗力系数法(LRFD)转换到极限状态法，可按下列步骤：

$$\alpha_L L + \alpha_D D \leqslant \varphi K_D R$$

$$L\left(\alpha_L + \alpha_D \frac{D}{L}\right) \leqslant \varphi K_D R$$

$$L(\alpha_L + \alpha_D \gamma) \leqslant \varphi K_D R$$

$$L \leqslant \frac{\varphi K_D R}{\alpha_L + \alpha_D \gamma}$$

式中：α_L——活荷载分项系数；

α_D——恒荷载分项系数；

L——活荷载；

D——恒荷载；

φ——抗力系数；

K_D——荷载作用系数(考虑荷载组合时间效应)；

R——抗力设计值；

γ——恒活荷载比，假定为1∶3。

假定在荷载与抗力系数法条件下和极限状态设计法条件下采用相同的活荷载，则：

$$\frac{\varphi^{LRFD} K_D^{LRFD} R_{LRFD}}{(\alpha_L^{LRFD} + \alpha_D^{LRFD}\gamma)} = \frac{\varphi^{LSD} K_D^{LSD} R_{LSD}}{(\alpha_L^{LSD} + \alpha_D^{LSD}\gamma)}$$

$$R_{LSD} = R_{LRFD} \frac{K_D^{LRFD} \varphi^{LRFD} (\alpha_L^{LSD} + \alpha_D^{LSD}\gamma)}{K_D^{LSD} \varphi^{LSD} (\alpha_L^{LRFD} + \alpha_D^{LRFD}\gamma)}$$

所以，从荷载与抗力系数法（LRFD）的状态到极限状态设计法下（LSD），应乘上转换系数：

$$K_{LRFD}^{LSD} = \frac{K_D^{LRFD} \varphi^{LRFD} (\alpha_L^{LSD} + \alpha_D^{LSD}\gamma)}{K_D^{LSD} \varphi^{LSD} (\alpha_L^{LRFD} + \alpha_D^{LRFD}\gamma)}$$

根据NDS2005，上式中的系数分别为：

系　　数	荷载与抗力系数法(LRFD)	极限状态法(LSD)
K_D，荷载作用系数(考虑荷载组合时间效应)	$K_D^{LRFD} = 0.8$	$K_D^{LRFD} = 1.0$
φ，抗力系数	$\varphi^{LRFD} = 0.85$	$\varphi^{LSD} = 1.0$
α_D，恒荷载分项系数	$\alpha_D^{LRFD} = 1.2$	$\alpha_D^{LSD} = 1.2$
α_L，活荷载分项系数	$\alpha_L^{LRFD} = 1.6$	$\alpha_L^{LSD} = 1.4$

将所有系数代入上式，得到转换系数 $K_{LRFD}^{LSD} = 0.612$

所以，在极限状态法下的临界屈曲强度设计值为：

$$f_{cE}^{LSD} = 0.612 \times \frac{0.76E}{\lambda^2} = \frac{0.47E}{\lambda^2}$$

本条关于受压构件有效长度的取值方法参考了NDS 2005。

5.4.5 对轴心受压构件长细比的规定参考了NDS 2005的有关规定。该规定最早始于1944年，由长期实践经验得到。采用这个限定条件，可以防止在柱的设计时，由于荷载的轻微偏心或截面特性不均匀而引起的屈曲。木柱的长细比不超过50的限定条件，相当于钢结构长细比不超过200的限定条件。

5.5 拉弯和压弯构件

5.5.1 本条公式（5.5.1-1）不考虑稳定，用来计算轴向受拉和弯曲受拉在受拉边产生的应力。公式（5.5.1-2）考虑稳定，用来计算轴向受拉和弯曲受压在梁的受压边产生的应力。对于偏心受拉构件，可直接将偏心荷载产生的偏心弯矩 $(6Pe)/(bh^2)$ 叠加到弯矩 M 中进行计算。当偏心使弯矩增加时，e 采用正号，减少则采用负号。对于双向受弯和受拉构件，可按下式验算：

$$\frac{N}{A_n f_t} + \frac{M_x}{W_x f_{mx}} + \frac{M_y}{W_y f_{my}} \leqslant 1.0$$

5.5.2 国家标准《木结构设计规范》GB 50005－2003中第5.3.2条和第5.3.3条给出了构件的压弯计算公式，但是，由于该公式中轴心受压构件的稳定系数仅适用于实木锯材，无法直接用于本规范的胶合木构件。因此，考虑与本规范第5.1.4条中梁的稳定计算和第5.4.4条柱的稳定计算相一致，本条计算公式采用了NDS 2005中规定的公式。与《木结构设计规范》GB 50005－2003中规定的公式相比，该公式考虑了梁的屈曲破坏以及双向受弯的情况。该公式在用规格材清材构件和普通规格材进行的试验中均得到了很好的验证。

6 连 接 设 计

6.1 一 般 规 定

6.1.1 胶合木构件采用的螺栓、六角头木螺钉和剪板等紧固件的规格可参照表1～表3中相关的产品标准。

表1 螺栓的产品标准

采用制式	标 准 名 称
公制	国家标准《六角头螺栓 C级》GB 5780
	国家标准《六角头螺栓 全螺纹 C级》GB 5781
	国家标准《六角头螺栓》GB 5782
	国家标准《六角头螺栓 全螺纹》GB 5783
英制	《方头和六角头螺栓和螺钉（英制）》(ANSI/ASME B18.2.1－1996) “ANSI/ASME Standard B 18.2.1－1996, Square and Hex Bolts and Screws (Inch Series)”

注：1 当六角头螺栓采用英制，螺纹的牙型、基本尺寸、直径与牙数系列、公差以及极限尺寸应分别符合国家标准《统一螺纹——牙型》GB/T 20669、《统一螺纹——基本尺寸》GB/T 20668、《统一螺纹——直径与牙数系列》GB/T 20670、《统一螺纹——公差》GB/T 20666以及《统一螺纹——极限尺寸》GB/T 20667；

2 常用六角头螺栓英制尺寸见表4。

表 2　六角头木螺钉应符合的标准

采用制式	标准名称
公制	国家标准《六角木螺钉》GB 102
	ISO 4017《六角头木螺钉　产品等级 A 级和 B 级》
英制	《方头和六角头螺栓和螺钉（英制）》(ANSI/ASME B18.2.1-1996) "ANSI/ASME Standard B 18.2.1-1996, Square and Hex Bolts and Screws (Inch Series)"

注：常用英制六角头木螺钉尺寸见表 6。

表 3　剪板应符合的标准

采用制式	标准名称
公制	欧洲标准 EN14545《木结构—连接件—要求》 (EN14545 Timber structures-Connectors-Requirements)
	欧洲标准 EN 912《木材紧固件—木材紧固件标准》 (EN912 Timber fasteners-Specifications for connectors for timber)
英制	ASTM D 5933《木结构用直径 2-5/8 英寸和 4 英寸剪板标准》 (ASTM D 5933 Standard Specification for 25/8-in. and 4-in. Diameter Metal Shear Plates for Use in Wood Constructions)

注：常用剪板规格见表 5。

表 4　常用螺栓的英制尺寸（统一螺纹规格）

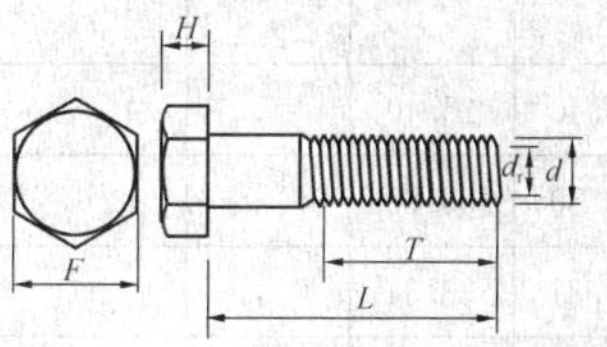

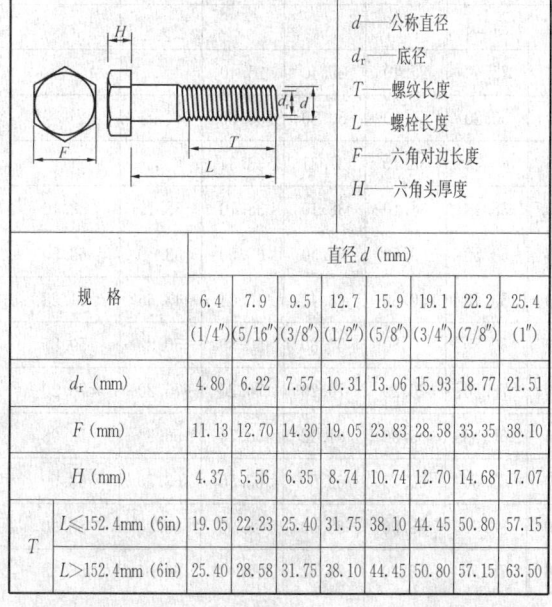

d——公称直径
d_r——底径
T——螺纹长度
L——螺栓长度
F——六角对边长度
H——六角头厚度

规格		直径 d (mm)							
		6.4 (1/4″)	7.9 (5/16″)	9.5 (3/8″)	12.7 (1/2″)	15.9 (5/8″)	19.1 (3/4″)	22.2 (7/8″)	25.4 (1″)
d_r (mm)		4.80	6.22	7.57	10.31	13.06	15.93	18.77	21.51
F (mm)		11.13	12.70	14.30	19.05	23.83	28.58	33.35	38.10
H (mm)		4.37	5.56	6.35	8.74	10.74	12.70	14.68	17.07
T	L≤152.4mm (6in)	19.05	22.23	25.40	31.75	38.10	44.45	50.80	57.15
	L>152.4mm (6in)	25.40	28.58	31.75	38.10	44.45	50.80	57.15	63.50

表 5　67mm 和 102mm 剪板规格

剪板规格（直径）		67mm 剪板		102mm 剪板	
材料		冲压钢	可锻铸铁	冲压钢	可锻铸铁
剪板直径 (mm)		66.55	66.55	102.11	102.11
螺栓孔直径 (mm)		20.57	20.57	20.57	23.62
剪板厚度 (mm)		4.37	4.37	5.08	5.08
剪板截面高度 (mm)		10.67	10.67	15.75	15.75
木或金属侧构件中预留螺栓孔直径 (mm)		20.64	20.64	20.64	23.81
圆形垫圈	可锻铸铁垫圈直径 (mm)	76.2	76.2	76.2	88.9
	熟铁垫圈直径（最小值）(mm)	50.8	50.8	50.8	57.15
	厚度 (mm)	3.97	3.97	3.97	4.37
方形垫圈	边长 (mm)	76.2	76.2	76.2	76.2
	厚度 (mm)	6.35	6.35	6.35	6.35
在构件中的投影面积 (mm^2)		761.30	645.16	1664.51	1664.51

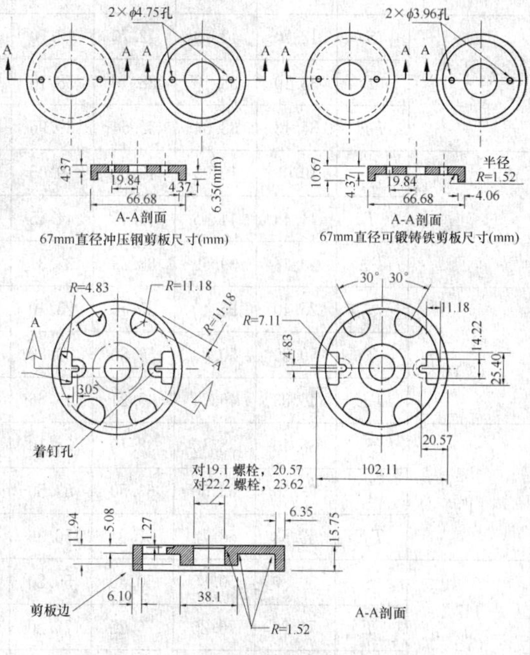

67mm直径冲压钢剪板尺寸(mm)

67mm直径可锻铸铁剪板尺寸(mm)

102mm可锻铸铁剪板尺寸(mm)

表6 六角头木螺钉螺纹规格（统一螺纹规格）

d——公称直径
d_r——底径
S——无螺纹部分长度
T——最小牙型长度

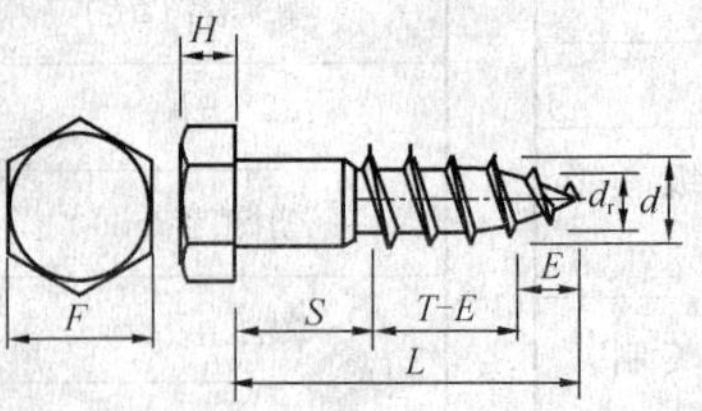

E——端部长度
F——六角头对边尺寸
H——六角头厚度
N——每英寸牙数

L（mm）（英寸）	规格	公称直径（大径）*d*（mm）（横线下数字为英寸）										
		6.4 / 1/4″	7.9 / 5/16″	9.5 / 3/8″	11.1 / 7/16″	12.7 / 1/2″	15.9 / 5/8″	19.1 / 3/4″	22.2 / 7/8″	25.4 / 1″	28.6 / 1-1/8″	31.8 / 1-1/4″
	d_r	4.39	5.77	6.73	8.33	9.42	11.96	14.71	17.35	19.81	22.53	25.70
	E	3.97	4.76	5.56	7.14	7.94	10.32	12.70	15.08	17.46	19.84	22.23
	H	4.37	5.56	6.35	7.54	8.73	10.72	12.70	14.68	17.07	19.05	21.43
	F	11.11	12.70	14.29	15.88	19.05	23.81	28.58	33.34	38.10	42.86	47.63
	N	10	9	7	7	6	5	4.5	4	3.5	3.25	3.25
25 (1″)	*S*	6.35	6.35	6.35	6.35	6.35						
	T	19.05	19.05	19.05	19.05	19.05						
	T-E	15.08	14.29	13.49	11.91	11.11						
38 (1-1/2″)	*S*	6.35	6.35	6.35	6.35	6.35						
	T	31.75	31.75	31.75	31.75	31.75						
	T-E	27.78	26.99	26.19	24.61	23.81						
51 (2″)	*S*	12.70	12.70	12.70	12.70	12.70	12.70					
	T	38.10	38.10	38.10	38.10	38.10	38.10					
	T-E	34.13	33.34	32.54	30.96	30.16	27.78					
64 (2-1/2″)	*S*	19.05	19.05	19.05	19.05	19.05	19.05					
	T	44.45	44.45	44.45	44.45	44.45	44.45					
	T-E	40.48	39.69	38.89	37.31	36.51	34.13					
76 (3″)	*S*	25.40	25.40	25.40	25.40	25.40	25.40	25.40	25.40	25.40		
	T	50.80	50.80	50.80	50.80	50.80	50.80	50.80	50.80	50.80		
	T-E	46.83	46.04	45.24	43.66	42.86	40.48	38.10	37.31	33.34		
102 (4″)	*S*	38.10	38.10	38.10	38.10	38.10	38.10	38.10	38.10	38.10	38.10	38.10
	T	63.50	63.50	63.50	63.50	63.50	63.50	63.50	63.50	63.50	63.50	63.50
	T-E	59.53	58.74	57.94	56.36	55.56	53.18	50.80	48.42	46.04	43.66	41.28
127 (5″)	*S*	50.80	50.80	50.80	50.80	50.80	50.80	50.80	50.80	50.80	50.80	50.80
	T	76.20	76.20	76.20	76.20	76.20	76.20	76.20	76.20	76.20	76.20	76.20
	T-E	72.23	71.44	70.64	69.06	68.26	65.88	63.50	61.12	58.74	56.36	53.98
152 (6″)	*S*	63.50	63.50	63.50	63.50	63.50	63.50	63.50	63.50	63.50	63.50	63.50
	T	88.90	88.90	88.90	88.90	88.90	88.90	88.90	88.90	88.90	88.90	88.90
	T-E	84.93	84.14	83.34	81.76	80.96	78.58	76.20	73.82	71.44	69.06	66.68

续表 6

L (mm) (英寸)	规格	公称直径（大径）d (mm)（横线下数字为英寸）										
		6.4 1/4″	7.9 5/16″	9.5 3/8″	11.1 7/16″	12.7 1/2″	15.9 5/8″	19.1 3/4″	22.2 7/8″	25.4 1″	28.6 1-1/8″	31.8 1-1/4″
178 (7″)	S	76.20	76.20	76.20	76.20	76.20	76.20	76.20	76.20	76.20	76.20	76.20
	T	101.60	101.60	101.60	101.60	101.60	101.60	101.60	101.60	101.60	101.60	101.60
	T-E	97.63	96.84	96.04	94.46	93.66	91.28	88.90	86.52	84.14	81.76	79.38
203 (8″)	S	88.90	88.90	88.90	88.90	88.90	88.90	88.90	88.90	88.90	88.90	88.90
	T	114.30	114.30	114.30	114.30	114.30	114.30	114.30	114.30	114.30	114.30	114.30
	T-E	110.33	109.54	108.74	107.16	106.36	103.98	101.60	99.22	96.84	94.46	92.08
229 (9″)	S	101.60	101.60	101.60	101.60	101.60	101.60	101.60	101.60	101.60	101.60	101.60
	T	127.00	127.00	127.00	127.00	127.00	127.00	127.00	127.00	127.00	127.00	127.00
	T-E	123.03	122.24	121.44	119.86	119.06	116.68	114.30	111.92	109.54	107.16	104.78
254 (10″)	S	114.30	114.30	114.30	114.30	114.30	114.30	114.30	114.30	114.30	114.30	114.30
	T	139.70	139.70	139.70	139.70	139.70	139.70	139.70	139.70	139.70	139.70	139.70
	T-E	135.73	134.94	134.14	132.56	131.76	129.38	127.00	124.62	122.24	119.86	117.48
279 (11″)	S	127.00	127.00	127.00	127.00	127.00	127.00	127.00	127.00	127.00	127.00	127.00
	T	152.40	152.40	152.40	152.40	152.40	152.40	152.40	152.40	152.40	152.40	152.40
	T-E	148.43	147.64	146.84	145.26	144.46	142.08	139.70	137.32	134.94	132.56	130.18
305 (12″)	S	152.40	152.40	152.40	152.40	152.40	152.40	152.40	152.40	152.40	152.40	152.40
	T	152.40	152.40	152.40	152.40	152.40	152.40	152.40	152.40	152.40	152.40	152.40
	T-E	148.43	147.64	146.84	145.26	144.46	142.08	139.70	137.32	134.94	132.56	130.18

6.1.3 同一连接中，考虑到各种紧固件之间不能协调工作，相互之间会出现横纹受拉的情况，因此，不宜采用不同种类的紧固件。当设计已采用螺栓连接时，同一处连接中将不得再采用六角头木螺钉进行连接。当连接中采用两种或两种以上的不同紧固件时，连接的设计承载力应通过试验或其他分析方法确定。

6.2 销轴类紧固件的连接计算

6.2.5 国家标准《木结构设计规规范》GB 50005－2003（2005年版）提供了螺栓连接每一剪面的侧向承载力计算公式。该公式根据销连接的计算原理并考虑螺栓或钉在方木和原木桁架中的常用情况，适当简化而制定的。由于该简化公式不完全适应胶合木结构的连接计算，因此，对销轴类紧固件连接计算采用了目前在美国、加拿大、欧洲、日本以及新西兰等国普遍采用的根据屈服极限理论得到的侧向承载力计算方法。根据屈服理论，侧向承载力根据销槽的承压强度以及销轴的抗弯强度确定。本条中，屈服点的定义采用了美国规范的规定方法，即在紧固件连接的荷载-位移曲线中，与开始的直线部分（比例极限部分）平行，向右平移5%的紧固件直径的距离，与荷载-位移曲线相交，该相交点定义为连接的屈服点，也就是说，当连接变形达到紧固件直径的5%时，即可认为屈服，见图2。

NDS 2005提供的屈服模式计算公式是以允许应力法为基础的，根据ASTM D 5457《荷载与抗力系数法下的木基材料和连接件承载力的计算》，从允许应力法转换到荷载与抗力系数法时，连接计算应乘以形式转

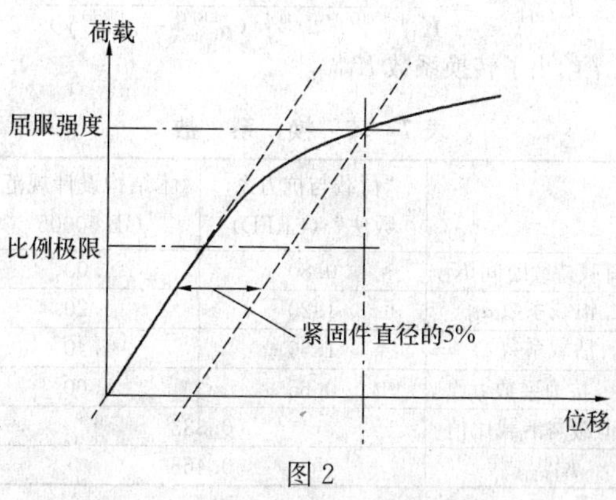

图 2

换系数 2.16/ϕ（ϕ=0.65）。在标准荷载周期下，从荷载与抗力系数法转换到极限状态法应乘以转换系数 0.468，所以，最终的转换系数为 3.32×0.468=1.5。

从荷载与抗力系数法转换到极限状态法的转换步骤如下：

现行国家标准《木结构设计规范》GB 50005 和“荷载与抗力系数设计法”采用不同的荷载和抗力系数。《木结构设计规范》修订时，规格材的设计值是通过下列步骤对“荷载与抗力系数法”中的设计值进行转换的：

1 假定活载与恒载的比例为 3。

2 假定采用“标准荷载周期”。这主要指一般用于屋面雪荷载和楼面活荷载的荷载周期。

3 “荷载与抗力系数法”中的强度设计值，按上述活载-恒载比值，转换至 GB 50005 中的强度设计值，以保证在相同的活载条件下，无论采用“荷载与抗力系数法”还是采用 GB 50005 进行设计，所得构件的尺寸相同。

将“荷载与抗力系数法”中的设计值，采用下列步骤进行转换：

$$\alpha_L L + \alpha_D D \leqslant \varphi K_D R$$
$$L[\alpha_L + \alpha_D (D/L)] \leqslant \varphi K_D R$$
$$L[\alpha_L + \alpha_D \gamma] \leqslant \varphi K_D R$$
$$L \leqslant \varphi K_D R / [\alpha_L + \alpha_D \gamma]$$

式中：α_L——活载系数；

φ——抗力系数；

α_D——恒载系数；

K_D——标准荷载周期下的荷载系数；

L——设计活载值；

R——强度（标准荷载周期下）；

D——设计恒载值；

γ——恒载与活载比值，取 1/3（假定）。

假定“荷载与抗力系数法”和 GB 50005 采用相同的设计荷载：

$$\frac{\varphi^{\text{LRFD}} K_D^{\text{LRFD}} R_{\text{LRFD}}}{(\alpha_L^{\text{LRFD}} + \alpha_D^{\text{LRFD}} \gamma)} = \frac{\varphi^{\text{GB 50005}} K_D^{\text{GB 50005}} R_{\text{GB 50005}}}{(\alpha_L^{\text{GB 50005}} + \alpha_D^{\text{GB 50005}} \gamma)}$$

$$R_{\text{GB 50005}} = R_{\text{LRFD}} \frac{K_D^{\text{LRFD}} \varphi^{\text{LRFD}} (\alpha_L^{\text{GB 50005}} + \alpha_D^{\text{GB 50005}} \gamma)}{K_D^{\text{GB 50005}} \varphi^{\text{GB 50005}} (\alpha_L^{\text{LRFD}} + \alpha_D^{\text{LRFD}} \gamma)}$$

$$K_{\text{LRFD}}^{\text{GB 50005}} = \frac{K_D^{\text{LRFD}} \varphi^{\text{LRFD}} (\alpha_L^{\text{GB 50005}} + \alpha_D^{\text{GB 50005}} \gamma)}{K_D^{\text{GB 50005}} \varphi^{\text{GB 50005}} (\alpha_L^{\text{LRFD}} + \alpha_D^{\text{LRFD}} \gamma)}$$

表 7 给出了转换系数 $K_{\text{LRFD}}^{\text{GB 50005}}$。

表 7 转 换 系 数

	“荷载与抗力系数法”（LRFD）	《木结构设计规范》GB 50005
荷载持续时间 K_D	0.80	1.00
恒载系数 α_D	1.20	1.20
活载系数 α_L	1.60	1.40
抗力系数 φ	0.65	1.00
恒载与活载比值	0.333	
$K_{\text{LRFD}}^{\text{GB 50005}}$	0.468	

6.2.6 本条销槽承压强度根据美国林业及纸业协会的第 12 号技术报告《计算侧向连接值的通用销轴公式》的有关规定制定。

1 销轴紧固件在锯材和胶合木上的销槽承压强度的标准值根据 ASTM D 5764《评估木材以及木基产品销槽承压强度的标准试验方法》得到。与上述的连接屈服点相同，在荷载-位移曲线中，销槽的承压强度等于从曲线的起始直线部分，按 5%销轴直径向右平移与曲线交点位置的承压强度。绝干密度与销槽承压强度之间的关系，通过采用直径为 19mm 的销轴，使用花旗松、南方松、云杉-松-冷杉、西加云杉、红橡、黄杨以及白杨等不同树种的试验进行了验证。直径与销槽承压强度的关系则通过在南方松试件上，分别采用直径为 6.35mm、12.7mm、19mm、25.4mm 以及 38mm 等不同的销轴试验进行验证。销轴直径仅当荷载沿横纹方向时才与销槽承压强度有关。

顺纹和横纹的销槽承压强度的标准值取自 NDS 2005：

1） 销轴紧固件销槽顺纹承压强度 $f_{e,0}$：

$f_{e,0} = 11200G$（Psi）经单位转换后得到 $f_{e,0} = 77G$（MPa）

注：1（Psi）=6.89476×10⁻³（MPa）

2） 销轴紧固件销槽横纹承压强度 $f_{e,90}$：

$$f_{e,90} = 6100G^{1.45}/\sqrt{d} \text{ (Psi)}$$

单位转换后得到 $f_{e,90} = 212G^{1.45}/\sqrt{d}$（MPa）

2 当作用在销轴上的荷载与木纹呈夹角 θ 时，销槽承压强度的标准值可以根据 Hankinson 公式解决。

6.2.12 六角头木螺钉的抗拔强度设计值根据 NDS 2005 给出的经验公式，经转换得到。

转换步骤如下：允许应力法下的抗拔强度公式为：

$$W = 1800G^{3/2}d^{3/4}$$

从允许应力转换到荷载与抗力系数（LRFD）状态下的强度时应乘上转换系数 2.16/φ，φ 为抗力系数，φ=0.65，得到为转换系数为 3.323。所以在荷载与抗力系数状态下的抗拔强度计算公式为：

$$W = 5981G^{3/2}d^{3/4}$$

从荷载与抗力系数转换到极限状态，乘以转换系数 0.468。所以在极限状态下：

$$W = 2799G^{3/2}d^{3/4}$$

结合单位转换（1lb/in=0.17513N/mm），得：

$$W = 43.2G^{3/2}d^{3/4}$$

6.3 剪板的连接计算

6.3.1 剪板直径大，厚度相对较薄，因此，采用这种连接件能在不过大损失构件截面面积的情况下增大承压面积。与螺栓相比，这种连接件能提高承载力设计值。剪板安装时，在被连接的两根构件上分别刻出圆环槽，将剪板嵌入。剪板可以应用在木—木连接以及木—钢连接中。在木—钢连接中，可以用钢构件代替其中的一个剪板。

6.3.2 本条文表 6.3.2-1 中，剪板的性能和尺寸是参照美国标准 ASTM D 5933《木结构用直径 2-5/8 英寸和 4 英寸剪板标准》并经过强度设计值转换得到。

试验证明，剪板的承载力与木材的全干相对密度有直接关系。当含水率约为 12%时，在顺纹荷载作用下，对于全干相对密度较低的树种，剪板连接的最大强度以及比例极限强度与全干相对密度呈直线关系，见图 3。对于密度较高的树种，螺栓的抗剪强度起控制作用。横纹荷载下，比例极限强度值、最大强度值与全干相对密度呈直线关系，见图 4。

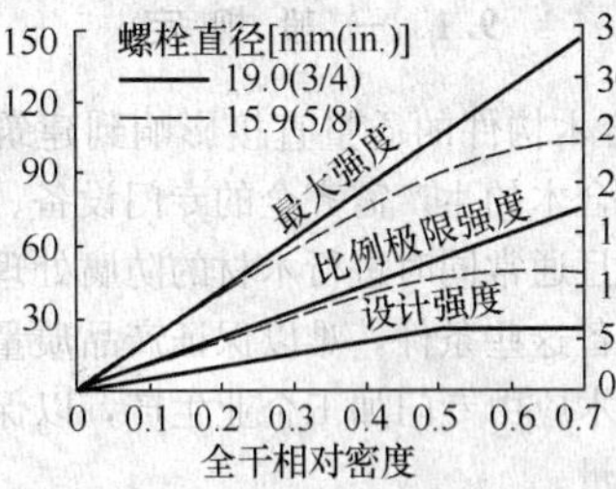

(a) 2个67mm剪板，主构件为76mm厚度的木材，次构件为两块钢板

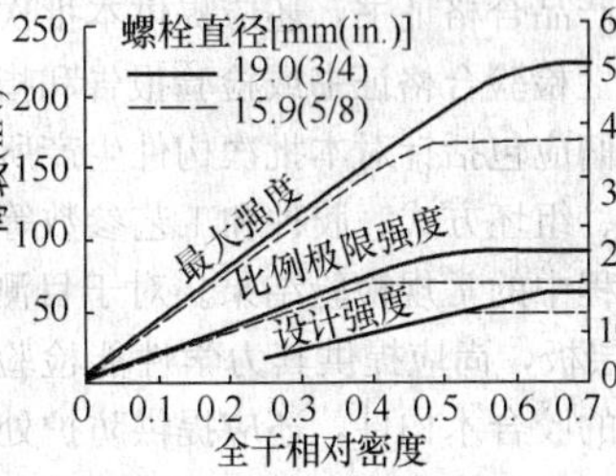

(b) 2个101mm剪板，主构件为89mm厚度的木材，次构件为两块钢板

图 3　顺纹荷载作用下强度与全干相对密度之间的关系

允许应力法中，在顺纹荷载作用下，设计强度值为最大强度除以 4。这样，设计强度不超过比例极限的 5/8。对极限强度进行折减时考虑了安全系数、材料的变异以及调整到标准荷载持续时间状态。在横纹荷载作用下，强度设计值直接按比例极限的 5/8 考虑，并考虑安全系数、材料的变异以及标准荷载持续时间状态。表 6.3.2-1 中承载力来源于 NDS 2005 规定的允许应力设计值经过转换得到。美国规范中的设计值考虑了在荷载与抗力系数法中，强度设计值等于允许应力法中的设计值乘以转换系数。其转换步骤参见本规范第 6.2.6 条的条文说明。

本条中的树种密度分组参考了 NDS 2005。

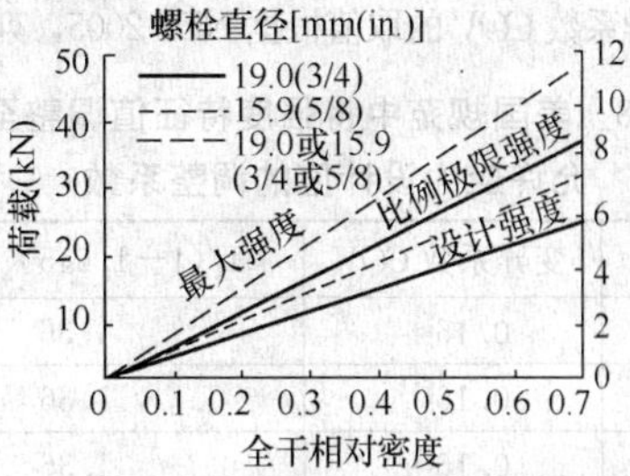

(a) 2个67mm剪板，主构件为76mm厚度的木材，次构件为两块钢板

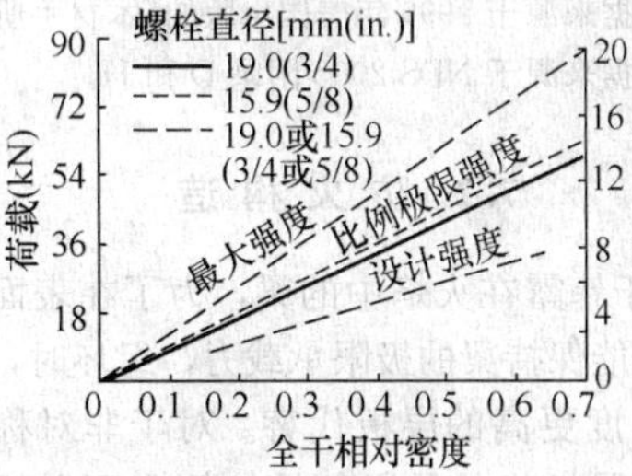

(b) 2个101mm剪板，主构件为89mm厚度的木材，次构件为两块钢板

图 4　横纹荷载作用下强度与全干相对密度之间的关系

7　构件防火设计

7.1　防 火 设 计

7.1.3 本条考虑到火灾属于偶然设计状况，应采用偶然组合进行设计，根据国家标准《建筑结构荷载规范》GB 50009 - 2001 的规定，偶然荷载的代表值不乘以分项系数，而直接采用标准值。

7.1.4 本条给出的有效炭化速率计算公式采用了 NDS 2005 以及美国林业及纸业协会出版的第 10 号技术报告《计算暴露木构件的耐火极限》。公式中的名义线形炭化速率 β_n 是一维状态下炭化速率，取 38mm/h，该数值与欧洲 5 号规范《木结构设计规范（第 2 部分）——结构耐火设计》中规定的一维炭化速率的数值（0.65mm/min）相同。有效炭化速率 β_e 为二维状态下，考虑了构件角部燃烧情况以及炭化速率的非线性。

7.1.5 根据本规范第 7.1.3 条规定，荷载直接采用标准值的组合，即在火灾情况下，燃烧后构件承载力的计算相当于采用容许应力法进行计算。参考 NDS 2005 以及美国林业及纸业协会出版的第 10 号技术报告《计算暴露木构件的耐火极限》，在一般情况下，采用容许应力法进行计算时，构件的允许应力等于材料强度 5%的分位值作为特征值，除以调整系数得到。而火灾时，允许应力则采用材料强度的平均值。平均值与 5%分位值的关系为：

$$f_m = f_{0.05}/(1-1.645\times COV)$$

式中：变异系数 COV 的取值根据 NDS 2005，列于表 8。

表 8　美国规范中将强度特征值调整至允许应力设计值的调整系数

强　度	变异系数 COV	$1/(1-1.645\times COV)$
抗弯强度	0.16[1]	1.36
顺纹抗压	0.16[1]	1.36
顺纹抗拉	0.16[1]	1.36
屈曲强度	0.11[2]	1.22

注：1　数据来源于 1999 年美国出版的《木材手册》；
2　数据来源于 NDS 2005 附录 D 和 H。

7.2　防 火 构 造

7.2.1　对于暴露在火焰中的梁，为了在表面层板彻底炭化后还能保持梁的极限承载力，组坯时，应将内侧层板用强度更高的层板代替。对于非对称异等组合，该内侧层板指的是紧邻受拉侧表面层板的层板（图 5）；对于对称异等组合，为靠近两侧表面层板的层板。

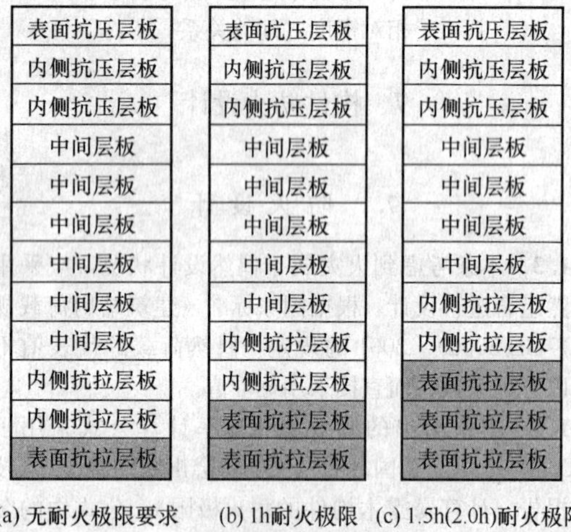

图 5　有耐火极限要求的胶合木构件非对称异等组合的组坯要求

7.2.2　面板之间如果采用直边对接，燃烧时，木材产生收缩，使得对接拼缝增大，热气会穿过拼缝在面板侧面产生炭化作用。当面板表面有覆面板（例如木基结构板材）覆盖时，由于通过的热气的数量是有限的，试验证明，此时的炭化率可近似有效炭化率的 1/3。当面板之间的拼缝为企口时，热气无法通过，试验证明，此时产生的炭化作用可以忽略。

8　构 造 要 求

8.1　一 般 规 定

8.1.7　本条对指接的指形状仅作了一般性规定。在实际工程中，制作胶合木构件时，层板的接长通常采用指接，并直接由机械设备加工制作、涂胶加压一次完成。由于加工设备的型号和设备制造商不同，其指接接头的指形状也各有不同。在确保指接接头的质量和结构安全下，按本条的规定，制造商可任意选用指接的加工设备。

8.2～8.8

胶合木梁与砌体或混凝土结构连接构造、胶合木梁与梁柱或基础连接构造以及胶合木梁耐久性的构造等，在满足结构和构件安全的条件下，可采用的构造形式有很多，本章各节的构造规定并不是唯一可采用的方式。

9　构件制作与安装

9.1　一 般 规 定

9.1.1　胶合木构件的质量直接影响到建筑结构的安全，各类胶合木的生产需齐全的专门设备、场地和专门技术，而且通常同时进行木材的防腐处理。建筑工地一般不具备这些条件，难以保证产品质量。因此本条规定胶合木应由专门加工企业生产，以保证胶合木构件生产质量。

9.1.3　胶合木生产企业向用户提供胶合木构件时，不仅应提供产品合格证书，还应提供本批次构件齐全的胶缝完整性检验合格证书或检验报告和指接强度检验报告，它们应包括针对本批次构件生产所用的树种（树种组合）、组坯方式、胶种和工艺参数等的型式检验和生产过程中的常规检验结果。对于目测分级 $Ⅰ_d$、$Ⅱ_d$、$Ⅲ_d$ 等层板，尚应提供其力学性能检验报告。需作防护处理的胶合木构件，还应提供防护处理合格检验报告。

9.1.4　异等非对称组合的胶合木梁，其承载力与截面的放置方式有关，故应注明截面的上、下方向，以保证满足构件的承载力要求。

9.2　普通层板胶合木构件组坯

本节系根据国家标准《木结构设计规范》GB 50005－2003 编写，维持原规范传统的方法，以便技术人员在熟悉新方法前使用。

9.2.1　普通层板胶合木所用层板的材质等级和树种分类沿用现行国家标准《木结构设计规范》GB 50005 的原有规定，即按层板目测的外观质量划分为 3 级，将适合制作胶合木的树种（树种组合）划分为 8 组，共 4 个强度等级，且强度指标与方木、原木相同。但层板的强度等级只与树种（树种组合）有关，而与层板的材质等级无关。故本条按构件的用途和层板的材质等级规定组坯方式。虽然本规范对目测分级层板和机械弹性模量分级胶合木分为同等组合和异等组合胶合木，实际上，表 9.2.1 中的组坯规定，受拉或拉弯构件以及受压构件也可视为同等组合，其他构件可视为异等组合。

9.3 目测分级和机械分级胶合木构件组坯

本节的组坯规定至关重要，只有按此组坯方式，才能使用本规范第 4 章规定的各种强度指标和调整系数。

本节较为重要的一点是，强调了构件受控一侧的表面层板宜采用机械分级层板，这对提升构件质量有利。当然，如果采用目测分级的表面层板能达到机械分级一样的性能，经过确认，达到这种品质的目测层板亦是可用的，比如欧洲就有这样较成熟的经验。

本节的组坯方式，主要是参考国外标准并经过规范组慎重讨论确定的。

9.3.1 为保证胶合木达到所要求的强度等级，生产厂家必须保证目测分级和机械分级层板的树种(树种组合)、材质等级及力学性能指标符合本规范 3.1.3～3.1.5 和 4.2.2 条的规定。

表 9.3.1 中的组坯可简化为只使用外侧层板、中间层板的组合。其材质要求及胶合木构件强度等级，应根据足尺试验来确定，或提出足够的使用经验(上升到某个国家标准)给予证明。

9.3.2～9.3.4 应力在受弯构件、压弯构件和拉弯构件的截面上并非均匀分布，为合理用材，这类构件宜采用异等组合。材质等级和强度指标高的层板，用于应力较大的表面和外侧层板，以充分发挥材料性能。

9.3.5 轴心受力构件以及荷载作用方向与层板窄边垂直的受弯构件，截面不同位置的层板中的应力分布相同，故应采用同等组合。表 9.3.5-1 和表 9.3.5-2 分别是 5 个强度等级的胶合木对目测分级层板和机械弹性模量分级层板的材质要求。为保证胶合木达到规定的强度指标，应严格执行层板材质等级的规定。例如，对于强度等级 TC_T30，只能采用 SZ1 中的 $Ⅰ_d$ 等级的目测分级层板或强度等级 M_E14 级的机械弹性模量分级层板；对于强度等级 TC_T27，可采用 SZ1 中的 $Ⅱ_d$ 等级的目测分级层板或 SZ2、SZ3 中的 $Ⅰ_d$ 等级的目测分级层板，或采用强度等级 M_E12 级的机械弹性模量分级层板。

9.4 构 件 制 作

9.4.2 胶合木构件的生产制作区环境应按所采用胶粘剂的要求进行控制，生产区室温和空气相对湿度是控制胶合木构件质量的主要因素之一。生产期间，空气相对湿度应控制在 40%～80%之间。在涂抹胶粘剂和固化期间，空气相对湿度若为 30%也可接受。生产期间，允许在较短时间内，室温和空气相对湿度超出本条规定的控制范围。

9.4.3 层板指接接头如果采用机械涂胶，层板两端都应涂抹。如果采用手工涂胶，一端层板的所有指接表面都应完全涂抹，并经过操作者检查后，可只涂抹一端层板。指接层板在进一步加工前，胶粘剂初步固化应完成，除非能提供试验证明指接接头有足够可靠的强度，才能允许进一步加工。

9.4.5 为了减少翘曲与裂纹，超过 200mm 宽的层板可在板中开槽。每块层板截面中部允许有一个槽，槽的最大宽度为 4mm，最大深度是层板厚度的 1/3。相邻层板的开槽应相互错开，其距离应大于层板厚度，胶合时，槽内均应填满胶。

9.4.9 除设计文件规定外，胶合木桁架的制作均应按跨度的 1/200 起拱，以减少视觉上的下垂感。本条文规定了脊节点的提高量为起拱高度，在保持桁架高度不变的情况下，钢木桁架下弦提高量取决于下弦节点的位置，木桁架取决于下弦杆接头的位置。桁架高度是指上弦中央节点至两支座连线间的距离。

9.5 构件连接施工

9.5.1 螺栓连接中力的传递依赖于孔壁的挤压，因此连接件与被连接件上的螺栓孔必须同心，否则不仅安装螺栓困难，更不利的是增加了连接滑移量，甚至发生各个击破现象而不能达到设计承载力要求。采用本规范规定的一次成孔方法，可有效解决螺栓不同心问题，缺点是当连接件为钢夹板时，所用长钻杆的麻花钻需特殊加工。

螺栓连接中，螺栓杆一般不承受轴向力作用，因此垫板尺寸仅需满足构造要求，无需验算木材横纹局压承载力。因木材干缩等原因引起螺帽松动，木结构检修是予以拧紧。承受拉力的钢拉杆，其端部螺栓应采用双螺帽并彼此拧紧，主要是为了防止螺帽松动。其垫板尺寸应经计算确定。

9.5.2 直径较大的方头或六角头木螺钉，难以直接拧入木材，如果强力拧入或捶击，有可能造成木材劈裂而影响节点连接的承载力，故需要作引孔处理。

9.5.3 剪板在我国的工程应用并不广泛，应严格按规范施工。参照国外经验，采用与剪板规格品种配套的专用钻具，将螺栓孔和剪板窝眼一次成孔。

9.6 构 件 安 装

9.6.1 需考虑拼装时的支承情况和吊装时的吊点位置两种情况验算，而这两种情况与构件的设计受力情况，一般是不一致的。木材的强度取值与荷载持续时间有关，拼、吊装时结构所受荷载作用时段较短，故取其最大应力不超过 1.2 倍的木材强度设计值。

9.6.4 桁架等平面构件水平运输时不宜平卧叠放在车辆上，以免在装卸和运输过程中因颠簸使平面外受弯而损坏。大型或超常构件无法存放在仓库或敞棚内时，也应采取防雨淋措施，如用五彩布、塑料布等遮盖。

9.6.6 木柱与桁架上弦第二节点间设斜撑可增强房屋的侧向刚度，侧向水平荷载在斜撑中产生的轴力应直接传递至屋架上弦节点，斜撑与下弦杆相交处的螺栓只起夹紧作用，不应传递轴力，故在斜撑上开椭圆孔。

10 防护与维护

10.1 一 般 规 定

10.1.1 胶合木构件不应与混凝土或砌体结构构件直接接触，一般在接触面可加钢垫板。当无法避免时，为了保证胶合木构件的耐久性应采用经防腐处理的胶合木构件。

10.1.2 当胶合木结构处于室外露天环境或经常潮湿环境中，容易使胶合木构件产生腐朽，胶合木构件必须经过加压防腐处理。一般情况下将木材的平衡含水率大于20%时的条件定义为经常潮湿的环境。

10.2 防 腐 处 理

胶合木构件防腐处理采用的方法和使用的防腐剂各有不同，本规范不作具体的规定。但是，无论采用何种处理方法和防腐剂，胶合木构件防腐处理透入度及载药量应符合国家相关标准的规定。

10.2.5 大量的现场调查表明，木梁的腐朽主要发生在支座处，因此当木梁支承在砖墙或混凝土构件上时，应设经防护处理的垫木，并应设防潮层和保证支座的通风。

10.3 检查和维护

10.3.1 对于暴露在室外、或者经常位于在潮湿环境中的胶合木结构构件，虽然进行了防腐处理，但是还是容易产生腐蚀和虫害的迹象，必须进行定期检查和维护，以免对结构安全构成危害。

10.3.2、**10.3.3** 对于胶合木构件的拱靴或柱靴处，或与建筑物其他构件之间的连接处，易出现开裂、腐蚀和虫害，经常进行检查和维护是必要的。

附录D 根据构件足尺试验确定胶合木强度等级

D.0.5 当进行胶合木强度和弹性模量的足尺测试时，由于当前还没有木构件足尺试验的相关国家现行标准，因此，试验时可参照国际标准《木结构——胶合木——实验方法：物理和机械特性的确定》ISO/CD 8375进行。

5

混凝土结构

中华人民共和国国家标准

混凝土结构设计规范

Code for design of concrete structures

GB 50010—2010

主编部分：中华人民共和国住房和城乡建设部
批准部门：中华人民共和国住房和城乡建设部
施行日期：2 0 1 1 年 7 月 1 日

中华人民共和国住房和城乡建设部
公　　告

第743号

关于发布国家标准《混凝土结构设计规范》的公告

现批准《混凝土结构设计规范》为国家标准，编号为GB 50010－2010，自2011年7月1日起实施。其中，第3.1.7、3.3.2、4.1.3、4.1.4、4.2.2、4.2.3、8.5.1、10.1.1、11.1.3、11.2.3、11.3.1、11.3.6、11.4.12、11.7.14条为强制性条文，必须严格执行。原《混凝土结构设计规范》GB 50010－2002同时废止。

本规范由我部标准定额研究所组织中国建筑工业出版社出版发行。

中华人民共和国住房和城乡建设部

2010年8月18日

前　言

根据原建设部《关于印发〈2006年工程建设标准规范制订、修订计划（第一批）〉的通知》（建标［2006］77号文）要求，本规范由中国建筑科学研究院会同有关单位经调查研究，认真总结实践经验，参考有关国际标准和国外先进标准，并在广泛征求意见的基础上修订完成。

本规范的主要内容是：总则、术语和符号、基本设计规定、材料、结构分析、承载能力极限状态计算、正常使用极限状态验算、构造规定、结构构件的基本规定、预应力混凝土结构构件、混凝土结构构件抗震设计以及有关的附录。

本规范修订的主要技术内容是：1. 补充了结构方案、结构防连续倒塌、既有结构设计和无粘结预应力设计的原则规定；2. 修改了正常使用极限状态验算的有关规定；3. 增加了500MPa级带肋钢筋，以300MPa级光圆钢筋取代了235MPa级钢筋；4. 补充了复合受力构件设计的相关规定，修改了受剪、受冲切承载力计算公式；5. 调整了钢筋的保护层厚度、钢筋锚固长度和纵向受力钢筋最小配筋率的有关规定；6. 补充、修改了柱双向受剪、连梁和剪力墙边缘构件的抗震设计相关规定；7. 补充、修改了预应力混凝土构件及板柱节点抗震设计的相关要求。

本规范中以黑体字标志的条文为强制性条文，必须严格执行。

本规范由住房和城乡建设部负责管理和对强制性条文的解释，由中国建筑科学研究院负责具体技术内容的解释。执行本规范过程中如有意见或建议，请寄送中国建筑科学研究院国家标准《混凝土结构设计规范》管理组（地址：北京市北三环东路30号，邮编：100013）。

本规范主编单位：中国建筑科学研究院

本规范参编单位：清华大学
同济大学
重庆大学
天津大学
东南大学
郑州大学
大连理工大学
哈尔滨工业大学
浙江大学
湖南大学
西安建筑科技大学
河海大学
国家建筑工程质量监督检验中心
中国建筑设计研究院
北京市建筑设计研究院
华东建筑设计研究院有限公司
中国建筑西南设计研究院
南京市建筑设计研究院有限公司
中国航空工业规划设计研究院
国家建筑钢材质量监督检验中心
中建国际建设公司
北京榆构有限公司

本规范主要起草人员：赵基达　徐有邻　黄小坤　陶学康　李云贵　李东彬　叶列平　李　杰　傅剑平　王铁成　刘立新　邱洪兴　邸小坛　王晓锋　朱爱萍　宋玉普　郑文忠　金伟良　梁兴文　易伟建　吴胜兴　范　重　柯长华　张凤新　左　江　贾　洁　吴小宾　朱建国　蒋勤俭　邓明胜　刘　刚

本规范主要审查人员：吴学敏　徐永基　白生翔　李明顺　汪大绥　程懋堃　康谷贻　莫　庸　王振华　胡家顺　孙慧中　陈国义　耿树江　赵君黎　刘琼祥　娄　宇　章一萍　李　霆　吴一红

目　次

Contents

1 总　　则

1.0.1 为了在混凝土结构设计中贯彻执行国家的技术经济政策，做到安全、适用、经济，保证质量，制定本规范。

1.0.2 本规范适用于房屋和一般构筑物的钢筋混凝土、预应力混凝土以及素混凝土结构的设计。本规范不适用于轻骨料混凝土及特种混凝土结构的设计。

1.0.3 本规范依据现行国家标准《工程结构可靠性设计统一标准》GB 50153 及《建筑结构可靠度设计统一标准》GB 50068 的原则制定。本规范是对混凝土结构设计的基本要求。

1.0.4 混凝土结构的设计除应符合本规范外，尚应符合国家现行有关标准的规定。

2 术语和符号

2.1 术　　语

2.1.1 混凝土结构　concrete structure

以混凝土为主制成的结构，包括素混凝土结构、钢筋混凝土结构和预应力混凝土结构等。

2.1.2 素混凝土结构　plain concrete structure

无筋或不配置受力钢筋的混凝土结构。

2.1.3 普通钢筋　steel bar

用于混凝土结构构件中的各种非预应力筋的总称。

2.1.4 预应力筋　prestressing tendon and/or bar

用于混凝土结构构件中施加预应力的钢丝、钢绞线和预应力螺纹钢筋等的总称。

2.1.5 钢筋混凝土结构　reinforced concrete structure

配置受力普通钢筋的混凝土结构。

2.1.6 预应力混凝土结构　prestressed concrete structure

配置受力的预应力筋，通过张拉或其他方法建立预加应力的混凝土结构。

2.1.7 现浇混凝土结构　cast-in-situ concrete structure

在现场原位支模并整体浇筑而成的混凝土结构。

2.1.8 装配式混凝土结构　precast concrete structure

由预制混凝土构件或部件装配、连接而成的混凝土结构。

2.1.9 装配整体式混凝土结构 assembled monolithic concrete structure

由预制混凝土构件或部件通过钢筋、连接件或施加预应力加以连接，并在连接部位浇筑混凝土而形成整体受力的混凝土结构。

2.1.10 叠合构件　composite member

由预制混凝土构件（或既有混凝土结构构件）和后浇混凝土组成，以两阶段成型的整体受力结构构件。

2.1.11 深受弯构件　deep flexural member

跨高比小于 5 的受弯构件。

2.1.12 深梁　deep beam

跨高比小于 2 的简支单跨梁或跨高比小于 2.5 的多跨连续梁。

2.1.13 先张法预应力混凝土结构　pretensioned prestressed concrete structure

在台座上张拉预应力筋后浇筑混凝土，并通过放张预应力筋由粘结传递而建立预应力的混凝土结构。

2.1.14 后张法预应力混凝土结构　post-tensioned prestressed concrete structure

浇筑混凝土并达到规定强度后，通过张拉预应力筋并在结构上锚固而建立预应力的混凝土结构。

2.1.15 无粘结预应力混凝土结构　unbonded prestressed concrete structure

配置与混凝土之间可保持相对滑动的无粘结预应力筋的后张法预应力混凝土结构。

2.1.16 有粘结预应力混凝土结构　bonded prestressed concrete structure

通过灌浆或与混凝土直接接触使预应力筋与混凝土之间相互粘结而建立预应力的混凝土结构。

2.1.17 结构缝　structural joint

根据结构设计需求而采取的分割混凝土结构间隔的总称。

2.1.18 混凝土保护层　concrete cover

结构构件中钢筋外边缘至构件表面范围用于保护钢筋的混凝土，简称保护层。

2.1.19 锚固长度　anchorage length

受力钢筋依靠其表面与混凝土的粘结作用或端部构造的挤压作用而达到设计承受应力所需的长度。

2.1.20 钢筋连接　splice of reinforcement

通过绑扎搭接、机械连接、焊接等方法实现钢筋之间内力传递的构造形式。

2.1.21 配筋率　ratio of reinforcement

混凝土构件中配置的钢筋面积（或体积）与规定的混凝土截面面积（或体积）的比值。

2.1.22 剪跨比　ratio of shear span to effective depth

截面弯矩与剪力和有效高度乘积的比值。

2.1.23 横向钢筋　transverse reinforcement

垂直于纵向受力钢筋的箍筋或间接钢筋。

2.2 符　　号

2.2.1 材料性能

E_c——混凝土的弹性模量；

E_s——钢筋的弹性模量；

C30——立方体抗压强度标准值为 $30N/mm^2$ 的混凝土强度等级；

HRB500——强度级别为 500MPa 的普通热轧带肋钢筋；

HRBF400——强度级别为 400MPa 的细晶粒热轧带肋钢筋；

RRB400——强度级别为 400MPa 的余热处理带肋钢筋；

HPB300——强度级别为 300MPa 的热轧光圆钢筋；

HRB400E——强度级别为 400MPa 且有较高抗震性能的普通热轧带肋钢筋；

f_{ck}、f_c——混凝土轴心抗压强度标准值、设计值；

f_{tk}、f_t——混凝土轴心抗拉强度标准值、设计值；

f_{yk}、f_{pyk}——普通钢筋、预应力筋屈服强度标准值；

f_{stk}，f_{ptk}——普通钢筋、预应力筋极限强度标准值；

f_y、f'_y——普通钢筋抗拉、抗压强度设计值；

f_{py}、f'_{py}——预应力筋抗拉、抗压强度设计值；

f_{yv}——横向钢筋的抗拉强度设计值；

δ_{gt}——钢筋最大力下的总伸长率，也称均匀伸长率。

2.2.2 作用和作用效应

N——轴向力设计值；

N_k、N_q——按荷载标准组合、准永久组合计算的轴向力值；

N_{u0}——构件的截面轴心受压或轴心受拉承载力设计值；

N_{p0}——预应力构件混凝土法向预应力等于零时的预加力；

M——弯矩设计值；

M_k、M_q——按荷载标准组合、准永久组合计算的弯矩值；

M_u——构件的正截面受弯承载力设计值；

M_{cr}——受弯构件的正截面开裂弯矩值；

T——扭矩设计值；

V——剪力设计值；

F_l——局部荷载设计值或集中反力设计值；

σ_s、σ_p——正截面承载力计算中纵向钢筋、预应力筋的应力；

σ_{pe}——预应力筋的有效预应力；

σ_l、σ'_l——受拉区、受压区预应力筋在相应阶段的预应力损失值；

τ——混凝土的剪应力；

w_{max}——按荷载准永久组合或标准组合，并考虑长期作用影响的计算最大裂缝宽度。

2.2.3 几何参数

b——矩形截面宽度，T形、I形截面的腹板宽度；

c——混凝土保护层厚度；

d——钢筋的公称直径（简称直径）或圆形截面的直径；

h——截面高度；

h_0——截面有效高度；

l_{ab}、l_a——纵向受拉钢筋的基本锚固长度、锚固长度；

l_0——计算跨度或计算长度；

s——沿构件轴线方向上横向钢筋的间距、螺旋筋的间距或箍筋的间距；

x——混凝土受压区高度；

A——构件截面面积；

A_s、A'_s——受拉区、受压区纵向普通钢筋的截面面积；

A_p、A'_p——受拉区、受压区纵向预应力筋的截面面积；

A_l——混凝土局部受压面积；

A_{cor}——箍筋、螺旋筋或钢筋网所围的混凝土核心截面面积；

B——受弯构件的截面刚度；

I——截面惯性矩；

W——截面受拉边缘的弹性抵抗矩；

W_t——截面受扭塑性抵抗矩。

2.2.4 计算系数及其他

α_E——钢筋弹性模量与混凝土弹性模量的比值；

γ——混凝土构件的截面抵抗矩塑性影响系数；

η——偏心受压构件考虑二阶效应影响的轴向力偏心距增大系数；

λ——计算截面的剪跨比，即 $M/(Vh_0)$；

ρ——纵向受力钢筋的配筋率；

ρ_v——间接钢筋或箍筋的体积配筋率；

ϕ——表示钢筋直径的符号，$\phi20$ 表示直径为 20mm 的钢筋。

3 基本设计规定

3.1 一般规定

3.1.1 混凝土结构设计应包括下列内容：

1 结构方案设计，包括结构选型、构件布置及传力途径；

2　作用及作用效应分析；

3　结构的极限状态设计；

4　结构及构件的构造、连接措施；

5　耐久性及施工的要求；

6　满足特殊要求结构的专门性能设计。

3.1.2　本规范采用以概率理论为基础的极限状态设计方法，以可靠指标度量结构构件的可靠度，采用分项系数的设计表达式进行设计。

3.1.3　混凝土结构的极限状态设计应包括：

1　承载能力极限状态：结构或结构构件达到最大承载力、出现疲劳破坏、发生不适于继续承载的变形或因结构局部破坏而引发的连续倒塌；

2　正常使用极限状态：结构或结构构件达到正常使用的某项规定限值或耐久性能的某种规定状态。

3.1.4　结构上的直接作用（荷载）应根据现行国家标准《建筑结构荷载规范》GB 50009 及相关标准确定；地震作用应根据现行国家标准《建筑抗震设计规范》GB 50011 确定。

间接作用和偶然作用应根据有关的标准或具体情况确定。

直接承受吊车荷载的结构构件应考虑吊车荷载的动力系数。预制构件制作、运输及安装时应考虑相应的动力系数。对现浇结构，必要时应考虑施工阶段的荷载。

3.1.5　混凝土结构的安全等级和设计使用年限应符合现行国家标准《工程结构可靠性设计统一标准》GB 50153 的规定。

混凝土结构中各类结构构件的安全等级，宜与整个结构的安全等级相同。对其中部分结构构件的安全等级，可根据其重要程度适当调整。对于结构中重要构件和关键传力部位，宜适当提高其安全等级。

3.1.6　混凝土结构设计应考虑施工技术水平以及实际工程条件的可行性。有特殊要求的混凝土结构，应提出相应的施工要求。

3.1.7　设计应明确结构的用途，在设计使用年限内未经技术鉴定或设计许可，不得改变结构的用途和使用环境。

3.2　结构方案

3.2.1　混凝土结构的设计方案应符合下列要求：

1　选用合理的结构体系、构件形式和布置；

2　结构的平、立面布置宜规则，各部分的质量和刚度宜均匀、连续；

3　结构传力途径应简捷、明确，竖向构件宜连续贯通、对齐；

4　宜采用超静定结构，重要构件和关键传力部位应增加冗余约束或有多条传力途径；

5　宜采取减小偶然作用影响的措施。

3.2.2　混凝土结构中结构缝的设计应符合下列要求：

1　应根据结构受力特点及建筑尺度、形状、使用功能要求，合理确定结构缝的位置和构造形式；

2　宜控制结构缝的数量，并应采取有效措施减少设缝对使用功能的不利影响；

3　可根据需要设置施工阶段的临时性结构缝。

3.2.3　结构构件的连接应符合下列要求：

1　连接部位的承载力应保证被连接构件之间的传力性能；

2　当混凝土构件与其他材料构件连接时，应采取可靠的措施；

3　应考虑构件变形对连接节点及相邻结构或构件造成的影响。

3.2.4　混凝土结构设计应符合节省材料、方便施工、降低能耗与保护环境的要求。

3.3　承载能力极限状态计算

3.3.1　混凝土结构的承载能力极限状态计算应包括下列内容：

1　结构构件应进行承载力（包括失稳）计算；

2　直接承受重复荷载的构件应进行疲劳验算；

3　有抗震设防要求时，应进行抗震承载力计算；

4　必要时尚应进行结构的倾覆、滑移、漂浮验算；

5　对于可能遭受偶然作用，且倒塌可能引起严重后果的重要结构，宜进行防连续倒塌设计。

3.3.2　对持久设计状况、短暂设计状况和地震设计状况，当用内力的形式表达时，结构构件应采用下列承载能力极限状态设计表达式：

$$\gamma_0 S \leq R \quad (3.3.2\text{-}1)$$

$$R = R(f_c, f_s, a_k, \cdots)/\gamma_{Rd} \quad (3.3.2\text{-}2)$$

式中：γ_0——结构重要性系数：在持久设计状况和短暂设计状况下，对安全等级为一级的结构构件不应小于 1.1，对安全等级为二级的结构构件不应小于 1.0，对安全等级为三级的结构构件不应小于 0.9；对地震设计状况下应取 1.0；

S——承载能力极限状态下作用组合的效应设计值：对持久设计状况和短暂设计状况应按作用的基本组合计算；对地震设计状况应按作用的地震组合计算；

R——结构构件的抗力设计值；

$R(\cdot)$——结构构件的抗力函数；

γ_{Rd}——结构构件的抗力模型不定性系数：静力设计取 1.0，对不确定性较大的结构构件根据具体情况取大于 1.0 的数值；抗震设计应用承载力抗震调整系数 γ_{RE} 代

替 γ_{Rd}；

f_c、f_s——混凝土、钢筋的强度设计值，应根据本规范第 4.1.4 条及第 4.2.3 条的规定取值；

a_k——几何参数的标准值，当几何参数的变异性对结构性能有明显的不利影响时，应增减一个附加值。

注：公式（3.3.2-1）中的 $\gamma_0 S$ 为内力设计值，在本规范各章中用 N、M、V、T 等表达。

3.3.3 对二维、三维混凝土结构构件，当按弹性或弹塑性方法分析并以应力形式表达时，可将混凝土应力按区域等代成内力设计值，按本规范第 3.3.2 条进行计算；也可直接采用多轴强度准则进行设计验算。

3.3.4 对偶然作用下的结构进行承载能力极限状态设计时，公式（3.3.2-1）中的作用效应设计值 S 按偶然组合计算，结构重要性系数 γ_0 取不小于 1.0 的数值；公式（3.3.2-2）中混凝土、钢筋的强度设计值 f_c、f_s 改用强度标准值 f_{ck}、f_{yk}（或 f_{pyk}）。

当进行结构防连续倒塌验算时，结构构件的承载力函数应按本规范第 3.6 节的原则确定。

3.3.5 对既有结构的承载能力极限状态设计，应按下列规定进行：

1 对既有结构进行安全复核、改变用途或延长使用年限而需验算承载能力极限状态时，宜符合本规范第 3.3.2 条的规定；

2 对既有结构进行改建、扩建或加固改造而重新设计时，承载能力极限状态的计算应符合本规范第 3.7 节的规定。

3.4 正常使用极限状态验算

3.4.1 混凝土结构构件应根据其使用功能及外观要求，按下列规定进行正常使用极限状态验算：

1 对需要控制变形的构件，应进行变形验算；

2 对不允许出现裂缝的构件，应进行混凝土拉应力验算；

3 对允许出现裂缝的构件，应进行受力裂缝宽度验算；

4 对舒适度有要求的楼盖结构，应进行竖向自振频率验算。

3.4.2 对于正常使用极限状态，钢筋混凝土构件、预应力混凝土构件应分别按荷载的准永久组合并考虑长期作用的影响或标准组合并考虑长期作用的影响，采用下列极限状态设计表达式进行验算：

$$S \leqslant C \tag{3.4.2}$$

式中：S——正常使用极限状态荷载组合的效应设计值；

C——结构构件达到正常使用要求所规定的变形、应力、裂缝宽度和自振频率等的限值。

3.4.3 钢筋混凝土受弯构件的最大挠度应按荷载的准永久组合，预应力混凝土受弯构件的最大挠度应按荷载的标准组合，并均应考虑荷载长期作用的影响进行计算，其计算值不应超过表 3.4.3 规定的挠度限值。

表 3.4.3 受弯构件的挠度限值

构件类型		挠度限值
吊车梁	手动吊车	$l_0/500$
	电动吊车	$l_0/600$
屋盖、楼盖及楼梯构件	当 $l_0<7$m 时	$l_0/200(l_0/250)$
	当 7m$\leqslant l_0 \leqslant$ 9m 时	$l_0/250$ ($l_0/300$)
	当 $l_0>9$m 时	$l_0/300$ ($l_0/400$)

注：1 表中 l_0 为构件的计算跨度；计算悬臂构件的挠度限值时，其计算跨度 l_0 按实际悬臂长度的 2 倍取用；

2 表中括号内的数值适用于使用上对挠度有较高要求的构件；

3 如果构件制作时预先起拱，且使用上也允许，则在验算挠度时，可将计算所得的挠度值减去起拱值；对预应力混凝土构件，尚可减去预加力所产生的反拱值；

4 构件制作时的起拱值和预加力所产生的反拱值，不宜超过构件在相应荷载组合作用下的计算挠度值。

3.4.4 结构构件正截面的受力裂缝控制等级分为三级，等级划分及要求应符合下列规定：

一级——严格要求不出现裂缝的构件，按荷载标准组合计算时，构件受拉边缘混凝土不应产生拉应力。

二级——一般要求不出现裂缝的构件，按荷载标准组合计算时，构件受拉边缘混凝土拉应力不应大于混凝土抗拉强度的标准值。

三级——允许出现裂缝的构件：对钢筋混凝土构件，按荷载准永久组合并考虑长期作用影响计算时，构件的最大裂缝宽度不应超过本规范表 3.4.5 规定的最大裂缝宽度限值。对预应力混凝土构件，按荷载标准组合并考虑长期作用的影响计算时，构件的最大裂缝宽度不应超过本规范第 3.4.5 条规定的最大裂缝宽度限值；对二 a 类环境的预应力混凝土构件，尚应按荷载准永久组合计算，且构件受拉边缘混凝土的拉应力不应大于混凝土的抗拉强度标准值。

3.4.5 结构构件应根据结构类型和本规范第 3.5.2 条规定的环境类别，按表 3.4.5 的规定选用不同的裂缝控制等级及最大裂缝宽度限值 w_{lim}。

表 3.4.5　结构构件的裂缝控制等级及最大裂缝宽度的限值（mm）

环境类别	钢筋混凝土结构		预应力混凝土结构	
	裂缝控制等级	w_{lim}	裂缝控制等级	w_{lim}
一	三级	0.30（0.40）	三级	0.20
二 a		0.20		0.10
二 b			二级	—
三 a、三 b			一级	—

注：1　对处于年平均相对湿度小于 60%地区一类环境下的受弯构件，其最大裂缝宽度限值可采用括号内的数值；

2　在一类环境下，对钢筋混凝土屋架、托架及需作疲劳验算的吊车梁，其最大裂缝宽度限值应取为 0.20mm；对钢筋混凝土屋面梁和托梁，其最大裂缝宽度限值应取为 0.30mm；

3　在一类环境下，对预应力混凝土屋架、托架及双向板体系，应按二级裂缝控制等级进行验算；对一类环境下的预应力混凝土屋面梁、托梁、单向板，应按表中二 a 类环境的要求进行验算；在一类和二 a 类环境下需作疲劳验算的预应力混凝土吊车梁，应按裂缝控制等级不低于二级的构件进行验算；

4　表中规定的预应力混凝土构件的裂缝控制等级和最大裂缝宽度限值仅适用于正截面的验算；预应力混凝土构件的斜截面裂缝控制验算应符合本规范第 7 章的有关规定；

5　对于烟囱、筒仓和处于液体压力下的结构，其裂缝控制要求应符合专门标准的有关规定；

6　对于处于四、五类环境下的结构构件，其裂缝控制要求应符合专门标准的有关规定；

7　表中的最大裂缝宽度限值为用于验算荷载作用引起的最大裂缝宽度。

3.4.6　对混凝土楼盖结构应根据使用功能的要求进行竖向自振频率验算，并宜符合下列要求：

1　住宅和公寓不宜低于 5Hz；

2　办公楼和旅馆不宜低于 4Hz；

3　大跨度公共建筑不宜低于 3Hz。

3.5　耐久性设计

3.5.1　混凝土结构应根据设计使用年限和环境类别进行耐久性设计，耐久性设计包括下列内容：

1　确定结构所处的环境类别；

2　提出对混凝土材料的耐久性基本要求；

3　确定构件中钢筋的混凝土保护层厚度；

4　不同环境条件下的耐久性技术措施；

5　提出结构使用阶段的检测与维护要求。

注：对临时性的混凝土结构，可不考虑混凝土的耐久性要求。

3.5.2　混凝土结构暴露的环境类别应按表 3.5.2 的要求划分。

表 3.5.2　混凝土结构的环境类别

环境类别	条　　件
一	室内干燥环境； 无侵蚀性静水浸没环境
二 a	室内潮湿环境； 非严寒和非寒冷地区的露天环境； 非严寒和非寒冷地区与无侵蚀性的水或土壤直接接触的环境； 严寒和寒冷地区的冰冻线以下与无侵蚀性的水或土壤直接接触的环境
二 b	干湿交替环境； 水位频繁变动环境； 严寒和寒冷地区的露天环境； 严寒和寒冷地区冰冻线以上与无侵蚀性的水或土壤直接接触的环境
三 a	严寒和寒冷地区冬季水位变动区环境； 受除冰盐影响环境； 海风环境
三 b	盐渍土环境； 受除冰盐作用环境； 海岸环境
四	海水环境
五	受人为或自然的侵蚀性物质影响的环境

注：1　室内潮湿环境是指构件表面经常处于结露或湿润状态的环境；

2　严寒和寒冷地区的划分应符合现行国家标准《民用建筑热工设计规范》GB 50176 的有关规定；

3　海岸环境和海风环境宜根据当地情况，考虑主导风向及结构所处迎风、背风部位等因素的影响，由调查研究和工程经验确定；

4　受除冰盐影响环境是指受到除冰盐盐雾影响的环境；受除冰盐作用环境是指被除冰盐溶液溅射的环境以及使用除冰盐地区的洗车房、停车楼等建筑。

5　暴露的环境是指混凝土结构表面所处的环境。

3.5.3　设计使用年限为 50 年的混凝土结构，其混凝土材料宜符合表 3.5.3 的规定。

表 3.5.3　结构混凝土材料的耐久性基本要求

环境等级	最大水胶比	最低强度等级	最大氯离子含量（%）	最大碱含量（kg/m^3）
一	0.60	C20	0.30	不限制
二 a	0.55	C25	0.20	3.0
二 b	0.50(0.55)	C30(C25)	0.15	
三 a	0.45(0.50)	C35(C30)	0.15	
三 b	0.40	C40	0.10	

注：1　氯离子含量系指其占胶凝材料总量的百分比；

2　预应力构件混凝土中的最大氯离子含量为 0.06%；其最低混凝土强度等级宜按表中的规定提高两个等级；

3　素混凝土构件的水胶比及最低强度等级的要求可适当放松；

4　有可靠工程经验时，二类环境中的最低混凝土强度等级可降低一个等级；

5　处于严寒和寒冷地区二 b、三 a 类环境中的混凝土应使用引气剂，并可采用括号中的有关参数；

6　当使用非碱活性骨料时，对混凝土中的碱含量可不作限制。

3.5.4 混凝土结构及构件尚应采取下列耐久性技术措施：

1 预应力混凝土结构中的预应力筋应根据具体情况采取表面防护、孔道灌浆、加大混凝土保护层厚度等措施，外露的锚固端应采取封锚和混凝土表面处理等有效措施；

2 有抗渗要求的混凝土结构，混凝土的抗渗等级应符合有关标准的要求；

3 严寒及寒冷地区的潮湿环境中，结构混凝土应满足抗冻要求，混凝土抗冻等级应符合有关标准的要求；

4 处于二、三类环境中的悬臂构件宜采用悬臂梁-板的结构形式，或在其上表面增设防护层；

5 处于二、三类环境中的结构构件，其表面的预埋件、吊钩、连接件等金属部件应采取可靠的防锈措施，对于后张预应力混凝土外露金属锚具，其防护要求见本规范第10.3.13条；

6 处在三类环境中的混凝土结构构件，可采用阻锈剂、环氧树脂涂层钢筋或其他具有耐腐蚀性能的钢筋、采取阴极保护措施或采用可更换的构件等措施。

3.5.5 一类环境中，设计使用年限为100年的混凝土结构应符合下列规定：

1 钢筋混凝土结构的最低强度等级为C30；预应力混凝土结构的最低强度等级为C40；

2 混凝土中的最大氯离子含量为0.06%；

3 宜使用非碱活性骨料，当使用碱活性骨料时，混凝土中的最大碱含量为$3.0kg/m^3$；

4 混凝土保护层厚度应符合本规范第8.2.1条的规定；当采取有效的表面防护措施时，混凝土保护层厚度可适当减小。

3.5.6 二、三类环境中，设计使用年限100年的混凝土结构应采取专门的有效措施。

3.5.7 耐久性环境类别为四类和五类的混凝土结构，其耐久性要求应符合有关标准的规定。

3.5.8 混凝土结构在设计使用年限内尚应遵守下列规定：

1 建立定期检测、维修制度；

2 设计中可更换的混凝土构件应按规定更换；

3 构件表面的防护层，应按规定维护或更换；

4 结构出现可见的耐久性缺陷时，应及时进行处理。

3.6 防连续倒塌设计原则

3.6.1 混凝土结构防连续倒塌设计宜符合下列要求：

1 采取减小偶然作用效应的措施；

2 采取使重要构件及关键传力部位避免直接遭受偶然作用的措施；

3 在结构容易遭受偶然作用影响的区域增加冗余约束，布置备用的传力途径；

4 增强疏散通道、避难空间等重要结构构件及关键传力部位的承载力和变形性能；

5 配置贯通水平、竖向构件的钢筋，并与周边构件可靠地锚固；

6 设置结构缝，控制可能发生连续倒塌的范围。

3.6.2 重要结构的防连续倒塌设计可采用下列方法：

1 局部加强法：提高可能遭受偶然作用而发生局部破坏的竖向重要构件和关键传力部位的安全储备，也可直接考虑偶然作用进行设计。

2 拉结构件法：在结构局部竖向构件失效的条件下，可根据具体情况分别按梁-拉结模型、悬索-拉结模型和悬臂-拉结模型进行承载力验算，维持结构的整体稳固性。

3 拆除构件法：按一定规则拆除结构的主要受力构件，验算剩余结构体系的极限承载力；也可采用倒塌全过程分析进行设计。

3.6.3 当进行偶然作用下结构防连续倒塌的验算时，作用宜考虑结构相应部位倒塌冲击引起的动力系数。在抗力函数的计算中，混凝土强度取强度标准值f_{ck}；普通钢筋强度取极限强度标准值f_{stk}，预应力筋强度取极限强度标准值f_{ptk}并考虑锚具的影响。宜考虑偶然作用下结构倒塌对结构几何参数的影响。必要时尚应考虑材料性能在动力作用下的强化和脆性，并取相应的强度特征值。

3.7 既有结构设计原则

3.7.1 既有结构延长使用年限、改变用途、改建、扩建或需要进行加固、修复等，均应对其进行评定、验算或重新设计。

3.7.2 对既有结构进行安全性、适用性、耐久性及抗灾害能力进行评定时，应符合现行国家标准《工程结构可靠性设计统一标准》GB 50153的原则要求，并应符合下列规定：

1 应根据评定结果、使用要求和后续使用年限确定既有结构的设计方案；

2 既有结构改变用途或延长使用年限时，承载能力极限状态验算宜符合本规范的有关规定；

3 对既有结构进行改建、扩建或加固改造而重新设计时，承载能力极限状态的计算应符合本规范和相关标准的规定；

4 既有结构的正常使用极限状态验算及构造要求宜符合本规范的规定；

5 必要时可对使用功能作相应的调整，提出限制使用的要求。

3.7.3 既有结构的设计应符合下列规定：

1 应优化结构方案，保证结构的整体稳固性；

2 荷载可按现行规范的规定确定，也可根据使用功能作适当的调整；

3 结构既有部分混凝土、钢筋的强度设计值应根据强度的实测值确定；当材料的性能符合原设计的要求时，可按原设计的规定取值；

4　设计时应考虑既有结构构件实际的几何尺寸、截面配筋、连接构造和已有缺陷的影响；当符合原设计的要求时，可按原设计的规定取值；

5　应考虑既有结构的承载历史及施工状态的影响；对二阶段成形的叠合构件，可按本规范第 9.5 节的规定进行设计。

4　材　料

4.1　混　凝　土

4.1.1　混凝土强度等级应按立方体抗压强度标准值确定。立方体抗压强度标准值系指按标准方法制作、养护的边长为 150mm 的立方体试件，在 28d 或设计规定龄期以标准试验方法测得的具有 95%保证率的抗压强度值。

4.1.2　素混凝土结构的混凝土强度等级不应低于 C15；钢筋混凝土结构的混凝土强度等级不应低于 C20；采用强度等级 400MPa 及以上的钢筋时，混凝土强度等级不应低于 C25。

预应力混凝土结构的混凝土强度等级不宜低于 C40，且不应低于 C30。

承受重复荷载的钢筋混凝土构件，混凝土强度等级不应低于 C30。

4.1.3　混凝土轴心抗压强度的标准值 f_{ck} 应按表 4.1.3-1 采用；轴心抗拉强度的标准值 f_{tk} 应按表 4.1.3-2 采用。

表 4.1.3-1　混凝土轴心抗压强度标准值（N/mm²）

强度	混凝土强度等级													
	C15	C20	C25	C30	C35	C40	C45	C50	C55	C60	C65	C70	C75	C80
f_{ck}	10.0	13.4	16.7	20.1	23.4	26.8	29.6	32.4	35.5	38.5	41.5	44.5	47.4	50.2

表 4.1.3-2　混凝土轴心抗拉强度标准值（N/mm²）

强度	混凝土强度等级													
	C15	C20	C25	C30	C35	C40	C45	C50	C55	C60	C65	C70	C75	C80
f_{tk}	1.27	1.54	1.78	2.01	2.20	2.39	2.51	2.64	2.74	2.85	2.93	2.99	3.05	3.11

4.1.4　混凝土轴心抗压强度的设计值 f_c 应按表 4.1.4-1 采用；轴心抗拉强度的设计值 f_t 应按表 4.1.4-2 采用。

表 4.1.4-1　混凝土轴心抗压强度设计值（N/mm²）

强度	混凝土强度等级													
	C15	C20	C25	C30	C35	C40	C45	C50	C55	C60	C65	C70	C75	C80
f_c	7.2	9.6	11.9	14.3	16.7	19.1	21.1	23.1	25.3	27.5	29.7	31.8	33.8	35.9

表 4.1.4-2　混凝土轴心抗拉强度设计值（N/mm²）

强度	混凝土强度等级													
	C15	C20	C25	C30	C35	C40	C45	C50	C55	C60	C65	C70	C75	C80
f_t	0.91	1.10	1.27	1.43	1.57	1.71	1.80	1.89	1.96	2.04	2.09	2.14	2.18	2.22

4.1.5　混凝土受压和受拉的弹性模量 E_c 宜按表 4.1.5 采用。

混凝土的剪切变形模量 G_c 可按相应弹性模量值的 40%采用。

混凝土泊松比 υ_c 可按 0.2 采用。

表 4.1.5　混凝土的弹性模量（$\times 10^4$ N/mm²）

混凝土强度等级	C15	C20	C25	C30	C35	C40	C45	C50	C55	C60	C65	C70	C75	C80
E_c	2.20	2.55	2.80	3.00	3.15	3.25	3.35	3.45	3.55	3.60	3.65	3.70	3.75	3.80

注：1　当有可靠试验依据时，弹性模量可根据实测数据确定；

2　当混凝土中掺有大量矿物掺合料时，弹性模量可按规定龄期根据实测数据确定。

4.1.6　混凝土轴心抗压疲劳强度设计值 f_c^f、轴心抗拉疲劳强度设计值 f_t^f 应分别按表 4.1.4-1、表 4.1.4-2 中的强度设计值乘疲劳强度修正系数 γ_ρ 确定。混凝土受压或受拉疲劳强度修正系数 γ_ρ 应根据疲劳应力比值 ρ_c^f 分别按表 4.1.6-1、表 4.1.6-2 采用；当混凝土承受拉-压疲劳应力作用时，疲劳强度修正系数 γ_ρ 取 0.60。

疲劳应力比值 ρ_c^f 应按下列公式计算：

$$\rho_c^f = \frac{\sigma_{c,min}^f}{\sigma_{c,max}^f} \tag{4.1.6}$$

式中：$\sigma_{c,min}^f$、$\sigma_{c,max}^f$——构件疲劳验算时，截面同一纤维上混凝土的最小应力、最大应力。

表 4.1.6-1　混凝土受压疲劳强度修正系数 γ_ρ

ρ_c^f	$0 \leqslant \rho_c^f < 0.1$	$0.1 \leqslant \rho_c^f < 0.2$	$0.2 \leqslant \rho_c^f < 0.3$	$0.3 \leqslant \rho_c^f < 0.4$	$0.4 \leqslant \rho_c^f < 0.5$	$\rho_c^f \geqslant 0.5$
γ_ρ	0.68	0.74	0.80	0.86	0.93	1.00

表 4.1.6-2　混凝土受拉疲劳强度修正系数 γ_ρ

ρ_c^f	$0 < \rho_c^f < 0.1$	$0.1 \leqslant \rho_c^f < 0.2$	$0.2 \leqslant \rho_c^f < 0.3$	$0.3 \leqslant \rho_c^f < 0.4$	$0.4 \leqslant \rho_c^f < 0.5$
γ_ρ	0.63	0.66	0.69	0.72	0.74
ρ_c^f	$0.5 \leqslant \rho_c^f < 0.6$	$0.6 \leqslant \rho_c^f < 0.7$	$0.7 \leqslant \rho_c^f < 0.8$	$\rho_c^f \geqslant 0.8$	—
γ_ρ	0.76	0.80	0.90	1.00	—

注：直接承受疲劳荷载的混凝土构件，当采用蒸汽养护时，养护温度不宜高于 60℃。

4.1.7　混凝土疲劳变形模量 E_c^f 应按表 4.1.7 采用。

表 4.1.7　混凝土的疲劳变形模量（$\times 10^4$ N/mm²）

强度等级	C30	C35	C40	C45	C50	C55	C60	C65	C70	C75	C80
E_c^f	1.30	1.40	1.50	1.55	1.60	1.65	1.70	1.75	1.80	1.85	1.90

4.1.8 当温度在0℃～100℃范围内时，混凝土的热工参数可按下列规定取值：

线膨胀系数 α_c：1×10^{-5}/℃；

导热系数 λ：10.6kJ/(m·h·℃)；

比热容 c：0.96kJ/(kg·℃)。

4.2 钢 筋

4.2.1 混凝土结构的钢筋应按下列规定选用：

1 纵向受力普通钢筋宜采用HRB400、HRB500、HRBF400、HRBF500钢筋，也可采用HPB300、HRB335、HRBF335、RRB400钢筋；

2 梁、柱纵向受力普通钢筋应采用HRB400、HRB500、HRBF400、HRBF500钢筋；

3 箍筋宜采用HRB400、HRBF400、HPB300、HRB500、HRBF500钢筋，也可采用HRB335、HRBF335钢筋；

4 预应力筋宜采用预应力钢丝、钢绞线和预应力螺纹钢筋。

4.2.2 钢筋的强度标准值应具有不小于95%的保证率。

普通钢筋的屈服强度标准值 f_{yk}、极限强度标准值 f_{stk} 应按表4.2.2-1采用；预应力钢丝、钢绞线和预应力螺纹钢筋的屈服强度标准值 f_{pyk}、极限强度标准值 f_{ptk} 应按表4.2.2-2采用。

表4.2.2-1 普通钢筋强度标准值（N/mm²）

牌 号	符号	公称直径 d（mm）	屈服强度标准值 f_{yk}	极限强度标准值 f_{stk}
HPB300	ф	6～22	300	420
HRB335 HRBF335	Ф $Ф^F$	6～50	335	455
HRB400 HRBF400 RRB400	Ф $Ф^F$ $Ф^R$	6～50	400	540
HRB500 HRBF500	Ф $Ф^F$	6～50	500	630

表4.2.2-2 预应力筋强度标准值（N/mm²）

种 类		符号	公称直径 d（mm）	屈服强度标准值 f_{pyk}	极限强度标准值 f_{ptk}
中强度预应力钢丝	光面	$ф^{PM}$	5、7、9	620	800
				780	970
	螺旋肋	$ф^{HM}$		980	1270

续表4.2.2-2

种 类		符号	公称直径 d（mm）	屈服强度标准值 f_{pyk}	极限强度标准值 f_{ptk}
预应力螺纹钢筋	螺纹	$ф^T$	18、25、32、40、50	785	980
				930	1080
				1080	1230
消除应力钢丝	光面	$ф^P$	5	—	1570
				—	1860
			7	—	1570
	螺旋肋	$ф^H$	9	—	1470
				—	1570
钢绞线	1×3（三股）	$ф^S$	8.6、10.8、12.9	—	1570
				—	1860
				—	1960
	1×7（七股）		9.5、12.7、15.2、17.8	—	1720
				—	1860
				—	1960
			21.6	—	1860

注：极限强度标准值为1960N/mm²的钢绞线作后张预应力配筋时，应有可靠的工程经验。

4.2.3 普通钢筋的抗拉强度设计值 f_y、抗压强度设计值 f'_y 应按表4.2.3-1采用；预应力筋的抗拉强度设计值 f_{py}、抗压强度设计值 f'_{py} 应按表4.2.3-2采用。

当构件中配有不同种类的钢筋时，每种钢筋应采用各自的强度设计值。横向钢筋的抗拉强度设计值 f_{yv} 应按表中 f_y 的数值采用；当用作受剪、受扭、受冲切承载力计算时，其数值大于360N/mm² 时应取360N/mm²。

表4.2.3-1 普通钢筋强度设计值（N/mm²）

牌 号	抗拉强度设计值 f_y	抗压强度设计值 f'_y
HPB300	270	270
HRB335、HRBF335	300	300
HRB400、HRBF400、RRB400	360	360
HRB500、HRBF500	435	410

表4.2.3-2 预应力筋强度设计值（N/mm²）

种 类	极限强度标准值 f_{ptk}	抗拉强度设计值 f_{py}	抗压强度设计值 f'_{py}
中强度预应力钢丝	800	510	410
	970	650	
	1270	810	

续表 4.2.3-2

种　类	极限强度标准值 f_{ptk}	抗拉强度设计值 f_{py}	抗压强度设计值 f'_{py}
消除应力钢丝	1470	1040	410
	1570	1110	
	1860	1320	
钢绞线	1570	1110	390
	1720	1220	
	1860	1320	
	1960	1390	
预应力螺纹钢筋	980	650	410
	1080	770	
	1230	900	

注：当预应力筋的强度标准值不符合表 4.2.3-2 的规定时，其强度设计值应进行相应的比例换算。

4.2.4 普通钢筋及预应力筋在最大力下的总伸长率 δ_{gt} 不应小于表 4.2.4 规定的数值。

表 4.2.4 普通钢筋及预应力筋在最大力下的总伸长率限值

钢筋品种	普　通　钢　筋			预应力筋
	HPB300	HRB335、HRBF335、HRB400、HRBF400、HRB500、HRBF500	RRB400	
δ_{gt} (%)	10.0	7.5	5.0	3.5

4.2.5 普通钢筋和预应力筋的弹性模量 E_s 应按表 4.2.5 采用。

表 4.2.5 钢筋的弹性模量（$\times10^5$ N/mm²）

牌号或种类	弹性模量 E_s
HPB300 钢筋	2.10
HRB335、HRB400、HRB500 钢筋 HRBF335、HRBF400、HRBF500 钢筋 RRB400 钢筋 预应力螺纹钢筋	2.00
消除应力钢丝、中强度预应力钢丝	2.05
钢绞线	1.95

注：必要时可采用实测的弹性模量。

4.2.6 普通钢筋和预应力筋的疲劳应力幅限值 Δf_y^f 和 Δf_{py}^f 应根据钢筋疲劳应力比值 ρ_s^f、ρ_p^f，分别按表 4.2.6-1、表 4.2.6-2 线性内插取值。

表 4.2.6-1 普通钢筋疲劳应力幅限值（N/mm²）

疲劳应力比值 ρ_s^f	疲劳应力幅限值 Δf_y^f	
	HRB335	HRB400
0	175	175
0.1	162	162
0.2	154	156
0.3	144	149
0.4	131	137
0.5	115	123
0.6	97	106
0.7	77	85
0.8	54	60
0.9	28	31

注：当纵向受拉钢筋采用闪光接触对焊连接时，其接头处的钢筋疲劳应力幅限值应按表中数值乘以 0.8 取用。

表 4.2.6-2 预应力筋疲劳应力幅限值（N/mm²）

疲劳应力比值 ρ_p^f	钢绞线 $f_{ptk}=1570$	消除应力钢丝 $f_{ptk}=1570$
0.7	144	240
0.8	118	168
0.9	70	88

注：1 当 ρ_p^f 不小于 0.9 时，可不作预应力筋疲劳验算；
2 当有充分依据时，可对表中规定的疲劳应力幅限值作适当调整。

普通钢筋疲劳应力比值 ρ_s^f 应按下列公式计算：

$$\rho_s^f=\frac{\sigma_{s,min}^f}{\sigma_{s,max}^f} \tag{4.2.6-1}$$

式中：$\sigma_{s,min}^f$、$\sigma_{s,max}^f$——构件疲劳验算时，同一层钢筋的最小应力、最大应力。

预应力筋疲劳应力比值 ρ_p^f 应按下列公式计算：

$$\rho_p^f=\frac{\sigma_{p,min}^f}{\sigma_{p,max}^f} \tag{4.2.6-2}$$

式中：$\sigma_{p,min}^f$、$\sigma_{p,max}^f$——构件疲劳验算时，同一层预应力筋的最小应力、最大应力。

4.2.7 构件中的钢筋可采用并筋的配置形式。直径 28mm 及以下的钢筋并筋数量不应超过 3 根；直径 32mm 的钢筋并筋数量宜为 2 根；直径 36mm 及以上的钢筋不应采用并筋。并筋应按单根等效钢筋进行计算，等效钢筋的等效直径应按截面面积相等的原则换算确定。

4.2.8 当进行钢筋代换时，除应符合设计要求的构件承载力、最大力下的总伸长率、裂缝宽度验算以及抗震规定以外，尚应满足最小配筋率、钢筋间距、保护层厚度、钢筋锚固长度、接头面积百分率及搭接长度等构造要求。

4.2.9 当构件中采用预制的钢筋焊接网片或钢筋骨架配筋时，应符合国家现行有关标准的规定。

4.2.10 各种公称直径的普通钢筋、预应力筋的公称截面面积及理论重量应按本规范附录A采用。

5 结构分析

5.1 基本原则

5.1.1 混凝土结构应进行整体作用效应分析，必要时尚应对结构中受力状况特殊部位进行更详细的分析。

5.1.2 当结构在施工和使用期的不同阶段有多种受力状况时，应分别进行结构分析，并确定其最不利的作用组合。

结构可能遭遇火灾、飓风、爆炸、撞击等偶然作用时，尚应按国家现行有关标准的要求进行相应的结构分析。

5.1.3 结构分析的模型应符合下列要求：

1 结构分析采用的计算简图、几何尺寸、计算参数、边界条件、结构材料性能指标以及构造措施等应符合实际工作状况；

2 结构上可能的作用及其组合、初始应力和变形状况等，应符合结构的实际状况；

3 结构分析中所采用的各种近似假定和简化，应有理论、试验依据或经工程实践验证；计算结果的精度应符合工程设计的要求。

5.1.4 结构分析应符合下列要求：

1 满足力学平衡条件；

2 在不同程度上符合变形协调条件，包括节点和边界的约束条件；

3 采用合理的材料本构关系或构件单元的受力-变形关系。

5.1.5 结构分析时，应根据结构类型、材料性能和受力特点等选择下列分析方法：

1 弹性分析方法；

2 塑性内力重分布分析方法；

3 弹塑性分析方法；

4 塑性极限分析方法；

5 试验分析方法。

5.1.6 结构分析所采用的计算软件应经考核和验证，其技术条件应符合本规范和国家现行有关标准的要求。

应对分析结果进行判断和校核，在确认其合理、有效后方可应用于工程设计。

5.2 分析模型

5.2.1 混凝土结构宜按空间体系进行结构整体分析，并宜考虑结构单元的弯曲、轴向、剪切和扭转等变形对结构内力的影响。

当进行简化分析时，应符合下列规定：

1 体形规则的空间结构，可沿柱列或墙轴线分解为不同方向的平面结构分别进行分析，但应考虑平面结构的空间协同工作；

2 构件的轴向、剪切和扭转变形对结构内力分析影响不大时，可不予考虑。

5.2.2 混凝土结构的计算简图宜按下列方法确定：

1 梁、柱、杆等一维构件的轴线宜取为截面几何中心的连线，墙、板等二维构件的中轴面宜取为截面中心线组成的平面或曲面；

2 现浇结构和装配整体式结构的梁柱节点、柱与基础连接处等可作为刚接；非整体浇筑的次梁两端及板跨两端可近似作为铰接；

3 梁、柱等杆件的计算跨度或计算高度可按其两端支承长度的中心距或净距确定，并应根据支承节点的连接刚度或支承反力的位置加以修正；

4 梁、柱等杆件间连接部分的刚度远大于杆件中间截面的刚度时，在计算模型中可作为刚域处理。

5.2.3 进行结构整体分析时，对于现浇结构或装配整体式结构，可假定楼盖在其自身平面内为无限刚性。当楼盖开有较大洞口或其局部会产生明显的平面内变形时，在结构分析中应考虑其影响。

5.2.4 对现浇楼盖和装配整体式楼盖，宜考虑楼板作为翼缘对梁刚度和承载力的影响。梁受压区有效翼缘计算宽度 b'_f 可按表5.2.4所列情况中的最小值取用；也可采用梁刚度增大系数法近似考虑，刚度增大系数应根据梁有效翼缘尺寸与梁截面尺寸的相对比例确定。

表 5.2.4 受弯构件受压区有效翼缘计算宽度 b'_f

情况			T形、I形截面		倒L形截面
			肋形梁（板）	独立梁	肋形梁（板）
1	按计算跨度 l_0 考虑		$l_0/3$	$l_0/3$	$l_0/6$
2	按梁（肋）净距 s_n 考虑		$b+s_n$	—	$b+s_n/2$
3	按翼缘高度 h'_f 考虑	$h'_f/h_0 \geqslant 0.1$	—	$b+12h'_f$	—
		$0.1>h'_f/h_0 \geqslant 0.05$	$b+12h'_f$	$b+6h'_f$	$b+5h'_f$
		$h'_f/h_0<0.05$	$b+12h'_f$	b	$b+5h'_f$

注：1 表中 b 为梁的腹板厚度；

2 肋形梁在梁跨内设有间距小于纵肋间距的横肋时，可不考虑表中情况3的规定；

3 加腋的T形、I形和倒L形截面，当受压区加腋的高度 h_h 不小于 h'_f 且加腋的长度 b_h 不大于 $3h_h$ 时，其翼缘计算宽度可按表中情况3的规定分别增加 $2b_h$（T形、I形截面）和 b_h（倒L形截面）；

4 独立梁受压区的翼缘板在荷载作用下经验算沿纵肋方向可能产生裂缝时，其计算宽度应取腹板宽度 b。

5.2.5 当地基与结构的相互作用对结构的内力和变形有显著影响时，结构分析中宜考虑地基与结构相互作用的影响。

5.3 弹性分析

5.3.1 结构的弹性分析方法可用于正常使用极限状态和承载能力极限状态作用效应的分析。

5.3.2 结构构件的刚度可按下列原则确定：

1 混凝土的弹性模量可按本规范表4.1.5采用；

2 截面惯性矩可按匀质的混凝土全截面计算；

3 端部加腋的杆件，应考虑其截面变化对结构分析的影响；

4 不同受力状态下构件的截面刚度，宜考虑混凝土开裂、徐变等因素的影响予以折减。

5.3.3 混凝土结构弹性分析宜采用结构力学或弹性力学等分析方法。体形规则的结构，可根据作用的种类和特性，采用适当的简化分析方法。

5.3.4 当结构的二阶效应可能使作用效应显著增大时，在结构分析中应考虑二阶效应的不利影响。

混凝土结构的重力二阶效应可采用有限元分析方法计算，也可采用本规范附录B的简化方法。当采用有限元分析方法时，宜考虑混凝土构件开裂对构件刚度的影响。

5.3.5 当边界支承位移对双向板的内力及变形有较大影响时，在分析中宜考虑边界支承竖向变形及扭转等的影响。

5.4 塑性内力重分布分析

5.4.1 混凝土连续梁和连续单向板，可采用塑性内力重分布方法进行分析。

重力荷载作用下的框架、框架-剪力墙结构中的现浇梁以及双向板等，经弹性分析求得内力后，可对支座或节点弯矩进行适度调幅，并确定相应的跨中弯矩。

5.4.2 按考虑塑性内力重分布分析方法设计的结构和构件，应选用符合本规范第4.2.4条规定的钢筋，并应满足正常使用极限状态要求且采取有效的构造措施。

对于直接承受动力荷载的构件，以及要求不出现裂缝或处于三a、三b类环境情况下的结构，不应采用考虑塑性内力重分布的分析方法。

5.4.3 钢筋混凝土梁支座或节点边缘截面的负弯矩调幅幅度不宜大于25%；弯矩调整后的梁端截面相对受压区高度不应超过0.35，且不宜小于0.10。

钢筋混凝土板的负弯矩调幅幅度不宜大于20%。

预应力混凝土梁的弯矩调幅幅度应符合本规范第10.1.8条的规定。

5.4.4 对属于协调扭转的混凝土结构构件，受相邻构件约束的支承梁的扭矩宜考虑内力重分布的影响。

考虑内力重分布后的支承梁，应按弯剪扭构件进行承载力计算。

注：当有充分依据时，也可采用其他设计方法。

5.5 弹塑性分析

5.5.1 重要或受力复杂的结构，宜采用弹塑性分析方法对结构整体或局部进行验算。结构的弹塑性分析宜遵循下列原则：

1 应预先设定结构的形状、尺寸、边界条件、材料性能和配筋等；

2 材料的性能指标宜取平均值，并宜通过试验分析确定，也可按本规范附录C的规定确定；

3 宜考虑结构几何非线性的不利影响；

4 分析结果用于承载力设计时，宜考虑抗力模型不定性系数对结构的抗力进行适当调整。

5.5.2 混凝土结构的弹塑性分析，可根据实际情况采用静力或动力分析方法。结构的基本构件计算模型宜按下列原则确定：

1 梁、柱、杆等杆系构件可简化为一维单元，宜采用纤维束模型或塑性铰模型；

2 墙、板等构件可简化为二维单元，宜采用膜单元、板单元或壳单元；

3 复杂的混凝土结构、大体积混凝土结构、结构的节点或局部区域需作精细分析时，宜采用三维块体单元。

5.5.3 构件、截面或各种计算单元的受力-变形本构关系宜符合实际受力情况。某些变形较大的构件或节点进行局部精细分析时，宜考虑钢筋与混凝土间的粘结-滑移本构关系。

钢筋、混凝土材料的本构关系宜通过试验分析确定，也可按本规范附录C采用。

5.6 塑性极限分析

5.6.1 对不承受多次重复荷载作用的混凝土结构，当有足够的塑性变形能力时，可采用塑性极限理论的分析方法进行结构的承载力计算，同时应满足正常使用的要求。

5.6.2 整体结构的塑性极限分析计算应符合下列规定：

1 对可预测结构破坏机制的情况，结构的极限承载力可根据设定的结构塑性屈服机制，采用塑性极限理论进行分析；

2 对难于预测结构破坏机制的情况，结构的极限承载力可采用静力或动力弹塑性分析方法确定；

3 对直接承受偶然作用的结构构件或部位，应根据偶然作用的动力特征考虑其动力效应的影响。

5.6.3 承受均布荷载的周边支承的双向矩形板，可采用塑性铰线法或条带法等塑性极限分析方法进行承载能力极限状态的分析与设计。

5.7 间接作用分析

5.7.1 当混凝土的收缩、徐变以及温度变化等间接作用在结构中产生的作用效应可能危及结构的安全或正常使用时，宜进行间接作用效应的分析，并应采取相应的构造措施和施工措施。

5.7.2 混凝土结构进行间接作用效应的分析，可采用本规范第5.5节的弹塑性分析方法；也可考虑裂缝和徐变对构件刚度的影响，按弹性方法进行近似分析。

6 承载能力极限状态计算

6.1 一般规定

6.1.1 本章适用于钢筋混凝土构件、预应力混凝土构件的承载能力极限状态计算；素混凝土结构构件设计应符合本规范附录D的规定。

深受弯构件、牛腿、叠合式构件的承载力计算应符合本规范第9章的有关规定。

6.1.2 对于二维或三维非杆系结构构件，当按弹性或弹塑性分析方法得到构件的应力设计值分布后，可根据主拉应力设计值的合力在配筋方向的投影确定配筋量，按主拉应力的分布区域确定钢筋布置，并应符合相应的构造要求；当混凝土处于受压状态时，可考虑受压钢筋和混凝土共同作用，受压钢筋配置应符合构造要求。

6.1.3 采用应力表达式进行混凝土结构构件的承载能力极限状态验算时，应符合下列规定：

1 应根据设计状况和构件性能设计目标确定混凝土和钢筋的强度取值。

2 钢筋应力不应大于钢筋的强度取值。

3 混凝土应力不应大于混凝土的强度取值；多轴应力状态混凝土强度取值和验算可按本规范附录C.4的有关规定进行。

6.2 正截面承载力计算

（Ⅰ）正截面承载力计算的一般规定

6.2.1 正截面承载力应按下列基本假定进行计算：

1 截面应变保持平面。

2 不考虑混凝土的抗拉强度。

3 混凝土受压的应力与应变关系按下列规定取用：

当 $\varepsilon_c \leqslant \varepsilon_0$ 时

$$\sigma_c = f_c\left[1-\left(1-\frac{\varepsilon_c}{\varepsilon_0}\right)^n\right] \quad (6.2.1\text{-}1)$$

当 $\varepsilon_0 < \varepsilon_c \leqslant \varepsilon_{cu}$ 时

$$\sigma_c = f_c \quad (6.2.1\text{-}2)$$

$$n = 2-\frac{1}{60}(f_{cu,k}-50) \quad (6.2.1\text{-}3)$$

$$\varepsilon_0 = 0.002+0.5(f_{cu,k}-50)\times10^{-5} \quad (6.2.1\text{-}4)$$

$$\varepsilon_{cu} = 0.0033-(f_{cu,k}-50)\times10^{-5} \quad (6.2.1\text{-}5)$$

式中：σ_c——混凝土压应变为 ε_c 时的混凝土压应力；

f_c——混凝土轴心抗压强度设计值，按本规范表4.1.4-1采用；

ε_0——混凝土压应力达到 f_c 时的混凝土压应变，当计算的 ε_0 值小于0.002时，取为0.002；

ε_{cu}——正截面的混凝土极限压应变，当处于非均匀受压且按公式（6.2.1-5）计算的值大于0.0033时，取为0.0033；当处于轴心受压时取为 ε_0；

$f_{cu,k}$——混凝土立方体抗压强度标准值，按本规范第4.1.1条确定；

n——系数，当计算的 n 值大于2.0时，取为2.0。

4 纵向受拉钢筋的极限拉应变取为0.01。

5 纵向钢筋的应力取钢筋应变与其弹性模量的乘积，但其值应符合下列要求：

$$-f'_y \leqslant \sigma_{si} \leqslant f_y \quad (6.2.1\text{-}6)$$

$$\sigma_{p0i}-f'_{py} \leqslant \sigma_{pi} \leqslant f_{py} \quad (6.2.1\text{-}7)$$

式中：σ_{si}、σ_{pi}——第 i 层纵向普通钢筋、预应力筋的应力，正值代表拉应力，负值代表压应力；

σ_{p0i}——第 i 层纵向预应力筋截面重心处混凝土法向应力等于零时的预应力筋应力，按本规范公式（10.1.6-3）或公式（10.1.6-6）计算；

f_y、f_{py}——普通钢筋、预应力筋抗拉强度设计值，按本规范表4.2.3-1、表4.2.3-2采用；

f'_y、f'_{py}——普通钢筋、预应力筋抗压强度设计值，按本规范表4.2.3-1、表4.2.3-2采用；

6.2.2 在确定中和轴位置时，对双向受弯构件，其内、外弯矩作用平面应相互重合；对双向偏心受力构件，其轴向力作用点、混凝土和受压钢筋的合力点以及受拉钢筋的合力点应在同一条直线上。当不符合上述条件时，尚应考虑扭转的影响。

6.2.3 弯矩作用平面内截面对称的偏心受压构件，当同一主轴方向的杆端弯矩比 $\frac{M_1}{M_2}$ 不大于0.9且轴压比不大于0.9时，若构件的长细比满足公式（6.2.3）的要求，可不考虑轴向压力在该方向挠曲杆件中产生的附加弯矩影响；否则应根据本规范第6.2.4条的规定，按截面的两个主轴方向分别考虑轴向压力在挠曲杆件中产生的附加弯矩影响。

$$l_c/i \leqslant 34-12(M_1/M_2) \quad (6.2.3)$$

式中：M_1、M_2——分别为已考虑侧移影响的偏心受压构件两端截面按结构弹性分析确定的对同一主轴的组合弯矩设计值，绝对值较大端为 M_2，绝对值较小端为 M_1，当构件按单曲率弯曲时，M_1/M_2 取正值，否则取负值；

l_c ——构件的计算长度，可近似取偏心受压构件相应主轴方向上下支撑点之间的距离；

i——偏心方向的截面回转半径。

6.2.4 除排架结构柱外，其他偏心受压构件考虑轴向压力在挠曲杆件中产生的二阶效应后控制截面的弯矩设计值，应按下列公式计算：

$$M = C_m \eta_{ns} M_2 \qquad (6.2.4\text{-}1)$$

$$C_m = 0.7 + 0.3\frac{M_1}{M_2} \qquad (6.2.4\text{-}2)$$

$$\eta_{ns} = 1 + \frac{1}{1300(M_2/N + e_a)/h_0}\left(\frac{l_c}{h}\right)^2 \zeta_c \qquad (6.2.4\text{-}3)$$

$$\zeta_c = \frac{0.5 f_c A}{N} \qquad (6.2.4\text{-}4)$$

当 $C_m\eta_{ns}$ 小于 1.0 时取 1.0；对剪力墙及核心筒墙，可取 $C_m\eta_{ns}$ 等于 1.0。

式中：C_m ——构件端截面偏心距调节系数，当小于 0.7 时取 0.7；

η_{ns} ——弯矩增大系数；

N——与弯矩设计值 M_2 相应的轴向压力设计值；

e_a ——附加偏心距，按本规范第 6.2.5 条确定；

ζ_c ——截面曲率修正系数，当计算值大于 1.0 时取 1.0；

h ——截面高度；对环形截面，取外直径；对圆形截面，取直径；

h_0 ——截面有效高度；对环形截面，取 $h_0 = r_2 + r_s$；对圆形截面，取 $h_0 = r + r_s$；此处，r、r_2 和 r_s 按本规范第 E.0.3 条和第 E.0.4 条确定；

A ——构件截面面积。

6.2.5 偏心受压构件的正截面承载力计算时，应计入轴向压力在偏心方向存在的附加偏心距 e_a，其值应取 20mm 和偏心方向截面最大尺寸的 1/30 两者中的较大值。

6.2.6 受弯构件、偏心受力构件正截面承载力计算时，受压区混凝土的应力图形可简化为等效的矩形应力图。

矩形应力图的受压区高度 x 可取截面应变保持平面的假定所确定的中和轴高度乘以系数 β_1。当混凝土强度等级不超过 C50 时，β_1 取为 0.80，当混凝土强度等级为 C80 时，β_1 取为 0.74，其间按线性内插法确定。

矩形应力图的应力值可由混凝土轴心抗压强度设计值 f_c 乘以系数 α_1 确定。当混凝土强度等级不超过 C50 时，α_1 取为 1.0，当混凝土强度等级为 C80 时，α_1 取为 0.94，其间按线性内插法确定。

6.2.7 纵向受拉钢筋屈服与受压区混凝土破坏同时发生时的相对界限受压区高度 ξ_b 应按下列公式计算：

1 钢筋混凝土构件

有屈服点普通钢筋

$$\xi_b = \frac{\beta_1}{1 + \dfrac{f_y}{E_s \varepsilon_{cu}}} \qquad (6.2.7\text{-}1)$$

无屈服点普通钢筋

$$\xi_b = \frac{\beta_1}{1 + \dfrac{0.002}{\varepsilon_{cu}} + \dfrac{f_y}{E_s \varepsilon_{cu}}} \qquad (6.2.7\text{-}2)$$

2 预应力混凝土构件

$$\xi_b = \frac{\beta_1}{1 + \dfrac{0.002}{\varepsilon_{cu}} + \dfrac{f_{py} - \sigma_{p0}}{E_s \varepsilon_{cu}}} \qquad (6.2.7\text{-}3)$$

式中：ξ_b ——相对界限受压区高度，取 x_b / h_0；

x_b ——界限受压区高度；

h_0 ——截面有效高度：纵向受拉钢筋合力点至截面受压边缘的距离；

E_s ——钢筋弹性模量，按本规范表 4.2.5 采用；

σ_{p0} ——受拉区纵向预应力筋合力点处混凝土法向应力等于零时的预应力筋应力，按本规范公式（10.1.6-3）或公式（10.1.6-6）计算；

ε_{cu} ——非均匀受压时的混凝土极限压应变，按本规范公式（6.2.1-5）计算；

β_1 ——系数，按本规范第 6.2.6 条的规定计算。

注：当截面受拉区内配置有不同种类或不同预应力值的钢筋时，受弯构件的相对界限受压区高度应分别计算，并取其较小值。

6.2.8 纵向钢筋应力应按下列规定确定：

1 纵向钢筋应力宜按下列公式计算：

普通钢筋

$$\sigma_{si} = E_s \varepsilon_{cu}\left(\frac{\beta_1 h_{0i}}{x} - 1\right) \qquad (6.2.8\text{-}1)$$

预应力筋

$$\sigma_{pi} = E_s \varepsilon_{cu}\left(\frac{\beta_1 h_{0i}}{x} - 1\right) + \sigma_{p0i} \qquad (6.2.8\text{-}2)$$

2 纵向钢筋应力也可按下列近似公式计算：

普通钢筋

$$\sigma_{si} = \frac{f_y}{\xi_b - \beta_1}\left(\frac{x}{h_{0i}} - \beta_1\right) \qquad (6.2.8\text{-}3)$$

预应力筋

$$\sigma_{pi}=\frac{f_{py}-\sigma_{p0i}}{\xi_b-\beta_1}\left(\frac{x}{h_{0i}}-\beta_1\right)+\sigma_{p0i} \quad (6.2.8\text{-}4)$$

3 按公式（6.2.8-1）～公式（6.2.8-4）计算的纵向钢筋应力应符合本规范第 6.2.1 条第 5 款的相关规定。

式中：h_{0i} ——第 i 层纵向钢筋截面重心至截面受压边缘的距离；

x ——等效矩形应力图形的混凝土受压区高度；

σ_{si}、σ_{pi} ——第 i 层纵向普通钢筋、预应力筋的应力，正值代表拉应力，负值代表压应力；

σ_{p0i} ——第 i 层纵向预应力筋截面重心处混凝土法向应力等于零时的预应力筋应力，按本规范公式（10.1.6-3）或公式（10.1.6-6）计算。

6.2.9 矩形、I形、T形截面构件的正截面承载力可按本节规定计算；任意截面、圆形及环形截面构件的正截面承载力可按本规范附录 E 的规定计算。

（Ⅱ） 正截面受弯承载力计算

6.2.10 矩形截面或翼缘位于受拉边的倒 T 形截面受弯构件，其正截面受弯承载力应符合下列规定（图 6.2.10）：

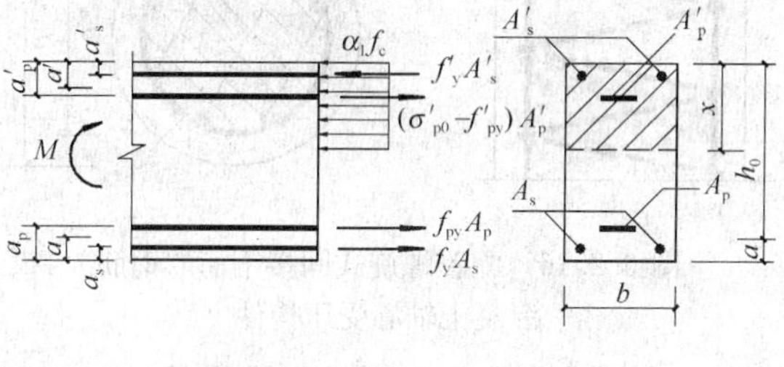

图6.2.10 矩形截面受弯构件正截面受弯承载力计算

$$M\leqslant\alpha_1 f_c bx\left(h_0-\frac{x}{2}\right)+f'_y A'_s(h_0-a'_s)-(\sigma'_{p0}-f'_{py})A'_p(h_0-a'_p) \quad (6.2.10\text{-}1)$$

混凝土受压区高度应按下列公式确定：

$$\alpha_1 f_c bx=f_y A_s-f'_y A'_s+f_{py}A_p+(\sigma'_{p0}-f'_{py})A'_p \quad (6.2.10\text{-}2)$$

混凝土受压区高度尚应符合下列条件：

$$x\leqslant\xi_b h_0 \quad (6.2.10\text{-}3)$$

$$x\geqslant 2a' \quad (6.2.10\text{-}4)$$

式中：M ——弯矩设计值；

α_1 ——系数，按本规范第 6.2.6 条的规定计算；

f_c ——混凝土轴心抗压强度设计值，按本规范表 4.1.4-1 采用；

A_s、A'_s ——受拉区、受压区纵向普通钢筋的截面面积；

A_p、A'_p ——受拉区、受压区纵向预应力筋的截面面积；

σ'_{p0} ——受压区纵向预应力筋合力点处混凝土法向应力等于零时的预应力筋应力；

b ——矩形截面的宽度或倒 T 形截面的腹板宽度；

h_0 ——截面有效高度；

a'_s、a'_p ——受压区纵向普通钢筋合力点、预应力筋合力点至截面受压边缘的距离；

a' ——受压区全部纵向钢筋合力点至截面受压边缘的距离，当受压区未配置纵向预应力筋或受压区纵向预应力筋应力（$\sigma'_{p0}-f'_{py}$）为拉应力时，公式（6.2.10-4）中的 a' 用 a'_s 代替。

6.2.11 翼缘位于受压区的 T 形、I 形截面受弯构件（图 6.2.11），其正截面受弯承载力计算应符合下列规定：

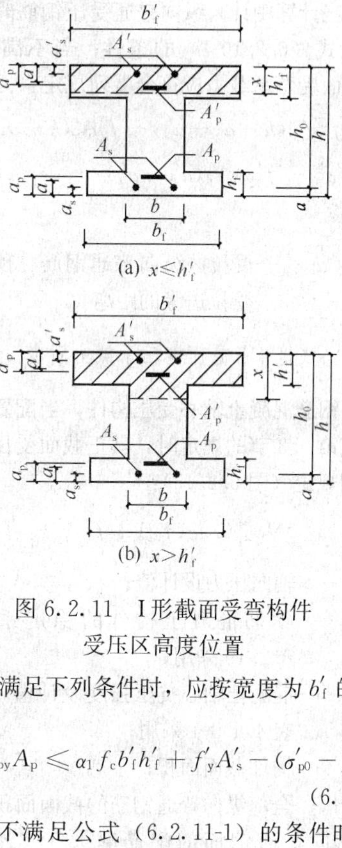

(a) $x\leqslant h'_f$

(b) $x>h'_f$

图 6.2.11 I形截面受弯构件受压区高度位置

1 当满足下列条件时，应按宽度为 b'_f 的矩形截面计算：

$$f_y A_s+f_{py}A_p\leqslant\alpha_1 f_c b'_f h'_f+f'_y A'_s-(\sigma'_{p0}-f'_{py})A'_p \quad (6.2.11\text{-}1)$$

2 当不满足公式（6.2.11-1）的条件时，应按下列公式计算：

$$M\leqslant\alpha_1 f_c bx\left(h_0-\frac{x}{2}\right)+\alpha_1 f_c(b'_f-b)h'_f\left(h_0-\frac{h'_f}{2}\right)+f'_y A'_s(h_0-a'_s)-(\sigma'_{p0}-f'_{py})A'_p(h_0-a'_p) \quad (6.2.11\text{-}2)$$

混凝土受压区高度应按下列公式确定：

$$\alpha_1 f_c[bx+(b'_f-b)h'_f]=f_y A_s-f'_y A'_s+f_{py}A_p+(\sigma'_{p0}-f'_{py})A'_p \quad (6.2.11\text{-}3)$$

式中：h'_{f}——T 形、I 形截面受压区的翼缘高度；

b'_{f}——T 形、I 形截面受压区的翼缘计算宽度，按本规范第 6.2.12 条的规定确定。

按上述公式计算 T 形、I 形截面受弯构件时，混凝土受压区高度仍应符合本规范公式（6.2.10-3）和公式（6.2.10-4）的要求。

6.2.12 T 形、I 形及倒 L 形截面受弯构件位于受压区的翼缘计算宽度 b'_{f} 可按本规范表 5.2.4 所列情况中的最小值取用。

6.2.13 受弯构件正截面受弯承载力计算应符合本规范公式（6.2.10-3）的要求。当由构造要求或按正常使用极限状态验算要求配置的纵向受拉钢筋截面面积大于受弯承载力要求的配筋面积时，按本规范公式（6.2.10-2）或公式（6.2.11-3）计算的混凝土受压区高度 x，可仅计入受弯承载力条件所需的纵向受拉钢筋截面面积。

6.2.14 当计算中计入纵向普通受压钢筋时，应满足本规范公式（6.2.10-4）的条件；当不满足此条件时，正截面受弯承载力应符合下列规定：

$$M \leqslant f_{\mathrm{py}}A_{\mathrm{p}}(h-a_{\mathrm{p}}-a'_{\mathrm{s}})+f_{\mathrm{y}}A_{\mathrm{s}}(h-a_{\mathrm{s}}-a'_{\mathrm{s}})+(\sigma'_{\mathrm{p0}}-f'_{\mathrm{py}})A'_{\mathrm{p}}(a'_{\mathrm{p}}-a'_{\mathrm{s}}) \qquad (6.2.14)$$

式中：a_{s}、a_{p}——受拉区纵向普通钢筋、预应力筋至受拉边缘的距离。

（Ⅲ）正截面受压承载力计算

6.2.15 钢筋混凝土轴心受压构件，当配置的箍筋符合本规范第 9.3 节的规定时，其正截面受压承载力应符合下列规定（图 6.2.15）：

$$N \leqslant 0.9\varphi(f_{\mathrm{c}}A+f'_{\mathrm{y}}A'_{\mathrm{s}}) \qquad (6.2.15)$$

式中：N——轴向压力设计值；

φ——钢筋混凝土构件的稳定系数，按表 6.2.15 采用；

f_{c}——混凝土轴心抗压强度设计值，按本规范表 4.1.4-1 采用；

A——构件截面面积；

A'_{s}——全部纵向普通钢筋的截面面积。

当纵向普通钢筋的配筋率大于 3% 时，公式（6.2.15）中的 A 应改用 $(A-A'_{\mathrm{s}})$ 代替。

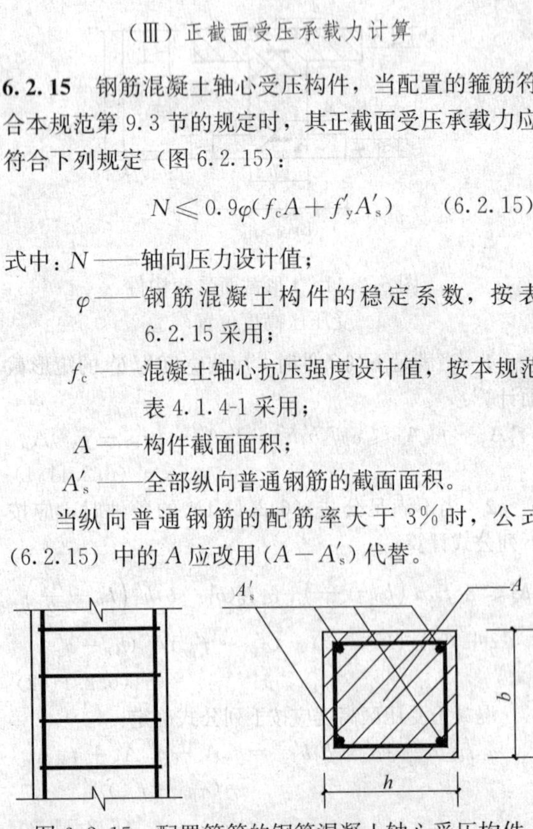

图 6.2.15 配置箍筋的钢筋混凝土轴心受压构件

表 6.2.15 钢筋混凝土轴心受压构件的稳定系数

l_0/b	≤8	10	12	14	16	18	20	22	24	26	28
l_0/d	≤7	8.5	10.5	12	14	15.5	17	19	21	22.5	24
l_0/i	≤28	35	42	48	55	62	69	76	83	90	97
φ	1.00	0.98	0.95	0.92	0.87	0.81	0.75	0.70	0.65	0.60	0.56
l_0/b	30	32	34	36	38	40	42	44	46	48	50
l_0/d	26	28	29.5	31	33	34.5	36.5	38	40	41.5	43
l_0/i	104	111	118	125	132	139	146	153	160	167	174
φ	0.52	0.48	0.44	0.40	0.36	0.32	0.29	0.26	0.23	0.21	0.19

注：1 l_0 为构件的计算长度，对钢筋混凝土柱可按本规范第 6.2.20 条的规定取用；

2 b 为矩形截面的短边尺寸，d 为圆形截面的直径，i 为截面的最小回转半径。

6.2.16 钢筋混凝土轴心受压构件，当配置的螺旋式或焊接环式间接钢筋符合本规范第 9.3.2 条的规定时，其正截面受压承载力应符合下列规定（图 6.2.16）：

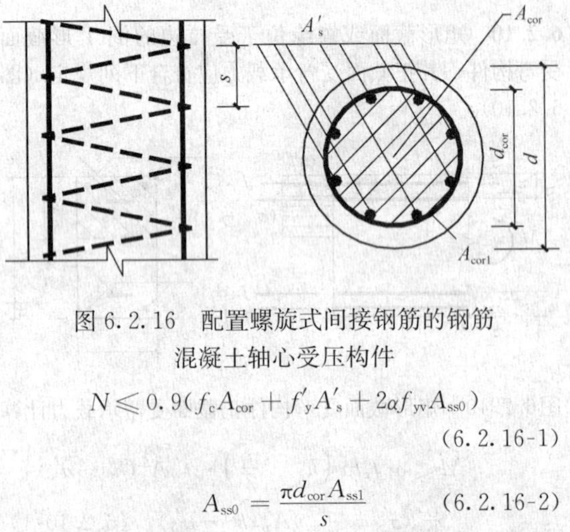

图 6.2.16 配置螺旋式间接钢筋的钢筋混凝土轴心受压构件

$$N \leqslant 0.9(f_{\mathrm{c}}A_{\mathrm{cor}}+f'_{\mathrm{y}}A'_{\mathrm{s}}+2\alpha f_{\mathrm{yv}}A_{\mathrm{ss0}}) \qquad (6.2.16\text{-}1)$$

$$A_{\mathrm{ss0}}=\frac{\pi d_{\mathrm{cor}}A_{\mathrm{ss1}}}{s} \qquad (6.2.16\text{-}2)$$

式中：f_{yv}——间接钢筋的抗拉强度设计值，按本规范第 4.2.3 条的规定采用；

A_{cor}——构件的核心截面面积，取间接钢筋内表面范围内的混凝土截面面积；

A_{ss0}——螺旋式或焊接环式间接钢筋的换算截面面积；

d_{cor}——构件的核心截面直径，取间接钢筋内表面之间的距离；

A_{ss1}——螺旋式或焊接环式单根间接钢筋的截面面积；

s——间接钢筋沿构件轴线方向的间距；

α——间接钢筋对混凝土约束的折减系数：当混凝土强度等级不超过 C50 时，取 1.0，当混凝土强度等级为 C80 时，取

0.85，其间按线性内插法确定。

注：1 按公式（6.2.16-1）算得的构件受压承载力设计值不应大于按本规范公式（6.2.15）算得的构件受压承载力设计值的1.5倍；

2 当遇到下列任意一种情况时，不应计入间接钢筋的影响，而应按本规范第6.2.15条的规定进行计算：

1）当 $l_0/d>12$ 时；

2）当按公式（6.2.16-1）算得的受压承载力小于按本规范公式（6.2.15）算得的受压承载力时；

3）当间接钢筋的换算截面面积 A_{ss0} 小于纵向普通钢筋的全部截面面积的25%时。

6.2.17 矩形截面偏心受压构件正截面受压承载力应符合下列规定（图6.2.17）：

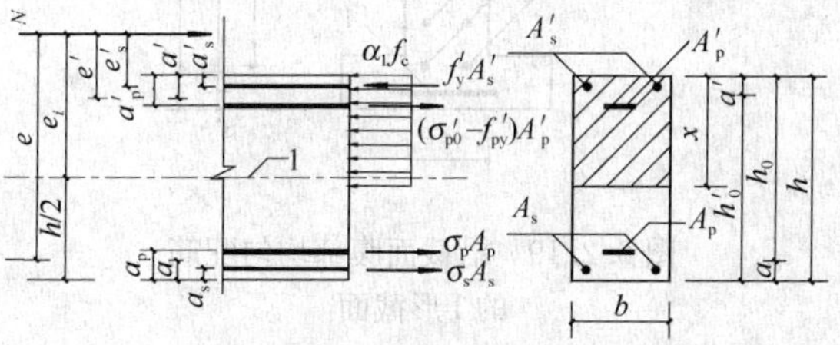

图6.2.17 矩形截面偏心受压构件正截面受压承载力计算

1—截面重心轴

$$N\leqslant\alpha_1 f_c bx+f'_y A'_s-\sigma_s A_s-(\sigma'_{p0}-f'_{py})A'_p-\sigma_p A_p \quad (6.2.17\text{-}1)$$

$$Ne\leqslant\alpha_1 f_c bx\left(h_0-\frac{x}{2}\right)+f'_y A'_s(h_0-a'_s)-(\sigma'_{p0}-f'_{py})A'_p(h_0-a'_p) \quad (6.2.17\text{-}2)$$

$$e=e_i+\frac{h}{2}-a \quad (6.2.17\text{-}3)$$

$$e_i=e_0+e_a \quad (6.2.17\text{-}4)$$

式中：e——轴向压力作用点至纵向受拉普通钢筋和受拉预应力筋的合力点的距离；

σ_s、σ_p——受拉边或受压较小边的纵向普通钢筋、预应力筋的应力；

e_i——初始偏心距；

a——纵向受拉普通钢筋和受拉预应力筋的合力点至截面近边缘的距离；

e_0——轴向压力对截面重心的偏心距，取为 M/N，当需要考虑二阶效应时，M 为按本规范第5.3.4条、第6.2.4条规定确定的弯矩设计值；

e_a——附加偏心距，按本规范第6.2.5条确定。

按上述规定计算时，尚应符合下列要求：

1 钢筋的应力 σ_s、σ_p 可按下列情况确定：

1）当 ξ 不大于 ξ_b 时为大偏心受压构件，取 σ_s 为 f_y、σ_p 为 f_{py}，此处，ξ 为相对受压区高度，取为 x/h_0；

2）当 ξ 大于 ξ_b 时为小偏心受压构件，σ_s、σ_p 按本规范第6.2.8条的规定进行计算。

2 当计算中计入纵向受压普通钢筋时，受压区高度应满足本规范公式（6.2.10-4）的条件；当不满足此条件时，其正截面受压承载力可按本规范第6.2.14条的规定进行计算，此时，应将本规范公式（6.2.14）中的 M 以 Ne'_s 代替，此处，e'_s 为轴向压力作用点至受压区纵向普通钢筋合力点的距离；初始偏心距应按公式（6.2.17-4）确定。

3 矩形截面非对称配筋的小偏心受压构件，当 N 大于 $f_c bh$ 时，尚应按下列公式进行验算：

$$Ne'\leqslant f_c bh\left(h'_0-\frac{h}{2}\right)+f'_y A_s(h'_0-a_s)-(\sigma_{p0}-f'_{py})A_p(h'_0-a_p) \quad (6.2.17\text{-}5)$$

$$e'=\frac{h}{2}-a'-(e_0-e_a) \quad (6.2.17\text{-}6)$$

式中：e'——轴向压力作用点至受压区纵向普通钢筋和预应力筋的合力点的距离；

h'_0——纵向受压钢筋合力点至截面远边的距离。

4 矩形截面对称配筋（$A'_s=A_s$）的钢筋混凝土小偏心受压构件，也可按下列近似公式计算纵向普通钢筋截面面积：

$$A'_s=\frac{Ne-\xi(1-0.5\xi)\alpha_1 f_c bh_0^2}{f'_y(h_0-a'_s)} \quad (6.2.17\text{-}7)$$

此处，相对受压区高度 ξ 可按下列公式计算：

$$\xi=\frac{N-\xi_b\alpha_1 f_c bh_0}{\dfrac{Ne-0.43\alpha_1 f_c bh_0^2}{(\beta_1-\xi_b)(h_0-a'_s)}+\alpha_1 f_c bh_0}+\xi_b \quad (6.2.17\text{-}8)$$

6.2.18 I形截面偏心受压构件的受压翼缘计算宽度 b'_f 应按本规范第6.2.12条确定，其正截面受压承载力应符合下列规定：

1 当受压区高度 x 不大于 h'_f 时，应按宽度为受压翼缘计算宽度 b'_f 的矩形截面计算。

2 当受压区高度 x 大于 h'_f 时（图6.2.18），应符合下列规定：

$$N\leqslant\alpha_1 f_c[bx+(b'_f-b)h'_f]+f'_y A'_s$$

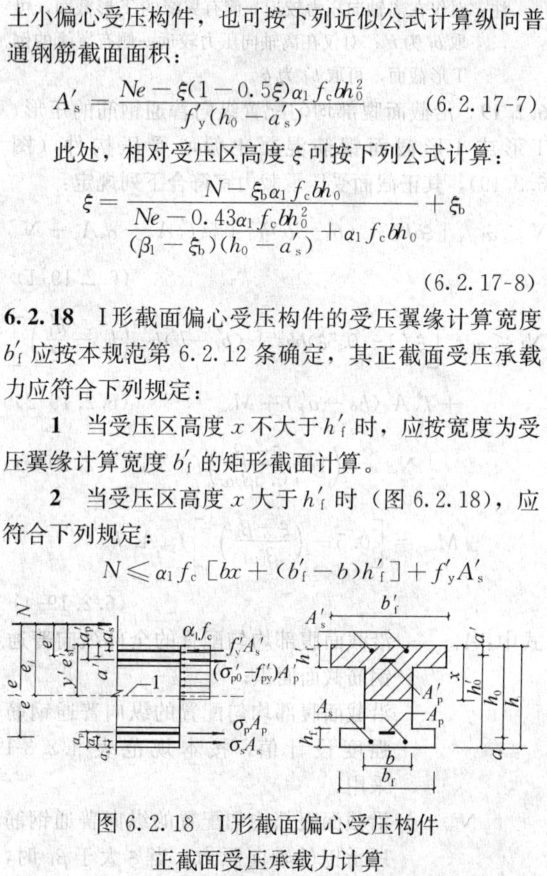

图6.2.18 I形截面偏心受压构件正截面受压承载力计算

1—截面重心轴

$$-\sigma_s A_s-(\sigma'_{p0}-f'_{py})A'_p-\sigma_p A_p \tag{6.2.18-1}$$

$$Ne\leqslant\alpha_1 f_c\left[bx\left(h_0-\frac{x}{2}\right)+(b'_f-b)h'_f\left(h_0-\frac{h'_f}{2}\right)\right]+f'_yA'_s(h_0-a'_s)-(\sigma'_{p0}-f'_{py})A'_p(h_0-a'_p) \tag{6.2.18-2}$$

公式中的钢筋应力 σ_s 、σ_p 以及是否考虑纵向受压普通钢筋的作用，均应按本规范第 6.2.17 条的有关规定确定。

3 当 x 大于 $(h-h_f)$ 时，其正截面受压承载力计算应计入受压较小边翼缘受压部分的作用，此时，受压较小边翼缘计算宽度 b_f 应按本规范第 6.2.12 条确定。

4 对采用非对称配筋的小偏心受压构件，当 N 大于 f_cA 时，尚应按下列公式进行验算：

$$Ne'\leqslant f_c\left[bh\left(h'_0-\frac{h}{2}\right)+(b_f-b)h_f\left(h'_0-\frac{h_f}{2}\right)+(b'_f-b)h'_f\left(\frac{h'_f}{2}-a'\right)\right]+f'_yA_s(h'_0-a_s)-(\sigma_{p0}-f'_{py})A_p(h'_0-a_p) \tag{6.2.18-3}$$

$$e'=y'-a'-(e_0-e_a) \tag{6.2.18-4}$$

式中：y'——截面重心至离轴向压力较近一侧受压边的距离，当截面对称时，取 $h/2$ 。

注：对仅在离轴向压力较近一侧有翼缘的T形截面，可取 b_f 为 b；对仅在离轴向压力较远一侧有翼缘的倒T形截面，可取 b'_f 为 b 。

6.2.19 沿截面腹部均匀配置纵向普通钢筋的矩形、T形或I形截面钢筋混凝土偏心受压构件（图 6.2.19），其正截面受压承载力宜符合下列规定：

$$N\leqslant\alpha_1 f_c[\xi bh_0+(b'_f-b)h'_f]+f'_yA'_s-\sigma_sA_s+N_{sw} \tag{6.2.19-1}$$

$$Ne\leqslant\alpha_1 f_c\left[\xi(1-0.5\xi)bh_0^2+(b'_f-b)h'_f\left(h_0-\frac{h'_f}{2}\right)\right]+f'_yA'_s(h_0-a'_s)+M_{sw} \tag{6.2.19-2}$$

$$N_{sw}=\left(1+\frac{\xi-\beta_1}{0.5\beta_1\omega}\right)f_{yw}A_{sw} \tag{6.2.19-3}$$

$$M_{sw}=\left[0.5-\left(\frac{\xi-\beta_1}{\beta_1\omega}\right)^2\right]f_{yw}A_{sw}h_{sw} \tag{6.2.19-4}$$

式中：A_{sw}——沿截面腹部均匀配置的全部纵向普通钢筋截面面积；

f_{yw}——沿截面腹部均匀配置的纵向普通钢筋强度设计值，按本规范表 4.2.3-1 采用；

N_{sw}——沿截面腹部均匀配置的纵向普通钢筋所承担的轴向压力，当 ξ 大于 β_1 时，取为 β_1 进行计算；

M_{sw}——沿截面腹部均匀配置的纵向普通钢筋的内力对 A_s 重心的力矩，当 ξ 大于 β_1 时，取为 β_1 进行计算；

ω——均匀配置纵向普通钢筋区段的高度 h_{sw} 与截面有效高度 h_0 的比值（h_{sw}/h_0），宜取 h_{sw} 为 $(h_0-a'_s)$ 。

受拉边或受压较小边普通钢筋 A_s 中的应力 σ_s 以及在计算中是否考虑受压普通钢筋和受压较小边翼缘受压部分的作用，应按本规范第 6.2.17 条和第 6.2.18 条的有关规定确定。

注：本条适用于截面腹部均匀配置纵向普通钢筋的数量每侧不少于4根的情况。

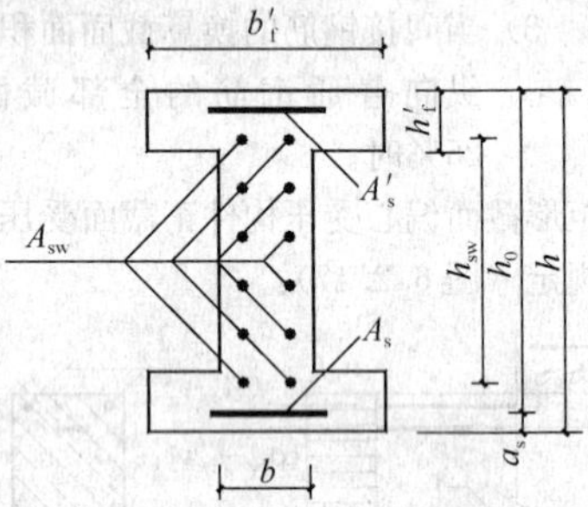

图 6.2.19 沿截面腹部均匀配筋的I形截面

6.2.20 轴心受压和偏心受压柱的计算长度 l_0 可按下列规定确定：

1 刚性屋盖单层房屋排架柱、露天吊车柱和栈桥柱，其计算长度 l_0 可按表 6.2.20-1 取用。

表 6.2.20-1 刚性屋盖单层房屋排架柱、露天吊车柱和栈桥柱的计算长度

柱的类别		l_0		
		排架方向	垂直排架方向	
			有柱间支撑	无柱间支撑
无吊车房屋柱	单 跨	$1.5H$	$1.0H$	$1.2H$
	两跨及多跨	$1.25H$	$1.0H$	$1.2H$
有吊车房屋柱	上 柱	$2.0H_u$	$1.25H_u$	$1.5H_u$
	下 柱	$1.0H_l$	$0.8H_l$	$1.0H_l$
露天吊车柱和栈桥柱		$2.0H_l$	$1.0H_l$	—

注：1 表中 H 为从基础顶面算起的柱子全高；H_l 为从基础顶面至装配式吊车梁底面或现浇式吊车梁顶面的柱子下部高度；H_u 为从装配式吊车梁底面或从现浇式吊车梁顶面算起的柱子上部高度；

2 表中有吊车房屋排架柱的计算长度，当计算中不考虑吊车荷载时，可按无吊车房屋柱的计算长度采用，但上柱的计算长度仍可按有吊车房屋采用；

3 表中有吊车房屋排架柱的上柱在排架方向的计算长度，仅适用于 H_u/H_l 不小于0.3的情况；当 H_u/H_l 小于0.3时，计算长度宜采用 $2.5H_u$ 。

2　一般多层房屋中梁柱为刚接的框架结构，各层柱的计算长度 l_0 可按表 6.2.20-2 取用。

表 6.2.20-2　框架结构各层柱的计算长度

楼盖类型	柱的类别	l_0
现浇楼盖	底层柱	1.0 H
	其余各层柱	1.25 H
装配式楼盖	底层柱	1.25 H
	其余各层柱	1.5 H

注：表中 H 为底层柱从基础顶面到一层楼盖顶面的高度；对其余各层柱为上下两层楼盖顶面之间的高度。

6.2.21　对截面具有两个互相垂直的对称轴的钢筋混凝土双向偏心受压构件（图 6.2.21），其正截面受压承载力可选用下列两种方法之一进行计算：

1　按本规范附录 E 的方法计算，此时，附录 E 公式（E.0.1-7）和公式（E.0.1-8）中的 M_x、M_y 应分别用 Ne_{ix}、Ne_{iy} 代替，其中，初始偏心距应按下列公式计算：

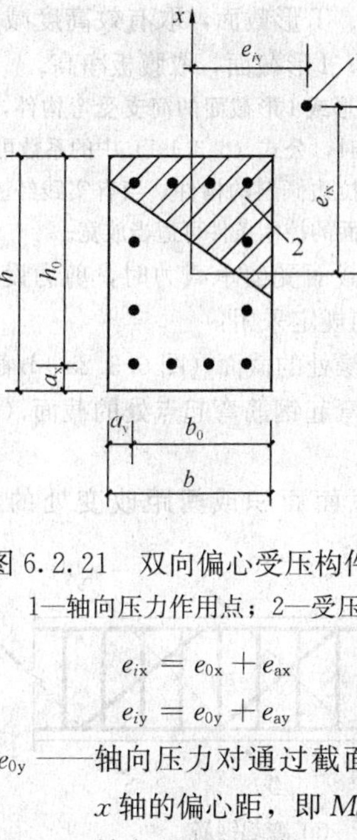

图 6.2.21　双向偏心受压构件截面

1—轴向压力作用点；2—受压区

$$e_{ix}=e_{0x}+e_{ax} \tag{6.2.21-1}$$

$$e_{iy}=e_{0y}+e_{ay} \tag{6.2.21-2}$$

式中：e_{0x}、e_{0y}——轴向压力对通过截面重心的 y 轴、x 轴的偏心距，即 M_{0x}/N、M_{0y}/N；

M_{0x}、M_{0y}——轴向压力在 x 轴、y 轴方向的弯矩设计值，为按本规范第 5.3.4 条、6.2.4 条规定确定的弯矩设计值；

e_{ax}、e_{ay}——x 轴、y 轴方向上的附加偏心距，按本规范第 6.2.5 条的规定确定；

2　按下列近似公式计算：

$$N\leqslant\frac{1}{\dfrac{1}{N_{ux}}+\dfrac{1}{N_{uy}}-\dfrac{1}{N_{u0}}} \tag{6.2.21-3}$$

式中：N_{u0}——构件的截面轴心受压承载力设计值；

N_{ux}——轴向压力作用于 x 轴并考虑相应的计算偏心距 e_{ix} 后，按全部纵向普通钢筋计算的构件偏心受压承载力设计值；

N_{uy}——轴向压力作用于 y 轴并考虑相应的计算偏心距 e_{iy} 后，按全部纵向普通钢筋计算的构件偏心受压承载力设计值。

构件的截面轴心受压承载力设计值 N_{u0}，可按本规范公式（6.2.15）计算，但应取等号，将 N 以 N_{u0} 代替，且不考虑稳定系数 φ 及系数 0.9。

构件的偏心受压承载力设计值 N_{ux}，可按下列情况计算：

1）当纵向普通钢筋沿截面两对边配置时，N_{ux} 可按本规范第 6.2.17 条或第 6.2.18 条的规定进行计算，但应取等号，将 N 以 N_{ux} 代替。

2）当纵向普通钢筋沿截面腹部均匀配置时，N_{ux} 可按本规范第 6.2.19 条的规定进行计算，但应取等号，将 N 以 N_{ux} 代替。

构件的偏心受压承载力设计值 N_{uy} 可采用与 N_{ux} 相同的方法计算。

（Ⅳ）正截面受拉承载力计算

6.2.22　轴心受拉构件的正截面受拉承载力应符合下列规定：

$$N\leqslant f_yA_s+f_{py}A_p \tag{6.2.22}$$

式中：N——轴向拉力设计值；

A_s、A_p——纵向普通钢筋、预应力筋的全部截面面积。

6.2.23　矩形截面偏心受拉构件的正截面受拉承载力应符合下列规定：

1　小偏心受拉构件

当轴向拉力作用在钢筋 A_s 与 A_p 的合力点和 A'_s 与 A'_p 的合力点之间时（图 6.2.23a）：

$$Ne\leqslant f_yA'_s(h_0-a'_s)+f_{py}A'_p(h_0-a'_p) \tag{6.2.23-1}$$

$$Ne'\leqslant f_yA_s(h'_0-a_s)+f_{py}A_p(h'_0-a_p) \tag{6.2.23-2}$$

2　大偏心受拉构件

当轴向拉力不作用在钢筋 A_s 与 A_p 的合力点和 A'_s 与 A'_p 的合力点之间时（图 6.2.23b）：

$$N\leqslant f_yA_s+f_{py}A_p-f'_yA'_s+(\sigma'_{p0}-f'_{py})A'_p-\alpha_1f_cbx \tag{6.2.23-3}$$

$$Ne\leqslant\alpha_1f_cbx\left(h_0-\frac{x}{2}\right)+f'_yA'_s(h_0-a'_s)-(\sigma'_{p0}-f'_{py})A'_p(h_0-a'_p) \tag{6.2.23-4}$$

此时，混凝土受压区的高度应满足本规范公式（6.2.10-3）的要求。当计算中计入纵向受压普通钢筋时，尚应满足本规范公式（6.2.10-4）的条件；当不满足时，可按公式（6.2.23-2）计算。

3　对称配筋的矩形截面偏心受拉构件，不论大、小偏心受拉情况，均可按公式（6.2.23-2）计算。

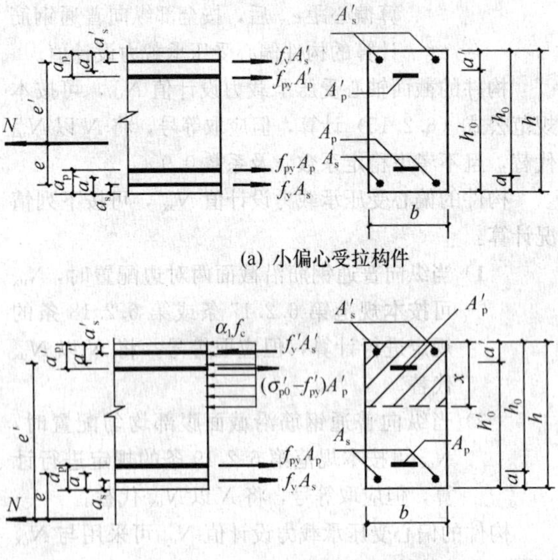

(a) 小偏心受拉构件

(b) 大偏心受拉构件

图 6.2.23　矩形截面偏心受拉构件正截面受拉承载力计算

6.2.24　沿截面腹部均匀配置纵向普通钢筋的矩形、T形或I形截面钢筋混凝土偏心受拉构件，其正截面受拉承载力应符合本规范公式（6.2.25-1）的规定，式中正截面受弯承载力设计值 M_u 可按本规范公式（6.2.19-1）和公式（6.2.19-2）进行计算，但应取等号，同时应分别取 N 为 0 和以 M_u 代替 Ne_i。

6.2.25　对称配筋的矩形截面钢筋混凝土双向偏心受拉构件，其正截面受拉承载力应符合下列规定：

$$N \leqslant \frac{1}{\frac{1}{N_{u0}}+\frac{e_0}{M_u}} \tag{6.2.25-1}$$

式中：N_{u0}——构件的轴心受拉承载力设计值；

e_0——轴向拉力作用点至截面重心的距离；

M_u——按通过轴向拉力作用点的弯矩平面计算的正截面受弯承载力设计值。

构件的轴心受拉承载力设计值 N_{u0}，按本规范公式（6.2.22）计算，但应取等号，并以 N_{u0} 代替 N。按通过轴向拉力作用点的弯矩平面计算的正截面受弯承载力设计值 M_u，可按本规范第6.2节（Ⅰ）的有关规定进行计算。

公式（6.2.25-1）中的 e_0/M_u 也可按下列公式计算：

$$\frac{e_0}{M_u}=\sqrt{\left(\frac{e_{0x}}{M_{ux}}\right)^2+\left(\frac{e_{0y}}{M_{uy}}\right)^2} \tag{6.2.25-2}$$

式中：e_{0x}、e_{0y}——轴向拉力对截面重心 y 轴、x 轴的偏心距；

M_{ux}、M_{uy}——x 轴、y 轴方向的正截面受弯承载力设计值，按本规范第 6.2 节（Ⅱ）的规定计算。

6.3　斜截面承载力计算

6.3.1　矩形、T形和I形截面受弯构件的受剪截面应符合下列条件：

当 $h_w/b \leqslant 4$ 时

$$V \leqslant 0.25\beta_c f_c bh_0 \tag{6.3.1-1}$$

当 $h_w/b \geqslant 6$ 时

$$V \leqslant 0.2\beta_c f_c bh_0 \tag{6.3.1-2}$$

当 $4 < h_w/b < 6$ 时，按线性内插法确定。

式中：V——构件斜截面上的最大剪力设计值；

β_c——混凝土强度影响系数：当混凝土强度等级不超过 C50 时，β_c 取 1.0；当混凝土强度等级为 C80 时，β_c 取 0.8；其间按线性内插法确定；

b——矩形截面的宽度，T形截面或I形截面的腹板宽度；

h_0——截面的有效高度；

h_w——截面的腹板高度：矩形截面，取有效高度；T形截面，取有效高度减去翼缘高度；I形截面，取腹板净高。

注：1　对T形或I形截面的简支受弯构件，当有实践经验时，公式（6.3.1-1）中的系数可改用 0.3；

2　对受拉边倾斜的构件，当有实践经验时，其受剪截面的控制条件可适当放宽。

6.3.2　计算斜截面受剪承载力时，剪力设计值的计算截面应按下列规定采用：

1　支座边缘处的截面（图 6.3.2a、b 截面 1-1）；

2　受拉区弯起钢筋弯起点处的截面（图 6.3.2a 截面 2-2、3-3）；

3　箍筋截面面积或间距改变处的截面（图 6.3.2b 截面4-4）；

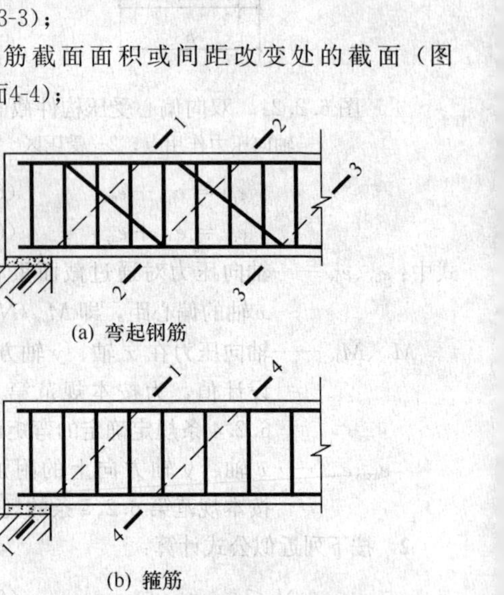

(a) 弯起钢筋

(b) 箍筋

图 6.3.2　斜截面受剪承载力剪力设计值的计算截面

1-1 支座边缘处的斜截面；2-2、3-3 受拉区弯起钢筋弯起点的斜截面；4-4 箍筋截面面积或间距改变处的斜截面

4 截面尺寸改变处的截面。

注：1 受拉边倾斜的受弯构件，尚应包括梁的高度开始变化处、集中荷载作用处和其他不利的截面；

2 箍筋的间距以及弯起钢筋前一排（对支座而言）的弯起点至后一排的弯终点的距离，应符合本规范第 9.2.8 条和第 9.2.9 条的构造要求。

6.3.3 不配置箍筋和弯起钢筋的一般板类受弯构件，其斜截面受剪承载力应符合下列规定：

$$V \leqslant 0.7\beta_h f_t b h_0 \tag{6.3.3-1}$$

$$\beta_h = \left(\frac{800}{h_0}\right)^{1/4} \tag{6.3.3-2}$$

式中：β_h ——截面高度影响系数：当 h_0 小于 800mm 时，取 800mm；当 h_0 大于 2000mm 时，取 2000mm。

6.3.4 当仅配置箍筋时，矩形、T 形和 I 形截面受弯构件的斜截面受剪承载力应符合下列规定：

$$V \leqslant V_{cs} + V_p \tag{6.3.4-1}$$

$$V_{cs} = \alpha_{cv} f_t b h_0 + f_{yv}\frac{A_{sv}}{s}h_0 \tag{6.3.4-2}$$

$$V_p = 0.05N_{p0} \tag{6.3.4-3}$$

式中：V_{cs} ——构件斜截面上混凝土和箍筋的受剪承载力设计值；

V_p ——由预加力所提高的构件受剪承载力设计值；

α_{cv} ——斜截面混凝土受剪承载力系数，对于一般受弯构件取 0.7；对集中荷载作用下（包括作用有多种荷载，其中集中荷载对支座截面或节点边缘所产生的剪力值占总剪力的 75% 以上的情况）的独立梁，取 α_{cv} 为 $\frac{1.75}{\lambda+1}$，λ 为计算截面的剪跨比，可取 λ 等于 a/h_0，当 λ 小于 1.5 时，取 1.5，当 λ 大于 3 时，取 3，a 取集中荷载作用点至支座截面或节点边缘的距离；

A_{sv} ——配置在同一截面内箍筋各肢的全部截面面积，即 nA_{sv1}，此处，n 为在同一个截面内箍筋的肢数，A_{sv1} 为单肢箍筋的截面面积；

s ——沿构件长度方向的箍筋间距；

f_{yv} ——箍筋的抗拉强度设计值，按本规范第 4.2.3 条的规定采用；

N_{p0} ——计算截面上混凝土法向预应力等于零时的预加力，按本规范第 10.1.13 条计算；当 N_{p0} 大于 $0.3f_cA_0$ 时，取 $0.3f_cA_0$，此处，A_0 为构件的换算截面面积。

注：1 对预加力 N_{p0} 引起的截面弯矩与外弯矩方向相同的情况，以及预应力混凝土连续梁和允许出现裂缝的预应力混凝土简支梁，均应取 V_p 为 0；

2 先张法预应力混凝土构件，在计算预加力 N_{p0} 时，应按本规范第 7.1.9 条的规定考虑预应力筋传递长度的影响。

6.3.5 当配置箍筋和弯起钢筋时，矩形、T 形和 I 形截面受弯构件的斜截面受剪承载力应符合下列规定：

$$V \leqslant V_{cs} + V_p + 0.8f_{yv}A_{sb}\sin\alpha_s + 0.8f_{py}A_{pb}\sin\alpha_p \tag{6.3.5}$$

式中：V ——配置弯起钢筋处的剪力设计值，按本规范第 6.3.6 条的规定取用；

V_p ——由预加力所提高的构件受剪承载力设计值，按本规范公式（6.3.4-3）计算，但计算预加力 N_{p0} 时不考虑弯起预应力筋的作用；

A_{sb}、A_{pb} ——分别为同一平面内的弯起普通钢筋、弯起预应力筋的截面面积；

α_s、α_p ——分别为斜截面上弯起普通钢筋、弯起预应力筋的切线与构件纵轴线的夹角。

6.3.6 计算弯起钢筋时，截面剪力设计值可按下列规定取用（图 6.3.2a）：

1 计算第一排（对支座而言）弯起钢筋时，取支座边缘处的剪力值；

2 计算以后的每一排弯起钢筋时，取前一排（对支座而言）弯起钢筋弯起点处的剪力值。

6.3.7 矩形、T 形和 I 形截面的一般受弯构件，当符合下式要求时，可不进行斜截面的受剪承载力计算，其箍筋的构造要求应符合本规范第 9.2.9 条的有关规定。

$$V \leqslant \alpha_{cv} f_t b h_0 + 0.05N_{p0} \tag{6.3.7}$$

式中：α_{cv} ——截面混凝土受剪承载力系数，按本规范第 6.3.4 条的规定采用。

6.3.8 受拉边倾斜的矩形、T 形和 I 形截面受弯构件，其斜截面受剪承载力应符合下列规定（图 6.3.8）：

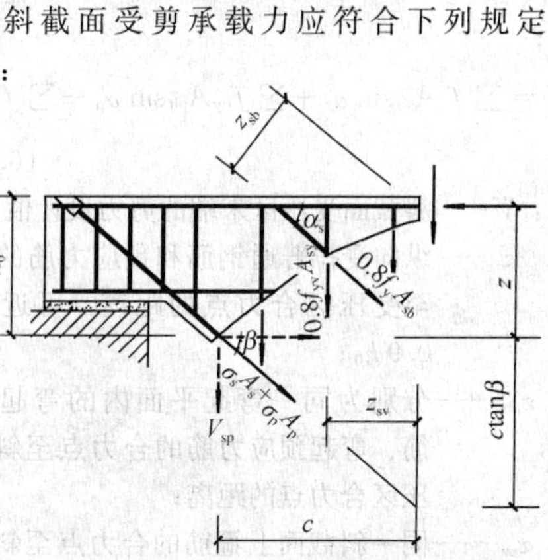

图 6.3.8 受拉边倾斜的受弯构件的斜截面受剪承载力计算

$$V \leqslant V_{cs} + V_{sp} + 0.8 f_y A_{sb} \sin \alpha_s \quad (6.3.8\text{-}1)$$

$$V_{sp} = \frac{M - 0.8(\sum f_{yv} A_{sv} z_{sv} + \sum f_y A_{sb} z_{sb})}{z + c\tan\beta} \tan\beta \quad (6.3.8\text{-}2)$$

式中：M——构件斜截面受压区末端的弯矩设计值；

V_{cs}——构件斜截面上混凝土和箍筋的受剪承载力设计值，按本规范公式（6.3.4-2）计算，其中 h_0 取斜截面受拉区始端的垂直截面有效高度；

V_{sp}——构件截面上受拉边倾斜的纵向非预应力和预应力受拉钢筋的合力设计值在垂直方向的投影：对钢筋混凝土受弯构件，其值不应大于 $f_y A_s \sin\beta$；对预应力混凝土受弯构件，其值不应大于 $(f_{py} A_p + f_y A_s)\sin\beta$，且不应小于 $\sigma_{pe} A_p \sin\beta$；

z_{sv}——同一截面内箍筋的合力至斜截面受压区合力点的距离；

z_{sb}——同一弯起平面内的弯起普通钢筋的合力至斜截面受压区合力点的距离；

z——斜截面受拉区始端处纵向受拉钢筋合力的水平分力至斜截面受压区合力点的距离，可近似取为 $0.9h_0$；

β——斜截面受拉区始端处倾斜的纵向受拉钢筋的倾角；

c——斜截面的水平投影长度，可近似取为 h_0。

注：在梁截面高度开始变化处，斜截面的受剪承载力应按等截面高度梁和变截面高度梁的有关公式分别计算，并应按不利者配置箍筋和弯起钢筋。

6.3.9 受弯构件斜截面的受弯承载力应符合下列规定（图 6.3.9）：

$$M \leqslant (f_y A_s + f_{py} A_p) z + \sum f_y A_{sb} z_{sb} + \sum f_{py} A_{pb} z_{pb} + \sum f_{yv} A_{sv} z_{sv} \quad (6.3.9\text{-}1)$$

此时，斜截面的水平投影长度 c 可按下列条件确定：

$$V = \sum f_y A_{sb} \sin\alpha_s + \sum f_{py} A_{pb} \sin\alpha_p + \sum f_{yv} A_{sv} \quad (6.3.9\text{-}2)$$

式中：V——斜截面受压区末端的剪力设计值；

z——纵向受拉普通钢筋和预应力筋的合力点至受压区合力点的距离，可近似取为 $0.9h_0$；

z_{sb}、z_{pb}——分别为同一弯起平面内的弯起普通钢筋、弯起预应力筋的合力点至斜截面受压区合力点的距离；

z_{sv}——同一斜截面上箍筋的合力点至斜截面受压区合力点的距离。

在计算先张法预应力混凝土构件端部锚固区的斜截面受弯承载力时，公式中的 f_{py} 应按下列规定确定：锚固区内的纵向预应力筋抗拉强度设计值在锚固起点处应取为零，在锚固终点处应取为 f_{py}，在两点之间可按线性内插法确定。此时，纵向预应力筋的锚固长度 l_a 应按本规范第 8.3.1 条确定。

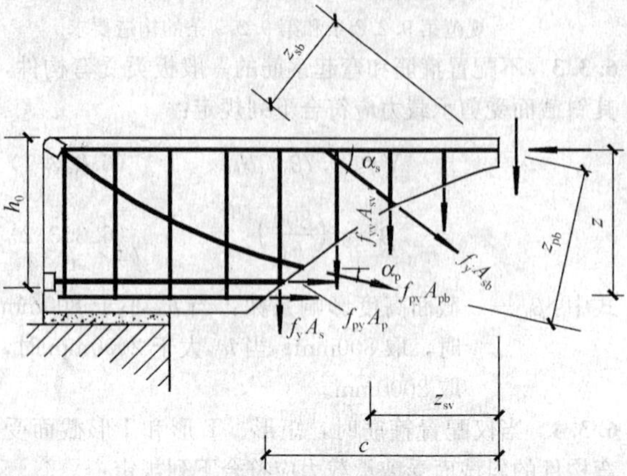

图 6.3.9 受弯构件斜截面受弯承载力计算

6.3.10 受弯构件中配置的纵向钢筋和箍筋，当符合本规范第 8.3.1 条～第 8.3.5 条、第 9.2.2 条～第 9.2.4 条、第 9.2.7 条～第 9.2.9 条规定的构造要求时，可不进行构件斜截面的受弯承载力计算。

6.3.11 矩形、T 形和 I 形截面的钢筋混凝土偏心受压构件和偏心受拉构件，其受剪截面应符合本规范第 6.3.1 条的规定。

6.3.12 矩形、T 形和 I 形截面的钢筋混凝土偏心受压构件，其斜截面受剪承载力应符合下列规定：

$$V \leqslant \frac{1.75}{\lambda + 1} f_t b h_0 + f_{yv} \frac{A_{sv}}{s} h_0 + 0.07N \quad (6.3.12)$$

式中：λ——偏心受压构件计算截面的剪跨比，取为 $M/(Vh_0)$；

N——与剪力设计值 V 相应的轴向压力设计值，当大于 $0.3 f_c A$ 时，取 $0.3 f_c A$，此处，A 为构件的截面面积。

计算截面的剪跨比 λ 应按下列规定取用：

1 对框架结构中的框架柱，当其反弯点在层高范围内时，可取为 $H_n/(2h_0)$。当 λ 小于 1 时，取 1；当 λ 大于 3 时，取 3。此处，M 为计算截面上与剪力设计值 V 相应的弯矩设计值，H_n 为柱净高。

2 其他偏心受压构件，当承受均布荷载时，取 1.5；当承受符合本规范第 6.3.4 条所述的集中荷载时，取为 a/h_0，且当 λ 小于 1.5 时取 1.5，当 λ 大于 3 时取 3。

6.3.13 矩形、T 形和 I 形截面的钢筋混凝土偏心受压构件，当符合下列要求时，可不进行斜截面受剪承载力计算，其箍筋构造要求应符合本规范第 9.3.2 条的规定。

$$V \leqslant \frac{1.75}{\lambda+1} f_t b h_0 + 0.07N \qquad (6.3.13)$$

式中：剪跨比 λ 和轴向压力设计值 N 应按本规范第 6.3.12 条确定。

6.3.14 矩形、T形和I形截面的钢筋混凝土偏心受拉构件，其斜截面受剪承载力应符合下列规定：

$$V \leqslant \frac{1.75}{\lambda+1} f_t b h_0 + f_{yv} \frac{A_{sv}}{s} h_0 - 0.2N \qquad (6.3.14)$$

式中：N——与剪力设计值 V 相应的轴向拉力设计值；

λ——计算截面的剪跨比，按本规范第 6.3.12 条确定。

当公式（6.3.14）右边的计算值小于 $f_{yv} \frac{A_{sv}}{s} h_0$ 时，应取等于 $f_{yv} \frac{A_{sv}}{s} h_0$，且 $f_{yv} \frac{A_{sv}}{s} h_0$ 值不应小于 $0.36 f_t b h_0$。

6.3.15 圆形截面钢筋混凝土受弯构件和偏心受压、受拉构件，其截面限制条件和斜截面受剪承载力可按本规范第 6.3.1 条～第 6.3.14 条计算，但上述条文公式中的截面宽度 b 和截面有效高度 h_0 应分别以 $1.76r$ 和 $1.6r$ 代替，此处，r 为圆形截面的半径。计算所得的箍筋截面面积应作为圆形箍筋的截面面积。

6.3.16 矩形截面双向受剪的钢筋混凝土框架柱，其受剪截面应符合下列要求：

$$V_x \leqslant 0.25 \beta_c f_c b h_0 \cos\theta \qquad (6.3.16\text{-}1)$$

$$V_y \leqslant 0.25 \beta_c f_c h b_0 \sin\theta \qquad (6.3.16\text{-}2)$$

式中：V_x——x 轴方向的剪力设计值，对应的截面有效高度为 h_0，截面宽度为 b；

V_y——y 轴方向的剪力设计值，对应的截面有效高度为 b_0，截面宽度为 h；

θ——斜向剪力设计值 V 的作用方向与 x 轴的夹角，$\theta = \arctan(V_y/V_x)$。

6.3.17 矩形截面双向受剪的钢筋混凝土框架柱，其斜截面受剪承载力应符合下列规定：

$$V_x \leqslant \frac{V_{ux}}{\sqrt{1+\left(\frac{V_{ux}\tan\theta}{V_{uy}}\right)^2}} \qquad (6.3.17\text{-}1)$$

$$V_y \leqslant \frac{V_{uy}}{\sqrt{1+\left(\frac{V_{uy}}{V_{ux}\tan\theta}\right)^2}} \qquad (6.3.17\text{-}2)$$

x 轴、y 轴方向的斜截面受剪承载力设计值 V_{ux}、V_{uy} 应按下列公式计算：

$$V_{ux} = \frac{1.75}{\lambda_x+1} f_t b h_0 + f_{yv} \frac{A_{svx}}{s} h_0 + 0.07N \qquad (6.3.17\text{-}3)$$

$$V_{uy} = \frac{1.75}{\lambda_y+1} f_t h b_0 + f_{yv} \frac{A_{svy}}{s} b_0 + 0.07N \qquad (6.3.17\text{-}4)$$

式中：λ_x、λ_y——分别为框架柱 x 轴、y 轴方向的计算剪跨比，按本规范第 6.3.12 条的规定确定；

A_{svx}、A_{svy}——分别为配置在同一截面内平行于 x 轴、y 轴的箍筋各肢截面面积的总和；

N——与斜向剪力设计值 V 相应的轴向压力设计值，当 N 大于 $0.3 f_c A$ 时，取 $0.3 f_c A$，此处，A 为构件的截面面积。

在计算截面箍筋时，可在公式（6.3.17-1）、公式（6.3.17-2）中近似取 V_{ux}/V_{uy} 等于 1 计算。

6.3.18 矩形截面双向受剪的钢筋混凝土框架柱，当符合下列要求时，可不进行斜截面受剪承载力计算，其构造箍筋要求应符合本规范第 9.3.2 条的规定。

$$V_x \leqslant \left(\frac{1.75}{\lambda_x+1} f_t b h_0 + 0.07N\right)\cos\theta \qquad (6.3.18\text{-}1)$$

$$V_y \leqslant \left(\frac{1.75}{\lambda_y+1} f_t h b_0 + 0.07N\right)\sin\theta \qquad (6.3.18\text{-}2)$$

6.3.19 矩形截面双向受剪的钢筋混凝土框架柱，当斜向剪力设计值 V 的作用方向与 x 轴的夹角 θ 在 $0°$～$10°$ 或 $80°$～$90°$ 时，可仅按单向受剪构件进行截面承载力计算。

6.3.20 钢筋混凝土剪力墙的受剪截面应符合下列条件：

$$V \leqslant 0.25 \beta_c f_c b h_0 \qquad (6.3.20)$$

6.3.21 钢筋混凝土剪力墙在偏心受压时的斜截面受剪承载力应符合下列规定：

$$V \leqslant \frac{1}{\lambda-0.5}\left(0.5 f_t b h_0 + 0.13N\frac{A_w}{A}\right) + f_{yv}\frac{A_{sh}}{s_v} h_0 \qquad (6.3.21)$$

式中：N——与剪力设计值 V 相应的轴向压力设计值，当 N 大于 $0.2 f_c bh$ 时，取 $0.2 f_c bh$；

A——剪力墙的截面面积；

A_w——T形、I形截面剪力墙腹板的截面面积，对矩形截面剪力墙，取为 A；

A_{sh}——配置在同一截面内的水平分布钢筋的全部截面面积；

s_v——水平分布钢筋的竖向间距；

λ——计算截面的剪跨比，取为 $M/(Vh_0)$；当 λ 小于 1.5 时，取 1.5，当 λ 大于 2.2 时，取 2.2；此处，M 为与剪力设计值 V 相应的弯矩设计值；当计算截面与墙底之间的距离小于 $h_0/2$ 时，λ 可按距墙底 $h_0/2$ 处的弯矩值与剪力值计算。

当剪力设计值 V 不大于公式（6.3.21）中右边第一项时，水平分布钢筋可按本规范第 9.4.2 条、9.4.4 条、9.4.6 条的构造要求配置。

6.3.22 钢筋混凝土剪力墙在偏心受拉时的斜截面受剪承载力应符合下列规定：

$$V \leqslant \frac{1}{\lambda - 0.5}\left(0.5 f_t b h_0 - 0.13 N \frac{A_w}{A}\right) + f_{yv} \frac{A_{sh}}{s_v} h_0 \tag{6.3.22}$$

当上式右边的计算值小于 $f_{yv} \frac{A_{sh}}{s_v} h_0$ 时，取等于 $f_{yv} \frac{A_{sh}}{s_v} h_0$。

式中：N——与剪力设计值 V 相应的轴向拉力设计值；

λ——计算截面的剪跨比，按本规范第 6.3.21 条采用。

6.3.23 剪力墙洞口连梁的受剪截面应符合本规范第 6.3.1 条的规定，其斜截面受剪承载力应符合下列规定：

$$V \leqslant 0.7 f_t b h_0 + f_{yv} \frac{A_{sv}}{s} h_0 \tag{6.3.23}$$

6.4 扭曲截面承载力计算

6.4.1 在弯矩、剪力和扭矩共同作用下，h_w/b 不大于 6 的矩形、T 形、I 形截面和 h_w/t_w 不大于 6 的箱形截面构件（图 6.4.1），其截面应符合下列条件：

当 h_w/b（或 h_w/t_w）不大于 4 时

$$\frac{V}{bh_0} + \frac{T}{0.8W_t} \leqslant 0.25\beta_c f_c \tag{6.4.1-1}$$

当 h_w/b（或 h_w/t_w）等于 6 时

$$\frac{V}{bh_0} + \frac{T}{0.8W_t} \leqslant 0.2\beta_c f_c \tag{6.4.1-2}$$

当 h_w/b（或 h_w/t_w）大于 4 但小于 6 时，按线性内插法确定。

式中：T——扭矩设计值；

b——矩形截面的宽度，T 形或 I 形截面取腹板宽度，箱形截面取两侧壁总厚度 $2t_w$；

W_t——受扭构件的截面受扭塑性抵抗矩，按本规范第 6.4.3 条的规定计算；

h_w——截面的腹板高度：对矩形截面，取有效高度 h_0；对 T 形截面，取有效高度减去翼缘高度；对 I 形和箱形截面，取腹板净高；

t_w——箱形截面壁厚，其值不应小于 $b_h/7$，此处，b_h 为箱形截面的宽度。

注：当 h_w/b 大于 6 或 h_w/t_w 大于 6 时，受扭构件的截面尺寸要求及扭曲截面承载力计算应符合专门规定。

6.4.2 在弯矩、剪力和扭矩共同作用下的构件，当符合下列要求时，可不进行构件受剪扭承载力计算，但应按本规范第 9.2.5 条、第 9.2.9 条和第 9.2.10 条的规定配置构造纵向钢筋和箍筋。

$$\frac{V}{bh_0} + \frac{T}{W_t} \leqslant 0.7 f_t + 0.05 \frac{N_{p0}}{bh_0} \tag{6.4.2-1}$$

或

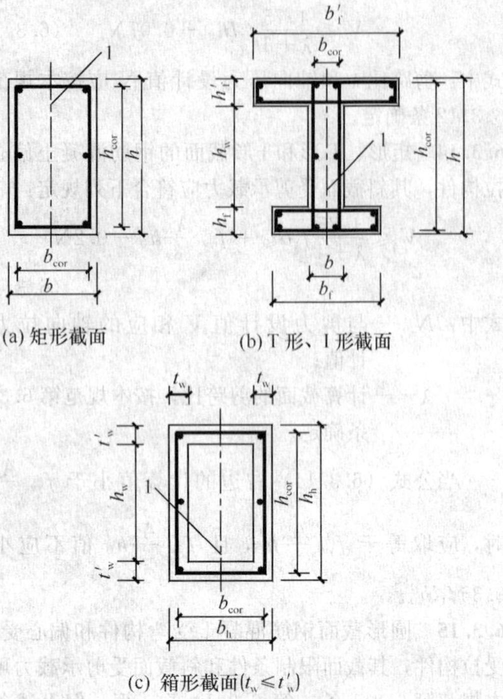

(a) 矩形截面　(b) T 形、I 形截面

(c) 箱形截面($t_w \leqslant t'_w$)

图 6.4.1 受扭构件截面

1—弯矩、剪力作用平面

$$\frac{V}{bh_0} + \frac{T}{W_t} \leqslant 0.7 f_t + 0.07 \frac{N}{bh_0} \tag{6.4.2-2}$$

式中：N_{p0}——计算截面上混凝土法向预应力等于零时的预加力，按本规范第 10.1.13 条的规定计算，当 N_{p0} 大于 $0.3f_cA_0$ 时，取 $0.3f_cA_0$，此处，A_0 为构件的换算截面面积；

N——与剪力、扭矩设计值 V、T 相应的轴向压力设计值，当 N 大于 $0.3f_cA$ 时，取 $0.3f_cA$，此处，A 为构件的截面面积。

6.4.3 受扭构件的截面受扭塑性抵抗矩可按下列规定计算：

1 矩形截面

$$W_t = \frac{b^2}{6}(3h - b) \tag{6.4.3-1}$$

式中：b、h——分别为矩形截面的短边尺寸、长边尺寸。

2 T 形和 I 形截面

$$W_t = W_{tw} + W'_{tf} + W_{tf} \tag{6.4.3-2}$$

腹板、受压翼缘及受拉翼缘部分的矩形截面受扭塑性抵抗矩 W_{tw}、W'_{tf} 和 W_{tf}，可按下列规定计算：

1）腹板

$$W_{tw} = \frac{b^2}{6}(3h - b) \tag{6.4.3-3}$$

2）受压翼缘

$$W'_{tf} = \frac{h'^2_f}{2}(b'_f - b) \tag{6.4.3-4}$$

3）受拉翼缘

$$W_{tf}=\frac{h_f^2}{2}(b_f-b) \quad (6.4.3\text{-}5)$$

式中：b、h——分别为截面的腹板宽度、截面高度；

b'_f、b_f——分别为截面受压区、受拉区的翼缘宽度；

h'_f、h_f——分别为截面受压区、受拉区的翼缘高度。

计算时取用的翼缘宽度尚应符合 b'_f 不大于 $b+6h'_f$ 及 b_f 不大于 $b+6h_f$ 的规定。

3　箱形截面

$$W_t=\frac{b_h^2}{6}(3h_h-b_h)-\frac{(b_h-2t_w)^2}{6}[3h_w-(b_h-2t_w)] \quad (6.4.3\text{-}6)$$

式中：b_h、h_h——分别为箱形截面的短边尺寸、长边尺寸。

6.4.4　矩形截面纯扭构件的受扭承载力应符合下列规定：

$$T\leqslant 0.35f_tW_t+1.2\sqrt{\zeta}f_{yv}\frac{A_{st1}A_{cor}}{s} \quad (6.4.4\text{-}1)$$

$$\zeta=\frac{f_yA_{stl}s}{f_{yv}A_{st1}u_{cor}} \quad (6.4.4\text{-}2)$$

偏心距 e_{p0} 不大于 $h/6$ 的预应力混凝土纯扭构件，当计算的 ζ 值不小于 1.7 时，取 1.7，并可在公式 (6.4.4-1) 的右边增加预加力影响项 $0.05\frac{N_{p0}}{A_0}W_t$，此处，$N_{p0}$ 的取值应符合本规范第 6.4.2 条的规定。

式中：ζ——受扭的纵向普通钢筋与箍筋的配筋强度比值，ζ 值不应小于 0.6，当 ζ 大于 1.7 时，取 1.7；

A_{stl}——受扭计算中取对称布置的全部纵向普通钢筋截面面积；

A_{st1}——受扭计算中沿截面周边配置的箍筋单肢截面面积；

f_{yv}——受扭箍筋的抗拉强度设计值，按本规范第 4.2.3 条采用；

A_{cor}——截面核心部分的面积，取为 $b_{cor}h_{cor}$，此处，b_{cor}、h_{cor} 分别为箍筋内表面范围内截面核心部分的短边、长边尺寸；

u_{cor}——截面核心部分的周长，取 $2(b_{cor}+h_{cor})$。

注：当 ζ 小于 1.7 或 e_{p0} 大于 $h/6$ 时，不应考虑预加力影响项，而应按钢筋混凝土纯扭构件计算。

6.4.5　T 形和 I 形截面纯扭构件，可将其截面划分为几个矩形截面，分别按本规范第 6.4.4 条进行受扭承载力计算。每个矩形截面的扭矩设计值可按下列规定计算：

1　腹板

$$T_w=\frac{W_{tw}}{W_t}T \quad (6.4.5\text{-}1)$$

2　受压翼缘

$$T'_f=\frac{W'_{tf}}{W_t}T \quad (6.4.5\text{-}2)$$

3　受拉翼缘

$$T_f=\frac{W_{tf}}{W_t}T \quad (6.4.5\text{-}3)$$

式中：T_w——腹板所承受的扭矩设计值；

T'_f、T_f——分别为受压翼缘、受拉翼缘所承受的扭矩设计值。

6.4.6　箱形截面钢筋混凝土纯扭构件的受扭承载力应符合下列规定：

$$T\leqslant 0.35\alpha_hf_tW_t+1.2\sqrt{\zeta}f_{yv}\frac{A_{st1}A_{cor}}{s} \quad (6.4.6\text{-}1)$$

$$\alpha_h=2.5t_w/b_h \quad (6.4.6\text{-}2)$$

式中：α_h——箱形截面壁厚影响系数，当 α_h 大于 1.0 时，取 1.0。

ζ——同本规范第 6.4.4 条。

6.4.7　在轴向压力和扭矩共同作用下的矩形截面钢筋混凝土构件，其受扭承载力应符合下列规定：

$$T\leqslant\left(0.35f_t+0.07\frac{N}{A}\right)W_t+1.2\sqrt{\zeta}f_{yv}\frac{A_{st1}A_{cor}}{s} \quad (6.4.7)$$

式中：N——与扭矩设计值 T 相应的轴向压力设计值，当 N 大于 $0.3f_cA$ 时，取 $0.3f_cA$；

ζ——同本规范第 6.4.4 条。

6.4.8　在剪力和扭矩共同作用下的矩形截面剪扭构件，其受剪扭承载力应符合下列规定：

1　一般剪扭构件

1）受剪承载力

$$V\leqslant(1.5-\beta_t)(0.7f_tbh_0+0.05N_{p0})+f_{yv}\frac{A_{sv}}{s}h_0 \quad (6.4.8\text{-}1)$$

$$\beta_t=\frac{1.5}{1+0.5\frac{VW_t}{Tbh_0}} \quad (6.4.8\text{-}2)$$

式中：A_{sv}——受剪承载力所需的箍筋截面面积；

β_t——一般剪扭构件混凝土受扭承载力降低系数：当 β_t 小于 0.5 时，取 0.5；当 β_t 大于 1.0 时，取 1.0。

2）受扭承载力

$$T\leqslant\beta_t(0.35f_t+0.05\frac{N_{p0}}{A_0})W_t+1.2\sqrt{\zeta}f_{yv}\frac{A_{st1}A_{cor}}{s} \quad (6.4.8\text{-}3)$$

式中：ζ——同本规范第 6.4.4 条。

2　集中荷载作用下的独立剪扭构件

1）受剪承载力

$$V\leqslant(1.5-\beta_t)\left(\frac{1.75}{\lambda+1}f_tbh_0+0.05N_{p0}\right)+f_{yv}\frac{A_{sv}}{s}h_0 \quad (6.4.8\text{-}4)$$

$$\beta_t=\frac{1.5}{1+0.2(\lambda+1)\frac{VW_t}{Tbh_0}} \quad (6.4.8\text{-}5)$$

式中：λ——计算截面的剪跨比，按本规范第6.3.4条的规定取用；

β_t——集中荷载作用下剪扭构件混凝土受扭承载力降低系数：当β_t小于0.5时，取0.5；当β_t大于1.0时，取1.0。

2）受扭承载力

受扭承载力仍应按公式（6.4.8-3）计算，但式中的β_t应按公式（6.4.8-5）计算。

6.4.9 T形和I形截面剪扭构件的受剪扭承载力应符合下列规定：

1 受剪承载力可按本规范公式（6.4.8-1）与公式（6.4.8-2）或公式（6.4.8-4）与公式（6.4.8-5）进行计算，但应将公式中的T及W_t分别代之以T_w及W_{tw}；

2 受扭承载力可根据本规范第6.4.5条的规定划分为几个矩形截面分别进行计算。其中，腹板可按本规范公式（6.4.8-3）、公式（6.4.8-2）或公式（6.4.8-3）、公式（6.4.8-5）进行计算，但应将公式中的T及W_t分别代之以T_w及W_{tw}；受压翼缘及受拉翼缘可按本规范第6.4.4条纯扭构件的规定进行计算，但应将T及W_t分别代之以T'_f及W'_{tf}或T_f及W_{tf}。

6.4.10 箱形截面钢筋混凝土剪扭构件的受剪扭承载力可按下列规定计算：

1 一般剪扭构件

1）受剪承载力

$$V \leqslant 0.7(1.5-\beta_t)f_t b h_0 + f_{yv}\frac{A_{sv}}{s}h_0 \tag{6.4.10-1}$$

2）受扭承载力

$$T \leqslant 0.35\alpha_h\beta_t f_t W_t + 1.2\sqrt{\zeta}f_{yv}\frac{A_{st1}A_{cor}}{s} \tag{6.4.10-2}$$

式中：β_t——按本规范公式（6.4.8-2）计算，但式中的W_t应代之以$\alpha_h W_t$；

α_h——按本规范第6.4.6条的规定确定；

ζ——按本规范第6.4.4条的规定确定。

2 集中荷载作用下的独立剪扭构件

1）受剪承载力

$$V \leqslant (1.5-\beta_t)\frac{1.75}{\lambda+1}f_t b h_0 + f_{yv}\frac{A_{sv}}{s}h_0 \tag{6.4.10-3}$$

式中：β_t——按本规范公式（6.4.8-5）计算，但式中的W_t应代之以$\alpha_h W_t$。

2）受扭承载力

受扭承载力仍应按公式（6.4.10-2）计算，但式中的β_t值应按本规范公式（6.4.8-5）计算。

6.4.11 在轴向拉力和扭矩共同作用下的矩形截面钢筋混凝土构件，其受扭承载力可按下列规定计算：

$$T \leqslant \left(0.35f_t - 0.2\frac{N}{A}\right)W_t + 1.2\sqrt{\zeta}f_{yv}\frac{A_{st1}A_{cor}}{s} \tag{6.4.11}$$

式中：ζ——按本规范第6.4.4条的规定确定；

A_{st1}——受扭计算中沿截面周边配置的箍筋单肢截面面积；

A_{stl}——对称布置受扭用的全部纵向普通钢筋的截面面积；

N——与扭矩设计值相应的轴向拉力设计值，当N大于$1.75f_tA$时，取$1.75f_tA$；

A_{cor}——截面核心部分的面积，取$b_{cor}h_{cor}$，此处b_{cor}、h_{cor}为箍筋内表面范围内截面核心部分的短边、长边尺寸；

u_{cor}——截面核心部分的周长，取$2(b_{cor}+h_{cor})$。

6.4.12 在弯矩、剪力和扭矩共同作用下的矩形、T形、I形和箱形截面的弯剪扭构件，可按下列规定进行承载力计算：

1 当V不大于$0.35f_t b h_0$或V不大于$0.875f_t b h_0/(\lambda+1)$时，可仅计算受弯构件的正截面受弯承载力和纯扭构件的受扭承载力；

2 当T不大于$0.175f_t W_t$或T不大于$0.175\alpha_h f_t W_t$时，可仅验算受弯构件的正截面受弯承载力和斜截面受剪承载力。

6.4.13 矩形、T形、I形和箱形截面弯剪扭构件，其纵向钢筋截面面积应分别按受弯构件的正截面受弯承载力和剪扭构件的受扭承载力计算确定，并应配置在相应的位置；箍筋截面面积应分别按剪扭构件的受剪承载力和受扭承载力计算确定，并应配置在相应的位置。

6.4.14 在轴向压力、弯矩、剪力和扭矩共同作用下的钢筋混凝土矩形截面框架柱，其受剪扭承载力可按下列规定计算：

1 受剪承载力

$$V \leqslant (1.5-\beta_t)\left(\frac{1.75}{\lambda+1}f_t b h_0 + 0.07N\right) + f_{yv}\frac{A_{sv}}{s}h_0 \tag{6.4.14-1}$$

2 受扭承载力

$$T \leqslant \beta_t\left(0.35f_t + 0.07\frac{N}{A}\right)W_t + 1.2\sqrt{\zeta}f_{yv}\frac{A_{st1}A_{cor}}{s} \tag{6.4.14-2}$$

式中：λ——计算截面的剪跨比，按本规范第6.3.12条确定；

β_t——按本规范第6.4.8条计算并符合相关要求；

ζ——按本规范第6.4.4条的规定采用。

6.4.15 在轴向压力、弯矩、剪力和扭矩共同作用下的钢筋混凝土矩形截面框架柱，当T不大于$(0.175f_t+0.035N/A)W_t$时，可仅计算偏心受压构件的正截面承载力和斜截面受剪承载力。

6.4.16 在轴向压力、弯矩、剪力和扭矩共同作用下的钢筋混凝土矩形截面框架柱，其纵向普通钢筋截面面积应分别按偏心受压构件的正截面承载力和剪扭构件的受扭承载力计算确定，并应配置在相应的位置；箍筋截面面积应分别按剪扭构件的受剪承载力和受扭承载力计算确定，并应配置在相应的位置。

6.4.17 在轴向拉力、弯矩、剪力和扭矩共同作用下的钢筋混凝土矩形截面框架柱，其受剪扭承载力应符合下列规定：

1 受剪承载力

$$V \leqslant (1.5-\beta_t)\left(\frac{1.75}{\lambda+1}f_t b h_0 - 0.2N\right) + f_{yv}\frac{A_{sv}}{s}h_0 \tag{6.4.17-1}$$

2 受扭承载力

$$T \leqslant \beta_t\left(0.35 f_t - 0.2\frac{N}{A}\right)W_t + 1.2\sqrt{\zeta} f_{yv}\frac{A_{st1}A_{cor}}{s} \tag{6.4.17-2}$$

当公式（6.4.17-1）右边的计算值小于 $f_{yv}\frac{A_{sv}}{s}h_0$ 时，取 $f_{yv}\frac{A_{sv}}{s}h_0$；当公式（6.4.17-2）右边的计算值小于 $1.2\sqrt{\zeta}f_{yv}\frac{A_{st1}A_{cor}}{s}$ 时，取 $1.2\sqrt{\zeta}f_{yv}\frac{A_{st1}A_{cor}}{s}$。

式中：λ——计算截面的剪跨比，按本规范第 6.3.12 条确定；

A_{sv}——受剪承载力所需的箍筋截面面积；

N——与剪力、扭矩设计值 V、T 相应的轴向拉力设计值；

β_t——按本规范第 6.4.8 条计算并符合相关要求；

ζ——按本规范第 6.4.4 条的规定采用。

6.4.18 在轴向拉力、弯矩、剪力和扭矩共同作用下的钢筋混凝土矩形截面框架柱，当 $T \leqslant (0.175 f_t - 0.1N/A)W_t$ 时，可仅计算偏心受拉构件的正截面承载力和斜截面受剪承载力。

6.4.19 在轴向拉力、弯矩、剪力和扭矩共同作用下的钢筋混凝土矩形截面框架柱，其纵向普通钢筋截面面积应分别按偏心受拉构件的正截面承载力和剪扭构件的受扭承载力计算确定，并应配置在相应的位置；箍筋截面面积应分别按剪扭构件的受剪承载力和受扭承载力计算确定，并应配置在相应的位置。

6.5 受冲切承载力计算

6.5.1 在局部荷载或集中反力作用下，不配置箍筋或弯起钢筋的板的受冲切承载力应符合下列规定（图 6.5.1）：

$$F_l \leqslant (0.7\beta_h f_t + 0.25\sigma_{pc,m})\eta u_m h_0 \tag{6.5.1-1}$$

公式（6.5.1-1）中的系数 η，应按下列两个公式计算，并取其中较小值：

$$\eta_1 = 0.4 + \frac{1.2}{\beta_s} \tag{6.5.1-2}$$

$$\eta_2 = 0.5 + \frac{\alpha_s h_0}{4u_m} \tag{6.5.1-3}$$

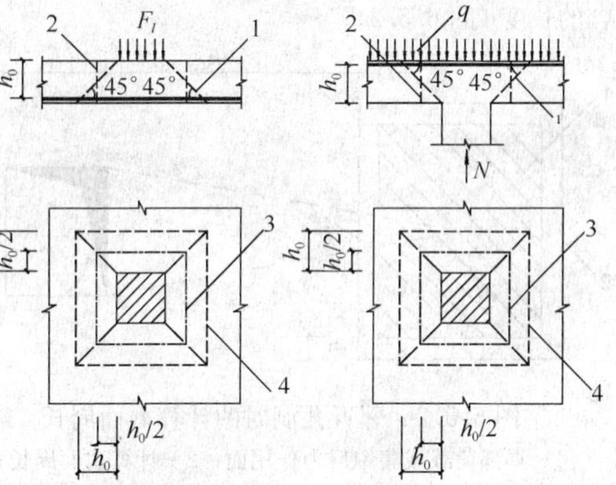

(a) 局部荷载作用下　　(b) 集中反力作用下

图 6.5.1 板受冲切承载力计算

1—冲切破坏锥体的斜截面；2—计算截面；3—计算截面的周长；4—冲切破坏锥体的底面线

式中：F_l——局部荷载设计值或集中反力设计值；板柱节点，取柱所承受的轴向压力设计值的层间差值减去柱顶冲切破坏锥体范围内板所承受的荷载设计值；当有不平衡弯矩时，应按本规范第 6.5.6 条的规定确定；

β_h——截面高度影响系数：当 h 不大于 800mm 时，取 β_h 为 1.0；当 h 不小于 2000mm 时，取 β_h 为 0.9，其间按线性内插法取用；

$\sigma_{pc,m}$——计算截面周长上两个方向混凝土有效预压应力按长度的加权平均值，其值宜控制在 $1.0\text{N/mm}^2 \sim 3.5\text{N/mm}^2$ 范围内；

u_m——计算截面的周长，取距离局部荷载或集中反力作用面积周边 $h_0/2$ 处板垂直截面的最不利周长；

h_0——截面有效高度，取两个方向配筋的截面有效高度平均值；

η_1——局部荷载或集中反力作用面积形状的影响系数；

η_2——计算截面周长与板截面有效高度之比的影响系数；

β_s——局部荷载或集中反力作用面积为矩形时的长边与短边尺寸的比值，β_s 不宜大于 4；当 β_s 小于 2 时取 2；对圆形冲切面，β_s 取 2；

α_s ——柱位置影响系数：中柱，α_s 取 40；边柱，α_s 取 30；角柱，α_s 取 20。

6.5.2 当板开有孔洞且孔洞至局部荷载或集中反力作用面积边缘的距离不大于 6 h_0 时，受冲切承载力计算中取用的计算截面周长 u_m，应扣除局部荷载或集中反力作用面积中心至开孔外边画出两条切线之间所包含的长度（图 6.5.2）。

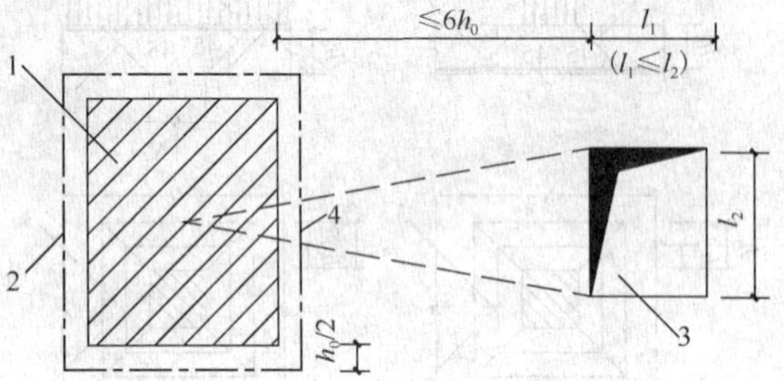

图 6.5.2 邻近孔洞时的计算截面周长

1—局部荷载或集中反力作用面；2—计算截面周长；3—孔洞；4—应扣除的长度

注：当图中 l_1 大于 l_2 时，孔洞边长 l_2 用 $\sqrt{l_1 l_2}$ 代替。

6.5.3 在局部荷载或集中反力作用下，当受冲切承载力不满足本规范第 6.5.1 条的要求且板厚受到限制时，可配置箍筋或弯起钢筋，并应符合本规范第 9.1.11 条的构造规定。此时，受冲切截面及受冲切承载力应符合下列要求：

1 受冲切截面

$$F_l \leqslant 1.2 f_t \eta u_m h_0 \quad (6.5.3\text{-}1)$$

2 配置箍筋、弯起钢筋时的受冲切承载力

$$F_l \leqslant (0.5 f_t + 0.25 \sigma_{pc,m}) \eta u_m h_0 + 0.8 f_{yv} A_{svu} + 0.8 f_y A_{sbu} \sin\alpha \quad (6.5.3\text{-}2)$$

式中：f_{yv} ——箍筋的抗拉强度设计值，按本规范第 4.2.3 条的规定采用；

A_{svu} ——与呈 45°冲切破坏锥体斜截面相交的全部箍筋截面面积；

A_{sbu} ——与呈 45°冲切破坏锥体斜截面相交的全部弯起钢筋截面面积；

α ——弯起钢筋与板底面的夹角。

注：当有条件时，可采取配置栓钉、型钢剪力架等形式的抗冲切措施。

6.5.4 配置抗冲切钢筋的冲切破坏锥体以外的截面，尚应按本规范第 6.5.1 条的规定进行受冲切承载力计算，此时，u_m 应取配置抗冲切钢筋的冲切破坏锥体以外 $0.5h_0$ 处的最不利周长。

6.5.5 矩形截面柱的阶形基础，在柱与基础交接处以及基础变阶处的受冲切承载力应符合下列规定（图 6.5.5）：

$$F_l \leqslant 0.7 \beta_h f_t b_m h_0 \quad (6.5.5\text{-}1)$$

$$F_l = p_s A \quad (6.5.5\text{-}2)$$

$$b_m = \frac{b_t + b_b}{2} \quad (6.5.5\text{-}3)$$

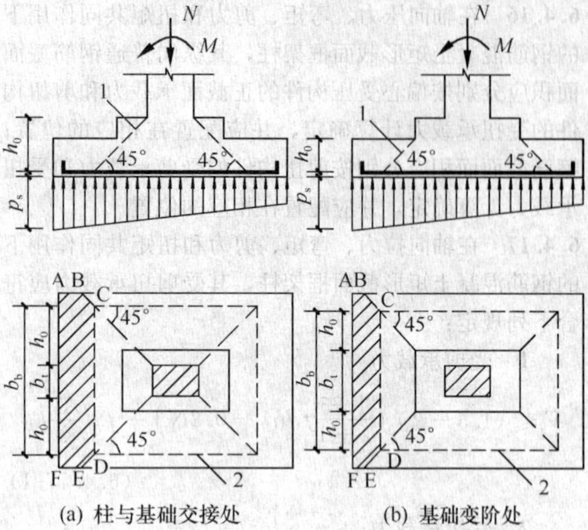

图 6.5.5 计算阶形基础的受冲切承载力截面位置

1—冲切破坏锥体最不利一侧的斜截面；2—冲切破坏锥体的底面线

式中：h_0 ——柱与基础交接处或基础变阶处的截面有效高度，取两个方向配筋的截面有效高度平均值；

p_s ——按荷载效应基本组合计算并考虑结构重要性系数的基础底面地基反力设计值（可扣除基础自重及其上的土重），当基础偏心受力时，可取用最大的地基反力设计值；

A ——考虑冲切荷载时取用的多边形面积（图 6.5.5 中的阴影面积 ABCDEF）；

b_t ——冲切破坏锥体最不利一侧斜截面的上边长：当计算柱与基础交接处的受冲切承载力时，取柱宽；当计算基础变阶处的受冲切承载力时，取上阶宽；

b_b ——柱与基础交接处或基础变阶处的冲切破坏锥体最不利一侧斜截面的下边长，取 $b_t + 2h_0$。

6.5.6 在竖向荷载、水平荷载作用下，当考虑板柱节点计算截面上的剪应力传递不平衡弯矩时，其集中反力设计值 F_l 应以等效集中反力设计值 $F_{l,eq}$ 代替，$F_{l,eq}$ 可按本规范附录 F 的规定计算。

6.6 局部受压承载力计算

6.6.1 配置间接钢筋的混凝土结构构件，其局部受压区的截面尺寸应符合下列要求：

$$F_l \leqslant 1.35 \beta_c \beta_l f_c A_{ln} \quad (6.6.1\text{-}1)$$

$$\beta_l = \sqrt{\frac{A_b}{A_l}} \quad (6.6.1\text{-}2)$$

式中：F_l——局部受压面上作用的局部荷载或局部压

力设计值；

f_c——混凝土轴心抗压强度设计值；在后张法预应力混凝土构件的张拉阶段验算中，可根据相应阶段的混凝土立方体抗压强度 f'_{cu} 值按本规范表 4.1.4-1 的规定以线性内插法确定；

β_c——混凝土强度影响系数，按本规范第 6.3.1 条的规定取用；

β_l——混凝土局部受压时的强度提高系数；

A_l——混凝土局部受压面积；

A_{ln}——混凝土局部受压净面积；对后张法构件，应在混凝土局部受压面积中扣除孔道、凹槽部分的面积；

A_b——局部受压的计算底面积，按本规范第 6.6.2 条确定。

6.6.2 局部受压的计算底面积 A_b，可由局部受压面积与计算底面积按同心、对称的原则确定；常用情况，可按图 6.6.2 取用。

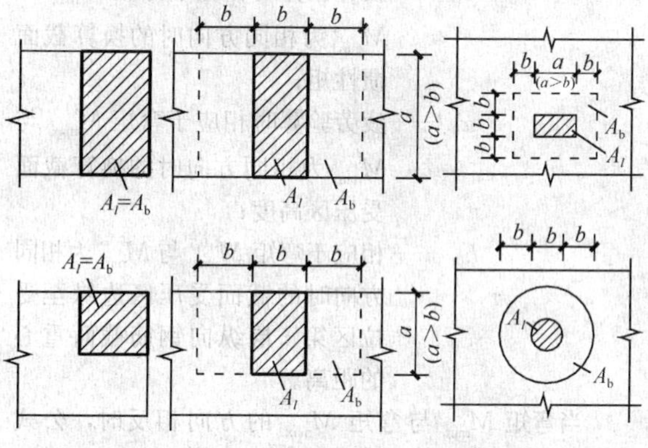

图 6.6.2 局部受压的计算底面积

A_l—混凝土局部受压面积；A_b—局部受压的计算底面积

6.6.3 配置方格网式或螺旋式间接钢筋（图 6.6.3）的局部受压承载力应符合下列规定：

$$F_l \leqslant 0.9(\beta_c\beta_l f_c + 2\alpha\rho_v\beta_{cor}f_{yv})A_{ln} \tag{6.6.3-1}$$

当为方格网式配筋时（图 6.6.3a），钢筋网两个方向上单位长度内钢筋截面面积的比值不宜大于 1.5，其体积配筋率 ρ_v 应按下列公式计算：

$$\rho_v = \frac{n_1 A_{s1} l_1 + n_2 A_{s2} l_2}{A_{cor} s} \tag{6.6.3-2}$$

当为螺旋式配筋时（图 6.6.3b），其体积配筋率 ρ_v 应按下列公式计算：

$$\rho_v = \frac{4A_{ss1}}{d_{cor} s} \tag{6.6.3-3}$$

式中：β_{cor}——配置间接钢筋的局部受压承载力提高系数，可按本规范公式（6.6.1-2）计算，但公式中 A_b 应代之以 A_{cor}，且当 A_{cor} 大于 A_b 时，A_{cor} 取 A_b；当 A_{cor} 不大于混凝土局部受压面积 A_l 的 1.25 倍时，β_{cor} 取 1.0；

α——间接钢筋对混凝土约束的折减系数，按本规范第 6.2.16 条的规定取用；

f_{yv}——间接钢筋的抗拉强度设计值，按本规范第 4.2.3 条的规定采用；

A_{cor}——方格网式或螺旋式间接钢筋内表面范围内的混凝土核心截面面积，应大于混凝土局部受压面积 A_l，其重心应与 A_l 的重心重合，计算中按同心、对称的原则取值；

ρ_v——间接钢筋的体积配筋率；

n_1、A_{s1}——分别为方格网沿 l_1 方向的钢筋根数、单根钢筋的截面面积；

n_2、A_{s2}——分别为方格网沿 l_2 方向的钢筋根数、单根钢筋的截面面积；

A_{ss1}——单根螺旋式间接钢筋的截面面积；

d_{cor}——螺旋式间接钢筋内表面范围内的混凝土截面直径；

s——方格网式或螺旋式间接钢筋的间距，宜取30mm～80mm。

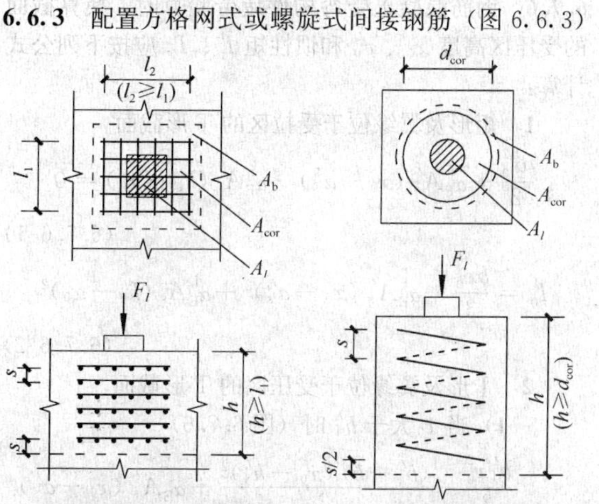

图 6.6.3 局部受压区的间接钢筋

A_l—混凝土局部受压面积；A_b—局部受压的计算底面积；A_{cor}—方格网式或螺旋式间接钢筋内表面范围内的混凝土核心面积

间接钢筋应配置在图 6.6.3 所规定的高度 h 范围内，方格网式钢筋，不应少于 4 片；螺旋式钢筋，不应少于 4 圈。柱接头，h 尚不应小于 $15d$，d 为柱的纵向钢筋直径。

6.7 疲劳验算

6.7.1 受弯构件的正截面疲劳应力验算时，可采用下列基本假定：

1 截面应变保持平面；

2 受压区混凝土的法向应力图形取为三角形；

3 钢筋混凝土构件，不考虑受拉区混凝土的抗拉强度，拉力全部由纵向钢筋承受；要求不出现裂缝的预应力混凝土构件，受拉区混凝土的法向应力图形取为三角形；

4 采用换算截面计算。

6.7.2 在疲劳验算中，荷载应取用标准值；吊车荷载应乘以动力系数，并应符合现行国家标准《建筑结构荷载规范》GB 50009的规定。跨度不大于12m的吊车梁，可取用一台最大吊车的荷载。

6.7.3 钢筋混凝土受弯构件疲劳验算时，应计算下列部位的混凝土应力和钢筋应力幅：

1 正截面受压区边缘纤维的混凝土应力和纵向受拉钢筋的应力幅；

2 截面中和轴处混凝土的剪应力和箍筋的应力幅。

注：纵向受压普通钢筋可不进行疲劳验算。

6.7.4 钢筋混凝土和预应力混凝土受弯构件正截面疲劳应力应符合下列要求：

1 受压区边缘纤维的混凝土压应力

$$\sigma^{f}_{cc,max} \leqslant f^{f}_{c} \quad (6.7.4\text{-}1)$$

2 预应力混凝土构件受拉区边缘纤维的混凝土拉应力

$$\sigma^{f}_{ct,max} \leqslant f^{f}_{t} \quad (6.7.4\text{-}2)$$

3 受拉区纵向普通钢筋的应力幅

$$\Delta\sigma^{f}_{si} \leqslant \Delta f^{f}_{y} \quad (6.7.4\text{-}3)$$

4 受拉区纵向预应力筋的应力幅

$$\Delta\sigma^{f}_{p} \leqslant \Delta f^{f}_{py} \quad (6.7.4\text{-}4)$$

式中：$\sigma^{f}_{cc,max}$——疲劳验算时截面受压区边缘纤维的混凝土压应力，按本规范公式(6.7.5-1)计算；

$\sigma^{f}_{ct,max}$——疲劳验算时预应力混凝土截面受拉区边缘纤维的混凝土拉应力，按本规范第6.7.11条计算；

$\Delta\sigma^{f}_{si}$——疲劳验算时截面受拉区第i层纵向钢筋的应力幅，按本规范公式(6.7.5-2)计算；

$\Delta\sigma^{f}_{p}$——疲劳验算时截面受拉区最外层纵向预应力筋的应力幅，按本规范公式(6.7.11-3)计算；

f^{f}_{c}、f^{f}_{t}——分别为混凝土轴心抗压、抗拉疲劳强度设计值，按本规范第4.1.6条确定；

Δf^{f}_{y}——钢筋的疲劳应力幅限值，按本规范表4.2.6-1采用；

Δf^{f}_{py}——预应力筋的疲劳应力幅限值，按本规范表4.2.6-2采用。

注：当纵向受拉钢筋为同一钢种时，可仅验算最外层钢筋的应力幅。

6.7.5 钢筋混凝土受弯构件正截面的混凝土压应力以及钢筋的应力幅应按下列公式计算：

1 受压区边缘纤维的混凝土压应力

$$\sigma^{f}_{cc,max} = \frac{M^{f}_{max} x_0}{I^{f}_{0}} \quad (6.7.5\text{-}1)$$

2 纵向受拉钢筋的应力幅

$$\Delta\sigma^{f}_{si} = \sigma^{f}_{si,max} - \sigma^{f}_{si,min} \quad (6.7.5\text{-}2)$$

$$\sigma^{f}_{si,min} = \alpha^{f}_{E} \frac{M^{f}_{min}(h_{0i} - x_0)}{I^{f}_{0}} \quad (6.7.5\text{-}3)$$

$$\sigma^{f}_{si,max} = \alpha^{f}_{E} \frac{M^{f}_{max}(h_{0i} - x_0)}{I^{f}_{0}} \quad (6.7.5\text{-}4)$$

式中：M^{f}_{max}、M^{f}_{min}——疲劳验算时同一截面上在相应荷载组合下产生的最大、最小弯矩值；

$\sigma^{f}_{si,min}$、$\sigma^{f}_{si,max}$——由弯矩M^{f}_{min}、M^{f}_{max}引起相应截面受拉区第i层纵向钢筋的应力；

α^{f}_{E}——钢筋的弹性模量与混凝土疲劳变形模量的比值；

I^{f}_{0}——疲劳验算时相应于弯矩M^{f}_{max}与M^{f}_{min}为相同方向时的换算截面惯性矩；

x_0——疲劳验算时相应于弯矩M^{f}_{max}与M^{f}_{min}为相同方向时的换算截面受压区高度；

h_{0i}——相应于弯矩M^{f}_{max}与M^{f}_{min}为相同方向时的截面受压区边缘至受拉区第i层纵向钢筋截面重心的距离。

当弯矩M^{f}_{min}与弯矩M^{f}_{max}的方向相反时，公式(6.7.5-3)中h_{0i}、x_0和I^{f}_{0}应以截面相反位置的h'_{0i}、x'_0和$I^{f'}_{0}$代替。

6.7.6 钢筋混凝土受弯构件疲劳验算时，换算截面的受压区高度x_0、x'_0和惯性矩I^{f}_{0}、$I^{f'}_{0}$应按下列公式计算：

1 矩形及翼缘位于受拉区的T形截面

$$\frac{bx_0^2}{2} + \alpha^{f}_{E}A'_s(x_0 - a'_s) - \alpha^{f}_{E}A_s(h_0 - x_0) = 0 \quad (6.7.6\text{-}1)$$

$$I^{f}_{0} = \frac{bx_0^3}{3} + \alpha^{f}_{E}A'_s(x_0 - a'_s)^2 + \alpha^{f}_{E}A_s(h_0 - x_0)^2 \quad (6.7.6\text{-}2)$$

2 I形及翼缘位于受压区的T形截面

1）当x_0大于h'_f时（图6.7.6）

$$\frac{b'_f x_0^2}{2} - \frac{(b'_f - b)(x_0 - h'_f)^2}{2} + \alpha^{f}_{E}A'_s(x_0 - a'_s) - \alpha^{f}_{E}A_s(h_0 - x_0) = 0 \quad (6.7.6\text{-}3)$$

$$I^{f}_{0} = \frac{b'_f x_0^3}{3} - \frac{(b'_f - b)(x_0 - h'_f)^3}{3} + \alpha^{f}_{E}A'_s(x_0 - a'_s)^2 + \alpha^{f}_{E}A_s(h_0 - x_0)^2 \quad (6.7.6\text{-}4)$$

2）当 x_0 不大于 h'_f 时，按宽度为 b'_f 的矩形截面计算。

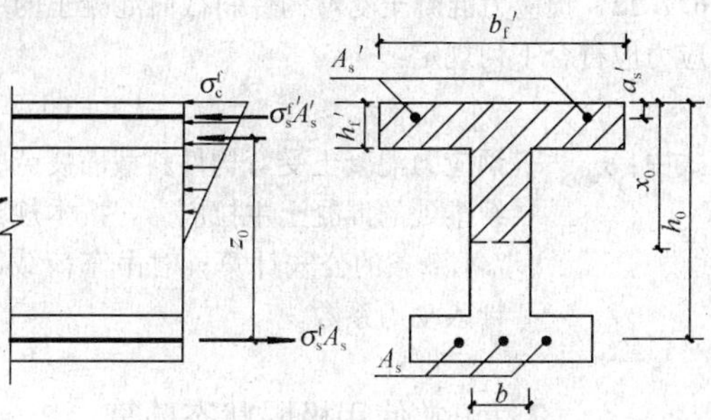

图 6.7.6　钢筋混凝土受弯构件正截面疲劳应力计算

3　x'_0、$I_0^{f'}$ 的计算，仍可采用上述 x_0、I_0^f 的相应公式；当弯矩 M_{min}^f 与 M_{max}^f 的方向相反时，与 x'_0、x_0 相应的受压区位置分别在该截面的下侧和上侧；当弯矩 M_{min}^f 与 M_{max}^f 的方向相同时，可取 $x'_0 = x_0$、$I_0^{f'} = I_0^f$。

注：1　当纵向受拉钢筋沿截面高度分多层布置时，公式（6.7.6-1）、公式（6.7.6-3）中 $\alpha_E^f A_s (h_0 - x_0)$ 项可用 $\alpha_E^f \sum_{i=1}^{n} A_{si}(h_{0i} - x_0)$ 代替，公式（6.7.6-2）、公式（6.7.6-4）中 $\alpha_E^f A_s (h_0 - x_0)^2$ 项可用 $\alpha_E^f \sum_{i=1}^{n} A_{si}(h_{0i} - x_0)^2$ 代替，此处，n 为纵向受拉钢筋的总层数，A_{si} 为第 i 层全部纵向钢筋的截面面积；

2　纵向受压钢筋的应力应符合 $\alpha_E^f \sigma_c^f \leqslant f'_y$ 的条件；当 $\alpha_E^f \sigma_c^f > f'_y$ 时，本条各公式中 $\alpha_E^f A'_s$ 应以 $f'_y A'_s / \sigma_c^f$ 代替，此处，f'_y 为纵向钢筋的抗压强度设计值，σ_c^f 为纵向受压钢筋合力点处的混凝土应力。

6.7.7　钢筋混凝土受弯构件斜截面的疲劳验算及剪力的分配应符合下列规定：

1　当截面中和轴处的剪应力符合下列条件时，该区段的剪力全部由混凝土承受，此时，箍筋可按构造要求配置；

$$\tau^f \leqslant 0.6 f_t^f \qquad (6.7.7\text{-}1)$$

式中：τ^f ——截面中和轴处的剪应力，按本规范第 6.7.8 条计算；

f_t^f ——混凝土轴心抗拉疲劳强度设计值，按本规范第 4.1.6 条确定。

2　截面中和轴处的剪应力不符合公式（6.7.7-1）的区段，其剪力应由箍筋和混凝土共同承受。此时，箍筋的应力幅 $\Delta\sigma_{sv}^f$ 应符合下列规定：

$$\Delta\sigma_{sv}^f \leqslant \Delta f_{yv}^f \qquad (6.7.7\text{-}2)$$

式中：$\Delta\sigma_{sv}^f$ ——箍筋的应力幅，按本规范公式（6.7.9-1）计算；

Δf_{yv}^f ——箍筋的疲劳应力幅限值，按本规范表 4.2.6-1 采用。

6.7.8　钢筋混凝土受弯构件中和轴处的剪应力应按下列公式计算：

$$\tau^f = \frac{V_{max}^f}{bz_0} \qquad (6.7.8)$$

式中：V_{max}^f ——疲劳验算时在相应荷载组合下构件验算截面的最大剪力值；

b ——矩形截面宽度，T 形、I 形截面的腹板宽度；

z_0 ——受压区合力点至受拉钢筋合力点的距离，此时，受压区高度 x_0 按本规范公式（6.7.6-1）或公式（6.7.6-3）计算。

6.7.9　钢筋混凝土受弯构件斜截面上箍筋的应力幅应按下列公式计算：

$$\Delta\sigma_{sv}^f = \frac{(\Delta V_{max}^f - 0.1\eta f_t^f bh_0)s}{A_{sv} z_0} \qquad (6.7.9\text{-}1)$$

$$\Delta V_{max}^f = V_{max}^f - V_{min}^f \qquad (6.7.9\text{-}2)$$

$$\eta = \Delta V_{max}^f / V_{max}^f \qquad (6.7.9\text{-}3)$$

式中：ΔV_{max}^f ——疲劳验算时构件验算截面的最大剪力幅值；

V_{min}^f ——疲劳验算时在相应荷载组合下构件验算截面的最小剪力值；

η ——最大剪力幅相对值；

s ——箍筋的间距；

A_{sv} ——配置在同一截面内箍筋各肢的全部截面面积。

6.7.10　预应力混凝土受弯构件疲劳验算时，应计算下列部位的应力、应力幅：

1　正截面受拉区和受压区边缘纤维的混凝土应力及受拉区纵向预应力筋、普通钢筋的应力幅；

2　截面重心及截面宽度剧烈改变处的混凝土主拉应力。

注：1　受压区纵向钢筋可不进行疲劳验算；

2　一级裂缝控制等级的预应力混凝土构件的钢筋可不进行疲劳验算。

6.7.11　要求不出现裂缝的预应力混凝土受弯构件，其正截面的混凝土、纵向预应力筋和普通钢筋的最小、最大应力和应力幅应按下列公式计算：

1　受拉区或受压区边缘纤维的混凝土应力

$$\sigma_{c,min}^f \text{ 或 } \sigma_{c,max}^f = \sigma_{pc} + \frac{M_{min}^f}{I_0} y_0 \qquad (6.7.11\text{-}1)$$

$$\sigma_{c,max}^f \text{ 或 } \sigma_{c,min}^f = \sigma_{pc} + \frac{M_{max}^f}{I_0} y_0 \qquad (6.7.11\text{-}2)$$

2　受拉区纵向预应力筋的应力及应力幅

$$\Delta\sigma_p^f = \sigma_{p,max}^f - \sigma_{p,min}^f \qquad (6.7.11\text{-}3)$$

$$\sigma_{p,min}^f = \sigma_{pe} + \alpha_{pE} \frac{M_{min}^f}{I_0} y_{0p} \qquad (6.7.11\text{-}4)$$

$$\sigma_{p,max}^{f} = \sigma_{pe} + \alpha_{pE} \frac{M_{max}^{f}}{I_0} y_{0p} \quad (6.7.11\text{-}5)$$

3　受拉区纵向普通钢筋的应力及应力幅

$$\Delta\sigma_s^f = \sigma_{s,max}^f - \sigma_{s,min}^f \quad (6.7.11\text{-}6)$$

$$\sigma_{s,min}^{f} = \sigma_{s0} + \alpha_E \frac{M_{min}^{f}}{I_0} y_{0s} \quad (6.7.11\text{-}7)$$

$$\sigma_{s,max}^{f} = \sigma_{s0} + \alpha_E \frac{M_{max}^{f}}{I_0} y_{0s} \quad (6.7.11\text{-}8)$$

式中：$\sigma_{c,min}^f$、$\sigma_{c,max}^f$——疲劳验算时受拉区或受压区边缘纤维混凝土的最小、最大应力，最小、最大应力以其绝对值进行判别；

σ_{pc}——扣除全部预应力损失后，由预加力在受拉区或受压区边缘纤维处产生的混凝土法向应力，按本规范公式（10.1.6-1）或公式（10.1.6-4）计算；

M_{max}^f、M_{min}^f——疲劳验算时同一截面上在相应荷载组合下产生的最大、最小弯矩值；

α_{pE}——预应力钢筋弹性模量与混凝土弹性模量的比值：$\alpha_{pE} = E_s/E_c$；

I_0——换算截面的惯性矩；

y_0——受拉区边缘或受压区边缘至换算截面重心的距离；

$\sigma_{p,min}^f$、$\sigma_{p,max}^f$——疲劳验算时受拉区最外层预应力筋的最小、最大应力；

$\Delta\sigma_p^f$——疲劳验算时受拉区最外层预应力筋的应力幅；

σ_{pe}——扣除全部预应力损失后受拉区最外层预应力筋的有效预应力，按本规范公式（10.1.6-2）或公式（10.1.6-5）计算；

y_{0s}、y_{0p}——受拉区最外层普通钢筋、预应力筋截面重心至换算截面重心的距离；

$\sigma_{s,min}^f$、$\sigma_{s,max}^f$——疲劳验算时受拉区最外层普通钢筋的最小、最大应力；

$\Delta\sigma_s^f$——疲劳验算时受拉区最外层普通钢筋的应力幅；

σ_{s0}——消压弯矩 M_{p0} 作用下受拉区最外层普通钢筋中产生的应力；此处，M_{p0} 为受拉区最外层普通钢筋重心处的混凝土法向预加应力等于零时的相应弯矩值。

注：公式（6.7.11-1）、公式（6.7.11-2）中的 σ_{pc}、$(M_{min}^f/I_0)y_0$、$(M_{max}^f/I_0)y_0$，当为拉应力时以正值代入；当为压应力时以负值代入；公式（6.7.11-7）、公式（6.7.11-8）中的 σ_{s0} 以负值代入。

6.7.12　预应力混凝土受弯构件斜截面混凝土的主拉应力应符合下列规定：

$$\sigma_{tp}^f \leqslant f_t^f \quad (6.7.12)$$

式中：σ_{tp}^f——预应力混凝土受弯构件斜截面疲劳验算纤维处的混凝土主拉应力，按本规范第7.1.7条的公式计算；对吊车荷载，应计入动力系数。

7　正常使用极限状态验算

7.1　裂缝控制验算

7.1.1　钢筋混凝土和预应力混凝土构件，应按下列规定进行受拉边缘应力或正截面裂缝宽度验算：

1　一级裂缝控制等级构件，在荷载标准组合下，受拉边缘应力应符合下列规定：

$$\sigma_{ck} - \sigma_{pc} \leqslant 0 \quad (7.1.1\text{-}1)$$

2　二级裂缝控制等级构件，在荷载标准组合下，受拉边缘应力应符合下列规定：

$$\sigma_{ck} - \sigma_{pc} \leqslant f_{tk} \quad (7.1.1\text{-}2)$$

3　三级裂缝控制等级时，钢筋混凝土构件的最大裂缝宽度可按荷载准永久组合并考虑长期作用影响的效应计算，预应力混凝土构件的最大裂缝宽度可按荷载标准组合并考虑长期作用影响的效应计算。最大裂缝宽度应符合下列规定：

$$w_{max} \leqslant w_{lim} \quad (7.1.1\text{-}3)$$

对环境类别为二a类的预应力混凝土构件，在荷载准永久组合下，受拉边缘应力尚应符合下列规定：

$$\sigma_{cq} - \sigma_{pc} \leqslant f_{tk} \quad (7.1.1\text{-}4)$$

式中：σ_{ck}、σ_{cq}——荷载标准组合、准永久组合下抗裂验算边缘的混凝土法向应力；

σ_{pc}——扣除全部预应力损失后在抗裂验算边缘混凝土的预压应力，按本规范公式（10.1.6-1）和公式（10.1.6-4）计算；

f_{tk}——混凝土轴心抗拉强度标准值，按本规范表4.1.3-2采用；

w_{max}——按荷载的标准组合或准永久组合并考虑长期作用影响计算的最大裂缝宽度，按本规范第7.1.2条计算；

w_{lim}——最大裂缝宽度限值，按本规范第3.4.5条采用。

7.1.2　在矩形、T形、倒T形和I形截面的钢筋混凝土受拉、受弯和偏心受压构件及预应力混凝土轴心受拉和受弯构件中，按荷载标准组合或准永久组合并考虑长期作用影响的最大裂缝宽度可按下列公式计算：

$$w_{max} = \alpha_{cr}\psi\frac{\sigma_s}{E_s}\left(1.9c_s + 0.08\frac{d_{eq}}{\rho_{te}}\right) \quad (7.1.2\text{-}1)$$

$$\psi = 1.1 - 0.65\frac{f_{tk}}{\rho_{te}\sigma_s} \quad (7.1.2\text{-}2)$$

$$d_{eq} = \frac{\sum n_i d_i^2}{\sum n_i \nu_i d_i} \quad (7.1.2\text{-}3)$$

$$\rho_{te} = \frac{A_s + A_p}{A_{te}} \quad (7.1.2\text{-}4)$$

式中：α_{cr}——构件受力特征系数，按表 7.1.2-1 采用；

ψ——裂缝间纵向受拉钢筋应变不均匀系数：当 $\psi<0.2$ 时，取 $\psi=0.2$；当 $\psi>1.0$ 时，取 $\psi=1.0$；对直接承受重复荷载的构件，取 $\psi=1.0$；

σ_s——按荷载准永久组合计算的钢筋混凝土构件纵向受拉普通钢筋应力或按标准组合计算的预应力混凝土构件纵向受拉钢筋等效应力；

E_s——钢筋的弹性模量，按本规范表 4.2.5 采用；

c_s——最外层纵向受拉钢筋外边缘至受拉区底边的距离（mm）：当 $c_s<20$ 时，取 $c_s=20$；当 $c_s>65$ 时，取 $c_s=65$；

ρ_{te}——按有效受拉混凝土截面面积计算的纵向受拉钢筋配筋率；对无粘结后张构件，仅取纵向受拉普通钢筋计算配筋率；在最大裂缝宽度计算中，当 $\rho_{te}<0.01$时，取 $\rho_{te}=0.01$；

A_{te}——有效受拉混凝土截面面积：对轴心受拉构件，取构件截面面积；对受弯、偏心受压和偏心受拉构件，取 $A_{te}=0.5bh+(b_f-b)h_f$，此处，b_f、h_f 为受拉翼缘的宽度、高度；

A_s——受拉区纵向普通钢筋截面面积；

A_p——受拉区纵向预应力筋截面面积；

d_{eq}——受拉区纵向钢筋的等效直径（mm）；对无粘结后张构件，仅为受拉区纵向受拉普通钢筋的等效直径（mm）；

d_i——受拉区第 i 种纵向钢筋的公称直径；对于有粘结预应力钢绞线束的直径取为 $\sqrt{n_1}d_{p1}$，其中 d_{p1} 为单根钢绞线的公称直径，n_1 为单束钢绞线根数；

n_i——受拉区第 i 种纵向钢筋的根数；对于有粘结预应力钢绞线，取为钢绞线束数；

ν_i——受拉区第 i 种纵向钢筋的相对粘结特性系数，按表 7.1.2-2 采用。

注：1 对承受吊车荷载但不需作疲劳验算的受弯构件，可将计算求得的最大裂缝宽度乘以系数 0.85；

2 对按本规范第 9.2.15 条配置表层钢筋网片的梁，按公式（7.1.2-1）计算的最大裂缝宽度可适当折减，折减系数可取 0.7；

3 对 $e_0/h_0\leqslant0.55$ 的偏心受压构件，可不验算裂缝宽度。

表 7.1.2-1 构件受力特征系数

类 型	α_{cr}	
	钢筋混凝土构件	预应力混凝土构件
受弯、偏心受压	1.9	1.5
偏心受拉	2.4	—
轴心受拉	2.7	2.2

表 7.1.2-2 钢筋的相对粘结特性系数

钢筋类别	钢筋		先张法预应力筋			后张法预应力筋		
	光圆钢筋	带肋钢筋	带肋钢筋	螺旋肋钢丝	钢绞线	带肋钢筋	钢绞线	光面钢丝
ν_i	0.7	1.0	1.0	0.8	0.6	0.8	0.5	0.4

注：对环氧树脂涂层带肋钢筋，其相对粘结特性系数应按表中系数的 80%取用。

7.1.3 在荷载准永久组合或标准组合下，钢筋混凝土构件、预应力混凝土构件开裂截面处受压边缘混凝土压应力、不同位置处钢筋的拉应力及预应力筋的等效应力宜按下列假定计算：

1 截面应变保持平面；

2 受压区混凝土的法向应力图取为三角形；

3 不考虑受拉区混凝土的抗拉强度；

4 采用换算截面。

7.1.4 在荷载准永久组合或标准组合下，钢筋混凝土构件受拉区纵向普通钢筋的应力或预应力混凝土构件受拉区纵向钢筋的等效应力也可按下列公式计算：

1 钢筋混凝土构件受拉区纵向普通钢筋的应力

1） 轴心受拉构件

$$\sigma_{sq} = \frac{N_q}{A_s} \quad (7.1.4\text{-}1)$$

2） 偏心受拉构件

$$\sigma_{sq} = \frac{N_q e'}{A_s(h_0 - a'_s)} \quad (7.1.4\text{-}2)$$

3） 受弯构件

$$\sigma_{sq} = \frac{M_q}{0.87h_0A_s} \quad (7.1.4\text{-}3)$$

4） 偏心受压构件

$$\sigma_{sq} = \frac{N_q(e-z)}{A_s z} \quad (7.1.4\text{-}4)$$

$$z = \left[0.87 - 0.12(1-\gamma'_f)\left(\frac{h_0}{e}\right)^2\right]h_0 \quad (7.1.4\text{-}5)$$

$$e = \eta_s e_0 + y_s \quad (7.1.4\text{-}6)$$

$$\gamma'_f = \frac{(b'_f - b)h'_f}{bh_0} \quad (7.1.4\text{-}7)$$

$$\eta_s = 1 + \frac{1}{4000e_0/h_0}\left(\frac{l_0}{h}\right)^2 \quad (7.1.4\text{-}8)$$

式中：A_s——受拉区纵向普通钢筋截面面积：对轴心受拉构件，取全部纵向普通钢筋截面面积；对偏心受拉构件，取受拉较大边的纵向普通钢筋截面面积；对受弯、偏心受压构件，取受拉区纵向普通钢筋截面面积；

N_q 、M_q——按荷载准永久组合计算的轴向力值、弯矩值；

e'——轴向拉力作用点至受压区或受拉较小边纵向普通钢筋合力点的距离；

e——轴向压力作用点至纵向受拉普通钢筋合力点的距离；

e_0——荷载准永久组合下的初始偏心距，取为 M_q/N_q；

z——纵向受拉普通钢筋合力点至截面受压区合力点的距离，且不大于 $0.87h_0$；

η_s——使用阶段的轴向压力偏心距增大系数，当 l_0/h 不大于 14 时，取 1.0；

y_s——截面重心至纵向受拉普通钢筋合力点的距离；

γ'_f——受压翼缘截面面积与腹板有效截面面积的比值；

b'_f、h'_f——分别为受压区翼缘的宽度、高度；在公式（7.1.4-7）中，当 h'_f 大于 $0.2h_0$ 时，取 $0.2h_0$。

2 预应力混凝土构件受拉区纵向钢筋的等效应力

1） 轴心受拉构件

$$\sigma_{sk} = \frac{N_k - N_{p0}}{A_p + A_s} \quad (7.1.4\text{-}9)$$

2） 受弯构件

$$\sigma_{sk} = \frac{M_k - N_{p0}(z - e_p)}{(\alpha_1 A_p + A_s)z} \quad (7.1.4\text{-}10)$$

$$e = e_p + \frac{M_k}{N_{p0}} \quad (7.1.4\text{-}11)$$

$$e_p = y_{ps} - e_{p0} \quad (7.1.4\text{-}12)$$

式中：A_p——受拉区纵向预应力筋截面面积：对轴心受拉构件，取全部纵向预应力筋截面面积；对受弯构件，取受拉区纵向预应力筋截面面积；

N_{p0}——计算截面上混凝土法向预应力等于零时的预加力，应按本规范第 10.1.13 条的规定计算；

N_k 、M_k——按荷载标准组合计算的轴向力值、弯矩值；

z——受拉区纵向普通钢筋和预应力筋合力点至截面受压区合力点的距离，按公式（7.1.4-5）计算，其中 e 按公式（7.1.4-11）计算；

α_1——无粘结预应力筋的等效折减系数，取 α_1 为 0.3；对灌浆的后张预应力筋，取 α_1 为 1.0；

e_p——计算截面上混凝土法向预应力等于零时的预加力 N_{p0} 的作用点至受拉区纵向预应力筋和普通钢筋合力点的距离；

y_{ps}——受拉区纵向预应力筋和普通钢筋合力点的偏心距；

e_{p0}——计算截面上混凝土法向预应力等于零时的预加力 N_{p0} 作用点的偏心距，应按本规范第 10.1.13 条的规定计算。

7.1.5 在荷载标准组合和准永久组合下，抗裂验算时截面边缘混凝土的法向应力应按下列公式计算：

1 轴心受拉构件

$$\sigma_{ck} = \frac{N_k}{A_0} \quad (7.1.5\text{-}1)$$

$$\sigma_{cq} = \frac{N_q}{A_0} \quad (7.1.5\text{-}2)$$

2 受弯构件

$$\sigma_{ck} = \frac{M_k}{W_0} \quad (7.1.5\text{-}3)$$

$$\sigma_{cq} = \frac{M_q}{W_0} \quad (7.1.5\text{-}4)$$

3 偏心受拉和偏心受压构件

$$\sigma_{ck} = \frac{M_k}{W_0} + \frac{N_k}{A_0} \quad (7.1.5\text{-}5)$$

$$\sigma_{cq} = \frac{M_q}{W_0} + \frac{N_q}{A_0} \quad (7.1.5\text{-}6)$$

式中：A_0——构件换算截面面积；

W_0——构件换算截面受拉边缘的弹性抵抗矩。

7.1.6 预应力混凝土受弯构件应分别对截面上的混凝土主拉应力和主压应力进行验算：

1 混凝土主拉应力

1） 一级裂缝控制等级构件，应符合下列规定：

$$\sigma_{tp} \leqslant 0.85 f_{tk} \quad (7.1.6\text{-}1)$$

2） 二级裂缝控制等级构件，应符合下列规定：

$$\sigma_{tp} \leqslant 0.95 f_{tk} \quad (7.1.6\text{-}2)$$

2 混凝土主压应力

对一、二级裂缝控制等级构件，均应符合下列规定：

$$\sigma_{cp} \leqslant 0.60 f_{ck} \quad (7.1.6\text{-}3)$$

式中：σ_{tp}、σ_{cp}——分别为混凝土的主拉应力、主压应力，按本规范第 7.1.7 条确定。

此时，应选择跨度内不利位置的截面，对该截面的换算截面重心处和截面宽度突变处进行验算。

注：对允许出现裂缝的吊车梁，在静力计算中应符合公式（7.1.6-2）和公式（7.1.6-3）的规定。

7.1.7 混凝土主拉应力和主压应力应按下列公式计算：

$$\left.\begin{matrix}\sigma_{tp}\\ \sigma_{cp}\end{matrix}\right\}=\frac{\sigma_x+\sigma_y}{2}\pm\sqrt{\left(\frac{\sigma_x-\sigma_y}{2}\right)^2+\tau^2} \quad (7.1.7\text{-}1)$$

$$\sigma_x=\sigma_{pc}+\frac{M_k y_0}{I_0} \quad (7.1.7\text{-}2)$$

$$\tau=\frac{(V_k-\sum\sigma_{pe}A_{pb}\sin\alpha_p)S_0}{I_0 b} \quad (7.1.7\text{-}3)$$

式中：σ_x——由预加力和弯矩值 M_k 在计算纤维处产生的混凝土法向应力；

σ_y——由集中荷载标准值 F_k 产生的混凝土竖向压应力；

τ——由剪力值 V_k 和弯起预应力筋的预加力在计算纤维处产生的混凝土剪应力；当计算截面上有扭矩作用时，尚应计入扭矩引起的剪应力；对超静定后张法预应力混凝土结构构件，在计算剪应力时，尚应计入预加力引起的次剪力；

σ_{pc}——扣除全部预应力损失后，在计算纤维处由预加力产生的混凝土法向应力，按本规范公式（10.1.6-1）或公式（10.1.6-4）计算；

y_0——换算截面重心至计算纤维处的距离；

I_0——换算截面惯性矩；

V_k——按荷载标准组合计算的剪力值；

S_0——计算纤维以上部分的换算截面面积对构件换算截面重心的面积矩；

σ_{pe}——弯起预应力筋的有效预应力；

A_{pb}——计算截面上同一弯起平面内的弯起预应力筋的截面面积；

α_p——计算截面上弯起预应力筋的切线与构件纵向轴线的夹角。

注：公式（7.1.7-1）、公式（7.1.7-2）中的 σ_x、σ_y、σ_{pc} 和 $M_k y_0/I_0$，当为拉应力时，以正值代入；当为压应力时，以负值代入。

7.1.8 对预应力混凝土吊车梁，在集中力作用点两侧各 0.6h 的长度范围内，由集中荷载标准值 F_k 产生的混凝土竖向压应力和剪应力的简化分布可按图 7.1.8 确定，其应力的最大值可按下列公式计算：

$$\sigma_{y,max}=\frac{0.6F_k}{bh} \quad (7.1.8\text{-}1)$$

$$\tau_F=\frac{\tau^l-\tau^r}{2} \quad (7.1.8\text{-}2)$$

$$\tau^l=\frac{V_k^l S_0}{I_0 b} \quad (7.1.8\text{-}3)$$

$$\tau^r=\frac{V_k^r S_0}{I_0 b} \quad (7.1.8\text{-}4)$$

式中：τ^l、τ^r——分别为位于集中荷载标准值 F_k 作用点左侧、右侧 0.6h 处截面上的剪应力；

τ_F——集中荷载标准值 F_k 作用截面上的剪应力；

V_k^l、V_k^r——分别为集中荷载标准值 F_k 作用点左侧、右侧截面上的剪力标准值。

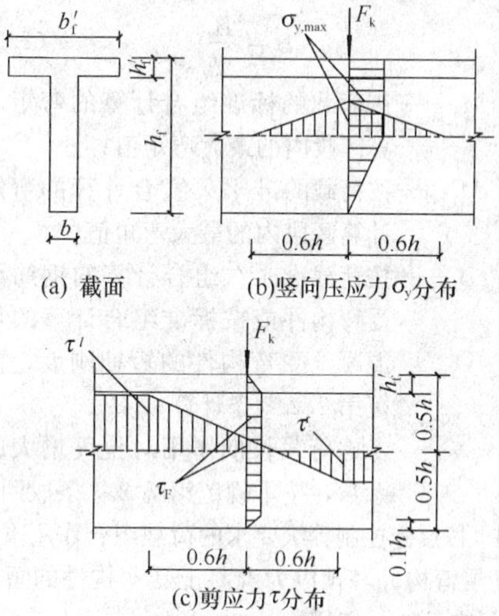

(a) 截面　(b)竖向压应力σ_y分布

(c)剪应力τ分布

图 7.1.8　预应力混凝土吊车梁集中力作用点附近的应力分布

7.1.9 对先张法预应力混凝土构件端部进行正截面、斜截面抗裂验算时，应考虑预应力筋在其预应力传递长度 l_{tr} 范围内实际应力值的变化。预应力筋的实际应力可考虑为线性分布，在构件端部取为零，在其预应力传递长度的末端取有效预应力值 σ_{pe}（图 7.1.9），预应力筋的预应力传递长度 l_{tr} 应按本规范第 10.1.9 条确定。

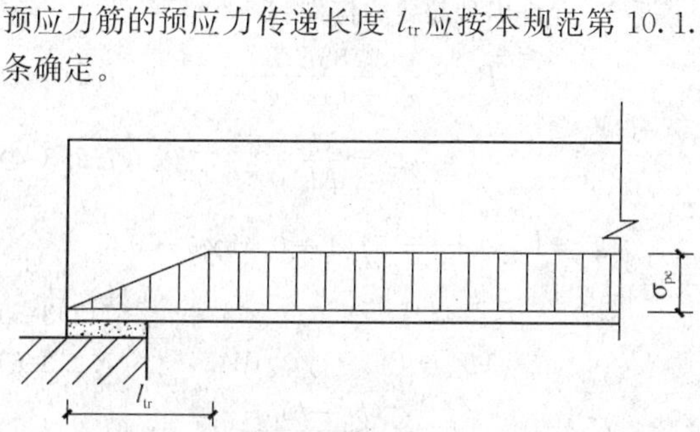

图 7.1.9　预应力传递长度范围内有效预应力值的变化

7.2　受弯构件挠度验算

7.2.1 钢筋混凝土和预应力混凝土受弯构件的挠度

可按照结构力学方法计算，且不应超过本规范表3.4.3规定的限值。

在等截面构件中，可假定各同号弯矩区段内的刚度相等，并取用该区段内最大弯矩处的刚度。当计算跨度内的支座截面刚度不大于跨中截面刚度的2倍或不小于跨中截面刚度的1/2时，该跨也可按等刚度构件进行计算，其构件刚度可取跨中最大弯矩截面的刚度。

7.2.2 矩形、T形、倒T形和I形截面受弯构件考虑荷载长期作用影响的刚度B可按下列规定计算：

1 采用荷载标准组合时

$$B=\frac{M_k}{M_q(\theta-1)+M_k}B_s \quad (7.2.2\text{-}1)$$

2 采用荷载准永久组合时

$$B=\frac{B_s}{\theta} \quad (7.2.2\text{-}2)$$

式中：M_k——按荷载的标准组合计算的弯矩，取计算区段内的最大弯矩值；

M_q——按荷载的准永久组合计算的弯矩，取计算区段内的最大弯矩值；

B_s——按荷载准永久组合计算的钢筋混凝土受弯构件或按标准组合计算的预应力混凝土受弯构件的短期刚度，按本规范第7.2.3条计算；

θ——考虑荷载长期作用对挠度增大的影响系数，按本规范第7.2.5条取用。

7.2.3 按裂缝控制等级要求的荷载组合作用下，钢筋混凝土受弯构件和预应力混凝土受弯构件的短期刚度B_s，可按下列公式计算：

1 钢筋混凝土受弯构件

$$B_s=\frac{E_sA_sh_0^2}{1.15\psi+0.2+\frac{6\alpha_E\rho}{1+3.5\gamma_f}} \quad (7.2.3\text{-}1)$$

2 预应力混凝土受弯构件

1）要求不出现裂缝的构件

$$B_s=0.85E_cI_0 \quad (7.2.3\text{-}2)$$

2）允许出现裂缝的构件

$$B_s=\frac{0.85E_cI_0}{\kappa_{cr}+(1-\kappa_{cr})\omega} \quad (7.2.3\text{-}3)$$

$$\kappa_{cr}=\frac{M_{cr}}{M_k} \quad (7.2.3\text{-}4)$$

$$\omega=\left(1.0+\frac{0.21}{\alpha_E\rho}\right)(1+0.45\gamma_f)-0.7 \quad (7.2.3\text{-}5)$$

$$M_{cr}=(\sigma_{pc}+\gamma f_{tk})W_0 \quad (7.2.3\text{-}6)$$

$$\gamma_f=\frac{(b_f-b)h_f}{bh_0} \quad (7.2.3\text{-}7)$$

式中：ψ——裂缝间纵向受拉普通钢筋应变不均匀系数，按本规范第7.1.2条确定；

α_E——钢筋弹性模量与混凝土弹性模量的比值，即E_s/E_c；

ρ——纵向受拉钢筋配筋率：对钢筋混凝土受弯构件，取为$A_s/(bh_0)$；对预应力混凝土受弯构件，取为$(\alpha_1A_p+A_s)/(bh_0)$，对灌浆的后张预应力筋，取$\alpha_1=1.0$，对无粘结后张预应力筋，取$\alpha_1=0.3$；

I_0——换算截面惯性矩；

γ_f——受拉翼缘截面面积与腹板有效截面面积的比值；

b_f、h_f——分别为受拉区翼缘的宽度、高度；

κ_{cr}——预应力混凝土受弯构件正截面的开裂弯矩M_{cr}与弯矩M_k的比值，当$\kappa_{cr}>1.0$时，取$\kappa_{cr}=1.0$；

σ_{pc}——扣除全部预应力损失后，由预加力在抗裂验算边缘产生的混凝土预压应力；

γ——混凝土构件的截面抵抗矩塑性影响系数，按本规范第7.2.4条确定。

注：对预压时预拉区出现裂缝的构件，B_s应降低10%。

7.2.4 混凝土构件的截面抵抗矩塑性影响系数γ可按下列公式计算：

$$\gamma=\left(0.7+\frac{120}{h}\right)\gamma_m \quad (7.2.4)$$

式中：γ_m——混凝土构件的截面抵抗矩塑性影响系数基本值，可按正截面应变保持平面的假定，并取受拉区混凝土应力图形为梯形、受拉边缘混凝土极限拉应变为$2f_{tk}/E_c$确定；对常用的截面形状，γ_m值可按表7.2.4取用；

h——截面高度（mm）：当$h<400$时，取$h=400$；当$h>1600$时，取$h=1600$；对圆形、环形截面，取$h=2r$，此处，r为圆形截面半径或环形截面的外环半径。

表7.2.4 截面抵抗矩塑性影响系数基本值γ_m

项次	1	2	3		4		5
截面形状	矩形截面	翼缘位于受压区的T形截面	对称I形截面或箱形截面		翼缘位于受拉区的倒T形截面		圆形和环形截面
			$b_f/b\leqslant2$、h_f/h为任意值	$b_f/b>2$、$h_f/h<0.2$	$b_f/b\leqslant2$、h_f/h为任意值	$b_f/b>2$、$h_f/h<0.2$	
γ_m	1.55	1.50	1.45	1.35	1.50	1.40	$1.6-0.24r_1/r$

注：1 对$b_f'>b_f$的I形截面，可按项次2与项次3之间的数值采用；对$b_f'<b_f$的I形截面，可按项次3与项次4之间的数值采用；
2 对于箱形截面，b系指各肋宽度的总和；
3 r_1为环形截面的内环半径，对圆形截面取r_1为零。

7.2.5 考虑荷载长期作用对挠度增大的影响系数θ可按下列规定取用：

1 钢筋混凝土受弯构件

当$\rho'=0$时，取$\theta=2.0$；当$\rho'=\rho$时，取$\theta=1.6$；当ρ'为中间数值时，θ按线性内插法取用。此处，$\rho'=A_s'/(bh_0)$，$\rho=A_s/(bh_0)$。

对翼缘位于受拉区的倒T形截面，θ应增加20%。

2 预应力混凝土受弯构件，取$\theta=2.0$。

7.2.6 预应力混凝土受弯构件在使用阶段的预加力反拱值，可用结构力学方法按刚度E_cI_0进行计算，并应考虑预压应力长期作用的影响，计算中预应力筋的应力应扣除全部预应力损失。简化计算时，可将计算的反拱值乘以增大系数2.0。

对重要的或特殊的预应力混凝土受弯构件的长期反拱值，可根据专门的试验分析确定或根据配筋情况采用考虑收缩、徐变影响的计算方法分析确定。

7.2.7 对预应力混凝土构件应采取措施控制反拱和挠度，并宜符合下列规定：

1 当考虑反拱后计算的构件长期挠度不符合本规范第3.4.3条的有关规定时，可采用施工预先起拱等方式控制挠度；

2 对永久荷载相对于可变荷载较小的预应力混凝土构件，应考虑反拱过大对正常使用的不利影响，并应采取相应的设计和施工措施。

8 构造规定

8.1 伸缩缝

8.1.1 钢筋混凝土结构伸缩缝的最大间距可按表8.1.1确定。

表8.1.1 钢筋混凝土结构伸缩缝最大间距（m）

结构类别		室内或土中	露天
排架结构	装配式	100	70
框架结构	装配式	75	50
	现浇式	55	35
剪力墙结构	装配式	65	40
	现浇式	45	30
挡土墙、地下室墙壁等类结构	装配式	40	30
	现浇式	30	20

注：1 装配整体式结构的伸缩缝间距，可根据结构的具体情况取表中装配式结构与现浇式结构之间的数值；

2 框架-剪力墙结构或框架-核心筒结构房屋的伸缩缝间距，可根据结构的具体情况取表中框架结构与剪力墙结构之间的数值；

3 当屋面无保温或隔热措施时，框架结构、剪力墙结构的伸缩缝间距宜按表中露天栏的数值取用；

4 现浇挑檐、雨罩等外露结构的局部伸缩缝间距不宜大于12m。

8.1.2 对下列情况，本规范表8.1.1中的伸缩缝最大间距宜适当减小：

1 柱高（从基础顶面算起）低于8m的排架结构；

2 屋面无保温、隔热措施的排架结构；

3 位于气候干燥地区、夏季炎热且暴雨频繁地区的结构或经常处于高温作用下的结构；

4 采用滑模类工艺施工的各类墙体结构；

5 混凝土材料收缩较大，施工期外露时间较长的结构。

8.1.3 如有充分依据，对下列情况本规范表8.1.1中的伸缩缝最大间距可适当增大：

1 采取减小混凝土收缩或温度变化的措施；

2 采用专门的预加应力或增配构造钢筋的措施；

3 采用低收缩混凝土材料，采取跳仓浇筑、后浇带、控制缝等施工方法，并加强施工养护。

当伸缩缝间距增大较多时，尚应考虑温度变化和混凝土收缩对结构的影响。

8.1.4 当设置伸缩缝时，框架、排架结构的双柱基础可不断开。

8.2 混凝土保护层

8.2.1 构件中普通钢筋及预应力筋的混凝土保护层厚度应满足下列要求。

1 构件中受力钢筋的保护层厚度不应小于钢筋的公称直径d；

2 设计使用年限为50年的混凝土结构，最外层钢筋的保护层厚度应符合表8.2.1的规定；设计使用年限为100年的混凝土结构，最外层钢筋的保护层厚度不应小于表8.2.1中数值的1.4倍。

表8.2.1 混凝土保护层的最小厚度c（mm）

环境类别	板、墙、壳	梁、柱、杆
一	15	20
二a	20	25
二b	25	35
三a	30	40
三b	40	50

注：1 混凝土强度等级不大于C25时，表中保护层厚度数值应增加5mm；

2 钢筋混凝土基础宜设置混凝土垫层，基础中钢筋的混凝土保护层厚度应从垫层顶面算起，且不应小于40mm。

8.2.2 当有充分依据并采取下列措施时，可适当减小混凝土保护层的厚度。

1 构件表面有可靠的防护层；

2 采用工厂化生产的预制构件；

3 在混凝土中掺加阻锈剂或采用阴极保护处理等防锈措施；

4 当对地下室墙体采取可靠的建筑防水做法或

防护措施时，与土层接触一侧钢筋的保护层厚度可适当减少，但不应小于25mm。

8.2.3 当梁、柱、墙中纵向受力钢筋的保护层厚度大于50mm时，宜对保护层采取有效的构造措施。当在保护层内配置防裂、防剥落的钢筋网片时，网片钢筋的保护层厚度不应小于25mm。

8.3 钢筋的锚固

8.3.1 当计算中充分利用钢筋的抗拉强度时，受拉钢筋的锚固应符合下列要求：

1 基本锚固长度应按下列公式计算：

普通钢筋

$$l_{ab} = \alpha \frac{f_y}{f_t} d \qquad (8.3.1\text{-}1)$$

预应力筋

$$l_{ab} = \alpha \frac{f_{py}}{f_t} d \qquad (8.3.1\text{-}2)$$

式中：l_{ab}——受拉钢筋的基本锚固长度；

f_y、f_{py}——普通钢筋、预应力筋的抗拉强度设计值；

f_t——混凝土轴心抗拉强度设计值，当混凝土强度等级高于C60时，按C60取值；

d——锚固钢筋的直径；

α——锚固钢筋的外形系数，按表8.3.1取用。

表 8.3.1 锚固钢筋的外形系数 α

钢筋类型	光圆钢筋	带肋钢筋	螺旋肋钢丝	三股钢绞线	七股钢绞线
α	0.16	0.14	0.13	0.16	0.17

注：光圆钢筋末端应做180°弯钩，弯后平直段长度不应小于3d，但作受压钢筋时可不做弯钩。

2 受拉钢筋的锚固长度应根据锚固条件按下列公式计算，且不应小于200mm：

$$l_a = \zeta_a l_{ab} \qquad (8.3.1\text{-}3)$$

式中：l_a——受拉钢筋的锚固长度；

ζ_a——锚固长度修正系数，对普通钢筋按本规范第8.3.2条的规定取用，当多于一项时，可按连乘计算，但不应小于0.6；对预应力筋，可取1.0。

梁柱节点中纵向受拉钢筋的锚固要求应按本规范第9.3节（Ⅱ）中的规定执行。

3 当锚固钢筋的保护层厚度不大于5d时，锚固长度范围内应配置横向构造钢筋，其直径不应小于d/4；对梁、柱、斜撑等构件间距不应大于5d，对板、墙等平面构件间距不应大于10d，且均不应大于100mm，此处d为锚固钢筋的直径。

8.3.2 纵向受拉普通钢筋的锚固长度修正系数ζ_a应按下列规定取用：

1 当带肋钢筋的公称直径大于25mm时取1.10；

2 环氧树脂涂层带肋钢筋取1.25；

3 施工过程中易受扰动的钢筋取1.10；

4 当纵向受力钢筋的实际配筋面积大于其设计计算面积时，修正系数取设计计算面积与实际配筋面积的比值，但对有抗震设防要求及直接承受动力荷载的结构构件，不应考虑此项修正；

5 锚固钢筋的保护层厚度为3d时修正系数可取0.80，保护层厚度为5d时修正系数可取0.70，中间按内插取值，此处d为锚固钢筋的直径。

8.3.3 当纵向受拉普通钢筋末端采用弯钩或机械锚固措施时，包括弯钩或锚固端头在内的锚固长度（投影长度）可取为基本锚固长度l_{ab}的60%。弯钩和机械锚固的形式（图8.3.3）和技术要求应符合表8.3.3的规定。

表 8.3.3 钢筋弯钩和机械锚固的形式和技术要求

锚固形式	技术要求
90°弯钩	末端90°弯钩，弯钩内径4d，弯后直段长度12d
135°弯钩	末端135°弯钩，弯钩内径4d，弯后直段长度5d
一侧贴焊锚筋	末端一侧贴焊长5d同直径钢筋
两侧贴焊锚筋	末端两侧贴焊长3d同直径钢筋
焊端锚板	末端与厚度d的锚板穿孔塞焊
螺栓锚头	末端旋入螺栓锚头

注：1 焊缝和螺纹长度应满足承载力要求；

2 螺栓锚头和焊接锚板的承压净面积不应小于锚固钢筋截面积的4倍；

3 螺栓锚头的规格应符合相关标准的要求；

4 螺栓锚头和焊接锚板的钢筋净间距不宜小于4d，否则应考虑群锚效应的不利影响；

5 截面角部的弯钩和一侧贴焊锚筋的布筋方向宜向截面内侧偏置。

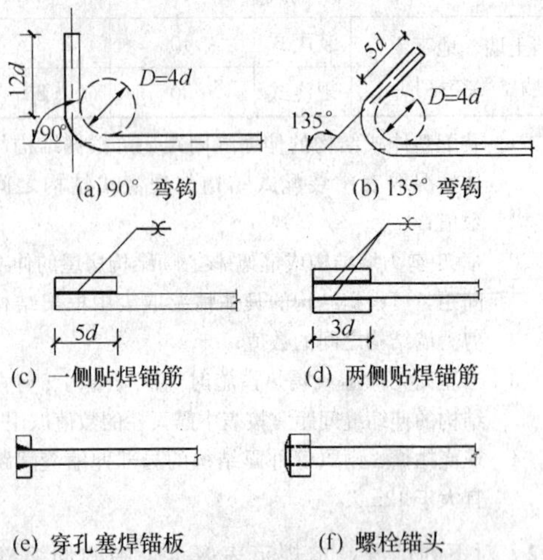

图8.3.3 弯钩和机械锚固的形式和技术要求

8.3.4 混凝土结构中的纵向受压钢筋，当计算中充分利用其抗压强度时，锚固长度不应小于相应受拉锚固长度的70%。

受压钢筋不应采用末端弯钩和一侧贴焊锚筋的锚固措施。

受压钢筋锚固长度范围内的横向构造钢筋应符合本规范第8.3.1条的有关规定。

8.3.5 承受动力荷载的预制构件，应将纵向受力普通钢筋末端焊接在钢板或角钢上，钢板或角钢应可靠地锚固在混凝土中。钢板或角钢的尺寸应按计算确定，其厚度不宜小于10mm。

其他构件中受力普通钢筋的末端也可通过焊接钢板或型钢实现锚固。

8.4 钢筋的连接

8.4.1 钢筋连接可采用绑扎搭接、机械连接或焊接。机械连接接头及焊接接头的类型及质量应符合国家现行有关标准的规定。

混凝土结构中受力钢筋的连接接头宜设置在受力较小处。在同一根受力钢筋上宜少设接头。在结构的重要构件和关键传力部位，纵向受力钢筋不宜设置连接接头。

8.4.2 轴心受拉及小偏心受拉杆件的纵向受力钢筋不得采用绑扎搭接；其他构件中的钢筋采用绑扎搭接时，受拉钢筋直径不宜大于25mm，受压钢筋直径不宜大于28mm。

8.4.3 同一构件中相邻纵向受力钢筋的绑扎搭接接头宜互相错开。钢筋绑扎搭接接头连接区段的长度为1.3倍搭接长度，凡搭接接头中点位于该连接区段长度内的搭接接头均属于同一连接区段（图8.4.3）。同一连接区段内纵向受力钢筋搭接接头面积百分率为该区段内有搭接接头的纵向受力钢筋与全部纵向受力钢筋截面面积的比值。当直径不同的钢筋搭接时，按直径较小的钢筋计算。

位于同一连接区段内的受拉钢筋搭接接头面积百分率：对梁类、板类及墙类构件，不宜大于25%；对柱类构件，不宜大于50%。当工程中确有必要增大受拉钢筋搭接接头面积百分率时，对梁类构件，不宜大于50%；对板、墙、柱及预制构件的拼接处，可根据实际情况放宽。

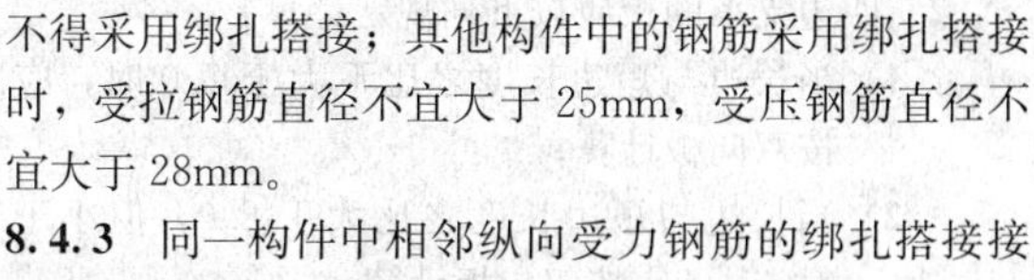

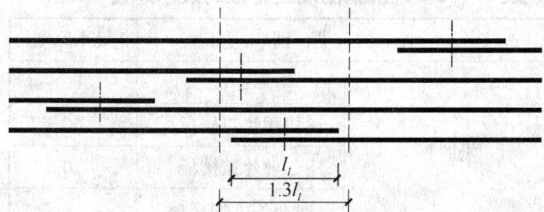

图8.4.3 同一连接区段内纵向受拉钢筋的绑扎搭接接头

注：图中所示同一连接区段内的搭接接头钢筋为两根，当钢筋直径相同时，钢筋搭接接头面积百分率为50%。

并筋采用绑扎搭接连接时，应按每根单筋错开搭接的方式连接。接头面积百分率应按同一连接区段内所有的单根钢筋计算。并筋中钢筋的搭接长度应按单筋分别计算。

8.4.4 纵向受拉钢筋绑扎搭接接头的搭接长度，应根据位于同一连接区段内的钢筋搭接接头面积百分率按下列公式计算，且不应小于300mm。

$$l_l = \zeta_l l_a \tag{8.4.4}$$

式中：l_l——纵向受拉钢筋的搭接长度；

ζ_l——纵向受拉钢筋搭接长度修正系数，按表8.4.4取用。当纵向搭接钢筋接头面积百分率为表的中间值时，修正系数可按内插取值。

表8.4.4 纵向受拉钢筋搭接长度修正系数

纵向搭接钢筋接头面积百分率（%）	≤25	50	100
ζ_l	1.2	1.4	1.6

8.4.5 构件中的纵向受压钢筋当采用搭接连接时，其受压搭接长度不应小于本规范第8.4.4条纵向受拉钢筋搭接长度的70%，且不应小于200mm。

8.4.6 在梁、柱类构件的纵向受力钢筋搭接长度范围内的横向构造钢筋应符合本规范第8.3.1条的要求；当受压钢筋直径大于25mm时，尚应在搭接接头两个端面外100mm的范围内各设置两道箍筋。

8.4.7 纵向受力钢筋的机械连接接头宜相互错开。钢筋机械连接区段的长度为35d，d为连接钢筋的较小直径。凡接头中点位于该连接区段长度内的机械连接接头均属于同一连接区段。

位于同一连接区段内的纵向受拉钢筋接头面积百分率不宜大于50%；但对板、墙、柱及预制构件的拼接处，可根据实际情况放宽。纵向受压钢筋的接头百分率可不受限制。

机械连接套筒的保护层厚度宜满足有关钢筋最小保护层厚度的规定。机械连接套筒的横向净间距不宜小于25mm；套筒处箍筋的间距仍应满足相应的构造要求。

直接承受动力荷载结构构件中的机械连接接头，除应满足设计要求的抗疲劳性能外，位于同一连接区段内的纵向受力钢筋接头面积百分率不应大于50%。

8.4.8 细晶粒热轧带肋钢筋以及直径大于28mm的带肋钢筋，其焊接应经试验确定；余热处理钢筋不宜焊接。

纵向受力钢筋的焊接接头应相互错开。钢筋焊接接头连接区段的长度为35d且不小于500mm，d为连接钢筋的较小直径，凡接头中点位于该连接区段长度内的焊接接头均属于同一连接区段。

纵向受拉钢筋的接头面积百分率不宜大于50%，

但对预制构件的拼接处，可根据实际情况放宽。纵向受压钢筋的接头百分率可不受限制。

8.4.9 需进行疲劳验算的构件，其纵向受拉钢筋不得采用绑扎搭接接头，也不宜采用焊接接头，除端部锚固外不得在钢筋上焊有附件。

当直接承受吊车荷载的钢筋混凝土吊车梁、屋面梁及屋架下弦的纵向受拉钢筋采用焊接接头时，应符合下列规定：

1 应采用闪光接触对焊，并去掉接头的毛刺及卷边；

2 同一连接区段内纵向受拉钢筋焊接接头面积百分率不应大于25%，焊接接头连接区段的长度应取为$45d$，d为纵向受力钢筋的较大直径；

3 疲劳验算时，焊接接头应符合本规范第4.2.6条疲劳应力幅限值的规定。

8.5 纵向受力钢筋的最小配筋率

8.5.1 钢筋混凝土结构构件中纵向受力钢筋的配筋百分率ρ_{min}不应小于表8.5.1规定的数值。

表8.5.1 纵向受力钢筋的最小配筋百分率ρ_{min}（%）

受力类型			最小配筋百分率
受压构件	全部纵向钢筋	强度等级500MPa	0.50
		强度等级400MPa	0.55
		强度等级300MPa、335MPa	0.60
	一侧纵向钢筋		0.20
受弯构件、偏心受拉、轴心受拉构件一侧的受拉钢筋			0.20和$45f_t/f_y$中的较大值

注：1 受压构件全部纵向钢筋最小配筋百分率，当采用C60以上强度等级的混凝土时，应按表中规定增加0.10；

2 板类受弯构件（不包括悬臂板）的受拉钢筋，当采用强度等级400MPa、500MPa的钢筋时，其最小配筋百分率应允许采用0.15和$45f_t/f_y$中的较大值；

3 偏心受拉构件中的受压钢筋，应按受压构件一侧纵向钢筋考虑；

4 受压构件的全部纵向钢筋和一侧纵向钢筋的配筋率以及轴心受拉构件和小偏心受拉构件一侧受拉钢筋的配筋率均应按构件的全截面面积计算；

5 受弯构件、大偏心受拉构件一侧受拉钢筋的配筋率应按全截面面积扣除受压翼缘面积$(b'_f-b)h'_f$后的截面面积计算；

6 当钢筋沿构件截面周边布置时，"一侧纵向钢筋"系指沿受力方向两个对边中一边布置的纵向钢筋。

8.5.2 卧置于地基上的混凝土板，板中受拉钢筋的最小配筋率可适当降低，但不应小于0.15%。

8.5.3 对结构中次要的钢筋混凝土受弯构件，当构造所需截面高度远大于承载的需求时，其纵向受拉钢筋的配筋率可按下列公式计算：

$$\rho_s \geqslant \frac{h_{cr}}{h}\rho_{min} \qquad (8.5.3\text{-}1)$$

$$h_{cr} = 1.05\sqrt{\frac{M}{\rho_{min} f_y b}} \qquad (8.5.3\text{-}2)$$

式中：ρ_s——构件按全截面计算的纵向受拉钢筋的配筋率；

ρ_{min}——纵向受力钢筋的最小配筋率，按本规范第8.5.1条取用；

h_{cr}——构件截面的临界高度，当小于$h/2$时取$h/2$；

h——构件截面的高度；

b——构件的截面宽度；

M——构件的正截面受弯承载力设计值。

9 结构构件的基本规定

9.1 板

（Ⅰ）基本规定

9.1.1 混凝土板按下列原则进行计算：

1 两对边支承的板应按单向板计算；

2 四边支承的板应按下列规定计算：

1）当长边与短边长度之比不大于2.0时，应按双向板计算；

2）当长边与短边长度之比大于2.0，但小于3.0时，宜按双向板计算；

3）当长边与短边长度之比不小于3.0时，宜按沿短边方向受力的单向板计算，并应沿长边方向布置构造钢筋。

9.1.2 现浇混凝土板的尺寸宜符合下列规定：

1 板的跨厚比：钢筋混凝土单向板不大于30，双向板不大于40；无梁支承的有柱帽板不大于35，无梁支承的无柱帽板不大于30。预应力板可适当增加；当板的荷载、跨度较大时宜适当减小。

2 现浇钢筋混凝土板的厚度不应小于表9.1.2规定的数值。

表9.1.2 现浇钢筋混凝土板的最小厚度（mm）

板的类别		最小厚度
单向板	屋面板	60
	民用建筑楼板	60
	工业建筑楼板	70
	行车道下的楼板	80
双向板		80
密肋楼盖	面板	50
	肋高	250

续表 9.1.2

板的类别		最小厚度
悬臂板（根部）	悬臂长度不大于 500mm	60
	悬臂长度 1200mm	100
无梁楼板		150
现浇空心楼盖		200

9.1.3 板中受力钢筋的间距，当板厚不大于 150mm 时不宜大于 200mm；当板厚大于 150mm 时不宜大于板厚的 1.5 倍，且不宜大于 250mm。

9.1.4 采用分离式配筋的多跨板，板底钢筋宜全部伸入支座；支座负弯矩钢筋向跨内延伸的长度应根据负弯矩图确定，并满足钢筋锚固的要求。

简支板或连续板下部纵向受力钢筋伸入支座的锚固长度不应小于钢筋直径的 5 倍，且宜伸过支座中心线。当连续板内温度、收缩应力较大时，伸入支座的长度宜适当增加。

9.1.5 现浇混凝土空心楼板的体积空心率不宜大于 50%。

采用箱型内孔时，顶板厚度不应小于肋间净距的 1/15 且不应小于 50mm。当底板配置受力钢筋时，其厚度不应小于 50mm。内孔间肋宽与内孔高度比不宜小于 1/4，且肋宽不应小于 60mm，对预应力板不应小于 80mm。

采用管型内孔时，孔顶、孔底板厚均不应小于 40mm，肋宽与内孔径之比不宜小于 1/5，且肋宽不应小于 50mm，对预应力板不应小于 60mm。

（Ⅱ）构造配筋

9.1.6 按简支边或非受力边设计的现浇混凝土板，当与混凝土梁、墙整体浇筑或嵌固在砌体墙内时，应设置板面构造钢筋，并符合下列要求：

1 钢筋直径不宜小于 8mm，间距不宜大于 200mm，且单位宽度内的配筋面积不宜小于跨中相应方向板底钢筋截面面积的 1/3。与混凝土梁、混凝土墙整体浇筑单向板的非受力方向，钢筋截面面积尚不宜小于受力方向跨中板底钢筋截面面积的 1/3。

2 钢筋从混凝土梁边、柱边、墙边伸入板内的长度不宜小于 $l_0/4$，砌体墙支座处钢筋伸入板边的长度不宜小于 $l_0/7$，其中计算跨度 l_0 对单向板按受力方向考虑，对双向板按短边方向考虑。

3 在楼板角部，宜沿两个方向正交、斜向平行或放射状布置附加钢筋。

4 钢筋应在梁内、墙内或柱内可靠锚固。

9.1.7 当按单向板设计时，应在垂直于受力的方向布置分布钢筋，单位宽度上的配筋不宜小于单位宽度上的受力钢筋的 15%，且配筋率不宜小于 0.15%；分布钢筋直径不宜小于 6mm，间距不宜大于 250mm；当集中荷载较大时，分布钢筋的配筋面积尚应增加，且间距不宜大于 200mm。

当有实践经验或可靠措施时，预制单向板的分布钢筋可不受本条的限制。

9.1.8 在温度、收缩应力较大的现浇板区域，应在板的表面双向配置防裂构造钢筋。配筋率均不宜小于 0.10%，间距不宜大于 200mm。防裂构造钢筋可利用原有钢筋贯通布置，也可另行设置钢筋并与原有钢筋按受拉钢筋的要求搭接或在周边构件中锚固。

楼板平面的瓶颈部位宜适当增加板厚和配筋。沿板的洞边、凹角部位宜加配防裂构造钢筋，并采取可靠的锚固措施。

9.1.9 混凝土厚板及卧置于地基上的基础筏板，当板的厚度大于 2m 时，除应沿板的上、下表面布置的纵、横方向钢筋外，尚宜在板厚度不超过 1m 范围内设置与板面平行的构造钢筋网片，网片钢筋直径不宜小于 12mm，纵横方向的间距不宜大于 300mm。

9.1.10 当混凝土板的厚度不小于 150mm 时，对板的无支承边的端部，宜设置 U 形构造钢筋并与板顶、板底的钢筋搭接，搭接长度不宜小于 U 形构造钢筋直径的 15 倍且不宜小于 200mm；也可采用板面、板底钢筋分别向下、上弯折搭接的形式。

（Ⅲ）板柱结构

9.1.11 混凝土板中配置抗冲切箍筋或弯起钢筋时，应符合下列构造要求：

1 板的厚度不应小于 150mm；

2 按计算所需的箍筋及相应的架立钢筋应配置在与 45°冲切破坏锥面相交的范围内，且从集中荷载作用面或柱截面边缘向外的分布长度不应小于 $1.5h_0$（图 9.1.11a）；箍筋直径不应小于 6mm，且应做成封闭式，间距不应大于 $h_0/3$，且不应大于 100mm；

3 按计算所需弯起钢筋的弯起角度可根据板的

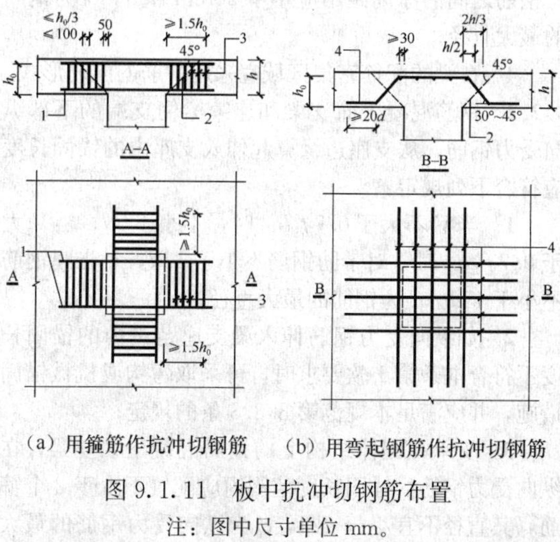

（a）用箍筋作抗冲切钢筋　（b）用弯起钢筋作抗冲切钢筋

图 9.1.11 板中抗冲切钢筋布置

注：图中尺寸单位 mm。

1—架立钢筋；2—冲切破坏锥面；3—箍筋；4—弯起钢筋

厚度在30°～45°之间选取；弯起钢筋的倾斜段应与冲切破坏锥面相交（图 9.1.11b），其交点应在集中荷载作用面或柱截面边缘以外(1/2～2/3) h 的范围内。弯起钢筋直径不宜小于 12mm，且每一方向不宜少于 3 根。

9.1.12 板柱节点可采用带柱帽或托板的结构形式。板柱节点的形状、尺寸应包容 45°的冲切破坏锥体，并应满足受冲切承载力的要求。

柱帽的高度不应小于板的厚度 h；托板的厚度不应小于 $h/4$。柱帽或托板在平面两个方向上的尺寸均不宜小于同方向上柱截面宽度 b 与 $4h$ 的和（图 9.1.12）。

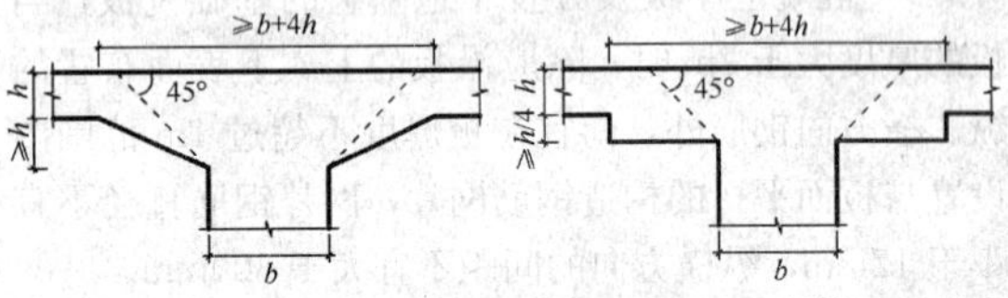

图 9.1.12 带柱帽或托板的板柱结构

9.2 梁

（Ⅰ）纵 向 配 筋

9.2.1 梁的纵向受力钢筋应符合下列规定：

1 伸入梁支座范围内的钢筋不应少于 2 根。

2 梁高不小于 300mm 时，钢筋直径不应小于 10mm；梁高小于 300mm 时，钢筋直径不应小于 8mm。

3 梁上部钢筋水平方向的净间距不应小于 30mm 和 $1.5d$；梁下部钢筋水平方向的净间距不应小于 25mm 和 d。当下部钢筋多于 2 层时，2 层以上钢筋水平方向的中距应比下面 2 层的中距增大一倍；各层钢筋之间的净间距不应小于 25mm 和 d，d 为钢筋的最大直径。

4 在梁的配筋密集区域宜采用并筋的配筋形式。

9.2.2 钢筋混凝土简支梁和连续梁简支端的下部纵向受力钢筋，从支座边缘算起伸入支座内的锚固长度应符合下列规定：

1 当 V 不大于 $0.7f_tbh_0$ 时，不小于 $5d$；当 V 大于 $0.7f_tbh_0$ 时，对带肋钢筋不小于 $12d$，对光圆钢筋不小于 $15d$，d 为钢筋的最大直径；

2 如纵向受力钢筋伸入梁支座范围内的锚固长度不符合本条第 1 款要求时，可采取弯钩或机械锚固措施，并应满足本规范第 8.3.3 条的规定；

3 支承在砌体结构上的钢筋混凝土独立梁，在纵向受力钢筋的锚固长度范围内应配置不少于 2 个箍筋，其直径不宜小于 $d/4$，d 为纵向受力钢筋的最大直径；间距不宜大于 $10d$，当采取机械锚固措施时箍筋间距尚不宜大于 $5d$，d 为纵向受力钢筋的最小直径。

注：混凝土强度等级为 C25 及以下的简支梁和连续梁的简支端，当距支座边 $1.5h$ 范围内作用有集中荷载，且 V 大于 $0.7f_tbh_0$ 时，对带肋钢筋宜采取有效的锚固措施，或取锚固长度不小于 $15d$，d 为锚固钢筋的直径。

9.2.3 钢筋混凝土梁支座截面负弯矩纵向受拉钢筋不宜在受拉区截断，当需要截断时，应符合以下规定：

1 当 V 不大于 $0.7f_tbh_0$ 时，应延伸至按正截面受弯承载力计算不需要该钢筋的截面以外不小于 $20d$ 处截断，且从该钢筋强度充分利用截面伸出的长度不应小于 $1.2l_a$；

2 当 V 大于 $0.7f_tbh_0$ 时，应延伸至按正截面受弯承载力计算不需要该钢筋的截面以外不小于 h_0 且不小于 $20d$ 处截断，且从该钢筋强度充分利用截面伸出的长度不应小于 $1.2l_a$ 与 h_0 之和；

3 若按本条第 1、2 款确定的截断点仍位于负弯矩对应的受拉区内，则应延伸至按正截面受弯承载力计算不需要该钢筋的截面以外不小于 $1.3h_0$ 且不小于 $20d$ 处截断，且从该钢筋强度充分利用截面伸出的长度不应小于 $1.2l_a$ 与 $1.7h_0$ 之和。

9.2.4 在钢筋混凝土悬臂梁中，应有不少于 2 根上部钢筋伸至悬臂梁外端，并向下弯折不小于 $12d$；其余钢筋不应在梁的上部截断，而应按本规范第 9.2.8 条规定的弯起点位置向下弯折，并按本规范第 9.2.7 条的规定在梁的下边锚固。

9.2.5 梁内受扭纵向钢筋的最小配筋率 $\rho_{tl,\min}$ 应符合下列规定：

$$\rho_{tl,\min} = 0.6\sqrt{\frac{T}{Vb}}\frac{f_t}{f_y} \qquad (9.2.5)$$

当 $T/(Vb) > 2.0$ 时，取 $T/(Vb) = 2.0$。

式中：$\rho_{tl,\min}$——受扭纵向钢筋的最小配筋率，取 $A_{stl}/(bh)$；

b——受剪的截面宽度，按本规范第 6.4.1 条的规定取用，对箱形截面构件，b 应以 b_h 代替；

A_{stl}——沿截面周边布置的受扭纵向钢筋总截面面积。

沿截面周边布置受扭纵向钢筋的间距不应大于 200mm 及梁截面短边长度；除应在梁截面四角设置受扭纵向钢筋外，其余受扭纵向钢筋宜沿截面周边均匀对称布置。受扭纵向钢筋应按受拉钢筋锚固在支座内。

在弯剪扭构件中，配置在截面弯曲受拉边的纵向受力钢筋，其截面面积不应小于按本规范第 8.5.1 条规定的受弯构件受拉钢筋最小配筋率计算的钢筋截面面积与按本条受扭纵向钢筋配筋率计算并分配到弯曲受拉边的钢筋截面面积之和。

9.2.6 梁的上部纵向构造钢筋应符合下列要求：

1 当梁端按简支计算但实际受到部分约束时，应在支座区上部设置纵向构造钢筋。其截面面积不应小于梁跨中下部纵向受力钢筋计算所需截面面积的1/4，且不应少于2根。该纵向构造钢筋自支座边缘向跨内伸出的长度不应小于$l_0/5$，l_0为梁的计算跨度。

2 对架立钢筋，当梁的跨度小于4m时，直径不宜小于8mm；当梁的跨度为4m～6m时，直径不应小于10mm；当梁的跨度大于6m时，直径不宜小于12mm。

（Ⅱ）横 向 配 筋

9.2.7 混凝土梁宜采用箍筋作为承受剪力的钢筋。

当采用弯起钢筋时，弯起角宜取45°或60°；在弯终点外应留有平行于梁轴线方向的锚固长度，且在受拉区不应小于20d，在受压区不应小于10d，d为弯起钢筋的直径；梁底层钢筋中的角部钢筋不应弯起，顶层钢筋中的角部钢筋不应弯下。

9.2.8 在混凝土梁的受拉区中，弯起钢筋的弯起点可设在按正截面受弯承载力计算不需要该钢筋的截面之前，但弯起钢筋与梁中心线的交点应位于不需要该钢筋的截面之外（图9.2.8）；同时弯起点与按计算充分利用该钢筋的截面之间的距离不应小于$h_0/2$。

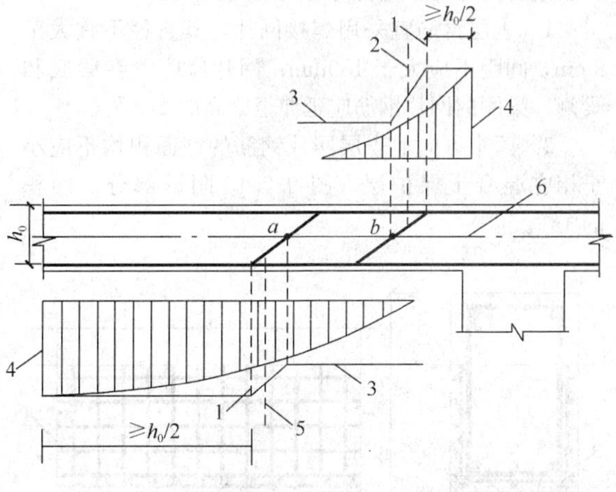

图9.2.8 弯起钢筋弯起点与弯矩图的关系

1—受拉区的弯起点；2—按计算不需要钢筋“b”的截面；3—正截面受弯承载力图；4—按计算充分利用钢筋“a”或“b”强度的截面；5—按计算不需要钢筋“a”的截面；6—梁中心线

当按计算需要设置弯起钢筋时，从支座起前一排的弯起点至后一排的弯终点的距离不应大于本规范表9.2.9中“$V>0.7f_tbh_0+0.05N_{p0}$”时的箍筋最大间距。弯起钢筋不得采用浮筋。

9.2.9 梁中箍筋的配置应符合下列规定：

1 按承载力计算不需要箍筋的梁，当截面高度大于300mm时，应沿梁全长设置构造箍筋；当截面高度h＝150mm～300mm时，可仅在构件端部$l_0/4$范围内设置构造箍筋，l_0为跨度。但当在构件中部$l_0/2$范围内有集中荷载作用时，则应沿梁全长设置箍筋。当截面高度小于150mm时，可以不设置箍筋。

2 截面高度大于800mm的梁，箍筋直径不宜小于8mm；对截面高度不大于800mm的梁，不宜小于6mm。梁中配有计算需要的纵向受压钢筋时，箍筋直径尚不应小于$d/4$，d为受压钢筋最大直径。

3 梁中箍筋的最大间距宜符合表9.2.9的规定；当V大于$0.7f_tbh_0+0.05N_{p0}$时，箍筋的配筋率ρ_{sv}［$\rho_{sv}=A_{sv}/(bs)$］尚不应小于$0.24f_t/f_{yv}$。

表9.2.9 梁中箍筋的最大间距（mm）

梁高h	$V>0.7f_tbh_0+0.05N_{p0}$	$V\leqslant 0.7f_tbh_0+0.05N_{p0}$
$150<h\leqslant 300$	150	200
$300<h\leqslant 500$	200	300
$500<h\leqslant 800$	250	350
$h>800$	300	400

4 当梁中配有按计算需要的纵向受压钢筋时，箍筋应符合以下规定：

1）箍筋应做成封闭式，且弯钩直线段长度不应小于5d，d为箍筋直径。

2）箍筋的间距不应大于15d，并不应大于400mm。当一层内的纵向受压钢筋多于5根且直径大于18mm时，箍筋间距不应大于10d，d为纵向受压钢筋的最小直径。

3）当梁的宽度大于400mm且一层内的纵向受压钢筋多于3根时，或当梁的宽度不大于400mm但一层内的纵向受压钢筋多于4根时，应设置复合箍筋。

9.2.10 在弯剪扭构件中，箍筋的配筋率ρ_{sv}不应小于$0.28f_t/f_{yv}$。

箍筋间距应符合本规范表9.2.9的规定，其中受扭所需的箍筋应做成封闭式，且应沿截面周边布置。当采用复合箍筋时，位于截面内部的箍筋不应计入受扭所需的箍筋面积。受扭所需箍筋的末端应做成135°弯钩，弯钩端头平直段长度不应小于10d，d为箍筋直径。

在超静定结构中，考虑协调扭转而配置的箍筋，其间距不宜大于0.75b，此处b按本规范第6.4.1条的规定取用，但对箱形截面构件，b均应以b_h代替。

（Ⅲ）局 部 配 筋

9.2.11 位于梁下部或梁截面高度范围内的集中荷载，应全部由附加横向钢筋承担；附加横向钢筋宜采用箍筋。

箍筋应布置在长度为2h_1与3b之和的范围内（图

9.2.11)。当采用吊筋时，弯起段应伸至梁的上边缘，且末端水平段长度不应小于本规范第 9.2.7 条的规定。

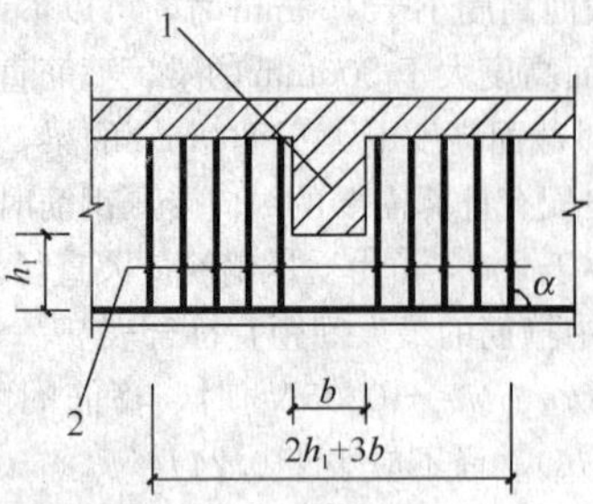

(a) 附加箍筋

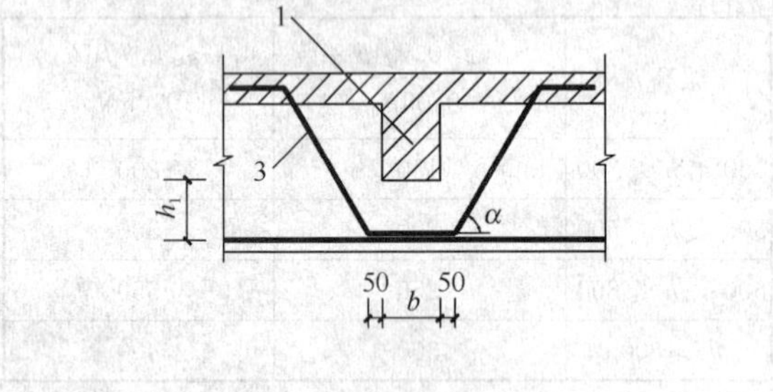

(b) 附加吊筋

图 9.2.11　梁截面高度范围内有集中荷载作用时附加横向钢筋的布置

注：图中尺寸单位 mm。

1—传递集中荷载的位置；2—附加箍筋；3—附加吊筋

附加横向钢筋所需的总截面面积应符合下列规定：

$$A_{sv} \geqslant \frac{F}{f_{yv}\sin\alpha} \qquad (9.2.11)$$

式中：A_{sv}——承受集中荷载所需的附加横向钢筋总截面面积；当采用附加吊筋时，A_{sv} 应为左、右弯起段截面面积之和；

F——作用在梁的下部或梁截面高度范围内的集中荷载设计值；

α——附加横向钢筋与梁轴线间的夹角。

9.2.12　折梁的内折角处应增设箍筋（图 9.2.12）。箍筋应能承受未在压区锚固纵向受拉钢筋的合力，且在任何情况下不应小于全部纵向钢筋合力的 35%。

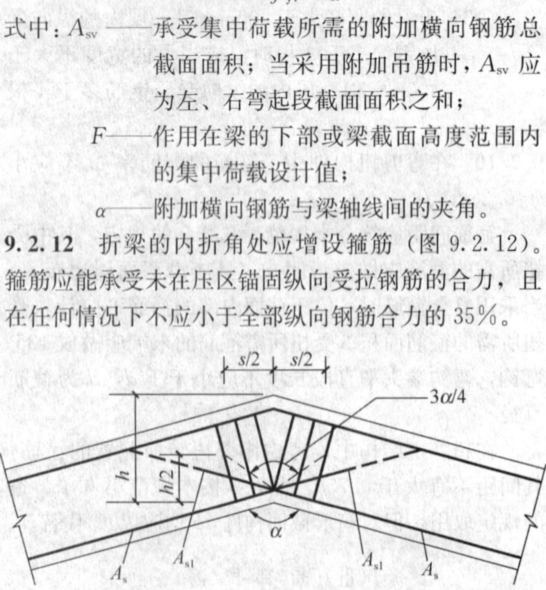

图 9.2.12　折梁内折角处的配筋

由箍筋承受的纵向受拉钢筋的合力按下列公式计算：

未在受压区锚固的纵向受拉钢筋的合力为：

$$N_{s1} = 2f_yA_{s1}\cos\frac{\alpha}{2} \qquad (9.2.12\text{-}1)$$

全部纵向受拉钢筋合力的 35%为：

$$N_{s2} = 0.7f_yA_s\cos\frac{\alpha}{2} \qquad (9.2.12\text{-}2)$$

式中：A_s——全部纵向受拉钢筋的截面面积；

A_{s1}——未在受压区锚固的纵向受拉钢筋的截面面积；

α——构件的内折角。

按上述条件求得的箍筋应设置在长度 s 等于 $h\tan(3\alpha/8)$ 的范围内。

9.2.13　梁的腹板高度 h_w 不小于 450mm 时，在梁的两个侧面应沿高度配置纵向构造钢筋。每侧纵向构造钢筋（不包括梁上、下部受力钢筋及架立钢筋）的间距不宜大于 200mm，截面面积不应小于腹板截面面积（bh_w）的 0.1%，但当梁宽较大时可以适当放松。此处，腹板高度 h_w 按本规范第 6.3.1 条的规定取用。

9.2.14　薄腹梁或需作疲劳验算的钢筋混凝土梁，应在下部 1/2 梁高的腹板内沿两侧配置直径 8mm～14mm 的纵向构造钢筋，其间距为 100mm～150mm 并按下密上疏的方式布置。在上部1/2梁高的腹板内，纵向构造钢筋可按本规范第 9.2.13 条的规定配置。

9.2.15　当梁的混凝土保护层厚度大于 50mm 且配置表层钢筋网片时，应符合下列规定：

1　表层钢筋宜采用焊接网片，其直径不宜大于 8mm，间距不应大于 150mm；网片应配置在梁底和梁侧，梁侧的网片钢筋应延伸至梁高的 2/3 处。

2　两个方向上表层网片钢筋的截面积均不应小于相应混凝土保护层（图 9.2.15 阴影部分）面积的 1%。

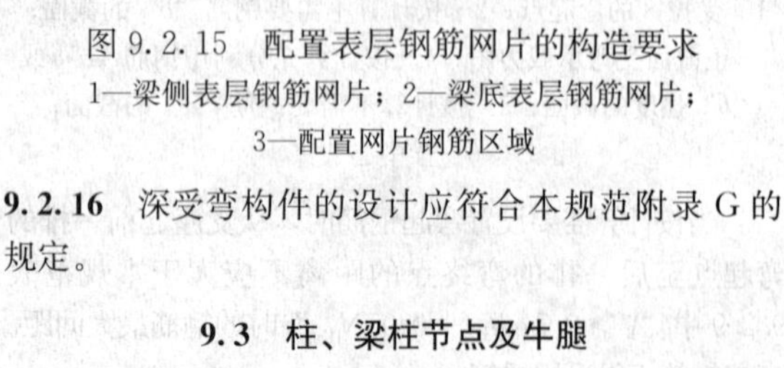

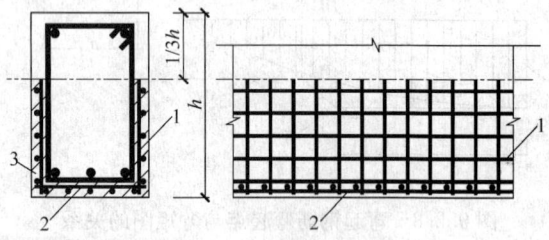

图 9.2.15　配置表层钢筋网片的构造要求

1—梁侧表层钢筋网片；2—梁底表层钢筋网片；3—配置网片钢筋区域

9.2.16　深受弯构件的设计应符合本规范附录 G 的规定。

9.3　柱、梁柱节点及牛腿

(Ⅰ) 柱

9.3.1　柱中纵向钢筋的配置应符合下列规定：

1　纵向受力钢筋直径不宜小于 12mm；全部纵向钢筋的配筋率不宜大于 5%；

2　柱中纵向钢筋的净间距不应小于 50mm，且不宜大于 300mm；

3　偏心受压柱的截面高度不小于 600mm 时，在柱的侧面上应设置直径不小于 10mm 的纵向构造钢筋，并相应设置复合箍筋或拉筋；

4　圆柱中纵向钢筋不宜少于 8 根，不应少于 6 根，且宜沿周边均匀布置；

5　在偏心受压柱中，垂直于弯矩作用平面的侧面上的纵向受力钢筋以及轴心受压柱中各边的纵向受力钢筋，其中距不宜大于 300mm。

注：水平浇筑的预制柱，纵向钢筋的最小净间距可按本规范第 9.2.1 条关于梁的有关规定取用。

9.3.2　柱中的箍筋应符合下列规定：

1　箍筋直径不应小于 $d/4$，且不应小于 6mm，d 为纵向钢筋的最大直径；

2　箍筋间距不应大于 400mm 及构件截面的短边尺寸，且不应大于 $15d$，d 为纵向钢筋的最小直径；

3　柱及其他受压构件中的周边箍筋应做成封闭式；对圆柱中的箍筋，搭接长度不应小于本规范第 8.3.1 条规定的锚固长度，且末端应做成 135°弯钩，弯钩末端平直段长度不应小于 $5d$，d 为箍筋直径；

4　当柱截面短边尺寸大于 400mm 且各边纵向钢筋多于 3 根时，或当柱截面短边尺寸不大于 400mm 但各边纵向钢筋多于 4 根时，应设置复合箍筋；

5　柱中全部纵向受力钢筋的配筋率大于 3%时，箍筋直径不应小于 8mm，间距不应大于 $10d$，且不应大于 200mm。箍筋末端应做成 135°弯钩，且弯钩末端平直段长度不应小于 $10d$，d 为纵向受力钢筋的最小直径；

6　在配有螺旋式或焊接环式箍筋的柱中，如在正截面受压承载力计算中考虑间接钢筋的作用时，箍筋间距不应大于 80mm 及 $d_{cor}/5$，且不宜小于 40mm，d_{cor} 为按箍筋内表面确定的核心截面直径。

9.3.3　I 形截面柱的翼缘厚度不宜小于 120mm，腹板厚度不宜小于 100mm。当腹板开孔时，宜在孔洞周边每边设置 2～3 根直径不小于 8mm 的补强钢筋，每个方向补强钢筋的截面面积不宜小于该方向被截断钢筋的截面面积。

腹板开孔的 I 形截面柱，当孔的横向尺寸小于柱截面高度的一半、孔的竖向尺寸小于相邻两孔之间的净间距时，柱的刚度可按实腹 I 形截面柱计算，但在计算承载力时应扣除孔洞的削弱部分。当开孔尺寸超过上述规定时，柱的刚度和承载力应按双肢柱计算。

（Ⅱ）梁 柱 节 点

9.3.4　梁纵向钢筋在框架中间层端节点的锚固应符合下列要求：

1　梁上部纵向钢筋伸入节点的锚固：

1）当采用直线锚固形式时，锚固长度不应小于 l_a，且应伸过柱中心线，伸过的长度不宜小于 $5d$，d 为梁上部纵向钢筋的直径。

2）当柱截面尺寸不满足直线锚固要求时，梁上部纵向钢筋可采用本规范第 8.3.3 条钢筋端部加机械锚头的锚固方式。梁上部纵向钢筋宜伸至柱外侧纵向钢筋内边，包括机械锚头在内的水平投影锚固长度不应小于 $0.4l_{ab}$（图 9.3.4a）。

3）梁上部纵向钢筋也可采用 90°弯折锚固的方式，此时梁上部纵向钢筋应伸至柱外侧纵向钢筋内边并向节点内弯折，其包含弯弧在内的水平投影长度不应小于 $0.4l_{ab}$，弯折钢筋在弯折平面内包含弯弧段的投影长度不应小于 $15d$（图 9.3.4b）。

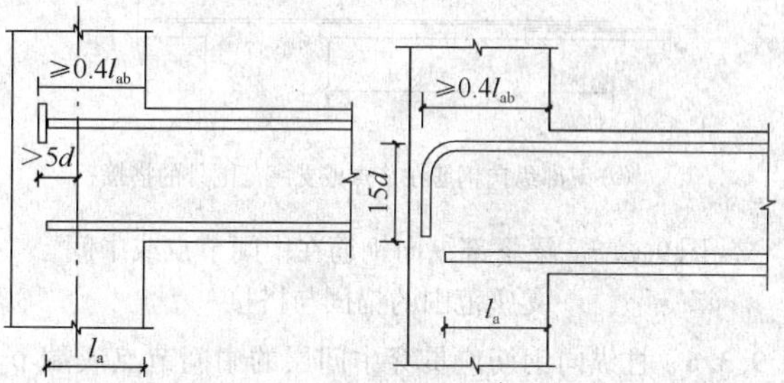

（a）钢筋端部加锚头锚固　　（b）钢筋末端 90°弯折锚固

图 9.3.4　梁上部纵向钢筋在中间层端节点内的锚固

2　框架梁下部纵向钢筋伸入端节点的锚固：

1）当计算中充分利用该钢筋的抗拉强度时，钢筋的锚固方式及长度应与上部钢筋的规定相同。

2）当计算中不利用该钢筋的强度或仅利用该钢筋的抗压强度时，伸入节点的锚固长度应分别符合本规范第 9.3.5 条中间节点梁下部纵向钢筋锚固的规定。

9.3.5　框架中间层中间节点或连续梁中间支座，梁的上部纵向钢筋应贯穿节点或支座。梁的下部纵向钢筋宜贯穿节点或支座。当必须锚固时，应符合下列锚固要求：

1　当计算中不利用该钢筋的强度时，其伸入节点或支座的锚固长度对带肋钢筋不小于 $12d$，对光面钢筋不小于 $15d$，d 为钢筋的最大直径；

2　当计算中充分利用钢筋的抗压强度时，钢筋应按受压钢筋锚固在中间节点或中间支座内，其直线锚固长度不应小于 $0.7l_a$；

3　当计算中充分利用钢筋的抗拉强度时，钢筋可采用直线方式锚固在节点或支座内，锚固长度不应小于钢筋的受拉锚固长度 l_a（图 9.3.5a）；

4　当柱截面尺寸不足时，宜按本规范第 9.3.4

条第1款的规定采用钢筋端部加锚头的机械锚固措施，也可采用90°弯折锚固的方式；

5 钢筋可在节点或支座外梁中弯矩较小处设置搭接接头，搭接长度的起始点至节点或支座边缘的距离不应小于1.5h_0（图9.3.5b）。

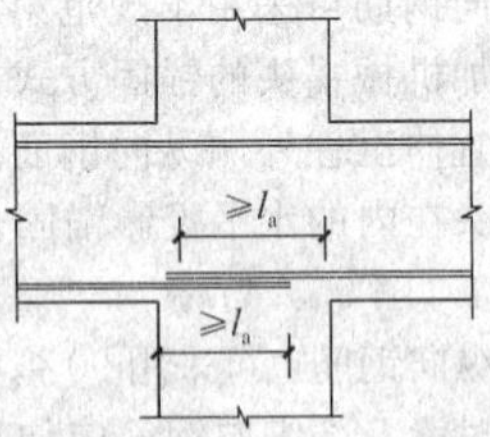

(a) 下部纵向钢筋在节点中直线锚固

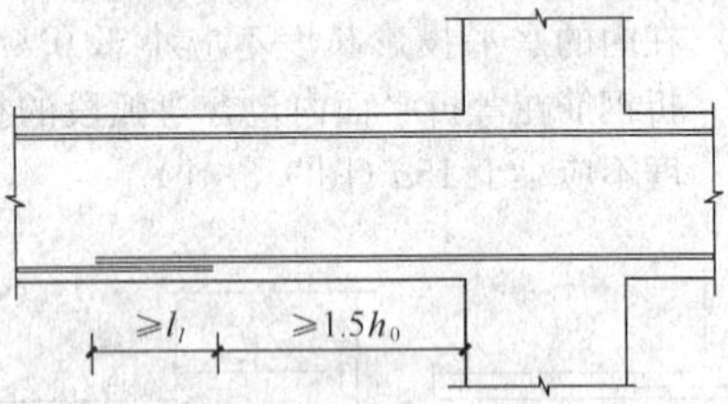

(b) 下部纵向钢筋在节点或支座范围外的搭接

图9.3.5 梁下部纵向钢筋在中间节点或中间支座范围的锚固与搭接

9.3.6 柱纵向钢筋应贯穿中间层的中间节点或端节点，接头应设在节点区以外。

柱纵向钢筋在顶层中节点的锚固应符合下列要求：

1 柱纵向钢筋应伸至柱顶，且自梁底算起的锚固长度不应小于l_a。

2 当截面尺寸不满足直线锚固要求时，可采用90°弯折锚固措施。此时，包括弯弧在内的钢筋垂直投影锚固长度不应小于0.5l_{ab}，在弯折平面内包含弯弧段的水平投影长度不宜小于12d（图9.3.6a）。

3 当截面尺寸不足时，也可采用带锚头的机械锚固措施。此时，包含锚头在内的竖向锚固长度不应小于0.5l_{ab}（图9.3.6b）。

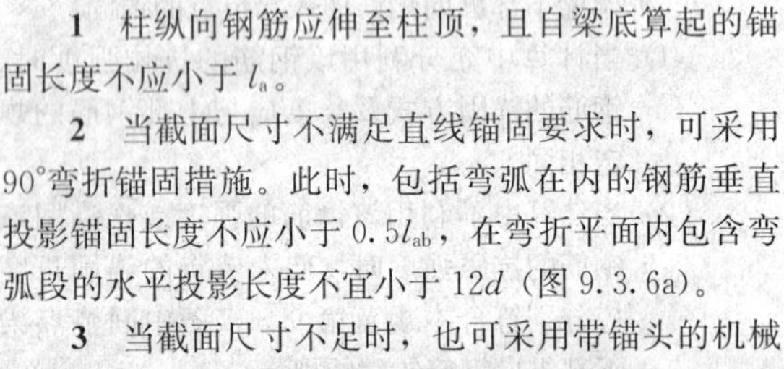

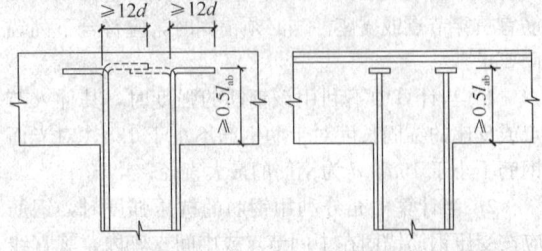

(a) 柱纵向钢筋90°弯折锚固　(b) 柱纵向钢筋端头加锚板锚固

图9.3.6 顶层节点中柱纵向钢筋在节点内的锚固

4 当柱顶有现浇楼板且板厚不小于100mm时，柱纵向钢筋也可向外弯折，弯折后的水平投影长度不宜小于12d。

9.3.7 顶层端节点柱外侧纵向钢筋可弯入梁内作梁上部纵向钢筋；也可将梁上部纵向钢筋与柱外侧纵向钢筋在节点及附近部位搭接，搭接可采用下列方式：

1 搭接接头可沿顶层端节点外侧及梁端顶部布置，搭接长度不应小于1.5l_{ab}（图9.3.7a）。其中，伸入梁内的柱外侧钢筋截面面积不宜小于其全部面积的65%；梁宽范围以外的柱外侧钢筋宜沿节点顶部伸至柱内边锚固。当柱外侧纵向钢筋位于柱顶第一层时，钢筋伸至柱内边后宜向下弯折不小于8d后截断（图9.3.7a），d为柱纵向钢筋的直径；当柱外侧纵向钢筋位于柱顶第二层时，可不向下弯折。当现浇板厚度不小于100mm时，梁宽范围以外的柱外侧纵向钢筋也可伸入现浇板内，其长度与伸入梁内的柱纵向钢筋相同。

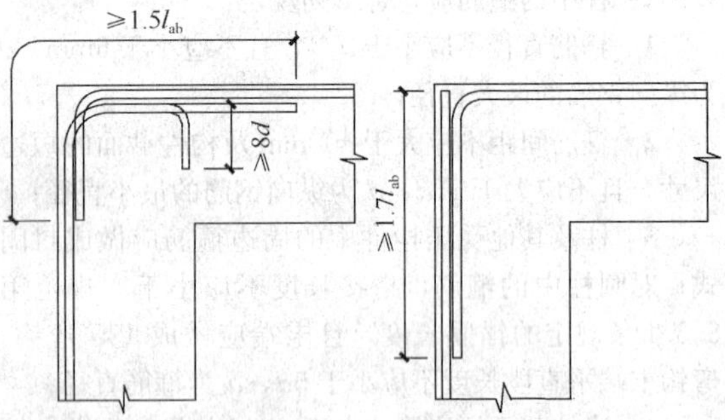

(a) 搭接接头沿顶层端节点外侧及梁端顶部布置　(b) 搭接接头沿节点外侧直线布置

图9.3.7 顶层端节点梁、柱纵向钢筋在节点内的锚固与搭接

2 当柱外侧纵向钢筋配筋率大于1.2%时，伸入梁内的柱纵向钢筋应满足本条第1款规定且宜分两批截断，截断点之间的距离不宜小于20d，d为柱外侧纵向钢筋的直径。梁上部纵向钢筋应伸至节点外侧并向下弯至梁下边缘高度位置截断。

3 纵向钢筋搭接接头也可沿节点柱顶外侧直线布置（图9.3.7b），此时，搭接长度自柱顶算起不应小于1.7l_{ab}。当梁上部纵向钢筋的配筋率大于1.2%时，弯入柱外侧的梁上部纵向钢筋应满足本条第1款规定的搭接长度，且宜分两批截断，其截断点之间的距离不宜小于20d，d为梁上部纵向钢筋的直径。

4 当梁的截面高度较大，梁、柱纵向钢筋相对较小，从梁底算起的直线搭接长度未延伸至柱顶即已满足1.5l_{ab}的要求时，应将搭接长度延伸至柱顶并满足搭接长度1.7l_{ab}的要求；或者从梁底算起的弯折搭接长度未延伸至柱内侧边缘即已满足1.5l_{ab}的要求时，其弯折后包括弯弧在内的水平段的长度不应小于15d，d为柱纵向钢筋的直径。

5 柱内侧纵向钢筋的锚固应符合本规范第9.3.6条关于顶层中节点的规定。

9.3.8 顶层端节点处梁上部纵向钢筋的截面面积A_s

应符合下列规定：

$$A_s \leqslant \frac{0.35\beta_c f_c b_b h_0}{f_y} \quad (9.3.8)$$

式中：b_b——梁腹板宽度；

h_0——梁截面有效高度。

梁上部纵向钢筋与柱外侧纵向钢筋在节点角部的弯弧内半径，当钢筋直径不大于25mm时，不宜小于$6d$；大于25mm时，不宜小于$8d$。钢筋弯弧外的混凝土中应配置防裂、防剥落的构造钢筋。

9.3.9 在框架节点内应设置水平箍筋，箍筋应符合本规范第9.3.2条柱中箍筋的构造规定，但间距不宜大于250mm。对四边均有梁的中间节点，节点内可只设置沿周边的矩形箍筋。当顶层端节点内有梁上部纵向钢筋和柱外侧纵向钢筋的搭接接头时，节点内水平箍筋应符合本规范第8.4.6条的规定。

（Ⅲ）牛　　腿

9.3.10 对于a不大于h_0的柱牛腿（图9.3.10），其截面尺寸应符合下列要求：

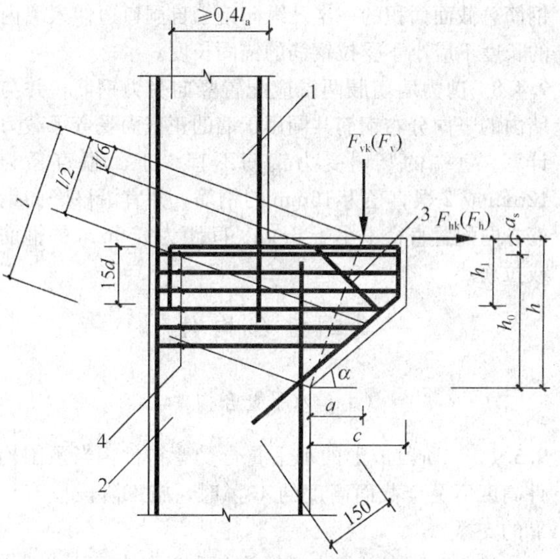

图9.3.10　牛腿的外形及钢筋配置

注：图中尺寸单位mm。

1—上柱；2—下柱；3—弯起钢筋；4—水平箍筋

1 牛腿的裂缝控制要求

$$F_{vk} \leqslant \beta\left(1-0.5\frac{F_{hk}}{F_{vk}}\right)\frac{f_{tk}bh_0}{0.5+\dfrac{a}{h_0}} \quad (9.3.10)$$

式中：F_{vk}——作用于牛腿顶部按荷载效应标准组合计算的竖向力值；

F_{hk}——作用于牛腿顶部按荷载效应标准组合计算的水平拉力值；

β——裂缝控制系数：支承吊车梁的牛腿取0.65；其他牛腿取0.80；

a——竖向力作用点至下柱边缘的水平距离，应考虑安装偏差20mm；当考虑安装偏差后的竖向力作用点仍位于下柱截面以内时取等于0；

b——牛腿宽度；

h_0——牛腿与下柱交接处的垂直截面有效高度，取$h_1-a_s+c\cdot\tan\alpha$，当α大于45°时，取45°，c为下柱边缘到牛腿外边缘的水平长度。

2 牛腿的外边缘高度h_1不应小于$h/3$，且不应小于200mm。

3 在牛腿顶受压面上，竖向力F_{vk}所引起的局部压应力不应超过$0.75f_c$。

9.3.11 在牛腿中，由承受竖向力所需的受拉钢筋截面面积和承受水平拉力所需的锚筋截面面积所组成的纵向受力钢筋的总截面面积，应符合下列规定：

$$A_s \geqslant \frac{F_v a}{0.85 f_y h_0} + 1.2\frac{F_h}{f_y} \quad (9.3.11)$$

当a小于$0.3h_0$时，取a等于$0.3h_0$。

式中：F_v——作用在牛腿顶部的竖向力设计值；

F_h——作用在牛腿顶部的水平拉力设计值。

9.3.12 沿牛腿顶部配置的纵向受力钢筋，宜采用HRB400级或HRB500级热轧带肋钢筋。全部纵向受力钢筋及弯起钢筋宜沿牛腿外边缘向下伸入下柱内150mm后截断（图9.3.10）。

纵向受力钢筋及弯起钢筋伸入上柱的锚固长度，当采用直线锚固时不应小于本规范第8.3.1条规定的受拉钢筋锚固长度l_a；当上柱尺寸不足时，钢筋的锚固应符合本规范第9.3.4条梁上部钢筋在框架中间层端节点中带90°弯折的锚固规定。此时，锚固长度应从上柱内边算起。

承受竖向力所需的纵向受力钢筋的配筋率不应小于0.20%及$0.45f_t/f_y$，也不宜大于0.60%，钢筋数量不宜少于4根直径12mm的钢筋。

当牛腿设于上柱柱顶时，宜将牛腿对边的柱外侧纵向受力钢筋沿柱顶水平弯入牛腿，作为牛腿纵向受拉钢筋使用。当牛腿顶面纵向受拉钢筋与牛腿对边的柱外侧纵向钢筋分开配置时，牛腿顶面纵向受拉钢筋应弯入柱外侧，并应符合本规范第8.4.4条有关钢筋搭接的规定。

9.3.13 牛腿应设置水平箍筋，箍筋直径宜为6mm～12mm，间距宜为100mm～150mm；在上部$2h_0/3$范围内的箍筋总截面面积不宜小于承受竖向力的受拉钢筋截面面积的1/2。

当牛腿的剪跨比不小于0.3时，宜设置弯起钢筋。弯起钢筋宜采用HRB400级或HRB500级热轧带肋钢筋，并宜使其与集中荷载作用点到牛腿斜边下端点连线的交点位于牛腿上部$l/6$～$l/2$之间的范围内，l为该连线的长度（图9.3.10）。弯起钢筋截面面积不宜小于承受竖向力的受拉钢筋截面面积的1/

2，且不宜少于2根直径12mm的钢筋。纵向受拉钢筋不得兼作弯起钢筋。

9.4 墙

9.4.1 竖向构件截面长边、短边（厚度）比值大于4时，宜按墙的要求进行设计。

支撑预制楼（屋面）板的墙，其厚度不宜小于140mm；对剪力墙结构尚不宜小于层高的1/25，对框架-剪力墙结构尚不宜小于层高的1/20。

当采用预制板时，支承墙的厚度应满足墙内竖向钢筋贯通的要求。

9.4.2 厚度大于160mm的墙应配置双排分布钢筋网；结构中重要部位的剪力墙，当其厚度不大于160mm时，也宜配置双排分布钢筋网。

双排分布钢筋网应沿墙的两个侧面布置，且应采用拉筋连系；拉筋直径不宜小于6mm，间距不宜大于600mm。

9.4.3 在平行于墙面的水平荷载和竖向荷载作用下，墙体宜根据结构分析所得的内力和本规范第6.2节的有关规定，分别按偏心受压或偏心受拉进行正截面承载力计算，并按本规范第6.3节的有关规定进行斜截面受剪承载力计算。在集中荷载作用处，尚应按本规范第6.6节进行局部受压承载力计算。

在承载力计算中，剪力墙的翼缘计算宽度可取剪力墙的间距、门窗洞间翼墙的宽度、剪力墙厚度加两侧各6倍翼墙厚度、剪力墙墙肢总高度的1/10四者中的最小值。

9.4.4 墙水平及竖向分布钢筋直径不宜小于8mm，间距不宜大于300mm。可利用焊接钢筋网片进行墙内配筋。

墙水平分布钢筋的配筋率$\rho_{sh}\left(\frac{A_{sh}}{bs_v}, s_v\right.$为水平分布钢筋的间距$\left.\right)$和竖向分布钢筋的配筋率$\rho_{sv}\left(\frac{A_{sv}}{bs_h}, s_h\right.$为竖向分布钢筋的间距$\left.\right)$不宜小于0.20%；重要部位的墙，水平和竖向分布钢筋的配筋率宜适当提高。

墙中温度、收缩应力较大的部位，水平分布钢筋的配筋率宜适当提高。

9.4.5 对于房屋高度不大于10m且不超过3层的墙，其截面厚度不应小于120mm，其水平与竖向分布钢筋的配筋率均不宜小于0.15%。

9.4.6 墙中配筋构造应符合下列要求：

1 墙竖向分布钢筋可在同一高度搭接，搭接长度不应小于$1.2l_a$。

2 墙水平分布钢筋的搭接长度不应小于$1.2l_a$。同排水平分布钢筋的搭接接头之间以及上、下相邻水平分布钢筋的搭接接头之间，沿水平方向的净间距不宜小于500mm。

3 墙中水平分布钢筋应伸至墙端，并向内水平弯折$10d$，d为钢筋直径。

4 端部有翼墙或转角的墙，内墙两侧和外墙内侧的水平分布钢筋应伸至翼墙或转角外边，并分别向两侧水平弯折$15d$。在转角墙处，外墙外侧的水平分布钢筋应在墙端外角处弯入翼墙，并与翼墙外侧的水平分布钢筋搭接。

5 带边框的墙，水平和竖向分布钢筋宜分别贯穿柱、梁或锚固在柱、梁内。

9.4.7 墙洞口连梁应沿全长配置箍筋，箍筋直径不应小于6mm，间距不宜大于150mm。在顶层洞口连梁纵向钢筋伸入墙内的锚固长度范围内，应设置间距不大于150mm的箍筋，箍筋直径宜与跨内箍筋直径相同。同时，门窗洞边的竖向钢筋应满足受拉钢筋锚固长度的要求。

墙洞口上、下两边的水平钢筋除应满足洞口连梁正截面受弯承载力的要求外，尚不应少于2根直径不小于12mm的钢筋。对于计算分析中可忽略的洞口，洞边钢筋截面面积分别不宜小于洞口截断的水平分布钢筋总截面面积的一半。纵向钢筋自洞口边伸入墙内的长度不应小于受拉钢筋的锚固长度。

9.4.8 剪力墙墙肢两端应配置竖向受力钢筋，并与墙内的竖向分布钢筋共同用于墙的正截面受弯承载力计算。每端的竖向受力钢筋不宜少于4根直径为12mm或2根直径为16mm的钢筋，并宜沿该竖向钢筋方向配置直径不小于6mm、间距为250mm的箍筋或拉筋。

9.5 叠合构件

（Ⅰ）水平叠合构件

9.5.1 二阶段成形的水平叠合受弯构件，当预制构件高度不足全截面高度的40%时，施工阶段应有可靠的支撑。

施工阶段有可靠支撑的叠合受弯构件，可按整体受弯构件设计计算，但其斜截面受剪承载力和叠合面受剪承载力应按本规范附录H计算。

施工阶段无支撑的叠合受弯构件，应对底部预制构件及浇筑混凝土后的叠合构件按本规范附录H的要求进行二阶段受力计算。

9.5.2 混凝土叠合梁、板应符合下列规定：

1 叠合梁的叠合层混凝土的厚度不宜小于100mm，混凝土强度等级不宜低于C30。预制梁的箍筋应全部伸入叠合层，且各肢伸入叠合层的直线段长度不宜小于$10d$，d为箍筋直径。预制梁的顶面应做成凹凸差不小于6mm的粗糙面。

2 叠合板的叠合层混凝土厚度不应小于40mm，混凝土强度等级不宜低于C25。预制板表面应做成凹凸差不小于4mm的粗糙面。承受较大荷载的叠合板以及预应力叠合板，宜在预制底板上设置伸入叠合层的构造钢筋。

9.5.3 在既有结构的楼板、屋盖上浇筑混凝土叠合层的受弯构件，应符合本规范第9.5.2条的规定，并按本规范第3.3节、第3.7节的有关规定进行施工阶段和使用阶段计算。

（Ⅱ）竖向叠合构件

9.5.4 由预制构件及后浇混凝土成形的叠合柱和墙，应按施工阶段及使用阶段的工况分别进行预制构件及整体结构的计算。

9.5.5 在既有结构柱的周边或墙的侧面浇筑混凝土而成形的竖向叠合构件，应考虑承载历史以及施工支顶的情况，并按本规范第3.3节、第3.7节规定的原则进行施工阶段和使用阶段的承载力计算。

9.5.6 依托既有结构的竖向叠合柱、墙在使用阶段的承载力计算中，应根据实测结果考虑既有构件部分几何参数变化的影响。

竖向叠合柱、墙既有构件部分混凝土、钢筋的强度设计值按本规范第3.7.3条确定；后浇混凝土部分混凝土、钢筋的强度应按本规范第4章的规定乘以强度利用的折减系数确定，且宜考虑施工时支顶的实际情况适当调整。

9.5.7 柱外二次浇筑混凝土层的厚度不应小于60mm，混凝土强度等级不应低于既有柱的强度。粗糙结合面的凹凸差不应小于6mm，并宜通过植筋、焊接等方法设置界面构造钢筋。后浇层中纵向受力钢筋直径不应小于14mm；箍筋直径不应小于8mm且不应小于柱内相应箍筋的直径，箍筋间距应与柱内相同。

墙外二次浇筑混凝土层的厚度不应小于50mm，混凝土强度等级不应低于既有墙的强度。粗糙结合面的凹凸差应不小于4mm，并宜通过植筋、焊接等方法设置界面构造钢筋。后浇层中竖向、水平钢筋直径不宜小于8mm且不应小于墙中相应钢筋的直径。

9.6 装配式结构

9.6.1 装配式、装配整体式混凝土结构中各类预制构件及连接构造应按下列原则进行设计：

1 应在结构方案和传力途径中确定预制构件的布置及连接方式，并在此基础上进行整体结构分析和构件及连接设计；

2 预制构件的设计应满足建筑使用功能，并符合标准化要求；

3 预制构件的连接宜设置在结构受力较小处，且宜便于施工；结构构件之间的连接构造应满足结构传递内力的要求；

4 各类预制构件及其连接构造应按从生产、施工到使用过程中可能产生的不利工况进行验算，对预制非承重构件尚应符合本规范第9.6.8条的规定。

9.6.2 预制混凝土构件在生产、施工过程中应按实际工况的荷载、计算简图、混凝土实体强度进行施工阶段验算。验算时应将构件自重乘以相应的动力系数：对脱模、翻转、吊装、运输时可取1.5，临时固定时可取1.2。

注：动力系数尚可根据具体情况适当增减。

9.6.3 装配式、装配整体式混凝土结构中各类预制构件的连接构造，应便于构件安装、装配整体式。对计算时不考虑传递内力的连接，也应有可靠的固定措施。

9.6.4 装配整体式结构中框架梁的纵向受力钢筋和柱、墙中的竖向受力钢筋宜采用机械连接、焊接等形式；板、墙等构件中的受力钢筋可采用搭接连接形式；混凝土接合面应进行粗糙处理或做成齿槽；拼接处应采用强度等级不低于预制构件的混凝土灌缝。

装配整体式结构的梁柱节点处，柱的纵向钢筋应贯穿节点；梁的纵向钢筋应满足本规范第9.3节的锚固要求。

当柱采用装配式榫式接头时，接头附近区段内截面的轴心受压承载力宜为该截面计算所需承载力的1.3～1.5倍。此时，可采取在接头及其附近区段的混凝土内加设横向钢筋网、提高后浇混凝土强度等级和设置附加纵向钢筋等措施。

9.6.5 采用预制板的装配整体式楼盖、屋盖应采取下列构造措施：

1 预制板侧应为双齿边；拼缝上口宽度不应小于30mm；空心板端孔中应有堵头，深度不宜少于60mm；拼缝中应浇灌强度等级不低于C30的细石混凝土；

2 预制板端宜伸出锚固钢筋互相连接，并宜与板的支承结构（圈梁、梁顶或墙顶）伸出的钢筋及板端拼缝中设置的通长钢筋连接。

9.6.6 整体性要求较高的装配整体式楼盖、屋盖，应采用预制构件加现浇叠合层的形式；或在预制板侧设置配筋混凝土后浇带，并在板端设置负弯矩钢筋、板的周边沿拼缝设置拉结钢筋与支座连接。

9.6.7 装配整体式结构中预制承重墙板沿周边设置的连接钢筋应与支承结构及相邻墙板互相连接，并浇筑混凝土与周边楼盖、墙体连成整体。

9.6.8 非承重预制构件的设计应符合下列要求：

1 与支承结构之间宜采用柔性连接方式；

2 在框架内镶嵌或采用焊接连接时，应考虑其对框架抗侧移刚度的影响；

3 外挂板与主体结构的连接构造应具有一定的变形适应性。

9.7 预埋件及连接件

9.7.1 受力预埋件的锚板宜采用Q235、Q345级钢，锚板厚度应根据受力情况计算确定，且不宜小于锚筋直径的60%；受拉和受弯预埋件的锚板厚度尚宜大于$b/8$，b为锚筋的间距。

受力预埋件的锚筋应采用HRB400或HPB300钢筋，不应采用冷加工钢筋。

直锚筋与锚板应采用T形焊接。当锚筋直径不大于20mm时宜采用压力埋弧焊；当锚筋直径大于20mm时宜采用穿孔塞焊。当采用手工焊时，焊缝高度不宜小于6mm，且对300MPa级钢筋不宜小于$0.5d$，对其他钢筋不宜小于$0.6d$，d为锚筋的直径。

9.7.2 由锚板和对称配置的直锚筋所组成的受力预埋件（图9.7.2），其锚筋的总截面面积A_s应符合下列规定：

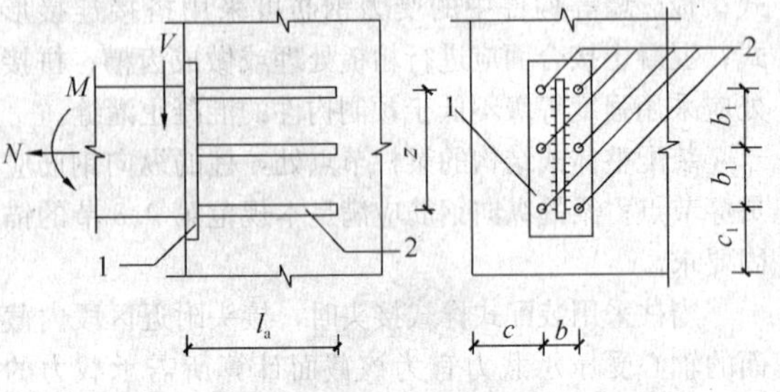

图9.7.2 由锚板和直锚筋组成的预埋件

1—锚板；2—直锚筋

1 当有剪力、法向拉力和弯矩共同作用时，应按下列两个公式计算，并取其中的较大值：

$$A_s \geqslant \frac{V}{\alpha_r \alpha_v f_y} + \frac{N}{0.8\alpha_b f_y} + \frac{M}{1.3\alpha_r \alpha_b f_y z} \quad (9.7.2\text{-}1)$$

$$A_s \geqslant \frac{N}{0.8\alpha_b f_y} + \frac{M}{0.4\alpha_r \alpha_b f_y z} \quad (9.7.2\text{-}2)$$

2 当有剪力、法向压力和弯矩共同作用时，应按下列两个公式计算，并取其中的较大值：

$$A_s \geqslant \frac{V - 0.3N}{\alpha_r \alpha_v f_y} + \frac{M - 0.4Nz}{1.3\alpha_r \alpha_b f_y z} \quad (9.7.2\text{-}3)$$

$$A_s \geqslant \frac{M - 0.4Nz}{0.4\alpha_r \alpha_b f_y z} \quad (9.7.2\text{-}4)$$

当M小于$0.4Nz$时，取$0.4Nz$。

上述公式中的系数α_v、α_b，应按下列公式计算：

$$\alpha_v = (4.0 - 0.08d)\sqrt{\frac{f_c}{f_y}} \quad (9.7.2\text{-}5)$$

$$\alpha_b = 0.6 + 0.25\frac{t}{d} \quad (9.7.2\text{-}6)$$

当α_v大于0.7时，取0.7；当采取防止锚板弯曲变形的措施时，可取α_b等于1.0。

式中：f_y——锚筋的抗拉强度设计值，按本规范第4.2节采用，但不应大于300N/mm²；

V——剪力设计值；

N——法向拉力或法向压力设计值，法向压力设计值不应大于$0.5f_cA$，此处，A为锚板的面积；

M——弯矩设计值；

α_r——锚筋层数的影响系数；当锚筋按等间距布置时：两层取1.0；三层取0.9；四层取0.85；

α_v——锚筋的受剪承载力系数；

d——锚筋直径；

α_b——锚板的弯曲变形折减系数；

t——锚板厚度；

z——沿剪力作用方向最外层锚筋中心线之间的距离。

9.7.3 由锚板和对称配置的弯折锚筋及直锚筋共同承受剪力的预埋件（图9.7.3），其弯折锚筋的截面面积A_{sb}应符合下列规定：

$$A_{sb} \geqslant 1.4\frac{V}{f_y} - 1.25\alpha_v A_s \quad (9.7.3)$$

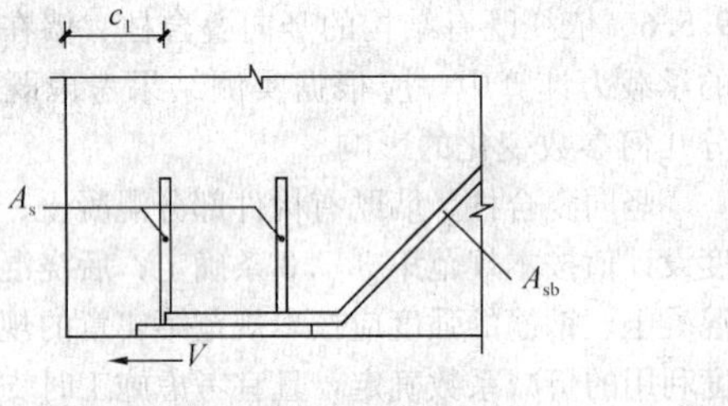

图9.7.3 由锚板和弯折锚筋及直锚筋组成的预埋件

式中系数α_v按本规范第9.7.2条取用。当直锚筋按构造要求设置时，A_s应取为0。

注：弯折锚筋与钢板之间的夹角不宜小于15°，也不宜大于45°。

9.7.4 预埋件锚筋中心至锚板边缘的距离不应小于$2d$和20mm。预埋件的位置应使锚筋位于构件的外层主筋的内侧。

预埋件的受力直锚筋直径不宜小于8mm，且不宜大于25mm。直锚筋数量不宜少于4根，且不宜多于4排；受剪预埋件的直锚筋可采用2根。

对受拉和受弯预埋件（图9.7.2），其锚筋的间距b、b_1和锚筋至构件边缘的距离c、c_1，均不应小于$3d$和45mm。

对受剪预埋件（图9.7.2），其锚筋的间距b及b_1不应大于300mm，且b_1不应小于$6d$和70mm；锚筋至构件边缘的距离c_1不应小于$6d$和70mm，b、c均不应小于$3d$和45mm。

受拉直锚筋和弯折锚筋的锚固长度不应小于本规范第8.3.1条规定的受拉钢筋锚固长度；当锚筋采用HPB300级钢筋时末端还应有弯钩。当无法满足锚固长度的要求时，应采取其他有效的锚固措施。受剪和受压直锚筋的锚固长度不应小于$15d$，d为锚筋的直径。

9.7.5 预制构件宜采用内埋式螺母、内埋式吊杆或预留吊装孔，并采用配套的专用吊具实现吊装，也可采用吊环吊装。

内埋式螺母或内埋式吊杆的设计与构造，应满足起吊方便和吊装安全的要求。专用内埋式螺母或内埋式吊杆及配套的吊具，应根据相应的产品标准和应用技术规定选用。

9.7.6 吊环应采用 HPB300 级钢筋制作，锚入混凝土的深度不应小于 $30d$ 并应焊接或绑扎在钢筋骨架上，d 为吊环钢筋的直径。在构件的自重标准值作用下，每个吊环按 2 个截面计算的钢筋应力不应大于 65N/mm^2；当在一个构件上设有 4 个吊环时，应按 3 个吊环进行计算。

9.7.7 混凝土预制构件吊装设施的位置应能保证构件在吊装、运输过程中平稳受力。设置预埋件、吊环、吊装孔及各种内埋式预留吊具时，应对构件在该处承受吊装荷载作用的效应进行承载力的验算，并应采取相应的构造措施，避免吊点处混凝土局部破坏。

10 预应力混凝土结构构件

10.1 一 般 规 定

10.1.1 预应力混凝土结构构件，除应根据设计状况进行承载力计算及正常使用极限状态验算外，尚应对施工阶段进行验算。

10.1.2 预应力混凝土结构设计应计入预应力作用效应；对超静定结构，相应的次弯矩、次剪力及次轴力等应参与组合计算。

对承载能力极限状态，当预应力作用效应对结构有利时，预应力作用分项系数 γ_p 应取 1.0，不利时 γ_p 应取 1.2；对正常使用极限状态，预应力作用分项系数 γ_p 应取 1.0。

对参与组合的预应力作用效应项，当预应力作用效应对承载力有利时，结构重要性系数 γ_0 应取 1.0；当预应力作用效应对承载力不利时，结构重要性系数 γ_0 应按本规范第 3.3.2 条确定。

10.1.3 预应力筋的张拉控制应力 σ_{con} 应符合下列规定：

1 消除应力钢丝、钢绞线

$$\sigma_{con} \leqslant 0.75 f_{ptk} \quad (10.1.3\text{-}1)$$

2 中强度预应力钢丝

$$\sigma_{con} \leqslant 0.70 f_{ptk} \quad (10.1.3\text{-}2)$$

3 预应力螺纹钢筋

$$\sigma_{con} \leqslant 0.85 f_{pyk} \quad (10.1.3\text{-}3)$$

式中：f_{ptk}——预应力筋极限强度标准值；

f_{pyk}——预应力螺纹钢筋屈服强度标准值。

消除应力钢丝、钢绞线、中强度预应力钢丝的张拉控制应力值不应小于 $0.4f_{ptk}$；预应力螺纹钢筋的张拉应力控制值不宜小于 $0.5f_{pyk}$。

当符合下列情况之一时，上述张拉控制应力限值可相应提高 $0.05f_{ptk}$ 或 $0.05f_{pyk}$：

1）要求提高构件在施工阶段的抗裂性能而在使用阶段受压区内设置的预应力筋；

2）要求部分抵消由于应力松弛、摩擦、钢筋分批张拉以及预应力筋与张拉台座之间的温差等因素产生的预应力损失。

10.1.4 施加预应力时，所需的混凝土立方体抗压强度应经计算确定，但不宜低于设计的混凝土强度等级值的 75%。

注：当张拉预应力筋是为防止混凝土早期出现的收缩裂缝时，可不受上述限制，但应符合局部受压承载力的规定。

10.1.5 后张法预应力混凝土超静定结构，由预应力引起的内力和变形可采用弹性理论分析，并宜符合下列规定：

1 按弹性分析计算时，次弯矩 M_2 宜按下列公式计算：

$$M_2 = M_r - M_1 \quad (10.1.5\text{-}1)$$

$$M_1 = N_p e_{pn} \quad (10.1.5\text{-}2)$$

式中：N_p——后张法预应力混凝土构件的预加力，按本规范公式（10.1.7-3）计算；

e_{pn}——净截面重心至预加力作用点的距离，按本规范公式（10.1.7-4）计算；

M_1——预加力 N_p 对净截面重心偏心引起的弯矩值；

M_r——由预加力 N_p 的等效荷载在结构构件截面上产生的弯矩值。

次剪力可根据构件次弯矩的分布分析计算，次轴力宜根据结构的约束条件进行计算。

2 在设计中宜采取措施，避免或减少支座、柱、墙等约束构件对梁、板预应力作用效应的不利影响。

10.1.6 由预加力产生的混凝土法向应力及相应阶段预应力筋的应力，可分别按下列公式计算：

1 先张法构件

由预加力产生的混凝土法向应力

$$\sigma_{pc} = \frac{N_{p0}}{A_0} \pm \frac{N_{p0} e_{p0}}{I_0} y_0 \quad (10.1.6\text{-}1)$$

相应阶段预应力筋的有效预应力

$$\sigma_{pe} = \sigma_{con} - \sigma_l - \alpha_E \sigma_{pc} \quad (10.1.6\text{-}2)$$

预应力筋合力点处混凝土法向应力等于零时的预应力筋应力

$$\sigma_{p0} = \sigma_{con} - \sigma_l \quad (10.1.6\text{-}3)$$

2 后张法构件

由预加力产生的混凝土法向应力

$$\sigma_{pc} = \frac{N_p}{A_n} \pm \frac{N_p e_{pn}}{I_n} y_n + \sigma_{p2} \quad (10.1.6\text{-}4)$$

相应阶段预应力筋的有效预应力

$$\sigma_{pe} = \sigma_{con} - \sigma_l \quad (10.1.6\text{-}5)$$

预应力筋合力点处混凝土法向应力等于零时的预

应力筋应力

$$\sigma_{p0}=\sigma_{con}-\sigma_l+\alpha_E\sigma_{pc} \quad (10.1.6\text{-}6)$$

式中：A_n——净截面面积，即扣除孔道、凹槽等削弱部分以外的混凝土全部截面面积及纵向非预应力筋截面面积换算成混凝土的截面面积之和；对由不同混凝土强度等级组成的截面，应根据混凝土弹性模量比值换算成同一混凝土强度等级的截面面积；

A_0——换算截面面积：包括净截面面积以及全部纵向预应力筋截面面积换算成混凝土的截面面积；

I_0、I_n——换算截面惯性矩、净截面惯性矩；

e_{p0}、e_{pn}——换算截面重心、净截面重心至预加力作用点的距离，按本规范第 10.1.7 条的规定计算；

y_0、y_n——换算截面重心、净截面重心至所计算纤维处的距离；

σ_l——相应阶段的预应力损失值，按本规范第 10.2.1 条～第 10.2.7 条的规定计算；

α_E——钢筋弹性模量与混凝土弹性模量的比值：$\alpha_E=E_s/E_c$，此处，E_s 按本规范表 4.2.5 采用，E_c 按本规范表 4.1.5 采用；

N_{p0}、N_p——先张法构件、后张法构件的预加力，按本规范第 10.1.7 条计算；

σ_{p2}——由预应力次内力引起的混凝土截面法向应力。

注：在公式（10.1.6-1）、公式（10.1.6-4）中，右边第二项与第一项的应力方向相同时取加号，相反时取减号；公式（10.1.6-2）、公式（10.1.6-6）适用于 σ_{pc} 为压应力的情况，当 σ_{pc} 为拉应力时，应以负值代入。

10.1.7 预加力及其作用点的偏心距（图 10.1.7）宜按下列公式计算：

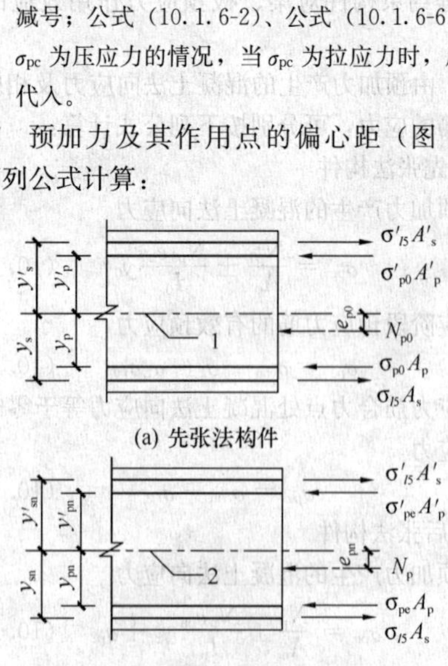

(a) 先张法构件

(b)后张法构件

图 10.1.7 预加力作用点位置

1—换算截面重心轴；2—净截面重心轴

1 先张法构件

$$N_{p0}=\sigma_{p0}A_p+\sigma'_{p0}A'_p-\sigma_{l5}A_s-\sigma'_{l5}A'_s \quad (10.1.7\text{-}1)$$

$$e_{p0}=\frac{\sigma_{p0}A_py_p-\sigma'_{p0}A'_py'_p-\sigma_{l5}A_sy_s+\sigma'_{l5}A'_sy'_s}{\sigma_{p0}A_p+\sigma'_{p0}A'_p-\sigma_{l5}A_s-\sigma'_{l5}A'_s} \quad (10.1.7\text{-}2)$$

2 后张法构件：

$$N_p=\sigma_{pe}A_p+\sigma'_{pe}A'_p-\sigma_{l5}A_s-\sigma'_{l5}A'_s \quad (10.1.7\text{-}3)$$

$$e_{pn}=\frac{\sigma_{pe}A_py_{pn}-\sigma'_{pe}A'_py'_{pn}-\sigma_{l5}A_sy_{sn}+\sigma'_{l5}A'_sy'_{sn}}{\sigma_{pe}A_p+\sigma'_{pe}A'_p-\sigma_{l5}A_s-\sigma'_{l5}A'_s} \quad (10.1.7\text{-}4)$$

式中：σ_{p0}、σ'_{p0}——受拉区、受压区预应力筋合力点处混凝土法向应力等于零时的预应力筋应力；

σ_{pe}、σ'_{pe}——受拉区、受压区预应力筋的有效预应力；

A_p、A'_p——受拉区、受压区纵向预应力筋的截面面积；

A_s、A'_s——受拉区、受压区纵向普通钢筋的截面面积；

y_p、y'_p——受拉区、受压区预应力合力点至换算截面重心的距离；

y_s、y'_s——受拉区、受压区普通钢筋重心至换算截面重心的距离；

σ_{l5}、σ'_{l5}——受拉区、受压区预应力筋在各自合力点处混凝土收缩和徐变引起的预应力损失值，按本规范第 10.2.5 条的规定计算；

y_{pn}、y'_{pn}——受拉区、受压区预应力合力点至净截面重心的距离；

y_{sn}、y'_{sn}——受拉区、受压区普通钢筋重心至净截面重心的距离。

注：1 当公式（10.1.7-1）～公式（10.1.7-4）中的 $A'_p=0$ 时，可取式中 $\sigma'_{l5}=0$；

2 当计算次内力时，公式（10.1.7-3）、公式（10.1.7-4）中的 σ_{l5} 和 σ'_{l5} 可近似取零。

10.1.8 对允许出现裂缝的后张法有粘结预应力混凝土框架梁及连续梁，在重力荷载作用下按承载能力极限状态计算时，可考虑内力重分布，并应满足正常使用极限状态验算要求。当截面相对受压区高度 ξ 不小于 0.1 且不大于 0.3 时，其任一跨内的支座截面最大负弯矩设计值可按下列公式确定：

$$M=(1-\beta)(M_{GQ}+M_2) \quad (10.1.8\text{-}1)$$

$$\beta=0.2(1-2.5\xi) \quad (10.1.8\text{-}2)$$

且调幅幅度不宜超过重力荷载下弯矩设计值的 20%。

式中：M——支座控制截面弯矩设计值；

M_{GQ}——控制截面按弹性分析计算的重力荷载弯矩设计值；

ξ——截面相对受压区高度，应按本规范第 6 章的规定计算；

β——弯矩调幅系数。

10.1.9 先张法构件预应力筋的预应力传递长度 l_{tr} 应按下列公式计算：

$$l_{tr}=\alpha\frac{\sigma_{pe}}{f'_{tk}}d \qquad (10.1.9)$$

式中：σ_{pe}——放张时预应力筋的有效预应力；

d——预应力筋的公称直径，按本规范附录 A 采用；

α——预应力筋的外形系数，按本规范表 8.3.1 采用；

f'_{tk}——与放张时混凝土立方体抗压强度 f'_{cu} 相应的轴心抗拉强度标准值，按本规范表 4.1.3-2 以线性内插法确定。

当采用骤然放张预应力的施工工艺时，对光面预应力钢丝，l_{tr} 的起点应从距构件末端 $l_{tr}/4$ 处开始计算。

10.1.10 计算先张法预应力混凝土构件端部锚固区的正截面和斜截面受弯承载力时，锚固长度范围内的预应力筋抗拉强度设计值在锚固起点处应取为零，在锚固终点处应取为 f_{py}，两点之间可按线性内插法确定。预应力筋的锚固长度 l_a 应按本规范第 8.3.1 条确定。

当采用骤然放张预应力的施工工艺时，对光面预应力钢丝的锚固长度应从距构件末端 $l_{tr}/4$ 处开始计算。

10.1.11 对制作、运输及安装等施工阶段预拉区允许出现拉应力的构件，或预压时全截面受压的构件，在预加力、自重及施工荷载作用下（必要时应考虑动力系数）截面边缘的混凝土法向应力宜符合下列规定（图 10.1.11）：

$$\sigma_{ct}\leqslant f'_{tk} \qquad (10.1.11\text{-}1)$$

$$\sigma_{cc}\leqslant 0.8f'_{ck} \qquad (10.1.11\text{-}2)$$

简支构件的端部区段截面预拉区边缘纤维的混凝土拉应力允许大于 f'_{tk}，但不应大于 $1.2f'_{tk}$。

截面边缘的混凝土法向应力可按下列公式计算：

$$\sigma_{cc}\text{ 或 }\sigma_{ct}=\sigma_{pc}+\frac{N_k}{A_0}\pm\frac{M_k}{W_0} \qquad (10.1.11\text{-}3)$$

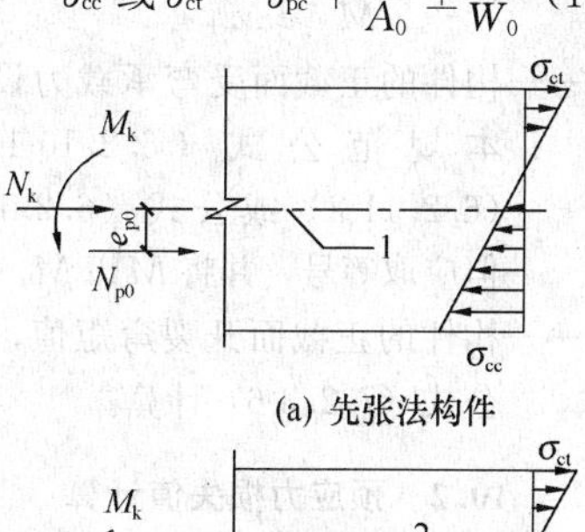

(a) 先张法构件

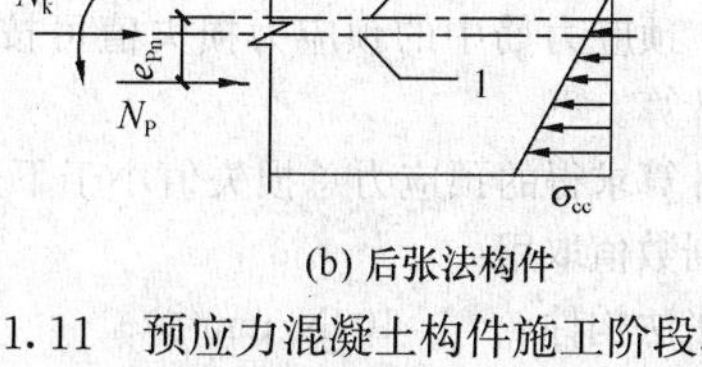

(b) 后张法构件

图 10.1.11 预应力混凝土构件施工阶段验算

1—换算截面重心轴；2—净截面重心轴

式中：σ_{ct}——相应施工阶段计算截面预拉区边缘纤维的混凝土拉应力；

σ_{cc}——相应施工阶段计算截面预压区边缘纤维的混凝土压应力；

f'_{tk}、f'_{ck}——与各施工阶段混凝土立方体抗压强度 f'_{cu} 相应的抗拉强度标准值、抗压强度标准值，按本规范表 4.1.3-2、表 4.1.3-1 以线性内插法分别确定；

N_k、M_k——构件自重及施工荷载的标准组合在计算截面产生的轴向力值、弯矩值；

W_0——验算边缘的换算截面弹性抵抗矩。

注：1 预拉区、预压区分别系指施加预应力时形成的截面拉应力区、压应力区；

2 公式（10.1.11-3）中，当 σ_{pc} 为压应力时取正值，当 σ_{pc} 为拉应力时取负值；当 N_k 为轴向压力时取正值，当 N_k 为轴向拉力时取负值；当 M_k 产生的边缘纤维应力为压应力时式中符号取加号，拉应力时式中符号取减号；

3 当有可靠的工程经验时，叠合式受弯构件预拉区的混凝土法向拉应力可按 σ_{ct} 不大于 $2f'_{tk}$ 控制。

10.1.12 施工阶段预拉区允许出现拉应力的构件，预拉区纵向钢筋的配筋率 $(A'_s+A'_p)/A$ 不宜小于 0.15%，对后张法构件不应计入 A'_p，其中，A 为构件截面面积。预拉区纵向普通钢筋的直径不宜大于 14mm，并应沿构件预拉区的外边缘均匀配置。

注：施工阶段预拉区不允许出现裂缝的板类构件，预拉区纵向钢筋的配筋可根据具体情况按实践经验确定。

10.1.13 先张法和后张法预应力混凝土结构构件，在承载力和裂缝宽度计算中，所用的混凝土法向预应力等于零时的预加力 N_{p0} 及其作用点的偏心距 e_{p0}，均应按本规范公式（10.1.7-1）及公式（10.1.7-2）计算，此时，先张法和后张法构件预应力筋的应力 σ_{p0}、σ'_{p0} 均应按本规范第 10.1.6 条的规定计算。

10.1.14 无粘结预应力矩形截面受弯构件，在进行正截面承载力计算时，无粘结预应力筋的应力设计值 σ_{pu} 宜按下列公式计算：

$$\sigma_{pu}=\sigma_{pe}+\Delta\sigma_p \qquad (10.1.14\text{-}1)$$

$$\Delta\sigma_p=(240-335\xi_p)\left(0.45+5.5\frac{h}{l_0}\right)\frac{l_2}{l_1} \qquad (10.1.14\text{-}2)$$

$$\xi_p=\frac{\sigma_{pe}A_p+f_yA_s}{f_cbh_p} \qquad (10.1.14\text{-}3)$$

对于跨数不少于 3 跨的连续梁、连续单向板及连续双向板，$\Delta\sigma_p$ 取值不应小于 50N/mm^2。

无粘结预应力筋的应力设计值 σ_{pu} 尚应符合下列条件：

$$\sigma_{pu}\leqslant f_{py} \qquad (10.1.14\text{-}4)$$

式中：σ_{pe}——扣除全部预应力损失后，无粘结预应力筋中的有效预应力（N/mm^2）；

$\Delta\sigma_p$——无粘结预应力筋中的应力增量（N/mm^2）；

ξ_p——综合配筋特征值，不宜大于0.4；对于连续梁、板，取各跨内支座和跨中截面综合配筋特征值的平均值；

h——受弯构件截面高度；

h_p——无粘结预应力筋合力点至截面受压边缘的距离；

l_1——连续无粘结预应力筋两个锚固端间的总长度；

l_2——与l_1相关的由活荷载最不利布置图确定的荷载跨长度之和。

翼缘位于受压区的T形、I形截面受弯构件，当受压区高度大于翼缘高度时，综合配筋特征值ξ_p可按下式计算：

$$\xi_p=\frac{\sigma_{pe}A_p+f_yA_s-f_c(b'_f-b)h'_f}{f_cbh_p} \quad (10.1.14\text{-}5)$$

式中：h'_f——T形、I形截面受压区的翼缘高度；

b'_f——T形、I形截面受压区的翼缘计算宽度。

10.1.15 无粘结预应力混凝土受弯构件的受拉区，纵向普通钢筋截面面积A_s的配置应符合下列规定：

1 单向板

$$A_s\geqslant 0.002bh \quad (10.1.15\text{-}1)$$

式中：b——截面宽度；

h——截面高度。

纵向普通钢筋直径不应小于8mm，间距不应大于200mm。

2 梁

A_s应取下列两式计算结果的较大值：

$$A_s\geqslant\frac{1}{3}\left(\frac{\sigma_{pu}h_p}{f_yh_s}\right)A_p \quad (10.1.15\text{-}2)$$

$$A_s\geqslant 0.003bh \quad (10.1.15\text{-}3)$$

式中：h_s——纵向受拉普通钢筋合力点至截面受压边缘的距离。

纵向受拉普通钢筋直径不宜小于14mm，且宜均匀分布在梁的受拉边缘。

对按一级裂缝控制等级设计的梁，当无粘结预应力筋承担不小于75%的弯矩设计值时，纵向受拉普通钢筋面积应满足承载力计算和公式（10.1.15-3）的要求。

10.1.16 无粘结预应力混凝土板柱结构中的双向平板，其纵向普通钢筋截面面积A_s及其分布应符合下列规定：

1 在柱边的负弯矩区，每一方向上纵向普通钢筋的截面面积应符合下列规定：

$$A_s\geqslant 0.00075hl \quad (10.1.16\text{-}1)$$

式中：l——平行于计算纵向受力钢筋方向上板的跨度；

h——板的厚度。

由上式确定的纵向普通钢筋，应分布在各离柱边1.5h的板宽范围内。每一方向至少应设置4根直径不小于16mm的钢筋。纵向钢筋间距不应大于300mm，外伸出柱边长度至少为支座每一边净跨的1/6。在承载力计算中考虑纵向普通钢筋的作用时，其伸出柱边的长度应按计算确定，并应符合本规范第8.3节对锚固长度的规定。

2 在荷载标准组合下，当正弯矩区每一方向上抗裂验算边缘的混凝土法向拉应力满足下列规定时，正弯矩区可仅按构造配置纵向普通钢筋：

$$\sigma_{ck}-\sigma_{pc}\leqslant 0.4f_{tk} \quad (10.1.16\text{-}2)$$

3 在荷载标准组合下，当正弯矩区每一个方向上抗裂验算边缘的混凝土法向拉应力超过0.4f_{tk}且不大于1.0f_{tk}时，纵向普通钢筋的截面面积应符合下列规定：

$$A_s\geqslant\frac{N_{tk}}{0.5f_y} \quad (10.1.16\text{-}3)$$

式中：N_{tk}——在荷载标准组合下构件混凝土未开裂截面受拉区的合力；

f_y——钢筋的抗拉强度设计值，当f_y大于$360N/mm^2$时，取$360N/mm^2$。

纵向普通钢筋应均匀分布在板的受拉区内，并应靠近受拉边缘通长布置。

4 在平板的边缘和拐角处，应设置暗圈梁或设置钢筋混凝土边梁。暗圈梁的纵向钢筋直径不应小于12mm，且不应少于4根；箍筋直径不应小于6mm，间距不应大于150mm。

注：在温度、收缩应力较大的现浇双向平板区域内，应按本规范第9.1.8条配置普通构造钢筋网。

10.1.17 预应力混凝土受弯构件的正截面受弯承载力设计值应符合下列要求：

$$M_u\geqslant M_{cr} \quad (10.1.17)$$

式中：M_u——构件的正截面受弯承载力设计值，按本规范公式（6.2.10-1）、公式（6.2.11-2）或公式（6.2.14）计算，但应取等号，并将M以M_u代替；

M_{cr}——构件的正截面开裂弯矩值，按本规范公式（7.2.3-6）计算。

10.2 预应力损失值计算

10.2.1 预应力筋中的预应力损失值可按表10.2.1的规定计算。

当计算求得的预应力总损失值小于下列数值时，应按下列数值取用：

先张法构件　　$100N/mm^2$；

后张法构件　　$80N/mm^2$。

表 10.2.1　预应力损失值（N/mm^2）

<table>
<tr><th colspan="2">引起损失的因素</th><th>符号</th><th>先张法构件</th><th>后张法构件</th></tr>
<tr><td colspan="2">张拉端锚具变形和预应力筋内缩</td><td>σ_{l1}</td><td>按本规范第10.2.2条的规定计算</td><td>按本规范第10.2.2条和第10.2.3条的规定计算</td></tr>
<tr><td rowspan="3">预应力筋的摩擦</td><td>与孔道壁之间的摩擦</td><td rowspan="3">σ_{l2}</td><td>—</td><td>按本规范第10.2.4条的规定计算</td></tr>
<tr><td>张拉端锚口摩擦</td><td colspan="2">按实测值或厂家提供的数据确定</td></tr>
<tr><td>在转向装置处的摩擦</td><td colspan="2">按实际情况确定</td></tr>
<tr><td colspan="2">混凝土加热养护时，预应力筋与承受拉力的设备之间的温差</td><td>σ_{l3}</td><td>$2\Delta t$</td><td>—</td></tr>
<tr><td colspan="2">预应力筋的应力松弛</td><td>σ_{l4}</td><td colspan="2">消除应力钢丝、钢绞线
普通松弛：
$0.4\left(\frac{\sigma_{con}}{f_{ptk}}-0.5\right)\sigma_{con}$
低松弛：
当$\sigma_{con}\leqslant 0.7f_{ptk}$时
$0.125\left(\frac{\sigma_{con}}{f_{ptk}}-0.5\right)\sigma_{con}$
当$0.7f_{ptk}<\sigma_{con}\leqslant 0.8f_{ptk}$时
$0.2\left(\frac{\sigma_{con}}{f_{ptk}}-0.575\right)\sigma_{con}$
中强度预应力钢丝：$0.08\sigma_{con}$
预应力螺纹钢筋：$0.03\sigma_{con}$</td></tr>
<tr><td colspan="2">混凝土的收缩和徐变</td><td>σ_{l5}</td><td colspan="2">按本规范第10.2.5条的规定计算</td></tr>
<tr><td colspan="2">用螺旋式预应力筋作配筋的环形构件，当直径d不大于3m时，由于混凝土的局部挤压</td><td>σ_{l6}</td><td>—</td><td>30</td></tr>
</table>

注：1　表中Δt为混凝土加热养护时，预应力筋与承受拉力的设备之间的温差（℃）；

2　当$\sigma_{con}/f_{ptk}\leqslant 0.5$时，预应力筋的应力松弛损失值可取为零。

10.2.2　直线预应力筋由于锚具变形和预应力筋内缩引起的预应力损失值σ_{l1}应按下列公式计算：

$$\sigma_{l1}=\frac{a}{l}E_s \qquad (10.2.2)$$

式中：a——张拉端锚具变形和预应力筋内缩值（mm），可按表10.2.2采用；

l——张拉端至锚固端之间的距离（mm）。

表 10.2.2　锚具变形和预应力筋内缩值 a（mm）

锚具类别		a
支承式锚具（钢丝束镦头锚具等）	螺帽缝隙	1
	每块后加垫板的缝隙	1
夹片式锚具	有顶压时	5
	无顶压时	6～8

注：1　表中的锚具变形和预应力筋内缩值也可根据实测数据确定；

2　其他类型的锚具变形和预应力筋内缩值应根据实测数据确定。

块体拼成的结构，其预应力损失尚应计及块体间填缝的预压变形。当采用混凝土或砂浆为填缝材料时，每条填缝的预压变形值可取为1mm。

10.2.3　后张法构件曲线预应力筋或折线预应力筋由于锚具变形和预应力筋内缩引起的预应力损失值σ_{l1}，应根据曲线预应力筋或折线预应力筋与孔道壁之间反向摩擦影响长度l_f范围内的预应力筋变形值等于锚具变形和预应力筋内缩值的条件确定，反向摩擦系数可按表10.2.4中的数值采用。

反向摩擦影响长度l_f及常用束形的后张预应力筋在反向摩擦影响长度l_f范围内的预应力损失值σ_{l1}可按本规范附录J计算。

10.2.4　预应力筋与孔道壁之间的摩擦引起的预应力损失值σ_{l2}，宜按下列公式计算：

$$\sigma_{l2}=\sigma_{con}\left(1-\frac{1}{e^{\kappa x+\mu\theta}}\right) \qquad (10.2.4\text{-}1)$$

当（$\kappa x+\mu\theta$）不大于0.3时，σ_{l2}可按下列近似公式计算：

$$\sigma_{l2}=(\kappa x+\mu\theta)\sigma_{con} \qquad (10.2.4\text{-}2)$$

注：当采用夹片式群锚体系时，在σ_{con}中宜扣除锚口摩擦损失。

式中：x——从张拉端至计算截面的孔道长度，可近似取该段孔道在纵轴上的投影长度（m）；

θ——从张拉端至计算截面曲线孔道各部分切线的夹角之和（rad）；

κ——考虑孔道每米长度局部偏差的摩擦系数，按表10.2.4采用；

μ——预应力筋与孔道壁之间的摩擦系数，按表10.2.4采用。

表 10.2.4　摩擦系数

孔道成型方式	κ	μ	
		钢绞线、钢丝束	预应力螺纹钢筋
预埋金属波纹管	0.0015	0.25	0.50
预埋塑料波纹管	0.0015	0.15	—
预埋钢管	0.0010	0.30	—
抽芯成型	0.0014	0.55	0.60
无粘结预应力筋	0.0040	0.09	—

注：摩擦系数也可根据实测数据确定。

在公式（10.2.4-1）中，对按抛物线、圆弧曲线变化的空间曲线及可分段后叠加的广义空间曲线，夹角之和θ可按下列近似公式计算：

抛物线、圆弧曲线：

$$\theta=\sqrt{\alpha_v^2+\alpha_h^2} \qquad (10.2.4\text{-}3)$$

广义空间曲线：

$$\theta=\sum\sqrt{\Delta\alpha_v^2+\Delta\alpha_h^2} \qquad (10.2.4\text{-}4)$$

式中：α_v、α_h——按抛物线、圆弧曲线变化的空间曲线预应力筋在竖直向、水平向投影所形成抛物线、圆弧曲线的弯转角；

$\Delta\alpha_v$、$\Delta\alpha_h$——广义空间曲线预应力筋在竖直向、水平向投影所形成分段曲线的弯转角增量。

10.2.5 混凝土收缩、徐变引起受拉区和受压区纵向预应力筋的预应力损失值 σ_{l5}、σ'_{l5} 可按下列方法确定：

1 一般情况

先张法构件

$$\sigma_{l5}=\frac{60+340\frac{\sigma_{pc}}{f'_{cu}}}{1+15\rho} \quad (10.2.5\text{-}1)$$

$$\sigma'_{l5}=\frac{60+340\frac{\sigma'_{pc}}{f'_{cu}}}{1+15\rho'} \quad (10.2.5\text{-}2)$$

后张法构件

$$\sigma_{l5}=\frac{55+300\frac{\sigma_{pc}}{f'_{cu}}}{1+15\rho} \quad (10.2.5\text{-}3)$$

$$\sigma'_{l5}=\frac{55+300\frac{\sigma'_{pc}}{f'_{cu}}}{1+15\rho'} \quad (10.2.5\text{-}4)$$

式中：σ_{pc}、σ'_{pc}——受拉区、受压区预应力筋合力点处的混凝土法向压应力；

f'_{cu}——施加预应力时的混凝土立方体抗压强度；

ρ、ρ'——受拉区、受压区预应力筋和普通钢筋的配筋率：对先张法构件，$\rho=(A_p+A_s)/A_0$，$\rho'=(A'_p+A'_s)/A_0$；对后张法构件，$\rho=(A_p+A_s)/A_n$，$\rho'=(A'_p+A'_s)/A_n$；对于对称配置预应力筋和普通钢筋的构件，配筋率 ρ、ρ' 应按钢筋总截面面积的一半计算。

受拉区、受压区预应力筋合力点处的混凝土法向压应力 σ_{pc}、σ'_{pc} 应按本规范第 10.1.6 条及第 10.1.7 条的规定计算。此时，预应力损失值仅考虑混凝土预压前（第一批）的损失，其普通钢筋中的应力 σ_{l5}、σ'_{l5} 值应取为零；σ_{pc}、σ'_{pc} 值不得大于 $0.5f'_{cu}$；当 σ'_{pc} 为拉应力时，公式（10.2.5-2）、公式（10.2.5-4）中的 σ'_{pc} 应取为零。计算混凝土法向应力 σ_{pc}、σ'_{pc} 时，可根据构件制作情况考虑自重的影响。

当结构处于年平均相对湿度低于 40% 的环境下，σ_{l5} 和 σ'_{l5} 值应增加 30%。

2 对重要的结构构件，当需要考虑与时间相关的混凝土收缩、徐变及预应力筋应力松弛预应力损失值时，宜按本规范附录 K 进行计算。

10.2.6 后张法构件的预应力筋采用分批张拉时，应考虑后批张拉预应力筋所产生的混凝土弹性压缩或伸长对于先批张拉预应力筋的影响，可将先批张拉预应力筋的张拉控制应力值 σ_{con} 增加或减小 $\alpha_E\sigma_{pci}$。此处，σ_{pci} 为后批张拉预应力筋在先批张拉预应力筋重心处产生的混凝土法向应力。

10.2.7 预应力混凝土构件在各阶段的预应力损失值宜按表 10.2.7 的规定进行组合。

表 10.2.7 各阶段预应力损失值的组合

预应力损失值的组合	先张法构件	后张法构件
混凝土预压前（第一批）的损失	$\sigma_{l1}+\sigma_{l2}+\sigma_{l3}+\sigma_{l4}$	$\sigma_{l1}+\sigma_{l2}$
混凝土预压后（第二批）的损失	σ_{l5}	$\sigma_{l4}+\sigma_{l5}+\sigma_{l6}$

注：先张法构件由于预应力筋应力松弛引起的损失值 σ_{l4} 在第一批和第二批损失中所占的比例，如需区分，可根据实际情况确定。

10.3 预应力混凝土构造规定

10.3.1 先张法预应力筋之间的净间距不宜小于其公称直径的 2.5 倍和混凝土粗骨料最大粒径的 1.25 倍，且应符合下列规定：预应力钢丝，不应小于 15mm；三股钢绞线，不应小于 20mm；七股钢绞线，不应小于 25mm。当混凝土振捣密实性具有可靠保证时，净间距可放宽为最大粗骨料粒径的 1.0 倍。

10.3.2 先张法预应力混凝土构件端部宜采取下列构造措施：

1 单根配置的预应力筋，其端部宜设置螺旋筋；

2 分散布置的多根预应力筋，在构件端部 $10d$ 且不小于 100mm 长度范围内，宜设置 3～5 片与预应力筋垂直的钢筋网片，此处 d 为预应力筋的公称直径；

3 采用预应力钢丝配筋的薄板，在板端 100mm 长度范围内宜适当加密横向钢筋；

4 槽形板类构件，应在构件端部 100mm 长度范围内沿构件板面设置附加横向钢筋，其数量不应少于 2 根。

10.3.3 预制肋形板，宜设置加强其整体性和横向刚度的横肋。端横肋的受力钢筋应弯入纵肋内。当采用先张长线法生产有端横肋的预应力混凝土肋形板时，应在设计和制作上采取防止放张预应力时端横肋产生裂缝的有效措施。

10.3.4 在预应力混凝土屋面梁、吊车梁等构件靠近支座的斜向主拉应力较大部位，宜将一部分预应力筋弯起配置。

10.3.5 预应力筋在构件端部全部弯起的受弯构件或直线配筋的先张法构件，当构件端部与下部支承结构焊接时，应考虑混凝土收缩、徐变及温度变化所产生的不利影响，宜在构件端部可能产生裂缝的部位设置纵向构造钢筋。

10.3.6 后张法预应力筋所用锚具、夹具和连接器等的形式和质量应符合国家现行有关标准的规定。

10.3.7 后张法预应力筋及预留孔道布置应符合下列构造规定：

1 预制构件中预留孔道之间的水平净间距不宜小于50mm，且不宜小于粗骨料粒径的1.25倍；孔道至构件边缘的净间距不宜小于30mm，且不宜小于孔道直径的50%；

2 现浇混凝土梁中预留孔道在竖直方向的净间距不应小于孔道外径，水平方向的净间距不宜小于1.5倍孔道外径，且不应小于粗骨料粒径的1.25倍；从孔道外壁至构件边缘的净间距，梁底不宜小于50mm，梁侧不宜小于40mm，裂缝控制等级为三级的梁，梁底、梁侧分别不宜小于60mm和50mm。

3 预留孔道的内径宜比预应力束外径及需穿过孔道的连接器外径大6mm～15mm，且孔道的截面积宜为穿入预应力束截面积的3.0～4.0倍。

4 当有可靠经验并能保证混凝土浇筑质量时，预留孔道可水平并列贴紧布置，但并排的数量不应超过2束。

5 在现浇楼板中采用扁形锚固体系时，穿过每个预留孔道的预应力筋数量宜为3～5根；在常用荷载情况下，孔道在水平方向的净间距不应超过8倍板厚及1.5m中的较大值。

6 板中单根无粘结预应力筋的间距不宜大于板厚的6倍，且不宜大于1m；带状束的无粘结预应力筋根数不宜多于5根，带状束间距不宜大于板厚的12倍，且不宜大于2.4m。

7 梁中集束布置的无粘结预应力筋，集束的水平净间距不宜小于50mm，束至构件边缘的净距不宜小于40mm。

10.3.8 后张法预应力混凝土构件的端部锚固区，应按下列规定配置间接钢筋：

1 采用普通垫板时，应按本规范第6.6节的规定进行局部受压承载力计算，并配置间接钢筋，其体积配筋率不应小于0.5%，垫板的刚性扩散角应取45°；

2 局部受压承载力计算时，局部压力设计值对有粘结预应力混凝土构件取1.2倍张拉控制力，对无粘结预应力混凝土取1.2倍张拉控制力和（$f_{ptk}A_p$）中的较大值；

3 当采用整体铸造垫板时，其局部受压区的设计应符合相关标准的规定；

4 在局部受压间接钢筋配置区以外，在构件端部长度 l 不小于截面重心线上部或下部预应力筋的合力点至邻近边缘的距离 e 的3倍、但不大于构件端部截面高度 h 的1.2倍，高度为 $2e$ 的附加配筋区范围内，应均匀配置附加防劈裂箍筋或网片（图10.3.8），配筋面积可按下列公式计算：

$$A_{sb} \geqslant 0.18\left(1-\frac{l_l}{l_b}\right)\frac{P}{f_{yv}} \qquad (10.3.8\text{-}1)$$

且体积配筋率不应小于0.5%。

式中：P——作用在构件端部截面重心线上部或下部预应力筋的合力设计值，可按本条第2款的规定确定；

l_l、l_b——分别为沿构件高度方向 A_l、A_b 的边长或直径，A_l、A_b 按本规范第6.6.2条确定；

f_{yv}——附加防劈裂钢筋的抗拉强度设计值，按本规范第4.2.3条的规定采用。

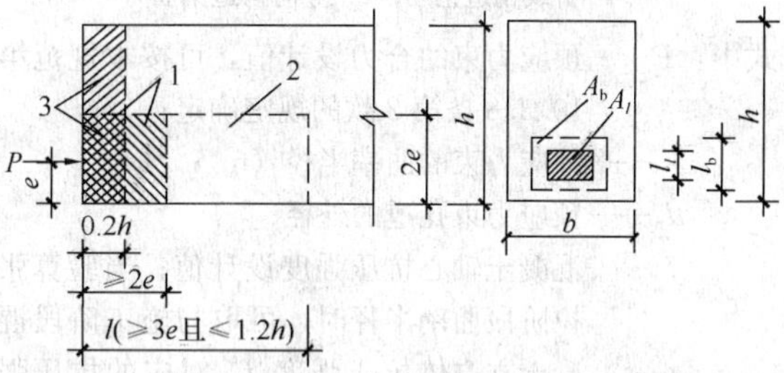

图10.3.8 防止端部裂缝的配筋范围

1—局部受压间接钢筋配置区；2—附加防劈裂配筋区；3—附加防端面裂缝配筋区

5 当构件端部预应力筋需集中布置在截面下部或集中布置在上部和下部时，应在构件端部0.2h范围内设置附加竖向防端面裂缝构造钢筋（图10.3.8），其截面面积应符合下列公式要求：

$$A_{sv} \geqslant \frac{T_s}{f_{yv}} \qquad (10.3.8\text{-}2)$$

$$T_s = \left(0.25-\frac{e}{h}\right)P \qquad (10.3.8\text{-}3)$$

式中：T_s——锚固端端面拉力；

P——作用在构件端部截面重心线上部或下部预应力筋的合力设计值，可按本条第2款的规定确定；

e——截面重心线上部或下部预应力筋的合力点至截面近边缘的距离；

h——构件端部截面高度。

当 e 大于0.2h 时，可根据实际情况适当配置构造钢筋。竖向防端面裂缝钢筋宜靠近端面配置，可采用焊接钢筋网、封闭式箍筋或其他的形式，且宜采用带肋钢筋。

当端部截面上部和下部均有预应力筋时，附加竖向钢筋的总截面面积应按上部和下部的预应力合力分别计算的较大值采用。

在构件端面横向也应按上述方法计算抗端面裂缝钢筋，并与上述竖向钢筋形成网片筋配置。

10.3.9 当构件在端部有局部凹进时，应增设折线构造钢筋（图10.3.9）或其他有效的构造钢筋。

10.3.10 后张法预应力混凝土构件中，当采用曲线预应力束时，其曲率半径 r_p 宜按下列公式确定，但不宜小于4m。

$$r_p \geqslant \frac{P}{0.35 f_c d_p} \qquad (10.3.10)$$

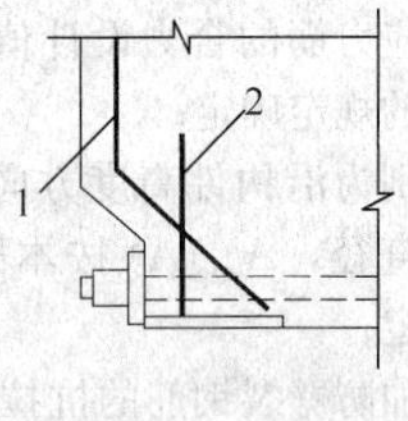

图 10.3.9　端部凹进处构造钢筋

1—折线构造钢筋；2—竖向构造钢筋

式中：P——预应力束的合力设计值，可按本规范第 10.3.8 条第 2 款的规定确定；

r_p——预应力束的曲率半径（m）；

d_p——预应力束孔道的外径；

f_c——混凝土轴心抗压强度设计值；当验算张拉阶段曲率半径时，可取与施工阶段混凝土立方体抗压强度 f'_{cu} 对应的抗压强度设计值 f'_c，按本规范表 4.1.4-1 以线性内插法确定。

对于折线配筋的构件，在预应力束弯折处的曲率半径可适当减小。当曲率半径 r_p 不满足上述要求时，可在曲线预应力束弯折处内侧设置钢筋网片或螺旋筋。

10.3.11　在预应力混凝土结构中，当沿构件凹面布置曲线预应力束时（图 10.3.11），应进行防崩裂设计。当曲率半径 r_p 满足下列公式要求时，可仅配置构造 U 形插筋。

$$r_p \geqslant \frac{P}{f_t(0.5d_p+c_p)} \quad (10.3.11\text{-}1)$$

当不满足时，每单肢 U 形插筋的截面面积应按下列公式确定：

$$A_{sv1} \geqslant \frac{Ps_v}{2r_p f_{yv}} \quad (10.3.11\text{-}2)$$

式中：P——预应力束的合力设计值，可按本规范第 10.3.8 条第 2 款的规定确定；

f_t——混凝土轴心抗拉强度设计值；或与施工张拉阶段混凝土立方体抗压强度 f'_{cu} 相应的抗拉强度设计值 f'_t，按本规范表 4.1.4-2 以线性内插法确定；

c_p——预应力束孔道净混凝土保护层厚度；

A_{sv1}——每单肢插筋截面面积；

s_v——U 形插筋间距；

f_{yv}——U 形插筋抗拉强度设计值，按本规范表 4.2.3-1 采用，当大于 360N/mm² 时取 360N/mm²。

U 形插筋的锚固长度不应小于 l_a；当实际锚固长度 l_e 小于 l_a 时，每单肢 U 形插筋的截面面积可按 A_{sv1}/k 取值。其中，k 取 $l_e/15d$ 和 $l_e/200$ 中的较小值，且 k 不大于 1.0。

当有平行的几个孔道，且中心距不大于 $2d_p$ 时，预应力筋的合力设计值应按相邻全部孔道内的预应力筋确定。

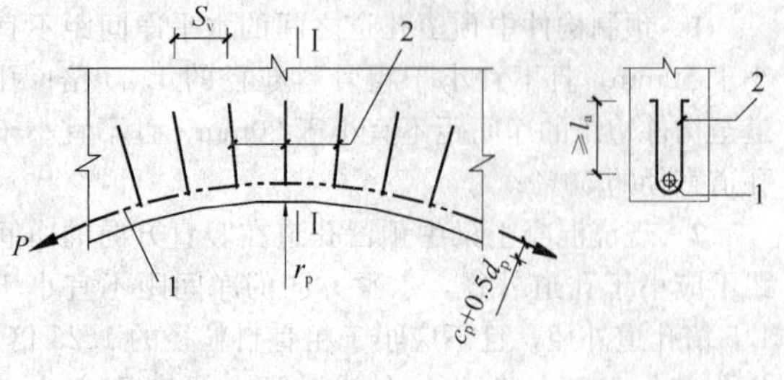

(a) 抗崩裂U形插筋布置　　(b) I—I剖面

图 10.3.11　抗崩裂 U 形插筋构造示意

1—预应力束；2—沿曲线预应力束均匀布置的 U 形插筋

10.3.12　构件端部尺寸应考虑锚具的布置、张拉设备的尺寸和局部受压的要求，必要时应适当加大。

10.3.13　后张预应力混凝土外露金属锚具，应采取可靠的防腐及防火措施，并应符合下列规定：

1　无粘结预应力筋外露锚具应采用注有足量防腐油脂的塑料帽封闭锚具端头，并应采用无收缩砂浆或细石混凝土封闭；

2　对处于二 b、三 a、三 b 类环境条件下的无粘结预应力锚固系统，应采用全封闭的防腐蚀体系，其封锚端及各连接部位应能承受 10kPa 的静水压力而不得透水；

3　采用混凝土封闭时，其强度等级宜与构件混凝土强度等级一致，且不应低于 C30。封锚混凝土与构件混凝土应可靠粘结，如锚具在封闭前应将周围混凝土界面凿毛并冲洗干净，且宜配置 1～2 片钢筋网，钢筋网应与构件混凝土拉结；

4　采用无收缩砂浆或混凝土封闭保护时，其锚具及预应力筋端部的保护层厚度不应小于：一类环境时 20mm，二 a、二 b 类环境时 50mm，三 a、三 b 类环境时 80mm。

11　混凝土结构构件抗震设计

11.1　一 般 规 定

11.1.1　抗震设防的混凝土结构，除应符合本规范第 1 章～第 10 章的要求外，尚应根据现行国家标准《建筑抗震设计规范》GB 50011 规定的抗震设计原则，按本章的规定进行结构构件的抗震设计。

11.1.2　抗震设防的混凝土建筑，应按现行国家标准《建筑工程抗震设防分类标准》GB 50223 确定其抗震设防类别和相应的抗震设防标准。

注：本章甲类、乙类、丙类建筑分别为现行国家标准《建筑工程抗震设防分类标准》GB 50223 中特殊设防类、重点设防类、标准设防类建筑的简称。

11.1.3　房屋建筑混凝土结构构件的抗震设计，应根据设防类别、烈度、结构类型和房屋高度采用不同的抗震等级，并应符合相应的计算和构造措施要求。丙类建筑的抗震等级应按表 11.1.3 确定。

表 11.1.3 混凝土结构的抗震等级

结构类型			设防烈度									
			6		7			8			9	
框架结构	高度（m）		≤24	>24	≤24	>24		≤24	>24		≤24	
	普通框架		四	三	三	二		二	一		一	
	大跨度框架		三		二			一			一	
框架-剪力墙结构	高度（m）		≤60	>60	≤24	>24且≤60	>60	≤24	>24且≤60	>60	≤24	>24且≤50
	框架		四	三	四	三	二	三	二	一	二	一
	剪力墙		三		三	二		二	一		一	
剪力墙结构	高度（m）		≤80	>80	≤24	>24且≤80	>80	≤24	>24且≤80	>80	≤24	24～60
	剪力墙		四	三	四	三	二	三	二	一	二	一
部分框支剪力墙结构	高度（m）		≤80	>80	≤24	>24且≤80	>80	≤24	>24且≤80			
	剪力墙	一般部位	四	三	四	三	二	三	二	——	——	
		加强部位	三	二	三	二	一	二	一			
	框支层框架		二		二		一	一				
筒体结构	框架-核心筒	框架	三		二			一			一	
		核心筒	二		二			一			一	
	筒中筒	内筒	三		二			一			一	
		外筒	三		二			一			一	
板柱-剪力墙结构	高度（m）		≤35	>35	≤35	>35		≤35	>35			
	板柱及周边框架		三	二	二	二		一			——	
	剪力墙		二	二	二	一		二	一			
单层厂房结构	铰接排架		四		三			二			一	

注：1 建筑场地为Ⅰ类时，除6度设防烈度外应允许按表内降低一度所对应的抗震等级采取抗震构造措施，但相应的计算要求不应降低；

2 接近或等于高度分界时，应允许结合房屋不规则程度及场地、地基条件确定抗震等级；

3 大跨度框架指跨度不小于18m的框架；

4 表中框架结构不包括异形柱框架；

5 房屋高度不大于60m的框架-核心筒结构按框架-剪力墙结构的要求设计时，应按表中框架-剪力墙结构确定抗震等级。

11.1.4 确定钢筋混凝土房屋结构构件的抗震等级时，尚应符合下列要求：

1 对框架-剪力墙结构，在规定的水平地震力作用下，框架底部所承担的倾覆力矩大于结构底部总倾覆力矩的50%时，其框架的抗震等级应按框架结构确定。

2 与主楼相连的裙房，除应按裙房本身确定抗震等级外，相关范围不应低于主楼的抗震等级；主楼结构在裙房顶板对应的相邻上下各一层应适当加强抗震构造措施。裙房与主楼分离时，应按裙房本身确定抗震等级。

3 当地下室顶板作为上部结构的嵌固部位时，地下一层的抗震等级应与上部结构相同，地下一层以下确定抗震构造措施的抗震等级可逐层降低一级，但不应低于四级。地下室中无上部结构的部分，其抗震构造措施的抗震等级可根据具体情况采用三级或四级。

4 甲、乙类建筑按规定提高一度确定其抗震等级时，如其高度超过对应的房屋最大适用高度，则应采取比相应抗震等级更有效的抗震构造措施。

11.1.5 剪力墙底部加强部位的范围，应符合下列规定：

1 底部加强部位的高度应从地下室顶板算起。

2 部分框支剪力墙结构的剪力墙，底部加强部位的高度可取框支层加框支层以上两层的高度和落地剪力墙总高度的1/10二者的较大值。其他结构的剪力墙，房屋高度大于24m时，底部加强部位的高度可取底部两层和墙肢总高度的1/10二者的较大值；房屋高度不大于24m时，底部加强部位可取底部一层。

3 当结构计算嵌固端位于地下一层的底板或以下时，按本条第1、2款确定的底部加强部位的范围尚宜向下延伸到计算嵌固端。

11.1.6 考虑地震组合验算混凝土结构构件的承载力时，均应按承载力抗震调整系数 γ_{RE} 进行调整，承载力抗震调整系数 γ_{RE} 应按表 11.1.6 采用。

正截面抗震承载力应按本规范第 6.2 节的规定计算，但应在相关计算公式右端项除以相应的承载力抗震调整系数 γ_{RE}。

当仅计算竖向地震作用时，各类结构构件的承载力抗震调整系数 γ_{RE} 均应取为 1.0。

表 11.1.6 承载力抗震调整系数

结构构件类别	正截面承载力计算					斜截面承载力计算	受冲切承载力计算	局部受压承载力计算
	受弯构件	偏心受压柱		偏心受拉构件	剪力墙	各类构件及框架节点		
		轴压比小于0.15	轴压比不小于0.15					
γ_{RE}	0.75	0.75	0.8	0.85	0.85	0.85	0.85	1.0

注：预埋件锚筋截面计算的承载力抗震调整系数 γ_{RE} 应取为1.0。

11.1.7 混凝土结构构件的纵向受力钢筋的锚固和连接除应符合本规范第 8.3 节和第 8.4 节的有关规定外，尚应符合下列要求：

1 纵向受拉钢筋的抗震锚固长度 l_{aE} 应按下式

计算：

$$l_{aE}=\zeta_{aE}l_a \quad (11.1.7\text{-}1)$$

式中：ζ_{aE}——纵向受拉钢筋抗震锚固长度修正系数，对一、二级抗震等级取 1.15，对三级抗震等级取 1.05，对四级抗震等级取 1.00；

l_a——纵向受拉钢筋的锚固长度，按本规范第 8.3.1 条确定。

2 当采用搭接连接时，纵向受拉钢筋的抗震搭接长度 l_{lE}应按下列公式计算：

$$l_{lE}=\zeta_l l_{aE} \quad (11.1.7\text{-}2)$$

式中：ζ_l——纵向受拉钢筋搭接长度修正系数，按本规范第 8.4.4 条确定。

3 纵向受力钢筋的连接可采用绑扎搭接、机械连接或焊接。

4 纵向受力钢筋连接的位置宜避开梁端、柱端箍筋加密区；如必须在此连接时，应采用机械连接或焊接。

5 混凝土构件位于同一连接区段内的纵向受力钢筋接头面积百分率不宜超过 50%。

11.1.8 箍筋宜采用焊接封闭箍筋、连续螺旋箍筋或连续复合螺旋箍筋。当采用非焊接封闭箍筋时，其末端应做成 135°弯钩，弯钩端头平直段长度不应小于箍筋直径的 10 倍；在纵向钢筋搭接长度范围内的箍筋间距不应大于搭接钢筋较小直径的 5 倍，且不宜大于 100mm。

11.1.9 考虑地震作用的预埋件，应满足下列规定：

1 直锚钢筋截面面积可按本规范第 9 章的有关规定计算并增大 25%，且应适当增大锚板厚度。

2 锚筋的锚固长度应符合本规范第 9.7 节的有关规定并增加 10%；当不能满足时，应采取有效措施。在靠近锚板处，宜设置一根直径不小于 10mm 的封闭箍筋。

3 预埋件不宜设置在塑性铰区；当不能避免时应采取有效措施。

11.2 材 料

11.2.1 混凝土结构的混凝土强度等级应符合下列规定：

1 剪力墙不宜超过 C60；其他构件，9 度时不宜超过 C60，8 度时不宜超过 C70。

2 框支梁、框支柱以及一级抗震等级的框架梁、柱及节点，不应低于 C30；其他各类结构构件，不应低于 C20。

11.2.2 梁、柱、支撑以及剪力墙边缘构件中，其受力钢筋宜采用热轧带肋钢筋；当采用现行国家标准《钢筋混凝土用钢 第 2 部分：热轧带肋钢筋》GB 1499.2 中牌号带“E”的热轧带肋钢筋时，其强度和弹性模量应按本规范第 4.2 节有关热轧带肋钢筋的规定采用。

11.2.3 按一、二、三级抗震等级设计的框架和斜撑构件，其纵向受力普通钢筋应符合下列要求：

1 钢筋的抗拉强度实测值与屈服强度实测值的比值不应小于 1.25；

2 钢筋的屈服强度实测值与屈服强度标准值的比值不应大于 1.30；

3 钢筋最大拉力下的总伸长率实测值不应小于 9%。

11.3 框 架 梁

11.3.1 梁正截面受弯承载力计算中，计入纵向受压钢筋的梁端混凝土受压区高度应符合下列要求：

一级抗震等级

$$x\leqslant 0.25h_0 \quad (11.3.1\text{-}1)$$

二、三级抗震等级

$$x\leqslant 0.35h_0 \quad (11.3.1\text{-}2)$$

式中：x——混凝土受压区高度；

h_0——截面有效高度。

11.3.2 考虑地震组合的框架梁端剪力设计值 V_b 应按下列规定计算：

1 一级抗震等级的框架结构和 9 度设防烈度的一级抗震等级框架

$$V_b=1.1\frac{(M_{bua}^l+M_{bua}^r)}{l_n}+V_{Gb} \quad (11.3.2\text{-}1)$$

2 其他情况

一级抗震等级

$$V_b=1.3\frac{(M_b^l+M_b^r)}{l_n}+V_{Gb} \quad (11.3.2\text{-}2)$$

二级抗震等级

$$V_b=1.2\frac{(M_b^l+M_b^r)}{l_n}+V_{Gb} \quad (11.3.2\text{-}3)$$

三级抗震等级

$$V_b=1.1\frac{(M_b^l+M_b^r)}{l_n}+V_{Gb} \quad (11.3.2\text{-}4)$$

四级抗震等级，取地震组合下的剪力设计值。

式中：M_{bua}^l、M_{bua}^r——框架梁左、右端按实配钢筋截面面积（计入受压钢筋及梁有效翼缘宽度范围内的楼板钢筋）、材料强度标准值，且考虑承载力抗震调整系数的正截面抗震受弯承载力所对应的弯矩值；

M_b^l、M_b^r——考虑地震组合的框架梁左、右端弯矩设计值；

V_{Gb}——考虑地震组合时的重力荷载代表值产生的剪力设计值，可按简支梁计算确定；

l_n——梁的净跨。

在公式（11.3.2-1）中，M_{bua}^l 与 M_{bua}^r 之和，应分别按顺时针和逆时针方向进行计算，并取其较大值。

公式（11.3.2-2）～公式（11.3.2-4）中，M_b^l 与 M_b^r 之和，应分别取顺时针和逆时针方向计算的两端考虑地震组合的弯矩设计值之和的较大值；一级抗震等级，当两端弯矩均为负弯矩时，绝对值较小的弯矩值应取零。

11.3.3 考虑地震组合的矩形、T形和I形截面框架梁，当跨高比大于2.5时，其受剪截面应符合下列条件：

$$V_b \leqslant \frac{1}{\gamma_{RE}}(0.20\beta_c f_c b h_0) \quad (11.3.3\text{-}1)$$

当跨高比不大于2.5时，其受剪截面应符合下列条件：

$$V_b \leqslant \frac{1}{\gamma_{RE}}(0.15\beta_c f_c b h_0) \quad (11.3.3\text{-}2)$$

11.3.4 考虑地震组合的矩形、T形和I形截面的框架梁，其斜截面受剪承载力应符合下列规定：

$$V_b \leqslant \frac{1}{\gamma_{RE}}\left[0.6\alpha_{cv} f_t b h_0 + f_{yv}\frac{A_{sv}}{s}h_0\right] \quad (11.3.4)$$

式中：α_{cv}——截面混凝土受剪承载力系数，按本规范第6.3.4条取值。

11.3.5 框架梁截面尺寸应符合下列要求：

1 截面宽度不宜小于200mm；

2 截面高度与宽度的比值不宜大于4；

3 净跨与截面高度的比值不宜小于4。

11.3.6 框架梁的钢筋配置应符合下列规定：

1 纵向受拉钢筋的配筋率不应小于表11.3.6-1规定的数值；

表11.3.6-1 框架梁纵向受拉钢筋的最小配筋百分率（%）

抗震等级	梁中位置	
	支座	跨中
一级	0.40和80 f_t/f_y 中的较大值	0.30和65 f_t/f_y 中的较大值
二级	0.30和65 f_t/f_y 中的较大值	0.25和55 f_t/f_y 中的较大值
三、四级	0.25和55 f_t/f_y 中的较大值	0.20和45 f_t/f_y 中的较大值

2 框架梁梁端截面的底部和顶部纵向受力钢筋截面面积的比值，除按计算确定外，一级抗震等级不应小于0.5；二、三级抗震等级不应小于0.3；

3 梁端箍筋的加密区长度、箍筋最大间距和箍筋最小直径，应按表11.3.6-2采用；当梁端纵向受拉钢筋配筋率大于2%时，表中箍筋最小直径应增大2mm。

表11.3.6-2 框架梁梁端箍筋加密区的构造要求

抗震等级	加密区长度（mm）	箍筋最大间距（mm）	最小直径（mm）
一级	2倍梁高和500中的较大值	纵向钢筋直径的6倍，梁高的1/4和100中的最小值	10
二级	1.5倍梁高和500中的较大值	纵向钢筋直径的8倍，梁高的1/4和100中的最小值	8
三级		纵向钢筋直径的8倍，梁高的1/4和150中的最小值	8
四级		纵向钢筋直径的8倍，梁高的1/4和150中的最小值	6

注：箍筋直径大于12mm、数量不少于4肢且肢距不大于150mm时，一、二级的最大间距应允许适当放宽，但不得大于150mm。

11.3.7 梁端纵向受拉钢筋的配筋率不宜大于2.5%。沿梁全长顶面和底面至少应各配置两根通长的纵向钢筋，对一、二级抗震等级，钢筋直径不应小于14mm，且分别不应少于梁两端顶面和底面纵向受力钢筋中较大截面面积的1/4；对三、四级抗震等级，钢筋直径不应小于12mm。

11.3.8 梁箍筋加密区长度内的箍筋肢距：一级抗震等级，不宜大于200mm和20倍箍筋直径的较大值；二、三级抗震等级，不宜大于250mm和20倍箍筋直径的较大值；各抗震等级下，均不宜大于300mm。

11.3.9 梁端设置的第一个箍筋距框架节点边缘不应大于50mm。非加密区的箍筋间距不宜大于加密区箍筋间距的2倍。沿梁全长箍筋的面积配筋率 ρ_{sv} 应符合下列规定：

一级抗震等级

$$\rho_{sv} \geqslant 0.30\frac{f_t}{f_{yv}} \quad (11.3.9\text{-}1)$$

二级抗震等级

$$\rho_{sv} \geqslant 0.28\frac{f_t}{f_{yv}} \quad (11.3.9\text{-}2)$$

三、四级抗震等级

$$\rho_{sv} \geqslant 0.26\frac{f_t}{f_{yv}} \quad (11.3.9\text{-}3)$$

11.4 框架柱及框支柱

11.4.1 除框架顶层柱、轴压比小于0.15的柱以及框支梁与框支柱的节点外，框架柱节点上、下端和框支柱的中间层节点上、下端的截面弯矩设计值应符合下列要求：

1 一级抗震等级的框架结构和9度设防烈度的一级抗震等级框架

$$\sum M_c = 1.2\sum M_{bua} \quad (11.4.1\text{-}1)$$

2 框架结构

二级抗震等级

$$\sum M_c = 1.5\sum M_b \quad (11.4.1\text{-}2)$$

三级抗震等级

$$\sum M_c=1.3\sum M_b \qquad (11.4.1\text{-}3)$$

四级抗震等级

$$\sum M_c=1.2\sum M_b \qquad (11.4.1\text{-}4)$$

3 其他情况

一级抗震等级

$$\sum M_c=1.4\sum M_b \qquad (11.4.1\text{-}5)$$

二级抗震等级

$$\sum M_c=1.2\sum M_b \qquad (11.4.1\text{-}6)$$

三、四级抗震等级

$$\sum M_c=1.1\sum M_b \qquad (11.4.1\text{-}7)$$

式中：$\sum M_c$——考虑地震组合的节点上、下柱端的弯矩设计值之和；柱端弯矩设计值的确定，在一般情况下，可将公式（11.4.1-1）～公式（11.4.1-5）计算的弯矩之和，按上、下柱端弹性分析所得的考虑地震组合的弯矩比进行分配；

$\sum M_{bua}$——同一节点左、右梁端按顺时针和逆时针方向采用实配钢筋和材料强度标准值，且考虑承载力抗震调整系数计算的正截面受弯承载力所对应的弯矩值之和的较大值。当有现浇板时，梁端的实配钢筋应包含梁有效翼缘宽度范围内楼板的纵向钢筋；

$\sum M_b$——同一节点左、右梁端，按顺时针和逆时针方向计算的两端考虑地震组合的弯矩设计值之和的较大值；一级抗震等级，当两端弯矩均为负弯矩时，绝对值较小的弯矩值应取零。

11.4.2 一、二、三、四级抗震等级框架结构的底层，柱下端截面组合的弯矩设计值，应分别乘以增大系数1.7、1.5、1.3和1.2。底层柱纵向钢筋应按柱上、下端的不利情况配置。

注：底层指无地下室的基础以上或地下室以上的首层。

11.4.3 框架柱、框支柱的剪力设计值 V_c 应按下列公式计算：

1 一级抗震等级的框架结构和9度设防烈度的一级抗震等级框架

$$V_c=1.2\frac{(M_{cua}^t+M_{cua}^b)}{H_n} \qquad (11.4.3\text{-}1)$$

2 框架结构

二级抗震等级

$$V_c=1.3\frac{(M_c^t+M_c^b)}{H_n} \qquad (11.4.3\text{-}2)$$

三级抗震等级

$$V_c=1.2\frac{(M_c^t+M_c^b)}{H_n} \qquad (11.4.3\text{-}3)$$

四级抗震等级

$$V_c=1.1\frac{(M_c^t+M_c^b)}{H_n} \qquad (11.4.3\text{-}4)$$

3 其他情况

一级抗震等级

$$V_c=1.4\frac{(M_c^t+M_c^b)}{H_n} \qquad (11.4.3\text{-}5)$$

二级抗震等级

$$V_c=1.2\frac{(M_c^t+M_c^b)}{H_n} \qquad (11.4.3\text{-}6)$$

三、四级抗震等级

$$V_c=1.1\frac{(M_c^t+M_c^b)}{H_n} \qquad (11.4.3\text{-}7)$$

式中：M_{cua}^t、M_{cua}^b——框架柱上、下端按实配钢筋截面面积和材料强度标准值，且考虑承载力抗震调整系数计算的正截面抗震承载力所对应的弯矩值；

M_c^t、M_c^b——考虑地震组合，且经调整后的框架柱上、下端弯矩设计值；

H_n——柱的净高。

在公式（11.4.3-1）中，M_{cua}^t 与 M_{cua}^b 之和应分别按顺时针和逆时针方向进行计算，并取其较大值；N 可取重力荷载代表值产生的轴向压力设计值。

在公式（11.4.3-2）～公式（11.4.3-5）中，M_c^t 与 M_c^b 之和应分别按顺时针和逆时针方向进行计算，并取其较大值。M_c^t、M_c^b 的取值应符合本规范第11.4.1条和第11.4.2条的规定。

11.4.4 一、二级抗震等级的框支柱，由地震作用引起的附加轴向力应分别乘以增大系数1.5、1.2；计算轴压比时，可不考虑增大系数。

11.4.5 各级抗震等级的框架角柱，其弯矩、剪力设计值应在按本规范第11.4.1条～第11.4.3条调整的基础上再乘以不小于1.1的增大系数。

11.4.6 考虑地震组合的矩形截面框架柱和框支柱，其受剪截面应符合下列条件：

剪跨比 λ 大于2的框架柱

$$V_c\leqslant\frac{1}{\gamma_{RE}}(0.2\beta_c f_c bh_0) \qquad (11.4.6\text{-}1)$$

框支柱和剪跨比 λ 不大于2的框架柱

$$V_c\leqslant\frac{1}{\gamma_{RE}}(0.15\beta_c f_c bh_0) \qquad (11.4.6\text{-}2)$$

式中：λ——框架柱、框支柱的计算剪跨比，取 $M/(Vh_0)$；此处，M 宜取柱上、下端考虑地震组合的弯矩设计值的较大值，V 取与 M 对应的剪力设计值，h_0 为柱截面有效高度；当框架结构中的框架柱的反弯点在柱层高范围内时，可取 λ 等于 $H_n/(2h_0)$，此处，H_n 为柱净高。

11.4.7 考虑地震组合的矩形截面框架柱和框支柱，其斜截面受剪承载力应符合下列规定：

$$V_c \leqslant \frac{1}{\gamma_{RE}}\left[\frac{1.05}{\lambda+1}f_t b h_0 + f_{yv}\frac{A_{sv}}{s}h_0 + 0.056N\right] \tag{11.4.7}$$

式中：λ——框架柱、框支柱的计算剪跨比；当λ小于1.0时，取1.0；当λ大于3.0时，取3.0；

N——考虑地震组合的框架柱、框支柱轴向压力设计值，当N大于$0.3f_c A$时，取$0.3f_c A$。

11.4.8 考虑地震组合的矩形截面框架柱和框支柱，当出现拉力时，其斜截面抗震受剪承载力应符合下列规定：

$$V_c \leqslant \frac{1}{\gamma_{RE}}\left[\frac{1.05}{\lambda+1}f_t b h_0 + f_{yv}\frac{A_{sv}}{s}h_0 - 0.2N\right] \tag{11.4.8}$$

式中：N——考虑地震组合的框架柱轴向拉力设计值。

当上式右边括号内的计算值小于$f_{yv}\frac{A_{sv}}{s}h_0$时，取等于$f_{yv}\frac{A_{sv}}{s}h_0$，且$f_{yv}\frac{A_{sv}}{s}h_0$值不应小于$0.36f_t b h_0$。

11.4.9 考虑地震组合的矩形截面双向受剪的钢筋混凝土框架柱，其受剪截面应符合下列条件：

$$V_x \leqslant \frac{1}{\gamma_{RE}}0.2\beta_c f_c b h_0 \cos\theta \tag{11.4.9-1}$$

$$V_y \leqslant \frac{1}{\gamma_{RE}}0.2\beta_c f_c h b_0 \sin\theta \tag{11.4.9-2}$$

式中：V_x——x轴方向的剪力设计值，对应的截面有效高度为h_0，截面宽度为b；

V_y——y轴方向的剪力设计值，对应的截面有效高度为b_0，截面宽度为h；

θ——斜向剪力设计值V的作用方向与x轴的夹角，取为arctan（V_y/V_x）。

11.4.10 考虑地震组合时，矩形截面双向受剪的钢筋混凝土框架柱，其斜截面受剪承载力应符合下列条件：

$$V_x \leqslant \frac{V_{ux}}{\sqrt{1+\left(\frac{V_{ux}\tan\theta}{V_{uy}}\right)^2}} \tag{11.4.10-1}$$

$$V_y \leqslant \frac{V_{uy}}{\sqrt{1+\left(\frac{V_{uy}}{V_{ux}\tan\theta}\right)^2}} \tag{11.4.10-2}$$

$$V_{ux} = \frac{1}{\gamma_{RE}}\left[\frac{1.05}{\lambda_x+1}f_t b h_0 + f_{yv}\frac{A_{svx}}{s_x}h_0 + 0.056N\right] \tag{11.4.10-3}$$

$$V_{uy} = \frac{1}{\gamma_{RE}}\left[\frac{1.05}{\lambda_y+1}f_t h b_0 + f_{yv}\frac{A_{svy}}{s_y}b_0 + 0.056N\right] \tag{11.4.10-4}$$

式中：λ_x、λ_y——框架柱的计算剪跨比，按本规范6.3.12条的规定确定；

A_{svx}、A_{svy}——配置在同一截面内平行于x轴、y轴的箍筋各肢截面面积的总和；

N——与斜向剪力设计值V相应的轴向压力设计值，当N大于$0.3f_c A$时，取$0.3f_c A$，此处，A为构件的截面面积。

在计算截面箍筋时，在公式（11.4.10-1）、公式（11.4.10-2）中可近似取V_{ux}/V_{uy}等于1计算。

11.4.11 框架柱的截面尺寸应符合下列要求：

1 矩形截面柱，抗震等级为四级或层数不超过2层时，其最小截面尺寸不宜小于300mm，一、二、三级抗震等级且层数超过2层时不宜小于400mm；圆柱的截面直径，抗震等级为四级或层数不超过2层时不宜小于350mm，一、二、三级抗震等级且层数超过2层时不宜小于450mm；

2 柱的剪跨比宜大于2；

3 柱截面长边与短边的边长比不宜大于3。

11.4.12 框架柱和框支柱的钢筋配置，应符合下列要求：

1 框架柱和框支柱中全部纵向受力钢筋的配筋百分率不应小于表11.4.12-1规定的数值，同时，每一侧的配筋百分率不应小于0.2；对Ⅳ类场地上较高的高层建筑，最小配筋百分率应增加0.1；

表11.4.12-1 柱全部纵向受力钢筋最小配筋百分率（%）

柱类型	抗震等级			
	一级	二级	三级	四级
中柱、边柱	0.9(1.0)	0.7(0.8)	0.6(0.7)	0.5(0.6)
角柱、框支柱	1.1	0.9	0.8	0.7

注：1 表中括号内数值用于框架结构的柱；

2 采用335MPa级、400MPa级纵向受力钢筋时，应分别按表中数值增加0.1和0.05采用；

3 当混凝土强度等级为C60以上时，应按表中数值增加0.1采用。

2 框架柱和框支柱上、下两端箍筋应加密，加密区的箍筋最大间距和箍筋最小直径应符合表11.4.12-2的规定；

表11.4.12-2 柱端箍筋加密区的构造要求

抗震等级	箍筋最大间距（mm）	箍筋最小直径（mm）
一级	纵向钢筋直径的6倍和100中的较小值	10
二级	纵向钢筋直径的8倍和100中的较小值	8

续表 11.4.12-2

抗震等级	箍筋最大间距（mm）	箍筋最小直径（mm）
三级	纵向钢筋直径的 8 倍和 150（柱根 100）中的较小值	8
四级	纵向钢筋直径的 8 倍和 150（柱根 100）中的较小值	6（柱根 8）

注：柱根系指底层柱下端的箍筋加密区范围。

3　框支柱和剪跨比不大于 2 的框架柱应在柱全高范围内加密箍筋，且箍筋间距应符合本条第 2 款一级抗震等级的要求；

4　一级抗震等级框架柱的箍筋直径大于 12mm 且箍筋肢距不大于 150mm 及二级抗震等级框架柱的直径不小于 10mm 且箍筋肢距不大于 200mm 时，除底层柱下端外，箍筋间距应允许采用 150mm；四级抗震等级框架柱剪跨比不大于 2 时，箍筋直径不应小于 8mm。

11.4.13　框架边柱、角柱及剪力墙端柱在地震组合下处于小偏心受拉时，柱内纵向受力钢筋总截面面积应比计算值增加 25%。

框架柱、框支柱中全部纵向受力钢筋配筋率不应大于 5%。柱的纵向钢筋宜对称配置。截面尺寸大于 400mm 的柱，纵向钢筋的间距不宜大于 200mm。当按一级抗震等级设计，且柱的剪跨比不大于 2 时，柱每侧纵向钢筋的配筋率不宜大于 1.2%。

11.4.14　框架柱的箍筋加密区长度，应取柱截面长边尺寸（或圆形截面直径）、柱净高的 1/6 和 500mm 中的最大值；一、二级抗震等级的角柱应沿柱全高加密箍筋。底层柱根箍筋加密区长度应取不小于该层柱净高的 1/3；当有刚性地面时，除柱端箍筋加密区外尚应在刚性地面上、下各 500mm 的高度范围内加密箍筋。

11.4.15　柱箍筋加密区内的箍筋肢距：一级抗震等级不宜大于 200mm；二、三级抗震等级不宜大于 250mm 和 20 倍箍筋直径中的较大值；四级抗震等级不宜大于 300mm。每隔一根纵向钢筋宜在两个方向有箍筋或拉筋约束；当采用拉筋且箍筋与纵向钢筋有绑扎时，拉筋宜紧靠纵向钢筋并勾住箍筋。

11.4.16　一、二、三、四级抗震等级的各类结构的框架柱、框支柱，其轴压比不宜大于表 11.4.16 规定的限值。对Ⅳ类场地上较高的高层建筑，柱轴压比限值应适当减小。

表 11.4.16　柱轴压比限值

结构体系	抗震等级			
	一级	二级	三级	四级
框架结构	0.65	0.75	0.85	0.90
框架-剪力墙结构、筒体结构	0.75	0.85	0.90	0.95
部分框支剪力墙结构	0.60	0.70	—	

注：1　轴压比指柱地震作用组合的轴向压力设计值与柱的全截面面积和混凝土轴心抗压强度设计值乘积之比值；

2　当混凝土强度等级为 C65、C70 时，轴压比限值宜按表中数值减小 0.05；混凝土强度等级为 C75、C80 时，轴压比限值宜按表中数值减小 0.10；

3　表内限值适用于剪跨比大于 2、混凝土强度等级不高于 C60 的柱；剪跨比不大于 2 的柱轴压比限值应降低 0.05；剪跨比小于 1.5 的柱，轴压比限值应专门研究并采取特殊构造措施；

4　沿柱全高采用井字复合箍，且箍筋间距不大于 100mm、肢距不大于 200mm、直径不小于 12mm，或沿柱全高采用复合螺旋箍，且螺距不大于 100mm、肢距不大于 200mm、直径不小于 12mm，或沿柱全高采用连续复合矩形螺旋箍，且螺旋净距不大于 80mm、肢距不大于 200mm、直径不小于 10mm 时，轴压比限值均可按表中数值增加 0.10；

5　当柱截面中部设置由附加纵向钢筋形成的芯柱，且附加纵向钢筋的总截面面积不少于柱截面面积的 0.8%时，轴压比限值可按表中数值增加 0.05；此项措施与注 4 的措施同时采用时，轴压比限值可按表中数值增加 0.15，但箍筋的配箍特征值 λ_v 仍应按轴压比增加 0.10 的要求确定；

6　调整后的柱轴压比限值不应大于 1.05。

11.4.17　箍筋加密区箍筋的体积配筋率应符合下列规定：

1　柱箍筋加密区箍筋的体积配筋率，应符合下列规定：

$$\rho_v \geqslant \lambda_v \frac{f_c}{f_{yv}} \tag{11.4.17}$$

式中：ρ_v——柱箍筋加密区的体积配筋率，按本规范第 6.6.3 条的规定计算，计算中应扣除重叠部分的箍筋体积；

f_{yv}——箍筋抗拉强度设计值；

f_c——混凝土轴心抗压强度设计值；当强度等级低于 C35 时，按 C35 取值；

λ_v——最小配箍特征值，按表 11.4.17 采用。

表 11.4.17　柱箍筋加密区的箍筋最小配箍特征值 λ_v

抗震等级	箍筋形式	轴压比								
		≤0.3	0.4	0.5	0.6	0.7	0.8	0.9	1.0	1.05
一级	普通箍、复合箍	0.10	0.11	0.13	0.15	0.17	0.20	0.23	—	—
	螺旋箍、复合或连续复合矩形螺旋箍	0.08	0.09	0.11	0.13	0.15	0.18	0.21	—	—

续表 11.4.17

抗震等级	箍筋形式	轴压比								
		≤0.3	0.4	0.5	0.6	0.7	0.8	0.9	1.0	1.05
二级	普通箍、复合箍	0.08	0.09	0.11	0.13	0.15	0.17	0.19	0.22	0.24
	螺旋箍、复合或连续复合矩形螺旋箍	0.06	0.07	0.09	0.11	0.13	0.15	0.17	0.20	0.22
三、四级	普通箍、复合箍	0.06	0.07	0.09	0.11	0.13	0.15	0.17	0.20	0.22
	螺旋箍、复合或连续复合矩形螺旋箍	0.05	0.06	0.07	0.09	0.11	0.13	0.15	0.18	0.20

注：1 普通箍指单个矩形箍筋或单个圆形箍筋；螺旋箍指单个螺旋箍筋；复合箍指由矩形、多边形、圆形箍筋或拉筋组成的箍筋；复合螺旋箍指由螺旋箍与矩形、多边形、圆形箍筋或拉筋组成的箍筋；连续复合矩形螺旋箍指全部螺旋箍为同一根钢筋加工成的箍筋；

2 在计算复合螺旋箍的体积配筋率时，其中非螺旋箍筋的体积应乘以系数0.8；

3 混凝土强度等级高于C60时，箍筋宜采用复合箍、复合螺旋箍或连续复合矩形螺旋箍，当轴压比不大于0.6时，其加密区的最小配箍特征值宜按表中数值增加0.02；当轴压比大于0.6时，宜按表中数值增加0.03。

2 对一、二、三、四级抗震等级的柱，其箍筋加密区的箍筋体积配筋率分别不应小于0.8%、0.6%、0.4%和0.4%；

3 框支柱宜采用复合螺旋箍或井字复合箍，其最小配箍特征值应按表11.4.17中的数值增加0.02采用，且体积配筋率不应小于1.5%；

4 当剪跨比λ不大于2时，宜采用复合螺旋箍或井字复合箍，其箍筋体积配筋率不应小于1.2%；9度设防烈度一级抗震等级时，不应小于1.5%。

11.4.18 在箍筋加密区外，箍筋的体积配筋率不宜小于加密区配筋率的一半；对一、二级抗震等级，箍筋间距不应大于$10d$；对三、四级抗震等级，箍筋间距不应大于$15d$，此处，d为纵向钢筋直径。

11.5 铰接排架柱

11.5.1 铰接排架柱的纵向受力钢筋和箍筋，应按地震组合下的弯矩设计值及剪力设计值，并根据本规范第11.4节的有关规定计算确定；其构造除应符合本节的有关规定外，尚应符合本规范第8章、第9章、第11.1节以及第11.2节的有关规定。

11.5.2 铰接排架柱的箍筋加密区应符合下列规定：

1 箍筋加密区长度：

1） 对柱顶区段，取柱顶以下500mm，且不小于柱顶截面高度；

2） 对吊车梁区段，取上柱根部至吊车梁顶面以上300mm；

3） 对柱根区段，取基础顶面至室内地坪以上500mm；

4） 对牛腿区段，取牛腿全高；

5） 对柱间支撑与柱连接的节点和柱位移受约束的部位，取节点上、下各300mm。

2 箍筋加密区内的箍筋最大间距为100mm；箍筋的直径应符合表11.5.2的规定。

表 11.5.2 铰接排架柱箍筋加密区的箍筋最小直径（mm）

加密区区段	抗震等级和场地类别					
	一级	二级	二级	三级	三级	四级
	各类场地	Ⅲ、Ⅳ类场地	Ⅰ、Ⅱ类场地	Ⅲ、Ⅳ类场地	Ⅰ、Ⅱ类场地	各类场地
一般柱顶、柱根区段	8（10）		8		6	
角柱柱顶	10		10		8	
吊车梁、牛腿区段 有支撑的柱根区段	10		8		8	
有支撑的柱顶区段 柱变位受约束的部位	10		10		8	

注：表中括号内数值用于柱根。

11.5.3 当铰接排架侧向受约束且约束点至柱顶的高度不大于柱截面在该方向边长的2倍，柱顶预埋钢板和柱顶箍筋加密区的构造尚应符合下列要求：

1 柱顶预埋钢板沿排架平面方向的长度，宜取柱顶的截面高度h，但在任何情况下不得小于$h/2$及300mm；

2 当柱顶轴向力在排架平面内的偏心距e_0在$h/6 \sim h/4$范围内时，柱顶箍筋加密区的箍筋体积配筋率：一级抗震等级不宜小于1.2%；二级抗震等级不宜小于1.0%；三、四级抗震等级不宜小于0.8%。

11.5.4 在地震组合的竖向力和水平拉力作用下，支承不等高厂房低跨屋面梁、屋架等屋盖结构的柱牛腿，除应按本规范第9.3节的规定进行计算和配筋外，尚应符合下列要求：

1 承受水平拉力的锚筋：一级抗震等级不应少于2根直径为16mm的钢筋，二级抗震等级不应少于2根直径为14mm的钢筋，三、四级抗震等级不应少于2根直径为12mm的钢筋；

2 牛腿中的纵向受拉钢筋和锚筋的锚固措施及锚固长度应符合本规范第9.3.12条的有关规定，但其中的受拉钢筋锚固长度l_a应以l_{aE}代替；

3 牛腿水平箍筋最小直径为8mm，最大间距为100mm。

11.5.5 铰接排架柱柱顶预埋件直锚筋除应符合本规范第11.1.9条的要求外，尚应符合下列规定：

1 一级抗震等级时，不应小于4根直径16mm的直锚钢筋；

2 二级抗震等级时，不应小于4根直径14mm的直锚钢筋；

3 有柱间支撑的柱子，柱顶预埋件应增设抗剪钢板。

11.6 框架梁柱节点

11.6.1 一、二、三级抗震等级的框架应进行节点核心区抗震受剪承载力验算；四级抗震等级的框架节点可不进行计算，但应符合抗震构造措施的要求。框支柱中间层节点的抗震受剪承载力验算方法及抗震构造措施与框架中间层节点相同。

11.6.2 一、二、三级抗震等级的框架梁柱节点核心区的剪力设计值 V_j，应按下列规定计算：

1 顶层中间节点和端节点

1）一级抗震等级的框架结构和9度设防烈度的一级抗震等级框架：

$$V_j=\frac{1.15\sum M_{bua}}{h_{b0}-a'_s} \quad (11.6.2\text{-}1)$$

2）其他情况：

$$V_j=\frac{\eta_{jb}\sum M_b}{h_{b0}-a'_s} \quad (11.6.2\text{-}2)$$

2 其他层中间节点和端节点

1）一级抗震等级的框架结构和9度设防烈度的一级抗震等级框架：

$$V_j=\frac{1.15\sum M_{bua}}{h_{b0}-a'_s}\left(1-\frac{h_{b0}-a'_s}{H_c-h_b}\right) \quad (11.6.2\text{-}3)$$

2）其他情况：

$$V_j=\frac{\eta_{jb}\sum M_b}{h_{b0}-a'_s}\left(1-\frac{h_{b0}-a'_s}{H_c-h_b}\right) \quad (11.6.2\text{-}4)$$

式中：$\sum M_{bua}$——节点左、右两侧的梁端反时针或顺时针方向实配的正截面抗震受弯承载力所对应的弯矩值之和，可根据实配钢筋面积（计入纵向受压钢筋）和材料强度标准值确定；

$\sum M_b$——节点左、右两侧的梁端反时针或顺时针方向组合弯矩设计值之和，一级抗震等级框架节点左右梁端均为负弯矩时，绝对值较小的弯矩应取零；

η_{jb}——节点剪力增大系数，对于框架结构，一级取1.50，二级取1.35，三级取1.20；对于其他结构中的框架，一级取1.35，二级取1.20，三级取1.10；

h_{b0}、h_b——分别为梁的截面有效高度、截面高度，当节点两侧梁高不相同时，取其平均值；

H_c——节点上柱和下柱反弯点之间的距离；

a'_s——梁纵向受压钢筋合力点至截面近边的距离。

11.6.3 框架梁柱节点核心区的受剪水平截面应符合下列条件：

$$V_j\leqslant\frac{1}{\gamma_{RE}}(0.3\eta_j\beta_c f_c b_j h_j) \quad (11.6.3)$$

式中：h_j——框架节点核心区的截面高度，可取验算方向的柱截面高度 h_c；

b_j——框架节点核心区的截面有效验算宽度，当 b_b 不小于 $b_c/2$ 时，可取 b_c；当 b_b 小于 $b_c/2$ 时，可取（$b_b+0.5h_c$）和 b_c 中的较小值；当梁与柱的中线不重合且偏心距 e_0 不大于 $b_c/4$ 时，可取（$b_b+0.5h_c$）、（$0.5b_b+0.5b_c+0.25h_c-e_0$）和 b_c 三者中的最小值。此处，b_b 为验算方向梁截面宽度，b_c 为该侧柱截面宽度；

η_j——正交梁对节点的约束影响系数：当楼板为现浇、梁柱中线重合、四侧各梁截面宽度不小于该侧柱截面宽度1/2，且正交方向梁高度不小于较高框架梁高度的3/4时，可取 η_j 为1.50，但对9度设防烈度宜取 η_j 为1.25；当不满足上述条件时，应取 η_j 为1.00。

11.6.4 框架梁柱节点的抗震受剪承载力应符合下列规定：

1 9度设防烈度的一级抗震等级框架

$$V_j\leqslant\frac{1}{\gamma_{RE}}\left(0.9\eta_j f_t b_j h_j+f_{yv}A_{svj}\frac{h_{b0}-a'_s}{s}\right) \quad (11.6.4\text{-}1)$$

2 其他情况

$$V_j\leqslant\frac{1}{\gamma_{RE}}\left(1.1\eta_j f_t b_j h_j+0.05\eta_j N\frac{b_j}{b_c}+f_{yv}A_{svj}\frac{h_{b0}-a'_s}{s}\right) \quad (11.6.4\text{-}2)$$

式中：N——对应于考虑地震组合剪力设计值的节点上柱底部的轴向力设计值；当 N 为压力时，取轴向压力设计值的较小值，且当 N 大于 $0.5f_cb_ch_c$ 时，取 $0.5f_cb_ch_c$；当 N 为拉力时，取为0；

A_{svj}——核心区有效验算宽度范围内同一截面验算方向箍筋各肢的全部截面面积；

h_{b0}——框架梁截面有效高度，节点两侧梁截面高度不等时取平均值。

11.6.5 圆柱框架的梁柱节点，当梁中线与柱中线重合时，其受剪水平截面应符合下列条件：

$$V_j\leqslant\frac{1}{\gamma_{RE}}(0.3\eta_j\beta_c f_c A_j) \quad (11.6.5)$$

式中：A_j——节点核心区有效截面面积：当梁宽 $b_b\geqslant0.5D$ 时，取 $A_j=0.8D^2$；当 $0.4D\leqslant b_b<0.5D$ 时，取 $A_j=0.8D(b_b+0.5D)$；

D——圆柱截面直径；

b_b——梁的截面宽度；

η_j——正交梁对节点的约束影响系数，按本规范第 11.6.3 条取用。

11.6.6 圆柱框架的梁柱节点，当梁中线与柱中线重合时，其抗震受剪承载力应符合下列规定：

1 9 度设防烈度的一级抗震等级框架

$$V_j \leqslant \frac{1}{\gamma_{\mathrm{RE}}}\left(1.2\eta_j f_t A_j + 1.57 f_{yv} A_{sh} \frac{h_{b0}-a'_s}{s} + f_{yv} A_{svj} \frac{h_{b0}-a'_s}{s}\right) \quad (11.6.6\text{-}1)$$

2 其他情况

$$V_j \leqslant \frac{1}{\gamma_{\mathrm{RE}}}\left(1.5\eta_j f_t A_j + 0.05\eta_j \frac{N}{D^2} A_j + 1.57 f_{yv} A_{sh} \frac{h_{b0}-a'_s}{s} + f_{yv} A_{svj} \frac{h_{b0}-a'_s}{s}\right) \quad (11.6.6\text{-}2)$$

式中：h_{b0}——梁截面有效高度；

A_{sh}——单根圆形箍筋的截面面积；

A_{svj}——同一截面验算方向的拉筋和非圆形箍筋各肢的全部截面面积。

11.6.7 框架梁和框架柱的纵向受力钢筋在框架节点区的锚固和搭接应符合下列要求：

1 框架中间层中间节点处，框架梁的上部纵向钢筋应贯穿中间节点。贯穿中柱的每根梁纵向钢筋直径，对于 9 度设防烈度的各类框架和一级抗震等级的框架结构，当柱为矩形截面时，不宜大于柱在该方向截面尺寸的 1/25，当柱为圆形截面时，不宜大于纵向钢筋所在位置柱截面弦长的 1/25；对一、二、三级抗震等级，当柱为矩形截面时，不宜大于柱在该方向截面尺寸的 1/20，对圆柱截面，不宜大于纵向钢筋所在位置柱截面弦长的 1/20。

2 对于框架中间层中间节点、中间层端节点、顶层中间节点以及顶层端节点，梁、柱纵向钢筋在节点部位的锚固和搭接，应符合图 11.6.7 的相关构造规定。图中 l_{lE} 按本规范第 11.1.7 条规定取用，l_{abE} 按下式取用：

$$l_{abE} = \zeta_{aE} l_{ab} \quad (11.6.7)$$

式中：ζ_{aE}——纵向受拉钢筋锚固长度修正系数，按第 11.1.7 条规定取用。

11.6.8 框架节点区箍筋的最大间距、最小直径宜按本规范表 11.4.12-2 采用。对一、二、三级抗震等级的框架节点核心区，配箍特征值 λ_v 分别不宜小于 0.12、0.10 和 0.08，且其箍筋体积配筋率分别不宜小于 0.6%、0.5%和 0.4%。当框架柱的剪跨比不大于 2 时，其节点核心区体积配箍率不宜小于核心区上、下柱端体积配箍率中的较大值。

11.7 剪力墙及连梁

11.7.1 一级抗震等级剪力墙各墙肢截面考虑地震组合的弯矩设计值，底部加强部位应按墙肢截面地震组合弯矩设计值采用，底部加强部位以上部位应按墙肢截面地震组合弯矩设计值乘增大系数，其值可取 1.2；剪力设计值应作相应调整。

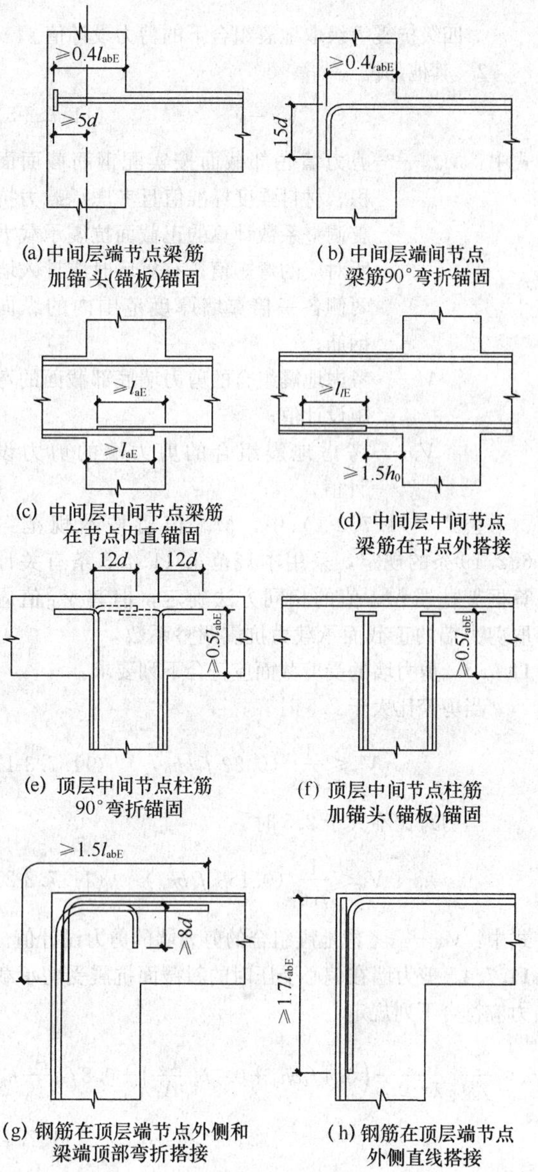

图 11.6.7 梁和柱的纵向受力钢筋在节点区的锚固和搭接

11.7.2 考虑剪力墙的剪力设计值 V_w 应按下列规定计算：

1 底部加强部位

1）9 度设防烈度的一级抗震等级剪力墙

$$V_w = 1.1 \frac{M_{wua}}{M} V \quad (11.7.2\text{-}1)$$

2）其他情况

一级抗震等级

$$V_w = 1.6V \quad (11.7.2\text{-}2)$$

二级抗震等级

$$V_w = 1.4V \quad (11.7.2\text{-}3)$$

三级抗震等级

$$V_w = 1.2V \quad (11.7.2\text{-}4)$$

四级抗震等级取地震组合下的剪力设计值。

2 其他部位

$$V_w = V \quad (11.7.2\text{-}5)$$

式中：M_{wua}——剪力墙底部截面按实配钢筋截面面积、材料强度标准值且考虑承载力抗震调整系数计算的正截面抗震承载力所对应的弯矩值；有翼墙时应计入墙两侧各一倍翼墙厚度范围内的纵向钢筋；

M——考虑地震组合的剪力墙底部截面的弯矩设计值；

V——考虑地震组合的剪力墙的剪力设计值。

公式（11.7.2-1）中，M_{wua} 值可按本规范第6.2.19条的规定，采用本规范第11.4.3条有关计算框架柱端 M_{cua} 值的相同方法确定，但其 γ_{RE} 值应取剪力墙的正截面承载力抗震调整系数。

11.7.3 剪力墙的受剪截面应符合下列要求：

当剪跨比大于2.5时

$$V_w \leqslant \frac{1}{\gamma_{RE}}(0.2\beta_c f_c b h_0) \quad (11.7.3\text{-}1)$$

当剪跨比不大于2.5时

$$V_w \leqslant \frac{1}{\gamma_{RE}}(0.15\beta_c f_c b h_0) \quad (11.7.3\text{-}2)$$

式中：V_w——考虑地震组合的剪力墙的剪力设计值。

11.7.4 剪力墙在偏心受压时的斜截面抗震受剪承载力应符合下列规定：

$$V_w \leqslant \frac{1}{\gamma_{RE}}\left[\frac{1}{\lambda-0.5}\left(0.4f_t b h_0 + 0.1N\frac{A_w}{A}\right) + 0.8f_{yv}\frac{A_{sh}}{s}h_0\right] \quad (11.7.4)$$

式中：N——考虑地震组合的剪力墙轴向压力设计值中的较小者；当 N 大于 $0.2f_c bh$ 时取 $0.2f_c bh$；

λ——计算截面处的剪跨比，$\lambda = M/(Vh_0)$；当 λ 小于1.5时取1.5；当 λ 大于2.2时取2.2；此处，M 为与设计剪力值 V 对应的弯矩设计值；当计算截面与墙底之间的距离小于 $h_0/2$ 时，应按距离墙底 $h_0/2$ 处的弯矩设计值与剪力设计值计算。

11.7.5 剪力墙在偏心受拉时的斜截面抗震受剪承载力应符合下列规定：

$$V_w \leqslant \frac{1}{\gamma_{RE}}\left[\frac{1}{\lambda-0.5}\left(0.4f_t b h_0 - 0.1N\frac{A_w}{A}\right) + 0.8f_{yv}\frac{A_{sh}}{s}h_0\right] \quad (11.7.5)$$

式中：N——考虑地震组合的剪力墙轴向拉力设计值中的较大值。

当公式（11.7.5）右边方括号内的计算值小于 $0.8f_{yv}\frac{A_{sh}}{s}h_0$ 时，取等于 $0.8f_{yv}\frac{A_{sh}}{s}h_0$。

11.7.6 一级抗震等级的剪力墙，其水平施工缝处的受剪承载力应符合下列规定：

$$V_w \leqslant \frac{1}{\gamma_{RE}}(0.6f_y A_s + 0.8N) \quad (11.7.6)$$

式中：N——考虑地震组合的水平施工缝处的轴向力设计值，压力时取正值，拉力时取负值；

A_s——剪力墙水平施工缝处全部竖向钢筋截面面积，包括竖向分布钢筋、附加竖向插筋以及边缘构件（不包括两侧翼墙）纵向钢筋的总截面面积。

11.7.7 筒体及剪力墙洞口连梁，当采用对称配筋时，其正截面受弯承载力应符合下列规定：

$$M_b \leqslant \frac{1}{\gamma_{RE}}\left[f_y A_s(h_0 - a'_s) + f_{yd}A_{sd}z_{sd}\cos\alpha\right] \quad (11.7.7)$$

式中：M_b——考虑地震组合的剪力墙连梁梁端弯矩设计值；

f_y——纵向钢筋抗拉强度设计值；

f_{yd}——对角斜筋抗拉强度设计值；

A_s——单侧受拉纵向钢筋截面面积；

A_{sd}——单向对角斜筋截面面积，无斜筋时取0；

z_{sd}——计算截面对角斜筋至截面受压区合力点的距离；

α——对角斜筋与梁纵轴线夹角；

h_0——连梁截面有效高度。

11.7.8 筒体及剪力墙洞口连梁的剪力设计值 V_{wb} 应按下列规定计算：

1 9度设防烈度的一级抗震等级框架

$$V_{wb} = 1.1\frac{M_{bua}^l + M_{bua}^r}{l_n} + V_{Gb} \quad (11.7.8\text{-}1)$$

2 其他情况

$$V_{wb} = \eta_{vb}\frac{M_b^l + M_b^r}{l_n} + V_{Gb} \quad (11.7.8\text{-}2)$$

式中：M_{bua}^l、M_{bua}^r——分别为连梁左、右端顺时针或逆时针方向实配的受弯承载力所对应的弯矩值，应按实配钢筋面积（计入受压钢筋）和材料强度标准值并考虑承载力抗震调整系数计算；

M_b^l、M_b^r——分别为考虑地震组合的剪力墙及筒体连梁左、右梁端弯矩设计值值。应分别按顺时针方向和逆时针方向计算 M_b^l 与 M_b^r 之和，并取其较大值。对一级抗震等级，当两端弯矩均为负弯矩时，绝对值较小的弯矩值应取零。

l_n——连梁净跨；

V_{Gb}——考虑地震组合时的重力荷载代表值产生的剪力设计值，可按简支梁计算确定；

η_{vb}——连梁剪力增大系数。对于普通箍筋连梁，一级抗震等级取1.3，二级取1.2，三级取1.1，四级取1.0；配置有对角斜筋的连梁 η_{vb} 取1.0。

11.7.9 各抗震等级的剪力墙及筒体洞口连梁，当配置普通箍筋时，其截面限制条件及斜截面受剪承载力应符合下列规定：

1 跨高比大于2.5时

1） 受剪截面应符合下列要求：

$$V_{wb}\leqslant\frac{1}{\gamma_{RE}}(0.20\beta_c f_c bh_0) \quad (11.7.9\text{-}1)$$

2） 连梁的斜截面受剪承载力应符合下列要求：

$$V_{wb}\leqslant\frac{1}{\gamma_{RE}}\left(0.42f_t bh_0+\frac{A_{sv}}{s}f_{yv}h_0\right) \quad (11.7.9\text{-}2)$$

2 跨高比不大于2.5时

1） 受剪截面应符合下列要求：

$$V_{wb}\leqslant\frac{1}{\gamma_{RE}}(0.15\beta_c f_c bh_0) \quad (11.7.9\text{-}3)$$

2） 连梁的斜截面受剪承载力应符合下列要求：

$$V_{wb}\leqslant\frac{1}{\gamma_{RE}}\left(0.38f_t bh_0+0.9\frac{A_{sv}}{s}f_{yv}h_0\right) \quad (11.7.9\text{-}4)$$

式中：f_t——混凝土抗拉强度设计值；

f_{yv}——箍筋抗拉强度设计值；

A_{sv}——配置在同一截面内的箍筋截面面积。

11.7.10 对于一、二级抗震等级的连梁，当跨高比不大于2.5时，除普通箍筋外宜另配置斜向交叉钢筋，其截面限制条件及斜截面受剪承载力可按下列规定计算：

1 当洞口连梁截面宽度不小于250mm时，可采用交叉斜筋配筋（图11.7.10-1），其截面限制条件及斜截面受剪承载力应符合下列规定：

1） 受剪截面应符合下列要求：

$$V_{wb}\leqslant\frac{1}{\gamma_{RE}}(0.25\beta_c f_c bh_0) \quad (11.7.10\text{-}1)$$

2） 斜截面受剪承载力应符合下列要求：

$$V_{wb}\leqslant\frac{1}{\gamma_{RE}}[0.4f_t bh_0+(2.0\sin\alpha+0.6\eta)f_{yd}A_{sd}] \quad (11.7.10\text{-}2)$$

$$\eta=(f_{sv}A_{sv}h_0)/(sf_{yd}A_{yd}) \quad (11.7.10\text{-}3)$$

式中：η——箍筋与对角斜筋的配筋强度比，当小于0.6时取0.6，当大于1.2时取1.2；

α——对角斜筋与梁纵轴的夹角；

f_{yd}——对角斜筋的抗拉强度设计值；

A_{sd}——单向对角斜筋的截面面积；

A_{sv}——同一截面内箍筋各肢的全部截面面积。

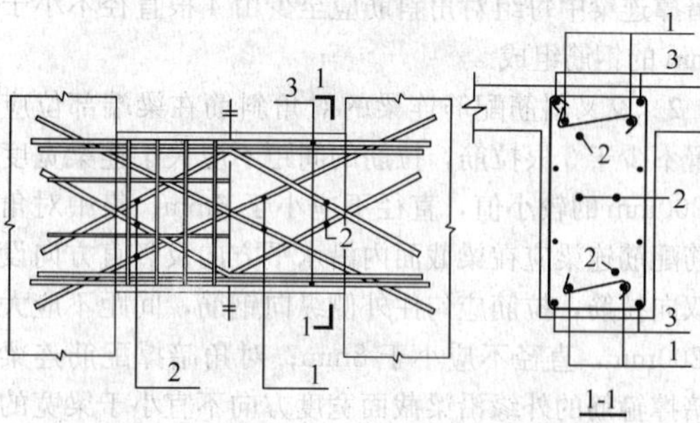

图11.7.10-1 交叉斜筋配筋连梁

1—对角斜筋；2—折线筋；3—纵向钢筋

2 当连梁截面宽度不小于400mm时，可采用集中对角斜筋配筋（图11.7.10-2）或对角暗撑配筋（图11.7.10-3），其截面限制条件及斜截面受剪承载力应符合下列规定：

1） 受剪截面应符合式（11.7.10-1）的要求。

2） 斜截面受剪承载力应符合下列要求：

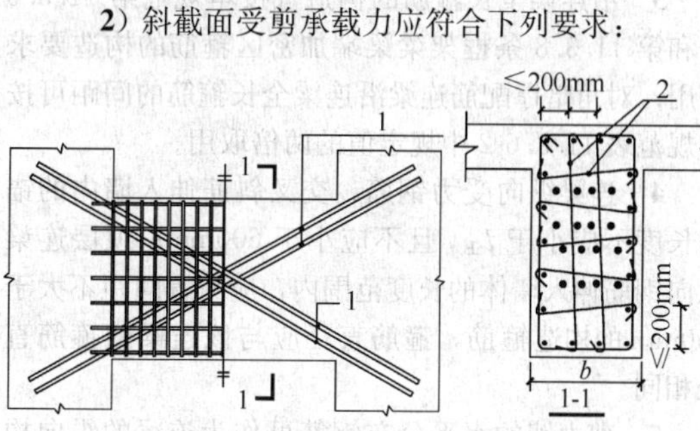

图11.7.10-2 集中对角斜筋配筋连梁

1—对角斜筋；2—拉筋

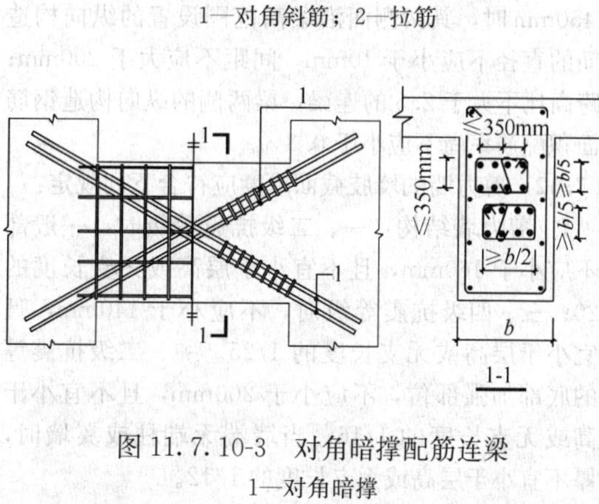

图11.7.10-3 对角暗撑配筋连梁

1—对角暗撑

$$V_{wb}\leqslant\frac{2}{\gamma_{RE}}f_{yd}A_{sd}\sin\alpha \quad (11.7.10\text{-}4)$$

11.7.11 剪力墙及筒体洞口连梁的纵向钢筋、斜筋及箍筋的构造应符合下列要求：

1 连梁沿上、下边缘单侧纵向钢筋的最小配筋率不应小于0.15%，且配筋不宜少于2ϕ12；交叉斜筋配筋连梁单向对角斜筋不宜少于2ϕ12，单组折线筋的截面面积可取为单向对角斜筋截面面积的一半，且直径不宜小于12mm；集中对角斜筋配筋连梁和对角暗撑连梁中每组对角斜筋应至少由4根直径不小于14mm的钢筋组成。

2 交叉斜筋配筋连梁的对角斜筋在梁端部位应设置不少于3根拉筋，拉筋的间距不应大于连梁宽度和200mm的较小值，直径不应小于6mm；集中对角斜筋配筋连梁应在梁截面内沿水平方向及竖直方向设置双向拉筋，拉筋应勾住外侧纵向钢筋，间距不应大于200mm，直径不应小于8mm；对角暗撑配筋连梁中暗撑箍筋的外缘沿梁截面宽度方向不宜小于梁宽的一半，另一方向不宜小于梁宽的1/5；对角暗撑约束箍筋的间距不宜大于暗撑钢筋直径的6倍，当计算间距小于100mm时可取100mm，箍筋肢距不应大于350mm。

除集中对角斜筋配筋连梁以外，其余连梁的水平钢筋及箍筋形成的钢筋网之间应采用拉筋拉结，拉筋直径不宜小于6mm，间距不宜大于400mm。

3 沿连梁全长箍筋的构造宜按本规范第11.3.6条和第11.3.8条框架梁梁端加密区箍筋的构造要求采用；对角暗撑配筋连梁沿连梁全长箍筋的间距可按本规范表11.3.6-2中规定值的两倍取用。

4 连梁纵向受力钢筋、交叉斜筋伸入墙内的锚固长度不应小于l_{aE}，且不应小于600mm；顶层连梁纵向钢筋伸入墙体的长度范围内，应配置间距不大于150mm的构造箍筋，箍筋直径应与该连梁的箍筋直径相同。

5 剪力墙的水平分布钢筋可作为连梁的纵向构造钢筋在连梁范围内贯通。当梁的腹板高度h_w不小于450mm时，其两侧面沿梁高范围设置的纵向构造钢筋的直径不应小于10mm，间距不应大于200mm；对跨高比不大于2.5的连梁，梁两侧的纵向构造钢筋的面积配筋率尚不应小于0.3%。

11.7.12 剪力墙的墙肢截面厚度应符合下列规定：

1 剪力墙结构：一、二级抗震等级时，一般部位不应小于160mm，且不宜小于层高或无支长度的1/20；三、四级抗震等级时，不应小于140mm，且不宜小于层高或无支长度的1/25。一、二级抗震等级的底部加强部位，不应小于200mm，且不宜小于层高或无支长度的1/16，当墙端无端柱或翼墙时，墙厚不宜小于层高或无支长度的1/12。

2 框架-剪力墙结构：一般部位不应小于160mm，且不宜小于层高或无支长度的1/20；底部加强部位不应小于200mm，且不宜小于层高或无支长度的1/16。

3 框架-核心筒结构、筒中筒结构：一般部位不应小于160mm，且不宜小于层高或无支长度的1/20；底部加强部位不应小于200mm，且不宜小于层高或无支长度的1/16。筒体底部加强部位及其上一层不宜改变墙体厚度。

11.7.13 剪力墙厚度大于140mm时，其竖向和水平向分布钢筋不应少于双排布置。

11.7.14 剪力墙的水平和竖向分布钢筋的配筋应符合下列规定：

1 一、二、三级抗震等级的剪力墙的水平和竖向分布钢筋配筋率均不应小于0.25%；四级抗震等级剪力墙不应小于0.2%；

2 部分框支剪力墙结构的剪力墙底部加强部位，水平和竖向分布钢筋配筋率不应小于0.3%。

注：对高度小于24m且剪压比很小的四级抗震等级剪力墙，其竖向分布筋最小配筋率应允许按0.15%采用。

11.7.15 剪力墙水平和竖向分布钢筋的间距不宜大于300mm，直径不宜大于墙厚的1/10，且不应小于8mm；竖向分布钢筋直径不宜小于10mm。

部分框支剪力墙结构的底部加强部位，剪力墙水平和竖向分布钢筋的间距不宜大于200mm。

11.7.16 一、二、三级抗震等级的剪力墙，其底部加强部位的墙肢轴压比不宜超过表11.7.16的限值。

表 11.7.16 剪力墙轴压比限值

抗震等级(设防烈度)	一级(9度)	一级(7、8度)	二级、三级
轴压比限值	0.4	0.5	0.6

注：剪力墙肢轴压比指在重力荷载代表值作用下墙的轴压力设计值与墙的全截面面积和混凝土轴心抗压强度设计值乘积的比值。

11.7.17 剪力墙两端及洞口两侧应设置边缘构件，并宜符合下列要求：

1 一、二、三级抗震等级剪力墙，在重力荷载代表值作用下，当墙肢底截面轴压比大于表11.7.17规定时，其底部加强部位及其以上一层墙肢应按本规范第11.7.18条的规定设置约束边缘构件；当墙肢轴压比不大于表11.7.17规定时，可按本规范第11.7.19条的规定设置构造边缘构件；

表 11.7.17 剪力墙设置构造边缘构件的最大轴压比

抗震等级(设防烈度)	一级(9度)	一级(7、8度)	二级、三级
轴压比	0.1	0.2	0.3

2 部分框支剪力墙结构中，一、二、三级抗震等级落地剪力墙的底部加强部位及以上一层的墙肢两端，宜设置翼墙或端柱，并应按本规范第11.7.18条的规定设置约束边缘构件；不落地的剪力墙，应在底部加强部位及以上一层剪力墙的墙肢两端设置约束边

缘构件；

3 一、二、三级抗震等级的剪力墙的一般部位剪力墙以及四级抗震等级剪力墙，应按本规范第11.7.19条设置构造边缘构件；

4 对框架-核心筒结构，一、二、三级抗震等级的核心筒角部墙体的边缘构件尚应按下列要求加强：底部加强部位墙肢约束边缘构件的长度宜取墙肢截面高度的1/4，且约束边缘构件范围内宜全部采用箍筋；底部加强部位以上宜按本规范图11.7.18的要求设置约束边缘构件。

11.7.18 剪力墙端部设置的约束边缘构件（暗柱、端柱、翼墙和转角墙）应符合下列要求（图11.7.18）：

1 约束边缘构件沿墙肢的长度 l_c 及配箍特征值 λ_v 宜满足表11.7.18的要求，箍筋的配置范围及相应的配箍特征值 λ_v 和 $\lambda_v/2$ 的区域如图11.7.18所示，其体积配筋率 ρ_v 应符合下列要求：

$$\rho_v \geqslant \lambda_v \frac{f_c}{f_{yv}} \tag{11.7.18}$$

式中：λ_v ——配箍特征值，计算时可计入拉筋。

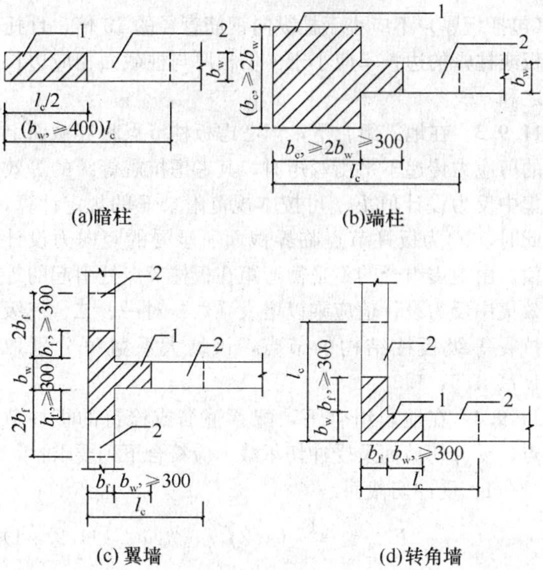

图 11.7.18 剪力墙的约束边缘构件

注：图中尺寸单位为mm。

1—配箍特征值为 λ_v 的区域；2—配箍特征值为 $\lambda_v/2$ 的区域

计算体积配箍率时，可适当计入满足构造要求且在墙端有可靠锚固的水平分布钢筋的截面面积。

2 一、二、三级抗震等级剪力墙约束边缘构件的纵向钢筋的截面面积，对图11.7.18所示暗柱、端柱、翼墙与转角墙分别不应小于图中阴影部分面积的1.2%、1.0%和1.0%。

3 约束边缘构件的箍筋或拉筋沿竖向的间距，对一级抗震等级不宜大于100mm，对二、三级抗震等级不宜大于150mm。

表11.7.18 约束边缘构件沿墙肢的长度 l_c 及其配箍特征值 λ_v

抗震等级（设防烈度）		一级（9度）		一级（7、8度）		二级、三级	
轴压比		≤0.2	>0.2	≤0.3	>0.3	≤0.4	>0.4
λ_v		0.12	0.20	0.12	0.20	0.12	0.20
l_c（mm）	暗柱	$0.20h_w$	$0.25h_w$	$0.15h_w$	$0.20h_w$	$0.15h_w$	$0.20h_w$
	端柱、翼墙或转角墙	$0.15h_w$	$0.20h_w$	$0.10h_w$	$0.15h_w$	$0.10h_w$	$0.15h_w$

注：1 两侧翼墙长度小于其厚度3倍时，视为无翼墙剪力墙；端柱截面边长小于墙厚2倍时，视为无端柱剪力墙；

2 约束边缘构件沿墙肢长度 l_c 除满足表11.7.18的要求外，且不宜小于墙厚和400mm；当有端柱、翼墙或转角墙时，尚不应小于翼墙厚度或端柱沿墙肢方向截面高度加300mm；

3 h_w 为剪力墙的墙肢截面高度。

11.7.19 剪力墙端部设置的构造边缘构件（暗柱、端柱、翼墙和转角墙）的范围，应按图11.7.19确定，构造边缘构件的纵向钢筋除应满足计算要求外，尚应符合表11.7.19的要求。

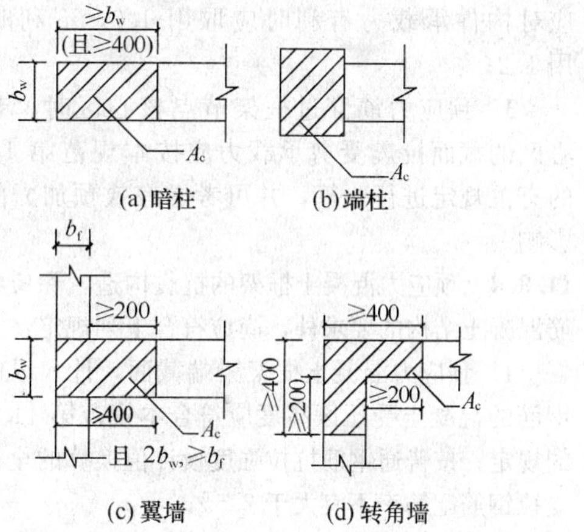

图 11.7.19 剪力墙的构造边缘构件

注：图中尺寸单位为mm。

表11.7.19 构造边缘构件的构造配筋要求

抗震等级	底部加强部位			其他部位		
	纵向钢筋最小配筋量（取较大值）	箍筋、拉筋		纵向钢筋最小配筋量（取较大值）	箍筋、拉筋	
		最小直径（mm）	最大间距（mm）		最小直径（mm）	最大间距（mm）
一	$0.01A_c$，$6\phi16$	8	100	$0.008A_c$，$6\phi14$	8	150
二	$0.008A_c$，$6\phi14$	8	150	$0.006A_c$，$6\phi12$	8	200
三	$0.006A_c$，$6\phi12$	6	150	$0.005A_c$，$4\phi12$	6	200
四	$0.005A_c$，$4\phi12$	6	200	$0.004A_c$，$4\phi12$	6	250

注：1 A_c 为图11.7.19中所示的阴影面积；

2 对其他部位，拉筋的水平间距不应大于纵向钢筋间距的2倍，转角处宜设置箍筋；

3 当端柱承受集中荷载时，应满足框架柱的配筋要求。

11.8 预应力混凝土结构构件

11.8.1 预应力混凝土结构可用于抗震设防烈度6度、7度、8度区，当9度区需采用预应力混凝土结构时，应有充分依据，并采取可靠措施。

无粘结预应力混凝土结构的抗震设计，应符合专门规定。

11.8.2 抗震设计时，后张预应力框架、门架、转换层的转换大梁，宜采用有粘结预应力筋；承重结构的预应力受拉杆件和抗震等级为一级的预应力框架，应采用有粘结预应力筋。

11.8.3 预应力混凝土结构的抗震计算，应符合下列规定：

1 预应力混凝土框架结构的阻尼比宜取0.03；在框架-剪力墙结构、框架-核心筒结构及板柱-剪力墙结构中，当仅采用预应力混凝土梁或板时，阻尼比应取0.05；

2 预应力混凝土结构构件截面抗震验算时，在地震组合中，预应力作用分项系数，当预应力作用效应对构件承载力有利时应取用1.0，不利时应取用1.2；

3 预应力筋穿过框架节点核心区时，节点核心区的截面抗震受剪承载力应按本规范第11.6节的有关规定进行验算，并可考虑有效预加力的有利影响。

11.8.4 预应力混凝土框架的抗震构造，除应符合钢筋混凝土结构的要求外，尚应符合下列规定：

1 预应力混凝土框架梁端截面，计入纵向受压钢筋的混凝土受压区高度应符合本规范第11.3.1条的规定；按普通钢筋抗拉强度设计值换算的全部纵向受拉钢筋配筋率不宜大于2.5%。

2 在预应力混凝土框架梁中，应采用预应力筋和普通钢筋混合配筋的方式，梁端截面配筋宜符合下列要求。

$$A_s \geqslant \frac{1}{3}\left(\frac{f_{py}h_p}{f_y h_s}\right)A_p \quad (11.8.4)$$

注：对二、三级抗震等级的框架-剪力墙、框架-核心筒结构中的后张有粘结预应力混凝土框架，式(11.8.4)右端项系数1/3可改为1/4。

3 预应力混凝土框架梁梁端截面的底部纵向普通钢筋和顶部纵向受力钢筋截面面积的比值，应符合本规范第11.3.6条第2款的规定。计算顶部纵向受力钢筋截面面积时，应将预应力筋按抗拉强度设计值换算为普通钢筋截面面积。

框架梁端底面纵向普通钢筋配筋率尚不应小于0.2%。

4 当计算预应力混凝土框架柱的轴压比时，轴向压力设计值应取柱组合的轴向压力设计值加上预应力筋有效预加力的设计值，其轴压比应符合本规范第11.4.16条的相应要求。

5 预应力混凝土框架柱的箍筋宜全高加密。大跨度框架边柱可采用在截面受拉较大的一侧配置预应力筋和普通钢筋的混合配筋，另一侧仅配置普通钢筋的非对称配筋方式。

11.8.5 后张预应力混凝土板柱-剪力墙结构，其板柱柱上板带的端截面应符合本规范第11.8.4条对受压区高度的规定和公式(11.8.4)对截面配筋的要求。

板柱节点应符合本规范第11.9节的规定。

11.8.6 后张预应力筋的锚具、连接器不宜设置在梁柱节点核心区内。

11.9 板柱节点

11.9.1 对一、二、三级抗震等级的板柱节点，应按本规范第11.9.3条及附录F进行抗震受冲切承载力验算。

11.9.2 8度设防烈度时宜采用有托板或柱帽的板柱节点，柱帽及托板的外形尺寸应符合本规范第9.1.10条的规定。同时，托板或柱帽根部的厚度（包括板厚）不应小于柱纵向钢筋直径的16倍，且托板或柱帽的边长不应小于4倍板厚与柱截面相应边长之和。

11.9.3 在地震组合下，当考虑板柱节点临界截面上的剪应力传递不平衡弯矩时，其考虑抗震等级的等效集中反力设计值$F_{l,eq}$可按本规范附录F的规定计算，此时，F_l为板柱节点临界截面所承受的竖向力设计值。由地震组合的不平衡弯矩在板柱节点处引起的等效集中反力设计值应乘以增大系数，对一、二、三级抗震等级板柱结构的节点，该增大系数可分别取1.7、1.5、1.3。

11.9.4 在地震组合下，配置箍筋或栓钉的板柱节点，受冲切截面及受冲切承载力应符合下列要求：

1 受冲切截面

$$F_{l,eq} \leqslant \frac{1}{\gamma_{RE}}(1.2f_t \eta u_m h_0) \quad (11.9.4\text{-}1)$$

2 受冲切承载力

$$F_{l,eq} \leqslant \frac{1}{\gamma_{RE}}\left[(0.3f_t + 0.15\sigma_{pc,m})\eta u_m h_0 + 0.8f_{yv}A_{svu}\right] \quad (11.9.4\text{-}2)$$

3 对配置抗冲切钢筋的冲切破坏锥体以外的截面，尚应按下式进行受冲切承载力验算：

$$F_{l,eq} \leqslant \frac{1}{\gamma_{RE}}(0.42f_t + 0.15\sigma_{pc,m})\eta u_m h_0 \quad (11.9.4\text{-}3)$$

式中：u_m——临界截面的周长，公式(11.9.4-1)、公式(11.9.4-2)中的u_m，按本规范第6.5.1条的规定采用；公式(11.9.4-3)中的u_m，应取最外排抗冲切钢筋周边以外$0.5h_0$处的最不利周长。

11.9.5 无柱帽平板宜在柱上板带中设构造暗梁，暗梁宽度可取柱宽加柱两侧各不大于 1.5 倍板厚。暗梁支座上部纵向钢筋应不小于柱上板带纵向钢筋截面面积的 1/2，暗梁下部纵向钢筋不宜少于上部纵向钢筋截面面积的 1/2。

暗梁箍筋直径不应小于 8mm，间距不宜大于 3/4 倍板厚，肢距不宜大于 2 倍板厚；支座处暗梁箍筋加密区长度不应小于 3 倍板厚，其箍筋间距不宜大于 100mm，肢距不宜大于 250mm。

11.9.6 沿两个主轴方向贯通节点柱截面的连续预应力筋及板底纵向普通钢筋，应符合下列要求：

1 沿两个主轴方向贯通节点柱截面的连续钢筋的总截面面积，应符合下式要求：

$$f_{py}A_p + f_yA_s \geqslant N_G \qquad (11.9.6)$$

式中：A_s——贯通柱截面的板底纵向普通钢筋截面面积；对一端在柱截面对边按受拉弯折锚固的普通钢筋，截面面积按一半计算；

A_p——贯通柱截面连续预应力筋截面面积；对一端在柱截面对边锚固的预应力筋，截面面积按一半计算；

f_{py}——预应力筋抗拉强度设计值，对无粘结预应力筋，应按本规范第 10.1.14 条取用无粘结预应力筋的应力设计值 σ_{pu}；

N_G——在本层楼板重力荷载代表值作用下的柱轴向压力设计值。

2 连续预应力筋应布置在板柱节点上部，呈下凹进入板跨中。

3 板底纵向普通钢筋的连接位置，宜在距柱面 l_{aE} 与 2 倍板厚的较大值以外，且应避开板底受拉区范围。

附录 A 钢筋的公称直径、公称截面面积及理论重量

表 A.0.1 钢筋的公称直径、公称截面面积及理论重量

公称直径 (mm)	不同根数钢筋的公称截面面积（mm²）									单根钢筋理论重量 (kg/m)
	1	2	3	4	5	6	7	8	9	
6	28.3	57	85	113	142	170	198	226	255	0.222
8	50.3	101	151	201	252	302	352	402	453	0.395
10	78.5	157	236	314	393	471	550	628	707	0.617
12	113.1	226	339	452	565	678	791	904	1017	0.888
14	153.9	308	461	615	769	923	1077	1231	1385	1.21
16	201.1	402	603	804	1005	1206	1407	1608	1809	1.58
18	254.5	509	763	1017	1272	1527	1781	2036	2290	2.00(2.11)
20	314.2	628	942	1256	1570	1884	2199	2513	2827	2.47
22	380.1	760	1140	1520	1900	2281	2661	3041	3421	2.98
25	490.9	982	1473	1964	2454	2945	3436	3927	4418	3.85(4.10)
28	615.8	1232	1847	2463	3079	3695	4310	4926	5542	4.83
32	804.2	1609	2413	3217	4021	4826	5630	6434	7238	6.31(6.65)
36	1017.9	2036	3054	4072	5089	6107	7125	8143	9161	7.99
40	1256.6	2513	3770	5027	6283	7540	8796	10053	11310	9.87(10.34)
50	1963.5	3928	5892	7856	9820	11784	13748	15712	17676	15.42(16.28)

注：括号内为预应力螺纹钢筋的数值。

表 A.0.2 钢绞线的公称直径、公称截面面积及理论重量

种 类	公称直径 (mm)	公称截面面积 (mm²)	理论重量 (kg/m)
1×3	8.6	37.7	0.296
	10.8	58.9	0.462
	12.9	84.8	0.666
1×7 标准型	9.5	54.8	0.430
	12.7	98.7	0.775
	15.2	140	1.101
	17.8	191	1.500
	21.6	285	2.237

表 A.0.3 钢丝的公称直径、公称截面面积及理论重量

公称直径 (mm)	公称截面面积 (mm²)	理论重量 (kg/m)
5.0	19.63	0.154
7.0	38.48	0.302
9.0	63.62	0.499

附录 B 近似计算偏压构件侧移二阶效应的增大系数法

B.0.1 在框架结构、剪力墙结构、框架-剪力墙结构及筒体结构中，当采用增大系数法近似计算结构因侧移产生的二阶效应（P-Δ 效应）时，应对未考虑 P-Δ 效应的一阶弹性分析所得的柱、墙肢端弯矩和梁端弯矩以及层间位移分别按公式（B.0.1-1）和公式（B.0.1-2）乘以增大系数 η_s：

$$M = M_{ns} + \eta_s M_s \qquad (B.0.1\text{-}1)$$

$$\Delta = \eta_s \Delta_1 \qquad (B.0.1\text{-}2)$$

式中：M_s——引起结构侧移的荷载或作用所产生的

一阶弹性分析构件端弯矩设计值；

M_{ns} ——不引起结构侧移荷载产生的一阶弹性分析构件端弯矩设计值；

Δ_1 ——一阶弹性分析的层间位移；

η_s —— P-Δ 效应增大系数，按第 B.0.2 条或第 B.0.3 条确定，其中，梁端 η_s 取为相应节点处上、下柱端或上、下墙肢端 η_s 的平均值。

B.0.2 在框架结构中，所计算楼层各柱的 η_s 可按下列公式计算：

$$\eta_s = \frac{1}{1-\frac{\sum N_j}{DH_0}} \quad (B.0.2)$$

式中：D——所计算楼层的侧向刚度。在计算结构构件弯矩增大系数与计算结构位移增大系数时，应分别按本规范第 B.0.5 条的规定取用结构构件刚度；

N_j ——所计算楼层第 j 列柱轴力设计值；

H_0 ——所计算楼层的层高。

B.0.3 剪力墙结构、框架-剪力墙结构、筒体结构中的 η_s 可按下列公式计算：

$$\eta_s = \frac{1}{1-0.14\frac{H^2\sum G}{E_c J_d}} \quad (B.0.3)$$

式中：$\sum G$——各楼层重力荷载设计值之和；

$E_c J_d$ ——与所设计结构等效的竖向等截面悬臂受弯构件的弯曲刚度，可按该悬臂受弯构件与所设计结构在倒三角形分布水平荷载下顶点位移相等的原则计算。在计算结构构件弯矩增大系数与计算结构位移增大系数时，应分别按本规范第 B.0.5 条规定取用结构构件刚度；

H ——结构总高度。

B.0.4 排架结构柱考虑二阶效应的弯矩设计值可按下列公式计算：

$$M = \eta_s M_0 \quad (B.0.4\text{-}1)$$

$$\eta_s = 1+\frac{1}{1500 e_i/h_0}\left(\frac{l_0}{h}\right)^2 \zeta_c \quad (B.0.4\text{-}2)$$

$$\zeta_c = \frac{0.5 f_c A}{N} \quad (B.0.4\text{-}3)$$

$$e_i = e_0 + e_a \quad (B.0.4\text{-}4)$$

式中：ζ_c ——截面曲率修正系数；当 $\zeta_c > 1.0$ 时，取 $\zeta_c = 1.0$。

e_i ——初始偏心距；

M_0 ——一阶弹性分析柱端弯矩设计值；

e_0 ——轴向压力对截面重心的偏心距，$e_0 = M_0/N$；

e_a ——附加偏心距，按本规范第 6.2.5 条规定确定；

l_0 ——排架柱的计算长度，按本规范表 6.2.20-1 取用；

h, h_0 ——分别为所考虑弯曲方向柱的截面高度和截面有效高度；

A ——柱的截面面积。对于 I 形截面取：$A = bh + 2(b_f - b)h'_f$。

B.0.5 当采用本规范第 B.0.2 条、第 B.0.3 条计算各类结构中的弯矩增大系数 η_s 时，宜对构件的弹性抗弯刚度 $E_c I$ 乘以折减系数：对梁，取 0.4；对柱，取 0.6；对剪力墙肢及核心筒壁墙肢，取 0.45；当计算各结构中位移的增大系数 η_s 时，不对刚度进行折减。

注：当验算表明剪力墙肢或核心筒壁墙肢各控制截面不开裂时，计算弯矩增大系数 η_s 时的刚度折减系数可取为 0.7。

附录 C 钢筋、混凝土本构关系与混凝土多轴强度准则

C.1 钢筋本构关系

C.1.1 普通钢筋的屈服强度及极限强度的平均值 f_{ym}、f_{stm} 可按下列公式计算：

$$f_{ym} = f_{yk}/(1-1.645\delta_s) \quad (C.1.1\text{-}1)$$

$$f_{stm} = f_{stk}/(1-1.645\delta_s) \quad (C.1.1\text{-}2)$$

式中：f_{yk}、f_{ym} ——钢筋屈服强度的标准值、平均值；

f_{stk}、f_{stm} ——钢筋极限强度的标准值、平均值；

δ_s——钢筋强度的变异系数，宜根据试验统计确定。

C.1.2 钢筋单调加载的应力-应变本构关系曲线（图 C.1.2）可按下列规定确定。

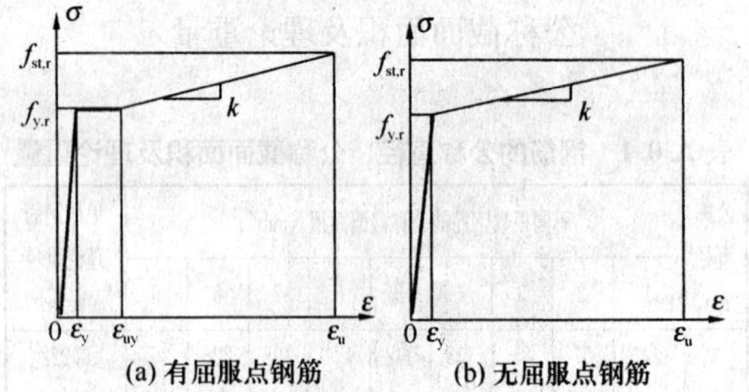

图 C.1.2 钢筋单调受拉应力-应变曲线

1 有屈服点钢筋

$$\sigma_s = \begin{cases} E_s \varepsilon_s & \varepsilon_s \leqslant \varepsilon_y \\ f_{y,r} & \varepsilon_y < \varepsilon_s \leqslant \varepsilon_{uy} \\ f_{y,r} + k(\varepsilon_s - \varepsilon_{uy}) & \varepsilon_{uy} < \varepsilon_s \leqslant \varepsilon_u \\ 0 & \varepsilon_s > \varepsilon_u \end{cases} \quad (C.1.2\text{-}1)$$

2 无屈服点钢筋

$$\sigma_p=\begin{cases}E_s\varepsilon_s & \varepsilon_s\leqslant\varepsilon_y\\ f_{y,r}+k(\varepsilon_s-\varepsilon_y) & \varepsilon_y<\varepsilon_s\leqslant\varepsilon_u\\ 0 & \varepsilon_s>\varepsilon_u\end{cases}\tag{C.1.2-2}$$

式中：E_s——钢筋的弹性模量；

σ_s——钢筋应力；

ε_s——钢筋应变；

$f_{y,r}$——钢筋的屈服强度代表值，其值可根据实际结构分析需要分别取 f_y、f_{yk} 或 f_{ym}；

$f_{st,r}$——钢筋极限强度代表值，其值可根据实际结构分析需要分别取 f_{st}、f_{stk} 或 f_{stm}；

ε_y——与 $f_{y,r}$ 相应的钢筋屈服应变，可取 $f_{y,r}/E_s$；

ε_{uy}——钢筋硬化起点应变；

ε_u——与 $f_{st,r}$ 相应的钢筋峰值应变；

k——钢筋硬化段斜率，$k=(f_{st,r}-f_{y,r})/(\varepsilon_u-\varepsilon_{uy})$。

C.1.3 钢筋反复加载的应力-应变本构关系曲线图（C.1.3）宜按下列公式确定，也可采用简化的折线形式表达。

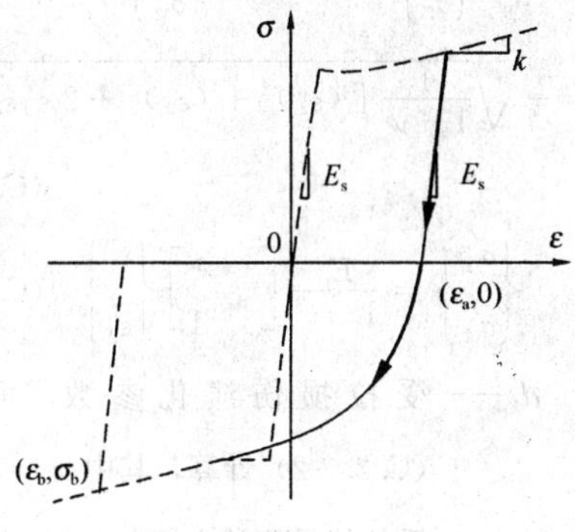

图 C.1.3　钢筋反复加载应力-应变曲线

$$\sigma_s=E_s(\varepsilon_s-\varepsilon_a)-\left(\frac{\varepsilon_s-\varepsilon_a}{\varepsilon_b-\varepsilon_a}\right)^p[E_s(\varepsilon_b-\varepsilon_a)-\sigma_b]\tag{C.1.3-1}$$

$$p=\frac{(E_s-k)(\varepsilon_b-\varepsilon_a)}{E_s(\varepsilon_b-\varepsilon_a)-\sigma_b}\tag{C.1.3-2}$$

式中：ε_a——再加载路径起点对应的应变；

σ_b、ε_b——再加载路径终点对应的应力和应变，如再加载方向钢筋未曾屈服过，则 σ_b、ε_b 取钢筋初始屈服点的应力应变。如再加载方向钢筋已经屈服过，则取该方向钢筋历史最大应变。

C.2　混凝土本构关系

C.2.1 混凝土的抗压强度及抗拉强度的平均值 f_{cm}、f_{tm} 可按下列公式计算：

$$f_{cm}=f_{ck}/(1-1.645\delta_c)\tag{C.2.1-1}$$

$$f_{tm}=f_{tk}/(1-1.645\delta_c)\tag{C.2.1-2}$$

式中：f_{cm}、f_{ck}——混凝土抗压强度的平均值、标准值；

f_{tm}、f_{tk}——混凝土抗拉强度的平均值、标准值；

δ_c——混凝土强度变异系数，宜根据试验统计确定。

C.2.2 本节规定的混凝土本构模型应适用于下列条件：

1 混凝土强度等级 C20～C80；

2 混凝土质量密度 2200kg/m³～2400kg/m³；

3 正常温度、湿度环境；

4 正常加载速度。

C.2.3 混凝土单轴受拉的应力-应变曲线（图 C.2.3）可按下列公式确定：

$$\sigma=(1-d_t)E_c\varepsilon\tag{C.2.3-1}$$

$$d_t=\begin{cases}1-\rho_t[1.2-0.2x^5] & x\leqslant1\\ 1-\dfrac{\rho_t}{\alpha_t(x-1)^{1.7}+x} & x>1\end{cases}\tag{C.2.3-2}$$

$$x=\frac{\varepsilon}{\varepsilon_{t,r}}\tag{C.2.3-3}$$

$$\rho_t=\frac{f_{t,r}}{E_c\varepsilon_{t,r}}\tag{C.2.3-4}$$

式中：α_t——混凝土单轴受拉应力-应变曲线下降段的参数值，按表 C.2.3 取用；

$f_{t,r}$——混凝土的单轴抗拉强度代表值，其值可根据实际结构分析需要分别取 f_t、f_{tk} 或 f_{tm}；

$\varepsilon_{t,r}$——与单轴抗拉强度代表值 $f_{t,r}$ 相应的混凝土峰值拉应变，按表 C.2.3 取用；

d_t——混凝土单轴受拉损伤演化参数。

表 C.2.3　混凝土单轴受拉应力-应变曲线的参数取值

$f_{t,r}$(N/mm²)	1.0	1.5	2.0	2.5	3.0	3.5	4.0
$\varepsilon_{t,r}$ (10^{-6})	65	81	95	107	118	128	137
α_t	0.31	0.70	1.25	1.95	2.81	3.82	5.00

注：混凝土受拉、受压的应力-应变曲线示意图绘于同一坐标系中，但取不同的比例。符号取"受拉为负、受压为正"。

C.2.4 混凝土单轴受压的应力-应变曲线（图 C.2.3）可按下列公式确定：

$$\sigma=(1-d_c)E_c\varepsilon\tag{C.2.4-1}$$

$$d_c=\begin{cases}1-\dfrac{\rho_c n}{n-1+x^n} & x\leqslant1\\ 1-\dfrac{\rho_c}{\alpha_c(x-1)^2+x} & x>1\end{cases}\tag{C.2.4-2}$$

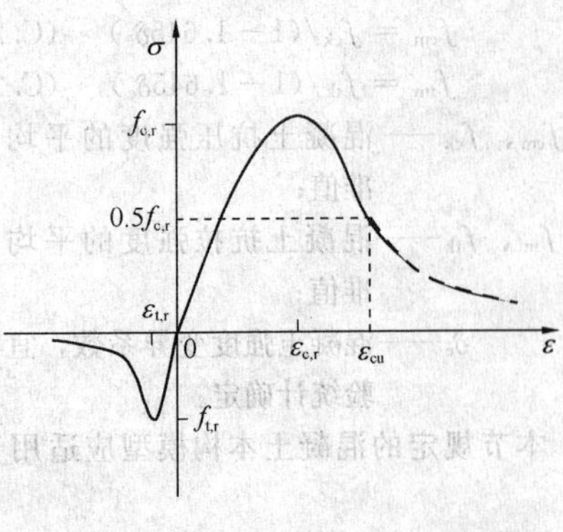

图 C.2.3 混凝土单轴应力-应变曲线

$$\rho_c = \frac{f_{c,r}}{E_c \varepsilon_{c,r}} \quad \text{(C.2.4-3)}$$

$$n = \frac{E_c \varepsilon_{c,r}}{E_c \varepsilon_{c,r} - f_{c,r}} \quad \text{(C.2.4-4)}$$

$$x = \frac{\varepsilon}{\varepsilon_{c,r}} \quad \text{(C.2.4-5)}$$

式中：α_c——混凝土单轴受压应力-应变曲线下降段参数值，按表 C.2.4 取用；

$f_{c,r}$——混凝土单轴抗压强度代表值，其值可根据实际结构分析的需要分别取 f_c、f_{ck} 或 f_{cm}；

$\varepsilon_{c,r}$——与单轴抗压强度 $f_{c,r}$ 相应的混凝土峰值压应变，按表 C.2.4 取用；

d_c——混凝土单轴受压损伤演化参数。

表 C.2.4 混凝土单轴受压应力-应变曲线的参数取值

$f_{c,r}$ (N/mm²)	20	25	30	35	40	45	50	55	60	65	70	75	80
$\varepsilon_{c,r}$ (10^{-6})	1470	1560	1640	1720	1790	1850	1920	1980	2030	2080	2130	2190	2240
α_c	0.74	1.06	1.36	1.65	1.94	2.21	2.48	2.74	3.00	3.25	3.50	3.75	3.99
$\varepsilon_{cu}/\varepsilon_{c,r}$	3.0	2.6	2.3	2.1	2.0	1.9	1.9	1.8	1.8	1.7	1.7	1.7	1.6

注：ε_{cu} 为应力应变曲线下降段应力等于 $0.5f_{c,r}$ 时的混凝土压应变。

C.2.5 在重复荷载作用下，受压混凝土卸载及再加载应力路径（图 C.2.5）可按下列公式确定：

$$\sigma = E_r(\varepsilon - \varepsilon_z) \quad \text{(C.2.5-1)}$$

$$E_r = \frac{\sigma_{un}}{\varepsilon_{un} - \varepsilon_z} \quad \text{(C.2.5-2)}$$

$$\varepsilon_z = \varepsilon_{un} - \left(\frac{(\varepsilon_{un} + \varepsilon_{ca})\sigma_{un}}{\sigma_{un} + E_c \varepsilon_{ca}}\right) \quad \text{(C.2.5-3)}$$

$$\varepsilon_{ca} = \max\left(\frac{\varepsilon_c}{\varepsilon_c + \varepsilon_{un}}, \frac{0.09\varepsilon_{un}}{\varepsilon_c}\right)\sqrt{\varepsilon_c \varepsilon_{un}} \quad \text{(C.2.5-4)}$$

式中：σ——受压混凝土的压应力；

ε——受压混凝土的压应变；

ε_z——受压混凝土卸载至零应力点时的残余应变；

E_r——受压混凝土卸载/再加载的变形模量；

σ_{un}、ε_{un}——分别为受压混凝土从骨架线开始卸载时的应力和应变；

ε_{ca}——附加应变；

ε_c——混凝土受压峰值应力对应的应变。

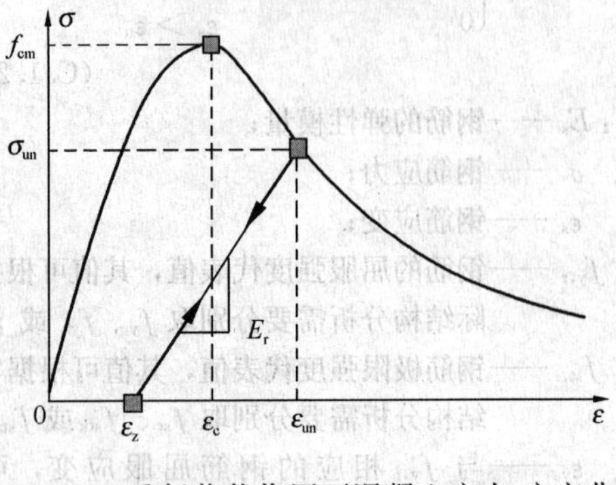

图 C.2.5 重复荷载作用下混凝土应力-应变曲线

C.2.6 混凝土在双轴加载、卸载条件下的本构关系可采用损伤模型或弹塑性模型。弹塑性本构关系可采用弹塑性增量本构理论，损伤本构关系按下列公式确定：

1 双轴受拉区（$\sigma'_1 < 0$，$\sigma'_2 < 0$）

1）加载方程

$$\begin{Bmatrix}\sigma_1\\ \sigma_2\end{Bmatrix} = (1 - d_t)\begin{Bmatrix}\sigma'_1\\ \sigma'_2\end{Bmatrix} \quad \text{(C.2.6-1)}$$

$$\varepsilon_{t,e} = -\sqrt{\frac{1}{1-\nu^2}\left[(\varepsilon_1)^2 + (\varepsilon_2)^2 + 2\nu\varepsilon_1\varepsilon_2\right]} \quad \text{(C.2.6-2)}$$

$$\begin{Bmatrix}\sigma'_1\\ \sigma'_2\end{Bmatrix} = \frac{E_c}{1-\nu^2}\begin{bmatrix}1 & \nu\\ \nu & 1\end{bmatrix}\begin{Bmatrix}\varepsilon_1\\ \varepsilon_2\end{Bmatrix} \quad \text{(C.2.6-3)}$$

式中：d_t——受拉损伤演化参数，可由式（C.2.3-2）计算，其中 $x = \frac{\varepsilon_{t,e}}{\varepsilon_t}$；

$\varepsilon_{t,e}$——受拉能量等效应变；

σ'_1，σ'_2——有效应力；

ν——混凝土泊松比，可取 0.18～0.22。

2）卸载方程

$$\begin{Bmatrix}\sigma_1 - \sigma_{un,1}\\ \sigma_2 - \sigma_{un,2}\end{Bmatrix} = (1 - d_t)\frac{E_c}{1-\nu^2}\begin{bmatrix}1 & \nu\\ \nu & 1\end{bmatrix}\begin{Bmatrix}\varepsilon_1 - \varepsilon_{un,1}\\ \varepsilon_2 - \varepsilon_{un,2}\end{Bmatrix} \quad \text{(C.2.6-4)}$$

式中：$\sigma_{un,1}$、$\sigma_{un,2}$、$\varepsilon_{un,1}$、$\varepsilon_{un,2}$——二维卸载点处的应力、应变。

在加载方程中，损伤演化参数应采用即时应变换算得到的能量等效应变计算；卸载方程中的损伤演化参数应采用卸载点处的应变换算的能量等效应变计算，并且在整个卸载和再加载过程中保持不变。

2 双轴受压区（$\sigma'_1 \geqslant 0$，$\sigma'_2 \geqslant 0$）

1）加载方程

$$\begin{Bmatrix}\sigma_1\\ \sigma_2\end{Bmatrix} = (1 - d_c)\begin{Bmatrix}\sigma'_1\\ \sigma'_2\end{Bmatrix} \quad \text{(C.2.6-5)}$$

$$\varepsilon_{c,e}=\frac{1}{(1-\nu^2)(1-\alpha_s)}\left[\alpha_s(1+\nu)(\varepsilon_1+\varepsilon_2)+\sqrt{(\varepsilon_1+\nu\varepsilon_2)^2+(\varepsilon_2+\nu\varepsilon_1)^2-(\varepsilon_1+\nu\varepsilon_2)(\varepsilon_2+\nu\varepsilon_1)}\right] \quad (C.2.6\text{-}6)$$

$$\alpha_s=\frac{r-1}{2r-1} \quad (C.2.6\text{-}7)$$

式中：d_c ——受压损伤演化参数，可由公式（C. 2. 4-2）计算，其中 $x=\frac{\varepsilon_{c,e}}{\varepsilon_c}$；

$\varepsilon_{c,e}$ ——受压能量等效应变；

α_s ——受剪屈服参数；

r ——双轴受压强度提高系数，取值范围 1.15～1.30，可根据实验数据确定，在缺乏实验数据时可取 1.2。

2）卸载方程

$$\begin{Bmatrix}\sigma_1-\sigma_{un,1}\\ \sigma_2-\sigma_{un,2}\end{Bmatrix}=(1-\eta_d d_c)\frac{E_c}{1-\nu^2}\begin{bmatrix}1 & \nu\\ \nu & 1\end{bmatrix}\begin{Bmatrix}\varepsilon_1-\varepsilon_{un,1}\\ \varepsilon_2-\varepsilon_{un,2}\end{Bmatrix} \quad (C.2.6\text{-}8)$$

$$\eta_d=\frac{\varepsilon_{c,e}}{\varepsilon_{c,e}+\varepsilon_{ca}} \quad (C.2.6\text{-}9)$$

式中：η_d ——塑性因子；

ε_{ca} ——附加应变，按公式（C. 2. 5-4）计算。

3 双轴拉压区（$\sigma'_1<0$，$\sigma'_2\geqslant0$）或（$\sigma'_1\geqslant0$，$\sigma'_2<0$）

1）加载方程

$$\begin{Bmatrix}\sigma_1\\ \sigma_2\end{Bmatrix}=\begin{bmatrix}(1-d_t) & 0\\ 0 & (1-d_c)\end{bmatrix}\begin{Bmatrix}\sigma'_1\\ \sigma'_2\end{Bmatrix} \quad (C.2.6\text{-}10)$$

$$\varepsilon_{t,e}=-\sqrt{\frac{1}{(1-\nu^2)}\varepsilon_1\ (\varepsilon_1+\gamma\varepsilon_2)} \quad (C.2.6\text{-}11)$$

式中：d_t ——受拉损伤演化参数，可由式（C. 2. 3-2）计算，其中 $x=\frac{\varepsilon_{t,e}}{\varepsilon_t}$；

d_c ——受压损伤演化参数，可由式（C. 2. 4-2）计算，其中 $x=\frac{\varepsilon_{c,e}}{\varepsilon_c}$；

$\varepsilon_{t,e}$、$\varepsilon_{c,e}$ ——能量等效应变，其中，$\varepsilon_{c,e}$ 按式（C. 2. 6-6）计算，$\varepsilon_{t,e}$ 可按式（C. 2. 6-11）计算。

2）卸载方程

$$\begin{Bmatrix}\sigma_1-\sigma_{un,1}\\ \sigma_2-\sigma_{un,2}\end{Bmatrix}=\frac{E_c}{1-\nu^2}\begin{bmatrix}(1-d_t) & (1-d_t)\nu\\ (1-\eta_d d_c)\nu & (1-\eta_d d_c)\end{bmatrix}\begin{Bmatrix}\varepsilon_1-\varepsilon_{un,1}\\ \varepsilon_2-\varepsilon_{un,2}\end{Bmatrix} \quad (C.2.6\text{-}12)$$

式中：η_d ——塑性因子。

C.3 钢筋-混凝土粘结滑移本构关系

C. 3. 1 混凝土与热轧带肋钢筋之间的粘结应力-滑移（τ—s）本构关系曲线（图 C. 3. 1）可按下列规定确定，曲线特征点的参数值可按表 C. 3. 1 取用。

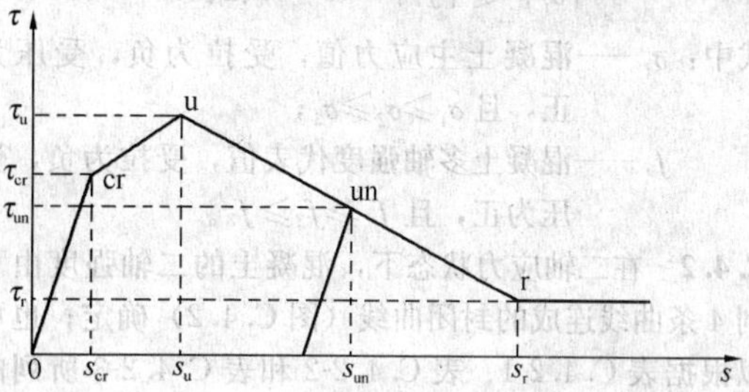

图 C. 3. 1 混凝土与钢筋间的粘结应力-滑移曲线

线性段 $\tau=k_1 s \quad 0\leqslant s\leqslant s_{cr}$ （C. 3. 1-1）

劈裂段 $\tau=\tau_{cr}+k_2(s-s_{cr}) \quad s_{cr}<s\leqslant s_u$ （C. 3. 1-2）

下降段 $\tau=\tau_u+k_3(s-s_u) \quad s_u<s\leqslant s_r$ （C. 3. 1-3）

残余段 $\tau=\tau_r \quad s>s_r$ （C. 3. 1-4）

卸载段 $\tau=\tau_{un}+k_1(s-s_{un})$ （C. 3. 1-5）

式中：τ ——混凝土与热轧带肋钢筋之间的粘结应力（N/mm^2）；

s ——混凝土与热轧带肋钢筋之间的相对滑移（mm）；

k_1 ——线性段斜率，τ_{cr}/s_{cr}；

k_2 ——劈裂段斜率，$(\tau_u-\tau_{cr})/(s_u-s_{cr})$；

k_3 ——下降段斜率，$(\tau_r-\tau_u)/(s_r-s_u)$；

τ_{un} ——卸载点的粘结应力（N/mm^2）；

s_{un} ——卸载点的相对滑移（mm）。

表 C. 3. 1 混凝土与钢筋间粘结应力-滑移曲线的参数值

特征点	劈裂（cr）		峰值（u）		残余（r）	
粘结应力（N/mm^2）	τ_{cr}	$2.5f_{t,r}$	τ_u	$3f_{t,r}$	τ_r	$f_{t,r}$
相对滑移（mm）	s_{cr}	$0.025d$	s_u	$0.04d$	s_r	$0.55d$

注：表中 d 为钢筋直径（mm）；$f_{t,r}$ 为混凝土的抗拉强度特征值（N/mm^2）。

C. 3. 2 除热轧带肋钢筋外，其余种类钢筋的粘结应力-滑移本构关系曲线的参数值可根据试验确定。

C.4 混凝土强度准则

C. 4. 1 当采用混凝土多轴强度准则进行承载力计算时，材料强度参数取值及抗力计算应符合下列原则：

1 当采用弹塑性方法确定作用效应时，混凝土强度指标宜取平均值；

2 当采用弹性方法或弹塑性方法分析结果进行

构件承载力计算时，混凝土强度指标可根据需要，取其强度设计值（f_c 或 f_t）或标准值（f_{ck}或 f_{tk}）。

3 采用弹性分析或弹塑性分析求得混凝土的应力分布和主应力值后，混凝土多轴强度验算应符合下列要求：

$$|\sigma_i| \leqslant |f_i| \quad (i=1、2、3) \qquad (C.4.1)$$

式中：σ_i——混凝土主应力值，受拉为负，受压为正，且 $\sigma_1 \geqslant \sigma_2 \geqslant \sigma_3$；

f_i——混凝土多轴强度代表值，受拉为负，受压为正，且 $f_1 \geqslant f_2 \geqslant f_3$。

C.4.2 在二轴应力状态下，混凝土的二轴强度由下列 4 条曲线连成的封闭曲线（图 C.4.2）确定；也可以根据表 C.4.2-1、表 C.4.2-2 和表 C.4.2-3 所列的数值内插取值。

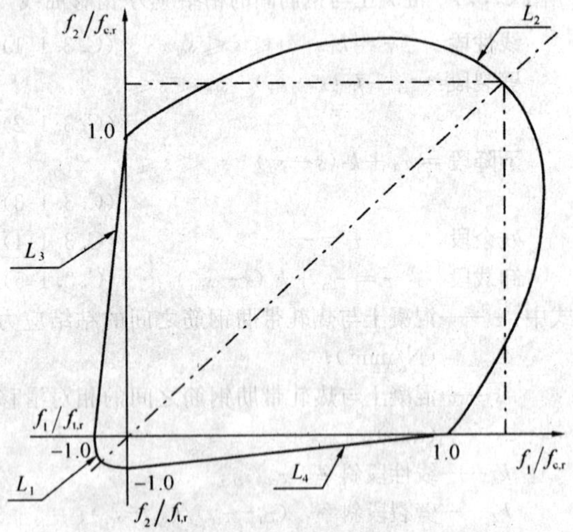

图 C.4.2 混凝土二轴应力的强度包络图

强度包络曲线方程应符合下列公式的规定：

$$\begin{cases} L_1: & f_1^2+f_2^2-2\nu f_1 f_2=(f_{t,r})^2 \\ L_2: & \sqrt{f_1^2+f_2^2-f_1 f_2}-\alpha_s(f_1+f_2)=(1-\alpha_s)f_{c,r} \\ L_3: & \dfrac{f_2}{f_{c,r}}-\dfrac{f_1}{f_{t,r}}=1 \\ L_4: & \dfrac{f_1}{f_{c,r}}-\dfrac{f_2}{f_{t,r}}=1 \end{cases} \qquad (C.4.2)$$

式中：α_s——受剪屈服参数，由公式（C.2.6-7）确定。

表 C.4.2-1 混凝土在二轴拉-压应力状态下的抗拉、抗压强度

$f_2/f_{t,r}$	0	-0.1	-0.2	-0.3	-0.4	-0.5	-0.6	-0.7	-0.8	-0.9	-1.0
$f_1/f_{c,r}$	1.00	0.90	0.80	0.70	0.60	0.50	0.40	0.30	0.20	0.10	0

表 C.4.2-2 混凝土在二轴受压状态下的抗压强度

$f_1/f_{c,r}$	1.0	1.05	1.10	1.15	1.20	1.25	1.29	1.25	1.20	1.16
$f_2/f_{c,r}$	0	0.074	0.16	0.25	0.36	0.50	0.88	1.03	1.11	1.16

表 C.4.2-3 混凝土在二轴受拉状态下的抗拉强度

$f_1/f_{t,r}$	-0.79	-0.7	-0.6	-0.5	-0.4	-0.3	-0.2	-0.1	0
$f_2/f_{t,r}$	-0.79	-0.86	-0.93	-0.97	-1.00	-1.02	-1.02	-1.02	-1.00

C.4.3 混凝土在三轴应力状态下的强度可按下列规定确定：

1 在三轴受拉（拉-拉-拉）应力状态下，混凝土的三轴抗拉强度 f_3 均可取单轴抗拉强度的 0.9 倍；

2 三轴拉压（拉-拉-压、拉-压-压）应力状态下混凝土的三轴抗压强度 f_1 可根据应力比 σ_3/σ_1 和 σ_2/σ_1 按图 C.4.3-1 确定，或根据表 C.4.3-1 内插取值，其最高强度不宜超过单轴抗压强度的 1.2 倍；

表 C.4.3-1 混凝土在三轴拉-压状态下抗压强度的调整系数（$f_1/f_{c,r}$）

σ_3/σ_1 \ σ_2/σ_1	-0.75	-0.50	-0.25	-0.10	-0.05	0	0.25	0.35	0.36	0.50	0.70	0.75	1.00
-1.00	0	0	0	0	0	0	0	0	0	0	0	0	0
-0.75	0.10	0.10	0.10	0.10	0.10	0.10	0.05	0.05	0.05	0.05	0.05	0.05	0.05
-0.50	—	0.10	0.10	0.10	0.10	0.10	0.10	0.10	0.10	0.10	0.10	0.10	0.10
-0.25	—	—	0.20	0.20	0.20	0.20	0.20	0.20	0.20	0.20	0.20	0.20	0.20
-0.12	—	—	—	0.30	0.30	0.30	0.30	0.30	0.30	0.30	0.30	0.30	0.30
-0.10	—	—	—	0.40	0.40	0.40	0.40	0.40	0.40	0.40	0.40	0.40	0.40
-0.08	—	—	—	—	0.50	0.50	0.50	0.50	0.50	0.50	0.50	0.50	0.50
-0.05	—	—	—	—	0.60	0.60	0.60	0.60	0.60	0.60	0.60	0.60	0.60
-0.04	—	—	—	—	—	0.70	0.70	0.70	0.70	0.70	0.70	0.70	0.70
-0.02	—	—	—	—	—	0.80	0.80	0.80	0.80	0.80	0.80	0.80	0.80
-0.01	—	—	—	—	—	0.90	0.90	0.90	0.90	0.90	0.90	0.90	0.90
0	—	—	—	—	—	1.00	1.20	1.20	1.20	1.20	1.20	1.20	1.20

注：正号为压，负号为拉。

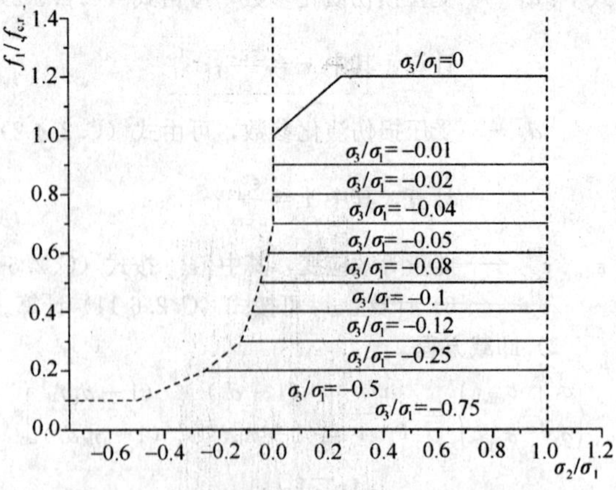

图 C.4.3-1 三轴拉-压应力状态下混凝土的三轴抗压强度

3 三轴受压（压-压-压）应力状态下混凝土的三轴抗压强度 f_1 可根据应力比 σ_3/σ_1 和 σ_2/σ_1 按图 C.4.3-2 确定，或根据表 C.4.3-2 内插取值，其最高强度不宜超过单轴抗压强度的 3 倍。

表 C.4.3-2 混凝土在三轴受压状态下抗压强度的提高系数（$f_1/f_{c,r}$）

σ_3/σ_1 \ σ_2/σ_1	0	0.05	0.10	0.15	0.20	0.25	0.30	0.40	0.60	0.80	1.00
0	1.00	1.05	1.10	1.15	1.20	1.20	1.20	1.20	1.20	1.20	1.20
0.05	—	1.40	1.40	1.40	1.40	1.40	1.40	1.40	1.40	1.40	1.40
0.08	—	—	1.64	1.64	1.64	1.64	1.64	1.64	1.64	1.64	1.64
0.10	—	—	1.80	1.80	1.80	1.80	1.80	1.80	1.80	1.80	1.80
0.12	—	—	—	2.00	2.00	2.00	2.00	2.00	2.00	2.00	2.00
0.15	—	—	—	2.30	2.30	2.30	2.30	2.30	2.30	2.30	2.30
0.18	—	—	—	—	2.72	2.72	2.72	2.72	2.72	2.72	2.72
0.20	—	—	—	—	3.00	3.00	3.00	3.00	3.00	3.00	3.00

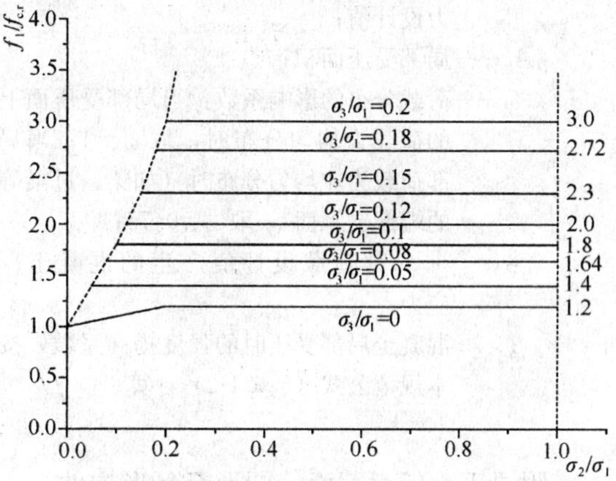

图 C.4.3-2 三轴受压状态下混凝土的三轴抗压强度

附录 D 素混凝土结构构件设计

D.1 一 般 规 定

D.1.1 素混凝土构件主要用于受压构件。素混凝土受弯构件仅允许用于卧置在地基上以及不承受活荷载的情况。

D.1.2 素混凝土结构构件应进行正截面承载力计算；对承受局部荷载的部位尚应进行局部受压承载力计算。

D.1.3 素混凝土墙和柱的计算长度 l_0 可按下列规定采用：

1 两端支承在刚性的横向结构上时，取 $l_0=H$；

2 具有弹性移动支座时，取 $l_0=1.25H \sim 1.50H$；

3 对自由独立的墙和柱，取 $l_0=2H$。

此处，H 为墙或柱的高度，以层高计。

D.1.4 素混凝土结构伸缩缝的最大间距，可按表 D.1.4 的规定采用。

整片的素混凝土墙壁式结构，其伸缩缝宜做成贯通式，将基础断开。

表 D.1.4 素混凝土结构伸缩缝最大间距（m）

结构类别	室内或土中	露 天
装配式结构	40	30
现浇结构（配有构造钢筋）	30	20
现浇结构（未配构造钢筋）	20	10

D.2 受 压 构 件

D.2.1 素混凝土受压构件，当按受压承载力计算时，不考虑受拉区混凝土的工作，并假定受压区的法向应力图形为矩形，其应力值取素混凝土的轴心抗压强度设计值，此时，轴向力作用点与受压区混凝土合力点相重合。

素混凝土受压构件的受压承载力应符合下列规定：

1 对称于弯矩作用平面的截面

$$N \leqslant \varphi f_{cc} A'_c \qquad (D.2.1\text{-}1)$$

受压区高度 x 应按下列条件确定：

$$e_c = e_0 \qquad (D.2.1\text{-}2)$$

此时，轴向力作用点至截面重心的距离 e_0 尚应符合下列要求：

$$e_0 \leqslant 0.9 y'_0 \qquad (D.2.1\text{-}3)$$

2 矩形截面（图 D.2.1）

$$N \leqslant \varphi f_{cc} b (h - 2e_0) \qquad (D.2.1\text{-}4)$$

式中：N——轴向压力设计值；

φ——素混凝土构件的稳定系数，按表 D.2.1 采用；

f_{cc}——素混凝土的轴心抗压强度设计值，按本规范表 4.1.4-1 规定的混凝土轴心抗压强度设计值 f_c 值乘以系数 0.85 取用；

A'_c——混凝土受压区的面积；

e_c——受压区混凝土的合力点至截面重心的距离；

y'_0——截面重心至受压区边缘的距离；

b——截面宽度；

h——截面高度。

当按公式(D.2.1-1)或公式(D.2.1-4)计算时，对 e_0 不小于 $0.45y'_0$ 的受压构件，应在混凝土受拉区配置构造钢筋。其配筋率不应少于构件截面面积的 0.05%。但当符合本规范公式（D.2.2-1）或公式(D.2.2-2)的条件时，可不配置此项构造钢筋。

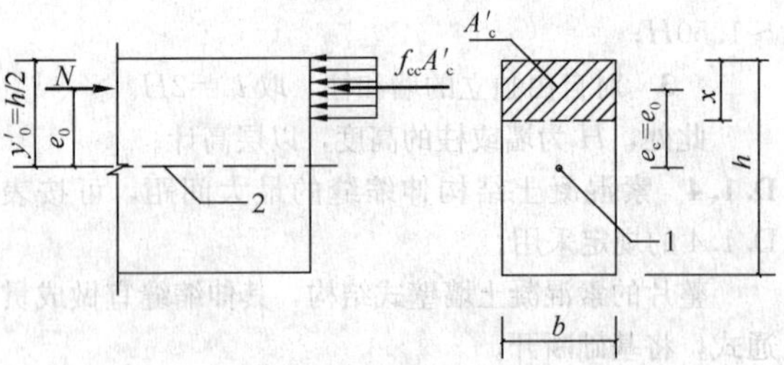

图 D. 2. 1　矩形截面的素混凝土受压构件受压承载力计算

1—重心；2—重心线

表 D. 2. 1　素混凝土构件的稳定系数 φ

l_0/b	<4	4	6	8	10	12	14	16	18	20	22	24	26	28	30
l_0/i	<14	14	21	28	35	42	49	56	63	70	76	83	90	97	104
φ	1.00	0.98	0.96	0.91	0.86	0.82	0.77	0.72	0.68	0.63	0.59	0.55	0.51	0.47	0.44

注：在计算 l_0/b 时，b 的取值：对偏心受压构件，取弯矩作用平面的截面高度；对轴心受压构件，取截面短边尺寸。

D. 2. 2　对不允许开裂的素混凝土受压构件（如处于液体压力下的受压构件、女儿墙等），当 e_0 不小于 $0.45y'_0$ 时，其受压承载力应按下列公式计算：

1　对称于弯矩作用平面的截面

$$N \leqslant \varphi \frac{\gamma f_{ct} A}{\frac{e_0 A}{W} - 1} \tag{D. 2. 2-1}$$

2　矩形截面

$$N \leqslant \varphi \frac{\gamma f_{ct} bh}{\frac{6e_0}{h} - 1} \tag{D. 2. 2-2}$$

式中：f_{ct}——素混凝土轴心抗拉强度设计值，按本规范表 4. 1. 4-2 规定的混凝土轴心抗拉强度设计值 f_t 值乘以系数 0. 55 取用；

γ——截面抵抗矩塑性影响系数，按本规范第 7. 2. 4 条取用；

W——截面受拉边缘的弹性抵抗矩；

A——截面面积。

D. 2. 3　素混凝土偏心受压构件，除应计算弯矩作用平面的受压承载力外，尚应按轴心受压构件验算垂直于弯矩作用平面的受压承载力。此时，不考虑弯矩作用，但应考虑稳定系数 φ 的影响。

D. 3　受 弯 构 件

D. 3. 1　素混凝土受弯构件的受弯承载力应符合下列规定：

1　对称于弯矩作用平面的截面

$$M \leqslant \gamma f_{ct} W \tag{D. 3. 1-1}$$

2　矩形截面

$$M \leqslant \frac{\gamma f_{ct} bh^2}{6} \tag{D. 3. 1-2}$$

式中：M——弯矩设计值。

D. 4　局部构造钢筋

D. 4. 1　素混凝土结构在下列部位应配置局部构造钢筋：

1　结构截面尺寸急剧变化处；

2　墙壁高度变化处（在不小于 1m 范围内配置）；

3　混凝土墙壁中洞口周围。

注：在配置局部构造钢筋后，伸缩缝的间距仍应按本规范表 D. 1. 4 中未配构造钢筋的现浇结构采用。

D. 5　局 部 受 压

D. 5. 1　素混凝土构件的局部受压承载力应符合下列规定：

1　局部受压面上仅有局部荷载作用

$$F_l \leqslant \omega \beta_l f_{cc} A_l \tag{D. 5. 1-1}$$

2　局部受压面上尚有非局部荷载作用

$$F_l \leqslant \omega \beta_l (f_{cc} - \sigma) A_l \tag{D. 5. 1-2}$$

式中：F_l——局部受压面上作用的局部荷载或局部压力设计值；

A_l——局部受压面积；

ω——荷载分布的影响系数：当局部受压面上的荷载为均匀分布时，取 $\omega=1$；当局部荷载为非均匀分布时（如梁、过梁等的端部支承面），取 $\omega=0.75$；

σ——非局部荷载设计值产生的混凝土压应力；

β_l——混凝土局部受压时的强度提高系数，按本规范公式（6. 6. 1-2）计算。

附录 E　任意截面、圆形及环形构件正截面承载力计算

E. 0. 1　任意截面钢筋混凝土和预应力混凝土构件，其正截面承载力可按下列方法计算：

1　将截面划分为有限多个混凝土单元、纵向钢筋单元和预应力筋单元（图 E. 0. 1a），并近似取单元内应变和应力为均匀分布，其合力点在单元重心处；

2　各单元的应变按本规范第 6. 2. 1 条的截面应变保持平面的假定由下列公式确定（图 E. 0. 1b）：

$$\varepsilon_{ci} = \phi_u [(x_{ci} \sin\theta + y_{ci} \cos\theta) - r] \tag{E. 0. 1-1}$$

$$\varepsilon_{sj} = -\phi_u [(x_{sj} \sin\theta + y_{sj} \cos\theta) - r] \tag{E. 0. 1-2}$$

$$\varepsilon_{pk} = -\phi_u [(x_{pk} \sin\theta + y_{pk} \cos\theta) - r] + \varepsilon_{p0k} \tag{E. 0. 1-3}$$

3　截面达到承载能力极限状态时的极限曲率 ϕ_u 应按下列两种情况确定：

1）当截面受压区外边缘的混凝土压应变 ε_c 达

到混凝土极限压应变 ε_{cu} 且受拉区最外排钢筋的应变 ε_{s1} 小于 0.01 时，应按下列公式计算：

$$\phi_u=\frac{\varepsilon_{cu}}{x_n} \tag{E.0.1-4}$$

2）当截面受拉区最外排钢筋的应变 ε_{s1} 达到 0.01 且受压区外边缘的混凝土压应变 ε_c 小于混凝土极限压应变 ε_{cu} 时，应按下列公式计算：

$$\phi_u=\frac{0.01}{h_{01}-x_n} \tag{E.0.1-5}$$

4 混凝土单元的压应力和普通钢筋单元、预应力筋单元的应力应按本规范第 6.2.1 条的基本假定确定；

5 构件正截面承载力应按下列公式计算（图 E.0.1）：

$$N\leqslant\sum_{i=1}^{l}\sigma_{ci}A_{ci}-\sum_{j=1}^{m}\sigma_{sj}A_{sj}-\sum_{k=1}^{n}\sigma_{pk}A_{pk} \tag{E.0.1-6}$$

$$M_x\leqslant\sum_{i=1}^{l}\sigma_{ci}A_{ci}x_{ci}-\sum_{j=1}^{m}\sigma_{sj}A_{sj}x_{sj}-\sum_{k=1}^{n}\sigma_{pk}A_{pk}x_{pk} \tag{E.0.1-7}$$

$$M_y\leqslant\sum_{i=1}^{l}\sigma_{ci}A_{ci}y_{ci}-\sum_{j=1}^{m}\sigma_{sj}A_{sj}y_{sj}-\sum_{k=1}^{n}\sigma_{pk}A_{pk}y_{pk} \tag{E.0.1-8}$$

式中：N——轴向力设计值，当为压力时取正值，当为拉力时取负值；

M_x、M_y——偏心受力构件截面 x 轴、y 轴方向的弯矩设计值：当为偏心受压时，应考虑附加偏心距引起的附加弯矩；轴向压力作用在 x 轴的上侧时 M_y 取正值，轴向压力作用在 y 轴的右侧时 M_x 取正值；当为偏心受拉时，不考虑附加偏心的影响；

ε_{ci}、σ_{ci}——分别为第 i 个混凝土单元的应变、应力，受压时取正值，受拉时取应力 $\sigma_{ci}=0$；序号 i 为 1，2，…，l，此处，l 为混凝土单元数；

A_{ci}——第 i 个混凝土单元面积；

x_{ci}、y_{ci}——分别为第 i 个混凝土单元重心到 y 轴、x 轴的距离，x_{ci} 在 y 轴右侧及 y_{ci} 在 x 轴上侧时取正值；

ε_{sj}、σ_{sj}——分别为第 j 个普通钢筋单元的应变、应力，受拉时取正值，应力 σ_{si} 应满足本规范公式（6.2.1-6）的条件；序号 j 为 1，2，…，m，此处，m 为钢筋单元数；

A_{sj}——第 j 个普通钢筋单元面积；

x_{sj}、y_{sj}——分别为第 j 个普通钢筋单元重心到 y 轴、x 轴的距离，x_{sj} 在 y 轴右侧及 y_{sj} 在 x 轴上侧时取正值；

ε_{pk}、σ_{pk}——分别为第 k 个预应力筋单元的应变、应力，受拉时取正值，应力 σ_{pk} 应满足本规范公式（6.2.1-7）的条件，序号 k 为 1，2，…，n，此处，n 为预应力筋单元数；

ε_{p0k}——第 k 个预应力筋单元在该单元重心处混凝土法向应力等于零时的应变，其值取 σ_{p0k} 除以预应力筋的弹性模量，当受拉时取正值；σ_{p0k} 按本规范公式（10.1.6-3）或公式（10.1.6-6）计算；

A_{pk}——第 k 个预应力筋单元面积；

x_{pk}、y_{pk}——分别为第 k 个预应力筋单元重心到 y 轴、x 轴的距离，x_{pk} 在 y 轴右侧及 y_{pk} 在 x 轴上侧时取正值；

x、y——分别为以截面重心为原点的直角坐标系的两个坐标轴；

r——截面重心至中和轴的距离；

h_{01}——截面受压区外边缘至受拉区最外排普通钢筋之间垂直于中和轴的距离；

θ——x 轴与中和轴的夹角，顺时针方向取正值；

x_n——中和轴至受压区最外侧边缘的距离。

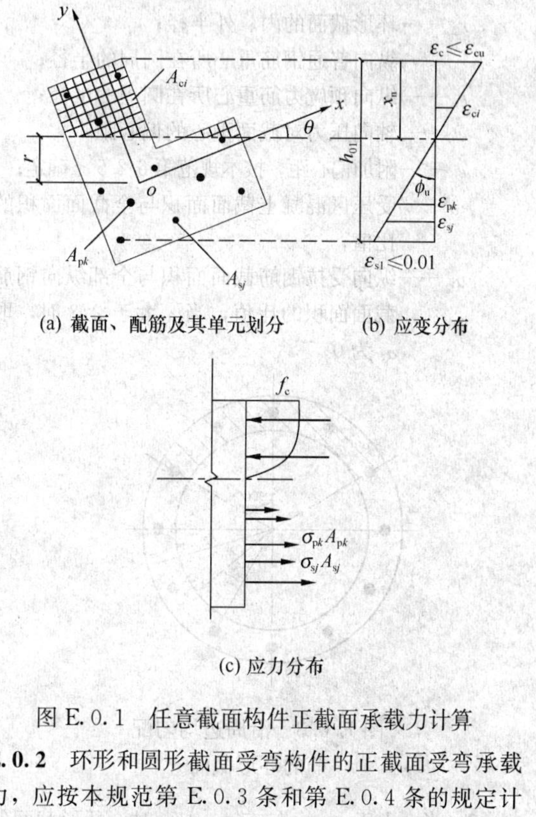

(a) 截面、配筋及其单元划分　　(b) 应变分布

(c) 应力分布

图 E.0.1　任意截面构件正截面承载力计算

E.0.2 环形和圆形截面受弯构件的正截面受弯承载力，应按本规范第 E.0.3 条和第 E.0.4 条的规定计算。但在计算时，应在公式（E.0.3-1）、公式（E.0.3-3）和公式（E.0.4-1）中取等号，并取轴向

力设计值 $N=0$；同时，应将公式（E.0.3-2）、公式（E.0.3-4）和公式（E.0.4-2）中 Ne_i 以弯矩设计值 M 代替。

E.0.3 沿周边均匀配置纵向钢筋的环形截面偏心受压构件（图 E.0.3），其正截面受压承载力宜符合下列规定：

1 钢筋混凝土构件

$$N \leqslant \alpha\alpha_1 f_c A + (\alpha - \alpha_t) f_y A_s \quad (E.0.3\text{-}1)$$

$$Ne_i \leqslant \alpha_1 f_c A (r_1 + r_2) \frac{\sin\pi\alpha}{2\pi} + f_y A_s r_s \frac{(\sin\pi\alpha + \sin\pi\alpha_t)}{\pi} \quad (E.0.3\text{-}2)$$

2 预应力混凝土构件

$$N \leqslant \alpha\alpha_1 f_c A - \sigma_{p0} A_p + \alpha f'_{py} A_p - \alpha_t (f_{py} - \sigma_{p0}) A_p \quad (E.0.3\text{-}3)$$

$$Ne_i \leqslant \alpha_1 f_c A (r_1 + r_2) \frac{\sin\pi\alpha}{2\pi} + f'_{py} A_p r_p \frac{\sin\pi\alpha}{\pi} + (f_{py} - \sigma_{p0}) A_p r_p \frac{\sin\pi\alpha_t}{\pi} \quad (E.0.3\text{-}4)$$

在上述各公式中的系数和偏心距，应按下列公式计算：

$$\alpha_t = 1 - 1.5\alpha \quad (E.0.3\text{-}5)$$

$$e_i = e_0 + e_a \quad (E.0.3\text{-}6)$$

式中：A ——环形截面面积；

A_s ——全部纵向普通钢筋的截面面积；

A_p ——全部纵向预应力筋的截面面积；

r_1、r_2 ——环形截面的内、外半径；

r_s ——纵向普通钢筋重心所在圆周的半径；

r_p ——纵向预应力筋重心所在圆周的半径；

e_0 ——轴向压力对截面重心的偏心距；

e_a ——附加偏心距，按本规范第 6.2.5 条确定；

α ——受压区混凝土截面面积与全截面面积的比值；

α_t ——纵向受拉钢筋截面面积与全部纵向钢筋截面面积的比值，当 α 大于 2/3 时，取 α_t 为 0。

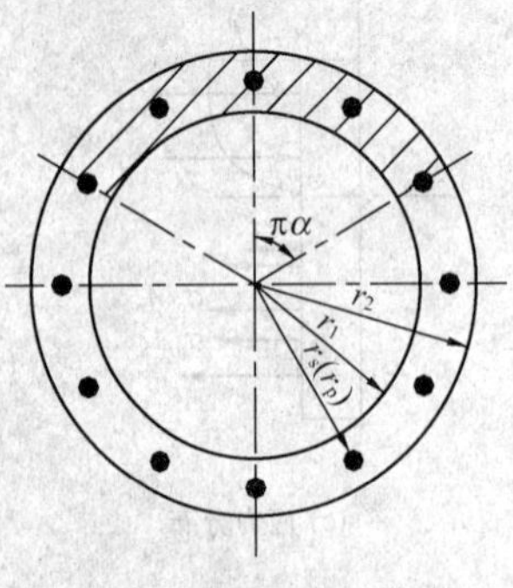

图 E.0.3 沿周边均匀配筋的环形截面

3 当 α 小于 $\arccos\left(\frac{2r_1}{r_1+r_2}\right)/\pi$ 时，环形截面偏心受压构件可按本规范第 E.0.4 条规定的圆形截面偏心受压构件正截面受压承载力公式计算。

注：本条适用于截面内纵向钢筋数量不少于 6 根且 r_1/r_2 不小于 0.5 的情况。

E.0.4 沿周边均匀配置纵向普通钢筋的圆形截面钢筋混凝土偏心受压构件（图 E.0.4），其正截面受压承载力宜符合下列规定：

$$N \leqslant \alpha\alpha_1 f_c A \left(1 - \frac{\sin 2\pi\alpha}{2\pi\alpha}\right) + (\alpha - \alpha_t) f_y A_s \quad (E.0.4\text{-}1)$$

$$Ne_i \leqslant \frac{2}{3}\alpha_1 f_c A r \frac{\sin^3\pi\alpha}{\pi} + f_y A_s r_s \frac{\sin\pi\alpha + \sin\pi\alpha_t}{\pi} \quad (E.0.4\text{-}2)$$

$$\alpha_t = 1.25 - 2\alpha \quad (E.0.4\text{-}3)$$

$$e_i = e_0 + e_a \quad (E.0.4\text{-}4)$$

式中：A ——圆形截面面积；

A_s ——全部纵向普通钢筋的截面面积；

r ——圆形截面的半径；

r_s ——纵向普通钢筋重心所在圆周的半径；

e_0 ——轴向压力对截面重心的偏心距；

e_a ——附加偏心距，按本规范第 6.2.5 条确定；

α ——对应于受压区混凝土截面面积的圆心角（rad）与 2π 的比值；

α_t ——纵向受拉普通钢筋截面面积与全部纵向普通钢筋截面面积的比值，当 α 大于 0.625 时，取 α_t 为 0。

注：本条适用于截面内纵向普通钢筋数量不少于 6 根的情况。

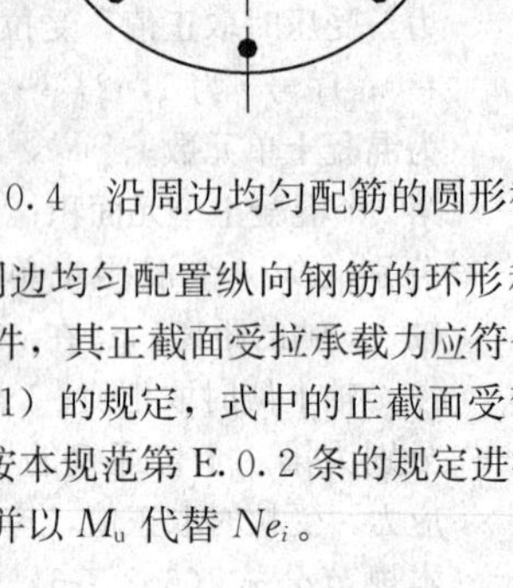

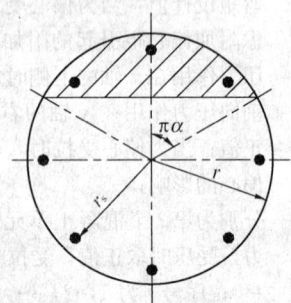

图 E.0.4 沿周边均匀配筋的圆形截面

E.0.5 沿周边均匀配置纵向钢筋的环形和圆形截面偏心受拉构件，其正截面受拉承载力应符合本规范公式（6.2.25-1）的规定，式中的正截面受弯承载力设计值 M_u 可按本规范第 E.0.2 条的规定进行计算，但应取等号，并以 M_u 代替 Ne_i。

附录 F 板柱节点计算用等效集中反力设计值

F.0.1 在竖向荷载、水平荷载作用下的板柱节点，其受冲切承载力计算中所用的等效集中反力设计值

$F_{l,\mathrm{eq}}$可按下列情况确定：

1 传递单向不平衡弯矩的板柱节点

当不平衡弯矩作用平面与柱矩形截面两个轴线之一相重合时，可按下列两种情况进行计算：

1） 由节点受剪传递的单向不平衡弯矩 $\alpha_0 M_{\mathrm{unb}}$，当其作用的方向指向图 F.0.1 的 AB 边时，等效集中反力设计值可按下列公式计算：

$$F_{l,\mathrm{eq}} = F_l + \frac{\alpha_0 M_{\mathrm{unb}} a_{\mathrm{AB}}}{I_{\mathrm{c}}} u_{\mathrm{m}} h_0 \quad \text{(F.0.1-1)}$$

$$M_{\mathrm{unb}} = M_{\mathrm{unb,c}} - F_l e_{\mathrm{g}} \quad \text{(F.0.1-2)}$$

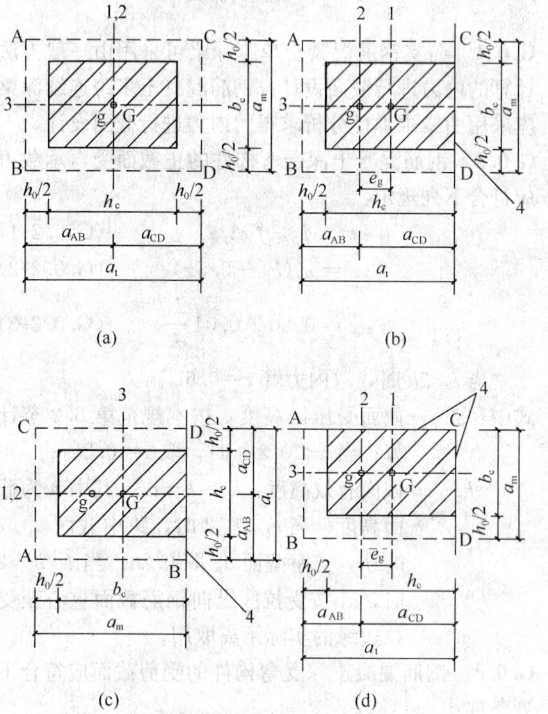

图 F.0.1 矩形柱及受冲切承载力计算的几何参数
(a) 中柱截面；(b) 边柱截面（弯矩作用平面垂直于自由边）
(c) 边柱截面（弯矩作用平面平行于自由边）；(d) 角柱截面
1—柱截面重心 G 的轴线；2—临界截面周长重心 g 的轴线；
3—不平衡弯矩作用平面；4—自由边

2） 由节点受剪传递的单向不平衡弯矩 $\alpha_0 M_{\mathrm{unb}}$，当其作用的方向指向图 F.0.1 的 CD 边时，等效集中反力设计值可按下列公式计算：

$$F_{l,\mathrm{eq}} = F_l + \frac{\alpha_0 M_{\mathrm{unb}} a_{\mathrm{CD}}}{I_{\mathrm{c}}} u_{\mathrm{m}} h_0 \quad \text{(F.0.1-3)}$$

$$M_{\mathrm{unb}} = M_{\mathrm{unb,c}} + F_l e_{\mathrm{g}} \quad \text{(F.0.1-4)}$$

式中：F_l——在竖向荷载、水平荷载作用下，柱所承受的轴向压力设计值的层间差值减去柱顶冲切破坏锥体范围内板所承受的荷载设计值；

α_0——计算系数，按本规范第 F.0.2 条计算；

M_{unb}——竖向荷载、水平荷载引起对临界截面周长重心轴（图 F.0.1 中的轴线 2）处的不平衡弯矩设计值；

$M_{\mathrm{unb,c}}$——竖向荷载、水平荷载引起对柱截面重心轴（图 F.0.1 中的轴线 1）处的不平衡弯矩设计值；

a_{AB}、a_{CD}——临界截面周长重心轴至 AB、CD 边缘的距离；

I_{c}——按临界截面计算的类似极惯性矩，按本规范第 F.0.2 条计算；

e_{g}——在弯矩作用平面内柱截面重心轴至临界截面周长重心轴的距离，按本规范第 F.0.2 条计算；对中柱截面和弯矩作用平面平行于自由边的边柱截面，$e_{\mathrm{g}}=0$。

2 传递双向不平衡弯矩的板柱节点

当节点受剪传递到临界截面周长两个方向的不平衡弯矩为 $\alpha_{0x} M_{\mathrm{unb,x}}$、$\alpha_{0y} M_{\mathrm{unb,y}}$ 时，等效集中反力设计值可按下列公式计算：

$$F_{l,\mathrm{eq}} = F_l + \tau_{\mathrm{unb,max}} u_{\mathrm{m}} h_0 \quad \text{(F.0.1-5)}$$

$$\tau_{\mathrm{unb,max}} = \frac{\alpha_{0x} M_{\mathrm{unb,x}} a_{\mathrm{x}}}{I_{\mathrm{cx}}} + \frac{\alpha_{0y} M_{\mathrm{unb,y}} a_{\mathrm{y}}}{I_{\mathrm{cy}}} \quad \text{(F.0.1-6)}$$

式中：$\tau_{\mathrm{unb,max}}$——由受剪传递的双向不平衡弯矩在临界截面上产生的最大剪应力设计值；

$M_{\mathrm{unb,x}}$、$M_{\mathrm{unb,y}}$——竖向荷载、水平荷载引起对临界截面周长重心处 x 轴、y 轴方向的不平衡弯矩设计值，可按公式（F.0.1-2）或公式（F.0.1-4）同样的方法确定；

α_{0x}、α_{0y}——x 轴、y 轴的计算系数，按本规范第 F.0.2 条和第 F.0.3 条确定；

I_{cx}、I_{cy}——对 x 轴、y 轴按临界截面计算的类似极惯性矩，按本规范第 F.0.2 条和第 F.0.3 条确定；

a_{x}、a_{y}——最大剪应力 τ_{max} 的作用点至 x 轴、y 轴的距离。

3 当考虑不同的荷载组合时，应取其中的较大值作为板柱节点受冲切承载力计算用的等效集中反力设计值。

F.0.2 板柱节点考虑受剪传递单向不平衡弯矩的受冲切承载力计算中，与等效集中反力设计值 $F_{l,\mathrm{eq}}$ 有关的参数和本附录图 F.0.1 中所示的几何尺寸，可按下列公式计算：

1 中柱处临界截面的类似极惯性矩、几何尺寸及计算系数可按下列公式计算（图 F.0.1a）：

$$I_{\mathrm{c}} = \frac{h_0 a_{\mathrm{t}}^3}{6} + 2 h_0 a_{\mathrm{m}} \left(\frac{a_{\mathrm{t}}}{2}\right)^2 \quad \text{(F.0.2-1)}$$

$$a_{AB}=a_{CD}=\frac{a_t}{2} \quad (F.0.2\text{-}2)$$

$$e_g=0 \quad (F.0.2\text{-}3)$$

$$\alpha_0=1-\frac{1}{1+\frac{2}{3}\sqrt{\frac{h_c+h_0}{b_c+h_0}}} \quad (F.0.2\text{-}4)$$

2 边柱处临界截面的类似极惯性矩、几何尺寸及计算系数可按下列公式计算：

1）弯矩作用平面垂直于自由边（图 F.0.1b）

$$I_c=\frac{h_0a_t^3}{6}+h_0a_ma_{AB}^2+2h_0a_t\left(\frac{a_t}{2}-a_{AB}\right)^2 \quad (F.0.2\text{-}5)$$

$$a_{AB}=\frac{a_t^2}{a_m+2a_t} \quad (F.0.2\text{-}6)$$

$$a_{CD}=a_t-a_{AB} \quad (F.0.2\text{-}7)$$

$$e_g=a_{CD}-\frac{h_c}{2} \quad (F.0.2\text{-}8)$$

$$\alpha_0=1-\frac{1}{1+\frac{2}{3}\sqrt{\frac{h_c+h_0/2}{b_c+h_0}}} \quad (F.0.2\text{-}9)$$

2）弯矩作用平面平行于自由边（图 F.0.1c）

$$I_c=\frac{h_0a_t^3}{12}+2h_0a_m\left(\frac{a_t}{2}\right)^2 \quad (F.0.2\text{-}10)$$

$$a_{AB}=a_{CD}=\frac{a_t}{2} \quad (F.0.2\text{-}11)$$

$$e_g=0 \quad (F.0.2\text{-}12)$$

$$\alpha_0=1-\frac{1}{1+\frac{2}{3}\sqrt{\frac{h_c+h_0}{b_c+h_0/2}}} \quad (F.0.2\text{-}13)$$

3 角柱处临界截面的类似极惯性矩、几何尺寸及计算系数可按下列公式计算（图 F.0.1d）：

$$I_c=\frac{h_0a_t^3}{12}+h_0a_ma_{AB}^2+h_0a_t\left(\frac{a_t}{2}-a_{AB}\right)^2 \quad (F.0.2\text{-}14)$$

$$a_{AB}=\frac{a_t^2}{2(a_m+a_t)} \quad (F.0.2\text{-}15)$$

$$a_{CD}=a_t-a_{AB} \quad (F.0.2\text{-}16)$$

$$e_g=a_{CD}-\frac{h_c}{2} \quad (F.0.2\text{-}17)$$

$$\alpha_0=1-\frac{1}{1+\frac{2}{3}\sqrt{\frac{h_c+h_0/2}{b_c+h_0/2}}} \quad (F.0.2\text{-}18)$$

F.0.3 在按本附录公式（F.0.1-5）、公式（F.0.1-6）进行板柱节点考虑传递双向不平衡弯矩的受冲切承载力计算中，如将本附录第 F.0.2 条的规定视作 x 轴（或 y 轴）的类似极惯性矩、几何尺寸及计算系数，则与其相应的 y 轴（或 x 轴）的类似极惯性矩、几何尺寸及计算系数，可将前述的 x 轴（或 y 轴）的相应参数进行置换确定。

F.0.4 当边柱、角柱部位有悬臂板时，临界截面周长可计算至垂直于自由边的板端处，按此计算的临界截面周长应与按中柱计算的临界截面周长相比较，并取两者中的较小值。在此基础上，应按本规范第 F.0.2 条和第 F.0.3 条的原则，确定板柱节点考虑受剪传递不平衡弯矩的受冲切承载力计算所用等效集中反力设计值 $F_{l,eq}$ 的有关参数。

附录 G 深受弯构件

G.0.1 简支钢筋混凝土单跨深梁可采用由一般方法计算的内力进行截面设计；钢筋混凝土多跨连续深梁应采用由二维弹性分析求得的内力进行截面设计。

G.0.2 钢筋混凝土深受弯构件的正截面受弯承载力应符合下列规定：

$$M\leqslant f_yA_sz \quad (G.0.2\text{-}1)$$

$$z=\alpha_d(h_0-0.5x) \quad (G.0.2\text{-}2)$$

$$\alpha_d=0.80+0.04\frac{l_0}{h} \quad (G.0.2\text{-}3)$$

当 $l_0<h$ 时，取内力臂 $z=0.6l_0$。

式中：x——截面受压区高度，按本规范第 6.2 节计算；当 $x<0.2h_0$ 时，取 $x=0.2h_0$；

h_0——截面有效高度：$h_0=h-a_s$，其中 h 为截面高度；当 $l_0/h\leqslant2$ 时，跨中截面 a_s 取 $0.1h$，支座截面 a_s 取 $0.2h$；当 $l_0/h>2$ 时，a_s 按受拉区纵向钢筋截面重心至受拉边缘的实际距离取用。

G.0.3 钢筋混凝土深受弯构件的受剪截面应符合下列条件：

当 h_w/b 不大于 4 时

$$V\leqslant\frac{1}{60}(10+l_0/h)\beta_cf_cbh_0 \quad (G.0.3\text{-}1)$$

当 h_w/b 不小于 6 时

$$V\leqslant\frac{1}{60}(7+l_0/h)\beta_cf_cbh_0 \quad (G.0.3\text{-}2)$$

当 h_w/b 大于 4 且小于 6 时，按线性内插法取用。

式中：V——剪力设计值；

l_0——计算跨度，当 l_0 小于 $2h$ 时，取 $2h$；

b——矩形截面的宽度以及 T 形、I 形截面的腹板厚度；

h、h_0——截面高度、截面有效高度；

h_w——截面的腹板高度：矩形截面，取有效高度 h_0；T 形截面，取有效高度减去翼缘高度；I 形和箱形截面，取腹板净高；

β_c——混凝土强度影响系数，按本规范第 6.3.1 条的规定取用。

G.0.4 矩形、T 形和 I 形截面的深受弯构件，在均布荷载作用下，当配有竖向分布钢筋和水平分布钢筋时，其斜截面的受剪承载力应符合下列规定：

$$V \leqslant 0.7\frac{(8-l_0/h)}{3}f_t bh_0+\frac{(l_0/h-2)}{3}f_{yv}\frac{A_{sv}}{s_h}h_0 +\frac{(5-l_0/h)}{6}f_{yh}\frac{A_{sh}}{s_v}h_0 \quad (G.0.4\text{-}1)$$

对集中荷载作用下的深受弯构件（包括作用有多种荷载，且其中集中荷载对支座截面所产生的剪力值占总剪力值的75%以上的情况），其斜截面的受剪承载力应符合下列规定：

$$V\leqslant\frac{1.75}{\lambda+1}f_t bh_0+\frac{(l_0/h-2)}{3}f_{yv}\frac{A_{sv}}{s_h}h_0 +\frac{(5-l_0/h)}{6}f_{yh}\frac{A_{sh}}{s_v}h_0 \quad (G.0.4\text{-}2)$$

式中：λ——计算剪跨比：当 l_0/h 不大于 2.0 时，取 $\lambda=0.25$；当 l_0/h 大于 2 且小于 5 时，取 $\lambda=a/h_0$，其中，a 为集中荷载到深受弯构件支座的水平距离；λ 的上限值为 $(0.92l_0/h-1.58)$，下限值为 $(0.42l_0/h-0.58)$；

l_0/h——跨高比，当 l_0/h 小于 2 时，取 2.0；

G.0.5 一般要求不出现斜裂缝的钢筋混凝土深梁，应符合下列条件：

$$V_k \leqslant 0.5f_{tk}bh_0 \quad (G.0.5)$$

式中：V_k——按荷载效应的标准组合计算的剪力值。

此时可不进行斜截面受剪承载力计算，但应按本规范第 G.0.10 条、第 G.0.12 条的规定配置分布钢筋。

G.0.6 钢筋混凝土深梁在承受支座反力的作用部位以及集中荷载作用部位，应按本规范第 6.6 节的规定进行局部受压承载力计算。

G.0.7 深梁的截面宽度不应小于140mm。当 l_0/h 不小于1时，h/b 不宜大于25；当 l_0/h 小于1时，l_0/b 不宜大于25。深梁的混凝土强度等级不应低于C20。当深梁支承在钢筋混凝土柱上时，宜将柱伸至深梁顶。深梁顶部应与楼板等水平构件可靠连接。

G.0.8 钢筋混凝土深梁的纵向受拉钢筋宜采用较小的直径，且宜按下列规定布置：

1 单跨深梁和连续深梁的下部纵向钢筋宜均匀布置在梁下边缘以上 $0.2h$ 的范围内（图 G.0.8-1 及图 G.0.8-2）。

2 连续深梁中间支座截面的纵向受拉钢筋宜按图 G.0.8-3 规定的高度范围和配筋比例均匀布置在相应高度范围内。对于 l_0/h 小于1的连续深梁，在中间支座底面以上 $0.2l_0$～$0.6l_0$ 高度范围内的纵向受拉钢筋配筋率尚不宜小于0.5%。水平分布钢筋可用作支座部位的上部纵向受拉钢筋，不足部分可由附加水平钢筋补足，附加水平钢筋自支座向跨中延伸的长度不宜小于 $0.4l_0$（图 G.0.8-2）。

G.0.9 深梁的下部纵向受拉钢筋应全部伸入支座，

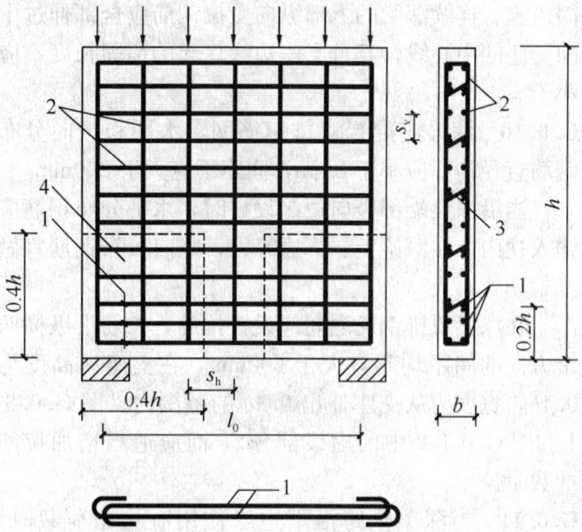

图 G.0.8-1　单跨深梁的钢筋配置

1—下部纵向受拉钢筋及弯折锚固；2—水平及竖向分布钢筋；3—拉筋；4—拉筋加密区

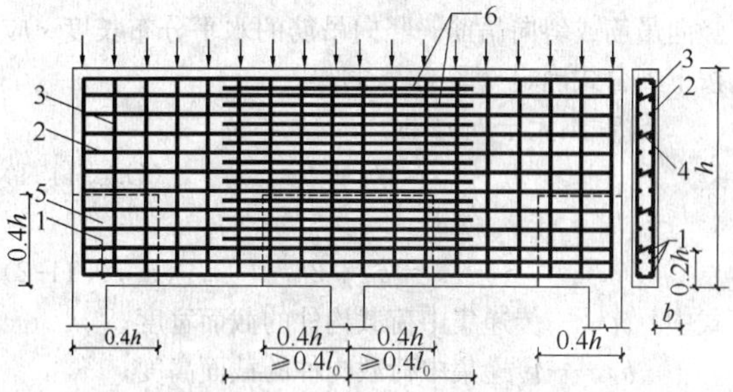

图 G.0.8-2　连续深梁的钢筋配置

1—下部纵向受拉钢筋；2—水平分布钢筋；3—竖向分布钢筋；4—拉筋；5—拉筋加密区；6—支座截面上部的附加水平钢筋

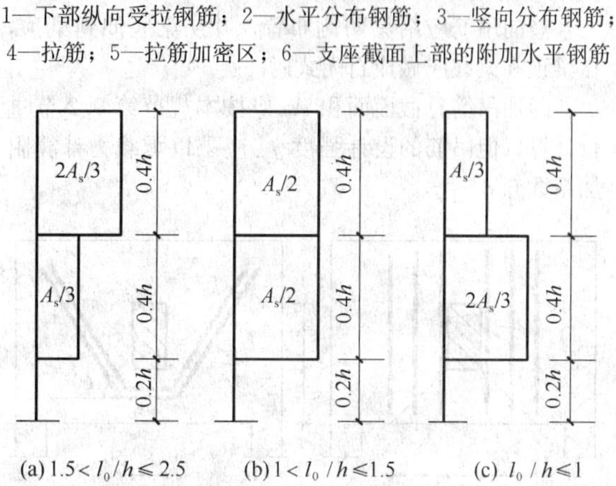

图 G.0.8-3　连续深梁中间支座截面纵向受拉钢筋在不同高度范围内的分配比例

不应在跨中弯起或截断。在简支单跨深梁支座及连续深梁梁端的简支支座处，纵向受拉钢筋应沿水平方向弯折锚固（图 G.0.8-1），其锚固长度应按本规范第 8.3.1 条规定的受拉钢筋锚固长度 l_a 乘以系数 1.1 采用；当不能满足上述锚固长度要求时，应采取在钢筋上加焊锚固钢板或将钢筋末端焊成封闭式等有效的锚固措施。连续深梁的下部纵向受拉钢筋应全部伸过中间支座的中心线，其自支座边缘算起的锚固长度不应小于 l_a。

G.0.10 深梁应配置双排钢筋网，水平和竖向分布钢筋直径均不应小于 8mm，间距不应大于 200mm。

当沿深梁端部竖向边缘设柱时，水平分布钢筋应锚入柱内。在深梁上、下边缘处，竖向分布钢筋宜做成封闭式。

在深梁双排钢筋之间应设置拉筋，拉筋沿纵横两个方向的间距均不宜大于 600mm，在支座区高度为 $0.4h$，宽度为从支座伸出 $0.4h$ 的范围内（图 G.0.8-1 和图 G.0.8-2 中的虚线部分），尚应适当增加拉筋的数量。

G.0.11 当深梁全跨沿下边缘作用有均布荷载时，应沿梁全跨均匀布置附加竖向吊筋，吊筋间距不宜大于 200mm。

当有集中荷载作用于深梁下部 3/4 高度范围内时，该集中荷载应全部由附加吊筋承受，吊筋应采用竖向吊筋或斜向吊筋。竖向吊筋的水平分布长度 s 应按下列公式确定（图 G.0.11a）：

当 h_1 不大于 $h_b/2$ 时

$$s = b_b + h_b \tag{G.0.11-1}$$

当 h_1 大于 $h_b/2$ 时

$$s = b_b + 2h_1 \tag{G.0.11-2}$$

式中：b_b——传递集中荷载构件的截面宽度；

h_b——传递集中荷载构件的截面高度；

h_1——从深梁下边缘到传递集中荷载构件底边的高度。

竖向吊筋应沿梁两侧布置，并从梁底伸到梁顶，在梁顶和梁底应做成封闭式。

附加吊筋总截面面积 A_{sv} 应按本规范第 9.2 节进行计算，但吊筋的设计强度 f_{yv} 应乘以承载力计算附加系数 0.8。

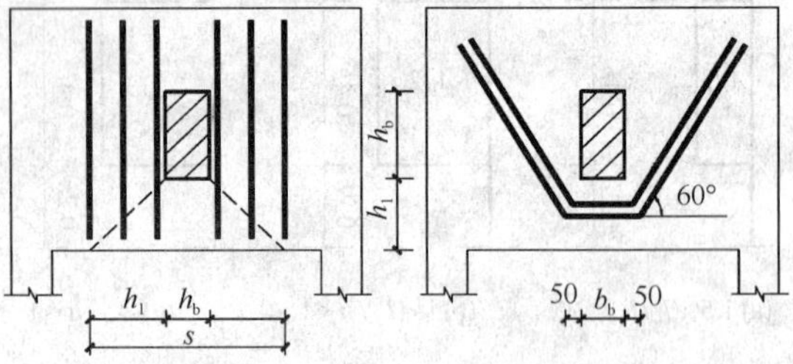

(a) 竖向吊筋　　(b) 斜向吊筋

图 G.0.11 深梁承受集中荷载作用时的附加吊筋

注：图中尺寸单位 mm。

G.0.12 深梁的纵向受拉钢筋配筋率 $\rho\left(\rho = \frac{A_s}{bh}\right)$、水平分布钢筋配筋率 $\rho_{sh}\left(\rho_{sh} = \frac{A_{sh}}{bs_v}, s_v \text{ 为水平分布钢筋的间距}\right)$ 和竖向分布钢筋配筋率 $\rho_{sv}\left(\rho_{sv} = \frac{A_{sv}}{bs_h}, s_h \text{ 为竖向分布钢筋的间距}\right)$ 不宜小于表 G.0.12 规定的数值。

表 G.0.12 深梁中钢筋的最小配筋百分率（%）

钢筋种类	纵向受拉钢筋	水平分布钢筋	竖向分布钢筋
HPB300	0.25	0.25	0.20
HRB400、HRBF400、RRB400、HRB335、HRBF335	0.20	0.20	0.15
HRB500、HRBF500	0.15	0.15	0.10

注：当集中荷载作用于连续深梁上部 1/4 高度范围内且 l_0/h 大于 1.5 时，竖向分布钢筋最小配筋百分率应增加 0.05。

G.0.13 除深梁以外的深受弯构件，其纵向受力钢筋、箍筋及纵向构造钢筋的构造规定与一般梁相同，但其截面下部 1/2 高度范围内和中间支座上部 1/2 高度范围内布置的纵向构造钢筋宜较一般梁适当加强。

附录 H 无支撑叠合梁板

H.0.1 施工阶段不加支撑的叠合受弯构件（梁、板），内力应分别按下列两个阶段计算。

1 第一阶段 后浇的叠合层混凝土未达到强度设计值之前的阶段。荷载由预制构件承担，预制构件按简支构件计算；荷载包括预制构件自重、预制楼板自重、叠合层自重以及本阶段的施工活荷载。

2 第二阶段 叠合层混凝土达到设计规定的强度值之后的阶段。叠合构件按整体结构计算；荷载考虑下列两种情况并取较大值：

施工阶段 考虑叠合构件自重、预制楼板自重、面层、吊顶等自重以及本阶段的施工活荷载；

使用阶段 考虑叠合构件自重、预制楼板自重、面层、吊顶等自重以及使用阶段的可变荷载。

H.0.2 预制构件和叠合构件的正截面受弯承载力应按本规范第 6.2 节计算，其中，弯矩设计值应按下列规定取用：

预制构件

$$M_1 = M_{1G} + M_{1Q} \tag{H.0.2-1}$$

叠合构件的正弯矩区段

$$M = M_{1G} + M_{2G} + M_{2Q} \tag{H.0.2-2}$$

叠合构件的负弯矩区段

$$M = M_{2G} + M_{2Q} \tag{H.0.2-3}$$

式中：M_{1G}——预制构件自重、预制楼板自重和叠合层自重在计算截面产生的弯矩设计值；

M_{2G}——第二阶段面层、吊顶等自重在计算截面产生的弯矩设计值；

M_{1Q}——第一阶段施工活荷载在计算截面产生的弯矩设计值；

M_{2Q}——第二阶段可变荷载在计算截面产生的弯矩设计值，取本阶段施工活荷载和使用阶段可变荷载在计算截面产生的弯矩设计值中的较大值。

在计算中，正弯矩区段的混凝土强度等级，按叠合层取用；负弯矩区段的混凝土强度等级，按计算截面受压区的实际情况取用。

H.0.3 预制构件和叠合构件的斜截面受剪承载力，应按本规范第6.3节的有关规定进行计算。其中，剪力设计值应按下列规定取用：

预制构件

$$V_1 = V_{1G} + V_{1Q} \quad \text{(H.0.3-1)}$$

叠合构件

$$V = V_{1G} + V_{2G} + V_{2Q} \quad \text{(H.0.3-2)}$$

式中：V_{1G}——预制构件自重、预制楼板自重和叠合层自重在计算截面产生的剪力设计值；

V_{2G}——第二阶段面层、吊顶等自重在计算截面产生的剪力设计值；

V_{1Q}——第一阶段施工活荷载在计算截面产生的剪力设计值；

V_{2Q}——第二阶段可变荷载产生的剪力设计值，取本阶段施工活荷载和使用阶段可变荷载在计算截面产生的剪力设计值中的较大值。

在计算中，叠合构件斜截面上混凝土和箍筋的受剪承载力设计值 V_{cs} 应取叠合层和预制构件中较低的混凝土强度等级进行计算，且不低于预制构件的受剪承载力设计值；对预应力混凝土叠合构件，不考虑预应力对受剪承载力的有利影响，取 $V_p = 0$。

H.0.4 当叠合梁符合本规范第9.2节梁的各项构造要求时，其叠合面的受剪承载力应符合下列规定：

$$V \leqslant 1.2 f_t b h_0 + 0.85 f_{yv} \frac{A_{sv}}{s} h_0 \quad \text{(H.0.4-1)}$$

此处，混凝土的抗拉强度设计值 f_t 取叠合层和预制构件中的较低值。

对不配箍筋的叠合板，当符合本规范叠合界面粗糙度的构造规定时，其叠合面的受剪强度应符合下列公式的要求：

$$\frac{V}{b h_0} \leqslant 0.4(\text{N/mm}^2) \quad \text{(H.0.4-2)}$$

H.0.5 预应力混凝土叠合受弯构件，其预制构件和叠合构件应进行正截面抗裂验算。此时，在荷载的标准组合下，抗裂验算边缘混凝土的拉应力不应大于预制构件的混凝土抗拉强度标准值 f_{tk}。抗裂验算边缘混凝土的法向应力应按下列公式计算：

预制构件

$$\sigma_{ck} = \frac{M_{1k}}{W_{01}} \quad \text{(H.0.5-1)}$$

叠合构件

$$\sigma_{ck} = \frac{M_{1Gk}}{W_{01}} + \frac{M_{2k}}{W_0} \quad \text{(H.0.5-2)}$$

式中：M_{1Gk}——预制构件自重、预制楼板自重和叠合层自重标准值在计算截面产生的弯矩值；

M_{1k}——第一阶段荷载标准组合下在计算截面产生的弯矩值，取 $M_{1k} = M_{1Gk} + M_{1Qk}$，此处，$M_{1Qk}$ 为第一阶段施工活荷载标准值在计算截面产生的弯矩值；

M_{2k}——第二阶段荷载标准组合下在计算截面上产生的弯矩值，取 $M_{2k} = M_{2Gk} + M_{2Qk}$，此处 M_{2Gk} 为面层、吊顶等自重标准值在计算截面产生的弯矩值；M_{2Qk} 为使用阶段可变荷载标准值在计算截面产生的弯矩值；

W_{01}——预制构件换算截面受拉边缘的弹性抵抗矩；

W_0——叠合构件换算截面受拉边缘的弹性抵抗矩，此时，叠合层的混凝土截面面积应按弹性模量比换算成预制构件混凝土的截面面积。

H.0.6 预应力混凝土叠合构件，应按本规范第7.1.5条的规定进行斜截面抗裂验算；混凝土的主拉应力及主压应力应考虑叠合构件受力特点，并按本规范第7.1.6条的规定计算。

H.0.7 钢筋混凝土叠合受弯构件在荷载准永久组合下，其纵向受拉钢筋的应力 σ_{sq} 应符合下列规定：

$$\sigma_{sq} \leqslant 0.9 f_y \quad \text{(H.0.7-1)}$$

$$\sigma_{sq} = \sigma_{s1k} + \sigma_{s2q} \quad \text{(H.0.7-2)}$$

在弯矩 M_{1Gk} 作用下，预制构件纵向受拉钢筋的应力 σ_{s1k} 可按下列公式计算：

$$\sigma_{s1k} = \frac{M_{1Gk}}{0.87 A_s h_{01}} \quad \text{(H.0.7-3)}$$

式中：h_{01}——预制构件截面有效高度。

在荷载准永久组合相应的弯矩 M_{2q} 作用下，叠合构件纵向受拉钢筋中的应力增量 σ_{s2q} 可按下列公式计算：

$$\sigma_{s2q} = \frac{0.5\left(1 + \frac{h_1}{h}\right) M_{2q}}{0.87 A_s h_0} \quad \text{(H.0.7-4)}$$

当 $M_{1Gk} < 0.35 M_{1u}$ 时，公式（H.0.7-4）中的

$0.5\left(1+\frac{h_1}{h}\right)$ 值应取等于1.0；此处，M_{1u}为预制构件正截面受弯承载力设计值，应按本规范第6.2节计算，但式中应取等号，并以M_{1u}代替M。

H.0.8 混凝土叠合构件应验算裂缝宽度，按荷载准永久组合或标准组合并考虑长期作用影响所计算的最大裂缝宽度w_{max}，不应超过本规范第3.4节规定的最大裂缝宽度限值。

按荷载准永久组合或标准组合并考虑长期作用影响的最大裂缝宽度w_{max}可按下列公式计算：

钢筋混凝土构件

$$w_{max}=2\frac{\psi(\sigma_{s1k}+\sigma_{s2q})}{E_s}\left(1.9c+0.08\frac{d_{eq}}{\rho_{te1}}\right) \tag{H.0.8-1}$$

$$\psi=1.1-\frac{0.65f_{tk1}}{\rho_{te1}\sigma_{s1k}+\rho_{te}\sigma_{s2q}} \tag{H.0.8-2}$$

预应力混凝土构件

$$w_{max}=1.6\frac{\psi(\sigma_{s1k}+\sigma_{s2k})}{E_s}\left(1.9c+0.08\frac{d_{eq}}{\rho_{te1}}\right) \tag{H.0.8-3}$$

$$\psi=1.1-\frac{0.65f_{tk1}}{\rho_{te1}\sigma_{s1k}+\rho_{te}\sigma_{s2k}} \tag{H.0.8-4}$$

式中：d_{eq}——受拉区纵向钢筋的等效直径，按本规范第7.1.2条的规定计算；

ρ_{te1}、ρ_{te}——按预制构件、叠合构件的有效受拉混凝土截面面积计算的纵向受拉钢筋配筋率，按本规范第7.1.2条计算；

f_{tk1}——预制构件的混凝土抗拉强度标准值。

H.0.9 叠合构件应按本规范第7.2.1条的规定进行正常使用极限状态下的挠度验算。其中，叠合受弯构件按荷载准永久组合或标准组合并考虑长期作用影响的刚度可按下列公式计算：

钢筋混凝土构件

$$B=\frac{M_q}{\left(\frac{B_{s2}}{B_{s1}}-1\right)M_{1Gk}+\theta M_q}B_{s2} \tag{H.0.9-1}$$

预应力混凝土构件

$$B=\frac{M_k}{\left(\frac{B_{s2}}{B_{s1}}-1\right)M_{1Gk}+(\theta-1)M_q+M_k}B_{s2} \tag{H.0.9-2}$$

$$M_k=M_{1Gk}+M_{2k} \tag{H.0.9-3}$$

$$M_q=M_{1Gk}+M_{2Gk}+\psi_q M_{2Qk} \tag{H.0.9-4}$$

式中：θ——考虑荷载长期作用对挠度增大的影响系数，按本规范第7.2.5条采用；

M_k——叠合构件按荷载标准组合计算的弯矩值；

M_q——叠合构件按荷载准永久组合计算的弯矩值；

B_{s1}——预制构件的短期刚度，按本规范第H.0.10条取用；

B_{s2}——叠合构件第二阶段的短期刚度，按本规范第H.0.10条取用；

ψ_q——第二阶段可变荷载的准永久值系数。

H.0.10 荷载准永久组合或标准组合下叠合式受弯构件正弯矩区段内的短期刚度，可按下列规定计算。

1 钢筋混凝土叠合构件

1）预制构件的短期刚度B_{s1}可按本规范公式（7.2.3-1）计算。

2）叠合构件第二阶段的短期刚度可按下列公式计算：

$$B_{s2}=\frac{E_sA_sh_0^2}{0.7+0.6\frac{h_1}{h}+\frac{45\alpha_E\rho}{1+3.5\gamma'_f}} \tag{H.0.10-1}$$

式中：α_E——钢筋弹性模量与叠合层混凝土弹性模量的比值：$\alpha_E=E_s/E_{c2}$。

2 预应力混凝土叠合构件

1）预制构件的短期刚度B_{s1}可按本规范公式（7.2.3-2）计算。

2）叠合构件第二阶段的短期刚度可按下列公式计算：

$$B_{s2}=0.7E_{c1}I_0 \tag{H.0.10-2}$$

式中：E_{c1}——预制构件的混凝土弹性模量；

I_0——叠合构件换算截面的惯性矩，此时，叠合层的混凝土截面面积应按弹性模量比换算成预制构件混凝土的截面面积。

H.0.11 荷载准永久组合或标准组合下叠合式受弯构件负弯矩区段内第二阶段的短期刚度B_{s2}可按本规范公式（7.2.3-1）计算，其中，弹性模量的比值取$\alpha_E=E_s/E_{c1}$。

H.0.12 预应力混凝土叠合构件在使用阶段的预应力反拱值可用结构力学方法按预制构件的刚度进行计算。在计算中，预应力钢筋的应力应扣除全部预应力损失；考虑预应力长期影响，可将计算所得的预应力反拱值乘以增大系数1.75。

附录J 后张曲线预应力筋由锚具变形和预应力筋内缩引起的预应力损失

J.0.1 在后张法构件中，应计算曲线预应力筋由锚具变形和预应力筋内缩引起的预应力损失。

1 反摩擦影响长度l_f(mm)(图J.0.1)可按下列

公式计算：

$$l_f=\sqrt{\frac{a\cdot E_p}{\Delta\sigma_d}} \qquad (J.0.1\text{-}1)$$

$$\Delta\sigma_d=\frac{\sigma_0-\sigma_l}{l} \qquad (J.0.1\text{-}2)$$

式中：a——张拉端锚具变形和预应力筋内缩值（mm），按本规范表10.2.2采用；

$\Delta\sigma_d$——单位长度由管道摩擦引起的预应力损失（MPa/mm）；

σ_0——张拉端锚下控制应力，按本规范第10.1.3条的规定采用；

σ_l——预应力筋扣除沿途摩擦损失后锚固端应力；

l——张拉端至锚固端的距离（mm）。

2 当 $l_f\leqslant l$ 时，预应力筋离张拉端 x 处考虑反摩擦后的预应力损失 σ_{l1}，可按下列公式计算：

$$\sigma_{l1}=\Delta\sigma\frac{l_f-x}{l_f} \qquad (J.0.1\text{-}3)$$

$$\Delta\sigma=2\Delta\sigma_d l_f \qquad (J.0.1\text{-}4)$$

式中：$\Delta\sigma$——预应力筋考虑反向摩擦后在张拉端锚下的预应力损失值。

3 当 $l_f>l$ 时，预应力筋离张拉端 x' 处考虑反向摩擦后的预应力损失 σ'_{l1}，可按下列公式计算：

$$\sigma'_{l1}=\Delta\sigma'-2x'\Delta\sigma_d \qquad (J.0.1\text{-}5)$$

式中：$\Delta\sigma'$——预应力筋考虑反向摩擦后在张拉端锚下的预应力损失值，可按以下方法求得：在图J.0.1中设"$ca'bd$"等腰梯形面积 $A=a\cdot E_p$，试算得到 cd，则 $\Delta\sigma'=cd$。

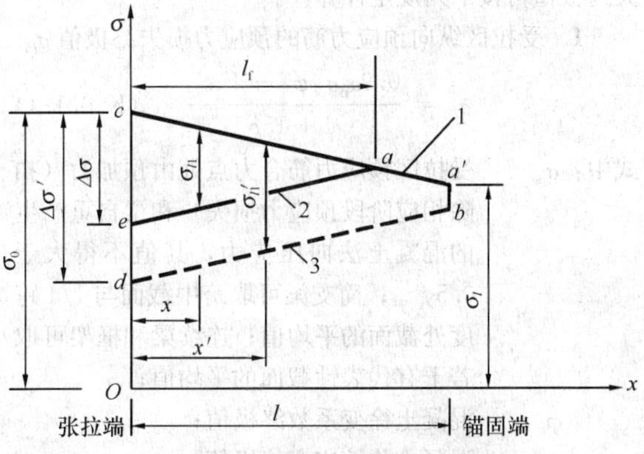

图J.0.1 考虑反向摩擦后预应力损失计算

注：1 caa' 表示预应力筋扣除管道正摩擦损失后的应力分布线；

2 eaa' 表示 $l_f\leqslant l$ 时，预应力筋扣除管道正摩擦和内缩（考虑反摩擦）损失后的应力分布线；

3 db 表示 $l_f>l$ 时，预应力筋扣除管道正摩擦和内缩（考虑反摩擦）损失后的应力分布线。

J.0.2 两端张拉（分次张拉或同时张拉）且反摩擦损失影响长度有重叠时，在重叠范围内同一截面扣除正摩擦和回缩反摩擦损失后预应力筋的应力可取：两端分别张拉、锚固，分别计算正摩擦和回缩反摩擦损失，分别将张拉端锚下控制应力减去上述应力计算结果所得较大值。

J.0.3 常用束形的后张曲线预应力筋或折线预应力筋，由于锚具变形和预应力筋内缩在反向摩擦影响长度 l_f 范围内的预应力损失值 σ_{l1}，可按下列公式计算：

1 抛物线形预应力筋可近似按圆弧形曲线预应力筋考虑（图J.0.3-1）。当其对应的圆心角 $\theta\leqslant45°$ 时（对无粘结预应力筋 $\theta\leqslant90°$），预应力损失值 σ_{l1} 可按下列公式计算：

$$\sigma_{l1}=2\sigma_{con}l_f\left(\frac{\mu}{r_c}+\kappa\right)\left(1-\frac{x}{l_f}\right) \qquad (J.0.3\text{-}1)$$

反向摩擦影响长度 l_f（m）可按下列公式计算：

$$l_f=\sqrt{\frac{aE_s}{1000\sigma_{con}(\mu/r_c+\kappa)}} \qquad (J.0.3\text{-}2)$$

式中：r_c——圆弧形曲线预应力筋的曲率半径（m）；

μ——预应力筋与孔道壁之间的摩擦系数，按本规范表10.2.4采用；

κ——考虑孔道每米长度局部偏差的摩擦系数，按本规范表10.2.4采用；

x——张拉端至计算截面的距离（m）；

a——张拉端锚具变形和预应力筋内缩值（mm），按本规范表10.2.2采用；

E_s——预应力筋弹性模量。

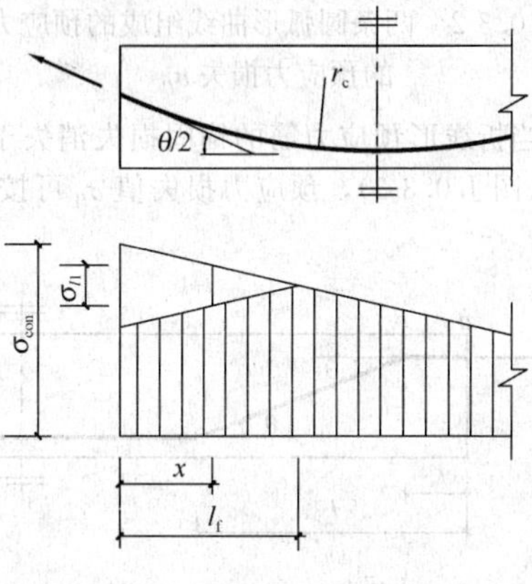

图J.0.3-1 圆弧形曲线预应力筋的预应力损失 σ_{l1}

2 端部为直线（直线长度为 l_0），而后由两条圆弧形曲线（圆弧对应的圆心角 $\theta\leqslant45°$，对无粘结预应力筋取 $\theta\leqslant90°$）组成的预应力筋（图J.0.3-2），预应力损失值 σ_{l1} 可按下列公式计算：

当 $x\leqslant l_0$ 时

$$\sigma_{l1}=2i_1(l_1-l_0)+2i_2(l_f-l_1) \qquad (J.0.3\text{-}3)$$

当 $l_0<x\leqslant l_1$ 时

$$\sigma_{l1}=2i_1(l_1-x)+2i_2(l_f-l_1) \qquad (J.0.3\text{-}4)$$

当 $l_1<x\leqslant l_f$ 时

$$\sigma_{l1}=2i_2(l_f-x) \qquad (J.0.3\text{-}5)$$

反向摩擦影响长度 l_f(m)可按下列公式计算：

$$l_f=\sqrt{\frac{aE_s}{1000i_2}-\frac{i_1(l_1^2-l_0^2)}{i_2}+l_1^2} \quad (J.0.3\text{-}6)$$

$$i_1=\sigma_a(\kappa+\mu/r_{c1}) \quad (J.0.3\text{-}7)$$

$$i_2=\sigma_b(\kappa+\mu/r_{c2}) \quad (J.0.3\text{-}8)$$

式中：l_1——预应力筋张拉端起点至反弯点的水平投影长度；

i_1、i_2——第一、二段圆弧形曲线预应力筋中应力近似直线变化的斜率；

r_{c1}、r_{c2}——第一、二段圆弧形曲线预应力筋的曲率半径；

σ_a、σ_b——预应力筋在 a、b 点的应力。

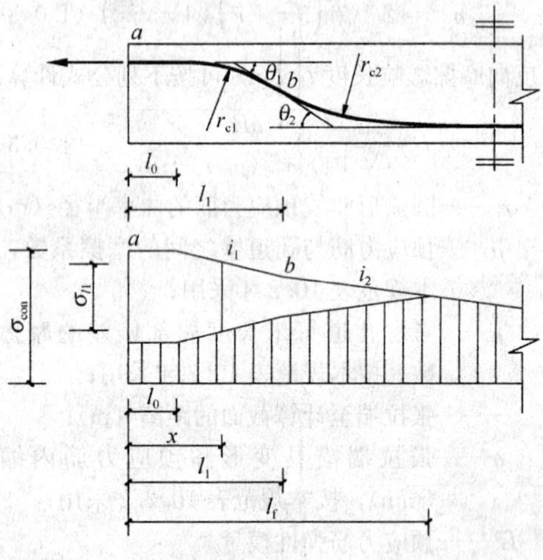

图 J.0.3-2 两条圆弧形曲线组成的预应力筋的预应力损失 σ_{l1}

3 当折线形预应力筋的锚固损失消失于折点 c 之外时（图 J.0.3-3），预应力损失值 σ_{l1} 可按下列公式计算：

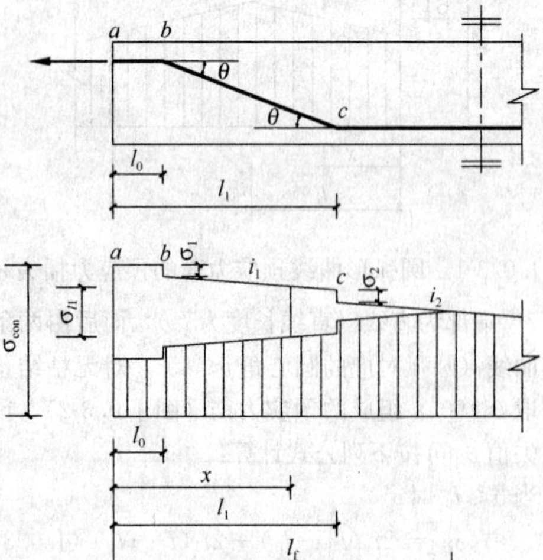

图 J.0.3-3 折线形预应力筋的预应力损失 σ_{l1}

当 $x\leqslant l_0$ 时

$$\sigma_{l1}=2\sigma_1+2i_1(l_1-l_0)+2\sigma_2+2i_2(l_f-l_1) \quad (J.0.3\text{-}9)$$

当 $l_0<x\leqslant l_1$ 时

$$\sigma_{l1}=2i_1(l_1-x)+2\sigma_2+2i_2(l_f-l_1) \quad (J.0.3\text{-}10)$$

当 $l_1<x\leqslant l_f$ 时

$$\sigma_{l1}=2i_2(l_f-x) \quad (J.0.3\text{-}11)$$

反向摩擦影响长度 l_f(m)可按下列公式计算：

$$l_f=\sqrt{\frac{aE_s}{1000i_2}-\frac{i_1(l_1-l_0)^2+2i_1l_0(l_1-l_0)+2\sigma_1l_0+2\sigma_2l_1}{i_2}+l_1^2} \quad (J.0.3\text{-}12)$$

$$i_1=\sigma_{con}(1-\mu\theta)\kappa \quad (J.0.3\text{-}13)$$

$$i_2=\sigma_{con}[1-\kappa(l_1-l_0)](1-\mu\theta)^2\kappa \quad (J.0.3\text{-}14)$$

$$\sigma_1=\sigma_{con}\mu\theta \quad (J.0.3\text{-}15)$$

$$\sigma_2=\sigma_{con}[1-\kappa(l_1-l_0)](1-\mu\theta)\mu\theta \quad (J.0.3\text{-}16)$$

式中：i_1——预应力筋 bc 段中应力近似直线变化的斜率；

i_2——预应力筋在折点 c 以外应力近似直线变化的斜率；

l_1——张拉端起点至预应力筋折点 c 的水平投影长度。

附录 K 与时间相关的预应力损失

K.0.1 混凝土收缩和徐变引起预应力筋的预应力损失终极值可按下列规定计算：

1 受拉区纵向预应力筋的预应力损失终极值 σ_{l5}

$$\sigma_{l5}=\frac{0.9\alpha_p\sigma_{pc}\varphi_\infty+E_s\varepsilon_\infty}{1+15\rho} \quad (K.0.1\text{-}1)$$

式中：σ_{pc}——受拉区预应力筋合力点处由预加力（扣除相应阶段预应力损失）和梁自重产生的混凝土法向压应力，其值不得大于 $0.5f'_{cu}$；简支梁可取跨中截面与1/4跨度处截面的平均值；连续梁和框架可取若干有代表性截面的平均值；

φ_∞——混凝土徐变系数终极值；

ε_∞——混凝土收缩应变终极值；

E_s——预应力筋弹性模量；

α_p——预应力筋弹性模量与混凝土弹性模量的比值；

ρ——受拉区预应力筋和普通钢筋的配筋率：先张法构件，$\rho=(A_p+A_s)/A_0$；后张法构件，$\rho=(A_p+A_s)/A_n$；对于对称配置预应力筋和普通钢筋的构件，配筋率 ρ 取钢筋总截面面积的一半。

当无可靠资料时，φ_{∞}、ε_{∞}值可按表K.0.1-1及表K.0.1-2采用。如结构处于年平均相对湿度低于40%的环境下，表列数值应增加30%。

表K.0.1-1　混凝土收缩应变终极值ε_{∞}（$\times10^{-4}$）

年平均相对湿度RH		40%≤RH<70%				70%≤RH≤99%			
理论厚度$2A/u$（mm）		100	200	300	≥600	100	200	300	≥600
预加应力时的混凝土龄期t_0（d）	3	4.83	4.09	3.57	3.09	3.47	2.95	2.60	2.26
	7	4.35	3.89	3.44	3.01	3.12	2.80	2.49	2.18
	10	4.06	3.77	3.37	2.96	2.91	2.70	2.42	2.14
	14	3.73	3.62	3.27	2.91	2.67	2.59	2.35	2.10
	28	2.90	3.20	3.01	2.77	2.07	2.28	2.15	1.98
	60	1.92	2.54	2.58	2.54	1.37	1.80	1.82	1.80
	≥90	1.45	2.12	2.27	2.38	1.03	1.50	1.60	1.68

表K.0.1-2　混凝土徐变系数终极值φ_{∞}

年平均相对湿度RH		40%≤RH<70%				70%≤RH≤99%			
理论厚度$2A/u$（mm）		100	200	300	≥600	100	200	300	≥600
预加应力时的混凝土龄期t_0（d）	3	3.51	3.14	2.94	2.63	2.78	2.55	2.43	2.23
	7	3.00	2.68	2.51	2.25	2.37	2.18	2.08	1.91
	10	2.80	2.51	2.35	2.10	2.22	2.04	1.94	1.78
	14	2.63	2.35	2.21	1.97	2.08	1.91	1.82	1.67
	28	2.31	2.06	1.93	1.73	1.82	1.68	1.60	1.47
	60	1.99	1.78	1.67	1.49	1.58	1.45	1.38	1.27
	≥90	1.85	1.65	1.55	1.38	1.46	1.34	1.28	1.17

注：1　预加力时的混凝土龄期，先张法构件可取3d～7d，后张法构件可取7d～28d；

2　A为构件截面面积，u为该截面与大气接触的周边长度；当构件为变截面时，A和u均可取其平均值；

3　本表适用于由一般的硅酸盐类水泥或快硬水泥配置而成的混凝土；表中数值系按强度等级C40混凝土计算所得，对C50及以上混凝土，表列数值应乘以$\sqrt{\frac{32.4}{f_{ck}}}$，式中$f_{ck}$为混凝土轴心抗压强度标准值（MPa）；

4　本表适用于季节性变化的平均温度－20℃～＋40℃；

5　当实际构件的理论厚度和预加力时的混凝土龄期为表列数值的中间值时，可按线性内插法确定。

2　受压区纵向预应力筋的预应力损失终极值σ'_{l5}

$$\sigma'_{l5}=\frac{0.9\alpha_p\sigma'_{pc}\varphi_{\infty}+E_s\varepsilon_{\infty}}{1+15\rho'}\qquad(K.0.1\text{-}2)$$

式中：σ'_{pc}——受压区预应力筋合力点处由预加力（扣除相应阶段预应力损失）和梁自重产生的混凝土法向压应力，其值不得大于$0.5f'_{cu}$，当σ'_{pc}为拉应力时，取$\sigma'_{pc}=0$；

ρ'——受压区预应力筋和普通钢筋的配筋率：先张法构件，$\rho'=(A'_p+A'_s)/A_0$；后张法构件，$\rho'=(A'_p+A'_s)/A_n$。

注：受压区配置预应力筋A'_p及普通钢筋A'_s的构件，在计算公式（K.0.1-1）、公式（K.0.1-2）中的σ_{pc}及σ'_{pc}时，应按截面全部预加力进行计算。

K.0.2　考虑时间影响的混凝土收缩和徐变引起的预应力损失值，可由第K.0.1条计算的预应力损失终极值σ_{l5}、σ'_{l5}乘以表K.0.2中相应的系数确定。

考虑时间影响的预应力筋应力松弛引起的预应力损失值，可由本规范第10.2.1条计算的预应力损失值σ_{l4}乘以表K.0.2中相应的系数确定。

表K.0.2　随时间变化的预应力损失系数

时间（d）	松弛损失系数	收缩徐变损失系数
2	0.50	—
10	0.77	0.33
20	0.88	0.37
30	0.95	0.40
40	1.00	0.43
60		0.50
90		0.60
180		0.75
365		0.85
1095		1.00

注：1　先张法预应力混凝土构件的松弛损失时间从张拉完成开始计算，收缩徐变损失从放张完成开始计算；

2　后张法预应力混凝土构件的松弛损失、收缩徐变损失均从张拉完成开始计算。

本规范用词说明

1　为了便于在执行本规范条文时区别对待，对要求严格程度不同的用词说明如下：

1）表示很严格，非这样做不可的：
正面词采用“必须”，反面词采用“严禁”；

2）表示严格，在正常情况下均应这样做的：
正面词采用“应”，反面词采用“不应”或“不得”；

3）表示允许稍有选择，在条件允许时首先这样做的：
正面词采用“宜”，反面词采用“不宜”；

4）表示有选择，在一定条件下可以这样做的，采用“可”。

2　规范中指定应按其他有关标准、规范执行时，写法为：“应符合……的规定”或“应按……执行”。

引用标准名录

1　《工程结构可靠性设计统一标准》GB 50153

2　《建筑结构可靠度设计统一标准》GB 50068

3 《建筑结构荷载规范》GB 50009
4 《建筑抗震设计规范》GB 50011
5 《钢筋混凝土用钢》GB 1499
6 《预应力混凝土用钢丝》GB/T 5223
7 《预应力混凝土用钢绞线》GB/T 5224
8 《混凝土强度检验评定标准》GB/T 50107
9 《混凝土结构工程施工规范》GB 50666
10 《混凝土结构工程施工质量验收规范》GB 50204

中华人民共和国国家标准

混凝土结构设计规范

GB 50010—2010

条 文 说 明

制 订 说 明

《混凝土结构设计规范》GB 50010－2010 经住房和城乡建设部 2010 年 8 月 18 日以第 743 号公告批准、发布。

本规范是在《混凝土结构设计规范》GB 50010－2002 的基础上修订而成的，上一版的主编单位是中国建筑科学研究院，参编单位是清华大学、天津大学、重庆建筑大学、湖南大学、东南大学、河海大学、大连理工大学、哈尔滨建筑大学、西安建筑科技大学、建设部建筑设计院、北京市建筑设计研究院、首都工程有限公司、中国轻工业北京设计院、铁道部专业设计院、交通部水运规划设计院、西北水电勘测设计院、冶金材料行业协会预应力委员会，主要起草人员是李明顺、徐有邻、白生翔、白绍良、孙慧中、沙志国、吴学敏、陈健、胡德炘、程懋堃、王振东、王振华、过镇海、庄崖屏、朱龙、邹银生、宋玉普、沈聚敏、邸小坛、吴佩刚、周氐、姜维山、陶学康、康谷贻、蓝宗建、干城、夏琪俐。

本规范修订过程中，修订组进行了广泛的调查研究，总结了我国工程建设的实践经验，同时参考了国外先进技术法规、技术标准，许多单位和学者进行了卓有成效的试验和研究，为本次修订提供了极有价值的参考资料。

为便于广大设计、施工、科研、学校等单位有关人员在使用本规范时能正确理解和执行条文规定，《混凝土结构设计规范》修订组按章、节、条顺序编制了本规范的条文说明，对条文规定的目的、依据以及执行中需注意的有关事项进行了说明，还着重对强制性条文的强制性理由作了解释。但是条文说明不具备与标准正文同等的效力，仅供使用者作为理解和把握规范规定的参考。

目　次

1 总 则

1.0.1 本次修订根据多年来的工程经验和研究成果，并总结了上一版规范的应用情况和存在问题，贯彻国家“四节一环保”的技术政策，对部分内容进行了补充和调整。适当扩充了混凝土结构耐久性的相关内容；引入了强度级别为500MPa级的热轧带肋钢筋；对承载力极限状态计算方法、正常使用极限状态验算方法进行了改进；完善了部分结构构件的构造措施；补充了结构防连续倒塌和既有结构设计的相关内容等。

本次修订继承上一版规范为实现房屋、铁路、公路、港口和水利水电工程混凝土结构共性技术问题设计方法统一的原则，修订力求使本规范的共性技术问题能进一步为各行业规范认可。

1.0.2 本次修订补充了对结构防连续倒塌设计和既有结构设计的基本原则，同时增加了无粘结预应力混凝土结构的相关内容。

对采用陶粒、浮石、煤矸石等为骨料的轻骨料混凝土结构，应按专门标准进行设计。

设计下列结构时，尚应符合专门标准的有关规定：

1 超重混凝土结构、防辐射混凝土结构、耐酸(碱)混凝土结构等；

2 修建在湿陷性黄土、膨胀土地区或地下采掘区等的结构；

3 结构表面温度高于100°C或有生产热源且结构表面温度经常高于60°C的结构；

4 需作振动计算的结构。

1.0.3 本规范依据工程结构以及建筑结构的可靠性统一标准修订。本规范的内容是基于现阶段混凝土结构设计的成熟做法和对混凝土结构承载力以及正常使用的最低要求。当结构受力情况、材料性能等基本条件与本规范的编制依据有出入时，则需根据具体情况通过专门试验或分析加以解决。

1.0.4 本规范与相关的标准、规范进行了合理的分工和衔接，执行时尚应符合相关标准、规范的规定。

2 术语和符号

2.1 术 语

术语是根据现行国家标准《工程结构设计基本术语和通用符号》GBJ 132、《建筑结构设计术语和符号标准》GB/T 50083并结合本规范的具体情况给出的。

本次修订删节、简化了其他标准已经定义的常用术语，补充了各类钢筋及其性能、各类型混凝土构件、构造等混凝土结构特有的专用术语，如配筋率、混凝土保护层、锚固长度、结构缝等。原规范有关可靠度及荷载等方面的术语，在相关标准中已有表述，故不再列出。

原规范中混凝土结构的结构形式如排架结构、框架结构、剪力墙结构、框架-剪力墙结构、筒体结构、板柱结构等，作为常识也不再作为术语列出。

2.2 符 号

本次修订基本沿用原《混凝土结构设计规范》GB 50010-2002的符号。一些不常用的符号在条文相应处已有说明，在此不再列出。

2.2.1 用“C”后加数字表达混凝土的强度等级；用“HRB”、“HRBF”、“HPB”、“RRB”后加数字表达钢筋的牌号及强度等级。

增加了钢筋在最大拉力下的总伸长率(均匀伸长率)的符号“δ_{gt}”，等同于现行国家标准《钢筋混凝土用钢　第2部分：热轧带肋钢筋》GB 1499.2、《预应力混凝土用钢丝》GB/T 5223和《预应力混凝土用钢绞线》GB/T 5224中的“A_{gt}”。

2.2.4 偏心受压构件考虑二阶效应影响的增大系数有两个：在考虑结构侧移的二阶效应时用“η_s”表示；考虑构件自身挠曲的二阶效应时用“η_{ns}”表示。

增加斜体希腊字母符号“ϕ”，仅表示钢筋直径，不代表钢筋的牌号。

3 基本设计规定

3.1 一 般 规 定

3.1.1 为满足建筑方案并从根本上保证结构安全，设计的内容应在以构件设计为主的基础上扩展到考虑整个结构体系的设计。本次修订补充有关结构设计的基本要求，包括结构方案、内力分析、截面设计、连接构造、耐久性、施工可行性及特殊工程的性能设计等。

3.1.2 本规范根据现行国家标准《工程结构可靠性设计统一标准》GB 50153及《建筑结构可靠度设计统一标准》GB 50068的规定，采用概率极限状态设计方法，以分项系数的形式表达。包括结构重要性系数、荷载分项系数、材料性能分项系数(材料分项系数，有时直接以材料的强度设计值表达)、抗力模型不定性系数(构件承载力调整系数)等。对难于定量计算的间接作用和耐久性等，仍采用基于经验的定性方法进行设计。

本规范中的荷载分项系数应按现行国家标准《建筑结构荷载规范》GB 50009的规定取用。

3.1.3 对混凝土结构极限状态的分类系根据《工程结构可靠性设计统一标准》GB 50153确定的。极限状态仍分为两类，但内容比原规范有所扩大：在承载能力极限状态中增加了结构防连续倒塌的内容；在正常使用极限状态中增加了楼盖舒适度的要求。

3.1.4 本条规定了确定结构上作用的原则，直接作用根据现行国家标准《建筑结构荷载规范》GB 50009确定；地震作用根据现行国家标准《建筑抗震设计规范》GB 50011 确定；对于直接承受吊车荷载的构件以及预制构件、现浇结构等，应按不同工况确定相应的动力系数或施工荷载。

对于混凝土结构的疲劳问题，主要是吊车梁构件的疲劳验算。其设计方法与吊车的工作级别和材料的疲劳强度有关，近年均有较大变化。当设计直接承受重级工作制吊车的吊车梁时，建议根据工程经验采用钢结构的形式。

本次修订增加了对间接作用的规定。间接作用包括温度变化、混凝土收缩与徐变、强迫位移、环境引起材料性能劣化等造成的影响，设计时应根据有关标准、工程特点及具体情况确定，通常仍采用经验性的构造措施进行设计。

对于罕遇自然灾害以及爆炸、撞击、火灾等偶然作用以及非常规的特殊作用，应根据有关标准或由具体条件和设计要求确定。

3.1.5 混凝土结构的安全等级由现行国家标准《工程结构可靠性设计统一标准》GB 50153 确定。本条仅补充规定：可以根据实际情况调整构件的安全等级。对破坏引起严重后果的重要构件和关键传力部位，宜适当提高安全等级、加大构件重要性系数；对一般结构中的次要构件及可更换构件，可根据具体情况适当降低其重要性系数。

3.1.6 设计应根据现有技术条件(材料、工艺、机具等)考虑施工的可行性。对特殊结构，应提出控制关键技术的要求，以达到设计目标。

3.1.7 各类建筑结构的设计使用年限并不一致，应按《建筑结构可靠度设计统一标准》GB 50068 的规定取用，相应的荷载设计值及耐久性措施均应依据设计使用年限确定。改变用途和使用环境(如超载使用、结构开洞、改变使用功能、使用环境恶化等)的情况均会影响其安全及使用年限。任何对结构的改变(无论是在建结构或既有结构)均须经设计许可或技术鉴定，以保证结构在设计使用年限内的安全和使用功能。

3.2 结构方案

3.2.1 灾害调查和事故分析表明：结构方案对建筑物的安全有着决定性的影响。在与建筑方案协调时应考虑结构体形(高宽比、长宽比)适当；传力途径和构件布置能够保证结构的整体稳固性；避免因局部破坏引发结构连续倒塌。本条提出了在方案阶段应考虑加强结构整体稳固性的设计原则。

3.2.2 结构设计时通过设置结构缝将结构分割为若干相对独立的单元。结构缝包括伸缝、缩缝、沉降缝、防震缝、构造缝、防连续倒塌的分割缝等。不同类型的结构缝是为消除下列不利因素的影响：混凝土收缩、温度变化引起的胀缩变形；基础不均匀沉降；刚度及质量突变；局部应力集中；结构防震；防止连续倒塌等。除永久性的结构缝以外，还应考虑设置施工接槎、后浇带、控制缝等临时性的缝以消除某些暂时性的不利影响。

结构缝的设置应考虑对建筑功能(如装修观感、止水防渗、保温隔声等)、结构传力(如结构布置、构件传力)、构造做法和施工可行性等造成的影响。应遵循“一缝多能”的设计原则，采取有效的构造措施。

3.2.3 构件之间连接构造设计的原则是：保证连接节点处被连接构件之间的传力性能符合设计要求；保证不同材料(混凝土、钢、砌体等)结构构件之间的良好结合；选择可靠的连接方式以保证可靠传力；连接节点尚应考虑被连接构件之间变形的影响以及相容条件，以避免、减少不利影响。

3.2.4 本条提出了结构方案设计阶段应综合考虑的“四节一环保”等问题。

3.3 承载能力极限状态计算

3.3.1 本条列出了各类设计状况下的结构构件承载能力极限状态计算应考虑的内容。

对只承受安装或检修用吊车的构件，根据使用情况和设计经验可不作疲劳验算。

在各种偶然作用(罕遇自然灾害、人为过失以及爆炸、撞击、火灾等人为灾害)下，混凝土结构应能保证必要的整体稳固性。因此本次修订对倒塌可能引起严重后果的特别重要结构，增加了防连续倒塌设计的要求。

3.3.2 本条为承载能力极限状态设计的基本表达式，适用于本规范结构构件的承载力计算。

符号 S 在现行国家标准《建筑结构荷载规范》GB 50009 中为荷载组合的效应设计值；在现行国家标准《建筑抗震设计规范》GB 50011 中为地震作用效应与其他荷载效应基本组合的设计值，在本条中均为以内力形式表达。

根据《工程结构可靠性设计统一标准》GB 50153 的规定，本次修订提出了构件抗力模型不定性系数(构件抗力调整系数)γ_{Rd} 的概念，在抗震设计中为抗震承载力调整系数 γ_{RE}。

当几何参数的变异性对结构性能有明显影响时，需考虑其不利影响。例如，薄板的截面有效高度的变异性对薄板正截面承载力有明显影响，在计算截面有效高度时宜考虑施工允许偏差带来的不利影响。

3.3.3 对二维、三维的混凝土结构，当采用应力设计的形式进行承载能力极限状态设计时，可按等代内力的简化方法计算；当采用多轴强度准则进行设计验算时，应符合本规范附录 C.4 的有关规定。

3.3.4 对偶然作用下结构的承载能力极限状态设计，

根据其受力特点对承载能力极限状态设计的表达形式进行了修正：作用效应设计值 S 按偶然组合计算；结构重要性系数 γ_0 取不小于 1.0 的数值；材料强度取标准值。当进行防连续倒塌验算时，按本规范第 3.6 节的原则计算。

3.3.5 对既有结构进行承载能力验算时，既有结构的承载力应符合复核验算的要求；而对既有结构重新设计时，则应按本规范第 3.7 节的原则计算。

3.4 正常使用极限状态验算

3.4.1 正常使用极限状态是通过对作用组合效应值的限值进行控制而实现的。本次修订根据对使用功能的进一步要求，新增加了对楼盖结构舒适度验算的要求。

3.4.2 对正常使用极限状态，89 版规范规定按荷载的持久性采用两种组合：短期效应组合和长期效应组合。02 版规范根据《建筑结构可靠度设计统一标准》GB 50068 的规定，将荷载的短期效应组合、长期效应组合改称为荷载效应的标准组合、准永久组合。在标准组合中，含有起控制作用的一个可变荷载标准值效应；在准永久组合中，含有可变荷载准永久值效应。这就使荷载效应组合的名称与荷载代表值的名称相对应。

本次修订对构件挠度、裂缝宽度计算采用的荷载组合进行了调整，对钢筋混凝土构件改为采用荷载准永久组合并考虑长期作用的影响；对预应力混凝土构件仍采用荷载标准组合并考虑长期作用的影响。

3.4.3 构件变形挠度的限值应以不影响结构使用功能、外观及与其他构件的连接等要求为目的。工程实践表明，原规范验算的挠度限值基本合适，本次修订未作改动。

悬臂构件是工程实践中容易发生事故的构件，表注 1 中规定设计时对其挠度的控制要求；表注 4 中参照欧洲标准 EN1992 的规定，提出了起拱、反拱的限制，目的是为防止起拱、反拱过大引起的不良影响。当构件的挠度满足表 3.4.3 的要求，但相对使用要求仍然过大时，设计时可根据实际情况提出比表括号中的限值更加严格的要求。

3.4.4 本规范将裂缝控制等级划分为三级，等级是对裂缝控制严格程度而言的，设计人员需根据具体情况选用不同的等级。关于构件裂缝控制等级的划分，国际上一般都根据结构的功能要求、环境条件对钢筋的腐蚀影响、钢筋种类对腐蚀的敏感性和荷载作用的时间等因素来考虑。本规范在裂缝控制等级的划分上也考虑了以上因素。

在具体划分裂缝控制等级和确定有关限值时，主要参考了下列资料：历次混凝土结构设计规范修订的有关规定及历史背景；工程实践经验及调查统计国内常用构件的设计状况及实际效果；耐久性专题研究对典型地区实际工程的调查以及长期暴露试验与快速试验的结果；国外规范的有关规定。

经调查研究及与国外规范对比，原规范对受力裂缝的控制相对偏严，可适当放松。对结构构件正截面受力裂缝的控制等级仍按原规范划分为三个等级。一级保持不变；二级适当放松，仅控制拉应力不超过混凝土的抗拉强度标准值，删除了原规范中按荷载准永久组合计算构件边缘混凝土不宜产生拉应力的要求。

对于裂缝控制三级的钢筋混凝土构件，根据现行国家标准《工程结构可靠性设计统一标准》GB 50153 以及作为主要依据的现行国际标准《结构可靠性总原则》ISO 2394 和欧洲规范《结构设计基础》EN 1990 的规定，相应的荷载组合按正常使用极限状态的外观要求（限制过大的裂缝和挠度）的限值作了修改，选用荷载的准永久组合并考虑长期作用的影响进行裂缝宽度与挠度验算。

对裂缝控制三级的预应力混凝土构件，考虑到结构安全及耐久性，基本维持原规范的要求，裂缝宽度限值 0.20mm。仅在不利环境（二 a 类环境）时按荷载的标准组合验算裂缝宽度限值 0.10mm；并按荷载的准永久组合并考虑长期作用的影响验算拉应力不大于混凝土的抗拉强度标准值。

3.4.5 本条对于裂缝宽度限值的要求基本依据原规范，并按新增的环境类别进行了调整。

室内正常环境条件（一类环境）下钢筋混凝土构件最大裂缝剖形观察结果表明，不论裂缝宽度大小、使用时间长短、地区湿度高低，凡钢筋上不出现结露或水膜，则其裂缝处钢筋基本上未发现明显的锈蚀现象；国外的一些工程调查结果也表明了同样的观点。因此对于采用普通钢筋配筋的混凝土结构构件的裂缝宽度限值，考虑了现行国内外规范的有关规定，并参考了耐久性专题研究组对裂缝的调查结果，规定了裂缝宽度的限值。而对钢筋混凝土屋架、托架、主要屋面承重结构等构件，根据以往的工程经验，裂缝宽度限值宜从严控制；对吊车梁的裂缝宽度限值，也适当从严控制，分别在表注中作出了具体规定。

对处于露天或室内潮湿环境（二类环境）条件下的钢筋混凝土构件，剖形观察结果表明，裂缝处钢筋都有不同程度的表面锈蚀，而当裂缝宽度小于或等于 0.2mm 时，裂缝处钢筋上只有轻微的表面锈蚀。根据上述情况，并参考国内外有关资料，规定最大裂缝宽度限值采用 0.20mm。

对使用除冰盐等的三类环境，锈蚀试验及工程实践表明，钢筋混凝土结构构件的受力裂缝宽度对耐久性的影响不是太大，故仍允许存在受力裂缝。参考国内外有关规范，规定最大裂缝宽度限值为 0.2mm。

对采用预应力钢丝、钢绞线及预应力螺纹钢筋的预应力混凝土构件，考虑到钢丝直径较小等原因，一旦出现裂缝会影响结构耐久性，故适当加严。本条规定在室内正常环境下控制裂缝宽度采用 0.20mm；在露天环境(二 a 类)下控制裂缝宽度 0.10mm。

需指出，当混凝土保护层较大时，虽然受力裂缝宽度计算值也较大，但较大的混凝土保护层厚度对防止裂缝锈蚀是有利的。因此，对混凝土保护层厚度较大的构件，当在外观的要求上允许时，可根据实践经验，对表 3.4.5 中规范的裂缝宽度允许值作适当放大。

3.4.6 本条提出了控制楼盖竖向自振频率的限值。对跨度较大的楼盖及业主有要求时，可按本条执行。一般楼盖的竖向自振频率可采用简化方法计算。对有特殊要求工业建筑，可参照现行国家标准《多层厂房楼盖结构抗微振设计规范》GB 50190 进行验算。

3.5 耐久性设计

3.5.1 混凝土结构的耐久性按正常使用极限状态控制，特点是随时间发展因材料劣化而引起性能衰减。耐久性极限状态表现为：钢筋混凝土构件表面出现锈胀裂缝；预应力筋开始锈蚀；结构表面混凝土出现可见的耐久性损伤(酥裂、粉化等)。材料劣化进一步发展还可能引起构件承载力问题，甚至发生破坏。

由于影响混凝土结构材料性能劣化的因素比较复杂，其规律不确定性很大，一般建筑结构的耐久性设计只能采用经验性的定性方法解决。参考现行国家标准《混凝土结构耐久性设计规范》GB/T 50476 的规定，根据调查研究及我国国情，并考虑房屋建筑混凝土结构的特点加以简化和调整，本规范规定了混凝土结构耐久性定性设计的基本内容。

3.5.2 结构所处环境是影响其耐久性的外因。本次修订对影响混凝土结构耐久性的环境类别进行了较详细的分类。环境类别是指混凝土暴露表面所处的环境条件，设计可根据实际情况确定适当的环境类别。

干湿交替主要指室内潮湿、室外露天、地下水浸润、水位变动的环境。由于水和氧的反复作用，容易引起钢筋锈蚀和混凝土材料劣化。

非严寒和非寒冷地区与严寒和寒冷地区的区别主要在于有无冰冻及冻融循环现象。关于严寒和寒冷地区的定义，《民用建筑热工设计规范》GB 50176－93规定如下：严寒地区：最冷月平均温度低于或等于－10℃，日平均温度低于或等于 5℃ 的天数不少于 145d 的地区；寒冷地区：最冷月平均温度高于－10℃、低于或等于 0℃，日平均温度低于或等于 5℃ 的天数不少于 90d 且少于 145d 的地区。也可参考该规范的附录采用。各地可根据当地气象台站的气象参数确定所属气候区域，也可根据《建筑气象参数标准》JGJ 35 提供的参数确定所属气候区域。

三类环境主要是指近海海风、盐渍土及使用除冰盐的环境。滨海室外环境与盐渍土地区的地下结构、北方城市冬季依靠喷洒盐水消除冰雪而对立交桥、周边结构及停车楼，都可能造成钢筋腐蚀的影响。

四类和五类环境的详细划分和耐久性设计方法不再列入本规范，它们由有关的标准规范解决。

3.5.3 混凝土材料的质量是影响结构耐久性的内因。根据对既有混凝土结构耐久性状态的调查结果和混凝土材料性能的研究，从材料抵抗性能退化的角度，表 3.5.3 提出了设计使用年限为 50 年的结构混凝土材料耐久性的基本要求。

影响耐久性的主要因素是：混凝土的水胶比、强度等级、氯离子含量和碱含量。近年来水泥中多加入不同的掺合料，有效胶凝材料含量不确定性较大，故配合比设计的水灰比难以反映有效成分的影响。本次修订改用胶凝材料总量作水胶比及各种含量的控制，原规范中的“水灰比”改成“水胶比”，并删去了对于“最小水泥用量”的限制。混凝土的强度反映了其密实度而影响耐久性，故也提出了相应的要求。

试验研究及工程实践均表明，在冻融循环环境中采用引气剂的混凝土抗冻性能可显著改善。故对采用引气剂抗冻的混凝土，可以适当降低强度等级的要求，采用括号中的数值。

长期受到水作用的混凝土结构，可能引发碱骨料反应。对一类环境中的房屋建筑混凝土结构则可不作碱含量限制；对其他环境中混凝土结构应考虑碱含量的影响，计算方法可参考协会标准《混凝土碱含量限值标准》CECS 53：93。

试验研究及工程实践均表明：混凝土的碱性可使钢筋表面钝化，免遭锈蚀；而氯离子引起钢筋脱钝和电化学腐蚀，会严重影响混凝土结构的耐久性。本次修订加严了氯离子含量的限值。为控制氯离子含量，应严格限制使用含功能性氯化物的外加剂(例如含氯化钙的促凝剂等)。

3.5.4 本条对不良环境及耐久性有特殊要求的混凝土结构构件提出了针对性的耐久性保护措施。

对结构表面采用保护层及表面处理的防护措施，形成有利的混凝土表面小环境，是提高耐久性的有效措施。

预应力筋存在应力腐蚀、氢脆等不利于耐久性的弱点，且其直径一般较细，对腐蚀比较敏感，破坏后果严重。为此应对预应力筋、连接器、锚夹具、锚头等容易遭受腐蚀的部位采取有效的保护措施。

提高混凝土抗渗、抗冻性能有利于混凝土结构在恶劣环境下的耐久性。混凝土抗冻性能和抗渗性能的等级划分、配合比设计及试验方法等，应按有关标准的规定执行。混凝土抗渗和抗冻的设计可参考《水工混凝土结构设计规范》DL/T 5057 的规定。

对露天环境中的悬臂构件，如不采取有效防护措施，不宜采用悬臂板的结构形式而宜采用梁-板结构。

室内正常环境以外的预埋件、吊钩等外露金属件容易引导锈蚀，宜采用内埋式或采取有效的防锈措施。

对于可能导致严重腐蚀的三类环境中的构件，提出了提高耐久性的附加措施：如采用阻锈剂、环氧树脂或其他材料的涂层钢筋、不锈钢筋、阴极保护等方法。环氧树脂涂层钢筋是采用静电喷涂环氧树脂粉末工艺，在钢筋表面形成一定厚度的环氧树脂防腐涂层。这种涂层可将钢筋与其周围混凝土隔开，使侵蚀性介质(如氯离子等)不直接接触钢筋表面，从而避免钢筋受到腐蚀。使用时应符合行业标准《环氧树脂涂层钢筋》JG 3042 的规定。

对某些恶劣环境中难以避免材料性能劣化的情况，还可以采取设计可更换构件的方法。

3.5.5、3.5.6 调查分析表明，国内实际使用超过100年的混凝土结构不多，但室内正常环境条件下实际使用70～80年的房屋建筑混凝土结构大多基本完好。因此在适当加严混凝土材料的控制、提高混凝土强度等级和保护层厚度并补充规定建立定期检查、维修制度的条件下，一类环境中混凝土结构的实际使用年限达到100年是可以得到保证的。而对于不利环境条件下的设计使用年限100年的结构，由于缺乏研究及工程经验，由专门设计解决。

3.5.7 更恶劣环境(海水环境、直接接触除冰盐的环境及其他侵蚀性环境)中混凝土结构耐久性的设计，可参考现行国家标准《混凝土结构耐久性设计规范》GB/T 50476。四类环境可参考现行国家行业标准《港口工程混凝土结构设计规范》JTJ 267；五类环境可参考现行国家标准《工业建筑防腐蚀设计规范》GB 50046。

3.5.8 设计应提出设计使用年限内房屋建筑使用维护的要求，使用者应按规定的功能正常使用并定期检查、维修或者更换。

3.6 防连续倒塌设计原则

房屋结构在遭受偶然作用时如发生连续倒塌，将造成人员伤亡和财产损失，是对安全的最大威胁。总结结构倒塌和未倒塌的规律，采取针对性的措施加强结构的整体稳固性，就可以提高结构的抗灾性能，减少结构连续倒塌的可能性。

混凝土结构防连续倒塌是提高结构综合抗灾能力的重要内容。在特定类型的偶然作用发生时或发生后，结构能够承受这种作用，或当结构体系发生局部垮塌时，依靠剩余结构体系仍能继续承载，避免发生与作用不相匹配的大范围破坏或连续倒塌。这就是结构防连续倒塌设计的目标。无法抗拒的地质灾害破坏作用，不包括在防连续倒塌设计的范围内。

结构防连续倒塌设计涉及作用回避、作用宣泄、障碍防护等问题，本规范仅提出混凝土结构防连续倒塌的设计基本原则和概念设计的要求。

3.6.1 结构防连续倒塌设计的难度和代价很大，一般结构只须进行防连续倒塌的概念设计。本条给出了结构防连续倒塌概念设计的基本原则，以定性设计的方法增强结构的整体稳固性，控制发生连续倒塌和大范围破坏。当结构发生局部破坏时，如不引发大范围倒塌，即认为结构具有整体稳定性。结构和材料的延性、传力途径的多重性以及超静定结构体系，均能加强结构的整体稳定性。

设置竖直方向和水平方向通长的纵向钢筋并应采取有效的连接、锚固措施，将整个结构连系成一个整体，是提供结构整体稳定性的有效方法之一。此外，加强楼梯、避难室、底层边墙、角柱等重要构件；在关键传力部位设置缓冲装置(防撞墙、裙房等)或泄能通道(开敞式布置或轻质墙体、屋盖等)；布置分割缝以控制房屋连续倒塌的范围；增加重要构件及关键传力部位的冗余约束及备用传力途径(斜撑、拉杆)等，都是结构防连续倒塌概念设计的有效措施。

3.6.2 倒塌可能引起严重后果的安全等级为一级的可能遭受偶然作用的重要结构，以及为抵御灾害作用而必须增强抗灾能力的重要结构，宜进行防连续倒塌的设计。由于灾害和偶然作用的发生概率极小，且真正实现“防连续倒塌”的代价太大，应由业主根据实际情况确定。

局部加强法是对多条传力途径交汇的关键传力部位和可能引发大面积倒塌的重要构件通过提高安全储备和变形能力，直接考虑偶然作用的影响进行设计。这种按特定的局部破坏状态的荷载组合进行构件设计，是保证结构整体稳定性的有效措施之一。

当偶然事件产生特大荷载时，按效应的偶然组合进行设计以保持结构体系完整无缺往往代价太高，有时甚至不现实。此时，拉结构件法设计允许爆炸或撞击造成结构局部破坏，在某个竖向构件失效后，使其影响范围仅限于局部。按新的结构简图采用梁、悬索、悬臂的拉结模型继续承载受力，按整个结构不发生连续倒塌的原则进行设计，从而避免结构的整体垮塌。

拆除构件法是按一定规则撤去结构体系中某部分构件，验算剩余结构的抗倒塌能力的计算方法。可采用弹性分析方法或非线性全过程动力分析方法。

实际工程的防连续倒塌设计，应根据具体条件进行适当的选择。

3.6.3 本条介绍了混凝土结构防连续倒塌设计中有关设计参数的取值原则。效应除按偶然作用计算外，还宜考虑倒塌冲击引起的动力系数。材料强度取用标准值，钢筋强度改用极限强度，对无粘结预应力构件则应注意锚夹具对预应力筋有效强度的影响，还宜考虑动力作用下材料强化和脆性的影响，取相应的强度特征值。此外还应考虑倒塌对结构几何参数变化的影响。

3.7 既有结构设计原则

既有结构为已建成、使用的结构。由于历史的原因，我国既有混凝土结构的设计将成为未来工程设计的重要内容。为保证既有结构的安全可靠并延长其使用年限，满足近年日益增多的既有结构加固改建的需要，本次修订新增一节，强调既有混凝土结构设计的原则。

3.7.1 既有结构设计适用于下列几种情况：达到设计年限后延长继续使用的年限；为消除安全隐患而进行的设计校核；结构改变用途和使用环境而进行的复核性设计；对既有结构进行改建、扩建；结构事故或灾后受损结构的修复、加固等。应根据不同的目的，选择不同的设计方案。

3.7.2 既有结构设计前，应根据现行国家标准《建筑结构检测技术标准》GB/T 50344等进行检测，根据现行国家标准《工程结构可靠性设计统一标准》GB 50153、《工业建筑可靠性鉴定标准》GB 50144、《民用建筑可靠性鉴定标准》GB 50292等的要求，对其安全性、适用性、耐久性及抗灾害能力进行评定，从而确定设计方案。设计方案有两类：复核性验算和重新进行设计。

鉴于我国传统结构设计安全度偏低以及结构耐久性不足的历史背景，有大量的既有结构面临评定、验算等问题。验算宜符合本规范的规定，强调“宜”是可以根据具体情况作适当调整，如控制使用荷载和功能，控制使用年限等。因为充分利用既有建筑符合可持续发展的基本国策。

当对既有结构进行改建、扩建或加固修复时，须重新进行设计。为保证安全，承载能力极限状态计算“应”按本规范要求进行，但对正常使用状态验算及构造措施仅作“宜”符合本规范的要求。同样可根据具体情况作适当调整，尽量减少重新设计在构造要求方面的经济代价。

无论是复核验算和重新设计，均应考虑检测、评定以实测的结果确定相应的设计参数。

3.7.3 本条规定了既有结构设计的原则。避免只考虑局部加固处理的片面做法。本规范强调既有结构加强整体稳固性的原则，适用的范围更为广泛和系统。应避免由于仅对局部进行加固引起结构承载力或刚度的突变。

设计应考虑既有结构的现状，通过检测分析确定既有部分的材料强度和几何参数，并尽量利用原设计的规定值。结构后加部分则完全按本规范的规定取值。应注意新旧材料结构间的可靠连接，并反映既有结构的承载历史以及施工支撑卸载状态对内力分配的影响。

4 材 料

4.1 混 凝 土

4.1.1 混凝土强度等级由立方体抗压强度标准值确定，立方体抗压强度标准值 $f_{cu,k}$ 是本规范混凝土各种力学指标的基本代表值。混凝土强度等级的保证率为95%：按混凝土强度总体分布的平均值减去1.645倍标准差的原则确定。

由于粉煤灰等矿物掺合料在水泥及混凝土中大量应用，以及近年混凝土工程发展的实际情况，确定混凝土立方体抗压强度标准值的试验龄期不仅限于28d，可由设计根据具体情况适当延长。

4.1.2 我国建筑工程实际应用的混凝土强度和钢筋强度均低于发达国家。我国结构安全度总体上比国际水平低，但材料用量并不少，其原因在于国际上较高的安全度是依靠较高强度的材料实现的。为提高材料的利用效率，工程中应用的混凝土强度等级宜适当提高。C15级的低强度混凝土仅限用于素混凝土结构，各种配筋混凝土结构的混凝土强度等级也普遍稍有提高。

本规范不适用于山砂混凝土及高炉矿渣混凝土，本次修订删除原规范中相关的注，其应符合专门标准的规定。

4.1.3 混凝土的强度标准值由立方体抗压强度标准值 $f_{cu,k}$ 经计算确定。

1 轴心抗压强度标准值 f_{ck}

考虑到结构中混凝土的实体强度与立方体试件混凝土强度之间的差异，根据以往的经验，结合试验数据分析并参考其他国家的有关规定，对试件混凝土强度的修正系数取为0.88。

棱柱强度与立方强度之比值 α_{c1}：对C50及以下普通混凝土取0.76；对高强混凝土C80取0.82，中间按线性插值；

C40以上的混凝土考虑脆性折减系数 α_{c2}：对C40取1.00，对高强混凝土C80取0.87，中间按线性插值。

轴心抗压强度标准值 f_{ck} 按 $0.88\alpha_{c1}\alpha_{c2}f_{cu,k}$ 计算，结果见表4.1.3-1。

2 轴心抗拉强度标准值 f_{tk}

轴心抗拉强度标准值 f_{tk} 按 $0.88\times0.395f_{cu,k}^{0.55}(1-1.645\delta)^{0.45}\times\alpha_{c2}$ 计算，结果见表4.1.3-2。其中系数0.395和指数0.55为轴心抗拉强度与立方体抗压强度的折算关系，是根据试验数据进行统计分析以后确定的。

C80以上的高强混凝土，目前虽偶有工程应用但数量很少，且对其性能的研究尚不够，故暂未列入。

4.1.4 混凝土的强度设计值由强度标准值除混凝土材料分项系数 γ_c 确定。混凝土的材料分项系数取为1.40。

1 轴心抗压强度设计值 f_c

轴心抗压强度设计值等于 $f_{ck}/1.40$，结果见表4.1.4-1。

2 轴心抗拉强度设计值 f_t

轴心抗拉强度设计值等于 $f_{tk}/1.40$，结果见表4.1.4-2。

修订规范还删除了02版规范表注中受压构件尺寸效应的规定。该规定源于前苏联规范，最近俄罗斯规范已经取消。对离心混凝土的强度设计值，应按专门的标准取用，也不再列入。

4.1.5 混凝土的弹性模量、剪切变形模量及泊松比同原规范。混凝土的弹性模量 E_c 以其强度等级值($f_{cu,k}$为代表)按下列公式计算：

$$E_c = \frac{10^5}{2.2 + \frac{34.7}{f_{cu,k}}} \quad (\text{N/mm}^2)$$

由于混凝土组成成分不同(掺入粉煤灰等)而导致变形性能的不确定性，增加了表注，强调在必要时可根据试验确定弹性模量。

4.1.6、4.1.7 根据等幅疲劳 2×10^6 次的试验研究结果，列出了混凝土的疲劳指标。疲劳指标包括混凝土疲劳强度设计值、混凝土疲劳变形模量。而疲劳强度设计值是混凝土强度设计值乘疲劳强度修正系数 γ_p 的数值。上述指标包括高强度混凝土的疲劳验算，但不包括变幅疲劳。

结构构件中的混凝土，可能遭遇受压疲劳、受拉疲劳或拉-压交变疲劳的作用。本次修订根据试验研究，将不同的疲劳受力状态分别表达，扩大了疲劳应力比值的覆盖范围，并将疲劳强度修正系数的数值作了相应调整与补充。

当蒸养温度超过60℃时混凝土容易产生裂缝，并不能简单依靠提高设计强度解决。因此，本次修订删去了蒸养温度超过60℃时，计算需要的混凝土强度设计值需提高20%的规定。

4.1.8 本条提供了进行混凝土间接作用效应计算所需的基本热工参数。包括线膨胀系数、导热系数和比热容，数据引自《水工混凝土结构设计规范》DL/T 5057的规定，并作了适当简化。

4.2 钢　　筋

4.2.1 根据钢筋产品标准的修改，不再限制钢筋材料的化学成分和制作工艺，而按性能确定钢筋的牌号和强度级别，并以相应的符号表达。

本次修订根据“四节一环保”的要求，提倡应用高强、高性能钢筋。根据混凝土构件对受力的性能要求，规定了各种牌号钢筋的选用原则。

1 增加强度为500MPa级的热轧带肋钢筋；推广400MPa、500MPa级高强热轧带肋钢筋作为纵向受力的主导钢筋；限制并准备逐步淘汰335MPa级热轧带肋钢筋的应用；用300MPa级光圆钢筋取代235MPa级光圆钢筋。在规范的过渡期及对既有结构进行设计时，235MPa级光圆钢筋的设计值仍按原规范取值。

2 推广具有较好的延性、可焊性、机械连接性能及施工适应性的HRB系列普通热轧带肋钢筋。列入采用控温轧制工艺生产的HRBF系列细晶粒带肋钢筋。

3 RRB系列余热处理钢筋由轧制钢筋经高温淬水，余热处理后提高强度。其延性、可焊性、机械连接性能及施工适应性降低，一般可用于对变形性能及加工性能要求不高的构件中，如基础、大体积混凝土、楼板、墙体以及次要的中小结构构件等。

4 增加预应力筋的品种：增补高强、大直径的钢绞线；列入大直径预应力螺纹钢筋(精轧螺纹钢筋)；列入中强度预应力钢丝以补充中等强度预应力筋的空缺，用于中、小跨度的预应力构件；淘汰锚固性能很差的刻痕钢丝。

5 箍筋用于抗剪、抗扭及抗冲切设计时，其抗拉强度设计值受到限制，不宜采用强度高于400MPa级的钢筋。当用于约束混凝土的间接配筋(如连续螺旋配箍或封闭焊接箍)时，其高强度可以得到充分发挥，采用500MPa级钢筋具有一定的经济效益。

6 近年来，我国强度高，性能好的预应力钢筋(钢丝、钢绞线)已可充分供应，故冷加工钢筋不再列入本规范。

4.2.2 钢筋及预应力筋的强度按现行国家标准《钢筋混凝土用钢》GB 1499、《钢筋混凝土用余热处理钢筋》GB 13014、《中强度预应力混凝土用钢丝》YB/T 156、《预应力混凝土用螺纹钢筋》GB/T 20065、《预应力混凝土用钢丝》GB/T 5223、《预应力混凝土用钢绞线》GB/T 5224 等的规定给出，其应具有不小于95%的保证率。

普通钢筋采用屈服强度标志。屈服强度标准值 f_{yk} 相当于钢筋标准中的屈服强度特征值 R_{eL}。由于结构抗倒塌设计的需要，本次修订增列了钢筋极限强度(即钢筋拉断前相应于最大拉力下的强度)的标准值 f_{stk}，相当于钢筋标准中的抗拉强度特征值 R_m。

预应力筋没有明显的屈服点，一般采用极限强度标志。极限强度标准值 f_{ptk} 相当于钢筋标准中的钢筋抗拉强度 σ_b。在钢筋标准中一般取0.002残余应变所对应的应力 $\sigma_{p0.2}$ 作为其条件屈服强度标准值 f_{pyk}。本条对新增的预应力螺纹钢筋及中强度预应力钢丝列出了有关的设计参数。

本次修订补充了强度级别为1960MPa和直径为21.6mm的钢绞线。当用作后张预应力配筋时，应注意其与锚夹具的匹配性。应经检验并确认锚夹具及工艺可靠后方可在工程中应用。原规范预应力筋强度分档太琐碎，故删除不常使用的预应力筋的强度等级和直径，以简化设计时的选择。

4.2.3 钢筋的强度设计值为其强度标准值除以材料分项系数 γ_s 的数值。延性较好的热轧钢筋 γ_s 取

1.10。但对新列入的高强度500MPa级钢筋适当提高安全储备，取为1.15。对预应力筋，取条件屈服强度标准值除以材料分项系数γ_s，由于延性稍差，预应力筋γ_s一般取不小于1.20。对传统的预应力钢丝、钢绞线取$0.85\sigma_b$作为条件屈服点，材料分项系数1.2，保持原规范值；对新增的中强度预应力钢丝和螺纹钢筋，按上述原则计算并考虑工程经验适当调整，列于表4.2.3-2中。

钢筋抗压强度设计值f'_y取与抗拉强度相同，而预应力筋较小。这是由于构件中钢筋受到混凝土极限受压应变的控制，受压强度受到制约的缘故。

根据试验研究，限定受剪、受扭、受冲切箍筋的抗拉强度设计值f_{yv}不大于$360N/mm^2$；但用作围箍约束混凝土的间接配筋时，其强度设计值不限。

钢筋标准中预应力钢丝、钢绞线的强度等级繁多，对于表中未列出的强度等级可按比例换算，插值确定强度设计值。无粘结预应力筋不考虑抗压强度。预应力筋配筋位置偏离受力区较远时，应根据实际受力情况对强度设计值进行折减。

原规范中有关轴心受拉和小偏心受拉构件中的抗拉强度设计取值的注删去，这是由于采用裂缝宽度计算控制，无须再限制强度值了。

当构件中配有不同牌号和强度等级的钢筋时，可采用各自的强度设计值进行计算。因为尽管强度不同，但极限状态下各种钢筋先后均已达到屈服。

4.2.4 本条为新增条文，明确提出了对钢筋延性的要求。根据我国钢筋标准，将最大力下总伸长率δ_{gt}的作为控制钢筋延性的指标。最大力下总伸长率δ_{gt}不受断口-颈缩区域局部变形的影响，反映了钢筋拉断前达到最大力(极限强度)时的均匀应变，故又称均匀伸长率。

对中强度预应力钢丝，产品标准规定其最大力下总伸长率δ_{gt}为2.5%。但本规范规定，中强度预应力钢丝用做预应力钢筋时，规定其最大力下总伸长率δ_{gt}应不小于3.5%。

4.2.5 钢筋的弹性模量同原规范。由于制作偏差、基圆面积率不同以及钢绞线捻绞紧度差异等因素的影响，实际钢筋受力后的变形模量存在一定的不确定性，而且通常不同程度地偏小。因此必要时可通过试验测定钢筋的实际弹性模量，用于设计计算。

4.2.6 国内外的疲劳试验研究表明：影响钢筋疲劳强度的主要因素为钢筋的疲劳应力幅($\sigma^f_{s,max}-\sigma^f_{s,min}$或$\sigma^f_{p,max}-\sigma^f_{p,min}$)。本次修订根据钢筋疲劳强度设计值，给出了考虑疲劳应力比值的钢筋疲劳应力幅限值Δf^f_y或Δf^f_{py}，并改变了表达形式：将原规范按应力比值区间取一个值，改为应力比值与应力幅限值对应而由内插取值，使计算更加准确。

出于对延性的考虑，表中未列入细晶粒HRBF钢筋，当其用于疲劳荷载作用的构件时，应经试验验证。HRB500级带肋钢筋尚未进行充分的疲劳试验研究，因此承受疲劳作用的钢筋宜选用HRB400热轧带肋钢筋。RRB400级钢筋不宜用于直接承受疲劳荷载的构件。

钢绞线的疲劳应力幅限值参考了我国现行规范《铁路桥涵钢筋混凝土和预应力混凝土结构设计规范》TB 10002.3。该规范根据1860MPa级高强钢绞线的试验，规定疲劳应力幅限值为$140N/mm^2$。考虑到本规范中钢绞线强度为1570MPa级以及预应力钢筋在曲线管道中等因素的影响，故表中采用偏安全的限值。

4.2.7 为解决粗钢筋及配筋密集引起设计、施工的困难，本次修订提出了受力钢筋可采用并筋(钢筋束)的布置方式。国外标准中允许采用绑扎并筋的配筋形式，我国某些行业规范中已有类似的规定。经试验研究并借鉴国内、外的成熟做法，给出了利用截面积相等原则计算并筋等效直径的简便方法。本条还给出了应用并筋时，钢筋最大直径及并筋数量的限制。

并筋等效直径的概念适用于本规范中钢筋间距、保护层厚度、裂缝宽度验算、钢筋锚固长度、搭接接头面积百分率及搭接长度等有关条文的计算及构造规定。

相同直径的二并筋等效直径可取为1.41倍单根钢筋直径；三并筋等效直径可取为1.73倍单根钢筋直径。二并筋可按纵向或横向的方式布置；三并筋宜按品字形布置，并均按并筋的重心作为等效钢筋的重心。

4.2.8 钢筋代换除应满足等强代换的原则外，尚应综合考虑不同钢筋牌号的性能差异对裂缝宽度验算、最小配筋率、抗震构造要求等的影响，并应满足钢筋间距、保护层厚度、锚固长度、搭接接头面积百分率及搭接长度等的要求。

4.2.9 钢筋的专业化加工配送有利于节省材料、方便施工、提高工程质量。采用钢筋焊接网片时应符合《钢筋焊接网混凝土结构技术规程》JGJ 114的规定。宜进一步推广钢筋专业加工配送生产预制钢筋骨架的设计、施工方式。

4.2.10 混凝土结构设计中，要用到各类钢筋的公称直径、公称截面面积及理论重量。根据有关钢筋标准的规定在附录A中列出了有关的参数。

5 结构分析

本次修订补充、完善了02版规范的内容：丰富了分析模型、弹性分析、弹塑性分析、塑性极限分析等内容；增加了间接作用分析一节，弥补了02版规范中结构分析内容的不足。所列条款基本反映了我国混凝土结构的设计现状、工程经验和试验研究等方面所取得的进展，同时也参考了国外标准规范的相关内容。

本规范只列入了结构分析的基本原则和各种分析方法的应用条件。各种结构分析方法的具体内容在有关标准中有更详尽的规定，可遵照执行。

5.1 基本原则

5.1.1 在所有的情况下均应对结构的整体进行分析。结构中的重要部位、形状突变部位以及内力和变形有异常变化的部位(例如较大孔洞周围、节点及其附近、支座和集中荷载附近等)，必要时应另作更详细的局部分析。

对结构的两种极限状态进行结构分析时，应取用相应的作用组合。

5.1.2 结构在不同的工作阶段，例如结构的施工期、检修期和使用期，预制构件的制作、运输和安装阶段等，以及遭遇偶然作用的情况下，都可能出现多种不利的受力状况，应分别进行结构分析，并确定其可能的不利作用组合。

5.1.3 结构分析应以结构的实际工作状况和受力条件为依据。结构分析的结果应有相应的构造措施加以保证。例如，固定端和刚节点的承受弯矩能力和对变形的限制；塑性铰充分转动的能力；适筋截面的配筋率或受压区相对高度的限制等。

5.1.4 结构分析方法均应符合三类基本方程，即力学平衡方程，变形协调(几何)条件和本构(物理)关系。其中力学平衡条件必须满足；变形协调条件应在不同程度上予以满足；本构关系则需合理地选用。

5.1.5 结构分析方法分类较多，各类方法的主要特点和应用范围如下：

1 弹性分析方法是最基本和最成熟的结构分析方法，也是其他分析方法的基础和特例。它适用于分析一般结构。大部分混凝土结构的设计均基于此法。

结构内力的弹性分析和截面承载力的极限状态设计相结合，实用上简易可行。按此设计的结构，其承载力一般偏于安全。少数结构因混凝土开裂部分的刚度减小而发生内力重分布，可能影响其他部分的开裂和变形状况。

考虑到混凝土结构开裂后刚度的减小，对梁、柱构件可分别取用不同的刚度折减值，且不再考虑刚度随作用效应而变化。在此基础上，结构的内力和变形仍可采用弹性方法进行分析。

2 考虑塑性内力重分布的分析方法可用于超静定混凝土结构设计。该方法具有充分发挥结构潜力，节约材料，简化设计和方便施工等优点。但应注意到，抗弯能力调低部位的变形和裂缝可能相应增大。

3 弹塑性分析方法以钢筋混凝土的实际力学性能为依据，引入相应的本构关系后，可进行结构受力全过程分析，而且可以较好地解决各种体形和受力复杂结构的分析问题。但这种分析方法比较复杂，计算工作量大，各种非线性本构关系尚不够完善和统一，且要有成熟、稳定的软件提供使用，至今应用范围仍然有限，主要用于重要、复杂结构工程的分析和罕遇地震作用下的结构分析。

4 塑性极限分析方法又称塑性分析法或极限平衡法。此法主要用于周边有梁或墙支承的双向板设计。工程设计和施工实践经验证明，在规定条件下按此法进行计算和构造设计简便易行，可以保证结构的安全。

5 结构或其部分的体形不规则和受力状态复杂，又无恰当的简化分析方法时，可采用试验分析的方法。例如剪力墙及其孔洞周围，框架和桁架的主要节点，构件的疲劳，受力状态复杂的水坝等。

5.1.6 结构设计中采用计算机分析日趋普遍，商业的和自编的电算软件都必须保证其运算的可靠性。而且对每一项电算的结果都应作必要的判断和校核。

5.2 分析模型

5.2.1 结构分析时都应结合工程的实际情况和采用的力学模型，对承重结构进行适当简化，使其既能较正确反映结构的真实受力状态，又能够适应所选用分析软件的力学模型和运算能力，从根本上保证所分析结果的可靠性。

5.2.2 计算简图宜根据结构的实际形状、构件的受力和变形状况、构件间的连接和支承条件以及各种构造措施等，作合理的简化后确定。例如，支座或柱底的固定端应有相应的构造和配筋作保证；有地下室的建筑底层柱，其固定端的位置还取决于底板(梁)的刚度；节点连接构造的整体性决定连接处是按刚接还是按铰接考虑等。

当钢筋混凝土梁柱构件截面尺寸相对较大时，梁柱交汇点会形成相对的刚性节点区域。刚域尺寸的合理确定，会在一定程度上影响结构整体分析的精度。

5.2.3 一般的建筑结构的楼层大多数为现浇钢筋混凝土楼盖或有现浇面层的预制装配式楼盖，可近似假定楼盖在其自身平面内为无限刚性，以减少结构分析的自由度数，提高结构分析效率。实践证明，采用刚性楼盖假定对大多数建筑结构的分析精度都能够满足工程设计的需要。

若因结构布置的变化导致楼盖面内刚度削弱或不均匀时，结构分析应考虑楼盖面内变形的影响。根据楼面结构的具体情况，楼盖面内弹性变形可按全楼、部分楼层或部分区域考虑。

5.2.4 现浇楼盖和装配整体式楼盖的楼板作为梁的有效翼缘，与梁一起形成T形截面，提高了楼面梁的刚度，结构分析时应予以考虑。当采用梁刚度放大系数法时，应考虑各梁截面尺寸大小的差异，以及各楼层楼板厚度的差异。

5.2.5 本条规定了考虑地基对上部结构影响的原则。

5.3 弹 性 分 析

5.3.1 本条规定了弹性分析的应用范围。

5.3.2 按构件全截面计算截面惯性矩时，可进行简化，既不计钢筋的换算面积，也不扣除预应力筋孔道等的面积。

5.3.3 本条规定了弹性分析的计算方法。

5.3.4 结构中的二阶效应指作用在结构上的重力或构件中的轴压力在变形后的结构或构件中引起的附加内力和附加变形。建筑结构的二阶效应包括重力二阶效应($P-\Delta$效应)和受压构件的挠曲效应($P-\delta$效应)两部分。严格地讲，考虑$P-\Delta$效应和$P-\delta$效应进行结构分析，应考虑材料的非线性和裂缝、构件的曲率和层间侧移、荷载的持续作用、混凝土的收缩和徐变等因素。但要实现这样的分析，在目前条件下还有困难，工程分析中一般都采用简化的分析方法。

重力二阶效应计算属于结构整体层面的问题，一般在结构整体分析中考虑，本规范给出了两种计算方法：有限元法和增大系数法。受压构件的挠曲效应计算属于构件层面的问题，一般在构件设计时考虑，详见本规范第6.2节。

需要提醒注意的是，附录B.0.4给出的排架结构二阶效应计算公式，其中也考虑了$P-\delta$效应的影响。即排架结构的二阶效应计算仍维持02版规范的规定。

5.3.5 本条规定考虑支承位移对双向板的内力、变形影响的原则。

5.4 塑性内力重分布分析

5.4.1 超静定混凝土结构在出现塑性铰的情况下，会发生内力重分布。可利用这一特点进行构件截面之间的内力调幅，以达到简化构造、节约配筋的目的。本条给出了可以采用塑性调幅设计的构件或结构类型。

5.4.2 本条提出了考虑塑性内力重分布分析方法设计的条件。按考虑塑性内力重分布的计算方法进行构件或结构的设计时，由于塑性铰的出现，构件的变形和抗弯能力调小部位的裂缝宽度均较大。故本条进一步明确允许考虑塑性内力重分布构件的使用环境，并强调应进行构件变形和裂缝宽度验算，以满足正常使用极限状态的要求。

5.4.3 采用基于弹性分析的塑性内力重分布方法进行弯矩调幅时，弯矩调整的幅度及受压区的高度均应满足本条的规定，以保证构件出现塑性铰的位置有足够的转动能力并限制裂缝宽度。

5.4.4 钢筋混凝土结构的扭转，应区分两种不同的类型：

1 平衡扭转：由平衡条件引起的扭转，其扭矩在梁内不会产生内力重分布；

2 协调扭转：由于相邻构件的弯曲转动受到支承梁的约束，在支承梁内引起的扭转，其扭矩会由于支承梁的开裂产生内力重分布而减小，条文给出了宜考虑内力重分布影响的原则要求。

5.5 弹塑性分析

5.5.1 弹塑性分析可根据结构的类型和复杂性、要求的计算精度等选择相应的计算方法。进行弹塑性分析时，结构构件各部分的尺寸、截面配筋以及材料性能指标都必须预先设定。应根据实际情况采用不同的离散尺度，确定相应的本构关系，如应力-应变关系、弯矩-曲率关系、内力-变形关系等。

采用弹塑性分析方法确定结构的作用效应时，钢筋和混凝土的材料特征值及本构关系宜经试验分析确定，也可采用附录C提供的材料平均强度、本构模型或多轴强度准则。

需要提醒注意的是，在采用弹塑性分析方法确定结构的作用效应时，需先进行作用组合，并考虑结构重要性系数，然后方可进行分析。

5.5.2 结构构件的计算模型以及离散尺度应根据实际情况以及计算精度的要求确定。若一个方向的正应力明显大于其余两个正交方向的应力，则构件可简化为一维单元；若两个方向的正应力均显著大于另一个方向的应力，则应简化为二维单元；若构件三个方向的正应力无显著差异，则构件应按三维单元考虑。

5.5.3 本条给出了在结构弹塑性分析中选用钢筋和混凝土材料本构关系的原则规定。钢筋混凝土界面的粘结、滑移对其分析结果影响较显著的构件(如：框架结构梁柱的节点区域等)，建议在进行分析时考虑钢筋与混凝土的粘结-滑移本构关系。

5.6 塑性极限分析

5.6.1 对于超静定结构，结构中的某一个截面(或某几个截面)达到屈服，整个结构可能并没有达到其最大承载能力，外荷载还可以继续增加。先达到屈服截面的塑性变形会随之不断增大，并且不断有其他截面陆续达到屈服。直至有足够数量的截面达到屈服，使结构体系即将形成几何可变机构，结构才达到最大承载能力。因此，利用超静定结构的这一受力特征，可采用塑性极限分析方法来计算超静定结构的最大承载力，并以达到最大承载力时的状态，作为整个超静定结构的承载能力极限状态。这样既可以使超静定结构的内力分析更接近实际内力状态，也可以充分发挥超静定结构的承载潜力，使设计更经济合理。但是，超静定结构达到承载力极限状态(最大承载力)时，结构中较早达到屈服的截面已处于塑性变形阶段，即已形成塑性铰，这些截面实际上已具有一定程度的损伤。如果塑性铰具有足够的变形能力，则这种损伤对于一次加载情况的最大承载力影响不大。

5.6.2 结构极限分析可采用精确解、上限解和下限解法。当采用上限解法时，应根据具体结构的试验结果或弹性理论的内力分布，预先建立可能的破坏机构，然后采用机动法或极限平衡法求解结构的极限荷载。当采用下限解法时，可参考弹性理论的内力分布，假定一个满足极限条件的内力场，然后用平衡条件求解结构的极限荷载。

5.6.3 本条介绍双向矩形板采用塑性铰线法或条带法的计算原则。

5.7 间接作用分析

5.7.1 大体积混凝土结构、超长混凝土结构等约束积累较大的超静定结构，在间接作用下的裂缝问题比较突出，宜对结构进行间接作用效应分析。对于允许出现裂缝的钢筋混凝土结构构件，应考虑裂缝的开展使构件刚度降低的影响，以减少作用效应计算的失真。

5.7.2 间接作用效应分析可采用弹塑性分析方法，也可采用简化的弹性分析方法，但计算时应考虑混凝土的徐变及混凝土的开裂引起的应力松弛和重分布。

6 承载能力极限状态计算

6.1 一般规定

6.1.1 钢筋混凝土构件、预应力混凝土构件一般均可按本章的规定进行正截面、斜截面及复合受力状态下的承载力计算（验算）。素混凝土结构构件在房屋建筑中应用不多，低配筋混凝土构件的研究和工程实践经验尚不充分。因此，本次修订对素混凝土构件的设计要求未作调整，其内容见本规范附录D。

02版规范已有的深受弯构件、牛腿、叠合构件等的承载力计算，仍然独立于本章之外给出，深受弯构件见附录G，牛腿见第9.3节，叠合构件见第9.5节及附录H。

有关构件的抗震承载力计算（验算），见本规范第11章的相关规定。

6.1.2 对混凝土结构中的二维、三维非杆系构件，可采用弹性或弹塑性方法求得其主应力分布，其承载力极限状态设计应符合本规范第3.3.2条、第3.3.3条的规定，宜通过计算配置受拉区的钢筋和验算受压区的混凝土强度。按应力进行截面设计的原则和方法与02版规范第5.2.8条的规定相同。

受拉钢筋的配筋量可根据主拉应力的合力进行计算，但一般不考虑混凝土的抗拉设计强度；受拉钢筋的配筋分布可按主拉应力分布图形及方向确定。具体可参考行业标准《水工混凝土结构设计规范》DL/T 5057的有关规定。受压钢筋可根据计算确定，此时可由混凝土和受压钢筋共同承担受压应力的合力。受拉钢筋或受压钢筋的配置均应符合相关构造要求。

6.1.3 复杂或有特殊要求的混凝土结构以及二维、三维非杆系混凝土结构构件，通常需要考虑弹塑性分析方法进行承载力校核、验算。根据不同的设计状况（如持久、短暂、地震、偶然等）和不同的性能设计目标，承载力极限状态往往会采用不同的组合，但通常会采用基本组合、地震组合或偶然组合，因此结构和构件的抗力计算也要相应采用不同的材料强度取值。例如，对于荷载偶然组合的效应，材料强度可取用标准值或极限值；对于地震作用组合的效应，材料强度可以根据抗震性能设计目标取用设计值或标准值等。承载力极限状态验算就是要考察构件的内力或应力是否超过材料的强度取值。

对于多轴应力状态，混凝土主应力验算可按本规范附录C.4的有关规定进行。对于二维尤其是三维受压的混凝土结构构件，校核受压应力设计值可采用混凝土多轴强度准则，可以强度代表值的相对形式，利用多轴受压时的强度提高。

6.2 正截面承载力计算

6.2.1 本条对正截面承载力计算方法作了基本假定。

1 平截面假定

试验表明，在纵向受拉钢筋的应力达到屈服强度之前及达到屈服强度后的一定塑性转动范围内，截面的平均应变基本符合平截面假定。因此，按照平截面假定建立判别纵向受拉钢筋是否屈服的界限条件和确定屈服之前钢筋的应力 σ_s 是合理的。平截面假定作为计算手段，即使钢筋已达屈服，甚至进入强化段时，也还是可行的，计算值与试验值符合较好。

引用平截面假定可以将各种类型截面（包括周边配筋截面）在单向或双向受力情况下的正截面承载力计算贯穿起来，提高了计算方法的逻辑性和条理性，使计算公式具有明确的物理概念。引用平截面假定也为利用电算进行混凝土构件正截面全过程分析（包括非线性分析）提供了必不可少的截面变形条件。

国际上的主要规范，均采用了平截面假定。

2 混凝土的应力-应变曲线

随着混凝土强度的提高，混凝土受压时的应力-应变曲线将逐渐变化，其上升段将逐渐趋向线性变化，且对应于峰值应力的应变稍有提高；下降段趋于变陡，极限应变有所减少。为了综合反映低、中强度混凝土和高强混凝土的特性，与02版规范相同，本规范对正截面设计用的混凝土应力-应变关系采用如下简化表达形式：

上升段 $$\sigma_c = f_c\left[1-\left(1-\frac{\varepsilon_c}{\varepsilon_0}\right)^n\right] \quad (\varepsilon_c \leqslant \varepsilon_0)$$

下降段 $$\sigma_c = f_c \quad (\varepsilon_0 < \varepsilon_c \leqslant \varepsilon_{cu})$$

根据国内中、低强度混凝土和高强度混凝土偏心受压短柱的试验结果，在条文中给出了有关参数：n、ε_0、ε_{cu}的取值，与试验结果较为接近。

3 纵向受拉钢筋的极限拉应变

纵向受拉钢筋的极限拉应变本规范规定为 0.01，作为构件达到承载能力极限状态的标志之一。对有物理屈服点的钢筋，该值相当于钢筋应变进入了屈服台阶；对无屈服点的钢筋，设计所用的强度是以条件屈服点为依据的。极限拉应变的规定是限制钢筋的强化强度，同时，也表示设计采用的钢筋的极限拉应变不得小于 0.01，以保证结构构件具有必要的延性。对预应力混凝土结构构件，其极限拉应变应从混凝土消压时的预应力筋应力 σ_{p0} 处开始算起。

对非均匀受压构件，混凝土的极限压应变达到 ε_{cu} 或者受拉钢筋的极限拉应变达到 0.01，即这两个极限应变中只要具备其中一个，就标志着构件达到了承载能力极限状态。

6.2.2 本条的规定同 02 版规范。

6.2.3 轴向压力在挠曲杆件中产生的二阶效应($P-\delta$ 效应)是偏压杆件中由轴向压力在产生了挠曲变形的杆件内引起的曲率和弯矩增量。例如在结构中常见的反弯点位于柱高中部的偏压构件中，这种二阶效应虽能增大构件除两端区域外各截面的曲率和弯矩，但增大后的弯矩通常不可能超过柱两端控制截面的弯矩。因此，在这种情况下，$P-\delta$ 效应不会对杆件截面的偏心受压承载能力产生不利影响。但是，在反弯点不在杆件高度范围内(即沿杆件长度均为同号弯矩)的较细长且轴压比偏大的偏压构件中，经 $P-\delta$ 效应增大后的杆件中部弯矩有可能超过柱端控制截面的弯矩。此时，就必须在截面设计中考虑 $P-\delta$ 效应的附加影响。因后一种情况在工程中较少出现，为了不对各个偏压构件逐一进行验算，本条给出了可以不考虑 $P-\delta$ 效应的条件。该条件是根据分析结果并参考国外规范给出的。

6.2.4 本条给出了在偏压构件中考虑 $P-\delta$ 效应的具体方法，即 $C_m-\eta_{ns}$ 法。该方法的基本思路与美国 ACI 318－08 规范所用方法相同。其中 η_{ns} 使用中国习惯的极限曲率表达式。该表达式是借用 02 版规范偏心距增大系数 η 的形式，并作了下列调整后给出的：

1 考虑本规范所用钢材强度总体有所提高，故将 02 版规范 η 公式中反映极限曲率的“1/1400”改为“1/1300”。

2 根据对 $P-\delta$ 效应规律的分析，取消了 02 版规范 η 公式中在细长度偏大情况下减小构件挠曲变形的系数 ζ_2。

本条 C_m 系数的表达形式与美国 ACI 318－08 规范所用形式相似，但取值略偏高，这是根据我国所做的系列试验结果，考虑钢筋混凝土偏心压杆 $P-\delta$ 效应规律的较大离散性而给出的。

对剪力墙、核心筒墙肢类构件，由于 $P-\delta$ 效应不明显，计算时可以忽略。对排架结构柱，当采用本规范第 B.0.4 条的规定计算二阶效应后，不再按本条规定计算 $P-\delta$ 效应；当排架柱未按本规范第 B.0.4 条计算其侧移二阶效应时，仍应按本规范第 B.0.4 条考虑其 $P-\delta$ 效应。

6.2.5 由于工程中实际存在着荷载作用位置的不定性、混凝土质量的不均匀性及施工的偏差等因素，都可能产生附加偏心距。很多国家的规范中都有关于附加偏心距的具体规定，因此参照国外规范的经验，规定了附加偏心距 e_a 的绝对值与相对值的要求，并取其较大值用于计算。

6.2.6 在承载力计算中，可采用合适的压应力图形，只要在承载力计算上能与可靠的试验结果基本符合。为简化计算，本规范采用了等效矩形压应力图形，此时，矩形应力图的应力取 f_c 乘以系数 α_1，矩形应力图的高度可取等于按平截面假定所确定的中和轴高度 x_n 乘以系数 β_1。对中低强度混凝土，当 $n=2$，$\varepsilon_0=0.002$，$\varepsilon_{cu}=0.0033$ 时，$\alpha_1=0.969$，$\beta_1=0.824$；为简化计算，取 $\alpha_1=1.0$，$\beta_1=0.8$。对高强度混凝土，用随混凝土强度提高而逐渐降低的系数 α_1、β_1 值来反映高强度混凝土的特点，这种处理方法能适应混凝土强度进一步提高的要求，也是多数国家规范采用的处理方法。上述的简化计算与试验结果对比大体接近。应当指出，将上述简化计算的规定用于三角形截面、圆形截面的受压区，会带来一定的误差。

6.2.7 构件达到界限破坏是指正截面上受拉钢筋屈服与受压区混凝土破坏同时发生时的破坏状态。对应于这一破坏状态，受压边混凝土应变达到 ε_{cu}；对配置有屈服点钢筋的钢筋混凝土构件，纵向受拉钢筋的应变取 f_y/E_s。界限受压区高度 x_b 与界限中和轴高度 x_{nb} 的比值为 β_1，根据平截面假定，可得截面相对界限受压区高度 ξ_b 的公式(6.2.7-1)。

对配置无屈服点钢筋的钢筋混凝土构件或预应力混凝土构件，根据条件屈服点的定义，应考虑 0.2% 的残余应变，普通钢筋应变取($f_y/E_s+0.002$)、预应力筋应变取[$(f_{py}-\sigma_{p0})/E_s+0.002$]。根据平截面假定，可得公式(6.2.7-2)和公式(6.2.7-3)。

无屈服点的普通钢筋通常是指细规格的带肋钢筋，无屈服点的特性主要取决于钢筋的轧制和调直等工艺。在钢筋标准中，有屈服点钢筋的屈服强度以 σ_s 表示，无屈服点钢筋的屈服强度以 $\sigma_{p0.2}$ 表示。

6.2.8 钢筋应力 σ_s 的计算公式，是以混凝土达到极限压应变 ε_{cu} 作为构件达到承载能力极限状态标志而给出的。

按平截面假定可写出截面任意位置处的普通钢筋应力 σ_{si} 的计算公式（6.2.8-1）和预应力筋应力 σ_{pi} 的计算公式（6.2.8-2）。

为了简化计算，根据我国大量的试验资料及计算分析表明，小偏心受压情况下实测受拉边或受压较小边的钢筋应力 σ_s 与 ξ 接近直线关系。考虑到 $\xi=\xi_b$ 及 $\xi=\beta_1$ 作为界限条件，取 σ_s 与 ξ 之间为线性关系，就可得到公式（6.2.8-3）、公式（6.2.8-4）。

按上述线性关系式，在求解正截面承载力时，一般情况下为二次方程。

6.2.9 在02版规范中，将圆形、圆环形截面混凝土构件的正截面承载力列在正文，本次修订将圆形截面、圆环形截面与任意截面构件的正截面承载力计算一同列入附录。

6.2.10～6.2.14 保留02版规范的实用计算方法。

构件中如无纵向受压钢筋或不考虑纵向受压钢筋时，不需要符合公式（6.2.10-4）的要求。

6.2.15 保留了02版规范的规定。为保持与偏心受压构件正截面承载力计算具有相近的可靠度，在正文公式（6.2.15）右端乘以系数0.9。

02版规范第7.3.11条规定的受压构件计算长度 l_0 主要适用于有侧移受偏心压力作用的构件，不完全适用于上下端有支点的轴心受压构件。对于上下端有支点的轴心受压构件，其计算长度 l_0 可偏安全地取构件上下端支点之间距离的1.1倍。

当需用公式计算 φ 值时，对矩形截面也可近似用 $\varphi=\left[1+0.002\left(\frac{l_0}{b}-8\right)^2\right]^{-1}$ 代替查表取值。当 l_0/b 不超过40时，公式计算值与表列数值误差不致超过3.5%。在用上式计算 φ 时，对任意截面可取 $b=\sqrt{12}i$，对圆形截面可取 $b=\sqrt{3}d/2$。

6.2.16 保留了02版规范的规定。根据国内外的试验结果，当混凝土强度等级大于C50时，间接钢筋混凝土的约束作用将会降低，为此，在混凝土强度等级为C50～C80的范围内，给出折减系数 α 值。基于与第6.2.15条相同的理由，在公式（6.2.16-1）右端乘以系数0.9。

6.2.17 矩形截面偏心受压构件：

1 对非对称配筋的小偏心受压构件，当偏心距很小时，为了防止 A_s 产生受压破坏，尚应按公式（6.2.17-5）进行验算，此处引入了初始偏心距 $e_i=e_0-e_a$，这是考虑了不利方向的附加偏心距。计算表明，只有当 $N>f_cbh$ 时，钢筋 A_s 的配筋率才有可能大于最小配筋率的规定。

2 对称配筋小偏心受压的钢筋混凝土构件近似计算方法：

当应用偏心受压构件的基本公式（6.2.17-1）、公式（6.2.17-2）及公式（6.2.8-1）求解对称配筋小偏心受压构件承载力时，将出现 ξ 的三次方程。第6.2.17条第4款的简化公式是取 $\xi\left(1-\frac{1}{2}\xi\right)\frac{\xi_b-\xi}{\xi_b-\beta_1}\approx0.43\frac{\xi_b-\xi}{\xi_b-\beta_1}$，使求解 ξ 的方程降为一次方程，便于直接求得小偏压构件所需的配筋面积。

同理，上述简化方法也可扩展用于T形和I形截面的构件。

3 本次对偏心受压构件二阶效应的计算方法进行了修订，即除排架结构柱以外，不再采用 $\eta-l_0$ 法。新修订的方法主要希望通过计算机进行结构分析时一并考虑由结构侧移引起的二阶效应。为了进行截面设计时内力取值的一致性，当需要利用简化计算方法计算由结构侧移引起的二阶效应和需要考虑杆件自身挠曲引起的二阶效应时，也应先按照附录B的简化计算方法和按照第6.2.3条和第6.2.4条的规定进行考虑二阶效应的内力计算。即在进行截面设计时，其内力已经考虑了二阶效应。

6.2.18 给出了I形截面偏心受压构件正截面受压承载力计算公式，对T形、倒T形截面则可按条文注的规定进行计算；同时，对非对称配筋的小偏心受压构件，给出了验算公式及其适用的近似条件。

6.2.19 沿截面腹部均匀配置纵向钢筋（沿截面腹部配置等直径、等间距的纵向受力钢筋）的矩形、T形或I形截面偏心受压构件，其正截面承载力可根据第6.2.1条中一般计算方法的基本假定列出平衡方程进行计算。但由于计算公式较繁，不便于设计应用，故作了必要简化，给出了公式（6.2.19-1）～公式（6.2.19-4）。

根据第6.2.1条的基本假定，均匀配筋的钢筋应变到达屈服的纤维距中和轴的距离为 $\beta\xi\eta_0/\beta_1$，此处，$\beta=f_{yw}/(E_s\varepsilon_{cu})$。分析表明，常用的钢筋 β 值变化幅度不大，而且对均匀配筋的内力影响很小。因此，将按平截面假定写出的均匀配筋内力 N_{sw}、M_{sw} 的表达式分别用直线及二次曲线近似拟合，即给出公式（6.2.19-3）、公式（6.2.19-4）这两个简化公式。

计算分析表明，对两对边集中配筋与腹部均匀配筋呈一定比例的条件下，本条的简化计算与按一般方法精确计算的结果相比误差不大，并可使计算工作量得到很大简化。

6.2.20 规范对排架柱计算长度的规定引自1974年的规范《钢筋混凝土结构设计规范》TJ 10－74，其计算长度值是在当时的弹性分析和工程经验基础上确定的。在没有新的研究分析结果之前，本规范继续沿用原规范的规定。

本次规范修订，对有侧移框架结构的 $P-\Delta$ 效应简化计算，不再采用 $\eta-l_0$ 法，而采用层增大系数法。因此，进行框架结构 $P-\Delta$ 效应计算时不再需要计算框架柱的计算长度 l_0，因此取消了02版规范第7.3.11条第3款中框架柱计算长度公式（7.3.11-1）、公式（7.3.11-2）。本规范第6.2.20条第2款表6.2.20-2中框架柱的计算长度 l_0 主要用于计算轴心受压框架柱稳定系数 φ，以及计算偏心受压构件裂缝宽度的偏心距增大系数时采用。

6.2.21 本条对对称双向偏心受压构件正截面承载力的计算作了规定：

1 当按本规范附录E的一般方法计算时，本条

规定了分别按 x、y 轴计算 e_i 的公式；有可靠试验依据时，也可采用更合理的其他公式计算。

2 给出了双向偏心受压的倪克勤（N. V. Nikitin）公式，并指明了两种配筋形式的计算原则。

3 当需要考虑二阶弯矩的影响时，给出的弯矩设计值 M_{0x}、M_{0y} 已经包含了二阶弯矩的影响，即取消了 02 版规范第 7.3.14 条中的弯矩增大系数 η_x、η_y，原因详见第 6.2.17 条条文说明。

6.2.22～6.2.25 保留了 02 版规范的相应条文。

对沿截面高度或周边均匀配筋的矩形、T 形或 I 形偏心受拉截面，其正截面承载力基本符合 $\frac{N}{N_{u0}}+\frac{M}{M_u}=1$ 的变化规律，且略偏于安全；此公式改写后即为公式（6.2.25-1）。试验表明，它也适用于对称配筋矩形截面钢筋混凝土双向偏心受拉构件。公式（6.2.25-1）是 89 规范在条文说明中提出的公式。

6.3 斜截面承载力计算

6.3.1 混凝土构件的受剪截面限制条件仍采用 02 版规范的表达形式。

规定受弯构件的受剪截面限制条件，其目的首先是防止构件截面发生斜压破坏（或腹板压坏），其次是限制在使用阶段可能发生的斜裂缝宽度，同时也是构件斜截面受剪破坏的最大配箍率条件。

本条同时给出了划分普通构件与薄腹构件截面限制条件的界限，以及两个截面限制条件的过渡办法。

6.3.2 本条给出了需要进行斜截面受剪承载力计算的截面位置。在一般情况下是指最可能发生斜截面破坏的位置，包括可能受力最大的梁端截面、截面尺寸突然变化处、箍筋数量变化和弯起钢筋配置处等。

6.3.3 由于混凝土受弯构件受剪破坏的影响因素众多，破坏形态复杂，对混凝土构件受剪机理的认识尚不很充分，至今未能像正截面承载力计算一样建立一套较完整的理论体系。国外各主要规范及国内各行业标准中斜截面承载力计算方法各异，计算模式也不尽相同。

对无腹筋受弯构件的斜截面受剪承载力计算：

1 根据收集到大量的均布荷载作用下无腹筋简支浅梁、无腹筋简支短梁、无腹筋简支深梁以及无腹筋连续浅梁的试验数据以支座处的剪力值为依据进行分析，可得到承受均布荷载为主的无腹筋一般受弯构件受剪承载力 V_c 偏下值的计算公式如下：

$$V_c = 0.7\beta_h\beta_\rho f_t bh_0$$

2 综合国内外的试验结果和规范规定，对不配置箍筋和弯起钢筋的钢筋混凝土板的受剪承载力计算中，合理地反映了截面尺寸效应的影响。在第 6.3.3 条的公式中用系数 $\beta_h=(800/h_0)^{\frac{1}{4}}$ 来表示；同时给出了截面高度的适用范围，当截面有效高度超过 2000mm 后，其受剪承载力还将会有所降低，但对此试验研究尚不够，未能作出进一步规定。

对第 6.3.3 条中的一般板类受弯构件，主要指受均布荷载作用下的单向板和双向板需按单向板计算的构件。试验研究表明，对较厚的钢筋混凝土板，除沿板的上、下表面按计算或构造配置双向钢筋网之外，如按本规范第 9.1.11 条的规定，在板厚中间部位配置双向钢筋网，将会较好地改善其受剪承载性能。

3 根据试验分析，纵向受拉钢筋的配筋率 ρ 对无腹筋梁受剪承载力 V_c 的影响可用系数 $\beta_\rho=(0.7+20\rho)$ 来表示；通常在 ρ 大于 1.5% 时，纵向受拉钢筋的配筋率 ρ 对无腹筋梁受剪承载力的影响才较为明显，所以，在公式中未纳入系数 β_ρ。

4 这里应当说明，以上虽然分析了无腹筋梁受剪承载力的计算公式，但并不表示设计的梁不需配置箍筋。考虑到剪切破坏有明显的脆性，特别是斜拉破坏，斜裂缝一旦出现梁即告剪坏，单靠混凝土承受剪力是不安全的。除了截面高度不大于 150mm 的梁外，一般梁即使满足 $V\leqslant V_c$ 的要求，仍应按构造要求配置箍筋。

6.3.4 02 版规范的受剪承载力设计公式分为集中荷载独立梁和一般受弯构件两种情况，较国外多数国家的规范繁琐，且两个公式在临近集中荷载为主的情况附近计算值不协调，且有较大差异。因此，建立一个统一的受剪承载力计算公式是规范修订和发展的趋势。

但考虑到我国的国情和规范的设计习惯，且过去规范的受剪承载力设计公式分两种情况用于设计也是可行的，此次修订实质上仍保留了受剪承载力计算的两种形式，只是在原有受弯构件两个斜截面承载力计算公式的基础上进行了整改，具体做法是混凝土项系数不变，仅对一般受弯构件公式的箍筋项系数进行了调整，由 1.25 改为 1.0。通过对 55 个均布荷载作用下有腹筋简支梁构件试验的数据进行分析（试验数据来自原冶金建筑研究总院、同济大学、天津大学、重庆大学、原哈尔滨建筑大学、R. B. L. Smith 等），结果表明，此次修订公式的可靠度有一定程度的提高。采用本次修订公式进行设计时，箍筋用钢量比 02 版规范计算值可能增加约 25%。箍筋项系数由 1.25 改为 1.0，也是为将来统一成一个受剪承载力计算公式建立基础。

试验研究表明，预应力对构件的受剪承载力起有利作用，主要因为预压应力能阻滞斜裂缝的出现和开展，增加了混凝土剪压区高度，从而提高了混凝土剪压区所承担的剪力。

根据试验分析，预应力混凝土梁受剪承载力的提高主要与预加力的大小及其作用点的位置有关。此外，试验还表明，预加力对梁受剪承载力的提高作用应给予限制。因此，预应力混凝土梁受剪承载力的计算，可在非预应力梁计算公式的基础上，加上一项施加预应力所提高的受剪承载力设计值 $0.05N_{p0}$，且当 N_{p0} 超过 $0.3f_cA_0$ 时，只取 $0.3f_cA_0$，以达到限制的目的。同时，它仅适用于预应力混凝土简支梁，且只有当 N_{p0} 对梁产生的弯矩与外弯矩相反时才能予以考虑。对于预应力混凝土连续梁，尚未作深入研究；此外，对允许出现裂缝的预应力混凝土简支梁，考虑到构件达到承载力时，预应力可能消失，在未有充分试验依据之前，暂不考虑预应力对截面抗剪的有利作用。

6.3.5、6.3.6 试验表明，与破坏斜截面相交的非预应力弯起钢筋和预应力弯起钢筋可以提高构件的斜截面受剪承载力，因此，除垂直于构件轴线的箍筋外，弯起钢筋也可以作为构件的抗剪钢筋。公式（6.3.5）给出了箍筋和弯起钢筋并用时，斜截面受剪承载力的计算公式。考虑到弯起钢筋与破坏斜截面相交位置的不定性，其应力可能达不到屈服强度，因此在公式中引入了弯起钢筋应力不均匀系数 0.8。

由于每根弯起钢筋只能承受一定范围内的剪力，当按第 6.3.6 条的规定确定剪力设计值并按公式（6.3.5）计算弯起钢筋时，其配筋构造应符合本规范第 9.2.8 条的规定。

6.3.7 试验表明，箍筋能抑制斜裂缝的发展，在不配置箍筋的梁中，斜裂缝的突然形成可能导致脆性的斜拉破坏。因此，本规范规定当剪力设计值小于无腹筋梁的受剪承载力时，应按本规范第 9.2.9 条的规定配置最小用量的箍筋；这些箍筋还能提高构件抵抗超载和承受由于变形所引起应力的能力。

02 版规范中，本条计算公式也分为一般受弯构件和集中荷载作用下的独立梁两种形式，此次修订与第 6.3.4 条相协调，统一为一个公式。

6.3.8 受拉边倾斜的受弯构件，其受剪破坏的形态与等高度的受弯构件相类似；但在受剪破坏时，其倾斜受拉钢筋的应力可能发挥得比较高，在受剪承载力中将占有相当的比例。根据对试验结果的分析，提出了公式（6.3.8-2），并与等高度的受弯构件的受剪承载力公式相匹配，给出了公式（6.3.8-1）。

6.3.9、6.3.10 受弯构件斜截面的受弯承载力计算是在受拉区纵向受力钢筋达到屈服强度的前提下给出的，此时，在公式（6.3.9-1）中所需的斜截面水平投影长度 c，可由公式（6.3.9-2）确定。

如果构件设计符合第 6.3.10 条列出的相关规定，构件的斜截面受弯承载力一般可满足第 6.3.9 条的要求，因此可不进行斜截面的受弯承载力计算。

6.3.11～6.3.14 试验研究表明，轴向压力对构件的受剪承载力起有利作用，主要是因为轴向压力能阻滞斜裂缝的出现和开展，增加了混凝土剪压区高度，从而提高混凝土所承担的剪力。轴压比限值范围内，斜截面水平投影长度与相同参数的无轴向压力梁相比基本不变，故对箍筋所承担的剪力没有明显的影响。

轴向压力对构件受剪承载力的有利作用是有限度的，当轴压比在 0.3～0.5 的范围时，受剪承载力达到最大值；若再增加轴向压力，将导致受剪承载力的降低，并转变为带有斜裂缝的正截面小偏心受压破坏，因此应对轴向压力的受剪承载力提高范围予以限制。

基于上述考虑，通过对偏压构件、框架柱试验资料的分析，对矩形截面的钢筋混凝土偏心构件的斜截面受剪承载力计算，可在集中荷载作用下的矩形截面独立梁计算公式的基础上，加一项轴向压力所提高的受剪承载力设计值，即 $0.07N$，且当 N 大于 $0.3f_cA$ 时，规定仅取为 $0.3f_cA$，相当于试验结果的偏低值。

对承受轴向压力的框架结构的框架柱，由于柱两端受到约束，当反弯点在层高范围内时，其计算截面的剪跨比可近似取 $H_n/(2h_0)$；而对其他各类结构的框架柱的剪跨比则取为 M/Vh_0，与截面承受的弯矩和剪力有关。同时，还规定了计算剪跨比取值的上、下限值。

偏心受拉构件的受力特点是：在轴向拉力作用下，构件上可能产生横贯全截面、垂直于杆轴的初始垂直裂缝；施加横向荷载后，构件顶部裂缝闭合而底部裂缝加宽，且斜裂缝可能直接穿过初始垂直裂缝向上发展，也可能沿初始垂直裂缝延伸再斜向发展。斜裂缝呈现宽度较大、倾角较大，斜裂缝末端剪压区高度减小，甚至没有剪压区，从而截面的受剪承载力要比受弯构件的受剪承载力有明显的降低。根据试验结果并偏稳妥地考虑，减去一项轴向拉力所降低的受剪承载力设计值，即 $0.2N$。此外，第 6.3.14 条还对受拉截面总受剪承载力设计值的下限值和箍筋的最小配筋特征值作了规定。

对矩形截面钢筋混凝土偏心受压和偏心受拉构件受剪要求的截面限制条件，与第 6.3.1 条的规定相同，与 02 版规范相同。

与 02 版规范公式比较，本次修订的偏心受力构件斜截面受剪承载力计算公式，只对 02 版规范公式中的混凝土项采用公式（6.3.4-2）中的混凝土项代替，并将适用范围由矩形截面扩大到 T 形和 I 形截面，且箍筋项的系数取为 1.0。偏心受压构件受剪承载力计算公式（6.3.12）及偏心受拉构件受剪承载力计算公式（6.3.14）与试验数据相比较，计算值也是相当于试验结果的偏低值。

6.3.15 在分析了国内外一定数量圆形截面受弯构件、偏心受压构件试验数据的基础上，借鉴国外有关规范的相关规定，提出了采用等效惯性矩原则确定等效截面宽度和等效截面高度的取值方法，从而对圆形截面受弯和偏心受压构件，可直接采用配置垂直箍筋的矩形截面受弯和偏心受压构件的受剪截面限制条件和受剪承载力计算公式进行计算。

6.3.16～6.3.19 试验表明，矩形截面钢筋混凝土柱在斜向水平荷载作用下的抗剪性能与在单向水平荷载作用下的受剪性能存在着明显的差别。根据国外的有关研究资料以及国内配置周边箍筋的斜向受剪试件的试验结果，经分析表明，构件的受剪承载力大致服从椭圆规律：

$$\left(\frac{V_x}{V_{ux}}\right)^2+\left(\frac{V_y}{V_{uy}}\right)^2=1$$

本规范第 6.3.17 条的公式（6.3.17-1）和公式（6.3.17-2），实质上就是由上面的椭圆方程式转化成在形式上与单向偏心受压构件受剪承载力计算公式相当的设计表达式。在复核截面时，可直接按公式进行验算；在进行截面设计时，可近似选取公式（6.3.17-1）和公式（6.3.17-2）中的 V_{ux}/V_{uy} 比值等于 1.0，而后再进行箍筋截面面积的计算。设计时宜采用封闭箍筋，必要时也可配置单肢箍筋。当复合封闭箍筋相重叠部分的箍筋长度小于截面周边箍筋长边或短边长度时，不应将该箍筋较短方向上的箍筋截面面积计入 A_{svx} 或 A_{svy} 中。

第 6.3.16 条和第 6.3.18 条同样采用了以椭圆规律的受剪承载力方程式为基础并与单向偏心受压构件受剪的截面要求相衔接的表达式。

同时提出，为了简化计算，对剪力设计值 V 的作用方向与 x 轴的夹角 θ 在 0°～10°和 80°～90°时，可按单向受剪计算。

6.3.20 本条规定与 02 版规范相同，目的是规定剪力墙截面尺寸的最小值，或者说限制了剪力墙截面的最大名义剪应力值。剪力墙的名义剪应力值过高，会在早期出现斜裂缝；因极限状态下的抗剪强度受混凝土抗斜压能力控制，抗剪钢筋不能充分发挥作用。

6.3.21、6.3.22 在剪力墙设计时，通过构造措施防止发生剪拉破坏和斜压破坏，通过计算确定墙中水平钢筋，防止发生剪切破坏。

在偏心受压墙肢中，轴向压力有利于抗剪承载力，但压力增大到一定程度后，对抗剪的有利作用减小，因此对轴力的取值需加以限制。

在偏心受拉墙肢中，考虑了轴向拉力的不利影响。

6.3.23 剪力墙连梁的斜截面受剪承载力计算，采用和普通框架梁一致的截面承载力计算方法。

6.4 扭曲截面承载力计算

6.4.1、6.4.2 混凝土扭曲截面承载力计算的截面限制条件是以 h_w/b 不大于 6 的试验为依据的。公式（6.4.1-1）、公式（6.4.1-2）的规定是为了保证构件在破坏时混凝土不首先被压碎。公式（6.4.1-1）、公式（6.4.1-2）中的纯扭构件截面限制条件相当于取用 $T=(0.16\sim0.2)f_cW_t$；当 T 等于 0 时，公式（6.4.1-1）、公式（6.4.1-2）可与本规范第 6.3.1 条的公式相协调。

6.4.3 本条对常用的 T 形、I 形和箱形截面受扭塑性抵抗矩的计算方法作了具体规定。

T 形、I 形截面可划分成矩形截面，划分的原则是：先按截面总高度确定腹板截面，然后再划分受压翼缘和受拉翼缘。

本条提供的截面受扭塑性抵抗矩公式是近似的，主要是为了方便受扭承载力的计算。

6.4.4 公式（6.4.4-1）是根据试验统计分析后，取用试验数据的偏低值给出的。经过对高强混凝土纯扭构件的试验验证，该公式仍然适用。

试验表明，当 ζ 值在 0.5～2.0 范围内，钢筋混凝土受扭构件破坏时，其纵筋和箍筋基本能达到屈服强度。为稳妥起见，取限制条件为 $0.6\leqslant\zeta\leqslant1.7$。当 $\zeta>1.7$ 时取 1.7。当 ζ 接近 1.2 时为钢筋达到屈服的最佳值。因截面内力平衡的需要，对不对称配置纵向钢筋截面面积的情况，在计算中只取对称布置的纵向钢筋截面面积。

预应力混凝土纯扭构件的试验研究表明，预应力可提高构件受扭承载力的前提是纵向钢筋不能屈服，当预加力产生的混凝土法向压应力不超过规定的限值时，纯扭构件受扭承载力可提高 $0.08\dfrac{N_{p0}}{A_0}W_t$。考虑到实际上应力分布不均匀性等不利影响，在条文中该提高值取为 $0.05\dfrac{N_{p0}}{A_0}W_t$，且仅限于偏心距 $e_{p0}\leqslant h/6$ 且 ζ 不小于 1.7 的情况；在计算 ζ 时，不考虑预应力筋的作用。

试验研究还表明，对预应力的有利作用应有所限制：当 N_{p0} 大于 $0.3f_cA_0$ 时，取 $0.3f_cA_0$。

6.4.6 试验研究表明，对受纯扭作用的箱形截面构件，当壁厚符合一定要求时，其截面的受扭承载力与实心截面是类同的。在公式（6.4.6-1）中的混凝土项受扭承载力与实心截面的取法相同，即取箱形截面开裂扭矩的 50%，此外，尚应乘以箱形截面壁厚的影响系数 α_h；钢筋项受扭承载力取与实心矩形截面相同。通过国内外试验结果的分析比较，公式（6.4.6-1）的取值是稳妥的。

6.4.7 试验研究表明，轴向压力对纵筋应变的影响十分显著；由于轴向压力能使混凝土较好地参加工作，同时又能改善混凝土的咬合作用和纵向钢筋的销栓作用，因而提高了构件的受扭承载力。在本条公式中考虑了这一有利因素，它对受扭承载力的提高值偏安全地取为 $0.07NW_t/A$。

试验表明，当轴向压力大于 $0.65f_cA$ 时，构件受扭承载力将会逐步下降，因此，在条文中对轴向压力的上限值作了稳妥的规定，即取轴向压力 N 的上限值为 $0.3f_cA$。

6.4.8 无腹筋剪扭构件的试验研究表明，无量纲剪扭承载力的相关关系符合四分之一圆的规律；对有腹筋剪扭构件，假设混凝土部分对剪扭承载力的贡献与无腹筋剪扭构件一样，也可认为符合四分之一圆的规律。

本条公式适用于钢筋混凝土和预应力混凝土剪扭构件，它是以有腹筋构件的剪扭承载力为四分之一圆的相关曲线作为校正线，采用混凝土部分相关、钢筋部分不相关的原则获得的近似拟合公式。此时，可找到剪扭构件混凝土受扭承载力降低系数 β_t，其值略大于无腹筋构件的试验结果，但采用此 β_t 值后与有腹筋构件的四分之一圆相关曲线较为接近。

经分析表明，在计算预应力混凝土构件的 β_t 时，可近似取与非预应力构件相同的计算公式，而不考虑预应力合力 N_{p0} 的影响。

6.4.9 本条规定了T形和I形截面剪扭构件承载力计算方法。腹板部分要承受全部剪力和分配给腹板的扭矩。这种规定方法是与受弯构件受剪承载力计算相协调的；翼缘仅承受所分配的扭矩，但翼缘中配置的箍筋应贯穿整个翼缘。

6.4.10 根据钢筋混凝土箱形截面纯扭构件受扭承载力计算公式（6.4.6-1）并借助第6.4.8条剪扭构件的相同方法，可导出公式（6.4.10-1）～公式（6.4.10-3），经与箱形截面试件的试验结果比较，所提供的方法是稳妥的。

6.4.11 本条是此次修订新增的内容。

在轴向拉力 N 作用下构件的受扭承载力可表示为：

$$T_u = T_c^N + T_s^N$$

式中：T_c^N——混凝土承担的扭矩；

T_s^N——钢筋承担的扭矩。

1 混凝土承担的扭矩

考虑轴向拉力对构件抗裂性能的影响，拉扭构件的开裂扭矩可按下式计算：

$$T_{cr}^N = \gamma\omega f_t W_t$$

式中，T_{cr}^N为拉扭构件的开裂扭矩；γ为考虑截面不能完全进入塑性状态等的综合系数，取 $\gamma=0.7$；ω为轴向拉力影响系数，根据最大主应力理论，可按下列公式计算： $T_{cr}^N = \gamma\omega f_t W_t$

式中，T_{cr}^N为拉扭构件的开裂扭矩；γ为考虑截面不能完全进入塑性状态等的综合系数，取 $\gamma=0.7$；ω为轴向拉力影响系数，根据最大主应力理论，可按下列公式计算：

$$\omega = \sqrt{1-\frac{\sigma_t}{f_t}}$$

$$\sigma_t = \frac{N}{A}$$

从而有：

$$T_{cr}^N = 0.7 f_t W_t \sqrt{1-\frac{\sigma_t}{f_t}}$$

对于钢筋混凝土纯扭构件混凝土承担的扭矩，本规范取为：

$$T_c^0 = T_{cr}^0 = 0.35 f_t W_t$$

拉扭构件中混凝土承担的扭矩即可取为：

$$T_c^N = \frac{1}{2}T_{cr}^N = 0.35 f_t W_t \sqrt{1-\frac{\sigma_t}{f_t}}$$

当 $\frac{\sigma_t}{f_t}$ 不大于1时，$\sqrt{1-\frac{\sigma_t}{f_t}}$ 近似以 $1-\frac{\sigma_t}{1.75 f_t}$ 表述，因此有：

$$T_c^N = \frac{1}{2}T_{cr}^N = 0.35\left(1-\frac{\sigma_t}{1.75 f_t}\right) f_t W_t$$

$$= 0.35 f_t W_t - 0.2\frac{N}{A}W_t$$

2 钢筋部分承担的扭矩

对于拉扭构件，轴向拉力 N 使纵筋产生附加拉应力，因此纵筋的受扭作用受到削弱，从而降低了构件的受扭承载力。根据变角度空间桁架模型和斜弯理论，其受扭承载力可按下式计算：

$$T_s^N = 2\sqrt{\frac{(f_y A_{st1} - N)s}{f_{yv} A_{st1} u_{cor}}} \frac{f_{yv} A_{st1} A_{cor}}{s}$$

但为了与无拉力情况下的抗扭公式保持一致，在与试验结果对比后仍取：

$$T_s^N = 1.2\sqrt{\zeta} f_{yv} \frac{A_{st1} A_{cor}}{s}$$

根据以上说明，即可得出本条文设计计算公式（6.4.11-1）和公式（6.4.11-2），式中 A_{stl} 为对称布置的受扭用的全部纵向钢筋的截面面积，承受拉力 N 作用的纵向钢筋截面面积不应计人。

与国内进行的25个拉扭试件的试验结果比较，本条公式的计算值与试验值之比的平均值为0.947（0.755～1.189），是可以接受的。

6.4.12 对弯剪扭构件，当 $V \leqslant 0.35 f_c b h_0$ 或 $V \leqslant 0.875 f_t b h_0/(\lambda+1)$ 时，剪力对构件承载力的影响可不予考虑，此时，构件的配筋由正截面受弯承载力和受扭承载力的计算确定；同理，$T \leqslant 0.175 f_t W_t$ 或 $T \leqslant 0.175 \alpha_h f_t W_t$ 时，扭矩对构件承载力的影响可不予考虑，此时，构件的配筋由正截面受弯承载力和斜截面受剪承载力的计算确定。

6.4.13 分析表明，按照本条规定的配筋方法，构件的受弯承载力、受剪承载力与受扭承载力之间具有相关关系，且与试验结果大致相符。

6.4.14～6.4.16 在钢筋混凝土矩形截面框架柱受剪扭承载力计算中，考虑了轴向压力的有利作用。分析表明，在 β_t 计算公式中可不考虑轴向压力的影响，仍可按公式（6.4.8-5）进行计算。

当 $T \leqslant (0.175 f_t + 0.035 N/A) W_t$ 时，则可忽略扭矩对框架柱承载力的影响。

6.4.17 本条给出了在轴向拉力、弯矩、剪力和扭矩共同作用下的钢筋混凝土矩形截面框架柱的剪、扭承载力设计计算公式。与在轴向压力、弯矩、剪力和扭矩共同作用下钢筋混凝土矩形截面框架柱的剪、扭承载力 β_t 计算公式相同，为简化设计，不考虑轴向拉力的影响。与考虑轴向拉力影响的 β_t 计算公式比较，β_t 计算值略有降低，$(1.5-\beta_t)$ 值略有提高；从而当轴向拉力 N 较小时，受扭钢筋用量略有增大，受剪箍筋用量略有减小，但箍筋总用量没有显著差别。当轴向拉力较大，当 N 不小于 $1.75f_tA$ 时，公式(6.4.17-2)右方第1项为零。从而公式(6.4.17-1)和公式(6.4.17-2)蜕变为剪扭混凝土作用项几乎不相关的、偏安全的设计计算公式。

6.5 受冲切承载力计算

6.5.1 02版规范的受冲切承载力计算公式，形式简单，计算方便，但与国外规范进行对比，在多数情况下略显保守，且考虑因素不够全面。根据不配置箍筋或弯起钢筋的钢筋混凝土板的试验资料的分析，参考国内外有关规范，本次修订保留了02版规范的公式形式，仅将公式中的系数0.15提高到0.25。

本条具体规定的考虑因素如下：

1 截面高度的尺寸效应。截面高度的增大对受冲切承载力起削弱作用，为此，在公式(6.5.1-1)中引入了截面尺寸效应系数 β_h，以考虑这种不利影响。

2 预应力对受冲切承载力的影响。试验研究表明，双向预应力对板柱节点的冲切承载力起有利作用，主要是由于预应力的存在阻滞了斜裂缝的出现和开展，增加了混凝土剪压区的高度。公式(6.5.1-1)主要是参考我国的科研成果及美国ACI 318规范，将板中两个方向按长度加权平均有效预压应力的有利作用增大为 $0.25\sigma_{pc,m}$，但仍偏安全地未计及在板柱节点处预应力竖向分量的有利作用。

对单向预应力板，由于缺少试验数据，暂不考虑预应力的有利作用。

3 参考美国ACI 318等有关规范的规定，给出了两个调整系数 η_1、η_2 的计算公式(6.5.1-2)、公式(6.5.1-3)。对矩形形状的加载面积边长之比作了限制，因为边长之比大于2后，剪力主要集中于角隅，将不能形成严格意义上的冲切极限状态的破坏，使受冲切承载力达不到预期的效果，为此，引入了调整系数 η_1，且基于稳妥的考虑，对加载面积边长之比作了不宜大于4的限制；此外，当临界截面相对周长 u_m/h_0 过大时，同样会引起受冲切承载力的降低。有必要指出，公式(6.5.1-2)是在美国ACI规范的取值基础上略作调整后给出的。公式(6.5.1-1)的系数 η 只能取 η_1、η_2 中的较小值，以确保安全。

本条中所指的临界截面是为了简明表述而设定的截面，它是冲切最不利的破坏锥体底面线与顶面线之间的平均周长 u_m 处板的垂直截面。板的垂直截面，对等厚板为垂直于板中心平面的截面，对变高度板为垂直于板受拉面的截面。

对非矩形截面柱（异形截面柱）的临界截面周长，选取周长 u_m 的形状要呈凸形折线，其折角不能大于180°，由此可得到最小的周长，此时在局部周长区段离柱边的距离允许大于 $h_0/2$。

6.5.2 为满足设备或管道布置要求，有时要在柱边附近板上开孔。板中开孔会减小冲切的最不利周长，从而降低板的受冲切承载力。在参考了国外规范的基础上给出了本条的规定。

6.5.3、6.5.4 当混凝土板的厚度不足以保证受冲切承载力时，可配置抗冲切钢筋。设计可同时配置箍筋和弯起钢筋，也可分别配置箍筋或弯起钢筋作为抗冲切钢筋。试验表明，配有冲切钢筋的钢筋混凝土板，其破坏形态和受力特性与有腹筋梁相类似，当抗冲切钢筋的数量达到一定程度时，板的受冲切承载力几乎不再增加。为了使抗冲切箍筋或弯起钢筋能够充分发挥作用，本条规定了板的受冲切截面限制条件，即公式(6.5.3-1)，实际上是对抗冲切箍筋或弯起钢筋数量的限制，以避免其不能充分发挥作用和使用阶段在局部荷载附近的斜裂缝过大。本次修订参考美国ACI规范及我国的工程经验，对该限制条件作了适当放宽，将系数由02版规范规定的1.05放宽至1.2。

钢筋混凝土板配置抗冲切钢筋后，在混凝土与抗冲切钢筋共同作用下，混凝土项的抗冲切承载力 V'_c 与无抗冲切钢筋板的承载力 V_c 的关系，各国规范取法并不一致，如我国02版规范、美国及加拿大规范取 $V'_c=0.5V_c$，CEB-FIP MC 90规范及欧洲规范EN 1992-2取 $V'_c=0.75V_c$，英国规范BS 8110及俄罗斯规范取 $V'_c=V_c$。我国的试验及理论分析表明，在混凝土与抗冲切钢筋共同作用下，02版规范取混凝土所能提供的承载力是无抗冲切钢筋板承载力的50%，取值偏低。根据国内外的试验研究，并考虑混凝土开裂后骨料咬合、配筋剪切摩擦有利作用等，在抗冲切钢筋配置区，本次修订将混凝土所能承担的承载力 V'_c 适当提高，取无抗冲切钢筋板承载力 V_c 的约70%。与试验结果比较，本条给出的受冲切承载力计算公式是偏于安全的。

本条提及的其他形式的抗冲切钢筋，包括但不限于工字钢、槽钢、抗剪栓钉、扁钢U形箍等。

6.5.5 阶形基础的冲切破坏可能会在柱与基础交接处或基础变阶处发生，这与阶形基础的形状、尺寸有关。对阶形基础受冲切承载力计算公式，也引进了本规范第6.5.1条的截面高度影响系数 β_h。在确定基础的 F_l 时，取用最大的地基反力值，这样做偏于安全。

6.5.6 板柱节点传递不平衡弯矩时，其受力特性及破坏形态更为复杂。为安全起见，对板柱节点存在不平衡弯矩时的受冲切承载力计算，借鉴了美国ACI

318 规范和我国的《无粘结预应力混凝土结构技术规程》JGJ 92－93 的有关规定，在本条中提出了考虑问题的原则，具体可按本规范附录 F 计算。

6.6 局部受压承载力计算

6.6.1 本条对配置间接钢筋的混凝土结构构件局部受压区截面尺寸规定了限制条件，其理由如下：

1 试验表明，当局压区配筋过多时，局压板底面下的混凝土会产生过大的下沉变形；当符合公式（6.6.1-1）时，可限制下沉变形不致过大。为适当提高可靠度，将公式右边抗力项乘以系数 0.9。式中系数 1.35 系由 89 版规范公式中的系数 1.5 乘以 0.9 而给出。

2 为了反映混凝土强度等级提高对局部受压的影响，引入了混凝土强度影响系数 β_c。

3 在计算混凝土局部受压时的强度提高系数 β_l（也包括本规范第 6.6.3 条的 β_{cor}）时，不应扣除孔道面积，经试验校核，此种计算方法比较合适。

4 在预应力锚头下的局部受压承载力的计算中，按本规范第 10.1.2 条的规定，当预应力作为荷载效应且对结构不利时，其荷载效应的分项系数取为 1.2。

6.6.2 计算底面积 A_b 的取值采用了"同心、对称"的原则。要求计算底面积 A_b 与局压面积 A_l 具有相同的重心位置，并呈对称；沿 A_l 各边向外扩大的有效距离不超过受压板短边尺寸 b（对圆形承压板，可沿周边扩大一倍直径），此法便于记忆和使用。

对各类型垫板试件的试验表明，试验值与计算值符合较好，且偏于安全。试验还表明，当构件处于边角局压时，β_l 值在 1.0 上下波动且离散性较大，考虑使用简便、形式统一和保证安全（温度、混凝土的收缩、水平力对边角局压承载力的影响较大），取边角局压时的 $\beta_l=1.0$ 是恰当的。

6.6.3 试验结果表明，配置方格网式或螺旋式间接钢筋的局部受压承载力，可表达为混凝土项承载力和间接钢筋项承载力之和。间接钢筋项承载力与其体积配筋率有关；且随混凝土强度等级的提高，该项承载力有降低的趋势。为了反映这个特性，公式中引入了系数 α。为便于使用且保证安全，系数 α 与本规范第 6.2.16 条的取值相同。基于与本规范第 6.6.1 条同样的理由，在公式（6.6.3-1）也考虑了折减系数 0.9。

本条还规定了 A_{cor} 大于 A_b 时，在计算中只能取为 A_b 的要求。此规定用以保证充分发挥间接钢筋的作用，且能确保安全。此外，当 A_{cor} 不大于混凝土局部受压面积 A_l 的 1.25 倍时，间接钢筋对局部受压承载力的提高不明显，故不予考虑。

为避免长、短两个方向配筋相差过大而导致钢筋不能充分发挥强度，对公式（6.6.3-2）规定了配筋量的限制条件。

间接钢筋的体积配筋率取为核心面积 A_{cor} 范围内单位混凝土体积所含间接钢筋的体积，是在满足方格网或螺旋式间接钢筋的核心面积 A_{cor} 大于混凝土局部受压面积 A_l 的条件下计算得出的。

6.7 疲劳验算

6.7.1 保留了 89 规范的基本假定，它为试验所证实，并作为第 6.7.5 条和第 6.7.11 条建立钢筋混凝土和预应力混凝土受弯构件截面疲劳应力计算公式的依据。

6.7.2 本条是根据规范第 3.1.4 条和吊车出现在跨度不大于 12m 的吊车梁上的可能情况而作出的规定。

6.7.3 本条明确规定，钢筋混凝土受弯构件正截面和斜截面疲劳验算中起控制作用的部位需作相应的应力或应力幅计算。

6.7.4 国内外试验研究表明，影响钢筋疲劳强度的主要因素为应力幅，即（$\sigma_{max}-\sigma_{min}$），所以在本节中涉及钢筋的疲劳应力时均按应力幅计算。受拉钢筋的应力幅 $\Delta\sigma_s^f$ 要小于或等于钢筋的疲劳应力幅限值 Δf_y^f，其含义是在同一疲劳应力比下，应力幅（$\sigma_{max}-\sigma_{min}$）越小越好，即两者越接近越好。例如，当疲劳应力比保持 $\rho^f=0.2$ 不变时，可能出现很多组循环应力，诸如 $\sigma_{min}=2N/mm^2$，$\sigma_{max}=10N/mm^2$；$\sigma_{min}=20N/mm^2$，$\sigma_{max}=100N/mm^2$；$\sigma_{min}=200N/mm^2$，$\sigma_{max}=1000N/mm^2$；它们的应力幅值分别为 $8N/mm^2$、$80N/mm^2$、$800N/mm^2$。若使用 HRB335 级钢筋，则从本规范表 4.2.6-1 可以查得，当应力比 $\rho_s^f=0.2$ 时，疲劳应力幅限值为 $154N/mm^2$，所以上面所举各组应力幅值中，应力幅值为 $800N/mm^2$ 的情况不满足要求。

6.7.5、6.7.6 按照第 6.7.1 条的基本假定，具体给出了钢筋混凝土受弯构件正截面疲劳验算中所需的截面特征值及其相应的应力和应力幅计算公式。

6.7.7～6.7.9 原 89 版规范未给出斜截面疲劳验算公式，而采用计算配筋的方法满足疲劳要求。02 版规范根据我国大量的试验资料提出了斜截面疲劳验算公式。本规范继续沿用了 02 版规范的规定。

钢筋混凝土受弯构件斜截面的疲劳验算分为两种情况：第一种情况，当按公式（6.7.8）计算的剪应力 τ^f 符合公式(6.7.7-1)时，表示混凝土可全部承担截面剪力，仅需按构造配置箍筋；第二种情况，当剪应力 τ^f 不符合公式（6.7.7-1）时，该区段的剪应力应由混凝土和垂直箍筋共同承担。试验表明，受压区混凝土所承担的剪应力 τ_c^f 值，与荷载值大小、剪跨比、配筋率等因素有关，在公式（6.7.9-1）中取 $\tau_c^f=0.1f_t^f$ 是较稳妥的。

按照我国以往的经验，对（$\tau^f-\tau_c^f$）部分的剪应力应由垂直箍筋和弯起钢筋共同承担。但国内的试验表明，同时配有垂直箍筋和弯起钢筋的斜截面疲劳破坏，都是弯起钢筋首先疲劳断裂；按照45°桁架模型和开裂截面的应变协调关系，可得到密排弯起钢筋应力 σ_{sb} 与垂直箍筋应力 σ_{sv} 之间的关系式：

$$\sigma_{sb}=\sigma_{sv}(\sin\alpha+\cos\alpha)^2=2\sigma_{sv}$$

此处，α 为弯起钢筋的弯起角。显然，由上式可以得到 $\sigma_{sb}>\sigma_{sv}$ 的结论。

为了防止配置少量弯起钢筋而引起其疲劳破坏，由此导致垂直箍筋所能承担的剪力大幅度降低，本规范不提倡采用弯起钢筋作为抗疲劳的抗剪钢筋（密排斜向箍筋除外），所以在第6.7.9条中仅提供配有垂直箍筋的应力幅计算公式。

6.7.10～6.7.12 基本保留了原规范对要求不出现裂缝的预应力混凝土受弯构件的疲劳强度验算方法，对普通钢筋和预应力筋，则用应力幅的验算方法。

按条文公式计算的混凝土应力 $\sigma^f_{c,min}$ 和 $\sigma^f_{c,max}$，是指在截面同一纤维计算点处一次循环过程中的最小应力和最大应力，其最小、最大以其绝对值进行判别，且拉应力为正、压应力为负；在计算 $\rho^f_c=\sigma^f_{c,min}/\sigma^f_{c,max}$ 时，应注意应力的正负号及最大、最小应力的取值。

第6.7.10条注2增加了一级裂缝控制等级的预应力混凝土构件（即全预应力混凝土构件）中的钢筋的应力幅可不进行疲劳验算。这是由于大量的试验资料表明，只要混凝土不开裂，钢筋就不会疲劳破坏，即不裂不疲。而一级裂缝控制等级的预应力混凝土构件（即全预应力混凝土构件）不仅不开裂，而且混凝土截面不出现拉应力，所以更不会出现钢筋疲劳破坏。美国规范如AASHTO LRFD Bridge Design Specifications也规定全预应力混凝土构件中的钢筋可不进行疲劳验算。

7 正常使用极限状态验算

7.1 裂缝控制验算

7.1.1 根据本规范第3.4.5条的规定，具体给出了对钢筋混凝土和预应力混凝土构件边缘应力、裂缝宽度的验算要求。

有必要指出，按概率统计的观点，符合公式（7.1.1-2）的情况下，并不意味着构件绝对不会出现裂缝；同样，符合公式（7.1.1-3）的情况下，构件由荷载作用而产生的最大裂缝宽度大于最大裂缝限值大致会有5%的可能性。

7.1.2 本次修订，构件最大裂缝宽度的基本计算公式仍采用02版规范的形式：

$$w_{max}=\tau_l\tau_s w_m \tag{1}$$

式中，w_m 为平均裂缝宽度，按下式计算：

$$w_m=\alpha_c\psi\frac{\sigma_{sk}}{E_s}l_{cr} \tag{2}$$

根据对各类受力构件的平均裂缝间距的试验数据进行统计分析，当最外层纵向受拉钢筋外边缘至受拉区底边的距离 c_s 不大于65mm时，对配置带肋钢筋混凝土构件的平均裂缝间距 l_{cr} 仍按02版规范的计算公式：

$$l_{cr}=\beta\left(1.9c+0.08\frac{d}{\rho_{te}}\right) \tag{3}$$

此处，对轴心受拉构件，取 $\beta=1.1$；对其他受力构件，均取 $\beta=1.0$。

当配置不同钢种、不同直径的钢筋时，公式（3）中 d 应改为等效直径 d_{eq}，可按正文公式（7.1.2-3）进行计算确定，其中考虑了钢筋混凝土和预应力混凝土构件配置不同的钢种，钢筋表面形状以及预应力钢筋采用先张法或后张法（灌浆）等不同的施工工艺，它们与混凝土之间的粘结性能有所不同，这种差异将通过等效直径予以反映。为此，对钢筋混凝土用钢筋，根据国内有关试验资料；对预应力钢筋，参照欧洲混凝土桥梁规范ENV 1992-2（1996）的规定，给出了正文表7.1.2-2的钢筋相对粘结特性系数。对有粘结的预应力筋 d_i 的取值，可按照 $d_i=4A_p/u_p$ 求得，其中 u_p 本应取为预应力筋与混凝土的实际接触周长；分析表明，按照上述方法求得的 d_i 值与按预应力筋的公称直径进行计算，两者较为接近。为简化起见，对 d_i 统一取用公称直径。对环氧树脂涂层钢筋的相对粘结特性系数是根据试验结果确定的。

根据试验研究结果，受弯构件裂缝间纵向受拉钢筋应变不均匀系数的基本公式可表述为：

$$\psi=\omega_1\left(1-\frac{M_{cr}}{M_k}\right) \tag{4}$$

公式（4）可作为规范简化公式的基础，并扩展应用到其他构件。式中系数 ω_1 与钢筋和混凝土的握裹力有一定关系，对光圆钢筋，ω_1 则较接近1.1。根据偏拉、偏压构件的试验资料，以及为了与轴心受拉构件的计算公式相协调，将 ω_1 统一为1.1。同时，为了简化计算，并便于与偏心受力构件的计算相协调，将上式展开并作一定的简化，就可得到以钢筋应力 σ_s 为主要参数的公式（7.1.2-2）。

α_c 为反映裂缝间混凝土伸长对裂缝宽度影响的系数。根据近年来国内多家单位完成的配置400MPa、500MPa带肋钢筋的钢筋混凝土、预应力混凝土梁的裂缝宽度加载试验结果，经分析统计，试验平均裂缝宽度 w_m 均小于原规范公式计算值。根据试验资料综合分析，本次修订对受弯、偏心受压构件统一取 $\alpha_c=0.77$，其他构件仍同02版规范，即 $\alpha_c=0.85$。

短期裂缝宽度的扩大系数 τ_s，根据试验数据分析，对受弯构件和偏心受压构件，取 $\tau_s=1.66$；对偏心受拉和轴心受拉构件，取 $\tau_s=1.9$。扩大系数 τ_s 的取值的保证率约为95%。

根据试验结果，给出了考虑长期作用影响的扩大系数$\tau_l=1.5$。

试验表明，对偏心受压构件，当$e_0/h_0\leqslant0.55$时，裂缝宽度较小，均能符合要求，故规定不必验算。

在计算平均裂缝间距l_{cr}和ψ时引进了按有效受拉混凝土面积计算的纵向受拉配筋率ρ_{te}，其有效受拉混凝土面积取$A_{te}=0.5bh+(b_f-b)h_f$，由此可达到ψ计算公式的简化，并能适用于受弯、偏心受拉和偏心受压构件。经试验结果校准，尚能符合各类受力情况。

鉴于对配筋率较小情况下的构件裂缝宽度等的试验资料较少，采取当$\rho_{te}<0.01$时，取$\rho_{te}=0.01$的办法，限制计算最大裂缝宽度的使用范围，以减少对最大裂缝宽度计算值偏小的情况。

当混凝土保护层厚度较大时，虽然裂缝宽度计算值也较大，但较大的混凝土保护层厚度对防止钢筋锈蚀是有利的。因此，对混凝土保护层厚度较大的构件，当在外观的要求上允许时，可根据实践经验，对本规范表3.4.5中所规定的裂缝宽度允许值作适当放大。

考虑到本条钢筋应力计算对钢筋混凝土构件和预应力混凝土构件分别采用荷载准永久组合和标准组合，故符号由02版规范的σ_{sk}改为σ_s。对沿截面上下或周边均匀配置纵向钢筋的构件裂缝宽度计算，研究尚不充分，本规范未作明确规定。在荷载的标准组合或准永久组合下，这类构件的受拉钢筋应力可能很高，甚至可能超过钢筋抗拉强度设计值。为此，当按公式（7.1.2-1）计算时，关于钢筋应力σ_s及A_{te}的取用原则等应按更合理的方法计算。

对混凝土保护层厚度较大的梁，国内试验研究结果表明表层钢筋网片有利于减少裂缝宽度。本条建议可对配制表层钢筋网片梁的裂缝计算结果乘以折减系数，并根据试验研究结果提出折减系数可取0.7。

本次修订根据国内多家单位科研成果，在本规范裂缝宽度计算公式的基础上，经过适当调整ρ_{te}、d_{eq}及σ_s值计算方法，即可将原规范公式用于计算无粘结部分预应力混凝土构件的裂缝宽度。

7.1.3 本条提出了正常使用极限状态验算时的平截面基本假定。在荷载准永久组合或标准组合下，对允许出现裂缝的受弯构件，其正截面混凝土压应力、预应力筋的应力增量及钢筋的拉应力，可按大偏心受压的钢筋混凝土开裂换算截面计算。对后张法预应力混凝土连续梁等超静定结构，在外弯矩M_s中尚应包括由预加力引起的次弯矩M_2。在本条计算假定中，对预应力混凝土截面，可按本规范公式（10.1.7-1）及（10.1.7-2）计算N_{p0}和e_{p0}，以考虑混凝土收缩、徐变在钢筋中所产生附加压力的影响。

按开裂换算截面进行应力分析，具有较高的精度和通用性，可用于重要钢筋混凝土及预应力混凝土构件的裂缝宽度及开裂截面刚度计算。计算换算截面时，必要时可考虑混凝土塑性变形对混凝土弹性模量的影响。

7.1.4 本条给出的钢筋混凝土构件的纵向受拉钢筋应力和预应力混凝土构件的纵向受拉钢筋等效应力，是指在荷载的准永久组合或标准组合下构件裂缝截面上产生的钢筋应力，下面按受力性质分别说明：

1 对钢筋混凝土轴心受拉和受弯构件，钢筋应力σ_{sq}仍按原规范的方法计算。受弯构件裂缝截面的内力臂系数，仍取$\eta_h=0.87$。

2 对钢筋混凝土偏心受拉构件，其钢筋应力计算公式（7.1.4-2）是由外力与截面内力对受压区钢筋合力点取矩确定，此即表示不管轴向力作用在A_s和A_s'之间或之外，均近似取内力臂$z=h_0-a_s'$。

3 对预应力混凝土构件的纵向受拉钢筋等效应力，是指在该钢筋合力点处混凝土预压应力抵消后钢筋中的应力增量，可视它为等效于钢筋混凝土构件中的钢筋应力σ_{sk}。

预应力混凝土轴心受拉构件的纵向受拉钢筋等效应力的计算公式（7.1.4-9）就是基于上述的假定给出的。

4 对钢筋混凝土偏压构件和预应力混凝土受弯构件，其纵向受拉钢筋的应力和等效应力可根据相同的概念给出。此时，可把预应力及非预应力钢筋的合力N_{p0}作为压力与弯矩值M_k一起作用于截面，这样，预应力混凝土受弯构件就等效于钢筋混凝土偏心受压构件。

对裂缝截面的纵向受拉钢筋应力和等效应力，由建立内、外力对受压区合力取矩的平衡条件，可得公式（7.1.4-4）和公式（7.1.4-10）。

纵向受拉钢筋合力点至受压区合力点之间的距离$z=\eta h_0$，可近似按本规范第6.2节的基本假定确定。考虑到计算的复杂性，通过计算分析，可采用下列内力臂系数的拟合公式：

$$\eta=\eta_b-(\eta_b-\eta_0)\left(\frac{M_0}{M_e}\right)^2 \tag{5}$$

式中：η_b——钢筋混凝土受弯构件在使用阶段的裂缝截面内力臂系数；

η_0——纵向受拉钢筋截面重心处混凝土应力为零时的截面内力臂系数；

M_0——受拉钢筋截面重心处混凝土应力为零时的消压弯矩：对偏压构件，取$M_0=N_k\eta_0h_0$；对预应力混凝土受弯构件，取$M_0=N_{p0}(\eta_0h_0-e_p)$；

M_e——外力对受拉钢筋合力点的力矩：对偏压构件，取$M_e=N_ke$；对预应力混凝土受弯构件，取$M_e=M_k+N_{p0}e_p$或$M_e=N_{p0}e$。

公式（5）可进一步改写为：

$$\eta = \eta_0 - \alpha\left(\frac{h_0}{e}\right)^2 \quad (6)$$

通过分析，适当考虑了混凝土的塑性影响，并经有关构件的试验结果校核后，本规范给出了以上述拟合公式为基础的简化公式（7.1.4-5）。当然，本规范不排斥采用更精确的方法计算预应力混凝土受弯构件的内力臂 z。

对钢筋混凝土偏心受压构件，当 $l_0/h>14$ 时，试验表明应考虑构件挠曲对轴向力偏心距的影响，本规范仍按 02 版规范进行规定。

5 根据国内多家单位的科研成果，在本规范预应力混凝土受弯构件受拉区纵向钢筋等效应力计算公式的基础上，采用无粘结预应力筋等效面积折减系数 α_1，即可将原公式用于无粘结部分预应力混凝土受弯构件 σ_{sk} 的相关计算。

7.1.5 在抗裂验算中，边缘混凝土的法向应力计算公式是按弹性应力给出的。

7.1.6 从裂缝控制要求对预应力混凝土受弯构件的斜截面混凝土主拉应力进行验算，是为了避免斜裂缝的出现，同时按裂缝等级不同予以区别对待；对混凝土主压应力的验算，是为了避免过大的压应力导致混凝土抗拉强度过大地降低和裂缝过早地出现。

7.1.7、7.1.8 第 7.1.7 条提供了混凝土主拉应力和主压应力的计算方法；第 7.1.8 条提供了考虑集中荷载产生的混凝土竖向压应力及剪应力分布影响的实用方法，是依据弹性理论分析和试验验证后给出的。

7.1.9 对先张法预应力混凝土构件端部预应力传递长度范围内进行正截面、斜截面抗裂验算时，采用本条对预应力传递长度范围内有效预应力 σ_{pe} 按近似的线性变化规律的假定后，利于简化计算。

7.2 受弯构件挠度验算

7.2.1 混凝土受弯构件的挠度主要取决于构件的刚度。本条假定在同号弯矩区段内的刚度相等，并取该区段内最大弯矩处所对应的刚度；对于允许出现裂缝的构件，它就是该区段内的最小刚度，这样做是偏于安全的。当支座截面刚度与跨中截面刚度之比在本条规定的范围内时，采用等刚度计算构件挠度，其误差一般不超过 5%。

7.2.2 在受弯构件短期刚度 B_s 基础上，分别提出了考虑荷载准永久组合和荷载标准组合的长期作用对挠度增大的影响，给出了刚度计算公式。

7.2.3 本条提供的钢筋混凝土和预应力混凝土受弯构件的短期刚度是在理论与试验研究的基础上提出的。

1 钢筋混凝土受弯构件的短期刚度

截面刚度与曲率的理论关系式为：

$$\frac{M_k}{B_s} = \frac{\varepsilon_{sm} + \varepsilon_{cm}}{h_0} \quad (7)$$

式中：ε_{sm}——纵向受拉钢筋的平均应变；

ε_{cm}——截面受压区边缘混凝土的平均应变。

根据裂缝截面受拉钢筋和受压区边缘混凝土各自的应变与相应的平均应变，可建立下列关系：

$$\varepsilon_{sm} = \psi \frac{M_k}{E_s A_s \eta h_0}$$

$$\varepsilon_{cm} = \frac{M_k}{\zeta E_c b h_0^2}$$

将上述平均应变代入前式，即可得短期刚度的基本公式：

$$B_s = \frac{E_s A_s h_0^2}{\dfrac{\psi}{\eta} + \dfrac{\alpha_E \rho}{\zeta}} \quad (8)$$

公式（8）中的系数由试验分析确定：

1） 系数 ψ，采用与裂缝宽度计算相同的公式，当 $\psi<0.2$ 时，取 $\psi=0.2$，这将能更好地符合试验结果。

2） 根据试验资料回归，系数 $\alpha_E\rho/\xi$ 可按下列公式计算：

$$\frac{\alpha_E \rho}{\zeta} = 0.2 + \frac{6\alpha_E \rho}{1+3.5\gamma_f} \quad (9)$$

3） 对力臂系数 η，近似取 $\eta=0.87$。

将上述系数与表达式代入公式（8），即可得到公式（7.2.3-1）。

2 预应力混凝土受弯构件的短期刚度

1） 不出现裂缝构件的短期刚度，考虑混凝土材料特性统一取 $0.85E_c I_0$，是比较稳妥的。

2） 允许出现裂缝构件的短期刚度。对使用阶段已出现裂缝的预应力混凝土受弯构件，假定弯矩与曲率（或弯矩与挠度）曲线是由双折直线组成，双折线的交点位于开裂弯矩 M_{cr} 处，则可求得短期刚度的基本公式为：

$$B_s = \frac{E_c I_0}{\dfrac{1}{\beta_{0.4}} + \dfrac{\dfrac{M_{cr}}{M_k} - 0.4}{0.6}\left(\dfrac{1}{\beta_{cr}} - \dfrac{1}{\beta_{0.4}}\right)} \quad (10)$$

式中：$\beta_{0.4}$ 和 β_{cr} 分别为 $\dfrac{M_{cr}}{M_k}=0.4$ 和 1.0 时的刚度降低系数。对 β_{cr}，可取为 0.85；对 $\dfrac{1}{\beta_{0.4}}$，根据试验资料分析，取拟合的近似值为：

$$\frac{1}{\beta_{0.4}} = \left(0.8 + \frac{0.15}{\alpha_E \rho}\right)(1+0.45\gamma_f) \quad (11)$$

将 β_{cr} 和 $\dfrac{1}{\beta_{0.4}}$ 代入上述公式（10），并经适当调整后即得本条公式（7.2.3-3）。

本次修订根据国内多家单位的科研成果，在预应力混凝土构件短期刚度计算公式的基础上，采用无粘结预应力筋等效面积折减系数 α_1，适当调整 ρ 值，即可将原公式用于无粘结部分预应力混凝土构件的短期刚度计算。

7.2.4 本条同02版规范。计算混凝土截面抵抗矩塑性影响系数γ的基本假定取受拉区混凝土应力图形为梯形。

7.2.5、7.2.6 钢筋混凝土受弯构件考虑荷载长期作用对挠度增大的影响系数θ是根据国内一些单位长期试验结果并参考国外规范的规定给出的。

预应力混凝土受弯构件在使用阶段的反拱值计算中，短期反拱值的计算以及考虑预加应力长期作用对反拱增大的影响系数仍保留原规范取为2.0的规定。由于它未能反映混凝土收缩、徐变损失以及配筋率等因素的影响，因此，对长期反拱值，如有专门的试验分析或根据收缩、徐变理论进行计算分析，则也可不遵守本条的有关规定。

反拱值的精确计算方法可采用美国ACI、欧洲CEB-FIP等规范推荐的方法，这些方法可考虑与时间有关的预应力、材料性质、荷载等的变化，使计算达到要求的准确性。

7.2.7 全预应力混凝土受弯构件，因为消压弯矩始终大于荷载准永久组合作用下的弯矩，在一般情况下预应力混凝土梁总是向上拱曲的；但对部分预应力混凝土梁，常为允许开裂，其上拱值将减小，当梁的永久荷载与可变荷载的比值较大时，有可能随时间的增长出现梁逐渐下挠的现象。因此，对预应力混凝土梁规定应采取措施控制挠度。

当预应力长期反拱值小于按荷载标准组合计算的长期挠度时，则需要进行施工起拱，其值可取为荷载标准组合计算的长期挠度与预加力长期反拱值之差。对永久荷载较小的构件，当预应力产生的长期反拱值大于按荷载标准组合计算的长期挠度时，梁的上拱值将增大。因此，在设计阶段需要进行专项设计，并通过控制预应力度、选择预应力筋配筋数量、在施工上也可配合采取措施控制反拱。

对于长期上拱值的计算，可采用本规范提出的简单增大系数，也可采用其他精确计算方法。

8 构造规定

8.1 伸缩缝

8.1.1 混凝土结构的伸（膨胀）缝、缩（收缩）缝合称伸缩缝。伸缩缝是结构缝的一种，目的是为减小由于温差（早期水化热或使用期季节温差）和体积变化（施工期或使用早期的混凝土收缩）等间接作用效应积累的影响，将混凝土结构分割为较小的单元，避免引起较大的约束应力和开裂。

由于现代水泥强度等级提高、水化热加大、凝固时间缩短；混凝土强度等级提高、拌合物流动性加大、结构的体量越来越大；为满足混凝土泵送、免振等工艺，混凝土的组分变化造成收缩增加，近年由此而引起的混凝土体积收缩呈增大趋势，现浇混凝土结构的裂缝问题比较普遍。

工程调查和试验研究表明，影响混凝土间接裂缝的因素很多，不确定性很大，而且近年间接作用的影响还有增大的趋势。

工程实践表明，超长结构采取有效措施后也可以避免发生裂缝。本次修订基本维持原规范的规定，将原规范中的“宜符合”改为“可采用”，进一步放宽对结构伸缩缝间距的限制，由设计者根据具体情况自行确定。

表注1中的装配整体式结构，也包括由叠合构件加后浇层形成的结构。由于预制混凝土构件已基本完成收缩，故伸缩缝的间距可适当加大。应根据具体情况，在装配与现浇之间取值。表注2的规定同理。表注3、表注4则由于受到环境条件的影响较大，加严了伸缩缝间距的要求。

8.1.2 对于某些间接作用效应较大的不利情况，伸缩缝的间距宜适当减小。总结近年的工程实践，本次修订对温度变化和混凝土收缩较大的不利情况加严了要求，较原规范作了少量修改和补充。

“滑模施工”应用对象由“剪力墙”扩大为一般墙体结构。“混凝土材料收缩较大”是指泵送混凝土及免振混凝土施工的情况。“施工外露时间较长”是指跨季节施工，尤其是北方地区跨越冬期施工时，室内结构如果未加封闭和保暖，则低温、干燥、多风都可能引起收缩裂缝。

8.1.3 近年许多工程实践表明：采取有效的综合措施，伸缩缝间距可以适当增大。总结成功的工程经验，在本条中增加了有关的措施及应注意的问题。

施工阶段采取的措施对于早期防裂最为有效。本次修订增加了采用低收缩混凝土；加强浇筑后的养护；采用跳仓法、后浇带、控制缝等施工措施。后浇带是避免施工期收缩裂缝的有效措施，但间隔期及具体做法不确定性很大，难以统一规定时间，由施工、设计根据具体情况确定。应该注意的是：设置后浇带可适当增大伸缩缝间距，但不能代替伸缩缝。

控制缝也称引导缝，是采取弱化截面的构造措施，引导混凝土裂缝在规定的位置产生，并预先做好防渗、止水等措施，或采用建筑手法（线脚、饰条等）加以掩饰。

结构在形状曲折、刚度突变，孔洞凹角等部位容易在温差和收缩作用下开裂。在这些部位增加构造配筋可以控制裂缝。施加预应力也可以有效地控制温度变化和收缩的不利影响，减小混凝土开裂的可能性。本条中所指的“预加应力措施”是指专门用于抵消温度、收缩应力的预加应力措施。

容易受到温度变化和收缩影响的结构部位是指施工期的大体积混凝土（水化热）以及暴露的屋盖、山

提高而增大，是因为搭接接头受力后，相互搭接的两根钢筋将产生相对滑移，且搭接长度越小，滑移越大。为了使接头充分受力的同时变形刚度不致过差，就需要相应增大搭接长度。

为保证受力钢筋的传力性能，按接头百分率修正搭接长度，并提出最小搭接长度的限制。当纵向搭接钢筋接头面积百分率为表 8.4.4 的中间值时，修正系数可按内插取值。

8.4.5 按原规范的做法，受压构件中（包括柱、撑杆、屋架上弦等）纵向受压钢筋的搭接长度规定为受拉钢筋的 70％。为避免偏心受压引起的屈曲，受压纵向钢筋端头不应设置弯钩或单侧焊锚筋。

8.4.6 搭接接头区域的配箍构造措施对保证搭接钢筋传力至关重要。对于搭接长度范围内的构造钢筋（箍筋或横向钢筋）提出了与锚固长度范围同样的要求，其中构造钢筋的直径按最大搭接钢筋直径取值；间距按最小搭接钢筋的直径取值。

本次修订对受压钢筋搭接的配箍构造要求取与受拉钢筋搭接相同，比原规范要求加严。根据工程经验，为防止粗钢筋在搭接端头的局部挤压产生裂缝，提出了在受压搭接接头端部增加配箍的要求。

8.4.7 为避免机械连接接头处相对滑移变形的影响，定义机械连接区段的长度为以套筒为中心长度 35d 的范围，并由此控制接头面积百分率。钢筋机械连接的质量应符合《钢筋机械连接技术规程》JGJ 107 的有关规定。

本条还规定了机械连接的应用原则：接头宜互相错开，并避开受力较大部位。由于在受力最大处受拉钢筋传力的重要性，机械连接接头在该处的接头面积百分率不宜大于 50％。但对于板、墙等钢筋间距很大的构件，以及装配式构件的拼接处，可根据情况适当放宽。

由于机械连接套筒直径加大，对保护层厚度的要求有所放松，由“应”改为“宜”。此外，提出了在机械连接套筒两侧减小箍筋间距布置，避开套筒的解决办法。

8.4.8 不同牌号钢筋可焊性及焊后力学性能影响有差别，对细晶粒钢筋（HRBF）、余热处理钢筋（RRB）焊接分别提出了不同的控制要求。此外粗直径钢筋的（大于 28mm）焊接质量不易保证，工艺要求从严。对上述情况，均应符合《钢筋焊接及验收规程》JGJ 18 的有关规定。

焊接连接区段长度的规定同原规范，工程实践证明这些规定是可行的。

8.4.9 承受疲劳荷载吊车梁等有关构件中受力钢筋焊接的要求，与原规范的有关内容相同。

8.5 纵向受力钢筋的最小配筋率

8.5.1 我国建筑结构混凝土构件的最小配筋率与其他国家相比明显偏低，历次规范修订最小配筋率设置水平不断提高。受拉钢筋最小配筋百分率仍维持原规范由配筋特征值（45 f_t/f_y）及配筋率常数限值 0.20 的双控方式。但由于主力钢筋已由335N/mm^{2}提高到 400N/mm^2～500N/mm^2，实际上配筋水平已有明显提高。但受弯板类构件的混凝土强度一般不超过 C30，配筋基本全都由配筋率常数限值控制，对高强度的 400N/mm^{2}钢筋，其强度得不到发挥。故对此类情况的最小配筋率常数限值由原规范的 0.20％改为 0.15％，实际效果基本与原规范持平，仍可保证结构的安全。

受压构件是指柱、压杆等截面长宽比不大于 4 的构件。规定受压构件最小配筋率的目的是改善其性能，避免混凝土突然压溃，并使受压构件具有必要的刚度和抵抗偶然偏心作用的能力。本次修订规范对受压构件纵向钢筋的最小配筋率基本不变，即受压构件一侧纵筋最小配筋率仍保持 0.2％不变，而对不同强度的钢筋分别给出了受压构件全部钢筋的最小配筋率：0.50、0.55 和 0.60 三档，比原规范稍有提高。考虑到强度等级偏高时混凝土脆性特征更为明显，故规定当混凝土强度等级为 C60 以上时，最小配筋率上调 0.1％。

8.5.2 卧置于地基上的钢筋混凝土厚板，其配筋量多由最小配筋率控制。根据实际受力情况，最小配筋率可适当降低，但规定了最低限值 0.15％。

8.5.3 本条为新增条文。参照国内外有关规范的规定，对于截面厚度很大而内力相对较小的非主要受弯构件，提出了少筋混凝土配筋的概念。

由构件截面的内力（弯矩 M）计算截面的临界厚度（h_{cr}）。按此临界厚度相应最小配筋率计算的配筋，仍可保证截面相应的受弯承载力。因此，在截面高度继续增大的条件下维持原有的实际配筋量，虽配筋率减少，但仍应能保证构件应有的承载力。但为保证一定的配筋量，应限制临界厚度不小于截面的一半。这样，在保证构件安全的条件下可以大大减少配筋量，具有明显的经济效益。

9 结构构件的基本规定

9.1 板

（Ⅰ）基本规定

9.1.1 分析结果表明，四边支承板长短边长度的比值大于或等于 3.0 时，板可按沿短边方向受力的单向板计算；此时，沿长边方向配置本规范第 9.1.7 条规定的分布钢筋已经足够。当长短边长度比在 2～3 之间时，板虽仍可按沿短边方向受力的单向板计算，但沿长边方向按分布钢筋配筋尚不足以承担该方向弯矩，应适当增大配筋量。当长短边长度比小于2时，应按双向板计算和配筋。

9.1.2 本条考虑结构安全及舒适度（刚度）的要求，根据工程经验，提出了常用混凝土板的跨厚比，并从构造角度提出了现浇板最小厚度的要求。现浇板的合理厚度应在符合承载力极限状态和正常使用极限状态要求的前提下，按经济合理的原则选定，并考虑防火、防爆等要求，但不应小于表9.1.2的规定。

本次修订从安全和耐久性的角度适当增加了密肋楼盖、悬臂板的厚度要求。还对悬臂板的外挑长度作出了限制，外挑过长时宜采取悬臂梁-板的结构形式。此外，根据工程经验，还给出了现浇空心楼盖最小厚度的要求。

根据已有的工程经验，对制作条件较好的预制构件面板，在采取耐久性保护措施的情况下，其厚度可适当减薄。

9.1.3 受力钢筋的间距过大不利于板的受力，且不利于裂缝控制。根据工程经验，规定了常用混凝土板中受力钢筋的最大间距。

9.1.4 分离式配筋施工方便，已成为我国工程中混凝土板的主要配筋形式。本条规定了板中钢筋配置以及支座锚固的构造要求。对简支板或连续板的下部纵向受力钢筋伸入支座的锚固长度作出了规定。

9.1.5 为节约材料、减轻自重及减小地震作用，近年来现浇空心楼盖的应用逐渐增多。本条为新增条文，根据工程经验和国内有关标准，提出了空心楼板体积空心率限值的建议，并对箱形内孔及管形内孔楼板的基本构造尺寸作出了规定。当箱体内模兼作楼盖板底的饰面时，可按密肋楼盖计算。

（Ⅱ）构 造 配 筋

9.1.6 与支承梁或墙整体浇筑的混凝土板，以及嵌固在砌体墙内的现浇混凝土板，往往在其非主要受力方向的侧边上由于边界约束产生一定的负弯矩，从而导致板面裂缝。为此往往在板边和板角部位配置防裂的板面构造钢筋。本条提出了相应的构造要求：包括钢筋截面积、直径、间距、伸入板内的锚固长度以及板角配筋的形式、范围等。这些要求在原规范的基础上作了适当的合并和简化。

9.1.7 考虑到现浇板中存在温度-收缩应力，根据工程经验提出了板应在垂直于受力方向上配置横向分布钢筋的要求。本条规定了分布钢筋配筋率、直径、间距等配筋构造措施；同时对集中荷载较大的情况，提出了应适当增加分布钢筋用量的要求。

9.1.8 混凝土收缩和温度变化易在现浇楼板内引起约束拉应力而导致裂缝，近年来现浇板的裂缝问题比较严重。重要原因是混凝土收缩和温度变化在现浇楼板内引起的约束拉应力。设置温度收缩钢筋有助于减少这类裂缝。该钢筋宜在未配筋板面双向配置，特别是温度、收缩应力的主要作用方向。鉴于受力钢筋和分布钢筋也可以起到一定的抵抗温度、收缩应力的作用，故应主要在未配钢筋的部位或配筋数量不足的部位布置温度收缩钢筋。

板中温度、收缩应力目前尚不易准确计算，本条根据工程经验给出了配置温度收缩钢筋的原则和最低数量规定。如有计算温度、收缩应力的可靠经验，计算结果亦可作为确定附加钢筋用量的参考。此外，在产生应力集中的蜂腰、洞口、转角等易开裂部位，提出了配置防裂构造钢筋的规定。

9.1.9 在混凝土厚板中沿厚度方向以一定间隔配置钢筋网片，不仅可以减少大体积混凝土中温度-收缩的影响，而且有利于提高构件的受剪承载力。本条作出了相应的构造规定。

9.1.10 为保证柱支承板或悬臂楼板自由边端部的受力性能，参考国外标准的做法，应在板的端面加配U形构造钢筋，并与板面、板底钢筋搭接；或利用板面、板底钢筋向下、上弯折，对楼板的端面加以封闭。

（Ⅲ）板 柱 结 构

9.1.11 板柱结构及基础筏板，在板与柱相交的部位都处于冲切受力状态。试验研究表明，在与冲切破坏面相交的部位配置箍筋或弯起钢筋，能够有效地提高板的抗冲切承载力。本条的构造措施是为了保证箍筋或弯起钢筋的抗冲切作用。

国内外工程实践表明，在与冲切破坏面相交的部位配置销钉或型钢剪力架，可以有效地提高板的受冲切承载力，具体计算及构造措施可见相关的技术文件。

9.1.12 为加强板柱结构节点处的受冲切承载力，可采取柱帽或托板的结构形式加强板的抗力。本条提出了相应的构造要求，包括平面尺寸、形状和厚度等。必要时可配置抗剪栓钉。

9.2 梁

（Ⅰ）纵 向 配 筋

9.2.1 根据长期工程实践经验，为了保证混凝土浇筑质量，提出梁内纵向钢筋数量、直径及布置的构造要求，基本同原规范的规定。提出了当配筋过于密集时，可以采用并筋的配筋形式。

9.2.2 对于混合结构房屋中支承在砌体、垫块等简支支座上的钢筋混凝土梁，或预制钢筋混凝土梁的简支支座，给出了在支座处纵向钢筋锚固的要求以及在支座范围内配箍的规定。与原规范相同。工程实践证明，这些措施是有效的。

9.2.3 在连续梁和框架梁的跨内，支座负弯矩受拉钢筋在向跨内延伸时，可根据弯矩图在适当部位截断。当梁端作用剪力较大时，在支座负弯矩钢筋的延伸区段范围内将形成由负弯矩引起的垂直裂缝和斜裂缝，并可能在斜裂缝区前端沿该钢筋形成劈裂裂缝，使纵筋拉应力由于斜弯作用和粘结退化而增大，并使钢筋受拉范围相应向跨中扩展。因此钢筋混凝土梁的支座负弯矩纵向受力钢筋（梁上部钢筋）不宜在受拉区截断。

国内外试验研究结果表明，为了使负弯矩钢筋的截断不影响它在各截面中发挥所需的抗弯能力，应通过两个条件控制负弯矩钢筋的截断点。第一个控制条件（即从不需要该批钢筋的截面伸出的长度）是使该批钢筋截断后，继续前伸的钢筋能保证通过截断点的斜截面具有足够的受弯承载力；第二个控制条件（即从充分利用截面向前伸出的长度）是使负弯矩钢筋在梁顶部的特定锚固条件下具有必要的锚固长度。根据对分批截断负弯矩纵向钢筋时钢筋延伸区段受力状态的实测结果，规范作出了上述规定。

当梁端作用剪力较小（$V \leqslant 0.7 f_t b h_0$）时，控制钢筋截断点位置的两个条件仍按无斜向开裂的条件取用。

当梁端作用剪力较大（$V > 0.7 f_t b h_0$），且负弯矩区相对长度不大时，规范给出的第二控制条件可继续使用；第一控制条件从不需要该钢筋截面伸出长度不小于 $20d$ 的基础上，增加了同时不小于 h_0 的要求。

若负弯矩区相对长度较大，按以上二条件确定的截断点仍位于与支座最大负弯矩对应的负弯矩受拉区内时，延伸长度应进一步增大。增大后的延伸长度分别为自充分利用截面伸出长度，以及自不需要该批钢筋的截面伸出长度，在两者中取较大值。

9.2.4 由于悬臂梁剪力较大且全长承受负弯矩，“斜弯作用”及“沿筋劈裂”引起的受力状态更为不利。试验表明，在作用剪力较大的悬臂梁内，因梁全长受负弯矩作用，临界斜裂缝的倾角明显较小，因此悬臂梁的负弯矩纵向受力钢筋不宜切断，而应按弯矩图分批下弯，且必须有不少于 2 根上部钢筋伸至梁端，并向下弯折锚固。

9.2.5 梁中受扭纵向钢筋最小配筋率的要求，是以纯扭构件受扭承载力和剪扭条件下不需进行承载力计算而仅按构造配筋的控制条件为基础拟合给出的。本条还给出了受扭纵向钢筋沿截面周边的布置原则和在支座处的锚固要求。对箱形截面构件，偏安全地采用了与实心载面构件相同的构造要求。

9.2.6 根据工程经验给出了在按简支计算但实际受有部分约束的梁端上部，为避免负弯矩裂缝而配置纵向钢筋的构造规定；还对梁架立筋的直径作出了规定。

（Ⅱ）横 向 配 筋

9.2.7 梁的受剪承载力宜由箍筋承担。梁的角部钢筋应通长设置，不仅为方便配筋，而且加强了对芯部混凝土的围箍约束。当采用弯筋承剪时，对其应用条件和构造要求作出了规定，与原规范相同。

9.2.8 利用弯矩图确定弯起钢筋的布置（弯起点或弯终点位置、角度、锚固长度等）是我国传统设计的方法，工程实践表明有关弯起钢筋的构造要求是有效的，故维持不变。

9.2.9 对梁的箍筋配置构造要求作出了规定，包括在不同受力条件下配箍的直径、间距、范围、形式等。维持原版规范的规定不变，仅合并统一表达。开口箍不利于纵向钢筋的定位，且不能约束芯部混凝土。故除小过梁以外，一般构件不应采用开口箍。

9.2.10 梁内弯剪扭箍筋的构造要求与原规范相同，工程实践证明是可行的。

（Ⅲ）局 部 配 筋

9.2.11 本条为梁腰集中荷载作用处附加横向配筋的构造要求。

当集中荷载在梁高范围内或梁下部传入时，为防止集中荷载影响区下部混凝土的撕裂及裂缝，并弥补间接加载导致的梁斜截面受剪承载力降低，应在集中荷载影响区 s 范围内配置附加横向钢筋。试验研究表明，当梁受剪箍筋配筋率满足要求时，由本条公式计算确定的附加横向钢筋能较好发挥承剪作用，并限制斜裂缝及局部受拉裂缝的宽度。

在设计中，不允许用布置在集中荷载影响区内的受剪箍筋代替附加横向钢筋。此外，当传入集中力的次梁宽度 b 过大时，宜适当减小由 $3b+2h_1$ 所确定的附加横向钢筋的布置宽度。当梁下部作用有均布荷载时，可参照本规范计算深梁下部配置悬吊钢筋的方法确定附加悬吊钢筋的数量。

当有两个沿梁长度方向相互距离较小的集中荷载作用于梁高范围内时，可能形成一个总的撕裂效应和撕裂破坏面。偏安全的做法是，在不减少两个集中荷载之间应配附加钢筋数量的同时，分别适当增大两个集中荷载作用点以外附加横向钢筋的数量。

还应该说明的是：当采用弯起钢筋作附加钢筋时，明确规定公式中的 A_{sv} 应为左右弯起段截面面积之和；弯起式附加钢筋的弯起段应伸至梁上边缘，且其尾部应按规定设置水平锚固段。

9.2.12 本条为折梁的配筋构造要求。对受拉区有内折角的梁，梁底的纵向受拉钢筋应伸至对边并在受压区锚固。受压区范围可按计算的实际受压区高度确定。直线锚固应符合本规范第 8.3 节钢筋锚固的规定；弯折锚固则参考本规范第 9.3 节点内弯折锚固的做法。

9.2.13 本条提出了大尺寸梁腹板内配置腰筋的构造要求。

现代混凝土构件的尺度越来越大，工程中大截面尺寸现浇混凝土梁日益增多。由于配筋较少，往往在梁腹板范围内的侧面产生垂直于梁轴线的收缩裂缝。为此，应在大尺寸梁的两侧沿梁长度方向布置纵向构造钢筋（腰筋），以控制裂缝。根据工程经验，对腰筋的最大间距和最小配筋率给出了相应的配筋构造要求。腰筋的最小配筋率按扣除了受压及受拉翼缘的梁腹板截面面积确定。

9.2.14 本条规定了薄腹梁及需作疲劳验算的梁，加强下部纵向钢筋的构造措施。与02版规范相同，工程实践证明是可行的。

9.2.15 本条参考欧洲规范EN1992-1-1：2004的有关规定，为防止表层混凝土碎裂、坠落和控制裂缝宽度，提出了在厚保护层混凝土梁下部配置表层分布钢筋（表层钢筋）的构造要求。表层分布钢筋宜采用焊接网片。其混凝土保护层厚度可按第8.2.3条减小为25mm，但应采取有效的定位、绝缘措施。

9.2.16 深受弯构件（包括深梁）是梁的特殊类型，在承受重型荷载的现代混凝土结构中得到越来越广泛的应用，其内力及设计方法与一般梁有显著差别。本条为引导性条文，具体设计方法见本规范附录G。

9.3 柱、梁柱节点及牛腿

（Ⅰ）柱

9.3.1 本条规定了柱中纵向钢筋（包括受力钢筋及构造钢筋）的基本构造要求。

柱宜采用大直径钢筋作纵向受力钢筋。配筋过多的柱在长期受压混凝土徐变后卸载，钢筋弹性回复会在柱中引起横裂，故应对柱最大配筋率作出限制。

对圆柱提出了最低钢筋数量以及均匀配筋的要求，但当圆柱作方向性配筋时不在此例。

此外还规定了柱中纵向钢筋的间距。间距过密影响混凝土浇筑密实；过疏则难以维持对芯部混凝土的围箍约束。同样，柱侧构造筋及相应的复合箍筋或拉筋也是为了维持对芯部混凝土的约束。

9.3.2 柱中配置箍筋的作用是为了架立纵向钢筋；承担剪力和扭矩；并与纵筋一起形成对芯部混凝土的围箍约束。为此对柱的配箍提出系统的构造措施，包括直径、间距、数量、形式等。

为保持对柱中混凝土的围箍约束作用，柱周边箍筋应做成封闭式。对圆柱及配筋率较大的柱，还对箍筋提出了更严格的要求：末端135°弯钩，且弯后余长不小于$5d$（或$10d$），且应勾住纵筋。对纵筋较多的情况，为防止受压屈曲还提出设置复合箍筋的要求。

采用焊接封闭环式箍筋、连续螺旋箍筋或连续复合螺旋箍筋，都可以有效地增强对柱芯部混凝土的围箍约束而提高承载力。当考虑其间接配筋的作用时，对其配箍的最大间距作出限制。但间距也不能太密，以免影响混凝土的浇筑施工。

对连续螺旋箍筋、焊接封闭环式箍筋或连续复合螺旋箍筋，已有成熟的工艺和设备。施工中采用预制的专用产品，可以保证应有的质量。

9.3.3 对承载较大的I形截面柱的配筋构造提出要求，包括翼缘、腹板的厚度；以及腹板开孔时的配筋构造要求。基本同原规范的要求。

（Ⅱ）梁柱节点

9.3.4 本条为框架中间层端节点的配筋构造要求。

在框架中间层端节点处，根据柱截面高度和钢筋直径，梁上部纵向钢筋可以采用直线的锚固方式。

试验研究表明，当柱截面高度不足以容纳直线锚固段时，可采用带90°弯折段的锚固方式。这种锚固端的锚固力由水平段的粘结锚固和弯弧-垂直段的挤压锚固作用组成。规范强调此时梁筋应伸到柱对边再向下弯折。在承受静力荷载为主的情况下，水平段的粘结能力起主导作用。当水平段投影长度不小于$0.4l_{ab}$，弯弧-垂直段投影长度为$15d$时，已能可靠保证梁筋的锚固强度和抗滑移刚度。

本次修订还增加了采用筋端加锚头的机械锚固方法，以提高锚固效果，减少锚固长度。但要求锚固钢筋在伸到柱对边柱纵向钢筋的内侧，以增大锚固力。有关的试验研究表明，这种做法有效，而且施工比较方便。

规范还规定了框架梁下部纵向钢筋在端节点处的锚固要求。

9.3.5 本条为框架中间层中间节点梁纵筋的配筋构造要求。

中间层中间节点的梁下部纵向钢筋，修订提出了宜贯穿节点与支座的要求，当需要锚固时其在节点中的锚固要求仍沿用原规范有关梁纵向钢筋在不同受力情况下锚固的规定。中间层端节点、顶层中间节点以及顶层端节点处的梁下部纵向钢筋，也可按同样的方法锚固。

由于设计、施工不便，不提倡原规范梁钢筋在节点中弯折锚固的做法。

当梁的下部钢筋根数较多，且分别从两侧锚入中间节点时，将造成节点下部钢筋过分拥挤。故也可将中间节点下部梁的纵向钢筋贯穿节点，并在节点以外搭接。搭接的位置宜在节点以外梁弯矩较小的$1.5h_0$以外，这是为了避让梁端塑性铰区和箍筋加密区。

当中间层中间节点左、右跨梁的上表面不在同一标高时，左、右跨梁的上部钢筋可分别锚固在节点内。当中间层中间节点左、右梁端上部钢筋用量相差较大时，除左、右数量相同的部分贯穿节点外，多余的梁筋亦可锚固在节点内。

9.3.6 本条为框架顶层中节点柱纵筋的配筋构造要求。

伸入顶层中间节点的全部柱筋及伸入顶层端节点的内侧柱筋应可靠锚固在节点内。规范强调柱筋应伸至柱顶。当顶层节点高度不足以容纳柱筋直线锚固长度时，柱筋可在柱顶向节点内弯折，或在有现浇板且板厚大于100mm时可向节点外弯折，锚固于板内。试验研究表明，当充分利用柱筋的受拉强度时，其锚固条件不如水平钢筋，因此在柱筋弯折前的竖向锚固长度不应小于$0.5l_{ab}$，弯折后的水平投影长度不宜小于$12d$，以保证可靠受力。

本次修订还增加了采用机械锚固锚头的方法，以提高锚固效果，减少锚固长度。但要求柱纵向钢筋应伸到柱顶以增大锚固力。有关的试验研究表明，这种做法有效，而且方便施工。

9.3.7 本条为框架顶层端节点钢筋搭接连接的构造要求。

在承受以静力荷载为主的框架中，顶层端节点处的梁、柱端均主要承受负弯矩作用，相当于90°的折梁。当梁上部钢筋和柱外侧钢筋数量匹配时，可将柱外侧处于梁截面宽度内的纵向钢筋直接弯入梁上部，作梁负弯矩钢筋使用。也可使梁上部钢筋与柱外侧钢筋在顶层端节点区域搭接。

规范推荐了两种搭接方案。其中设在节点外侧和梁端顶面的带90°弯折搭接做法适用于梁上部钢筋和柱外侧钢筋数量不致过多的民用或公共建筑框架。其优点是梁上部钢筋不伸入柱内，有利于在梁底标高处设置柱内混凝土的施工缝。

但当梁上部和柱外侧钢筋数量过多时，该方案将造成节点顶部钢筋拥挤，不利于自上而下浇筑混凝土。此时，宜改用梁、柱钢筋直线搭接，接头位于柱顶部外侧。

本次修订还增加了梁、柱截面较大而钢筋相对较细时，钢筋搭接连接的方法。

在顶层端节点处，节点外侧钢筋不是锚固受力，而属于搭接传力问题。故不允许采用将柱筋伸至柱顶，而将梁上部钢筋锚入节点的做法。因这种做法无法保证梁、柱钢筋在节点区的搭接传力，使梁、柱端钢筋无法发挥出所需的正截面受弯承载力。

9.3.8 本条为框架顶层端节点的配筋面积、纵筋弯弧及防裂钢筋等的构造要求。

试验研究表明，当梁上部和柱外侧钢筋配筋率过高时，将引起顶层端节点核心区混凝土的斜压破坏，故对相应的配筋率作出限制。

试验研究还表明，当梁上部钢筋和柱外侧纵向钢筋在顶层端节点角部的弯弧处半径过小时，弯弧内的混凝土可能发生局部受压破坏，故对钢筋的弯弧半径最小值作了相应规定。框架角节点钢筋弯弧以外，可能形成保护层很厚的素混凝土区域，应配构造钢筋加以约束，防止混凝土裂缝、坠落。

9.3.9 本条为框架节点中配箍的构造要求。根据我国工程经验并参考国外有关规范，在框架节点内应设置水平箍筋。当节点四边有梁时，由于除四角以外的节点周边柱纵向钢筋已经不存在过早压屈的危险，故可以不设复合箍筋。

（Ⅲ）牛　腿

9.3.10 本条为对牛腿截面尺寸的控制。

牛腿（短悬臂）的受力特征可以用由顶部水平的纵向受力钢筋作为拉杆和牛腿内的混凝土斜压杆组成的简化三角桁架模型描述。竖向荷载将由水平拉杆的拉力和斜压杆的压力承担；作用在牛腿顶部向外的水平拉力则由水平拉杆承担。

牛腿要求不致因斜压杆压力较大而出现斜压裂缝，故其截面尺寸通常以不出现斜裂缝为条件，即由本条的计算公式控制，并通过公式中的裂缝控制系数β考虑不同使用条件对牛腿的不同抗裂要求。公式中的$(1-0.5F_{hk}/F_{vk})$项是按牛腿在竖向力和水平拉力共同作用下斜裂缝宽度不超过0.1mm为条件确定的。

符合本条计算公式要求的牛腿不需再作受剪承载力验算。这是因为通过在$a/h_0<0.3$时取$a/h_0=0.3$，以及控制牛腿上部水平钢筋的最大配筋率，已能保证牛腿具有足够的受剪承载力。

在计算公式中还对沿下柱边的牛腿截面有效高度h_0作出限制。这是考虑当斜角α大于45°时，牛腿的实际有效高度不会随α的增大而进一步增大。

9.3.11 本条为牛腿纵向受力钢筋的计算。规定了承受竖向力的受拉钢筋及承受水平力的锚固钢筋的计算方法，同原规范的规定。

9.3.12 承受动力荷载牛腿的纵向受力钢筋宜采用延性较好的牌号为HRB的热轧带肋钢筋。本条明确规定了牛腿上部纵向受拉钢筋伸入柱内的锚固要求，以及当牛腿设在柱顶时，为了保证牛腿顶面受拉钢筋与柱外侧纵向钢筋的可靠传力而应采取的构造措施。

9.3.13 牛腿中应配置水平箍筋，特别是在牛腿上部配置一定数量的水平箍筋，能有效地减少在该部位过早出现斜裂缝的可能性。在牛腿内设置一定数量的弯起钢筋是我国工程界的传统做法。但试验表明，它对提高牛腿的受剪承载力和减少斜向开裂的可能性都不起明显作用，故适度减少了弯起钢筋的数量。

9.4　墙

9.4.1 根据工程经验并参考国外有关的规范，长短边比例大于4的竖向构件定义为墙，比例不大于4的则应按柱进行设计。

墙的混凝土强度要求比02版规范适当提高。出于承载受力的要求，提出了墙厚度限制的要求。对预制板的搁置长度，在满足墙中竖筋贯通的条件下（例如预制板采用硬架支模方式）不再作强制规定。

9.4.2 本条提出墙双排配筋及配置拉结筋的要求。这是为了保证板中的配筋能够充分发挥强度，满足承载力的要求。

9.4.3 本条规定了在墙面水平、竖向荷载作用下，钢筋混凝土剪力墙承载力计算的方法以及截面设计参数的确定方法。

9.4.4 为保证剪力墙的受力性能，提出了剪力墙内水平、竖向分布钢筋直径、间距及配筋率的构造要求。可以利用焊接网片作墙内配筋。

对重要部位的剪力墙：主要是指框架-剪力墙结构中的剪力墙和框架-核心筒结构中的核心筒墙体，宜根据工程经验提高墙体分布钢筋的配筋率。

温度、收缩应力的影响是造成墙体开裂的主要原因。对于温度、收缩应力较大的剪力墙或剪力墙的易开裂部位，应根据工程经验提高墙体水平分布钢筋的配筋率。

9.4.5 本条为有关低层混凝土房屋结构墙的新增内容，配合墙体改革的要求，钢筋混凝土结构墙应用于低层房屋（乡村、集镇的住宅及民用房屋）的情况有所增多。钢筋混凝土结构墙性能优于砖砌墙体，但按高层房屋剪力墙的构造规定设计过于保守，且最小配筋率难以控制。本条提出混凝土结构墙的基本构造要求。结构墙配筋适当减小，其余构造基本同剪力墙。多层混凝土房屋结构墙尚未进行系统研究，故暂缺，拟在今后通过试验研究及工程应用，在成熟时纳入。抗震构造要求在第11章中表达，以边缘构件的形式予以加强。

9.4.6 为保证剪力墙的承载受力，规定了墙内水平、竖向钢筋锚固、搭接的构造要求。其中水平钢筋搭接要求错开布置；竖向钢筋则允许在同一截面上搭接，即接头面积百分率100%。此外，对翼墙、转角墙、带边框的墙等也提出了相应的配筋构造要求。

9.4.7 本条提出了剪力墙洞口连梁的配筋构造要求，包括洞边钢筋及洞口连梁的受力纵筋及锚固，洞口连梁配箍的直径及间距等。还对墙上开洞的配筋构造提出了要求。

9.4.8 本条规定了剪力墙墙肢两端竖向受力钢筋的构造要求，包括配筋的数量、直径及拉结筋的规定。

9.5 叠合构件

预制(既有)-现浇叠合式构件的特点是两阶段成形，两阶段受力。第一阶段可为预制构件，也可为既有结构；第二阶段则为后续配筋、浇筑而形成整体的叠合混凝土构件。叠合构件兼有预制装配和整体现浇的优点，也常用于既有结构的加固，对于水平的受弯构件(梁、板)及竖向的受压构件(柱、墙)均适用。

叠合构件主要用于装配整体式结构，其原则也适用于对既有结构进行重新设计。基于上述原因及建筑产业化趋势，近年国内外叠合结构的发展很快，是一种有前途的结构形式。

（Ⅰ）水平叠合构件

9.5.1 后浇混凝土高度不足全高的40%的叠合式受弯构件，由于底部较薄，施工时应有可靠的支撑，使预制构件在二次成形浇筑混凝土的重量及施工荷载下，不至于发生影响内力的变形。有支撑二次成形的叠合构件按整体受弯构件设计计算。

施工阶段无支撑的叠合式受弯构件，二次成形浇筑混凝土的重量及施工荷载的作用影响了构件的内力和变形。应根据附录H的有关规定按二阶段受力的叠合构件进行设计计算。

9.5.2 对一阶段采用预制梁、板的叠合受弯构件，提出了叠合受力的构造要求。主要是后浇叠合层混凝土的厚度；混凝土强度等级；叠合面粗糙度；界面构造钢筋等。这些要求是保证界面两侧混凝土共同承载、协调受力的必要条件。当预制板为预应力板时，由于预应力造成的反拱、徐变的影响，宜设置界面构造钢筋加强其整体性。

9.5.3 在既有结构上配筋、浇筑混凝土而成形的叠合受弯构件，将在结构加固、改建中得到越来越广泛的应用。其可根据二阶段受力叠合受弯构件的原理进行设计。设计时应考虑既有结构的承载历史、实测评估的材料性能、施工时支撑对既有结构卸载的具体情况，根据本规范第3.3节、第3.7节的规定确定设计参数及荷载组合进行设计。

对于叠合面可采取剔凿、植筋等方法加强叠合面两侧混凝土的共同受力。

（Ⅱ）竖向叠合构件

9.5.4 二阶段成形的竖向叠合柱、墙，当第一阶段为预制构件时，应根据具体情况进行施工阶段验算；使用阶段则按整体构件进行设计。

9.5.6 本条是根据对既有结构再设计的工程实践及经验，对叠合受压构件中的既有构件及后浇部分构件，提出了根据具体工程情况确定承载力及材料协调受力相应折减系数的原则。

考虑既有构件的承载历史及施工卸载条件，确定承载力计算的原则：考虑实测结构既有构件的几何形状变化以及材料的实际状况，经统计、分析确定相应的设计参数。结构后加部分材料强度按本规范确定，但考虑协调受力对强度利用的影响，应乘小于1的修正系数并应根据施工支顶等卸载情况适当增减。

9.5.7 根据工程实践及经验，提出了满足两部分协调受力的构造措施。竖向叠合柱、墙的基本构造要求包括后浇层的厚度、混凝土强度等级、叠合面粗糙度、界面构造钢筋、后浇层中的配筋及锚固连接等，这是叠合界面两侧的共同受力的必要条件。

9.6 装配式结构

根据节能、减耗、环保的要求及建筑产业化的发展，更多的建筑工程量将转为以工厂构件化生产产品的形式制作，再运输到现场完成原位安装、连接的施工。混凝土预制构件及装配式结构将通过技术进步，产品升级而得到发展。

9.6.1 本条提出了装配式结构的设计原则：根据结构方案和传力途径进行内力分析及构件设计；保证连接处的传力性能；考虑不同阶段成形的影响；满足综合功能的需要。为满足预制构件工厂化批量生产和标准化的要求，标准设计时应考虑构件尺寸的模数化、使用荷载的系列化和构造措施的统一规定。

9.6.2 预制构件应按脱模起吊、运输码放、安装就位等工况及相应的计算简图分别进行施工阶段验算。本条给出了不同工况下的设计条件及动力系数。

9.6.3 本条提出装配式结构连接构造的原则：装配整体式结构中的接头应能传递结构整体分析所确定的内力。对传递内力较大的装配整体式连接，宜采用机械连接的形式。当采用焊接连接的形式时，应考虑焊接应力对接头的不利影响。

不考虑传递内力的一般装配式结构接头，也应有可靠的固定连接措施，例如预制板、墙与支承构件的焊接或螺栓连接等。

9.6.4 为实现装配整体式结构的整体受力性能，提出了对不同预制构件纵向受力钢筋连接及混凝土拼缝灌筑的构造要求。其中整体装配的梁、柱，其受力钢筋的连接应采用机械连接、焊接的方式；墙、板可以搭接；混凝土拼缝应作粗糙处理以能传递剪力并协调变形。

各种装配连接的构造措施，在标准设计及构造手册中多有表达，可以参考。

9.6.5、9.6.6 根据我国长期的工程实践经验，提出了房屋结构中大量应用的装配式楼盖（包括屋盖）加强整体性的构造措施。包括齿槽形板侧、拼缝灌筑、板端互连、与支承结构的连接、板间后浇带、板端负弯矩钢筋等加强楼盖整体性的构造措施。工程实践表明，这些措施对于加强楼盖的整体性是有效的。《建筑物抗震构造详图》G 329 及有关标准图对此有详细的规定，可以参考。

高层建筑楼盖，当采用预制装配式时，应设置钢筋混凝土现浇层，具体要求应根据《高层建筑混凝土结构技术规程》JGJ 3 的规定进行设计。

9.6.7 为形成结构整体受力，对预制墙板及与周边构件的连接构造提出要求。包括与相邻墙体及楼板的钢筋连接、灌缝混凝土、边缘构件加强等措施。

9.6.8 本条为新增条文，阐述非承重预制构件的设计原则。灾害及事故表明，传力体系以外仅承受自重等荷载的非结构预制构件，也应进行构件及构件连接的设计，以避免影响结构受力，甚至坠落伤人。此类构件及连接的设计原则为：承载安全、适应变形、有冗余约束、满足建筑功能以及耐久性要求等。

9.7 预埋件及连接件

9.7.1 预埋件的材料选择、锚筋与锚板的连接构造基本未作修改，工程实践证明是有效的。再次强调了禁止采用延性较差的冷加工钢筋作锚筋，而用 HPB300 钢筋代换了已淘汰的 HPB235 钢筋。锚板厚度与实际受力情况有关，宜通过计算确定。

9.7.2 承受剪力的预埋件，其受剪承载力与混凝土强度等级、锚筋抗拉强度、面积和直径等有关。在保证锚筋锚固长度和锚筋到构件边缘合理距离的前提下，根据试验研究结果提出了确定锚筋截面面积的半理论半经验公式。其中通过系数 α_r 考虑了锚筋排数的影响；通过系数 α_v 考虑了锚筋直径以及混凝土抗压强度与锚筋抗拉强度比值 f_c/f_y 的影响。承受法向拉力的预埋件，其钢板一般都将产生弯曲变形。这时，锚筋不仅承受拉力，还承受钢板弯曲变形引起的剪力，使锚筋处于复合受力状态。通过折减系数 α_b 考虑了锚板弯曲变形的影响。

承受拉力和剪力以及拉力和弯矩的预埋件，根据试验研究结果，锚筋承载力均可按线性的相关关系处理。

只承受剪力和弯矩的预埋件，根据试验结果，当 $V/V_{u0}>0.7$ 时，取剪弯承载力线性相关；当 $V/V_{u0}\leqslant 0.7$ 时，可按受剪承载力与受弯承载力不相关处理。其 V_{u0} 为预埋件单独受剪时的承载力。

承受剪力、压力和弯矩的预埋件，其锚筋截面面积计算公式偏于安全。由于当 $N<0.5f_cA$ 时，可近似取 $M-0.4Nz=0$ 作为压剪承载力和压弯剪承载力计算的界限条件，故本条相应的计算公式即以 $N\leqslant 0.5f_cA$ 为前提条件。本条公式不等式右侧第一项中的系数 0.3 反映了压力对预埋件抗剪能力的影响程度。与试验结果相比，其取值偏安全。

在承受法向拉力和弯矩的锚筋截面面积计算公式中，对拉力项的抗力均乘了折减系数 0.8，这是考虑到预埋件的重要性和受力的复杂性，而对承受拉力这种更不利的受力状态，采取了提高安全储备的措施。

对有抗震要求的重要预埋件，不宜采用以锚固钢筋承力的形式，而宜采用锚筋穿透截面后，固定在背面锚板上的夹板式双面锚固形式。

9.7.3 受剪预埋件弯折锚筋面积计算同原规范。

当预埋件由对称于受力方向布置的直锚筋和弯折锚筋共同承受剪力时，所需弯折锚筋的截面面积可由下式计算：

$$A_{sb}\geqslant(1.1V-\alpha_v f_y A_s)/0.8f_y$$

上式意味着从作用剪力中减去由直锚筋承担的剪力即为需要由弯折锚筋承担的剪力。上式经调整后即为本条公式。根据国外有关规范和国内对钢与混凝土组合结构中弯折锚筋的试验结果，弯折锚筋的角度对受剪承载力影响不大。考虑到工程中的一般做法，在本条注中给出弯折钢筋的角度宜取在15°～45°之间。在这一弯折角度范围内，可按上式计算锚筋截面面积，而不需对锚筋抗拉强度作进一步折减。上式中乘在作用剪力项上的系数1.1是考虑直锚筋与弯折锚筋共同工作时的不均匀系数0.9的倒数。预埋件可以只设弯折钢筋来承担剪力，此时可不设或只按构造设置直锚筋，并在计算公式中取 $A_s=0$。

9.7.4 预埋件中锚筋的布置不能太密集，否则影响锚固受力的效果。同时为了预埋件的承载受力，还必须保证锚筋的锚固长度以及位置。本条对不同受力状态的预埋件锚筋的构造要求作出规定，同原规范。

9.7.5 为了达到节约材料、方便施工、避免外露金属件引起耐久性问题，预制构件的吊装方式宜优先选择内埋式螺母、内埋式吊杆或吊装孔。根据国内外的工程经验，采用这些吊装方式比传统的预埋吊环施工方便，吊装可靠，不造成耐久性问题。内埋式吊具已有专门技术和配套产品，根据情况选用。

9.7.6 本条给出了吊环的设计要求，同原规范。以HPB300钢筋代换了HPB235钢筋，对自重荷载作用下的应力限值根据强度进行了调整。在过渡期内如果采用HPB235钢筋，仍应控制截面的应力不超过 $50N/mm^2$。

根据耐久性要求，恶劣环境下吊环钢筋绑扎接触配筋骨架时应隔垫绝缘材料或采取可靠的防锈措施。

9.7.7 预制构件吊点位置的选择应考虑吊装可靠、平稳。吊装着力点的受力区域应作局部承载验算，以确保安全，同时避免产生引起构件裂缝或过大变形的内力。

10 预应力混凝土结构构件

10.1 一 般 规 定

10.1.1 为确保预应力混凝土结构在施工阶段的安全，明确规定了在施工阶段应进行承载能力极限状态等验算，施工阶段包括制作、张拉、运输及安装等工序。

10.1.2 根据现行国家标准《工程结构可靠性设计统一标准》GB 50153的有关规定，当进行预应力混凝土构件承载能力极限状态及正常使用极限状态的荷载组合时，应计算预应力作用效应并参与组合，对后张法预应力混凝土超静定结构，预应力效应为综合内力 M_r、V_r 及 N_r，包括预应力产生的次弯矩、次剪力和次轴力。在承载能力极限状态下，预应力作用分项系数 γ_p 应按预应力作用的有利或不利分别取1.0或1.2。当不利时，如后张法预应力混凝土构件锚头局压区的张拉控制力，预应力作用分项系数 γ_p 应取1.2。在正常使用极限状态下，预应力作用分项系数 γ_p 通常取1.0。当按承载能力极限状态计算时，预应力筋超出有效预应力值达到强度设计值之间的应力增量仍为结构抗力部分；当按本规范第6章的实用方法进行承载力计算时，仅次内力应参与荷载效应组合和设计计算。

对承载能力极限状态，当预应力作用效应列为公式左端项参与作用效应组合时，由于预应力筋的数量和设计参数已由裂缝控制等级的要求确定，且总体上是有利的，根据工程经验，对参与组合的预应力作用效应项，应取结构重要性系数 $\gamma_0=1.0$；对局部受压承载力计算、框架梁端预应力筋偏心弯矩在柱中产生的次弯矩等，其预应力作用效应为不利时，γ_0 应按本规范公式（3.3.2-1）执行。

本规范为避免出现冗长的公式，在诸多计算公式中并没有具体列出相关次内力。因此，当应用本规范公式进行正截面受弯、受压及受拉承载力计算，斜截面受剪及受扭截面承载力计算，以及裂缝控制验算时，均应计入相关次内力。

本次修订增加了无粘结预应力混凝土结构承受静力荷载的设计规定，主要有裂缝控制，张拉控制应力限值，有关的预应力损失值计算，受弯构件正截面承载力计算时无粘结预应力筋的应力设计值、斜截面受剪承载力计算，受弯构件的裂缝控制验算及挠度验算，受弯构件和板柱结构中有粘结纵向钢筋的配置，以及施工张拉阶段截面边缘混凝土法向应力控制和预拉区构造配筋，防腐及防火措施。以上规定的条款列在本章及本规范相关章节的条款中。

10.1.3 本次修订增加了中强度预应力钢丝及预应力螺纹钢筋的张拉控制应力限值。

10.1.5 通常对预应力筋由于布置上的几何偏心引起的内弯矩 $N_p e_{pn}$ 以 M_1 表示。由该弯矩对连续梁引起的支座反力称为次反力，由次反力对梁引起的弯矩称为次弯矩 M_2。在预应力混凝土超静定梁中，由预加力对任一截面引起的总弯矩 M_r 为内弯矩 M_1 与次弯矩 M_2 之和，即 $M_r=M_1+M_2$。次剪力可根据结构构件各截面次弯矩分布按力学分析方法计算。此外，在后张法梁、板构件中，当预加力引起的结构变形受到柱、墙等侧向构件约束时，在梁、板中将产生与预加力反向的次轴力。为求次轴力也需要应用力学分析方法。

为确保预应力能够有效地施加到预应力结构构件中，应采用合理的结构布置方案，合理布置竖向支承构件，如将抗侧力构件布置在结构位移中心不动点附近；采用相对细长的柔性柱以减少约束力，必要时应在柱中配置附加钢筋承担约束作用产生的附加弯矩。在预应力框架梁施加预应力阶段，可将梁与柱之间的节点设计成在张拉过程中可产生滑动的无约束支座，张拉后再将该节点做成刚接。对后张楼板为减少约束力，可采用后浇带或施工缝将结构分段，使其与约束柱或墙暂时分开；对于不能分开且刚度较大的支承构件，可在板与墙、柱结合处开设结构洞以减少约束力，待张拉完毕后补强。对于平面形状不规则的板，宜划分为平面规则的单元，使各部分能独立变形，以减少约束；当大部分收缩变形完成后，如有需要仍可以连为整体。

10.1.7 当按裂缝控制要求配置的预应力筋不能满足承载力要求时，承载力不足部分可由普通钢筋承担，采用混合配筋的设计方法。这种部分预应力混凝土既具有全预应力混凝土与钢筋混凝土二者的主要优点，又基本上排除了两者的主要缺点，现已成为加筋混凝土系列中的主要发展趋势。当然也带来了一些新的课题。当预应力混凝土构件配置钢筋时，由于混凝土收缩和徐变的影响，会在这些钢筋中产生内力。这些内力减少了受拉区混凝土的法向预压应力，使构件的抗裂性能降低，因而计算时应考虑这种影响。为简化计算，假定钢筋的应力取等于混凝土收缩和徐变引起的预应力损失值。但严格地说，这种简化计算当预应力筋和钢筋重心位置不重合时是有一定误差的。

10.1.8 近年来，国内开展了后张法预应力混凝土连续梁内力重分布的试验研究，并探讨次弯矩存在对内力重分布的影响。这些试验研究及有关文献建议，对存在次弯矩的后张法预应力混凝土超静定结构，其弯矩重分布规律可描述为：$(1-\beta)M_d+\alpha M_2 \leqslant M_u$，其中，$\alpha$为次弯矩消失系数。直接弯矩的调幅系数定义为：$\beta=1-M_a/M_d$，此处，$M_a$为调整后的弯矩值，$M_d$为按弹性分析算得的荷载弯矩设计值；直接弯矩调幅系数β的变化幅度是：$0\leqslant\beta\leqslant\beta_{max}$，此处，$\beta_{max}$为最大调幅系数。次弯矩随结构构件刚度改变和塑性铰转动而逐步消失，它的变化幅度是：$0\leqslant\alpha\leqslant1.0$；且当$\beta=0$时，取$\alpha=1.0$；当$\beta=\beta_{max}$时，可取$\alpha$接近为0。且$\beta$可取其正值或负值，当取$\beta$为正值时，表示支座处的直接弯矩向跨中调幅；当取$\beta$为负值时，表示跨中的直接弯矩向支座处调幅。上述试验结果从概念设计的角度说明，在超静定预应力混凝土结构中存在的次弯矩，随着预应力构件开裂、裂缝发展以及刚度减小，在极限荷载阶段会相应减小。当截面配筋率高时，次弯矩的变化较小，反之可能大部分次弯矩都会消失。本次修订考虑到上述情况，采用次弯矩参与重分布的方案，即内力重分布所考虑的最大弯矩除了荷载弯矩设计值外，还包括预应力次弯矩在内。并参考美国ACI规范、欧洲规范EN 1992-2等，规定对预应力混凝土框架梁及连续梁在重力荷载作用下，当受压区高度$x\leqslant0.30h_0$时，可允许有限量的弯矩重分配，同时可考虑次弯矩变化对截面内力的影响，但总调幅值不宜超过20%。

10.1.9 对光面钢丝、螺旋肋钢丝、三股和七股钢绞线的预应力传递长度，均在原规范规定的预应力传递长度的基础上，根据试验研究结果作了调整，并通过给出的公式由其有效预应力值计算预应力传递长度。预应力筋传递长度的外形系数取决于与锚固性能有关的钢筋的外形。

10.1.11、10.1.12 为确保预应力混凝土结构在施工阶段的安全，本规范第10.1.1条规定了在施工阶段应进行承载能力极限状态验算。在施工阶段对截面边缘混凝土法向应力的限值条件，是根据国内外相关规范校准并吸取国内的工程设计经验而得的。其中，对混凝土法向应力的限值，均用与各施工阶段混凝土抗压强度f'_{cu}相对应的抗拉强度及抗压强度标准值表示。

预拉区纵向钢筋的构造配筋率，取略低于本规范第8.5.1条的最小配筋率要求。

10.1.13 先张法及后张法预应力混凝土构件的受剪承载力、受扭承载力及裂缝宽度计算，均需用到混凝土法向预应力为零时的预应力筋合力N_{p0}。本条对此作了规定。

10.1.14 影响无粘结预应力混凝土构件抗弯能力的因素较多，如无粘结预应力筋有效预应力的大小、无粘结预应力筋与普通钢筋的配筋率、受弯构件的跨高比、荷载种类、无粘结预应力筋与管壁之间的摩擦力、束的形状和材料性能等。因此，受弯破坏状态下无粘结预应力筋的极限应力必须通过试验来求得。国内所进行的无粘结预应力梁（板）试验，得出无粘结预应力筋于梁破坏瞬间的极限应力，主要与配筋率、有效预应力、钢筋设计强度、混凝土的立方体抗压强度、跨高比以及荷载形式有关，积累了宝贵的数据。

本次修订采用了现行行业标准《无粘结预应力混凝土结构技术规程》JGJ 92的相关表达式。该表达式以综合配筋指标ξ_0为主要参数，考虑了跨高比变化影响。为反映在连续多跨梁板中应用的情况，增加了考虑连续跨影响的设计应力折减系数。在设计框架梁时，无粘结预应力筋外形布置宜与弯矩包络图相接近，以防在框架梁顶部反弯点附近出现裂缝。

10.1.15 在无粘结预应力受弯构件的预压受拉区，配置一定数量的普通钢筋，可以避免该类构件在极限状态下发生双折线形的脆性破坏现象，并改善开裂状态下构件的裂缝性能和延性性能。

1 单向板的普通钢筋最小面积

本规范对钢筋混凝土受弯构件，规定最小配筋率为0.2%和$45f_t/f_y$中的较大值。美国通过试验认为，在无粘结预应力受弯构件的受拉区至少应配置从受拉边缘至毛截面重心之间面积0.4%的普通钢筋。综合上述两方面的规定和研究成果，并结合以往的设计经验，作出了本规范对无粘结预应力混凝土板受拉区普通钢筋最小配筋率的限制。

2 梁正弯矩区普通钢筋的最小面积

无粘结预应力梁的试验表明，为了改善构件在正常使用下的变形性能，应采用预应力筋及有粘结普通钢筋混合配筋方案。在全部配筋中，有粘结纵向普通钢筋的拉力占到承载力设计值 M_u 产生总拉力的 25%或更多时，可更有效地改善无粘结预应力梁的性能，如裂缝分布、间距和宽度，以及变形性能，从而达到接近有粘结预应力梁的性能。本规范公式（10.1.15-2）是根据此比值要求，并考虑预应力筋及普通钢筋重心离截面受压区边缘纤维的距离 h_p、h_s 影响得出的。

对按一级裂缝控制等级设计的无粘结预应力混凝土构件，根据试验研究结果，可仅配置比最小配筋率略大的非预应力普通钢筋，取 ρ_{min} 等于 0.003。

10.1.16 对无粘结预应力混凝土板柱结构中的双向平板，所要求配置的普通钢筋分述如下：

负弯矩区普通钢筋的配置。美国进行过 1∶3 的九区格后张无粘结预应力平板的模型试验。结果表明，只要在柱宽及两侧各离柱边 1.5～2 倍的板厚范围内，配置占柱上板带横截面面积 0.15%的普通钢筋，就能很好地控制和分散裂缝，并使柱带区域内的弯曲和剪切强度都能充分发挥出来。此外，这些钢筋应集中通过柱子和靠近柱子布置。钢筋的中到中间距应不超过 300mm，而且每一方向应不少于 4 根钢筋。对通常的跨度，这些钢筋的总长度应等于跨度的 1/3。我国进行的 1∶2 无粘结部分预应力平板的试验也证实在上述柱面积范围内配置的钢筋是适当的。本规范根据公式(10.1.16-1)，矩形板在长跨方向将布置更多的钢筋。

正弯矩区普通钢筋的配置。在正弯矩区，双向板在使用荷载下按照抗裂验算边缘混凝土法向拉应力确定普通筋配置数量的规定，是参照美国 ACI 规范对双向板柱结构关于有粘结普通钢筋最小截面面积的规定，并结合国内多年来对该板按二级裂缝控制和配置有粘结普通钢筋的工程经验作出规定的。针对温度、收缩应力所需配置的普通钢筋应按本规范第 9.1 节的相关规定执行。

在楼盖的边缘和拐角处，通过设置钢筋混凝土边梁，并考虑柱头剪切作用，将该梁的箍筋加密配置，可提高边柱和角柱节点的受冲切承载力。

10.1.17 本条规定了预应力混凝土构件的弯矩设计值不小于开裂弯矩，其目的是控制受拉钢筋总配筋量不能过少，使构件具有应有的延性，以防止预应力受弯构件开裂后的突然脆断。

10.2 预应力损失值计算

10.2.1 预应力混凝土用钢丝、钢绞线的应力松弛试验表明，应力松弛损失值与钢丝的初始应力值和极限强度有关。表中给出的普通松弛和低松弛预应力钢丝、钢绞线的松弛损失值计算公式，是按国家标准《预应力混凝土用钢丝》GB/T 5223－2002 及《预应力混凝土用钢绞线》GB/T 5224－2003 中规定的数值综合成统一的公式，以便于应用。当 $\sigma_{con}/f_{ptk}\leqslant 0.5$ 时，实际的松弛损失值已很小，为简化计算取松弛损失值为零。预应力螺纹钢筋、中强度预应力钢丝的应力松弛损失值是分别根据国家标准《预应力混凝土用螺纹钢筋》GB/T 20065－2006、行业标准《中强度预应力混凝土用钢丝》YB/T 156－1999 的相关规定提出的。

10.2.2 根据锚固原理的不同，将锚具分为支承式和夹片式两类，对每类作出规定。对夹片式锚具的锚具变形和预应力筋内缩值按有顶压或无顶压分别作了规定。

10.2.4 预应力筋与孔道壁之间的摩擦引起的预应力损失，包括沿孔道长度上局部位置偏移和曲线弯道摩擦影响两部分。在计算公式中，x 值为从张拉端至计算截面的孔道长度；但在实际工程中，构件的高度和长度相比常很小，为简化计算，可近似取该段孔道在纵轴上的投影长度代替孔道长度；θ 值应取从张拉端至计算截面的长度上预应力孔道各部分切线的夹角（以弧度计）之和。本次修订根据国内工程经验，增加了按抛物线、圆弧曲线变化的空间曲线及可分段叠加的广义空间曲线 θ 弯转角的近似计算公式。

研究表明，孔道局部偏差的摩擦系数 κ 值与下列因素有关：预应力筋的表面形状；孔道成型的质量；预应力筋接头的外形；预应力筋与孔壁的接触程度（孔道的尺寸，预应力筋与孔壁之间的间隙大小以及预应力筋在孔道中的偏心距大小）等。在曲线预应力筋摩擦损失中，预应力筋与曲线弯道之间摩擦引起的损失是控制因素。

根据国内的试验研究资料及多项工程的实测数据，并参考国外规范的规定，补充了预埋塑料波纹管、无粘结预应力筋的摩擦影响系数。当有可靠的试验数据时，本规范表 10.2.4 所列系数值可根据实测数据确定。

10.2.5 根据国内对混凝土收缩、徐变的试验研究，应考虑预应力筋和普通钢筋的配筋率对 σ_{l5} 值的影响，其影响可通过构件的总配筋率 $\rho(\rho=\rho_p+\rho_s)$ 反映。在公式（10.2.5-1）～公式（10.2.5-4）中，分别给出先张法和后张法两类构件受拉区及受压区预应力筋处的混凝土收缩和徐变引起的预应力损失。公式反映了上述各项因素的影响。此计算方法比仅按预应力筋合力点处的混凝土法向预应力计算预应力损失的方法更为合理。此外，考虑到现浇后张预应力混凝土施加预应力的时间比 28d 龄期有所提前等因素，对上述收缩和徐变计算公式中的有关项在数值上作了调整。调整的依据为：预加力时混凝土龄期，先张法取 7d，后张法取 14d；理论厚度均取 200mm；相对湿度为 40%～70%，预加力后至使用荷载作用前延续的时间取 1

年的收缩应变和徐变系数终极值，并与附录K计算结果进行校核得出。

在附录K中，本次修订的混凝土收缩应变和徐变系数终极值，是根据欧洲规范EN 1992-2：《混凝土结构设计——第1部分：总原则和对建筑结构的规定》所提供的公式计算得出。混凝土收缩应变和徐变系数终极值是按周围空气相对湿度为40%～70%及70%～99%分别给出的。混凝土收缩和徐变引起的预应力损失简化公式是按周围空气相对湿度为40%～70%得出的，将其用于相对湿度大于70%的情况是偏于安全的。对泵送混凝土，其收缩和徐变引起的预应力损失值亦可根据实际情况采用其他可靠数据。

10.3 预应力混凝土构造规定

10.3.1 根据先张法预应力筋的锚固及预应力传递性能，提出了配筋净间距的要求，其数值是根据试验研究及工程经验确定的。根据多年来的工程经验，为确保预制构件的耐久性，适当增加了预应力筋净间距的限值。

10.3.2 先张法预应力传递长度范围内局部挤压造成的环向拉应力容易导致构件端部混凝土出现劈裂裂缝。因此端部应采取构造措施，以保证自锚端的局部承载力。所提出的措施为长期工程经验和试验研究结果的总结。近年来随着生产工艺技术的提高，也有一些预制构件不配置端部加强钢筋的情况，故在特定条件下可根据可靠的工程经验适当放宽。

10.3.3～10.3.5 为防止预应力构件端部及预拉区的裂缝，根据多年工程实践经验及原规范的执行情况，这几条对各种预制构件（肋形板、屋面梁、吊车梁等）提出了配置防裂钢筋的措施。

10.3.6 预应力锚具应根据现行国家标准《预应力筋用锚具、夹具和连接器》GB/T 14370、现行行业标准《预应力筋用锚具、夹具和连接器应用技术规程》JGJ 85的有关规定选用，并满足相应的质量要求。

10.3.7 规定了后张预应力筋配置及孔道布置的要求。由于对预制构件预应力筋孔道间距的控制比现浇结构构件更容易，且混凝土浇筑质量更容易保证，故对预制构件预应力筋孔道间距的规定比现浇结构构件的小。要求孔道的竖向净间距不应小于孔道直径，主要考虑曲线孔道张拉预应力筋时出现的局部挤压应力不致造成孔道间混凝土的剪切破坏。而对三级裂缝控制等级的梁提出更厚的保护层厚度要求，主要是考虑其裂缝状态下的耐久性。预留孔道的截面积宜为穿入预应力筋截面积的3.0～4.0倍，是根据工程经验提出的。有关预应力孔道的并列贴紧布置，是为方便截面较小的梁类构件的预应力筋配置。

板中单根无粘结预应力筋、带状束及梁中集束无粘结预应力筋的布置要求，是根据国内推广应用无粘结预应力混凝土的工程经验作出规定的。

10.3.8 后张预应力混凝土构件端部锚固区和构件端面在预应力筋张拉后常出现两类裂缝：其一是局部承压区承压垫板后面的纵向劈裂裂缝；其二是当预应力束在构件端部偏心布置，且偏心距较大时，在构件端面附近会产生较高的沿竖向的拉应力，故产生位于截面高度中部的纵向水平端面裂缝。为确保安全可靠地将张拉力通过锚具和垫板传递给混凝土构件，并控制这些裂缝的发生和开展，在试验研究的基础上，在条文中作出了加强配筋的具体规定。为防止第一类劈裂裂缝，规范给出了配置附加钢筋的位置和配筋面积计算公式；为防止第二类端面裂缝，要求合理布置预应力筋，尽量使锚具能沿构件端部均匀布置，以减少横向拉力。当难于做到均匀布置时，为防止端面出现宽度过大的裂缝，根据理论分析和试验结果，本条提出了限制这类裂缝的竖向附加钢筋截面面积的计算公式以及相应的构造措施。本次修订允许采用强度较高的热轧带肋钢筋。

对局部承压加强钢筋，提出当垫板采用普通钢板开穿筋孔的制作方式时，可按本规范第6.6节的规定执行，采用有关局部受压承载力计算公式确定应配置的间接钢筋；而当采用整体铸造的带有二次翼缘的垫板时，本规范局部受压公式不再适用，需通过专门的试验确认其传力性能，所以应选用经按有关规范标准验证的产品，并配置规定的加强钢筋，同时满足锚具布置对间距和边距要求。所述要求可按现行行业标准《预应力筋用锚具、夹具和连接器应用技术规程》JGJ 85的有关规定执行。

本条规定主要是针对后张法预制构件及现浇结构中的悬臂梁等构件的端部锚固区及梁中间开槽锚固的情况提出的。

10.3.9 为保证端面有局部凹进的后张预应力混凝土构件端部锚固区的强度和裂缝控制性能，根据试验和工程经验，规定了增设折线构造钢筋的防裂措施。

10.3.10、10.3.11 曲线预应力束最小曲率半径r_p的计算公式是按本规范附录D有关素混凝土构件局部受压承载力公式推导得出，并与国外规范公式对比后确定的。10ϕ15以下常用曲线预应力钢丝束、钢绞线束的曲率半径不宜小于4m是根据工程经验给出的。当后张预应力束曲线段的曲率半径过小时，在局部挤压力作用下可能导致混凝土局部破坏，故应配置局部加强钢筋，加强钢筋可采用网片筋或螺旋筋，其数量可按本规范有关配置间接钢筋局部受压承载力的计算规定确定。

在预应力混凝土结构构件中，当预应力筋近凹侧混凝土保护层较薄，且曲率半径较小时，容易导致混凝土崩裂。相关计算公式按预应力筋所产生的径向崩裂力不超过混凝土保护层的受剪承载力推导得出。当混凝土保护层厚度不满足计算要求时，第10.3.11条提供了配置U形插筋用量的计算方法及构造措施，用以抵抗崩裂径向力。在计算应配置U形插筋截面面积的公式中，未计入混凝土的抗力贡献。

这两条是在工程经验的基础上，参考日本预应力混凝土设计施工规范及美国AASHTO规范作出规定的。

10.3.13 为保证预应力混凝土结构的耐久性，提出了对构件端部锚具的封闭保护要求。

国内外应用经验表明，对处于二b、三a、三b类环境条件下的无粘结预应力锚固系统，应采用全封闭体系。参考美国ACI和PTI的有关规定，对全封闭体系应进行不透水试验，要求安装后的张拉端、固定端及中间连接部位在不小于10kPa静水压力下，保持24h不透水，具体漏水位置可用在水中加颜色等方法检查。当用于游泳池、水箱等结构时，可根据设计提出更高静水压力的要求。

11 混凝土结构构件抗震设计

11.1 一般规定

11.1.1、11.1.2 《建筑工程抗震设防分类标准》GB 50223根据对各类建筑抗震性能的不同要求，将建筑分为特殊设防类、重点设防类、标准设防类和适度设防类四类，简称甲、乙、丙、丁类，并规定了各类别建筑的抗震设防标准，包括抗震措施和地震作用的确定原则。《建筑抗震设计规范》GB 50011则规定，6度时的不规则建筑结构、Ⅳ类场地上较高的高层建筑和7度及以上时的各类建筑结构，均应进行多遇地震作用下的截面抗震验算，并符合有关抗震措施要求；6度时的其他建筑结构则只应符合有关抗震措施要求。

在对抗震钢筋混凝土结构进行设计时，除应符合《建筑工程抗震设防分类标准》GB 50223和《建筑抗震设计规范》GB 50011所规定的设计原则外，其构件设计应符合本章以及本规范第1章～第10章的有关规定。本章主要对应进行抗震设计的钢筋混凝土结构主要构件类别的抗震承载力计算和抗震措施作出规定。其中包括对材料抗震性能的要求，以及框架梁、框架柱、剪力墙及连梁、梁柱节点、板柱节点、单层工业厂房中的铰接排架柱以及预应力混凝土结构构件的抗震承载力验算和相应的抗震构造要求。有关混凝土结构房屋抗震体系、房屋适用的最大高度、地震作用计算、结构稳定验算、侧向变形验算等内容，应遵守《建筑抗震设计规范》GB 50011的有关规定。

本次修订不再列入钢筋混凝土房屋建筑适用最大高度的规定。该规定由《建筑抗震设计规范》GB 50011给出。

11.1.3 抗震措施是在按多遇地震作用进行构件截面承载力设计的基础上保证抗震结构在所在地可能出现的最强地震地面运动下具有足够的整体延性和塑性耗能能力，保持对重力荷载的承载能力，维持结构不发生严重损毁或倒塌的基本措施。其中主要包括两类措施。一类是宏观限制或控制条件和对重要构件在考虑多遇地震作用的组合内力设计值时进行调整增大；另一类则是保证各类构件基本延性和塑性耗能能力的各类抗震构造措施（其中也包括对柱和墙肢的轴压比上限控制条件）。由于对不同抗震条件下各类结构构件的抗震措施要求不同，故用“抗震等级”对其进行分级。抗震等级按抗震措施从强到弱分为一、二、三、四级。本章有关条文中的抗震措施规定将全部按抗震等级给出。根据我国抗震设计经验，应按设防类别、建筑物所在地的设防烈度、结构类型、房屋高度以及场地类别的不同分别选取不同的抗震等级。在表11.1.3中给出了丙类建筑按设防烈度、结构类型和房屋高度制定的结构中不同部分应取用的抗震等级。甲、乙类和丁类建筑的抗震等级应按《建筑工程抗震设防分类标准》GB 50223的规定在表11.1.3的基础上进行调整。

与02规范相比，表11.1.3作了下列主要调整：

1 考虑到框架结构的侧向刚度及抗水平力能力与其他结构类型相比相对偏弱，根据2008年汶川地震震害经验以及优化设计方案的考虑，将框架结构在9度区的最大高度限值以及其他烈度区不同抗震等级的划分高度由30m降为24m。

2 考虑到近年来因禁用黏土砖而使层数不多的框架-剪力墙结构、剪力墙结构的建造数量增加，为了更合理地考虑房屋高度对抗震等级的影响，将框架-剪力墙结构、剪力墙结构和部分框支剪力墙结构的高度分档从两档增加为三档，对高度最低一档（小于24m）适度降低了抗震等级要求。

3 因异形柱框架的抗震性能与一般框架有明显差异，故在表注中明确指出框架的抗震等级规定不适用于异形柱框架；异形柱框架应按有关行业标准进行设计。

4 根据近年来的工程经验，调整了对板柱-剪力墙结构抗震等级的有关规定。

5 根据近年来的工程实践经验，明确了当框架-核心筒结构的高度低于60m并符合框架-剪力墙结构的有关要求时，其抗震等级允许按框架-剪力墙结构取用。

表11.1.3的另一重含义是，表中列出的结构类型也是根据我国抗震设计经验，在《建筑抗震设计规范》GB 50011规定的最大高度限制条件下，适用于抗震的钢筋混凝土结构类型。

11.1.4 本条给出了在选用抗震等级时，除表11.1.3外应满足的要求。其中第1款中的“结构底部的总倾覆力矩”一般是指在多遇地震作用下通过振型组合求得楼层地震剪力并换算出各楼层水平力后，用该水平力求得的底部总倾覆力矩。第2款中裙房与主楼相连时的“相关范围”，一般是指主楼周边外扩不少于三跨的裙房范围。该范围内结构的抗震等级不应低于按主楼结构确定的抗震等级，该范围以外裙房结构的抗震等级可按裙房自身结构确定。当主楼与裙房由防震缝分开时，主楼和裙房分别按自身结构确定其抗震等级。

11.1.5 按本规范设置了约束边缘构件，并采取了相应构造措施的剪力墙和核心筒壁的墙肢底部，通常已具有较大的偏心受压强度储备，在罕遇水准地震地面运动下，该部位边缘构件纵筋进入屈服后变形状态的几率通常不会很大。但因墙肢底部对整体结构在罕遇地震地面运动下的抗倒塌安全性起关键作用，故设计中仍应预计到墙肢底部形成塑性铰的可能性，并对预计的塑性铰区采取保持延性和塑性耗能能力的抗震构造措施。所规定的采取抗震构造措施的范围即为“底部加强部位”，它相当于塑性铰区的高度再加一定的安全裕量。该底部加强部位高度是根据试验结果及工程经验确定的。其中，为了简化设计，只考虑了高度条件。本次修订根据经验将02版规范规定的确定底部加强部位高度的条件之一，即不小于总高度的1/8改为1/10；并明确，当墙肢嵌固端设置在地下室顶板以下时，底部加强部位的高度仍从地下室顶板算起，但相应抗震构造措施应向下延伸到设定的嵌固端处。

11.1.6 表11.1.6中各类构件的承载力抗震调整系数γ_{RE}是根据现行国家标准《建筑抗震设计规范》GB 50011的规定给出的。该系数是在该规范采用的多遇地震作用取值和地震作用分项系数取值的前提下，为了使多遇地震作用组合下的各类构件承载力具有适宜的安全性水准而采取的对抗力项的必要调整措施。此次修订，根据需要，补充了受冲切承载力计算的承载力抗震调整系数γ_{RE}。

本次修订把02版规范分别写在框架梁、框架柱及框支柱以及剪力墙各节中的抗震正截面承载力计算规定统一汇集在本条内集中表示，即所有这些构件的正截面设计均可按非抗震情况下正截面设计的同样方法完成，只需在承载力计算公式右边除以相应的承载力抗震调整系数γ_{RE}。这样做的理由是，大量各类构件的试验研究结果表明，构件多次反复受力条件下滞回曲线的骨架线与一次单调加载的受力曲线具有足够程度的一致性。故对这些构件的抗震正截面计算方法不需要像对抗震斜截面受剪承载力计算方法那样在静力设计方法的基础上进行调整。

11.1.7 在地震作用下，钢筋在混凝土中的锚固端可能处于拉、压反复受力状态或拉力大小交替变化状态。其粘结锚固性能较静力粘结锚固性能偏弱（锚固强度退化，锚固段的滑移量偏大）。为保证在反复荷载作用下钢筋与其周围混凝土之间具有必要的粘结锚固性能，根据试验结果并参考国外规范的规定，在静力要求的纵向受拉钢筋锚固长度l_a的基础上，对一、二、三级抗震等级的构件，规定应乘以不同的锚固长度增大系数。

对允许采用搭接接头的钢筋，其考虑抗震要求的搭接长度应根据搭接接头百分率取纵向受拉钢筋的抗震锚固长度l_{aE}，乘以纵向受拉钢筋搭接长度修正系数ζ。

梁端、柱端是潜在塑性铰容易出现的部位，必须预计到塑性铰区内的受拉和受压钢筋都将屈服，并可能进入强化阶段。为了避免该部位的各类钢筋接头干扰或削弱钢筋在该部位所应具有的较大的屈服后伸长率，规范要求钢筋连接接头宜尽量避开梁端、柱端箍筋加密区。当工程中无法避开时，应采用经试验确定的与母材等强度并具有足够伸长率的高质量机械连接接头或焊接接头，且接头面积百分率不宜超过50%。

11.1.8 箍筋对抗震设计的混凝土构件具有重要的约束作用，采用封闭箍筋、连续螺旋箍筋和连续复合矩形螺旋箍筋可以有效提高对构件混凝土和纵向钢筋的约束效果，改善构件的抗震延性。对于绑扎箍筋，试验研究和震害经验表明，对箍筋末端的构造要求是保证地震作用下箍筋对混凝土和纵向钢筋起到有效约束作用的必要条件。本次修订强调采用焊接封闭箍筋，主要是倡导和适应工厂化加工配送钢筋的需求。

11.1.9 预埋件反复荷载作用试验表明，弯剪、拉剪、压剪情况下锚筋的受剪承载力降低的平均值在20%左右。对预埋件，规定取γ_{RE}等于1.0，故将考虑地震作用组合的预埋件的锚筋截面积偏保守地取为静力计算值的1.25倍，锚筋的锚固长度偏保守地取为静力值的1.10倍。构造上要求在靠近锚板的锚筋根部设置一根直径不小于10mm的封闭箍筋，以起到约束端部混凝土、保证受剪承载力的作用。

11.2 材　料

11.2.1 本条根据抗震性能要求给出了混凝土最高和最低强度等级的限制。由于混凝土强度对保证构件塑性铰区发挥延性能力具有较重要作用，故对重要性较高的框支梁、框支柱、延性要求相对较高的一级抗震等级的框架梁和框架柱以及受力复杂的梁柱节点的混凝土最低强度等级提出了比非抗震情况更高的要求。

近年来国内高强度混凝土的试验研究和工程应用已有很大进展，但因高强度混凝土表现出的明显脆性，以及因侧向变形系数偏小而使箍筋对它的约束效果受到一定削弱，故对地震高烈度区高强度混凝土的应用作了必要的限制。

11.2.2 结构构件中纵向受力钢筋的变形性能直接影响结构构件在地震力作用下的延性。考虑地震作用的框架梁、框架柱、剪力墙等结构构件的纵向受力钢筋宜选用HRB400级、HRB500级热轧带肋钢筋；箍筋宜选用 HRB400、HRB335、HRB500、HPB300 级热轧钢筋。当有较高要求时，尚可采用现行国家标准《钢筋混凝土用钢　第 2 部分：热轧带肋钢筋》GB 1499.2 中牌号为 HRB400E、HRB500E、HRB335E、HRBF400E、HRBF500E、HRBF335E 的钢筋。这些带“E”的钢筋牌号的强屈比、屈强比和极限应变（延伸率）均符合本规范第 11.2.3 条的要求；其抗拉强度、屈服强度、强度设计值以及弹性模量的取值与不带“E”的同牌号热轧带肋钢筋相同，应符合本规范第 4.2 节的有关规定。

11.2.3　对按一、二、三级抗震等级设计的各类框架构件（包括斜撑构件），要求纵向受力钢筋检验所得的抗拉强度实测值（即实测最大强度值）与受拉屈服强度的比值（强屈比）不小于 1.25，目的是使结构某部位出现较大塑性变形或塑性铰后，钢筋在大变形条件下具有必要的强度潜力，保证构件的基本抗震承载力；要求钢筋受拉屈服强度实测值与钢筋的受拉强度标准值的比值（屈强比）不应大于 1.3，主要是为了保证“强柱弱梁”、“强剪弱弯”设计要求的效果不致因钢筋屈服强度离散性过大而受到干扰；钢筋最大力下的总伸长率不应小于 9%，主要为了保证在抗震大变形条件下，钢筋具有足够的塑性变形能力。

现行国家标准《钢筋混凝土用钢　第 2 部分：热轧带肋钢筋》GB 1499.2 中牌号带“E”的钢筋符合本条要求。其余钢筋牌号是否符合本条要求应经试验确定。

11.3　框 架 梁

11.3.1　由于梁端区域能通过采取相对简单的抗震构造措施而具有相对较高的延性，故常通过“强柱弱梁”措施引导框架中的塑性铰首先在梁端形成。设计框架梁时，控制梁端截面混凝土受压区高度（主要是控制负弯矩下截面下部的混凝土受压区高度）的目的是控制梁端塑性铰区具有较大的塑性转动能力，以保证框架梁端截面具有足够的曲率延性。根据国内的试验结果和参考国外经验，当相对受压区高度控制在 0.25～0.35 时，梁的位移延性可达到 4.0～3.0 左右。在确定混凝土受压区高度时，可把截面内的受压钢筋计算在内。

11.3.2　在框架结构抗震设计中，特别是一级抗震等级框架的设计中，应力求做到在罕遇地震作用下的框架中形成延性和塑性耗能能力良好的接近“梁铰型”的塑性耗能机构（即塑性铰主要在梁端形成，柱端塑性铰出现数量相对较少）。这就需要在设法保证形成接近梁铰型塑性机构的同时，防止梁端塑性铰区在梁端达到罕遇地震下预计的塑性变形状态之前发生脆性的剪切破坏。在本规范中，这一要求是从两个方面来保证的。一方面对梁端抗震受剪承载力提出合理的计算公式，另一方面在梁端进入屈服后状态的条件下适度提高梁端经结构弹性分析得出的截面组合剪力设计值（后一个方面即为通常所说的“强剪弱弯”措施或“组合剪力设计值增强措施”）。本条给出了各类抗震等级框架组合剪力设计值增强措施的具体规定。

对 9 度设防烈度的一级抗震等级框架和一级抗震等级的框架结构，规定应考虑左、右梁端纵向受拉钢筋可能超配等因素所形成的屈服抗弯能力偏大的不利情况，取用按实配钢筋、强度标准值，且考虑承载力抗震调整系数算得的受弯承载力值，即 M_{bua} 作为确定增大后的剪力设计值的依据。M_{bua} 可按下列公式计算：

$$M_{bua}=\frac{M_{buk}}{\gamma_{RE}}\approx\frac{1}{\gamma_{RE}}f_{yk}A_s^a(h_0-a'_s)$$

与 02 版规范相比，本次修订规定在计算 M_{bua} 的 A_s^a 中考虑受压钢筋及有效板宽范围内的板筋。这里的板筋指有效板宽范围内平行框架梁方向的板内实配钢筋。对于这里使用的有效板宽，美国 ACI 318-08 规范规定取为与非抗震设计时相同的等效翼缘宽度，这就相当于取梁每侧 6 倍板厚作为有效板宽范围。这一规定是根据进入接近罕遇地震水准侧向变形状态的缩尺框架结构试验中对参与抵抗梁端负弯矩的板筋应力的实测结果确定的。欧洲规范 EN 1998 则建议取用较小的有效板宽，即每侧 2 倍板厚。这大致相当于梁端屈服后不久的受力状态。本规范建议，取用每侧 6 倍板厚的范围作为“有效板宽”，是偏于安全的。

对其他情况下框架梁剪力设计值的确定，则根据不同抗震等级，直接取用与梁端考虑地震作用组合的弯矩设计值相平衡的组合剪力设计值乘以不同的增大系数。

11.3.3　矩形、T 形和 I 形截面框架梁，其受剪要求的截面控制条件是在静力受剪要求的基础上，考虑反复荷载作用的不利影响确定的。在截面控制条件中还对较高强度的混凝土考虑了混凝土强度影响系数 β_c。

11.3.4　国内外低周反复荷载作用下钢筋混凝土连续梁和悬臂梁受剪承载力试验表明，低周反复荷载作用使梁的斜截面受剪承载力降低，其主要原因是起控制作用的梁端下部混凝土剪压区因表层混凝土在上部纵向钢筋屈服后的大变形状态下剥落而导致的剪压区抗剪强度的降低，以及交叉斜裂缝的开展所导致的沿斜裂缝混凝土咬合力及纵向钢筋暗销力的降低。试验表明，在抗震受剪承载力中，箍筋项承载力降低不明显。为此，仍以截面总受剪承载力试验值的下包线作为计算公式的取值标准，将混凝土项取为非抗震情况下的 60%，箍筋项则不予折减。同时，对各抗震等级均近似取用相同的抗震受剪承载力计算公式，这在抗震设防烈度偏低时略偏安全。

11.3.5　为了保证框架梁对框架节点的约束作用，以及减小框架梁塑性铰区段在反复受力下侧屈的风险，框架梁的截面宽度和梁的宽高比不宜过小。

考虑到净跨与梁高的比值小于 4 的梁，作用剪力与作用弯矩的比值偏高，适应较大塑性变形的能力较差，因此，对框架梁的跨高比作了限制。

11.3.6 本规范在非抗震和抗震框架梁纵向受拉钢筋最小配筋率的取值上统一取用双控方案，即一方面规定具体数值，另一方面使用与混凝土抗拉强度设计值和钢筋抗拉强度设计值相关的特征值参数进行控制。本条规定的数值是在非抗震受弯构件规定数值的基础上，参考国外经验制定的，并按纵向受拉钢筋在梁中的不同位置和不同抗震等级分别给出了最小配筋率的相应控制值。这些取值高于非抗震受弯构件的取值。

本条还给出了梁端箍筋加密区内底部纵向钢筋和顶部纵向钢筋的面积比最小取值。通过这一规定对底部纵向钢筋的最低用量进行控制，一方面是考虑到地震作用的随机性，在按计算梁端不出现正弯矩或出现较小正弯矩的情况下，有可能在较强地震下出现偏大的正弯矩。故需在底部正弯矩受拉钢筋用量上给以一定储备，以免下部钢筋的过早屈服甚至拉断。另一方面，提高梁端底部纵向钢筋的数量，也有助于改善梁端塑性铰区在负弯矩作用下的延性性能。本条梁底部钢筋限值的规定是根据我国的试验结果及设计经验并参考国外规范确定的。

框架梁的抗震设计除应满足计算要求外，梁端塑性铰区箍筋的构造要求极其重要，它是保证该塑性铰区延性能力的基本构造措施。本规范对梁端箍筋加密区长度、箍筋最大间距和箍筋最小直径的要求作了规定，其目的是从构造上对框架梁塑性铰区的受压混凝土提供约束，并约束纵向受压钢筋，防止它在保护层混凝土剥落后过早压屈，及其后受压区混凝土的随即压溃。

本次修订将梁端纵筋最大配筋率限制不再作为强制性规定，相关规定移至本规范第 11.3.7 条。

11.3.7～11.3.9 沿梁全长配置一定数量的通长钢筋，是考虑到框架梁在地震作用过程中反弯点位置可能出现的移动。这里"通长"的含义是保证梁各个部位都配置有这部分钢筋，并不意味着不允许这部分钢筋在适当部位设置接头。

此次修订时考虑到梁端箍筋过密，难于施工，对梁箍筋加密区长度内的箍筋肢距规定作了适当放松，且考虑了箍筋直径与肢距的合理搭配，此次修订维持 02 版规范的规定不变。

沿梁全长箍筋的配筋率 ρ_{sv} 是在非抗震设计要求的基础上适当增大后给出的。

11.4 框架柱及框支柱

11.4.1 由于框架柱中存在轴压力，即使在采取必要的抗震构造措施后，其延性能力通常仍比框架梁偏小；加之框架柱是结构中的重要竖向承重构件，对防止结构在罕遇地震下的整体或局部倒塌起关键作用，故在抗震设计中通常均需采取"强柱弱梁"措施，即人为增大柱截面的抗弯能力，以减小柱端形成塑性铰的可能性。

在总结 2008 年汶川地震震害经验的基础上，认为有必要对 02 版规范的柱抗弯能力增强措施作相应加强。具体做法是：对 9 度设防烈度的一级抗震等级框架和 9 度以外一级抗震等级的框架结构，要求仅按左、右梁端实际配筋（考虑梁截面受压钢筋及有效板宽范围内与梁平行的板内配筋）和材料强度标准值求得的梁端抗弯能力及相应的增强系数增大柱端弯矩；对于二、三、四级抗震等级的框架结构以及一、二、三、四级抗震等级的其他框架均分别提高了从左、右梁端考虑地震作用的组合弯矩设计值计算柱端弯矩时的增强系数。其中有必要强调的是，在按实际配筋确定梁端抗弯能力时，有效板宽范围与本规范第 11.3.2 条处相同，建议取用每侧 6 倍板厚。

11.4.2 为了减小框架结构底层柱下端截面和框支柱顶层柱上端和底层柱下端截面出现塑性铰的可能性，对此部位柱的弯矩设计值采用直接乘以增强系数的方法，以增大其正截面受弯承载力。本次修订对这些部位使用的增强系数作了与第 11.4.1 条处相呼应的调整。

11.4.3 对于框架柱同样需要通过设计措施防止其在达到罕遇地震对应的变形状态之前过早出现非延性的剪切破坏。为此，一方面应使其抗震受剪承载能力计算公式具有保持抗剪能力达到该变形状态的能力；另一方面应通过对柱截面作用剪力的增强措施考虑柱端截面纵向钢筋数量偏多以及强度偏高有可能带来的作用剪力增大效应。这后一方面的因素也就是柱的"强剪弱弯"措施所要考虑的因素。

本次修订根据与"强柱弱梁"措施处相同的理由，相应适度增大了框架结构柱剪力的增大系数。

在按柱端实际配筋计算柱增强后的作用剪力时，对称配筋矩形截面大偏心受压柱按柱端实际配筋考虑承载力抗震调整系数的正截面受弯承载力 M_{cua}，可按下列公式计算：

由 $\sum x = 0$ 的条件，得出

$$N = \frac{1}{\gamma_{RE}} \alpha_1 f_c bx$$

由 $\sum M = 0$ 的条件，得出

$$Ne = N[\eta e_i + 0.5(h_0 - a'_s)]$$
$$= \frac{1}{\gamma_{RE}}[\alpha_1 f_{ck} bx(h_0 - 0.5x) + f_{yk} A_s^{a'}(h_0 - a'_s)]$$

用以上二式消去 x，并取 $h = h_0 + a_s$，$a_s = a'_s$，可得

$$M_{cua} = \frac{1}{\gamma_{RE}}\left[0.5\gamma_{RE} Nh\left(1 - \frac{\gamma_{RE} N}{\alpha_1 f_{ck} bh}\right) + f'_{yk} A_s^{a'}(h_0 - a'_s)\right]$$

式中：N——重力荷载代表值产生的柱轴向压力设

计值；

f_{ck}——混凝土轴心受压强度标准值；

f'_{yk}——普通受压钢筋强度标准值；

$A_s^{a'}$——普通受压钢筋实配截面面积。

对其他配筋形式或截面形状的框架柱，其 M_{cua} 值可仿照上述方法确定。

11.4.4 对一、二级抗震等级的框支柱，规定由地震作用引起的附加轴力应乘以增大系数，以使框支柱的轴向承载能力适应因地震作用而可能出现的较大轴力作用情况。

11.4.5 对一、二、三、四级抗震等级的框架角柱，考虑到以往震害中角柱震害相对较重，且受扭转、双向剪切等不利作用，其受力复杂，当其内力计算按两个主轴方向分别考虑地震作用时，其弯矩、剪力设计值应取经调整后的弯矩、剪力设计值再乘以不小于1.1的增大系数。

11.4.6 本条规定了框架柱、框支柱的受剪承载力上限值，也就是按受剪要求提出的截面尺寸限制条件，它是在非抗震限制条件基础上考虑反复荷载影响后给出的。

11.4.7 抗震钢筋混凝土框架柱的受剪承载力计算公式需保证柱在框架达到其罕遇地震变形状态时仍不致发生剪切破坏，从而防止在以往多次地震中发现的柱剪切破坏。具体方法仍是将非抗震受剪承载力计算公式中的混凝土项乘以0.6，箍筋项则保持不变。该公式经试验验证能够达到使柱在强震非弹性变形过程中不形成过早剪切破坏的控制目标。

11.4.8 本条给出了偏心受拉抗震框架柱和框支柱的受剪承载力计算公式。该公式是在非抗震偏心受拉构件受剪承载力计算公式的基础上，通过对混凝土项乘以0.6后得出的。由于轴向拉力对抗剪能力起不利作用，故对公式中的轴向拉力项不作折减。

11.4.9、**11.4.10** 这两条是本次修订新增条文，是在非抗震偏心受压构件双向受剪承载力限制条件和计算公式的基础上，考虑反复荷载影响后得出的。

根据国内在低周反复荷载作用下双向受剪钢筋混凝土柱的试验结果，对双向受剪承载力计算公式仍采用在非抗震公式的基础上只对混凝土项进行折减，箍筋项则不予折减的做法。这意味着与非抗震情况下的方法相同，考虑到计算方法的简洁，对于两向相关的影响，在双向受剪承载力计算公式中仍采用椭圆模式表达。

11.4.11 2008年汶川地震震害经验表明，当柱截面选用过小但仍符合02版规范要求时，即使按要求完成了抗震设计，由于多种偶然因素影响，结构中的框架柱仍有可能震害偏重。为此，对02版规范中框架柱截面尺寸的限制条件从偏安全的角度作了适当调整。

11.4.12 框架柱纵向钢筋最小配筋率是抗震设计中的一项较重要的构造措施。其主要作用是：考虑到实际地震作用在大小及作用方式上的随机性，经计算确定的配筋数量仍可能在结构中造成某些估计不到的薄弱构件或薄弱截面；通过纵向钢筋最小配筋率规定可以对这些薄弱部位进行补救，以提高结构整体地震反应能力的可靠性；此外，与非抗震情况相同，纵向钢筋最小配筋率同样可以保证柱截面开裂后抗弯刚度不致削弱过多；另外，最小配筋率还可以使设防烈度不高地区一部分框架柱的抗弯能力在“强柱弱梁”措施基础上有进一步提高，这也相当于对“强柱弱梁”措施的某种补充。考虑到推广应用高强钢筋以及适当提高安全度的需要，表11.4.12-1中的纵向钢筋最小配筋率值与02版规范相比有所提高，但采用335MPa级钢筋仍保留了02版规范的控制水平未变。

本次修订根据工程经验对柱箍筋间距的规定作了局部调整，以利于保证混凝土的施工质量。

11.4.13 当框架柱在地震作用组合下处于小偏心受拉状态时，柱的纵筋总截面面积应比计算值增加25%，是为了避免柱的受拉纵筋屈服后再受压时，由于包兴格效应导致纵筋压屈。

为了避免纵筋配置过多，施工不便，对框架柱的全部纵向受力钢筋配筋率作了限制。

柱净高与截面高度的比值为3～4的短柱试验表明，此类框架柱易发生粘结型剪切破坏和对角斜拉型剪切破坏。为减少这种破坏，这类柱纵向钢筋配筋率不宜过大。为此，对一级抗震等级且剪跨比不大于2的框架柱，规定每侧纵向受拉钢筋配筋率不宜大于1.2%，并应沿柱全长采用复合箍筋。对其他抗震等级虽未作此规定，但也宜适当控制。

11.4.14、**11.4.15** 框架柱端箍筋加密区长度的规定是根据试验结果及震害经验作出的。该长度相当于柱端潜在塑性铰区的范围再加一定的安全裕量。对箍筋肢距作出的限制是为了保证塑性铰区内箍筋对混凝土和受压纵筋的有效约束。

11.4.16 试验研究表明，受压构件的位移延性随轴压比增加而减小，因此对设计轴压比上限进行控制就成为保证框架柱和框支柱具有必要延性的重要措施之一。为满足不同结构类型框架柱、框支柱在地震作用组合下的位移延性要求，本条规定了不同结构体系中框架柱设计轴压比的上限值。此次修订对设计轴压比上限值的规定作了以下调整：

1 将设计轴压比上限值的规定扩展到四级抗震等级；

2 根据2008年汶川地震的震害经验，适度加严了框架结构的设计轴压比限值；

3 框架-剪力墙结构和筒体结构主要依靠剪力墙和内筒承受水平地震作用，其中框架部分，特别是中、下层框架，受水平地震作用的影响相对较轻。本次修订在保持02版规范对其设计轴压比给出比框架结构柱偏松的控制条件的同时，对其中个别取值作了调整。

近年来，国内外试验研究结果表明，采用螺旋箍筋、连续复合矩形螺旋箍筋等配筋方式，能在一般复合箍筋的基础上进一步提高对核心混凝土的约束效应，改善柱的位移延性性能，故规定当配置复合箍筋、螺旋箍筋或连续复合矩形螺旋箍筋，且配箍量达到一定程度时，允许适当放宽柱设计轴压比的上限控制条件。同时，国内研究表明，在钢筋混凝土柱中设置矩形核芯柱不仅能提高柱的受压承载力，也可提高柱的位移延性，且有利于在大变形情况下防止倒塌，类似于型钢混凝土结构中型钢的作用。因此，在设置矩形核芯柱，且核芯柱的纵向钢筋配置数量达到一定要求的情况下，也适当放宽了设计轴压比的上限控制条件。在放宽轴压比上限控制条件后，箍筋加密区的最小体积配筋率应按放松后的设计轴压比确定。

11.4.17 在柱端箍筋加密区内配置一定数量的箍筋（用体积配箍率衡量）是使柱具有必要的延性和塑性耗能能力的另一项重要措施。因抗震等级越高，抗震性能要求相应提高；加之轴压比越高，混凝土强度越高，也需要更高的配箍率，方能达到相同的延性；而箍筋强度越高，配箍率则可相应降低。为此，先根据抗震等级及轴压比给出所需的柱端配箍特征值，再经配箍特征值及混凝土与钢筋的强度设计值算得所需的体积配箍率。02 版规范给出的配箍特征值是根据日本及我国完成的钢筋混凝土柱抗震延性性能系列试验按位移延性系数不低于 3.0 的标准给出的。

虽然 2008 年汶川地震中柱端破坏情况多有发现，但规范修订组经研究，拟主要通过适度的柱抗弯能力增强措施（“强柱弱梁”措施）和适度降低框架结构柱轴压比上限条件来进一步改善框架结构柱的抗震性能。对 02 版规范柱端体积配箍率的规定则不作变动。

需要说明的是，因《建筑抗震设计规范》GB 50011 规定，对 6 度设防烈度的一般建筑可不进行考虑地震作用的结构分析和截面抗震验算，在按第 11.4.16 条及本条确定其轴压比时，轴压力可取为无地震作用组合的轴力设计值，对于 6 度设防烈度，建造于Ⅳ类场地上较高的高层建筑，因已需进行考虑地震作用的结构分析，故应采用考虑地震作用组合的轴向力设计值。

另外，当计算箍筋的体积配箍率时，各强度等级箍筋应分别采用其强度设计值，根据本规范第 4.2.3 条表 4.2.3-1 注的表述，其抗拉强度设计值不受 360MPa 的限制。

11.4.18 本条规定了考虑地震作用框架柱箍筋非加密区的箍筋配置要求。

11.5 铰接排架柱

11.5.1、11.5.2 国内地震震害调查表明，单层厂房屋架或屋面梁与柱连接的柱顶和高低跨厂房交接处支承低跨屋盖的柱牛腿损坏较多，阶形柱上柱的震害往往发生在上下柱变截面处（上柱根部）和与吊车梁上翼缘连接的部位。为了避免排架柱在上述区段内产生剪切破坏并使排架柱在形成塑性铰后有足够的延性，这些区段内的箍筋应加密。按此构造配箍后，铰接排架柱在一般情况下可不进行受剪承载力计算。

根据排架结构的受力特点，对排架结构柱不需要考虑“强柱弱梁”措施和“强剪弱弯”措施。在设有工作平台等特殊情况下，斜截面受剪承载力可能对剪跨比较小的铰接排架柱起控制作用。此时，可按本规范公式（11.4.7）进行抗震受剪承载力计算。

11.5.3 震害调查表明，排架柱柱头损坏最多的是侧向变形受到限制的柱，如靠近生活间或披屋的柱、或有横隔墙的柱。这种情况改变了柱的侧移刚度，使柱头处于短柱的受力状态。由于该柱的侧移刚度大于相邻各柱，当受水平地震作用的屋盖发生整体侧移时，该柱实际上承受了比相邻各柱大得多的水平剪力，使柱顶产生剪切破坏。对屋架与柱顶连接节点进行的抗震性能的试验结果表明，不同的柱顶连接形式仅对节点的延性产生影响，不影响柱头本身的受剪承载力；柱顶预埋钢板的大小和其在柱顶的位置对柱头的水平承载力有一定影响。当预埋钢板长度与柱截面高度相等时，水平受剪承载力大约是柱顶预埋钢板长度为柱截面高度一半时的 1.65 倍。故在条文中规定了柱顶预埋钢板长度和直锚筋的要求。试验结果还表明，沿水平剪力方向的轴向力偏心距对受剪承载力亦有影响，要求不得大于 $h/4$。当 $h/6 \leqslant e_0 \leqslant h/4$ 时，一般要求柱头配置四肢箍，并按不同的抗震等级，规定不同的体积配箍率，以此来满足受剪承载力要求。

11.5.4 不等高厂房支承低跨屋盖的柱牛腿（柱肩梁）亦是震害较重的部位之一，最常见的是支承低跨的牛腿（肩梁）被拉裂。试验结果与工程实践均证明，为了改善牛腿和肩梁抵抗水平地震作用的能力，可在其顶面钢垫板下设水平锚筋，直接承受并传递水平力。承受竖向力所需的纵向受拉钢筋和承受水平拉力的水平锚筋的截面面积，仍按公式（9.3.11）计算。其锚固长度及锚固构造仍按本规范第 9.3 节的规定取用，但其中应以受拉钢筋的抗震锚固长度 l_{aE} 代替 l_a。

11.5.5 为加强柱牛腿预埋板的锚固，要把相当于承受水平拉力的纵向钢筋与预埋板焊连。

11.6 框架梁柱节点

11.6.1、11.6.2 02 版规范规定对三、四级抗震等级的框架节点可不进行受剪承载力验算，仅需满足抗震构造措施的要求。根据近几年进行的框架结构的非线性动力反应分析结果以及对框架结构的震害调查表明，对于三级抗震等级的框架节点，仅满足抗震构造措施的要求略显不足。因此，本次修订增加了对三级抗震等级框架节点受剪承载力的验算要求，同时要求满足相应抗震构造措施。

对节点剪力增大系数作了部分调整，即将二级抗震等级的1.2调整为1.25，三级抗震等级节点需要进行抗震受剪承载力计算后，增大系数取为1.1。

11.6.3～11.6.6 节点截面的限制条件相当于其抗震受剪承载力的上限。这意味着当考虑了增大系数后的节点作用剪力超过其截面限制条件时，再增大箍筋已无法进一步有效提高节点的受剪承载力。

框架节点的受剪承载力由混凝土斜压杆和水平箍筋两部分受剪承载力组成，其中水平箍筋是通过其对节点区混凝土斜压杆的约束效应来增强节点受剪承载力的。

依据试验结果，节点核心区内混凝土斜压杆截面面积虽然可随柱端轴力的增加而稍有增加，使得在作用剪力较小时，柱轴压力的增大对防止节点的开裂和提高节点的抗震受剪承载力起一定的有利作用；但当节点作用剪力较大时，因核心区混凝土斜向压应力已经较高，轴压力的增大反而会使节点更早发生混凝土斜压型剪切破坏，从而削弱节点的抗震受剪承载力。02版规范考虑这一因素后已在9度设防烈度节点受剪承载力计算公式中取消了轴压力的有利影响。但为了不致使节点中箍筋用量增加过多，在除9度设防烈度以外的其他节点受剪承载力计算公式中，保留了轴力项的有利影响。这一做法与试验结果不符，只是一种权宜性的做法。

试验证明，当节点在两个正交方向有梁且在周边有现浇板时，梁和现浇板增加了对节点区混凝土的约束，从而可以在一定程度上提高节点的受剪承载力。但若两个方向的梁截面较小，或不是沿四周均有现浇板，则其约束作用就不明显。因此，规定在两个正交方向有梁，梁的宽度、高度都能满足一定要求，且有现浇板时，才可考虑梁与现浇板对节点的约束系数。对于梁截面较小或只沿一个方向有梁的中节点，或周边未被现浇板充分围绕的中节点，以及边节点、角节点等情况均不考虑梁对节点约束的有利影响。

根据国内试验结果，参考圆柱斜截面受剪承载力计算公式的建立模型，对圆柱截面框架节点提出了受剪承载力计算方法。

11.6.7 在本条规定中，对各类有抗震要求节点的构造措施作了以下调整：

1 对贯穿中间层中间节点梁筋直径与长度比值（相对直径）的限制条件，02规范主要是根据梁、柱配置335MPa级纵向钢筋的节点试验结果并参考国外规范的相关规定从不致给设计中选用梁筋直径造成过大限制的偏松角度制定的。为方便应用，原规定没有体现钢筋强度及混凝土强度对梁筋粘结性能的影响，仅限制了贯穿节点梁筋的相对直径。当梁柱纵筋采用400MPa级和500MPa级钢筋后，反复荷载作用下的节点试验表明，梁筋的粘结退化将明显提前、加重。为保证高烈度区罕遇地震作用下使用高强钢筋的节点中梁筋粘结性能不致过度退化，本次修订将9度设防烈度的各类框架和一级抗震等级框架结构中的梁柱节点中梁筋相对直径的限制条件作了略偏严格的调整。

2 近几年进行的框架结构非线性动力反应分析表明，顶层节点的延性需求通常比中间层节点偏小。框架震害结果也显示出顶层的震害一般比其他楼层的震害偏轻。为便于施工，在本次修订中，取消了原规范第11.6.7条第2款图11.6.7*e*中顶层端节点梁柱负弯矩钢筋在节点外侧搭接时柱筋在节点顶部向内水平弯折12*d*的要求，改为梁柱负弯矩钢筋在节点外侧直线搭接。

11.6.8 本条对节点核心区的箍筋最大间距和最小直径作了规定。本次修订增加了对节点箍筋肢距的规定。同时，通过箍筋最小配箍特征值及最小体积配箍率以双控方式控制节点中的最低箍筋用量，以保证箍筋对核心区混凝土的最低约束作用和节点的基本抗震受剪承载力。

11.7 剪力墙及连梁

11.7.1 根据研究成果和地震震害经验，本条规定一级抗震等级剪力墙底部加强部位高度范围内各墙肢截面的弯矩设计值不再取用墙肢底部截面的组合弯矩设计值。由于从剪力墙底部截面向上的纵向受拉钢筋中高应力区向整个塑性铰区高度的扩展，也导致塑性铰区以上墙肢各截面的作用弯矩相应有所增大，故本条规定对底部加强部位以上墙肢各截面的组合弯矩设计值乘以1.2的增大系数。弯矩调整增大后，剪力设计值应相应提高。

11.7.2 对于剪力墙肢底部截面同样需要考虑“强剪弱弯”的要求，即对其作用剪力设计值通过增强系数予以增大。对于9度设防烈度的剪力墙肢要求按底部截面纵向钢筋实际配置情况确定作用剪力的增大幅度，具体做法是用底部截面的“实配弯矩”M_{wua}与该截面的组合弯矩设计值的比值与一个增强系数的乘积来增大作用剪力设计值。其中M_{wua}按材料强度的标准值及底部截面纵向钢筋实际布置的位置和数量计算。

11.7.3 国内外剪力墙的受剪承载力试验结果表明，剪跨比λ大于2.5时，大部分墙的受剪承载力上限接近于$0.25f_cbh_0$；在反复荷载作用下，其受剪承载力上限下降约20%。据此给出了抗震剪力墙肢的受剪承载力上限值。

11.7.4 剪力墙的反复和单调加载受剪承载力对比试验表明，反复加载时的受剪承载力比单调加载时降低约15%～20%。因此，将非抗震受剪承载力计算公式中各个组成项均乘以降低系数0.8，作为抗震偏心受压剪力墙肢的斜截面受剪承载力计算公式。鉴于对高轴压力作用下的受剪承载力尚缺乏试验研究，公式中对轴压力的有利作用给予了必要的限制，即不超过$0.2f_cbh$。

11.7.5 对偏心受拉剪力墙的受剪承载力未做过试验研究。本条根据其受力特征，参照一般偏心受拉构件的受剪性能规律及偏心受压剪力墙的受剪承载力计算公式，给出了偏心受拉剪力墙的受剪承载力计算公式。

11.7.6 水平施工缝处的竖向钢筋配置数量需满足受剪要求。根据剪力墙水平缝剪摩擦理论以及对剪力墙施工缝滑移问题的试验研究，并参照国外有关规范的规定提出本条的要求。

11.7.7 剪力墙及筒体的洞口连梁因跨度通常不大，竖向荷载相对偏小，主要承受水平地震作用产生的弯矩和剪力。其中，弯矩作用的反弯点位于跨中，各截面所受的剪力基本相等。在地震反复作用下，连梁通常采用上、下纵向钢筋用量基本相等的配筋方式，在受弯承载力极限状态下，梁截面的受压区高度很小，如忽略截面中纵向构造钢筋的作用，正截面受弯承载力计算时截面的内力臂可近似取为截面有效高度h_0与a'_s的差值。在设置有斜筋的连梁中，受弯承载力中应考虑穿过连梁端截面顶部和底部的斜向钢筋在梁端截面中的水平分量的抗弯作用。

11.7.8 为了实现强剪弱弯，使连梁具有一定的延性，对于普通配筋连梁给出了连梁剪力设计值的增大系数。对于配置斜筋的连梁，由于斜筋的水平分量会提高梁的抗弯能力，而竖向分量会提高梁的抗剪能力，因此对配置斜筋的连梁，不能通过增加斜筋数量单纯提高梁的抗剪能力，形成强剪弱弯。考虑到满足本规范第11.7.10条规定的连梁已具有必要的延性，故对这几种配置斜筋连梁的剪力增大系数。可取为1.0。

11.7.9～11.7.11 02版规范缺少对跨高比小于2.5的剪力墙连梁抗震受剪承载力设计的具体规定。目前在进行小跨高比剪力墙连梁的抗震设计中，为防止连梁过早发生剪切破坏，通常在进行结构内力分析时，采用较大幅度地折减连梁的刚度以降低连梁的作用剪力。近年来对混凝土剪力墙结构的非线性动力反应分析以及对小跨高比连梁的抗震受剪性能试验表明，较大幅度人为折减连梁刚度的做法将导致地震作用下连梁过早屈服，延性需求增大，并且仍不能避免发生延性不足的剪切破坏。国内外进行的连梁抗震受剪性能试验表明，通过改变小跨高比连梁的配筋方式，可在不降低或有限降低连梁相对作用剪力（即不折减或有限折减连梁刚度）的条件下提高连梁的延性，使该类连梁发生剪切破坏时，其延性能力能够达到地震作用时剪力墙对连梁的延性需求。在对试验结果及相关成果进行分析研究的基础上，本次规范修订补充了跨高比小于2.5的连梁的抗震受剪设计规定。

跨高比小于2.5时的连梁抗震受剪试验结果表明，采取不同的配筋方式，连梁达到所需延性时能承受的最大剪压比是不同的。本次修订增加了跨高比小于2.5适用于两个剪压比水平的3种不同配筋形式连梁各自的配筋计算公式和构造措施。其中配置普通箍筋连梁的设计规定是参考我国现行行业标准《高层建筑混凝土结构技术规程》JGJ 3的相关规定和国内外的试验结果得出的；交叉斜筋配筋连梁的设计规定是根据近年来国内外试验结果及分析得出的；集中对角斜筋配筋连梁和对角暗撑配筋连梁是参考美国ACI 318-08规范的相关规定和国内外进行的试验结果给出的。国内外各种配筋形式连梁的试验结果表明，发生破坏时连梁位移延性指标，能够达到非线性地震反应分析时结构对连梁的延性需求，设计时可根据连梁的适应条件以及连梁宽度等要求选择相应的配筋形式和设计方法。

11.7.12 为保证剪力墙的承载力和侧向（平面外）稳定要求，给出了各种结构体系剪力墙肢截面厚度的规定。与02版规范相比，本次修订根据近年来的工程经验对各类结构中剪力墙的最小厚度规定作了进一步的细化和局部调整。

因端部无端柱或翼墙的剪力墙与端部有端柱或翼墙的剪力墙相比，其正截面受力性能、变形能力以及端部侧向稳定性能均有一定降低。试验表明，极限位移将减小一半左右，耗能能力将降低20%左右。故适当加大了一、二级抗震等级墙端无端柱或翼墙的剪力墙的最小墙厚。

本次修订，对剪力墙最小厚度除具体尺寸要求外，还给出了用层高或无支长度的分数表示的厚度要求。其中，无支长度是指墙肢沿水平方向上无支撑约束的最大长度。

11.7.13 为了提高剪力墙侧向稳定和受弯承载力，规定了剪力墙厚度大于140mm时，应配置双排或多排钢筋。

11.7.14 根据试验研究和设计经验，并参考国外有关规范的规定，按不同的结构体系和不同的抗震等级规定了水平和竖向分布钢筋的最小配筋率的限值。

美国ACI 318规定，当抗震结构墙的设计剪力小于$A_{cv}\sqrt{f'_c}$（A_{cv}为腹板截面面积，f'_c为混凝土的规定抗压强度，该设计剪力对应的剪压比小于0.02）时，腹板的竖向分布钢筋允许降到同非抗震的要求。因此，本次修订，四级抗震墙的剪压比低于上述数值时，竖向分布筋允许按不小于0.15%控制。

11.7.15 给出了剪力墙分布钢筋最大间距、最大直径和最小直径的规定。

11.7.16～11.7.19 剪力墙肢和筒壁墙肢的底部在罕遇地震作用下有可能进入屈服后变形状态。该部位也是防止剪力墙结构、框架-剪力墙结构和筒体结构在罕遇地震作用下发生倒塌的关键部位。为了保证该部位的抗震延性能力和塑性耗能能力，通常采用的抗震构造措施包括：(1) 对一、二、三级抗震等级的剪力墙肢和筒壁墙肢的轴压比进行限制；(2) 对一、二、三级抗震等级的剪力墙肢和筒壁墙肢，当底部轴压比超过一定限值后，在墙肢或筒壁墙肢两侧设置约束边缘构件，同时对约束边缘构件中纵向钢筋的最低配置数量以及约束边缘构件范围内箍筋的最低配置数量作出限制。

设计中应注意，表 11.7.16 中的轴压比限值是一、二、三级抗震等级的剪力墙肢和筒壁墙肢应满足的基本要求。而表 11.7.17 中的"最大轴压比"则是在剪力墙肢和筒壁墙肢底部设置约束边缘构件的必要条件。

对剪力墙肢和筒壁墙肢底部约束边缘构件中纵向钢筋最低数量作出规定，除为了保证剪力墙肢和筒壁墙肢底部所需的延性和塑性耗能能力之外，也是为了对剪力墙肢和筒壁墙肢底部的抗弯能力作必要的加强，以便在联肢剪力墙和联肢筒壁墙肢中使塑性铰首先在各层洞口连梁中形成，而使剪力墙肢和筒壁墙肢底部的塑性铰推迟形成。

本次修订提高了三级抗震等级剪力墙的设计要求。

11.8 预应力混凝土结构构件

11.8.1 多年来的抗震性能研究以及震害调查证明，预应力混凝土结构只要设计得当，重视概念设计，采用预应力筋和普通钢筋混合配筋的方式、设计为在活荷载作用下允许出现裂缝的部分预应力混凝土，采取保证延性的措施，构造合理，仍可获得较好的抗震性能。考虑到 9 度设防烈度地区地震反应强烈，对预应力混凝土结构的使用应慎重对待。故当 9 度设防烈度地区需要采用预应力混凝土结构时，应专门进行试验或分析研究，采取保证结构具有必要延性的有效措施。

11.8.3 研究表明，预应力混凝土框架结构在弹性阶段阻尼比约为 0.03，当出现裂缝后，在弹塑性阶段可取与钢筋混凝土相同的阻尼比 0.05；在框架-剪力墙、框架-核心筒或板柱-剪力墙结构中，对仅采用预应力混凝土梁或平板的情况，其阻尼比仍应取 0.05 进行抗震设计。

预应力混凝土结构构件的地震作用效应和其他荷载效应的基本组合主要按照现行国家标准《建筑抗震设计规范》GB 50011 的有关规定确定，并加入了预应力作用效应项，预应力作用分项系数是参考国内外有关规范作出规定的。

由于预应力对节点的侧向约束作用，使节点混凝土处于双向受压状态，不仅可以提高节点的开裂荷载，也可提高节点的受剪承载力。国内试验资料表明，在考虑反复荷载使有效预应力降低后，可取预应力作用的承剪力 $V_p=0.4N_{pe}$，式中 N_{pe} 为作用在节点核心区预应力筋的总有效预加力。

11.8.4 框架梁是框架结构的主要承重构件之一，应保证其必要的承载力和延性。

试验研究表明，为保证预应力混凝土框架梁的延性要求，应对梁的混凝土截面相对受压区高度作一定的限制。当允许配置受压钢筋平衡部分纵向受拉钢筋以减小混凝土受压区高度时，考虑到截面受拉区配筋过多会引起梁端截面中较大的剪力，以及钢筋拥挤不方便施工的原因，故对纵向受拉钢筋的配筋率作出不宜大于 2.5% 的限制。

采用有粘结预应力筋和普通钢筋混合配筋的部分预应力混凝土是提高结构抗震耗能能力的有效途径之一。但预应力筋的拉力与预应力筋及普通钢筋拉力之和的比值要结合工程具体条件，全面考虑使用阶段和抗震性能两方面要求。从使用阶段看，该比值大一些好；从抗震角度，其值不宜过大。为使梁的抗震性能与使用性能较为协调，按工程经验和试验研究该比值不宜大于 0.75。本规范公式 (11.8.4) 对普通钢筋数量的要求，是按该限值并考虑预应力筋及普通钢筋重心离截面受压区边缘纤维距离 h_p、h_s 的影响得出的。本条要求是在相对受压区高度、配箍率、钢筋面积 A_s、A'_s 等得到满足的情况下得出的。

梁端箍筋加密区内，底部纵向普通钢筋和顶部纵向受力钢筋的截面面积应符合一定的比例，其理由及规定同钢筋混凝土框架。

考虑地震作用组合的预应力混凝土框架柱，可等效为承受预应力作用的非预应力偏心受压构件，在计算中将预应力作用按总有效预加力表示，并乘以预应力分项系数 1.2，故预应力作用引起的轴压力设计值为 $1.2N_{pe}$。

对于承受较大弯矩而轴向压力较小的框架顶层边柱，可以按预应力混凝土梁设计，采用非对称配筋的预应力混凝土柱，弯矩较大截面的受拉一侧采用预应力筋和普通钢筋混合配筋，另一侧仅配普通钢筋，并应符合一定的配筋构造要求。

11.9 板柱节点

11.9.2 关于柱帽可否在地震区应用，国外有试验及分析研究认为，若抵抗竖向冲切荷载设计的柱帽较小，在地震荷载作用下，较大的不平衡弯矩将在柱帽附近产生反向的冲切裂缝。因此，按竖向冲切荷载设计的小柱帽或平托板不宜在地震区采用。按柱纵向钢筋直径 16 倍控制板厚是为了保证板柱节点的抗弯刚度。本规范给出了平托板或柱帽按抗震设计的边长及板厚要求。

11.9.3、11.9.4 根据分析研究及工程实践经验，对一级、二级和三级抗震等级板柱节点，分别给出由地震作用组合所产生不平衡弯矩的增大系数，以及板柱节点配置抗冲切钢筋，如箍筋、抗剪栓钉等受冲切承载力计算方法。对板柱-剪力墙结构，除在板柱节点处的板中配置抗冲切钢筋外，也可采用增加板厚、增加结构侧向刚度来减小层间位移角等措施，以避免板柱节点发生冲切破坏。

11.9.5、11.9.6 强调在板柱的柱上板带中宜设置暗梁，并给出暗梁的配筋构造要求。为了有效地传递不平衡弯矩，板柱节点除满足受冲切承载力要求外，其连接构造亦十分重要，设计中应给予充分重视。

公式（11.9.6）是为了防止在极限状态下楼板塑性变形充分发育时从柱上脱落，要求两个方向贯通柱截面的后张预应力筋及板底普通钢筋受拉承载力之和不小于该层柱承担的楼板重力荷载代表值作用下的柱轴压力设计值。对于边柱和角柱，贯通钢筋在柱截面对边弯折锚固时，在计算中应只取其截面面积的一半。

附录A 钢筋的公称直径、公称截面面积及理论重量

表A.0.1 普通钢筋和预应力螺纹钢筋的公称直径是指与其公称截面面积相等的圆的直径。光面钢筋的公称截面面积与承载受力面积相同；而带肋钢筋承载受力的截面面积小于按理论重量计算的截面面积，基圆面积率约为0.94。而预应力螺纹钢筋的有关数值也不完全对应，故在表中以括号及注另行表达。必要时，尚应考虑基圆面积率的影响。

表A.0.2 本规范将钢绞线外接圆直径称作公称直径；而公称截面面积即现行国家标准《预应力混凝土用钢绞线》GB/T 5224中的“参考截面面积”。由于捻绞松紧程度的不同，其值可能有波动，工程应用时如果有必要，可以根据实测确定。

表A.0.3 钢丝的公称直径、公称截面面积及理论重量之间的关系与普通钢筋相似，但基圆面积率较大，约为0.97。

附录B 近似计算偏压构件侧移二阶效应的增大系数法

B.0.1 根据本规范第5.3.4条的规定，必要时，也可以采用本附录给出的增大系数法来考虑各类结构中的P-Δ效应。根据结构中二阶效应的基本规律，P-Δ效应只会增大由引起结构侧移的荷载或作用所产生的构件内力，而不增大由不引起结构侧移的荷载（例如较为对称结构上作用的对称竖向荷载）所产生的构件内力。因此，在计算P-Δ效应增大后的杆件弯矩时，公式（B.0.1-1）中的η_s应只乘M_s。

因P-Δ效应既增大竖向构件中引起结构侧移的弯矩，同时也增大水平构件中引起结构侧移的弯矩，因此公式（B.0.1-1）同样适用于梁端控制截面的弯矩计算。另外，根据本规范第11.4.1条的规定，抗震框架各节点处柱端弯矩之和ΣM_c应根据同一节点处的梁端弯矩之和ΣM_b进行增大，因此，按公式（B.0.1-1）用η_s增大梁端引起结构侧移的弯矩，也能使P-Δ效应的影响在ΣM_b和增大后的ΣM_c中保留下来。

B.0.2 本条对框架结构的η_s采用层增大系数法计算，各楼层计算出的η_s分别适用于该楼层的所有柱段。该方法直接引自《高层建筑混凝土结构技术规程》JGJ 3－2002。当用η_s按公式（B.0.1-1）增大柱端及梁端弯矩时，公式（B.0.2）中的楼层侧向刚度D应按第B.0.5条给出的构件折减刚度计算。

B.0.3 剪力墙结构、框架-剪力墙结构和筒体结构中的η_s用整体增大系数法计算。用该方法算得的η_s适用于该结构全部的竖向构件。该方法直接引自《高层建筑混凝土结构技术规程》JGJ 3-2002。当用η_s按公式（B.0.1－1）增大柱端、墙肢端部和梁端弯矩时，应采用按第B.0.5条给出的构件折减刚度计算公式（B.0.3）中的等效竖向悬臂受弯构件的弯曲刚度E_cJ_d。

B.0.4 排架结构，特别是工业厂房排架结构的荷载作用复杂，其二阶效应规律有待详细探讨。到目前为止国内已完成的分析研究工作尚不足以提出更为合理的考虑二阶效应的设计方法，故继续沿用02版规范中的$\eta-l_0$法考虑排架结构的P-Δ效应。其中，就工业厂房排架结构而言，除屋盖重力荷载外的其他各项荷载都将使排架产生侧移，同时也为了计算方便，故在该方法中采用将增大系数η_s统乘排架柱各截面组合弯矩的近似做法，即取$M=\eta_s(M_{ns}+M_s)=\eta_s M_0$。另外，在排架结构所用的$\eta_s$计算公式中考虑到：（1）目前所用钢材的强度水平普遍有所提高；（2）引起排架柱各截面弯矩的各项荷载中，大部分均属短期作用，故不再考虑引起极限曲率增长的长期作用影响系数；故将02版规范η公式中的1/1400改为1/1500。基于与第6.2.4条相同的理由，取消了02版规范η公式中的系数ζ_2。

B.0.5 细长钢筋混凝土偏心压杆考虑二阶效应影响的受力状态大致对应于受拉钢筋屈服后不久的非弹性受力状态。因此，在考虑二阶效应的结构分析中，结构内各类构件的受力状态也应与此相呼应。钢筋混凝土结构在这类受力状态下由于受拉区开裂以及其他非弹性性能的发展，从而导致构件截面弯曲刚度降低。由于各类构件沿长度方向各截面所受弯矩的大小不同，非弹性性能的发展特征也各有不同，这导致了构

件弯曲刚度的降低规律较为复杂。为了便于工程应用，通常是通过考虑非弹性性能的结构分析，并参考试验结果，按结构非弹性侧向位移相等的原则，给出按构件类型的统一当量刚度折减系数（弹性刚度中的截面惯性矩仍按不考虑钢筋的混凝土毛截面计算）。本条给出的刚度折减系数是以我国完成的结构及构件非弹性性能模拟分析结果和试验结果为依据的，与国外规范给出的相应数值相近。

附录C 钢筋、混凝土本构关系与混凝土多轴强度准则

本附录的内容与原规范基本相同，仅在混凝土一维本构关系中引入了损伤概念，并新增了混凝土的二维本构关系以及钢筋-混凝土之间的粘结-滑移本构关系。

本附录用于混凝土结构的弹塑性分析和结构的承载力验算。

C.1 钢筋本构关系

C.1.1 钢筋强度的平均值主要用于弹塑性分析时的本构关系，宜实测确定。本条文给出了基于统计的建议值。在89规范和02规范，钢筋强度参数采用的都是20世纪80年代的统计数据，当时统计的主要对象是HPB235、HRB335钢筋，表1中为上述钢筋强度的变异系数。2008～2010年对全国HRB335、HRB400和HRB500钢筋强度参数进行了统计分析，与20世纪80年代的统计结果相比，钢筋强度的变异系数略有减小，但考虑新统计数据有限，且缺少HRBF，RRB和HRB-E、HRBF-E系列钢筋的统计数据，本规范可参考表1的数值确定。

表1 热轧带肋钢筋强度的变异系数 δ_s（%）

强度等级	HPB235	HRB335
δ_s	8.95	7.43

C.1.2 钢筋单调加载的应力-应变本构关系曲线采用由双折线段或三折线组成，在没有实验数据时，可根据本规范第4.2.4条取 $\varepsilon_u=\delta_{gt}$。

C.1.3 新增了钢筋在反复荷载作用下的本构关系曲线，建议钢筋卸载曲线为直线，并给出了钢筋反向再加载曲线的表达式。

C.2 混凝土本构关系

C.2.1 混凝土强度的平均值主要用于弹塑性分析时的本构关系，宜实测确定。本条给出了基于统计的建议值。在89规范和02规范中，混凝土强度参数采用的都是20世纪80年代的统计数据，表2中数值为20世纪80年代以现场搅拌为主的混凝土的变异系数。目前全国普遍采用的都是商品混凝土。2008～2010年对全国商品混凝土参数进行了统计，结果表明，与20世纪80年代统计的现场搅拌混凝土相比，目前普遍采用的商品混凝土的变异系数略有减小，但因统计数据有限，本规范可参考表2中的数值采用。

表2 混凝土强度的变异系数 δ_c（%）

强度等级	C15	C20	C25	C30	C35	C40	C45	C50	C60
δ_c	23.3	20.6	18.9	17.2	16.4	15.6	15.6	14.9	14.1

C.2.2 现有混凝土的强度和应力-应变本构关系大都是基于正常环境下的短期试验结果。若结构混凝土的材料种类、环境和受力条件等与标准试验条件相差悬殊，则其强度和本构关系都将发生不同程度的变化。例如，采用轻混凝土或重混凝土、全级配或大骨料的大体积混凝土、龄期变化、高温、截面非均匀受力、荷载长期持续作用、快速加载或冲击荷载作用等情况，均应自行试验测定，或参考有关文献作相应的修正。

C.2.3 混凝土单轴受拉的本构关系，原则上采用02版规范附录C的基本表达式与建议参数。根据近期相关的研究工作，给出了与之等效的损伤本构关系表述，以便与二维本构关系相协调。

修订后的混凝土单轴受拉应力-应变曲线分作上升段和下降段，二者在峰值点处连续。在原规范基础上引入了混凝土单轴受拉损伤参数。与原规范附录相似，曲线方程中引入形状参数，可适合不同强度等级混凝土的曲线形状变化。

表C.2.3中的参数按以下公式计算取值：

$$\varepsilon_{t,r}=f_{t,r}^{0.54}\times 65\times 10^{-6}$$

$$\alpha_t=0.312f_{t,r}^2$$

C.2.4 混凝土单轴受压本构关系，对原规范的上升段进行了修订，下降段在本质上与原规范表达式等价。为与二维本构关系相一致，根据近期相关的研究工作在表述形式上作了调整。

修订后的混凝土单轴受压应力-应变曲线也分为上升段和下降段，二者在峰值点处连续。表C.2.4相应的参数计算式如下：

$$\varepsilon_{c,r}=(700+172\sqrt{f_c})\times 10^{-6}$$

$$\alpha_c=0.157f_c^{0.785}-0.905$$

$$\frac{\varepsilon_{cu}}{\varepsilon_{c,r}}=\frac{1}{2\alpha_c}(1+2\alpha_c+\sqrt{1+4\alpha_c})$$

钢筋混凝土结构中混凝土常受到横向和纵向应变梯度、箍筋约束作用、纵筋变形等因素的影响，其应力-应变关系与混凝土棱柱体轴心受压试验结果有差别。可根据构件或结构的力学性能试验结果对混凝土的抗压强度代表值（$f_{c,r}$）、峰值压应变（$\varepsilon_{c,r}$）以

及曲线形状参数（α_c）作适当修正。

C.2.5 新增了受压混凝土在重复荷载作用下的应力-应变本构曲线，以反映混凝土滞回、刚度退化及强度退化的特性。为简化表述，卸载段应力路径采用直线表达方式。

C.2.6 根据近期相关的研究工作，给出了混凝土二维本构关系的表达式，以为混凝土非线性有限元分析提供依据。该本构关系包括了卸载本构方程，实现了一维卸载的残余应变与二维卸载残余应变计算的统一。

C.3 钢筋-混凝土粘结滑移本构关系

修订规范新增了钢筋与混凝土的粘结应力-滑移本构关系，为结构大变形时进行更精确的分析提供了界面的粘结-滑移参数。钢筋与混凝土之间的粘结应力-滑移本构关系适用范围与第 C.1 节、第 C.2 节相同。

建议的带肋钢筋与混凝土之间的粘结滑移本构关系是通过大量试验量测，经统计分析后提出的一般形式。影响粘结-滑移本构关系的因素很多，如混凝土的强度、级配，锚固钢筋的直径、强度、变形指标、外形参数，箍筋配置，侧向压力等都会影响粘结-滑移本构关系。因此，在条件许可的情况下，建议通近试验测定表达式中的参数。

C.4 混凝土强度准则

C.4.1 当以应力设计方式采用多轴强度准则进行承载能力极限状态计算时，混凝土强度指标应以相对值形式表达，且可根据需要，对承载力计算取相对的设计值；对防连续倒塌计算取相对的标准值。

C.4.2 混凝土的二轴强度包络图为由 4 条曲线连成的封闭曲线（图 C.4.2），图中每条曲线中应力符号均遵循“受拉为负、受压为正”的原则，根据其对应象限确定。根据相关的研究，给出了混凝土二维强度准则的分区表达式，这些表达式原则上也可以由前述混凝土本构关系给出。

为方便应用，二轴强度还可以根据表 C.4.2-1～表 C.4.2-3 所列的数值内插取值。

C.4.3 混凝土的三轴受拉应力状态在实际结构中极其罕见，试验数据也极少。取 $f_3=0.9f_{c,r}$，约为试验平均值。

混凝土三轴抗压强度（f_1，图 C.4.3-2）的取值显著低于试验值，且略低于一些国外设计规范规定的值。本规范给出了最高强度（$5f_c$）的限制，用于承载力验算可确保结构安全。混凝土的三轴抗压强度可按照表 C.4.3-2 取值，也可以按照下列公式计算：

$$\frac{-f_1}{f_{c,r}}=1.2+33\left(\frac{\sigma_1}{\sigma_3}\right)^{1.8}$$

附录 D 素混凝土结构构件设计

本附录的内容与 02 版规范附录 A 相同，对素混凝土结构构件的计算和构造作出了规定。

附录 E 任意截面、圆形及环形构件正截面承载力计算

E.0.1 本条给出了任意截面任意配筋的构件正截面承载力计算的一般公式。

随着计算机的普遍使用，对任意截面、外力和配筋的构件，正截面承载力的一般计算方法，可按本规范第 6.2.1 条的基本假定，通过数值积分方法进行迭代计算。在计算各单元的应变时，通常应通过混凝土极限压应变为 ε_{cu} 的受压区顶点作一条与中和轴平行的直线；在某些情况下，尚应通过最外排纵向受拉钢筋极限拉应变 0.01 为顶点作一条与中和轴平行的直线，然后再作一条与中和轴垂直的直线，以此直线作为基准线按平截面假定确定各单元的应变及相应的应力。

在建立本条公式时，为使公式的形式简单，坐标原点取在截面重心处；在具体进行计算或编制计算程序时，可根据计算的需要，选择合适的坐标系。

E.0.3、E.0.4 环形及圆形截面偏心受压构件正截面承载力计算。

均匀配筋的环形、圆形截面的偏心受压构件，其正截面承载力计算可采用第 6.2.1 条的基本假定列出平衡方程进行计算，但计算过于繁琐，不便于设计应用。公式（E.0.3-1）～公式（E.0.3-6）及公式（E.0.4-1）～公式（E.0.4-4）是将沿截面梯形应力分布的受压及受拉钢筋应力简化为等效矩形应力图，其相对钢筋面积分别为 α 及 α_t，在计算时，不需判断大小偏心情况，简化公式与精确解误差不大。对环形截面，当 α 较小时实际受压区为环内弓形面积，简化公式可能会低估了截面承载力，此时可按圆形截面公式计算。

附录 F 板柱节点计算用等效集中反力设计值

F.0.1 在垂直荷载、水平荷载作用下，板柱结构节点传递不平衡弯矩时，其等效集中反力设计值由两部分组成：

1 由柱所承受的轴向压力设计值减去柱顶冲切破坏锥体范围内板所承受的荷载设计值，即 F_l；

2 由节点受剪传递不平衡弯矩而在临界截面上

产生的最大剪应力经折算而得的附加集中反力设计值，即 $\tau_{max}u_{m}h_{0}$。

本条的公式（F.0.1-1）、公式（F.0.1-3）、公式（F.0.1-5）就是根据上述方法给出的。

竖向荷载、水平荷载引起临界截面周长重心处的不平衡弯矩，可由柱截面重心处的不平衡弯矩与 F_l 对临界截面周长重心轴取矩之和确定。本条的公式（F.0.1-2）、公式（F.0.1-4）就是按此原则给出的；在应用上述公式中应注意两个弯矩的作用方向，当两者相同时，应取加号，当两者相反时，应取减号。

F.0.2、F.0.3 条文中提供了图 F.0.1 所示的中柱、边柱和角柱处临界截面的几何参数计算公式。这些参数是按行业标准《无粘结预应力混凝土结构技术规程》JGJ 92—93 的规定给出的，其中对类似惯性矩的计算公式中，忽略了 h_0^3 项的影响，即在公式（F.0.2-1）、公式（F.0.2-5）中略去了 $a_t h_0^3/6$ 项；在公式（F.0.2-10）、公式（F.0.2-14）中略去了 $a_t h_0^3/12$ 项，这表示忽略了临界截面上水平剪应力的作用，对通常的板柱结构的板厚而言，这样近似处理是可以的。

F.0.4 当边柱、角柱部位有悬臂板时，在受冲切承载力计算中，可能是按图 F.0.1 所示的临界截面周长，也可能是如中柱的冲切破坏而形成的临界截面周长，应通过计算比较，以取其不利者作为设计计算的依据。

附录 G 深受弯构件

根据分析及试验结果，国内外均将跨高比小于 2 的简支梁及跨高比小于 2.5 的连续梁视为深梁；而跨高比小于 5 的梁统称为深受弯构件（短梁）。其受力性能与一般梁有一定区别，故单列附录加以区别，作出专门的规定。

G.0.1 对于深梁的内力分析，简支深梁与一般梁相同，但连续深梁的内力值及其沿跨度的分布规律与一般连续梁不同。其跨中正弯矩比一般连续梁偏大，支座负弯矩偏小，且随跨高比和跨数而变化。在工程设计中，连续深梁的内力应由二维弹性分析确定，且不宜考虑内力重分布。具体内力值可采用弹性有限元方法或查阅根据二维弹性分析结果制作的连续深梁的内力表格确定。

G.0.2 深受弯构件的正截面受弯承载力计算采用内力臂表达式，该式在 $l_0/h=5.0$ 时能与一般梁计算公式衔接。试验表明，水平分布筋对受弯承载力的作用约占 10%～30%。故在正截面计算公式中忽略了这部分钢筋的作用。这样处理偏安全。

G.0.3 本条给出了适用于 $l_0/h<5.0$ 的全部深受弯构件的受剪截面控制条件。该条件在 $l_0/h=5$ 时与一般受弯构件受剪截面控制条件相衔接。

G.0.4 在深受弯构件受剪承载力计算公式中，竖向钢筋受剪承载力计算项的系数，根据第 6.3.4 条的修改由 1.25 调整为 1.0。

此外，公式中混凝土项反映了随 l_0/h 的减小，剪切破坏模式由剪压型向斜压型过渡，混凝土项在受剪承载力中所占的比例增大。而竖向分布筋和水平分布筋项则分别反映了从 $l_0/h=5.0$ 时只有竖向分布筋（箍筋）参与受剪，过渡到 l_0/h 较小时只有水平分布筋能发挥有限受剪作用的变化规律。在 $l_0/h=5.0$ 时，该式与一般梁受剪承载力计算公式相衔接。

在主要承受集中荷载的深受弯构件的受剪承载力计算公式中，含有跨高比 l_0/h 和计算剪跨比 λ 两个参数。对于 $l_0/h\leqslant 2.0$ 的深梁，统一取 $\lambda=0.25$；而 $l_0/h\geqslant 5.0$ 的一般受弯构件的剪跨比上、下限值则分别为 3.0、1.5。为了使深梁、短梁、一般梁的受剪承载力计算公式连续过渡，本条给出了深受弯构在 $2.0<l_0/h<5.0$ 时 λ 上、下限值的线性过渡规律。

应注意的是，由于深梁中水平及竖向分布钢筋对受剪承载力的作用有限，当深梁受剪承载力不足时，应主要通过调整截面尺寸或提高混凝土强度等级来满足受剪承载力要求。

G.0.5 试验表明，随着跨高比的减小，深梁斜截面抗裂能力有一定提高。为了简化计算，本条给出了防止深梁出现斜裂缝的验算条件，这是按试验结果偏下限给出的，并作了合理的放宽。当满足本条公式的要求时，可不再进行受剪承载力计算。

G.0.6 深梁支座的支承面和深梁顶集中荷载作用面的混凝土都有发生局部受压破坏的可能性，应进行局部受压承载力验算，在必要时还应配置间接钢筋。按本规范第 G.0.7 条的规定，将支承深梁的柱伸到深梁顶部能够有效地降低支座传力面发生局部受压破坏的可能性。

G.0.7 为了保证深梁平面外的稳定性，本条对深梁的高厚比（h/b）或跨厚比（l_0/b）作了限制。此外，简支深梁在顶部、连续深梁在顶部和底部应尽可能与其他水平刚度较大的构件（如楼盖）相连接，以进一步加强其平面外稳定性。

G.0.8 在弹性受力阶段，连续深梁支座截面中的正应力分布规律随深梁的跨高比变化，由此确定深梁的配筋分布。

当 $l_0/h>1.5$ 时，支座截面受压区约在梁底以上 $0.2h$ 的高度范围内，再向上为拉应力区，最大拉应力位于梁顶；随着 l_0/h 的减小，最大拉应力下移；到 $l_0/h=1.0$ 时，较大拉应力位于从梁底算起 $0.2h$～$0.6h$ 的范围内，梁顶拉应力相对偏小。达到承载力极限状态时，支座截面因开裂导致的应力重分布使深梁支座截面上部钢筋拉力增大。

本条以图示给出了支座截面负弯矩受拉钢筋沿截面高度的分区布置规定，比较符合正常使用极限状态支座截面的受力特点。水平钢筋数量的这种分区布置规定，虽未充分反映承载力极限状态下的受力特点，但更有利于正常使用极限状态下支座截面的裂缝控制，同时也不影响深梁在承载力极限状态下的安全性。

本条保留了从梁底算起 $0.2h \sim 0.6h$ 范围内水平钢筋最低用量的控制条件，以减少支座截面在这一高度范围内过早开裂的可能性。

G.0.9 深梁在垂直裂缝以及斜裂缝出现后将形成拉杆拱的传力机制，此时下部受拉钢筋直到支座附近仍拉力较大，应在支座中妥善锚固。鉴于在“拱肋”压力的协同作用下，钢筋锚固端的竖向弯钩很可能引起深梁支座区沿深梁中面的劈裂，故钢筋锚固端的弯折建议改为平放，并按弯折180°的方式锚固。

G.0.10 试验表明，当仅配有两层钢筋网时，如果网与网之间未设拉筋，由于钢筋网在深梁平面外的变形未受到专门约束，当拉杆拱拱肋内斜向压力较大时，有可能发生沿深梁中面劈开的侧向劈裂型斜压破坏。故应在双排钢筋网之间配置拉筋。而且，在本规范图G.0.8-1和图G.0.8-2深梁支座附近由虚线标示的范围内应适当增配拉筋。

G.0.11 深梁下部作用有集中荷载或均布荷载时，吊筋的受拉能力不宜充分利用，其目的是为了控制悬吊作用引起的裂缝宽度。当作用在深梁下部的集中荷载的计算剪跨比 $\lambda > 0.7$ 时，按第9.2.11条规定设置的吊筋和按第G.0.12条规定设置的竖向分布钢筋仍不能完全防止斜拉型剪切破坏的发生，故应在剪跨内适度增大竖向分布钢筋的数量。

G.0.12 深梁的水平和竖向分布钢筋对受剪承载力所起的作用虽然有限，但能限制斜裂缝的开展。当分布钢筋采用较小直径和较小间距时，这种作用就越发明显。此外，分布钢筋对控制深梁中温度、收缩裂缝的出现也起作用。本条给出的分布钢筋最小配筋率是构造要求的最低数量，设计者应根据具体情况合理选择分布筋的配置数量。

G.0.13 本条给出了对介于深梁和浅梁之间的“短梁”的一般性构造规定。

附录H 无支撑叠合梁板

H.0.1 本条给出“二阶段受力叠合受弯构件”在叠合层混凝土达到设计强度前的第一阶段和达到设计强度后的第二阶段所应考虑的荷载。在第二阶段，因为当叠合层混凝土达到设计强度后仍可能存在施工活荷载，且其产生的荷载效应可能超过使用阶段可变荷载产生的荷载效应，故应按这两种荷载效应中的较大值进行设计。

H.0.2 本条给出了预制构件和叠合构件的正截面受弯承载力的计算方法。当预制构件高度与叠合构件高度之比 h_1/h 较小（较薄）时，预制构件正截面受弯承载力计算中可能出现 $\zeta > \zeta_b$ 的情况，此时纵向受拉钢筋的强度 f_y、f_{py} 应该用应力值 σ_s、σ_p 代替 σ_s、σ_p 应按本规范第6.2.8条计算，也可取 $\zeta = \zeta_b$ 进行计算。

H.0.3 由于二阶段受力叠合梁斜截面受剪承载力试验研究尚不充分，本规范规定叠合梁斜截面受剪承载力仍按普通钢筋混凝土梁受剪承载力公式计算。在预应力混凝土叠合梁中，由于预应力效应只影响预制构件，故在斜截面受剪承载力计算中暂不考虑预应力的有利影响。在受剪承载力计算中混凝土强度偏安全地取预制梁与叠合层中的较低者；同时受剪承载力应不低于预制梁的受剪承载力。

H.0.4 叠合构件叠合面有可能先于斜截面达到其受剪承载能力极限状态。叠合面受剪承载力计算公式是以剪摩擦传力模型为基础，根据叠合构件试验结果和剪摩擦试件试验结果给出的。叠合式受弯构件的箍筋应按斜截面受剪承载力计算和叠合面受剪承载力计算得出的较大值配置。

不配筋叠合面的受剪承载力离散性较大，故本规范用于这类叠合面的受剪承载力计算公式暂不与混凝土强度等级挂钩，这与国外规范的处理手法类似。

H.0.5、H.0.6 叠合式受弯构件经受施工阶段和使用阶段的不同受力状态，故预应力混凝土叠合受弯构件的抗裂要求应分别对预制构件和叠合构件进行抗裂验算。验算要求其受拉边缘的混凝土应力不大于预制构件的混凝土抗拉强度标准值。由于预制构件和叠合层可能选用强度等级不同的混凝土，故在正截面抗裂验算和斜截面抗裂验算中应按折算截面确定叠合后构件的弹性抵抗矩、惯性矩和面积矩。

H.0.7 由于叠合构件在施工阶段先以截面高度小的预制构件承担该阶段全部荷载，使得受拉钢筋中的应力比假定用叠合构件全截面承担同样荷载时大。这一现象通常称为“受拉钢筋应力超前”。

当叠合层混凝土达到强度从而形成叠合构件后，整个截面在使用阶段荷载作用下除去在受拉钢筋中产生应力增量和在受压区混凝土中首次产生压应力外，还会由于抵消预制构件受压区原有的压应力而在该部位形成附加拉力。该附加拉力虽然会在一定程度上减小受力钢筋中的应力超前现象，但仍使叠合构件与同样截面普通受弯构件相比钢筋拉应力及曲率偏大，并有可能使受拉钢筋在弯矩准永久值作用下过早达到屈服。这种情况在设计中应予防止。

为此，根据试验结果给出了公式计算的受拉钢筋应力控制条件。该条件属叠合受弯构件正常使用极限状态的附加验算条件。该验算条件与裂缝宽度控制条件和变形控制条件不能相互取代。

由于钢筋混凝土构件采用荷载效应的准永久组合，计算公式作了局部调整。

H.0.8 以普通钢筋混凝土受弯构件裂缝宽度计算公式为基础，结合二阶段受力叠合受弯构件的特点，经局部调整，提出了用于钢筋混凝土叠合受弯构件的裂缝宽度计算公式。其中考虑到若第一阶段预制构件所受荷载相对较小，受拉区弯曲裂缝在第一阶段不一定出齐；在随后由叠合截面承受 M_{2k} 时，由于叠合截面的 ρ_{te} 相对偏小，有可能使最终的裂缝间距偏大。因此当计算叠合式受弯构件的裂缝间距时，应对裂缝间距乘以扩大系数 1.05。这相当于将本规范公式 (7.1.2-1) 中的 α_{cr} 由普通钢筋混凝土构件的 1.9 增大到 2.0，由预应力混凝土构件的 1.5 增大到 1.6。此外，还要用 $\rho_{te1}\sigma_{s1k}+\rho_{te}\sigma_{s2k}$ 取代普通钢筋混凝土梁 ψ 计算公式中的 $\rho_{te}\sigma_{sk}$，以近似考虑叠合构件二阶段受力特点。

由于钢筋混凝土构件与预应力混凝土构件在计算正常使用极限状态后的裂缝宽度与挠度时，采用了不同的荷载效应组合，故分列公式表达裂缝宽度的计算。

H.0.9 叠合受弯构件的挠度计算方法同前，本条给出了刚度 B 的计算方法。其考虑了二阶段受力的特征且按荷载效应准永久组合或标准组合并考虑荷载长期作用影响。该公式是在假定荷载对挠度的长期影响均发生在受力第二阶段的前提下，根据第一阶段和第二阶段的弯矩曲率关系导出的。

同样，由于钢筋混凝土构件与预应力混凝土构件在计算正常使用极限状态后的裂缝宽度与挠度时，采用了不同的荷载效应组合，故分列公式表达刚度的计算。

H.0.10～H.0.12 钢筋混凝土二阶段受力叠合受弯构件第二阶段短期刚度是在一般钢筋混凝土受弯构件短期刚度计算公式的基础上考虑了二阶段受力对叠合截面的受压区混凝土应力形成的滞后效应后经简化得出的。对要求不出现裂缝的预应力混凝土二阶段受力叠合受弯构件，第二阶段短期刚度公式中的系数 0.7 是根据试验结果确定的。

对负弯矩区段内第二阶段的短期刚度和使用阶段的预应力反拱值，给出了计算原则。

附录 J 后张曲线预应力筋由锚具变形和预应力筋内缩引起的预应力损失

后张法构件的曲线预应力筋放张时，由于锚具变形和预应力筋内缩引起的预应力损失值，应考虑曲线预应力筋受到曲线孔道上反摩擦力的阻止，按变形协调原理，取张拉端锚具的变形和预应力筋内缩值等于反摩擦力引起的预应力筋变形值，可求出预应力损失值 σ_{l1} 的范围和数值。由图 1 推导过程说明如下，假定：(1) 孔道摩擦损失按近似直线公式计算；(2) 回缩发生的反向摩擦力和张拉摩擦力的摩擦系数相等。

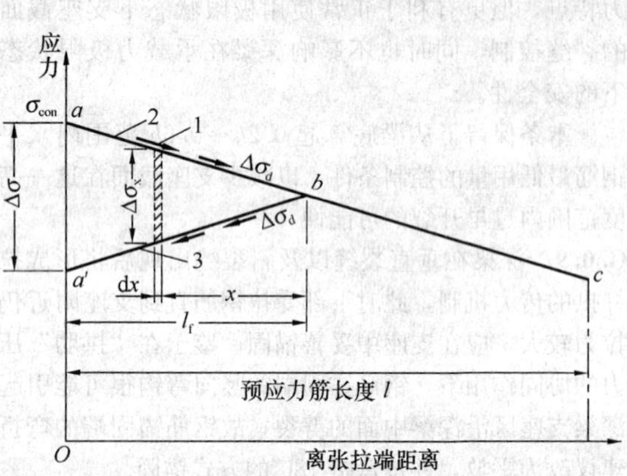

图 1 锚固前后张拉端预应力筋应力变化示意

1—摩擦力；2—锚固前应力分布线；3—锚固后应力分布线

因此，代表锚固前和锚固后瞬间预应力筋应力变化的两根直线 ab 和 $a'b$ 的斜率是相等的，但方向则相反。这样，锚固后整根预应力筋的应力变化线可用折线 $a'bc$ 来代表。为确定该折线，需要求出两个未知量，一个张拉端的摩擦损失应力 $\Delta\sigma$，另一个是预应力反向摩擦影响长度 l_f。

由于 ab 和 $a'b$ 两条线是对称的，张拉端的预应力损失将为

$$\Delta\sigma=2\Delta\sigma_d l_f$$

式中：$\Delta\sigma_d$ ——单位长度的摩擦损失值（MPa/mm）；

l_f ——预应力筋反向摩擦影响长度（mm）。

反向摩擦影响长度 l_f 可根据锚具变形和预应力筋内缩值 a 用积分法求得：

$$a=\int_0^{l_f}\Delta\varepsilon\mathrm{d}x=\int_0^{l_f}\frac{\Delta\sigma_x}{E_p}\mathrm{d}x=\int_0^{l_f}\frac{2\Delta\sigma_d x}{E_p}\mathrm{d}x=\frac{\Delta\sigma_d}{E_p}l_f^2$$

化简得

$$l_f=\sqrt{\frac{aE_p}{\Delta\sigma_d}}$$

该公式仅适用于一端张拉时 l_f 不超过构件全长 l 的情况，如果正向摩擦损失较小，应力降低曲线比较平坦，或者回缩值较大，则 l_f 有可能超过构件全长 l，此时，只能在 l 范围内按预应力筋变形和锚具内缩变形相协调，并通过试算方法以求张拉端锚下预应力锚固损失值。

本附录给出了常用束形的预应力筋在反向摩擦影响长度 l_f 范围内的预应力损失值 σ_{l1} 的计算公式，这是假设 $Kx+\mu\theta$ 不大于 0.3，摩擦损失按直线近似公式计算得出的。由于无粘结预应力筋的摩擦系数小，经过核算，故将允许的圆心角放大为 90°。此外，该

计算公式适用于忽略初始直线段 l_0 中摩擦损失影响的情况。

附录K 与时间相关的预应力损失

K.0.1、K.0.2 考虑预加力时的龄期、理论厚度等多种因素影响的混凝土收缩、徐变引起的预应力损失计算方法，是参考“部分预应力混凝土结构设计建议”的计算方法，并经过与本规范公式（10.2.5-1）～公式（10.2.5-4）计算结果分析比较后给出的。所采用的方法考虑了普通钢筋对混凝土收缩、徐变所引起预应力损失的影响，考虑预应力筋松弛对徐变损失计算值的影响，将徐变损失项按0.9折减。考虑预加力时的龄期、理论厚度影响的混凝土收缩应变和徐变系数终极值，系根据欧洲规范EN 1992-2：《混凝土结构设计第1部分：总原则和对建筑结构的规定》提供的公式计算得出的。所列计算结果一般适用于周围空气相对湿度 RH 为40%～70%和70%～99%，温度为－20℃～＋40℃，由一般的硅酸盐类水泥或快硬水泥配制而成的强度等级为C30～C50混凝土。在年平均相对湿度低于40%的条件下使用的结构，收缩应变和徐变系数终极值应增加30%。当无可靠资料时，混凝土收缩应变和徐变系数终极值可按表K.0.1-1及表K.0.1-2采用。对泵送混凝土，其收缩和徐变引起的预应力损失值亦可根据实际情况采用其他可靠数据。松弛损失和收缩、徐变中间值系数取自现行行业标准《铁路桥涵钢筋混凝土和预应力混凝土结构设计规范》TB 10002.3。

对受压区配置预应力筋 A'_p 及普通钢筋 A'_s 的构件，可近似地按公式（K.0.1-1）计算，此时，取 $A'_p=A'_s=0$；σ'_{l5} 则按公式（K.0.1-2）求出。在计算公式（K.0.1-1）、公式（K.0.1-2）中的 σ_{pc} 及 σ'_{pc} 时，应采用全部预加力值。

本附录K所列混凝土收缩和徐变引起的预应力损失计算方法，供需要考虑施加预应力时混凝土龄期、理论厚度影响，以及需要计算松弛及收缩、徐变损失随时间变化中间值的重要工程设计使用。

欧洲规范EN 1992-2中有关混凝土收缩应变和徐变系数计算公式及计算结果如下：

1 收缩应变

1）混凝土总收缩应变由干缩应变和自收缩应变组成。其总收缩应变 ε_{cs} 的值按下式得到：

$$\varepsilon_{cs}=\varepsilon_{cd}+\varepsilon_{ca} \tag{12}$$

式中：ε_{cs}——总收缩应变；

ε_{cd}——干缩应变；

ε_{ca}——自收缩应变。

2）干缩应变随时间的发展可按下式得到：

$$\varepsilon_{cd}(t)=\beta_{ds}(t,t_s)\cdot k_h\cdot\varepsilon_{cd,0} \tag{13}$$

$$\beta_{ds}(t,t_s)=\frac{(t-t_s)}{(t-t_s)+0.04\sqrt{\left(\frac{2A}{u}\right)^3}} \tag{14}$$

$$\varepsilon_{cd,0}=0.85\left[(220+110\cdot\alpha_{ds1})\cdot\exp\left(-\alpha_{ds2}\cdot\frac{f_{cm}}{f_{cmo}}\right)\right]\cdot10^{-6}\cdot\beta_{RH} \tag{15}$$

$$\beta_{RH}=-1.55\left[1-\left(\frac{RH}{RH_0}\right)^3\right] \tag{16}$$

式中：$\varepsilon_{cd,0}$——混凝土的名义无约束干缩值；

$\beta_{ds}(t,t_s)$——描述干缩应变与时间和理论厚度 $2A/u$（mm）相关的系数；

k_h——与理论厚度 $2A/u$（mm）相关的系数，可按表3采用；

f_{cm}——混凝土圆柱体28d龄期平均抗压强度（MPa）；

f_{cmo}——10MPa；

α_{ds1}——与水泥品种有关的系数，计算按一般硅酸盐水泥或快硬水泥，取为4；

α_{ds2}——与水泥品种有关的系数，计算按一般硅酸盐水泥或快硬水泥，取为0.12；

RH——周围环境相对湿度（%）；

RH_0——100%；

t——混凝土龄期（d）；

t_s——干缩开始时的混凝土龄期（d），通常为养护结束的时间，本规范计算中取 $t_s=3$d；

$(t-t_s)$——混凝土养护结束后的干缩持续期（d）。

表3 与理论厚度 $2A/u$ 相关的系数 k_h

$2A/u$(mm)	k_h
100	1.0
200	0.85
300	0.75
≥500	0.70

注：A 为构件截面面积，u 为该截面与大气接触的周边长度。

3）混凝土自收缩应变可按下式计算：

$$\varepsilon_{ca}(t)=\beta_{as}(t)\cdot\varepsilon_{ca}(\infty) \tag{17}$$

$$\beta_{as}(t)=1-\exp(-0.2t^{0.5}) \tag{18}$$

$$\varepsilon_{ca}(\infty)=2.5(f_{ck}-10)10^{-6} \tag{19}$$

式中：f_{ck}——混凝土圆柱体28d龄期抗压强度特征值（MPa）。

4）根据公式（12）～公式（19），预应力混凝土构件从预加应力时混凝土龄期 t_0 起，至混凝土龄期 t 的收缩应变值，可按下式计算：

$$\varepsilon_{cs}(t,t_0)=\varepsilon_{cd,0}\cdot k_h\cdot[\beta_{ds}(t,t_s)-\beta_{ds}(t_0,t_s)]$$

$$+\varepsilon_{ca}(\infty)\cdot[\beta_{as}(t)-\beta_{as}(t_0)] \quad (20)$$

2 徐变系数

混凝土的徐变系数可按下列公式计算：

$$\varphi(t,t_0)=\varphi_0\cdot\beta_c(t,t_0) \quad (21)$$

$$\varphi_0=\varphi_{RH}\cdot\beta(f_{cm})\cdot\beta(t_0) \quad (22)$$

$$\beta_c(t,t_0)=\left[\frac{(t-t_0)}{\beta_H+(t-t_0)}\right]^{0.3} \quad (23)$$

公式（22）中的系数 φ_{RH}、$\beta(f_{cm})$ 及 $\beta(t_0)$ 可按下列公式计算：

当 $f_{cm}\leqslant 35\text{MPa}$ 时，

$$\varphi_{RH}=1+\frac{1-RH/100}{0.1\cdot\sqrt[3]{\frac{2A}{u}}} \quad (24)$$

当 $f_{cm}>35\text{MPa}$ 时，

$$\varphi_{RH}=\left[1+\frac{1-RH/100}{0.1\cdot\sqrt[3]{\frac{2A}{u}}}\cdot\alpha_1\right]\cdot\alpha_2 \quad (25)$$

$$\beta(f_{cm})=\frac{16.8}{\sqrt{f_{cm}}} \quad (26)$$

$$\beta(t_0)=\frac{1}{0.1+t_0^{0.20}} \quad (27)$$

公式（23）中的系数 β_H 可按下列两个公式计算：

当 $f_{cm}\leqslant 35\text{MPa}$，

$$\beta_H=1.5[1+(0.012RH)^{18}]\frac{2A}{u}+250\leqslant 1500 \quad (28)$$

当 $f_{cm}>35\text{MPa}$ 时，

$$\beta_H=1.5[1+(0.012RH)^{18}]\frac{2A}{u}+250\alpha_3\leqslant 1500\alpha_3 \quad (29)$$

式中：φ_0 ——名义徐变系数；

$\beta_c(t,t_0)$ ——预应力混凝土构件预加应力后徐变随时间发展的系数；

t ——混凝土龄期（d）；

t_0 ——预加应力时的混凝土龄期（d）；

φ_{RH} ——考虑环境相对湿度和理论厚度 $2A/u$ 对徐变系数影响的系数；

$\beta(f_{cm})$ ——考虑混凝土强度对徐变系数影响的系数；

$\beta(t_0)$ ——考虑加载时混凝土龄期对徐变系数影响的系数；

f_{cm} ——混凝土圆柱体 28d 龄期平均抗压强度（MPa）；

RH ——周围环境相对湿度（%）；

β_H ——取决于环境相对湿度 RH（%）和理论厚度 $2A/u$（mm）的系数；

$t-t_0$ ——预加应力后的加载持续期（d）；

α_1、α_2、α_3 ——考虑混凝土强度影响的系数：

$$\alpha_1=\left[\frac{35}{f_{cm}}\right]^{0.7}\quad \alpha_2=\left[\frac{35}{f_{cm}}\right]^{0.2}\quad \alpha_3=\left[\frac{35}{f_{cm}}\right]^{0.5}$$

3 与计算相关的技术条件

1）根据国家统计局发布的 1996 年～2005 年（缺 2002 年）我国主要城市气候情况的数据，年平均温度在 5℃～25℃之间，年平均相对湿度 RH 除海口为 81.2%外，其余均在 40%～80%之间，若按 $40\%\leqslant RH<60\%$、$60\%\leqslant RH<70\%$、$70\%\leqslant RH<80\%$分组，分别有 11、8、14 个城市。现将相对湿度分为 $40\%\leqslant RH<70\%$、$70\%\leqslant RH<80\%$两档，年平均相对湿度分别取其中间值 55%、75%进行计算。对于环境相对湿度在 80%～100%的情况，采用 75%作为其代表值的计算结果，在工程应用中是偏于安全的。本附录表列数据，可近似地适用于温度在－20℃～＋40℃之间季节性变化的混凝土。

2）本计算适用于由一般硅酸盐类水泥或快硬水泥配置而成的混凝土。考虑到我国预应力混凝土结构工程常用的混凝土强度等级为 C30～C50，因此选取 C40 作为代表值进行计算。在计算中，需要对我国规范的混凝土强度等级向欧洲规范中的强度进行转换：根据欧洲规范 EN 1992-2，我国强度等级 C40 的混凝土对应欧洲规范混凝土立方体抗压强度 $f_{ck,cube}=40\text{MPa}$，通过查表插值计算得到对应的混凝土圆柱体抗压强度特征值 $f_{ck}=32\text{MPa}$，圆柱体 28d 平均抗压强度 $f_{cm}=f_{ck}+8=40\text{MPa}$。

3）混凝土开始收缩的龄期 t_s 取混凝土工程通常采用的养护时间 3d，混凝土收缩或徐变持续时间 t 取 1 年、10 年分别进行计算。对于普通混凝土结构，10 年后其收缩应变值与徐变系数值的增长很小，可以忽略不计，因此可认为 t 取 10 年所计算出来的值是混凝土收缩应变或徐变系数终极值。

4）当混凝土加载龄期 $t_0\geqslant 90\text{d}$，混凝土构件理论厚度 $\frac{2A}{u}\geqslant 600\text{mm}$ 时，按 $t_0=90\text{d}$、$2A/u=600\text{mm}$ 计算。计算结果比实际结果偏大，在工程应用中是偏安全的。

5）有关混凝土收缩应变或徐变系数终极值的计算结果，大体适用于强度等级 C30～C50 混凝土。试验表明，高强混凝土的收缩量，尤其是徐变量要比普通强度的混凝土有所减少，且与 $\sqrt{f_{ck}}$ 成反比。因此，本规范对 C50 及以上强度等级混凝土的收缩应变和徐变系数，需按计算所得的表列值乘以 $\sqrt{\frac{32.4}{f_{ck}}}$ 进行折减。式中 32.4 为 C50 混凝土轴心抗压强度标准值，f_{ck} 为混凝土轴心抗压强度标准值。

计算所得混凝土 1 年、10 年收缩应变终值及终极值和徐变系数终值及终极值分别见表 5、表 6、表 7。

表 4 混凝土 1 年收缩应变终值 ε_{1y}（$\times 10^{-4}$）

年平均相对湿度 RH		$40\% \leqslant RH < 70\%$				$70\% \leqslant RH \leqslant 99\%$			
理论厚度 $2A/u$(mm)		100	200	300	≥600	100	200	300	≥600
预加应力时的混凝土龄期 t_0 (d)	3	4.42	3.28	2.51	1.57	3.18	2.39	1.86	1.21
	7	3.94	3.09	2.39	1.49	2.83	2.24	1.75	1.13
	10	3.65	2.96	2.31	1.44	2.62	2.14	1.69	1.08
	14	3.32	2.82	2.22	1.39	2.38	2.03	1.61	1.04
	28	2.49	2.39	1.95	1.25	1.78	1.71	1.41	0.92
	60	1.51	1.73	1.52	1.02	1.08	1.23	1.08	0.74
	≥90	1.04	1.32	1.21	0.86	0.74	0.94	0.86	0.62

表 5 混凝土 10 年收缩应变终极值 ε_{∞}（$\times 10^{-4}$）

年平均相对湿度 RH		$40\% \leqslant RH < 70\%$				$70\% \leqslant RH \leqslant 99\%$			
理论厚度 $2A/u$(mm)		100	200	300	≥600	100	200	300	≥600
预加应力时的混凝土龄期 t_0 (d)	3	4.83	4.09	3.57	3.09	3.47	2.95	2.60	2.26
	7	4.35	3.89	3.44	3.01	3.12	2.80	2.49	2.18
	10	4.06	3.77	3.37	2.96	2.91	2.70	2.42	2.14
	14	3.73	3.62	3.27	2.91	2.67	2.59	2.35	2.10
	28	2.90	3.20	3.01	2.77	2.07	2.28	2.15	1.98
	60	1.92	2.54	2.58	2.54	1.37	1.80	1.82	1.80
	≥90	1.45	2.12	2.27	2.38	1.03	1.50	1.60	1.68

表 6 混凝土 1 年徐变系数终值 φ_{1y}

年平均相对湿度 RH		$40\% \leqslant RH < 70\%$				$70\% \leqslant RH \leqslant 99\%$			
理论厚度 $2A/u$(mm)		100	200	300	≥600	100	200	300	≥600
预加应力时的混凝土龄期 t_0 (d)	3	2.91	2.49	2.25	1.87	2.29	2.00	1.84	1.55
	7	2.48	2.12	1.92	1.59	1.95	1.71	1.57	1.32
	10	2.32	1.98	1.79	1.48	1.82	1.60	1.46	1.24
	14	2.17	1.86	1.68	1.39	1.70	1.49	1.37	1.16
	28	1.89	1.62	1.46	1.21	1.49	1.30	1.19	1.00
	60	1.61	1.37	1.24	1.02	1.26	1.10	1.01	0.85
	≥90	1.46	1.24	1.12	0.92	1.15	1.00	0.91	0.76

表 7 混凝土 10 年徐变系数终极值 φ_{∞}

年平均相对湿度 RH		$40\% \leqslant RH < 70\%$				$70\% \leqslant RH \leqslant 99\%$			
理论厚度 $2A/u$(mm)		100	200	300	≥600	100	200	300	≥600
预加应力时的混凝土龄期 t_0 (d)	3	3.51	3.14	2.94	2.63	2.78	2.55	2.43	2.23
	7	3.00	2.68	2.51	2.25	2.37	2.18	2.08	1.91
	10	2.80	2.51	2.35	2.10	2.22	2.04	1.94	1.78
	14	2.63	2.35	2.21	1.97	2.08	1.91	1.82	1.67
	28	2.31	2.06	1.93	1.73	1.82	1.68	1.60	1.47
	60	1.99	1.78	1.67	1.49	1.58	1.45	1.38	1.27
	≥90	1.85	1.65	1.55	1.38	1.46	1.34	1.28	1.17

中华人民共和国行业标准

高层建筑混凝土结构技术规程

Technical specification for concrete structures of tall building

JGJ 3—2010

批准部门：中华人民共和国住房和城乡建设部
施行日期：2 0 1 1 年 1 0 月 1 日

中华人民共和国住房和城乡建设部
公　　告

第788号

关于发布行业标准《高层建筑混凝土结构技术规程》的公告

现批准《高层建筑混凝土结构技术规程》为行业标准，编号为JGJ 3－2010，自2011年10月1日起实施。其中，第3.8.1、3.9.1、3.9.3、3.9.4、4.2.2、4.3.1、4.3.2、4.3.12、4.3.16、5.4.4、5.6.1、5.6.2、5.6.3、5.6.4、6.1.6、6.3.2、6.4.3、7.2.17、8.1.5、8.2.1、9.2.3、9.3.7、10.1.2、10.2.7、10.2.10、10.2.19、10.3.3、10.4.4、10.5.2、10.5.6、11.1.4条为强制性条文，必须严格执行。原行业标准《高层建筑混凝土结构技术规程》JGJ 3－2002同时废止。

本规程由我部标准定额研究所组织中国建筑工业出版社出版发行。

中华人民共和国住房和城乡建设部

2010年10月21日

前　　言

根据原建设部《关于印发〈2006年工程建设标准规范制定、修订计划（第一批）〉的通知》（建标［2006］77号）的要求，规程编制组经广泛调查研究，认真总结工程实践经验，参考有关国际标准和国外先进标准，在广泛征求意见的基础上，修订本规程。

本规程主要技术内容是：1. 总则；2. 术语和符号；3. 结构设计基本规定；4. 荷载和地震作用；5. 结构计算分析；6. 框架结构设计；7. 剪力墙结构设计；8. 框架-剪力墙结构设计；9. 筒体结构设计；10. 复杂高层建筑结构设计；11. 混合结构设计；12. 地下室和基础设计；13. 高层建筑结构施工。

本规程修订的主要内容是：1. 修改了适用范围；2. 修改、补充了结构平面和立面规则性有关规定；3. 调整了部分结构最大适用高度，增加了8度（0.3g）抗震设防区房屋最大适用高度规定；4. 增加了结构抗震性能设计基本方法及抗连续倒塌设计基本要求；5. 修改、补充了房屋舒适度设计规定；6. 修改、补充了风荷载及地震作用有关内容；7. 调整了“强柱弱梁、强剪弱弯”及部分构件内力调整系数；8. 修改、补充了框架、剪力墙（含短肢剪力墙）、框架-剪力墙、筒体结构的有关规定；9. 修改、补充了复杂高层建筑结构的有关规定；10. 混合结构增加了筒中筒结构、钢管混凝土、钢板剪力墙有关设计规定；11. 补充了地下室设计有关规定；12. 修改、补充了结构施工有关规定。

本规程中以黑体字标志的条文为强制性条文，必须严格执行。

本规程由住房和城乡建设部负责管理和对强制性条文的解释，由中国建筑科学研究院负责具体技术内容的解释。执行过程中如有意见和建议，请寄送中国建筑科学研究院（地址：北京北三环东路30号，邮编：100013）。

本规程主编单位：中国建筑科学研究院

本规程参编单位：北京市建筑设计研究院
华东建筑设计研究院有限公司
广东省建筑设计研究院
中建国际（深圳）设计顾问有限公司
上海市建筑科学研究院（集团）有限公司
清华大学
广州容柏生建筑结构设计事务所
北京建工集团有限责任公司
中国建筑第八工程局有限公司

本规程主要起草人员：徐培福　黄小坤　容柏生
程懋堃　汪大绥　胡绍隆
傅学怡　肖从真　方鄂华
钱稼茹　王翠坤　肖绪文
艾永祥　齐五辉　周建龙
陈　星　蒋利学　李盛勇
张显来　赵　俭

本规程主要审查人员：吴学敏　徐永基　柯长华
王亚勇　樊小卿　窦南华
娄　宇　王立长　左　江
莫　庸　袁金西　施祖元
周　定　李亚明　冯　远
方泰生　吕西林　杨嗣信
李景芳

目　　次

Contents

1 总 则

1.0.1 为在高层建筑工程中合理应用混凝土结构（包括钢和混凝土的混合结构），做到安全适用、技术先进、经济合理、方便施工，制定本规程。

1.0.2 本规程适用于10层及10层以上或房屋高度大于28m的住宅建筑以及房屋高度大于24m的其他高层民用建筑混凝土结构。非抗震设计和抗震设防烈度为6至9度抗震设计的高层民用建筑结构，其适用的房屋最大高度和结构类型应符合本规程的有关规定。

本规程不适用于建造在危险地段以及发震断裂最小避让距离内的高层建筑结构。

1.0.3 抗震设计的高层建筑混凝土结构，当其房屋高度、规则性、结构类型等超过本规程的规定或抗震设防标准等有特殊要求时，可采用结构抗震性能设计方法进行补充分析和论证。

1.0.4 高层建筑结构应注重概念设计，重视结构的选型和平面、立面布置的规则性，加强构造措施，择优选用抗震和抗风性能好且经济合理的结构体系。在抗震设计时，应保证结构的整体抗震性能，使整体结构具有必要的承载能力、刚度和延性。

1.0.5 高层建筑混凝土结构设计与施工，除应符合本规程外，尚应符合国家现行有关标准的规定。

2 术语和符号

2.1 术 语

2.1.1 高层建筑 tall building, high-rise building

10层及10层以上或房屋高度大于28m的住宅建筑和房屋高度大于24m的其他高层民用建筑。

2.1.2 房屋高度 building height

自室外地面至房屋主要屋面的高度，不包括突出屋面的电梯机房、水箱、构架等高度。

2.1.3 框架结构 frame structure

由梁和柱为主要构件组成的承受竖向和水平作用的结构。

2.1.4 剪力墙结构 shearwall structure

由剪力墙组成的承受竖向和水平作用的结构。

2.1.5 框架-剪力墙结构 frame-shearwall structure

由框架和剪力墙共同承受竖向和水平作用的结构。

2.1.6 板柱-剪力墙结构 slab-column shearwall structure

由无梁楼板和柱组成的板柱框架与剪力墙共同承受竖向和水平作用的结构。

2.1.7 筒体结构 tube structure

由竖向筒体为主组成的承受竖向和水平作用的建筑结构。筒体结构的筒体分剪力墙围成的薄壁筒和由密柱框架或壁式框架围成的框筒等。

2.1.8 框架-核心筒结构 frame-corewall structure

由核心筒与外围的稀柱框架组成的筒体结构。

2.1.9 筒中筒结构 tube in tube structure

由核心筒与外围框筒组成的筒体结构。

2.1.10 混合结构 mixed structure, hybrid structure

由钢框架（框筒）、型钢混凝土框架（框筒）、钢管混凝土框架（框筒）与钢筋混凝土核心筒体所组成的共同承受水平和竖向作用的建筑结构。

2.1.11 转换结构构件 structural transfer member

完成上部楼层到下部楼层的结构形式转变或上部楼层到下部楼层结构布置改变而设置的结构构件，包括转换梁、转换桁架、转换板等。部分框支剪力墙结构的转换梁亦称为框支梁。

2.1.12 转换层 transfer story

设置转换结构构件的楼层，包括水平结构构件及其以下的竖向结构构件。

2.1.13 加强层 story with outriggers and/or belt members

设置连接内筒与外围结构的水平伸臂结构（梁或桁架）的楼层，必要时还可沿该楼层外围结构设置带状水平桁架或梁。

2.1.14 连体结构 towers linked with connective structure(s)

除裙楼以外，两个或两个以上塔楼之间带有连接体的结构。

2.1.15 多塔楼结构 multi-tower structure with a common podium

未通过结构缝分开的裙楼上部具有两个或两个以上塔楼的结构。

2.1.16 结构抗震性能设计 performance-based seismic design of structure

以结构抗震性能目标为基准的结构抗震设计。

2.1.17 结构抗震性能目标 seismic performance objectives of structure

针对不同的地震地面运动水准设定的结构抗震性能水准。

2.1.18 结构抗震性能水准 seismic performance levels of structure

对结构震后损坏状况及继续使用可能性等抗震性能的界定。

2.2 符 号

2.2.1 材料力学性能

C20——表示立方体强度标准值为20N/mm^{2}的混凝土强度等级；

E_c——混凝土弹性模量；

E_s——钢筋弹性模量；

f_{ck}、f_c——分别为混凝土轴心抗压强度标准值、设计值；

f_{tk}、f_t——分别为混凝土轴心抗拉强度标准值、设计值；

f_{yk}——普通钢筋强度标准值；

f_y、f'_y——分别为普通钢筋的抗拉、抗压强度设计值；

f_{yv}——横向钢筋的抗拉强度设计值；

f_{yh}、f_{yw}——分别为剪力墙水平、竖向分布钢筋的抗拉强度设计值。

2.2.2 作用和作用效应

F_{Ek}——结构总水平地震作用标准值；

F_{Evk}——结构总竖向地震作用标准值；

G_E——计算地震作用时，结构总重力荷载代表值；

G_{eq}——结构等效总重力荷载代表值；

M——弯矩设计值；

N——轴向力设计值；

S_d——荷载效应或荷载效应与地震作用效应组合的设计值；

V——剪力设计值；

w_0——基本风压；

w_k——风荷载标准值；

ΔF_n——结构顶部附加水平地震作用标准值；

Δu——楼层层间位移。

2.2.3 几何参数

a_s、a'_s——分别为纵向受拉、受压钢筋合力点至截面近边的距离；

A_s、A'_s——分别为受拉区、受压区纵向钢筋截面面积；

A_{sh}——剪力墙水平分布钢筋的全部截面面积；

A_{sv}——梁、柱同一截面各肢箍筋的全部截面面积；

A_{sw}——剪力墙腹板竖向分布钢筋的全部截面面积；

A——剪力墙截面面积；

A_w——T形、I形截面剪力墙腹板的面积；

b——矩形截面宽度；

b_b、b_c、b_w——分别为梁、柱、剪力墙截面宽度；

B——建筑平面宽度、结构迎风面宽度；

d——钢筋直径；桩身直径；

e——偏心距；

e_0——轴向力作用点至截面重心的距离；

e_i——考虑偶然偏心计算地震作用时，第 i 层质心的偏移值；

h——层高；截面高度；

h_0——截面有效高度；

H——房屋高度；

H_i——房屋第 i 层距室外地面的高度；

l_a——非抗震设计时纵向受拉钢筋的最小锚固长度；

l_{ab}——受拉钢筋的基本锚固长度；

l_{abE}——抗震设计时纵向受拉钢筋的基本锚固长度；

l_{aE}——抗震设计时纵向受拉钢筋的最小锚固长度；

s——箍筋间距。

2.2.4 系数

α——水平地震影响系数值；

α_{max}、α_{vmax}——分别为水平、竖向地震影响系数最大值；

α_1——受压区混凝土矩形应力图的应力与混凝土轴心抗压强度设计值的比值；

β_c——混凝土强度影响系数；

β_z——z 高度处的风振系数；

γ_j——j 振型的参与系数；

γ_{Eh}——水平地震作用的分项系数；

γ_{Ev}——竖向地震作用的分项系数；

γ_G——永久荷载（重力荷载）的分项系数；

γ_w——风荷载的分项系数；

γ_{RE}——构件承载力抗震调整系数；

η_p——弹塑性位移增大系数；

λ——剪跨比；水平地震剪力系数；

λ_v——配箍特征值；

μ_N——柱轴压比；墙肢轴压比；

μ_s——风荷载体型系数；

μ_z——风压高度变化系数；

ξ_y——楼层屈服强度系数；

ρ_{sv}——箍筋面积配筋率；

ρ_w——剪力墙竖向分布钢筋配筋率；

Ψ_w——风荷载的组合值系数。

2.2.5 其他

T_1——结构第一平动或平动为主的自振周期（基本自振周期）；

T_t——结构第一扭转振动或扭转振动为主的自振周期；

T_g——场地的特征周期。

3 结构设计基本规定

3.1 一般规定

3.1.1 高层建筑的抗震设防烈度必须按照国家规定的权限审批、颁发的文件（图件）确定。一般情况下，抗震设防烈度应采用根据中国地震动参数区划图确定的地震基本烈度。

3.1.2 抗震设计的高层混凝土建筑应按现行国家标

准《建筑工程抗震设防分类标准》GB 50223 的规定确定其抗震设防类别。

注：本规程中甲类建筑、乙类建筑、丙类建筑分别为现行国家标准《建筑工程抗震设防分类标准》GB 50223 中特殊设防类、重点设防类、标准设防类的简称。

3.1.3 高层建筑混凝土结构可采用框架、剪力墙、框架-剪力墙、板柱-剪力墙和筒体结构等结构体系。

3.1.4 高层建筑不应采用严重不规则的结构体系，并应符合下列规定：

1 应具有必要的承载能力、刚度和延性；

2 应避免因部分结构或构件的破坏而导致整个结构丧失承受重力荷载、风荷载和地震作用的能力；

3 对可能出现的薄弱部位，应采取有效的加强措施。

3.1.5 高层建筑的结构体系尚宜符合下列规定：

1 结构的竖向和水平布置宜使结构具有合理的刚度和承载力分布，避免因刚度和承载力局部突变或结构扭转效应而形成薄弱部位；

2 抗震设计时宜具有多道防线。

3.1.6 高层建筑混凝土结构宜采取措施减小混凝土收缩、徐变、温度变化、基础差异沉降等非荷载效应的不利影响。房屋高度不低于 150m 的高层建筑外墙宜采用各类建筑幕墙。

3.1.7 高层建筑的填充墙、隔墙等非结构构件宜采用各类轻质材料，构造上应与主体结构可靠连接，并应满足承载力、稳定和变形要求。

3.2 材　　料

3.2.1 高层建筑混凝土结构宜采用高强高性能混凝土和高强钢筋；构件内力较大或抗震性能有较高要求时，宜采用型钢混凝土、钢管混凝土构件。

3.2.2 各类结构用混凝土的强度等级均不应低于 C20，并应符合下列规定：

1 抗震设计时，一级抗震等级框架梁、柱及其节点的混凝土强度等级不应低于 C30；

2 筒体结构的混凝土强度等级不宜低于 C30；

3 作为上部结构嵌固部位的地下室楼盖的混凝土强度等级不宜低于 C30；

4 转换层楼板、转换梁、转换柱、箱形转换结构以及转换厚板的混凝土强度等级均不应低于 C30；

5 预应力混凝土结构的混凝土强度等级不宜低于 C40、不应低于 C30；

6 型钢混凝土梁、柱的混凝土强度等级不宜低于 C30；

7 现浇非预应力混凝土楼盖结构的混凝土强度等级不宜高于 C40；

8 抗震设计时，框架柱的混凝土强度等级，9 度时不宜高于 C60，8 度时不宜高于 C70；剪力墙的混凝土强度等级不宜高于 C60。

3.2.3 高层建筑混凝土结构的受力钢筋及其性能应符合现行国家标准《混凝土结构设计规范》GB 50010 的有关规定。按一、二、三级抗震等级设计的框架和斜撑构件，其纵向受力钢筋尚应符合下列规定：

1 钢筋的抗拉强度实测值与屈服强度实测值的比值不应小于 1.25；

2 钢筋的屈服强度实测值与屈服强度标准值的比值不应大于 1.30；

3 钢筋最大拉力下的总伸长率实测值不应小于 9%。

3.2.4 抗震设计时混合结构中钢材应符合下列规定：

1 钢材的屈服强度实测值与抗拉强度实测值的比值不应大于 0.85；

2 钢材应有明显的屈服台阶，且伸长率不应小于 20%；

3 钢材应有良好的焊接性和合格的冲击韧性。

3.2.5 混合结构中的型钢混凝土竖向构件的型钢及钢管混凝土的钢管宜采用 Q345 和 Q235 等级的钢材，也可采用 Q390、Q420 等级或符合结构性能要求的其他钢材；型钢梁宜采用 Q235 和 Q345 等级的钢材。

3.3 房屋适用高度和高宽比

3.3.1 钢筋混凝土高层建筑结构的最大适用高度应区分为 A 级和 B 级。A 级高度钢筋混凝土乙类和丙类高层建筑的最大适用高度应符合表 3.3.1-1 的规定，B 级高度钢筋混凝土乙类和丙类高层建筑的最大适用高度应符合表 3.3.1-2 的规定。

平面和竖向均不规则的高层建筑结构，其最大适用高度宜适当降低。

表 3.3.1-1　A 级高度钢筋混凝土高层建筑的最大适用高度（m）

结构体系		非抗震设计	抗震设防烈度				
			6 度	7 度	8 度		9 度
					0.20g	0.30g	
框架		70	60	50	40	35	—
框架-剪力墙		150	130	120	100	80	50
剪力墙	全部落地剪力墙	150	140	120	100	80	60
	部分框支剪力墙	130	120	100	80	50	不应采用
筒　体	框架-核心筒	160	150	130	100	90	70
	筒中筒	200	180	150	120	100	80
板柱-剪力墙		110	80	70	55	40	不应采用

注：1 表中框架不含异形柱框架；

2 部分框支剪力墙结构指地面以上有部分框支剪力墙的剪力墙结构；

3 甲类建筑，6、7、8 度时宜按本地区抗震设防烈度提高一度后符合本表的要求，9 度时应专门研究；

4 框架结构、板柱-剪力墙结构以及 9 度抗震设防的表列其他结构，当房屋高度超过本表数值时，结构设计应有可靠依据，并采取有效的加强措施。

表 3.3.1-2　B 级高度钢筋混凝土高层建筑的最大适用高度（m）

结构体系		非抗震设计	抗震设防烈度			
			6 度	7 度	8 度	
					0.20g	0.30g
框架-剪力墙		170	160	140	120	100
剪力墙	全部落地剪力墙	180	170	150	130	110
	部分框支剪力墙	150	140	120	100	80
筒体	框架-核心筒	220	210	180	140	120
	筒中筒	300	280	230	170	150

注：1　部分框支剪力墙结构指地面以上有部分框支剪力墙的剪力墙结构；

2　甲类建筑，6、7 度时宜按本地区设防烈度提高一度后符合本表的要求，8 度时应专门研究；

3　当房屋高度超过表中数值时，结构设计应有可靠依据，并采取有效的加强措施。

3.3.2　钢筋混凝土高层建筑结构的高宽比不宜超过表 3.3.2 的规定。

表 3.3.2　钢筋混凝土高层建筑结构适用的最大高宽比

结构体系	非抗震设计	抗震设防烈度		
		6 度、7 度	8 度	9 度
框架	5	4	3	—
板柱-剪力墙	6	5	4	—
框架-剪力墙、剪力墙	7	6	5	4
框架-核心筒	8	7	6	4
筒中筒	8	8	7	5

3.4　结构平面布置

3.4.1　在高层建筑的一个独立结构单元内，结构平面形状宜简单、规则，质量、刚度和承载力分布宜均匀。不应采用严重不规则的平面布置。

3.4.2　高层建筑宜选用风作用效应较小的平面形状。

3.4.3　抗震设计的混凝土高层建筑，其平面布置宜符合下列规定：

1　平面宜简单、规则、对称，减少偏心；

2　平面长度不宜过长（图 3.4.3），L/B 宜符合表 3.4.3 的要求；

表 3.4.3　平面尺寸及突出部位尺寸的比值限值

设防烈度	L/B	l/B_{max}	l/b
6、7 度	≤6.0	≤0.35	≤2.0
8、9 度	≤5.0	≤0.30	≤1.5

3　平面突出部分的长度 l 不宜过大、宽度 b 不宜过小（图 3.4.3），l/B_{max}、l/b 宜符合表 3.4.3 的要求；

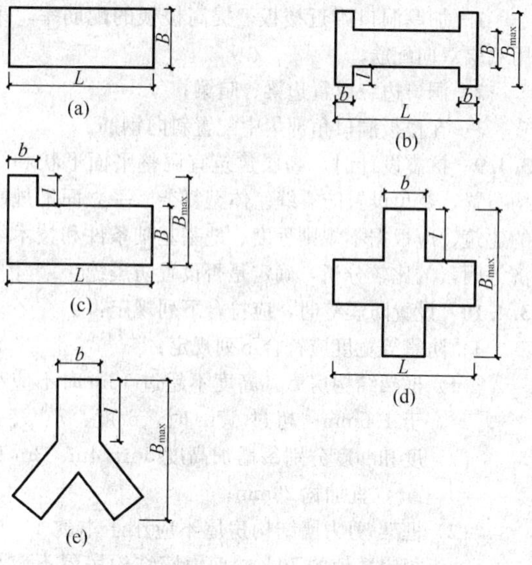

图 3.4.3　建筑平面示意

4　建筑平面不宜采用角部重叠或细腰形平面布置。

3.4.4　抗震设计时，B 级高度钢筋混凝土高层建筑、混合结构高层建筑及本规程第 10 章所指的复杂高层建筑结构，其平面布置应简单、规则，减少偏心。

3.4.5　结构平面布置应减少扭转的影响。在考虑偶然偏心影响的规定水平地震力作用下，楼层竖向构件最大的水平位移和层间位移，A 级高度高层建筑不宜大于该楼层平均值的 1.2 倍，不应大于该楼层平均值的 1.5 倍；B 级高度高层建筑、超过 A 级高度的混合结构及本规程第 10 章所指的复杂高层建筑不宜大于该楼层平均值的 1.2 倍，不应大于该楼层平均值的 1.4 倍。结构扭转为主的第一自振周期 T_t 与平动为主的第一自振周期 T_1 之比，A 级高度高层建筑不应大于 0.9，B 级高度高层建筑、超过 A 级高度的混合结构及本规程第 10 章所指的复杂高层建筑不应大于 0.85。

注：当楼层的最大层间位移角不大于本规程第 3.7.3 条规定的限值的 40%时，该楼层竖向构件的最大水平位移和层间位移与该楼层平均值的比值可适当放松，但不应大于 1.6。

3.4.6　当楼板平面比较狭长、有较大的凹入或开洞时，应在设计中考虑其对结构产生的不利影响。有效楼板宽度不宜小于该层楼面宽度的 50%；楼板开洞总面积不宜超过楼面面积的 30%；在扣除凹入或开洞后，楼板在任一方向的最小净宽度不宜小于 5m，且开洞后每一边的楼板净宽度不应小于 2m。

3.4.7　⧺字形、井字形等外伸长度较大的建筑，当中央部分楼板有较大削弱时，应加强楼板以及连接部位墙体的构造措施，必要时可在外伸段凹槽处设置连接梁或连接板。

3.4.8　楼板开大洞削弱后，宜采取下列措施：

1 加厚洞口附近楼板，提高楼板的配筋率，采用双层双向配筋；

2 洞口边缘设置边梁、暗梁；

3 在楼板洞口角部集中配置斜向钢筋。

3.4.9 抗震设计时，高层建筑宜调整平面形状和结构布置，避免设置防震缝。体型复杂、平立面不规则的建筑，应根据不规则程度、地基基础条件和技术经济等因素的比较分析，确定是否设置防震缝。

3.4.10 设置防震缝时，应符合下列规定：

1 防震缝宽度应符合下列规定：

1）框架结构房屋，高度不超过 15m 时不应小于 100mm；超过 15m 时，6 度、7 度、8 度和 9 度分别每增加高度 5m、4m、3m 和 2m，宜加宽 20mm；

2）框架-剪力墙结构房屋不应小于本款 1）项规定数值的 70%，剪力墙结构房屋不应小于本款 1）项规定数值的 50%，且二者均不宜小于 100mm。

2 防震缝两侧结构体系不同时，防震缝宽度应按不利的结构类型确定；

3 防震缝两侧的房屋高度不同时，防震缝宽度可按较低的房屋高度确定；

4 8、9 度抗震设计的框架结构房屋，防震缝两侧结构层高相差较大时，防震缝两侧框架柱的箍筋应沿房屋全高加密，并可根据需要沿房屋全高在缝两侧各设置不少于两道垂直于防震缝的抗撞墙；

5 当相邻结构的基础存在较大沉降差时，宜增大防震缝的宽度；

6 防震缝宜沿房屋全高设置，地下室、基础可不设防震缝，但在与上部防震缝对应处应加强构造和连接；

7 结构单元之间或主楼与裙房之间不宜采用牛腿托梁的做法设置防震缝，否则应采取可靠措施。

3.4.11 抗震设计时，伸缩缝、沉降缝的宽度均应符合本规程第 3.4.10 条关于防震缝宽度的要求。

3.4.12 高层建筑结构伸缩缝的最大间距宜符合表 3.4.12 的规定。

表 3.4.12 伸缩缝的最大间距

结构体系	施工方法	最大间距（m）
框架结构	现浇	55
剪力墙结构	现浇	45

注：1 框架-剪力墙的伸缩缝间距可根据结构的具体布置情况取表中框架结构与剪力墙结构之间的数值；

2 当屋面无保温或隔热措施、混凝土的收缩较大或室内结构因施工外露时间较长时，伸缩缝间距应适当减小；

3 位于气候干燥地区、夏季炎热且暴雨频繁地区的结构，伸缩缝的间距宜适当减小。

3.4.13 当采用有效的构造措施和施工措施减小温度和混凝土收缩对结构的影响时，可适当放宽伸缩缝的间距。这些措施可包括但不限于下列方面：

1 顶层、底层、山墙和纵墙端开间等受温度变化影响较大的部位提高配筋率；

2 顶层加强保温隔热措施，外墙设置外保温层；

3 每 30m～40m 间距留出施工后浇带，带宽 800mm～1000mm，钢筋采用搭接接头，后浇带混凝土宜在 45d 后浇筑；

4 采用收缩小的水泥、减少水泥用量、在混凝土中加入适宜的外加剂；

5 提高每层楼板的构造配筋率或采用部分预应力结构。

3.5 结构竖向布置

3.5.1 高层建筑的竖向体型宜规则、均匀，避免有过大的外挑和收进。结构的侧向刚度宜下大上小，逐渐均匀变化。

3.5.2 抗震设计时，高层建筑相邻楼层的侧向刚度变化应符合下列规定：

1 对框架结构，楼层与其相邻上层的侧向刚度比 γ_1 可按式（3.5.2-1）计算，且本层与相邻上层的比值不宜小于 0.7，与相邻上部三层刚度平均值的比值不宜小于 0.8。

$$\gamma_1=\frac{V_i\Delta_{i+1}}{V_{i+1}\Delta_i} \tag{3.5.2-1}$$

式中：γ_1 ——楼层侧向刚度比；

V_i、V_{i+1} ——第 i 层和第 $i+1$ 层的地震剪力标准值（kN）；

Δ_i、Δ_{i+1} ——第 i 层和第 $i+1$ 层在地震作用标准值作用下的层间位移（m）。

2 对框架-剪力墙、板柱-剪力墙结构、剪力墙结构、框架-核心筒结构、筒中筒结构，楼层与其相邻上层的侧向刚度比 γ_2 可按式（3.5.2-2）计算，且本层与相邻上层的比值不宜小于 0.9；当本层层高大于相邻上层层高的 1.5 倍时，该比值不宜小于 1.1；对结构底部嵌固层，该比值不宜小于 1.5。

$$\gamma_2=\frac{V_i\Delta_{i+1}}{V_{i+1}\Delta_i}\frac{h_i}{h_{i+1}} \tag{3.5.2-2}$$

式中：γ_2 ——考虑层高修正的楼层侧向刚度比。

3.5.3 A 级高度高层建筑的楼层抗侧力结构的层间受剪承载力不宜小于其相邻上一层受剪承载力的 80%，不应小于其相邻上一层受剪承载力的 65%；B 级高度高层建筑的楼层抗侧力结构的层间受剪承载力不应小于其相邻上一层受剪承载力的 75%。

注：楼层抗侧力结构的层间受剪承载力是指在所考虑的水平地震作用方向上，该层全部柱、剪力墙、斜撑的受剪承载力之和。

3.5.4 抗震设计时，结构竖向抗侧力构件宜上、下连续贯通。

3.5.5 抗震设计时，当结构上部楼层收进部位到室外地面的高度 H_1 与房屋高度 H 之比大于 0.2 时，上部楼层收进后的水平尺寸 B_1 不宜小于下部楼层水平尺寸 B 的 75%（图 3.5.5a、b）；当上部结构楼层相对于下部楼层外挑时，上部楼层水平尺寸 B_1 不宜大于下部楼层的水平尺寸 B 的 1.1 倍，且水平外挑尺寸 a 不宜大于 4m（图 3.5.5c、d）。

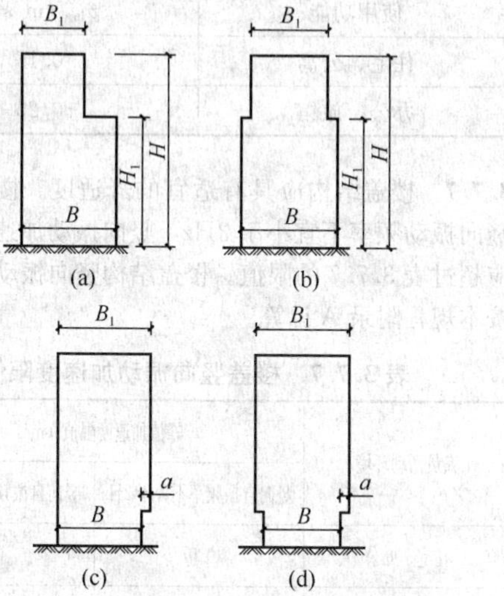

图 3.5.5 结构竖向收进和外挑示意

3.5.6 楼层质量沿高度宜均匀分布，楼层质量不宜大于相邻下部楼层质量的 1.5 倍。

3.5.7 不宜采用同一楼层刚度和承载力变化同时不满足本规程第 3.5.2 条和 3.5.3 条规定的高层建筑结构。

3.5.8 侧向刚度变化、承载力变化、竖向抗侧力构件连续性不符合本规程第 3.5.2、3.5.3、3.5.4 条要求的楼层，其对应于地震作用标准值的剪力应乘以 1.25 的增大系数。

3.5.9 结构顶层取消部分墙、柱形成空旷房间时，宜进行弹性或弹塑性时程分析补充计算并采取有效的构造措施。

3.6 楼 盖 结 构

3.6.1 房屋高度超过 50m 时，框架-剪力墙结构、筒体结构及本规程第 10 章所指的复杂高层建筑结构应采用现浇楼盖结构，剪力墙结构和框架结构宜采用现浇楼盖结构。

3.6.2 房屋高度不超过 50m 时，8、9 度抗震设计时宜采用现浇楼盖结构；6、7 度抗震设计时可采用装配整体式楼盖，且应符合下列要求：

1 无现浇叠合层的预制板，板端搁置在梁上的长度不宜小于 50mm。

2 预制板板端宜预留胡子筋，其长度不宜小于 100mm。

3 预制空心板孔端应有堵头，堵头深度不宜小于 60mm，并应采用强度等级不低于 C20 的混凝土浇灌密实。

4 楼盖的预制板板缝上缘宽度不宜小于 40mm，板缝大于 40mm 时应在板缝内配置钢筋，并宜贯通整个结构单元。现浇板缝、板缝梁的混凝土强度等级宜高于预制板的混凝土强度等级。

5 楼盖每层宜设置钢筋混凝土现浇层。现浇层厚度不应小于 50mm，并应双向配置直径不小于 6mm、间距不大于 200mm 的钢筋网，钢筋应锚固在梁或剪力墙内。

3.6.3 房屋的顶层、结构转换层、大底盘多塔楼结构的底盘顶层、平面复杂或开洞过大的楼层、作为上部结构嵌固部位的地下室楼层应采用现浇楼盖结构。一般楼层现浇楼板厚度不应小于 80mm，当板内预埋暗管时不宜小于 100mm；顶层楼板厚度不宜小于 120mm，宜双层双向配筋；转换层楼板应符合本规程第 10 章的有关规定；普通地下室顶板厚度不宜小于 160mm；作为上部结构嵌固部位的地下室楼层的顶楼盖应采用梁板结构，楼板厚度不宜小于 180mm，应采用双层双向配筋，且每层每个方向的配筋率不宜小于 0.25%。

3.6.4 现浇预应力混凝土楼板厚度可按跨度的 1/45～1/50 采用，且不宜小于 150mm。

3.6.5 现浇预应力混凝土板设计中应采取措施防止或减小主体结构对楼板施加预应力的阻碍作用。

3.7 水平位移限值和舒适度要求

3.7.1 在正常使用条件下，高层建筑结构应具有足够的刚度，避免产生过大的位移而影响结构的承载力、稳定性和使用要求。

3.7.2 正常使用条件下，结构的水平位移应按本规程第 4 章规定的风荷载、地震作用和第 5 章规定的弹性方法计算。

3.7.3 按弹性方法计算的风荷载或多遇地震标准值作用下的楼层层间最大水平位移与层高之比 $\Delta u/h$ 宜符合下列规定：

1 高度不大于 150m 的高层建筑，其楼层层间最大位移与层高之比 $\Delta u/h$ 不宜大于表 3.7.3 的限值。

表 3.7.3 楼层层间最大位移与层高之比的限值

结构体系	$\Delta u/h$ 限值
框架	1/550
框架-剪力墙、框架-核心筒、板柱-剪力墙	1/800
筒中筒、剪力墙	1/1000
除框架结构外的转换层	1/1000

2 高度不小于 250m 的高层建筑，其楼层层间最大位移与层高之比 $\Delta u/h$ 不宜大于 1/500。

3 高度在 150m～250m 之间的高层建筑，其楼层层间最大位移与层高之比 $\Delta u/h$ 的限值可按本条第

1 款和第 2 款的限值线性插入取用。

注：楼层层间最大位移 Δu 以楼层竖向构件最大的水平位移差计算，不扣除整体弯曲变形。抗震设计时，本条规定的楼层位移计算可不考虑偶然偏心的影响。

3.7.4 高层建筑结构在罕遇地震作用下的薄弱层弹塑性变形验算，应符合下列规定：

1 下列结构应进行弹塑性变形验算：

1) 7～9 度时楼层屈服强度系数小于 0.5 的框架结构；

2) 甲类建筑和 9 度抗震设防的乙类建筑结构；

3) 采用隔震和消能减震设计的建筑结构；

4) 房屋高度大于 150m 的结构。

2 下列结构宜进行弹塑性变形验算：

1) 本规程表 4.3.4 所列高度范围且不满足本规程第 3.5.2～3.5.6 条规定的竖向不规则高层建筑结构；

2) 7 度Ⅲ、Ⅳ类场地和 8 度抗震设防的乙类建筑结构；

3) 板柱-剪力墙结构。

注：楼层屈服强度系数为按构件实际配筋和材料强度标准值计算的楼层受剪承载力与按罕遇地震作用计算的楼层弹性地震剪力的比值。

3.7.5 结构薄弱层（部位）层间弹塑性位移应符合下式规定：

$$\Delta u_p \leqslant [\theta_p]h \quad (3.7.5)$$

式中：Δu_p ——层间弹塑性位移；

$[\theta_p]$ ——层间弹塑性位移角限值，可按表 3.7.5 采用；对框架结构，当轴压比小于 0.40 时，可提高 10%；当柱子全高的箍筋构造采用比本规程中框架柱箍筋最小配箍特征值大 30%时，可提高 20%，但累计提高不宜超过 25%；

h ——层高。

表 3.7.5 层间弹塑性位移角限值

结构体系	$[\theta_p]$
框架结构	1/50
框架-剪力墙结构、框架-核心筒结构、板柱-剪力墙结构	1/100
剪力墙结构和筒中筒结构	1/120
除框架结构外的转换层	1/120

3.7.6 房屋高度不小于 150m 的高层混凝土建筑结构应满足风振舒适度要求。在现行国家标准《建筑结构荷载规范》GB 50009 规定的 10 年一遇的风荷载标准值作用下，结构顶点的顺风向和横风向振动最大加速度计算值不应超过表 3.7.6 的限值。结构顶点的顺风向和横风向振动最大加速度可按现行行业标准《高层民用建筑钢结构技术规程》JGJ 99 的有关规定计算，也可通过风洞试验结果判断确定，计算时结构阻尼比宜取 0.01～0.02。

表 3.7.6 结构顶点风振加速度限值 a_{lim}

使用功能	a_{lim}（m/s²）
住宅、公寓	0.15
办公、旅馆	0.25

3.7.7 楼盖结构应具有适宜的舒适度。楼盖结构的竖向振动频率不宜小于 3Hz，竖向振动加速度峰值不应超过表 3.7.7 的限值。楼盖结构竖向振动加速度可按本规程附录 A 计算。

表 3.7.7 楼盖竖向振动加速度限值

人员活动环境	峰值加速度限值（m/s²）	
	竖向自振频率不大于 2Hz	竖向自振频率不小于 4Hz
住宅、办公	0.07	0.05
商场及室内连廊	0.22	0.15

注：楼盖结构竖向自振频率为 2Hz～4Hz 时，峰值加速度限值可按线性插值选取。

3.8 构件承载力设计

3.8.1 高层建筑结构构件的承载力应按下列公式验算：

持久设计状况、短暂设计状况

$$\gamma_0 S_d \leqslant R_d \quad (3.8.1\text{-}1)$$

地震设计状况 $S_d \leqslant R_d/\gamma_{RE}$ **(3.8.1-2)**

式中：γ_0——结构重要性系数，对安全等级为一级的结构构件不应小于 1.1，对安全等级为二级的结构构件不应小于 1.0；

S_d——作用组合的效应设计值，应符合本规程第 5.6.1～5.6.4 条的规定；

R_d——构件承载力设计值；

γ_{RE}——构件承载力抗震调整系数。

3.8.2 抗震设计时，钢筋混凝土构件的承载力抗震调整系数应按表 3.8.2 采用；型钢混凝土构件和钢构件的承载力抗震调整系数应按本规程第 11.1.7 条的规定采用。当仅考虑竖向地震作用组合时，各类结构构件的承载力抗震调整系数均应取为 1.0。

表 3.8.2 承载力抗震调整系数

构件类别	梁	轴压比小于 0.15 的柱	轴压比不小于 0.15 的柱	剪力墙		各类构件	节点
受力状态	受弯	偏压	偏压	偏压	局部承压	受剪、偏拉	受剪
γ_{RE}	0.75	0.75	0.80	0.85	1.0	0.85	0.85

3.9 抗 震 等 级

3.9.1 各抗震设防类别的高层建筑结构，其抗震措施应符合下列要求：

1 甲类、乙类建筑：应按本地区抗震设防烈度提高一度的要求加强其抗震措施，但抗震设防烈度为9度时应按比9度更高的要求采取抗震措施；当建筑场地为Ⅰ类时，应允许仍按本地区抗震设防烈度的要求采取抗震构造措施。

2 丙类建筑：应按本地区抗震设防烈度确定其抗震措施；当建筑场地为Ⅰ类时，除6度外，应允许按本地区抗震设防烈度降低一度的要求采取抗震构造措施。

3.9.2 当建筑场地为Ⅲ、Ⅳ类时，对设计基本地震加速度为0.15g和0.30g的地区，宜分别按抗震设防烈度8度（0.20g）和9度（0.40g）时各类建筑的要求采取抗震构造措施。

3.9.3 抗震设计时，高层建筑钢筋混凝土结构构件应根据抗震设防分类、烈度、结构类型和房屋高度采用不同的抗震等级，并应符合相应的计算和构造措施要求。A级高度丙类建筑钢筋混凝土结构的抗震等级应按表3.9.3确定。当本地区的设防烈度为9度时，A级高度乙类建筑的抗震等级应按特一级采用，甲类建筑应采取更有效的抗震措施。

注：本规程"特一级和一、二、三、四级"即"抗震等级为特一级和一、二、三、四级"的简称。

表3.9.3 A级高度的高层建筑结构抗震等级

结构类型			烈度						
			6度		7度		8度		9度
框架结构			三		二		一		——
框架-剪力墙结构	高度（m）		≤60	>60	≤60	>60	≤60	>60	≤50
	框架		四	三	三	二	二	一	一
	剪力墙		三		二		一		一
剪力墙结构	高度（m）		≤80	>80	≤80	>80	≤80	>80	≤60
	剪力墙		四	三	三	二	二	一	一
部分框支剪力墙结构	非底部加强部位的剪力墙		四	三	三	二	二	——	——
	底部加强部位的剪力墙		三	二	二	一	一		
	框支框架		二		二	一	一		
筒体结构	框架-核心筒	框架	三		二		一		一
		核心筒	二		二		一		一
	筒中筒	内筒	三		二		一		一
		外筒							
板柱-剪力墙结构	高度		≤35	>35	≤35	>35	≤35	>35	——
	框架、板柱及柱上板带		三	二	二	二	一	一	
	剪力墙		二	二	二	一	二	一	

续表3.9.3

注：1 接近或等于高度分界时，应结合房屋不规则程度及场地、地基条件适当确定抗震等级；

2 底部带转换层的筒体结构，其转换框架的抗震等级应按表中部分框支剪力墙结构的规定采用；

3 当框架-核心筒结构的高度不超过60m时，其抗震等级应允许按框架-剪力墙结构采用。

3.9.4 抗震设计时，B级高度丙类建筑钢筋混凝土结构的抗震等级应按表3.9.4确定。

表3.9.4 B级高度的高层建筑结构抗震等级

结构类型		烈度		
		6度	7度	8度
框架-剪力墙	框架	二	一	一
	剪力墙	二	一	特一
剪力墙	剪力墙	二	一	一
部分框支剪力墙	非底部加强部位剪力墙	二	一	一
	底部加强部位剪力墙	一	一	特一
	框支框架	一	特一	特一
框架-核心筒	框架	二	一	一
	筒体	二	一	特一
筒中筒	外筒	二	一	特一
	内筒	二	一	特一

注：底部带转换层的筒体结构，其转换框架和底部加强部位筒体的抗震等级应按表中部分框支剪力墙结构的规定采用。

3.9.5 抗震设计的高层建筑，当地下室顶层作为上部结构的嵌固端时，地下一层相关范围的抗震等级应按上部结构采用，地下一层以下抗震构造措施的抗震等级可逐层降低一级，但不应低于四级；地下室中超出上部主楼相关范围且无上部结构的部分，其抗震等级可根据具体情况采用三级或四级。

3.9.6 抗震设计时，与主楼连为整体的裙房的抗震等级，除应按裙房本身确定外，相关范围不应低于主楼的抗震等级；主楼结构在裙房顶板上、下各一层应适当加强抗震构造措施。裙房与主楼分离时，应按裙房本身确定抗震等级。

3.9.7 甲、乙类建筑按本规程第3.9.1条提高一度确定抗震措施时，或Ⅲ、Ⅳ类场地且设计基本地震加速度为0.15g和0.30g的丙类建筑按本规程第3.9.2条提高一度确定抗震构造措施时，如果房屋高度超过提高一度后对应的房屋最大适用高度，则应采取比对应抗震等级更有效的抗震构造措施。

3.10 特一级构件设计规定

3.10.1 特一级抗震等级的钢筋混凝土构件除应符合一级钢筋混凝土构件的所有设计要求外，尚应符合本节的有关规定。

3.10.2 特一级框架柱应符合下列规定：

1 宜采用型钢混凝土柱、钢管混凝土柱；

2 柱端弯矩增大系数 η_c、柱端剪力增大系数 η_{vc} 应增大20%；

3 钢筋混凝土柱柱端加密区最小配箍特征值 λ_v 应按本规程表6.4.7规定的数值增加0.02采用；全部纵向钢筋构造配筋百分率，中、边柱不应小于1.4%，角柱不应小于1.6%。

3.10.3 特一级框架梁应符合下列规定：

1 梁端剪力增大系数 η_{vb} 应增大20%；

2 梁端加密区箍筋最小面积配筋率应增大10%。

3.10.4 特一级框支柱应符合下列规定：

1 宜采用型钢混凝土柱、钢管混凝土柱。

2 底层柱下端及与转换层相连的柱上端的弯矩增大系数取1.8，其余层柱端弯矩增大系数 η_c 应增大20%；柱端剪力增大系数 η_{vc} 应增大20%；地震作用产生的柱轴力增大系数取1.8，但计算柱轴压比时可不计该项增大。

3 钢筋混凝土柱柱端加密区最小配箍特征值 λ_v 应按本规程表6.4.7的数值增大0.03采用，且箍筋体积配箍率不应小于1.6%；全部纵向钢筋最小构造配筋百分率取1.6%。

3.10.5 特一级剪力墙、筒体墙应符合下列规定：

1 底部加强部位的弯矩设计值应乘以1.1的增大系数，其他部位的弯矩设计值应乘以1.3的增大系数；底部加强部位的剪力设计值，应按考虑地震作用组合的剪力计算值的1.9倍采用，其他部位的剪力设计值，应按考虑地震作用组合的剪力计算值的1.4倍采用。

2 一般部位的水平和竖向分布钢筋最小配筋率应取为0.35%，底部加强部位的水平和竖向分布钢筋的最小配筋率应取为0.40%。

3 约束边缘构件纵向钢筋最小构造配筋率应取为1.4%，配箍特征值宜增大20%；构造边缘构件纵向钢筋的配筋率不应小于1.2%。

4 框支剪力墙结构的落地剪力墙底部加强部位边缘构件宜配置型钢，型钢宜向上、下各延伸一层。

5 连梁的要求同一级。

3.11 结构抗震性能设计

3.11.1 结构抗震性能设计应分析结构方案的特殊性、选用适宜的结构抗震性能目标，并采取满足预期的抗震性能目标的措施。

结构抗震性能目标应综合考虑抗震设防类别、设防烈度、场地条件、结构的特殊性、建造费用、震后损失和修复难易程度等各项因素选定。结构抗震性能目标分为A、B、C、D四个等级，结构抗震性能分为1、2、3、4、5五个水准（表3.11.1），每个性能目标均与一组在指定地震地面运动下的结构抗震性能水准相对应。

表3.11.1 结构抗震性能目标

地震水准 \ 性能水准 \ 性能目标	A	B	C	D
多遇地震	1	1	1	1
设防烈度地震	1	2	3	4
预估的罕遇地震	2	3	4	5

3.11.2 结构抗震性能水准可按表3.11.2进行宏观判别。

表3.11.2 各性能水准结构预期的震后性能状况

结构抗震性能水准	宏观损坏程度	损坏部位			继续使用的可能性
		关键构件	普通竖向构件	耗能构件	
1	完好、无损坏	无损坏	无损坏	无损坏	不需修理即可继续使用
2	基本完好、轻微损坏	无损坏	无损坏	轻微损坏	稍加修理即可继续使用
3	轻度损坏	轻微损坏	轻微损坏	轻度损坏、部分中度损坏	一般修理后可继续使用
4	中度损坏	轻度损坏	部分构件中度损坏	中度损坏、部分比较严重损坏	修复或加固后可继续使用
5	比较严重损坏	中度损坏	部分构件比较严重损坏	比较严重损坏	需排险大修

注："关键构件"是指该构件的失效可能引起结构的连续破坏或危及生命安全的严重破坏；"普通竖向构件"是指"关键构件"之外的竖向构件；"耗能构件"包括框架梁、剪力墙连梁及耗能支撑等。

3.11.3 不同抗震性能水准的结构可按下列规定进行设计：

1 第1性能水准的结构，应满足弹性设计要求。在多遇地震作用下，其承载力和变形应符合本规程的有关规定；在设防烈度地震作用下，结构构件的抗震承载力应符合下式规定：

$$\gamma_G S_{GE} + \gamma_{Eh} S^*_{Ehk} + \gamma_{Ev} S^*_{Evk} \leqslant R_d / \gamma_{RE} \tag{3.11.3-1}$$

式中：R_d、γ_{RE}——分别为构件承载力设计值和承载力抗震调整系数，同本规程第 3.8.1 条；

S_{GE}、γ_G、γ_{Eh}、γ_{Ev} ——同本规程第 5.6.3 条；

S_{Ehk}^* ——水平地震作用标准值的构件内力，不需考虑与抗震等级有关的增大系数；

S_{Evk}^* ——竖向地震作用标准值的构件内力，不需考虑与抗震等级有关的增大系数。

2 第 2 性能水准的结构，在设防烈度地震或预估的罕遇地震作用下，关键构件及普通竖向构件的抗震承载力宜符合式(3.11.3-1)的规定；耗能构件的受剪承载力宜符合式(3.11.3-1)的规定，其正截面承载力应符合下式规定：

$$S_{GE}+S_{Ehk}^*+0.4S_{Evk}^* \leqslant R_k \quad (3.11.3\text{-}2)$$

式中：R_k ——截面承载力标准值，按材料强度标准值计算。

3 第 3 性能水准的结构应进行弹塑性计算分析。在设防烈度地震或预估的罕遇地震作用下，关键构件及普通竖向构件的正截面承载力应符合式（3.11.3-2）的规定，水平长悬臂结构和大跨度结构中的关键构件正截面承载力尚应符合式（3.11.3-3）的规定，其受剪承载力宜符合式（3.11.3-1）的规定；部分耗能构件进入屈服阶段，但其受剪承载力应符合式（3.11.3-2）的规定。在预估的罕遇地震作用下，结构薄弱部位的层间位移角应满足本规程第 3.7.5 条的规定。

$$S_{GE}+0.4S_{Ehk}^*+S_{Evk}^* \leqslant R_k \quad (3.11.3\text{-}3)$$

4 第 4 性能水准的结构应进行弹塑性计算分析。在设防烈度或预估的罕遇地震作用下，关键构件的抗震承载力应符合式（3.11.3-2）的规定，水平长悬臂结构和大跨度结构中的关键构件正截面承载力尚应符合式（3.11.3-3）的规定；部分竖向构件以及大部分耗能构件进入屈服阶段，但钢筋混凝土竖向构件的受剪截面应符合式（3.11.3-4）的规定，钢-混凝土组合剪力墙的受剪截面应符合式（3.11.3-5）的规定。在预估的罕遇地震作用下，结构薄弱部位的层间位移角应符合本规程第 3.7.5 条的规定。

$$V_{GE}+V_{Ek}^* \leqslant 0.15f_{ck}bh_0 \quad (3.11.3\text{-}4)$$

$$(V_{GE}+V_{Ek}^*)-(0.25f_{ak}A_a+0.5f_{spk}A_{sp}) \leqslant 0.15f_{ck}bh_0 \quad (3.11.3\text{-}5)$$

式中：V_{GE} ——重力荷载代表值作用下的构件剪力（N）；

V_{Ek}^* ——地震作用标准值的构件剪力（N），不需考虑与抗震等级有关的增大系数；

f_{ck} ——混凝土轴心拉压强度标准值（N/mm²）；

f_{ak} ——剪力墙端部暗柱中型钢的强度标准值（N/mm²）；

A_a ——剪力墙端部暗柱中型钢的截面面积（mm²）；

f_{spk} ——剪力墙墙内钢板的强度标准值（N/mm²）；

A_{sp} ——剪力墙墙内钢板的横截面面积（mm²）。

5 第 5 性能水准的结构应进行弹塑性计算分析。在预估的罕遇地震作用下，关键构件的抗震承载力宜符合式（3.11.3-2）的规定；较多的竖向构件进入屈服阶段，但同一楼层的竖向构件不宜全部屈服；竖向构件的受剪截面应符合式（3.11.3-4）或（3.11.3-5）的规定；允许部分耗能构件发生比较严重的破坏；结构薄弱部位的层间位移角应符合本规程第 3.7.5 条的规定。

3.11.4 结构弹塑性计算分析除应符合本规程第 5.5.1 条的规定外，尚应符合下列规定：

1 高度不超过 150m 的高层建筑可采用静力弹塑性分析方法；高度超过 200m 时，应采用弹塑性时程分析法；高度在 150m～200m 之间，可视结构自振特性和不规则程度选择静力弹塑性方法或弹塑性时程分析方法。高度超过 300m 的结构，应有两个独立的计算，进行校核。

2 复杂结构应进行施工模拟分析，应以施工全过程完成后的内力为初始状态。

3 弹塑性时程分析宜采用双向或三向地震输入。

3.12 抗连续倒塌设计基本要求

3.12.1 安全等级为一级的高层建筑结构应满足抗连续倒塌概念设计要求；有特殊要求时，可采用拆除构件方法进行抗连续倒塌设计。

3.12.2 抗连续倒塌概念设计应符合下列规定：

1 应采取必要的结构连接措施，增强结构的整体性。

2 主体结构宜采用多跨规则的超静定结构。

3 结构构件应具有适宜的延性，避免剪切破坏、压溃破坏、锚固破坏、节点先于构件破坏。

4 结构构件应具有一定的反向承载能力。

5 周边及边跨框架的柱距不宜过大。

6 转换结构应具有整体多重传递重力荷载途径。

7 钢筋混凝土结构梁柱宜刚接，梁板顶、底钢筋在支座处宜按受拉要求连续贯通。

8 钢结构框架梁柱宜刚接。

9 独立基础之间宜采用拉梁连接。

3.12.3 抗连续倒塌的拆除构件方法应符合下列规定：

1 逐个分别拆除结构周边柱、底层内部柱以及转换桁架腹杆等重要构件。

2 可采用弹性静力方法分析剩余结构的内力与变形。

3　剩余结构构件承载力应符合下式要求：

$$R_d \geqslant \beta S_d \tag{3.12.3}$$

式中：S_d——剩余结构构件效应设计值，可按本规程第3.12.4条的规定计算；

R_d——剩余结构构件承载力设计值，可按本规程第3.12.5条的规定计算；

β——效应折减系数。对中部水平构件取0.67，对其他构件取1.0。

3.12.4　结构抗连续倒塌设计时，荷载组合的效应设计值可按下式确定：

$$S_d = \eta_d(S_{Gk} + \sum \psi_{qi} S_{Qi,k}) + \Psi_w S_{wk} \tag{3.12.4}$$

式中：S_{Gk}——永久荷载标准值产生的效应；

$S_{Qi,k}$——第 i 个竖向可变荷载标准值产生的效应；

S_{wk}——风荷载标准值产生的效应；

ψ_{qi}——可变荷载的准永久值系数；

Ψ_w——风荷载组合值系数，取0.2；

η_d——竖向荷载动力放大系数。当构件直接与被拆除竖向构件相连时取2.0，其他构件取1.0。

3.12.5　构件截面承载力计算时，混凝土强度可取标准值；钢材强度，正截面承载力验算时，可取标准值的1.25倍，受剪承载力验算时可取标准值。

3.12.6　当拆除某构件不能满足结构抗连续倒塌设计要求时，在该构件表面附加80kN/m² 侧向偶然作用设计值，此时其承载力应满足下列公式要求：

$$R_d \geqslant S_d \tag{3.12.6-1}$$

$$S_d = S_{Gk} + 0.6S_{Qk} + S_{Ad} \tag{3.12.6-2}$$

式中：R_d——构件承载力设计值，按本规程第3.8.1条采用；

S_d——作用组合的效应设计值；

S_{Gk}——永久荷载标准值的效应；

S_{Qk}——活荷载标准值的效应；

S_{Ad}——侧向偶然作用设计值的效应。

4　荷载和地震作用

4.1　竖向荷载

4.1.1　高层建筑的自重荷载、楼（屋）面活荷载及屋面雪荷载等应按现行国家标准《建筑结构荷载规范》GB 50009的有关规定采用。

4.1.2　施工中采用附墙塔、爬塔等对结构受力有影响的起重机械或其他施工设备时，应根据具体情况确定对结构产生的施工荷载。

4.1.3　旋转餐厅轨道和驱动设备的自重应按实际情况确定。

4.1.4　擦窗机等清洗设备应按其实际情况确定其自重的大小和作用位置。

4.1.5　直升机平台的活荷载应采用下列两款中能使平台产生最大内力的荷载：

1　直升机总重量引起的局部荷载，按由实际最大起飞重量决定的局部荷载标准值乘以动力系数确定。对具有液压轮胎起落架的直升机，动力系数可取1.4；当没有机型技术资料时，局部荷载标准值及其作用面积可根据直升机类型按表4.1.5取用。

表4.1.5　局部荷载标准值及其作用面积

直升机类型	局部荷载标准值（kN）	作用面积（m²）
轻型	20.0	0.20×0.20
中型	40.0	0.25×0.25
重型	60.0	0.30×0.30

2　等效均布活荷载5kN/m²。

4.2　风荷载

4.2.1　主体结构计算时，风荷载作用面积应取垂直于风向的最大投影面积，垂直于建筑物表面的单位面积风荷载标准值应按下式计算：

$$w_k = \beta_z \mu_s \mu_z w_0 \tag{4.2.1}$$

式中：w_k——风荷载标准值（kN/m²）；

w_0——基本风压（kN/m²），应按本规程第4.2.2条的规定采用；

μ_z——风压高度变化系数，应按现行国家标准《建筑结构荷载规范》GB 50009的有关规定采用；

μ_s——风荷载体型系数，应按本规程第4.2.3条的规定采用；

β_z——z 高度处的风振系数，应按现行国家标准《建筑结构荷载规范》GB 50009的有关规定采用。

4.2.2　基本风压应按照现行国家标准《建筑结构荷载规范》GB 50009的规定采用。对风荷载比较敏感的高层建筑，承载力设计时应按基本风压的1.1倍采用。

4.2.3　计算主体结构的风荷载效应时，风荷载体型系数 μ_s 可按下列规定采用：

1　圆形平面建筑取0.8；

2　正多边形及截角三角形平面建筑，由下式计算：

$$\mu_s = 0.8 + 1.2/\sqrt{n} \tag{4.2.3}$$

式中：n——多边形的边数。

3　高宽比 H/B 不大于4的矩形、方形、十字形平面建筑取1.3；

4　下列建筑取1.4：

1）V形、Y形、弧形、双十字形、井字形平面建筑；

2）L形、槽形和高宽比 H/B 大于4的十字形平面建筑；

3）高宽比 H/B 大于4，长宽比 L/B 不大于1.5的矩形、鼓形平面建筑。

5 在需要更细致进行风荷载计算的场合，风荷载体型系数可按本规程附录B采用，或由风洞试验确定。

4.2.4 当多栋或群集的高层建筑相互间距较近时，宜考虑风力相互干扰的群体效应。一般可将单栋建筑的体型系数 μ_s 乘以相互干扰增大系数，该系数可参考类似条件的试验资料确定；必要时宜通过风洞试验确定。

4.2.5 横风向振动效应或扭转风振效应明显的高层建筑，应考虑横风向风振或扭转风振的影响。横风向风振或扭转风振的计算范围、方法以及顺风向与横风向效应的组合方法应符合现行国家标准《建筑结构荷载规范》GB 50009的有关规定。

4.2.6 考虑横风向风振或扭转风振影响时，结构顺风向及横风向的侧向位移应分别符合本规程第3.7.3条的规定。

4.2.7 房屋高度大于200m或有下列情况之一时，宜进行风洞试验判断确定建筑物的风荷载：

1 平面形状或立面形状复杂；

2 立面开洞或连体建筑；

3 周围地形和环境较复杂。

4.2.8 檐口、雨篷、遮阳板、阳台等水平构件，计算局部上浮风荷载时，风荷载体型系数 μ_s 不宜小于2.0。

4.2.9 设计高层建筑的幕墙结构时，风荷载应按国家现行标准《建筑结构荷载规范》GB 50009、《玻璃幕墙工程技术规范》JGJ 102、《金属与石材幕墙工程技术规范》JGJ 133的有关规定采用。

4.3 地震作用

4.3.1 各抗震设防类别高层建筑的地震作用，应符合下列规定：

1 甲类建筑：应按批准的地震安全性评价结果且高于本地区抗震设防烈度的要求确定；

2 乙、丙类建筑：应按本地区抗震设防烈度计算。

4.3.2 高层建筑结构的地震作用计算应符合下列规定：

1 一般情况下，应至少在结构两个主轴方向分别计算水平地震作用；有斜交抗侧力构件的结构，当相交角度大于15°时，应分别计算各抗侧力构件方向的水平地震作用。

2 质量与刚度分布明显不对称的结构，应计算双向水平地震作用下的扭转影响；其他情况，应计算单向水平地震作用下的扭转影响。

3 高层建筑中的大跨度、长悬臂结构，7度(0.15g)、8度抗震设计时应计入竖向地震作用。

4 9度抗震设计时应计算竖向地震作用。

4.3.3 计算单向地震作用时应考虑偶然偏心的影响。每层质心沿垂直于地震作用方向的偏移值可按下式采用：

$$e_i = \pm 0.05L_i \tag{4.3.3}$$

式中：e_i ——第 i 层质心偏移值（m），各楼层质心偏移方向相同；

L_i ——第 i 层垂直于地震作用方向的建筑物总长度（m）。

4.3.4 高层建筑结构应根据不同情况，分别采用下列地震作用计算方法：

1 高层建筑结构宜采用振型分解反应谱法；对质量和刚度不对称、不均匀的结构以及高度超过100m的高层建筑结构应采用考虑扭转耦联振动影响的振型分解反应谱法。

2 高度不超过40m、以剪切变形为主且质量和刚度沿高度分布比较均匀的高层建筑结构，可采用底部剪力法。

3 7～9度抗震设防的高层建筑，下列情况应采用弹性时程分析法进行多遇地震下的补充计算：

1）甲类高层建筑结构；

2）表4.3.4所列的乙、丙类高层建筑结构；

3）不满足本规程第3.5.2～3.5.6条规定的高层建筑结构；

4）本规程第10章规定的复杂高层建筑结构。

表4.3.4 采用时程分析法的高层建筑结构

设防烈度、场地类别	建筑高度范围
8度Ⅰ、Ⅱ类场地和7度	＞100m
8度Ⅲ、Ⅳ类场地	＞80m
9度	＞60m

注：场地类别应按现行国家标准《建筑抗震设计规范》GB 50011的规定采用。

4.3.5 进行结构时程分析时，应符合下列要求：

1 应按建筑场地类别和设计地震分组选取实际地震记录和人工模拟的加速度时程曲线，其中实际地震记录的数量不应少于总数量的2/3，多组时程曲线的平均地震影响系数曲线应与振型分解反应谱法所采用的地震影响系数曲线在统计意义上相符；弹性时程分析时，每条时程曲线计算所得结构底部剪力不应小于振型分解反应谱法计算结果的65%，多条时程曲线计算所得结构底部剪力的平均值不应小于振型分解反应谱法计算结果的80%。

2 地震波的持续时间不宜小于建筑结构基本自振周期的5倍和15s，地震波的时间间距可取0.01s

或 0.02s。

3 输入地震加速度的最大值可按表 4.3.5 采用。

表 4.3.5 时程分析时输入地震加速度的最大值（cm/s^2）

设防烈度	6 度	7 度	8 度	9 度
多遇地震	18	35（55）	70（110）	140
设防地震	50	100（150）	200（300）	400
罕遇地震	125	220（310）	400（510）	620

注：7、8 度时括号内数值分别用于设计基本地震加速度为 $0.15g$ 和 $0.30g$ 的地区，此处 g 为重力加速度。

4 当取三组时程曲线进行计算时，结构地震作用效应宜取时程法计算结果的包络值与振型分解反应谱法计算结果的较大值；当取七组及七组以上时程曲线进行计算时，结构地震作用效应可取时程法计算结果的平均值与振型分解反应谱法计算结果的较大值。

4.3.6 计算地震作用时，建筑结构的重力荷载代表值应取永久荷载标准值和可变荷载组合值之和。可变荷载的组合值系数应按下列规定采用：

1 雪荷载取 0.5；

2 楼面活荷载按实际情况计算时取 1.0；按等效均布活荷载计算时，藏书库、档案库、库房取 0.8，一般民用建筑取 0.5。

4.3.7 建筑结构的地震影响系数应根据烈度、场地类别、设计地震分组和结构自振周期及阻尼比确定。其水平地震影响系数最大值 $\alpha_{\max}$ 应按表 4.3.7-1 采用；特征周期应根据场地类别和设计地震分组按表 4.3.7-2 采用，计算罕遇地震作用时，特征周期应增加 0.05s。

注：周期大于 6.0s 的高层建筑结构所采用的地震影响系数应作专门研究。

表 4.3.7-1 水平地震影响系数最大值 $\alpha_{\max}$

地震影响	6 度	7 度	8 度	9 度
多遇地震	0.04	0.08（0.12）	0.16（0.24）	0.32
设防地震	0.12	0.23（0.34）	0.45（0.68）	0.90
罕遇地震	0.28	0.50（0.72）	0.90（1.20）	1.40

注：7、8 度时括号内数值分别用于设计基本地震加速度为 $0.15g$ 和 $0.30g$ 的地区。

表 4.3.7-2 特征周期值 T_g（s）

场地类别 / 设计地震分组	Ⅰ$_0$	Ⅰ$_1$	Ⅱ	Ⅲ	Ⅳ
第一组	0.20	0.25	0.35	0.45	0.65
第二组	0.25	0.30	0.40	0.55	0.75
第三组	0.30	0.35	0.45	0.65	0.90

4.3.8 高层建筑结构地震影响系数曲线（图 4.3.8）的形状参数和阻尼调整应符合下列规定：

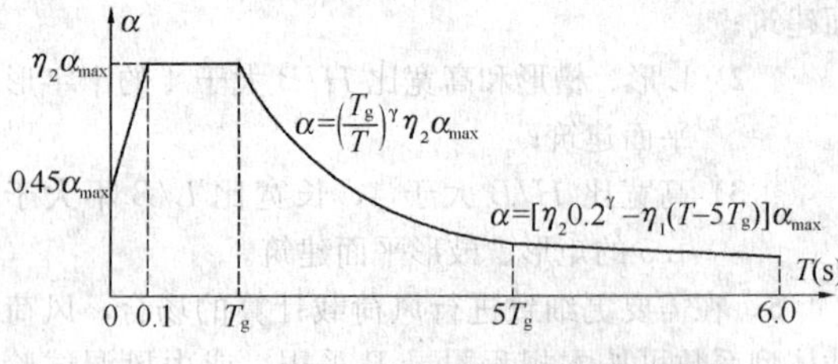

图 4.3.8 地震影响系数曲线

α—地震影响系数；$\alpha_{\max}$—地震影响系数最大值；T—结构自振周期；T_g—特征周期；γ—衰减指数；η_1—直线下降段下降斜率调整系数；η_2—阻尼调整系数

1 除有专门规定外，钢筋混凝土高层建筑结构的阻尼比应取 0.05，此时阻尼调整系数 η_2 应取 1.0，形状参数应符合下列规定：

1）直线上升段，周期小于 0.1s 的区段；

2）水平段，自 0.1s 至特征周期 T_g 的区段，地震影响系数应取最大值 $\alpha_{\max}$；

3）曲线下降段，自特征周期至 5 倍特征周期的区段，衰减指数 γ 应取 0.9；

4）直线下降段，自 5 倍特征周期至 6.0s 的区段，下降斜率调整系数 η_1 应取 0.02。

2 当建筑结构的阻尼比不等于 0.05 时，地震影响系数曲线的分段情况与本条第 1 款相同，但其形状参数和阻尼调整系数 η_2 应符合下列规定：

1）曲线下降段的衰减指数应按下式确定：

$$\gamma = 0.9 + \frac{0.05-\zeta}{0.3+6\zeta} \quad (4.3.8\text{-}1)$$

式中：γ——曲线下降段的衰减指数；

ζ——阻尼比。

2）直线下降段的下降斜率调整系数应按下式确定：

$$\eta_1 = 0.02 + \frac{0.05-\zeta}{4+32\zeta} \quad (4.3.8\text{-}2)$$

式中：η_1——直线下降段的斜率调整系数，小于 0 时应取 0。

3）阻尼调整系数应按下式确定：

$$\eta_2 = 1 + \frac{0.05-\zeta}{0.08+1.6\zeta} \quad (4.3.8\text{-}3)$$

式中：η_2——阻尼调整系数，当 η_2 小于 0.55 时，应取 0.55。

4.3.9 采用振型分解反应谱方法时，对于不考虑扭转耦联振动影响的结构，应按下列规定进行地震作用和作用效应的计算：

1 结构第 j 振型 i 层的水平地震作用的标准值应按下列公式确定：

$$F_{ji} = \alpha_j \gamma_j X_{ji} G_i \quad (4.3.9\text{-}1)$$

$$\gamma_j = \frac{\sum_{i=1}^{n} X_{ji} G_i}{\sum_{i=1}^{n} X_{ji}^2 G_i} \quad (i=1,2,\cdots,n;\ j=1,2,\cdots,m) \quad (4.3.9\text{-}2)$$

式中：G_i ——i 层的重力荷载代表值，应按本规程第 4.3.6 条的规定确定；

F_{ji} ——第 j 振型 i 层水平地震作用的标准值；

α_j ——相应于 j 振型自振周期的地震影响系数，应按本规程第 4.3.7、4.3.8 条确定；

X_{ji} ——j 振型 i 层的水平相对位移；

γ_j ——j 振型的参与系数；

n——结构计算总层数，小塔楼宜每层作为一个质点参与计算；

m——结构计算振型数。规则结构可取 3，当建筑较高、结构沿竖向刚度不均匀时可取 5～6。

2 水平地震作用效应，当相邻振型的周期比小于 0.85 时，可按下式计算：

$$S=\sqrt{\sum_{j=1}^{m}S_j^2} \quad (4.3.9\text{-}3)$$

式中：S——水平地震作用标准值的效应；

S_j——j 振型的水平地震作用标准值的效应（弯矩、剪力、轴向力和位移等）。

4.3.10 考虑扭转影响的平面、竖向不规则结构，按扭转耦联振型分解法计算时，各楼层可取两个正交的水平位移和一个转角位移共三个自由度，并应按下列规定计算地震作用和作用效应。确有依据时，可采用简化计算方法确定地震作用。

1 j 振型 i 层的水平地震作用标准值，应按下列公式确定：

$$F_{xji}=\alpha_j\gamma_{tj}X_{ji}G_i$$
$$F_{yji}=\alpha_j\gamma_{tj}Y_{ji}G_i(i=1,2,\cdots,n;j=1,2,\cdots,m) \quad (4.3.10\text{-}1)$$
$$F_{tji}=\alpha_j\gamma_{tj}r_i^2\varphi_{ji}G_i$$

式中：F_{xji}、F_{yji}、F_{tji} ——分别为 j 振型 i 层的 x 方向、y 方向和转角方向的地震作用标准值；

X_{ji}、Y_{ji} ——分别为 j 振型 i 层质心在 x、y 方向的水平相对位移；

φ_{ji} ——j 振型 i 层的相对扭转角；

r_i ——i 层转动半径，取 i 层绕质心的转动惯量除以该层质量的商的正二次方根；

α_j ——相应于第 j 振型自振周期 T_j 的地震影响系数，应按本规程第 4.3.7、4.3.8 条确定；

γ_{tj} ——考虑扭转的 j 振型参与系数，可按本规程公式（4.3.10-2）～（4.3.10-4）确定；

n ——结构计算总质点数，小塔楼宜每层作为一个质点参加计算；

m ——结构计算振型数，一般情况下可取 9～15，多塔楼建筑每个塔楼的振型数不宜小于 9。

当仅考虑 x 方向地震作用时：

$$\gamma_{tj}=\sum_{i=1}^{n}X_{ji}G_i\Big/\sum_{i=1}^{n}(X_{ji}^2+Y_{ji}^2+\varphi_{ji}^2r_i^2)G_i \quad (4.3.10\text{-}2)$$

当仅考虑 y 方向地震作用时：

$$\gamma_{tj}=\sum_{i=1}^{n}Y_{ji}G_i\Big/\sum_{i=1}^{n}(X_{ji}^2+Y_{ji}^2+\varphi_{ji}^2r_i^2)G_i \quad (4.3.10\text{-}3)$$

当考虑与 x 方向夹角为 θ 的地震作用时：

$$\gamma_{tj}=\gamma_{xj}\cos\theta+\gamma_{yj}\sin\theta \quad (4.3.10\text{-}4)$$

式中：γ_{xj}、γ_{yj} ——分别为由式（4.3.10-2）、（4.3.10-3）求得的振型参与系数。

2 单向水平地震作用下，考虑扭转耦联的地震作用效应，应按下列公式确定：

$$S=\sqrt{\sum_{j=1}^{m}\sum_{k=1}^{m}\rho_{jk}S_jS_k} \quad (4.3.10\text{-}5)$$

$$\rho_{jk}=\frac{8\sqrt{\zeta_j\zeta_k}(\zeta_j+\lambda_T\zeta_k)\lambda_T^{1.5}}{(1-\lambda_T^2)^2+4\zeta_j\zeta_k(1+\lambda_T^2)\lambda_T+4(\zeta_j^2+\zeta_k^2)\lambda_T^2} \quad (4.3.10\text{-}6)$$

式中：S——考虑扭转的地震作用标准值的效应；

S_j、S_k ——分别为 j、k 振型地震作用标准值的效应；

ρ_{jk} ——j 振型与 k 振型的耦联系数；

λ_T ——k 振型与 j 振型的自振周期比；

ζ_j、ζ_k ——分别为 j、k 振型的阻尼比。

3 考虑双向水平地震作用下的扭转地震作用效应，应按下列公式中的较大值确定：

$$S=\sqrt{S_x^2+(0.85S_y)^2} \quad (4.3.10\text{-}7)$$

或

$$S=\sqrt{S_y^2+(0.85S_x)^2} \quad (4.3.10\text{-}8)$$

式中：S_x ——仅考虑 x 向水平地震作用时的地震作用效应，按式（4.3.10-5）计算；

S_y ——仅考虑 y 向水平地震作用时的地震作用效应，按式（4.3.10-5）计算。

4.3.11 采用底部剪力法计算结构的水平地震作用时，可按本规程附录 C 执行。

4.3.12 多遇地震水平地震作用计算时，结构各楼层对应于地震作用标准值的剪力应符合下式要求：

$$\boldsymbol{V_{Eki}\geqslant\lambda\sum_{j=i}^{n}G_j} \quad \mathbf{(4.3.12)}$$

式中：V_{Eki} ——第 i 层对应于水平地震作用标准值的剪力；

λ——水平地震剪力系数，不应小于表 4.3.12 规定的值；对于竖向不规则结构的薄弱层，尚应乘以 1.15 的增大系数；

G_j——第 j 层的重力荷载代表值；

n——结构计算总层数。

表 4.3.12 楼层最小地震剪力系数值

类　别	6度	7度	8度	9度
扭转效应明显或基本周期小于3.5s的结构	0.008	0.016 (0.024)	0.032 (0.048)	0.064
基本周期大于5.0s的结构	0.006	0.012 (0.018)	0.024 (0.036)	0.048

注：1 基本周期介于3.5s和5.0s之间的结构，应允许线性插入取值；

2 7、8度时括号内数值分别用于设计基本地震加速度为0.15g和0.30g的地区。

4.3.13 结构竖向地震作用标准值可采用时程分析方法或振型分解反应谱方法计算，也可按下列规定计算（图4.3.13）：

1 结构总竖向地震作用标准值可按下列公式计算：

$$F_{Evk}=\alpha_{vmax}G_{eq} \quad (4.3.13\text{-}1)$$

$$G_{eq}=0.75G_E \quad (4.3.13\text{-}2)$$

$$\alpha_{vmax}=0.65\alpha_{max} \quad (4.3.13\text{-}3)$$

式中：F_{Evk}——结构总竖向地震作用标准值；

α_{vmax}——结构竖向地震影响系数最大值；

G_{eq}——结构等效总重力荷载代表值；

G_E——计算竖向地震作用时，结构总重力荷载代表值，应取各质点重力荷载代表值之和。

2 结构质点 i 的竖向地震作用标准值可按下式计算：

$$F_{vi}=\frac{G_iH_i}{\sum_{j=1}^{n}G_jH_j}F_{Evk} \quad (4.3.13\text{-}4)$$

式中：F_{vi}——质点 i 的竖向地震作用标准值；

G_i、G_j——分别为集中于质点 i、j 的重力荷载代表值，应按本规程第4.3.6条的规定计算；

H_i、H_j——分别为质点 i、j 的计算高度。

3 楼层各构件的竖向地震作用效应可按各构件承受的重力荷载代表值比例分配，并宜乘以增大系数1.5。

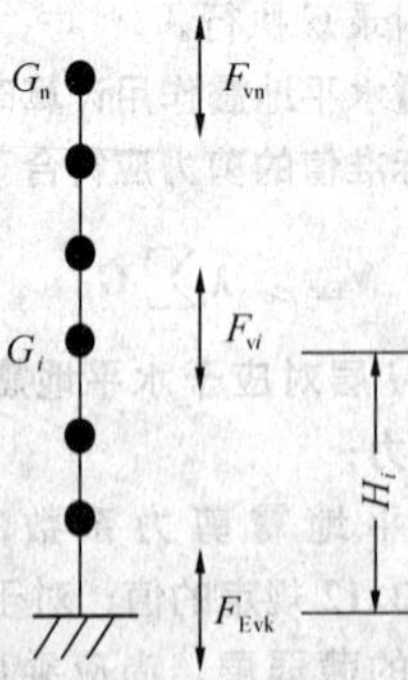

图4.3.13 结构竖向地震作用计算示意

4.3.14 跨度大于24m的楼盖结构、跨度大于12m的转换结构和连体结构、悬挑长度大于5m的悬挑结构，结构竖向地震作用效应标准值宜采用时程分析方法或振型分解反应谱方法进行计算。时程分析计算时输入的地震加速度最大值可按规定的水平输入最大值的65%采用，反应谱分析时结构竖向地震影响系数最大值可按水平地震影响系数最大值的65%采用，但设计地震分组可按第一组采用。

4.3.15 高层建筑中，大跨度结构、悬挑结构、转换结构、连体结构的连接体的竖向地震作用标准值，不宜小于结构或构件承受的重力荷载代表值与表4.3.15所规定的竖向地震作用系数的乘积。

表 4.3.15 竖向地震作用系数

设防烈度	7度	8度		9度
设计基本地震加速度	0.15g	0.20g	0.30g	0.40g
竖向地震作用系数	0.08	0.10	0.15	0.20

注：g 为重力加速度。

4.3.16 计算各振型地震影响系数所采用的结构自振周期应考虑非承重墙体的刚度影响予以折减。

4.3.17 当非承重墙体为砌体墙时，高层建筑结构的计算自振周期折减系数可按下列规定取值：

1 框架结构可取0.6～0.7；

2 框架-剪力墙结构可取0.7～0.8；

3 框架-核心筒结构可取0.8～0.9；

4 剪力墙结构可取0.8～1.0。

对于其他结构体系或采用其他非承重墙体时，可根据工程情况确定周期折减系数。

5 结构计算分析

5.1 一 般 规 定

5.1.1 高层建筑结构的荷载和地震作用应按本规程第4章的有关规定进行计算。

5.1.2 复杂结构和混合结构高层建筑的计算分析，除应符合本章规定外，尚应符合本规程第10章和第11章的有关规定。

5.1.3 高层建筑结构的变形和内力可按弹性方法计算。框架梁及连梁等构件可考虑塑性变形引起的内力重分布。

5.1.4 高层建筑结构分析模型应根据结构实际情况确定。所选取的分析模型应能较准确地反映结构中各构件的实际受力状况。

高层建筑结构分析，可选择平面结构空间协同、空间杆系、空间杆-薄壁杆系、空间杆-墙板元及其他组合有限元等计算模型。

5.1.5 进行高层建筑内力与位移计算时，可假定楼板在其自身平面内为无限刚性，设计时应采取相应的措施保证楼板平面内的整体刚度。

当楼板可能产生较明显的面内变形时，计算时应考虑楼板的面内变形影响或对采用楼板面内无限刚性假定计算方法的计算结果进行适当调整。

5.1.6 高层建筑结构按空间整体工作计算分析时，应考虑下列变形：

1 梁的弯曲、剪切、扭转变形，必要时考虑轴向变形；

2 柱的弯曲、剪切、轴向、扭转变形；

3 墙的弯曲、剪切、轴向、扭转变形。

5.1.7 高层建筑结构应根据实际情况进行重力荷载、风荷载和（或）地震作用效应分析，并应按本规程第5.6节的规定进行荷载效应和作用效应计算。

5.1.8 高层建筑结构内力计算中，当楼面活荷载大于 $4kN/m^2$ 时，应考虑楼面活荷载不利布置引起的结构内力的增大；当整体计算中未考虑楼面活荷载不利布置时，应适当增大楼面梁的计算弯矩。

5.1.9 高层建筑结构在进行重力荷载作用效应分析时，柱、墙、斜撑等构件的轴向变形宜采用适当的计算模型考虑施工过程的影响；复杂高层建筑及房屋高度大于150m的其他高层建筑结构，应考虑施工过程的影响。

5.1.10 高层建筑结构进行风作用效应计算时，正反两个方向的风作用效应宜按两个方向计算的较大值采用；体型复杂的高层建筑，应考虑风向角的不利影响。

5.1.11 结构整体内力与位移计算中，型钢混凝土和钢管混凝土构件宜按实际情况直接参与计算，并应按本规程第11章的有关规定进行截面设计。

5.1.12 体型复杂、结构布置复杂以及B级高度高层建筑结构，应采用至少两个不同力学模型的结构分析软件进行整体计算。

5.1.13 抗震设计时，B级高度的高层建筑结构、混合结构和本规程第10章规定的复杂高层建筑结构，尚应符合下列规定：

1 宜考虑平扭耦联计算结构的扭转效应，振型数不应小于15，对多塔楼结构的振型数不应小于塔楼数的9倍，且计算振型数应使各振型参与质量之和不小于总质量的90%；

2 应采用弹性时程分析法进行补充计算；

3 宜采用弹塑性静力或弹塑性动力分析方法补充计算。

5.1.14 对多塔楼结构，宜按整体模型和各塔楼分开的模型分别计算，并采用较不利的结果进行结构设计。当塔楼周边的裙楼超过两跨时，分塔楼模型宜至少附带两跨的裙楼结构。

5.1.15 对受力复杂的结构构件，宜按应力分析的结果校核配筋设计。

5.1.16 对结构分析软件的计算结果，应进行分析判断，确认其合理、有效后方可作为工程设计的依据。

5.2 计 算 参 数

5.2.1 高层建筑结构地震作用效应计算时，可对剪力墙连梁刚度予以折减，折减系数不宜小于0.5。

5.2.2 在结构内力与位移计算中，现浇楼盖和装配整体式楼盖中，梁的刚度可考虑翼缘的作用予以增大。近似考虑时，楼面梁刚度增大系数可根据翼缘情况取1.3～2.0。

对于无现浇面层的装配式楼盖，不宜考虑楼面梁刚度的增大。

5.2.3 在竖向荷载作用下，可考虑框架梁端塑性变形内力重分布对梁端负弯矩乘以调幅系数进行调幅，并应符合下列规定：

1 装配整体式框架梁端负弯矩调幅系数可取为0.7～0.8，现浇框架梁端负弯矩调幅系数可取为0.8～0.9；

2 框架梁端负弯矩调幅后，梁跨中弯矩应按平衡条件相应增大；

3 应先对竖向荷载作用下框架梁的弯矩进行调幅，再与水平作用产生的框架梁弯矩进行组合；

4 截面设计时，框架梁跨中截面正弯矩设计值不应小于竖向荷载作用下按简支梁计算的跨中弯矩设计值的50%。

5.2.4 高层建筑结构楼面梁受扭计算时应考虑现浇楼盖对梁的约束作用。当计算中未考虑现浇楼盖对梁扭转的约束作用时，可对梁的计算扭矩予以折减。梁扭矩折减系数应根据梁周围楼盖的约束情况确定。

5.3 计算简图处理

5.3.1 高层建筑结构分析计算时宜对结构进行力学上的简化处理，使其既能反映结构的受力性能，又适应于所选用的计算分析软件的力学模型。

5.3.2 楼面梁与竖向构件的偏心以及上、下层竖向构件之间的偏心宜按实际情况计入结构的整体计算。当结构整体计算中未考虑上述偏心时，应采用柱、墙端附加弯矩的方法予以近似考虑。

5.3.3 在结构整体计算中，密肋板楼盖宜按实际情况进行计算。当不能按实际情况计算时，可按等刚度原则对密肋梁进行适当简化后再行计算。

对平板无梁楼盖，在计算中应考虑板的面外刚度影响，其面外刚度可按有限元方法计算或近似将柱上板带等效为框架梁计算。

5.3.4 在结构整体计算中，宜考虑框架或壁式框架梁、柱节点区的刚域（图5.3.4）影响，梁端截面弯矩可取刚域端截面的弯矩计算值。刚域的长度可按下列公式计算：

$$l_{b1} = a_1 - 0.25h_b \qquad (5.3.4\text{-}1)$$

$$l_{b2} = a_2 - 0.25h_b \qquad (5.3.4\text{-}2)$$

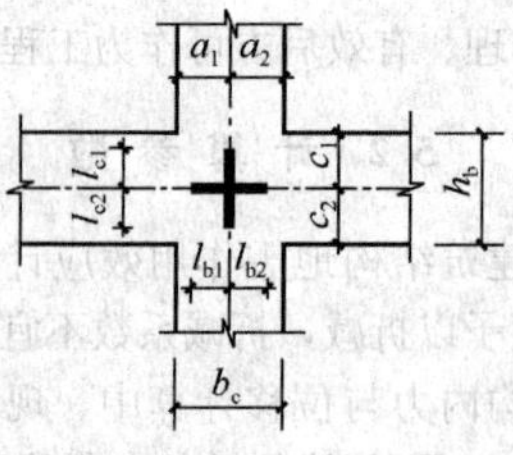

图 5.3.4　刚域

$$l_{c1} = c_1 - 0.25b_c \quad (5.3.4\text{-}3)$$

$$l_{c2} = c_2 - 0.25b_c \quad (5.3.4\text{-}4)$$

当计算的刚域长度为负值时，应取为零。

5.3.5 在结构整体计算中，转换层结构、加强层结构、连体结构、竖向收进结构（含多塔楼结构），应选用合适的计算模型进行分析。在整体计算中对转换层、加强层、连接体等做简化处理的，宜对其局部进行更细致的补充计算分析。

5.3.6 复杂平面和立面的剪力墙结构，应采用合适的计算模型进行分析。当采用有限元模型时，应在截面变化处合理地选择和划分单元；当采用杆系模型计算时，对错洞墙、叠合错洞墙可采取适当的模型化处理，并应在整体计算的基础上对结构局部进行更细致的补充计算分析。

5.3.7 高层建筑结构整体计算中，当地下室顶板作为上部结构嵌固部位时，地下一层与首层侧向刚度比不宜小于2。

5.4 重力二阶效应及结构稳定

5.4.1 当高层建筑结构满足下列规定时，弹性计算分析时可不考虑重力二阶效应的不利影响。

1 剪力墙结构、框架-剪力墙结构、板柱剪力墙结构、筒体结构：

$$EJ_d \geqslant 2.7H^2 \sum_{i=1}^{n} G_i \quad (5.4.1\text{-}1)$$

2 框架结构：

$$D_i \geqslant 20 \sum_{j=i}^{n} G_j / h_i \quad (i = 1,2,\cdots,n) \quad (5.4.1\text{-}2)$$

式中：EJ_d——结构一个主轴方向的弹性等效侧向刚度，可按倒三角形分布荷载作用下结构顶点位移相等的原则，将结构的侧向刚度折算为竖向悬臂受弯构件的等效侧向刚度；

H——房屋高度；

G_i、G_j——分别为第 i、j 楼层重力荷载设计值，取1.2倍的永久荷载标准值与1.4倍的楼面可变荷载标准值的组合值；

h_i——第 i 楼层层高；

D_i——第 i 楼层的弹性等效侧向刚度，可取该层剪力与层间位移的比值；

n——结构计算总层数。

5.4.2 当高层建筑结构不满足本规程第5.4.1条的规定时，结构弹性计算时应考虑重力二阶效应对水平力作用下结构内力和位移的不利影响。

5.4.3 高层建筑结构的重力二阶效应可采用有限元方法进行计算；也可采用对未考虑重力二阶效应的计算结果乘以增大系数的方法近似考虑。近似考虑时，结构位移增大系数 F_1、F_{1i} 以及结构构件弯矩和剪力增大系数 F_2、F_{2i} 可分别按下列规定计算，位移计算结果仍应满足本规程第3.7.3条的规定。

对框架结构，可按下列公式计算：

$$F_{1i} = \frac{1}{1 - \sum_{j=i}^{n} G_j / (D_i h_i)} \quad (i = 1,2,\cdots,n) \quad (5.4.3\text{-}1)$$

$$F_{2i} = \frac{1}{1 - 2\sum_{j=i}^{n} G_j / (D_i h_i)} \quad (i = 1,2,\cdots,n) \quad (5.4.3\text{-}2)$$

对剪力墙结构、框架-剪力墙结构、筒体结构，可按下列公式计算：

$$F_1 = \frac{1}{1 - 0.14H^2 \sum_{i=1}^{n} G_i / (EJ_d)} \quad (5.4.3\text{-}3)$$

$$F_2 = \frac{1}{1 - 0.28H^2 \sum_{i=1}^{n} G_i / (EJ_d)} \quad (5.4.3\text{-}4)$$

5.4.4 高层建筑结构的整体稳定性应符合下列规定：

1 剪力墙结构、框架-剪力墙结构、筒体结构应符合下式要求：

$$\boldsymbol{EJ_d \geqslant 1.4H^2 \sum_{i=1}^{n} G_i} \quad (5.4.4\text{-}1)$$

2 框架结构应符合下式要求：

$$\boldsymbol{D_i \geqslant 10 \sum_{j=i}^{n} G_j / h_i \quad (i = 1,2,\cdots,n)} \quad (5.4.4\text{-}2)$$

5.5 结构弹塑性分析及薄弱层弹塑性变形验算

5.5.1 高层建筑混凝土结构进行弹塑性计算分析时，可根据实际工程情况采用静力或动力时程分析方法，并应符合下列规定：

1 当采用结构抗震性能设计时，应根据本规程第3.11节的有关规定预定结构的抗震性能目标；

2 梁、柱、斜撑、剪力墙、楼板等结构构件，应根据实际情况和分析精度要求采用合适的简化模型；

3 构件的几何尺寸、混凝土构件所配的钢筋和型钢、混合结构的钢构件应按实际情况参与计算；

4 应根据预定的结构抗震性能目标，合理取用钢筋、钢材、混凝土材料的力学性能指标以及本构关系。钢筋和混凝土材料的本构关系可按现行国家标准《混凝土结构设计规范》GB 50010 的有关规定采用；

5 应考虑几何非线性影响；

6 进行动力弹塑性计算时，地面运动加速度时程的选取、预估罕遇地震作用时的峰值加速度取值以及计算结果的选用应符合本规程第 4.3.5 条的规定；

7 应对计算结果的合理性进行分析和判断。

5.5.2 在预估的罕遇地震作用下，高层建筑结构薄弱层（部位）弹塑性变形计算可采用下列方法：

1 不超过 12 层且层侧向刚度无突变的框架结构可采用本规程第 5.5.3 条规定的简化计算法；

2 除第 1 款以外的建筑结构可采用弹塑性静力或动力分析方法。

5.5.3 结构薄弱层（部位）的弹塑性层间位移的简化计算，宜符合下列规定：

1 结构薄弱层（部位）的位置可按下列情况确定：

1）楼层屈服强度系数沿高度分布均匀的结构，可取底层；

2）楼层屈服强度系数沿高度分布不均匀的结构，可取该系数最小的楼层（部位）和相对较小的楼层，一般不超过 2～3 处。

2 弹塑性层间位移可按下列公式计算：

$$\Delta u_p = \eta_p \Delta u_e \quad (5.5.3\text{-}1)$$

或

$$\Delta u_p = \mu \Delta u_y = \frac{\eta_p}{\xi_y} \Delta u_y \quad (5.5.3\text{-}2)$$

式中：Δu_p——弹塑性层间位移（mm）；

Δu_y——层间屈服位移（mm）；

μ——楼层延性系数；

Δu_e——罕遇地震作用下按弹性分析的层间位移（mm）。计算时，水平地震影响系数最大值应按本规程表 4.3.7-1 采用；

η_p——弹塑性位移增大系数，当薄弱层（部位）的屈服强度系数不小于相邻层（部位）该系数平均值的 0.8 时，可按表 5.5.3 采用；当不大于该平均值的 0.5 时，可按表内相应数值的 1.5 倍采用；其他情况可采用内插法取值；

ξ_y——楼层屈服强度系数。

表 5.5.3 结构的弹塑性位移增大系数 η_p

ξ_y	0.5	0.4	0.3
η_p	1.8	2.0	2.2

5.6 荷载组合和地震作用组合的效应

5.6.1 持久设计状况和短暂设计状况下，当荷载与荷载效应按线性关系考虑时，荷载基本组合的效应设计值应按下式确定：

$$S_d = \gamma_G S_{Gk} + \gamma_L \psi_Q \gamma_Q S_{Qk} + \psi_w \gamma_w S_{wk} \quad (5.6.1)$$

式中：S_d——荷载组合的效应设计值；

γ_G——永久荷载分项系数；

γ_Q——楼面活荷载分项系数；

γ_w——风荷载的分项系数；

γ_L——考虑结构设计使用年限的荷载调整系数，设计使用年限为 50 年时取 1.0，设计使用年限为 100 年时取 1.1；

S_{Gk}——永久荷载效应标准值；

S_{Qk}——楼面活荷载效应标准值；

S_{wk}——风荷载效应标准值；

ψ_Q、ψ_w——分别为楼面活荷载组合值系数和风荷载组合值系数，当永久荷载效应起控制作用时应分别取 0.7 和 0.0；当可变荷载效应起控制作用时应分别取 1.0 和 0.6 或 0.7 和 1.0。

注：对书库、档案库、储藏室、通风机房和电梯机房，本条楼面活荷载组合值系数取 0.7 的场合应取为 0.9。

5.6.2 持久设计状况和短暂设计状况下，荷载基本组合的分项系数应按下列规定采用：

1 永久荷载的分项系数 γ_G：当其效应对结构承载力不利时，对由可变荷载效应控制的组合应取 1.2，对由永久荷载效应控制的组合应取 1.35；当其效应对结构承载力有利时，应取 1.0。

2 楼面活荷载的分项系数 γ_Q：一般情况下应取 1.4。

3 风荷载的分项系数 γ_w 应取 1.4。

5.6.3 地震设计状况下，当作用与作用效应按线性关系考虑时，荷载和地震作用基本组合的效应设计值应按下式确定：

$$S_d = \gamma_G S_{GE} + \gamma_{Eh} S_{Ehk} + \gamma_{Ev} S_{Evk} + \psi_w \gamma_w S_{wk} \quad (5.6.3)$$

式中：S_d——荷载和地震作用组合的效应设计值；

S_{GE}——重力荷载代表值的效应；

S_{Ehk}——水平地震作用标准值的效应，尚应乘以相应的增大系数、调整系数；

S_{Evk}——竖向地震作用标准值的效应，尚应乘以相应的增大系数、调整系数；

γ_G——重力荷载分项系数；

γ_w——风荷载分项系数；

γ_{Eh}——水平地震作用分项系数；

γ_{Ev}——竖向地震作用分项系数；

ψ_w——风荷载的组合值系数，应取 0.2。

5.6.4 地震设计状况下，荷载和地震作用基本组合的分项系数应按表 5.6.4 采用。当重力荷载效应对结构的承载力有利时，表 5.6.4 中 γ_G 不应大于 1.0。

表 5.6.4　地震设计状况时荷载和作用的分项系数

参与组合的荷载和作用	γ_G	γ_{Eh}	γ_{Ev}	γ_w	说　明
重力荷载及水平地震作用	1.2	1.3	—	—	抗震设计的高层建筑结构均应考虑
重力荷载及竖向地震作用	1.2	—	1.3	—	9度抗震设计时考虑；水平长悬臂和大跨度结构7度（0.15g）、8度、9度抗震设计时考虑
重力荷载、水平地震及竖向地震作用	1.2	1.3	0.5	—	9度抗震设计时考虑；水平长悬臂和大跨度结构7度（0.15g）、8度、9度抗震设计时考虑
重力荷载、水平地震作用及风荷载	1.2	1.3	—	1.4	60m以上的高层建筑考虑
重力荷载、水平地震作用、竖向地震作用及风荷载	1.2	1.3	0.5	1.4	60m以上的高层建筑，9度抗震设计时考虑；水平长悬臂和大跨度结构7度（0.15g）、8度、9度抗震设计时考虑
	1.2	0.5	1.3	1.4	水平长悬臂结构和大跨度结构，7度（0.15g）、8度、9度抗震设计时考虑

注：1　g 为重力加速度；
　　2　"—"表示组合中不考虑该项荷载或作用效应。

5.6.5　非抗震设计时，应按本规程第 5.6.1 条的规定进行荷载组合的效应计算。抗震设计时，应同时按本规程第 5.6.1 条和 5.6.3 条的规定进行荷载和地震作用组合的效应计算；按本规程第 5.6.3 条计算的组合内力设计值，尚应按本规程的有关规定进行调整。

6　框架结构设计

6.1　一 般 规 定

6.1.1　框架结构应设计成双向梁柱抗侧力体系。主体结构除个别部位外，不应采用铰接。

6.1.2　抗震设计的框架结构不应采用单跨框架。

6.1.3　框架结构的填充墙及隔墙宜选用轻质墙体。抗震设计时，框架结构如采用砌体填充墙，其布置应符合下列规定：

1　避免形成上、下层刚度变化过大。

2　避免形成短柱。

3　减少因抗侧刚度偏心而造成的结构扭转。

6.1.4　抗震设计时，框架结构的楼梯间应符合下列规定：

1　楼梯间的布置应尽量减小其造成的结构平面不规则。

2　宜采用现浇钢筋混凝土楼梯，楼梯结构应有足够的抗倒塌能力。

3　宜采取措施减小楼梯对主体结构的影响。

4　当钢筋混凝土楼梯与主体结构整体连接时，应考虑楼梯对地震作用及其效应的影响，并应对楼梯构件进行抗震承载力验算。

6.1.5　抗震设计时，砌体填充墙及隔墙应具有自身稳定性，并应符合下列规定：

1　砌体的砂浆强度等级不应低于 M5，当采用砖及混凝土砌块时，砌块的强度等级不应低于 MU5；采用轻质砌块时，砌块的强度等级不应低于 MU2.5。墙顶应与框架梁或楼板密切结合。

2　砌体填充墙应沿框架柱全高每隔 500mm 左右设置 2 根直径 6mm 的拉筋，6 度时拉筋宜沿墙全长贯通，7、8、9 度时拉筋应沿墙全长贯通。

3　墙长大于 5m 时，墙顶与梁（板）宜有钢筋拉结；墙长大于 8m 或层高的 2 倍时，宜设置间距不大于 4m 的钢筋混凝土构造柱；墙高超过 4m 时，墙体半高处（或门洞上皮）宜设置与柱连接且沿墙全长贯通的钢筋混凝土水平系梁。

4　楼梯间采用砌体填充墙时，应设置间距不大于层高且不大于 4m 的钢筋混凝土构造柱，并应采用钢丝网砂浆面层加强。

6.1.6　框架结构按抗震设计时，不应采用部分由砌体墙承重之混合形式。框架结构中的楼、电梯间及局部出屋顶的电梯机房、楼梯间、水箱间等，应采用框架承重，不应采用砌体墙承重。

6.1.7　框架梁、柱中心线宜重合。当梁柱中心线不能重合时，在计算中应考虑偏心对梁柱节点核心区受力和构造的不利影响，以及梁荷载对柱子的偏心影响。

梁、柱中心线之间的偏心距，9 度抗震设计时不应大于柱截面在该方向宽度的1/4；非抗震设计和 6～8 度抗震设计时不宜大于柱截面在该方向宽度的 1/4，如偏心距大于该方向柱宽的1/4时，可采取增设梁的水平加腋（图 6.1.7）等措施。设置水平加腋后，仍须考虑梁柱偏心的不利影响。

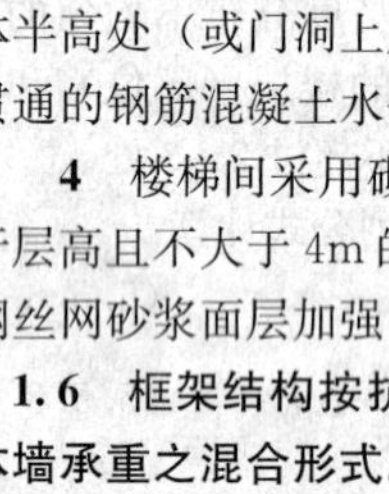

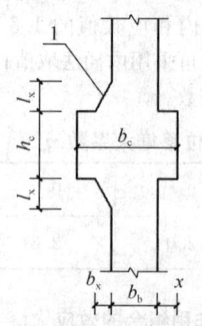

图 6.1.7　水平加腋梁
1—梁水平加腋

1　梁的水平加腋厚度可取梁截面高度，其水平尺寸宜满足下列要求：

$$b_x / l_x \leqslant 1/2 \quad (6.1.7\text{-}1)$$

$$b_x / b_b \leqslant 2/3 \quad (6.1.7\text{-}2)$$

$$b_b + b_x + x \geqslant b_c/2 \quad (6.1.7\text{-}3)$$

式中：b_x——梁水平加腋宽度（mm）；

l_x——梁水平加腋长度（mm）；

b_b——梁截面宽度（mm）；

b_c——沿偏心方向柱截面宽度（mm）；

x——非加腋侧梁边到柱边的距离（mm）。

2 梁采用水平加腋时，框架节点有效宽度 b_j 宜符合下式要求：

1）当 $x=0$ 时，b_j 按下式计算：

$$b_j \leqslant b_b + b_x \quad (6.1.7\text{-}4)$$

2）当 $x\neq 0$ 时，b_j 取（6.1.7-5）和（6.1.7-6）二式计算的较大值，且应满足公式（6.1.7-7）的要求：

$$b_j \leqslant b_b + b_x + x \quad (6.1.7\text{-}5)$$

$$b_j \leqslant b_b + 2x \quad (6.1.7\text{-}6)$$

$$b_j \leqslant b_b + 0.5h_c \quad (6.1.7\text{-}7)$$

式中：h_c——柱截面高度（mm）。

6.1.8 不与框架柱相连的次梁，可按非抗震要求进行设计。

6.2 截面设计

6.2.1 抗震设计时，除顶层、柱轴压比小于0.15者及框支梁柱节点外，框架的梁、柱节点处考虑地震作用组合的柱端弯矩设计值应符合下列要求：

1 一级框架结构及9度时的框架：

$$\sum M_c = 1.2\sum M_{bua} \quad (6.2.1\text{-}1)$$

2 其他情况：

$$\sum M_c = \eta_c \sum M_b \quad (6.2.1\text{-}2)$$

式中：$\sum M_c$——节点上、下柱端截面顺时针或逆时针方向组合弯矩设计值之和；上、下柱端的弯矩设计值，可按弹性分析的弯矩比例进行分配；

$\sum M_b$——节点左、右梁端截面逆时针或顺时针方向组合弯矩设计值之和；当抗震等级为一级且节点左、右梁端均为负弯矩时，绝对值较小的弯矩应取零；

$\sum M_{bua}$——节点左、右梁端逆时针或顺时针方向实配的正截面抗震受弯承载力所对应的弯矩值之和，可根据实际配筋面积（计入受压钢筋和梁有效翼缘宽度范围内的楼板钢筋）和材料强度标准值并考虑承载力抗震调整系数计算；

η_c——柱端弯矩增大系数；对框架结构，二、三级分别取1.5和1.3；对其他结构中的框架，一、二、三、四级分别取1.4、1.2、1.1和1.1。

6.2.2 抗震设计时，一、二、三级框架结构的底层柱底截面的弯矩设计值，应分别采用考虑地震作用组合的弯矩值与增大系数1.7、1.5、1.3的乘积。底层框架柱纵向钢筋应按上、下端的不利情况配置。

6.2.3 抗震设计的框架柱、框支柱端部截面的剪力设计值，一、二、三、四级时应按下列公式计算：

1 一级框架结构和9度时的框架：

$$V = 1.2(M_{cua}^t + M_{cua}^b)/H_n \quad (6.2.3\text{-}1)$$

2 其他情况：

$$V = \eta_{vc}(M_c^t + M_c^b)/H_n \quad (6.2.3\text{-}2)$$

式中：M_c^t、M_c^b——分别为柱上、下端顺时针或逆时针方向截面组合的弯矩设计值，应符合本规程第6.2.1条、6.2.2条的规定；

M_{cua}^t、M_{cua}^b——分别为柱上、下端顺时针或逆时针方向实配的正截面抗震受弯承载力所对应的弯矩值，可根据实配钢筋面积、材料强度标准值和重力荷载代表值产生的轴向压力设计值并考虑承载力抗震调整系数计算；

H_n——柱的净高；

η_{vc}——柱端剪力增大系数。对框架结构，二、三级分别取1.3、1.2；对其他结构类型的框架，一、二级分别取1.4和1.2，三、四级均取1.1。

6.2.4 抗震设计时，框架角柱应按双向偏心受力构件进行正截面承载力设计。一、二、三、四级框架角柱经按本规程第6.2.1～6.2.3条调整后的弯矩、剪力设计值应乘以不小于1.1的增大系数。

6.2.5 抗震设计时，框架梁端部截面组合的剪力设计值，一、二、三级应按下列公式计算；四级时可直接取考虑地震作用组合的剪力计算值。

1 一级框架结构及9度时的框架：

$$V = 1.1(M_{bua}^l + M_{bua}^r)/l_n + V_{Gb} \quad (6.2.5\text{-}1)$$

2 其他情况：

$$V = \eta_{vb}(M_b^l + M_b^r)/l_n + V_{Gb} \quad (6.2.5\text{-}2)$$

式中：M_b^l、M_b^r——分别为梁左、右端逆时针或顺时针方向截面组合的弯矩设计值。当抗震等级为一级且梁两端弯矩均为负弯矩时，绝对值较小一端的弯矩应取零；

M_{bua}^l、M_{bua}^r——分别为梁左、右端逆时针或顺时针方向实配的正截面抗震受弯承载力所对应的弯矩值，可根据实配钢筋面积（计入受压钢筋，包括有效翼缘宽度范围内的楼板钢筋）和材料强度标准值并考虑承载力抗震调整系数计算；

l_n——梁的净跨；

V_{Gb}——梁在重力荷载代表值（9度时还应包括竖向地震作用标准值）作用下，按简支梁分析的梁端截面剪力设计值；

η_{vb}——梁剪力增大系数，一、二、三级分别取1.3、1.2和1.1。

6.2.6 框架梁、柱，其受剪截面应符合下列要求：

1 持久、短暂设计状况

$$V \leqslant 0.25\beta_c f_c b h_0 \qquad (6.2.6\text{-}1)$$

2 地震设计状况

跨高比大于2.5的梁及剪跨比大于2的柱：

$$V \leqslant \frac{1}{\gamma_{RE}}(0.2\beta_c f_c b h_0) \qquad (6.2.6\text{-}2)$$

跨高比不大于2.5的梁及剪跨比不大于2的柱：

$$V \leqslant \frac{1}{\gamma_{RE}}(0.15\beta_c f_c b h_0) \qquad (6.2.6\text{-}3)$$

框架柱的剪跨比可按下式计算：

$$\lambda = M^c/(V^c h_0) \qquad (6.2.6\text{-}4)$$

式中：V——梁、柱计算截面的剪力设计值；

λ——框架柱的剪跨比；反弯点位于柱高中部的框架柱，可取柱净高与计算方向2倍柱截面有效高度之比值；

M^c——柱端截面未经本规程第6.2.1、6.2.2、6.2.4条调整的组合弯矩计算值，可取柱上、下端的较大值；

V^c——柱端截面与组合弯矩计算值对应的组合剪力计算值；

β_c——混凝土强度影响系数；当混凝土强度等级不大于C50时取1.0；当混凝土强度等级为C80时取0.8；当混凝土强度等级在C50和C80之间时可按线性内插取用；

b——矩形截面的宽度，T形截面、工形截面的腹板宽度；

h_0——梁、柱截面计算方向有效高度。

6.2.7 抗震设计时，一、二、三级框架的节点核心区应进行抗震验算；四级框架节点可不进行抗震验算。各抗震等级的框架节点均应符合构造措施的要求。

6.2.8 矩形截面偏心受压框架柱，其斜截面受剪承载力应按下列公式计算：

1 持久、短暂设计状况

$$V \leqslant \frac{1.75}{\lambda+1} f_t b h_0 + f_{yv}\frac{A_{sv}}{s}h_0 + 0.07N \qquad (6.2.8\text{-}1)$$

2 地震设计状况

$$V \leqslant \frac{1}{\gamma_{RE}}\left(\frac{1.05}{\lambda+1} f_t b h_0 + f_{yv}\frac{A_{sv}}{s}h_0 + 0.056N\right) \qquad (6.2.8\text{-}2)$$

式中：λ——框架柱的剪跨比；当$\lambda<1$时，取$\lambda=1$；当$\lambda>3$时，取$\lambda=3$；

N——考虑风荷载或地震作用组合的框架柱轴向压力设计值，当N大于$0.3f_cA_c$时，取$0.3f_cA_c$。

6.2.9 当矩形截面框架柱出现拉力时，其斜截面受剪承载力应按下列公式计算：

1 持久、短暂设计状况

$$V \leqslant \frac{1.75}{\lambda+1} f_t b h_0 + f_{yv}\frac{A_{sv}}{s}h_0 - 0.2N \qquad (6.2.9\text{-}1)$$

2 地震设计状况

$$V \leqslant \frac{1}{\gamma_{RE}}\left(\frac{1.05}{\lambda+1} f_t b h_0 + f_{yv}\frac{A_{sv}}{s}h_0 - 0.2N\right) \qquad (6.2.9\text{-}2)$$

式中：N——与剪力设计值V对应的轴向拉力设计值，取绝对值；

λ——框架柱的剪跨比。

当公式（6.2.9-1）右端的计算值或公式（6.2.9-2）右端括号内的计算值小于$f_{yv}\frac{A_{sv}}{s}h_0$时，应取等于$f_{yv}\frac{A_{sv}}{s}h_0$，且$f_{yv}\frac{A_{sv}}{s}h_0$值不应小于$0.36f_tbh_0$。

6.2.10 本章未作规定的框架梁、柱和框支梁、柱截面的其他承载力验算，应按照现行国家标准《混凝土结构设计规范》GB 50010的有关规定执行。

6.3 框架梁构造要求

6.3.1 框架结构的主梁截面高度可按计算跨度的1/10～1/18确定；梁净跨与截面高度之比不宜小于4。梁的截面宽度不宜小于梁截面高度的1/4，也不宜小于200mm。

当梁高较小或采用扁梁时，除应验算其承载力和受剪截面要求外，尚应满足刚度和裂缝的有关要求。在计算梁的挠度时，可扣除梁的合理起拱值；对现浇梁板结构，宜考虑梁受压翼缘的有利影响。

6.3.2 框架梁设计应符合下列要求：

1 抗震设计时，计入受压钢筋作用的梁端截面混凝土受压区高度与有效高度之比值，一级不应大于0.25，二、三级不应大于0.35。

2 纵向受拉钢筋的最小配筋百分率ρ_{min}（%），非抗震设计时，不应小于0.2和$45f_t/f_y$二者的较大值；抗震设计时，不应小于表6.3.2-1规定的数值。

表 6.3.2-1 梁纵向受拉钢筋最小配筋百分率 ρ_{min}（%）

抗震等级	位置	
	支座（取较大值）	跨中（取较大值）
一级	0.40 和 $80f_t/f_y$	0.30 和 $65f_t/f_y$
二级	0.30 和 $65f_t/f_y$	0.25 和 $55f_t/f_y$
三、四级	0.25 和 $55f_t/f_y$	0.20 和 $45f_t/f_y$

3 抗震设计时，梁端截面的底面和顶面纵向钢筋截面面积的比值，除按计算确定外，一级不应小于 0.5，二、三级不应小于 0.3。

4 抗震设计时，梁端箍筋的加密区长度、箍筋最大间距和最小直径应符合表 6.3.2-2 的要求；当梁端纵向钢筋配筋率大于 2%时，表中箍筋最小直径应增大 2mm。

表 6.3.2-2 梁端箍筋加密区的长度、箍筋最大间距和最小直径

抗震等级	加密区长度（取较大值）（mm）	箍筋最大间距（取最小值）（mm）	箍筋最小直径（mm）
一	$2.0h_b$，500	$h_b/4$，$6d$，100	10
二	$1.5h_b$，500	$h_b/4$，$8d$，100	8
三	$1.5h_b$，500	$h_b/4$，$8d$，150	8
四	$1.5h_b$，500	$h_b/4$，$8d$，150	6

注：1 d 为纵向钢筋直径，h_b 为梁截面高度；

2 一、二级抗震等级框架梁，当箍筋直径大于 12mm、肢数不少于 4 肢且肢距不大于 150mm 时，箍筋加密区最大间距应允许适当放松，但不应大于 150mm。

6.3.3 梁的纵向钢筋配置，尚应符合下列规定：

1 抗震设计时，梁端纵向受拉钢筋的配筋率不宜大于 2.5%，不应大于 2.75%；当梁端受拉钢筋的配筋率大于 2.5%时，受压钢筋的配筋率不应小于受拉钢筋的一半。

2 沿梁全长顶面和底面应至少各配置两根纵向配筋，一、二级抗震设计时钢筋直径不应小于 14mm，且分别不应小于梁两端顶面和底面纵向配筋中较大截面面积的 1/4；三、四级抗震设计和非抗震设计时钢筋直径不应小于 12mm。

3 一、二、三级抗震等级的框架梁内贯通中柱的每根纵向钢筋的直径，对矩形截面柱，不宜大于柱在该方向截面尺寸的 1/20；对圆形截面柱，不宜大于纵向钢筋所在位置柱截面弦长的 1/20。

6.3.4 非抗震设计时，框架梁箍筋配筋构造应符合下列规定：

1 应沿梁全长设置箍筋，第一个箍筋应设置在距支座边缘 50mm 处。

2 截面高度大于 800mm 的梁，其箍筋直径不宜小于 8mm；其余截面高度的梁不应小于 6mm。在受力钢筋搭接长度范围内，箍筋直径不应小于搭接钢筋最大直径的 1/4。

3 箍筋间距不应大于表 6.3.4 的规定；在纵向受拉钢筋的搭接长度范围内，箍筋间距尚不应大于搭接钢筋较小直径的 5 倍，且不应大于 100mm；在纵向受压钢筋的搭接长度范围内，箍筋间距尚不应大于搭接钢筋较小直径的 10 倍，且不应大于 200mm。

4 承受弯矩和剪力的梁，当梁的剪力设计值大于 $0.7f_tbh_0$ 时，其箍筋的面积配筋率应符合下式规定：

$$\rho_{sv} \geqslant 0.24f_t/f_{yv} \tag{6.3.4-1}$$

5 承受弯矩、剪力和扭矩的梁，其箍筋面积配筋率和受扭纵向钢筋的面积配筋率应分别符合公式（6.3.4-2）和（6.3.4-3）的规定：

$$\rho_{sv} \geqslant 0.28f_t/f_{yv} \tag{6.3.4-2}$$

$$\rho_{tl} \geqslant 0.6\sqrt{\frac{T}{Vb}}f_t/f_y \tag{6.3.4-3}$$

当 $T/(Vb)$ 大于 2.0 时，取 2.0。

式中：T、V——分别为扭矩、剪力设计值；

ρ_{tl}、b——分别为受扭纵向钢筋的面积配筋率、梁宽。

表 6.3.4 非抗震设计梁箍筋最大间距（mm）

h_b（mm） \ V	$V>0.7f_tbh_0$	$V\leqslant 0.7f_tbh_0$
$h_b\leqslant 300$	150	200
$300<h_b\leqslant 500$	200	300
$500<h_b\leqslant 800$	250	350
$h_b>800$	300	400

6 当梁中配有计算需要的纵向受压钢筋时，其箍筋配置尚应符合下列规定：

1）箍筋直径不应小于纵向受压钢筋最大直径的 1/4；

2）箍筋应做成封闭式；

3）箍筋间距不应大于 $15d$ 且不应大于 400mm；当一层内的受压钢筋多于 5 根且直径大于 18mm 时，箍筋间距不应大于 $10d$（d 为纵向受压钢筋的最小直径）；

4）当梁截面宽度大于 400mm 且一层内的纵向受压钢筋多于 3 根时，或当梁截面宽度不大于 400mm 但一层内的纵向受压钢筋多于 4 根时，应设置复合箍筋。

6.3.5 抗震设计时，框架梁的箍筋尚应符合下列构造要求：

1 沿梁全长箍筋的面积配筋率应符合下列规定：

一级 $\rho_{sv} \geqslant 0.30 f_t / f_{yv}$ （6.3.5-1）

二级 $\rho_{sv} \geqslant 0.28 f_t / f_{yv}$ （6.3.5-2）

三、四级 $\rho_{sv} \geqslant 0.26 f_t / f_{yv}$ （6.3.5-3）

式中：ρ_{sv}——框架梁沿梁全长箍筋的面积配筋率。

2 在箍筋加密区范围内的箍筋肢距：一级不宜大于 200mm 和 20 倍箍筋直径的较大值，二、三级不宜大于 250mm 和 20 倍箍筋直径的较大值，四级不宜大于 300mm。

3 箍筋应有 135°弯钩，弯钩端头直段长度不应小于 10 倍的箍筋直径和 75mm 的较大值。

4 在纵向钢筋搭接长度范围内的箍筋间距，钢筋受拉时不应大于搭接钢筋较小直径的 5 倍，且不应大于 100mm；钢筋受压时不应大于搭接钢筋较小直径的 10 倍，且不应大于 200mm。

5 框架梁非加密区箍筋最大间距不宜大于加密区箍筋间距的 2 倍。

6.3.6 框架梁的纵向钢筋不应与箍筋、拉筋及预埋件等焊接。

6.3.7 框架梁上开洞时，洞口位置宜位于梁跨中 1/3 区段，洞口高度不应大于梁高的 40%；开洞较大时应进行承载力验算。梁上洞口周边应配置附加纵向钢筋和箍筋（图 6.3.7），并应符合计算及构造要求。

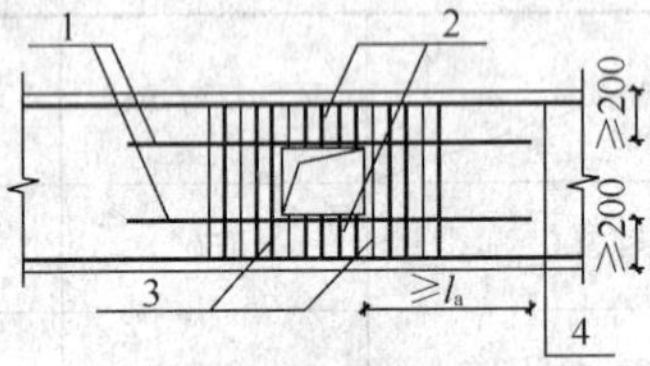

图 6.3.7 梁上洞口周边配筋构造示意

1—洞口上、下附加纵向钢筋；2—洞口上、下附加箍筋；3—洞口两侧附加箍筋；4—梁纵向钢筋；l_a—受拉钢筋的锚固长度

6.4 框架柱构造要求

6.4.1 柱截面尺寸宜符合下列规定：

1 矩形截面柱的边长，非抗震设计时不宜小于 250mm，抗震设计时，四级不宜小于 300mm，一、二、三级时不宜小于 400mm；圆柱直径，非抗震和四级抗震设计时不宜小于 350mm，一、二、三级时不宜小于 450mm。

2 柱剪跨比宜大于 2。

3 柱截面高宽比不宜大于 3。

6.4.2 抗震设计时，钢筋混凝土柱轴压比不宜超过表 6.4.2 的规定；对于Ⅳ类场地上较高的高层建筑，其轴压比限值应适当减小。

表 6.4.2 柱轴压比限值

结构类型	抗震等级			
	一	二	三	四
框架结构	0.65	0.75	0.85	—
板柱-剪力墙、框架-剪力墙、框架-核心筒、筒中筒结构	0.75	0.85	0.90	0.95
部分框支剪力墙结构	0.60	0.70	—	

注：1 轴压比指柱考虑地震作用组合的轴压力设计值与柱全截面面积和混凝土轴心抗压强度设计值乘积的比值；

2 表内数值适用于混凝土强度等级不高于 C60 的柱。当混凝土强度等级为 C65～C70 时，轴压比限值应比表中数值降低 0.05；当混凝土强度等级为 C75～C80 时，轴压比限值应比表中数值降低 0.10；

3 表内数值适用于剪跨比大于 2 的柱；剪跨比不大于 2 但不小于 1.5 的柱，其轴压比限值应比表中数值减小 0.05；剪跨比小于 1.5 的柱，其轴压比限值应专门研究并采取特殊构造措施；

4 当沿柱全高采用井字复合箍，箍筋间距不大于 100mm、肢距不大于 200mm、直径不小于 12mm，或当沿柱全高采用复合螺旋箍，箍筋螺距不大于 100mm、肢距不大于 200mm、直径不小于 12mm，或当沿柱全高采用连续复合螺旋箍，且螺距不大于 80mm、肢距不大于 200mm、直径不小于 10mm 时，轴压比限值可增加 0.10；

5 当柱截面中部设置由附加纵向钢筋形成的芯柱，且附加纵向钢筋的截面面积不小于柱截面面积的 0.8%时，柱轴压比限值可增加 0.05。当本项措施与注 4 的措施共同采用时，柱轴压比限值可比表中数值增加 0.15，但箍筋的配箍特征值仍可按轴压比增加 0.10 的要求确定；

6 调整后的柱轴压比限值不应大于 1.05。

6.4.3 柱纵向钢筋和箍筋配置应符合下列要求：

1 柱全部纵向钢筋的配筋率，不应小于表 6.4.3-1 的规定值，且柱截面每一侧纵向钢筋配筋率不应小于 0.2%；抗震设计时，对Ⅳ类场地上较高的高层建筑，表中数值应增加 0.1。

表 6.4.3-1 柱纵向受力钢筋最小配筋百分率（%）

柱类型	抗震等级				非抗震
	一级	二级	三级	四级	
中柱、边柱	**0.9 (1.0)**	**0.7 (0.8)**	**0.6 (0.7)**	**0.5 (0.6)**	**0.5**
角柱	**1.1**	**0.9**	**0.8**	**0.7**	**0.5**
框支柱	**1.1**	**0.9**	**—**	**—**	**0.7**

注：1 表中括号内数值适用于框架结构；

2 采用 335MPa 级、400MPa 级纵向受力钢筋时，应分别按表中数值增加 0.1 和 0.05 采用；

3 当混凝土强度等级高于 C60 时，上述数值应增加 0.1 采用。

2　抗震设计时，柱箍筋在规定的范围内应加密，加密区的箍筋间距和直径，应符合下列要求：

1）箍筋的最大间距和最小直径，应按表6.4.3-2采用；

表 6.4.3-2　柱端箍筋加密区的构造要求

抗震等级	箍筋最大间距（mm）	箍筋最小直径（mm）
一级	6*d* 和 100 的较小值	10
二级	8*d* 和 100 的较小值	8
三级	8*d* 和 150（柱根 100）的较小值	8
四级	8*d* 和 150（柱根 100）的较小值	6（柱根 8）

注：1　*d* 为柱纵向钢筋直径（mm）；
2　柱根指框架柱底部嵌固部位。

2）一级框架柱的箍筋直径大于 12mm 且箍筋肢距不大于 150mm 及二级框架柱箍筋直径不小于 10mm 且肢距不大于 200mm 时，除柱根外最大间距应允许采用 150mm；三级框架柱的截面尺寸不大于 400mm 时，箍筋最小直径应允许采用 6mm；四级框架柱的剪跨比不大于 2 或柱中全部纵向钢筋的配筋率大于 3%时，箍筋直径不应小于 8mm；

3）剪跨比不大于 2 的柱，箍筋间距不应大于 100mm。

6.4.4　柱的纵向钢筋配置，尚应满足下列规定：

1　抗震设计时，宜采用对称配筋。

2　截面尺寸大于 400mm 的柱，一、二、三级抗震设计时其纵向钢筋间距不宜大于 200mm；抗震等级为四级和非抗震设计时，柱纵向钢筋间距不宜大于 300mm；柱纵向钢筋净距均不应小于 50mm。

3　全部纵向钢筋的配筋率，非抗震设计时不宜大于 5%、不应大于 6%，抗震设计时不应大于 5%。

4　一级且剪跨比不大于 2 的柱，其单侧纵向受拉钢筋的配筋率不宜大于 1.2%。

5　边柱、角柱及剪力墙端柱考虑地震作用组合产生小偏心受拉时，柱内纵筋总截面面积应比计算值增加 25%。

6.4.5　柱的纵筋不应与箍筋、拉筋及预埋件等焊接。

6.4.6　抗震设计时，柱箍筋加密区的范围应符合下列规定：

1　底层柱的上端和其他各层柱的两端，应取矩形截面柱之长边尺寸（或圆形截面柱之直径）、柱净高之 1/6 和 500mm 三者之最大值范围；

2　底层柱刚性地面上、下各 500mm 的范围；

3　底层柱柱根以上 1/3 柱净高的范围；

4　剪跨比不大于 2 的柱和因填充墙等形成的柱净高与截面高度之比不大于 4 的柱全高范围；

5　一、二级框架角柱的全高范围；

6　需要提高变形能力的柱的全高范围。

6.4.7　柱加密区范围内箍筋的体积配箍率，应符合下列规定：

1　柱箍筋加密区箍筋的体积配箍率，应符合下式要求：

$$\rho_v \geqslant \lambda_v f_c / f_{yv} \qquad (6.4.7)$$

式中：ρ_v——柱箍筋的体积配箍率；

λ_v——柱最小配箍特征值，宜按表 6.4.7 采用；

f_c——混凝土轴心抗压强度设计值，当柱混凝土强度等级低于 C35 时，应按 C35 计算；

f_{yv}——柱箍筋或拉筋的抗拉强度设计值。

表 6.4.7　柱端箍筋加密区最小配箍特征值 λ_v

抗震等级	箍筋形式	柱轴压比								
		≤0.30	0.40	0.50	0.60	0.70	0.80	0.90	1.00	1.05
一	普通箍、复合箍	0.10	0.11	0.13	0.15	0.17	0.20	0.23	—	—
一	螺旋箍、复合或连续复合螺旋箍	0.08	0.09	0.11	0.13	0.15	0.18	0.21	—	—
二	普通箍、复合箍	0.08	0.09	0.11	0.13	0.15	0.17	0.19	0.22	0.24
二	螺旋箍、复合或连续复合螺旋箍	0.06	0.07	0.09	0.11	0.13	0.15	0.17	0.20	0.22
三	普通箍、复合箍	0.06	0.07	0.09	0.11	0.13	0.15	0.17	0.20	0.22
三	螺旋箍、复合或连续复合螺旋箍	0.05	0.06	0.07	0.09	0.11	0.13	0.15	0.18	0.20

注：普通箍指单个矩形箍或单个圆形箍；螺旋箍指单个连续螺旋箍筋；复合箍指由矩形、多边形、圆形箍或拉筋组成的箍筋；复合螺旋箍指由螺旋箍与矩形、多边形、圆形箍或拉筋组成的箍筋；连续复合螺旋箍指全部螺旋箍由同一根钢筋加工而成的箍筋。

2　对一、二、三、四级框架柱，其箍筋加密区范围内箍筋的体积配箍率尚且分别不应小于 0.8%、0.6%、0.4%和 0.4%。

3　剪跨比不大于 2 的柱宜采用复合螺旋箍或井字复合箍，其体积配箍率不应小于 1.2%；设防烈度为 9 度时，不应小于 1.5%。

4　计算复合箍筋的体积配箍率时，可不扣除重叠部分的箍筋体积；计算复合螺旋箍筋的体积配箍率时，其非螺旋箍筋的体积应乘以换算系数 0.8。

6.4.8　抗震设计时，柱箍筋设置尚应符合下列规定：

1　箍筋应为封闭式，其末端应做成 135°弯钩且弯钩末端平直段长度不应小于 10 倍的箍筋直径，且不应小于 75mm。

2　箍筋加密区的箍筋肢距，一级不宜大于 200mm，二、三级不宜大于 250mm 和 20 倍箍筋直径的较大值，四级不宜大于 300mm。每隔一根纵向钢筋宜在两个方向有箍筋约束；采用拉筋组合箍时，拉筋宜紧靠纵向钢筋并勾住封闭箍筋。

3 柱非加密区的箍筋，其体积配箍率不宜小于加密区的一半；其箍筋间距，不应大于加密区箍筋间距的2倍，且一、二级不应大于10倍纵向钢筋直径，三、四级不应大于15倍纵向钢筋直径。

6.4.9 非抗震设计时，柱中箍筋应符合下列规定：

1 周边箍筋应为封闭式；

2 箍筋间距不应大于400mm，且不应大于构件截面的短边尺寸和最小纵向受力钢筋直径的15倍；

3 箍筋直径不应小于最大纵向钢筋直径的1/4，且不应小于6mm；

4 当柱中全部纵向受力钢筋的配筋率超过3%时，箍筋直径不应小于8mm，箍筋间距不应大于最小纵向钢筋直径的10倍，且不应大于200mm，箍筋末端应做成135°弯钩且弯钩末端平直段长度不应小于10倍箍筋直径；

5 当柱每边纵筋多于3根时，应设置复合箍筋；

6 柱内纵向钢筋采用搭接做法时，搭接长度范围内箍筋直径不应小于搭接钢筋较大直径的1/4；在纵向受拉钢筋的搭接长度范围内的箍筋间距不应大于搭接钢筋较小直径的5倍，且不应大于100mm；在纵向受压钢筋的搭接长度范围内的箍筋间距不应大于搭接钢筋较小直径的10倍，且不应大于200mm。当受压钢筋直径大于25mm时，尚应在搭接接头端面外100mm的范围内各设置两道箍筋。

6.4.10 框架节点核心区应设置水平箍筋，且应符合下列规定：

1 非抗震设计时，箍筋配置应符合本规程第6.4.9条的有关规定，但箍筋间距不宜大于250mm；对四边有梁与之相连的节点，可仅沿节点周边设置矩形箍筋。

2 抗震设计时，箍筋的最大间距和最小直径宜符合本规程第6.4.3条有关柱箍筋的规定。一、二、三级框架节点核心区配箍特征值分别不宜小于0.12、0.10和0.08，且箍筋体积配箍率分别不宜小于0.6%、0.5%和0.4%。柱剪跨比不大于2的框架节点核心区的体积配箍率不宜小于核心区上、下柱端体积配箍率中的较大值。

6.4.11 柱箍筋的配筋形式，应考虑浇筑混凝土的工艺要求，在柱截面中心部位应留出浇筑混凝土所用导管的空间。

6.5 钢筋的连接和锚固

6.5.1 受力钢筋的连接接头应符合下列规定：

1 受力钢筋的连接接头宜设置在构件受力较小部位；抗震设计时，宜避开梁端、柱端箍筋加密区范围。钢筋连接可采用机械连接、绑扎搭接或焊接。

2 当纵向受力钢筋采用搭接做法时，在钢筋搭接长度范围内应配置箍筋，其直径不应小于搭接钢筋较大直径的1/4。当钢筋受拉时，箍筋间距不应大于搭接钢筋较小直径的5倍，且不应大于100mm；当钢筋受压时，箍筋间距不应大于搭接钢筋较小直径的10倍，且不应大于200mm。当受压钢筋直径大于25mm时，尚应在搭接接头两个端面外100mm范围内各设置两道箍筋。

6.5.2 非抗震设计时，受拉钢筋的最小锚固长度应取l_a。受拉钢筋绑扎搭接的搭接长度，应根据位于同一连接区段内搭接钢筋截面面积的百分率按下式计算，且不应小于300mm。

$$l_l = \zeta l_a \tag{6.5.2}$$

式中：l_l——受拉钢筋的搭接长度（mm）；

l_a——受拉钢筋的锚固长度（mm），应按现行国家标准《混凝土结构设计规范》GB 50010的有关规定采用；

ζ——受拉钢筋搭接长度修正系数，应按表6.5.2采用。

表6.5.2 纵向受拉钢筋搭接长度修正系数ζ

同一连接区段内搭接钢筋面积百分率（%）	≤25	50	100
受拉搭接长度修正系数ζ	1.2	1.4	1.6

注：同一连接区段内搭接钢筋面积百分率取在同一连接区段内有搭接接头的受力钢筋与全部受力钢筋面积之比。

6.5.3 抗震设计时，钢筋混凝土结构构件纵向受力钢筋的锚固和连接，应符合下列要求：

1 纵向受拉钢筋的最小锚固长度l_{aE}应按下列规定采用：

一、二级抗震等级 $l_{aE} = 1.15 l_a$ (6.5.3-1)

三级抗震等级 $l_{aE} = 1.05 l_a$ (6.5.3-2)

四级抗震等级 $l_{aE} = 1.00 l_a$ (6.5.3-3)

2 当采用绑扎搭接接头时，其搭接长度不应小于下式的计算值：

$$l_{lE} = \zeta l_{aE} \tag{6.5.3-4}$$

式中：l_{lE}——抗震设计时受拉钢筋的搭接长度。

3 受拉钢筋直径大于25mm、受压钢筋直径大于28mm时，不宜采用绑扎搭接接头；

4 现浇钢筋混凝土框架梁、柱纵向受力钢筋的连接方法，应符合下列规定：

1）框架柱：一、二级抗震等级及三级抗震等级的底层，宜采用机械连接接头，也可采用绑扎搭接或焊接接头；三级抗震等级的其他部位和四级抗震等级，可采用绑扎搭接或焊接接头；

2）框支梁、框支柱：宜采用机械连接接头；

3）框架梁：一级宜采用机械连接接头，二、

三、四级可采用绑扎搭接或焊接接头。

5 位于同一连接区段内的受拉钢筋接头面积百分率不宜超过50%；

6 当接头位置无法避开梁端、柱端箍筋加密区时，应采用满足等强度要求的机械连接接头，且钢筋接头面积百分率不宜超过50%；

7 钢筋的机械连接、绑扎搭接及焊接，尚应符合国家现行有关标准的规定。

6.5.4 非抗震设计时，框架梁、柱的纵向钢筋在框架节点区的锚固和搭接（图6.5.4）应符合下列要求：

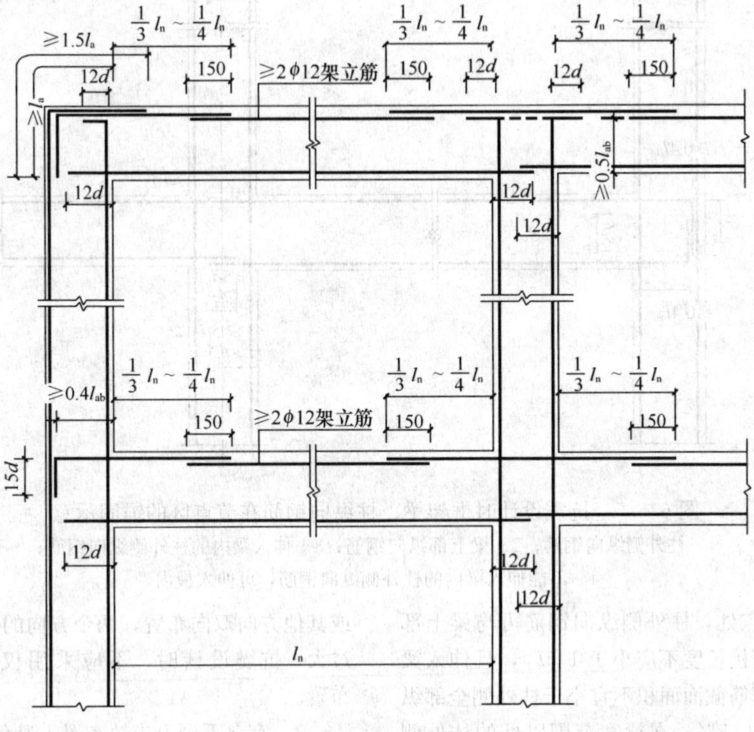

图6.5.4 非抗震设计时框架梁、柱纵向钢筋在节点区的锚固示意

1 顶层中节点柱纵向钢筋和边节点柱内侧纵向钢筋应伸至柱顶；当从梁底边计算的直线锚固长度不小于 l_a 时，可不必水平弯折，否则应向柱内或梁、板内水平弯折，当充分利用柱纵向钢筋的抗拉强度时，其锚固段弯折前的竖直投影长度不应小于 $0.5l_{ab}$，弯折后的水平投影长度不宜小于12倍的柱纵向钢筋直径。此处，l_{ab} 为钢筋基本锚固长度，应符合现行国家标准《混凝土结构设计规范》GB 50010的有关规定。

2 顶层端节点处，在梁宽范围以内的柱外侧纵向钢筋可与梁上部纵向钢筋搭接，搭接长度不应小于 $1.5l_a$；在梁宽范围以外的柱外侧纵向钢筋可伸入现浇板内，其伸入长度与伸入梁内的相同。当柱外侧纵向钢筋的配筋率大于1.2%时，伸入梁内的柱纵向钢筋宜分两批截断，其截断点之间的距离不宜小于20倍的柱纵向钢筋直径。

3 梁上部纵向钢筋伸入端节点的锚固长度，直线锚固时不应小于 l_a，且伸过柱中心线的长度不宜小于5倍的梁纵向钢筋直径；当柱截面尺寸不足时，梁上部纵向钢筋应伸至节点对边并向下弯折，弯折水平段的投影长度不应小于 $0.4l_{ab}$，弯折后竖直投影长度不应小于15倍纵向钢筋直径。

4 当计算中不利用梁下部纵向钢筋的强度时，其伸入节点内的锚固长度应取不小于12倍的梁纵向钢筋直径。当计算中充分利用梁下部钢筋的抗拉强度时，梁下部纵向钢筋可采用直线方式或向上90°弯折方式锚固于节点内，直线锚固时的锚固长度不应小于 l_a；弯折锚固时，弯折水平段的投影长度不应小于 $0.4l_{ab}$，弯折后竖直投影长度不应小于15倍纵向钢筋直径。

5 当采用锚固板锚固措施时，钢筋锚固构造应符合现行国家标准《混凝土结构设计规范》GB 50010的有关规定。

6.5.5 抗震设计时，框架梁、柱的纵向钢筋在框架节点区的锚固和搭接（图6.5.5）应符合下列要求：

1 顶层中节点柱纵向钢筋和边节点柱内侧纵向钢筋应伸至柱顶。当从梁底边计算的直线锚固长度不小于 l_{aE} 时，可不必水平弯折，否则应向柱内或梁内、板内水平弯折，锚固段弯折前的竖直投影长度不应小于 $0.5l_{abE}$，弯折后的水平投影长度不宜小于12倍的柱纵向钢筋直径。此处，l_{abE} 为抗震时钢筋的基本锚固长度，一、二级取 $1.15l_{ab}$，三、四级分别取 $1.05l_{ab}$ 和 $1.00l_{ab}$。

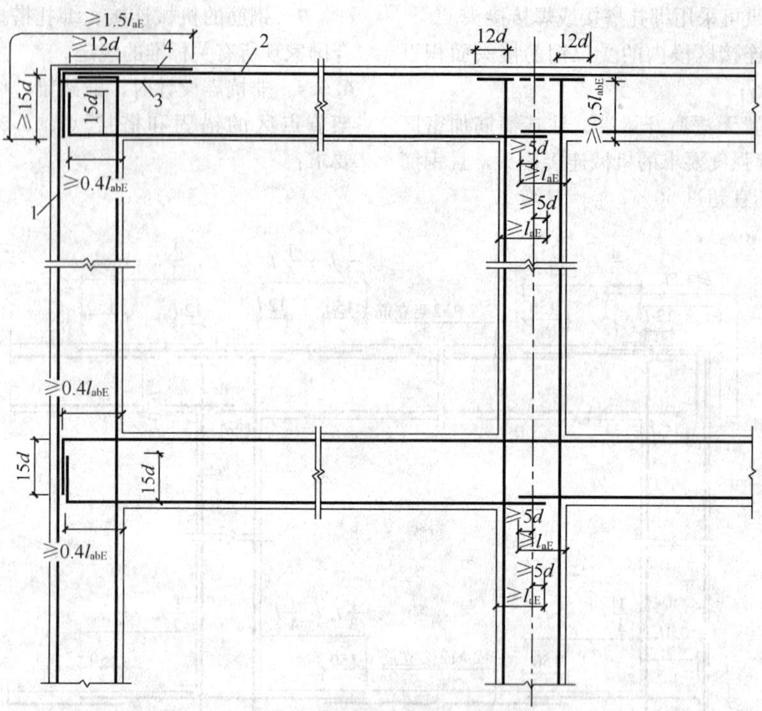

图 6.5.5 抗震设计时框架梁、柱纵向钢筋在节点区的锚固示意

1—柱外侧纵向钢筋；2—梁上部纵向钢筋；3—伸入梁内的柱外侧纵向钢筋；4—不能伸入梁内的柱外侧纵向钢筋，可伸入板内

2 顶层端节点处，柱外侧纵向钢筋可与梁上部纵向钢筋搭接，搭接长度不应小于 1.5l_{aE}，且伸入梁内的柱外侧纵向钢筋截面面积不宜小于柱外侧全部纵向钢筋截面面积的 65%；在梁宽范围以外的柱外侧纵向钢筋可伸入现浇板内，其伸入长度与伸入梁内的相同。当柱外侧纵向钢筋的配筋率大于 1.2%时，伸入梁内的柱纵向钢筋宜分两批截断，其截断点之间的距离不宜小于 20 倍的柱纵向钢筋直径。

3 梁上部纵向钢筋伸入端节点的锚固长度，直线锚固时不应小于 l_{aE}，且伸过柱中心线的长度不应小于 5 倍的梁纵向钢筋直径；当柱截面尺寸不足时，梁上部纵向钢筋应伸至节点对边并向下弯折，锚固段弯折前的水平投影长度不应小于 0.4l_{abE}，弯折后的竖直投影长度应取 15 倍的梁纵向钢筋直径。

4 梁下部纵向钢筋的锚固与梁上部纵向钢筋相同，但采用 90°弯折方式锚固时，竖直段应向上弯入节点内。

7 剪力墙结构设计

7.1 一 般 规 定

7.1.1 剪力墙结构应具有适宜的侧向刚度，其布置应符合下列规定：

1 平面布置宜简单、规则，宜沿两个主轴方向或其他方向双向布置，两个方向的侧向刚度不宜相差过大。抗震设计时，不应采用仅单向有墙的结构布置。

2 宜自下到上连续布置，避免刚度突变。

3 门窗洞口宜上下对齐、成列布置，形成明确的墙肢和连梁；宜避免造成墙肢宽度相差悬殊的洞口设置；抗震设计时，一、二、三级剪力墙的底部加强部位不宜采用上下洞口不对齐的错洞墙，全高均不宜采用洞口局部重叠的叠合错洞墙。

7.1.2 剪力墙不宜过长，较长剪力墙宜设置跨高比较大的连梁将其分成长度较均匀的若干墙段，各墙段的高度与墙段长度之比不宜小于 3，墙段长度不宜大于 8m。

7.1.3 跨高比小于 5 的连梁应按本章的有关规定设计，跨高比不小于 5 的连梁宜按框架梁设计。

7.1.4 抗震设计时，剪力墙底部加强部位的范围，应符合下列规定：

1 底部加强部位的高度，应从地下室顶板算起；

2 底部加强部位的高度可取底部两层和墙体总高度的 1/10 二者的较大值，部分框支剪力墙结构底部加强部位的高度应符合本规程第 10.2.2 条的规定；

3 当结构计算嵌固端位于地下一层底板或以下时，底部加强部位宜延伸到计算嵌固端。

7.1.5 楼面梁不宜支承在剪力墙或核心筒的连梁上。

7.1.6 当剪力墙或核心筒墙肢与其平面外相交的楼

面梁刚接时，可沿楼面梁轴线方向设置与梁相连的剪力墙、扶壁柱或在墙内设置暗柱，并应符合下列规定：

1 设置沿楼面梁轴线方向与梁相连的剪力墙时，墙的厚度不宜小于梁的截面宽度；

2 设置扶壁柱时，其截面宽度不应小于梁宽，其截面高度可计入墙厚；

3 墙内设置暗柱时，暗柱的截面高度可取墙的厚度，暗柱的截面宽度可取梁宽加2倍墙厚；

4 应通过计算确定暗柱或扶壁柱的纵向钢筋(或型钢)，纵向钢筋的总配筋率不宜小于表7.1.6的规定。

表7.1.6 暗柱、扶壁柱纵向钢筋的构造配筋率

设计状况	抗震设计				非抗震设计
	一级	二级	三级	四级	
配筋率（%）	0.9	0.7	0.6	0.5	0.5

注：采用400MPa、335MPa级钢筋时，表中数值宜分别增加0.05和0.10。

5 楼面梁的水平钢筋应伸入剪力墙或扶壁柱，伸入长度应符合钢筋锚固要求。钢筋锚固段的水平投影长度，非抗震设计时不宜小于$0.4l_{ab}$，抗震设计时不宜小于$0.4l_{abE}$；当锚固段的水平投影长度不满足要求时，可将楼面梁伸出墙面形成梁头，梁的纵筋伸入梁头后弯折锚固（图7.1.6），也可采取其他可靠的锚固措施。

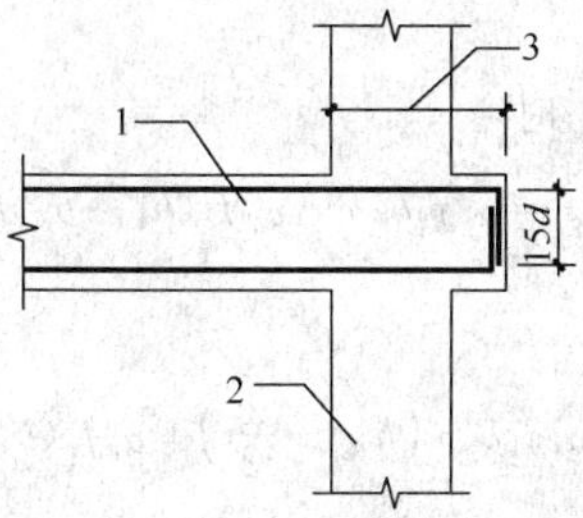

图7.1.6 楼面梁伸出墙面形成梁头

1—楼面梁；2—剪力墙；3—楼面梁钢筋锚固水平投影长度

6 暗柱或扶壁柱应设置箍筋，箍筋直径，一、二、三级时不应小于8mm，四级及非抗震时不应小于6mm，且均不应小于纵向钢筋直径的1/4；箍筋间距，一、二、三级时不应大于150mm，四级及非抗震时不应大于200mm。

7.1.7 当墙肢的截面高度与厚度之比不大于4时，宜按框架柱进行截面设计。

7.1.8 抗震设计时，高层建筑结构不应全部采用短肢剪力墙；B级高度高层建筑以及抗震设防烈度为9度的A级高度高层建筑，不宜布置短肢剪力墙，不应采用具有较多短肢剪力墙的剪力墙结构。当采用具有较多短肢剪力墙的剪力墙结构时，应符合下列规定：

1 在规定的水平地震作用下，短肢剪力墙承担的底部倾覆力矩不宜大于结构底部总地震倾覆力矩的50%；

2 房屋适用高度应比本规程表3.3.1-1规定的剪力墙结构的最大适用高度适当降低，7度、8度（0.2g）和8度（0.3g）时分别不应大于100m、80m和60m。

注：1 短肢剪力墙是指截面厚度不大于300mm、各肢截面高度与厚度之比的最大值大于4但不大于8的剪力墙；

2 具有较多短肢剪力墙的剪力墙结构是指，在规定的水平地震作用下，短肢剪力墙承担的底部倾覆力矩不小于结构底部总地震倾覆力矩的30%的剪力墙结构。

7.1.9 剪力墙应进行平面内的斜截面受剪、偏心受压或偏心受拉、平面外轴心受压承载力验算。在集中荷载作用下，墙内无暗柱时还应进行局部受压承载力验算。

7.2 截面设计及构造

7.2.1 剪力墙的截面厚度应符合下列规定：

1 应符合本规程附录D的墙体稳定验算要求。

2 一、二级剪力墙：底部加强部位不应小于200mm，其他部位不应小于160mm；一字形独立剪力墙底部加强部位不应小于220mm，其他部位不应小于180mm。

3 三、四级剪力墙：不应小于160mm，一字形独立剪力墙的底部加强部位尚不应小于180mm。

4 非抗震设计时不应小于160mm。

5 剪力墙井筒中，分隔电梯井或管道井的墙肢截面厚度可适当减小，但不宜小于160mm。

7.2.2 抗震设计时，短肢剪力墙的设计应符合下列规定：

1 短肢剪力墙截面厚度除应符合本规程第7.2.1条的要求外，底部加强部位尚不应小于200mm，其他部位尚不应小于180mm。

2 一、二、三级短肢剪力墙的轴压比，分别不宜大于0.45、0.50、0.55，一字形截面短肢剪力墙的轴压比限值应相应减少0.1。

3 短肢剪力墙的底部加强部位应按本节7.2.6条调整剪力设计值，其他各层一、二、三级时剪力设计值应分别乘以增大系数1.4、1.2和1.1。

4 短肢剪力墙边缘构件的设置应符合本规程第7.2.14条的规定。

5 短肢剪力墙的全部竖向钢筋的配筋率，底部加强部位一、二级不宜小于1.2%，三、四级不宜小于1.0%；其他部位一、二级不宜小于1.0%，三、四级不宜小于0.8%。

6 不宜采用一字形短肢剪力墙，不宜在一字形短肢剪力墙上布置平面外与之相交的单侧楼面梁。

7.2.3 高层剪力墙结构的竖向和水平分布钢筋不应单排配置。剪力墙截面厚度不大于400mm时，可采用双排配筋；大于400mm、但不大于700mm时，宜采用三排配筋；大于700mm时，宜采用四排配筋。各排分布钢筋之间拉筋的间距不应大于600mm，直径不应小于6mm。

7.2.4 抗震设计的双肢剪力墙，其墙肢不宜出现小偏心受拉；当任一墙肢为偏心受拉时，另一墙肢的弯矩设计值及剪力设计值应乘以增大系数1.25。

7.2.5 一级剪力墙的底部加强部位以上部位，墙肢的组合弯矩设计值和组合剪力设计值应乘以增大系数，弯矩增大系数可取为1.2，剪力增大系数可取为1.3。

7.2.6 底部加强部位剪力墙截面的剪力设计值，一、二、三级时应按式（7.2.6-1）调整，9度一级剪力墙应按式（7.2.6-2）调整；二、三级的其他部位及四级时可不调整。

$$V=\eta_{vw}V_w \qquad (7.2.6\text{-}1)$$

$$V=1.1\frac{M_{wua}}{M_w}V_w \qquad (7.2.6\text{-}2)$$

式中：V——底部加强部位剪力墙截面剪力设计值；

V_w——底部加强部位剪力墙截面考虑地震作用组合的剪力计算值；

M_{wua}——剪力墙正截面抗震受弯承载力，应考虑承载力抗震调整系数γ_{RE}、采用实配纵筋面积、材料强度标准值和组合的轴力设计值等计算，有翼墙时应计入墙两侧各一倍翼墙厚度范围内的纵向钢筋；

M_w——底部加强部位剪力墙底截面弯矩的组合计算值；

η_{vw}——剪力增大系数，一级取1.6，二级取1.4，三级取1.2。

7.2.7 剪力墙墙肢截面剪力设计值应符合下列规定：

1 永久、短暂设计状况

$$V\leqslant 0.25\beta_c f_c b_w h_{w0} \qquad (7.2.7\text{-}1)$$

2 地震设计状况

剪跨比λ大于2.5时

$$V\leqslant\frac{1}{\gamma_{RE}}(0.20\beta_c f_c b_w h_{w0}) \qquad (7.2.7\text{-}2)$$

剪跨比λ不大于2.5时

$$V\leqslant\frac{1}{\gamma_{RE}}(0.15\beta_c f_c b_w h_{w0}) \qquad (7.2.7\text{-}3)$$

剪跨比可按下式计算：

$$\lambda=M^c/(V^c h_{w0}) \qquad (7.2.7\text{-}4)$$

式中：V——剪力墙墙肢截面的剪力设计值；

h_{w0}——剪力墙截面有效高度；

β_c——混凝土强度影响系数，应按本规程第6.2.6条采用；

λ——剪跨比，其中M^c、V^c应取同一组合的、未按本规程有关规定调整的墙肢截面弯矩、剪力计算值，并取墙肢上、下端截面计算的剪跨比的较大值。

7.2.8 矩形、T形、I形偏心受压剪力墙墙肢（图7.2.8）的正截面受压承载力应符合现行国家标准《混凝土结构设计规范》GB 50010的有关规定，也可按下列规定计算：

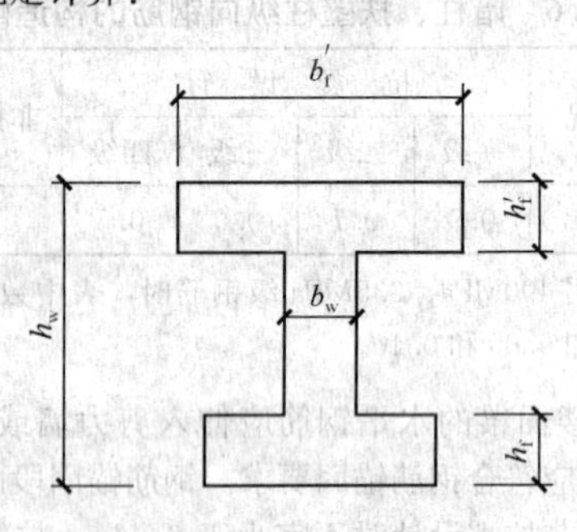

图7.2.8 截面及尺寸

1 持久、短暂设计状况

$$N\leqslant A'_s f'_y-A_s\sigma_s-N_{sw}+N_c \qquad (7.2.8\text{-}1)$$

$$N\left(e_0+h_{w0}-\frac{h_w}{2}\right)\leqslant A'_s f'_y(h_{w0}-a'_s)-M_{sw}+M_c \qquad (7.2.8\text{-}2)$$

当$x>h'_f$时

$$N_c=\alpha_1 f_c b_w x+\alpha_1 f_c(b'_f-b_w)h'_f \qquad (7.2.8\text{-}3)$$

$$M_c=\alpha_1 f_c b_w x\left(h_{w0}-\frac{x}{2}\right)+\alpha_1 f_c(b'_f-b_w)h'_f\left(h_{w0}-\frac{h'_f}{2}\right) \qquad (7.2.8\text{-}4)$$

当$x\leqslant h'_f$时

$$N_c=\alpha_1 f_c b'_f x \qquad (7.2.8\text{-}5)$$

$$M_c=\alpha_1 f_c b'_f x\left(h_{w0}-\frac{x}{2}\right) \qquad (7.2.8\text{-}6)$$

当$x\leqslant\xi_b h_{w0}$时

$$\sigma_s=f_y \qquad (7.2.8\text{-}7)$$

$$N_{sw}=(h_{w0}-1.5x)b_w f_{yw}\rho_w \qquad (7.2.8\text{-}8)$$

$$M_{sw}=\frac{1}{2}(h_{w0}-1.5x)^2 b_w f_{yw}\rho_w \qquad (7.2.8\text{-}9)$$

当$x>\xi_b h_{w0}$时

$$\sigma_s = \frac{f_y}{\xi_b - \beta_1}\left(\frac{x}{h_{w0}} - \beta_1\right) \quad (7.2.8\text{-}10)$$

$$N_{sw} = 0 \quad (7.2.8\text{-}11)$$

$$M_{sw} = 0 \quad (7.2.8\text{-}12)$$

$$\xi_b = \frac{\beta_1}{1 + \frac{f_y}{E_s \varepsilon_{cu}}} \quad (7.2.8\text{-}13)$$

式中：a'_s——剪力墙受压区端部钢筋合力点到受压区边缘的距离；

b'_f——T形或I形截面受压区翼缘宽度；

e_0——偏心距，$e_0 = M/N$；

f_y、f'_y——分别为剪力墙端部受拉、受压钢筋强度设计值；

f_{yw}——剪力墙墙体竖向分布钢筋强度设计值；

f_c——混凝土轴心抗压强度设计值；

h'_f——T形或I形截面受压区翼缘的高度；

h_{w0}——剪力墙截面有效高度，$h_{w0} = h_w - a'_s$；

ρ_w——剪力墙竖向分布钢筋配筋率；

ξ_b——界限相对受压区高度；

α_1——受压区混凝土矩形应力图的应力与混凝土轴心抗压强度设计值的比值，混凝土强度等级不超过C50时取1.0，混凝土强度等级为C80时取0.94，混凝土强度等级在C50和C80之间时可按线性内插取值；

β_1——受压区混凝土矩形应力图高度调整系数，当混凝土强度等级不超过C50时取0.80，当混凝土强度等级为C80时取0.74，其间按线性内插法确定；

ε_{cu}——混凝土极限压应变，应按现行国家标准《混凝土结构设计规范》GB 50010的有关规定采用。

2 地震设计状况，公式（7.2.8-1）、（7.2.8-2）右端均应除以承载力抗震调整系数 γ_{RE}，γ_{RE} 取0.85。

7.2.9 矩形截面偏心受拉剪力墙的正截面受拉承载力应符合下列规定：

1 永久、短暂设计状况

$$N \leqslant \frac{1}{\frac{1}{N_{0u}} + \frac{e_0}{M_{wu}}} \quad (7.2.9\text{-}1)$$

2 地震设计状况

$$N \leqslant \frac{1}{\gamma_{RE}}\left(\frac{1}{\frac{1}{N_{0u}} + \frac{e_0}{M_{wu}}}\right) \quad (7.2.9\text{-}2)$$

N_{0u} 和 M_{wu} 可分别按下列公式计算：

$$N_{0u} = 2A_s f_y + A_{sw} f_{yw} \quad (7.2.9\text{-}3)$$

$$M_{wu} = A_s f_y (h_{w0} - a'_s) + A_{sw} f_{yw} \frac{(h_{w0} - a'_s)}{2} \quad (7.2.9\text{-}4)$$

式中：A_{sw}——剪力墙竖向分布钢筋的截面面积。

7.2.10 偏心受压剪力墙的斜截面受剪承载力应符合下列规定：

1 永久、短暂设计状况

$$V \leqslant \frac{1}{\lambda - 0.5}\left(0.5 f_t b_w h_{w0} + 0.13 N \frac{A_w}{A}\right) + f_{yh} \frac{A_{sh}}{s} h_{w0} \quad (7.2.10\text{-}1)$$

2 地震设计状况

$$V \leqslant \frac{1}{\gamma_{RE}}\left[\frac{1}{\lambda - 0.5}\left(0.4 f_t b_w h_{w0} + 0.1 N \frac{A_w}{A}\right) + 0.8 f_{yh} \frac{A_{sh}}{s} h_{w0}\right] \quad (7.2.10\text{-}2)$$

式中：N——剪力墙截面轴向压力设计值，N 大于 $0.2 f_c b_w h_w$ 时，应取 $0.2 f_c b_w h_w$；

A——剪力墙全截面面积；

A_w——T形或I形截面剪力墙腹板的面积，矩形截面时应取 A；

λ——计算截面的剪跨比，λ 小于1.5时应取1.5，λ 大于2.2时应取2.2，计算截面与墙底之间的距离小于 $0.5h_{w0}$ 时，λ 应按距墙底 $0.5h_{w0}$ 处的弯矩值与剪力值计算；

s——剪力墙水平分布钢筋间距。

7.2.11 偏心受拉剪力墙的斜截面受剪承载力应符合下列规定：

1 永久、短暂设计状况

$$V \leqslant \frac{1}{\lambda - 0.5}\left(0.5 f_t b_w h_{w0} - 0.13 N \frac{A_w}{A}\right) + f_{yh} \frac{A_{sh}}{s} h_{w0} \quad (7.2.11\text{-}1)$$

上式右端的计算值小于 $f_{yh} \frac{A_{sh}}{s} h_{w0}$ 时，应取等于 $f_{yh} \frac{A_{sh}}{s} h_{w0}$。

2 地震设计状况

$$V \leqslant \frac{1}{\gamma_{RE}}\left[\frac{1}{\lambda - 0.5}\left(0.4 f_t b_w h_{w0} - 0.1 N \frac{A_w}{A}\right) + 0.8 f_{yh} \frac{A_{sh}}{s} h_{w0}\right] \quad (7.2.11\text{-}2)$$

上式右端方括号内的计算值小于 $0.8 f_{yh} \frac{A_{sh}}{s} h_{w0}$ 时，应取等于 $0.8 f_{yh} \frac{A_{sh}}{s} h_{w0}$。

7.2.12 抗震等级为一级的剪力墙，水平施工缝的抗滑移应符合下式要求：

$$V_{wj} \leqslant \frac{1}{\gamma_{RE}}(0.6 f_y A_s + 0.8 N) \quad (7.2.12)$$

式中：V_{wj}——剪力墙水平施工缝处剪力设计值；

A_s——水平施工缝处剪力墙腹板内竖向分布钢筋和边缘构件中的竖向钢筋总面积

（不包括两侧翼墙），以及在墙体中有足够锚固长度的附加竖向插筋面积；

f_y——竖向钢筋抗拉强度设计值；

N——水平施工缝处考虑地震作用组合的轴向力设计值，压力取正值，拉力取负值。

7.2.13 重力荷载代表值作用下，一、二、三级剪力墙墙肢的轴压比不宜超过表 7.2.13 的限值。

表 7.2.13 剪力墙墙肢轴压比限值

抗震等级	一级（9 度）	一级（6、7、8 度）	二、三级
轴压比限值	0.4	0.5	0.6

注：墙肢轴压比是指重力荷载代表值作用下墙肢承受的轴压力设计值与墙肢的全截面面积和混凝土轴心抗压强度设计值乘积之比值。

7.2.14 剪力墙两端和洞口两侧应设置边缘构件，并应符合下列规定：

1 一、二、三级剪力墙底层墙肢底截面的轴压比大于表 7.2.14 的规定值时，以及部分框支剪力墙结构的剪力墙，应在底部加强部位及相邻的上一层设置约束边缘构件，约束边缘构件应符合本规程第 7.2.15 条的规定；

2 除本条第 1 款所列部位外，剪力墙应按本规程第 7.2.16 条设置构造边缘构件；

3 B 级高度高层建筑的剪力墙，宜在约束边缘构件层与构造边缘构件层之间设置 1～2 层过渡层，过渡层边缘构件的箍筋配置要求可低于约束边缘构件的要求，但应高于构造边缘构件的要求。

表 7.2.14 剪力墙可不设约束边缘构件的最大轴压比

等级或烈度	一级（9 度）	一级（6、7、8 度）	二、三级
轴压比	0.1	0.2	0.3

7.2.15 剪力墙的约束边缘构件可为暗柱、端柱和翼墙（图 7.2.15），并应符合下列规定：

1 约束边缘构件沿墙肢的长度 l_c 和箍筋配箍特征值 λ_v 应符合表 7.2.15 的要求，其体积配箍率 ρ_v 应按下式计算：

$$\rho_v = \lambda_v \frac{f_c}{f_{yv}} \tag{7.2.15}$$

式中：ρ_v——箍筋体积配箍率。可计入箍筋、拉筋以及符合构造要求的水平分布钢筋，计入的水平分布钢筋的体积配箍率不应大于总体积配箍率的 30%；

λ_v——约束边缘构件配箍特征值；

f_c——混凝土轴心抗压强度设计值；混凝土强度等级低于 C35 时，应取 C35 的混凝土轴心抗压强度设计值；

f_{yv}——箍筋、拉筋或水平分布钢筋的抗拉强度设计值。

表 7.2.15 约束边缘构件沿墙肢的长度 l_c 及其配箍特征值 λ_v

项　目	一级(9 度)		一级(6、7、8 度)		二、三级	
	$\mu_N \leqslant 0.2$	$\mu_N > 0.2$	$\mu_N \leqslant 0.3$	$\mu_N > 0.3$	$\mu_N \leqslant 0.4$	$\mu_N > 0.4$
l_c(暗柱)	$0.20h_w$	$0.25h_w$	$0.15h_w$	$0.20h_w$	$0.15h_w$	$0.20h_w$
l_c(翼墙或端柱)	$0.15h_w$	$0.20h_w$	$0.10h_w$	$0.15h_w$	$0.10h_w$	$0.15h_w$
λ_v	0.12	0.20	0.12	0.20	0.12	0.20

注：1 μ_N 为墙肢在重力荷载代表值作用下的轴压比，h_w 为墙肢的长度；

2 剪力墙的翼墙长度小于翼墙厚度的 3 倍或端柱截面边长小于 2 倍墙厚时，按无翼墙、无端柱查表；

3 l_c 为约束边缘构件沿墙肢的长度（图 7.2.15）。对暗柱不应小于墙厚和 400mm 的较大值；有翼墙或端柱时，不应小于翼墙厚度或端柱沿墙肢方向截面高度加 300mm。

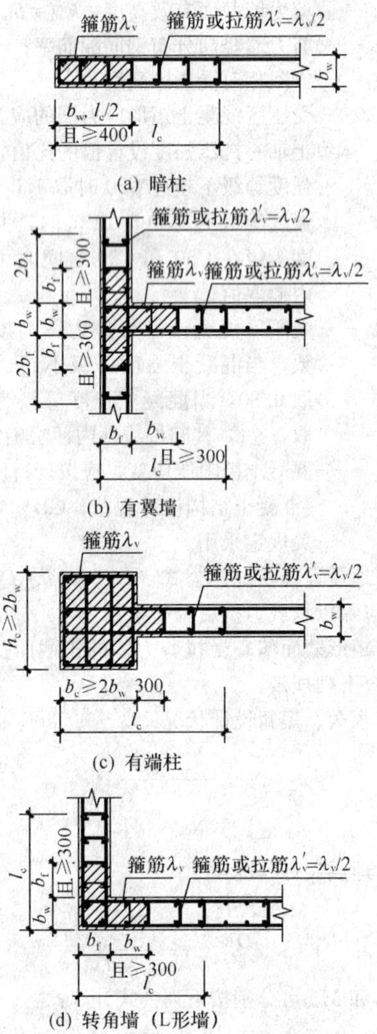

图 7.2.15 剪力墙的约束边缘构件

2 剪力墙约束边缘构件阴影部分（图 7.2.15）的竖向钢筋除应满足正截面受压（受拉）承载力计算

要求外，其配筋率一、二、三级时分别不应小于1.2%、1.0%和1.0%，并分别不应少于8ϕ16、6ϕ16和6ϕ14的钢筋（ϕ表示钢筋直径）；

3 约束边缘构件内箍筋或拉筋沿竖向的间距，一级不宜大于100mm，二、三级不宜大于150mm；箍筋、拉筋沿水平方向的肢距不宜大于300mm，不应大于竖向钢筋间距的2倍。

7.2.16 剪力墙构造边缘构件的范围宜按图7.2.16中阴影部分采用，其最小配筋应满足表7.2.16的规定，并应符合下列规定：

1 竖向配筋应满足正截面受压（受拉）承载力的要求；

2 当端柱承受集中荷载时，其竖向钢筋、箍筋直径和间距应满足框架柱的相应要求；

3 箍筋、拉筋沿水平方向的肢距不宜大于300mm，不应大于竖向钢筋间距的2倍；

4 抗震设计时，对于连体结构、错层结构以及B级高度高层建筑结构中的剪力墙（筒体），其构造边缘构件的最小配筋应符合下列要求：

1）竖向钢筋最小量应比表7.2.16中的数值提高$0.001A_c$采用；

2）箍筋的配筋范围宜取图7.2.16中阴影部分，其配箍特征值λ_v不宜小于0.1。

5 非抗震设计的剪力墙，墙肢端部应配置不少于4ϕ12的纵向钢筋，箍筋直径不应小于6mm、间距不宜大于250mm。

表7.2.16 剪力墙构造边缘构件的最小配筋要求

抗震等级	底部加强部位		
	竖向钢筋最小量（取较大值）	箍筋	
		最小直径（mm）	沿竖向最大间距（mm）
一	$0.010A_c$，6ϕ16	8	100
二	$0.008A_c$，6ϕ14	8	150
三	$0.006A_c$，6ϕ12	6	150
四	$0.005A_c$，4ϕ12	6	200
抗震等级	其他部位		
	竖向钢筋最小量（取较大值）	拉筋	
		最小直径（mm）	沿竖向最大间距（mm）
一	$0.008A_c$，6ϕ14	8	150
二	$0.006A_c$，6ϕ12	8	200
三	$0.005A_c$，4ϕ12	6	200
四	$0.004A_c$，4ϕ12	6	250

注：1 A_c为构造边缘构件的截面面积，即图7.2.16剪力墙截面的阴影部分；

2 符号ϕ表示钢筋直径；

3 其他部位的转角处宜采用箍筋。

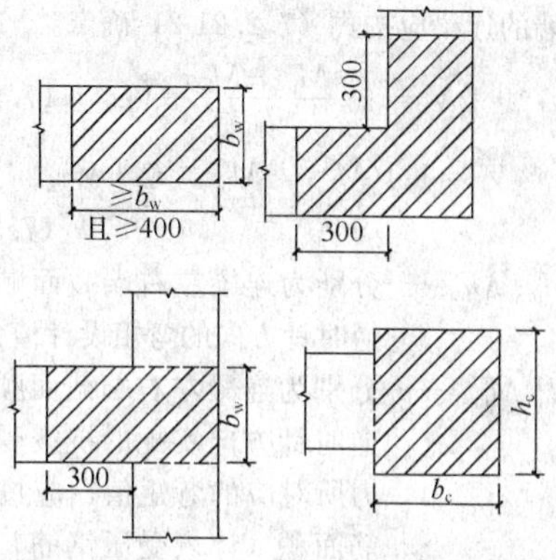

图7.2.16 剪力墙的构造边缘构件范围

7.2.17 剪力墙竖向和水平分布钢筋的配筋率，一、二、三级时均不应小于0.25%，四级和非抗震设计时均不应小于0.20%。

7.2.18 剪力墙的竖向和水平分布钢筋的间距均不宜大于300mm，直径不应小于8mm。剪力墙的竖向和水平分布钢筋的直径不宜大于墙厚的1/10。

7.2.19 房屋顶层剪力墙、长矩形平面房屋的楼梯间和电梯间剪力墙、端开间纵向剪力墙以及端山墙的水平和竖向分布钢筋的配筋率均不应小于0.25%，间距均不应大于200mm。

7.2.20 剪力墙的钢筋锚固和连接应符合下列规定：

1 非抗震设计时，剪力墙纵向钢筋最小锚固长度应取l_a；抗震设计时，剪力墙纵向钢筋最小锚固长度应取l_{aE}。l_a、l_{aE}的取值应符合本规程第6.5节的有关规定。

2 剪力墙竖向及水平分布钢筋采用搭接连接时（图7.2.20），一、二级剪力墙的底部加强部位，接头位置应错开，同一截面连接的钢筋数量不宜超过总数量的50%，错开净距不宜小于500mm；其他情况剪力墙的钢筋可在同一截面连接。分布钢筋的搭接长度，非抗震设计时不应小于$1.2l_a$，抗震设计时不应小于$1.2l_{aE}$。

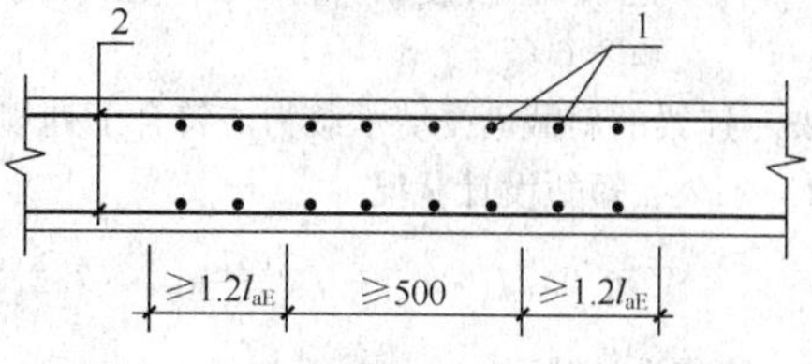

图7.2.20 剪力墙分布钢筋的搭接连接

1—竖向分布钢筋；2—水平分布钢筋；

非抗震设计时图中l_{aE}取l_a

3 暗柱及端柱内纵向钢筋连接和锚固要求宜与框架柱相同，宜符合本规程第6.5节的有关规定。

7.2.21 连梁两端截面的剪力设计值V应按下列规定确定：

1 非抗震设计以及四级剪力墙的连梁，应分别取考虑水平风荷载、水平地震作用组合的剪力设计值。

2 一、二、三级剪力墙的连梁，其梁端截面组合的剪力设计值应按式（7.2.21-1）确定，9度时一级剪力墙的连梁应按式（7.2.21-2）确定。

$$V=\eta_{vb}\frac{M_b^l+M_b^r}{l_n}+V_{Gb} \quad (7.2.21\text{-}1)$$

$$V=1.1(M_{bua}^l+M_{bua}^r)/l_n+V_{Gb} \quad (7.2.21\text{-}2)$$

式中：M_b^l、M_b^r——分别为连梁左右端截面顺时针或逆时针方向的弯矩设计值；

M_{bua}^l、M_{bua}^r——分别为连梁左右端截面顺时针或逆时针方向实配的抗震受弯承载力所对应的弯矩值，应按实配钢筋面积（计入受压钢筋）和材料强度标准值并考虑承载力抗震调整系数计算；

l_n——连梁的净跨；

V_{Gb}——在重力荷载代表值作用下按简支梁计算的梁端截面剪力设计值；

η_{vb}——连梁剪力增大系数，一级取1.3，二级取1.2，三级取1.1。

7.2.22 连梁截面剪力设计值应符合下列规定：

1 永久、短暂设计状况

$$V\leqslant 0.25\beta_c f_c b_b h_{b0} \quad (7.2.22\text{-}1)$$

2 地震设计状况

跨高比大于2.5的连梁

$$V\leqslant\frac{1}{\gamma_{RE}}(0.20\beta_c f_c b_b h_{b0}) \quad (7.2.22\text{-}2)$$

跨高比不大于2.5的连梁

$$V\leqslant\frac{1}{\gamma_{RE}}(0.15\beta_c f_c b_b h_{b0}) \quad (7.2.22\text{-}3)$$

式中：V——按本规程第7.2.21条调整后的连梁截面剪力设计值；

b_b——连梁截面宽度；

h_{b0}——连梁截面有效高度；

β_c——混凝土强度影响系数，见本规程第6.2.6条。

7.2.23 连梁的斜截面受剪承载力应符合下列规定：

1 永久、短暂设计状况

$$V\leqslant 0.7f_t b_b h_{b0}+f_{yv}\frac{A_{sv}}{s}h_{b0} \quad (7.2.23\text{-}1)$$

2 地震设计状况

跨高比大于2.5的连梁

$$V\leqslant\frac{1}{\gamma_{RE}}(0.42f_t b_b h_{b0}+f_{yv}\frac{A_{sv}}{s}h_{b0}) \quad (7.2.23\text{-}2)$$

跨高比不大于2.5的连梁

$$V\leqslant\frac{1}{\gamma_{RE}}(0.38f_t b_b h_{b0}+0.9f_{yv}\frac{A_{sv}}{s}h_{b0}) \quad (7.2.23\text{-}3)$$

式中：V——按7.2.21条调整后的连梁截面剪力设计值。

7.2.24 跨高比（l/h_b）不大于1.5的连梁，非抗震设计时，其纵向钢筋的最小配筋率可取为0.2%；抗震设计时，其纵向钢筋的最小配筋率宜符合表7.2.24的要求；跨高比大于1.5的连梁，其纵向钢筋的最小配筋率可按框架梁的要求采用。

表7.2.24 跨高比不大于1.5的连梁纵向钢筋的最小配筋率（%）

跨高比	最小配筋率（采用较大值）
$l/h_b\leqslant 0.5$	0.20，$45f_t/f_y$
$0.5<l/h_b\leqslant 1.5$	0.25，$55f_t/f_y$

7.2.25 剪力墙结构连梁中，非抗震设计时，顶面及底面单侧纵向钢筋的最大配筋率不宜大于2.5%；抗震设计时，顶面及底面单侧纵向钢筋的最大配筋率宜符合表7.2.25的要求。如不满足，则应按实配钢筋进行连梁强剪弱弯的验算。

表7.2.25 连梁纵向钢筋的最大配筋率（%）

跨 高 比	最大配筋率
$l/h_b\leqslant 1.0$	0.6
$1.0<l/h_b\leqslant 2.0$	1.2
$2.0<l/h_b\leqslant 2.5$	1.5

7.2.26 剪力墙的连梁不满足本规程第7.2.22条的要求时，可采取下列措施：

1 减小连梁截面高度或采取其他减小连梁刚度的措施。

2 抗震设计剪力墙连梁的弯矩可塑性调幅；内力计算时已经按本规程第5.2.1条的规定降低了刚度的连梁，其弯矩值不宜再调幅，或限制再调幅范围。此时，应取弯矩调幅后相应的剪力设计值校核其是否满足本规程第7.2.22条的规定；剪力墙中其他连梁和墙肢的弯矩设计值宜视调幅连梁数量的多少而相应适当增大。

3 当连梁破坏对承受竖向荷载无明显影响时，可按独立墙肢的计算简图进行第二次多遇地震作用下的内力分析，墙肢截面应按两次计算的较大值计算配筋。

7.2.27 连梁的配筋构造（图7.2.27）应符合下列规定：

1 连梁顶面、底面纵向水平钢筋伸入墙肢的长度，抗震设计时不应小于l_{aE}，非抗震设计时不应小于l_a，且均不应小于600mm。

2 抗震设计时，沿连梁全长箍筋的构造应符合本规程第6.3.2条框架梁梁端箍筋加密区的箍筋构造要求；非抗震设计时，沿连梁全长的箍筋直径不应小于6mm，间距不应大于150mm。

3 顶层连梁纵向水平钢筋伸入墙肢的长度范围内应配置箍筋，箍筋间距不宜大于150mm，直径应

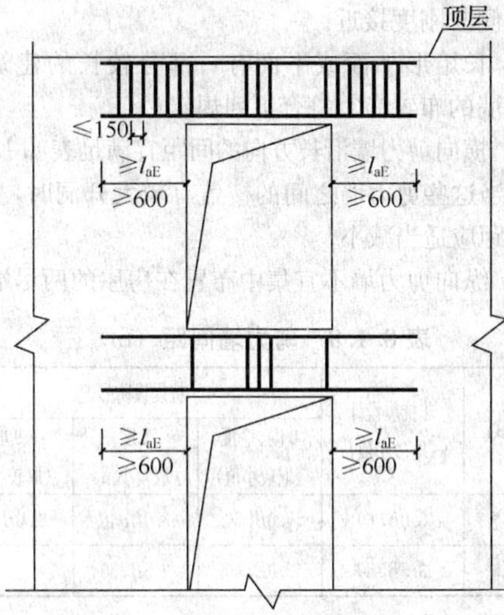

图 7.2.27 连梁配筋构造示意

注：非抗震设计时图中 l_{aE} 取 l_a

与该连梁的箍筋直径相同。

4 连梁高度范围内的墙肢水平分布钢筋应在连梁内拉通作为连梁的腰筋。连梁截面高度大于700mm时，其两侧面腰筋的直径不应小于8mm，间距不应大于200mm；跨高比不大于2.5的连梁，其两侧腰筋的总面积配筋率不应小于0.3%。

7.2.28 剪力墙开小洞口和连梁开洞应符合下列规定：

1 剪力墙开有边长小于800mm的小洞口、且在结构整体计算中不考虑其影响时，应在洞口上、下和左、右配置补强钢筋，补强钢筋的直径不应小于12mm，截面面积应分别不小于被截断的水平分布钢筋和竖向分布钢筋的面积（图7.2.28a）；

(a)剪力墙洞口

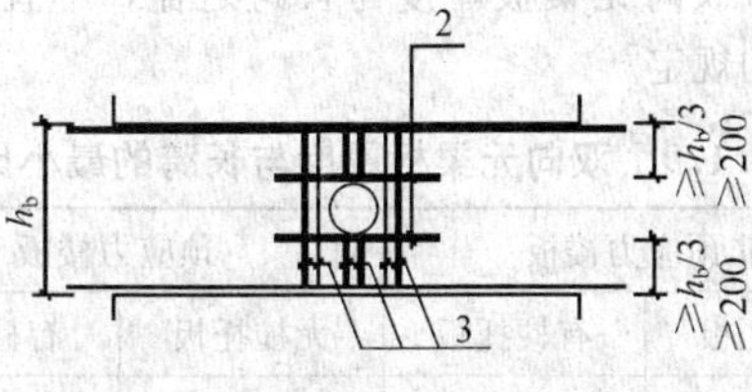

(b)连梁洞口

图 7.2.28 洞口补强配筋示意

1—墙洞口周边补强钢筋；2—连梁洞口上、下补强纵向钢筋；3—连梁洞口补强箍筋；非抗震设计时图中 l_{aE} 取 l_a

2 穿过连梁的管道宜预埋套管，洞口上、下的截面有效高度不宜小于梁高的1/3，且不宜小于200mm；被洞口削弱的截面应进行承载力验算，洞口处应配置补强纵向钢筋和箍筋（图7.2.28b），补强纵向钢筋的直径不应小于12mm。

8 框架-剪力墙结构设计

8.1 一般规定

8.1.1 框架-剪力墙结构、板柱-剪力墙结构的结构布置、计算分析、截面设计及构造要求除应符合本章的规定外，尚应分别符合本规程第3、5、6和7章的有关规定。

8.1.2 框架-剪力墙结构可采用下列形式：

1 框架与剪力墙（单片墙、联肢墙或较小井筒）分开布置；

2 在框架结构的若干跨内嵌入剪力墙（带边框剪力墙）；

3 在单片抗侧力结构内连续分别布置框架和剪力墙；

4 上述两种或三种形式的混合。

8.1.3 抗震设计的框架-剪力墙结构，应根据在规定的水平力作用下结构底层框架部分承受的地震倾覆力矩与结构总地震倾覆力矩的比值，确定相应的设计方法，并应符合下列规定：

1 框架部分承受的地震倾覆力矩不大于结构总地震倾覆力矩的10%时，按剪力墙结构进行设计，其中的框架部分应按框架-剪力墙结构的框架进行设计；

2 当框架部分承受的地震倾覆力矩大于结构总地震倾覆力矩的10%但不大于50%时，按框架-剪力墙结构进行设计；

3 当框架部分承受的地震倾覆力矩大于结构总地震倾覆力矩的50%但不大于80%时，按框架-剪力墙结构进行设计，其最大适用高度可比框架结构适当增加，框架部分的抗震等级和轴压比限值宜按框架结构的规定采用；

4 当框架部分承受的地震倾覆力矩大于结构总地震倾覆力矩的80%时，按框架-剪力墙结构进行设计，但其最大适用高度宜按框架结构采用，框架部分的抗震等级和轴压比限值应按框架结构的规定采用。当结构的层间位移角不满足框架-剪力墙结构的规定时，可按本规程第3.11节的有关规定进行结构抗震性能分析和论证。

8.1.4 抗震设计时，框架-剪力墙结构对应于地震作用标准值的各层框架总剪力应符合下列规定：

1 满足式（8.1.4）要求的楼层，其框架总剪力不必调整；不满足式（8.1.4）要求的楼层，其框架

总剪力应按 $0.2V_0$ 和 $1.5V_{f,max}$ 二者的较小值采用；

$$V_f \geqslant 0.2V_0 \quad (8.1.4)$$

式中：V_0——对框架柱数量从下至上基本不变的结构，应取对应于地震作用标准值的结构底层总剪力；对框架柱数量从下至上分段有规律变化的结构，应取每段底层结构对应于地震作用标准值的总剪力；

V_f——对应于地震作用标准值且未经调整的各层（或某一段内各层）框架承担的地震总剪力；

$V_{f,max}$——对框架柱数量从下至上基本不变的结构，应取对应于地震作用标准值且未经调整的各层框架承担的地震总剪力中的最大值；对框架柱数量从下至上分段有规律变化的结构，应取每段中对应于地震作用标准值且未经调整的各层框架承担的地震总剪力中的最大值。

2 各层框架所承担的地震总剪力按本条第 1 款调整后，应按调整前、后总剪力的比值调整每根框架柱和与之相连框架梁的剪力及端部弯矩标准值，框架柱的轴力标准值可不予调整；

3 按振型分解反应谱法计算地震作用时，本条第 1 款所规定的调整可在振型组合之后、并满足本规程第 4.3.12 条关于楼层最小地震剪力系数的前提下进行。

8.1.5 框架-剪力墙结构应设计成双向抗侧力体系；抗震设计时，结构两主轴方向均应布置剪力墙。

8.1.6 框架-剪力墙结构中，主体结构构件之间除个别节点外不应采用铰接；梁与柱或柱与剪力墙的中线宜重合；框架梁、柱中心线之间有偏离时，应符合本规程第 6.1.7 条的有关规定。

8.1.7 框架-剪力墙结构中剪力墙的布置宜符合下列规定：

1 剪力墙宜均匀布置在建筑物的周边附近、楼梯间、电梯间、平面形状变化及恒载较大的部位，剪力墙间距不宜过大；

2 平面形状凹凸较大时，宜在凸出部分的端部附近布置剪力墙；

3 纵、横剪力墙宜组成 L 形、T 形和［形等形式；

4 单片剪力墙底部承担的水平剪力不应超过结构底部总水平剪力的 30%；

5 剪力墙宜贯通建筑物的全高，宜避免刚度突变；剪力墙开洞时，洞口宜上下对齐；

6 楼、电梯间等竖井宜尽量与靠近的抗侧力结构结合布置；

7 抗震设计时，剪力墙的布置宜使结构各主轴方向的侧向刚度接近。

8.1.8 长矩形平面或平面有一部分较长的建筑中，其剪力墙的布置尚宜符合下列规定：

1 横向剪力墙沿长方向的间距宜满足表 8.1.8 的要求，当这些剪力墙之间的楼盖有较大开洞时，剪力墙的间距应适当减小；

2 纵向剪力墙不宜集中布置在房屋的两尽端。

表 8.1.8 剪力墙间距（m）

楼盖形式	非抗震设计（取较小值）	抗震设防烈度		
		6度、7度（取较小值）	8度（取较小值）	9度（取较小值）
现　浇	5.0B，60	4.0B，50	3.0B，40	2.0B，30
装配整体	3.5B，50	3.0B，40	2.5B，30	—

注：1 表中 B 为剪力墙之间的楼盖宽度（m）；
2 装配整体式楼盖的现浇层应符合本规程第 3.6.2 条的有关规定；
3 现浇层厚度大于 60mm 的叠合楼板可作为现浇板考虑；
4 当房屋端部未布置剪力墙时，第一片剪力墙与房屋端部的距离，不宜大于表中剪力墙间距的 1/2。

8.1.9 板柱-剪力墙结构的布置应符合下列规定：

1 应同时布置筒体或两主轴方向的剪力墙以形成双向抗侧力体系，并应避免结构刚度偏心，其中剪力墙或筒体应分别符合本规程第 7 章和第 9 章的有关规定，且宜在对应剪力墙或筒体的各楼层处设置暗梁。

2 抗震设计时，房屋的周边应设置边梁形成周边框架，房屋的顶层及地下室顶板宜采用梁板结构。

3 有楼、电梯间等较大开洞时，洞口周围宜设置框架梁或边梁。

4 无梁板可根据承载力和变形要求采用无柱帽（柱托）板或有柱帽（柱托）板形式。柱托板的长度和厚度应按计算确定，且每方向长度不宜小于板跨度的 1/6，其厚度不宜小于板厚度的 1/4。7 度时宜采用有柱托板，8 度时应采用有柱托板，此时托板每方向长度尚不宜小于同方向柱截面宽度和 4 倍板厚之和，托板总厚度尚不应小于柱纵向钢筋直径的 16 倍。当无柱托板且无梁板受冲切承载力不足时，可采用型钢剪力架（键），此时板的厚度并不应小于 200mm。

5 双向无梁板厚度与长跨之比，不宜小于表 8.1.9 的规定。

表 8.1.9 双向无梁板厚度与长跨的最小比值

非预应力楼板		预应力楼板	
无柱托板	有柱托板	无柱托板	有柱托板
1/30	1/35	1/40	1/45

8.1.10 抗风设计时，板柱-剪力墙结构中各层筒体或剪力墙应能承担不小于 80% 相应方向该层承担的风荷载作用下的剪力；抗震设计时，应能承担各层全

部相应方向该层承担的地震剪力，而各层板柱部分尚应能承担不小于20%相应方向该层承担的地震剪力，且应符合有关抗震构造要求。

8.2 截面设计及构造

8.2.1 框架-剪力墙结构、板柱-剪力墙结构中，剪力墙的竖向、水平分布钢筋的配筋率，抗震设计时均不应小于0.25%，非抗震设计时均不应小于0.20%，并应至少双排布置。各排分布筋之间应设置拉筋，拉筋的直径不应小于6mm、间距不应大于600mm。

8.2.2 带边框剪力墙的构造应符合下列规定：

1 带边框剪力墙的截面厚度应符合本规程附录D的墙体稳定计算要求，且应符合下列规定：

1）抗震设计时，一、二级剪力墙的底部加强部位不应小于200mm；

2）除本款1）项以外的其他情况下不应小于160mm。

2 剪力墙的水平钢筋应全部锚入边框柱内，锚固长度不应小于l_a（非抗震设计）或l_{aE}（抗震设计）；

3 与剪力墙重合的框架梁可保留，亦可做成宽度与墙厚相同的暗梁，暗梁截面高度可取墙厚的2倍或与该榀框架梁截面等高，暗梁的配筋可按构造配置且应符合一般框架梁相应抗震等级的最小配筋要求；

4 剪力墙截面宜按工字形设计，其端部的纵向受力钢筋应配置在边框柱截面内；

5 边框柱截面宜与该榀框架其他柱的截面相同，边框柱应符合本规程第6章有关框架柱构造配筋规定；剪力墙底部加强部位边框柱的箍筋宜沿全高加密；当带边框剪力墙上的洞口紧邻边框柱时，边框柱的箍筋宜沿全高加密。

8.2.3 板柱-剪力墙结构设计应符合下列规定：

1 结构分析中规则的板柱结构可用等代框架法，其等代梁的宽度宜采用垂直于等代框架方向两侧柱距各1/4；宜采用连续体有限元空间模型进行更准确的计算分析。

2 楼板在柱周边临界截面的冲切应力，不宜超过$0.7f_t$，超过时应配置抗冲切钢筋或抗剪栓钉，当地震作用导致柱上板带支座弯矩反号时还应对反向作复核。板柱节点冲切承载力可按现行国家标准《混凝土结构设计规范》GB 50010的相关规定进行验算，并应考虑节点不平衡弯矩作用下产生的剪力影响。

3 沿两个主轴方向均应布置通过柱截面的板底连续钢筋，且钢筋的总截面面积应符合下式要求：

$$A_s \geqslant N_G/f_y \qquad (8.2.3)$$

式中：A_s——通过柱截面的板底连续钢筋的总截面面积；

N_G——该层楼面重力荷载代表值作用下的柱轴向压力设计值，8度时尚宜计入竖向地震影响；

f_y——通过柱截面的板底连续钢筋的抗拉强度设计值。

8.2.4 板柱-剪力墙结构中，板的构造设计应符合下列规定：

1 抗震设计时，应在柱上板带中设置构造暗梁，暗梁宽度取柱宽及两侧各1.5倍板厚之和，暗梁支座上部钢筋截面积不宜小于柱上板带钢筋截面积的50%，并应全跨拉通，暗梁下部钢筋应不小于上部钢筋的1/2。暗梁箍筋的布置，当计算不需要时，直径不应小于8mm，间距不宜大于$3h_0/4$，肢距不宜大于$2h_0$；当计算需要时应按计算确定，且直径不应小于10mm，间距不宜大于$h_0/2$，肢距不宜大于$1.5h_0$。

2 设置柱托板时，非抗震设计时托板底部宜布置构造钢筋；抗震设计时托板底部钢筋应按计算确定，并应满足抗震锚固要求。计算柱上板带的支座钢筋时，可考虑托板厚度的有利影响。

3 无梁楼板开局部洞口时，应验算承载力及刚度要求。当未作专门分析时，在板的不同部位开单个洞的大小应符合图8.2.4的要求。若在同一部位开多个洞时，则在同一截面上各个洞宽之和不应大于该部位单个洞的允许宽度。所有洞边均应设置补强钢筋。

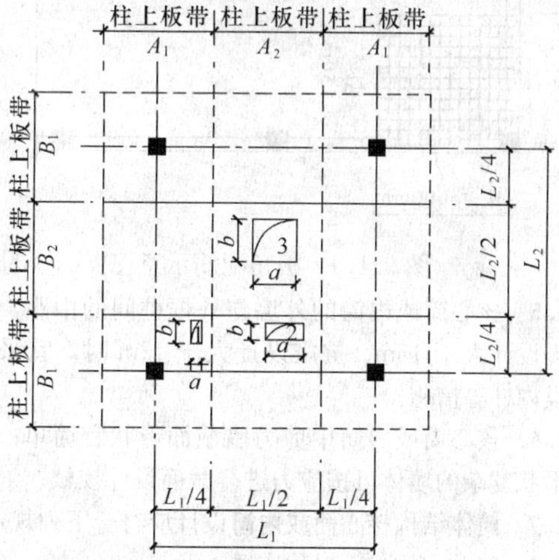

图8.2.4 无梁楼板开洞要求

注：洞1：$a \leqslant a_c/4$且$a \leqslant t/2$，$b \leqslant b_c/4$且$b \leqslant t/2$，其中，a为洞口短边尺寸，b为洞口长边尺寸，a_c为相应于洞口短边方向的柱宽，b_c为相应于洞口长边方向的柱宽，t为板厚；洞2：$a \leqslant A_2/4$且$b \leqslant B_1/4$；洞3：$a \leqslant A_2/4$且$b \leqslant B_2/4$

9 筒体结构设计

9.1 一 般 规 定

9.1.1 本章适用于钢筋混凝土框架-核心筒结构和筒中筒结构，其他类型的筒体结构可参照使用。筒体结构各种构件的截面设计和构造措施除应遵守本章规定外，尚应符合本规程第6～8章的有关规定。

9.1.2 筒中筒结构的高度不宜低于80m，高宽比不宜小于3。对高度不超过60m的框架-核心筒结构，可按框架-剪力墙结构设计。

9.1.3 当相邻层的柱不贯通时，应设置转换梁等构件。转换构件的结构设计应符合本规程第10章的有关规定。

9.1.4 筒体结构的楼盖外角宜设置双层双向钢筋（图9.1.4），单层单向配筋率不宜小于0.3%，钢筋的直径不应小于8mm，间距不应大于150mm，配筋范围不宜小于外框架（或外筒）至内筒外墙中距的1/3和3m。

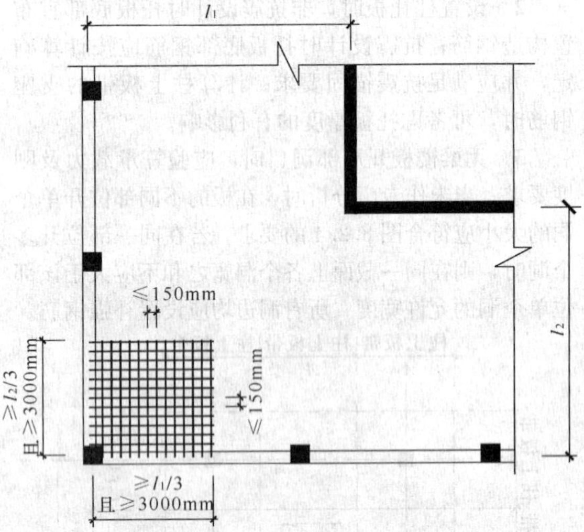

图9.1.4 板角配筋示意

9.1.5 核心筒或内筒的外墙与外框柱间的中距，非抗震设计大于15m、抗震设计大于12m时，宜采取增设内柱等措施。

9.1.6 核心筒或内筒中剪力墙截面形状宜简单；截面形状复杂的墙体可按应力进行截面设计校核。

9.1.7 筒体结构核心筒或内筒设计应符合下列规定：

1 墙肢宜均匀、对称布置；

2 筒体角部附近不宜开洞，当不可避免时，筒角内壁至洞口的距离不应小于500mm和开洞墙截面厚度的较大值；

3 筒体墙应按本规程附录D验算墙体稳定，且外墙厚度不应小于200mm，内墙厚度不应小于160mm，必要时可设置扶壁柱或扶壁墙；

4 筒体墙的水平、竖向配筋不应少于两排，其最小配筋率应符合本规程第7.2.17条的规定；

5 抗震设计时，核心筒、内筒的连梁宜配置对角斜向钢筋或交叉暗撑；

6 筒体墙的加强部位高度、轴压比限值、边缘构件设置以及截面设计，应符合本规程第7章的有关规定。

9.1.8 核心筒或内筒的外墙不宜在水平方向连续开洞，洞间墙肢的截面高度不宜小于1.2m；当洞间墙肢的截面高度与厚度之比小于4时，宜按框架柱进行截面设计。

9.1.9 抗震设计时，框筒柱和框架柱的轴压比限值可按框架-剪力墙结构的规定采用。

9.1.10 楼盖主梁不宜搁置在核心筒或内筒的连梁上。

9.1.11 抗震设计时，筒体结构的框架部分按侧向刚度分配的楼层地震剪力标准值应符合下列规定：

1 框架部分分配的楼层地震剪力标准值的最大值不宜小于结构底部总地震剪力标准值的10%。

2 当框架部分分配的地震剪力标准值的最大值小于结构底部总地震剪力标准值的10%时，各层框架部分承担的地震剪力标准值应增大到结构底部总地震剪力标准值的15%；此时，各层核心筒墙体的地震剪力标准值宜乘以增大系数1.1，但可不大于结构底部总地震剪力标准值，墙体的抗震构造措施应按抗震等级提高一级后采用，已为特一级的可不再提高。

3 当框架部分分配的地震剪力标准值小于结构底部总地震剪力标准值的20%，但其最大值不小于结构底部总地震剪力标准值的10%时，应按结构底部总地震剪力标准值的20%和框架部分楼层地震剪力标准值中最大值的1.5倍二者的较小值进行调整。

按本条第2款或第3款调整框架柱的地震剪力后，框架柱端弯矩及与之相连的框架梁端弯矩、剪力应进行相应调整。

有加强层时，本条框架部分分配的楼层地震剪力标准值的最大值不应包括加强层及其上、下层的框架剪力。

9.2 框架-核心筒结构

9.2.1 核心筒宜贯通建筑物全高。核心筒的宽度不宜小于筒体总高的1/12，当筒体结构设置角筒、剪力墙或增强结构整体刚度的构件时，核心筒的宽度可适当减小。

9.2.2 抗震设计时，核心筒墙体设计尚应符合下列规定：

1 底部加强部位主要墙体的水平和竖向分布钢筋的配筋率均不宜小于0.30%；

2 底部加强部位约束边缘构件沿墙肢的长度宜取墙肢截面高度的1/4，约束边缘构件范围内应主要采用箍筋；

3 底部加强部位以上宜按本规程7.2.15条的规定设置约束边缘构件。

9.2.3 框架-核心筒结构的周边柱间必须设置框架梁。

9.2.4 核心筒连梁的受剪截面应符合本规程第9.3.6条的要求，其构造设计应符合本规程第9.3.7、9.3.8条的有关规定。

9.2.5 对内筒偏置的框架-筒体结构，应控制结构在考虑偶然偏心影响的规定地震力作用下，最大楼层水平位移和层间位移不应大于该楼层平均值的 1.4 倍，结构扭转为主的第一自振周期 T_t 与平动为主的第一自振周期 T_1 之比不应大于 0.85，且 T_1 的扭转成分不宜大于 30%。

9.2.6 当内筒偏置、长宽比大于 2 时，宜采用框架-双筒结构。

9.2.7 当框架-双筒结构的双筒间楼板开洞时，其有效楼板宽度不宜小于楼板典型宽度的 50%，洞口附近楼板应加厚，并应采用双层双向配筋，每层单向配筋率不应小于 0.25%；双筒间楼板宜按弹性板进行细化分析。

9.3 筒中筒结构

9.3.1 筒中筒结构的平面外形宜选用圆形、正多边形、椭圆形或矩形等，内筒宜居中。

9.3.2 矩形平面的长宽比不宜大于 2。

9.3.3 内筒的宽度可为高度的 1/12～1/15，如有另外的角筒或剪力墙时，内筒平面尺寸可适当减小。内筒宜贯通建筑物全高，竖向刚度宜均匀变化。

9.3.4 三角形平面宜切角，外筒的切角长度不宜小于相应边长的 1/8，其角部可设置刚度较大的角柱或角筒；内筒的切角长度不宜小于相应边长的 1/10，切角处的筒壁宜适当加厚。

9.3.5 外框筒应符合下列规定：

1 柱距不宜大于 4m，框筒柱的截面长边应沿筒壁方向布置，必要时可采用 T 形截面；

2 洞口面积不宜大于墙面面积的 60%，洞口高宽比宜与层高和柱距之比值相近；

3 外框筒梁的截面高度可取柱净距的 1/4；

4 角柱截面面积可取中柱的 1～2 倍。

9.3.6 外框筒梁和内筒连梁的截面尺寸应符合下列规定：

1 持久、短暂设计状况

$$V_b \leqslant 0.25\beta_c f_c b_b h_{b0} \tag{9.3.6-1}$$

2 地震设计状况

1）跨高比大于 2.5 时

$$V_b \leqslant \frac{1}{\gamma_{RE}}(0.20\beta_c f_c b_b h_{b0}) \tag{9.3.6-2}$$

2）跨高比不大于 2.5 时

$$V_b \leqslant \frac{1}{\gamma_{RE}}(0.15\beta_c f_c b_b h_{b0}) \tag{9.3.6-3}$$

式中：V_b ——外框筒梁或内筒连梁剪力设计值；

b_b ——外框筒梁或内筒连梁截面宽度；

h_{b0} ——外框筒梁或内筒连梁截面的有效高度；

β_c ——混凝土强度影响系数，应按本规程第 6.2.6 条规定采用。

9.3.7 外框筒梁和内筒连梁的构造配筋应符合下列要求：

1 非抗震设计时，箍筋直径不应小于 8mm；抗震设计时，箍筋直径不应小于 10mm。

2 非抗震设计时，箍筋间距不应大于 150mm；抗震设计时，箍筋间距沿梁长不变，且不应大于 100mm，当梁内设置交叉暗撑时，箍筋间距不应大于 200mm。

3 框筒梁上、下纵向钢筋的直径均不应小于 16mm，腰筋的直径不应小于 10mm，腰筋间距不应大于 200mm。

9.3.8 跨高比不大于 2 的框筒梁和内筒连梁宜增配对角斜向钢筋。跨高比不大于 1 的框筒梁和内筒连梁宜采用交叉暗撑（图 9.3.8），且应符合下列规定：

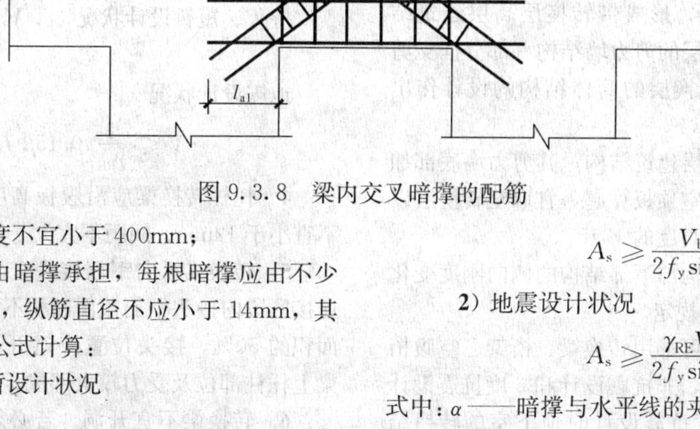

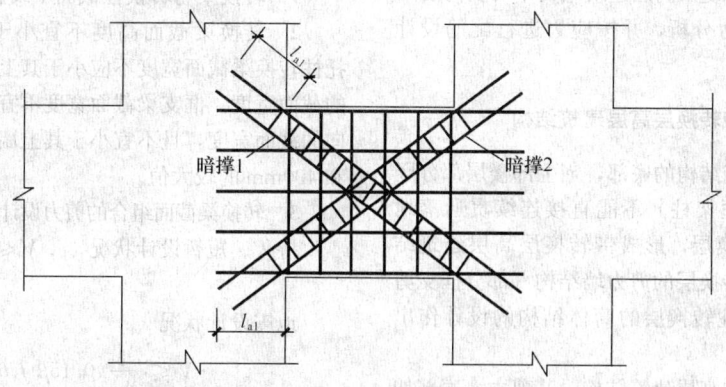

图 9.3.8 梁内交叉暗撑的配筋

1 梁的截面宽度不宜小于 400mm；

2 全部剪力应由暗撑承担，每根暗撑应由不少于 4 根纵向钢筋组成，纵筋直径不应小于 14mm，其总面积 A_s 应按下列公式计算：

1）持久、短暂设计状况

$$A_s \geqslant \frac{V_b}{2f_y \sin\alpha} \tag{9.3.8-1}$$

2）地震设计状况

$$A_s \geqslant \frac{\gamma_{RE} V_b}{2f_y \sin\alpha} \tag{9.3.8-2}$$

式中：α ——暗撑与水平线的夹角；

3 两个方向暗撑的纵向钢筋应采用矩形箍筋或螺旋箍筋绑成一体，箍筋直径不应小于 8mm，箍筋间距不应大于 150mm；

4 纵筋伸入竖向构件的长度不应小于 l_{a1}，非抗震设计时 l_{a1} 可取 l_a，抗震设计时 l_{a1} 宜取 1.15 l_a；

5 梁内普通箍筋的配置应符合本规程第 9.3.7 条的构造要求。

10 复杂高层建筑结构设计

10.1 一 般 规 定

10.1.1 本章对复杂高层建筑结构的规定适用于带转换层的结构、带加强层的结构、错层结构、连体结构以及竖向体型收进、悬挑结构。

10.1.2 9 度抗震设计时不应采用带转换层的结构、带加强层的结构、错层结构和连体结构。

10.1.3 7 度和 8 度抗震设计时，剪力墙结构错层高层建筑的房屋高度分别不宜大于 80m 和 60m；框架-剪力墙结构错层高层建筑的房屋高度分别不应大于 80m 和 60m。抗震设计时，B 级高度高层建筑不宜采用连体结构；底部带转换层的 B 级高度筒中筒结构，当外筒框支层以上采用由剪力墙构成的壁式框架时，其最大适用高度应比本规程表 3.3.1-2 规定的数值适当降低。

10.1.4 7 度和 8 度抗震设计的高层建筑不宜同时采用超过两种本规程第 10.1.1 条所规定的复杂高层建筑结构。

10.1.5 复杂高层建筑结构的计算分析应符合本规程第 5 章的有关规定。复杂高层建筑结构中的受力复杂部位，尚宜进行应力分析，并按应力进行配筋设计校核。

10.2 带转换层高层建筑结构

10.2.1 在高层建筑结构的底部，当上部楼层部分竖向构件（剪力墙、框架柱）不能直接连续贯通落地时，应设置结构转换层，形成带转换层高层建筑结构。本节对带托墙转换层的剪力墙结构（部分框支剪力墙结构）及带托柱转换层的筒体结构的设计作出规定。

10.2.2 带转换层的高层建筑结构，其剪力墙底部加强部位的高度应从地下室顶板算起，宜取至转换层以上两层且不宜小于房屋高度的 1/10。

10.2.3 转换层上部结构与下部结构的侧向刚度变化应符合本规程附录 E 的规定。

10.2.4 转换结构构件可采用转换梁、桁架、空腹桁架、箱形结构、斜撑等，非抗震设计和 6 度抗震设计时可采用厚板，7、8 度抗震设计时地下室的转换结构构件可采用厚板。特一、一、二级转换结构构件的水平地震作用计算内力应分别乘以增大系数 1.9、1.6、1.3；转换结构构件应按本规程第 4.3.2 条的规定考虑竖向地震作用。

10.2.5 部分框支剪力墙结构在地面以上设置转换层的位置，8 度时不宜超过 3 层，7 度时不宜超过 5 层，6 度时可适当提高。

10.2.6 带转换层的高层建筑结构，其抗震等级应符合本规程第 3.9 节的有关规定，带托柱转换层的筒体结构，其转换柱和转换梁的抗震等级按部分框支剪力墙结构中的框支框架采纳。对部分框支剪力墙结构，当转换层的位置设置在 3 层及 3 层以上时，其框支柱、剪力墙底部加强部位的抗震等级宜按本规程表 3.9.3 和表 3.9.4 的规定提高一级采用，已为特一级时可不提高。

10.2.7 转换梁设计应符合下列要求：

1 转换梁上、下部纵向钢筋的最小配筋率，非抗震设计时均不应小于 0.30%；抗震设计时，特一、一、和二级分别不应小于 0.60%、0.50%和 0.40%。

2 离柱边 1.5 倍梁截面高度范围内的梁箍筋应加密，加密区箍筋直径不应小于 10mm、间距不应大于 100mm。加密区箍筋的最小面积配筋率，非抗震设计时不应小于 $0.9f_t/f_{yv}$；抗震设计时，特一、一和二级分别不应小于 $1.3f_t/f_{yv}$、$1.2f_t/f_{yv}$ 和 $1.1f_t/f_{yv}$。

3 偏心受拉的转换梁的支座上部纵向钢筋至少应有 50%沿梁全长贯通，下部纵向钢筋应全部直通到柱内；沿梁腹板高度应配置间距不大于 200mm、直径不小于 16mm 的腰筋。

10.2.8 转换梁设计尚应符合下列规定：

1 转换梁与转换柱截面中线宜重合。

2 转换梁截面高度不宜小于计算跨度的 1/8。托柱转换梁截面宽度不应小于其上所托柱在梁宽方向的截面宽度。框支梁截面宽度不宜大于框支柱相应方向的截面宽度，且不宜小于其上墙体截面厚度的 2 倍和 400mm 的较大值。

3 转换梁截面组合的剪力设计值应符合下列规定：

持久、短暂设计状况

$$V \leqslant 0.20\beta_c f_c b h_0 \qquad (10.2.8\text{-}1)$$

地震设计状况

$$V \leqslant \frac{1}{\gamma_{RE}}(0.15\beta_c f_c b h_0) \qquad (10.2.8\text{-}2)$$

4 托柱转换梁应沿腹板高度配置腰筋，其直径不宜小于 12mm、间距不宜大于 200mm。

5 转换梁纵向钢筋接头宜采用机械连接，同一连接区段内接头钢筋截面面积不宜超过全部纵筋截面面积的 50%，接头位置应避开上部墙体开洞部位、梁上托柱部位及受力较大部位。

6 转换梁不宜开洞。若必须开洞时，洞口边离开支座柱边的距离不宜小于梁截面高度；被洞口削弱的截面应进行承载力计算，因开洞形成的上、下弦杆应加强纵向钢筋和抗剪箍筋的配置。

7 对托柱转换梁的托柱部位和框支梁上部的墙体开洞部位，梁的箍筋应加密配置，加密区范围可取梁上托柱边或墙边两侧各 1.5 倍转换梁高度；箍筋直径、间距及面积配筋率应符合本规程第 10.2.7 条第 2 款的规定。

8 框支剪力墙结构中的框支梁上、下纵向钢筋和腰筋（图 10.2.8）应在节点区可靠锚固，水平段应伸至柱边，且非抗震设计时不应小于 $0.4l_{ab}$，抗震设计时不应小于 $0.4l_{abE}$，梁上部第一排纵向钢筋应向柱内弯折锚固，且应延伸过梁底不小于 l_a（非抗震设计）或 l_{aE}（抗震设计）；当梁上部配置多排纵向钢筋时，其内排钢筋锚入柱内的长度可适当减小，但水平段长度和弯下段长度之和不应小于钢筋锚固长度 l_a（非抗震设计）或 l_{aE}（抗震设计）。

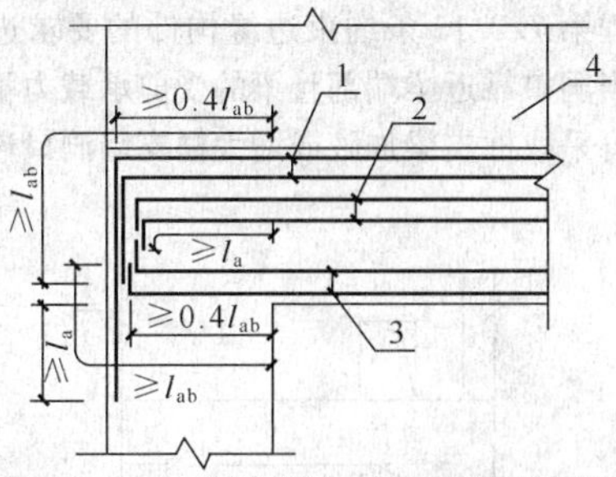

图 10.2.8 框支梁主筋和腰筋的锚固

1—梁上部纵向钢筋；2—梁腰筋；3—梁下部纵向钢筋；4—上部剪力墙；抗震设计时图中 l_a、l_{ab} 分别取为 l_{aE}、l_{abE}

9 托柱转换梁在转换层宜在托柱位置设置正交方向的框架梁或楼面梁。

10.2.9 转换层上部的竖向抗侧力构件（墙、柱）宜直接落在转换层的主要转换构件上。

10.2.10 转换柱设计应符合下列要求：

1 柱内全部纵向钢筋配筋率应符合本规程第 6.4.3 条中框支柱的规定；

2 抗震设计时，转换柱箍筋应采用复合螺旋箍或井字复合箍，并应沿柱全高加密，箍筋直径不应小于 10mm，箍筋间距不应大于 100mm 和 6 倍纵向钢筋直径的较小值；

3 抗震设计时，转换柱的箍筋配箍特征值应比普通框架柱要求的数值增加 0.02 采用，且箍筋体积配箍率不应小于 1.5%。

10.2.11 转换柱设计尚应符合下列规定：

1 柱截面宽度，非抗震设计时不宜小于 400mm，抗震设计时不应小于 450mm；柱截面高度，非抗震设计时不宜小于转换梁跨度的 1/15，抗震设计时不宜小于转换梁跨度的 1/12。

2 一、二级转换柱由地震作用产生的轴力应分别乘以增大系数 1.5、1.2，但计算柱轴压比时可不考虑该增大系数。

3 与转换构件相连的一、二级转换柱的上端和底层柱下端截面的弯矩组合值应分别乘以增大系数 1.5、1.3，其他层转换柱柱端弯矩设计值应符合本规程第 6.2.1 条的规定。

4 一、二级柱端截面的剪力设计值应符合本规程第 6.2.3 条的有关规定。

5 转换角柱的弯矩设计值和剪力设计值应分别在本条第 3、4 款的基础上乘以增大系数 1.1。

6 柱截面的组合剪力设计值应符合下列规定：

持久、短暂设计状况

$$V \leqslant 0.20\beta_c f_c b h_0 \qquad (10.2.11\text{-}1)$$

地震设计状况

$$V \leqslant \frac{1}{\gamma_{RE}}(0.15\beta_c f_c b h_0) \qquad (10.2.11\text{-}2)$$

7 纵向钢筋间距均不应小于 80mm，且抗震设计时不宜大于 200mm，非抗震设计时不宜大于 250mm；抗震设计时，柱内全部纵向钢筋配筋率不宜大于 4.0%。

8 非抗震设计时，转换柱宜采用复合螺旋箍或井字复合箍，其箍筋体积配箍率不宜小于 0.8%，箍筋直径不宜小于 10mm，箍筋间距不宜大于 150mm。

9 部分框支剪力墙结构中的框支柱在上部墙体范围内的纵向钢筋应伸入上部墙体内不少于一层，其余柱纵筋应锚入转换层梁内或板内；从柱边算起，锚入梁内、板内的钢筋长度，抗震设计时不应小于 l_{aE}，非抗震设计时不应小于 l_a。

10.2.12 抗震设计时，转换梁、柱的节点核心区应进行抗震验算，节点应符合构造措施的要求。转换梁、柱的节点核心区应按本规程第 6.4.10 条的规定设置水平箍筋。

10.2.13 箱形转换结构上、下楼板厚度均不宜小于 180mm，应根据转换柱的布置和建筑功能要求设置双向横隔板；上、下板配筋设计应同时考虑板局部弯曲和箱形转换层整体弯曲的影响，横隔板宜按深梁设计。

10.2.14 厚板设计应符合下列规定：

1 转换厚板的厚度可由抗弯、抗剪、抗冲切截面验算确定。

2 转换厚板可局部做成薄板，薄板与厚板交界处可加腋；转换厚板亦可局部做成夹心板。

3 转换厚板宜按整体计算时所划分的主要交叉梁系的剪力和弯矩设计值进行截面设计并按有限元法分析结果进行配筋校核；受弯纵向钢筋可沿转换板上、下部双层双向配置，每一方向总配筋率不宜小于 0.6%；转换板内暗梁的抗剪箍筋面积配筋率不宜小于 0.45%。

4 厚板外周边宜配置钢筋骨架网。

5 转换厚板上、下部的剪力墙、柱的纵向钢筋均应在转换厚板内可靠锚固。

6 转换厚板上、下一层的楼板应适当加强，楼板厚度不宜小于150mm。

10.2.15 采用空腹桁架转换层时，空腹桁架宜满层设置，应有足够的刚度。空腹桁架的上、下弦杆宜考虑楼板作用，并应加强上、下弦杆与框架柱的锚固连接构造；竖腹杆应按强剪弱弯进行配筋设计，并加强箍筋配置以及与上、下弦杆的连接构造措施。

10.2.16 部分框支剪力墙结构的布置应符合下列规定：

1 落地剪力墙和筒体底部墙体应加厚；

2 框支柱周围楼板不应错层布置；

3 落地剪力墙和筒体的洞口宜布置在墙体的中部；

4 框支梁上一层墙体内不宜设置边门洞，也不宜在框支中柱上方设置门洞；

5 落地剪力墙的间距 l 应符合下列规定：

1）非抗震设计时，l 不宜大于 $3B$ 和 36m；

2）抗震设计时，当底部框支层为 1～2 层时，l 不宜大于 $2B$ 和 24m；当底部框支层为 3 层及 3 层以上时，l 不宜大于 $1.5B$ 和 20m；此处，B 为落地墙之间楼盖的平均宽度。

6 框支柱与相邻落地剪力墙的距离，1～2 层框支层时不宜大于 12m，3 层及 3 层以上框支层时不宜大于 10m；

7 框支框架承担的地震倾覆力矩应小于结构总地震倾覆力矩的 50%；

8 当框支梁承托剪力墙并承托转换次梁及其上剪力墙时，应进行应力分析，按应力校核配筋，并加强构造措施。B级高度部分框支剪力墙高层建筑的结构转换层，不宜采用框支主、次梁方案。

10.2.17 部分框支剪力墙结构框支柱承受的水平地震剪力标准值应按下列规定采用：

1 每层框支柱的数目不多于 10 根时，当底部框支层为1～2层时，每根柱所受的剪力应至少取结构基底剪力的 2%；当底部框支层为 3 层及 3 层以上时，每根柱所受的剪力应至少取结构基底剪力的 3%。

2 每层框支柱的数目多于 10 根时，当底部框支层为 1～2 层时，每层框支柱承受剪力之和应至少取结构基底剪力的 20%；当框支层为 3 层及 3 层以上时，每层框支柱承受剪力之和应至少取结构基底剪力的 30%。

框支柱剪力调整后，应相应调整框支柱的弯矩及柱端框架梁的剪力和弯矩，但框支梁的剪力、弯矩、框支柱的轴力可不调整。

10.2.18 部分框支剪力墙结构中，特一、一、二、三级落地剪力墙底部加强部位的弯矩设计值应按墙底截面有地震作用组合的弯矩值乘以增大系数 1.8、1.5、1.3、1.1 采用；其剪力设计值应按本规程第 3.10.5 条、第 7.2.6 条的规定进行调整。落地剪力墙墙肢不宜出现偏心受拉。

10.2.19 部分框支剪力墙结构中，剪力墙底部加强部位墙体的水平和竖向分布钢筋的最小配筋率，抗震设计时不应小于 0.3%，非抗震设计时不应小于 0.25%；抗震设计时钢筋间距不应大于 200mm，钢筋直径不应小于 8mm。

10.2.20 部分框支剪力墙结构的剪力墙底部加强部位，墙体两端宜设置翼墙或端柱，抗震设计时尚应按本规程第 7.2.15 条的规定设置约束边缘构件。

10.2.21 部分框支剪力墙结构的落地剪力墙基础应有良好的整体性和抗转动的能力。

10.2.22 部分框支剪力墙结构框支梁上部墙体的构造应符合下列规定：

1 当梁上部的墙体开有边门洞时（图 10.2.22），洞边墙体宜设置翼墙、端柱或加厚，并应按本规程第 7.2.15 条约束边缘构件的要求进行配筋设计；当洞口靠近梁端部且梁的受剪承载力不满足要求时，可采取框支梁加腋或增大框支墙洞口连梁刚度等措施。

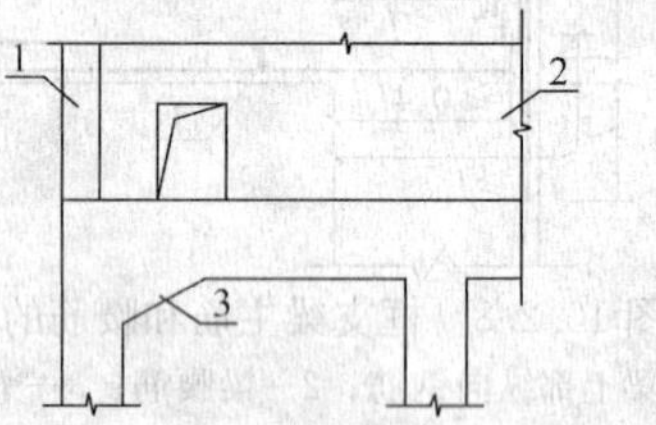

图 10.2.22 框支梁上墙体有边门洞时洞边墙体的构造要求

1—翼墙或端柱；2—剪力墙；3—框支梁加腋

2 框支梁上部墙体竖向钢筋在梁内的锚固长度，抗震设计时不应小于 l_{aE}，非抗震设计时不应小于 l_a。

3 框支梁上部一层墙体的配筋宜按下列规定进行校核：

1）柱上墙体的端部竖向钢筋面积 A_s：

$$A_s = h_c b_w (\sigma_{01} - f_c) / f_y \quad (10.2.22\text{-}1)$$

2）柱边 $0.2l_n$ 宽度范围内竖向分布钢筋面积 A_{sw}：

$$A_{sw} = 0.2 l_n b_w (\sigma_{02} - f_c) / f_{yw} \quad (10.2.22\text{-}2)$$

3）框支梁上部 $0.2l_n$ 高度范围内墙体水平分布筋面积 A_{sh}：

$$A_{sh} = 0.2 l_n b_w \sigma_{xmax} / f_{yh} \quad (10.2.22\text{-}3)$$

式中：l_n——框支梁净跨度（mm）；

h_c——框支柱截面高度（mm）；

b_w——墙肢截面厚度（mm）；

σ_{01}——柱上墙体 h_c 范围内考虑风荷载、地震作用组合的平均压应力设计值（N/mm²）；

σ_{02}——柱边墙体 $0.2l_n$ 范围内考虑风荷载、地震作用组合的平均压应力设计值（N/mm^2）；

σ_{xmax}——框支梁与墙体交接面上考虑风荷载、地震作用组合的水平拉应力设计值（N/mm^2）。

有地震作用组合时，公式（10.2.22-1）～（10.2.22-3）中 σ_{01}、σ_{02}、σ_{xmax} 均应乘以 γ_{RE}，γ_{RE} 取 0.85。

4 框支梁与其上部墙体的水平施工缝处宜按本规程第 7.2.12 条的规定验算抗滑移能力。

10.2.23 部分框支剪力墙结构中，框支转换层楼板厚度不宜小于 180mm，应双层双向配筋，且每层每方向的配筋率不宜小于 0.25%，楼板中钢筋应锚固在边梁或墙体内；落地剪力墙和筒体外围的楼板不宜开洞。楼板边缘和较大洞口周边应设置边梁，其宽度不宜小于板厚的 2 倍，全截面纵向钢筋配筋率不应小于 1.0%。与转换层相邻楼层的楼板也应适当加强。

10.2.24 部分框支剪力墙结构中，抗震设计的矩形平面建筑框支转换层楼板，其截面剪力设计值应符合下列要求：

$$V_f \leqslant \frac{1}{\gamma_{RE}}(0.1\beta_c f_c b_f t_f) \quad (10.2.24\text{-}1)$$

$$V_f \leqslant \frac{1}{\gamma_{RE}}(f_y A_s) \quad (10.2.24\text{-}2)$$

式中：b_f、t_f——分别为框支转换层楼板的验算截面宽度和厚度；

V_f——由不落地剪力墙传到落地剪力墙处按刚性楼板计算的框支层楼板组合的剪力设计值，8 度时应乘以增大系数 2.0，7 度时应乘以增大系数 1.5。验算落地剪力墙时可不考虑此增大系数；

A_s——穿过落地剪力墙的框支转换层楼盖（包括梁和板）的全部钢筋的截面面积；

γ_{RE}——承载力抗震调整系数，可取 0.85。

10.2.25 部分框支剪力墙结构中，抗震设计的矩形平面建筑框支转换层楼板，当平面较长或不规则以及各剪力墙内力相差较大时，可采用简化方法验算楼板平面内受弯承载力。

10.2.26 抗震设计时，带托柱转换层的筒体结构的外围转换柱与内筒、核心筒外墙的中距不宜大于 12m。

10.2.27 托柱转换层结构，转换构件采用桁架时，转换桁架斜腹杆的交点、空腹桁架的竖腹杆宜与上部密柱的位置重合；转换桁架的节点应加强配筋及构造措施。

10.3 带加强层高层建筑结构

10.3.1 当框架-核心筒、筒中筒结构的侧向刚度不能满足要求时，可利用建筑避难层、设备层空间，设置适宜刚度的水平伸臂构件，形成带加强层的高层建筑结构。必要时，加强层也可同时设置周边水平环带构件。水平伸臂构件、周边环带构件可采用斜腹杆桁架、实体梁、箱形梁、空腹桁架等形式。

10.3.2 带加强层高层建筑结构设计应符合下列规定：

1 应合理设计加强层的数量、刚度和设置位置。当布置 1 个加强层时，可设置在 0.6 倍房屋高度附近；当布置 2 个加强层时，可分别设置在顶层和 0.5 倍房屋高度附近；当布置多个加强层时，宜沿竖向从顶层向下均匀布置。

2 加强层水平伸臂构件宜贯通核心筒，其平面布置宜位于核心筒的转角、T 字节点处；水平伸臂构件与周边框架的连接宜采用铰接或半刚接；结构内力和位移计算中，设置水平伸臂桁架的楼层宜考虑楼板平面内的变形。

3 加强层及其相邻层的框架柱、核心筒应加强配筋构造。

4 加强层及其相邻层楼盖的刚度和配筋应加强。

5 在施工程序及连接构造上应采取减小结构竖向温度变形及轴向压缩差的措施，结构分析模型应能反映施工措施的影响。

10.3.3 抗震设计时，带加强层高层建筑结构应符合下列要求：

1 加强层及其相邻层的框架柱、核心筒剪力墙的抗震等级应提高一级采用，一级应提高至特一级，但抗震等级已经为特一级时应允许不再提高；

2 加强层及其相邻层的框架柱，箍筋应全柱段加密配置，轴压比限值应按其他楼层框架柱的数值减小 0.05 采用；

3 加强层及其相邻层核心筒剪力墙应设置约束边缘构件。

10.4 错 层 结 构

10.4.1 抗震设计时，高层建筑沿竖向宜避免错层布置。当房屋不同部位因功能不同而使楼层错层时，宜采用防震缝划分为独立的结构单元。

10.4.2 错层两侧宜采用结构布置和侧向刚度相近的结构体系。

10.4.3 错层结构中，错开的楼层不应归并为一个刚性楼板，计算分析模型应能反映错层影响。

10.4.4 抗震设计时，错层处框架柱应符合下列要求：

1 截面高度不应小于 600mm，混凝土强度等级不应低于 C30，箍筋应全柱段加密配置；

2 抗震等级应提高一级采用，一级应提高至特一级，但抗震等级已经为特一级时应允许不再提高。

10.4.5 在设防烈度地震作用下，错层处框架柱的截面承载力宜符合本规程公式（3.11.3-2）的要求。

10.4.6 错层处平面外受力的剪力墙的截面厚度，非抗震设计时不应小于200mm，抗震设计时不应小于250mm，并均应设置与之垂直的墙肢或扶壁柱；抗震设计时，其抗震等级应提高一级采用。错层处剪力墙的混凝土强度等级不应低于C30，水平和竖向分布钢筋的配筋率，非抗震设计时不应小于0.3%，抗震设计时不应小于0.5%。

10.5 连体结构

10.5.1 连体结构各独立部分宜有相同或相近的体型、平面布置和刚度；宜采用双轴对称的平面形式。7度、8度抗震设计时，层数和刚度相差悬殊的建筑不宜采用连体结构。

10.5.2 7度（0.15*g*）和8度抗震设计时，连体结构的连接体应考虑竖向地震的影响。

10.5.3 6度和7度（0.10*g*）抗震设计时，高位连体结构的连接体宜考虑竖向地震的影响。

10.5.4 连接体结构与主体结构宜采用刚性连接。刚性连接时，连接体结构的主要结构构件应至少伸入主体结构一跨并可靠连接；必要时可延伸至主体部分的内筒，并与内筒可靠连接。

当连接体结构与主体结构采用滑动连接时，支座滑移量应能满足两个方向在罕遇地震作用下的位移要求，并应采取防坠落、撞击措施。罕遇地震作用下的位移要求，应采用时程分析方法进行计算复核。

10.5.5 刚性连接的连接体结构可设置钢梁、钢桁架、型钢混凝土梁，型钢应伸入主体结构至少一跨并可靠锚固。连接体结构的边梁截面宜加大；楼板厚度不宜小于150mm，宜采用双层双向钢筋网，每层每方向钢筋网的配筋率不宜小于0.25%。

当连接体结构包含多个楼层时，应特别加强其最下面一个楼层及顶层的构造设计。

10.5.6 抗震设计时，连接体及与连接体相连的结构构件应符合下列要求：

1 连接体及与连接体相连的结构构件在连接体高度范围及其上、下层，抗震等级应提高一级采用，一级提高至特一级，但抗震等级已经为特一级时应允许不再提高；

2 与连接体相连的框架柱在连接体高度范围及其上、下层，箍筋应全柱段加密配置，轴压比限值应按其他楼层框架柱的数值减小0.05采用；

3 与连接体相连的剪力墙在连接体高度范围及其上、下层应设置约束边缘构件。

10.5.7 连体结构的计算应符合下列规定：

1 刚性连接的连接体楼板应按本规程第10.2.24条进行受剪截面和承载力验算；

2 刚性连接的连接体楼板较薄弱时，宜补充分塔楼模型计算分析。

10.6 竖向体型收进、悬挑结构

10.6.1 多塔楼结构以及体型收进、悬挑程度超过本规程第3.5.5条限值的竖向不规则高层建筑结构应遵守本节的规定。

10.6.2 多塔楼结构以及体型收进、悬挑结构，竖向体型突变部位的楼板宜加强，楼板厚度不宜小于150mm，宜双层双向配筋，每层每方向钢筋网的配筋率不宜小于0.25%。体型突变部位上、下层结构的楼板也应加强构造措施。

10.6.3 抗震设计时，多塔楼高层建筑结构应符合下列规定：

1 各塔楼的层数、平面和刚度宜接近；塔楼对底盘宜对称布置；上部塔楼结构的综合质心与底盘结构质心的距离不宜大于底盘相应边长的20%。

2 转换层不宜设置在底盘屋面的上层塔楼内。

3 塔楼中与裙房相连的外围柱、剪力墙，从固定端至裙房屋面上一层的高度范围内，柱纵向钢筋的最小配筋率宜适当提高，剪力墙宜按本规程第7.2.15条的规定设置约束边缘构件，柱箍筋宜在裙楼屋面上、下层的范围内全高加密；当塔楼结构相对于底盘结构偏心收进时，应加强底盘周边竖向构件的配筋构造措施。

4 大底盘多塔楼结构，可按本规程第5.1.14条规定的整体和分塔楼计算模型分别验算整体结构和各塔楼结构扭转为主的第一周期与平动为主的第一周期的比值，并应符合本规程第3.4.5条的有关要求。

10.6.4 悬挑结构设计应符合下列规定：

1 悬挑部位应采取降低结构自重的措施。

2 悬挑部位结构宜采用冗余度较高的结构形式。

3 结构内力和位移计算中，悬挑部位的楼层宜考虑楼板平面内的变形，结构分析模型应能反映水平地震对悬挑部位可能产生的竖向振动效应。

4 7度（0.15*g*）和8、9度抗震设计时，悬挑结构应考虑竖向地震的影响；6、7度抗震设计时，悬挑结构宜考虑竖向地震的影响。

5 抗震设计时，悬挑结构的关键构件以及与之相邻的主体结构关键构件的抗震等级宜提高一级采用，一级提高至特一级，抗震等级已经为特一级时，允许不再提高。

6 在预估罕遇地震作用下，悬挑结构关键构件的截面承载力宜符合本规程公式（3.11.3-3）的要求。

10.6.5 体型收进高层建筑结构、底盘高度超过房屋高度20%的多塔楼结构的设计应符合下列规定：

1 体型收进处宜采取措施减小结构刚度的变化，

上部收进结构的底部楼层层间位移角不宜大于相邻下部区段最大层间位移角的1.15倍；

2 抗震设计时，体型收进部位上、下各2层塔楼周边竖向结构构件的抗震等级宜提高一级采用，一级提高至特一级，抗震等级已经为特一级时，允许不再提高；

3 结构偏心收进时，应加强收进部位以下2层结构周边竖向构件的配筋构造措施。

11 混合结构设计

11.1 一 般 规 定

11.1.1 本章规定的混合结构，系指由外围钢框架或型钢混凝土、钢管混凝土框架与钢筋混凝土核心筒所组成的框架-核心筒结构，以及由外围钢框筒或型钢混凝土、钢管混凝土框筒与钢筋混凝土核心筒所组成的筒中筒结构。

11.1.2 混合结构高层建筑适用的最大高度应符合表11.1.2的规定。

表 11.1.2 混合结构高层建筑适用的最大高度（m）

结构体系		非抗震设计	抗震设防烈度				
			6度	7度	8度		9度
					0.2g	0.3g	
框架-核心筒	钢框架-钢筋混凝土核心筒	210	200	160	120	100	70
	型钢（钢管）混凝土框架-钢筋混凝土核心筒	240	220	190	150	130	70
筒中筒	钢外筒-钢筋混凝土核心筒	280	260	210	160	140	80
	型钢（钢管）混凝土外筒-钢筋混凝土核心筒	300	280	230	170	150	90

注：平面和竖向均不规则的结构，最大适用高度应适当降低。

11.1.3 混合结构高层建筑的高宽比不宜大于表11.1.3的规定。

表 11.1.3 混合结构高层建筑适用的最大高宽比

结构体系	非抗震设计	抗震设防烈度		
		6度、7度	8度	9度
框架-核心筒	8	7	6	4
筒中筒	8	8	7	5

11.1.4 抗震设计时，混合结构房屋应根据设防类别、烈度、结构类型和房屋高度采用不同的抗震等级，并应符合相应的计算和构造措施要求。丙类建筑混合结构的抗震等级应按表11.1.4确定。

表 11.1.4 钢-混凝土混合结构抗震等级

结构类型		抗震设防烈度						
		6度		7度		8度		9度
房屋高度（m）		≤150	>150	≤130	>130	≤100	>100	≤70
钢框架-钢筋混凝土核心筒	钢筋混凝土核心筒	二	一	一	特一	一	特一	特一
型钢（钢管）混凝土框架-钢筋混凝土核心筒	钢筋混凝土核心筒	二	二	二	一	一	特一	特一
	型钢（钢管）混凝土框架	三	二	二	一	一	一	一
房屋高度（m）		≤180	>180	≤150	>150	≤120	>120	≤90
钢外筒-钢筋混凝土核心筒	钢筋混凝土核心筒	二	一	一	特一	一	特一	特一
型钢(钢管)混凝土外筒-钢筋混凝土核心筒	钢筋混凝土核心筒	二	二	二	一	一	特一	特一
	型钢（钢管）混凝土外筒	三	二	二	一	一	一	一

注：钢结构构件抗震等级，抗震设防烈度为6、7、8、9度时应分别取四、三、二、一级。

11.1.5 混合结构在风荷载及多遇地震作用下，按弹性方法计算的最大层间位移与层高的比值应符合本规程第3.7.3条的有关规定；在罕遇地震作用下，结构的弹塑性层间位移应符合本规程第3.7.5条的有关规定。

11.1.6 混合结构框架所承担的地震剪力应符合本规程第9.1.11条的规定。

11.1.7 地震设计状况下，型钢（钢管）混凝土构件和钢构件的承载力抗震调整系数 γ_{RE} 可分别按表11.1.7-1和表11.1.7-2采用。

表 11.1.7-1 型钢（钢管）混凝土构件承载力抗震调整系数 γ_{RE}

正截面承载力计算				斜截面承载力计算
型钢混凝土梁	型钢混凝土柱及钢管混凝土柱	剪力墙	支撑	各类构件及节点
0.75	0.80	0.85	0.80	0.85

表 11.1.7-2 钢构件承载力抗震调整系数 γ_{RE}

强度破坏（梁，柱，支撑，节点板件，螺栓，焊缝）	屈曲稳定（柱，支撑）
0.75	0.80

11.1.8 当采用压型钢板混凝土组合楼板时，楼板混凝土可采用轻质混凝土，其强度等级不应低于LC25；高层建筑钢-混凝土混合结构的内部隔墙应采用轻质隔墙。

11.2 结构布置

11.2.1 混合结构房屋的结构布置除应符合本节的规定外，尚应符合本规程第3.4、3.5节的有关规定。

11.2.2 混合结构的平面布置应符合下列规定：

1 平面宜简单、规则、对称、具有足够的整体抗扭刚度，平面宜采用方形、矩形、多边形、圆形、椭圆形等规则平面，建筑的开间、进深宜统一；

2 筒中筒结构体系中，当外围钢框架柱采用H形截面柱时，宜将柱截面强轴方向布置在外围筒体平面内；角柱宜采用十字形、方形或圆形截面；

3 楼盖主梁不宜搁置在核心筒或内筒的连梁上。

11.2.3 混合结构的竖向布置应符合下列规定：

1 结构的侧向刚度和承载力沿竖向宜均匀变化、无突变，构件截面宜由下至上逐渐减小。

2 混合结构的外围框架柱沿高度宜采用同类结构构件；当采用不同类型结构构件时，应设置过渡层，且单柱的抗弯刚度变化不宜超过30%。

3 对于刚度变化较大的楼层，应采取可靠的过渡加强措施。

4 钢框架部分采用支撑时，宜采用偏心支撑和耗能支撑，支撑宜双向连续布置；框架支撑宜延伸至基础。

11.2.4 8、9度抗震设计时，应在楼面钢梁或型钢混凝土梁与混凝土筒体交接处及混凝土筒体四角墙内设置型钢柱；7度抗震设计时，宜在楼面钢梁或型钢混凝土梁与混凝土筒体交接处及混凝土筒体四角墙内设置型钢柱。

11.2.5 混合结构中，外围框架平面内梁与柱应采用刚性连接；楼面梁与钢筋混凝土筒体及外围框架柱的连接可采用刚接或铰接。

11.2.6 楼盖体系应具有良好的水平刚度和整体性，其布置应符合下列规定：

1 楼面宜采用压型钢板现浇混凝土组合楼板、现浇混凝土楼板或预应力混凝土叠合楼板，楼板与钢梁应可靠连接；

2 机房设备层、避难层及外伸臂桁架上下弦杆所在楼层的楼板宜采用钢筋混凝土楼板，并应采取加强措施；

3 对于建筑物楼面有较大开洞或为转换楼层时，应采用现浇混凝土楼板；对楼板大开洞部位宜采取设置刚性水平支撑等加强措施。

11.2.7 当侧向刚度不足时，混合结构可设置刚度适宜的加强层。加强层宜采用伸臂桁架，必要时可配合布置周边带状桁架。加强层设计应符合下列规定：

1 伸臂桁架和周边带状桁架宜采用钢桁架。

2 伸臂桁架应与核心筒墙体刚接，上、下弦杆均应延伸至墙体内且贯通，墙体内宜设置斜腹杆或暗撑；外伸臂桁架与外围框架柱宜采用铰接或半刚接，周边带状桁架与外框架柱的连接宜采用刚性连接。

3 核心筒墙体与伸臂桁架连接处宜设置构造型钢柱，型钢柱宜至少延伸至伸臂桁架高度范围以外上、下各一层。

4 当布置有外伸桁架加强层时，应采取有效措施减少由于外框柱与混凝土筒体竖向变形差异引起的桁架杆件内力。

11.3 结构计算

11.3.1 弹性分析时，宜考虑钢梁与现浇混凝土楼板的共同作用，梁的刚度可取钢梁刚度的1.5～2.0倍，但应保证钢梁与楼板有可靠连接。弹塑性分析时，可不考虑楼板与梁的共同作用。

11.3.2 结构弹性阶段的内力和位移计算时，构件刚度取值应符合下列规定：

1 型钢混凝土构件、钢管混凝土柱的刚度可按下列公式计算：

$$EI = E_c I_c + E_a I_a \tag{11.3.2-1}$$

$$EA = E_c A_c + E_a A_a \tag{11.3.2-2}$$

$$GA = G_c A_c + G_a A_a \tag{11.3.2-3}$$

式中：$E_c I_c$，$E_c A_c$，$G_c A_c$——分别为钢筋混凝土部分的截面抗弯刚度、轴向刚度及抗剪刚度；

$E_a I_a$，$E_a A_a$，$G_a A_a$——分别为型钢、钢管部分的截面抗弯刚度、轴向刚度及抗剪刚度。

2 无端柱型钢混凝土剪力墙可近似按相同截面的混凝土剪力墙计算其轴向、抗弯和抗剪刚度，可不计端部型钢对截面刚度的提高作用；

3 有端柱型钢混凝土剪力墙可按H形混凝土截面计算其轴向和抗弯刚度，端柱内型钢可折算为等效混凝土面积计入H形截面的翼缘面积，墙的抗剪刚度可不计入型钢作用；

4 钢板混凝土剪力墙可将钢板折算为等效混凝土面积计算其轴向、抗弯和抗剪刚度。

11.3.3 竖向荷载作用计算时，宜考虑钢柱、型钢混凝土（钢管混凝土）柱与钢筋混凝土核心筒竖向变形差异引起的结构附加内力，计算竖向变形差异时宜考虑混凝土收缩、徐变、沉降及施工调整等因素的影响。

11.3.4 当混凝土筒体先于外围框架结构施工时，应考虑施工阶段混凝土筒体在风力及其他荷载作用下的不利受力状态；应验算在浇筑混凝土之前外围型钢结构在施工荷载及可能的风载作用下的承载力、稳定及变形，并据此确定钢结构安装与浇筑楼层混凝土的间隔层数。

11.3.5 混合结构在多遇地震作用下的阻尼比可取为0.04。风荷载作用下楼层位移验算和构件设计时，阻尼比可取为0.02～0.04。

11.3.6 结构内力和位移计算时，设置伸臂桁架的楼层以及楼板开大洞的楼层应考虑楼板平面内变形的不利影响。

11.4 构件设计

11.4.1 型钢混凝土构件中型钢板件（图 11.4.1）的宽厚比不宜超过表 11.4.1 的规定。

表 11.4.1 型钢板件宽厚比限值

钢号	梁		柱		
			H、十、T 形截面		箱形截面
	b/t_f	h_w/t_w	b/t_f	h_w/t_w	h_w/t_w
Q235	23	107	23	96	72
Q345	19	91	19	81	61
Q390	18	83	18	75	56

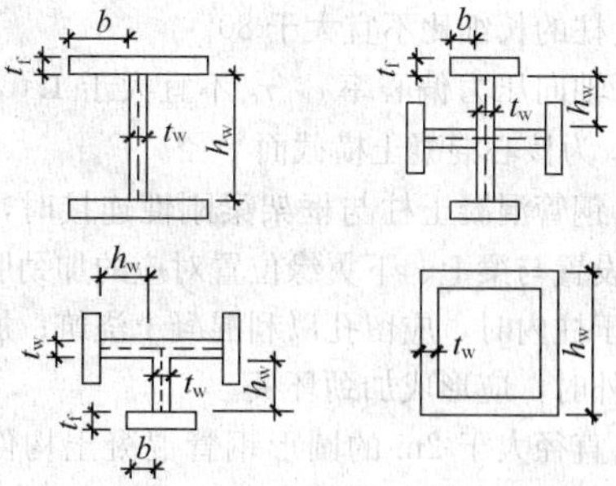

图 11.4.1 型钢板件示意

11.4.2 型钢混凝土梁应满足下列构造要求：

1 混凝土粗骨料最大直径不宜大于 25mm，型钢宜采用 Q235 及 Q345 级钢材，也可采用 Q390 或其他符合结构性能要求的钢材。

2 型钢混凝土梁的最小配筋率不宜小于 0.30%，梁的纵向钢筋宜避免穿过柱中型钢的翼缘。梁的纵向的受力钢筋不宜超过两排；配置两排钢筋时，第二排钢筋宜配置在型钢截面外侧。当梁的腹板高度大于 450mm 时，在梁的两侧面应沿梁高度配置纵向构造钢筋，纵向构造钢筋的间距不宜大于 200mm。

3 型钢混凝土梁中型钢的混凝土保护层厚度不宜小于 100mm，梁纵向钢筋净间距及梁纵向钢筋与型钢骨架的最小净距不应小于 30mm，且不小于粗骨料最大粒径的 1.5 倍及梁纵向钢筋直径的 1.5 倍。

4 型钢混凝土梁中的纵向受力钢筋宜采用机械连接。如纵向钢筋需贯穿型钢柱腹板并以 90°弯折固定在柱截面内时，抗震设计的弯折前直段长度不应小于钢筋抗震基本锚固长度 l_{abE} 的 40%，弯折直段长度不应小于 15 倍纵向钢筋直径；非抗震设计的弯折前直段长度不应小于钢筋基本锚固长度 l_{ab} 的 40%，弯折直段长度不应小于 12 倍纵向钢筋直径。

5 梁上开洞不宜大于梁截面总高的 40%，且不宜大于内含型钢截面高度的 70%，并应位于梁高及型钢高度的中间区域。

6 型钢混凝土悬臂梁自由端的纵向受力钢筋应设置专门的锚固件，型钢梁的上翼缘宜设置栓钉；型钢混凝土转换梁在型钢上翼缘宜设置栓钉。栓钉的最大间距不宜大于 200mm，栓钉的最小间距沿梁轴线方向不应小于 6 倍的栓钉杆直径，垂直梁方向的间距不应小于 4 倍的栓钉杆直径，且栓钉中心至型钢板件边缘的距离不应小于 50mm。栓钉顶面的混凝土保护层厚度不应小于 15mm。

11.4.3 型钢混凝土梁的箍筋应符合下列规定：

1 箍筋的最小面积配筋率应符合本规程第 6.3.4 条第 4 款和第 6.3.5 条第 1 款的规定，且不应小于 0.15%。

2 抗震设计时，梁端箍筋应加密配置。加密区范围，一级取梁截面高度的 2.0 倍，二、三、四级取梁截面高度的 1.5 倍；当梁净跨小于梁截面高度的 4 倍时，梁箍筋应全跨加密配置。

3 型钢混凝土梁应采用具有 135°弯钩的封闭式箍筋，弯钩的直段长度不应小于 8 倍箍筋直径。非抗震设计时，梁箍筋直径不应小于 8mm，箍筋间距不应大于 250mm；抗震设计时，梁箍筋的直径和间距应符合表 11.4.3 的要求。

表 11.4.3 梁箍筋直径和间距（mm）

抗震等级	箍筋直径	非加密区箍筋间距	加密区箍筋间距
一	≥12	≤180	≤120
二	≥10	≤200	≤150
三	≥10	≤250	≤180
四	≥8	250	200

11.4.4 抗震设计时，混合结构中型钢混凝土柱的轴压比不宜大于表 11.4.4 的限值，轴压比可按下式计算：

$$\mu_N = N/(f_c A_c + f_a A_a) \quad (11.4.4)$$

式中：μ_N——型钢混凝土柱的轴压比；

N——考虑地震组合的柱轴向力设计值；

A_c——扣除型钢后的混凝土截面面积；

f_c——混凝土的轴心抗压强度设计值；

f_a——型钢的抗压强度设计值；

A_a——型钢的截面面积。

表 11.4.4 型钢混凝土柱的轴压比限值

抗震等级	一	二	三
轴压比限值	0.70	0.80	0.90

注：1 转换柱的轴压比应比表中数值减少 0.10 采用；

2 剪跨比不大于 2 的柱，其轴压比应比表中数值减少 0.05 采用；

3 当采用 C60 以上混凝土时，轴压比宜减少 0.05。

11.4.5 型钢混凝土柱设计应符合下列构造要求：

1 型钢混凝土柱的长细比不宜大于80。

2 房屋的底层、顶层以及型钢混凝土与钢筋混凝土交接层的型钢混凝土柱宜设置栓钉，型钢截面为箱形的柱子也宜设置栓钉，栓钉水平间距不宜大于250mm。

3 混凝土粗骨料的最大直径不宜大于25mm。型钢柱中型钢的保护厚度不宜小于150mm；柱纵向钢筋净间距不宜小于50mm，且不应小于柱纵向钢筋直径的1.5倍；柱纵向钢筋与型钢的最小净距不应小于30mm，且不应小于粗骨料最大粒径的1.5倍。

4 型钢混凝土柱的纵向钢筋最小配筋率不宜小于0.8%，且在四角应各配置一根直径不小于16mm的纵向钢筋。

5 柱中纵向受力钢筋的间距不宜大于300mm；当间距大于300mm时，宜附加配置直径不小于14mm的纵向构造钢筋。

6 型钢混凝土柱的型钢含钢率不宜小于4%。

11.4.6 型钢混凝土柱箍筋的构造设计应符合下列规定：

1 非抗震设计时，箍筋直径不应小于8mm，箍筋间距不应大于200mm。

2 抗震设计时，箍筋应做成135°弯钩，箍筋弯钩直段长度不应小于10倍箍筋直径。

3 抗震设计时，柱端箍筋应加密，加密区范围应取矩形截面柱长边尺寸（或圆形截面柱直径）、柱净高的1/6和500mm三者的最大值；对剪跨比不大于2的柱，其箍筋均应全高加密，箍筋间距不应大于100mm。

4 抗震设计时，柱箍筋的直径和间距应符合表11.4.6的规定，加密区箍筋最小体积配箍率尚应符合式（11.4.6）的要求，非加密区箍筋最小体积配箍率不应小于加密区箍筋最小体积配箍率的一半；对剪跨比不大于2的柱，其箍筋体积配箍率尚不应小于1.0%，9度抗震设计时尚不应小于1.3%。

$$\rho_v \geqslant 0.85\lambda_v f_c / f_y \quad (11.4.6)$$

式中：λ_v——柱最小配箍特征值，宜按本规程表6.4.7采用。

表11.4.6 型钢混凝土柱箍筋直径和间距（mm）

抗震等级	箍筋直径	非加密区箍筋间距	加密区箍筋间距
一	≥12	≤150	≤100
二	≥10	≤200	≤100
三、四	≥8	≤200	≤150

注：箍筋直径除应符合表中要求外，尚不应小于纵向钢筋直径的1/4。

11.4.7 型钢混凝土梁柱节点应符合下列构造要求：

1 型钢柱在梁水平翼缘处应设置加劲肋，其构造不应影响混凝土浇筑密实；

2 箍筋间距不宜大于柱端加密区间距的1.5倍，箍筋直径不宜小于柱端箍筋加密区的箍筋直径；

3 梁中钢筋穿过梁柱节点时，不宜穿过柱型钢翼缘；需穿过柱腹板时，柱腹板截面损失率不宜大于25%，当超过25%时，则需进行补强；梁中主筋不得与柱型钢直接焊接。

11.4.8 圆形钢管混凝土构件及节点可按本规程附录F进行设计。

11.4.9 圆形钢管混凝土柱尚应符合下列构造要求：

1 钢管直径不宜小于400mm。

2 钢管壁厚不宜小于8mm。

3 钢管外径与壁厚的比值D/t宜在（20～100）$\sqrt{235/f_y}$之间，f_y为钢材的屈服强度。

4 圆钢管混凝土柱的套箍指标$\frac{f_a A_a}{f_c A_c}$，不应小于0.5，也不宜大于2.5。

5 柱的长细比不宜大于80。

6 轴向压力偏心率e_0/r_c不宜大于1.0，e_0为偏心距，r_c为核心混凝土横截面半径。

7 钢管混凝土柱与框架梁刚性连接时，柱内或柱外应设置与梁上、下翼缘位置对应的加劲肋；加劲肋设置于柱内时，应留孔以利混凝土浇筑；加劲肋设置于柱外时，应形成加劲环板。

8 直径大于2m的圆形钢管混凝土构件应采取有效措施减小钢管内混凝土收缩对构件受力性能的影响。

11.4.10 矩形钢管混凝土柱应符合下列构造要求：

1 钢管截面短边尺寸不宜小于400mm；

2 钢管壁厚不宜小于8mm；

3 钢管截面的高宽比不宜大于2，当矩形钢管混凝土柱截面最大边尺寸不小于800mm时，宜采取在柱子内壁上焊接栓钉、纵向加劲肋等构造措施；

4 钢管管壁板件的边长与其厚度的比值不应大于$60\sqrt{235/f_y}$；

5 柱的长细比不宜大于80；

6 矩形钢管混凝土柱的轴压比应按本规程公式（11.4.4）计算，并不宜大于表11.4.10的限值。

表11.4.10 矩形钢管混凝土柱轴压比限值

一级	二级	三级
0.70	0.80	0.90

11.4.11 当核心筒墙体承受的弯矩、剪力和轴力均较大时，核心筒墙体可采用型钢混凝土剪力墙或钢板混凝土剪力墙。钢板混凝土剪力墙的受剪截面及受剪承载力应符合本规程第11.4.12、11.4.13条的规定，其构造设计应符合本规程第11.4.14、11.4.15条的规定。

11.4.12 钢板混凝土剪力墙的受剪截面应符合下列

规定：

1 持久、短暂设计状况

$$V_{cw} \leqslant 0.25 f_c b_w h_{w0} \quad (11.4.12\text{-}1)$$

$$V_{cw} = V - \left(\frac{0.3}{\lambda} f_a A_{a1} + \frac{0.6}{\lambda - 0.5} f_{sp} A_{sp}\right) \quad (11.4.12\text{-}2)$$

2 地震设计状况

剪跨比 λ 大于 2.5 时

$$V_{cw} \leqslant \frac{1}{\gamma_{RE}} (0.20 f_c b_w h_{w0}) \quad (11.4.12\text{-}3)$$

剪跨比 λ 不大于 2.5 时

$$V_{cw} \leqslant \frac{1}{\gamma_{RE}} (0.15 f_c b_w h_{w0}) \quad (11.4.12\text{-}4)$$

$$V_{cw} = V - \frac{1}{\gamma_{RE}} \left(\frac{0.25}{\lambda} f_a A_{a1} + \frac{0.5}{\lambda - 0.5} f_{sp} A_{sp}\right) \quad (11.4.12\text{-}5)$$

式中：V ——钢板混凝土剪力墙截面承受的剪力设计值；

V_{cw} ——仅考虑钢筋混凝土截面承担的剪力设计值；

λ ——计算截面的剪跨比。当 $\lambda < 1.5$ 时，取 $\lambda = 1.5$，当 $\lambda > 2.2$ 时，取 $\lambda = 2.2$；当计算截面与墙底之间的距离小于 $0.5h_{w0}$ 时，λ 应按距离墙底 $0.5h_{w0}$ 处的弯矩值与剪力值计算；

f_a ——剪力墙端部暗柱中所配型钢的抗压强度设计值；

A_{a1} ——剪力墙一端所配型钢的截面面积，当两端所配型钢截面面积不同时，取较小一端的面积；

f_{sp} ——剪力墙墙身所配钢板的抗压强度设计值；

A_{sp} ——剪力墙墙身所配钢板的横截面面积。

11.4.13 钢板混凝土剪力墙偏心受压时的斜截面受剪承载力，应按下列公式进行验算：

1 持久、短暂设计状况

$$V \leqslant \frac{1}{\lambda - 0.5}\left(0.5 f_t b_w h_{w0} + 0.13 N \frac{A_w}{A}\right) + f_{yv} \frac{A_{sh}}{s} h_{w0} + \frac{0.3}{\lambda} f_a A_{a1} + \frac{0.6}{\lambda - 0.5} f_{sp} A_{sp} \quad (11.4.13\text{-}1)$$

2 地震设计状况

$$V \leqslant \frac{1}{\gamma_{RE}}\left[\frac{1}{\lambda - 0.5}\left(0.4 f_t b_w h_{w0} + 0.1 N \frac{A_w}{A}\right) + 0.8 f_{yv} \frac{A_{sh}}{s} h_{w0} + \frac{0.25}{\lambda} f_a A_{a1} + \frac{0.5}{\lambda - 0.5} f_{sp} A_{sp}\right] \quad (11.4.13\text{-}2)$$

式中：N ——剪力墙承受的轴向压力设计值，当大于 $0.2 f_c b_w h_w$ 时，取为 $0.2 f_c b_w h_w$。

11.4.14 型钢混凝土剪力墙、钢板混凝土剪力墙应符合下列构造要求：

1 抗震设计时，一、二级抗震等级的型钢混凝土剪力墙、钢板混凝土剪力墙底部加强部位，其重力荷载代表值作用下墙肢的轴压比不宜超过本规程表 7.2.13 的限值，其轴压比可按下式计算：

$$\mu_N = N/(f_c A_c + f_a A_a + f_{sp} A_{sp}) \quad (11.4.14)$$

式中：N ——重力荷载代表值作用下墙肢的轴向压力设计值；

A_c ——剪力墙墙肢混凝土截面面积；

A_a ——剪力墙所配型钢的全部截面面积。

2 型钢混凝土剪力墙、钢板混凝土剪力墙在楼层标高处宜设置暗梁。

3 端部配置型钢的混凝土剪力墙，型钢的保护层厚度宜大于 100mm；水平分布钢筋应绕过或穿过墙端型钢，且应满足钢筋锚固长度要求。

4 周边有型钢混凝土柱和梁的现浇钢筋混凝土剪力墙，剪力墙的水平分布钢筋应绕过或穿过周边柱型钢，且应满足钢筋锚固长度要求；当采用间隔穿过时，宜另加补强钢筋。周边柱的型钢、纵向钢筋、箍筋配置应符合型钢混凝土柱的设计要求。

11.4.15 钢板混凝土剪力墙尚应符合下列构造要求：

1 钢板混凝土剪力墙体中的钢板厚度不宜小于 10mm，也不宜大于墙厚的 1/15；

2 钢板混凝土剪力墙的墙身分布钢筋配筋率不宜小于 0.4%，分布钢筋间距不宜大于 200mm，且应与钢板可靠连接；

3 钢板与周围型钢构件宜采用焊接；

4 钢板与混凝土墙体之间连接件的构造要求可按照现行国家标准《钢结构设计规范》GB 50017 中关于组合梁抗剪连接件构造要求执行，栓钉间距不宜大于 300mm；

5 在钢板墙角部 1/5 板跨且不小于 1000mm 范围内，钢筋混凝土墙体分布钢筋、抗剪栓钉间距宜适当加密。

11.4.16 钢梁或型钢混凝土梁与混凝土筒体应有可靠连接，应能传递竖向剪力及水平力。当钢梁或型钢混凝土梁通过埋件与混凝土筒体连接时，预埋件应有足够的锚固长度，连接做法可按图 11.4.16 采用。

11.4.17 抗震设计时，混合结构中的钢柱及型钢混凝土柱、钢管混凝土柱宜采用埋入式柱脚。采用埋入式柱脚时，应符合下列规定：

1 埋入深度应通过计算确定，且不宜小于型钢柱截面长边尺寸的 2.5 倍；

2 在柱脚部位和柱脚向上延伸一层的范围内宜设置栓钉，其直径不宜小于 19mm，其竖向及水平间距不宜大于 200mm。

注：当有可靠依据时，可通过计算确定栓钉数量。

11.4.18 钢筋混凝土核心筒、内筒的设计，除应符

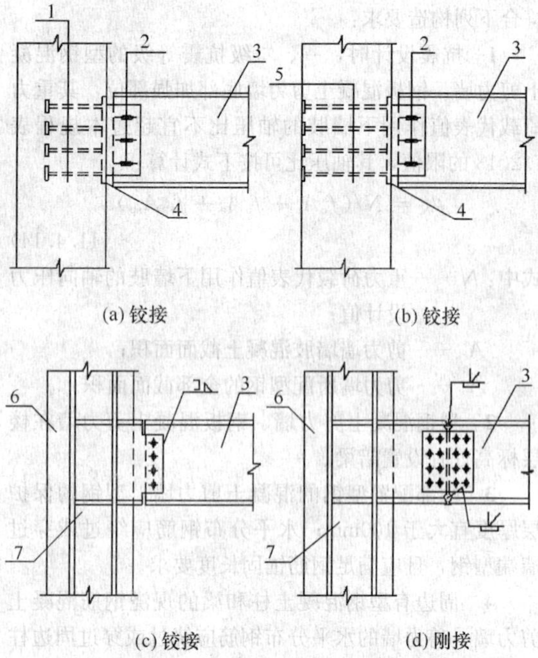

图 11.4.16 钢梁、型钢混凝土梁与混凝土核心筒的连接构造示意

1—栓钉；2—高强度螺栓及长圆孔；3—钢梁；4—预埋件端板；5—穿筋；6—混凝土墙；7—墙内预埋钢骨柱

合本规程第 9.1.7 条的规定外，尚应符合下列规定：

1 抗震设计时，钢框架-钢筋混凝土核心筒结构的筒体底部加强部位分布钢筋的最小配筋率不宜小于 0.35%，筒体其他部位的分布筋不宜小于 0.30%；

2 抗震设计时，框架-钢筋混凝土核心筒混合结构的筒体底部加强部位约束边缘构件沿墙肢的长度宜取墙肢截面高度的1/4，筒体底部加强部位以上墙体宜按本规程第 7.2.15 条的规定设置约束边缘构件；

3 当连梁抗剪截面不足时，可采取在连梁中设置型钢或钢板等措施。

11.4.19 混合结构中结构构件的设计，尚应符合国家现行标准《钢结构设计规范》GB 50017、《混凝土结构设计规范》GB 50010、《高层民用建筑钢结构技术规程》JGJ 99、《型钢混凝土组合结构技术规程》JGJ 138 的有关规定。

12 地下室和基础设计

12.1 一 般 规 定

12.1.1 高层建筑宜设地下室。

12.1.2 高层建筑的基础设计，应综合考虑建筑场地的工程地质和水文地质状况、上部结构的类型和房屋高度、施工技术和经济条件等因素，使建筑物不致发生过量沉降或倾斜，满足建筑物正常使用要求；还应了解邻近地下构筑物及各项地下设施的位置和标高等，减少与相邻建筑的相互影响。

12.1.3 在地震区，高层建筑宜避开对抗震不利的地段；当条件不允许避开不利地段时，应采取可靠措施，使建筑物在地震时不致由于地基失效而破坏，或者产生过量下沉或倾斜。

12.1.4 基础设计宜采用当地成熟可靠的技术；宜考虑基础与上部结构相互作用的影响。施工期间需要降低地下水位的，应采取避免影响邻近建筑物、构筑物、地下设施等安全和正常使用的有效措施；同时还应注意施工降水的时间要求，避免停止降水后水位过早上升而引起建筑物上浮等问题。

12.1.5 高层建筑应采用整体性好、能满足地基承载力和建筑物容许变形要求并能调节不均匀沉降的基础形式；宜采用筏形基础或带桩基的筏形基础，必要时可采用箱形基础。当地质条件好且能满足地基承载力和变形要求时，也可采用交叉梁式基础或其他形式基础；当地基承载力或变形不满足设计要求时，可采用桩基或复合地基。

12.1.6 高层建筑主体结构基础底面形心宜与永久作用重力荷载重心重合；当采用桩基础时，桩基的竖向刚度中心宜与高层建筑主体结构永久重力荷载重心重合。

12.1.7 在重力荷载与水平荷载标准值或重力荷载代表值与多遇水平地震标准值共同作用下，高宽比大于 4 的高层建筑，基础底面不宜出现零应力区；高宽比不大于 4 的高层建筑，基础底面与地基之间零应力区面积不应超过基础底面面积的 15%。质量偏心较大的裙楼与主楼可分别计算基底应力。

12.1.8 基础应有一定的埋置深度。在确定埋置深度时，应综合考虑建筑物的高度、体型、地基土质、抗震设防烈度等因素。基础埋置深度可从室外地坪算至基础底面，并宜符合下列规定：

1 天然地基或复合地基，可取房屋高度的 1/15；

2 桩基础，不计桩长，可取房屋高度的 1/18。

当建筑物采用岩石地基或采取有效措施时，在满足地基承载力、稳定性要求及本规程第 12.1.7 条规定的前提下，基础埋深可比本条第 1、2 两款的规定适当放松。

当地基可能产生滑移时，应采取有效的抗滑移措施。

12.1.9 高层建筑的基础和与其相连的裙房的基础，设置沉降缝时，应考虑高层主楼基础有可靠的侧向约束及有效埋深；不设沉降缝时，应采取有效措施减少差异沉降及其影响。

12.1.10 高层建筑基础的混凝土强度等级不宜低于 C25。当有防水要求时，混凝土抗渗等级应根据基础埋置深度按表 12.1.10 采用，必要时可设置架空排水层。

表 12.1.10 基础防水混凝土的抗渗等级

基础埋置深度 H（m）	抗渗等级
$H<10$	P6
$10\leqslant H<20$	P8
$20\leqslant H<30$	P10
$H\geqslant 30$	P12

12.1.11 基础及地下室的外墙、底板，当采用粉煤灰混凝土时，可采用 60d 或 90d 龄期的强度指标作为其混凝土设计强度。

12.1.12 抗震设计时，独立基础宜沿两个主轴方向设置基础系梁；剪力墙基础应具有良好的抗转动能力。

12.2 地下室设计

12.2.1 高层建筑地下室顶板作为上部结构的嵌固部位时，应符合下列规定：

1 地下室顶板应避免开设大洞口，其混凝土强度等级应符合本规程第 3.2.2 条的有关规定，楼盖设计应符合本规程第 3.6.3 条的有关规定；

2 地下一层与相邻上层的侧向刚度比应符合本规程第 5.3.7 条的规定；

3 地下室顶板对应于地上框架柱的梁柱节点设计应符合下列要求之一：

1）地下一层柱截面每侧的纵向钢筋面积除应符合计算要求外，不应少于地上一层对应柱每侧纵向钢筋面积的 1.1 倍；地下一层梁端顶面和底面的纵向钢筋应比计算值增大 10%采用。

2）地下一层柱每侧的纵向钢筋面积不小于地上一层对应柱每侧纵向钢筋面积的 1.1 倍且地下室顶板梁柱节点左右梁端截面与下柱上端同一方向实配的受弯承载力之和不小于地上一层对应柱下端实配的受弯承载力的 1.3 倍。

4 地下室与上部对应的剪力墙墙肢端部边缘构件的纵向钢筋截面面积不应小于地上一层对应的剪力墙墙肢边缘构件的纵向钢筋截面面积。

12.2.2 高层建筑地下室设计，应综合考虑上部荷载、岩土侧压力及地下水的不利作用影响。地下室应满足整体抗浮要求，可采取排水、加配重或设置抗拔锚桩（杆）等措施。当地下水具有腐蚀性时，地下室外墙及底板应采取相应的防腐蚀措施。

12.2.3 高层建筑地下室不宜设置变形缝。当地下室长度超过伸缩缝最大间距时，可考虑利用混凝土后期强度，降低水泥用量；也可每隔 30m～40m 设置贯通顶板、底部及墙板的施工后浇带。后浇带可设置在柱距三等分的中间范围内以及剪力墙附近，其方向宜与梁正交，沿竖向应在结构同跨内；底板及外墙的后浇带宜增设附加防水层；后浇带封闭时间宜滞后 45d 以上，其混凝土强度等级宜提高一级，并宜采用无收缩混凝土，低温入模。

12.2.4 高层建筑主体结构地下室底板与扩大地下室底板交界处，其截面厚度和配筋应适当加强。

12.2.5 高层建筑地下室外墙设计应满足水土压力及地面荷载侧压作用下承载力要求，其竖向和水平分布钢筋应双层双向布置，间距不宜大于 150mm，配筋率不宜小于 0.3%。

12.2.6 高层建筑地下室外周回填土应采用级配砂石、砂土或灰土，并应分层夯实。

12.2.7 有窗井的地下室，应设外挡土墙，挡土墙与地下室外墙之间应有可靠连接。

12.3 基 础 设 计

12.3.1 高层建筑基础设计应以减小长期重力荷载作用下地基变形、差异变形为主。计算地基变形时，传至基础底面的荷载效应采用正常使用极限状态下荷载效应的准永久组合，不计入风荷载和地震作用；按地基承载力确定基础底面积及埋深或按桩基承载力确定桩数时，传至基础或承台底面的荷载效应采用正常使用状态下荷载效应的标准组合，相应的抗力采用地基承载力特征值或桩基承载力特征值；风荷载组合效应下，最大基底反力不应大于承载力特征值的 1.2 倍，平均基底反力不应大于承载力特征值；地震作用组合效应下，地基承载力验算应按现行国家标准《建筑抗震设计规范》GB 50011 的规定执行。

12.3.2 高层建筑结构基础嵌入硬质岩石时，可在基础周边及底面设置砂质或其他材质褥垫层，垫层厚度可取 50mm～100mm；不宜采用肥槽填充混凝土做法。

12.3.3 筏形基础的平面尺寸应根据地基土的承载力、上部结构的布置及其荷载的分布等因素确定。

12.3.4 平板式筏基的板厚可根据受冲切承载力计算确定，板厚不宜小于 400mm。冲切计算时，应考虑作用在冲切临界截面重心上的不平衡弯矩所产生的附加剪力。当筏板在个别柱位不满足受冲切承载力要求时，可将该柱下的筏形局部加厚或配置抗冲切钢筋。

12.3.5 当地基比较均匀、上部结构刚度较好、上部结构柱间距及柱荷载的变化不超过 20%时，高层建筑的筏形基础可仅考虑局部弯曲作用，按倒楼盖法计算。当不符合上述条件时，宜按弹性地基板计算。

12.3.6 筏形基础应采用双向钢筋网片分别配置在板的顶面和底面，受力钢筋直径不宜小于 12mm，钢筋间距不宜小于 150mm，也不宜大于 300mm。

12.3.7 当梁板式筏基的肋梁宽度小于柱宽时，肋梁可在柱边加腋，并应满足相应的构造要求。墙、柱的纵向钢筋应穿过肋梁，并应满足钢筋锚固长度要求。

12.3.8 梁板式筏基的梁高取值应包括底板厚度在

内，梁高不宜小于平均柱距的1/6。确定梁高时，应综合考虑荷载大小、柱距、地质条件等因素，并应满足承载力要求。

12.3.9 当满足地基承载力要求时，筏形基础的周边不宜向外有较大的伸挑、扩大。当需要外挑时，有肋梁的筏基宜将梁一同挑出。

12.3.10 桩基可采用钢筋混凝土预制桩、灌注桩或钢桩。桩基承台可采用柱下单独承台、双向交叉梁、筏形承台、箱形承台。桩基选择和承台设计应根据上部结构类型、荷载大小、桩穿越的土层、桩端持力层土质、地下水位、施工条件和经验、制桩材料供应条件等因素综合考虑。

12.3.11 桩基的竖向承载力、水平承载力和抗拔承载力设计，应符合现行行业标准《建筑桩基技术规范》JGJ 94的有关规定。

12.3.12 桩的布置应符合下列要求：

1 等直径桩的中心距不应小于3倍桩横截面的边长或直径；扩底桩中心距不应小于扩底直径的1.5倍，且两个扩大头间的净距不宜小于1m。

2 布桩时，宜使各桩承台承载力合力点与相应竖向永久荷载合力作用点重合，并使桩基在水平力产生的力矩较大方向有较大的抵抗矩。

3 平板式桩筏基础，桩宜布置在柱下或墙下，必要时可满堂布置，核心筒下可适当加密布桩；梁板式桩筏基础，桩宜布置在基础梁下或柱下；桩箱基础，宜将桩布置在墙下。直径不小于800mm的大直径桩可采用一柱一桩。

4 应选择较硬土层作为桩端持力层。桩径为d的桩端全截面进入持力层的深度，对于黏性土、粉土不宜小于$2d$；砂土不宜小于$1.5d$；碎石类土不宜小于$1d$。当存在软弱下卧层时，桩端下部硬持力层厚度不宜小于$4d$。

抗震设计时，桩进入碎石土、砾砂、粗砂、中砂、密实粉土、坚硬黏性土的深度尚不应小于0.5m，对其他非岩石类土尚不应小于1.5m。

12.3.13 对沉降有严格要求的建筑的桩基础以及采用摩擦型桩的桩基础，应进行沉降计算。受较大永久水平作用或对水平变位要求严格的建筑桩基，应验算其水平变位。

按正常使用极限状态验算桩基沉降时，荷载效应应采用准永久组合；验算桩基的横向变位、抗裂、裂缝宽度时，根据使用要求和裂缝控制等级分别采用荷载的标准组合、准永久组合，并考虑长期作用影响。

12.3.14 钢桩应符合下列规定：

1 钢桩可采用管形或H形，其材质应符合国家现行有关标准的规定；

2 钢桩的分段长度不宜超过15m，焊接结构应采用等强连接；

3 钢桩防腐处理可采用增加腐蚀余量措施；当钢管桩内壁同外界隔绝时，可不采用内壁防腐。钢桩的防腐速率无实测资料时，如桩顶在地下水位以下且地下水无腐蚀性，可取每年0.03mm，且腐蚀预留量不应小于2mm。

12.3.15 桩与承台的连接应符合下列规定：

1 桩顶嵌入承台的长度，对大直径桩不宜小于100mm，对中、小直径的桩不宜小于50mm；

2 混凝土桩的桩顶纵筋应伸入承台内，其锚固长度应符合现行国家标准《混凝土结构设计规范》GB 50010的有关规定。

12.3.16 箱形基础的平面尺寸应根据地基土承载力和上部结构布置以及荷载大小等因素确定。外墙宜沿建筑物周边布置，内墙应沿上部结构的柱网或剪力墙位置纵横均匀布置，墙体水平截面总面积不宜小于箱形基础外墙外包尺寸的水平投影面积的1/10。对基础平面长宽比大于4的箱形基础，其纵墙水平截面面积不应小于箱基外墙外包尺寸水平投影面积的1/18。

12.3.17 箱形基础的高度应满足结构的承载力、刚度及建筑使用功能要求，一般不宜小于箱基长度的1/20，且不宜小于3m。此处，箱基长度不计墙外悬挑板部分。

12.3.18 箱形基础的顶板、底板及墙体的厚度，应根据受力情况、整体刚度和防水要求确定。无人防设计要求的箱基，基础底板不应小于300mm，外墙厚度不应小于250mm，内墙的厚度不应小于200mm，顶板厚度不应小于200mm。

12.3.19 与高层主楼相连的裙房基础若采用外挑箱基墙或箱基梁的方法，则外挑部分的基底应采取有效措施，使其具有适应差异沉降变形的能力。

12.3.20 箱形基础墙体的门洞宜设在柱间居中的部位，洞口上、下过梁应进行承载力计算。

12.3.21 当地基压缩层深度范围内的土层在竖向和水平力方向皆较均匀，且上部结构为平立面布置较规则的框架、剪力墙、框架-剪力墙结构时，箱形基础的顶、底板可仅考虑局部弯曲进行计算；计算时，底板反力应扣除板的自重及其上面层和填土的自重，顶板荷载应按实际情况考虑。整体弯曲的影响可在构造上加以考虑。

箱形基础的顶板和底板钢筋配置除符合计算要求外，纵横方向支座钢筋尚应有1/3～1/2贯通配置，跨中钢筋应按实际计算的配筋全部贯通。钢筋宜采用机械连接；采用搭接时，搭接长度应按受拉钢筋考虑。

12.3.22 箱形基础的顶板、底板及墙体均应采用双层双向配筋。墙体的竖向和水平钢筋直径均不应小于10mm，间距均不应大于200mm。除上部为剪力墙外，内、外墙的墙顶处宜配置两根直径不小于20mm的通长构造钢筋。

12.3.23 上部结构底层柱纵向钢筋伸入箱形基础墙

体的长度应符合下列规定：

1 柱下三面或四面有箱形基础墙的内柱，除柱四角纵向钢筋直通到基底外，其余钢筋可伸入顶板底面以下40倍纵向钢筋直径处；

2 外柱、与剪力墙相连的柱及其他内柱的纵向钢筋应直通到基底。

13 高层建筑结构施工

13.1 一般规定

13.1.1 承担高层、超高层建筑结构施工的单位应具备相应的资质。

13.1.2 施工单位应认真熟悉图纸，参加设计交底和图纸会审。

13.1.3 施工前，施工单位应根据工程特点和施工条件，按有关规定编制施工组织设计和施工方案，并进行技术交底。

13.1.4 编制施工方案时，应根据施工方法、附墙爬升设备、垂直运输设备及当地的温度、风力等自然条件对结构及构件受力的影响，进行相应的施工工况模拟和受力分析。

13.1.5 冬期施工应符合《建筑工程冬期施工规程》JGJ 104的规定。雨期、高温及干热气候条件下，应编制专门的施工方案。

13.2 施工测量

13.2.1 施工测量应符合现行国家标准《工程测量规范》GB 50026的有关规定，并应根据建筑物的平面、体形、层数、高度、场地状况和施工要求，编制施工测量方案。

13.2.2 高层建筑施工采用的测量器具，应按国家计量部门的有关规定进行检定、校准，合格后方可使用。测量仪器的精度应满足下列规定：

1 在场地平面控制测量中，宜使用测距精度不低于$\pm(3mm+2\times10^{-6}\times D)$、测角精度不低于$\pm5''$级的全站仪或测距仪（$D$为测距，以毫米为单位）；

2 在场地标高测量中，宜使用精度不低于DSZ3的自动安平水准仪；

3 在轴线竖向投测中，宜使用$\pm2''$级激光经纬仪或激光自动铅直仪。

13.2.3 大中型高层建筑施工项目，应先建立场区平面控制网，再分别建立建筑物平面控制网；小规模或精度高的独立施工项目，可直接布设建筑物平面控制网。控制网应根据复核后的建筑红线桩或城市测量控制点准确定位测量，并应作好桩位保护。

1 场区平面控制网，可根据场区的地形条件和建筑物的布置情况，布设成建筑方格网、导线网、三角网、边角网或GPS网。建筑方格网的主要技术要求应符合表13.2.3-1的规定。

表13.2.3-1 建筑方格网的主要技术要求

等级	边长（m）	测角中误差（″）	边长相对中误差
一级	100～300	5	1/30000
二级	100～300	8	1/20000

2 建筑物平面控制网宜布设成矩形，特殊时也可布设成十字形主轴线或平行于建筑外廓的多边形。其主要技术要求应符合表13.2.3-2的规定。

表13.2.3-2 建筑物平面控制网的主要技术要求

等级	测角中误差（″）	边长相对中误差
一级	$7''/\sqrt{n}$	1/30000
二级	$15''/\sqrt{n}$	1/20000

注：n为建筑物结构的跨数。

13.2.4 应根据建筑平面控制网向混凝土底板垫层上投测建筑物外廓轴线，经闭合校测合格后，再放出细部轴线及有关边界线。基础外廓轴线允许偏差应符合表13.2.4的规定。

表13.2.4 基础外廓轴线尺寸允许偏差

长度L、宽度B（m）	允许偏差（mm）
$L(B)\leqslant30$	±5
$30<L(B)\leqslant60$	±10
$60<L(B)\leqslant90$	±15
$90<L(B)\leqslant120$	±20
$120<L(B)\leqslant150$	±25
$L(B)>150$	±30

13.2.5 高层建筑结构施工可采用内控法或外控法进行轴线竖向投测。首层放线验收后，应根据测量方案设置内控点或将控制轴线引测至结构外立面上，并作为各施工层主轴线竖向投测的基准。轴线的竖向投测，应以建筑物轴线控制桩为测站。竖向投测的允许偏差应符合表13.2.5的规定。

表13.2.5 轴线竖向投测允许偏差

项目		允许偏差(mm)
每层		3
总高H(m)	$H\leqslant30$	5
	$30<H\leqslant60$	10
	$60<H\leqslant90$	15
	$90<H\leqslant120$	20
	$120<H\leqslant150$	25
	$H>150$	30

13.2.6 控制轴线投测至施工层后，应进行闭合校验。控制轴线应包括：

1 建筑物外轮廓轴线；

2 伸缩缝、沉降缝两侧轴线；

3 电梯间、楼梯间两侧轴线；

4 单元、施工流水段分界轴线。

施工层放线时，应先在结构平面上校核投测轴线，再测设细部轴线和墙、柱、梁、门窗洞口等边线，放线的允许偏差应符合表13.2.6的规定。

表13.2.6 施工层放线允许偏差

项目		允许偏差(mm)
外廓主轴线长度 L(m)	$L\leqslant30$	±5
	$30<L\leqslant60$	±10
	$60<L\leqslant90$	±15
	$L>90$	±20
细部轴线		±2
承重墙、梁、柱边线		±3
非承重墙边线		±3
门窗洞口线		±3

13.2.7 场地标高控制网应根据复核后的水准点或已知标高点引测，引测标高宜采用附合测法，其闭合差不应超过$\pm6\sqrt{n}$ mm(n为测站数)或$\pm20\sqrt{L}$ mm(L为测线长度，以千米为单位)。

13.2.8 标高的竖向传递，应从首层起始标高线竖直量取，且每栋建筑应由三处分别向上传递。当三个点的标高差值小于3mm时，应取其平均值；否则应重新引测。标高的允许偏差应符合表13.2.8的规定。

表13.2.8 标高竖向传递允许偏差

项目		允许偏差(mm)
每层		±3
总高 H(m)	$H\leqslant30$	±5
	$30<H\leqslant60$	±10
	$60<H\leqslant90$	±15
	$90<H\leqslant120$	±20
	$120<H\leqslant150$	±25
	$H>150$	±30

13.2.9 建筑物围护结构封闭前，应将外控轴线引测至结构内部，作为室内装饰与设备安装放线的依据。

13.2.10 高层建筑应按设计要求进行沉降、变形观测，并应符合国家现行标准《建筑地基基础设计规范》GB 50007及《建筑变形测量规程》JGJ 8的有关规定。

13.3 基础施工

13.3.1 基础施工前，应根据施工图、地质勘察资料和现场施工条件，制定地下水控制、基坑支护、支护结构拆除和基础结构的施工方案；深基坑支护方案宜进行专门论证。

13.3.2 深基础施工，应符合国家现行标准《高层建筑箱形与筏形基础技术规范》JGJ 6、《建筑桩基技术规范》JGJ 94、《建筑基坑支护技术规程》JGJ 120、《建筑施工土石方工程安全技术规范》JGJ 180、《锚杆喷射混凝土支护技术规范》GB 50086、《建筑地基基础工程施工质量验收规范》GB 50202、《建筑基坑工程监测技术规范》GB 50497等的有关规定。

13.3.3 基坑和基础施工时，应采取降水、回灌、止水帷幕等措施防止地下水对施工和环境的影响。可根据土质和地下水状态、不同的降水深度，采用集水明排、单级井点、多级井点、喷射井点或管井等降水方案；停止降水时间应符合设计要求。

13.3.4 基础工程可采用放坡开挖顺作法、有支护顺作法、逆作法或半逆作法施工。

13.3.5 支护结构可选用土钉墙、排桩、钢板桩、地下连续墙、逆作拱墙等方法，并考虑支护结构的空间作用及与永久结构的结合。当不能采用悬臂式结构时，可选用土层锚杆、水平内支撑、斜支撑、环梁支护等锚拉或内支撑体系。

13.3.6 地基处理可采用挤密桩、压力注浆、深层搅拌等方法。

13.3.7 基坑施工时应加强周边建(构)筑物和地下管线的全过程安全监测和信息反馈，并制定保护措施和应急预案。

13.3.8 支护拆除应按照支护施工的相反顺序进行，并监测拆除过程中护坡的变化情况，制定应急预案。

13.3.9 工程桩质量检验可采用高应变、低应变、静载试验或钻芯取样等方法检测桩身缺陷、承载力及桩身完整性。

13.4 垂直运输

13.4.1 垂直运输设备应有合格证书，其质量、安全性能应符合国家相关标准的要求，并应按有关规定进行验收。

13.4.2 高层建筑施工所选用的起重设备、混凝土泵送设备和施工升降机等，其验收、安装、使用和拆除应分别符合国家现行标准《起重机械安全规程》GB 6067、《塔式起重机》GB/T5031、《塔式起重机安全规程》GB 5144、《混凝土泵》GB/T 13333、《施工升降机标准》GB/T 10054、《施工升降机安全规程》GB 10055、《混凝土泵送施工技术规程》JGJ/T 10、《建筑机械使用安全技术规程》JGJ 33、《施工现场机械设备检查技术规程》JGJ 160等的有关规定。

13.4.3 垂直运输设备的配置应根据结构平面布局、运输量、单件吊重及尺寸、设备参数和工期要求等因素确定。垂直运输设备的安装、使用、拆除应编制专项施工方案。

13.4.4 塔式起重机的配备、安装和使用应符合下列规定：

1 应根据起重机的技术要求，对地基基础和工程结构进行承载力、稳定性和变形验算；当塔式起重机布置在基坑槽边时，应满足基坑支护安全的要求。

2 采用多台塔式起重机时，应有防碰撞措施。

3 作业前，应对索具、机具进行检查，每次使用后应按规定对各设施进行维修和保养。

4 当风速大于五级时，塔式起重机不得进行顶升、接高或拆除作业。

5 附着式塔式起重机与建筑物结构进行附着时，应满足其技术要求，附着点最大间距不宜大于25m，附着点的埋件设置应经过设计单位同意。

13.4.5 混凝土输送泵配备、安装和使用应符合下列规定：

1 混凝土泵的选型和配备台数，应根据混凝土最大输送高度、水平距离、输出量及浇筑量确定。

2 编制泵送混凝土专项方案时应进行配管设计；季节性施工时，应根据需要对输送管道采取隔热或保温措施。

3 采用接力泵进行混凝土泵送时，上、下泵的输送能力应匹配；设置接力泵的楼面应验算其结构承载能力。

13.4.6 施工升降机配备和安装应符合下列规定：

1 建筑高度超高15层或40m时，应设置施工电梯，并应选择具有可靠防坠落升降系统的产品；

2 施工升降机的选择，应根据建筑物体型、建筑面积、运输总量、工期要求以及供货条件等确定；

3 施工升降机位置的确定，应方便安装以及人员和物料的集散；

4 施工升降机安装前应对其基础和附墙锚固装置进行设计，并在基础周围设置排水设施。

13.5 脚手架及模板支架

13.5.1 脚手架与模板支架应编制施工方案，经审批后实施。高、大脚手架及模板支架施工方案宜进行专门论证。

13.5.2 脚手架及模板支架的荷载取值及组合、计算方法及架体构造和施工要求应满足国家现行行业标准《建筑施工安全检查标准》JGJ 59、《建筑施工扣件式钢管脚手架安全技术规范》JGJ 130、《建筑施工门式钢管脚手架安全技术规范》JGJ 128、《建筑施工碗扣式钢管脚手架安全技术规范》JGJ 166、《建筑施工模板安全技术规范》JGJ 162等有关规定。

13.5.3 外脚手架应根据建筑物的高度选择合理的形式：

1 低于50m的建筑，宜采用落地脚手架或悬挑脚手架；

2 高于50m的建筑，宜采用附着式升降脚手架、悬挑脚手架。

13.5.4 落地脚手架宜采用双排扣件式钢管脚手架、门式钢管脚手架、承插式钢管脚手架。

13.5.5 悬挑脚手架应符合下列规定：

1 悬挑构件宜采用工字钢，架体宜采用双排扣件式钢管脚手架或碗扣式、承插式钢管脚手架；

2 分段搭设的脚手架，每段高度不得超过20m；

3 悬挑构件可采用预埋件固定，预埋件应采用未经冷处理的钢材加工；

4 当悬挑支架放置在阳台、悬挑梁或大跨度梁等部位时，应对其安全性进行验算。

13.5.6 卸料平台应符合下列规定：

1 应对卸料平台结构进行设计和验算，并编制专项施工方案；

2 卸料平台应与外脚手架脱开；

3 卸料平台严禁超载使用。

13.5.7 模板支架宜采用工具式支架，并应符合相关标准的规定。

13.6 模 板 工 程

13.6.1 模板工程应进行专项设计，并编制施工方案。模板方案应根据平面形状、结构形式和施工条件确定。对模板及其支架应进行承载力、刚度和稳定性计算。

13.6.2 模板的设计、制作和安装应符合国家现行标准《混凝土结构工程施工质量验收规范》GB 50204、《组合钢模板技术规范》GB 50214、《滑动模板工程技术规范》GB 50113、《钢框胶合板模板技术规程》JGJ 96、《清水混凝土应用技术规程》JGJ 169等的有关规定。

13.6.3 模板选型应符合下列规定：

1 墙体宜选用大模板、倒模、滑动模板和爬升模板等工具式模板施工；

2 柱模宜采用定型模板。圆柱模板可采用玻璃钢或钢板成型；

3 梁、板模板宜选用钢框胶合板、组合钢模板或不带框胶合板等，采用整体或分片预制安装；

4 楼板模板可选用飞模(台模、桌模)、密助楼板模壳、永久性模板等；

5 电梯井筒内模宜选用铰接式筒形大模板，核心筒宜采用爬升模板；

6 清水混凝土、装饰混凝土模板应满足设计对混凝土造型及观感的要求。

13.6.4 现浇楼板模板宜采用早拆模板体系。后浇带应与其两侧梁、板结构的模板及支架分开设置。

13.6.5 大模板板面可采用整块薄钢板，也可选用钢框胶合板或加边框的钢板、胶合板拼装。挂装三角架支承上层外模荷载时，现浇外墙混凝土强度应达到

7.5MPa。大模板拆除和吊运时，严禁挤撞墙体。

大模板的安装允许偏差应符合表13.6.5的规定。

表13.6.5 大模板安装允许偏差

项目	允许偏差(mm)	检测方法
位置	3	钢尺检测
标高	±5	水准仪或拉线、尺量
上口宽度	±2	钢尺检测
垂直度	3	2m托线板检测

13.6.6 滑动模板及其操作平台应进行整体的承载力、刚度和稳定性设计，并应满足建筑造型要求。滑升模板施工前应按连续施工要求，统筹安排提升机具和配件等。劳动力配备、工序协调、垂直运输和水平运输能力均应与滑升速度相适应。模板应有上口小、下口大的倾斜度，其单面倾斜度宜取为模板高度的1/1000～2/1000。混凝土出模强度应达到出模后混凝土不塌、不裂。支承杆的选用应与千斤顶的构造相适应，长度宜为4m～6m，相邻支撑杆的接头位置应至少错开500mm，同一截面高度内接头不宜超过总数的25%。宜选用额定起重量为60kN以上的大吨位千斤顶及与之配套的钢管支撑杆。

滑模装置组装的允许偏差应符合表13.6.6的规定。

表13.6.6 滑模装置组装的允许偏差

项目		允许偏差(mm)	检测方法
模板结构轴线与相应结构轴线位置		3	钢尺检测
围圈位置偏差	水平方向	3	钢尺检测
	垂直方向	3	
提升架的垂直偏差	平面内	3	2m托线板检测
	平面外	2	
安放千斤顶的提升架横梁相对标高偏差		5	水准仪或拉线、尺量
考虑倾斜度后模板尺寸的偏差	上口	−1	钢尺检测
	下口	+2	
千斤顶安装位置偏差	平面内	5	钢尺检测
	平面外	5	
圆模直径、方模边长的偏差		5	钢尺检测
相邻两块模板平面平整偏差		2	钢尺检测

13.6.7 爬升模板宜采用由钢框胶合板等组合而成的大模板。其高度应为标准层层高加100mm～300mm。模板及爬架背面应附有爬升装置。爬架可由型钢组成，高度应为3.0～3.5个标准层高度，其立柱宜采取标准节分段组合，并用法兰盘连接；其底座固定于下层墙体时，穿墙螺栓不应少于4个，底部应设有操作平台和防护设施。爬升装置可选用液压穿心千斤顶、电动设备、捯链等。爬升工艺可选用模板与爬架互爬、模板与模板互爬、爬架与爬架互爬及整体爬升等。各部件安装后，应对所有连接螺栓和穿墙螺栓进行紧固检查，并应试爬升和验收。爬升时，穿墙螺栓受力处的混凝土强度不应小于10MPa；应稳起、稳落和平稳就位，不应被其他构件卡住；每个单元的爬升，应在一个工作台班内完成，爬升完毕应及时固定。

爬升模板组装允许偏差应符合表13.6.7的规定。穿墙螺栓的紧固扭矩为40N·m～50N·m时，可采用扭力扳手检测。

表13.6.7 爬升模板组装允许偏差

项目	允许偏差	检测方法
墙面留穿墙螺栓孔位置 穿墙螺栓孔直径	±5mm ±2mm	钢尺检测
大模板	同本规程表13.6.5	
爬升支架： 标高 垂直度	 ±5mm 5mm或爬升支架高度的0.1%	 与水平线钢尺检测 挂线坠

13.6.8 现浇空心楼板模板施工时，应采取防止混凝土浇筑时预制芯管及钢筋上浮的措施。

13.6.9 模板拆除应符合下列规定：

1 常温施工时，柱混凝土拆模强度不应低于1.5MPa，墙体拆模强度不应低于1.2MPa；

2 冬期拆模与保温应满足混凝土抗冻临界强度的要求；

3 梁、板底模拆模时，跨度不大于8m时混凝土强度应达到设计强度的75%，跨度大于8m时混凝土强度应达到设计强度的100%；

4 悬挑构件拆模时，混凝土强度应达到设计强度的100%；

5 后浇带拆模时，混凝土强度应达到设计强度的100%。

13.7 钢筋工程

13.7.1 钢筋工程的原材料、加工、连接、安装和验收，应符合现行国家标准《混凝土结构工程施工质量验收规范》GB 50204的有关规定。

13.7.2 高层混凝土结构宜采用高强钢筋。钢筋数量、规格、型号和物理力学性能应符合设计要求。

13.7.3 粗直径钢筋宜采用机械连接。机械连接可采用直螺纹套筒连接、套筒挤压连接等方法。焊接时可采用电渣压力焊等方法。钢筋连接应符合现行行业标准《钢筋机械连接技术规程》JGJ 107、《钢筋焊接及验收规程》JGJ 18和《钢筋焊接接头试验方法》JGJ 27等的有关规定。

13.7.4 采用点焊钢筋网片时，应符合现行行业标准《钢筋焊接网混凝土结构技术规程》JGJ 114 的有关规定。

13.7.5 采用冷轧带肋钢筋和预应力用钢丝、钢绞线时，应符合现行行业标准《冷轧带肋钢筋混凝土结构技术规程》JGJ 95 和《钢绞线、钢丝束无粘结预应力筋》JG 3006 等的有关规定。

13.7.6 框架梁、柱交叉处，梁纵向受力钢筋应置于柱纵向钢筋内侧；次梁钢筋宜放在主梁钢筋内侧。当双向均为主梁时，钢筋位置应按设计要求摆放。

13.7.7 箍筋的弯曲半径、内径尺寸、弯钩平直长度、绑扎间距与位置等构造做法应符合设计规定。采用开口箍筋时，开口方向应置于受压区，并错开布置。采用螺旋箍等新型箍筋时，应符合设计及工艺要求。

13.7.8 压型钢板-混凝土组合楼板施工时，应保证钢筋位置及保护层厚度准确。可采用在工厂加工钢筋桁架，并与压型钢板焊接成一体的钢筋桁架模板系统。

13.7.9 梁、板、墙、柱的钢筋宜采用预制安装方法。钢筋骨架、钢筋网在运输和安装过程中，应采取加固等保护措施。

13.8 混凝土工程

13.8.1 高层建筑宜采用预拌混凝土或有自动计量装置、可靠质量控制的搅拌站供应的混凝土，预拌混凝土应符合现行国家标准《预拌混凝土》GB/T 14902 的规定。混凝土浇灌宜采用泵送入模、连续施工，并应符合现行行业标准《混凝土泵送施工技术规程》JGJ/T 10 的规定。

13.8.2 混凝土工程的原材料、配合比设计、施工和验收，应符合现行国家标准《混凝土质量控制标准》GB 50164、《混凝土外加剂应用技术规范》GB 50119、《粉煤灰混凝土应用技术规范》GB 50146 和《混凝土强度检验评定标准》GB/T 50107、《清水混凝土应用技术规程》JGJ 169 等的有关规定。

13.8.3 高层建筑宜根据不同工程需要，选用特定的高性能混凝土。采用高强混凝土时，应优选水泥、粗细骨料、外掺合料和外加剂，并应作好配制、浇筑与养护。

13.8.4 预拌混凝土运至浇筑地点，应进行坍落度检查，其允许偏差应符合表 13.8.4 的规定。

表 13.8.4 现场实测混凝土坍落度允许偏差

要求坍落度	允许偏差(mm)
<50	±10
50～90	±20
>90	±30

13.8.5 混凝土浇筑高度应保证混凝土不发生离析。混凝土自高处倾落的自由高度不应大于 2m；柱、墙模板内的混凝土倾落高度应满足表 13.8.5 的规定；当不能满足表 13.8.5 的规定时，宜加设串通、溜槽、溜管等装置。

表 13.8.5 柱、墙模板内混凝土倾落高度限值(mm)

条 件	混凝土倾落高度
骨料粒径大于 25mm	≤3
骨料粒径不大于 25mm	≤6

13.8.6 混凝土浇筑过程中，应设专人对模板支架、钢筋、预埋件和预留孔洞的变形、移位进行观测，发现问题及时采取措施。

13.8.7 混凝土浇筑后应及时进行养护。根据不同的地区、季节和工程特点，可选用浇水、综合蓄热、电热、远红外线、蒸汽等养护方法，以塑料布、保温材料或涂刷薄膜等覆盖。

13.8.8 预应力混凝土结构施工，应符合国家现行标准《预应力筋用锚具、夹具和连接器》GB/T 14370 和《无粘结预应力混凝土结构技术规程》JGJ 92 等的有关规定。

13.8.9 结构柱、墙混凝土设计强度等级高于梁、板混凝土设计强度等级时，应在交界区域采取分隔措施。分隔位置应在低强度等级的构件中，且与高强度等级构件边缘的距离不宜小于 500mm。应先浇筑高强度等级混凝土，后浇筑低强度等级混凝土。

13.8.10 混凝土施工缝宜留置在结构受力较小且便于施工的位置。

13.8.11 后浇带应按设计要求预留，并按规定时间浇筑混凝土，进行覆盖养护。当设计对混凝土无特殊要求时，后浇带混凝土应高于其相邻结构一个强度等级。

13.8.12 现浇混凝土结构的允许偏差应符合表 13.8.12 的规定。

表 13.8.12 现浇混凝土结构的允许偏差

项 目			允许偏差(mm)
轴线位置			5
垂直度	每 层	≤5m	8
		>5m	10
	全 高		H/1000 且≤30
标 高	每 层		±10
	全 高		±30
截面尺寸			+8，−5(抹灰)
			+5，−2(不抹灰)
表面平整(2m 长度)			8(抹灰)，4(不抹灰)
预埋设施中心线位置	预埋件		10
	预埋螺栓		5
	预埋管		5
预埋洞中心线位置			15
电梯井	井筒长、宽对定位中心线		+25，0
	井筒全高(H)垂直度		H/1000 且≤30

13.9 大体积混凝土施工

13.9.1 大体积与超长结构混凝土施工前应编制专项施工方案，并进行大体积混凝土温控计算，必要时可设置抗裂钢筋(丝)网。

13.9.2 大体积混凝土施工应符合现行国家标准《大体积混凝土施工规范》GB 50496 的规定。

13.9.3 大体积基础底板及地下室外墙混凝土，当采用粉煤灰混凝土时，可利用 60d 或 90d 强度进行配合比设计和施工。

13.9.4 大体积与超长结构混凝土配合比应经过试配确定。原材料应符合相关标准的要求，宜选用中低水化热低碱水泥，掺入适量的粉煤灰和缓凝型外加剂，并控制水泥用量。

13.9.5 大体积混凝土浇筑、振捣应满足下列规定：

1 宜避免高温施工；当必须暑期高温施工时，应采取措施降低混凝土拌合物和混凝土内部温度。

2 根据面积、厚度等因素，宜采取整体分层连续浇筑或推移式连续浇筑法；混凝土供应速度应大于混凝土初凝速度，下层混凝土初凝前应进行第二层混凝土浇筑。

3 分层设置水平施工缝时，除应符合设计要求外，尚应根据混凝土浇筑过程中温度裂缝控制的要求、混凝土的供应能力、钢筋工程的施工、预埋管件安装等因素确定其位置及间隔时间。

4 宜采用二次振捣工艺，浇筑面应及时进行二次抹压处理。

13.9.6 大体积混凝土养护、测温应符合下列规定：

1 大体积混凝土浇筑后，应在 12h 内采取保湿、控温措施。混凝土浇筑体的里表温差不宜大于 25℃，混凝土浇筑体表面与大气温差不宜大于 20℃；

2 宜采用自动测温系统测量温度，并设专人负责；测温点布置应具有代表性，测温频次应符合相关标准的规定。

13.9.7 超长大体积混凝土施工可采取留置变形缝、后浇带施工或跳仓法施工。

13.10 混合结构施工

13.10.1 混合结构施工应满足国家现行标准《混凝土结构工程施工质量验收规范》GB 50204、《钢结构工程施工质量验收规范》GB 50205、《型钢混凝土组合结构技术规程》JGJ 138 等的有关要求。

13.10.2 施工中应加强钢筋混凝土结构与钢结构施工的协调与配合，根据结构特点编制施工组织设计，确定施工顺序、流水段划分、工艺流程及资源配置。

13.10.3 钢结构制作前应进行深化设计。

13.10.4 混合结构应遵照先钢结构安装，后钢筋混凝土施工的原则组织施工。

13.10.5 核心筒应先于钢框架或型钢混凝土框架施工，高差宜控制在 4～8 层，并应满足施工工序的穿插要求。

13.10.6 型钢混凝土竖向构件应按照钢结构、钢筋、模板、混凝土的顺序组织施工，型钢安装应先于混凝土施工至少一个安装节。

13.10.7 钢框架-钢筋混凝土筒体结构施工时，应考虑内外结构的竖向变形差异控制。

13.10.8 钢管混凝土结构浇筑应符合下列规定：

1 宜采用自密实混凝土，管内混凝土浇筑可选用管顶向下普通浇筑法、泵送顶升浇筑法和高位抛落法等。

2 采用从管顶向下浇筑时，应加强底部管壁排气孔观察，确认浆体流出和浇筑密实后封堵排气孔。

3 采用泵送顶升浇筑法时，应合理选择顶升浇筑设备，控制混凝土顶升速度，钢管直径宜不小于泵管直径的两倍。

4 采用高位抛落免振法浇筑混凝土时，混凝土技术参数宜通过试验确定；对于抛落高度不足 4m 的区段，应配合人工振捣；混凝土一次抛落量应控制在 0.7m^3 左右。

5 混凝土浇筑面与尚待焊接部位焊缝的距离不应小于 600mm。

6 钢管内混凝土浇灌接近顶面时，应测定混凝土浮浆厚度，计算与原混凝土相同级配的石子量并投入和振捣密实。

7 管内混凝土的浇灌质量，可采用管外敲击法、超声波检测法或钻芯取样法检测；对不密实的部位，应采用钻孔压浆法进行补强。

13.10.9 型钢混凝土柱的箍筋宜采用封闭箍，不宜将箍筋直接焊在钢柱上。梁柱节点部位柱的箍筋可分段焊接。

13.10.10 当利用型钢梁钢骨架吊挂梁模板时，应对其承载力和变形进行核算。

13.10.11 压型钢板楼面混凝土施工时，应根据压型钢板的刚度适当设置支撑系统。

13.10.12 型钢剪力墙、钢板剪力墙、暗支撑剪力墙混凝土施工时，应在型钢翼缘处留置排气孔，必要时可在墙体模板侧面留设浇筑孔。

13.10.13 型钢混凝土梁柱接头处和型钢翼缘下部，宜预留排气孔和混凝土浇筑孔。钢筋密集时，可采用自密实混凝土浇筑。

13.11 复杂混凝土结构施工

13.11.1 混凝土转换层、加强层、连体结构、大底盘多塔楼结构等复杂结构应编制专项施工方案。

13.11.2 混凝土结构转换层、加强层施工应符合下列规定：

1 当转换层梁或板混凝土支撑体系利用下层楼板或其他结构传递荷载时，应通过计算确定，必要时应采取加固措施；

2 混凝土桁架、空腹钢架等斜向构件的模板和支架应进行荷载分析及水平推力计算。

13.11.3 悬挑结构施工应符合下列规定：

1 悬挑构件的模板支架可采用钢管支撑、型钢支撑和悬挑桁架等，模板起拱值宜为悬挑长度的0.2%～0.3%；

2 当采用悬挂支模时，应对钢架或骨架的承载力和变形进行计算；

3 应有控制上部受力钢筋保护层厚度的措施。

13.11.4 大底盘多塔楼结构，塔楼间施工顺序和施工高差、后浇带设置及混凝土浇筑时间应满足设计要求。

13.11.5 塔楼连接体施工应符合下列规定：

1 应在塔楼主体施工前确定连接体施工或吊装方案；

2 应根据施工方案，对主体结构局部和整体受力进行验算，必要时应采取加强措施；

3 塔楼主体施工时应按连接体施工安装方案的要求设置预埋件或预留洞。

13.12 施工安全

13.12.1 高层建筑结构施工应符合现行行业标准《建筑施工高处作业安全技术规范》JGJ 80、《建筑机械使用安全技术规程》JGJ 33、《施工现场临时用电安全技术规范》JGJ 46、《建筑施工门式钢管脚手架安全技术规程》JGJ 128、《建筑施工扣件式钢管脚手架安全技术规范》JGJ 130 和《液压滑动模板施工安全技术规程》JGJ 65 等的有关规定。

13.12.2 附着式整体爬升脚手架应经鉴定，并有产品合格证、使用证和准用证。

13.12.3 施工现场应设立可靠的避雷装置。

13.12.4 建筑物的出入口、楼梯口、洞口、基坑和每层建筑的周边均应设置防护设施。

13.12.5 钢模板施工时，应有防漏电措施。

13.12.6 采用自动提升、顶升脚手架或工作平台施工时，应严格执行操作规程，并经验收后实施。

13.12.7 高层建筑施工，应采取上、下通信联系措施。

13.12.8 高层建筑施工应有消防系统，消防供水系统应满足楼层防火要求。

13.12.9 施工用油漆和涂料应妥善保管，并远离火源。

13.13 绿色施工

13.13.1 高层建筑施工组织设计和施工方案应符合绿色施工的要求，并应进行绿色施工教育和培训。

13.13.2 应控制混凝土中碱、氯、氨等有害物质含量。

13.13.3 施工中应采用下列节能与能源利用措施：

1 制定措施提高各种机械的使用率和满载率；

2 采用节能设备和施工节能照明工具，使用节能型的用电器具；

3 对设备进行定期维护保养。

13.13.4 施工中应采用下列节水及水资源利用措施：

1 施工过程中对水资源进行管理；

2 采用施工节水工艺、节水设施并安装计量装置；

3 深基坑施工时，应采取地下水的控制措施；

4 有条件的工地宜建立水网，实施水资源的循环使用。

13.13.5 施工中应采用下列节材及材料利用措施：

1 采用节材与材料资源合理利用的新技术、新工艺、新材料和新设备；

2 宜采用可循环利用材料；

3 废弃物应分类回收，并进行再生利用。

13.13.6 施工中应采取下列节地措施：

1 合理布置施工总平面；

2 节约施工用地及临时设施用地，避免或减少二次搬运；

3 组织分段流水施工，进行劳动力平衡，减少临时设施和周转材料数量。

13.13.7 施工中的环境保护应符合下列规定：

1 对施工过程中的环境因素进行分析，制定环境保护措施；

2 现场采取降尘措施；

3 现场采取降噪措施；

4 采用环保建筑材料；

5 采取防光污染措施；

6 现场污水排放应符合相关规定，进出现场车辆应进行清洗；

7 施工现场垃圾应按规定进行分类和排放；

8 油漆、机油等应妥善保存，不得遗洒。

附录A 楼盖结构竖向振动加速度计算

A.0.1 楼盖结构的竖向振动加速度宜采用时程分析方法计算。

A.0.2 人行走引起的楼盖振动峰值加速度可按下列公式近似计算：

$$a_p = \frac{F_p}{\beta w} g \qquad (A.0.2\text{-}1)$$

$$F_p = p_0 e^{-0.35 f_n} \qquad (A.0.2\text{-}2)$$

式中：a_p——楼盖振动峰值加速度(m/s²)；

F_p——接近楼盖结构自振频率时人行走产生的作用力(kN)；

p_0——人们行走产生的作用力(kN)，按表A.0.2采用；

f_n——楼盖结构竖向自振频率(Hz)；

β——楼盖结构阻尼比，按表A.0.2采用；

w——楼盖结构阻抗有效重量(kN)，可按本附录 A.0.3 条计算；

g——重力加速度，取 9.8m/s^2。

表 A.0.2 人行走作用力及楼盖结构阻尼比

人员活动环境	人员行走作用力 p_0 (kN)	结构阻尼比 β
住宅，办公，教堂	0.3	0.02～0.05
商场	0.3	0.02
室内人行天桥	0.42	0.01～0.02
室外人行天桥	0.42	0.01

注：1 表中阻尼比用于钢筋混凝土楼盖结构和钢-混凝土组合楼盖结构；

2 对住宅、办公、教堂建筑，阻尼比 0.02 可用于无家具和非结构构件情况，如无纸化电子办公区、开敞办公区和教堂；阻尼比 0.03 可用于有家具、非结构构件，带少量可拆卸隔断的情况；阻尼比 0.05 可用于含全高填充墙的情况；

3 对室内人行天桥，阻尼比 0.02 可用于天桥带干挂吊顶的情况。

A.0.3 楼盖结构的阻抗有效重量 w 可按下列公式计算：

$$w = \overline{w}BL \qquad \text{(A.0.3-1)}$$

$$B = CL \qquad \text{(A.0.3-2)}$$

式中：$\overline{w}$——楼盖单位面积有效重量(kN/m^2)，取恒载和有效分布活荷载之和。楼层有效分布活荷载：对办公建筑可取 0.55kN/m^2，对住宅可取 0.3kN/m^2；

L——梁跨度(m)；

B——楼盖阻抗有效质量的分布宽度(m)；

C——垂直于梁跨度方向的楼盖受弯连续性影响系数，对边梁取 1，对中间梁取 2。

附录 B 风荷载体型系数

B.0.1 风荷载体型系数应根据建筑物平面形状按下列规定采用：

1 矩形平面

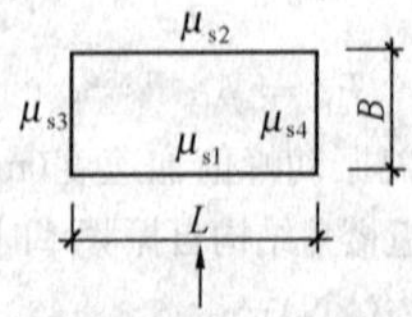

μ_{s1}	μ_{s2}	μ_{s3}	μ_{s4}
0.80	$-\left(0.48+0.03\dfrac{H}{L}\right)$	−0.60	−0.60

注：H 为房屋高度。

2 L 形平面

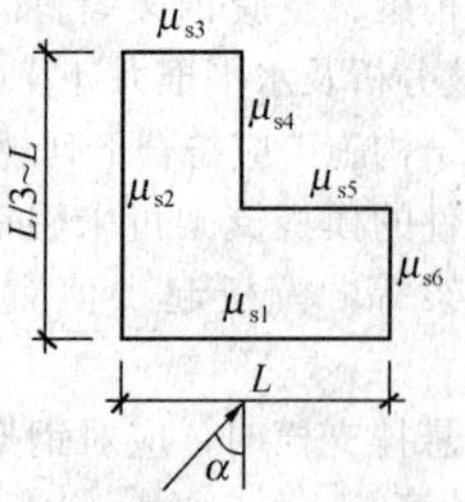

α \ μ_s	μ_{s1}	μ_{s2}	μ_{s3}	μ_{s4}	μ_{s5}	μ_{s6}
0°	0.80	−0.70	−0.60	−0.50	−0.50	−0.60
45°	0.50	0.50	−0.80	−0.70	−0.70	−0.80
225°	−0.60	−0.60	0.30	0.90	0.90	0.30

3 槽形平面

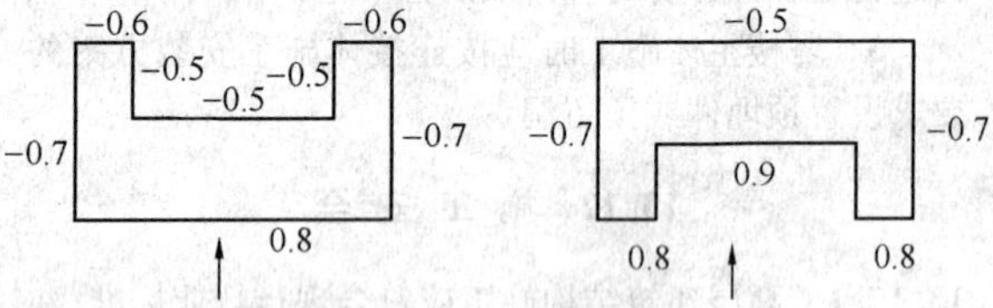

4 正多边形平面、圆形平面

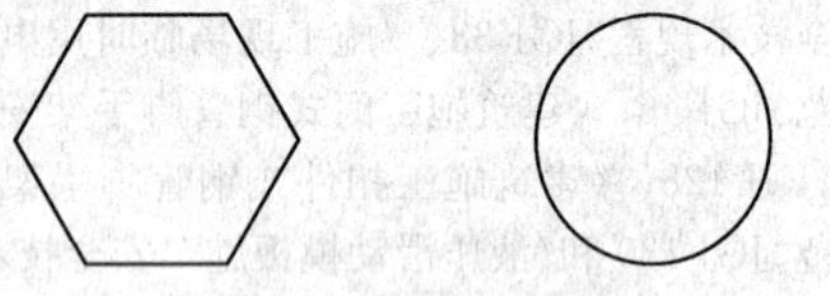

1）$\mu_s = 0.8+\dfrac{1.2}{\sqrt{n}}$（$n$ 为边数）；

2）当圆形高层建筑表面较粗糙时，$\mu_s = 0.8$。

5 扇形平面

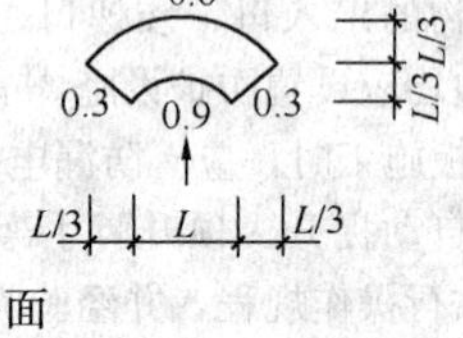

6 梭形平面

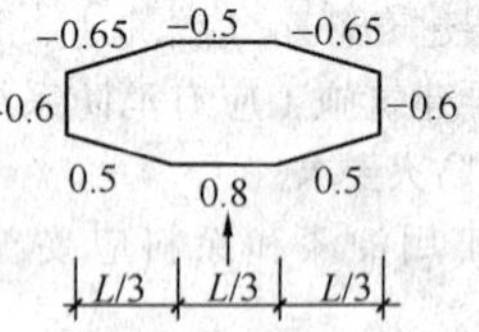

7 十字形平面

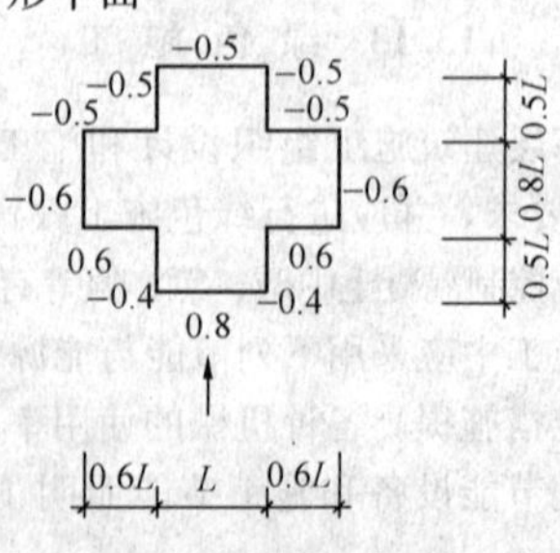

8 井字形平面

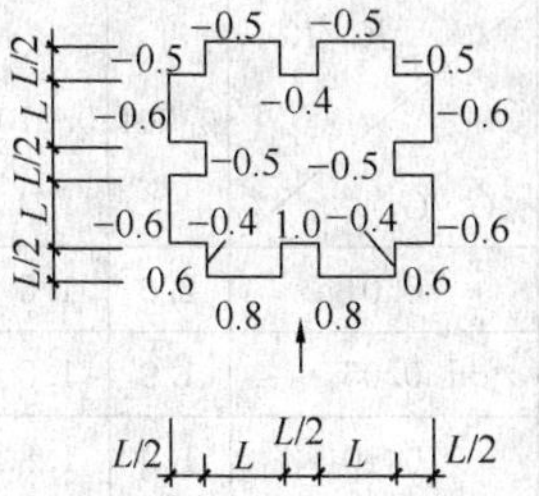

9 X形平面

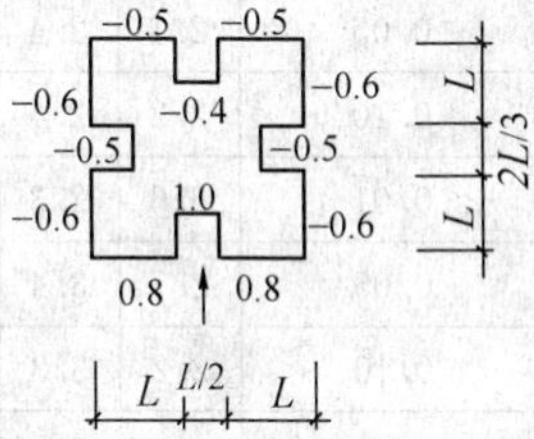

10 廿形平面

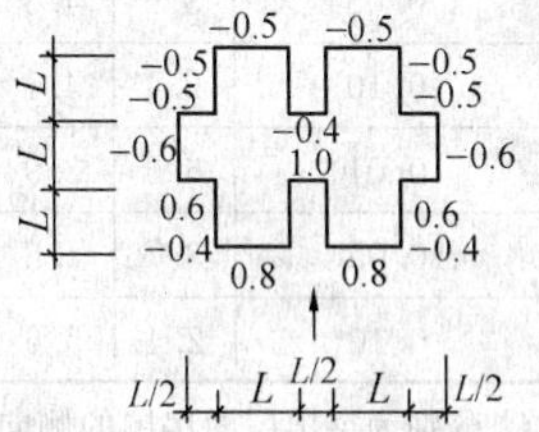

11 六角形平面

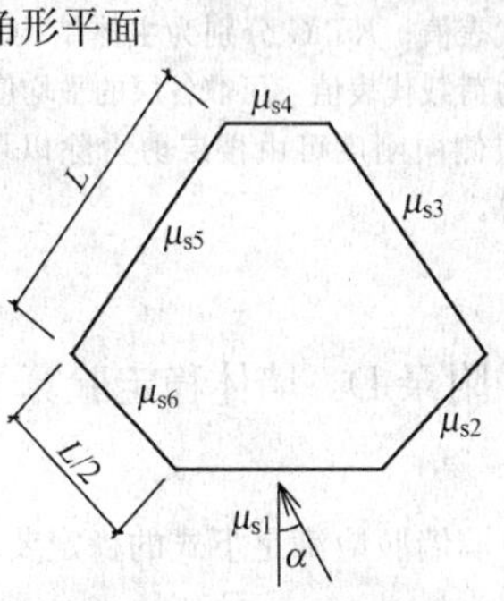

α \ μ_s	μ_{s1}	μ_{s2}	μ_{s3}	μ_{s4}	μ_{s5}	μ_{s6}
0°	0.80	−0.45	−0.50	−0.60	−0.50	−0.45
30°	0.70	0.40	−0.55	−0.50	−0.55	−0.55

12 Y形平面

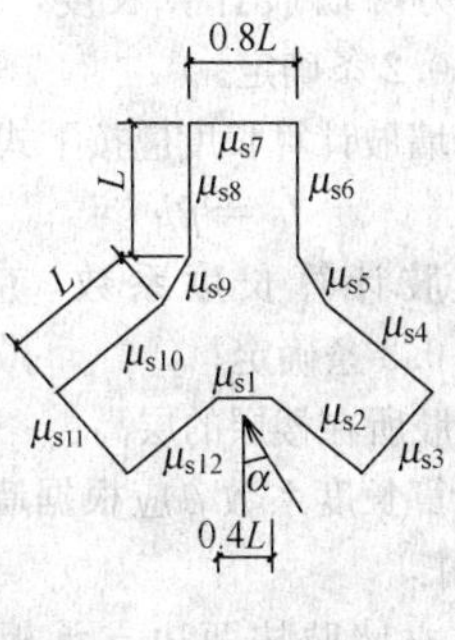

μ_s \ α	0°	10°	20°	30°	40°	50°	60°
μ_{s1}	1.05	1.05	1.00	0.95	0.90	0.50	−0.15
μ_{s2}	1.00	0.95	0.90	0.85	0.80	0.40	−0.10
μ_{s3}	−0.70	−0.10	0.30	0.50	0.70	0.85	0.95
μ_{s4}	−0.50	−0.50	−0.55	−0.60	−0.75	−0.40	−0.10
μ_{s5}	−0.50	−0.55	−0.60	−0.65	−0.75	−0.45	−0.15
μ_{s6}	−0.55	−0.55	−0.60	−0.70	−0.65	−0.15	−0.35
μ_{s7}	−0.50	−0.50	−0.50	−0.55	−0.55	−0.55	−0.55
μ_{s8}	−0.55	−0.55	−0.55	−0.50	−0.50	−0.50	−0.50
μ_{s9}	−0.50	−0.50	−0.50	−0.50	−0.50	−0.50	−0.50
μ_{s10}	−0.50	−0.50	−0.50	−0.50	−0.50	−0.50	−0.50
μ_{s11}	−0.70	−0.60	−0.55	−0.55	−0.55	−0.55	−0.55
μ_{s12}	1.00	0.95	0.90	0.80	0.75	0.65	0.35

附录C 结构水平地震作用计算的底部剪力法

C.0.1 采用底部剪力法计算高层建筑结构的水平地震作用时，各楼层在计算方向可仅考虑一个自由度(图C)，并应符合下列规定：

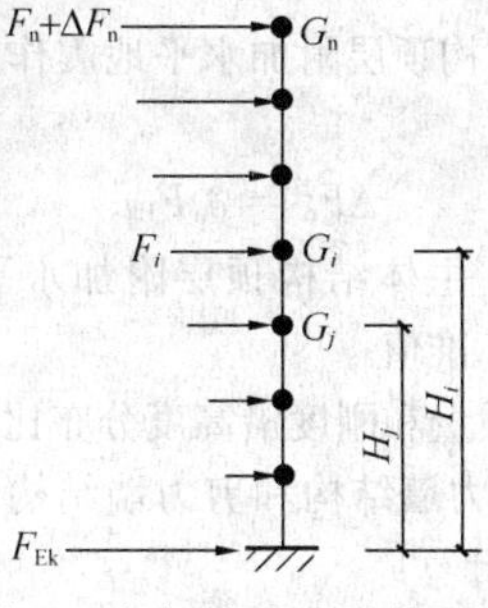

图C 底部剪力法计算示意

1 结构总水平地震作用标准值应按下列公式计算：

$$F_{Ek}=\alpha_1 G_{eq} \tag{C.0.1-1}$$

$$G_{eq}=0.85G_E \tag{C.0.1-2}$$

式中：F_{Ek}——结构总水平地震作用标准值；

α_1——相应于结构基本自振周期 T_1 的水平地震影响系数，应按本规程第4.3.8条确定；结构基本自振周期 T_1 可按本附录C.0.2条近似计算，并应考虑非承重墙体的影响予以折减；

G_{eq}——计算地震作用时，结构等效总重力荷载代表值；

G_E——计算地震作用时，结构总重力荷载代表值，应取各质点重力荷载代表值之和。

2 质点 i 的水平地震作用标准值可按下式计算：

$$F_i = \frac{G_i H_i}{\sum_{j=1}^{n} G_j H_j} F_{Ek}(1-\delta_n) \quad (C.0.1\text{-}3)$$

$$(i = 1,2,\cdots,n)$$

式中：F_i ——质点 i 的水平地震作用标准值；

G_i、G_j ——分别为集中于质点 i、j 的重力荷载代表值，应按本规程第 4.3.6 条的规定确定；

H_i、H_j ——分别为质点 i、j 的计算高度；

δ_n ——顶部附加地震作用系数，可按表 C.0.1 采用。

表 C.0.1　顶部附加地震作用系数 δ_n

T_g (s)	$T_1>1.4T_g$	$T_1\leqslant 1.4T_g$
不大于 0.35	$0.08T_1+0.07$	不考虑
大于 0.35 但不大于 0.55	$0.08T_1+0.01$	
大于 0.55	$0.08T_1-0.02$	

注：1　T_g为场地特征周期；

2　T_1为结构基本自振周期，可按本附录第 C.0.2 条计算，也可采用根据实测数据并考虑地震作用影响的其他方法计算。

3 主体结构顶层附加水平地震作用标准值可按下式计算：

$$\Delta F_n = \delta_n F_{Ek} \quad (C.0.1\text{-}4)$$

式中：ΔF_n ——主体结构顶层附加水平地震作用标准值。

C.0.2 对于质量和刚度沿高度分布比较均匀的框架结构、框架-剪力墙结构和剪力墙结构，其基本自振周期可按下式计算：

$$T_1 = 1.7\Psi_T\sqrt{u_T} \quad (C.0.2)$$

式中：T_1 ——结构基本自振周期(s)；

u_T ——假想的结构顶点水平位移(m)，即假想把集中在各楼层处的重力荷载代表值 G_i 作为该楼层水平荷载，并按本规程第 5.1 节的有关规定计算的结构顶点弹性水平位移；

Ψ_T ——考虑非承重墙刚度对结构自振周期影响的折减系数，可按本规程第 4.3.17 条确定。

C.0.3 高层建筑采用底部剪力法计算水平地震作用时，突出屋面房屋(楼梯间、电梯间、水箱间等)宜作为一个质点参加计算，计算求得的水平地震作用标准值应增大，增大系数 β_n 可按表 C.0.3 采用。增大后的地震作用仅用于突出屋面房屋自身以及与其直接连接的主体结构构件的设计。

表 C.0.3　突出屋面房屋地震作用增大系数 β_n

结构基本自振周期 T_1 (s)	K_n/K \ G_n/G	0.001	0.010	0.050	0.100
0.25	0.01	2.0	1.6	1.5	1.5
	0.05	1.9	1.8	1.6	1.6
	0.10	1.9	1.8	1.6	1.5
0.50	0.01	2.6	1.9	1.7	1.7
	0.05	2.1	2.4	1.8	1.8
	0.10	2.2	2.4	2.0	1.8
0.75	0.01	3.6	2.3	2.2	2.2
	0.05	2.7	3.4	2.5	2.3
	0.10	2.2	3.3	2.5	2.3
1.00	0.01	4.8	2.9	2.7	2.7
	0.05	3.6	4.3	2.9	2.7
	0.10	2.4	4.1	3.2	3.0
1.50	0.01	6.6	3.9	3.5	3.5
	0.05	3.7	5.8	3.8	3.6
	0.10	2.4	5.6	4.2	3.7

注：1　K_n、G_n分别为突出屋面房屋的侧向刚度和重力荷载代表值；K、G 分别为主体结构层侧向刚度和重力荷载代表值，可取各层的平均值；

2　楼层侧向刚度可由楼层剪力除以楼层层间位移计算。

附录 D　墙体稳定验算

D.0.1 剪力墙墙肢应满足下式的稳定要求：

$$q \leqslant \frac{E_c t^3}{10 l_0^2} \quad (D.0.1)$$

式中：q——作用于墙顶组合的等效竖向均布荷载设计值；

E_c——剪力墙混凝土的弹性模量；

t ——剪力墙墙肢截面厚度；

l_0——剪力墙墙肢计算长度，应按本附录第 D.0.2 条确定。

D.0.2 剪力墙墙肢计算长度应按下式计算：

$$l_0 = \beta h \quad (D.0.2)$$

式中：β——墙肢计算长度系数，应按本附录第 D.0.3 条确定；

h——墙肢所在楼层的层高。

D.0.3 墙肢计算长度系数 β 应根据墙肢的支承条件按下列规定采用：

1 单片独立墙肢按两边支承板计算，取 β 等于 1.0。

2　T形、L形、槽形和工字形剪力墙的翼缘（图D），采用三边支承板按式（D.0.3-1）计算；当β计算值小于0.25时，取0.25。

$$\beta=\frac{1}{\sqrt{1+\left(\frac{h}{2b_{\mathrm{f}}}\right)^{2}}} \tag{D.0.3-1}$$

式中：b_{f}——T形、L形、槽形、工字形剪力墙的单侧翼缘截面高度，取图D中各$b_{\mathrm{f}i}$的较大值或最大值。

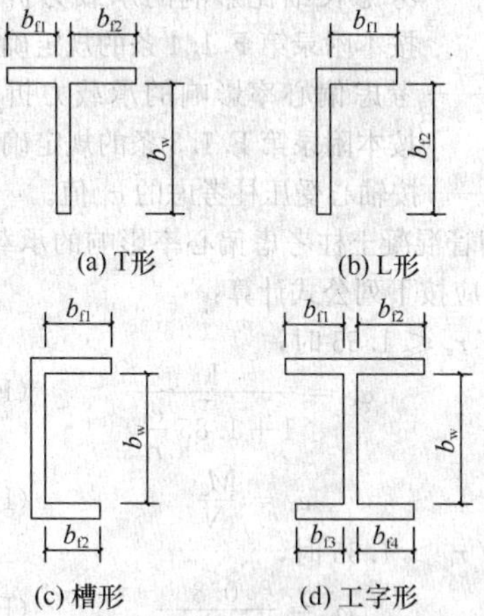

图D　剪力墙腹板与单侧翼缘截面高度示意

3　T形剪力墙的腹板（图D）也按三边支承板计算，但应将公式（D.0.3-1）中的b_{f}代以b_{w}。

4　槽形和工字形剪力墙的腹板（图D），采用四边支承板按式（D.0.3-2）计算；当β计算值小于0.2时，取0.2。

$$\beta=\frac{1}{\sqrt{1+\left(\frac{3h}{2b_{\mathrm{w}}}\right)^{2}}} \tag{D.0.3-2}$$

式中：b_{w}——槽形、工字形剪力墙的腹板截面高度。

D.0.4　当T形、L形、槽形、工字形剪力墙的翼缘截面高度或T形、L形剪力墙的腹板截面高度与翼缘截面厚度之和小于截面厚度的2倍和800mm时，尚宜按下式验算剪力墙的整体稳定：

$$N\leqslant\frac{1.2E_{\mathrm{c}}I}{h^{2}} \tag{D.0.4}$$

式中：N——作用于墙顶组合的竖向荷载设计值；

I——剪力墙整体截面的惯性矩，取两个方向的较小值。

附录E　转换层上、下结构侧向刚度规定

E.0.1　当转换层设置在1、2层时，可近似采用转换层与其相邻上层结构的等效剪切刚度比γ_{e1}表示转换层上、下层结构刚度的变化，γ_{e1}宜接近1，非抗震设计时γ_{e1}不应小于0.4，抗震设计时γ_{e1}不应小于0.5。γ_{e1}可按下列公式计算：

$$\gamma_{\mathrm{e1}}=\frac{G_1A_1}{G_2A_2}\times\frac{h_2}{h_1} \tag{E.0.1-1}$$

$$A_i=A_{\mathrm{w},i}+\sum_{j}C_{i,j}A_{\mathrm{ci},j}\quad(i=1,2) \tag{E.0.1-2}$$

$$C_{i,j}=2.5\left(\frac{h_{\mathrm{ci},j}}{h_i}\right)^{2}\quad(i=1,2) \tag{E.0.1-3}$$

式中：G_1、G_2——分别为转换层和转换层上层的混凝土剪变模量；

A_1、A_2——分别为转换层和转换层上层的折算抗剪截面面积，可按式（E.0.1-2）计算；

$A_{\mathrm{w},i}$——第i层全部剪力墙在计算方向的有效截面面积（不包括翼缘面积）；

$A_{\mathrm{ci},j}$——第i层第j根柱的截面面积；

h_i——第i层的层高；

$h_{\mathrm{ci},j}$——第i层第j根柱沿计算方向的截面高度；

$C_{i,j}$——第i层第j根柱截面面积折算系数，当计算值大于1时取1。

E.0.2　当转换层设置在第2层以上时，按本规程式（3.5.2-1）计算的转换层与其相邻上层的侧向刚度比不应小于0.6。

E.0.3　当转换层设置在第2层以上时，尚宜采用图E所示的计算模型按公式（E.0.3）计算转换层下部结构与上部结构的等效侧向刚度比γ_{e2}。γ_{e2}宜接近1，非抗震设计时γ_{e2}不应小于0.5，抗震设计时γ_{e2}不应小于0.8。

$$\gamma_{\mathrm{e2}}=\frac{\Delta_2H_1}{\Delta_1H_2} \tag{E.0.3}$$

式中：γ_{e2}——转换层下部结构与上部结构的等效侧向刚度比；

H_1——转换层及其下部结构（计算模型1）的高度；

Δ_1——转换层及其下部结构（计算模型1）的顶部在单位水平力作用下的侧向位移；

H_2——转换层上部若干层结构（计算模型2）的高度，其值应等于或接近计算模型1的高度H_1，且不大于H_1；

Δ_2——转换层上部若干层结构（计算模型2）的顶部在单位水平力作用下的侧向位移。

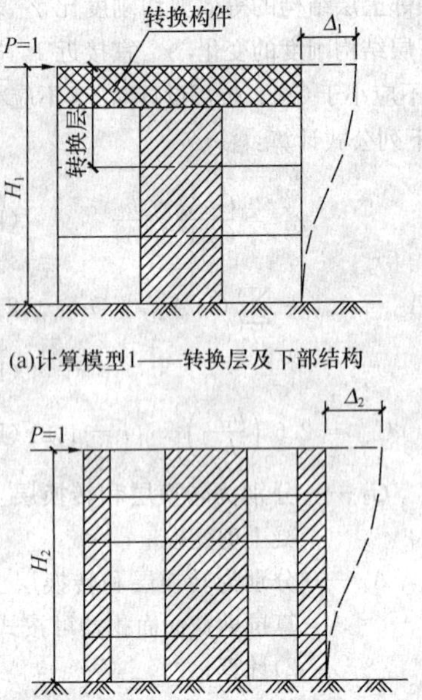

(a)计算模型1——转换层及下部结构

(b)计算模型2——转换层上部结构

图E　转换层上、下等效侧向刚度计算模型

附录F　圆形钢管混凝土构件设计

F.1　构 件 设 计

F.1.1　钢管混凝土单肢柱的轴向受压承载力应满足下列公式规定：

持久、短暂设计状况　$N \leqslant N_u$　(F.1.1-1)

地震设计状况　$N \leqslant N_u / \gamma_{RE}$　(F.1.1-2)

式中：N——轴向压力设计值；

N_u——钢管混凝土单肢柱的轴向受压承载力设计值。

F.1.2　钢管混凝土单肢柱的轴向受压承载力设计值应按下列公式计算：

$$N_u = \varphi_l \varphi_e N_0 \quad (F.1.2\text{-}1)$$

$$N_0 = 0.9 A_c f_c (1 + \alpha\theta) \quad (当 \theta \leqslant [\theta] 时) \quad (F.1.2\text{-}2)$$

$$N_0 = 0.9 A_c f_c (1 + \sqrt{\theta} + \theta) \quad (当 \theta > [\theta] 时) \quad (F.1.2\text{-}3)$$

$$\theta = \frac{A_a f_a}{A_c f_c} \quad (F.1.2\text{-}4)$$

且在任何情况下均应满足下列条件：

$$\varphi_l \varphi_e \leqslant \varphi_0 \quad (F.1.2\text{-}5)$$

表F.1.2　系数α、[θ]取值

混凝土等级	⩽C50	C55～C80
α	2.00	1.80
$[\theta]$	1.00	1.56

式中：N_0——钢管混凝土轴心受压短柱的承载力设计值；

θ——钢管混凝土的套箍指标；

α——与混凝土强度等级有关的系数，按本附录表F.1.2取值；

$[\theta]$——与混凝土强度等级有关的套箍指标界限值，按本附录表F.1.2取值；

A_c——钢管内的核心混凝土横截面面积；

f_c——核心混凝土的抗压强度设计值；

A_a——钢管的横截面面积；

f_a——钢管的抗拉、抗压强度设计值；

φ_l——考虑长细比影响的承载力折减系数，按本附录第F.1.4条的规定确定；

φ_e——考虑偏心率影响的承载力折减系数，按本附录第F.1.3条的规定确定；

φ_0——按轴心受压柱考虑的φ_l值。

F.1.3　钢管混凝土柱考虑偏心率影响的承载力折减系数φ_e，应按下列公式计算：

当$e_0 / r_c \leqslant 1.55$时，

$$\varphi_e = \frac{1}{1 + 1.85 \frac{e_0}{r_c}} \quad (F.1.3\text{-}1)$$

$$e_0 = \frac{M_2}{N} \quad (F.1.3\text{-}2)$$

当$e_0 / r_c > 1.55$时，

$$\varphi_e = \frac{0.3}{\frac{e_0}{r_c} - 0.4} \quad (F.1.3\text{-}3)$$

式中：e_0——柱端轴向压力偏心距之较大者；

r_c——核心混凝土横截面的半径；

M_2——柱端弯矩设计值的较大者；

N——轴向压力设计值。

F.1.4　钢管混凝土柱考虑长细比影响的承载力折减系数φ_l，应按下列公式计算：

当$L_e / D > 4$时：

$$\varphi_l = 1 - 0.115 \sqrt{L_e / D - 4} \quad (F.1.4\text{-}1)$$

当$L_e / D \leqslant 4$时：

$$\varphi_l = 1 \quad (F.1.4\text{-}2)$$

式中：D——钢管的外直径；

L_e——柱的等效计算长度，按本附录F.1.5条和第F.1.6条确定。

F.1.5　柱的等效计算长度应按下列公式计算：

$$L_e = \mu k L \quad (F.1.5)$$

式中：L——柱的实际长度；

μ——考虑柱端约束条件的计算长度系数，根据梁柱刚度的比值，按现行国家标准《钢结构设计规范》GB 50017确定；

k——考虑柱身弯矩分布梯度影响的等效长度系数，按本附录第F.1.6条确定。

F.1.6　钢管混凝土柱考虑柱身弯矩分布梯度影响的等效长度系数k，应按下列公式计算：

1　轴心受压柱和杆件（图F.1.6a）：

$$k = 1 \quad (F.1.6\text{-}1)$$

2　无侧移框架柱（图F.1.6b、c）：

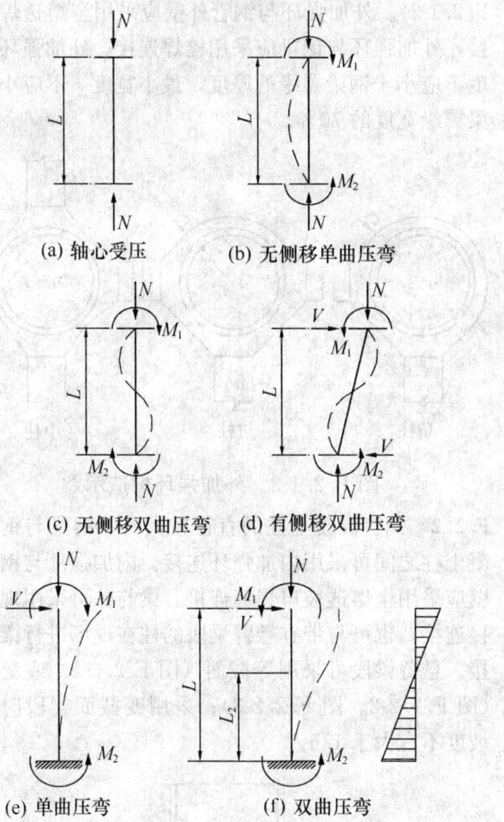

图 F.1.6　框架柱及悬臂柱计算简图

$$k = 0.5 + 0.3\beta + 0.2\beta^2 \quad \text{(F.1.6-2)}$$

3　有侧移框架柱（图 F.1.6d）和悬臂柱（图 F.1.6e、f）：

当 $e_0 / r_c \leqslant 0.8$ 时

$$k = 1 - 0.625\, e_0 / r_c \quad \text{(F.1.6-3)}$$

当 $e_0 / r_c > 0.8$ 时，取 $k = 0.5$。

当自由端有力矩 M_1 作用时，

$$k = (1 + \beta_1)/2 \quad \text{(F.1.6-4)}$$

并将式（F.1.6-3）与式（F.1.6-4）所得 k 值进行比较，取其中之较大值。

式中：β——柱两端弯矩设计值之绝对值较小者 M_1 与绝对值较大者 M_2 的比值，单曲压弯时 β 取正值，双曲压弯时 β 取负值；

β_1——悬臂柱自由端弯矩设计值 M_1 与嵌固端弯矩设计值 M_2 的比值，当 β_1 为负值即双曲压弯时，则按反弯点所分割成的高度为 L_2 的子悬臂柱计算（图 F.1.6f）。

注：1　无侧移框架系指框架中设有支撑架、剪力墙、电梯井等支撑结构，且其抗侧移刚度不小于框架抗侧移刚度的 5 倍者；有侧移框架系指框架中未设上述支撑结构或支撑结构的抗侧移刚度小于框架抗侧移刚度的 5 倍者；

2　嵌固端系指相交于柱的横梁的线刚度与柱的线刚度的比值不小于 4 者，或柱基础的长和宽均不小于柱直径的 4 倍者。

F.1.7　钢管混凝土单肢柱的拉弯承载力应满足下列规定：

$$\frac{N}{N_{ut}} + \frac{M}{M_u} \leqslant 1 \quad \text{(F.1.7-1)}$$

$$N_{ut} = A_a F_a \quad \text{(F.1.7-2)}$$

$$M_u = 0.3 r_c N_0 \quad \text{(F.1.7-3)}$$

式中：N——轴向拉力设计值；

M——柱端弯矩设计值的较大者。

F.1.8　当钢管混凝土单肢柱的剪跨 a（横向集中荷载作用点至支座或节点边缘的距离）小于柱子直径 D 的 2 倍时，柱的横向受剪承载力应符合下式规定：

$$V \leqslant V_u \quad \text{(F.1.8)}$$

式中：V——横向剪力设计值；

V_u——钢管混凝土单肢柱的横向受剪承载力设计值。

F.1.9　钢管混凝土单肢柱的横向受剪承载力设计值应按下列公式计算：

$$V_u = (V_0 + 0.1N')\left(1 - 0.45\sqrt{\frac{a}{D}}\right) \quad \text{(F.1.9-1)}$$

$$V_0 = 0.2 A_c f_c (1 + 3\theta) \quad \text{(F.1.9-2)}$$

式中：V_0——钢管混凝土单肢柱受纯剪时的承载力设计值；

N'——与横向剪力设计值 V 对应的轴向力设计值；

a——剪跨，即横向集中荷载作用点至支座或节点边缘的距离。

F.1.10　钢管混凝土的局部受压应符合下式规定：

$$N_l \leqslant N_{ul} \quad \text{(F.1.10)}$$

式中：N_l——局部作用的轴向压力设计值；

N_{ul}——钢管混凝土柱的局部受压承载力设计值。

F.1.11　钢管混凝土柱在中央部位受压时（图 F.1.11），局部受压承载力设计值应按下式计算：

$$N_{ul} = N_0\sqrt{\frac{A_l}{A_c}} \quad \text{(F.1.11)}$$

式中：N_0——局部受压段的钢管混凝土短柱轴心受压承载力设计值，按本附录第 F.1.2 条公式（F.1.2-2）、(F.1.2-3) 计算；

A_l——局部受压面积；

A_c——钢管内核心混凝土的横截面面积。

F.1.12　钢管混凝土柱在其组合界面附近受压时（图 F.1.12），局部受压承载力设计值应按下列公式计算：

当 $A_l / A_c \geqslant 1/3$ 时：

$$N_{ul} = (N_0 - N')\omega\sqrt{\frac{A_l}{A_c}} \quad \text{(F.1.12-1)}$$

当 $A_l / A_c < 1/3$ 时：

$$N_{ul} = (N_0 - N')\omega\sqrt{3} \cdot \frac{A_l}{A_c} \quad \text{(F.1.12-2)}$$

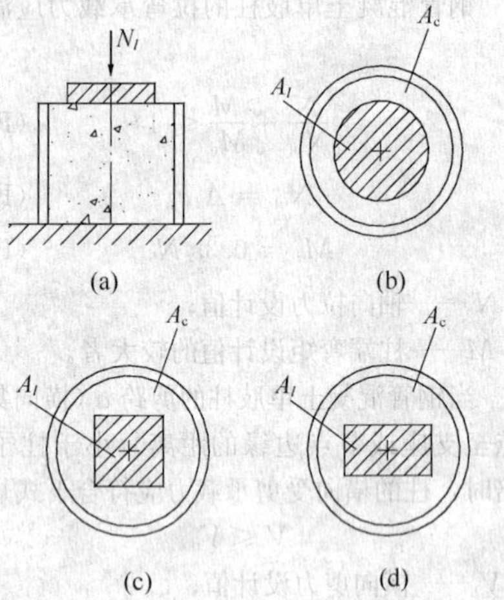

图 F.1.11　中央部位局部受压

式中：N_0 ——局部受压段的钢管混凝土短柱轴心受压承载力设计值，按本附录第 F.1.2 条公式（F.1.2-2）、（F.1.2-3）计算；

N' ——非局部作用的轴向压力设计值；

ω ——考虑局压应力分布状况的系数，当局压应力为均匀分布时取 1.00；当局压应力为非均匀分布（如与钢管内壁焊接的柔性抗剪连接件等）时取 0.75。

当局部受压承载力不足时，可将局压区段的管壁进行加厚。

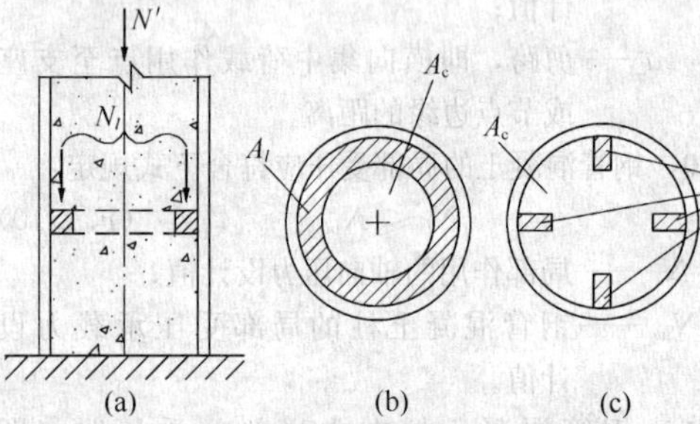

图 F.1.12　组合界面附近局部受压

F.2　连接设计

F.2.1　钢管混凝土柱的直径较小时，钢梁与钢管混凝土柱之间可采用外加强环连接（图 F.2.1-1），外加强环应是环绕钢管混凝土柱的封闭的满环（图 F.2.1-2）。外加强环与钢管外壁应采用全熔透焊缝连接，外加强环与钢梁应采用栓焊连接。外加强环的厚度不应小于钢梁翼缘的厚度，最小宽度 c 不应小于钢梁翼缘宽度的 70%。

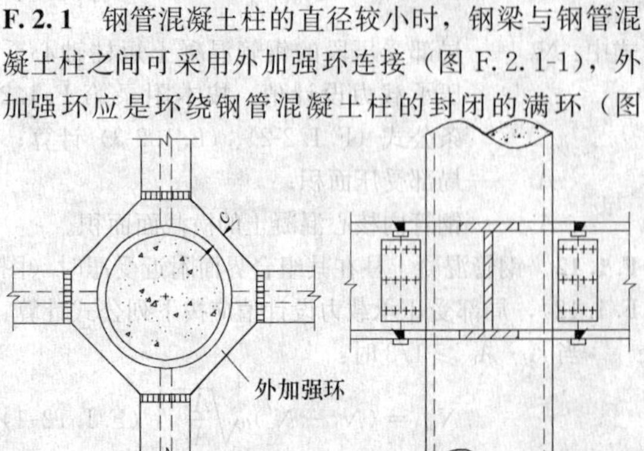

图 F.2.1-1　钢梁与钢管混凝土柱采用外加强环连接构造示意

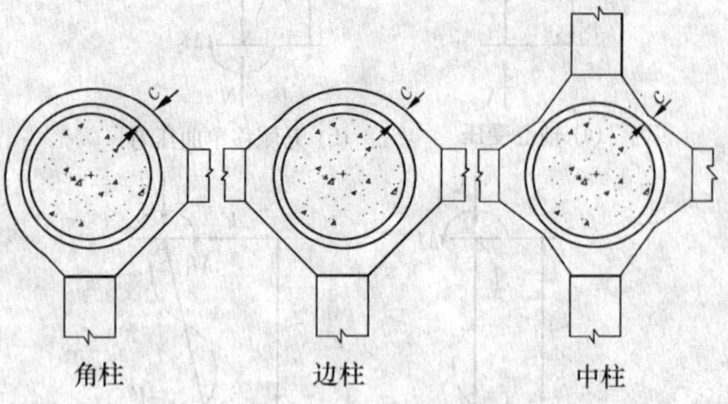

图 F.2.1-2　外加强环构造示意

F.2.2　钢管混凝土柱的直径较大时，钢梁与钢管混凝土柱之间可采用内加强环连接。内加强环与钢管内壁应采用全熔透坡口焊缝连接。梁与柱可采用现场直接连接，也可与带有悬臂梁段的柱在现场进行梁的拼接。悬臂梁段可采用等截面（图 F.2.2-1）或变截面（图 F.2.2-2、图 F.2.2-3）；采用变截面梁段时，其坡度不宜大于 1/6。

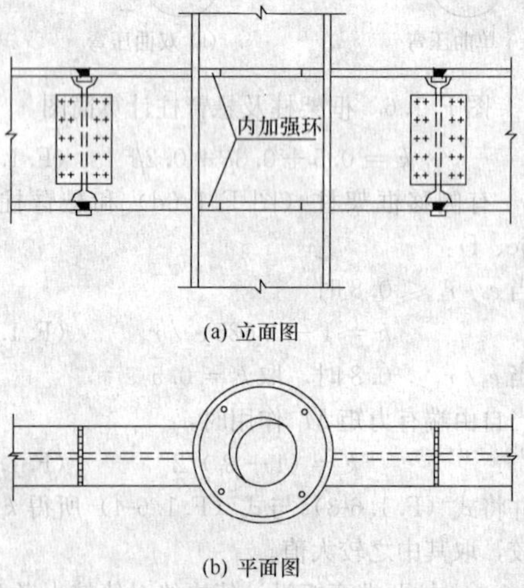

图 F.2.2-1　等截面悬臂钢梁与钢管混凝土柱采用内加强环连接构造示意

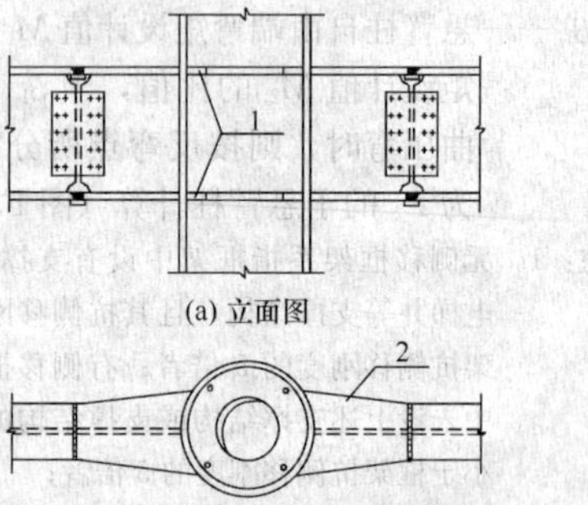

图 F.2.2-2　翼缘加宽的悬臂钢梁与钢管混凝土柱连接构造示意

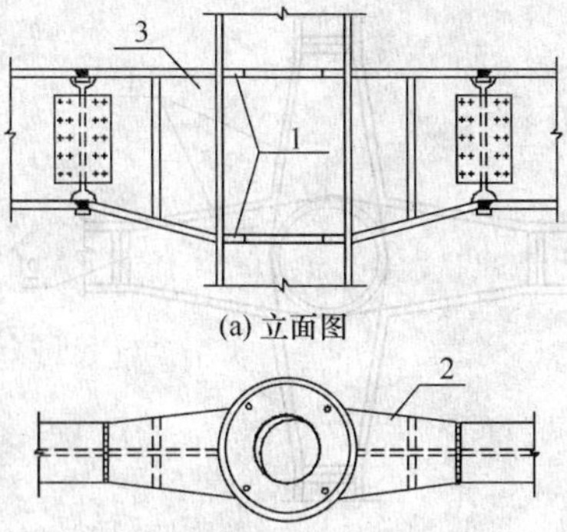

(a) 立面图

(b) 平面图

图 F. 2. 2-3　翼缘加宽、腹板加腋的悬臂钢梁与钢管混凝土柱连接构造示意

1—内加强环；2—翼缘加宽；3—变高度（腹板加腋）悬臂梁段

F. 2. 3　钢筋混凝土梁与钢管混凝土柱的连接构造应同时满足管外剪力传递及弯矩传递的要求。

F. 2. 4　钢筋混凝土梁与钢管混凝土柱连接时，钢管外剪力传递可采用环形牛腿或承重销；钢筋混凝土无梁楼板或井式密肋楼板与钢管混凝土柱连接时，钢管外剪力传递可采用台锥式环形深牛腿。也可采用其他符合计算受力要求的连接方式传递管外剪力。

F. 2. 5　环形牛腿、台锥式环形深牛腿可由呈放射状均匀分布的肋板和上、下加强环组成（图 F. 2. 5）。肋板应与钢管壁外表面及上、下加强环采用角焊缝焊接，上、下加强环可分别与钢管壁外表面采用角焊缝焊接。环形牛腿的上、下加强环以及台锥式深牛腿的下加强环应预留直径不小于 50mm 的排气孔。台锥式环形深牛腿下加强环的直径可由楼板的冲切承载力计算确定。

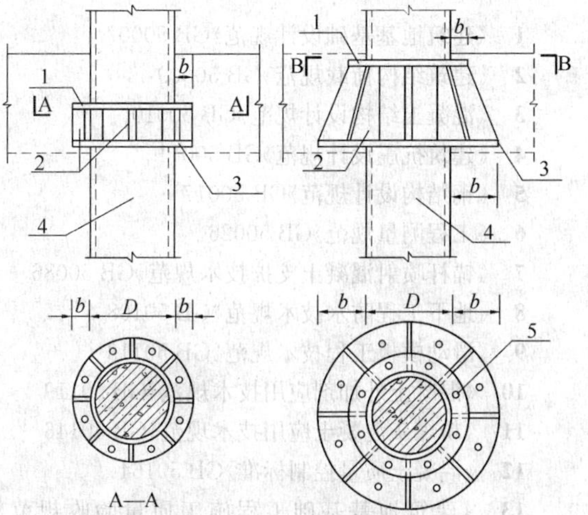

(a) 环形牛腿　　(b) 台锥式深牛腿

图 F. 2. 5　环形牛腿构造示意

1—上加强环；2—腹板或肋板；3—下加强环；4—钢管混凝土柱；5—排气孔

F. 2. 6　钢管混凝土柱的外径不小于 600mm 时，可采用承重销传递剪力。由穿心腹板和上、下翼缘板组成的承重销（图 F. 2. 6），其截面高度宜取框架梁截面高度的 50%，其平面位置应根据框架梁的位置确定。翼缘板在穿过钢管壁不少于 50mm 后可逐渐收窄。钢管与翼缘板之间、钢管与穿心腹板之间应采用全熔透坡口焊缝焊接，穿心腹板与对面的钢管壁之间（图 F. 2. 6a）或与另一方向的穿心腹板之间（图 F. 2. 6b）应采用角焊缝焊接。

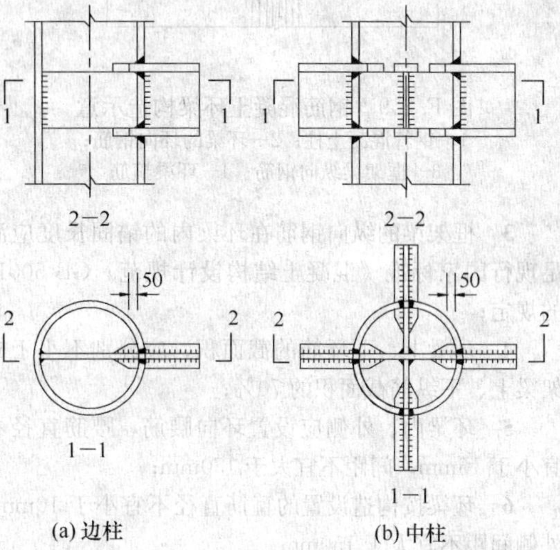

(a) 边柱　　(b) 中柱

图 F. 2. 6　承重销构造示意

F. 2. 7　钢筋混凝土梁与钢管混凝土柱的管外弯矩传递可采用井式双梁、环梁、穿筋单梁和变宽度梁，也可采用其他符合受力分析要求的连接方式。

F. 2. 8　井式双梁的纵向钢筋钢筋可从钢管侧面平行通过，并宜增设斜向构造钢筋（图 F. 2. 8）；井式双梁与钢管之间应浇筑混凝土。

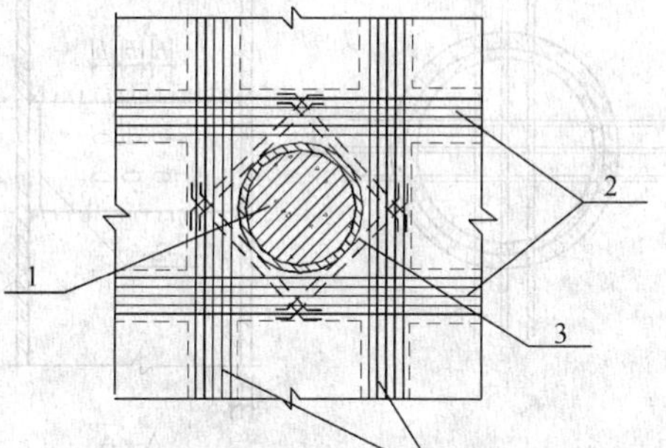

图 F. 2. 8　井式双梁构造示意

1—钢管混凝土柱；2—双梁的纵向钢筋；3—附加斜向钢筋

F. 2. 9　钢筋混凝土环梁（图 F. 2. 9）的配筋应由计算确定。环梁的构造应符合下列规定：

1　环梁截面高度宜比框架梁高 50mm；

2　环梁的截面宽度宜不小于框架梁宽度；

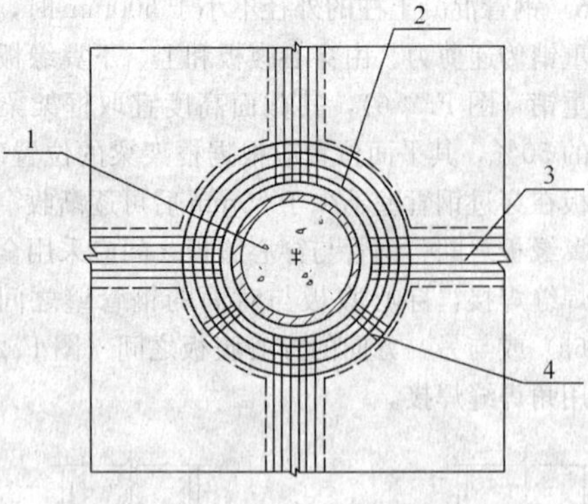

图 F.2.9 钢筋混凝土环梁构造示意

1—钢管混凝土柱；2—环梁的环向钢筋；
3—框架梁纵向钢筋；4—环梁箍筋

3 框架梁的纵向钢筋在环梁内的锚固长度应满足现行国家标准《混凝土结构设计规范》GB 50010 的规定；

4 环梁上、下环筋的截面积，应分别不小于框架梁上、下纵筋截面积的 70%；

5 环梁内、外侧应设置环向腰筋，腰筋直径不宜小于 16mm，间距不宜大于 150mm；

6 环梁按构造设置的箍筋直径不宜小于 10mm，外侧间距不宜大于 150mm。

F.2.10 采用穿筋单梁构造（图 F.2.10）时，在钢管开孔的区段应采用内衬管段或外套管段与钢管壁紧贴焊接，衬（套）管的壁厚不应小于钢管的壁厚，穿筋孔的环向净矩 s 不应小于孔的长径 b，衬（套）管端面至孔边的净距 w 不应小于孔长径 b 的 2.5 倍。宜采用双筋并股穿孔（图 F.2.10）。

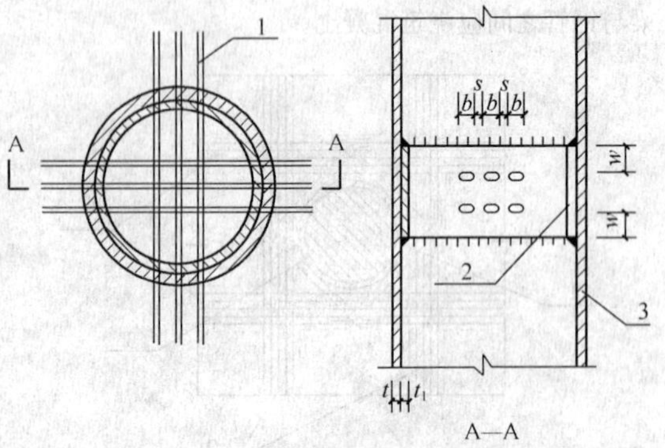

图 F.2.10 穿筋单梁构造示意

1—并股双钢筋；2—内衬加强管段；3—柱钢管

F.2.11 钢管直径较小或梁宽较大时，可采用梁端加宽的变宽度梁传递管外弯矩的构造方式（图 F.2.11）。变宽度梁一个方向的 2 根纵向钢筋可穿过钢管，其余纵向钢筋可连续绕过钢管，绕筋的斜度不应大于 1/6，并应在梁变宽度处设置附加箍筋。

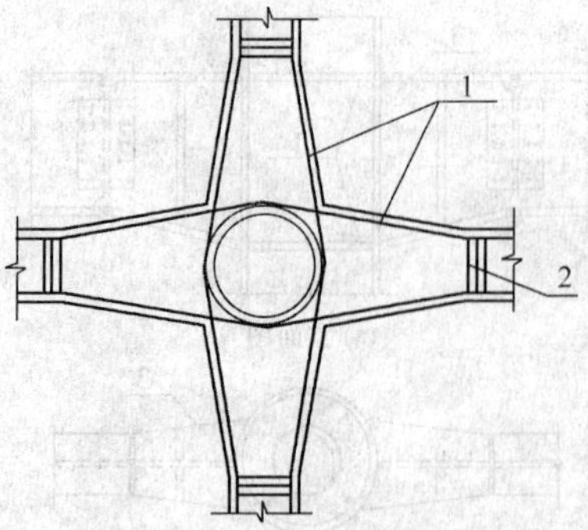

图 F.2.11 变宽度梁构造示意

1—框架梁纵向钢筋；2—框架梁附加箍筋

本规程用词说明

1 为便于在执行本规程条文时区别对待，对于要求严格程度不同的用词说明如下：

1） 表示很严格，非这样做不可的：
正面词采用"必须"，反面词采用"严禁"；

2） 表示严格，在正常情况下均应这样做的：
正面词采用"应"，反面词采用"不应"或"不得"；

3） 表示允许稍有选择，在条件许可时首先应这样做的：
正面词采用"宜"，反面词采用"不宜"；

4） 表示有选择，在一定条件下可以这样做的，采用"可"。

2 条文中指明应按其他标准执行的写法为："应符合……的规定"或"应按……执行"。

引用标准名录

1 《建筑地基基础设计规范》GB 50007

2 《建筑结构荷载规范》GB 50009

3 《混凝土结构设计规范》GB 50010

4 《建筑抗震设计规范》GB 50011

5 《钢结构设计规范》GB 50017

6 《工程测量规范》GB 50026

7 《锚杆喷射混凝土支护技术规范》GB 50086

8 《地下工程防水技术规范》GB 50108

9 《滑动模板工程技术规范》GB 50113

10 《混凝土外加剂应用技术规范》GB 50119

11 《粉煤灰混凝土应用技术现范》GB 50146

12 《混凝土质量控制标准》GB 50164

13 《建筑地基基础工程施工质量验收规范》GB 50202

14 《混凝土结构工程施工质量验收规范》GB 50204

15 《钢结构工程施工质量验收规范》GB 50205

16 《组合钢模板技术规范》GB 50214
17 《建筑工程抗震设防分类标准》GB 50223
18 《大体积混凝土施工规范》GB 50496
19 《建筑基坑工程监测技术规范》GB 50497
20 《塔式起重机安全规程》GB 5144
21 《起重机械安全规程》GB 6067
22 《施工升降机安全规程》GB 10055
23 《塔式起重机》GB/T 5031
24 《施工升降机标准》GB/T 10054
25 《混凝土泵》GB/T 13333
26 《预应力筋用锚具、夹具和连接器》GB/T 14370
27 《预拌混凝土》GB/T 14902
28 《混凝土强度检验评定标准》GB/T 50107
29 《高层建筑箱形与筏形基础技术规范》JGJ 6
30 《建筑变形测量规程》JGJ 8
31 《钢筋焊接及验收规程》JGJ 18
32 《钢筋焊接接头试验方法》JGJ 27
33 《建筑机械使用安全技术规程》JGJ 33
34 《施工现场临时用电安全技术规范》JGJ 46
35 《建筑施工安全检查标准》JGJ 59
36 《液压滑动模板施工安全技术规程》JGJ 65
37 《建筑施工高处作业安全技术规范》JGJ 80
38 《无粘结预应力混凝土结构技术规程》JGJ 92
39 《建筑桩基技术规范》JGJ 94
40 《冷轧带肋钢筋混凝土结构技术规程》JGJ 95
41 《钢框胶合板模板技术规程》JGJ 96
42 《高层民用建筑钢结构技术规程》JGJ 99
43 《玻璃幕墙工程技术规范》JGJ 102
44 《建筑工程冬期施工规程》JGJ 104
45 《钢筋机械连接技术规程》JGJ 107
46 《钢筋焊接网混凝土结构技术规程》JGJ 114
47 《建筑基坑支护技术规程》JGJ 120
48 《建筑施工门式钢管脚手架安全技术规范》JGJ 128
49 《建筑施工扣件式钢管脚手架安全技术规范》JGJ 130
50 《金属与石材幕墙工程技术规范》JGJ 133
51 《型钢混凝土组合结构技术规程》JGJ 138
52 《施工现场机械设备检查技术规程》JGJ 160
53 《建筑施工模板安全技术规范》JGJ 162
54 《建筑施工碗扣式钢管脚手架安全技术规范》JGJ 166
55 《清水混凝土应用技术规程》JGJ 169
56 《建筑施工土石方工程安全技术规范》JGJ 180
57 《混凝土泵送施工技术规程》JGJ/T 10
58 《钢绞线、钢丝束无粘结预应力筋》JG 3006

中华人民共和国行业标准

高层建筑混凝土结构技术规程

JGJ 3—2010

条 文 说 明

修 订 说 明

《高层建筑混凝土结构技术规程》JGJ 3－2010，经住房和城乡建设部2010年10月21日以第788号公告批准、发布。

本规程是在《高层建筑混凝土结构技术规程》JGJ 3－2002的基础上修订而成。上一版的主编单位是中国建筑科学研究院，参编单位是北京市建筑设计研究院、华东建筑设计研究院有限公司、广东省建筑设计研究院、深圳大学建筑设计研究院、上海市建筑科学研究院、清华大学、北京建工集团有限责任公司，主要起草人员是徐培福、黄小坤、容柏生、程懋堃、汪大绥、胡绍隆、傅学怡、赵西安、方鄂华、郝锐坤、胡世德、李国胜、周建龙、王明贵。

本次修订的主要技术内容是：1. 扩大了适用范围；2. 修改、补充了混凝土、钢筋、钢材材料要求；3. 调整补充了房屋适用的最大高度；4. 调整了房屋适用的最大高宽比；5. 修改了楼层刚度变化的计算方法和限制条件；6. 增加了质量沿竖向分布不均匀结构和不宜采用同一楼层同时为薄弱层、软弱层的竖向不规则结构规定，竖向不规则结构的薄弱层、软弱层的地震剪力增大系数由1.15调整为1.25；7. 明确结构侧向位移限制条件是针对风荷载或地震作用标准值下的计算结果；8. 增加了风振舒适度计算时结构阻尼比取值及楼盖竖向振动舒适度要求；9. 增加了结构抗震性能设计基本方法及结构抗连续倒塌设计基本要求；10. 风荷载比较敏感的高层建筑承载力设计时风荷载按基本风压的1.1倍采用，扩大了考虑竖向地震作用的计算范围和设计要求；11. 增加了房屋高度大于150m结构的弹塑性变形验算要求以及结构弹塑性计算分析、多塔楼结构分塔楼模型计算要求；12. 正常使用极限状态的效应组合不作为强制性要求，增加了考虑结构设计使用年限的荷载调整系数，补充了竖向地震作为主导可变作用的组合工况；13. 修改了框架"强柱弱梁"及柱"强剪弱弯"的规定，增加三级框架节点的抗震受剪承载力验算要求并取消了节点抗震受剪承载力验算的附录，加大了柱截面基本构造尺寸要求，对框架结构及四级抗震等级柱轴压比提出更高要求，适当提高了柱最小配筋率要求，增加梁端、柱端加密区箍筋间距可以适当放松的规定；14. 修改了剪力墙截面厚度、短肢剪力墙、剪力墙边缘构件的设计要求，增加了剪力墙洞口连梁正截面最小配筋率和最大配筋率要求，剪力墙分布钢筋直径、间距以及连梁的配筋设计不作为强制性条文；15. 修改了框架-剪力墙结构中框架承担倾覆力矩较多和较少时的设计规定；16. 提高了框架-核心筒结构核心筒底部加强部位分布钢筋最小配筋率，增加了内筒偏置及框架-双筒结构的设计要求，补充了框架承担地震剪力不宜过低的要求以及对框架和核心筒的内力调整、构造设计要求；17. 修改、补充了带转换层结构、错层结构、连体结构的设计规定，增加了竖向收进结构、悬挑结构的设计要求；18. 混合结构增加了筒中筒结构，调整了最大适用高度及抗震等级规定，钢框架-核心筒结构核心筒的最小配筋率比普通剪力墙适当提高，补充了钢管混凝土柱及钢板混凝土剪力墙的设计规定；19. 补充了地下室设计的有关规定；20. 增加了高层建筑施工中垂直运输、脚手架及模板支架、大体积混凝土、混合结构及复杂混凝土结构施工的有关规定。

本规程修订过程中，编制组调查总结了国内外高层建筑混凝土结构有关研究成果和工程实践经验，开展了框架结构刚度比、钢板剪力墙、混合结构、连体结构、带转换层结构等专题研究，参考了国外有关先进技术标准，在全国范围内广泛地征求了意见，并对反馈意见进行了汇总和处理。

为便于设计、科研、教学、施工等单位的有关人员在使用本规程时能正确理解和执行条文规定，《高层建筑混凝土结构技术规程》编制组按照章、节、条顺序编写了本规程的条文说明，对条文规定的目的、依据以及执行中需要注意的有关事项进行了解释和说明。但是，本条文说明不具备与规程正文同等的法律效力，仅供使用者作为理解和把握条文规定的参考。

目　次

1 总　　则

1.0.1 20世纪90年代以来，我国混凝土结构高层建筑迅速发展，钢筋混凝土结构体系积累了很多工程经验和科研成果，钢和混凝土的混合结构体系也积累了不少工程经验和研究成果。从2002版规程开始，除对钢筋混凝土高层建筑结构的条款进行补充修订外，又增加了钢和混凝土混合结构设计规定，并将规程名称《钢筋混凝土高层建筑结构设计与施工规程》JGJ 3-91更改为《高层建筑混凝土结构技术规程》JGJ 3-2002(以下简称02规程)。

1.0.2 02规程适用于10层及10层以上或房屋高度超过28m的高层民用建筑结构。本次修订将适用范围修改为10层及10层以上或房屋高度超过28m的住宅建筑，以及房屋高度大于24m的其他高层民用建筑结构，主要是为了与我国现行有关标准协调。现行国家标准《民用建筑设计通则》GB 50352规定：10层及10层以上的住宅建筑和建筑高度大于24m的其他民用建筑(不含单层公共建筑)为高层建筑；《高层民用建筑设计防火规范》GB 50045(2005年版)规定10层及10层以上的居住建筑和建筑高度超过24m的公共建筑为高层建筑。本规程修订后的适用范围与上述标准基本协调。针对建筑结构专业的特点，对本条的适用范围补充说明如下：

1 有的住宅建筑的层高较大或底部布置层高较大的商场等公共服务设施，其层数虽然不到10层，但房屋高度已超过28m，这些住宅建筑仍应按本规程进行结构设计。

2 高度大于24m的其他高层民用建筑结构是指办公楼、酒店、综合楼、商场、会议中心、博物馆等高层民用建筑，这些建筑中有的层数虽然不到10层，但层高比较高，建筑内部的空间比较大，变化也多，为适应结构设计的需要，有必要将这类高度大于24m的结构纳入到本规程的适用范围。至于高度大于24m的体育场馆、航站楼、大型火车站等大跨度空间结构，其结构设计应符合国家现行有关标准的规定，本规程的有关规定仅供参考。

本条还规定，本规程不适用于建造在危险地段及发震断裂最小避让距离之内的高层建筑。大量地震震害及其他自然灾害表明，在危险地段及发震断裂最小避让距离之内建造房屋和构筑物较难幸免灾祸；我国也没有在危险地段和发震断裂的最小避让距离内建造高层建筑的工程实践经验和相应的研究成果，本规程也没有专门条款。发震断裂的最小避让距离应符合现行国家标准《建筑抗震设计规范》GB 50011的有关规定。

1.0.3 02规程第1.0.3条关于抗震设防烈度的规定，本次修订移至第3.1节。

本条是新增内容，提出了对有特殊要求的高层建筑混凝土结构可采用抗震性能设计方法进行分析和论证，具体的抗震性能设计方法见本规程第3.11节。

近几年，结构抗震性能设计已在我国"超限高层建筑工程"抗震设计中比较广泛地采用，积累了不少经验。国际上，日本从1981年起已将基于性能的抗震设计原理用于高度超过60m的高层建筑。美国从20世纪90年代陆续提出了一些有关抗震性能设计的文件(如ATC40、FEMA356、ASCE41等)，近几年由洛杉矶市和旧金山市的重要机构发布了新建高层建筑(高度超过160英尺、约49m)采用抗震性能设计的指导性文件："洛杉矶地区高层建筑抗震分析和设计的另一种方法"洛杉矶高层建筑结构设计委员会(LATBSDC)2008年；"使用非规范传统方法的新建高层建筑抗震设计和审查的指导准则"北加利福尼亚结构工程师协会(SEAONC)2007年4月为旧金山市建议的行政管理公报。2008年美国"国际高层建筑及都市环境委员会(CTBUH)"发表了有关高层建筑(高度超过50m)抗震性能设计的建议。

高层建筑采用抗震性能设计已是一种趋势。正确应用性能设计方法将有利于判断高层建筑结构的抗震性能，有针对性地加强结构的关键部位和薄弱部位，为发展安全、适用、经济的结构方案提供创造性的空间。本条规定仅针对有特殊要求且难以按本规程规定的常规设计方法进行抗震设计的高层建筑结构，提出可采用抗震性能设计方法进行分析和论证。条文中提出的房屋高度、规则性、结构类型或抗震设防标准等有特殊要求的高层建筑混凝土结构包括："超限高层建筑结构"，其划分标准参见原建设部发布的《超限高层建筑工程抗震设防专项审查技术要点》；有些工程虽不属于"超限高层建筑结构"，但由于其结构类型或有些部位结构布置的复杂性，难以直接按本规程的常规方法进行设计；还有一些位于高烈度区(8度、9度)的甲、乙类设防标准的工程或处于抗震不利地段的工程，出现难以确定抗震等级或难以直接按本规程常规方法进行设计的情况。为适应上述工程抗震设计的需要，本规程提出了抗震性能设计的基本方法。

1.0.4 02规程第1.0.4条本次修订移至第3.1节，本条为02规程第1.0.5条，作了部分文字修改。

注重高层建筑的概念设计，保证结构的整体性，是国内外历次大地震及风灾的重要经验总结。概念设计及结构整体性能是决定高层建筑结构抗震、抗风性能的重要因素，若结构严重不规则、整体性差，则按目前的结构设计及计算技术水平，较难保证结构的抗震、抗风性能，尤其是抗震性能。

1.0.5 本条是02规程第1.0.6条。

2　术语和符号

本章是根据标准编制要求增加的内容。

“高层建筑”大多根据不同的需要和目的而定义，国际、国内的定义不尽相同。国际上诸多国家和地区对高层建筑的界定多在10层以上；我国不同标准中有不同的定义。本规程主要是从结构设计的角度考虑，并与国家有关标准基本协调。

本规程中的“剪力墙(shear wall)”，在现行国家标准《建筑抗震设计规范》GB 50011中称抗震墙，在现行国家标准《建筑结构设计术语和符号标准》GB/T 50083中称结构墙(structural wall)。“剪力墙”既用于抗震结构也用于非抗震结构，这一术语在国外应用已久，在现行国家标准《混凝土结构设计规范》GB 50010中和国内建筑工程界也一直应用。

“筒体结构”尚包括框筒结构、束筒结构等，本规程第9章和第11章主要涉及框架-核心筒结构和筒中筒结构。

“转换层”是指设置转换结构构件的楼层，包括水平结构构件及竖向结构构件，“带转换层高层建筑结构”属于复杂结构，部分框支剪力墙结构是其一种常见形式。在部分框支剪力墙结构中，转换梁通常称为“框支梁”，支撑转换梁的柱通常称为“框支柱”。

“连体结构”的连接体一般在房屋的中部或顶部，连接体结构与塔楼结构可采用刚性连接或滑动连接方式。

“多塔楼结构”是在裙楼或大底盘上有两个或两个以上塔楼的结构，是体型收进结构的一种常见例子。一般情况下，在地下室连为整体的多塔楼结构可不作为本规程第10.6节规定的复杂结构，但地下室顶板设计宜符合本规程10.6节多塔楼结构设计的有关规定。

“混合结构”包括内容较多，本规程主要涉及高层建筑中常用的钢和混凝土混合结构，包括钢框架(框筒)、型钢混凝土框架(框筒)、钢管混凝土框架(框筒)与钢筋混凝土筒体所组成的共同承受竖向和水平作用的框架-核心筒结构和筒中筒结构，后者是本次修订增加的内容。

3　结构设计基本规定

3.1　一 般 规 定

3.1.1　本条是02规程的第1.0.3条。抗震设防烈度是按国家规定权限批准作为一个地区抗震设防依据的地震烈度，一般情况下取50年内超越概率为10%的地震烈度，我国目前分为6、7、8、9度，与设计基本地震加速度一一对应，见表1。

表1　抗震设防烈度和设计基本地震加速度值的对应关系

抗震设防烈度	6	7	8	9
设计基本地震加速度值	0.05g	0.10 (0.15)g	0.20 (0.30)g	0.40g

注：g为重力加速度。

3.1.2　本条是02规程第1.0.4条的修改。建筑工程的抗震设防分类，是根据建筑遭遇地震破坏后，可能造成人员伤亡、直接和间接经济损失、社会影响程度以及建筑在抗震救灾中的作用等因素，对各类建筑所作的抗震设防类别划分，具体分为特殊设防类、重点设防类、标准设防类、适度设防类，分别简称甲类、乙类、丙类和丁类。建筑抗震设防分类的划分应符合现行国家标准《建筑工程抗震设防分类标准》GB 50223的规定。

3.1.3　高层建筑结构应根据房屋高度和高宽比、抗震设防类别、抗震设防烈度、场地类别、结构材料和施工技术条件等因素考虑其适宜的结构体系。

目前，国内大量的高层建筑结构采用四种常见的结构体系：框架、剪力墙、框架-剪力墙和筒体，因此本规程分章对这四种结构体系的设计作了比较详细的规定，以适应量大面广的工程设计需要。

框架结构中不包括板柱结构（无剪力墙或筒体），因为这类结构侧向刚度和抗震性能较差，目前研究工作不充分、工程实践经验不多，暂未列入规程；此外，由L形、T形、Z形或十字形截面（截面厚度一般为180mm～300mm）构成的异形柱框架结构，目前已有行业标准《混凝土异形柱结构技术规程》JGJ 149，本规程也不需列入。

剪力墙结构包括部分框支剪力墙结构（有部分框支柱及转换结构构件）、具有较多短肢剪力墙且带有筒体或一般剪力墙的剪力墙结构。

板柱-剪力墙结构的板柱指无内部纵梁和横梁的无梁楼盖结构。由于在板柱框架体系中加入了剪力墙或筒体，主要由剪力墙构件承受侧向力，侧向刚度也有很大的提高。这种结构目前在国内外高层建筑中有较多的应用，但其适用高度宜低于框架-剪力墙结构。有震害表明，板柱结构的板柱节点破坏较严重，包括板的冲切破坏或柱端破坏。

筒体结构在20世纪80年代后在我国已广泛应用于高层办公建筑和高层旅馆建筑。由于其刚度较大、有较高承载能力，因而在层数较多时有较大优势。多年来，我国已经积累了许多工程经验和科研成果，在本规程中作了较详细的规定。

一些较新颖的结构体系（如巨型框架结构、巨型桁架结构、悬挂结构等），目前工程较少、经验还不多，宜针对具体工程研究其设计方法，待积累较多经验后再上升为规程的内容。

3.1.4、3.1.5 这两条强调了高层建筑结构概念设计原则，宜采用规则的结构，不应采用严重不规则的结构。

规则结构一般指：体型（平面和立面）规则，结构平面布置均匀、对称并具有较好的抗扭刚度；结构竖向布置均匀，结构的刚度、承载力和质量分布均匀、无突变。

实际工程设计中，要使结构方案规则往往比较困难，有时会出现平面或竖向布置不规则的情况。本规程第3.4.3～3.4.7条和第3.5.2～3.5.6条分别对结构平面布置及竖向布置的不规则性提出了限制条件。若结构方案中仅有个别项目超过了条款中规定的"不宜"的限制条件，此结构属不规则结构，但仍可按本规程有关规定进行计算和采取相应的构造措施；若结构方案中有多项超过了条款中规定的"不宜"的限制条件或某一项超过"不宜"的限制条件较多，此结构属特别不规则结构，应尽量避免；若结构方案中有多项超过了条款中规定的"不宜"的限制条件，而且超过较多，或者有一项超过了条款中规定的"不应"的限制条件，则此结构属严重不规则结构，这种结构方案不应采用，必须对结构方案进行调整。

无论采用何种结构体系，结构的平面和竖向布置都应使结构具有合理的刚度、质量和承载力分布，避免因局部突变和扭转效应而形成薄弱部位；对可能出现的薄弱部位，在设计中应采取有效措施，增强其抗震能力；结构宜具有多道防线，避免因部分结构或构件的破坏而导致整个结构丧失承受水平风荷载、地震作用和重力荷载的能力。

3.1.6 本条由02规程第4.9.3、4.9.5条合并修改而成。非荷载效应一般指温度变化、混凝土收缩和徐变、支座沉降等对结构或结构构件产生的影响。在较高的钢筋混凝土高层建筑结构设计中应考虑非荷载效应的不利影响。

高度较高的高层建筑的温度应力比较明显。幕墙包覆主体结构而使主体结构免受外界温度变化的影响，有效地减少了主体结构温度应力的不利影响。幕墙是外墙的一种结构形式，由于面板材料的不同，建筑幕墙可以分为玻璃幕墙、铝板或钢板幕墙、石材幕墙和混凝土幕墙。实际工程中可采用多种材料构成的混合幕墙。

3.1.7 本条由02规程第4.9.4、4.9.5、6.1.4条相关内容合并、修改而成。高层建筑层数较多，减轻填充墙的自重是减轻结构总重量的有效措施；而且轻质隔墙容易实现与主体结构的连接构造，减轻或防止随主体结构发生破坏。除传统的加气混凝土制品、空心砌块外，室内隔墙还可以采用玻璃、铝板、不锈钢板等轻质复合墙板材料。非承重墙体无论与主体结构采用刚性连接还是柔性连接，都应按非结构构件进行抗震设计，自身应具有相应的承载力、稳定及变形要求。

为避免主体结构变形时室内填充墙、门窗等非结构构件损坏，较高建筑或侧向变形较大的建筑中的非结构构件应采取有效的连接措施来适应主体结构的变形。例如，外墙门窗采用柔性密封胶条或耐候密封胶嵌缝；室内隔墙选用金属板或玻璃隔墙、柔性密封胶填缝等，可以很好地适应主体结构的变形。

3.2 材　料

3.2.1 本条是在02规程第3.9.1条基础上修改完成的。当房屋高度大、层数多、柱距大时，由于单柱轴向力很大，受轴压比限制而使柱截面过大，不仅加大自重和材料消耗，而且妨碍建筑功能、浪费有效面积。减小柱截面尺寸通常有采用型钢混凝土柱、钢管混凝土柱、高强度混凝土这三条途径。

采用高强度混凝土可以减小柱截面面积。C60混凝土已广泛采用，取得了良好的效益。

采用高强钢筋可有效减少配筋量，提高结构的安全度。目前我国已经可以大量生产满足结构抗震性能要求的400MPa、500MPa级热轧带肋钢筋和300MPa级热轧光圆钢筋。400MPa、500MPa级热轧带肋钢筋的强度设计值比335MPa级钢筋分别提高20%和45%；300MPa级热轧光圆钢筋的强度设计值比235MPa级钢筋提高28.5%，节材效果十分明显。

型钢混凝土柱截面含型钢一般为5%～8%，可使柱截面面积减小30%左右。由于型钢骨架要求钢结构的制作、安装能力，因此目前较多用在高层建筑的下层部位柱、转换层以下的框支柱等；在较高的高层建筑中也有全部采用型钢混凝土梁、柱的实例。

钢管混凝土可使柱混凝土处于有效侧向约束下，形成三向应力状态，因而延性和承载力提高较多。钢管混凝土柱如用高强混凝土浇筑，可以使柱截面减小至原截面面积的50%左右。钢管混凝土柱与钢筋混凝土梁的节点构造十分重要，也比较复杂。钢管混凝土柱设计及构造可按本规程第11章的有关规定执行。

3.2.2 本条针对高层混凝土结构的特点，提出了不同结构部位、不同结构构件的混凝土强度等级最低要求及抗震上限限值。某些结构局部特殊部位混凝土强度等级的要求，在本规程相关条文中作了补充规定。

3.2.3 本条对高层混凝土结构的受力钢筋性能提出了具体要求。

3.2.4、3.2.5 提出了钢-混凝土混合结构中钢材的选用及性能要求。

3.3 房屋适用高度和高宽比

3.3.1 A级高度钢筋混凝土高层建筑指符合表3.3.1-1最大适用高度的建筑，也是目前数量最多，应用最广泛的建筑。当框架-剪力墙、剪力墙及筒体结构的高度超出表3.3.1-1的最大适用高度时，列入B级高度高层建筑，但其房屋高度不应超过表3.3.1-2规定的最大适用高度，并应遵守本规程规定的更严格的计算和构造措施。为保证B级高度高层建筑的设计质量，抗震设计的B级高度的高层建筑，按有关规定应进行超限高层建筑的抗震设防专项审查复核。

对于房屋高度超过A级高度高层建筑最大适用高度的框架结构、板柱-剪力墙结构以及9度抗震设计的各类结构，因研究成果和工程经验尚显不足，在B级高度高层建筑中未予列入。

具有较多短肢剪力墙的剪力墙结构的抗震性能有待进一步研究和工程实践检验，本规程第7.1.8条规定其最大适用高度比普通剪力墙结构适当降低，7度时不应超过100m，8度（0.2g）时不应超过80m、8度（0.3g）时不应超过60m；B级高度高层建筑及9度时A级高度高层建筑不应采用这种结构。

房屋高度超过表3.3.1-2规定的特殊工程，则应通过专门的审查、论证，补充更严格的计算分析，必要时进行相应的结构试验研究，采取专门的加强构造措施。抗震设计的超限高层建筑，可以按本规程第3.11节的规定进行结构抗震性能设计。

框架-核心筒结构中，除周边框架外，内部带有部分仅承受竖向荷载的柱与无梁楼板时，不属于本条所列的板柱-剪力墙结构。本规程最大适用高度表中，框架-剪力墙结构的高度均低于框架-核心筒结构的高度，其主要原因是，框架-核心筒结构的核心筒相对于框架-剪力墙结构的剪力墙较强，核心筒成为主要抗侧力构件，结构设计上也有更严格的要求。

本次修订，增加了8度（0.3g）抗震设防结构最大适用高度的要求；A级高度高层建筑中，除6度外的框架结构最大适用高度适当降低，板柱-剪力墙结构最大适用高度适当增加；取消了在Ⅳ类场地上房屋适用的最大高度应适当降低的规定；平面和竖向均不规则的结构，其适用的最大高度适当降低的用词，由“应”改为“宜”。

对于部分框支剪力墙结构，本条表中规定的最大适用高度已经考虑框支层的不规则性而比全落地剪力墙结构降低，故对于“竖向和平面均不规则”，可指框支层以上的结构同时存在竖向和平面不规则的情况；仅有个别墙体不落地，只要框支部分的设计安全合理，其适用的最大高度可按一般剪力墙结构确定。

3.3.2 高层建筑的高宽比，是对结构刚度、整体稳定、承载能力和经济合理性的宏观控制；在结构设计满足本规程规定的承载力、稳定、抗倾覆、变形和舒适度等基本要求后，仅从结构安全角度讲高宽比限值不是必须满足的，主要影响结构设计的经济性。因此，本次修订不再区分A级高度和B级高度高层建筑的最大高宽比限值，而统一为表3.3.2，大体上保持了02规程的规定。从目前大多数高层建筑看，这一限值是各方面都可以接受的，也是比较经济合理的。高宽比超过这一限制的是极个别的，例如上海金茂大厦（88层，420m）为7.6，深圳地王大厦（81层，320m）为8.8。

在复杂体型的高层建筑中，如何计算高宽比是比较难以确定的问题。一般情况下，可按所考虑方向的最小宽度计算高宽比，但对突出建筑物平面很小的局部结构（如楼梯间、电梯间等），一般不应包含在计算宽度内；对于不宜采用最小宽度计算高宽比的情况，应由设计人员根据实际情况确定合理的计算方法；对带有裙房的高层建筑，当裙房的面积和刚度相对于其上部塔楼的面积和刚度较大时，计算高宽比的房屋高度和宽度可按裙房以上塔楼结构考虑。

3.4 结构平面布置

3.4.1 结构平面布置应力求简单、规则，避免刚度、质量和承载力分布不均匀，是抗震概念设计的基本要求。结构规则性解释参见本规程第3.1.4、3.1.5条。

3.4.2 高层建筑承受较大的风力。在沿海地区，风力成为高层建筑的控制性荷载，采用风压较小的平面形状有利于抗风设计。

对抗风有利的平面形状是简单规则的凸平面，如圆形、正多边形、椭圆形、鼓形等平面。对抗风不利的平面是有较多凹凸的复杂形状平面，如V形、Y形、H形、弧形等平面。

3.4.3 平面过于狭长的建筑物在地震时由于两端地震波输入有位相差而容易产生不规则振动，产生较大的震害，表3.4.3给出了L/B的最大限值。在实际工程中，L/B在6、7度抗震设计时最好不超过4；在8、9度抗震设计时最好不超过3。

平面有较长的外伸时，外伸段容易产生局部振动而引发凹角处应力集中和破坏，外伸部分l/b的限值在表3.4.3中已列出，但在实际工程设计中最好控制l/b不大于1。

角部重叠和细腰形的平面图形（图1），在中央部位形成狭窄部分，在地震中容易产生震害，尤其在凹角部位，因为应力集中容易使楼板开裂、破坏，不宜采用。如采用，这些部位应采取加大楼板厚度、增加板内配筋、设置集中配筋的边梁、配置45°斜向钢筋等方法予以加强。

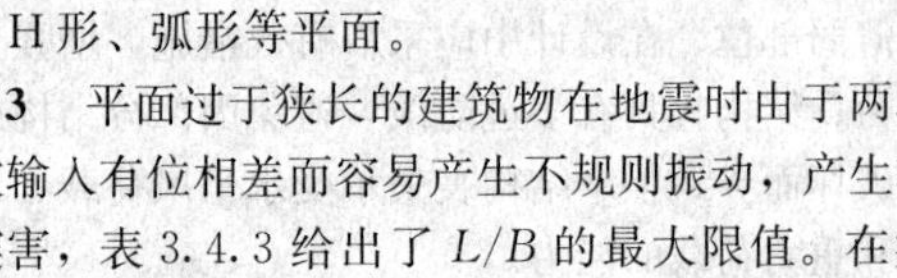

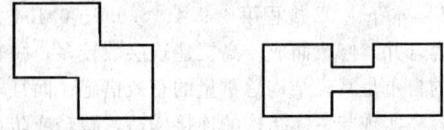

图1 角部重叠和细腰形平面示意

需要说明的是，表3.4.3中，三项尺寸的比例关系是独立的规定，一般不具有关联性。

3.4.4 本规程对B级高度钢筋混凝土结构及混合结构的最大适用高度已有所放松，与此相应，对其结构的规则性要求应该更加严格；本规程第10章所指的复杂高层建筑结构，其竖向布置已不规则，对这些结构的平面布置的规则性应提出更高要求。

3.4.5 本条规定主要是限制结构的扭转效应。国内、外历次大地震震害表明，平面不规则、质量与刚度偏心和抗扭刚度太弱的结构，在地震中遭受到严重的破坏。国内一些振动台模型试验结果也表明，过大的扭转效应会导致结构的严重破坏。

对结构的扭转效应主要从两个方面加以限制：

1 限制结构平面布置的不规则性，避免产生过大的偏心而导致结构产生较大的扭转效应。本条对A级高度高层建筑、B级高度高层建筑、混合结构及本规程第10章所指的复杂高层建筑，分别规定了扭转变形的下限和上限，并规定扭转变形的计算应考虑偶然偏心的影响（见本规程第4.3.3条）。B级高度高层建筑、混合结构及本规程第10章所指的复杂高层建筑的上限值1.4比现行国家标准《建筑抗震设计规范》GB 50011的规定更加严格，但与国外有关标准（如美国规范IBC、UBC，欧洲规范Eurocode-8）的规定相同。

扭转位移比计算时，楼层的位移可取“规定水平地震力”计算，由此得到的位移比与楼层扭转效应之间存在明确的相关性。“规定水平地震力”一般可采用振型组合后的楼层地震剪力换算的水平作用力，并考虑偶然偏心。水平作用力的换算原则：每一楼面处的水平作用力取该楼面上、下两个楼层的地震剪力差的绝对值；连体下一层各塔楼的水平作用力，可由总水平作用力按该层各塔楼的地震剪力大小进行分配计算。结构楼层位移和层间位移控制值验算时，仍采用CQC的效应组合。

当计算的楼层最大层间位移角不大于本楼层层间位移角限值的40%时，该楼层的扭转位移比的上限可适当放松，但不应大于1.6。扭转位移比为1.6时，该楼层的扭转变形已很大，相当于一端位移为1，另一端位移为4。

2 限制结构的抗扭刚度不能太弱。关键是限制结构扭转为主的第一自振周期 T_t 与平动为主的第一自振周期 T_1 之比。当两者接近时，由于振动耦联的影响，结构的扭转效应明显增大。若周期比 T_t/T_1 小于0.5，则相对扭转振动效应 $\theta r/u$ 一般较小（θ、r 分别为扭转角和结构的回转半径，θr 表示由于扭转产生的离质心距离为回转半径处的位移，u 为质心位移），即使结构的刚度偏心很大，偏心距 e 达到 $0.7r$，其相对扭转变形 $\theta r/u$ 值亦仅为0.2。而当周期比 T_t/T_1 大于0.85以后，相对扭振效应 $\theta r/u$ 值急剧增加。即使刚度偏心很小，偏心距 e 仅为 $0.1r$，当周期比 T_t/T_1 等于0.85时，相对扭转变形 $\theta r/u$ 值可达0.25；当周期比 T_t/T_1 接近1时，相对扭转变形 $\theta r/u$ 值可达0.5。由此可见，抗震设计中应采取措施减小周期比 T_t/T_1 值，使结构具有必要的抗扭刚度。如周期比 T_t/T_1 不满足本条规定的上限值时，应调整抗侧力结构的布置，增大结构的抗扭刚度。

扭转耦联振动的主振型，可通过计算振型方向因子来判断。在两个平动和一个扭转方向因子中，当扭转方向因子大于0.5时，则该振型可认为是扭转为主的振型。高层结构沿两个正交方向各有一个平动为主的第一振型周期，本条规定的 T_1 是指刚度较弱方向的平动为主的第一振型周期，对刚度较强方向的平动为主的第一振型周期与扭转为主的第一振型周期 T_t 的比值，本条未规定限值，主要考虑对抗扭刚度的控制不致过于严格。有的工程如两个方向的第一振型周期与 T_t 的比值均能满足限值要求，其抗扭刚度更为理想。周期比计算时，可直接计算结构的固有自振特征，不必附加偶然偏心。

高层建筑结构当偏心率较小时，结构扭转位移比一般能满足本条规定的限值，但其周期比有的会超过限值，必须使位移比和周期比都满足限值，使结构具有必要的抗扭刚度，保证结构的扭转效应较小。当结构的偏心率较大时，如结构扭转位移比能满足本条规定的上限值，则周期比一般都能满足限值。

3.4.6 目前在工程设计中应用的多数计算分析方法和计算机软件，大多假定楼板在平面内不变形，平面内刚度为无限大，这对于大多数工程来说是可以接受的。但当楼板平面比较狭长、有较大的凹入和开洞而使楼板有较大削弱时，楼板可能产生显著的面内变形，这时宜采用考虑楼板变形影响的计算方法，并应采取相应的加强措施。

楼板有较大凹入或开有大面积洞口后，被凹口或洞口划分开的各部分之间的连接较为薄弱，在地震中容易相对振动而使削弱部位产生震害，因此对凹入或洞口的大小加以限制。设计中应同时满足本条规定的各项要求。以图2所示平面为例，L_2 不宜小于 $0.5L_1$，a_1 与 a_2 之和不宜小于 $0.5L_2$ 且不宜小于5m，a_1 和 a_2 均不应小于2m，开洞面积不宜大于楼面面积的30%。

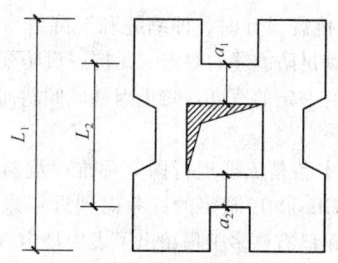

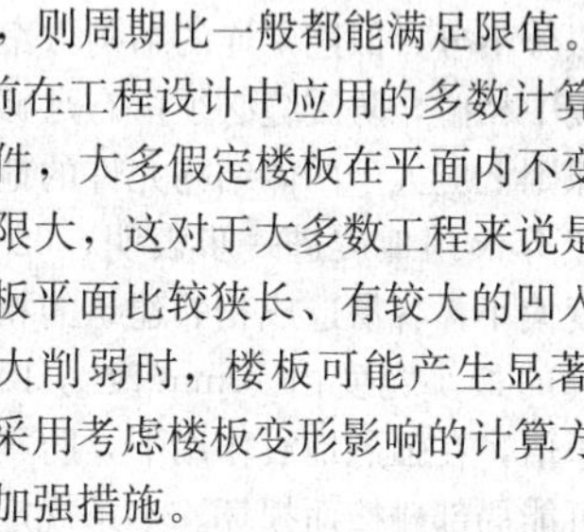

图2 楼板净宽度要求示意

3.4.7 高层住宅建筑常采用艹字形、井字形平面以利于通风采光，而将楼电梯间集中配置于中央部位。楼电梯间无楼板而使楼面产生较大削弱，此时应将楼电梯间周边的剩余楼板加厚，并加强配筋。外伸部分形成的凹槽可加拉梁或拉板，拉梁宜宽扁放置并加强配筋，拉梁和拉板宜每层均匀设置。

3.4.9 在地震作用时，由于结构开裂、局部损坏和进入弹塑性变形，其水平位移比弹性状态下增大很多。因此，伸缩缝和沉降缝的两侧很容易发生碰撞。1976年唐山地震中，调查了35幢高层建筑的震害，除新北京饭店（缝净宽600mm）外，许多高层建筑都是有缝必碰，轻的装修、女儿墙碰碎，面砖剥落，重的顶层结构损坏，天津友谊宾馆（8层框架）缝净宽达150mm也发生严重碰撞而致顶层结构破坏；2008年汶川地震中也有数多类似震害实例。另外，设缝后，常带来建筑、结构及设备设计上的许多困难，基础防水也不容易处理。近年来，国内较多的高层建筑结构，从设计和施工等方面采取了有效措施后，不设或少设缝，从实践上看来是成功的、可行的。抗震设计时，如果结构平面或竖向布置不规则且不能调整时，则宜设置防震缝将其划分为较简单的几个结构单元。

3.4.10 抗震设计时，建筑物各部分之间的关系应明确：如分开，则彻底分开；如相连，则连接牢固。不宜采用似分不分、似连不连的结构方案。为防止建筑物在地震中相碰，防震缝必须留有足够宽度。防震缝净宽度原则上应大于两侧结构允许的地震水平位移之和。2008年汶川地震进一步表明，02规程规定的防震缝宽度偏小，容易造成相邻建筑的相互碰撞，因此将防震缝的最小宽度由70mm改为100mm。本条规定是最小值，在强烈地震作用下，防震缝两侧的相邻结构仍可能局部碰撞而损坏。本条规定的防震缝宽度要求与现行国家标准《建筑抗震设计规范》GB 50011是一致的。

天津友谊宾馆主楼（8层框架）与单层餐厅采用了餐厅层屋面梁支承在主框架牛腿上加以钢筋焊接，在唐山地震中由于振动不同步，牛腿拉断、压碎，产生严重震害，证明这种连接方式对抗震是不利的；必须采用时，应针对具体情况，采取有效措施避免地震时破坏。

3.4.11 抗震设计时，伸缩缝和沉降缝应留有足够的宽度，满足防震缝的要求。无抗震设防要求时，沉降缝也应有一定的宽度，防止因基础倾斜而顶部相碰的可能性。

3.4.12 本条是依据现行国家标准《混凝土结构设计规范》GB 50010制定的。考虑到近年来高层建筑伸缩缝间距已有许多工程超出了表中规定（如北京昆仑饭店为剪力墙结构，总长114m；北京京伦饭店为剪力墙结构，总长138m），所以规定在有充分依据或有可靠措施时，可以适当加大伸缩缝间距。当然，一般情况下，无专门措施时则不宜超过表中规定的数值。

如屋面无保温、隔热措施，或室内结构在露天中长期放置，在温度变化和混凝土收缩的共同影响下，结构容易开裂；工程中采用收缩性较大的混凝土（如矿渣水泥混凝土等），则收缩应力较大，结构也容易产生开裂。因此这些情况下伸缩缝的间距均应比表中数值适当减小。

3.4.13 提高配筋率可以减小温度和收缩裂缝的宽度，并使其分布较均匀，避免出现明显的集中裂缝；在普通外墙设置外保温层是减少主体结构受温度变化影响的有效措施。

施工后浇带的作用在于减少混凝土的收缩应力，并不直接减少使用阶段的温度应力。所以通过后浇带的板、墙钢筋宜断开搭接，以便两部分的混凝土各自自由收缩；梁主筋断开问题较多，可不断开。后浇带应从受力影响小的部位通过（如梁、板1/3跨度处，连梁跨中等部位），不必在同一截面上，可曲折而行，只要将建筑物分开为两段即可。混凝土收缩需要相当长时间才能完成，一般在45d后收缩大约可以完成60%，能更有效地限制收缩裂缝。

3.5 结构竖向布置

3.5.1 历次地震震害表明：结构刚度沿竖向突变、外形外挑或内收等，都会产生某些楼层的变形过分集中，出现严重震害甚至倒塌。所以设计中应力求使结构刚度自下而上逐渐均匀减小，体形均匀、不突变。1995年阪神地震中，大阪和神户市不少建筑产生中部楼层严重破坏的现象，其中一个原因就是结构侧向刚度在中部楼层产生突变。有些是柱截面尺寸和混凝土强度在中部楼层突然减小，有些是由于使用要求使剪力墙在中部楼层突然取消，这些都引发了楼层刚度的突变而产生严重震害。柔弱底层建筑物的严重破坏在国内外的大地震中更是普遍存在。

结构竖向布置规则性说明可参阅本规程第3.1.4、3.1.5条。

3.5.2 正常设计的高层建筑下部楼层侧向刚度宜大于上部楼层的侧向刚度，否则变形会集中于刚度小的下部楼层而形成结构软弱层，所以应对下层与相邻上层的侧向刚度比值进行限制。

本次修订，对楼层侧向刚度变化的控制方法进行了修改。中国建筑科学研究院的振动台试验研究表明，规定框架结构楼层与上部相邻楼层的侧向刚度比γ_1不宜小于0.7，与上部相邻三层侧向刚度平均值的比值不宜小于0.8是合理的。

对框架-剪力墙结构、板柱-剪力墙结构、剪力墙结构、框架-核心筒结构、筒中筒结构，楼面体系对侧向刚度贡献较小，当层高变化时刚度变化不明显，可按本条式（3.5.2-2）定义的楼层侧向刚度比作为判定侧向刚度变化的依据，但控制指标也应做相应的改变，一般情况按不小于 0.9 控制；层高变化较大时，对刚度变化提出更高的要求，按 1.1 控制；底部嵌固楼层层间位移角结果较小，因此对底部嵌固楼层与上一层侧向刚度变化作了更严格的规定，按 1.5 控制。

3.5.3 楼层抗侧力结构的承载能力突变将导致薄弱层破坏，本规程针对高层建筑结构提出了限制条件，B 级高度高层建筑的限制条件比现行国家标准《建筑抗震设计规范》GB 50011 的要求更加严格。

柱的受剪承载力可根据柱两端实配的受弯承载力按两端同时屈服的假定失效模式反算；剪力墙可根据实配钢筋按抗剪设计公式反算；斜撑的受剪承载力可计及轴力的贡献，应考虑受压屈服的影响。

3.5.4 抗震设计时，若结构竖向抗侧力构件上、下不连续，则对结构抗震不利，属于竖向不规则结构。在南斯拉夫斯可比耶地震（1964 年）、罗马尼亚布加勒斯特地震（1977 年）中，底层全部为柱子、上层为剪力墙的结构大都严重破坏，因此在地震区不应采用这种结构。部分竖向抗侧力构件不连续，也易使结构形成薄弱部位，也有不少震害实例，抗震设计时应采取有效措施。本规程所述底部带转换层的大空间结构就属于竖向不规则结构，应按本规程第 10 章的有关规定进行设计。

3.5.5 1995 年日本阪神地震、2010 年智利地震震害以及中国建筑科学研究院的试验研究表明，当结构上部楼层相对于下部楼层收进时，收进的部位越高、收进后的平面尺寸越小，结构的高振型反应越明显，因此对收进后的平面尺寸加以限制。当上部结构楼层相对于下部楼层外挑时，结构的扭转效应和竖向地震作用效应明显，对抗震不利，因此对其外挑尺寸加以限制，设计上应考虑竖向地震作用影响。

本条所说的悬挑结构，一般指悬挑结构中有竖向结构构件的情况。

3.5.6 本条为新增条文，规定了高层建筑中质量沿竖向分布不规则的限制条件，与美国有关规范的规定一致。

3.5.7 本条为新增条文。如果高层建筑结构同一楼层的刚度和承载力变化均不规则，该层极有可能同时是软弱层和薄弱层，对抗震十分不利，因此应尽量避免，不宜采用。

3.5.8 本条是 02 规程第 5.1.14 条修改而成。刚度变化不符合本规程第 3.5.2 条要求的楼层，一般称作软弱层；承载力变化不符合本规程第 3.5.3 条要求的楼层，一般可称作薄弱层。为了方便，本规程把软弱层、薄弱层以及竖向抗侧力构件不连续的楼层统称为结构薄弱层。结构薄弱层在地震作用标准值作用下的剪力应适当增大，增大系数由 02 规程的 1.15 调整为 1.25，适当提高安全度要求。

3.5.9 顶层取消部分墙、柱而形成空旷房间时，其楼层侧向刚度和承载力可能比其下部楼层相差较多，是不利于抗震的结构，应进行更详细的计算分析，并采取有效的构造措施。如采用弹性或弹塑性时程分析方法进行补充计算、柱子箍筋全长加密配置、大跨度屋面构件要考虑竖向地震产生的不利影响等。

3.6 楼盖结构

3.6.1 在目前高层建筑结构计算中，一般都假定楼板在自身平面内的刚度无限大，在水平荷载作用下楼盖只有刚性位移而不变形。所以在构造设计上，要使楼盖具有较大的平面内刚度。再者，楼板的刚性可保证建筑物的空间整体性能和水平力的有效传递。房屋高度超过 50m 的高层建筑采用现浇楼盖比较可靠。

框架-剪力墙结构由于框架和剪力墙侧向刚度相差较大，因而楼板变形更为显著；主要抗侧力结构剪力墙的间距较大，水平荷载要通过楼面传递，因此框架-剪力墙结构中的楼板应有更良好的整体性。

3.6.2 本条是由 02 规程是第 4.5.3、4.5.4 条合并修改而成，进一步强调高层建筑楼盖系统的整体性要求。当抗震设防烈度为 8、9 度时，宜采用现浇楼板，以保证地震力的可靠传递。房屋高度小于 50m 且为非抗震设计和 6、7 度抗震设计时，可以采用加现浇钢筋混凝土面层的装配整体式楼板，并应满足相应的构造要求，以保证其整体工作。

唐山地震（1976 年）和汶川地震（2008 年）震害调查表明：提高装配式楼面的整体性，可以减少在地震中预制楼板坠落伤人的震害。加强填缝构造和现浇叠合层混凝土是增强装配式楼板整体性的有效措施。为保证板缝混凝土的浇筑质量，板缝宽度不应过小。在较宽的板缝中放入钢筋，形成板缝梁，能有效地形成现浇与装配结合的整体楼面，效果显著。

针对目前钢筋混凝土剪力墙结构中采用预制楼板的情况很少，本次修订取消了有关预制板与现浇剪力墙连接的构造要求；预制板在梁上的搁置长度由 02 规程的 35mm 增加到 50mm，以进一步保证安全。

3.6.3 重要的、受力复杂的楼板，应比一般层楼板有更高的要求。屋面板、转换层楼板、大底盘多塔楼结构的底盘屋面板、开口过大的楼板以及作为房屋嵌固部位的地下室楼板应采用现浇板，以增强其整体性。顶层楼板应加厚并采用现浇，以抵抗温度应力的不利影响，并可使建筑物顶部约束加强，提高抗风、抗震能力。转换层楼盖上面是剪力墙或较密的框架柱，下部转换为部分框架、部分落地剪力墙，转换层上部抗侧力构件的剪力要通过转换层楼板进行重分配，传递到落地墙和框支柱上去，因而楼板承受较大的内力，因此要用现浇楼板并采取加强措施。一般楼层的现浇楼板厚度在 100mm～140mm 范围内，不应小于 80mm，楼板太薄不仅容易因上部钢筋位置变动而开裂，同时也不便于敷设各类管线。

3.6.4 采用预应力平板可以有效减小楼面结构高度，压缩层高并减轻结构自重；大跨度平板可以增加使用面积，容易适应楼面用途改变。预应力平板近年来在高层建筑楼面结构中应用比较广泛。

为了确定板的厚度，必须考虑挠度、受冲切承载力、防火及钢筋防腐蚀要求等。在初步设计阶段，为控制挠度通常可按跨高比得出板的最小厚度。但仅满足挠度限值的后张预应力板可能相当薄，对柱支承的双向板若不设柱帽或托板，板在柱端可能受冲切承载力不够。因此，在设计中应验算所选板厚是否有足够的抗冲切能力。

3.6.5 楼板是与梁、柱和剪力墙等主要抗侧力结构连接在一起的，如果不采取措施，则施加楼板预应力时，不仅压缩了楼板，而且大部分预应力将加到主体结构上去，楼板得不到充分的压缩应力，而又对梁柱和剪力墙附加了侧向力，产生位移且不安全。为了防止或减小主体结构刚度对施加楼盖预应力的不利影响，应考虑合理的预应力施工方案。

3.7 水平位移限值和舒适度要求

3.7.1 高层建筑层数多、高度大，为保证高层建筑结构具有必要的刚度，应对其楼层位移加以控制。侧向位移控制实际上是对构件截面大小、刚度大小的一个宏观指标。

在正常使用条件下，限制高层建筑结构层间位移的主要目的有两点：

1 保证主结构基本处于弹性受力状态，对钢筋混凝土结构来讲，要避免混凝土墙或柱出现裂缝；同时，将混凝土梁等楼面构件的裂缝数量、宽度和高度限制在规范允许范围之内。

2 保证填充墙、隔墙和幕墙等非结构构件的完好，避免产生明显损伤。

迄今，控制层间变形的参数有三种：即层间位移与层高之比（层间位移角）；有害层间位移角；区格广义剪切变形。其中层间位移角是过去应用最广泛，最为工程技术人员所熟知的，原规程 JGJ 3-91 也采用了这个指标。

1）层间位移与层高之比（即层间位移角）

$$\theta_i=\frac{\Delta u_i}{h_i}=\frac{u_i-u_{i-1}}{h_i} \quad (1)$$

2）有害层间位移角

$$\theta_{id}=\frac{\Delta u_{id}}{h_i}=\theta_i-\theta_{i-1}=\frac{u_i-u_{i-1}}{h_i}-\frac{u_{i-1}-u_{i-2}}{h_{i-1}} \quad (2)$$

式中，θ_i，θ_{i-1}为 i 层上、下楼盖的转角，即 i 层、$i-1$ 层的层间位移角。

3）区格的广义剪切变形（简称剪切变形）

$$\gamma_{ij}=\theta_i-\theta_{i-1,j}=\frac{u_i-u_{i-1}}{h_i}+\frac{v_{i-1,j}-v_{i-1,j-1}}{l_j} \quad (3)$$

式中，γ_{ij}为区格 ij 剪切变形，其中脚标 i 表示区格所在层次，j 表示区格序号；$\theta_{i-1,j}$为区格 ij 下楼盖的转角，以顺时针方向为正；l_j 为区格 ij 的宽度；$v_{i-1,j-1}$、$v_{i-1,j}$为相应节点的竖向位移。

如上所述，从结构受力与变形的相关性来看，参数 γ_{ij} 即剪切变形较符合实际情况；但就结构的宏观控制而言，参数 θ_i 即层间位移角又较简便。

考虑到层间位移控制是一个宏观的侧向刚度指标，为便于设计人员在工程设计中应用，本规程采用了层间最大位移与层高之比 $\Delta u/h$，即层间位移角 θ 作为控制指标。

3.7.2 目前，高层建筑结构是按弹性阶段进行设计的。地震按小震考虑；结构构件的刚度采用弹性阶段的刚度；内力与位移分析不考虑弹塑性变形。因此所得出的位移相应也是弹性阶段的位移，比在大震作用下弹塑性阶段的位移小得多，因而位移的控制指标也比较严。

3.7.3 本规程采用层间位移角 $\Delta u/h$ 作为刚度控制指标，不扣除整体弯曲转角产生的侧移，即直接采用内力位移计算的位移输出值。

高度不大于 150m 的常规高度高层建筑的整体弯曲变形相对影响较小，层间位移角 $\Delta u/h$ 的限值按不同的结构体系在 1/550～1/1000 之间分别取值。但当高度超过 150m 时，弯曲变形产生的侧移有较快增长，所以超过 250m 高度的建筑，层间位移角限值按 1/500 作为限值。150m～250m 之间的高层建筑按线性插入考虑。

本条层间位移角 $\Delta u/h$ 的限值指最大层间位移与层高之比，第 i 层的 $\Delta u/h$ 指第 i 层和第 $i-1$ 层在楼层平面各处位移差$\Delta u_i=u_i-u_{i-1}$中的最大值。由于高层建筑结构在水平力作用下几乎都会产生扭转，所以 Δu 的最大值一般在结构单元的尽端处。

本次修订，表 3.7.3 中将“框支层”改为“除框架外的转换层”，包括了框架-剪力墙结构和筒体结构的托柱或托墙转换以及部分框支剪力墙结构的框支层；明确了水平位移限值针对的是风荷载或多遇地震作用标准值作用下结构分析所得到的位移计算值。

3.7.4 震害表明，结构如果存在薄弱层，在强烈地震作用下，结构薄弱部位将产生较大的弹塑性变形，会引起结构严重破坏甚至倒塌。本条对不同高层建筑结构的薄弱层弹塑性变形验算提出了不同要求，第 1 款所列的结构应进行弹塑性变形验算，第 2 款所列的结构必要时宜进行弹塑性变形验算，这主要考虑到高层建筑结构弹塑性变形计算的复杂性。

本次修订，本条第 1 款增加高度大于 150m 的结构应验算罕遇地震下结构的弹塑性变形的要求。主要考虑到，150m 以上的高层建筑一般都比较重要，数量相对不是很多，且目前结构弹塑性分析技术和软件已有较大发展和进步，适当扩大结构弹塑性分析范围已具备一定条件。

3.7.5 结构弹塑性位移限值与现行国家标准《建筑

抗震设计规范》GB 50011一致。

3.7.6 高层建筑物在风荷载作用下将产生振动，过大的振动加速度将使在高楼内居住的人们感觉不舒适，甚至不能忍受，两者的关系见表2。

表2 舒适度与风振加速度关系

不舒适的程度	建筑物的加速度
无感觉	$<0.005g$
有感	$0.005g\sim0.015g$
扰人	$0.015g\sim0.05g$
十分扰人	$0.05g\sim0.15g$
不能忍受	$>0.15g$

对照国外的研究成果和有关标准，要求高层建筑混凝土结构应具有良好的使用条件，满足舒适度的要求，按现行国家标准《建筑结构荷载规范》GB 50009规定的10年一遇的风荷载取值计算或专门风洞试验确定的结构顶点最大加速度 a_{max} 不应超过本规程表3.7.6的限值，对住宅、公寓 a_{max} 不大于 $0.15m/s^2$，对办公楼、旅馆 a_{max} 不大于 $0.25m/s^2$。

高层建筑的风振反应加速度包括顺风向最大加速度、横风向最大加速度和扭转角速度。关于顺风向最大加速度和横风向最大加速度的研究工作虽然较多，但各国的计算方法并不统一，互相之间也存在明显的差异。建议可按现行行业标准《高层民用建筑钢结构技术规程》JGJ 99的相关规定进行计算。

本次修订，明确了计算舒适度时结构阻尼比的取值要求。一般情况，对混凝土结构取0.02，对混合结构可根据房屋高度和结构类型取0.01～0.02。

3.7.7 本条为新增内容。楼盖结构舒适度控制近20年来已引起世界各国广泛关注，英美等国进行了大量实测研究，颁布了多种版本规程、指南。我国大跨楼盖结构正大量兴起，楼盖结构舒适度控制已成为我国建筑结构设计中又一重要工作内容。

对于钢筋混凝土楼盖结构、钢-混凝土组合楼盖结构（不包括轻钢楼盖结构），一般情况下，楼盖结构竖向频率不宜小于3Hz，以保证结构具有适宜的舒适度，避免跳跃时周围人群的不舒适。楼盖结构竖向振动加速度不仅与楼盖结构的竖向频率有关，还与建筑使用功能及人员起立、行走、跳跃的振动激励有关。一般住宅、办公、商业建筑楼盖结构的竖向频率小于3Hz时，需验算竖向振动加速度。楼盖结构的振动加速度可按本规程附录A计算，宜采用时程分析方法，也可采用简化近似方法，该方法参考美国应用技术委员会（Applied Technology Council）1999年颁布的设计指南1（ATC Design Guide 1）“减小楼盖振动”（Minimizing Floor Vibration）。舞厅、健身房、音乐厅等振动激励较为特殊的楼盖结构舒适度控制应符合国家现行有关标准的规定。

表3.7.7参考了国际标准化组织发布的ISO 2631-2（1989）标准的有关规定。

3.8 构件承载力设计

3.8.1 本条是高层建筑混凝土结构构件承载力设计的原则规定，采用了以概率理论为基础、以可靠指标度量结构可靠度、以分项系数表达的设计方法。本条仅针对持久设计状况、短暂设计状况和地震设计状况下构件的承载力极限状态设计，与现行国家标准《工程结构可靠性设计统一标准》GB 50153和《建筑抗震设计规范》GB 50011保持一致。偶然设计状况（如抗连续倒塌设计）以及结构抗震性能设计时的承载力设计应符合本规程的有关规定，不作为强制性内容。

结构构件作用组合的效应设计值应符合本规范第5.6.1～5.6.4条规定；结构构件承载力抗震调整系数的取值应符合本规范第3.8.2条及第11.1.7条的规定。由于高层建筑结构的安全等级一般不低于二级，因此结构重要性系数的取值不应小于1.0；按照现行国家标准《工程结构可靠性设计统一标准》GB 50153的规定，结构重要性系数不再考虑结构设计使用年限的影响。

3.9 抗震等级

3.9.1 本条规定了各设防类别高层建筑结构采取抗震措施（包括抗震构造措施）时的设防标准，与现行国家标准《建筑工程抗震设防分类标准》GB 50223的规定一致；Ⅰ类建筑场地上高层建筑抗震构造措施的放松要求与现行国家标准《建筑抗震设计规范》GB 50011的规定一致。

3.9.2 历次大地震的经验表明，同样或相近的建筑，建造于Ⅰ类场地时震害较轻，建造于Ⅲ、Ⅳ类场地震害较重。对Ⅲ、Ⅳ类场地，本条规定对7度设计基本地震加速度为$0.15g$以及8度设计基本地震加速度$0.30g$的地区，宜分别按抗震设防烈度8度（$0.20g$）和9度（$0.40g$）时各类建筑的要求采取抗震构造措施，而不提高抗震措施中的其他要求，如按概念设计要求的内力调整措施等。

同样，本规程第3.9.1条对建造在Ⅰ类场地的甲、乙、丙类建筑，允许降低抗震构造措施，但不降低其他抗震措施要求，如按概念设计要求的内力调整措施等。

3.9.3、3.9.4 抗震设计的钢筋混凝土高层建筑结构，根据设防烈度、结构类型、房屋高度区分为不同的抗震等级，采用相应的计算和构造措施。抗震等级的高低，体现了对结构抗震性能要求的严格程度。比一级有更高要求时则提升至特一级，其计算和构造措施比一级更严格。基于上述考虑，A级高度的高层建筑结构，应按表3.9.3确定其抗震等级；甲类建筑9

度设防时，应采取比9度设防更有效的措施；乙类建筑9度设防时，抗震等级提升至特一级。B级高度的高层建筑，其抗震等级有更严格的要求，应按表3.9.4采用；特一级构件除符合一级抗震要求外，尚应符合本规程第3.10节的规定以及第10章的有关规定。

抗震等级是根据国内外高层建筑震害、有关科研成果、工程设计经验而划分的。框架-剪力墙结构中，由于剪力墙部分的刚度远大于框架部分的刚度，因此对框架部分的抗震能力要求比纯框架结构可以适当降低。当剪力墙或框架相对较少时，其抗震等级的确定尚应符合本规程第8.1.3条的有关规定。

在结构受力性质与变形方面，框架-核心筒结构与框架-剪力墙结构基本上是一致的，尽管框架-核心筒结构由于剪力墙组成筒体而大大提高了其抗侧力能力，但其周边的稀柱框架相对较弱，设计上与框架-剪力墙结构基本相同。由于框架-核心筒结构的房屋高度一般较高（大于60m），其抗震等级不再划分高度，而统一取用了较高的规定。本次修订，第3.9.3条增加了表注3，对于房屋高度不超过60m的框架-核心筒结构，其作为筒体结构的空间作用已不明显，总体上更接近于框架-剪力墙结构，因此其抗震等级允许按框架-剪力墙结构采用。

3.9.5、3.9.6 这两条是关于地下室及裙楼抗震等级的规定，是对本规程第3.9.3、3.9.4条的补充。

带地下室的高层建筑，当地下室顶板可视作结构的嵌固部位时，地震作用下结构的屈服部位将发生在地上楼层，同时将影响到地下一层；地面以下结构的地震响应逐渐减小。因此，规定地下一层的抗震等级不能降低，而地下一层以下不要求计算地震作用，其抗震构造措施的抗震等级可逐层降低。第3.9.5条中“相关范围”一般指主楼周边外延1～2跨的地下室范围。

第3.9.6条明确了高层建筑的裙房抗震等级要求。当裙楼与主楼相连时，相关范围内裙楼的抗震等级不应低于主楼；主楼结构在裙房顶板对应的上、下各一层受刚度与承载力突变影响较大，抗震构造措施需要适当加强。本条中的“相关范围”，一般指主楼周边外延不少于三跨的裙房结构，相关范围以外的裙房可按裙房自身的结构类型确定抗震等级。裙房偏置时，其端部有较大扭转效应，也需要适当加强。

3.9.7 根据现行国家标准《建筑工程抗震设防分类标准》GB 50223的规定，甲、乙类建筑应按提高一度查本规程表3.9.3、表3.9.4确定抗震等级（内力调整和构造措施）；本规程第3.9.2条规定，当建筑场地为Ⅲ、Ⅳ类时，对设计基本地震加速度为0.15g和0.30g的地区，宜分别按抗震设防烈度8度（0.20g）和9度（0.40g）时各类建筑的要求采取抗震构造措施；本规程第3.3.1条规定，乙类建筑的钢筋混凝土房屋可按本地区抗震设防烈度确定其适用的最大高度。于是，可能出现甲、乙类建筑或Ⅲ、Ⅳ类场地设计基本地震加速度为0.15g和0.30g的地区高层建筑提高一度后，其高度超过第3.3.1条中对应房屋的最大适用高度，因此按本规程表3.9.3、表3.9.4查抗震等级时可能与高度划分不能一一对应。此时，内力调整不提高，只要求抗震构造措施适当提高即可。

3.10 特一级构件设计规定

3.10.1 特一级构件应采取比一级抗震等级更严格的构造措施，应按本节及第10章的有关规定执行；没有特别规定的，应按一级的规定执行。

3.10.2～3.10.4 对特一级框架梁、框架柱、框支柱的“强柱弱梁”、“强剪弱弯”以及构造配筋提出比一级更高的要求。框架角柱的弯矩和剪力设计值仍应按本规程第6.2.4条的规定，乘以不小于1.1的增大系数。

3.10.5 本条第1款特一级剪力墙的弯矩设计值和剪力设计值均比一级的要求略有提高，适当增大剪力墙的受弯和受剪承载力；第2、3款对剪力墙边缘构件及分布钢筋的构造配筋要求适当提高；第5款明确特一级连梁的要求同一级，取消了02规程第3.9.2条第5款设置交叉暗撑的要求。

3.11 结构抗震性能设计

3.11.1 本条规定了结构抗震性能设计的三项主要工作：

1 分析结构方案在房屋高度、规则性、结构类型、场地条件或抗震设防标准等方面的特殊要求，确定结构设计是否需要采用抗震性能设计方法，并作为选用抗震性能目标的主要依据。结构方案特殊性的分析中要注重分析结构方案不符合抗震概念设计的情况和程度。国内外历次大地震的震害经验已经充分说明，抗震概念设计是决定结构抗震性能的重要因素。多数情况下，需要按本节要求采用抗震性能设计的工程，一般表现为不能完全符合抗震概念设计的要求。结构工程师应根据本规程有关抗震概念设计的规定，与建筑师协调，改进结构方案，尽量减少结构不符合概念设计的情况和程度，不应采用严重不规则的结构方案。对于特别不规则结构，可按本节规定进行抗震性能设计，但需慎重选用抗震性能目标，并通过深入的分析论证。

2 选用抗震性能目标。本条提出A、B、C、D四级结构抗震性能目标和五个结构抗震性能水准（1、2、3、4、5），四级抗震性能目标与《建筑抗震设计规范》GB 50011提出结构抗震性能1、2、3、4是一致的。地震地面运动一般分为三个水准，即多遇地震（小震）、设防烈度地震（中震）及预估的罕遇地震（大震）。在设定的地震地面运动下，与四级抗震性能目标对应的结构抗震性能水准的判别准则由本规程第3.11.2条作出规定。A、B、C、D四级性能目标的结构，在小震作用下均应满足第1抗震性能水准，即满足弹性设计要求；在中震或大震作用下，四种性能目标所要求的结构抗震性能水准有较大的区别。A级性能目标是最高等级，中震作用下要求结构达到第1抗震性能水准，大震作用下要求结构达到第2抗震性能水准，即结构仍处于基本弹性状态；B级性能目标，要求结构在中震作用下满足第2抗震性能水准，大震作用下满足第3抗震性能水准，结构仅有轻度损坏；C级性能目标，要求结构在中震作用下满足第3抗震性能水准，大震作用下满足第4抗震性能水准，结构中度损坏；D级性能目标是最低等级，要求结构在中震作用下满足第4抗震性能水准，大震作用下满足第5性能水准，结构有比较严重的损坏，但不致倒塌或发生危及生命的严重破坏。选用性能目标时，需综合考虑抗震设防类别、设防烈度、场地条件、结构的特殊性、建造费用、震后损失和修复难易程度等因素。鉴于地震地面运动的不确定性以及对结构在强烈地震下非线性分析方法（计算模型及参数的选用等）存在不少经验因素，缺少从强震记录、设计施工资料到实际震害的验证，对结构抗震性能的判断难以十分准确，尤其是对于长周期的超高层建筑或特别不规则结构的判断难度更大，因此在性能目标选用中宜偏于安全一些。例如：特别不规则的、房屋高度超过B级高度很多的高层建筑或处于不利地段的特别不规则结构，可考虑选用A级性能目标；房屋高度超过B级高度较多或不规则性超过本规程适用范围很多时，可考虑选用B级或C级性能目标；房屋高度超过B级高度或不规则性超过适用范围较多时，可考虑选用C级性能目标；房屋高度超过A级高度或不规则性超过适用范围较少时，可考虑选用C级或D级性能目标。结构方案中仅有部分区域结构布置比较复杂或结构的设防标准、场地条件等特殊性，使设计人员难以直接按本规程规定的常规方法进行设计时，可考虑选用C级或D级性能目标。以上仅仅是举些例子，实际工程情况很复杂，需综合考虑各项因素。选择性能目标时，一般需征求业主和有关专家的意见。

3 结构抗震性能分析论证的重点是深入的计算分析和工程判断，找出结构有可能出现的薄弱部位，提出有针对性的抗震加强措施，必要的试验验证，分析论证结构可达到预期的抗震性能目标。一般需要进行如下工作：

1）分析确定结构超过本规程适用范围及不规则性的情况和程度；

2）认定场地条件、抗震设防类别和地震动参数；

3）深入的弹性和弹塑性计算分析（静力分析及时程分析）并判断计算结果的合理性；

4）找出结构有可能出现的薄弱部位以及需要加强的关键部位，提出有针对性的抗震加强措施；

5）必要时还需进行构件、节点或整体模型的抗震试验，补充提供论证依据，例如对本规程未列入的新型结构方案又无震害和试验依据或对计算分析难以判断、抗震概念难以接受的复杂结构方案；

6）论证结构能满足所选用的抗震性能目标的要求。

3.11.2 本条对五个性能水准结构地震后的预期性能状况，包括损坏情况及继续使用的可能性提出了要求，据此可对各性能水准结构的抗震性能进行宏观判断。本条所说的“关键构件”可由结构工程师根据工程实际情况分析确定。例如：底部加强部位的重要竖向构件、水平转换构件及与其相连竖向支承构件、大跨连体结构的连接体及与其相连的竖向支承构件、大悬挑结构的主要悬挑构件、加强层伸臂和周边环带结构的竖向支承构件、承托上部多个楼层框架柱的腰桁架、长短柱在同一楼层且数量相当时该层各个长短柱、扭转变形很大部位的竖向（斜向）构件、重要的斜撑构件等。

3.11.3 各个性能水准结构的设计基本要求是判别结构性能水准的主要准则。

第1性能水准结构，要求全部构件的抗震承载力满足弹性设计要求。在多遇地震（小震）作用下，结构的层间位移、结构构件的承载力及结构整体稳定等均应满足本规程有关规定；结构构件的抗震等级不宜低于本规程的有关规定，需要特别加强的构件可适当提高抗震等级，已为特一级的不再提高。在设防烈度（中震）作用下，构件承载力需满足弹性设计要求，如式（3.11.3-1），其中不计入风荷载作用效应的组合，地震作用标准值的构件内力（S^*_{Ehk}、S^*_{Evk}）计算中不需要乘以与抗震等级有关的增大系数。

第2性能水准结构的设计要求与第1性能水准结构的差别是，框架梁、剪力墙连梁等耗能构件的正截面承载力只需要满足式（3.11.3-2）的要求，即满足“屈服承载力设计”。“屈服承载力设计”是指构件按材料强度标准值计算的承载力 R_k 不小于按重力荷载及地震作用标准值计算的构件组合内力。对耗能构件只需验算水平地震作用为主要可变作用的组合工况，式（3.11.3-2）中重力荷载分项系数 γ_G、水平地震作用分项系数 γ_{Eh} 及抗震承载力调整系数 γ_{RE} 均取1.0，竖向地震作用分项系数 γ_{Ev} 取0.4。

第3性能水准结构，允许部分框架梁、剪力墙连梁等耗能构件正截面承载力进入屈服阶段，受剪承载力宜符合式（3.11.3-2）的要求。竖向构件及关键构件正截面承载力应满足式（3.11.3-2）“屈服承载力设计”的要求；水平长悬臂结构和大跨度结构中的关键构件正截面“屈服承载力设计”需要同时满足式（3.11.3-2）及式（3.11.3-3）的要求。式（3.11.3-3）表示竖向地震为主要可变作用的组合工况，式中重力荷载分项系数 γ_G、竖向地震作用分项系数 γ_{Ev} 及抗震承载力调整系数 γ_{RE} 均取 1.0，水平地震作用分项系数 γ_{Eh} 取 0.4；这些构件的受剪承载力宜符合式（3.11.3-1）的要求。整体结构进入弹塑性状态，应进行弹塑性分析。为方便设计，允许采用等效弹性方法计算竖向构件及关键部位构件的组合内力（S_{GE}、S^*_{Ehk}、S^*_{Evk}），计算中可适当考虑结构阻尼比的增加（增加值一般不大于 0.02）以及剪力墙连梁刚度的折减（刚度折减系数一般不小于 0.3）。实际工程设计中，可以先对底部加强部位和薄弱部位的竖向构件承载力按上述方法计算，再通过弹塑性分析校核全部竖向构件均未屈服。

第 4 性能水准结构，关键构件抗震承载力应满足式（3.11.3-2）“屈服承载力设计”的要求，水平长悬臂结构和大跨度结构中的关键构件抗震承载力需要同时满足式（3.11.3-2）及式（3.11.3-3）的要求；允许部分竖向构件及大部分框架梁、剪力墙连梁等耗能构件进入屈服阶段，但构件的受剪截面应满足截面限制条件，这是防止构件发生脆性受剪破坏的最低要求。式（3.11.3-4）和式（3.11.3-5）中，V_{GE}、V^*_{Ek} 可按弹塑性计算结果取值，也可按等效弹性方法计算结果取值（一般情况下是偏于安全的）。结构的抗震性能必须通过弹塑性计算加以深入分析，例如：弹塑性层间位移角、构件屈服的次序及塑性铰分布、塑性铰部位钢材受拉塑性应变及混凝土受压损伤程度、结构的薄弱部位、整体结构的承载力不发生下降等。整体结构的承载力可通过静力弹塑性方法进行估计。

第 5 性能水准结构与第 4 性能水准结构的差别在于关键构件承载力宜满足“屈服承载力设计”的要求，允许比较多的竖向构件进入屈服阶段，并允许部分“梁”等耗能构件发生比较严重的破坏。结构的抗震性能必须通过弹塑性计算加以深入分析，尤其应注意同一楼层的竖向构件不宜全部进入屈服并宜控制整体结构承载力下降的幅度不超过 10%。

3.11.4 结构抗震性能设计时，弹塑性分析计算是很重要的手段之一。计算分析除应符合本规程第 5.5.1 条的规定外，尚应符合本条之规定。

1 静力弹塑性方法和弹塑性时程分析法各有其优缺点和适用范围。本条对静力弹塑性方法的适用范围放宽到 150m 或 200m 非特别不规则的结构，主要考虑静力弹塑性方法计算软件设计人员比较容易掌握，对计算结果的工程判断也容易一些，但计算分析中采用的侧向作用力分布形式宜适当考虑高振型的影响，可采用本规程 3.4.5 条提出的“规定水平地震力”分布形式。对于高度在 150m～200m 的基本自振周期大于 4s 或特别不规则结构以及高度超过 200m 的房屋，应采用弹塑性时程分析法。对高度超过 300m 的结构，为使弹塑性时程分析计算结果有较大的把握，本条规定应有两个不同的、独立的计算结果进行校核。

2 对复杂结构进行施工模拟分析是十分必要的。弹塑性分析应以施工全过程完成后的静载内力为初始状态。当施工方案与施工模拟计算不同时，应重新调整相应的计算。

3 一般情况下，弹塑性时程分析宜采用双向地震输入；对竖向地震作用比较敏感的结构，如连体结构、大跨度转换结构、长悬臂结构、高度超过 300m 的结构等，宜采用三向地震输入。

3.12 抗连续倒塌设计基本要求

3.12.1 高层建筑结构应具有在偶然作用发生时适宜的抗连续倒塌能力。我国现行国家标准《工程结构可靠性设计统一标准》GB 50153 和《建筑结构可靠度设计统一标准》GB 50068 对偶然设计状态均有定性规定。在 GB 50153 中规定，“当发生爆炸、撞击、人为错误等偶然事件时，结构能保持必需的整体稳固性，不出现与起因不相称的破坏后果，防止出现结构的连续倒塌”。在 GB 50068 中规定，“对偶然状况，建筑结构可采用下列原则之一按承载能力极限状态进行设计：1）按作用效应的偶然组合进行设计或采取保护措施，使主要承重结构不致因出现设计规定的偶然事件而丧失承载能力；2）允许主要承重结构因出现设计规定的偶然事件而局部破坏，但其剩余部分具有在一段时间内不发生连续倒塌的可靠度”。

结构连续倒塌是指结构因突发事件或严重超载而造成局部结构破坏失效，继而引起与失效破坏构件相连的构件连续破坏，最终导致相对于初始局部破坏更大范围的倒塌破坏。结构产生局部构件失效后，破坏范围可能沿水平方向和竖直方向发展，其中破坏沿竖向发展影响更为突出。当偶然因素导致局部结构破坏失效时，如果整体结构不能形成有效的多重荷载传递路径，破坏范围就可能沿水平或者竖直方向蔓延，最终导致结构发生大范围的倒塌甚至是整体倒塌。

结构连续倒塌事故在国内外并不罕见，英国 Ronan Point 公寓煤气爆炸倒塌，美国 AlfredP. Murrah 联邦大楼、WTC 世贸大楼倒塌，我国湖南衡阳大厦特大火灾后倒塌，法国戴高乐机场候机厅倒塌等都是比较典型的结构连续倒塌事故。每一次事故都造成了重大人员伤亡和财产损失，给地区乃至整个国家都造成了严重的负面影响。进行必要的结构抗连续倒塌设计，当偶然事件发生时，将能有效控制结构破坏范围。

结构抗连续倒塌设计在欧美多个国家得到了广泛关注，英国、美国、加拿大、瑞典等国颁布了相关的设计规范和标准。比较有代表性的有美国 General Services Administration（GSA）《新联邦大楼与现代主要工程抗连续倒塌分析与设计指南》（Progressive Collapse Analysis and Design Guidelines for New Federal Office Buildings and Major Modernization Project），美国国防部 UFC（Unified Facilities Criteria 2005）《建筑抗连续倒塌设计》（Design of Buildings to Resist Progressive Collapse），以及英国有关规范对结构抗连续倒塌设计的规定等。

本条规定安全等级为一级时，应满足抗连续倒塌概念设计的要求；安全等级一级且有特殊要求时，可采用拆除构件方法进行抗连续倒塌设计。这是结构抗连续倒塌的基本要求。

3.12.2 高层建筑结构应具有在偶然作用发生时适宜的抗连续倒塌能力，不允许采用摩擦连接传递重力荷载，应采用构件连接传递重力荷载；应具有适宜的多余约束性、整体连续性、稳固性和延性；水平构件应具有一定的反向承载能力，如连续梁边支座、非地震区简支梁支座顶面及连续梁、框架梁梁中支座底面应有一定数量的配筋及合适的锚固连接构造，防止偶然作用发生时，该构件产生过大破坏。

3.12.3 本条拆除构件设计方法主要引自美国、英国有关规范的规定。关于效应折减系数 β，主要是考虑偶然作用发生后，结构进入弹塑性内力重分布，对中部水平构件有一定的卸载效应。

3.12.4 本条假定拆除构件后，剩余主体结构基本处于线弹性工作状态，以简化计算，便于工程应用。

3.12.6 本条依据现行国家标准《工程结构可靠性设计统一标准》GB 50153 的相关规定，并参考了美国国防部制定的《建筑物最低反恐怖主义标准》（UFC4-010-01）。

当拆除某构件后结构不能满足抗连续倒塌设计要求，意味着该构件十分重要（可称之为关键结构构件），应具有更高的要求，希望其保持线弹性工作状态。此时，在该构件表面附加规定的侧向偶然作用，进行整体结构计算，复核该构件满足截面设计承载力要求。公式（3.12.6-2）中，活荷载采用频遇值，近似取频遇值系数为 0.6。

4 荷载和地震作用

4.1 竖向荷载

4.1.1 高层建筑的竖向荷载应按现行国家标准《建筑结构荷载规范》GB 50009 有关规定采用。与原荷载规范 GBJ 9-87 相比，有较大的改动，使用时应予注意。

4.1.5 直升机平台的活荷载是根据现行国家标准《建筑结构荷载规范》GB 50009 的有关规定确定的。部分直升机的有关参数见表 3。

表 3 部分轻型直升机的技术数据

机型	生产国	空重 (kN)	最大起飞重 (kN)	尺寸			
				旋翼直径 (m)	机长 (m)	机宽 (m)	机高 (m)
Z-9（直 9）	中国	19.75	40.00	11.68	13.29		3.31
SA360 海豚	法国	18.23	34.00	11.68	11.40		3.50
SA315 美洲驼	法国	10.14	19.50	11.02	12.92		3.09
SA350 松鼠	法国	12.88	24.00	10.69	12.99	1.08	3.02
SA341 小羚羊	法国	9.17	18.00	10.50	11.97		3.15
BK-117	德国	16.50	28.50	11.00	13.00	1.60	3.36
BO-105	德国	12.56	24.00	9.84	8.56		3.00
山猫	英、法	30.70	45.35	12.80	12.06		3.66
S-76	美国	25.40	46.70	13.41	13.22	2.13	4.41
贝尔-205	美国	22.55	43.09	14.63	17.40		4.42
贝尔-206	美国	6.60	14.51	10.16	9.50		2.91
贝尔-500	美国	6.64	13.61	8.05	7.49	2.71	2.59
贝尔-222	美国	22.04	35.60	12.12	12.50	3.18	3.51
A109A	意大利	14.66	24.50	11.00	13.05	1.42	3.30

注：直 9 机主轮距 2.03m，前后轮距 3.61m。

4.2 风荷载

4.2.1 风荷载计算主要依据现行国家标准《建筑结构荷载规范》GB 50009。对于主要承重结构，风荷载标准值的表达可有两种形式，其一为平均风压加上由脉动风引起结构风振的等效风压；另一种为平均风压乘以风振系数。由于结构的风振计算中，往往是受力方向基本振型起主要作用，因而我国与大多数国家相同，采用后一种表达形式，即采用风振系数 β_z。风振系数综合考虑了结构在风荷载作用下的动力响应，包括风速随时间、空间的变异性和结构的阻尼特性等因素。

基本风压 w_0 是根据全国各气象台站历年来的最大风速记录，按基本风压的标准要求，将不同测风仪高度和时次时距的年最大风速，统一换算为离地 10m 高，自记式风速仪 10min 平均年最大风速（m/s）。根据该风速数据统计分析确定重现期为 50 年的最大风速，作为当地的基本风速 v_0，再按贝努利公式确定基本风压。

4.2.2 按照现行国家标准《建筑结构荷载规范》GB 50009 的规定，对风荷载比较敏感的高层建筑，其基本风压应适当提高。因此，本条明确了承载力设计时应按基本风压的 1.1 倍采用。相对于 02 规程，本次修订：1）取消了对“特别重要”的高层建筑的风荷载增大要求，主要因为对重要的建筑结构，其重要性已经通过结构重要性系数 γ_0 体现在结构作用效应的设计值中，见本规程第 3.8.1 条；2）对于正常使用极限状态设计（如位移计算），其要求可比承载力设计适当降低，一般仍可采用基本风压值或由设计人员根据实际情况确定，不再作为强制性要求；3）对风荷载比较敏感的高层建筑结构，风荷载计算时不再强调按100年重现期的风压值采用，而是直接按基本风压值增大10%采用。

对风荷载是否敏感，主要与高层建筑的体型、结构体系和自振特性有关，目前尚无实用的划分标准。一般情况下，对于房屋高度大于60m的高层建筑，承载力设计时风荷载计算可按基本风压的1.1倍采用；对于房屋高度不超过60m的高层建筑，风荷载取值是否提高，可由设计人员根据实际情况确定。

本条的规定，对设计使用年限为50年和100年的高层建筑结构都是适用的。

4.2.3 风荷载体型系数是指风作用在建筑物表面上所引起的实际压力（或吸力）与来流风的速度压的比值，它描述的是建筑物表面在稳定风压作用下静态压力的分布规律，主要与建筑物的体型和尺度有关，也与周围环境和地面粗糙度有关。由于涉及固体与流体相互作用的流体动力学问题，对于不规则形状的固体，问题尤为复杂，无法给出理论上的结果，一般均应由试验确定。鉴于真型实测的方法对结构设计不现实，目前只能采用相似原理，在边界层风洞内对拟建的建筑物模型进行测试。

本条规定是对现行国家标准《建筑结构荷载规范》GB 50009表7.3.1的适当简化和整理，以便于高层建筑结构设计时应用，如需较详细的数据，也可按本规程附录B采用。

4.2.4 对建筑群，尤其是高层建筑群，当房屋相互间距较近时，由于旋涡的相互干扰，房屋某些部位的局部风压会显著增大，设计时应予注意。对比较重要的高层建筑，建议在风洞试验中考虑周围建筑物的干扰因素。

本条和本规程第4.2.7条所说的风洞试验是指边界层风洞试验。

4.2.5 本条为新增条文，意在提醒设计人员注意考虑结构横风向风振或扭转风振对高层建筑尤其是超高层建筑的影响。当结构高宽比较大、结构顶点风速大于临界风速时，可能引起较明显的结构横风向振动，甚至出现横风向振动效应大于顺风向作用效应的情况。结构横风向振动问题比较复杂，与结构的平面形状、竖向体型、高宽比、刚度、自振周期和风速都有一定关系。当结构体型复杂时，宜通过空气弹性模型的风洞试验确定横风向振动的等效风荷载；也可参考有关资料确定。

4.2.6 本条为新增条文。横风向效应与顺风向效应是同时发生的，因此必须考虑两者的效应组合。对于结构侧向位移控制，仍可按同时考虑横风向与顺风向影响后的计算方向位移确定，不必按矢量和的方向控制结构的层间位移。

4.2.7 对结构平面及立面形状复杂、开洞或连体建筑及周围地形环境复杂的结构，建议进行风洞试验。本次修订，对体型复杂、环境复杂的高层建筑，取消了02规程中房屋高度150m以上才考虑风洞试验的限制条件。对风洞试验的结果，当与按规范计算的风荷载存在较大差距时，设计人员应进行分析判断，合理确定建筑物的风荷载取值。因此本条规定“进行风洞试验判断确定建筑物的风荷载”。

4.2.8 高层建筑表面的风荷载压力分布很不均匀，在角隅、檐口、边棱处和在附属结构的部位（如阳台、雨篷等外挑构件），局部风压会超过按本规程4.2.3条体型系数计算的平均风压。根据风洞实验资料和一些实测结果，并参考国外的风荷载规范，对水平外挑构件，取用局部体型系数为−2.0。

4.2.9 建筑幕墙设计时的风荷载计算，应按现行国家标准《建筑结构荷载规范》GB 50009以及行业标准《玻璃幕墙工程技术规范》JGJ 102、《金属及石材幕墙工程技术规范》JGJ 133等的有关规定执行。

4.3 地震作用

4.3.1 本条是高层建筑混凝土结构考虑地震作用时的设防标准，与现行国家标准《建筑工程抗震设防分类标准》GB 50223的规定一致。对甲类建筑的地震作用，改为“应按批准的地震安全性评价结果且高于本地区抗震设防烈度的要求确定”，明确规定如果地震安全性评价结果低于本地区的抗震设防烈度，计算地震作用时应按高于本地区设防烈度的要求进行。对于乙、丙类建筑，规定应按本地区抗震设防烈度计算，与02规程的规定一致。

原规程JGJ 3-91曾规定，6度抗震设防时，除Ⅳ类场地上的较高建筑外，可不进行地震作用计算。鉴于高层建筑比较重要且结构计算分析软件应用已经较为普遍，因此02版规程规定6度抗震设防时也应进行地震作用计算，本次修订未作调整。通过地震作用效应计算，可与无地震作用组合的效应进行比较，并可采用有地震作用组合的柱轴压力设计值控制柱的轴压比。

4.3.2 本条除第3款“7度（0.15g）”外，与现行国家标准《建筑抗震设计规范》GB 50011的规定一致。某一方向水平地震作用主要由该方向抗侧力构件承担，如该构件带有翼缘，尚应包括翼缘作用。有斜交抗侧力构件的结构，当交角大于15°时，应考虑斜交构件方向的地震作用计算。对质量和刚度明显不均匀、不对称的结构应考虑双向地震作用下的扭转影响。

大跨度指跨度大于24m的楼盖结构、跨度大于8m的转换结构、悬挑长度大于2m的悬挑结构。大跨度、长悬臂结构应验算其自身及其支承部位结构的竖向地震效应。

除了8、9度外，本次修订增加了大跨度、长悬臂结构7度（0.15g）时也应计入竖向地震作用的影响。主要原因是：高层建筑由于高度较高，竖向地震作用效应放大比较明显。

4.3.3 本条规定主要是考虑结构地震动力反应过程中可能由于地面扭转运动、结构实际的刚度和质量分布相对于计算假定值的偏差，以及在弹塑性反应过程中各抗侧力结构刚度退化程度不同等原因引起的扭转反应增大；特别是目前对地面运动扭转分量的强震实测记录很少，地震作用计算中还不能考虑输入地面运动扭转分量。采用附加偶然偏心作用计算是一种实用方法。美国、新西兰和欧洲等抗震规范都规定计算地震作用时应考虑附加偶然偏心，偶然偏心距的取值多为0.05L。对于平面规则（包括对称）的建筑结构需附加偶然偏心；对于平面布置不规则的结构，除其自身已存在的偏心外，还需附加偶然偏心。

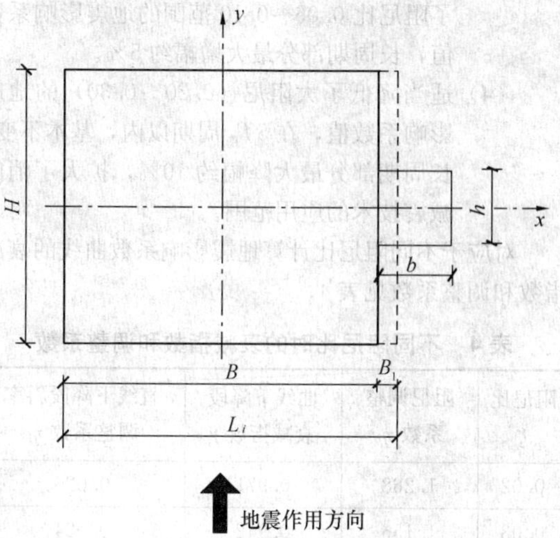

图3 平面局部突出示例

本条规定直接取各层质量偶然偏心为0.05L_i（L_i为垂直于地震作用方向的建筑物总长度）来计算单向水平地震作用。实际计算时，可将每层质心沿主轴的同一方向（正向或负向）偏移。

采用底部剪力法计算地震作用时，也应考虑偶然偏心的不利影响。

当计算双向地震作用时，可不考虑偶然偏心的影响，但应与单向地震作用考虑偶然偏心的计算结果进行比较，取不利的情况进行设计。

关于各楼层垂直于地震作用方向的建筑物总长度L_i的取值，当楼层平面有局部突出时，可按回转半径相等的原则，简化为无局部突出的规则平面，以近似确定垂直于地震计算方向的建筑物边长L_i。如图3所示平面，当计算y向地震作用时，若b/B及h/H均不大于1/4，可认为是局部突出；此时用于确定偶然偏心的边长可近似按下式计算：

$$L_i = B + \frac{bh}{H}\left(1+\frac{3b}{B}\right) \tag{4}$$

4.3.4 不同的结构采用不同的分析方法在各国抗震规范中均有体现，振型分解反应谱法和底部剪力法仍是基本方法。对高层建筑结构主要采用振型分解反应谱法（包括不考虑扭转耦联和考虑扭转耦联两种方式），底部剪力法的应用范围较小。弹性时程分析法作为补充计算方法，在高层建筑结构分析中已得到比较普遍的应用。

本条第3款对于需要采用弹性时程分析法进行补充计算的高层建筑结构作了具体规定，这些结构高度较高或刚度、承载力和质量沿竖向分布不规则或属于特别重要的甲类建筑。所谓“补充”，主要指对计算的底部剪力、楼层剪力和层间位移进行比较，当时程法分析结果大于振型分解反应谱法分析结果时，相关部位的构件内力和配筋作相应的调整。

质量沿竖向分布不均匀的结构一般指楼层质量大于相邻下部楼层质量1.5倍的情况，见本规程第3.5.6条。

4.3.5 进行时程分析时，鉴于不同地震波输入进行时程分析的结果不同，本条规定一般可以根据小样本容量下的计算结果来估计地震效应值。通过大量地震加速度记录输入不同结构类型进行时程分析结果的统计分析，若选用不少于2组实际记录和1组人工模拟的加速度时程曲线作为输入，计算的平均地震效应值不小于大样本容量平均值的保证率在85%以上，而且一般也不会偏大很多。当选用数量较多的地震波，如5组实际记录和2组人工模拟时程曲线，则保证率更高。所谓“在统计意义上相符”是指，多组时程波的平均地震影响系数曲线与振型分解反应谱法所用的地震影响系数曲线相比，在对应于结构主要振型的周期点上相差不大于20%。计算结果的平均底部剪力一般不会小于振型分解反应谱法计算结果的80%，每条地震波输入的计算结果不会小于65%；从工程应用角度考虑，可以保证时程分析结果满足最低安全要求。但时程法计算结果也不必过大，每条地震波输入的计算结果不大于135%，多条地震波输入的计算结果平均值不大于120%，以体现安全性和经济性的平衡。

正确选择输入的地震加速度时程曲线，要满足地震动三要素的要求，即频谱特性、有效峰值和持续时间均要符合规定。频谱特性可用地震影响系数曲线表征，依据所处的场地类别和设计地震分组确定；加速度的有效峰值按表4.3.5采用，即以地震影响系数最大值除以放大系数（约2.25）得到；输入地震加速度时程曲线的有效持续时间，一般从首次达到该时程曲线最大峰值的10%那一点算起，到最后一点达到最大峰值的10%为止，约为结构基本周期的5～10倍。

因为本次修订增加了结构抗震性能设计规定，因此本条第3款补充了设防地震（中震）和6度时的数值。

4.3.7 本条规定了水平地震影响系数最大值和场地特征周期取值。现阶段仍采用抗震设防烈度所对应的水平地震影响系数最大值 α_{max}，多遇地震烈度（小震）和预估罕遇地震烈度（大震）分别对应于50年设计基准期内超越概率为63%和2%～3%的地震烈度。为了与地震动参数区划图接口，表3.3.7-1中的 α_{max} 比89规范增加了7度0.15g 和8度0.30g 的地区数值。本次修订，与结构抗震性能设计要求相适应，增加了设防烈度地震（中震）和6度时的地震影响系数最大值规定。

根据土层等效剪切波速和场地覆盖层厚度将建筑的场地划分为Ⅰ、Ⅱ、Ⅲ、Ⅳ四类，其中Ⅰ类分为 $Ⅰ_0$ 和 $Ⅰ_1$ 两个亚类，本规程中提及Ⅰ类场地而未专门注明 $Ⅰ_0$ 或 $Ⅰ_1$ 的，均包含这两个亚类。具体场地划分标准见现行国家标准《建筑抗震设计规范》GB 50011的有关规定。

4.3.8 弹性反应谱理论仍是现阶段抗震设计的最基本理论，本规程的设计反应谱与现行国家标准《建筑抗震设计规范》GB 50011一致。

1 同样烈度、同样场地条件的反应谱形状，随着震源机制、震级大小、震中距远近等的变化，有较大的差别，影响因素很多。在继续保留烈度概念的基础上，用设计地震分组的特征周期 T_g 予以反映。其中，Ⅰ、Ⅱ、Ⅲ类场地的特征周期值，《建筑抗震设计规范》GB 50011—2001（下称01规范）较89规范的取值增大了0.05s；本次修订，计算罕遇地震作用时，特征周期 T_g 值也增大0.05s。这些改进，适当提高结构的抗震安全性，也比较符合近年来得到的大量地震加速度资料的统计结果。

2 在 $T \leqslant 0.1$s的范围内，各类场地的地震影响系数一律采用同样的斜线，使之符合 $T=0$ 时（刚体）动力不放大的规律；在 $T \geqslant T_g$ 时，设计反应谱在理论上存在二个下降段，即速度控制段和位移控制段，在加速度反应谱中，前者衰减指数为1，后者衰减指数为2。设计反应谱是用来预估建筑结构在其设计基准期内可能经受的地震作用，通常根据大量实际地震记录的反应谱进行统计并结合工程经验判断加以规定。为保持延续性，地震影响系数在 $T \leqslant 5T_g$ 范围内保持不变，各曲线的递减指数为非整数；在 $T > 5T_g$ 的范围为倾斜下降段，不同场地类别的最小值不同，较符合实际反应谱的统计规律。对于周期大于6s的结构，地震影响系数仍需专门研究。

3 考虑到不同结构类型的设计需要，提供了不同阻尼比（通常为0.02～0.30）地震影响系数曲线相对于标准的地震影响系数（阻尼比为0.05）的修正方法。根据实际强震记录的统计分析结果，这种修正可分二段进行：在反应谱平台段修正幅度最大；在反应谱上升段和下降段，修正幅度变小；在曲线两端（0s和6s），不同阻尼比下的地震影响系数趋向接近。

本次修订，保持01规范地震影响系数曲线的计算表达式不变，只对其参数进行调整，达到以下效果：

1） 阻尼比为5%的地震影响系数维持不变，对于钢筋混凝土结构的抗震设计，同01规范的水平。

2） 基本解决了01规范在长周期段，不同阻尼比地震影响系数曲线交叉、大阻尼曲线值高于小阻尼曲线值的不合理现象。Ⅰ、Ⅱ、Ⅲ类场地的地震影响系数曲线在周期接近6s时，基本交汇在一点上，符合理论和统计规律。

3） 降低了小阻尼（0.02～0.035）的地震影响系数值，最大降低幅度达18%。略微提高了阻尼比0.06～0.10范围的地震影响系数值，长周期部分最大增幅约5%。

4） 适当降低了大阻尼（0.20～0.30）的地震影响系数值，在 $5T_g$ 周期以内，基本不变；长周期部分最大降幅约10%，扩大了消能减震技术的应用范围。

对应于不同阻尼比计算地震影响系数曲线的衰减指数和调整系数见表4。

表4 不同阻尼比时的衰减指数和调整系数

阻尼比 ζ	阻尼调整系数 η_2	曲线下降段衰减指数 γ	直线下降段斜率调整系数 η_1
0.02	1.268	0.971	0.026
0.03	1.156	0.942	0.024
0.04	1.069	0.919	0.022
0.05	1.000	0.900	0.020
0.10	0.792	0.844	0.013
0.15	0.688	0.817	0.009
0.2	0.625	0.800	0.006
0.3	0.554	0.781	0.002

4.3.10 引用现行国家标准《建筑抗震设计规范》GB 50011。增加了考虑双向水平地震作用下的地震效应组合方法。根据强震观测记录的统计分析，两个方向水平地震加速度的最大值不相等，二者之比约为1∶0.85；而且两个方向的最大值不一定发生在同一时刻，因此采用平方和开平方计算两个方向地震作用效应的组合。条文中的 S_x 和 S_y 是指在两个正交的 X 和 Y 方向地震作用下，在每个构件的同一局部坐标方向上的地震作用效应，如 X 方向地震作用下在局部坐标 x 方向的弯矩 M_{xx} 和 Y 方向地震作用下在局部

坐标 x 方向的弯矩 M_{xy}。

作用效应包括楼层剪力、弯矩和位移，也包括构件内力（弯矩、剪力、轴力、扭矩等）和变形。

本规程建议的振型数是对质量和刚度分布比较均匀的结构而言的。对于质量和刚度分布很不均匀的结构，振型分解反应谱法所需的振型数一般可取为振型参与质量达到总质量的 90%时所需的振型数。

4.3.11 底部剪力法在高层建筑水平地震作用计算中应用较少，但作为一种方法，本规程仍予以保留，因此列于附录中。对于规则结构，采用本条方法计算水平地震作用时，仍应考虑偶然偏心的不利影响。

4.3.12 由于地震影响系数在长周期段下降较快，对于基本周期大于 3s 的结构，由此计算所得的水平地震作用下的结构效应可能过小。而对于长周期结构，地震地面运动速度和位移可能对结构的破坏具有更大影响，但是规范所采用的振型分解反应谱法尚无法对此作出合理估计。出于结构安全的考虑，增加了对各楼层水平地震剪力最小值的要求，规定了不同设防烈度下的楼层最小地震剪力系数（即剪重比），当不满足时，结构水平地震总剪力和各楼层的水平地震剪力均需要进行相应的调整或改变结构刚度使之达到规定的要求。本次修订补充了 6 度时的最小地震剪力系数规定。

对于竖向不规则结构的薄弱层的水平地震剪力，本规程第 3.5.8 条规定应乘以 1.25 的增大系数，该层剪力放大 1.25 倍后仍需要满足本条的规定，即该层的地震剪力系数不应小于表 4.3.12 中数值的 1.15 倍。

表 4.3.12 中所说的扭转效应明显的结构，是指楼层最大水平位移（或层间位移）大于楼层平均水平位移（或层间位移）1.2 倍的结构。

4.3.13 结构的竖向地震作用的精确计算比较繁杂，本规程保留了原规程 JGJ 3-91 的简化计算方法。

4.3.14 本条为新增条文，主要考虑目前高层建筑中较多采用大跨度和长悬挑结构，需要采用时程分析方法或反应谱方法进行竖向地震的分析，给出了反应谱和时程分析计算时需要的数据。反应谱采用水平反应谱的 65%，包括最大值和形状参数，但认为竖向反应谱的特征周期与水平反应谱相比，尤其在远震中距时，明显小于水平反应谱，故本条规定，设计特征周期均按第一组采用。对处于发震断裂 10km 以内的场地，其最大值可能接近于水平谱，特征周期小于水平谱。

4.3.15 高层建筑中的大跨度、悬挑、转换、连体结构的竖向地震作用大小与其所处的位置以及支承结构的刚度都有一定关系，因此对于跨度较大、所处位置较高的情况，建议采用本规程第 4.3.13、4.3.14 条的规定进行竖向地震作用计算，并且计算结果不宜小于本条规定。

为了简化计算，跨度或悬挑长度不大于本规程第 4.3.14 条规定的大跨结构和悬挑结构，可直接按本条规定的地震作用系数乘以相应的重力荷载代表值作为竖向地震作用标准值。

4.3.16 高层建筑结构整体计算分析时，只考虑了主要结构构件（梁、柱、剪力墙和筒体等）的刚度，没有考虑非承重结构构件的刚度，因而计算的自振周期较实际的偏长，按这一周期计算的地震力偏小。为此，本条规定应考虑非承重墙体的刚度影响，对计算的自振周期予以折减。

4.3.17 大量工程实测周期表明：实际建筑物自振周期短于计算的周期。尤其是有实心砖填充墙的框架结构，由于实心砖填充墙的刚度大于框架柱的刚度，其影响更为显著，实测周期约为计算周期的 50%～60%；剪力墙结构中，由于砖墙数量少，其刚度又远小于钢筋混凝土墙的刚度，实测周期与计算周期比较接近。

本次修订，考虑到目前黏土砖被限制使用，而其他类型的砌体墙越来越多，把“填充砖墙”改为“砌体墙”，但不包括采用柔性连接的填充墙或刚度很小的轻质砌体填充墙；增加了框架-核心筒结构周期折减系数的规定；目前有些剪力墙结构布置的填充墙较多，其周期折减系数可能小于 0.9，故将剪力墙结构的周期折减系数调整为 0.8～1.0。

5 结构计算分析

5.1 一 般 规 定

5.1.3 目前国内规范体系是采用弹性方法计算内力，在截面设计时考虑材料的弹塑性性质。因此，高层建筑结构的内力与位移仍按弹性方法计算，框架梁及连梁等构件可考虑局部塑性变形引起的内力重分布，即本规程第 5.2.1 条和 5.2.3 条的规定。

5.1.4 高层建筑结构是复杂的三维空间受力体系，计算分析时应根据结构实际情况，选取能较准确地反映结构中各构件的实际受力状况的力学模型。对于平面和立面布置简单规则的框架结构、框架-剪力墙结构宜采用空间分析模型，可采用平面框架空间协同模型；对剪力墙结构、筒体结构和复杂布置的框架结构、框架-剪力墙结构应采用空间分析模型。目前国内商品化的结构分析软件所采用的力学模型主要有：空间杆系模型、空间杆-薄壁杆系模型、空间杆-墙板元模型及其他组合有限元模型。

目前，国内计算机和结构分析软件应用十分普及，原规程 JGJ 3-91 第 4.1.4 条和 4.1.6 条规定的简化方法和手算方法未再列入本规程。如需要采用简化方法或手算方法，设计人员可参考有关设计手册或书籍。

5.1.5 高层建筑的楼屋面绝大多数为现浇钢筋混凝土楼板和有现浇面层的预制装配式楼板，进行高层建筑内力与位移计算时，可视其为水平放置的深梁，具有很大的面内刚度，可近似认为楼板在其自身平面内为无限刚性。采用这一假设后，结构分析的自由度数目大大减少，可能减小由于庞大自由度系统而带来的计算误差，使计算过程和计算结果的分析大为简化。计算分析和工程实践证明，刚性楼板假定对绝大多数高层建筑的分析具有足够的工程精度。采用刚性楼板假定进行结构计算时，设计上应采取必要措施保证楼面的整体刚度。比如，平面体型宜符合本规程 4.3.3 条的规定；宜采用现浇钢筋混凝土楼板和有现浇面层的装配整体式楼板；局部削弱的楼面，可采取楼板局部加厚、设置边梁、加大楼板配筋等措施。

楼板有效宽度较窄的环形楼面或其他有大开洞楼面、有狭长外伸段楼面、局部变窄产生薄弱连接的楼面、连体结构的狭长连接体楼面等场合，楼板面内刚度有较大削弱且不均匀，楼板的面内变形会使楼层内抗侧刚度较小的构件的位移和受力加大（相对刚性楼板假定而言），计算时应考虑楼板面内变形的影响。根据楼面结构的实际情况，楼板面内变形可全楼考虑、仅部分楼层考虑或仅部分楼层的部分区域考虑。考虑楼板的实际刚度可以采用将楼板等效为剪弯水平梁的简化方法，也可采用有限单元法进行计算。

当需要考虑楼板面内变形而计算中采用楼板面内无限刚性假定时，应对所得的计算结果进行适当调整。具体的调整方法和调整幅度与结构体系、构件平面布置、楼板削弱情况等密切相关，不便在条文中具体化。一般可对楼板削弱部位的抗侧刚度相对较小的结构构件，适当增大计算内力，加强配筋和构造措施。

5.1.6 高层建筑按空间整体工作计算时，不同计算模型的梁、柱自由度是相同的。梁的弯曲、剪切、扭转变形，当考虑楼板面内变形时还有轴向变形；柱的弯曲、剪切、轴向、扭转变形。当采用空间杆-薄壁杆系模型时，剪力墙自由度考虑弯曲、剪切、轴向、扭转变形和翘曲变形；当采用其他有限元模型分析剪力墙时，剪力墙自由度考虑弯曲、剪切、轴向、扭转变形。

高层建筑层数多、重量大，墙、柱的轴向变形影响显著，计算时应考虑。

构件内力是与位移向量对应的，与截面设计对应的分别为弯矩、剪力、轴力、扭矩等。

5.1.8 目前国内钢筋混凝土结构高层建筑由恒载和活载引起的单位面积重力，框架与框架-剪力墙结构约为 $12kN/m^2 \sim 14kN/m^2$，剪力墙和筒体结构约为 $13kN/m^2 \sim 16kN/m^2$，而其中活荷载部分约为 $2kN/m^2 \sim 3kN/m^2$，只占全部重力的 15%～20%，活载不利分布的影响较小。另一方面，高层建筑结构层数很多，每层的房间也很多，活载在各层间的分布情况极其繁多，难以一一计算。

如果活荷载较大，其不利分布对梁弯矩的影响会比较明显，计算时应予考虑。除进行活荷载不利分布的详细计算分析外，也可将未考虑活荷载不利分布计算的框架梁弯矩乘以放大系数予以近似考虑，该放大系数通常可取为 1.1～1.3，活载大时可选用较大数值。近似考虑活荷载不利分布影响时，梁正、负弯矩应同时予以放大。

5.1.9 高层建筑结构是逐层施工完成的，其竖向刚度和竖向荷载（如自重和施工荷载）也是逐层形成的。这种情况与结构刚度一次形成、竖向荷载一次施加的计算方法存在较大差异。因此对于层数较多的高层建筑，其重力荷载作用效应分析时，柱、墙轴向变形宜考虑施工过程的影响。施工过程的模拟可根据需要采用适当的方法考虑，如结构竖向刚度和竖向荷载逐层形成、逐层计算的方法等。

本次修订，增加了复杂结构及 150m 以上高层建筑应考虑施工过程的影响，因为这类结构是否考虑施工过程的模拟计算，对设计有较大影响。

5.1.10 高层建筑结构进行水平风荷载作用效应分析时，除对称结构外，结构构件在正反两个方向的风荷载作用下效应一般是不相同的，按两个方向风效应的较大值采用，是为了保证安全的前提下简化计算；体型复杂的高层建筑，应考虑多方向风荷载作用，进行风效应对比分析，增加结构抗风安全性。

5.1.11 在结构整体计算分析中，型钢混凝土和钢管混凝土构件宜按实际情况直接参与计算。随着结构分析软件技术的进步，已经可以较容易地实现在整体模型中直接考虑型钢混凝土和钢管混凝土构件，因此本次修订取消了将型钢混凝土和钢管混凝土构件等效为混凝土构件进行计算的规定。

型钢混凝土构件、钢管混凝土构件的截面设计应按本规程第 11 章的有关规定执行。

5.1.12 体型复杂、结构布置复杂的高层建筑结构的受力情况复杂，B 级高度高层建筑属于超限高层建筑，采用至少两个不同力学模型的结构分析软件进行整体计算分析，可以相互比较和分析，以保证力学分析结构的可靠性。

对 B 级高度高层建筑的要求是本次修订增加的内容。

5.1.13 带加强层的高层建筑结构、带转换层的高层建筑结构、错层结构、连体和立面开洞结构、多塔楼结构、立面较大收进结构等，属于体形复杂的高层建筑结构，其竖向刚度和承载力变化大、受力复杂，易形成薄弱部位；混合结构以及 B 级高度的高层建筑结构的房屋高度大、工程经验不多，因此整体计算分析时应从严要求。本条第 4 款的要求主要针对重要建筑以及相邻层侧向刚度或承载力相差悬殊的竖向不规则高层建筑结构。

本次修订补充了对混合结构的计算要求。

5.1.14 本条为新增条文，对多塔楼结构提出了分塔楼模型计算要求。多塔楼结构振动形态复杂，整体模型计算有时不容易判断结果的合理性；辅以分塔楼模型计算分析，取二者的不利结果进行设计较为妥当。

5.1.15 对受力复杂的结构构件，如竖向布置复杂的剪力墙、加强层构件、转换层构件、错层构件、连接体及其相关构件等，除结构整体分析外，尚应按有限元等方法进行更加仔细的局部应力分析，并可根据需要，按应力分析结果进行截面配筋设计校核。按应力进行截面配筋计算的方法，可按照现行国家标准《混凝土结构设计规范》GB 50010 的有关规定。

5.1.16 在计算机和计算机软件广泛应用的条件下，除了要选择使用可靠的计算软件外，还应对软件产生的计算结果从力学概念和工程经验等方面加以分析判断，确认其合理性和可靠性。

5.2 计算参数

5.2.1 高层建筑结构构件均采用弹性刚度参与整体分析，但抗震设计的框架-剪力墙或剪力墙结构中的连梁刚度相对墙体较小，而承受的弯矩和剪力很大，配筋设计困难。因此，可考虑在不影响承受竖向荷载能力的前提下，允许其适当开裂（降低刚度）而把内力转移到墙体上。通常，设防烈度低时可少折减一些（6、7 度时可取 0.7），设防烈度高时可多折减一些（8、9 度时可取 0.5）。折减系数不宜小于 0.5，以保证连梁承受竖向荷载的能力。

对框架-剪力墙结构中一端与柱连接、一端与墙连接的梁以及剪力墙结构中的某些连梁，如果跨高比较大（比如大于 5）、重力作用效应比水平风或水平地震作用效应更为明显，此时应慎重考虑梁刚度的折减问题，必要时可不进行梁刚度折减，以控制正常使用阶段梁裂缝的发生和发展。

本次修订进一步明确了仅在计算地震作用效应时可以对连梁刚度进行折减，对如重力荷载、风荷载作用效应计算不宜考虑连梁刚度折减。有地震作用效应组合工况，均可按考虑连梁刚度折减后计算的地震作用效应参与组合。

5.2.2 现浇楼面和装配整体式楼面的楼板作为梁的有效翼缘形成 T 形截面，提高了楼面梁的刚度，结构计算时应予考虑。当近似其影响时，应根据梁翼缘尺寸与梁截面尺寸的比例关系确定增大系数的取值。通常现浇楼面的边框架梁可取 1.5，中框架梁可取 2.0；有现浇面层的装配式楼面梁的刚度增大系数可适当减小。当框架梁截面较小而楼板较厚或者梁截面较大而楼板较薄时，梁刚度增大系数可能会超出 1.5～2.0 的范围，因此规定增大系数可取 1.3～2.0。

5.2.3 在竖向荷载作用下，框架梁端负弯矩往往较大，配筋困难，不便于施工和保证施工质量。因此允许考虑塑性变形内力重分布对梁端负弯矩进行适当调幅。钢筋混凝土的塑性变形能力有限，调幅的幅度应该加以限制。框架梁端负弯矩减小后，梁跨中弯矩应按平衡条件相应增大。

截面设计时，为保证框架梁跨中截面底钢筋不至于过少，其正弯矩设计值不应小于竖向荷载作用下按简支梁计算的跨中弯矩之半。

5.2.4 高层建筑结构楼面梁受楼板（有时还有次梁）的约束作用，无约束的独立梁极少。当结构计算中未考虑楼盖对梁扭转的约束作用时，梁的扭转变形和扭矩计算值过大，与实际情况不符，抗扭设计也比较困难，因此可对梁的计算扭矩予以适当折减。计算分析表明，扭矩折减系数与楼盖（楼板和梁）的约束作用和梁的位置密切相关，折减系数的变化幅度较大，本规程不便给出具体的折减系数，应由设计人员根据具体情况进行确定。

5.3 计算简图处理

5.3.1 高层建筑是三维空间结构，构件多，受力复杂；结构计算分析软件都有其适用条件，使用不当，可能导致结构设计的不合理甚至不安全。因此，结构计算分析时，应结合结构的实际情况和所采用的计算软件的力学模型要求，对结构进行力学上的适当简化处理，使其既能比较正确地反映结构的受力性能，又适应于所选用的计算分析软件的力学模型，从根本上保证结构分析结果的可靠性。

5.3.3 密肋板楼盖简化计算时，可将密肋梁均匀等效为柱上框架梁，其截面宽度可取被等效的密肋梁截面宽度之和。

平板无梁楼盖的面外刚度由楼板提供，计算时必须考虑。当采用近似方法考虑时，其柱上板带可等效为框架梁计算，等效框架梁的截面宽度可取等代框架方向板跨的 3/4 及垂直于等代框架方向板跨的 1/2 两者的较小值。

5.3.4 当构件截面相对其跨度较大时，构件交点处会形成相对的刚性节点区域。刚域尺寸的合理确定，会在一定程度上影响结构的整体分析结果，本条给出的计算公式是近似公式，但在实际工程中已有多年应用，有一定的代表性。确定计算模型时，壁式框架梁、柱轴线可取为剪力墙连梁和墙肢的形心线。

本条规定，考虑刚域后梁端截面计算弯矩可以取刚域端截面的弯矩值，而不再取轴线截面的弯矩值，在保证安全的前提下，可以适当减小梁端截面的弯矩值，从而减少配筋量。

5.3.5、5.3.6 对复杂高层建筑结构、立面错洞剪力墙结构，在结构内力与位移整体计算中，可对其局部作适当的和必要的简化处理，但不应改变结构的整体变形和受力特点。整体计算作了简化处理的，应对作简化处理的局部结构或结构构件进行更精细的补充计算分析（比如有限元分析），以保证局部构件计算分析结果的可靠性。

5.3.7 本条给出作为结构分析模型嵌固部位的刚度要求。计算地下室结构楼层侧向刚度时，可考虑地上结构以外的地下室相关部位的结构，“相关部位”一般指地上结构外扩不超过三跨的地下室范围。楼层侧向刚度比可按本规程附录 E.0.1 条公式计算。

5.4 重力二阶效应及结构稳定

5.4.1 在水平力作用下，带有剪力墙或筒体的高层建筑结构的变形形态为弯剪型，框架结构的变形形态为剪切型。计算分析表明，重力荷载在水平作用位移效应上引起的二阶效应（以下简称重力 P-Δ 效应）有时比较严重。对混凝土结构，随着结构刚度的降低，重力二阶效应的不利影响呈非线性增长。因此，对结构的弹性刚度和重力荷载作用的关系应加以限制。本条公式使结构按弹性分析的二阶效应对结构内力、位移的增量控制在5%左右；考虑实际刚度折减50%时，结构内力增量控制在10%以内。如果结构满足本条要求，重力二阶效应的影响相对较小，可忽略不计。

公式（5.4.1-1）与德国设计规范（DIN1045）及原规程JGJ 3-91第 4.3.1 条的规定基本一致。

结构的弹性等效侧向刚度 EJ_d，可近似按倒三角形分布荷载作用下结构顶点位移相等的原则，将结构的侧向刚度折算为竖向悬臂受弯构件的等效侧向刚度。假定倒三角形分布荷载的最大值为 q，在该荷载作用下结构顶点质心的弹性水平位移为 u，房屋高度为 H，则结构的弹性等效侧向刚度 EJ_d 可按下式计算：

$$EJ_d=\frac{11qH^4}{120u} \tag{5}$$

5.4.2 混凝土结构在水平力作用下，如果侧向刚度不满足本规程第 5.4.1 条的规定，应考虑重力二阶效应对结构构件的不利影响。但重力二阶效应产生的内力、位移增量宜控制在一定范围，不宜过大。考虑二阶效应后计算的位移仍应满足本规程第 3.7.3 条的规定。

5.4.3 一般可根据楼层重力和楼层在水平力作用下产生的层间位移，计算出等效的荷载向量，利用结构力学方法求解重力二阶效应。重力二阶效应可采用有限元分析计算，也可按简化的弹性方法近似考虑。增大系数法是一种简单近似的考虑重力 $P-\Delta$ 效应的方法。考虑重力 $P-\Delta$ 效应的结构位移可采用未考虑重力二阶效应的位移乘以位移增大系数，但位移限制条件不变。本规程第 3.7.3 条规定按弹性方法计算的位移宜满足规定的位移限值，因此结构位移增大系数计算时，不考虑结构刚度的折减。考虑重力 $P-\Delta$ 效应的结构构件（梁、柱、剪力墙）内力可采用未考虑重力二阶效应的内力乘以内力增大系数，内力增大系数计算时，考虑结构刚度的折减，为简化计算，折减系数近似取 0.5，以适当提高结构构件承载力的安全储备。

5.4.4 结构整体稳定性是高层建筑结构设计的基本要求。研究表明，高层建筑混凝土结构仅在竖向重力荷载作用下产生整体失稳的可能性很小。高层建筑结构的稳定设计主要是控制在风荷载或水平地震作用下，重力荷载产生的二阶效应不致过大，以免引起结构的失稳、倒塌。结构的刚度和重力荷载之比（简称刚重比）是影响重力 $P-\Delta$ 效应的主要参数。如果结构的刚重比满足本条公式（5.4.4-1）或（5.4.4-2）的规定，则在考虑结构弹性刚度折减 50%的情况下，重力 $P-\Delta$ 效应仍可控制在 20%之内，结构的稳定具有适宜的安全储备。若结构的刚重比进一步减小，则重力 $P-\Delta$ 效应将会呈非线性关系急剧增长，直至引起结构的整体失稳。在水平力作用下，高层建筑结构的稳定应满足本条的规定，不应再放松要求。如不满足本条的规定，应调整并增大结构的侧向刚度。

当结构的设计水平力较小，如计算的楼层剪重比（楼层剪力与其上各层重力荷载代表值之和的比值）小于 0.02 时，结构刚度虽能满足水平位移限值要求，但有可能不满足本条规定的稳定要求。

5.5 结构弹塑性分析及薄弱层弹塑性变形验算

5.5.1 本条为新增条文。对重要的建筑结构、超高层建筑结构、复杂高层建筑结构进行弹塑性计算分析，可以分析结构的薄弱部位、验证结构的抗震性能，是目前应用越来越多的一种方法。

在进行结构弹塑性计算分析时，应根据工程的重要性、破坏后的危害性及修复的难易程度，设定结构的抗震性能目标，这部分内容可按本规程第 3.11 节的有关规定执行。

建立结构弹塑性计算模型时，可根据结构构件的性能和分析精度要求，采用恰当的分析模型。如梁、柱、斜撑可采用一维单元；墙、板可采用二维或三维单元。结构的几何尺寸、钢筋、型钢、钢构件等应按实际设计情况采用，不应简单采用弹性计算软件的分析结果。

结构材料（钢筋、型钢、混凝土等）的性能指标（如弹性模量、强度取值等）以及本构关系，与预定的结构或结构构件的抗震性能目标有密切关系，应根据实际情况合理选用。如材料强度可分别取用设计值、标准值、抗拉极限值或实测值、实测平均值等，与结构抗震性能目标有关。结构材料的本构关系直接影响弹塑性分析结果，选择时应特别注意；钢筋和混凝土的本构关系，在现行国家标准《混凝土结构设计规范》GB 50010 的附录中有相应规定，可参考使用。

结构弹塑性变形往往比弹性变形大很多，考虑结构几何非线性进行计算是必要的，结果的可靠性也会因此有所提高。

与弹性静力分析计算相比，结构的弹塑性分析具有更大的不确定性，不仅与上述因素有关，还与分析软件的计算模型以及结构阻尼选取、构件破损程度的衡量、有限元的划分等有关，存在较多的人为因素和经验因素。因此，弹塑性计算分析首先要了解分析软件的适用性，选用适合于所设计工程的软件，然后对计算结果的合理性进行分析判断。工程设计中有时会遇到计算结果出现不合理或怪异现象，需要结构工程师与软件编制人员共同研究解决。

5.5.2 本条规定了进行结构弹塑性分析的具体方法。本次修订取消了 02 规程中“7、8、9 度抗震设计”的限制条件，因为本条仅规定计算方法，哪些结构需要进行弹塑性计算分析，在本规程第 3.7.4、5.1.13 条等条有专门规定。

5.5.3 本条罕遇地震作用下结构薄弱层（部位）弹塑性变形验算的简化计算方法，与现行国家标准《建筑抗震设计规范》GB 50011的规定一致。

5.6 荷载组合和地震作用组合的效应

5.6.1～5.6.4 本节是高层建筑承载能力极限状态设计时作用组合效应的基本要求，主要根据现行国家标准《工程结构可靠性设计统一标准》GB 50153 以及《建筑结构荷载规范》GB 50009、《建筑抗震设计规范》GB 50011 的有关规定制定。本次修订：1）增加了考虑设计使用年限的可变荷载（楼面活荷载）调整系数；2）仅规定了持久、短暂、地震设计状况下，作用基本组合时的作用效应设计值的计算公式，对偶然作用组合、标准组合不作强制性规定，有关结构侧向位移的设计规定见本规程第 3.7.3 条；3）明确了本节规定不适用于作用和作用效应呈非线性关系的情况；4）表 5.6.4 中增加了 7 度（0.15g）时，也要考虑水平地震、竖向地震作用同时参与组合的情况；5）对水平长悬臂结构和大跨度结构，表 5.6.4 中增加了竖向地震作为主要可变作用的组合工况。

第 5.6.1 条和 5.6.3 条均适应于作用和作用效应呈线性关系的情况。如果结构上的作用和作用效应不能以线性关系表述，则作用组合的效应应符合现行国家标准《工程结构可靠性设计统一标准》GB 50153 的有关规定。

持久设计状况和短暂设计状况作用基本组合的效应，当永久荷载效应起控制作用时，永久荷载分项系数取 1.35，此时参与组合的可变作用（如楼面活荷载、风荷载等）应考虑相应的组合值系数；持久设计状况和短暂设计状况的作用基本组合的效应，当可变荷载效应起控制作用（永久荷载分项系数取 1.2）的场合，如风荷载作为主要可变荷载、楼面活荷载作为次要可变荷载时，其组合值系数分别取 1.0、0.7，对书库、档案库、储藏室、通风机房和电梯机房等楼面活荷载较大且相对固定的情况，其楼面活荷载组合值系数应由 0.7 改为 0.9；持久设计状况和短暂设计状况的作用基本组合的效应，当楼面活荷载作为主要可变荷载、风荷载作为次要可变荷载时，其组合值系数分别取 1.0 和 0.6。

结构设计使用年限为 100 年时，本条公式（5.6.1）中参与组合的风荷载效应应按现行国家标准《建筑结构荷载规范》GB 50009规定的 100 年重现期的风压值计算；当高层建筑对风荷载比较敏感时，风荷载效应计算尚应符合本规程第 4.2.2 条的规定。

地震设计状况作用基本组合的效应，当本规程有规定时，地震作用效应标准值应首先乘以相应的调整系数、增大系数，然后再进行效应组合。如薄弱层剪力增大、楼层最小地震剪力系数（剪重比）调整、框支柱地震轴力的调整、转换构件地震内力放大、框架-剪力墙结构和筒体结构有关地震剪力调整等。

7 度（0.15g）和 8、9 度抗震设计的大跨度结构、长悬臂结构应考虑竖向地震作用的影响，如高层建筑的大跨度转换构件、连体结构的连接体等。

关于不同设计状况的定义以及作用的标准组合、偶然组合的有关规定，可参考现行国家标准《工程结构可靠性设计统一标准》GB 50153。

5.6.5 对非抗震设计的高层建筑结构，应按式（5.6.1）计算荷载效应的组合；对抗震设计的高层建筑结构，应同时按式（5.6.1）和式（5.6.3）计算荷载效应和地震作用效应组合，并按本规程的有关规定（如强柱弱梁、强剪弱弯等），对组合内力进行必要的调整。同一构件的不同截面或不同设计要求，可能对应不同的组合工况，应分别进行验算。

6 框架结构设计

6.1 一 般 规 定

6.1.2 本次修订将 02 规程的“不宜”改为“不应”，进一步从严要求。震害调查表明，单跨框架结构，尤其是层数较多的高层建筑，震害比较严重。因此，抗震设计的框架结构不应采用冗余度低的单跨框架。

单跨框架结构是指整栋建筑全部或绝大部分采用单跨框架的结构，不包括仅局部为单跨框架的框架结构。本规程第 8.1.3 条第 1、2 款规定的框架-剪力墙结构可局部采用单跨框架结构；其他情况应根据具体情况进行分析、判断。

6.1.3 本条为 02 规程第 6.1.4 条的修改，02 规程第 6.1.3 条改为本规程第 6.1.7 条。

框架结构如采用砌体填充墙，当布置不当时，常能造成结构竖向刚度变化过大；或形成短柱；或形成较大的刚度偏心。由于填充墙是由建筑专业布置，结构图纸上不予表示，容易被忽略。国内、外皆有由此而造成的震害例子。本条目的是提醒结构工程师注意防止砌体（尤其是砖砌体）填充墙对结构设计的不利影响。

6.1.4 2008年汶川地震震害进一步表明，框架结构中的楼梯及周边构件破坏严重。本次修订增加了楼梯的抗震设计要求。抗震设计时，楼梯间为主要疏散通道，其结构应有足够的抗倒塌能力，楼梯应作为结构构件进行设计。框架结构中楼梯构件的组合内力设计值应包括与地震作用效应的组合，楼梯梁、柱的抗震等级应与框架结构本身相同。

框架结构中，钢筋混凝土楼梯自身的刚度对结构地震作用和地震反应有着较大的影响，若楼梯布置不当会造成结构平面不规则，抗震设计时应尽量避免出现这种情况。

震害调查中发现框架结构中的楼梯板破坏严重，被拉断的情况非常普遍，因此应进行抗震设计，并加强构造措施，宜采用双排配筋。

6.1.5 2008年汶川地震中，框架结构中的砌体填充墙破坏严重。本次修订明确了用于填充墙的砌块强度等级，提高了砌体填充墙与主体结构的拉结要求、构造柱设置要求以及楼梯间砌体墙构造要求。

6.1.6 框架结构与砌体结构是两种截然不同的结构体系，其抗侧刚度、变形能力等相差很大，这两种结构在同一建筑物中混合使用，对建筑物的抗震性能将产生很不利的影响，甚至造成严重破坏。

6.1.7 在实际工程中，框架梁、柱中心线不重合、产生偏心的实例较多，需要有解决问题的方法。本条是根据国内外试验研究的结果提出的。根据试验结果，采用水平加腋方法，能明显改善梁柱节点的承受反复荷载性能。9度抗震设计时，不应采用梁柱偏心较大的结构。

6.1.8 不与框架柱（包括框架-剪力墙结构中的柱）相连的次梁，可按非抗震设计。

图4为框架楼层平面中的一个区格。图中梁 L_1 两端不与框架柱相连，因而不参与抗震，所以梁 L_1 的构造可按非抗震要求。例如，梁端箍筋不需要按抗震要求加密，仅需满足抗剪强度的要求，其间距也可按非抗震构件的要求；箍筋无需弯135°钩，90°钩即可；纵筋的锚固、搭接等都可按非抗震要求。图中梁 L_2 与 L_1 不同，其一端与框架柱相连，另一端与梁相连；与框架柱相连端应按抗震设计，其要求应与框架梁相同，与梁相连端构造可同 L_1 梁。

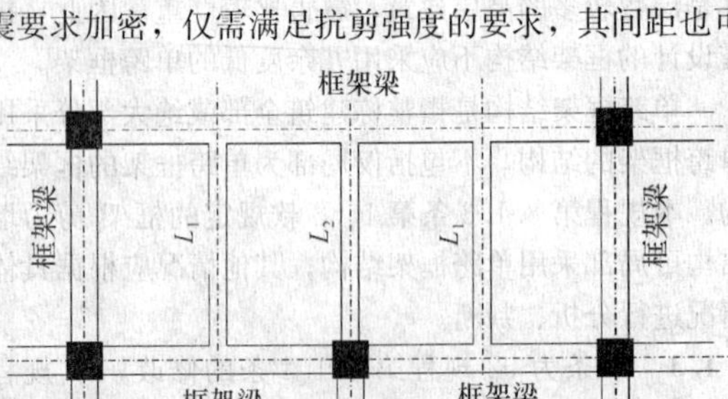

图4 结构平面中次梁示意

6.2 截面设计

6.2.1 由于框架柱的延性通常比梁的延性小，一旦框架柱形成了塑性铰，就会产生较大的层间侧移，并影响结构承受垂直荷载的能力。因此，在框架柱的设计中，有目的地增大柱端弯矩设计值，体现“强柱弱梁”的设计概念。

本次修订对“强柱弱梁”的要求进行了调整，提高了框架结构的要求，对二、三级框架结构柱端弯矩增大系数 η_c 由02规程的1.2、1.1分别提高到1.5、1.3。因本规程框架结构不含四级，故取消了四级的有关要求。

一级框架结构和9度时的框架应按实配钢筋进行强柱弱梁验算。本规程的高层建筑，9度时抗震等级只有一级，无二级。

当楼板与梁整体现浇时，板内配筋对梁的受弯承载力有相当影响，因此本次修订增加了在计算梁端实际配筋面积时，应计入梁有效翼缘宽度范围内楼板钢筋的要求。梁的有效翼缘宽度取值，各国规范也不尽相同，建议一般情况可取梁两侧各6倍板厚的范围。

本次修订对二、三级框架结构仅提高了柱端弯矩增大系数，未要求采用实配反算。但当框架梁是按最小配筋率的构造要求配筋时，为避免出现因梁的实际受弯承载力与弯矩设计值相差太多而无法实现“强柱弱梁”的情况，宜采用实配反算的方法进行柱子的受弯承载力设计。此时公式（6.2.3-1）中的实配系数1.2可适当降低，但不应低于1.1。

6.2.2 研究表明，框架结构的底层柱下端，在强震下不能避免出现塑性铰。为了提高抗震安全度，将框架结构底层柱下端弯矩设计值乘以增大系数，以加强底层柱下端的实际受弯承载力，推迟塑性铰的出现。本次修订进一步提高了增大系数的取值，一、二、三级增大系数由02规程的1.5、1.25、1.15分别调整为1.7、1.5、1.3。

增大系数只适用于框架结构，对其他类型结构中的框架，不作此要求。

6.2.3 框架柱、框支柱设计时应满足“强剪弱弯”的要求。在设计中，需要有目的地增大柱子的剪力设计值。本次修订对剪力放大系数作了调整，提高了框架结构的要求，二、三级时柱端剪力增大系数 η_{vc} 由02规程的1.2、1.1分别提高到1.3、1.2；对其他结构的框架，扩大了进行“强剪弱弯”设计的范围，要求四级框架柱也要增大，要求同三级。

6.2.4 抗震设计的框架，考虑到角柱承受双向地震作用，扭转效应对内力影响较大，且受力复杂，在设计中应予以适当加强，因此对其弯矩设计值、剪力设计值增大10%。02规程中，此要求仅针对框架结构中的角柱；本次修订扩大了范围，并增加了四级要求。

6.2.5 框架结构设计中应力求做到，在地震作用下的框架呈现梁铰型延性机构，为减少梁端塑性铰区发生脆性剪切破坏的可能性，对框架梁提出了梁端的斜截面受剪承载力应高于正截面受弯承载力的要求，即“强剪弱弯”的设计概念。

梁端斜截面受剪承载力的提高，首先是在剪力设计值确定中，考虑了梁端弯矩的增大，以体现“强剪弱弯”的要求。对一级抗震等级的框架结构及9度时的其他结构中的框架，还考虑了工程设计中梁端纵向受拉钢筋有超配的情况，要求梁左、右端取用考虑承载力抗震调整系数的实际抗震受弯承载力进行受剪承载力验算。梁端实际抗震受弯承载力可按下式计算：

$$M_{\rm bua}=f_{\rm yk}A_{\rm s}^{\rm a}(h_0-a'_{\rm s})/\gamma_{\rm RE} \qquad (6)$$

式中：$f_{\rm yk}$——纵向钢筋的抗拉强度标准值；

$A_{\rm s}^{\rm a}$——梁纵向钢筋实际配筋面积。当楼板与梁整体现浇时，应计入有效翼缘宽度范围内的纵筋，有效翼缘宽度可取梁两侧各6倍板厚。

对其他情况的一级和所有二、三级抗震等级的框架梁的剪力设计值的确定，则根据不同抗震等级，直接取用梁端考虑地震作用组合的弯矩设计值的平衡剪力值，乘以不同的增大系数。

6.2.7 本次修订增加了三级框架节点的抗震受剪承载力验算要求，取消了02规程中“各抗震等级的顶层端节点核心区，可不进行抗震验算”的规定及02规程的附录C。

节点核心区的验算可按现行国家标准《混凝土结构设计规范》GB 50010的有关规定执行。

6.2.10 本条为02规程第6.2.10～6.2.13条的合并。本规程未作规定的承载力计算，包括截面受弯承载力、受扭承载力、剪扭承载力、受压（受拉）承载力、偏心受拉（受压）承载力、拉（压）弯剪扭承载力、局部承压承载力、双向受剪承载力等，均应按现行国家标准《混凝土结构设计规范》GB 50010的有关规定执行。

6.3 框架梁构造要求

6.3.1 过去规定框架主梁的截面高度为计算跨度的1/8～1/12，已不能满足近年来大量兴建的高层建筑对于层高的要求。近来我国一些设计单位，已大量设计了梁高较小的工程，对于8m左右的柱网，框架主梁截面高度为450mm左右，宽度为350mm～400mm的工程实例也较多。

国外规范规定的框架梁高跨比，较我国小。例如美国ACI 318－08规定梁的高度为：

支承情况	简支梁	一端连续梁	两端连续梁
高跨比	1/16	1/18.5	1/21

以上数值适用于钢筋屈服强度为420MPa者，其他钢筋，此数值应乘以（$0.4+f_{\rm yk}/700$）。

新西兰DZ3101－06规定为：

	简支梁	一端连续梁	两端连续梁
钢筋300MPa	1/20	1/23	1/26
钢筋430MPa	1/17	1/19	1/22

从以上数据可以看出，我们规定的高跨比下限1/18，比国外规范要严。因此，不论从国内已有的工程经验以及与国外规范相比较，规定梁截面高跨比为1/10～1/18是可行的。在选用时，上限1/10可适用于荷载较大的情况。当设计人确有可靠依据且工程上有需要时，梁的高跨比也可小于1/18。

在工程中，如果梁承受的荷载较大，可以选择较大的高跨比。在计算挠度时，可考虑梁受压区有效翼缘的作用，并可将梁的合理起拱值从其计算所得挠度中扣除。

6.3.2 抗震设计中，要求框架梁端的纵向受压与受拉钢筋的比例 $A'_{\rm s}/A_{\rm s}$ 不小于0.5（一级）或0.3（二、三级），因为梁端有箍筋加密区，箍筋间距较密，这对于发挥受压钢筋的作用，起了很好的保证作用。所以在验算本条的规定时，可以将受压区的实际配筋计入，则受压区高度 x 不大于 $0.25h_0$（一级）或 $0.35h_0$（二、三级）的条件较易满足。

本次修订，取消了02规程本条第3款框架梁端最大配筋率不应大于2.5%的强制性要求，相关内容改为非强制性要求反映在本规程的6.3.3条中。最大配筋率主要考虑因素包括保证梁端截面的延性、梁端配筋不致过密而影响混凝土的浇筑质量等，但是不宜给一个确定的数值作为强制性条文内容。

本次修订还增加了表6.3.2-2的注2，给出了可适当放松梁端加密区箍筋的间距的条件。主要考虑当箍筋直径较大且肢数较多时，适当放宽箍筋间距要求，仍然可以满足梁端的抗震性能，同时箍筋直径大、间距过密时不利于混凝土的浇筑，难以保证混凝土的质量。

6.3.3 根据近年来工程应用情况和反馈意见，梁的纵向钢筋最大配筋率不再作为强制性条文，相关内容由02规程第6.3.2条移入本条。

根据国内、外试验资料，受弯构件的延性随其配筋率的提高而降低。但当配置不少于受拉钢筋50%的受压钢筋时，其延性可以与低配筋率的构件相当。新西兰规范规定，当受弯构件的压区钢筋大于拉区钢筋的50%时，受拉钢筋配筋率不大于2.5%的规定可以适当放松。当受压钢筋不少于受拉钢筋的75%时，其受拉钢筋配筋率可提高30%，也即配筋率可放宽至3.25%。因此本次修订规定，当受压钢筋不少于受拉钢筋的50%时，受拉钢筋的配筋率可提高至2.75%。

本条第3款的规定主要是防止梁在反复荷载作用时钢筋滑移；本次修订增加了对三级框架的要求。

6.3.4 本条第5款为新增内容，给出了抗扭箍筋和抗扭纵向钢筋的最小配筋要求。

6.3.6 梁的纵筋与箍筋、拉筋等作十字交叉形的焊接时，容易使纵筋变脆，对于抗震不利，因此作此规定。同理，梁、柱的箍筋在有抗震要求时应弯135°钩，当采用焊接封闭箍时应特别注意避免出现箍筋与纵筋焊接在一起的情况。

国外规范，如美国ACI 318－08规范，在抗震设计也有类似的条文。

钢筋与构件端部锚板可采用焊接。

6.3.7 本条为新增内容，给出了梁上开洞的具体要求。当梁承受均布荷载时，在梁跨度的中部1/3区段内，剪力较小。洞口高度如大于梁高的1/3，只要经过正确计算并合理配筋，应当允许。在梁两端接近支座处，如必须开洞，洞口不宜过大，且必须经过核算，加强配筋构造。

有些资料要求在洞口角部配置斜筋，容易导致钢筋之间的间距过小，使混凝土浇捣困难；当钢筋过密时，不建议采用。图6.3.7可供参考采用；当梁跨中部有集中荷载时，应根据具体情况另行考虑。

6.4 框架柱构造要求

6.4.1 考虑到抗震安全性，本次修订提高了抗震设计时柱截面最小尺寸的要求。一、二、三级抗震设计时，矩形截面柱最小截面尺寸由300mm改为400mm，圆柱最小直径由350mm改为450mm。

6.4.2 抗震设计时，限制框架柱的轴压比主要是为了保证柱的延性要求。本条中，对不同结构体系中的柱提出了不同的轴压比限值；本次修订对部分柱轴压比限值进行了调整，并增加了四级抗震轴压比限值的规定。框架结构比原限值降低0.05，框架-剪力墙等结构类型中的三级框架柱限值降低了0.05。

根据国内外的研究成果，当配箍量、箍筋形式满足一定要求，或在柱截面中部设置配筋芯柱且配筋量满足一定要求时，柱的延性性能有不同程度的提高，因此可对柱的轴压比限值适当放宽。

当采用设置配筋芯柱的方式放宽柱轴压比限值时，芯柱纵向钢筋配筋量应符合本条的规定，宜配置箍筋，其截面宜符合下列规定：

1 当柱截面为矩形时，配筋芯柱可采用矩形截面，其边长不宜小于柱截面相应边长的1/3；

2 当柱截面为正方形时，配筋芯柱可采用正方形或圆形，其边长或直径不宜小于柱截面边长的1/3；

3 当柱截面为圆形时，配筋芯柱宜采用圆形，其直径不宜小于柱截面直径的1/3。

条文所说的“较高的高层建筑”是指，高于40m的框架结构或高于60m的其他结构体系的混凝土房屋建筑。

6.4.3 本条是钢筋混凝土柱纵向钢筋和箍筋配置的最低构造要求。本次修订，第1款调整了抗震设计时框架柱、框支柱、框架结构边柱和中柱最小配筋率的规定；表6.4.3-1中数值是以500MPa级钢筋为基准的。与02规程相比，对335MPa及400MPa级钢筋的最小配筋率略有提高，对框架结构的边柱和中柱的最小配筋百分率也提高了0.1，适当增大了安全度。

第2款第2）项增加了一级框架柱端加密区箍筋间距可以适当放松的规定，主要考虑当箍筋直径较大、肢数较多、肢距较小时，箍筋的间距过小会造成钢筋过密，不利于保证混凝土的浇筑质量；适当放宽箍筋间距要求，仍然可以满足柱端的抗震性能。但应注意：箍筋的间距放宽后，柱的体积配箍率仍需满足本规程的相关规定。

6.4.4 本次修订调整了非抗震设计时柱纵向钢筋间距的要求，由350mm改为300mm；明确了四级抗震设计时柱纵向钢筋间距的要求同非抗震设计。

6.4.5 本条理由，同本规程第6.3.6条。

6.4.7 本规程给出了柱最小配箍特征值，可适应钢筋和混凝土强度的变化，有利于更合理地采用高强钢筋；同时，为了避免由此计算的体积配箍率过低，还规定了最小体积配箍率要求。

本条给出的箍筋最小配箍特征值，除与柱抗震等级和轴压比有关外，还与箍筋形式有关。井式复合箍、螺旋箍、复合螺旋箍、连续复合螺旋箍对混凝土具有更好的约束性能，因此其配箍特征值可比普通箍、复合箍低一些。本条所提到的柱箍筋形式举例如图5所示。

本次修订取消了“计算复合箍筋的体积配箍率时，应扣除重叠部分的箍筋体积”的要求；在计算箍筋体积配箍率时，取消了箍筋强度设计值不超过360MPa的限制。

6.4.8、6.4.9 原规程JGJ 3-91曾规定：当柱内全部纵向钢筋的配筋率超过3%时，应将箍筋焊成封闭箍。考虑到此种要求在实施时，常易将箍筋与纵筋焊在一起，使纵筋变脆，如本规程第6.3.6条的解释；同时每个箍皆要求焊接，费时费工，增加造价，于质量无益而有害。目前，国际上主要结构设计规范，皆无类似规定。

因此本规程对柱纵向钢筋配筋率超过3%时，未作必须焊接的规定。抗震设计以及纵向钢筋配筋率大于3%的非抗震设计的柱，其箍筋只需做成带135°弯钩之封闭箍，箍筋末端的直段长度不应小于10d。

在柱截面中心，可以采用拉条代替部分箍筋。

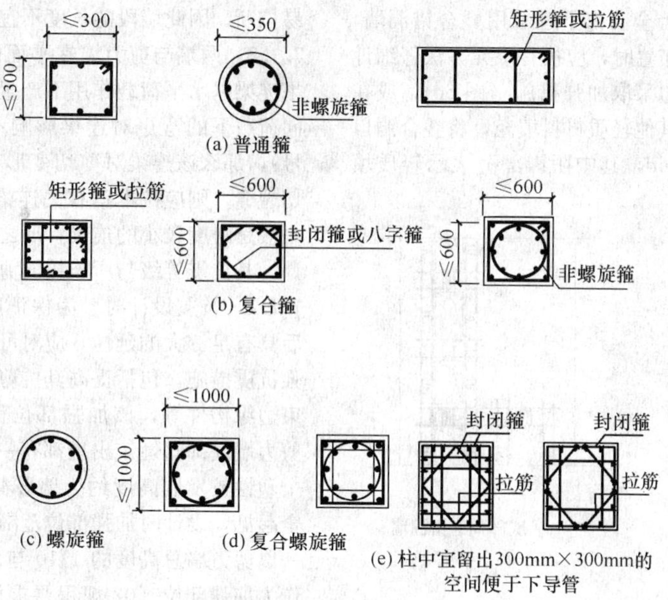

图5　柱箍筋形式示例

当采用菱形、八字形等与外围箍筋不平行的箍筋形式（图5b、d、e）时，箍筋肢距的计算，应考虑斜向箍筋的作用。

6.4.10　为使梁、柱纵向钢筋有可靠的锚固条件，框架梁柱节点核心区的混凝土应具有良好的约束。考虑到节点核心区内箍筋的作用与柱端有所不同，其构造要求与柱端有所区别。

6.4.11　本条为新增内容。现浇混凝土柱在施工时，一般情况下采用导管将混凝土直接引入柱底部，然后随着混凝土的浇筑将导管逐渐上提，直至浇筑完毕。因此，在布置柱箍筋时，需在柱中心位置留出不少于300mm×300mm的空间，以便于混凝土施工。对于截面很大或长矩形柱，尚需与施工单位协商留出不止插一个导管的位置。

6.5　钢筋的连接和锚固

6.5.1～6.5.3　关于钢筋的连接，需注意下列问题：

1　对于结构的关键部位，钢筋的连接宜采用机械连接，不宜采用焊接。这是因为焊接质量较难保证，而机械连接技术已比较成熟，质量和性能比较稳定。另外，1995年日本阪神地震震害中，观察到多处采用气压焊的柱纵向钢筋在焊接部位拉断的情况。本次修订对位于梁柱端部箍筋加密区内的钢筋接头，明确要求应采用满足等强度要求的机械连接接头。

2　采用搭接接头时，对非抗震设计，允许在构件同一截面100%搭接，但搭接长度应适当加长。这对于柱纵向钢筋的搭接接头较为有利。

第6.5.1条第2款是由02规程第6.4.9条第6款移植过来的，本款内容同时适用于抗震、非抗震设计，给出了柱纵向钢筋采用搭接做法时在钢筋搭接长度范围内箍筋的配置要求。

6.5.4、6.5.5　分别规定了非抗震设计和抗震设计时，框架梁柱纵向钢筋在节点区的锚固要求及钢筋搭接要求。图6.5.4中梁顶面2根直径12mm的钢筋是构造钢筋；当相邻梁的跨度相差较大时，梁端负弯矩钢筋的延伸长度（截断位置），应根据实际受力情况另行确定。

本次修订按现行国家标准《混凝土结构设计规范》GB 50010作了必要的修改和补充。

7　剪力墙结构设计

7.1　一般规定

7.1.1　高层建筑结构应有较好的空间工作性能，剪力墙应双向布置，形成空间结构。特别强调在抗震结构中，应避免单向布置剪力墙，并宜使两个方向刚度接近。

剪力墙的抗侧刚度较大，如果在某一层或几层切断剪力墙，易造成结构刚度突变，因此，剪力墙从上到下宜连续设置。

剪力墙洞口的布置，会明显影响剪力墙的力学性能。规则开洞，洞口成列、成排布置，能形成明确的墙肢和连梁，应力分布比较规则，又与当前普遍应用程序的计算简图较为符合，设计计算结果安全可靠。错洞剪力墙和叠合错洞剪力墙的应力分布复杂，计算、构造都比较复杂和困难。剪力墙底部加强部位，是塑性铰出现及保证剪力墙安全的重要部位，一、二和三级剪力墙的底部加强部位不宜采用错洞布置，如无法避免错洞墙，应控制错洞墙洞口间的水平距离不小于2m，并在设计时进行仔细计算分析，在洞口周边采取有效构造措施（图6a、b）。此外，一、二、三级抗震设计的剪力墙全高都不宜采用叠合错洞墙，当无法避免叠合错洞布置时，应按有限元方法仔细计算分析，并在洞口周边采取加强措施（图 6c），或在洞口不规则部位采用其他轻质材料填充，将叠合洞口转化为规则洞口（图 6d，其中阴影部分表示轻质填充墙体）。

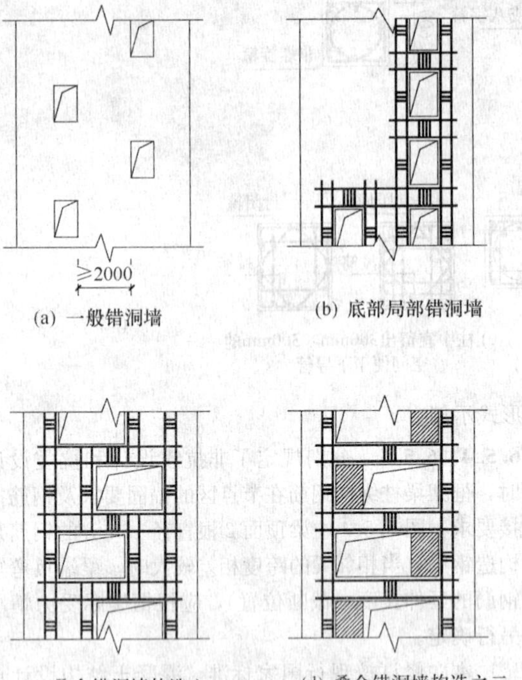

(a) 一般错洞墙　(b) 底部局部错洞墙

(c) 叠合错洞墙构造之一　(d) 叠合错洞墙构造之二

图 6　剪力墙洞口不对齐时的构造措施示意

错洞墙或叠合错洞墙的内力和位移计算均应符合本规程第 5 章的有关规定。若在结构整体计算中采用杆系、薄壁杆系模型或对洞口作了简化处理的其他有限元模型时，应对不规则开洞墙的计算结果进行分析、判断，并进行补充计算和校核。目前除了平面有限元方法外，尚没有更好的简化方法计算错洞墙。采用平面有限元方法得到应力后，可不考虑混凝土的抗拉作用，按应力进行配筋，并加强构造措施。

本规程所指的剪力墙结构是以剪力墙及因剪力墙开洞形成的连梁组成的结构，其变形特点为弯曲型变形，目前有些项目采用了大部分由跨高比较大的框架梁联系的剪力墙形成的结构体系，这样的结构虽然剪力墙较多，但受力和变形特性接近框架结构，当层数较多时对抗震是不利的，宜避免。

7.1.2　剪力墙结构应具有延性，细高的剪力墙（高宽比大于 3）容易设计成具有延性的弯曲破坏剪力墙。当墙的长度很长时，可通过开设洞口将长墙分成长度较小的墙段，使每个墙段成为高宽比大于 3 的独立墙肢或联肢墙，分段宜较均匀。用以分割墙段的洞口上可设置约束弯矩较小的弱连梁（其跨高比一般宜大于 6）。此外，当墙段长度（即墙段截面高度）很长时，受弯后产生的裂缝宽度会较大，墙体的配筋容易拉断，因此墙段的长度不宜过大，本规程定为 8m。

7.1.3　两端与剪力墙在平面内相连的梁为连梁。如果连梁以水平荷载作用下产生的弯矩和剪力为主，竖向荷载下的弯矩对连梁影响不大（两端弯矩仍然反号），那么该连梁对剪切变形十分敏感，容易出现剪切裂缝，则应按本章有关连梁设计的规定进行设计，一般是跨度较小的连梁；反之，则宜按框架梁进行设计，其抗震等级与所连接的剪力墙的抗震等级相同。

7.1.4　抗震设计时，为保证剪力墙底部出现塑性铰后具有足够大的延性，应对可能出现塑性铰的部位加强抗震措施，包括提高其抗剪切破坏的能力，设置约束边缘构件等，该加强部位称为“底部加强部位”。剪力墙底部塑性铰出现都有一定范围，一般情况下单个塑性铰发展高度约为墙肢截面高度 h_w，但是为安全起见，设计时加强部位范围应适当扩大。本规定统一以剪力墙总高度的 1/10 与两层层高二者的较大值作为加强部位（02 规程要求加强部位是剪力墙全高的 1/8）。第 3 款明确了当地下室整体刚度不足以作为结构嵌固端，而计算嵌固部位不能设在地下室顶板时，剪力墙底部加强部位的设计要求宜延伸至计算嵌固部位。

7.1.5　楼面梁支承在连梁上时，连梁产生扭转，一方面不能有效约束楼面梁，另一方面连梁受力十分不利，因此要尽量避免。楼板次梁等截面较小的梁支承在连梁上时，次梁端部可按铰接处理。

7.1.6　剪力墙的特点是平面内刚度及承载力大，而平面外刚度及承载力都很小，因此，应注意剪力墙平面外受弯时的安全问题。当剪力墙与平面外方向的大梁连接时，会使墙肢平面外承受弯矩，当梁高大于约 2 倍墙厚时，刚性连接梁的梁端弯矩将使剪力墙平面外产生较大的弯矩，此时应当采取措施，以保证剪力墙平面外的安全。

本条所列措施，是 02 规程 7.1.7 条内容的修改和完善。是指在楼面梁与剪力墙刚性连接的情况下，应采取措施增大墙肢抵抗平面外弯矩的能力。在措施中强调了对墙内暗柱或墙扶壁柱进行承载力的验算，增加了暗柱、扶壁柱竖向钢筋总配筋率的最低要求和箍筋配置要求，并强调了楼面梁水平钢筋伸入墙内的锚固要求，钢筋锚固长度应符合现行国家标准《混凝土结构设计规范》GB 50010 的有关规定。

当梁与墙在同一平面内时，多数为刚接，梁钢筋在墙内的锚固长度应与梁、柱连接时相同。当梁与墙不在同一平面内时，可能为刚接或半刚接，梁钢筋锚固都应符合锚固长度要求。

此外，对截面较小的楼面梁，也可通过支座弯矩调幅或变截面梁实现梁端铰接或半刚接设计，以减小墙肢平面外弯矩。此时应相应加大梁的跨中弯矩，这种情况下也必须保证梁纵向钢筋在墙内的锚固要求。

7.1.7　剪力墙与柱都是压弯构件，其压弯破坏状态以及计算原理基本相同，但是截面配筋构造有很大不同，因此柱截面和墙截面的配筋计算方法也各不相同。为此，要设定按柱或按墙进行截面设计的分界点。为方便设置边缘构件和分布钢筋，墙截面高厚比 h_w/b_w 宜大于4。本次修订修改了以前的分界点，规定截面高厚比 h_w/b_w 不大于4时，按柱进行截面设计。

7.1.8 厚度不大的剪力墙开大洞口时，会形成短肢剪力墙，短肢剪力墙一般出现在多层和高层住宅建筑中。短肢剪力墙沿建筑高度可能有较多楼层的墙肢会出现反弯点，受力特点接近异形柱，又承担较大轴力与剪力，因此，本规程规定短肢剪力墙应加强，在某些情况下还要限制建筑高度。对于L形、T形、十字形剪力墙，其各肢的肢长与截面厚度之比的最大值大于4且不大于8时，才划分为短肢剪力墙。对于采用刚度较大的连梁与墙肢形成的开洞剪力墙，不宜按单独墙肢判断其是否属于短肢剪力墙。

由于短肢剪力墙抗震性能较差，地震区应用经验不多，为安全起见，在高层住宅结构中短肢剪力墙布置不宜过多，不应采用全部为短肢剪力墙的结构。短肢剪力墙承担的倾覆力矩不小于结构底部总倾覆力矩的30%时，称为具有较多短肢剪力墙的剪力墙结构，此时房屋的最大适用高度应适当降低。B级高度高层建筑及9度抗震设防的A级高度高层建筑，不宜布置短肢剪力墙，不应采用具有较多短肢剪力墙的剪力墙结构。

本条还规定短肢剪力墙承担的倾覆力矩不宜大于结构底部总倾覆力矩的50%，是在短肢剪力墙较多的剪力墙结构中，对短肢剪力墙数量的间接限制。

7.1.9 一般情况下主要验算剪力墙平面内的偏压、偏拉、受剪等承载力，当平面外有较大弯矩时，也应验算平面外的轴心受压承载力。

7.2 截面设计及构造

7.2.1 本条强调了剪力墙的截面厚度应符合本规程附录D的墙体稳定验算要求，并应满足剪力墙截面最小厚度的规定，其目的是为了保证剪力墙平面外的刚度和稳定性能，也是高层建筑剪力墙截面厚度的最低要求。按本规程的规定，剪力墙截面厚度除应满足本条规定的稳定要求外，尚应满足剪力墙受剪截面限制条件、剪力墙正截面受压承载力要求以及剪力墙轴压比限值要求。

02规程第7.2.2条规定了剪力墙厚度与层高或剪力墙无支长度比值的限制要求以及墙截面最小厚度的限值，同时规定当墙厚不能满足要求时，应按附录D计算墙体的稳定。当时主要考虑方便设计，减少计算工作量，一般情况下不必按附录D计算墙体的稳定。

本次修订对原规程第7.2.2条作了修改，不再规定墙厚与层高或剪力墙无支长度比值的限制要求。主要原因是：1）本条第2、3、4款规定的剪力墙截面的最小厚度是高层建筑的基本要求；2）剪力墙平面外稳定与该层墙体顶部所受的轴向压力的大小密切相关，如不考虑墙体顶部轴向压力的影响，单一限制墙厚与层高或无支长度的比值，则会形成高度相差很大的房屋其底部楼层墙厚的限制条件相同，或一幢高层建筑中底部楼层墙厚与顶部楼层墙厚的限制条件相近等不够合理的情况；3）本规程附录D的墙体稳定验算公式能合理地反映楼层墙体顶部轴向压力以及层高或无支长度对墙体平面外稳定的影响，并具有适宜的安全储备。

设计人员可利用计算机软件进行墙体稳定验算，可按设计经验、轴压比限值及本条2、3、4款初步选定剪力墙的厚度，也可参考02规程的规定进行初选：一、二级剪力墙底部加强部位可选层高或无支长度（图7）二者较小值的1/16，其他部位为层高或剪力墙无支长度二者较小值的1/20；三、四级剪力墙底部加强部位可选层高或无支长度二者较小值的1/20，其他部位为层高或剪力墙无支长度二者较小值的1/25。

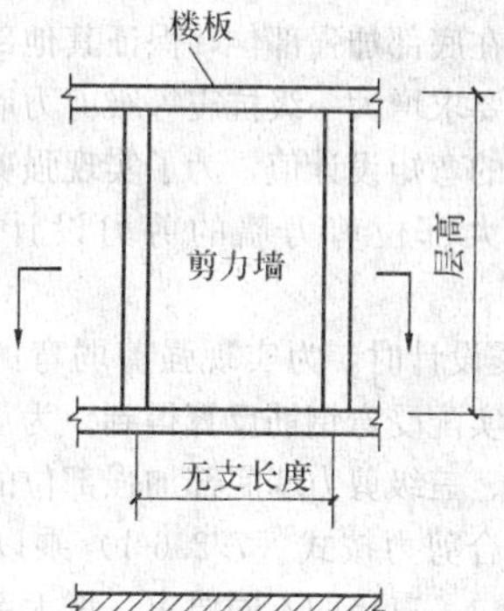

图7 剪力墙的层高与无支长度示意

一般剪力墙井筒内分隔空间的墙，不仅数量多，而且无支长度不大，为了减轻结构自重，第5款规定其墙厚可适当减小。

7.2.2 本条对短肢剪力墙的墙肢形状、厚度、轴压比、纵向钢筋配筋率、边缘构件等作了相应规定。本次修订对02规程的规定进行了修改，不论是否短肢剪力墙较多，所有短肢剪力墙都要求满足本条规定。短肢剪力墙的抗震等级不再提高，但在第2款中降低了轴压比限值。对短肢剪力墙的轴压比限制很严，是防止短肢剪力墙承受的楼面面积范围过大、或房屋高度太大，过早压坏引起楼板坍塌的危险。

一字形短肢剪力墙延性及平面外稳定均十分不利，因此规定不宜采用一字形短肢剪力墙，不宜布置单侧楼面梁与之平面外垂直连接或斜交，同时要求短肢剪力墙尽可能设置翼缘。

7.2.3 为防止混凝土表面出现收缩裂缝，同时使剪力墙具有一定的出平面抗弯能力，高层建筑的剪力墙不允许单排配筋。高层建筑的剪力墙厚度大，当剪力墙厚度超过400mm时，如果仅采用双排配筋，形成中部大面积的素混凝土，会使剪力墙截面应力分布不均匀，因此本条提出了可采用三排或四排配筋方案，截面设计所需要的配筋可分布在各排中，靠墙面的配筋可略大。在各排配筋之间需要用拉筋互相联系。

7.2.4 如果双肢剪力墙中一个墙肢出现小偏心受拉，该墙肢可能会出现水平通缝而严重削弱其抗剪能力，抗侧刚度也严重退化，由荷载产生的剪力将全部转移到另一个墙肢而导致另一墙肢抗剪承载力不足。因此，应尽可能避免出现墙肢小偏心受拉情况。当墙肢出现大偏心受拉时，墙肢极易出现裂缝，使其刚度退化，剪力将在墙肢中重分配，此时，可将另一受压墙肢按弹性计算的剪力设计值乘以1.25增大系数后计算水平钢筋，以提高其受剪承载力。注意，在地震作用的反复荷载下，两个墙肢都要增大设计剪力。

7.2.5 剪力墙墙肢的塑性铰一般出现在底部加强部位。对于一级抗震等级的剪力墙，为了更有把握实现塑性铰出现在底部加强部位，保证其他部位不出现塑性铰，因此要求增大一级抗震等级剪力墙底部加强部位以上部位的弯矩设计值，为了实现强剪弱弯设计要求，弯矩增大部位剪力墙的剪力设计值也应相应增大。

7.2.6 抗震设计时，为实现强剪弱弯的原则，剪力设计值应由实配受弯钢筋反算得到。为了方便实际操作，一、二、三级剪力墙底部加强部位的剪力设计值是由计算组合剪力按式（7.2.6-1）乘以增大系数得到，按一、二、三级的不同要求，增大系数不同。一般情况下，由乘以增大系数得到的设计剪力，有利于保证强剪弱弯的实现。

在设计9度一级抗震的剪力墙时，剪力墙底部加强部位要求用实际抗弯配筋计算的受弯承载力反算其设计剪力，如式（7.2.6-2）。

由抗弯能力反算剪力，比较符合实际情况。因此，在某些情况下，一、二、三级抗震剪力墙均可按式（7.2.6-2）计算设计剪力，得到比较符合强剪弱弯要求而不浪费的抗剪配筋。

7.2.7 剪力墙的名义剪应力值过高，会在早期出现斜裂缝，抗剪钢筋不能充分发挥作用，即使配置很多抗剪钢筋，也会过早剪切破坏。

7.2.8 钢筋混凝土剪力墙正截面受弯计算公式是依据现行国家标准《混凝土结构设计规范》GB 50010中偏心受压和偏心受拉构件的假定及有关规定，又根据中国建筑科学研究院结构所等单位所做的剪力墙试验研究结果进行了适当简化。

按照平截面假定，不考虑受拉混凝土的作用，受压区混凝土按矩形应力图块计算。大偏心受压时受拉、受压端部钢筋都达到屈服，在1.5倍受压区范围之外，假定受拉区分布钢筋应力全部达到屈服；小偏压时端部受压钢筋屈服，而受拉分布钢筋及端部钢筋均未屈服，且忽略部分钢筋的作用。

条文中分别给出了工字形截面的两个基本平衡公式（$\sum N=0$，$\sum M=0$），由上述假定可得到各种情况下的设计计算公式。

7.2.9 偏心受拉正截面计算公式直接采用了现行国家标准《混凝土结构设计规范》GB 50010的有关规定。

7.2.10、7.2.11 剪切脆性破坏有剪拉破坏、斜压破坏、剪压破坏三种形式。剪力墙截面设计时，是通过构造措施（最小配筋率和分布钢筋最大间距等）防止发生剪拉破坏和斜压破坏，通过计算确定墙中需要配置的水平钢筋数量，防止发生剪压破坏。

偏压构件中，轴压力有利于受剪承载力，但压力增大到一定程度后，对抗剪的有利作用减小，因此应用验算公式（7.2.10）时，要对轴力的取值加以限制。

偏拉构件中，考虑了轴向拉力对受剪承载力的不利影响。

7.2.12 按一级抗震等级设计的剪力墙，要防止水平施工缝处发生滑移。公式（7.2.12）验算通过水平施工缝的竖向钢筋是否足以抵抗水平剪力，如果所配置的端部和分布竖向钢筋不够，则可设置附加插筋，附加插筋在上、下层剪力墙中都要有足够的锚固长度。

7.2.13 轴压比是影响剪力墙在地震作用下塑性变形能力的重要因素。清华大学及国内外研究单位的试验表明，相同条件的剪力墙，轴压比低的，其延性大，轴压比高的，其延性小；通过设置约束边缘构件，可以提高高轴压比剪力墙的塑性变形能力，但轴压比大于一定值后，即使设置约束边缘构件，在强震作用下，剪力墙仍可能因混凝土压溃而丧失承受重力荷载的能力。因此，规程规定了剪力墙的轴压比限值。本次修订的主要内容为：将轴压比限值扩大到三级剪力墙；将轴压比限值扩大到结构全高，不仅仅是底部加强部位。

7.2.14 轴压比低的剪力墙，即使不设约束边缘构件，在水平力作用下也能有比较大的塑性变形能力。本条规定了可以不设约束边缘构件的剪力墙的最大轴压比。B级高度的高层建筑，考虑到其高度比较高，为避免边缘构件配筋急剧减少的不利情况，规定了约束边缘构件与构造边缘构件之间设置过渡层的要求。

7.2.15 对于轴压比大于本规程表7.2.14规定的剪力墙，通过设置约束边缘构件，使其具有比较大的塑性变形能力。

截面受压区高度不仅与轴压力有关，而且与截面形状有关，在相同的轴压力作用下，带翼缘或带端柱的剪力墙，其受压区高度小于一字形截面剪力墙。因此，带翼缘或带端柱的剪力墙的约束边缘构件沿墙的长度，小于一字形截面剪力墙。

本次修订的主要内容为：增加了三级剪力墙约束边缘构件的要求；将轴压比分为两级，较大一级的约束边缘构件要求与02规程相同，较小一级的有所降低；可计入符合规定条件的水平钢筋的约束作用；取消了计算配箍特征值时，箍筋（拉筋）抗拉强度设计值不大于360MPa的规定。

本条“符合构造要求的水平分布钢筋”，一般指水平分布钢筋伸入约束边缘构件，在墙端有90°弯折后延伸到另一排分布钢筋并勾住其竖向钢筋，内、外排水平分布钢筋之间设置足够的拉筋，从而形成复合箍，可以起到有效约束混凝土的作用。

7.2.16 剪力墙构造边缘构件的设计要求与02规程变化不大，将箍筋、拉筋肢距“不应大于300mm”改为“不宜大于300mm”及不应大于竖向钢筋间距的2倍；增加了底部加强部位构造边缘构件的设计要求。

剪力墙构造边缘构件中的纵向钢筋按承载力计算和构造要求二者中的较大值设置。设计时需注意计算边缘构件竖向最小配筋所用的面积 A_c 的取法和配筋范围。承受集中荷载的端柱还要符合框架柱的配筋要求。构造边缘构件中的纵向钢筋宜采用高强钢筋。构造边缘构件可配置箍筋与拉筋相结合的横向钢筋。

02规程第7.2.17条对抗震设计的复杂高层建筑结构、混合结构、框架-剪力墙结构、筒体结构以及B级高度的高层剪力墙结构中剪力墙构造边缘构件提出了比一般剪力墙更高的要求，本次修订明确为连体结构、错层结构以及B级高度的高层建筑结构，适当缩小了加强范围。

7.2.17 为了防止混凝土墙体在受弯裂缝出现后立即达到极限受弯承载力，配置的竖向分布钢筋必须满足最小配筋百分率要求。同时，为了防止斜裂缝出现后发生脆性的剪拉破坏，规定了水平分布钢筋的最小配筋百分率。本条所指剪力墙不包括部分框支剪力墙，后者比全部落地剪力墙更为重要，其分布钢筋最小配筋率应符合本规程第10章的有关规定。

本次修订不再把剪力墙分布钢筋最大间距和最小直径的规定作为强制性条文，相关内容反映在本规程第7.2.18条中。

7.2.18 剪力墙中配置直径过大的分布钢筋，容易产生墙面裂缝，一般宜配置直径小而间距较密的分布钢筋。

7.2.19 房屋顶层墙、长矩形平面房屋的楼、电梯间墙、山墙和纵墙的端开间等是温度应力可能较大的部位，应当适当增大其分布钢筋配筋量，以抵抗温度应力的不利影响。

7.2.20 钢筋的锚固与连接要求与02规程有所不同。本条主要依据现行国家标准《混凝土结构设计规范》GB 50010的有关规定制定。

7.2.21 连梁应与剪力墙取相同的抗震等级。

为了实现连梁的强剪弱弯、推迟剪切破坏、提高延性，应当采用实际抗弯钢筋反算设计剪力的方法；但是为了程序计算方便，本条规定，对于一、二、三级抗震采用了组合剪力乘以增大系数的方法确定连梁剪力设计值，对9度一级抗震等级的连梁，设计时要求用连梁实际抗弯配筋反算该增大系数。

7.2.22、7.2.23 根据清华大学及国内外的有关试验研究可知，连梁截面的平均剪应力大小对连梁破坏性能影响较大，尤其在小跨高比条件下，如果平均剪应力过大，在箍筋充分发挥作用之前，连梁就会发生剪切破坏。因此对小跨高比连梁，本规程对截面平均剪应力及斜截面受剪承载力验算提出更加严格的要求。

7.2.24、7.2.25 为实现连梁的强剪弱弯，本规程第7.2.21、7.2.22条分别规定了按强剪弱弯要求计算连梁剪力设计值和名义剪应力的上限值，两条规定共同使用，就相当于限制了连梁的受弯配筋。但由于第7.2.21条是采用乘以增大系数的方法获得剪力设计值（与实际配筋量无关），容易使设计人员忽略受弯钢筋数量的限制，特别是在计算配筋值很小而按构造要求配置受弯钢筋时，容易忽略强剪弱弯的要求。因此，本次修订新增第7.2.24条和7.2.25条，分别给出了连梁最小和最大配筋率的限值，防止连梁的受弯钢筋配置过多。

跨高比超过2.5的连梁，其最大配筋率限值可按一般框架梁采用，即不宜大于2.5%。

7.2.26 剪力墙连梁对剪切变形十分敏感，其名义剪应力限制比较严，在很多情况下设计计算会出现“超限”情况，本条给出了一些处理方法。

对第2款提出的塑性调幅作一些说明。连梁塑性调幅可采用两种方法，一是按照本规程第5.2.1条的方法，在内力计算前就将连梁刚度进行折减；二是在内力计算之后，将连梁弯矩和剪力组合值乘以折减系数。两种方法的效果都是减小连梁内力和配筋。无论用什么方法，连梁调幅后的弯矩、剪力设计值不应低于使用状况下的值，也不宜低于比设防烈度低一度的地震作用组合所得的弯矩、剪力设计值，其目的是避免在正常使用条件下或较小的地震作用下在连梁上出现裂缝。因此建议一般情况下，可掌握调幅后的弯矩不小于调幅前按刚度不折减计算的弯矩（完全弹性）的80%（6～7度）和50%（8～9度），并不小于风荷载作用下的连梁弯矩。

需注意，是否“超限”，必须用弯矩调幅后对应的剪力代入第7.2.22条公式进行验算。

当第1、2款的措施不能解决问题时，允许采用第3款的方法处理，即假定连梁在大震下剪切破坏，不再能约束墙肢，因此可考虑连梁不参与工作，而按独立墙肢进行第二次结构内力分析，它相当于剪力墙的第二道防线，这种情况往往使墙肢的内力及配筋加大，可保证墙肢的安全。第二道防线的计算没有了连梁的约束，位移会加大，但是大震作用下就不必按小震作用要求限制其位移。

7.2.27 一般连梁的跨高比都较小，容易出现剪切斜裂缝，为防止斜裂缝出现后的脆性破坏，除了减小其名义剪应力，并加大其箍筋配置外，本条规定了在构造上的一些要求，例如钢筋锚固、箍筋配置、腰筋配置等。

7.2.28 当开洞较小，在整体计算中不考虑其影响时，应将切断的分布钢筋集中在洞口边缘补足，以保证剪力墙截面的承载力。连梁是剪力墙中的薄弱部位，应重视连梁中开洞后的截面抗剪验算和加强措施。

8 框架-剪力墙结构设计

8.1 一 般 规 定

8.1.1 本章包括框架-剪力墙结构和板柱-剪力墙结构的设计。墨西哥地震等震害表明，板柱框架破坏严重，其板与柱的连接节点为薄弱点。因而在地震区必须加设剪力墙（或筒体）以抵抗地震作用，形成板柱-剪力墙结构。板柱-剪力墙结构受力特点与框架-剪力墙结构类似，故把这种结构纳入本章，并专门列出相关条文以规定其设计需要遵守的有关要求。除应遵守本章关于框架-剪力墙结构、板柱-剪力墙结构的结构布置、计算分析、截面设计及构造要求的规定外，还应遵守第5章计算分析的有关规定，以及第3章、第6章和第7章对框架-剪力墙结构最大适用高度、高宽比的规定和对框架、剪力墙的有关规定。

8.1.2 框架-剪力墙结构由框架和剪力墙组成，以其整体承担荷载和作用；其组成形式较灵活，本条仅列举了一些常用的组成形式，设计时可根据工程具体情况选择适当的组成形式和适量的框架和剪力墙。

8.1.3 框架-剪力墙结构在规定的水平力作用下，结构底层框架部分承受的地震倾覆力矩与结构总地震倾覆力矩的比值不尽相同，结构性能有较大的差别。本次修订对此作了较为具体的规定。在结构设计时，应据此比值确定该结构相应的适用高度和构造措施，计算模型及分析均按框架-剪力墙结构进行实际输入和计算分析。

1 当框架部分承担的倾覆力矩不大于结构总倾覆力矩的10%时，意味着结构中框架承担的地震作用较小，绝大部分均由剪力墙承担，工作性能接近于纯剪力墙结构，此时结构中的剪力墙抗震等级可按剪力墙结构的规定执行；其最大适用高度仍按框架-剪力墙结构的要求执行；其中的框架部分应按框架-剪力墙结构的框架进行设计，也就是说需要进行本规程8.1.4条的剪力调整，其侧向位移控制指标按剪力墙结构采用。

2 当框架部分承受的地震倾覆力矩大于结构总地震倾覆力矩的10%但不大于50%时，属于典型的框架-剪力墙结构，按本章有关规定进行设计。

3 当框架部分承受的倾覆力矩大于结构总倾覆力矩的50%但不大于80%时，意味着结构中剪力墙的数量偏少，框架承担较大的地震作用，此时框架部分的抗震等级和轴压比宜按框架结构的规定执行，剪力墙部分的抗震等级和轴压比按框架-剪力墙结构的规定采用；其最大适用高度不宜再按框架-剪力墙结构的要求执行，但可比框架结构的要求适当提高，提高的幅度可视剪力墙承担的地震倾覆力矩来确定。

4 当框架部分承受的倾覆力矩大于结构总倾覆力矩的80%时，意味着结构中剪力墙的数量极少，此时框架部分的抗震等级和轴压比应按框架结构的规定执行，剪力墙部分的抗震等级和轴压比按框架-剪力墙结构的规定采用；其最大适用高度宜按框架结构采用。对于这种少墙框剪结构，由于其抗震性能较差，不主张采用，以避免剪力墙受力过大、过早破坏。当不可避免时，宜采取将此种剪力墙减薄、开竖缝、开结构洞、配置少量单排钢筋等措施，减小剪力墙的作用。

在条文第3、4款规定的情况下，为避免剪力墙过早开裂或破坏，其位移相关控制指标按框架-剪力墙结构的规定采用。对第4款，如果最大层间位移角不能满足框架-剪力墙结构的限值要求，可按本规程第3.11节的有关规定，进行结构抗震性能分析论证。

8.1.4 框架-剪力墙结构在水平地震作用下，框架部分计算所得的剪力一般都较小。按多道防线的概念设计要求，墙体是第一道防线，在设防地震、罕遇地震下先于框架破坏，由于塑性内力重分布，框架部分按侧向刚度分配的剪力会比多遇地震下加大，为保证作为第二道防线的框架具有一定的抗侧力能力，需要对框架承担的剪力予以适当的调整。随着建筑形式的多样化，框架柱的数量沿竖向有时会有较大的变化，框架柱的数量沿竖向有规律分段变化时可分段调整的规定，对框架柱数量沿竖向变化更复杂的情况，设计时应专门研究框架柱剪力的调整方法。

对有加强层的结构，框架承担的最大剪力不包含加强层及相邻上下层的剪力。

8.1.5 框架-剪力墙结构是框架和剪力墙共同承担竖向和水平作用的结构体系，布置适量的剪力墙是其基本特点。为了发挥框架-剪力墙结构的优势，无论是否抗震设计，均应设计成双向抗侧力体系，且结构在两个主轴方向的刚度和承载力不宜相差过大；抗震设计时，框架-剪力墙结构在结构两个主轴方向均应布置剪力墙，以体现多道防线的要求。

8.1.6 框架-剪力墙结构中，主体结构构件之间一般不宜采用铰接，但在某些具体情况下，比如采用铰接对主体结构构件受力有利时可以针对具体构件进行分析判定后，在局部位置采用铰接。

8.1.7 本条主要指出框架-剪力墙结构中在结构布置时要处理好框架和剪力墙之间的关系，遵循这些要求，可使框架-剪力墙结构更好地发挥两种结构各自的作用并且使整体合理地工作。

8.1.8 长矩形平面或平面有一方向较长（如L形平面中有一肢较长）时，如横向剪力墙间距过大，在侧向力作用下，因不能保证楼盖平面的刚性而会增加框架的负担，故对剪力墙的最大间距作出规定。当剪力墙之间的楼板有较大开洞时，对楼盖平面刚度有所削弱，此时剪力墙的间距宜再减小。纵向剪力墙布置在平面的尽端时，会造成对楼盖两端的约束作用，楼盖中部的梁板容易因混凝土收缩和温度变化而出现裂缝，故宜避免。同时也考虑到在设计中有剪力墙布置在建筑中部，而端部无剪力墙的情况，用表注4的相应规定，可防止布置框架的楼面伸出太长，不利于地震力传递。

8.1.9 板柱结构由于楼盖基本没有梁，可以减小楼层高度，对使用和管道安装都较方便，因而板柱结构在工程中时有采用。但板柱结构抵抗水平力的能力差，特别是板与柱的连接点是非常薄弱的部位，对抗震尤为不利。为此，本规程规定抗震设计时，高层建筑不能单独使用板柱结构，而必须设置剪力墙（或剪力墙组成的筒体）来承担水平力。本规程除在第3章对其适用高度及高宽比严格控制外，这里尚做出结构布置的有关要求。8度设防时应采用有柱托板，托板处总厚度不小于16倍柱纵筋直径是为了保证板柱节点的抗弯刚度。当板厚不满足受冲切承载力要求而又不能设置柱托板时，建议采用型钢剪力架（键）抵抗冲切，剪力架（键）型钢应根据计算确定。型钢剪力架（键）的高度不应大于板面筋的下排钢筋和板底筋的上排钢筋之间的净距，并确保型钢具有足够的保护层厚度，据此确定板的厚度并不应小于200mm。

8.1.10 抗震设计时，按多道设防的原则，规定全部地震剪力应由剪力墙承担，但各层板柱部分除应符合计算要求外，仍应能承担不少于该层相应方向20%的地震剪力。另外，本条在02规程的基础上增加了抗风设计时的要求，以提高板柱-剪力墙结构在适用高度提高后抵抗水平力的性能。

8.2 截面设计及构造

8.2.1 规定剪力墙竖向和水平分布钢筋的最小配筋率，理由与本规程第7.2.17条相同。框架-剪力墙结构、板柱-剪力墙结构中的剪力墙是承担水平风荷载或水平地震作用的主要受力构件，必须要保证其安全可靠。因此，四级抗震等级时剪力墙的竖向、水平分布钢筋的配筋率比本规程第7.2.17条适当提高；为了提高混凝土开裂后的性能和保证施工质量，各排分布钢筋之间应设置拉筋，其直径不应小于6mm、间距不应大于600mm。

8.2.2 带边框的剪力墙，边框与嵌入的剪力墙应共同承担对其的作用力，本条列出为满足此要求的有关规定。

8.2.3 板柱-剪力墙结构设计主要考虑了下列几个方面：

1 明确了结构分析中规则的板柱结构可用等代框架法，及其等代梁宽度的取值原则。但等代框架法是近似的简化方法，尤其是对不规则布置的情况，故有条件时，建议尽量采用连续体有限元空间模型进行计算分析以获取更准确的计算结果。

2 设计无梁平板（包括有托板）的受冲切承载力时，当冲切应力大于$0.7f_t$时，可使用箍筋承担剪力。跨越剪切裂缝的竖向钢筋（箍筋的竖向肢）能阻止裂缝开展，但是，当竖向筋有滑动时，效果有所降低。一般的箍筋，由于竖肢的上下端皆为圆弧，在竖肢受力较大接近屈服时，皆有滑动发生，此点在国外的试验中得到证实。在板柱结构中，如不设托板，柱周围之板厚度不大，再加上双向纵筋使h_0减小，箍筋的竖向肢往往较短，少量滑动就能使应变减少较多，其箍筋竖肢的应力也不能达到屈服强度。因此，加拿大规范（CSA－A23.3-94）规定，只有当板厚（包括托板厚度）不小于300mm时，才允许使用箍筋。美国ACI规范要求在箍筋转角处配置较粗的水平筋以协助固定箍筋的竖肢。美国近年大量采用的“抗剪栓钉”（shear studs），能避免上述箍筋的缺点，且施工方便，既有良好的抗冲切性能，又能节约钢材。因此本规程建议尽可能采用高效能抗剪栓钉来提高抗冲切能力。在构造方面，可以参照钢结构栓钉的做法，按设计规定的直径及间距，将栓钉用自动焊接法焊在钢板上。典型布置的抗剪栓钉设置如图8所

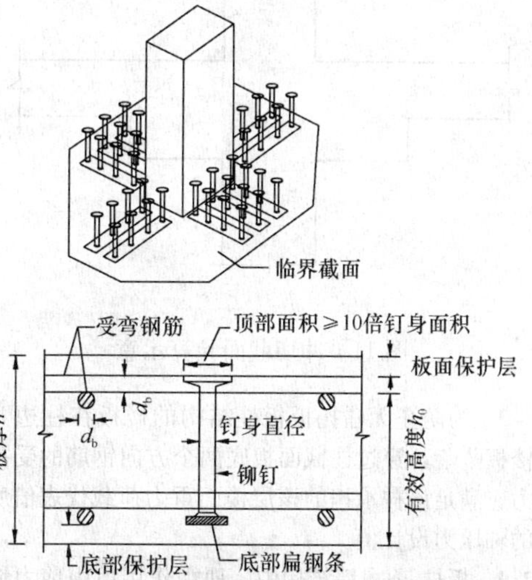

图8 典型抗剪栓钉布置示意

示；图 9、图 10 分别给出了矩形柱和圆柱抗剪栓钉的不同排列示意图。

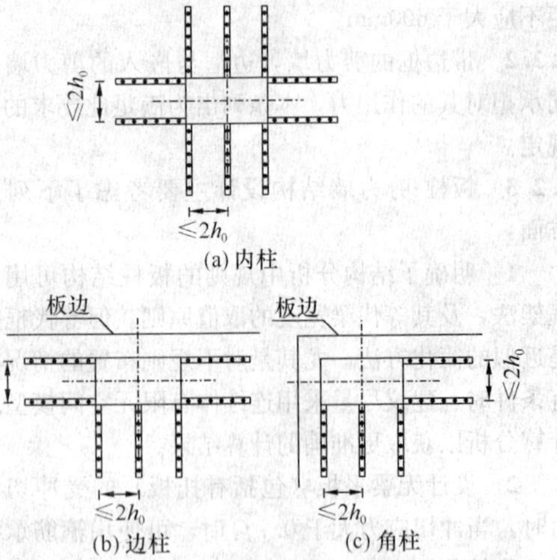

图 9　矩形柱抗剪栓钉排列示意

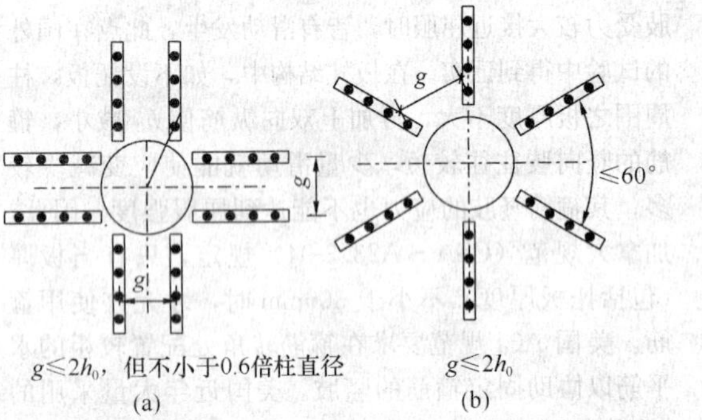

图 10　圆柱周边抗剪栓钉排列示意

当地震作用能导致柱上板带的支座弯矩反号时，应验算如图 11 所示虚线界面的冲切承载力。

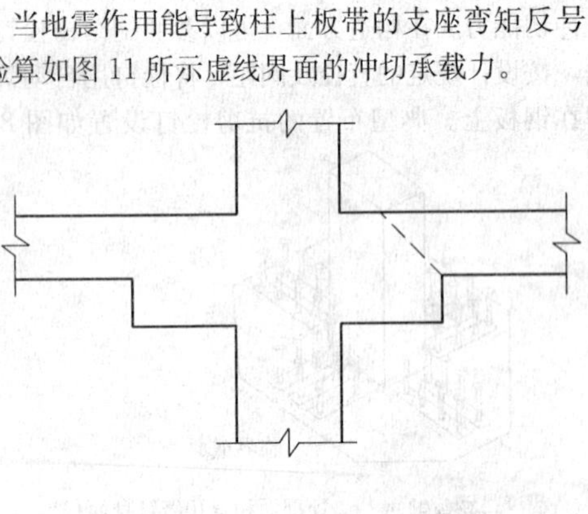

图 11　冲切截面验算示意

3　为防止无柱托板板柱结构的楼板在柱边开裂后楼板坠落，穿过柱截面板底两个方向钢筋的受拉承载力应满足该柱承担的该层楼面重力荷载代表值所产生的轴压力设计值。

8.2.4　板柱-剪力墙结构中，地震作用虽由剪力墙全部承担，但结构在整体工作时，板柱部分仍会承担一定的水平力。由柱上板带和柱组成的板柱框架中的板，受力主要集中在柱的连线附近，故抗震设计应沿柱轴线设置暗梁，目的在于加强板与柱的连接，较好地起到板柱框架的作用，此时柱上板带的钢筋应比较集中在暗梁部位。

当无梁板有局部开洞时，除满足图 8.2.4 的要求外，冲切计算中应考虑洞口对冲切能力的削弱，具体计算及构造应符合现行国家标准《混凝土结构设计规范》GB 50010 的有关规定。

9　筒体结构设计

9.1　一 般 规 定

9.1.1　筒体结构具有造型美观、使用灵活、受力合理，以及整体性强等优点，适用于较高的高层建筑。目前全世界最高的 100 幢高层建筑约有 2/3 采用筒体结构；国内 100m 以上的高层建筑约有一半采用钢筋混凝土筒体结构，所用形式大多为框架-核心筒结构和筒中筒结构，本章条文主要针对这两类筒体结构，其他类型的筒体结构可参照使用。

本条是 02 规程第 9.1.1 条和 9.1.12 条的合并。

9.1.2　研究表明，筒中筒结构的空间受力性能与其高度和高宽比有关，当高宽比小于 3 时，就不能较好地发挥结构的整体空间作用；框架-核心筒结构的高度和高宽比可不受此限制。对于高度较低的框架-核心筒结构，可按框架-抗震墙结构设计，适当降低核心筒和框架的构造要求。

9.1.3　筒体结构尤其是筒中筒结构，当建筑需要较大空间时，外周框架或框筒有时需要抽掉一部分柱，形成带转换层的筒体结构。本条取消了 02 规程有关转换梁的设计要求，转换层结构的设计应符合本规程第 10.2 节的有关规定。

9.1.4　筒体结构的双向楼板在竖向荷载作用下，四周外角要上翘，但受到剪力墙的约束，加上楼板混凝土的自身收缩和温度变化影响，使楼板外角可能产生斜裂缝。为防止这类裂缝出现，楼板外角顶面和底面配置双向钢筋网，适当加强。

9.1.5　筒体结构中筒体墙与外周框架之间的距离不宜过大，否则楼盖结构的设计较困难。根据近年来的工程经验，适当放松了核心筒或内筒外墙与外框柱之间的距离要求，非抗震设计和抗震设计分别由 02 规程的 12m、10m 调整为 15m、12m。

9.1.7　本条规定了筒体结构核心筒、内筒设计的基本要求。第 3 款墙体厚度是最低要求，同时要求所有筒体墙应按本规程附录 D 验算墙体稳定，必要时可增设扶壁柱或扶壁墙以增强墙体的稳定性；第 5 款对连梁的要求主要目的是提高其抗震延性。

9.1.8　为防止核心筒或内筒中出现小墙肢等薄弱环

节，墙面应尽量避免连续开洞，对个别无法避免的小墙肢，应控制最小截面高度，并按柱的抗震构造要求配置箍筋和纵向钢筋，以加强其抗震能力。

9.1.9 在筒体结构中，大部分水平剪力由核心筒或内筒承担，框架柱或框筒柱所受剪力远小于框架结构中的柱剪力，剪跨比明显增大，因此其轴压比限值可比框架结构适当放松，可按框架-剪力墙结构的要求控制柱轴压比。

9.1.10 楼盖主梁搁置在核心筒的连梁上，会使连梁产生较大剪力和扭矩，容易产生脆性破坏，应尽量避免。

9.1.11 对框架-核心筒结构和筒中筒结构，如果各层框架承担的地震剪力不小于结构底部总地震剪力的20%，则框架地震剪力可不进行调整；否则，应按本条的规定调整框架柱及与之相连的框架梁的剪力和弯矩。

设计恰当时，框架-核心筒结构可以形成外周框架与核心筒协同工作的双重抗侧力结构体系。实际工程中，由于外周框架柱的柱距过大、梁高过小，造成其刚度过低、核心筒刚度过高，结构底部剪力主要由核心筒承担。这种情况，在强烈地震作用下，核心筒墙体可能损伤严重，经内力重分布后，外周框架会承担较大的地震作用。因此，本条第1款对外周框架按弹性刚度分配的地震剪力作了基本要求；对本规程规定的房屋最大适用高度范围的筒体结构，经过合理设计，多数情况应该可以达到此要求。一般情况下，房屋高度越高时，越不容易满足本条第1款的要求。

通常，筒体结构外周框架剪力调整的方法与本规程第8章框架-剪力墙结构相同，即本条第3款的规定。当框架部分分配的地震剪力不满足本条第1款的要求，即小于结构底部总地震剪力的10%时，意味着筒体结构的外周框架刚度过弱，框架总剪力如果仍按第3款进行调整，框架部分承担的剪力最大值的1.5倍可能过小，因此要求按第2款执行，即各层框架剪力按结构底部总地震剪力的15%进行调整，同时要求对核心筒的设计剪力和抗震构造措施予以加强。

对带加强层的筒体结构，框架部分最大楼层地震剪力可不包括加强层及其相邻上、下楼层的框架剪力。

9.2 框架-核心筒结构

9.2.1 核心筒是框架-核心筒结构的主要抗侧力结构，应尽量贯通建筑物全高。一般来讲，当核心筒的宽度不小于筒体总高度的1/12时，筒体结构的层间位移就能满足规定。

9.2.2 抗震设计时，核心筒为框架-核心筒结构的主要抗侧力构件，本条对其底部加强部位水平和竖向分布钢筋的配筋率、边缘构件设置提出了比一般剪力墙结构更高的要求。

约束边缘构件通常需要一个沿周边的大箍，再加上各个小箍或拉筋，而小箍是无法勾住大箍的，会造成大箍的长边无支长度过大，起不到应有的约束作用。因此，第2款将02规程“约束边缘构件范围内全部采用箍筋”的规定改为主要采用箍筋，即采用箍筋与拉筋相结合的配箍方法。

9.2.3 由于框架-核心筒结构外周框架的柱距较大，为了保证其整体性，外周框架柱间必须要设置框架梁，形成周边框架。实践证明，纯无梁楼盖会影响框架-核心筒结构的整体刚度和抗震性能，尤其是板柱节点的抗震性能较差。因此，在采用无梁楼盖时，更应在各层楼盖沿周边框架柱设置框架梁。

9.2.5 内筒偏置的框架-筒体结构，其质心与刚心的偏心距较大，导致结构在地震作用下的扭转反应增大。对这类结构，应特别关注结构的扭转特性，控制结构的扭转反应。本条要求对该类结构的位移比和周期比均按B级高度高层建筑从严控制。内筒偏置时，结构的第一自振周期 T_1 中会含有较大的扭转成分，为了改善结构抗震的基本性能，除控制结构扭转为主的第一自振周期 T_t 与平动为主的第一自振周期 T_1 之比不应大于0.85外，尚需控制 T_1 的扭转成分不宜大于平动成分之半。

9.2.6、9.2.7 内筒采用双筒可增强结构的扭转刚度，减小结构在水平地震作用下的扭转效应。考虑到双筒间的楼板因传递双筒间的力偶会产生较大的平面剪力，第9.2.7条对双筒间开洞楼板的构造作了具体规定，并建议按弹性板进行细化分析。

9.3 筒中筒结构

9.3.1～9.3.5 研究表明，筒中筒结构的空间受力性能与其平面形状和构件尺寸等因素有关，选用圆形和正多边形等平面，能减小外框筒的“剪力滞后”现象，使结构更好地发挥空间作用，矩形和三角形平面的“剪力滞后”现象相对较严重，矩形平面的长宽比大于2时，外框筒的“剪力滞后”更突出，应尽量避免；三角形平面切角后，空间受力性质会相应改善。

除平面形状外，外框筒的空间作用的大小还与柱距、墙面开洞率，以及洞口高宽比与层高和柱距之比等有关，矩形平面框筒的柱距越接近层高、墙面开洞率越小，洞口高宽比与层高和柱距之比越接近，外框筒的空间作用越强；在第9.3.5条中给出了矩形平面的柱距，以及墙面开洞率的最大限值。由于外框筒在侧向荷载作用下的“剪力滞后”现象，角柱的轴向力约为邻柱的1～2倍，为了减小各层楼盖的翘曲，角柱的截面可适当放大，必要时可采用L形角墙或角筒。

9.3.7 在水平地震作用下，框筒梁和内筒连梁的端部反复承受正、负弯矩和剪力，而一般的弯起钢筋无法承担正、负剪力，必须要加强箍筋配筋构造要求；对框筒梁，由于梁高较大、跨度较小，对其纵向钢筋、腰筋的配置也提出了最低要求。跨高比较小的框筒梁和内筒连梁宜增配对角斜向钢筋或设置交叉暗撑；当梁内设置交叉暗撑时，全部剪力可由暗撑承担，抗震设计时箍筋的间距可由 100mm 放宽至 200mm。

9.3.8 研究表明，在跨高比较小的框筒梁和内筒连梁增设交叉暗撑对提高其抗震性能有较好的作用，但交叉暗撑的施工有一定难度。本条对交叉暗撑的适用范围和构造作了调整：对跨高比不大于 2 的框筒梁和内筒连梁，宜增配对角斜向钢筋，具体要求可参照现行国家标准《混凝土结构设计规范》GB 50010 的有关规定；对跨高比不大于 1 的框筒梁和内筒连梁，宜设置交叉暗撑。为方便施工，交叉暗撑的箍筋不再设加密区。

10 复杂高层建筑结构设计

10.1 一 般 规 定

10.1.1 为适应体型、结构布置比较复杂的高层建筑发展的需要，并使其结构设计质量、安全得到基本保证，02 规程增加了复杂高层建筑结构设计内容，包括带转换层的结构、带加强层的结构、错层结构、连体结构和多塔楼结构等。本次修订增加了竖向体型收进、悬挑结构，并将多塔楼结构并入其中，因为这三种结构的刚度和质量沿竖向变化的情况有一定的共性。

10.1.2 带转换层的结构、带加强层的结构、错层结构、连体结构等，在地震作用下受力复杂，容易形成抗震薄弱部位。9 度抗震设计时，这些结构目前尚缺乏研究和工程实践经验，为了确保安全，因此规定不应采用。

10.1.3 本规程涉及的错层结构，一般包含框架结构、框架-剪力墙结构和剪力墙结构。筒体结构因建筑上一般无错层要求，本规程也没有对其作出相应的规定。错层结构受力复杂，地震作用下易形成多处薄弱部位，目前对错层结构的研究和工程实践经验较少，需对其适用高度加以适当限制，因此规定了 7 度、8 度抗震设计时，剪力墙结构错层高层建筑的房屋高度分别不宜大于 80m、60m；框架-剪力墙结构错层高层建筑的房屋高度分别不应大于 80m、60m。连体结构的连接体部位易产生严重震害，房屋高度越高，震害加重，因此 B 级高度高层建筑不宜采用连体结构。抗震设计时，底部带转换层的筒中筒结构 B 级高度高层建筑，当外筒框支层以上采用壁式框架时，其抗震性能比密柱框架更为不利，因此其最大适用高度应比本规程表 3.3.1-2 规定的数值适当降低。

10.1.4 本章所指的各类复杂高层建筑结构均属不规则结构。在同一个工程中采用两种以上这类复杂结构，在地震作用下易形成多处薄弱部位。为保证结构设计的安全性，规定 7 度、8 度抗震设计的高层建筑不宜同时采用两种以上本章所指的复杂结构。

10.1.5 复杂高层建筑结构的计算分析应符合本规程第 5 章的有关规定，并按本规程有关规定进行截面承载力设计与配筋构造。对于复杂高层建筑结构，必要时，对其中某些受力复杂部位尚宜采用有限元法等方法进行详细的应力分析，了解应力分布情况，并按应力进行配筋校核。

10.2 带转换层高层建筑结构

10.2.1 本节的设计规定主要用于底部带托墙转换层的剪力墙结构（部分框支剪力墙结构）以及底部带托柱转换层的筒体结构，即框架-核心筒、筒中筒结构中的外框架（外筒体）密柱在房屋底部通过托柱转换层转变为稀柱框架的筒体结构。这两种带转换层结构的设计有其相同之处也有其特殊性。为表述清楚，本节将这两种带转换层结构相同的设计要求以及大部分要求相同、仅部分设计要求不同的设计规定在若干条文中作出规定，对仅适用于某一种带转换层结构的设计要求在专门条文中规定，如第 10.2.5 条、第 10.2.16～10.2.25 条是专门针对部分框支剪力墙结构的设计规定，第 10.2.26 条及第 10.2.27 条是专门针对底部带托柱转换层的筒体结构的设计规定。

本节的设计规定可供在房屋高处设置转换层的结构设计参考。对仅有个别结构构件进行转换的结构，如剪力墙结构或框架-剪力墙结构中存在的个别墙或柱在底部进行转换的结构，可参照本节中有关转换构件和转换柱的设计要求进行构件设计。

10.2.2 由于转换层位置的增高，结构传力路径复杂、内力变化较大，规定剪力墙底部加强范围亦增大，可取转换层加上转换层以上两层的高度或房屋总高度的 1/10 二者的较大值。这里的剪力墙包括落地剪力墙和转换构件上部的剪力墙。相比于 02 规程，将墙肢总高度的 1/8 改为房屋总高度的 1/10。

10.2.3 在水平荷载作用下，当转换层上、下部楼层的结构侧向刚度相差较大时，会导致转换层上、下部结构构件内力突变，促使部分构件提前破坏；当转换层位置相对较高时，这种内力突变会进一步加剧。因此本条规定，控制转换层上、下层结构等效刚度比满足本规程附录 E 的要求，以缓解构件内力和变形的突变现象。带转换层结构当转换层设置在 1、2 层时，应满足第 E.0.1 条等效剪切刚度比的要求；当转换层设置在 2 层以上时，应满足第 E.0.2、E.0.3 条规定的楼层侧向刚度比要求。当采用本规程附录第 E.0.3 条的规定时，要强调转换层上、下两个计算模型的高度宜相等或接近的要求，且上部计算模型的高度不大于下部计算模型的高度。本规程第 E.0.2 条的规定与美国规范 IBC 2006 关于严重不规则结构的规定是一致的。

10.2.4 底部带转换层的高层建筑设置的水平转换构件，近年来除转换梁外，转换桁架、空腹桁架、箱形结构、斜撑、厚板等均已采用，并积累了一定设计经验，故本章增加了一般可采用的各种转换构件设计的条文。由于转换厚板在地震区使用经验较少，本条文规定仅在非地震区和 6 度设防的地震区采用。对于大空间地下室，因周围有约束作用，地震反应不明显，故 7、8 度抗震设计时可采用厚板转换层。

带转换层的高层建筑，本条取消了 02 规程“其薄弱层的地震剪力应按本规程第 5.1.14 条的规定乘以 1.15 的增大系数”这一段重复的文字，本规程第 3.5.8 条已有相关的规定，并将增大系数由 1.15 提高为 1.25。为保证转换构件的设计安全度并具有良好的抗震性能，本条规定特一、一、二级转换构件在水平地震作用下的计算内力应分别乘以增大系数 1.9、1.6、1.3，并应按本规程第 4.3.2 条考虑竖向地震作用。

10.2.5 带转换层的底层大空间剪力墙结构于 20 世纪 80 年代中开始采用，90 年代初《钢筋混凝土高层建筑结构设计与施工规程》JGJ 3－91 列入该结构体系及抗震设计有关规定。近几十年，底部带转换层的大空间剪力墙结构迅速发展，在地震区许多工程的转换层位置已较高，一般做到 3～6 层，有的工程转换层位于 7～10 层。中国建筑科学研究院在原有研究的基础上，研究了转换层高度对框支剪力墙结构抗震性能的影响，研究得出，转换层位置较高时，更易使框支剪力墙结构在转换层附近的刚度、内力发生突变，并易形成薄弱层，其抗震设计概念与底层框支剪力墙结构有一定差别。转换层位置较高时，转换层下部的落地剪力墙及框支结构易于开裂和屈服，转换层上部几层墙体易于破坏。转换层位置较高的高层建筑不利于抗震，规定 7 度、8 度地区可以采用，但限制部分框支剪力墙结构转换层设置位置：7 度区不宜超过第 5 层，8 度区不宜超过第 3 层。如转换层位置超过上述规定时，应作专门分析研究并采取有效措施，避免框支层破坏。对托柱转换层结构，考虑到其刚度变化、受力情况同框支剪力墙结构不同，对转换层位置未作限制。

10.2.6 对部分框支剪力墙结构，高位转换对结构抗震不利，因此规定部分框支剪力墙结构转换层的位置设置在 3 层及 3 层以上时，其框支柱、落地剪力墙的底部加强部位的抗震等级宜按本规程表 3.9.3、表 3.9.4 的规定提高一级采用（已经为特一级时可不再提高），提高其抗震构造措施。而对于托柱转换结构，因其受力情况和抗震性能比部分框支剪力墙结构有利，故未要求根据转换层设置高度采取更严格的措施。

10.2.7 本次修订将“框支梁”改为更广义的“转换梁”。转换梁包括部分框支剪力墙结构中的框支梁以及上面托柱的框架梁，是带转换层结构中应用最为广泛的转换结构构件。结构分析和试验研究表明，转换梁受力复杂，而且十分重要，因此本条第 1、2 款分别对其纵向钢筋、梁端加密区箍筋的最小构造配筋提出了比一般框架梁更高的要求。

本条第 3 款针对偏心受拉的转换梁（一般为框支梁）顶面纵向钢筋及腰筋的配置提出了更高要求。研究表明，偏心受拉的转换梁（如框支梁），截面受拉区域较大，甚至全截面受拉，因此除了按结构分析配置钢筋外，加强梁跨中区段顶面纵向钢筋以及两侧面腰筋的最低构造配筋要求是非常必要的。非偏心受拉转换梁的腰筋设置应符合本规程第 10.2.8 条的有关规定。

10.2.8 转换梁受力较复杂，为保证转换梁安全可靠，分别对框支梁和托柱转换梁的截面尺寸及配筋构造等，提出了具体要求。

转换梁承受较大的剪力，开洞会对转换梁的受力造成很大影响，尤其是转换梁端部剪力最大的部位开洞的影响更加不利，因此对转换梁上开洞进行了限制，并规定梁上洞口避开转换梁端部，开洞部位要加强配筋构造。

研究表明，托柱转换梁在托柱部位承受较大的剪力和弯矩，其箍筋应加密配置（图 12a）。框支梁多数情况下为偏心受拉构件，并承受较大的剪力；框支梁上墙体开有边门洞时，往往形成小墙肢，此小墙肢的应力集中尤为突出，而边门洞部位框支梁应力急剧加大。在水平荷载作用下，上部有边门洞框支梁的弯矩约为上部无边门洞框支梁弯矩的 3 倍，剪力也约为 3 倍，因此除小墙肢应加强外，边门洞墙边部位对应

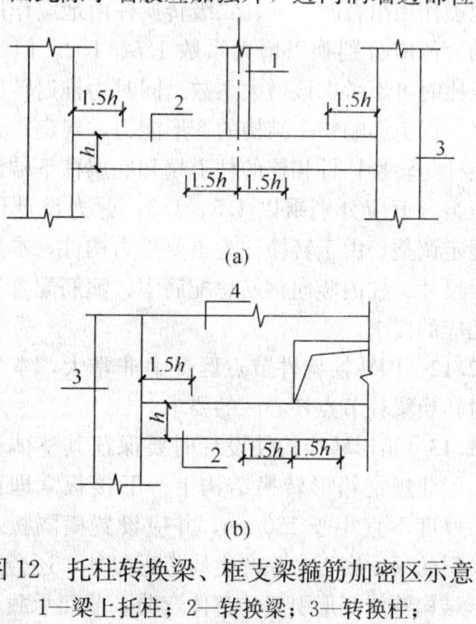

图 12　托柱转换梁、框支梁箍筋加密区示意

1—梁上托柱；2—转换梁；3—转换柱；4—框支剪力墙

的框支梁的抗剪能力也应加强，箍筋应加密配置（图12b）。当洞口靠近梁端且剪压比不满足规定时，也可采用梁端加腋提高其抗剪承载力，并加密配箍。

需要注意的是，对托柱转换梁，在转换层尚宜设置承担正交方向柱底弯矩的楼面梁或框架梁，避免转换梁承受过大的扭矩作用。

与02规程相比，第2款梁截面高度由原来的不应小于计算跨度的1/6改为不宜小于计算跨度的1/8；第4款对托柱转换梁的腰筋配置提出要求；图10.2.8中钢筋锚固作了调整。

10.2.9 带转换层的高层建筑，当上部平面布置复杂而采用框支主梁承托剪力墙并承托转换次梁及其上剪力墙时，这种多次转换传力路径长，框支主梁将承受较大的剪力、扭矩和弯矩，一般不宜采用。中国建筑科学研究院抗震所进行的试验表明，框支主梁易产生受剪破坏，应进行应力分析，按应力校核配筋，并加强配筋构造措施；条件许可时，可采用箱形转换层。

10.2.10 本次修订将"框支柱"改为"转换柱"。转换柱包括部分框支剪力墙结构中的框支柱和框架-核心筒、框架-剪力墙结构中支承托柱转换梁的柱，是带转换层结构重要构件，受力性能与普通框架大致相同，但受力大，破坏后果严重。计算分析和试验研究表明，随着地震作用的增大，落地剪力墙逐渐开裂、刚度降低，转换柱承受的地震作用逐渐增大。因此，除了在内力调整方面对转换柱作了规定外，本条对转换柱的构造配筋提出了比普通框架柱更高的要求。

本条第3款中提到的普通框架柱的箍筋最小配箍特征值要求，见本规程第6.4.7条的有关规定，转换柱的箍筋最小配箍特征值应比本规程表6.4.7的规定提高0.02采用。

10.2.11 抗震设计时，转换柱截面主要由轴压比控制并要满足剪压比的要求。为增大转换柱的安全性，有地震作用组合时，一、二级转换柱由地震作用引起的轴力值应分别乘以增大系数1.5、1.2，但计算柱轴压比时可不考虑该增大系数。同时为推迟转换柱的屈服，以免影响整个结构的变形能力，规定一、二级转换柱与转换构件相连的柱上端和底层柱下端截面的弯矩组合值应分别乘以1.5、1.3，剪力设计值也应按规定调整。由于转换柱为重要受力构件，本条对柱截面尺寸、柱内竖向钢筋总配筋率、箍筋配置等提出了相应的要求。

10.2.12 因转换构件节点区受力非常大，本条强调了对转换梁柱节点核心区的要求。

10.2.13 箱形转换构件设计时要保证其整体受力作用，因此规定箱形转换结构上、下楼板（即顶、底板）厚度不宜小于180mm，并应设置横隔板。箱形转换层的顶、底板，除产生局部弯曲外，还会产生因箱形结构整体变形引起的整体弯曲，截面承载力设计时应该同时考虑这两种弯曲变形在截面内产生的拉应力、压应力。

10.2.14 根据中国建筑科学研究院进行的厚板试验、计算分析以及厚板转换工程的设计经验，规定了本条关于厚板的设计原则和基本要求。

10.2.15 根据已有设计经验，空腹桁架作转换层时，一定要保证其整体作用，根据桁架各杆件的不同受力特点进行相应的设计构造，上、下弦杆应考虑轴向变形的影响。

10.2.16 关于部分框支剪力墙结构布置和设计的基本要求是根据中国建筑科学研究院结构所等进行的底层大空间剪力墙结构12层模型拟动力试验和底部为3～6层大空间剪力墙结构的振动台试验研究、清华大学土木系的振动台试验研究、近年来工程设计经验及计算分析研究成果而提出来的，满足这些设计要求，可以满足8度及8度以下抗震设计要求。

由于转换层位置不同，对建筑中落地剪力墙间距作了不同的规定；并规定了框支柱与相邻的落地剪力墙距离，以满足底部大空间层楼板的刚度要求，使转换层上部的剪力能有效地传递给落地剪力墙，框支柱只承受较小的剪力。

相比于02规程，此条有两处修改：一是将原来的规定范围限定为部分框支剪力墙结构；二是增加第7款对框支框架承担的倾覆力矩的限制，防止落地剪力墙过少。

10.2.17 对于部分框支剪力墙结构，在转换层以下，一般落地剪力墙的刚度远远大于框支柱的刚度，落地剪力墙几乎承受全部地震剪力，框支柱的剪力非常小。考虑到在实际工程中转换层楼面会有显著的面内变形，从而使框支柱的剪力显著增加。12层底层大空间剪力墙住宅模型试验表明：实测框支柱的剪力为按楼板刚度无限大假定计算值的6～8倍；且落地剪力墙出现裂缝后刚度下降，也导致框支柱剪力增加。所以按转换层位置的不同以及框支柱数目的多少，对框支柱剪力的调整增大作了不同的规定。

10.2.18 部分框支剪力墙结构设计时，为加强落地剪力墙的底部加强部位，规定特一、一、二、三级落地剪力墙底部加强部位的弯矩设计值应分别按墙底截面有地震作用组合的弯矩值乘以增大系数1.8、1.5、1.3、1.1采用；其剪力设计值应按规定进行强剪弱弯调整。

10.2.19 部分框支剪力墙结构中，剪力墙底部加强部位是指房屋高度的1/10以及地下室顶板至转换层以上两层高度二者的较大值。落地剪力墙是框支层以下最主要的抗侧力构件，受力很大，破坏后果严重，十分重要；框支层上部两层剪力墙直接与转换构件相连，相当于一般剪力墙的底部加强部位，且其承受的竖向力和水平力要通过转换构件传递至框支层竖向构件。因此，本条对部分框支剪力墙底部加强部位剪力墙的分布钢筋最低构造，提出了比普通剪力墙底部加强部位更高的要求。

10.2.20 部分框支剪力墙结构中，抗震设计时应在墙体两端设置约束边缘构件，对非抗震设计的框支剪力墙结构，也规定了剪力墙底部加强部位的增强措施。

10.2.21 当地基土较弱或基础刚度和整体性较差时，在地震作用下剪力墙基础可能产生较大的转动，对框支剪力墙结构的内力和位移均会产生不利影响。因此落地剪力墙基础应有良好的整体性和抗转动的能力。

10.2.22 根据中国建筑科学研究院结构所等单位的试验及有限元分析，在竖向及水平荷载作用下，框支梁上部的墙体在多个部位会出现较大的应力集中，这些部位的剪力墙容易发生破坏，因此对这些部位的剪力墙规定了多项加强措施。

10.2.23～10.2.25 部分框支剪力墙结构中，框支转换层楼板是重要的传力构件，不落地剪力墙的剪力需要通过转换层楼板传递到落地剪力墙，为保证楼板能可靠传递面内相当大的剪力（弯矩），规定了转换层楼板截面尺寸要求、抗剪截面验算、楼板平面内受弯承载力验算以及构造配筋要求。

10.2.26 试验表明，带托柱转换层的筒体结构，外围框架柱与内筒的距离不宜过大，否则难以保证转换层上部外框架（框筒）的剪力能可靠地传递到筒体。

10.2.27 托柱转换层结构采用转换桁架时，本条规定可保障上部密柱构件内力传递。此外，桁架节点非常重要，应引起重视。

10.3 带加强层高层建筑结构

10.3.1 根据近年来高层建筑的设计经验及理论分析研究，当框架-核心筒结构的侧向刚度不能满足设计要求时，可以设置加强层以加强核心筒与周边框架的联系，提高结构整体刚度，控制结构位移。本节规定了设置加强层的要求及加强层构件的类型。

10.3.2 根据中国建研院等单位的理论分析，带加强层的高层建筑，加强层的设置位置和数量如果比较合理，则有利于减少结构的侧移。本条第1款的规定供设计人员参考。

结构模型振动台试验及研究分析表明：由于加强层的设置，结构刚度突变，伴随着结构内力的突变，以及整体结构传力途径的改变，从而使结构在地震作用下，其破坏和位移容易集中在加强层附近，形成薄弱层，因此规定了在加强层及相邻层的竖向构件需要加强。伸臂桁架会造成核心筒墙体承受很大的剪力，上下弦杆的拉力也需要可靠地传递到核心筒上，所以要求伸臂构件贯通核心筒。

加强层的上下层楼面结构承担着协调内筒和外框架的作用，存在很大的面内应力，因此本条规定的带加强层结构设计的原则中，对设置水平伸臂构件的楼层在计算时宜考虑楼板平面内的变形，并注意加强层及相邻层的结构构件的配筋加强措施，加强各构件的连接锚固。

由于加强层的伸臂构件强化了内筒与周边框架的联系，内筒与周边框架的竖向变形差将产生很大的次应力，因此需要采取有效的措施减小这些变形差（如伸臂桁架斜腹杆的滞后连接等），而且在结构分析时就应该进行合理的模拟，反映这些措施的影响。

10.3.3 带加强层的高层建筑结构，加强层刚度和承载力较大，与其上、下相邻楼层相比有突变，加强层相邻楼层往往成为抗震薄弱层；与加强层水平伸臂结构相连接部位的核心筒剪力墙以及外围框架柱受力大且集中。因此，为了提高加强层及其相邻楼层与加强层水平伸臂结构相连接的核心筒墙体及外围框架柱的抗震承载力和延性，本条规定应对此部位结构构件的抗震等级提高一级采用（已经为特一级者可不提高）；框架柱箍筋应全柱段加密，轴压比从严（减小0.05）控制；剪力墙应设置约束边缘构件。本条第3款为本次修订新增加内容。

10.4 错层结构

10.4.1 中国建筑科学研究院抗震所等单位对错层剪力墙结构做了两个模型振动台试验。试验研究表明，平面规则的错层剪力墙结构使剪力墙形成错洞墙，结构竖向刚度不规则，对抗震不利，但错层对抗震性能的影响不十分严重；平面布置不规则、扭转效应显著的错层剪力墙结构破坏严重。错层框架结构或框架-剪力墙结构尚未见试验研究资料，但从计算分析表明，这些结构的抗震性能要比错层剪力墙结构更差。因此，高层建筑宜避免错层。

相邻楼盖结构高差超过梁高范围的，宜按错层结构考虑。结构中仅局部存在错层构件的不属于错层结构，但这些错层构件宜参考本节的规定进行设计。

10.4.2 错层结构应尽量减少扭转效应，错层两侧宜采用侧向刚度和变形性能相近的结构方案，以减小错层处墙、柱内力，避免错层处结构形成薄弱部位。

10.4.3 当采用错层结构时，为了保证结构分析的可靠性，相邻错开的楼层不应归并为一个刚性楼层计算。

10.4.4 错层结构属于竖向布置不规则结构，错层部位的竖向抗侧力构件受力复杂，容易形成多处应力集中部位。框架错层更为不利，容易形成长、短柱沿竖向交替出现的不规则体系。因此，规定抗震设计时错层处柱的抗震等级应提高一级采用（特一级时允许不再提高），截面高度不应过小，箍筋应全柱段加密配置，以提高其抗震承载力和延性。

和02规程相比，本次修订明确了本条规定是针对抗震设计的错层结构。

10.4.5 本条为新增条文。错层结构错层处的框架柱受力复杂，易发生短柱受剪破坏，因此要求其满足设防烈度地震（中震）作用下性能水准2的设计要求。

10.4.6 错层结构在错层处的构件（图13）要采取加强措施。

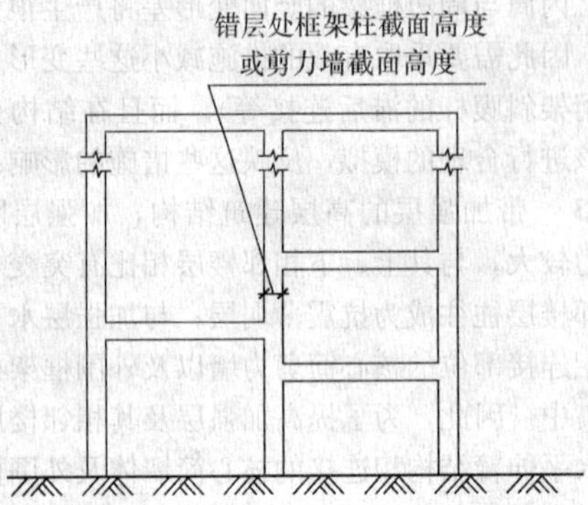

图13 错层结构加强部位示意

本规程第10.4.4条和本条规定了错层处柱截面高度、剪力墙截面厚度以及剪力墙分布钢筋的最小配筋率要求，并规定平面外受力的剪力墙应设置与其垂直的墙肢或扶壁柱，抗震设计时，错层处框架柱和平面外受力的剪力墙的抗震等级应提高一级采用，以免该类构件先于其他构件破坏。如果错层处混凝土构件不能满足设计要求，则需采取有效措施。框架柱采用型钢混凝土柱或钢管混凝土柱，剪力墙内设置型钢，可改善构件的抗震性能。

10.5 连体结构

10.5.1 连体结构各独立部分宜有相同或相近的体型、平面和刚度，宜采用双轴对称的平面形式，否则在地震中将出现复杂的 X、Y、θ 相互耦联的振动，扭转影响大，对抗震不利。

1995年日本阪神地震和1999年我国台湾集集地震的震害表明，连体结构破坏严重，连接体本身塌落的情况较多，同时使主体结构中与连接体相连的部分结构严重破坏，尤其当两个主体结构层数和刚度相差较大时，采用连体结构更为不利，因此规定7、8度抗震时层数和刚度相差悬殊的不宜采用连体结构。

10.5.2 连体结构的连接体一般跨度较大、位置较高，对竖向地震的反应比较敏感，放大效应明显，因此抗震设计时高烈度区应考虑竖向地震的不利影响。本次修订增加了7度设计基本地震加速度为0.15g抗震设防区考虑竖向地震影响的规定，与本规程第4.3.2条的规定保持一致。

10.5.3 计算分析表明，高层建筑中连体结构连接体的竖向地震作用受连体跨度、所处位置以及主体结构刚度等多方面因素的影响，6度和7度0.10g抗震设计时，对于高位连体结构（如连体位置高度超过80m时）宜考虑其影响。

10.5.4、10.5.5 连体结构的连体部位受力复杂，连体部分的跨度一般也较大，采用刚性连接的结构分析和构造上更容易把握，因此推荐采用刚性连接的连体形式。刚性连接体既要承受很大的竖向重力荷载和地震作用，又要在水平地震作用下协调两侧结构的变形，因此要保证连体部分与两侧主体结构的可靠连接，这两条规定了连体结构与主体结构连接的要求，并强调了连体部位楼板的要求。

根据具体项目的特点分析后，也可采用滑动连接方式。震害表明，当采用滑动连接时，连接体往往由于滑移量较大致使支座发生破坏，因此增加了对采用滑动连接时的防坠落措施要求和需采用时程分析方法进行复核计算的要求。

10.5.6 中国建筑科学研究院等单位对连体结构的计算分析及振动台试验研究说明，连体结构自振振型较为复杂，前几个振型与单体建筑有明显不同，除顺向振型外，还出现反向振型；连体结构抗扭转性能较差，扭转振型丰富，当第一扭转频率与场地卓越频率接近时，容易引起较大的扭转反应，易造成结构破坏。因此，连体结构的连接体及与连接体相连的结构构件受力复杂，易形成薄弱部位，抗震设计时必须予以加强，以提高其抗震承载力和延性。

本条第2、3两款为本次修订新增内容。

10.5.7 刚性连接的连体部分结构在地震作用下需要协调两侧塔楼的变形，因此需要进行连体部分楼板的验算，楼板的受剪截面和受剪承载力按转换层楼板的计算方法进行验算，计算剪力可取连体楼板承担的两侧塔楼楼层地震作用力之和的较小值。当连体部分楼板较弱时，在强烈地震作用下可能发生破坏，因此建议补充两侧分塔楼的计算分析，确保连体部分失效后两侧塔楼可以独立承担地震作用不致发生严重破坏或倒塌。

10.6 竖向体型收进、悬挑结构

10.6.1 将02规程多塔楼结构的内容与新增的体型收进、悬挑结构的相关内容合并，统称为“竖向体型收进、悬挑结构”。对于多塔楼结构、竖向体型收进和悬挑结构，其共同的特点就是结构侧向刚度沿竖向发生剧烈变化，往往在变化的部位产生结构的薄弱部位，因此本节对其统一进行规定。

10.6.2 竖向体型收进、悬挑结构在体型突变的部位，楼板承担着很大的面内应力，为保证上部结构的地震作用可靠地传递到下部结构，体型突变部位的楼板应加厚并加强配筋，板面负弯矩配筋宜贯通。体型突变部位上、下层结构的楼板也应加强构造措施。

10.6.3 中国建筑科学研究院结构所等单位的试验研究和计算分析表明，多塔楼结构振型复杂，且高振型对结构内力的影响大，当各塔楼质量和刚度分布不均匀时，结构扭转振动反应大，高振型对内力的影响更为突出。因此本条规定多塔楼结构各塔楼的层数、平面和刚度宜接近；塔楼对底盘宜对称布置，减小塔楼和底盘的刚度偏心。大底盘单塔楼结构的设计，也应符合本条关于塔楼与底盘的规定。

震害和计算分析表明，转换层宜设置在底盘楼层范围内，不宜设置在底盘以上的塔楼内（图 14）。若转换层设置在底盘屋面的上层塔楼内时，易形成结构薄弱部位，不利于结构抗震，应尽量避免；否则应采取有效的抗震措施，包括增大构件内力、提高抗震等级等。

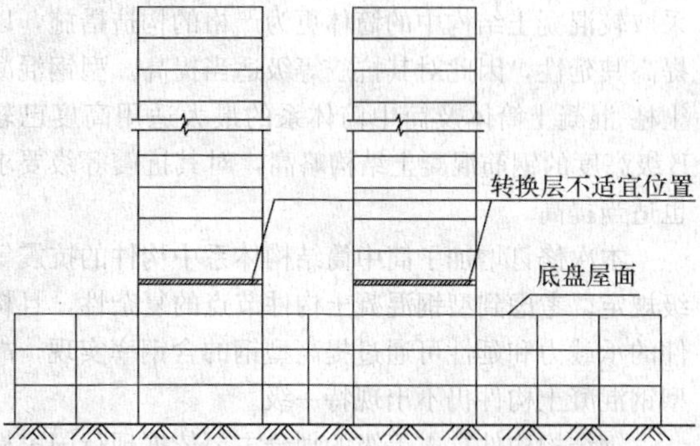

图 14　多塔楼结构转换层不适宜位置示意

为保证结构底盘与塔楼的整体作用，裙房屋面板应加厚并加强配筋，板面负弯矩配筋宜贯通；裙房屋面上、下层结构的楼板也应加强构造措施。

为保证多塔楼建筑中塔楼与底盘整体工作，塔楼之间裙房连接体的屋面梁以及塔楼中与裙房连接体相连的外围柱、墙，从固定端至出裙房屋面上一层的高度范围内，在构造上应予以特别加强（图 15）。

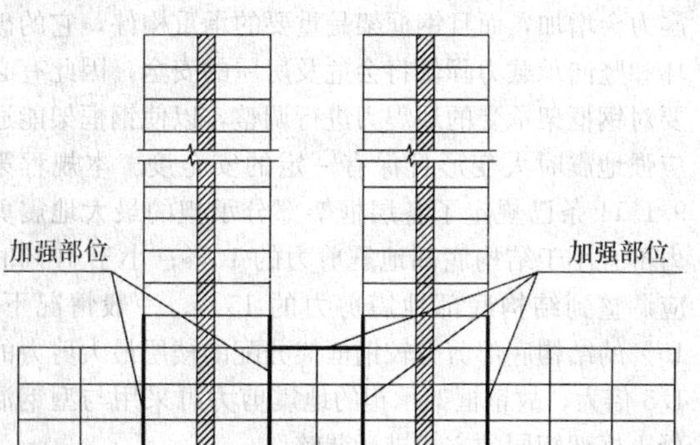

图 15　多塔楼结构加强部位示意

10.6.4　本条为新增条文，对悬挑结构提出了明确要求。

悬挑部分的结构一般竖向刚度较差、结构的冗余度不高，因此需要采取措施降低结构自重、增加结构冗余度，并进行竖向地震作用的验算，且应提高悬挑关键构件的承载力和抗震措施，防止相关部位在竖向地震作用下发生结构的倒塌。

悬挑结构上下层楼板承受较大的面内作用，因此在结构分析时应考虑楼板面内的变形，分析模型应包含竖向振动的质量，保证分析结果可以反映结构的竖向振动反应。

10.6.5　本条为新增条文，对体型收进结构提出了明确要求。大量地震震害以及相关的试验研究和分析表明，结构体型收进较多或收进位置较高时，因上部结构刚度突然降低，其收进部位形成薄弱部位，因此规定在收进的相邻部位采取更高的抗震措施。当结构偏心收进时，受结构整体扭转效应的影响，下部结构的周边竖向构件内力增加较多，应予以加强。图 16 中表示了应该加强的结构部位。

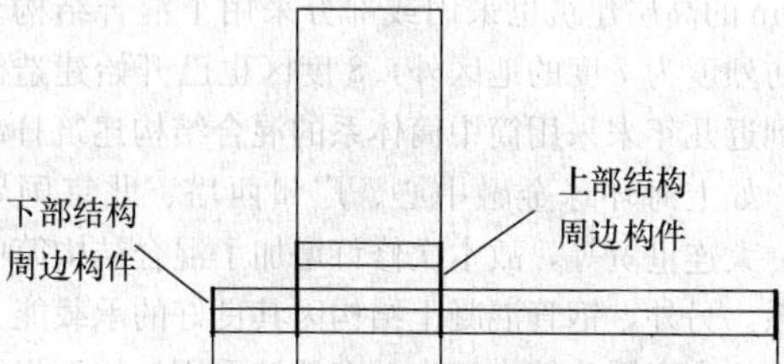

图 16　体型收进结构的加强部位示意

收进程度过大、上部结构刚度过小时，结构的层间位移角增加较多，收进部位成为薄弱部位，对结构抗震不利，因此限制上部楼层层间位移角不大于下部结构层间位移角的 1.15 倍，当结构分段收进时，控制收进部位底部楼层的层间位移角和下部相邻区段楼层的最大层间位移角之间的比例（图 17）。

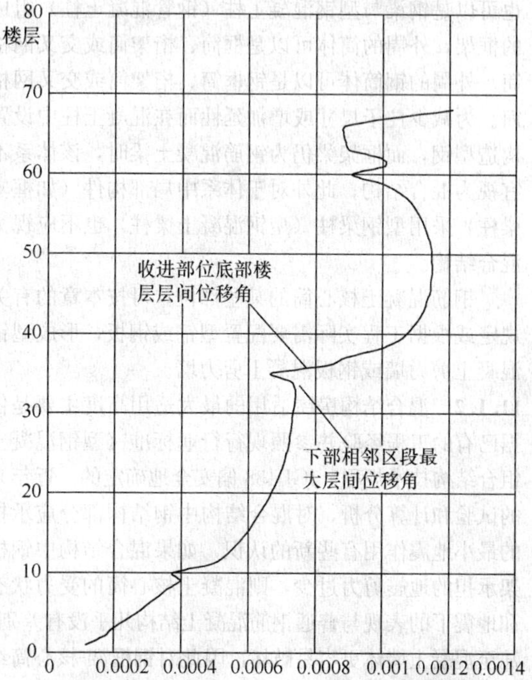

图 17　结构收进部位楼层层间位移角分布

11 混合结构设计

11.1 一 般 规 定

11.1.1 钢和混凝土混合结构体系是近年来在我国迅速发展的一种新型结构体系，由于其在降低结构自重、减少结构断面尺寸、加快施工进度等方面的明显优点，已引起工程界和投资商的广泛关注，目前已经建成了一批高度在150m～200m的建筑，如上海森茂大厦、国际航运大厦、世界金融大厦、新金桥大厦、深圳发展中心、北京京广中心等，还有一些高度超过300m的高层建筑也采用或部分采用了混合结构。除设防烈度为7度的地区外，8度区也已开始建造。考虑到近几年来采用筒中筒体系的混合结构建筑日趋增多，如上海环球金融中心、广州西塔、北京国贸三期、大连世贸等，故本次修订增加了混合结构筒中筒体系。另外，钢管混凝土结构因其良好的承载能力及延性，在高层建筑中越来越多地被采用，故而将钢管混凝土结构也一并列入。尽管采用型钢混凝土（钢管混凝土）构件与钢筋混凝土、钢构件组成的结构均可称为混合结构，构件的组合方式多种多样，所构成的结构类型会很多，但工程实际中使用最多的还是框架-核心筒及筒中筒混合结构体系，故本规程仅列出上述两种结构体系。

型钢混凝土（钢管混凝土）框架可以是型钢混凝土梁与型钢混凝土柱（钢管混凝土柱）组成的框架，也可以是钢梁与型钢混凝土柱（钢管混凝土柱）组成的框架，外周的筒体可以是框筒、桁架筒或交叉网格筒。外周的钢筒体可以是钢框筒、桁架筒或交叉网格筒。为减少柱子尺寸或增加延性而在混凝土柱中设置构造型钢，而框架梁仍为钢筋混凝土梁时，该体系不宜视为混合结构；此外对于体系中局部构件（如框支梁柱）采用型钢梁柱（型钢混凝土梁柱）也不应视为混合结构。

钢筋混凝土核心筒的某些部位，可按本章的有关规定或根据工程实际需要配置型钢或钢板，形成型钢混凝土剪力墙或钢板混凝土剪力墙。

11.1.2 混合结构房屋适用的最大适用高度主要是依据已有的工程经验并参照现行行业标准《型钢混凝土组合结构技术规程》JGJ 138偏安全地确定的。近年来的试验和计算分析，对混合结构中钢结构部分应承担的最小地震作用有些新的认识，如果混合结构中钢框架承担的地震剪力过少，则混凝土核心筒的受力状态和地震下的表现与普通钢筋混凝土结构几乎没有差别，甚至混凝土墙体更容易破坏，因此对钢框架-核心筒结构体系适用的最大高度较B级高度的混凝土框架-核心筒体系适用的最大高度适当减少。

11.1.3 高层建筑的高宽比是对结构刚度、整体稳定、承载能力和经济合理性的宏观控制。钢（型钢混凝土）框架-钢筋混凝土筒体混合结构体系高层建筑，其主要抗侧力体系仍然是钢筋混凝土筒体，因此其高宽比的限值和层间位移限值均取钢筋混凝土结构体系的同一数值，而筒中筒体系混合结构，外周筒体抗侧刚度较大，承担水平力也较多，钢筋混凝土内筒分担的水平力相应减小，且外筒体延性相对较好，故高宽比要求适当放宽。

11.1.4 试验表明，在地震作用下，钢框架-混凝土筒体结构的破坏首先出现在混凝土筒体，应对该筒体采取较混凝土结构中的筒体更为严格的构造措施，以提高其延性，因此对其抗震等级适当提高。型钢混凝土柱-混凝土筒体及筒中筒体系的最大适用高度已较B级高度的钢筋混凝土结构略高，对其抗震等级要求也适当提高。

本次修订增加了筒中筒结构体系中构件的抗震等级规定。考虑到型钢混凝土构件节点的复杂性，且构件的承载力和延性可通过提高型钢的含钢率实现，故型钢混凝土构件仍不出现特一级。

钢结构构件抗震等级的划分主要依据现行国家标准《建筑抗震设计规范》GB50011的相关规定。

11.1.5 补充了混合结构在预估罕遇地震下弹塑性层间位移的规定。

11.1.6 在地震作用下，钢-混凝土混合结构体系中，由于钢筋混凝土核心筒抗侧刚度较钢框架大很多，因而承担了绝大部分的地震力，而钢筋混凝土核心筒墙体在达到本规程限定的变形时，有些部位的墙体已经开裂，此时钢框架尚处于弹性阶段，地震作用在核心筒墙体和钢框架之间会进行再分配，钢框架承受的地震力会增加，而且钢框架是重要的承重构件，它的破坏和竖向承载力降低将会危及房屋的安全，因此有必要对钢框架承受的地震力进行调整，以使钢框架能适应强地震时大变形且保有一定的安全度。本规程第9.1.11条已规定了各层框架部分承担的最大地震剪力不宜小于结构底部地震剪力的10%；小于10%时应调整到结构底部地震剪力的15%。一般情况下，15%的结构底部剪力较钢框架分配的楼层最大剪力的1.5倍大，故钢框架承担的地震剪力可采用与型钢混凝土框架相同的方式进行调整。

11.1.7 根据现行国家标准《建筑抗震设计规范》GB 50011的有关规定，修改了钢柱的承载力抗震调整系数。

11.1.8 高层建筑层数较多，减轻结构构件及填充墙的自重是减轻结构重量、改善结构抗震性能的有效措施。其他材料的相关规定见本规程第3.2节。随着高性能钢材和混凝土技术的发展，在高层建筑中采用高性能钢材和混凝土成为首选，对于提高结构效率，增加经济性大有益处。

11.2 结 构 布 置

11.2.2 从抗震的角度提出了建筑的平面应简单、规则、对称的要求，从方便制作、减少构件类型的角度提出了开间及进深宜尽量统一的要求。考虑到混合结构多属B级高度高层建筑，故位移比及周期比按照B类高度高层建筑进行控制。

框筒结构中，将强轴布置在框筒平面内时，主要是为了增加框筒平面内的刚度，减少剪力滞后。角柱为双向受力构件，采用方形、十字形等主要是为了方便连接，且受力合理。

减小横风向风振可采取平面角部柔化、沿竖向退台或呈锥形、改变截面形状、设置扰流部件、立面开洞等措施。

楼面梁使连梁受扭，对连梁受力非常不利，应予避免；如必须设置时，可设置型钢混凝土连梁或沿核心筒外周设置宽度大于墙厚的环向楼面梁。

11.2.3 国内外的震害表明，结构沿竖向刚度或抗侧力承载力变化过大，会导致薄弱层的变形和构件应力过于集中，造成严重震害。刚度变化较大的楼层，是指上、下层侧向刚度变化明显的楼层，如转换层、加强层、空旷的顶层、顶部突出部分、型钢混凝土框架与钢框架的交接层及邻近楼层等。竖向刚度变化较大时，不但刚度变化的楼层受力增大，而且其上、下邻近楼层的内力也会增大，所以采取加强措施应包括相邻楼层在内。

对于型钢钢筋混凝土与钢筋混凝土交接的楼层及相邻楼层的柱子，应设置剪力栓钉，加强连接；另外，钢-混凝土混合结构的顶层型钢混凝土柱也需设置栓钉，因为一般来说，顶层柱子的弯矩较大。

11.2.4 本条是在02规程第11.2.4条基础上修改完成的。钢（型钢混凝土）框架-混凝土筒体结构体系中的混凝土筒体在底部一般均承担了85%以上的水平剪力及大部分的倾覆力矩，所以必须保证混凝土筒体具有足够的延性，配置了型钢的混凝土筒体墙在弯曲时，能避免发生平面外的错断及筒体角部混凝土的压溃，同时也能减少钢柱与混凝土筒体之间的竖向变形差异产生的不利影响。而筒中筒体系的混合结构，结构底部内筒承担的剪力及倾覆力矩的比例有所减少，但考虑到此种体系的高度均很高，在大震作用下很有可能出现角部受拉，为延缓核心筒弯曲铰及剪切铰的出现，筒体的角部也宜布置型钢。

型钢柱可设置在核心筒的四角、核心筒剪力墙的大开口两侧及楼面钢梁与核心筒的连接处。试验表明，钢梁与核心筒的连接处，存在部分弯矩及轴力，而核心筒剪力墙的平面外刚度又较小，很容易出现裂缝，因此楼面梁与核心筒剪力墙刚接时，在筒体剪力墙中宜设置型钢柱，同时也能方便钢结构的安装；楼面梁与核心筒剪力墙铰接时，应采取措施保证墙上的预埋件不被拔出。混凝土筒体的四角受力较大，设置型钢柱后核心筒剪力墙开裂后的承载力下降不多，能防止结构的迅速破坏。因为核心筒剪力墙的塑性铰一般出现在高度的1/10范围内，所以在此范围内，核心筒剪力墙四角的型钢柱宜设置栓钉。

11.2.5 外框架平面内采用梁柱刚接，能提高其刚度及抵抗水平荷载的能力。如在混凝土筒体墙中设置型钢并需要增加整体结构刚度时，可采用楼面钢梁与混凝土筒体刚接；当混凝土筒体墙中无型钢柱时，宜采用铰接。刚度发生突变的楼层，梁柱、梁墙采用刚接可以增加结构的空间刚度，使层间变形有效减小。

11.2.6 本条是02规程第11.2.10、11.2.11条的合并修改。为了使整个抗侧力结构在任意方向水平荷载作用下能协同工作，楼盖结构具有必要的面内刚度和整体性是基本要求。

高层建筑混合结构楼盖宜采用压型钢板组合楼盖，以方便施工并加快施工进度；压型钢板与钢梁连接宜采用剪力栓钉等措施保证其可靠连接和共同工作，栓钉数量应通过计算或按构造要求确定。设备层楼板进行加强，一方面是因为设备层荷重较大，另一方面也是隔声的需要。伸臂桁架上、下弦杆所在楼层，楼板平面内受力较大且受力复杂，故这些楼层也应进行加强。

11.2.7 本条是根据02规程第11.2.9条修改而来，明确了外伸臂桁架深入墙体内弦杆和腹杆的具体要求。采用伸臂桁架主要是将筒体剪力墙的弯曲变形转换成框架柱的轴向变形以减小水平荷载下结构的侧移，所以必须保证伸臂桁架与剪力墙刚接。为增强伸臂桁架的抗侧力效果，必要时，周边可配合布置带状桁架。布置周边带状桁架，除了可增大结构侧向刚度外，还可增强加强层结构的整体性，同时也可减少周边柱子的竖向变形差异。外柱承受的轴向力要能够传至基础，故外柱必须上、下连续，不得中断。由于外柱与混凝土内筒轴向变形往往不一致，会使伸臂桁架产生很大的附加内力，因而伸臂桁架宜分段拼装。在设置多道伸臂桁架时，下层伸臂桁架可在施工上层伸臂桁架时予以封闭；仅设一道伸臂桁架时，可在主体结构完成后再进行封闭，形成整体。在施工期间，可采取斜杆上设长圆孔、斜杆后装等措施使伸臂桁架的杆件能适应外围构件与内筒在施工期间的竖向变形差异。

在高设防烈度区，当在较高的不规则高层建筑中设置加强层时，还宜采取进一步的性能设计要求和措施。为保证在中震或大震作用下的安全，可以要求其杆件和相邻杆件在中震下不屈服，或者选择更高的性能设计要求。结构抗震性能设计可按本规程第3.11节的规定执行。

11.3 结 构 计 算

11.3.1 在弹性阶段，楼板对钢梁刚度的加强作用不可忽视。从国内外工程经验看，作为主要抗侧力构件的框架梁支座处尽管有负弯矩，但由于楼板钢筋的作用，其刚度增大作用仍然很大，故在整体结构计算时宜考虑楼板对钢梁刚度的加强作用。框架梁承载力设计时一般不按照组合梁设计。次梁设计一般由变形要求控制，其承载力有较大富余，故一般也不按照组合梁设计，但次梁及楼板作为直接受力构件的设计应有足够的安全储备，以适应不同使用功能的要求，其设计采用的活载宜适当放大。

11.3.2 在进行结构整体内力和变形分析时，型钢混凝土梁、柱及钢管混凝土柱的轴向、抗弯、抗剪刚度都可按照型钢与混凝土两部分刚度叠加方法计算。

11.3.3 外柱与内筒的竖向变形差异宜根据实际的施工工况进行计算。在施工阶段，宜考虑施工过程中已对这些差异的逐层进行调整的有利因素，也可考虑采取外伸臂桁架延迟封闭、楼面梁与外周柱及内筒体采用铰接等措施减小差异变形的影响。在伸臂桁架永久封闭以后，后期的差异变形会对伸臂桁架或楼面梁产生附加内力，伸臂桁架及楼面梁的设计时应考虑这些不利影响。

11.3.4 混凝土筒体先于钢框架施工时，必须控制混凝土筒体超前钢框架安装的层次，否则在风荷载及其他施工荷载作用下，会使混凝土筒体产生较大的变形和应力。根据以往的经验，一般核心筒提前钢框架施工不宜超过14层，楼板混凝土浇筑迟于钢框架安装不宜超过5层。

11.3.5 影响结构阻尼比的因素很多，因此准确确定结构的阻尼比是一件非常困难的事情。试验研究及工程实践表明，一般带填充墙的高层钢结构的阻尼比为0.02左右，钢筋混凝土结构的阻尼比为0.05左右，且随着建筑高度的增加，阻尼比有不断减小的趋势。钢-混凝土混合结构的阻尼比应介于两者之间，考虑到钢-混凝土混合结构抗侧刚度主要来自混凝土核心筒，故阻尼比取为0.04，偏向于混凝土结构。风荷载作用下，结构的塑性变形一般较设防烈度地震作用下为小，故抗风设计时的阻尼比应比抗震设计时为小，阻尼比可根据房屋高度和结构形式选取不同的值；结构高度越高阻尼比越小，采用的风荷载回归期越短，其阻尼比取值越小。一般情况下，风荷载作用时结构楼层位移和承载力验算时的阻尼比可取为0.02～0.04，结构顶部加速度验算时的阻尼比可取为0.01～0.015。

11.3.6 对于设置伸臂桁架的楼层或楼板开大洞的楼层，如果采用楼板平面内刚度无限大的假定，就无法得到桁架弦杆或洞口周边构件的轴力和变形，对结构设计偏于不安全。

11.4 构件设计

11.4.1 试验表明，由于混凝土及箍筋、腰筋对型钢的约束作用，在型钢混凝土中的型钢截面的宽厚比可较纯钢结构适当放宽。型钢混凝土中，型钢翼缘的宽厚比取为纯钢结构的1.5倍，腹板取为纯钢结构的2倍，填充式箱形钢管混凝土可取为纯钢结构的1.5～1.7倍。本次修订增加了Q390级钢材型钢钢板的宽厚比要求，是在Q235级钢材规定数值的基础上乘以$\sqrt{235/f_y}$得到。

11.4.2 本条是对型钢混凝土梁的基本构造要求。

第1款规定型钢混凝土梁的强度等级和粗骨料的最大直径，主要是为了保证外包混凝土与型钢有较好的粘结强度和方便混凝土的浇筑。

第2款规定型钢混凝土梁纵向钢筋不宜超过两排，因为超过两排时，钢筋绑扎及混凝土浇筑将产生困难。

第3款规定了型钢的保护层厚度，主要是为了保证型钢混凝土构件的耐久性以及保证型钢与混凝土的粘结性能，同时也是为了方便混凝土的浇筑。

第4款提出了纵向钢筋的连接锚固要求。由于型钢混凝土梁中钢筋直径一般较大，如果钢筋穿越梁柱节点，将对柱翼缘有较大削弱，所以原则上不希望钢筋穿过柱翼缘；如果需锚固在柱中，为满足锚固长度，钢筋应伸过柱中心线并弯折在柱内。

第5款对型钢混凝土梁上开洞提出要求。开洞高度按梁截面高度和型钢尺寸双重控制，对钢梁开洞超过0.7倍钢梁高度时，抗剪能力会急剧下降，对一般混凝土梁则同样限制开洞高度为混凝土梁高的0.3倍。

第6款对型钢混凝土悬臂梁及转换梁提出钢筋锚固、设置抗剪栓钉要求。型钢混凝土悬臂梁端无约束，而且挠度较大；转换梁受力大且复杂。为保证混凝土与型钢的共同变形，应设置栓钉以抵抗混凝土与型钢之间的纵向剪力。

11.4.3 箍筋的最低配置要求主要是为了增强混凝土部分的抗剪能力及加强对箍筋内部混凝土的约束，防止型钢失稳和主筋压曲。当梁中箍筋采用335MPa、400MPa级钢筋时，箍筋末端要求135°施工有困难时，箍筋末端可采用90°直钩加焊接的方式。

11.4.4 型钢混凝土柱的轴向力大于柱子的轴向承载力的50%时，柱子的延性将显著下降。型钢混凝土柱有其特殊性，在一定轴力的长期作用下，随着轴向塑性的发展以及长期荷载作用下混凝土的徐变收缩会产生内力重分布，钢筋混凝土部分承担的轴力逐渐向型钢部分转移。根据型钢混凝土柱的试验结果，考虑长期荷载下徐变的影响，一、二、三抗震等级的型钢混凝土框架柱的轴压比限制分别取为0.7、0.8、0.9。计算轴压比时，可计入型钢的作用。

11.4.5 本条第1款对柱长细比提出要求，长细比λ可取为l_0/i，l_0为柱的计算长度，i为柱截面的回转半径。第2、3款主要是考虑型钢混凝土柱的耐久性、防火性、良好的粘结锚固及方便混凝土浇筑。

第6款规定了型钢的最小含钢率。试验表明，当柱子的型钢含钢率小于4%时，其承载力和延性与钢筋混凝土柱相比，没有明显提高。根据我国的钢结构发展水平及型钢混凝土构件的浇筑施工可行性，一般型钢混凝土构件的总含钢率也不宜大于8%，一般来说比较常用的含钢率为4%～8%。

11.4.6 柱箍筋的最低配置要求主要是为了增强混凝土部分的抗剪能力及加强对箍筋内部混凝土的约束，防止型钢失稳和主筋压曲。从型钢混凝土柱的受力性能来看，不配箍筋或少配箍筋的型钢混凝土柱在大多数情况下，出现型钢与混凝土之间的粘结破坏，特别是型钢高强混凝土构件，更应配置足够数量的箍筋，并宜采用高强度箍筋，以保证箍筋有足够的约束能力。

箍筋末端做成135°弯钩且直段长度取10倍箍筋直径，主要是满足抗震要求。在某些情况下，箍筋直段取10倍箍筋直径会与内置型钢相碰，或者当柱中箍筋采用335MPa级以上钢筋而使箍筋末端的135°弯钩施工有困难时，箍筋末端可采用90°直钩加焊接的方式。

型钢混凝土柱中钢骨提供了较强的抗震能力，其配箍要求可比混凝土构件适当降低；同时由于钢骨的存在，箍筋的设置有一定的困难，考虑到施工的可行性，实际配置的箍筋不可能太多，本条规定的最小配箍要求是根据国内外试验研究，并考虑抗震等级的差别确定的。

11.4.7 规定节点箍筋的间距，一方面是为了不使钢梁腹板开洞削弱过大，另一方面也是为了方便施工。一般情况下可在柱中型钢腹板上开孔使梁纵筋贯通；翼缘上的孔对柱抗弯十分不利，因此应避免在柱型钢翼缘开梁纵筋贯通孔。也不能直接将钢筋焊在翼缘上；梁纵筋遇柱型钢翼缘时，可采用翼缘上预先焊接钢筋套筒、设置水平加劲板等方式与梁中钢筋进行连接。

11.4.9 高层混合结构，柱的截面不会太小，因此圆形钢管的直径不应过小，以保证结构基本安全要求。圆形钢管混凝土柱一般采用薄壁钢管，但钢管壁不宜太薄，以避免钢管壁屈曲。套箍指标是圆形钢管混凝土柱的一个重要参数，反映薄钢管对管内混凝土的约束程度。若套箍指标过小，则不能有效地提高钢管内混凝土的轴心抗压强度和变形能力；若套箍指标过大，则对进一步提高钢管内混凝土的轴心抗压强度和变形能力的作用不大。

当钢管直径过大时，管内混凝土收缩会造成钢管与混凝土脱开，影响钢管与混凝土的共同受力，因此需要采取有效措施减少混凝土收缩的影响。

长细比λ取l_0/i，其中l_0为柱的计算长度，i为柱截面的回转半径。

11.4.10 为保证钢管与混凝土共同工作，矩形钢管截面边长之比不宜过大。为避免矩形钢管混凝土柱在丧失整体承载能力之前钢管壁板件局部屈曲，并保证钢管全截面有效，钢管壁板件的边长与其厚度的比值不宜过大。

矩形钢管混凝土柱的延性与轴压比、长细比、含钢率、钢材屈服强度、混凝土抗压强度等因素有关。本规程对矩形钢管混凝土柱的轴压比提出了具体要求，以保证其延性。

11.4.11 钢板混凝土剪力墙是指两端设置型钢暗柱、上下有型钢暗梁，中间设置钢板，形成的钢-混凝土组合剪力墙。

11.4.12 试验研究表明，两端设置型钢、内藏钢板的混凝土组合剪力墙可以提供良好的耗能能力，其受剪截面限制条件可以考虑两端型钢和内藏钢板的作用，扣除两端型钢和内藏钢板发挥的抗剪作用后，控制钢筋混凝土部分承担的平均剪应力水平。

11.4.13 试验研究表明，两端设置型钢、内藏钢板的混凝土组合剪力墙，在满足本规程第11.4.14、11.4.15条规定的构造要求时，其型钢和钢板可以充分发挥抗剪作用，因此截面受剪承载力公式中包含了两端型钢和内藏钢板对应的受剪承载力。

11.4.14 试验研究表明，内藏钢板的钢板混凝土组合剪力墙可以提供良好的耗能能力，在计算轴压比时，可以考虑内藏钢板的有利作用。

11.4.15 在墙身中加入薄钢板，对于墙体承载力和破坏形态会产生显著影响，而钢板与周围构件的连接关系对于承载力和破坏形态的影响至关重要。从试验情况来看，钢板与周围构件的连接越强，则承载力越大。四周焊接的钢板组合剪力墙可显著提高剪力墙受剪承载能力，并具有与普通钢筋混凝土剪力墙基本相当或略高的延性系数。这对于承受很大剪力的剪力墙设计具有十分突出的优势。为充分发挥钢板的强度，建议钢板四周采用焊接的连接形式。

对于钢板混凝土剪力墙，为使钢筋混凝土墙有足够的刚度，对墙身钢板形成有效的侧向约束，从而使钢板与混凝土能协同工作，应控制内置钢板的厚度不宜过大；同时，为了达到钢板剪力墙应用的性能和便于施工，内置钢板的厚度也不宜过小。

对于墙身分布筋，考虑到以下两方面的要求：1）钢筋混凝土墙与钢板共同工作，混凝土部分的承载力不宜太低，宜适当提高混凝土部分的承载力，使钢筋混凝土与钢板两者协调，提高整个墙体的承载力；2）钢板组合墙的优势是可以充分发挥钢和混凝土的优点，混凝土可以防止钢板的屈曲失稳，为满足这一要求，宜适当提高墙身配筋，因此钢筋混凝土墙体的分布筋配筋率不宜太小。本规程建议对于钢板组合墙的墙身分布钢筋配筋率不宜小于0.4%。

11.4.17 日本阪神地震的震害经验表明：非埋入式

柱脚、特别在地面以上的非埋入式柱脚在地震区容易产生破坏，因此钢柱或型钢混凝土柱宜采用埋入式柱脚。若存在刚度较大的多层地下室，当有可靠的措施时，型钢混凝土柱也可考虑采用非埋入式柱脚。根据新的研究成果，埋入柱脚型钢的最小埋置深度修改为型钢截面长边的2.5倍。

11.4.18 考虑到钢框架-钢筋混凝土核心筒中核心筒的重要性，其墙体配筋较钢筋混凝土框架-核心筒中核心筒的配筋率适当提高，提高其构造承载力和延性要求。

12 地下室和基础设计

12.1 一 般 规 定

12.1.1 震害调查表明，有地下室的高层建筑的破坏比较轻，而且有地下室对提高地基的承载力有利，对结构抗倾覆有利。另外，现代高层建筑设置地下室也往往是建筑功能所要求的。

12.1.2 本条是基础设计的原则规定。高层建筑基础设计应因地制宜，做到技术先进、安全合理、经济适用。高层建筑基础设计时，对相邻建筑的相互影响应有足够的重视，并了解掌握邻近地下构筑物及各类地下设施的位置和标高，以便设计时合理确定基础方案及提出施工时保证安全的必要措施。

12.1.3 在地震区建造高层建筑，宜选择有利地段，避开不利地段，这不仅关系到建造时采取必要措施的费用，而且由于地震不确定性，一旦发生地震可能带来不可预计的震害损失。

12.1.4 高层建筑的基础设计，根据上部结构和地质状况，从概念设计上考虑地基基础与上部结构相互影响是必要的。高层建筑深基坑施工期间的防水及护坡，既要保证本身的安全，同时必须注意对临近建筑物、构筑物、地下设施的正常使用和安全的影响。

12.1.5 高层建筑采用天然地基上的筏形基础比较经济。当采用天然地基而承载力和沉降不能完全满足需要时，可采用复合地基。目前国内在高层建筑中采用复合地基已经有比较成熟的经验，可根据需要把地基承载力特征值提高到（300～500）kPa，满足一般高层建筑的需要。

现在多数高层建筑的地下室，用作汽车库、机电用房等大空间，采用整体性好和刚度大的筏形基础是比较方便的；在没有特殊要求时，没有必要强调采用箱形基础。

当地质条件好、荷载小、且能满足地基承载力和变形要求时，高层建筑采用交叉梁基础、独立柱基也是可以的。地下室外墙一般均为钢筋混凝土，因此，交叉梁基础的整体性和刚度也是比较好的。

12.1.6 高层建筑由于质心高、荷载重，对基础底面一般难免有偏心。建筑物在沉降的过程中，其总重量对基础底面形心将产生新的倾覆力矩增量，而此倾覆力矩增量又产生新的倾斜增量，倾斜可能随之增长，直至地基变形稳定为止。因此，为减少基础产生倾斜，应尽量使结构竖向荷载重心与基础底面形心相重合。本条删去了02规程中偏心距计算公式及其要求，但并不是放松要求，而是因为实际工程平面形状复杂时，偏心距及其限值难以准确计算。

12.1.7 为使高层建筑结构在水平力和竖向荷载作用下，其地基压应力不致过于集中，对基础底面压应力较小一端的应力状态作了限制。同时，满足本条规定时，高层建筑结构的抗倾覆能力具有足够的安全储备，不需再验算结构的整体倾覆。

对裙房和主楼质量偏心较大的高层建筑，裙房和主楼可分别进行基底应力验算。

12.1.8 地震作用下结构的动力效应与基础埋置深度关系比较大，软弱土层时更为明显，因此，高层建筑的基础应有一定的埋置深度；当抗震设防烈度高、场地差时，宜用较大埋置深度，以抗倾覆和滑移，确保建筑物的安全。

根据我国高层建筑发展情况，层数越来越多，高度不断增高，按原来的经验规定天然地基和桩基的埋置深度分别不小于房屋高度的1/12和1/15，对一些较高的高层建筑而使用功能又无地下室时，对施工不便且不经济。因此，本条对基础埋置深度作了调整。同时，在满足承载力、变形、稳定以及上部结构抗倾覆要求的前提下，埋置深度的限值可适当放松。基础位于岩石地基上，可能产生滑移时，还应验算地基的滑移。

12.1.9 带裙房的大底盘高层建筑，现在全国各地应用较普遍，高层主楼与裙房之间根据使用功能要求多数不设永久沉降缝。我国从20世纪80年代以来，对多栋带有裙房的高层建筑沉降观测表明，地基沉降曲线在高低层连接处是连续的，未出现突变。高层主楼地基下沉，由于土的剪切传递，高层主楼以外的地基随之下沉，其影响范围随土质而异。因此，裙房与主楼连接处不会发生突变的差异沉降，而是在裙房若干跨内产生连续的差异沉降。

高层建筑主楼基础与其相连的裙房基础，若采取有效措施的，或经过计算差异沉降引起的内力满足承载力要求的，裙房与主楼连接处可以不设沉降缝。

12.1.10 本条参照现行国家标准《地下工程防水技术规程》GB 50108修改了混凝土的抗渗等级要求；考虑全国的实际情况，修改了混凝土强度等级要求，由C30改为C25。

12.1.11 本条依据现行国家标准《粉煤灰混凝土应用技术规范》GB 50146的有关规定制定。充分利用粉煤灰混凝土的后期强度，有利于减小水泥用量和混凝土收缩影响。

12.1.12 本条系考虑抗震设计的要求而增加的。

12.2 地下室设计

12.2.1 本条是在02规程第4.8.5条基础上修改补充的。当地下室顶板作为上部结构的嵌固部位时，地下室顶板及其下层竖向结构构件的设计应适当加强，以符合作为嵌固部位的要求。梁端截面实配的受弯承载力应根据实配钢筋面积（计入受压筋）和材料强度标准值等确定；柱端实配的受弯承载力应根据轴力设计值、实配钢筋面积和材料强度标准值等确定。

12.2.2 本条明确规定地下室应注意满足抗浮及防腐蚀的要求。

12.2.3 考虑到地下室周边嵌固以及使用功能要求，提出地下室不宜设永久变形缝，并进一步根据全国行之有效的经验提出针对性技术措施。

12.2.4 主体结构厚底板与扩大地下室薄底板交界处应力较为集中，该过渡区适当予以加强是十分必要的。

12.2.5 根据工程经验，提出外墙竖向、水平分布钢筋的设计要求。

12.2.6 控制和提高高层建筑地下室周边回填土质量，对室外地面建筑工程质量及地下室嵌固、结构抗震和抗倾覆均较为有利。

12.2.7 有窗井的地下室，窗井外墙实为地下室外墙一部分，窗井外墙应计入侧向土压和水压影响进行设计；挡土墙与地下室外墙之间应有可靠连接、支撑，以保证结构的有效埋深。

12.3 基础设计

12.3.1 目前国内高层建筑基础设计较多为直接采用电算程序得到的各种荷载效应的标准组合和同一地基或桩基承载力特征值进行设计，风荷载和地震作用主要引起高层建筑边角竖向结构较大轴力，将此短期效应与永久效应同等对待，加大了边角竖向结构的基础，相应重力荷载长期作用下中部竖向结构基础未得以增强，导致某些国内高层建筑出现地下室底部横向墙体八字裂缝、典型盆式差异沉降等现象。

12.3.2 本条系参照重庆、深圳、厦门及国外工程实践经验教训提出，以利于避免和减小基础及外墙裂缝。

12.3.4 筏形基础的板厚度，应满足受冲切承载力的要求；计算时应考虑不平衡弯矩作用在冲切面上的附加剪力。

12.3.5 按本条倒楼盖法计算时，地基反力可视为均布，其值应扣除底板及其地面自重，并可仅考虑局部弯曲作用。当地基、上部结构刚度较差，或柱荷载及柱间距变化较大时，筏板内力宜按弹性地基板分析。

12.3.7 上部墙、柱纵向钢筋的锚固长度，可从筏板梁的顶面算起。

12.3.8 梁板式筏基的梁截面，应满足正截面受弯及斜截面受剪承载力计算要求；必要时应验算基础梁顶面柱下局部受压承载力。

12.3.9 筏板基础，当周边或内部有钢筋混凝土墙时，墙下可不再设基础梁，墙一般按深梁进行截面设计。周边有墙时，当基础底面已满足地基承载力要求，筏板可不外伸，有利减小盆式差异沉降，有利于外包防水施工。当需要外伸扩大时，应注意满足其刚度和承载力要求。

12.3.10 桩基的设计应因地制宜，各地区对桩的选型、成桩工艺、承载力取值有各自的成熟经验。当工程所在地有地区性地基设计规范时，可依据该地区规范进行桩基设计。

12.3.15 为保证桩与承台的整体性及水平力和弯矩可靠传递，桩顶嵌入承台应有一定深度，桩纵向钢筋应可靠地锚固在承台内。

12.3.21 当箱形基础的土层及上部结构符合本条件所列诸条件时，底板反力可假定为均布，可仅考虑局部弯曲作用计算内力，整体弯曲的影响在构造上加以考虑。本规定主要依据工程实际观测数据及有关研究成果。

13 高层建筑结构施工

13.1 一般规定

13.1.1 高层建筑结构施工技术难度大，涉及深基础、钢结构等特殊专业施工要求，施工单位应具备相应的施工总承包和专业施工承包的技术能力和相应资质。

13.1.2 施工单位应认真熟悉图纸，参加建设（监理）单位组织的设计交底，并结合施工情况提出合理建议。

13.1.3 高层建筑施工组织设计和施工方案十分重要。施工前，应针对高层建筑施工特点和施工条件，认真做好施工组织设计的策划和施工方案的优选，并向有关人员进行技术交底。

13.1.4 高层建筑施工过程中，不同的施工方法可能对结构的受力产生不同的影响，某些施工工况下甚至与设计计算工况存在较大不同；大型机械设备使用量大，且多数要与结构连接并对结构受力产生影响；超高层建筑高空施工时的温度、风力等自然条件与天气预报和地面环境也会有较大差异。因此，应根据有关情况进行必要的施工模拟、计算。

13.1.5 提出季节性施工应遵循的标准和一般要求。

13.2 施工测量

13.2.1 高层建筑混凝土结构施工测量方案应根据实际情况确定，一般应包括以下内容：

1）工程概况；

2）任务要求；

3）测量依据、方法和技术要求；

4）起始依据点校测；

5）建筑物定位放线、验线与基础施工测量；

6）±0.000以上结构施工测量；

7）安全、质量保证措施；

8）沉降、变形观测；

9）成果资料整理与提交。

建筑小区工程、大型复杂建筑物、特殊工程的施工测量方案，除以上内容外，还可根据工程的实际情况，增加场地准备测量、场区控制网测量、装饰与安装测量、竣工测量与变形测量等。

13.2.2 高层建筑施工测量仪器的精度及准确性对施工质量、结构安全的影响大，应及时进行检定、校准和标定，且应在标定有效期内使用。本条还对主要测量仪器的精度提出了要求。

13.2.3 本条要求及所列两种常用方格网的主要技术指标与现行国家标准《工程测量规范》GB 50026中有关规定一致。如采用其他形式的控制网，亦应符合现行国家标准《工程测量规范》GB 50026的相关规定。

13.2.4 表13.2.4基础放线尺寸的允许偏差是根据成熟施工经验并参照现行国家标准《砌体工程施工质量验收规范》GB 50203的有关规定制定的。

13.2.5 高层建筑结构施工，要逐层向上投测轴线，尤其是对结构四廓轴线的投测直接影响结构的竖向偏差。根据目前国内高层建筑施工已达到的水平，本条的规定可以达到。竖向投测前，应对建筑物轴线控制桩事先进行校测，确保其位置准确。

竖向投测的方法，当建筑高度在50m以下时，宜使用在建筑物外部施测的外控法；当建筑高度高于50m时，宜使用在建筑物内部施测的内控法，内控法宜使用激光经纬仪或激光铅直仪。

13.2.7 附合测法是根据一个已知标高点引测到场地后，再与另一个已知标高点复核、校核，以保证引测标高的准确性。

13.2.8 标高竖向传递可采用钢尺直接量取，或采用测距仪量测。施工层抄平之前，应先校测由首层传递上来的三个标高点，当其标高差值小于3mm时，以其平均点作为标高引测水平线；抄平时，宜将水准仪安置在测点范围的中心位置。

建筑物下沉与地层土质、基础构造、建筑高度等有关，下沉量一般在基础设计中有预估值，若能在基础施工中预留下沉量（即提高基础标高），有利于工程竣工后建筑与市政工程标高的衔接。

13.2.10 设计单位根据建筑高度、结构形式、地质情况等因素和相关标准的规定，对高层建筑沉降、变形观测提出要求。观测工作一般由建设单位委托第三方进行。施工期间，施工单位应做好相关工作，并及时掌握情况，如有异常，应配合相关单位采取相应措施。

13.3 基础施工

13.3.1 深基础施工影响整个工程质量和安全，应全面、详细地掌握地下水文地质资料、场地环境，按照设计图纸和有关规范要求，调查研究，进行方案比较，确定地下施工方案，并按照国家的有关规定，经审查通过后实施。

13.3.2 列举了深基础施工应符合的有关标准。

13.3.3 土方开挖前应采取降低水位措施，将地下水降到低于基底设计标高500mm以下。当含水丰富、降水困难时，或满足节约地下水资源、减少对环境的影响等要求时，宜采用止水帷幕等截水措施。停止降水时间应符合设计要求，以防水位过早上升使建筑物发生上浮等问题。

13.3.4 列举了基础工程施工时针对不同土质条件可采用的不同施工方法。

13.3.5 列举了深基坑支护结构的选型原则和施工时针对不同土质条件应采用不同的施工方法和要求。

13.3.6 指明了地基处理可采取的土体加固措施。

13.3.7、13.3.8 深基坑支护及支护拆除时，施工单位应依据监测方案进行监测。对可能受影响的相邻建筑物、构筑物、道路、地下管线等应作重点监测。

13.4 垂直运输

13.4.1 提出了垂直运输设备使用的基本要求。

13.4.2 列举出高层建筑施工垂直运输所采用的设备应符合的有关标准。

13.4.3 依据高层建筑结构施工对垂直运输要求高的特点，明确垂直运输设施配置应考虑的情况，提出垂直运输设备的选用、安装、使用、拆除等要求。

13.4.4～13.4.6 对高层建筑施工垂直运输设备一般包括的起重设备、混凝土泵送设备和施工电梯，按其特点分别提出施工要求。

13.5 脚手架及模板支架

13.5.1 脚手架和模板支架的搭设对安全性要求高，应进行专项设计。高、大模板支架和脚手架工程施工方案应按住房与城乡建设部《危险性较大的分项工程安全管理办法》［建质（2009）87号］的要求进行专家论证。

13.5.2 列举了脚手架及模板支架施工应遵守的标准规范。

13.5.3 基于脚手架的安全性要求和经验做法，作此规定。

13.5.5 工字钢的抗侧向弯曲性能优于槽钢，故推荐采用工字钢作为悬挑支架。

13.5.6 卸料平台应经过有关安全或技术人员的验收合格后使用，转运时不得站人，以防发生安全事故。

13.5.7 采用定型工具式的模板支架有利于提高施工效率，利于周转、降低成本。

13.6 模板工程

13.6.1 强调模板工程应进行专项设计，以满足强度、刚度和稳定性要求。

13.6.2 列举了模板工程应符合的有关标准和对模板的基本要求。

13.6.3 对现浇梁、板、柱、墙模板的选型提出基本要求。现浇混凝土宜优先选用工具式模板，但不排除选用组合式、永久式模板。为提高工效，模板宜整体或分片预制安装和脱模。作为永久性模板的混凝土薄板，一般包括预应力混凝土板、双钢筋混凝土板和冷轧扭钢筋混凝土板。清水混凝土模板应满足混凝土的设计效果。

13.6.4 现浇楼板模板选用早拆模板体系，可加速模板的周转，节约投资。后浇带模架应设计为可独立支拆的体系，避免在顶板拆模时对后浇带部位进行二次支模与回顶。

13.6.5～13.6.7 分别阐述大模板、滑动模板和爬升模板的适用范围和施工要点。模板制作、安装允许偏差参照了相关标准的规定。

13.6.8 空心混凝土楼板浇筑混凝土时，易发生预制芯管和钢筋上浮，防止上浮的有效措施是将芯管或钢筋骨架与模板进行拉结，在模板施工时就应综合考虑。

13.6.9 规定模板拆除时混凝土应满足的强度要求。

13.7 钢筋工程

13.7.1 指出钢筋的原材料、加工、安装应符合的有关标准。

13.7.2 高层建筑宜推广应用高强钢筋，可以节约大量钢材。设计单位综合考虑钢筋性能、结构抗震要求等因素，对不同部位、构件采用的钢筋作出明确规定。施工中，钢筋的品种、规格、性能应符合设计要求。

13.7.3 本条提出粗直径钢筋接头应优先采用机械连接。列举了钢筋连接应符合的有关现行标准。锥螺纹接头现已基本不使用，故取消了原规程中的有关内容。

13.7.4 指出采用点焊钢筋网片应符合的有关标准。

13.7.5 指出采用新品种钢筋应符合的有关标准。

13.7.6 梁柱、梁梁相交部位钢筋位置及相互关系比较复杂，施工中容易出错，本条规定对基本要求进行了明确。

13.7.7 提出了箍筋的基本要求。螺旋箍有利于抗震性能的提高，已得到越来越多的使用，施工中应按照设计及工艺要求，保证质量。

13.7.8 高层建筑中，压型钢板-混凝土组合楼板已十分常见，其钢筋位置及保护层厚度影响组合楼板的受力性能和使用安全，应严格保证。

13.7.9 现场钢筋施工宜采用预制安装，对预制安装钢筋骨架和网片大小和运输提出要求，以保证质量，提高效率。

13.8 混凝土工程

13.8.1 高层建筑基础深、层数多，需要混凝土质量高、数量大，应尽量采用预拌泵送混凝土。

13.8.2 列举了混凝土工程应符合的主要标准。

13.8.3 高性能混凝土以耐久性、工作性、适当高强度为基本要求，并根据不同用途强化某些性能，形成补偿收缩混凝土、自密实免振混凝土等。

13.8.4～13.8.6 增加对混凝土坍落度、浇筑、振捣的要求。强调了对混凝土浇筑过程中模板支架安全性的监控。

13.8.7 强调了混凝土应及时有效养护及养护覆盖的主要方法。

13.8.8 列举了现浇预应力混凝土应符合的技术规程。

13.8.9 提出对柱、墙与梁、板混凝土强度不同时的混凝土浇筑要求。施工中，当强度相差不超过两个等级时，已有采用较低强度等级的梁板混凝土浇筑核心区（直接浇筑或采取必要加强措施）的实践，但必须经设计和有关单位协商认可。

13.8.10 混凝土施工缝留置的具体位置和浇筑应符合本规程和有关现行国家标准的规定。

13.8.11 后浇带留置及不同类型后浇带的混凝土浇筑时间，应符合设计要求。提高后浇带混凝土一个强度等级是出于对该部位的加强，也是目前的通常做法。

13.8.12 混凝土结构允许偏差主要根据现行国家标准《混凝土结构工程施工质量验收规范》GB 50204的有关规定，其中截面尺寸和表面平整的抹灰部分系指采用中、小型模板的允许偏差，不抹灰部分系指采用大模板及爬模工艺的允许偏差。

13.9 大体积混凝土施工

13.9.1 大体积混凝土指混凝土结构物实体最小尺寸不小于1m的大体量混凝土，或预计会因混凝土中胶凝材料水化引起的温度变化和收缩而导致有害裂缝产生的混凝土。高层建筑底板、转换层及梁柱构件中，属于大体积混凝土范畴的很多，因此本规程将大体积混凝土施工单独成节，以明确其主要要求。

超长结构目前没有明确定义。本节所述超长结构，通常指平面尺寸大于本规程第3.4.12条规定的伸缩缝间距的结构。

本条强调大体积混凝土与超长结构混凝土施工前应编制专项施工方案，施工方案应进行必要的温控计算，并明确控制大体积混凝土裂缝的措施。

13.9.3 大体积混凝土由于水化热产生的内外温差和混凝土收缩变形大，易产生裂缝。预防大体积混凝土裂缝应从设计构造、原材料、混凝土配合比、浇筑等方面采取综合措施。大体积基础底板、外墙混凝土可采用混凝土 60d 或 90d 强度，并采用相应的配合比，延缓混凝土水化热的释放，减少混凝土温度应力裂缝，但应由设计单位认可，并满足施工荷载的要求。

13.9.4 对大体积混凝土与超长结构混凝土原材料及配合比提出要求。

13.9.5 对大体积混凝土浇筑、振捣提出相关要求。

13.9.6 对大体积混凝土养护、测温提出相关要求。养护、测温的根本目的是控制混凝土内外温差。养护方法应考虑季节性特点。测温可采用人工测量、记录，目前很多工程已成功采用预埋温度电偶并利用计算机进行自动测温记录。测温结果应及时向有关技术人员报告，温差超出规定范围时应采取相应措施。

13.9.7 在超长结构混凝土施工中，采用留后浇带或跳仓法施工是防止和控制混凝土裂缝的主要措施之一。跳仓浇筑间隔时间不宜少于 7d。

13.10 混合结构施工

13.10.1 列举出混合结构的钢结构、混凝土结构、型钢混凝土结构等施工应符合的有关标准规范。

13.10.2 混合结构具有工序多、流程复杂、协同作业要求高等特点，施工中应加强各专业之间的协调与配合。

13.10.3 钢结构深化设计图是在工程施工图的基础上，考虑制作安装因素，将各专业所需要的埋件及孔洞，集中反映到构件加工详图上的技术文件。

钢结构深化设计应在钢结构施工图完成之后进行，根据施工图提供的构件位置、节点构造、构件安装内力及其他影响等，为满足加工要求形成构件加工图，并提交原设计单位确认。

13.10.4～13.10.6 明确了混合结构及其构件的施工顺序。

13.10.7 对钢框架-钢筋混凝土筒体结构施工提出进行结构时变分析要求，并控制变形差。

13.10.8～13.10.13 提出了钢管混凝土、型钢混凝土框架-钢筋混凝土筒体结构施工应注意的重点环节。

13.11 复杂混凝土结构施工

13.11.1 为保证复杂混凝土结构工程质量和施工安全，应编制专项施工方案。

13.11.2 提出了混凝土结构转换层、加强层的施工要求。需要注意的是，应根据转换层、加强层自重大的特点，对支撑体系设计和荷载传递路径等关键环节进行重点控制。

13.11.3～13.11.5 提出了悬挑结构、大底盘多塔楼结构、塔楼连接体的施工要求。

13.12 施工安全

13.12.1 列出高层建筑施工安全应遵守的技术规范、规程。

13.12.2 附着式整体爬升脚手架应采用经住房和城乡建设部组织鉴定并发放生产和使用证的产品，并具有当地建筑安全监督管理部门发放的产品准用证。

13.12.3 高层建筑施工现场避雷要求高，避雷系统应覆盖整个施工现场。

13.12.4 高层建筑施工应严防高空坠落。安全网除应随施工楼层架设外，尚应在首层和每隔四层各设一道。

13.12.5 钢模板的吊装、运输、装拆、存放，必须稳固。模板安装就位后，应注意接地。

13.12.6 提出脚手架和工作平台施工安全要求。

13.12.7 提出高层建筑施工中上、下楼层通信联系要求。

13.12.8 提出施工现场防止火灾的消防设施要求。

13.12.9 对油漆和涂料的施工提出防火要求。

13.13 绿色施工

13.13.1 对高层建筑施工组织设计和方案提出绿色施工及其培训的要求。

13.13.2 提出了混凝土耐久性和环保要求。

13.13.3～13.13.7 针对高层建筑施工，提出“四节一环保”要求。第 13.13.7 条的降尘措施如洒水、地面硬化、围挡、密网覆盖、封闭等；降噪措施包括：尽量使用低噪声机具，对噪声大的机械合理安排位置，采用吸声、消声、隔声、隔振等措施等。

附录 D 墙体稳定验算

根据国内研究成果并与德国《混凝土与钢筋混凝土结构设计和施工规范》DIN1045 的比较表明，对不同支承条件弹性墙肢的临界荷载，可表达为统一形式：

$$q_{cr}=\frac{\pi^2 E_c t^3}{12 l_0^2} \tag{7}$$

其中，计算长度 l_0 取为 βh，β 为计算长度系数，可根据墙肢的支承条件确定；h 为层高。

考虑到混凝土材料的弹塑性、荷载的长期性以及荷载偏心距等因素的综合影响，要求墙顶的竖向均布线荷载设计值不大于 $q_{cr}/8$，即 $\frac{E_c t^3}{10\ (\beta h)^2}$。为保证安全，对 T 形、L 形、槽形和工字形剪力墙各墙肢，本附录第 D.0.3 条规定的计算长度系数大于理论值。

当剪力墙的截面高度或宽度较小且层高较大时，

其整体失稳可能先于各墙肢局部失稳，因此本附录第D.0.4条规定，对截面高度或宽度小于截面厚度的2倍和800mm的T形、L形、槽形和工字形剪力墙，除按第D.0.1～D.0.3条规定验算墙肢局部稳定外，尚宜验算剪力墙的整体稳定性。

附录F 圆形钢管混凝土构件设计

F.1 构件设计

F.1.1 本规程对圆型钢管混凝土柱承载力的计算采用基于实验的极限平衡理论，参见蔡绍怀著《现代钢管混凝土结构》（人民交通出版社，北京，2003），其主要特点是：

1）不以柱的某一临界截面作为考察对象，而以整长的钢管混凝土柱，即所谓单元柱，作为考察对象，视之为结构体系的基本元件。

2）应用极限平衡理论中的广义应力和广义应变概念，在试验观察的基础上，直接探讨单元柱在轴力 N 和柱端弯矩 M 这两个广义力共同作用下的广义屈服条件。

本规程将长径比 L/D 不大于4的钢管混凝土柱定义为短柱，可忽略其受压极限状态的压曲效应（即 P-δ 效应）影响，其轴心受压的破坏荷载（最大荷载）记为 N_0，是钢管混凝土柱承载力计算的基础。

短柱轴心受压极限承载力 N_0 的计算公式（F.1.2-2）、（F.1.2-3）系在总结国内外约480个试验资料的基础上，用极限平衡法导得的。试验结果和理论分析表明，该公式对于（a）钢管与核心混凝土同时受载，（b）仅核心混凝土直接受载，（c）钢管在弹性极限内预先受载，然后再与核心混凝土共同受载等加载方式均适用。

公式（F.1.2-2）、（F.1.2-3）右端的系数0.9，是参照现行国家标准《混凝土结构设计规范》GB 50010，为提高包括螺旋箍筋柱在内的各种钢筋混凝土受压构件的安全度而引入的附加系数。

公式（F.1.2-1）的双系数乘积规律是根据中国建筑科学研究院的系列试验结果确定的。经用国内外大量试验结果（约360个）复核，证明该公式与试验结果符合良好。在压弯柱的承载力计算中，采用该公式后，可避免求解 M-N 相关方程，从而使计算大为简化，用双系数表达的承载力变化规律也更为直观。

值得强调指出，套箍效应使钢管混凝土柱的承载力较普通钢筋混凝土柱有大幅度提高（可达30%～50%），相应地，在使用荷载下的材料使用应力也有同样幅度的提高。经试验观察和理论分析证明，在规程规定的套箍指标 θ 不大于3和规程所设置的安全度水平内，钢管混凝土柱在使用荷载下仍然处于弹性工作阶段，符合极限状态设计原则的基本要求，不会影响其使用质量。

F.1.3 由极限平衡理论可知，钢管混凝土标准单元柱在轴力 N 和端弯矩 M 共同作用下的广义屈服条件，在 M-N 直角坐标系中是一条外凸曲线，并可足够精确地简化为两条直线 AB 和 BC（图18）。其中 A 为轴心受压；C 为纯弯受力状态，由试验数据得纯弯时的抗弯强度取 $M_0=0.3N_0r_c$；B 为大小偏心受压的分界点，$\frac{e_0}{r_c}=1.55$，$M_u=M_l=0.4N_0r_c$。

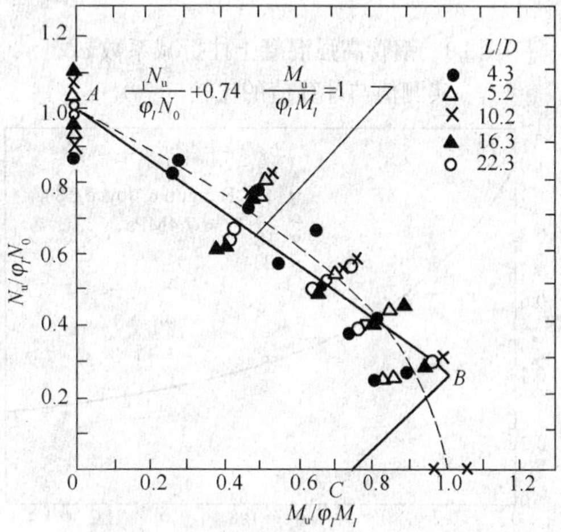

图18 M-N 相关曲线（根据中国建筑科学研究院的试验资料）

定义 $\varphi_e=\frac{N_u}{\varphi_l N_0}$，经简单变换后，即得：

$$AB段\ \left(\frac{e_0}{r_c}<1.55\right),\ \varphi_e=\frac{N_u}{\varphi_l N_0}=\frac{1}{1+1.85\frac{e_0}{r_c}} \tag{8}$$

$$BC段\ \left(\frac{e_0}{r_c}\geqslant1.55\right),\ \varphi_e=\frac{N_u}{\varphi_l N_0}=\frac{0.3}{\frac{e_0}{r_c}-0.4} \tag{9}$$

此即公式（F.1.3-1）和（F.1.3-3）。

公式（F.1.3-1）与试验实测值的比较见图19～图21。

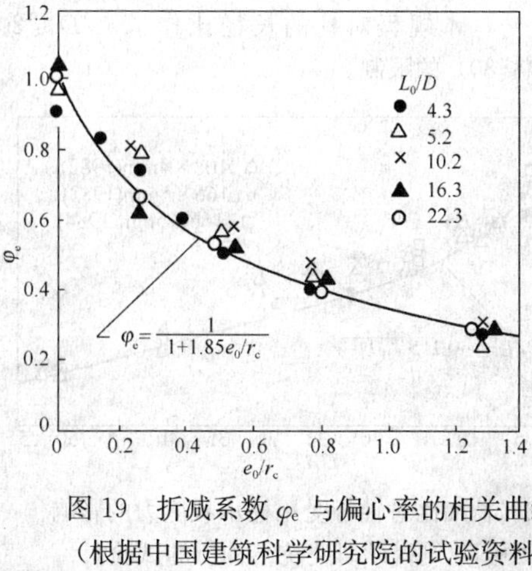

图19 折减系数 φ_e 与偏心率的相关曲线（根据中国建筑科学研究院的试验资料）

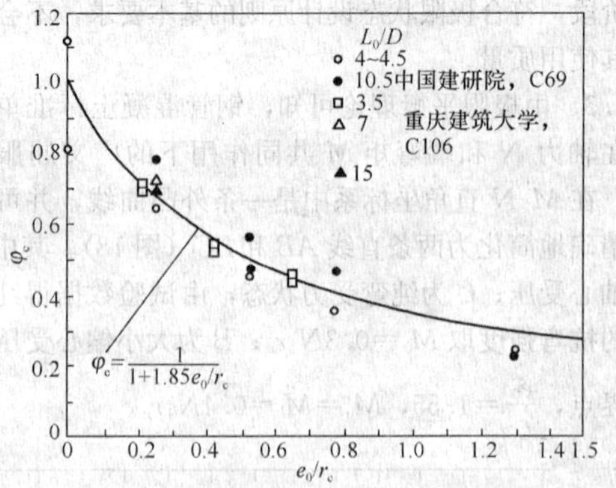

图 20　钢管高强混凝土柱折减系数 φ_e 实测值与计算值的比较（一）

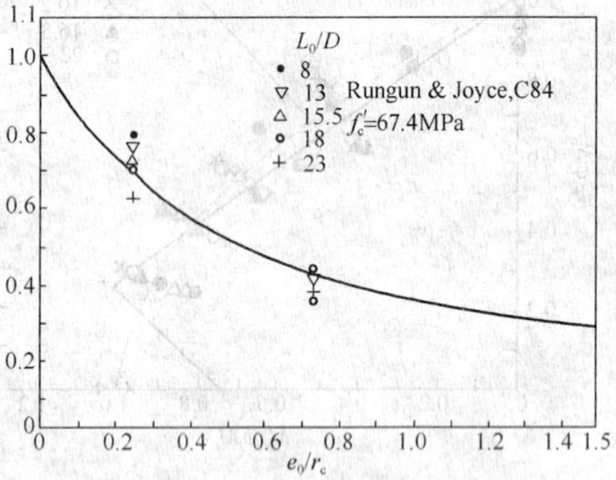

图 21　钢管高强混凝土柱折减系数 φ_e 实测值与计算值的比较（二）

F.1.4　规程公式（F.1.4-1）是总结国内外大量试验结果（约 340 个）得出的经验公式。对于普通混凝土，$L_0/D \leqslant 50$ 在的范围内，对于高强混凝土，在 $L_0/D \leqslant 20$ 的范围内，该公式的计算值与试验实测值均符合良好（图 22、23）。从现有的试验数据看，钢管径厚比 D/t，钢材品种以及混凝土强度等级或套箍指标等的变化，对 φ_l 值的影响无明显规律，其变化幅度都在试验结果的离散程度以内，故公式中对这些因素都不予考虑。为合理地发挥钢管混凝土抗压承载能力的优势，本规程对柱的长径比作了 $L/D \leqslant 20$（长细比 $\lambda \leqslant 80$）的限制。

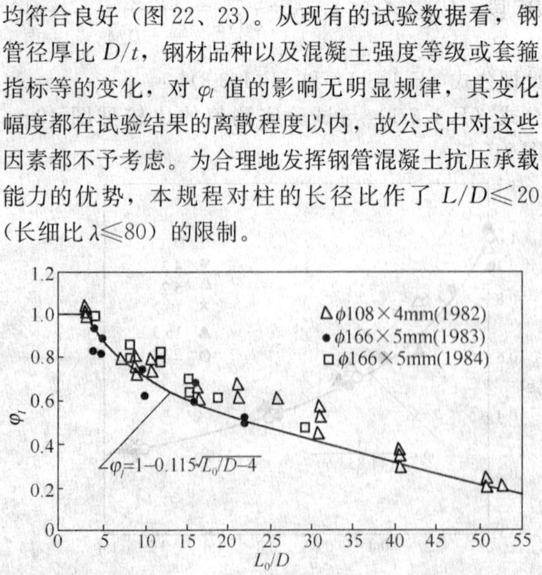

图 22　长细比对轴心受压柱承载能力的影响（中国建筑科学研究院结构所的试验）

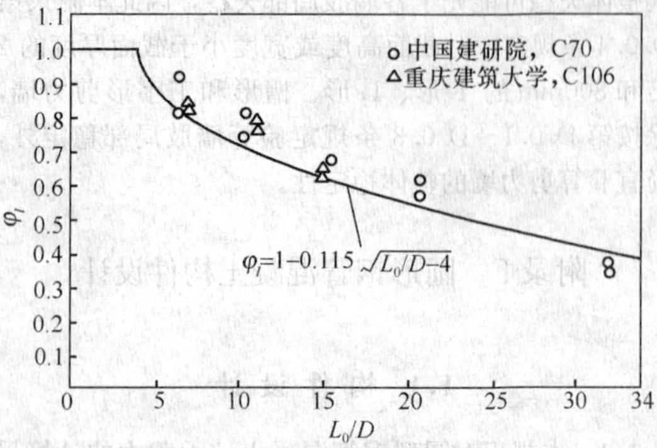

图 23　考虑长细比影响的折减系数试验值与计算曲线比较（高强混凝土）

F.1.5、F.1.6　本条的等效计算长度考虑了柱端约束条件（转动和侧移）和沿柱身弯矩分布梯度等因素对柱承载力的影响。

柱端约束条件的影响，借引入"计算长度"的办法予以考虑，与现行国家标准《钢结构设计规范》GB 50017 所采用的办法完全相同。

为考虑沿柱身弯矩分布梯度的影响，在实用上可采用等效标准单元柱的办法予以考虑。即将各种一次弯矩分布图不为矩形的两端铰支柱以及悬臂柱等非标准柱转换为具有相同承载力的一次弯矩分布图呈矩形的等效标准柱。我国现行国家标准《钢结构设计规范》GB 50017 和国外的一些结构设计规范，例如美国 ACI 混凝土结构规范，采用的是等效弯矩法，即将非标准柱的较大端弯矩予以缩减，取等效弯矩系数 c 不大于 1，相应的柱长保持不变（图 24a）；本规程采用的则是等效长度法，即将非标准柱的长度予以缩减，取等效长度系数 k 不大于 1，相应的柱端较大弯矩 M_2 保持不变（图 24b）。两种处理办法的效果应该是相同的。本规程采用等效长度法，在概念上更为直观，对于在实验中观察到的双曲压弯下的零挠度点漂移现象，更易于解释。

本条所列的等效长度系数公式，是根据中国建筑科学研究院专门的试验结果建立的经验公式。

F.1.7　虽然钢管混凝土柱的优势在抗压，只宜作受压构件，但在个别特殊工况下，钢管混凝土柱也可能有处于拉弯状态的时候。为验算这种工况下的安全性，本规程假定钢管混凝土柱的 N-M 曲线在拉弯区为直线，给出了以钢管混凝土纯弯状态和轴心受拉状态时的承载力为基础的相关公式，其中纯弯承载力与压弯公式中的纯弯承载力相同，轴心受拉承载力仅考虑钢管的作用。

F.1.8、F.1.9　钢管混凝土中的钢管，是一种特殊形式的配筋，系三维连续的配筋场，既是纵筋，又是横向箍筋，无论构件受到压、拉、弯、剪、扭等何种作用，钢管均可随着应变场的变化而自行调节变换其配筋功能。一般情况下，钢管混凝土柱主要受压弯作

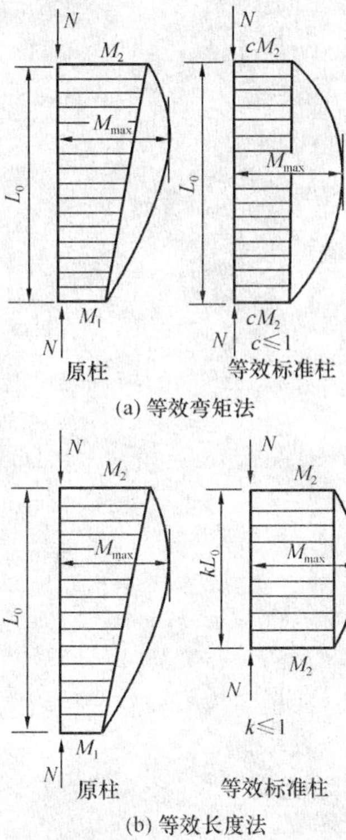

图 24　非标准单元柱的两种等效转换法

用，在按压弯构件确定了柱的钢管规格和套箍指标后，其抗剪配筋场亦相应确定，无须像普通钢筋混凝土构件那样另做抗剪配筋设计。以往的试验观察表明，钢管混凝土柱在剪跨柱径比 a/D 大于 2 时，都是弯曲型破坏。在一般建筑工程中的钢管混凝土框架柱，其高度与柱径之比（即剪跨柱径比）大都在 3 以上，横向抗剪问题不突出。在某些情况下，例如钢管混凝土柱之间设有斜撑的节点处，大跨重载梁的梁柱节点区等，仍可能出现影响设计的钢管混凝土小剪跨抗剪问题。为解决这一问题，中国建筑科学研究院进行了专门的抗剪试验研究，本条的计算公式（F. 1. 9-1）和（F. 1. 9-2）即系根据这批试验结果提出的，适用于横向剪力以压力方式作用于钢管外壁的情况。

F. 1. 10～F. 1. 12　众所周知，对混凝土配置螺旋箍筋或横向方格钢筋网片，形成所谓套箍混凝土，可显著提高混凝土的局部承压强度。钢管混凝土是一种特殊形式的套箍混凝土，其钢管具有类似螺旋箍筋的功能，显然也应具有较高的局部承压强度。钢管混凝土的局部承压可分为中央部位的局部承压和组合界面附近的局部承压两类。中国建筑科学研究院的试验研究表明，在上述两类局部承压下的钢管混凝土强度提高系数亦服从与面积比的平方根成线性关系的规律。

第 F. 1. 12 条的公式可用于抗剪连接件的承载力计算，其中所指的柔性抗剪连接件包括节点构造中采用的内加强环、环形隔板、钢筋环和焊钉等。至于内衬管段和穿心牛腿（承重销）则应视为刚性抗剪连接件。

当局压强度不足时，可将局压区段管壁加厚予以补强，这比局部配置螺旋箍筋更简便些。局压区段的长度可取为钢管直径的 1.5 倍。

F. 2　连 接 设 计

F. 2. 1　外加强环可以拼接，拼接处的对接焊缝必须与母材等强。

F. 2. 2　采用内加强环连接时，梁与柱之间最好通过悬臂梁段连接。悬臂梁段在工厂与钢管采用全焊连接，即梁翼缘与钢管壁采用全熔透坡口焊缝连接、梁腹板与为钢管壁采用角焊缝连接；悬臂梁段在现场与梁拼接，可以采用栓焊连接，也可以采用全螺栓连接。采用不等截面悬臂梁段，即翼缘端部加宽或腹板加腋或同时翼缘端部加宽和腹板加腋，可以有效转移塑性铰，避免悬臂梁段与钢管的连接破坏。

F. 2. 3　本规程中钢筋混凝土梁与钢管混凝土柱的连接方式分别针对管外剪力传递和管外弯矩传递两个方面做了具体规定，在相应条文的图示中只针对剪力传递或弯矩传递的一个方面做了表示，工程中的连接节点可以根据工程特点采用不同的剪力和弯矩传递方式进行组合。

F. 2. 8　井字双梁与钢管之间浇筑混凝土，是为了确保节点上各梁端的不平衡弯矩能传递给柱。

F. 2. 9　规定了钢筋混凝土环梁的构造要求，目的是使框架梁端弯矩能平稳地传递给钢管混凝土柱，并使环梁不先于框架梁端出现塑性铰。

F. 2. 10　“穿筋单梁”节点增设内衬管或外套管，是为了弥补钢管开孔所造成的管壁削弱。穿筋后，孔与筋的间隙可以补焊。条件许可时，框架梁端可水平加腋，并令梁的部分纵筋从柱侧绕过，以减少穿筋的数量。

中华人民共和国国家标准

混凝土结构耐久性设计规范

Code for durability design of concrete structures

GB/T 50476—2008

主编部门：中华人民共和国住房和城乡建设部
批准部门：中华人民共和国住房和城乡建设部
施行日期：2 0 0 9 年 5 月 1 日

中华人民共和国住房和城乡建设部
公　　告

第162号

关于发布国家标准《混凝土结构耐久性设计规范》的公告

现批准《混凝土结构耐久性设计规范》为国家标准，编号为GB/T 50476-2008，自2009年5月1日起实施。

本规范由我部标准定额研究所组织中国建筑工业出版社出版发行。

中华人民共和国住房和城乡建设部

2008年11月12日

前　　言

本规范是根据建设部《关于印发〈二〇〇四年工程建设国家标准制定、修订计划〉的通知》（建标[2004] 67号文）要求，由清华大学会同有关单位共同编制而成。

在编写过程中，编制组开展了专题调查研究，总结了我国近年来的工程实践经验并借鉴了现行的有关国际标准，先后完成了编写初稿、征求意见稿和送审稿，并以多种方式在全国范围内广泛征求意见，经反复修改，最后审查定稿。

本规范共分8章、4个附录，主要内容为：混凝土结构耐久性设计的基本原则、环境作用类别与等级的划分、设计使用年限、混凝土材料的基本要求、有关的结构构造措施以及一般环境、冻融环境、氯化物环境和化学腐蚀环境作用下的耐久性设计方法。

混凝土结构的耐久性问题十分复杂，不仅环境作用本身多变，带有很大的不确定与不确知性，而且结构材料在环境作用下的劣化机理也有诸多问题有待进一步明确。我国幅员辽阔，各地环境条件与混凝土原材料均存在很大差异，在应用本规范时，应充分考虑当地的实际情况。

本规范由住房和城乡建设部负责管理，由清华大学负责具体技术内容的解释。为提高规范质量，请在使用本规范的过程中结合工程实践，认真总结经验、积累资料，并将意见和建议寄交清华大学土木系（邮编：100084；E-mail：jiegou@tsinghua.edu.cn）。

本规范主编单位、参编单位和主要起草人：

主编单位：清华大学

参编单位：中国建筑科学研究院
国家建筑工程质量监督检验中心
北京市市政工程设计研究总院
同济大学
西安建筑科技大学
大连理工大学
中交四航工程研究院
中交天津港湾工程研究院
路桥集团桥梁技术有限公司
中国建筑工程总公司

主要起草人：陈肇元　邸小坛　李克非　廉慧珍
徐有邻　包琦玮　王庆霖　黄士元
金伟良　干伟忠　赵　筠　朱万旭
鲍卫刚　潘德强　孙　伟　王　铠
陈蔚凡　巴恒静　路新瀛　谢永江
郝挺宇　邓德华　冷发光　缪昌文
钱稼茹　王清湘　张　鑫　邢　锋
尤天直　赵铁军

目　次

1 总　　则

1.0.1 为保证混凝土结构的耐久性达到规定的设计使用年限，确保工程的合理使用寿命要求，制定本规范。

1.0.2 本规范适用于常见环境作用下房屋建筑、城市桥梁、隧道等市政基础设施与一般构筑物中普通混凝土结构及其构件的耐久性设计，不适用于轻骨料混凝土及其他特种混凝土结构。

1.0.3 本规范规定的耐久性设计要求，应为结构达到设计使用年限并具有必要保证率的最低要求。设计中可根据工程的具体特点、当地的环境条件与实践经验，以及具体的施工条件等适当提高。

1.0.4 混凝土结构的耐久性设计，除执行本规范的规定外，尚应符合国家现行有关标准的规定。

2 术语和符号

2.1 术　　语

2.1.1 环境作用　environmental action

温、湿度及其变化以及二氧化碳、氧、盐、酸等环境因素对结构的作用。

2.1.2 劣化　degradation

材料性能随时间的逐渐衰减。

2.1.3 劣化模型　degradation model

描述材料性能劣化过程的数学表达式。

2.1.4 结构耐久性　structure durability

在设计确定的环境作用和维修、使用条件下，结构构件在设计使用年限内保持其适用性和安全性的能力。

2.1.5 结构使用年限　structure service life

结构各种性能均能满足使用要求的年限。

2.1.6 氯离子在混凝土中的扩散系数　chloride diffusion coefficient of concrete

描述混凝土孔隙水中氯离子从高浓度区向低浓度区扩散过程的参数。

2.1.7 混凝土抗冻耐久性指数 DF （durability factor）

混凝土经规定次数快速冻融循环试验后，用标准试验方法测定的动弹性模量与初始动弹性模量的比值。

2.1.8 引气　air entrainment

混凝土拌合时用表面活性剂在混凝土中形成均匀、稳定球形微气泡的工艺措施。

2.1.9 含气量　concrete air content

混凝土中气泡体积与混凝土总体积的比值。对于采用引气工艺的混凝土，气泡体积包括掺入引气剂后形成的气泡体积和混凝土拌合过程中挟带的空气体积。

2.1.10 气泡间隔系数　air bubble spacing

硬化混凝土或水泥浆体中相邻气泡边缘之间的平均距离。

2.1.11 维修　maintenance

为维持结构在使用年限内所需性能而采取的各种技术和管理活动。

2.1.12 修复　restore

通过修补、更换或加固，使受到损伤的结构恢复到满足正常使用所进行的活动。

2.1.13 大修　major repair

需在一定期限内停止结构的正常使用，或大面积置换结构中的受损混凝土，或更换结构主要构件的修复活动。

2.1.14 可修复性　restorability

受到损伤的结构或构件具有能够经济合理地被修复的能力。

2.1.15 胶凝材料　cementitious material, or binder

混凝土原材料中具有胶结作用的硅酸盐水泥和粉煤灰、硅灰、磨细矿渣等矿物掺合料与混合料的总称。

2.1.16 水胶比　water to binder ratio

混凝土拌合物中用水量与胶凝材料总量的重量比。

2.1.17 大掺量矿物掺合料混凝土　concrete with high-volume supplementary cementitious materials

胶凝材料中含有较大比例的粉煤灰、硅灰、磨细矿渣等矿物掺合料和混合料，需要采取较低的水胶比和特殊施工措施的混凝土。

2.1.18 钢筋的混凝土保护层　concrete cover to reinforcement

从混凝土表面到钢筋（包括纵向钢筋、箍筋和分布钢筋）公称直径外边缘之间的最小距离；对后张法预应力筋，为套管或孔道外边缘到混凝土表面的距离。

2.1.19 防腐蚀附加措施　additional protective measures

在改善混凝土密实性、增加保护层厚度和利用防排水措施等常规手段的基础上，为进一步提高混凝土结构耐久性所采取的补充措施，包括混凝土表面涂层、防腐蚀面层、环氧涂层钢筋、钢筋阻锈剂和阴极保护等。

2.1.20 多重防护策略　multiple protective strategy

为确保混凝土结构和构件的使用年限而同时采取多种防腐蚀附加措施的方法。

2.1.21 混凝土结构　concrete structure

以混凝土为主制成的结构，包括素混凝土结构、钢筋混凝土结构和预应力混凝土结构；无筋或不配置受力钢筋的结构为素混凝土结构，钢筋混凝土和预应力混凝土结构在本规范统称为配筋混凝土结构。

2.2 符　号

c——钢筋的混凝土保护层厚度；

c_1——钢筋的混凝土保护层厚度的检测值；

C_a30——强度等级为C30的引气混凝土；

D_{RCM}——用外加电场加速离子迁移的标准试验方法测得的氯离子扩散系数；

DF——混凝土抗冻耐久性指数；

E_0——经历冻融循环之前混凝土的初始动弹性模量；

E_1——经历冻融循环后混凝土的动弹性模量；

W/B——混凝土的水胶比；

α_f——混凝土原材料中的粉煤灰重量占胶凝材料总重的比值；

α_s——混凝土原材料中的磨细矿渣重量占胶凝材料总重的比值；

Δ——混凝土保护层施工允许负偏差的绝对值。

3 基本规定

3.1 设计原则

3.1.1 混凝土结构的耐久性应根据结构的设计使用年限、结构所处的环境类别及作用等级进行设计。

对于氯化物环境下的重要混凝土结构，尚应按本规范附录A的规定采用定量方法进行辅助性校核。

3.1.2 混凝土结构的耐久性设计应包括下列内容：

1 结构的设计使用年限、环境类别及其作用等级；

2 有利于减轻环境作用的结构形式、布置和构造；

3 混凝土结构材料的耐久性质量要求；

4 钢筋的混凝土保护层厚度；

5 混凝土裂缝控制要求；

6 防水、排水等构造措施；

7 严重环境作用下合理采取防腐蚀附加措施或多重防护策略；

8 耐久性所需的施工养护制度与保护层厚度的施工质量验收要求；

9 结构使用阶段的维护、修理与检测要求。

3.2 环境类别与作用等级

3.2.1 结构所处环境按其对钢筋和混凝土材料的腐蚀机理可分为5类，并应按表3.2.1确定。

表3.2.1 环境类别

环境类别	名　称	腐蚀机理
Ⅰ	一般环境	保护层混凝土碳化引起钢筋锈蚀
Ⅱ	冻融环境	反复冻融导致混凝土损伤
Ⅲ	海洋氯化物环境	氯盐引起钢筋锈蚀
Ⅳ	除冰盐等其他氯化物环境	氯盐引起钢筋锈蚀
Ⅴ	化学腐蚀环境	硫酸盐等化学物质对混凝土的腐蚀

注：一般环境系指无冻融、氯化物和其他化学腐蚀物质作用。

3.2.2 环境对配筋混凝土结构的作用程度应采用环境作用等级表达，并应符合表3.2.2的规定。

表3.2.2 环境作用等级

环境类别＼环境作用等级	A 轻微	B 轻度	C 中度	D 严重	E 非常严重	F 极端严重
一般环境	Ⅰ-A	Ⅰ-B	Ⅰ-C	—	—	—
冻融环境	—	—	Ⅱ-C	Ⅱ-D	Ⅱ-E	—
海洋氯化物环境	—	—	Ⅲ-C	Ⅲ-D	Ⅲ-E	Ⅲ-F
除冰盐等其他氯化物环境	—	—	Ⅳ-C	Ⅳ-D	Ⅳ-E	—
化学腐蚀环境	—	—	Ⅴ-C	Ⅴ-D	Ⅴ-E	—

3.2.3 当结构构件受到多种环境类别共同作用时，应分别满足每种环境类别单独作用下的耐久性要求。

3.2.4 在长期潮湿或接触水的环境条件下，混凝土结构的耐久性设计应考虑混凝土可能发生的碱-骨料反应、钙矾石延迟反应和软水对混凝土的溶蚀，在设计中采取相应的措施。对混凝土含碱量的限制应根据附录B确定。

3.2.5 混凝土结构的耐久性设计尚应考虑高速流水、风沙以及车轮行驶对混凝土表面的冲刷、磨损作用等实际使用条件对耐久性的影响。

3.3 设计使用年限

3.3.1 混凝土结构的设计使用年限应按建筑物的合理使用年限确定，不应低于现行国家标准《工程结构可靠性设计统一标准》GB 50153的规定；对于城市桥梁等市政工程结构应按照表3.3.1的规定确定。

表 3.3.1 混凝土结构的设计使用年限

设计使用年限	适用范围
不低于 100 年	城市快速路和主干道上的桥梁以及其他道路上的大型桥梁、隧道，重要的市政设施等
不低于 50 年	城市次干道和一般道路上的中小型桥梁，一般市政设施

3.3.2 一般环境下的民用建筑在设计使用年限内无需大修，其结构构件的设计使用年限应与结构整体设计使用年限相同。

严重环境作用下的桥梁、隧道等混凝土结构，其部分构件可设计成易于更换的形式，或能够经济合理地进行大修。可更换构件的设计使用年限可低于结构整体的设计使用年限，并应在设计文件中明确规定。

3.4 材料要求

3.4.1 混凝土材料应根据结构所处的环境类别、作用等级和结构设计使用年限，按同时满足混凝土最低强度等级、最大水胶比和混凝土原材料组成的要求确定。

3.4.2 对重要工程或大型工程，应针对具体的环境类别和作用等级，分别提出抗冻耐久性指数、氯离子在混凝土中的扩散系数等具体量化耐久性指标。

3.4.3 结构构件的混凝土强度等级应同时满足耐久性和承载能力的要求。

3.4.4 配筋混凝土结构满足耐久性要求的混凝土最低强度等级应符合表 3.4.4 的规定。

表 3.4.4 满足耐久性要求的混凝土最低强度等级

环境类别与作用等级	设计使用年限		
	100 年	50 年	30 年
Ⅰ-A	C30	C25	C25
Ⅰ-B	C35	C30	C25
Ⅰ-C	C40	C35	C30
Ⅱ-C	C_a35，C45	C_a30，C45	C_a30，C40
Ⅱ-D	C_a40	C_a35	C_a35
Ⅱ-E	C_a45	C_a40	C_a40
Ⅲ-C，Ⅳ-C，Ⅴ-C，Ⅲ-D，Ⅳ-D	C45	C40	C40
Ⅴ-D，Ⅲ-E，Ⅳ-E	C50	C45	C45
Ⅴ-E，Ⅲ-F	C55	C50	C50

注：1 预应力混凝土构件的混凝土最低强度等级不应低于 C40；

2 如能加大钢筋的保护层厚度，大截面受压墩、柱的混凝土强度等级可以低于表中规定的数值，但不应低于第 3.4.5 条规定的素混凝土最低强度等级。

3.4.5 素混凝土结构满足耐久性要求的混凝土最低强度等级，一般环境不应低于 C15；冻融环境和化学腐蚀环境应根据本规范表 5.3.2、表 7.3.2 的规定确定；氯化物环境可按本规范表 6.3.2 的 Ⅲ-C 或Ⅳ-C 环境作用等级确定。

3.4.6 直径为 6mm 的细直径热轧钢筋作为受力主筋，应只限在一般环境（Ⅰ类）中使用，且当环境作用等级为轻微（Ⅰ-A）和轻度（Ⅰ-B）时，构件的设计使用年限不得超过 50 年；当环境作用等级为中度（Ⅰ-C）时，设计使用年限不得超过 30 年。

3.4.7 冷加工钢筋不宜作为预应力筋使用，也不宜作为按塑性设计构件的受力主筋。

公称直径不大于 6mm 的冷加工钢筋应只在Ⅰ-A、Ⅰ-B 等级的环境作用中作为受力钢筋使用，且构件的设计使用年限不得超过 50 年。

3.4.8 预应力筋的公称直径不得小于 5mm。

3.4.9 同一构件中的受力钢筋，宜使用同材质的钢筋。

3.5 构造规定

3.5.1 不同环境作用下钢筋主筋、箍筋和分布筋，其混凝土保护层厚度应满足钢筋防锈、耐火以及与混凝土之间粘结力传递的要求，且混凝土保护层厚度设计值不得小于钢筋的公称直径。

3.5.2 具有连续密封套管的后张预应力钢筋，其混凝土保护层厚度可与普通钢筋相同且不应小于孔道直径的 1/2；否则应比普通钢筋增加 10mm。

先张法构件中预应力钢筋在全预应力状态下的保护层厚度可与普通钢筋相同，否则应比普通钢筋增加 10mm。

直径大于 16mm 的热轧预应力钢筋保护层厚度可与普通钢筋相同。

3.5.3 工厂预制的混凝土构件，其普通钢筋和预应力钢筋的混凝土保护层厚度可比现浇构件减少 5mm。

3.5.4 在荷载作用下配筋混凝土构件的表面裂缝最大宽度计算值不应超过表 3.5.4 中的限值。对裂缝宽度无特殊外观要求的，当保护层设计厚度超过 30mm 时，可将厚度取为 30mm 计算裂缝的最大宽度。

表 3.5.4 表面裂缝计算宽度限值（mm）

环境作用等级	钢筋混凝土构件	有粘结预应力混凝土构件
A	0.40	0.20
B	0.30	0.20（0.15）
C	0.20	0.10
D	0.20	按二级裂缝控制或按部分预应力 A 类构件控制

续表 3.5.4

环境作用等级	钢筋混凝土构件	有粘结预应力混凝土构件
E，F	0.15	按一级裂缝控制或按全预应力类构件控制

注：1 括号中的宽度适用于采用钢丝或钢绞线的先张预应力构件；
2 裂缝控制等级为二级或一级时，按现行国家标准《混凝土结构设计规范》GB 50010 计算裂缝宽度；部分预应力 A 类构件或全预应力构件按现行行业标准《公路钢筋混凝土及预应力混凝土桥涵设计规范》JTG D62 计算裂缝宽度；
3 有自防水要求的混凝土构件，其横向弯曲的表面裂缝计算宽度不应超过 0.20mm。

3.5.5 混凝土结构构件的形状和构造应有效地避免水、汽和有害物质在混凝土表面的积聚，并应采取以下构造措施：

1 受雨淋或可能积水的露天混凝土构件顶面，宜做成斜面，并应考虑结构挠度和预应力反拱对排水的影响；

2 受雨淋的室外悬挑构件侧边下沿，应做滴水槽、鹰嘴或采取其他防止雨水淌向构件底面的构造措施；

3 屋面、桥面应专门设置排水系统，且不得将水直接排向下部混凝土构件的表面；

4 在混凝土结构构件与上覆的露天面层之间，应设置可靠的防水层。

3.5.6 当环境作用等级为 D、E、F 级时，应减少混凝土结构构件表面的暴露面积，并应避免表面的凹凸变化；构件的棱角宜做成圆角。

3.5.7 施工缝、伸缩缝等连接缝的设置宜避开局部环境作用不利的部位，否则应采取有效的防护措施。

3.5.8 暴露在混凝土结构构件外的吊环、紧固件、连接件等金属部件，表面应采用可靠的防腐措施；后张法预应力体系应采取多重防护措施。

3.6 施工质量的附加要求

3.6.1 根据结构所处的环境类别与作用等级，混凝土耐久性所需的施工养护应符合表 3.6.1 的规定。

表 3.6.1 施工养护制度要求

环境作用等级	混凝土类型	养护制度
Ⅰ-A	一般混凝土	至少养护 1d
	大掺量矿物掺合料混凝土	浇筑后立即覆盖并加湿养护，至少养护 3d
Ⅰ-B，Ⅰ-C，Ⅱ-C，Ⅲ-C，Ⅳ-C，Ⅴ-C Ⅱ-D，Ⅴ-D Ⅱ-E，Ⅴ-E	一般混凝土	养护至现场混凝土的强度不低于 28d 标准强度的 50%，且不少于 3d
	大掺量矿物掺合料混凝土	浇筑后立即覆盖并加湿养护，养护至现场混凝土的强度不低于 28d 标准强度的 50%，且不少于 7d

续表 3.6.1

环境作用等级	混凝土类型	养护制度
Ⅲ-D，Ⅳ-D Ⅲ-E，Ⅳ-E Ⅲ-F	大掺量矿物掺合料混凝土	浇筑后立即覆盖并加湿养护，养护至现场混凝土的强度不低于 28d 标准强度的 50%，且不少于 7d。加湿养护结束后应继续用养护喷涂或覆盖保湿、防风一段时间至现场混凝土的强度不低于 28d 标准强度的 70%

注：1 表中要求适用于混凝土表面大气温度不低于 10℃的情况，否则应延长养护时间；
2 有盐的冻融环境中混凝土施工养护应按Ⅲ、Ⅳ类环境的规定执行；
3 大掺量矿物掺合料混凝土在Ⅰ-A 环境中用于永久浸没于水中的构件。

3.6.2 处于Ⅰ-A、Ⅰ-B 环境下的混凝土结构构件，其保护层厚度的施工质量验收要求按照现行国家标准《混凝土结构工程施工质量验收规范》GB 50204 的规定执行。

3.6.3 环境作用等级为 C、D、E、F 的混凝土结构构件，应按下列要求进行保护层厚度的施工质量验收：

1 对选定的每一配筋构件，选择有代表性的最外侧钢筋8～16 根进行混凝土保护层厚度的无破损检测；对每根钢筋，应选取 3 个代表性部位测量。

2 对同一构件所有的测点，如有 95%或以上的实测保护层厚度 c_1 满足以下要求，则认为合格：

$$c_1 \geqslant c - \Delta \tag{3.6.3}$$

式中 c——保护层设计厚度；

Δ——保护层施工允许负偏差的绝对值，对梁柱等条形构件取 10mm，板墙等面形构件取 5mm。

3 当不能满足第 2 款的要求时，可增加同样数量的测点进行检测，按两次测点的全部数据进行统计，如仍不能满足第 2 款的要求，则判定为不合格，并要求采取相应的补救措施。

4 一般环境

4.1 一般规定

4.1.1 一般环境下混凝土结构的耐久性设计，应控制在正常大气作用下混凝土碳化引起的内部钢筋锈蚀。

4.1.2 当混凝土结构构件同时承受其他环境作用时，应按环境作用等级较高的有关要求进行耐久性设计。

4.1.3 一般环境下混凝土结构的构造要求应符合本规范第3.5节的规定。

4.1.4 一般环境下混凝土结构施工质量控制应按照本规范第3.6节的规定执行。

4.2 环境作用等级

4.2.1 一般环境对配筋混凝土结构的环境作用等级应根据具体情况按表4.2.1确定。

表4.2.1 一般环境对配筋混凝土结构的环境作用等级

环境作用等级	环境条件	结构构件示例
Ⅰ-A	室内干燥环境	常年干燥、低湿度环境中的室内构件；
Ⅰ-A	永久的静水浸没环境	所有表面均永久处于静水下的构件
Ⅰ-B	非干湿交替的室内潮湿环境	中、高湿度环境中的室内构件； 不接触或偶尔接触雨水的室外构件； 长期与水或湿润土体接触的构件
Ⅰ-B	非干湿交替的露天环境	
Ⅰ-B	长期湿润环境	
Ⅰ-C	干湿交替环境	与冷凝水、露水或与蒸汽频繁接触的室内构件； 地下室顶板构件； 表面频繁淋雨或频繁与水接触的室外构件； 处于水位变动区的构件

注：1 环境条件系指混凝土表面的局部环境；

2 干燥、低湿度环境指年平均湿度低于60%，中、高湿度环境指年平均湿度大于60%；

3 干湿交替指混凝土表面经常交替接触到大气和水的环境条件。

4.2.2 配筋混凝土墙、板构件的一侧表面接触室内干燥空气、另一侧表面接触水或湿润土体时，接触空气一侧的环境作用等级宜按干湿交替环境确定。

4.3 材料与保护层厚度

4.3.1 一般环境中的配筋混凝土结构构件，其普通钢筋的保护层最小厚度与相应的混凝土强度等级、最大水胶比应符合表4.3.1的要求。

4.3.2 大截面混凝土墩柱在加大钢筋的混凝土保护层厚度的前提下，其混凝土强度等级可低于本规范表4.3.1中的要求，但降低幅度不应超过两个强度等级，且设计使用年限为100年和50年的构件，其强度等级不应低于C25和C20。

当采用的混凝土强度等级比本规范表4.3.1的规定低一个等级时，混凝土保护层厚度应增加5mm；当低两个等级时，混凝土保护层厚度应增加10mm。

4.3.3 在Ⅰ-A、Ⅰ-B环境中的室内混凝土结构构件，如考虑建筑饰面对于钢筋防锈的有利作用，则其混凝土保护层最小厚度可比本规范表4.3.1规定适当减小，但减小幅度不应超过10mm；在任何情况下，板、墙等面形构件的最外侧钢筋保护层厚度不应小于10mm；梁、柱等条形构件最外侧钢筋的保护层厚度不应小于15mm。

在Ⅰ-C环境中频繁遭遇雨淋的室外混凝土结构构件，如考虑防水饰面的保护作用，则其混凝土保护层最小厚度可比本规范表4.3.1规定适当减小，但不应低于Ⅰ-B环境的要求。

4.3.4 采用直径6mm的细直径热轧钢筋或冷加工钢筋作为构件的主要受力钢筋时，应在本规范表4.3.1规定的基础上将混凝土强度提高一个等级，或将钢筋的混凝土保护层厚度增加5mm。

表4.3.1 一般环境中混凝土材料与钢筋的保护层最小厚度 c（mm）

环境作用等级 \ 设计使用年限		100年			50年			30年		
		混凝土强度等级	最大水胶比	c	混凝土强度等级	最大水胶比	c	混凝土强度等级	最大水胶比	c
板、墙等面形构件	Ⅰ-A	≥C30	0.55	20	≥C25	0.60	20	≥C25	0.60	20
	Ⅰ-B	C35	0.50	30	C30	0.55	25	C25	0.60	25
		≥C40	0.45	25	≥C35	0.50	20	≥C30	0.55	20
	Ⅰ-C	C40	0.45	40	C35	0.50	35	C30	0.55	30
		C45	0.40	35	C40	0.45	30	C35	0.50	25
		≥C50	0.36	30	≥C45	0.40	25	≥C40	0.45	20
梁、柱等条形构件	Ⅰ-A	C30	0.55	25	C25	0.60	25	≥C25	0.60	20
		≥C35	0.50	20	≥C30	0.55	20			
	Ⅰ-B	C35	0.50	35	C30	0.55	30	C25	0.60	30
		≥C40	0.45	30	≥C35	0.50	25	≥C30	0.55	25

续表 4.3.1

环境作用等级 \ 设计使用年限		100年			50年			30年		
		混凝土强度等级	最大水胶比	c	混凝土强度等级	最大水胶比	c	混凝土强度等级	最大水胶比	c
梁、柱等条形构件	Ⅰ-C	C40 C45 ≥C50	0.45 0.40 0.36	45 40 35	C35 C40 ≥C45	0.50 0.45 0.40	40 35 30	C30 C35 ≥C40	0.55 0.50 0.45	35 30 25

注：1 Ⅰ-A 环境中使用年限低于 100 年的板、墙，当混凝土骨料最大公称粒径不大于 15mm 时，保护层最小厚度可降为 15mm，但最大水胶比不应大于 0.55；

2 年平均气温大于 20℃且年平均湿度大于 75%的环境，除Ⅰ-A 环境中的板、墙构件外，混凝土最低强度等级应比表中规定提高一级，或将保护层最小厚度增大 5mm；

3 直接接触土体浇筑的构件，其混凝土保护层厚度不应小于 70mm；有混凝土垫层时，可按上表确定；

4 处于流动水中或同时受水中泥沙冲刷的构件，其保护层厚度宜增加 10～20mm；

5 预制构件的保护层厚度可比表中规定减少 5mm；

6 当胶凝材料中粉煤灰和矿渣等掺量小于 20%时，表中水胶比低于 0.45 的，可适当增加；

7 预应力钢筋的保护层厚度按照本规范第 3.5.2 条的规定执行。

5 冻融环境

5.1 一般规定

5.1.1 冻融环境下混凝土结构的耐久性设计，应控制混凝土遭受长期冻融循环作用引起的损伤。

5.1.2 长期与水体直接接触并会发生反复冻融的混凝土结构构件，应考虑冻融环境的作用。最冷月平均气温高于 2.5℃的地区，混凝土结构可不考虑冻融环境作用。

5.1.3 冻融环境下混凝土结构的构造要求应符合本规范第 3.5 节的规定。对冻融环境中混凝土结构的薄壁构件，还宜增加构件厚度或采取有效的防冻措施。

5.1.4 冻融环境下混凝土结构的施工质量控制应按照本规范第 3.6 节的规定执行，且混凝土构件在施工养护结束至初次受冻的时间不得少于一个月并避免与水接触。冬期施工中混凝土接触负温时的强度应大于 $10N/mm^2$。

5.2 环境作用等级

5.2.1 冻融环境对混凝土结构的环境作用等级应按表 5.2.1 确定。

表 5.2.1 冻融环境对混凝土结构的环境作用等级

环境作用等级	环境条件	结构构件示例
Ⅱ-C	微冻地区的无盐环境 混凝土高度饱水	微冻地区的水位变动区构件和频繁受雨淋的构件水平表面
	严寒和寒冷地区的无盐环境 混凝土中度饱水	严寒和寒冷地区受雨淋构件的竖向表面
Ⅱ-D	严寒和寒冷地区的无盐环境 混凝土高度饱水	严寒和寒冷地区的水位变动区构件和频繁受雨淋的构件水平表面
	微冻地区的有盐环境 混凝土高度饱水	有氯盐微冻地区的水位变动区构件和频繁受雨淋的构件水平表面
	严寒和寒冷地区的有盐环境 混凝土中度饱水	有氯盐严寒和寒冷地区受雨淋构件的竖向表面
Ⅱ-E	严寒和寒冷地区的有盐环境 混凝土高度饱水	有氯盐严寒和寒冷地区的水位变动区构件和频繁受雨淋的构件水平表面

注：1 冻融环境按当地最冷月平均气温划分为微冻地区、寒冷地区和严寒地区，其平均气温分别为：－3～2.5℃、－8～－3℃和－8℃以下；

2 中度饱水指冰冻前偶受水或受潮，混凝土内饱水程度不高；高度饱水指冰冻前长期或频繁接触水或湿润土体，混凝土内高度水饱和；

3 无盐或有盐指冻结的水中是否含有盐类，包括海水中的氯盐、除冰盐或其他盐类。

5.2.2 位于冰冻线以上土中的混凝土结构构件，其环境作用等级可根据当地实际情况和经验适当降低。

5.2.3 可能偶然遭受冻害的饱水混凝土结构构件，其环境作用等级可按本规范表 5.2.1 的规定降低一级。

5.2.4 直接接触积雪的混凝土墙、柱底部，宜适当提高环境作用等级，并宜增加表面防护措施。

5.3 材料与保护层厚度

5.3.1 在冻融环境下，混凝土原材料的选用应符合本规范附录B的规定。环境作用等级为Ⅱ-D和Ⅱ-E的混凝土结构构件应采用引气混凝土，引气混凝土的含气量与气泡间隔系数应符合本规范附录C的规定。

5.3.2 冻融环境中的配筋混凝土结构构件，其普通钢筋的混凝土保护层最小厚度与相应的混凝土强度等级、最大水胶比应符合表5.3.2的规定。其中，有盐冻融环境中钢筋的混凝土保护层最小厚度，应按氯化物环境的有关规定执行。

表 5.3.2 冻融环境中混凝土材料与钢筋的保护层最小厚度 c（mm）

环境作用等级 \ 设计使用年限			100年			50年			30年		
			混凝土强度等级	最大水胶比	c	混凝土强度等级	最大水胶比	c	混凝土强度等级	最大水胶比	c
板、墙等面形构件	Ⅱ-C无盐		C45	0.40	35	C45	0.40	30	C40	0.45	30
			≥C50	0.36	30	≥C50	0.36	25	≥C45	0.40	25
			$\mathrm{C_a}35$	0.50	35	$\mathrm{C_a}30$	0.55	30	$\mathrm{C_a}30$	0.55	25
	Ⅱ-D	无盐	$\mathrm{C_a}40$	0.45	35	$\mathrm{C_a}35$	0.50	35	$\mathrm{C_a}35$	0.50	30
		有盐									
	Ⅱ-E有盐		$\mathrm{C_a}45$	0.40		$\mathrm{C_a}40$	0.45		$\mathrm{C_a}40$	0.45	
梁、柱等条形构件	Ⅱ-C无盐		C45	0.40	40	C45	0.40	35	C40	0.45	35
			≥C50	0.36	35	≥C50	0.36	30	≥C45	0.40	30
			$\mathrm{C_a}35$	0.50	35	$\mathrm{C_a}30$	0.55	35	$\mathrm{C_a}30$	0.55	30
	Ⅱ-D	无盐	$\mathrm{C_a}40$	0.45	40	$\mathrm{C_a}35$	0.50	40	$\mathrm{C_a}35$	0.50	35
		有盐									
	Ⅱ-E有盐		$\mathrm{C_a}45$	0.40		$\mathrm{C_a}40$	0.45		$\mathrm{C_a}40$	0.45	

注：1 如采取表面防水处理的附加措施，可降低大体积混凝土对最低强度等级和最大水胶比的抗冻要求；

2 预制构件的保护层厚度可比表中规定减少5mm；

3 预应力钢筋的保护层厚度按照本规范第3.5.2条的规定执行。

5.3.3 重要工程和大型工程，混凝土的抗冻耐久性指数不应低于表5.3.3的规定。

表 5.3.3 混凝土抗冻耐久性指数 DF（%）

设计使用年限	100年			50年			30年		
环境条件	高度饱水	中度饱水	盐或化学腐蚀下冻融	高度饱水	中度饱水	盐或化学腐蚀下冻融	高度饱水	中度饱水	盐或化学腐蚀下冻融
严寒地区	80	70	85	70	60	80	65	50	75
寒冷地区	70	60	80	60	50	70	60	45	65
微冻地区	60	60	70	50	45	60	50	40	55

注：1 抗冻耐久性指数为混凝土试件经300次快速冻融循环后混凝土的动弹性模量 E_1 与其初始值 E_0 的比值，$DF=E_1/E_0$；如在达到300次循环之前 E_1 已降至初始值的60%或试件重量损失已达到5%，以此时的循环次数 N 计算 DF 值，$DF=0.6\times N/300$；

2 对于厚度小于150mm的薄壁混凝土构件，其 DF 值宜增加5%。

6 氯化物环境

6.1 一般规定

6.1.1 氯化物环境中配筋混凝土结构的耐久性设计，应控制氯离子引起的钢筋锈蚀。

6.1.2 海洋和近海地区接触海水氯化物的配筋混凝土结构构件，应按海洋氯化物环境进行耐久性设计。

6.1.3 降雪地区接触除冰盐（雾）的桥梁、隧道、停车库、道路周围构筑物等配筋混凝土结构的构件，内陆地区接触含有氯盐的地下水、土以及频繁接触含氯盐消毒剂的配筋混凝土结构的构件，应按除冰盐等其他氯化物环境进行耐久性设计。

降雪地区新建的城市桥梁和停车库楼板，应按除冰盐氯化物环境作用进行耐久性设计。

6.1.4 重要配筋混凝土结构的构件，当氯化物环境作用等级为E、F级时应采用防腐蚀附加措施。

6.1.5 氯化物环境作用等级为E、F的配筋混凝土结构，应在耐久性设计中提出结构使用过程中定期检测的要求。重要工程尚应在设计阶段作出定期检测的详细规划，并设置专供检测取样用的构件。

6.1.6 氯化物环境中，用于稳定周围岩土的混凝土初期支护，如作为永久性混凝土结构的一部分，则应满足相应的耐久性要求；否则不应考虑其中的钢筋和型钢在永久承载中的作用。

6.1.7 氯化物环境中配筋混凝土桥梁结构的构造要求除应符合本规范第3.5节的规定外，尚应符合下列规定：

1 遭受氯盐腐蚀的混凝土桥面、墩柱顶面和车库楼面等部位应设置排水坡；

2 遭受雨淋的桥面结构，应防止雨水流到底面或下部结构构件表面；

3 桥面排水管道应采用非钢质管道，排水口应远离混凝土构件表面，并应与墩柱基础保持一定距离；

4 桥面铺装与混凝土桥面板之间应设置可靠的防水层；

5 应优先采用混凝土预制构件；

6 海水水位变动区和浪溅区，不宜设置施工缝与连接缝；

7 伸缩缝及附近部位的混凝土宜局部采取防腐蚀附加措施，处于伸缩缝下方的构件应采取防止渗漏水侵蚀的构造措施。

6.1.8 氯化物环境中混凝土结构施工质量控制应按照本规范第3.6节的规定执行。

6.2 环境作用等级

6.2.1 海洋氯化物环境对配筋混凝土结构构件的环

境作用等级，应按表6.2.1确定。

表6.2.1 海洋氯化物环境的作用等级

环境作用等级	环境条件	结构构件示例
Ⅲ-C	水下区和土中区：周边永久浸没于海水或埋于土中	桥墩，基础
Ⅲ-D	大气区（轻度盐雾）：距平均水位15m高度以上的海上大气区；涨潮岸线以外100～300m内的陆上室外环境	桥墩，桥梁上部结构构件；靠海的陆上建筑外墙及室外构件
Ⅲ-E	大气区（重度盐雾）：距平均水位上方15m高度以内的海上大气区；离涨潮岸线100m以内、低于海平面以上15m的陆上室外环境	桥梁上部结构构件；靠海的陆上建筑外墙及室外构件
Ⅲ-E	潮汐区和浪溅区，非炎热地区	桥墩，码头
Ⅲ-F	潮汐区和浪溅区，炎热地区	桥墩，码头

注：1 近海或海洋环境中的水下区、潮汐区、浪溅区和大气区的划分，按国家现行标准《海港工程混凝土结构防腐蚀技术规范》JTJ 275的规定确定；近海或海洋环境的土中区指海底以下或近海的陆区地下，其地下水中的盐类成分与海水相近；

2 海水激流中构件的作用等级宜提高一级；

3 轻度盐雾区与重度盐雾区界限的划分，宜根据当地的具体环境和既有工程调查确定；靠近海岸的陆上建筑物，盐雾对室外混凝土构件的作用尚应考虑风向、地貌等因素；密集建筑群，除直接面海和迎风的建筑物外，其他建筑物可适当降低作用等级；

4 炎热地区指年平均温度高于20℃的地区；

5 内陆盐湖中氯化物的环境作用等级可比照上表规定确定。

6.2.2 一侧接触海水或含有海水土体、另一侧接触空气的海中或海底隧道配筋混凝土结构构件，其环境作用等级不宜低于Ⅲ-E。

6.2.3 江河入海口附近水域的含盐量应根据实测确定，当含盐量明显低于海水时，其环境作用等级可根据具体情况低于表6.2.1的规定。

6.2.4 除冰盐等其他氯化物环境对于配筋混凝土结构构件的环境作用等级宜根据调查确定；当无相应的调查资料时，可按表6.2.4确定。

6.2.5 在确定氯化物环境对配筋混凝土结构构件的作用等级时，不应考虑混凝土表面普通防水层对氯化物的阻隔作用。

表6.2.4 除冰盐等其他氯化物环境的作用等级

环境作用等级	环境条件	结构构件示例
Ⅳ-C	受除冰盐盐雾轻度作用	离开行车道10m以外接触盐雾的构件
Ⅳ-C	四周浸没于含氯化物水中	地下水中构件
Ⅳ-C	接触较低浓度氯离子水体，且有干湿交替	处于水位变动区，或部分暴露于大气、部分在地下水土中的构件
Ⅳ-D	受除冰盐水溶液轻度溅射作用	桥梁护墙，立交桥桥墩
Ⅳ-D	接触较高浓度氯离子水体，且有干湿交替	海水游泳池壁；处于水位变动区，或部分暴露于大气、部分在地下水土中的构件
Ⅳ-E	直接接触除冰盐溶液	路面，桥面板，与含盐渗漏水接触的桥梁帽梁、墩柱顶面
Ⅳ-E	受除冰盐水溶液重度溅射或重度盐雾作用	桥梁护栏、护墙，立交桥桥墩；车道两侧10m以内的构件
Ⅳ-E	接触高浓度氯离子水体，有干湿交替	处于水位变动区，或部分暴露于大气、部分在地下水土中的构件

注：1 水中氯离子浓度（mg/L）的高低划分为：较低100～500；较高500～5000；高>5000；土中氯离子浓度（mg/kg）的高低划分为：较低150～750；较高750～7500；高>7500；

2 除冰盐环境的作用等级与冬季喷洒除冰盐的具体用量和频度有关，可根据具体情况作出调整。

6.3 材料与保护层厚度

6.3.1 氯化物环境中应采用掺有矿物掺合料的混凝土。对混凝土的耐久性质量和原材料选用要求应符合附录B的规定。

6.3.2 氯化物环境中的配筋混凝土结构构件，其普通钢筋的保护层最小厚度及其相应的混凝土强度等级、最大水胶比应符合表6.3.2的规定。

6.3.3 海洋氯化物环境作用等级为Ⅲ-E和Ⅲ-F的配筋混凝土，宜采用大掺量矿物掺合料混凝土，否则应提高表6.3.2中的混凝土强度等级或增加钢筋的保护层最小厚度。

6.3.4 对大截面柱、墩等配筋混凝土受压构件中的钢筋，宜采用较大的混凝土保护层厚度，且相应的混凝土强度等级不宜降低。对于受氯化物直接作用的混凝土墩柱顶面，宜加大钢筋的混凝土保护层厚度。

表 6.3.2 氯化物环境中混凝土材料与钢筋的保护层最小厚度 c（mm）

设计使用年限 / 环境作用等级		100年			50年			30年		
		混凝土强度等级	最大水胶比	c	混凝土强度等级	最大水胶比	c	混凝土强度等级	最大水胶比	c
板、墙等面形构件	Ⅲ-C，Ⅳ-C	C45	0.40	45	C40	0.42	40	C40	0.42	35
	Ⅲ-D，Ⅳ-D	C45 ≥C50	0.40 0.36	55 50	C40 ≥C45	0.42 0.40	50 45	C40 ≥C45	0.42 0.40	45 40
	Ⅲ-E，Ⅳ-E	C50 ≥C55	0.36 0.36	60 55	C45 ≥C50	0.40 0.36	55 50	C45 ≥C50	0.40 0.36	45 40
	Ⅲ-F	≥C55	0.36	65	C50 ≥C55	0.36 0.36	60 55	C50	0.36	55
梁、柱等条形构件	Ⅲ-C，Ⅳ-C	C45	0.40	50	C40	0.42	45	C40	0.42	40
	Ⅲ-D，Ⅳ-D	C45 ≥C50	0.40 0.36	60 55	C40 ≥C45	0.42 0.40	55 50	C40 ≥C45	0.42 0.40	50 40
	Ⅲ-E，Ⅳ-E	C50 ≥C55	0.36 0.36	65 60	C45 ≥C50	0.40 0.36	60 55	C45 ≥C50	0.40 0.36	50 45
	Ⅲ-F	C55	0.36	70	C50 ≥C55	0.36 0.36	65 60	C50	0.36	55

注：1 可能出现海水冰冻环境与除冰盐环境时，宜采用引气混凝土；当采用引气混凝土时，表中混凝土强度等级可降低一个等级，相应的最大水胶比可提高 0.05，但引气混凝土的强度等级和最大水胶比仍应满足本规范表 5.3.2 的规定；

2 处于流动海水中或同时受水中泥沙冲刷腐蚀的混凝土构件，其钢筋的混凝土保护层厚度应增加 10～20mm；

3 预制构件的保护层厚度可比表中规定减少 5mm；

4 当满足本规范表 6.3.6 中规定的扩散系数时，C50 和 C55 混凝土所对应的最大水胶比可分别提高到 0.40 和 0.38；

5 预应力钢筋的保护层厚度按照本规范第 3.5.2 条的规定执行。

6.3.5 在特殊情况下，对处于氯化物环境作用等级为 E、F 中的配筋混凝土构件，当采取可靠的防腐蚀附加措施并经过专门论证后，其混凝土保护层最小厚度可适当低于本规范表 6.3.2 中的规定。

6.3.6 对于氯化物环境中的重要配筋混凝土结构工程，设计时应提出混凝土的抗氯离子侵入性指标，并应满足表 6.3.6 的要求。

表 6.3.6 混凝土的抗氯离子侵入性指标

设计使用年限	100年		50年	
作用等级 / 侵入性指标	D	E	D	E
28d 龄期氯离子扩散系数 D_{RCM} ($10^{-12}m^2/s$)	≤7	≤4	≤10	≤6

注：1 表中的混凝土抗氯离子侵入性指标与本规范表 6.3.2 中规定的混凝土保护层厚度相对应，如实际采用的保护层厚度高于表 6.3.2 的规定，可对本表中数据作适当调整；

2 表中的 D_{RCM} 值适用于较大或大掺量矿物掺合料混凝土，对于胶凝材料主要成分为硅酸盐水泥的混凝土，应采取更为严格的要求。

6.3.7 氯化物环境中配筋混凝土构件的纵向受力钢筋直径应不小于 16mm。

7 化学腐蚀环境

7.1 一般规定

7.1.1 化学腐蚀环境下混凝土结构的耐久性设计，应控制混凝土遭受化学腐蚀性物质长期侵蚀引起的损伤。

7.1.2 化学腐蚀环境下混凝土结构的构造要求应符合本规范第 3.5 节的规定。

7.1.3 严重化学腐蚀环境下的混凝土结构构件，应结合当地环境和对既有建筑物的调查，必要时可在混凝土表面施加环氧树脂涂层、设置水溶性树脂砂浆抹面层或铺设其他防腐蚀面层，也可加大混凝土构件的截面尺寸。对于配筋混凝土结构薄壁构件宜增加其厚度。

当混凝土结构构件处于硫酸根离子浓度大于 1500mg/L 的流动水或 pH 值小于 3.5 的酸性水中时，应在混凝土表面采取专门的防腐蚀附加措施。

7.1.4 化学腐蚀环境下混凝土结构的施工质量控制应按照本规范第 3.6 节的规定执行。

7.2 环境作用等级

7.2.1 水、土中的硫酸盐和酸类物质对混凝土结构构件的环境作用等级可按表 7.2.1 确定。当有多种化学物质共同作用时，应取其中最高的作用等级作为设计的环境作用等级。如其中有两种及以上化学物质的作用等级相同且可能加重化学腐蚀时，其环境作用等级应再提高一级。

7.2.2 部分接触含硫酸盐的水、土且部分暴露于大气中的混凝土结构构件，可按本规范表 7.2.1 确定环境作用等级。当混凝土结构构件处于干旱、高寒地区，其环境作用等级应按表 7.2.2 确定。

表 7.2.1 水、土中硫酸盐和酸类物质环境作用等级

作用因素 / 环境作用等级	水中硫酸根离子浓度 SO_4^{2-} (mg/L)	土中硫酸根离子浓度（水溶值）SO_4^{2-} (mg/kg)	水中镁离子浓度 (mg/L)	水中酸碱度 (pH值)	水中侵蚀性二氧化碳浓度 (mg/L)
Ⅴ-C	200～1000	300～1500	300～1000	6.5～5.5	15～30
Ⅴ-D	1000～4000	1500～6000	1000～3000	5.5～4.5	30～60
Ⅴ-E	4000～10000	6000～15000	≥3000	<4.5	60～100

注：1 表中与环境作用等级相应的硫酸根浓度，所对应的环境条件为非干旱高寒地区的干湿交替环境；当无干湿交替（长期浸没于地表或地下水中）时，可按表中的作用等级降低一级，但不得低于Ⅴ-C级；对于干旱、高寒地区的环境条件可按本规范第 7.2.2 条确定；

2 当混凝土结构构件处于弱透水土体中时，土中硫酸根离子、水中镁离子、水中侵蚀性二氧化碳及水的 pH 值的作用等级可按相应的等级降低一级，但不低于Ⅴ-C级；

3 对含有较高浓度氯盐的地下水、土，可不单独考虑硫酸盐的作用；

4 高水压条件下，应提高相应的环境作用等级；

5 表中硫酸根等含量的测定方法应符合本规范附录 D的规定。

表 7.2.2 干旱、高寒地区硫酸盐环境作用等级

作用因素 / 环境作用等级	水中硫酸根离子浓度 SO_4^{2-} (mg/L)	土中硫酸根离子浓度（水溶值）SO_4^{2-} (mg/kg)
Ⅴ-C	200～500	300～750
Ⅴ-D	500～2000	750～3000
Ⅴ-E	2000～5000	3000～7500

注：我国干旱区指干燥度系数大于 2.0 的地区，高寒地区指海拔 3000m 以上的地区。

7.2.3 污水管道、厕舍、化粪池等接触硫化氢气体或其他腐蚀性液体的混凝土结构构件，可将环境作用确定为Ⅴ-E 级，当作用程度较轻时也可按Ⅴ-D 级确定。

7.2.4 大气污染环境对混凝土结构的作用等级可按表 7.2.4 确定。

表 7.2.4 大气污染环境作用等级

环境作用等级	环境条件	结构构件示例
Ⅴ-C	汽车或机车废气	受废气直射的结构构件，处于封闭空间内受废气作用的车库或隧道构件
Ⅴ-D	酸雨（雾、露）pH 值≥4.5	遭酸雨频繁作用的构件
Ⅴ-E	酸雨 pH 值<4.5	遭酸雨频繁作用的构件

7.2.5 处于含盐大气中的混凝土结构构件环境作用等级可按Ⅴ-C 级确定，对气候常年湿润的环境，可不考虑其环境作用。

7.3 材料与保护层厚度

7.3.1 化学腐蚀环境下的混凝土不宜单独使用硅酸盐水泥或普通硅酸盐水泥作为胶凝材料，其原材料组成应根据环境类别和作用等级按照本规范附录 B 确定。

7.3.2 水、土中的化学腐蚀环境、大气污染环境和含盐大气环境中的配筋混凝土结构构件，其普通钢筋的混凝土保护层最小厚度及相应的混凝土强度等级、最大水胶比应按表 7.3.2 确定。

表 7.3.2 化学腐蚀环境下混凝土材料与钢筋的保护层最小厚度 *c*（mm）

设计使用年限 / 环境作用等级		100年			50年		
		混凝土强度等级	最大水胶比	*c*	混凝土强度等级	最大水胶比	*c*
板、墙等面形构件	Ⅴ-C	C45	0.40	40	C40	0.45	35
	Ⅴ-D	C50 ≥C55	0.36 0.36	45 40	C45 ≥C50	0.40 0.36	40 35
	Ⅴ-E	C55	0.36	45	C50	0.36	40
梁、柱等条形构件	Ⅴ-C	C45 ≥C50	0.40 0.36	45 40	C40 ≥C45	0.45 0.40	40 35
	Ⅴ-D	C50 ≥C55	0.36 0.36	50 45	C45 ≥C50	0.40 0.36	45 40
	Ⅴ-E	C55 ≥C60	0.36 0.33	50 45	C50 ≥C55	0.36 0.36	45 40

注：1 预制构件的保护层厚度可比表中规定减少 5mm；

2 预应力钢筋的保护层厚度按照本规范第 3.5.2 条的规定执行。

7.3.3 水、土中的化学腐蚀环境、大气污染环境和含盐大气环境中的素混凝土结构构件，其混凝土的最低强度等级和最大水胶比应与配筋混凝土结构构件相同。

7.3.4 在干旱、高寒硫酸盐环境和含盐大气环境中的混凝土结构，宜采用引气混凝土，引气要求可按冻融环境中度饱水条件下的规定确定，引气后混凝土强度等级可按本规范表 7.3.2 的规定降低一级或两级。

8 后张预应力混凝土结构

8.1 一 般 规 定

8.1.1 后张预应力混凝土结构除应满足钢筋混凝土结构的耐久性要求外，尚应根据结构所处环境类别和作用等级对预应力体系采取相应的多重防护措施。

8.1.2 在严重环境作用下，当难以确保预应力体系的耐久性达到结构整体的设计使用年限时，应采用可更换的预应力体系。

8.2 预应力筋的防护

8.2.1 预应力筋（钢绞线、钢丝）的耐久性能可通过材料表面处理、预应力套管、预应力套管填充、混凝土保护层和结构构造措施等环节提供保证。预应力筋的耐久性防护措施应按本规范表 8.2.1 的规定选用。

表 8.2.1 预应力筋的耐久性防护工艺和措施

编号	防护工艺	防护措施
PS1	预应力筋表面处理	油脂涂层或环氧涂层
PS2	预应力套管内部填充	水泥基浆体、油脂或石蜡
PS2a	预应力套管内部特殊填充	管道填充浆体中加入阻锈剂
PS3	预应力套管	高密度聚乙烯、聚丙烯套管或金属套管
PS3a	预应力套管特殊处理	套管表面涂刷防渗涂层
PS4	混凝土保护层	满足本规范第 3.5.2 条规定
PS5	混凝土表面涂层	耐腐蚀表面涂层和防腐蚀面层

注：1 预应力筋钢材质量需要符合现行国家标准《预应力混凝土用钢丝》GB/T 5223、《预应力混凝土用钢绞线》GB/T 5224 与现行行业标准《预应力钢丝及钢绞线用热轧盘条》YB/T 146 的技术规定；
2 金属套管仅可用于体内预应力体系，并应符合本规范第 8.4.1 条的规定。

8.2.2 不同环境作用等级下，预应力筋的多重防护措施可根据具体情况按表 8.2.2 的规定选用。

表 8.2.2 预应力筋的多重防护措施

环境类别与作用等级 \ 预应力体系		体内预应力体系	体外预应力体系
Ⅰ大气环境	Ⅰ-A，Ⅰ-B	PS2，PS4	PS2，PS3
	Ⅰ-C	PS2，PS3，PS4	PS2a，PS3
Ⅱ冻融环境	Ⅱ-C，Ⅱ-D(无盐)	PS2，PS3，PS4	PS2a，PS3
	Ⅱ-D(有盐)，Ⅱ-E	PS2a，PS3，PS4	PS2a，PS3a
Ⅲ海洋环境	Ⅲ-C，Ⅲ-D	PS2a，PS3，PS4	PS2a，PS3a
	Ⅲ-E	PS2a，PS3，PS4，PS5	PS1，PS2a，PS3
	Ⅲ-F	PS1，PS2a，PS3，PS4，PS5	PS1，PS2a，PS3a
Ⅳ除冰盐	Ⅳ-C，Ⅳ-D	PS2a，PS3，PS4	PS2a，PS3a
	Ⅳ-E	PS2a，PS3，PS4，PS5	PS1，PS2a，PS3
Ⅴ化学腐蚀	Ⅴ-C，Ⅴ-D	PS2a，PS3，PS4	PS2a，PS3a
	Ⅴ-E	PS2a，PS3，PS4，PS5	PS1，PS2a，PS3

8.3 锚固端的防护

8.3.1 预应力锚固端的耐久性应通过锚头组件材料、锚头封罩、封罩填充、锚固区封填和混凝土表面处理等环节提供保证。锚固端的防护工艺和措施应按本规范表 8.3.1 的规定选用。

表 8.3.1 预应力锚固端耐久性防护工艺与措施

编号	防护工艺	防 护 措 施
PA1	锚具表面处理	锚具表面镀锌或者镀氧化膜工艺
PA2	锚头封罩内部填充	水泥基浆体、油脂或者石蜡
PA2a	锚头封罩内部特殊填充	填充材料中加入阻锈剂
PA3	锚头封罩	高耐磨性材料
PA3a	锚头封罩特殊处理	锚头封罩表面涂刷防渗涂层
PA4	锚固端封端层	细石混凝土材料
PA5	锚固端表面涂层	耐腐蚀表面涂层和防腐蚀面层

注：1 锚具组件材料需要符合国家现行标准《预应力筋用锚具、夹具和连接器》GB/T 14370、《预应力筋用锚具、夹具和连接器应用技术规程》JGJ 85 的技术规定；
2 锚固端封端层的细石混凝土材料应满足本规范第 8.4.4 条要求。

8.3.2 不同环境作用等级下，预应力锚固端的多重防护措施可根据具体情况按表 8.3.2 的规定选用。

表 8.3.2 预应力锚固端的多重防护措施

环境类别与作用等级 \ 锚固端类型		埋入式锚头	暴露式锚头
Ⅰ大气环境	Ⅰ-A，Ⅰ-B	PA4	PA2，PA3
	Ⅰ-C	PA2，PA3，PA4	PA2a，PA3
Ⅱ冻融环境	Ⅱ-C，Ⅱ-D(无盐)	PA2，PA3，PA4	PA2a，PA3
	Ⅱ-D(有盐)，Ⅱ-E	PA2a，PA3，PA4	PA2a，PA3a
Ⅲ海洋环境	Ⅲ-C，Ⅲ-D	PA2a，PA3，PA4	PA2a，PA3a
	Ⅲ-E	PA2a，PA3，PA4，PA5	不宜使用
	Ⅲ-F	PA1，PA2a，PA3，PA4，PA5	不宜使用
Ⅳ除冰盐	Ⅳ-C，Ⅳ-D	PA2a，PA3，PA4	PA2a，PA3a
	Ⅳ-E	PA2a，PA3，PA4，PA5	不宜使用
Ⅴ化学腐蚀	Ⅴ-C，Ⅴ-D	PA2a，PA3，PA4	PA2a，PA3a
	Ⅴ-E	PA2a，PA3，PA4，PA5	不宜使用

8.4 构造与施工质量的附加要求

8.4.1 当环境作用等级为 D、E、F 时，后张预应力体系中的管道应采用高密度聚乙烯套管或聚丙烯塑料套管；分节段施工的预应力桥梁结构，节段间的体内预应力套管不应使用金属套管。

8.4.2 高密度聚乙烯和聚丙烯预应力套管应能承受不小于1N/mm² 的内压力。采用体内预应力体系时，套管的厚度不应小于 2mm；采用体外预应力体系时，套管的厚度不应小于 4mm。

8.4.3 用水泥基浆体填充后张预应力管道时，应控制浆体的流动度、泌水率、体积稳定性和强度等指标。

在冰冻环境中灌浆，灌入的浆料必须在 10～15℃环境温度中至少保存 24h。

8.4.4 后张预应力体系的锚固端应采用无收缩高性能细石混凝土封锚，其水胶比不得大于本体混凝土的水胶比，且不应大于 0.4；保护层厚度不应小于 50mm，且在氯化物环境中不应小于 80mm。

8.4.5 位于桥梁梁端的后张预应力锚固端，应设置专门的排水沟和滴水沿；现浇节段间的锚固端应在梁体顶板表面涂刷防水层；预制节段间的锚固端除应在梁体上表面涂刷防水涂层外，尚应在预制节段间涂刷或填充环氧树脂。

附录 A 混凝土结构设计的耐久性极限状态

A.0.1 结构构件耐久性极限状态应按正常使用下的适用性极限状态考虑，且不应损害到结构的承载能力和可修复性要求。

A.0.2 混凝土结构构件的耐久性极限状态可分为以下三种：

1 钢筋开始发生锈蚀的极限状态；

2 钢筋发生适量锈蚀的极限状态；

3 混凝土表面发生轻微损伤的极限状态。

A.0.3 钢筋开始发生锈蚀的极限状态应为混凝土碳化发展到钢筋表面，或氯离子侵入混凝土内部并在钢筋表面积累的浓度达到临界浓度。

对锈蚀敏感的预应力钢筋、冷加工钢筋或直径不大于 6mm 的普通热轧钢筋作为受力主筋时，应以钢筋开始发生锈蚀状态作为极限状态。

A.0.4 钢筋发生适量锈蚀的极限状态应为钢筋锈蚀发展导致混凝土构件表面开始出现顺筋裂缝，或钢筋截面的径向锈蚀深度达到 0.1mm。

普通热轧钢筋（直径小于或等于 6mm 的细钢筋除外）可按发生适量锈蚀状态作为极限状态。

A.0.5 混凝土表面发生轻微损伤的极限状态应为不影响结构外观、不明显损害构件的承载力和表层混凝土对钢筋的保护。

A.0.6 与耐久性极限状态相对应的结构设计使用年限应具有规定的保证率，并应满足正常使用下适用性极限状态的可靠度要求。根据适用性极限状态失效后果的严重程度，保证率宜为 90%～95%，相应的失效概率宜为 5%～10%。

A.0.7 混凝土结构耐久性定量设计的材料劣化数学模型，其有效性应经过验证并应具有可靠的工程应用经验。定量计算得出的保护层厚度和使用年限，必须满足本规范第 A.0.6 条的保证率规定。

A.0.8 采用定量方法计算环境氯离子侵入混凝土内部的过程，可采用 Fick 第二定律的经验扩散模型。模型所选用的混凝土表面氯离子浓度、氯离子扩散系数、钢筋锈蚀的临界氯离子浓度等参数的取值应有可靠的依据。其中，表面氯离子浓度和扩散系数应为其表观值，氯离子扩散系数、钢筋锈蚀的临界浓度等参数还应考虑混凝土材料的组成特性、混凝土构件使用环境的温、湿度等因素的影响。

附录 B 混凝土原材料的选用

B.1 混凝土胶凝材料

B.1.1 单位体积混凝土的胶凝材料用量宜控制在表

B.1.1 规定的范围内。

表 B.1.1　单位体积混凝土的胶凝材料用量

最低强度等级	最大水胶比	最小用量（kg/m³）	最大用量（kg/m³）
C25	0.60	260	
C30	0.55	280	400
C35	0.50	300	
C40	0.45	320	450
C45	0.40	340	
C50	0.36	360	480
≥C55	0.36	380	500

注：1　表中数据适用于最大骨料粒径为 20mm 的情况，骨料粒径较大时宜适当降低胶凝材料用量，骨料粒径较小时可适当增加；

2　引气混凝土的胶凝材料用量与非引气混凝土要求相同；

3　对于强度等级达到 C60 的泵送混凝土，胶凝材料最大用量可增大至 530kg/m³。

B.1.2　配筋混凝土的胶凝材料中，矿物掺合料用量占胶凝材料总量的比值应根据环境类别与作用等级、混凝土水胶比、钢筋的混凝土保护层厚度以及混凝土施工养护期限等因素综合确定，并应符合下列规定：

1　长期处于室内干燥Ⅰ-A环境中的混凝土结构构件，当其钢筋（包括最外侧的箍筋、分布钢筋）的混凝土保护层≤20mm，水胶比>0.55 时，不应使用矿物掺合料或粉煤灰硅酸盐水泥、矿渣硅酸盐水泥；长期湿润Ⅰ-A 环境中的混凝土结构构件，可采用矿物掺合料，且厚度较大的构件宜采用大掺量矿物掺合料混凝土。

2　Ⅰ-B、Ⅰ-C环境和Ⅱ-C、Ⅱ-D，Ⅱ-E 环境中的混凝土结构构件，可使用少量矿物掺合料，并可随水胶比的降低适当增加矿物掺合料用量。当混凝土的水胶比 $W/B \geq 0.4$ 时，不应使用大掺量矿物掺合料混凝土。

3　氯化物环境和化学腐蚀环境中的混凝土结构构件，应采用较大掺量矿物掺合料混凝土，Ⅲ-D、Ⅳ-D、Ⅲ-E、Ⅳ-E、Ⅲ-F 环境中的混凝土结构构件，应采用水胶比 $W/B \leq 0.4$ 的大掺量矿物掺合料混凝土，且宜在矿物掺合料中再加入胶凝材料总重的 3%～5% 的硅灰。

B.1.3　用作矿物掺合料的粉煤灰应选用游离氧化钙含量不大于 10% 的低钙灰。

B.1.4　冻融环境下用于引气混凝土的粉煤灰掺合料，其含碳量不宜大于 1.5%。

B.1.5　氯化物环境下不宜使用抗硫酸盐硅酸盐水泥。

B.1.6　硫酸盐化学腐蚀环境中，当环境作用为Ⅴ-C 和Ⅴ-D 级时，水泥中的铝酸三钙含量应分别低于 8% 和 5%；当使用大掺量矿物掺合料时，水泥中的铝酸三钙含量可分别不大于 10% 和 8%；当环境作用为Ⅴ-E 级时，水泥中的铝酸三钙含量应低于 5%，并应同时掺加矿物掺合料。

硫酸盐环境中使用抗硫酸盐水泥或高抗硫酸盐水泥时，宜掺加矿物掺合料。当环境作用等级超过Ⅴ-E 级时，应根据当地的大气环境和地下水变动条件，进行专门实验研究和论证后确定水泥的种类和掺合料用量，且不应使用高钙粉煤灰。

硫酸盐环境中的水泥和矿物掺合料中，不得加入石灰石粉。

B.1.7　对可能发生碱-骨料反应的混凝土，宜采用大掺量矿物掺合料；单掺磨细矿渣的用量占胶凝材料总重 $\alpha_s \geq 50\%$，单掺粉煤灰 $\alpha_f \geq 40\%$，单掺火山灰质材料不小于 30%，并应降低水泥和矿物掺合料中的含碱量和粉煤灰中的游离氧化钙含量。

B.2　混凝土中氯离子、三氧化硫和碱含量

B.2.1　配筋混凝土中氯离子的最大含量（用单位体积混凝土中氯离子与胶凝材料的重量比表示）不应超过表 B.2.1 的规定。

表 B.2.1　混凝土中氯离子的最大含量（水溶值）

环境作用等级	构件类型	
	钢筋混凝土	预应力混凝土
Ⅰ-A	0.3%	
Ⅰ-B	0.2%	
Ⅰ-C	0.15%	0.06%
Ⅲ-C、Ⅲ-D、Ⅲ-E、Ⅲ-F	0.1%	
Ⅳ-C、Ⅳ-D、Ⅳ-E	0.1%	
Ⅴ-C、Ⅴ-D、Ⅴ-E	0.15%	

注：对重要桥梁等基础设施，各种环境下氯离子含量均不应超过 0.08%。

B.2.2　不得使用含有氯化物的防冻剂和其他外加剂。

B.2.3　单位体积混凝土中三氧化硫的最大含量不应超过胶凝材料总量的 4%。

B.2.4　单位体积混凝土中的含碱量（水溶碱，等效 Na_2O 当量）应满足以下要求：

1　对骨料无活性且处于干燥环境条件下的混凝土构件，含碱量不应超过 3.5kg/m³，当设计使用年限为 100 年时，混凝土的含碱量不应超过 3kg/m³。

2　对骨料无活性但处于潮湿环境（相对湿度≥75%）条件下的混凝土结构构件，含碱量不超过 3kg/m³。

3　对骨料有活性且处于潮湿环境（相对湿度≥75%）条件下的混凝土结构构件，应严格控制混凝土含碱量并掺加矿物掺合料。

B.3 混凝土骨料

B.3.1 配筋混凝土中的骨料最大粒径应满足表B.3.1的规定。

表 B.3.1 配筋混凝土中骨料最大粒径（mm）

混凝土保护层最小厚度（mm）		20	25	30	35	40	45	50	≥60
环境作用	Ⅰ-A，Ⅰ-B	20	25	30	35	40	40	40	40
	Ⅰ-C，Ⅱ，Ⅴ	15	20	20	25	25	30	35	35
	Ⅲ，Ⅳ	10	15	15	20	20	25	25	25

B.3.2 混凝土骨料应满足骨料级配和粒形的要求，并应采用单粒级石子两级配或三级配投料。

B.3.3 混凝土用砂在开采、运输、堆放和使用过程中，应采取防止遭受海水污染或混用海砂的措施。

附录C 引气混凝土的含气量与气泡间隔系数

C.0.1 引气混凝土含气量与气泡间隔系数应符合表C.0.1的规定。

表 C.0.1 引气混凝土含气量（%）和平均气泡间隔系数

含气量 / 环境条件 / 骨料最大粒径（mm）	混凝土高度饱水	混凝土中度饱水	盐或化学腐蚀下冻融
10	6.5	5.5	6.5
15	6.5	5.0	6.5
25	6.0	4.5	6.0
40	5.5	4.0	5.5
平均气泡间隔系数（μm）	250	300	200

注：1 含气量从运至施工现场的新拌混凝土中取样用含气量测定仪（气压法）测定，允许绝对误差为±1.0%，测定方法应符合现行国家标准《普通混凝土拌合物性能试验方法标准》GB/T 50080；

2 气泡间隔系数为从硬化混凝土中取样（芯）测得的数值，用直线导线法测定，根据抛光混凝土截面上气泡面积推算三维气泡平均间隔，推算方法可按国家现行标准《水工混凝土试验规程》DL/T 5150的规定执行；

3 表中含气量：C50混凝土可降低0.5%，C60混凝土可降低1%，但不应低于3.5%。

附录D 混凝土耐久性参数与腐蚀性离子测定方法

D.0.1 混凝土抗冻耐久性指数 *DF* 和氯离子扩散系数 D_{RCM} 的测定方法应符合表D.0.1的规定。

表 D.0.1 混凝土材料耐久性参数及其测定方法

耐久性能参数	试验方法	测试内容	参照规范/标准
耐久性指数 *DF*	快速冻融试验	混凝土试件动弹模损失	《水工混凝土试验规程》DL/T 5150
氯离子扩散系数 D_{RCM}	氯离子外加电场快速迁移 RCM 试验	非稳态氯离子扩散系数	《公路工程混凝土结构防腐蚀技术规范》JTG/T B07-1-2006

D.0.2 混凝土及其原材料中氯离子含量的测定方法应符合表D.0.2的规定。

表 D.0.2 氯离子含量测定方法

测试对象	试验方法	测试内容	参照规范/标准
新拌混凝土	硝酸银滴定水溶氯离子，1L新拌混凝土溶于1L水中，搅拌3min，取上部50mL溶液	氯离子百分含量	《水质 氯化物的测定 硝酸银滴定法》GB 11896
	氯离子选择电极快速测定，取600g砂浆，用氯离子选择电极和甘汞电极进行测量	砂浆中氯离子的选择电位电势	《水运工程混凝土试验规程》JTJ 270
硬化混凝土	硝酸银滴定水溶氯离子，5g粉末溶于100mL蒸馏水，磁力搅拌2h，取50mL溶液	氯离子百分含量	《水质 氯化物的测定 硝酸银滴定法》GB 11896
	硝酸银滴定水溶氯离子，20g混凝土硬化砂浆粉末溶于200mL蒸馏水，搅拌2min，浸泡24h，取20mL溶液	氯离子百分含量	《混凝土质量控制标准》GB 50164《水运工程混凝土试验规程》JTJ 270
砂	硝酸银滴定水溶氯离子，水砂比2∶1，10mL澄清溶液稀释至100mL	氯离子百分含量	《普通混凝土用砂、石质量及检验方法标准》JGJ 52
外加剂	电位滴定法测水溶氯离子，固体外加剂5g溶于200mL水中；液体外加剂10mL稀释至100mL	氯离子百分含量	《混凝土外加剂匀质性试验方法》GB/T 8077

D.0.3 混凝土及水、土中硫酸根离子含量的测定方法应符合表D.0.3的规定。

表 D.0.3 硫酸根离子含量测定方法

测试对象	实验方法	测试内容	参照规范/标准
硬化混凝土	重量法测量硫酸根含量，5g 粉末溶于 100mL 蒸馏水	硫酸根百分含量	《水质 硫酸盐的测定 重量法》GB/T 11899
水	重量法测量硫酸根含量	硫酸根离子浓度，mg/L	
土	重量法测量硫酸根含量	硫酸根含量，mg/kg	《森林土壤水溶性盐分分析》GB 7871

本规范用词说明

1 为便于在执行本规范条文时区别对待，对要求严格程度不同的用词说明如下：

1) 表示很严格，非这样做不可的：
正面词采用“必须”；
反面词采用“严禁”。

2) 表示严格，在正常情况下均应这样做的：
正面词采用“应”；
反面词采用“不应”或“不得”。

3) 表示允许稍有选择，在条件许可时首先应这样做的：
正面词采用“宜”；
反面词采用“不宜”。
表示有选择，在一定条件下可以这样做的，采用“可”。

2 条文中必须按指定的标准、规范或其他有关规定执行的写法为“应按……执行”或“应符合……要求（或规定）”。

中华人民共和国国家标准

混凝土结构耐久性设计规范

GB/T 50476—2008

条 文 说 明

目　次

1 总 则

1.0.1 我国1998年颁布的《建筑法》规定："建筑物在其合理使用寿命内，必须确保地基基础工程和主体结构的质量"（第60条），"在建筑物的合理使用寿命内，因建筑工程质量不合格受到损害的，有权向责任者要求赔偿"（第80条）。所谓工程的"合理"寿命，首先应满足工程本身的"功能"（安全性、适用性和耐久性等）需要，其次是要"经济"，最后要体现国家、社会和民众的根本利益如公共安全、环保和资源节约等需要。

工程的业主和设计人应该关注工程的功能需要和经济性，而社会和公众的根本利益则由国家批准的法规和技术标准所规定的最低年限要求予以保证。所以设计人在工程设计前应该首先听取业主和使用者对于工程合理使用寿命的要求，然后以合理使用寿命为目标，确定主体结构的合理使用年限。受过去计划经济年代的长期影响，我国设计人员习惯于直接照搬技术标准中规定的结构最低使用年限要求，而不是首先征求业主意见来共同确定是否需要采取更长的合理使用年限作为主体结构的设计使用年限。在许多情况下，结构的设计使用年限与工程的经济性并不矛盾，合理的耐久性设计在造价不明显增加的前提下就能大幅度提高结构物的使用寿命，使工程具有优良的长期使用效益。

建筑物的使用寿命是土建工程质量得以量化的集中表现。建筑物的主体结构设计使用年限在量值上与建筑物的合理使用年限相同。通过耐久性设计保证混凝土结构具有经济合理的使用年限（或使用寿命），体现节约资源和可持续发展的方针政策，是本规范的编制目标。

1.0.2 本条确定规范的适用范围。本规范适用的工程对象除房屋建筑和一般构筑物外，还包括城市市政基础设施工程，如桥梁、涵洞、隧道、地铁、轻轨、管道等。对于公路桥涵混凝土结构，可比照本规范的有关规定进行耐久性设计。

本规范仅适用于普通混凝土制作的结构及构件，不适用于轻骨料混凝土、纤维混凝土、蒸压混凝土等特种混凝土，这些混凝土材料在环境作用下的劣化机理与速度不同于普通混凝土。低周反复荷载和持久荷载的作用也能引起材料性能劣化，与结构强度直接相关，有别于环境作用下的耐久性问题，故不属于本规范考虑的范畴。

本规范不涉及工业生产的高温高湿环境、微生物腐蚀环境、电磁环境、高压环境、杂散电流以及极端恶劣自然环境作用下的耐久性问题，也不适用于特殊腐蚀环境下混凝土结构的耐久性设计。特殊腐蚀环境下混凝土结构的耐久性设计可按现行国家标准《工业建筑防腐蚀设计规范》GB 50046等专用标准进行，但需注意不同设计使用年限的结构应采取不同的防腐蚀要求。

1.0.3 混凝土结构耐久性设计的主要目标，是为了确保主体结构能够达到规定的设计使用年限，满足建筑物的合理使用年限要求。主体结构的设计使用年限虽然与建筑物的合理使用年限源于相同的概念但数值并不相同。合理使用年限是一个确定的期望值，而设计使用年限则必须考虑环境作用、材料性能等因素的变异性对于结构耐久性的影响，需要有足够的保证率，这样才能做到所设计的工程主体结构满足《建筑法》规定的"确保"要求（参见附录A）。设计人员应结合工程重要性和环境条件等具体特点，必要时应采取高于本规范条文的要求。由于环境作用下的耐久性问题十分复杂，存在较大的不确定和不确知性，目前尚缺乏足够的工程经验与数据积累。因此在使用本规范时，如有可靠的调查类比与试验依据，通过专门的论证，可以局部调整本规范的规定。此外，各地方宜根据当地环境特点与工程实践经验，制定相应的地方标准，进一步细化和具体化本规范的相关规定。

1.0.4 本条明确了本规范与其他相关标准规范的关系。

我国现行标准规范中有关混凝土结构耐久性的规定，在一些方面并不能完全满足结构设计使用年限的要求，这是编制本规范的主要目的，并建议混凝土结构的耐久性设计按照本规范执行。对于本规范未提及的与耐久性设计有关的其他内容，按照国家现有技术标准的有关规定执行。

结构设计规范中的要求是基于公共安全和社会需要的最低限度要求。每个工程都有自身的特点，仅仅满足规范的最低要求，并不总能保证具体设计对象的安全性与耐久性。当不同技术标准规范对同一问题规定不同时，需要设计人员结合工程的实际情况自行确定。技术规范或标准不是法律文件，所有技术规范的规定（包括强制性条文）决不能代替工程人员的专业分析判断能力和免除其应承担的法律责任。

2 术语和符号

2.1.17 大掺量矿物掺合料混凝土的水胶比通常不低于0.42，在配制混凝土时需要延长搅拌时间，一般需在90s以上。这种混凝土从搅拌出料入模（仓）到开始加湿养护的施工过程中，应尽量避免新拌混凝土的水分蒸发，缩小暴露于干燥空气中的工作面，施工操作之前和操作完毕的暴露表面需立即用塑料膜覆盖，避免吹风；在干燥空气中操作时宜在工作面上方喷雾以增加环境湿度并起到降温的作用。

本规范中所指的大掺量矿物掺合料混凝土为：在硅酸盐水泥中单掺粉煤灰量不小于胶凝材料总重的

30%、单掺磨细矿渣量不小于胶凝材料总重的50%；复合使用多种矿物掺合料时，粉煤灰掺量与0.3的比值加上磨细矿渣掺量与0.5的比值之和大于1。

2.1.21 本规范所指配筋混凝土结构中的筋体，不包括不锈钢、耐候钢或高分子聚酯材料等有机材料制成的筋体，也不包括纤维状筋体。

3 基 本 规 定

3.1 设 计 原 则

3.1.1 混凝土结构的耐久性设计可分为传统的经验方法和定量计算方法。传统经验方法是将环境作用按其严重程度定性地划分成几个作用等级，在工程经验类比的基础上，对于不同环境作用等级下的混凝土结构构件，由规范直接规定混凝土材料的耐久性质量要求（通常用混凝土的强度、水胶比、胶凝材料用量等指标表示）和钢筋保护层厚度等构造要求。近年来，传统的经验方法有很大的改进：首先是按照材料的劣化机理确定不同的环境类别，在每一类别下再按温、湿度及其变化等不同环境条件区分其环境作用等级，从而更为详细地描述环境作用；其次是对不同设计使用年限的结构构件，提出不同的耐久性要求。

在结构耐久性设计的定量计算方法中，环境作用需要定量表示，然后选用适当的材料劣化数学模型求出环境作用效应，列出耐久性极限状态下的环境作用效应与耐久性抗力的关系式，可求得相应的使用年限。结构的设计使用年限应有规定的安全度，所以在耐久性极限状态的关系式中应引入相应的安全系数，当用概率可靠度方法设计时应满足所需的保证率。对于混凝土结构耐久性极限状态与设计使用年限安全度的具体规定，可见本规范的附录A。

目前，环境作用下耐久性设计的定量计算方法尚未成熟到能在工程中普遍应用的程度。在各种劣化机理的计算模型中，可供使用的还只局限于定量估算钢筋开始发生锈蚀的年限。在国内外现行的混凝土结构设计规范中，所采用的耐久性设计方法仍然是传统方法或改进的传统方法。

本规范仍采用传统的经验方法，但进行了改进。除了细化环境的类别和作用等级外，规范在混凝土的耐久性质量要求中，既规定了不同环境类别与作用等级下的混凝土最低强度等级、最大水胶比和混凝土原材料组成，又提出了混凝土抗冻耐久性指数、氯离子扩散系数等耐久性参数的量值指标；同时从耐久性要求出发，对结构构造方法、施工质量控制以及工程使用阶段的维修检测作出了比较具体的规定。对于设计使用年限所需的安全度，已隐含在规范规定的上述要求中。

本规范中所指的环境作用，是直接与混凝土表面接触的局部环境作用。同一结构中的不同构件或同一构件中的不同部位，所处的局部环境有可能不同，在耐久性设计中可分别予以考虑。

3.1.2 本条提出混凝土结构耐久性设计的基本内容，强调耐久性设计不仅是确定材料的耐久性能指标与钢筋的混凝土保护层厚度。适当的防排水构造措施能够非常有效地减轻环境作用，应作为耐久性设计的重要内容。混凝土结构的耐久性在很大程度上还取决于混凝土的施工养护质量与钢筋保护层厚度的施工误差，由于国内现行的施工规范较少考虑耐久性的需要，所以必须提出基于耐久性的施工养护与保护层厚度的质量验收要求。

在严重的环境作用下，仅靠提高混凝土保护层的材料质量与厚度，往往还不能保证设计使用年限，这时就应采取一种或多种防腐蚀附加措施（参见2.1.20条）组成合理的多重防护策略；对于使用过程中难以检测和维修的关键部件如预应力钢绞线，应采取多重防护措施。

混凝土结构的设计使用年限是建立在预定的维修与使用条件下的。因此，耐久性设计需要明确结构使用阶段的维护、检测要求，包括设置必要的检测通道，预留检测维修的空间和装置等；对于重要工程，需预置耐久性监测和预警系统。

对于严重环境作用下的混凝土工程，为确保使用寿命，除进行施工建造前的结构耐久性设计外，尚应根据竣工后实测的混凝土耐久性能和保护层厚度进行结构耐久性的再设计，以便发现问题及时采取措施；在结构的使用年限内，尚需根据实测的材料劣化数据对结构的剩余使用寿命作出判断并针对问题继续进行再设计，必要时追加防腐措施或适时修理。

3.2 环境类别与作用等级

3.2.1 本条根据混凝土材料的劣化机理，对环境作用进行了分类：一般环境、冻融环境、海洋氯化物环境、除冰盐等其他氯化物环境和化学腐蚀环境，分别用大写罗马字母Ⅰ～Ⅴ表示。

一般环境（Ⅰ类）是指仅有正常的大气（二氧化碳、氧气等）和温、湿度（水分）作用，不存在冻融、氯化物和其他化学腐蚀物质的影响。一般环境对混凝土结构的腐蚀主要是碳化引起的钢筋锈蚀。混凝土呈高度碱性，钢筋在高度碱性环境中会在表面生成一层致密的钝化膜，使钢筋具有良好的稳定性。当空气中的二氧化碳扩散到混凝土内部，会通过化学反应降低混凝土的碱度（碳化），使钢筋表面失去稳定性并在氧气与水分的作用下发生锈蚀。所有混凝土结构都会受到大气和温湿度作用，所以在耐久性设计中都应予以考虑。

冻融环境（Ⅱ类）主要会引起混凝土的冻蚀。当混凝土内部含水量很高时，冻融循环的作用会引起内部或表层的冻蚀和损伤。如果水中含有盐分，还会加重损伤程度。因此冰冻地区与雨、水接触的露天混凝土构件应按冻融环境考虑。另外，反复冻融造成混凝土保护层损伤还会间接加速钢筋锈蚀。

海洋、除冰盐等氯化物环境（Ⅲ和Ⅳ类）中的氯离子可从混凝土表面迁移到混凝土内部。当到达钢筋表面的氯离子积累到一定浓度（临界浓度）后，也能引发钢筋的锈蚀。氯离子引起的钢筋锈蚀程度要比一般环境（Ⅰ类）下单纯由碳化引起的锈蚀严重得多，是耐久性设计的重点问题。

化学腐蚀环境（Ⅴ类）中混凝土的劣化主要是土、水中的硫酸盐、酸等化学物质和大气中的硫化物、氮氧化物等对混凝土的化学作用，同时也有盐结晶等物理作用所引起的破坏。

3.2.2 本条将环境作用按其对混凝土结构的腐蚀影响程度定性地划分成6个等级，用大写英文字母A～F表示。一般环境的作用等级从轻微到中度（Ⅰ-A、Ⅰ-B、Ⅰ-C），其他环境的作用程度则为中度到极端严重。应该注意，由于腐蚀机理不同，不同环境类别相同等级（如Ⅰ-C、Ⅱ-C、Ⅲ-C）的耐久性要求不会完全相同。

与各个环境作用等级相对应的具体环境条件，可分别参见本规范第4～7章中的规定。由于环境作用等级的确定主要依靠对不同环境条件的定性描述，当实际的环境条件处于两个相邻作用等级的界限附近时，就有可能出现难以判定的情况，这就需要设计人员根据当地环境条件和既有工程劣化状况的调查，并综合考虑工程重要性等因素后确定。在确定环境对混凝土结构的作用等级时，还应充分考虑环境作用因素在结构使用期间可能发生的演变。

由于本规范中所指的环境作用是指直接与混凝土表面接触的局部环境作用，所以同一结构中的不同构件或同一构件中的不同部位，所承受的环境作用等级可能不同。例如，外墙板的室外一侧会受到雨淋受潮或干湿交替为Ⅰ-B或Ⅰ-C，但室内一侧则处境良好为Ⅰ-A，此时内外两侧钢筋所需的保护层厚度可取不同。在实际工程设计中，还应从施工方便和可行性出发，例如桥梁的同一墩柱可能分别处于水中区、水位变动区、浪溅区和大气区，局部环境作用最严重的应是干湿交替的浪溅区和水位变动区，尤其是浪溅区；这时整个构件中的钢筋保护层最小厚度和混凝土的最大水胶比与最低强度等级，一般就要按浪溅区的环境作用等级Ⅲ-E或Ⅲ-F确定。

3.2.3 一般环境（Ⅰ类）的作用是所有结构构件都会遇到和需要考虑的。当同时受到两类或两类以上的环境作用时，通常由作用程度较高的环境类别决定或控制混凝土构件的耐久性要求，但对冻融环境（Ⅱ类）或化学腐蚀环境（Ⅴ类）有例外，例如在严重作用等级的冻融环境下可能必须采用引气混凝土，同时在混凝土原材料选择、结构构造、混凝土施工养护等方面也有特殊要求。所以当结构构件同时受到多种类别的环境作用时，原则上均应考虑，需满足各自单独作用下的耐久性要求。

3.2.4 混凝土中的碱（Na_2O和K_2O）与砂、石骨料中的活性硅会发生化学反应，称为碱-硅反应（Aggregate-Silica Reaction，简称ASR）；某些碳酸盐类岩石骨料也能与碱起反应，称为碱-碳酸盐反应（Aggregate-Carbonate Reaction，简称ACR）。这些碱-骨料反应在骨料界面生成的膨胀性产物会引起混凝土开裂，在国内外都发生过此类工程损坏的事例。环境作用下的化学腐蚀反应大多从表面开始，但碱-骨料反应却是在内部发生的。碱-骨料反应是一个长期过程，其破坏作用需要若干年后才会显现，而且一旦在混凝土表面出现开裂，往往已严重到无法修复的程度。

发生碱-骨料反应的充分条件是：混凝土有较高的碱含量；骨料有较高的活性；还要有水的参与。限制混凝土含碱量、在混凝土中加入足够掺量的粉煤灰、矿渣或沸石岩等掺合料，能够抑制碱-骨料反应；采用密实的低水胶比混凝土也能有效地阻止水分进入混凝土内部，有利于阻止反应的发生。混凝土含碱量的规定见附录B.2。

混凝土钙矾石延迟生成（Delayed Ettringite Formation，简写作DEF）也是混凝土内部成分之间发生的化学反应。混凝土中的钙矾石是硫酸盐、铝酸钙与水反应后的产物，正常情况下应该在混凝土拌合后水泥的水化初期形成。如果混凝土硬化后内部仍然剩有较多的硫酸盐和铝酸三钙，则在混凝土的使用中如与水接触可能会再起反应，延迟生成钙矾石。钙矾石在生成过程中体积会膨胀，导致混凝土开裂。混凝土早期蒸养过度或内部温度较高会增加延迟生成钙矾石的可能性。防止延迟生成钙矾石反应的主要途径是降低养护温度、限制水泥的硫酸盐和铝酸三钙（C_3A）含量以及避免混凝土在使用阶段与水分接触。在混凝土中引气也能缓解其破坏作用。

流动的软水能将水泥浆体中的氢氧化钙溶出，使混凝土密实性下降并影响其他含钙水化物的稳定。酸性地下水也有类似的作用。增加混凝土密实性有助于减轻氢氧化钙的溶出。

3.2.5 冲刷、磨损会削弱混凝土构件截面，此时应采用强度等级较高的耐磨混凝土，通常还需要将可能磨损的厚度作为牺牲厚度考虑在构件截面或钢筋的混凝土保护层厚度内。

不同骨料抗冲磨性能大不相同。研究表明，骨料的硬度和耐磨性对混凝土的抗冲磨能力起到重要作用，铁矿石骨料好于花岗岩骨料，花岗岩骨料好于石灰岩骨料。在胶凝材料中掺入硅灰也能有效地提高混凝土的抗冲磨性能。

3.3 设计使用年限

3.3.1 本条对混凝土结构的最低设计使用年限作出了规定。结构的设计使用年限和我国《建筑法》规定的合理使用年限（寿命）的关系见1.0.1和1.0.3的条文说明。

结构设计使用年限是在确定的环境作用和维修、使用条件下，具有规定保证率或安全裕度的年限。设计使用年限应由设计人员与业主共同确定，首先要满足工程设计对象的功能要求和使用者的利益，并不低于有关法规的规定。

我国现行国家标准《工程结构可靠性设计统一标准》GB 50153对房屋建筑、公路桥涵、铁路桥涵以及港口工程规定了使用年限，应予遵守；对于城市桥梁、隧道等市政工程按照表3.3.1的规定确定结构的设计使用年限。

3.3.2 在严重（包括严重、非常严重和极端严重）环境作用下，混凝土结构的个别构件因技术条件和经济性难以达到结构整体的设计使用年限时（如斜拉桥的拉索），在与业主协商同意后，可设计成易更换的构件或能在预期的年限进行大修，并应在设计文件中注明更换或大修的预期年限。需要大修或更换的结构构件，应具有可修复性，能够经济合理地进行修复或更换，并具备相应的施工操作条件。

3.4 材料要求

3.4.1 根据结构物所处的环境类别和作用等级以及设计使用年限，规范分别在第4～7章中规定了不同环境中混凝土材料的最低强度等级和最大水胶比，具体见本规范的4.3.1条、5.3.2条、6.3.2条、7.3.2条的规定。在附录B中规定了混凝土组成原材料的成分限定范围。原材料的限定范围包括硅酸盐水泥品种与用量、胶凝材料中矿物掺合料的用量范围、水泥中的铝酸三钙含量、原材料中有害成分总量（如氯离子、硫酸根离子、可溶碱等）以及粗骨料的最大粒径等。具体见本规范的附录B.1、B.2和B.3。

通常，在设计文件中仅需提出混凝土的最低强度等级与最大水胶比。对于混凝土原材料的选用，可在设计文件中注明由施工单位和混凝土供应商根据规定的环境作用类别与等级，按本规范的附录B.1、B.2和B.3执行。对于大型工程和重要工程，应在设计阶段由结构工程师会同材料工程师共同确定混凝土及其原材料的具体技术要求。

3.4.2 常用的混凝土耐久性指标包括一般环境下的混凝土抗渗等级、冻融环境下的抗冻耐久性指数或抗冻等级、氯化物环境下的氯离子在混凝土中的扩散系数等。这些指标均由实验室标准快速试验方法测定，可用来比较胶凝材料组分相近的不同混凝土之间的耐久性能高低，主要用于施工阶段的混凝土质量控制和质量检验。

如果混凝土的胶凝材料组成不同，用快速试验得到的耐久性指标往往不具有可比性。标准快速试验中的混凝土龄期过短，不能如实反映混凝土在实际结构中的耐久性能。某些在实际工程中耐久性能表现优良的混凝土，如低水胶比大掺量粉煤灰混凝土，由于其成熟速度比较缓慢，在快速试验中按标准龄期测得的抗氯离子扩散指标往往不如相同水胶比的无矿物掺合料混凝土；但实际上，前者的长期抗氯离子侵入能力比后者要好得多。

抗渗等级仅对低强度混凝土的性能检验有效，对于密实的混凝土宜用氯离子在混凝土中的扩散系数作为耐久性能的评定指标。

3.4.3 本条规定了混凝土结构设计中混凝土强度的选取原则。结构构件需要采用的混凝土强度等级，在许多情况下是由环境作用决定的，并非由荷载作用控制。因此在进行构件的承载能力设计以前，应该首先了解耐久性要求的混凝土最低强度等级。

3.4.4 本条规定了耐久性需要的配筋混凝土最低强度等级。对于冻融环境的Ⅱ-D、Ⅱ-E等级，表3.4.4给出的强度等级为引气混凝土的强度等级；对于冻融环境的Ⅱ-C等级，表3.4.4同时给出了引气和非引气混凝土的强度等级。

表3.4.4的耐久性强度等级主要是对钢筋混凝土保护层的要求。对于截面较大的墩柱等受压构件，如果为了满足钢筋保护层混凝土的耐久性要求而需要提高全截面的混凝土强度，就不如增加钢筋保护层厚度或者在混凝土表面采取附加防腐蚀措施的办法更为经济。

3.4.5 素混凝土结构不存在钢筋锈蚀问题，所以在一般环境和氯化物环境中可按较低的环境作用等级确定混凝土的最低强度等级。对于冻融环境和化学腐蚀环境，环境因素会直接导致混凝土材料的劣化，因此对素混凝土的强度等级要求与配筋混凝土要求相同。

3.4.6～3.4.7 冷加工钢筋和细直径钢筋对锈蚀比较敏感，作为受力主筋使用时需要相应提高耐久性要求。细直径钢筋可作为构造钢筋。

3.4.8 本条所指的预应力筋为在先张法构件中单根使用的预应力钢丝，不包括钢绞线中的单根钢丝。

3.4.9 埋在混凝土中的钢筋，如材质有所差异且相互的连接能够导电，则引起的电位差有可能促进钢筋的锈蚀，所以宜采用同样牌号或代号的钢筋。不同材质的金属埋件之间（如镀锌钢材与普通钢材、钢材与铝材）尤其不能有导电的连接。

3.5 构造规定

3.5.1 本条提出环境作用下混凝土保护层厚度的确定原则。对于不同环境作用下所需的混凝土保护层最小厚度，可见本规范的4.3.1条、5.3.2条、6.3.2条和7.3.2条中的具体规定。

混凝土构件中最外侧的钢筋会首先发生锈蚀，一般是箍筋和分布筋，在双向板中也可能是主筋。所以本规范对构件中各类钢筋的保护层最小厚度提出相同的要求。欧洲CEB-FIP模式规范、英国BS规范、美国混凝土学会ACI规范以及现行的欧盟规范都有这样的规定。箍筋的锈蚀可引起构件混凝土沿箍筋的环向开裂，而墙、板中分布筋的锈蚀除引起开裂外，还会导致保护层的成片剥落，都是结构的正常使用所不允许的。

保护层厚度的尺寸较小，而钢筋出现锈蚀的年限大体与保护层厚度的平方成正比，保护层厚度的施工偏差会对耐久性造成很大的影响。以保护层厚度为20mm的钢筋混凝土板为例，如果施工允许偏差为±5mm，则5mm的允许负偏差就可使钢筋出现锈蚀的年限缩短约40%。因此在耐久性设计所要求的保护层厚度中，必须计入施工允许负偏差。1990年颁布的CEB-FIP模式规范、2004年正式生效的欧盟规范，以及英国历届BS规范中，都将用于设计计算和标注于施工图上的保护层设计厚度称为“名义厚度”，并规定其数值不得小于耐久性要求的最小厚度与施工允许负偏差的绝对值之和。欧盟规范建议的施工允许偏差对现浇混凝土为5～15mm，一般取10mm。美国ACI规范和加拿大规范规定保护层的最小设计厚度已经包含了约12mm的施工允许偏差，与欧盟规范名义厚度的规定实际上相同。

本规范规定保护层设计厚度的最低值仍称为最小厚度，但在耐久性所要求最小厚度的取值中已考虑了施工允许负偏差的影响，并对现浇的一般混凝土梁、柱取允许负偏差的绝对值为10mm，板、墙为5mm。

为保证钢筋与混凝土之间粘结力传递，各种钢筋的保护层厚度均不应小于钢筋的直径。按防火要求的混凝土保护层厚度，可参照有关的防火设计标准，但我国有关设计规范中规定的梁板保护层厚度，往往达不到所需耐火极限的要求，尤其在预应力预制楼板中相差更多。

过薄的混凝土保护层厚度容易在混凝土施工中因新拌混凝土的塑性沉降和硬化混凝土的收缩引起顺筋开裂；当顶面钢筋的混凝土保护层过薄时，新拌混凝土的抹面整平工序也会促使混凝土硬化后的顺筋开裂。此外，混凝土粗骨料的最大公称粒径尺寸与保护层的厚度之间也要满足一定关系（见附录B.3），如果施工不能提供规定粒径的粗骨料，也有可能需要增大混凝土保护层的设计厚度。

3.5.2 预应力筋的耐久性保证率应高于普通钢筋。在严重的环境条件下，除混凝土保护层外还应对预应力筋采取多重防护措施，如将后张预应力筋置于密封的波形套管中并灌浆。本规范规定，对于单纯依靠混凝土保护层防护的预应力筋，其保护层厚度应比普通钢筋的大10mm。

3.5.3 工厂生产的混凝土预制构件，在保护层厚度的质量控制上较有保证，保护层施工偏差比现浇构件的小，因此设计要求的保护层厚度可以适当降低。

3.5.4 本条所指的裂缝为荷载造成的横向裂缝，不包括收缩和温度等非荷载作用引起的裂缝。表3.5.4中的裂缝宽度允许值，更不能作为荷载裂缝计算值与非荷载裂缝计算值两者叠加后的控制标准。控制非荷载因素引起的裂缝，应该通过混凝土原材料的精心选择、合理的配比设计、良好的施工养护和适当的构造措施来实现。

表面裂缝最大宽度的计算值可根据现行国家标准《混凝土结构设计规范》GB 50010或现行行业标准《公路钢筋混凝土及预应力混凝土桥涵设计规范》JTG D62的相关公式计算，后者给出的裂缝宽度与保护层厚度无关。研究表明，按照规范GB 50010公式计算得到的最大裂缝宽度要比国内外其他规范的计算值大得多，而规定的裂缝宽度允许值却偏严。增大混凝土保护层厚度虽然会加大构件裂缝宽度的计算值，但实际上对保护钢筋减轻锈蚀十分有利，所以在JTG D62中，不考虑保护层厚度对裂缝宽度计算值的影响。

此外，不能为了减少裂缝计算宽度而在厚度较大的混凝土保护层内加设没有防锈措施的钢筋网，因为钢筋网的首先锈蚀会导致网片外侧混凝土的剥落，减少内侧箍筋和主筋应有的保护层厚度，对构件的耐久性造成更为有害的后果。荷载与收缩引起的横向裂缝本质上属于正常裂缝，如果影响建筑物的外观要求或防水功能可适当填补。

3.5.6 棱角部位受到两个侧面的环境作用并容易造成碰撞损伤，在可能条件下应尽量加以避免。

3.5.7 混凝土施工缝、伸缩缝等连接缝是结构中相对薄弱的部位，容易成为腐蚀性物质侵入混凝土内部的通道，故在设计与施工中应尽量避让局部环境作用比较不利的部位，如桥墩的施工缝不应设在干湿交替的水位变动区。

3.5.8 应避免外露金属部件的锈蚀造成混凝土的胀裂，影响构件的承载力。这些金属部件宜与混凝土中的钢筋隔离或进行绝缘处理。

3.6 施工质量的附加要求

3.6.1 本条给出了保证混凝土结构耐久性的不同环境中混凝土的养护制度要求，利用养护时间和养护结束时的混凝土强度来控制现场养护过程。养护结束时的强度是指现场混凝土强度，用现场同温养护条件下的标准试件测得。

现场混凝土构件的施工养护方法和养护时间需要考虑混凝土强度等级、施工环境的温、湿度和风速、构件尺寸、混凝土原材料组成和入模温度等诸多因素。应根据具体施工条件选择合理的养护工艺，可参考中国土木工程学会标准《混凝土结构耐久性设计与施工指南》CCES01-2004（2005年修订版）的相关规定。

3.6.3 本条给出了在不同环境作用等级下，混凝土结构中钢筋保护层的检测原则和质量控制方法。

4 一 般 环 境

4.1 一 般 规 定

4.1.1 正常大气作用下表层混凝土碳化引发的内部钢筋锈蚀，是混凝土结构中最常见的劣化现象，也是耐久性设计中的首要问题。在一般环境作用下，依靠混凝土本身的耐久性质量、适当的保护层厚度和有效的防排水措施，就能达到所需的耐久性，一般不需考虑防腐蚀附加措施。

4.2 环境作用等级

4.2.1 确定大气环境对配筋混凝土结构与构件的作用程度，需要考虑的环境因素主要是湿度（水）、温度和CO_2与O_2的供给程度。对于混凝土的碳化过程，如果周围大气的相对湿度较高，混凝土的内部孔隙充满溶液，则空气中的CO_2难以进入混凝土内部，碳化就不能或只能非常缓慢地进行；如果周围大气的相对湿度很低，混凝土内部比较干燥，孔隙溶液的量很少，碳化反应也很难进行。对于钢筋的锈蚀过程，电化学反应要求混凝土有一定的电导率，当混凝土内部的相对湿度低于70%时，由于混凝土电导率太低，钢筋锈蚀很难进行；同时，锈蚀电化学过程需有水和氧气参与，当混凝土处于水下或湿度接近饱和时，氧气难以到达钢筋表面，锈蚀会因为缺氧而难以发生。

室内干燥环境对混凝土结构的耐久性最为有利。虽然混凝土在干燥环境中容易碳化，但由于缺少水分使钢筋锈蚀非常缓慢甚至难以进行。同样，水下构件由于缺乏氧气，钢筋基本不会锈蚀。因此表4.2.1将这两类环境作用归为Ⅰ-A级。在室内外潮湿环境或者偶尔受到雨淋、与水接触的条件下，混凝土的碳化反应和钢筋的锈蚀过程都有条件进行，环境作用等级归为Ⅰ-B级。在反复的干湿交替作用下，混凝土碳化有条件进行，同时钢筋锈蚀过程由于水分和氧气的交替供给而显著加强，因此对钢筋锈蚀最不利的环境条件是反复干湿交替，其环境作用等级归为Ⅰ-C级。

如果室内构件长期处于高湿度环境，即使年平均湿度高于60%，也有可能引起钢筋锈蚀，故宜按Ⅰ-B级考虑。在干湿交替环境下，如混凝土表面在干燥阶段周围大气相对湿度较高，干湿交替的影响深度很有限，混凝土内部仍会长期处于高湿度状态，内部混凝土碳化和钢筋锈蚀程度都会受到抑制。在这种情况下，环境对配筋混凝土构件的作用程度介于Ⅰ-C与Ⅰ-B之间，具体作用程度可根据当地既有工程的实际调查确定。

4.2.2 与湿润土体或水接触的一侧混凝土饱水，钢筋不易锈蚀，可按环境作用等级Ⅰ-B考虑；接触干燥空气的一侧，混凝土容易碳化，又可能有水分从临水侧迁移供给，一般应按Ⅰ-C级环境考虑。如果混凝土密实性好、构件厚度较大或临水表面已作可靠防护层，临水侧的水分供给可以被有效隔断，这时接触干燥空气的一侧可不按Ⅰ-C级考虑。

4.3 材料与保护层厚度

4.3.1 表4.3.1分别对板、墙等面形构件和梁、柱等条形构件规定了混凝土的最低强度等级、最大水胶比和钢筋的保护层最小厚度。板、墙、壳等面形构件中的钢筋，主要受来自一侧混凝土表面的环境因素侵蚀，而矩形截面的梁、柱等条形构件中的角部钢筋，同时受到来自两个相邻侧面的环境因素作用，所以后者的保护层最小厚度要大于前者。对保护层最小厚度要求与所用的混凝土水胶比有关，在应用表4.3.1中不同使用年限和不同环境作用等级下的保护层厚度时，应注意到对混凝土水胶比和强度等级的不同要求。

表4.3.1中规定的混凝土最低强度等级、最大水胶比和保护层厚度与欧美的相关规范相近，这些数据比照了已建工程实际劣化现状的调查结果，并用材料劣化模型作了近似的计算校核，总体上略高于我国现行的混凝土结构设计规范的规定，尤其在干湿交替的环境条件下差别较大。美国ACI设计规范要求室外淋雨环境的梁柱外侧钢筋（箍筋或分布筋）保护层最小设计厚度为50mm（钢筋直径不大于16mm时为38mm），英国BS8110设计规范（60年设计年限）为40mm（C40）或30mm（C45）。

4.3.2 本条给出了大截面墩柱在符合耐久性要求的前提下，截面混凝土强度与钢筋保护层厚度的调整方法。一般环境下对混凝土提出最低强度等级的要求，是为了保护钢筋的需要，针对的是构件表层的保护层混凝土。但对大截面墩柱来说，如果只是为了提高保护层混凝土的耐久性而全截面采用较高强度的混凝土，往往不如加大保护层厚度的办法更为经济合理。相反，加大保护层厚度会明显增加梁、板等受弯构件的自重，宜提高混凝土的强度等级以减少保护层厚度。

4.3.3 本条所指的建筑饰面包括不受雨水冲淋的石灰浆、砂浆抹面和砖石贴面等普通建筑饰面；防水饰面包括防水砂浆、粘贴面砖、花岗石等具有良好防水性能的饰面。除此之外，构件表面的油毡等一般防水层由于防水有效年限远低于构件的设计使用年限，不宜考虑其对钢筋防锈的作用。

5 冻融环境

5.1 一般规定

5.1.1 饱水的混凝土在反复冻融作用下会造成内部损伤，发生开裂甚至剥落，导致骨料裸露。与冻融破坏有关的环境因素主要有水、最低温度、降温速率和反复冻融次数。混凝土的冻融损伤只发生在混凝土内部含水量比较充足的情况。

冻融环境下的混凝土结构耐久性设计，原则上要求混凝土不受损伤，不影响构件的承载力与对钢筋的保护。确保耐久性的主要措施包括防止混凝土受湿、采用高强度的混凝土和引气混凝土。

5.1.2 冰冻地区与雨、水接触的露天混凝土构件应按冻融环境进行耐久性设计。环境温度达不到冰冻条件（如位于土中冰冻线以下和长期在不结冻水下）的混凝土构件可不考虑抗冻要求。冰冻前不饱水的混凝土且在反复冻融过程中不接触外界水分的混凝土构件，也可不考虑抗冻要求。

本规范不考虑人工造成的冻融环境作用，此类问题由专门的标准规范解决。

5.1.3 截面尺寸较小的钢筋混凝土构件和预应力混凝土构件，发生冻蚀的后果严重，应赋予更大的安全保证率。在耐久性设计时应适当增加厚度作为补偿，或采取表面附加防护措施。

5.1.4 适当延迟现场混凝土初次与水接触的时间实际上是延长混凝土的干燥时间，并且给混凝土内部结构发育提供时间。在可能情况下，应尽量延迟混凝土初次接触水的时间，最好在一个月以上。

5.2 环境作用等级

5.2.1 本规范对冻融环境作用等级的划分，主要考虑混凝土饱水程度、气温变化和盐分含量三个因素。饱水程度与混凝土表面接触水的频度及表面积水的难易程度（如水平或竖向表面）有关；气温变化主要与环境最低温度及年冻融次数有关；盐分含量指混凝土表面受冻时冰水中的盐含量。

我国现行规范中对混凝土抗冻等级的要求多按当地最冷月份的平均气温进行区分，这在使用上有其方便之处，但应注意当地气温与构件所处地段的局部温度往往差别很大。比如严寒地区朝南构件的冻融次数多于朝北的构件，而微冻地区可能相反。由于缺乏各地区年冻融次数的统计资料，现仍暂时按当地最冷月的平均气温表示气温变化对混凝土冻融的影响程度。

对于饱水程度，分为高度饱水和中度饱水两种情况，前者指受冻前长期或频繁接触水体或湿润土体，混凝土体内高度饱水；后者指受冻前偶受雨淋或潮湿，混凝土体内的饱水程度不高。混凝土受冻融破坏的临界饱水度约为85%～90%，含水量低于临界饱水度时不会冻坏。在表面有水的情况下，连续的反复冻融可使混凝土内部的饱水程度不断增加，一旦达到或超过临界饱水度，就有可能很快发生冻坏。

有盐的冻融环境主要指冬季喷洒除冰盐的环境。含盐分的水溶液不仅会造成混凝土的内部损伤，而且能使混凝土表面起皮剥蚀，盐中的氯离子还会引起混凝土内部钢筋的锈蚀（除冰盐引起的钢筋锈蚀按Ⅳ类环境考虑）。除冰盐的剥蚀作用程度与混凝土湿度有关；不同构件及部位由于方向、位置不同，受除冰盐直接、间接作用或溅射的程度也会有很大的差别。

寒冷地区海洋和近海环境中的混凝土表层，当接触水分时也会发生盐冻，但海水的含盐浓度要比除冰盐融雪后的盐水低得多。海水的冰点较低，有些微冻地区和寒冷地区的海水不会出现冻结，具体可通过调查确定；若不出现冰冻，就可以不考虑冻融环境作用。

5.2.2 埋置于土中冰冻线以上的混凝土构件，发生冻融交替的次数明显低于暴露在大气环境中的构件，但仍要考虑冻融损伤的可能，可根据具体情况适当降低环境作用等级。

5.2.3 某些结构在正常使用条件下冬季出现冰冻的可能性很小，但在极端气候条件下或偶发事故时有可能会遭受冰冻，故应具有一定的抗冻能力，但可适当降低要求。

5.2.4 竖向构件底部侧面的积雪可引发混凝土较严重的冻融损伤。尤其在冬季喷洒除冰盐的环境中，道路上含盐的积雪常被扫到两侧并堆置在墙柱和栏杆底部，往往造成底部混凝土的严重腐蚀。对于接触积雪的局部区域，也可采取局部的防护处理。

5.3 材料与保护层厚度

5.3.1 本条规定了冻融环境中混凝土原材料的组成与引气工艺的使用。使用引气剂能在混凝土中产生大量均布的微小封闭气孔，有效缓解混凝土内部结冰造成的材料破坏。引气混凝土的抗冻要求用新拌混凝土的含气量表示，是气泡占混凝土的体积比。冻融越严重，要求混凝土的含气量越大；气泡只存在于水泥浆体中，所以混凝土抗冻所需的含气量与骨料的最大粒径有关；过大的含气量会明显降低混凝土强度，故含气量应控制在一定范围内，且有相应的误差限制。具体可参照附录C的要求。

矿物掺合料品种和数量对混凝土抗冻性能有影响。通常情况下，掺加硅粉有利于抗冻；在低水胶比前提下，适量掺加粉煤灰和矿渣对抗冻能力影响不大，但应严格控制粉煤灰的品质，特别要尽量降低粉煤灰的烧失量。具体见规范附录B的规定。

严重冻融环境下必须引气的要求主要是根据实验

室快速冻融试验的研究结果提出的，50多年来工程实际应用肯定了引气工艺的有效性。但是混凝土试件在标准快速试验下的冻融激烈程度要比工程现场的实际环境作用严酷得多。近年来，越来越多的现场调查表明，高强混凝土用于非常严重的冻融环境即使不引气也没有发生破坏。新的欧洲混凝土规范EN206-1：2000虽然对严重冻融环境作用下的构件混凝土有引气要求，但允许通过实验室的对比试验研究后不引气；德国标准DIN1045-2/07.2001规定含盐的高度饱水情况需要引气，其他情况下均可采用强度较高的非引气混凝土；英国标准8500-1：2002规定，各种冻融环境下的混凝土均可不引气，条件是混凝土强度等级需达到C50且骨料符合抗冻要求。北欧和北美各国的规范仍规定严重冻融环境作用下的混凝土需要引气。由于我国国内在这方面尚缺乏相应的研究和工程实际经验，本规范现仍规定严重冻融环境下需要采用引气混凝土。

5.3.2 表5.3.2中仅列出一般冻融（无盐）情况下钢筋的混凝土保护层最小厚度。盐冻情况下的保护层厚度由氯化物环境控制，具体见第6章的有关规定；相应的保护层混凝土质量则要同时满足冻融环境和氯化物环境的要求。有盐冻融条件下的耐久性设计见条文6.3.2的规定及其条文说明。

5.3.3 对于冻融环境下重要工程和大型工程的混凝土，其耐久性质量除需满足第5.3.2条的规定外，应同时满足本条提出的抗冻耐久性指数要求。表5.3.3中的抗冻耐久性指数由快速冻融循环试验结果进行评定。美国ASTM标准定义试件经历300次冻融循环后的动弹性模量的相对损失为抗冻耐久性指数*DF*，其计算方法见表注1。在北美，认为有抗冻要求的混凝土*DF*值不能小于60%。对于年冻融次数不频繁的环境条件或混凝土现场饱水程度不很高时，这一要求可能偏高。

混凝土的抗冻性评价可用多种指标表示，如试件经历冻融循环后的动弹性模量损失、质量损失、伸长量或体积膨胀等。多数标准都采用动弹性模量损失或同时考虑质量损失来确定抗冻级别，但上述指标通常只用来比较混凝土材料的相对抗冻性能，不能直接用来进行结构使用年限的预测。

6 氯化物环境

6.1 一般规定

6.1.1 环境中的氯化物以水溶氯离子的形式通过扩散、渗透和吸附等途径从混凝土构件表面向混凝土内部迁移，可引起混凝土内钢筋的严重锈蚀。氯离子引起的钢筋锈蚀难以控制、后果严重，因此是混凝土结构耐久性的重要问题。氯盐对于混凝土材料也有一定的腐蚀作用，但相对较轻。

6.1.2 本条规定所指的海洋和近海氯化物包括海水、大气、地下水与土体中含有的来自海水的氯化物。此外，其他情况下接触海水的混凝土构件也应考虑海洋氯化物的腐蚀，如海洋馆中接触海水的混凝土池壁、管道等。内陆盐湖中的氯化物作用可参照海洋氯化物环境进行耐久性设计。

6.1.3 除冰盐对混凝土的作用机理很复杂。对钢筋混凝土（如桥面板）而言，一方面，除冰盐直接接触混凝土表层，融雪过程中的温度骤降以及渗入混凝土的含盐雪水的蒸发结晶都会导致混凝土表面的开裂剥落；另一方面，雪水中的氯离子不断向混凝土内部迁移，会引起钢筋腐蚀。前者属于盐冻现象，有关的耐久性要求在第5章中已有规定；后者属于钢筋锈蚀问题，相应的要求由本章规定。

降雪地区喷洒的除冰盐可以通过多种途径作用于混凝土构件，含盐的融雪水直接作用于路面，并通过伸缩缝等连接处渗漏到桥面板下方的构件表面，或者通过路面层和防水层的缝隙渗漏到混凝土桥面板的顶面。排出的盐水如渗入地下土体，还会侵蚀混凝土基础。此外，高速行驶的车辆会将路面上含盐的水溅射或转变成盐雾，作用到车道两侧甚至较远的混凝土构件表面；汽车底盘和轮胎上冰冻的含盐雪水进入停车库后融化，还会作用于车库混凝土楼板或地板引起钢筋腐蚀。

地下水土（滨海地区除外）中的氯离子浓度一般较低，当浓度较高且在干湿交替的条件下，则需考虑对混凝土构件的腐蚀。我国西部盐湖和盐渍土地区地下水土中氯盐含量很高，对混凝土构件的腐蚀作用需专门研究处理，不属于本规范的内容。对于游泳池及其周围的混凝土构件，如公共浴室、卫生间地面等，还需要考虑氯盐消毒剂对混凝土构件腐蚀的作用。

除冰盐可对混凝土结构造成极其严重的腐蚀，不进行耐久性设计的桥梁在除冰盐环境下只需几年或十几年就需要大修甚至被迫拆除。发达国家使用含氯除冰盐融化道路积雪已有40年的历史，迄今尚无更为经济的替代方法。考虑今后交通发展对融化道路积雪的需要，应在混凝土桥梁的耐久性设计时考虑除冰盐氯化物的影响。

6.1.4 当环境作用等级非常严重或极端严重时，按照常规手段通过增加混凝土强度、降低混凝土水胶比和增加混凝土保护层厚度的办法，仍然有可能保证不了50年或100年设计使用年限的要求。这时宜考虑采用一种或多种防腐蚀附加措施，并建立合理的多重防护策略，提高结构使用年限的保证率。在采取防腐蚀附加措施的同时，不应降低混凝土材料的耐久性质量和保护层的厚度要求。

常用的防腐蚀附加措施有：混凝土表面涂刷防腐面层或涂层、采用环氧涂层钢筋、应用钢筋阻锈剂等。环氧涂层钢筋和钢筋阻锈剂只有在耐久性优良的混凝土材料中才能起到控制构件锈蚀的作用。

6.1.5 定期检测可以尽快发现问题，并及时采取补救措施。

6.2 环境作用等级

6.2.1 对于海水中的配筋混凝土结构，氯盐引起钢筋锈蚀的环境可进一步分为水下区、潮汐区、浪溅区、大气区和土中区。长年浸没于海水中的混凝土，由于水中缺氧使锈蚀发展速度变得极其缓慢甚至停止，所以钢筋锈蚀危险性不大。潮汐区特别是浪溅区的情况则不同，混凝土处于干湿交替状态，混凝土表面的氯离子可通过吸收、扩散、渗透等多种途径进入混凝土内部，而且氧气和水交替供给，使内部的钢筋具备锈蚀发展的所有条件。浪溅区的供氧条件最为充分，锈蚀最严重。

我国现行行业标准《海港工程混凝土结构防腐蚀技术规范》JTJ 275 在大量调查研究的基础上，分别对浪溅区和潮汐区提出不同的要求。根据海港工程的大量调查表明，平均潮位以下的潮汐区，混凝土在落潮时露出水面时间短，且接触的大气的湿度很高，所含水分较难蒸发，所以混凝土内部饱水程度高、钢筋锈蚀没有浪溅区显著。但本规范考虑到潮汐区内进行修复的难度，将潮汐区与浪溅区按同一作用等级考虑。南方炎热地区温度高，氯离子扩散系数增大，钢筋锈蚀也会加剧，所以炎热气候应作为一种加剧钢筋锈蚀的因素考虑。

海洋和近海地区的大气中都含有氯离子。海洋大气区处于浪溅区的上方，海浪拍击产生大小为 0.1～20μm 的细小雾滴，较大的雾滴积聚于海面附近，而较小的雾滴可随风飘移到近海的陆上地区。海上桥梁的上部构件离浪溅区很近时，受到浓重的盐雾作用，在构件混凝土表层内积累的氯离子浓度可以很高，而且同时又处于干湿交替的环境中，因此处于很不利的状态。在浪溅区与其上方的大气区之间，构件表层混凝土的氯离子浓度没有明确的界限，设计时应该根据具体情况偏安全地选用。

虽然大气盐雾区的混凝土表面氯离子浓度可以积累到与浪溅区的相近，但浪溅区的混凝土表面氯离子浓度可认为从一开始就达到其最大值，而大气盐雾区则需许多年才能逐渐积累到最大值。靠近海岸的陆上大气也含盐分，其浓度与具体的地形、地物、风向、风速等多种因素有关。根据我国浙东、山东等沿海地区的调查，构件的腐蚀程度与离岸距离以及朝向有很大关系，靠近海岸且暴露于室外的构件应考虑盐雾的作用。烟台地区的调查发现，离海岸 100m 内的室外混凝土构件中的钢筋均发生严重锈蚀。

表 6.2.1 中对靠海构件环境作用等级的划分，尚有待积累更多调查数据后作进一步修正。设计人员宜在调查工程所在地区具体环境条件的基础上，采取适当的防腐蚀要求。

6.2.2 海底隧道结构的构件维修困难，宜取用较高的环境作用等级。隧道混凝土构件接触土体的外侧如无空气进入的可能，可按Ⅲ-D 级的环境作用确定构件的混凝土保护层厚度；如在外侧设置排水通道有可能引入空气时，应按Ⅲ-E 级考虑。隧道构件接触空气的内侧可能接触渗漏的海水，底板和侧墙底部应按Ⅲ-E 级考虑，其他部位可根据具体情况确定，但不低于Ⅲ-D 级。

6.2.3 近海和海洋环境的氯化物对混凝土结构的腐蚀作用与当地海水中的含盐量有关。表 6.2.1 的环境作用等级是根据一般海水的氯离子浓度（约 18～20g/L）确定的。不同地区海水的含盐量可能有很大差别，沿海地区海水的含盐量受到江河淡水排放的影响并随季节而变化，海水的含盐量有可能较低，可取年均值作为设计的依据。

河口地区虽然水中氯化物含量低于海水，但是对于大气区和浪溅区，混凝土表面的氯盐含量会不断积累，其长期含盐量可以明显高于周围水体中的含盐浓度。在确定氯化物环境的作用等级时，应充分考虑到这些因素。

6.2.4 对于同一构件，应注意不同侧面的局部环境作用等级的差异。混凝土桥面板的顶面会受到除冰盐溶液的直接作用，所以顶面钢筋一般应按Ⅳ-E 的作用等级设计，保护层至少需 60mm，除非在桥面板与路面铺装层之间有质量很高的防水层；而桥面板的底部钢筋通常可按一般环境中的室外环境条件设计，板的底部不受雨淋，无干湿交替，作用等级为Ⅰ-B，所需的保护层可能只有 25mm。桥面板顶面的氯离子不可能迁移到底部钢筋，因为所需的时间非常长。但是桥面板的底部有可能受到从板的侧边流淌到底面的雨水或伸缩缝处渗漏水的作用，从而出现干湿交替、反复冻融和盐蚀。所以必须采取相应的排水构造措施，如在板的侧边设置滴水沿、排水沟等。桥面板上部的铺装层一般容易开裂渗漏，防水层的寿命也较短，通常在确定钢筋的保护层厚度时不考虑其有利影响。设计时可根据铺装层防水性能的实际情况，对桥面板顶部钢筋保护层厚度作适当调整。

水或土体中氯离子浓度的高低对与之接触并部分暴露于大气中构件锈蚀的影响，目前尚无确切试验数据，表 6.2.4 注 1 中划分的浓度范围可供参考。

6.2.5 与混凝土构件的设计使用年限相比，一般防水层的有效年限要短得多，在氯化物环境下只能作为辅助措施，不应考虑其有利作用。

6.3 材料与保护层厚度

6.3.1 低水胶比的大掺量矿物掺合料混凝土，在长期使用过程中的抗氯离子侵入的能力要比相同水胶比的硅酸盐水泥混凝土高得多，所以在氯化物环境中不宜单独采用硅酸盐水泥作为胶凝材料。为了增强混凝土早期的强度和耐久性发展，通常应在矿物掺合料中加入少量硅灰，可复合使用两种或两种以上的矿物掺合料，如粉煤灰加硅灰、粉煤灰加矿渣加硅灰。除冻融环境外，矿物掺合料占胶凝材料总量的比例宜大于40%，具体规定见附录B。不受冻融环境作用的氯化物环境也可使用引气混凝土，含气量可控制在4.0%～5.0%，试验表明，适当引气可以降低氯离子扩散系数，提高抗氯离子侵入的能力。

使用大掺量矿物掺合料混凝土，必须有良好的施工养护和保护为前提。如施工现场不具备本规范规定的混凝土养护条件，就不应采用大掺量矿料混凝土。

6.3.2 表6.3.2规定的混凝土最低强度等级大体与国外规范中的相近，考虑到我国的混凝土组成材料特点，最大水胶比的取值则相对较低。表6.3.2规定的保护层厚度根据我国海洋地区混凝土工程的劣化现状调研以及比照国外规范的数据而定，并利用材料劣化模型作了近似核对。表6.3.2提出的只是最低要求，设计人员应该充分考虑工程设计对象的具体情况，必要时采取更高的要求。对于重要的桥梁等生命线工程，宜在设计中同时采用防腐蚀附加措施。

受盐冻的钢筋混凝土构件，需要同时考虑盐冻作用（第5章）和氯离子引起钢筋锈蚀的作用（第6章）。以严寒地区50年设计使用年限的跨海桥梁墩柱为例：冬季海水冰冻，据表5.2.1冻融环境的作用等级为Ⅱ-E，所需混凝土最低强度等级为Ca40，最大水胶比0.45；桥梁墩柱的浪溅区混凝土干湿交替，据表6.2.1海洋氯化物环境的作用等级为Ⅲ-E，所需保护层厚度为60mm（C45）或55mm（≥C50）；由于按照表5.2.1的要求必须引气，表6.3.2要求的强度等级可降低5N/mm²，成为60mm（Ca40）或55mm（≥Ca45），且均不低于环境作用等级Ⅱ-E所需的Ca40；故设计时可选保护层厚度60mm（混凝土强度等级Ca40，最大水胶比0.45），或保护层厚度55mm（混凝土强度等级Ca45，最大水胶比0.40）。

从总体看，如要确保工程在设计使用年限内不需大修，表6.3.2规定的保护层最小厚度仍可能偏低，但如配合使用阶段的定期检测，应能具有经济合理地被修复的能力。国际上近年建成的一些大型桥梁的保护层厚度都比较大，如加拿大的Northumberland海峡大桥（设计寿命100年），墩柱的保护层厚度用75～100mm，上部结构50mm（混凝土水胶比0.34）；丹麦Great Belt Link跨海桥墩用环氧涂层钢筋，保护层厚度75mm，上部结构50mm（混凝土水胶比0.35），同时为今后可能发生锈蚀时采取阴极保护预置必要的条件。

6.3.3 大掺量矿物掺合料混凝土的定义见2.1.17条。氯离子在混凝土中的扩散系数会随着龄期或暴露时间的增长而逐渐降低，这个衰减过程在大掺量矿物掺合料混凝土中尤其显著。如果大掺量矿物掺合料与非大掺量矿物掺合料混凝土的早期（如28d或84d）扩散系数相同，非大掺量矿物掺合料混凝土中钢筋就会更早锈蚀。因此在Ⅲ-E和Ⅲ-F环境下不能采用大掺量矿物掺合料混凝土时，需要提高混凝土强度等级（如10～15N/mm²）或同时增加保护层厚度（如5～10mm），具体宜根据计算或试验研究确定。

6.3.4 与受弯构件不同，增加墩柱的保护层厚度基本不会增大构件材料的工作应力，但能显著提高构件对内部钢筋的保护能力。氯化物环境的作用存在许多不确定性，为了提高结构使用年限的保证率，采用增大保护层厚度的办法要比附加防腐蚀措施更为经济。

墩柱顶部的表层混凝土由于施工中混凝土泌水等影响，密实性相对较差。这一部位又往往受到含盐渗漏水影响并处于干湿交替状态，所以宜增加保护层厚度。

6.3.6 本条规定氯化物环境中混凝土需要满足的氯离子侵入性指标。

氯化物环境下的混凝土侵入性可用氯离子在混凝土中的扩散系数表示。根据不同测试方法得到的扩散系数在数值上不尽相同并各有其特定的用途。D_{RCM}是在实验室内采用快速电迁移的标准试验方法（RCM法）测定的扩散系数。试验时将试件的两端分别置于两种溶液之间并施加电位差，上游溶液中含氯盐，在外加电场的作用下氯离子快速向混凝土内迁移，经过若干小时后劈开试件测出氯离子侵入试件中的深度，利用理论公式计算得出扩散系数，称为非稳态快速氯离子迁移扩散系数。这一方法最早由唐路平提出，现已得到较为广泛的应用，不仅可以用于施工阶段的混凝土质量控制，而且还可结合根据工程实测得到的扩散系数随暴露年限的衰减规律，用于定量估算混凝土中钢筋开始发生锈蚀的年限。

本规范推荐采用RCM法，具体试验方法可参见中国土木工程学会标准《混凝土结构耐久性设计与施工指南》CCES01-2004（2005年修订版）。混凝土的抗氯离子侵入性也可以用其他试验方法及其指标表示。比如，美国ASTM C1202快速电量测定方法测量一段时间内通过混凝土试件的电量，但这一方法用于水胶比低于0.4的矿物掺合料混凝土时误差较大；我国自行研发的NEL氯离子扩散系数快速试验方法测量饱盐混凝土试件的电导率。表6.3.6中的数据主要参考近年来国内外重大工程采用D_{RCM}作为质量控制指标的实践，并利用Fick模型进行了近似校核。

7 化学腐蚀环境

7.1 一 般 规 定

7.1.1 本规范考虑的常见腐蚀性化学物质包括土中

和地表、地下水中的硫酸盐和酸类等物质以及大气中的盐分、硫化物、氮氧化合物等污染物质。这些物质对混凝土的腐蚀主要是化学腐蚀，但盐类侵入混凝土也有可能产生盐结晶的物理腐蚀。本章的化学腐蚀环境不包括氯化物，后者已在第6章中单独作了规定。

7.2 环境作用等级

7.2.1 本条根据水、土环境中化学物质的不同浓度范围将环境作用划分为Ⅴ-C、Ⅴ-D和Ⅴ-E共3个等级。浓度低于Ⅴ-C等级的不需在设计中特别考虑，浓度高于Ⅴ-E等级的应作为特殊情况另行对待。化学环境作用对混凝土的腐蚀，至今尚缺乏足够的数据积累和研究成果。重要工程应在设计前作充分调查，以工程类比作为设计的主要依据。

水、土中的硫酸盐对混凝土的腐蚀作用，除硫酸根离子的浓度外，还与硫酸盐的阳离子种类及浓度、混凝土表面的干湿交替程度、环境温度以及土的渗透性和地下水的流动性等因素有很大关系。腐蚀混凝土的硫酸盐主要来自周围的水、土，也可能来自原本受过硫酸盐腐蚀的混凝土骨料以及混凝土外加剂，如喷射混凝土中常使用的大剂量钠盐速凝剂等。

在常见的硫酸盐中，对混凝土腐蚀的严重程度从强到弱依次为硫酸镁、硫酸钠和硫酸钙。腐蚀性很强的硫酸盐还有硫酸铵，此时需单独考虑铵离子的作用，自然界中的硫酸铵不多见，但在长期施加化肥的土地中则需要注意。

表7.2.1规定的土中硫酸根离子SO_4^{2-}浓度，是在土样中加水溶出的浓度（水溶值）。有的硫酸盐（如硫酸钙）在水中的溶解度很低，在土样中加酸则可溶出土中含有的全部SO_4^{2-}（酸溶值）。但是，只有溶于水中的硫酸盐才会腐蚀混凝土。不同国家的混凝土结构设计规范，对硫酸盐腐蚀的作用等级划分有较大差别，采用的浓度测定方法也有较大出入，有的用酸溶法测定（如欧盟规范），有的则用水溶法（如美国、加拿大和英国）。当用水溶法时，由于水土比例和浸泡搅拌时间的差别，溶出的量也不同。所以最好能同时测定SO_4^{2-}的水溶值和酸溶值，以便于判断难溶盐的数量。

硫酸盐对混凝土的化学腐蚀是两种化学反应的结果：一是与混凝土中的水化铝酸钙起反应形成硫铝酸钙即钙矾石；二是与混凝土中氢氧化钙结合形成硫酸钙（石膏），两种反应均会造成体积膨胀，使混凝土开裂。当含有镁离子时，同时还能和$Ca(OH)_2$反应，生成疏松而无胶凝性的$Mg(OH)_2$，这会降低混凝土的密实性和强度并加剧腐蚀。硫酸盐对混凝土的化学腐蚀过程很慢，通常要持续很多年，开始时混凝土表面泛白，随后开裂、剥落破坏。当土中构件暴露于流动的地下水中时，硫酸盐得以不断补充，腐蚀的产物也被带走，材料的损坏程度就会非常严重。相反，在渗透性很低的黏土中，当表面浅层混凝土遭硫酸盐腐蚀后，由于硫酸盐得不到补充，腐蚀反应就很难进一步进行。

在干湿交替的情况下，水中的SO_4^{2-}浓度如大于200mg/L（或土中SO_4^{2-}大于1000mg/kg）就有可能损害混凝土；水中SO_4^{2-}如大于2000mg/L（或土中的水溶SO_4^{2-}大于4000mg/kg）则可能有较大的损害。水的蒸发可使水中的硫酸盐逐渐积累，所以混凝土冷却塔就有可能遭受硫酸盐的腐蚀。地下水、土中的硫酸盐可以渗入混凝土内部，并在一定条件下使得混凝土毛细孔隙水溶液中的硫酸盐浓度不断积累，当超过饱和浓度时就会析出盐结晶而产生很大的压力，导致混凝土开裂破坏，这是纯粹的物理作用。

硅酸盐水泥混凝土的抗酸腐蚀能力较差，如果水的pH值小于6，对抗渗性较差的混凝土就会造成损害。这里的酸包括除硫酸和碳酸以外的一般酸和酸性盐，如盐酸、硝酸等强酸和其他弱的无机、有机酸及其盐类，其来源于受工业或养殖业废水污染的水体。

酸对混凝土的腐蚀作用主要是与硅酸盐水泥水化产物中的氢氧化钙起反应，如果混凝土骨料是石灰石或白云石，酸也会与这些骨料起化学反应，反应的产物是水溶性的钙化物，其可以被水溶液浸出（草酸和磷酸形成的钙盐除外）。对于硫酸来说，还会进一步形成硫酸盐造成硫酸盐腐蚀。如果酸、盐溶液能到达钢筋表面，还会引起钢筋锈蚀，从而造成混凝土顺筋开裂和剥落。低水胶比的密实混凝土能够抵抗弱酸的腐蚀，但是硅酸盐水泥混凝土不能承受高浓度酸的长期作用。因此在流动的地下水中，必须在混凝土表面采取涂层覆盖等保护措施。

当结构所处环境中含有多种化学腐蚀物质时，一般会加重腐蚀的程度。如Mg^{2+}和SO_4^{2-}同时存在时能引起双重腐蚀。但两种以上的化学物质有时也可能产生相互抑制的作用。例如，海水环境中的氯盐就可能会减弱硫酸盐的危害。有资料报道，如无Cl^-存在，浓度约为250mg/L的SO_4^{2-}就能引起纯硅酸盐水泥混凝土的腐蚀，如Cl^-浓度超过5000mg/L，则造成损害的SO_4^{2-}浓度要提高到约1000mg/L以上。海水中的硫酸盐含量很高，但有大量氯化物存在，所以不再单独考虑硫酸盐的作用。

土中的化学腐蚀物质对混凝土的腐蚀作用需要通过溶于土中的孔隙水来实现。密实的弱透水土体提供的孔隙水量少，而且流动困难，靠近混凝土表面的化学腐蚀物质与混凝土发生化学作用后被消耗，得不到充分的补充，所以腐蚀作用有限。对弱透水土体的定量界定比较困难，一般认为其渗透系数小于10^{-5}m/s或0.86m/d。

7.2.2 部分暴露于大气中而其他部分又接触含盐水、土的混凝土构件应特别考虑盐结晶作用。在日温差剧烈变化或干旱和半干旱地区，混凝土孔隙中的盐溶液容易浓缩并产生结晶或在外界低温过程的作用下析出结晶。对于一端置于水、土而另一端露于空气中的混凝土构件，水、土中的盐会通过混凝土毛细孔隙的吸附作用上升，并在干燥的空气中蒸发，最终因浓度的不断提高产生盐结晶。我国滨海和盐渍土地区电杆、墩柱、墙体等混凝土构件在地面以上1m左右高度范围内常出现这类破坏。对于一侧接触水或土而另一侧暴露于空气中的混凝土构件，情况也与此相似。表7.2.2注中的干燥度系数定义为：

$$K = \frac{0.16\sum t}{\gamma}$$

式中 K——干燥度系数；

$\sum t$——日平均温度≥10℃稳定期的年积温（℃）；

γ——日平均温度≥10℃稳定期的年降水量（mm），取0.16。

我国西部的盐湖地区，水、土中盐类的浓度可以高出表7.2.1值的几倍甚至10倍以上，这些情况则需专门研究对待。

7.2.4 大气污染环境的主要作用因素有大气中SO_2产生的酸雨，汽车和机车排放的NO_2废气，以及盐碱地区空气中的盐分。这种环境对混凝土结构的作用程度可有很大差别，宜根据当地的调查情况确定其等级。含盐大气中混凝土构件的环境作用等级见第7.2.5条的规定。

7.2.5 处于含盐大气中的混凝土构件，应考虑盐结晶的破坏作用。大气中的盐分会附着在混凝土构件的表面，环境降水可溶解混凝土表面的盐分形成盐溶液侵入混凝土内部。混凝土孔隙中的盐溶液浓度在干湿循环的条件下会不断增高，达到临界浓度后产生巨大的结晶压力使混凝土开裂破坏。在常年湿润（植被地带的最大蒸发量和降水量的比值小于1）地区，孔隙水难以蒸发，不会发生盐结晶。

7.3 材料与保护层厚度

7.3.1 硅酸盐水泥混凝土抗硫酸盐以及酸类物质的化学腐蚀的能力较差。硅酸盐水泥水化产物中的$Ca(OH)_2$不论在强度上或化学稳定性上都很弱，几乎所有的化学腐蚀都与$Ca(OH)_2$有关，在压力水、流动水尤其是软水的作用下$Ca(OH)_2$还会溶析，是混凝土抗腐蚀的薄弱环节。

在混凝土中加入适量的矿物掺合料对于提高混凝土抵抗化学腐蚀的能力有良好的作用。研究表明，在合适的水胶比下，矿物掺合料及其形成的致密水化产物可以改善混凝土的微观结构，提高混凝土抵抗水、酸和盐类物质腐蚀的能力，而且还能降低氯离子在混凝土中的扩散系数，提高抵抗碱-骨料反应的能力。所以在化学腐蚀环境下，不宜单独使用硅酸盐水泥作为胶凝材料。通常用标准试验方法对28d龄期混凝土试件测得的混凝土抗化学腐蚀的耐久性能参数，不能反映这种混凝土的性能在后期的增长。

化学腐蚀环境中的混凝土结构耐久性设计必须有针对性，对于不同种类的化学腐蚀性物质，采用的水泥品种和掺合料的成分及合适掺量并不完全相同。在混凝土中加入少量硅灰一般都能起到比较显著的作用；粉煤灰和其他火山灰质材料因其本身的Al_2O_3含量有波动，效果差别较大，并非都是掺量越大越好。

因此当单独掺加粉煤灰等火山灰质掺合料时，应当通过实验确定其最佳掺量。在西方，抗硫酸盐水泥或高抗硫酸盐水泥都是硅酸盐类的水泥，只不过水泥中铝酸三钙（C_3A）和硅酸三钙（C_3S）的含量不同程度地减少。当环境中的硫酸盐含量异常高时，最好是采用不含硅酸盐的水泥，如石膏矿渣水泥或矾土水泥。但是非硅酸盐类水泥的使用条件和配合比以及养护等都有特殊要求，需通过试验确定后使用。此外，要注意在硫酸盐腐蚀环境下的粉煤灰掺合料应使用低钙粉煤灰。

8 后张预应力混凝土结构

8.1 一般规定

8.1.1 预应力混凝土结构由混凝土和预应力体系两部分组成。有关混凝土材料的耐久性要求，已在本规范第4～7章中作出规定。

预应力混凝土结构中的预应力施加方式有先张法和后张法两类。后张法还分为有粘结预应力体系、无粘结预应力体系、体外预应力体系等。先张预应力筋的张拉和混凝土的浇筑、养护以及钢筋与混凝土的粘结锚固多在预制工厂条件下完成。相对来说，质量较易保证。后张法预应力构件的制作则多在施工现场完成，涉及的工序多而复杂，质量控制的难度大。预应力混凝土结构的工程实践表明，后张预应力体系的耐久性往往成为工程中最为薄弱的环节，并对结构安全构成严重威胁。

本章专门针对后张法预应力体系的钢筋与锚固端提出防护措施与工艺、构造要求。

8.1.2 对于严重环境作用下的结构，按现有工艺技术生产和施工的预应力体系，不论在耐久性质量的保证或在长期使用过程中的安全检测上，均有可能满足不了结构设计使用年限的要求。从安全角度考虑，可采用可更换的无粘结预应力体系或体外预应力体系，同时也便于检测维修；或者在设计阶段预留预应力孔道以备再次设置预应力筋。

8.2 预应力筋的防护

8.2.1 表8.2.1列出了目前可能采取的预应力筋防

护措施，适用于体内和体外后张预应力体系。为方便起见，表中使用的序列编号代表相应的防护工艺与措施。这里的预应力筋主要指对锈蚀敏感的钢绞线和钢丝，不包括热轧高强粗钢筋。

涉及体内预应力体系的防护措施有 PS1、PS2、PS2a、PS3、PS4 和 PS5；涉及体外预应力体系的防护措施有 PS1、PS2、PS2a、PS3、PS3a。这些防护措施的使用应根据混凝土结构的环境作用类别和等级确定，具体见 8.2.2 条。

8.2.2 本条给出预应力筋在不同环境作用等级条件下耐久性综合防护的最低要求，设计人员可以根据具体的结构环境、结构重要性和设计使用年限适当提高防护要求。

对于体内预应力筋，基本的防护要求为 PS2 和 PS4；对于体外预应力，基本的防护要求为 PS2 和 PS3。

8.3 锚固端的防护

8.3.1 表 8.3.1 列出了目前可能采取的预应力锚固端防护措施，包括了埋入式锚头和暴露式锚头。为方便起见，表中使用的序列编号代表相应的防护工艺与措施。

涉及埋入式锚头的防护措施有 PA1、PA2、PA2a、PA3、PA4、PA5；涉及暴露式锚头的防护措施有 PA1、PA2、PA2a、PA3、PA3a。这些防护措施的使用应根据混凝土结构的环境类别和作用等级确定，参见 8.3.2 条。

8.3.2 本条给出预应力锚头在不同环境作用等级条件下耐久性综合防护的最低要求，设计人员可以根据具体的结构环境、结构重要性和设计使用年限适当提高防护要求。

对于埋入式锚固端，基本的防护要求为PA4；对于暴露式锚固端，基本的防护要求为 PA2 和 PA3。

8.4 构造与施工质量的附加要求

8.4.2 本条规定的预应力套管应能承受的工作内压，参照了欧盟技术核准协会（EOTA）对后张法预应力体系组件的要求。对高密度聚乙烯和聚丙烯套管的其他技术要求可参见现行行业标准《预应力混凝土桥梁用塑料波纹管》JT/T 529—2004 的有关规定。

8.4.3 水泥基浆体的压浆工艺对管道内预应力筋的耐久性有重要影响，具体压浆工艺和性能要求可参见中国土木工程学会标准《混凝土结构耐久性设计与施工指南》CCES 01—2004（2005 年修订版）附录D的相关条文。

8.4.4 在氯化物等严重环境作用下，封锚混凝土中宜外加阻锈剂或采用水泥基聚合物混凝土，并外覆塑料密封罩。对于桥梁等室外预应力构件，应采取构造措施，防止雨水或渗漏水直接作用或流过锚固封堵端的外表面。

附录 A 混凝土结构设计的耐久性极限状态

A.0.2 这三种劣化程度都不会损害到结构的承载能力，满足 A.0.1 条的基本要求。

A.0.3 预应力筋和冷加工钢筋的延性差，破坏呈脆性，而且一旦开始锈蚀，发展速度较快。所以宜偏于安全考虑，以钢筋开始发生锈蚀作为耐久性极限状态。

A.0.4 适量锈蚀到开始出现顺筋开裂尚不会损害钢筋的承载能力，钢筋锈蚀深度达到 0.1mm 不至于明显影响钢筋混凝土构件的承载力。可以近似认为，钢筋锈胀引起构件顺筋开裂（裂缝与钢筋保护层表面垂直）或层裂（裂缝与钢筋保护层表面平行）时的锈蚀深度约为 0.1mm。两种开裂状态均使构件达到正常使用的极限状态。

A.0.5 冻融环境和化学腐蚀环境中的混凝土构件可按表面轻微损伤极限状态考虑。

A.0.6 环境作用引起的材料腐蚀在作用移去后不可恢复。对于不可逆的正常使用极限状态，可靠指标应大于 1.5。欧洲一些工程用可靠度方法进行环境作用下的混凝土结构耐久性设计时，与正常使用极限状态相应的可靠指标一般取 1.8，失效概率不大于 5%。

A.0.7 应用数学模型定量分析氯离子侵入混凝土内部并使钢筋达到临界锈蚀的年限，应选择比较成熟的数学模型，模型中的参数取值有可靠的试验依据，可委托专业机构进行。

A.0.8 从长期暴露于现场氯离子环境的混凝土构件中取样，实测得到构件截面不同深度上的氯离子浓度分布数据，并按 Fick 第二扩散定律的误差函数解析公式（其中假定在这一暴露时间内的扩散系数和表面氯离子浓度均为定值）进行曲线拟合回归求得的扩散系数和表面氯离子浓度，称为表观扩散系数和表观的表面氯离子浓度。表观扩散系数的数值随暴露期限的增长而降低，其衰减规律与混凝土胶凝材料的成分有关。设计取用的表面氯离子浓度和扩散系数，应以类似工程中实测得到的表观值为依据，具体可参见中国土木工程学会标准《混凝土结构耐久性设计与施工指南》CCES01—2004（2005 年修订版）。

附录 B 混凝土原材料的选用

B.1 混凝土胶凝材料

B.1.1 根据耐久性的需要，单位体积混凝土的胶凝材料用量不能太少，但过大的用量会加大混凝土的收缩，使混凝土更加容易开裂，因此应控制胶凝材料的最大用量。在强度与原材料相同的情况下，胶凝材料用量较小的混凝土，体积稳定性好，其耐久性能通常要优于胶凝材料用量较大的混凝土。泵送混凝土由于工作度的需要，允许适当加大胶凝材料用量。

B.1.2 本条规定了不同环境作用下，混凝土胶凝材料中矿物掺合料的选择原则。混凝土的胶凝材料除水泥中的硅酸盐水泥外，还包括水泥中具有胶凝作用的混合材料（如粉煤灰、火山灰、矿渣、沸石岩等）以及配制混凝土时掺入的具有胶凝作用的矿物掺合料（粉煤灰、磨细矿渣、硅灰等）。对胶凝材料及其中矿物掺合料用量的具体规定可参考中国土木工程学会标准《混凝土结构耐久性设计与施工指南》CCES01—2004（2005 年修订版）的表 4.0.3 进行。为方便查阅，将该表在条文说明中列出。

不同环境作用下胶凝材料品种与矿物掺合料用量的限定范围

<table>
<tr><th colspan="2">环境类别
与作用等级</th><th>可选用的硅酸盐
类水泥品种</th><th>矿物掺合料的限定范围
（占胶凝材料总量的比值）</th><th>备　注</th></tr>
<tr><td rowspan="4">Ⅰ</td><td>Ⅰ-A（室内干燥）</td><td>PO，PⅠ，PⅡ，
PS，PF，PC</td><td>$W/B=0.55$ 时，$\frac{\alpha_f}{0.2}+\frac{\alpha_s}{0.3}\leqslant 1$
$W/B=0.45$ 时，$\frac{\alpha_f}{0.3}+\frac{\alpha_s}{0.5}\leqslant 1$</td><td>保护层最小厚度 $c\leqslant 15$mm 或 $W/B>0.55$ 的构件混凝土中不宜含有矿物掺合料</td></tr>
<tr><td>Ⅰ-A（水中）
Ⅰ-B（长期湿润）</td><td>PO，PⅠ，PⅡ，
PS，PF，PC</td><td>$\frac{\alpha_f}{0.5}+\frac{\alpha_s}{0.7}\leqslant 1$</td><td></td></tr>
<tr><td>Ⅰ-B
（室内非干湿交替）
（露天非干湿交替）</td><td>PO，PⅠ，PⅡ，
PS，PF，PC</td><td rowspan="2">$W/B=0.5$ 时，$\frac{\alpha_f}{0.2}+\frac{\alpha_s}{0.3}\leqslant 1$
$W/B=0.4$ 时，$\frac{\alpha_f}{0.3}+\frac{\alpha_s}{0.5}\leqslant 1$</td><td rowspan="2">保护层最小厚度 $c\leqslant 20$mm 或水胶比 $W/B>0.5$ 的构件混凝土中胶凝材料中不宜含有掺合料</td></tr>
<tr><td>Ⅰ-C（干湿交替）</td><td>PO，PⅠ，PⅡ</td></tr>
<tr><td>Ⅱ</td><td>Ⅱ-C，Ⅱ-D，Ⅱ-E</td><td>PO，PⅠ，PⅡ</td><td>$W/B=0.5$ 时，$\frac{\alpha_f}{0.2}+\frac{\alpha_s}{0.3}\leqslant 1$
$W/B=0.4$ 时，$\frac{\alpha_f}{0.3}+\frac{\alpha_s}{0.4}\leqslant 1$</td><td></td></tr>
<tr><td>Ⅲ</td><td>Ⅲ-C，Ⅲ-D，
Ⅲ-E，Ⅲ-F</td><td rowspan="2">PO，PⅠ，PⅡ</td><td rowspan="2">下限：$\frac{\alpha_f}{0.25}+\frac{\alpha_s}{0.4}=1$
上限：$\frac{\alpha_f}{0.42}+\frac{\alpha_s}{0.8}=1$</td><td rowspan="2">当 $W/B=0.4\sim0.5$ 时，需同时满足Ⅰ类环境下的要求；如同时处于冻融环境，掺合料用量的上限尚应满足Ⅱ类环境要求</td></tr>
<tr><td>Ⅳ</td><td>Ⅳ-C，Ⅳ-D，
Ⅳ-E</td></tr>
<tr><td>Ⅴ</td><td>Ⅴ-C，Ⅴ-D，Ⅴ-E</td><td>PⅠ，PⅡ，PO，
SR，HSR</td><td>下限：$\frac{\alpha_f}{0.25}+\frac{\alpha_s}{0.4}=1$
上限：$\frac{\alpha_f}{0.5}+\frac{\alpha_s}{0.8}=1$</td><td>当 $W/B=0.4\sim0.5$ 时，矿物掺合料用量的上限需同时满足Ⅰ类环境下的要求；如同时处于冻融环境，掺合料用量的上限尚应满足Ⅱ类环境要求</td></tr>
</table>

表中水泥品种符号说明如下：PⅠ——硅酸盐水泥，PⅡ——掺混合材料不超过5%的硅酸盐水泥，PO——掺混合材料6%～15%的普通硅酸盐水泥，PS——矿渣硅酸盐水泥，PF——粉煤灰硅酸盐水泥，PP——火山灰质硅酸盐水泥，PC——复合硅酸盐水泥，SR——抗硫酸盐硅酸盐水泥，HSR——高抗硫酸盐水泥。

表中的矿物掺合料指配制混凝土时加入的具有胶凝作用的矿物掺合料（粉煤灰、磨细矿渣、硅灰等）与水泥生产时加入的具有胶凝作用的混合材料，不包括石灰石粉等惰性矿物掺合料。但在计算混凝土配合比时，要将惰性掺合料计入胶凝材料总量中。表中公式中α_f，α_s分别表示粉煤灰和矿渣占胶凝材料总量的比值。当使用PⅠ、PⅡ以外的掺有混合材料的硅酸盐类水泥时，矿物掺合料中应计入水泥生产中已掺入的混合料，在没有确切水泥组分的数据时不宜使用。

表中用算式表示粉煤灰和磨细矿渣的限定用量范围。例如一般环境中干湿交替的Ⅰ-C作用等级，如混凝土的水胶比为0.5，有$\frac{\alpha_f}{0.2}+\frac{\alpha_s}{0.3}\leqslant 1$。如单掺粉煤灰，$\alpha_s=0$，$\alpha_f\leqslant 0.2$，即粉煤灰用量不能超过胶凝材料总重的20%；如单掺磨细矿渣，$\alpha_f=0$，$\alpha_s\leqslant 0.3$，即磨细矿渣用量不能超过胶凝材料总重的30%。双掺粉煤灰和磨细矿渣，如粉煤灰掺量为10%，则从上式可得矿渣掺量需小于15%。

B.2 混凝土中氯离子、三氧化硫和碱含量

B.2.1 混凝土中的氯离子含量，可对所有原材料的氯离子含量进行实测，然后加在一起确定；也可以从新拌混凝土和硬化混凝土中取样化验求得。氯离子能与混凝土胶凝材料中的某些成分结合，所以从硬化混凝土中取样测得的水溶氯离子量要低于原材料氯离子总量。使用酸溶法测量硬化混凝土的氯离子含量时，氯离子酸溶值的最大含量限制对于一般环境作用下的钢筋混凝土构件可大于表B.2.1中水溶值的1/4～1/3。混凝土氯离子量的测试方法见附录D。

重要结构的混凝土不得使用海砂配制。一般工程由于取材条件限制不得不使用海砂时，混凝土水胶比应低于0.45，强度等级不宜低于C40，并适当加大保护层厚度或掺入化学阻锈剂。

B.2.4 矿物掺合料带入混凝土中的碱可按水溶性碱的含量计入，当无检测条件时，对粉煤灰，可取其总碱量的1/6，磨细矿渣取1/2。对于使用潜在活性骨料并常年处于潮湿环境条件的混凝土构件，可参考国内外相关预防碱-骨料反应的技术规程，如国内北京市预防碱-骨料反应的地方标准、铁路、水工等部门的技术文件，以及国外相关标准，如加拿大标准CSA C23.2-27A等。加拿大标准CSA C23.2-27A针对不同使用年限构件提出了具体要求，包括硅酸盐水泥的最大含碱量、矿物掺合料的最低用量，以及粉煤灰掺合料中的CaO最大含量。

中华人民共和国国家标准

钢筋混凝土升板结构技术规范

GBJ 130—90

主编部门：中华人民共和国原城乡建设环境保护部
批准部门：中 华 人 民 共 和 国 建 设 部
施行日期：1 9 9 1 年 3 月 1 日

关于发布国家标准《钢筋混凝土升板结构技术规范》的通知

（90）建标字第249号

根据国家计委计综〔1984〕305号文的要求，由中国建筑科学研究院会同有关单位共同制订的《钢筋混凝土升板结构技术规范》，已经有关部门会审，现批准《钢筋混凝土升板结构技术规范》，GBJ 130—90为国家标准，自1991年3月1日起施行。

本标准由建设部负责管理。具体解释等工作由中国建筑科学研究院负责。出版发行由建设部标准定额研究所负责组织。

中华人民共和国建设部

1990年5月18日

编 制 说 明

本规范是根据国家计委计综〔1984〕305号文的要求，由中国建筑科学研究院会同有关单位共同编制而成的。

本规范是在部标准《升板建筑结构设计与施工暂行规定》（JGJ 8（一）—76）和《升板建筑结构设计与施工暂行规定的补充规定》（JGJ 8（二）—79）的基础上进行了合并和修改，吸收了近十几年来的设计、施工实践经验和科研成果，增加了密肋板、格梁板设计计算和构造、盆式升板法设计与施工、现浇柱与工具柱施工以及墙体和筒体的施工等内容。在编制过程中，以多种方式广泛地征求了全国有关单位意见，反复修改，最后由我部会同有关部门审查定稿。

本规范共分十一章十一个附录。其中设计部分六章，施工部分四章，验收部分一章。这三部分的内容是紧密联系的。其主要内容有：总则，设计计算与施工的基本规定，板、柱、板柱节点、抗侧力结构的设计与施工及升板结构工程的质量标准与验收。

为了提高规范质量，请各单位在执行本规范的过程中，注意总结经验，积累资料，随时将有关意见和建议寄交中国建筑科学研究院结构所，以便今后进一步修改时参考。

建 设 部

1990年5月

目　次

主 要 符 号

作用和作用效应

M——弯矩设计值

N——轴向力设计值

V——剪力设计值

F——作用，力

q——垂直分布活荷载设计值

W、w——集中和分布风荷载

G_0 g_0——构件自身所受的重力和分布重力

计 算 指 标

B_s——短期荷载作用下的等代梁刚度

K_{fb}——等代框架梁的线刚度

K_{fc}——等代框架柱的线刚度

K_f——总框架顶点的水平刚度

K_w——总剪力墙顶点的水平刚度

E_c——混凝土的弹性模量

E_a——型钢的弹性模量

f_t——混凝土的抗拉强度设计值

几 何 参 数

I_b——等代梁的截面惯性矩

I_c——混凝土板或柱的截面惯性矩

I_a——型钢的截面惯性矩

I_{fb}——等代框架梁的截面惯性矩

I_{fc}——等代框架柱的截面惯性矩

I_w——各片剪力墙等效惯性矩之和

b_x、b_y——等代梁的计算宽度

b_{ce}——柱帽的有效宽度

B——房屋总宽度

h_s——板的截面高度

h_c——柱的截面高度

h_o——截面的有效高度

H_t——层高

H_c——柱的全高

H_w——墙体的悬臂高度

H——房屋总高度

l——柱距

l_x、l_y——等代梁的计算跨度

l_o——柱的计算长度

e_o——偏心距

T_l——基本周期

θ——柱帽倾斜面与柱轴线的夹角

u_m——冲切破坏锥体面的平均周边长度

u^t 或 v^t——建筑物顶点 X 或 Y 方向的位移

u_i 或 v_i——X 或 Y 方向的层间位移

$w_A \sim w_F$——支座 A～F 的竖向位移

计 算 系 数

α——次梁的有效刚度系数

γ_F——折算荷载修正系数

ξ——变刚度等代悬臂柱的截面刚度修正系数

η——偏心距增大系数

μ——计算长度系数

λ_{cb}——柱帽半宽与等代框架梁跨度之比

λ_{cc}——柱帽计算高度与柱高之比

λ_b^l、λ_b^r——等代框架梁左、右端刚域长度与梁跨度之比

λ_c^u、λ_c^l——柱上、下端刚域长度与柱高之比

ψ_b^l、ψ_b^r——带刚域梁左、右端的线刚度修正系数

ψ_c^u、ψ_c^l——带刚域柱上、下端的线刚度修正系数

第一章 总 则

第 1.0.1 条 为了在升板结构的设计与施工中贯彻执行国家的技术经济政策，做到技术先进、经济合理、安全适用、确保质量，特制订本规范。

第 1.0.2 条 本规范适用于屋面高度不超过 50m 和设防烈度不超过 8 度的工业与民用建筑的钢筋混凝土升板结构的设计与施工。

第 1.0.3 条 升板结构的设计与施工，应采用合理的设计与施工方案，编制施工组织设计，并严格执行质量检查与验收制度。

第 1.0.4 条 本规范按现行国家标准《建筑结构设计统一标准》、《建筑结构设计通用符号、计量单位和基本术语》、《混凝土结构设计规范》、《建筑抗震设计规范》、《建筑结构荷载规范》并结合升板结构的特点而编制的。在设计与施工时，尚应符合国家有关其它规范的规定。

第二章 设计计算与施工的基本规定

第 2.0.1 条 升板结构的整体布置应保证建筑物在施工及使用过程中的稳定性。建筑物中的电梯井、楼梯间等可作为抗侧力结构，在提升过程中尚可利用相邻坚固建筑物作为升板结构的临时支撑。

第 2.0.2 条 升板结构的平面与柱网可灵活布置，有抗震设防要求时，结构布置宜均匀、对称，其刚度中心宜与质量中心重合。

第 2.0.3 条 升板结构的承载力应采用下列公式进行设计和计算:

一、非抗震设计时:

$$\gamma_0 S < R \tag{2.0.3-1}$$

二、抗震设计时:

$$S < R / \gamma_{RE} \tag{2.0.3-2}$$

式中 γ_0——结构重要性系数，对安全等级为一级、二级、三级的结构构件，应分别取 1.1、1.0、0.9。结构安全等级应按国家标准《建筑结构设计统一标准》(GBJ68-84) 的规定确定；

S——内力设计值。包括轴力设计值、弯矩设计值、剪力设计值、扭矩设计值等。应根据不同的结构构件，按施工和使用两个阶段分别计算确定；

R——结构构件的承载力设计值；

γ_{RE}——结构构件承载力的抗震调整系数。

三、承载力的抗震调整系数按表 2.0.3 取用。

钢筋混凝土结构构件承载力抗震调整系数　　表 2.0.3

结构构件名称	γ_{RE}
受弯梁板和轴压比不大于 0.15 的柱偏压	0.75
轴压比大于 0.15 的柱偏压	0.80
剪力墙偏压、偏拉	0.85
各类构件受剪	0.90

注：本规范中的"剪力墙"即为现行国家标准《建筑抗震设计规范》中的"抗震墙"。

第 2.0.4 条　升板结构应按提升与使用两个阶段设计。结构的截面尺寸、配筋宜由使用阶段的内力控制。提升阶段的提升程序及板柱节点的连接固定措施，应由施工单位与设计单位共同商定。

第三章　板的设计

第一节　一般规定

第 3.1.1 条　升板结构根据柱网尺寸、荷载大小、刚度和开洞要求及施工条件，可采用钢筋混凝土和预应力混凝土平板、密肋板及格梁板等型式。

第 3.1.2 条　钢筋混凝土平板的厚度，不应小于柱网长边尺寸的 1／35；密肋板的肋高（包括面板厚度），不应小于柱网长边尺寸的 1／30；格梁板梁高（包括面板厚度），不应小于柱网长边尺寸的 1／20。

第 3.1.3 条　板在提升和使用阶段的计算，应按板的纵横两个方向进行。

提升阶段板的安全等级，可降低一级，但不得低于三级。

第 3.1.4 条　密肋板的肋间距、高度、宽度及面板厚度符合构造要求时，其内力可采用 T 形截面特征按平板计算。

第 3.1.5 条　常用矩形柱网平板、密肋板和格梁板的内力可按本章规定的简化方法计算；对柱网较特殊的板、受集中荷载及开孔的板，可应用有限元等方法作专门分析计算。

第二节　提升阶段计算

第 3.2.1 条　提升阶段板的内力设计值 S_L 应按下式计算：

$$S_l=(\gamma_G C_G G_k+\gamma_{CQ} C_{CQ} Q_{Ck})\cdot K+\gamma_l C_l W_l \quad (3.2.1)$$

式中　γ_G——板自重作用分项系数，应为 1.2；

γ_{CQ}——板上施工荷载与堆砖荷载作用分项系数，应为 1.4；

γ_l——提升差异作用分项系数，应取 1.25；

G_k——板自重标准值(kPa)；

Q_{Ck}——楼板上的施工荷载，宜取 0.5kPa，顶层板施工荷载宜取小于 1.5kPa，当采用升提或升滑施工时可取 2.5kPa；若有堆砖荷载则另加，其堆砖荷载值不宜大于 0.5kPa；

W_l——板的提升差异值或搁置差异值，按本章规定取用；

K——动力系数，应取 1.2；

C_G、C_{CQ}、C_l——分别为板自重、施工荷载和提升差异的作用效应系数。

第 3.2.2 条　提升阶段，板的纵横两个方向的弯矩，可采用等代梁法按下列规定进行计算：

一、等代梁的计算跨度，应取柱子中心线之间的距离。相应的计算宽度应取垂直于计算跨度方向的两相邻区格板中心线之间的距离（图 3.2.2）。

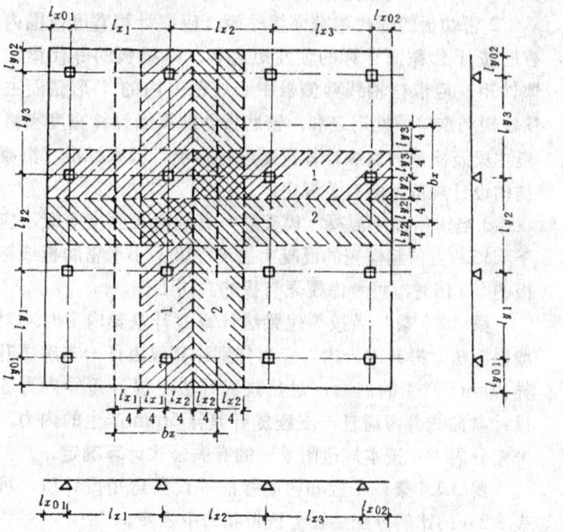

(a)

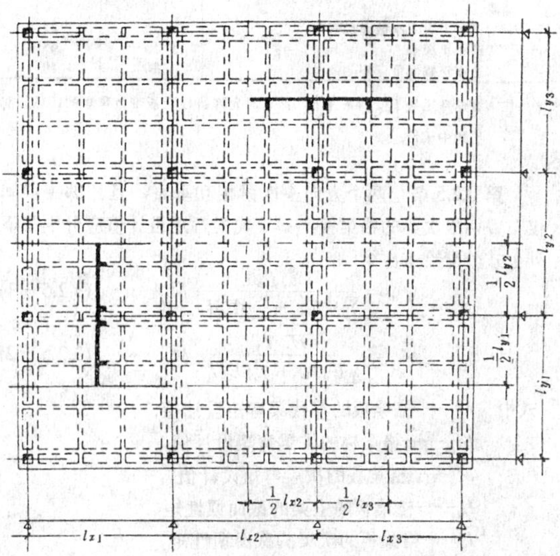

(b)

图 3.2.2　板带划分及等代梁

(a) 平板和密肋板；(b) 格梁板

1—柱上板带；2—跨中板带

l_x、l_y—等代梁计算跨度；b_x、b_y—等代梁计算宽度

二、短期荷载作用下等代梁的刚度可按下式计算：

$$B_s = 0.85E_c I_b \quad (3.2.2-1)$$

式中 E_c——板的混凝土弹性模量；

I_b——等代梁的截面惯性矩。

三、等代梁截面惯性矩应按下列规定确定：

1.平板的等代梁截面惯性矩应按下式计算：

$$I_b = \frac{b_y h_s^3}{12} \text{或} \frac{b_x h_s^3}{12}; \quad (3.2.2-2)$$

式中 h_s——平板的截面高度。

2.密肋板的等代梁截面惯性矩，应取计算宽度范围内所有肋按T形截面计算的惯性矩之和。格梁板的等代梁截面惯性矩，应取柱轴线两侧板中心线范围内的T形截面主梁惯性矩与次梁惯性矩之和。密肋板肋的翼缘计算宽度和格梁板主梁及次梁的翼缘计算宽度应符合现行国家标准《混凝土结构设计规范》的有关规定；

3.当采用预制混凝土模壳时，其混凝土强度等级不应低于C15。当预制模壳的混凝土强度等级不小于密肋板或格梁板的0.6倍时，可考虑模壳与板的共同工作。

第3.2.3条 当按等代梁法计算提升差异内力时，对一般提升法，提升差异内力应为分别计算仅由任一支座提升差异10mm产生的内力；对盆式提升法，提升差异内力应按设计盆曲线并考虑任一支座提升差异5mm产生的内力。提升差异内力应按本规范附录一的有关公式计算确定。

第3.2.4条 平板和密肋板的等代梁弯矩设计值，可按表3.2.4的比例分配给柱上板带和跨中板带。

平板与密肋板柱上板带和跨中板带弯矩分配比例　表3.2.4

截面位置	柱上板带(%)	跨中板带(%)
内跨：		
支座截面负弯矩	75	25
跨中正弯矩	55	45
端跨：		
第一个内支座截面负弯矩	75	25
跨中正弯矩	55	45
边支座截面负弯矩	90	10

注：在总弯矩量不变的条件下，必要时允许将柱上板带负弯矩的10%分配给跨中板带。

第3.2.5条 两个方向主次梁相互垂直，且相邻主梁间仅布置两根次梁的格梁板，其等代梁弯矩设计值应分别按下列公式分配给主次梁：

$$M_m = \frac{E_c I_m}{\sum E_c I_m + \sum \alpha E_c I_s} M \quad (3.2.5-1)$$

$$M_s = \frac{\alpha E_c I_s}{\sum E_c I_m + \sum \alpha E_c I_s} M \quad (3.2.5-2)$$

式中 M——格梁板的等代梁弯矩设计值；

M_m——格梁板的主梁弯矩设计值；

M_s——格梁板的次梁弯矩设计值；

I_m——格梁板的主梁的截面惯性矩；

I_s——格梁板的次梁的截面惯性矩；

α——弯矩分配时次梁有效刚度系数，可按本规范附录三取用。其他情况的格梁板可按交叉梁结构计算。

第三节　使用阶段计算

第3.3.1条 使用阶段板的内力设计值S应按下列公式计算：

一、非抗震设计时：

$$S = \gamma_G C_G G_k + \gamma_s C_s W_s + (\gamma_Q C_Q Q_k + \gamma_w C_w W_k)\psi_w \quad (3.3.1-1)$$

二、抗震设计时：

$$S = \gamma_G C_G G_k + \gamma_G C_Q Q_E + \gamma_s C_s W_s + \gamma_{Eh} C_{Eh} E_{hk} \quad (3.3.1-2)$$

式中 γ_w——风荷载作用分项系数，应取1.4；

γ_s——板就位差异作用分项系数，应取1.25；

γ_Q——活荷载作用分项系数，当活荷载小于$4kN/m^2$时取1.4，否则取1.3；

γ_{Eh}——水平地震作用分项系数，应取1.3；

ψ_w——风荷载组合系数，应取0.85；

Q_k——活荷载标准值（kPa）；

W_s——就位差异值。一般方法提升的就位差异值取5mm，当采用盆式搁置的就位差异值取3mm；

W_k——风荷载标准值（kPa）；

Q_E——活荷载地震组合值。对按实际情况计算的活荷载取100%；按等效楼面均布活荷载计算的书库、档案库取80%；一般民用建筑取50%；

E_{hk}——水平地震作用的标准值，按本规范第6.2.3条规定进行计算；

C_G、C_s——分别为板自重和就位差异的作用效应系数；

C_Q——活荷载作用效应系数；

C_{Eh}——水平地震作用效应系数；

C_w——风荷载作用效应系数。

第3.3.2条 使用阶段板的重力（不考虑动力系数）及就位差异所产生的内力，仍可按本章第3.2.2条、第3.2.3条的规定进行计算。

第3.3.3条 当垂直荷载作用下的平板和密肋板，采用经验系数法计算使用阶段板的内力时，应符合下列要求：

一、活荷载为均布荷载，且不大于恒荷载的三倍；

二、在使用阶段每个方向至少应有三个连续跨；

三、任一区格内的长边与短边之比不应大于1.5；

四、在同一方向上的最大跨度与最小跨度之比不应大于1.2。

第3.3.4条 按经验系数法计算时，应先算出除板所受的重力外的所有垂直分布活荷载产生的板的总弯矩设计值，然后按表3.3.4确定柱上板带和跨中板带的弯矩设计值。

经验系数法板带弯矩值　表3.3.4

截面位置	柱上板带	跨中板带
内跨：		
支座截面负弯矩	$0.50M_x(M_y)$	$0.17M_x(M_y)$
跨中正弯矩	$0.18M_x(M_y)$	$0.15M_x(M_y)$
端跨：		
第一个内支座截面负弯矩	$0.50M_x(M_y)$	$0.17M_x(M_y)$
跨中正弯矩	$0.26M_x(M_y)$	$0.22M_x(M_y)$
边支座截面负弯矩	$0.33M_x(M_y)$	$0.04M_x(M_y)$

注：①在总弯矩量不变的条件下，必要时允许将柱上板带负弯矩的10%分配给跨中板带。

②表3.3.4为无悬臂板的经验系数，对较小悬臂板仍可采用，当悬臂较大且其负弯矩大于边支座截面负弯矩时，应计算悬臂弯矩对边支座与内跨的影响。

对 x 方向板的总弯矩设计值，应按下式计算：

$$M_x=\frac{qb_y(l_x-\frac{2b_{ce}}{3})^2}{8} \qquad (3.3.4-1)$$

对 y 方向板的总弯矩设计值，应按下式计算：

$$M_y=\frac{qb_x(l_y-\frac{2b_{ce}}{3})^2}{8} \qquad (3.3.4-2)$$

式中 b_{ce}——柱帽在弯矩方向的有效宽度与无梁楼盖的要求相同；当无柱帽时取零；

q——垂直分布活荷载设计值(kPa)。

第 3.3.5 条 当不符合本规范第 3.3.3 条中任一款的平板和密肋板以及格梁板，均可采用等代框架法按下列规定进行计算：

一、垂直荷载作用下等代框架的计算宽度，可取垂直于计算跨度方向的两个相邻区格板中心线之间距离（图 3.3.5）；在侧向力作用下其计算宽度按本规范第 6.2.5 条采用；

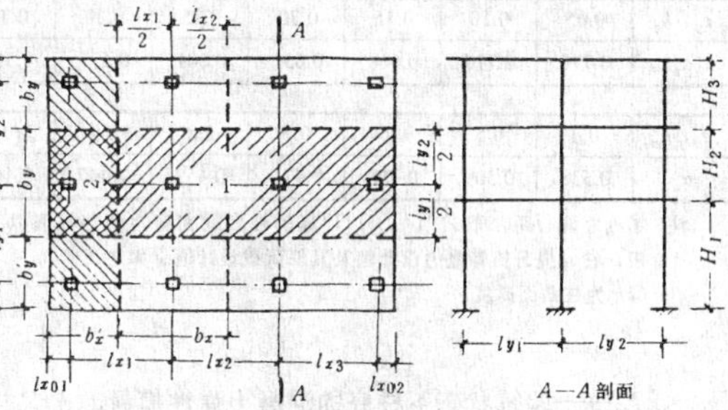

图 3.3.5 平板、密肋板及格梁板的等代框架

1——中间框架；2——边框架；

l_x、l_y——等代框架梁计算跨度；b_x、b_y——等代框架梁计算宽度

二、平板与密肋板的等代框架梁、柱以及格梁板的等代框架柱的线刚度，应按本规范第 6.2.6 条和第 6.2.7 条规定计算。格梁板的等代框架梁一般不考虑柱帽的作用，梁刚度可按本规范第 3.2.2 条规定计算；

三、宜考虑活荷载的不利组合。

第 3.3.6 条 由等代框架法计算的弯矩，应按以下规定进行分配：

一、当平板与密肋板的任一区格长边与短边之比不大于 2 时，仍可按表 3.2.4 比例分配给柱上板带和跨中板带。对有柱帽的等代框架，其支座负弯矩应取刚域边缘处的值（图 3.3.6），然后分配给柱上板带和跨中板带；

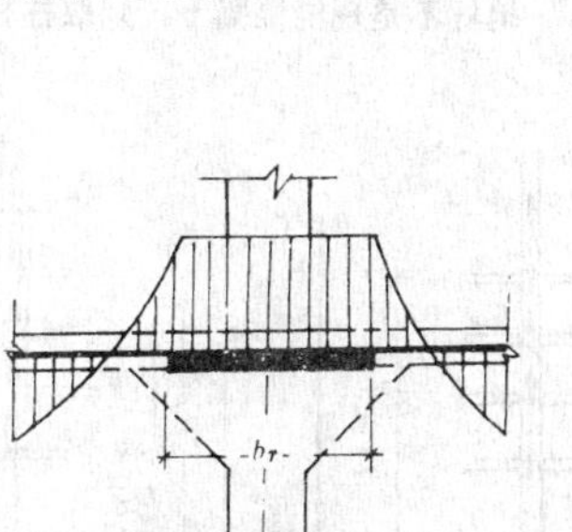

图 3.3.6 有柱帽等代框架梁在垂直荷载作用下支座弯矩取值

b_r——刚域区

二、格梁板的等代框架弯矩，可按公式（3.2.5−1）和（3.2.5−2）分配给主梁及次梁。

第 3.3.7 条 当有柱帽时，由本规范第 3.3.4 条和第 3.3.6 条第一款所算得的各板带弯矩，除边支座和边跨跨中外，均应乘以 0.8 系数。

按本规范第 3.3.2 条算得的支座弯矩也应乘以 0.8 系数。

密肋板各板带内的弯矩，可按肋的刚度大小分配。

第 3.3.8 条 由水平荷载产生的内力，应根据有关规范规定组合到柱上板带或格梁板的主梁上。有柱帽的平板、密肋板，支座负弯矩应取梁刚域边缘处的值（图 3.3.8）。

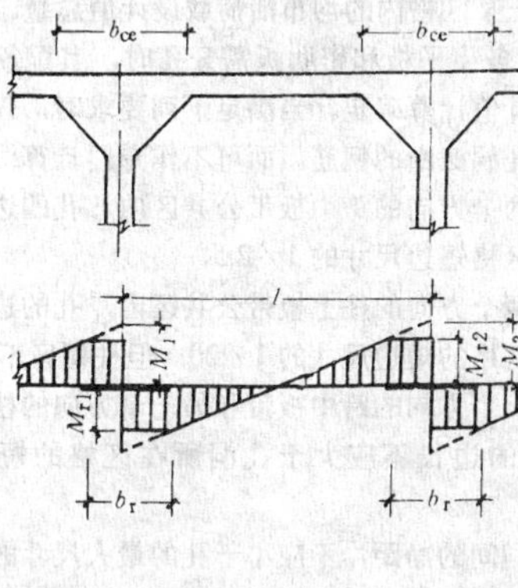

图 3.3.8 有柱帽等代框架梁在水平荷载作用下支座弯矩取值

M_{r1}、M_{r2}——等代框架梁刚域边缘处的弯矩值；

M_1、M_2——等代框架梁左、右端的弯矩设计值；

l——柱距

第四节 构造与配筋

第 3.4.1 条 临时划分的提升单元之间，板可预留宽为 1／4～1／3 板跨的后浇板带，待板就位固定后再灌筑混凝土，其连接钢筋应适当加强并有足够的搭接长度。

第 3.4.2 条 密肋板的肋净距不宜大于 800mm，肋宽不宜小于 80mm，肋高不宜大于肋宽的 3 倍。密肋板的现浇面板厚度不宜小于 40mm。

第 3.4.3 条 板内钢筋应由提升与使用两个阶段计算所得内力设计值的较大值决定。

第 3.4.4 条 在配置柱帽处的负弯矩钢筋时，不考虑后浇柱帽的作用，仍采用板的有效高度计算。

板内钢筋的配置应符合下列规定：

一、平板或密肋板按两个方向的柱上板带和跨中板带配置。

二、格梁板也应按两个方向的主梁及次梁配筋。支承于格梁上的板按多区格连续板计算与配筋。当采用预制钢筋混凝土模壳时，其板内的配筋应由使用阶段连续板的正弯矩按板与混凝土模壳组成的迭合截面配筋，同时应满足施工阶段的需要。

三、平板内的钢筋形式，可按本规范附录二附图 2.1 配置。

第 3.4.5 条 密肋板在柱帽区宜做成实心板，在肋中配有负弯矩钢筋的范围内，宜配置构造用的封闭箍筋。箍筋直径不应小于 4mm，间距不应大于肋高，且不应大于 250mm。

密肋板主筋的配置长度可采用平板的规定。密肋板面板应配置双向钢筋网，其直径不小于 4mm，间距不大于 300mm。

第 3.4.6 条 平板边缘上、下应各设置一根直径不宜小于 16mm 的通长钢筋，也可利用原有配筋拉通；密肋板的边肋上下应至少各设二根直径不小于 16mm 通长钢筋，并配置构造用的封闭箍筋。

第 3.4.7 条 板面有集中荷载时，其配筋应由计算确定。当楼板上某区格内的集中荷载设计值不大于该区格内均布活荷载设计值总量的 10%时，可按荷载折算总量为 F_t 的折算均布活荷载设计值进行计算：

$$F_t = 1 \cdot 1(F + F_q) \tag{3.4.7}$$

式中 F——某区格内的集中荷载设计值；

F_q——某区格内的均布活荷载设计值总量。

第 3.4.8 条 平板和密肋板需开孔时，其配筋应由开孔板的内力设计值计算确定。当满足下列要求时，仅需在板孔周边补足被孔洞截断的钢筋，而可不作专门计算：

一、在两个方向的跨中板带公共区内，孔的边长不应大于孔洞所在区格短边尺寸的 1／2.5；

二、在两个方向的柱上板带公共区内，孔的边长不应大于孔洞所在区格的短边尺寸的 1／20，但柱帽区不得开孔；

三、在一个方向的跨中板带和另一个方向的柱上板带公共区内，孔的边长不应大于孔洞所在区格的短边尺寸的 1／8；

四、孔洞间的净距，不应小于孔的最大尺寸的三倍。

当上述孔洞边长大于 1m 时或截断密肋板的肋时，应在孔的周边加圈梁或型钢，以补足被孔洞削弱的板或肋的截面刚度。

第四章 柱 的 设 计

第一节 一 般 规 定

第 4.1.1 条 升板结构可根据工程的场地和设备条件，选用现浇或预制钢筋混凝土柱。

预制柱高度与截面较小边尺寸之比，不宜大于 50。

第 4.1.2 条 升板结构的柱应按提升阶段和使用阶段进行计算。预制柱还应进行吊装阶段的验算。

提升阶段的柱应按实际的提升程序，对搁置状态和正在提升的状态进行群柱稳定验算。各柱尚应进行偏心受压承载力验算。

使用阶段的柱应按框架柱进行设计。

第 4.1.3 条 升板结构柱采用接柱时，接头部位应进行承载力验算，接头及其附近区段内截面的承载力应不小于该截面计算承载力的 1.3 倍。

第 4.1.4 条 升板结构抗震设计时，柱的内力设计值由本章第二节及第三节叠加后应按现行国家标准《建筑抗震设计规范》进行效应组合和调整。柱的截面和配筋，应按现行国家标准《混凝土结构设计规范》有关规定进行设计和计算。

第二节 提 升 阶 段 验 算

第 4.2.1 条 升板结构在提升阶段应对各个提升单元进行群柱稳定性验算。其计算简图可取一等代悬臂柱，其惯性矩为这个提升单元内所有单柱惯性矩的总和，并承担单元内的全部荷载。

第 4.2.2 条 升板结构柱的群柱稳定性应由等代悬臂柱偏心距增大系数验算确定。偏心距增大系数为负值或大于 3 时，应首先改变提升工艺，必要时再加大柱截面尺寸或改进结构布置。偏心距增大系数应按下式计算：

$$\eta = \frac{1}{1 - \dfrac{\gamma_F F_C}{10\alpha_a \xi E_c^b I_c^b} l_0^2} \tag{4.2.2}$$

式中 γ_F——折算荷载修正系数，宜取 1.10；

l_0——计算长度，可按本规范第 4.2.3 条采用；

F_c——提升单元内等代悬臂柱总的折算垂直荷载，可按本规范第 4.2.4 条计算；

α_a——升板结构柱提升阶段实际工作状态的系数，根据偏心距与柱截面高度之比可按表 4.2.2 取用；

α_a值 表 4.2.2

e_0/h_c	0.05	0.10	0.15	0.20	0.25	0.30	0.35
α_a	0.776	0.715	0.668	0.631	0.601	0.577	0.555
e_0/h_c	0.4	0.5	0.6	0.7	0.8	0.9	≥1.0
α_a	0.538	0.509	0.488	0.471	0.459	0.447	0.440

注：①e_0为偏心距，取式（4.2.5）计算的柱底最大弯矩值与柱底以上的板、柱、提升机等重力设计值及其他荷载设计值总和之比值；
②h_c为柱截面高度。

E_c^b——验算状态下柱底的混凝土弹性模量；采用预制柱时，可根据混凝土强度等级按有关规范查用；采用升提或升滑法的柱时，可根据当时混凝土的抗压极限强度确定；

I_c^b——提升单元内所有单柱柱底混凝土截面惯性矩总和；

ξ——变刚度等代悬臂柱的截面刚度修正系数；当采用预制柱时取 1.0；当采用升提或升滑法的柱时，可按本规范附录四查用。

第 4.2.3 条 提升阶段柱的计算长度应按下式计算：

$$l_0 = 2H_{nl} \tag{4.2.3-1}$$

式中 H_{nl}——承重销底距柱底的高度。验算搁置状态时取最高一层永久或临时搁置板处的承重销底距柱底的高度（图 4.2.3-1）。若验算正在提升的状态时，则取提升机处的承重销底距柱底的高度（图 4.2.3-2）。柱底一般取混凝土地坪面，如地坪不是现浇混凝土，则取柱杯口面。

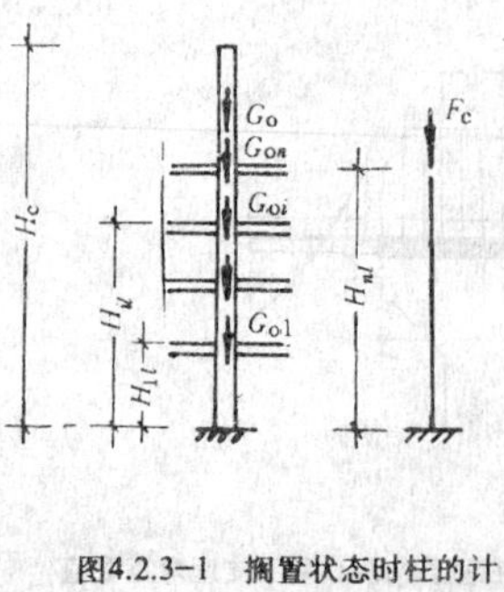

图4.2.3-1 搁置状态时柱的计算简图

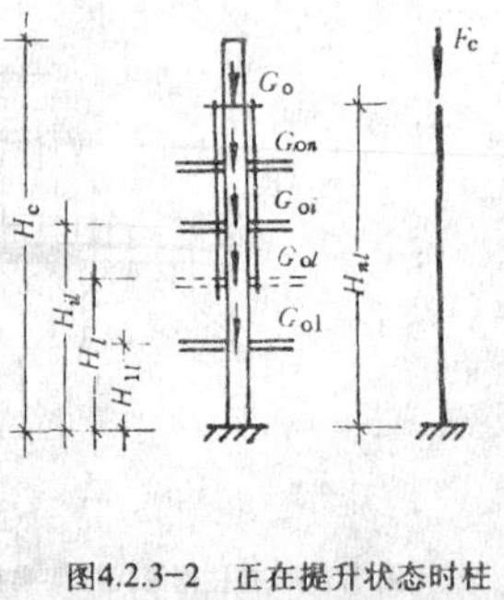

图4.2.3-2 正在提升状态时柱的计算简图

但对下列情况应作相应修改：

一、若下面一层或数层的板已就位且板柱节点已形成可靠的刚接时，柱底可取最高刚接层的层高一半处（图4.2.3-3、图4.2.3-4），其计算长度可按下式计算：

$$l_0 = 2H'_{nl} \qquad (4.2.3-2)$$

式中 H'_{nl}——柱底以上的悬臂柱高度。其垂直荷载、风荷载及验算截面均以相应的柱底计算。

当后浇柱帽的强度达到10MPa时，柱底位置取在该层层高的一半处；

当有柱帽节点，但未浇筑柱帽前把全部柱与板进行符合无柱帽节点要求的可靠焊接时，柱底位置取在该层层高的1／4～1／3处；

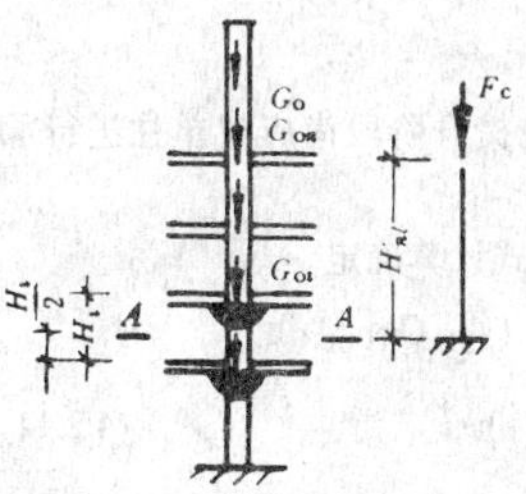

图4.2.3-3 一层或数层节点刚接后搁置状态时柱的计算简图

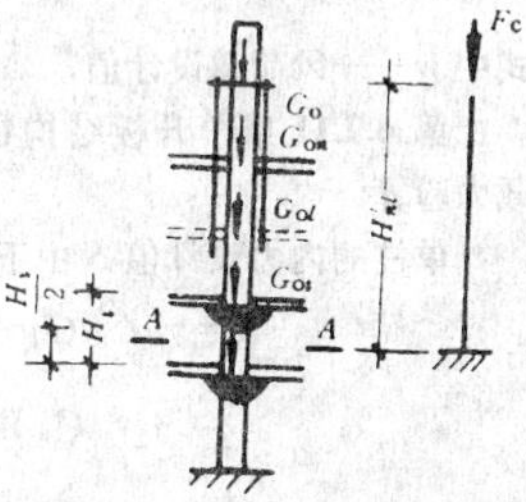

图4.2.3-4 一层或数层节点刚接后正在提升状态时柱的计算简图

二、当一个提升单元有对称布置的内筒体或在两个方向均有在施工阶段可起剪力墙作用的墙体（其间距不应大于横向尺寸的三倍），并在提升和搁置状态均至少有一层楼板与其可靠连接时，柱计算长度可按下式计算：

$$l_0 = \mu H_{nl} \qquad (4.2.3-3)$$

式中 μ——计算长度系数。其值与内竖筒或剪力墙的刚度及连接位置有关，可按本规范附录五取用。

三、当采用上承式承重销搁置板时，每层板应用楔块楔紧以传递水平力，否则应按受荷最大的单柱进行稳定性验算。

第4.2.4条 验算搁置状态的群柱稳定性时，折算荷载应按下列公式计算：

$$F_c = \sum_{i=1}^{n} G_{0i}\beta_i + G_{0c} + G_0 \qquad (4.2.4-1)$$

$$G_{0c} = \gamma_c g_{0l} H_c \left(\frac{H_c}{H_{nl}}\right)^2 \qquad (4.2.4-2)$$

若验算一层（或叠层）板正在提升而其他各层处于搁置状态的群柱稳定性时，折算荷载应按下式计算：

$$F_c = G_{0l}\gamma_1 + \sum_{i=1}^{n-1} G_{0i}\beta_i + G_{0c} + G_0 \qquad (4.2.4-3)$$

式中 n——层数；

G_{0i}——永久或临时搁置的第i层板所受的重力设计值和按实际情况采用的其他荷载设计值。屋面施工荷载标准值，对预制柱升板取0.5kPa，升提、升滑法取1.5kPa，楼面施工荷载在一般情况下可不计入；

G_{0c}——折算的柱重力总和；

G_{0l}——正在提升的一层板（或叠层提升的数层板）所受的总重力及按实际情况采用的其他荷载，荷载取值与G_{0i}相同，不乘动力系数；

G_0——提升单元内直接放在每个柱上的提升机等设备的重力设计值总和；

β_i——搁置折算系数，当柱无侧向支承时按表4.2.4-1采用；

γ_1——提升折算系数，可按表4.2.4-2采用；

γ_c——柱重力折算系数，当柱无侧向支承时取0.315；若柱与内竖筒或剪力墙有连接时取0.385；

g_{0l}——提升单元内所有单柱单位长度的重力设计值总和；

H_c——柱底截面以上的柱全高。

β_i值 **表4.2.4-1**

H_{il}/H_{nl} 工作状态	0	0.1	0.2	0.3	0.4	0.5
柱无侧向支承	0	0.002	0.013	0.042	0.097	0.132
柱有侧向支承	0	0.063	0.192	0.316	0.397	0.426

续表

H_{il}/H_{nl} 工作状态	0.6	0.7	0.8	0.9	1.0
柱无侧向支承	0.297	0.442	0.613	0.802	1.00
柱有侧向支承	0.430	0.475	0.584	0.750	1.00

注：H_{il}为第i层板永久或临时搁置处的高度。

γ_1值 **表4.2.4-2**

H_1/H_{nl}	0	0.1	0.2	0.3	0.4	0.5
γ_1	0.250	0.187	0.152	0.149	0.182	0.250

H_1/H_{nl}	0.6	0.7	0.8	0.9	1.0
γ_1	0.352	0.485	0.642	0.816	1.000

注：H_1为验算正在提升状态时被正在提升的一层板（或叠层提升的数层板）的高度。

第4.2.5条 升板结构柱由本规范第4.2.6条确定的风荷载以及柱竖向偏差所产生的柱底最大弯矩M可按下式计算：

$$M = \sum_{i=1}^{n} W_i H_{il} + \frac{1}{2} w H_c^2 + \sum_{i=1}^{n} \frac{1}{1000} G_{0i} H_{il} \qquad (4.2.5)$$

式中 W_i——第i层板处所受的集中风荷载设计值的总和（包括该层板上墙体、堆砖所受的风荷载）；

w——提升单元内全部柱所受均布风荷载设计值，当柱较高时尚应考虑风荷载沿高度的变化；

G_{0i}、H_{il}——分别按本规范第4.2.4条采用，当验算正在提升的状态时，也相应取第4.2.4条的G_{0l}与H_{nl}。

第4.2.6条 升板结构柱提升阶段风荷载的标准值一般可取七级风的风荷载（风压值为0.18kPa）。大于上述风级时，应暂停提升并采取相应措施，确保群柱的稳定性。

当该提升单元有外墙体时，在顶层板以上应采用各柱风荷载的总和，在顶层板以下应采用墙和柱实际所受的风荷载。

第 4.2.7 条 升滑、升提施工的劲性钢筋混凝土柱的钢骨架，尚应按现行国家标准《钢结构设计规范》验算单柱的承载力和稳定性（格构式偏心受压构件弯曲平面内的整体稳定性、单肢稳定性及缀材的承载力）。钢骨架的柱高为δH_{nl}（本规范附图 4.1），计算长度可取为 $3\delta H_{nl}$。当劲性钢筋混凝土柱与预制钢筋混凝土柱连接时，钢骨架柱计算长度可取 $2.5\delta H_{nl}\sim 3.0\delta H_{nl}$，当计算长度大于 $2H_{nl}$ 时取 $2H_{nl}$。停歇孔处以外的缀材可采用钢筋缀条。

第 4.2.8 条 采用升提或升滑施工时应符合墙体稳定性的要求，其悬臂高度不应大于表 4.2.8 的允许值。

当墙面开孔时（图 4.2.8-1），表 4.2.8 中的墙体允许悬臂高度应乘以下折算系数 ψ_w:

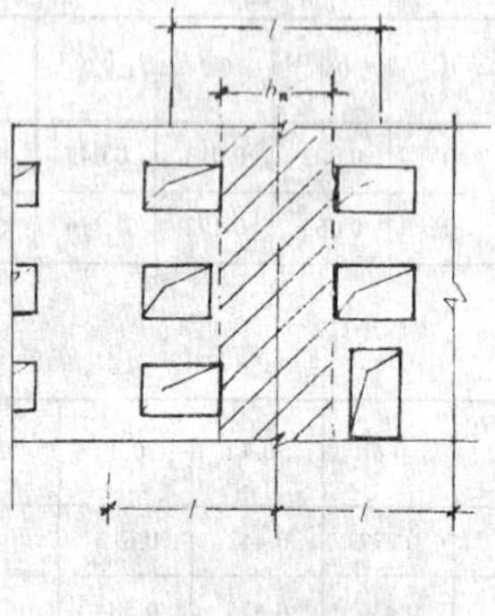

图 4.2.8-1 墙的净宽度 b_n

$$\psi_w=\sqrt[3]{\frac{b_n}{(1-\gamma_w)l}} \qquad (4.2.8)$$

式中 l——柱距；

b_n——该柱距中墙的净宽度；

γ_w——墙面开孔率。

墙体的悬臂高度，当墙体与楼板无可靠连接时，取墙体基础顶面或混凝土地坪面至墙体顶面间的距离；当有可靠连接时，取与墙体连接的最高一层楼板与次一层楼板之间中点至墙体顶面间的距离（图 4.2.8-2）。

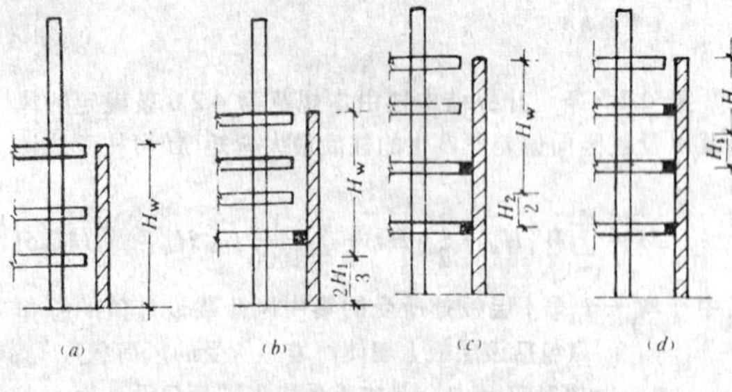

图 4.2.8-2 墙体悬臂高度

图 4.2.8-2 中的（*b*）、（*c*）、（*d*）三种情况的墙体与板应有可靠的连接，其间距不应大于柱距或 6m。

墙体允许悬臂高度（H_w） 表 4.2.8

墙厚 t(mm)	150	200	250	300	350	400
(H_w) (m)	13	15	17	19	21	23

第 4.2.9 条 楼板与墙体间的连接件在施工阶段应按承受墙体允许悬臂高度范围内的风荷载进行抗拉、抗压、抗剪承载能力验算，并应对墙体连接点处的混凝土进行局部挤压承载力验算，验算时可取七级风的风压值为 0.18kPa。

第 4.2.10 条 升提或升滑施工的墙体在施工阶段还应按钢筋混凝土受弯构件进行承载力验算。若所需配筋过多，宜采取改变提升程序，增加连接等措施。

不开孔墙体承载力验算时每米宽度的弯矩 m，应按下式计算:

$$m=0.6w[H_w]^2 \qquad (4.2.10-1)$$

开孔墙体承载力验算时每米宽度的弯矩，应按下式计算:

$$m=0.6w\frac{l_b}{b_n}(1-\gamma_w)[H_w]^2 \qquad (4.2.10-2)$$

式中 w——风荷载设计值。

第 4.2.11 条 升板结构在提升阶段尚应对单柱进行承载力验算:

单柱的内力设计值 S 由下式计算确定:

$$S=\gamma_G C_G G_k+(\gamma_{CQ}C_{CQ}Q_{Ck}+\gamma_w C_w W_k)\psi_w \qquad (4.2.11)$$

式中 γ_G——自重作用分项系数，应取 1.2;

γ_Q——施工活荷载作用分项系数，应取 1.4;

ψ_w——风荷载组合系数，应取 0.85;

G_k——单柱所承担的板、柱及其节点的自重标准值(kPa);

Q_{Ck}——单柱所承担的施工活荷载标准值（kPa）;

W_k——单柱所承担的风荷载标准值（kPa）;

C_G、C_{CQ}、C_w——分别为自重、施工活荷载等作用效应系数。

单柱的轴力设计值应按实际的垂直荷载计算，单柱的弯矩设计值采用式（4.2.5）并乘以偏心距增大系数，在提升单元内按各柱的刚度分配确定。

第三节 使用阶段计算

第 4.3.1 条 使用阶段柱的内力设计值 S_c 应按下列公式计算:

一、非抗震设计时:

$$S_C=\gamma_G C_G G_k+(\gamma_Q C_Q Q_k+\gamma_w C_w W_k)\psi_w \qquad (4.3.1-1)$$

二、抗震设计时:

$$S_C=\gamma_G C_G G_k+\gamma_G C_Q Q_E+\gamma_{Eh}C_{Eh}E_{hk} \qquad (4.3.1-2)$$

式中 G_k——板、柱及板柱节点自重标准值（kPa）;

C_G——板、柱及板柱节点自重作用效应系数。

第 4.3.2 条 对非抗震设计的升板结构，按经验系数法计算时，板柱节点处上柱和下柱弯矩设计值之和 M_c 可采用以下数值:

$$\begin{aligned}&\text{中柱: } M_c=0.25M_x(M_y)\\&\text{边柱: } M_c=0.40M_x(M_y)\end{aligned} \qquad (4.3.2)$$

式中 $M_x(M_y)$——按本规范第 3.3.4 条计算的板总弯矩设计值。中柱或边柱的上柱和下柱的弯矩设计值可根据式(4.3.2)的值按线刚度分配。

升板结构按等代框架法计算时，柱上端及下端弯矩设计值取实际计算结果。当有柱帽时，柱上端的弯矩设计值取柱刚域边缘处的值。

第 4.3.3 条 使用阶段柱应分别对最不利荷载组合下内力最大的截面和被孔洞削弱的截面应进行承载力计算。

第 4.3.4 条 劲性钢筋混凝土柱应按专门的规范进行设计计算。使用阶段验算时，若柱配筋率在 5%以下时，可按钢筋混凝土柱验算。

第五章 板柱节点设计

第一节 板 柱 节 点

第 5.1.1 条 板柱节点的选型应以安全可靠、经济合理、施工方便为原则，并应满足建筑功能的要求，一般可采用后浇柱帽节点，如直线型、折线型、圆锥型等型式，和无柱帽节点，如承重销、剪力块及暗销等型式。

无柱帽节点宜用于密肋板和格梁板，当用于平板时，板内应采用型钢提升环。

第 5.1.2 条 后浇柱帽节点中的板与柱应有可靠的刚性连接措施（图 5.1.2），并按下列要求进行验算：

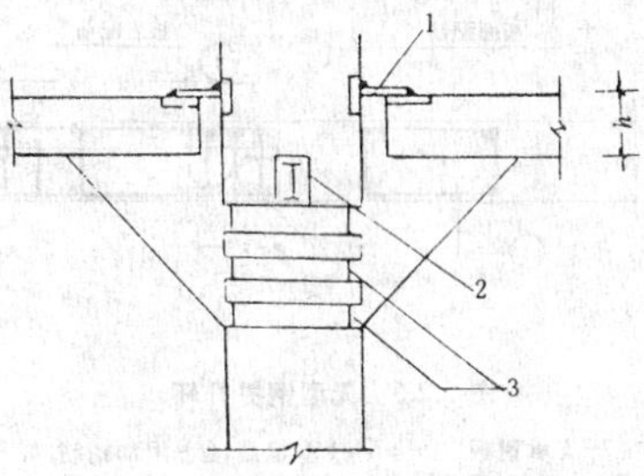

图 5.1.2 后浇柱帽节点

1——板柱连接件；2——承重销；3——齿槽

一、柱帽尺寸应根据现行国家标准《混凝土结构设计规范》规定由板冲切承载力验算确定。其荷载计算应考虑板的重力、使用荷载及水平荷载；

二、柱帽中的承重销可按本规范第 5.2.6 条进行承载力验算。其荷载计算应考虑板的重力、施工荷载以及就位差异所产生的反力，计算时可不考虑动力系数；

三、后浇柱帽与柱之间的齿槽应能承受板的重力以外的全部荷载。齿槽抗剪承载力应按下式计算：

$$V_t \leqslant 1.5 f_t \cdot n \cdot u_t \cdot h_t / r_{RE} \quad (5.1.2-1)$$

式中 V_t——齿槽承受的总剪力设计值（包括水平荷载按本规范第 5.1.6 条算得的附加剪力）；

f_t——后浇柱帽混凝土抗拉强度设计值；

n——齿槽数量，一般可取 3～4；

u_t——每个齿槽外口周边长度；

h_t——每个齿槽高度，一般可取 80～100mm；

γ_{RE}——承载力抗震调整系数。非抗震节点取 1.0，抗震节点取 1.125。

四、后浇柱帽上口与柱连接处，应根据板柱间传递的不平衡弯矩验算板柱连接件的大小及连接焊缝。

每块板柱连接件和焊缝所受的内力可按下式计算：

$$N_w = \alpha_c \frac{M}{n h_w} \quad (5.1.2-2)$$

式中 M——不平衡弯矩设计值（上下柱在该节点处一个方向弯矩的代数和）；

n——柱四周连接件总数；

h_w——连接件的焊缝至板底距离；

α_c——考虑柱帽影响系数，无柱帽节点取 1.0；6m 左右柱网、1.6m 柱帽宽时，可取 0.4～0.5；柱帽宽度较小时，α_c 值可适当加大。

第 5.1.3 条 对 6m 左右的柱网，当活荷载为 10～15kPa 时，后浇柱帽可按本规范附录六附图 6.1 的构造采用；当活荷载在 10kPa 以下时，可适当减小柱帽尺寸；当活荷载在 15～25kPa 之间时，可按本规范附录六附图 6.1 的构造要求，适当加大柱帽尺寸，增加齿槽数量以及相应增强箍筋和插筋，并可采用折线型柱帽。

第 5.1.4 条 剪力块节点中的承剪预埋件和剪力块应能承受全部的荷载设计值，并应分别对承剪预埋件、剪力块进行抗剪和局部承压以及对各连接焊缝进行承载力验算。其节点构造可按本规范附录六附图 6.2 采用。

第 5.1.5 条 承重销节点中的承重销应能承受全部荷载设计值，可按本规范第 5.2.6 条进行承载力验算，并应对承重销搁置处的板底进行局部承压承载力验算；暗销节点应对承重销、齿槽及板柱间的连接件等作相应的承载能力验算。其构造可按本规范附录六附图 6.3、附图 6.4 采用。

第 5.1.6 条 板柱节点在竖向荷载和水平地震作用下的总剪力设计值应按下列公式计算：

$$V = 3V_h + V_v \quad (5.1.6-1)$$

$$V_h = \frac{M_{r1} + M_{r2}}{l} \quad (5.1.6-2)$$

式中 V_v——竖向荷载产生的剪力设计值；

V_h——水平荷载产生的剪力设计值；

M_{r1}、M_{r2}——水平荷载所产生的等代框架梁刚域边缘处的弯矩设计值（图 3.3.8）。

第二节 提 升 环 和 承 重 销

第 5.2.1 条 型钢提升环可采用槽钢或Ⅰ字钢焊接成井字型或口字型，槽钢或Ⅰ字钢型号不宜小于 12 号。

第 5.2.2 条 型钢提升环的挑肢长度不宜大于 $2h_0$。板的冲切承载力应按下式计算：

$$V^c \leqslant 0.6 f_t u_m h_0 \quad (5.2.2)$$

式中 V^c——剪力设计值。对于有柱帽节点，按板提升阶段荷载计算；对于无柱帽节点还应按板使用阶段荷载计算，当需抗震设防时，尚应考虑地震作用引起的附加剪力，按本规范第 5.1.6 条计算；

u_m——冲切破坏锥体面的平均周边长度（图 5.2.2）；

f_t——板的混凝土的抗拉强度设计值；

h_0——板的有效高度。

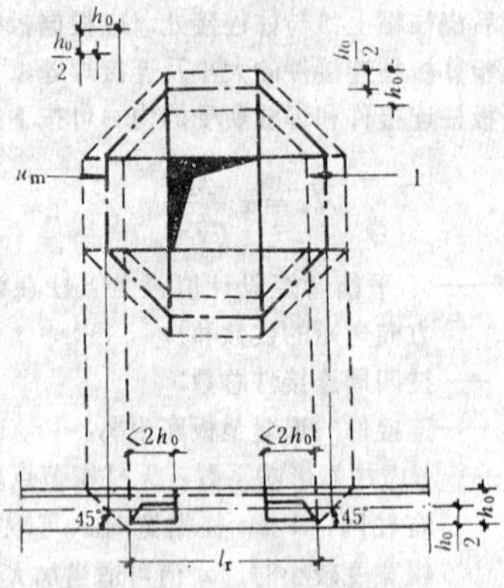

图 5.2.2 验算板的冲切承载能力截面位置

1——冲切破坏锥体的底面线；l_r——见图 5.2.3

第 5.2.3 条 选择提升环截面时，可采用将两个方向的提升环简化为主次梁和它所传的荷载均匀地作用在提升环的挑肢长度上的计算简图（图 5.2.3），并按下列方法计算内力设计值（四点提升取搁置状态，二点提升取提升状态）。

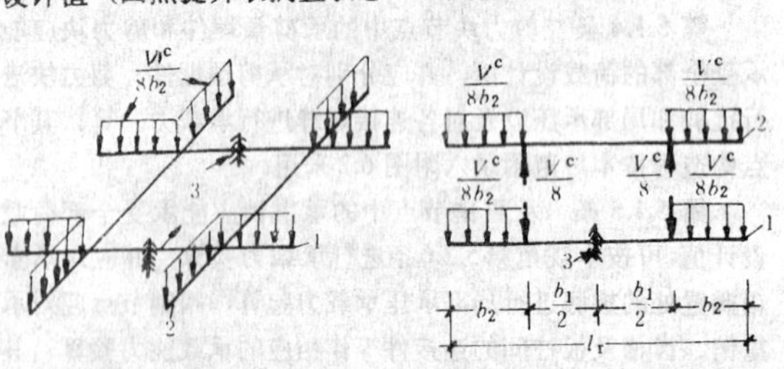

图 5.2.3 提升环计算简图

1——主梁；2——次梁；3——吊点或搁置点

V^c——剪力设计值按本规范第 5.2.2 条采用；

l_r——对型钢提升环取提升环长度；对无型钢提升环取板孔边箍筋布置范围的长度；

b_1——对型钢提升环，为板孔宽度，对无型钢提升环为板孔宽加一个箍筋的宽度；

b_2——提升环挑肢长度，取$\frac{1}{2}(l_r-b_1)$

由图 5.2.3 算得的总弯矩设计值，可按刚度比分配给型钢和与其共同工作的钢筋混凝土板。钢筋混凝土板的宽度取板孔边至破裂线的距离，截面刚度应扣除提升孔等所削弱的刚度。

由钢筋混凝土板承受的弯矩设计值 M_{cs}

$$M_{cs}=\frac{0.85E_cI_c}{E_aI_a+0.85E_cI_c}M \quad (5.2.3-1)$$

由型钢承受的弯矩设计值 M_a：

$$M_a=\frac{E_aI_a}{E_aI_a+0.85E_cI_c}M \quad (5.2.3-2)$$

式中 M——提升环总弯矩设计值；

E_a——型钢的弹性模量；

I_a——型钢的截面惯性矩；

E_c——混凝土板的弹性模量；

I_c——钢筋混凝土板的截面惯性矩。

按公式（5.2.3-1）和（5.2.3-2）算得的弯矩值，应分别对型钢和钢筋混凝土板进行承载力验算。

第 5.2.4 条 采用型钢提升环时，应采取下列构造措施：

一、板内被提升环截断的受力钢筋应焊接在提升环型钢翼缘上，以加强提升环与板受力钢筋的共同工作；

二、在孔的四周宜增加钢筋面积，以补偿被提升环截断的受力钢筋；

三、按本规范第 5.2.3 条计算所需要的孔边钢筋应布置在冲切破裂线范围以内，板面钢筋应连续跨过提升环的挑肢。

第 5.2.5 条 在后浇柱帽节点的平板中，或在密肋板、格梁板中，可采用无型钢提升环。

无型钢提升环宜采用下列构造措施（图 5.2.5）：

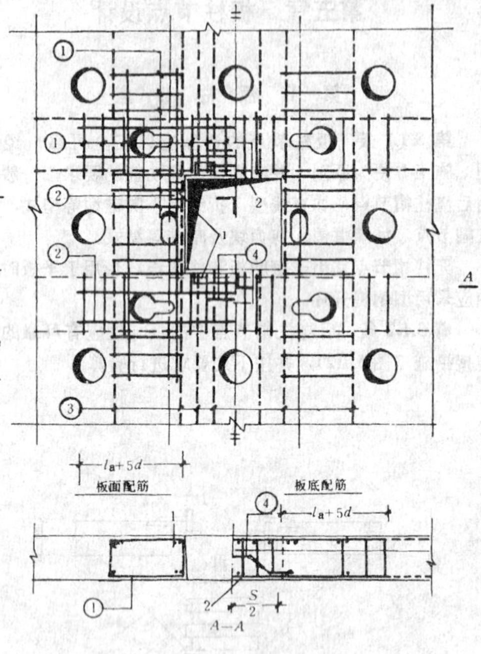

图 5.2.5 无型钢提升环

1-预埋件；2-支承钢板；①-ϕ6@150 箍筋；②-附加钢筋；③-板内原有受力钢筋；④-吊筋；l_a-附加钢筋锚固长度；d-附加钢筋直径

一、在板孔洞四周附近应设置附加钢筋，其面积不少于被孔洞截断的受力钢筋面积，附加钢筋两端伸出孔边的长度应满足搭接长度的要求；

二、沿附加钢筋全长范围内应设置 ϕ6 或 ϕ8 的封闭箍筋，其宽度不宜小于 200mm，间距不宜大于 150mm；

三、板底搁置处应设置支承钢板，其短边尺寸不宜小于 150mm，厚度不宜小于 8mm；

四、板面孔边四周应设置预埋件，待板就位后，还应与柱上预埋件焊接。

无型钢提升环应进行下列验算：

一、受弯承载力验算：弯矩设计值可按第 5.2.3 条规定计算。验算时，板孔每边承受弯矩的截面宽度取板孔宽度，在此宽度范围内的原有受力钢筋及附加钢筋均可计算在内；

二、局部承载能力验算：搁置点（或吊点）支承钢板处可按现行国家标准《混凝土结构设计规范》规定计算吊筋和箍筋的截面面积，吊筋和箍筋的计算范围 S 可取支承钢板的宽度加二倍钢筋混凝土板的有效高度。

第 5.2.6 条 混凝土柱帽中承重销可按连续支承的悬臂梁计算简图（图 5.2.6）验算其承载力。承重销节点中销的验算弯矩应按上述计算后乘 1.15～1.25 取值。

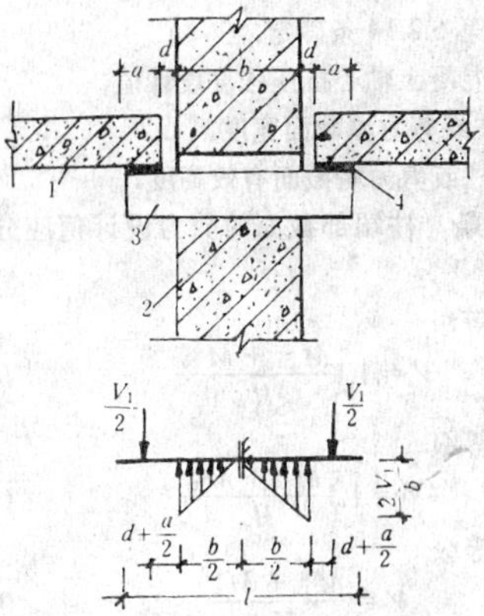

图 5.2.6　承重销计算简图

1-楼板；2-柱子；3-承重销；4-垫铁；d-可取 25mm；a->75mm

第六章　升板结构的抗侧力设计

第一节　一般规定

第 6.1.1 条　升板结构抗震设计采用板柱结构时，单列柱数不得少于三根，当设计烈度为 7 度时，屋面高度不宜高于 30m，8 度时屋面高度不宜高于 20m。其它情况宜采用板柱-剪力墙结构或板柱-壁式框架结构。

第 6.1.2 条　剪力墙或井筒应沿建筑物的两个主轴方向布置，宜均匀对称地布置在由变形缝分开的建筑区段端附近及平面形状变化处。

第 6.1.3 条　剪力墙的间距不宜超过建筑物宽度的 3 倍，沿竖向宜贯通建筑物全高。墙的位置应考虑楼板开洞影响，在剪力墙间楼板有较大开洞削弱时，其间距应予减小。

第 6.1.4 条　升板结构抗震设计时，宜采用不设防震缝的方案。当遇下列情况之一时，应设防震缝：

一、建筑平面有较大凸出或不规则；

二、建筑物内有错层或建筑高度相差较大；

三、建筑物内各部分结构刚度或荷载相差悬殊。

建筑物的伸缩缝、沉降缝应满足防震缝要求。

建筑物防震缝的最小宽度应按现行国家标准《建筑抗震设计规范》的有关规定确定。

第 6.1.5 条　升板结构抗震等级的确定，应符合下列规定：

一、本规范中板柱结构对应于现行国家标准《建筑抗震设计规范》中的框架结构。

二、板柱-剪力墙与板柱-壁式框架结构对应于现行国家标准《建筑抗震设计规范》中的框架-抗震墙结构。

第 6.1.6 条　凡本章未做规定的，应符合现行国家标准的《建筑抗震设计规范》和《混凝土结构设计规范》的有关规定。

第二节　内力和位移计算

第 6.2.1 条　升板结构在风荷载和水平地震作用下，应沿两个主轴方向分别进行抗侧力计算。

第 6.2.2 条　升板结构抗侧力结构内力和位移计算时，可采用楼板在其平面内为绝对刚性的假定，并考虑板柱结构、剪力墙（包括井筒）、壁式框架协同工作按弹性方法进行分析。

第 6.2.3 条　对于高度不超过 50m 且高度与宽度之比不大于 4，体型比较规则，质量和刚度沿高度分布比较均匀的升板结构，在水平地震作用下，可简化为单质点体系结构采用底部剪力法计算。结构总水平地震作用（底部剪力标准值）及各质点的水平地震作用，应按现行国家标准《建筑抗震设计规范》中的有关规定计算。其中基本周期 T_1 按本规范第 6.2.4 条计算。

对于高度超过 50m 或高度与宽度之比大于 4 的升板结构应另作专门计算。

第 6.2.4 条　升板结构的基本周期 T_1 可按下列简化公式计算，也可按本规范附录七或附录八进行计算：

一、等于或小于 3 跨

板柱结构

$$T_1 = 0.11\alpha_w\sqrt{\alpha_G}\frac{H}{\sqrt[3]{B}} \tag{6.2.4-1}$$

对于板柱-剪力墙或板柱-壁式框架结构

$$T_1 = 0.94\alpha_w\sqrt{\frac{GH^2}{K_wH^2 + 119G_fB^{2/3}}} \tag{6.2.4-2}$$

二、大于 3 跨

对于板柱结构

$$T_1 = 0.28\alpha_w\sqrt{\alpha_G}\frac{H}{\sqrt{B}} \tag{6.2.4-3}$$

对于板柱-剪力墙或板柱-壁式框架结构

$$T_1 = 0.94\alpha_w\sqrt{\frac{GH^2}{K_wH^2 + 18G_fB}} \tag{6.2.4-4}$$

式中　α_w——基本周期考虑非承重墙影响的折减系数。板柱结构，一般情况下取 0.7～0.8；非承重墙较多时取 0.5～0.6；对于板柱-剪力墙或板柱-壁式框架结构取 0.9；

α_G——计算自振周期所用的建筑物总重力与板柱结构总重力之比；

H、B——升板结构的总高度和总宽度；

G——计算自振周期所用的建筑物总重力；

G_f——板柱结构总重力；

K_w——总剪力墙顶点的水平刚度应按本规范附录八采用。

第 6.2.5 条　板柱结构可按等代框架计算内力和位移，在侧向力作用下沿该方向等代框架梁的计算宽度，应取下列公式计算结果的较小值：

$$b_y = \frac{1}{2}(l_x + b_{ce}) \tag{6.2.5}$$

$$b_y = \frac{3}{4}l_y$$

式中　b_y——等代框架梁的计算宽度；

l_x、l_y——两个方向的跨度，即柱距；

b_{ce}——柱帽的有效宽度。

第 6.2.6 条　有后浇柱帽升板的等代框架梁可按左右两端带刚域的梁计算（本规范附图 10.1）。等代框架梁的线刚度应按下式计算：

$$K_{fb} = \frac{\psi_b^l + \psi_b^r}{2} \cdot \frac{E_cI_{fb}}{l} \tag{6.2.6}$$

式中　ψ_b^l、ψ_b^r——带刚域梁的左端、右端线刚度修正系数，由等代框架梁左右两端刚域长度与梁跨度之比值应按本规范附录九采用；

E_c——混凝土弹性模量，按现行国家标准《混凝土结构设计规范》规定采用；

I_{fb}——等代框架梁截面惯性矩；

l——等代框架梁的计算跨度。

等代框架梁左右端的刚域长度按下列规定取用：

一、一般情况下等代框架梁左右端的刚域长度与柱帽有效半宽之比可按本规范附录十的附表 10.1 取用。

二、对于两向跨度相等，板厚与跨度之比约为 1／30，且柱帽有效半宽与等代框架梁跨度之比大于 0.1 的升板建筑，则等代框架梁左右端的刚域长度可分别取柱帽有效半宽：当柱帽倾斜面与柱轴线的交角为 30°时可取 0.8，当交角为 45°时可取 0.7，当交角为 60°时，可取 0.55。

第 6.2.7 条 有后浇柱帽升板柱可按上端带刚域的柱计算，见本规范附图 10.2。有柱帽等代框架柱的线刚度应按下式计算：

$$K_{fc}=\frac{\psi_c^u+\psi_c^l}{2}\cdot\frac{E_c I_{fc}}{H_i} \qquad (6.2.7)$$

式中 K_{fc}——等代框架柱的线刚度；

ψ_c^u、ψ_c^l——带刚域柱上、下端的线刚度修正系数，由柱上、下端刚域长度与柱高度比值按本规范附录九采用；

I_{fc}——等代框架柱截面惯性矩；

H_i——第 i 层柱高度，从下层板中心轴算到上层板中心轴，底层柱高为基础顶面算到一层板中心轴。

等代框架柱上端的刚域长度按下列规定取用：

一、一般情况下等代框架柱上端的刚域长度与柱帽计算高度之比可按本规范附录十的附表 10.2 取用。

二、对于柱截面的高度与柱高之比约为 1／10，柱帽计算高度与柱高之比大于 0.1 的升板建筑，则等代框架柱上端刚域长度可分别取柱帽计算高度：当柱帽倾斜侧面与柱轴线的交角为 30°时可取 0.7，当交角为 45°时可取 0.8，当交角为 60°时可取 0.9。

第 6.2.8 条 板柱结构、板柱－壁式框架结构（壁梁、壁柱的线刚度修正系数由附录九查得）在侧向力作用下可按附录七的简化计算方法或其他更精确的方法进行内力和位移计算。

第 6.2.9 条 板柱－剪力墙结构在侧向力作用下，可按附录八的简化计算方法或其他更精确的方法进行内力和位移计算。

第 6.2.10 条 板柱－剪力墙结构按等代框架－剪力墙结构进行抗震计算，算得的总框架每层的总剪力应按下列规定取用：

一、当计算的每层总剪力小于结构底部剪力标准值的 0.2 倍时，其总剪力应取 0.2 倍结构底部剪力标准值和 1.5 倍各层总剪力的最大值之中的较小值。

二、计算的每层总剪力等于或大于结构底部剪力标准值 0.2 倍时，其总剪力取计算结果。

第 6.2.11 条 地震作用下一、二级抗震等级的升板结构，其底层柱底的弯矩设计值应乘以增大系数 1.5。

第 6.2.12 条 柱和剪力墙端部截面的剪力设计值 V 应符合下式要求：

$$V\leqslant\frac{0.2f_{cc}bh_0}{r_{RE}} \qquad (6.2.12)$$

式中 V——端部截面剪力设计值应按本规范第 6.2.13 条和第 6.2.14 条确定；

f_{cc}——混凝土轴心抗压强度设计值；

b——柱或剪力墙截面宽度；

h_0——柱或剪力墙截面有效高度。

第 6.2.13 条 柱端部截面的剪力设计值应分别按下列公式计算：

一级抗震等级

$$V=1.1\frac{M_{cu}^u+M_{cu}^l}{H_n} \qquad (6.2.13-1)$$

二级抗震等级

$$V=1.1\frac{M_c^u+M_c^l}{H_n} \qquad (6.2.13-2)$$

三级抗震等级

$$V=\frac{M_c^u+M_c^l}{H_n} \qquad (6.2.13-3)$$

式中 M_{cu}^u、M_{cu}^l——分别为柱上下端截面的极限弯矩；

M_c^u、M_c^l——分别为柱上下端截面的弯矩设计值；

H_n——柱的净高。

第 6.2.14 条 一、二级抗震等级剪力墙底部加强部位截面剪力应分别乘以下列增大系数：

一级抗震等级

$$\eta_v=1.1\frac{M_{wu}}{M_w} \qquad (6.2.14-1)$$

二级抗震等级

$$\eta_v=1.1 \qquad (6.2.14-2)$$

式中 M_{wu}——剪力墙底部的截面极限弯矩；

M_w——剪力墙底部的截面弯矩度计值。

第 6.2.15 条 升板结构应具有足够的侧向刚度，在风荷载或地震作用下，层间弹性位移及薄弱层部位的抗震变形按现行国家标准《建筑抗震设计规范》的规定进行验算。验算时，板柱结构按框架结构、板柱－剪力墙或板柱－壁式框架结构按框架－抗震墙结构考虑。

对于高度不超过 50m 的板柱－剪力墙或板柱－壁式框架结构，当剪力墙有合适的数量时，可不必验算。

第三节 构 造 要 求

第 6.3.1 条 有抗震设防要求的板柱结构，宜采用后浇柱帽节点。板柱－剪力墙及板柱－壁式框架结构可使用无柱帽节点。

第 6.3.2 条 有抗震设防要求的板柱节点构造必须符合下列要求：

一、板柱节点处及基础顶面至室内地坪以上 500mm 柱箍筋应加密（图 6.3.2）。短柱和一级抗震等级的升板结构的角柱应在柱全高范围内加密。加密区间内的箍筋直径、间距及最少配筋率应符合现行国家标准《建筑抗震设计规范》的有关规定。

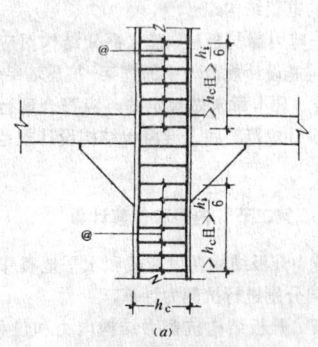

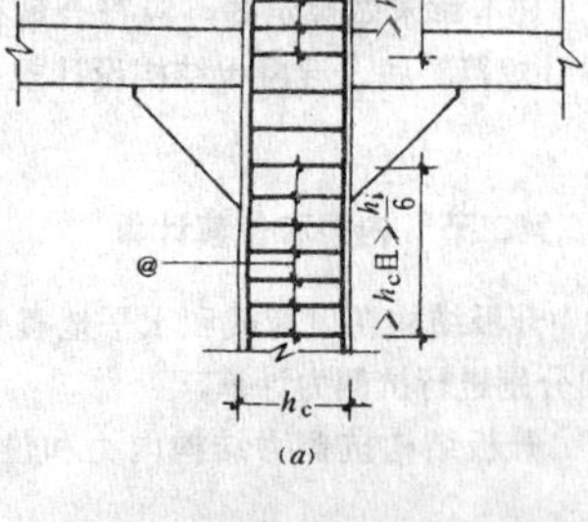

(a)

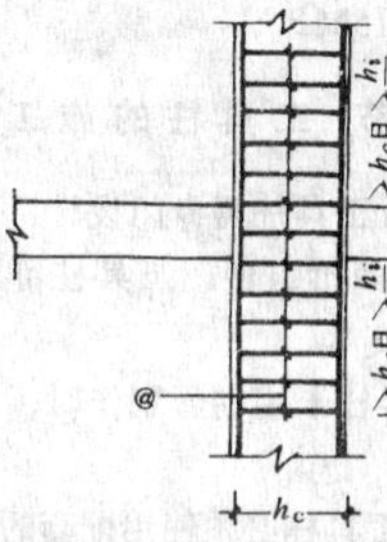

（b）

图 6.3.2　板柱节点抗震构造

@——箍筋加密后的间距；@≤100mm

二、设防烈度为 8 度时，应采取增加板与后浇柱帽连接的措施，如：柱帽内钢筋上端与板底预埋件连接，下端与柱内预埋件或与柱钢筋连接；除在柱帽区板底彻底清除隔离剂外，尚可在板底预留水平齿槽；加长灌筑孔内的插筋长度或采用板底预留钢筋伸入柱帽。

三、剪力块节点应按本规范第 5.1.6 条的总剪力确定其剪力块尺寸及焊缝长度，并保证焊接质量。

四、承重销节点的柱孔与板间应用细石混凝土填实或钢楔块楔紧；板面及板底每侧至少有二块钢板与柱预埋件焊接。

第 6.3.3 条　利用外墙或内筒体作为剪力墙时，其与升板板边的连接，应考虑后浇混凝土开裂后由连接钢筋或钢板传递楼板与剪力墙间剪力（剪力墙上下层剪力的差值）。

第 6.3.4 条　有抗震设防要求的升板与柱的混凝土强度等级不宜低于 C20。柱截面较小边长不得小于 350mm。柱的轴压比及最小配筋率应满足有关规范要求。在验算轴压比时应按柱净截面计算。柱箍筋间距及直径应符合现行国家标准《建筑抗震设计规范》的规定。

板柱-剪力墙结构的构造措施应满足现行国家标准《混凝土结构设计规范》的有关规定。

第 6.3.5 条　需考虑抗震的升板结构，当采用砖、砌块等建造围护结构时，应确保每层与柱有足够的横向连接，可利用柱上停歇孔灌筑拉梁，或采用钢拉杆与墙中的构造柱、圈梁连接。

对于层高较大、开洞较多的墙体尚应用拉通窗过梁、增设砖垛和构造柱等有效措施以确保墙体自身的稳定性。

第 6.3.6 条　需考虑抗震的升板结构，围护墙与板宜采用不传递水平剪力的柔性连接。

第 6.3.7 条　需考虑抗震的升板结构中的内隔墙宜采用轻质材料，并与柱有可靠连接。

第七章　柱　的　施　工

第一节　一　般　规　定

第 7.1.1 条　升板结构的预制柱、现浇柱和工具柱，其截面尺寸允许偏差应为±5mm，侧向弯曲对柱高在 20m 以内者不应超过 12mm，大于 20m 者不应超过 15mm。柱顶和柱底的表面要求平整，并垂直于柱的轴线。

第 7.1.2 条　柱上就位孔位置应准确，孔的轴线偏差及孔底两端高差均不应超过 5mm，孔底应平整，同一标高的孔底标高允许偏差应为−15～0mm，孔的尺寸允许偏差应为−5～+10mm。

柱上停歇孔位置应根据提升程序确定，质量要求与就位孔相同。柱的上下两孔之间的净距不应小于 300mm。

柱上预留齿槽位置要正确，棱角方正。

第 7.1.3 条　柱底部中线与轴线偏移不应超过 5mm。柱顶竖向偏差不应超过柱高的 1／1000，且不大于 20mm。

第 7.1.4 条　柱上预埋件除剪力块节点外，不应凸出柱面，凹进柱面不宜超过 3mm。

第 7.1.5 条　型钢提升环的安装应注意提升环的正反面及吊点方向。

第二节　预制柱的施工

第 7.2.1 条　预制柱的制作场地应平整坚实，并做好排水处理。当采用重叠浇筑时，柱与柱之间应做好隔离层。浇筑上层柱混凝土时，下层柱混凝土强度必须达到 5MPa。

第 7.2.2 条　剪力块节点的承剪预埋件，其中线偏移不应超过 5mm，标高允许偏差应为 3mm。表面应平整，不得有翘曲、变形；楔口面不得凹进，凸出柱面部分不得大于设计尺寸的 2mm。

第三节　现浇混凝土柱的施工

第 7.3.1 条　现浇柱分为劲性钢筋混凝土柱和普通钢筋混凝土柱，可采用升滑、升提、升模及滑模施工。

第 7.3.2 条　劲性钢筋混凝土柱施工时应满足下列基本要求：

一、劲性钢筋混凝土柱的钢骨架可根据运输和吊装能力采用整体或分段制作。钢骨架的质量应符合现行国家标准《钢结构工程施工及验收规范》的有关规定；

钢骨架第一段长度宜高出叠浇楼板的顶面 600mm，在叠浇楼板前应先浇筑这段柱的混凝土。钢骨架就位孔、停歇孔位置应符合本规范第 7.1.2 条的要求，其第一、二个停歇孔位置应考虑各层板的第一次停歇和柱模板的组装；

二、钢骨架安装时，可先用螺栓临时连接，垫平校直，在拼接处四角绑焊。若采用角钢绑焊时，阴角刨方或阳角倒角。焊接时应防止钢骨架变形；

采用预制柱连接劲性钢筋混凝土柱的升板工程，可在地面将劲性钢筋混凝土柱的钢骨架与预制柱连接后一起吊装，也可将顶层板升到预制柱顶后再吊装拼接钢骨架；

三、劲性钢筋混凝土柱提模模板宜放在顶层板下面。模板和顶层板的连接宜采用活动铰接，模板开启方向应不影响板的提升（图 7.3.2−1）；

四、劲性钢筋混凝土柱滑模模板应放在顶层板下面。承重销两端及其上部的模板应做成抽拔式。提升架应沿提升孔方向位置安装，安装提升架的预埋件位置应准确，模板构造不应妨碍提升杆接头通过（图 7.3.2−2）；

五、劲性钢筋混凝土柱在升提或升滑施工期间，除顶层板外，其余各层板应搁置在混凝土强度不低于 10MPa 的柱上。

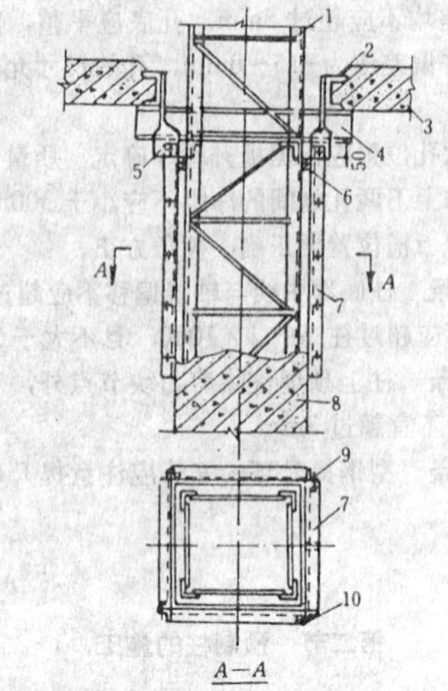

图 7.3.2-1 提模柱模板组装

1—劲性钢骨架；2—提升环；3—顶层板；4—承重销；5—吊板；6—垫块；7—模板；8—混凝土柱；9—螺栓；10—销子

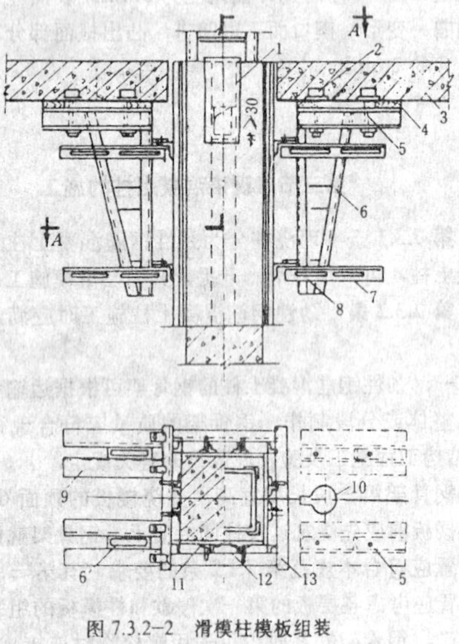

图 7.3.2-2 滑模柱模板组装

1—抽拔模板；2—预埋螺帽铁板；3—顶层板；4—硬垫木；5—螺栓；6—提升架；7—支撑；8—压板；9—支撑；10—提升孔；11—转角模板；12—固定模板；13—围圈

第 7.3.3 条 普通钢筋混凝土柱现浇施工时，应符合下列基本要求：

一、采用滑模施工，宜按提升单元进行。除应满足滑模工艺的有关要求外，宜连续施工，并应按柱的混凝土强度实际增长情况，控制滑模速度；

当柱高度与截面较小边长之比大于 50 或柱高度超过 30m 时，应有可靠的稳定措施；

二、采用升模施工，其浇筑位置、操作平台、柱模及脚手架的设计，由现浇柱的每次施工高度确定，并不应妨碍提升机的正常运转；

三、在现浇的柔性钢筋混凝土柱上进行提升作业时，其混凝土强度不应低于 15MPa。

第四节 工具柱的施工

第 7.4.1 条 升板工具柱需专门设计，应构造合理、安全可靠、通用性强、装拆方便。工具柱可用型钢或钢管制作，底部应有可靠的支承。

第 7.4.2 条 工具柱采用钢管制作时，宜优先采用无缝钢管。

无承重销的钢管工具柱必须使用配套的上、下抱箍（图 7.4.2）。

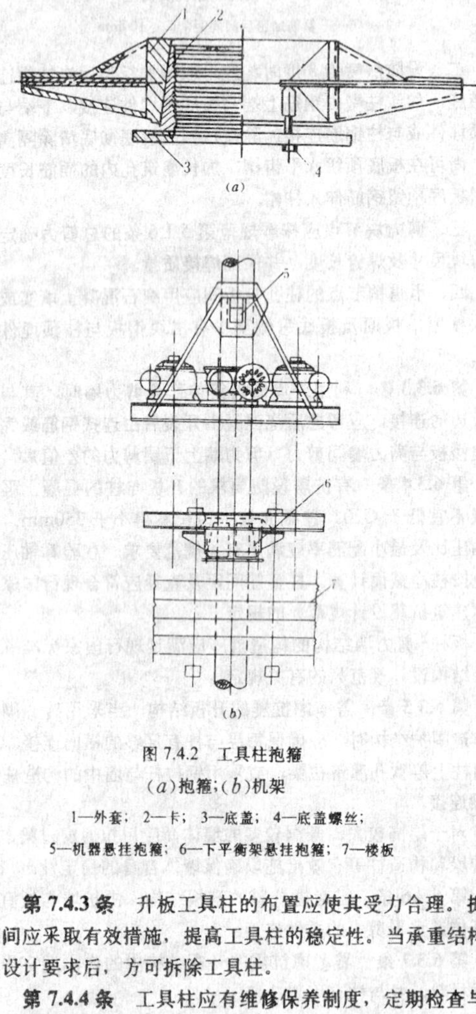

图 7.4.2 工具柱抱箍

(*a*)抱箍；(*b*)机架

1—外套；2—卡；3—底盖；4—底盖螺丝；5—机器悬挂抱箍；6—下平衡架悬挂抱箍；7—楼板

第 7.4.3 条 升板工具柱的布置应使其受力合理。提升期间应采取有效措施，提高工具柱的稳定性。当承重结构达到设计要求后，方可拆除工具柱。

第 7.4.4 条 工具柱应有维修保养制度，定期检查与维修，并妥善保管和建立技术档案。当工具柱有变形、损伤、严重锈蚀缺陷时，不得使用。

第八章 板的制作

第一节 胎模施工

第 8.1.1 条 胎模的垫层（包括填土层）应分层夯实、

均匀密实、防止不均匀下沉。

第 8.1.2 条 胎模面层应平整光滑，达到混凝土地面标准。提升环位置的胎模标高，其相对允许偏差应为±2mm。

第 8.1.3 条 一般以首层地坪（有地下室的可用地下室地坪或顶板）做为第一层板的胎模，应依次叠层浇筑板的混凝土。

第 8.1.4 条 胎模设伸缩缝时，伸缩缝与楼板接触处应做好隔离处理。

第二节 隔离层

第 8.2.1 条 板与胎模之间及板与板之间必须做隔离层。隔离层可采用涂刷或铺贴式材料。隔离层材料应具有防水性、耐磨性，且易于清除。

第 8.2.2 条 涂刷隔离层时，胎模和楼板的强度不应低于 1.2MPa。涂层应均匀，表面干燥后方可进行下道工序。铺贴式材料应铺贴平整，接搓处搭接宽度不应小于 50mm。

第 8.2.3 条 隔离层应注意保护，施工过程有破损的，应在混凝土浇筑前修补；修补时应避免污染钢筋、混凝土芯模及其它填充材料。

第 8.2.4 条 冬雨季施工时，应有冬雨季施工措施。

第三节 提升环制作与安装

第 8.3.1 条 型钢提升环表面应平整，翘曲不应超过 2mm，其内孔尺寸允许偏差应为 0～3mm。

第 8.3.2 条 型钢提升环就位时，应以柱的实际中线为准，其中线偏差不应超过 3mm。提升环应安放平整。提升环及其搭接钢筋焊接应符合设计要求。

第 8.3.3 条 无型钢提升环中的钢筋位置应符合设计要求，其主筋、吊筋允许偏差应为±5mm，箍筋允许偏差应为±10mm，提升孔的位置与尺寸应准确，各层板的孔眼上下要对准。吊点预埋件应与钢筋焊接固定，其允许偏差应为±5mm。

第四节 模壳和模板

第 8.4.1 条 密肋板施工，可用塑料、金属等工具式模壳、预制混凝土芯模，或用轻质材料填充；格梁板施工，尚可采用预制钢筋混凝土芯模或定型组合钢模。

第 8.4.2 条 工具式模壳及芯模，应保证使用时的强度与刚度，其表面应平整、光滑，规格统一，边缘整齐。

第 8.4.3 条 工具式模壳及芯模应弹线放置，并将底部垫实，防止漏浆。工具式模壳应预涂脱模剂。采用预制混凝土芯模和填充材料时，其表面宜粗糙，并要有规整的外形，浇筑混凝土前，芯模和填充材料应浇水润湿，但不能损坏隔离层。

第 8.4.4 条 在各层板四周的外侧，要支好边模，在其下部每隔适当位置应留出排水孔，避免隔离层被水浸泡；

板的各种预留孔洞应按划线预留，并在浇筑混凝土前校正。当预留孔拆模后，采取可靠措施，以防浇筑上一层板时灌入混凝土堵塞。

第五节 混凝土施工

第 8.5.1 条 每个提升单元的每块板应连续一次浇筑完成，不留施工缝。当下层板混凝土的强度达到 5MPa 时，方可浇筑上层板。

第 8.5.2 条 混凝土浇筑采用插入式振捣器时，应控制插入深度，防止破坏隔离层。

第 8.5.3 条 板面宜采用随浇随抹的方法，若做其他面层时，应采取措施保证与板混凝土有良好的结合。

第九章 板的提升与固定

第一节 提升设备

第 9.1.1 条 提升荷载包括板所受的重力、施工荷载、提升差异引起的反力以及由动力影响所产生的附加力。

第 9.1.2 条 吊杆应具有足够的安全度，并采用强度高、延性及可焊性好的钢材，当残余变形超过 5‰时应予更换。吊杆的端头应牢固，采用焊接时，应逐个检查其质量，端头强度不应低于母材的强度。

第 9.1.3 条 各台升板机应同步。安装升板机时，应使机座水平，其中线应与柱的轴线对准，提升丝杆和吊杆应铅直并松紧一致。

第 9.1.4 条 提升设备应建立维修保养制度。定期检查提升设备的承重部件的磨损程度，若超过限值应予调换。

提升机应编号并建立使用、维修、保养档案卡片。

第二节 提升单元与程序

第 9.2.1 条 板的提升单元的划分应由施工单位和设计单位，按建筑结构平面布置，结合提升设备数量、技术状况、施工工艺以及施工现场条件综合考虑。每个提升单元不宜超过 40 根柱。

第 9.2.2 条 板在提升前，必须编制提升程序图，其内容包括：提升方式、步距、吊杆组配、群柱稳定措施及施工进度等。提升程序应考虑下列要求：

一、提升阶段应尽可能缩小各层板的距离（有条件时可集层提升、集层停歇），使顶层板在较低标高处，将底层板在设计位置上就位固定（采用承重销、剪力块时应焊接牢固；采用后浇柱帽时，混凝土强度不低于 10MPa），然后再提升上层板。

二、方便操作，减少拆装吊杆的次数，以及便于安装承重销或剪力块。

三、自升式升板机的位置应尽量压低，以提高柱的稳定性。

四、在提升阶段若满足稳定条件，可连续提升各层板，就位后宜尽快使板柱形成刚接。

第三节 提升准备

第 9.3.1 条 提升前施工单位必须编制提升方案，并进行技术交底。

第 9.3.2 条 准备足够数量的承重销、钢垫片和硬木楔（或钢楔），承重销、钢楔、钢垫片和钢柱套等的切口毛刺应凿磨平整。垫片宜采用不同厚度的钢板制作。

第 9.3.3 条 提升前应对各柱编号。各层板在提升前，应在每根柱位上做板面原始状态的测量划线，作为测量提升差异和搁置差异的基准，其偏差不超过 2mm。

提升前应测量每根柱的竖向偏差，并绘制方向偏差图。

提升前应做出板的水平位移的基准测点。

第 9.3.4 条 对板柱间空隙处的障碍物应清除，并应对柱表面的凸出物和后浇板带伸出钢筋等情况进行处理。

第 9.3.5 条 提升设备及其配件，必须进行全面检查和试运转，一切正常时方可提升。

第 9.3.6 条 板的混凝土强度应符合设计要求方可提升。

第四节 板 的 提 升

第 9.4.1 条 升板作业宜组织专业队伍进行，并应有明确的岗位责任制和质量检查制度。

第 9.4.2 条 板的脱模顺序，可按角、边、中柱为序，或由边柱向里逐排进行，每次提升高度不宜大于 5mm，使板顺利脱开。盆式提升时，应严格按盆式曲线控制。

第 9.4.3 条 板脱模后，应按基准线进行校核与调整(包括盆式曲线)，板搁置前后应测调并做好记录。

第 9.4.4 条 板在提升过程中应同步控制。一般提升时，板在相邻柱间的提升差异不应超过 10mm，搁置差异不应超过 5mm。

盆式提升时，以设计盆式曲线为准，板在相邻柱间的提升差异不应超过 5mm，搁置差异不应超过 3mm，中柱处的板不得出现向上升差值（即反盆现象）。

承重销必须放平，两端外伸长度一致。承重销必须支承在型钢提升环或板的支承钢板上。

第 9.4.5 条 在提升过程中，应经常检查机具工作情况、磨损程度、吊杆及套筒的可靠性，并观测柱的竖向偏移和板的水平位移情况。

第 9.4.6 条 若需利用升板提送材料和设备时，应经验算，并在允许范围内堆放。

第 9.4.7 条 板不宜在提升中途悬挂停歇，若遇特殊情况必须悬挂停歇时，应采取有效支承措施。

第 9.4.8 条 板在提升过程中，升板结构不得作为其它设施的支撑点或缆索的支点。

第五节 群柱的稳定措施

第 9.5.1 条 对四层以上的升板结构，在提升过程中最上两层板至少有一层板交替与柱子楔紧，并应尽早使板与柱形成刚接。

第 9.5.2 条 采用柱顶式提升时，应利用柱顶间的临时走道将各柱顶连接稳固。

第 9.5.3 条 柱安装时边柱的停歇孔应与板边垂直，相邻排柱的停歇孔宜互相垂直。

第 9.5.4 条 当升板建筑设有电梯井、楼梯间等筒体时，其筒体宜先进施工。五层或 20m 以上的升板结构，在提升和搁置时，至少有一层板与先行施工的抗侧力结构有可靠的连接。

第 9.5.5 条 在提升阶段当实际风荷载大于验算取值时，应停止提升，并采取有效措施将板临时固定：如加柱间支撑、嵌木楔，与相邻建筑连接等；当升板结构中的墙体、劲性钢筋混凝土柱采用升提或升滑施工时，应暂停作业并将模板与墙或柱夹紧。

第六节 板的就位与固定

第 9.6.1 条 板的就位差异：一般提升不应超过 5mm。盆式提升就位时，应根据设计盆式曲线就位，相邻柱就位差异不应超过 3mm。板的平面位移不应超过 25mm。板就位时，板底与承重销（或剪力块）间应平整严密。

第 9.6.2 条 后浇柱帽部位的板底隔离层和柱齿槽应清理润湿。柱帽钢筋应焊接牢固，混凝土应振捣密实，加强养护。

第 9.6.3 条 承重销或剪力块节点的支承面应紧密、平整，焊接必须保证质量，连接件应无变形，并做好防腐处理。

第十章 墙体和筒体的施工

第一节 一 般 规 定

第 10.1.1 条 升板结构中现浇混凝土墙体或筒体可采用升滑、升提及滑模施工。

第 10.1.2 条 墙体与筒体的施工，宜在楼板提升阶段同时进行，也可在楼板就位后进行。筒体作为施工阶段的抗侧力结构时，应在提升前施工。在提升过程中，还应按设计要求和提升程序的规定，及时完成板与筒体的连接。

第 10.1.3 条 墙体和筒体模板设计与组装应符合下列要求：

一、模板应有足够的刚度，以控制变形，施工中的提升架、围圈、板面的变形叠加值，沿模板高度不应大于 4mm；

二、升提、升滑施工的模板装置，可利用顶层板悬挂，应构造简单、使用方便、受力合理。组装时，必须拼缝严密、螺栓紧固、悬挂可靠（图 10.1.3）。

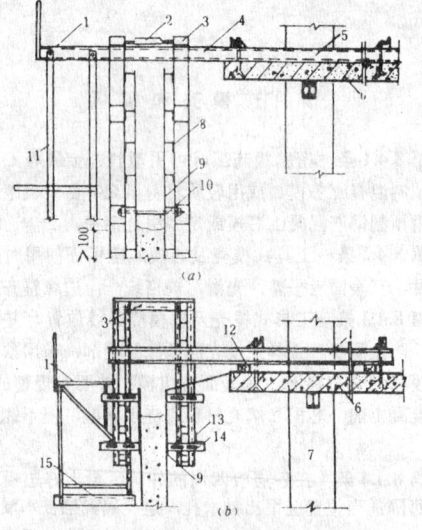

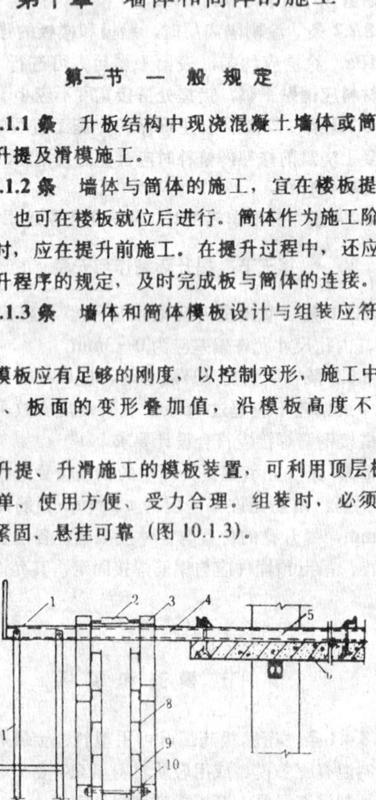

图 10.1.3 模板组装

(a)升提法；(b)升滑法

1—操作平台；2—松紧螺栓；3—提升架；4—悬臂钢梁；5—承重梁；6—顶层板；7—混凝土柱；8—围圈；9—模板；10—对销螺栓；11—悬挂脚手；12—垫块；13—围檩；14—模板支撑；15—悬臂脚手

三、模板高度，升提施工一般为 2m，也可按层高配制；升滑施工一般为 1.0～1.2m，墙体外模可比内模高

0.2m；

四、升滑施工模板组装的单面倾斜度一般为2／1000～4／1000。

第10.1.4条 墙体结构施工阶段应满足本规范中有关的墙体和群柱稳定的设计要求。当实际风荷载大于验算取值时应暂停升提或升滑，并采取相应措施，以保证竖向结构的整体稳定。

第10.1.5条 升滑施工中，当顶层板需停歇时，为了防止模板与混凝土墙体粘结，应采取空滑措施。

第10.1.6条 现浇墙体、筒体施工中，应及时观测其竖向偏差。升提施工应做到每提模一次观测一次，升滑施工则应随时进行观测。

第10.1.7条 升提或升滑施工，应做好施工记录，内容包括：楼板水平状态、竖向结构的垂直偏差、混凝土强度变化、稳定措施执行情况，以及机械运转情况等。

第10.1.8条 升板结构的剪力墙，当群柱稳定满足要求时，可在楼板提升结束后施工，否则，应分阶段插入施工。与柱共同工作的剪力墙，其混凝土的强度不应低于10MPa时，方可提升上层楼板。

第二节 升提、升滑施工

第10.2.1条 升提、升滑施工的模板，使用前应清理干净，并喷、涂脱模剂。脱模剂的选用应不影响装饰质量。

第10.2.2条 墙体水平钢筋长度宜取柱距加搭接长度，垂直钢筋长度宜取层高加搭接长度；其搭接的部位和钢筋错开的距离均应满足现行国家标准《混凝土结构工程施工及验收规范》有关的规定。钢筋位置必须准确，弯钩不得向外。

第10.2.3条 钢筋绑扎应与楼板的提升速度相配合，水平钢筋应在混凝土入模前绑扎完毕。当采用升滑施工时，应保持混凝土的顶层面距模板上口50～100mm，并留出一层水平钢筋，以免漏绑。

第10.2.4条 升滑施工，混凝土坍落度宜在60～80mm，出模强度宜在0.1～0.3MPa。

第10.2.5条 升提施工的混凝土应分层循环浇筑，每层高度可在500mm，门窗洞口两侧的混凝土应同时均匀浇筑，防止产生位移。

第10.2.6条 混凝土脱模后，应进行外观检查，及时修补施工缺陷。预留孔洞、门窗位移的偏差超过规范规定者，必须修复。脱模后预埋件表面应及时清理。

第10.2.7条 拆除模板前，应制定技术安全措施，宜采用分段整体拆除，地面拆散。拆下的各部件应随时整理、检查、维修、分类堆放、保管备用。

第三节 升 层 施 工

第10.3.1条 升层施工的围护墙宜采用轻质材料。各种材料的墙体（外挂板、条板、砌块、砖砌体等）均应采取有效措施，保证提升阶段的自身稳定。

第10.3.2条 升层结构的各层墙板应在楼板脱模后安装。墙板就位、校正后，应与楼板临时支撑固定，并完成墙板拼缝的镶嵌。有条件时，宜做好外装饰。

提升时要严格控制升差，避免墙板开裂。

第10.3.3条 为加强升层结构的稳定性，应采取如下措施：

一、筒体应先施工；

二、楼层搁置后，板柱节点应采取临时连接措施；

三、施工中，应加强观测柱的侧向变形。变形值控制在H_c／1000，且应不大于20mm。

第十一章 验 收

第一节 质量标准与结构验收

第11.1.1条 升板结构施工质量除应符合国家现行标准《混凝土结构工程施工及验收规范》和《钢结构工程施工及验收规范》及滑模规范的规定外，尚应按表11.1.1升板结构施工质量验收标准的规定验收。

升板结构施工质量验收标准 **表11.1.1**

项目		允许偏差（mm）
标高	柱基础杯底	±5
	柱停歇孔、就位孔	0～−15
	剪力块承重的预埋件	±3
	提升环处的胎模	±2
	门窗洞口	±10
几何尺寸	柱截面	±5
	柱停歇孔、就位孔	−5～+10
	型钢提升环的内孔	±3
	模壳、芯模或填充物	±5
	板厚	±5
	墙厚	+8～−5
	门窗洞口	±10
倾斜度	承重销孔底	h_C／100
垂直度	柱层间	<5
	柱全高	H_c／1000，且不大于20
	钢骨架安装	H_c／1500，且不大于15
	墙层间	6
	墙全高	H_w／1000，且不大于30
中心线位置	柱停歇孔、就位孔	5
	剪力块承重的预埋件	5
	柱底(柱底中心线对轴线偏移)	5
	提升环安装	3
	门窗洞口	5
提升差异	一般升板	10(相邻柱间差异)
	盆式提升(以设计盆式曲线为准)	5(相邻柱间差异)
就位差异	一般升板	5(相邻柱间差异)
	盆式提升(以设计盆式曲线为准)	3(相邻柱间差异)
柱侧向弯曲	柱高在20m以上	15
	柱高在20m以下	12
	板的平面位移	25

注：①H_C—柱高，H_W—墙高，h_C—柱截面高度；

②提升与就位差异应另做差异记录。

第 11.1.2 条 验收测量的方法应按照现行国家标准《建筑工程质量检验评定标准》。

第 11.1.3 条 升板结构验收时应提供下列资料:

一、柱的施工和吊装记录;

二、混凝土强度报告;

三、钢筋及预埋件焊接的试验报告和钢筋出厂合格证;

四、隐蔽工程验收记录;

五、提升、搁置及就位的差异记录;

六、有关的技术文件，包括: 施工方案，施工日志、提升程序图、测量记录、设计变更等。

第二节 技术复核与隐蔽工程验收

第 11.2.1 条 升板结构在施工阶段应进行下列项目的技术复核:

一、预制钢筋混凝土柱及劲性钢筋混凝土柱的型号、截面尺寸、柱上预留孔洞尺寸及标高;

二、柱上齿槽的规格与位置;

三、柱顶预埋件的规格与位置;

四、板柱节点预埋件的规格与相对位置;

五、柱的模板质量与尺寸;

六、板的模板质量与尺寸以及预留孔洞的尺寸与位置;

七、板上吊点，包括: 提升孔、吊耳、预埋螺栓等的规格与相对位置;

八、胎模表面平整度及标高;

九、隔离层质量;

十、提升环的加工质量及安装位置处的标高;

十一、后浇柱帽模板尺寸及质量;

十二、升提、升滑施工的墙和筒体模板规格尺寸及连接构造;

十三、模壳、芯模、芯模式填充物的规格与材质;

十四、混凝土强度。

第 11.2.2 条 升板结构除应按现行国家标准《混凝土结构工程施工及验收规范》、《钢结构工程施工及验收规范》以及滑模等规范进行隐蔽工程项目验收外，尚应进行下列隐蔽项目的验收:

一、板、柱、墙的钢筋、预埋件等的规格、数量、位置及焊接、绑扎质量;

二、柱帽内钢筋的规格、数量、位置及绑扎与焊接质量;

三、无柱帽节点的焊接质量。

附录一 等代梁的升差内力的计算

(一) 五跨连续梁

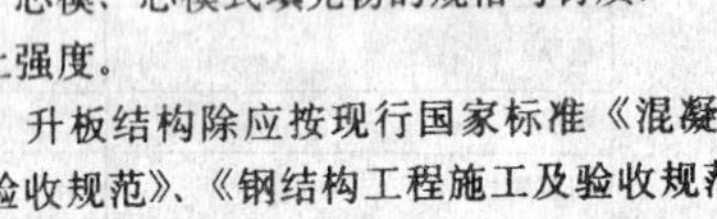

$$M_A = M_F = 0$$

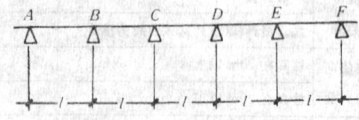

$$M_B = \frac{-6E_C I_b}{209l^2}(-56w_A + 127w_B - 90w_C + 24w_D - 6w_E + w_F)$$

$$M_C = \frac{-6E_C I_b}{209l^2}(15w_A - 90w_B + 151w_C - 96w_D + 24w_E - 4w_F)$$

$$M_D = \frac{-6E_C I_b}{209l^2}(-4w_A + 24w_B - 96w_C + 151w_D - 90w_E + 15w_F)$$

$$M_E = \frac{-6E_C I_b}{209l^2}(w_A - 6w_B + 24w_C - 90w_D + 127w_E - 56w_F)$$

$$R_A = \frac{6E_C I_b}{209l^3}(56w_A - 127w_B + 90w_C - 24w_D + 6w_E - w_F)$$

$$R_B = \frac{6E_C I_b}{209l^3}(-127w_A + 344w_B - 331w_C + 144w_D - 36w_E + 6w_F)$$

$$R_C = \frac{6E_C I_b}{209l^3}(90w_A - 331w_B + 488w_C - 367w_D + 144w_E - 24w_F)$$

$$R_D = \frac{6E_C I_b}{209l^3}(-24w_A + 144w_B - 367w_C + 488w_D - 331w_E + 90w_F)$$

$$R_E = \frac{6E_C I_b}{209l^3}(6w_A - 36w_B + 144w_C - 331w_D + 344w_E - 127w_F)$$

$$R_F = \frac{6E_C I_b}{209l^3}(-w_A + 60w_B - 24w_C + 90w_D - 127w_E + 56w_F)$$

(二) 四跨连续梁

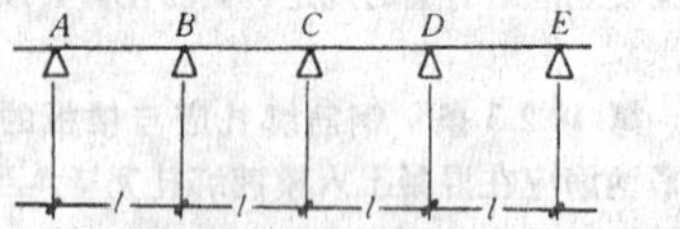

$$M_A = M_E = 0$$

$$M_B = \frac{-3E_C I_b}{28l^2}(-15w_A + 34w_B - 24w_C + 6w_D - w_E)$$

$$M_C = \frac{-12E_C I_b}{28l^2}(w_A - 6w_B + 10w_C - 6w_D + w_E)$$

$$M_D = \frac{-3E_C I_b}{28l^2}(w_A + 6w_B - 24w_C + 34w_D - 15w_E)$$

$$R_A = \frac{3E_C I_b}{28l^3}(15w_A - 34w_B + 24w_C - 6w_D - w_E)$$

$$R_B = \frac{6E_C I_b}{28l^3}(-17w_A + 46w_B - 44w_C + 18w_D - 3w_E)$$

$$R_C = \frac{12E_C I_b}{28l^3}(6w_A - 22w_B + 32w_C - 22w_D + 6w_E)$$

$$R_D = \frac{6E_C I_b}{28l^3}(-3w_A + 18w_B - 44w_C + 46w_D - 17w_E)$$

$$R_E = \frac{3E_C I_b}{28l^3}(w_A - 6w_B + 24w_C - 34w_D + 15w_E)$$

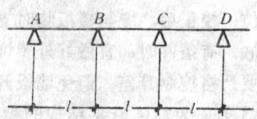

(三) 三跨连续梁

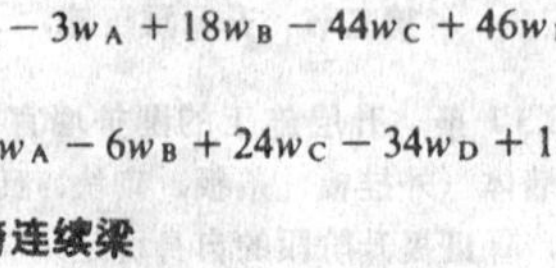

$$M_A = M_D = 0$$

$$M_B=\frac{-2E_CI_b}{5l^2}(-4w_A+9w_B-6w_C+w_D)$$

$$M_C=\frac{-2E_CI_b}{5l^2}(w_A-6w_B+9w_C-4w_D)$$

$$R_A=\frac{2E_CI_b}{5l^3}(4w_A-9w_B+6w_C-w_D)$$

$$R_B=\frac{6E_CI_b}{5l^3}(-3w_A+8w_B-7w_C+2w_D)$$

$$R_C=\frac{6E_CI_b}{5l^3}(2w_A-7w_B+8w_C-3w_D)$$

$$R_D=\frac{2E_CI_b}{5l^3}(-w_A+6w_B-9w_C+4w_D)$$

（四）二跨连续梁

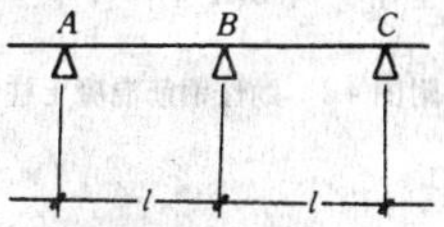

$$M_A=M_C=0$$

$$M_B=\frac{-3E_CI_b}{2l^2}(2w_B-w_A-w_C)$$

$$R_A=\frac{3E_CI_b}{2l^3}(w_A-2w_B+w_C)$$

$$R_B=\frac{3E_CI_b}{l^3}(2w_B-w_A-w_C)$$

$$R_C=\frac{3E_CI_b}{2l^3}(w_A-2w_B+w_C)$$

规定位移 w 向上为正，反力 R 向上为正，弯矩 M 使梁下面纤维受拉为正。

附录二　平板配筋构造

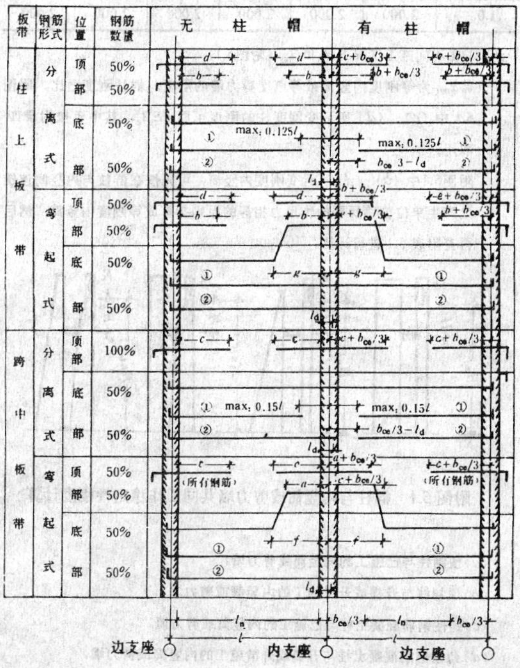

	最小长度					最大长度	
符号	a	b	c	d	e	f	g
长度	$0.15l_n$	$0.20l_n$	$0.25l_n$	$0.30l_n$	$0.35l_n$	$0.20l_n$	$0.25l_n$

附图 2.1　平板配筋构造

注：

①b_{ce}为柱帽在计算弯矩方向的有效宽度；

l_a为钢筋的锚固长度；

l_n为净跨度。当有柱帽时，取$l_n=l-2b_{ce}/3$。

②板边缘上下各加1Φ16抗扭钢筋。

③跨中板带底部正钢筋应放在柱上板带正钢筋上面。

④当设防烈度为7度时，无柱帽升板，柱上板带应用弯起式配筋；当设防烈度为8度时，所有柱上板带和跨中板带均应用弯起式配筋。

⑤需考虑抗震的升板，板面应配置抗震筋，其配筋率应大于0.25ρ（ρ为支座处负钢筋的配筋率），伸入支座正钢筋的配筋率应大于0.5ρ。

⑥ ①号钢筋适用于非抗震区，②号钢筋适用于抗震区。

附录三　格梁板的次梁有效刚度系数 α

l_x/l_y	边跨跨中		第一内支座		边支座		内跨跨中		内支座	
	长向	短向	长向	短向	长向	短向	长向	短向	长向	短向
1.0	0.746	0.746	0.547	0.547	0.250	0.250	0.367	0.367	0.490	0.490
1.1	0.788	0.714	0.610	0.494	0.290	0.208	0.434	0.318	0.557	0.438
1.2	0.831	0.682	0.674	0.441	0.328	0.167	0.497	0.272	0.621	0.387
1.3	0.873	0.650	0.738	0.388	0.366	0.128	0.560	0.226	0.685	0.336
1.4	0.916	0.618	0.802	0.335	0.402	0.086	0.624	0.180	0.749	0.286
1.5	0.958	0.586	0.865	0.282	0.441	0.042	0.687	0.134	0.813	0.235

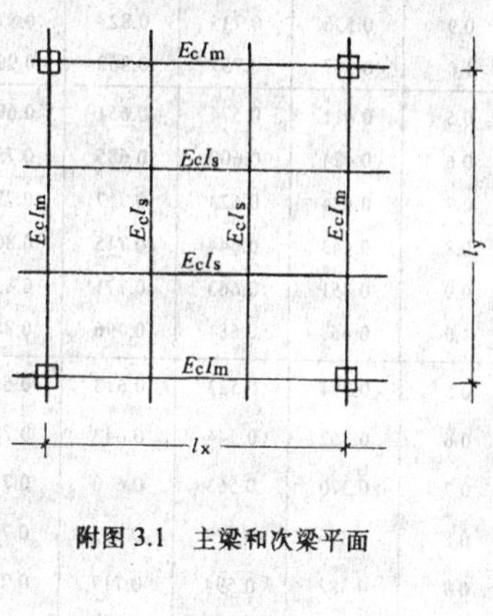

附图 3.1　主梁和次梁平面

附录四　变刚度等代悬臂柱的截面刚度修正系数 ξ

$\delta=0.0$　　**附表 4.1**

$\xi_1=\xi_2$	0.1	0.2	0.3	0.4	0.5	0.6	0.7	0.8	0.9	1.0
ξ	0.657	0.710	0.756	0.797	0.836	0.872	0.906	0.939	0.970	1.000

附表 4.2

δ	ξ_2 \ ξ_1	0.1	0.2	0.3	0.4	0.5
0.10	0.5	0.805	0.811	0.813	0.814	0.815
	0.6	0.845	0.852	0.854	0.855	0.856
	0.7	0.882	0.890	0.892	0.893	0.894
	0.8	0.918	0.926	0.928	0.930	0.930
	0.9	0.952	0.960	0.963	0.964	0.965
	1.0	0.984	0.993	0.996	0.998	0.998
0.15	0.5	0.768	0.792	0.779	0.801	0.803
	0.6	0.808	0.832	0.840	0.843	0.845
	0.7	0.845	0.871	0.897	0.883	0.886
	0.8	0.880	0.908	0.917	0.921	0.924
	0.9	0.914	0.943	0.953	0.957	0.960
	1.0	0.945	0.977	0.987	0.992	0.995
0.20	0.5	0.712	0.761	0.776	0.784	0.789
	0.6	0.748	0.803	0.820	0.828	0.833
	0.7	0.782	0.841	0.860	0.869	0.875
	0.8	0.813	0.878	0.898	0.908	0.914
	0.9	0.843	0.913	0.934	0.945	0.951
	1.0	0.871	0.946	0.969	0.980	0.987
0.25	0.5	0.638	0.722	0.751	0.765	0.774
	0.6	0.668	0.762	0.794	0.810	0.819
	0.7	0.696	0.799	0.834	0.850	0.861
	0.8	0.721	0.834	0.871	0.890	0.901
	0.9	0.745	0.866	0.907	0.927	0.939
	1.0	0.766	0.897	0.940	0.962	0.975
0.30	0.5	0.557	0.677	0.721	0.744	0.757
	0.6	0.580	0.713	0.762	0.788	0.803
	0.7	0.601	0.746	0.800	0.828	0.845
	0.8	0.620	0.776	0.836	0.866	0.885
	0.9	0.637	0.805	0.869	0.902	0.922
	1.0	0.652	0.832	0.901	0.936	0.958
0.35	0.5	0.479	0.626	0.687	0.720	0.740
	0.6	0.497	0.657	0.726	0.762	0.785
	0.7	0.512	0.686	0.761	0.801	0.826
	0.8	0.525	0.711	0.793	0.837	0.864
	0.9	0.536	0.735	0.823	0.871	0.900
	1.0	0.547	0.757	0.852	0.903	0.935
0.40	0.5	0.411	0.574	0.651	0.694	0.722
	0.6	0.424	0.600	0.685	0.734	0.765
	0.7	0.434	0.623	0.717	0.770	0.804
	0.8	0.443	0.644	0.745	0.803	0.841
	0.9	0.451	0.663	0.771	0.834	0.875
	1.0	0.458	0.681	0.796	0.863	0.907
0.45	0.5	0.354	0.523	0.613	0.667	0.703
	0.6	0.362	0.544	0.643	0.704	0.743
	0.7	0.370	0.563	0.670	0.736	0.780
	0.8	0.376	0.579	0.695	0.766	0.814
	0.9	0.382	0.594	0.717	0.794	0.845
	1.0	0.387	0.607	0.737	0.819	0.875
0.50	0.5	0.306	0.476	0.576	0.640	0.684
	0.6	0.312	0.492	0.601	0.672	0.721
	0.7	0.317	0.507	0.624	0.701	0.755
	0.8	0.322	0.519	0.644	0.727	0.785
	0.9	0.326	0.531	0.662	0.751	0.813
	1.0	0.329	0.541	0.679	0.773	0.840

注：δ为H_{nl}范围内未浇筑混凝土的钢骨架和混凝土强度不足10MPa部分的高度δH_{nl}与H_{nl}的比值。

ξ_1为钢骨架刚度（E_aI_a）与柱底混凝土截面刚度（$E_c^bI_c^b$）之比值；

ξ_2为能与钢骨架共同工作的混凝土弹性模量（E_{ca}）与柱底混凝土弹性模量（E_c^b）之比值（附图 4.1）。

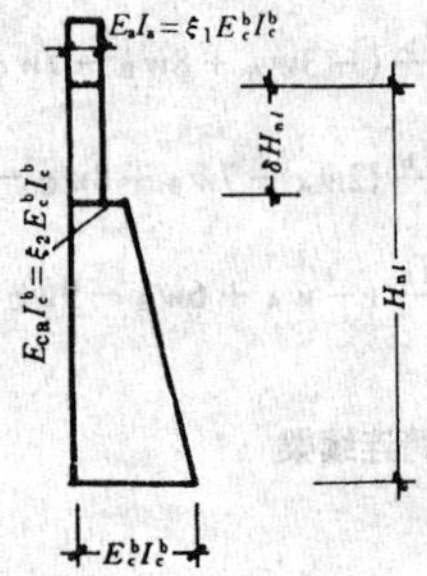

附图 4.1　劲性钢筋混凝土柱计算简图

附录五　群柱与内竖筒或剪力墙共同工作时的计算长度系数 μ

附表 5.1

H_b/H_{nl} \ α_{wc}	4.5	6	9	12	15	50
0.0	0.915	0.831	0.765	0.740	0.730	0.710
0.1	0.927	0.849	0.783	0.758	0.747	0.718
0.2	1.062	0.978	0.903	0.872	0.861	0.831
0.3	1.234	1.138	1.060	1.019	1.009	0.971
0.4	1.375	1.278	1.206	1.158	1.148	1.098
0.5	1.460	1.380	1.315	1.270	1.260	1.210
0.6	1.588	1.529	1.445	1.391	1.380	1.340
0.7	1.716	1.660	1.616	1.570	1.559	1.525
0.8	1.830	1.792	1.760	1.740	1.728	1.692
0.9	1.900	1.892	1.884	1.880	1.878	1.860
1.0	2.000	2.000	2.000	2.000	2.000	2.000

注：①在不同施工情况下H_b和H_{nl}（附图5.1）。

②α_{WC}为等刚度内竖筒或等刚度剪力墙的刚度与群柱刚度之比。附图5.1中（c）、（d）所示变刚度柱的刚度可取$\xi E_c^bI_c^b$，其中ξ按附录四取用。

附图5.1中（b）（d）所示变刚度内竖筒，可先按在群柱与内竖筒连接处产生单位位移所要的作用力相等的原则折算成等刚度内竖筒，然后再查附表 5.1 进行计算。

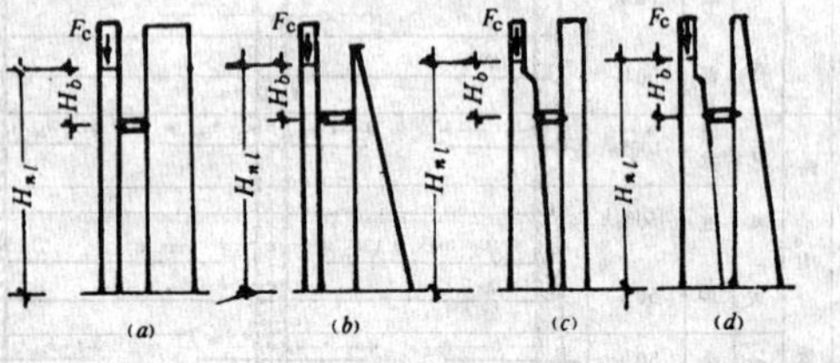

附图 5.1　群柱与内竖筒或剪力墙共同工作稳定性刚度计算

（a）预制柱与已施工的内竖筒或剪力墙；

（b）预制柱与升提或升滑施工的内竖筒或剪力墙；

（c）劲性钢筋混凝土柱与已施工的内竖筒或剪力墙；

（d）劲性钢筋混凝土柱与升提或升滑施工的内竖筒或剪力墙。

附录六 板柱节点图

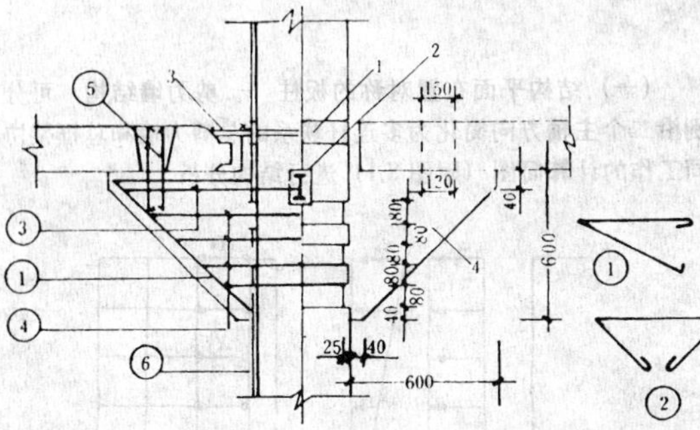

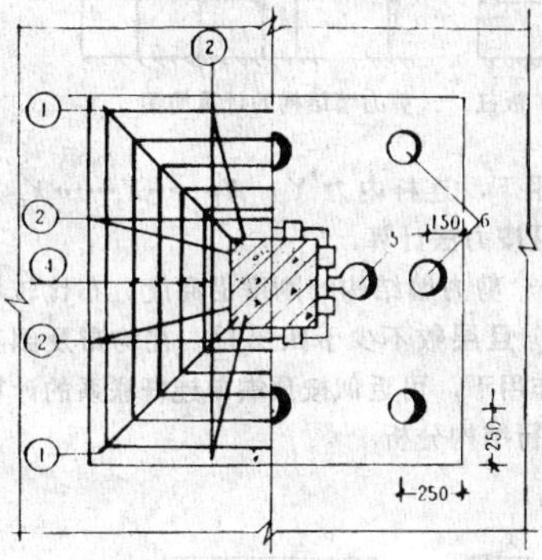

1—柱上预埋件；
2—I14 承重销；
3—每侧两块钢板 —50×50×8；
4—C30 混凝土；
5—提升孔；
6—擦筑销钉孔．
①、②—柱帽内弯筋；
①为 ϕ10 焊于柱主筋；
③—ϕ12 箍筋；④—ϕ8 箍筋四道间距 100；
⑤—2ϕ18 插筋；
⑥—柱主筋．

附图 6.1 后浇柱帽节点

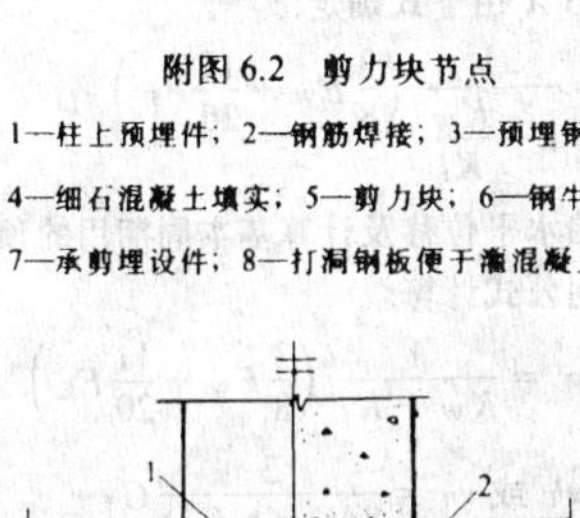

附图 6.2 剪力块节点

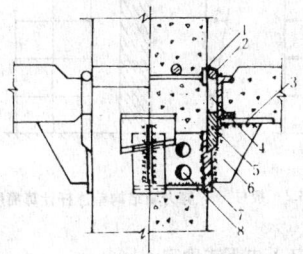

1—柱上预埋件；2—钢筋焊接；3—预埋钢板；4—细石混凝土填实；5—剪力块；6—钢牛腿；7—承剪埋设件；8—打洞钢板便于灌混凝土

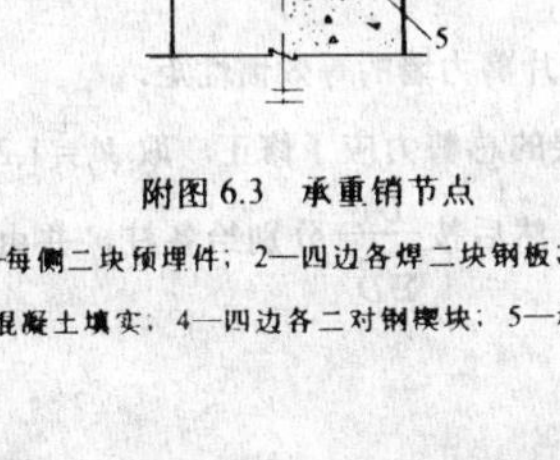

附图 6.3 承重销节点

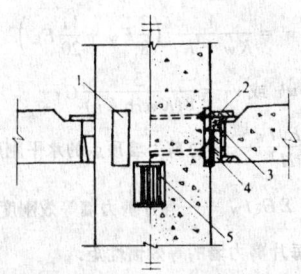

1—每侧二块预埋件；2—四边各焊二块钢板；3—细石混凝土填实；4—四边各二对钢楔块；5—承重销

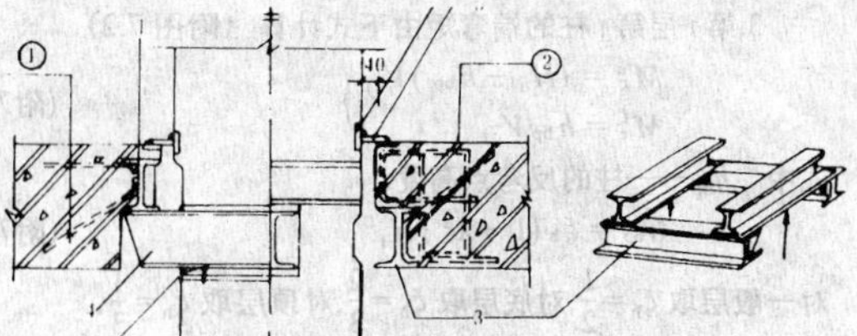

附图 6.4 暗销节点

1—搁于承重销上 I10；2—楔型垫铁；3—I12 与 I10 焊成口形环；4—承重销；5—每侧二块预埋及焊接铁板；①—锚固钢筋 ϕ12 间距 100；②—附加抗剪钢筋 ϕ8 间距 100

附录七 板柱结构及板柱—壁式框架结构的简化计算方法

（一）板柱结构在水平荷载作用下可按等代框架计算简图

（附图 7.1）由如下步骤计算内力和位移：

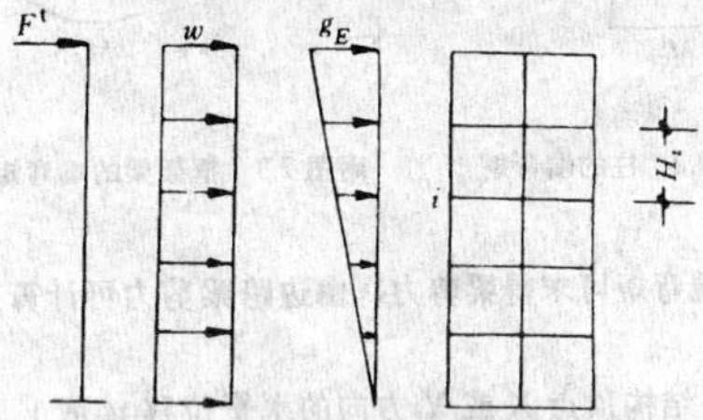

附图 7.1 板柱结构的计算简图

1.计算板柱结构的柱刚度特征值 D

$$D=\alpha_D K_C \frac{12}{H_i^2} \qquad (附7.1)$$

柱刚度修正系数 α_D 应按附表 7.1 计算。

2.升板各层的剪力按柱刚度的比例分配给各柱：

$$V_{ij}=V_i \frac{D_{ij}}{\sum_j D_{ij}} \qquad (附7.2)$$

式中 V_{ij}——第 i 层第 j 柱的剪力；

V_i——第 i 层的总剪力；

D_{ij}——第 i 层第 j 柱的柱刚度；

$\sum_j D_{ij}$——第 i 层各柱的柱刚度之和。

柱刚度修正系数 α_D 附表 7.1

层别	简 图	K	α_D
一般层	K_{ba}^l K_{ba}^r K_c K_{bb}^l K_{bb}^r	$\overline{K}=\frac{K_{ba}^l+K_{bb}^l+K_{ba}^r+K_{bb}^r}{2K_c}$	$\alpha_D=\frac{\overline{K}}{2+\overline{K}}$
底 层	K_{ba}^l K_{ba}^r K_c	$\overline{K}=\frac{K_{ba}^l+K_{ba}^r}{K_c}$	$\alpha_D=\frac{0.5+\overline{K}}{2+\overline{K}}$

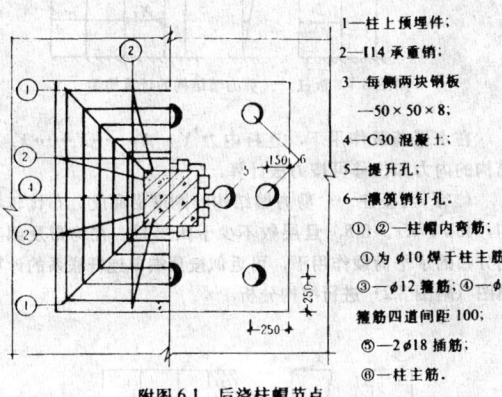

注：对边柱取 $K_{ba}^l=K_{bb}^l=0$

3.第 i 层第 j 柱的端弯矩由下式计算（附图 7.2）

$$\left.\begin{aligned} M_c^u &= (H_i - h_{bp})V_{ij} \\ M_c^l &= h_{bp}V_{ij} \end{aligned}\right\} \qquad (附7.3)$$

式中 h_{bp}——柱的反弯点高度。

$$h_{bp} = \xi_h(1 - \lambda_c^u)H_i \qquad (附7.4)$$

对一般层取 $\xi_h = \frac{1}{2}$；对底层取 $\xi_h = \frac{2}{3}$；对顶层取 $\xi_h = \frac{1}{3}$。

4.第 i 层等代框架梁的端弯矩应按下列梁的线刚度分配公式确定（附图 7.3）：

$$M_b^l = (M_{c,i} + M_{c,i+1})\frac{K_b^l}{K_b^l + K_b^r} \qquad (附7.5－1)$$

$$M_b^r = (M_{c,i} + M_{b,i+1})\frac{K_b^r}{K_b^l + K_b^r} \qquad (附7.5－2)$$

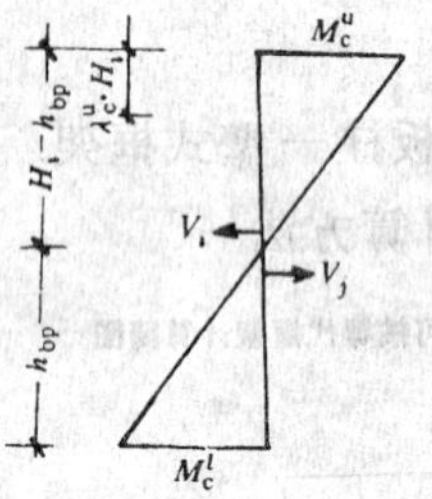

附图 7.2 柱的端弯矩

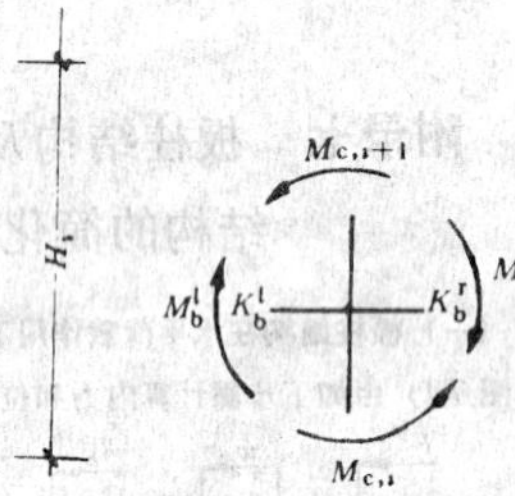

附图 7.3 框架梁的端弯矩

由梁端弯矩可求得梁剪力；由边跨梁剪力可计算边柱轴力。

5.板柱结构顶点 X 或 Y 方向的水平位移 u^t 或 v^t 及基本周期顶点假想水平位移 u_T^t 或 v_T^t 分别按下列公式计算：

$$u^t 或 v^t = \frac{1}{K_f}\left(F^t + \frac{1}{2}F_w + \frac{2}{3}F_E\right) \qquad (附7.6)$$

$$u_T^t 或 v_T^t = \frac{G_E}{2K_f} \qquad (附7.7)$$

式中 F^t——顶点的水平集中荷载（N）；

$F_W = wH$——均匀分布荷载为 w 的水平荷载的总和（N）；

$F_E = \frac{1}{2}g_E H$——最大值为 g_E 的倒三角分布的水平荷载的总和(N)；

G_E——产生地震作用的建筑物所受的总重为(N)；

K_f——总框架顶端的水平刚度（N／m），应按下式确定：

$$\frac{1}{K_f} = \sum_i \left(\frac{1}{\sum_j D_{ij}}\right) \qquad (附7.8)$$

其中 i—层数；j—柱数。

（二）板柱——壁式框架结构亦可按等代框架由上述方法计算内力和位移。但应注意下列各点：

1.公式（附 7.2）、（附 7.8）中的 ΣD_{ij}，应计入沿侧向力方向壁式框架壁柱的柱刚度，柱刚度修正系数 α_D 由附表 7.1 求得：

2.壁柱的反弯点高度应按下式确定：

$$h_{bp} = [\lambda_c^l + \xi_h(1 - \lambda_c^u - \lambda_c^l)]h_{wc} \qquad (附7 9)$$

3.壁梁、壁柱截面设计时的计算弯矩应根据端弯矩按直线变化取刚域边界处的弯矩。

附录八 板柱 — 剪力墙结构的简化计算方法

（一）结构平面布置对称的板柱 － 剪力墙结构，可分别沿二个主轴方向简化为多连杆联系的总剪力墙和总框架协同工作的计算简图（附图 8.1）进行结构分析。

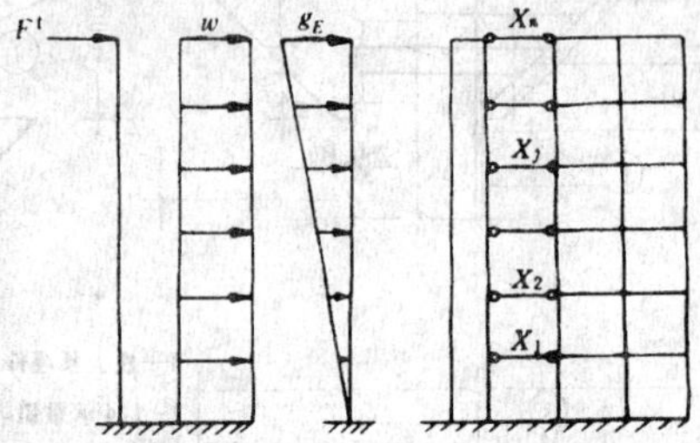

附图 8.1 板柱 － 剪力墙结构的计算简图

在水平荷载作用下，连杆内力 X_1、X_2……X_j……X_n 及结构的内力和位移可按力法计算。

（二）当板柱 － 剪力墙结构的刚度沿高度分布比较均匀，$K_W / K_f > 0.5$，且层数不少于四层时，在均布及倒三角分布的水平荷载作用下，可近似按顶端单连杆联系的计算简图（附图 8.2）进行结构分析。

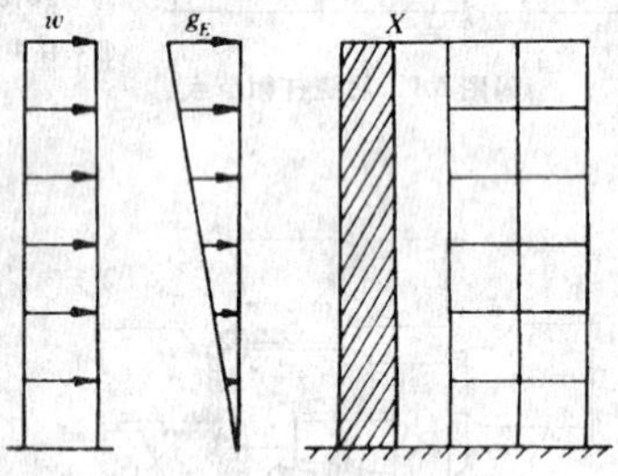

附图 8.2 板柱 － 剪力墙结构单连杆计算简图

连杆的内力 X 由下式确定：

$$X = \frac{1}{1 + \frac{K_W}{K_f}}\left(\frac{3}{8}F_W + \frac{11}{20}F_E\right) \qquad (附8.1)$$

结构顶点的水平位移及计算基本周期用的顶点假想水平位移分别按下列公式计算：

$$u^t 或 v^t = \frac{1}{K_W + K_f}\left(\frac{3}{8}F_W + \frac{11}{20}F_E\right) \qquad (附8.2)$$

$$u_T^t 或 v_T^t = \frac{3}{8(K_W + K_f)}G_E \qquad (附8.3)$$

式中 $K_W = \frac{3E_c I_W}{H^3}$——总剪力墙顶点的水平刚度；

$E_c I_W = \sum_j E_c I_{W_j}$——各片剪力墙等效刚度的总和；

I_{W_j}——每片剪力墙的等效惯性矩。

总框架每层的总剪力应予修正，取 $V_i = 1.25X$，如附图 8.3（a）所示。然后按 $\frac{D_{ij}}{\sum_j D_{ij}}$ 分别给各柱，并由此剪力计算框架弯矩。

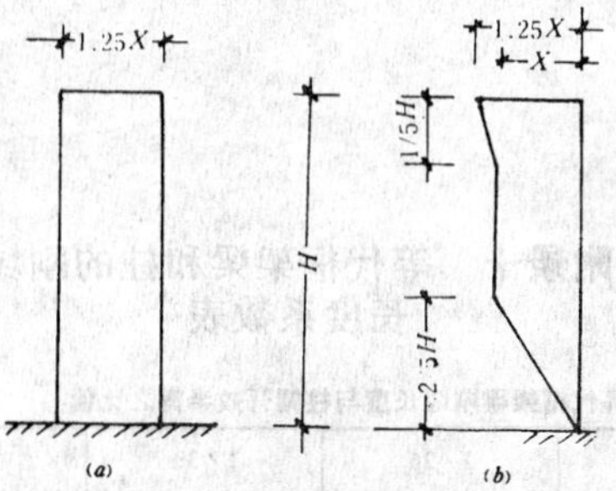

附图 8.3　连杆内力 X 产生并经修正的剪力
（a）适用于框架；（b）适用于剪力墙

总剪力墙的弯矩由地震作用及顶点连杆内力 X 计算求得。总剪力墙的剪力，由地震作用下的剪力图减去由连杆内力 X 产生并经修正的剪力图（附图 8.3b）求得。然后按刚度分配给各片剪力墙。

附录九　带刚域杆件的线刚度修正系数

ψ 值 表　　　　附表 9.1

λ'	h_c/H (h_b/l) \ λ	0.00	0.05	0.10	0.15	0.20	0.25	0.30
0	0.00	1.000	1.225	1.509	1.873	2.344	2.963	3.790
	0.05	0.993	1.215	1.496	1.855	2.318	2.927	3.737
	0.10	0.973	1.188	1.458	1.803	2.246	2.822	3.585
	0.15	0.941	1.145	1.400	1.722	2.134	2.665	3.358
	0.20	0.899	1.089	1.326	1.621	1.995	2.471	3.085
	0.25	0.851	1.026	1.241	1.507	1.840	2.260	2.793
	0.30	0.799	0.957	1.151	1.388	1.682	2.046	2.503
	0.35	0.745	0.887	1.060	1.270	1.526	1.841	2.229
	0.40	0.691	0.818	0.972	1.156	1.379	1.649	1.980
	0.45	0.638	0.652	0.888	1.049	1.243	1.476	1.757
	0.50	0.588	0.690	0.809	0.951	1.119	1.320	1.561
0.2λ	0.00	1.000	1.252	1.584	2.031	2.642	3.498	4.730
	0.05	0.993	1.242	1.570	2.010	2.610	3.449	4.650
	0.10	0.972	1.213	1.529	1.950	2.520	3.309	4.427
	0.15	0.940	1.168	1.465	1.857	2.382	3.099	4.099
	0.20	0.899	1.111	1.384	1.741	2.213	2.847	3.714
	0.25	0.851	1.045	1.292	1.611	2.028	2.577	3.314
	0.30	0.798	0.974	1.195	1.477	1.839	2.310	2.928
	0.35	0.744	0.901	1.098	1.345	1.657	2.057	2.574
	0.40	0.690	0.830	1.003	1.219	1.488	1.827	2.259
	0.45	0.638	0.762	0.914	1.102	1.333	1.621	1.983
	0.50	0.588	0.698	0.832	0.995	1.194	1.440	1.746
0.4λ	0.00	1.000	1.280	1.666	2.210	3.000	4.187	6.047
	0.05	0.993	1.270	1.650	2.186	2.960	4.119	5.924
	0.10	0.972	1.240	1.605	2.115	2.846	3.927	5.583
	0.15	0.940	1.193	1.535	2.008	2.675	3.644	5.093
	0.20	0.899	1.133	1.447	1.874	2.467	3.310	4.537
	0.25	0.851	1.065	1.347	1.726	2.243	2.961	3.978
	0.30	0.798	0.991	1.242	1.574	2.019	2.623	3.457
	0.35	0.744	0.916	1.138	1.426	1.805	2.311	2.994
	0.40	0.690	0.843	1.037	1.286	1.609	2.032	2.593
	0.45	0.638	0.773	0.943	1.158	1.433	1.788	2.252
	0.50	0.588	0.707	0.856	1.042	1.276	1.576	1.963

续附表

λ'	h_c/H (h_b/l) \ λ	0.00	0.05	0.10	0.15	0.20	0.25	0.30
0.6λ	0.00	1.000	1.309	1.754	2.414	3.434	5.092	7.965
	0.05	0.993	1.299	1.737	2.385	3.383	4.995	7.764
	0.10	0.972	1.267	1.687	2.303	3.238	4.725	7.217
	0.15	0.940	1.219	1.610	2.177	3.022	4.334	6.460
	0.20	0.899	1.156	1.514	2.022	2.765	3.884	5.632
	0.25	0.851	1.085	1.405	1.853	2.491	3.426	4.835
	0.30	0.798	1.009	1.292	1.681	2.223	2.995	4.122
	0.35	0.744	0.932	1.180	1.515	1.971	2.607	3.511
	0.40	0.690	0.856	1.073	1.359	1.744	2.268	2.998
	0.45	0.638	0.784	0.972	1.218	1.542	1.977	2.572
	0.50	0.588	0.716	0.880	1.091	1.366	1.729	2.219
0.8λ	0.00	1.000	1.340	1.849	2.647	3.967	6.311	10.890
	0.05	0.993	1.329	1.830	2.613	3.900	6.168	10.541
	0.10	0.972	1.296	1.775	2.515	3.713	5.776	9.617
	0.15	0.940	1.245	1.691	2.367	3.438	5.223	8.391
	0.20	0.899	1.180	1.585	2.187	3.115	4.605	7.120
	0.25	0.851	1.106	1.467	1.993	2.779	3.998	5.960
	0.30	0.798	1.027	1.345	1.797	2.456	3.422	4.970
	0.35	0.744	0.947	1.225	1.610	2.159	2.957	4.154
	0.40	0.690	0.869	1.110	1.438	1.894	2.543	3.493
	0.45	0.638	0.795	1.003	1.282	1.663	2.195	2.959
	0.50	0.588	0.726	0.906	1.144	1.464	1.904	2.527
1.0λ	0.00	1.000	1.371	1.953	2.915	4.629	8.000	15.625
	0.05	0.993	1.359	1.931	2.874	4.541	7.782	14.970
	0.10	0.972	1.325	1.871	2.757	4.295	7.194	13.297
	0.15	0.940	1.272	1.778	2.583	3.940	6.389	11.210
	0.20	0.899	1.205	1.662	2.373	3.531	5.524	9.191
	0.25	0.851	1.128	1.533	2.148	3.115	4.705	7.462
	0.30	0.798	1.046	1.401	1.925	2.723	3.984	6.067
	0.35	0.744	0.963	1.271	1.714	2.370	3.372	4.970
	0.40	0.690	0.883	1.148	1.522	2.062	2.865	4.111
	0.45	0.638	0.806	1.035	1.351	1.797	2.447	3.438
	0.50	0.588	0.735	0.932	1.200	1.572	2.105	2.906

注：$\lambda'=\lambda$ 时 $\psi=\psi'$

ψ' 值 表　　　　附表 9.2

λ'	h_c/H (h_b/l) \ λ	0.00	0.05	0.10	0.15	0.20	0.25	0.30
0	0.00	1.000	1.108	1.235	1.384	1.563	1.778	2.041
	0.05	0.993	1.100	1.224	1.371	1.546	1.756	2.012
	0.10	0.973	1.075	1.193	1.332	1.497	1.693	1.931
	0.15	0.941	1.036	1.146	1.273	1.422	1.599	1.808
	0.20	0.899	0.986	1.085	1.198	1.330	1.483	1.661
	0.25	0.851	0.928	1.015	1.114	1.226	1.356	1.504
	0.30	0.799	0.866	0.942	1.026	1.121	1.228	1.348
	0.35	0.745	0.803	0.867	0.939	1.017	1.104	1.200
	0.40	0.691	0.740	0.795	0.854	0.919	0.990	1.066
	0.45	0.638	0.681	0.726	0.775	0.829	0.885	0.946
	0.50	0.588	0.624	0.662	0.793	0.745	0.792	0.840

λ′	h_c/H_i (h_b/l) \ λ	0.00	0.05	0.10	0.15	0.20	0.25	0.30
	0.00	1.000	1.155	1.350	1.596	1.913	2.332	2.899
	0.05	0.993	1.146	1.337	1.579	1.890	2.299	2.850
	0.10	0.972	1.120	1.302	1.532	1.825	2.206	2.713
	0.15	0.940	1.078	1.248	1.459	1.725	2.066	2.512
	0.20	0.899	1.025	1.179	1.368	1.602	1.898	2.276
0.2λ	0.25	0.851	0.954	1.101	1.266	1.468	1.718	2.031
	0.30	0.798	0.899	1.018	1.160	1.332	1.540	1.794
	0.35	0.744	0.832	0.935	1.056	1.200	1.371	1.577
	0.40	0.690	0.766	0.855	0.957	1.077	1.218	1.384
	0.45	0.638	0.704	0.779	0.865	0.965	1.081	1.215
	0.50	0.588	0.644	0.709	0.781	0.865	0.960	1.070
	0.00	1.000	1.205	1.477	1.845	2.357	3.095	4.202
	0.05	0.993	1.196	1.464	1.825	2.326	3.044	4.117
	0.10	0.972	1.168	1.423	1.766	2.236	2.902	3.879
	0.15	0.940	1.124	1.361	1.676	2.102	2.693	3.539
	0.20	0.899	1.067	1.283	1.564	1.938	2.446	3.152
0.4λ	0.25	0.851	1.002	1.195	1.441	1.762	2.188	2.764
	0.30	0.798	0.933	1.102	1.314	1.586	1.938	2.402
	0.35	0.744	0.863	1.009	1.191	1.418	1.708	2.080
	0.40	0.690	0.794	0.920	1.074	1.264	1.502	1.802
	0.45	0.638	0.728	0.836	0.967	1.126	1.321	1.564
	0.50	0.588	0.666	0.759	0.869	1.003	1.164	1.364
	0.00	1.000	1.258	1.619	2.141	2.925	4.166	6.258
	0.05	0.993	1.248	1.603	2.115	2.882	4.087	6.100
	0.10	0.972	1.218	1.557	2.042	2.758	3.365	5.671
	0.15	0.940	1.171	1.486	1.930	2.575	3.546	5.075
	0.20	0.899	1.111	1.397	1.793	2.355	3.177	4.425
0.6λ	0.25	0.851	1.042	1.297	1.643	2.122	2.803	3.799
	0.30	0.798	0.969	1.193	1.490	1.893	2.450	3.239
	0.35	0.744	0.895	1.089	1.343	1.679	2.133	2.758
	0.40	0.690	0.822	0.990	1.205	1.486	1.856	2.355
	0.45	0.638	0.753	0.898	1.080	1.314	1.618	2.020
	0.50	0.588	0.688	0.813	0.968	1.163	1.415	1.743
	0.00	1.000	1.313	1.777	2.493	3.662	5.709	9.657
	0.05	0.993	1.302	1.759	2.461	3.600	5.580	9.348
	0.10	0.972	1.270	1.706	2.368	3.427	5.226	8.528
	0.15	0.940	1.220	1.625	2.229	3.173	4.725	7.441
	0.20	0.899	1.157	1.523	2.060	2.875	4.167	6.314
0.8λ	0.25	0.851	1.084	1.410	1.877	2.565	3.617	5.285
	0.30	0.798	1.007	1.292	1.692	2.267	3.115	4.407
	0.35	0.744	0.928	1.176	1.517	1.993	2.675	3.684
	0.40	0.690	0.852	1.066	1.354	1.749	2.301	3.098
	0.45	0.638	0.779	0.964	1.208	1.535	1.986	2.624
	0.50	0.588	0.711	0.870	1.077	1.351	1.722	2.241

注：ψ——柱上端的ψ_c^u或梁左端的ψ_b^l；

ψ'——柱下端的ψ_c^l或梁右端的ψ_b^r；

λ——柱上端的λ_c^u或梁左端的λ_b^l；

λ'——柱下端的λ_c^l或梁右端的λ_b^r；

h_c/H_i——柱的截面高度与第i层柱高度之比；

h_b/l——梁高与梁跨之比；当计算壁柱框架时l取壁梁的计算跨度，H_i取壁柱的计算高度。

附录十　等代框架梁和柱的刚域长度系数表

一、等代框架梁刚域长度与柱帽有效半宽之比值

附表 10.1

θ	h/l	1/25				1/30				1/35			
	λ_{cb} \ b/l	0.6	0.8	1.0	1.2	0.6	0.8	1.0	1.2	0.6	0.8	1.0	1.2
	0.08	0.73	0.70	0.67	0.64	0.78	0.75	0.72	0.70	0.81	0.79	0.76	0.75
	0.10	0.80	0.78	0.76	0.74	0.83	0.82	0.80	0.78	0.86	0.84	0.83	0.82
30°	0.12	0.84	0.82	0.81	0.80	0.86	0.85	0.84	0.83	0.88	0.87	0.86	0.86
	0.14	0.87	0.85	0.84	0.83	0.88	0.88	0.87	0.86	0.89	0.89	0.88	0.88
	0.16	0.88	0.87	0.87	0.86	0.90	0.89	0.88	0.88	0.90	0.90	0.90	0.89
	0.18	0.89	0.89	0.88	0.88	0.90	0.90	0.90	0.89	0.91	0.91	0.90	0.90
	0.08	0.55	0.50	0.46	0.43	0.62	0.57	0.53	0.50	0.67	0.63	0.59	0.56
	0.10	0.66	0.62	0.58	0.55	0.71	0.68	0.64	0.62	0.75	0.72	0.69	0.67
45°	0.12	0.73	0.69	0.67	0.64	0.77	0.75	0.72	0.70	0.80	0.78	0.76	0.74
	0.14	0.78	0.75	0.73	0.70	0.81	0.79	0.77	0.76	0.84	0.82	0.81	0.79
	0.16	0.81	0.79	0.77	0.75	0.84	0.82	0.81	0.80	0.86	0.85	0.84	0.83
	0.18	0.83	0.82	0.80	0.79	0.86	0.85	0.83	0.82	0.88	0.87	0.86	0.85
	0.08	0.36	0.31	0.27	0.24	0.42	0.37	0.33	0.29	0.48	0.42	0.38	0.35
	0.10	0.47	0.42	0.38	0.34	0.53	0.48	0.44	0.41	0.59	0.54	0.50	0.47
	0.12	0.57	0.51	0.47	0.44	0.62	0.57	0.54	0.51	0.67	0.63	0.59	0.56
60°	0.14	0.63	0.58	0.55	0.51	0.69	0.64	0.61	0.58	0.72	0.69	0.66	0.64
	0.16	0.68	0.64	0.61	0.58	0.73	0.70	0.67	0.64	0.77	0.74	0.71	0.69
	0.18	0.72	0.68	0.66	0.63	0.76	0.74	0.71	0.69	0.80	0.77	0.75	0.73

注：h——升板厚度，当密肋板时取惯性矩相等的折算平板厚度；

b——等代框架梁的计算宽度；

θ——柱帽倾斜侧面与柱轴线的交角；

λ_{cb}——柱帽半宽与等代框架梁跨度之比；

λ_b^l、λ_b^r——等代框架梁左右端刚域长度与梁跨度之比（附图10.1）。

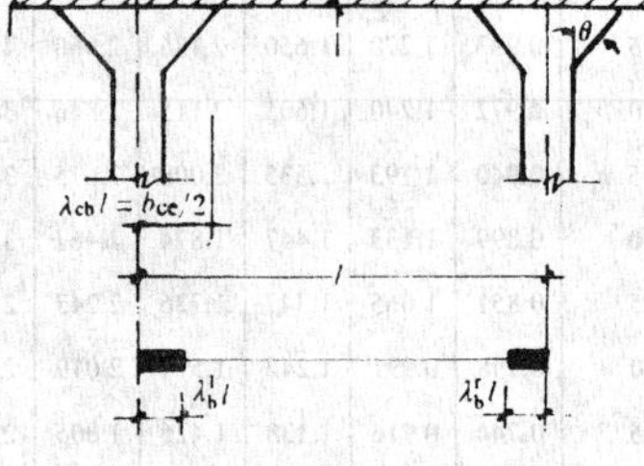

附图 10.1　柱帽对等代框架梁计算的影响

二、等代框架柱上端刚域长度与柱帽计算高度之比值　　附表 10.2

θ	30°			45°			60°		
h_c/H_s \ λ_{cc}	0.08	0.10	0.12	0.08	0.10	0.12	0.08	0.10	0.12
0.08	0.73	0.67	0.63	0.83	0.80	0.76	0.90	0.88	0.85
0.10	0.77	0.72	0.68	0.86	0.83	0.80	0.92	0.90	0.88
0.12	0.80	0.76	0.72	0.89	0.87	0.83	0.93	0.92	0.90
0.16	0.85	0.81	0.78	0.91	0.89	0.87	0.95	0.94	0.92
0.20	0.88	0.84	0.80	0.93	0.91	0.89	0.96	0.95	0.94

注：h_c——柱截面的高度；

λ_{cc}——柱帽计算高度（算到板的中心轴）与柱高之比；

λ_c^u、λ_c^l——等代框架柱上、下端刚域长度与柱高之比（附图10.2）。

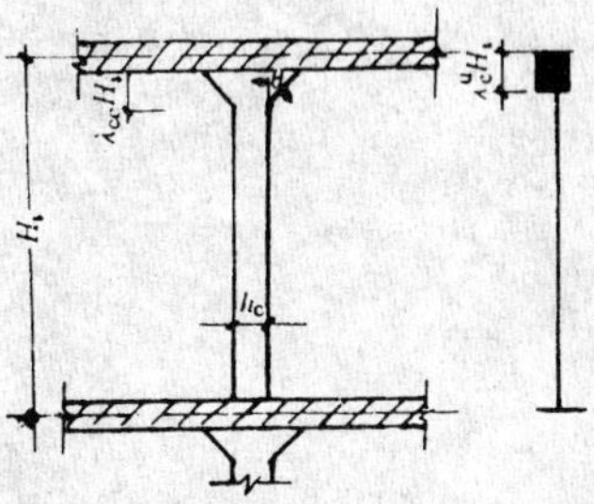

附图 10.2　柱帽对等代框架柱计算的影响

附录十一　本规范用词说明

一、为便于在执行本规范条文时区别对待，对要求严格程度不同的用词说明如下：

1.表示很严格，非这样作不可的：

正面词采用“必须”；

反面词采用“严禁”。

2.表示严格，在正常情况均应这样作的：

正面词采用“应”；

反面词采用“不应”或“不得”。

3.表示允许稍有选择，在条件许可时首先应这样作的：

正面词采用“宜”或“可”；

反面词采用“不宜”。

二、条文中指定应按其它有关标准、规范执行时，写法为“应符合……的规定”或“应符合……要求或规定”。

附加说明

本规范主编单位，参加单位和主要起草人名单

主编单位

中国建筑科学研究院

参加单位：

北京市建筑设计院

北京市第一建筑工程公司

天津市建筑设计院

天津市第三建筑工程公司

华东建筑设计院

上海市第五建筑工程公司

上海市建筑科学研究所

同济大学

上海市纺织建筑工程公司

南京工学院

南京市第二建筑工程公司

无锡市建筑工程管理局

浙江省建筑设计院

浙江省建筑工程总公司

山东省青岛市机械化施工公司

主要起草人：

张维嶽、董石麟、施炳华、陈　芮、陈　力、杨福海、梁瑞庭、陈效中、于荣根、王绍义、余安东、罗美成、杜　训、刘德伐、董　伟、周鸿仪、徐可安、廉玉璞、冯　秀、牟在根。

中华人民共和国行业标准

装配式大板居住建筑设计和施工规程

JGJ 1—91

主编单位：中国建筑技术发展研究中心

中 国 建 筑 科 学 研 究 院

批准部门：中 华 人 民 共 和 国 建 设 部

施行日期：1 9 9 1 年 1 0 月 1 日

关于发布行业标准《装配式大板居住建筑设计和施工规程》的通知

建标〔1991〕272 号

根据原城乡建设环境保护部（83）城科字第 224 号文的要求，由中国建筑技术发展研究中心、中国建筑科学研究院主编的《装配式大板居住建筑设计和施工规程》，业经审查，现批准为行业标准，编号 JGJ 1—91，自 1991 年 10 月 1 日起施行。原部标准《装配式大板居住建筑结构设计和施工暂行规定》JGJ 1—79 同时废止。

本规程由建设部建筑工程标准技术归口单位中国建筑科学研究院负责管理，由中国建筑技术发展研究中心负责解释，由建设部标准定额研究所组织出版。

中华人民共和国建设部

1991 年 4 月 29 日

目　次

主要符号

材料性能

E_c——混凝土弹性模量；

G_c——混凝土剪变模量；

E_s——钢筋弹性模量；

C20——表示立方体强度标准值为$20N/mm^2$的混凝土强度等级；

M10——表示强度标准值为$10N/mm^2$的砂浆强度等级；

MU10——表示强度标准值为$10N/mm^2$的砖强度等级；

f_{ck}、f_c——混凝土轴心抗压强度标准值、设计值；

f_{cmk}、f_{cm}——混凝土弯曲抗压强度标准值、设计值；

f_{tk}、f_t——混凝土轴心抗拉强度标准值、设计值；

f_{vk}、f_v——混凝土抗剪强度标准值、设计值；

f_{yk}——钢筋强度标准值；

f_y'——钢筋抗压强度设计值；

f_y——钢筋抗拉强度设计值。

作用和作用效应

S——结构或构件的作用效应组合设计值；

N——轴向力设计值；

M——弯矩设计值；

V——剪力设计值；

Δ_u——结构层间相对位移；

u——结构顶点位移。

几何参数

H——房屋总高；

h——层高、截面高度或墙长；

h_0——截面有效高度；

b——截面宽度；

t——墙厚；

b_f——翼缘有效宽度；

L_n——连系梁净跨；

A、A_w——截面面积及腹板面积；

A'——空心墙板截面受压区面积或后浇混凝土芯体面积；

A_{ss}——楼板在墙上的支承面积；

A_r——混凝土空心楼板在墙上支承的肋部面积；

A_{sh}——水平钢筋各肢的全截面面积；

s——水平钢筋的间距；

A_{sv}——连系梁竖向钢筋各肢的全截面面积；

n_k、n_j——接缝中的混凝土销键及节点个数；

A_k、A_j——单个销键或节点的受剪面积；

A_{s1}——内墙板锚拉钢筋面积；

A_{s2}——外墙板锚拉钢筋面积。

计算系数

γ_{RE}——承载力抗震调整系数；

α_1、α_{max}——水平地震影响系数及其最大值；

η——地震作用效应的局部放大系数；

α——剪跨比对混凝土抗剪强度的降低系数；

λ——计算截面的剪跨比；

μ——轴力影响系数或“剪切——摩擦”系数；

φ——受压构件的稳定系数；

ξ——群键共同工作系数；

β_1——接点强度降低系数。

第一章 总 则

第 1.0.1 条 为了在装配式大板居住建筑的设计和施工中做到技术先进、经济合理、安全适用、确保质量、充分发挥大板建筑的优越性，促进建筑工业化的发展，特制定本规程。

第 1.0.2 条 本规程适用于抗震设防烈度为8度或8度以下的承重墙间距不大于3.9m的大板居住建筑；当采用底层大空间方案及相应的结构措施后，也适用于办公楼、商店等公共建筑。

第 1.0.3 条 大板居住建筑的设计应符合下列要求：

一、墙体、楼面、屋盖承重构件应采用大型板材，部分尺寸过大的板材亦可采用中型板材；

二、结构体系可采用全装配大板结构体系；部分现砌墙体的内板外砖结构体系；振动砖板结构体系；局部现浇混凝土与装配式大板相结合的结构体系；

三、板材的材料可采用普通混凝土、轻集料混凝土或粉煤灰混凝土；

四、板材可采用实心板或空心板。外墙可采用单一材料或复合材料墙板；

五、7层或7层以下的大板居住建筑宜采用少筋大板结构体系；8层或8层以上的大板居住建筑应采用钢筋混凝土墙板结构体系。

注：按墙体全截面面积（包括竖缝）计算，其含钢率为0.10%～0.15%的大板结构称为少筋大板结构。

第 1.0.4 条 各类大板建筑的层数应符合表1.0.4的规定。烈度为8度的Ⅳ类场地，大板建筑的层数不宜高于七层，且不宜采用底层大空间结构。

大板建筑适用层数　　表 1.0.4

抗震设防要求		结构类型				
		钢筋混凝土墙板结构	少筋大板结构			
			普通混凝土和轻混凝土结构	内板外砖结构	振动砖板结构	粉煤灰混凝土结构
按抗震设计	8度或7度	≤12层	≤7层	≤7层	≤5层	≤6层
	6度	≤16层	≤7层	≤7层	≤5层	≤6层
按非抗震设计		≤16层	≤7层	≤7层	≤5层	≤6层

注：在取得科研成果的基础上，经过计算并采取相应的结构措施后，建筑层数可适当增加。

第 1.0.5 条 装配式大板居住建筑应采用标准化、系列化设计方法，并编制设计、制作和施工安装成套设计文件。

第 1.0.6 条 大板居住建筑的设计与施工除执行本规程外，尚应符合现行《建筑结构荷载规范》GBJ 9、《建筑抗震设计规范》GBJ 11、《混凝土结构设计规范》GBJ

10、《混凝土结构工程施工及验收规范》GBJ 204等有关标准的规定。

大板居住建筑的热工设计应符合现行标准《民用建筑热工设计规程》JGJ 24的要求，采暖大板居住建筑应符合现行标准《民用建筑节能设计标准》（采暖居住建筑部分）JGJ 26的要求。

第二章 材料

第 2.0.1 条 普通混凝土的各项计算指标应符合表2.0.1的规定。对于空心墙板应将按净截面计算的混凝土轴心抗压强度值，乘以折减系数0.8。普通混凝土的剪变模量 $G_c=0.4E_c$。用立模成型的墙板，其强度应按表列数值乘以折减系数0.85。

普通混凝土的强度标准值、设计值(N/mm²)及弹性模量(kN/mm²)　　表 2.0.1

指标名称		混凝土强度等级				
		C10	C15	C20	C25	C30
轴心抗压	f_{ck}	6.7	10	13.5	17	20
	f_c	5	7.5	10	12.5	15
弯曲抗压	f_{cmk}	7.5	11	15	18.5	22
	f_{cm}	5.5	8.5	11	13.5	16.5
抗拉	f_{tk}	0.9	1.2	1.5	1.75	2
	f_t	0.65	0.9	1.1	1.3	1.5
抗剪	f_{vk}	1.3	1.7	2.1	2.5	2.9
	f_v	0.9	1.25	1.55	1.8	2.1
弹性模量	E_c	17.5	22	25.5	28	30

第 2.0.2 条 轻集料混凝土的各项计算指标应符合现行行业标准《轻集料混凝土技术规程》JGJ 51的规定。

第 2.0.3 条 粘土砖及多孔砖振动砖墙体的各项计算指标应符合表2.0.3的规定。振动砖墙体的剪变模量 $G=0.4E$。振动砖墙体（粘土砖及多孔砖）的质量密度可按2.0t/m³采用。

粘土砖及多孔砖振动砖墙体的强度标准值、设计值(N/mm²)及弹性模量(kN/mm²)　　表 2.0.3

指标名称		M10	
		MU10	MU7.5
轴心抗压	f_{ck}	5.4	4.7
	f_c	3.3	2.9
弯曲抗压	f_{cmk}	5.9	5.2
	f_{cm}	3.6	3.2
轴心抗拉	f_{tk}	0.32	
	f_t	0.20	
抗剪	f_{vk}	0.49	
	f_v	0.29	
弹性模量	E	8.5	7.5

注：多孔砖的孔洞率应小于30%，孔洞轴线垂直于墙体受压面。当不符合此要求时，计算指标应进行试验研究确定。

粘土砖砌体的各项计算指标应符合现行国家标准《砌体结构设计规范》GBJ 3及《建筑抗震设计规范》GBJ 11的规定。

第 2.0.4 条 蒸养粉煤灰混凝土的各项计算指标，必须按所用原材料及生产工艺的不同，通过大量试验统计确定。

第 2.0.5 条 钢筋的各项计算指标应符合表2.0.5的规定。

钢筋(钢丝)的强度标准值、设计值(N/mm²)及弹性模量(kN/mm²)　　表 2.0.5

钢筋种类		强度标准值 f_{yk}	抗拉强度设计值 f_y	抗压强度设计值 f'_y	弹性模量 E_s
Ⅰ级钢筋		235	210	210	210
冷拉Ⅰ级钢筋 ($d\leq12$)		280	250	210	
Ⅱ级钢筋	$d\leq25$	335	310	310	200
	$d=28\sim40$	315	290	290	
乙级冷拔低碳钢丝 $\phi3\sim\phi5$	用于焊接骨架和焊接网	550	320	320	
	用于绑扎骨架和绑扎网	550	250	250	

第三章 建筑设计

第一节 一般要求

第 3.1.1 条 大板居住建筑设计应符合现行国家标准《住宅建筑设计规范》GBJ 96等有关规范的要求。并应做到基本间、连接构造、构件、配件及设备管线的标准化与系列化，采用少规格、多组合的原则，组成多样化的住宅建筑系列。

第 3.1.2 条 对有抗震设计要求的大板建筑，建筑体型、布置及构造应符合抗震设计原则的要求。

第 3.1.3 条 采暖大板居住建筑的厨房和卫生间应设置有效的通风设施。

第 3.1.4 条 为适应建筑套型变化和施工需要，宜在分户墙上设置备用门洞。

第 3.1.5 条 固定各种建筑装修和设备时，宜采用膨胀螺栓固接或钉接、粘接等固定法。

第 3.1.6 条 大板居住建筑的房间宜设置挂镜线。

第 3.1.7 条 大板建筑的室内电线，宜敷设在特制的空腔踢脚线槽或空腔挂镜线槽内（图3.1.7），不得在水平接缝和竖向接缝内，沿接缝的方向敷设电气管线。

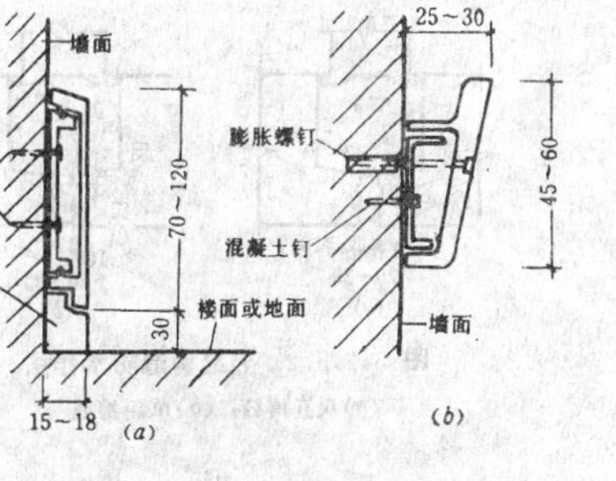

图 3.1.7 塑料踢脚线槽、挂镜线槽示意
(a)塑料踢脚线槽；(b)塑料挂镜线槽

第二节 外 墙 板

第 3.2.1 条 外墙板及其接缝设计应满足结构、热工、防水、防火及建筑装饰等要求。并结合当地材料、制作及施工条件进行综合考虑。

第 3.2.2 条 采暖大板居住建筑当采用复合外墙板时，除门窗洞口周边允许有贯通的混凝土肋外，宜采用连续式保温层。保温层厚度不得小于40mm，宜采用轻质高效、低吸水率的保温材料。当采用湿法复合工艺时，保温材料的重量含水率不得大于10%。

无肋复合墙板中，穿过保温层的连接铁件，必须采取与结构耐久性相当的防锈措施。

第 3.2.3 条 采暖大板居住建筑外墙板的接缝（包括勒脚、檐口等处的竖缝及水平缝）必须作保温处理，应保证其内表面温度高于室内空气露点温度。

第 3.2.4 条 大板居住建筑外墙板的接缝（包括女儿墙、阳台、勒脚等处的竖缝、水平缝及十字缝）及窗口处必须作防水处理。并根据不同部位接缝的特点及当地的风雨条件选用构造防水或材料防水或构造防水和材料防水相结合的防水系统。

第 3.2.5 条 当外墙板接缝采用构造防水时，水平缝宜采用企口缝或高低缝，少雨地区可采用平缝（图3.2.5-1）。竖缝宜采用双直槽缝，少雨地区可采用单斜槽缝（图3.2.5-2）。接缝的细部尺寸应符合图中规定。图中防水空腔高度 h 应按下式计算，且不小于30mm。

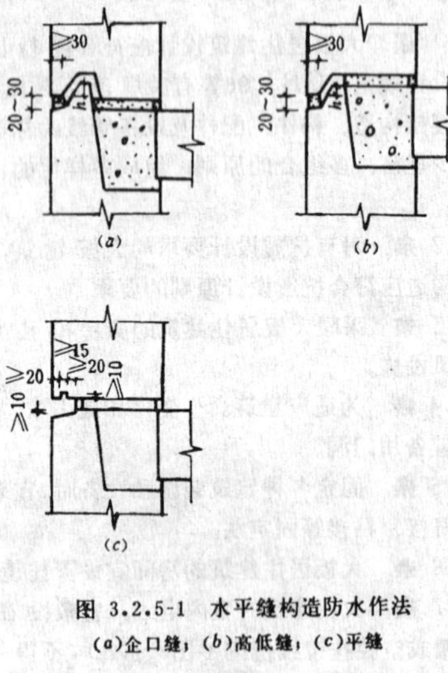

图 3.2.5-1 水平缝构造防水作法

(a)企口缝；(b)高低缝；(c)平缝

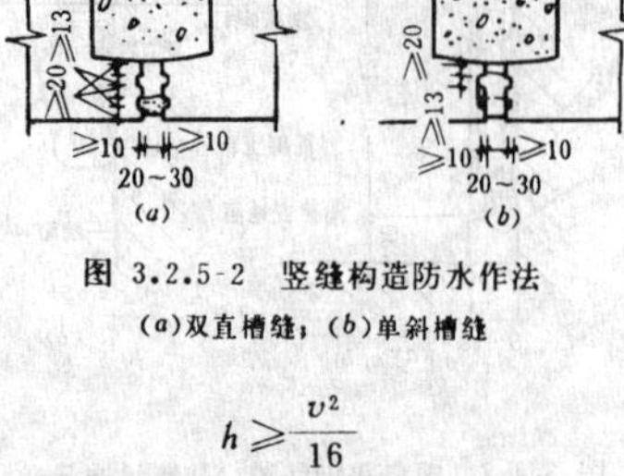

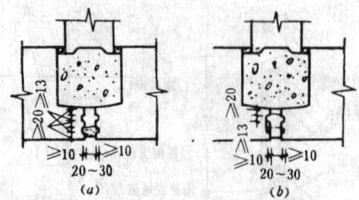

图 3.2.5-2 竖缝构造防水作法

(a)双直槽缝；(b)单斜槽缝

$$h \geqslant \frac{v^2}{16} \qquad (3.2.5)$$

式中 h ——防水空腔高度（图3.2.5-1），mm；

v ——30年一遇的距地面高10m处一小时最大雨量时的最大风速，m/s；

对于高层建筑，上述风速值尚应根据房屋最大高度乘以风压高度变化系数的平方根$\sqrt{\mu_z}$，（μ_z详见国家标准《建筑结构荷载规范》GBJ 9）。

第 3.2.6 条 外墙板接缝采用材料防水时，必须用防水性能可靠的嵌缝材料。板缝宽度不宜大于20mm，材料防水的嵌缝深度不得小于20mm。对于中、低档嵌缝材料，在嵌缝材料外侧应勾水泥砂浆保护层，其厚度不得小于15mm。对于高档嵌缝材料其外侧可不做保护层。

注：嵌缝材料应在弹塑性、耐久性、耐热性、抗冻性、粘结性、抗裂性等方面满足接缝防水要求。

第三节 内墙板、隔墙板、楼板

第 3.3.1 条 内墙板设计应满足结构、隔声及防火要求。墙板上的电气及管线设计应符合下列要求：

一、分户墙上两侧暗装电气设备不应连通设置；

二、暖气横管穿分户墙时必须采取密封措施；

三、在内墙板以及外墙板的门窗过梁钢筋锚固区内，不得埋设电气开关盒或接线盒。

第 3.3.2 条 采暖大板居住建筑的楼梯间内墙板的传热阻值不得小于外墙板传热阻值的70%。

第 3.3.3 条 隔墙板应减轻自重，用作分户墙时应满足隔声要求，用作厨房及卫生间等潮湿房间的分隔时应满足防水要求。在地震区应加强它与主体结构的连接。

第 3.3.4 条 设备管道穿楼板时，必须采取防水、隔声密封措施。应在楼板内预埋防水法兰套管或采取其它有效防水措施。

第 3.3.5 条 楼板与楼板、楼板与墙板之间接缝应采取防水措施。沿阳台板的前沿及两侧应在板底设置滴水线。

第 3.3.6 条 严寒地区，由外露悬挑构件造成的热桥部位，应作适当的保温处理。

第四节 装修、饰面

第 3.4.1 条 建筑装修、饰面，应结合当地条件采用耐久、不易污染的材料做法，并体现大板建筑的特色。

第 3.4.2 条 外墙外饰面宜在构件厂完成。

第 3.4.3 条 大板建筑的构件、配件及其接缝应表面平整。

第四章 结 构 设 计

第一节 结 构 布 置

第 4.1.1 条 建筑体形和墙体布置应均匀对称。当布置不均匀或不对称时，设计中应考虑扭转的影响。

第 4.1.2 条 建筑物的高度H（自室外地面到檐口的建筑总高度）与建筑物计算宽度B之比不宜大于4。建筑物计算宽度B的取值应符合下列规定：

一、房屋平面为矩形，按实际宽度取值（图4.1.2a）；

二、房屋平面为L型，当突出部分长度b与房屋总长度L之比，大于等于1/3时，按房屋较宽处的宽度B_1取值；小于1/3时，按房屋较窄处的宽度B_2取值（图4.1.2*b*）；

三、房屋在平面上错接时，其搭接长度不得小于房屋宽度，搭接以外部分的长度不得大于房屋宽度的二倍，其计算宽度B按搭接处总宽度取值（图4.1.2*c*）；

四、房屋平面为十字型或Y型，按房屋最宽处尺寸取值（图4.1.2*d*，*e*）；

五、房屋平面为工字型或Π型，其肋部长度l与其宽度b之比应小于等于4，计算宽度按房屋较宽处的宽度取值（图4.1.2*f*，*g*）。

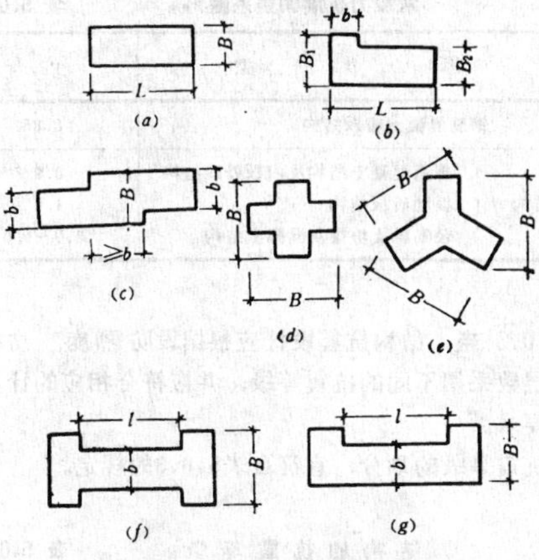

图 4.1.2　建筑物宽度B取值

第 4.1.3 条　墙体平面布置宜对正贯通，按抗震设计时房屋尽端第一道内横墙不得错断。钢筋混凝土和少筋混凝土大板墙体布置宜符合表4.1.3的规定。

钢筋混凝土和少筋混凝土大板建筑墙体布置要求　表 4.1.3

抗震设防要求		楼层总数	横墙布置沿房屋全宽度贯通的百分比	纵墙布置
抗震设计	8度	≤7层 ≥8层	≥65% ≥80%	沿房屋全长贯通的纵墙不应少于两道，其中至少应包括一道内纵墙
	7度	≤7层 ≥8层	≥50% ≥65%	
	6度	≤7层 ≥8层	≥40% ≥50%	沿房屋全长贯通的内纵墙不应少于一道
非抗震设计		≤7层 ≥8层	≥40% ≥50%	沿房屋全长贯通的内纵墙不应少于一道

当采用其他弹性模量较低的材料制作墙板的建筑物，其墙体贯通布置应比表4.1.3规定的数值适当增加。

第 4.1.4 条　各楼层的纵横墙应从底层直通到顶层，避免沿竖向出现结构刚度的突变。

第 4.1.5 条　底层大空间大板结构应符合下列要求：

一、首层应采用现浇钢筋混凝土框架——剪力墙结构。按7度或8度抗震设计的高层大板建筑，宜将首层两端的开间设置成封闭的现浇钢筋混凝土筒体，且落地剪力墙的间距不应大于20m。

高层大板建筑的二层墙体也应采用现浇钢筋混凝土剪力墙，且应在平面内对称布置，并且提高其混凝土强度等级和增加结构的整体性，减少竖向结构的层间刚度比。

首层与二层竖向结构的层间刚度比r，按抗震设计不大于1.5；按非抗震设计不大于2.0。层间刚度比r值按下式计算：

$$r=\frac{G_2A_2h_1}{G_1A_1h_2}\qquad(4.1.5\text{-}1)$$

$$A_1=A_{W1}+0.12A_C\qquad(4.1.5\text{-}2)$$

$$A_2=A_{W2}\qquad(4.1.5\text{-}3)$$

式中　G_1、G_2——首层、二层的剪力墙混凝土剪切模量；

A_1、A_2——首层、二层的折算抗剪截面面积；

A_{W1}、A_{W2}——首层、二层全部剪力墙的腹板净截面面积；

A_C——首层全部框架柱的截面面积；

h_1、h_2——首层、二层的楼层层高。

二、底层大空间结构传递剪力的楼板：八层或八层以上的框支大板建筑，应采用现浇混凝土结构；七层或七层以下的大板建筑，可采用现浇混凝土结构或叠合式装配整体式结构。

第 4.1.6 条　按抗震设计的高层大板建筑应设置地下室。当大板建筑局部设置地下室时，有地下室部分与无地下室部分之间应设置沉降缝。

第 4.1.7 条　抗震设计大板建筑的楼梯间不宜设置在建筑尽端或紧靠变形缝。楼梯间的四周均应设置墙体，不得有一面敞开，并应加强楼梯构件之间以及楼梯构件与相邻墙体之间的整体连接。

第 4.1.8 条　门窗洞口的设置应符合下列要求：

一、门窗洞口宜均匀布置；

二、按抗震设计的纵横墙端部不宜开设洞口。当必须开洞口时，洞口与房屋端部的距离，内纵墙上不应小于2000mm，外纵墙上不应小于500mm，内横墙上不应小于300mm，外横墙上不应小于800mm（图4.1.8）；

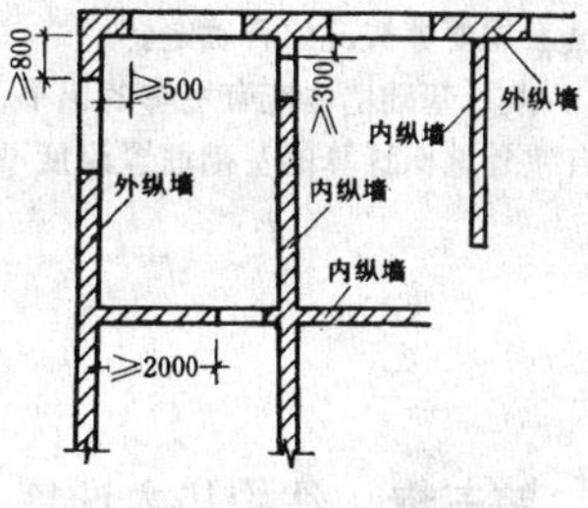

图 4.1.8　大板建筑门窗洞口布置

三、对采用外廊方案的大板建筑，外廊与主体结构之间应整体连接。

第 4.1.9 条　大板建筑应从结构布置、节点接缝构造等方面保证结构具有足够的整体性和延性，避免在偶然作用下建筑物出现连续倒塌。

第二节　构 件 设 计

第 4.2.1 条　墙板宜按房间的开间、进深尺寸分块，楼板、屋面板宜设计成每个房间一块的预制构件。

当构件重量太大时，墙板、楼板和屋面板也可以设计成每个房间两块。但墙板接缝位置与楼板、屋面板接缝位置必须错开，当错缝的水平距离小于400mm时，应设计现浇混凝土宽缝连成整体，并在缝中另设置锚结钢筋。

第 4.2.2 条　按抗震设计时，阳台、挑檐等悬挑结构宜与楼板、屋面板设计成整块大型构件。否则悬挑构件与楼板、屋面板之间必须有可靠的焊接或锚拉连成整体。

第三节 连 接 构 造

第 4.3.1 条 节点、接缝设计应满足结构承载力要求，并保证建筑的整体性和空间刚度。对抗震设计结构尚应具有较好的延性。

第 4.3.2 条 节点、接缝的设计宜构造简单，受力明确，施工方便并保证接缝满足建筑保温、防水和隔声等物理性能的要求。防水或保温的构造不宜过多地减少墙板接缝中传递内力的接触面积，墙板在侧向作用组合条件下不应产生出平面的大偏心受压。

第 4.3.3 条 构件在周边和角部应留出外露钢筋或埋件，并将相邻构件互相焊接连接。构造钢筋、焊接钢板与构件吊环等铁件宜合并设置，铁件应作防腐处理。

第四节 变形缝和地基基础

第 4.4.1 条 变形缝的设置应符合下列要求：

一、防震缝、伸缩缝和沉降缝应合并设置。防震缝的宽度：

当设计烈度为 6 度或 7 度时，缝宽不少于$H/300$；

当设计烈度为 8 度时，缝宽不少于$H/200$，并均不应小于60mm；

二、在变形缝处必须设置双墙；

三、全装配式大板建筑的伸缩缝的距离不应大于65m。

注：（1）变形缝系防震缝、伸缩缝和沉降缝的总称；

（2）H——防震缝两侧较低建筑的总高度。

第 4.4.2 条 高层大板建筑的地下室应设计成现浇钢筋混凝土箱形基础。

第 4.4.3 条 当采用条形基础时，基础顶部应设置钢筋混凝土圈梁。圈梁截面尺寸和配筋用量应根据地基土质、抗震要求和热工需要等情况综合确定。

第 4.4.4 条 基础墙体应有足够的出平面刚度。按抗震设计时，自室外地面计算的基础埋置深度不宜小于建筑总高度的1/12。

第五章 结构基本计算

第 5.0.1 条 结构、构件以及连接节点、接缝，应根据承载能力极限状态及正常使用极限状态的要求，分别进行下列计算及验算：

一、结构、构件以及节点接缝均应进行承载力（包括压屈失稳）计算。高层建筑尚应验算结构的倾覆；

二、根据使用条件需控制变形值的结构及构件，应验算变形。对于高层建筑，应验算水平位移；

三、根据使用条件不允许混凝土出现裂缝的构件，应进行抗裂验算；对使用上需限制裂缝宽度的构件，应进行裂缝宽度验算；

四、预制构件尚应对其脱模、起吊和运输安装等施工阶段进行承载力及裂缝控制验算。

第 5.0.2 条 结构构件及节点接缝的承载力应按下列公式计算：

非抗震设计 $\gamma_0 S \leqslant R$ （5.0.2-1）

抗震设计 $S \leqslant R/\gamma_{RE}$ （5.0.2-2）

式中 γ_0——结构重要性系数，按现行国家标准《建筑结构荷载规范》GBJ 9的规定采用；

S——作用效应组合设计值，按现行国家标准《建筑结构荷载规范》GBJ 9和《建筑抗震设计规范》GBJ 11的规定进行计算；

R——结构构件的承载力设计值，按非抗震设计和抗震设计两种情况分别计算；

γ_{RE}——承载力抗震调整系数，按表5.0.2采用。对于少筋墙板结构构件的受剪、受扭及局部受压承载力计算，承载力抗震调整系数γ_{RE}均取1.0。

承载力抗震调整系数γ_{RE} 表 5.0.2

结构类型		γ_{RE}
钢筋混凝土墙板结构		0.85
少筋墙板结构	普通混凝土结构及内板外砖结构	0.9
	振动砖板结构	1.0
	轻集料及粉煤灰混凝土结构	0.9~1.0

第 5.0.3 条 结构抗震设计应根据设防烈度、结构类型和房屋层数采用不同的抗震等级，并应符合相应的计算和构造措施要求。

结构抗震等级的划分，宜符合表5.0.3的规定。

结构的抗震等级 表 5.0.3

烈度	钢筋混凝土大板结构				少筋大板结构	
	层数	一般大板结构	底层大空间大板结构：各层剪力墙	底层大空间大板结构：底层现浇框架及楼盖	层数	混凝土板、振动砖板、内板外砖及粉煤灰混凝土大板
6度	≤12	四	三	二	≤7	四
	13~16	三	二			
7度	≤12	三	二	二	≤7	三
8度	≤12	二	二	一	≤7	二

第 5.0.4 条 荷载（包括地震作用）应按下列规定取值：

一、承载力（包括压屈失稳）计算及倾覆验算，应采用荷载设计值；

二、变形、混凝土的抗裂及裂缝宽度验算，均采用荷载标准值；

三、抗震计算，应按现行国家标准《建筑抗震设计规范》GBJ 11的规定取值；

四、预制构件施工阶段的验算，应采用脱模起吊及运输安装时的荷载设计值。

第 5.0.5 条 构件在脱模起吊、运输安装等施工阶段的承载力验算时，其结构重要性系数γ_0取0.9，构件自重的动力系数取1.5。

第 5.0.6 条 地震作用除按现行国家标准《建筑抗震设计规范》GBJ 11的规定计算外，还应符合下列规定：

一、当房屋高度不超过40m时，可采用底部剪力法计算地震作用。对平面布置均匀对称的房屋，其第一振型周期T_1可以近似按下列公式计算：

横向： $T_1 = 0.055n$（s） （5.0.6-1）

纵向： $T_1 = 0.044n$（s） （5.0.6-2）

二、当房屋高度不超过20m时，可取$\alpha_1 = \alpha_{max}$；

三、对于底层大空间房屋或体型复杂的房屋，宜采用振型分解反应谱法进行计算；

四、单块墙板沿出平面方向的地震作用F_{si}按下式计算，

$$F_{si}=\eta\alpha_{max}W_s\frac{2i-1}{n} \qquad (5.0.6\text{-}3)$$

式中 n——房屋总层数；

i——自底层算起的楼层数顺序号；

W_s——单块墙板自重；

α_{max}——水平地震影响系数最大值；

η——地震作用局部放大系数。对于验算墙板出平面强度取1；对于验算墙板锚拉筋时，顶层取3，其他各层取1.5。

第 5.0.7 条 在抗水平力作用及整体稳定计算中，其计算简图可考虑为嵌固于基础上的悬臂结构，在计算中假定楼盖及屋盖沿自身平面内为绝对刚性隔板，并按侧移变形协调计算各片墙体内力。

第 5.0.8 条 结构的内力分析，可按弹性体系计算，并考虑纵横墙的共同工作。

对于内板外砖结构，内外墙可按弹性模量比例折算为刚度等效的单一材料结构，进行内力分析。

第 5.0.9 条 在考虑纵横墙的共同工作时，墙身翼缘的有效宽度如图5.0.9所示，其值b_f可取表5.0.9所列各项中的最小值。

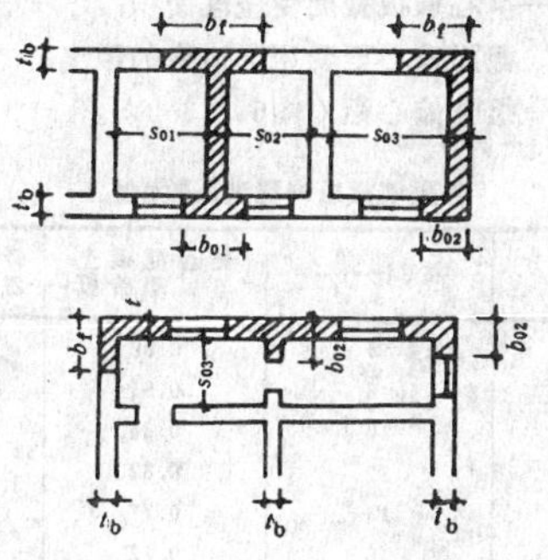

图 5.0.9 墙身翼缘有效宽度

墙身翼缘有效宽度b_f值 表 5.0.9

项 目	I、T形翼截面	L 形 翼 截 面
按墙身间距S_0考虑	$t+\frac{S_{01}+S_{02}}{2}$	$t+\frac{S_{01}}{2}$
按翼缘厚度t_b考虑	$t+10t_b$	$t+5t_b$
按翼缘实际宽度b_0考虑	b_{01}	b_{02}

第 5.0.10 条 在计算弹性结构侧移及内力时，应符合下列规定：

一、假定全部板缝沿构件出平面方向为铰接结合。计算竖向构件出平面方向内力与稳定时，假定每层墙板均按不动铰接于楼盖（屋盖），计算高度取楼层高度；

二、取上层墙板轴线出平面方向施工偏心距计算值为15mm；

三、在一个墙肢内，遇有竖缝存在，则该墙肢沿平面内方向的刚度值应乘以折减系数0.8～0.9；

四、刀把板（或称倒L形墙板）的连系梁，沿连系梁平面内方向的刚度值可按固端梁考虑，并应乘以系数0.8。当连系梁竖缝不能保证弯矩的有效传递时，则该端应按铰接考虑。当接缝不能保证弯矩与剪力的有效传递，则该梁应按悬臂考虑；

五、在一个门（窗）的过梁中，当有水平缝存在，且该缝没有足够的抗水平滑移的构造措施时，应视该梁为被水平缝分割的上下两根过梁，其组合惯性矩等于上下两根梁惯性矩之和。

第 5.0.11 条 在墙板配筋计算中，可考虑结构的塑性内力重分布，对各部位进行内力调幅，并重新建立内力平衡关系。其中在同一竖列的诸连系梁中，较大内力值可向下调幅，调幅后的内力值应符合下列规定：

一、在横墙上，不宜小于其弹性内力值的70%；

二、在纵墙上，不宜小于其弹性内力值的80%；

三、在纵横墙上，均不应小于同一竖列诸连系梁中最小的弹性内力值。

第 5.0.12 条 抗震设计时，在双肢剪力墙中，当一个墙肢全截面出现拉应力时，另一墙肢弯矩和剪力值应增大25%。

第 5.0.13 条 墙肢竖缝剪力V_j（图5.0.13），可按下式计算：

$$V_j=1.2\frac{h}{b_i}V_i \qquad (5.0.13)$$

式中 V_i——墙肢在该层的水平剪力；

b_i——墙肢宽度；

h——楼层高度。

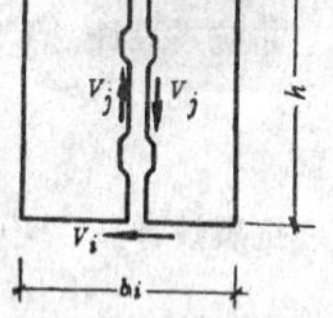

图 5.0.13 墙肢竖缝剪力计算

第 5.0.14 条 考虑抗震等级的墙肢及连系梁剪力设计值应按下列规定计算：

一、墙肢

1.底部加强区（加强区高度为$H/8$或墙肢宽两者中的较大者。当有框支层时，尚不应小于到框支层以上一层的高度。）

二级抗震等级 $V_w=1.1V$ (5.0.14-1)

三、四级抗震等级 $V_w=V$ (5.0.14-2)

2.其他部位

$$V_w=V \qquad (5.0.14\text{-}3)$$

式中 V——考虑地震作用组合的剪力设计值。

二、连系梁

二级抗震等级 $V_b=\frac{1.05(M_b^l+M_b^r)}{l_n}+V_{Gb}$

(5.0.14-4)

三、四级抗震等级 $V_b=\frac{M_c^l+M_c^r}{l_n}+V_{Gb}$

(5.0.14-5)

式中 M_b^l、M_b^r——梁左右端在地震作用组合下的弯矩设计值；

l_n——梁的净跨度；

V_{Gb}——考虑地震作用组合的竖向荷载作用下，按简支梁计算的剪力设计值。

第 5.0.15 条 在水平荷载作用下，建筑物层间相对水平位移Δ_u与楼层高度h之比，顶点水平位移u与建筑总高度H之比，应符合表5.0.15的规定。计算Δ_u及u值时，对全装配大板结构取其弹性结构侧移值乘1.20，对内板外砖结构乘1.1。

建筑物水平侧移限值　　表 5.0.15

侧移项目		风载作用下	地震作用下
$\frac{\Delta_u}{h}$	一般楼层	$\frac{1}{900}$	$\frac{1}{800}$
	框支楼层	$\frac{1}{700}$	$\frac{1}{600}$
$\frac{u}{H}$		$\frac{1}{1000}$	$\frac{1}{900}$

第六章　承载力计算

第一节　少筋大板结构墙体承载力计算

第 6.1.1 条　少筋大板结构墙体应进行斜截面受剪、平面内偏心受压、出平面偏心受压及局部承压等承载力计算。

当截面出现偏心受拉时，应按本章第二节钢筋混凝土大板结构的规定进行设计。

第 6.1.2 条　偏心受压墙体斜截面受剪承载力应按下式计算：

非抗震设计　$V_w \leqslant \alpha A_w f_{cv} + 0.25N\frac{A_w}{A}$　(6.1.2-1)

抗震设计　$V_w \leqslant \frac{1}{\gamma_{RE}}\left(\alpha A_w f_{cv} + 0.2N\frac{A_w}{A}\right)$　(6.1.2-2)

式中　V_w——剪力设计值；

N——相应于V_w的轴向压力设计值；

A、A_w——墙截面全面积、肋部面积（对空心板，按净面积计算）；

α——剪跨比对混凝土抗剪强度的降低系数，$\alpha = 1-1.4\lambda \geqslant 0.2$；

λ——计算截面处的剪跨比，$\lambda = M/V_h$；

h——截面高度；

f_{cv}——少筋大板混凝土抗剪强度设计值，对于各类混凝土墙板，取$f_{cv} = \eta f_v$，η为强度降低系数，按表6.1.2采用，对于振动砖墙板，取$f_{cv} = f_v$。

少筋混凝土强度降低系数η　　表 6.1.2

配筋百分率	0.10	0.11	0.12	0.13	0.14	0.15
η	0.60	0.65	0.70	0.75	0.85	1.00

第 6.1.3 条　少筋大板墙体在竖向荷载和出平面水平荷载作用下，截面受压承载力（图6.1.3）按下列公式计算：

一、对于实心墙板（图6.1.3-1a）

非抗震设计　$N \leqslant \varphi f_{cc} b(t-2e_0)$　(6.1.3-1)

抗震设计　$N \leqslant \varphi f_{cc} b(t-2e_0)/\gamma_{RE}$　(6.1.3-2)

二、对于空心墙板（图6.1.3-1b、c）

非抗震设计　$N \leqslant \varphi f_{cc} A'$　(6.1.3-3)

抗震设计　$N \leqslant \varphi f_{cc} A'/\gamma_{RE}$　(6.1.3-4)

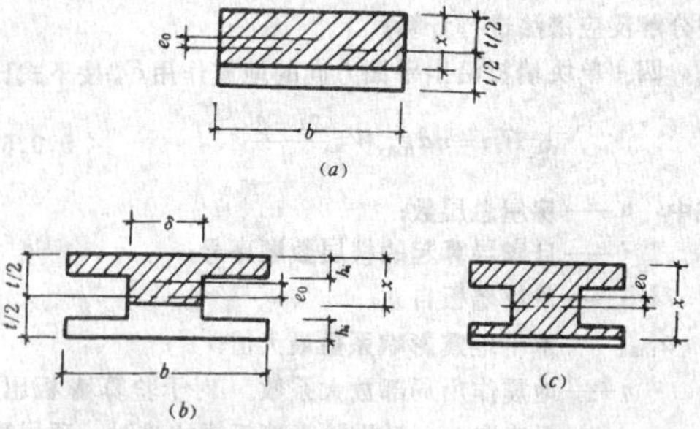

图 6.1.3-1　墙板出平面偏心受压的受压区面积

上述公式均应满足下式要求：

$$e_0 \leqslant 0.9y'_0 \quad (6.1.3\text{-}5)$$

式中　f_{cc}——少筋大板混凝土轴心抗压强度设计值，对于各类混凝土墙板，取$f_{cc} = 0.95f_c$，对于振动砖墙板，取$f_{cc} = f_c$；

N——轴向压力设计值；

φ——稳定系数。对于各层墙板顶面及底面，取$\varphi = 1$；对于墙板中部1/3高区段，按表6.1.3采用；其它截面，按上述φ值插值采用；

b——截面宽度；

t——截面厚度；

A'——空心墙板截面受压区面积；

y'_0——截面重心至受压区边缘的距离；

e_0——组合偏心距（图6.1.3-2）。

各类墙板纵向稳定系数φ值　　表 6.1.3

长细比$\frac{h}{r}$	高厚比$\frac{h}{t}$	普通混凝土与振动砖板	轻集料混凝土与粉煤灰混凝土
21	6	0.96	0.94
28	8	0.91	0.88
35	10	0.86	0.81
42	12	0.82	0.75
49	14	0.77	0.69
56	16	0.72	0.63
63	18	0.68	0.57
70	20	0.63	0.52
76	22	0.59	0.48
83	24	0.55	0.43
90	26	0.51	—
97	28	0.47	—
104	30	0.44	—

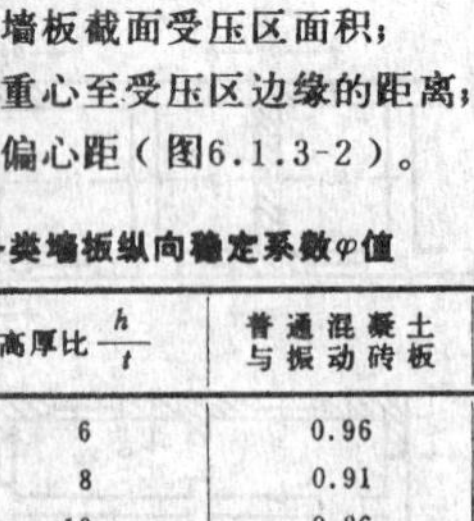

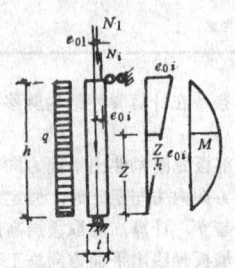

图 6.1.3-2　墙板受压承载力计算

混凝土空心墙板截面受压区面积A'，可根据截面面积等效及惯性矩等效折算为Ⅰ字形截面，并按轴向力作用点与受压区内合力点相重合的原则由下列公式计算确定：

$$A' = \begin{cases}(b-\delta)h_i + X\delta & (\text{中和轴位于腹板时}) \\ (b-\delta)(2h_i - t + X) + X\delta & (\text{中和轴位于翼缘时})\end{cases}$$

(6.1.3-6)

$$X = Y + \sqrt{Y^2 + Z} \quad (6.1.3\text{-}7)$$

$$Y = \frac{t}{2} - e_0 \quad (6.1.3\text{-}8)$$

$$Z = \begin{cases}\left(\frac{b}{\delta} - 1\right)(t - 2e_0 - h_i)h_i & (\text{当}e_0 > e_{\min}\text{时}) \\ 2\left(1 - \frac{\delta}{b}\right)(t - 2h_i)e_0 & (\text{当}e_0 \leqslant e_{\min}\text{时})\end{cases}$$

(6.1.3-9)

$$e_0 = \frac{Z\Sigma N_i e_{0i}}{h\Sigma N_i} + \frac{M}{\Sigma N_i} \quad (6.1.3\text{-}10)$$

$$e_{\min} = \frac{bh(t-h)}{2[bh + \delta(t - 2h)]} \quad (6.1.3\text{-}11)$$

式中 M——出平面水平荷载产生的弯矩设计值；

N_1——上层墙板传来的轴向力设计值；

N_i——本层荷载（楼层荷载、楼梯荷载及本层墙板自重等）产生的轴向力；

e_{01}——N_1至截面重心的偏心距，等于荷载偏心距加施工偏心距计算值15mm；

e_{0i}——N_i至截面重心的偏心距；

h——层高；

Z——计算截面距墙板下端的距离。

第 6.1.4 条 少筋大板墙体局部受压承载力可按现行国家标准《混凝土结构设计规范》GBJ10规定进行计算，其中$f_{cc} = 0.95f_c$，对于振动砖墙板，取$f_{cc} = f_c$。对抗震计算，尚应符合本规程第5.0.2条的规定。

第 6.1.5 条 少筋大板墙体在墙板平面内水平荷载及竖向荷载作用下的偏心受压承载力可按照现行国家标准《混凝土结构设计规范》GBJ10有关规定进行计算，对于各类混凝土墙板，其弯曲抗压强度f_{cm}，应乘以系数0.95。

第 6.1.6 条 少筋大板结构的连系梁截面应按钢筋混凝土梁进行设计，其截面承载力应按现行国家标准《混凝土结构设计规范》GBJ10的规定进行计算，内墙连系梁的配筋，可考虑楼板的共同工作。

第二节 钢筋混凝土大板结构墙体承载力计算

第 6.2.1 条 钢筋混凝土大板结构墙体承载力，应按现行国家标准《混凝土结构设计规范》GBJ10的有关规定进行计算。

第三节 接缝承载力计算

第 6.3.1 条 墙板水平接缝受剪承载力应按下列公式计算：

一、对于非抗震设计

当轴向力N为压时 $V_j \leqslant V_C + V_S + V_N$ (6.3.1-1)

$$V_C = 0.24\zeta(n_k A_k + n_j A_j)f_{jv} \quad (6.3.1\text{-}2)$$

$$V_S = 0.56\Sigma A_S f_y \quad (6.3.1\text{-}3)$$

$$V_N = 0.4N \quad (6.3.1\text{-}4)$$

当轴向力N为拉时 $V_j \leqslant V_C + V_{SN}$ (6.3.1-5)

$$V_{SN} = 0.56(\Sigma A_S f_y - N) \quad (6.3.1\text{-}6)$$

二、对于抗震设计

当轴向力N为压时

$$V_j \leqslant (V_C + V_S + V_N)/\gamma_{RE} \quad (6.3.1\text{-}7)$$

$$V_N = 0.3N \quad (6.3.1\text{-}8)$$

当轴向力N为拉时 $V_j \leqslant (V_C + V_{SN})/\gamma_{RE}$

(6.3.1-9)

式中 V_j——水平接缝的剪力设计值；

V_C——混凝土销键及节点的受剪承载力设计值；

V_S——穿过水平接缝的竖向钢筋的剪切摩擦力设计值，应符合$V_S \geqslant (V_C + V_N)/2$要求；

V_N——轴压力所产生的剪切摩擦力设计值，当$V_N \geqslant (V_C + V_S)/2$时，取$V_N = (V_C + V_S)/2$；

V_{SN}——竖向钢筋与轴拉力所产生的剪切摩擦力设计值，应符合$V_{SN} \geqslant V_C$要求；

n_k、n_j——接缝中的混凝土销键及节点个数；

A_k、A_j——单个销键及节点的受剪截面面积；

f_{jv}——销键混凝土的抗剪强度设计值，对于钢筋混凝土墙板取$f_{jv} = f_v$，对于少筋墙板取$f_{jv} = f_{cv}$；

ζ——群键共同工作系数，应符合表6.3.1的规定；

A_S、f_y——穿过水平接缝的竖向钢筋截面面积及抗拉强度设计值；

N——相应于剪力V_j的轴向力设计值。

群键共同工作系数ζ值　　表 6.3.1

$n_k + n_j$	1～2	3	4	≥5
ζ	1.00	0.85	0.75	0.67

第 6.3.2 条 墙板水平接缝沿墙板出平面受压承载力应按下列公式计算：

一、当为实心楼板时（图6.3.2a）

非抗震设计 $N \leqslant \beta_1(A_{as}f_{jc} + A'f'_{jc})\left(1 - \frac{2e_0}{t}\right)$

(6.3.2-1)

抗震设计 $N \leqslant \beta_1(A_{as}f_{jc} + A'f'_{jc})\left(1 - \frac{2e_0}{t}\right)/\gamma_{RE}$

(6.3.2-2)

二、当为空心楼板时（图6.3.2b）

非抗震设计 $N \leqslant 1.2(A_r f_{jc} + A'f'_{jc})\left(1 - \frac{2e_0}{t}\right)$

(6.3.2-3)

抗震设计 $N \leqslant 1.2(A_r f_{jc} + A'f'_{jc})\left(1 - \frac{2e_0}{t}\right)/\gamma_{RE}$

(6.3.2-4)

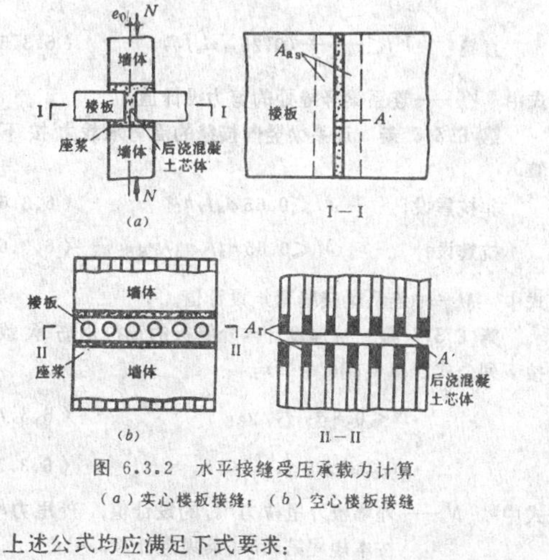

图 6.3.2 水平接缝受压承载力计算

（a）实心楼板接缝；（b）空心楼板接缝

上述公式均应满足下式要求：

$$1.2(A_r f_{jc}+A'f'_{jc})\leqslant\beta_1(A_{as}f_{jc}+A'f'_{jc}) \quad (6.3.2\text{-}5)$$

式中 β_1——接点强度降低系数，按芯体、楼板与墙体三者混凝土强度差值大小，取用0.8～0.9；

N——轴向压力设计值；

A_{as}——楼板在墙上的支承面积；

A_r——混凝土空芯楼板在墙上支承的肋部面积；

A'——后浇混凝土芯体水平面积；

f_{jc}——楼板或墙板混凝土抗压强度设计值，取两者中较小值。对于钢筋混凝土大板结构，取$f_{jc}=f_c$，对于少筋大板结构，取$f_{jc}=f_{cc}$；

f'_{jc}——芯体混凝土或墙板混凝土抗压强度设计值，取两者中较小值。对于钢筋混凝土大板结构，取$f'_{jc}=f_c$。对于少筋大板结构，取$f'_{jc}=f_{cc}$。

第 6.3.3 条 墙板水平接缝沿墙板平面偏心受压和偏心受拉承载力可按照现行国家标准《混凝土结构设计规范》GBJ 10的规定计算，其接缝材料的等效抗压强度设计值f_{ce}应按下列公式计算：

当为混凝土实心楼板时

$$f_{ce}=\beta_1(A_{as}f_{jc}+A'f'_{jc})/A \quad (6.3.3\text{-}1)$$

当为混凝土空心楼板时

$$f_{ce}=1.2(A_r f_{jc}+A'f'_{jc})/A \quad (6.3.3\text{-}2)$$

式中 A——水平接缝截面总面积。

第 6.3.4 条 墙板竖向接缝的受剪承载力按下式计算：

非抗震设计

$$V_j\leqslant0.8\zeta(n_k A_k+n_j A_j)f_{jv}+0.5\Sigma A_s f_y \quad (6.3.4\text{-}1)$$

抗震设计

$$V_j\leqslant[0.8\zeta(n_k A_k+n_j A_j)f_{jv}+0.5\Sigma A_s f_y]/\gamma_{RE} \quad (6.3.4\text{-}2)$$

第 6.3.5 条 连系梁竖向接缝的受剪承载力按下列公式计算：

一、非抗震设计

销键接缝 $V_j\leqslant0.24A_k f_{jv}+0.5\Sigma A_s f_y$ （6.3.5-1）

直缝 $V_j\leqslant0.25\Sigma A_s f_y$ （6.3.5-2）

二、抗震设计

销键接缝

$$V_j\leqslant\frac{1}{\gamma_{RE}}(0.24A_k f_{jv}+0.5\Sigma A_s f_y) \quad (6.3.5\text{-}3)$$

直缝 $V_j\leqslant\frac{1}{\gamma_{RE}}(0.25\Sigma A_s f_y)$ （6.3.5-4）

式中 V_j——连系梁竖缝处的剪力设计值。

第 6.3.6 条 连系梁竖向接缝的受弯承载力按下式计算：

非抗震设计 $M\leqslant0.65A_s f_y h_0$ （6.3.6-1）

抗震设计 $M\leqslant0.65A_s f_y h_0/\gamma_{RE}$ （6.3.6-2）

式中 M——连系梁接缝弯矩设计值。

第 6.3.7 条 抗震设计内外墙板的锚拉钢筋承载力应按下列公式计算（图6.3.7）：

$$N\leqslant0.8A_{s1}f_y/\gamma_{RE} \quad (6.3.7\text{-}1)$$

$$A_{s2}\geqslant0.85A_{s1} \quad (6.3.7\text{-}2)$$

式中 N——外墙板外甩拉力F_{si}的设计值，外甩力F_{si}应按本规程第5.0.6条规定计算；

A_{s1}——内墙板锚拉钢筋面积；

A_{s2}——外墙板锚拉钢筋面积。

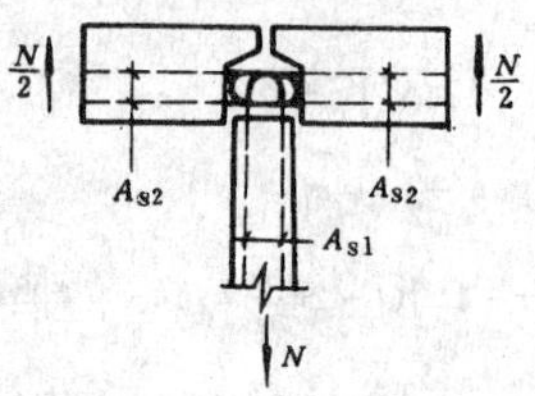

图 6.3.7 墙板锚拉钢筋承载力计算

第七章 结构构造

第一节 墙板构造

第 7.1.1 条 各种结构类型的承重墙所用材料强度等级应符合下列规定：

一、承重墙板所用混凝土的最低强度等级应符合表7.1.1的规定；

承重墙板混凝土的最低强度等级 表 7.1.1

结构类型			按抗震设计 抗震等级 二、三	按抗震设计 抗震等级 四	按非抗震设计
钢筋混凝土墙板		实心板	C20	C20	C20
少筋墙板	普通混凝土	实心板	C20	C20	C20
		空心板	C25	C20	C20
	轻集料混凝土	内墙板	CL20	CL15	CL15
		外墙板	CL15	CL15	CL15
	粉煤灰混凝土墙板		C20	C15	C15
	振动砖墙板		C15	C15	C15

二、振动砖墙板所用砖强度等级不应低于MU7.5，砂浆强度等级不宜低于M10；

三、砖砌外墙所用砖强度等级不应低于MU7.5，砂浆强度等级不宜低于M5；

四、现浇钢筋混凝土墙体所用混凝土的强度等级不低于C20。

第 7.1.2 条 承重墙板各部分尺寸及构造应符合下列要求：

一、实心混凝土墙板的最小厚度应符合表7.1.2的规定；

实心混凝土墙板的最小厚度 表 7.1.2

建筑物的部位	最小厚度（mm） 按抗震设计 抗震等级 二	三	四	按非抗震设计
7层以下的大板或高层大板的上部7层	160	140	120	120
高层大板的其余部位	160	140	140	120

二、轻集料混凝土实心墙板的厚度不宜小于140mm；

三、空心混凝土墙板的厚度不宜小于140mm。芯孔间肋宽及板面厚度不应小于25mm。在墙板顶部应缩小孔径或填实，其高度不小于80mm，板边与第一孔的间距不应小于200mm。墙板吊环部位及窗口下部不宜抽孔(图7.1.2-1)；

四、振动砖墙板的厚度不宜小于140mm，板内砖应横排错缝。灰缝厚度应控制在10～12mm范围内。对不带门窗洞的承重墙板在板宽二分之一处应设置宽度不小于60mm的钢筋混凝土竖肋，墙板周边应设置宽度（扣除水平及竖向键槽的深度）不小于60mm的封闭混凝土边框，并应使边框混凝土与振动砖体互相咬合（图7.1.2-2）；

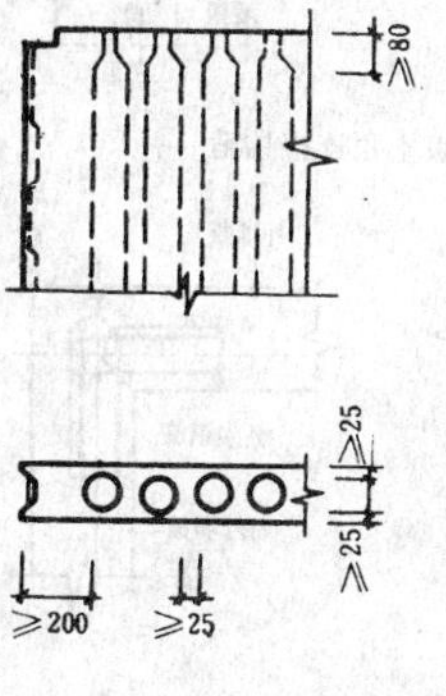

图 7.1.2-1　空心混凝土墙板构造

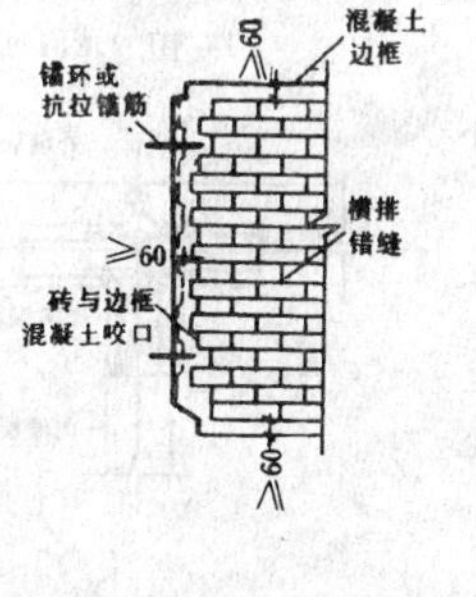

图 7.1.2-2　振动砖墙板构造

五、确定墙板高度时，楼板上，下水平缝厚度宜取20mm；

六、钢筋的保护层不应小于10mm，但在外墙外侧部位的钢筋保护层不应小于15mm。

第 7.1.3 条　墙板两侧边应均匀设置键槽，其数量按计算确定，但每侧边键槽的数量不得少于4个。键槽深度不宜小于30mm，长度宜为150～250mm。键槽端部斜面与水平面夹角宜为30°～60°。

墙板两侧边键槽处应设置钢筋锚环，对按非抗震设计或按四级抗震等级设计，锚环直径不小于φ6；对按二、三级抗震等级设计，锚环直径不应小于φ8。按竖向接缝面积计算的钢筋锚环总配筋率：对八层或八层以上的大板结构，不得小于0.22%；对七层或七层以下的大板，不得小于0.12%。按销键和节点面积计算的总配筋率不得小于0.30%。相邻墙板的钢筋锚环必须成对叠合，锚环中应插入通长竖向钢筋（图7.1.3）。

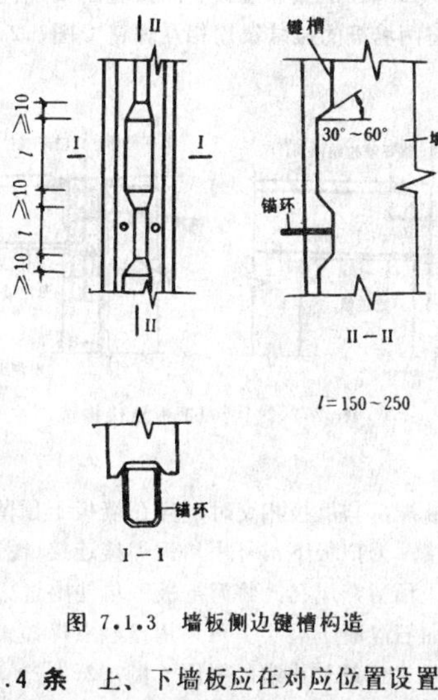

图 7.1.3　墙板侧边键槽构造

第 7.1.4 条　上、下墙板应在对应位置设置成对键槽。并预留直径不小于φ8的钢筋伸出板外作连接钢筋。水平接缝的钢筋数量应按计算确定，但不得小于同层墙体钢筋的数量。按水平接缝全面积计算的接缝总配筋率（包括竖向接缝中插筋），对八层或八层以上的大板结构，不得小于0.22%；对七层或七层以下的大板结构，不得小于0.12%。按混凝土销键和节点面积计算的接缝总配筋率不得小于0.30%（吊环筋面积可计入）。

第 7.1.5 条　墙板两上角应分别设置不小于2φ8(八层或八层以上的大板不小于2φ12)的连接钢筋或钢板，并应与墙板内顶部的水平钢筋焊接。在墙板的两下角应分别伸出2φ8的连接钢筋。墙板上、下角均应设有保证整体连接的缺口（图7.1.5）。

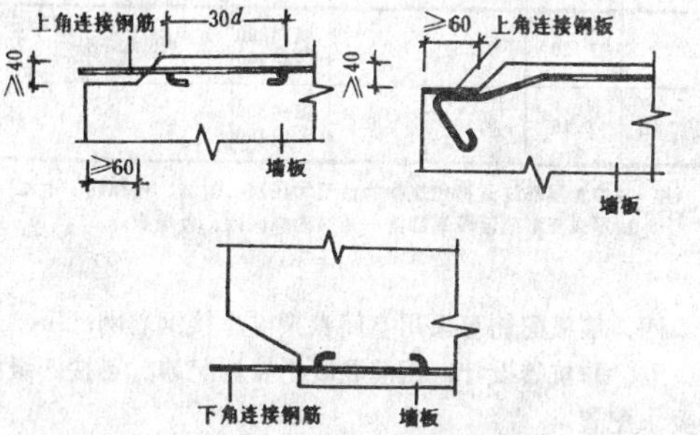

图 7.1.5　墙板上角、下角构造

第 7.1.6 条　墙板上的孔洞宜做成圆孔，当设置成方孔时转角部位（如门窗口角部）应做成小圆角，并应配置不少于2φ8的斜向钢筋或φ4小网片。

墙面埋设的连接用钢板宜凹入板面10～15mm，连接件焊接后应进行清理，涂防锈漆并用砂浆盖平。

第 7.1.7 条　门窗连梁部位及其钢筋锚固部位不宜开洞。当必须开洞时，洞口位置宜布置在跨中及截面高度中间三分之一范围内。孔洞宜设钢套管加强，并将箍筋适当加密。钢筋混凝土墙板开有最小孔洞（洞的高和宽均小于800mm）时，应沿洞口周边设置构造钢筋，其截面面积不小于被洞口切断的钢筋面积，或每边不小于2φ12，该钢筋自孔洞边角算起伸入墙内的长度不应小于40d（图7.1.7）。

注：d为钢筋直径。

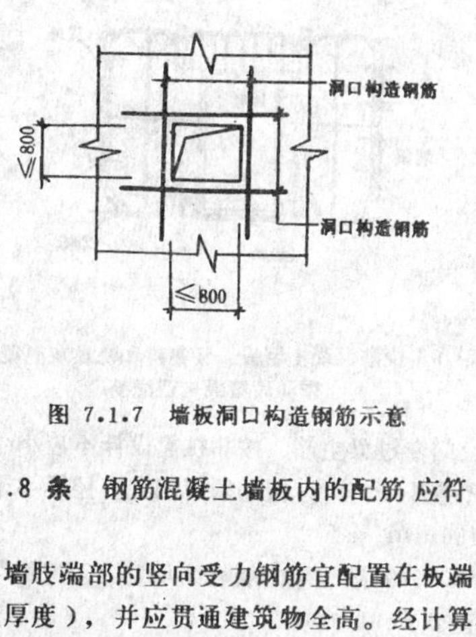

图 7.1.7　墙板洞口构造钢筋示意

第 7.1.8 条　钢筋混凝土墙板内的配筋应符合下列要求：

一、各墙肢端部的竖向受力钢筋宜配置在板端2t范围内（t为墙板厚度），并应贯通建筑物全高。经计算不需要配置竖向钢筋的门窗洞边或板边，应配置不小于2φ14的竖向贯通钢筋。竖向钢筋应按《混凝土结构设计规范》GBJ10的要求进行搭接，对抗震等级为二、三级的结构必须焊接连接；

二、横向和竖向分布钢筋的最小配筋率及墙板双排配筋的拉结钢筋应符合表7.1.8的规定；

三、门窗过梁主筋及箍筋的配置，对二、三级抗震等级大板建筑，过梁上、下主筋不应小于各2ϕ8，自洞口边角算起伸入墙内的锚固长度不应小于40d，且不少于600mm，并应沿纵向钢筋全长设置箍筋，箍筋最小直径为ϕ6，间距不大于150mm；

钢筋混凝土墙板分布钢筋及拉结钢筋　　表 7.1.8

抗震等级	竖向和横向分布钢筋				拉结钢筋	
	最小配筋率		最小直径	最大间距（mm）	最小直径	最大间距（mm）
	一般部位	加强部位				
二	0.20	0.25	ϕ8	横向300 竖向400	ϕ6	700
三、四	0.15	0.20	ϕ6	横向300 竖向400	ϕ6	800

注：表中加强部位是指建筑物的顶层和底层、山墙、楼梯间、电梯间墙、房屋或变形缝区段端部第一开间的纵向内、外墙板。

四、墙板配筋可采用空间骨架或焊接钢筋网；

五、非抗震设计，钢筋混凝土墙板配筋，可按四级抗震的要求配置。

第 7.1.9 条 少筋混凝土墙板、轻集料和粉煤灰混凝土墙板、粘土砖振动砖墙板的配筋应符合下列要求：

一、墙板顶部及窗口下应配置不小于2ϕ6的通长钢筋，墙板底部、两侧及门窗洞口两侧应配置不小于2ϕ4的通长钢筋（图7.1.9a）；

二、墙板内竖向钢筋间距大于800mm时，应在中间部位增加一道通长钢筋，面积不小于2ϕ4（图7.1.9b）；

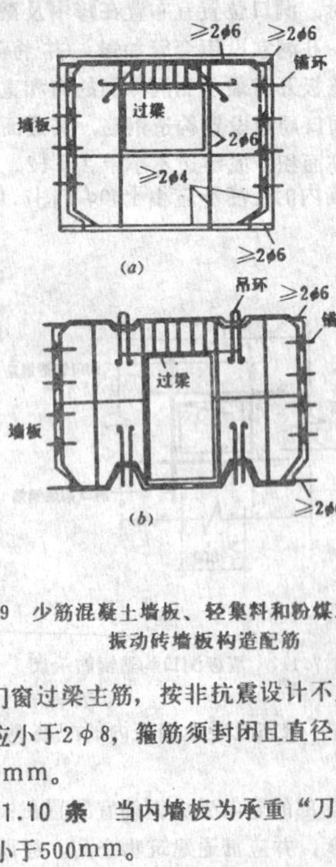

图 7.1.9　少筋混凝土墙板、轻集料和粉煤灰混凝土墙板、振动砖墙板构造配筋

三、门窗过梁主筋，按非抗震设计不应小于2ϕ6，按抗震设计不应小于2ϕ8，箍筋须封闭且直径不小于ϕ4，间距不宜大于150mm。

第 7.1.10 条 当内墙板为承重"刀把板"时，过梁的高度不宜小于500mm。

第二节　节点、接缝连接

第 7.2.1 条 墙板上角应采用钢筋或钢板焊接连焊（图7.2.1-1）。墙板下角可用伸出的钢筋搭接连接（图7.2.1-2），焊接或搭接长度应符合国家现行有关标准的规定。

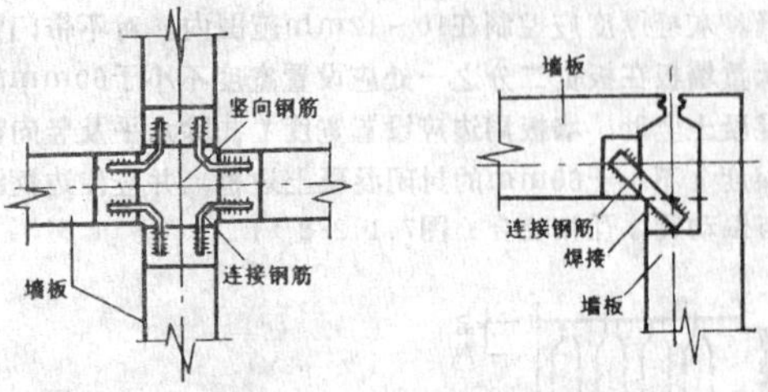

图 7.2.1-1　墙板上角连接构造

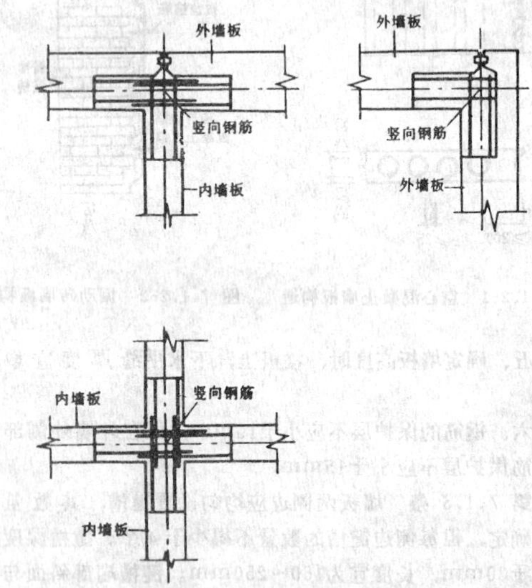

图 7.2.1-2　墙板下角连接构造

第 7.2.2 条 "刀把板"上角的连接与一般墙板的连接做法相同。刀把过梁下角必须与相邻墙板伸出的钢筋焊接。墙板伸出钢筋其截面面积不应小于刀把过梁下部钢筋的截面面积，在墙板内的锚入长度不应小于40d。当刀把过梁处需要设置现浇混凝土小柱时，刀把过梁下部钢筋可弯入小柱内，其锚入长度不应小于40d。刀把过梁端部侧边应设置键槽及锚环或拉结锚筋，锚环或拉结锚筋在墙板内的锚入长度不应小于40d。在两相邻墙板竖向接缝的锚环内应插入竖向插筋，或将两墙板的拉结锚筋相互焊接（图7.2.2-1）。

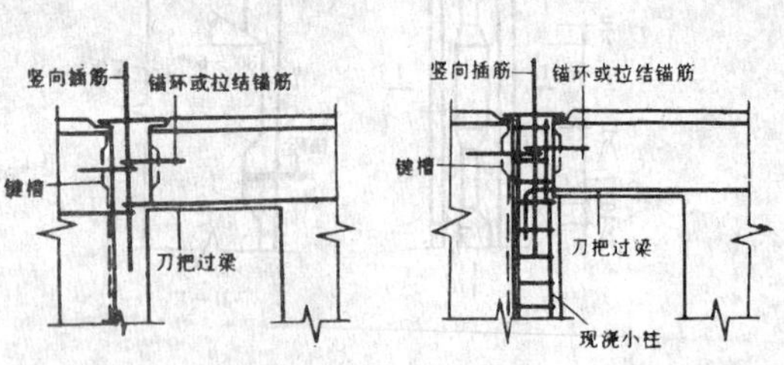

图 7.2.2-1　刀把板连接构造

刀把板端部与墙板相交时，应在墙板上预留埋件与刀把板焊接连接，刀把板下角可用角钢焊接连接(图7.2.2-2a)，或在墙板上预留燕尾孔，将刀把板下角伸出过梁钢筋锚入该孔内，用细石混凝土灌实。可采用接触点焊短钢筋或焊接钢板以保证过梁钢筋伸出端的锚固（图7.2.2-2b）。

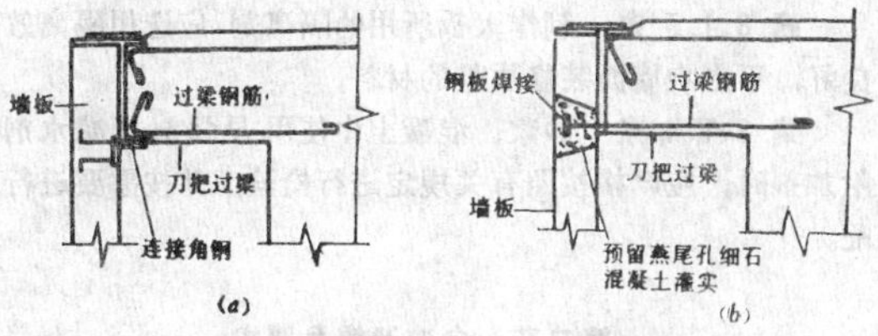

图 7.2.2-2 错墙处刀把板连接构造

第 7.2.3 条 内板外砖结构的外砖墙与内墙板相交处，应在外墙内设置构造柱，其尺寸不应小于120mm×240mm，构造柱应留出马牙槎60mm，其高度不应大于300mm，马牙槎之间的净距不应大于300mm。内墙板侧边的锚环应伸入构造柱内，自构造柱向两侧砖墙伸出φ6锚拉钢筋，伸入砖墙的长度为1000mm或伸至门窗洞口，锚拉钢筋的竖向间距不大于500mm。构造柱的锚环内应插入竖向通长钢筋，其直径不应小于φ8。同时应按水平缝抗剪承载力计算设置竖向插筋。构造柱四角的竖向钢筋，按非抗震设计时不应小于4φ8；按抗震设计时不应小于4φ10，其箍筋不应小于φ4@200（图7.2.3*a*）。

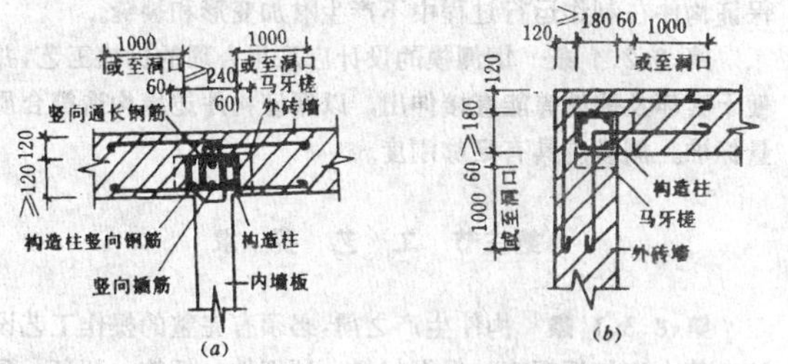

图 7.2.3 内板外砖连接构造

外墙转角处的构造柱尺寸不应小于180mm×180mm，构造柱的马牙槎及向两侧砖墙伸出锚拉钢筋等做法均应符合上述规定。构造柱四角竖向钢筋，按非抗震设计时，不小于4φ10；按抗震设计时，不小于4φ12，箍筋不小于φ4@150（图7.2.3*b*）。

第 7.2.4 条 纵、横墙板交接处的竖向接缝应采用现浇混凝土灌缝。竖向接缝的横截面不应小于100cm²，且截面边长不应小于8cm。连接构造应有利于混凝土的浇灌和检查。灌缝应用细石混凝土，其强度等级不应低于C15，同时不低于墙板混凝土的强度等级。

第 7.2.5 条 按抗震设计的墙板竖向接缝内应配置竖向贯通的钢筋，且应插入墙板侧边钢筋锚环内。其最小钢筋截面面积应符合表7.2.5的规定。

按抗震设计的墙板竖向接缝最小配筋面积

表 7.2.5

竖缝位置	四级		二、三级	
	最小配筋面积（mm²）			
	七层及七层以下	八层及八层以上	七层及七层以下	八层及八层以上
山墙与外纵墙交接处	200	400	400	800
内、外墙交接处	150	300	300	600
横、纵内墙交接处	100	200	200	400

按非抗震设计的竖向接缝内的竖向钢筋可按表7.2.5中四级抗震等级的规定配置。

第 7.2.6 条 当墙板平面布置有错断时，应在错断处的墙板上设置键槽和伸出钢筋锚环，在锚环中插入竖向钢筋，并浇灌细石混凝土形成销键连接；或者在墙板上、下两端及中部预埋钢板并用角钢焊接连接。

第 7.2.7 条 楼板在承重墙板上的搁置长度应根据承重墙板的厚度确定。当承重墙板的厚度不大于140mm时，楼板最小搁置长度应为40mm；对于八层或八层以上的大板建筑，承重墙板厚度不小于160mm时，楼板最小搁置长度应为50mm。

第 7.2.8 条 墙板与楼板、屋面板、基础之间的水平接缝必须坐浆，但水平接缝销键处不得铺放砂浆。

楼板下面应坐垫砂浆，楼板上面应做挤浆填缝，砂浆缝厚度不大于20mm。砂浆强度等级夏季不低于M10，冬季不低于M15。

第 7.2.9 条 楼板之间以及楼板和墙板之间，应有可靠的连接。八层或八层以上的大板和按抗震设计的大板除各块楼板四角必须互相焊接外，尚应符合下列规定：

一、沿楼板各边在与墙板板顶及板底键槽相对应位置上应设置水平节点，利用楼板和墙板的伸出钢筋通过现浇混凝土形成连接节点，节点内的钢筋应焊接连接（图7.2.9）。按抗震设计的八层或八层以上的大板水平节点还应加强；

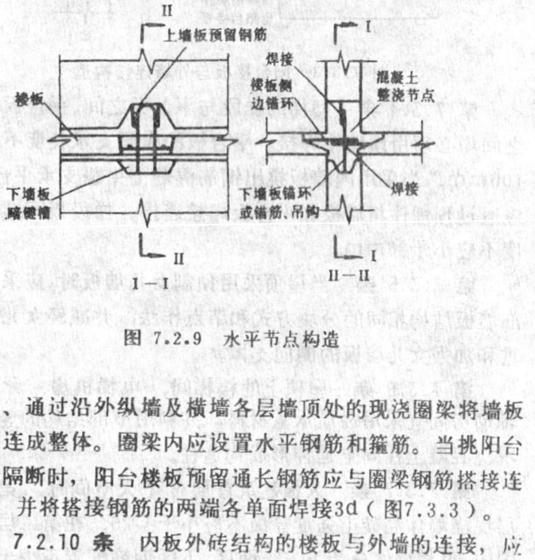

图 7.2.9 水平节点构造

二、通过沿外纵墙及横墙各层墙顶处的现浇圈梁将墙板和楼板连成整体。圈梁内应设置水平钢筋和箍筋。当挑阳台将圈梁隔断时，阳台楼板预留通长钢筋应与圈梁钢筋搭接连接45d，并将搭接钢筋的两端各单面焊接3d（图7.3.3）。

第 7.2.10 条 内板外砖结构的楼板与外墙的连接，应从楼板内伸出拉结钢筋与圈梁连接，拉结钢筋每开间内不少于2φ8（图7.2.10）。

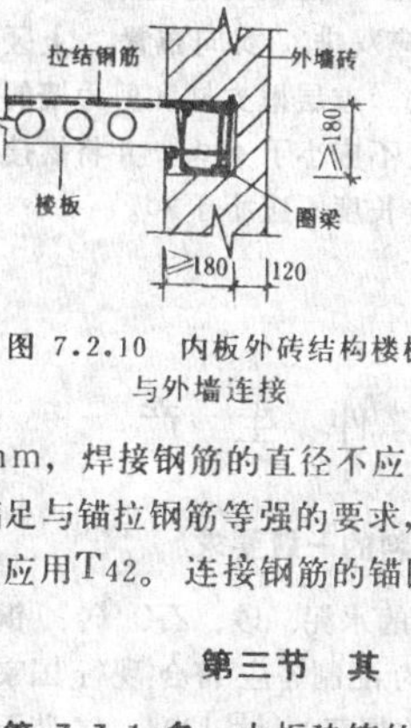

图 7.2.10 内板外砖结构楼板与外墙连接

第 7.2.11 条 连接钢板用3号钢，钢筋应用Ⅰ级钢。钢板的厚度不应小于4mm，焊接钢筋的直径不应小于8mm。受力焊缝的长度应满足与锚拉钢筋等强的要求，焊缝高度不应小于4mm，焊条应用T42。连接钢筋的锚固长度不应小于30d。

第三节 其它构造

第 7.3.1 条 大板建筑的基础，当采用砖砌条形基础时，砖的强度等级不应小于MU7.5，砂浆的强度等级不应小于M5，当采用混凝土基础时，混凝土的强度等级不应低于C15。

第 7.3.2 条 在与墙板竖缝以及按计算需配置竖向钢筋的墙板节点的对应位置上，应设置基础暗柱或构造柱，以锚固竖向钢筋于基础底部。

在基础顶面应设置圈梁，在与墙板竖向接缝及节点对应的圈梁顶面位置上，应设置键槽及预留钢筋，键槽的深度不得小于40mm，传递墙板剪力的钢筋锚固于基础圈梁内的长度不得小于40d，钢筋应与上部结构的对应钢筋搭接或焊接连接。

箱形基础或基础圈梁顶面，沿外墙宜设置防水台阶与上层外墙板构成防水接缝。

第 7.3.3 条 当阳台作为楼板构件的延伸部分时，阳台楼板边缘应预留缺口以保证外墙板竖向接缝中钢筋贯通，及便于竖向接缝混凝土浇灌。在阳台楼板上预留ϕ200孔洞，以便外墙板中竖向钢筋或吊环向上连续贯通。阳台楼板上应预留钢筋与外墙水平圈梁钢筋搭接，钢筋根数、直径应与水平圈梁相同，其伸出阳台楼板的长度不应小于45d（图7.3.3）。

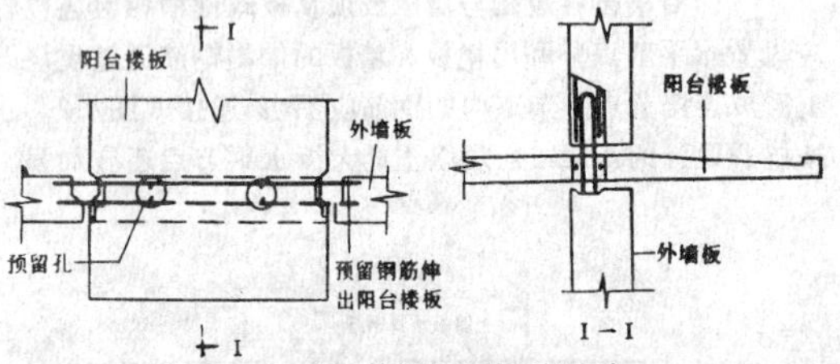

图 7.3.3 阳台楼板与外墙连接构造

第 7.3.4 条 楼梯的梯段与平台板之间、平台板与墙板之间均必须用预埋件焊接。平台板的横梁支承长度不宜小于100mm。当采用内墙板挑出钢筋混凝土牛腿支承平台板时，应通过预埋件将墙板和平台板焊接连接。梯段板两端支承长度不应小于80mm。

第 7.3.5 条 当屋顶采用预制女儿墙板时，应采用与下部墙板结构相同的分块方式和节点作法，并减轻女儿墙板自重和加强女儿墙板的侧向支撑。

第 7.3.6 条 屋顶上的楼梯间、电梯机房、水箱间等辅助房间宜采用轻质承重材料，并利用下部结构的竖向接缝现浇混凝土柱向上延伸形成构造柱。

第 7.3.7 条 大板建筑首层布置大空间时，第一、二层现浇墙体混凝土强度等级不应小于C25，在第二层层高范围内，可将墙体分为下、上两区，下区钢筋配置不少于ϕ10，其间距不应大于150mm，且应双排、双向布置，上区按配筋率大于等于0.20%进行配筋。首层框支柱和剪力墙的钢筋应延伸至第二层，其搭接长度不应小于45d，并将搭接钢筋的两端用单面焊接连接，焊接长度不应小于3d。

第八章 构 件 生 产

第一节 材料的一般要求

第 8.1.1 条 制作大板的水泥、砂、石、砖、钢筋的质量和检验，混凝土和砂浆的配制等应符合现行国家标准《混凝土结构工程施工及验收规范》GBJ204、《砖石工程施工及验收规范》GBJ203的规定。

第 8.1.2 条 采用轻集料混凝土或粉煤灰混凝土制作墙板时，其混凝土必须经过试验，符合有关技术标准的要求。

第 8.1.3 条 制作大板所用的隔离剂，应选用隔离效果良好，不影响墙面装修质量的材料。

第 8.1.4 条 砂浆、混凝土中使用早强剂、减水剂等附加剂时，应严格按照有关规定进行检验，并按需要进行试配。

第二节 台座及模具要求

第 8.2.1 条 大板构件制作的台座及台面应符合下列要求：

一、预制厂的永久性台座应保证台面光滑平整，并设置温度缝。采用热台座时，台座面应保持一定温度，并使台面温度均匀；

二、在施工现场叠层制作大板时，可在压实的地面上制成简易台座，台面应光滑平整。

第 8.2.2 条 对于成组立模生产，可采用钢模板或钢筋混凝土模板，模板应有足够的刚度，并要求模板面光滑平整，模腔内蒸汽温度均匀。

第 8.2.3 条 对于平模流水线生产，制作大板的钢底模或模车应有足够的刚度，模车的轨道必须平整、稳固，以保证构件在制作运行过程中不产生附加变形和裂缝。

第 8.2.4 条 钢侧模的设计应采用合理的拆模工艺，并便于套环及锚筋等能直接伸出，以保证构件边缘构造符合质量标准。侧模应具有足够刚度。

第三节 工 艺 要 求

第 8.3.1 条 构件生产之前，必须有完整的操作工艺设计，其中应包括钢筋、保温材料、预埋件、插筋、套环、预留孔洞模具、预埋电气管线等的铺放及固定、卡定方法，并配备必要的固定件及卡定件，以确保上述钢筋及埋入配件在构件中的正确位置，且不致因浇灌混凝土、振捣、脱模而改变位置。

固定件、卡定件应专门设计和制造，一般可采用暗置螺栓、塑料卡环、卡座或者其他有效的固定卡具。

第 8.3.2 条 涂刷隔离剂前，台座面或模板面必须清理干净，涂刷隔离剂要均匀，不得漏刷或积存。

第 8.3.3 条 构件混凝土浇灌后，入窑前应对板面妥善遮护，避免冷凝水破坏板面面层。

第 8.3.4 条 构件脱模起吊，当设计上无特殊规定时，各类混凝土构件起吊强度，楼板不低于设计强度的75%，墙板不低于设计强度的65%。采用台座和叠层制作的大板，脱模起吊前应先将大板松动，减少台座对构件的吸附力和粘接力。起吊时，应将吊钩对正一次起吊，防止后滑、颤动。

第 8.3.5 条 制作空心混凝土大板应符合下列要求：

一、预应力台座的各个部分应具有足够的强度、刚度和稳定性。抽管的端模板应具有足够的刚度。必要时可留有适当反拱。并应经常校正；

二、预应力钢丝要保持洁净，不得被隔离剂沾污，对于自然养护的构件，成型后24h内，不得碰触预应力钢丝；

三、芯管不允许挠曲，且应有锥度，抽芯的方向应与芯管中心线在一条线上；

四、石子粒径不应大于芯管净距的3/4，选择合理的混凝土配合比并宜采用芯管内振捣等措施，板面应随打随抹加浆压光；

五、在自然养护条件下，要加强构件的养护。

第 8.3.6 条 制作振动砖墙板应符合下列要求：

一、砖在使用前必须适度浇水润湿；

二、底层砂浆应满铺刮平，厚度宜控制在10～15mm，并做到墙板两面砂浆厚度均匀；

三、砖应沿墙板横向顺序错缝，排列整齐，灰缝宽度为8～12mm，不得使用碎砖填空；

四、铺面层砂浆和浇灌混凝土以及振捣时，均不得将砖碰倒。平板振捣器应沿墙板横向缓慢移动振捣。

第 8.3.7 条 成组立模制作墙板应符合下列要求：

一、模板组装成型后，应保证门窗口模具、预埋件、钢筋网片等位置准确，并有可靠的固定措施，以防在浇灌、振捣混凝土过程中发生位移；

二、浇灌混凝土时，必须采取全组墙板同时分层浇灌和振捣，每次浇灌高度为30～40cm。各层必须连续浇灌。中间停歇时间不得超过 2 h；

三、一组立模浇灌完毕后，应将顶部键槽等部位修整、压光、经检查顶部标高及吊环符合设计要求后，方可通汽养护；

四、普通混凝土养护温度应控制在90℃以内；

五、应加强振捣并采取措施减少板面气泡，对于产生较多气泡的板应在脱模后刮浆抹平；

六、采用下行式成组立模生产 5～7cm厚度的隔墙板应满足以下工艺要求：

1.粗集料粒径不大于1/3板厚，混凝土坍落度为8～10cm；

2.相邻模腔内混凝土浇灌水平高差不宜大于30cm；

3.振动时间一般为30～60s，以振到混凝土表面反浆均匀为宜；

4.混凝土浇灌深度达2/3板高后，降低混凝土坍落度1～2级；

5.混凝土浇灌后，静停1～2h，升温3～4h，恒温(80～90℃)6～8h，停气降温3～4h。

第 8.3.8 条 叠层制作大板时，应在下层构件达到5 N/mm^2的强度后方可进行上层构件的生产。

第 8.3.9 条 墙板的门窗、小五金安装、窗台抹灰、门窗口勾缝，油漆、玻璃安装和涂刷空腔防水剂以及外墙饰面等宜在构件厂完成。

第四节 质量与检验要求

第 8.4.1 条 台座表面、立模的两模面和钢底模应平整光滑，用2m靠尺检查表面凹凸不得超过3mm；长线台座宜每10m左右设置伸缩缝。

第 8.4.2 条 对新制或检修的模板均应逐块检查。对连续周转使用的模板，应按每季度或每生产线生产1000块板材；按同一类型模板件数抽查10%，但不少于 3 件，模板允许偏差应符合表8.4.2的规定。

模板允许偏差 表 8.4.2

序号	项目		允许偏差(mm)	
			墙板的模板	楼板的模板
1	高(长)度		+0 −5	+0 −5
2	宽度		+0 −5	+0 −5
3	厚度		±2	±2
4	两对角线之差	构件	5	8
		门窗口	3	
5	门窗口	宽度及高度	±5	
		位移、倾斜	3	
6	预留孔洞及预埋件、吊钩、预埋管线等中心位移		5	5
7	侧向弯曲		$L/1500$	$L/1500$
8	表面平整(2m直尺检查)		3	3

注：L为所测边长度。

第 8.4.3 条 大板质量检查应符合下列规定：

一、预制墙板及楼板构件的模板、钢筋、混凝土及构件结构性能的检验制度和检验方法，除符合本规程外，尚应符合现行《混凝土结构工程施工及验收规范》GBJ204及《预制混凝土构件质量检验评定标准》GBJ321的规定；

二、复合外墙板应对保温层的铺放建立隐检制度；对保温材料的铺放情况，必须逐块做自检记录。自检记录应包括保温材料的密度、厚度、含水率及块体的实际铺放间距，以及与预埋件、钢筋相碰的处理措施等；

三、具有保温要求的墙板，应按生产同一类型墙板的批量定期进行热工性能检验，定期的期限为连续生产每三个月一次，单项工程不足三个月生产周期者，按单项工程进行检查。每次抽查三块板材。检验可采用钻孔取芯样或其他有效办法进行，检查内容包括保温材料的含水率、厚度、铺放位置等。做三组九块试件，其尺寸及试验方法应符合有关规定。

第 8.4.4 条 大板制作偏差应符合表8.4.4的规定。

大板制作允许偏差 表 8.4.4

序号	项目		允许偏差(mm)	
			墙板	楼板
1	高(长)度		+4 −7	+0 −8
2	宽度		±4	+0 −8
3	厚度		+5 −3	+5 −3
4	两对角线之差		8	10
5	门窗口对角线		5	
6	门窗口位移		10	
7	侧向弯曲		$L/1000$	$L/1000$
8	表面平整(2m直尺检查)		5	5
9	翘曲(2m直尺检查)		3	3
10	预埋件中心位移		10	10
11	插筋露出长度		+20 −10	+20 −10
12	吊环外露高度		+15 −5	+15 −5
13	预埋件凸出及凹进设计位置		3	3
14	外露主筋水平偏差			±10
15	电梯井壁板预埋件	凸出墙面	5	
		中心位移	10	
16	侧向锚环外露长度		±10	
17	预留洞中心线位移		5	5
18	预留洞中心线位移(洞尺寸大于250×250或ф250)		15	15
19	预埋电线管中心(在板厚方向)位移		10	10

注：L为所测边全长。

第 8.4.5 条 预制墙板及楼板构件，在制作、脱模、起吊、运输及安装过程中应采取可靠的措施，保证构件边缘不受任何损伤。

第 8.4.6 条 构件在任一生产工序中，当发现非结构性构件损伤时，应立即进行修补，以保证构件和结构接缝处的保温、防水、防渗性能。修补应采用具有防水及耐久性的粘合剂粘合，或采用粘合剂加卡钉及其他有效的办法修补。凡涉及结构性的损伤，需经设计、施工和制作单位协商处理。

第 8.4.7 条 经检验合格的构件，应加盖合格章方可入库。

第九章 现场施工

第一节 一般要求

第 9.1.1 条 预制构件厂到施工现场的道路，应满足大板运输的要求。

第 9.1.2 条 施工现场的平面布置，应符合下列要求：

一、在吊车的工作范围内不得有障碍物，并应有堆放适当数量配套构件的场地；

二、场内运输宜设置循环道路；

三、道路、场地应平整坚实并有可靠的排水措施。

第 9.1.3 条 应按施工程序进行施工，安装工程应与水、电工程密切配合，组织立体交叉施工。

第 9.1.4 条 大板建筑的安装施工及质量控制与检验除应符合本规程有关规定外，尚应符合现行《混凝土结构工程施工及验收规范》GBJ 204、《砖石工程施工及验收规范》GBJ203的规定。

第 9.1.5 条 施工安全、防火等要求，应根据大板建筑施工的特点参照有关规定执行。

第二节 运输、堆放

第 9.2.1 条 运输大板应符合下列要求：

一、大板经检查合格后，方可运输；

二、以立运为宜，车上应设有专用架，外墙板饰面层应朝外，且需有可靠的稳定措施。当采用工具式预应力筋吊具时，在不拆除预应力筋的情况下，可采用平运；

三、运输大板时，车起动应慢，车速应匀，转弯错车时要减速，防止倾覆。

第 9.2.2 条 堆放墙板应符合下列要求：

一、可采用插放或靠放，支架应有足够的刚度，并需支垫稳固，防止倾倒或下沉。采用插放架时，宜将相邻插放架连成整体；采用靠放架时，应对称靠放，外饰面朝外，倾斜度保持在5°～10°之间，对构造防水台、防水空腔、滴水线及门窗口角部应注意保护；

二、现场存放时，应按吊装顺序和型号分区配套堆放。堆垛应布置在吊车工作范围内；

三、堆垛之间宜设宽度为0.8～1.2m的通道。

第 9.2.3 条 楼板和屋面板的堆放应符合下列要求：

一、水平分层堆放时，应分型号码垛，每垛不宜超过6块，应根据各种板的受力情况正确选择支垫位置，最下边一层垫木应是通长的，层与层之间应垫平、垫实，各层垫木必须在一条垂直线上；

二、靠放时，要区分型号，沿受力方向对称靠放。

第 9.2.4 条 构件堆放场地必须坚实稳固，排水良好，以防止构件发生扭曲和变形。

第三节 安装

第 9.3.1 条 大板安装前的准备工作应符合下列要求：

一、检查构件型号、数量及构件质量，并将所有预埋件及板外插筋、连接筋、侧向环等梳整扶直，清除浮浆；

二、按设计要求检查基础梁式底层圈梁上表面预留抗剪键槽及插筋，其位置偏移量不得大于20mm。

第 9.3.2 条 大板建筑的安装工序见附录一。

第 9.3.3 条 大板建筑的抄平放线应符合下列要求：

一、每栋房屋四角应设置标准轴线控制桩。用经纬仪根据座标定出的控制轴线不得少于两条（纵、横轴方向各一条）。楼层上的控制轴线，必须用经纬仪由底层轴线直接向上引出；

二、每栋房屋设标准水平点1～2个，在首层墙上确定控制水平线。每层水平标高均从控制水平线用钢尺向上引测；

三、根据控制轴线和控制水平线依次放出墙板的纵、横轴线、墙板两侧边线、节点线、门洞口位置线、安装楼板的标高线、楼梯休息板位置及标高线、异型构件位置线及编号；

四、轴线放线偏差不得超过2mm。放线遇有连续偏差时，应考虑从建筑物中间一条轴线向两侧调整。

第 9.3.4 条 大板的安装应符合下列要求：

一、大板安装时，各种相关偏差的调整应按附录二进行；

二、墙板安装前就位处必须找平，并保证墙板坐浆密实均匀。当局部铺垫厚度大于30mm时，宜采用细石混凝土找平；

三、每层墙板安装完毕后，应在墙板顶部抄平弹线、铺找平灰饼；

四、楼板安装前，应在找平灰饼间铺灰坐浆方可吊装。楼板就位后严禁撬动，调整高差时宜选用千斤顶调平器；

五、吊装墙板、楼板及屋面板时，起吊就位应垂直平稳，吊具绳与水平面夹角不宜小于60°。

第 9.3.5 条 墙板、楼板安装焊接后，应立即进行水平缝的塞缝工作。塞缝应选用干硬性砂浆并掺入水泥用量5%的防水粉。塞实、塞严。

第 9.3.6 条 墙板下部的水平缝键槽与楼板相应的凹槽及下层墙板对应的上键槽必须同时浇灌混凝土，以形成完整的水平缝销键，采用坍落度4～6cm的细石混凝土，且应用微型振捣棒或竹片振捣密实。

第 9.3.7 条 墙板竖缝混凝土的浇灌应符合下列要求：

一、应采用掺有减水剂，坍落度8～12cm，流动性大，低收缩的混凝土，沿竖缝高度分2～3次浇灌，振捣；

二、支模宜使用工具式模板，振捣宜选用ϕ30mm以下微型振捣棒；

三、工具式模板宜设计为两段或一段中间开洞，以保证竖缝混凝土浇灌落距不大于2m；

四、竖缝应逐层浇灌混凝土，每层竖缝混凝土应浇灌至该层楼板底面以下150～200mm处，剩余部分应与上层竖缝浇灌成整体。

第 9.3.8 条 当水平缝、竖缝、销键混凝土强度未达到设计要求时，一般情况下不得吊装上一层结构构件。当采取可靠的临时稳定措施后，方可吊装上一层结构构件。

第 9.3.9 条 板缝、销键混凝土的养护，在常温下混凝土浇灌12h后应即浇水维持湿润三天，或选用涂膜保水剂，对板缝、销键混凝土封闭保水。

第 9.3.10 条 每层墙板和楼板安装后，应进行隐蔽工程的验收（包括焊接质量及锚筋的尺寸、规格、数量、位置以及板缝保温、防水等装置的检查，键槽内的清理等）并做好验收记录。

第 9.3.11 条 大板接缝和节点的焊接，应符合表9.3.11的规定。

钢筋焊接要求 表 9.3.11

焊接接头类型	接头简图	焊缝长度 L	焊缝高 h	焊缝宽 b
双面焊缝	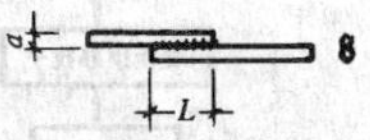	Ⅰ级钢筋 $L\geq 4d$	$\geq 0.25d$	$\geq 0.7d$
		Ⅱ级钢筋 $L\geq 5d$	$\geq$ 4mm	$\geq$10mm
单面焊缝	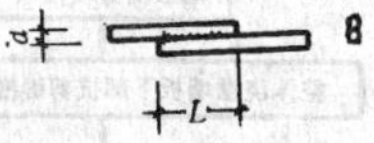	Ⅰ级钢筋 $L\geq 8d$	$\geq 0.25d$	$\geq 0.7d$
		Ⅱ级钢筋 $L\geq 10d$	$\geq$ 4mm	$\geq$10mm
钢筋与钢板焊接	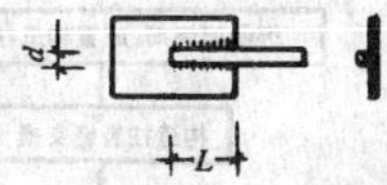	Ⅰ级钢筋 $L\geq 4d$	$\geq 0.25d$	$\geq 0.7d$
		Ⅱ级钢筋 $L\geq 5d$	$\geq$ 4mm	$\geq$10mm

对于七层或七层以下的大板建筑，当竖向接缝内钢筋不便焊接时，其插筋可绑扎搭接，搭接长度应符合现行《混凝土结构设计规范》GBJ 10的规定。但当插筋直径d大于等于22mm及八层或八层以上大板结构的竖向插筋，应采用焊接接头。

第 9.3.12 条 当外墙采用砖砌体时，其施工除应遵照国家现行《砖石工程施工及验收规范》GBJ 203外，尚应符合下列要求：

一、砌外墙转角时，两边墙体必须同时砌筑，墙体接槎必须满留踏步槎；

二、采取先吊内墙板方法时，外墙里面不能拉线，砌筑时，需用靠尺及时检查里墙面的垂直和平整度；

三、砌外墙时，在每个构造柱底部留出120mm×120mm的方孔并向里开口，作为浇灌混凝土前清理用；

四、每层现浇钢筋混凝土圈梁的外侧模板砖墙，在灌注前需用通长木板和U形角钢卡子加固；

五、砌筑外墙时，应严格控制上口标高，保证与内墙板上口标高一致。

第 9.3.13 条 大板安装的偏差值，应符合表9.3.13的规定。

电梯井道的内净空尺寸严禁出现负偏差，其门口板必须垂直并对准中线。

大板安装允许偏差 表 9.3.13

序号	项目	允许偏差(mm)
1	基础顶面标高	±10
2	楼层高度	±5
3	墙板轴线位移	3
4	墙板垂直度（2m直尺检查）	5
5	楼板搁置长度	±10
6	同一轴线相邻楼板高差	5
7	外墙板水平缝、竖缝宽度	+5，－8
8	每层山墙内倾	2
9	各楼层伸出插筋位置偏离	20
10	电梯井壁板	
	轴线位移	3
	墙板垂直度	3
	全高垂直度	10
11	建筑物全高垂直度	H/2000
12	建筑物全楼高度	(多层)±40
		(高层)±60

第 9.3.14 条 评定板缝、销键混凝土强度质量的试块，应在现场按相同条件制作，标准养护，每一工作班留置试块不少于二组；按《混凝土结构工程施工及验收规范》GBJ204对混凝土强度评定，其中一组试块可作为控制吊装上层结构构件之用，冬期施工尚应增设二组试块，与板缝及销键相同条件养护，一组用以检验混凝土受冻前的强度，另一组用以检验转入常温养护28d的强度。

第 9.3.15 条 冬期施工板缝、销键部分宜采用下列施工工艺：

一、低温早强水泥配制混凝土，推迟拆模时间；

二、采用外加剂配制负温混凝土并适当覆盖，有条件地区也可采用电热法养护。

第四节 保温和防水

第 9.4.1 条 外墙板缝保温应符合下列要求：

一、外墙板接缝处预留保温层应连续无损；

二、竖缝浇灌混凝土前应按设计要求插入聚苯乙烯板或其它材质的保温条；

三、外墙板上口水平缝处预留保温条应连续铺放，不得中断。

第 9.4.2 条 外墙板缝的防水应符合下列要求：

一、采用构造防水时

1.进场的外墙板，在堆放、吊装过程中，应注意保护其空腔侧壁、立槽、滴水槽以及水平缝的防水台等部位，不应有损坏。对有缺棱掉角及边缘处有裂纹的墙板应按第8.4.6条的要求进行修补，并应在吊装就位之前进行，修补完毕后应在其表面涂刷一道弹塑防水胶；

2.在竖向接缝混凝土浇灌后，其减压空腔应畅通，竖向接缝插放塑料防水条之前，应先清理防水槽；

3.外墙水平缝应先清理防水空腔，并在空腔底部铺放橡塑型材（或类似材料），并在外侧勾抹砂浆；

4.竖缝及水平缝的勾缝应着力均匀，勾缝时不得把嵌缝材料挤进空腔内，必须保证空腔尺寸符合第3.2.5条的要求；

5.外墙十字缝接头处的上层塑料条应插到下层外墙板的排水坡上。

二、采用材料防水时

1.墙板侧壁应清理干净，保持干燥，然后刷底油一道；

2.事先应对嵌缝材料的性能、质量和配合比进行检验，嵌缝材料必须与板材牢固粘结，不应有漏嵌和虚粘的现象。

三、对外墙接缝应进行防水性能抽查，并做淋水试验，渗漏部位应进行修补，淋水试验应符合下列要求：

1.根据房屋外墙缝的数量多少，每幢房屋淋水试验的数量，每道墙面不少于10～20%的缝，且不少于一条缝；

2.试验时，在屋檐下竖缝处1.0m宽范围内淋水40min，应形成水幕；

3.试验时气温在+5℃以上。

第 9.4.3 条 室内楼地面水平缝，除严格要求墙板、楼板坐浆质量外，在塞缝后应刷涂弹塑防水胶两道。

附录一 大板建筑的安装工序

1.大板建筑逐层安装，宜按下列顺序进行：

1 放线
2 抄平
3 铺找平灰饼；准备工具
4 铺灰
5 起吊、就位
6 临时固定
7 脱钩、校正
8 塞水平缝（墙板下）
9 梳整预埋钢筋
10 焊接
11 拆除临时固定
12 重复4～11工序号
13 整体灌注墙板下部抗剪键槽混凝土
14 竖缝支模
15 墙板顶部抄平
16 墙板顶部铺找平灰饼
17 铺灰
18 安装楼板
19 塞捻水平缝（楼板下）
20 焊接
21 插放保温条
22 插竖缝钢筋、焊接
23 灌竖缝、清理板缝
24 插外墙防水条
25 支（升）安全网
1 上一层放线

在非采暖区及采用材料防水做法地区的大板建筑也可引用此工艺。但不必进行21、24两道工序。

2.外墙采用砖墙的"内板外砖"体系宜按下列要求进行：

（1）采用先安装内墙板后砌砖外墙的施工顺序：

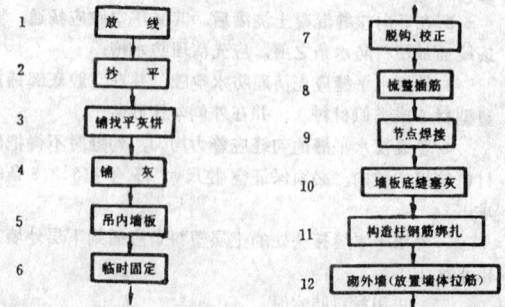

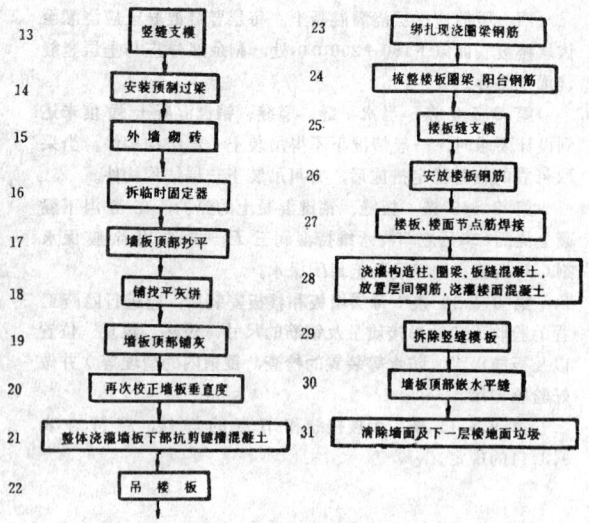

1 放线
2 抄平
3 铺找平灰饼
4 铺灰
5 吊内墙板
6 临时固定
7 脱钩、校正
8 梳整插筋
9 节点焊接
10 墙板底缝塞灰
11 构造柱钢筋绑扎
12 砌外墙（放置墙体拉筋）
13 竖缝支模
14 安装预制过梁
15 外墙砌砖
16 拆临时固定器
17 墙板顶部抄平
18 铺找平灰饼
19 墙板顶部铺灰
20 再次校正墙板垂直度
21 整体浇灌墙板下部抗剪键槽混凝土
22 吊楼板
23 绑扎现浇圈梁钢筋
24 梳整楼板圈梁、阳台钢筋
25 楼板缝支模
26 安放楼板钢筋
27 楼板、楼面节点筋焊接
28 浇灌构造柱、圈梁、板缝混凝土，放置层间钢筋、浇灌楼面混凝土
29 拆除竖缝模板
30 墙板顶部嵌水平缝
31 清除墙面及下一层楼地面垃圾

（2）采用先砌砖墙后吊墙板的施工顺序：

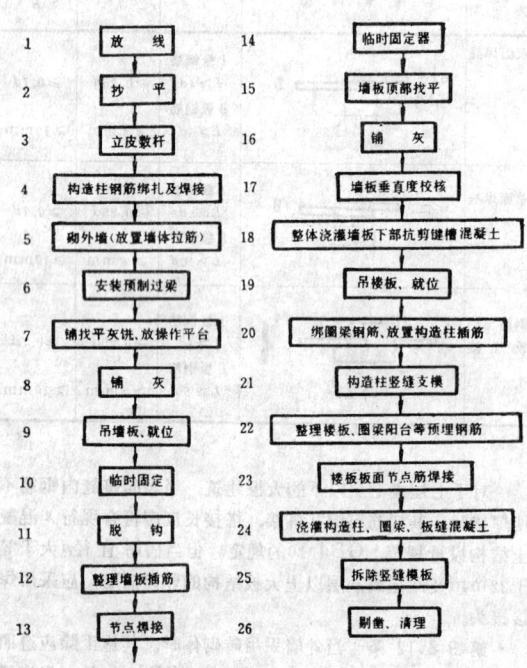

1 放线
2 抄平
3 立皮数杆
4 构造柱钢筋绑扎及焊接
5 砌外墙（放置墙体拉筋）
6 安装预制过梁
7 铺找平灰饼、放操作平台
8 铺灰
9 吊墙板、就位
10 临时固定
11 脱钩
12 整理墙板插筋
13 节点焊接
14 临时固定器
15 墙板顶部找平
16 铺灰
17 墙板垂直度校核
18 整体浇灌墙板下部抗剪键槽混凝土
19 吊楼板、就位
20 绑圈梁钢筋、放置构造柱插筋
21 构造柱竖缝支模
22 整理楼板、圈梁阳台等预埋钢筋
23 楼板板面节点筋焊接
24 浇灌构造柱、圈梁、板缝混凝土
25 拆除竖缝模板
26 剔凿、清理

3.吊装墙板次序宜采用分层吊装，由中间开始，先内墙、后外墙，逐间封闭。封闭吊装顺序可见附图1.3。

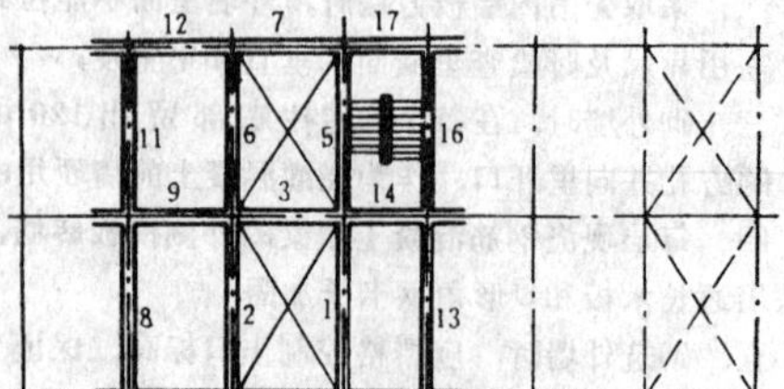

附图 1.3 封闭吊装顺序

1、2、3、4……墙板安装顺序号

Ⅰ、Ⅱ——安装操作台顺序号

附录二　安装墙板相关偏差调整原则

安装墙板时，各种相关偏差可按下列原则进行调整：

一、墙板中线及板面垂直度的偏差，应以中线为主进行调整；

二、外墙板不方正时，应以竖缝为主进行调整；

三、外墙板接缝不平时，应以满足外墙面平整为主，内墙板不平时，应以满足主要房间和楼梯间墙面平整为主，两边均为主要房间时，其偏差均匀调整；

四、内墙板翘曲时，均匀调整；

五、山墙大角与相邻板的偏差，以保证大角垂直为准；

六、同一房间楼板分为两块时，其拼缝不平整，应以楼地面平整为准进行调整。楼地面有现浇层时，以楼板底面平整为准进行调整。

附录三　本规程用词说明

一、为便于在执行本规程条文时区别对待，对要求严格程度不同的用词说明如下：

1.表示很严格，非这样作不可的：

正面词采用“必须”，反面词采用“严禁”。

2.表示严格，在正常情况下均应这样作的：

正面词采用“应”，反面词采用“不应”或“不得”。

3.对表示允许稍有选择，在条件许可时首先应这样作的：

正面词采用“宜”或“可”，反面词采用“不宜”。

二、条文中指明必须按其它有关标准执行的，写法为“应按……执行”或“应符合……的要求（或规定）”。非必须按所指定的标准执行的，写法为“可参照……的要求（或规定）”。

附加说明

本规程主编单位、参加单位和主要起草人名单

主编单位：中国建筑技术发展研究中心、中国建筑科学研究院

参加单位：

清华大学、北京建筑工程学院、北方工业大学、北京市住宅建筑设计院、北京市住宅建筑勘察设计所、北京市住宅壁板厂、甘肃省城乡规划设计研究院、甘肃省建筑科学研究所、陕西省建筑科学研究所、北京市建筑工程总公司、北京市建筑设计研究院

主要起草人：

黄际洸　万墨林　李晓明　吴永平　陈燕明　陈　芹
霍晋生　韩维真　李振长　马韵玉　竺士敏　王少安
陈祖跃　杨善勤　朱幼麟　王德华　唐永祥

中华人民共和国行业标准

预制预应力混凝土装配整体式框架结构技术规程

Technical specification for framed structures comprised of precast prestressed concrete components

JGJ 224—2010

批准部门：中华人民共和国住房和城乡建设部

施行日期：2 0 1 1 年 1 0 月 1 日

中华人民共和国住房和城乡建设部
公　　告

第808号

关于发布行业标准《预制预应力混凝土装配整体式框架结构技术规程》的公告

现批准《预制预应力混凝土装配整体式框架结构技术规程》为行业标准，编号为JGJ 224－2010，自2011年10月1日起实施。其中，第3.1.2条为强制性条文，必须严格执行。

本规程由我部标准定额研究所组织中国建筑工业出版社出版发行。

中华人民共和国住房和城乡建设部

2010年11月17日

前　　言

根据住房和城乡建设部《关于印发〈2008年工程建设标准规范制订、修订计划（第一批）〉的通知》（建标［2008］102号）的要求，规程编制组经广泛调查研究，认真总结实践经验，参考有关国际标准和国外先进标准，并在广泛征求意见的基础上，制定本规程。

本规程的主要技术内容是：1. 总则；2. 术语和符号；3. 基本规定；4. 结构设计与施工验算；5. 构造要求；6. 构件生产；7. 施工及验收。

本规程中以黑体字标志的条文为强制性条文，必须严格执行。

本规程由住房和城乡建设部负责管理和对强制性条文的解释，由南京大地建设集团有限责任公司负责具体技术内容的解释。执行过程中如有意见或建议，请寄送南京大地建设集团有限责任公司（地址：江苏省南京市虎踞路135号，邮政编码：210013）。

本规程主编单位： 南京大地建设集团有限责任公司
启东建筑集团有限公司

本规程参编单位： 东南大学土木工程学院
江苏省建筑设计研究院有限公司
南京大地普瑞预制房屋有限公司

本规程主要起草人员： 于国家　吕志涛　冯　健　刘亚非　金如元　贺鲁杰　刘立新　张　晋　陈向阳　仓恒芳　王　翔　张明明

本规程主要审查人员： 黄小坤　郑文忠　胡庆昌　冯大斌　王正平　高俊岳　薛彦涛　王群依　李亚明　周之峰　盛　平　李　霆

目次

Contents

1 总　则

1.0.1 为规范预制预应力混凝土装配整体式框架结构的设计、施工及验收，做到技术先进、安全适用、经济合理、确保质量，制定本规程。

1.0.2 本规程适用于非抗震设防区及抗震设防烈度为6度和7度地区的除甲类以外的预制预应力混凝土装配整体式框架结构和框架-剪力墙结构的设计、施工及验收。

1.0.3 预制预应力混凝土装配整体式框架结构的设计、施工及验收，除应符合本规程外，尚应符合国家现行有关标准的规定。

2 术语和符号

2.1 术　语

2.1.1 预制预应力混凝土装配整体式框架结构 framed structures comprised of precast prestressed concrete components

采用预制或现浇钢筋混凝土柱、预制预应力混凝土叠合梁板，通过键槽节点连接形成的装配整体式框架结构。

2.1.2 预制预应力混凝土装配整体式框架-剪力墙结构 framed-shearwall structures comprised of precast prestressed concrete components

采用现浇钢筋混凝土柱、现浇钢筋混凝土剪力墙、预制预应力混凝土叠合梁板，通过键槽节点连接形成的装配整体式框架-剪力墙结构。与现浇钢筋混凝土剪力墙连接的梁板结构采用现浇梁、叠合板。

2.1.3 键槽节点 service hole joint

预制梁端预留键槽，预制梁的纵筋与伸入节点的U形钢筋在其中搭接，使用强度等级高一级的无收缩或微膨胀细石混凝土填平键槽，然后利用叠合层的后浇混凝土将梁上部钢筋等浇筑在一起形成的梁柱节点。

2.1.4 U形钢筋 U-shaped reinforcing steel bar

在键槽与梁柱节点内将梁、柱连成一体的钢筋。

2.1.5 交叉钢筋 diagonal reinforcements

一次成型的多层预制柱节点处设置的构造钢筋，用于保证预制柱在运输及施工阶段的承载力及刚度。

2.2 符　号

f_{ptk}——预应力筋的抗拉强度标准值；

n——参与组合的可变荷载数；

R——结构构件抗力设计值；

S_{Ehk}——水平地震作用标准值的效应；

S_{G1k}——按预制构件自重荷载标准值G_{1k}计算的荷载效应值；

S_{G2k}——按叠合层自重荷载标准值计算的荷载效应值；

S_{GE}——重力荷载代表值的效应；

S_{Gk}——按全部永久荷载标准值G_k计算的荷载效应值；

S_{Qk}——按施工活荷载标准值Q_k计算的荷载效应值；

S_{Qik}——按可变荷载标准值Q_{ik}计算的荷载效应值，其中S_{Q1k}为诸可变荷载效应中起控制作用者；

S_{wk}——风荷载标准值的效应；

γ_0——结构的重要性系数；

γ_{Eh}——水平地震作用的分项系数；

γ_{RE}——承载力抗震调整系数；

γ_w——风荷载分项系数；

ψ_{ci}——可变荷载Q_i的组合值系数；

ψ_{qi}——可变荷载的准永久值系数；

ψ_w——风荷载组合值系数。

3 基本规定

3.1 适用高度和抗震等级

3.1.1 对预制预应力混凝土装配整体式框架结构，乙类、丙类建筑的适用高度应符合表3.1.1的规定。

表3.1.1 预制预应力混凝土装配整体式结构适用的最大高度（m）

结构类型		非抗震设计	抗震设防烈度	
			6度	7度
装配式框架结构	采用预制柱	70	50	45
	采用现浇柱	70	55	50
装配式框架-剪力墙结构	采用现浇柱、墙	140	120	110

3.1.2 预制预应力混凝土装配整体式房屋应根据设防类别、烈度、结构类型和房屋高度采用不同的抗震等级，并应符合相应的计算和构造措施要求。丙类建筑的抗震等级应符合表3.1.2的规定。

表3.1.2 预制预应力混凝土装配整体式房屋的抗震等级

结构类型		烈度			
		6		7	
装配式框架结构	高度(m)	≤24	>24	≤24	>24

续表 3.1.2

结构类型		烈度				
		6		7		
装配式框架结构	框架	四	三	三	二	
	大跨度框架	三		二		
装配式框架-剪力墙结构	高度(m)	≤60	>60	<24	24～60	>60
	框架	四	三	四	三	二
	剪力墙	三		三		二

注：1 建筑场地为Ⅰ类时，除6度外允许按表内降低一度所对应的抗震等级采取抗震构造措施，但相应的计算要求不应降低；

2 接近或等于高度分界时，允许结合房屋不规则程度及场地、地基条件确定抗震等级；

3 乙类建筑应按本地区抗震设防烈度提高一度的要求加强其抗震措施，当建筑场地为Ⅰ类时，除6度外允许仍按本地区抗震设防烈度的要求采取抗震构造措施；

4 大跨度框架指跨度不小于18m的框架。

3.2 材 料

3.2.1 预制预应力混凝土装配整体式框架所使用的混凝土应符合表3.2.1的规定：

表 3.2.1 预制预应力混凝土装配整体式框架的混凝土强度等级

名称	叠合板		叠合梁		预制柱	节点键槽以外部分	现浇剪力墙、柱
	预制板	叠合层	预制梁	叠合层			
混凝土强度等级	C40及以上	C30及以上	C40及以上	C30及以上	C30及以上	C30及以上	C30及以上

3.2.2 键槽节点部分应采用比预制构件混凝土强度等级高一级且不低于C45的无收缩细石混凝土填实。

3.2.3 预应力筋宜采用预应力螺旋肋钢丝、钢绞线，且强度标准值不宜低于1570MPa。

3.2.4 预制预应力混凝土梁键槽内的U形钢筋应采用HRB400级、HRB500级或HRB335级钢筋。

3.3 构 件

3.3.1 预制钢筋混凝土柱应采用矩形截面，截面边长不宜小于400mm。一次成型的预制柱的长度不宜超过14m和4层层高的较小值。

3.3.2 预制梁的截面边长不应小于200mm。预制梁端部应设键槽，键槽中应放置U形钢筋，并应通过后浇混凝土实现下部纵向受力钢筋的搭接。

3.3.3 预制板厚度不应小于50mm，且不应大于楼板总厚度的1/2。预制板的宽度不宜大于2500mm，且不宜小于600mm。预应力筋宜采用直径4.8mm或5mm的高强螺旋肋钢丝。钢丝的混凝土保护层厚度不应小于表3.3.3的规定。

表 3.3.3 钢丝混凝土保护层厚度

预制板厚度(mm)	保护层厚度(mm)
50	17.5
60	17.5
≥70	20.5

3.4 作用效应组合

3.4.1 预制预应力混凝土装配整体式框架结构进行非抗震设计时，结构构件的承载力可按下式确定：

$$\gamma_0 S \leqslant R \quad (3.4.1\text{-}1)$$

式中：γ_0——结构构件的重要性系数，按现行国家标准《混凝土结构设计规范》GB 50010的规定选用；

S——荷载效应组合的设计值（N或N·mm），按现行国家标准《建筑结构荷载规范》GB 50009和《建筑抗震设计规范》GB 50011的规定进行计算；

R——结构构件的承载力设计值（N或N·mm）。

1 预制构件起吊时荷载效应组合的设计值应按下式计算：

$$S = \alpha \gamma_G S_{G1k} \quad (3.4.1\text{-}2)$$

式中：α——动力系数，可取1.5；

γ_G——永久荷载分项系数，应按本规程第3.4.3条采用；

S_{G1k}——按预制构件自重荷载标准值G_{1k}计算的荷载效应值（N或N·mm）。

2 预制构件安装就位后施工时荷载效应组合的设计值应按下式计算：

$$S = \gamma_G S_{G1k} + \gamma_G S_{G2k} + \gamma_Q S_{Qk} \quad (3.4.1\text{-}3)$$

式中：S_{G2k}——按叠合层自重荷载标准值计算的荷载效应值（N或N·mm）；

γ_Q——可变荷载分项系数，应按本规程第3.4.3条采用；

S_{Qk}——按施工活荷载标准值Q_k计算的荷载效应值（N或N·mm）。

3 主体结构各构件使用阶段荷载效应组合的设计值应按下列情况进行计算：

1）可变荷载效应控制的组合应按下式进行计算：

$$S = \gamma_G S_{Gk} + \gamma_{Q1} S_{Q1k} + \sum_{i=2}^{n} \gamma_{Qi} \psi_{ci} S_{Qik} \quad (3.4.1\text{-}4)$$

式中：γ_{Qi} ——第 i 个可变荷载的分项系数；其中 γ_{Q1} 为可变荷载 Q_1 的分项系数，应按本规程第 3.4.3 条采用；

S_{Qik} ——按可变荷载标准值 Q_{ik} 计算的荷载效应值，其中 S_{Q1k} 为诸可变荷载效应中起控制作用者（N 或 N·mm）；

ψ_{ci} ——可变荷载 Q_i 的组合值系数；

S_{Gk} ——按全部永久荷载标准值 G_k 计算的荷载效应值（N 或 N·mm）；

n ——参与组合的可变荷载数。

2）永久荷载效应控制的组合应按下式进行计算：

$$S = \gamma_G S_{Gk} + \sum_{i=1}^{n} \gamma_{Qi}\psi_{ci}S_{Qik} \quad (3.4.1\text{-}5)$$

4 施工阶段临时支撑的设置应考虑风荷载的影响。

3.4.2 对于正常使用极限状态，预制预应力混凝土装配整体式框架结构的结构构件应分别按荷载效应的标准组合、准永久组合或标准组合并考虑长期作用影响，采用下列极限状态表达式：

$$S \leqslant C \quad (3.4.2\text{-}1)$$

式中：S ——正常使用极限状态的荷载效应组合值（mm 或 N/mm^2）；

C ——结构构件达到正常使用要求所规定的变形、裂缝宽度和应力等的限值（mm 或 N/mm^2）。

主体结构各构件的荷载效应标准组合的设计值和准永久组合的设计值，应按下式确定：

1）荷载效应标准组合

$$S = S_{Gk} + S_{Q1k} + \sum_{i=2}^{n} \psi_{ci}S_{Qik} \quad (3.4.2\text{-}2)$$

2）荷载效应准永久组合

$$S = S_{Gk} + \sum_{i=1}^{n} \psi_{qi}S_{Qik} \quad (3.4.2\text{-}3)$$

式中：ψ_{qi} ——可变荷载的准永久值系数。

3.4.3 基本组合的荷载分项系数采用，应按表 3.4.3 选用。

表 3.4.3 基本组合的荷载分项系数

永久荷载分项系数	当其效应对结构不利时	对由可变荷载效应控制的组合，应取 1.2
		对由永久荷载效应控制的组合，应取 1.35
	当其效应对结构有利时	应取 1.0
可变荷载分项系数	一般情况下取 1.4	
	对标准值大于 $4kN/m^2$ 的工业房屋楼面结构的活荷载取 1.3	

注：对结构的倾覆、滑移或漂浮验算，荷载的分项系数应按国家、行业现行的结构设计规范的规定采用。

3.4.4 预制预应力混凝土装配整体式框架结构的结构构件的地震作用效应和其他荷载效应的基本组合应按下式计算：

$$S_E = \gamma_G S_{GE} + \gamma_{Eh} S_{Ehk} + \psi_w \gamma_w S_{wk} \quad (3.4.4)$$

式中：S_E ——结构构件的地震作用效应和其他荷载荷载效应的基本组合（N 或 N·mm）；

γ_G ——重力荷载分项系数，可取 1.2；当重力荷载效应对构件承载力有利时，不应大于 1.0；

γ_{Eh} ——水平地震作用分项系数，应采用 1.3；

γ_w ——风荷载分项系数，应采用 1.4；

S_{GE} ——重力荷载代表值的效应（N 或 N·mm）；

S_{Ehk} ——水平地震作用标准值的效应（N 或 N·mm），应乘以相应的增大系数或调整系数；

S_{wk} ——风荷载标准值的效应（N 或 N·mm）；

ψ_w ——风荷载组合值系数，一般结构可取 0，风荷载起控制作用的高层建筑应采用 0.2。

3.4.5 预制预应力混凝土装配整体式框架结构的结构构件的截面抗震验算，应按下式进行计算：

$$S_E \leqslant R/\gamma_{RE} \quad (3.4.5)$$

式中：R ——结构构件承载力设计值（N 或 N·mm）；

γ_{RE} ——承载力抗震调整系数，除另有规定外，应按表 3.4.5 采用。

表 3.4.5 承载力抗震调整系数

结构构件	受力状态	γ_{RE}
梁	受弯	0.75
轴压比小于 0.15 的柱	偏压	0.75
轴压比不小于 0.15 的柱	偏压	0.80
剪力墙	偏压	0.85
各类构件	受剪、偏拉	0.85

3.4.6 预制预应力混凝土装配整体式框架建筑及其抗侧力结构的平面布置宜规则、对称，并应具有良好的整体性；建筑的立面和竖向剖面宜规则，结构的侧向刚度宜均匀变化，竖向抗侧力构件的截面尺寸和材料强度宜自下而上逐渐减小，避免抗侧力结构的侧向刚度突变。

3.4.7 多层框架结构不宜采用单跨框架结构，高层的框架结构以及乙类建筑的多层框架结构不应采用单跨框架结构。楼梯间的布置不应导致结构平面显著不规则，并应对楼梯构件进行抗震承载力验算。

3.4.8 预制预应力混凝土装配整体式框架应按现行国家标准《建筑抗震设计规范》GB 50011 的规定进行多遇地震作用下的抗震变形验算。

3.4.9 6 度三级框架节点核芯区，可不进行抗震验算，但应符合抗震构造措施的要求；7度三级框架节点核芯区，应按现行国家标准《建筑抗震设计规范》GB 50011的规定进行抗震验算。一、二级框架节点核芯区，应按现行国家标准《建筑抗震设计规范》GB 50011的规定进行抗震验算。

4 结构设计与施工验算

4.1 结构分析

4.1.1 预制预应力混凝土装配整体式框架结构、框架-剪力墙结构的内力和变形应按施工安装、使用两个阶段分别计算，并应取其最不利内力：

1 施工安装阶段，构件内力应按简支梁或连续梁计算。

2 使用阶段，内力应按连续构件计算。次梁支座可按铰接考虑。

4.1.2 预制预应力混凝土装配整体式框架结构、框架-剪力墙结构的叠合梁板施工阶段应有可靠支撑。

4.1.3 预制预应力混凝土装配整体式框架结构、框架-剪力墙结构使用阶段计算时可取与现浇结构相同的计算模型。

4.1.4 预制预应力混凝土装配整体式框架结构施工阶段的计算，可不考虑地震作用的影响。

4.1.5 预制预应力混凝土装配整体式框架结构使用阶段的内力计算应符合下列规定：

1 框架梁的计算跨度应取柱中心到中心的距离；

2 框架柱的计算长度和梁翼缘的有效宽度应按现行国家标准《混凝土结构设计规范》GB 50010的规定确定；

3 在竖向荷载作用下应考虑梁端塑性变形内力重分布，对梁端负弯矩进行调幅，叠合式框架梁的弯矩调幅系数可取0.8；梁端负弯矩减小后应按平衡条件计算调幅后的跨中弯矩。

4.2 构件设计

4.2.1 预制预应力混凝土装配整体式框架应按装配整体式框架各杆件在永久荷载、可变荷载、风荷载、地震作用下最不利的组合内力进行截面计算，并配置钢筋。并应分别考虑施工阶段和使用阶段两种情况，取较大值进行配筋。

4.2.2 叠合梁、板的设计应符合现行国家标准《混凝土结构设计规范》GB 50010的有关规定。

4.2.3 对不配抗剪钢筋的叠合板，当符合现行国家标准《混凝土结构设计规范》GB 50010的叠合界面粗糙度的构造规定时，其叠合面的受剪强度应符合下式的规定：

$$\frac{V}{bh_0} \leqslant 0.4 \tag{4.2.3}$$

式中：V——剪力设计值（N）；

b——截面宽度（mm）；

h_0——截面有效高度（mm）。

4.2.4 预制预应力混凝土装配整体式框架-剪力墙结构中的剪力墙的设计应符合现行国家标准《混凝土结构设计规范》GB 50010、《建筑抗震设计规范》GB 50011的有关规定。

4.3 施工验算

4.3.1 在不增加受力钢筋的前提下，应根据承载力及刚度要求确定预制梁、板底部支撑的位置、数量。部分位置可按施工阶段无支撑或无足够支撑的叠合式受弯构件进行施工验算。

4.3.2 预制预应力混凝土装配整体式框架施工安装阶段的内力计算应符合下列规定：

1 荷载应包括梁板自重及施工安装荷载；

2 梁的计算跨度应根据支撑的实际情况确定。

4.3.3 叠合梁、板未形成前，预制梁、板应能承受自重和新浇混凝土的重量。当叠合层混凝土达到设计强度后，后加的恒载及活载应由叠合截面承担。

5 构造要求

5.1 一般规定

5.1.1 柱的轴压比及柱和梁的钢筋配置应符合现行国家标准《建筑抗震设计规范》GB 50011、《混凝土结构设计规范》GB 50010的有关规定。

5.1.2 梁端键槽和键槽内U形钢筋平直段的长度应符合表5.1.2的规定。

表5.1.2 梁端键槽和键槽内U形钢筋平直段的长度

	键槽长度 L_j（mm）	键槽内U形钢筋平直段的长度 L_u（mm）
非抗震设计	$0.5l_l+50$ 与350的较大值	$0.5l_l$ 与300的较大值
抗震设计	$0.5l_{lE}+50$ 与400的较大值	$0.5l_{lE}$ 与350的较大值

注：表中 l_l、l_{lE} 为U形钢筋搭接长度。

5.1.3 伸入节点的U形钢筋面积，一级抗震等级不应小于梁上部钢筋面积的0.55倍，二、三级抗震等级不应小于梁上部钢筋面积的0.4倍。

5.1.4 预制板端部预应力筋外露长度不宜小于150mm，搁置长度不宜小于15mm。

5.2 连接构造

5.2.1 预制柱与基础的连接应符合下列规定：

1 采用杯形基础时，应符合现行国家标准《建筑地基基础设计规范》GB 50007 的相关规定；

2 采用预留孔插筋法（图 5.2.1）时，预制柱与基础的连接应符合下列规定：

1） 预留孔长度应大于柱主筋搭接长度；

2） 预留孔宜选用封底镀锌波纹管，封底应密实不应漏浆；

3） 管的内径不应小于柱主筋外切圆直径 10mm；

4） 灌浆材料宜用无收缩灌浆料，1d 龄期的强度不宜低于 25MPa，28d 龄期的强度不宜低于 60MPa。

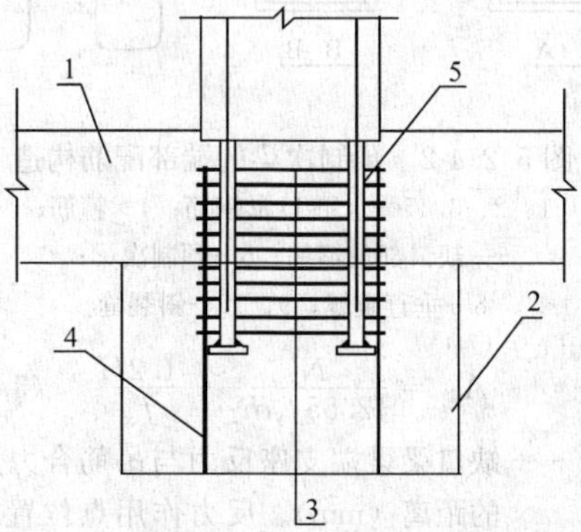

图 5.2.1 预留孔插筋

1—基础梁；2—基础；3—箍筋；4—基础插筋；5—预留孔

5.2.2 预制柱之间采用型钢支撑连接或预留孔插筋连接（图 5.2.2）时，主筋搭接长度除应符合现行国家标准《混凝土结构设计规范》GB 50010 的有关规定外，尚应符合下列规定：

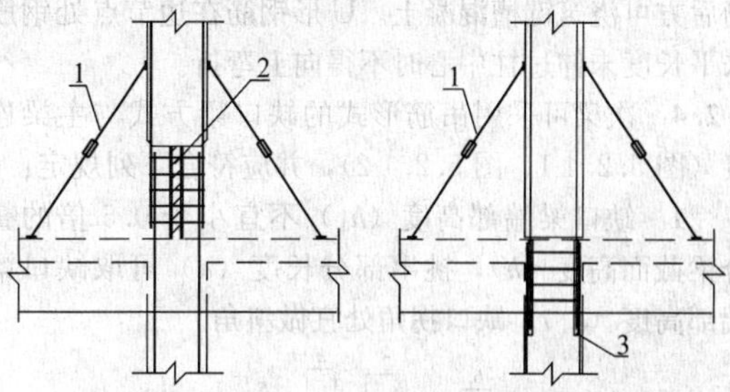

(a) 型钢支撑连接　(b) 预留孔插筋连接

图 5.2.2 柱与柱连接

1—可调斜撑；2—工字钢（承受上柱自重）；3—预留孔

1 采用型钢支撑连接时，宜采用工字钢，工字钢伸出上段柱下表面的长度应大于柱主筋的搭接长度，且工字钢应有足够的承载力及刚度支撑上段柱的重量；

2 采用预留孔连接时应符合本规程第 5.2.1 条第 2 款的规定。

5.2.3 柱与梁的连接可采用键槽节点（图 5.2.3）。键槽的 U 形钢筋直径不应小于 12mm、不宜大于 20mm。键槽内钢绞线弯锚长度不应小于 210mm，

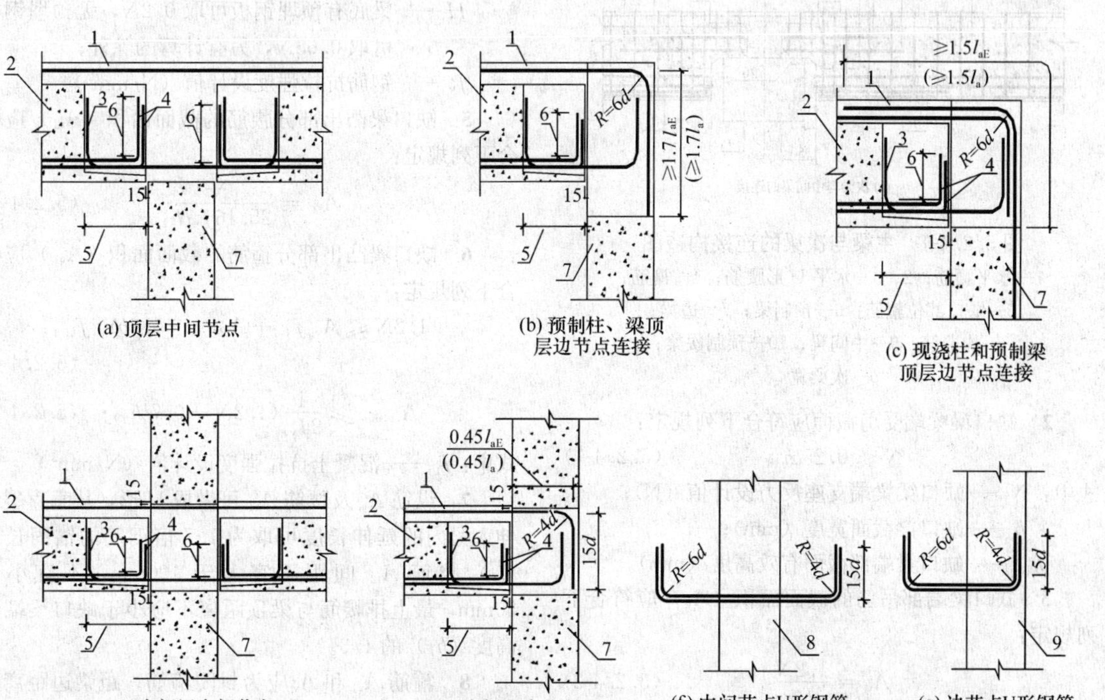

图 5.2.3 梁柱节点浇筑前钢筋连接构造图

1—叠合层；2—预制梁；3—U 形钢筋；4—预制梁中伸出、弯折的钢绞线；5—键槽长度；6—钢绞线弯锚长度；7—框架柱；8—中柱；9—边柱；l_{aE}—受拉钢筋抗震锚固长度；l_a—受拉钢筋锚固长度

U 形钢筋的锚固长度应满足现行国家标准《混凝土结构设计规范》GB 50010 的规定。当预留键槽壁时，壁厚宜取 40mm；当不预留键槽壁时，现场施工时应在键槽位置设置模板，安装键槽部位箍筋和 U 形钢筋后方可浇筑键槽混凝土。U 形钢筋在边节点处钢筋水平长度未伸过柱中心时不得向上弯折。

5.2.4 次梁可采用吊筋形式的缺口梁方式与主梁连接（图 5.2.4-1、图 5.2.4-2），并应符合下列规定：

1 缺口梁端部高度（h_1）不宜小于 0.5 倍的叠合梁截面高度（h），挑出部分长度（a）可取缺口梁端部高度（h_1），缺口拐角处宜做斜角。

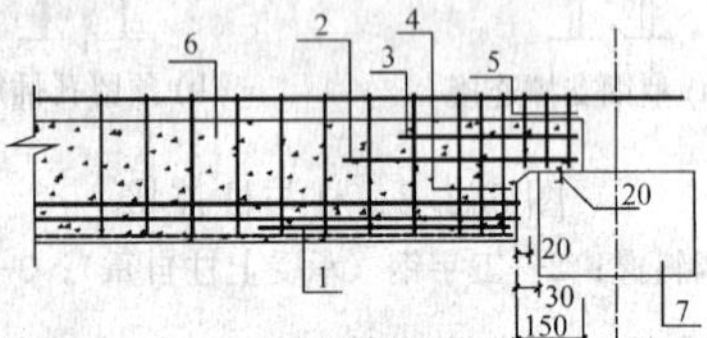

(a) 次梁与边梁的连接

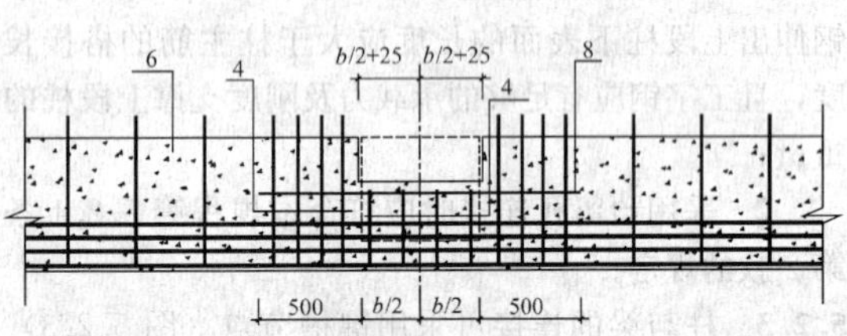

(b) 预制梁缺口详图

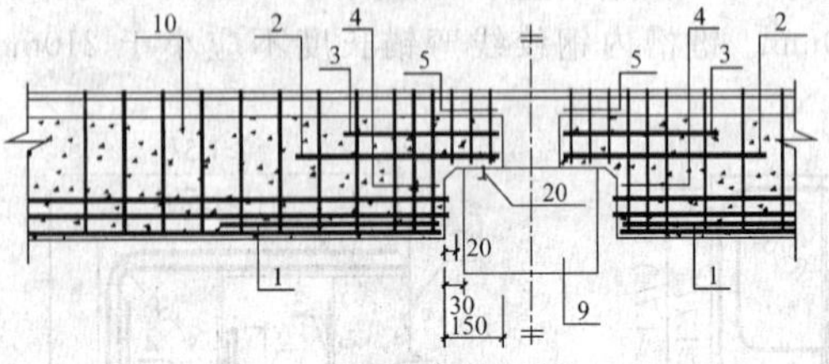

(c) 次梁与中间梁的连接

图 5.2.4-1 主梁与次梁的连接构造图

1—水平腰筋；2、3—水平 U 形腰筋；4—箍筋；5—缺口部位箍筋；6—预制梁；7—边梁；8—构造筋；9—中间梁；10—预制次梁；b—次梁宽

2 缺口梁梁端受剪截面应符合下列规定：

$$N \leqslant 0.25bh_{10} \quad (5.2.4\text{-}1)$$

式中：N——缺口梁梁端支座反力设计值（N）；

b——缺口梁截面宽度（mm）；

h_{10}——缺口梁端部截面有效高度（mm）。

3 缺口梁端部吊筋的截面面积（A_v）应符合下列规定：

$$A_v = \frac{1.2N}{f_{yv}} \quad (5.2.4\text{-}2)$$

式中：f_{yv}——箍筋抗拉强度设计值（N/mm²）。

4 缺口梁凸出部分梁底纵筋的截面面积（A_{t1}）应符合下列规定：

$$A_{t1} = 1.2\left(\frac{Ne}{z_1} + H\right)\Big/ f_y \quad (5.2.4\text{-}3)$$

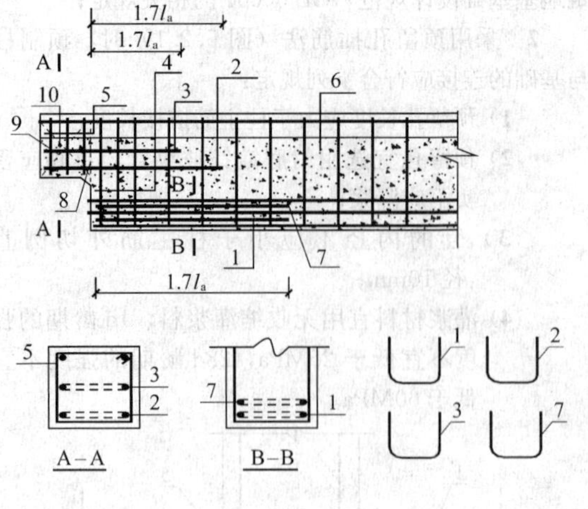

图 5.2.4-2 预制次梁的端部配筋构造

1、2、3、7—水平 U 形钢筋；4—箍筋；5—缺口部位箍筋；6—预制次梁；8—垂直裂缝；9、10—斜裂缝

$$A_{t1} = \frac{N^2}{12.55 f_y bh_1} + \frac{1.2H}{f_y} \quad (5.2.4\text{-}4)$$

式中：e——缺口梁梁端支座反力与吊筋合力点之间的距离（mm）。反力作用点位置：梁底有预埋钢板可取为预埋钢板中点，无预埋钢板可取为梁端凸出部分的中点；

z_1——可取 0.85 倍缺口梁端部截面有效高度；

H——梁底有预埋钢板可取 $0.2N$，无预埋钢板可取 $0.65N$，另有计算的除外；

f_y——钢筋抗拉强度设计值（N/mm²）。

5 缺口梁凸出部分腰筋的截面面积（A_{t2}）应符合下列规定：

$$A_{t2} = \frac{N^2}{25.16 f_y bh_1} \quad (5.2.4\text{-}5)$$

6 缺口梁凸出部分箍筋的截面面积（A_{v1}）应符合下列规定：

$$1.2N \leqslant A_{v1} f_{yv} + A_{t2} f_y + 0.7bh_{10} f_t \quad (5.2.4\text{-}6)$$

$$A_{v1,\min} \geqslant \frac{1}{2f_{yv}}(1.2N - 0.7bh_{10} f_t) \quad (5.2.4\text{-}7)$$

式中：f_t——混凝土抗拉强度设计值（N/mm²）。

7 纵筋 A_{t1} 及腰筋 A_{t2} 可做成 U 形，从垂直裂缝伸入梁内的延伸长度可取为 1.7 倍钢筋的锚固长度（l_a）。腰筋 A_{t2} 间距不宜大于 100mm，不宜小于 50mm，最上排腰筋与梁顶距离不应小于缺口梁端部高度（h_1）的 1/3。

8 箍筋 A_{v1} 和 A_v 应为封闭箍筋，距梁边距离不应大于 40mm，A_v 应配置在缺口梁端部高度的 1/2 的范围内。

9 纵筋 A_t 在梁端的锚固可采用水平 U 形钢筋 A_{l1} 及 A_{l2} 与其搭接的方式，A_{l1} 及 A_{l2} 的直段长度可取为 1.7 倍钢筋的锚固长度（l_a），截面面积可取为梁底普通钢筋及预应力筋换算为普通钢筋的面积之和（A_t）的1/3。

5.2.5 预制板之间连接时，应在预制板相邻处板面铺钢筋网片（图5.2.5），网片钢筋直径不宜小于5mm，强度等级不应小于HPB300，短向钢筋的长度不宜小于600mm，间距不宜大于200mm；网片长向可采用三根钢筋，钢筋长度可比预制板短200mm。

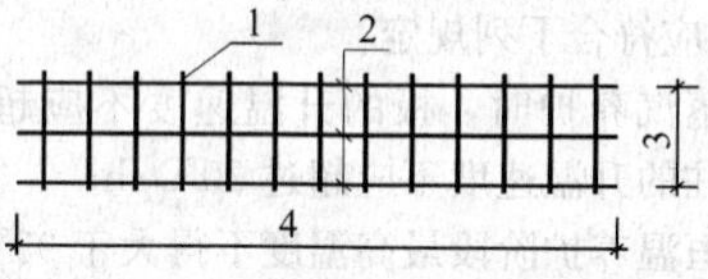

(a) 钢筋网片

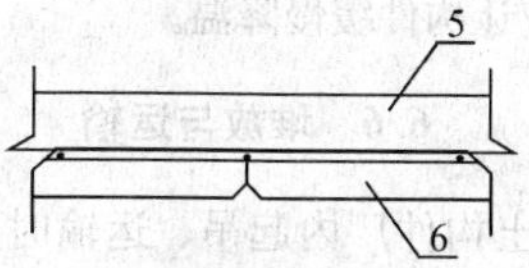

(b) 钢筋网片位置

图5.2.5 板纵缝连接构造

1—钢筋网片的短向钢筋；2—钢筋网片的长向钢筋；3—钢筋网片的短向长度；4—钢筋网片的长向长度；5—叠合层；6—预制板

5.2.6 预制柱层间连接节点处应增设交叉钢筋，并应与纵筋焊接（图5.2.6）。交叉钢筋每侧应设置一片，每根交叉钢筋斜段垂直投影长度可比叠合梁高小40mm，端部直段长度可取为300mm。交叉钢筋的强度等级不宜小于HRB335，其直径应按运输、施工阶段的承载力及变形要求计算确定，且不应小于12mm。

5.2.7 预制梁底角部应设置普通钢筋，两侧应设置腰筋（图5.2.7）。预制梁端部应设置保证钢绞线的位置的带孔模板；钢绞线的分布宜分散、对称；其混凝土保护层厚度（指钢绞线外边缘至混凝土表面的距离）不应小于55mm；下部纵向钢绞线水平方向的净间距不应小于35mm和钢绞线直径；各层钢绞线之间的净间距不应小于25mm和钢绞线直径。梁跨度较小时可不配置预应力筋。

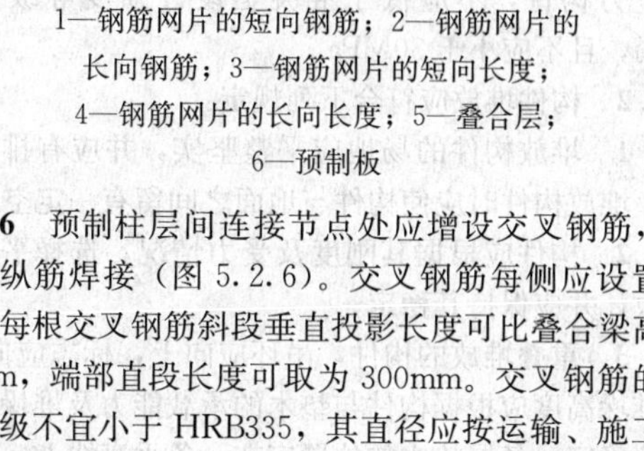

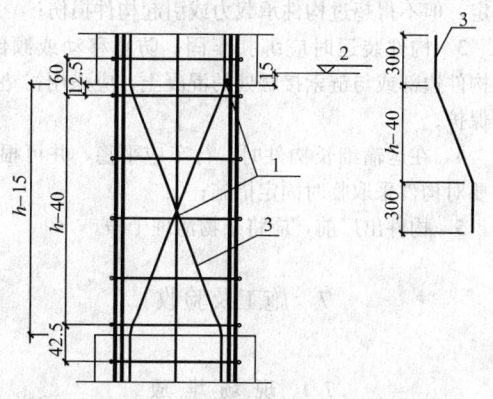

图5.2.6 预制柱层间节点详图

1—焊接；2—楼面板标高；3—交叉钢筋；h—梁高

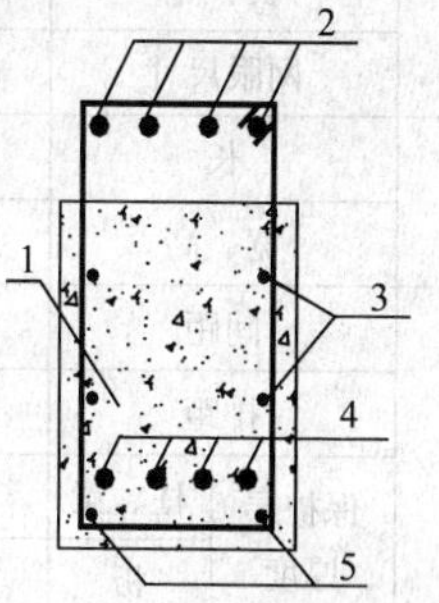

图5.2.7 预制梁构造详图

1—预制梁；2—叠合梁上部钢筋；3—腰筋（按设计确定）；4—钢绞线；5—普通钢筋

6 构件生产

6.1 一般规定

6.1.1 原材料进场时，应按现行国家标准《混凝土结构工程施工质量验收规范》GB 50204的规定进行检验，合格后方可使用。

6.1.2 钢筋的品种、级别、规格、数量和保护层厚度应符合设计要求。

6.1.3 钢筋下料时，应采用砂轮锯或切断机切断，不得采用电弧切割。

6.1.4 混凝土强度等级应符合设计要求。

6.1.5 采用高强钢丝和钢绞线时，张拉控制应力不宜超过$0.75f_{ptk}$，不应超过$0.80f_{ptk}$。

6.2 模板、台座

6.2.1 模板、台座应满足强度、刚度和稳定性要求。

6.2.2 模板几何尺寸应准确，安装应牢固，拼缝应严密。

6.2.3 模板、台座应保持清洁，隔离剂应涂刷均匀。

6.3 钢筋加工、安装

6.3.1 钢筋的接头方式、位置应符合设计要求。

6.3.2 钢筋加工的形状、尺寸应符合设计要求，其允许偏差应符合表6.3.2的规定。

表6.3.2 钢筋加工的允许偏差

项目	允许偏差（mm）
受力钢筋沿长度方向全长的净尺寸	±10
弯起钢筋的弯折位置	±20
箍筋内净尺寸	±5

6.3.3 钢筋安装的允许偏差应符合表6.3.3的规定。

表 6.3.3 钢筋安装的允许偏差

项目			允许偏差(mm)
绑扎钢筋网	长、宽		±10
	网眼尺寸		±20
绑扎钢筋骨架	长		±10
	宽、高		±5
受力钢筋	间距		±10
	排距		±5
	保护层厚度	柱、梁	±5
		板	±3
绑扎箍筋、横向钢筋间距			±20
钢筋弯起点位置			20
预埋件	中心线位置		5
	水平高差		+3，0

6.4 预应力筋制作与张拉

6.4.1 应选用非油质类模板隔离剂，并应避免沾污预应力筋。

6.4.2 应避免电火花损伤预应力筋；受损伤的预应力筋应予以更换。

6.4.3 预应力筋的张拉力应符合设计要求，张拉时应保证同一构件中各根预应力筋的应力均匀一致。

6.4.4 张拉过程中，应避免预应力筋断裂或滑脱；当发生断裂或滑脱时，预应力筋必须予以更换。

6.4.5 预应力筋张拉锚固后实际建立的预应力值与工程设计规定检验值的相对允许偏差应为±5%。

6.4.6 预应力筋放张时，混凝土强度应符合设计要求；当设计无具体要求时，不应低于混凝土设计强度等级值的75%，且不应小于30MPa。

6.4.7 预应力筋放张时，宜缓慢放松锚固装置，使各根预应力筋同时缓慢放松。

6.5 混 凝 土

6.5.1 混凝土原材料计量允许偏差应符合表6.5.1的规定。

表 6.5.1 材料每盘计量允许偏差值

原 材 料	允许偏差（%）
水泥、掺合料	±2
骨料	±3
水、外加剂	±2

6.5.2 混凝土应振捣密实，预制柱表面应压光；预制梁叠合面应加工成粗糙面；预制板板面应拉毛，拉毛深度不应低于4mm。

6.5.3 生产过程中试块的留置应符合下列规定：

1 每拌制100盘且不超过100m^{3}的同配合比的混凝土，取样不得少于一次；

2 每工作班拌制的同一配合比混凝土不足100盘时，取样不得少于一次；

3 每条生产线同一配合比混凝土，取样不得少于一次；

4 每次取样应至少留置一组标准养护试块，同条件养护试块的留置组数应根据构件生产的实际需要确定。

6.5.4 混凝土浇筑完毕后，应及时进行养护，且混凝土养护应符合下列规定：

1 蒸汽养护时，板的升温速度不应超过25℃/h；梁、柱的升温速度不应超过20℃/h；

2 恒温养护阶段最高温度不得大于95℃；

3 混凝土试块强度达到要求时可停止加热；停止加热后，应让构件缓慢降温。

6.6 堆放与运输

6.6.1 混凝土构件厂内起吊、运输时，混凝土强度必须符合设计要求；当设计无专门要求时，对非预应力构件不应低于混凝土设计强度等级值的50%，对预应力构件，不应低于混凝土设计强度等级值的75%，且不应小于30MPa。

6.6.2 构件堆放应符合下列规定：

1 堆放构件的场地应平整坚实，并应有排水措施，堆放构件时应使构件与地面之间留有一定空隙；

2 构件应根据其刚度及受力情况，选择平放或立放，并应保持其稳定；

3 重叠堆放的构件，吊环应向上，标志应向外；其堆垛高度应根据构件与垫木的承载能力及堆垛的稳定性确定；各层垫木的位置应在一条垂直线上；

4 采用靠放架立放的构件，应对称靠放和吊运，其倾斜角度应保持大于80°，构件上部宜用木块隔开。

6.6.3 构件运输应符合下列规定：

1 构件运输时的混凝土强度，当设计无具体规定时，不应低于混凝土设计强度等级值的75%；

2 构件支承的位置和方法，应根据其受力情况确定，但不得超过构件承载力或引起构件损伤；

3 构件装运时应绑扎牢固，防止移动或倾倒；对构件边部或与链索接触处的混凝土，应采用衬垫加以保护；

4 在运输细长构件时，行车应平稳，并可根据需要对构件采取临时固定措施；

5 构件出厂前，应将杂物清理干净。

7 施工及验收

7.1 现 场 堆 放

7.1.1 预制构件应减少现场堆放。

7.1.2 预制构件施工现场堆放除应符合本规程第

6.6.2条的规定，尚宜按吊装顺序和型号分类堆放，堆垛宜布置在吊车工作范围内且不受其他工序施工作业影响的区域。

7.2 柱就位前基础处理

7.2.1 预制预应力混凝土装配整体式框架结构采用杯形基础时，在柱吊装前应进行杯底抄平。

7.2.2 预制预应力混凝土装配整体式框架结构当采用预留孔插筋法施工时，应根据设计要求在基础混凝土中设置预留孔，并应符合下列规定：

1 预留孔长度、位置及内径应满足设计要求；

2 浇筑基础混凝土时，应采取防止混凝土进入孔内的措施；

3 在混凝土初凝之前，应再次检查预留孔的位置是否准确，其平面允许偏差应为±5mm，孔深允许偏差应为±10mm。

7.3 柱吊装就位

7.3.1 柱的吊装、调整和固定应按下列步骤进行：

1 采用预留孔插筋法时应符合下列规定：

1）在起吊期间，应采用柱靴对从柱底伸出的钢筋进行保护；起吊阶段，柱扶正过程中，柱靴应始终不离地面；

2）柱就位前，应在孔内注入流动性良好且强度符合本规程第5.2.1条规定的无收缩灌浆料，并应均匀坐浆，厚度约10mm；

3）柱就位后应用可调斜撑校正并固定；

4）当上一层梁柱节点混凝土强度达到10MPa后，方可拆除可调斜撑。

2 采用杯形基础时应符合下列规定：

1）柱就位后应及时对柱的位置进行调整，然后应采用钢楔将柱临时固定，并应采用可调斜撑校正柱垂直度，采用钢楔将柱固定后方可摘除吊钩；

2）应及时在柱底杯口内填充微膨胀细石混凝土；混凝土应分两次浇筑，第一次应浇到钢楔下口并不应少于杯口深度的2/3，当混凝土达到设计强度等级值的25%时，再浇筑至杯口顶面；可调斜撑的拆除应符合本规程第7.3.1条第1款的规定。

3 当采用型钢支撑连接法接柱时，型钢的规格、长度应经设计确定；接头长度不得影响柱主筋的连接和接头区的混凝土浇筑；接头区混凝土应浇捣密实。

4 当采用预留孔插筋法接柱时，应按照本规程第7.3.1条第1款的规定施工。

7.4 预制梁吊装就位

7.4.1 预制梁的就位应按下列步骤进行：

1 吊装前应按施工方案搭设支架，并应校正支架的标高；

2 梁应放置在支架上，调整标高并应进行临时固定；

3 每根柱周围的梁就位后，应采取固定措施。

7.4.2 梁端节点施工应符合下列规定：

1 预制梁吊装就位后，应根据设计要求在键槽内安装U形钢筋，并应采用可靠固定方式确保U形钢筋位置准确，安装结束后，应封堵节点模板；

2 浇筑混凝土前，应对梁的截面，梁的定位，U形钢筋的数量、规格，安装质量等进行检查；

3 混凝土浇筑前，应将键槽清理干净并浇水充分湿润，不得有积水；

4 键槽节点处的混凝土应符合本规程第3.2.2条的规定；混凝土应浇捣密实，并应浇筑至预制板底标高处。

7.5 板吊装就位

7.5.1 梁柱节点处混凝土的强度达到15MPa后，方可吊装预制板。预制板的两端应搁置在预制梁上，板下应设置临时支撑。

7.5.2 梁、板的上部钢筋安装完成后，方可浇筑叠合层混凝土。叠合层混凝土应振捣密实，不得对节点处混凝土造成破坏。

7.6 安全措施

7.6.1 预制构件吊装时，除应按现行行业标准《建筑施工高处作业安全技术规范》JGJ 80的有关规定执行，尚应符合下列规定：

1 预制构件吊装前，应按照专项施工方案的要求，进行安全、技术交底，并应严格执行；

2 吊装操作人员应按规定持证上岗。

7.6.2 预制构件吊装前应检查吊装设备及吊具是否处于安全操作状态。

7.6.3 预制构件的吊装应按专项施工方案的要求进行。起吊时绳索与构件水平面的夹角不宜小于60°，不应小于45°，否则应采用吊架或经验算确定。

7.6.4 起吊构件时，不得中途长时间悬吊、停滞。

7.7 质量验收

7.7.1 预制预应力混凝土装配整体式框架的质量验收除应符合现行国家标准《混凝土结构工程施工质量验收规范》GB 50204的有关规定外，尚应符合本节的规定。

7.7.2 预制构件应进行结构性能检验。结构性能检验不合格的预制构件不得使用。

7.7.3 预制构件尺寸的允许偏差，当设计无具体要求时，应符合表7.7.3的规定。

检查数量：同一生产线或同一工作班生产的同类型构件，抽查5%且不应少于3件。

表 7.7.3 构件尺寸的允许偏差及检查方法

项目			允许偏差（mm）	检查方法
截面尺寸	长度	板、梁	+10，−5	钢尺检查
		柱	+5，−10	
	宽度、高度	板、梁、柱	±5	钢尺量一端及中部，取其中较大值
肋宽、厚度			+4，−2	钢尺检查
侧向弯曲		梁、板、柱	L/750 且≤20	拉线、钢尺量最大侧向弯曲处
预埋件		中心线位置	10	钢尺检查
		螺栓位置	5	
		螺栓外露长度	+10，−5	
预留孔		中心线位置	5	钢尺检查
预留洞		中心线位置	15	钢尺检查
主筋保护层厚度		板	+5，−3	钢尺或保护层厚度测定仪量测
		梁、柱	+10，−5	
对角线差		板	10	钢尺量两个对角线
表面平整度		板、柱、梁	5	2m 靠尺和塞尺检查
板角部直角缺口的直角度及缺口与板侧面之间直角度			3°	直角尺和量角器量测
边梁端面与边梁侧面之间直角度			3°	
键槽		长度	+5，−10	钢尺检查
		宽度	±5	
		壁厚	±5	

7.7.4 梁端节点区的连接钢筋应符合设计要求。

检查数量：全数检查。

检验方法：观察，检查施工记录。

7.7.5 梁端节点区混凝土强度未达到本规程要求时，不得吊装后续结构构件。已安装完毕的装配式结构，应在混凝土强度到达设计要求后，方可承受全部设计荷载。

检查数量：全数检查。

检验方法：检查施工记录及试件强度试验报告。

7.7.6 构件安装的尺寸允许偏差，当设计无具体要求时，应符合表 7.7.6 的规定。

检查数量：全数检查。

表 7.7.6 构件安装的尺寸允许偏差及检查方法

项目			允许偏差（mm）	检查方法
杯形基础	中心线对轴线位置		10	经纬仪量测
	杯底安装标高		0，−10	经纬仪量测
柱	中心线对定位轴线的位置		5	钢尺量测
	上下柱接口中心线位置		3	钢尺量测
	垂直度	≤5m	5	经纬仪量测
		＞5m，＜10m	10	
		≥10m	1/1000 标高且≤20	
梁	中心线对定位轴线的位置		5	钢尺量测
	梁上表面标高		0，−5	钢尺量测
板	相邻两板下表面平整	抹灰	5	钢尺、塞尺量测
		不抹灰	3	

本规程用词说明

1 为便于在执行本规程条文时区别对待，对要求严格程度不同的用词说明如下：

1）表示很严格，非这样做不可的：
正面词采用“必须”，反面词采用“严禁”；

2）表示严格，在正常情况下均应这样做的：
正面词采用“应”，反面词采用“不应”或“不得”；

3）表示允许稍有选择，在条件许可时首先应这样做的：
正面词采用“宜”，反面词采用“不宜”；

4）表示有选择，在一定条件下可以这样做的，采用“可”。

2 条文中指明应按其他有关标准、规范执行的写法为：“应符合……的规定”或“应按……执行”。

引用标准名录

1 《建筑地基基础设计规范》GB 50007

2 《建筑结构荷载规范》GB 50009

3 《混凝土结构设计规范》GB 50010

4 《建筑抗震设计规范》GB 50011

5 《混凝土结构工程施工质量验收规范》GB 50204

6 《建筑施工高处作业安全技术规范》JGJ 80

中华人民共和国行业标准

预制预应力混凝土装配整体式框架结构技术规程

JGJ 224—2010

条文说明

制定说明

《预制预应力混凝土装配整体式框架结构技术规程》JGJ 224-2010，经住房和城乡建设部2010年11月17日以第808号公告批准、发布。

本规程制定过程中，编制组进行了广泛的调查研究，总结了预制预应力混凝土装配整体式框架技术的实践经验，同时参考了国外先进技术法规、技术标准，通过试验取得了预制预应力混凝土装配整体式框架设计、施工等重要技术参数。

为便于广大设计、施工、科研、学校等单位有关人员在使用本标准时能正确理解和执行条文规定，《预制预应力混凝土装配整体式框架结构技术规程》编制组按章、节、条顺序编制了本标准的条文说明，对条文规定的目的、依据以及执行中需注意的有关事项进行了说明。但是，本条文说明不具备与标准正文同等的法律效力，仅供使用者作为理解和把握标准规定的参考。

目　次

1 总 则

1.0.1 预制预应力混凝土装配整体式框架结构体系（世构体系）的预制构件包括预制混凝土柱、预制预应力混凝土叠合梁、板。其关键技术在于采用键槽节点，避免了传统装配结构梁柱节点施工时所需的预埋、焊接等复杂工艺，且梁端锚固筋仅在键槽内预留，现场施工安装方便快捷，缩短了工期，具有显著的经济效益和社会效益，有较高的推广应用价值，对于推动我国建筑工业化和建筑业可持续发展具有重要的意义。

1.0.3 在进行该体系的设计与施工时，除符合本规程规定外，尚应符合现行国家标准《建筑结构可靠度设计统一标准》GB 50068、《建筑结构设计术语和符号标准》GB/T 50083、《建筑结构荷载规范》GB 50009、《建筑工程抗震设防分类标准》GB 50223、《建筑抗震设计规范》GB 50011、《混凝土结构设计规范》GB 50010、《混凝土结构工程施工质量验收规范》GB 50204 等的有关规定。

3 基本规定

3.1 适用高度和抗震等级

3.1.1 根据现行国家标准《建筑抗震设计规范》GB 50011、《建筑工程抗震设防分类标准》GB 50223 的有关规定并参照中国工程建设标准化协会标准《钢筋混凝土装配整体式框架节点与连接设计规程》CECS 43，同时根据课题组的试验研究成果，确定了本规程适用于非抗震设防区及抗震设防烈度为 6～7 度地区的乙类及乙类以下的预制预应力混凝土装配整体式房屋。适用高度的确定原则上比现行国家标准《建筑抗震设计规范》GB 50011 规定的相应现浇结构低。2008 年东南大学所作的三个键槽节点低周反复试验结果，在满足本规程要求的情况下，节点的位移延性系数均大于 4。2009 年东南大学所作的大比例两层两跨两开间模拟地震振动台试验表明，叠合层与预制构件之间的连接是可靠的，没有出现撕裂、脱离等现象。

3.1.2 抗震等级的划分是依据现行国家标准《建筑抗震设计规范》GB 50011 的有关规定确定的。预制预应力混凝土装配整体式框架的受力特点与现浇混凝土框架基本相同，其延性指标能够满足现浇混凝土框架的抗震要求。2009 年完成的节点低周反复试验位移延性系数均大于 4，模拟地震振动台试验层间位移达到 1/68 时结构未垮塌（由于条件限制，试验结束）。本条为强制性条文，应严格执行。

3.2 材 料

3.2.1 因为叠合梁板的预制部分采用预应力混凝土，因此规定混凝土强度等级 C40 及以上，如果叠合层部分混凝土强度等级低于预制部分，相关计算取强度低者。

3.2.2 节点部分的混凝土分两次浇捣，第一次是将键槽部分的空隙填平，因为 U 形钢筋通过此部分的后浇混凝土与预制梁底的预应力筋实现搭接，因此该部分的混凝土质量十分关键，应采用强度等级高一级的无收缩细石混凝土。如果该部分混凝土搅拌时量较少，考虑材料强度评测所采用的统计方法的因素，混凝土强度等级可按不低于 C45 执行；节点部位键槽之外的混凝土的第二次浇筑与叠合梁板的叠浇层部分同时进行，该部分混凝土强度等级与叠浇层相同。

3.2.3 根据先张法预应力混凝土的特点选择预应力筋，强度等级不宜过低。

3.2.4 键槽内的 U 形钢筋应采用带肋钢筋，强度等级宜高以减小钢筋直径，便于保证其粘结强度。

3.3 构 件

3.3.1 采用预制柱时，为便于运输、吊装，柱截面长边尺寸不宜过大。为加快现场施工进度，预制柱一次成型的高度可以为一层至四层不等，每层柱的柱高确定时应综合考虑梁柱节点处的刚度问题、安装时临时固定的便捷性和运输的便捷性。

3.3.2 预制梁的任何一边边长均不得小于 200mm。

3.3.3 预制板的厚度不宜过薄，否则预应力筋的保护层厚度不易保证，起吊、堆放、运输时容易开裂。叠合板的后浇部分的厚度不应小于预制部分的厚度，以保证叠合板形成后的刚度。预制板的宽度不宜过小，过小则经济性差。预制板的宽度不宜过大，过大则运输、起吊较为困难。钢丝保护层厚度的规定参照了国内的相关规范的要求。

3.4 作用效应组合

3.4.1～3.4.3 进行施工、使用两个阶段承载力极限状态设计时遵照有关规范。本体系施工时预制梁、板下应有可靠支撑，预制柱应有斜撑。施工阶段的风荷载由施工临时措施解决。

3.4.4 本条是遵照现行国家标准《建筑抗震设计规范》GB 50011作出的规定。因为 6 度、7 度地震区的竖向地震力一般较小，且本规程的适用高度也不高，可以不计算其影响。

3.4.5 本条是遵照现行国家标准《建筑抗震设计规范》GB 50011 作出的规定，列出梁、柱、剪力墙等的有关内容。

3.4.6 由于本体系是装配整体式框架体系，故建筑平、立面布置宜规整，对不规则的建筑应按现行国家标准《建筑抗震设计规范》GB 50011 的有关规定进行设计。

3.4.7 本条明确了控制单跨框架结构适用范围的要求，并强调了必须对楼梯构件进行抗震承载力验算。

4 结构设计与施工验算

4.1 结构分析

4.1.1～4.1.5 根据预制预应力混凝土装配整体式框架具体的施工步骤，按照施工安装和使用两个阶段进行内力和变形计算。施工阶段的结构稳定应通过施工临时措施解决。装配整体式框架使用阶段的内力计算宜考虑弯矩调幅。

4.3 施工验算

4.3.1 本体系叠合梁板宜按施工阶段有可靠支撑的叠合式受弯构件设计。不排除部分位置按施工阶段无支撑或无足够支撑的叠合式受弯构件设计。

4.3.3 在叠合梁、板形成前，预制梁、板底部通常有支撑，在这种支承条件下预制梁、板应该能够承受自重和新浇混凝土的重量。

5 构造要求

5.1 一般规定

5.1.2 键槽的长度要满足U形钢筋的锚固、U形钢筋施工时正常放置所需要的工作长度。根据相关规范的规定和梁柱节点试验分析，对键槽长度作出了规定。在确定键槽长度时，应考虑生产、施工的方便，一般从400mm起，按450mm、500mm类推。

5.1.3 参照相关规范并考虑U形钢筋实际位置距下边缘较远而确定U形钢筋面积，一级抗震等级不应小于梁上部钢筋面积的0.55倍，二、三级抗震等级不应小于梁上部钢筋面积的0.4倍。U形钢筋的安装应均匀布置。

5.1.4 如果不符合本条要求，应采取特殊措施后方可使用。

5.2 连接构造

5.2.1 当采用预留孔插筋法时，宜采用镀锌金属波纹管，其长度应大于柱主筋的搭接长度。预留孔应有可靠的封堵措施防止漏浆。

5.2.2 柱与柱的连接可采用两种方法。方法1是在上段预制柱截面中间预埋工字钢，工字钢伸出上段柱下表面的长度应大于柱主筋的搭接长度。方法2是采用预留孔插筋，预留孔的长度应大于柱主筋的搭接长度。

5.2.3 柱与梁的连接采用键槽节点。如果梁较大、配筋较多、所需U形钢筋直径较粗时，应保证键槽内钢筋的有效锚固满足现行国家标准《混凝土结构设计规范》GB 50010 的规定。生产、施工时应严格保证键槽内钢绞线的锚固长度和U形钢筋的锚固长度。键槽的预留方式有两种：一种是生产时预留键槽壁，一般厚40mm，U形钢筋安装在键槽内；另一种是生产时不预留键槽壁，现场施工时安装键槽部位箍筋和U形钢筋后和键槽混凝土同时浇筑。

5.2.4 主梁与次梁的连接处，施工阶段验算时应注意主梁开口后截面削弱的影响，另外开口位置两边应有足够的箍筋承担次梁传来的集中力。次梁采用缺口梁，按缺口梁进行承载力计算。施工过程中应采取有效措施确保主梁与次梁连接处的稳固、密实。缺口梁有多种配筋形式，考虑到预制构件生产的方便，建议采用吊筋形式的桁架计算模型。

5.2.5 在两块预制板的板缝处铺钢筋网片，增强两块预制板之间的连接。

6 构件生产

6.1 一般规定

6.1.1 原材料检测参照现行国家标准《混凝土结构工程施工质量验收规范》GB 50204 的相关规定执行。普通钢筋应符合现行国家标准《钢筋混凝土用钢　第1部分：热轧光圆钢筋》GB 1499.1、《钢筋混凝土用钢　第2部分：热轧带肋钢筋》GB 1499.2 和《钢筋混凝土用余热处理钢筋》GB 13014 的规定。钢筋进场时，应检查产品合格证和出厂检验报告，并按规定进行抽样检验；预应力筋有钢丝、钢绞线、热处理钢筋等，其质量应符合相关的现行国家标准《预应力混凝土用钢丝》GB/T 5223、《预应力混凝土用钢绞线》GB/T 5224 等的规定。预应力筋进场时应根据进场批次和产品的抽样检验方案确定检验批，进行进场复验，进场复验可仅做主要的力学性能试验。厂家除了提供产品合格证外，还应提供反映预应力筋主要性能的出厂检验报告；水泥进场时，应根据产品合格证检查其品种、级别等，并有序存放，以免造成混料错批。强度、安定性等是水泥的重要性能指标，进场时应作复验，其质量应符合现行国家标准《通用硅酸盐水泥》GB 175 的规定；混凝土外加剂质量及应用技术应符合现行国家标准《混凝土外加剂》GB 8076、《混凝土外加剂应用技术规范》GB 50119 等的规定。外加剂的检验项目、方法和批量应符合相应标准的规定；混凝土中各种掺合料应符合国家现行标准《粉煤灰混凝土应用技术规范》GBJ 146、《用于水泥与混凝土中粒化高炉矿渣粉》GB/T 18046等的规定；普通混凝土所用的砂子、石子应符合现行行业标准《普通混凝土用砂、石质量及检验方法标准》JGJ 52 的质量要求，其检验项目、检验批量和检验方法应遵照标准的规定执行。普通混凝土用水应符合现行行业标准《混凝土用水标准》JGJ 63 的质量要求。

6.1.2 在生产过程中，生产单位缺乏设计所要求的钢筋品种、级别或规格时，可进行钢筋代换。为了保证对设计意图的理解不产生偏差，规定当需要作钢筋代换时应办理设计变更文件，以确保满足原结构设计的要求，并明确钢筋代换由设计单位负责。

6.1.5 由于本体系预制预应力混凝土构件生产线长度较长，且张拉时控制应力可以控制得较为准确，因此在有可靠经验时最大张拉控制应力可放宽到 $0.80f_{ptk}$。

6.4 预应力筋制作与张拉

6.4.4 由于预应力筋断裂或滑脱对结构构件的受力性能影响极大，故施加预应力过程中，应采取措施加以避免。先张法预应力构件中的预应力筋不允许出现断裂或滑脱，若在浇筑混凝土前出现断裂或滑脱，相应的预应力筋应予以更换。

6.4.5 预应力筋张拉后实际建立的预应力值对结构受力性能影响很大，必须予以保证。施工时可用应力测定仪器直接测定张拉锚固后预应力筋的应力值，若难以直接测定，也可用见证张拉代替预应力值测定。

6.5 混 凝 土

6.5.3 构件生产时，应按相关规定以生产线为批次留置标准条件养护试块和同条件养护试块。

7 施工及验收

7.1 现 场 堆 放

7.1.1 为避免预制构件的破损，尽量减少现场堆放和转运。

7.1.2 根据施工组织设计和安装专项方案确定堆放区域和顺序。

7.2 柱就位前基础处理

7.2.1 当采用杯形基础施工时，柱就位前的处理事项同一般的装配式结构施工要求。

7.2.2 当采用预留孔插筋法施工时，保证预留孔位置的准确性。

7.3 柱吊装就位

7.3.1 施工时要确保无收缩灌浆料充实预留孔并按要求留置试块。

7.4 预制梁吊装就位

预制梁按一阶段受力设计，施工时梁下应有可靠支撑。支撑应编制施工方案后执行。

7.5 板吊装就位

7.5.1 施工时按规定留置标准条件养护试块和同条件养护试块。

7.7 质 量 验 收

施工安装质量验收除应符合现行国家标准《混凝土结构工程施工质量验收规范》GB 50204 的规定外，尚应按照本节的规定进行验收。

构件的缺陷严重程度根据其对结构性能和使用功能的影响分为一般缺陷和严重缺陷。常见的构件缺陷可按下列方式处理，主要包括：①梁上部的竖向裂缝，一般长度不超过 100mm，可不处理；②梁端键槽部位斜向裂缝，裂缝宽度不大于 0.1mm 的可不处理；③薄板下部与预应力主筋方向平行的裂缝，不在预应力钢丝位置且宽度不大于 0.2mm 的可不处理，当宽度大于 0.2mm 时，按板拼缝处理，在薄板面加钢筋网片；④预制梁的局部混凝土缺陷，可用高强砂浆或细石混凝土修补；⑤当预制主梁长度超过实际要求长度时，可将主梁两端键槽对称割短，每边键槽长度均应符合本规程第 5.1.2 条的规定；当预制主梁长度小于要求长度时，可将预制主梁就位后，两端键槽现浇接长，并相应延长键槽 U 形钢筋长度；⑥当键槽开裂较大或缺损时可将破损部位凿除，安装时与键槽混凝土同时浇筑。其他特殊情况的缺陷的处理需要另行编制技术方案处理。

装配整体式结构的结构性能主要取决于预制构件的结构性能和连接质量。因此，应按现行国家标准《混凝土结构工程施工质量验收规范》GB 50204 的规定对预制构件进行结构性能检验，合格后方能用于工程。预制构件生产单位应向构件采购单位提供构件合格证。

中华人民共和国行业标准

轻骨料混凝土结构技术规程

Technical specification for lightweight aggregate concrete structures

JGJ 12—2006
J 515—2006

批准部门：中华人民共和国建设部
施行日期：2 0 0 6 年 7 月 1 日

中华人民共和国建设部
公　　告

第414号

建设部关于发布行业标准《轻骨料混凝土结构技术规程》的公告

现批准《轻骨料混凝土结构技术规程》为行业标准，编号为JGJ 12－2006，自2006年7月1日起实施。其中，第3.1.4、3.1.5、4.1.3、7.1.3、7.1.7、8.1.3、9.1.3、9.2.4、9.3.1条为强制性条文，必须严格执行。原行业标准《轻骨料混凝土结构设计规程》JGJ 12－99同时废止。

本规程由建设部标准定额研究所组织中国建筑工业出版社出版发行。

中华人民共和国建设部

2006年3月8日

前　　言

根据建设部建标［2003］104号文的要求，标准编制组经过广泛调查研究，认真总结实践经验，参考有关国外先进标准，并在广泛征求意见的基础上，对原规程进行了全面修订。

本规程的主要技术内容：1. 总则；2. 术语、符号；3. 材料；4. 基本设计规定；5. 承载能力极限状态计算；6. 正常使用极限状态验算；7. 构造及构件规定；8. 轻骨料混凝土结构构件抗震设计；9. 施工及验收。

本规程修订的主要技术内容：

1. 根据轻骨料混凝土技术的发展状况，调整了适用的强度等级，并对轻骨料混凝土的应力-应变曲线及弹性模量作了适当的调整。

2. 在参考国内外有关规范规定的基础上，适当提高了结构的可靠度，新增了轻骨料混凝土结构的耐久性规定。

3. 在保证计算公式与构件试验结果具有较好一致性的基础上，受剪承载力计算公式中以 f_t 取代原规程的 f_c。

4. 根据相关试验研究成果，修改了轻骨料混凝土局部受压时的强度提高系数的限值。

5. 根据试验研究分析，对轻骨料混凝土保护层厚度、受拉钢筋的锚固长度等构造规定进行了调整。

6. 根据对国内外研究成果的综合分析，调整了轻骨料混凝土框架柱的轴压比限值，适当补充了轻骨料混凝土结构构件的抗震构造要求。

7. 新增了施工及验收的技术要求。

本规程由建设部负责管理和对强制性条文的解释，由主编单位负责具体技术内容的解释。

本规程主编单位：中国建筑科学研究院（邮编：100013；地址：北京市北三环东路30号；E-mail：buildingcode@vip.sina.com）

本规程参加单位：苏州科技学院
上海市建筑科学研究院有限公司
天津市建筑设计院
清华大学
辽宁省建设科学研究院
成都海发集团股份有限公司

本规程主要起草人：程志军　朱聘儒　顾万黎　邓景纹　高永孚　丁建彤　由世岐　王晓锋　邵永健　许　勤　白生翔　江　涛

目　次

1 总　　则

1.0.1 为在轻骨料混凝土结构的设计与施工中贯彻执行国家的技术经济政策，做到安全适用、技术先进、经济合理、确保质量，制定本规程。

1.0.2 本规程适用于工业与民用房屋和一般构筑物中钢筋轻骨料混凝土和预应力轻骨料混凝土承重结构的设计、施工及验收。

1.0.3 本规程应与国家标准《混凝土结构设计规范》GB 50010-2002 配套执行。

1.0.4 轻骨料混凝土结构的设计、施工及验收，除应执行本规程外，尚应符合国家现行有关标准的规定。

2 术语、符号

2.1 术　　语

2.1.1 轻骨料　lightweight aggregate

堆积密度不大于 $1100kg/m^3$ 的轻粗骨料和堆积密度不大于 $1200kg/m^3$ 的轻细骨料的总称。用于承重结构的轻骨料按品种可分为页岩陶粒、粉煤灰陶粒、黏土陶粒、自燃煤矸石、火山渣（浮石）轻骨料等；按外形可分为圆球型、普通型和碎石型轻骨料。

2.1.2 轻骨料混凝土　lightweight aggregate concrete

用轻粗骨料、普通砂或轻细骨料、胶凝材料和水配制而成的干表观密度不大于 $1950kg/m^3$ 的混凝土，按细骨料品种可分为砂轻混凝土和全轻混凝土。

2.1.3 砂轻混凝土　sand-lightweight aggregate concrete

由普通砂或部分轻砂做细骨料配制而成的轻骨料混凝土。

2.1.4 全轻混凝土　all-lightweight aggregate concrete

由轻砂做细骨料配制而成的轻骨料混凝土。

2.1.5 混凝土干表观密度　dry apparent density of concrete

硬化后的轻骨料混凝土单位体积的烘干质量。

2.1.6 混凝土湿表观密度　apparent density of fresh concrete

轻骨料混凝土拌合物经捣实后单位体积的质量。

2.1.7 轻骨料混凝土结构　lightweight aggregate concrete structure

以轻骨料混凝土为主制成的结构，包括轻骨料素混凝土结构、钢筋轻骨料混凝土结构和预应力轻骨料混凝土结构等。

2.2 符　　号

2.2.1 材料性能

E_{LC}——轻骨料混凝土弹性模量；

E_s——钢筋弹性模量；

LC20——表示立方体抗压强度标准值为 $20N/mm^2$ 的轻骨料混凝土强度等级；

f_{ck}、f_c——轻骨料混凝土轴心抗压强度标准值、设计值；

f'_{cu}——边长为 150mm 的施工阶段轻骨料混凝土立方体抗压强度；

$f_{cu,k}$——边长为 150mm 的轻骨料混凝土立方体抗压强度标准值；

f_{py}、f'_{py}——预应力钢筋的抗拉、抗压强度设计值；

f_{tk}、f_t——轻骨料混凝土轴心抗拉强度标准值、设计值；

f_y、f'_y——普通钢筋的抗拉、抗压强度设计值。

2.2.2 作用和作用效应

F_l——局部荷载设计值或集中反力设计值；

M——弯矩设计值；

M_{cr}——受弯构件的正截面开裂弯矩值；

N——轴向力设计值；

N_{p0}——轻骨料混凝土法向应力等于零时预应力钢筋及非预应力钢筋的合力；

T——扭矩设计值；

V——剪力设计值；

V_{cs}——构件斜截面上轻骨料混凝土和箍筋的受剪承载力设计值；

w_{max}——按荷载效应的标准组合并考虑长期作用影响计算的最大裂缝宽度；

σ_{ck}、σ_{cq}——荷载效应的标准组合、准永久组合下抗裂验算边缘的轻骨料混凝土法向应力；

σ_{pc}——由预加力产生的轻骨料混凝土法向应力；

σ_s、σ_p——正截面承载力计算中纵向普通钢筋、预应力钢筋的应力；

σ_{sk}——按荷载效应的标准组合计算的纵向受拉钢筋应力或等效应力。

2.2.3 几何参数

A——构件截面面积；

A_0——构件换算截面面积；

A_{cor}——钢筋网、螺旋筋或箍筋内表面范围内的轻骨料混凝土核心面积；

A_l——轻骨料混凝土局部受压面积；

A_n——构件净截面面积；

A_p、A'_p——受拉区、受压区纵向预应力钢筋的截面面积；

A_s、A'_s——受拉区、受压区纵向非预应力钢筋的截面面积；

A_{stl}——受扭计算中取用的全部受扭纵向非预应力钢筋的截面面积；

A_{sv}、A_{sh}——同一截面内各肢竖向、水平箍筋或分布钢筋的全部截面面积；

A_{sv1}、A_{st1}——在受剪、受扭计算中单肢箍筋的截面面积；

B——受弯构件的截面刚度；

I——截面惯性矩；

I_0——换算截面惯性矩；

W_t——截面受扭塑性抵抗矩；

b——矩形截面宽度，T形、I形截面的腹板宽度；

c——轻骨料混凝土保护层厚度；

d——钢筋直径；

h——截面高度；

h_0——截面有效高度；

i——截面的回转半径；

l_0——计算跨度或计算长度；

l_a——纵向受拉钢筋的锚固长度；

s——沿构件轴线方向上横向钢筋的间距、螺旋筋的间距或箍筋的间距；

x——轻骨料混凝土受压区高度。

2.2.4 计算系数及其他

α_1——受压区轻骨料混凝土矩形应力图的应力值与轻骨料混凝土轴心抗压强度设计值的比值；

α_E——钢筋弹性模量与轻骨料混凝土弹性模量的比值；

β_1——矩形应力图受压区高度与中和轴高度（中和轴到受压区边缘的距离）的比值；

β_l——局部受压时的轻骨料混凝土强度提高系数；

γ——轻骨料混凝土构件的截面抵抗矩塑性影响系数；

θ——考虑荷载长期作用对挠度增大的影响系数；

λ——计算截面的剪跨比；

ρ——纵向受拉钢筋或纵向受力钢筋的配筋率；

ρ_v——间接钢筋或箍筋的体积配筋率；

φ——轴心受压构件的稳定系数；

ψ——裂缝间纵向受拉钢筋应变不均匀系数。

3 材 料

3.1 轻骨料混凝土

3.1.1 本规程中轻骨料混凝土包括页岩陶粒混凝土、粉煤灰陶粒混凝土、黏土陶粒混凝土、自燃煤矸石混凝土及火山渣混凝土。

注：页岩陶粒、粉煤灰陶粒、黏土陶粒、自燃煤矸石及火山渣系指现行国家标准《轻集料及其试验方法》GB/T 17431中的轻集料。

3.1.2 钢筋轻骨料混凝土结构的混凝土强度等级不应低于LC15；当采用HRB335级钢筋时，轻骨料混凝土强度等级不宜低于LC20；当采用HRB400、RRB400级钢筋时，轻骨料混凝土强度等级不应低于LC20。

预应力轻骨料混凝土结构的混凝土强度等级不应低于LC30。

3.1.3 轻骨料混凝土按其干表观密度分为八个等级。轻骨料混凝土及配筋轻骨料混凝土的密度标准值应按表3.1.3采用。

表3.1.3 轻骨料混凝土及配筋轻骨料混凝土的密度标准值

密度等级	轻骨料混凝土干表观密度的变化范围（kg/m^3）	密度标准值（kg/m^3）	
		轻骨料混凝土	配筋轻骨料混凝土
1200	1160～1250	1250	1350
1300	1260～1350	1350	1450
1400	1360～1450	1450	1550
1500	1460～1550	1550	1650
1600	1560～1650	1650	1750
1700	1660～1750	1750	1850
1800	1760～1850	1850	1950
1900	1860～1950	1950	2050

注：1 配筋轻骨料混凝土的密度标准值，也可根据实际配筋情况确定。

2 对蒸养后即行起吊的预制构件，吊装验算时，其密度标准值应增加$100kg/m^3$。

3.1.4 轻骨料混凝土轴心抗压、轴心抗拉强度标准值f_{ck}、f_{tk}应按表3.1.4采用。

表3.1.4 轻骨料混凝土的强度标准值（N/mm^2）

强度种类	轻骨料混凝土强度等级									
	LC15	LC20	LC25	LC30	LC35	LC40	LC45	LC50	LC55	LC60
f_{ck}	10.0	13.4	16.7	20.1	23.4	26.8	29.6	32.4	35.5	38.5
f_{tk}	1.27	1.54	1.78	2.01	2.20	2.39	2.51	2.64	2.74	2.85

注：轴心抗拉强度标准值，对自燃煤矸石混凝土应按表中数值乘以系数0.85，对火山渣混凝土应按表中数值乘以系数0.80。

3.1.5 轻骨料混凝土轴心抗压、轴心抗拉强度设计值f_c、f_t应按表3.1.5采用。

表3.1.5 轻骨料混凝土的强度设计值（N/mm^2）

强度种类	轻骨料混凝土强度等级									
	LC15	LC20	LC25	LC30	LC35	LC40	LC45	LC50	LC55	LC60
f_c	7.2	9.6	11.9	14.3	16.7	19.1	21.1	23.1	25.3	27.5

续表 3.1.5

强度种类	轻骨料混凝土强度等级									
	LC15	LC20	LC25	LC30	LC35	LC40	LC45	LC50	LC55	LC60
f_t	0.91	1.10	1.27	1.43	1.57	1.71	1.80	1.89	1.96	2.04

注：1 计算现浇钢筋轻骨料混凝土轴心受压及偏心受压构件时，如截面的长边或直径小于300mm，则表中轻骨料混凝土的强度设计值应乘以系数0.8；当构件质量（如混凝土成型、截面和轴线尺寸等）确有保证时，可不受此限。

2 轴心抗拉强度设计值：用于承载能力极限状态计算时，对自燃煤矸石混凝土应按表中数值乘以系数0.85，对火山渣混凝土应按表中数值乘以系数0.80；用于构造计算时，应按表取值。

3.1.6 轻骨料混凝土受压或受拉的弹性模量 E_{LC} 可按表3.1.6取值。

表 3.1.6 轻骨料混凝土的弹性模量（$\times 10^4 N/mm^2$）

强度等级	密度等级							
	1200	1300	1400	1500	1600	1700	1800	1900
LC15	0.94	1.02	1.10	1.17	1.25	1.33	1.41	1.49
LC20	1.08	1.17	1.26	1.36	1.45	1.54	1.63	1.72
LC25	—	1.31	1.41	1.52	1.62	1.72	1.82	1.92
LC30	—	—	1.55	1.66	1.77	1.88	1.99	2.10
LC35	—	—	—	1.79	1.91	2.03	2.15	2.27
LC40	—	—	—	—	2.04	2.17	2.30	2.43
LC45	—	—	—	—	—	2.30	2.44	2.57
LC50	—	—	—	—	—	2.43	2.57	2.71
LC55	—	—	—	—	—	—	2.70	2.85
LC60	—	—	—	—	—	—	2.82	2.97

注：当有可靠试验依据时，弹性模量值也可根据实测数据确定。

3.1.7 轻骨料混凝土的剪变模量可按下式计算：

$$G_{LC} = \frac{5}{12}E_{LC} \tag{3.1.7}$$

3.1.8 轻骨料混凝土的泊松比可取0.2。

3.1.9 轻骨料混凝土的线膨胀系数，当温度在0～100℃范围内时可取 7×10^{-6}～9×10^{-6}/℃。低密度等级者宜取较低值，高密度等级者宜取较高值。

3.2 钢 筋

3.2.1 钢筋轻骨料混凝土结构及预应力轻骨料混凝土结构的钢筋选用及其性能指标，应符合国家标准《混凝土结构设计规范》GB 50010－2002的规定。

4 基本设计规定

4.1 一 般 规 定

4.1.1 本规程采用极限状态设计法，以可靠指标度量结构构件的可靠度，采用分项系数的设计表达式进行设计。

4.1.2 结构构件应根据承载能力极限状态及正常使用极限状态的要求，分别按下列规定进行计算和验算：

1 承载力及稳定：所有结构构件均应进行承载力（包括失稳）计算；在必要时尚应进行结构的倾覆、滑移及漂浮验算；有抗震设防要求的结构尚应进行结构构件抗震的承载力验算。

承载能力极限状态计算应符合国家标准《混凝土结构设计规范》GB 50010－2002第3.2节的有关规定。

2 变形：对使用上需要控制变形值的结构构件，应进行变形验算。受弯构件的挠度限值应按国家标准《混凝土结构设计规范》GB 50010－2002第3.3.2条确定。

3 抗裂及裂缝宽度：对使用上要求不出现裂缝的构件，应进行轻骨料混凝土拉应力验算；对使用上允许出现裂缝的构件，应进行裂缝宽度验算；对叠合式受弯构件，尚应进行纵向钢筋拉应力验算。结构构件的裂缝控制等级及最大裂缝宽度限值应按国家标准《混凝土结构设计规范》GB 50010－2002第3.3.3条、第3.3.4条确定。

4.1.3 未经技术鉴定或设计许可，不得改变结构的用途和使用环境。

4.2 耐久性规定

4.2.1 轻骨料混凝土结构的耐久性应根据国家标准《混凝土结构设计规范》GB 50010－2002表3.4.1的环境类别和设计使用年限进行设计。

4.2.2 轻骨料混凝土中宜掺加矿物掺合料。轻骨料混凝土的胶凝材料总量（指水泥与矿物掺合料用量之和）不宜高于500（LC35及以下）、530（LC40、LC45）和550（LC50及以上）kg/m^3。

4.2.3 一类、二类、三类环境中设计使用年限为50年的结构轻骨料混凝土应符合表4.2.3的规定。

表 4.2.3 结构轻骨料混凝土耐久性的基本要求

环境类别		最大净水胶比	最小水泥用量（kg/m^3）	最低混凝土强度等级	最大氯离子含量（%）
一		0.60	250	LC20	1.0
二	a	0.55	275	LC25	0.3
	b	0.50	300	LC30	0.2
三		0.45	325	LC30	0.1

注：1 氯离子含量系指其占水泥用量的百分率；

2 预应力构件轻骨料混凝土中的最大氯离子含量为0.06%，最小水泥用量为 $300kg/m^3$；最低轻骨料混凝土强度等级应按表中规定提高两个等级；

3 当有可靠工程经验时，处于一类环境中的最低轻骨料混凝土强度等级可降低一个等级；处于二类环境中的陶粒混凝土，其最低强度等级可降低一个等级。

4.2.4 一类环境中设计使用年限为100年的结构轻骨料混凝土应符合下列规定：

1 钢筋轻骨料混凝土结构的最低混凝土强度等级为LC30，预应力轻骨料混凝土结构的最低混凝土强度等级为LC40；

2 轻骨料混凝土中的最大氯离子含量为0.06%；

3 轻骨料混凝土保护层厚度应按本规程第7.1.3条的规定增加40%；当采取有效的表面防护措施时，混凝土保护层厚度可适当减少；

4 在使用过程中应定期维护。

4.2.5 轻骨料混凝土的抗冻等级应符合现行行业标准《轻骨料混凝土技术规程》JGJ 51的要求。对抗冻有特殊要求或处在三类环境中的结构构件，轻骨料混凝土应掺入引气剂，含气量应符合表4.2.5的要求。

表4.2.5 轻骨料混凝土拌合物的含气量要求（%）

骨料最大粒径（mm）	暴露条件	
	混凝土中度饱水	混凝土高度饱水或与除冰盐接触
10	6	7.5
16	5.5	6.5
20	5	6
25	4.5	6
31.5	4.5	5.5

注：1 高度饱水指冰冻前长期或频繁接触水或湿润土体，混凝土体内高度水饱和；中度饱水指冰冻前偶受雨水或潮湿，混凝土体内饱水程度不高；

2 表中含气量为从现场新拌轻骨料混凝土中取样测得的数值，允许偏差为±1.5%，但含气量不应小于4%；

3 当轻骨料混凝土强度等级为LC45及以上时，含气量可按表中数值减小1%；

4 当采用不经预湿的干燥轻骨料配制混凝土时，含气量可适当减小。

4.3 预应力计算

4.3.1 预应力轻骨料混凝土结构构件计算应符合国家标准《混凝土结构设计规范》GB 50010－2002第6.1节的规定。

4.3.2 除混凝土收缩、徐变引起的预应力损失值外，预应力轻骨料混凝土结构构件中预应力钢筋的其他各项预应力损失值应按国家标准《混凝土结构设计规范》GB 50010－2002的规定确定。

当计算求得的预应力总损失值小于下列数值时，应按下列数值取用：

先张法构件 130N/mm^2

后张法构件 110N/mm^2

4.3.3 轻骨料混凝土收缩、徐变引起的结构构件受拉区、受压区纵向预应力钢筋的预应力损失值 σ_{l5}、σ'_{l5} 可按下列公式计算：

$$\sigma_{l5}=\varphi_1\varphi_2\frac{a+b\dfrac{\sigma_{pc}}{f'_{cu}}}{1+15\rho} \quad (4.3.3\text{-}1)$$

$$\sigma'_{l5}=\varphi_1\varphi_2\frac{a+b\dfrac{\sigma'_{pc}}{f'_{cu}}}{1+15\rho'} \quad (4.3.3\text{-}2)$$

式中 φ_1——环境湿度影响系数，按本规程表4.3.4-1采用；

φ_2——体积表面积比影响系数，按本规程表4.3.4-2采用；

a、b——混凝土收缩、徐变引起预应力损失值的计算参数，按本规程表4.3.4-3采用；

f'_{cu}——施加预应力时的轻骨料混凝土立方体抗压强度，由与结构构件同条件养护的试件确定；

σ_{pc}、σ'_{pc}——受拉区、受压区预应力钢筋合力点处轻骨料混凝土法向压应力；

ρ、ρ'——受拉区、受压区预应力钢筋和非预应力钢筋的配筋率：对先张法构件，$\rho=\dfrac{A_p+A_s}{A_0}$，$\rho'=\dfrac{A'_p+A'_s}{A_0}$；对后张法构件，$\rho=\dfrac{A_p+A_s}{A_n}$，$\rho'=\dfrac{A'_p+A'_s}{A_n}$；其中，$A_p$、$A_s$ 分别为受拉区纵向预应力钢筋和非预应力钢筋的截面面积，A_0、A_n 分别为构件换算截面面积和净截面面积；对称配置预应力钢筋和非预应力钢筋的构件，配筋率 ρ、ρ' 应按钢筋总截面面积的一半计算。

在受拉区、受压区预应力钢筋合力点处的轻骨料混凝土法向压应力 σ_{pc}、σ'_{pc} 应按国家标准《混凝土结构设计规范》GB 50010－2002第6.1.5条及第6.1.6条的规定计算。此时，预应力损失值仅考虑轻骨料混凝土预压前（第一批）的损失，其非预应力钢筋中的应力 σ_{l5}、σ'_{l5} 值应取为零；σ_{pc}、σ'_{pc} 值不得大于 $0.5f'_{cu}$；当 σ'_{pc} 为拉应力时，公式（4.3.3-2）中的 σ'_{pc} 应取为零。计算轻骨料混凝土法向应力 σ_{pc}、σ'_{pc} 时，可根据构件制作情况考虑自重的影响。

当构件采用常压蒸养时，计算的 σ_{l5}、σ'_{l5} 应乘以折减系数0.85。

当能预先确定构件承受外荷载的时间时，可考虑时间对轻骨料混凝土收缩和徐变损失值的影响，将 σ_{l5}、σ'_{l5} 乘以时间影响系数 β，β 可按下式计算：

$$\beta=\frac{t}{\delta+\zeta t} \quad (4.3.3\text{-}3)$$

式中 t——结构构件从预加力时起至承受外荷载的时间（d），t 不大于 365d；

δ、ζ——时间影响系数的计算参数，按本规程表 4.3.4-4 采用。

注：当采用泵送轻骨料混凝土时，宜根据实际情况考虑轻骨料混凝土收缩、徐变引起预应力损失值的增大。

4.3.4 在轻骨料混凝土收缩、徐变引起的预应力损失值计算中，所考虑的影响系数和计算参数可按表 4.3.4-1～4.3.4-4 取用。

表 4.3.4-1 环境湿度影响系数

环境湿度条件	φ_1
干燥条件	1.30
正常条件	1.00
高湿条件	0.75

注：干燥条件指年平均相对湿度不高于 40%的环境湿度条件；高湿条件指年平均相对湿度不低于 80%的环境湿度条件；正常条件指年平均相对湿度为 60%左右的环境湿度条件。

表 4.3.4-2 体积表面积比影响系数

体积表面积比（V/S）（mm）	φ_2
≤25	1.00
50	0.95
75	0.90
100	0.80
125	0.70
≥150	0.60

注：表中 V 为构件的体积，S 为构件在空气中外露的表面积。

表 4.3.4-3 计算参数（N/mm²）

施加预应力方式	轻骨料混凝土种类	a	b
先张法	陶粒混凝土	90	350
	自燃煤矸石混凝土	85	280
	火山渣混凝土	95	260
后张法	陶粒混凝土	70	350
	自燃煤矸石混凝土	65	280
	火山渣混凝土	75	260

表 4.3.4-4 时间影响系数 β 的计算参数

轻骨料混凝土种类	δ	ζ
陶粒混凝土	35	0.90
自燃煤矸石混凝土	40	0.89
火山渣混凝土	20	0.94

5 承载能力极限状态计算

5.1 正截面承载力计算的一般规定

5.1.1 本节的规定适用于钢筋轻骨料混凝土和预应力轻骨料混凝土受弯构件、受压构件和受拉构件的正截面承载力计算。

5.1.2 正截面承载力应按下列基本假定进行计算：

1 截面应变保持平面；

2 不考虑轻骨料混凝土的抗拉强度；

3 轻骨料混凝土受压的应力-应变关系曲线按下列规定取用：

当 $\varepsilon \leqslant \varepsilon_0$ 时

$$\sigma_c = f_c\left[1.5\left(\frac{\varepsilon_c}{\varepsilon_0}\right) - 0.5\left(\frac{\varepsilon_c}{\varepsilon_0}\right)^2\right] \tag{5.1.2-1}$$

当 $\varepsilon_0 < \varepsilon \leqslant \varepsilon_{cu}$ 时

$$\sigma_c = f_c \tag{5.1.2-2}$$

式中 σ_c——轻骨料混凝土压应变为 ε_c 时的混凝土压应力；

f_c——轻骨料混凝土轴心抗压强度设计值，按本规程表 3.1.5 采用；

ε_0——轻骨料混凝土压应力刚达到 f_c 时的混凝土压应变，按表 5.1.2 采用；

ε_{cu}——正截面的轻骨料混凝土极限压应变：当处于非均匀受压时，取为 0.0033；当处于轴心受压时，取为 ε_0。

表 5.1.2 轻骨料混凝土压应力刚达到 f_c 时的混凝土压应变

强度等级	≤LC40	LC45	LC50	LC55	LC60
ε_0	0.0020	0.0021	0.0022	0.0023	0.0024

4 纵向钢筋的应力取等于钢筋应变与其弹性模量的乘积，但其绝对值不应大于其相应的强度设计值。纵向受拉钢筋的极限拉应变取为 0.01。

5.1.3 受弯构件、偏心受力构件正截面受压区轻骨料混凝土的应力图形可简化为等效的矩形应力图。

矩形应力图的受压区高度 x 可取等于按截面应变保持平面的假定所确定的中和轴高度乘以系数 β_1，β_1 可按表 5.1.3 采用。

矩形应力图的应力值取为轻骨料混凝土轴心抗压强度设计值 f_c 乘以系数 α_1，α_1 可按表 5.1.3 采用。

表 5.1.3 轻骨料混凝土矩形应力图的系数 α_1 及 β_1

强度等级	≤LC40	LC45	LC50	LC55	LC60
α_1	1.00	0.99	0.98	0.97	0.96
β_1	0.750	0.745	0.740	0.735	0.730

5.1.4 纵向受拉钢筋屈服与受压区轻骨料混凝土破坏同时发生时的相对界限受压区高度 ξ_b 应按下列公式计算：

1 钢筋轻骨料混凝土构件

有屈服点钢筋

$$\xi_b = \frac{\beta_1}{1+\frac{f_y}{0.0033E_s}} \quad (5.1.4\text{-}1)$$

无屈服点钢筋

$$\xi_b = \frac{\beta_1}{1.61+\frac{f_y}{0.0033E_s}} \quad (5.1.4\text{-}2)$$

2 预应力轻骨料混凝土构件

$$\xi_b = \frac{\beta_1}{1.61+\frac{f_{py}-\sigma_{p0}}{0.0033E_s}} \quad (5.1.4\text{-}3)$$

式中 ξ_b——相对界限受压区高度：$\xi_b = x_b/h_0$，其中 x_b 为界限受压区高度，h_0 为截面有效高度，即纵向受拉钢筋合力点至截面受压边缘的距离；

f_y——普通钢筋抗拉强度设计值，应按国家标准《混凝土结构设计规范》GB 50010-2002 的规定选用；

f_{py}——预应力钢筋抗拉强度设计值，应按国家标准《混凝土结构设计规范》GB 50010-2002 的规定选用；

E_s——钢筋弹性模量，应按国家标准《混凝土结构设计规范》GB 50010-2002 的规定选用；

σ_{p0}——受拉区纵向预应力钢筋合力点处轻骨料混凝土法向应力等于零时的预应力钢筋应力，应按国家标准《混凝土结构设计规范》GB 50010-2002 的公式（6.1.5-3）或公式（6.1.5-6）计算。

注：当截面受拉区内配置有不同种类或不同预应力值的钢筋时，受弯构件的相对界限受压区高度应分别计算，并取其较小值。

5.1.5 纵向钢筋应力应按下列规定确定：

1 纵向钢筋应力宜按下列公式计算：

普通钢筋

$$\sigma_{si} = 0.0033E_s\left(\frac{\beta_1 h_{0i}}{x}-1\right) \quad (5.1.5\text{-}1)$$

预应力钢筋

$$\sigma_{pi} = 0.0033E_s\left(\frac{\beta_1 h_{0i}}{x}-1\right)+\sigma_{p0i} \quad (5.1.5\text{-}2)$$

2 纵向钢筋应力也可按下列近似公式计算：

普通钢筋

$$\sigma_{si} = \frac{f_y}{\xi_b-\beta_1}\left(\frac{x}{h_{0i}}-\beta_1\right) \quad (5.1.5\text{-}3)$$

预应力钢筋

$$\sigma_{pi} = \frac{f_{py}-\sigma_{p0i}}{\xi_b-\beta_1}\left(\frac{x}{h_{0i}}-\beta_1\right)+\sigma_{p0i} \quad (5.1.5\text{-}4)$$

3 按公式（5.1.5-1）至公式（5.1.5-4）计算的纵向钢筋应力应符合下列条件：

$$-f'_y \leqslant \sigma_{si} \leqslant f_y \quad (5.1.5\text{-}5)$$

$$\sigma_{p0i}-f'_{py} \leqslant \sigma_{pi} \leqslant f_{py} \quad (5.1.5\text{-}6)$$

当计算的 σ_{si} 为拉应力且其值大于 f_y 时，取 $\sigma_{si}=f_y$；当 σ_{si} 为压应力且其绝对值大于 f'_y 时，取 $\sigma_{si}=-f'_y$。当计算的 σ_{pi} 为拉应力且其值大于 f_{py} 时，取 $\sigma_{pi}=f_{py}$；当 σ_{pi} 为压应力且其绝对值大于（$\sigma_{p0i}-f'_{py}$）的绝对值时，取 $\sigma_{pi}=\sigma_{p0i}-f'_{py}$。

式中 h_{0i}——第 i 层纵向钢筋截面重心至截面受压边缘的距离；

x——等效矩形应力图形的轻骨料混凝土受压区高度；

σ_{si}、σ_{pi}——第 i 层纵向普通钢筋、预应力钢筋的应力，正值代表拉应力，负值代表压应力；

f'_y、f'_{py}——纵向普通钢筋、预应力钢筋的抗压强度设计值，应按国家标准《混凝土结构设计规范》GB 50010-2002 的规定选用；

σ_{p0i}——第 i 层纵向预应力钢筋截面重心处轻骨料混凝土法向应力等于零时的预应力钢筋应力，应按国家标准《混凝土结构设计规范》GB 50010-2002 的公式（6.1.5-3）或公式（6.1.5-6）计算。

5.2 受弯构件

5.2.1 受弯构件的正截面受弯承载力计算公式及有关限制条件应按国家标准《混凝土结构设计规范》GB 50010-2002 中有关条款执行，但其中矩形应力图的系数 α_1、β_1 和相对界限受压区高度 ξ_b、纵向钢筋应力 σ_{si}、σ_{pi} 应按本规程第 5.1 节的有关规定确定。

5.2.2 矩形、T 形和 I 形截面的受弯构件，其受剪截面应符合下列条件：

当 $h_w/b \leqslant 4$ 时

$$V \leqslant 0.21 f_c b h_0 \quad (5.2.2\text{-}1)$$

当 $h_w/b \geqslant 6$ 时

$$V \leqslant 0.17 f_c b h_0 \quad (5.2.2\text{-}2)$$

当 $4 < h_w/b < 6$ 时，按线性内插法确定。

式中 V——构件斜截面上的最大剪力设计值；

f_c——轻骨料混凝土轴心抗压强度设计值，按本规程表 3.1.5 采用；

b——矩形截面宽度或 T 形截面、I 形截面的腹板宽度；

h_0——截面的有效高度；

h_w——截面的腹板高度：对矩形截面，取有效高度；对 T 形截面，取有效高度减去翼缘高度；对 I 形截面，取腹板净高。

5.2.3 不配置箍筋和弯起钢筋的一般板类受弯构件，其斜截面的受剪承载力应符合下列规定：

$$V \leqslant 0.6\beta_h f_t b h_0 \quad (5.2.3\text{-}1)$$

$$\beta_h = \left(\frac{800}{h_0}\right)^{\frac{1}{4}} \quad (5.2.3\text{-}2)$$

式中 V——构件斜截面上的最大剪力设计值；

β_h——截面高度影响系数：当 $h_0 < 800\text{mm}$ 时，取 $h_0 = 800\text{mm}$；当 $h_0 > 2000\text{mm}$ 时，取 $h_0 = 2000\text{mm}$；

f_t——轻骨料混凝土轴心抗拉强度设计值，按本规程表 3.1.5 采用。

5.2.4 矩形、T 形和 I 形截面的一般受弯构件，当仅配置箍筋时，其斜截面的受剪承载力应符合下列规定：

$$V \leqslant V_{cs} + V_p \quad (5.2.4\text{-}1)$$

$$V_{cs} = 0.6 f_t b h_0 + 1.25 f_{yv} \frac{A_{sv}}{s} h_0 \quad (5.2.4\text{-}2)$$

$$V_p = 0.04 N_{p0} \quad (5.2.4\text{-}3)$$

式中 V——构件斜截面上的最大剪力设计值；

V_{cs}——构件斜截面上轻骨料混凝土和箍筋的受剪承载力设计值；

V_p——由预加力所提高的构件受剪承载力设计值；

A_{sv}——配置在同一截面内箍筋各肢的全部截面面积：$A_{sv} = nA_{sv1}$，此处，n 为在同一截面内箍筋的肢数，A_{sv1} 为单肢箍筋的截面面积；

s——沿构件长度方向的箍筋间距；

f_{yv}——箍筋抗拉强度设计值，应按国家标准《混凝土结构设计规范》GB 50010－2002 的规定选用；

N_{p0}——计算截面上轻骨料混凝土法向预应力等于零时的纵向预应力钢筋及非预应力钢筋的合力，应按国家标准《混凝土结构设计规范》GB 50010－2002 第 6.1.14 条计算；当 $N_{p0} > 0.3 f_c A_0$ 时，取 $N_{p0} = 0.3 f_c A_0$，此处，A_0 为构件的换算截面面积。

对集中荷载作用下（包括作用有多种荷载，其中集中荷载对支座截面或节点边缘所产生的剪力值占总剪力值的 75% 以上的情况）的独立梁，当按公式（5.2.4-1）计算时，应将公式（5.2.4-2）改为下列公式：

$$V_{cs} = \frac{1.5}{\lambda+1} f_t b h_0 + f_{yv} \frac{A_{sv}}{s} h_0 \quad (5.2.4\text{-}4)$$

式中 λ——计算截面的剪跨比，可取 $\lambda = a/h_0$，a 为集中荷载作用点至支座或节点边缘的距离；当 $\lambda < 1.5$ 时，取 $\lambda = 1.5$；当 $\lambda > 3$ 时，取 $\lambda = 3$；集中荷载作用点至支座之间的箍筋应均匀配置。

注：1 对合力 N_{p0} 引起的截面弯矩与外弯矩方向相同的情况，以及预应力轻骨料混凝土连续梁和允许出现裂缝的预应力轻骨料混凝土简支梁，均应取 $V_p = 0$；

2 对先张法预应力轻骨料混凝土构件，在计算合力 N_{p0} 时，应按国家标准《混凝土结构设计规范》GB 50010－2002 第 6.1.9 条和第 8.1.8 条的规定考虑预应力钢筋传递长度的影响。

5.2.5 矩形、T 形和 I 形截面的受弯构件，当配置箍筋和弯起钢筋时，其斜截面的受剪承载力应按国家标准《混凝土结构设计规范》GB 50010－2002 第 7.5 节的有关规定计算，但其中 V_{cs}、V_p 应按本规程第 5.2.4 条的规定进行计算。

5.2.6 矩形、T 形和 I 形截面的一般受弯构件，当符合下列公式的要求时：

$$V \leqslant 0.6 f_t b h_0 + 0.04 N_{p0} \quad (5.2.6\text{-}1)$$

集中荷载作用下的独立梁，当符合下列公式的要求时：

$$V \leqslant \frac{1.5}{\lambda+1} f_t b h_0 + 0.04 N_{p0} \quad (5.2.6\text{-}2)$$

均可不进行斜截面的受剪承载力计算，但应根据本规程第 7.2.8 条及国家标准《混凝土结构设计规范》GB 50010－2002 第 10.2.9 条、第 10.2.10 条、第 10.2.11 条的有关规定，按构造要求配置箍筋。

5.3 受 压 构 件

5.3.1 钢筋轻骨料混凝土轴心受压构件，当配置的箍筋符合构造要求时，其正截面受压承载力应按国家标准《混凝土结构设计规范》GB 50010－2002 第 7.3 节的有关规定计算，但其中稳定系数 φ 应按表 5.3.1 采用。

表 5.3.1 钢筋轻骨料混凝土轴心受压构件的稳定系数 φ

l_0/b	≤4	6	8	10	12	14	16	18	20	22	24	26	28	30
l_0/d	≤3.5	5	7	8.5	10.5	12	14	15.5	17	19	21	22.5	24	26
l_0/i	≤14	21	28	35	42	48	55	62	69	76	83	90	97	104
φ	1.00	0.98	0.96	0.93	0.86	0.79	0.72	0.65	0.58	0.51	0.45	0.40	0.35	0.30

注：表中 l_0 为构件计算长度；b 为矩形截面短边尺寸；d 为圆形截面直径；i 为截面的最小回转半径。

5.3.2 钢筋轻骨料混凝土轴心受压构件，当配置螺旋式或焊接环式间接钢筋时，不宜考虑间接钢筋对受压承载力的提高。

5.3.3 矩形和I形截面轻骨料混凝土偏心受压构件，以及沿截面腹部均匀配置纵向钢筋的矩形、T形或I形截面钢筋轻骨料混凝土偏心受压构件，其正截面承载力计算，应按国家标准《混凝土结构设计规范》GB 50010－2002第7.3.3～7.3.6条、第7.3.9～7.3.14条执行，但其中矩形应力图的系数α_1、β_1和相对界限受压区高度ξ_b应按本规程第5.1.3条、第5.1.4条确定。

5.3.4 矩形、T形和I形截面的钢筋轻骨料混凝土偏心受压构件的受剪截面应符合本规程第5.2.2条的规定。

5.3.5 矩形、T形和I形截面的钢筋轻骨料混凝土偏心受压构件，其斜截面受剪承载力应符合下式规定：

$$V \leqslant \frac{1.5}{\lambda+1} f_t b h_0 + f_{yv} \frac{A_{sv}}{s} h_0 + 0.06N \quad (5.3.5)$$

式中 λ——偏心受压构件计算截面的剪跨比；

N——与剪力设计值V相应的轴向压力设计值，当$N > 0.3 f_c A$时，取$N = 0.3 f_c A$，此处，A为构件的截面面积。

计算截面的剪跨比应按下列规定取用：

1 对各类结构的框架柱，宜取$\lambda = M/(Vh_0)$；对框架结构中的框架柱，当其反弯点在层高范围内时，可取$\lambda = H_n/(2h_0)$；当$\lambda < 1$时，取$\lambda = 1$；当$\lambda > 3$时，取$\lambda = 3$；此处，M为计算截面上与剪力设计值V相对应的弯矩设计值，H_n为柱净高。

2 对其他偏心受压构件，当承受均布荷载时，取$\lambda = 1.5$；当承受符合本规程第5.2.4条规定的集中荷载时，取$\lambda = a/h_0$，当$\lambda < 1.5$时，取$\lambda = 1.5$；当$\lambda > 3$时，取$\lambda = 3$；此处，a为集中荷载至支座或节点边缘的距离。

5.3.6 矩形、T形和I形截面的钢筋轻骨料混凝土偏心受压构件，当符合下列公式的要求时：

$$V \leqslant \frac{1.5}{\lambda+1} f_t b h_0 + 0.06N \quad (5.3.6)$$

可不进行斜截面受剪承载力计算，但应根据国家标准《混凝土结构设计规范》GB 50010－2002第10.3.2条的规定，按构造要求配置箍筋。式中的剪跨比和轴向压力设计值应按本规程第5.3.5条确定。

5.3.7 矩形截面双向受剪的钢筋轻骨料混凝土框架柱，其受剪截面应符合下列条件：

$$V_x \leqslant 0.21 f_c b h_0 \cos\theta \quad (5.3.7\text{-}1)$$

$$V_y \leqslant 0.21 f_c h b_0 \sin\theta \quad (5.3.7\text{-}2)$$

式中 V_x——x轴方向的剪力设计值，对应的截面有效高度为h_0，截面宽度为b；

V_y——y轴方向的剪力设计值，对应的截面有效高度为b_0，截面宽度为h；

θ——斜向剪力设计值V的作用方向与x轴的夹角，$\theta = \arctan(V_y/V_x)$。

5.3.8 矩形截面双向受剪的钢筋轻骨料混凝土框架柱，其斜截面受剪承载力应符合下列规定：

$$\left(\frac{V_x}{V_{ux}}\right)^2 + \left(\frac{V_y}{V_{uy}}\right)^2 \leqslant 1 \quad (5.3.8)$$

式中 V_{ux}、V_{uy}——构件沿x轴方向、y轴方向的斜截面受剪承载力设计值，分别取对应的截面有效高度及截面宽度，按本规程公式(5.3.5)计算。

5.3.9 矩形截面双向受剪的钢筋轻骨料混凝土框架柱，当符合下列要求时：

$$V_x \leqslant \left(\frac{1.5}{\lambda_x+1} f_t b h_0 + 0.06N\right)\cos\theta \quad (5.3.9\text{-}1)$$

$$V_y \leqslant \left(\frac{1.5}{\lambda_y+1} f_t h b_0 + 0.06N\right)\sin\theta \quad (5.3.9\text{-}2)$$

可不进行斜截面受剪承载力计算，但应根据国家标准《混凝土结构设计规范》GB 50010－2002第10.3.2条的规定，按构造要求配置箍筋。

框架柱沿x轴、y轴方向计算截面的剪跨比λ_x、λ_y，应按本规程第5.3.5条的规定确定。

5.4 受拉构件

5.4.1 轻骨料混凝土受拉构件的正截面承载力计算和有关限制条件，应按国家标准《混凝土结构设计规范》GB 50010－2002中有关条款执行，但其中矩形应力图的系数α_1、β_1和相对界限受压区高度ξ_b、纵向钢筋应力σ_{si}、σ_{pi}应按本规程第5.1节的有关规定确定。

5.4.2 矩形、T形和I形截面的钢筋轻骨料混凝土偏心受拉构件的受剪截面应符合本规程第5.2.2条的规定。

5.4.3 矩形、T形和I形截面的钢筋轻骨料混凝土偏心受拉构件，其斜截面受剪承载力应符合下式规定：

$$V \leqslant \frac{1.5}{\lambda+1} f_t b h_0 + f_{yv} \frac{A_{sv}}{s} h_0 - 0.2N \quad (5.4.3)$$

式中 N——与剪力设计值V相应的轴向拉力设计值；

λ——计算截面的剪跨比，按本规程第5.3.5条确定。

当公式(5.4.3)右边的计算值小于$f_{yv}\frac{A_{sv}}{s}h_0$时，应取等于$f_{yv}\frac{A_{sv}}{s}h_0$，且$f_{yv}\frac{A_{sv}}{s}h_0$值不得小于$0.36 f_t b h_0$。

5.5 受扭构件

5.5.1 在弯矩、剪力和扭矩共同作用下，对$h_w/b \leqslant 6$的矩形、T形和I形截面构件（图5.5.1），其截面应符合下列条件：

当$h_w/b \leqslant 4$时，

$$\frac{V}{bh_0} + \frac{T}{0.8W_t} \leqslant 0.21 f_c \quad (5.5.1\text{-}1)$$

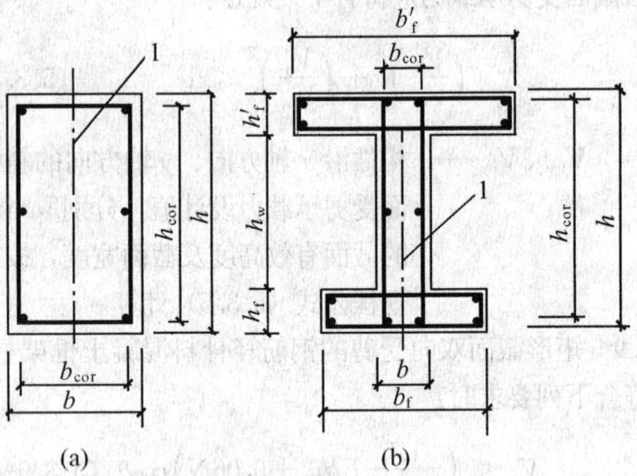

图 5.5.1　受扭构件截面

(a) 矩形截面；(b) T形、I形截面

1—弯矩、剪力作用平面

当 $h_w/b=6$ 时，

$$\frac{V}{bh_0}+\frac{T}{0.8W_t}\leqslant 0.17f_c \quad (5.5.1\text{-}2)$$

当 $4<h_w/b<6$，按线性内插法确定。

式中　T——扭矩设计值；

b——矩形截面的宽度，T形或I形截面的腹板宽度；

h_0——截面的有效高度；

W_t——受扭构件的截面受扭塑性抵抗矩，应按国家标准《混凝土结构设计规范》GB 50010－2002第7.6.3条的规定计算；

h_w——截面的腹板高度：对矩形截面，取有效高度 h_0；对T形截面，取有效高度减去翼缘高度；对I形截面，取腹板净高。

注：当 $h_w/b>6$ 时，受扭构件的截面尺寸条件及扭曲截面承载力计算应符合专门规定。

5.5.2　在弯矩、剪力和扭矩共同作用下的构件（图5.5.1），当符合下式的要求时：

$$\frac{V}{bh_0}+\frac{T}{W_t}\leqslant 0.6f_t+0.04\frac{N_{p0}}{bh_0} \quad (5.5.2)$$

可不进行构件受剪扭承载力计算，但应根据国家标准《混凝土结构设计规范》GB 50010－2002第10.2.5条、第10.2.11条、第10.2.12条的规定，按构造要求配置纵向钢筋和箍筋，此时梁内受扭纵向钢筋配筋率 ρ_{tl} 应符合本规程第7.2.7条的规定。

式中　N_{p0}——计算截面上轻骨料混凝土法向预应力等于零时的纵向预应力钢筋及非预应力钢筋的合力，应按国家标准《混凝土结构设计规范》GB 50010－2002第6.1.14条计算；当 $N_{p0}>0.3f_cA_0$ 时，取 $N_{p0}=0.3f_cA_0$，此处，A_0 为构件的换算截面面积。

5.5.3　矩形截面纯扭构件的受扭承载力应符合下列规定：

$$T\leqslant 0.3f_tW_t+1.2\sqrt{\zeta}f_{yv}\frac{A_{st1}A_{cor}}{s} \quad (5.5.3\text{-}1)$$

$$\zeta=\frac{f_yA_{stl}s}{f_{yv}A_{st1}u_{cor}} \quad (5.5.3\text{-}2)$$

对钢筋轻骨料混凝土纯扭构件，其 ζ 值应符合 $0.6\leqslant\zeta\leqslant 1.7$ 的要求，当 $\zeta>1.7$ 时，取 $\zeta=1.7$。

对偏心距 $e_{p0}\leqslant h/6$ 的预应力轻骨料混凝土纯扭构件，当符合 $\zeta\geqslant 1.7$ 时，可在公式（5.5.3-1）的右边增加预加力影响项 $0.04\frac{N_{p0}}{A_0}W_t$，此处，$N_{p0}$ 取值应符合本规程第5.5.2条的规定；在公式（5.5.3-1）中取 $\zeta=1.7$。

式中　ζ——受扭的纵向钢筋与箍筋的配筋强度比值；

A_{stl}——受扭计算中取对称布置的全部纵向非预应力钢筋截面面积；

A_{st1}——受扭计算中沿截面周边配置的箍筋单肢截面面积；

f_{yv}——受扭箍筋的抗拉强度设计值，应按国家标准《混凝土结构设计规范》GB 50010－2002的规定选用；

f_y——受扭纵向钢筋的抗拉强度设计值，应按国家标准《混凝土结构设计规范》GB 50010－2002的规定选用；

A_{cor}——截面核心部分的面积：$A_{cor}=b_{cor}h_{cor}$，此处，b_{cor}、h_{cor} 为箍筋内表面范围内截面核心部分的短边、长边尺寸；

u_{cor}——截面核心部分的周长：$u_{cor}=2(b_{cor}+h_{cor})$。

注：当 $\zeta<1.7$ 或 $e_{p0}>h/6$ 时，不应考虑预加力影响项，而应按钢筋轻骨料混凝土纯扭构件计算。

5.5.4　T形和I形截面纯扭构件，可按国家标准《混凝土结构设计规范》GB 50010－2002第7.6.3条、第7.6.5条的规定将其截面按腹板、受压翼缘、受拉翼缘划分为几个矩形截面，并分别按本规程第5.5.3条进行受扭承载力计算。

5.5.5　在剪力和扭矩共同作用下的矩形截面剪扭构件，其受剪扭承载力应符合下列规定：

1　一般剪扭构件

1）受剪承载力

$$V\leqslant(1.5-\beta_t)(0.6f_tbh_0+0.04N_{p0})+1.25f_{yv}\frac{A_{sv}}{s}h_0 \quad (5.5.5\text{-}1)$$

$$\beta_t=\frac{1.5}{1+0.5\frac{VW_t}{Tbh_0}} \quad (5.5.5\text{-}2)$$

式中　A_{sv}——受剪承载力所需的箍筋截面面积；

β_t——一般剪扭构件轻骨料混凝土受扭承载力降低系数：当 $\beta_t<0.5$ 时，取 $\beta_t=0.5$；当 $\beta_t>1$ 时，取 $\beta_t=1$。

2）受扭承载力

$$T\leqslant\beta_t\left(0.3f_t+0.04\frac{N_{p0}}{A_0}\right)W_t+1.2\sqrt{\zeta}f_{yv}\frac{A_{st1}A_{cor}}{s} \quad (5.5.5\text{-}3)$$

此处，ζ 值应按本规程第 5.5.3 条的规定确定。

2 集中荷载作用下的独立剪扭构件

1）受剪承载力

$$V \leqslant (1.5-\beta_t)\left(\frac{1.5}{\lambda+1}f_t bh_0+0.04N_{p0}\right)+f_{yv}\frac{A_{sv}}{s}h_0 \tag{5.5.5-4}$$

$$\beta_t=\frac{1.5}{1+0.2(\lambda+1)\dfrac{VW_t}{Tbh_0}} \tag{5.5.5-5}$$

式中 λ——计算截面的剪跨比，按本规程 5.2.4 条的规定取用；

β_t——集中荷载作用下剪扭构件轻骨料混凝土受扭承载力降低系数：当 $\beta_t<0.5$ 时，取 $\beta_t=0.5$；当 $\beta_t>1$ 时，取 $\beta_t=1$。

2）受扭承载力

受扭承载力仍应按本规程公式（5.5.5-3）计算，但式中的 β_t 应按公式（5.5.5-5）计算。

5.5.6 T 形和 I 形截面剪扭构件的受剪扭承载力应按下列规定计算：

1 剪扭构件的受剪承载力，按本规程公式（5.5.5-1）与（5.5.5-2）或公式（5.5.5-4）与（5.5.5-5）进行计算，但计算时应将 T 及 W_t 分别以 T_w 及 W_{tw} 代替；

2 剪扭构件的受扭承载力，可根据本规程第 5.5.4 条的规定划分为几个矩形截面分别进行计算；腹板可按本规程公式（5.5.5-3）、公式（5.5.5-2）或公式（5.5.5-3）、公式（5.5.5-5）进行计算，但计算时应将 T 及 W_t 分别以 T_w 及 W_{tw} 代替；受压翼缘及受拉翼缘可按本规程第 5.5.3 条纯扭构件的规定进行计算，但计算时应将 T 及 W_t 分别以 T'_f 及 W'_{tf} 或 T_f 及 W_{tf} 代替。

5.5.7 在弯矩、剪力和扭矩共同作用下的矩形、T 形和 I 形截面的弯剪扭构件，可按下列规定进行承载力的简化计算：

1 当 $V\leqslant 0.3f_t bh_0$ 或 $V\leqslant 0.75f_t bh_0/(\lambda+1)$ 时，可仅按受弯构件的正截面受弯承载力和纯扭构件的受扭承载力分别进行计算；

2 当 $T\leqslant 0.15f_t W_t$ 时，可仅按受弯构件的正截面受弯承载力和斜截面受剪承载力分别进行计算。

5.5.8 矩形、T 形和 I 形截面弯剪扭构件的配筋计算以及相应的配置位置应按国家标准《混凝土结构设计规范》GB 50010－2002 第 7.6.12 条的规定执行。

5.5.9 在轴向压力、弯矩、剪力和扭矩共同作用下的钢筋轻骨料混凝土矩形截面框架柱，其受剪、受扭承载力应符合下列规定：

1 受剪承载力

$$V\leqslant(1.5-\beta_t)\left(\frac{1.5}{\lambda+1}f_t bh_0+0.06N\right)+f_{yv}\frac{A_{sv}}{s}h_0 \tag{5.5.9-1}$$

2 受扭承载力

$$T\leqslant\beta_t\left(0.3f_t+0.06\frac{N}{A}\right)W_t+1.2\sqrt{\zeta}f_{yv}\frac{A_{st1}A_{cor}}{s} \tag{5.5.9-2}$$

式中 λ——计算截面的剪跨比，按本规程 5.3.5 条的规定确定。

以上两个公式中的 β_t 值应按本规程公式（5.5.5-5）计算，ζ 值应按本规程第 5.5.3 条的规定确定。

5.5.10 在轴向压力、弯矩、剪力和扭矩共同作用下的钢筋轻骨料混凝土矩形截面框架柱，当 $T\leqslant(0.15f_t+0.03N/A)W_t$ 时，可仅按偏心受压构件的正截面受压承载力和框架柱斜截面受剪承载力分别进行计算。

5.5.11 在轴向压力、弯矩、剪力和扭矩共同作用下的钢筋轻骨料混凝土矩形截面框架柱的配筋计算以及相应的配置位置应按国家标准《混凝土结构设计规范》GB 50010－2002 第 7.6.15 条的规定执行。

5.6 受冲切构件

5.6.1 在局部荷载或集中反力作用下不配置箍筋或弯起钢筋的板，其受冲切承载力应符合下列规定（图 5.6.1）：

$$F_l\leqslant(0.6\beta_h f_t+0.15\sigma_{pc,m})\eta u_m h_0 \tag{5.6.1-1}$$

公式（5.6.1-1）中的系数 η，应按下列两个公式计算，并取其中较小值：

$$\eta_1=0.4+\frac{1.2}{\beta_s} \tag{5.6.1-2}$$

$$\eta_2=0.5+\frac{\alpha_s h_0}{4u_m} \tag{5.6.1-3}$$

式中 F_l——局部荷载设计值或集中反力设计值；对板柱结构的节点，取柱所承受的轴向压力设计值的层间差值减去冲切破坏锥体范围内板所承受的荷载设计值；当有不平衡弯矩时，其集中反力设计值 F_l 应以等效集中反力设计值 $F_{l,eq}$ 代替，$F_{l,eq}$ 应按国家标准《混凝土结构设计规范》GB 50010－2002 第 7.7.5 条的规定确定；

β_h——截面高度影响系数：当 $h\leqslant 800$mm 时，取 $\beta_h=1.0$；当 $h\geqslant 2000$mm 时，取 $\beta_h=0.9$，其间按线性内插法取用；

f_t——轻骨料混凝土轴心抗拉强度设计值，按本规程表 3.1.5 采用；

$\sigma_{pc,m}$——临界截面周长上两个方向轻骨料混凝土有效预压应力按长度的加权平均值，其值宜控制在 1.0～3.5N/mm² 范围内；

u_{m} ——临界截面的周长：距离局部荷载或集中反力作用面积周边 $h_0/2$ 处板垂直截面的最不利周长；

h_0 ——截面有效高度，取两个配筋方向的截面有效高度的平均值；

η_1 ——局部荷载或集中反力作用面积形状的影响系数；

η_2 ——临界截面周长与板截面有效高度之比的影响系数；

β_{s} ——局部荷载或集中反力作用面积为矩形时的长边与短边尺寸的比值，β_{s} 不宜大于4；当 $\beta_{\mathrm{s}}<2$ 时，取 $\beta_{\mathrm{s}}=2$；当面积为圆形时，取 $\beta_{\mathrm{s}}=2$；

α_{s} ——板柱结构中柱类型的影响系数：对中柱，取 $\alpha_{\mathrm{s}}=40$；对边柱，取 $\alpha_{\mathrm{s}}=30$；对角柱，取 $\alpha_{\mathrm{s}}=20$。

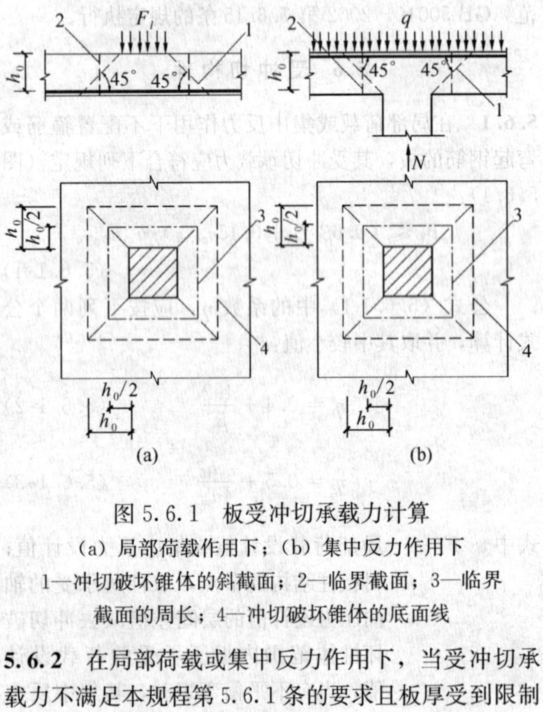

图 5.6.1 板受冲切承载力计算

(a) 局部荷载作用下；(b) 集中反力作用下

1—冲切破坏锥体的斜截面；2—临界截面；3—临界截面的周长；4—冲切破坏锥体的底面线

5.6.2 在局部荷载或集中反力作用下，当受冲切承载力不满足本规程第5.6.1条的要求且板厚受到限制时，可配置箍筋或弯起钢筋。此时，受冲切截面应符合下列条件：

$$F_l \leqslant 0.9 f_{\mathrm{t}} \eta u_{\mathrm{m}} h_0 \qquad (5.6.2\text{-}1)$$

配置箍筋或弯起钢筋的板，其受冲切承载力应符合下列规定：

1 当配置箍筋时

$$F_l \leqslant (0.3 f_{\mathrm{t}} + 0.15\sigma_{\mathrm{pc,m}})\eta u_{\mathrm{m}} h_0 + 0.8 f_{\mathrm{yv}} A_{\mathrm{svu}} \qquad (5.6.2\text{-}2)$$

2 当配置弯起钢筋时

$$F_l \leqslant (0.3 f_{\mathrm{t}} + 0.15\sigma_{\mathrm{pc,m}})\eta u_{\mathrm{m}} h_0 + 0.8 f_{\mathrm{y}} A_{\mathrm{sbu}} \sin\alpha \qquad (5.6.2\text{-}3)$$

式中 A_{svu} ——与呈45°冲切破坏锥体斜截面相交的全部箍筋截面面积；

A_{sbu} ——与呈45°冲切破坏锥体斜截面相交的全部弯起钢筋截面面积；

α ——弯起钢筋与板底面的夹角。

板中配置的抗冲切箍筋或弯起钢筋，应符合国家标准《混凝土结构设计规范》GB 50010－2002 第10.1.10条的构造规定。

对配置抗冲切钢筋的冲切破坏锥体以外的截面，尚应按本规程第5.6.1条的要求进行受冲切承载力计算。此时，u_{m} 应取配置抗冲切钢筋的冲切破坏锥体以外 $0.5h_0$ 处的最不利周长。

注：当有可靠依据时，也可配置其他有效形式的抗冲切钢筋（如工字钢、槽钢、抗剪锚栓和扁钢U形箍等）。

5.7 局部受压构件

5.7.1 配置间接钢筋的轻骨料混凝土结构构件，其局部受压区的截面尺寸应符合下列要求：

$$F_l \leqslant 1.1 \beta_l f_{\mathrm{c}} A_{ln} \qquad (5.7.1\text{-}1)$$

$$\beta_l = \sqrt{\frac{A_{\mathrm{b}}}{A_l}} \qquad (5.7.1\text{-}2)$$

式中 F_l ——局部受压面上作用的局部荷载或局部压力设计值；对后张法预应力轻骨料混凝土构件中的锚头局压区的压力设计值，应取1.2倍张拉控制力；

f_{c} ——轻骨料混凝土轴心抗压强度设计值；在后张法预应力轻骨料混凝土构件的张拉阶段验算中，应根据相应阶段的轻骨料混凝土立方体抗压强度 f'_{cu} 值按本规程表3.1.5的规定以线性内插法确定；

β_l ——轻骨料混凝土局部受压时的强度提高系数，其取值不应大于2.65；

A_l ——轻骨料混凝土局部受压面积；

A_{ln} ——轻骨料混凝土局部受压净面积；对后张法构件，应在轻骨料混凝土局部受压面积中扣除孔道、凹槽部分的面积；

A_{b} ——局部受压的计算底面积，可由局部受压面积与计算底面积按同心、对称的原则确定。

5.7.2 当配置方格网式或螺旋式间接钢筋且其核心面积 $A_{\mathrm{cor}} \geqslant A_l$ 时（图5.7.2），局部受压承载力应符合下列规定：

$$F_l \leqslant 0.75(\beta_l f_{\mathrm{c}} + 2\rho_{\mathrm{v}} \beta_{\mathrm{cor}} f_{\mathrm{y}}) A_{ln} \qquad (5.7.2\text{-}1)$$

当为方格网式配筋时（图5.7.2a），其体积配筋率 ρ_{v} 应按下式计算：

$$\rho_{\mathrm{v}} = \frac{n_1 A_{\mathrm{s1}} l_1 + n_2 A_{\mathrm{s2}} l_2}{A_{\mathrm{cor}} s} \qquad (5.7.2\text{-}2)$$

此时，钢筋网两个方向上单位长度内钢筋截面面积的

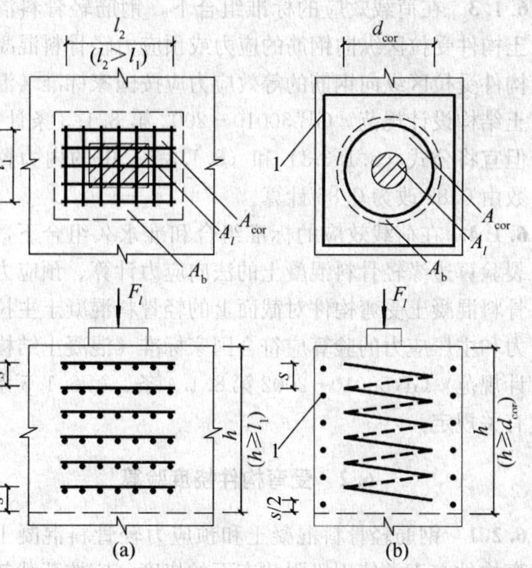

图 5.7.2 局部受压区的间接钢筋

(a) 方格网式配筋；(b) 螺旋式配筋

1—周边矩形箍筋

比值不宜大于 1.5。

当为螺旋式配筋时（图 5.7.2b），其体积配筋率 ρ_v 应按下式计算：

$$\rho_v = \frac{4A_{ss1}}{d_{cor}s} \tag{5.7.2-3}$$

式中 β_{cor}——配置间接钢筋的局部受压承载力提高系数，按本规程公式（5.7.1-2）计算，但 A_b 以 A_{cor} 代替，当 $A_{cor} > A_b$ 时，应取 $A_{cor} = A_b$；

f_y——钢筋抗拉强度设计值，应按国家标准《混凝土结构设计规范》GB 50010－2002 的规定选用；

A_{cor}——方格网式或螺旋式间接钢筋内表面范围内的轻骨料混凝土核心面积，其重心应与 A_l 的重心重合，计算中仍按同心、对称的原则取值；

ρ_v——间接钢筋的体积配筋率（核心面积 A_{cor} 范围内单位轻骨料混凝土体积所含间接钢筋的体积）；

n_1、A_{s1}——方格网沿 l_1 方向的钢筋根数、单根钢筋的截面面积；

n_2、A_{s2}——方格网沿 l_2 方向的钢筋根数、单根钢筋的截面面积；

A_{ss1}——单根螺旋式间接钢筋的截面面积；

d_{cor}——螺旋式间接钢筋内表面范围内的轻骨料混凝土截面直径；

s——方格网式或螺旋式间接钢筋的间距，宜取 30～80mm。

间接钢筋应配置在图 5.7.2 所规定的高度 h 范围内，对方格网式钢筋，不应少于 4 片；对螺旋式钢筋，不应少于 4 圈。对柱接头，h 不应小于 $15d$，d 为柱的纵向钢筋直径。

当在矩形截面内配置用于局部承压的螺旋箍筋时，沿截面周边配置的矩形箍筋宜加密。

6 正常使用极限状态验算

6.1 裂缝控制验算

6.1.1 钢筋轻骨料混凝土和预应力轻骨料混凝土构件，应根据本规程第 4.1.2 条的规定，按所处环境类别和结构类别确定相应的裂缝控制等级及最大裂缝宽度限值，受拉边缘应力或正截面裂缝宽度验算应符合下列规定：

1 一级——严格要求不出现裂缝的构件

在荷载效应的标准组合下应符合下列规定：

$$\sigma_{ck} - \sigma_{pc} \leqslant 0 \tag{6.1.1-1}$$

2 二级——一般要求不出现裂缝的构件

在荷载效应的标准组合下应符合下列规定：

$$\sigma_{ck} - \sigma_{pc} \leqslant f_{tk} \tag{6.1.1-2}$$

在荷载效应的准永久组合下宜符合下列规定：

$$\sigma_{cq} - \sigma_{pc} \leqslant 0 \tag{6.1.1-3}$$

3 三级——允许出现裂缝的构件

按荷载效应的标准组合并考虑长期作用影响计算的最大裂缝宽度，应符合下列规定：

$$w_{max} \leqslant w_{lim} \tag{6.1.1-4}$$

式中 σ_{ck}、σ_{cq}——荷载效应的标准组合、准永久组合下抗裂验算边缘的轻骨料混凝土法向应力；

σ_{pc}——扣除全部预应力损失后在抗裂验算边缘轻骨料混凝土的预压应力，应按国家标准《混凝土结构设计规范》GB 50010－2002 第 6.1.5 条的公式（6.1.5-1）或（6.1.5-4）计算；

f_{tk}——轻骨料混凝土轴心抗拉强度标准值，按本规程表 3.1.4 取用；

w_{max}——按荷载效应的标准组合并考虑长期作用影响计算的最大裂缝宽度，按本规程第 6.1.2 条计算；

w_{lim}——最大裂缝宽度限值，按本规程第 4.1.2 条采用。

注：对受弯和大偏心受压的预应力轻骨料混凝土构件，其预拉区在施工阶段出现裂缝的区段，公式（6.1.1-1）～（6.1.1-3）中的 σ_{pc} 应乘以系数 0.9。

6.1.2 在矩形、T 形、倒 T 形和 I 形截面的钢筋轻骨料混凝土受拉、受弯和偏心受压构件及预应力轻骨料混凝土轴心受拉和受弯构件中，按荷载效应的标准组合并考虑长期作用影响的最大裂缝宽度（mm），可按下列公式计算：

$$w_{max}=\alpha_{cr}\psi\frac{\sigma_{sk}}{E_s}\left(1.9c+0.04\frac{d_{eq}}{\rho_{te}}\right) \tag{6.1.2-1}$$

$$\psi=1.1-0.65\frac{f_{tk}}{\rho_{te}\sigma_{sk}} \tag{6.1.2-2}$$

$$d_{eq}=\frac{\Sigma n_i d_i^2}{\Sigma n_i\nu_i d_i} \tag{6.1.2-3}$$

$$\rho_{te}=\frac{A_s+A_p}{A_{te}} \tag{6.1.2-4}$$

式中 α_{cr}——构件受力特征系数，应按国家标准《混凝土结构设计规范》GB 50010-2002 表 8.1.2-1 确定；

ψ——裂缝间纵向受拉钢筋应变不均匀系数：当 $\psi<0.2$ 时，取 $\psi=0.2$；当 $\psi>1$ 时，取 $\psi=1$；

σ_{sk}——按荷载效应的标准组合计算的钢筋轻骨料混凝土构件纵向受拉钢筋的应力或预应力轻骨料混凝土构件纵向受拉钢筋的等效应力，按本规程第 6.1.3 条计算；

E_s——钢筋弹性模量，应按国家标准《混凝土结构设计规范》GB 50010-2002 的规定确定；

c——最外层纵向受拉钢筋外边缘至受拉区底边的距离（mm）：当 $c<20$ 时，取 $c=20$；当 $c>65$ 时，取 $c=65$；

ρ_{te}——按有效受拉轻骨料混凝土截面面积计算的纵向受拉钢筋配筋率；在最大裂缝宽度计算中，当 $\rho_{te}<0.01$ 时，取 $\rho_{te}=0.01$；

A_{te}——有效受拉轻骨料混凝土截面面积：对轴心受拉构件，取构件截面面积；对受弯、偏心受压和偏心受拉构件，取 $A_{te}=0.5bh+(b_f-b)h_f$，此处，b_f、h_f 为受拉翼缘的宽度、高度；

A_s——受拉区纵向非预应力钢筋截面面积；

A_p——受拉区纵向预应力钢筋截面面积；

d_{eq}——受拉区纵向钢筋的等效直径（mm）；

d_i——受拉区第 i 种纵向钢筋的公称直径（mm）；

n_i——受拉区第 i 种纵向钢筋的根数；

ν_i——受拉区第 i 种纵向钢筋的相对粘结特性系数，应按国家标准《混凝土结构设计规范》GB 50010-2002 表 8.1.2-2 确定。

注：对 $e_0/h_0\leqslant0.55$ 的偏心受压构件，可不验算裂缝宽度。

6.1.3 在荷载效应的标准组合下，钢筋轻骨料混凝土构件受拉区纵向钢筋的应力或预应力轻骨料混凝土构件受拉区纵向钢筋的等效应力应按国家标准《混凝土结构设计规范》GB 50010-2002 第 8.1.3 条计算，但宜将公式（8.1.3-3）和（8.1.3-5）中的内力臂系数由 0.87 改为 0.85 计算。

6.1.4 在荷载效应的标准组合和准永久组合下，抗裂验算边缘轻骨料混凝土的法向应力计算、预应力轻骨料混凝土受弯构件对截面上的轻骨料混凝土主拉应力和主压应力的验算应符合国家标准《混凝土结构设计规范》GB 50010-2002 第 8.1.4 条、第 8.1.5 条的有关规定。

6.2 受弯构件挠度验算

6.2.1 钢筋轻骨料混凝土和预应力轻骨料混凝土受弯构件在正常使用极限状态下的挠度，应按荷载效应标准组合并考虑荷载长期作用影响的刚度 B 用结构力学方法进行计算。所求得的挠度计算值应符合本规程第 4.1.2 条的规定。刚度 B 应按国家标准《混凝土结构设计规范》GB 50010-2002 第 8.2.2 条计算。

6.2.2 在荷载效应的标准组合作用下，受弯构件的短期刚度 B_s，可按下列公式计算：

1 钢筋轻骨料混凝土受弯构件

$$B_s=\frac{E_sA_sh_0^2}{1.18\psi+0.2+\frac{6\alpha_E\rho}{1+3.5\gamma_f'}} \tag{6.2.2-1}$$

2 预应力轻骨料混凝土受弯构件

1) 要求不出现裂缝的构件

$$B_s=0.85E_{LC}I_0 \tag{6.2.2-2}$$

2) 允许出现裂缝的构件

$$B_s=\frac{0.85E_{LC}I_0}{\kappa_{cr}+(1-\kappa_{cr})\omega} \tag{6.2.2-3}$$

$$\kappa_{cr}=\frac{M_{cr}}{M_k} \tag{6.2.2-4}$$

$$\omega=(1.0+\frac{0.21}{\alpha_E\rho})(1+0.45\gamma_f)-0.7 \tag{6.2.2-5}$$

$$M_{cr}=(\sigma_{pc}+\gamma f_{tk})W_0 \tag{6.2.2-6}$$

$$\gamma_f=\frac{(b_f-b)h_f}{bh_0} \tag{6.2.2-7}$$

式中 ψ——裂缝间纵向受拉钢筋应变不均匀系数，按本规程第 6.1.2 条确定；

α_E——钢筋弹性模量与轻骨料混凝土弹性模量的比值：$\alpha_E=E_s/E_{LC}$；

ρ——纵向受拉钢筋配筋率：对钢筋轻骨料混凝土受弯构件，取 $\rho=A_s/(bh_0)$；对预应力轻骨料混凝土受弯构件，取 $\rho=(A_p+A_s)/(bh_0)$；

I_0——换算截面惯性矩；

γ_f——受拉翼缘截面面积与腹板有效截面面积的比值；

b_f、h_f——受拉区翼缘的宽度、高度；

κ_{cr}——预应力轻骨料混凝土受弯构件正截面的开裂弯矩 M_{cr} 与弯矩 M_k 的比值，当 $\kappa_{cr}>1.0$ 时，取 $\kappa_{cr}=1.0$；

σ_{pc}——扣除全部预应力损失后，由预加力在抗裂验算边缘产生的轻骨料混凝土预压应力；

γ——轻骨料混凝土构件的截面抵抗矩塑性影响系数，应按国家标准《混凝土结构设计规范》GB 50010－2002 第 8.2.4 条确定。

注：对预压时预拉区出现裂缝的构件，B_s 应降低 10%。

6.2.3 荷载长期作用对挠度增大影响系数 θ 的取值和预应力轻骨料混凝土受弯构件在使用阶段的预加应力反拱值，应分别按国家标准《混凝土结构设计规范》GB 50010－2002 第 8.2.5 条、第 8.2.6 条的规定确定。

7 构造及构件规定

7.1 构 造 规 定

7.1.1 钢筋轻骨料混凝土结构伸缩缝的最大间距宜符合表 7.1.1 的规定。

表 7.1.1 钢筋轻骨料混凝土结构伸缩缝最大间距（m）

结构类别		室内或土中	露　天
框架结构	装配式	75	60
	现浇式	55	40
剪力墙结构	装配式	65	45
	现浇式	45	35

注：1 装配整体式结构房屋的伸缩缝间距宜按表中现浇式的数值取用；

2 框架-剪力墙结构或框架-核心筒结构房屋的伸缩缝间距可根据结构的具体布置情况取表中框架结构与剪力墙结构之间的数值；

3 当屋面无保温或隔热措施时，框架结构、剪力墙结构的伸缩缝间距宜按表中露天栏的数值取用；

4 现浇挑檐、雨罩等外露结构的伸缩缝间距不宜大于 12m。

7.1.2 对伸缩缝最大间距适当减小或适当增大的条件，宜按国家标准《混凝土结构设计规范》GB 50010－2002 第 9.1 节的相关规定执行。

7.1.3 纵向受力的普通钢筋及预应力钢筋，其轻骨料混凝土保护层厚度（钢筋外边缘至混凝土表面的距离）应符合下列规定：

1 陶粒混凝土保护层厚度应与普通混凝土相同。

2 自燃煤矸石混凝土和火山渣混凝土的保护层厚度应符合下列要求：

1）一类环境下应与普通混凝土相同；

2）二类、三类环境下，保护层最小厚度应按普通混凝土的要求增加 5mm。

7.1.4 轻骨料混凝土结构构件受拉钢筋的锚固长度 l_a 应按普通混凝土的受拉钢筋锚固长度乘以增大系数：对砂轻混凝土应取 1.15，对全轻混凝土应取 1.3。计算受拉钢筋锚固长度时，当轻骨料混凝土强度等级高于 LC40 时，轻骨料混凝土轴心抗拉强度设计值按 LC40 取值。

乘以增大系数后的受拉钢筋锚固长度不应小于 300mm。

7.1.5 当计算中充分利用纵向钢筋的抗压强度时，其锚固长度不应小于本规程第 7.1.4 条规定的受拉锚固长度的 0.7 倍。

7.1.6 轻骨料混凝土构件中的纵向受力钢筋绑扎搭接接头的搭接长度应符合国家标准《混凝土结构设计规范》GB 50010－2002 第 9.4 节的规定，且在任何情况下纵向受拉钢筋绑扎搭接接头的搭接长度均不应小于 350mm，纵向受压钢筋绑扎搭接接头的搭接长度均不应小于 250mm。

7.1.7 钢筋轻骨料混凝土结构构件中纵向受力钢筋的最小配筋率应按国家标准《混凝土结构设计规范》GB 50010－2002 第 9.5.1 条的规定确定。当轻骨料混凝土强度等级为 LC50 及以上时，受压构件全部纵向钢筋最小配筋率应按上述规定增大 0.1%。

7.1.8 对先张法预应力轻骨料混凝土构件，预应力钢筋端部周围的混凝土应采取下列加强措施：

1 对单根配置的预应力钢筋，其端部宜设置长度不小于 200mm 且不少于 5 圈的螺旋筋；当有可靠经验时，亦可利用支座垫板上的插筋代替螺旋筋，但插筋数量不应少于 4 根，其长度不宜小于 120mm；

2 对分散布置的多根预应力钢筋，在构件端部 $15d$（d 为预应力钢筋的公称直径）范围内应设置与预应力钢筋垂直的钢筋网，钢筋网间距不宜大于 50mm；

3 对采用预应力钢丝配筋的薄板，在板端 150mm 范围内应适当加密横向钢筋，且不宜少于 3 根。

7.1.9 后张法预应力轻骨料混凝土构件的构造应符合国家标准《混凝土结构设计规范》GB 50010－2002 第 9.6 节的相关规定。

7.1.10 轻骨料混凝土叠合板应符合国家标准《混凝土结构设计规范》GB 50010－2002 第 10.6 节的有关规定。轻骨料混凝土压型钢板组合楼板应符合国家现行标准《高层民用建筑钢结构技术规程》JGJ 99 的有关规定。

7.2 构件规定

7.2.1 简支板或连续板的下部纵向受力钢筋伸入支座的锚固长度不应小于 $6d$，d 为下部纵向受力钢筋的直径。当连续板内温度、收缩应力较大时，伸入支座的锚固长度宜适当增加。

7.2.2 钢筋轻骨料混凝土简支梁和连续梁简支端的下部纵向受力钢筋，其伸入梁支座范围内的锚固长度 l_{as}（图 7.2.2）应符合下列规定：

1 当 $V \leqslant 0.6f_t bh_0$ 时

$$l_{as} \geqslant 10d$$

2 当 $V > 0.6f_t bh_0$ 时

带肋钢筋 $l_{as} \geqslant 15d$

光面钢筋 $l_{as} \geqslant 20d$

此处，d 为纵向受力钢筋的直径。

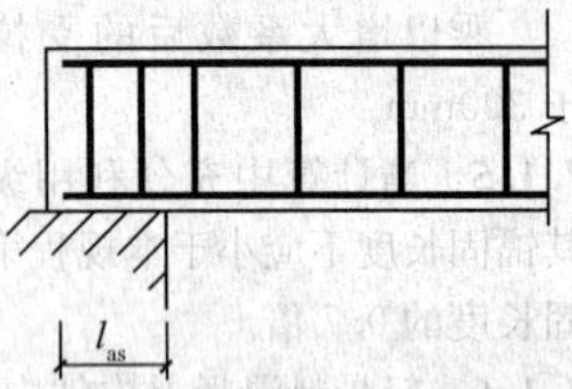

图 7.2.2 纵向受力钢筋伸入梁简支支座的锚固

如纵向受力钢筋伸入梁支座范围内的锚固长度不符合上述要求时，应采取在钢筋上加焊锚固钢板或将钢筋端部焊接在梁端预埋件上等有效锚固措施。

注：对轻骨料混凝土强度等级为 LC25 及以下的简支梁和连续梁的简支端，当距支座边 $1.5h$ 范围内作用有集中荷载，且 $V > 0.6f_t bh_0$ 时，对带肋钢筋宜采取附加锚固措施，或取锚固长度 $l_{as} \geqslant 20d$。

7.2.3 钢筋轻骨料混凝土梁支座截面负弯矩纵向受拉钢筋不宜在受拉区截断。当必须截断时，应符合下列规定：

1 当 $V \leqslant 0.6f_t bh_0$ 时，应延伸至按正截面受弯承载力计算不需要该钢筋的截面以外不小于 $25d$ 处截断，且从该钢筋强度充分利用截面伸出的长度不应小于 $1.2l_a$；

2 当 $V > 0.6f_t bh_0$ 时，应延伸至按正截面受弯承载力计算不需要该钢筋的截面以外不小于 h_0 且不小于 $25d$ 处截断，且从该钢筋强度充分利用截面伸出的长度不应小于 $1.2l_a$ 与 h_0 之和；

3 若按上述规定确定的截断点仍位于负弯矩对应的受拉区内，则应延伸至按正截面受弯承载力计算不需要该钢筋的截面以外不小于 $1.3h_0$ 且不小于 $25d$ 处截断，且从该钢筋强度充分利用截面伸出的延伸长度不应小于 $1.2l_a$ 与 $1.7h_0$ 之和。

7.2.4 在钢筋轻骨料混凝土悬臂梁中，应有不少于两根上部钢筋伸至悬臂梁外端，并向下弯折不小于 $15d$；其余钢筋不应在梁的上部截断，而应按本规程第 7.2.6 条规定的弯起点位置向下弯折，并应按本规程第 7.2.5 条的规定在梁的下边锚固。

7.2.5 在轻骨料混凝土梁中，宜采用箍筋作为承受剪力的钢筋。

当采用弯起钢筋时，其弯起角宜取 45°或 60°；在弯起钢筋的弯终点外应留有平行于梁轴线方向的锚固长度，在受拉区不应小于 $25d$，在受压区不应小于 $15d$，此处，d 为弯起钢筋的直径；梁底层钢筋中的角部钢筋不应弯起，顶层钢筋中的角部钢筋不应弯下。

7.2.6 在轻骨料混凝土梁的受拉区中，弯起钢筋的弯起点可设在按正截面受弯承载力计算不需要该钢筋的截面之前，但弯起钢筋与梁中心线的交点应位于不需要该钢筋的截面之外（图 7.2.6）；同时，弯起点与按计算充分利用该钢筋的截面之间的距离不应小于 $h_0/2$。

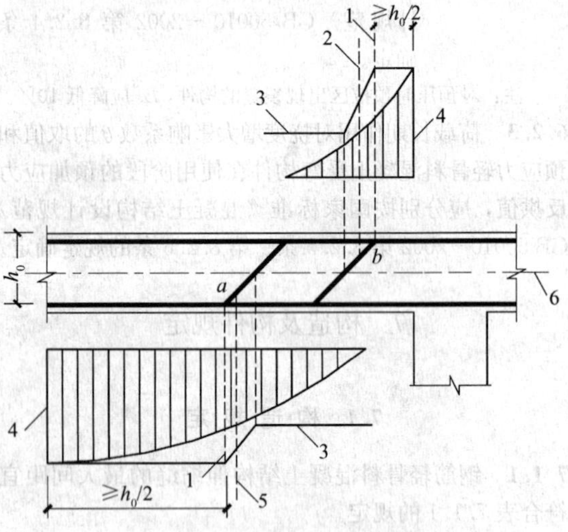

图 7.2.6 弯起钢筋弯起点与弯矩图的关系

1—在受拉区中的弯起点；2—按计算不需要钢筋"b"的截面；3—正截面受弯承载力图；4—按计算充分利用钢筋"a"或"b"强度的截面；5—按计算不需要钢筋"a"的截面；6—梁中心线

当按计算需要设置弯起钢筋时，前一排（对支座而言）的弯起点至后一排的弯终点的距离不应大于本规程表 7.2.8 中 $V > 0.6f_t bh_0 + 0.04N_{p0}$ 一栏规定的箍筋最大间距。

弯起钢筋不应采用浮筋。

7.2.7 梁内受扭纵向钢筋的配筋率 ρ_{tl} 应符合下列规定：

$$\rho_{tl} \geqslant 0.5\sqrt{\frac{T}{Vb}}\frac{f_t}{f_y} \quad (7.2.7)$$

当 $T/(Vb) > 2.0$ 时，取 $T/(Vb) = 2.0$。

式中 ρ_{tl} ——受扭纵向钢筋的配筋率：$\rho_{tl} = \frac{A_{stl}}{bh}$；

b ——受剪的截面宽度，按本规程第 5.5.1 条的规定取用；

A_{stl} ——沿截面周边布置的受扭纵向钢筋总截面面积。

7.2.8 梁中箍筋应符合下列规定：

1 梁中箍筋的最大间距宜符合表7.2.8的规定，当$V>0.6f_tbh_0+0.04N_{p0}$时，箍筋的配筋率ρ_{sv}（$\rho_{sv}=A_{sv}/(bs)$）尚不应小于$0.24f_t/f_{yv}$；

2 梁中箍筋尚应符合国家标准《混凝土结构设计规范》GB 50010－2002第10.2.10条的有关规定。

表7.2.8 梁中箍筋的最大间距（mm）

梁高h	$V>0.6f_tbh_0+0.04N_{p0}$	$V\leqslant 0.6f_tbh_0+0.04N_{p0}$
$150<h\leqslant 300$	120	150
$300<h\leqslant 500$	150	250
$500<h\leqslant 800$	200	300
$h>800$	250	350

7.2.9 柱中纵向受力钢筋直径d不宜小于12mm，但不宜大于32mm，且全部纵向钢筋的配筋率不宜大于5%。

7.2.10 框架梁柱节点的钢筋构造应符合国家标准《混凝土结构设计规范》GB 50010－2002第10.4节的规定，但与下列规定相关的内容应按本规程执行：

1 纵向受拉钢筋的锚固长度l_a应符合本规程第7.1.4条的规定；

2 对通过中间节点或中间支座的框架梁或连续梁的下部纵向钢筋，当计算中不利用该钢筋的强度时，其深入节点或支座的锚固长度应符合本规程第7.2.2条中$V>0.6f_tbh_0$时的规定。

7.2.11 钢筋轻骨料混凝土剪力墙的受剪截面应符合下列条件：

$$V\leqslant 0.21f_cbh_0 \tag{7.2.11}$$

式中 V——剪力设计值；

b——矩形截面的宽度或T形、I形截面的腹板宽度（墙的厚度）；

h_0——截面的有效高度。

7.2.12 钢筋轻骨料混凝土剪力墙在偏心受压时的斜截面受剪承载力应符合下列规定：

$$V\leqslant \frac{1}{\lambda-0.5}(0.43f_tbh_0+0.11N\frac{A_w}{A})+f_{yv}\frac{A_{sh}}{s_v}h_0 \tag{7.2.12}$$

式中 N——与剪力设计值V相应的轴向压力设计值，当$N>0.2f_cbh$时，取$N=0.2f_cbh$；

A——剪力墙的截面面积，其中，翼缘的有效面积应按国家标准《混凝土结构设计规范》GB 50010－2002第10.5.3条规定的翼缘计算宽度确定；

A_w——T形、I形截面剪力墙腹板的截面面积，对矩形截面剪力墙，取$A_w=A$；

A_{sh}——配置在同一水平截面内的水平分布钢筋的全部截面面积；

s_v——水平分布钢筋的竖向间距；

λ——计算截面的剪跨比：$\lambda=M/(Vh_0)$；当$\lambda<1.5$时，取$\lambda=1.5$，当$\lambda>2.2$时，取$\lambda=2.2$；此处，M为与剪力设计值V相应的弯矩设计值；当计算截面与墙底之间的距离小于$h_0/2$时，λ应按距墙底$h_0/2$处的弯矩值与剪力值计算。

当剪力设计值V不大于公式（7.2.12）中右边第一项时，水平分布钢筋应按国家标准《混凝土结构设计规范》GB 50010－2002第10.5.10～10.5.12条的构造要求配置。

7.2.13 钢筋轻骨料混凝土剪力墙在偏心受拉时的斜截面受剪承载力应符合下列规定：

$$V\leqslant \frac{1}{\lambda-0.5}(0.43f_tbh_0-0.11N\frac{A_w}{A})+f_{yv}\frac{A_{sh}}{s_v}h_0 \tag{7.2.13}$$

当上式右边的计算值小于$f_{yv}\frac{A_{sh}}{s_v}h_0$时，取等于$f_{yv}\frac{A_{sh}}{s_v}h_0$。

式中 N——与剪力设计值V相应的轴向拉力设计值；

λ——计算截面的剪跨比，按本规程第7.2.12条取用。

7.2.14 钢筋轻骨料混凝土剪力墙中的洞口连梁，其正截面受弯承载力可按本规程第5.2节计算。

剪力墙洞口连梁的受剪截面应符合本规程第5.2.2条的规定，斜截面受剪承载力宜符合下列规定：

$$V\leqslant 0.6f_tbh_0+f_{yv}\frac{A_{sv}}{s}h_0 \tag{7.2.14}$$

7.2.15 剪力墙配筋构造应符合国家标准《混凝土结构设计规范》GB 50010－2002第10.5.8～10.5.15条的有关规定。

8 轻骨料混凝土结构构件抗震设计

8.1 一般规定

8.1.1 有抗震设防要求的钢筋轻骨料混凝土和预应力轻骨料混凝土结构构件，除应符合本规程第1章至第7章的要求外，尚应根据现行国家标准《建筑抗震设计规范》GB 50011规定的抗震设计原则，按本章的规定进行结构构件的抗震设计。

8.1.2 考虑地震作用组合的轻骨料混凝土结构构件，其正截面抗震承载力应按本规程第5章的规定计算，但在承载力计算公式右边应除以相应的承载力抗震调整系数γ_{RE}，γ_{RE}应按国家标准《混凝土结构设计规范》GB 50010－2002第11.1.6条确定。

8.1.3 现浇轻骨料混凝土房屋应根据设防烈度、结构类型、房屋高度采用不同的抗震等级，并应符合相应的计算和构造措施要求。

丙类建筑的抗震等级应按表8.1.3确定；其他设防类别的建筑，应按国家标准《建筑抗震设计规范》GB 50011－2001第3.1.3条调整设防烈度，再按表8.1.3确定抗震等级。

表8.1.3 现浇轻骨料混凝土房屋抗震等级

结构类型		设防烈度 6		7		8	
框架结构	高度（m）	≤25	>25	≤25	>25	≤25	>25
框架结构	框架	四	三	三	二	二	一
框架结构	大跨度公共建筑	三		二		一	
框架-剪力墙结构	高度（m）	≤50	>50	≤50	>50	≤50	>50
框架-剪力墙结构	框架	四	三	三	二	二	一
框架-剪力墙结构	剪力墙	三	三	二	二	一	一
剪力墙结构	高度（m）	≤70	>70	≤70	>70	≤70	>70
剪力墙结构	剪力墙	四	三	三	二	二	一
筒体结构 框架-核心筒结构	框架	三		二		一	
筒体结构 框架-核心筒结构	核心筒	二		二		一	
筒体结构 筒中筒结构	内筒	三		二		一	
筒体结构 筒中筒结构	外筒	三		二		一	

注：1 建筑场地为Ⅰ类时，除6度设防外，应允许按本地区设防烈度降低一度所对应的抗震等级采取抗震构造措施，但相应的计算要求不应降低；

2 框架-剪力墙结构，当按基本振型计算地震作用时，若框架部分承受的地震倾覆力矩大于结构总地震倾覆力矩的50%，框架部分应按表中框架结构相应的抗震等级设计；

3 接近或等于高度分界时，应允许结合房屋不规则程度及场地、地基条件确定抗震等级。

8.1.4 抗震设防烈度为8度的地区，轻骨料混凝土房屋宜选用剪力墙结构。

8.1.5 有抗震设防要求的轻骨料混凝土结构构件，其纵向受力钢筋的锚固和连接接头，除应符合本规程第7章的有关规定外，尚应符合国家标准《混凝土结构设计规范》GB 50010－2002第11.1.7条的规定，其中纵向受拉钢筋的锚固长度 l_a 应符合本规程第7.1.4条的规定。

8.2 材 料

8.2.1 有抗震设防要求的轻骨料混凝土结构的轻骨料混凝土强度等级应符合下列要求：

1 设防烈度为8度时不宜超过LC45；

2 一级抗震等级的结构构件轻骨料混凝土强度等级不应低于LC25；对二、三、四级抗震等级的结构构件，轻骨料混凝土强度等级不应低于LC20。

8.2.2 有抗震设防要求的轻骨料混凝土结构构件，其轻骨料的强度标号不宜低于30MPa。

注：轻骨料的强度标号按国家标准《轻集料及其试验方法》GB/T 17431－1998的有关规定确定。

8.3 框架梁、框架柱及节点

8.3.1 考虑地震作用组合的框架梁，当跨高比 $l_0/h>2.5$ 时，其受剪截面应符合下式规定：

$$V_b \leqslant \frac{1}{\gamma_{RE}}(0.17 f_c b h_0) \quad (8.3.1)$$

式中 V_b——框架梁端剪力设计值，应按国家标准《混凝土结构设计规范》GB 50010－2002第11.3.2条的规定计算；

γ_{RE}——承载力抗震调整系数，应按国家标准《混凝土结构设计规范》GB 50010－2002第11.1.6条的规定采用。

8.3.2 考虑地震作用组合的矩形、T形和I形截面的框架梁，其斜截面受剪承载力应符合下列规定：

1 一般框架梁

$$V_b \leqslant \frac{1}{\gamma_{RE}}\left(0.36 f_t b h_0 + 1.25 f_{yv}\frac{A_{sv}}{s}h_0\right) \quad (8.3.2\text{-}1)$$

2 集中荷载作用下（包括有多种荷载，其中集中荷载对节点边缘产生的剪力值占总剪力值的75%以上的情况）的框架梁

$$V_b \leqslant \frac{1}{\gamma_{RE}}\left(\frac{0.9}{\lambda+1} f_t b h_0 + f_{yv}\frac{A_{sv}}{s}h_0\right) \quad (8.3.2\text{-}2)$$

式中 λ——计算截面的剪跨比，可取 $\lambda=a/h_0$，a 为集中荷载作用点至节点边缘的距离，当 $\lambda<1.5$ 时，取 $\lambda=1.5$；当 $\lambda>3$ 时，取 $\lambda=3$。

8.3.3 考虑地震作用组合的框架柱其受剪截面应符合下列规定：

剪跨比 $\lambda>2$ 的框架柱

$$V_c \leqslant \frac{1}{\gamma_{RE}}(0.17 f_c b h_0) \quad (8.3.3\text{-}1)$$

剪跨比 $\lambda \leqslant 2$ 的框架柱

$$V_c \leqslant \frac{1}{\gamma_{RE}}(0.13 f_c b h_0) \quad (8.3.3\text{-}2)$$

式中 V_c——框架柱的剪力设计值，应按国家标准《混凝土结构设计规范》GB 50010－2002第11.4.4条的规定计算。

8.3.4 考虑地震作用组合的框架柱的斜截面抗震受剪承载力应符合下列规定：

$$V_b \leqslant \frac{1}{\gamma_{RE}}\left(\frac{0.9}{\lambda+1} f_t b h_0 + f_{yv}\frac{A_{sv}}{s}h_0 + 0.048N\right) \quad (8.3.4)$$

式中 λ——框架柱的计算剪跨比，取 $\lambda=M/(Vh_0)$；此处，M 宜取柱上、下端考虑地震作用组合的弯矩设计值的较大值，V 取与 M 对应的剪力设计值，

h_0为柱截面有效高度；当框架结构中的框架柱的反弯点在柱层高范围内时，可取 $\lambda = H_n/(2h_0)$，此处，H_n 为柱净高；当 $\lambda < 1.0$ 时，取 $\lambda = 1.0$；当 $\lambda > 3.0$，取 $\lambda = 3.0$；

N——考虑地震作用组合的框架柱轴向压力设计值，当 $N > 0.3f_cA$ 时，取 $N = 0.3f_cA$。

8.3.5 当考虑地震作用组合的框架柱出现拉力时，其斜截面抗震受剪承载力应符合下列规定：

$$V_b \leqslant \frac{1}{\gamma_{RE}}\left(\frac{0.9}{\lambda+1}f_tbh_0 + f_{yv}\frac{A_{sv}}{s}h_0 - 0.2N\right) \tag{8.3.5}$$

当上式右边括号内的计算值小于 $f_{yv}\frac{A_{sv}}{s}h_0$ 时，应取等于 $f_{yv}\frac{A_{sv}}{s}h_0$，且 $f_{yv}\frac{A_{sv}}{s}h_0$ 值不应小于 $0.36f_tbh_0$。

式中 N——考虑地震作用组合的框架柱轴向拉力设计值。

8.3.6 一、二、三级抗震等级各类构件的框架柱其轴压比 $N/(f_cA)$ 不宜大于表 8.3.6 的限值，对Ⅳ类场地上较高的高层建筑，柱轴压比限值应适当减小。

表 8.3.6 框架柱轴压比限值

结构类型	抗震等级		
	一级	二级	三级
框架结构	0.55	0.65	0.75
框架-剪力墙结构、框架-核心筒结构	0.60	0.70	0.80

注：1 轴压比 $N/(f_cA)$ 指考虑地震作用组合的框架柱轴向压力设计值 N 与柱全截面面积 A 和混凝土轴心抗压强度设计值 f_c 乘积之比值；对不进行地震作用计算的结构，取无地震作用组合的轴力设计值；

2 当混凝土强度等级为 LC50 及以上时，轴压比限值宜按表中数值减小 0.05；

3 剪跨比 $\lambda \leqslant 2$ 的框架柱，其轴压比限值应按表中数值减小 0.05；剪跨比 $\lambda < 1.5$ 的框架柱，轴压比限值应专门研究并采取特殊构造措施；

4 沿柱全高采用井字复合箍，且箍筋间距不大于 100mm、肢距不大于 200mm、直径不小于 12mm 时，轴压比限值可按表中数值增加 0.05；箍筋的体积配筋率均应按本规程第 8.3.7 条确定；

5 当柱截面中部设置由附加纵向钢筋形成的芯柱，且附加纵向钢筋的总面积不少于柱截面面积的 0.8%时，其轴压比限值可按表中数值增加 0.05。此项措施与注 4 的措施同时采用时，轴压比限值可按表中数值增加 0.10。

8.3.7 框架柱的钢筋配置、箍筋加密区箍筋的体积配筋率应符合国家标准《混凝土结构设计规范》GB 50010－2002 第 11.4.12 条、第 11.4.17 条要求，并应符合下列规定：

1 计算柱箍筋加密区箍筋的体积配筋率时，如轻骨料混凝土强度等级低于 LC35，轻骨料混凝土轴心抗压强度设计值按 LC35 取值；

2 当轻骨料混凝土强度等级为 LC50 及以上时，箍筋宜采用复合箍；当轴压比不大于 0.5 时，其加密区的最小配箍特征值宜按该规范表 11.4.17 中数值增加 0.02；当轴压比大于 0.5 时，宜按该规范表 11.4.17 中数值增加 0.03。

8.3.8 一、二级抗震等级的框架应进行节点核心区抗震受剪承载力计算。三、四级抗震等级的框架节点核心区可不进行计算，但应符合抗震构造措施的要求。框架梁柱节点的受剪承载力计算及构造应符合下列规定：

1 受剪的水平截面限制规定

$$V_j \leqslant \frac{1}{\gamma_{RE}}(0.26\eta_jf_cb_jh_j) \tag{8.3.8-1}$$

式中 V_j——框架梁柱节点核心区考虑抗震等级的剪力设计值，应按国家标准《混凝土结构设计规范》GB 50010－2002 第 11.6.2 条的规定计算；

h_j——框架节点核心区的截面高度，可取验算方向的柱截面高度，即 $h_j = h_c$；

b_j——框架节点核心区的截面有效验算宽度，当 $b_b \geqslant b_c/2$ 时，可取 $b_j = b_c$；当 $b_b < b_c/2$ 时，可取$(b_b + 0.5h_c)$和 b_c 中的较小值。当梁与柱的中线不重合，且偏心距 $e_0 \leqslant b_c/4$ 时，可取 $(0.5b_b + 0.5b_c + 0.25h_c - e_0)$、$(b_b + 0.5h_c)$ 和 b_c 三者中的最小值。此处，b_b 为验算方向梁截面宽度，b_c 为该侧柱截面宽度；

η_j——正交梁对节点的约束影响系数：当楼板为现浇、梁柱中线重合、四侧各梁截面宽度不小于该侧柱截面宽度的 1/2，且正交方向梁高度不小于较高框架梁高度的 3/4 时，可取 $\eta_j = 1.5$；当不满足上述约束条件时，应取 $\eta_j = 1.0$。

2 受剪承载力规定

$$V_j \leqslant \frac{1}{\gamma_{RE}}\left(0.83\eta_jf_tb_jh_j + 0.04\eta_jN\frac{b_j}{b_c} + f_{yv}A_{svj}\frac{h_{b0} - a'_s}{s}\right) \tag{8.3.8-2}$$

式中 N——对应于考虑地震作用组合剪力设计值的节点上柱底部的轴向力设计值：当 N 为压力时，取轴向压力设计值的较小值，且当 $N > 0.5f_cb_ch_c$ 时，取 $N = 0.5f_cb_ch_c$；当 N 为拉力时，取 $N=0$；

A_{svj}——核心区有效验算宽度范围内同一截面验算方向箍筋各肢的全部截面面积；

h_{b0}——梁截面有效高度，节点两侧梁截面高度不等时取平均值。

3 对一、二级抗震等级，框架中间层的中间节点处，梁内贯穿中柱的每根纵向钢筋直径不宜大于柱在该方向截面尺寸的1/25；框架顶层中间节点处，贯穿顶层中柱的梁上部纵向钢筋直径不宜大于柱在该方向截面尺寸的1/30。当采取可靠的机械锚固措施时，可适当放宽。

8.3.9 预应力轻骨料混凝土框架梁的抗震设计应符合国家标准《混凝土结构设计规范》GB 50010－2002第11.8节的有关规定。

8.4 剪力墙

8.4.1 考虑地震作用组合的剪力墙的受剪截面应符合下列规定：

当剪跨比 $\lambda>2.5$ 时

$$V_w\leqslant\frac{1}{\gamma_{RE}}(0.17f_cbh_0)\qquad(8.4.1\text{-}1)$$

当剪跨比 $\lambda\leqslant2.5$ 时

$$V_w\leqslant\frac{1}{\gamma_{RE}}(0.13f_cbh_0)\qquad(8.4.1\text{-}2)$$

式中 V_w——剪力墙的剪力设计值，应按国家标准《混凝土结构设计规范》GB 50010－2002第11.7.3条的规定计算。

8.4.2 考虑地震作用组合的剪力墙在偏心受压时的斜截面抗震受剪承载力，应符合下列规定：

$$V_w\leqslant\frac{1}{\gamma_{RE}}\left[\frac{1}{\lambda-0.5}\left(0.34f_tbh_0+0.09N\frac{A_w}{A}\right)+0.8f_{yv}\frac{A_{sv}}{s}h_0\right]\qquad(8.4.2)$$

式中 N——考虑地震作用组合的剪力墙轴向压力设计值中的较小值；当 $N>0.2f_cbh$ 时，取 $N=0.2f_cbh$；

λ——计算截面处的剪跨比：$\lambda=M/(Vh_0)$；当 $\lambda<1.5$ 时，取 $\lambda=1.5$，当 $\lambda>2.2$ 时，取 $\lambda=2.2$；此处，M 为与剪力设计值 V 对应的弯矩设计值；当计算截面与墙底之间的距离小于 $h_0/2$ 时，λ 应按距墙底 $h_0/2$ 处的弯矩设计值与剪力设计值计算。

8.4.3 剪力墙在偏心受拉时的斜截面抗震受剪承载力，应符合下列规定：

$$V_w\leqslant\frac{1}{\gamma_{RE}}\left[\frac{1}{\lambda-0.5}\left(0.34f_tbh_0-0.09N\frac{A_w}{A}\right)+0.8f_{yv}\frac{A_{sv}}{s}h_0\right]\qquad(8.4.3)$$

当公式（8.4.3）右边方括号内的计算值小于 $0.8f_{yv}\frac{A_{sv}}{s}h_0$ 时，取等于 $0.8f_{yv}\frac{A_{sv}}{s}h_0$。

式中 N——考虑地震作用组合的剪力墙轴向拉力设计值中的较大值；

λ——计算截面处的剪跨比，按本规程第8.4.2条取用。

8.4.4 剪力墙洞口连梁的承载力应符合下列规定：

1 连梁的正截面抗震受弯承载力应按本规程第5章的规定计算，但公式右边应除以相应的承载力抗震调整系数 γ_{RE}。

2 连梁的受剪截面应符合下列规定：

跨高比 $l_n/h>2.5$ 时

$$V_{wb}\leqslant\frac{1}{\gamma_{RE}}(0.17f_cbh_0)\qquad(8.4.4\text{-}1)$$

跨高比 $l_n/h\leqslant2.5$ 时

$$V_{wb}\leqslant\frac{1}{\gamma_{RE}}(0.13f_cbh_0)\qquad(8.4.4\text{-}2)$$

3 连梁的斜截面抗震受剪承载力应符合下列规定：

跨高比 $l_n/h>2.5$ 时

$$V_{wb}\leqslant\frac{1}{\gamma_{RE}}\left(0.36f_tbh_0+f_{yv}\frac{A_{sv}}{s}h_0\right)\qquad(8.4.4\text{-}3)$$

跨高比 $l_n/h\leqslant2.5$ 时

$$V_{wb}\leqslant\frac{1}{\gamma_{RE}}\left(0.32f_tbh_0+0.9f_{yv}\frac{A_{sv}}{s}h_0\right)\qquad(8.4.4\text{-}4)$$

式中 l_n——连梁的净跨；

V_{wb}——连梁的剪力设计值，应按国家标准《混凝土结构设计规范》GB 50010－2002第11.3.2条对框架梁的规定计算。

4 对一、二级抗震等级各类结构中的剪力墙连梁当跨高比 $l_n/h\leqslant2.0$ 且连梁截面宽度不小于200mm时，除普通箍筋外，宜另设斜向交叉构造钢筋。

5 对一、二级抗震等级筒体结构内筒及核心筒连梁，当其跨高比不大于2且截面宽度不小于400mm时，宜采用斜向交叉暗柱配筋，全部剪力由暗柱纵向钢筋承担，并应按框架梁构造要求设置箍筋。

8.4.5 剪力墙端部设置的约束边缘构件的构造措施应符合国家标准《混凝土结构设计规范》GB 50010－2002第11.7.15条的规定。当轻骨料混凝土强度为LC55、LC60时，一、二级抗震等级的剪力墙约束边缘构件配箍特征值 λ_v 应按该规范表11.7.15所列数据增加0.02。

9 施工及验收

9.1 一般规定

9.1.1 轻骨料混凝土结构的施工，除应符合本章规定外，尚应符合国家现行标准《轻骨料混凝土技术规程》JGJ 51等的有关规定。

轻骨料混凝土结构混凝土分项工程、子分部工程的验收，除应符合本章规定外，尚应符合现行国家标准《混凝土结构工程施工质量验收规范》GB 50204 的有关规定。

9.1.2 轻骨料进场时，应提供出厂检验报告和最近一次的型式检验报告，并按现行国家标准《轻集料及其试验方法》GB/T 17431 的要求进行复验。

9.1.3 轻骨料进场时，应按品种、种类、密度等级和质量等级分批检验。陶粒每 200m^3 为一批，不足 200m^3 时也作为一批；自燃煤矸石和火山渣每 100m^3 为一批，不足 100m^3 时也作为一批。检验项目应包括颗粒级配、堆积密度、筒压强度和吸水率。对自燃煤矸石，尚应检验其烧失量和三氧化硫含量。

9.1.4 轻骨料的运输和堆放应符合下列要求：

1 轻骨料应按不同品种分批运输和堆放；

2 轻粗骨料运输和堆放时应保持颗粒混合均匀，减少离析。采用自然级配时，堆放高度不宜超过 2m，并应防止有害物质混入；

3 轻砂在堆放和运输时，宜采取防雨措施，并应防止风刮飞扬。

9.1.5 轻粗骨料在使用前的预湿处理应符合下列要求：

1 对泵送施工，应充分预湿；对非泵送施工，可根据工程情况确定预湿程度；

2 对吸水率不大于 5%的轻骨料，当有可靠经验时，可不进行预湿；

3 当气温低于 5℃时，不宜进行预湿；

4 拌制轻骨料混凝土之前，预湿的轻骨料宜采取表面覆盖、充分沥水等措施。

9.1.6 对后张法预应力轻骨料混凝土大型结构构件，在预应力张拉前，宜根据实测的自然状态下轻骨料混凝土表观密度、抗压强度和弹性模量验算、调整张拉控制应力。

9.2 施工控制

9.2.1 结构用砂轻混凝土配合比设计宜采用绝对体积法，也可采用松散体积法；全轻混凝土配合比设计宜采用松散体积法。

9.2.2 轻骨料混凝土的生产单位应自检轻粗骨料的堆积密度、表观密度及轻骨料混凝土湿表观密度，自检宜符合下列规定：

1 轻骨料进场时，堆积密度每 30m^3、表观密度每 100m^3 检查一次；

2 在批量拌制轻骨料混凝土前，检查轻骨料在面干状态下的表观密度；

3 轻骨料混凝土拌制过程中，混凝土湿表观密度每 40m^3 检查一次。若实测湿表观密度超过目标值 ±50kg/m^3 时，应查找原因并作调整；

4 雨天施工或发现拌合物稠度反常时，应进行检查。

9.2.3 泵送轻骨料混凝土宜采用砂轻混凝土，并宜掺加粉煤灰等矿物掺合料。胶凝材料总量不宜少于 350kg/m^3。

9.2.4 轻骨料混凝土拌合物必须采用强制式搅拌机搅拌。

9.2.5 拌合物在运输中应采取措施减少坍落度损失和防止离析。若发生明显的坍落度损失时，可在卸料前掺入适量减水剂进行二次拌合，但不得二次加水；若发生明显离析时，可在卸料前掺入适量增黏剂进行二次拌合。

当用搅拌运输车运送轻骨料混凝土拌合物时，在卸料前滚筒应高速旋转，时间宜大于 10s。

9.2.6 拌合物从搅拌机卸料起到浇入模内止的延续时间不宜超过 45min。

9.2.7 泵送轻骨料混凝土拌合物入泵时的坍落度值应根据泵送的高度、轻骨料的吸水特性和表面特性选用，宜控制在 150～200mm 的范围内。

泵送轻骨料混凝土在实际泵送前应进行试泵，在泵送施工时应采取措施降低泵送阻力。

9.2.8 轻骨料混凝土拌合物浇筑时倾落的自由高度不应超过 1.5m。当倾落高度大于 1.5m 时，应加串筒、斜槽、溜管等辅助工具。

9.2.9 轻骨料混凝土拌合物宜采用机械振捣成型。对流动性大、能满足强度要求的塑性拌合物，可采用插捣成型；当有充分试验依据时，可采用免振捣自密实轻骨料混凝土；用干硬性轻骨料混凝土拌合物浇筑构件时，应采用振动台或表面加压成型。轻骨料混凝土宜以轻骨料略有上浮作为振捣密实的标志。

9.2.10 当柱的轻骨料混凝土强度等级高于梁、板，或柱和梁、板分别采用普通混凝土和轻骨料混凝土时，混凝土的接缝应设置在梁、板中，接缝至柱边的距离不应小于梁、板高度。

9.2.11 当预湿轻骨料含水率不低于其 24h 吸水率时，混凝土应在受冻前停止浇筑，或采取防冻措施。

9.2.12 轻骨料混凝土浇筑成型后应及时覆盖和保湿养护。

9.3 质量验收

9.3.1 轻骨料混凝土的强度等级必须符合设计要求。用于检查结构构件轻骨料混凝土强度的试件，应在混凝土的浇筑地点随机抽取。取样与试件留置应符合下列规定：

1 每拌制 100 盘且不超过 100m^3 的同配合比的轻骨料混凝土，取样不得少于一次；

2 每工作班拌制的同一配合比的混凝土不足 100 盘时，取样不得少于一次；

3 当一次连续浇筑超过 1000m^3 时，同一配合比的轻骨料混凝土每 200m^3 取样不得少于一次；

4 每一楼层、同一配合比的轻骨料混凝土，取样不得少于一次；

5 每次取样应至少留置一组标准养护试件，同条件养护试件的留置组数应根据实际需要确定。

9.3.2 当设计提出耐久性要求时，应对轻骨料混凝土的耐久性进行检验。具体检验项目和试件的数量可由设计、施工和监理单位商定。

本规程用词说明

1 为便于在执行本规程条文时区别对待，对要求严格程度不同的用词说明如下：

1）表示很严格，非这样做不可的：
正面词采用“必须”，反面词采用“严禁”；

2）表示严格，在正常情况下均应这样做的：
正面词采用“应”，反面词采用“不应”或“不得”；

3）表示允许稍有选择，在条件许可时首先应这样做的：
正面词采用“宜”，反面词采用“不宜”；
表示有选择，在一定条件下可以这样做的，采用“可”。

2 条文中指明应按其他有关标准执行的写法为：“应符合……的规定”或“应按……执行”。

中华人民共和国行业标准

轻骨料混凝土结构技术规程

JGJ 12—2006

条 文 说 明

前　言

《轻骨料混凝土结构技术规程》JGJ 12—2006，经建设部2006年3月8日以第414号公告批准发布。

本规程第一版为《钢筋轻骨料混凝土结构设计规程》JGJ 12—82，主编单位是中国建筑科学研究院，参加单位是上海市建筑科学研究所、辽宁省建筑科学研究所、黑龙江省低温建筑科学研究所、天津市建筑设计院、东北建筑设计院、西安市建筑设计院、同济大学、浙江大学、哈尔滨建筑工程学院、甘肃工业大学、太原工学院、西安冶金建筑学院。

本规程第二版为《轻骨料混凝土结构设计规程》JGJ 12—99，主编单位是中国建筑科学研究院，参加单位是上海市建筑科学研究院、辽宁省建设科学研究院、天津市建筑设计院、哈尔滨建筑大学、天津大学、太原工业大学、浙江大学。

为便于广大设计、施工、科研、学校等单位有关人员在使用本标准时能正确理解和执行条文规定，《轻骨料混凝土结构技术规程》编制组按章、节、条顺序编制了本标准的条文说明，供使用者参考。在使用中如发现本条文说明有不妥之处，请将意见函寄中国建筑科学研究院（邮编：100013；地址：北京市北三环东路30号；E-mail：buildingcode@vip.sina.com）。

目　次

1 总　　则

1.0.1～1.0.4 本规程适用于工业与民用房屋和一般构筑物中钢筋轻骨料混凝土和预应力轻骨料混凝土承重结构的设计、施工及验收。轻骨料素混凝土承重结构在实际工程中很少应用，不再列入本规程。与原规程相比，本规程增加了施工及验收的规定。

轻骨料混凝土在其材料性能上与普通混凝土有所不同，编制本规程的目的是为了在设计与施工中掌握其性能特点，使轻骨料混凝土在我国的工程结构中得到合理的应用。

本规程所采用的轻骨料混凝土主要指页岩陶粒混凝土、粉煤灰陶粒混凝土、黏土陶粒混凝土、自燃煤矸石混凝土及火山渣（浮石）混凝土。

在国外，陶粒轻骨料混凝土已有80多年的应用历史，美国、前苏联、欧洲、日本等都有大量应用，前苏联陶粒产量曾居世界首位。特别是从20世纪60年代开始在世界各地陆续建成一些有代表性的高层建筑和桥梁工程。近些年，高强、高性能轻骨料混凝土更是国内外的发展方向，有的国外标准将陶粒混凝土的强度等级定至LC80级。由于陶粒性能稳定、耐久性良好，是承重结构轻骨料混凝土的首选骨料。我国研究、应用陶粒混凝土已有40多年历史，并建成一批工业与民用房屋和桥梁工程，对高强陶粒也取得了比较成熟的生产和应用经验。

我国为世界产煤大国，煤矸石累计堆存量达几十亿吨，其中有部分经过自燃后成为"自燃煤矸石"，这种石材质轻、有害杂质减少，可用作轻骨料混凝土的粗、细骨料。综合利用自燃煤矸石有利于减少环境污染、少占良田，达到资源综合利用之目的。我国对自燃煤矸石混凝土结构已做了大量的基本性能试验研究，部分地区建成一些高层建筑。在自燃煤矸石的使用过程中，应注意加强对骨料的选择及检验。

火山渣（浮石）是火山爆发时形成的多孔轻质岩石，是一种廉价而性能良好的建筑材料。我国很多地方蕴藏着大量的火山渣资源，部分地区已建成一些火山渣混凝土高层建筑。火山渣混凝土在民用建筑的楼板及承重（或承重兼保温）墙体中得到一定应用，而应用最多的为火山渣混凝土小砌块。由于火山渣表面开孔，强度较其他轻骨料偏低，用于制作强度不超过LC30级的轻骨料混凝土是经济合理的。

承重结构轻骨料混凝土较普通混凝土轻20%～25%，应用于高层、大跨度结构可明显降低结构自重，从而减少下部结构的工程量，减少结构材料用量，提高结构的抗震性能，具有较好的综合经济效益。

本规程主要对轻骨料混凝土结构在材料、结构性能上与普通混凝土结构的不同之处做出规定，而不再大量重复与国家标准《混凝土结构设计规范》GB 50010—2002相同的内容。在轻骨料混凝土结构的设计、施工及验收中，除应符合本规程的规定外，在荷载取值、结构构件设计、抗震设计、轻骨料质量控制和施工、验收等方面，尚应符合国家现行有关标准的规定。

当结构受力情况、材料性能、使用环境与本规程编制依据有出入时，需根据具体情况，通过试验或参照有关工程实践经验加以解决。

2 术语、符号

2.1 术　　语

术语是本次修订新增加的内容，主要是根据国家现行标准《建筑结构设计术语和符号标准》GB/T 50083、《轻骨料混凝土技术规程》JGJ 51等给出的。

本节所列术语是根据本规程内容的需要而设置的。其他较为常用和重要的术语在相关标准中均有规定，此处不再重复。

本规程所指轻骨料为用于承重结构的轻骨料，故不包括可浮于水的浮石。火山渣不浮于水，但在我国部分地区也习惯称作"浮石"，在应用时应加以区别。

轻骨料混凝土的胶凝材料包括水泥和矿物掺合料等。

一般而言，轻骨料混凝土结构可分为轻骨料素混凝土结构、钢筋轻骨料混凝土结构和预应力轻骨料混凝土结构。本规程未包括轻骨料素混凝土结构的有关内容。

2.2 符　　号

本节符号是根据有关标准的规定和一般的应用规则而设置的。本节所列的符号为本规程内容表述需要的主要符号。

3 材　　料

3.1 轻骨料混凝土

3.1.1 目前国内膨胀矿渣珠混凝土的生产和使用很少，不再列入本规程。本条所列的三种陶粒混凝土均由人工煅烧的陶粒制成。

3.1.2 用于自承重兼保温的轻骨料混凝土结构构件，其强度等级可适当降低。

3.1.3 根据国内的生产经验，要达到LC15及以上的强度等级，轻骨料混凝土密度等级一般不低于1200级，故将结构轻骨料混凝土的最低密度等级取为1200级。配筋轻骨料混凝土包括钢筋轻骨料混凝土和预应力轻骨料混凝土。

3.1.4 根据原规程编制时的统计结果，陶粒混凝土轴心抗拉强度的标准值可取与普通混凝土相同，自燃煤矸石混凝土比普通混凝土低13%，而火山渣混凝土则要低20%。据此，轻骨料混凝土轴心抗拉强度标准值可采用：陶粒混凝土取与普通混凝土相同；自燃煤矸石、火山渣混凝土分别取普通混凝土的85%和80%。

本规程适用于轻骨料混凝土承重结构，故不再列出LC7.5和LC10两个用于自承重结构构件轻骨料混凝土的强度等级。根据轻骨料混凝土的技术发展状况，规程增加了LC55和LC60两个强度等级。值得注意的是，不是所有品种的轻骨料都能配制出表3.1.4中所列的全部强度等级的轻骨料混凝土。

3.1.5 本规程在进行轻骨料混凝土的受剪承载力等计算时，以抗拉强度设计值替代原规程中的抗压强度设计值。构件试验结果统计表明，对不同轻骨料制作的轻骨料混凝土结构构件，采用本条规定的抗拉强度设计值进行受剪承载力等计算时，具有较好的一致性。表注2中承载能力极限状态计算包括本规程第5章、第8章中受剪、受扭、受冲切等承载力计算；构造计算包括本规程第7章、第8章的锚固长度、最小配筋率计算。

3.1.6 轻骨料混凝土密度、强度和原材料等的变化对弹性模量 E_{LC} 均有一定影响。当有可靠试验依据时，弹性模量值可根据实测数据确定。试验所用原材料及配合比应与工程实际情况相同，弹性模量测试应按现行国家标准《普通混凝土力学性能试验方法标准》GB/T 50081的规定进行。

表3.1.6的数值与行业标准《轻骨料混凝土技术规程》JGJ 51的规定基本一致，系按照公式 $E_{LC}=2.02\rho\sqrt{f_{cu,k}}$ 计算而得，其中 ρ 为轻骨料混凝土的干表观密度（单位：kg/m^3），$f_{cu,k}$ 为轻骨料混凝土的立方体抗压强度标准值（单位：N/mm^2）。

本次修订对轻骨料混凝土弹性模量较原规程有所提高。自燃煤矸石混凝土弹性模量的相关试验数据与修订后的弹性模量数值较为接近，故不再对自燃煤矸石混凝土弹性模量提高20%。

3.1.7、3.1.8 轻骨料混凝土的泊松比和剪变模量，随轻骨料混凝土龄期、强度和骨料品种的不同而变化。泊松比在0.16～0.25范围内变化，平均为0.2；剪变模量可按弹性理论关系式 $G_{LC}=\frac{E_{LC}}{2(1+\nu_c)}$ 求得，其中 E_{LC} 为轻骨料混凝土弹性模量，ν_c 为轻骨料混凝土泊松比。

3.1.9 根据国外标准，轻骨料混凝土线膨胀系数的上限值一般取 $9\times10^{-6}/℃$。本次修订据此做了相应修改。

3.2 钢　筋

3.2.1 轻骨料混凝土结构用普通钢筋和预应力钢筋的选用原则与国家标准《混凝土结构设计规范》GB 50010—2002相同，钢筋的强度标准值、强度设计值和弹性模量等材料性能指标也按该标准确定。

4 基本设计规定

4.1 一 般 规 定

4.1.1 目前世界各国对轻骨料混凝土结构的设计原则，基本上采用与普通混凝土结构相同的规定。本规程仍采用与普通混凝土结构相同的基本设计规定。

本规程采用荷载分项系数、材料性能分项系数（为了简便，直接以材料强度设计值表达）和结构重要性系数进行设计。荷载分项系数按现行国家标准《建筑结构荷载规范》GB 50009的规定取用。

当进行结构构件抗震设计时，除应符合本规程第8章的有关规定外，尚应符合现行国家标准《建筑抗震设计规范》GB 50011中的相应规定。

4.1.2 对结构构件承载能力极限状态与正常使用极限状态的要求，即关于承载能力极限状态计算规定和正常使用极限状态验算规定，均应符合国家标准《混凝土结构设计规范》GB 50010—2002中第3.1～3.3节的有关规定。

轻骨料混凝土结构构件的疲劳验算及深受弯构件的应用等问题，由于国内目前缺乏实践经验，因此本规程暂未包括这方面的规定。此处深受弯构件系指垂直荷载作用下跨高比小于5的钢筋轻骨料混凝土受弯构件。由于钢筋轻骨料混凝土牛腿应用较少，本次修订删除了相关内容。

4.1.3 结构设计时，需要根据结构用途、使用环境等因素确定结构构件的尺寸、配筋及相应的构造。未经技术鉴定或设计许可而改变结构的用途或使用环境，可能影响结构的可靠性。

4.2 耐久性规定

4.2.1 本规程对环境的分类采用国家标准《混凝土结构设计规范》GB 50010—2002的规定。当同一结构的不同构件或同一构件的不同部位所处的局部环境条件有差异时，宜区别对待。

4.2.2 合理掺用矿物掺合料对轻骨料混凝土的耐久性有利，其掺量可参考有关标准规范确定。工程中常用的矿物掺合料有粉煤灰、磨细矿渣、硅粉、沸石粉等。

与普通混凝土相比，轻骨料混凝土的最大胶凝材料总量一般稍有增加。但合理减少单方轻骨料混凝土中胶凝材料用量有利于减少轻骨料混凝土的收缩和开裂，所以宜限制胶凝材料的最高用量。

4.2.3 本条取值综合参考国家标准《混凝土结构设计规范》GB 50010—2002、行业标准《轻骨料混凝土技术规程》JGJ 51—2002 和美国规范 ACI 318—05 的规定。

净水胶比，或称有效水胶比，指轻骨料混凝土拌合物中扣除轻骨料吸水量后的拌合水量与胶凝材料用量的质量比。

本条规定的最大净水胶比参考 ACI 318—05 的取值。JGJ 51 的最大净水灰比参考的也是 ACI 318 中的取值，但 ACI 318 的旧版本中规定的水灰比在其新版本中已经改为水胶比。根据矿物掺合料的典型掺量，按本条规定的最大净水胶比取值换算得到的净水灰比与国家标准《混凝土结构设计规范》GB 50010—2002 的规定接近。需要注意的是，为了达到同样的强度等级，轻骨料混凝土实际所用的水胶比一般比普通混凝土低。

参考 JGJ 51 的规定，考虑到同样的强度等级下，轻骨料混凝土的净水胶比一般比普通混凝土低，为了保证同样的工作性，轻骨料混凝土的胶凝材料用量一般比普通混凝土高，因此将最小水泥用量相对国家标准《混凝土结构设计规范》GB 50010—2002 中对普通混凝土的要求适当增加。

迄今尚未发现实际工程中的轻骨料混凝土产生碱骨料反应问题，故根据国家标准《混凝土结构设计规范》GB 50010—2002 的规定，从耐久性的角度对轻骨料混凝土的最大碱含量可不作要求。

海水环境中的轻骨料混凝土结构，其耐久性要求应严于本条，可按有关标准的规定执行。

4.2.4 本条对一类环境中设计使用年限为 100 年结构轻骨料混凝土的规定系参考国家标准《混凝土结构设计规范》GB 50010—2002 提出的。

4.2.5 本条综合采用行业标准《轻骨料混凝土技术规程》JGJ 51—2002、美国规范 ACI 318—05 和欧洲规范 EN 206—1：2000 的相关规定。

轻骨料混凝土的抗冻性与含气量、气泡间隔系数有关。考虑国内工程实践的实际情况，本条仅对轻骨料混凝土的含气量和抗冻等级作出规定。

根据国内外的大量试验，采用未经预湿的干燥轻骨料配制混凝土时，混凝土的抗冻性明显改善，因此对含气量的要求可适当降低。

4.3 预应力计算

4.3.1、4.3.2 除收缩、徐变引起的预应力损失外，其他各项预应力损失计算以及各阶段预应力损失值的组合等与普通混凝土结构相同，应按国家标准《混凝土结构设计规范》GB 50010—2002 的有关规定执行。

轻骨料混凝土由于收缩、徐变比同强度等级的普通混凝土偏大，由此而引起的预应力损失值也相应偏大。预应力总损失值的最低限值较普通混凝土增加 $30N/mm^2$。

4.3.3、4.3.4 规程专题组曾对陶粒、自燃煤矸石、火山渣三个主要轻骨料混凝土品种，在国内 5 个地区，共制作了 135 个预应力轻骨料混凝土试件，按照统一方法，分别进行了试验研究。根据每种轻骨料混凝土试件的试验结果分别进行统计回归，得出了经验公式。本规程公式形式与原规程相同，但对公式（4.3.3-1）和（4.3.3-2）中的参数 a、b 作了调整。这是由于原规程的参数 a、b 系根据预加力时起至使用荷载作用的时间是按 120d 的试验结果统计得到。本规程将预加力时起至使用荷载作用的时间改为 365d，预应力损失值统计亦按 365d 考虑。

原规程时间影响系数，当 $t=120d$ 时，取 $\beta=1$；本规程当 $t=365d$ 时，取 $\beta=1$。因此，相应的系数 δ、ζ 也作了调整。其他如环境湿度影响系数 φ_1 和体积表面积比影响系数 φ_2，仍保持原规程的规定。

5 承载能力极限状态计算

5.1 正截面承载力计算的一般规定

5.1.2、5.1.3 对正截面承载力计算方法的基本假定作了具体规定：

1 平截面假定

试验表明，在纵向受拉钢筋达到屈服强度以前，截面的平均应变基本符合平截面假定。根据平截面假定来建立判别纵向受拉钢筋是否屈服的界限条件以及确定钢筋屈服之前的应力是合适的。

引用平截面假定提供的变形协调条件作为正截面强度的计算手段，使计算值与试验值符合较好。同时，亦为利用电算进行全过程分析和非线性分析提供了必不可少的变形条件。

引用平截面假定可以将各种类型截面在单向或双向受力情况下的正截面承载力计算统一起来，使计算公式具有明确的物理概念。

世界上一些主要国家的有关结构设计规范，大多采用了平截面假定。

2 不考虑轻骨料混凝土的抗拉强度

对于极限状态下的强度计算而言，受拉区轻骨料混凝土的作用相对很弱。为简化计算，不考虑轻骨料混凝土的抗拉强度。

3 轻骨料混凝土受压的应力-应变关系曲线

随着轻骨料混凝土强度的提高，轻骨料混凝土受压时应力-应变关系曲线将逐渐变化；同时由于轻粗骨料品种的不同，轻骨料混凝土受压时的应力-应变关系曲线将有所不同。为便于工程应用，同时考虑继承既往、且与普通混凝土相协调，本规程在试验结果分析的基础上，统一了各骨料品种的轻骨料混凝土受压时的应力-应变关系曲线，并采用了如下的表达式：

当 $\varepsilon\leqslant\varepsilon_0$ 时

$$\sigma_c = f_c\left[1.5\left(\frac{\varepsilon_c}{\varepsilon_0}\right) - 0.5\left(\frac{\varepsilon_c}{\varepsilon_0}\right)^2\right]$$

当 $\varepsilon_0 < \varepsilon \leqslant \varepsilon_{cu}$ 时

$$\sigma_c = f_c$$

基于对试验结果的分析，条文中给出了 ε_0、ε_{cu} 的取值。

根据给定的应力-应变关系曲线，折算成等效矩形应力图形，根据压区合力点位置不变，图形面积相等的原则，分析得到 α_1、β_1 的取值见本规程表 5.1.3。

4 关于钢筋极限拉应变

纵向受拉钢筋的极限拉应变取为 0.01，作为构件达到承载能力极限状态的标志之一。对于有屈服点的钢筋，其值相当钢筋应变达到了屈服台阶；对于无屈服点的钢筋或钢丝，此极限拉应变的规定是限制钢筋强化强度的利用幅度；同时，这也意味着钢筋的最大力总伸长率不得小于 0.01，以保证构件具有必要的延性。

对于非均匀受压构件，轻骨料混凝土的极限压应变达到 0.0033 或受拉钢筋拉应变达到 0.01，在这两个条件中只要达到其中一个条件，即标志构件达到了承载能力极限状态。

5.1.4 构件达到界限破坏是指正截面上受拉钢筋屈服与受压区轻骨料混凝土破坏同时发生的破坏状态。此时，取 $\varepsilon_{cu} = 0.0033$；对有屈服点钢筋，纵向受拉钢筋的应变取 f_y/E_s。界限受压区高度 x_b 与界限中和轴高度 x_{nb} 的比值为 β_1，根据平截面假定，可得截面相对界限受压区高度 ξ_b 的公式（5.1.4-1）。

对无屈服点钢筋，根据条件屈服点的定义，应考虑 0.2% 的残余应变，普通钢筋应变取（f_y/E_s + 0.002）、预应力钢筋应变取 [($f_{py} - \sigma_{p0}$)/E_s + 0.002]。根据平截面假定，可得公式（5.1.4-2）和公式（5.1.4-3）。

原规程定义界限受压区高度 x_b 与界限中和轴高度 x_{nb} 的比值为 0.75，而本规程定义为 β_1。故与原规程相比，公式（5.1.4-1）、公式（5.1.4-2）和公式（5.1.4-3）的变化主要是用 β_1 代替 0.75。

5.1.5 钢筋应力 σ_s 的计算公式，是以轻骨料混凝土达到极限压应变 ε_{cu} 作为构件达到了承载能力极限状态标志而给出的。

与原规程相比，本条增加了按平截面假定计算截面任意位置处的普通钢筋应力 σ_{si} 的计算公式(5.1.5-1) 和预应力钢筋应力 σ_{pi} 的计算公式(5.1.5-2)。

为了简化计算，根据试验资料，在小偏心受压情况下实测受拉边或受压较小边的钢筋应力 σ_s 与 ξ 接近线性关系，考虑到界限条件，当 $\xi = \xi_b$ 时，$\sigma_s = f_y$ 以及 $\xi = \beta_1$ 时，$\sigma_s = 0$。通过这二点，可取 σ_s 与 ξ 间为线性关系，得公式（5.1.5-3）、（5.1.5-4）。

由于本规程定义界限受压区高度 x_b 与界限中和轴高度 x_{nb} 的比值为 β_1。故与原规程相比，公式（5.1.5-3）和公式（5.1.5-4）的变化主要是用 β_1 代替 0.75。

5.2 受弯构件

5.2.1 轻骨料混凝土受弯构件的正截面承载力计算，在考虑到轻骨料混凝土的特点后，采取与国家标准《混凝土结构设计规范》GB 50010—2002 相同的计算方法。除矩形应力图的系数 α_1、β_1、相对界限受压区高度 ξ_b、纵向钢筋应力 σ_{si}、σ_{pi} 按本规程第 5.1.3 条、第 5.1.4 条、第 5.1.5 条确定外，其余均按国家标准《混凝土结构设计规范》GB 50010—2002 中有关条款执行。

5.2.2～5.2.6 轻骨料混凝土受弯构件斜截面承载力的计算公式、截面限制条件采用与国家标准《混凝土结构设计规范》GB 50010—2002相同的形式。按照轻骨料混凝土受弯构件斜截面抗剪与普通混凝土受弯构件斜截面抗剪可靠度一致的原则，分析轻骨料混凝土受弯构件斜截面抗剪的试验结果表明，轻骨料混凝土受弯构件斜截面抗剪承载力计算公式可在国家标准《混凝土结构设计规范》GB 50010—2002 公式的基础上对混凝土项及预应力项的承载力乘以 0.83 的折减系数。本规程进一步考虑到公式系数的简洁，对 0.83 的折减系数略作调整，选取 0.85 作为轻骨料混凝土受弯构件斜截面抗剪的折减系数。

因此本规程受弯构件斜截面抗剪承载力的计算是在国家标准《混凝土结构设计规范》GB 50010—2002 公式的基础上，对混凝土项及预应力项的承载力乘以 0.85 的折减系数，其余均与国家标准《混凝土结构设计规范》GB 50010—2002 的有关条款相同。

5.3 受压构件

5.3.1 钢筋轻骨料混凝土轴心受压构件正截面强度计算公式与国家标准《混凝土结构设计规范》GB 50010—2002 的相应计算公式相同，为保持与偏心受压构件正截面承载力计算具有相近的可靠度，其公式右端乘以系数 0.9。但构件的稳定系数 φ 应按本规程表 5.3.1 的规定采用，其值与原规程相同，是根据国内试验结果并参照国外标准和我国现行规范，同时又考虑了荷载长期作用的不利影响等因素而制定的。

5.3.2 根据轻骨料混凝土轴心受压构件的试验结果，并参考挪威等国标准的规定，当配置螺旋式或焊接环式间接钢筋时，不考虑间接配筋对受压承载力的提高。

5.3.3 轻骨料混凝土偏心受压构件的正截面承载力计算，在考虑到轻骨料混凝土的特点后，矩形应力图的系数 α_1、β_1 和相对界限受压区高度 ξ_b 按本规程第 5.1.3 条、第 5.1.4 条确定，其余均按国家标准《混凝土结构设计规范》GB 50010—2002 第 7.3.3～7.3.6 条、第 7.3.9～7.3.14 条执行。

本条与原规程相比作了较大的简化，直接引用国家标准《混凝土结构设计规范》GB 50010—2002 的相应条款，便于本规程与该国家标准相协调。

5.3.4～5.3.6 轻骨料混凝土偏心受压构件斜截面承载力的计算公式、截面限制条件采用与国家标准《混凝土结构设计规范》GB 50010—2002 相同的形式。结合轻骨料混凝土的特点，在分析轻骨料混凝土和普通混凝土的试验结果后，对公式（5.3.5）右边的第1项和第3项以及公式（5.3.6）右边的第1项和第2项在国家标准《混凝土结构设计规范》GB 50010—2002 相关公式的基础上乘以 0.85 的折减系数，其余均与上述规范的有关条款相同。

5.3.7～5.3.9 矩形截面钢筋轻骨料混凝土柱双向受剪的计算公式、截面限制条件是在国家标准《混凝土结构设计规范》GB 50010—2002 的基础上，结合轻骨料混凝土的特点而给出的。公式（5.3.7-1）和公式（5.3.7-2）的右边是在普通混凝土截面限制条件的基础上乘以 0.85 的折减系数得到的。

试验表明，双向受剪承载力大致符合椭圆规律，因此本规程给出了公式（5.3.8）的单位圆复核公式（用相对坐标 $\frac{V_x}{V_{ux}}$ 和 $\frac{V_y}{V_{uy}}$ 表示）作为钢筋轻骨料混凝土柱双向受剪的计算公式。设计时宜采用封闭箍筋，必要时也可配置单肢箍筋。当复合封闭箍筋相重叠部分的箍筋长度小于截面周边箍筋长边或短边长度时，不应将该箍筋较短方向上的箍筋截面面积计入 A_{svx} 或 A_{svy} 中。

5.4 受拉构件

5.4.1 轻骨料混凝土受拉构件包括轴心受拉构件，矩形截面轻骨料混凝土偏心受拉构件，以及沿截面腹部均匀配置纵向钢筋的矩形、T形或I形截面钢筋轻骨料混凝土偏心受拉构件。其正截面承载力计算采用与国家标准《混凝土结构设计规范》GB 50010—2002 相同的计算公式，其中矩形应力图的系数 α_1、β_1、相对界限受压区高度 ξ_b、纵向钢筋应力 σ_{si}、σ_{pi} 按本规程第 5.1.3 条、第 5.1.4 条、第 5.1.5 条确定。

5.4.2、5.4.3 轻骨料混凝土偏心受拉构件斜截面承载力的计算公式、截面限制条件采用与国家标准《混凝土结构设计规范》GB 50010—2002 相同的形式。结合轻骨料混凝土的特点，在分析轻骨料混凝土和普通混凝土的试验结果后，对公式（5.4.3）右边的第1项在国家标准《混凝土结构设计规范》GB 50010—2002 相关公式的基础上乘以 0.85 的折减系数。

$f_{yv}\frac{A_{sv}}{s}h_0$ 值不得小于 $0.36f_tbh_0$，是取受拉构件的最小配箍率为受弯构件的最小配箍率的 1.5 倍后得到的，最小配箍率的取值同时考虑了实际工程的配箍要求。

5.5 受扭构件

5.5.1 本条给出了在弯矩、剪力和扭矩作用下构件（$h_w/b<6$ 时）的截面限制条件，公式（5.5.1-1）、公式（5.5.1-2）是为了保证构件在破坏阶段轻骨料混凝土不先于钢筋屈服而压碎。当 $T=0$ 的条件下，公式（5.5.1-1）、公式（5.5.1-2）可与本规程第 5.2.2 条的公式相协调。

5.5.2 本条给出了剪扭共同作用时构件的构造配筋界限，目的是保证构件低配筋时轻骨料混凝土不发生脆断。

5.5.3 公式（5.5.3-1）是根据试验统计分析得到的。试验表明，当 ζ 值在 0.5～2.0 范围内，钢筋轻骨料混凝土受扭构件破坏时其纵筋和箍筋基本能同时达到屈服强度，为稳妥起见，取限制条件为 $0.6\leqslant\zeta\leqslant1.7$。在设计时，通常对 ζ 值在 1.2～1.5 之间取用，当取 $\zeta\geqslant1.2$ 时，说明纵筋的用量较箍筋的用量多，这样便利于施工。对不对称配置纵向钢筋截面面积的情况，在计算中只取对称布置的纵向钢筋截面面积。预应力对纯扭构件受扭承载力的提高作用，考虑到轻骨料混凝土的特点，在普通混凝土的基础上乘以 0.85 的折减系数。

5.5.5 对轻骨料混凝土剪扭构件的试验研究和理论分析表明，当截面尺寸、材料及配筋条件相同，而剪跨比相近的构件，变化顶部与底部纵筋强度比值，其试验结果接近 1/4 圆曲线之上。当其他条件相同，变化剪跨比值，则试验点也接近 1/4 圆曲线之上。因此，可以认为轻骨料混凝土剪扭构件的剪扭强度相关曲线近似取为 1/4 圆是可以的。其受力性能及破坏形态也与普通混凝土基本相同。为设计方便，公式（5.5.5-1）～（5.5.5-5）采用与国家标准《混凝土结构设计规范》GB 50010—2002 相同的形式。结合轻骨料混凝土的特点，在分析轻骨料混凝土和普通混凝土的试验结果后，对公式（5.5.5-1）、（5.5.5-3）、（5.5.5-4）混凝土项的承载力在国家标准《混凝土结构设计规范》GB 50010—2002 相关公式的基础上乘以 0.85 的折减系数；预应力对剪扭构件承载力的提高作用，考虑到轻骨料混凝土的特点，在普通混凝土的基础上乘以 0.85 的折减系数。

5.5.6 考虑到轻骨料混凝土的特点，与国家标准《混凝土结构设计规范》GB 50010—2002 第 7.6.9 条相对应，给出了轻骨料混凝土 T 形和 I 形截面剪扭构件的受剪扭承载力的计算方法。本条中 T_w、W_{tw}、T'_f、W'_{tf}、T_f 及 W_{tf} 等参数按国家标准《混凝土结构设计规范》GB 50010—2002 第 7.6.3 条、第 7.6.5 条的有关规定计算。

5.5.7、5.5.8 考虑到轻骨料混凝土的特点，与国家标准《混凝土结构设计规范》GB 50010—2002 第 7.6.11 条、第 7.6.12 条相对应，给出了轻骨料混凝土矩形、T形和I形截面弯剪扭构件承载力的计算方法。

5.5.9～5.5.11 与国家标准《混凝土结构设计规范》GB 50010—2002第7.6.13条～7.6.15条相对应，给出了在轴向压力、弯矩、剪力和扭矩共同作用下的钢筋轻骨料混凝土矩形截面框架柱承载力的计算方法与计算公式。公式（5.5.9-1）和公式（5.5.9-2）是在国家标准《混凝土结构设计规范》GB 50010—2002相关公式的基础上，考虑到轻骨料混凝土的受力特点，对混凝土项的承载力和轴力影响项的承载力乘以0.85的折减系数得到的。

5.6 受冲切构件

5.6.1、5.6.2 本次受冲切构件条文的修订主要是按照国家标准《混凝土结构设计规范》GB 50010—2002相关条款进行，公式（5.6.1-1）、公式（5.6.2-1）～（5.6.2-3）采用与国家标准《混凝土结构设计规范》GB 50010—2002相同的形式。结合轻骨料混凝土的特点，在分析轻骨料混凝土和普通混凝土的试验结果后，对公式（5.6.1-1）、公式（5.6.2-1）～（5.6.2-3）混凝土项的承载力在国家标准《混凝土结构设计规范》GB 50010—2002相关公式的基础上乘以0.85的折减系数。公式（5.6.1-1）中$\sigma_{pc,m}$的取值，对于单向预应力轻骨料混凝土板，由于缺少试验数据，暂不考虑预应力的有利作用。

5.7 局部受压构件

5.7.1、5.7.2 本次局部受压构件条文的修订主要是在74个轻骨料混凝土试件局部承压试验的基础上，参照国内外其他有关的试验，结合国家标准《混凝土结构设计规范》GB 50010—2002的相关条款进行的。轻骨料混凝土局部承压试验结果表明，当$A_b/A_l=9$时，开裂荷载P_{cr}与极限荷载P_u的比值，无筋试件为0.98，配筋试件为0.92，均大于一般认可的界限0.85。分析又表明，当$A_b/A_l\leqslant7$时，开裂荷载P_{cr}与极限荷载P_u的比值可满足小于等于0.85的要求。

分析试验结果表明，公式（5.7.1-1）和（5.7.2-1）的试验保证率分别为92%和100%，同时公式（5.7.1-1）和（5.7.2-1）与国家标准《混凝土结构设计规范》GB 50010—2002的相关公式衔接较好，故本规程采用公式（5.7.1-1）和（5.7.2-1）作为轻骨料混凝土局部受压构件的截面尺寸限制条件和承载力计算公式。

局部受压试验结果表明，螺旋式配筋的试件破坏时脆性明显，承载力也较低。因此，当在矩形截面内配置用于局部承压的螺旋箍筋时，沿截面周边配置的矩形箍筋宜加密。

6 正常使用极限状态验算

6.1 裂缝控制验算

6.1.1 本条系根据国家标准《混凝土结构设计规范》GB 50010—2002第8.1.1条的规定提出。公式中的轻骨料混凝土轴心抗拉强度标准值f_{tk}按本规程第3.1.4条取用。

6.1.2 最大裂缝宽度计算在原规程公式的基础上考虑与国家标准《混凝土结构设计规范》GB 50010—2002的协调一致，按下列方法确定：

1 最大裂缝宽度的基本公式保持不变，即

$$w_{max}=\tau_l\tau_s\alpha_c\psi\frac{\sigma_{sk}}{E_s}l_{cr}$$

2 基本公式中的系数确定如下：

1）裂缝间纵向受拉钢筋应变不均匀系数ψ

原规程的ψ计算公式由试验数据回归分析而得，即

$$\psi=1-0.3f_{tk}/(\rho_{te}\sigma_{ss})$$

与国家标准《混凝土结构设计规范》GB 50010—2002的公式

$$\psi=1.1-0.65f_{tk}/(\rho_{te}\sigma_{sk})$$

有一定差异。现采用浙江大学、西安冶金建筑科技大学、上海市建筑科学研究院三家的实测数据共111个，用上述两个公式进行验算，经统计其实测值与计算值比值：原规程公式的平均值为1.011，标准差为0.191；国家标准《混凝土结构设计规范》GB 50010—2002公式的平均值为1.065，标准差为0.236。原规程公式和国家标准《混凝土结构设计规范》GB 50010—2002公式的计算值与实测值均较为接近，本规程采用了国家标准《混凝土结构设计规范》GB 50010—2002的公式。

2）内力臂系数η

σ_{sk}计算中需要用到内力臂系数η。原规程取值考虑低配筋梁，经研究分析确定如下：当$\alpha_E\rho$为0.05～0.1时，$\eta=1.03-2\alpha_E\rho$；当$\alpha_E\rho\geqslant0.1$时，取$\eta=0.83$。

实际应用的轻骨料混凝土结构构件，其配筋率ρ一般在0.5%～3.0%范围内，为了简化，本次修订经对原试验数据分析，取η为常数0.85。

3）平均裂缝间距l_{cr}

原规程公式根据试验数据回归分析而得，即：

$$l_{cr}=62+0.037d/\rho_{te}$$

该公式未考虑l_{cr}与保护层c的关系。原试验构件大部分保护层为2.5～3.0cm，经复核和分析，取$l_{cr}=1.9c+0.04d/\rho_{te}$。对试验梁采用此公式进行计算，并与73个实测数据进行比较，实测值与计算值的平均值为1.076，标准差为0.162，符合尚好。

4）反映裂缝间混凝土伸长对裂缝宽度影响的系数 α_c，本规程仍取 $\alpha_c=0.85$。

5）短期裂缝宽度的扩大系数 τ_s 和考虑长期作用影响的扩大系数 τ_l

τ_s 是最大裂缝宽度与平均裂缝宽度之比。国家标准《混凝土结构设计规范》GB 50010—2002 对受弯构件和偏心受压构件取 $\tau_s=1.66$，τ_s 取值的保证率为95%；在同样保证率条件下，根据轻骨料混凝土受弯构件裂缝发生、开展的特点，其 τ_s 应比普通混凝土小。根据试验数据统计分析，τ_s 可取为1.485，本规程取 $\tau_s=1.5$。

τ_l 是长期荷载作用对裂缝扩展的影响系数。根据上海市建筑科学研究院的轻骨料混凝土受弯构件的长期试验数据分析，τ_l 约在1.5～1.8范围内，本规程取 $\tau_l=1.65$。

6）钢筋轻骨料混凝土受弯构件受力特征系数 α_{cr}

$\alpha_{cr}=1.0\times0.85\times1.5\times1.65=2.104$，本规程取为2.1。

综上所述，按荷载效应的标准组合并考虑长期作用影响的最大裂缝宽度计算公式确定如下：

$$w_{max}=\alpha_{cr}\psi\frac{\sigma_{sk}}{E_s}\left(1.9c+0.04\frac{d_{eq}}{\rho_{te}}\right)$$

采用实测数据共124个，用上述公式进行验算，经统计其计算值与实测值比值：平均值为1.148（带肋钢筋、陶粒混凝土），标准差为0.48。

6.2 受弯构件挠度验算

6.2.2 在荷载效应的标准组合作用下，矩形、T形、倒T形和I形截面受弯构件短期刚度 B_s 公式（6.2.2-1）以原规程的下列基本公式为基础：

$$B_s=\frac{E_sA_sh_0^2}{\dfrac{\psi}{\eta}+\dfrac{\alpha_E\rho}{\zeta}}$$

对有关参数如 ψ、η 作了调整，与裂缝宽度计算公式中的取值相同。

1 钢筋轻骨料混凝土受弯构件

公式(6.2.2-1)中 $\alpha_E\rho/\zeta$ 采用国家标准《混凝土结构设计规范》GB 50010—2002 中普通混凝土的 $0.2+[6\alpha_E\rho/(1+3.5\gamma'_f)]$。经对矩形、T形、倒T形截面钢筋陶粒混凝土受弯构件挠度进行验算，其中矩形截面试验数据共220个，计算值与实测值的平均值为1.1，标准差为0.138；T形、倒T形截面试验数据共40个，计算值与实测值的平均值为1.04，标准差为0.217；矩形、T形、倒T形截面试验数据共260个，计算值与实测值的平均值为1.09，标准差为0.153。由此可见，公式(6.2.2-1)是可行的。

2 预应力轻骨料混凝土受弯构件

对要求不出现裂缝的构件仍沿用原规程的公式，$B_s=0.85E_cI_0$；对允许出现裂缝的构件，其 B_s 公式（6.2.2-3）与原规程公式（6.3.2-3）相似，仅对表现形式作了调整，分子和分母各乘以0.85，然后将分母项简化而得。将该公式计算值与天津市建筑设计院、上海市建筑科学研究院、北方交通大学、中国建筑科学研究院所做的预应力和部分预应力受弯构件共计118个挠度实测数据比较，实测值与计算值的平均值为0.95，标准差为0.126，基本可行。

7 构造及构件规定

7.1 构 造 规 定

7.1.1、7.1.2 钢筋轻骨料混凝土结构伸缩缝间距的影响因素较多，如温差、结构形式、构造措施、施工条件和材料性能等。考虑到轻骨料混凝土的线膨胀系数较小，且轻骨料混凝土结构构件的裂缝多呈现细而密的状态，规程对受温差影响较大的露天结构伸缩缝间距在普通混凝土结构的基础上适当增大，规程伸缩缝最大间距的取值同原规程。近年轻骨料混凝土应用强度等级提高、泵送施工增多等因素会增大轻骨料混凝土的收缩，对伸缩缝间距的要求由原规范的“可”改为“宜”。

对于伸缩缝最大间距宜适当减小及可适当增大的条件，普通混凝土的规定同样适用于轻骨料混凝土。

7.1.3 保护层厚度的规定是为了满足结构构件的耐久性、钢筋锚固及建筑防火的要求。

试验研究及工程调查均证明，陶粒混凝土碳化速度与普通混凝土相近。国家标准《混凝土结构设计规范》GB 50010—2002 中钢筋保护层厚度的要求已较《混凝土结构设计规范》GBJ 10—89 有所增加，故本次规程修订中对陶粒混凝土的保护层厚度取为与普通混凝土相同。

试验研究表明，自燃煤矸石混凝土及火山渣混凝土的碳化速度都比普通碎石混凝土快，这主要是由于混凝土中轻骨料的活性物质与水泥的碱性水化产物发生了反应，降低了轻骨料混凝土的碱度，加快了碳化速度。本规程对自燃煤矸石混凝土及火山渣混凝土保护层厚度的要求为：对室内一类环境下同陶粒混凝土，即同普通混凝土的要求；在二类、三类环境下适当增大要求，比普通混凝土增加5mm。实际工程的调查也验证了上述要求是能够满足耐久性要求的。

轻骨料混凝土的导热系数比普通混凝土小，能较好地防止温度过分升高导致轻骨料混凝土出现裂缝和碎裂。从耐火性的角度考虑，轻骨料混凝土的保护层厚度可以适当减少。

7.1.4～7.1.6 国内各单位先后对陶粒、自燃煤矸石、火山渣和普通石子四种骨料混凝土进行了拉拔试验和拟梁式粘结锚固试验，规程修订组也补充进行了高强陶粒混凝土锚固性能的试验研究。综合分析国内外的试验研究成果，轻骨料混凝土拉拔试验测得的粘结锚固强度与普通混凝土基本相当，但在反复荷载作用下轻骨料混凝土的锚固性能要弱于普通混凝土，尤其体现在节点破坏形态上。

参考试验研究和国外规范的规定，本规程采取在普通混凝土受拉钢筋锚固长度基础上乘以增大系数的方法，并针对砂轻、全轻混凝土锚固性能的不同给出了不同的增大系数。

轻骨料混凝土纵向受力钢筋的锚固、搭接长度的修正条件可按国家标准《混凝土结构设计规范》GB 50010—2002 第 9.3 节、第 9.4 节的规定执行。对受拉钢筋锚固长度、纵向受拉钢筋绑扎搭接接头的搭接长度及纵向受压钢筋绑扎搭接接头的搭接长度的最小值，本规程的规定均在普通混凝土的基础上增加 50mm。

7.1.8 先张法预应力轻骨料混凝土构件的端部由于局部挤压造成的环向拉应力容易导致构件端部混凝土出现劈裂裂缝。参考普通混凝土的预应力构件规定，本条对端部的构造作出了要求，并结合轻骨料混凝土的受力特点适当增大了构造钢筋的数量。

7.1.10 近年来，采用轻骨料混凝土的叠合楼板、压型钢板组合楼板大量地应用于各种建筑结构中，具有较好的技术经济指标。

7.2 构 件 规 定

7.2.1～7.2.6 考虑到轻骨料混凝土的锚固长度要大于普通混凝土，对钢筋构造锚固长度、延伸长度、弯折段长度等规定均适当增加。对各种构造措施的分界点，也按本规程第 5.2 节的规定由国家标准《混凝土结构设计规范》GB 50010—2002 的 $0.7f_tb\,h_0$、$0.7f_tb\,h_0+0.05N_{p0}$ 改为 $0.6f_tb\,h_0$、$0.6f_tb\,h_0+0.04N_{p0}$。

7.2.7 受扭纵筋的最小配筋率是在假定其与剪力（V）和扭矩（T）之间具有相同的相关规律的基础上，参考国家标准《混凝土结构设计规范》GB 50010—2002 的取值而得到的。

7.2.8 由于轻骨料混凝土骨料强度低于普通石子强度，为防止受剪破坏时沿骨料剪断，产生斜裂缝，对箍筋的间距适当加以控制，均较普通混凝土梁减小 50～100mm。

7.2.9 轻骨料混凝土的受压弹性模量较低，在荷载作用下变形较大。相同强度等级条件下轻骨料混凝土中受压钢筋应力高于普通混凝土，因此须对纵向受压钢筋的直径进行限制。根据国内外工程实践经验及国外标准的有关规定，规定柱中纵向受力钢筋直径以不大于 32mm 为宜。

7.2.10 静力荷载作用下轻骨料混凝土梁柱节点受力性能与普通混凝土相差不大，故节点钢筋构造与国家标准《混凝土结构设计规范》GB 50010—2002 相同，应符合该规范第 10.4 节的规定。纵向受拉钢筋的锚固长度等应按本规程确定。

7.2.11～7.2.14 此部分内容为剪力墙的设计要求，条文参考了国家标准《混凝土结构设计规范》GB 50010—2002、行业标准《高层建筑混凝土结构技术规程》JGJ 3—2002 的内容，并考虑到轻骨料混凝土的抗剪特性及试验研究结果，对普通混凝土的计算公式作如下调整：

1 剪力墙截面控制公式在国家标准《混凝土结构设计规范》GB 50010—2002 公式的基础上乘以 0.85 的折减系数；

2 剪力墙偏心受压时的抗剪承载力计算公式中反映混凝土抗剪强度的第一项和反映轴力影响的第二项分别乘以 0.85 的折减系数；

3 轻骨料混凝土剪力墙的受力性能、破坏形态不同于小截面偏心受拉构件，剪力墙偏心受拉时的抗剪承载力计算公式中也同样对反映轻骨料混凝土抗剪强度的第一项和反映轴力影响的第二项分别乘以 0.85 的折减系数；

4 对连梁抗剪承载力计算公式中反映混凝土抗剪强度的第一项由 $0.7f_tbh_0$ 改为 $0.6f_tbh_0$。

8 轻骨料混凝土结构构件抗震设计

8.1 一 般 规 定

8.1.1 轻骨料混凝土应用于有抗震设防要求的结构构件，抗震设计非常重要。本条阐明了抗震设计应遵守的原则，本章仅列出轻骨料混凝土结构构件抗震设计中与普通混凝土结构抗震设计的不同之处，其余的设计均应按国家标准《混凝土结构设计规范》GB 50010—2002 第 11 章进行。

8.1.2 试验研究表明，在低周反复荷载作用下，轻骨料混凝土框架梁、框架柱、梁柱节点、剪力墙的正截面受弯承载力与一次加载的正截面受弯承载力相近。地震作用组合的正截面受弯承载力可按静力公式除以相应的承载力抗震调整系数。

框架梁端轻骨料混凝土受压区高度及梁端纵向受拉钢筋配筋率应符合国家标准《混凝土结构设计规范》GB 50010—2002 的相关规定。

8.1.3 根据轻骨料混凝土结构构件的延性和耗能特性，参照国内、外轻骨料混凝土结构的工程实践经验、研究成果及震害状况，规定了不同结构类型的建筑物高度与结构抗震等级的关系。考虑到 9 度设防区及单层厂房铰接排架的工程实践不多，本规程未予列入。

8.1.4 轻骨料混凝土剪力墙结构具有较好的承载力及延性，适宜在8度地区应用。

8.1.5 轻骨料混凝土结构构件在反复荷载作用下，钢筋锚固性能衰减较快。根据相关试验，参考国外规范、标准的规定，本条规定按国家标准《混凝土结构设计规范》GB 50010—2002 的方式，对受拉钢筋的锚固长度按抗震等级乘以不同的增大系数，受拉钢筋的搭接长度也相应增大。

8.2 材 料

8.2.1 根据轻骨料混凝土的基本材料性能及国内外地震设防区工程应用实践，规定了构件抗震要求的最高和最低轻骨料混凝土强度等级的限制，以保证构件在地震力作用下的承载力和延性。考虑到高强轻骨料混凝土的脆性特性，对地震高烈度区使用高强轻骨料混凝土应有所限制。

8.2.2 根据我国多年来的试验研究成果，将轻骨料的强度标号要求列入本条。轻骨料出厂检验报告中应包括其强度标号指标。强度标号较高的轻骨料有利于改善结构构件的延性，保证结构的抗震能力。

8.3 框架梁、框架柱及节点

8.3.1 条文规定了框架梁的截面限制条件，是由国家标准《混凝土结构设计规范》GB 50010—2002 公式（11.3.3）乘以0.85的折减系数得来的。

8.3.2 矩形、T形和I形截面框架梁，斜截面受剪承载力计算公式是参照国内外的试验研究成果，考虑到轻骨料混凝土在反复荷载作用下的不利因素制定的。钢筋轻骨料混凝土框架梁在反复荷载作用下，破坏形态与相应的普通混凝土梁相似，但是由于斜向交叉裂缝的急剧开展，梁顶面、底面混凝土剥落撕裂，降低了梁的受剪承载力。为此，本条有关一般框架梁斜截面受剪承载力计算公式，是在静载作用下梁受剪承载力计算公式（5.2.4-2）、（5.2.4-4）的基础上，对混凝土项乘以0.6的折减系数，箍筋项则不考虑折减。

8.3.3 本条从受剪的要求提出了轻骨料混凝土框架柱截面尺寸的限制条件，是由国家标准《混凝土结构设计规范》GB 50010—2002 公式（11.4.8）乘以0.85的折减系数得来的。

8.3.4 框架柱在弯、压、剪共同作用下受剪承载力计算公式是参照框架梁公式的折减原则制定的，计算公式是在静载作用下公式（5.3.5）的基础上，对混凝土项和轴力项分别乘以0.6和0.8的折减系数，箍筋项则不考虑折减。

8.3.5 框架柱出现拉力时，计算公式是在静载作用下公式（5.4.3）的基础上，对混凝土项乘以0.6的折减系数，箍筋项和轴力项则不考虑折减。

8.3.6、8.3.7 考虑地震作用组合的框架柱的轴压比 $N/(f_c A)$ 限值是根据试验及分析国内外有关资料后确定的。

国内进行的约束陶粒混凝土矩形截面柱的延性试验表明，柱的延性随轴压比的增加而减小，相同条件下陶粒混凝土柱的延性比普通混凝土柱差。参照国外有关标准和国内近期的研究成果，在普通混凝土相关规定的基础上对其轴压比限值、箍筋加密区最小配箍特征值作适当调整。

8.3.8 框架节点受剪水平截面限制条件，是为了防止因节点截面过小，核心区轻骨料混凝土承受过大的斜压应力导致节点混凝土被压碎。公式（8.3.8-1）参照普通混凝土节点截面限制条件乘以0.85的折减系数。

框架节点核心区抗震受剪承载力计算公式是考虑了轻骨料混凝土的受力特点，采用与国家标准《混凝土结构设计规范》GB 50010—2002 相同的表达形式。试验表明，轻骨料混凝土节点核心区混凝土的抗剪强度低于普通混凝土。综合考虑核心区轻骨料混凝土及箍筋的试验结果，节点核心区的受剪承载力计算公式（8.3.8-2）是在国家标准《混凝土结构设计规范》GB 50010—2002 公式（11.6.4-2）中混凝土项和轴力项乘以0.75的折减系数得到的。

为保证节点的延性，对中间层中间节点、顶层中间节点处梁纵向钢筋的直径较普通混凝土要求略为加严。

8.4 剪 力 墙

8.4.1 对考虑地震作用组合的轻骨料混凝土剪力墙受剪截面限制条件，参照国家标准《混凝土结构设计规范》GB 50010—2002 公式（11.7.4-1）、（11.7.4-2）乘以0.85的折减系数。

8.4.2 试验表明，普通混凝土剪力墙在反复荷载作用下的受剪承载力比单调荷载作用下的受剪承载力相差20%，这在轻骨料混凝土剪力墙中仍适用，故在本规程公式（7.2.12）基础上乘以0.8的折减系数并除以 γ_{RE}。

8.4.3 偏心受拉剪力墙的抗震受剪承载力按本规程公式（7.2.13）右边乘以0.8折减系数并除以 γ_{RE}。

8.4.4 多肢剪力墙的承载力和延性有很大关系。本条参考了国家标准《混凝土结构设计规范》GB 50010—2002、行业标准《高层建筑混凝土结构技术规程》JGJ 3—2002 的有关规定，给出了剪力墙连梁的抗震受弯承载力计算方法、抗震受剪截面限制条件、抗震受剪承载力计算公式及相关构造要求。各公式的混凝土项均乘了0.85的折减系数。

8.4.5 轻骨料混凝土强度愈高，脆性愈显著，设置约束边缘构件是提高剪力墙受压区混凝土极限应变和剪力墙延性的主要措施。约束边缘构件配箍特征值的提高，有利于改善剪力墙延性。

9 施工及验收

9.1 一般规定

9.1.1 本章主要对轻骨料混凝土结构工程中混凝土分项工程的施工和验收作出规定，故除本章规定外，轻骨料混凝土结构的施工和验收尚应符合相关标准的规定。轻骨料混凝土结构实体检验也应符合现行国家标准《混凝土结构工程施工质量验收规范》GB 50204 的规定。

9.1.2 轻骨料出厂时，应按照现行国家标准《轻集料及其试验方法》GB/T 17431 的规定进行出场检验。该标准还对型式检验作了规定。进场时应提供这两种检验的报告，并进行复验。

9.1.3 本条规定了轻骨料进场检验的批量和检验项目。自燃煤矸石和火山渣的质量波动一般较人造轻骨料大，为加强质量控制，减小了检验批量，增加了检验频率。

自燃煤矸石的含碳量（通过烧失量反映）和三氧化硫含量对自燃煤矸石混凝土的耐久性能影响较大，本条提出了检验要求。

9.1.4 本条对轻骨料的运输和堆放作了规定。为保证轻骨料质量均匀，当堆场场地条件允许时，轻骨料的单批进货量宜尽量大。

9.1.5 轻骨料的预湿对轻骨料混凝土的工作性、抗裂性等均有利，但吸水饱和度（指预湿后含水率与饱和吸水率之比）较高时对混凝土的抗冻性不利，故应根据工程实际情况进行预湿处理。预湿可采用喷淋、浸泡等方法。对泵送施工，轻骨料预湿后含水率不应小于其 24h 吸水率，且吸水饱和度宜大于 70%。使用吸水率较小的轻骨料时，在配料和搅拌前可不专门进行预湿处理。

9.1.6 轻骨料混凝土自然状态下的表观密度、抗压强度和弹性模量对预应力张拉时的结构构件的反拱影响较大。参考铁路部门对预制混凝土桥梁构件的规定，本条提出了在预应力张拉前检验混凝土表观密度、抗压强度和弹性模量等指标的要求。抗压强度和弹性模量应采用与结构构件同条件养护的试件测试得到。

9.2 施工控制

9.2.1 在国际预应力混凝土联合会《FIP 轻骨料混凝土手册》第一版（1977 年）和第二版（1983 年）中，以及在美国联邦高速公路管理局的《轻骨料混凝土桥梁设计指南》（1985 年）中，都推荐优先采用绝对体积法设计结构用砂轻混凝土的配合比。

松散体积法既适用于全轻混凝土，也适用于砂轻混凝土，简便易行，特别适合在施工中及时、快速地调整配合比。

9.2.2 为了保证施工质量的稳定性，轻骨料混凝土生产单位在生产中应经常自检轻骨料和轻骨料混凝土拌合物的质量波动，掌握轻骨料的表观密度、堆积密度及轻骨料混凝土湿表观密度等情况，必要时对配合比作出调整。

轻骨料堆积密度的测试简便快捷，与表观密度的测试相配合，可同时反映级配的变化。轻骨料混凝土湿表观密度可反映原材料和实际配合比的变化情况，通过加强其测试可减少实际生产时混凝土性能的波动。湿表观密度目标值指在试验室内采用相同原材料配制出的轻骨料混凝土拌合物经捣实后的单位体积质量。

9.2.3 与砂轻混凝土相比，全轻混凝土在泵送过程中轻骨料吸水较多，泵送难度大。粉煤灰等矿物掺合料可改善轻骨料混凝土拌合物的和易性，并减少高水泥用量时的水化热。

9.2.4 轻骨料混凝土由于骨料轻，自落式搅拌机难以搅拌均匀，故应采用强制式搅拌机搅拌。

9.2.5 增黏剂（国外文献中一般称为黏性改善剂）能改善轻骨料混凝土的离析状况，但应用前应有充分的试验依据，并注意是否影响混凝土性能和与减水剂的相容性。

9.2.6 当采取有效措施（如充分预湿轻骨料、选用适当的减水剂）保证轻骨料混凝土坍落度不损失时，拌合物从搅拌机卸料起到浇入模内止的延续时间可适当延长。

9.2.7 当轻骨料的吸水率较大或预湿饱水度偏低时，坍落度宜选用较大值。

实际泵送过程中，轻骨料在泵管内压力作用下进一步吸水，试验室内较难模拟由此引起的轻骨料混凝土拌合物可泵性的变化，故对于轻骨料混凝土的泵送施工，试泵是必要的。

9.2.8 本条为避免混凝土离析的必要措施。

9.2.9 国内外已有免振捣自密实轻骨料混凝土的研究与实践，这种轻骨料混凝土特别适用于密集配筋情况。轻骨料混凝土振捣时，宜以轻骨料略有上浮作为振捣密实的标志，过度振捣将造成大量轻骨料上浮，构件上、下部位不均匀。

9.2.10 当柱的混凝土设计强度高于梁、板的设计强度，或柱和梁、板分别采用普通混凝土和轻骨料混凝土时，应对梁柱节点和接缝混凝土施工采取有效措施。

9.2.11 在有冻融循环的地区，当出于泵送施工需要而使用高饱水度的预湿轻骨料时，应采取措施避免轻骨料混凝土的冻融破坏。

9.2.12 轻骨料混凝土成型后，应特别注意防止表面失水，避免混凝土表面开裂。

9.3 质 量 验 收

9.3.1 本条针对不同的混凝土生产量，规定了用于检查结构构件混凝土强度的试件的取样与留置要求。轻骨料混凝土强度的检验评定应符合现行国家标准《混凝土强度检验评定标准》GBJ 107 的规定。

同条件养护试件的留置组数除应考虑用于确定施工期间结构构件的混凝土强度外，还应考虑用于结构实体轻骨料混凝土强度的检验。

9.3.2 当设计提出轻骨料混凝土的耐久性要求时，应根据设计要求进行检验，或由设计、施工和监理单位共同商定检验方案。

中华人民共和国行业标准

冷拔低碳钢丝应用技术规程

Technical specification for application
of cold-drawn low-carbon wires

JGJ 19—2010

批准部门：中华人民共和国住房和城乡建设部
施行日期：2 0 1 0 年 1 0 月 1 日

中华人民共和国住房和城乡建设部
公　　告

第511号

关于发布行业标准《冷拔低碳钢丝应用技术规程》的公告

现批准《冷拔低碳钢丝应用技术规程》为行业标准，编号为JGJ 19-2010，自2010年10月1日起实施。其中，第3.2.1条为强制性条文，必须严格执行。原行业标准《冷拔钢丝预应力混凝土构件设计与施工规程》JGJ 19-92同时废止。

本规程由我部标准定额研究所组织中国建筑工业出版社出版发行。

中华人民共和国住房和城乡建设部

2010年3月15日

前　言

根据住房和城乡建设部《关于印发〈2008年工程建设标准规范制订、修订计划（第一批）〉的通知》（建标［2008］102号）的要求，规程编制组经广泛调查研究，认真总结实践经验，参考有关国际标准和国外先进标准，并在广泛征求意见的基础上，修订本规程。

本规程主要技术内容是：1. 总则；2. 术语和符号；3. 基本规定；4. 钢丝焊接网；5. 钢筋骨架；6. 附录。

本规程修订的主要技术内容是：根据规程技术内容的变化，将规程更名为《冷拔低碳钢丝应用技术规程》；取消冷拔低合金钢丝，冷拔低碳钢丝不再作为预应力钢筋使用，仅保留CDW550一个强度级别的冷拔低碳钢丝；增加了预应力混凝土桩、钢筋混凝土排水管及环形混凝土电杆的配筋构造；补充了钢丝焊接网、焊接骨架的加工及验收和受力钢丝焊接网的构造基本规定。

本规程中以黑体字标志的条文为强制性条文，必须严格执行。

本规程由住房和城乡建设部负责管理和对强制性条文的解释，由中国建筑科学研究院负责具体技术内容的解释。执行过程中，如有意见或建议请寄送中国建筑科学研究院建筑结构研究所（地址：北京市北三环东路30号，邮编：100013）。

本规程主编单位：中国建筑科学研究院
江西省建工集团公司

本规程参编单位：浙江省建筑科学设计研究院有限公司
江苏省建筑科学研究院有限公司
嘉兴学院管桩应用技术研究所
同济大学
广东三和管桩有限公司
温州中城建设集团有限公司
浙江环宇建设集团有限公司
中鑫建设集团有限公司

本规程主要起草人员：王晓锋　顾万黎　李向阳　陈仁华　潘金炎　卢锡鸿　蒋元海　赵　勇　魏宜龄　徐佩林　陈绍炳　王　铁

本规程主要审查人员：杨嗣信　沙志国　张树凯　汪加蔚　李晓明　沈丽华　陶学康　蒋勤俭　张吟秋　蔡仁祉

目次

Contents

1 总 则

1.0.1 为了在冷拔低碳钢丝的应用中贯彻执行国家的技术经济政策，做到安全适用、经济合理、技术先进、确保质量，制定本规程。

1.0.2 本规程适用于冷拔低碳钢丝的加工、验收及其在建筑工程、混凝土制品中的应用。

1.0.3 冷拔低碳钢丝在建筑工程、混凝土制品中的应用除应符合本规程外，尚应符合国家现行有关标准的规定。

2 术语和符号

2.1 术 语

2.1.1 冷拔低碳钢丝 cold-drawn low-carbon wire

低碳钢热轧圆盘条或热轧光圆钢筋经一次或多次冷拔制成的光圆钢丝。

2.1.2 钢丝焊接网 welded wire fabric

具有相同或不同直径的纵向和横向冷拔低碳钢丝以一定间距相互垂直排列，全部交叉点均用电阻点焊制成的网片。

2.1.3 焊接骨架 welded wire cage

螺旋筋或环向钢筋与纵向钢筋用滚焊机并采用电阻点焊制成的空间骨架。

2.1.4 面缩率 reduction ratio of area

冷拔低碳钢丝拉拔后的面积缩减量与原始面积的比率。

2.2 符 号

2.2.1 材料性能

A——钢丝伸长率；

A_s——受拉钢丝面积；

f_{stk}——冷拔低碳钢丝的强度标准值；

f_y——冷拔低碳钢丝的抗拉强度设计值。

2.2.2 几何参数

d——钢丝直径；

l_a——受拉钢丝焊接网的锚固长度。

3 基本规定

3.1 一般规定

3.1.1 冷拔低碳钢丝宜作为构造钢筋使用，作为结构构件中纵向受力钢筋使用时应采用钢丝焊接网。冷拔低碳钢丝不得作预应力钢筋使用。

3.1.2 作为箍筋使用时，冷拔低碳钢丝的直径不宜小于5mm，间距不应大于200mm，构造应符合国家现行相关标准的有关规定。

3.1.3 采用冷拔低碳钢丝的混凝土构件，混凝土强度等级不应低于C20。预应力混凝土桩、钢筋混凝土排水管、环形混凝土电杆中的混凝土强度等级尚应符合有关标准的规定。混凝土强度和弹性模量应按现行国家标准《混凝土结构设计规范》GB 50010的有关规定取值。

3.1.4 混凝土构件中冷拔低碳钢丝构造钢筋的混凝土保护层厚度（指钢丝外边缘至混凝土表面的距离）不应小于15mm。混凝土制品内外表面的冷拔低碳钢丝混凝土保护层厚度应符合下列规定：

1 预应力混凝土桩（包括管桩、方桩）的混凝土保护层厚度不应小于25mm。外径或边长为300mm时，混凝土保护层厚度要求可适当降低，但不应小于20mm。

2 钢筋混凝土排水管的混凝土保护层厚度：管壁为40mm～100mm时不应小于15mm，管壁大于100mm时不应小于20mm；管壁小于40mm时，混凝土保护层厚度要求可适当降低，但不应小于10mm。

3 环形混凝土电杆的混凝土保护层厚度不应小于15mm。

4 除以上规定之外的其他混凝土制品，可根据其使用功能参考本条内容确定混凝土保护层厚度。

3.1.5 作为砌体结构中夹心墙叶墙间的拉结钢筋或拉结网片使用时，冷拔低碳钢丝应进行防腐处理，其直径、间距的要求应符合现行国家标准《砌体结构设计规范》GB 50003的有关规定。

3.2 钢 丝 性 能

3.2.1 冷拔低碳钢丝的强度标准值 f_{stk} 应由未经机械调直的冷拔低碳钢丝抗拉强度表示。强度标准值 f_{stk} 应为550N/mm²，并应具有不小于95%的保证率。钢丝焊接网和焊接骨架中冷拔低碳钢丝抗拉强度设计值 f_y 应按表3.2.1的规定采用。

表3.2.1 钢丝焊接网和焊接骨架中冷拔低碳钢丝的抗拉强度设计值（N/mm²）

牌 号	符 号	f_y
CDW550	ϕ^b	**320**

3.2.2 CDW550级冷拔低碳钢丝的直径可为：3mm、4mm、5mm、6mm、7mm和8mm。直径小于5mm的钢丝焊接网不应作为混凝土结构中的受力钢筋使用；除钢筋混凝土排水管、环形混凝土电杆外，不应使用直径3mm的冷拔低碳钢丝；除大直径的预应力混凝土桩外，不宜使用直径8mm的冷拔低碳钢丝。冷拔低碳钢丝及钢丝焊接网的公称截面面积、理论重量应按本规程附录A采用。

3.2.3 CDW550级冷拔低碳钢丝的弹性模量应取 2.0×10^5N/mm²。

3.3 钢丝加工及验收

3.3.1 冷拔低碳钢丝的母材可采用低碳钢热轧圆盘条或热轧光圆钢筋。

3.3.2 冷拔低碳钢丝母材进厂及进场时，应检查产品合格证、出厂检验报告，并按现行国家标准《低碳钢热轧圆盘条》GB/T 701 或《钢筋混凝土用钢 第1部分：热轧光圆钢筋》GB 1499.1 的规定抽取试样并作力学性能检验，其质量应符合有关标准的规定。母材进厂及进场后应按生产单位分牌号、规格堆放和使用。当有关标准对检验批量及抗拉强度未作规定时，进厂及进场验收应符合下列规定：

1 检验批重量不应大于60t；

2 抗拉强度不应小于370N/mm^2。

3.3.3 母材的外观质量不应影响拔丝加工。当母材的焊接性能不良或发生脆断时，应按相关标准进行专项检验。

3.3.4 冷拔低碳钢丝的母材牌号及直径可按表3.3.4的规定确定。冷拔加工时，每次拉拔的面缩率不宜大于25%。

表 3.3.4 母材的牌号与直径

冷拔低碳钢丝直径（mm）	母材牌号	母材直径（mm）
3	Q195、Q215	6.5、6
4	Q195、Q215	6.5、6
5	Q215、Q235、HPB235	6.5、8
6	Q215、Q235、HPB235	8
7	Q215、Q235、HPB235	10
8	Q235、HPB235	10

3.3.5 母材冷拔前应经过除锈。拔丝过程中不得进行退火。母材如需对焊时，应采用同一生产单位、同一牌号的母材。

3.3.6 冷拔低碳钢丝验收应按同一生产单位、同一原材料、同一直径，且不应超过30t为1个检验批进行抽样检验，并检查母材进厂或进场检验报告。每个检验批的检验项目为表面质量、直径偏差、拉伸试验（包含量测抗拉强度和伸长率）和反复弯曲试验。

3.3.7 每个检验批冷拔低碳钢丝的表面质量应全数目测检查。钢丝表面不得有裂纹、毛刺及影响力学性能的锈蚀、机械损伤。对表面质量不合格的冷拔低碳钢丝，经处理并检验合格后方可用于工程。

3.3.8 每个检验批应抽取不少于5盘的进行直径偏差检验，每盘钢丝抽取1点量测钢丝直径，该点钢丝实测直径取两个垂直方向的平均值。冷拔低碳钢丝的直径允许偏差应符合表3.3.8的规定。有不合格的检验批应逐盘检验，合格盘可用于工程。量测钢丝直径的仪器精度不应低于0.01mm，直径平均值计算应修约至0.01mm。

表 3.3.8 冷拔低碳钢丝直径允许偏差（mm）

冷拔低碳钢丝直径	直径允许偏差	冷拔低碳钢丝直径	直径允许偏差
3	±0.06	6	±0.12
4	±0.08	7	±0.15
5	±0.10	8	±0.15

3.3.9 每个检验批的冷拔低碳钢丝拉伸试验和反复弯曲试验应符合下列规定：

1 每批应抽取不少于3盘的冷拔低碳钢丝进行拉伸试验和反复弯曲试验。每盘钢丝中任一端截去500mm以后再取2个试样：1个试样进行拉伸试验，1个试样进行反复弯曲试验。冷拔低碳钢丝拉伸试验、反复弯曲试验的性能要求应符合表3.3.9的规定。

表 3.3.9 冷拔低碳钢丝拉伸试验、反复弯曲试验的性能要求

冷拔低碳钢丝直径（mm）	抗拉强度 R_m 不小于（N/mm^2）	伸长率 A 不小于（%）	180°反复弯曲次数不小于	弯曲半径（mm）
3	550	2.0	4	7.5
4		2.5		10
5		3.0		15
6				15
7				20
8				20

注：1 抗拉强度试样应取未经机械调直的冷拔低碳钢丝；

2 冷拔低碳钢丝伸长率测量标距对直径3mm～6mm的钢丝为100mm，对直径7mm、8mm的钢丝为150mm。

2 检验批的所有试样都合格时，判定该检验批检验合格。当检验项目有1个试验项目不合格时，应在未抽取过试样的钢丝盘中另取原抽样数量的双倍进行该项目复检，如复检试样全部合格，判定该检验项目复检合格。对于检验或复检不合格的检验批应逐盘检验，合格盘可用于工程。

3 冷拔低碳钢丝的拉伸试验、反复弯曲试验应按现行国家标准《金属材料 室温拉伸试验方法》GB/T 228、《金属材料 线材 反复弯曲试验方法》GB/T 238 的有关规定执行。计算抗拉强度时取钢丝的公称截面面积。如拉伸试样在夹头内或距钳口2倍直径以内断裂，则判定试验无效，应重新取样。测量伸长率标距的仪器精度不应低于0.1mm，测得的伸长率应修约到0.5%。

4 钢丝焊接网

4.1 构造规定

4.1.1 钢丝焊接网在混凝土结构中作为构造钢筋使用时，其钢丝直径不应小于4mm、间距不应大于

200mm。构造钢丝焊接网的锚固长度不应小于100mm；搭接长度不应少于1个网格，且不应小于200mm。

4.1.2 钢丝焊接网在混凝土结构中作为防裂钢筋使用时，钢丝间距不宜大于150mm，并应按受力钢丝焊接网的要求与周边钢筋搭接或在周边构件中锚固。

4.1.3 钢丝焊接网可作为混凝土小型空心砌块房屋墙体交接处或芯柱与墙体连接处的拉结钢筋网片使用，其构造应符合下列规定：

1 网片纵筋直径不应小于4mm，横筋间距不宜大于200mm；

2 网片伸入墙内不应小于1m；

3 网片与网片之间沿墙高的间距不应大于600mm。

4.1.4 混凝土结构、砌体结构中的构造钢丝焊接网应与其他受力钢筋、构件可靠连接。

4.1.5 钢丝焊接网作为受力钢筋使用时，应符合本规程附录B的构造基本规定。

4.2 加工及验收

4.2.1 钢丝焊接网宜采用自动焊网机并用电阻点焊的方式加工。

4.2.2 钢丝焊接网验收应按同一生产单位、同一原材料、同一生产设备，且不超过30t为1个检验批进行抽样检验，并检查冷拔低碳钢丝检验合格报告。每个检验批应抽取5%且不少于3张网片进行外观质量和尺寸偏差检查。作为受力筋使用的钢丝焊接网，每个检验批尚应随机抽取1张网片进行拉伸试验（包含量测抗拉强度和伸长率）、反复弯曲试验及抗剪试验。

4.2.3 钢丝焊接网的外观质量应符合下列规定：

1 钢丝焊接网表面不得有影响使用的缺陷；

2 钢丝焊接网交叉点开焊数量不应超过整张网片交叉点总数的1%；任一根钢丝上开焊点数不得超过该根钢丝上交叉点总数的50%；钢丝焊接网最外边钢丝上的交叉点不得开焊。

4.2.4 钢丝焊接网的尺寸允许偏差应符合表4.2.4的规定。

表4.2.4 钢丝焊接网的尺寸允许偏差

项 目	允许偏差（mm）
网片的长度、宽度	±25
网格的长度、宽度	±10
10个网格的长度、宽度	±50

4.2.5 钢丝焊接网拉伸试验和反复弯曲试验应符合下列规定：

1 应在所抽取网片的纵、横向钢丝上各截取2根，分别进行拉伸试验和反复弯曲试验。每个试样应含有不少于1个焊接点，钢丝焊接网试样长度应足以保证夹具之间的距离不小于180mm（图4.2.5）。

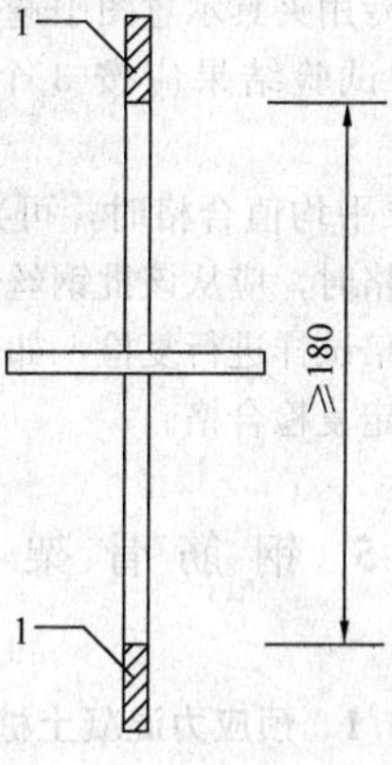

图4.2.5 钢丝焊接网拉伸试样

1—夹具范围

2 拉伸试验结果中抗拉强度实测值不应小于500N/mm²，拉伸试验中伸长率实测值和反复弯曲试验应符合本规程第3.3.9条对于冷拔低碳钢丝的要求。

3 检验批的所有试样都合格时，可判定该检验批检验合格。当检验项目有1个试验项目不合格时，应从该批钢丝焊接网的同一型号网片中再取双倍试样进行该项目的复检，如复检试样全部合格，可判定检验项目复检合格。

4 拉伸试验、反复弯曲试验应按现行国家标准《金属材料 室温拉伸试验方法》GB/T 228、《金属材料 线材 反复弯曲试验方法》GB/T 238的有关规定执行。

4.2.6 钢丝焊接网抗剪试验应符合下列规定：

1 应在所抽取网片的同一根非受力钢丝（或直径较小的钢丝）上随机截取3个试样进行试验。每个试样应含有1个焊接点，钢丝焊接网试样长度应足以保证夹具范围之外的受力钢丝长度不小于200mm（图4.2.6）。

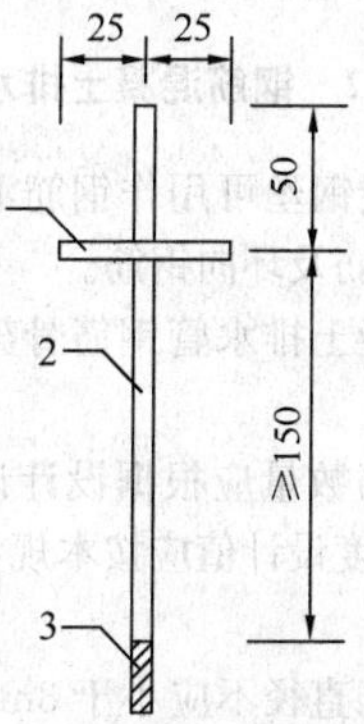

图4.2.6 钢丝焊接网抗剪试样

1—非受力钢丝（或直径较小的钢丝）；

2—受力钢丝；3—夹具范围

2 受力钢丝焊接网焊点的抗剪力应符合本规程

附录B第B.0.4条的有关规定，可在本规程附录C推荐的抗剪试验专用夹具示意图中选取一种夹具进行试验。抗剪力的试验结果应按3个试样的平均值计算。

3 试验结果平均值合格时，可判定该检验批检验合格。当不合格时，应从该批钢丝焊接网的同一型号网片中再取双倍试样进行复检，如复检试验结果平均值合格，可判定复检合格。

5 钢筋骨架

5.1 预应力混凝土桩

5.1.1 冷拔低碳钢丝可用作预应力混凝土桩中焊接骨架的螺旋筋。

5.1.2 预应力混凝土管桩螺旋筋直径不应小于表5.1.2规定的数值。

表5.1.2 预应力混凝土管桩螺旋筋的最小直径

管桩外径（mm）	桩的型号	螺旋筋最小直径（mm）	管桩外径（mm）	桩的型号	螺旋筋最小直径（mm）
300～400	A、AB、B、C	4	1000～1200	A、AB、B	6
500～600	A、AB、B、C	5		C	8
700	A、AB、B、C	6	1300～1400	A、AB	7
800	A、AB、B、C	6		B、C	8

注：表中桩的型号根据现行国家标准《先张法预应力混凝土管桩》GB 13476确定。

5.1.3 钢筋骨架中螺旋筋的螺距在管桩两端2m范围内为45mm，其余范围内为80mm。

5.2 钢筋混凝土排水管

5.2.1 冷拔低碳钢丝可用作钢筋混凝土排水管中焊接骨架的纵向钢筋及环向钢筋。

5.2.2 钢筋混凝土排水管钢筋骨架的配筋构造应符合下列规定：

1 环向钢筋数量应根据设计计算确定，冷拔低碳钢丝的抗拉强度设计值应按本规程第3.2.1条的有关规定确定；

2 环向钢筋直径不应小于3mm，间距不应大于150mm且不应大于管壁厚度的3倍；

3 纵向钢筋直径不应小于4mm，且不应少于6根，滚焊钢筋骨架中纵向钢筋的环向间距不应大于400mm。

5.2.3 公称内径小于等于1000mm的钢筋混凝土排水管，宜采用单层配筋，配筋位置宜在距管内壁2/5壁厚处；公称内径大于1000mm的钢筋混凝土排水管宜采用双层配筋。

5.3 环形混凝土电杆

5.3.1 冷拔低碳钢丝可用作环形混凝土电杆中钢筋骨架的螺旋筋、架立圈筋。

5.3.2 环形混凝土电杆钢筋骨架的配筋构造应符合下列规定：

1 螺旋筋应设置在纵向钢筋外侧，并应通长配置。螺旋筋的直径宜为3mm～6mm，间距不宜大于120mm，距两端各1.5m之内的间距不宜大于70mm。

2 架立圈筋应设置在纵向钢筋内侧。架立圈筋的直径宜为5mm～8mm，间距对于钢筋混凝土电杆不宜大于500mm，对于预应力、部分预应力混凝土电杆不宜大于1000mm。

5.4 加工及验收

5.4.1 当冷拔低碳钢丝用作预应力混凝土桩、钢筋混凝土排水管、环形混凝土电杆中钢筋骨架的螺旋筋、环向钢筋时，应符合下列规定：

1 首圈应密缠1～3圈，其与端头的距离不应大于设计要求的螺旋筋、环向钢筋的最小间距；

2 螺旋筋、环向钢筋需要搭接时，应在搭接处重复1圈。

5.4.2 冷拔低碳钢丝钢筋骨架应采用自动滚焊机并用电阻点焊的方式成型。根据工艺需要，环形混凝土电杆也可采用绑扎成型。

5.4.3 冷拔低碳钢丝钢筋骨架验收应按每台班为1个检验批进行抽样检验，并检查冷拔低碳钢丝检验合格报告。每个检验批应全数检查外观质量，并应抽取不少于3个钢筋骨架进行尺寸偏差检查。

5.4.4 钢筋骨架的外观质量应符合下列规定：

1 钢筋骨架表面不得有影响使用的缺陷；

2 对于焊接骨架，钢筋骨架中纵向钢筋与螺旋筋、环向钢筋的交叉点中所有的开焊点均应以铁丝绑紧；

3 对于绑扎骨架，钢筋骨架中纵向钢筋与螺旋筋的所有交叉点均应绑紧。

5.4.5 钢筋骨架的尺寸偏差检验应量测螺旋筋、环向钢筋的间距，尺寸允许偏差应符合表5.4.5的规定。

表5.4.5 钢筋骨架的允许偏差

项目		允许偏差（mm）
单个间距	焊接骨架	±10
	绑扎骨架	±15
10个间距之和		±50

附录A　冷拔低碳钢丝及钢丝焊接网的公称截面面积、理论重量

表 A-1　冷拔低碳钢丝的公称截面面积、理论重量

公称直径（mm）	公称截面面积（mm^2）	理论重量（kg/m）
3	7.1	0.055
4	12.6	0.099
5	19.6	0.154
6	28.3	0.222
7	38.5	0.302
8	50.3	0.395

表 A-2　常用尺寸钢丝焊接网的理论重量

公称直径（mm）	横向间距（mm）	纵向间距（mm）	理论重量（kg/m^2）
4	50	50	3.96
4	100	100	1.98
4	150	150	1.32
4	200	200	0.99
5	50	50	6.16
5	100	100	3.08
5	150	150	2.05
5	200	200	1.54
6	50	50	8.88
6	100	100	4.44
6	150	150	2.96
6	200	200	2.22
7	50	50	12.08
7	100	100	6.04
7	150	150	4.03
7	200	200	3.02

注：本表中钢丝焊接网的纵向钢丝、横向钢丝的直径相同。

附录B　受力钢丝焊接网的构造基本规定

B.0.1　受力钢丝焊接网的配筋数量应根据国家现行相关标准的有关规定计算确定。

B.0.2　受力钢丝焊接网在混凝土构件中的保护层厚度应符合现行国家标准《混凝土结构设计规范》GB 50010 的有关规定。

B.0.3　配置受力钢丝焊接网混凝土结构构件中纵向受拉钢丝的最小配筋率不宜小于0.20%。

B.0.4　受力钢丝焊接网焊点的抗剪力应符合下列规定：

$$F \geqslant 150A_s \tag{B.0.4}$$

系数150的单位为N/mm^2。

式中：F——实测抗剪力（N）；

A_s——受拉钢丝面积（mm^2）。

B.0.5　受力钢丝焊接网在锚固长度范围内应有不少于两根横向钢丝，且较近1根横向钢丝至计算截面的距离不应小于50mm（图B.0.5），纵向受拉钢丝焊接网的锚固长度 l_a 不应小于表B.0.5规定的数值，且不应小于200mm。

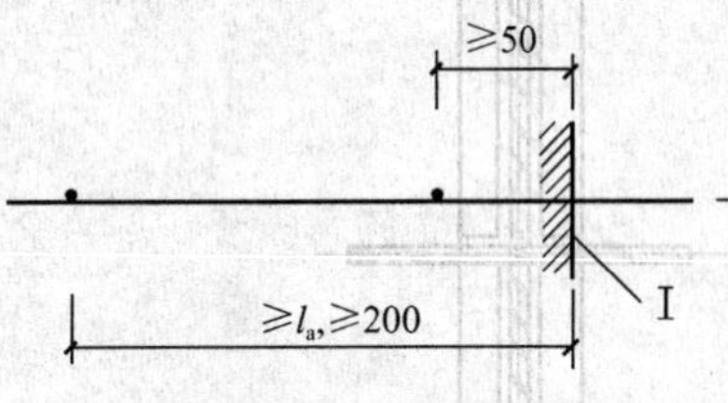

图 B.0.5　受力钢丝焊接网的锚固

注：图中尺寸单位为mm，F代表拉力。

Ⅰ—计算截面

表 B.0.5　纵向受拉钢丝焊接网最小锚固长度 l_a（mm）

混凝土强度等级	C20	C30	≥C40
最小锚固长度	35d	30d	25d

注：d为纵向受力钢丝直径（mm）。

B.0.6　受力钢丝焊接网在受力方向的搭接接头应设置在受力较小处。搭接范围内两网片最外边横向钢丝间的搭接长度不应小于两个网格，也不应小于本规程第B.0.5条规定的最小锚固长度的1.3倍，且不应小于200mm。对于受力的钢丝焊接网，当搭接区内一张网片无横向钢丝且无附加锚固构造措施时，不得采用搭接。

B.0.7　受力钢丝焊接网在非受力方向的分布钢丝的搭接，在搭接范围内两张网片最外边受力钢丝间的搭接长度不应小于1个网格，且不应小于100mm。

B.0.8　配筋砌体结构中应用的受力钢丝焊接网应采用直径不小于4mm的冷拔低碳钢丝，钢丝焊接网中

钢丝的间距不应小于 30mm，且不应大于 120mm。配筋砌体结构的其他构造要求应符合现行国家标准《砌体结构设计规范》GB 50003 的有关规定。

附录 C 推荐采用的抗剪试验专用夹具示意图

C.0.1 冷拔低碳钢丝焊接网的抗剪试验夹具可根据加工条件，任选抗剪夹具Ⅰ型、抗剪夹具Ⅱ型、抗剪夹具Ⅲ型中的一种（图 C.0.1-1～图 C.0.1-3）。伸裁试验应采取抗剪夹具Ⅲ型（图 C.0.1-3）。

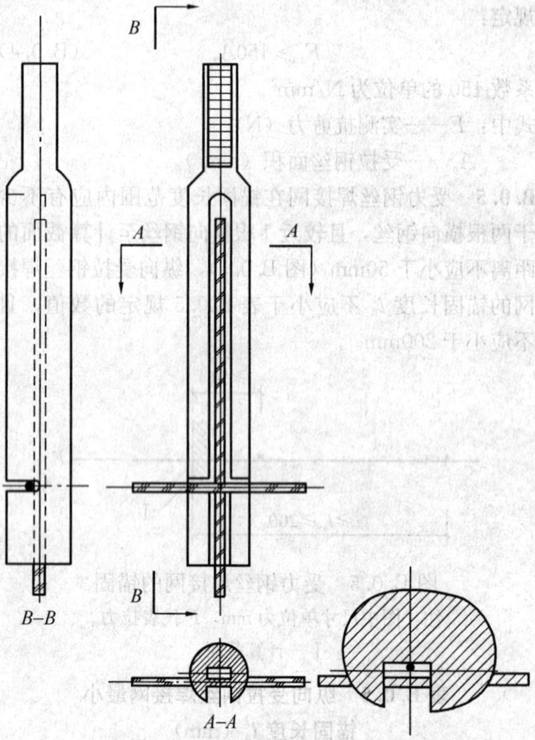

图 C.0.1-1 抗剪夹具Ⅰ型

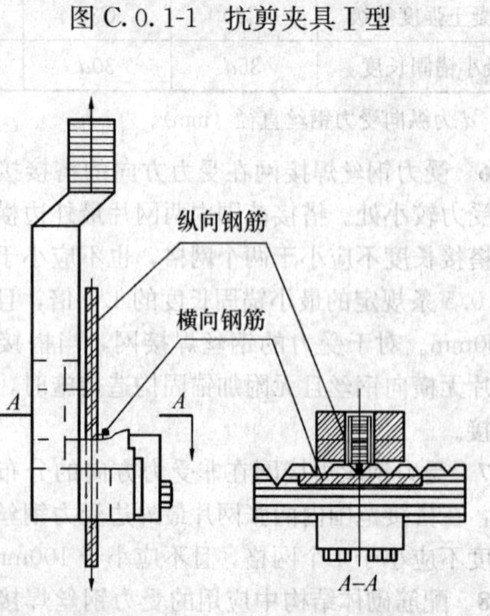

图 C.0.1-2 抗剪夹具Ⅱ型

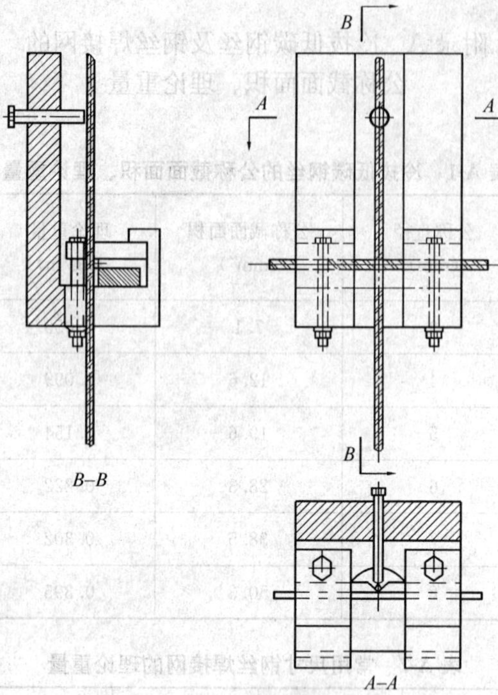

图 C.0.1-3 抗剪夹具Ⅲ型

本规程用词说明

1 为便于在执行本规程条文时区别对待，对要求严格程度不同的用词说明如下：

1）表示很严格，非这样做不可的：
正面词采用“必须”，反面词采用“严禁”；

2）表示严格，在正常情况均应这样做的：
正面词采用“应”，反面词采用“不应”或“不得”；

3）表示允许稍有选择，在条件许可时首先应这样做的：
正面词采用“宜”，反面词采用“不宜”；

4）表示有选择，在一定条件下可以这样做的，采用“可”。

2 条文中指明应按其他有关标准执行的写法为：“应符合……的规定”或“应按……执行”。

引用标准名录

1 《砌体结构设计规范》GB 50003

2 《混凝土结构设计规范》GB 50010

3 《建筑抗震设计规范》GB 50011

4 《混凝土结构工程施工质量验收规范》GB 50204

5 《金属材料 室温拉伸试验方法》GB/T 228

6 《金属材料 线材 反复弯曲试验方法》GB/T 238

7 《低碳钢热轧圆盘条》GB/T 701

8 《钢筋混凝土用钢　第 1 部分：热轧光圆钢筋》GB 1499.1

9 《钢筋混凝土用钢筋焊接网》GB/T 1499.3

10 《环形混凝土电杆》GB/T 4623

11 《混凝土和钢筋混凝土排水管》GB/T 11836

12 《先张法预应力混凝土管桩》GB 13476

13 《钢筋焊接网混凝土结构技术规程》JGJ 114

14 《预应力混凝土空心方桩》JG 197

15 《混凝土制品用冷拔低碳钢丝》JC/T 540

16 《先张法预应力混凝土薄壁管桩》JC 888

17 《混凝土低压排水管》JC/T 923

中华人民共和国行业标准

冷拔低碳钢丝应用技术规程

JGJ 19—2010

条 文 说 明

修订说明

《冷拔低碳钢丝应用技术规程》JGJ 19－2010，经住房和城乡建设部2010年3月15日以第511号公告批准发布。

本规程是在《冷拔钢丝预应力混凝土构件设计与施工规程》JGJ 19－92的基础上修订而成，上一版的主编单位是中国建筑科学研究院、浙江省建筑科学研究所，参编单位是江苏省建筑科学研究院、四川省建筑科学研究院、辽宁省建筑科学研究所、湖南大学、浙江大学、哈尔滨建筑工程学院、山东建筑工程学院、青岛海洋大学、浙江省建筑设计院和冶金部建筑研究总院。主要起草人员是顾万黎、裘炽昌、卫纪德、卢永川、卢锡鸿、孙文达、邵柏舟、严正平、李行宜、李明柱、张荣成、罗国强、赵立志、盛光复、焦彬如。

本次修订的主要技术内容是：明确了冷拔低碳钢丝的应用范围，不再作为预应力钢筋使用，一般情况下不推荐单根冷拔低碳钢丝作为受力主筋使用。考虑到国内混凝土结构、砌体结构及混凝土制品中的实际应用情况，规程仅规定了钢丝焊接网、焊接骨架中冷拔低碳钢丝作为受力钢筋应用的技术规定。修订完善了冷拔低碳钢丝作为非预应力钢筋使用时的应用规定及相关加工、验收等内容。

本规程修订过程中，编制组对冷拔低碳钢丝工程应用情况进行了大量调查研究，总结了大量工程实践经验，收集到许多的试验资料和技术参数，并同时参考了国外先进技术标准，与国内相关标准进行了协调，为规程修订提供了重要依据。

为便于广大设计、施工、科研、学校等单位有关人员在使用本规程时能正确理解和执行条文规定，编制组按章、节、条顺序编制了本规程的条文说明，对条文规定的目的、依据以及执行中需注意的有关事项进行了说明，还着重对强制性条文的强制性理由作了解释。但是，本条文说明不具备与规程正文同等的法律效力，仅供使用者作为理解和把握规程规定的参考。

目　次

1 总 则

1.0.1～1.0.3 原规程《冷拔钢丝预应力混凝土构件设计与施工规程》JGJ 19－92 的制定考虑了当时的国情，主要针对中小预应力混凝土构件的应用，并适当考虑了非预应力构件。

随着行业技术的不断发展，由于单根光面冷拔钢丝的延性和锚固性能均较差，在预应力混凝土构件中作为预应力筋使用已经很少。建设部于 2004 年 3 月 18 日发布的《关于发布〈建设部推广应用和限制禁止使用技术〉的公告》（建设部公告第 218 号）规定“冷拔低碳钢丝用于钢筋混凝土结构或构件中的受力钢筋”为限制使用项目。冷拔低碳钢丝作为受力钢筋使用不是本规程推荐的内容。我国国土面积较大且各地区经济、技术发展水平存在差别，考虑到国内混凝土结构构件、配筋砌体及混凝土制品应用的实际情况，本规程仅规定了钢丝焊接网、焊接骨架及少部分绑扎骨架中冷拔低碳钢丝作为受力钢筋使用的技术规定，工程中应避免使用单根冷拔低碳钢丝作为受力钢筋。

本规程修订前，原规程仍是工程中应用冷拔低碳钢丝的依据，但原规程中预应力混凝土构件部分已不符合行业政策和技术进步的要求，非预应力部分又无法反映近些年的工程实践经验。目前，国家标准《混凝土结构设计规范》GB 50010－2002、《混凝土结构工程施工质量验收规范》GB 50204－2002 均不包括冷拔低碳钢丝内容，造成冷拔低碳钢丝的应用缺乏相应的标准规范。

基于上述情况，本次规程修订取消了预应力部分，修订完善了冷拔低碳钢丝作为非预应力钢筋使用的设计、生产及验收。根据内容的变化，规程名称更名为《冷拔低碳钢丝应用技术规程》。

原规程中的冷拔钢丝包括冷拔低碳钢丝和冷拔低合金钢丝。本次规程修订仅保留以低碳钢热轧圆盘条或热轧光圆钢筋为母材的冷拔低碳钢丝，不再列入冷拔低合金钢丝，主要原因为冷拔低合金钢丝以抗拉强度不小于 550N/mm² 的 ϕ6.5 低合金盘条为母材，拔制后强度较高，不适合用于非预应力混凝土构件。

冷拔低碳钢丝在我国应用已有 40 多年的历史，积累了一整套丰富的实践经验。由于具有取材和加工方便、强度价格比高、滚焊时钢丝对滑块磨损小及焊接质量容易保证等优点，结合工程实际情况，在条件允许的情况下因地制宜地采用冷拔低碳钢丝可获得较好的经济效果，符合建设节约型社会的可持续发展要求。

目前，冷拔低碳钢丝仍在混凝土结构、砌体结构中继续应用，如混凝土结构中混凝土保护层厚度较大时配置的构造网片，配筋砌体中的受力网片，墙体圈梁及构造柱的箍筋，混凝土小型空心砌块墙体中的网片拉结筋，建筑保温、防水层中的构造网片，混凝土结构、砌体结构加固中的受力及构造网片，基坑支护边坡中喷射混凝土面层的构造网片，等等。除箍筋外，冷拔低碳钢丝在混凝土结构、砌体结构中的应用以钢丝焊接网的形式为主。冷拔低碳钢丝作受力钢筋使用时只能采用焊接网的形式，作构造钢筋使用时也应尽量采用焊接网。

在预应力混凝土桩（管桩、方桩）、钢筋混凝土排水管、环形混凝土电杆等混凝土制品中，钢筋骨架中的螺旋筋（环向钢筋）主要应用冷拔低碳钢丝，每年的用量达数百万吨。在各种混凝土制品中，钢筋混凝土排水管中的环向钢筋为受力筋，其余均为构造钢筋。

本规程的应用规定包括混凝土结构、砌体结构中应用的基本构造规定和预应力混凝土桩、钢筋混凝土排水管、环形混凝土电杆三种混凝土制品中应用的具体构造规定，其他混凝土制品（如混凝土渠槽等）可参照执行。本规程中的加工及验收规定仅包括冷拔低碳钢丝、钢丝焊接网及钢筋骨架，关于采用冷拔低碳钢丝的结构或构件的验收应按相关标准执行。

需要说明的是，本规程中的冷拔低碳钢丝（牌号为 CDW550）与行业标准《钢筋焊接网混凝土结构技术规程》JGJ 114－2003 的冷拔光面钢筋（牌号为 CPB550）为不同的品种，CDW550 钢丝的延性及钢丝焊接网的性能要求远低于 CPB550 钢筋及其焊接网的规定。CPB550 钢筋及焊接网主要作为受力钢筋使用，本规程中虽然给出了 CDW550 钢丝焊接网作为受力钢筋使用的技术规定，但建议其主要作为构造钢筋使用。

冷拔低碳钢丝的应用除应符合本规程外，尚应符合国家现行有关标准的规定。本规程在编制过程中已与国家标准《先张法预应力混凝土管桩》GB 13476－2009、《混凝土和钢筋 混凝土排水管》GB/T 11836－2009、《环形混凝土电杆》GB/T 4623－2006 以及建工行业标准《预应力混凝土空心方桩》JG 197－2006、建材行业标准《混凝土制品用冷拔低碳钢丝》JC/T 540－2006、《先张法预应力混凝土薄壁管桩》JC 888－2001、《混凝土低压排水管》JC/T 923－2003 等进行了充分的协调。

2 术语和符号

术语、符号是本次修订新增加的内容，主要是根据国家标准《建筑结构设计术语和符号标准》GB/T 50083－97 制定的原则，并参照原规程《冷拔钢丝预应力混凝土构件设计与施工规程》JGJ 19－92 及混凝土制品、冶金部门产品标准而制定。

规程所列术语主要根据冷拔低碳钢丝、钢丝焊接网在工业与民用建筑、市政工程、一般构筑物中常用的术语而制定的。

螺旋筋为预应力混凝土桩（管桩、方桩）、环形混凝土电杆中横向钢筋的称谓，环向钢筋为钢筋混凝土排水管中横向钢筋的称谓。本规程中的螺旋筋、环向钢筋均为冷拔低碳钢丝，焊接骨架中的纵向钢筋对于不同混凝土制品可能为预应力钢筋、冷拔低碳钢丝或热轧钢筋。

3 基本规定

3.1 一般规定

3.1.1 本规程中建议冷拔低碳钢丝主要作为各种构造钢筋使用。在工程结构中应用时应采用符合本规程第3.2.1条要求的冷拔低碳钢丝，建议采用自动焊网机、滚焊机以电阻点焊方式制成的平面焊接网、焊接骨架的形式应用。冷拔低碳钢丝也可作为砌体结构中圈梁、构造柱或小型混凝土构件中的箍筋、拉结筋使用。

只有钢丝焊接网才能作为结构构件中的纵向受力钢筋使用。单根的冷拔低碳钢丝由于表面光滑、锚固性能差、相对其他钢种没有优势，不推荐作为受力钢筋使用。

冷拔低碳钢丝作为预应力钢筋使用的缺点较多，工程中已很少使用。近年来预应力钢筋在品种、材料性能和产量等方面均有较大发展，冷拔钢丝发展初期缺乏预应力钢筋的局面已不复存在，取消冷拔钢丝作为预应力钢筋使用不会对建筑工程造成影响。

冷拔低碳钢丝不得作预应力钢筋使用的规定不包括自应力输水管。自应力输水管的钢筋骨架应用冷拔低碳钢丝时，可按本规程的有关规定选用CDW550级冷拔低碳钢丝，也可按相关专项应用标准选用其他钢丝。

3.1.2 冷拔低碳钢丝作为箍筋使用主要应用在混凝土结构中的非重要受力构件及砌体结构中圈梁、构造柱中，在这类构件中应用直径不小于5mm的冷拔低碳钢丝，具有取材方便、价格经济等优点。

混凝土结构中的非重要受力构件主要为非抗震设防构件，其构造应按现行国家标准《混凝土结构设计规范》GB 50010的有关规定执行。有抗震设防要求的砌体结构中，对于箍筋的直径、间距有较高要求，应按现行国家标准《建筑抗震设计规范》GB 50011的有关规定执行。

3.1.3 考虑到冷拔低碳钢丝的强度及其锚固性能，冷拔低碳钢丝混凝土构件的混凝土强度等级不应低于C20。在预应力混凝土桩、钢筋混凝土排水管、环形混凝土电杆的相关产品标准中对混凝土强度等级都有明确规定，构件设计时尚应符合相应标准的规定。

混凝土强度标准值、设计值同《混凝土结构设计规范》GB 50010的有关规定。离心法工艺生产的混凝土制品，混凝土强度设计值可根据专门标准或试验研究确定。

3.1.4 本条主要规定了冷拔低碳钢丝构造钢筋的混凝土保护层厚度要求。根据本规程附录B的规定，受力钢丝焊接网的保护层厚度取与现行国家标准《混凝土结构设计规范》GB 50010相同的数值。

本规程规定的混凝土制品中冷拔低碳钢丝的混凝土保护层厚度仅针对螺旋筋或环向钢筋，不适用于主筋。表中具体数值是参照预应力混凝土桩、钢筋混凝土排水管、环形混凝土电杆的相关产品标准，并考虑了目前工程应用的实际情况后提出的。

3.1.5 夹心墙叶墙间的拉结钢筋、拉结网片能够提高夹心墙的承载力和稳定性，应按现行国家标准《砌体结构设计规范》GB 50003的有关规定设置。拉结钢筋、拉结网片的防腐处理是确保夹心墙耐久性的重要措施，工程中采用防锈涂料或镀锌的方式。

3.2 钢丝性能

3.2.1 本条规定了冷拔低碳钢丝的强度标准值及钢丝焊接网和焊接骨架中冷拔低碳钢丝的抗拉强度设计值，内容涉及建筑结构的安全，故列为强制性条文。

本规程中冷拔低碳钢丝的牌号定名为CDW550，即强度标准值为550N/mm^2，前面冠以字母“CDW”为Cold-Drawn Wire的英文缩写。

本规程中冷拔低碳钢丝的使用范围较原规程有较大变化，不再作预应力钢筋使用。故取消原规程中的“甲级”、“乙级”和“Ⅰ组”、“Ⅱ组”区别，仅保留550N/mm^{2}一个强度级别，大于此值的钢丝不再列入，从而提高了冷拔低碳钢丝的强度保证率，有利于保证冷拔低碳钢丝的质量。

对于无明显屈服点的冷拔低碳钢丝，采用抗拉强度确定强度标准值。本规程将冷拔低碳钢丝（未经机械调直）的强度标准值定为550N/mm^2，并规定应具有不小于95%的保证率是有充分试验依据的。据20世纪60～70年代对国内30多个地区4万余根直径3mm～5mm乙级冷拔低碳钢丝试验结果统计，按抗拉强度值达到550N/mm^{2}的要求，几乎全部合格。近些年，母材质量和拔制工艺均有所提高，根据部分厂家的试验结果，其抗拉强度均可满足要求。

CDW550级冷拔低碳钢丝的强度设计值仍同原规程的规定。冷拔低碳钢丝作为受力钢筋使用时，本规程主要仅推荐采用焊接骨架和焊接网形式。本规程不推荐单根冷拔低碳钢丝（绑扎网片或骨架）作为受力钢筋使用，故不列出强度设计值。考虑到冷拔低碳钢丝应用的实际情况，规程未给出抗压强度设计值，设计中可不考虑其抗压强度。

如工程中应用到其他强度级别的冷拔低碳钢丝，

建议按相关专项应用标准确定其强度设计值，或按本规程取用 320N/mm²。

3.2.2 根据目前国内实际应用情况，冷拔低碳钢丝的直径范围主要为 3mm～8mm，中间取 1mm 进级，本规程较原规程增加 6mm、7mm、8mm 三种直径。直径 3mm 的钢丝主要用于环形混凝土电杆及钢筋混凝土排水管中，直径 6mm 及以上的钢丝在大直径的预应力混凝土桩中应用较多，其中直径 8mm 为大直径桩中特有的应用品种。

从耐久性考虑，直径小于 3mm 的钢丝不宜采用，直径小于 5mm 的钢丝焊接网不应作为混凝土结构中的受力钢筋使用。配筋砌体结构中会用到直径 4mm 的钢丝焊接网作为受力钢筋使用。

3.2.3 冷拔低碳钢丝的弹性模量仍同原规程。

3.3 钢丝加工及验收

3.3.1 生产冷拔低碳钢丝用的母材可按现行国家标准《低碳钢热轧圆盘条》GB/T 701、《钢筋混凝土用钢 第 1 部分：热轧光圆钢筋》GB 1499.1 等进行生产。《低碳钢热轧圆盘条》GB/T 701－2008 中的产品名称为低碳钢热轧圆盘条，冷拔低碳钢丝可采用标准中 Q195、Q215、Q235 三个牌号的盘条作为母材；《钢筋混凝土用钢 第 1 部分：热轧光圆钢筋》GB 1499.1－2008 中的产品名称为热轧光圆钢筋，冷拔低碳钢丝可采用标准中 HPB235 牌号的钢筋作为母材。

3.3.2 本条既适用于专业冷拔低碳钢丝加工厂，又适用于自行生产冷拔低碳钢丝的使用单位，故包括进厂和进场两种情况。

母材质量对冷拔低碳钢丝的性能有重要影响，产品合格证、出厂检验报告应列出产品的主要性能指标。国家标准《低碳钢热轧圆盘条》GB/T 701－2008 修订后未规定检验批量和抗拉强度最小值的规定，本规程根据冷拔低碳钢丝生产的要求，参照《钢筋混凝土用钢 第 1 部分：热轧光圆钢筋》GB 1499.1－2008、《低碳钢热轧圆盘条》GB/T 701－1997 等相关标准补充了这两项规定。

当需要进行复验时，可参照现行国家标准《钢及钢产品交货一般技术要求》GB/T 17505 的相关规定执行。

3.3.3 母材的外观质量也应进行常规检查，但可不作为验收的项目。当母材焊接性能不良或发生脆断时，应对该批母材进行化学成分分析或其他专项检验。

3.3.4 母材的性能与冷拔总面缩率是影响冷拔低碳钢丝性能的两个主要因素，故冷拔加工时母材应选择合适的牌号并控制总面缩率。本条表中给出了拔制每种规格冷拔低碳钢丝推荐采用的母材钢种和直径，即为控制冷拔加工的总面缩率，实践中供生产企业参考。为保证冷拔加工的质量，母材冷拔加工中每次拉拔的面缩率不宜过大。

3.3.5 拔丝前母材是否除锈对钢丝强度影响不大，但对伸长率有一定影响，且铁锈（氧化铁皮）易对拔丝模造成损伤。拔丝过程中退火将引起钢丝的强度损失，故不允许拔丝过程中退火。由于母材质量的差异，可能造成两根钢丝强度不一，要求只有同生产单位、同牌号的母材才可进行对焊后拔丝。

3.3.6 本条主要适用于以下三种情况：

1 专业冷拔低碳钢丝加工厂生产后的出厂检验；

2 使用单位购买冷拔低碳钢丝后的进厂或进场检验；

3 自行生产冷拔低碳钢丝的使用单位对成品的检验。

为保证冷拔低碳钢丝产品的匀质性，验收时应按同一生产单位、同一原材料、同一直径的冷拔低碳钢丝分批，考虑到现今母材的生产批量都比较大，冷拔低碳钢丝抽样检验的批量由《混凝土结构工程施工及验收规范》GB 50204－92 的 5t 放大到 30t。考虑到母材对冷拔低碳钢丝性能的重要性，要求检查符合本规程第 3.3.2 条规定的母材进厂或进场检验报告。验收后每盘冷拔低碳钢丝都应有标牌，标明钢丝的检验结果。

根据冷拔低碳钢丝的使用要求，确定表面质量、直径偏差、拉伸试验和反复弯曲试验为主要检验项目。当使用需要时，可增加其他检验项目。

3.3.7 本条规定了冷拔低碳钢丝的表面质量要求。表面质量不合格、并进行处理后的重新检验，应包括所有的检验项目。

3.3.8 本条规定了冷拔低碳钢丝的直径偏差要求。具体数值要求沿用原规程的规定，并参考相关标准补充了直径 6mm、7mm、8mm 三个规格的要求。对于直径允许偏差不合格的钢丝批，可逐盘检验，并适当增加抽样数量，以挑选合格盘使用。

3.3.9 冷拔低碳钢丝伸长率测量标距取确定数值是为了量测方便，符合钢丝伸长率量测传统。对直径 3mm～6mm 和 7mm～8mm 取不同的标距数值，主要是为了使不同直径的冷拔低碳钢丝测量标距与直径的比值控制在基本相同的水平。

冷拔低碳钢丝弯曲次数、弯曲半径的要求参考了《预应力混凝土用钢丝》GB/T 5223－2002 的有关规定。

4 钢丝焊接网

4.1 构造规定

4.1.1 本条为构造钢丝焊接网应用的基本规定。3mm 的冷拔低碳钢丝直径过细，影响构件的耐久性，不建议使用。本条仅规定构造钢丝焊接网的锚固、搭接。受力钢丝焊接网尚应符合本规程附录B的有关规定。

4.1.2 考虑到间距小的钢丝焊接网防裂效果更佳，故进一步缩小间距要求，其搭接、锚固应按本规程附录B的受力钢丝焊接网执行。

4.1.3 混凝土小型空心砌块房屋墙体的拉结筋主要使用钢丝焊接网，拉结筋常设置在墙体交接处或芯柱与墙体连接处。

4.1.4 可靠连接主要指施工中的定位措施，防止构造钢丝焊接网移位，并有利于保证混凝土保护层。

4.1.5 虽然钢丝焊接网作为受力钢筋使用不是本规程推荐的内容，但附录B仍给出了受力钢丝焊接网的构造基本规定，工程应用中在此基础上也可参考现行国家标准《混凝土结构设计规范》GB 50010、行业标准《钢筋焊接网混凝土结构技术规程》JGJ 114 的有关规定。

4.2 加工及验收

4.2.1 自动焊网机有利于保证钢丝焊接网的电阻点焊质量，可在保证力学性能要求的基础上减少对钢丝自身的损伤。

4.2.2 本条主要适用于以下三种情况：

1 专业钢丝焊接网加工厂生产后的出厂检验；

2 使用单位购买钢丝焊接网后的进厂或进场检验；

3 自行生产钢丝焊接网的使用单位对成品的检验。

钢丝焊接网验收检验批数量规定同行业标准《钢筋焊接网混凝土结构技术规程》JGJ 114－2003 的有关规定。对钢丝焊接网生产所用的冷拔低碳钢丝，应检查检验合格报告：外购钢丝应有钢丝出厂、进厂（场）两个合格检验报告，钢丝焊接网生产单位自行加工的钢丝只需一个合格检验报告。

对于构造用钢丝焊接网仅检验外观质量和尺寸偏差，受力用钢丝焊接网尚应按本规程规定检验拉伸性能、弯曲性能及抗剪性能。

4.2.3、4.2.4 钢丝焊接网外观质量、尺寸偏差的规定是参照行业标准《钢筋焊接网混凝土结构技术规程》JGJ 114－2003 的有关规定提出的，并增加了多个网格尺寸允许偏差的规定。

4.2.5、4.2.6 拉伸试验、反复弯曲试验及抗剪试验方法是参照行业标准《钢筋焊接网混凝土结构技术规程》JGJ 114－2003 的有关规定提出的。钢丝焊接网加工时冷拔低碳钢丝经机械调直后强度会有所降低，同时也适当考虑了点焊对钢丝强度的少量影响，因此提出拉伸试验结果中抗拉强度实测值可低于冷拔低碳钢丝强度标准值 $50N/mm^2$。拉伸试验、反复弯曲两项试验中均有纵向钢丝、横向钢丝2个检验项目，每个检验项目1个试样。抗剪试验结果存在一定的离散性，故取3个试样。

5 钢筋骨架

5.1 预应力混凝土桩

5.1.1 预应力混凝土桩的钢筋骨架由预应力钢筋和螺旋筋组成。钢筋骨架中预应力钢筋是主要受力钢筋，螺旋筋为构造钢筋，螺旋筋也可抵抗部分水平荷载。

冷拔低碳钢丝可用作钢筋骨架的螺旋筋，主要根据《先张法预应力混凝土管桩》GB 13476－2009、《预应力混凝土空心方桩》JG 197－2006和相关工程经验。为保证钢筋骨架的质量，根据目前生产设备及使用状况，本规程推荐钢筋骨架采用自动滚焊机并采用电阻点焊的焊接方式，此种方式有利于控制预应力主筋位置，保证足够的混凝土保护层。

5.1.2、5.1.3 钢筋骨架中的螺旋筋属构造钢筋，但仍需承受桩生产时的施工荷载，且在桩体受力时能够承担一部分水平荷载。螺旋筋直径、间距的规定依据《先张法预应力混凝土管桩》GB 13476－2009，预应力混凝土方桩可参考执行。

5.2 钢筋混凝土排水管

5.2.1 钢筋混凝土排水管的钢筋骨架由纵向钢筋和环向钢筋组成。钢筋骨架中环向钢筋为主要受力钢筋，纵向钢筋为构造钢筋。

冷拔低碳钢丝可用作钢筋骨架的纵向钢筋及环向钢筋，主要根据《混凝土和钢筋混凝土排水管》GB/T 11836－2009，该标准中规定“环向钢筋宜采用冷轧带肋钢筋，热轧带肋钢筋；也可采用热轧光圆钢筋，冷拔低碳钢丝”。带肋钢筋具有更好的锚固性能，属于环向钢筋的推荐品种和今后的技术发展趋势，冷拔低碳钢丝相对于带肋钢筋锚固性能差，但电阻点焊的焊接质量容易控制，对滚焊机中的滑块磨损小，目前国内不少中小排水管企业仍采用冷拔低碳钢丝作为环向钢筋。纵向钢筋属于构造钢筋，从利于电阻点焊的角度采用大直径冷拔低碳钢丝是可行的。

该标准中规定“环向钢筋直径小于等于 8mm 时，应采用滚焊成型，环 筋直径大于 8mm 时，可采用滚焊成型或手工焊接成型”，故本规程对冷拔低碳钢丝作环向钢筋，均推荐用自动滚焊机并采用电阻点焊的焊接方式，有利于保证钢筋骨架质量，提高生产效率。

5.2.2 环向钢筋是受力筋，设计计算时应根据排水管承受的内外压荷载和基础施工条件，按相关规范的有关规定进行计算。冷拔低碳钢丝的抗拉强度设计值按本规程第 3.2.1 条确定。

对于环向钢筋、纵向钢筋的直径、间距及数量的规定主要是为了保证钢筋骨架的刚度，并有利于控制排水管质量。

5.2.3 本条规定主要为了控制排水管混凝土保护层厚度，根据不同的排水管直径确定钢筋骨架的数量和位置。

5.3 环形混凝土电杆

5.3.1、5.3.2 环形混凝土电杆包括环形钢筋混凝土电杆、预应力混凝土电杆和部分预应力混凝土电杆。电杆的钢筋骨架由纵向钢筋、螺旋筋、架立圈筋组成，其中纵向钢筋又分为预应力钢筋、非预应力钢筋两种。钢筋骨架中纵向钢筋是电杆的主要受力钢筋，螺旋筋为电杆的构造钢筋，螺旋筋也可抵抗部分水平荷载，架立圈筋为钢筋骨架的支撑构造钢筋。

在本规程包括的混凝土制品中，冷拔低碳钢丝绑扎骨架仅用于环形混凝土电杆中。冷拔低碳钢丝可用作钢筋骨架的螺旋筋、架立圈筋，主要根据《环形混凝土电杆》GB/T 4623－2006。由于环形混凝土电杆外形多为锥形，自动滚焊的难度较大，国内基本采用手工绑扎的方式加工钢筋骨架，故本规程未对钢筋骨架的生产方式作出规定。

目前我国电杆中的螺旋筋、架立圈筋的应用以小直径的冷拔低碳钢丝为主。电杆主要用于电力、通信等工程的线路使用，其重要性不言而喻，从耐久性的角度出发，本规程建议螺旋筋的直径为3mm～6mm，没有列入实际使用的2.5mm直径钢丝。

5.4 加工及验收

5.4.1 本条主要规定了钢筋骨架中螺旋筋、环向钢筋的端部构造和搭接问题，具体规定有利于保证钢筋骨架的受力性能。

5.4.2 预应力混凝土桩、钢筋混凝土排水管的钢筋骨架生产以滚焊机电阻点焊为主，环形混凝土电杆的钢筋骨架则以绑扎成型为主。

5.4.3 钢筋骨架的检验批量是参考钢丝焊接网确定的。根据预应力混凝土桩、钢筋混凝土排水管、环形混凝土电杆等构件中钢筋骨架的实际生产情况，本规程此次修订仅提出外观质量和尺寸偏差两个检验项目。

5.4.4 本条为检验性条文，要求钢筋骨架交叉点脱开处（开焊或漏绑），应用铁丝二次绑紧。实际生产中钢筋骨架的质量要差于钢丝焊接网，故本条规定相对焊接网的开焊规定有所放松。本条中关于绑扎骨架的规定仅适用于环形混凝土电杆。

5.4.5 为防止出现尺寸偏差的系统误差，量测钢筋骨架中螺旋筋和环向钢筋的间距时，除量测单个间距外，本规程增加了10个间距之和的允许偏差。

附录A 冷拔低碳钢丝及钢丝焊接网的公称截面面积、理论重量

冷拔低碳钢丝的公称截面面积、理论重量及常用尺寸钢丝焊接网的理论重量均参照行业标准《钢筋焊接网混凝土结构技术规程》JGJ 114－2003的规定计算给出。

附录B 受力钢丝焊接网的构造基本规定

B.0.1 对于受力钢丝焊接网的配筋设计，应按《混凝土结构设计规范》GB 50010、《砌体结构设计规范》GB 50003、《钢筋焊接网混凝土结构技术规程》JGJ 114等国家现行标准执行，并按本规程取用钢丝焊接网的抗拉强度设计值。

B.0.2 考虑到近年来耐久性相关的技术发展较快，相关规范的修订均已有所反映，本规程对受力钢丝焊接网的混凝土保护层厚度提出与现行国家标准《混凝土结构设计规范》GB 50010相同的较高要求。

B.0.3、B.0.4 受力钢丝焊接网混凝土结构构件中纵向受拉钢丝的最小配筋率、焊点抗剪力参照行业标准《钢筋焊接网混凝土结构技术规程》JGJ 114－2003的有关规定制定。

B.0.5、B.0.6 受力冷拔低碳钢丝焊接网的锚固和搭接构造要求以及最小锚固长度和最小搭接长度的取值，基本参照行业标准《钢筋焊接网混凝土结构技术规程》JGJ 114－2003的规定制定。

冷拔低碳钢丝焊接网的锚固性能，主要依靠锚固区内二根横向钢丝来承受拉力（约占60%以上），其余部分由钢丝与混凝土的摩阻力承担。根据国内大量冷拔钢丝（包括冷拔低碳钢丝和冷拔低合金钢丝）的试验结果，冷拔钢丝与混凝土的摩阻力相当于该等级混凝土抗拉强度的80%。

钢丝焊接网的搭接长度取两片焊接网最外边横向钢丝间的距离，考虑到在搭接区内钢丝锚固性能的适量减弱，故取搭接长度不应小于2个网格，且不小于本规程第B.0.5条规定的最小锚固长度的1.3倍，也应不小于200mm。由于在本规程中冷拔低碳钢丝的强度设计值取值偏低，给出的最小锚固长度与搭接长度值还是合适的。

在搭接区内如有一张网片无横向焊接钢丝时，不应按受力搭接考虑。

B.0.7 冷拔低碳钢丝焊接网在非受力方向分布筋的搭接范围内，要求两张网片最外边受力钢丝间的搭接长度不应小于1个网格（即受力钢丝的间距），且不应小于100mm。当一张网片在搭接区内无受力主筋

时，搭接长度应适当增加。

B.0.8 本规程仅规定配筋砌体中受力钢丝焊接网的直径、间距要求，对于配筋砌体的构造措施，应符合相应设计规范的要求。

附录C 推荐采用的抗剪试验专用夹具示意图

钢丝焊接网的抗剪试验专用夹具参照国家标准《钢筋混凝土用钢筋焊接网》GB/T 1499.3－2002 的规定给出。

中华人民共和国行业标准

无粘结预应力混凝土结构技术规程

Technical specification for concrete structures prestressed with unbonded tendons

JGJ 92—2004

批准部门：中华人民共和国建设部

施行日期：2 0 0 5 年 3 月 1 日

中华人民共和国建设部
公　　告

第 306 号

建设部关于发布行业标准《无粘结预应力混凝土结构技术规程》的公告

现批准《无粘结预应力混凝土结构技术规程》为行业标准，编号为 JGJ 92—2004，自 2005 年 3 月 1 日起实施。其中 4.1.1、4.2.1、4.2.3、6.3.7 条为强制性条文，必须严格执行。原行业标准《无粘结预应力混凝土结构技术规程》JGJ/T 92—93 同时废止。

本规程由建设部标准定额研究所组织中国建筑工业出版社出版发行。

中华人民共和国建设部

2005 年 1 月 13 日

前　　言

根据建设部建标［1995］661 号文下达的任务，标准编制组在广泛收集资料和调查研究，认真总结工程实践经验，参考有关国际标准和国外先进标准，并在广泛征求意见的基础上，对《无粘结预应力混凝土结构技术规程》JGJ/T 92—93 进行了修订。

本规程的主要技术内容：1. 总则；2. 术语、符号；3. 材料及锚具系统；4. 设计与施工的基本规定；5. 设计计算与构造；6. 施工及验收；7. 附录 A～附录 D。

修订的主要内容有：1. 材料及锚具系统的改进，提倡采用钢绞线无粘结预应力筋，取消平行钢丝束无粘结筋，增加垫板连体式夹片锚具系统及其选用原则和构造要求，取消镦头锚具系统；2. 明确预应力作用应参与荷载效应组合；3. 按环境条件、荷载情况和结构功能要求，调整裂缝控制等级，并给出裂缝宽度及刚度计算公式；4. 调整常用荷载下各类结构跨高比的选用范围；5. 调整无粘结预应力筋应力设计值计算公式；6. 预应力损失计算的改进；7. 在板柱结构计算中，增加考虑扭转效应的等效柱刚度计算；8. 增加锚栓受冲切承载力计算及构造要求；9. 平板、密肋板开洞要求及洞边加强措施，以及柱边有开孔或邻近自由边时，临界截面周长的计算规定；10. 采用名义拉应力估算预应力筋数量的方法；11. 体外预应力混凝土梁的设计与施工及防腐蚀体系；12. 提高和完善无粘结预应力混凝土施工工艺，并规定无粘结预应力混凝土施工质量验收指标；13. 提高无粘结预应力混凝土结构耐久性的技术措施，并按环境类别将无粘结预应力筋锚固系统分为一般防腐蚀和全封闭防腐蚀两类，规定全封闭防腐蚀系统的技术指标。

本规程由建设部负责管理和对强制性条文的解释，由主编单位负责具体技术内容的解释。

本规程主编单位：中国建筑科学研究院

（邮政编码：100013，地址：北京市北三环东路 30 号）

本规程参加单位：北京市建筑设计研究院
北京市建筑工程研究院
东南大学
中元国际工程设计研究院
天津钢线钢缆集团有限公司
天津市第二预应力钢丝有限公司
中国航空工业规划设计研究院

本规程主要起草人：陶学康　林远征　吕志涛
陈远椿　冯大斌　裘函始
孟履祥　李晨光　朱　龙
代伟明　李京一　吴　京
肖志强　孙少云　葛家琪
朱树行

目　次

1 总　　则

1.0.1 为了在无粘结预应力混凝土结构的设计与施工中，做到技术先进、安全适用、确保质量和经济合理，制定本规程。

1.0.2 本规程适用于工业与民用建筑和一般构筑物中采用的无粘结预应力混凝土结构的设计、施工及验收。采用的无粘结预应力筋系指埋置在混凝土构件中者或体外束。

1.0.3 无粘结预应力混凝土结构应根据建筑功能要求和材料供应与施工条件，确定合理的设计与施工方案，编制施工组织设计，做好技术交底，并应由预应力专业施工队伍进行施工，严格执行质量检查与验收制度。

1.0.4 无粘结预应力混凝土结构的设计使用年限应按现行国家标准《建筑结构可靠度设计统一标准》GB 50068确定，其设计与施工除应符合本规程外，其抗震设计应按现行行业标准《预应力混凝土结构抗震设计规程》JGJ 140执行，并应符合国家现行有关强制性标准的规定。

2 术语、符号

2.1 术　　语

2.1.1 无粘结预应力筋　unbonded tendon

采用专用防腐润滑油脂和塑料涂包的单根预应力钢绞线，其与被施加预应力的混凝土之间可保持相对滑动。

2.1.2 无粘结预应力混凝土结构　unbonded prestressed concrete structure

在一个方向或两个方向配置主要受力无粘结预应力筋的预应力混凝土结构。

2.1.3 体外束　external tendon

布置在混凝土结构构件截面之外的后张预应力筋，仅在锚固区及转向块处与构件相连接。无粘结体外束可由单根无粘结预应力筋制成。

2.1.4 体外预应力　external prestressing

由布置在混凝土构件截面之外的后张预应力筋产生的预应力。

2.1.5 转向块　deviator

在腹板、翼缘或腹板翼缘交接处设置的混凝土或钢支承块，与梁段整体浇筑或具有可靠连接，以控制体外束的几何形状或提供变化体外束方向的手段，并将预加力传至结构。

2.1.6 鞍座　saddle

在转向块处传递预应力荷载的局部支承件，是转向块的组成部分。

2.2 符　　号

2.2.1 材料性能

B——受弯构件的截面刚度；

E_c——混凝土弹性模量；

E_p——无粘结预应力筋弹性模量；

E_s——非预应力钢筋弹性模量；

f_c——混凝土轴心抗压强度设计值；

f'_{cu}——施加预应力时的混凝土立方体抗压强度；

f_t——混凝土轴心抗拉强度设计值；

f_{tk}——混凝土轴心抗拉强度标准值；

f_{ptk}——无粘结预应力筋抗拉强度标准值；

f_y——非预应力钢筋抗拉强度设计值；

f_{yv}——锚栓抗拉强度设计值。

2.2.2 作用、作用效应及承载力

M——弯矩设计值；

M_k、M_q——按荷载的标准组合、准永久组合计算的弯矩值；

M_{cr}——受弯构件正截面开裂弯矩值；

M_u——构件正截面受弯承载力设计值；

N_p——无粘结预应力筋及非预应力钢筋的合力；

N_{pe}——无粘结预应力筋的总有效预加力；

V——剪力设计值；

F_l——局部荷载设计值或集中反力设计值；

σ_{con}——无粘结预应力筋的张拉控制应力；

σ_{pc}——由预加应力产生的混凝土法向应力；

σ_{pe}——无粘结预应力筋的有效预应力；

σ_{pu}——在正截面承载力计算中无粘结预应力筋的应力设计值；

σ_l——无粘结预应力筋在相应阶段的预应力损失值；

w_{max}——按荷载效应的标准组合并考虑长期作用影响计算的最大裂缝宽度。

2.2.3 几何参数

A——构件截面面积；

A_n——构件净截面面积；

A_p——无粘结预应力筋截面面积；

A_s——非预应力钢筋截面面积；

b——截面宽度；

b_d——平托板的宽度；

b_f、b'_f——T形或I形截面受拉区、受压区的翼缘宽度；

h——截面高度；

h_0——截面有效高度；

h_f、h'_f——T形或I形截面受拉区、受压区的

翼缘高度；

h_p——纵向受拉无粘结预应力筋合力点至截面受压边缘的距离；

h_s——纵向受拉非预应力钢筋合力点至截面受压边缘的距离；

I_0——换算截面惯性矩；

W——截面受拉边缘的弹性抵抗矩；

W_0——换算截面受拉边缘的弹性抵抗矩；

u_m——临界截面周长：距离局部荷载或集中反力作用面积周边 $h_0/2$ 处板垂直截面的最不利周长；

x——混凝土受压区高度。

2.2.4 计算系数及其他

α_E——无粘结预应力筋弹性模量与混凝土弹性模量之比；

ξ_0——综合配筋指标；

γ——混凝土构件的截面抵抗矩塑性影响系数；

ε_{apu}——预应力筋-锚具组装件达到实测极限拉力时的总应变；

n——型钢剪力架相同伸臂的数目；

η_a——预应力筋-锚具组装件静载试验测得的锚具效率系数；

κ——考虑无粘结预应力筋壁每米长度局部偏差的摩擦系数；

μ——摩擦系数；

ρ_p——无粘结预应力筋配筋率；

ρ_s——非预应力钢筋配筋率；

θ——考虑荷载长期作用对挠度增大的影响系数；

$\sigma_{ctk,lim}$、$\sigma_{ctq,lim}$——荷载标准组合、准永久组合下的混凝土拉应力限值。

3 材料及锚具系统

3.1 混凝土及钢筋

3.1.1 无粘结预应力混凝土结构的混凝土强度等级，对于板不应低于 C30，对于梁及其他构件不应低于 C40。

3.1.2 制作无粘结预应力筋宜选用高强度低松弛预应力钢绞线，其性能应符合现行国家标准《预应力混凝土用钢绞线》GB/T 5224 的规定。常用钢绞线的主要力学性能应按表 3.1.2 采用。

3.1.3 钢绞线弹性模量 E_s 应按 $1.95\times10^5 N/mm^2$ 采用；必要时钢绞线可采用实测的弹性模量。

3.1.4 无粘结预应力筋用的钢绞线不应有死弯，当有死弯时应切断；无粘结预应力筋中的每根钢丝应是通长的，可保留生产工艺拉拔前的焊接头。

表 3.1.2 常用预应力钢绞线的主要力学性能

公称直径 d_n (mm)	抗拉强度标准值 f_{ptk} (N/mm^2)	抗拉强度设计值 f_{py} (N/mm^2)	最大力总伸长率 ($l_0\geqslant$500mm) ε_{gt} (%)	公称截面面积 A_{pk} (mm^2)	理论重量 (g/m)	应力松弛性能	
						初始应力相当于抗拉强度标准值的百分数 (%)	1000h 后应力松弛率 r (%)
9.5	1720	1220	$\geqslant$3.5	54.8	430	对所有规格	对所有规格
	1860	1320					
	1960	1390					
12.7	1720	1220		98.7	775		
	1860	1320					
	1960	1390					
15.2	1570	1110		140	1101	60	$\leqslant$1.0
	1670	1180					
	1720	1220				70	$\leqslant$2.5
	1860	1320					
	1960	1390				80	$\leqslant$4.5
15.7	1770	1250		150	1178		
	1860	1320					

注：经供需双方同意也可采用表 3.1.2 所列规格及强度级别以外的预应力钢绞线制作无粘结预应力筋。

3.1.5 在无粘结预应力混凝土结构中，非预应力钢筋宜采用 HRB335 级、HRB400 级热轧带肋钢筋。

3.2 无粘结预应力筋

3.2.1 本规程所采用无粘结预应力筋的质量要求应符合现行行业标准《无粘结预应力钢绞线》JG 161 及《无粘结预应力筋专用防腐润滑脂》JG 3007 的规定。

3.2.2 无粘结预应力筋外包层材料，应采用高密度聚乙烯，严禁使用聚氯乙烯。其性能应符合下列要求：

1 在－20～＋70℃温度范围内，低温不脆化，高温化学稳定性好；

2 必须具有足够的韧性、抗破损性；

3 对周围材料（如混凝土、钢材）无侵蚀作用；

4 防水性好。

3.2.3 无粘结预应力筋涂料层应采用专用防腐油脂，其性能应符合下列要求：

1 在－20～＋70℃温度范围内，不流淌，不裂缝，不变脆，并有一定韧性；

2 使用期内，化学稳定性好；

3 对周围材料（如混凝土、钢材和外包材料）无侵蚀作用；

4 不透水，不吸湿，防水性好；

5 防腐性能好；

6 润滑性能好，摩阻力小。

3.3 锚具系统

3.3.1 无粘结预应力筋-锚具组装件的锚固性能，应符合下列要求：

1 无粘结预应力筋所采用锚具的静载锚固性能，应同时符合下列要求：

$$\eta_a \geqslant 0.95 \qquad (3.3.1\text{-}1)$$

$$\varepsilon_{apu} \geqslant 2.0\% \qquad (3.3.1\text{-}2)$$

式中 η_a——预应力筋-锚具组装件静载试验测得的锚具效率系数；

ε_{apu}——预应力筋-锚具组装件静载试验达到实测极限拉力时的总应变。

锚具的效率系数可按下式计算：

$$\eta_a = \frac{F_{apu}}{\eta_p F_{pm}} \qquad (3.3.1\text{-}3)$$

$$F_{pm} = f_{pm} A_p \qquad (3.3.1\text{-}4)$$

式中 F_{apu}——预应力筋-锚具组装件的实测极限拉力；

F_{pm}——按预应力钢材试件实测破断荷载平均值计算的预应力筋的实际平均极限抗拉力；

η_p——预应力筋的效率系数，预应力筋-锚具组装件中预应力钢材为1～5根时 $\eta_p=1$，6～12根时 $\eta_p=0.99$，13～19根时 $\eta_p=0.98$，20根以上时 $\eta_p=0.97$；

f_{pm}——组装件试验用预应力钢材的实测极限抗拉强度平均值；

A_p——预应力筋-锚具组装件中各根预应力钢材公称截面面积之和。

2 无粘结预应力筋-锚具组装件的疲劳锚固性能，应通过试验应力上限取预应力钢材抗拉强度标准值 f_{ptk} 的65%、疲劳应力幅度取 $80N/mm^2$、循环次数为200万次的疲劳性能试验。

3.3.2 无粘结预应力筋锚具的选用，应根据无粘结预应力筋的品种，张拉力值及工程应用的环境类别选定。对常用的单根钢绞线无粘结预应力筋，其张拉端宜采用夹片锚具，即圆套筒式或垫板连体式夹片锚具；埋入式固定端宜采用挤压锚具或经预紧的垫板连体式夹片锚具。

注：夹片锚具的夹片、锚环及连体锚具所采用的材料由预应力锚具体系确定，但均应符合相关标准的规定。

3.3.3 夹片锚具系统张拉端可采用下列做法：

1 圆套筒锚具构造由锚环、夹片、承压板、螺旋筋组成（图3.3.3a），该锚具一般宜采用凹进混凝土表面布置，当采用凸出混凝土表面布置时，应符合本规程第4.2.6条的有关规定；

2 采用垫板连体式夹片锚具凹进混凝土表面时，其构造由连体锚板、夹片、穴模、密封连接件及螺母、螺旋筋等组成（图3.3.3b）。

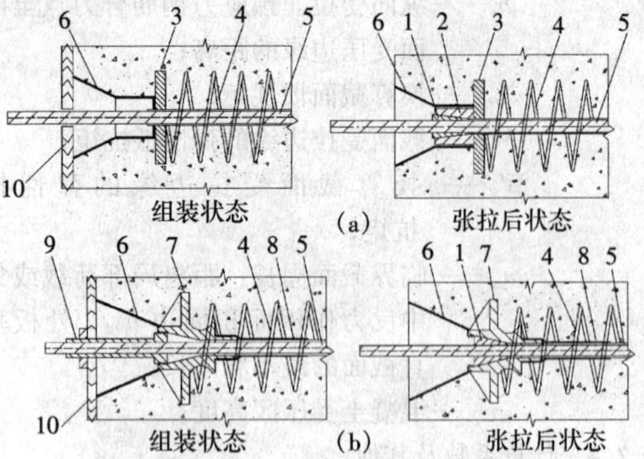

图3.3.3 张拉端锚固系统构造

(a) 圆套筒锚具；(b) 垫板连体式锚具

1—夹片；2—锚环；3—承压板；4—螺旋筋；5—无粘结预应力筋；6—穴模；7—连体锚板；8—塑料保护套；9—密封连接件及螺母；10—模板

3.3.4 当锚具系统固定端埋设在结构构件混凝土中时，可采用下列做法：

1 挤压锚具的构造由挤压锚具、承压板和螺旋筋组成（本规程图4.2.4a）。挤压锚具应将套筒等组装在钢绞线端部经专用设备挤压而成，挤压锚具与承压板的连接应牢固；

2 垫板连体式夹片锚具的构造由连体锚板、夹片与螺旋筋等组成（本规程图4.2.4b）。该锚具应预先用专用紧楔器以不低于75%预应力筋张拉力的顶紧力使夹片预紧，并安装带螺母外盖。

3.3.5 对夹片锚具系统，张拉端锚具变形和预应力筋内缩值，可按下列规定采用：有顶压时取5mm，无顶压时取6～8mm；锚具变形和预应力筋内缩值也可根据实测数据确定；单根无粘结预应力筋在构件端面上的水平和竖向排列最小间距不宜小于60mm。

3.3.6 无粘结预应力筋锚具系统应按设计图纸的要求选用，其锚固性能的质量检验和合格验收应符合国家现行标准《预应力筋用锚具、夹具和连接器》GB/T14370、《混凝土结构工程施工质量验收规范》GB 50204及《预应力筋用锚具、夹具和连接器应用技术规程》JGJ 85的规定。

4 设计与施工的基本规定

4.1 一般规定

4.1.1 无粘结预应力混凝土结构构件，除应根据使用条件进行承载力计算及变形、抗裂、裂缝宽度和应力验算外，尚应按具体情况对施工阶段进行验算。

对无粘结预应力混凝土结构设计，应按照承载能力极限状态和正常使用极限状态进行荷载效应组合，并计入预应力荷载效应确定。对承载能力极限状态，当预应力效应对结构有利时，预应力分项系数应取1.0；不利时应取1.2。对正常使用极限状态，预应力分项系数应取1.0。

4.1.2 无粘结预应力混凝土结构构件正截面的裂缝控制应符合下列规定：

1 一级：严格要求不出现裂缝的无粘结预应力混凝土构件，按荷载效应标准组合计算时，构件受拉边缘混凝土不应产生拉应力（表4.1.2）；

2 二级：一般要求不出现裂缝的构件，按荷载效应标准组合及按荷载效应准永久组合计算时，根据结构和环境类别构件受拉边缘混凝土的拉应力应符合表4.1.2的规定；

3 三级：允许出现裂缝的构件，按荷载效应标准组合并考虑长期作用影响计算时，构件的最大裂缝宽度不应超过表4.1.2规定的最大裂缝宽度限值。

在做初步设计时，按表4.1.2所规定的裂缝控制等级要求，可采用本规程附录A名义拉应力方法估算受拉区纵向无粘结预应力筋的截面面积。

4.1.3 当无粘结预应力筋长度超过30m时，宜采取两端张拉；当筋长超过60m时，宜采取分段张拉和锚固。

注：当有可靠的设计依据和工程经验时，无粘结预应力筋的长度可不受此限制。

表4.1.2 无粘结预应力混凝土构件的裂缝控制等级、混凝土拉应力限值及最大裂缝宽度限值

环境类别	构件类别	裂缝控制等级 标准组合下混凝土拉应力限值 $\sigma_{ctk,lim}$（N/mm^2）或最大裂缝宽度限值 w_{lim}（mm）	裂缝控制等级 准永久组合下混凝土拉应力限值 $\sigma_{ctq,lim}$（N/mm^2）
一类	连续梁、框架梁、偏心受压构件及一般构件	三级	
		0.2	—
	楼（屋面）板、预制屋面梁	二级	
		$\leqslant 1.0f_{tk}$	$\leqslant 0.4f_{tk}$
	轴心受拉构件	二级	
		$\leqslant 0.5f_{tk}$	$\leqslant 0.2f_{tk}$
二类	轴心受拉构件	二级	
		$\leqslant 0.3f_{tk}$	$\leqslant 0$
	基础板及其他构件	$\leqslant 1.0f_{tk}$	$\leqslant 0.2f_{tk}$
三类	结构构件	一级	
		$\leqslant 0$	

续表4.1.2

注：1 一类、二类及三类环境类别的分类应符合现行国家标准《混凝土结构设计规范》GB 50010第三章有关规定；
2 表中规定的裂缝控制等级，混凝土拉应力限值和最大裂缝宽度限值仅适用于正截面的验算，斜截面的裂缝控制验算应符合现行国家标准《混凝土结构设计规范》GB 50010的有关规定；
3 若施加预应力仅为了减小钢筋混凝土构件的裂缝宽度或满足构件的允许挠度限值时，可不受本表的限制；
4 表中的混凝土拉应力限值及最大裂缝宽度限值仅用于验算荷载作用引起的混凝土拉应力及最大裂缝宽度。

4.1.4 无粘结预应力混凝土结构应具有整体稳定性，结构的局部破坏不应导致大范围倒塌。对无粘结预应力混凝土单向多跨连续梁、板，在设计中宜将无粘结预应力筋分段锚固，或增设中间锚固点。

4.1.5 直接承受动力荷载并需进行疲劳验算的无粘结预应力混凝土结构，其疲劳强度及构造应经过专门试验研究确定。

4.2 防火及防腐蚀

4.2.1 根据不同耐火极限的要求，无粘结预应力筋的混凝土保护层最小厚度应符合表4.2.1-1及表4.2.1-2的规定。

表4.2.1-1 板的混凝土保护层最小厚度（mm）

约束条件	耐火极限(h) 1	1.5	2	3
简支	25	30	40	55
连续	20	20	25	30

表4.2.1-2 梁的混凝土保护层最小厚度（mm）

约束条件	梁宽	耐火极限(h) 1	1.5	2	3
简支	$200\leqslant b<300$	45	50	65	采取特殊措施
简支	$\geqslant 300$	40	45	50	65
连续	$200\leqslant b<300$	40	40	45	50
连续	$\geqslant 300$	40	40	40	45

注：如耐火等级较高，当混凝土保护层厚度不能满足表列要求时，应使用防火涂料。

4.2.2 锚固区的耐火极限应不低于结构本身的耐火极限。

4.2.3 在无粘结预应力混凝土结构的混凝土中不得掺用氯盐。在混凝土施工中，包括外加剂在内的混凝土或砂浆各组成材料中，氯离子总含量以水泥用量的百分率计，不得超过 0.06%。

4.2.4 在预应力筋全长上及锚具与连接套管的连接部位，外包材料均应连续、封闭且能防水。在一类、二类及三类环境条件下，锚固区的保护措施应符合第 4.2.5 条及第 4.2.6 条的有关规定；对处于二类、三类环境条件下的无粘结预应力锚固系统，尚应符合第 4.2.7 条的规定（图 4.2.4）。

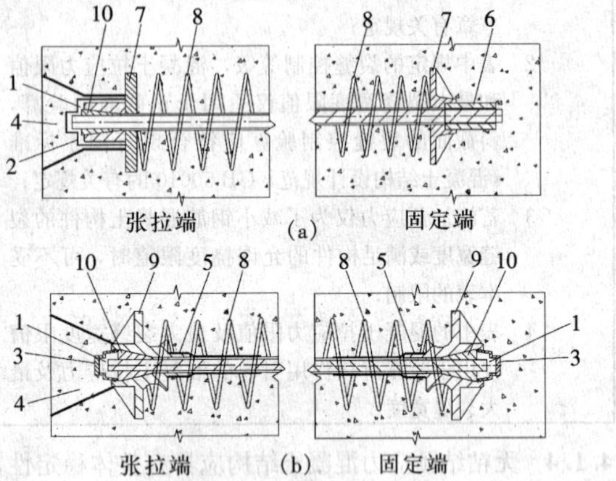

图 4.2.4 锚固区保护措施

(a) 保护做法之一（一类环境）；(b) 保护做法之二（二类、三类环境）

1—涂专用防腐油脂或环氧树脂；2—塑料帽；3—密封盖；4—微膨胀混凝土或专用密封砂浆；5—塑料密封套；6—挤压锚具；7—承压板；8—螺旋筋；9—连体锚板；10—夹片

4.2.5 无粘结预应力筋张拉完毕后，应及时对锚固区进行保护。当锚具采用凹进混凝土表面布置时，宜先切除外露无粘结预应力筋多余长度，在夹片及无粘结预应力筋端头外露部分应涂专用防腐油脂或环氧树脂，并罩帽盖进行封闭，该防护帽与锚具应可靠连接；然后应采用后浇微膨胀混凝土或专用密封砂浆进行封闭。

4.2.6 锚固区也可用后浇的钢筋混凝土外包圈梁进行封闭，但外包圈梁不宜突出在外墙面以外。当锚具凸出混凝土表面布置时，锚具的混凝土保护层厚度不应小于 50mm；外露预应力筋的混凝土保护层厚度要求：处于一类室内正常环境时，不应小于 30mm；处于二类、三类易受腐蚀环境时，不应小于 50mm。

对不能使用混凝土或砂浆包裹层的部位，应对无粘结预应力筋的锚具全部涂以与无粘结预应力筋涂料层相同的防腐油脂，并用具有可靠防腐和防火性能的保护罩将锚具全部密闭。

4.2.7 对处于二类、三类环境条件下的无粘结预应力锚固系统，应采用连续封闭的防腐蚀体系，并符合下列规定：

1 锚固端应为预应力钢材提供全封闭防水设计；

2 无粘结预应力筋与锚具部件的连接及其他部件间的连接，应采用密封装置或采取封闭措施，使无粘结预应力锚固系统处于全封闭保护状态；

3 连接部位在 10kPa 静水压力（约 1.0m 水头）下应保持不透水；

4 如设计对无粘结预应力筋与锚具系统有电绝缘防腐蚀要求，可采用塑料等绝缘材料对锚具系统进行表面处理，以形成整体电绝缘。

4.2.8 本规程中对材料及设计施工质量有具体限值或允许偏差要求时，其检查数量、检验方法应符合现行国家标准《混凝土结构工程施工质量验收规范》GB 50204 的规定。

5 设计计算与构造

5.1 一 般 规 定

5.1.1 一般民用建筑采用的无粘结预应力混凝土梁板结构，其跨高比可按表 5.1.1 的规定采用。

表 5.1.1 无粘结预应力混凝土梁板结构的跨高比选用范围

构件类别		跨高比	
		连续	简支
单向板		40～45	35～40
柱支承双向板	无托板	40～45	—
	带平托板	45～50	—
周边支承双向板		45～50	40～45
柱支承双向密肋板		30～35	—
框架梁		15～22	12～18
次梁		20～25	16～20
扁梁		20～25	18～22
井字梁		20～25	

注：1 外挑的悬臂板，其跨高比不宜大于 15；
2 周边支承双向板的跨高比，宜按柱网的短向跨度计；柱支承双向板的跨高比，宜按柱网的长向跨度计；
3 扁梁的宽度不宜大于柱宽加 1.5 倍梁高，梁高宜大于板厚度的 2 倍；
4 无粘结预应力混凝土用于工业建筑（含仓库）或荷载较大的梁板时，表中所列跨高比宜按荷载情况适当减小；
5 当有工程实践经验并经验算符合设计要求时，表中跨高比可适当放宽。

5.1.2 当采用荷载平衡法估算无粘结预应力筋时，对一般民用建筑，平衡荷载值可取恒载标准值或恒载标准值加不超过50%的活荷载标准值。柱网尺寸各向不等时，平衡荷载值各向可取不同值。

由预加应力对结构产生的内力和变形，可用等效荷载法进行计算。

5.1.3 无粘结预应力筋的有效预应力 σ_{pe} 应按下列公式计算：

$$\sigma_{pe} = \sigma_{con} - \sum_{n=1}^{5} \sigma_{ln} \quad (5.1.3)$$

式中 σ_{con}——无粘结预应力筋张拉控制应力；

σ_{ln}——第 n 项预应力损失值。

预应力损失值应取下列五项：

1 张拉端锚具变形和无粘结预应力筋内缩 σ_{l1}；

2 无粘结预应力筋的摩擦 σ_{l2}；

3 无粘结预应力筋的应力松弛 σ_{l4}；

4 混凝土的收缩和徐变 σ_{l5}；

5 采用分批张拉时，张拉后批无粘结预应力筋所产生的混凝土弹性压缩损失。

无粘结预应力筋的总损失设计取值不应小于 $80N/mm^2$。

5.1.4 无粘结预应力直线筋由于锚具变形和无粘结预应力筋内缩引起的预应力损失 σ_{l1}（N/mm^2）可按下列公式计算：

$$\sigma_{l1} = \frac{a}{l} E_p \quad (5.1.4)$$

式中 a——张拉端锚具变形和无粘结预应力筋内缩值（mm），按本规程第3.3.5条采用；

l——张拉端至锚固端之间的距离（mm）；

E_p——无粘结预应力筋弹性模量（N/mm^2）。

5.1.5 无粘结预应力曲线筋或折线筋由于锚具变形和预应力筋内缩引起的预应力损失值 σ_{l1}，应根据无粘结预应力曲线筋或折线筋与护套壁之间反向摩擦影响长度 l_f 范围内的无粘结预应力筋变形值等于锚具变形和预应力筋内缩值的条件确定，反向摩擦系数可按本规程表5.1.6中数值取用。

常用束形的无粘结预应力筋在反向摩擦影响长度 l_f 范围内的预应力损失值 σ_{l1} 可按本规程附录B计算。

注：当有可靠依据时，也可采用其他方法计算由于锚具变形和预应力筋内缩引起的预应力损失值 σ_{l1}。

5.1.6 无粘结预应力筋与护套壁之间的摩擦引起的预应力损失 σ_{l2}（N/mm^2）（图5.1.6），可按下列公式计算：

$$\sigma_{l2} = \sigma_{con}\left(1 - \frac{1}{e^{\kappa x + \mu\theta}}\right) \quad (5.1.6\text{-}1)$$

当 $\kappa x + \mu\theta$ 不大于0.2时，σ_{l2} 可按下列近似公式计算：

$$\sigma_{l2} = (\kappa x + \mu\theta)\sigma_{con} \quad (5.1.6\text{-}2)$$

式中 κ——考虑无粘结预应力筋护套壁（每米）局部偏差对摩擦的影响系数，按表5.1.6采用；

μ——无粘结预应力筋与护套壁之间的摩擦系数，按表5.1.6采用；

x——从张拉端至计算截面的曲线长度（m），亦可近似取曲线在纵轴上的投影长度；

θ——从张拉端至计算截面曲线部分切线夹角（rad）的总和。

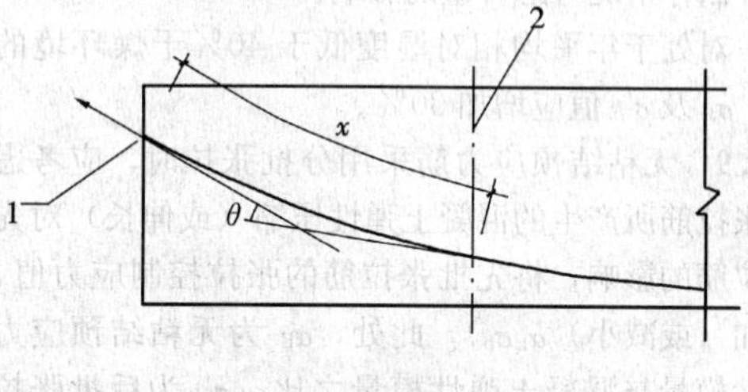

图5.1.6 预应力摩擦损失计算

1—张拉端；2—计算截面

表5.1.6 无粘结预应力筋的摩擦系数

钢绞线公称直径 d_n（mm）	κ	μ
9.5、12.7、15.2、15.7	0.004	0.09

注：表中系数也可根据实测数据确定。

5.1.7 低松弛级无粘结预应力筋由于应力松弛引起的预应力损失值 σ_{l4}（N/mm^2）可按下列公式计算：

1 当 $\sigma_{con} \leqslant 0.7 f_{ptk}$ 时

$$\sigma_{l4} = 0.125\left(\frac{\sigma_{con}}{f_{ptk}} - 0.5\right)\sigma_{con} \quad (5.1.7\text{-}1)$$

2 当 $0.7 f_{ptk} < \sigma_{con} \leqslant 0.8 f_{ptk}$ 时

$$\sigma_{l4} = 0.20\left(\frac{\sigma_{con}}{f_{ptk}} - 0.575\right)\sigma_{con} \quad (5.1.7\text{-}2)$$

3 当 $\sigma_{con} \leqslant 0.5 f_{ptk}$ 时，无粘结预应力筋的应力松弛损失值可取为零。

5.1.8 对一般情况，混凝土收缩、徐变引起受拉区和受压区纵向无粘结预应力筋的预应力损失值 σ_{l5}、σ'_{l5}（N/mm^2）可按下列公式计算：

$$\sigma_{l5} = \frac{35 + 280\dfrac{\sigma_{pc}}{f'_{cu}}}{1 + 15\rho} \quad (5.1.8\text{-}1)$$

$$\sigma'_{l5} = \frac{35 + 280\dfrac{\sigma'_{pc}}{f'_{cu}}}{1 + 15\rho'} \quad (5.1.8\text{-}2)$$

式中 σ_{pc}、σ'_{pc}——受拉区、受压区无粘结预应力筋合力点处混凝土法向压应力；

f'_{cu}——施加预应力时的混凝土立方体抗压强度；

ρ、ρ'——受拉区、受压区无粘结预应力筋和非预应力钢筋的配筋率：$\rho = (A_p + A_s)/A_n$，$\rho' = (A'_p +$

A'_s）$/A_n$；对于对称配置预应力筋和非预应力钢筋的构件，配筋率 ρ、ρ' 应按钢筋总截面面积的一半计算。

计算无粘结预应力筋合力点处混凝土法向压应力 σ_{pc}、σ'_{pc} 时，预应力损失值仅考虑混凝土预压前（第一批）的损失 σ_{l1} 与 σ_{l2} 之和；σ_{pc}、σ'_{pc} 值不得大于 $0.5f'_{cu}$；当 σ'_{pc} 为拉应力时，公式（5.1.8-2）中的 σ'_{pc} 应取为零；计算混凝土法向应力 σ_{pc}、σ'_{pc} 时，可根据构件制作情况考虑自重的影响。

对处于年平均相对湿度低于40%干燥环境的结构，σ_{l5} 及 σ'_{l5} 值应增加30%。

5.1.9 无粘结预应力筋采用分批张拉时，应考虑后批张拉筋所产生的混凝土弹性压缩（或伸长）对先批张拉筋的影响，将先批张拉筋的张拉控制应力值 σ_{con} 增加（或减小）$\alpha_E\sigma_{pci}$。此处，α_E 为无粘结预应力筋弹性模量与混凝土弹性模量之比，σ_{pci} 为后批张拉筋在先批张拉筋重心处产生的混凝土法向应力。对无粘结预应力平板，为考虑后批张拉筋所产生的混凝土弹性压缩对先批张拉筋的影响，可将张拉应力值 σ_{con} 增加 $0.5\alpha_E\sigma_{pc}$。

5.1.10 平均预压应力指扣除全部预应力损失后，在混凝土总截面面积上建立的平均预压应力。对无粘结预应力混凝土平板，混凝土平均预压应力不宜小于 $1.0N/mm^2$，也不宜大于 $3.5N/mm^2$。

注：1 若施加预应力仅为了满足构件的允许挠度时，可不受平均预压应力最小值的限制；

2 当张拉长度较短，混凝土强度等级较高或采取专门措施时，最大平均预压应力限值可适当提高。

5.1.11 对采用钢绞线作无粘结预应力筋的受弯构件，在进行正截面承载力计算时，无粘结预应力筋的应力设计值 σ_{pu} 宜按下列公式计算：

$$\sigma_{pu}=\sigma_{pe}+\Delta\sigma_p \quad (5.1.11\text{-}1)$$

$$\Delta\sigma_p=(240-335\xi_0)\left(0.45+5.5\frac{h}{l_0}\right) \quad (5.1.11\text{-}2)$$

$$\xi_0=\frac{\sigma_{pe}A_p+f_yA_s}{f_cbh_p} \quad (5.1.11\text{-}3)$$

此时，应力设计值 σ_{pu} 尚应符合下列条件：

$$\sigma_{pe}\leqslant\sigma_{pu}\leqslant f_{py} \quad (5.1.11\text{-}4)$$

式中 σ_{pe}——扣除全部预应力损失后，无粘结预应力筋中的有效预应力（N/mm^2）；

$\Delta\sigma_p$——无粘结预应力筋中的应力增量（N/mm^2）；

ξ_0——综合配筋指标，不宜大于0.4；

l_0——受弯构件计算跨度；

h——受弯构件截面高度；

h_p——无粘结预应力筋合力点至截面受压边缘的距离。

对翼缘位于受压区的T形、I形截面受弯构件，当受压区高度大于翼缘高度时，综合配筋指标 ξ_0 可按下式计算：

$$\xi_0=\frac{\sigma_{pe}A_p+f_yA_s-f_c(b'_f-b)h'_f}{f_cbh_p}$$

此处，h'_f 为T形、I形截面受压区的翼缘高度；b'_f 为T形、I形截面受压区的翼缘计算宽度，应按现行国家标准《混凝土结构设计规范》GB 50010有关规定执行。

5.1.12 后张法无粘结预应力混凝土超静定结构，在进行正截面受弯承载力计算及抗裂验算时，在弯矩设计值中次弯矩应参与组合；在进行斜截面受剪承载力计算及抗裂验算时，在剪力设计值中次剪力应参与组合。次弯矩、次剪力及其参与组合的计算应符合下列规定：

1 按弹性分析计算时，次弯矩 M_2 宜按下列公式计算：

$$M_2=M_r-M_1 \quad (5.1.12\text{-}1)$$

$$M_1=N_pe_{pn} \quad (5.1.12\text{-}2)$$

$$N_p=\sigma_{pe}A_p+\sigma'_{pe}A'_p-\sigma_{l5}A_s-\sigma'_{l5}A'_s \quad (5.1.12\text{-}3)$$

$$e_{pn}=\frac{\sigma_{pe}A_py_{pn}-\sigma'_{pe}A'_py'_{pn}-\sigma_{l5}A_sy_{sn}+\sigma'_{l5}A'_sy'_{sn}}{\sigma_{pe}A_p+\sigma'_{pe}A'_p-\sigma_{l5}A_s-\sigma'_{l5}A'_s} \quad (5.1.12\text{-}4)$$

式中 N_p——无粘结预应力筋及非预应力钢筋的合力；

e_{pn}——净截面重心至无粘结预应力筋及非预应力钢筋合力点的距离；

M_r——由预加力 N_p 的等效荷载在结构构件截面上产生的弯矩值；

M_1——预加力 N_p 对净截面重心偏心引起的弯矩值；

σ_{pe}、σ'_{pe}——受拉区、受压区无粘结预应力筋有效预应力；

A_p、A'_p——受拉区、受压区纵向无粘结预应力筋的截面面积；

A_s、A'_s——受拉区、受压区纵向非预应力钢筋的截面面积；

σ_{l5}、σ'_{l5}——受拉区、受压区无粘结预应力筋在各自合力点处混凝土收缩和徐变引起的预应力损失值，按本规程第5.1.5条的规定计算；

y_{pn}、y'_{pn}——受拉区、受压区预应力合力点至净截面重心的距离；

y_{sn}、y'_{sn}——受拉区、受压区的非预应力钢筋重心至净截面重心的距离。

次剪力宜根据结构构件各截面次弯矩分布按结构力学方法计算。

注：当公式（5.1.12-3）、（5.1.12-4）中的 $A'_p=0$ 时，可取式中 $\sigma'_{l5}=0$。

2 在对截面进行受弯及受剪承载力计算时，当参与组合的次弯矩、次剪力对结构不利时，预应力分项系数应取 1.2；有利时应取 1.0。

3 在对截面进行受弯及受剪的抗裂验算时，参与组合的次弯矩和次剪力的预应力分项系数应取 1.0。

5.1.13 无粘结预应力混凝土构件的锚头局压区，应验算局部受压承载力。在锚具的局部受压计算中，压力设计值应取 1.2 倍张拉控制应力和 f_{ptk} 中的较大值进行计算，f_{ptk} 为无粘结预应力筋的抗拉强度标准值。

5.1.14 在矩形、T 形、倒 T 形和 I 形截面的无粘结预应力混凝土受弯构件中，按荷载效应的标准组合并考虑长期作用影响的最大裂缝宽度 w_{max}（mm），可按下列公式计算：

$$w_{max}=\alpha_{cr}\psi\frac{\sigma_{sk}}{E_s}\left(1.9c+0.08\frac{d_{eq}}{\rho_{te}}\right) \tag{5.1.14-1}$$

$$\psi=1.1-0.65\frac{f_{tk}}{\rho_{te}\sigma_{sk}} \tag{5.1.14-2}$$

$$d_{eq}=\frac{\Sigma n_i d_i^2}{\Sigma n_i \upsilon_i d_i} \tag{5.1.14-3}$$

$$\rho_{te}=\frac{A_s}{A_{te}} \tag{5.1.14-4}$$

式中 α_{cr}——构件受力特征系数，对受弯，取 $\alpha_{cr}=1.7$；

ψ——裂缝间纵向受拉非预应力钢筋应变不均匀系数：当 $\psi<0.4$ 时，取 $\psi=0.4$；当 $\psi>1.0$ 时，取 $\psi=1.0$；

σ_{sk}——按荷载效应的标准组合计算的无粘结预应力混凝土构件纵向受拉钢筋的等效应力，按本规程第 5.1.15 条计算；

c——最外层纵向受拉非预应力钢筋外边缘至受拉区底边的距离（mm）：当 $c<20$ 时，取 $c=20$；当 $c>65$ 时，取 $c=65$；

ρ_{te}——按有效受拉混凝土截面面积计算的纵向受拉非预应力钢筋配筋率；在最大裂缝宽度计算中，当 $\rho_{te}<0.01$ 时，取 $\rho_{te}=0.01$；

A_{te}——有效受拉混凝土截面面积，对受弯构件，$A_{te}=0.5bh+(b_f-b)h_f$，此处，b_f、h_f 为受拉翼缘的宽度、高度；

A_s——受拉区纵向非预应力钢筋截面面积；

d_{eq}——受拉区纵向受拉非预应力钢筋的等效直径（mm）；

d_i——受拉区第 i 种纵向受拉非预应力钢筋的公称直径（mm）；

n_i——受拉区第 i 种纵向受拉非预应力钢筋的根数；

υ_i——受拉区第 i 种纵向受拉非预应力钢筋的相对粘结特性系数，对光面钢筋，取 $\upsilon_i=0.7$；对带肋钢筋，取 $\upsilon_i=1.0$。

5.1.15 在荷载效应的标准组合下，无粘结预应力混凝土受弯构件纵向受拉钢筋等效应力 σ_{sk} 可按下列公式计算：

$$\sigma_{sk}=\frac{M_k\pm M_2-0.75M_{cr}}{0.87h_0(0.3A_p+A_s)} \tag{5.1.15-1}$$

$$M_{cr}=(\sigma_{pc}+\gamma f_{tk})W_0 \tag{5.1.15-2}$$

式中 A_s——受拉区纵向非预应力钢筋截面面积；

A_p——受拉区纵向无粘结预应力筋截面面积；

M_k——按荷载效应的标准组合计算的弯矩值；

M_2——后张法无粘结预应力混凝土超静定结构构件中的次弯矩，按本规程第 5.1.12 条的规定确定；

M_{cr}——受弯构件的正截面开裂弯矩值；

σ_{pc}——扣除全部预应力损失后，由预加力在抗裂验算边缘产生的混凝土预压应力；

γ——无粘结预应力混凝土构件的截面抵抗矩塑性影响系数，应按现行国家标准《混凝土结构设计规范》GB 50010 的有关规定执行。

注：在公式（5.1.15-1）中，当 M_2 与 M_k 的作用方向相同时，取加号；当 M_2 与 M_k 的作用方向相反时，取减号。

5.1.16 矩形、T 形、倒 T 形和 I 形截面无粘结预应力混凝土受弯构件的刚度 B，可按下列公式计算：

$$B=\frac{M_k}{M_q(\theta-1)+M_k}B_s \tag{5.1.16}$$

式中 M_k——按荷载效应的标准组合计算的弯矩，取计算区段内的最大弯矩值；

M_q——按荷载效应的准永久组合计算的弯矩，取计算区段内的最大弯矩值；

θ——考虑荷载长期作用对挠度增大的影响系数，取 2.0；

B_s——荷载效应的标准组合作用下受弯构件的短期刚度，按本规程第 5.1.17 条的公式计算。

5.1.17 在荷载效应的标准组合作用下，无粘结预应力混凝土受弯构件的短期刚度 B_s 可按下列公式计算：

1 要求不出现裂缝的构件

$$B_s=0.85E_cI_0 \tag{5.1.17-1}$$

2 允许出现裂缝的构件

$$B_s=\frac{0.85E_cI_0}{k_{cr}+(1-k_{cr})\omega} \tag{5.1.17-2}$$

$$k_{cr}=\frac{M_{cr}}{M_k} \tag{5.1.17-3}$$

$$\omega=\left(1.0+0.8\lambda+\frac{0.21}{\alpha_E\rho}\right)(1+0.45\gamma_f) \tag{5.1.17-4}$$

$$\gamma_f=\frac{(b_f-b)h_f}{bh_0} \tag{5.1.17-5}$$

式中　I_0——换算截面惯性矩；

α_E——无粘结预应力筋弹性模量与混凝土弹性模量的比值；

ρ——纵向受拉钢筋配筋率，取 $\rho=(A_p+A_s)/(bh_0)$；

λ——无粘结预应力筋配筋指标与综合配筋指标的比值，取 $\lambda=\dfrac{\sigma_{pe}A_p}{\sigma_{pe}A_p+f_yA_s}$；

M_{cr}——受弯构件的正截面开裂弯矩值；

γ_f——受拉翼缘截面面积与腹板有效截面面积的比值；

b_f、h_f——受拉翼缘的宽度、高度；

k_{cr}——无粘结预应力混凝土受弯构件正截面的开裂弯矩 M_{cr} 与弯矩 M_k 的比值，当 $k_{cr}>1.0$ 时，取 $k_{cr}=1.0$。

注：对预压时预拉区出现裂缝的构件，B_s 应降低10%。

5.1.18　无粘结预应力混凝土受弯构件在使用阶段的预加力反拱值，可用结构力学方法按刚度 E_cI_0 进行计算，并应考虑预压应力长期作用的影响，将计算求得的预加力反拱值乘以增大系数2.0；在计算中，无粘结预应力筋中的应力应扣除全部预应力损失。

对重要的或特殊的预应力混凝土受弯构件的长期反拱值，可根据专门的试验分析确定或采用合理的收缩、徐变计算方法经分析确定；对恒载较小的构件，应考虑反拱过大对使用的不利影响。

5.1.19　在设计中宜根据结构类型、预应力构件类别和工程经验，采取下列措施减少柱和墙等约束构件对梁、板预加应力效果的不利影响。

1　将抗侧力构件布置在结构位移中心不动点附近；采用相对细长的柔性柱子；

2　板的长度超过60m时，可采用后浇带或临时施工缝对结构分段施加预应力；

3　将梁和支承柱之间的节点设计成在张拉过程中可产生无约束滑动的滑动支座；

4　当未能按上述措施考虑柱和墙对梁、板的侧向约束影响时，在柱、墙中可配置附加钢筋承担约束作用产生的附加弯矩，同时应考虑约束作用对梁、板中有效预应力的影响。

5.1.20　在无粘结预应力混凝土现浇板、梁中，为防止由温度、收缩应力产生的裂缝，应按照现行国家标准《混凝土结构设计规范》GB 50010有关要求适当配置温度、收缩及构造钢筋。

5.2　单向体系

5.2.1　无粘结预应力混凝土受弯构件受拉区非预应力纵向受力钢筋的配置，应符合下列规定：

1　单向板非预应力纵向受力钢筋的截面面积 A_s 应符合下式规定：

$$A_s \geqslant 0.0025bh \tag{5.2.1-1}$$

式中　b——截面宽度；

h——截面高度。

且非预应力纵向受力钢筋直径不应小于8mm，其间距不应大于200mm。

注：当空心板截面换算为I字形截面计算时，配筋率应按全截面面积扣除受压翼缘面积 $(b'_f-b)h'_f$ 后的截面面积计算。

2　梁中受拉区配置的非预应力纵向受力钢筋的最小截面面积 A_s 应符合下列规定：

$$\frac{f_yA_sh_s}{f_yA_sh_s+\sigma_{pu}A_ph_p}\geqslant 0.25 \tag{5.2.1-2}$$

或

$$A_s\geqslant 0.003bh \tag{5.2.1-3}$$

取以上两式计算结果的较大者。钢筋直径不应小于14mm。

按式（5.2.1-1）～（5.2.1-3）要求的非预应力纵向受力钢筋，应均匀分布在梁的受拉区，并靠近受拉边缘。非预应力纵向受力钢筋长度应符合有关规范锚固长度或延伸长度的要求。

5.2.2　无粘结预应力混凝土受弯构件的正截面受弯承载力设计值应符合下列要求：

$$M_u\geqslant M_{cr} \tag{5.2.2}$$

式中　M_u——构件正截面受弯承载力设计值；

M_{cr}——构件正截面开裂弯矩值。

5.2.3　无粘结预应力混凝土受弯构件的斜截面受剪承载力应按现行国家标准《混凝土结构设计规范》GB 50010有关规定执行，但无粘结预应力弯起筋的应力设计值应取有效预应力值。

5.2.4　无粘结预应力筋的最大间距可取板厚度的6倍，且不宜大于1.0m。

5.2.5　在主梁、次梁和密肋板中，必须配置无粘结预应力筋的支撑钢筋。对于2～4根无粘结预应力筋组成的集束预应力筋，支撑钢筋的直径不宜小于10mm，对于5根或更多无粘结预应力筋组成的集束预应力筋，其直径不宜小于12mm，间距均不宜大于1.0m；用于支撑平板中单根无粘结预应力筋的支撑钢筋，间距不宜大于2.0m。支撑钢筋可采用HPB235级钢筋或HRB335级钢筋。

5.3　双向体系

5.3.1　无粘结预应力混凝土板柱结构的计算，应按板的纵横两个方向进行，且在计算中每个方向均应取全部作用荷载。

对于垂直荷载作用下的矩形柱网无粘结预应力混凝土板柱结构，当按等代框架法进行内力计算时，等代框架梁的梁宽可取柱两侧半跨之和；在等代框架法中，当跨度差别较大或相邻跨荷载相差较大时，宜考虑柱及柱两侧抗扭构件的影响按等效柱计算，等效柱的刚度计算可按本规程附录C规定的方法进行。

对柱网不规则的平板、井式梁板、密肋板、承受大集中荷载和大开孔的板，宜采用有限单元法进行计算。

5.3.2 在水平荷载作用下的矩形柱网无粘结预应力混凝土板柱结构，按等代框架法进行内力计算时，等代梁的板宽取值宜符合第5.3.3条的规定。水平荷载产生的内力，应组合到柱上板带上。

5.3.3 在水平荷载作用下沿该方向等代框架梁的计算宽度，宜取下列公式计算结果的较小值：

$$b_y=\frac{1}{2}(l_x+b_d) \quad (5.3.3\text{-}1)$$

$$b_y=\frac{3}{4}l_y \quad (5.3.3\text{-}2)$$

式中 b_y——y向等代框架梁的计算宽度；

l_x、l_y——等代梁的计算跨度；

b_d——平托板或柱帽的有效宽度。

5.3.4 对于板柱结构实心双向平板，非预应力纵向受力钢筋最小截面面积及其分布应符合下列规定：

1 负弯矩区非预应力纵向受力钢筋。在柱边的负弯矩区，每一方向上非预应力纵向受力钢筋的截面面积应符合下列规定：

$$A_s\geqslant 0.00075hl \quad (5.3.4\text{-}1)$$

式中 l——平行于计算纵向受力钢筋方向上板的跨度；

h——板的厚度。

由上式确定的非预应力纵向钢筋，应分布在各离柱边1.5h的板宽范围内。每一方向至少应设置4根直径不小于16mm的钢筋。非预应力纵向钢筋间距不应大于300mm，外伸出柱边长度至少为支座每一边净跨的1/6。在承载力计算中考虑非预应力纵向钢筋的作用时，其外伸长度应按计算确定，并应符合有关规范对锚固长度的规定。

2 正弯矩区非预应力纵向受力钢筋。在正弯矩区每一方向上的非预应力纵向受力钢筋的截面面积应符合下列规定：

$$A_s\geqslant 0.0025bh \quad (5.3.4\text{-}2)$$

且钢筋直径不应小于8mm，间距不应大于200mm。

非预应力纵向钢筋应均匀分布在板的受拉区内，并应靠近受拉边缘布置。在承载力计算中考虑非预应力纵向钢筋的作用时，其长度应符合有关规范对锚固长度的规定。

3 在平板的边缘和拐角处，应设置暗圈梁或设置钢筋混凝土边梁。暗圈梁的纵向钢筋直径不应小于12mm，且不应少于4根；箍筋直径不应小于6mm，间距不应大于150mm。

5.3.5 现浇板柱节点形式及构造设计应符合下列要求：

1 无粘结预应力筋和按第5.3.4条规定配置的非预应力纵向钢筋应正交穿过板柱节点。每一方向穿过柱子的无粘结预应力筋不应少于2根。

2 如需增强板柱节点的冲切承载力，可采用以下方法：

1）采用平托板将板柱节点附近板的厚度局部加厚（图5.3.5a）或加柱帽，平托板长度和厚度，以及柱帽尺寸和厚度按受冲切承载力要求确定；

2）可采用穿过柱截面布置于板内的暗梁，暗梁由抗剪箍筋与纵向钢筋构成（图5.3.5b）；此时上部钢筋不应少于暗梁宽度范围内柱上板带所需非预应力纵向钢筋，且直径不应小于16mm，下部钢筋直径也不应小于16mm；

3）当采用互相垂直并通过柱子截面的型钢，如工字钢，槽钢焊接而成的型钢剪力架时（图5.3.5c），应按第5.3.8条进行设计；对配置抗冲切锚栓的板柱节点，应符合第5.3.7条的设计规定（图5.3.7-1）。

3 对柱支承密肋板结构，在板柱节点周围应做成实心板，其宽度不应小于冲切破坏锥体的宽度；若采用箍筋、锚栓、弯起钢筋或剪力架加强节点的受冲切承载能力时，其宽度不应小于加固件的延伸长度。

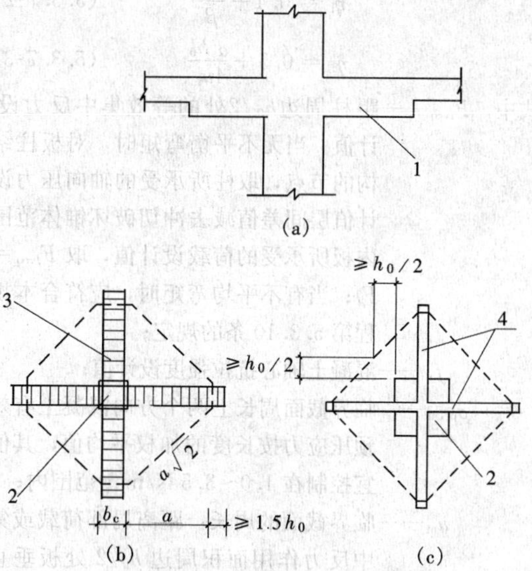

图5.3.5 节点形式及构造

(a) 局部加厚板；(b) 暗梁；(c) 型钢剪力架

1—局部加厚板；2—柱；3—抗剪箍筋；

4—工字钢或槽钢

5.3.6 在局部荷载或集中反力作用下，对配置或不配置箍筋和弯起钢筋的无粘结预应力混凝土板的受冲切承载力计算，应按现行国家标准《混凝土结构设计规范》GB 50010有关规定执行。

5.3.7 板柱结构在竖向荷载、水平荷载作用下，当板柱节点的受冲切承载力不满足公式（5.3.7-1）的要求且板厚受到限制时，可在板中配置抗冲切锚栓

(图 5.3.7-1)。

$$F_{l,\mathrm{eq}}=(0.7f_{\mathrm{t}}+0.15\sigma_{\mathrm{pc,m}})\eta\mu_{\mathrm{m}}h_0 \quad (5.3.7\text{-}1)$$

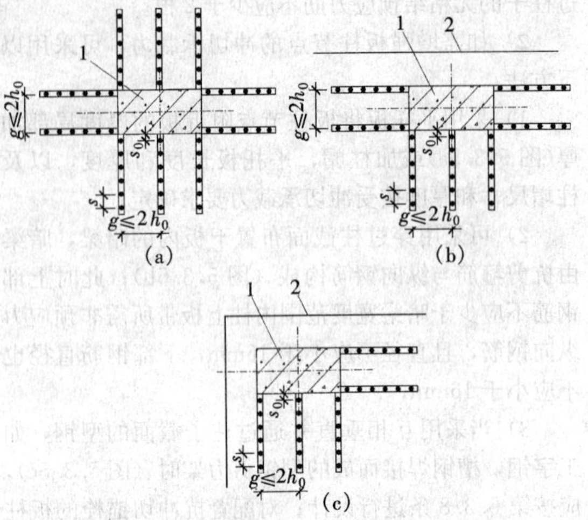

图 5.3.7-1 矩形柱抗冲切锚栓排列

(a) 内柱；(b) 边柱；(c) 角柱

1—柱；2—板边

公式（5.3.7-1）中的系数 η，应按下列两个公式计算，并取其中较小值：

$$\eta_1=0.4+\frac{1.2}{\beta_{\mathrm{s}}} \quad (5.3.7\text{-}2)$$

$$\eta_2=0.5+\frac{\alpha_{\mathrm{s}}h_0}{4u_{\mathrm{m}}} \quad (5.3.7\text{-}3)$$

式中 $F_{l,\mathrm{eq}}$——距柱周边 $h_0/2$ 处的等效集中反力设计值。当无不平衡弯矩时，对板柱结构的节点，取柱所承受的轴向压力设计值层间差值减去冲切破坏锥体范围内板所承受的荷载设计值，取 $F_{l,\mathrm{eq}}=F_l$；当有不平均弯矩时，应符合本规程第 5.3.10 条的规定；

f_{t}——混凝土轴心抗拉强度设计值；

$\sigma_{\mathrm{pc,m}}$——临界截面周长上两个方向混凝土有效预压应力按长度的加权平均值，其值宜控制在 1.0～3.5 N/mm² 范围内；

u_{m}——临界截面的周长：距离局部荷载或集中反力作用面积周边 $h_0/2$ 处板垂直截面的最不利周长；

h_0——截面有效高度，取两个配筋方向的截面有效高度的平均值；

η_1——局部荷载或集中反力作用面积形状的影响系数；

η_2——临界截面周长与板截面有效高度之比的影响系数；

β_{s}——局部荷载或集中反力作用面积为矩形时的长边与短边尺寸的比值，β_{s} 不宜大于 4；当 $\beta_{\mathrm{s}}<2$ 时，取 $\beta_{\mathrm{s}}=2$；当面积为圆形时，取 $\beta_{\mathrm{s}}=2$；

α_{s}——板柱结构中柱类型的影响系数：对中柱，取 $\alpha_{\mathrm{s}}=40$；对边柱，取 $\alpha_{\mathrm{s}}=30$；对角柱，取 $\alpha_{\mathrm{s}}=20$。

配置锚栓的无粘结预应力混凝土板，其受冲切承载力及锚栓构造应符合下列规定：

1 受冲切截面应符合下列条件：

$$F_{l,\mathrm{eq}}\leqslant 1.05f_{\mathrm{t}}\eta\mu_{\mathrm{m}}h_0 \quad (5.3.7\text{-}4)$$

2 受冲切承载力应按下列公式计算：

$$F_{l,\mathrm{eq}}\leqslant(0.35f_{\mathrm{t}}+0.15\sigma_{\mathrm{pc,m}})\eta\mu_{\mathrm{m}}h_0+0.9\frac{h_0}{s}f_{\mathrm{yv}}A_{\mathrm{sv}} \quad (5.3.7\text{-}5)$$

式中 s——锚栓间距；

f_{yv}——锚栓抗拉强度设计值，不应大于 300N/mm²；

A_{sv}——与柱面距离相等围绕柱一圈内锚栓的截面面积。

3 对配置抗冲切锚栓的冲切破坏锥体以外的截面，尚应按下式要求进行受冲切承载力验算：

$$F_{l,\mathrm{eq}}\leqslant(0.7f_{\mathrm{t}}+0.15\sigma_{\mathrm{pc,m}})\eta\mu_{\mathrm{m}}h_0 \quad (5.3.7\text{-}6)$$

此时，u_{m} 应取距最外一排锚栓周边 $h_0/2$ 处的最不利周长。

4 在混凝土板中配置锚栓，应符合下列构造要求：

1）混凝土板的厚度不应小于 150mm；

2）锚栓的锚头可采用方形或圆形板，其面积不小于锚杆截面面积的 10 倍；

3）锚头板和底部钢条板的厚度不小于 $0.5d$，钢条板的宽度不小于 $2.5d$，d 为锚杆的直径（图 5.3.7-2a）；

4）里圈锚栓与柱面之间的距离 s_0 应符合下列规定：

$$50\mathrm{mm}\leqslant s_0\leqslant 0.35h_0$$

5）锚栓圈与圈之间的径向距离 $s\leqslant 0.5h_0$；

6）按计算所需的锚栓应配置在与 45°冲切破坏锥面相交的范围内，且从柱截面边缘向外的分布长度不应小于 $1.5h_0$（图 5.3.7-2b）；

7）锚栓的最小混凝土保护层厚度与纵向受力钢筋相同；锚栓的混凝土保护层不应超过最小保护层厚度与纵向受力钢筋直径之半的和（图 5.3.7-2c）。

5.3.8 型钢剪力架的设计应符合下列规定：

1 型钢剪力架的型钢高度不应大于其腹板厚度的 70 倍；剪力架每个伸臂末端可削成与水平呈 30°～60°的斜角；型钢的全部受压翼缘应位于距混凝土板的受压边缘 $0.3h_0$ 范围内；

2 型钢剪力架每个伸臂的刚度与混凝土组合板换算截面刚度的比值 α_{a} 应符合下列要求：

$$\alpha_{\mathrm{a}}\geqslant 0.15 \quad (5.3.8\text{-}1)$$

$$\alpha_{\mathrm{a}}=\frac{E_{\mathrm{a}}I_{\mathrm{a}}}{E_{\mathrm{c}}I_{0,\mathrm{cr}}} \quad (5.3.8\text{-}2)$$

式中 I_a——型钢截面惯性矩；

$I_{0,cr}$——组合板裂缝截面的换算截面惯性矩。

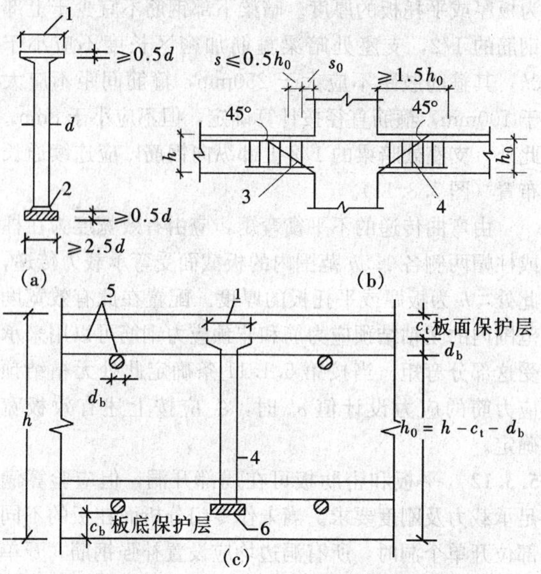

图 5.3.7-2 板中抗冲切锚栓布置

(a) 锚栓大样；(b) 用锚栓作抗冲切钢筋；

(c) 锚栓混凝土保护层要求

1—顶部面积≥10 倍锚杆截面面积；2—焊接；

3—冲切破坏锥面；4—锚栓；5—受弯钢筋；

6—底部钢板条

计算惯性矩 $I_{0,cr}$时，按型钢和非预应力钢筋的换算面积以及混凝土受压区的面积计算确定，此时组合板截面宽度取垂直于所计算弯矩方向的柱宽 b_c 与板的有效高度 h_0 之和。

3 工字钢焊接剪力架伸臂长度可由下列近似公式确定(图 5.3.8a)

$$l_a = \frac{u_{m,de}}{3\sqrt{2}} - \frac{b_c}{6} \quad (5.3.8\text{-}3)$$

$$u_{m,de} \geqslant \frac{F_{l,eq}}{0.6 f_t \eta h_0} \quad (5.3.8\text{-}4)$$

式中 $u_{m,de}$——设计截面周长；

$F_{l,eq}$——距柱周边 $h_0/2$ 处的等效集中反力设计值。当无不平衡弯矩时，对板柱结构的节点取柱所承受的轴向压力设计值层间差值减去冲切破坏锥体范围内板所承受的荷载设计值，取 $F_{l,eq}=F_l$；当有不平衡弯矩时，应符合本规程第 5.3.10 条的规定；

b_c——方形柱的边长；

h_0——板的截面有效高度；

η——考虑局部荷载或集中反力作用面积形状、临界截面周长与板截面有效高度之比的影响系数，应按公式(5.3.7-2)、(5.3.7-3)两个公式计算，并取其中的较小值。

槽钢焊接剪力架的伸臂长度可按（图 5.3.8b）所示的计算截面周长，用与工字钢焊接剪力架的类似方法确定。

4 剪力架每个伸臂根部的弯矩设计值及受弯承载力应满足下列要求：

$$M_{de} = \frac{F_{l,eq}}{2n}\left[h_a + \alpha_a\left(l_a - \frac{h_c}{2}\right)\right] \quad (5.3.8\text{-}5)$$

$$\frac{M_{de}}{W} \leqslant f_a \quad (5.3.8\text{-}6)$$

式中 h_a——剪力架每个伸臂型钢的全高；

h_c——计算弯矩方向的柱子尺寸；

n——型钢剪力架相同伸臂的数目；

f_a——钢材的抗拉强度设计值，按现行国家标准《钢结构设计规范》GB 50017 有关规定取用。

5 配置型钢剪力架板的冲切承载力应满足下列要求：

$$F_{l,eq} \leqslant 1.2 f_t \eta u_m h_0 \quad (5.3.8\text{-}7)$$

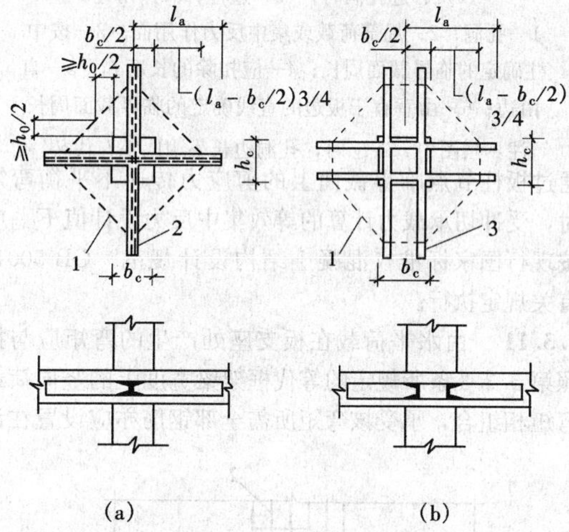

图 5.3.8 剪力架及其计算冲切面

(a) 工字钢焊接剪力架；(b) 槽钢焊接剪力架

1—设计截面周长；2—工字钢；3—槽钢

5.3.9 在计算板柱体系双向板受冲切承载力时，当板开有孔洞且孔洞至局部荷载或集中反力作用面积边缘的距离不大于 $6h_0$ 时，受冲切承载力计算中取用的临界截面周长 u_m，应扣除局部荷载或集中反力作用面积中心至开孔外边画出两条切线之间所包含的长度 l_d（图 5.3.9a）。

当边柱引起的局部荷载或集中反力邻近平板的自由边时，靠近自由边的周长则由垂直于板边的直线所代替（图 5.3.9b），并与按中柱所确定的临界截面周长比较，取 2（l_a+l_b）和（$l_a+2l_b+2l_c$）二值中的较小值；对角柱可采用相同的原则，取 2（l_a+l_b）和（$l_a+l_b+l_{c1}+l_{c2}$）二值中的较小值。

5.3.10 板柱结构在竖向荷载、水平荷载作用下，当

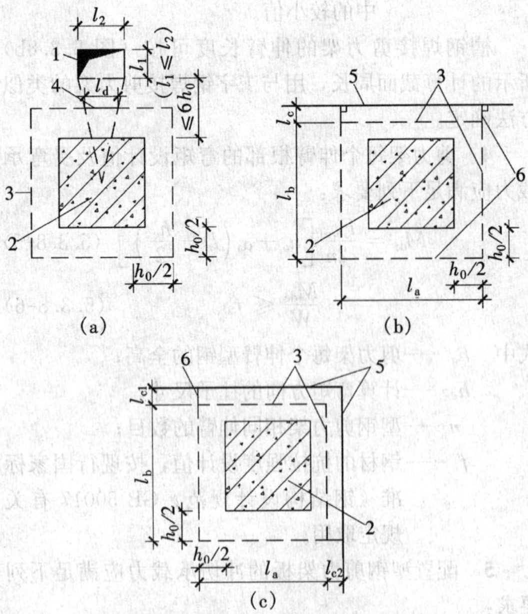

图 5.3.9 临界截面周长计算

(a) 邻近孔洞时；(b) 边柱；(c) 角柱

1—孔洞；2—局部荷载或集中反力作用面；3—按中柱确定的临界截面周长；4—应扣除的长度 l_d；5—自由边；6—由垂直于板边的直线确定的临界截面周长

注：当图中 $l_1 > l_2$ 时，孔洞边长 l_2 用 $\sqrt{l_1 l_2}$ 代替。

通过板柱节点临界截面上的剪应力传递不平衡弯矩时，受冲切承载力计算的等效集中反力设计值 $F_{l,eq}$ 应按现行国家标准《混凝土结构设计规范》GB 50010 有关规定执行。

5.3.11 由水平荷载在板支座处产生的弯矩应与按照第 5.3.3 条所规定的等代框架梁宽度上的竖向荷载弯矩相组合，承受该弯矩所需全部钢筋亦应设置在该柱上板带中，且其中不少于 50%应配置在有效宽度为在柱或柱帽两侧各 1.5h 范围内形成暗梁，此处，h 为板厚或平托板的厚度。暗梁下部钢筋不宜少于上部钢筋的 1/2，支座处暗梁箍筋加密区长度不应小于 3h，其箍筋肢距不应大于 250mm，箍筋间距不应大于 100mm，箍筋直径按计算确定，但不应小于 8mm。此外，支座处暗梁的 1/2 上部纵向钢筋，应连续通长布置（图 5.3.11）。

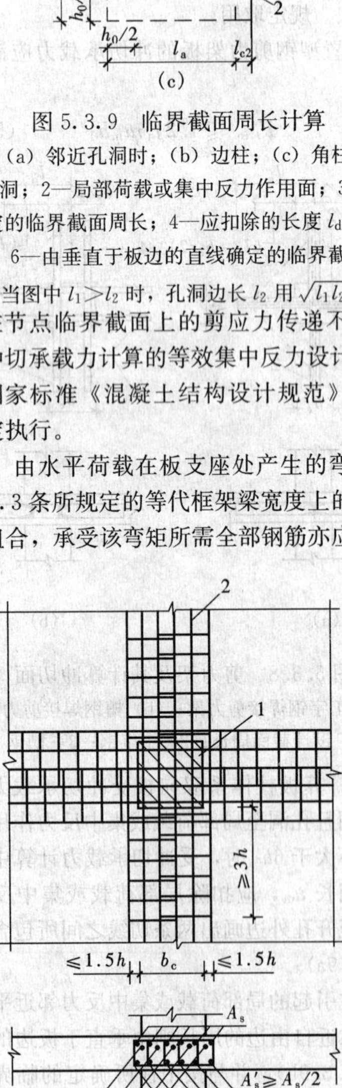

图 5.3.11 暗梁配筋示意

1—柱；2—1/2 的上部钢筋应连续

由弯曲传递的不平衡弯矩，应由有效宽度为在柱或柱帽两侧各 1.5h 范围内的板截面受弯承载力传递，此处，h 为板厚或平托板的厚度。配置在此有效宽度范围内的无粘结预应力筋和非预应力钢筋可以用来承受这部分弯矩。当按第 5.1.11 条确定此处无粘结预应力筋的应力设计值 σ_{pu} 时，ξ_0 应按上述有效板宽确定。

5.3.12 平板和密肋板可在局部开洞，但应验算满足承载力及刚度要求。当未作专门分析而在板的不同部位开单个洞时，所有洞边均应设置补强钢筋，开单个洞的大小及洞口处无粘结预应力筋的布置应符合下列要求：

1 在两个方向的柱上板带公共区域内，所开洞 1 的长边尺寸 b 应满足：$b \leqslant b_c/4$ 且 $b \leqslant h/2$，其中，b_c 为相应于洞口长边方向的柱宽度，h 为板厚度（图 5.3.12a）；

2 在一方向的跨中板带和另一个方向上的柱上

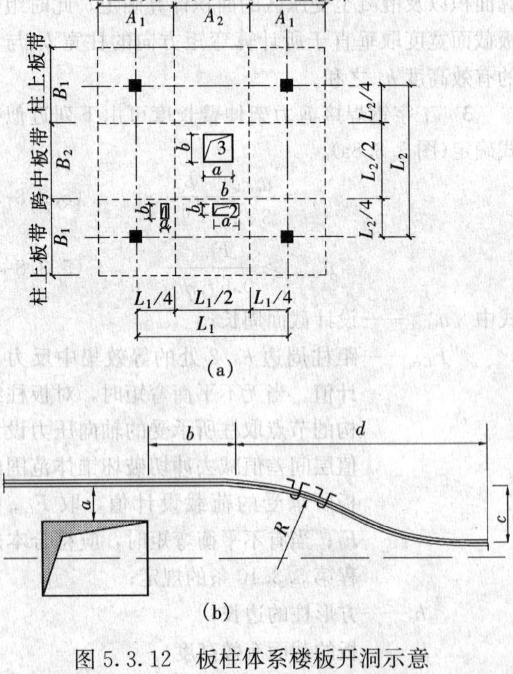

图 5.3.12 板柱体系楼板开洞示意

(a) 开单个洞大小要求；(b) 洞口无粘结预应力筋布置要求

注：1 洞口无粘结预应力筋布置宜满足：$a \geqslant 150$mm，$b \geqslant 300$mm，$R \geqslant 6.5$m；

2 当 $c : d > 1 : 6$ 时，需配置 U 形筋。

板带公共区域内，洞 2 的边长应满足 $a \leqslant A_2/4$，$b \leqslant B_1/4$（图 5.3.12a）；

3 在两个方向的跨中板带公共区域内，所开洞 3 的边长应满足：$a \leqslant A_2/4$，$b \leqslant B_2/4$（图 5.3.12a）；

4 若在同一部位开多个洞时，则在同一截面上各个洞宽之和不应大于该部位单个洞的允许宽度；

5 在板内被孔洞阻断的无粘结预应力筋可分两侧绕过洞口铺设，其离洞口的距离不宜小于 150mm，水平偏移的曲率半径不宜小于 6.5m（图 5.3.12b），洞口四周应配置构造钢筋加强；当洞口较大时，应符合第 5.3.13 条的规定。

5.3.13 当楼盖因设楼、电梯间开洞较大，且在板边需截断无粘结预应力筋或截断密肋板的肋时，应沿洞口周边设置边梁或加强带，以补足被孔洞削弱的板或肋的承载力和截面刚度。

5.3.14 在均布荷载作用下，现浇平板结构中无粘结预应力筋的布置和分配宜满足下列要求：

1 无粘结预应力筋的布置方式可按划分柱上板带和跨中板带设置（图 5.3.14a）。这时，无粘结预应力筋分配在柱上板带的数量可占 60%～75%，其余

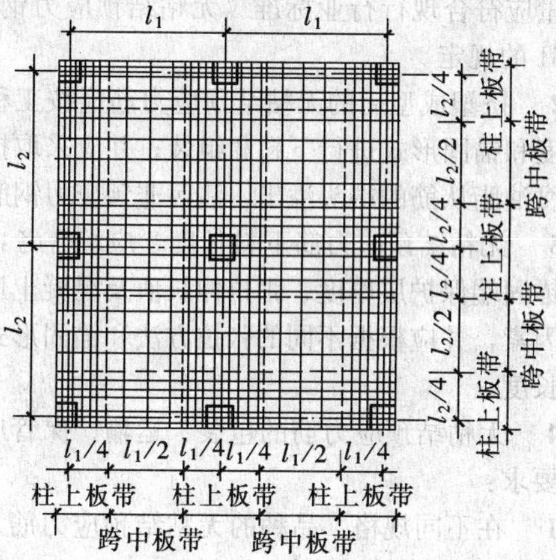

(a)

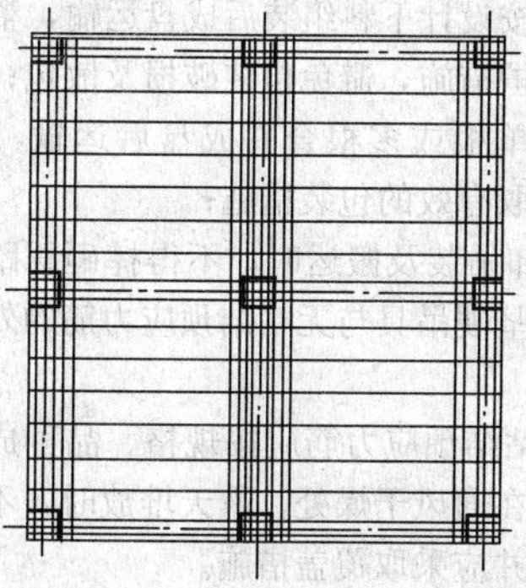

(b)

图 5.3.14 布筋方式

(a) 划分柱上板带和跨中板带布筋；

(b) 一向集中，另一向均匀布筋

25%～40%则分配在跨中板带上；

2 无粘结预应力筋也可取一向集中布置，另一向均匀布置（图 5.3.14b）。对集中布置的无粘结预应力筋，宜分布在各离柱边 1.5h 的范围内；对均布方向的无粘结预应力筋，最大间距不得超过板厚度的 6 倍，且不宜大于 1.0m。

各种布筋方式每一方向穿过柱子的无粘结预应力筋的数量不得少于 2 根。

5.3.15 在筏板基础和箱形基础中采用无粘结预应力混凝土时，其设计应符合下列要求：

1 在筏板基础的肋梁中可采用多根无粘结预应力筋组成的集束预应力筋，在筏板基础和箱形基础的底板中可采用分散布置的无粘结预应力筋，但均应采用本规程第 4.2.7 条规定的全封闭防腐蚀锚固系统；

2 在设计预应力混凝土基础时，应注意基础底板与地基之间的摩擦力对基础底板中所建立轴向预压应力的影响；并应考虑土与基础及上部结构的相互作用影响；其等效荷载的选取应对基础受力状况进行严格分析后确定；

3 基础板中的无粘结预应力筋应布置在两层普通钢筋的内侧，混凝土保护层厚度及防水隔离层做法等措施应符合有关标准的要求；

4 基础中的预应力筋可按设计要求分期分批施加预应力；

5 非预应力钢筋的配置应符合控制基础板温度、收缩裂缝的构造要求。

5.4 体外预应力梁

5.4.1 无粘结预应力体外束由无粘结预应力筋、外套管、防腐材料及锚固体系组成，分为单根无粘结预应力筋体系和无粘结预应力体外束多层防腐蚀体系，可根据结构设计的要求选用。设计体外预应力梁时，体外束可采用直线、双折线或多折线布置方式，且其布置应使结构对称受力，对矩形或工字形截面梁，体外束应布置在梁腹板的两侧；对箱形截面梁，体外束应对称布置在梁腹板的内侧。

5.4.2 体外束仅在锚固区及转向块鞍座处与钢筋混凝土梁相连接，其设计应满足下列要求：

1 体外束锚固区和转向块的设置应根据体外束的设计线型确定，对多折线体外束，转向块宜布置在距梁端 1/4～1/3 跨度的范围内，必要时可增设中间定位用转向块，对多跨连续梁采用多折线体外束时，可在中间支座或其他部位增设锚固块。

2 体外束的锚固块与转向块之间或两个转向块之间的自由段长度不应大于 8m，超过该长度应设置防振动装置。

3 体外束在每个转向块处的弯折转角不应大于 15°，转向块鞍座处最小曲率半径宜按表 5.4.2 采用，体外束与鞍座的接触长度由设计计算确定。用于制作

体外束的钢绞线，应按偏斜拉伸试验方法确定其力学性能。

表 5.4.2 转向块鞍座处最小曲率半径

钢 绞 线	最小曲率半径（m）
12ϕ13mm 或 7ϕ15mm	2.0
19ϕ13mm 或 12ϕ15mm	2.5
31ϕ13mm 或 19ϕ15mm	3.0
55ϕ13mm 或 37ϕ15mm	5.0

注：钢绞线根数为表列数值的中间值时，可按线性内插法确定。

4 体外束的锚固区除进行局部受压承载力计算，尚应对牛腿块钢托件等进行抗剪设计与验算。

5 转向块应根据体外束产生的垂直分力和水平分力进行设计，并应考虑转向块处的集中力对结构整体及局部受力的影响，以保证将预应力可靠地传递至梁体。

5.4.3 体外束的锚固区和转向块宜满足下列构造规定：

1 体外束的锚固区宜设置在梁端混凝土端块、牛腿块处或设置在钢托件内，应保证传力可靠且变形符合设计要求。

2 在混凝土矩形、工字形或箱形截面梁中，转向块可设在结构体外或箱形梁的箱体内。转向块处的钢套管鞍座应预先弯曲成型，埋入混凝土中。体外束的弯折也可采用通过隔梁、肋梁等形式。

3 当锚固区采用钢托件锚固预应力筋时，其与钢筋混凝土梁之间应有可靠的连接构造措施，如用套箍、螺栓固定等。

4 对可更换的体外束，在锚固端和转向块处，与结构相连接的鞍座套管应与体外束的外套管分离，以方便更换体外束。

5.4.4 当按现行国家标准《混凝土结构设计规范》GB 50010 的承载力计算方法和构造规定，以及本规程的预应力损失值计算，变形、抗裂、裂缝宽度和应力验算方法，进行配置体外束的混凝土结构构件设计时，除应满足本规程第 5.4.2 条设计要求外，尚应满足下列计算要求：

1 体外无粘结预应力筋的张拉控制应力值 σ_{con} 不宜超过 $0.6f_{ptk}$，且不应小于 $0.4f_{ptk}$；当要求部分抵消由于应力松弛、摩擦、钢筋分批张拉等因素产生的预应力损失时，上述张拉控制应力限值可提高 $0.05f_{ptk}$。

2 体外多根无粘结预应力筋组成的集团束在转向块处的摩擦系数可按本规程表 5.1.6 采用。

3 对采用体外预应力筋的受弯构件，在进行正截面受弯承载力计算时，体外预应力筋的应力设计值 σ_{pu}（N/mm²）宜按下列公式计算：

$$\sigma_{pu} = \sigma_{pe} + 100 \quad (5.4.4\text{-}1)$$

此时，应力设计值 σ_{pu} 尚应符合下列条件：

$$\sigma_{pu} \leqslant f_{py} \quad (5.4.4\text{-}2)$$

4 体外预应力结构构件的裂缝控制等级及最大裂缝宽度限值可按现行国家标准《混凝土结构设计规范》GB 50010 对钢筋混凝土结构的规定执行。

5.4.5 体外束及锚固区应进行防腐蚀保护。体外束的防腐保护宜采用本规程第 6.4.1 条规定的无粘结预应力钢绞线束多层防腐蚀体系。当在结构构件承载力计算中，计入体外束的作用时，尚应符合有关规范对防火设计的规定。

6 施工及验收

6.1 无粘结预应力筋的制作、包装及运输

6.1.1 单根无粘结预应力筋的制作应采用挤塑成型工艺，并由专业化工厂生产，涂料层的涂敷和护套的制作应连续一次完成，涂料层防腐油脂应完全填充预应力筋与护套之间的环形空间。无粘结预应力筋的涂包质量应符合现行行业标准《无粘结预应力钢绞线》JG 161 的规定。

6.1.2 挤塑成型后的无粘结预应力筋应按工程所需的长度和锚固形式进行下料和组装；并应采取措施防止防腐油脂从筋的端头溢出，沾污非预应力钢筋等。

6.1.3 无粘结预应力筋下料长度，应综合考虑其曲率、锚固端保护层厚度、张拉伸长值及混凝土压缩变形等因素，并应根据不同的张拉方法和锚固形式预留张拉长度。

6.1.4 无粘结预应力筋的包装、运输、保管应符合下列要求：

1 在不同规格、品种的无粘结预应力筋上，均应有易于区别的标记；

2 无粘结预应力筋在工厂加工成型后，可整盘包装运输或按设计下料组装后成盘运输，整盘运输应采取可靠保护措施，避免包装破损及散包；工厂下料组装后，宜单根或多根合并成盘后运输，长途运输时，必须采取有效的包装措施；

3 装卸吊装及搬运时，不得摔砸踩踏，严禁钢丝绳或其他坚硬吊具与无粘结预应力筋的外包层直接接触；

4 无粘结预应力筋应按规格、品种成盘或顺直地分开堆放在通风干燥处，露天堆放时，不得直接与地面接触，并应采取覆盖措施。

6.2 无粘结预应力筋的铺放和浇筑混凝土

6.2.1 无粘结预应力筋铺放之前，应及时检查其规格尺寸和数量，逐根检查并确认其端部组装配件可靠无误后，方可在工程中使用。对护套轻微破损处，可

采用外包防水聚乙烯胶带进行修补，每圈胶带搭接宽度不应小于胶带宽度的 1/2，缠绕层数不应少于 2 层，缠绕长度应超过破损长度 30mm，严重破损的应予以报废。

6.2.2 张拉端端部模板预留孔应按施工图中规定的无粘结预应力筋的位置编号和钻孔。

6.2.3 张拉端的承压板应采用可靠的措施固定在端部模板上，且应保持张拉作用线与承压板面相垂直。

6.2.4 无粘结预应力筋应按设计图纸的规定进行铺放。铺放时应符合下列要求：

1 无粘结预应力筋可采用与普通钢筋相同的绑扎方法，铺放前应通过计算确定无粘结预应力筋的位置，其竖向高度宜采用支撑钢筋控制，亦可与其他钢筋绑扎，支撑钢筋应符合本规程第 5.2.5 条的要求，无粘结预应力筋束形控制点的设计位置偏差，应符合表 6.2.4 的规定；

表 6.2.4 束形控制点的设计位置允许偏差

截面高(厚)度(mm)	$h\leqslant300$	$300<h\leqslant1500$	$h>1500$
允许偏差(mm)	±5	±10	±15

2 无粘结预应力筋的位置宜保持顺直；

3 铺放双向配置的无粘结预应力筋时，应对每个纵横筋交叉点相应的两个标高进行比较，对各交叉点标高较低的无粘结预应力筋应先进行铺放，标高较高的次之，宜避免两个方向的无粘结预应力筋相互穿插铺放；

4 敷设的各种管线不应将无粘结预应力筋的竖向位置抬高或压低；

5 当采取集团束配置多根无粘结预应力筋时，各根筋应保持平行走向，防止相互扭绞；束之间的水平净间距不宜小于 50mm，束至构件边缘的净间距不宜小于 40mm；

6 当采用多根无粘结预应力筋平行带状布束时，每束不宜超过 5 根无粘结预应力筋，并应采取可靠的支撑固定措施，保证同束中各根无粘结预应力筋具有相同的矢高；带状束在锚固端应平顺地张开，并符合本规程第 5.3.12 条第 5 款有关无粘结预应力筋水平偏移的要求；

7 无粘结预应力筋采取竖向、环向或螺旋形铺放时，应有定位支架或其他构造措施控制位置。

6.2.5 在板内无粘结预应力筋绕过开洞处的铺放位置应符合本规程第 5.3.12 条的规定。

6.2.6 夹片锚具系统张拉端和固定端的安装，应符合下列规定：

1 张拉端锚具系统的安装 无粘结预应力筋的外露长度应根据张拉机具所需的长度确定，无粘结预应力曲线筋或折线筋末端的切线应与承压板相垂直，曲线段的起始点至张拉锚固点应有不小于 300mm 的直线段；单根无粘结预应力筋要求的最小弯曲半径对 ϕ12.7mm 和 ϕ15.2mm 钢绞线分别不宜小于 1.5m 和 2.0m。

在安装带有穴模或其他预先埋入混凝土中的张拉端锚具时，各部件之间不应有缝隙。

2 固定端锚具系统的安装 将组装好的固定端锚具按设计要求的位置绑扎牢固，内埋式固定端垫板不得重叠，锚具与垫板应贴紧。

3 张拉端和固定端均应按设计要求配置螺旋筋或钢筋网片，螺旋筋和网片均应紧靠承压板或连体锚板，并保证与无粘结预应力筋对中和固定可靠。

6.2.7 浇筑混凝土时，除按有关规范的规定执行外，尚应遵守下列规定：

1 无粘结预应力筋铺放、安装完毕后，应进行隐蔽工程验收，当确认合格后方可浇筑混凝土；

2 混凝土浇筑时，严禁踏压撞碰无粘结预应力筋、支撑架以及端部预埋部件；

3 张拉端、固定端混凝土必须振捣密实。

6.3 无粘结预应力筋的张拉

6.3.1 无粘结预应力筋张拉机具及仪表，应由专人使用和管理，并定期维护和校验。

张拉设备应配套校验。压力表的精度不应低于 1.5 级；校验张拉设备用的试验机或测力计精度不得低于±2%；校验时千斤顶活塞的运行方向，应与实际张拉工作状态一致。

张拉设备的校验期限，不应超过半年。当张拉设备出现反常现象时或在千斤顶检修后，应重新校验。

6.3.2 安装张拉设备时，对直线的无粘结预应力筋，应使张拉力的作用线与无粘结预应力筋中心线重合；对曲线的无粘结预应力筋，应使张拉力的作用线与无粘结预应力筋中心线末端的切线重合。

6.3.3 无粘结预应力筋的张拉控制应力不宜超过 $0.75f_{ptk}$，并应符合设计要求。如需提高张拉控制应力值时，不应大于钢绞线抗拉强度标准值的 80%。

6.3.4 当施工需要超张拉时，无粘结预应力筋的张拉程序宜为：从应力为零开始张拉至 1.03 倍预应力筋的张拉控制应力 σ_{con} 锚固。此时，最大张拉应力不应大于钢绞线抗拉强度标准值的 80%。

6.3.5 当采用应力控制方法张拉时，应校核无粘结预应力筋的伸长值，当实际伸长值与设计计算伸长值相对偏差超过±6%时，应暂停张拉，查明原因并采取措施予以调整后，方可继续张拉。

6.3.6 无粘结预应力筋伸长值 Δl_p^c，可按下式计算：

$$\Delta l_p^c = \frac{F_{pm} l_p}{A_p E_p} \qquad (6.3.6\text{-}1)$$

式中 F_{pm}——无粘结预应力筋的平均张拉力（kN），取张拉端的拉力与固定端（两端张拉时，取跨中）扣除摩擦损失后拉力的平均值；

l_p——无粘结预应力筋的长度（mm）；

A_p——无粘结预应力筋的截面面积（mm^2）；

E_p——无粘结预应力筋的弹性模量（kN/mm^2）。

无粘结预应力筋的实际伸长值，宜在初应力为张拉控制应力10%左右时开始量测，分级记录。其伸长值可由量测结果按下列公式确定：

$$\Delta l_p^0 = \Delta l_{p1}^0 + \Delta_{p2}^0 - \Delta l_c \quad (6.3.6\text{-}2)$$

式中 Δl_{p1}^0——初应力至最大张拉力之间的实测伸长值；

Δl_{p2}^0——初应力以下的推算伸长值。可根据弹性范围内张拉力与伸长值成正比的关系推算确定；

Δl_c——混凝土构件在张拉过程中的弹性压缩值。

注：对平均预压应力较小的板类构件，Δl_c 可略去不计。

6.3.7 无粘结预应力筋张拉过程中应避免预应力筋断裂或滑脱，当发生断裂或滑脱时，其数量不应超过结构同一截面无粘结预应力筋总根数的3%，且每束无粘结预应力筋中不得超过1根钢丝断裂；对于多跨双向连续板，其同一截面应按每跨计算。

6.3.8 无粘结预应力筋张拉时，混凝土立方体抗压强度应符合设计要求；当设计无具体要求时，不应低于设计混凝土强度等级值的75%。

当无粘结预应力筋设计为纵向受力钢筋时，侧模可在张拉前拆除，但下部支撑体系应在张拉工作完成后拆除，提前拆除部分支撑应根据计算确定。

6.3.9 无粘结预应力筋的张拉顺序应符合设计要求，如设计无要求时，可采用分批、分阶段对称张拉或依次张拉。

当无粘结预应力筋采取逐根或逐束张拉时，应保证各阶段不出现对结构不利的应力状态；同时宜考虑后批张拉的无粘结预应力筋产生的结构构件的弹性压缩对先批张拉预应力筋的影响，确定张拉力。

6.3.10 当无粘结预应力筋需进行两端张拉时，宜采取两端同时张拉工艺。

6.3.11 无粘结预应力筋张拉时，应逐根填写张拉记录表，其格式可按本规程附录D采用。

6.3.12 夹片锚具张拉时，应符合下列要求：

1 张拉前应清理承压板面，检查承压板后面的混凝土质量；

2 锚固采用液压顶压器顶压时，千斤顶应在保持张拉力的情况下进行顶压，顶压压力应符合设计规定值；

3 无粘结预应力筋的实际伸长值 Δl_p^0，可按公式（6.3.6-2）确定；

4 锚固阶段张拉端无粘结预应力筋的内缩量应符合设计要求；当设计无具体要求时，其内缩量应符合本规程第3.3.5条的规定。

注：为减少锚具变形和预应力筋内缩造成的预应力损失，可进行二次补拉并加垫片，二次补拉的张拉力为控制张拉力。

6.3.13 无粘结预应力筋张拉锚固后实际预应力值与工程设计规定检验值的相对允许偏差为±5%。

6.3.14 张拉后应采用砂轮锯或其他机械方法切割超长部分的无粘结预应力筋，其切断后露出锚具夹片外的长度不得小于30mm。

6.3.15 张拉后的锚具，应及时按本规程第4.2节的有关规定进行防护处理。

6.4 体外预应力施工

6.4.1 无粘结预应力钢绞线束多层防腐蚀体系由多根平行的无粘结预应力筋组成，外套高密度聚乙烯管或镀锌钢管，管内应采用水泥灌浆或防腐油脂保护（图6.4.1）。防腐蚀材料应符合下列要求：

1 对于水泥基浆体材料，其源浆浆体的质量要求应符合现行国家标准《混凝土结构工程施工质量验收规范》GB 50204的规定，且应能填满外套管和连续包裹无粘结预应力筋的全长，并避免产生气泡。

2 专用防腐油脂的质量要求应符合现行行业标准《无粘结预应力筋专用防腐润滑脂》JG 3007的规定。

3 体外束采用工厂预制时，其防腐蚀材料在加工、运输、安装及张拉过程中，应能保证具有稳定性、柔性和不产生裂缝，在所要求的温度范围内不流淌。

4 防腐蚀材料的耐久性能应与体外束所属的环境类别和设计使用年限的要求相一致。

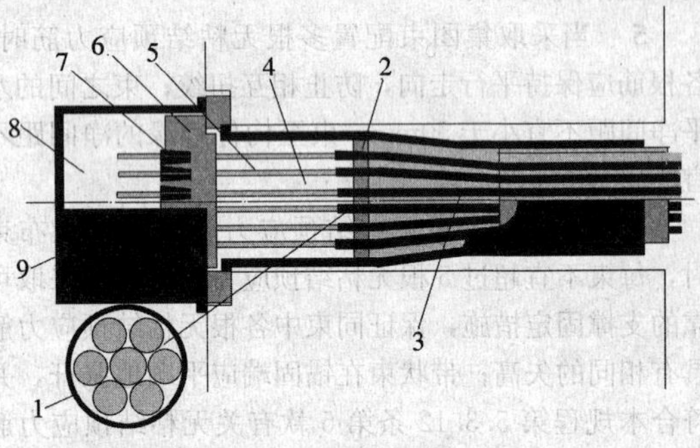

图6.4.1 由多根无粘结预应力筋组成的体外束
1—单根无粘结预应力筋；2—封板；3—水泥浆或防腐油脂；4—防腐油脂；5—钢绞线；6—锚板；7—夹片；8—防腐油脂或环氧砂浆；9—保护罩

6.4.2 体外束的保护套管应采用高密度聚乙烯管或镀锌钢管，并应符合下列规定：

1 保护套管应能抵抗运输、安装和使用过程中的各种作用力，不得损坏。

2 采用水泥灌浆时，管道应能承受1.0N/mm²的内压，其内径至少应等于1.6 $\sqrt{A_p}$，其中 A_p 为束的计及单根无粘结预应力筋塑料护套厚度的截面面积，使用塑料管道时应考虑灌浆时温度的影响。

3　采用防腐化合物如专用防腐油脂等填充管道时，除应遵守有关标准规定的温度和内压外，在管道和防腐化合物之间，因温度变化发生的效应不得对钢绞线产生腐蚀作用。

4　镀锌钢管的壁厚不宜小于管径的1/40，且不应小于2mm；高密度聚乙烯管的壁厚宜为2～5mm，且应具有抗紫外线功能。

6.4.3　体外束保护套管的安装应保证连接平滑和完全密封防水，束的线型和安装误差应符合设计要求，在穿束过程中应防止保护套管受到机械损伤。

6.4.4　在转向块鞍座出口处应进行倒角处理形成圆滑过渡，避免预应力体外束出现尖锐的转折或受到损伤；转向块的偏转角制造误差应小于1.2°，安装误差应小于±5%，否则应采用可调节的转向块。

6.4.5　体外束的锚固体系、在锚固区体外束与锚固装置的连接应符合下列规定：

1　体外束的锚固体系应按使用环境类别和结构部位等设计要求进行选用，可采用后张锚固体系或体外束专用锚固体系，其性能应符合现行国家标准《预应力筋用锚具、夹具和连接器》GB/T 14370的规定。

对于有整体调束要求的钢绞线夹片锚固体系，可采用外螺母支撑承力方式调束；对处于低应力状态下的体外束，对锚具夹片应设防松装置；对可更换的体外束，应采用体外束专用锚固体系，且应在锚具外预留钢束的张拉工作长度。

2　体外束应与承压板相垂直，其曲线段的起始点至张拉锚固点的直线段长度不宜小于600mm。

3　在锚固区附近体外束最小曲率半径宜按本规程表5.4.2适当增大采用。

6.4.6　体外束的锚固区和转向块应与主体结构同时施工，预埋的锚固件及管道的位置和方向应严格符合设计要求。

6.4.7　当采用水泥灌浆时，体外束宜在灌浆后进行张拉施工；如果无粘结预应力筋平行，并在转向块处有传力装置，则可以将钢绞线张拉到10%抗拉强度标准值后进行灌浆；该体系允许逐根张拉无粘结预应力筋。若采取措施将单根无粘结预应力筋定位，也可以在张拉后向孔道内灌水泥浆进行防腐保护。

6.4.8　布置在梁两边体外束的张拉，应保证受力均匀和对称，以免梁发生侧向弯曲或失稳。

6.4.9　体外束的锚具应设置全密封防护罩，对不要求更换的体外束，可在防护罩内灌注环氧砂浆或其他防腐蚀材料；对可更换的体外束，应保留必要的预应力筋长度，在防护罩内灌注专用防腐油脂或其他可清洗掉的防腐蚀材料（图6.4.1）。

保护套管在使用期内应有可靠的耐久性能。对镀锌钢管保护套管，应允许在使用一定时期后，重新涂刷防腐蚀涂层；对高密度聚乙烯套管，应保证长期使用的耐老化性能，并允许在必要时进行更换。

6.4.10　当体外束直接暴露在太阳辐射热中时，应采取特别的防护措施。

6.4.11　当体外束有防火要求时，应涂刷防火涂料，并按设计要求采取其他可靠的防火措施。

6.4.12　体外束施工除遵守上述规定外，尚应符合本章中无粘结预应力混凝土施工工艺及质量控制的有关规定。

6.5　工程验收

6.5.1　无粘结预应力混凝土结构分项工程验收时，应提供下列文件和记录：

1　文件

1）设计变更文件；

2）原材料质量合格证件；

3）无粘结预应力筋出厂质量合格证件、出厂检验报告和进场复验报告；

4）锚具出厂质量合格证件、出厂检验报告和进场复验报告；

5）其他文件。

2　记录

1）隐蔽工程验收记录；

2）张拉时混凝土立方体抗压强度同条件养护试件试验报告；

3）加工、组装无粘结预应力筋张拉端和固定端质量验收记录；

4）无粘结预应力筋的安装质量验收记录；

5）无粘结预应力筋张拉记录及质量验收记录；

6）封锚记录；

7）其他记录。

6.5.2　无粘结预应力混凝土工程的验收，除检查有关文件、记录外，尚应进行外观抽查。

6.5.3　当提供的文件、记录及外观抽查结果均符合现行国家标准《混凝土结构工程施工质量验收规范》GB 50204和本规程的要求时，即可进行验收。

附录A　无粘结预应力筋数量估算

A.0.1　无粘结预应力筋截面面积可按下列公式估算：

$$A_{\mathrm{p}}=\frac{N_{\mathrm{pe}}}{\sigma_{\mathrm{con}}-\sigma_{l,\mathrm{tot}}} \quad (\mathrm{A.0.1})$$

式中　A_{p}——无粘结预应力筋截面面积；

σ_{con}——无粘结预应力筋的张拉控制应力；

$\sigma_{l,\mathrm{tot}}$——无粘结预应力筋总损失的估算值，对板可取$0.2\sigma_{\mathrm{con}}$，对梁可取$0.3\sigma_{\mathrm{con}}$；

N_{pe}——无粘结预应力筋的总有效预加力。

A.0.2　根据结构类型和正截面裂缝控制验算要求，无粘结预应力筋有效预加力值N_{pe}，可按下列两个公式进行估算，并取其计算结果的较大值：

$$N_{pe}=\frac{\frac{\beta M_k}{W}-[\sigma_{ctk,lim}]}{\frac{1}{A}+\frac{e_p}{W}} \quad (A.0.2\text{-}1)$$

$$N_{pe}=\frac{\frac{\beta M_q}{W}-[\sigma_{ctq,lim}]}{\frac{1}{A}+\frac{e_p}{W}} \quad (A.0.2\text{-}2)$$

式中 M_k、M_q——按均布荷载的标准组合或准永久组合计算的弯矩设计值；

$\sigma_{ctk,lim}$、$\sigma_{ctq,lim}$——荷载标准组合、准永久组合下的混凝土拉应力限值，可按本规程表4.1.2或本附录第A.0.3条规定采用；

W——构件截面受拉边缘的弹性抵抗矩；

A——构件截面面积；

e_p——无粘结预应力筋重心对构件截面重心的偏心距；

β——系数，对简支结构取$\beta=1.0$；对连续结构的负弯矩截面，取$\beta=0.9$，对连续结构的正弯矩截面，取$\beta=1.2$。

A.0.3 对按三级允许出现裂缝控制的无粘结预应力混凝土连续梁和框架梁等，当满足本规程第5.2.1条非预应力钢筋最小截面面积要求时，可按下述经修正和提高后的名义拉应力值控制裂缝宽度：

1 在荷载效应的标准组合下，要求最大裂缝宽度$w_{max}\leqslant 0.2$mm的构件，受拉边缘混凝土与裂缝宽度相应的名义拉应力，可按表A.0.3-1采用。

表A.0.3-1 混凝土名义拉应力限值（N/mm²）

构件类别	裂缝宽度（mm）	混凝土强度等级	
		C40	≥C50
连续梁、框架梁、偏心受压构件及一般构件	0.10	3.7	4.5
	0.15	4.1	5.0
	0.20	4.6	5.6

2 表A.0.3-1中的名义拉应力限值尚应根据构件实际高度乘以表A.0.3-2规定的修正系数。对于组合构件，当在施工阶段的拉应力不超过表A.0.3-1的规定时，采用表A.0.3-2时应用截面全高。

表A.0.3-2 构件高度修正系数

构件高度（mm）	≤400	600	800	≥1000
修正系数	1.0	0.9	0.8	0.7

注：构件高度为表列数值的中间值时，可按线性内插法确定。

3 当截面受拉区混凝土中配置的非预应力钢筋超过最小截面面积要求时，构件截面受拉边缘混凝土修正后的名义拉应力限值可以提高。其增量按非预应力钢筋截面面积与混凝土截面面积的百分比计算，每增加1%，名义拉应力限值可提高3.0MPa。但经修正和提高后的名义拉应力限值不得超过混凝土设计强度等级的1/4。

附录B 无粘结预应力筋常用束形的预应力损失 σ_{l1}

B.0.1 抛物线形无粘结预应力筋可近似按圆弧形曲线预应力筋考虑。当其对应的圆心角$\theta\leqslant 90°$时（图B.0.1），由于锚具变形和预应力筋内缩，在反向摩擦影响长度l_f范围内的预应力损失值σ_{l1}可按下式计算：

$$\sigma_{l1}=2\sigma_{con}l_f\left(\frac{\mu}{r_c}+\kappa\right)\left(1-\frac{x}{l_f}\right) \quad (B.0.1\text{-}1)$$

反向摩擦影响长度l_f（m）可按下式计算：

$$l_f=\sqrt{\frac{aE_p}{1000\sigma_{con}(\mu/r_c+\kappa)}} \quad (B.0.1\text{-}2)$$

式中 σ_{con}——无粘结预应力筋的张拉控制应力；

r_c——圆弧形曲线无粘结预应力筋的曲率半径（m）；

μ——无粘结预应力筋与护套壁之间的摩擦系数，按本规程表5.1.6采用；

κ——考虑护套壁每米长度局部偏差的摩擦系数，按本规程表5.1.6采用；

x——张拉端至计算截面的距离（m）；

a——张拉端锚具变形和钢筋内缩值（mm），按本规程第3.3.5条采用。

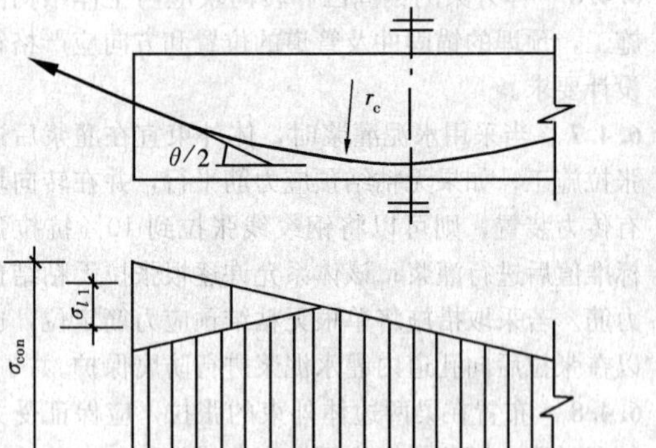

图B.0.1 圆弧形曲线预应力筋的预应力损失值σ_{l1}

B.0.2 端部为直线（直线长度为l_0），而后由两条圆弧形曲线（圆弧对应的圆心角$\theta\leqslant 90°$）组成的无粘结预应力筋（图 B.0.2），由于锚具变形和钢筋内缩，在反向摩擦影响长度 l_f 范围内的预应力损失值 σ_{l1} 可按下列公式计算：

当 $x \leqslant l_0$ 时：

$$\sigma_{l1} = 2i_1(l_1 - l_0) + 2i_2(l_f - l_1) \quad \text{(B.0.2-1)}$$

当 $l_0 < x \leqslant l_1$ 时：

$$\sigma_{l1} = 2i_1(l_1 - x) + 2i_2(l_f - l_1) \quad \text{(B.0.2-2)}$$

当 $l_1 < x \leqslant l_f$ 时：

$$\sigma_{l1} = 2i_2(l_f - x) \quad \text{(B.0.2-3)}$$

反向摩擦影响长度 l_f（m）可按下列公式计算：

$$l_f = \sqrt{\frac{aE_p}{1000 i_2} - \frac{i_1(l_1^2 - l_0^2)}{i_2} + l_1^2} \quad \text{(B.0.2-4)}$$

$$i_1 = \sigma_a\left(\kappa + \frac{\mu}{r_{c1}}\right) \quad \text{(B.0.2-5)}$$

$$i_2 = \sigma_b\left(\kappa + \frac{\mu}{r_{c2}}\right) \quad \text{(B.0.2-6)}$$

式中 l_1——无粘结预应力筋张拉端起点至反弯点的水平投影长度；

i_1、i_2——第一、二段圆弧形曲线无粘结预应力筋中应力近似直线变化的斜率；

r_{c1}、r_{c2}——第一、二段圆弧形曲线无粘结预应力筋的曲率半径；

σ_a、σ_b——无粘结预应力筋在 A、B 点的应力。

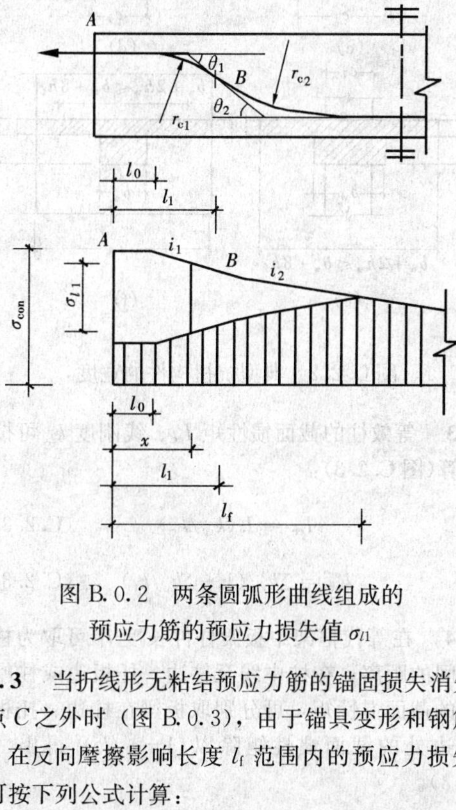

图 B.0.2 两条圆弧形曲线组成的预应力筋的预应力损失值 σ_{l1}

B.0.3 当折线形无粘结预应力筋的锚固损失消失于折点 C 之外时（图 B.0.3），由于锚具变形和钢筋内缩，在反向摩擦影响长度 l_f 范围内的预应力损失值 σ_{l1} 可按下列公式计算：

当 $x \leqslant l_0$ 时：

$$\sigma_{l1} = 2\sigma_1 + 2i_1(l_1 - l_0) + 2\sigma_2 + 2i_2(l_f - l_1) \quad \text{(B.0.3-1)}$$

当 $l_0 < x \leqslant l_1$ 时：

$$\sigma_{l1} = 2i_1(l_1 - x) + 2\sigma_2 + 2i_2(l_f - l_1) \quad \text{(B.0.3-2)}$$

当 $l_1 < x \leqslant l_f$ 时：

$$\sigma_{l1} = 2i_2(l_f - x) \quad \text{(B.0.3-3)}$$

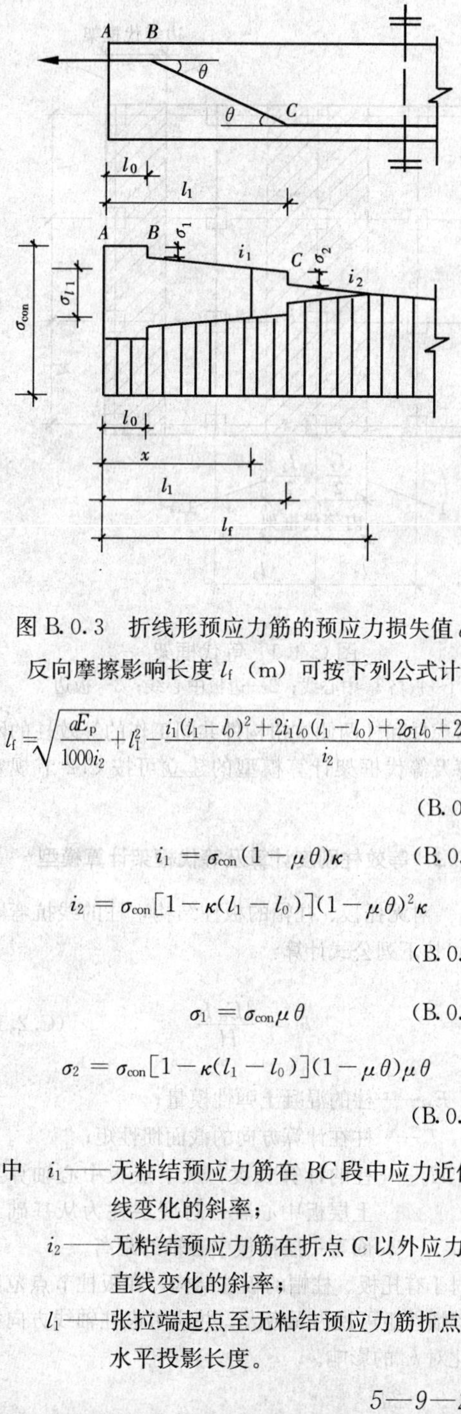

图 B.0.3 折线形预应力筋的预应力损失值 σ_{l1}

反向摩擦影响长度 l_f（m）可按下列公式计算：

$$l_f = \sqrt{\frac{aE_p}{1000 i_2} + l_1^2 - \frac{i_1(l_1 - l_0)^2 + 2i_1 l_0(l_1 - l_0) + 2\sigma_1 l_0 + 2\sigma_2 l_1}{i_2}} \quad \text{(B.0.3-4)}$$

$$i_1 = \sigma_{con}(1 - \mu\theta)\kappa \quad \text{(B.0.3-5)}$$

$$i_2 = \sigma_{con}[1 - \kappa(l_1 - l_0)](1 - \mu\theta)^2\kappa \quad \text{(B.0.3-6)}$$

$$\sigma_1 = \sigma_{con}\mu\theta \quad \text{(B.0.3-7)}$$

$$\sigma_2 = \sigma_{con}[1 - \kappa(l_1 - l_0)](1 - \mu\theta)\mu\theta \quad \text{(B.0.3-8)}$$

式中 i_1——无粘结预应力筋在 BC 段中应力近似直线变化的斜率；

i_2——无粘结预应力筋在折点 C 以外应力近似直线变化的斜率；

l_1——张拉端起点至无粘结预应力筋折点 C 的水平投影长度。

附录C 等效柱的刚度计算及等代框架计算模型

C.1 板柱结构计算

C.1.1 板柱结构按等代框架计算，由三部分组成：(1) 水平板带，包括在框架方向的梁；(2) 柱子或其他竖向支承构件；(3) 在板带和柱子间起弯矩传递作用的柱两侧的板条或边梁(图 C.1.1)。

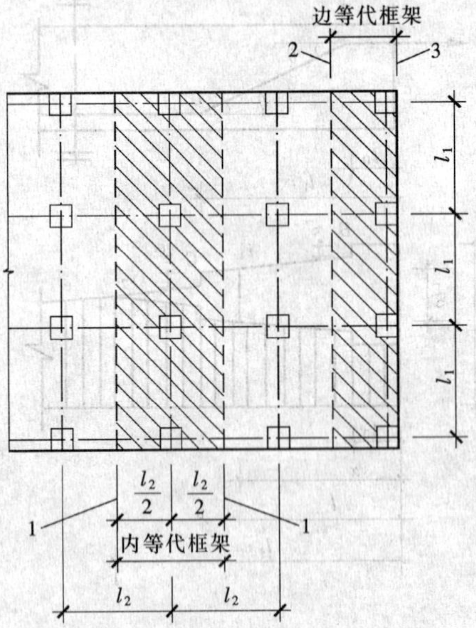

图 C.1.1 等代框架

1—板格 l_2 中心线；2—边板中心线；3—板边

考虑柱和柱两侧抗扭构件共同工作的等效柱的刚度计算及等代框架计算模型的建立可按 C.2 节规定进行。

C.2 等效柱刚度计算及等代框架计算模型

C.2.1 对无托板、柱帽的板柱结构，柱的线抗弯刚度 k_c 可按下列公式计算：

$$k_c = \frac{4E_{cc}I_c}{H_c} \tag{C.2.1}$$

式中 E_{cc}——柱的混凝土弹性模量；

I_c——柱在计算方向的截面惯性矩；

H_c——柱的计算长度，从下层板中心轴算至上层板中心轴；对底层柱为从基础顶面至一层楼板中心轴的距离。

对于有托板、柱帽的板柱结构，在板柱节点范围内，其惯性矩可视为无穷大，并应考虑柱轴线方向截面变化对 k_c 的影响。

C.2.2 柱两侧抗扭构件刚度 k_t 按下列公式计算：

$$k_t = \frac{9E_{cs}C}{l_2(1-c_2/l_2)^3} \tag{C.2.2-1}$$

$$C = \Sigma\left(1-0.63\frac{x}{y}\right)\frac{x^3y}{3} \tag{C.2.2-2}$$

式中 E_{cs}——板的混凝土弹性模量；

c_2——垂直于板跨度 l_1 方向的柱宽；

l_2——垂直于板跨度 l_1 方向的柱距；

C——截面抗扭常数，可将图 C.2.2 所示垂直于跨度 l_2 方向的抗扭构件横截面划分为若干个矩形；并按不同划分方案取其中的最大值；

x、y——分别为每一个矩形截面的短边与长边的几何尺寸，如图 C.2.2 所示，仅有一个矩形时，$x=h$，$y=c_1$。

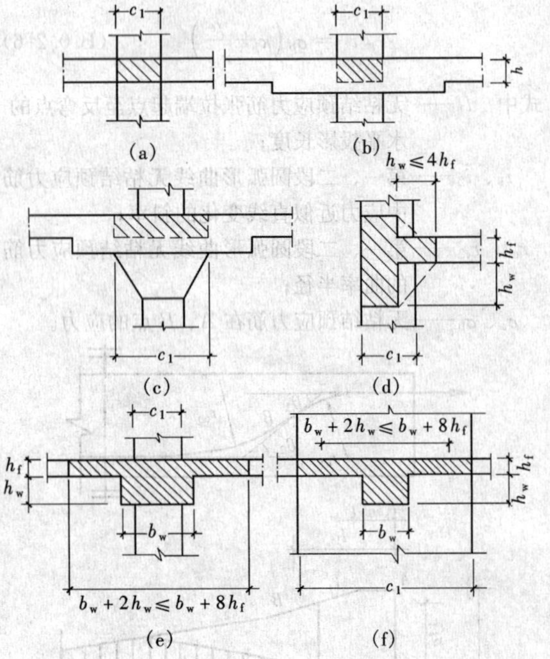

图 C.2.2 典型抗扭构件的宽度

C.2.3 等效柱的截面惯性矩 I_{ec}、线刚度 k_{ec} 可按下式计算(图 C.2.3)：

$$I_{ec} = I_c(k_{ec}/k_c) \tag{C.2.3-1}$$

$$k_{ec} = \Sigma k_c/(1+\Sigma k_c/k_t) \tag{C.2.3-2}$$

C.2.4 在等代框架中板梁杆件长度 l_1 可取为柱中线之间的距离；在柱中线至柱边、托板边或柱帽边之间的截面惯性矩，可分别取板梁在柱边、托板或柱帽边处的截面惯性矩除以 $(1-c_2/l_2)^2$ 得出（图 C.2.3）。

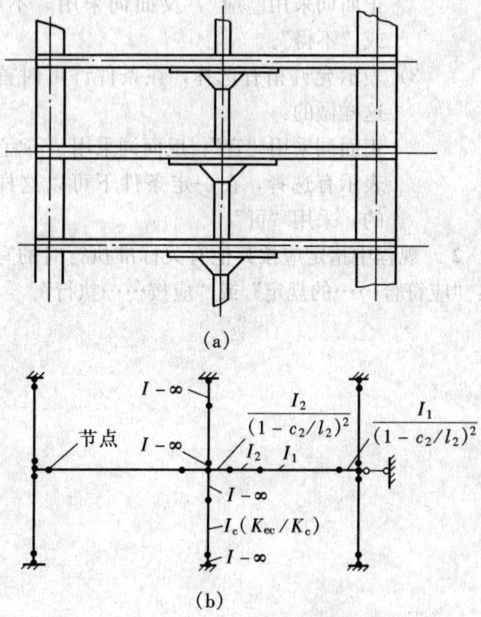

图 C.2.3　等代框架计算模型
(a) 框架；(b) 计算模型

附录 D　无粘结预应力筋张拉记录表

表 D.0.1　无粘结预应力筋张拉记录表首页

无粘结预应力筋张拉记录（一）		编　号	
工程名称		张拉日期	
施工单位		预应力筋规格及抗拉强度	
预应力张拉程序及平面示意图： □有　□无附页			
张拉端锚具类型		固定端锚具类型	
设计张拉控制应力		实际张拉力	
千斤顶编号		压力表编号	
混凝土设计强度		张拉时混凝土实际强度	
预应力筋计算伸长值：			
预应力筋伸长值范围：			
施工单位			
技术负责人	质检员	记录人	

表 D.0.2　无粘结预应力筋张拉记录表

第　页共　页

无粘结预应力筋张拉记录（二）					编　号				
工程名称					张拉日期				
施工部位									
张拉顺序编号	计算值	预应力筋张拉伸长实测值（cm）							备注
		一端张拉			另一端张拉			总伸长	
		原长 L_1	实长 L_2	伸长 ΔL	原长 L'_1	实长 L'_2	伸长 $\Delta L'$		

□有□无见证	见证单位		见证人	
施工单位				
专业技术负责人	专业质检员	记录人		

本规程用词说明

1 为便于在执行本规程条文时区别对待，对要求严格程度不同的用词说明如下：

1）表示很严格，非这样做不可的：

正面词采用“必须”，反面词采用“严禁”。

2）表示严格，在正常情况下均应这样做的：

正面词采用“应”，反面词采用“不应”或“不得”。

3）表示允许稍有选择，在条件许可时首先这样做的：

正面词采用“宜”；反面词采用“不宜”。

表示有选择，在一定条件下可以这样做的，采用“可”。

2 规程中指定应按其他有关标准执行时的写法为：“应符合……的规定”或“应按……执行”。

中华人民共和国行业标准

无粘结预应力混凝土结构技术规程

JGJ 92—2004

条 文 说 明

前　言

《无粘结预应力混凝土结构技术规程》JGJ 92—2004，经建设部2005年1月13日以公告306号批准，业已发布。

为便于广大设计、施工、科研、学校等单位的有关人员在使用本规程时能正确理解和执行条文规定，规程编制组按章、节、条的顺序，编制了本规程的条文说明，供使用者参考。在使用过程中，如发现本规程条文说明有不妥之处，请将意见函寄中国建筑科学研究院《无粘结预应力混凝土结构技术规程》管理组（邮政编码：100013，地址：北京市北三环东路30号）。

目　次

1 总 则

1.0.1 目前国内无粘结预应力混凝土新技术发展较快，科研成果不断积累，设计与施工水平逐步提高，建筑面积正在迅速增加。制定本规程，是为了在确保工程质量前提下，大力发展该项新技术，获得更好的综合经济效益与社会效益，以利于加快建设速度。

1.0.2 本规程中的各项要求是在总结我国已建成的各种类型无粘结预应力混凝土结构，如单向板、双向板、简支梁、交叉梁、框架梁、板柱结构、筏板基础、储仓和消化池，以及体外预应力梁等的设计与施工经验的基础上制定的。本规程的条款也适用于后张预应力仅用于控制裂缝或挠度的情况。

本次修订结合我国建筑结构发展的需要，根据实践经验总结，并借鉴国外最新技术，增加编写配置无粘结预应力体外束梁的设计与施工条款。此外，在符合现行国家标准《混凝土结构设计规范》GB 50010有关耐久性规定的基础上，对处于二、三类环境类别下的无粘结预应力混凝土结构，规定了锚固系统应采用全封闭防腐蚀体系的分类要求。

在设计下列结构时，尚应符合专门标准的有关规定：

1 修建在湿陷性黄土、膨胀土地区或地下采掘区等的结构；

2 结构表面温度高于100℃，或有生产热源且结构表面温度经常高于60℃的结构；

3 需作振动计算的结构。

1.0.3 本条着重指出了无粘结预应力混凝土结构设计与施工中采用合理的方案，以及质量控制与验收制度的重要性。

1.0.4 本规程按现行国家标准《建筑结构可靠度设计统一标准》GB 50068 的规定，取用无粘结预应力混凝土结构的设计使用年限，与其相应的结构重要性系数、荷载设计值及耐久性措施。若建设单位提出更高要求，也可按建设单位的要求确定。体外束及其锚固区的防腐蚀保护亦应满足设计使用年限的要求，在二类、三类环境类别下，体外束应按可更换的条件进行设计。

凡我国现行规范中已有明确条文规定的，本规程原则上不再重复。因此，在设计与施工中除符合本规程的要求外，还应满足我国现行强制性规范和规程的有关规定。无粘结预应力混凝土结构的抗震设计，应按现行行业标准《预应力混凝土结构抗震设计规程》JGJ 140 执行。

2 术语、符号

术语、符号主要根据现行国家标准《建筑结构设计术语和符号标准》GB/T 50083、《建筑结构可靠度设计统一标准》GB 50068 及《混凝土结构设计规范》GB 50010 等给出的。有些符号因术语改动而作了相应的修改，如本规程将短期效应组合、长期效应组合分别改称为标准组合、准永久组合，并将原规程符号 M_s、M_l 相应地改为本规程符号 M_k、M_q。

3 材料及锚具系统

3.1 混凝土及钢筋

3.1.1 由于无粘预应力筋用的钢绞线强度很高，故要求混凝土结构的混凝土强度等级亦应相应地提高，这样才能达到更经济的目的。所以，规定无粘结预应力梁类构件的混凝土强度等级不应低于C40。因板中平均预压应力一般不高，并参考国内的应用经验，故将其混凝土强度等级规定为不应低于C30。

3.1.2～3.1.4 常用钢绞线的主要力学性能系参考现行国家标准《预应力混凝土用钢绞线》GB/T 5224中有关条文制定的。在表3.1.2中，钢绞线的抗拉强度设计值是按现行国家标准《混凝土结构设计规范》GB 50010的规定，取用 $0.85\sigma_b$（σ_b 为上述钢绞线国家标准的极限抗拉强度）作为条件屈服点，钢绞线材料分项系数 γ_s 取用1.2得出的。为方便施工和保证后张无粘结预应力混凝土的工程质量，本次修订不再列入由7根钢丝制作的无粘结预应力筋。当经过专门研究和试验取得可靠依据时，也可采用 ϕ15.2mm 模拔型钢绞线、或 ϕ17.8mm 等大直径预应力钢绞线制作无粘结预应力筋。

无粘结预应力筋用的钢绞线中的钢丝系采用高碳钢经多次拉拔而成，并经消除应力热处理，以提高其塑性、韧性。在以后形成的死弯处，由于变形程度大，有较高的残余应力，将使材料脆化，在张拉过程中易在该处发生脆断，故应将它切除。此外，由于高碳钢的可焊性差，在生产过程拉拔中及拉拔后的焊接接头质量不能保证，而采用机械连接接头体积又太大，不能满足张拉要求，故要求成型中的每根钢丝应该是通长的，只允许保留生产工艺拉拔前的焊接接头，接头距离应满足GB/T 5224有关条文的规定。

3.1.5 在无粘结预应力混凝土构件中，建议非预应力钢筋采用HRB335级或HRB400级热轧钢筋，是为了保证非预应力钢筋在构件达到破坏时能够屈服，且钢筋的抗拉强度设计值又不至于太低。国外规定非预应力钢筋的设计屈服强度不应大于400N/mm^2。非预应力钢筋采用热轧钢筋，也有利于提高构件的延性，从抗裂的角度来说，非预应力钢筋采用变形钢筋比采用光面钢筋好，故宜采用HRB335级、HRB400级热轧带肋钢筋。

3.2 无粘结预应力筋

3.2.1～3.2.3 根据国内外使用经验，本规程规定无粘结预应力筋外包层材料应采用高密度聚乙烯。由于聚氯乙烯在长期的使用过程中氯离子将析出，对周围的材料有腐蚀作用，故严禁使用。无粘结预应力筋的外包层材料及防腐蚀涂料层应具有的性能要求，是根据我国的气候及使用条件提出的，他们的成分和性能尚应符合第3.2.1条所指专门标准的规定。

3.3 锚具系统

3.3.1 无粘结预应力筋-锚具组装件的静载和疲劳锚固性能，是根据现行国家标准《预应力筋用锚具、夹具和连接器》GB/T 14370对锚具的锚固性能要求制定的。

3.3.2 本条综合了国内外近些年来的使用经验，提供了选用无粘结预应力筋锚具的一般原则、方法及常用锚具的品种。参照现行国家标准《混凝土结构设计规范》GB 50010中耐久性规定对环境类别的划分，本规程提出锚具系统的选用应考虑不同环境类别的防腐要求，并在第4.2节对防腐蚀要求作出具体规定，以便锚具生产厂家提供不同等级的锚固体系以满足不同环境条件下对防腐蚀的需求。

3.3.3、3.3.4 根据不同的建筑结构类型，提供了选用张拉端与固定端锚固系统的构造要求。在图中区分了张拉前的组装状态和拆除模板并完成张拉之后的状态，从而进一步明确了组装工艺与张拉施工工艺过程。

为保证锚具的防腐蚀性能，圆套筒锚具一般应采用凹进混凝土表面布置；当圆套筒锚具张拉端面布置于混凝土结构后浇带或室内一类环境条件时，也可采用凸出混凝土表面做法。

固定端的做法为一次组装成型，在组装合格后，应绑扎定位并浇筑在混凝土中，其系统构造图可参见第4.2.4条锚固区保护措施图。

3.3.5 向设计单位提供了夹片锚具系统的锚固性能及构件端面上的构造要求。在结构构件中，当采用多根无粘结预应力筋呈集团束或多根平行带状布筋及单根锚固工艺时，在构件张拉端可采用多根无粘结预应力筋共用的整体承压板，根据情况可采用整束或单根张拉无粘结预应力筋的工艺。

3.3.6 对锚具系统的锚固性能和外观质量检验，以及进场验收，提出了应符合的国家现行标准。

4 设计与施工的基本规定

4.1 一般规定

4.1.1 无粘结预应力混凝土结构构件在承载能力极限状态下的荷载效应基本组合及在正常使用极限状态下荷载效应的标准组合和准永久组合，是根据现行国家标准《建筑结构荷载规范》GB 50009的有关规定，并加入了预应力效应项而确定的。预应力效应包括预加力产生的次弯矩、次剪力。本规程采用国内外有关规范的设计经验，规定在承载能力极限状态下，预应力作用分项系数应按预应力作用的有利或不利，分别取1.0或1.2。当不利时，如无粘结预应力混凝土构件锚头局压区的张拉控制力，预应力作用分项系数应取1.2。在正常使用极限状态下，预应力作用分项系数通常取1.0。预应力效应设计值除了在本规程中有规定外，应按照现行国家标准《混凝土结构设计规范》GB 50010有关章节计算公式执行。

对承载能力极限状态，当预应力效应列为公式左端项参与荷载效应组合时，根据工程经验，对参与组合的预应力效应项，通常取结构重要性系数$\gamma_0=1.0$。

4.1.2 对无粘结预应力混凝土结构的裂缝控制，原则上按现行国家标准《混凝土结构设计规范》GB 50010的规定分为三级，并根据结构功能要求、环境条件对钢筋腐蚀的影响及荷载作用的时间等因素，对各类构件的裂缝控制等级及构件受拉边缘混凝土的拉应力限值作出了具体规定。在一类室内正常环境条件下，对无粘结预应力混凝土连续梁和框架梁等，根据国内外科研成果和设计经验，本次修订从二级裂缝控制等级放松为三级（楼板、预制屋面梁等仍为二级）；对原规程未涉及的三类环境下的构件，本规程规定为一级裂缝控制等级。由于缺少实践经验，托梁、托架未列入表4.1.2。

4.1.3、4.1.4 当无粘结预应力筋的长度超过60m时，为了减少支承构件的约束影响，宜将无粘结预应力筋分段张拉和锚固。由于爆炸或强烈地震产生的灾害荷载，如使无粘结预应力混凝土梁或单向板一跨破坏，可能引起多跨结构中其他各跨连续破坏，避免这种连续破坏的有效措施之一，亦是将无粘结预应力筋分段锚固。

在国内工程经验的基础上，本条将无粘结预应力筋宜采用两端张拉的限制长度由25m放宽到了30m。

4.1.5 对无粘结预应力混凝土结构的疲劳性能，国内外均缺乏深入的研究。因此，对直接承受动力荷载并需进行疲劳验算的无粘结预应力混凝土结构，应结合工程实际进行专门试验，并在此基础上确定必须采取的技术措施。已有的试验表明，对承受疲劳作用的无粘结预应力混凝土受弯构件，应特别重视受拉区混凝土应力限制值的选择及锚具的疲劳强度。

4.2 防火及防腐蚀

4.2.1 在不同耐火极限下，无粘结预应力筋的混凝土保护层最小厚度的规定，是参考国外经验确定的。国外经验表明，当结构有约束时，其耐火能力能得到改善，故根据耐火要求确定的混凝土保护层最小厚度，按结构有无约束作了不同的规定。一般连续梁、板结构均可认为是有约束的。

4.2.2 锚固区的耐火极限主要决定于无粘结预应力筋在锚固处的保护措施和对锚具的保护措施。国外试验表明，无粘结预应力筋在锚固处的混凝土保护层最小厚度，应比其在锚固区以外的保护层厚度适当加厚，增加的厚度不宜小于7mm；承压板的最小保护层厚度在梁中最小为25mm，在板中最小为20mm。

4.2.3 混凝土氯化物含量过高，会引起无粘结预应力筋的锈蚀，将严重影响结构构件的受力性能和耐久性，故应严格控制。本条对预应力混凝土中氯离子总含量的限值是按现行国家标准《混凝土质量控制标准》GB 50164 及美国 ACI 318 规范等作出具体规定的。

4.2.4～4.2.6 国外在房屋建筑的楼、屋盖结构中使用无粘结预应力混凝土已有40余年历史，研究和工程实践均表明只要采取了可靠措施，无粘结预应力混凝土的耐久性是可以保证的。至今为止，尚未发生过由于无粘结预应力筋的腐蚀而造成房屋倒塌的事故。但是近些年来在国外对无粘结预应力筋防腐蚀措施的规定，例如对防腐油脂和外包材料的材质要求、涂刷和包裹方式等，以及改进无粘结后张预应力系统防腐性能的对策都更趋于严格和具体化。可见国外对无粘结预应力结构的防腐蚀问题是很重视的。

为了检验无粘结预应力筋的耐久性，北京市建筑工程研究院曾对使用了9年的一幢采用无粘结预应力混凝土楼板的实验小楼进行了凿开检验。该楼的无粘结预应力筋采用7ϕ5钢丝束，防腐油脂采用长沙石油厂生产的“无粘结预应力筋用润滑防锈脂”，外包层用聚乙烯挤塑成型，采用镦头锚具，并用突出外墙面的后浇钢筋混凝土圈梁封闭保护。检查发现锚具无锈蚀，钢丝及其镦头擦去表面油脂后呈青亮金属光泽，无锈蚀，锚具内侧塑料保护套内油脂色状如新，锚杯内油脂则因水泥浆浸入呈灰黑色胶泥状；外包圈梁因施工时混凝土振捣不够密实，圈梁内箍筋锈蚀严重。

此后，在拆除使用11年的三层汽车库时，曾对该建筑无粘结预应力混凝土无梁楼盖平板进行了耐久性检验，同样得到了较好的结果，并进一步证实使用11年后油脂的性能保持良好，技术指标基本满足要求。

从这二实验得到如下的经验：

1 所采用的无粘结预应力筋专用防锈润滑脂具有良好的性能；

2 要保证防锈润滑脂对无粘结预应力筋及锚具的永久保护作用，外包材料应沿无粘结预应力筋全长及与锚具等连接处连续封闭，严防水泥浆、水及潮气进入，锚杯内填充油脂后应加盖帽封严；

3 应保证锚固区后浇混凝土或砂浆的浇筑质量和新、老混凝土或砂浆的结合，避免收缩裂缝，尽量减少封埋混凝土或砂浆的外露面。

在制定第4.2.4条～第4.2.6条中，吸取了国内外在施工过程及在室内正常环境下关于保证无粘结预应力筋及其锚具耐久性的经验。在实施这些条款时，应注意加强施工质量监督，并特别注意对锚固区的施工质量检查。鉴于现行国家标准《混凝土结构设计规范》GB 50010 对混凝土结构的环境类别已作出规定，锚具系统的选用亦应适应不同环境类别的防腐要求。国内外工程经验表明，应从无粘结预应力筋与锚具系统的张拉端及固定端组成的整体来考虑防腐蚀做法，故在图4.2.4中，按使用环境类别分为二种做法，即在一类室内正常环境条件下，主要以微膨胀混凝土或专用密封砂浆防护为主，并允许将挤压锚具完全埋入混凝土中的做法；在二类、三类易受腐蚀环境条件下，则采用二道防腐措施，即无粘结预应力锚固系统自身沿全长连续封闭，然后再以微膨胀混凝土或专用密封砂浆防护。

4.2.7 国外的应用经验表明，对处于二类、三类环境条件下的无粘结预应力锚固系统应采用全封闭体系。按我国在二类、三类易受腐蚀环境下应用无粘结预应力混凝土的需要，本次修订增加第4.2.7条，该条采纳国内工程应用经验，并参考美国 ACI 和 PTI 有关标准要求，对全封闭体系的技术要点及指标作出了规定。全封闭体系连接部位在10kPa静水压力下保持不透水的试验，要求该体系安装后在10kPa气压下，保持5min压力损失不大于10%；具体漏气位置可用涂肥皂水等方法进行测试。

在二类、三类环境条件下，无粘结预应力锚固系统应形成连续封闭整体，但密封盖、锚具或垫板等金属组件均可与混凝土直接接触。当有特别需要，要求无粘结预应力锚固系统电绝缘时，各金属组件外表必须采取塑料覆盖等表面电绝缘处理，以形成电绝缘体系。

5 设计计算与构造

5.1 一般规定

5.1.1 对一般民用建筑，本条所规定的跨高比是根据国内已有工程的经验，并参考了国外采用无粘结预应力混凝土楼盖的设计规定，对原条文作了一些补充和归纳，并用表格形式表示以便于使用。对于工业建筑或活荷载较大的建筑，表中所列跨高比值应按实际情况予以调整。

5.1.2 国内外工程设计经验表明，当平衡荷载取全部恒载再加一半活荷载时，受弯构件在活荷载的一半作用下不受弯，也没有挠度。当全部活荷载移去时，可按活荷载的一半向上作用进行设计；当全部活荷载作用于结构时，则按活荷载的另一半向下作用考虑设计。当活荷载是持续性的，例如仓库、货栈等，上述取平衡荷载的原则是合理的。

对一般结构，由于规范规定的设计活荷载值会比实际值高而留有一定的裕度，所以平衡荷载除了取全部恒载外，只需平衡设计活荷载的一部分。另一方面，当采用混合配筋时，在满足裂缝控制等级要求下，平衡荷载也可略降，如仅平衡结构自重，以配置附加的非预应力钢筋来满足受弯承载力要求，这将有利于发挥构件的延性性能。

5.1.3～5.1.9 无粘结预应力筋预应力损失值的计算原则和公式按现行国家标准《混凝土结构设计规范》GB 50010 的有关规定执行。

无粘结预应力筋与塑料外包层之间的摩擦系数 μ，及考虑塑料外包层每米长度局部偏差对摩擦影响的系数 κ，是根据中国建筑科学研究院结构所和北京市建筑工程研究院等单位的试验结果及工程实测数据，并参考了国外的试验数据而确定的，本次修订适当减小了摩擦系数 μ 值。

由于现行国家标准《预应力混凝土用钢绞线》GB/T 5224 已取消普通松弛级的预应力钢绞线，故本规程仅列出低松弛级预应力钢绞线的应力松弛计算公式。

5.1.10 板的平均预压应力是指完成全部预应力损失后的总有效预加力除以混凝土总截面面积。规定下限值是为了避免在混凝土中产生过大的拉应力和裂缝，同时有利于增强板的抗剪能力；规定上限值是为了避免过大的弹性压缩和徐变。

5.1.11 影响无粘结预应力混凝土构件抗弯能力的因素较多，如无粘结预应力筋有效预应力的大小、无粘结预应力筋与非预应力钢筋的配筋率、受弯构件的跨高比、荷载种类、无粘结预应力筋与管壁之间的摩擦力、束的形状和材料性能等。因此，受弯破坏状态下无粘结预应力筋的极限应力必须通过试验来求得。中国建筑科学研究院自 1978 年以来做过 5 批无粘结预应力梁（板）试验，预应力钢材为 $\phi5$ 碳素钢丝，得出无粘结预应力筋于梁破坏瞬间的极限应力，主要与配筋率、有效预应力、非预应力钢筋设计强度、混凝土的立方体抗压强度、跨高比以及荷载形式有关。湖南大学土木系和大连理工大学土木系等单位也对无粘结部分预应力梁的极限应力做了试验研究，积累了宝贵的数据。

本次修订结合近些年来国内的研究成果，表达式仍以综合配筋指标 ξ_0 为主要参数，提出了无粘结预应力筋应力考虑跨高比变化影响的关系式，公式是经与本规程原公式及美、英等国规范的相关公式比较后而提出的。公式克服了本规程原公式对跨高比这一影响因素不能连续变化的缺点，并调整了无粘结预应力筋应力设计值随 ξ_0 的变化梯度和取值。在设计框架梁时，无粘结预应力筋外形布置宜与弯矩包络图相接近，以防在框架梁顶部反弯点附近出现裂缝。

5.1.12 当预加力对超静定梁引起的结构变形受到支座约束时，会产生支座反力，并由该反力产生弯矩。通常对预加力引起的内弯矩 $N_{p}e_{pn}$ 称为主弯矩 M_1，由主弯矩对连续梁引起的支座反力称为次反力，由次反力对梁引起的弯矩称为次弯矩 M_2。在预应力超静定梁中，由预加力对任一截面引起的总弯矩 M_r 将为主弯矩 M_1 与次弯矩 M_2 之和，即 $M_r=M_1+M_2$。

国内外学者对预应力混凝土连续梁的试验研究表明，对塑性内力重分布能力较差的预应力混凝土超静定结构，在抗裂验算及承载力计算时均应包括次弯矩。次剪力宜根据结构构件各截面次弯矩分布按结构力学方法计算。预应力次弯矩、次剪力参与组合时，对于预应力作用分项系数取值按本规程第 4.1.1 条的有关规定执行。

5.1.13 除了对张拉阶段构件中的锚头局压区进行局部受压承载力计算外，考虑到无粘结预应力筋在混凝土中是可以滑动的，故制定本条以避免无粘结预应力混凝土构件在使用过程中，发生锚头局压区过早破坏的现象。

本次修订对施工阶段的纵向压力值，仍取为 $1.2\sigma_{con}$ 未变，但补充考虑在正常使用状态下预应力束的应力达到条件屈服的可能，当进一步考虑承载能力极限状态下取大于 1.0 的分项系数，本规程取用 $f_{ptk}A_p$ 作为验算局部荷载代表值，并应取上述两个荷载代表值中的较大值进行计算，以确保锚头局部受压区的安全。

5.1.14、5.1.15 根据无粘结预应力筋与周围混凝土无粘结可互相滑动的特点，可将无粘结筋对混凝土的预压力作为截面上的纵向压力，其与弯矩一起作用于截面上，这样无粘结预应力混凝土受弯构件就可等同于钢筋混凝土偏心受压构件，计算其裂缝宽度。为求得无粘结预应力混凝土构件受拉区纵向钢筋等效应力 σ_{sk}，本条根据无粘结预应力筋与周围混凝土存在相互滑移而无变形协调的特点，将无粘结预应力筋的截面面积 A_p 折算为虚拟的有粘结预应力筋截面面积 $\eta_0 A_p$，此处，η_0 为无粘结预应力筋换算为虚拟有粘结钢筋的换算系数。这样，可采用与有粘结部分预应力混凝土梁相类似的方法进行裂缝宽度计算。在计算中，裂缝间纵向受拉钢筋应变不均匀系数 ψ 值，仍按 1989 年《混凝土结构设计规范》取值：当 $\psi<0.4$ 时，取 0.4；当 $\psi>1$ 时，取 $\psi=1$。

根据中国建筑科学研究院和大连理工大学等国内的科研成果，对 σ_{sk} 计算公式采取的简化方法为：①鉴于国内试验多采用简支梁三分点加载的方案，故将无粘结预应力筋的截面面积 A_p 作折减时，进一步考虑无粘结预应力混凝土受弯构件弯矩图形的丰满度，取折减系数为 0.3；②为考虑预应力混凝土截面为消压状态，近似取 M_k 扣除 $0.75M_{cr}$，以方便计算；③

对无粘结预应力混凝土超静定结构构件，需考虑次弯矩 M_2。

5.1.16～5.1.18 对不出现裂缝的无粘结预应力混凝土构件的短期刚度和长期刚度的计算，以及预应力反拱值计算，均按现行国家标准《混凝土结构设计规范》GB 50010 的有关规定进行计算。

对使用阶段已出现裂缝的无粘结预应力混凝土受弯构件，仍假定弯矩与曲率（或弯矩与挠度）曲线由双折直线组成，双折线的交点位于开裂弯矩 M_{cr} 处，则可导得短期刚度的基本公式为：

$$B_s = \frac{E_c I_0}{\dfrac{1}{\beta_{0.6}} + \dfrac{\dfrac{M_{cr}}{M_k} - 0.6}{0.4}\left(\dfrac{1}{\beta_{cr}} - \dfrac{1}{\beta_{0.6}}\right)}$$

式中，$\beta_{0.6}$ 和 β_{cr} 分别为 $\frac{M_{cr}}{M_k}=0.6$ 和 1.0 时的刚度降低系数。推导公式时，取 $\beta_{cr}=0.85$。

$\frac{1}{\beta_{0.6}}$ 根据试验资料分析，取拟合的近似值，可得：

$$\frac{1}{\beta_{0.6}} = \left(1.26 + 0.3\lambda + \frac{0.07}{\alpha_E \rho}\right)(1 + 0.45\gamma_f)$$

将 β_{cr} 和 $\frac{1}{\beta_{0.6}}$ 代入上述公式 B_s，并经适当调整后即得到本规程公式（5.1.17-2）。此处，公式（5.1.17-2）仅适用于 $0.6 \leqslant \frac{M_{cr}}{M_k} \leqslant 1.0$ 的情况。

5.1.19 无粘结预应力混凝土结构当在现场进行张拉时，预应力可能消耗在使柱和墙产生弯曲和位移，并对板的变形产生影响，柱和墙可能阻止板的缩短，从而在板和支承构件中产生裂缝。设计中可采用有限单元法计算或根据工程经验，采取适当配置构造钢筋的方法计及混凝土的收缩、徐变早期体积改变和弹性压缩对楼板及柱的影响，从而避免在板和支承构件中产生裂缝。在北京市劳保用品公司仓库、永安公寓、北京科技活动中心多功能报告厅、广东 63 层国际大厦等工程的无粘结预应力板柱-剪力墙结构、板墙结构、平面交叉梁结构，以及筒体结构的设计与施工中，为防止张拉无粘结预应力筋引起支撑结构或板开裂，均采取了相应的技术措施，本条规定总结了上述工程实践及国内其他无粘结预应力混凝土结构的施工经验。

当板的长度较大时，应设临时施工缝或后浇带将结构分段施加预应力，分段的长度可根据工程实践经验确定，条文中的 60m 是根据一般施工经验确定的，不是定数。分段后预应力筋应截断，而非预应力钢筋是否截断，可根据具体情况确定。如截断发生在封闭施工缝或后浇带时，应按设计要求补上截断的钢筋。

5.2 单向体系

5.2.1 在无粘结预应力受弯构件的预压受拉区，配置一定数量的非预应力钢筋，可以避免该类构件在极限状态下呈双折线型的脆性破坏现象，并改善开裂状态下构件的裂缝性能和延性性能。

1 单向板的非预应力钢筋最小面积。在现行国家标准《混凝土结构设计规范》GB 50010 中，对钢筋混凝土受弯构件，规定最小配筋率为 0.2% 和 $45f_t/f_y$ 中的较大值。美国华盛顿大学 Mattock 教授通过试验认为，在无粘结预应力受弯构件的受拉区至少应配置从受拉边缘至毛截面重心之间面积 0.4% 的非预应力钢筋。综合上述两方面的规定和研究成果，并结合以往的设计经验，作出了本规程对无粘结预应力混凝土板受拉区普通钢筋最小配筋率的限制。

2 梁在正弯矩区非预应力钢筋的最小面积。无粘结预应力梁的试验表明，按全部配筋的极限内力考虑，非预应力钢筋的拉力占到总拉力的 25% 或更多时，可更有效地改善无粘结预应力梁的性能，如裂缝分布、间距和宽度，以及变形性能，从而接近有粘结预应力梁的性能。所以，对无粘结预应力梁，本规程考虑适当增加非预应力钢筋的用量，在经济上也是合理可行的。

5.2.2 为防止无粘结预应力受弯构件开裂后的突然脆断，要求设计极限弯矩不小于开裂弯矩。

5.2.3 无粘结预应力受弯构件斜截面受剪承载力按现行国家标准《混凝土结构设计规范》GB 50010 第 7 章第 5 节有关条款的公式进行计算，但对无粘结预应力弯起筋的应力设计值取有效预应力值，是在目前试验数据少的情况下采用的设计方法。

5.2.4 无粘结预应力筋间距的限值，对张拉吨位较小的单根无粘结预应力筋，通常是受最小平均预压应力要求控制；对成束的无粘结预应力筋，通常则控制最大的预应力筋间距。

5.2.5 配置一定数量的支撑钢筋，是为了使无粘结预应力筋满足设计轮廓线要求。本条是在国内无粘结预应力工程实践的基础上制定的。

5.3 双向体系

5.3.1～5.3.3 无粘结预应力板柱体系是一种板柱框架，可按照等代框架法进行分析。决定计算简图的关键问题，在于确定板作为横梁的有效宽度。在通常的梁柱框架中，梁与柱在节点刚接的条件下转角是一致的，但在板柱框架中，只有板与柱直接相交处或柱帽处，板与柱的转角才是一致的，柱轴线与其他部位的边梁和板的转角事实上是不同的。为了将边梁的转角变形反映到柱子的变形中去，应对柱子的抗弯转动刚度进行修正和适当降低，其等效柱的刚度计算列在本规程附录 C 中。

为了简化计算，在竖向荷载作用下，矩形柱网（长边尺寸和短边尺寸之比≤2 时）的无粘结预应力混凝土平板和密肋板按等代框架法进行内力计算。等代框架梁的有效宽度均取板的全宽，即取板的中心线

之间的距离 l_x 或 l_y。

在板柱体系的板面上，设作用有面荷载 q，荷载将由短跨 l_1 方向的柱上板带和长跨 l_2 方向的柱上板带共同承受。但是，长向柱上板带所承受的荷载又会传给区格板短向的柱上板带，这样，由长跨 l_2 传来的荷载加上直接由短跨 l_1 柱上板带承受的荷载，其总和为作用在板区格上的全部荷载；长跨 l_2 方向亦然。故对于柱支承的双向平板、密肋板以及对于板和截面高度相对较小、较柔性的梁组成的柱支承结构，计算中每个方向都应取全部作用荷载。

在侧向力作用下，应用等代框架法进行内力计算时，板的有效刚度要比取全宽计算所得的刚度小。国内外试验表明，其有效宽度约为板跨度的 25%～50%。第 5.3.3 条取上限值，即两向等距且无平托板时，等代框架梁的计算宽度只计算到柱轴线两侧各 1/4 跨度。

5.3.4

1 负弯矩区非预应力钢筋的配置。1973 年在美国得克萨斯州大学，进行了一个 1∶3 的九区格后张无粘结预应力平板的模型试验。结果表明，只要在柱宽及两侧各离柱边 1.5～2 倍的板厚范围内，配置占柱上板带横截面面积 0.15%的非预应力钢筋，就能很好地控制和分散裂缝，并使柱带区域内的弯曲和剪切强度都能充分发挥出来。此外，这些钢筋应集中通过柱子和靠近柱子布置。钢筋的中到中间距应不超过 300mm，而且每一方向应不少于 4 根钢筋。对通常的跨度，这些钢筋的总长度应等于跨度的 1/3。中国建筑科学研究院结构所在 1988 年做的 1∶2 无粘结部分预应力平板试验中，也证实在上述柱面积范围内配置的非预应力钢筋是适当的。本规范按式（5.3.4-1）对矩形板在长跨方向将布置较多的钢筋。

2 正弯矩区非预应力钢筋的配置。在正弯矩区，双向板在使用荷载下非预应力钢筋的最小面积，是参照现行国家标准《混凝土结构设计规范》GB 50010，对钢筋混凝土受弯构件最小配筋率的配置要求作出规定的。由于在使用荷载下，受拉区域不出现拉应力的情况较少出现，故不再列出其对非预应力钢筋最小量 A_s 的规定，克服温度、收缩应力的钢筋应按现行国家标准《混凝土结构设计规范》GB 50010 执行。

3 在楼盖的边缘和拐角处，设置钢筋混凝土边梁，并考虑柱头剪切作用，将该梁的箍筋加密配置，可提高边柱和角柱节点的受冲切承载力。

5.3.5、5.3.6 在无粘结预应力双向平板的节点设计中，板柱节点受冲切承载力计算问题是很重要的，在工程中可采取配置箍筋或弯起钢筋，抗剪锚栓，工字钢、槽钢等抗冲切加强措施。本规程在制定冲切承载力计算条款时，对一些问题，如无粘结预应力筋在抵抗冲切荷载时的有利影响，板柱节点配置箍筋或弯起钢筋时受冲切承载力的计算等，是按下述考虑的：

在现行国家标准《混凝土结构设计规范》GB 50010 中，已补充了预应力混凝土板受冲切承载力的计算。在计算中，对于预应力的有利影响与本规程 93 年版本中的规定是一致的，主要取预应力钢筋合力 N_p 这一主要因素，而忽略曲线预应力配筋垂直分量所产生向上分力的有利影响，并考虑到冲切承载力试验值的离散性较大，目前国内外试验数据尚不够多，取值 $0.15\sigma_{pc,m}$，$\sigma_{pc,m}$ 为混凝土截面上的平均有效预压应力。此外，上述国标还将原规范公式中混凝土项的系数 0.6 提高到 0.7；对截面高度尺寸效应作了补充；给出了两个调整系数 η_1、η_2，并对矩形形状的加载面积边长之比作了限制等。对配置或不配置箍筋和弯起钢筋无粘结预应力混凝土板的受冲切承载力计算，以及如将板柱节点附近板的厚度局部增大或加柱帽，以提高板的受冲切承载力，对板减薄处混凝土截面或对配置抗冲切的箍筋或弯起钢筋时冲切破坏锥体以外的截面，进行受冲切承载力验算的要求，本规程采用现行国家标准《混凝土结构设计规范》GB 50010 有关规定计算。

无粘结预应力筋穿过板柱节点的数量应有限制。中国建筑科学研究院的试验表明，当轴心受压柱中无粘结预应力筋削弱的截面面积不超过 30%时，对柱的承载力影响不大；对偏心受压柱，当被无粘结预应力筋削弱的截面面积不超过 20%时，对柱的承载力也不会造成影响。

5.3.7 由于普通箍筋竖肢的上下端均呈圆弧，当竖肢受力较大接近屈服时会产生滑动，故箍筋在薄板中使用存在着锚固问题，其抗冲切的效果不是很好。因此，加拿大规范 CSA-A23.3 规定，仅当板厚（包括托板厚度）不小于 300mm 时，才允许使用箍筋。美国 ACI318 规范对厚度小于 250mm 采用箍筋的板，要求箍筋是封闭的，并在箍筋转角处配置较粗的纵向钢筋，以利固定箍筋竖肢。

锚栓是一种新型的抗冲切钢筋，加拿大 Ghali 教授等对配置锚栓混凝土板的抗冲切性能和设计方法进行了广泛的试验研究。国内湖南大学和中国建筑科学研究院等单位对配置锚栓的混凝土板柱节点进行了试验与分析研究。研究表明，锚栓在节点中有很好的锚固性能，可以使锚杆截面上的应力达到屈服强度，并有效地限制了剪切斜裂缝的扩展，能有效地改善板的延性，且施工也较方便。本条是在国内外科研成果的基础上作出规定的。

5.3.8 型钢剪力架的设计方法参考了美国 Corley 和 Hawkins 的型钢剪力架试验，以及美国混凝土规范 ACI 318 有关条款规定，是按下述考虑的：

1 本规程图 5.3.8 中，板的受冲切计算截面应垂直于板的平面，并应通过自柱边朝剪力架每个伸臂端部距离为（$l_a-b_c/2$）的 3/4 处，且冲切破坏截面

的位置应使其周长 $u_{m,de}$ 为最小，但离开柱子的距离不应小于 $h_0/2$。中国建筑科学研究院的试验研究表明，随冲跨比增加试件的受冲切承载力有下降的趋势。为了在抗冲切计算中适当考虑冲跨比对混凝土强度的影响，故本规程对配置抗冲切型钢剪力架的冲切破坏锥体以外的截面，在计算其冲切承载力时，取较低的混凝土强度值，按下列公式计算：

$$F_{l,eq} \leqslant 0.6 f_t \eta u_{m,de} h_0$$

由此可得：

$$u_{m,de} \geqslant \frac{F_{l,eq}}{0.6 f_t \eta h_0}$$

式中 $F_{l,eq}$——距柱周边 $h_0/2$ 处的等效集中反力设计值；

$u_{m,de}$——设计截面周长；

η——考虑局部荷载或集中反力作用面积形状、临界截面周长与板截面有效高度之比的影响系数，应按现行国家标准《混凝土结构设计规范》GB 50010 的有关规定执行。

由此，可推导出工字钢焊接剪力架伸臂长度的计算公式（5.3.8-3）。公式（5.3.8-5）和（5.3.8-6）的要求，是为了使剪力架的每个伸臂必须具有足够的受弯承载力，以抵抗沿臂长作用的剪力。

板柱节点配置型钢剪力架时，可以考虑剪力架承担柱上板带的一部分弯矩。参考美国混凝土规范 ACI 318，有下列计算公式：

$$M_{ua} = \frac{\phi \alpha_a F_{l,eq}}{2n}\left(l_a - \frac{h_c}{2}\right)$$

式中 ϕ——为抗剪强度折减系数；其余符号同正文第 5.3.8 条公式（5.3.8-5）的符号说明。

但 M_{ua} 不应大于下列诸值中的最小者：（1）柱上板带总弯矩的 30%；（2）在伸臂长度范围内，柱上板带弯矩的变化值；（3）由公式（5.3.8-5）算出的 M_{de} 值。

按本规程设计型钢剪力架时，未考虑剪力架所承担柱上板带的一部分弯矩。

2 为避免所配置的抗冲切钢筋或型钢剪力架不能充分发挥作用，或使用阶段在局部集中荷载附近的斜裂缝过大，根据国内外规范和工程设计经验，在板中配筋后的允许抗冲切承载力比混凝土承担的抗冲切承载力提高 50%，配型钢剪力架后允许提高的限值为 75%。此外，还可以考虑平均有效预压应力约 2.0 N/mm^2 的有利影响，公式（5.3.8-7）的限制条件是这样作出的。

3 试验研究表明，当型钢剪力架用于边柱和角柱，以及板中存在不平衡弯矩作用的情况，由于扭转效应等原因，型钢剪力架应有足够的锚固，使每个伸臂能发挥其具有的抗弯强度，以抵抗沿臂长作用的剪力，并应验算焊缝长度和保证焊接质量。

北京市建筑设计院在设计北京市劳保用品公司仓库工程，商业部设计院在设计内蒙 3000t 果品冷藏库工程中，均采用过上述型钢剪力架的设计方法，该设计方法在我国的一些实际工程中已得到应用。

5.3.9 本次修订还补充了局部荷载或集中反力作用面邻近孔洞或自由边时临界截面周长的计算方法，是参考国内湖南大学研究成果及英国混凝土结构规范 BS 8110 作出规定的。

5.3.10、5.3.11 N. W. Hanson 和 N. M. Hawkins 等人的钢筋混凝土板及无粘结预应力混凝土板柱节点试验表明，板与柱子之间，由于侧向荷载或楼面荷载不利组合引起的不平衡弯矩，一部分是通过弯曲来传递的，另一部分则通过剪切来传递。这些科研成果的结论和计算方法，已被美国混凝土规范 ACI 318、新西兰标准 NZS 3101 等国家的设计规范所采用，其对侧向荷载在板支座处所产生弯矩的组合和配筋要求，板柱节点处临界截面剪应力计算以及不平衡弯矩在板与柱子之间传递的计算等均作出了规定。由于在现行国家标准《混凝土结构设计规范》GB 50010 中，对板柱节点冲切承载力计算原则上采用了上述计算方法，并作出改进，故本规程不再重复列入。

美国混凝土规范 ACI 318 剪应力表达式概念较明确，但考虑到我国规范前后表达式的统一，故改为按总剪力计算的表达式，以达到前后一致和便于对照计算的目的。由于板柱节点冲切计算在国内是一项尚需要继续进行深入研究的课题，希望设计单位在使用中提出意见。

5.3.12、5.3.13 对板柱体系楼板开洞要求及板内无粘结预应力筋绕过洞口的布置要求，系根据国内外的工程经验作出规定的。

5.3.14 在后张平板中，无粘结预应力筋的布置方式，可采取划分柱上板带和跨中板带来设置；也可取一向集中布置，另一向均匀布置。美国华盛顿的水门公寓建筑是世界上按第二种配筋方式建造的第一座建筑。从此以后，在美国的后张平板的设计中，主要采用在柱上呈带状集中布置无粘结预应力筋的方式。美国得克萨斯州大学曾对两种布筋方式做过对比模型试验。中国建筑科学研究院也作了九柱四板模型试验，无粘结预应力筋采用一向集中布置，另一向均匀布置。试验结果表明，该布筋方式在使用阶段结构性能良好，极限承载力满足设计要求。此外，施工简便，可避免无粘结预应力筋的编网工序，在施工质量上，易于保证无粘结预应力筋的垂度，并对板上开洞提供方便。

无粘结预应力筋还可以在两个方向均集中穿过柱子截面布置。此种布筋方式沿柱轴线形成暗梁支承内平板，对在板中开洞处理非常方便，并有利于提高板柱节点的受冲切承载能力。若在使用中板的跨度很大，可将钢筋混凝土内平板做成下凹形状，以减小板厚。此外，工程设计中也有采用不同方法在平板中制孔或填充轻质材料，以减轻平板混凝土自重的结构方案。设计人员可根据工程具体情况和设计经验，确定采用此类方案，并积累设计经验。

5.3.15 为改善基础底板的受力，提高其抗裂性能和受弯承载能力，消除因收缩、徐变和温度产生的裂缝，减少板厚，降低用钢量，国内外在一些多层与高层建筑中，采用了预应力技术。一些文献指出，在软土地基、高压缩土地基或膨胀土地基上，采用预应力基础，可以降低地基压力使之满足地基承载力的要求，减少不均匀沉降，并避免上部结构产生的次应力。

预应力混凝土基础的设计，一般也采用荷载平衡法，遵守部分预应力的设计概念。由于基础设计比上部结构复杂，平衡荷载的大小受上部荷载分布、地基情况以及设计意图制约，难以统一规定。因此，本条文规定预应力筋的数量根据实际受力情况确定。且尚应配置适量的非预应力钢筋，其数量应符合控制基础板温度、收缩裂缝的构造要求。首都国际机场新航站楼工程，在筏板基础与地基界面间设置滑动层，用以减小摩擦，也有利于减少混凝土收缩裂缝。

此外，考虑到基础处于与水或土壤直接接触的环境，该环境比上部结构楼盖要恶劣得多，无粘结预应力筋及其锚具的防腐问题更为突出。本条文要求采取全封闭防腐蚀锚固系统等切实可靠的防腐措施。

5.4 体外预应力梁

5.4.1～5.4.4 无粘结预应力体外束多层防腐蚀体系，是将单根无粘结预应力筋平行穿入高密度聚乙烯管或镀锌钢管孔道内，张拉之前先完成灌浆工艺，由水泥浆体将单根无粘结筋定位或充填防腐油脂制成，两者均为可更换的体外束。体外束可通过设在两端锚具之间不同位置的转向块与混凝土构件相连接（如跨中，四分点或三分点），以达到设计要求的平衡荷载或调整内力的效果。且体外束的锚固点与弯折点之间或两个弯折点之间的自由段长度不宜太长，否则宜设置防振动装置，以避免微振磨损。如美国AASHTO规范规定，除非振动分析许可，体外预应力筋的自由段长度不应超过7.5m。对转向块的设置要求，主要使梁在受弯变形的各个阶段，特别是在极限状态下梁体的挠度大时，尽量保持体外束与混凝土截面重心之间的偏心距保持不变，从而不致于降低体外束的作用，这样在设计中一般可不考虑体外束的二阶效应，按通常的方法进行计算。但是当有必要时，尚应考虑构件在后张预应力及所施加荷载作用下产生变形时，体外束相对于混凝土截面重心偏移所引起的二阶效应。

梁体上的体外束是通过固定在转向块鞍座上的导管变换方向的，这样在鞍座上的导管与预应力钢材的接触区域，将存在摩擦和横向力的挤压作用，对预应力钢材亦容易产生局部硬化和增大摩阻损失。因此，转向块的设计必须做到设计合理和构造措施得当，且转向块应确保体外束在弯折点的位置，在高度上应符合设计要求，避免产生附加应力，导管在结构使用期间也不应对预应力钢材产生任何损害。

因为体外预应力与体内无粘结预应力在原理上基本相同，故对配置预应力体外束的混凝土结构，一般可按照现行国家标准《混凝土结构设计规范》GB 50010和本规程条款进行结构设计。预应力体外束的不同处在于仅通过锚具和弯折处转向块支撑装置作用于结构上，故体外束仅在锚固区及转向块处与结构有相同的变位，当梁体受弯变形产生挠度时除了会使体外束的有效偏心距减小，降低预应力体外束的作用；且在转向块与预应力筋的接触区域，由于横向挤压力的作用和预应力筋因弯曲后产生内应力，可能使预应力筋的强度下降。故对预应力钢绞线应按弯折转角为20°的偏斜拉伸试验确定其力学性能，该试验方法详现行国家标准《预应力混凝土用钢绞线》GB/T 5224附录B。有关体外束曲率半径和弯折转角的规定，体外束锚固区和转向块的构造做法等是借鉴欧洲规范有关无粘结和体外预应力束应用的规定及国内的实践经验编写的。

体外束除应用于体外预应力混凝土矩形、T形及箱形梁的设计，在既有混凝土结构上，设置体外束是提高混凝土结构构件承载力的有效方法，也可用于改善结构的使用性能，或两者兼顾之。所以，体外束也适用于既有结构的维修和翻新改造，并允许布置成各种束形。

5.4.5 体外束永久的防腐保护可以通过各种方法获得，所提供的防腐措施应当适用于体外束所处的环境条件。本规程吸收国内外的工程经验，采用单根无粘结预应力筋组成集团束，外套高密度聚乙烯管或镀锌钢管，并在管内采用水泥灌浆或防腐油脂保护的工艺，十分适用于室内正常环境的工程。根据国际结构混凝土协会*fib*的工程经验，这种具有双层套管保护的体外束在三类室外侵蚀性环境下，亦可提供10年以上的使用寿命。此外，如果设置体外束不仅为了改善结构使用功能时，所采取的防腐措施尚应满足防火要求。

6 施工及验收

6.1 无粘结预应力筋的制作、包装及运输

6.1.1 无粘结预应力筋外包层的制作，在发展过程中有缠绕水密性胶带、外套聚乙烯套管、热封塑料包裹层及挤塑成型工艺等方法。本规程中的无粘结预应力筋，系指采用先进的挤塑成型工艺，由专业化工厂制作而成的。

对无粘结预应力筋的制作及涂包质量的要求等应符合国家现行标准《无粘结预应力钢绞线》JG 161的规定。

6.1.2～6.1.4 无粘结预应力筋的包装、运输和保管，以及对下料和组装的要求，是根据国内工程实践经验制定的。

6.2 无粘结预应力筋的铺放和浇筑混凝土

6.2.1 试验表明，无粘结预应力筋的外包层出现局部轻微破损，经过修补后，其张拉伸长值与完好的无粘结预应力筋张拉伸长值相同。故对外包层局部轻微破损的无粘结预应力筋，允许修补后使用。

6.2.4 无粘结预应力筋束形在支座、跨中及反弯点等主要控制点的竖向位置由设计图纸确定，在施工铺放时的竖向位置允许偏差是根据现行国家标准《混凝土结构工程施工质量验收规范》GB 50204作出规定的。

在板中铺放无粘结预应力筋时，处理好与各种管线的位置关系，确保所设计无粘结预应力筋的束形，是施工现场常遇到的问题。一般要避开各种管线沿无粘结预应力筋关键位置处的垂直方向同标高铺设，采取与无粘结预应力筋铺放方向呈平行或调整标高的方法铺设。

如果在铺放多根成束无粘结预应力筋时，出现各根之间相互扭绞的现象，必将影响预应力张拉效果。工程经验表明，可采用逐根铺放，最后合并成束的方法。

对大跨度无粘结预应力平板、扁梁及筒仓结构，在施工中可采用平行带状布束，每束由3～5根无粘结预应力筋组成，这样可以减少定位支撑钢筋用量，简化施工工艺，也不影响结构的整体预应力效果。

6.2.6 本条是总结国内建造无粘结预应力混凝土结构的施工安装工艺，并参考国外的应用经验而制定的。施工中应按环境类别和设计图纸要求，重视采用可靠和完善的锚具体系及配套施工工艺，以确保无粘结预应力混凝土施工质量。

近些年来，在现浇无粘结预应力结构设计与施工中，已较普遍地采用钢绞线制作的无粘结预应力筋，其相应的锚固系统包括夹片锚具和挤压锚具。曲线配置的无粘结预应力筋，在曲线段的起始点至锚固点，有一段不小于300mm的直线段的要求，主要考虑当张拉锚固端由于无粘结预应力筋曲率过大时，会造成局部摩擦对张拉的有效性和伸长值起不利影响。一般工程实践中，直线段的取值为300～600mm，此值大时有利。

在实际工程中，整个无粘结预应力筋的铺放过程，都要配备专职人员，负责监督检查无粘结预应力筋束形是否符合设计要求，张拉端和固定端安装是否符合工艺要求。对不符合要求之处，应及时进行调整。

6.2.7 承压板后面混凝土的浇筑质量，直接关系到无粘结预应力筋的张拉效果。工程实践表明，在个别工程中，当混凝土成型并经正常养护后，在该处发生过裂缝或空鼓现象，只有在无粘结预应力筋张拉之前进行修补后，才允许进行张拉操作。

6.3 无粘结预应力筋的张拉

6.3.1～6.3.7 这几条主要是根据现行国家标准《混凝土结构工程施工质量验收规范》GB 50204有关条款制定的。

在无粘结预应力混凝土施工中，由于多采用夹片式锚具，采用从零应力开始张拉至1.05倍预应力筋的张拉控制应力σ_{con}，持荷2min后卸荷至预应力筋张拉控制应力的张拉程序不易实现，也很少应用，故本次修订未列入。

在无粘结预应力筋张拉过程中，如发生断丝，应立即停止张拉，查明原因，以防止在单根无粘结预应力筋中发生连续断丝及相邻预应力筋出现断丝。

6.3.8 张拉时混凝土强度，指同条件养护下150mm立方体混凝土试件的抗压强度。

6.3.9 试验研究表明，无粘结预应力楼板在无顺序情况下张拉，对结构不会产生不利影响。但对梁式结构、预制构件及其他特种结构，无粘结预应力筋的张拉工艺顺序对结构受力是有影响的。

6.3.10 代替无粘结预应力筋两端同时张拉工艺，采取在一端张拉锚固，在另一端补足张拉力锚固工艺时，需观测另一端锚具夹片确有移动，经论证无误可以达到基本相同的预应力效果后，才可以使用。

6.3.12、6.3.13 这是总结国内建造无粘结预应力混凝土结构的施工张拉工艺，并参考国外的应用经验而制定的。

夹片锚具锚固时，目前有液压顶压、弹簧顶压以及限位三种形式，产生的锚具变形和钢筋内缩值各不相同。其值在事先测定后，并根据设计要求，选择其中一种。

必须指出，操作人员不得站在张拉设备的后面或建筑物边缘与张拉设备之间，因为在张拉过程中，有可能来不及躲避偶然发生的事故而造成伤亡。

6.3.14 电火花将损伤钢丝、钢绞线和锚具，为此不得采用电弧切断无粘结预应力筋。

6.4 体外预应力施工

6.4.1 无粘结预应力体外束多层防腐蚀体系由多根平行的无粘结预应力筋组成，外套高密度聚乙烯管或镀锌钢管，管内采用水泥灌浆或防腐油脂保护为双层套管防腐蚀的无粘结预应力体外束。其可以在工厂预制按成品束提供使用，也可以在施工现场进行穿束和灌浆制作成束。具有下述优点：第二层保护套不但能起防腐保护的作用，同时可抵御来自外界的损伤；采用多根平行的无粘结预应力筋组成集团束，可以提供大吨位预应力束，便于采用简单有效的转向块；抗疲劳荷载性能强；可以在一类室内正常环境，二类及三类易受腐蚀环境下使用；使用中除了可更换整根束，还可以更换单根无粘结预应力筋。

在一类室内正常环境下，国内也有采用体外无粘结预应力筋并在其塑料护套外浇筑混凝土保护层，或将多根平行裸钢绞线外套高密度聚乙烯管或镀锌钢管，采用在管道内灌水泥浆或防腐化合物加以保护的。若采用镀锌钢绞线或环氧涂层钢绞线则可使用于二类、三类环境类别，环氧涂层钢绞线防腐效果更好些。

6.4.2～6.4.12 体外束的制作要求、施工工艺及质量控制的规定，是根据工程经验总结，并借鉴欧洲规范有关无粘结和体外预应力束应用的规定编写的。

6.5 工程验收

6.5.1～6.5.3 混凝土结构工程验收应按现行国家标准《混凝土结构工程施工质量验收规范》GB 50204的要求进行。无粘结预应力混凝土工程一般作为整个工程的分项工程，因此在工程施工过程中，可在这部分工程竣工后通过检查验收。验收时，应检查第6.5.1条中所规定的文件和记录是否符合本规程要求。对于外观应根据需要进行抽查。

附录A 无粘结预应力筋数量估算

设计经验表明，无粘结预应力筋的数量，常由结构构件的裂缝控制标准所决定，在附录A中，是按正截面裂缝控制验算要求进行估算的，并按均布荷载的标准组合或准永久组合计算的弯矩设计值，取所需有效预加力的较大值进行估算。此外，为了大致估计预应力对连续结构支座和跨中截面的有利和不利作用，对负弯矩截面和正弯矩截面的弯矩设计值，分别取系数0.9和1.2。

名义拉应力方法用于计算无粘结预应力混凝土受弯构件的裂缝宽度，是参考国内外规范及科研成果作出规定的。用于无粘结预应力混凝土，首先应满足本规程第5.2.1条非预应力钢筋最小截面面积的要求。

附录B 无粘结预应力筋常用束形的预应力损失 σ_{l1}

现行国家标准《混凝土结构设计规范》GB 50010有关锚具变形和钢筋内缩引起的预应力损失值 σ_{l1}，是假设 $\kappa x+\mu\theta$ 不大于0.2，摩擦损失按直线近似公式得出的。由于无粘结预应力筋的摩擦系数小，经过核算故将允许的圆心角放大为90°。此外，对无粘结预应力筋在端部为直线、初始长度等于 l_0 而后由两条圆弧形曲线组成时及折线筋的预应力损失 σ_{l1} 的计算中，未计初始直线段 l_0 中摩擦损失的影响。

附录C 等效柱的刚度计算及等代框架计算模型

在板柱框架中，柱子两侧抗扭构件（横向梁或板带）的边界可延伸至柱子两侧区格的中心线，其在水平板带与柱子间起传递弯矩的作用，但不如梁柱框架的柱子对梁的约束强，为反映该影响，采用等效柱的计算方法，是参考ACI318规范有关条文作出规定的。

上述板柱等代框架早先是为采用弯矩分配法设计的。为利用基于有限单元法的标准框架分析程序，根据国内外经验，在板柱等代框架中，板梁的杆件长度 $l_{s,b}$ 一般取等于柱中线之间的距离 l_1，在柱中线至柱边或柱帽边之间的截面惯性矩，宜取等于板梁在柱边或柱帽边处的截面惯性矩（若有平托板按T形截面计）除以 $(1-c_2/l_2)^2$，此处，c_2 和 l_2 分别为垂直于等代框架方向的柱宽度和跨度。柱的杆件长度 H_c 取等于层高，其截面惯性矩 I_c 可按毛截面计算，但等效柱的截面惯性矩 I_{ec} 应按上述等效柱的线刚度进行折减。在节点范围内（柱帽底至板顶）截面惯性矩可视为无穷大。

附录D 无粘结预应力筋张拉记录表

本表是在国内常用无粘结预应力筋张拉记录表的基础上，经适当补充修改后制订的。

中华人民共和国行业标准

冷轧带肋钢筋混凝土结构技术规程

Technical specification for concrete structures with cold-rolled ribbed steel wires and bars

JGJ 95—2011

批准部门：中华人民共和国住房和城乡建设部
施行日期：2 0 1 2 年 4 月 1 日

中华人民共和国住房和城乡建设部
公　告

第 1135 号

关于发布行业标准《冷轧带肋钢筋混凝土结构技术规程》的公告

现批准《冷轧带肋钢筋混凝土结构技术规程》为行业标准，编号为 JGJ 95－2011，自 2012 年 4 月 1 日起实施。其中，第 3.1.2、3.1.3 条为强制性条文，必须严格执行。原行业标准《冷轧带肋钢筋混凝土结构技术规程》JGJ 95－2003 同时废止。

本规程由我部标准定额研究所组织中国建筑工业出版社出版发行。

中华人民共和国住房和城乡建设部

2011 年 8 月 29 日

前　言

根据住房和城乡建设部《关于印发〈2009 年工程建设标准规范制订、修订计划〉的通知》（建标［2009］88 号）的要求，规程编制组经广泛调查研究，认真总结实践经验，参考有关国际标准和国外先进标准，并在广泛征求意见的基础上，修订本规程。

本规程主要技术内容是：1. 总则；2. 术语和符号；3. 材料；4. 基本设计规定；5. 结构构件设计；6. 构造规定；7. 施工及验收。

本规程修订的主要技术内容是：纳入高延性冷轧带肋钢筋；规范了冷轧带肋钢筋应用范围；修改了冷轧带肋钢筋强度设计值；修改了正常使用极限状态设计的有关规定；调整了钢筋的保护层厚度、钢筋锚固长度和受力钢筋最小配筋率的有关规定；钢筋进场增加了重量偏差检验项目。

本规程中以黑体字标志的条文为强制性条文，必须严格执行。

本规程由住房和城乡建设部负责管理和对强制性条文的解释，由中国建筑科学研究院负责具体技术内容的解释。执行过程中，如有意见或建议请寄送中国建筑科学研究院建筑结构研究所（地址：北京市北三环东路 30 号，邮编：100013）。

本规程主编单位：中国建筑科学研究院
中鑫建设集团有限公司

本规程参编单位：江苏省建筑科学研究院有限公司
郑州大学
同济大学
中国中元国际工程公司
安阳市合力高速冷轧有限公司
天津市建科机械制造有限公司

本规程主要起草人员：王晓锋　顾万黎　王水鑫　王　铁　卢锡鸿　刘立新　周建民　陈远椿　翟　文　张　新

本规程主要审查人员：沙志国　钱稼茹　陶学康　李晓明　张承起　李景芳　朱建国　冯　超　蔡仁祉

目次

Contents

1 总　　则

1.0.1 为了在冷轧带肋钢筋混凝土结构的设计与施工中贯彻执行国家的技术经济政策，做到安全适用、确保质量、技术先进、经济合理，制定本规程。

1.0.2 本规程适用于工业与民用建筑采用冷轧带肋钢筋配筋的钢筋混凝土结构和先张法预应力混凝土中、小型结构构件的设计与施工。

1.0.3 对冷轧带肋钢筋配筋的钢筋混凝土结构和先张法预应力混凝土结构构件的设计与施工，除应符合本规程外，尚应符合国家现行有关标准的规定。

2 术语和符号

2.1 术　　语

2.1.1 冷轧带肋钢筋　cold-rolled ribbed steel wires and bars

热轧圆盘条经冷轧后，在其表面带有沿长度方向均匀分布的三面或二面横肋的钢筋。

2.1.2 高延性冷轧带肋钢筋　cold-rolled ribbed steel wires and bars with improved elongation

经回火热处理，具有较高伸长率的冷轧带肋钢筋。

2.1.3 冷轧带肋钢筋混凝土结构　concrete structures reinforced with cold-rolled ribbed steel wires and bars

配置受力冷轧带肋钢筋的混凝土结构。

2.2 符　　号

2.2.1 作用和作用效应

M——弯矩设计值；

M_k——按荷载标准组合计算的弯矩值；

M_q——按荷载准永久组合计算的弯矩值；

σ_{con}——预应力冷轧带肋钢筋张拉控制应力；

σ_{ck}——荷载标准组合下抗裂验算边缘的混凝土法向应力；

σ_{p0}——预应力筋合力点处混凝土法向应力等于零时的预应力冷轧带肋钢筋应力；

σ_{pc}——扣除全部预应力损失后在抗裂验算边缘混凝土的预压应力；

σ_{sq}——按荷载准永久组合计算的纵向受拉钢筋应力；

w_{max}——按荷载准永久组合并考虑长期作用影响计算的最大裂缝宽度。

2.2.2 材料性能

δ_5——测量标距为5倍直径时钢筋的伸长率；

δ_{100}——测量标距为100mm时钢筋的伸长率；

CRB550——抗拉强度为550N/mm^{2}的冷轧带肋钢筋；

CRB600H——抗拉强度为600N/mm^{2}的高延性冷轧带肋钢筋；

E_s——钢筋弹性模量；

f_{tk}——混凝土轴心抗拉强度标准值；

f_t——混凝土轴心抗拉强度设计值；

f_{ptk}——钢筋抗拉强度标准值；

f_y——钢筋抗拉强度设计值；

f'_y——钢筋抗压强度设计值；

f_{py}——预应力筋抗拉强度设计值；

f'_{py}——预应力筋抗压强度设计值；

f_{yk}——钢筋的屈服强度标准值；

δ_{gt}——钢筋最大力总伸长率。

2.2.3 几何参数

A——构件截面面积；

A_0——构件换算截面面积；

A_p——受拉区纵向预应力冷轧带肋钢筋的截面面积；

A_s——受拉区纵向非预应力冷轧带肋钢筋的截面面积；

b——矩形截面宽度，T形或I形截面的腹板宽度；

h_0——截面有效高度；

l_0——计算跨度；

l_a——纵向受拉钢筋的锚固长度；

l_{tr}——预应力冷轧带肋钢筋的预应力传递长度；

W_0——构件换算截面受拉边缘的弹性抵抗矩。

2.2.4 计算系数及其他

γ——构件截面抵抗矩塑性影响系数；

ρ_p——单筋受弯构件中预应力冷轧带肋钢筋的配筋率；

γ^0_{cr}——构件的抗裂检验系数实测值；

$[\gamma_{cr}]$——构件的抗裂检验系数允许值。

3 材　　料

3.1 钢　　筋

3.1.1 冷轧带肋钢筋可用于楼板配筋、墙体分布钢筋、梁柱箍筋及圈梁、构造柱配筋，但不得用于有抗震设防要求的梁、柱纵向受力钢筋及板柱结构配筋。混凝土结构中的冷轧带肋钢筋应按下列规定选用：

1　CRB550、CRB600H钢筋宜用作钢筋混凝土结构中的受力钢筋、钢筋焊接网、箍筋、构造钢筋以及预应力混凝土结构构件中的非预应力筋。CRB550钢筋的技术指标应符合现行国家标准《冷轧带肋钢筋》GB 13788 的规定，CRB600H 钢筋的技术指标应符合本规程附录 A 的规定。

2 CRB650、CRB650H、CRB800、CRB800H 和 CRB970 钢筋宜用作预应力混凝土结构构件中的预应力筋。CRB650、CRB800 和 CRB970 钢筋的技术指标应符合现行国家标准《冷轧带肋钢筋》GB 13788 的规定，CRB650H、CRB800H 钢筋的技术指标应符合本规程附录 A 的规定。

3 直径 4mm 的钢筋不宜用作混凝土构件中的受力钢筋。

3.1.2 冷轧带肋钢筋的强度标准值应具有不小于 95%的保证率。

钢筋混凝土用冷轧带肋钢筋的强度标准值 f_{yk} 应由抗拉屈服强度表示，并应按表 3.1.2-1 采用。预应力混凝土用冷轧带肋钢筋的强度标准值 f_{ptk} 应由抗拉强度表示，并应按表 3.1.2-2 采用。

表 3.1.2-1 钢筋混凝土用冷轧带肋钢筋强度标准值（N/mm^2）

牌号	符号	钢筋直径（mm）	f_{yk}
CRB550	ϕ^R	4～12	500
CRB600H	ϕ^{RH}	5～12	520

表 3.1.2-2 预应力混凝土用冷轧带肋钢筋强度标准值（N/mm^2）

牌号	符号	钢筋直径（mm）	f_{ptk}
CRB650	ϕ^R	4、5、6	650
CRB650H	ϕ^{RH}	5～6	
CRB800	ϕ^R	5	800
CRB800H	ϕ^{RH}	5～6	
CRB970	ϕ^R	5	970

注：两表中直径 4mm 的冷轧带肋钢筋仅用于混凝土制品。

3.1.3 冷轧带肋钢筋的抗拉强度设计值 f_y 及抗压强度设计值 f'_y 应按表 3.1.3-1、表 3.1.3-2 采用。

表 3.1.3-1 钢筋混凝土用冷轧带肋钢筋强度设计值（N/mm^2）

牌号	符号	f_y	f'_y
CRB550	ϕ^R	400	380
CRB600H	ϕ^{RH}	415	380

注：冷轧带肋钢筋用作横向钢筋的强度设计值 f_{yv} 应按表中 f_y 的数值采用；当用作受剪、受扭、受冲切承载力计算时，其数值应取 $360N/mm^2$。

表 3.1.3-2 预应力混凝土用冷轧带肋钢筋强度设计值（N/mm^2）

牌号	符号	f_{py}	f'_{py}
CRB650	ϕ^R	430	380
CRB650H	ϕ^{RH}		
CRB800	ϕ^R	530	
CRB800H	ϕ^{RH}		
CRB970	ϕ^R	650	

3.1.4 冷轧带肋钢筋弹性模量 E_s 可取 $1.9\times10^5 N/mm^2$。

3.1.5 CRB550、CRB600H 钢筋用于需作疲劳性能验算的板类构件，当钢筋的最大应力不超过 $300N/mm^2$ 时，钢筋的 200 万次疲劳应力幅限值可取 $150N/mm^2$。

3.2 混 凝 土

3.2.1 钢筋混凝土结构的混凝土强度等级不应低于 C20，预应力混凝土结构构件的混凝土强度等级不应低于 C30。

3.2.2 混凝土的强度标准值、强度设计值及弹性模量等应按现行国家标准《混凝土结构设计规范》GB 50010 的有关规定采用。

4 基本设计规定

4.1 一 般 规 定

4.1.1 冷轧带肋钢筋配筋的混凝土结构的基本设计规定、承载能力极限状态计算、正常使用极限状态验算、构件抗震设计和耐久性设计等，除应符合本规程的要求外，尚应符合现行国家标准《混凝土结构设计规范》GB 50010 及相关标准的有关规定。当用于钢筋焊接网时，尚应符合现行行业标准《钢筋焊接网混凝土结构技术规程》JGJ 114 的有关规定。

4.1.2 冷轧带肋钢筋混凝土连续板的内力计算可考虑塑性内力重分布，其支座弯矩调幅幅度不应大于按弹性体系计算值的 15%。

4.1.3 冷轧带肋钢筋配筋的混凝土板类受弯构件的设计，应根据使用要求选用不同的裂缝控制等级。构件的正截面裂缝控制等级的划分应符合下列规定：

1 一级：严格要求不出现受力裂缝的构件，按荷载标准组合计算时，构件受拉边缘混凝土不应产生拉应力；

2 二级：一般要求不出现受力裂缝的构件，按荷载标准组合计算时，构件受拉边缘混凝土拉应力不应超过混凝土抗拉强度标准值 f_{tk}；

3 三级：允许出现受力裂缝的钢筋混凝土构件，

按荷载准永久组合并考虑长期作用影响计算时，构件的最大裂缝宽度不应超过本规程表4.1.4规定的最大裂缝宽度限值。

4.1.4 冷轧带肋钢筋配筋的混凝土板类受弯构件的裂缝控制等级、荷载组合及受力裂缝宽度限值 w_{lim}，应根据结构类别和所处的环境类别按表4.1.4采用。

表4.1.4 裂缝控制等级、荷载组合及受力裂缝宽度限值

环境类别	钢筋混凝土构件			预应力混凝土构件	
	裂缝控制等级	w_{lim} (mm)	荷载组合	裂缝控制等级	荷载组合
一	三级	0.30	准永久	二级	标准
二		0.20	准永久	一级	标准

注：1 环境类别划分应符合现行国家标准《混凝土结构设计规范》GB 50010的有关规定；

2 预应力混凝土结构的裂缝控制等级仅适用于正截面的验算；

3 表中的受力裂缝宽度限值为用于验算荷载作用引起的最大裂缝宽度。

4.1.5 冷轧带肋钢筋混凝土板类受弯构件的最大挠度应按荷载准永久组合，预应力混凝土板类受弯构件的最大挠度应按荷载标准组合，并均应考虑荷载长期作用的影响进行计算，其计算值不应超过表4.1.5规定的挠度限值。

如果构件制作时预先起拱，且使用上也允许，则在验算挠度时，可将计算所得的挠度值减去起拱值；对预应力混凝土构件，尚可减去预加力所产生的反拱值。

对预应力混凝土构件，当永久荷载较小时宜考虑反拱过大对使用的不利影响，预加力所产生的反拱值不宜超过表4.1.5规定的挠度限值。

表4.1.5 板类受弯构件的挠度限值

构件跨度	挠度限值
当 $l_0<7$m 时	$l_0/200$ ($l_0/250$)
当 $7\text{m}\leqslant l_0\leqslant 9$m 时	$l_0/250$ ($l_0/300$)
当 $l_0>9$m 时	$l_0/300$ ($l_0/400$)

注：1 表中 l_0 为构件的计算跨度；计算悬臂构件的挠度限值时，其计算跨度 l_0 按实际悬臂长度的2倍取用；

2 表中括号内的数值适用于使用上对挠度有较高要求的构件。

4.2 预应力混凝土结构构件

4.2.1 预应力冷轧带肋钢筋的张拉控制应力不宜超过 $0.7f_{ptk}$，且不应低于 $0.4f_{ptk}$。

4.2.2 放松预应力筋时，混凝土立方体抗压强度应符合设计规定。如设计无要求时，不宜低于设计的混凝土强度等级值的75%。

4.2.3 预应力冷轧带肋钢筋中的预应力损失值可按表4.2.3的规定计算，当计算求得的预应力总损失值小于100N/mm^2 时，应取100N/mm^2。

表4.2.3 预应力损失值（N/mm^2）

引起损失的因素		符号	预应力损失值
张拉端锚具变形和钢筋内缩		σ_{l1}	按本规程第4.2.4条规定计算
混凝土加热养护时，受张拉的钢筋与承受拉力的设备之间的温差		σ_{l3}	$2\Delta t$
预应力冷轧带肋钢筋的应力松弛	高延性	σ_{l4}	$0.05\sigma_{con}$
	非高延性		$0.08\sigma_{con}$
混凝土的收缩和徐变		σ_{l5}	按现行国家标准《混凝土结构设计规范》GB 50010的有关规定计算

注：表中 Δt 为混凝土加热养护时，受张拉的冷轧带肋钢筋与承受拉力的设备之间的温差（℃）。

4.2.4 直线预应力冷轧带肋钢筋由于锚具变形和预应力筋内缩引起的预应力损失值 σ_{l1} 可按下式计算：

$$\sigma_{l1}=\frac{a}{l}E_s \tag{4.2.4}$$

式中：l——张拉端至锚固端之间的距离（mm）；

a——张拉端锚具变形和钢筋内缩值（mm），当张拉端用锥塞式锚具时，钢筋在锚具中的滑移取5mm或经试验确定；当张拉端用带螺帽的锚具时，螺帽缝隙取0.5mm。

4.2.5 先张法预应力混凝土构件端部锚固区的正截面和斜截面受弯承载力可不作计算。需计算时，可按本规程附录B的规定执行。

4.2.6 预应力混凝土结构构件应按现行国家标准《混凝土结构工程施工规范》GB 50666和《混凝土结构设计规范》GB 50010的有关规定进行施工阶段验算。

5 结构构件设计

5.1 承载能力极限状态计算

5.1.1 结构构件的正截面承载力计算应符合现行国家标准《混凝土结构设计规范》GB 50010的有关规定。

5.1.2 纵向受拉钢筋屈服与受压区混凝土破坏同时发生时的相对界限受压区高度 ξ_b 应按下列公式计算：

1 钢筋混凝土构件

$$\xi_b=\frac{\beta_1}{1+\frac{0.002}{\varepsilon_{cu}}+\frac{f_y}{E_s\varepsilon_{cu}}} \tag{5.1.2-1}$$

2 预应力混凝土构件

$$\xi_b = \frac{\beta_1}{1 + \frac{0.002}{\varepsilon_{cu}} + \frac{f_{py} - \sigma_{p0}}{E_s \varepsilon_{cu}}} \quad (5.1.2\text{-}2)$$

式中：ξ_b ——相对界限受压区高度，取 x_b/h_0；

x_b ——界限受压区高度；

h_0 ——截面有效高度；

f_y ——冷轧带肋钢筋抗拉强度设计值，按本规程表 3.1.3-1 采用；

f_{py} ——预应力冷轧带肋钢筋抗拉强度设计值，按本规程表 3.1.3-2 采用；

E_s ——冷轧带肋钢筋弹性模量，按本规程第 3.1.4 条采用；

σ_{p0} ——预应力筋合力点处混凝土法向应力等于零时的预应力筋应力，按现行国家标准《混凝土结构设计规范》GB 50010 的有关规定计算；

ε_{cu} ——非均匀受压时的混凝土极限压应变，按现行国家标准《混凝土结构设计规范》GB 50010 的有关规定采用；

β_1 ——系数，按现行国家标准《混凝土结构设计规范》GB 50010 的有关规定采用。

5.1.3 结构构件的斜截面承载力计算、扭曲截面承载力计算及受冲切承载力计算应符合现行国家标准《混凝土结构设计规范》GB 50010 的有关规定，此时冷轧带肋箍筋的抗拉强度设计值应取 360N/mm^2。

5.2 正常使用极限状态验算

5.2.1 钢筋混凝土和预应力混凝土构件，应根据本规程第 4.1.4 条的规定，按所处环境类别和结构类别确定相应的裂缝控制等级及最大裂缝宽度限值，并按下列规定进行受拉边缘应力或正截面裂缝宽度验算：

1 一级——严格要求不出现裂缝的构件

在荷载标准组合下应符合下式规定：

$$\sigma_{ck} - \sigma_{pc} \leqslant 0 \quad (5.2.1\text{-}1)$$

2 二级——一般要求不出现裂缝的构件

在荷载标准组合下应符合下式规定：

$$\sigma_{ck} - \sigma_{pc} \leqslant f_{tk} \quad (5.2.1\text{-}2)$$

3 三级——允许出现裂缝的构件

按荷载准永久组合并考虑长期作用影响计算的最大裂缝宽度，应符合下式规定：

$$w_{max} \leqslant w_{lim} \quad (5.2.1\text{-}3)$$

式中：σ_{ck} ——荷载标准组合下抗裂验算边缘的混凝土法向应力；

σ_{pc} ——扣除全部预应力损失后在抗裂验算边缘混凝土的预压应力，按现行国家标准《混凝土结构设计规范》GB 50010 的有关规定计算；

f_{tk} ——混凝土轴心抗拉强度标准值；

w_{max} ——按荷载准永久组合并考虑长期作用影响计算的最大裂缝宽度，板类受弯构件应按本规程第 5.2.2 条计算，梁式受弯构件应按现行国家标准《混凝土结构设计规范》GB 50010 的有关规定计算；

w_{lim} ——最大裂缝宽度限值，按本规程第 4.1.4 条采用。

5.2.2 钢筋混凝土板类受弯构件中，按荷载准永久组合并考虑长期作用影响的最大裂缝宽度 w_{max} (mm)，可按下列公式计算：

$$w_{max} = 1.9\psi \frac{\sigma_{sq}}{E_s}\left(1.9c_s + 0.08\frac{d_{eq}}{\rho_{te}}\right) \quad (5.2.2\text{-}1)$$

$$\psi = 1.05 - \frac{0.65 f_{tk}}{\rho_{te}\sigma_{sq}} \quad (5.2.2\text{-}2)$$

$$\sigma_{sq} = \frac{M_q}{0.87 h_0 A_s} \quad (5.2.2\text{-}3)$$

$$d_{eq} = \frac{\sum n_i d_i^2}{\sum n_i \nu_i d_i} \quad (5.2.2\text{-}4)$$

$$\rho_{te} = \frac{A_s}{A_{te}} \quad (5.2.2\text{-}5)$$

式中：ψ ——裂缝间纵向受拉钢筋应变不均匀系数：当 $\psi < 0.2$ 时，取 $\psi = 0.2$；当 $\psi > 1$ 时，取 $\psi = 1$；对直接承受重复荷载的构件，取 $\psi = 1$；

σ_{sq} ——按荷载准永久组合计算的钢筋混凝土构件纵向受拉钢筋应力；

E_s ——冷轧带肋钢筋的弹性模量，按本规程第 3.1.4 条取值；

c_s ——最外层纵向受拉钢筋外边缘至受拉区底边的距离（mm）；

ρ_{te} ——按有效受拉混凝土截面面积计算的纵向受拉钢筋配筋率，当 $\rho_{te} < 0.01$ 时，取 $\rho_{te} = 0.01$；

A_{te} ——有效受拉混凝土截面面积，取 $A_{te} = 0.5bh + (b_f - b)h_f$，此处，$b_f$、$h_f$ 为受拉翼缘的宽度、高度；

A_s ——受拉区纵向钢筋截面面积；

M_q ——按荷载准永久组合计算的弯矩值；

d_{eq} ——受拉区纵向钢筋的等效直径（mm）；

d_i ——受拉区第 i 种纵向钢筋的公称直径；

n_i ——受拉区第 i 种纵向钢筋的根数；

ν_i ——受拉区第 i 种纵向钢筋的相对粘结特性系数，对冷轧带肋钢筋取 1.0。

5.2.3 在荷载标准组合下，受弯构件抗裂验算边缘的混凝土法向应力应按下式计算：

$$\sigma_{ck} = \frac{M_k}{W_0} \quad (5.2.3)$$

式中：M_k ——按荷载标准组合计算的弯矩值；

W_0 ——构件换算截面受拉边缘的弹性抵抗矩。

5.2.4 预应力混凝土受弯构件的斜截面抗裂验算应

符合现行国家标准《混凝土结构设计规范》GB 50010的有关规定。

5.2.5 当需对先张法预应力混凝土构件端部区段进行正截面和斜截面抗裂验算时，应考虑预应力筋在其预应力传递长度 l_{tr} 范围内实际应力值的变化，可按本规程附录B的规定采用。

5.2.6 钢筋混凝土和预应力混凝土受弯构件在正常使用极限状态下的挠度，可根据构件的刚度用结构力学方法计算。挠度计算的荷载组合及限值要求应符合本规程第4.1.5条的规定，刚度及反拱的计算应符合现行国家标准《混凝土结构设计规范》GB 50010的有关规定，其中钢筋混凝土板类受弯构件的裂缝间纵向受拉钢筋应变不均匀系数 ψ 应按本规程式（5.2.2-2）计算。

6 构造规定

6.1 一般规定

6.1.1 构件中冷轧带肋钢筋的保护层厚度应符合下列规定：

1 构件中受力钢筋的保护层厚度不应小于钢筋的公称直径；

2 设计使用年限为50年的混凝土结构，最外层钢筋的保护层厚度应符合表6.1.1的规定；设计使用年限为100年的混凝土结构，最外层钢筋的保护层厚度不应小于表6.1.1数值的1.4倍；

3 钢筋混凝土基础宜设置混凝土垫层，基础中钢筋的混凝土保护层厚度应从垫层顶面算起，且不应小于40mm；

4 对工厂生产的预制构件或表面有可靠防护层的混凝土构件，当有充分依据时可适当减小混凝土保护层厚度；

5 有防火要求的建筑物，其混凝土保护层厚度尚应符合国家现行有关标准的规定。

表6.1.1 混凝土保护层最小厚度（mm）

环境类别	板、墙、壳		梁	
	C20～C25	≥C30	C20～C25	≥C30
一	20	15	25	20
二a	25	20	30	25
二b	30	25	40	35

注：1 表中环境类别的划分应按现行国家标准《混凝土结构设计规范》GB 50010的有关规定确定；
2 用于砌体结构房屋构造柱时，可按表中板、墙、壳的规定取用。

6.1.2 在构件中配置的冷轧带肋钢筋宜采用单根分散配筋的方式，当配筋数量较多且直径不大于8mm时，也可采用两根并筋配筋。当采用并筋的配筋形式时，可按面积相等的原则等效为单根钢筋，并按单根钢筋的等效直径确定钢筋间距、锚固长度、搭接长度、保护层厚度等构造措施。

6.1.3 在钢筋混凝土结构构件中，当计算中充分利用纵向受拉钢筋的强度时，其锚固长度 l_a 不应小于表6.1.3规定的数值，且不应小于200mm。

预应力冷轧带肋钢筋的锚固长度应符合本规程附录B的规定。

表6.1.3 钢筋混凝土构件纵向受拉钢筋最小锚固长度

钢筋级别	混凝土强度等级			
	C20	C25	C30、C35	≥C40
CRB550 CRB600H	45d	40d	35d	30d

注：1 表中 d 为冷轧带肋钢筋的公称直径；
2 两根等直径并筋的锚固长度应按表中数值乘以系数1.4后取用。

6.1.4 纵向受拉钢筋绑扎搭接接头的搭接长度，应根据位于同一连接区段内的钢筋搭接接头面积百分率按下列公式计算，且不应小于300mm。

$$l_l = \zeta_l l_a \tag{6.1.4}$$

式中：l_l ——纵向受拉钢筋的搭接长度；

ζ_l ——纵向受拉钢筋搭接长度的修正系数，按表6.1.4-1取用，当纵向搭接接头面积百分率为表中中间值时，修正系数可按内插取值。

表6.1.4-1 纵向受拉钢筋搭接长度修正系数

纵向搭接钢筋接头面积百分率（%）	≤25	50	100
ζ_l	1.2	1.4	1.6

当搭接接头面积百分率不超过25%时，CRB550、CRB600H纵向受拉钢筋搭接接头的搭接长度不应小于表6.1.4-2规定。

表6.1.4-2 纵向受拉钢筋搭接接头的最小搭接长度

混凝土强度等级	C20	C25	C30	C35	≥C40
最小搭接长度	55d	50d	45d	40d	35d

6.1.5 钢筋混凝土板类受弯构件（悬臂板除外）的纵向受拉钢筋最小配筋百分率应取0.15和 $45f_t/f_y$ 两者中的较大值。钢筋混凝土梁及悬臂板的纵向受拉钢筋最小配筋百分率应符合现行国家标准《混凝土结构设计规范》GB 50010的有关规定。

6.1.6 预应力混凝土单筋受弯构件中纵向受拉预应力筋的配筋率应符合下式要求：

$$\rho_p \geqslant \frac{\alpha_0 f_{tk}}{f_{py} - \beta_0 \sigma_{p0}} \tag{6.1.6-1}$$

换算截面的几何特征系数 α_0、β_0，应分别按下列公式计算：

$$\alpha_0 = \frac{\gamma W_0}{bh_0^2} \qquad (6.1.6\text{-}2)$$

$$\beta_0 = \frac{W_0/A_0 + e_{p0}}{h_0} \qquad (6.1.6\text{-}3)$$

式中：ρ_p——预应力混凝土单筋受弯构件的纵向受拉预应力筋配筋率，取 $\rho_p = A_p/(bh_0)$；

A_p——受拉区纵向预应力筋截面面积（mm^2）；

b——矩形截面宽度，T形、I形截面的受压翼缘宽度（mm）；

h_0——截面有效高度（mm）；

W_0——构件换算截面受拉边缘的弹性抵抗矩（mm^3）；

A_0——构件换算截面面积（mm^2）；

γ——构件截面抵抗矩塑性影响系数，按现行国家标准《混凝土结构设计规范》GB 50010的有关规定取值；对于预应力混凝土空心板，可取1.35；

e_{p0}——预应力筋合力点至换算截面重心的偏心距（mm）；

f_{py}——预应力冷轧带肋钢筋抗拉强度设计值；

σ_{p0}——预应力筋合力点处混凝土法向应力等于零时的预应力冷轧带肋钢筋应力。

对于受拉区同时配有纵向预应力和非预应力筋的构件，当验算最小配筋率时，可将纵向非预应力筋截面面积折算为预应力筋截面面积，此时，应将式（6.1.6-1）中的 ρ_p 和 $\beta_0\sigma_{p0}$ 项分别改用 ρ_{pe} 和 $\beta_0\chi\sigma_{p0}$ 代入，此处，$\rho_{pe} = \frac{A_{pe}}{bh_0}$，$\chi = \frac{\sigma_{p0}A_p - \sigma_{l5}A_s}{\sigma_{p0}A_{pe}}$，其中 $A_{pe} = A_p + \frac{f_y}{f_{py}}A_s$。

6.1.7 当预应力混凝土受弯构件正截面承载力符合下式条件时则可不遵守本规程式（6.1.6-1）的规定：

$$1.4M \leqslant M_u \qquad (6.1.7)$$

式中：M——弯矩设计值；

M_u——构件的实际正截面受弯承载力设计值。

6.1.8 任意截面预应力轴心受拉构件的预应力筋配筋率 ρ_p 应符合下式要求：

$$\rho_p \geqslant \frac{f_{tk}}{f_{py} - \sigma_{p0}} \qquad (6.1.8)$$

式中：ρ_p——轴心受拉构件的预应力筋配筋率，$\rho_p = A_p/A$；

A_p——构件截面中全部预应力筋截面面积；

A——构件截面面积。

6.1.9 有抗震设防要求的钢筋混凝土剪力墙，其分布钢筋的抗震锚固长度 l_{aE} 和搭接长度 l_{lE} 应按下列公式计算：

$$l_{aE} = \zeta_{aE} l_a \qquad (6.1.9\text{-}1)$$

$$l_{lE} = \zeta_l l_{aE} \qquad (6.1.9\text{-}2)$$

式中：ζ_{aE}——剪力墙分布钢筋抗震锚固长度修正系数，对二级抗震等级取1.15，对三级抗震等级取1.05，对四级抗震等级取1.00；

l_a——纵向受拉钢筋的锚固长度，按本规程第6.1.3条确定；

ζ_l——纵向受拉钢筋搭接长度的修正系数，按本规程第6.1.4条确定。

6.2 箍筋及钢筋网片

6.2.1 在抗震设防烈度为7度及以下的地区，CRB600H、CRB550钢筋可用作钢筋混凝土房屋中抗震等级为二、三、四级框架梁、柱的箍筋。箍筋构造措施应符合现行国家标准《混凝土结构设计规范》GB 50010的有关规定。

6.2.2 CRB550和CRB600H钢筋可用作砌体房屋中构造柱、芯柱、圈梁的箍筋，也可用作砌体结构及混凝土结构中砌体填充墙的拉结筋或拉结网片。配筋构造应符合现行国家标准《砌体结构设计规范》GB 50003和《建筑抗震设计规范》GB 50011的有关规定。

6.2.3 冷轧带肋钢筋网片可作为梁、柱、墙中厚度较大的保护层及叠合板后浇叠合层中的钢筋网片，其构造应符合现行国家标准《混凝土结构设计规范》GB 50010等的有关规定。

6.3 板

6.3.1 板中受力钢筋的间距，当板厚不大于150mm时不宜大于200mm；当板厚大于150mm时不宜大于板厚的1.5倍，且不宜大于250mm。

6.3.2 采用分离式配筋的多跨板，板底钢筋宜全部伸入支座；支座负弯矩钢筋向跨内延伸的长度应根据负弯矩图确定，并应满足钢筋锚固的要求。

简支板或连续板下部纵向受力钢筋伸入支座的锚固长度不应小于钢筋直径的10倍，且宜伸至支座中心线。当连续板内温度、收缩应力较大时，伸入支座的长度宜适当增加。

6.3.3 按简支边或非受力边设计的现浇混凝土板，当与混凝土梁、墙整体浇筑或嵌固在砌体墙内时，应设置板面构造钢筋，并应符合下列要求：

1 钢筋直径不宜小于6mm，间距不宜大于200mm，且单位宽度内的配筋面积不宜小于跨中相应方向板底钢筋截面面积的1/3；与混凝土梁、混凝土墙整体浇筑单向板的非受力方向，单位宽度内钢筋截面面积尚不宜小于受力方向跨中板底钢筋截面面积的1/3；

2　钢筋从混凝土梁边、柱边、墙边伸入板内的长度不宜小于 $l_0/4$，砌体墙支座处钢筋伸入板内的长度不宜小于 $l_0/7$，其中计算跨度 l_0 对单向板应按受力方向考虑，对双向板应按短边方向考虑；

3　在楼板角部，宜沿两个方向（斜向、平行）或放射状布置附加钢筋，附加钢筋在两个方向的延伸长度不宜小于 $l_0/4$，其中 l_0 应符合本条第 2 款的规定；

4　钢筋应在梁内、墙内或柱内可靠锚固。

6.3.4　当按单向板设计时，除沿受力方向布置受力钢筋外，尚应在垂直受力方向布置分布钢筋，单位长度上分布钢筋的截面面积不宜小于单位宽度上受力钢筋截面面积的 15%；分布钢筋直径不宜小于 5mm，间距不宜大于 250mm；当集中荷载较大时，分布钢筋的配筋面积尚应增加，且间距不宜大于 200mm。

当有实践经验或可靠措施时，预制单向板的分布钢筋可不受本条的限制。

6.3.5　冷轧带肋钢筋配筋的空心板，每个肋中的纵向受力钢筋不宜少于 1 根。

6.3.6　对预应力混凝土简支板，当板厚大于 120mm 时，宜在构件端部 100mm 范围内设置附加的上部钢筋网片。

6.3.7　配置预应力冷轧带肋钢筋的预制混凝土板在混凝土圈梁上的支承长度不应小于 80mm，在砌体墙上的支承长度不应小于 100mm。当板搭于圈梁上时，板端伸出的钢筋应与圈梁可靠连接，板端间隙应与圈梁同时浇筑；当板支撑于砌体内墙上时，板端钢筋伸出长度不应小于 70mm，并与支座板缝中沿墙纵向配置的钢筋绑扎，用强度等级不低于 C25 的混凝土浇筑成板带；当板支撑于砌体外墙上时，板端钢筋伸出长度不应小于 100mm，并与支座处沿墙纵向配置的钢筋绑扎，用强度等级不低于 C25 的混凝土浇筑成板带。

6.4　墙

6.4.1　在抗震设防烈度为 8 度及以下的地区，CRB600H、CRB550 钢筋可用作钢筋混凝土房屋中抗震等级为二、三、四级的剪力墙底部加强部位以上的墙体分布钢筋。剪力墙底部加强部位的范围应按现行国家标准《混凝土结构设计规范》GB 50010 的规定取用，且地上部分不应少于底部两层。

CRB600H、CRB550 钢筋宜以焊接网形式用作剪力墙底部加强部位以上的墙体分布钢筋。

6.4.2　冷轧带肋钢筋配筋的剪力墙，其分布筋的最小配筋率，轴压比限值、约束边缘构件及构造边缘构件的设置等应符合现行国家标准《混凝土结构设计规范》GB 50010 和《建筑抗震设计规范》GB 50011 的规定。

7　施工及验收

7.1　钢筋进场检验

7.1.1　CRB650、CRB650H、CRB800、CRB800H 和 CRB970 预应力冷轧带肋钢筋应成盘供应，成盘供应的钢筋每盘应由一根组成，且不得有接头。

CRB550、CRB600H 钢筋宜定尺直条成捆供应，也可盘卷供应；成捆供应的钢筋，其长度可根据工程需要确定。

7.1.2　进场（厂）的冷轧带肋钢筋应按钢号、级别、规格分别堆放和使用，并应有明显的标志，且不宜长时间在露天储存。

7.1.3　进场（厂）的冷轧带肋钢筋应按同一厂家、同一牌号、同一直径、同一交货状态的划分原则分检验批进行抽样检验，并检查钢筋出厂质量合格证明书、标牌，标牌应标明钢筋的生产企业、钢筋牌号、钢筋直径等信息。每个检验批的检验项目为外观质量、重量偏差、拉伸试验（量测抗拉强度和伸长率）和弯曲试验或反复弯曲试验。

7.1.4　冷轧带肋钢筋的外观质量应全数目测检查，检验批可按盘或捆确定。钢筋表面不得有裂纹、毛刺及影响性能的锈蚀、机械损伤、外形尺寸偏差。

7.1.5　CRB550、CRB600H 钢筋的重量偏差、拉伸试验和弯曲试验的检验批重量不应超过 10t，每个检验批的检验应符合下列规定：

1　每个检验批由 3 个试样组成。应随机抽取 3 捆（盘），从每捆（盘）抽一根钢筋（钢筋一端），并在任一端截去 500mm 后取一个长度不小于 300mm 的试样。3 个试样均应进行重量偏差检验，再取其中 2 个试样分别进行拉伸试验和弯曲试验。

2　检验重量偏差时，试件切口应平滑且与长度方向垂直，重量和长度的量测精度分别不应低于 0.5g 和 0.5mm。重量偏差（%）按公式 $(W_t - W_0)/W_0 \times 100$ 计算，重量偏差的绝对值不应大于 4%；其中，W_t 为钢筋的实际重量（kg），取 3 个钢筋试样的重量和（kg），W_0 为钢筋理论重量（kg），取理论重量（kg/m）与 3 个钢筋试样调直后长度和（m）的乘积。

3　拉伸试验和弯曲试验的结果应符合现行国家标准《冷轧带肋钢筋》GB 13788 及本规程附录 A 的有关规定确定。

4　当有试验项目不合格时，应在未抽取过试样的捆（盘）中另取双倍数量的试样进行该项目复检，如复检试样全部合格，判定该检验项目复检合格。对于复检不合格的检验批应逐捆（盘）检验不合格项目，合格捆（盘）可用于工程。

7.1.6　CRB650、CRB650H、CRB800、CRB800H 和

CRB970 钢筋的重量偏差、拉伸试验和反复弯曲试验的检验批重量不应超过 5t。当连续 10 批且每批的检验结果均合格时，可改为重量不超过 10t 为一个检验批进行检验。每个检验批的检验应符合下列规定：

1 每个检验批由 3 个试样组成。应随机抽取 3 盘，从每盘任一端截去 500mm 后取一个长度不小于 300mm 的试样。3 个试样均进行重量偏差检验，再取其中 2 个试样分别进行拉伸试验和反复弯曲试验。

2 重量偏差检验应符合本规程第 7.1.5 条第 2 款的规定。

3 拉伸试验和反复弯曲试验的结果应符合现行国家标准《冷轧带肋钢筋》GB 13788 及本规程附录 A 的有关规定确定。

4 当有试验项目不合格时，应在未抽取过试样的盘中另取双倍数量的试样进行该项目复检，如复检试样全部合格，判定该检验项目复检合格。对于复检不合格的检验批应逐盘检验不合格项目，合格盘可用于工程。

7.1.7 冷轧带肋钢筋拉伸试验、弯曲试验、反复弯曲试验应按现行国家标准《金属材料　拉伸试验　第 1 部分：室温试验方法》GB/T 228.1、《金属材料　弯曲试验方法》GB/T 232、《金属材料　线材　反复弯曲试验方法》GB/T 238 的有关规定执行。

7.2 钢筋加工与安装

7.2.1 冷轧带肋钢筋应采用调直机调直。钢筋调直后不应有局部弯曲和表面明显擦伤，直条钢筋每米长度的侧向弯曲不应大于 4mm，总弯曲度不应大于钢筋总长的千分之四。

7.2.2 冷轧带肋钢筋末端可不制作弯钩。当钢筋末端需制作 90°或 135°弯折时，钢筋的弯弧内直径不应小于钢筋直径的 5 倍。当用作箍筋时，钢筋的弯弧内直径尚不应小于纵向受力钢筋的直径，弯折后平直段长度应符合现行国家标准《混凝土结构工程施工规范》GB 50666 的有关规定。

7.2.3 钢筋加工的形状、尺寸应符合设计要求。钢筋加工的允许偏差应符合表 7.2.3 的规定：

表 7.2.3　钢筋加工的允许偏差

项　目	允许偏差（mm）
受力钢筋顺长度方向全长的净尺寸	±10
箍筋尺寸	±5

7.2.4 冷轧带肋钢筋的连接可采用绑扎搭接或专门焊机进行的电阻点焊，不得采用对焊或手工电弧焊。

7.2.5 钢筋的绑扎施工应符合现行国家标准《混凝土结构工程施工规范》GB 50666 的有关规定。绑扎网和绑扎骨架外形尺寸的允许偏差，应符合表 7.2.5 的规定：

表 7.2.5　绑扎网和绑扎骨架的允许偏差

项　目	允许偏差（mm）	项　目		允许偏差（mm）
网的长、宽	±10	箍筋间距		±20
网眼尺寸	±20	受力钢筋	间距	±10
骨架的宽及高	±5			
骨架的长	±10		排距	±5

7.3 预应力筋的张拉工艺

7.3.1 施加预应力用的各种机具设备及仪表应由专人使用，定期维护和校验。

用于长线生产的张拉机，其测力误差不得大于 3%。每隔 3 个月应校验一次，校验设备的精度不得低于 2 级。

用于短线生产的油泵上配套的压力表的精度不得低于 1.5 级。千斤顶和油泵的校验期限不宜超过半年。

7.3.2 长线台座上锚固预应力筋用的夹具应有良好的锚固性能和放松性能，在锚固时钢筋的滑移值不应超过 5mm，当超过此值时应重新张拉。

7.3.3 长线生产所用的预应力筋需要接长时，可采用绑扎接头或其他有效方式连接，预应力筋的接头不应进入混凝土构件内。绑扎宜采用钢筋绑扎器，用 20～22 号钢丝密排绑扎。绑扎长度对 650MPa 级钢筋不应小于 $40d$，对 800MPa 级钢筋不应小于 $50d$，对 970MPa 级钢筋不应小于 $60d$，d 为钢筋直径。钢筋搭接长度应比绑扎长度大 $10d$。

7.3.4 当采用镦头锚定时，钢筋镦头的直径不应小于钢筋直径的 1.5 倍，头部不歪斜，无裂纹，其抗拉强度不得低于钢筋强度标准值的 90%。

7.3.5 冷轧带肋钢筋一般采用一次张拉，张拉值应按设计规定取用。当施工中产生设计未考虑的预应力损失时，施工张拉值可根据具体情况适当提高，但提高数值不宜超过 $0.05\sigma_{con}$。

7.3.6 短线生产成束张拉时，镦头后钢筋的有效长度极差在一个构件中不得大于 2mm。

7.3.7 钢筋的预应力值应按下列规定进行抽检：

1 长线法张拉每一工作班应按构件条数的 10% 抽检，且不得少于一条；短线法张拉每一工作班应按构件数量的 1%抽检，且不得少于一件；

2 检测应在张拉完毕后一小时进行。

7.3.8 钢筋预应力值检测结果应符合下列规定：

1 在一个构件中全部钢筋的预应力平均值与检测时的规定值的偏差不应超过 $\pm 0.05\sigma_{con}$；

2 检测时的预应力规定值应在设计图纸中注明，当设计无规定时，可按表 7.3.8 取用。

表 7.3.8　钢筋预应力检测时的规定值

张拉方法		检测时的规定值
长线张拉		$0.94\sigma_{con}$
短线张拉	钢筋长度为 6m 时	$0.93\sigma_{con}$
	钢筋长度为 4m 时	$0.91\sigma_{con}$

7.4　结构构件检验

7.4.1　在预应力混凝土构件质量检验评定时，构件的承载力检验、构件的挠度检验应符合现行国家标准《混凝土结构工程施工质量验收规范》GB 50204 的规定。构件的抗裂检验应符合下式要求：

$$\gamma_{cr}^{0} \geqslant [\gamma_{cr}] \qquad (7.4.1)$$

式中：γ_{cr}^{0}——构件的抗裂检验系数实测值，即构件的开裂荷载实测值与荷载标准值（均包括自重）的比值；

$[\gamma_{cr}]$——构件的抗裂检验系数允许值。

7.4.2　预应力混凝土构件的抗裂检验系数的允许值 $[\gamma_{cr}]$ 可按下列两种情况确定：

1　当按本规程的规定进行检验时

$$[\gamma_{cr}] = \frac{\sigma_{pc} + \gamma f_{tk}}{\sigma_{pc} + f_{tk}} \qquad (7.4.2\text{-}1)$$

2　当设计要求按实际的构件抗裂计算值进行检验时

$$[\gamma_{cr}] = 0.95\frac{\sigma_{pc} + \gamma f_{tk}}{\sigma_{ck}} \qquad (7.4.2\text{-}2)$$

当式（7.4.2-2）的计算值小于式（7.4.2-1）的计算值时，应取用式（7.4.2-1）的计算值。

式中：f_{tk}——按设计的混凝土强度等级所对应的抗拉强度标准值；

σ_{pc}——按设计的混凝土强度等级扣除全部预应力损失后在抗裂验算边缘的混凝土计算预压应力值；

γ——构件截面抵抗矩塑性影响系数，按现行国家标准《混凝土结构设计规范》GB 50010 的有关规定取值；对于预应力混凝土空心板，可取 1.35；

σ_{ck}——荷载标准组合下构件抗裂验算边缘的混凝土法向应力。

附录 A　高延性冷轧带肋钢筋的技术指标

A.0.1　高延性二面肋钢筋的尺寸、重量及允许偏差应符合表 A.0.1 的规定。

表 A.0.1　高延性二面肋钢筋的尺寸、重量及允许偏差

公称直径 d (mm)	公称横截面积 (mm²)	重量 理论重量 (kg/m)	重量 允许偏差 (%)	横肋中点高 h (mm)	横肋中点高 允许偏差 (mm)	横肋 1/4 处高 $h_{1/4}$ (mm)	横肋顶宽 b (mm)	横肋间距 l (mm)	横肋间距 允许偏差 (%)
5	19.6	0.154		0.32		0.26		4.0	
5.5	23.7	0.186		0.40		0.32		5.0	
6	28.3	0.222		0.40	+0.10	0.32		5.0	
6.5	33.2	0.261		0.46	−0.05	0.37		5.0	
7	38.5	0.302	±4	0.46		0.37	≤0.2d	5.0	±15
8	50.3	0.395		0.55		0.44		6.0	
9	63.6	0.499		0.75		0.60		7.0	
10	78.5	0.617		0.75	±0.10	0.60		7.0	
11	95.0	0.746		0.85		0.68		7.4	
12	113.1	0.888		0.95		0.76		8.4	

注：1　横肋 1/4 处高、横肋顶宽供孔型设计用；

2　二面肋钢筋允许有高度不大于 $0.5h$ 的纵肋；

3　只要力学性能符合本规程第 A.0.2 条的要求，可采用无纵肋的钢筋，但应征得用户同意。

A.0.2　高延性二面肋钢筋的力学性能和工艺性能应符合表 A.0.2 的规定。当进行弯曲试验时，钢筋受弯曲部位表面不得产生裂纹。

表 A.0.2　高延性二面肋钢筋的力学性能和工艺性能

牌号	公称直径 (mm)	f_{yk} (MPa)	f_{ptk} (MPa)	δ_5 (%)	δ_{100} (%)	δ_{gt} (%)	弯曲试验 180°	反复弯曲次数	应力松弛 初始应力相当于公称抗拉强度的 70% 1000h 松弛率 (%)
		不小于							不大于
CRB600H	5～12	520	600	14.0	—	5.0	$D=3d$	—	—
CRB650H	5～6	585	650	—	7.0	4.0	—	4	5
CRB800H	5～6	720	800	—	7.0	4.0	—	4	5

注：1　表中 D 为弯芯直径，d 为钢筋公称直径；反复弯曲试验的弯曲半径为 15mm；

2　表中 δ_5、δ_{100}、δ_{gt} 分别相当于相关冶金产品标准中的 $A_{5.65}$、A_{100}、A_{gt}。

附录 B　预应力混凝土构件端部锚固区计算

B.0.1　当对先张法预应力混凝土构件端部锚固区的正截面和斜截面受弯承载力进行计算时，锚固区内的预应力冷轧带肋钢筋抗拉强度设计值可按下列规定取用：

1　在锚固起点处为 0，在锚固终点处为 f_{py}，在两点之间按直线内插法取用；

2　预应力冷轧带肋钢筋锚固长度 l_a 不应小于表 B.0.1 规定的数值。

表 B.0.1　预应力冷轧带肋钢筋的最小锚固长度（mm）

钢筋级别	混凝土强度等级				
	C30	C35	C40	C45	≥C50
CRB650 CRB650H	37d	33d	31d	29d	28d
CRB800 CRB800H	45d	41d	38d	36d	34d
CRB970	55d	50d	46d	44d	42d

注：1　当采用骤然放松预应力筋的施工工艺时，锚固长度 l_a 的起点应从距构件末端 $0.25l_{tr}$ 处开始计算，预应力筋的传递长度 l_{tr} 应按表 B.0.2 取用；

2　d 为钢筋公称直径（mm）。

B.0.2　当冷轧带肋钢筋先张法预应力构件端部区段进行正截面和斜截面抗裂验算时，应考虑预应力筋在其预应力传递长度 l_{tr} 范围内实际应力值的变化。预应力筋的实际预应力值按线性规律增大，在构件端部取0，在其预应力传递长度的末端取有效预应力值 σ_{pe}（图 B.0.2），预应力筋的预应力传递长度 l_{tr} 可按表 B.0.2 取用。

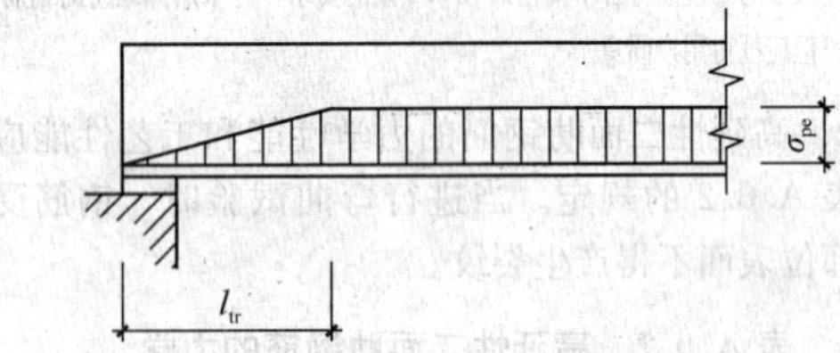

图 B.0.2　预应力冷轧带肋钢筋的预应力传递长度 l_{tr} 范围内有效预应力值变化

表 B.0.2　预应力冷轧带肋钢筋的预应力传递长度 l_{tr}（mm）

钢筋级别	混凝土强度等级					
	C25	C30	C35	C40	C45	≥C50
CRB650 CRB650H	24d	22d	20d	18d	17d	17d
CRB800 CRB800H	32d	28d	26d	24d	22d	21d
CRB970	40d	35d	32d	30d	28d	27d

注：1　确定传递长度 l_{tr} 时，表中混凝土强度等级应取用放松时的混凝土立方体抗压强度；

2　当采用骤然放松预应力筋的施工工艺时，l_{tr} 的起点应从距构件末端 $0.25l_{tr}$ 处开始计算；

3　d 为钢筋公称直径（mm）。

本规程用词说明

1　为了便于在执行本规程条文时区别对待，对要求严格程度不同的用词说明如下：

1）表示很严格，非这样做不可的：
正面词采用“必须”，反面词采用“严禁”；

2）表示严格，在正常情况均应这样做的：
正面词采用“应”，反面词采用“不应”或“不得”；

3）表示允许稍有选择，在条件许可时首先应这样做的：
正面词采用“宜”，反面词采用“不宜”；

4）表示有选择，在一定条件下可以这样做的，采用“可”。

2　条文中指明应按其他有关标准、规范执行时，写法为：“应符合……的规定”或“应按……执行”。

引用标准名录

1　《砌体结构设计规范》GB 50003

2　《混凝土结构设计规范》GB 50010

3　《建筑抗震设计规范》GB 50011

4　《混凝土结构工程施工质量验收规范》GB 50204

5　《混凝土结构工程施工规范》GB 50666

6　《金属材料　拉伸试验　第1部分：室温试验方法》GB/T 228.1

7　《金属材料　弯曲试验方法》GB/T 232

8　《金属材料　线材　反复弯曲试验方法》GB/T 238

9　《冷轧带肋钢筋》GB 13788

10　《钢筋焊接网混凝土结构技术规程》JGJ 114

中华人民共和国行业标准

冷轧带肋钢筋混凝土结构技术规程

JGJ 95—2011

条 文 说 明

修 订 说 明

《冷轧带肋钢筋混凝土结构技术规程》JGJ 95－2011，经住房和城乡建设部 2011 年 8 月 29 日以第 1135 号公告批准、发布。

本规程是在《冷轧带肋钢筋混凝土结构技术规程》JGJ 95－2003 的基础上修订而成，上一版的主编单位是中国建筑科学研究院，参编单位是江苏省建筑科学研究院、中国建筑东北设计研究院、钢铁研究总院、北京冶金设备研究设计总院、常州华力金属制品有限公司。主要起草人员是顾万黎、卢锡鸿、宋进侪、纪德清、张战波、马国良。

本次修订的主要技术内容是：增加了高延性冷轧带肋钢筋新品种，调整了预应力冷轧带肋钢筋的强度等级范围；明确界定了冷轧带肋钢筋的应用范围，有利于充分发挥冷轧带肋钢筋的优势，并避免不当使用；采用强度标准值除以材料分项系数的方式确定冷轧带肋钢筋强度设计值，调整了冷轧带肋钢筋的材料分项系数，提高了 CRB550 钢筋的强度设计值；根据国家标准《混凝土结构设计规范》GB 50010－2010 的修订情况调整了冷轧带肋钢筋混凝土结构的构造规定；钢筋进场增加了重量偏差检验项目，并调整了进场检验的相关规定。

本规程修订过程中，编制组针对冷轧带肋钢筋的生产与应用进行了大量调查分析工作，进行了多项试验研究工作，借鉴了国外先进技术标准，与国家标准《混凝土结构设计规范》GB 50010及国内相关标准进行了协调，为规程修订提供了重要依据。

为便于广大设计、施工、科研、学校等单位有关人员在使用本规程时能正确理解和执行条文规定，编制组按章、节、条顺序编制了本规程的条文说明，对条文规定的目的、依据以及执行中需注意的有关事项进行了说明，还着重对强制性条文的强制性理由作了解释。但是，本条文说明不具备与标准正文同等的法律效力，仅供使用者作为理解和把握标准规定的参考。

目　次

1 总 则

1.0.1～1.0.3 本规程主要适用于冷轧带肋钢筋用作混凝土结构构件中楼板配筋、墙体分布钢筋、梁柱箍筋及先张法预应力混凝土中小型结构构件预应力筋的设计与施工。冷轧带肋钢筋的直径应用范围为4mm～12mm，其中直径4mm的钢筋仅有CRB550、CRB650两个牌号且仅用于混凝土制品中。考虑到实际应用情况，本规程仅对冷轧带肋钢筋在一、二类环境类别中的应用提出了技术要求。

冷轧带肋钢筋自1968年在欧洲研制成功至今已有40多年历史，应用遍布全世界。我国于1987年开始引进冷轧带肋钢筋生产线，已有20多年时间。自1995年以来，550MPa级冷轧带肋钢筋代替Ⅰ级（HPB235）钢筋、Ⅱ级（HRB335）钢筋在普通钢筋混凝土楼板、屋面板、地坪等得到广泛的应用。同时作为墙体分布筋及梁、柱箍筋也有一定的应用，且应用范围逐步扩大。应用于钢筋混凝土结构的冷轧带肋钢筋，具有取材和加工方便、便于电阻点焊、强度价格比高等优点，实际应用中具有较好的经济性，可节约钢材消耗，符合推广高强钢筋的国家产业发展政策要求。

本规程采用的冷轧带肋钢筋系指采用普通低碳钢、中碳钢或低合金钢热轧圆盘条为母材，经冷轧减径后在其表面形成具有三面或二面月牙形横肋的钢筋。国内生产的冷轧带肋钢筋大部分为采用被动式三辊轧机轧制的三面月牙形横肋的钢筋。高延性冷轧带肋钢筋是国内近年来开发的新型冷轧带肋钢筋，为本次规程修订首次列入，其生产工艺增加了回火热处理过程，进一步提高了钢筋强度和伸长率指标，部分牌号钢筋屈服点较明显，具有较好的综合性能和性价比指标。现行行业标准《高延性冷轧带肋钢筋》中推荐的钢筋外形为二面或四面横肋，本规程主要适用于二面肋高延性冷轧带肋钢筋，对四面肋高延性冷轧带肋钢筋，如有可靠依据，也可参照本规程的相关规定应用。

在最初的十多年时间里，预应力冷轧带肋钢筋（CRB650、CRB800）用于制作中、小型预应力混凝土构件，主要是预应力空心板。由于冷轧带肋钢筋与混凝土有很好的粘结锚固性能，构件的延性及抗冲击性能较冷拔低碳钢丝配筋也有所增加，使预应力空心板的性能比冷拔低碳钢丝预应力空心板有显著的改善，应用面广、几乎遍布全国，据不完全统计，使用面积达2亿多平方米。在正常使用情况下，板的结构性能良好，极少出现工程质量事故，使我国中、小预应力混凝土构件（空心板）的应用提高到一个新水平。同时，由于制作预应力空心板几乎完全利用原有的工艺设备，生产非常方便，具有很好的经济效益和社会效益。预应力空心板在南方地区大多采用先张长线法生产，在北方地区长线法和短线钢模模外张拉工艺兼而有之，本规程预应力部分以先张法工艺为主。

冷轧带肋钢筋除应用于钢筋混凝土结构和预应力混凝土构件外，在水管、电杆等混凝土制品中也得到较多应用。本规程对于应用于混凝土制品的冷轧带肋钢筋仅提出了强度取值的规定，配筋构造等其他技术规定可参考相关的产品标准执行。

冷轧带肋钢筋制成焊接网和焊接骨架在高速铁路预制箱梁顶部的铺装层、双块式轨枕及轨道板底座的配筋中已经得到应用。冷轧带肋钢筋在砌体结构中也有作为拉结筋、拉结网片使用，为满足工程应用需求，本规程增加了部分适用于砌体结构的条文。

本次规程修订与国家标准《混凝土结构设计规范》GB 50010、行业标准《钢筋焊接网混凝土结构技术规程》JGJ 114等国内相关标准和欧洲、美国、德国、俄罗斯等国家和地区的结构设计类标准进行了协调和借鉴，并根据国内外技术应用及标准规范的发展增加了部分技术内容。

2 术语和符号

2.1 术 语

本节所列的术语是参照冶金及建筑方面的有关标准术语制订的，高延性冷轧带肋钢筋的术语与行业标准《高延性冷轧带肋钢筋》相同。冷轧带肋钢筋可用于钢筋混凝土和预应力混凝土结构，对于用于预应力混凝土结构的冷轧带肋钢筋，本规程简称为预应力冷轧带肋钢筋。

2.2 符 号

本节所列的符号是按照现行国家标准《建筑结构设计术语和符号标准》GB/T 50083规定的原则制订的。共分为四部分：作用和作用效应；材料性能；几何参数；计算系数及其他。其中大部分符号与现行国家标准《混凝土结构设计规范》GB 50010所采用的相同。

钢筋的强度等级和伸长率方面的符号，参照了现行国家标准《冷轧带肋钢筋》GB 13788的有关规定。

3 材 料

3.1 钢 筋

3.1.1 本条规定了冷轧带肋钢筋的应用范围：

1 可用于楼板配筋，但不包括有抗震设防要求板柱结构中的板（温度、收缩钢筋除外）；

2 可用于墙体竖向和横向的分布钢筋，但不包括剪力墙边缘构件中的纵向钢筋（边缘构件箍筋可用），且适用范围应符合本规程第6.4.1条的规定；

3 可用于混凝土结构中梁柱箍筋，但其适用范围应符合本规程第6.2.1条的规定；

4 可用于砌体结构中圈梁、构造柱的纵向钢筋和箍筋；

5 不得用于有抗震设防要求的梁、柱纵向钢筋；

6 对于无抗震设防要求的梁、柱，如需用到直径不大于12mm的冷轧带肋钢筋作为纵向钢筋（如预制过梁、小次梁等），也可选用并执行本规程的有关规定。

本规程中的冷轧带肋钢筋主要有CRB550、CRB600H、CRB650、CRB650H、CRB800、CRB800H和CRB970等几个牌号，其中牌号带“H”的三种为高延性冷轧带肋钢筋。CRB550、CRB600H钢筋主要用于钢筋混凝土板、墙中的钢筋，也可用于梁、柱中的箍筋，应用形式主要为绑扎、焊接网或焊接骨架。在预应力混凝土结构中，CRB550钢筋也可以作为非预应力筋使用。650MPa级及其以上级别的钢筋主要用于先张法预应力混凝土空心板。

冷轧带肋钢筋的母材可为：CRB550、CRB650钢筋可选用按现行国家标准《低碳钢热轧圆盘条》GB/T 701生产的Q215、Q235低碳钢热轧圆盘条，也可选用按现行国家标准《钢筋混凝土用钢 第1部分：热轧光圆钢筋》GB 1499.1生产的以盘卷供货的HPB235、HPB300热轧光圆钢筋；CRB600H、CRB650H钢筋可选用Q235低碳钢热轧圆盘条或以盘卷供货的HPB235热轧光圆钢筋；CRB800、CRB800H钢筋可选用20MnSi、24MnTi、45号钢等低合金钢或中碳钢热轧圆盘条；CRB970钢筋可选用41MnSiV、60号钢等热轧圆盘条，盘条性能应符合《优质碳素钢热轧盘条》GB/T 4354等现行国家标准的有关规定。

CRB550、CRB650钢筋中有直径4mm的规格，由于直径偏细，从耐久性角度考虑，不推荐作为构件的受力主筋，多根据实际情况应用于混凝土制品中。

3.1.2 本条规定了冷轧带肋钢筋的强度标准值，内容涉及钢筋强度等级划分和结构安全，故列为强制性条文。

本次规程修订将钢筋混凝土用冷轧带肋钢筋的强度标准值确定由屈服强度表示，主要考虑了国家标准《冷轧带肋钢筋》GB 13788-2008已明确给出屈服强度值，且近些年国内多家单位已具备量测钢筋拉力-变形曲线及求出0.2%残余应变对应的抗拉强度的能力；另一方面也考虑与国际标准接轨，国际上绝大多数国家，钢筋混凝土用冷轧带肋钢筋强度标准值均采用屈服强度。钢筋混凝土用冷轧带肋钢筋主要为CRB550、CRB600H两个牌号，除直条供应的CRB600H钢筋外，均为无屈服点钢筋，本规程中有屈服点钢筋、无屈服点钢筋的强度标准值统一用符号f_{yk}表示。CRB550钢筋强度标准值与国家标准《冷轧带肋钢筋》GB 13788中规定的屈服强度相一致，CRB600H钢筋强度标准值按本规程附录A中表A.0.2的屈服强度取用。

650MPa及以上级别的预应力混凝土用冷轧带肋钢筋的强度标准值仍同原规程，由抗拉强度表示。

根据本规程第3.1.1条的规定，本条表中直径4mm的CRB550、CRB650钢筋的强度设计值仅用于混凝土制品。根据工程需要和材料实际情况，CRB550、CRB600H、CRB650H、CRB800H钢筋可采用0.5mm进级。

3.1.3 本条规定了冷轧带肋钢筋的强度设计值，内容涉及结构安全，故列为强制性条文。

现行国家标准《混凝土结构设计规范》GB 50010中热轧钢筋的强度设计值为强度标准值除以钢筋材料分项系数，国外多本相关混凝土设计规范中对热轧带肋钢筋、冷轧带肋钢筋均采用此原则。本次规程修订将钢筋混凝土用冷轧带肋钢筋的强度标准值确定由抗拉屈服强度表示后，强度设计值也按上述原则确定，其中材料分项系数取1.25并适当取整，得CRB550、CRB600H钢筋的强度设计值分别为400N/mm²、415N/mm²。

表1为国外几个发达国家、国际组织标准以及我国标准对冷轧带肋钢筋的强度取值，可见国外冷轧带肋钢筋的材料分项系数为1.15～1.20，强度设计值一般不低于415N/mm²，本规程中材料分项系数取1.25仍是偏于安全的。

表1 冷轧带肋钢筋强度取值

国家及标准编号	欧洲规范 EN 1992-1-1	德国 DIN 1045-1	俄罗斯 СП 52-101	中国 JGJ 95
年号	2004	2001	2003	2010
强度标准值（N/mm²）	500	500	500	500，520
材料分项系数（γ_s）	1.15	1.15	1.20	1.25
强度设计值（N/mm²）	435	435	415	400,415

规程修订后CRB550钢筋强度设计值较原规程提高10%多，主要依据为冷轧带肋钢筋的生产条件有所改善。近些年高线盘条可大量供应，生产企业的轧制工艺水平也有所提高。

预应力冷轧带肋钢筋的强度设计值仍按原规程的规定，即以抗拉强度确定的强度标准值除以1.5材料分项系数并取整后确定。

钢筋抗压强度设计值（f'_y或f'_{py}）的取值原则仍以钢筋压应变$\varepsilon'_s=0.002$作为取值条件，并按$f'_y=\varepsilon'_s E$和$f'_y=f_y$二者的较小值确定。

3.1.4 根据五种强度级别、直径4mm～12mm，总共600多个试件（其中包括高延性冷轧带肋钢筋）的实测结果，冷轧带肋钢筋的弹性模量变化范围为(1.83～2.31) $\times 10^5 N/mm^2$ 之间，本规程取弹性模量为 $1.9 \times 10^5 N/mm^2$。

本条规定主要适用于承受疲劳荷载作用的板类构件配筋设计及部分疲劳构件中构造配筋设计。

3.1.5 冷轧带肋钢筋的疲劳性能，国外很早就开始进行试验研究，早在20世纪70年代德国的钢筋产品标准 DIN 488 中就有规定。近些年，欧洲的研究结果表明，当钢筋的最大应力不超过某值时，钢筋的疲劳次数主要与疲劳应力幅有关。例如，2001年版德国钢筋混凝土结构设计规范（DIN 1045-1）中，对冷轧带肋钢筋，当钢筋的上限应力不超过 $300N/mm^2$，钢筋的200万次疲劳应力幅限值取 $190N/mm^2$；2004年版欧洲混凝土结构设计规范（EN 1992-1-1）中，对A级延性的冷加工钢筋（对应本规程 CRB 550 钢筋），当钢筋的上限应力不超过 $300N/mm^2$，钢筋的200万次疲劳应力幅限值取 $150N/mm^2$。

国内的试验结果表明，钢筋混凝土用冷轧带肋钢筋具有较好的抗疲劳性能。当考虑一些不利因素后，取95%保证率，满足200万次循环，钢筋的应力幅可达到 $160N/mm^2$。

根据国外的有关标准规定和国内外大量的试验结果，冷轧带肋钢筋可用于疲劳荷载，设计中限制疲劳应力幅值即可。为稳妥起见，本规程规定仅限用于板类构件，且钢筋均为拉应力，在钢筋的最大应力不超过 $300N/mm^2$ 的情况下，冷轧带肋钢筋疲劳应力幅限值定为 $150N/mm^2$ 是安全可靠的。

3.2 混 凝 土

3.2.1 本条规定了配置冷轧带肋钢筋的混凝土及预应力混凝土结构的混凝土强度最低要求，实际工程设计中尚应考虑耐久性设计及其他相关因素后确定混凝土强度等级。

4 基本设计规定

4.1 一 般 规 定

4.1.1 冷轧带肋钢筋配筋的混凝土结构设计时，其基本设计规定、设计方法等，基本上与配置其他钢筋的混凝土结构相同，有关的设计规定除应符合本规程的要求外，尚应符合国家现行相关标准的有关规定。

4.1.2 根据国内几个单位对二跨连续板和二跨连续梁的试验结果，冷轧带肋钢筋混凝土连续板具有较明显的内力重分布现象，但由于冷轧带肋钢筋多是无明显屈服台阶的“硬钢”，故不能达到完全的内力重分布，但可进行有限的线弹性内力重分布。欧洲规范（EN 1992-1-1）对于A级延性的冷加工钢筋，当混凝土的强度等级不超过50MPa，截面的相对受压区高度不大于0.288时，可进行不超过20%的弯矩重分配。德国规范（DIN 1045-1）规定，对于普通延性的冷加工钢筋，当混凝土强度等级不超过50MPa，可进行不超过15%的弯矩重分布。

参照国外的有关标准规定及国内的试验结果，结合控制连续板在正常使用阶段裂缝宽度的限制条件，规定冷轧带肋钢筋混凝土连续板其支座弯矩调幅值不应大于按弹性体系计算值的15%。

4.1.3、4.1.4 两条规定了冷轧带肋钢筋配筋的混凝土板类受弯构件的裂缝控制要求。根据现行国家标准《混凝土结构设计规范》GB 50010在正常使用极限状态设计方面的修订，本规程在原规程的基础上，将钢筋混凝土构件裂缝计算的荷载组合由标准组合改为准永久组合，并取消了二级裂缝控制等级预应力混凝土构件验算荷载准永久组合作用下拉应力的规定。

现行国家标准《混凝土结构设计规范》GB 50010对混凝土结构的环境类别进行了进一步细化，本规程考虑到冷轧带肋钢筋的实际应用情况，仅对一、二类环境类别提出了正常使用极限状态设计要求。

4.1.5 考虑到板类受弯构件的设计方便，本条引用了现行国家标准《混凝土结构设计规范》GB 50010的挠度限值规定。

4.2 预应力混凝土结构构件

4.2.1 在满足抗裂要求的前提下，尽量采用较低的张拉应力值，以改善构件受力性能，张拉控制应力过高将降低构件的延性，并可能因最小配筋率要求而增加配筋。目前，用量最大的预应力空心板的张拉控制应力一般不超过 $0.7f_{ptk}$，可基本满足使用要求。结合国内多年来对预应力空心板的设计、使用经验，给出本条建议的张拉控制应力上、下限值。

4.2.2 混凝土强度偏低，过早的放松预应力筋会造成较大的预应力损失，同时也可能因局部受力过大造成混凝土顺筋裂缝和损伤。工程实践表明，一般情况下，对于混凝土强度等级不低于C30的预应力构件，按75%设计强度放松预应力筋，构件受力状态和粘结锚固性能均满足要求。

4.2.3、4.2.4 预应力冷轧带肋钢筋的应力损失可按本规程表4.2.3的规定计算。但考虑到计算与实际的差异，当预应力构件计算出的预应力总损失值小于 $100N/mm^2$ 时，偏于安全考虑，应按 $100N/mm^2$ 取用。

直线预应力筋由于锚具变形和钢筋内缩引起的预应力损失 σ_{l1} 以及由于混凝土收缩、徐变引起的预应力损失值 σ_{l5} 仍同原规程。当采用非加热的养护方式时，需按实际情况考虑预应力损失值 σ_{l3}。

对直径5mm的CRB650和CRB800级冷轧带肋钢筋（20℃±1℃，1000h）应力松弛损失的测试表明，当钢筋的控制应力为 $0.6f_{ptk}$～$0.8f_{ptk}$ 时，根据

17组试验结果，不同时间的应力松弛值与1000h松弛值的比值如表2所示：

表2 冷轧带肋钢筋的应力松弛试验值

时间	1h	10h	24h	100h	1000h
与1000h松弛值的比值	38%	60%	70%	80%	100%

上述两种钢筋在控制应力 $0.7f_{ptk}$、1000h的松弛损失不超过 $8\%\sigma_{con}$，本规程对普通延性的冷轧带肋钢筋应力松弛损失值取 $0.08\sigma_{con}$。

对经过回火热处理的CRB800H钢筋，在标准温度下，控制应力 $0.7f_{ptk}$，1000h的松弛损失值为 $3.58\%\sigma_{con}$，规程取 $0.05\sigma_{con}$。当张拉端用带螺帽的锚具时，螺帽缝隙取值是根据预应力混凝土中小构件钢模板的实际情况量测得出的。

4.2.5 预应力冷轧带肋钢筋的直径为5mm、5.5mm或6mm，根据拔出试验得出的锚固长度较短，去掉端部搁置长度后，在支座外的锚固区更短，在一般情况下，端部锚固区的正截面和斜截面受弯承载力可不必计算。如确需进行计算，可按本规程附录B的规定执行。

4.2.6 现行国家标准《混凝土结构工程施工规范》GB 50666和《混凝土结构设计规范》GB 50010均对预制混凝土构件的施工验算提出了要求，主要为控制截面边缘的混凝土法向拉、压应力符合限值的规定，并规定了脱模吸附系数、动力系数等的取值。

5 结构构件设计

5.1 承载能力极限状态计算

5.1.1 冷轧带肋钢筋混凝土和预应力混凝土受弯构件基本性能试验表明，无论是无明显屈服点或有屈服点冷轧带肋钢筋试件，其正截面的应变分布基本符合平截面假定，试件破坏特征与配置其他钢筋的混凝土构件相近，在进行承载力计算时，可按现行国家标准《混凝土结构设计规范》GB 50010的有关规定执行。

5.1.2 本条规定的制定原则同原规程。虽然直条供货的CRB600H钢筋有明显的屈服点，但考虑到其他高延性冷轧带肋钢筋的屈服点不明显，本条偏安全地统一按无屈服点钢筋提出相对界限受压区高度 ξ_b 的计算公式。

5.1.3 斜截面承载力计算、扭曲截面承载力计算、受冲切承载力计算及局部受压承载力计算和有关配筋构造等按现行国家标准《混凝土结构设计规范》GB 50010的有关规定执行。根据国内多家单位完成的冷轧带肋钢筋混凝土梁抗剪试验结果，当箍筋的强度设计值不大于360 N/mm² 时，其斜截面的裂缝宽度能够满足正常使用状态的要求，故本条规定，计算时箍筋的抗拉强度设计值取360N/mm²。

5.2 正常使用极限状态验算

5.2.1 根据本规程第4.1.3条和第4.1.4条的规定，给出了钢筋混凝土和预应力混凝土构件裂缝控制的验算条件。

5.2.2 考虑到冷轧带肋钢筋的应用范围，本条明确规定仅针对钢筋混凝土板类受弯构件的裂缝计算。为研究冷轧带肋钢筋混凝土板类受弯构件的裂缝宽度计算，本规程在上次修订和本次修订均组织多家单位进行了50个以上的板类受弯构件试验，结果表明冷轧带肋钢筋混凝土板类受弯构件具有很好的正常使用性能，原规范计算公式适用性良好。本规程最大裂缝宽度的基本公式（1）仍同原规程：

$$w_{max}=\alpha_c\tau_s\tau_c\psi\frac{\sigma_{sq}}{E_s}l_{cr} \quad (1)$$

式（1）中反映裂缝间混凝土伸长对裂缝宽度影响的系数 α_c 取0.85，短期裂缝宽度扩大系数 τ_s 取1.5，考虑长期作用影响的裂缝宽度扩大系数 τ_c 取1.5。因此，规程式（5.2.2-1）中构件受力特征系数为 $\alpha_c\tau_s\tau_c=0.85\times1.5\times1.5=1.9$。平均裂缝间距按式（2）计算：

$$l_{cr}=1.9c_s+0.08\frac{d_{eq}}{\rho_{te}} \quad (2)$$

裂缝间纵向受拉钢筋应变不均匀系数 ψ 按规程式（5.2.2-2）计算，其中1.05的系数是根据已进行试验结果的数据拟合得来。

根据第4.1.3条和第4.1.4条的规定，公式中钢筋混凝土构件纵向受拉钢筋应力计算的荷载组合由原规程的标准组合改为准永久组合。根据现行国家标准《混凝土结构设计规范》GB 50010的相关规定，受力钢筋保护层厚度的符号改为 c_s。

梁式受弯构件的裂缝计算参见现行国家标准《混凝土结构设计规范》GB 50010的有关规定。

5.2.6 配置冷轧带肋钢筋的钢筋混凝土和预应力混凝土受弯构件的长期刚度和短期刚度计算与其他配筋混凝土构件基本相同。仅将冷轧带肋钢筋混凝土板类受弯构件短期刚度计算公式中裂缝间纵向受拉钢筋应变不均匀系数 ψ 作了调整，采用与本规程裂缝宽度计算公式相同的数值。

6 构造规定

6.1 一般规定

6.1.1 主要依据现行国家标准《混凝土结构设计规范》GB 50010的有关规定进行了局部调整，混凝土保护层厚度改为由最外层钢筋的外缘算起，并适当调整了各环境类别下的混凝土保护层厚度数值。对于设计使用年限为100年的混凝土结构，其他设计规定应符合现行国家标准《混凝土结构设计规范》GB 50010的有关规定。

6.1.2 并筋主要用在预应力空心板中，当板底配筋较多、两孔洞间的间距有限时，可采用两根并筋的形式。对于折线张拉的预应力筋，应适当考虑并筋对预应力损失等参数的不利影响。当有需要时，梁、柱的箍筋也可采用并筋。

6.1.3 试验结果表明，二面肋、三面肋冷轧带肋钢筋的锚固性能基本相同，均符合原规程的规定。所有冷轧带肋钢筋的外形系数均可取为0.12，对CRB550钢筋取 $f_y=400\mathrm{N/mm^2}$，对CRB600H钢筋取 $f_y=415\mathrm{N/mm^2}$，按公式 $l_a=0.12(f_y/f_t)d$ 计算锚固长度并考虑设计简化要求适当取整，得到表6.1.3中数值。

根据试验结果当混凝土强度等级超过C40时锚固长度计算公式仍能很好适用，鉴于板类构件混凝土强度等级很少超过C40，本条规定当混凝土强度等级大于C40时，按C40取值。

6.1.4 本条根据现行《混凝土结构设计规范》GB 50010的相关规定提出了冷轧带肋钢筋搭接的有关规定。

6.1.5 本条规定主要参照现行国家标准《混凝土结构设计规范》GB 50010的有关规定。冷轧带肋钢筋主要应用在各种板类构件中。由于板类受弯构件受到周边约束作用，根据试验研究和以往工程经验，承载力的潜力较大。本条提出的钢筋混凝土板类构件纵向受拉钢筋最小配筋百分率规定较2003版规程适当降低，有利于充分发挥冷轧带肋钢筋的高强效率。悬臂板由于板面配筋布置要求较高及受力状况不利等特点，其最小配筋率仍按原规程规定确定。

6.1.6～6.1.8 冷轧带肋钢筋预应力受弯构件纵向受拉钢筋最小配筋率的规定是个较复杂的问题，它与构件截面的几何特征、构件混凝土的抗拉强度、预应力筋的强度设计值以及钢筋的张拉控制应力值等因素有关。

对于无明显屈服点的冷轧带肋钢筋预应力受弯构件，当构件的配筋率过低时，在使用或施工过程中有可能出现构件脆断事故。为了防止出现这种情况，在设计中应考虑构件的最小配筋率问题。最小配筋率的确定原则是：在此配筋率下，预应力混凝土受弯构件的正截面受弯承载力设计值应不低于该构件的正截面开裂弯矩值。根据冷轧带肋钢筋预应力空心板在国内大面积使用经验，当钢筋材性指标、设计及施工工艺符合相关标准要求的情况下，冷轧带肋钢筋预应力空心板一裂即断的情况已经解决，构件裂缝出现荷载与破坏荷载有较长一段距离。特别是由于高线盘条的普遍采用和冷轧工艺的完善，使钢筋的延性有较大的提高，钢筋的最大力总伸长率在2.5%左右，用作预应力筋的高延性冷轧带肋钢筋可以达到4%。当采用较高强度的预应力冷轧带肋钢筋以及构件跨度稍大的情况，空心板的最终破坏形态多为裂缝或挠度控制。

本规程根据实际应用情况，适当提高预应力混凝土构件的最小配筋率限值要求，式（6.1.6-1）和式（6.1.8）中不再考虑 f_{py} 的提高作用，其系数由原规程的1.05改为1。

在满足构件抗裂要求的前提下，尽量降低张拉控制应力，有条件时宜优先采用强度级别较高的钢筋，对于提高预应力构件的延性都是有利的。

当构件的承载力安全储备较高时，可不考虑最小配筋率的规定，本规程仍维持原规程的折算承载力系数相当1.4的规定，即式（6.1.7）。

6.1.9 处于地震作用下的剪力墙中分布筋，可能处于交替拉、压状态下工作。此时，钢筋与其周围混凝土的粘结锚固性能将比单调受拉时不利，因此，对不同抗震等级给出了增加钢筋受拉锚固长度的规定。

6.2 箍筋及钢筋网片

6.2.1 冷轧带肋钢筋用作梁、柱箍筋，国内一些单位已进行过系统试验研究，结果表明，采用冷轧带肋钢筋作柱的箍筋，改善高强混凝土构件的延性，具有较好的塑性变形能力，提高抗震性能，尤其在高轴压比下更具优点。在反复周期荷载作用下，构件具有较好的滞回特性，当高强混凝土柱截面变形较大时，冷轧带肋箍筋具有较大的变形能力，充分发挥其约束效应。在各种条件相同的情况下冷轧带肋箍筋柱的延性不低于HPB235级箍筋柱，且具有较好的节材效果。

冷轧带肋钢筋作箍筋对构件斜裂缝的约束作用明显优于HPB235级钢筋，根据梁抗剪试验结果，在承载能力阶段和正常使用阶段箍筋的作用均满足要求。

根据国内冷轧带肋钢筋用作梁、柱箍筋应用的具体情况，规程修订进一步界定了应用范围，并规定配筋构造要求应与现行国家标准《混凝土结构设计规范》GB 50010的规定相同。

6.2.2 根据墙体材料革新、限制使用黏土砖的要求，近年来在砌体房屋中烧结黏土砖和烧结黏土多孔砖的使用越来越少，而代之以蒸压粉煤灰砖、蒸压灰砂砖、混凝土砌块或混凝土多孔砖等非黏土墙体材料。将原规程6.2.5条的冷轧带肋钢筋适用范围扩大到包括黏土和非黏土墙体材料的各类砌体房屋中的箍筋、拉结筋或拉结网片。冷轧带肋钢筋用作砌体结构中的构造钢筋时，配筋构造应根据砌体结构类型、抗震条件等条件执行相关标准规范。

6.2.3 本条规定的冷轧带肋钢筋网片配筋主要用于抗裂等构造要求，属于非受力配筋。

6.3 板

6.3.1 本条取消了受力冷轧带肋钢筋直径的要求，

主要是考虑到根据材料供货条件可能应用到5.5mm直径的钢筋作为受力钢筋，部分预制混凝土构件中也会应用到5mm直径的钢筋作为受力钢筋。板中钢筋间距的规定与原规程规定相同。

6.3.2 分离式配筋施工方便，已成为我国工程中混凝土板的主要配筋形式。本条规定基本与现行国家标准《混凝土结构设计规范》GB 50010相同，只是考虑到冷轧带肋钢筋直径偏细，锚固长度增加到10d。

6.3.3、6.3.4 规定了现浇楼板的配筋构造，条文在原规程的基础上参考现行国家标准《混凝土结构设计规范》GB 50010的规定制订，考虑到冷轧带肋钢筋强度偏高，钢筋直径要求适当减小。

6.3.7 在原规程规定的基础上，考虑汶川地震的震害教训及部分地区"硬架支模"的经验，参照现行国家标准《砌体结构设计规范》GB 50003的相关规定进行了修改。

6.4 墙

6.4.1、6.4.2 原规程修订组曾专门组织了对冷轧带肋钢筋剪力墙的试验，结果表明，配置冷轧带肋钢筋作为墙体分布钢筋的剪力墙，如合理设置边缘约束构件，且墙体分布钢筋满足规程要求，则墙体的抗剪和抗弯承载力试验结果良好，具有较好的抗震性能。试验结果还表明，在正常轴压比下，墙体的位移延性比、试件破坏时纵向分布筋的最大拉应变均符合相应标准的要求。

近七八年以来，国内应用冷轧带肋钢筋的剪力墙结构又有一些新的发展。京津及河北地区（多为8度，0.20g及7度，0.15g）约20栋10层～18层剪力墙结构房屋采用CRB550钢筋或其焊接网片作墙体分布钢筋，一般从底部加强区以上开始应用；另有10多栋多层剪力墙结构房屋从±0.000到顶层均使用冷轧带肋钢筋焊接网片作墙体分布钢筋。珠江三角洲地区（多为7度，0.10g）约50栋11层～46层剪力墙结构房屋采用CRB550钢筋焊接网片作墙体分布钢筋，多数为从±0.000到顶层全部采用。以上工程应用效果良好，受到设计、施工单位的广泛欢迎。基于上述情况，本次规程修订对冷轧带肋钢筋在剪力墙中的应用范围规定为设防烈度不超过8度、抗震等级为二、三、四级且在底部加强部位以上的墙体分布钢筋，并建议优先以焊接网的形式应用。规定底部加强部位的层数按现行国家标准《混凝土结构设计规范》GB 50010取用，并根据冷轧带肋钢筋应用的具体情况规定不少于底部两层。

7 施工及验收

7.1 钢筋进场检验

7.1.1 冷轧带肋钢筋的各项技术要求应符合现行国家标准《冷轧带肋钢筋》GB 13788和其他有关高延性冷轧带肋钢筋标准的规定。

650MPa级及其以上级别钢筋一般为成盘供应；CRB550、CRB600H钢筋一般根据施工图要求定尺直条成捆供应，但有时也可成盘供应，以达到经济合理用材的效果。

7.1.2 本条及第7.1.3条规定的进场（厂）包括工地进场，也包括预制构件厂等使用冷轧带肋钢筋单位的进厂。冷轧带肋钢筋应分类堆放，不宜长时间在露天储存，以免过分锈蚀。钢筋表面的轻微浮锈是允许的。

7.1.3 进场（厂）的冷轧带肋钢筋应成批验收。为保证冷轧带肋钢筋的匀质性，验收时应按同一厂家、同一牌号、同一直径、同一交货状态分批。根据冷轧带肋钢筋的使用要求，确定外观质量、重量偏差、拉伸试验（量测抗拉强度和伸长率）和弯曲试验或反复弯曲试验为主要检验项目。其中用于钢筋混凝土的冷轧带肋钢筋应进行弯曲试验，预应力冷轧带肋钢筋则应进行反复弯曲试验。拉伸试验的伸长率以断后伸长率为主，只有需要进行仲裁时才检验最大力总伸长率。

7.1.4 本条规定了冷轧带肋钢筋的表面质量要求。

7.1.5 本条规定了CRB550、CRB600H钢筋的重量偏差、拉伸试验和弯曲检验要求。检验批量不超过10t的规定同原规程，符合当前的钢筋质量状况及工程应用实际情况。本次规程修订根据建筑钢筋市场的实际情况，增加了重量偏差作为钢筋进场验收的要求。如检验批的捆（盘）少于3个，则可在1个或2个捆（盘）中按本条规定随机抽取3个试样。盘卷供货的钢筋，进行重量偏差检验前需采用可靠措施适当调直，以减少量测误差。

7.1.6 本条规定了CRB650、CRB650H、CRB800、CRB800H和CRB970钢筋的重量偏差、拉伸试验和反复弯曲检验要求。原规程对预应力混凝土用冷轧带肋钢筋规定逐盘检查，本规程考虑到钢筋生产质量状况，对检验批的最大重量提高到5t，并提出了连续10批合格后检验批的最大重量可扩大到10t。

7.2 钢筋加工与安装

7.2.1 冷轧带肋钢筋多为无屈服点钢筋，不能采用冷拉调直的方法。冷轧带肋钢筋经机械调直后，表面常有轻微伤痕，一般不影响使用。当有明显伤痕时，应对调直机进行检修。弯曲度限值按原规程的规定。

7.2.2、7.2.3 钢筋弯折规定基本同原规程，仅针对箍筋弯折增加了平直段长度的规定，对于非抗震和抗震构件，国家标准《混凝土结构工程施工规范》GB 50666分别规定不应小于箍筋直径的5倍和10倍。除本规程的规定外，钢筋加工尚应符合现行国家标准《混凝土结构工程施工规范》GB 50666的有关规定。

7.2.4 冷轧带肋钢筋作为冷加工钢筋的一种，其生产工艺决定了其无法进行对焊或手工电弧焊，仅能采用电阻点焊。

7.3 预应力筋的张拉工艺

7.3.1～7.3.3 国内预应力混凝土构件生产厂家很多，各厂的张拉机具质量水平不一。本规程根据各生产单位设备的实际情况和技术管理水平，本着既有严格要求，又切实可行，规定了长线法、短线法生产用张拉设备的技术指标要求和校验规定。长线法锚定后钢筋的滑移限值与原规程相同，取5mm。预应力筋接长的规定可满足工程需要，符合冷轧带肋钢筋配筋中小预应力混凝土构件的实际生产情况。

7.3.4 原规程修订时，修订组进行的直径5mm的650级和800级钢筋镦头试验结果表明，钢筋经冷镦后在镦头附近3mm～6mm区域强度略有降低。650级钢筋镦头强度相当原材强度的96%，800级钢筋镦头强度相当原材强度的98%。上述两种钢筋的镦头强度均远超过90%钢筋强度标准值，可见冷轧带肋钢筋镦头的强度满足标准要求，且具有一定裕量。

7.3.5 根据国内多年工程实践表明，冷轧带肋钢筋采用一次张拉，可以满足设计要求。一般情况下不宜采用超张拉。当施工中确实产生设计未考虑的预应力损失时，可根据具体情况适当提高少量张拉值，但提高值不宜超过$0.05\sigma_{con}$。超张拉值过高将影响预应力构件的延性，不宜提倡。

7.3.6 极差为成束张拉钢筋长度最大值和最小值的差。短线生产时，一个构件中钢筋镦头后有限长度的极差控制在2mm比较合适，符合目前大部分构件厂的生产水平。

7.3.7 钢筋预应力值抽检数量，根据冷轧带肋钢筋预应力空心板多年生产经验总结，本条规定比较切实可行，除了规定最低抽检数量外，又根据生产量按一定比例增加抽检数量，对大厂或小厂均具有适当的宽严程度。检测时间明确规定张拉完毕后一小时进行，是考虑预应力筋松弛损失随时间而变化，一小时基本符合现场张拉操作进程，同时给一个统一的检测时间。

7.3.8 本条仍采用原规程的规定值。预应力构件检测时的预应力规定值系按设计的张拉控制应力σ_{con}减去锚夹具变形损失和1h的钢筋松弛损失后确定的。锚夹具变形损失与钢筋长度有关，松弛损失与检测时间有关，表7.3.8主要根据上述两项损失计算结果并考虑适当的裕度而确定的。

高延性冷轧带肋钢筋1000h的松弛损失试验值为$0.05\sigma_{con}$，1h的松弛损失值与锚夹具变形损失值之和小于表7.3.8计算考虑的数值，表中统一取原规程的数值是为了考虑施工操作方便。

7.4 结构构件检验

7.4.1、7.4.2 对冷轧带肋钢筋预应力混凝土构件进行检验评定时，构件的承载力、构件的挠度检验应符合现行国家标准《混凝土结构工程施工质量验收规范》GB 50204的规定。构件的抗裂检验应按本规程的有关规定进行。主要考虑对某些小跨度构件按国家标准《混凝土结构工程施工质量验收规范》GB 50204-2002计算的抗裂检验系数允许值过高，实际上它是抗裂检验系数计算值，按这样的抗裂性能，不是构件所必须的。因此，本规程仍采用原规程对抗裂检验系数允许值作了适当修正，即增加了式（7.4.2-1）。

对大量的产品生产性检验，可按式（7.4.2-1）进行检验；当有专门要求时，可按式（7.4.2-2）进行检验。在有些情况下按式（7.4.2-2）计算的$[\gamma_{cr}]$值小于式（7.4.2-1）的计算值时，应取用式（7.4.2-1）的计算值。这样得出的计算结果，符合目前设计及构件检验的实际情况。

附录A 高延性冷轧带肋钢筋的技术指标

A.0.1～A.0.2 高延性冷轧带肋钢筋的尺寸、重量及允许偏差主要根据现行行业标准《高延性冷轧带肋钢筋》提出。考虑近些年工程应用的实际需要，将CRB600H钢筋的直径范围定为5mm～12mm，CRB650H、CRB800H定为5mm～6mm。

用于钢筋混凝土结构配筋的CRB600H钢筋，由于轧制时适当加大面缩率并通过回火热处理后，其抗拉强度和屈服强度均可取得较高些，且延性也有较大提高。用于预应力构件配筋的CRB650H和CRB800H钢筋由于受盘条及钢筋直径的限制，仅将伸长率提高，而强度值未作变化。

本附录仅给出高延性冷轧带肋钢筋的主要技术性能指标。除应符合本附录的规定外，其他方面的技术要求，可参照现行国家标准《冷轧带肋钢筋》GB 13788的有关规定。

附录B 预应力混凝土构件端部锚固区计算

B.0.1、B.0.2 当需对冷轧带肋钢筋先张法预应力构件端部锚固区的正截面和斜截面进行受弯承载力计算及抗裂验算时，本附录给出了预应力冷轧带肋钢筋（包括高延性冷轧带肋钢筋）的锚固长度和在锚固区内钢筋抗拉强度设计取值的有关规定以及预应力筋在传递长度范围内有效预应力的变化。

原规程对预应力冷轧带肋钢筋的锚固长度和传递

长度是根据直径 5mm 和 4mm 的 650 级和 800 级（包括三面肋和二面肋）钢筋在 C20～C40 预应力混凝土棱柱体拔出试验和 C20～C30 预应力混凝土传递长度试件的实测结果得出的。本次规程修订又对直径 5.5mm、7.0mm、9.0mm 和 11.0mm 的 CRB550 钢筋（三面肋）以及直径 5.5mm、6.5mm、8.0mm 和 9.5mm 的 CRB600H 钢筋（二面肋）进行了锚固拔出试验。

根据锚固拔出试验结果及对原规程数据核算，预应力冷轧带肋钢筋的外形系数偏于安全的取 $\alpha=0.12$。预应力传递长度可按 $l_{tr}=0.12\sigma_{pe}/f'_{tk}$ 计算。按工程常用张拉控制应力取 $\sigma_{con}=0.7f_{ptk}$，预应力总损失 $\sigma_l=100N/mm^2$、$\sigma_{pe}=\sigma_{con}-100N/mm^2$ 计算出传递长度 l_{tr}。考虑到近年工程应用中混凝土强度等级有所提高，适当扩大了混凝土强度等级范围。

中华人民共和国行业标准

冷轧扭钢筋混凝土构件技术规程

Technical specification for concrete structural element with cold-rolled and twisted bars

JGJ 115—2006
J 530—2006

批准部门：中华人民共和国建设部
施行日期：2006 年 12 月 1 日

中华人民共和国建设部
公　告

第463号

建设部关于发布行业标准《冷轧扭钢筋混凝土构件技术规程》的公告

现批准《冷轧扭钢筋混凝土构件技术规程》为行业标准，编号为JGJ 115－2006，自2006年12月1日起实施。其中，第3.2.4、3.2.5、7.1.1、7.3.1、7.3.4、7.4.1、8.1.4、8.2.2条为强制性条文，必须严格执行。原行业标准《冷轧扭钢筋混凝土构件技术规程》JGJ 115－97同时废止。

本规程由建设部标准定额研究所组织中国建筑工业出版社出版发行。

中华人民共和国建设部

2006年7月25日

前　言

根据建设部建标［1999］309号文的要求，规程编制组在调查和试验研究、认真总结实践经验、参考有关国内外标准、并在广泛征求意见的基础上，对《冷轧扭钢筋混凝土构件技术规程》JGJ 115－97进行了修订。

本规程主要技术内容是：1. 总则；2. 术语、符号；3. 材料；4. 基本设计规定；5. 承载能力极限状态计算；6. 正常使用极限状态验算；7. 构造规定；8. 冷轧扭钢筋混凝土构件的施工；9. 预应力冷轧扭钢筋混凝土构件的施工工艺。

修订的主要内容是：1. 增加了冷轧扭钢筋Ⅲ型（圆形截面）550级和650级两个新品种；2. 调整了冷轧扭钢筋Ⅰ、Ⅱ型的强度级别和Ⅱ型的截面规格、尺寸；3. 增加了Ⅲ型冷轧扭钢筋用于预应力构件时的相关条文；4. 根据《混凝土结构设计规范》GB 50010－2002的变更，对本规程做相应的修改。

本规程由建设部负责管理和对强制性条文的解释，由主编单位负责具体技术内容的解释。

本规程主编单位：北京市建筑设计研究院（北京南礼士路62号，邮编：100045）

本规程参加单位：浙江大学宁波理工学院
北京建筑工程学院
北京建筑工程集团六建公司
北京市建筑工程研究院
嘉兴振华机械制造有限公司
邢台市申大建筑设备研究所

本规程主要起草人：张承起　吴佳雄　周　彬
王世慧　李荣元　李国立
王志民　林红宇　申爱兰

目　次

1 总 则

1.0.1 为了在冷轧扭钢筋混凝土构件设计与施工中贯彻执行国家的技术经济政策，做到技术先进、经济合理、安全适用、确保质量，制定本规程。

1.0.2 本规程适用于工业与民用建筑及一般构筑物采用冷轧扭钢筋配筋的钢筋混凝土结构和先张法预应力冷轧扭钢筋混凝土中、小型结构构件的设计与施工。

1.0.3 对冷轧扭钢筋配筋的钢筋混凝土结构和先张法预应力冷轧扭钢筋混凝土结构构件的设计与施工，除应符合本规程的规定外，尚应符合国家现行有关标准的规定。

2 术语、符号

2.1 术 语

2.1.1 冷轧扭钢筋 cold-rolled and twisted bars

低碳钢热轧圆盘条经专用钢筋冷轧扭机调直、冷轧并冷扭（或冷滚）一次成型具有规定截面形式和相应节距的连续螺旋状钢筋（代号 CTB）。

2.1.2 节距 pitch

冷轧扭钢筋截面位置沿钢筋轴线旋转变化［Ⅰ型为二分之一周期（180°），Ⅱ型为四分之一周期（90°），Ⅲ型为三分之一周期（120°）］的前进距离。

2.1.3 轧扁厚度 rolled thickness

冷轧扭钢筋成型后，矩形截面较小边尺寸。

2.1.4 标志直径 marked diameter

冷轧扭钢筋加工前原材料（母材）的公称直径（d）。

2.1.5 公称横截面面积 nominal sectional area

按冷轧扭钢筋原材料公称直径和规定面缩率计算的平均横截面面积。

2.1.6 预应力冷轧扭钢筋混凝土结构 prestressed concrete of cold-rolled and twisted bars structure

由配置受力的预应力冷轧扭钢筋，通过张拉或其他方法建立预加应力的混凝土结构。

2.2 符 号

2.2.1 材料性能

C20——表示立方体强度标准值为 20N/mm² 的混凝土强度等级；

E_c——混凝土弹性模量；

E_s——冷轧扭钢筋弹性模量；

f_{ck}、f_c——混凝土轴心抗压强度标准值、设计值；

f_{ptk}——预应力冷轧扭钢筋抗拉强度标准值；

f_{py}、f'_{py}——预应力冷轧扭钢筋抗拉、抗压强度设计值；

f_{tk}、f_t——混凝土轴心抗拉强度标准值、设计值；

f'_y——冷轧扭钢筋抗压强度设计值；

f_{yk}、f_y——冷轧扭钢筋抗拉强度标准值、设计值。

2.2.2 作用和作用效应

M——弯矩设计值；

M_k、M_q——按荷载效应的标准组合、准永久组合计算的弯矩值；

N_{p0}——混凝土法向预应力为零时预应力钢筋及非预应力钢筋的合力；

V——剪力设计值；

V_{cs}——构件斜截面上混凝土和箍筋的受剪承载力设计值；

V_p——由预加力所提高的构件受剪承载力设计值；

σ_{ck}、σ_{cq}——荷载效应的标准组合、准永久组合下抗裂验算边缘的混凝土法向应力；

σ_{con}——预应力钢筋张拉控制应力；

σ_l、σ'_l——受拉区、受压区预应力钢筋在相应阶段的预应力损失值；

σ_{pc}——由预加力产生的混凝土法向应力；

σ_{pe}——预应力钢筋的有效预应力；

σ_{p0}——预应力合力点处混凝土法向应力为零时的预应力钢筋应力；

w_{max}——按荷载效应的标准组合并考虑长期作用影响计算的最大裂缝宽度。

2.2.3 几何参数

A_p、A'_p——受拉区、受压区预应力冷轧扭钢筋的截面面积；

A_s、A'_s——受拉区、受压区纵向冷轧扭钢筋的截面面积；

A_{te}——有效受拉混凝土截面面积；

B——受弯构件的截面刚度；

B_s——荷载效应的标准组合作用下受弯构件的短期刚度；

a、a'——纵向受拉钢筋合力点、纵向受压钢筋合力点至截面近边的距离；

a_1——Ⅱ型冷轧扭钢筋的方形边长；

a_p、a'_p——受拉区纵向预应力钢筋合力点、受压区纵向预应力钢筋合力点至截面近边的距离；

a_s、a'_s——纵向非预应力受拉钢筋合力点、纵向非预应力受压钢筋合力点至截面近边的距离；

b——矩形截面宽度，T形、工形截面的腹板宽度；

b_f、b'_f——T形或工形截面受拉区、受压区的翼缘宽度；

c——混凝土保护层厚度；

d——冷轧扭钢筋标志直径，即轧前母材的公称直径；

d_0——冷轧扭钢筋的等效直径；

d_1——Ⅲ型冷轧扭钢筋的外圆直径；

d_2——Ⅲ型冷轧扭钢筋的内圆直径；

h——截面高度；

h_f——倒T形、工形截面受拉区的翼缘高度；

h'_f——T形、工形截面受压区的翼缘高度；

h_0——纵向受拉钢筋合力点至截面受压区边缘的距离；

h'_0——纵向受压钢筋合力点至截面受拉区边缘的距离；

l_a——纵向受拉钢筋的锚固长度；

l_0——板、梁的计算跨度；

l_1——冷轧扭钢筋节距；

t_1——Ⅰ型冷轧扭钢筋的轧扁厚度；

u——冷轧扭钢筋截面周长；

x——混凝土受压区高度；

x_b——混凝土界限受压区高度；

ξ_b——相对界限受压区高度；

Φ^T——冷轧扭钢筋符号。

3 材 料

3.1 混 凝 土

3.1.1 混凝土强度等级、强度标准值、强度设计值、弹性模量等，均应按现行国家标准《混凝土结构设计规范》GB 50010的规定确定。

3.1.2 冷轧扭钢筋混凝土构件的混凝土强度等级不应低于C20；处于二、三类环境的结构构件和预应力冷轧扭钢筋混凝土结构构件的混凝土强度等级不应低于C30。

注：当采用山砂混凝土及高炉矿渣混凝土时，尚应符合专门标准的规定。

3.2 冷 轧 扭 钢 筋

3.2.1 冷轧扭钢筋产品质量应符合现行行业标准《冷轧扭钢筋》JG 190-2006的规定。

3.2.2 冷轧扭钢筋的规格及截面参数应按表3.2.2采用。

3.2.3 冷轧扭钢筋的外形尺寸应符合表3.2.3的规定。

3.2.4 冷轧扭钢筋强度标准值应按表3.2.4采用。

3.2.5 冷轧扭钢筋抗拉（压）强度设计值和弹性模量应按表3.2.5采用。

表 3.2.2 冷轧扭钢筋规格及截面参数

强度级别	型号	标志直径 d (mm)	公称截面面积 A_s (mm^2)	等效直径 d_0 (mm)	截面周长 u (mm)	理论重量 G (kg/m)
CTB 550	Ⅰ	6.5	29.50	6.1	23.40	0.232
		8	45.30	7.6	30.00	0.356
		10	68.30	9.3	36.40	0.536
		12	96.14	11.1	43.40	0.755
	Ⅱ	6.5	29.20	6.1	21.60	0.229
		8	42.30	7.3	26.02	0.332
		10	66.10	9.2	32.52	0.519
		12	92.74	10.9	38.52	0.728
	Ⅲ	6.5	29.86	6.2	19.48	0.234
		8	45.24	7.6	23.88	0.355
		10	70.69	9.5	29.95	0.555
CTB650	预应力Ⅲ	6.5	28.20	6.0	18.82	0.221
		8	42.73	7.4	23.17	0.335
		10	66.76	9.2	28.96	0.524

注：Ⅰ型为矩形截面，Ⅱ型为方形截面，Ⅲ型为圆形截面。

表 3.2.3 冷轧扭钢筋外形尺寸

强度级别	型号	标志直径 d (mm)	截面控制尺寸不小于 (mm)				节距 l_1 不大于 (mm)
			轧扁厚度 t_1	方形边长 a_1	外圆直径 d_1	内圆直径 d_2	
CTB550	Ⅰ	6.5	3.7	—	—	—	75
		8	4.2	—	—	—	95
		10	5.3	—	—	—	110
		12	6.2	—	—	—	150
	Ⅱ	6.5	—	5.4	—	—	30
		8	—	6.5	—	—	40
		10	—	8.1	—	—	50
		12	—	9.6	—	—	80
	Ⅲ	6.5	—	—	6.17	5.67	40
		8	—	—	7.59	7.09	60
		10	—	—	9.49	8.89	70
CTB650	预应力Ⅲ	6.5	—	—	6.00	5.50	30
		8	—	—	7.38	6.88	50
		10	—	—	9.22	8.67	70

表 3.2.4 冷轧扭钢筋强度标准值（N/mm^2）

强度级别	型　号	符　号	标志直径 d（mm）	f_{yk}或f_{ptk}
CTB 550	Ⅰ	ϕ^T	6.5、8、10、12	550
	Ⅱ		6.5、8、10、12	550
	Ⅲ		6.5、8、10	550
GTB 650	Ⅳ		6.5、8、10	650

表 3.2.5 冷轧扭钢筋抗拉（压）强度设计值和弹性模量（N/mm^2）

强度级别	型号	符号	f_y（f'_y）或f_{py}（f'_{py}）	弹性模量 E_s
CTB 550	Ⅰ	ϕ^T	360	1.9×10^5
	Ⅱ		360	1.9×10^5
	Ⅲ		360	1.9×10^5
CTB 650	Ⅲ		430	1.9×10^5

4 基本设计规定

4.1 一 般 规 定

4.1.1 本规程采用以概率理论为基础的极限状态设计法，以可靠指标度量结构构件的可靠度，采用分项系数的设计表达式进行设计。

4.1.2 冷轧扭钢筋和先张法预应力钢筋混凝土结构构件使用阶段的安全等级宜与整个结构的安全等级相同，且所有构件的安全等级在施工阶段、使用阶段等各个阶段均不得低于三级。

4.1.3 结构按承载能力极限状态计算和按正常使用极限状态验算时，应按国家现行有关标准规定的作用（荷载）对结构的整体进行作用（荷载）效应分析；必要时，尚应对结构中受力状态特殊的部分进行更详细的结构分析。

4.1.4 对正常使用极限状态，结构构件应分别按荷载效应的标准组合并考虑长期作用的影响进行验算。其允许挠度、最大裂缝宽度均应符合本规程表 4.1.4 和表 4.1.6 规定的限值。

表 4.1.4 受弯构件的允许挠度

构 件 类 型	挠 度 允 许 值
当 l_0＜7m 时	$l_0/200$（$l_0/250$）
当 7m≤l_0＜9m 时	$l_0/250$（$l_0/300$）

注：1 表中 l_0 为计算跨度。

2 表中括号内的数值适用于使用上对挠度有较高要求的构件。

3 计算悬臂构件的挠度限值时，其计算跨度 l_0 按实际悬臂长度的 2 倍取用。

4.1.5 当构件制作时预先起拱，且使用上也允许时，则在验算挠度时，可将计算所得的挠度值减去起拱值；对预应力冷轧扭钢筋混凝土构件，尚可减去预加力所产生的反拱值。

4.1.6 冷轧扭钢筋混凝土构件应根据现行国家标准《混凝土结构设计规范》GB 50010 规定的环境类别，按表 4.1.6 选用裂缝控制等级及最大裂缝宽度限值（w_{lim}）。

表 4.1.6 裂缝控制等级及最大裂缝宽度限值

环境类别	冷轧扭钢筋混凝土构件		预应力冷轧扭钢筋混凝土构件	
	裂缝控制等级	w_{lim}（mm）	裂缝控制等级	w_{lim}（mm）
一	三	0.3（0.4）	三	0.2
二	三	0.2	二	/
三	三	0.2	一	/

注：1 对处于年平均相对湿度小于 60%地区一类环境下的受弯构件，其最大裂缝宽度限值可采用括号内的数值。

2 在一类环境下，对预应力混凝土屋面梁、托梁、屋架、屋面板和楼板，应按二级裂缝控制等级进行验算。

3 对处于四、五类环境下的结构构件，其裂缝控制要求应符合专门标准的有关规定。

4.1.7 预制构件尚应按制作、运输及安装时的荷载设计值进行施工阶段的验算。进行构件的吊装验算时，应将构件自重乘以动力系数，动力系数可取 1.5，但根据吊装时的受力情况，动力系数可适当增减。

4.1.8 叠合式受弯构件还应根据施工支撑情况按国家标准《混凝土结构设计规范》GB 50010－2002 中第 10.6 节的有关规定进行计算。

4.1.9 现浇连续板可考虑塑性内力重分布的分析方法，其内力调幅值不宜大于 15%。

4.2 预应力冷轧扭钢筋混凝土构件

4.2.1 预应力冷轧扭钢筋的张拉控制应力应符合下列条件：

$$0.4f_{ptk}\leqslant\sigma_{con}\leqslant0.7f_{ptk} \tag{4.2.1}$$

式中 f_{ptk}——预应力冷轧扭钢筋抗拉强度标准值；

σ_{con}——预应力冷轧扭钢筋张拉控制应力。

4.2.2 放松预应力冷轧扭钢筋时，混凝土立方体抗压强度不宜低于设计的混凝土立方体抗压强度标准值的 75%。

4.2.3 预应力冷轧扭钢筋中预应力损失值可按表 4.2.3 的规定计算。当计算求得的预应力总损失值小于 $100N/mm^2$时，应取 $100N/mm^2$。

表 4.2.3　预应力损失值（N/mm²）

引起损失的因素	符号	先张法构件
张拉端锚具变形和钢筋内缩	σ_{l1}	按本规程第 4.2.4 条的规定计算
混凝土加热养护时，受张拉的钢筋与承受拉力的设备之间的温差	σ_{l3}	$2\Delta t$
预应力冷轧扭钢筋的应力松弛	σ_{l4}	$0.08\sigma_{con}$
混凝土的收缩和徐变	σ_{l5}	按 GB 50010 的有关规定计算

注：表中 Δt 为混凝土加热养护时，受张拉的预应力钢筋与承受拉力的设备之间的温差（℃）。

4.2.4　直线型预应力冷轧扭钢筋由于锚具变形和预应力钢筋内缩引起的预应力损失值 σ_{l1} 可按下式计算：

$$\sigma_{l1}=\frac{a}{l}E_s \qquad (4.2.4)$$

式中　σ_{l1}——由于锚具变形和预应力钢筋内缩引起的预应力损失值；

a——张拉端夹具变形和钢筋内缩值（mm），当张拉端用锥塞式夹具时，钢筋在夹具中的滑移量取 5mm 或经试验确定；当钢模外张拉带螺帽夹具时，螺帽缝隙可取 0.5mm；

l——张拉端至锚固端之间的距离（mm）；

E_s——预应力钢筋的弹性模量。

4.2.5　先张法预应力冷轧扭钢筋混凝土构件端部锚固区的正截面和斜截面受弯承载力可不作计算。如需计算可按本规程附录 A 的规定执行。

5　承载能力极限状态计算

5.1　正截面承载力计算

5.1.1　正截面承载力计算的基本假定应符合现行国家标准《混凝土结构设计规范》GB 50010 的有关规定。

注：本节有关正截面承载力计算均按混凝土强度等级不超过 C50 考虑，当混凝土强度等级超过 C50 时，应按现行国家标准《混凝土结构设计规范》GB 50010 的有关规定计算。

5.1.2　受拉冷轧扭钢筋和受压混凝土同时达到其强度设计值时的相对界限受压区高度 ξ_b 应按下列规定采用：

1　对钢筋混凝土构件，可取 $\xi_b=0.370$。

2　对预应力混凝土构件，应按下式计算：

$$\xi_b=\frac{502}{1003+f_{py}-\sigma_{p0}} \qquad (5.1.2)$$

式中　ξ_b——相对界限受压区高度，$\xi_b=x_b/h_0$；

x_b——界限受压区高度；

h_0——截面的有效高度；

f_{py}——纵向预应力钢筋的抗拉强度设计值，应按本规程表 3.2.5 取用；

σ_{p0}——受拉区纵向预应力钢筋合力点处混凝土法向应力等于零时的预应力钢筋中的应力。

注：在截面受拉区内配置有不同强度级别或不同预应力值的冷轧扭钢筋的受弯构件，其相对受压区高度应分别计算并取其较小值。

5.1.3　矩形截面或翼缘位于受拉边的 T 型截面受弯构件，其正截面受弯承载力应符合下列规定（图 5.1.3）：

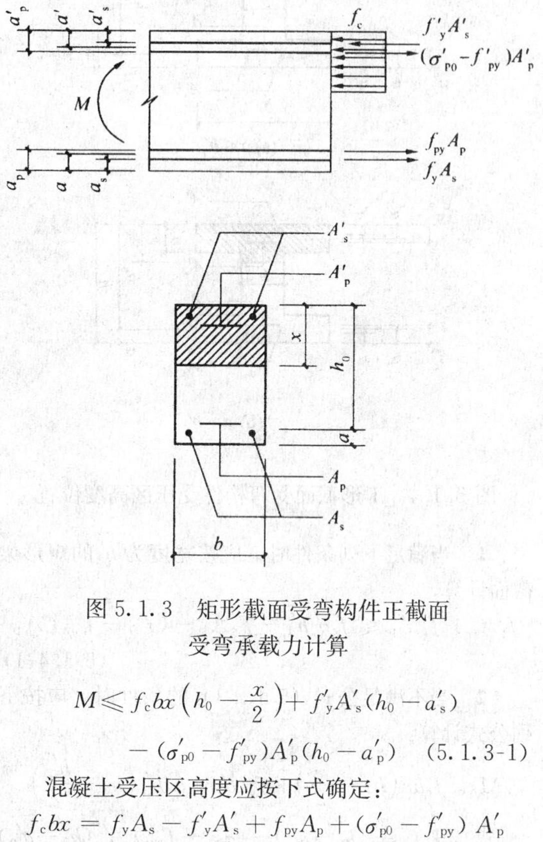

图 5.1.3　矩形截面受弯构件正截面受弯承载力计算

$$M\leqslant f_cbx\left(h_0-\frac{x}{2}\right)+f'_yA'_s(h_0-a'_s)-(\sigma'_{p0}-f'_{py})A'_p(h_0-a'_p) \qquad (5.1.3\text{-}1)$$

混凝土受压区高度应按下式确定：

$$f_cbx=f_yA_s-f'_yA'_s+f_{py}A_p+(\sigma'_{p0}-f'_{py})A'_p \qquad (5.1.3\text{-}2)$$

混凝土受压区高度尚应符合下列条件：

$$x\leqslant\xi_bh_0 \qquad (5.1.3\text{-}3)$$

$$x\geqslant 2a' \qquad (5.1.3\text{-}4)$$

式中　M——弯矩设计值；

f_c——混凝土轴心抗压强度设计值；

A_s、A'_s——受拉区、受压区纵向非预应力钢筋截面面积；

A_p、A'_p——受拉区、受压区纵向预应力钢筋截面面积；

σ'_{p0}——受压区纵向预应力钢筋合力点处混凝土法向应力等于零时的预应力钢筋应力；

b——矩形截面的宽度或倒T形截面的腹板宽度；

f'_{py}——预应力冷轧扭钢筋抗压强度设计值；

a'_s、a'_p——受压区纵向钢筋合力点、预应力钢筋合力点至截面受压边缘的距离；

a、a'——受拉区、受压区全部纵向钢筋合力点至截面受拉区、受压区边缘的距离。

5.1.4 翼缘位于受压区的T形、工形截面受弯构件，其正截面受弯承载力应分别符合下列规定（图5.1.4）：

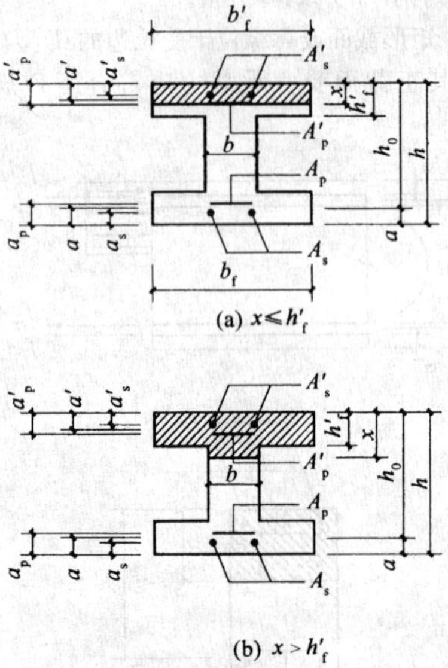

图5.1.4 工形截面受弯构件受压区高度位置

1 当满足下列条件时，应按宽度为b'_f的矩形梁截面计算。

$$f_yA_s + f_{py}A_p \leqslant f_cb'_fh'_f + f'_yA'_s - (\sigma'_{p0} - f'_{py})A'_p \tag{5.1.4-1}$$

2 当不满足公式（5.1.4-1）的条件时，应按下列公式计算：

$$M \leqslant f_cbx\left(h_0 - \frac{x}{2}\right) + f_c(b'_f - b)h'_f\left(h_0 - \frac{h'_f}{2}\right) + f'_yA'_s(h_0 - a'_s) - (\sigma'_{p0} - f'_{py})A'_p(h_0 - a'_p) \tag{5.1.4-2}$$

混凝土受压区高度应按下式确定：

$$f_c[bx + (b'_f - b)h'_f] = f_yA_s - f'_yA'_s + f_{py}A_p + (\sigma'_{p0} - f'_{py})A'_p \tag{5.1.4-3}$$

式中 b'_f——T形、工形截面受压区的翼缘宽度，应按现行国家标准《混凝土结构设计规范》GB 50010相关条文的规定确定；

h'_f——T形、工形截面受压区的翼缘高度。

按上述公式计算T形、工形截面受弯构件时，混凝土受压区高度仍应符合本规程公式（5.1.3-3）和公式（5.1.3-4）的要求。

5.1.5 Ⅰ型冷轧扭钢筋与HPB 235（Ⅰ级）钢筋抗拉强度设计代换，可按本规程附录B进行。

5.1.6 冷轧扭钢筋混凝土矩形截面受弯构件纵向受拉钢筋截面面积的计算方法，可按本规程附录C确定。

5.2 斜截面承载力计算

5.2.1 冷轧扭钢筋配筋的混凝土结构构件，其斜截面受弯承载力的计算，应符合现行国家标准《混凝土结构设计规范》GB 50010的有关规定。

5.2.2 矩形、T形和工形截面的受弯构件，其受剪截面应符合下列条件：

当$h_w/b \leqslant 4$时：

$$V \leqslant 0.25f_cbh_0 \tag{5.2.2-1}$$

当$h_w/b \geqslant 6$时：

$$V \leqslant 0.2f_cbh_0 \tag{5.2.2-2}$$

当$4 < h_w/b < 6$时，按线性内插法确定。

式中 V——构件斜截面上的最大剪力设计值；

b——矩形截面宽度、T形截面或工形截面的腹板宽度；

h_w——截面的腹板高度；

矩形截面取有效高度；对T形截面，取有效高度减去翼缘高度；对工形截面，取腹板净高。

注：1. 对T形或工形截面的简支受弯构件，当有实践经验时，公式（5.2.2-1）中的系数可改用0.3。

2. 对受拉边倾斜的构件，当有实践经验时，其受剪截面的控制条件可适当放宽。

5.2.3 不配置箍筋和弯起钢筋的一般板类受弯构件，其斜截面的受剪承载力应按下式确定：

$$V \leqslant 0.7f_tbh_0 \tag{5.2.3}$$

式中 f_t——混凝土轴心抗拉强度设计值，应按国家标准《混凝土结构设计规范》GB 50010－2002表4.1.4采用。

5.2.4 矩形、T形和工形截面的一般受弯构件，当仅配置箍筋时，其斜截面的受剪承载力应符合下列规定：

$$V \leqslant V_{cs} + V_p \tag{5.2.4-1}$$

$$V_{cs} = 0.7f_tbh_0 + 1.25f_{yv}\frac{A_{sv}}{s}h_0 \tag{5.2.4-2}$$

$$V_p = 0.05N_{p0} \tag{5.2.4-3}$$

式中 V_{cs}——构件斜截面上的混凝土和箍筋的受剪承载力设计值；

V_p——由预加力所提高的构件受剪承载力设计值；

f_{yv}——箍筋抗拉强度设计值（$f_{yv}=300N/mm^2$）；

A_{sv}——配置在同一截面内箍筋各肢的全部截面面积；$A_{sv}=nA_{sv1}$，此处，n 为在同一截面内箍筋的肢数，A_{sv1} 为单肢箍筋的截面面积；

s——沿构件长度方向的箍筋间距；

N_{p0}——计算截面上混凝土法向预应力等于零时的纵向预应力钢筋及非预应力钢筋合力，按国家标准《混凝土结构设计规范》GB 50010－2002 第 6.1.14 条计算，当 $N_{p0}>0.3f_cA_0$ 时，取 $N_{p0}=0.3f_cA_0$，此处，A_0 为构件的换算截面面积。对合力 N_{p0} 引起的截面弯矩与外弯矩方向相同的情况，以及预应力混凝土连续梁和允许出现裂缝的预应力混凝土简支梁，均应取 $V_p=0$；对先张法预应力混凝土构件，在计算合力 N_{p0} 时，应按国家标准《混凝土结构设计规范》GB 50010－2002 第 6.1.9 条和第 8.1.8 条的规定考虑预应力钢筋传递长度的影响；集中荷载作用下的计算公式，应符合国家标准《混凝土结构设计规范》GB 50010－2002 第 7.5.4 条的规定。

5.2.5 矩形、T 形和工形截面的一般受弯构件，当符合下列公式的要求时，可不进行斜截面的受剪承载力计算，而仅需根据国家标准《混凝土结构设计规范》GB 50010－2002 第 10.2.9、10.2.10、10.2.11 条的有关规定，按构造要求配置箍筋。

$$V \leqslant 0.7f_tbh_0+0.05N_{p0} \quad (5.2.5)$$

5.2.6 矩形、T 形和工形截面与受拉边倾斜的矩形、T 形和工形截面的受弯构件，其斜截面受剪承载力应按国家标准《混凝土结构设计规范》GB 50010－2002 第 7.5.5 条和第 7.5.8 条的规定计算。

6 正常使用极限状态验算

6.1 裂缝控制验算

6.1.1 冷轧扭钢筋混凝土和预应力冷轧扭钢筋混凝土构件，应根据国家标准《混凝土结构设计规范》GB 50010－2002 第 3.4.1 条和第 8.1.1 条的规定，按所处环境类别和结构类别确定的裂缝控制等级及最大裂缝宽度限值，应进行受拉边缘应力或正截面裂缝宽度验算，并应符合下列要求：

1 一级—严格要求不出现裂缝的构件

在荷载效应的标准组合下应符合下列规定：

$$\sigma_{ck}-\sigma_{pc} \leqslant 0 \quad (6.1.1\text{-}1)$$

2 二级—一般要求不出现裂缝的构件

在荷载效应的标准组合下应符合下列规定：

$$\sigma_{ck}-\sigma_{pc} \leqslant f_{tk} \quad (6.1.1\text{-}2)$$

在荷载效应的准永久组合下宜符合下列规定：

$$\sigma_{cq}-\sigma_{pc} \leqslant 0.4f_{tk} \quad (6.1.1\text{-}3)$$

3 三级—允许出现裂缝的构件

按荷载效应的标准组合并考虑长期作用影响计算的最大裂缝宽度，应符合下列规定：

$$w_{max} \leqslant w_{lim} \quad (6.1.1\text{-}4)$$

式中 σ_{ck}、σ_{cq}——荷载效应的标准组合、准永久组合下抗裂验算边缘的混凝土法向应力，其中 $\sigma_{ck}=\dfrac{M_k}{W_0}$　$\sigma_{cq}=\dfrac{M_q}{W_0}$；

M_k——按荷载效应的标准组合计算的弯矩值；

M_q——按荷载效应的准永久组合计算的弯矩；

W_0——构件换算截面受拉边缘的弹性抵抗矩；

σ_{pc}——扣除全部预应力损失后在抗裂验算边缘混凝土的预压应力，应按国家标准《混凝土结构设计规范》GB 50010－2002 公式（6.1.5-1）或（6.1.5-4）计算；

f_{tk}——混凝土轴心抗拉强度标准值；

w_{max}——按荷载效应的标准组合并考虑长期作用影响计算的最大裂缝宽度，按本规程第 6.1.2 条计算；

w_{lim}——最大裂缝宽度限值，应按本规程第 4.1.6 条规定采用。

注：对受弯的预应力混凝土构件，其预拉区在施工阶段出现裂缝的区段，公式（6.1.1-1）至公式（6.1.1-3）中的 σ_{pc} 应乘以系数 0.9。

6.1.2 在矩形、T 形、倒 T 形和工形截面的冷轧扭钢筋混凝土受弯构件中，考虑裂缝宽度不均匀性并考虑长期作用影响，其最大裂缝宽度 w_{max}（mm）可按下列公式计算：

$$w_{max}=\alpha_{cr}\psi\frac{\sigma_{sk}}{E_s}\left(1.9c+0.08\frac{d_{eq}}{\rho_{te}}\right) \quad (6.1.2\text{-}1)$$

$$\psi=1.1-0.65\frac{f_{tk}}{\rho_{te}\sigma_{sk}} \quad (6.1.2\text{-}2)$$

$$d_{eq}=\frac{\Sigma n_id_i^2}{\Sigma n_i\nu_id_i} \quad (6.1.2\text{-}3)$$

$$\rho_{te}=\frac{A_s+A_p}{A_{te}} \quad (6.1.2\text{-}4)$$

式中 α_{cr}——构件受力特征系数，受弯构件取 2.1；

ψ——裂缝间纵向受拉钢筋应变不均匀系数，当 $\psi<0.2$ 时，取 $\psi=0.2$，当 $\psi>1$ 时，取 $\psi=1$；

σ_{sk}——按荷载效应的标准组合计算的钢筋混凝土构件纵向受拉钢筋的应力或预应力混凝土构件纵向受拉钢筋的等效应力，应按国家标准《混凝土结构设计规范》GB 50010－2002 第 8.1.3 条计算；受弯构件应为 $\sigma_{sk}=\frac{M_k}{0.87h_0A_s}$；

E_s——冷轧扭钢筋弹性模量；

c——混凝土保护层；最外层纵向受拉钢筋外边缘至受拉区底边的距离（mm）：当 $c<20$ 时，取 $c=20$；当 $c>65$ 时，取 $c=65$；

ρ_{te}——按有效受拉混凝土截面面积计算的纵向受拉钢筋配筋率；当 $\rho_{te}<0.01$ 时取 $\rho_{te}=0.01$；

A_{te}——有效受拉混凝土截面面积；取 $A_{te}=0.5bh+(b_f-b)h_f$，此处，b_f、h_f 为受拉翼缘的宽度、高度；

A_s——受拉区纵向非预应力钢筋截面面积；

A_p——受拉区纵向预应力钢筋截面面积；

d_{eq}——受拉区纵向钢筋的等效直径（mm）；

d_i——受拉区第 i 种纵向钢筋的等效直径（mm），按本规程表 3.2.2 采用；

n_i——受拉区第 i 种纵向钢筋的根数；

ν_i——受拉区第 i 种纵向钢筋的相对粘结特性系数，Ⅰ、Ⅱ型冷轧扭钢筋取 0.85，Ⅲ型冷轧扭钢筋取 1.0。

6.1.3 预应力混凝土受弯构件的斜截面抗裂验算应符合现行国家标准《混凝土结构设计规范》GB 50010 的规定。

6.1.4 当需对先张法预应力混凝土构件端部区段进行正截面和斜截面抗裂验算时，应考虑预应力钢筋在其预应力传递长度 l_{tr} 范围内实际应力值的变化，可按本规程附录 A 的规定采用。

6.2 受弯构件挠度验算

6.2.1 钢筋混凝土和预应力混凝土受弯构件在正常使用极限状态下的挠度，可根据构件的刚度用结构力学方法计算。

在等截面构件中，可假定各同号弯矩区段内的刚度相等，并取用该区段内最大弯矩处的刚度。当计算跨度内的支座截面刚度不大于跨中截面刚度的两倍或不小于跨中截面刚度的二分之一时，该跨也可按等刚度构件进行计算，其构件刚度可取跨中最大弯矩截面的刚度。

受弯构件的挠度应按荷载效应的标准组合并考虑荷载长期作用影响的刚度 B 进行计算，所求得的挠度计算值不应超过本规程表 4.1.4 规定的限值。

6.2.2 矩形、T形、倒T形和工形截面受弯构件的刚度 B，可按下式计算：

$$B=\frac{M_k}{M_q(\theta-1)+M_k}B_s \qquad (6.2.2)$$

式中 M_k——按荷载效应的标准组合计算的弯矩，取计算区段内的最大弯矩值；

M_q——按荷载效应的准永久值组合计算的弯矩，取计算区段内的最大弯矩值；

B_s——荷载效应的标准组合作用下受弯构件的短期刚度，按本规程第 6.2.3 条取用；

θ——考虑荷载长期作用对挠度增大的影响系数，应按国家标准《混凝土结构设计规范》GB 50010－2002 第 8.2.5 条的规定取用。

6.2.3 在荷载效应的标准组合作用下，受弯构件的短期刚度 B_s 可按下列公式计算：

1 钢筋混凝土受弯构件

$$B_s=\frac{E_sA_sh_0^2}{1.15\psi+0.2+\frac{6\alpha_E\rho}{1+3.5\gamma'_f}} \qquad (6.2.3\text{-}1)$$

$$\gamma'_f=\frac{(b'_f-b)h'_f}{bh_0} \qquad (6.2.3\text{-}2)$$

2 预应力冷轧扭钢筋混凝土受弯构件

$$B_s=0.85E_cI_0 \qquad (6.2.3\text{-}3)$$

式中 I_0——换算截面惯性矩；

ψ——裂缝间纵向受拉钢筋应变不均匀系数，按本规程第 6.1.2 条规定；

ρ——纵向受拉钢筋配筋率，$\rho=\frac{A_s}{bh_0}$；

α_E——钢筋弹性模量与混凝土弹性模量的比值，$\alpha_E=\frac{E_s}{E_c}$；

E_s——冷轧扭钢筋的弹性模量；

E_c——混凝土弹性模量；

γ'_f——受压翼缘截面面积与腹板有效截面面积的比值；

b'_f——受压翼缘的宽度；

h'_f——受压翼缘的高度；在公式（6.2.3-2）中，当 $h'_f>0.2h_0$ 时，取 $h'_f=0.2h_0$。

6.2.4 预应力冷轧扭钢筋混凝土受弯构件在使用阶段的预加力反拱值，可用结构力学方法按刚度 E_cI_0 进行计算，并应考虑预压应力长期作用的影响，将计算求得的预加力反拱值乘以增大系数 2；在计算中，预应力钢筋的应力应扣除全部预应力损失。

注：对恒载较小的构件，应考虑反拱过大对使用的不利影响。

6.2.5 冷轧扭钢筋混凝土受弯构件，当符合本规程附录 D 规定的条件时，可不验算挠度。

6.3 预应力冷轧扭钢筋混凝土构件施工阶段验算

6.3.1 预应力冷轧扭钢筋混凝土构件在制作、运输和安装等施工阶段预拉区不允许出现裂缝的构件，在预加应力、自重及施工荷载作用下（必要时应考虑动力系数）截面边缘的混凝土法向拉（压）应力应按现行国家标准《混凝土结构设计规范》GB 50010 的规定进行验算。

7 构造规定

7.1 混凝土保护层

7.1.1 纵向受力的冷轧扭钢筋及预应力冷轧扭钢筋，其混凝土保护层厚度（钢筋外边缘至最近混凝土表面的距离）不应小于钢筋的公称直径，且应符合表7.1.1的规定。

表 7.1.1 纵向受力的冷轧扭钢筋及预应力冷轧扭钢筋的混凝土保护层最小厚度（mm）

环境类别		构件类别	混凝土强度等级		
			C20	C25～C45	≥C50
一		板、墙	20	15	15
		梁	30	25	25
二	a	板、墙	—	20	20
		梁	—	30	30
	b	板、墙	—	25	20
		梁	—	35	30
三		板、墙	—	30	25
		梁	—	40	35

注：1 基础中纵向受力的冷轧扭钢筋的混凝土保护层厚度不应小于 40mm；当无垫层时不应小于 70mm；

2 处于一类环境且由工厂生产的预制构件，当混凝土强度等级不低于 C20 时，其保护层厚度可按表中规定减少 5mm，但预制构件中预应力钢筋的保护层厚度不应小于 15mm，处于二类环境且由工厂生产的预制构件，当表面采取有效保护措施时，保护层厚度可按表中一类环境值取用；

3 有防火要求的建筑物，其保护层厚度尚应符合国家现行有关防火规范的规定。

7.1.2 板中分布钢筋的保护层厚度应符合国家标准《混凝土结构设计规范》GB 50010－2002 第 9.2.3 条的规定。属于二、三类环境中的悬臂板，其上表面应采取有效的保护措施。

7.1.3 对有防火要求和处于四、五类环境的建筑物，其混凝土保护层厚度尚应符合国家有关标准的要求。

7.2 冷轧扭钢筋的锚固

7.2.1 当计算中充分利用钢筋的抗拉强度时，冷轧扭受拉钢筋的锚固长度应按表 7.2.1 取用，在任何情况下，纵向受拉钢筋的锚固长度不应小于 200mm。

表 7.2.1 冷轧扭钢筋最小锚固长度 l_a（mm）

钢筋级别	混凝土强度等级				
	C20	C25	C30	C35	≥C40
CTB550	$45d$ ($50d$)	$40d$ ($45d$)	$35d$ ($40d$)	$35d$ ($40d$)	$30d$ ($35d$)
CTB650	—	—	$50d$	$45d$	$40d$

注：1 d 为冷轧扭钢筋标志直径；

2 两根并筋的锚固长度按上表数值乘以 1.4 后取用；

3 括号内数字用于Ⅱ型冷轧扭钢筋；

4 预应力钢筋的锚固算起点可按本规程附录 A 确定。

7.3 冷轧扭钢筋的接头

7.3.1 纵向受力冷轧扭钢筋不得采用焊接接头。

7.3.2 纵向受拉冷轧扭钢筋搭接长度 l_l 不应小于最小锚固长度 l_a 的 1.2 倍，且不应小于 300mm。

7.3.3 纵向受拉冷轧扭钢筋不宜在受拉区截断；当必须截断时，接头位置宜设在受力较小处，并相互错开。在规定的搭接长度区段内，有接头的受力钢筋截面面积不应大于总钢筋截面面积的 25%。设置在受压区的接头不受此限。

7.3.4 预制构件的吊环严禁采用冷轧扭钢筋制作。

7.4 冷轧扭钢筋最小配筋率

7.4.1 受弯构件中纵向受力的冷轧扭钢筋的最小配筋百分率不应小于表 7.4.1 规定的数值。

表 7.4.1 纵向受拉冷轧扭钢筋最小配筋百分率（%）

混凝土强度等级	C20～C35	>C35
配筋百分率	0.20	0.20 和 $45f_t/f_y$ 较大者

注：矩形截面受弯构件受拉钢筋最小配筋率应按全截面面积计算，T 形构件尚应扣除有受压翼缘的截面面积 $(b'_f-b)h'_f$ 后的截面面积计算。

7.4.2 在钢筋混凝土构件中配置有冷轧扭钢筋，宜采用单根分散式配筋方式；当钢筋间距小于规定要求时，也可采用两根并筋配置。

7.4.3 受弯构件中仅配置纵向受拉预应力冷轧扭钢筋时的配筋率应符合下列公式：

$$\rho_p \geqslant \frac{\alpha_0 f_{tk}}{1.05f_{py}-\beta_0\sigma_{p0}} \qquad (7.4.3\text{-}1)$$

$$\alpha_0 = \frac{\gamma W_0}{bh_0} \qquad (7.4.3\text{-}2)$$

$$\beta_0 = \frac{\frac{W_0}{A_0} + e_{p0}}{h_0} \qquad (7.4.3\text{-}3)$$

式中 ρ_p——受弯构件的纵向受拉预应力冷轧扭钢筋配筋率，取 $\rho_p = A_p/bh_0$；

A_p——预应力钢筋截面面积；

b——矩形截面宽度或T形、工形截面受压翼缘的宽度；

α_0、β_0——换算截面几何特征系数；

γ——受拉区混凝土塑性影响系数，取 $\gamma = 1.4$；

W_0——换算截面受拉边缘的弹性抵抗矩；

A_0——换算截面面积；

e_{p0}——预应力冷轧扭钢筋合力作用点到换算截面重心的偏心距。

7.4.4 当预应力混凝土受弯构件正截面承载力符合下列条件时，可不遵守本规程公式（7.4.3-1）的规定。

$$1.4M \leqslant M_u \qquad (7.4.4)$$

式中 M——弯矩设计值；

M_u——构件的实际正截面受弯承载力设计值。

7.4.5 任意截面预应力轴心受拉构件的预应力钢筋配筋率应符合下式要求：

$$\rho_p \geqslant \frac{f_{tk}}{1.05 f_{py} - \sigma_{p0}} \qquad (7.4.5)$$

式中 ρ_p——轴心受拉构件的预应力钢筋配筋率，$\rho_p = \frac{A_p}{A}$；

A——构件截面面积。

注：对受拉区同时配有纵向预应力冷轧扭钢筋和非预应力钢筋的构件，当验算最小配筋率时，可将非预应力钢筋的截面面积折算为预应力冷轧扭钢筋的截面面积，此时应将公式

$\rho_p = \frac{A_p}{bh_0}$ 改为 $\rho_{pe} = \frac{A_{pe}}{bh_0} = \frac{A_p + \frac{f_y}{f_{py}} \cdot A_s}{bh_0}$，将公式（7.4.3-1）中的 $\beta_0 \sigma_{p0}$ 改用 $\beta_0 \sigma_{p0} x$ 代入。$x = \frac{\sigma_{p0} A_p - \sigma_{ls} A_s}{\sigma_{p0} A_{pe}}$，其中 $A_{pe} = A_p + \frac{f_y}{f_{py}} A_s$。

7.5 板

7.5.1 现浇板厚度不应小于国家标准《混凝土结构设计规范》GB 50010－2002 表 10.1.1 的规定。

7.5.2 现浇板的计算原则，按国家标准《混凝土结构设计规范》GB 50010－2002 第 10.1.2 条计算。

7.5.3 当连续单向板、连续双向板采用分离式配筋时，其配筋方式应符合国家标准《混凝土结构设计规范》GB 50010－2002 第 10.1.3 条规定。

7.5.4 板中受力钢筋的间距；当板厚 $h \leqslant 150$mm 时，不宜大于 200mm；当板厚 $h > 150$mm 时，不宜大于 1.5h，且不宜大于 250mm。

7.5.5 简支板或连续板下部纵向受力钢筋伸入支座的锚固长度不应小于 10d。

7.5.6 对与支承结构整体浇筑或嵌固在承重砌体墙内的现浇混凝土板，及较大跨度相邻简支边的角部板内应沿支承周边配置上部构造钢筋，其直径不宜小于 8mm（标志直径），间距不宜大于 200mm，并应符合国家标准《混凝土结构设计规范》GB 50010－2002 第 10.1.7 条的规定。

7.5.7 当按单向板设计时，除受力方向布置受力钢筋外，尚应在垂直方向配置分布钢筋。单位长度上分布钢筋的截面面积不宜小于单位宽度上受力钢筋截面面积的 15%，且不宜小于该方向板截面面积的 0.15%；分布钢筋的间距不宜大于 250mm，直径不宜小于 6.5mm（标志直径）。

7.5.8 在温度、收缩应力较大的现浇板区域内，其构造配筋可按国家标准《混凝土结构设计规范》GB 50010－2002 第 10.1.9 条规定设置。

7.5.9 当现浇板的受力钢筋与主梁平行时，与主梁垂直的上部构造钢筋应按国家标准《混凝土结构设计规范》GB 50010－2002 第 10.1.6 条规定设置。

7.5.10 冷轧扭钢筋用于板支座的负弯矩筋，可一端弯成 90°直角钩，并相互错开布置。

7.5.11 当板中采用Ⅲ型冷轧扭钢筋制作焊接网片时，应符合现行行业标准《钢筋焊接网混凝土结构技术规程》JGJ 114 的有关规定。其构造要求当无充分试验依据时，可按冷拔光面钢筋相关规定取用。

7.5.12 冷轧扭钢筋叠合板的构造，可按国家标准《混凝土结构设计规范》GB 50010－2002 第 10.6 节规定执行。

7.6 梁

7.6.1 梁纵向受力钢筋直径，应符合下列规定：

当梁高 $h < 300$mm 时，不应小于 8mm（标志直径）；

当梁高 $h \geqslant 300$mm 时，不应小于 10mm（标志直径）；

梁上部纵向钢筋水平方向的净距离不应小于 30mm；

梁下部纵向钢筋水平方向的净距离不应小于 25mm；

当梁下部纵向钢筋多于两层时，两层以上钢筋水平方向的中距应比下面两层的中距增大一倍。各层钢筋之间的净距离不应小于 25mm。

7.6.2 简支梁和连续梁简支端的下部纵向受力钢筋，其伸入梁支座范围内的锚固长度 l_{as} 应符合下列规定：

当 $V \leqslant 0.7 f_t bh_0$ 时 $l_{as} \geqslant 10d$（标志直径）；

当$V>0.7f_t bh_0$时 $l_{as}\geq 15d$（标志直径）。

如纵向受力钢筋伸入梁支座范围内的锚固长度不符合上述要求时，应采取有效的锚固措施。

支承在砌体上的钢筋混凝土独立梁，在纵向受力钢筋的锚固长度l_{as}范围内应配置不少于两个箍筋。

7.6.3 梁支座截面负弯矩纵向受拉钢筋不宜在受拉区截断。当必须截断时，应符合国家标准《混凝土结构设计规范》GB 50010－2002第10.2.3条规定。

7.6.4 悬臂梁受力钢筋设置要求应符合国家标准《混凝土结构设计规范》GB 50010－2002 第 10.2.4 条规定。

7.6.5 梁内受扭纵向钢筋配筋率ρ_{tl}及构造应符合国家标准《混凝土结构设计规范》GB 50010－2002 第 10.2.5 条规定。

7.6.6 当梁端实际受到部分约束但按简支计算时，应按国家标准《混凝土结构设计规范》GB 50010－2002 第 10.2.6 条执行。

7.6.7 梁内构造箍筋的设置，可按国家标准《混凝土结构设计规范》GB 50010－2002 第 10.2.9 条和 10.2.10 条规定。

7.6.8 梁内架立钢筋的直径：

当梁的跨度小于 4m 时，不宜小于 8mm（标志直径）；

当梁的跨度为 4～6m 时，不宜小于 10mm（标志直径）。

7.6.9 冷轧扭钢筋在搭接接头长度范围内，其箍筋的间距不应大于最小搭接钢筋标志直径 d 的 10 倍，且不应大于 100mm。

7.6.10 计算受弯构件斜截面受剪承载力时，构件中的箍筋和弯起钢筋不宜采用Ⅰ型冷轧扭钢筋制作。Ⅱ、Ⅲ型冷轧扭钢筋用作箍筋时，应符合国家标准《混凝土结构设计规范》GB 50010 的相关规定。

8 冷轧扭钢筋混凝土构件的施工

8.1 冷轧扭钢筋成品的验收和复检

8.1.1 冷轧扭钢筋的成品规格及检验方法，应符合现行行业标准《冷轧扭钢筋》JG 190－2006 的规定。

8.1.2 冷轧扭钢筋成品应有出厂合格证书或试验合格报告单。进入现场时应分批分规格捆扎，用垫木架空码放，并应采取防雨措施。每捆均应挂标牌，注明钢筋的规格、数量、生产日期、生产厂家，并应对标牌进行核实，分批验收。

8.1.3 冷轧扭钢筋进场后应分批进行复检，检验批应由同一型号、同一强度等级、同一规格、同一台（套）轧机生产的钢筋组成。每批应不大于 20t，不足 20t 应按一批计。

8.1.4 冷轧扭钢筋的力学性能应符合表 8.1.4 的规定。

表 8.1.4 力学性能指标

级别	型号	抗拉强度 f_{yk}（N/mm²）	伸长率 A（%）	180°弯曲（弯心直径＝3d）
CTB550	Ⅰ	≥550	$A_{11.3}\geq 4.5$	受弯曲部位钢筋表面不得产生裂纹
	Ⅱ	≥550	$A\geq 10$	
	Ⅲ	≥550	$A\geq 12$	
CTB650	Ⅲ	≥650	$A_{100}\geq 4$	

注：1. d 为冷轧扭钢筋标志直径；

2. A、$A_{11.3}$分别表示以标距 $5.65\sqrt{S_0}$或 $11.3\sqrt{S_0}$（S_0为试样原始截面面积）的试样拉断伸长率，A_{100}表示标距为 100mm 的试样拉断伸长率。

8.1.5 冷轧扭钢筋成品复检的项目，取样数量应符合表 8.1.5 的规定。

表 8.1.5 检验项目、取样数量

序号	检验项目	取样数量	备注
1	外观质量	逐根	
2	截面控制尺寸	每批三根	
3	节距	每批三根	
4	定尺长度	每批三根	
5	重量	每批三根	
6	拉伸试验	每批二根	可采用前 5 项检验合格的相同试样
7	弯曲试验	每批一根	

8.1.6 冷轧扭钢筋成品加工质量的复检，其测试方法应符合现行行业标准《冷轧扭钢筋》JG 190－2006 的规定，其截面参数和外形尺寸应符合本规程 3.2.2 和 3.2.3 条的规定，并应符合下列规定：

1 外观质量：钢筋表面不应有裂纹、折叠、结疤、压痕、机械损伤或其他影响使用的缺陷。采用逐根目测。

2 截面控制尺寸：Ⅰ型、Ⅱ型冷轧扭钢筋截面尺寸的测量，用精度为 0.02mm 的游标卡尺在试样两端量取，并取其算术平均值，Ⅲ型钢筋内、外圆直径的测量用带滑尺的精度为 0.02mm 游标卡尺，量测试样三个不同位置取其算术平均值。

3 节距的量测用精度为 1.0mm 直尺量取不少于 3 个整节距长度，取其平均值。

4 冷轧扭钢筋定尺长度用精度为 1.0mm 钢尺量测，其允许偏差为：

单根长度大于 8m 时为±15mm；

单根长度小于或等于 8m 时为±10mm。

5 冷轧扭钢筋的重量测量用精度为1.0g台秤称重，用精度为1.0mm钢尺测量其长度，然后计算其重量。计算时钢的密度采用7850kg/m^3，试样长度不应小于400mm。重量偏差应按下式计算：

$$\Delta G=\frac{G'-LG}{LG}\times 100 \quad (8.1.6)$$

式中 ΔG——重量偏差，单位为百分比（%）；

G'——实测试样重量，单位为千克（kg）；

G——冷轧扭钢筋的公称质量（线密度），单位为千克每米（kg/m）；

L——实测试样长度，单位为米（m）。

6 冷轧扭钢筋的力学性能，应符合本规程表8.1.4的规定。进行力学性能复检时，应从每批冷轧扭钢筋中随机抽取三根样件，先进行外观及截面尺寸的量测，合格后再取两根进行拉伸试验，一根进行冷弯试验。拉伸试验应遵照现行行业标准《冷轧扭钢筋》190－2006的规定执行。当所有试样均合格时，该批冷轧扭钢筋可定为合格品。当有不合格时，应按现行行业标准《冷轧扭钢筋》JG 190－2006的规定进行复试和判定。

7 在现场抽检冷轧扭钢筋过程中，发现力学性能有明显异常时，应对原材料的化学成分重新复检。

8.1.7 冷轧扭钢筋应及时在工程中使用，并应在防雨防潮条件下储存。

8.2 冷轧扭钢筋混凝土构件的施工

8.2.1 冷轧扭钢筋混凝土构件的模板工程、混凝土工程，应符合现行国家标准《混凝土结构工程施工质量验收规范》GB 50204的规定。

8.2.2 严禁采用对冷轧扭钢筋有腐蚀作用的外加剂。

8.2.3 冷轧扭钢筋的铺设应平直，其规格、长度、间距和根数应符合设计要求，并应采取措施控制混凝土保护层厚度。

8.2.4 钢筋网片、骨架应绑扎牢固。双向受力网片每个交叉点均应绑扎；单向受力网片除外边缘网片应逐点绑扎外，中间可隔点交错绑扎。绑扎网片和骨架的外形尺寸允许偏差应符合表8.2.4的规定。

表8.2.4 绑扎网片和绑扎骨架外形尺寸允许偏差（mm）

项目	允许偏差
网片的长、宽	±25
网眼尺寸	±15
骨架高、宽	±10
骨架长	±10

8.2.5 叠合薄板构件脱模时混凝土强度等级应达到设计强度的100%。起吊时应先消除吸附力，然后平衡起吊。

8.2.6 预制构件堆放场地应平整坚实，不积水。板类构件可叠层堆放，用于两端支承的垫木应上下对齐。

8.2.7 Ⅲ型冷轧扭钢筋（CTB550级）可用于焊接网。

9 预应力冷轧扭钢筋混凝土构件的施工工艺

9.1 原材料及设备检验

9.1.1 预应力冷轧扭筋进场后，应按本规程第8.1节进行成品的验收和复检，合格后方可使用。

9.1.2 预应力冷轧扭筋用的锚具、夹具在使用前应进行外观检查，其表面应无污物、锈蚀、机械损伤和裂缝。

9.1.3 施加预应力用的各种机具设备仪表应由专人使用，并应定期检查维修和校验。

对长线生产的张拉机，其测力误差不得超过3%，应每3个月校验一次，校验设备的精度不能低于1级。

对短线生产的油泵上配套的压力表的精度不得低于1.5级。千斤顶和油泵的校验期限不宜超过半年。

9.1.4 当采用镦头锚固时，钢筋镦头的直径不应小于钢筋直径的1.5倍，头部不得歪斜和有裂缝，其抗拉强度不得低于钢筋强度标准值的90%。

9.2 预应力冷轧扭钢筋的张拉

9.2.1 预应力张拉台座的基层必须清洁平整，在基层上应铺隔离层，隔离层可采用细砂及塑料薄膜，也可采用塑料薄膜与滑石粉，或涂机油与滑石粉。

9.2.2 铺放预应力钢筋并张拉。为减小预应力损失和提高构件的抗裂性，可按张拉控制应力限值提高$0.05f_{ptk}$。应保持预应力冷轧扭钢筋的清洁。

9.2.3 长线生产时铺放预应力冷轧扭钢筋，如遇长度不够，可采用钢丝绑扎器绑扎法连接。绑扎长度不得小于$40d$。短线张拉时，同一构件各钢筋镦头后有效长度偏差不得大于2mm。

9.2.4 对冷轧扭钢筋，可采用钢筋内力测定仪测定钢筋的实际应力值。构件内总的张拉值与设计规定值比，允许偏差应为±5%。

9.2.5 预应力冷轧扭钢筋张拉实测伸长值，与计算伸长值的允许偏差应为±6%。

9.2.6 实测伸长值应在初应力为张拉控制应力10%左右开始量测，并加上初应力段的推算弹性伸长值。

9.2.7 当实际伸长值超过规定值时，应暂停张拉，找出原因，采取措施，方可继续张拉。

9.2.8 浇筑混凝土前发生断裂或滑脱的预应力钢筋必须更换。混凝土浇筑后，其断裂或滑脱的预应力钢筋数量不得超过同一构件预应力筋总数的5%，且严禁相邻两根断裂或滑脱。

9.2.9 预应力冷轧扭钢筋在负温下张拉时，温度不宜低于−10℃。

9.2.10 为确保预应力值准确，预应力张拉时与浇筑混凝土时的温差不得超过20℃；张拉后应及时浇筑混凝土。

9.2.11 长线生产中预应力冷轧扭钢筋在锚定后的滑移值超过5mm时，应重新张拉。

9.2.12 控制应力σ_{con}值（或张拉应力值）的检验应符合下列规定：

1 长线台座每一个工作班按构件条数的10%抽检，且不得少于一条；短线台座张拉每一工作班应按构件数量的1%抽检，且不得少于一件；

2 检验应在张拉完毕后1h进行；

3 在一个构件内全部预应力筋平均值与设计规定值的偏差不应超过±0.05σ_{con}。

检测时的预应力设计规定值应在设计图中注明，设计规定值应考虑锚具变形、预应力钢筋回缩和应力松弛等引起的预应力损失，1h的钢筋松驰损失值可按全部松弛损失值的40%计算。当设计没有规定时，可按表9.2.12取用。检测张拉力的仪器，其精度不应低于1级。

表9.2.12 预应力值检测时的设计规定值

张拉方法		检测时的设计规定值
长线张拉		0.94σ_{con}
短线张拉	6m长度	0.93σ_{con}
	4m长度	0.91σ_{con}

9.3 预应力冷轧扭钢筋混凝土构件的制作

9.3.1 构件混凝土必须连续浇筑，不得间断，并加强养护，防止在预应力钢筋放松前干缩裂缝。

9.3.2 放松预应力钢筋时，混凝土强度等级应达到或超过设计值的75%。

9.3.3 在长线台座生产预应力构件采取蒸汽养护时，宜采用两阶段升温，第一阶段最高温度应根据设计规定的允许温差（张拉钢筋时的温度与养护时台座温度之差）经计算确定。当混凝土强度养护至20.0MPa以上时可不受设计要求温差的限制，并可按一般蒸汽养护进行。

9.4 预应力筋的放松

9.4.1 放松预应力筋时要求对称同步均匀缓慢，防止构件因放松钢筋而受到突然冲击。放松顺序应符合设计要求，当无设计要求时，应符合下列规定：

1 应先放松受压区的钢筋，后放松受拉区的钢筋；

2 板类构件剪筋应从截面两侧向中间同步对称进行；

3 长线台座生产的构件在剪断钢筋时，宜从台座中间向两端进行；

4 剪筋时用力平稳，不得施加扭力；

5 对用胎膜生产的构件，放松预应力钢筋时应采取防止构件端部产生裂缝的有效措施，并使构件能自由滑动。

9.4.2 在长线台座上生产的构件，放松预应力钢筋可采用逐根剪断的方法。在短线钢模上生产的构件，放松预应力钢筋，只要将梳丝板上的螺帽旋开，就能逐渐将全部钢筋放松。

9.5 结构构件性能的检验

9.5.1 在预应力冷轧扭钢筋混凝土构件质量检验评定时，构件承载力，构件的挠度检验应符合国家标准《混凝土结构工程施工质量验收规范》GB 50204－2002第9.3.2条和第9.3.3条的规定。

9.5.2 构件的抗裂检验应符合下列公式的要求：

$$\gamma_{cr}^{0} \geqslant [\gamma_{cr}] \qquad (9.5.2\text{-}1)$$

$$[\gamma_{cr}] = 0.95\frac{\sigma_{pc} + \gamma f_{tk}}{\sigma_{ck}} \qquad (9.5.2\text{-}2)$$

式中 γ_{cr}^{0}——构件的抗裂检验系数实测值，即构件开裂荷载实测值与荷载标准值（均包括自重）的比值；

$[\gamma_{cr}]$——构件的抗裂检验系数允许值；

σ_{pc}——由预加力产生的构件抗拉边缘混凝土法向应力值；应按国家标准《混凝土结构设计规范》GB 50010－2002第6.1.5条规定确定；

γ——混凝土构件截面抵抗矩塑性影响系数，取γ＝1.4；

σ_{ck}——由荷载标准值产生的构件抗拉边缘混凝土法向应力值，应按国家标准《混凝土结构设计规范》GB 50010－2002第8.1.4条规定确定。

附录A 预应力冷轧扭钢筋混凝土构件端部锚固区计算

A.0.1 预应力冷轧扭钢筋混凝土构件端部锚固区承载力计算

当需对先张法预应力混凝土构件端部锚固区的正截面和斜截面受弯承载力进行计算时，锚固区内的预应力冷轧扭钢筋抗拉强度设计值可按下列规定取用：

1 在锚固起点处为零，在锚固终点处为f_{py}，在两点之间可按直线插入法取用。

2 预应力冷轧扭钢筋的最小锚固长度l_a可按表A.0.1取用。

表 A.0.1　预应力冷轧扭钢筋的最小锚固长度 l_a（mm）

钢筋级别	混凝土强度等级		
	C30	C35	≥C40
CTB650	50d	45d	40d

注：1　表中混凝土立方体抗压强度，系预应力放松时的值；

2　当采用骤然放松预应力钢筋的施工工艺时，锚固长度 l_a 的起点应从离构件末端 0.25l_{tr}开始计算；

3　d 为钢筋标志直径（mm）。

A.0.2　锚固区的抗裂计算

对预应力冷轧扭钢筋混凝土构件端部区段进行正截面和斜截面抗裂验算时，需考虑预应力钢筋在预应力传递长度 l_{tr}范围内实际应力值的变化，可按下列规定值取用：

1　在构件的端部取零，在预应力传递长度的末端取有效预应力值 σ_{pe}，两点之间可按直线内插法取用（图 A.0.2）。

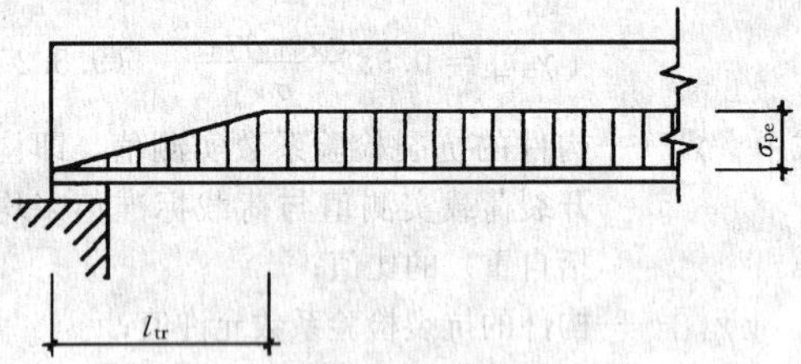

图 A.0.2　预应力冷轧扭钢筋的预应力传递长度 l_{tr}范围内有效预应力值变化

2　预应力冷轧扭钢筋的预应力传递长度 l_{tr}可按表 A.0.2 取用。

表 A.0.2　预应力冷轧扭钢筋的预应力传递长度 l_{tr}（mm）

钢筋级别	混凝土强度等级		
	C30	C35	≥C40
CTB650	50d	45d	40d

注：1　确定传递长度 l_{tr}时，表中混凝土强度等级应取用预应力冷轧扭钢筋放松时的混凝土立方体抗压强度；

2　当采用骤然放松预应力钢筋的施工工艺时，l_{tr}的起点应从末端 0.25l_{tr}处开始计算；

3　d 为钢筋标志直径。

附录 B　Ⅰ型冷轧扭钢筋与 HPB235 抗拉强度设计代换

B.0.1　当结构构件的承载能力采用Ⅰ型冷轧扭钢筋代换 HPB235 时，其截面面积应按下式计算：

$$A_s = 0.583A_1 \qquad (B.0.1)$$

式中　A_s——冷轧扭钢筋截面面积；

A_1——HPB235 截面面积。

B.0.2　冷轧扭钢筋与 HPB235 单根抗拉强度设计值可按表 B.0.2 取用。

表 B.0.2　Ⅰ型冷轧扭钢筋与 HPB235 单根抗拉强度设计值

HPB235 φ			Ⅰ型冷轧扭钢筋 φ^T		
公称直径 d（mm）	截面面积 A_s（mm²）	一根钢筋抗拉强度设计值（kN）	标志直径 d（mm）	截面面积 A_s（mm²）	一根钢筋抗拉强度设计值（kN）
8	50.3	10.56	6.5	29.5	10.62
10	78.5	16.49	8	45.3	16.31
12	113.1	23.75	10	68.3	24.59
14	153.9	32.32	12	93.3	33.59

B.0.3　每米板宽 HPB235 改用Ⅰ型冷轧扭钢筋代换，可按表 B.0.3 取用

表 B.0.3　每米板宽 HPB235 改用Ⅰ型冷轧扭钢筋代换

HPB235 φ			改用Ⅰ型冷轧扭钢筋 φ^T		
公称直径 d（mm）	间距（mm）	面积（mm²）	标志直径 d（mm）	间距（mm）	面积（mm²）
6.5	100	332	6.5	150	197
	150	221		200	148
	200	166		300	98
	250	132		—	—
8	100	503	6.5	100	295
	150	335		150	197
	200	252		200	148
	250	201		250	118
10	100	785	8	100	453
	150	524		150	302
	200	393		200	227
	250	314		250	181
12	100	1131	10	100	683
	150	754		150	455
	200	565		200	342
	250	452		250	273

附录C 冷轧扭钢筋混凝土矩形截面受弯构件纵向受拉钢筋截面面积计算方法

C.0.1 冷轧扭钢筋混凝土矩形截面受弯构件，当仅配有受拉钢筋时，其截面面积可按下式确定：

$$A_s=\frac{M}{\gamma_s f_y h_0} \tag{C.0.1-1}$$

或

$$A_s=\frac{\xi f_c b h_0}{f_y} \tag{C.0.1-2}$$

C.0.2 公式（C.0.1-1）和（C.0.1-2）中 γ_s 和 ξ 可根据系数 α_s 按本规程表C.0.2确定。

C.0.3 系数 α_s 可按下式计算：

$$\alpha_s=\frac{M}{f_c b h_0^2} \tag{C.0.3}$$

表C.0.2 冷轧扭钢筋混凝土矩形截面受弯构件正截面受弯承载力计算系数

ξ	γ_s	α_s	ξ	γ_s	α_s
0.01	0.995	0.010	0.21	0.895	0.188
0.02	0.990	0.020	0.22	0.890	0.196
0.03	0.985	0.030	0.23	0.885	0.203
0.04	0.980	0.039	0.24	0.880	0.211
0.05	0.975	0.048	0.25	0.875	0.219
0.06	0.970	0.058	0.26	0.870	0.226
0.07	0.965	0.067	0.27	0.865	0.234
0.08	0.960	0.077	0.28	0.860	0.241
0.09	0.955	0.085	0.29	0.855	0.248
0.10	0.950	0.095	0.30	0.850	0.255
0.11	0.945	0.104	0.31	0.845	0.262
0.12	0.940	0.113	0.32	0.840	0.269
0.13	0.935	0.121	0.33	0.835	0.275
0.14	0.930	0.130	0.34	0.830	0.282
0.15	0.925	0.139	0.35	0.825	0.289
0.16	0.920	0.147	0.36	0.820	0.295
0.17	0.915	0.155	0.37	0.815	0.301
0.18	0.910	0.164	—	—	—
0.19	0.905	0.172	—	—	—
0.20	0.900	0.180			

附录D 冷轧扭钢筋混凝土受弯构件不需作挠度验算的最大跨高比

D.0.1 对配置冷轧扭钢筋、混凝土强度等级为C20、允许挠度值为 $l_0/200$、结构构件的重要性系数 γ_0 为1、活荷载的准永久系数 ψ_q 为0.4，且承受均布荷载的简支受弯构件，其跨高比不大于图D.0.1的相应数值时，可不进行挠度验算。

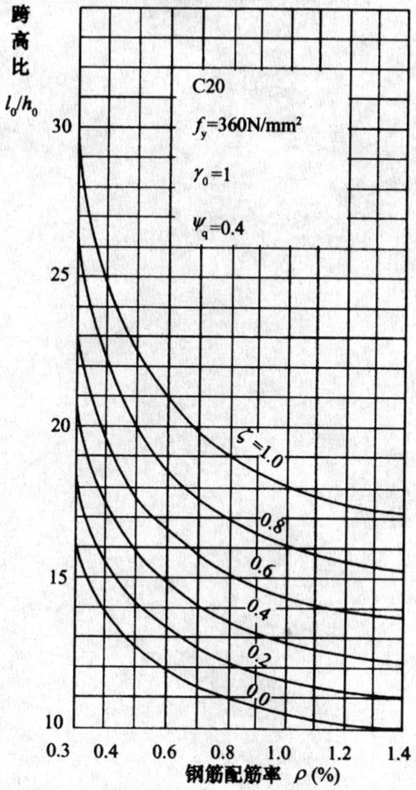

图中 $\zeta=1-\frac{M_{Gk}}{M_s}$

M_{Gk}——为永久荷载标准值在计算截面产生的弯矩标准值；M_s——按荷载的短期效应组合计算的弯矩值。

图D.0.1 冷轧扭钢筋混凝土受弯构件不需作挠度验算的最大跨高比

D.0.2 当不符合本规程D.0.1的条件时，对图D.0.1的跨高比应乘以下列修正系数：

1 当允许挠度值为 $l_0/250$ 时，应乘以修正系数0.8；

2 当允许挠度值为 $l_0/300$ 时，应乘以修正系数0.67。

D.0.3 当准永久值系数 ψ_q 为不同数值时，应按国家标准《混凝土结构设计规范》GB 50010－2002的有关规定乘以相应系数。

本规程用词说明

1 为便于在执行本规程条文时区别对待，对要求严格程度不同的用词说明如下：

1）表示很严格，非这样做不可的：

正面词采用“必须”；

反面词采用“严禁”。

2）表示严格，在正常情况下均应这样做的：

正面词采用“应”，

反面词采用“不应”或“不得”。

3）表示允许稍有选择，在条件许可时首先这样做的：

正面词采用“宜”；

反面词采用“不宜”。

表示有选择，在一定条件下可以这样做的，采用“可”。

2 规程中指定应按其他有关标准、规范执行时写法为：“应符合……的规定”或“应按……执行”。

中华人民共和国行业标准

冷轧扭钢筋混凝土构件技术规程

JGJ 115－2006

条　文　说　明

前　言

《冷轧扭钢筋混凝土构件技术规程》JGJ 115－2006经建设部2006年7月25日以第463号公告批准、发布。

为便于广大设计、施工、科研、学校等有关单位人员在使用本规程时能正确理解和执行条文规定，《冷轧扭钢筋混凝土构件技术规程》编制组以章、节、条顺序，编制本条文说明，供使用者参考。如发现本条文说明有不妥之处，请将意见函寄主编单位（邮编：100045北京南礼士路62号北京市建筑设计研究院科技质量部）。

目　次

1 总　　则

1.0.1～1.0.3　本规程主要适用于工业与民用房屋及一般构筑物采用冷轧扭钢筋配筋的混凝土构件和先张法中、小型预应力冷轧扭钢筋混凝土结构构件的设计与施工。对于抗震设防区的非抗侧力构件，如现浇和预制楼板、次梁、楼梯、基础及其他构造钢筋均可采用冷轧扭钢筋制作。

同时，所开发的Ⅱ、Ⅲ型冷轧扭钢筋，在梁、柱箍筋、墙体分布筋和其他构造钢筋以及制作焊网等亦可采用。

经过本规程编制组对各型号冷轧扭钢筋的材料和构件的试验研究，冷轧扭钢筋混凝土结构的工作机理，均符合现行国家标准《混凝土结构设计规范》GB 50010 的条件。在构件设计、计算、施工中，凡本规程未作规定者，均应执行国家现行有关标准。

2 术语、符号

2.1～2.2

本章所列术语、符号，按现行国家标准《建筑结构设计术语和符号标准》GB/T 50083 规定的原则制订，并与现行国家标准《混凝土结构设计规范》GB 50010 相同。

钢筋的强度等级、伸长率等符号，与现行行业标准《冷轧扭钢筋》JG 190－2006 的规定相一致。

3 材　　料

3.1 混　凝　土

3.1.1、3.1.2　Ⅰ、Ⅱ、Ⅲ型冷轧扭钢筋的强度设计值均较 HPB235、HRB335 高，考虑混凝土强度与钢筋强度相匹配，规定混凝土强度等级不应低于 C20，预应力构件不应低于 C30。根据各型冷轧扭钢筋粘结锚固试验表明：当混凝土强度不低于 C20 时，试件不出现混凝土劈裂现象，可充分利用钢筋强度。混凝土材料的其他参数均同现行国家标准《混凝土结构设计规范》GB 50010。

3.2 冷轧扭钢筋

3.2.2、3.2.3　针对冷轧扭钢筋开发初期存在强度偏高，伸长率较小，对其加工工艺和有关参数进行优化试验研究，从材料的力学性能、加工工艺的可操作性以及耐久性等多方面综合考虑，取全国轧制不同规格的冷轧扭钢筋数千个试样，做了大量几何参数的力学性能试验和复检，本次修订又对 550 级Ⅱ、Ⅲ型和 650 级Ⅲ型预应力冷轧扭钢筋，进行了材性和构性（板、梁）的试验。对普通（非预应力）型的材性进行全面可靠性试验，按 95％保证率取样计算，其中伸长率 A（标距为 $5.65\sqrt{S_0}$）有了较大的提高：$A=10\%\sim12\%$，并获得了冷轧扭钢筋力学性能 $\sigma\text{-}\varepsilon$ 的典型曲线如图 3.2 所示。

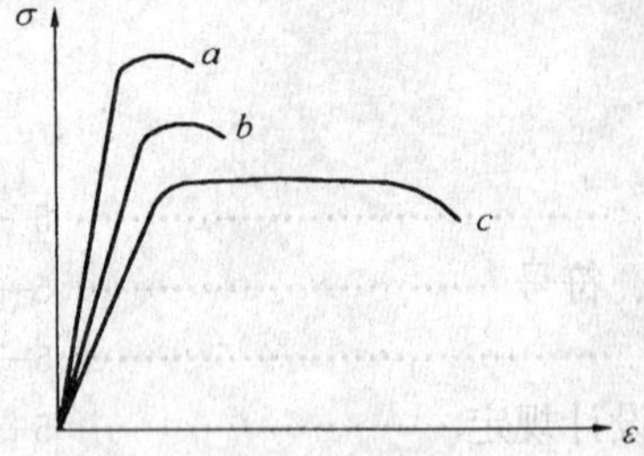

a—Ⅰ型；b—Ⅱ型；c—Ⅲ型

图 3.2　冷轧扭钢筋 $\sigma\text{-}\varepsilon$ 曲线

从图 3.2 可见，钢筋应力达条件屈服点后仍有一段较长的塑性变形阶段。最大拉力下总伸长率试验的统计分析结果变化范围在 1.5％～3.0％，均满足规范和工程应用要求。

3.2.4、3.2.5　鉴于冷轧扭钢筋属无明显屈服点的钢材，根据国家标准规定，其极限抗拉强度即为抗拉强度标准值。从总体大子样统计，强度标准值取实际抗拉强度平均值减 1.645 倍标准差后取整确定，即具有不小于 95％的保证率。

冷轧扭钢筋强度设计值 f_y 以 $0.80\sigma_b$（σ_b 为钢筋的极限抗拉强度）作为条件屈服点，取钢筋材料分项系数 $\gamma_s=1.2$ 而确立。例如Ⅲ型预应力冷轧扭钢筋 $f_{ptk}=650\text{N/mm}^2$，其强度设计值 $f_{py}=650\times0.80/1.2=433\text{N/mm}^2$，取整为 430N/mm^2。现行国家标准《混凝土结构设计规范》GB 50010 规定，钢筋条件屈服点取 $0.85\sigma_b$，本次修订未作变更，留有较大余量。

本次规程修订，将原有Ⅰ、Ⅱ型的强度等级由 580N/mm^2 改为 550N/mm^2。这是因为产品开发初期设计强度取值 $f_y=380\text{N/mm}^2$，规程审查时改为 360N/mm^2，原极限强度未作修改。极限强度的降低对于钢材的伸长率无疑是有利的。当 $f_y=360\text{N/mm}^2$，$f_{yk}=550\text{N/mm}^2$ 时，其材料分项系数为 $550\times0.85/360=1.3$，有较大的安全储备。

根据试验资料统计分析，按有 95％保证率得 $E_s=1.96\times10^5\text{N/mm}^2$。考虑各地方标准及相关规程，取 $E_s=1.90\times10^5\text{N/mm}^2$。

4 基本设计规定

4.1 一 般 规 定

4.1.1～4.1.9　冷轧扭钢筋混凝土结构的设计计算理

论和方法同现行国家标准《混凝土结构设计规范》GB 50010，在常用范围内，本规程列出受弯构件挠度及最大裂缝宽度允许值。

经过一定数量连续构件的试验，冷轧扭钢筋连续板具有较好的塑性性能，有明显的内力重分布现象，并有近10年的工程实践经验。结合控制冷轧扭钢筋混凝土连续板在正常使用阶段裂缝宽度的限制条件，其连续板支座负弯矩调幅值可取弹性体系计算值的15%，设计人员可根据应用部位或试验依据酌情取值，例如双向连续板的安全储备较大，调幅可适当放宽。

4.2 预应力冷轧扭钢筋混凝土结构构件

4.2.1 在不导致构件最小配筋率增加，又满足抗裂与刚度的前提下，预应力钢筋的控制应力值 σ_{con}，一般不超过 $0.7f_{ptk}$，能满足使用要求。结合国内近年来对预应力板类构件的设计使用经验，给出本条建议的张拉控制应力的上、下限值。

4.2.2 为保证预应力钢筋放张后不致引起沿构件方向的纵向劈裂、损伤和有效预应力值的较大损失，工程实践表明，一般情况下，对混凝土强度等级不低于C30的构件，当混凝土强度≥75%混凝土设计强度时放张，构件受力状态和钢筋的粘结锚固性能均满足要求。

4.2.3、4.2.4 预应力冷轧扭钢筋的应力损失可按表4.2.3的规定计算，亦可按具体工程施工的制作厂家，提供相关参数来进行计算。为保证结构的安全，计算出的预应力的总损失值不小于 $100N/mm^2$。

650级的预应力冷轧扭钢筋实测1000h的应力松弛损失在 $3.30\%\sim3.56\%\sigma_{con}$ 范围，张拉后1h的应力松弛率在1%左右。

为保证构件的安全，取应力松弛损失值上限为 $8\%\sigma_{con}$。

5 承载能力极限状态计算

5.1 正截面承载力计算

5.1.1 冷轧扭钢筋混凝土结构正截面承载力计算的基本理论，符合现行国家标准《混凝土结构设计规范》GB 50010的规定。原规程编制组所做的28个冷轧扭钢筋Ⅰ型梁板试验以及本次修订增补的21个冷轧扭钢筋Ⅱ、Ⅲ型梁板试验结果均表明受拉冷轧扭钢筋的极限拉应变均超过0.01，结构构件在破坏前有明显的变形和预兆，均属延性破坏。因此，在进行正截面承载力计算时，可按现行国家标准《混凝土结构设计规范》GB 50010的正截面承载力计算的有关规定执行，其荷载挠度曲线如图5.1。

5.1.2 相对界限受压区高度 ξ_b 取值，可按国家标准

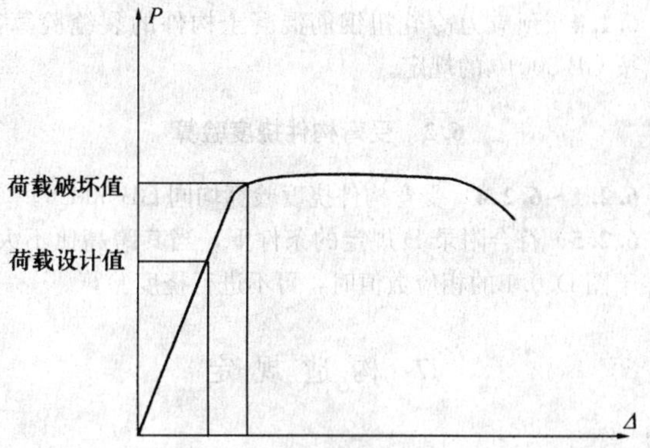

图5.1 冷轧扭钢筋混凝土构件 P-Δ 曲线

《混凝土结构设计规范》GB 50010－2002中公式(7.1.4-2)及(7.1.4-3)计算。

5.1.3、5.1.4 矩形、T形和工形截面的正截面受弯承载力计算的限制条件和相关构造要求等均按GB 50010的有关规定。

5.1.5、5.1.6 为设计应用方便，编制了附录B、附录C。Ⅰ型冷轧扭钢筋与HPB235钢筋单根抗拉强度的对应关系可直接代用。

5.2 斜截面承载力计算

5.2.1～5.2.4 常用截面的受弯构件，斜截面承载力的计算限制条件和有关配置箍筋的构造要求等均按GB 50010的有关规定。

6 正常使用极限状态验算

6.1 裂缝控制验算

6.1.1～6.1.3 原规程JGJ 115－97的裂缝计算公式是根据Ⅰ型冷轧扭钢筋的梁、板试验取钢筋表面系数0.85而得，本次修订补充了Ⅱ、Ⅲ型冷轧扭钢筋的梁、板试验。其实测裂缝宽度与计算值的比较如表1：

表1 实测裂缝宽度与计算值比较

试验构件编号	实测裂缝宽	按JGJ 115计算裂缝值	按GB 50010计算裂缝值
梁1（Ⅱ型）	0.217	0.21	0.25
梁2（Ⅲ型）	0.160	0.20	0.22
板（Ⅲ型）	0.128	0.153	0.199

注：表中计算值分别按JGJ 115－97和GB 50010－2002公式计算。

从表1可知，采用GB 50010计算公式，计算裂缝宽度均大于实测值，为与国家规范协调一致，故取GB 50010计算公式。

6.1.4 预应力冷轧扭钢筋混凝土构件的裂缝验算，按 GB 50010 的规定。

6.2 受弯构件挠度验算

6.2.1～6.2.4 受弯构件挠度验算均同 GB 50010。

6.2.5 符合附录 D 规定的条件下，当其跨高比不大于图 D.0.1 的相应数值时，可不进行挠度验算。

7 构造规定

7.1 混凝土保护层

7.1.1～7.1.3 混凝土保护层厚度的规定是为了满足结构构件的耐久性与对受力钢筋有效锚固的要求。对于 GB 50010 所规定的限值，冷轧扭钢筋混凝土构件也适用。并规定按冷轧扭钢筋截面的最外边缘起算。表 7.1.1 将各构件的保护层厚度，作了细化规定，对于二、三类环境下的悬臂板，应加大上表面的保护层厚度。

7.2 冷轧扭钢筋的锚固

7.2.1 Ⅰ型冷轧扭钢筋与混凝土之间的粘结锚固作用，在受力初期为胶结－摩阻作用，类似光圆钢筋，但因轧制表面粗糙而表面强度有所提高；在受力较大时，靠钢筋螺旋状侧面与混凝土的咬合挤压作用类似于变形钢筋，但因挤压面斜度较小，滑移稍大；在受力很大时，由于旋扭状的连续混凝土咬合齿不易被挤压破碎，且轧扁后与同截面圆钢相比，周长增大约 25%，因此冷轧扭钢筋不会发生锚固拔出破坏。受力后期锚固性能优于带肋钢筋。

由于冷轧扭钢筋不会发生锚固拔出破坏，故不存在承载力问题。根据控制滑移增长率不致过大的锚固刚度条件，确定锚固强度，通过对 22 组 174 个试件的试验结果进行统计回归，由滑移不过大而定义的锚固强度为 $\tau_s=\left[1.217+2.1\dfrac{d}{l_a}\right]f_t$。式中 d 为标志直径，l_a 为锚固长度，f_t 为混凝土抗拉强度。在此基础上进行可靠度分析，取可靠指标 $\beta_a=3.95$（相应时效概率为 $P_a=4.0\times10^{-5}$）进行计算，得到具有相当可靠度的冷轧扭钢筋锚固长度，其取值与混凝土强度有关，强度等级较高时锚固长度减小。Ⅲ型冷轧扭钢筋则与带肋钢筋相同，Ⅱ型冷轧扭钢筋锚固性能略低于Ⅰ、Ⅲ型。故钢筋外形系数按光圆钢筋 $\alpha=0.16$ 取用。根据工程实践经验和设计习惯，按 GB 50010 计算公式给出各类形冷轧扭钢筋不同混凝土强度等级的最小锚固长度的统一值，如表 7.2.1。

当构件中充分利用钢筋抗拉强度时，如悬挑板支座上部纵筋，必须满足上述最小锚固长度。简支板或连续板下部纵向钢筋伸入支座长度，或板边支座按简支计算时的支座上部钢筋，均不属此范畴，可按本规程 7.5 节取用。

7.3 冷轧扭钢筋的接头

7.3.1、7.3.2 冷轧扭钢筋不得采用焊接接头。在规定的搭接长度 $1.2l_a$ 区段内，有接头的受拉钢筋截面面积不应大于总钢筋截面面积的 25%，设置在受压区的接头不受此限。

7.4 冷轧扭钢筋最小配筋率

7.4.1、7.4.2 GB 50010 规定受弯构件的最小配筋率为 0.2% 和 $45f_t/f_y$ 中的较大值。这是由适筋范围内钢筋屈服和受压混凝土应变同时达到极限状态而确定，并随钢筋强度的提高而下降，随混凝土强度等级的提高而上升。对于 C35 及以下混凝土强度等级，采用钢筋强度设计值为 360N/mm^2 时，计算的最小配筋百分率分别为 C35 为 0.196%、C30 为 0.18%、C25 为 0.16%、C20 为 0.14%，鉴于一般楼板混凝土强度等级在 C20～C35 左右，故确定当混凝土强度等于和小于 C35 时为 0.2%，大于 C35 时按 GB 50010 规定公式计算，可靠性满足工程需要。

7.4.3 预应力冷轧扭钢筋受弯构件受力钢筋的最小配筋率的规定，它涉及构件截面的几何特征、混凝土的抗拉强度等级、预应力钢筋的强度设计值和钢筋的控制应力等因素。

冷轧扭钢筋属于无明显屈服点的材料，当构件配筋率较低，混凝土强度等级较低，控制应力较高时，使用和施工不当时，结构构件极易产生损伤或断裂。为防止上述几种现象的发生，尤其在仅配置预应力受力钢筋时，在结构设计中必须满足构件的最小配筋率。为提高构件延性，宜适当加配非预应力筋。

7.5 板

7.5.1～7.5.9 现浇楼板是应用冷轧扭钢筋量大面广的构件，其构造要求应符合 GB 50010 的相关规定。根据实践经验，楼板中纵向受力冷轧扭钢筋的间距以 150mm 为宜，可有效控制板面裂缝。

7.5.10 当采用Ⅰ、Ⅱ型冷轧扭钢筋做支座上部钢筋时，由于其截面形状不便定尺成型，根据应用经验，可在一端弯 90°直钩，交错放置，用架立筋连成整体后，比同截面的圆钢有较好的架立刚度。

7.5.11 当板中采用Ⅲ型冷轧扭钢筋制作焊网时，由于目前试验依据不足，可按现行行业标准《钢筋焊接网混凝土结构技术规程》JGJ 114 中冷拔光面钢筋的相关规定取用。

7.6 梁

7.6.1～7.6.9 冷轧扭钢筋最大标志直径为 12mm，因此在梁内应用主要是小跨度的楼层次梁和过梁等非抗震构件，有关配筋构造应符合 GB 50010 要求。

7.6.10 Ⅰ、Ⅱ型冷轧扭钢筋的螺旋状截面不易定尺弯折，故不宜制作弯起钢筋。

Ⅲ型冷轧扭钢筋可用作箍筋和弯起钢筋。

8 冷轧扭钢筋混凝土构件的施工

8.1 冷轧扭钢筋产品的验收和复检

8.1.1～8.1.3 冷轧扭钢筋产品应加强质量管理，进入施工现场时，使用方应分批验收。如有异常现象，应对原材料中含碳量和其他有害成分进行化学成分的复检，控制好母材质量是十分重要的。

8.1.4～8.1.7 使用方在冷轧扭钢筋产品进场后均应分批做复检，以确保质量。冷轧扭钢筋质量主要从三方面检验：一是外观要求，包括表面清洁、无损伤、无腐蚀等；二是规格尺寸，包括轧制截面、节距、每延米重量等；三是力学性能，包括抗拉强度、延伸率、冷弯等。条文中均提出了具体要求，三方面均满足要求即为合格的冷轧扭钢筋。

8.2 冷轧扭钢筋混凝土构件的施工

8.2.1 冷轧扭钢筋混凝土构件的施工，对模板、混凝土工程要求同普通钢筋混凝土构件。

8.2.2 冷轧扭钢筋较同标志直径母材断面面积小而较同截面圆钢的周长大，对腐蚀较敏感，故严禁采用对钢筋有腐蚀作用的外加剂。

8.2.4、8.2.5 对冷轧扭钢筋的铺设绑扎提出了基本要求，与普通钢筋工程基本相同。

8.2.7 Ⅲ型冷轧扭钢筋（CTB550 级）外型为圆形螺旋肋，可用于焊接网。

9 预应力冷轧扭钢筋混凝土构件的施工工艺

9.1 原材料及设备检验

9.1.1～9.1.4 对预应力冷轧扭钢筋的原材料、锚具、夹具等进行系统的外观检查和相关力学性能检验，是保证原材料质量的首要工作。对张拉机具设备、仪表应由专人负责使用，定期检查维修和按规定日期进行校验，对镦头锚所要求的几何直径，外观及抗拉强度等均应进行一一检验。

9.2 预应力冷轧扭钢筋的张拉

9.2.1～9.2.12 控制预应力值是通过对预应力的张拉而建立起来的。为保证其控制预应力值，要求张拉预应力时应变的起点值基本相等的条件下，保证预应力张拉时和在规定 48h 浇筑完混凝土的时段内，其环境温度不宜低于－10℃和大于 20℃。为保证预应力钢筋在混凝土中的粘接锚固作用，严禁隔离剂对预应力筋的污染。对张拉后断裂和滑脱的预应力钢筋，浇筑混凝土前，必须更换，浇筑混凝土后失效的预应力钢筋的总量不得超过同一构件预应力钢筋总量的 5%，且严禁相邻两根断裂或滑脱。

预应力冷轧扭钢筋锚定后，在长线生产中滑移值不得超过 5mm，在短线生产中，钢筋镦头后的有效长度偏差在同一个构件中不得大于 2mm。超过限值应重新张拉或采取补救措施。

在张拉和锚定预应力钢筋时，严禁操作人员在台座两端和跨越钢筋。注意张拉机具装置的失灵，加强原材料检验，防止不合格原材料钢筋混入。

9.3 预应力冷轧扭钢筋混凝土构件的制作

9.3.1～9.3.3 预应力冷轧扭钢筋混凝土构件一般在台座上制作，要求台座平整，铺设的预应力钢筋要平直。在构件与台面间设隔离层，连续浇注，加强养护等技术方法，以提高构件的抗裂性能。

9.4 预应力筋的放松

9.4.1、9.4.2 放松预应力钢筋是先张法预应力构件生产中的最后一道工序。放松预应力钢筋应在混凝土达到一定强度后，才能进行。如设计没有特殊要求，一般应在混凝土强度达到设计强度的 75%时，方可进行。

放松预应力钢筋时要求：先放松受压钢筋，后放松受拉区钢筋，先两侧后中间，对称、同步、均匀、缓慢，严防放松对钢筋的突然冲击和扭力。

张拉端夹具变形和钢筋内缩值，应符合本规程的限值要求。

9.5 结构构件性能的检验

9.5.1、9.5.2 结构构件性能的检验，必须对构件的承载力、刚度和裂缝宽度进行全面的检验。当设计要求按实际的抗裂计算值进行检验时，可按公式 9.5.2-1 和公式 9.5.2-2 计算。

对于构件的检验和验算等应符合现行国家标准《混凝土结构工程施工质量验收规范》GB 50204 的有关规定。

中华人民共和国行业标准

钢筋焊接网混凝土结构技术规程

Technical specification for concrete structures reinforced with welded steel fabric

JGJ 114—2003

批准部门：中华人民共和国建设部
施行日期：2 0 0 3 年 9 月 1 日

中华人民共和国建设部
公　　告

第161号

建设部关于发布行业标准《钢筋焊接网混凝土结构技术规程》的公告

现批准《钢筋焊接网混凝土结构技术规程》为行业标准，编号为JGJ 114—2003，自2003年9月1日起实施。其中，第3.1.4、3.1.5、5.1.2条为强制性条文，必须严格执行。原行业标准《钢筋焊接网混凝土结构技术规程》JGJ/T 114—97同时废止。

本规程由建设部标准定额研究所组织中国建筑工业出版社出版发行。

中华人民共和国建设部
2003年7月11日

前　　言

根据建设部建标［2000］284号文的要求，规程编制组经广泛调查研究，认真总结实践经验，参考有关国外先进标准，并在广泛征求意见的基础上，对《钢筋焊接网混凝土结构技术规程》JGJ/T 114—97进行了修订。

本规程的主要技术内容是：1. 总则；2. 术语、符号；3. 材料；4. 设计计算；5. 构造规定；6. 施工；7. 附录A～附录E。

修订的主要内容是：1. 适用范围扩大到市政工程的桥梁和路面等，增加了冷轧带肋钢筋焊接网板类受弯构件在疲劳荷载作用下的设计参数；2. 新增了热轧带肋钢筋焊接网的有关规定以及焊接箍筋笼的技术内容；3. 结构构件的承载力、刚度和裂缝宽度计算公式作了调整；4. 对构件的钢筋保护层厚度和最小配筋率作了调整，增加了有抗震设防要求的结构构件中钢筋焊接网的锚固长度和搭接长度；5. 补充了板的构造规定，特别是双向板的布网方式；6. 焊接网用于房屋剪力墙的分布筋时，对边缘构件的构造、分布筋的配筋构造以及房屋适用最大高度等作了补充规定；7. 给出了桥面铺装用钢筋焊接网常用规格表。

本规程由建设部归口管理，由主编单位负责具体技术内容的解释。

本规程主编单位：中国建筑科学研究院（北京市北三环东路30号　邮编：100013）

本规程参编单位：江苏省建筑科学研究院　北京市市政工程设计研究总院　星联钢网（深圳）有限公司　比亚西电焊钢网（上海）有限公司

本规程主要起草人：顾万黎　卢锡鸿　林振伦
王　磊　张学军　包琦玮

目　次

1 总　　则

1.0.1 为了贯彻执行国家的技术经济政策，使钢筋焊接网混凝土结构的设计与施工做到技术先进、经济合理、安全适用、确保质量，制定本规程。

1.0.2 本规程适用于房屋建筑、市政工程及一般构筑物采用钢筋焊接网配筋的混凝土结构的设计与施工。

1.0.3 钢筋焊接网混凝土结构的设计与施工，除应符合本规程外，尚应符合国家现行有关强制性标准的规定。

2 术语、符号

2.1 术　　语

2.1.1 焊接网 welded fabric

具有相同或不同直径的纵向和横向钢筋分别以一定间距垂直排列，全部交叉点均用电阻点焊焊在一起的钢筋网片。

2.1.2 冷轧带肋钢筋 cold rolled ribbed steel wire

热轧圆盘条经冷轧减径并在其表面形成三面或两面月牙形横肋的钢筋。

2.1.3 冷拔（轧）光面钢筋 cold drawn（rolled）plain steel wire

热轧圆盘条经冷拔（轧）减径而成的光面圆形钢筋。

注：冷拔（轧）光面钢筋，在后文中简称为冷拔光面钢筋。

2.1.4 热轧带肋钢筋 hot rolled ribbed steel bar

钢筋以热轧成型并自然冷却，横截面为圆形，且表面带有两条纵肋和沿长度方向均匀分布的横肋的钢筋。

2.1.5 间距 spacing

焊接网中相邻钢筋中心线之间的距离。对于并筋，中心线取两根钢筋接触点的公切线。

2.1.6 并筋 twin bars

焊接网中并列紧贴在一起的同类型、同直径的两根钢筋。并筋仅适用于纵向钢筋。

2.1.7 伸出长度 overhang

纵向、横向钢筋超出焊接网片最外边的横向、纵向钢筋中心线的长度。

2.1.8 焊接网的搭接 lap of welded fabric

在混凝土结构构件中，当焊接网片长度或宽度不够时，按一定要求将两张网片互相叠合或镶入而形成的连接。

2.1.9 叠搭法 normal overlapping

一张网片叠在另一张网片上的搭接方法（图2.1.9）。

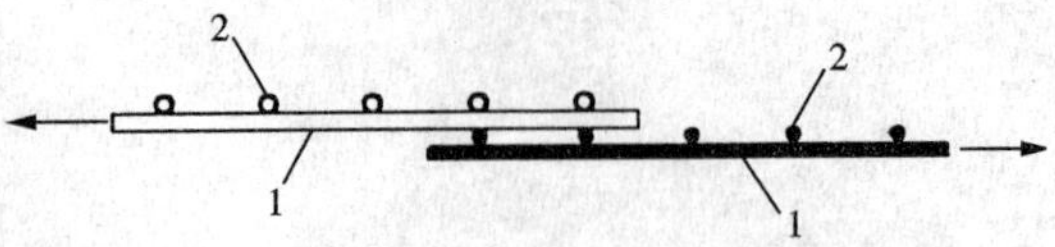

图 2.1.9　叠搭法

1—纵向钢筋；2—横向钢筋

2.1.10 平搭法 nesting

一张网片的钢筋镶入另一张网片，使两张网片的纵向和横向钢筋各自在同一平面内的搭接方法（图2.1.10）。

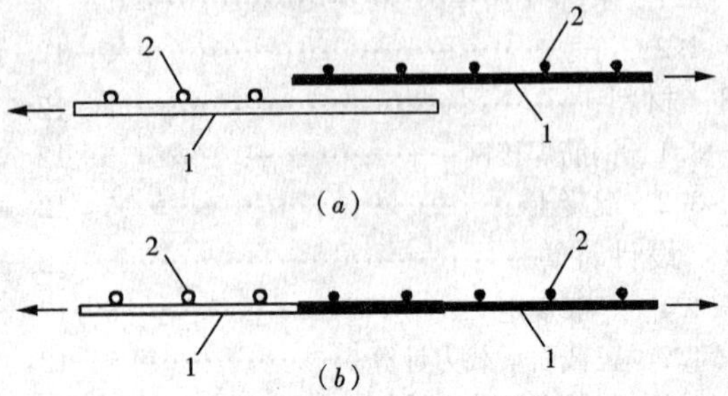

图 2.1.10　平搭法

(a) 搭接前；(b) 搭接后

1—纵向钢筋；2—横向钢筋

2.1.11 扣搭法 back overlapping

一张网片扣在另一张网片上，使横向钢筋在一个平面内、纵向钢筋在两个不同平面内的搭接方法（图2.1.11）。

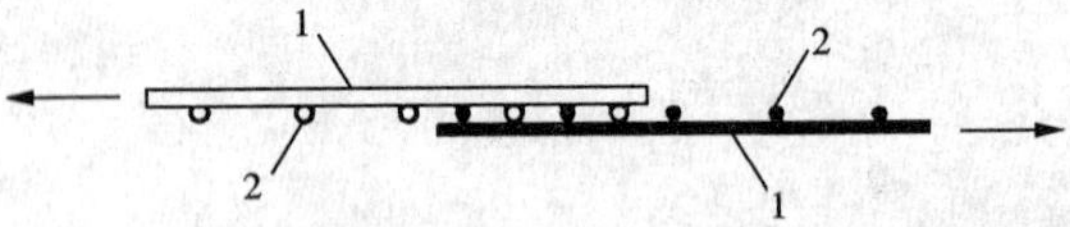

图 2.1.11　扣搭法

1—纵向钢筋；2—横向钢筋

2.1.12 焊接网搭接长度 lap length of welded fabric

两张焊接网片搭接钢筋末端之间的距离（带肋钢筋焊接网）或两张搭接网片最外横向钢筋间的距离（光面钢筋焊接网）。

2.1.13 焊接箍筋笼 welded stirrup cage

梁、柱箍筋用附加纵筋连接先焊成平面网片，然后用弯折机弯成设计形状尺寸的焊接箍筋骨架（图2.1.13）。

2.1.14 底网 bottom fabric

两层或两层以上焊接网时，最下面的一层网片。

2.1.15 面网 top fabric

两层或两层以上焊接网时，最上面的一层网片。

2.1.16 桥面铺装 bridge deck pavement

为保护桥面板和分布车轮的集中荷载，用沥青混凝土、水泥混凝土、高分子聚合物等材料铺筑在桥面

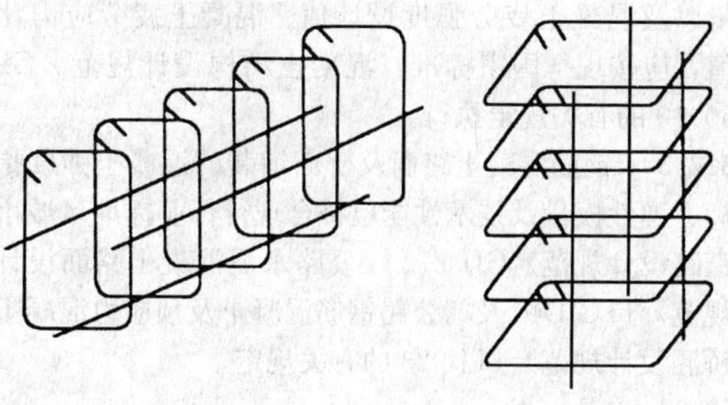

（a）　　　　　　　　　（b）

图 2.1.13　焊接箍筋笼

（a）梁用箍筋笼；（b）柱用箍筋笼

板上的保护层。

2.1.17　钢筋混凝土路面 reinforced concrete pavement

配置有纵、横向钢筋或钢筋焊接网的水泥混凝土路面。

2.1.18　隧道 tunnel

为使道路从地层内部或水底通过而修建的构筑物。

2.2 符　号

2.2.1　作用和作用效应

M——弯矩设计值；

M_k——按荷载效应的标准组合计算的弯矩值；

M_q——按荷载效应的准永久组合计算的弯矩值；

σ_{sk}——按荷载效应的标准组合计算的纵向受拉钢筋应力。

2.2.2　材料性能

E_s——钢筋弹性模量；

f_{stk}——冷轧带肋（或冷拔光面）钢筋焊接网钢筋抗拉强度标准值；

f_{yk}——热轧带肋钢筋焊接网钢筋抗拉强度标准值；

f_y——焊接网钢筋抗拉强度设计值；

f'_y——焊接网钢筋抗压强度设计值；

f_c——混凝土轴心抗压强度设计值。

2.2.3　几何参数

a_s——纵向受拉钢筋合力点至截面近边的距离；

a'_s——纵向受压钢筋合力点至截面近边的距离；

b——矩形截面宽度，T形、I形截面的腹板宽度；

d——钢筋直径；

h_0——截面有效高度；

l_a——纵向受拉钢筋的最小锚固长度；

x——混凝土受压区高度；

A_s——受拉区纵向钢筋的截面面积；

A'_s——受压区纵向钢筋的截面面积；

B——受弯构件的截面刚度；

B_s——荷载效应的标准组合作用下受弯构件的短期刚度。

2.2.4　计算系数

ξ_b——相对界限受压区高度；

α_E——钢筋弹性模量与混凝土弹性模量的比值；

ρ——纵向受拉钢筋配筋率；

ν——钢筋的相对粘结特性系数；

ψ——裂缝间纵向受拉钢筋应变不均匀系数。

3 材　料

3.1 钢筋焊接网

3.1.1　钢筋焊接网宜采用CRB550级冷轧带肋钢筋或HRB400级热轧带肋钢筋制作，也可采用CPB550级冷拔光面钢筋制作。

注：焊接网用钢筋的技术要求应符合现行国家标准《钢筋混凝土用钢筋焊接网》GB/T 1499.3的规定。

3.1.2　钢筋焊接网分为定型焊接网和定制焊接网两种。

1　定型焊接网在两个方向上的钢筋间距和直径可以不同，但在同一方向上的钢筋宜有相同的直径、间距和长度。

定型钢筋焊接网的型号可见本规程附录A。

2　定制焊接网的形状、尺寸应根据设计和施工要求，由供需双方协商确定。

3.1.3　钢筋焊接网的规格宜符合下列规定：

1　钢筋直径：冷轧带肋钢筋或冷拔光面钢筋为4～12mm，冷加工钢筋直径在4～12mm范围内可采用0.5mm进级，受力钢筋宜采用5～12mm；热轧带肋钢筋宜采用6～16mm。

2　焊接网长度不宜超过12m，宽度不宜超过3.3m。

3　焊接网制作方向的钢筋间距宜为100mm、150mm、200mm；与制作方向垂直的钢筋间距宜为100～400mm，且宜为10mm的整倍数。焊接网的纵向、横向钢筋可以采用不同种类的钢筋。当双向板底网（或面网）采用本规程第5.2.10条规定的双层配筋时，非受力钢筋的间距不宜大于1000mm。

3.1.4　焊接网钢筋的强度标准值应具有不小于95%的保证率。

冷轧带肋钢筋及冷拔光面钢筋的强度标准值系根据极限抗拉强度确定，用 f_{stk} 表示。热轧带肋钢筋的强度标准值系根据屈服强度确定，用 f_{yk} 表示。

焊接网钢筋的强度标准值 f_{stk} 和 f_{yk} 应按表3.1.4采用。

表 3.1.4 焊接网钢筋强度标准值（N/mm^2）

焊接网钢筋	符号	钢筋直径(mm)	f_{stk}或 f_{yk}
冷轧带肋钢筋 CRB550	ϕ^R	5、6、7、8、9、10、11、12	550
热轧带肋钢筋 HRB400		6、8、10、12、14、16	400
冷拔光面钢筋 CPB550	ϕ^{cp}	5、6、7、8、9、10、11、12	550

3.1.5 焊接网钢筋的抗拉强度设计值 f_y 和抗压强度设计值 f'_y 应按表 3.1.5 采用。

表 3.1.5 焊接网钢筋强度设计值（N/mm^2）

焊接网钢筋	符 号	f_y	f'_y
冷轧带肋钢筋 CRB550	ϕ^R	360	360
热轧带肋钢筋 HRB400		360	360
冷拔光面钢筋 CPB550	ϕ^{cp}	360	360

注：在钢筋混凝土结构中，轴心受拉和小偏心受拉构件的钢筋抗拉强度设计值大于 $300N/mm^2$ 时，仍应按 $300N/mm^2$ 取用。

3.1.6 焊接网钢筋的弹性模量 E_s 应按表 3.1.6 采用。

表 3.1.6 焊接网钢筋弹性模量 E_s（N/mm^2）

焊接网钢筋	E_s
冷轧带肋钢筋 CRB550	1.9×10^5
热轧带肋钢筋 HRB400	2.0×10^5
冷拔光面钢筋 CPB550	2.0×10^5

3.1.7 焊接网钢筋的疲劳应力比值 ρ_s^f 应按下式计算：

$$\rho_s^f=\frac{\sigma_{s,min}^f}{\sigma_{s,max}^f}$$

式中 $\sigma_{s,min}^f$——构件疲劳验算时，同一层钢筋的最小应力；

$\sigma_{s,max}^f$——构件疲劳验算时，同一层钢筋的最大应力。

3.1.8 冷轧带肋钢筋焊接网用于疲劳荷载作用下的板类受弯构件，当进行疲劳验算钢筋的最大应力不超过 $280N/mm^2$、疲劳应力比值 $\rho_s^f>0.3$ 时，钢筋的疲劳应力幅值应不大于 $80N/mm^2$。

3.2 混 凝 土

3.2.1 钢筋焊接网混凝土结构的混凝土强度等级不应低于 C20。当处于二、三类环境中的结构构件，其混凝土强度等级不宜低于 C30，且混凝土耐久性设计应符合现行国家标准《混凝土结构设计规范》GB 50010 的有关规定。

注：混凝土结构的环境类别的划分应按现行国家标准《混凝土结构设计规范》GB 50010 的规定。

3.2.2 混凝土的强度标准值、强度设计值和弹性模量以及混凝土疲劳强度设计值、混凝土疲劳应力比值，应按现行国家标准《混凝土结构设计规范》GB 50010 的有关规定执行。

3.2.3 钢筋混凝土路面及桥面铺装的混凝土强度指标、弹性模量及技术性能应符合现行行业标准《城市道路设计规范》CJJ 37、《公路水泥混凝土路面设计规范》JTG D40 及《公路钢筋混凝土及预应力混凝土桥涵设计规范》JTJ 023 的有关规定。

4 设 计 计 算

4.1 一 般 规 定

4.1.1 钢筋焊接网配筋的混凝土结构设计时，其基本设计规定、承载能力极限状态计算、正常使用极限状态验算和构件抗震设计等，除应符合本规程的要求外，尚应符合现行国家标准《建筑结构荷载规范》GB 50009、《混凝土结构设计规范》GB 50010 及《建筑抗震设计规范》GB 50011 的有关规定。

4.1.2 结构构件的承载力计算，应采用荷载设计值；变形及裂缝宽度验算均应采用相应的荷载代表值。

4.1.3 受弯构件的最大挠度应按荷载效应的标准组合并考虑长期作用影响进行计算，其计算值不应超过表 4.1.3 规定的挠度限值。

表 4.1.3 受弯构件的挠度限值

屋盖、楼盖及楼梯构件	挠 度 限 值
当 $l_0<7m$ 时	$l_0/200$ ($l_0/250$)
当 $7m\leqslant l_0\leqslant9m$ 时	$l_0/250$ ($l_0/300$)

注：1 如果构件制作时预先起拱，且使用上也允许，则在验算挠度时，可将计算所得的挠度值减去起拱值；
2 计算悬臂构件的挠度限值时，其计算跨度 l_0 按实际悬臂长度的 2 倍取用；
3 表中括号内的数值适用于使用上对挠度有较高要求的构件；
4 l_0 为计算跨度。

4.1.4 钢筋焊接网混凝土结构构件应根据环境类别，按表 4.1.4 的规定选用不同的最大裂缝宽度限值。

表 4.1.4 结构构件的最大裂缝宽度限值（mm）

环境类别	最大裂缝宽度限值
一	0.3
二、三	0.2

注：1 本条所述结构构件的裂缝宽度系指荷载作用引起的裂缝，不包括混凝土干缩和温度变化引起的裂缝；
2 对处于液体压力下的钢筋混凝土结构构件，其裂缝控制要求应符合专门标准的有关规定。

4.1.5 冷轧带肋钢筋焊接网配筋的混凝土连续板的内力计算可考虑塑性内力重分布，其支座弯矩调幅值不应大于按弹性体系计算值的15%。

注：热轧带肋钢筋焊接网配筋的混凝土连续板考虑塑性内力重分布的计算，尚应符合有关标准的规定。

4.1.6 钢筋焊接网配筋的叠合式受弯构件的正截面、斜截面承载力计算、裂缝宽度验算以及考虑施工阶段不同支撑情况的计算等，可按现行国家标准《混凝土结构设计规范》GB 50010 的有关规定执行。

4.1.7 钢筋混凝土路面的设计计算，可按现行行业标准《公路水泥混凝土路面设计规范》JTG D40 的规定执行。

4.2 正截面承载力计算

4.2.1 钢筋焊接网配筋的混凝土结构构件正截面承载力计算方法的基本假定应符合现行国家标准《混凝土结构设计规范》GB 50010的有关规定。

4.2.2 矩形截面或翼缘位于受拉边的倒T形截面受弯构件,其正截面受弯承载力应符合下列规定(图4.2.2)：

$$M \leqslant \alpha_1 f_c bx\left(h_0-\frac{x}{2}\right)+f'_y A'_s(h_0-\alpha'_s) \tag{4.2.2-1}$$

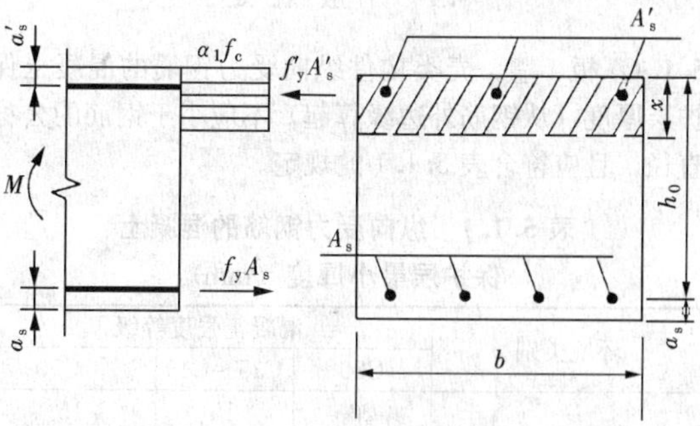

图4.2.2 矩形截面受弯构件正截面受弯承载力计算

混凝土受压区高度应按下列公式确定：

$$\alpha_1 f_c bx = f_y A_s - f'_y A'_s \tag{4.2.2-2}$$

混凝土受压区的高度尚应符合下列要求：

$$x \leqslant \xi_b h_0 \tag{4.2.2-3}$$

$$x \geqslant 2a'_s \tag{4.2.2-4}$$

式中 M——弯矩设计值；

f_c——混凝土轴心抗压强度设计值，应符合本规程第3.2.2条的有关规定；

A_s——受拉区纵向钢筋的截面面积；

A'_s——受压区纵向钢筋的截面面积；

h_0——截面的有效高度；

b——矩形截面的宽度或倒T形截面的腹板宽度；

x——混凝土受压区高度；

α'_s——受压区纵向钢筋合力点至受压区边缘的距离；

α_1——系数，当混凝土强度等级不超过C50时，α_1 取为1.0，当混凝土强度等级为C80时，α_1 取为0.94，其间按线性内插法取用；

ξ_b——相对界限受压区高度，当混凝土强度等级不超过C50时，对CRB550级和CPB550级钢筋焊接网，取 $\xi_b=0.37$；对HRB400级钢筋焊接网，取 $\xi_b=0.52$。当混凝土强度等级超过C50时，ξ_b 的取值按混凝土结构设计规范的有关规定。

注：对于小直径的HRB400级钢筋，当无明显屈服点、且混凝土强度等级不超过C50时，取 $\xi_b=0.37$。

4.2.3 冷轧带肋钢筋焊接网板类受弯构件，其疲劳验算可按现行国家标准《混凝土结构设计规范》GB 50010的有关规定执行。钢筋疲劳应力幅限值应按本规程第3.1.8条的规定。

4.3 斜截面承载力计算

4.3.1 钢筋焊接网配筋的混凝土结构受弯构件，其斜截面受剪承载力的计算应符合现行国家标准《混凝土结构设计规范》GB 50010的有关规定。

4.3.2 斜截面受剪承载力计算时，带肋钢筋焊接网钢筋或箍筋笼钢筋的抗拉强度设计值应按本规程表3.1.5采用。

4.4 裂缝宽度验算

4.4.1 钢筋焊接网配筋的混凝土受弯构件，最大裂缝宽度计算值不应超过本规程表4.1.4规定的限值。

对在一类环境（室内正常环境）下钢筋焊接网配筋的混凝土板类受弯构件，当混凝土强度等级不低于C20、纵向受力钢筋直径不大于10mm（对CRB550级和HRB400级钢筋焊接网）且混凝土保护层厚度不大于20mm时，可不作最大裂缝宽度验算。

4.4.2 钢筋焊接网配筋的混凝土板类受弯构件，按荷载效应的标准组合并考虑长期作用影响的最大裂缝宽度 w_{max}（mm）可按下列公式计算：

$$w_{max}=\alpha_{cr}\psi\frac{\sigma_{sk}}{E_s}\left(1.9c+0.08\frac{d_{eq}}{\rho_{te}}\right) \tag{4.4.2-1}$$

$$\psi=\alpha-\frac{0.65f_{tk}}{\rho_{te}\sigma_{sk}} \tag{4.4.2-2}$$

$$\sigma_{sk}=\frac{M_k}{0.87A_s h_0} \tag{4.4.2-3}$$

$$d_{eq}=\frac{\Sigma n_i d_i^2}{\Sigma n_i \nu_i d_i} \tag{4.4.2-4}$$

式中 α_{cr}——构件受力特征系数，对带肋钢筋焊接网配筋的混凝土板，取 $\alpha_{cr}=1.9$，对光面钢筋焊接网配筋的混凝土板，取 $\alpha_{cr}=2.1$；

ψ——裂缝间纵向受拉钢筋应变不均匀系数，当 $\psi<0.1$ 时，取 $\psi=0.1$；当 $\psi>1$ 时，取 $\psi=1$；对直接承受重复荷载的构件，取 $\psi=1$；

σ_{sk}——按荷载效应的标准组合计算的钢筋混凝土构件纵向受拉钢筋的应力；

E_s——钢筋弹性模量，按本规程表 3.1.6 采用；

α——系数，对带肋钢筋焊接网，取 $\alpha=1.05$；对光面钢筋焊接网，取 $\alpha=1.1$；

c——最外层纵向受拉钢筋外边缘至受拉区底边的距离（mm）；

ρ_{te}——按有效受拉混凝土截面面积计算的纵向受拉钢筋配筋率，$\rho_{te}=A_s/(0.5bh)$，当 $\rho_{te}<0.01$ 时，取 $\rho_{te}=0.01$；

M_k——按荷载效应的标准组合计算的弯矩值；

d_{eq}——受拉区纵向钢筋的等效直径（mm）；

ν_i——受拉区第 i 种纵向钢筋的相对粘结特性系数，对带肋钢筋取 $\nu_i=1.0$，对光面钢筋取 $\nu_i=0.7$；

d_i——受拉区第 i 种纵向钢筋的公称直径（mm）；

n_i——受拉区第 i 种纵向钢筋的根数。

4.5 受弯构件挠度验算

4.5.1 钢筋焊接网混凝土受弯构件的挠度应按荷载效应标准组合并考虑荷载长期作用影响的刚度 B 进行计算，所求得的挠度计算值不应超过本规程表 4.1.3 规定的限值。

4.5.2 矩形、T形、倒T形和I形截面钢筋焊接网混凝土受弯构件的刚度 B，可按下列公式计算：

$$B=\frac{M_k}{M_q(\theta-1)+M_k}B_s \quad (4.5.2)$$

式中 M_k——按荷载效应的标准组合计算的弯矩，取计算区段内的最大弯矩值；

M_q——按荷载效应的准永久组合计算的弯矩，取计算区段内的最大弯矩值；

B_s——荷载效应标准组合作用下受弯构件的短期刚度，按本规程第 4.5.3 条的公式计算；

θ——考虑荷载长期作用对挠度增大的影响系数，按混凝土结构设计规范的规定采用。

4.5.3 在荷载效应标准组合作用下，钢筋焊接网混凝土受弯构件的短期刚度 B_s 可按下列公式计算：

$$B_s=\frac{E_sA_sh_0^2}{1.15\psi+0.2+\frac{6\alpha_E\rho}{1+3.5\gamma'_f}} \quad (4.5.3\text{-}1)$$

$$\gamma'_f=\frac{(b'_f-b)h'_f}{bh_0} \quad (4.5.3\text{-}2)$$

式中 ψ——裂缝间纵向受拉钢筋应变不均匀系数，按本规程公式（4.4.2-2）计算；当 $\psi<0.1$ 时，取 $\psi=0.1$；当 $\psi>1.0$ 时，取 $\psi=1.0$；对直接承受重复荷载的构件，取 $\psi=1.0$；

α_E——钢筋弹性模量与混凝土弹性模量的比值；

ρ——纵向受拉钢筋配筋率，$\rho=A_s/(bh_0)$；

E_s——钢筋的弹性模量，按本规程表 3.1.6 采用；

γ'_f——受压翼缘截面面积与腹板有效截面面积的比值；

b——矩形截面的宽度，T形或I形截面的腹板宽度；

b'_f——受压区翼缘的宽度；

h'_f——受压区翼缘的高度，当 $h'_f>0.2h_0$ 时，取 $h'_f=0.2h_0$。

5 构造规定

5.1 一般规定

5.1.1 板、墙、壳类构件纵向受力钢筋的混凝土保护层厚度（从钢筋外边缘算起）不应小于钢筋的公称直径，且应符合表 5.1.1 的规定。

表 5.1.1 纵向受力钢筋的混凝土保护层最小厚度（mm）

环境类别		混凝土强度等级		
		C20	C25～C45	≥C50
一		20	15	15
二	a	—	20	20
	b	—	25	20
三		—	30	25

注：1 处于一类环境且由工厂生产的预制构件，当混凝土强度等级不低于C20时，其保护层厚度可按表中规定减少5mm，但不应小于15mm；处于二类环境且由工厂生产的预制构件，当表面采取有效保护措施时，保护层厚度可按表中一类环境数值取用；

2 构造钢筋的保护层厚度不应小于本表中相应数值减10mm，且不应小于10mm；梁、柱中箍筋、构造钢筋和箍筋笼的保护层厚度不应小于15mm；

3 基础中纵向受力钢筋的保护层厚度不应小于40mm；当无垫层时不应小于70mm；

4 有防火要求的建筑物，其保护层厚度尚应符合国家现行有关防火规范的规定。

5.1.2 钢筋焊接网混凝土结构构件中纵向受拉钢筋的最小配筋率，不应小于 0.2%和 $(45f_t/f_y)$%两者中的较大值。

注：受弯构件受拉钢筋的配筋率应按全截面面积扣除受压翼缘面积 $(b'_f-b)h'_f$ 后的截面面积计算。

5.1.3 钢筋混凝土路面用钢筋焊接网的最小直径及最大间距应符合现行行业标准《公路水泥混凝土路面设计规范》JTG D40 的规定。当采用冷轧带肋钢筋时，钢筋直径不应小于 8mm、纵向钢筋间距不应大于 200mm、横向钢筋间距不应大于 300mm。焊接网的纵横向钢筋宜采用相同的直径，钢筋的保护层厚度不应小于 50mm。钢筋混凝土路面补强用的焊接网可按钢筋混凝土路面用焊接网的有关规定执行。

5.1.4 桥面铺装用钢筋焊接网的直径及间距应依据桥梁结构形式及荷载等级确定。钢筋焊接网间距可采用 100～200mm，其直径宜采用 6～10mm。钢筋焊接网纵、横向宜采用相等间距，焊接网距顶面的保护层厚度不应小于 20mm。桥面铺装用钢筋焊接网常用规格表见本规程附录 B。

5.1.5 隧道衬砌配筋采用钢筋焊接网时，可根据围岩类别按《公路隧道设计规范》JGJ 026 确定。锚喷支护焊接网可采用带肋钢筋，间距宜为 150～300mm，直径宜为 5～10mm。

5.1.6 桥台、挡土墙及市政工程其他构筑物的分布钢筋和防收缩钢筋采用钢筋焊接网时，其构造应按照相关标准的规定执行。

5.1.7 当计算中充分利用钢筋的抗拉强度，对受拉冷轧带肋钢筋及热轧带肋钢筋焊接网，在锚固长度范围内应有不少于一根横向钢筋，当此横向钢筋至计算截面的距离不小于 50mm（图 5.1.7）时，或在锚固长度内无横向钢筋时，钢筋的最小锚固长度 l_a 应符合表 5.1.7 的规定。

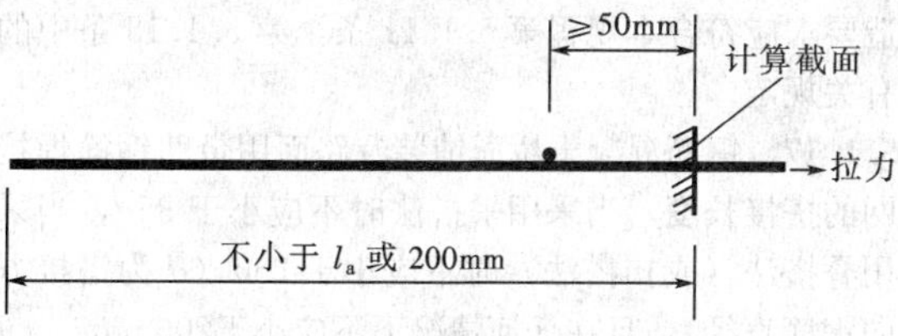

图 5.1.7　受拉带肋钢筋焊接网的锚固

表 5.1.7　纵向受拉带肋钢筋焊接网最小锚固长度 l_a（mm）

钢筋焊接网类型		混凝土强度等级				
		C20	C25	C30	C35	≥C40
CRB550 级钢筋焊接网	锚固长度内无横筋	40d	35d	30d	28d	25d
	锚固长度内有横筋	30d	26d	23d	21d	20d

续表

钢筋焊接网类型		混凝土强度等级				
		C20	C25	C30	C35	≥C40
HRB400 级钢筋焊接网	锚固长度内无横筋	45d	40d	35d	32d	30d
	锚固长度内有横筋	35d	31d	28d	25d	23d

注：1　当焊接网中的纵向钢筋为并筋时，其锚固长度应按表中数值乘以系数 1.4 后取用；
2　当锚固区内无横筋、焊接网的纵向钢筋净距不小于 5d（d 为纵向钢筋直径）且纵向钢筋保护层厚度不小于 3d 时，表中钢筋的锚固长度可乘以 0.8 的修正系数，但不应小于本表注 3 规定的最小锚固长度值；
3　在任何情况下，锚固区内有横筋的焊接网的锚固长度不应小于 200mm；锚固区内无横筋时焊接网钢筋的锚固长度，对冷轧带肋钢筋不应小于 200mm，对热轧带肋钢筋不应小于 250mm；
4　d 为纵向受力钢筋直径（mm）。

5.1.8 当计算中充分利用钢筋的抗拉强度，对冷拔光面钢筋焊接网，在锚固长度范围内应有不少于两根横向钢筋且较近一根横向钢筋至计算截面的距离不小于 50mm（图 5.1.8）时，钢筋的最小锚固长度 l_a 应符合表 5.1.8 的规定。

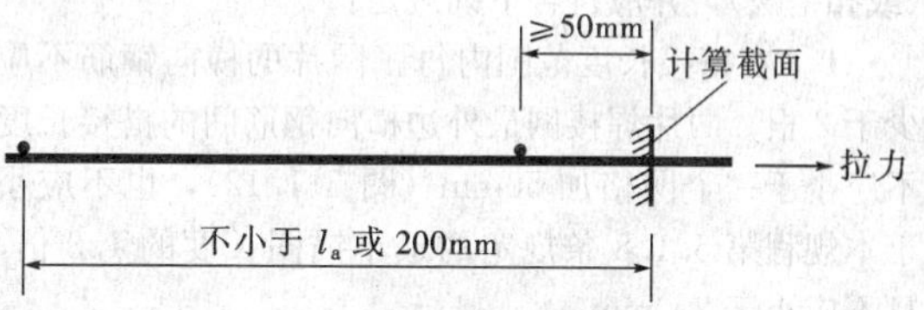

图 5.1.8　受拉光面钢筋焊接网的锚固

表 5.1.8　纵向受拉冷拔光面钢筋焊接网最小锚固长度 l_a（mm）

钢筋焊接网类型	混凝土强度等级				
	C20	C25	C30	C35	≥C40
冷拔光面钢筋焊接网	35d	30d	27d	25d	23d

注：1　当焊接网中的纵向钢筋为并筋时，其锚固长度应按表中数值乘以 1.4 后取用；
2　在任何情况下焊接网的锚固长度不应小于 200mm；
3　d 为纵向受力钢筋直径（mm）。

5.1.9 钢筋焊接网的受拉钢筋，当采用 CRB550 级或 HRB400 级钢筋作附加绑扎钢筋时，其最小锚固长度应符合本规程第 5.1.7 条中关于锚固长度内无横筋的有关规定。

5.1.10 钢筋焊接网的搭接接头应设置在受力较小处。

5.1.11 当计算中充分利用钢筋的抗拉强度时，冷轧带肋钢筋焊接网及热轧带肋钢筋焊接网在受拉方向的搭接（叠搭法或扣搭法或平搭法）应符合下列规定：

1 两片焊接网末端之间钢筋搭接接头的最小搭接长度（采用叠搭法或扣搭法），不应小于本规程第5.1.7条规定的最小锚固长度 l_a 的1.3倍（图5.1.11）且不应小于200mm；在搭接区内每张焊接网片的横向钢筋不得少于一根、两网片最外一根横向钢筋之间的距离不应小于50mm。

2 当搭接区内两张网片中有一片无横向钢筋（采用平搭法）时，带肋钢筋焊接网的最小搭接长度应按本规程第5.1.7条中关于锚固区内无横筋时规定的 l_a 值的1.3倍，且不应小于300mm。

注：当搭接区内纵向受力钢筋的直径 $d\geqslant$10mm时，其搭接长度应按本条的计算值增加5d采用。

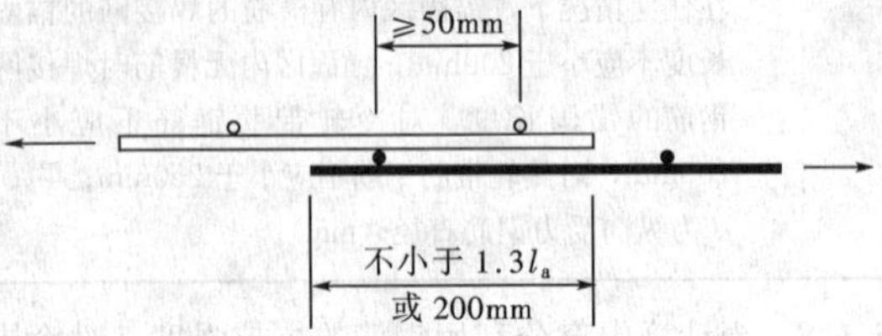

图5.1.11 带肋钢筋焊接网搭接接头

5.1.12 当计算中充分利用钢筋的抗拉强度时，冷拔光面钢筋焊接网在受拉方向的搭接接头可采用叠搭法（或扣搭法），并应符合下列规定：

1 在搭接长度范围内每张网片的横向钢筋不应少于2根，两片焊接网最外边横向钢筋间的搭接长度不应小于一个网格加50mm（图5.1.12），也不应小于本规程第5.1.8条规定的最小锚固长度的1.3倍，且不应小于200mm。

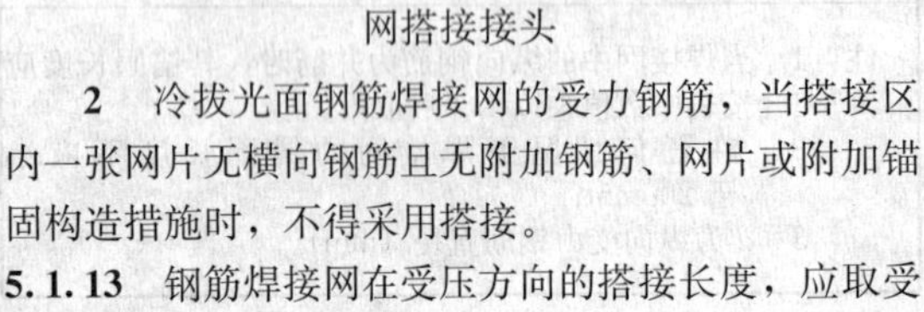

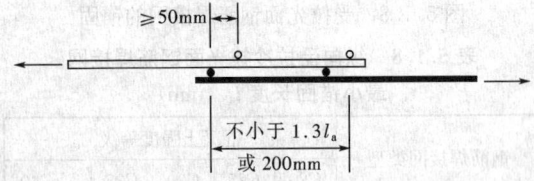

图5.1.12 冷拔光面钢筋焊接网搭接接头

2 冷拔光面钢筋焊接网的受力钢筋，当搭接区内一张网片无横向钢筋且无附加钢筋、网片或附加锚固构造措施时，不得采用搭接。

5.1.13 钢筋焊接网在受压方向的搭接长度，应取受拉钢筋搭接长度的0.7倍，且不应小于150mm。

5.1.14 带肋钢筋焊接网在非受力方向的分布钢筋的搭接，当采用叠搭法（图5.1.14*a*）或扣搭法（图5.1.14*b*）时，在搭接范围内每个网片至少应有一根受力主筋，搭接长度不应小于20*d*（*d*为分布钢筋直径）且不应小于150mm；当采用平搭法（图5.1.14*c*）且一张网片在搭接区内无受力主筋时，其搭接长度不应小于20*d*且不应小于200mm。

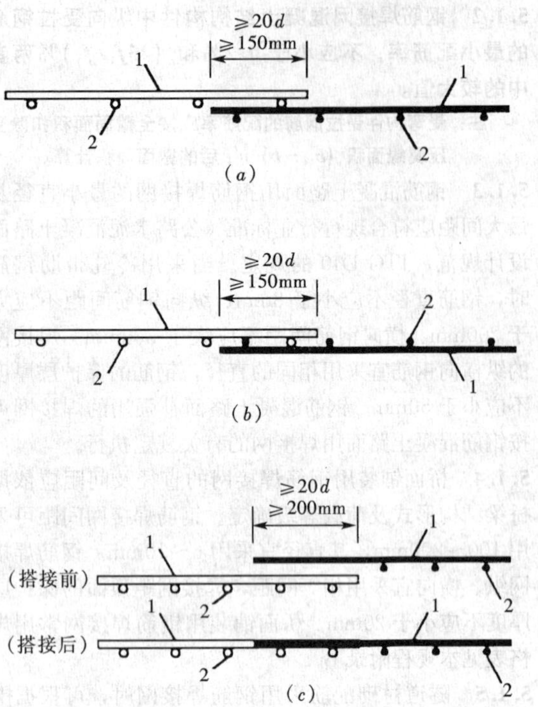

图5.1.14 钢筋焊接网在非受力方向的搭接
(*a*) 叠搭法；(*b*) 扣搭法；(*c*) 平搭法
1—分布钢筋；2—受力钢筋

注：当搭接区内分布钢筋的直径 $d>$8mm时，其搭接长度应按本条的规定值增加5*d*取用。

5.1.15 带肋钢筋焊接网双向配筋的面网宜采用平搭法。搭接宜设置在距梁边1/4净跨区段以外，其搭接长度不应小于30*d*（*d*为搭接方向钢筋直径），且不应小于250mm。

5.1.16 钢筋焊接网局部范围的受力钢筋也可采用散支钢筋作附加钢筋在现场绑扎搭接，搭接钢筋的截面面积可按等强度设计原则换算求得。其搭接长度及构造要求应符合本规程第5.1.11条至第5.1.15条中的有关规定。

5.1.17 钢筋混凝土桥面铺装及路面用带肋钢筋焊接网的搭接长度，当采用平搭法时不应小于35*d*，当采用叠搭法（或扣搭法）时不应小于25*d*（*d*为搭接方向钢筋直径），且在任何情况下不应小于200mm。

5.1.18 有抗震设防要求的钢筋焊接网混凝土结构构件，其纵向受力钢筋的锚固长度和搭接长度除应符合本规程第5.1.7条至第5.1.16条的有关规定外，尚应满足下列规定：

1 纵向受拉钢筋的抗震锚固长度 l_{aE} 应按下列公式计算：

一、二级抗震等级

$$l_{aE}=1.15l_a \quad (5.1.18\text{-}1)$$

三级抗震等级

$$l_{aE}=1.05l_a \quad (5.1.18\text{-}2)$$

四级抗震等级

$$l_{aE} = l_a \quad (5.1.18\text{-}3)$$

式中 l_a——纵向受拉钢筋的锚固长度，按本规程第5.1.7条和第5.1.8条确定。

2 当采用搭接接头时，纵向受拉钢筋的抗震搭接长度 l_{lE} 取1.3倍 l_{aE}。

注：当搭接区内纵向受力钢筋的直径 $d \geqslant 10$mm时，其搭接长度应按本条的计算值增加5d采用。

5.2 板

5.2.1 板中受力钢筋的直径不宜小于5mm。板中受力钢筋的间距应符合下列规定：

1 当板厚 $h \leqslant 150$mm时，不宜大于200mm；

2 当板厚 $h > 150$mm时，不宜大于1.5h，且不宜大于250mm。

5.2.2 板的钢筋焊接网应按板的梁系区格布置，尽量减少搭接。单向板底网的受力主筋不宜设置搭接。双向板长跨方向底网搭接宜布置于梁边1/3净跨区段内。满铺面网的搭接宜设置在梁边1/4净跨区段以外且面网与底网的搭接宜错开，不宜在同一断面搭接。

5.2.3 板伸入支座的下部纵向受力钢筋，其间距不应大于400mm，截面面积不应小于跨中受力钢筋截面面积的1/2，伸入支座的锚固长度不宜小于10d（d为纵向受力钢筋直径），且不宜小于100mm。网片最外侧钢筋距梁边的距离不应大于该方向钢筋间距的1/2，且不宜大于100mm。

5.2.4 现浇楼盖周边与混凝土梁或混凝土墙整体浇筑的单向板或双向板，应沿周边在板上部布置构造钢筋焊接网，其直径不宜小于7mm，间距不宜大于200mm，且截面面积不宜小于板跨中相应方向纵向钢筋截面面积的1/3；该钢筋自梁边或墙边伸入板内的长度，不宜小于受力方向（或短跨方向）板计算跨度的1/4。在板角处应沿两个垂直方向布置上部构造钢筋焊接网，该钢筋伸入板内的长度应从梁边（或柱边、或墙边）算起。上述上部构造钢筋应按受拉钢筋锚固在梁内（或柱内、或墙内）。

5.2.5 对嵌固在承重砌体墙内的现浇板，其上部焊接网的钢筋伸入支座的长度不宜小于110mm，并在网端应有一根横向钢筋（图5.2.5a）或将上部受力钢筋弯折（图5.2.5b）。

5.2.6 嵌固在砌体墙内的现浇板沿嵌固边在板上部配置的构造钢筋焊接网，应符合下列规定：

1 焊接网钢筋直径不宜小于5mm，间距不宜大于200mm，该钢筋垂直伸入板内的长度从墙边算起不宜小于 $l_0/7$（l_0为单向板的跨度或双向板的短边跨度）。

2 对两边均嵌固在墙内的板角部分，构造钢筋焊接网伸入板内的长度从墙边算起不宜小于 $l_0/4$（l_0为板的短边跨度）。

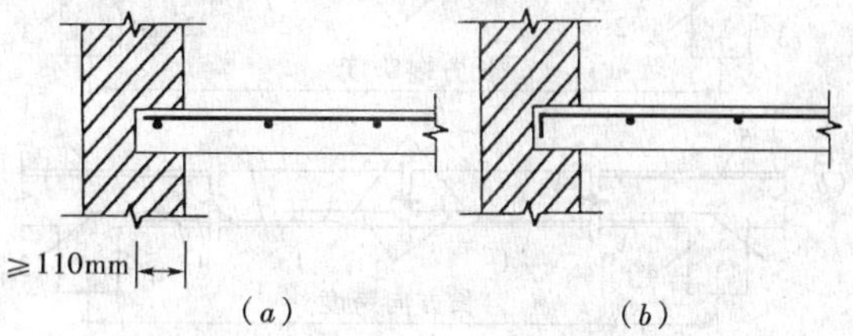

图5.2.5 板上部受力钢筋焊接网的锚固

3 沿板的受力方向配置的板边上部构造钢筋，其截面面积不宜小于该方向跨中受力钢筋截面面积的1/3。

5.2.7 当按单向板设计钢筋焊接网时，单位长度上分布钢筋的截面面积不宜小于单位宽度上受力钢筋截面面积的15%，且不宜小于该方向板截面面积的0.1%，分布钢筋的直径不宜小于5mm，间距不宜大于250mm。对于集中荷载较大的情况，分布钢筋的截面面积应适当增加，其间距不宜大于200mm。

注：当有实践经验或可靠措施时，预制单向板的分布钢筋可不受本条限制。

5.2.8 当端跨板与混凝土梁连接处按构造要求设置上部钢筋焊接网时，其钢筋伸入梁内的长度不应小于30d，当梁宽较小不满足30d时，应将上部钢筋弯折（图5.2.8）。

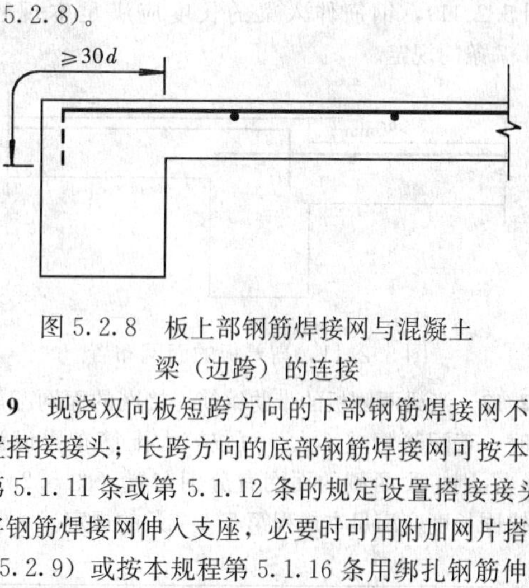

图5.2.8 板上部钢筋焊接网与混凝土梁（边跨）的连接

5.2.9 现浇双向板短跨方向的下部钢筋焊接网不宜设置搭接接头；长跨方向的底部钢筋焊接网可按本规程第5.1.11条或第5.1.12条的规定设置搭接接头，并将钢筋焊接网伸入支座，必要时可用附加网片搭接（图5.2.9）或按本规程第5.1.16条用绑扎钢筋伸入支座。附加焊接网片或绑扎钢筋伸入支座的钢筋截面面积不应小于长跨方向跨中受力钢筋的截面面积。

5.2.10 现浇双向板带肋钢筋焊接网的底网亦可采用下列布网方式：

1 将双向板的纵向钢筋和横向钢筋分别与非受力筋焊成纵向网和横向网，安装时分别插入相应的梁中（图5.2.10a）。

2 将纵向钢筋和横向钢筋分别采用2倍原配筋间距焊成纵向底网和横向底网，安装时（宜用扣搭法）分别插入相应的梁中（图5.2.10b）。钢筋的间距和锚固长度应符合本规程第5.2.3条的规定。

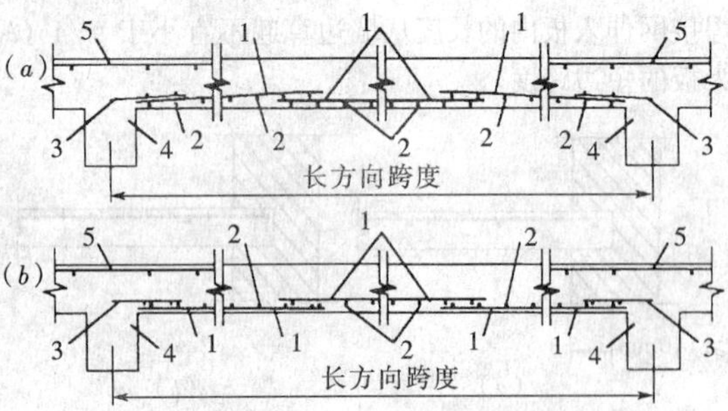

图 5.2.9　钢筋焊接网在双向板长跨方向的搭接

(*a*) 叠搭法搭接；(*b*) 扣搭法搭接

1—长跨方向钢筋；2—短跨方向钢筋；3—伸入支座的附加网片；4—支承梁；5—支座上部钢筋

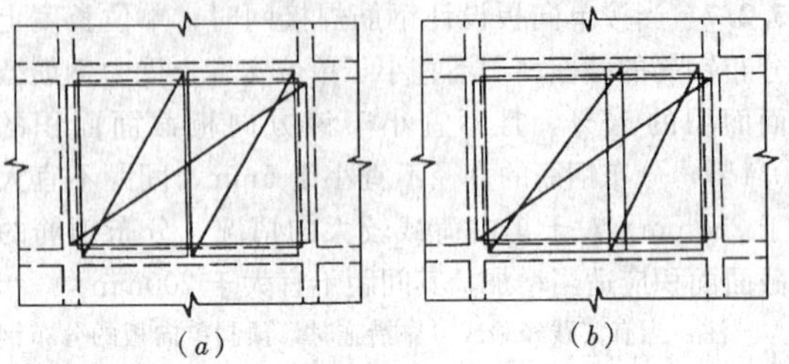

图 5.2.10　双向板底网的双层布置

5.2.11　对布置有高差板的带肋钢筋面网，当高差大于 30mm 时，面网宜在有高差处断开，分别锚入梁中（图 5.2.11），钢筋伸入梁的长度应满足本规程第 5.1.7 条的规定。

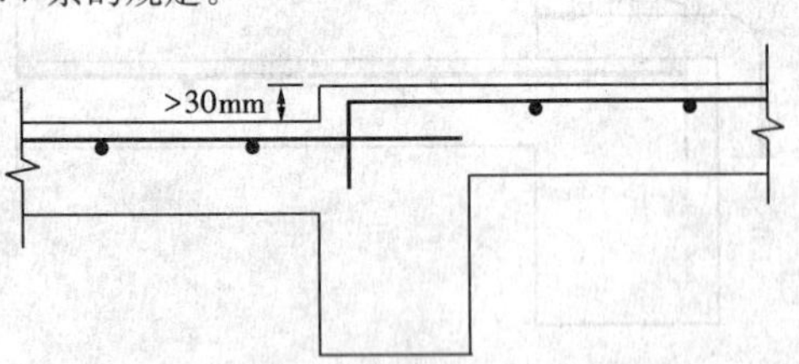

图 5.2.11　高差板的面网布置

5.2.12　当梁两侧板的带肋钢筋焊接网的面网配筋不同时，若配筋相差不大，可按较大配筋布置设计面网；否则，梁两侧的面网宜分别布置（图 5.2.12），其锚固长度应满足本规程第 5.1.7 条的规定。

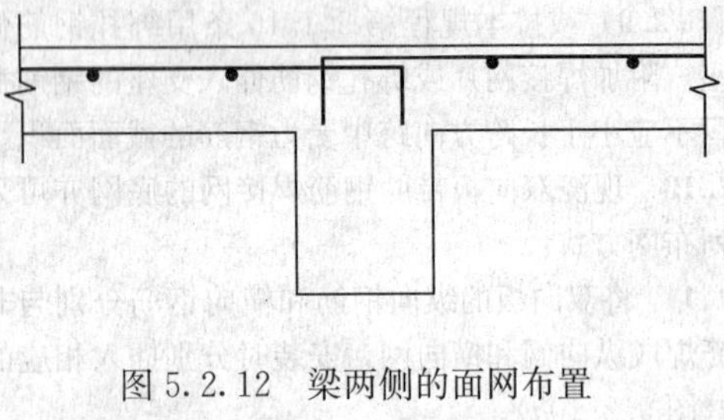

图 5.2.12　梁两侧的面网布置

5.2.13　当梁突出于板的上表面（反梁）时，梁两侧的带肋钢筋焊接网的面网和底网均应分别布置（图 5.2.13）。面网伸入梁中的长度应符合本规程第 5.1.7 条的规定。

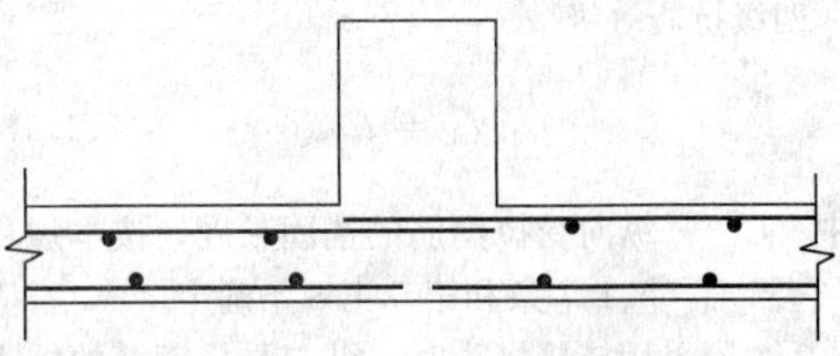

图 5.2.13　钢筋焊接网在反梁的布置

5.2.14　楼板面网与柱的连接可采用整张网片套在柱上（图 5.2.14*a*），然后再与其他网片搭接；也可将面网在两个方向铺至柱边，其余部分按等强度设计原则用附加钢筋补足（图 5.2.14*b*）。楼板面网与钢柱的连接可采用附加钢筋连接方式，钢筋的锚固长度应符合本规程第 5.1.7 条的规定。

楼板底网与柱的连接应符合本规程第 5.2.3 条的有关规定。

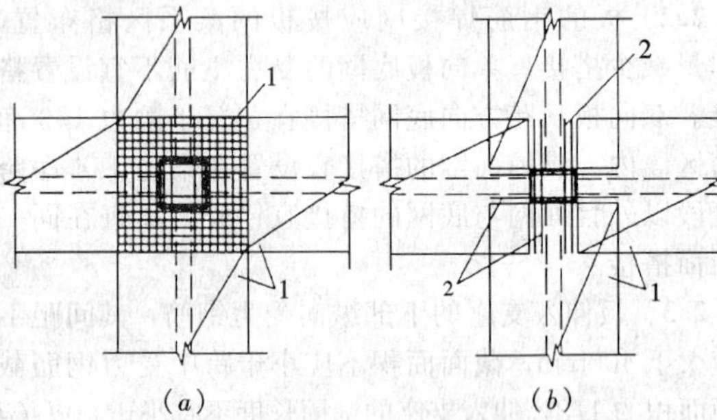

图 5.2.14　楼板焊接网与柱的连接

(*a*) 焊接网套柱连接；(*b*) 附加筋连接

1—焊接网的面网；2—附加锚固筋

5.2.15　当楼板开洞时，可将通过洞口的钢筋切断，按等强度设计原则增设附加绑扎短钢筋加强，并参照普通绑扎钢筋相应的构造规定。

5.3　墙

5.3.1　钢筋焊接网用作钢筋混凝土房屋结构的剪力墙的分布筋时，其适用范围应符合下列要求：

1　可用于无抗震设防的钢筋混凝土房屋的剪力墙，抗震设防烈度为 6 度、7 度和 8 度的丙类钢筋混凝土房屋的框架-剪力墙结构、剪力墙结构、部分框支剪力墙结构和筒体结构中的剪力墙。

2　抗震房屋的最大高度：当采用热轧带肋钢筋焊接网时，应符合现行国家标准《混凝土结构设计规范》GB 50010 中的现浇钢筋混凝土房屋适用的最大高度的规定；当采用冷轧带肋钢筋焊接网时，应比混凝土结构设计规范规定的适用最大高度低 20m。

3　筒体结构中的核心筒和一级抗震等级剪力墙底部加强区，宜采用热轧带肋钢筋焊接网。

5.3.2　钢筋焊接网混凝土剪力墙的抗震设计，应根据设防烈度、结构类型和房屋高度，按现行国家标准

《混凝土结构设计规范》GB 50010 的规定采用不同的抗震等级，并应符合相应的计算要求和抗震构造措施。

5.3.3 钢筋焊接网混凝土剪力墙的竖向和水平分布钢筋的配置，应符合下列要求：

1 一、二、三级抗震等级的剪力墙竖向和水平分布钢筋的配筋率均不应小于 0.25%；四级抗震等级剪力墙不应小于 0.2%；当钢筋直径为 6mm 时，分布钢筋间距不应大于 150mm；当分布钢筋直径不小于 8mm 时，其间距不应大于 300mm。

2 部分框支剪力墙结构的剪力墙底部加强部位，竖向和水平分布钢筋配筋率均不应小于 0.3%，钢筋间距不应大于 200mm。

5.3.4 抗震等级一、二级的冷轧带肋钢筋焊接网剪力墙，底部加强部位墙肢底截面在重力荷载代表值作用下的轴压比分别小于 0.2、0.3 时，底部加强部位及相邻上一层的墙两端和洞口两侧边缘构件沿墙肢的长度不应小于 $0.1h_w$（h_w 为墙肢长度），其配箍特征值不应小于 0.1，且应符合构造边缘构件底部加强部位的要求。

5.3.5 带肋钢筋焊接网剪力墙分布钢筋的设置、轴压比限值、约束边缘构件及构造边缘构件的设置等除应符合本规程第 5.3.1 条至第 5.3.4 条的有关规定外，尚应符合现行国家标准《混凝土结构设计规范》GB 50010 的规定。

边缘构件的纵向钢筋应采用热轧带肋钢筋。

5.3.6 墙体中钢筋焊接网在水平方向的搭接可采用平搭法或扣搭法，其搭接长度应符合本规程第 5.1.11 条或第 5.1.12 条或第 5.1.18 条的有关规定。

5.3.7 剪力墙中焊接网的布置应符合下列规定：

剪力墙中作为分布钢筋的焊接网可按一楼层为一个竖向单元。其竖向搭接可设置在楼层面之上，搭接长度应符合本规程第 5.1 节的规定且不应小于 400mm 或 $40d$（d 为竖向分布钢筋直径）。在搭接范围内，下层的焊接网不设水平分布钢筋，搭接时应将下层网的竖向钢筋与上层网的钢筋绑扎牢固（图 5.3.7）。

5.3.8 带肋钢筋焊接网在墙体端部的构造应符合下列规定：

1 当墙体端部无暗柱或端柱时，可用现场绑扎的"U"形附加钢筋连接。附加钢筋的间距宜与钢筋焊接网水平钢筋的间距相同，其直径可按等强度设计原则确定（图 5.3.8a），附加钢筋的锚固长度不应小于最小锚固长度。焊接网水平分布钢筋末端宜有垂直于墙面的 90°直钩，直钩长度为 $5d$～$10d$，且不小于 50mm。

2 当墙体端部设有暗柱时，焊接网的水平钢筋可伸入暗柱内锚固，该伸入部分可不焊接竖向钢筋，或将焊接网设在暗柱外侧，并将水平分布钢筋弯成直钩（直钩长度为 $5d$～$10d$，且不小于 50mm）锚入暗柱内（图 5.3.8b）；对于相交墙体（图 5.3.8c、d）及设有端柱（图 5.3.8e）的情况，可将焊接网的水平钢筋直接伸入墙体相交处的暗柱或端柱中。

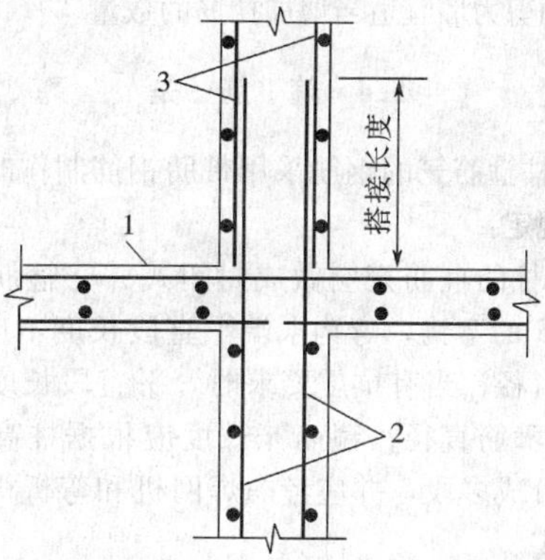

图 5.3.7 墙体钢筋焊接网的竖向搭接

1—楼板；2—下层焊接网；3—上层焊接网

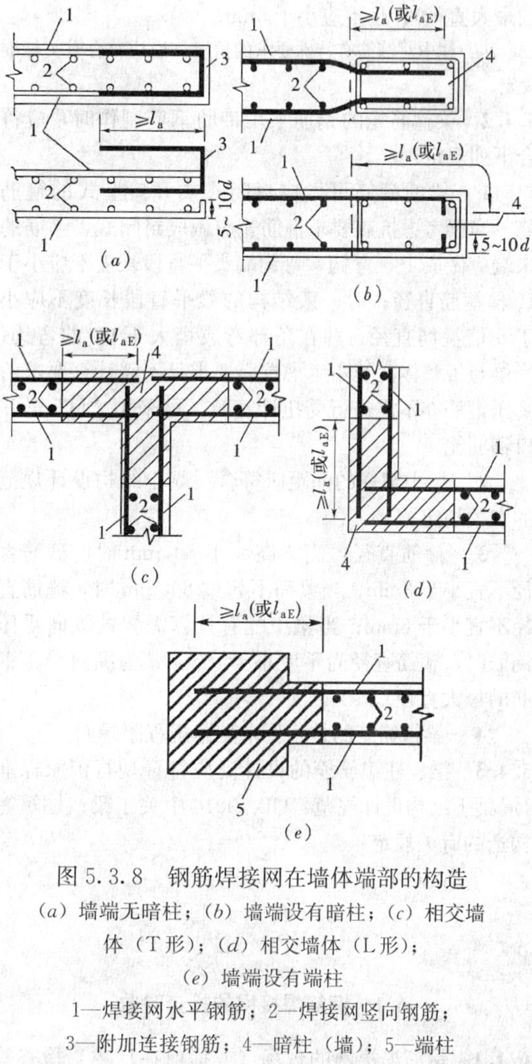

图 5.3.8 钢筋焊接网在墙体端部的构造

(a) 墙端无暗柱；(b) 墙端设有暗柱；(c) 相交墙体（T形）；(d) 相交墙体（L形）；(e) 墙端设有端柱

1—焊接网水平钢筋；2—焊接网竖向钢筋；3—附加连接钢筋；4—暗柱（墙）；5—端柱

带肋钢筋焊接网在暗柱或端柱中的锚固长度，应符合本规程第 5.1.7 条或第 5.1.18 条的规定。

5.3.9 墙体内双排钢筋焊接网之间应设置拉筋连接，其直径不应小于 6mm，间距不应大于 700mm；对重要部位的剪力墙宜适当增加拉筋的数量。

5.4 箍 筋 笼

5.4.1 柱箍筋笼的钢筋采用带肋钢筋制作时，应符合下列规定：

1 柱的箍筋笼应做成封闭式并在箍筋末端应做成 135°的弯钩，弯钩末端平直段长度不应小于 5 倍箍筋直径；当有抗震要求时，平直段长度不应小于 10 倍箍筋直径；箍筋笼长度应根据柱高可采用一段或分成多段，并应考虑焊网机和弯折机的工艺参数确定。

2 箍筋笼的箍筋间距不应大于 400mm 及构件截面的短边尺寸，且不应大于 $15d$（d 为纵向受力钢筋的最小直径）。

3 箍筋直径不应小于 $d/4$（d 为纵向受力钢筋的最大直径），且不应小于 5mm。

注：柱中对箍筋有特殊要求的情况，尚应符合有关标准规定。

5.4.2 梁箍筋笼的钢筋采用带肋钢筋制作时，应符合下列规定：

1 梁的箍筋可做成封闭式或开口型式的箍筋笼。当梁考虑抗震要求箍筋笼应做成封闭式，箍筋的末端应做成 135°弯钩，弯钩端头平直段长度不应小于 10 倍箍筋直径；对一般结构的梁平直段长度不应小于 5 倍箍筋直径，并在角部弯成稍大于 90°的弯钩；当梁与板整体浇筑不考虑抗震要求且不需计算要求的受压钢筋亦不需进行受扭计算时，可采用“U”形开口箍筋笼。

2 梁中箍筋的间距应符合混凝土结构设计规范的有关规定。

3 箍筋直径：当梁高大于 800mm 时，箍筋直径不宜小于 8mm；当梁高不超过 800mm 时，箍筋直径不宜小于 6mm；当梁中配有计算需要的纵向受压钢筋时，箍筋直径尚不应小于 $d/4$（d 为纵向受压钢筋的最大直径）。

4 梁箍筋笼的技术要求见本规程附录 C。

5.4.3 梁、柱箍筋笼的设计尚应符合现行国家标准《混凝土结构设计规范》GB 50010 中关于梁、柱箍筋构造的有关规定。

6 施 工

6.1 钢筋焊接网的检查验收

6.1.1 钢筋焊接网的现场（或提前在厂内）检查验收应符合下列规定：

1 钢筋焊接网应按批验收，每批应由同一厂家、同一原材料来源、同一生产设备并在同一连续时段内生产的、受力主筋为同一直径的焊接网组成，重量不应大于 30t。

2 每批焊接网应抽取 5%（不小于 3 片）的网片，并按本规程附录 D 的要求进行外观质量和几何尺寸的检验。

3 对钢筋焊接网应从每批中随机抽取一张网片，进行重量偏差检验，检验结果应符合本规程第 6.1.2 条的规定。冷拔光面钢筋焊接网尚应按本规程附录 D 的要求进行钢筋直径偏差检验。

4 钢筋焊接网的抗拉强度、伸长率、弯曲及抗剪试验应符合本规程附录 E 的规定。

6.1.2 钢筋焊接网的实际重量与理论重量的允许偏差为±4.5%。

6.2 钢筋焊接网的安装

6.2.1 钢筋焊接网运输时应捆扎整齐、牢固，每捆重量不宜超过 2t，必要时应加刚性支撑或支架。

6.2.2 进场的钢筋焊接网宜按施工要求堆放，并应有明显的标志。

6.2.3 附加钢筋宜在现场绑扎，并应符合现行国家标准《混凝土结构工程施工质量验收规范》GB 50204 的有关规定。

6.2.4 对两端须插入梁内锚固的焊接网，当网片纵向钢筋较细时，可利用网片的弯曲变形性能，先将焊接网中部向上弯曲，使两端能先后插入梁内，然后铺平网片；当钢筋较粗焊接网不能弯曲时，可将焊接网的一端少焊 1～2 根横向钢筋，先插入该端，然后退插另一端，必要时可采用绑扎方法补回所减少的横向钢筋。

6.2.5 钢筋焊接网的搭接、构造，应符合本规程第 5.1 节至第 5.3 节的规定。两张网片搭接时，在搭接区不超过 600mm 距离应采用钢丝绑扎一道。在附加钢筋与焊接网连接的每个节点处均应采用钢丝绑扎。

当双向板底网（或面网）采用本规程第 5.2.10 条规定的双层配筋时，两层网间宜绑扎定位，每 2m² 不宜少于 1 个绑扎点。

6.2.6 钢筋焊接网安装时，下部网片应设置与保护层厚度相当的塑料卡或水泥砂浆垫块；板的上部网片应在接近短向钢筋两端，沿长向钢筋方向每隔 600～900mm 设一钢筋支架（图 6.2.7）。

6.2.7 钢筋焊接网的安装允许偏差可按现行国家标准《混凝土结构工程施工质量验收规范》GB 50204 中绑扎钢筋网的有关规定执行。

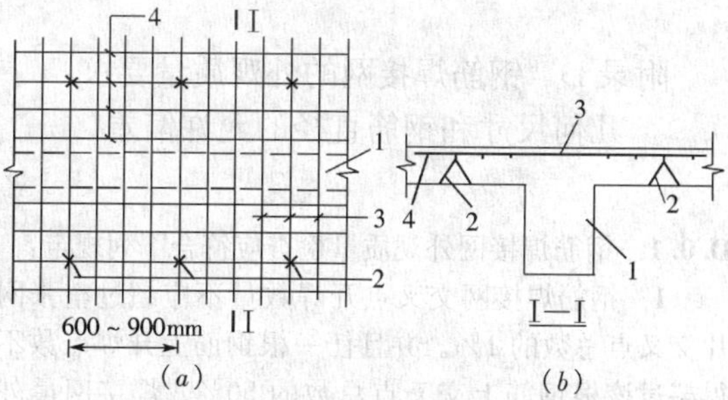

图 6.2.7 上部钢筋焊接网的支墩

1—梁；2—支架；3—短向钢筋；4—长向钢筋

附录 A 定型钢筋焊接网型号

表 A.0.1 定型钢筋焊接网型号

焊接网代号	纵向钢筋			横向钢筋			重量(kg/m²)
	公称直径(mm)	间距(mm)	每延米面积(mm²/m)	公称直径(mm)	间距(mm)	每延米面积(mm²/m)	
A16	16	200	1006	12	200	566	12.34
A14	14		770	12		566	10.49
A12	12		566	12		566	8.88
A11	11		475	11		475	7.46
A10	10		393	10		393	6.16
A9	9		318	9		318	4.99
A8	8		252	8		252	3.95
A7	7		193	7		193	3.02
A6	6		142	6		142	2.22
A5	5		98	5		98	1.54
B16	16	100	2011	10	200	393	18.89
B14	14		1539	10		393	15.19
B12	12		1131	8		252	10.90
B11	11		950	8		252	9.43
B10	10		785	8		252	8.14
B9	9		635	8		252	6.97
B8	8		503	8		252	5.93
B7	7		385	7		193	4.53
B6	6		283	7		193	3.73
B5	5		196	7		193	3.05
C16	16	150	1341	12	200	566	14.98
C14	14		1027	12		566	12.51
C12	12		754	12		566	10.36
C11	11		634	11		475	8.70

续表

焊接网代号	纵向钢筋			横向钢筋			重量(kg/m²)
	公称直径(mm)	间距(mm)	每延米面积(mm²/m)	公称直径(mm)	间距(mm)	每延米面积(mm²/m)	
C10	10	150	523	10	200	393	7.19
C9	9		423	9		318	5.82
C8	8		335	8		252	4.61
C7	7		257	7		193	3.53
C6	6		189	6		142	2.60
C5	5		131	5		98	1.80
D16	16	100	2011	12	100	1131	24.68
D14	14		1539	12		1131	20.98
D12	12		1131	12		1131	17.75
D11	11		950	11		950	14.92
D10	10		785	10		785	12.33
D9	9		635	9		635	9.98
D8	8		503	8		503	7.90
D7	7		385	7		385	6.04
D6	6		283	6		283	4.44
D5	5		196	5		196	3.08
E16	16	150	1341	12	150	754	16.46
E14	14		1027	12		754	13.99
E12	12		754	12		754	11.84
E11	11		634	11		634	9.95
E10	10		523	10		523	8.22
E9	9		423	9		423	6.66
E8	8		335	8		335	5.26
E7	7		257	7		257	4.03
E6	6		189	6		189	2.96
E5	5		131	5		131	2.05

注：1. 表中焊接网的重量（kg/m²），是根据纵、横向钢筋按表中的间距均匀布置时，计算的理论重量，未考虑焊接网端部钢筋伸出长度的影响；

2. 公称直径 14mm 和 16mm 的钢筋仅为热轧带肋钢筋。

附录 B 桥面铺装钢筋焊接网常用规格表

表 B.0.1 桥面钢筋焊接网常用规格表

荷载等级	铺装形式	钢筋间距(mm)	钢筋直径(mm)	重 量(kg/m²)
城—A级 汽车—超20级 挂—120级	无沥青面层的混凝土桥面铺装	100×100	8～10	7.90～12.33
	有沥青面层的混凝土桥面铺装	100×100	6～9	4.44～9.98
		150×150	7～10	4.03～8.22

续表

荷载等级	铺装形式	钢筋间距（mm）	钢筋直径（mm）	重　量（kg/m^2）
城—B级 汽车—20级 挂—100级	无沥青面层的混凝土桥面铺装	100×100	8～9	7.90～9.98
	有沥青面层的混凝土桥面铺装	100×100	6～7	4.44～6.04
		150×150	7～8	4.03～5.26
汽车—15级 及其以下荷载	无沥青面层的混凝土桥面铺装	150×150	8～10	5.26～8.22
	有沥青面层的混凝土桥面铺装	150×150	6～7	2.96～4.03

注：桥面铺装用钢筋焊接网的搭接长度应符合本规程第 5.1.17 条的规定。

附录C　箍筋笼的技术要求

C.0.1　对有抗震要求的梁，箍筋笼应做成封闭式，并应在箍筋末端做成135°的弯钩，弯钩末端平直段长度不应小于10倍箍筋直径（图C.0.1*a*）；对一般结构的梁，箍筋笼应做成封闭式，应在角部弯成稍大于90°的弯钩，箍筋末端平直段的长度不应小于5倍箍筋直径（图C.0.1*b*）。

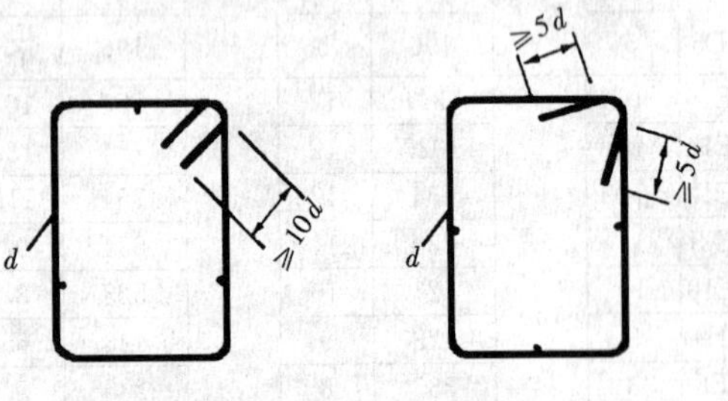

(*a*)　(*b*)

图C.0.1　封闭式箍筋笼

C.0.2　对整体现浇梁板结构中的梁（边梁除外），当采用"U"形开口箍筋笼时，应符合本规程第 5.4.2 条的相应规定，且箍筋应尽量靠近构件周边位置，开口箍的顶部应布置连续的焊接网片。带肋钢筋箍筋笼可采用图C.0.2*a*或*b*的形式。

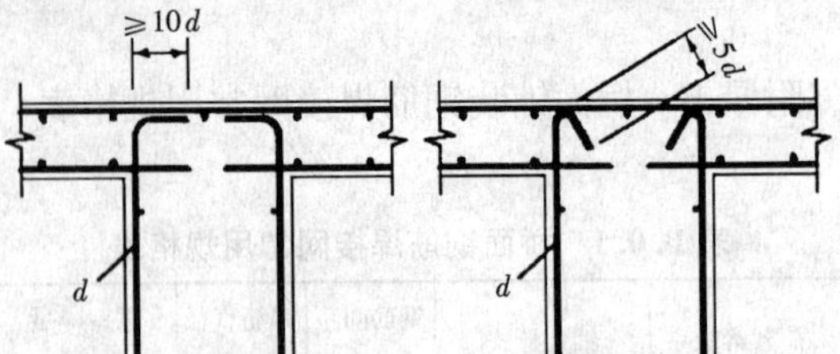

(*a*)　(*b*)

图C.0.2　"U"形开口箍筋笼

附录D　钢筋焊接网的外观质量要求、几何尺寸和钢筋直径的允许偏差

D.0.1　钢筋焊接网外观质量检查应符合下列规定：

1　钢筋焊接网交叉点开焊数量不应超过整张网片交叉点总数的1%。并且任一根钢筋上开焊点数不得超过该根钢筋上交叉点总数的50%。焊接网最外边钢筋上的交叉点不得开焊。

2　焊接网表面不得有影响使用的缺陷，可允许有毛刺、表面浮锈以及因取样产生的钢筋局部空缺，但空缺必须用相应的钢筋补上。

D.0.2　焊接网几何尺寸的允许偏差应符合表D.0.2的规定，且在一张网片中纵、横向钢筋的数量应符合设计要求。

表D.0.2　焊接网几何尺寸允许偏差

项　目	允许偏差
网片的长度、宽度（mm）	±25
网格的长度、宽度（mm）	±10
对角线差（%）	±1

注：1　当需方有要求时，经供需双方协商，焊接网片长度和宽度的允许偏差可取±10mm；
2　表中对角线差系指网片最外边两个对角焊点连线之差。

D.0.3　冷拔光面钢筋焊接网中钢筋直径的允许偏差应符合表D.0.3的规定。

表D.0.3　冷拔光面钢筋直径允许偏差（mm）

钢筋公称直径 d	≤5	5<d<10	≥10
允许偏差	±0.10	±0.15	±0.20

附录E　钢筋焊接网的技术性能要求

E.0.1　钢筋焊接网的技术性能指标应符合现行国家标准《钢筋混凝土用钢筋焊接网》GB/T 1499.3的有关规定。

E.0.2　制造冷拔光面钢筋的热轧盘条应采用符合现行国家标准《低碳钢热轧圆盘条》GB/T 701规定的高速线材。

E.0.3　冷拔光面钢筋直径为4～12mm，钢筋的表面应符合现行国家标准《冷轧带肋钢筋》GB 13788的相应规定。钢筋的力学性能及工艺性能应符合表E.0.3的规定。

表 E.0.3 冷拔光面钢筋力学性能和工艺性能

钢筋种类	抗拉强度 σ_b（N/mm²）	伸长率 δ_{10}（%）	弯曲 180°
CPB550	≥550	≥8.0	$D=3d$ 受弯曲部位表面不得产生裂纹

注：1 钢筋的规定非比例伸长应力 $\sigma_{p0.2}$ 值应不小于公称抗拉强度 σ_b 的 80%；
2 伸长率 δ_{10} 的测量标距为 $10d$；
3 D 为弯心直径，d 为钢筋公称直径。

E.0.4 每批焊接网，应随机抽取一张网片，在纵、横向钢筋上各截取 2 根试样，分别进行强度（包括伸长率）和弯曲试验。每个试样应含有不少于一个焊接点，试样长度应足以保证夹具之间的距离不小于 20 倍试样直径，且不小于 180mm。对于并筋，非受拉的一根钢筋应在离交叉焊点约 20mm 处切断（图 E.0.4）。

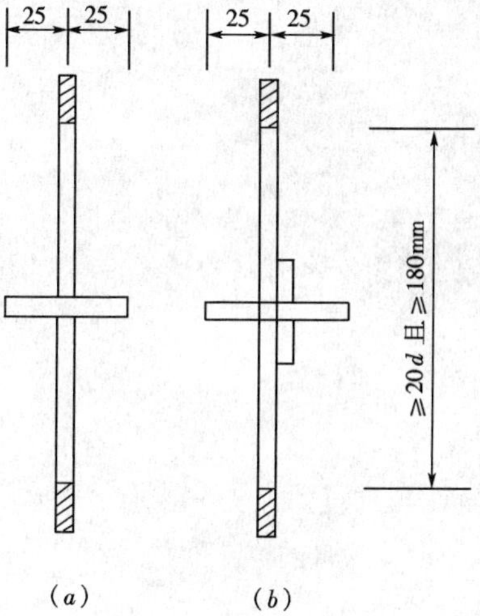

图 E.0.4 焊接网拉伸试样
（a）单筋试样；（b）并筋试样

焊接网的拉伸、弯曲试验结果如不合格，则应从该批焊接网的同一型号网片中再取双倍试样进行不合格项目的检验，复验结果全部合格时，该批焊接网方可判定为合格。

E.0.5 每批焊接网中随机抽取一张网片，在同一根非受拉钢筋（一般为较细的钢筋）上随机截取 3 个抗剪试样（图 E.0.5）。当并筋时，不受拉的一根钢筋应在交叉焊点处截断，但不应损伤受拉钢筋焊点。

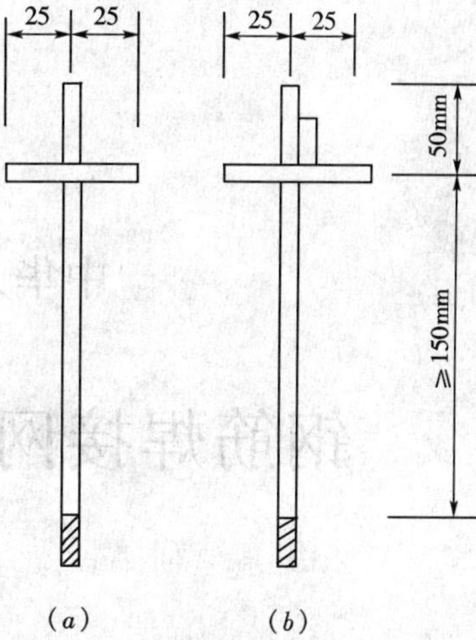

图 E.0.5 焊接网抗剪试样
（a）单筋试样；（b）并筋试样

钢筋焊接网焊点的抗剪力（单位为“N”）不应小于试件受拉钢筋规定屈服力值的 0.3 倍。抗剪力的试验结果应按三个试样的平均值计算。

焊接网抗剪试验结果平均值如不合格时，则取双倍试样进行复检，当试验结果平均值合格时，该批焊接网方可判定为合格。

注：双向板焊接网，当采用本规程第 5.2.10 条的双层布网（仅指图 5.2.10a 的情况）方式时，其焊点抗剪力要求可按本条的规定值乘以 0.8 系数后采用。

本规程用词说明

1 为便于在执行本规程条文时区别对待，对要求严格程度不同的用词说明如下：

1）表示很严格，非这样做不可的：
正面词采用“必须”；反面词采用“严禁”。

2）表示严格，在正常情况下均应这样做的：
正面词采用“应”；反面词采用“不应”或“不得”。

3）表示允许稍有选择，在条件许可时首先这样做的：
正面词采用“宜”；反面词采用“不宜”。
表示有选择，在一定条件下可以这样做的，可采用“可”。

2 规程中指明应按其他有关标准、规范执行时，写法为：“应符合……的规定（或要求）”或“应按……执行”。

中华人民共和国行业标准

钢筋焊接网混凝土结构技术规程

JGJ 114—2003

条 文 说 明

前　言

《钢筋焊接网混凝土结构技术规程》（JGJ 114—2003），经建设部2003年7月11日以第161号公告批准、发布。

为便于广大设计、施工、科研、学校等单位有关人员在使用本规程时能正确理解和执行条文规定，《钢筋焊接网混凝土结构技术规程》编制组按章、节、条顺序，编制了本规程的条文说明，供使用者参考。在使用中如发现本条文说明有欠妥之处，请将意见函寄（邮编：100013）北京市北三环东路30号　中国建筑科学研究院结构所《钢筋焊接网混凝土结构技术规程》管理组。

目　次

1 总　　则

1.0.1～1.0.3　本规程主要适用于工业与民用房屋建筑、市政工程及一般构筑物中采用冷轧带肋钢筋、热轧带肋钢筋或冷拔光面钢筋焊接网配筋的板类构件、墙体、桥面、路面、焊接箍筋笼的梁柱以及构筑物等混凝土结构工程的设计与施工。

本规程所涉及的钢筋焊接网系指在工厂制造、采用专门的设备、符合有关标准规定按一定设计要求进行电阻点焊而制成的焊接网。近些年，国内焊接网产量和厂家逐年增加，应用范围逐渐扩大，有大量工程实践，提供了丰富的设计施工经验和试验数据，又专门补充一定量的构件及材性试验，为规程修订提供充分依据。在编制过程中适当借鉴了国外的有关标准、规范，工程经验和科研成果。

本规程此次修订扩大了覆盖面，增加了焊接网在桥面铺装、桥台、钢筋混凝土路面、隧洞衬砌等方面的应用。在材料方面增加了 HRB400 级热轧带肋钢筋焊接网的内容。虽然热轧带肋钢筋焊接网在国外应用较少、时间不长，国内也只是刚刚起步，但考虑到此钢种今后将作为钢筋混凝土结构的一个主要钢种，在试验研究基础上增加了这方面的条文。在借鉴国外的有关标准规定和试验研究资料以及国内试验研究结果的基础上，增加了冷轧带肋钢筋焊接网混凝土板类构件在疲劳荷载作用下的设计参数。为了进一步提高钢筋工程的整体施工速度，免去现场绑扎箍筋时大量手工作业，参照国外工程实践经验，增加了梁柱箍筋笼内容。

另外，钢筋焊接网在国内的输水管道、游泳池、河道护坡、贮液池、船坞等工程中也得到应用。最近，国内个别城市开始采用压型钢板作底模上铺钢筋焊接网现浇成共同受力的整体楼板，也取得良好效果。

对于钢筋焊接网混凝土结构的技术要求，除应符合本规程的规定外，尚应符合国家现行有关设计、施工强制性标准、规范的规定。

2 术语、符号

2.1 术　　语

本节所列的术语，系考虑焊接网在工业与民用建筑及道桥工程设计和施工中的特点，根据国家及行业标准的术语并参照冶金行业产品标准的部分术语制定的。

2.2 符　　号

本节所列的符号是按照现行国家标准《建筑结构设计术语和符号标准》GB/T 50083制定的原则并参照《混凝土结构设计规范》GB 50010（以下简称《规范》）采用的符号制定的。共分为四部分：作用和作用效应，材料性能，几何参数，计算系数。

3 材　　料

3.1 钢 筋 焊 接 网

3.1.1　本规程所涉及的钢筋焊接网是指在工厂制造，采用符合现行国家标准《冷轧带肋钢筋》GB 13788 规定的强度为 CRB550 级冷轧带肋钢筋、符合国家标准《钢筋混凝土用热轧带肋钢筋》GB 1499 规定的 HRB400 级热轧带肋钢筋或符合本规程附录 D 及附录 E 要求的 CPB550 级冷拔光面钢筋并用专门设备按规定的网格尺寸进行电阻点焊制成的钢筋网片。热轧带肋钢筋焊接网为本次修订新增加的钢种。为了增加二面肋热轧钢筋的圆度，减少矫直难度，增加焊点强度，根据现行国家标准《钢筋混凝土用钢筋焊接网》GB/T 1499.3 的规定，只要力学性能满足要求，征得用户同意，对于 HRB400 级钢筋可以取消纵肋。

光面钢筋焊接网，在国外有些国家的某些工程中仍在应用。我国早期的一些焊接网工程（如高层建筑）中，已采用一些这种焊接网。虽然近年冷轧带肋钢筋焊接网的应用占绝大多数，考虑我国地域广阔、工程的多样性，仍保留冷拔光面钢筋焊接网这个品种。

3.1.2　钢筋焊接网一般分为定型焊接网和定制焊接网两种。

定型焊接网有时也称为标准网，通用性较强，一般可在工厂提前预制。在国外，焊接网应用较多、较普遍的国家定型网占主要比例。定型网在网片的两个方向上钢筋的间距和直径可不同，但在同一个方向上的钢筋宜具有相同的直径、间距和长度。网格尺寸为正方形或矩形，网片的宽度和长度可根据设备生产能力或由工程设计人员确定。考虑到工程中板、墙构件的各种可能配筋情况，本规程附录 A 仅根据直径和网格尺寸推荐了包括 10 种直径及 5 种网格尺寸的定型钢筋焊接网。随着我国焊接网行业的发展和焊接网应用进一步普及，经过优化筛选，定出若干种包括网片长度和宽度的标准网片，以利于进行大规模工业化生产，降低成本。

定制焊接网一般根据具体工程而定，其形状、网格尺寸、钢筋直径等可根据布网要求，由供需双方协商确定。

3.1.3　钢筋焊接网是在工厂制造，质量控制较好，当用户或设计上有需要时，根据材料实际情况，冷加工钢筋直径在 4～12mm 范围内可采用 0.5mm 进级，这在国外的焊接网工程中早有采用。从构件耐久性考虑，直径5mm以下的钢筋不宜用作受力主筋。钢筋焊接网最大长度与宽度的限制，主要考虑焊网机的能力及运输条件的限制。焊接网沿制作方向的钢筋间距宜为50mm的整倍数，有时经供需双方商定也可采用其他间距（如25mm整倍数），制作方向的钢筋可采用两根并筋形式，在国外的焊接网中早已采用；与制作方向垂直的钢筋间距宜为10mm的整倍数，最小间距不宜小于100mm，最大间距不宜超过400mm。当双向板双层配筋时，非受力钢筋间距可增大，但不宜大于1000mm。

3.1.4 冷轧带肋钢筋的抗拉强度标准值 f_{stk} 与现行国家标准《冷轧带肋钢筋》GB 13788规定的抗拉强度相一致，工厂生产的焊接网在出厂前的力学性能检查必须满足国家标准的要求。新增加的HRB400级热轧钢筋，强度标准值取国家标准GB 1499中的屈服点值。由于HRB400级钢筋焊接网在国内刚刚起步，考虑国内焊网机的实际技术性能和施工安装的特点，钢筋直径最大取为16mm。

冷拔光面钢筋抗拉强度标准值系根据极限抗拉强度确定，用 f_{stk} 表示。该种钢筋的力学性能和工艺性能见本规程表E.0.3。

3.1.5 冷轧带肋钢筋焊接网的钢筋强度设计值仍按原规程的规定取用。对于无明显屈服点的冷轧带肋或冷拔光面钢筋，在构件强度设计时本规程以0.8倍抗拉强度标准值作为设计上取用的条件屈服点，在此基础上再除以钢筋材料分项系数 r_s，取用1.2。例如，对于 $f_{stk}=550N/mm^2$ 的冷轧带肋钢筋，强度设计值 $f_y=550\times0.8/1.2=366N/mm^2$，取整为 $360N/mm^2$。对热轧HRB400级钢筋材料分项系数为1.10。钢筋抗压强度设计值 f'_y 的取值原则，仍以钢筋压应变 $\varepsilon'_s=0.002$ 作为取值条件，并根据 $f'_y=\varepsilon'_s E_s$ 和 $f'_y=f_y$ 二者中的较小值确定。

3.1.8 在德国的钢筋产品标准DIN 488（I）和欧洲焊接网产品标准（草案）prEN 10080-5中规定冷轧带肋钢筋焊接网的疲劳应力幅限值为 $100N/mm^2$。

德国钢筋混凝土规范DIN 1045一直规定在疲劳荷载作用下，冷轧带肋钢筋焊接网的应力幅值不超过 $80N/mm^2$。同时在相应的设计手册中规定最大应力不超过 $286N/mm^2$。

根据国外有关标准规定和大量试验研究结果以及国内试验验证指出，冷轧带肋钢筋焊接网可用于动荷载，主要限制疲劳应力幅值。为稳妥起见仅限用于板类构件，且为同号应力、应力比值 $\rho_s^f>0.3$，同时限定最大应力不超过 $280N/mm^2$ 的情况下，疲劳应力幅值规定不超过 $80N/mm^2$。其他种钢筋焊接网由于试验研究工作不多，暂未列入。

3.2 混 凝 土

3.2.1 国内多年工程实践表明，对于一类环境条件下的普通钢筋混凝土板、墙类结构构件，当混凝土强度等级不低于C20和处于二、三类环境中的混凝土强度等级不低于C30且混凝土耐久性设计符合要求时，结构构件的耐久性能够满足使用要求。一、二、三类环境类别的具体条件与《规范》的规定相同。

4 设 计 计 算

4.1 一 般 规 定

4.1.3 以焊接网为受力主筋的钢筋混凝土板类构件的跨度一般不会超过9m，因此原规程 $l_0>9m$ 的有关规定取消。

4.1.5 根据对二跨连续板和二跨连续梁的试验表明，冷轧带肋钢筋混凝土连续板具有较好的塑性性能，中间支座截面和跨中截面均有明显的内力重分布现象，可以考虑按塑性内力重分布理论进行内力计算。结合控制连续板在正常使用阶段对裂缝宽度的限制条件，提出冷轧带肋钢筋混凝土连续板的弯矩调幅限值定为不超过按弹性体系计算值的15%。理论分析和试验结果表明，试件的跨高比、配筋率、支座形式以及混凝土和钢筋的强度等因素，对试件的内力重分布都有一定的影响。

热轧带肋钢筋焊接网配筋的混凝土连续板考虑塑性内力重分布的计算，尚应参照现行工程标准《钢筋混凝土连续梁和框架考虑内力重分布设计规程》CECS 51的有关规定。

4.1.6 焊接网片或焊成三角形格构小梁形式的焊接骨架，用作叠合式构件的受力主筋在国外已大量应用。焊接网用作叠合板的配筋，其结构设计可参照《规范》中有关叠合构件的规定。

4.2 正截面承载力计算

4.2.1 采用焊接网配筋的混凝土受弯构件基本性能试验表明，构件的正截面应变规律基本符合平截面假定，构件破坏特征与普通钢筋混凝土构件相近，在进行正截面承载力计算时，可以采用与《规范》相同的基本假定。

4.2.2 在正截面承载力计算中，为简化计算，在求相对界限受压区高度 ξ_b 时，可将《规范》公式（7.1.4-2）中的钢筋应力 f_y 以强度设计值 $f_y=360N/mm^2$（对CRB550级和CPB550级）代入；同时将《规范》公式（7.1.4-1）中的钢筋应力 f_y 以 $360N/mm^2$（对HRB400级）代入。然后，钢筋弹性模量以 $E_s=1.9\times10^5N/mm^2$（对CRB550级）或 $2.0\times10^5N/mm^2$（对CPB550级及HRB400级）代入，并取 $\varepsilon_{cu}=0.0033$，$\beta_1=0.8$，当混凝土强度等级不超过C50时，即得下列结果：

对冷加工钢筋焊接网 $\xi_b=0.37$；

对热轧带肋钢筋焊接网 $\xi_b=0.52$。

但是，国内的一些试验表明，有些小直径的HRB400级钢筋没有明显屈服点，应力-应变曲线具有明显的硬钢特点，此时，ξ_b 的取值应按冷轧带肋钢筋焊接网的规定。

4.2.3 本规程承受疲劳荷载作用的构件仅限于冷轧带肋钢筋焊接网配筋的板类受弯构件。其疲劳验算可参照《规范》的有关规定。疲劳应力幅限值及疲劳最大应力的取值等应按本规程第3.1.8条的规定。对于其他种钢筋焊接网混凝土板类构件在疲劳荷载作用下的应用问题，由于试验研究资料不足，本规程暂未包括。

4.3 斜截面承载力计算

4.3.1 本条所指的焊接网配筋的混凝土结构受弯构件，包括不配置箍筋和弯起钢筋的一般板类受弯构件以及包括仅配置箍筋的矩形、T形和I形截面的一般受弯构件的两种情况：

1 不配置箍筋和弯起钢筋的焊接网配筋的一般板类受弯构件，主要指受均布荷载作用的单向板和双向板需按单向板计算的构件，其斜截面的受剪承载力计算及有关构造要求等，应符合《规范》的有关规定。

2 封闭式或开口式焊接箍筋笼以及单片式焊接网作为梁的受剪箍筋在国外已正式列入标准规范中，实际应用有较长时间。试验研究表明，当箍筋笼构造满足规定要求、控制合理的使用范围，其抗剪性能是有保证的。本规程第5.4节对箍筋笼作了具体规定。

4.3.2 冷轧带肋箍筋梁的抗剪性能试验表明，用变形钢筋做箍筋，对斜裂缝的约束作用明显地优于光面钢筋，试件破坏时箍筋可达到较高应力，其高强作用在抗剪强度计算时可以得到发挥，在正常使用阶段可提高箍筋的应力水平。带肋钢筋的箍筋抗拉强度设计值按本规程表3.1.5采用，在正常使用阶段，当剪跨比较小时一般不开裂，当剪跨比较大时裂缝宽度也小于0.2mm，满足正常使用要求。采用较高强度的CRB550级和HRB400级钢筋焊接网作受弯构件的箍筋是经济、有效的。

4.4 裂缝宽度验算

4.4.1 钢筋焊接网配筋的混凝土受弯构件，在正常使用状态下，一般应验算裂缝宽度。按荷载效应的标准组合并考虑长期作用影响计算的最大裂缝宽度不应超过本规程表4.1.4规定的限值。

为简化计算，规程给出了在一类环境条件下带肋钢筋焊接网板类构件，一般情况下可不作最大裂缝宽度验算的条件。

4.4.2 根据规程编制组对带肋钢筋焊接网和光面钢筋焊接网混凝土板刚度裂缝的试验研究结果表明，焊接网横筋具有提高纵筋与混凝土间的粘结锚固性能，且横筋间距愈小，提高的效果愈大，从而可有效的抑制使用阶段裂缝的开展。规程对裂缝宽度的基本公式采用与原规程相近的计算公式，其中对热轧带肋钢筋焊接网混凝土板类构件的受力特征系数 α_{cr} 取与冷轧带肋钢筋焊接网混凝土板相同。根据板的试验结果，当计算最大裂缝宽度对混凝土保护层厚度 c 取实际值时，计算的裂缝宽度更接近试验值。对于直接承受重复荷载的构件 ψ 值取等于1.0。

4.5 受弯构件挠度验算

4.5.1～4.5.3 钢筋焊接网混凝土受弯构件的挠度验算等仍按原规程的有关规定。

5 构 造 规 定

5.1 一 般 规 定

5.1.1 钢筋保护层厚度的规定主要是保证钢筋有效受力和耐久性要求。本规程对保护层厚度的规定与原规程略有增加，在混凝土强度等级上略有提高。在本条表5.1.1的注中对梁柱箍筋、构造钢筋、箍筋笼以及基础中纵向受力钢筋的保护层给出最小厚度要求。

5.1.2 我国钢筋混凝土结构的受拉钢筋最小配筋率与世界各国相比明显偏低，这次修订按混凝土结构设计规范关于最小配筋率修订的有关规定给出。

5.1.3 参照《公路水泥混凝土路面设计规范》JTG D40的编制原则，确定钢筋的最小直径和最大间距。冷轧带肋钢筋的条件屈服强度高于光面钢筋的屈服强度，同时，焊接网的纵筋与横筋焊接形成网状结构共同起粘结锚固作用，与混凝土的粘结锚固性能优于光面钢筋，以此确定冷轧带肋钢筋焊接网用于钢筋混凝土路面的最大钢筋间距。

5.1.4 本条对混凝土桥面铺装用焊接网的构造要求，主要根据国内近几年在几百座市政桥面铺装和公路桥面铺装中的设计和工程应用经验确定。根据国内多年工程应用经验总结，本规程附录B给出了桥面铺装钢筋焊接网常用规格建议表。

5.1.5 主要参照《公路隧道设计规范》JTJ 026的有关规定确定。

5.1.7 带肋钢筋焊接网的基本锚固长度 l_a 与钢筋强度、焊点抗剪力、混凝土强度、截面单位长度锚固钢筋配筋量以及钢筋外形等有关。根据粘结锚固拔出试验结果得出临界锚固长度值，在此基础上采用1.8～2.2倍左右的安全储备系数作为设计上采用的最小锚固长度值。考虑国内设计与现场技术人员的习惯规定，锚固长度仍按混凝土强度等级分档。

当在锚固长度内有一根横向钢筋且此横筋至计算截面的距离不小于50mm时，由于横向钢筋的锚固作用，使单根带肋钢筋的锚固长度减少约在25%左右。

当锚固区内无横筋时，锚固长度按单根钢筋锚固长度取值。按构造要求，规程给出了锚固区内有横筋或无横筋时的最小锚固长度值。

5.1.8 冷拔光面钢筋焊接网的最小锚固长度是根据国内的锚固搭接试验结果并参照国外试验结果和有关规范确定的。对锚固长度的主要影响因素为焊点抗剪力、钢筋强度、混凝土强度等级，以及与钢筋间距等有关。当锚固区内有不少于二根横向钢筋且较近一根横向钢筋至计算截面的距离不少于50mm时，二根横筋将承担绝大部分拉力，余下由钢筋本身承担，即由钢筋与混凝土的粘结锚固强度承担。

冷拔光面钢筋焊接网的锚固长度内应有横向焊接钢筋，当无横向焊接钢筋时，应在端头作成弯钩，或采取其他附加锚固措施。

5.1.10 焊接网搭接处受力比较复杂，试验指出，试件破坏绝大部分发生在搭接区段，特别是当钢筋直径较大时更是如此。布网设计时必须避开在受力较大处设置搭接接头。应尽量在受力较小处设置搭接接头。在国外标准规范中也给出类似规定。

5.1.11 当采用叠搭法或扣搭法、计算中充分利用带肋钢筋的抗拉强度时，要求在搭接区内每张焊接网片至少有一根横向钢筋。为了充分发挥搭接区内混凝土的抗剪强度，两网片最外一根横向钢筋之间的距离不应小于50mm，两片焊接网钢筋末端之间的搭接长度不应小于1.3倍最小锚固长度且不小于200mm。试验结果表明，按规定的搭接长度值，对于带肋钢筋焊接网混凝土板，在最大弯矩区段发生破坏，构件的极限承载力满足设计要求。新老规程的搭接长度值基本一致，仅作少量调整。

搭接区内只允许一张网片无横向钢筋，此种情况一般出现在平搭法中，同时要求另一张网片在搭接区内必须有横向钢筋，由于横向钢筋的约束作用，将提高混凝土的粘结锚固性能。带肋钢筋采用平搭法可使受力主筋在同一平面内，构件的有效高度 h_0 相同，各断面承载力没有突变，当板厚度偏薄时，平搭法具有一定优点。搭接区内一张网片无横向钢筋时，搭接长度约增加30%左右。试验表明，按第5.1.7条规定的锚固长度在此基础上确定的搭接长度值满足受力要求。

焊接网的搭接均是两张网片的所有钢筋在同一搭接处完成，国内外几十年的工程实践证明，这种处理方法是合适的，施工方便、性能可靠。

5.1.12 冷拔光面钢筋焊接网单向简支板的搭接试验表明，试件破坏均由两网片间的水平剪切裂缝与垂直的弯曲裂缝互相贯通而引起的，考虑到光面钢筋与混凝土的粘结锚固承担的拉力很少，主要靠焊点的抗剪力及二张网片的搭接长度与纵筋间距围成的剪切面承担拉力，光面钢筋焊接网的搭接长度取两片焊接网最外边横向钢筋间的距离，其长度为锚固长度的1.3倍，且不小于200mm，同时也不小于一个网格尺寸加50mm的搭接长度。按本条计算的搭接长度与国内的试验结果、国外的有关规定及试验结果基本接近。

计算时充分利用抗拉强度的光面钢筋焊接网，不应采用平搭法，如确有需要，必须采取可靠的附加锚固构造措施后方可采用。

5.1.14 带肋钢筋焊接网在非受力方向的分布钢筋的搭接，当采用叠搭法或扣搭法时，为保证搭接长度内钢筋强度及混凝土抗剪强度的发挥，要求每张网片在搭接区内至少应有一根受力主筋，并从构造要求上给出了最小搭接长度值。

当采用平搭法且一张网片在搭接区内无受力主筋时，分布钢筋的搭接长度应适当增加。

5.1.17 根据现行行业标准《公路水泥混凝土路面设计规范》JTG D40的规定及国内近些年几百座桥面铺装采用焊接网的工程经验总结，多采用平搭法施工，减少钢筋所占的厚度，钢筋直径常用的在6～11mm范围，搭接长度对于一般常用的平搭法不应小于35d，当采用叠搭法或扣搭法时不应小于25d，且在任何情况下不应小于200mm。

5.1.18 处于较强地震作用下的钢筋焊接网配筋构件，如剪力墙底部截面的墙面中的纵向分布钢筋可能处于交替拉、压状态下工作。此时，钢筋与其周围混凝土的粘结锚固性能将比单调受拉时不利，因此，对不同抗震等级给出了增加钢筋受拉锚固长度的规定。在此基础上乘以1.3倍增大系数，得出相应的受拉钢筋搭接长度。

5.2 板

5.2.1 板中焊接网钢筋的直径和间距采用了《规范》中绑扎钢筋的有关规定。根据目前冷轧带肋钢筋原材料供应情况，板中冷轧带肋受力钢筋的最小直径可采用5mm。

5.2.2 在国外，有采用较灵活的焊接网搭接布网方式的情况，但其搭接长度较大，且受力条件也不尽合理。本条规定了板的钢筋焊接网布置的基本原则，有利于节省材料和网片的合理布置。

5.2.3 考虑到现场施工中可能出现的偏差，板下部纵向钢筋伸入梁中的锚固长度较原规程增加5d，且不宜小于100mm。

5.2.6 嵌固在砌体墙内的现浇板沿嵌固边在板上部配置构造钢筋焊接网时，采用与手工绑扎钢筋同样的构造规定。根据冷轧带肋钢筋的特点，最小直径可采用5mm。

5.2.9 现浇双向板长跨方向需搭接时，应采用充分利用钢筋抗拉强度、按本规程第5.1.11条或第5.1.12条设置搭接接头，搭接接头灵活性较大，但仍应尽可能按第5.2.2条的布网原则进行。支座附近采用的附加网片伸入支座时，附加网片与主网片的搭接仍应按本规程第5.1.11条或第5.1.12条的规定。

5.2.10 根据国内外焊接网工程实践经验，给出两种现浇双向板底网减少搭接或不用搭接的布网方式。这些布网方式对发挥底网的整体作用较为有利。本条第1款布置方法的纵向网和横向网增加了焊接网成网时必需的分布筋（网片安装时分布筋可不搭接），与第5.2.9条的布置方法比较，用钢量可减少或持平。当钢筋间距为2倍原配筋间距时，焊点总数与第5.2.9条的布置方式相同。本条第2款的布置方法长跨方向的搭接宜采用平搭法。纵向网和横向网的计算高度相同，等于长跨方向钢筋的计算高度。安装时应使纵向网和横向网的钢筋均匀分布。第2款的布置方法用钢量最省，相当于或低于绑扎钢筋的用量。在短跨（短跨净跨≤2.5m）主受力钢筋无搭接时更具优势。

5.2.11 梁两侧有高差板的带肋钢筋焊接网的一般布置方法应采用如图5.2.11的形式。当板高差较小，若采用图5.2.11的布置方法，由于梁主筋位置的限制可能会出现低高程板的面网插入梁中而难于保证其准确位置，影响面网充分发挥作用，因此，建议采用弯折焊接网的布置方法。

5.2.12 采用图5.2.12布置方法时，面网在梁内的锚固钢筋用量较多。若按较大配筋侧钢筋布置跨梁面网时，材料用量的增加与按梁两侧分别布置面网的材料用量增加相当或略多一些，此时，亦可采用跨梁面网布置方式。

5.2.14 这是焊接网与柱的连接的一般方法，应根据施工现场的条件选择合适的连接方法。施工条件许可时（如柱主筋向上伸出长度不大时）宜采用整网套柱布置方式。

5.3 墙

5.3.1 规程修订组专门对冷轧带肋钢筋焊接网混凝土剪力墙进行了试验研究。结果表明，当合理设置端部约束边缘构件、边缘构件的纵筋采用热轧钢筋，轴压比不超过《规范》限值时，冷轧带肋钢筋作为分布筋的矩形截面剪力墙，变形能力满足抗震要求；I形截面墙的变形能力优于矩形截面墙。试验指出，矩形墙体当设计轴压比为0.5及I形墙体设计轴压比为0.67时，位移延性比均不小于4.0，位移角分别不小于1/110和1/90。试件破坏时，受拉冷轧带肋竖向分布钢筋的最大拉应变不超过0.011。结合试验对4m和6m长的冷轧带肋钢筋焊接网剪力墙计算分析表明，设置约束边缘构件的墙、轴压比不小于0.3、层间位移角不大于1/120时，受拉区最外侧冷轧带肋竖向分布筋的拉应变一般不超过0.015，最大达0.018。计算结果表明，按现行规范计算的墙体受弯承载力与试验结果符合较好。墙体具有良好的抗震性能，可用于无抗震设防的房屋建筑的钢筋混凝土墙体，抗震设防烈度为6度、7度和8度的丙类钢筋混凝土房屋的框架—剪力墙结构、剪力墙结构和部分框支剪力墙结构中的剪力墙，可采用冷轧带肋钢筋焊接网作为分布筋，抗震房屋的最大高度可比《规范》规定的适用最大高度低20m；当采用热轧带肋钢筋焊接网时，抗震房屋的最大高度按《规范》的规定。

对筒体结构中的核心筒配筋和一级抗震等级剪力墙底部加强区的分布钢筋宜采用延性较大的热轧带肋钢筋焊接网。

手工绑扎的冷轧带肋钢筋及冷轧带肋钢筋焊接网用作剪力墙的分布筋，在国内的高层建筑中已有应用。

墙面分布筋为热轧HRB400级钢筋焊接网、约束边缘构件纵筋为热轧带肋钢筋、约束边缘构件的长度和配箍特征值符合规范规定的剪力墙，试验结果表明，墙体的破坏形态为钢筋受拉屈服、压区混凝土压坏，呈现以弯曲破坏为主的弯剪型破坏，计算值与实测值符合良好。轴压比设计值为0.5的矩形墙和工字形墙，位移延性系数分别不小于3.0和4.0。热轧钢筋焊接网可用于抗震设防烈度不大于8度的丙类钢筋混凝土房屋剪力墙的分布钢筋。

5.3.4 为进一步慎重起见，对抗震等级为一、二级的冷轧带肋钢筋焊接网剪力墙，底部加强部位及相邻上一层墙两端及洞口两侧边缘构件沿墙肢的长度及其配箍特征值较《规范》的规定作了适当的加强处理。

5.3.7 在国内外的墙体焊接网施工中，竖向焊接网一般都按一个楼层高度划分为一个单元，在紧接楼面以上一段可采用平搭法搭接，下层焊接网在上部搭接区段不焊接水平钢筋，然后，将下层网的竖向钢筋与上层网的钢筋绑扎牢固。

5.3.8 对于端部无暗柱的墙体，现场绑扎的附加钢筋宜选用冷轧带肋钢筋或热轧带肋钢筋。附加钢筋的间距宜与焊接网水平钢筋的间距相同，其直径可按等强度设计原则确定。

端部设置暗柱时，网片可插入暗柱内或置于暗柱外，但应采取有效措施，保证水平钢筋的锚固。

图5.3.8给出几种常用的焊接网在墙体端部的构造示意图。

剪力墙两端及洞口两侧设置的边缘构件的范围及配筋构造除应符合本规程的要求外，尚应符合《规范》的有关规定。

5.4 箍筋笼

5.4.1～5.4.2 焊接网片经弯折后形成箍筋笼，在国外的工程中应用较多，免去现场绑扎箍筋，提高施工速度。梁、柱焊接箍筋笼在国外已作过很多专门试验。本节推荐的箍筋笼是参照国外应用经验结合国内钢筋混凝土的构造规定而制定的。

6 施　工

6.1 钢筋焊接网的检查验收

6.1.1 对焊接网进场后的检查与验收作了具体规定。考虑到现场施工的实际情况，可将现场检查的部分内容由负责质检的专门人员提前在工厂内进行，以保证现场的施工进度。

焊网厂向施工现场供货时，一般根据现场实际需要，将同一原材料来源、同一生产设备并在同一连续时段内生产的、受力主筋为同一直径的焊接网组成一批，其重量不应大于30t。

为减少现场试验工作量，又达到质量控制的要求，对网片外观质量和几何尺寸的检查按每批5%（不少于3片）的数量抽检。

焊接网的直径（或重量偏差）应有控制，冷拔光面钢筋直接用游标卡尺测量直径，带肋钢筋以称重法检测直径。

焊接网的外观质量和几何尺寸应按本规程附录D的要求检查。

焊接网的拉伸、弯曲及抗剪试验应按本规程附录E的规定执行。

6.2 钢筋焊接网的安装

6.2.2 进场的焊接网堆放位置应考虑施工吊装顺序的要求，并在每张网片上配有明显的标牌。

6.2.4 对两端须插入梁内锚固的较细直径的焊接网，利用网片本身的可弯性能，先后将两端插入梁内的方法，简易可行。

6.2.5 双向板的底网（或面网）采用本规程第5.2.10条规定的双层配筋时，由于纵横向钢筋分开成网，因此两层网间宜作适当绑扎。

6.2.6 焊接网用作墙体配筋时，采用预制塑料卡控制混凝土保护层厚度是个有效的方法，在国外的工程中经常采用。焊接网作板的配筋，国内有的工程已在采用塑料卡。

附录A　定型钢筋焊接网型号

定型钢筋焊接网是一种通用性较强的焊接网，当网片外形尺寸确定后，可提前在工厂批量预制。在国外焊接网应用比较发达的国家，焊网厂均有大量提前预制的各种型号网片储存待用。

本附录表A.0.1给出了5种网格尺寸、10种直径的定型钢筋焊接网。直径14mm、16mm仅适用热轧HRB400级钢筋。定型网今后的发展方向是争取网片尺寸定型，只有这样，网片才能大规模、高度自动化、成批生产，降低成本。表中给出3种正方形网格和2种矩形网格，除国际上常用的200mm×200mm及100mm×100mm外，又结合工程需要增加了150mm×150mm网格尺寸。最近国内有的网厂又增加了以25mm为模数的125mm、175mm纵筋间距尺寸。定型焊接网在两个方向上的钢筋间距和直径可以不同，但在同一方向上的钢筋宜有相同的间距、直径及长度。在国外的工程应用中有时纵筋为较粗直径的热轧带肋钢筋而横筋为较细直径的冷轧带肋钢筋，这样，当两个方向直径相差较大时，可减少对较细直径焊接烧伤的影响。目前，国内定型焊接网的长度和宽度仍根据设备的生产能力以及由设计人员根据工程需求确定。

焊接网的代号是在纵向钢筋的直径数值前面冠以代表不同网格尺寸的英文大写字母构成，其中，A、B、D型考虑了与国际上有些国家的应用习惯相一致。

表A.0.1中给出的重量是根据纵、横向钢筋按表中的相应间距均匀布置时，计算的理论重量，工程应用时尚应根据网端钢筋伸出的实际长度计算网重。

附录B　桥面铺装钢筋焊接网常用规格表

钢筋焊接网用作桥面铺装层的配筋，可以有效的减轻混凝土的开裂程度，增强耐久性，提高混凝土桥面使用寿命。国内近几年应用逐渐增多，在部分路面工程中也开始应用。国外，在这方面已积累了丰富的使用经验。

本附录表B.0.1给出的桥面铺装用钢筋焊接网常用规格表，主要根据国内几百座在公路桥和市政桥的桥面铺装中多年的使用经验而制定的。

附录C　箍筋笼的技术要求

预制箍筋笼作梁、柱的箍筋在欧美及东南亚地区应用的很普遍。国外在这方面已进行较多的试验研究，积累较多的使用经验，在相关的标准规范中已有规定。

本附录对考虑抗震要求的梁的箍筋笼均应做成封闭式。对有抗震要求和无抗震要求梁的箍筋笼在角部的弯折角度及末端平直段的长度都提出了要求。在选材上宜采用带肋钢筋。箍筋笼的长度可根据梁长作成一段或几段，主要考虑运输和施工方便及安装效率，同时也兼顾弯折机的生产能力。有些国家在焊网厂将箍筋笼与梁主筋连成整体，一同运至施工现场安装，提高运输及安装效率。

当梁与板整体现浇、不考虑抗震要求且不需计算要求的受压钢筋亦不需进行受扭计算时，可采用带肋钢筋焊接的"U"型开口箍筋笼。在设计开口箍筋笼时，应使竖向钢筋尽量靠近构件的上下边缘，特别是箍筋上端应伸入板内，并尽量靠近板上表面，开口箍筋笼顶部区段一定布置有通常的、连续的焊接网片，以加强梁顶部的约束作用。"U"型开口箍筋笼在国外的预制构件和现浇梁板中均有应用。

附录D 钢筋焊接网的外观质量要求、几何尺寸和钢筋直径的允许偏差

本附录规定了钢筋焊接网的外观质量要求、几何尺寸和直径的允许偏差以及钢筋焊接点开焊数量的限制。

本附录的有关规定是供现场检查验收用。为减少试验量，取样数量应按本规程第6.1节的规定。

网片的对角线偏差在大面积铺网工程中对铺网质量有直接影响，如果对角线偏差大，对网片间的准确搭接将有不良影响。

当网格尺寸均做成正偏差时，由于偏差的积累，有可能使钢筋根数比设计根数减少。为防止此种情况出现，规定在一张网片中，纵、横向钢筋的根数应符合原设计的要求。

附录E 钢筋焊接网的技术性能要求

E.0.1 对钢筋焊接网的技术性能指标，除满足本附录的有关要求外，尚应符合现行国家标准《钢筋混凝土用钢筋焊接网》GB/T 1499.3的有关规定。

E.0.3 目前光面钢筋焊接网仍有少量使用，本条仍保留了冷拔光面钢筋的力学性能和工艺性能要求。实践表明，在相同牌号母材条件下，冷拔光面钢筋的力学性能和工艺性能可达到冷轧带肋钢筋的要求。因此冷拔光面钢筋的性能指标取与冷轧带肋钢筋相同的指标。

E.0.5 从设计和使用考虑，对焊点抗剪力应有一定的要求，以保证横向钢筋通过焊点传递一定的纵向拉力。规定钢筋焊接网焊点的抗剪力应不小于$0.3\sigma_{p0.2}$（或σ_s）与A（A为较粗钢筋的横截面积）的乘积。这与国外的有关规定基本相同。试验表明，同一焊点取粗钢筋或细钢筋作为试样的受拉钢筋测得的焊点抗剪力可能会不同，主要是由于测试夹具造成的。试样粗钢筋受拉时不易弯曲，测得的焊点抗剪力更接近于真实情况。同时较粗钢筋一般为主要受力钢筋，因此规定焊点抗剪试样以较粗钢筋作为受拉钢筋。焊点抗剪力的影响因素较多，离散性较大，故以三个试样测得结果的平均值作为评定标准。

在截取试样时，不宜在纵向（制造）方向上同一根钢筋上截取3个试样，因纵向钢筋上的焊点是同一焊头所焊，施焊条件基本相同，达不到测试不同焊头施焊条件的焊点抗剪力的目的。

中华人民共和国行业标准

轻型钢丝网架聚苯板混凝土构件应用技术规程

Technical specification for the application of concrete elements reinforced with light steel mesh framed expanded polystyrene panel

JGJ/T 269—2012

批准部门：中华人民共和国住房和城乡建设部
施行日期：2 0 1 2 年 7 月 1 日

中华人民共和国住房和城乡建设部
公　　告

第 1222 号

关于发布行业标准《轻型钢丝网架聚苯板混凝土构件应用技术规程》的公告

现批准《轻型钢丝网架聚苯板混凝土构件应用技术规程》为行业标准，编号为 JGJ/T 269－2012，自 2012 年 7 月 1 日起实施。

本规程由我部标准定额研究所组织中国建筑工业出版社出版发行。

中华人民共和国住房和城乡建设部

2011 年 12 月 19 日

前　　言

根据原建设部《关于印发〈2005 年工程建设标准规范制订、修订计划（第一批）〉的通知》（建标函［2005］84 号）的要求，规程编制组经广泛调查研究、认真总结实践经验，参考有关国际标准和国外先进标准，并在广泛征求意见的基础上，编制了本规程。

本规程的主要技术内容是：1　总则；2　术语和符号；3　材料；4　建筑设计；5　结构构造；6　结构设计；7　施工；8　质量验收。

本规程由住房和城乡建设部负责管理。由上海沪标工程建设咨询有限公司负责具体技术内容的解释。执行过程中如有意见或建议，请寄送上海沪标工程建设咨询有限公司（地址：上海市斜土路 1175 号 1008 室，邮编：200032）。

本规程主编单位：上海沪标工程建设咨询有限公司
新八建设集团有限公司

本规程参编单位：上海申标建筑设计有限公司
上海建筑科学研究院有限公司
上海胜柏新型建材有限公司
浙江舜杰建筑集团股份有限公司
山东新国屋建筑材料有限公司
浙江丰惠建设集团有限公司

本规程主要起草人员：高清华　赖松林　徐佩琳　陶为农　夏春红　沈志勇　李以炘　杨星虎　张鲁山　蒲梦江　毕子锦　陈德平　周长兴　颜宜彪　赵俊青　吴云芝　彭圣钦

本规程主要审查人员：程懋堃　沈　恭　李晓明　艾永祥　陈企奋　王惠章　周建龙　彭少民　王爱勋　戴自强

目　次

Contents

1 总 则

1.0.1 为规范轻型钢丝网架聚苯板混凝土构件的设计和施工，做到安全适用、技术先进、经济合理，确保工程质量，制定本规程。

1.0.2 本规程适用于抗震设防烈度8度及以下、建筑高度10m及以下、层数3层及以下的房屋承重墙体构件和楼板（屋面板）构件的设计和施工，也适用于一般工业和民用建筑的非承重墙体构件应用。本规程不适用于长期处于潮湿或有腐蚀介质环境的构件应用。

1.0.3 轻型钢丝网架聚苯板混凝土构件的设计、施工及验收，除应符合本规程外，尚应符合国家现行有关标准的规定。

2 术语和符号

2.1 术 语

2.1.1 轻型钢丝网架聚苯板 light steel mesh framed expanded polystyrene panel

以模塑聚苯乙烯泡沫塑料（EPS）板为芯材，两侧外覆高强钢丝网片，网片用镀锌钢丝斜插穿过聚苯板，点焊连接而成的三维空间组合板材。简称3D板。

2.1.2 3D板混凝土构件 concrete element reinforced with 3D panel

3D板与混凝土复合形成的构件，包括3D墙板和3D楼板（屋面板）。

2.1.3 3D墙板 concrete wall reinforced with 3D panel

3D板在施工现场竖向安装就位后，两侧喷射细石混凝土层形成的墙板。

2.1.4 3D楼板（屋面板） concrete floor/roof slab reinforced with 3D panel

3D板在施工现场水平安装就位后，顶面浇筑细石混凝土层，底面喷射细石混凝土层形成的楼板（屋面板）。

2.1.5 L形连接件 L-shape connecter

由镀锌钢板制作而成的、用于3D板与梁柱及楼地面之间连接和固定的L形配件。

2.1.6 角网 splice mesh in the corner

3D墙板转角处加强用的钢丝网片，分为阴角网、阳角网。

2.1.7 U形网 U-shape mesh

用于加强3D墙板与梁、柱、门窗洞口等处的U形钢丝网片。

2.2 符 号

2.2.1 材料性能

E_c——混凝土弹性模量；

E_s——钢筋（丝）弹性模量；

f_c——混凝土轴心抗压强度设计值；

f_{stk}——根据极限强度确定的钢丝抗拉（压）强度标准值；

f_{tk}——混凝土轴心抗拉强度标准值；

f_y——钢筋或钢丝抗拉（压）强度设计值；

f_{yk}——根据屈服强度确定的钢筋抗拉（压）强度标准值；

f_{y1}——板内加配普通钢筋的抗拉（压）强度设计值；

f_{y2}——小梁内加配普通钢筋的抗拉（压）强度设计值。

2.2.2 作用、作用效应及承载力

F_{Ek}——结构总水平地震作用标准值；

F_i——质点i的水平地震作用标准值；

G_{eq}——结构等效总重力荷载；

G_i、G_j——分别为集中于质点i、j的重力荷载代表值；

M——弯矩设计值；

M_1——小梁受压翼缘宽度范围内的弯矩；

M_q——按荷载准永久组合计算的弯矩值；

V——支座内边处的剪力设计值；

σ_c——混凝土压应变为ε_c时的混凝土压应力；

σ_{sq}——按荷载准永久组合计算的纵向受拉钢筋（丝）的应力；

ε_c——混凝土压应变；

ε_{cmax}——混凝土离中和轴最远处的（即最大）压应变；

ε_s、ε'_s——分别为钢筋（丝）的拉、压应变；

ε_0——混凝土压应力刚达到f_c时的混凝土压应变，取0.002；

w_{max}——按荷载准永久组合并考虑长期作用影响的最大裂缝宽度。

2.2.3 几何参数

A——混凝土截面面积；

A_s、A'_s——分别为受拉、压的纵向面网的截面面积；

A_{s1}、A'_{s1}——分别为板内受拉、压区纵向加配普通钢筋的截面面积；

A_{s2}、A'_{s2}——分别为板间增加小梁内受拉、压的纵向加配普通钢筋的截面面积；

A_{s3}——组合过梁底部$0.2h_1$范围内的水平钢筋截面面积；

A_{sa}——在聚苯板缝间另加小梁的受压翼缘宽度b_1范围外的板内受拉纵向面网的截面面积；

A_{ss}——斜插丝截面面积；

A_{sv}、A_{sh}——分别为竖向、横向钢筋（丝）全部截面面积；

B——荷载准永久组合作用下并考虑长期作用影响的刚度；

B_s——荷载准永久组合作用下受弯构件的短期刚度；

H——墙体高度；

H_A——建筑物外墙总高度；

H_i、H_j——分别为质点 i、j 的计算高度；

I——对截面重心轴的截面惯性矩；

a——集中荷载到过梁支座的水平距离；

a_1——最外层纵向受拉钢筋（丝）外边缘到受拉区底边的距离；

a_2——斜插丝斜率；

a_3——斜插丝节距；

a_4——斜插丝组成的钢骨架的间距；

a_5——最内层钢丝边缘到聚苯板边的净距离；

b——3D板截面长（宽）度；

b_1——小梁受压翼缘宽度；

c——混凝土截面重心轴到墙体的内侧或楼板的上侧外边的尺寸；

d_{eq}——受拉区纵向钢筋（丝）的等效直径；

d_i——受拉区第 i 种纵向钢筋（丝）的公称直径；

e——轴向压力作用点至纵向受拉钢筋（丝）合力点的距离；

e_0——轴向压力对截面重心的偏心距；

e_a——附加偏心距；

e_i——初始偏心距；

h——3D板的总厚度；

h_B——建筑物高度方向混凝土圈梁的累计高度；

h_0——截面有效高度；

h_1——墙洞以上的墙体与圈梁的总高度；

h_{10}——过梁截面有效高度；

i——对截面重心轴的截面回转半径；

l——楼板、屋面板的计算跨度；

l_0——墙体计算高度；

l_1——过梁计算跨度；

l_w——验算墙段的长度；

r——建筑物的平均窗墙面积比；

s_v、s_h——分别为竖向、横向钢筋（丝）的间距；

t_0——聚苯板厚度；

t_1、t_2——分别为3D板墙体的外、内侧或楼板的下、上侧的混凝土层厚度；

x——混凝土的简化等效矩形应力图的受压区高度；

x_n——按截面应变保持平面的假定所确定的中和轴高度；

z——纵向受拉网片 A_s 合力至混凝土受压区合力点之间的距离；

z_1——纵向受拉钢筋 A_{s1} 合力至混凝土受压区合力点之间的距离；

z_2——纵向受拉钢筋 A_{s2} 合力至混凝土受压区合力点之间的距离；

α——斜插丝与垂直线（即 V 的作用方向）的夹角。

2.2.4 计算系数及其他

D——外墙板主墙体的热惰性指标；

K——内墙体的传热系数；

K_B——混凝土圈梁部位传热系数；

K_m——外墙板的平均传热系数；

K_p——外墙板主墙体的传热系数；

S_c——材料的蓄热系数计算值；

n_i——受拉区第 i 种纵向钢筋（丝）的根数；

α_1——受压混凝土矩形应力图的应力值与混凝土轴心抗压强度设计值的比值；

α_E——相应于结构基本自振周期的水平地震影响系数值；

β_1——混凝土矩形应力图受压区高度与中和轴高度（中和轴到受压区边缘的距离）的比值；

η——偏心距综合增大系数；

ζ_c——偏心受压构件的截面曲率修正系数；

λ——计算剪跨比；

λ_c——材料的导热系数计算值；

μ——计算长度系数；

ν_i——受拉区第 i 种纵向钢筋（丝）的相对粘结特性系数；

ξ_b——纵向受拉钢筋屈服与受压区混凝土破坏同时发生时的相对界限受压区高度；

ρ_{te}——按有效受拉混凝土截面面积（bt_1）计算的纵向受拉钢筋（丝）配筋率；

υ——抗剪强度折减系数；

φ——墙体稳定系数；

ψ——裂缝间纵向受拉钢筋（丝）应变不均匀系数。

3 材　料

3.1 聚　苯　板

3.1.1 3D板的芯材应采用阻燃型模塑聚苯乙烯泡沫塑料（EPS）板（以下简称聚苯板），其主要性能指标应符合表 3.1.1 的规定。

表 3.1.1 聚苯板主要性能指标

项 目	性能指标	试验方法
表观密度(kg/m³)	18～22	GB/T 6343
导热系数[W/(m·K)]	≤0.039	GB/T 10294 或 GB/T 10295
压缩强度(MPa)	≥0.10	GB/T 8813
垂直于板面方向的抗拉强度(MPa)	≥0.10	JG 149
尺寸稳定性(%)	≤0.50	GB/T 8811
吸水率(%)	≤4	GB/T 8810
燃烧性能等级	不低于C级	GB 8624

3.1.2 聚苯板厚度宜为 50mm、70mm、100mm、120mm 等，宽度宜为 1200mm，长度宜小于或等于 6000mm。

3.1.3 聚苯板外观尺寸和允许偏差应符合表 3.1.3 的规定。

表 3.1.3 聚苯板外观尺寸和允许偏差

外观尺寸（mm）		允许偏差（mm）
长度、宽度	1000～2000	±6.0
	2001～4000	±8.0
	>4000	正偏差不作规定，−10
厚度	50～75	±2.0
	76～100	±3.0
	>100	±4.0
对角线差	1000～2000	5.0
	2001～4000	10.0
	>4000	13.0

3.1.4 聚苯板在工程应用前，应在自然条件下至少陈化 42d 或在 (60±5)℃环境中至少陈化 5d。

3.2 钢 丝 网 架

3.2.1 3D 板的钢丝网片和斜插丝应采用冷拔低碳钢丝，且抗拉强度标准值（f_{stk}）不应小于 550N/mm²，抗拉强度的设计值（f_y）应取 320N/mm²，弹性模量（E_s）应取 2.0×10^5 N/mm²。

3.2.2 3D 板钢丝网片的钢丝直径不应小于 2.2mm，网孔宜为 50mm × 50mm。斜插丝直径不应小于 3.0mm，并应有镀锌层。钢丝的主要技术指标应符合表 3.2.2 的规定，其他性能应符合国家标准《一般用途低碳钢丝》GB/T 343 的规定。用于 3D 承重墙板、3D 楼板（屋面板）的斜插丝，每平方米用量不应少于 117 根；用于 3D 非承重墙板的斜插丝，每平方米用量不应少于 58 根，并应符合本规程附录 A 表 A.1.1 的规定。

表 3.2.2 钢丝的主要技术指标

直径（mm）		抗拉强度（N/mm²）	反复弯曲试验（次）	镀锌层质量（g/m²）	用 途
公称	实际				
2.2	2.23+0.05	≥550	≥6	—	网片的经、纬钢丝
3.0	3.03+0.05				
3.0	3.03+0.05		≥4	≥122	斜插丝
3.8	3.83+0.06				

注：反复弯曲试验为反复弯曲 180°的次数。

3.2.3 3D 板钢丝网片的钢丝表面应光滑整洁，不应有油污、裂纹、翘皮、纵向拉痕等缺陷；纬丝与经丝排列应互相垂直，不得有漏剪、翘伸的钢丝挑头；焊点区外不得有钢丝锈点；斜插丝不得有漏丝现象。

3.2.4 3D 板钢丝网片的允许尺寸偏差应符合表 3.2.4 的规定。钢丝网片每平方米的实际质量与公称质量的允许偏差应为±4.5%。

表 3.2.4 3D 板钢丝网片的允许尺寸偏差

项 目	允许偏差（mm/10m）
长度	±10.0
宽度	±10.0
两对角线差	±10.0

3.2.5 对于 3D 板钢丝网片与斜插丝构成的钢丝网架，其焊接应可靠，焊点应无过烧现象；网片漏焊、脱焊点数不得大于总焊点的 2%；斜插丝不得漏焊、脱焊；焊点抗拉力的最小值应符合表 3.2.5 的规定。

表 3.2.5 焊点抗拉力的最小值

项 目	网片钢丝之间		斜插丝与网片钢丝	
钢丝直径（mm）	2.2	3.0	3.0 与 2.2	3.8 与 3.0
焊点抗拉力最小值（N）	400	500	2140	3430

3.2.6 3D 板钢丝网片的强度、伸长率和冷弯的试验方法应符合现行行业标准《冷拔低碳钢丝应用技术规程》JGJ 19 的规定。

3.3 配 件

3.3.1 L 形连接件应采用厚度为 1.2mm 的建筑用热镀锌钢板制作，规格宜为 L100mm×100mm。

3.3.2 平网应由钢丝网片剪裁而成，宽度应大于或等于 300mm。

3.3.3 角网应由钢丝网片剪裁而成，阳角网应采用 L150mm×300mm，阴角网应采用 L150mm×150mm。角网长度不宜大于 4.0m。

3.3.4 U 形网应由钢丝网片加工而成，双肢长度均不应小于 150mm，双肢间宽度应根据 3D 板的厚度确定。

3.4 混　凝　土

3.4.1　3D墙板或楼板（屋面板）的面层材料应采用强度等级不低于C20的细石混凝土。

3.4.2　细石混凝土应采用强度等级为42.5的普通硅酸盐水泥，并应符合现行国家标准《通用硅酸盐水泥》GB 175的规定。

3.4.3　细石混凝土骨料的粒径应按混凝土的施工工艺确定。采用活塞泵喷射工艺时，粗骨料的最大粒径不应大于8mm；采用涡轮泵喷射工艺时，粗骨料的最大粒径不应大于5mm。粒径不大于0.125mm的细骨料应占骨料总量的4%～9%。采用现浇工艺时，粗骨料的粒径不应大于16mm。

3.4.4　当工程需要采用掺合料时，掺量应通过试验确定，且加掺合料后的混凝土性能应符合设计要求。

4　建　筑　设　计

4.1　3D板混凝土构件基本构造

4.1.1　3D板混凝土构件的基本构造层应依次为饰面层、混凝土钢丝网片层、聚苯板（含斜插丝）、混凝土钢丝网片层、饰面层组成（图4.1.1）。

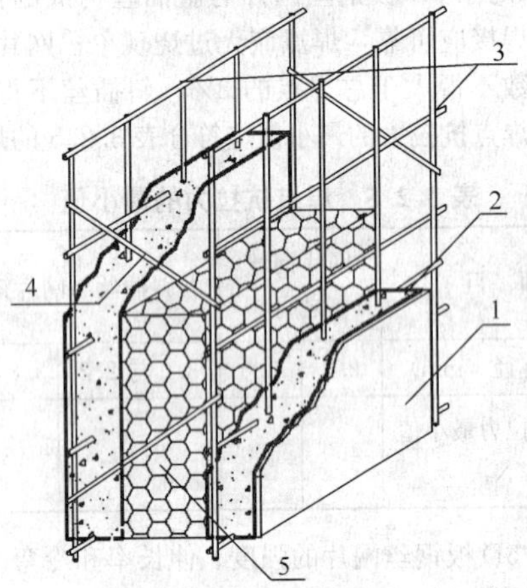

图4.1.1　3D板混凝土构件基本构造

1—饰面层；2—混凝土；3—钢丝网片；4—斜插丝；5—聚苯板

4.1.2　3D板混凝土构件斜插丝的设置应符合下列规定（图4.1.2）：

1　钢丝网架中网片和斜插丝所组成的钢骨架间距应分为Ⅰ型和Ⅱ型两种。对于Ⅰ型钢骨架，1200mm宽范围内应设12道斜插丝，且斜插丝间距（a_4）应为100mm；对于Ⅱ型钢骨架，1200mm宽范围内应设7道斜插丝，且两端斜插丝间距（a_4）应为150mm，其余斜插丝间距（a_4）应为200mm；

2　斜插丝的节距（a_3）应分为A型和B型两种。A型节距应为200mm，B型节距应为100mm。

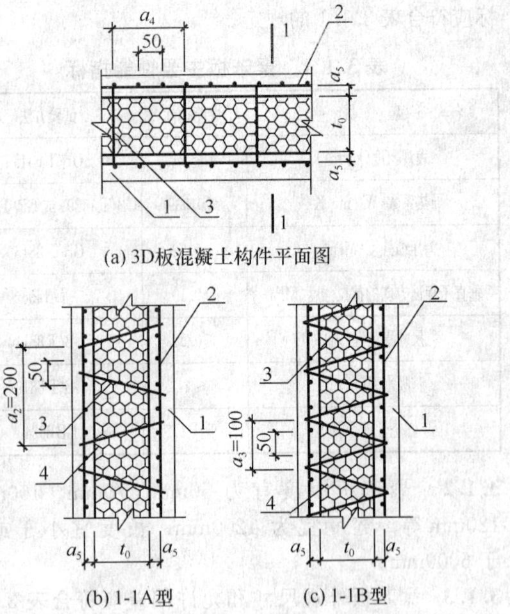

图4.1.2　3D板混凝土构件斜插丝设置

1—饰面层及混凝土；2—钢丝网片；3—斜插丝；4—聚苯板；a_3—斜插丝节距；a_4—斜插丝间距；a_5—最内层钢丝边缘到聚苯板边的净距离

4.1.3　3D板中聚苯板厚度应根据建筑构造、结构和建筑热工的要求确定，并应符合下列规定：

1　外墙板聚苯板厚度不应小于100mm，且不应大于120mm；

2　承重内墙板聚苯板厚度不应小于70mm，非承重内墙板中聚苯板厚度不应小于50mm；

3　楼板、屋面板中聚苯板厚度不应小于70mm。

4.1.4　3D板两侧的细石混凝土层厚度应符合下列规定：

1　对于外墙板外侧，不应小于50mm；对于外墙板内侧，承重墙不应小于50mm，非承重墙不应小于35mm。

2　承重内墙两侧不应小于45mm；非承重内墙两侧不应小于35mm。

3　楼板（屋面板）顶面不应小于50mm；楼板（屋面板）底面不应小于45mm，并应符合本规程第5.2.1条的规定。

4.2　平立面设计

4.2.1　3D板混凝土构件用于承重墙和楼板（屋面板）时，房屋层高不应大于4.8m，抗震横墙间距不应大于7.5m，楼板（屋面板）跨度不应大于4.8m。

4.2.2　建筑平面及立面设计应符合抗震概念设计的要求，且不应采用严重不规则的设计方案。

4.2.3　平面设计时应采用300mm为基本模数，立面设计时应采用100mm为基本模数。

4.2.4 相邻开间楼面标高宜相同，不宜作错层设计。用于卫生间、厨房等潮湿房间时，应有防水措施。

4.2.5 3D板混凝土构件可用作承重内外墙板、非承重内外墙板、楼板及屋面板等。抗震设防烈度为8度时，房屋高宽比不应大于2.0，抗震设防烈度为8度以下时，房屋高宽比不应大于2.5。3D墙板和3D楼板（屋面板）常用规格应符合本规程附录A的规定。

4.2.6 建筑设计应根据功能需要，合理设置各类竖井、管道、表箱位置。

4.2.7 墙板排板设计时宜采用整板，当出现非整板时，其宽度应符合下列规定：

1 窗间承重墙宽度不应小于500mm；窗间非承重墙宽度不应小于300mm；

2 墙的尽端（墙垛）、阴角至门窗洞边的距离，承重墙不应小于500mm；非承重墙不应小于300mm；

3 门窗洞口顶部至楼板（屋面板）底部的距离不应小于300mm。

4.2.8 3D墙板上的孔洞应在混凝土施工前预留，当孔洞单边长度小于300mm时，也可在墙板安装完成后切割开孔。

4.2.9 3D墙板表面可根据工程要求选用不同的饰面层。

4.2.10 当楼板、楼梯、雨篷、阳台等设计为非3D板混凝土构件时，其与3D板混凝土构件的连接，应采用钢筋混凝土构件作过渡连接。

4.2.11 3D板混凝土构件每侧细石混凝土厚度大于或等于35mm时，构件耐火极限可按2.5h取值。

4.2.12 常用3D墙板的空气计权隔声量可按表4.2.12采用。

表 4.2.12 常用3D墙板的空气计权隔声量

应用部位	主墙体构造层厚度（mm）				空气计权隔声量（dB）
	聚苯板	混凝土层		内外侧粉刷层	
		外侧	内侧		
外墙	100	50	50	20	47
	100	50	50	—	46
	120	50	50	20	48
内墙	70	40	40	—	45
	70	35	35	20	45
	100	35	35	20	46

4.3 3D板混凝土构件建筑构造

4.3.1 3D板混凝土构件拼接时，附加的平网、阳角网、阴角网以及U形网等的长度和宽度应符合本规程第3.3节的规定。

4.3.2 3D板混凝土构件的拼接应符合下列规定：

1 3D墙板或3D楼板（屋面板）横向拼接时，其拼缝处双侧应各附加平网一层，且平网应与钢丝网片绑扎连接（图4.3.2-1）；

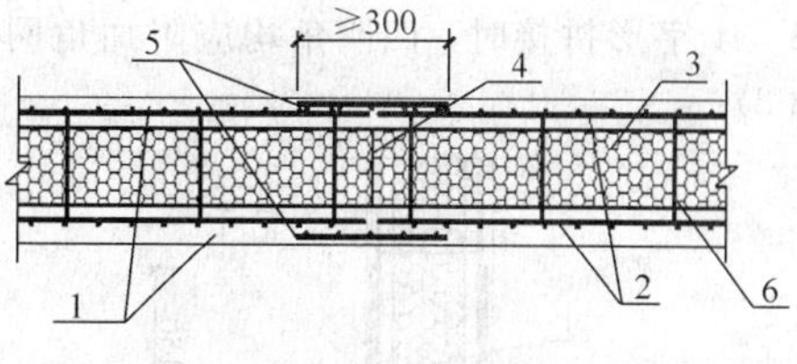

图4.3.2-1 3D墙板或3D楼板（屋面板）横向拼接
1—混凝土；2—钢丝网片；3—聚苯板；4—3D板横向拼缝；5—平网；6—斜插丝（间距方向）

2 3D墙板竖向拼接时，拼缝处双侧除各附加平网一层外，尚应在墙板一侧钢丝网片内侧附加1根校平钢筋，钢筋直径宜为10mm，间距宜为500mm，长度宜为600mm（图4.3.2-2）。

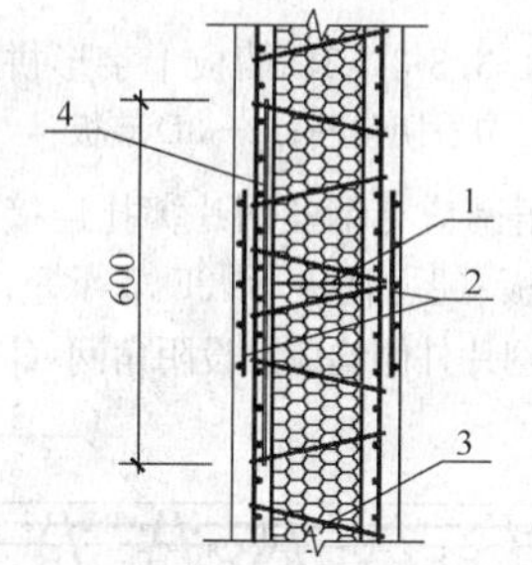

图4.3.2-2 3D墙板竖向拼接
1—3D板竖向拼缝；2—平网；3—斜插丝（节距方向）；4—校平钢筋

4.3.3 3D墙板的转角处增强应符合下列规定：

1 L形拼接时，阴阳角均应附加角网（图4.3.3-1）；

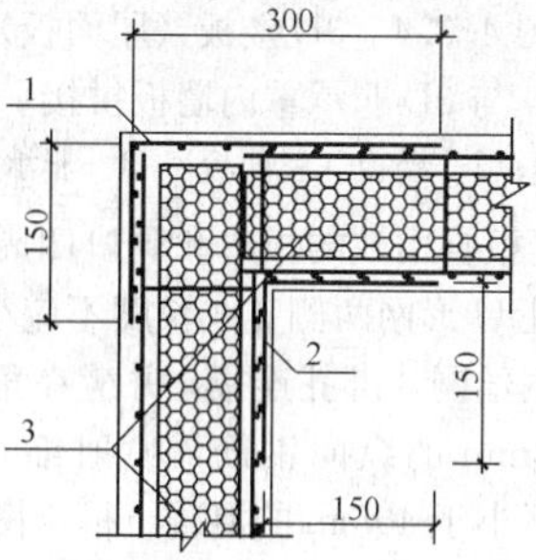

图4.3.3-1 3D墙板L形拼接
1—阳角网；2—阴角网；3—3D墙板

2 T形拼接时，阴角处应附加角网（图4.3.3-2）；

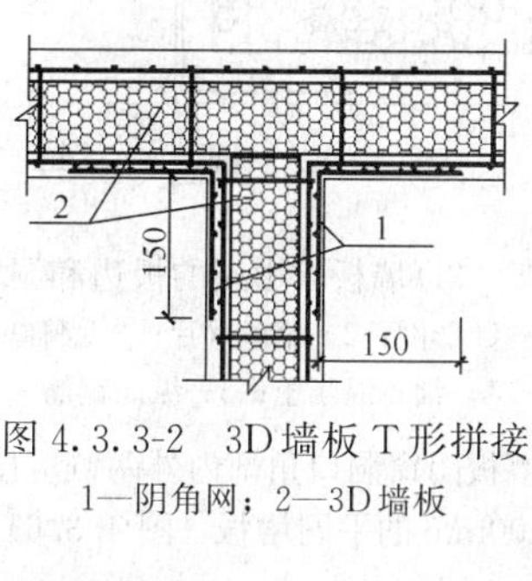

图4.3.3-2 3D墙板T形拼接
1—阴角网；2—3D墙板

3　十字形拼接时，四阴角均应附加角网（图4.3.3-3）；

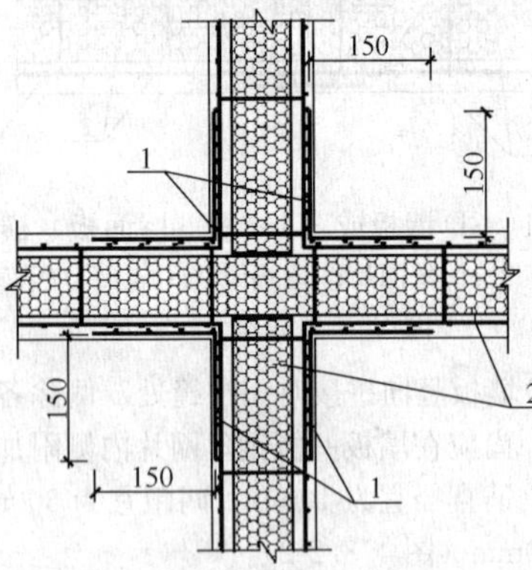

图 4.3.3-3　3D 墙板十字形拼接

1—阴角网；2—3D 墙板

4　附加角网应与钢丝网片绑扎连接。

4.3.4　3D 楼板（屋面板）和 3D 非承重内墙板拼接的阴角处，钢丝网片外侧均应加设阴角网（图 4.3.4）。

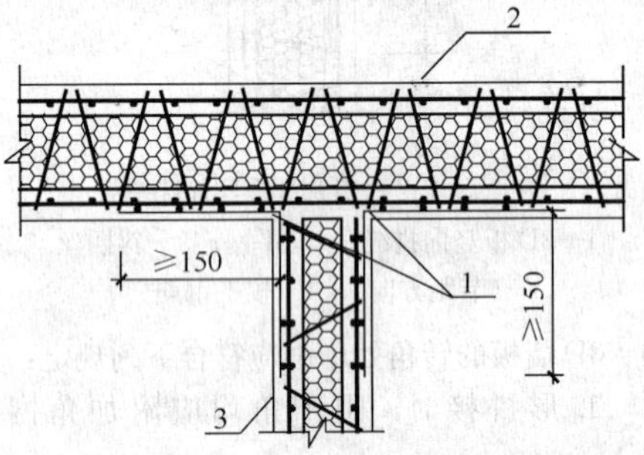

图 4.3.4　3D 楼板（屋面板）与 3D 非承重内墙板拼接

1—阴角网；2—楼板（屋面板）；3—非承重内墙板

4.3.5　3D 墙板自由端的板边和洞口四周均应采用 U 形网包覆，且 U 形网两侧直线长度不应小于 150mm。U 形网应与钢丝网片绑扎连接，并应在角部内侧加设 2 根直径为 8mm 的纵向钢筋，喷射细石混凝土后，应形成厚度不小于 40mm 的混凝土框（图 4.3.5）。

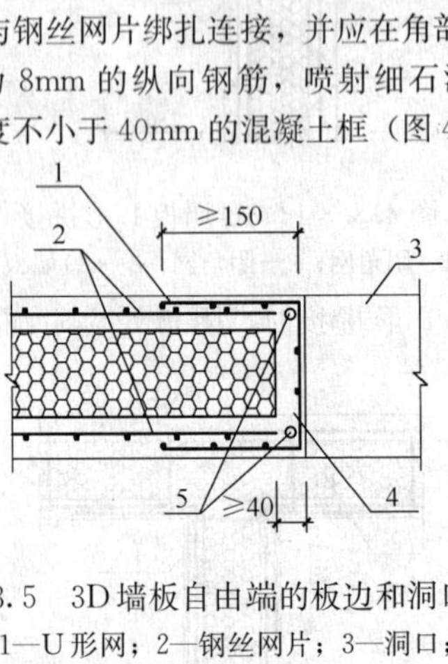

图 4.3.5　3D 墙板自由端的板边和洞口四周

1—U 形网；2—钢丝网片；3—洞口；

4—细石混凝土；5—纵向钢筋

4.3.6　3D 墙板门窗洞口角部内外两侧应按 45°方向加贴300mm×500mm 的平网增强（图 4.3.6）。

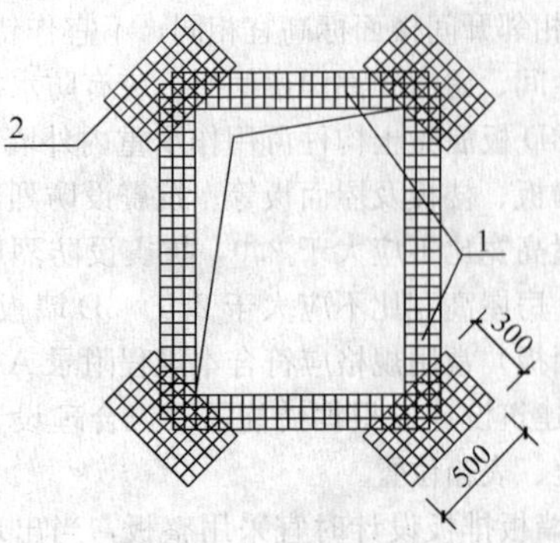

图 4.3.6　洞口角部内外侧平网增强

1—U 形网；2—平网

4.4　围护结构热工设计

4.4.1　3D 板混凝土构件用于民用建筑时，围护结构的热工性能应符合国家现行有关建筑节能设计标准的规定。聚苯板的厚度应通过对围护结构热工性能的计算确定。当不能符合国家现行有关建筑节能设计标准的规定时，应另行采取保温措施。

4.4.2　进行 3D 板建筑围护结构热工性能计算时，其主要组成材料的导热系数计算值（λ_c）和蓄热系数计算值（S_c）应按表 4.4.2 取值。

表 4.4.2　3D 板建筑围护结构主要组成材料的导热系数和蓄热系数的计算值

组成材料	密度 (kg/m³)	导热系数计算值 λ_c[W/(m·K)]	蓄热系数计算值 S_c[W/(m²·K)]
聚苯板（有斜插丝）	18~22	0.059	0.54
面层细石混凝土	2300	1.51	15.36
圈梁钢筋混凝土	2500	1.74	17.20
抹灰砂浆	1800	0.87	10.75

4.4.3　不同厚度 3D 外墙板主墙体的传热系数（K_p）和热惰性指标（D）的计算值可按表 4.4.3 取值。

表 4.4.3　不同厚度 3D 外墙板主墙体传热系数和热惰性指标的计算值

主墙体构造层厚度（mm）					传热系数计算值 K_p [W/(m²·K)]	热惰性计算值 D
聚苯板	混凝土面层		抹灰层	总厚度		
	外侧	内侧				
100	50	35~50	两侧各 20	225~240	0.51	2.27~2.43
	50	35~50	—	185~200	0.53~0.52	1.78~1.93
120	50	35~50	两侧各 20	245~260	0.44	2.46~2.61
	50	35~50	—	205~220	0.45~0.44	1.96~2.12

4.4.4　3D 板混凝土构件用于房屋建筑外墙时，应考虑结构性热桥的影响，并应取平均传热系数（K_m），其计算方法应符合国家现行有关建筑节能设计标准的规定。

4.4.5 3D内墙板的传热系数（K）计算值可按表4.4.5取值。

表 4.4.5 3D内墙板的传热系数的计算值

墙体构造层厚度（mm）				传热系数计算值 $K[W/(m^2\cdot K)]$	备注
聚苯板	混凝土面层	抹灰层	总厚度		
70	两侧各45	两侧各20	200	0.66	用于承重内墙
	两侧各45	—	160	0.68	
100	两侧各45	两侧各20	230	0.50	
	两侧各45	—	190	0.51	
50	两侧各35	两侧各20	160	0.86	用于非承重内墙
	两侧各35	—	120	0.90	

4.4.6 3D楼板（屋面板）的传热系数（K）和热惰性指标（D）的计算值可按表4.4.6取值。

表 4.4.6 3D楼板（屋面板）的传热系数和热惰性指标的计算值

楼板（屋面板）构造层厚度（mm）				传热系数计算值 $K[W/(m^2\cdot K)]$		热惰性指标计算值 D（用于屋面板）
聚苯板	混凝土面层		总厚度	用于楼板	用于屋面板	
	上侧	下侧				
70	50	45	165	0.68	0.72	1.61
100	50	45	195	0.51	0.52	1.88
120	50	45	215	0.43	0.45	2.07

4.4.7 3D板外墙与屋面热桥部位在冬季的内表面温度不应低于室内空气露点温度。当低于室内空气露点温度时，应对热桥部位采取附加保温措施。

5 结构构造

5.1 连接节点构造

5.1.1 3D外墙板、3D承重内墙板与基础的连接应采用双面预留插筋的方法，钢筋直径不应小于10mm，间距不应大于500mm，长度不应小于850mm，其埋入基础的深度不得小于250mm。

插筋应设在钢丝网片内侧，并应与钢丝网片绑扎连接。墙板底部与基础之间应有厚度不小于40mm的细石混凝土垫层（图5.1.1）。

5.1.2 3D非承重内墙板与钢筋混凝土地面及上部钢筋混凝土楼板或梁底的连接，可采用单排插筋，且插筋的直径、间距、长度、埋入深度等应符合本规程第5.1.1条的规定，也可采用L形连接件连接。L形连接件设置的间距不宜大于500mm，并应用M8×70膨胀螺栓或射钉固定在连接部位的混凝土中。L形连接件与墙板侧边贴合的部位可采用现场打孔的方法，用镀锌铁丝与钢丝网片绑扎连接（图5.1.2）。

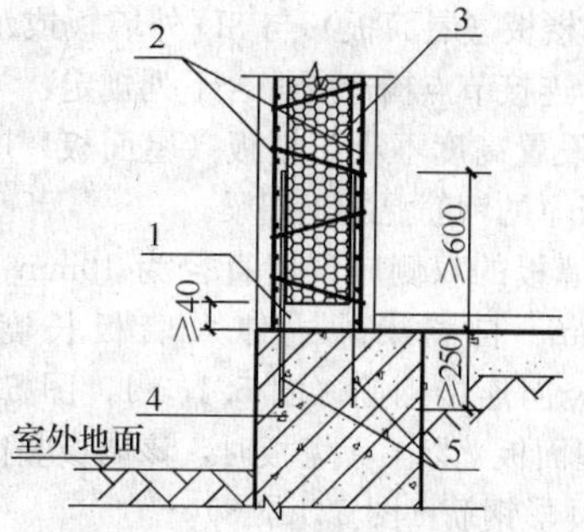

(a) 外墙板

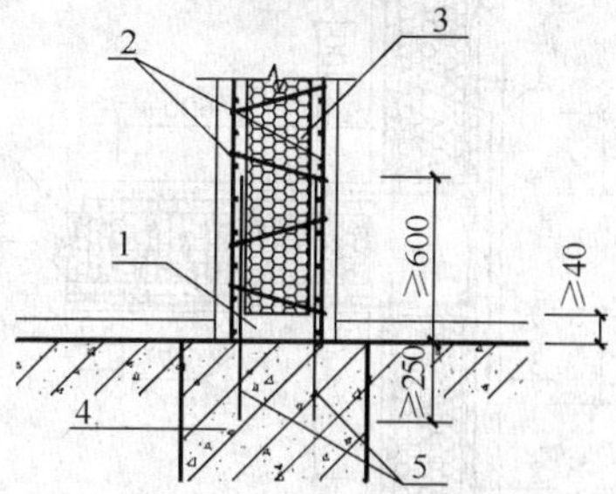

(b) 承重内墙板

图 5.1.1 3D墙板与基础的连接

1—细石混凝土垫层；2—钢丝网片；3—聚苯板；4—基础；5—插筋

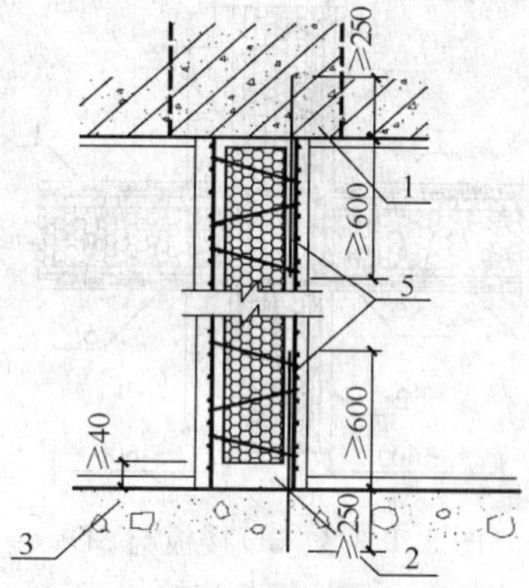

(a) 单排插筋连接

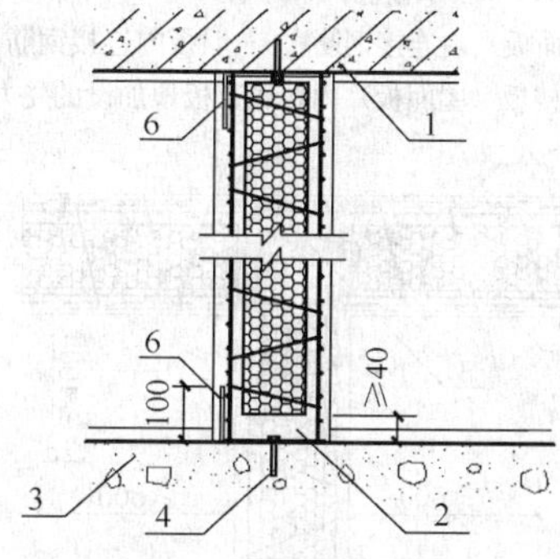

(b) L型连接件连接

图 5.1.2 3D非承重内墙板与混凝土地面及上部楼板或梁底的连接

1—楼板或梁；2—细石混凝土垫层；3—混凝土楼地面；4—膨胀螺栓或射钉；5—插筋；6—L形连接件

5.1.3 3D楼板（屋面板）与3D外墙板或承重内墙板相连时，连接节点构造应符合下列规定：

1 应设置高度不小于楼板（屋面板）厚度、宽度等于墙板厚的钢筋混凝土圈梁。

2 在墙板的双侧应设置直径为10mm、间距不大于500mm、自圈梁外边伸入墙板长度不小于400mm的竖向连接钢筋（图5.1.3-1、图5.1.3-2）。当楼板（屋面板）以上无墙板时，该墙板竖向连接钢筋应改为U形钢筋（图5.1.3-3）。

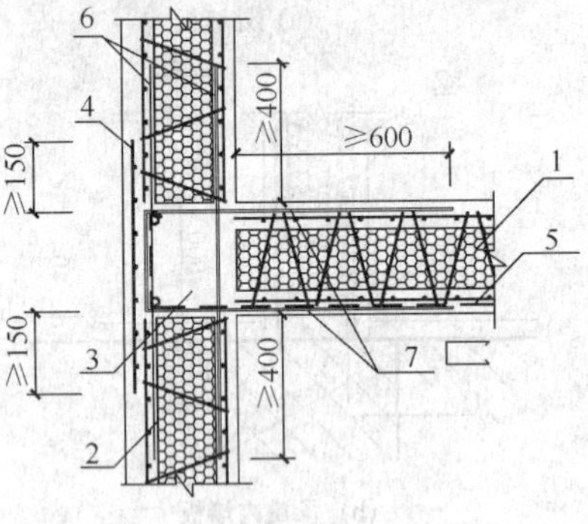

图5.1.3-1 3D楼板（屋面板）与3D外墙板连接

1—楼板（屋面板）；2—墙板；3—圈梁；4—平网；5—楼板内加设的受力钢筋；6—墙板内连接钢筋；7—楼板内U形钢筋

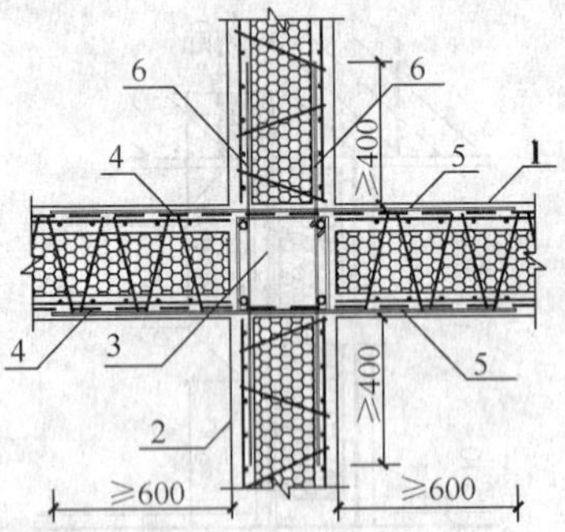

图5.1.3-2 3D楼板与3D承重内墙板连接

1—楼板；2—承重墙；3—圈梁；4—平网；5—楼板（屋面板）内连接钢筋；6—墙板内连接钢筋；虚线—楼板（屋面板）内板底及板顶加设的受力钢筋

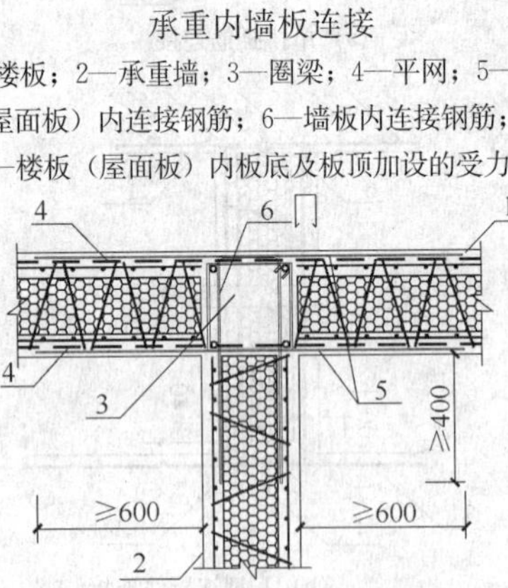

图5.1.3-3 3D楼板（屋面板）与3D承重内墙板连接（上部无承重墙）

1—楼板（屋面板）；2—承重墙；3—圈梁；4—楼板（屋面板）内板底及板顶加设的受力钢筋；5—楼板（屋面板）连接钢筋；6—墙板内U形连接钢筋

3 在楼板顶面和底面应设置直径为10mm、间距不大于200mm、自圈梁外边伸入楼板长度不小于600mm的水平连接钢筋（图5.1.3-2、图5.1.3-3）；当仅墙板一侧有楼板（屋面板）时，该楼板（屋面板）水平连接钢筋应改为U形钢筋（图5.1.3-1）。

4 当3D楼板(屋面板)底部加设受力钢筋时,受力钢筋应伸入混凝土圈梁(图5.1.3-1、图5.1.3-2、图5.1.3-3)。

5.1.4 3D非承重墙板洞口宽度小于或等于1800mm时，洞顶可采用横放3D板作过梁，两侧上下应各附加不小于2ϕ8钢筋，钢筋间距应大于或等于300mm，两侧搁置长度应大于或等于250mm（图5.1.4）。

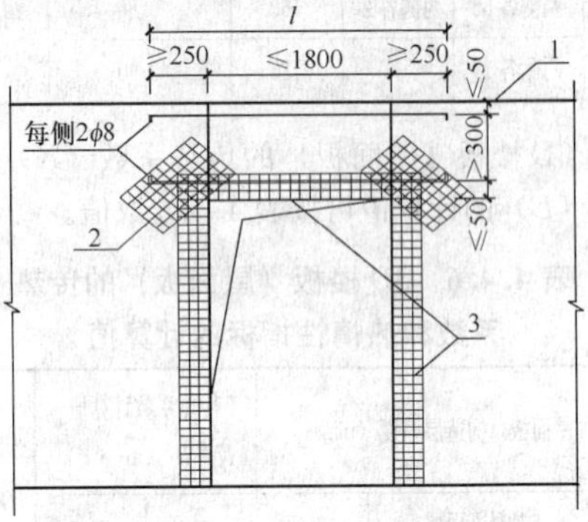

图5.1.4 3D墙板洞口过梁

1—结构底；2—平网；3—U形网

3D承重墙板洞口和宽度大于1800mm的3D非承重墙板洞口的钢筋混凝土过梁，其设计应符合本规程附录B的规定。

5.2 3D楼板（屋面板）的加强措施

5.2.1 当3D楼板（屋面板）采用加设受力钢筋作加强措施时，受力钢筋应与钢丝网片绑扎牢固。板底的细石混凝土厚度应符合下列规定：

1 当钢筋放置在聚苯板板底预留的槽孔时，板底的细石混凝土厚度不应小于45mm（图5.2.1a）；

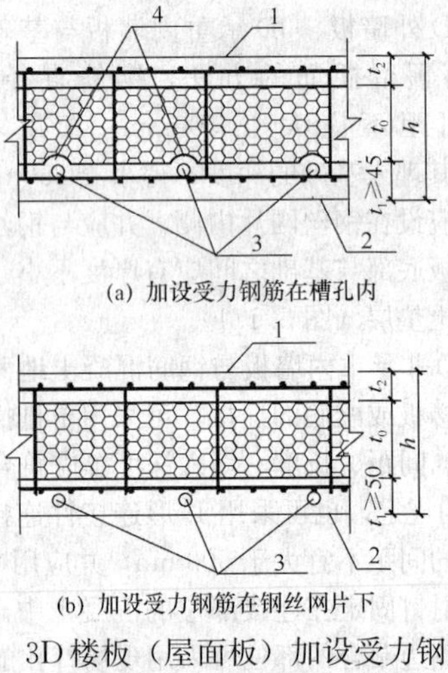

图5.2.1 3D楼板（屋面板）加设受力钢筋的设置

1—楼板（屋面板）面；2—楼板（屋面板）底；3—加设的受力钢筋；4—聚苯板预留钢筋槽孔

2　当钢筋放置在板底钢丝网片下侧时，板底的细石混凝土厚度不应小于 50mm（图 5.2.1b）。

5.2.2　当 3D 楼板（屋面板）采用在板间增加钢筋混凝土小梁或肋的加强措施时，小梁或肋的宽度不应小于 100mm，且应在加小梁或肋处板的上下两侧附加平网，平网宽度应为肋宽加两侧各 150mm，并应在上下钢丝网片内侧附加连接钢筋，钢筋的直径不应小于 8mm，间距不应大于 200mm，长度应为 1000mm（图 5.2.2）。

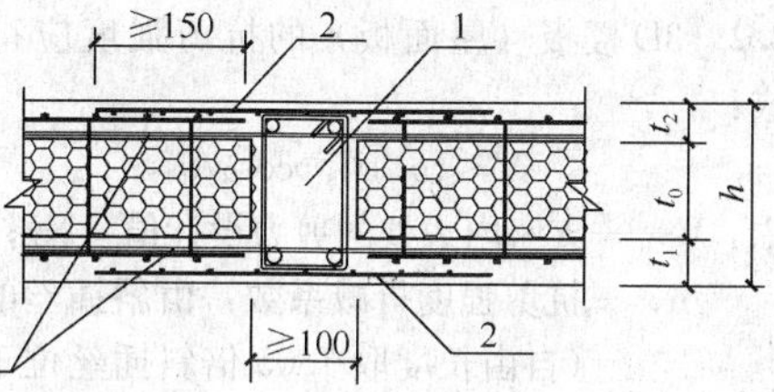

图 5.2.2　3D 楼板（屋面板）间增加钢筋混凝土小梁或肋的构造

1—钢筋混凝土小梁或肋；2—平网；3—附加连接钢筋

6　结构设计

6.1　一般规定

6.1.1　采用 3D 板混凝土构件时，应采用以概率理论为基础的极限状态设计方法，以可靠指标度量结构构件的可靠度，采用分项系数的设计表达式，针对构件的特点进行结构计算。

6.1.2　3D 板混凝土构件的安全等级应为二级。

6.1.3　采用 3D 墙板时，其静力计算应符合下列规定：

1　在竖向荷载作用下，构件在每层高度范围内，可近似地视作两端铰支的竖向受压构件；在水平荷载作用下，可视作竖向受弯构件；

2　对本层的竖向荷载，应考虑对墙板的实际偏心影响，可取圈梁宽度（墙宽）的 10% 作为其偏心距。由上一楼层传来的竖向荷载，可视作作用于上一楼层的墙板截面重心处。本层墙板内的偏心距应按直线变化考虑。

6.1.4　3D 板混凝土构件的正截面承载能力极限状态计算和正常使用极限状态验算中，其截面应按翼缘宽度为 b、腹板（以斜插丝与网片组成的桁架）宽度取为 0 的连体 I 形截面钢筋混凝土构件考虑（图 6.1.4）。

3D 板混凝土构件的截面常数可根据其规格，按下列公式计算：

$$A = b(t_1 + t_2) \tag{6.1.4-1}$$

$$c = [t_2^2/2 + t_1(h - t_1/2)]/(t_1 + t_2) \tag{6.1.4-2}$$

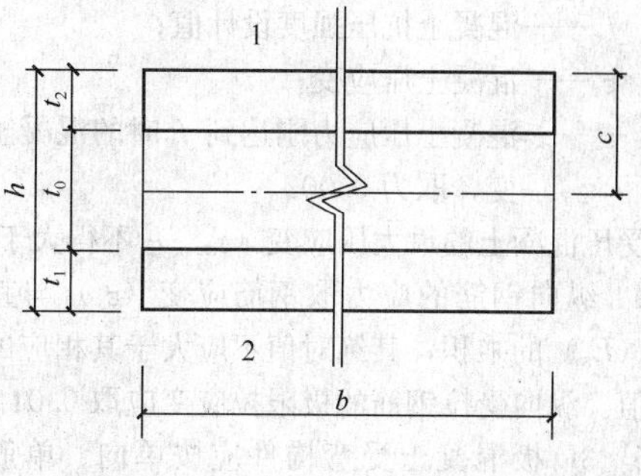

图 6.1.4　3D 板混凝土构件计算截面

1—内侧（内墙）或顶面（楼板、屋面板）；

2—外侧（外墙）或底面（楼板、屋面板）

$$I = b[(t_1^3 + t_2^3)/12 + t_1(h - c - t_1/2)^2 + t_2(c - t_2/2)^2] \tag{6.1.4-3}$$

$$i = \sqrt{(I/A)} \tag{6.1.4-4}$$

$$h = t_1 + t_0 + t_2 \tag{6.1.4-5}$$

式中：A——混凝土截面面积（mm^2）；

b——板截面长（宽）度（mm）；

t_1、t_2——墙体的外、内侧和楼板的顶板、底板的混凝土层厚度（mm）；

c——混凝土截面重心轴到墙体的内侧或楼板的顶板外边的尺寸（mm）；

I——对重心轴的截面惯性矩（mm^4）；

i——对重心轴的截面回转半径（mm）；

t_0——聚苯板厚度（mm）；

h——板的总厚度（mm）。

6.1.5　3D 板混凝土构件的正截面承载能力极限状态计算和正常使用极限状态验算应符合下列基本假定（图 6.1.5）：

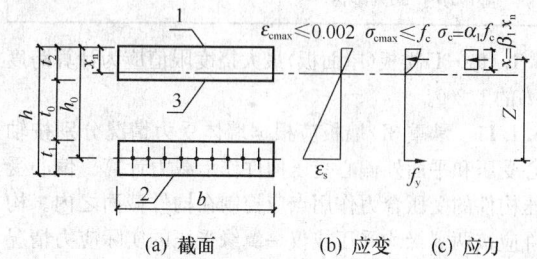

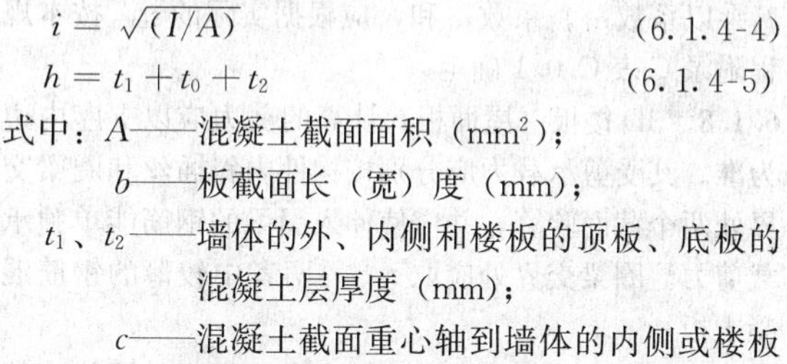

图 6.1.5　3D 板混凝土构件正截面的混凝土和钢筋的应变与应力

1—楼板（屋面板）顶面；2—楼板（屋面板）底面；3—中和轴

1　截面应变保持平面。

2　不考虑混凝土的抗拉强度。

3　混凝土受压时，应力与应变关系应符合下列公式规定：

当 $\varepsilon_c \leqslant \varepsilon_0$ 时，

$$\sigma_c = f_c(\varepsilon_c/\varepsilon_0)[2 - (\varepsilon_c/\varepsilon_0)] \tag{6.1.5}$$

式中：σ_c——混凝土压应变为 ε_c 时的混凝土压应力；

f_c——混凝土抗压强度设计值；

ε_c——混凝土压应变；

ε_0——混凝土压应力刚达到 f_c时的混凝土压应变，取为0.002。

受压混凝土的最大压应变（ε_{cmax}）不得大于ε_0。

4 纵向钢筋的应力取钢筋应变（ε_s）与其弹性模量（E_s）的乘积，其绝对值不应大于其相应的强度设计值。纵向受拉钢筋的极限拉应变应取0.01。

6.1.6 3D板混凝土受弯构件应按单向、单筋截面设计。

6.1.7 3D板混凝土受弯构件正截面受压区混凝土的应力图形可简化为等效的矩形应力图，且其高度（x）应取按截面应变保持平面的假定的中和轴高度 x_n乘以系数β_1，其应力值应取混凝土轴心抗压强度设计值f_c乘以系数α_1。系数α_1和β_1应根据实际的ε_{cmax}按本规程附录C表C.0.1确定。

6.1.8 3D楼板（屋面板）计算的剪力应以支座内边为准。其受剪承载力应分别按构件内斜插丝和圈梁交界处两个截面验算，并应使伸入圈梁的钢筋能单独承载剪力。圈梁交界处应取 t_1、t_2两者中较薄的钢筋混凝土板。

6.1.9 3D楼板（屋面板）最大裂缝宽度的限值应符合表6.1.9的规定。

表6.1.9 3D楼板（屋面板）最大裂缝宽度的限值（mm）

情　况	板	小梁或突出板底的肋
一般情况	0.2	0.3
对处于年平均相对湿度小于60%地区	0.3	0.4

6.1.10 3D楼板(屋面板)最大挠度限值应为计算跨度(l)的1/200。

6.1.11 承重3D墙板应根据墙体受力情况分别按轴心受压和平面外偏心受压构件作承载力计算。偏心受压构件的受压合力作用点应控制在构件截面之内。构件应按两翼缘均受压或仅一翼缘受压的实际应力情况计算。

6.1.12 在水平荷载作用下的非承重3D墙板宜按受弯构件和支座处受剪节点作承载力计算。

6.1.13 3D板混凝土构件间所有连接均应通过圈梁。圈梁的截面高度不应小于楼板（屋面板）厚度且不应小于150mm，截面宽度不应小于墙板厚度。最小纵筋应为4ϕ12，最小箍筋应为ϕ6@200。

6.1.14 3D墙板的房屋的抗震计算可按本规程附录D，采用底部剪力法进行计算。

6.2 3D楼板（屋面板）计算

6.2.1 3D楼板（屋面板）应按单向、单筋截面的简支板或连续板计算。

当不能满足抗剪承载力时，可按本规程附录A表A.2.1的方法，在聚苯板间另加现浇钢筋混凝土小梁或肋，其高度应大于或等于3D楼板（屋面板）厚度。

当不能满足抗弯承载力时，可按本规程附录A表A.2.2的方法在聚苯板预留槽中或网片外加配普通钢筋，也可在聚苯板缝间另加钢筋混凝土小梁或肋，其高度应大于或等于3D楼板（屋面板）厚度。

6.2.2 3D楼板（屋面板）的抗剪强度应符合下列公式：

$$V \leqslant \upsilon f_y A_{ss} b \cos\alpha / a_4 \qquad (6.2.2)$$

式中：V——支座内边处的剪力设计值（N）；

υ——抗剪强度折减系数：由斜插丝的长细比（自由长度取1.05倍斜插丝位于混凝土间的净空长度、计算长度系数μ取0.70）按本规程附录C的表C.0.2查稳定系数φ；当φ>0.55时υ取0.55，否则取$\upsilon=\varphi$；常用规格的υ值及$\upsilon f_y A_{ss} \cos\alpha$值可按本规程附录C的表C.0.3取值；

f_y——斜插丝抗拉及抗压强度设计值（取320N/mm^2）；

A_{ss}——斜插丝截面积（mm^2）；

b——板截面宽度（mm）；

α——斜插丝与垂直线（即V的作用方向）的夹角（图6.2.2）；

a_4——斜插丝组成的钢骨架的间距（mm）。

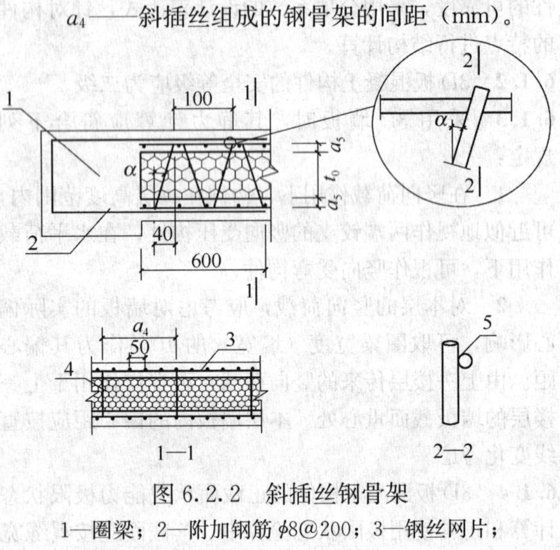

图6.2.2 斜插丝钢骨架

1—圈梁；2—附加钢筋ϕ8@200；3—钢丝网片；4—斜插丝；5—焊接点

6.2.3 3D楼板（屋面板）正截面受弯承载力计算应按下列公式确定：

$$M \leqslant A_s f_y z \qquad (6.2.3\text{-}1)$$

$$x_n = A_s f_y / (b\beta_1 \alpha_1 f_c) \qquad (6.2.3\text{-}2)$$

$$z = h_0 - x/2 = h_0 - \beta_1 x_n / 2 \qquad (6.2.3\text{-}3)$$

式中：M——弯矩设计值（N·mm）；

A_s——受拉区纵向网片的截面面积（mm^2）；

f_y——网片的抗拉强度设计值（N/mm^2）；

h_0——截面有效高度（mm），取 $h_0=t_2+t_0+20$（mm）；

x_n——按截面应变保持平面的假定所确定的中和轴高度；

z——纵向受拉网片 A_s 合力至混凝土受压区合力点之间的距离（mm）；

α_1、β_1——根据（A_sf_y）/（bf_ch_0）按本规程附录C表C.0.1查得；

f_c——混凝土轴心抗压强度设计值（N/mm^2）；

b——板截面宽度（mm）；

t_2——受压侧混凝土的厚度（mm）；

t_0——聚苯板的厚度（mm）。

6.2.4 当采取加配普通钢筋的加强措施时，3D楼板（屋面板）正截面受弯承载力应按下列公式确定：

$$M\leqslant A_sf_yz+A_{s1}f_{y1}z_1 \quad (6.2.4\text{-}1)$$

$$x_n=(A_sf_y+A_{s1}f_{y1})/(b\beta_1\alpha_1f_c) \quad (6.2.4\text{-}2)$$

$$z=h_0-x/2=h_0-\beta_1x_n/2 \quad (6.2.4\text{-}3)$$

式中：A_{s1}——受拉区纵向加配普通钢筋的截面面积（mm^2）；

f_{y1}——加配普通钢筋的抗拉强度设计值（N/mm^2）；

z_1——受拉区纵向加配钢筋 A_{s1} 至混凝土受压区合力点之间的距离（mm），当在网片外加配普通钢筋时 $z_1=z$，当在聚苯板预留槽中加配普通钢筋时 $z_1=z-30$。

中和轴高度尚应符合下列条件：

$$x_n\leqslant 0.333h_0 \quad (6.2.4\text{-}4)$$

$$x_n\leqslant t_2 \quad (6.2.4\text{-}5)$$

6.2.5 当采取在聚苯板缝间另加钢筋混凝土小梁或肋的加强措施时，小梁或肋的受压翼缘宽度 b_1 可取 $10t_2$，但不得大于 $l/3$。钢筋混凝土小梁或肋的正截面受弯承载力应按下列公式确定：

$$M_1\leqslant(A_s-A_{sa})f_yz+A_{s2}f_{y2}z_2 \quad (6.2.5\text{-}1)$$

$$x_n=[(A_s-A_{sa})f_y+A_{s2}f_{y2}]/(b\beta_1\alpha_1f_c) \quad (6.2.5\text{-}2)$$

式中：M_1——钢筋混凝土小梁或肋受压翼缘宽度范围内的弯矩设计值（N·mm）；

A_{s2}——钢筋混凝土小梁或肋纵向受拉普通钢筋的截面面积（mm^2）；

f_{y2}——钢筋混凝土小梁或肋纵向受拉钢筋的抗拉强度设计值（N/mm^2）；

z_2——纵向受拉钢筋 A_{s2} 合力至混凝土受压区合力点之间的距离（mm）；

A_{sa}——钢筋混凝土小梁或肋受压翼缘宽度 b_1 范围外的网片的截面面积（mm^2）。

中和轴高度尚应符合本规程公式(6.2.4-4)和式(6.2.4-5)的条件。

6.2.6 3D楼板（屋面板）的最大裂缝宽度（w_{max}）可按荷载准永久组合并考虑长期作用影响的效应，并应按下列公式计算：

$$w_{max}=2.1\psi\sigma_{sq}(1.9a_1+0.08d_{eq}/\rho_{te})/E_s \quad (6.2.6\text{-}1)$$

$$\sigma_{sq}=M_q/[0.9h_0(A_s+A_{s1})] \quad (6.2.6\text{-}2)$$

$$\psi=1.1-0.65f_{tk}/(\rho_{te}\sigma_{sq}) \quad (6.2.6\text{-}3)$$

$$d_{eq}=\Sigma n_id_i^2/(\Sigma n_i\nu_id_i) \quad (6.2.6\text{-}4)$$

$$\rho_{te}=(A_s+A_{s1})/(bt_1) \quad (6.2.6\text{-}5)$$

式中：σ_{sq}——按荷载准永久组合计算的纵向受拉钢筋（丝）的应力（N/mm^2）；

M_q——按荷载准永久组合计算的弯矩值（N·mm），取计算区段内的最大弯矩值；

ψ——裂缝间纵向受拉钢筋（丝）应变不均匀系数：当 $\psi<0.2$ 时，取 $\psi=0.2$；当 $\psi>1.0$ 时，取 $\psi=1.0$；

E_s——钢筋（丝）弹性模量（$2.0\times10^5\ N/mm^2$）；

a_1——最外层纵向受拉钢筋（丝）外边缘到受拉区底边的距离（mm），取 $a_1=t_1-25$；当 $a_1<20$ 时，取 $a_1=20$；当 $a_1>65$ 时，取 $a_1=65$；

d_{eq}——受拉区纵向钢筋（丝）的等效直径（mm）；

d_i——受拉区第 i 种纵向钢筋（丝）的公称直径（mm）；

n_i——受拉区第 i 种纵向钢筋（丝）的根数；

ν_i——受拉区第 i 种纵向钢筋（丝）的相对粘结特性系数：光面钢筋为0.7，带肋钢筋为1.0；

ρ_{te}——按有效受拉混凝土截面面积（bt_1）计算的纵向受拉钢筋（丝）配筋率；在最大裂缝宽度计算中，当 $\rho_{te}<0.01$ 时，取 $\rho_{te}=0.01$。

所求得的最大裂缝宽度不应超过本规程第6.1.9条规定的限值。

常用3D楼板（屋面板）的最大裂缝宽度验算时，可按本规程附录C的表C.0.4取值。

6.2.7 3D楼板（屋面板）在正常使用极限状态下的挠度应按荷载准永久组合并考虑长期作用影响的刚度（B）用结构力学方法计算。所求得的挠度计算值不应超过本规程第6.1.10条规定的限值。刚度（B）可按下列公式计算：

$$B=B_s/2 \quad (6.2.7\text{-}1)$$

$$B_s=(E_sA_sh_0^2)/[1.15\psi+0.2+6E_sA_s/(3.5E_cbt_2)] \quad (6.2.7\text{-}2)$$

式中：B_s——荷载准永久组合作用下受弯构件的短期刚度(N/mm^2)；

E_c——混凝土弹性模量（N/mm^2）。

6.3 3D墙板计算

6.3.1 3D墙板的墙体计算高度（l_0）应取墙体高（H），并应符合下列规定：

1 在房屋底层，应为底层楼板顶面到墙基顶面处的距离；

2 在房屋其他层次，应为楼板顶面或其他水平支点间的距离；

3 对于山墙，可取层高加山墙尖高度的1/2。

6.3.2 3D承重墙板的长细比（l_0/i）应小于等于70。3D非承重墙板的长细比（l_0/i）应小于等于100。

当长细比（l_0/i）超过限值时，应采取加大墙厚（或增设圈梁）等措施。

注：i为对重心轴的截面回转半径，按本规程第6.1.4条的公式计算。

6.3.3 3D承重墙板的受压正截面承载力计算中平面外初始偏心距（e_i）应按下式计算：

$$e_i = e_0 + e_a \tag{6.3.3}$$

式中：e_0——验算截面处总的轴向压力对截面重心的偏心距（mm）；计算时，上层墙传来的荷载可视作作用于上层墙截面重心处，而本层传来的荷载可视作作用于偏离支座中心线0.1h处；

e_a——附加偏心距（mm），取$h/8$，但不应小于20mm。

轴心受压（$e_0=0$）的e_i不应小于20mm。偏心受压的e_i不应小于30mm。

6.3.4 3D承重墙板的偏心受压正截面承载力计算中轴向压力平面外偏心距综合增大系数（η）可按下列公式计算：

$$\eta = 0.7[1 + \zeta_c(l_0/i)^2/(8400e_i/h_0)] \tag{6.3.4-1}$$

$$\zeta_c = f_c b t_2/N \tag{6.3.4-2}$$

式中：h_0——截面有效厚度（mm），即受拉钢丝网（离聚苯板边20）至截面受压边缘的距离；

ζ_c——偏心受压构件的截面曲率修正系数，当$\zeta_c>1.0$时取$\zeta_c=1.0$。

6.3.5 3D承重墙板的平面外偏心受压正截面承载力应根据截面两翼缘全部受压和一翼缘受压、一翼缘受拉两种情况（图6.3.5），分别按下列公式验算翼缘t_1和t_2的承载力：

$$N_{t1} = N(h_0 - t_2/2 - e)/(h_0 - t_2/2) \tag{6.3.5-1}$$

$$N_{t2} = Ne/(h_0 - t_2/2) \tag{6.3.5-2}$$

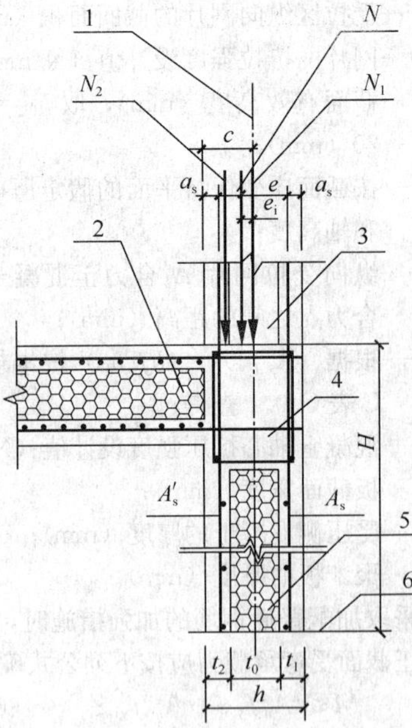

图6.3.5 3D墙体荷载

1—墙体截面重心线；2—楼板；3—上层墙体；4—圈梁；5—下层墙体；6—下层楼面或基础面

N_1—上层墙体传来的轴向力；

N_2—本层墙体传来的轴向力

$$e = \eta e_i + h_0 - c \tag{6.3.5-3}$$

式中：N_{t1}、N_{t2}——分别为翼缘t_1和t_2承受的压力（负值为拉力）；

e——轴向压力作用点至纵向受拉钢筋（丝）合力点的距离。

当两侧均受压时（$e<h_0-t_2/2$），翼缘t_2承受的压力应符合下式规定：

$$N_{t2} \leqslant (0.95 f_c b t_2 + A'_s f'_y) \tag{6.3.5-4}$$

当t_2受压、t_1受拉时（$h_0-t_2/2<e\leqslant h_0$），翼缘t_1承受的拉力和翼缘t_2承受的压力应符合下列公式规定：

$$N_{t1} \leqslant 0.8 A_s f_y \tag{6.3.5-5}$$

$$N_{t2} \leqslant (0.85 f_c b t_2 + 0.9 A'_s f'_y) \tag{6.3.5-6}$$

式中：A_s、A'_s——受拉侧（t_1）、受压侧（t_2）内的纵向网片截面积（mm^2）。

当不符合$e\leqslant h_0$时，应加大墙厚（增加混凝土层厚度或改用较大厚度聚苯板）。

当不符合公式（6.3.5-4）～（6.3.5-6）的规定时，可采取加配普通钢筋、加大墙厚（增加混凝土层厚度或改用较大厚度聚苯板）或提高混凝土强度等级等措施。

6.3.6 受水平力作用下的3D非承重墙板的承载力，可按本规程第6.2.2条和第6.2.3条的规定进行验算（图6.3.6）。

6.3.7 3D墙板的抗剪强度验算应符合下列规定：

1 出平面方向的抗剪强度验算应符合本规程第

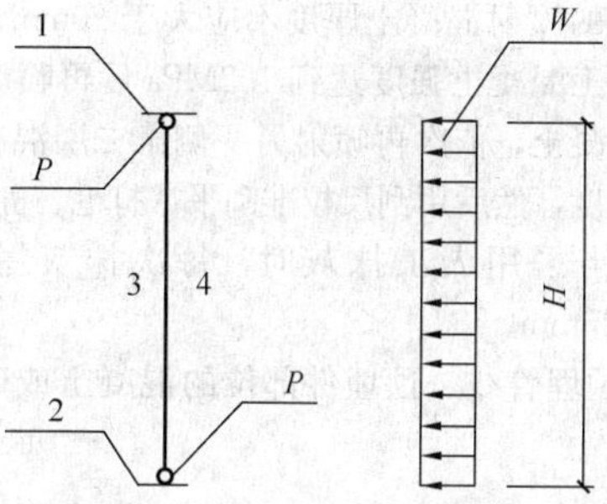

图 6.3.6 3D非承重墙荷载

1—上层楼面或屋面；2—下层楼面或基础面；3—户内；4—户外

6.2.2 条的规定。

2 平面内方向的抗剪强度应按下式验算：

$$V \leqslant 0.15 f_{c}(t_1 + t_2) l_w \qquad (6.3.7)$$

式中：V——验算墙段的剪力设计值（N）；

l_w——验算墙段的长度（mm）。

6.3.8 3D墙板上洞口的过梁和组合过梁设计应符合本规程附录B的规定。

7 施 工

7.1 一 般 规 定

7.1.1 3D板混凝土构件工程施工现场应建立质量管理体系、施工质量检查验收制度。施工组织设计和施工方案，应经审查批准。施工人员应经专门培训。

7.1.2 每立方米细石混凝土的水泥用量不应超过350kg，水灰比应在0.5～0.6之间。细石混凝土骨料的级配和混凝土配合比应满足混凝土设计强度的要求。喷射混凝土还应满足可泵性、和易性的要求，坍落度应为75mm±10mm。

7.1.3 平网与3D板钢丝网片应采用绑扎方式作可靠连接，网孔宜错开。洞口四周根据设计要求，可加设钢筋。

7.1.4 在面层施工前，应检查附加钢丝网片和钢筋以及预埋管线、预埋件的位置、数量，并应符合设计要求。

7.1.5 面层喷射混凝土及其厚度应符合国家现行有关标准的规定和设计要求。面层施工时，混凝土应密实、与聚苯板粘结牢固，无脱层、空鼓现象。

7.1.6 施工期间应防止板面受碰撞振动。

7.1.7 常温下面层混凝土完成后，养护期不得少于7d，前3d喷水时间间隔不应大于3h，后4d每天喷水不应少于2次。平均气温低于5℃时，宜采用塑料布覆盖或其他保温保湿养护措施。

7.1.8 冬期和雨期施工时，应根据当地气候条件编制季节性施工方案。冬期施工应符合现行行业标准《建筑工程冬期施工规程》JGJ/T 104的有关规定。

7.1.9 混凝土施工时应按有关规定留置标养及同条件养护试块。

7.1.10 3D板混凝土构件工程的施工宜按下列程序进行（图7.1.10）。

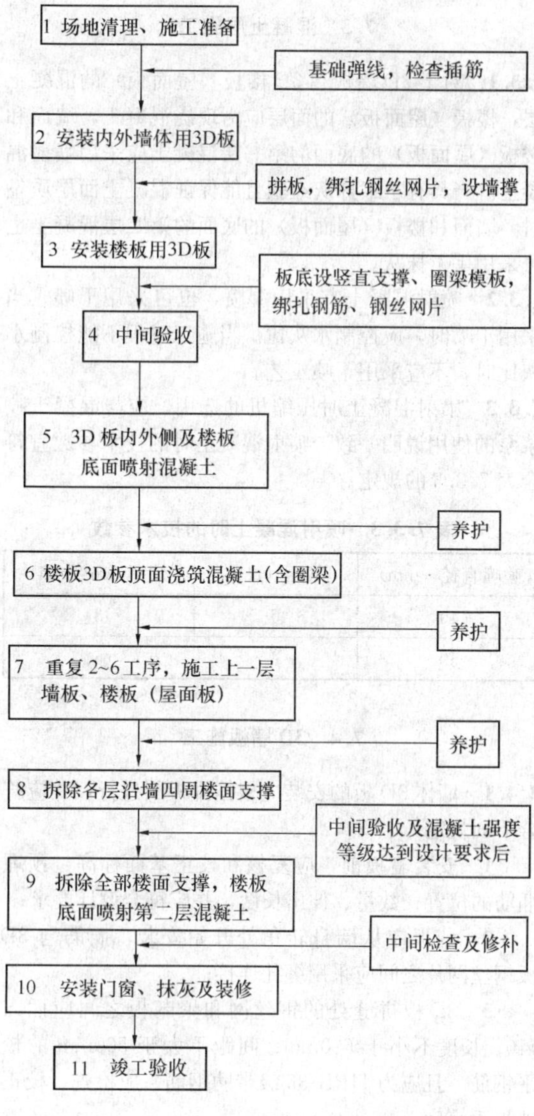

图 7.1.10 3D板混凝土构件工程施工程序

注：当仅用3D墙板或楼板的一种构件时，相关程序可简化。

7.2 施 工 准 备

7.2.1 施工前应根据设计要求和现场情况编制施工方案，并应向施工人员交底。

7.2.2 3D板进场后应水平堆放在坚实、平整、干燥的场地上。顶部应加防雨遮盖。

7.2.3 3D板的堆放和施工现场应符合现行国家标准《建设工程施工现场消防安全技术规范》GB 50720的规定。

7.2.4 施工前应绘制建筑施工排板图，对不同尺寸、形状的板材进行编号。排板应减少拼缝和规格。

7.2.5 对3D板的裁剪和加工，应根据排板图要求进行，并应根据编号和就位顺序分别堆放。

7.2.6 施工机具设备应在施工前进行调试。

7.3 混凝土层施工

7.3.1 对于3D墙板和3D楼板（屋面板）的混凝土层，楼板（屋面板）的面层应为现浇混凝土，墙面和楼板（屋面板）的底面的第一层混凝土应采用喷射混凝土。当具有手工抹灰经验且能保证混凝土面层质量时，墙面和楼板（屋面板）的底面的第二层混凝土也可采用手工抹灰。

7.3.2 喷射混凝土宜采用湿喷，也可采用干喷。当采用干喷时，应控制水灰比。当施工过程不能控制水灰比时，不应采用干喷工艺。

7.3.3 喷射混凝土时压缩机的选用，应与混凝土喷浆泵的使用说明一致。喷射混凝土时的技术参数宜符合表7.3.3的规定。

表7.3.3 喷射混凝土时的技术参数

喷嘴直径（mm）	气压（bar）	效率（m^3/min）
40	6	3
50	6	5

7.4 3D墙板施工

7.4.1 墙体3D板的安装应根据排板图进行，并应符合下列规定：

1 安装墙板前，应复核和校正基面标高、预埋插筋的位置、数量、伸出长度，并应符合设计要求；

2 墙板应从墙身转角处开始安装，插筋与3D板钢丝网片之间应采用绑扎连接；

3 3D板拼缝处的钢丝网和聚苯板之间应插入ϕ10、长度不小于600mm、间距不大于500mm的校平钢筋，且应为HRB335级带肋钢筋。应检查、校正墙板垂直度。

7.4.2 3D墙板之间连接或拼缝处应附加增强网，门窗开口处应增设U形网和45度斜向平网。增强网应与3D板钢丝网片绑扎连接。

7.4.3 管线应布置在3D板的钢丝网和聚苯板之间。对直径超过15mm的管线，应根据管线走向，在聚苯板上预先开管线槽。当管线安装需剪断局部钢丝网时，断口处应用平网加固。

7.4.4 安装墙体3D板时，应加墙撑，墙撑高度应大于或等于3D板高度的2/3。墙板喷射混凝土前，3D板的另一侧应加支撑。墙撑的拆除应在3D板两侧第一层喷射混凝土养护强度达到本规程第7.4.5条规定后才能进行。

7.4.5 细石混凝土面层采用喷射混凝土工艺时，每次分层完成的喷射混凝土厚度不应大于20mm，并应待第一层施工混凝土强度达到1.2MPa后再喷墙板另一侧细石混凝土，依次再喷射另一侧第二层混凝土，直至设计厚度，然后用刮尺校准刮平、打毛、养护。

7.4.6 当采用人工抹灰时，每次抹灰厚度宜为15mm～25mm。

7.4.7 预埋管线、预埋件部位的混凝土或砂浆，应密实。

7.5 3D楼板（屋面板）施工

7.5.1 沿3D楼板（屋面板）跨度方向布置支撑立柱时，其间距应经计算确定且不应大于1.5m；支撑横梁应与板底处于同一标高，边立柱离墙距离不宜大于0.5m。支撑系统应安全可靠。上下层楼板支撑应在同一直线上。

7.5.2 3D楼板（屋面板）在3D板安装就位后，在板的拼缝处应加平网，支座处应按设计要求加连接钢筋及受力钢筋。

7.5.3 3D楼板（屋面板）面层混凝土浇筑前，应根据设计要求预埋管线与预埋件。

7.5.4 3D楼板（屋面板）施工过程中应随时观察支撑的牢固情况。

7.5.5 当混凝土强度达到设计强度后，可拆除其楼面支撑。

7.5.6 支撑拆除后，应及时将混凝土施工时留下的孔洞填筑密实。

8 质量验收

8.1 一般规定

8.1.1 3D板混凝土构件工程施工质量验收应符合现行国家标准《建筑工程施工质量验收统一标准》GB 50300的规定。

8.1.2 3D板混凝土构件工程可划分为钢筋、混凝土、3D板混凝土构件、现浇结构等分项工程。

8.1.3 钢筋、混凝土、现浇结构等分项工程的验收应符合现行国家标准《混凝土结构工程施工质量验收规范》GB 50204的规定。

8.1.4 3D板混凝土构件工程中各分项工程可根据与施工方式相一致且便于控制施工质量的原则，按楼层、结构缝或施工段划分为若干检验批。

8.1.5 3D板混凝土构件工程施工质量验收应包括施工过程隐蔽验收和建筑工程竣工验收。

8.1.6 3D板混凝土构件分项工程验收时，应检查下列文件和记录：

1 材料的产品合格证书、性能检测报告、复试报告；

2 细石混凝土的配合比通知单；

3 细石混凝土的性能试验报告；

4 施工记录（包括墙体排板安装设计图、施工方案、技术交底）；

5 施工质量控制资料（包括隐蔽工程验收单、检测记录等）；

6 各检验批的主控项目、一般项目的验收记录；

7 重大技术问题的处理及设计变更文件。

8.1.7 3D板混凝土构件分项工程隐蔽工程验收应包括下列内容：

1 3D墙板的轴线位置、垂直平整度及拼缝；

2 3D板接头和拼缝处的构造加强钢筋连接网片：平网、角网；

3 校平钢筋、插筋；

4 预埋件；

5 预埋管道。

8.1.8 3D板混凝土构件分项工程验收时，其主控项目应全部符合本规程的规定；一般项目应有80%及以上的抽检处符合本规程的规定，或偏差值在允许偏差范围内。

8.1.9 检验批的质量验收可按本规程附录E记录。

8.2 3D板混凝土构件分项工程

主 控 项 目

8.2.1 3D板应有产品的出厂合格证书、产品性能检测报告。进入施工现场的3D板应有材料主要性能的进场复试报告。

检查数量：按进场批次检查。

检验方法：检查相关资料。

8.2.2 3D板的表面应清洁，无明显油污，焊点区外不应有钢丝锈点，纬丝和经丝排列应垂直，不得有翘伸的钢丝挑头，斜插丝不允许有漏丝现象。焊点不得有过烧现象，漏焊点应少于2%的总焊点，靠网片板边200mm区域内的焊点不应漏焊、脱焊。

检查数量：全数检查。

检验方法：观察。

8.2.3 每块3D板的芯板侧面应有出厂专用标志，并应包括厂名、产品规格、生产日期和检验合格章。

检查数量：全数检查。

检验方法：观察。

8.2.4 3D板表面喷射混凝土强度等级应符合设计要求，且不应低于C20。

用于检查的混凝土试件，应在喷射混凝土地点随机抽取。取样和试件留置应符合下列规定：

1 每一工作班不超过100m³的同一配合比的混凝土，取样不得少于一次；

2 每一楼层、同一配合比的混凝土，取样不得少于一次。

检验方法：检查施工日记及混凝土试块强度试验报告。

8.2.5 平网、U形网、角网、L形连接件的品种、规格、性能应符合设计要求。

抽检数量：全数检查。

检验方法：平网、U形网、角网、L形连接件的合格证书、性能试验报告。

8.2.6 平网、U形网、角网、L形连接件的设置应符合设计要求。

抽检数量：每一楼层抽20%的部位，且不少于3处。

检验方法：喷射混凝土前观察与尺量检查。

8.2.7 3D板混凝土构件之间或与其他结构构件之间的连接固定应符合设计要求，插筋、校平钢筋、附加受力钢筋等应位置正确、安装牢固。

抽检数量：每一楼层抽20%的连接部位，且不少于3处。

检验方法：喷射混凝土前观察与尺量检查。

一 般 项 目

8.2.8 用于墙体的3D板安装就位后，应立即根据水准点和轴线校正位置，板与板之间的拼缝缝隙不得大于1.5mm。

检查数量：全数检查。

检验方法：观察，尺量。

8.2.9 3D板安装轴线位置及垂直平整度的允许偏差值应符合表8.2.9的规定。

表8.2.9 3D板的轴线位置及垂直平整度允许偏差（mm）

项次	项 目	允许偏差	抽检方法
1	轴线位置	5	经纬仪和尺检查，或用其他测量仪器检查
2	垂直度	5	用经纬仪或2m托线板检查
3	表面平整度	5	用2m靠尺检查

抽检数量：外墙，每20m抽查一处，每处3延长米，但不应少于三处，且所有墙角必查；内墙，按有代表性的自然间抽查10%，但不应少于3间，每间不应少于两处，且所有墙角必查。

8.2.10 3D墙板表面喷射混凝土允许偏差应符合表8.2.10的规定。

表8.2.10 3D墙板表面喷射混凝土允许偏差（mm）

项 目		允许偏差	抽检方法
喷射细石混凝土厚度	每一层	±2	针插和尺量检查
	总厚度	+5 0	针插和尺量检查

抽检数量：每一面墙面不少于5处，且不超过

4m² 测一处。

检查方法：用钢针插入和尺量检查。

8.2.11 3D 墙板的尺寸允许偏差应符合表 8.2.11 的规定。

表 8.2.11 3D 墙板的尺寸允许偏差（mm）

项次	项目		允许偏差	抽检方法
1	轴线位置		8	用经纬仪和尺检查，或用其他测量仪器检查
2	垂直度	每层	8	用经纬仪或吊线、钢尺检查
		全高	H/1000 且小于 30	用经纬仪、钢尺检查
3	表面平整度		8	用 2m 靠尺检查
4	预埋件中心线位置		10	用经纬仪和尺检查，或用其他测量仪器检查
5	门窗洞口（宽、高）		±5	钢尺检查
6	窗口位移		20	用经纬仪和尺检查，或用其他测量仪器检查

抽检数量：对于轴线位置、垂直度、表面平整度，外墙，每 20m 抽查一处，每处 3 延长米，且不应少于三处，且所有墙角必查；内墙，按有代表性的自然间抽查 10%，且不应少于 3 间，每间不应少于两处且所有墙角必查。

楼板（屋面板）表面平整度按有代表性的自然间抽查 10%，且不应少于 3 间。对于预埋件中心线位置、门窗洞口（宽、高）、窗口位移，检验批中抽检 10%，且不应少于 5 处。

附录 A 3D 板混凝土构件常用规格和增加构件承载力的方法

A.1 3D 板混凝土构件常用规格

A.1.1 3D 板混凝土构件常用规格可按表 A.1.1 采用。

表 A.1.1 3D 板混凝土构件常用规格（mm）

3D 板混凝土构件		3D 板 聚苯板厚度 t_0	3D 板 斜插丝型号	3D 板 网片	细石混凝土 外(下)侧混凝土厚度 t_1	细石混凝土 内(上)侧混凝土厚度 t_2
承重外墙		100、120	B-Ⅰ、B-Ⅱ	ϕ3@50	50～60	50～60
承重内墙		70、100	B-Ⅰ、B-Ⅱ	ϕ3@50	45～60	45～60
非承重外墙	强	100、120	B-Ⅰ、B-Ⅱ	ϕ3@50	50～60	45～50
	弱	100、120	A-Ⅰ、A-Ⅱ	ϕ2.2@50	50	35～50
非承重内墙		50、70	A-Ⅰ、A-Ⅱ	ϕ2.2@50	35～40	35～40

续表

3D 板混凝土构件	3D 板 聚苯板厚度 t_0	3D 板 斜插丝型号	3D 板 网片	细石混凝土 外(下)侧混凝土厚度 t_1	细石混凝土 内(上)侧混凝土厚度 t_2
楼板或屋面板	70、100、120	B-Ⅰ、B-Ⅱ	ϕ3@50	45～50 连续板 50～80	50～80

注：1 聚苯板常用的厚度为 50、70、100、120（mm）。如设计需要在聚苯板的槽内放置加配普通钢筋时，应在订货时对有加工条件的 3D 板加工厂提出聚苯板开槽要求：宜在厚度不小于 100mm 的聚苯板上，按设计规定的间距开不小于 20mm×20mm 的槽；

2 斜插丝型号由字母和数字组成；字母 A、B 表示材料尺寸等，罗马数字Ⅰ、Ⅱ表示根据不同的机器生产的斜插丝骨架的间距；

A-Ⅰ、A-Ⅱ型用 ϕ3、节距 a_3＝200mm、斜率 a_2＝60、网片离聚苯板净距 a_5＝13mm；

B-Ⅰ、B-Ⅱ型用 ϕ3.8、节距 a_3＝100mm、斜率 a_2＝40、网片离聚苯板净距 a_5＝19mm；

A-Ⅰ型、B-Ⅰ型的间距 a_4＝100mm，即 1200mm 宽范围内设 12 道；

A-Ⅱ型、B-Ⅱ型的间距 a_4 平均＝171.4mm，即 1200mm 宽范围内设 7 道，除两端间距 a_4 为 150mm 外，其余间距 a_4 均为 200mm；

3 常用的细石混凝土为 C20，除斜插丝型号为 A-Ⅰ、A-Ⅱ的墙板最小厚度可为 35mm 外，其他构件的最小厚度为 45mm，但如设计需要在网片外侧放置加配普通钢筋时，混凝土厚度最小应为 50mm；最大厚度应根据结构及热工等设计要求，不宜超过 80mm；

4 非承重外墙分强、弱两类，强的用于高度大、受水平力大的外墙，以受弯为主。

A.1.2 常用承重 3D 墙板规格可按表 A.1.2 采用。

表 A.1.2 常用承重 3D 墙板规格

序号	W1	W2	W3	W4	W5	W6
外 t_1（mm）	50	60	50	60	45	45
t_0（mm）	100		120		70	100
内 t_2（mm）	50	60	50	60	45	45
h（mm）	200	220	220	240	160	190
A/b（mm）	100	120	100	120	90	90
c（mm）	100	110	110	120	80	95
I/b（mm³）	583333	804000	743333	1008000	312750	488250
i（mm）	76.38	81.85	86.22	91.65	58.95	73.65
自重（kN/m²）	2.6	3.1	2.6	3.1	2.3	2.4

A.1.3 常用非承重 3D 墙板规格可按表 A.1.3 采用。

表 A.1.3 常用非承重 3D 墙板规格

类型	外墙				内墙			
序号	W11	W12	W13	W14	W15	W16	W17	W18
外 t_1（mm）	50	50	50	60	35	40	35	40
t_0（mm）	100	120			50		70	
内 t_2（mm）	40	40	50	50	35	40	35	40
h（mm）	190	210	220	230	120	130	140	150
A/b（mm）	90	90	100	110	70	80	70	80
c（mm）	100.56	111.67	110	120.45	60	65	70	75
I/b（mm³）	482972	620750	743333	863644	133583	172667	200083	252667
i（mm）	73.26	83.05	86.22	88.61	43.68	46.46	53.46	56.20
自重（kN/m²）	2.3	2.3	2.6	2.8	1.8	2.0	1.8	2.0

A.1.4 常用3D楼板（屋面板）的规格和强度可按表A.1.4采用。

表 A.1.4 常用3D楼板（屋面板）的规格和强度

序号		S1	S2	S3	S4	S5	S6	S7	S8	S9
上t_2（mm）		50	50	60	50	60	60	60	70	80
t_0（mm）		70			100			120		
下t_1（mm）		40	50	60	50	50	60	60	60	60
h（mm）		160	170	190	200	210	220	240	250	260
h_0（mm）		140	140	150	170	180	180	200	210	220
自重（kN/m^2）		2.3	2.5	3.0	2.6	2.8	3.1	3.1	3.3	3.6
x_n（mm）	$\phi3$@50	25.3	25.3	25.3	28.6	28.6	28.6	28.6	28.6	33.1
	加$\phi6$@200后	32.2	32.2	38.0	38.0	38.0	38.0	41.8	41.8	41.8
	加$\phi8$@200后	38.1	38.1	40.7	43.7	43.7	43.7	47.2	47.2	47.2
	加$\phi10$@200后	40.8	40.8	40.8	46.6	51.8	51.8	55.0	55.0	58.6
	加$\phi8$@100后	39.3	39.3	39.3	45.3	51.7	51.7	57.5	57.5	61.0
	加$\phi10$@100后	43.9	43.9	43.9	43.9	52.0	52.0	52.0	60.9	60.9
容许最大x_n（mm）		46.7	46.7	50.0	50.0	60.0	60.0	60.0	70.0	73.3
[M]（kN-m/m）	$\phi3$@50	5.95	5.95	6.40	7.26	7.71	7.71	8.62	9.06	9.45
	加$\phi6$@200后	10.77	10.77	11.53	13.12	13.95	13.95	15.51	16.35	17.18
	加$\phi8$@200后	14.36	14.36	15.39	17.54	18.68	18.68	20.81	21.95	23.08
	加$\phi10$@200后	20.49	20.49	22.12	25.73	26.43	26.43	29.52	31.16	32.59
	加$\phi8$@100后	22.84	22.84	24.65	27.92	29.35	29.35	32.61	34.43	36.04
	加$\phi10$@100后	34.68	34.68	37.48	43.10	45.26	45.26	50.88	52.90	55.71
[V]（kN/m）	B-Ⅰ型	18.76			16.54			12.46		
	B-Ⅱ型	10.94			9.65			7.27		

注：1 加筋$\phi6$和$\phi8$为HPB300，$\phi10$为HRB335；
2 加筋在网片外，仅选具有代表性的@200和@100两种，实际设计中根据需要可用其他间距。

A.2 增加构件承载力的方法

A.2.1 增加构件承载力可按表A.2.1采用。

表 A.2.1 增加构件承载力可采取的措施

措施 / 承载力	增加聚苯板厚度	增加受压区混凝土厚度	纵向加配普通钢筋	聚苯板间设置钢筋混凝土小梁（肋）
受弯	有效	单面	单面	有效
受压	有效	双面	双面	有效但一般不用
受剪	无效	无效	无效	有效

A.2.2 提高受弯构件承载力的方法可表A.2.2选择。

表 A.2.2 提高受弯构件承载力的方法

加配普通钢筋的位置		在聚苯板的槽内	在网片外侧
混凝土最小厚度t_1（mm）		40 与不加配普通钢筋一致	50 以保证足够的混凝土保护层
h_0		t_2+t_0-10	t_2+t_0+20
钢筋间距		限制于聚苯板开槽的间距	根据设计要求，不受限制
技术经济比较	聚苯板开槽	需找有加工条件的工厂、增加聚苯板开槽的工作	没有聚苯板开槽的工作
	混凝土用量和自重	基本不增加	增加
	钢筋用量	因h_0减小而钢筋用量有所增加	虽h_0未减小但因自重增加而钢筋用量与左项相差不大
结论（适用范围）		1 用于加配普通钢筋的板的数量较少时； 2 此时板底和临时支撑可与不加配普通钢筋者一致	1 用于加配普通钢筋的板的数量较多时； 2 此时板底和临时支撑与不加配普通钢筋者不一致

附录B 过梁和组合过梁

B.0.1 集中荷载P和墙洞的处理应符合下列规定（图B.0.1）：

1 集中荷载应按45°扩散；

2 通过过梁将荷载传递到墙洞的两侧时，可在墙洞的两侧增加钢筋。

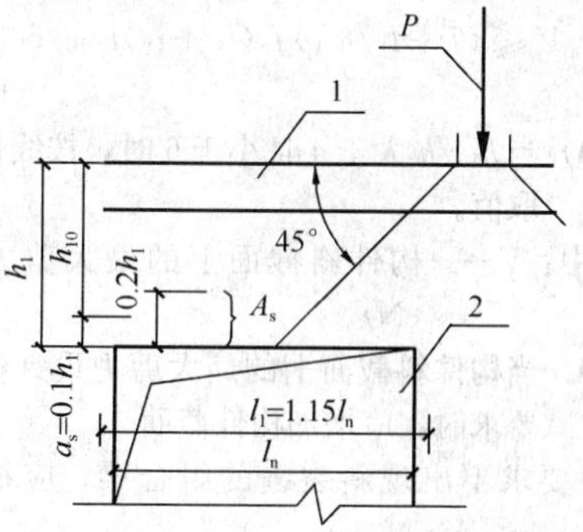

图B.0.1 墙洞口集中荷载的处理
1—墙洞以上的墙体或圈梁的顶部；2—洞口

B.0.2 过梁的计算应符合下列规定：

1 当过梁的l_1/h_1大于或等于5.0时，可将圈梁兼作过梁，并应按现行国家标准《混凝土结构设计规范》GB 50010计算；

2 当过梁l_1/h_1小于5.0时，可将墙洞以上的墙体与圈梁组合为过梁，并应按本规程第B.0.3和B.0.4条计算。

注：1 l_1为过梁计算跨度（mm），取$1.15\times l_n$（l_n为

过梁净跨度）；

2 h_1为墙洞以上的墙体与圈梁的总高（mm）。

B.0.3 组合过梁正截面受弯承载力应按下列公式确定（图 B.0.3）：

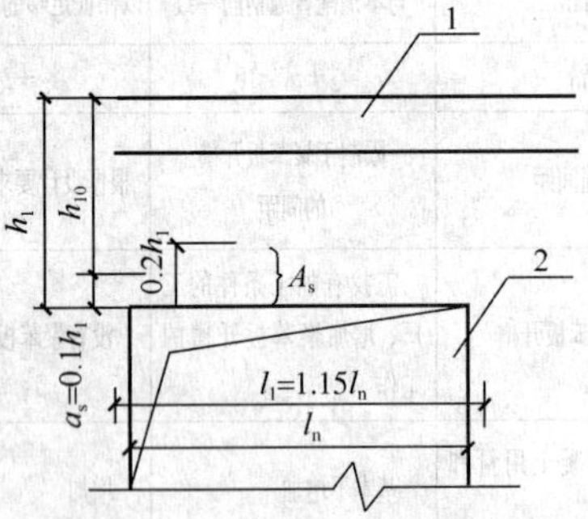

图 B.0.3 组合过梁正截面受弯承载力

1—墙洞口以上墙体或圈梁顶部；2—洞口

$$M \leqslant f_y A_{s3} z \tag{B.0.3-1}$$

$$z = 0.648h_1 + 0.032l_1 \tag{B.0.3-2}$$

式中：M——弯矩设计值；

A_{s3}——底部 $0.2h_1$ 范围内的水平钢筋截面面积（mm^2）。

当 $l_1 < h_1$ 时，取 $z = 0.6l_1$

当组合过梁正截面受弯承载力（M）不满足要求时，应增配底部受拉钢筋。

B.0.4 组合过梁的受剪承载力应符合下列规定：

1 受剪截面应符合下列条件：

1）当 h_{10}/h 小于或等于 4 时

$$V \leqslant (10 + l_1/h_1) f_c (t_1 + t_2) h_{10}/60 \tag{B.0.4-1}$$

2）当 h_{10}/h 大于或等于 6 时

$$V \leqslant (7 + l_1/h_1) f_c (t_1 + t_2) h_{10}/60 \tag{B.0.4-2}$$

3）当 h_{10}/h 大于 4 且小于 6 时，按线性内插法取值。

式中：V——构件斜截面上的最大剪力设计值（N）。

4）当构件斜截面上的最大剪力设计值不满足要求时，应增加构件截面。

2 要求不出现斜裂缝的组合梁，应符合下列条件：

$$V_k \leqslant 0.5 f_{tk} (t_1 + t_2) h_{10} \tag{B.0.4-3}$$

式中：V_k——按荷载效应的标准组合计算的剪力值（N）；

f_{tk}——混凝土轴心抗拉强度标准值（N/mm^2）。

此时可不再进行斜截面受剪承载力计算。

3 斜截面的受剪承载力应符合下列规定：

1）在均布荷载作用下，应按下式确定：

$$V \leqslant h_{10}[0.7 f_t (8 - l_1/h_1)(t_1 + t_2) + 1.25 f_y (l_1/h_1 - 2)(A_{sv}/s_h) + (2.5 - 0.5l_1/h_1) f_y (A_{sh}/s_v)]/3 \tag{B.0.4-4}$$

2）在集中荷载作用下，应按下式确定：

$$V \leqslant h_{10}\{[5.25/(\lambda + 1)] f_t (t_1 + t_2) + (l_1/h_1 - 2) f_y (A_{sv}/s_h) + (2.5 - 0.5l_1/h_1) f_y (A_{sh}/s_v)\}/3 \tag{B.0.4-5}$$

式中：l_1/h_1——跨高比，当 $l_1/h_1 < 2.0$ 时，取 $l_1/h_1 = 2.0$；

A_{sv}、A_{sh}——分别为竖向、横向钢筋（丝）全部截面面积（mm^2）；

s_v、s_h——分别为竖向、横向钢筋（丝）的间距（mm）；

λ——计算剪跨比，当 $l_1/h_1 \leqslant 2.0$ 时，取 $\lambda = 0.25$；当 $2.0 < l_1/h_1 < 5.0$ 时，取 $\lambda = a/h_{10}$，其中，a 为集中荷载到过梁支座的水平距离；λ 的上限值为（$0.92l_1/h_1 - 1.58$），下限值为（$0.42l_1/h_1 - 0.58$）。

附录 C 结构设计计算用表

C.0.1 受压混凝土矩形应力图的应力值与混凝土轴心抗压强度设计值的比值（α_1）和混凝土矩形应力图受压区高度与中和轴高度（中和轴到受压区边缘的距离）的比值（β_1）应按表 C.0.1 取值。

表 C.0.1 α_1 和 β_1

序号	1	2	3	4	5	6	7	8
ε_{cmax}	0.002	0.0015	0.0012	0.0010	0.00085	0.00075	0.0007	0.00065
$\Sigma(A_s f_y)/(bf_c h_0)$	≥0.1961	0.1654	0.1405	0.1225	0.1069	0.0965	0.0883	0.0785
β_1	0.7500	0.7222	0.7083	0.7000	0.6941	0.6904	0.6887	0.6870
α_1	0.8889	0.7788	0.6776	0.5952	0.5256	0.4752	0.4489	0.4218
序号	9	10	11	12	13	14	15	—
ε_{cmax}	0.0006	0.00055	0.0005	0.00045	0.0004	0.00035	0.0003	—
$\Sigma(A_s f_y)/(bf_c h_0)$	0.0692	0.0605	0.0521	0.0440	0.0363	0.0290	0.0223	—
β_1	0.6852	0.6836	0.6818	0.6800	0.6786	0.6772	0.6754	—
α_1	0.3941	0.3654	0.3361	0.3060	0.2751	0.2434	0.2110	—

注：1 算出 $\Sigma(A_s f_y)/(bf_c h_0)$；

2 在 $\Sigma(A_s f_y)/(bf_c h_0)$ 行中找到大于等于该值的最接近的一列；

3 在该列的 β_1 行中查得 β_1；

4 在该列的 α_1 行中查得 α_1。

C.0.2 稳定系数(φ)应按表 C.0.2 取值。

表 C.0.2 稳定系数 φ

λ_K	0	1	2	3	4	5	6	7	8	9
110	>0.550	0.550	0.548	0.541	0.534	0.527	0.520	0.514	0.507	0.500
120	0.494	0.488	0.481	0.475	0.469	0.463	0.457	0.451	0.445	0.440

续表 C.0.2

λ_K	0	1	2	3	4	5	6	7	8	9
130	0.434	0.429	0.423	0.418	0.412	0.407	0.402	0.397	0.392	0.387
140	0.383	0.378	0.373	0.369	0.364	0.360	0.356	0.351	0.347	0.343
150	0.339	0.335	0.331	0.327	0.323	0.320	0.316	0.312	0.309	0.305
160	0.302	0.298	0.295	0.292	0.289	0.285	0.282	0.279	0.276	0.273
170	0.270	0.267	0.264	0.262	0.259	0.256	0.253	0.251	0.248	0.246
180	0.243	0.241	0.238	0.236	0.233	0.231	0.229	0.226	0.224	0.222
190	0.220	0.218	0.215	0.213	0.211	0.209	0.207	0.205	0.203	0.201
200	0.199	—	—	—	—	—	—	—	—	—

注：表中$\lambda_K=\lambda\sqrt{(f_{stk}/235)}$

C.0.3 υ和$\upsilon f_y A_{ss}\cos\alpha$应按表C.0.3取值。

表C.0.3 υ和$\upsilon f_y A_{ss}\cos\alpha$

t_0(mm)	50		70		100		120	
	υ	$\upsilon f_y A_{ss}\cos\alpha$ (kN)	υ	$\upsilon f_y A_{ss}\cos\alpha$ (kN)	υ	$\upsilon f_y A_{ss}\cos\alpha$ (kN)	υ	$\upsilon f_y A_{ss}\cos\alpha$ (kN)
A型斜插丝	0.550	0.991	0.476	0.921	0.284	0.582	0.211	0.443
B型斜插丝	0.550	1.824	0.550	1.876	0.474	1.654	0.354	1.246

C.0.4 常用3D楼板(屋面板)的最大裂缝宽度验算时，可按表C.0.4取值。

表C.0.4 常用3D楼板(屋面板)最大裂缝宽度验算取值

纵向受拉钢丝 A_s(mm²/m) 加纵向受拉钢筋 A_{s1}(mm²/m) A_s+A_{s1}(mm²/m)			φ3@50 141.5 — — 141.5	φ3@50 141.5 φ6@200 141.5 283	φ3@50 141.5 φ8@200 251.5 393	φ3@50 141.5 φ10@200 392.5 534	φ3@50 141.5 φ8@100 503 644.5	φ3@50 141.5 φ10@100 785 926.5
d_{eq}(mm) $0.08d_{eq}$(mm)			3/0.7= 4.2857 0.3429	4/0.7= 5.7143 0.4571	5/0.7= 7.1429 0.5714	136/(0.7×22) =8.8312 0.7065	82/(0.7×14) =8.3673 0.6694	118/(0.7×16) =10.5357 0.8429
t_1(mm)	a_1(mm)	$1.9a_1$(mm)	$1/\rho_{te}$	$1/\rho_{te}$	$1/\rho_{te}$	$1/\rho_{te}$	$1/\rho_{te}$	$1/\rho_{te}$
40	20	38	100	100*	100*	74.91*	—	—
50	25	47.5	100	100	100	93.63	77.58	53.97
60	35	66.5	100	100	100	100	93.10	64.76
70	45	85.5	100	100	100	100	100	75.55
80	55	104.5	100	100	100	100	100	86.35

注：1 当需验算裂缝宽度时，可根据纵向受拉钢筋（丝）和t_1查表列各数据代入本规程（6.2.4-1）～（6.2.4-5）式求出结果；
2 *指仅用于加筋放在聚苯板的槽内者。

附录D 抗震计算要点

D.0.1 3D板混凝土构件房屋的抗震计算可采用底部剪力法进行计算，各楼层可仅取一个自由度，结构的水平地震作用标准值，应按下列公式计算（图D.0.1）：

$$F_{Ek}=\alpha_E G_{eq} \quad (D.0.1\text{-}1)$$

$$F_i=G_iH_iF_{Ek}/(\sum_{j=1}^{n}G_jH_j) \quad (D.0.1\text{-}2)$$

式中：F_{Ek}——结构总水平地震作用标准值；

α_E——相应于结构基本自振周期的水平地震影响系数值，按表D.0.1采用。

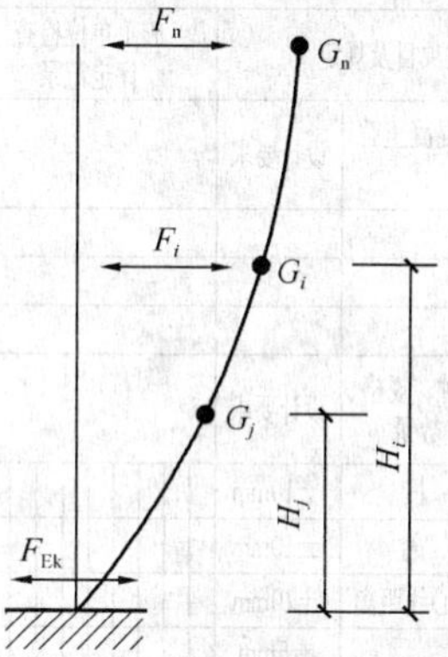

图D.0.1 结构水平地震作用计算简图

表D.0.1 水平地震影响系数

地震影响	6度	7度	8度
多遇地震	0.04	0.08 (0.12)	0.16 (0.24)
罕遇地震	0.28	0.50 (0.72)	0.90 (1.20)

注：括号外、内数值分别用于设计基本地震加速度为0.15g和0.30g的地区。

G_{eq}——结构等效总重力荷载，单质点取总重力荷载代表值，多质点可取总重力荷载代表值的85%；

F_i——质点i的水平地震作用标准值；

G_i、G_j——分别为集中于质点i、j的重力荷载代表值，应取结构和构配件自重标准值和0.5×（雪荷载＋楼面活荷载）之和；

H_i、H_j——分别为质点i、j的计算高度。

注：$i=1，2，n，n\leqslant 3$。

D.0.2 对3D板混凝土构件房屋，可只选从属面积较大或竖向应力较小的墙段进行截面抗震承载力验算。

D.0.3 地震按刚度作剪力分配时，墙段宜按门窗洞口划分。高宽比大于4的，可不参与剪力分配。截面验算可仅按本规程公式（6.3.7）验算平面内方向的抗剪强度。

注：墙段的高宽比指层高与墙长之比，对门窗洞边的小墙段指洞净高与洞侧墙宽之比。

附录E　3D板混凝土构件工程的检验批质量验收记录表

表E　3D板混凝土构件工程的检验批质量验收记录表

工程名称			验收部位		
施工单位			项目经理		
施工执行标准名称及编号			专业工长		
分包单位			施工班组组长		
	质量验收项目及规定			施工单位检查评定记录	监理（建设）单位验收记录
主控项目	1　喷射细石混凝土强度等级		设计要求		
	2　加强钢丝网（平网、角网U形网）	品种、规格、数量	设计要求		
		长	±10mm		
		宽	±10mm		
		中心线距离	±10mm		
	3　喷射混凝土厚度	总厚度	±5mm 0		
	4　插筋、校平钢筋	品种、规格、数量			
一般项目	1　聚苯板与聚苯板间拼缝		≤1.5mm		
	2　轴线位移		8mm		
	3　垂直度		8mm		
	4　表面平整度		≤8mm		
	5　预埋件中心线位置		10		
	6　门窗洞口（宽、高）		±5		
	7　窗口位移		20		

注：1　本表由施工项目专业质量检查员填写，监理工程师（建设单位项目技术负责人）组织项目专业质量（技术）负责人等进行验收。

2　预埋设施（管、件、螺栓）、预留洞、竖向插筋、水平拉结筋等允许偏差及验收应符合《混凝土结构工程施工质量验收规范》GB 50204的相关规定。

本规程用词说明

1　为便于在执行本规程条文时区别对待，对要求严格程度不同的用词说明如下：

1）表示很严格，非这样做不可的：

正面词采用"必须"，反面词采用"严禁"；

2）表示严格，在正常情况下均应这样做的：

正面词采用"应"，反面词采用"不应"或"不得"；

3）表示允许稍有选择，在条件许可时首先这样做的：

正面词采用"宜"，反面词采用"不宜"；

4）表示有选择，在一定条件下可以这样做的，采用"可"。

2　条文中指定应按其他有关标准执行的写法为："应符合……的规定"或"应按……执行"。

引用标准名录

1　《混凝土结构设计规范》GB 50010

2　《混凝土结构工程施工质量验收规范》GB 50204

3　《建筑工程施工质量验收统一标准》GB 50300

4　《建设工程施工现场消防安全技术规范》GB 50720

5　《通用硅酸盐水泥》GB 175

6　《一般用途低碳钢丝》GB/T 343

7　《泡沫塑料及橡胶表观密度的测定》GB/T 6343

8　《建筑材料及制品燃烧性能分级》GB 8624

9　《硬质泡沫塑料吸水率的测定》GB/T 8810

10　《硬质泡沫塑料尺寸稳定性试验方法》GB/T 8811

11　《硬质泡沫塑料压缩性能的测定》GB/T 8813

12　《绝热材料稳态热阻及有关特性的测定　防护热板法》GB/T 10294

13　《绝热材料稳态热阻及有关特性的测定　热流计法》GB/T 10295

14　《冷拔低碳钢丝应用技术规程》JGJ 19

15　《建筑工程冬期施工规程》JGJ/T 104

16　《膨胀聚苯板薄抹灰外墙外保温系统》JG 149

中华人民共和国行业标准

轻型钢丝网架聚苯板混凝土构件应用技术规程

JGJ/T 269—2012

条 文 说 明

制订说明

《轻型钢丝网架聚苯板混凝土构件应用技术规程》JGJ/T 269－2012，经住房和城乡建设部2011年12月19日以第1222号公告批准、发布。

规程制定过程中，编制组进行了广泛的调查研究，总结了我国工程建设钢丝网架聚苯板混凝土构件应用的实践经验，同时参考了奥地利EVG3D板系统结构工作手册等规范性文件，通过对3D板混凝土构件的验证试验，取得了重要技术参数。

为便于广大设计、施工、科研、学校等单位有关人员在使用本规程时能正确理解和执行条文的规定，《轻型钢丝网架聚苯板混凝土构件应用技术规程》编制组按章、节、条顺序编制了本规程的条文说明，对条文说明规定的目的、依据以及执行中需注意的有关事项进行了说明。但是，本条文说明不具备与规程正文同等的法律效力，仅供使用者作为理解和把握规程规定的参考。

目　次

1 总　　则

1.0.1 轻型钢丝网架聚苯板混凝土构件是由工厂生产的3D板和现场浇筑混凝土两部分组成。工厂生产的3D板是以阻燃型模塑聚苯乙烯泡沫塑料板（EPS）为芯材，两侧外覆高强钢丝网片，网片间用穿过聚苯板的斜插镀锌钢丝点焊连接成三维空间组合板材。3D板运到施工现场后，两侧覆盖规定厚度的细石混凝土，即形成3D墙板或3D楼板（屋面板）。这类构件混凝土厚度小，钢丝配筋率低。建成的房屋具有构造简单、施工方便、保温、隔热、隔声性能好等特点。在国外已有成熟的工程实践经验，国内在山东潍坊、江苏苏州、上海等地也有不少工程实例。为使该类构件在工程中正确使用，制定本规程。

1.0.2 本条提出了规程的适用范围，包括抗震设防等级、房屋高度、层数等，其中关于非承重墙体构件的应用，不受抗震、房屋高度和层数的限制。本规程还规定了3D板混凝土构件不适合使用的范围，主要考虑3D板混凝土构件中钢丝较细，混凝土保护层也较薄，易受潮锈蚀，故不应在长期潮湿或有腐蚀介质环境中使用，也包括不能应用于室外地坪以下与土壤直接接触的部位。

1.0.3 3D板混凝土结构的设计、施工过程中需要在执行本规程的同时，符合国家现行标准的规定。

2 术语和符号

2.2 符　　号

2.2.1 材料性能

f_{yk}、f_{stk}——钢筋、面网与斜插丝抗拉（压）强度标准值同《混凝土结构设计规范》GB 50010－2010和《冷拔低碳钢丝应用技术规程》JGJ 19；《钢结构设计规范》GB 50017－2003中用f_y。

f_y——面网或斜插丝抗拉（压）强度设计值同《混凝土结构设计规范》GB 50010－2010；《钢结构设计规范》GB 50017－2003中用f。

2.2.3 几何参数

a_1——最外层纵向受拉钢筋（丝）外边缘到受拉区底边的距离；《混凝土结构设计规范》GB 50010－2010中用c；

b——3D板截面长（宽）度；《混凝土结构设计规范》GB 50010－2010中用b_f、b'_f。

h_1——墙洞以上的墙体与圈梁的总高度；《混凝土结构设计规范》GB 50010－2010中用h。

l_1——过梁计算跨度；《混凝土结构设计规范》GB 50010－2010中用l_0。

2.2.4 计算系数及其他

α_E——相应于结构基本自振周期的水平地震影响系数值；《建筑抗震设计规范》GB 50011－2010中用α_1。

3 材　　料

3.1 聚 苯 板

3.1.1 聚苯板（EPS）是3D板混凝土构件的芯材，该材料的密度和导热系数小，是一种具有一定强度的性价比优良的绝热制品，可使3D板具有自重轻而热阻大的特性。为确保其应用质量，本条文规定了对聚苯板（EPS）基本的技术性能要求和试验方法。

表3.1.1中的指标根据聚苯板的使用条件，主要按照国家标准《绝热用模塑聚苯乙烯泡沫塑料》GB/T 10801.1－2002以及行业标准《膨胀聚苯板薄抹灰外墙外保温系统》JG 149－2003的要求确定。其中尺寸稳定性考虑到用于芯材时，聚苯板的表面积与体积之比，在较多情况会小于用于外墙外保温的情况，故在行业标准《膨胀聚苯板薄抹灰外墙外保温系统》JG 149－2003的基础上作了适当调整。在燃烧性能方面，因防火需要，聚苯板应为难燃型，其燃烧性能不应低于国家标准《建筑材料及制品燃烧性能分级》GB 8624－2006中的C级。

3.1.2 明确用于3D板中聚苯板的规格尺寸。3D板可用于墙板、楼板和屋面板，墙板又有外墙板与内墙板之分，加上建筑物围护结构有不同的保温隔热要求，故聚苯板在厚度上根据应用需要可有多种规格。

3.1.3 聚苯板外观尺寸的允许偏差按国家标准《绝热用模塑聚苯乙烯泡沫塑料》GB/T 10801.1－2002规定基础上适当作了从严要求。

3.1.4 聚苯板在工程应用前经过一定条件、一定时间的陈化，是为了防止制品因后收缩而造成板与板之间过大的间隙。后收缩是指制品中残留发泡剂向外扩散导致的收缩，是一种不可逆的尺寸变化。EPS板材的后收缩过程可能需要几天或几周，取决于残留发泡剂的含量，并与加工条件以及制品表面积与体积之比等因素有关。聚苯板陈化，可使制品的尺寸基本稳定，满足尺寸稳定性的要求。本条对聚苯板的陈化要求系参照美国标准ASTM 2430—2005《外墙外保温及饰面孔应用膨胀聚苯乙烯泡沫（EPS）》的相关规定。该标准适用于建筑用聚苯乙烯泡沫保温板。

3.2 钢 丝 网 架

3.2.1 3D板的钢丝网架由聚苯板芯材两侧的钢丝网片与穿过芯材连接钢丝网片的斜插丝经点焊而成。本条规定网片钢丝和斜插丝的用料、抗拉强度与弹性模量要求。其相关指标均按行业标准《冷拔低碳钢丝应用技术规程》JGJ 19－2010 对冷拔低碳钢丝的要求取值。

3.2.2 根据结构计算以及国内外的应用实践，规定网片钢丝与斜插丝的最小直径与最少用量，以及反复弯曲试验和斜插丝镀锌层质量的要求。反复弯曲试验的次数按国家标准《一般用途低碳钢丝》GB/T 343－94 对冷拉普通用钢丝的要求确定。另外，斜插丝穿过聚苯板芯材部分是可能受潮的，故斜插丝应予镀锌，其锌层质量根据轻工行业标准《镀锌电焊网》QB/T 3897－1999 以及建筑工业行业标准《胶粉聚苯颗粒外墙外保温系统》JG 158－2004 对热镀锌电焊网的要求取不小于 $122g/m^2$。

3.2.3 规定了网片钢丝的表面质量以及网片的外观质量要求。斜插丝是构成钢丝网架的重要受力构件，故不得漏丝。

3.2.4 规定了钢丝网片的允许尺寸偏差和单位面积质量的允许偏差要求。表 3.2.4 的允许尺寸偏差系根据行业标准《钢筋焊接网混凝土结构技术规程》JGJ 114－2003 对焊接网几何尺寸的允许偏差确定；网片的实际质量与公称质量的允许偏差按照国家标准《钢筋混凝土用第 3 部分：钢筋焊接网》GB/T 1499.3－2002 对钢筋焊接网的要求采用。

3.2.5 对钢丝网架焊接质量的要求。其中网片钢丝之间焊点抗拉力的要求根据轻工业行业标准《镀锌电焊网》QB/T 3897 采用；斜插丝与网片钢丝的焊点抗拉力根据斜插丝的抗拉强度标准值（$f_{stk}=550N/mm^2$）乘以系数 0.55 确定（见本规程第 6.2.2 条条文说明）。

3.2.6 对钢丝网强度、伸长率和冷弯性能试验方法的规定。

3.3 配　件

3.3.1 L 形连接件用于 3D 非承重内墙板与混凝土地面及上部楼板或梁底的连接。

3.3.2 平网用于 3D 墙板横向和竖向拼接，3D 楼板（屋面板）的横向拼接以及上下层 3D 墙板圈梁的连接等。规定平网的宽度不应小于 300mm，则每个 3D 板混凝土构件的搭接宽度可达到 150mm。确保可靠连接。

3.3.3 阴角网和阳角网常用于墙体的 L 形拼接、T 形拼接和十字形拼接中。阳角网的长边是指 3D 墙板在 L 形阳角拼接中，除了覆盖墙体规定宽度外，还应覆盖与之相拼接墙体的厚度。

3.4 混　凝　土

3.4.1、3.4.2 3D 墙板和楼板（屋面板）两侧的面层材料均为细石混凝土，为确保构件性能，条文规定了对细石混凝土采用水泥强度等级以及水泥的其他质量要求。

3.4.3 3D 墙板和楼板（屋面板）两侧的细石混凝土面层厚度均较薄（50mm～35mm），且除楼板（屋面板）上表面可采取现浇工艺外，面层混凝土的施工主要采用喷射工艺，故其骨料粒径不能太粗，并应保证一定的小粒径细骨料含量。条文对采用喷射工艺（包括喷浆设备为活塞泵和涡轮泵时）施工规定的粗细骨料粒径要求是国外多年来的工程实践经验值。当采用现浇抹灰工艺施工时（如楼板和屋面板面层），其粗骨料的粒径可相对较大。

3.4.4 规定了需要在混凝土中掺加掺合料的要求。

4 建 筑 设 计

4.1 3D 板混凝土构件基本构造

4.1.1 3D 板是由工厂预制，将其间两层钢丝网片用斜插丝相连，中间填有聚苯板的网架在施工现场包覆混凝土后，形成中间为聚苯板两侧为钢丝网混凝土层的复合构件，称之为 3D 板混凝土构件。此构件可用于建筑上不同功能的构件，如 3D 墙板或 3D 楼板（屋面板）等。聚苯板作为芯材，主要起保温的功能，双侧钢丝网片混凝土层主要起受力功能，同时有墙体的保护、防火、防水、隔声等功能。作为外围护时，还起到加大围护体热惰性的作用。

4.1.2 3D 板混凝土构件中，连接钢丝网片的镀锌斜插丝的直径，以及与钢丝网片中径向钢丝形成的径向钢骨架的间距，斜插丝平行钢丝间距（节距）等均因受设备工艺和构件的受力不同而有所不同，桁架间距分为Ⅰ型、Ⅱ型两种；斜插丝节距分为 A 型、B 型两种。

4.1.3 聚苯板的厚度应根据不同气候地区和不同应用部位而不同。作为外围护结构时，应根据不同气候地区不同节能保温隔热要求经计算后决定，但目前受网架制作设备的制约，采用的聚苯板最薄厚度为 50mm，最大厚度为 120mm。

4.1.4 3D 板混凝土构件的双面混凝土面层厚度是从力学角度计算确定，同时也考虑到不同的使用部位不同防水防火要求而有所增减。

4.2 平立面设计

4.2.1 3D 板混凝土构件的适用范围已在本规程第 1.0.2 条中明确。在具体平立面设计中，当用于承重构件时，还应控制其层高、横墙间距和跨度。

4.2.2 3D 板在工厂制作，可产业化大批量生产，构件质量高但规格尺寸较单一。设计者应按现有 3D 板的规格尺寸及模数进行精心设计。3D 板的结构受力体系类似砌体式承重结构，而且板面尺寸较大，因此应尽可能减少构件的拼接及现场的裁割。建筑设计时不应采用“严重不规则”的平立面设计方案。对“严重不规则”平立面设计的定义在《建筑抗震设计规范》GB 50011 中有明确的规定。总之应使平面简洁，上下承重墙及门窗洞口对齐，避免采用转角窗及悬臂式构件等。砌体建筑抗震设计的原则也适合 3D 板构件体系中。

4.2.3 以 300mm 为平面设计基本模数，以 100mm 为立面设计基本模数，符合国家模数制的基本规定，也符合 3D 板尺寸要求，有利于与建筑门窗等配件的尺寸协调，有利于房屋对不同高度的需求。

4.2.4 错层造成楼板结构的高低、不连续，整体性差，受力复杂，影响结构的安全性。规定厨房、卫生间等潮湿房间采取防水措施，主要考虑 3D 板混凝土构件混凝土层较薄，配筋率低等因素。

4.2.5 本条列出了 3D 板混凝土构件在工程中使用的构件种类。

3D 板的规格、尺寸及构成，除受建筑功能、结构安全、节能需要进行计算确定外，也受到目前生产设备及工艺的限制，例如目前聚苯板厚度最大只能做到 120mm，钢丝网片的规格、斜插丝的设置也不能随意更改。因此建筑及结构设计应遵循现有条件按本规程附录 A 进行选用。

4.2.6 3D 板设计时对竖井、管道、表箱等位置应统一安排。预埋件及留孔，应在喷射混凝土层施工前即要留好，不得在 3D 板混凝土构件已完成后再开孔、打洞，防止损伤构件的完整性及造成裂缝。

4.2.7 3D 板是工厂生产的产品，所以在应用时宜采用整板。在排板设计时，要使非整板用量为最少，且非整板的宽度不能太小，以保证施工质量。尤其作承重墙用时，窗间墙或转角门垛等处墙板宽度不能太小，以免受轴力后失稳。因此规定了承重墙板、非承重墙板宽的最小尺寸。

4.2.8 3D 墙板的开孔，应在排板时预留，但孔洞小于 300mm×300mm 时，可以在墙体安装完成（强度达到 80%）后再用电切割器等工具切割开挖，而锤击、钻、凿等野蛮施工，会造成墙体开裂等质量事故。

4.2.9、4.2.10 3D 板混凝土构件的表面可以采用不同的外饰面，3D 板混凝土构件也可根据设计需要和混凝土或钢结构等其他结构件组合使用，但由于有聚苯板内芯，所以不能采用电焊的方式直接相互连接，以免电焊热量熔化聚苯板或造成隐患。所以需采用钢筋混凝土构件作过渡连接的方法，并能保证其整体性。

4.2.11 3D 板混凝土构件的耐火时间不取决于板中的聚苯板，聚苯板仅作为保温及构件的内模使用，因为当聚苯板温度达到 180℃还未到着火点时聚苯板已熔化及气化。实际耐火极限时间是靠两层 35mm 或以上的混凝土板。经国家认可的检测机构检测，耐火时间大于 2.5h。

4.2.12 3D 墙板空气计权隔声量计算值供设计选用。从该表可以看出一般用 3D 墙板作分户墙的空气计权隔声量都在 45dB 以上，满足一般住宅的隔声要求。

4.3 3D 板混凝土构件建筑构造

4.3.1 3D 板混凝土构件的拼接常采用平网、阴角网、阳角网、U 形网等增强。除条文中注明者外，其长度或宽度均应符合本规程第 3.3 节的规定。

4.3.2 3D 混凝土构件横向拼接时，接缝处附加平网可保持混凝土层的整体性和钢丝网片的连续性。在 3D 墙板竖向拼接时，除了钢丝网片外加平网外，在钢丝网片内侧（双面）增设校平钢筋，有利于轴力的传递及接缝的补强，同时有利于墙身的平整度。

4.3.3 3D 墙板转角处，均为应力集中和易开裂的部位，故均应加设阳角网、阴角网补强，并保持钢丝网片的连续性及混凝土层的整体性。

4.3.4 3D 楼板（屋面板）和 3D 墙板连接处在阴角部分为防止混凝土开裂，均应加设阴角网。

4.3.5 3D 墙板边缘处或洞口处应用钢筋混凝土收头，所以采用 U 形网片及纵向 $\phi 8$ 钢筋形成混凝土边框，作为开口部位的加固，也可作为门窗构件的固定部位。

4.3.6 在门窗及洞口角部等阴角处为应力集中的部位，易造成墙面开裂，故应在洞口内外两侧用平网按 45°方向加强。

4.4 围护结构热工设计

4.4.1 3D 板混凝土构件的芯材因采用聚苯板（EPS），其热阻较大，在一定范围内，是一种具有自保温功能的围护结构。为确保设计建筑物墙体、屋面和楼板的节能保温符合规定，聚苯板（EPS）的厚度应根据国家现行建筑节能设计标准的要求，通过对围护结构的热工计算确定。但聚苯板（EPS）的厚度与钢丝网架的宽度有关，目前国内引进设备所生产的钢丝网架，聚苯板（EPS）芯材的最大厚度只能达到 120mm，且聚苯板越厚则斜插丝承受剪力的能力越低，故不能达到节能设计标准时，应另外采取保温措施。

4.4.2 提供 3D 板围护结构主要组成材料的导热系数和蓄热系数设计计算值（λ_c、S_c）。在 3D 板混凝土构件中，聚苯板（EPS）并不是完全干燥的，且有为数不少的斜插丝从中穿过而形成热桥，故在热工计算时应对聚苯板（EPS）的导热系数和蓄热系数作出修正。混凝土和抹灰砂浆的导热系数和蓄热系数计算值取自国家标准《民用建筑热工设计规范》GB 50176。

4.4.3 提供两种聚苯板厚度的内外两侧有抹灰层和无抹灰层 3D 外墙板的主墙体传热系数（K_p）和热惰

性指标（D）计算值，其中 K_p 可用于外墙平均传热系数（K_m）的计算。在3D板外墙中，结构性热桥相对于常规外墙，其面积不大，故有利于外墙保温性能的提高。

4.4.4 在建筑节能设计标准中，外墙的传热系数均为包括主墙体（主体部位）及其周边结构性热桥在内的外墙平均传热系数（K_m），其计算要求和方法已有相关的节能设计标准和《民用建筑热工设计规范》GB 50176作出规定。

4.4.5 提供三种厚度聚苯板两侧有抹灰层和无抹灰层3D内墙板的传热系数（K）的计算值。房屋中的内墙属于内围护结构，在计算传热系数（K）时，其两侧的换热阻之和按0.22m²·K/W取值。

4.4.6 提供三种厚度聚苯板的3D楼板（屋面板）的传热系数（K）和热惰性指标（用于屋面板）计算值，其中楼板按内围护结构计算；屋面板按外围护结构计算，内、外两侧换热阻之和按0.15m²·K/W取值。

4.4.7 3D板外墙和屋面中的热桥（如钢筋混凝土梁、柱等）是热流密集部位，在冬季，其内表面温度往往较低。如内表面温度低于室内空气露点温度，易产生结露，既恶化室内环境，又增加传热损失。因此，在建筑热工设计时，应验算热桥部位在冬季的内表面温度。如内表面温度低于室内空气露点温度，应对热桥部位采取附加保温措施。

5 结构构造

5.1 连接节点构造

5.1.1 底层安装3D墙板时，在其基础上应先双面预埋插筋的主要目的是定位，同时起抗剪和连接作用，因此其埋入混凝土的深度不需像"计算中充分利用钢筋的抗拉强度时"的382mm（《混凝土结构设计规范》GB 50010－2010（8.3.1-2）式）或"计算中充分利用钢筋的抗压强度时"的267mm（《混凝土结构设计规范》GB 50010－2010第8.3.4条）。根据国外多年实践和国内外试验证明，用180mm已有足够的安全保证；但为进一步确保安全计采用了250mm。插筋位置应在3D板钢丝网片和聚苯板之间，以确保钢筋外保护层厚度以及和钢丝网片连接的可靠度。

5.1.2 3D非承重内墙板安装时，可单排插筋，也可用L形连接件作为3D墙板与混凝土地面及上部楼板或梁底的连接件。

5.1.3 3D楼板和3D外墙板或承重内墙板的连接均通过钢筋混凝土圈梁，在构造上水平向通过U形钢筋，竖向通过连接钢筋加强3D墙板与3D楼板（屋面板）的整体性。同时规定了3D楼板和3D墙板不同连接方式的构造措施；如钢筋伸入的长度等。

5.1.4 3D墙板门窗洞口的加强，除应符合本规程第4.3.5、4.3.6条规定外，还应按承重墙、非承重墙以及洞口的不同宽度设置过梁。3D墙板横放是指将3D墙板按90°转向，设置在门窗洞口，作为过梁。

5.2 3D楼板（屋面板）的加强措施

5.2.1 3D楼板（屋面板）加强的受力钢筋放置的位置有两种：

1 在3D楼板（屋面板）底的面网下侧，此时底部混凝土层厚度应加大，以保证钢筋有足够的保护层。

2 在3D楼板（屋面板）底的面网上侧，此时聚苯板底部应在工厂生产时预留钢筋槽。

5.2.2 在室内空间跨度较大或楼面荷载较重时，结构设计中可采取在板间增设钢筋混凝土小梁或肋的措施。

6 结构设计

6.1 一般规定

6.1.1、6.1.2 根据我国现行标准统一规定。

6.1.3 墙板与基础、楼板、上下层墙的节点构造和受力情况等不同于钢筋混凝土墙，而与砌体相似，且房屋构成"箱形结构"，故3D板混凝土构件的房屋的静力计算取与砌体相似。像不同材料的框架、排架、拱、屋架等结构的静力计算相似而截面设计则需按各自的规范进行一样，3D墙板的截面设计应按本规程第6.3节进行。

6.1.4 3D板混凝土构件在纵向（横截面，即主截面）是以钢筋混凝土作为翼缘与每隔一定距离由一片镀锌的斜插丝和网片焊接而成的钢筋骨架作为腹板连成的钢筋混凝土与钢组合的翼缘宽度为全部 b（根据腹板的间距 $<6t_2$，$t_2/h_0 \geqslant 0.28$，查《混凝土结构设计规范》GB 50010－2010表5.2.4和《钢结构设计规范》GB 50017－2003的第11.1.2条得出）、腹板宽度为0的I形构件。此点已为国内外试验、国外评估和鉴定以及已建工程所确认。

3D板混凝土构件常用截面的截面常数见附录A表A.1.2～表A.1.4，其中 I 不计钢丝的存在。

6.1.5 第1款、第2款同《混凝土结构设计规范》GB 50010－2010第6.2.1条之第1款、第2款规定。

第3款：《混凝土结构设计规范》GB 50010－2010（6.2.1-2）式规定 $\varepsilon_0 < \varepsilon_c \leqslant \varepsilon_{cu}$ 时应力仍为 f_c，但试验证明：对3D板混凝土构件这样较薄的混凝土翼缘、$\varepsilon_c > \varepsilon_0$ 时应力小于 f_c。为安全计，取 $\varepsilon_{cmax} \leqslant \varepsilon_0$。

由于低配筋率的3D板混凝土构件属拉力控制；即钢筋拉应力 σ_s 达到 f_y 时（$\varepsilon_s = f_y/E_s$），ε_{cmax} 还远未达到 ε_0，故不能将 ε_{cmax} 固定为 ε_0。

第 4 款同《混凝土结构设计规范》GB 50010－2010 第 6.2.1 条第 4 款规定。

6.1.6 横向的纵截面为上下两片钢筋混凝土板，仅起将荷载传到单向设置的腹板（斜插丝组成的抗剪钢筋骨架）或另加于聚苯板缝间的小梁的作用，故 3D 板混凝土的楼板（屋面板）应能按单向板考虑。

由于受压侧的网片位于中和轴附近，其应力甚小，故按单筋截面计算。

6.1.7 简化的等效矩形应力图的面积（$\alpha_1 f_c x$，即合力）和合力作用点（$x/2$）需与受压区混凝土的应力图形的面积和合力点（均可由积分得出）一致。系数 β_1、α_1 取决于 ε_{cmax} 的大小和应力图形内全部受压区混凝土，故 β_1、α_1 不是固定的，应根据实际 ε_{cmax} 确定。

6.1.8 由于作为腹板的钢筋骨架（镀锌的斜插丝）不进入圈梁，其抗剪作用转移到斜插丝终点处由“代替”网片的钢筋和混凝土翼缘组成的钢筋混凝土板，故需分别按下列两截面验算：

作为腹板的镀锌的斜插丝——由于斜插丝穿过聚苯板部分不是埋在混凝土中（这就是需镀锌防锈的原因），不能按钢筋混凝土中的弯起钢筋计算受剪承载力，故应该按钢杆用《钢结构设计规范》GB 50017－2003 验算。

斜插丝终点相接由“代替”网片的钢筋和混凝土翼缘组成的钢筋混凝土板和“代替”网片的钢筋——按《混凝土结构设计规范》GB 50010－2010 第 6.3.3 条钢筋混凝土板的最大 $V=0.7\times1.1\times b\times20=15.4$kN/m。如用本规程第 4.2 节“代替钢筋”为 ϕ8@200（$A_s=252\text{mm}^2/\text{m}$），根据《钢结构设计规范》GB 50017－2003，HPB235 钢的剪应力设计值为 125N/mm²（我们用 HPB300 更高），得出的受剪承载力为 $125\times252=31.5$kN/m，较由钢筋骨架算者为大，故可仅验算情况 1。

6.1.9 根据 3D 板混凝土的环境类别为“一类环境”按《混凝土结构设计规范》GB 50010－2010 第 3.5.2 条、裂缝控制等级为“三级”按《混凝土结构设计规范》GB 50010－2010 第 3.4.4 条；按《混凝土结构设计规范》GB 50010－2010 第 3.4.5 条规定最大裂缝宽度限值一般取 0.3mm，而对处于年平均相对湿度小于 60%地区按《混凝土结构设计规范》GB 50010－2010 表 3.4.5 注 1 最大裂缝宽度限值可取 0.4mm。小梁或突出板底的肋与普通钢筋混凝土同；3D 楼板（屋面板）由于钢筋细、保护层薄，故采取较严要求。

6.1.10 最大挠度限值根据《混凝土结构设计规范》GB 50010－2010 第 3.4.3 条，但计算跨度“l_0”改用“l”表示，以免与墙体计算高度“l_0”混淆，由于本规程涉及的 l 范围均<7m 故仅取 $l/200$ 一项。

6.1.11 由于偏心受压构件的配筋甚少、节点构造和静力计算均与砌体结构的节点构造和静力计算相似，故将其合力作用点控制在构件截面之内。翼缘仅占混凝土受压区的一部分，故不能用简化的等效矩形应力图系数 β_1、α_1 的方法，需根据翼缘受压混凝土所处的实际应变值范围所确定的应力进行计算。

6.1.12 由于 3D 板混凝土墙板一般为双面对称配筋且自重较轻，在水平力（如风力）作用下的非承重墙按受弯构件计算较按平面外大偏心受压构件计算安全。

6.1.13 按照本构件的特性并结合《建筑抗震设计规范》GB 50011－2010 第 7.3.3 条和第 7.3.4 条定出。

6.1.14 由于 3D 板混凝土构件的房屋的构造与砌体结构的构造相似，抗震设计亦与砌体结构相似，按《建筑抗震设计规范》GB 50011－2010 进行。但砌体结构在抗震构造上要求的“圈梁”已经存在，而“钢筋混凝土构造柱”，因 3D 墙板本身已是钢筋混凝土而不需再加。

6.2 3D 楼板（屋面板）计算

6.2.2 3D 楼板（屋面板）受剪承载力计算的规定是根据下列原则确定的：

1 3D 楼板（屋面板）计算的剪力取支座内边为准。

2 根据本规程第 6.1.8 条，仅需考虑 I 形截面内的一侧。按《混凝土结构设计规范》GB 50010－2010 第 6.3 节的规定，仅考虑腹板作为受剪截面。其受剪承载力应符合本规程（6.2.2）式。

3 上下两片钢筋混凝土翼缘仅起将荷载横向传递到钢筋骨架或另加在聚苯板缝间的小梁的作用。以 50mm 厚钢筋混凝土上翼缘为例，根据《混凝土结构设计规范》GB 50010－2010 第 6.3.3 条横向的受剪承载力为 25.4kN/m，完全可以承担上述传递作用。

4 考虑到网片与斜插丝焊接节点强度的削弱（网片较斜插丝细）及杆件中心线交点偏离等因素，根据表 1 分析，将斜插丝的强度设计值乘以折减系数 0.55。

表 1 折减系数分析

网片/斜插丝	网片截面积/斜插丝截面积	焊接节点破坏试验的最大拉力/f_{stk}		结 论
		国外 $f_{stk}=500\text{N/mm}^2$	国内 $f_{stk}=550\text{N/mm}^2$	取折减系数为 0.55，即 $f_y=176\text{N/mm}^2$
ϕ3.0/ϕ3.8	0.623	0.541～0.713	0.749～0.811	
ϕ2.2/ϕ3.0	0.538	—	0.718～0.767	

5 受压腹杆按两端部分固定（即约束）于混凝土的情况考虑稳定系数 φ：

1）确定其计算长度：“自由（无支撑）长度”（即混凝土起部分固定作用的合力作用点间的距离）取 1.05×“斜插丝位于混凝土间的净空长度”，计算长度系数 μ 按两端部分固定（即约束）取 0.7，由此确定的计算长度为 0.735×“斜插丝位于混凝土间的净空长度”。

2）根据长细比按本规程附录 C 表 C.0.2（摘自《钢结构设计规范》GB 50017－2003 附录表 C-1）确定稳定系数 φ。

6　综合以上几个方面，钢筋骨架用单一的折减系数 υ 建立抗剪强度公式（6.2.2）。式中 υ 取值规定：当稳定系数 $\varphi>0.55$ 时，υ 取 0.55（即此时为受拉腹杆和焊接节点控制），否则取 $\upsilon=\varphi$（即此时为受压腹杆控制）。

6.2.3～6.2.5　正截面受弯承载力计算

1　β_1、α_1 的确定

由于配筋率较低的 3D 板混凝土受弯构件计算中规定 $\varepsilon_{cmax}\leqslant\varepsilon_0$（见本规程第 6.1.5 条）而非固定为 $\varepsilon_{cmax}=\varepsilon_0$（$=0.002$），故不能用固定的 β_1、α_1（见本规程第 6.1.7 条）。当钢筋拉应力 σ_s 达到 f_y 时（即 $\varepsilon_s=f_y/E_s$），ε_{cmax} 远未达到 ε_0。本规程根据不同配筋率用 ε_{cmax}（由 0.0003～0.002）与 ε_s（由 0.00162～0.0048）同步增加算出的 $\Sigma(A_s f_s)/(bf_c h_0)$ 和其相应的 β_1、α_1，编成附录 C 的表 C.0.1，以便直接查用。

2　对 x_n 有较严的要求

由于低配筋率的 3D 板混凝土构件属拉力控制，一般情况下 ε_{cmax} 达不到 ε_0。当纵向加配普通钢筋或聚苯板间设置钢筋混凝土小梁时，为限制过高配筋率并保证构件属“韧性破坏”，破坏前有较大变形和裂缝等预兆，规定 ε_{cmax} 达到 ε_0 时 ε_s 不得小于 0.004（国外规范规定 ε_{cmax} 达到 ε_{cu} 时，ε_s 不得小于 0.005）；得 x_n/h_0 上限为 $\varepsilon_0/(\varepsilon_0+\varepsilon_s)=0.002/(0.002+0.004)=0.333$。

使用“简化的等效矩形应力图”（见本规程第 6.1.7 条）需保证受压区全部在混凝土翼缘内即中和轴位于混凝土翼缘内，故同时规定 $x_n\leqslant t_2$。

不同的 ε_{cmax} 有其相应 x_n/h_0 的下限（表 2），此时 ε_s 为《混凝土结构设计规范》GB 50010－2010 第 6.2.1 条规定的最大值 0.01。

x_n/h_0 的下限可由下式求得：

$$x_n/(h_0-x_n)=\varepsilon_c/\varepsilon_s \tag{1}$$

$$x_n/h_0=\varepsilon_c/(\varepsilon_c+\varepsilon_s) \tag{2}$$

$$x_n/h_0=\varepsilon_c/(\varepsilon_c+0.01) \tag{3}$$

表 2　x_n/h_0 下限时的 β_1 和 α_1

	ε_{cmax}	x_n/h_0 下限 （此时 $\varepsilon_s=0.01$）	x_n/h_0 下限时 $A_s f_y/$ $(bf_c h_0)$	β_1	α_1
普通钢筋混凝土	0.0033	0.24812	0.19800	0.8236 *	0.9689 *
3D 钢筋混凝土	0.0020	0.16667	0.11111	0.7500	0.8889

注：*《混凝土结构设计规范》GB 50010－2010 第 6.2.6 条的条文说明中规定“为简化计算，取 $\alpha_1=1.0$，$\beta_1=0.8$”。

以 3D 板混凝土的受弯构件为例（表 3）来说明本规程的重要规定，即在低配筋率的情况下不能按固定的 β_1、α_1 计算：

混凝土：C20，截面 $t_2+t_0+t_1=50+100+40$，$b=100$

钢筋：$f_y=320\text{N/mm}^2$、$\phi3@50$、$A_s=141.5\text{mm}^2$

表 3　不同 β_1 和 α_1 计算结果的对比

计算方法	按 $\varepsilon_{cmax}=0.0020$ 固定 β_1 和 α_1 计算	按实际的 ε_{cmax} 的 β_1 和 α_1 计算
$A_s f_y/$ $(bf_c h_0)$	141.5×320/(1000×9.6×170) =0.02775 <0.11111(见表 2)很多	141.5×320/(1000×9.6×170) =0.02775 查附录 C 表 C.0.1 得 ε_c =0.00035
β_1、α_1 x(mm) x_n(mm)	141.5×320/(1000×9.6×0.88889) =5.3 5.3/0.75=7.1<下限 28.3 (=0.16667×170)很多	$\beta_1=0.6772$，$\alpha_1=0.2434$ 141.5×320/(1000×9.6×0.2434) =19.38 19.38/0.6772=28.6
ε_s M(kN·m)	0.002×(170−7.1)/7.1 =0.0459>0.01 141.5×0.32×(0.17−0.0053/2) =7.58	0.00035×141.4/28.6=0.00173 141.5×0.32×(0.17− 0.01938/2)=7.26

由表 3：可见在低配筋率的情况下，按固定的 β_1、α_1 算出的结果对 M 影响不大（略偏于不安全，最大误差为 4%～5%）；而对 x_n/h_0 影响较大，由 $x/\beta_1 h_0$ 得出的 x_n/h_0（小于下限）将低于实际很多（可不足实际的 20%），使 ε_s 大于 0.01 而不符合《混凝土结构设计规范》GB 50010－2010 第 6.2.1 条第 4 款的规定，尤其对 T 形截面，可能会掩盖中和轴已处于 T 形截面的受压翼缘外的实际情况。

6.2.6　按荷载准永久组合并考虑长期作用影响的效应验算最大裂缝宽度是按《混凝土结构设计规范》GB 50010－2010 第 7.1 节的有关规定执行，但对公式作了以下变动：

1　（6.2.6-1）式按《混凝土结构设计规范》GB 50010－2010（7.1.2-1）式，“c_s”改为“a_1”以免混淆；根据验证试验的结果，系数 α_{cr} 按《混凝土结构设计规范》GB 50010－2002 取 2.1 较为合适，故不按《混凝土结构设计规范》GB 50010－2010 的 1.9；

2　（6.2.6-2）式按《混凝土结构设计规范》GB 50010－2010（7.1.4-3）式，根据 x 小的特点“0.87”改为“0.9”；

3　（6.2.6-5）式按《混凝土结构设计规范》GB 50010－2010（7.1.2-4）式，用“bt_1”直接代“A_{te}”。

为简化计算，在聚苯板缝间另加小梁时，A_{te} 仍用“bt_1”；用不同 E_s 的钢筋时统一用较低的 E_s 值，偏于安全。

由于 3D 楼板（屋面板）所用钢筋（丝）较细（在网片外加配普通钢筋时亦以用较细钢筋为宜），一般情况下均能满足最大裂缝宽度限值的要求。

6.2.7　按荷载准永久组合并考虑长期作用影响效应的挠度验算是按《混凝土结构设计规范》GB 50010－

2010 第 7.2 节的有关规定执行，但对公式作了下列精简：

1 （6.2.7-1）式按《混凝土结构设计规范》GB 50010－2010（7.2.2-2）式：因是单筋截面按《混凝土结构设计规范》GB 50010－2010 第 7.2.5 条之 1 得 $\theta=2$，以“2”直接代式中的“θ”；

2 （6.2.7-2）式按《混凝土结构设计规范》GB 50010－2010（7.2.3-1）式：将分母末项化简如下：

$$6\alpha_E\rho/(1+3.5\gamma_f')=(6E_sA_s/E_c)/[bh_0+3.5(b_f'-b)h_f']$$

因《混凝土结构设计规范》GB 50010－2010 的 b、b_f'、h_f'分别为本规程中的 0、b、t_2，故得分母末项为 $6E_sA_s/(3.5E_cbt_2)$。

为简化计算，在聚苯板缝间另加小梁时，“$bh_0+3.5(b_f'-b)h_f'$”仍用“$3.5bt_2$”，用不同 E_s 的钢筋时统一用较低的 E_s 值，偏于安全。

6.3 3D 墙板计算

6.3.1 计算高度 H 的取值系按照《砌体结构设计规范》GB 50003－2001 第 5.1.3 条和《混凝土结构设计规范》GB 50010－2010 表 6.2.20-2 注。

l_0 的取值在本规程统一规定 $l_0=H$，为《混凝土结构设计规范》GB 50010－2010 表 6.2.20-2 底层柱和《砌体结构设计规范》GB 50003－2001 表 5.1.3 刚性方案的表中最小值。

6.3.2 长细比的取值：《混凝土结构设计规范》GB 50010－2010 和《砌体结构设计规范》GB 50003－2001 用 l_0/h（按实心截面，$i=0.2887h$），而本规程统一用 l_0/i（按实际截面，$i=0.353h\sim0.392h$），参考国外资料本规程规定控制 $l_0/i\leqslant70$，相当于 $l_0/h\leqslant24.7\sim27.7$。与《混凝土结构设计规范》GB 50010－2010 第 9.4.1 条的 25 和《砌体结构设计规范》GB 50003－2001 表 6.1.1 砂浆强度等级为 M7.5 的 26 相当。

《砌体结构设计规范》GB 50003－2001 第 6.1.3 条规定非承重墙长细比限值可乘以 1.2（$h=240$）～1.5（$h=90$），本规程统一规定非承重墙长细比控制 $l_0/i\leqslant100$（相当于 70 乘以 1.43）；有水平荷载作用者，并用承载力计算控制。

6.3.3 承重墙真正的轴心受压在实际情况中是不存在的，这是因为工程中实际存在着荷载作用位置的不定性、混凝土质量的不均匀性及施工偏差等因素都可能产生附加偏心距 e_a。因此在轴心受压和偏心受压承载力计算中均应考虑附加偏心距 e_a 的存在。《混凝土结构设计规范》GB 50010－2010 第 6.2.5 规定的“$h/30$”对于墙体总是小于 20，故按改用“$h/8$”，与国外经验同。

e_0 取自《砌体结构设计规范》GB 50003－2001 第 4.2.5 条之 3。偏心受压的 e_i 最小可为约 25，用 e_i 不应小于 30，同国外经验。

6.3.4 根据《混凝土结构设计规范》GB 50010－2010 第 6.2.4 条作下列处理：

1 偏心距综合增大系数 η 是 $C_m\eta_{ns}$ 的合成。因 $M_1=0$，$C_m=0.7$，可直接放入公式。

2 为便于使用，统一用 l_0/i，l_0 为《混凝土结构设计规范》GB 50010－2010 中的 l_c：i/h 范围为 0.353～0.392，取用 $i/h=0.392$，则 $(l_0/i)^2/1300=(l_0/h)^2/8460$，取整数 8400，偏安全。

6.3.5 平面外偏心受压正截面承载力计算

3D 墙板在偏心受压正截面承载力验算中中和轴的受压区侧不是全部有混凝土，翼缘内混凝土应力情况见表 4、表 5。

表 4 t_2 翼缘内混凝土应力情况

情况	中和轴高度 x_n 与 t_2 的关系	t_2 翼缘内混凝土应力情况
1	$x_n\leqslant t_2$	中和轴受压区侧全部有混凝土，故应力情况同矩形截面
2	$x_n>t_2$	中和轴到 t_2 翼缘边间无混凝土，混凝土应力应视其截取的应变范围确定

表 5 t_1 翼缘内混凝土应力情况

情况	中和轴高度 x_n 与 $(h-t_1)$ 的关系	t_1 翼缘内混凝土应力情况
1	$x_n\leqslant(h-t_1)$	处于中和轴受拉区侧，混凝土拉应力不计
2	$x_n>(h-t_1)$	受压部分的混凝土应力应视其截取的应变范围确定

根据截面两翼缘全部受压和仅一翼缘受压两种不同的情况，算出不同 x_n 时的 σ_c、σ_s 和 σ_s'，按表 6 的结论建立公式。限制 $e\leqslant h_0$。

表 6 计算公式的分析

截面受压情况	t_1、t_2 全部受压		仅 t_2 受压	
e 变化范围	$(t_0/2+20)\rightarrow(h_0-t_2/2)$		$(h_0-t_2/2)\rightarrow h_0$	
x_n 变化范围	$\infty\rightarrow h_0$		$h_0\rightarrow0.555h_0$	
位置	t_1	t_2	t_1	t_2
垂直荷载（受压为正）［变化范围］	$N(h_0-t_2/2-e)/(h_0-t_2/2)$ $[N/2\rightarrow0]$	$Ne/(h_0-t_2/2)$ $[N/2\rightarrow N]$	$-N(e-h_0+t_2/2)/(h_0-t_2/2)$ $[0\rightarrow-Nt_2/(2h_0-t_2)]$	$Ne/(h_0-t_2/2)$ $[N\rightarrow Nh_0/(h_0-t_2/2)]$
平均 σ_c 变化范围	$f_c\rightarrow0$	$f_c\rightarrow0.96f_c$（最不利）	0（拉应力不计）	$0.92f\rightarrow0.867f_c$（最不利）
σ_s、σ_s'	$f_y'\rightarrow0$	f_y'	$0\rightarrow f_y$	$f_y'\rightarrow0.928f_y'$（最不利）
随着 e 增加和 x_n 减少，各参数间的变化情况	垂直荷载减少 σ_c 减少 σ_s' 减少	垂直荷载增加 σ_c 减少 σ_s' 不变	垂直荷载（拉力）增加 σ_c（拉应力不计） σ_s 增加（$\leqslant f_y$）	垂直荷载增加 σ_c 减少 σ_s' 减少
结论	只需按（6.3.5-3）式验算 t_2 内强度。t_2 合力点取在 A_s' 中心，偏于安全		按（6.3.5-4）式验算 t_1 内 A_s 的 σ_s。按（6.3.5-5）式验算 t_2 内 σ_c 和 σ_s'。t_2 合力点取 A_s' 中心处，应力折减系数取最小值，中间值用直线插入，偏于安全	

6.3.6 因自重轻，受水平力（风力）作用下的非承重墙的承载力按受弯构件验算较按大偏心受压验算安全。

6.3.7 根据《建筑抗震设计规范》GB 50011－2010（6.2.9-2）式和（F.2.3-2）式结合本构件的特性简化得出本规程（6.3.7）公式。

7 施　工

7.1 一 般 规 定

7.1.1 3D板混凝土构件工程，专业性较强，与传统施工工艺有较大差异，尤其是3D板的排列、拼装、细石混凝土的喷射等，因此提出了加强施工现场管理的规定。

7.1.2 为保证3D板混凝土构件质量，防止混凝土开裂，水灰比和水泥用量是关键。水泥用量大不仅浪费、增加造价，而且使混凝土收缩加大，因此规定了每立方米混凝土的水泥用量。

7.1.3 为了保证3D板的整体性，加强薄弱部位，故在3D板拼接处和关键部位增设了钢丝网片或钢筋，要求与3D板钢丝网片有可靠的连接。

7.1.4 在3D板构件安装后，喷射混凝土面层前应仔细检查各种设备管线、开关插座以及各种预埋件是否均已到位，确认无误后再进行下道工序，以免事后开凿，影响构件质量。

7.1.5 面层喷射混凝土施工应符合设计要求和有关施工规范规程要求，喷浆前清除聚苯板表面及钢丝网污物，以使混凝土与聚苯板有较好的结合。面层混凝土厚度是结构受力的关键尺寸，应采用有效的方法进行控制，如在聚苯板上钉钉，钉露出的长度即为混凝土面层的厚度等。

7.1.7 混凝土面层易开裂，故面层应有足够的养护时间，在夏天高温或干燥季节更应加强养护，必要时应加铺塑料膜保水养护。平均气温低于5℃时，浇水会降低混凝土表面温度，不利于强度增长，而且随着气温进一步下降，还会使混凝土产生冻害，故在此气温下时应采用塑料布覆盖，或蒸汽养护等保温保湿措施。

7.1.8 由于我国幅员辽阔，气候条件差异很大，因此对于冬期和雨期施工，应结合各地的实际情况和施工经验制定季节性施工方案。

7.1.9 同条件试块用于确定混凝土的实际强度，由于聚苯板钢丝网架两侧包裹的混凝土层为50mm左右，钻芯取样及回弹这两种混凝土实体强度检测方法都不适用，故同条件试块是确定现场实体混凝土强度的较好办法，同时也符合《混凝土结构工程施工质量验收规范》GB 50204的规定。

7.1.10 基本施工工序

在3D板安装之前，基础部分包括插筋已施工完成，安装墙板之前，找平基面后进行放线，放线位置可以墙板外墙面或内墙面为控制线，视施工方便而定；

竖墙板应按本规程第7.4.1条的规定，从墙体转角处开始，使墙板形成一定的空间刚度，减少临时支撑；

墙板安装完成，应检查墙面的平整度和垂直度及校平钢筋；

楼板支撑系统的安全可靠包括支撑基础的坚固，不会发生下沉，支撑自身的稳固等；

楼板准备主要是指根据设计要求，加板底受力钢筋，受力钢筋与3D板网片的固定等。

7.2 施 工 准 备

7.2.1 3D板是一种工厂预制构件，在现场进行装配整体施工，需要必备的施工设备，如混凝土喷射泵等。基础工程和传统的基础工程一样在上部结构施工前就应完成，因此在正式安装施工前，对基础的工程质量如基础轴线位置偏差、基础强度、表面平整度、基础中预留插筋等给予确认和修正；同时现场要留出足够场地堆放3D板，并应有一定符合堆放要求的防护设施。因此，根据现场情况做好施工组织和进度计划是必要的，以使工程有条不紊地进行。

7.2.2、7.2.3 本条提出了3D板堆放场地的要求。3D板受潮后易改变性能，影响质量，因此提出了加做防雨遮盖的规定。3D板又是耐火等级较低的材料，有些火灾往往在施工现场发生，因此提出了应符合现行国家标准《建设工程施工现场消防安全技术规范》GB 50720的要求，包括远离火源、设置灭火器材以及不得在现场电焊等防火措施。

7.2.4 排板是施工准备的重要工作。3D板有其基本规格，而实际工程的高度、长度和转角形式以及门窗、管线位置等要求都是不尽相同的。通过排板可使板的生产规格和现场要求尽可能统一起来。减少拼接缝和非常用规格板，减少损耗浪费。

7.2.5 根据排板图对3D板进行切割成型，各构件进行编号，分别堆放，以便安装时对号入座。

7.2.6 对施工机具进行调试和检查，便于施工顺利进行。

7.3 混凝土层施工

7.3.1 混凝土面层的施工质量，是3D板结构安全的可靠保证。喷射混凝土施工，混凝土较密实，可以大大减少起鼓脱壳现象。鉴于国内混凝土喷射应用经验不多，故提出在保证质量情况下允许采用手工抹灰，但为保证混凝土密实度及与聚苯板的良好粘结，故强调墙板与楼板（屋面板）的底面的第一层混凝土施工采用喷射混凝土工艺，第二层可采用手工抹灰工艺，以确保其质量。

7.3.2 干喷是干物料用压缩空气通过软管喷出，并在喷嘴处与水混合，其优点是管道不易堵塞，其缺点是物料在喷射过程中回弹量较大，约15%～40%，而且不能回收再利用；操作时粉尘较大；面层粗糙，后处理工作量较大；水灰比不易控制；干物料保存要求高；压缩泵价格较高，故施工措施若不能有效控制水灰比则不得采用干喷法施工。

湿喷是比较成熟的施工工艺，其优点是回弹量少，约10%左右，可以回收重新拌合后再用；面层后处理工作量小；水灰比容易控制；压缩机价格较低，其缺点是对混凝土的可泵性要求较高。

7.4 3D墙板施工

7.4.1 墙板安装从墙角处开始，可使安装一开始就处在有刚度状态；复核墙板与基础联系的预留插筋其规格、位置数量等是否符合要求，主要是确保墙体与基础的可靠连接。

拼接处采用校平钢筋可提高拼接缝钢丝网片两侧的平整度。

7.4.2 3D板拼接处、门窗开口处等都是节点薄弱环节，采用不同附加网可加强整体性。

7.4.3 凡安装管线或其他原因剪断钢丝网片处，用附加平网进行加固，是保证墙体质量的措施。

7.4.4 高度大于3.0m的3D板墙，为防止喷射混凝土时墙面刚度不足，影响混凝土质量，故在喷射混凝土施工时，对墙体加设临时支撑。

7.4.5、7.4.6 为保证混凝土面层质量，面层厚度应分层分次到位。当墙面一侧喷浆完成后，应养护一段时间，使混凝土达到一定强度，然后再喷另一侧的混凝土，这样，可避免后道喷射产生的压力对已喷射一侧混凝土面层的影响。

7.5 3D楼板（屋面板）施工

7.5.1～7.5.6 本节对楼板（屋面板）施工中影响质量的几个环节进行了规定：一是楼板的支撑系统应通过设计计算确定，例如采取措施避免支撑立柱基底不均匀下沉，侧向失稳等，因为没有混凝土面层的3D板是不能承受荷重的；二是3D板钢丝网片与受力钢筋、支座钢筋等绑扎牢固，通过混凝土的浇筑形成整体；三是楼板（屋面板）支撑的拆除方法主要根据混凝土达到的强度逐渐拆除。

8 质 量 验 收

8.1 一 般 规 定

8.1.1 本条明确了3D板混凝土构件分项工程的质量验收，包括工程验收的划分、要求、程序和组织等均应符合现行国家标准《建筑工程施工质量验收统一标准》GB 50300的规定。

8.1.2 因3D板混凝土构件为主体结构中的一种新型构件，《建筑工程施工质量验收统一标准》GB 50300附录B.0.1中未包括，故将3D板混凝土构件也列为分项工程。

8.1.3 3D板结构工程中钢筋、混凝土、现浇结构等分项工程的施工质量验收在现行国家标准《混凝土结构工程施工质量验收规范》GB 50204中已有相关的规定，因此，钢筋混凝土现浇结构等分项工程的施工质量验收应按该规范执行。

8.1.4 分项工程可由一个或多个检验批组成。当单位工程体量较小时，如每层建筑面积小于200m^{2}可按楼层划分为若干检验批；单位工程体量大时，可按结构缝或施工段划分为若干检验批。

8.1.6 本条明确了3D板混凝土构件各分项工程验收时应检查的文件和记录，是根据现行国家标准《建筑工程施工质量验收统一标准》GB 50300的相关规定提出的。这些文件、资料和记录，反映了工程施工全过程的质量控制，是评价工程质量的重要依据。

8.1.7 本条明确了3D板混凝土构件分项工程隐蔽工程的验收内容，这些内容直接关系到工程质量。

8.1.8 按国家标准有关规定，提出了验收合格的标准要求。

8.1.9 为规范检验批质量验收工作，统一了3D板混凝土构件工程的检验批质量验收记录表的内容和格式。

8.2 3D板混凝土构件分项工程

主 控 项 目

8.2.1 3D板是3D板混凝土构件的主要产品，除了提供出厂的规定资料外，对进入现场的3D板还应包括聚苯板、钢丝网片、斜插丝等材料的进场复试报告。

8.2.2 钢丝网片经丝、纬丝的焊接以及经丝与斜插丝的焊接是组成钢丝网架的重要工艺，直接影响构件的承载力，因此应按规定全数检查其漏丝、漏焊、脱焊以及过烧等现象。

8.2.3 规定了聚苯板出厂时板侧应有的标志。

8.2.4 规定了3D板表面喷射混凝土的强度等级、检查方法和数量。混凝土强度等级应检查其在施工过程中留置标养和同条件养护试块的试验报告。

8.2.5、8.2.6 对3D板混凝土构件常用连接件：平网、U形网、角网、L形连接件验收的规定。

8.2.7 对3D墙板与3D楼板（屋面板）之间或与其他构件之间的连接用插筋、校平钢筋、连接钢筋、受力钢筋等验收的规定。

一 般 项 目

8.2.8、**8.2.9** 3D墙板安装轴线位置及垂直平整度的允许偏差将影响3D墙板的位置正确和垂直平整度，是一项重要的检查项目。本条规定了检查内容、要求和方法、数量。

8.2.10 本条提出了3D墙板表面喷射的混凝土允许偏差。由于构件表面混凝土厚度较小，因此混凝土的总厚度为+5（mm），实际上不允许有负偏差。

8.2.11 3D墙板尺寸允许偏差会影响房屋的安全和美观，因此检查内容包括轴线位置、垂直度（每层及全高）、表面平整度、预埋件位置、门窗洞口位置和宽高等，都应逐项按规定数量检查。

附录A 3D板混凝土构件常用规格和增加构件承载力的方法

A.1 3D板混凝土构件常用规格

A.1.1 将3D板截面和钢丝数据以及构件常用规格列表便于设计时使用。

A.1.2～A.1.4 中仅选择若干常用的3D板混凝土构件列出截面常数和强度，备设计和校对时参考之用。

A.2 增加构件承载力的方法

A.2.1 列出增加构件承载力可采取的措施和有效的范围。

A.2.2 对在聚苯板的槽内和在网片外侧两种不同位置加配普通钢筋的方法进行比较并给出结论（适用范围）。

附录B 过梁和组合过梁

B.0.1、**B.0.2** 按国家标准《混凝土结构设计规范》GB 50010－2010附录G和国外经验将过梁分成普通受弯构件和深受弯构件。为避免同一符号代表不同内容，将l_0、h和h_0分别改为l_1、h_1和h_{10}。

B.0.3 正截面受弯承载力计算

按国家标准《混凝土结构设计规范》GB 50010－2010附录G.0.2条并参考国外经验，根据3D板混凝土构件具体情况作了下列简化：

1 因圈梁内有受压钢筋，$x<0.2h_{10}$，故取$x=0.2h_{10}$。

2 取底部$0.2h_1$范围内的水平钢筋作为A_s，故$a_s=0.1h_1$。

B.0.4 斜截面受剪承载力计算

1 按国家标准《混凝土结构设计规范》GB 50010－2010附录G.0.3条。

2 按国家标准《混凝土结构设计规范》GB 50010－2010附录G.0.5条。符合本条的条件时可不再进行国家标准《混凝土结构设计规范》GB 50010－2010附录G.0.4条的斜截面受剪承载力计算。钢筋配置已符合国家标准《混凝土结构设计规范》GB 50010－2010附录G.0.10条和G.0.12条的规定。

3 按国家标准《混凝土结构设计规范》GB 50010－2010附录G.0.4条，作了简化。

附录C 结构设计计算用表

C.0.1 表C.0.1专为由$\Sigma(A_s f_y)/(bf_c h_0)$直接查出$\beta_1$、$\alpha_1$而编制。有15列4行：15列分别由$\varepsilon_c=0.002\sim0.001$（其相应的$\varepsilon_s=0.0048\sim0.0024$）和$\varepsilon_c=0.00085\sim0.0003$（其相应的$\varepsilon_s=0.00205\sim0.00162$）组成，钢筋拉应力$\sigma_s$均达到$f_y$；4行由$\varepsilon_c$、$\Sigma A_s f_y/(bf_c h_0)$、$\beta_1$、$\alpha_1$组成。

C.0.2 表C.0.2稳定系数φ是取自国家标准《钢结构设计规范》GB 50017－2003附录C表C-1中的一部分，并用统一后的f_{stk}，以免混淆并便于设计时使用。

C.0.3 表C.0.3和表C.0.4分别对常用3D楼板、屋面板截面验算抗剪强度所需的数据和验算裂缝所需数据列表，便于设计时使用。

附录D 抗震计算要点

D.0.1 按国家标准《建筑抗震设计规范》GB 50011－2010的第7.2.1条、第5.2.1条、第5.1.4条、第5.1.3条，但根据3D板混凝土构件的特点作了简化，并将“α_1”改为“α_E”以免混淆。

D.0.2 按国家标准《建筑抗震设计规范》GB 50011－2010的第7.2.2条。

D.0.3 按国家标准《建筑抗震设计规范》GB 50011－2010的第7.2.3条，根据3D板混凝土构件的特点作了简化。

中华人民共和国行业标准

高强混凝土应用技术规程

Technical specification for application of high strength concrete

JGJ/T 281—2012

批准部门：中华人民共和国住房和城乡建设部
施行日期：2 0 1 2 年 1 1 月 1 日

中华人民共和国住房和城乡建设部
公　告

第 1366 号

关于发布行业标准《高强混凝土应用技术规程》的公告

现批准《高强混凝土应用技术规程》为行业标准，编号为 JGJ/T 281－2012，自 2012 年 11 月 1 日起实施。

本规程由我部标准定额研究所组织中国建筑工业出版社出版发行。

中华人民共和国住房和城乡建设部

2012 年 5 月 3 日

前　言

根据住房和城乡建设部《关于印发〈2010 年工程建设标准规范制订、修订计划〉的通知》（建标［2010］43 号）的要求，编制组经广泛调查研究，认真总结实践经验，参考有关国际标准和国外先进标准，并在广泛征求意见的基础上，编制本规程。

本规程的主要技术内容是：1. 总则；2. 术语和符号；3. 基本规定；4. 原材料；5. 混凝土性能；6. 配合比；7. 施工；8. 质量检验。

本规程由住房和城乡建设部负责管理，由中国建筑科学研究院负责具体技术内容的解释。执行过程中如有意见或建议，请寄送至中国建筑科学研究院（地址：北京市北三环东路 30 号；邮政编码：100013）。

本规程主编单位：中国建筑科学研究院
浙江大东吴集团建设有限公司

本规程参编单位：四川华蓥建工集团有限公司
上海建工（集团）总公司
甘肃三远硅材料有限公司
东莞市万科建筑技术研究有限公司
江苏博特新材料有限公司
深圳市安托山混凝土有限公司
合肥天柱包河特种混凝土有限公司
上海市建筑科学研究院（集团）有限公司
中建商品混凝土有限公司
辽宁省建设科学研究院
北京东方建宇混凝土科学技术研究院有限公司
上海建工材料工程有限公司
广东三和管桩有限公司
青岛一建集团有限公司
云南建工混凝土有限公司
中国建筑第八工程局有限公司
贵州中建建筑科研设计院有限公司
陕西建工集团第三建筑工程有限公司
浙江中联建设集团有限公司
山西省建筑科学研究院
青岛理工大学

本规程主要起草人员：冷发光　丁　威　韦庆东
周永祥　姚新良　郭朝友
龚　剑　王洪涛　谭宇昂
刘建忠　高芳胜　沈　骥
俞海勇　王　军　王　元
路来军　吴德龙　魏宜龄
孙从磊　李章建　曹建华
王玉岭　冉志伟　刘军选
王芳芳　赵铁军　王　晶
张　俐　孙　俊　纪宪坤
王永海

本规程主要审查人员：石云兴　郝挺宇　张仁瑜
杜　雷　杨再富　陈文耀
闻德荣　罗保恒　封孝信
李帼英　刘数华

目　次

Contents

1 总 则

1.0.1 为规范高强混凝土应用技术，保证工程质量，做到技术先进、安全可靠、经济合理，制定本规程。

1.0.2 本规程适用于高强混凝土的原材料控制、性能要求、配合比设计、施工和质量检验。

1.0.3 高强混凝土的应用除应符合本规程外，尚应符合国家现行有关标准的规定。

2 术语和符号

2.1 术 语

2.1.1 高强混凝土 high strength concrete

强度等级不低于C60的混凝土。

2.1.2 硅灰 silica fume

在冶炼硅铁合金或工业硅时，通过烟道收集的以无定形二氧化硅为主要成分的粉体材料。

2.2 符 号

$f_{cu,0}$——混凝土配制强度；

$f_{cu,k}$——混凝土立方体抗压强度标准值；

$t_{sf,m}$——两次试验测得的倒置坍落度筒中混凝土拌合物排空时间的平均值；

t_{sf1}，t_{sf2}——两次试验分别测得的倒置坍落度筒中混凝土拌合物排空时间。

3 基 本 规 定

3.0.1 高强混凝土的拌合物性能、力学性能、耐久性能和长期性能应满足设计和施工的要求。

3.0.2 高强混凝土应采用预拌混凝土，其标记应符合现行国家标准《预拌混凝土》GB/T 14902的规定。

3.0.3 强度等级不小于C60的纤维混凝土、补偿收缩混凝土、清水混凝土和大体积混凝土除应符合本规程的规定外，还应分别符合国家现行标准《纤维混凝土应用技术规程》JGJ/T 221、《补偿收缩混凝土应用技术规程》JGJ/T 178、《清水混凝土应用技术规程》JGJ 169和《大体积混凝土施工规范》GB 50496的规定。

3.0.4 当施工难度大的重要工程结构采用高强混凝土时，生产和施工前宜进行实体模拟试验。

3.0.5 对有预防混凝土碱骨料反应设计要求的高强混凝土工程结构，尚应符合现行国家标准《预防混凝土碱骨料反应技术规范》GB/T 50733的规定。

4 原 材 料

4.1 水 泥

4.1.1 配制高强混凝土宜选用硅酸盐水泥或普通硅酸盐水泥。水泥应符合现行国家标准《通用硅酸盐水泥》GB 175的规定。

4.1.2 配制C80及以上强度等级的混凝土时，水泥28d胶砂强度不宜低于50MPa。

4.1.3 对于有预防混凝土碱骨料反应设计要求的高强混凝土工程，宜采用碱含量低于0.6%的水泥。

4.1.4 水泥中氯离子含量不应大于0.03%。

4.1.5 配制高强混凝土不得采用结块的水泥，也不宜采用出厂超过3个月的水泥。

4.1.6 生产高强混凝土时，水泥温度不宜高于60℃。

4.2 矿物掺合料

4.2.1 用于高强混凝土的矿物掺合料可包括粉煤灰、粒化高炉矿渣粉、硅灰、钢渣粉和磷渣粉。粉煤灰应符合现行国家标准《用于水泥和混凝土中的粉煤灰》GB/T 1596的规定，粒化高炉矿渣粉应符合现行国家标准《用于水泥和混凝土中的粒化高炉矿渣粉》GB/T 18046的规定，钢渣粉应符合现行国家标准《用于水泥和混凝土中的钢渣粉》GB/T 20491的规定，磷渣粉应符合现行行业标准《混凝土用粒化电炉磷渣粉》JG/T 317的规定，硅灰应符合现行国家标准《高强高性能混凝土用矿物外加剂》GB/T 18736的规定。

4.2.2 配制高强混凝土宜采用Ⅰ级或Ⅱ级的F类粉煤灰。

4.2.3 配制C80及以上强度等级的高强混凝土掺用粒化高炉矿渣粉时，粒化高炉矿渣粉不宜低于S95级。

4.2.4 当配制C80及以上强度等级的高强混凝土掺用硅灰时，硅灰的SiO_2含量宜大于90%，比表面积不宜小于$15\times10^3 m^2/kg$。

4.2.5 钢渣粉和粒化电炉磷渣粉宜用于强度等级不大于C80的高强混凝土，并应经过试验验证。

4.2.6 矿物掺合料的放射性应符合现行国家标准《建筑材料放射性核素限量》GB 6566的有关规定。

4.3 细 骨 料

4.3.1 细骨料应符合现行行业标准《普通混凝土用砂、石质量及检验方法标准》JGJ 52和《人工砂混凝土应用技术规程》JGJ/T 241的规定；混凝土用海砂应符合现行行业标准《海砂混凝土应用技术规范》JGJ 206的规定。

4.3.2 配制高强混凝土宜采用细度模数为2.6～3.0的Ⅱ区中砂。

4.3.3 砂的含泥量和泥块含量应分别不大于2.0%和0.5%。

4.3.4 当采用人工砂时，石粉亚甲蓝（MB）值应小于1.4，石粉含量不应大于5%，压碎指标值应小于25%。

4.3.5 当采用海砂时，氯离子含量不应大于0.03%，贝壳最大尺寸不应大于4.75mm，贝壳含量不应大于3%。

4.3.6 高强混凝土用砂宜为非碱活性。

4.3.7 高强混凝土不宜采用再生细骨料。

4.4 粗 骨 料

4.4.1 粗骨料应符合现行行业标准《普通混凝土用砂、石质量及检验方法标准》JGJ 52的规定。

4.4.2 岩石抗压强度应比混凝土强度等级标准值高30%。

4.4.3 粗骨料应采用连续级配，最大公称粒径不宜大于25mm。

4.4.4 粗骨料的含泥量不应大于0.5%，泥块含量不应大于0.2%。

4.4.5 粗骨料的针片状颗粒含量不宜大于5%，且不应大于8%。

4.4.6 高强混凝土用粗骨料宜为非碱活性。

4.4.7 高强混凝土不宜采用再生粗骨料。

4.5 外 加 剂

4.5.1 外加剂应符合现行国家标准《混凝土外加剂》GB 8076和《混凝土外加剂应用技术规范》GB 50119的规定。

4.5.2 配制高强混凝土宜采用高性能减水剂；配制C80及以上等级混凝土时，高性能减水剂的减水率不宜小于28%。

4.5.3 外加剂应与水泥和矿物掺合料有良好的适应性，并应经试验验证。

4.5.4 补偿收缩高强混凝土宜采用膨胀剂，膨胀剂及其应用应符合国家现行标准《混凝土膨胀剂》GB 23439和《补偿收缩混凝土应用技术规程》JGJ/T 178的规定。

4.5.5 高强混凝土冬期施工可采用防冻剂，防冻剂应符合现行行业标准《混凝土防冻剂》JC 475的规定。

4.5.6 高强混凝土不应采用受潮结块的粉状外加剂，液态外加剂应储存在密闭容器内，并应防晒和防冻，当有沉淀等异常现象时，应经检验合格后再使用。

4.6 水

4.6.1 高强混凝土拌合用水和养护用水应符合现行行业标准《混凝土用水标准》JGJ 63的规定。

4.6.2 混凝土搅拌与运输设备洗刷水不宜用于高强混凝土。

4.6.3 未经淡化处理的海水不得用于高强混凝土。

5 混凝土性能

5.1 拌合物性能

5.1.1 泵送高强混凝土拌合物的坍落度、扩展度、倒置坍落度筒排空时间和坍落度经时损失宜符合表5.1.1的规定。

表5.1.1 泵送高强混凝土拌合物的坍落度、扩展度、倒置坍落度筒排空时间和坍落度经时损失

项　目	技术要求
坍落度(mm)	≥220
扩展度(mm)	≥500
倒置坍落度筒排空时间(s)	>5且<20
坍落度经时损失(mm/h)	≤10

5.1.2 非泵送高强混凝土拌合物的坍落度宜符合表5.1.2的规定。

表5.1.2 非泵送高强混凝土拌合物的坍落度

项　目	技术要求	
	搅拌罐车运送	翻斗车运送
坍落度(mm)	100～160	50～90

5.1.3 高强混凝土拌合物不应离析和泌水，凝结时间应满足施工要求。

5.1.4 高强混凝土拌合物的坍落度、扩展度和凝结时间的试验方法应符合现行国家标准《普通混凝土拌合物性能试验方法标准》GB/T 50080的规定；坍落度经时损失试验方法应符合现行国家标准《混凝土质量控制标准》GB 50164的规定；倒置坍落度筒排空试验方法应符合本规程附录A的规定。

5.2 力 学 性 能

5.2.1 高强混凝土的强度等级应按立方体抗压强度标准值划分为C60、C65、C70、C75、C80、C85、C90、C95和C100。

5.2.2 高强混凝土力学性能试验方法应符合现行国家标准《普通混凝土力学性能试验方法标准》GB/T 50081的规定。

5.3 长期性能和耐久性能

5.3.1 高强混凝土的抗冻、抗硫酸盐侵蚀、抗氯离子渗透、抗碳化和抗裂等耐久性能等级划分应符合国家现行标准《混凝土质量控制标准》GB 50164 和《混凝土耐久性检验评定标准》JGJ/T 193 的规定。

5.3.2 高强混凝土早期抗裂试验的单位面积的总开裂面积不宜大于 $700mm^2/m^2$。

5.3.3 用于受氯离子侵蚀环境条件的高强混凝土的抗氯离子渗透性能宜满足电通量不大于 1000C 或氯离子迁移系数（D_{RCM}）不大于 $1.5\times10^{-12}m^2/s$ 的要求；用于盐冻环境条件的高强混凝土的抗冻等级不宜小于 F350；用于滨海盐渍土或内陆盐渍土环境条件的高强混凝土的抗硫酸盐等级不宜小于 KS150。

5.3.4 高强混凝土长期性能与耐久性能的试验方法应符合现行国家标准《普通混凝土长期性能和耐久性能试验方法标准》GB/T 50082 的规定。

6 配 合 比

6.0.1 高强混凝土配合比设计应符合现行行业标准《普通混凝土配合比设计规程》JGJ 55 的规定，并应满足设计和施工要求。

6.0.2 高强混凝土配制强度应按下式确定：

$$f_{cu,0}\geqslant 1.15f_{cu,k} \tag{6.0.2}$$

式中：$f_{cu,0}$——混凝土配制强度（MPa）；

$f_{cu,k}$——混凝土立方体抗压强度标准值（MPa）。

6.0.3 高强混凝土配合比应经试验确定，在缺乏试验依据的情况下宜符合下列规定：

1 水胶比、胶凝材料用量和砂率可按表 6.0.3 选取，并应经试配确定；

表 6.0.3 水胶比、胶凝材料用量和砂率

强度等级	水胶比	胶凝材料用量（kg/m^3）	砂率（%）
≥C60，＜C80	0.28～0.34	480～560	35～42
≥C80，＜C100	0.26～0.28	520～580	
C100	0.24～0.26	550～600	

2 外加剂和矿物掺合料的品种、掺量，应通过试配确定；矿物掺合料掺量宜为 25%～40%；硅灰掺量不宜大于 10%。

6.0.4 对于有预防混凝土碱骨料反应设计要求的工程，高强混凝土中最大碱含量不应大于 $3.0kg/m^3$；粉煤灰的碱含量可取实测值的 1/6，粒化高炉矿渣粉和硅灰的碱含量可分别取实测值的 1/2。

6.0.5 配合比试配应采用工程实际使用的原材料，进行混凝土拌合物性能、力学性能和耐久性能试验，试验结果应满足设计和施工的要求。

6.0.6 大体积高强混凝土配合比试配和调整时，宜控制混凝土绝热温升不大于 50℃。

6.0.7 高强混凝土设计配合比应在生产和施工前进行适应性调整，应以调整后的配合比作为施工配合比。

6.0.8 高强混凝土生产过程中，应及时测定粗、细骨料的含水率，并应根据其变化情况及时调整称量。

7 施 工

7.1 一 般 规 定

7.1.1 高强混凝土的施工应符合现行国家标准《混凝土结构工程施工规范》GB 50666 和《混凝土质量控制标准》GB 50164 的有关规定。

7.1.2 生产高强混凝土的搅拌站（楼）应符合现行国家标准《混凝土搅拌站（楼）》GB/T 10171 的规定。

7.1.3 在施工之前，应制订高强混凝土施工技术方案，并应做好各项准备工作。

7.1.4 在高强混凝土拌合物的运输和浇筑过程中，严禁往拌合物中加水。

7.2 原材料贮存

7.2.1 各种原材料贮存应符合下列规定：

1 水泥应按品种、强度等级和生产厂家分别贮存，不得与矿物掺合料等其他粉状料相混，并应防止受潮；

2 骨料应按品种、规格分别堆放，堆场应采用能排水的硬质地面，并应有遮雨防尘措施；

3 矿物掺合料应按品种、质量等级和产地分别贮存，不得与水泥等其他粉状料相混，并应防雨和防潮；

4 外加剂应按品种和生产厂家分别贮存。粉状外加剂应防止受潮结块；液态外加剂应贮存在密闭容器内，并应防晒和防冻，使用前应搅拌均匀。

7.2.2 各种原材料贮存处应有明显标识。

7.3 计 量

7.3.1 原材料计量应采用电子计量设备，其精度应符合现行国家标准《混凝土搅拌站（楼）》GB/T 10171 的规定。每一工作班开始前，应对计量设备进行零点校准。

7.3.2 原材料的计量允许偏差应符合表 7.3.2 的规定，并应每班检查1次。

表 7.3.2 原材料的计量允许偏差（按质量计，%）

原材料品种	水泥	骨料	水	外加剂	掺合料
每盘计量允许偏差	±2	±3	±1	±1	±2
累计计量允许偏差	±1	±2	±1	±1	±1

注：累计计量允许偏差是指每一运输车中各盘混凝土的每种材料计量和的偏差。

7.3.3 在原材料计量过程中，应根据粗、细骨料的含水率的变化及时调整水和粗、细骨料的称量。

7.4 搅　　拌

7.4.1 高强混凝土采用的搅拌机应符合现行国家标准《混凝土搅拌站（楼）》GB/T 10171 的规定，宜采用双卧轴强制式搅拌机，搅拌时间宜符合表 7.4.1 的规定。

表 7.4.1 高强混凝土搅拌时间（s）

混凝土强度等级	施工工艺	搅拌时间
C60 ～ C80	泵送	60～80
	非泵送	90～120
>C80	泵送	90～120
	非泵送	≥120

7.4.2 当高强混凝土掺用纤维、粉状外加剂时，搅拌时间宜在表 7.4.1 的基础上适当延长，延长时间不宜少于 30s；也可先将纤维、粉状外加剂和其他干料投入搅拌机干拌不少于 30s，然后再加水按表 7.4.1 的搅拌时间进行搅拌。

7.4.3 清洁过的搅拌机搅拌第一盘高强混凝土时，宜分别增加 10%水泥用量、10%砂子用量和适量外加剂，相应调整用水量，保持水胶比不变，补偿搅拌机容器挂浆造成的混凝土拌合物中的砂浆损失；未清理过的搅拌高水胶比混凝土的搅拌机用来搅拌高强混凝土时，该盘混凝土宜增加适量水泥和外加剂，且水胶比不应增大。

7.4.4 搅拌应保证高强混凝土拌合物质量均匀，同一盘混凝土的搅拌匀质性应符合现行国家标准《混凝土质量控制标准》GB 50164 的有关规定。

7.5 运　　输

7.5.1 运输高强混凝土的搅拌运输车应符合现行行业标准《混凝土搅拌运输车》JG/T 5094 的规定；翻斗车应仅限用于现场运送坍落度小于 90mm 的混凝土拌合物。

7.5.2 搅拌运输车装料前，搅拌罐内应无积水或积浆。

7.5.3 高强混凝土从搅拌机装入搅拌运输车至卸料时的时间不宜大于 90min；当采用翻斗车时，运输时间不宜大于 45min；运输应保证浇筑连续性。

7.5.4 搅拌运输车到达浇筑现场时，应使搅拌罐高速旋转20s～30s后再将混凝土拌合物卸出。当混凝土拌合物因稠度原因出罐困难而掺加减水剂时，应符合下列规定：

1 应采用同品种减水剂；

2 减水剂掺量应有经试验确定的预案；

3 减水剂掺入混凝土拌合物后，应使搅拌罐高速旋转不少于 90s。

7.6 浇　　筑

7.6.1 高强混凝土浇筑前，应检查模板支撑的稳定性以及接缝的密合情况，并应保证模板在混凝土浇筑过程中不失稳、不跑模和不漏浆；天气炎热时，宜采取遮挡措施避免阳光照射金属模板，或从金属模板外侧进行浇水降温。

7.6.2 当暑期施工时，高强混凝土拌合物入模温度不应高于 35℃，宜选择温度较低时段浇筑混凝土；当冬期施工时，拌合物入模温度不应低于 5℃，并应有保温措施。

7.6.3 泵送设备和管道的选择、布置及其泵送操作可按现行行业标准《混凝土泵送施工技术规程》JGJ/T 10 的有关规定执行。

7.6.4 当缺乏高强混凝土泵送经验时，施工前宜进行试泵。

7.6.5 当泵送高度超过 100m 时，宜采用高压泵进行泵送。

7.6.6 对于泵送高度超过 100m 的、强度等级不低于 C80 的高强混凝土，宜采用 150mm 管径的输送管。

7.6.7 当向下泵送高强混凝土时，输送管与垂线的夹角不宜小于 12°。

7.6.8 在向上泵送高强混凝土过程中，当泵送间歇时间超过 15min 时，应每隔 4min～5min 进行四个行程的正、反泵，且最大间歇时间不宜超过 45min；当向下泵送高强混凝土时，最大间歇时间不宜超过 15min。

7.6.9 当改泵较高强度等级混凝土时，应清空输送管道中原有的较低强度等级混凝土。

7.6.10 当高强混凝土自由倾落高度大于 3m 时，宜采用导管等辅助设备。

7.6.11 高强混凝土浇筑的分层厚度不宜大于 500mm，上下层同一位置浇筑的间隔时间不宜超过 120min。

7.6.12 不同强度等级混凝土现浇对接处应设在低强度等级混凝土构件中，与高强度等级构件间距不宜小于 500mm；现浇对接处可设置密孔钢丝网拦截混凝土拌合物，浇筑时应先浇高强度等级混凝土，后浇低强度等级混凝土；低强度等级混凝土不得流入高强度等级混凝土构件中。

7.6.13 高强混凝土可采用振捣棒捣实，插入点间距不应大于振捣棒振动作用半径，泵送高强混凝土每点振捣时间不宜超过 20s，当混凝土拌合物表面出现泛浆，基本无气泡逸出，可视为捣实；连续多层浇筑时，振捣棒应插入下层拌合物 50mm 进行振捣。

7.6.14 浇筑大体积高强混凝土时，应采取温控措施，温控应符合现行国家标准《大体积混凝土施工规范》GB 50496 的规定。

7.6.15 混凝土拌合物从搅拌机卸出后到浇筑完毕的延续时间不宜超过表7.6.15的规定。

表7.6.15 混凝土拌合物从搅拌机卸出后到浇筑完毕的延续时间（min）

混凝土施工情况		气温	
		≤25℃	>25℃
泵送高强混凝土		150	120
非泵送高强混凝土	施工现场	120	90
	制品厂	60	45

7.7 养　　护

7.7.1 高强混凝土浇筑成型后，应及时对混凝土暴露面进行覆盖。混凝土终凝前，应用抹子搓压表面至少两遍，平整后再次覆盖。

7.7.2 高强混凝土可采取潮湿养护，并可采取蓄水、浇水、喷淋洒水或覆盖保湿等方式，养护水温与混凝土表面温度之间的温差不宜大于20℃；潮湿养护时间不宜少于10d。

7.7.3 当采用混凝土养护剂进行养护时，养护剂的有效保水率不应小于90%，7d和28d抗压强度比均不应小于95%。养护剂有效保水率和抗压强度比的试验方法应符合现行行业标准《公路工程混凝土养护剂》JT/T 522的规定。

7.7.4 在风速较大的环境下养护时，应采取适当的防风措施。

7.7.5 当高强混凝土构件或制品进行蒸汽养护时，应包括静停、升温、恒温和降温四个阶段。静停时间不宜小于2h，升温速度不宜大于25℃/h，恒温温度不应超过80℃，恒温时间应通过试验确定，降温速度不宜大于20℃/h。构件或制品出池或撤除养护措施时的表面与外界温差不宜大于20℃。

7.7.6 对于大体积高强混凝土，宜采取保温养护等温控措施；混凝土内部和表面的温差不宜超过25℃，表面与外界温差不宜大于20℃。

7.7.7 当冬期施工时，高强混凝土养护应符合下列规定：

1 宜采用带模养护；

2 混凝土受冻前的强度不得低于10MPa；

3 模板和保温层应在混凝土冷却到5℃以下再拆除，或在混凝土表面温度与外界温度相差不大于20℃时再拆除，拆模后的混凝土应及时覆盖；

4 混凝土强度达到设计强度等级标准值的70%时，可撤除养护措施。

8 质 量 检 验

8.0.1 高强混凝土的原材料质量检验、拌合物性能检验和硬化混凝土性能检验应符合现行国家标准《混凝土质量控制标准》GB 50164的规定。

8.0.2 高强混凝土的原材料质量应符合本规程第4章的规定；拌合物性能、力学性能、长期性能和耐久性能应符合本规程第5章的规定。

附录A　倒置坍落度筒排空试验方法

A.0.1 本方法适用于倒置坍落度筒中混凝土拌合物排空时间的测定。

A.0.2 倒置坍落度筒排空试验应采用下列设备：

1 倒置坍落度筒：材料、形状和尺寸应符合现行行业标准《混凝土坍落度仪》JG/T 248的规定，小口端应设置可快速开启的封盖。

2 台架：当倒置坍落度筒支撑在台架上时，其小口端距地面不宜小于500mm，且坍落度筒中轴线应垂直于地面；台架应能承受装填混凝土和插捣。

3 捣棒：应符合现行行业标准《混凝土坍落度仪》JG/T 248的规定。

4 秒表：精度0.01s。

5 小铲和抹刀。

A.0.3 混凝土拌合物取样与试样的制备应符合现行国家标准《普通混凝土拌合物性能试验方法标准》GB/T 50080的有关规定。

A.0.4 倒置坍落度筒排空试验测试应按下列步骤进行：

1 将倒置坍落度筒支撑在台架上，筒内壁应湿润且无明水，关闭封盖。

2 用小铲把混凝土拌合物分两层装入筒内，每层捣实后高度宜为筒高的1/2。每层用捣棒沿螺旋方向由外向中心插捣15次，插捣应在横截面上均匀分布，插捣筒边混凝土时，捣棒可以稍稍倾斜。插捣第一层时，捣棒应贯穿混凝土拌合物整个深度；插捣第二层时，捣棒应插透到第一层表面下50mm。插捣完刮去多余的混凝土拌合物，用抹刀抹平。

3 打开封盖，用秒表测量自开盖至坍落度筒内混凝土拌合物全部排空的时间（t_{sf}），精确至0.01s。从开始装料到打开封盖的整个过程应在150s内完成。

A.0.5 试验应进行两次，并应取两次试验测得排空时间的平均值作为试验结果，计算应精确至0.1s。

A.0.6 倒置坍落度筒排空试验结果应符合下式规定：

$$|t_{sf1}-t_{sf2}|\leqslant 0.05t_{sf,m} \qquad (A.0.6)$$

式中：$t_{sf,m}$——两次试验测得的倒置坍落度筒中混凝土拌合物排空时间的平均值（s）；

t_{sf1}，t_{sf2}——两次试验分别测得的倒置坍落度筒中混凝土拌合物排空时间（s）。

T 50733

本规程用词说明

1 为便于在执行本规程条文时区别对待，对要求严格程度不同的用词说明如下：

1）表示很严格，非这样做不可的：
正面词采用“必须”，反面词采用“严禁”；

2）表示严格，在正常情况下均应这样做的：
正面词采用“应”，反面词采用“不应”或“不得”；

3）表示允许稍有选择，在条件许可时，首先应这样做的：
正面词采用“宜”，反面词采用“不宜”；

4）表示有选择，在一定条件下可以这样做的，采用“可”。

2 条文中指明应按其他有关标准执行的写法为：“应符合……的规定”或“应按……执行”。

引用标准名录

1 《普通混凝土拌合物性能试验方法标准》GB/T 50080

2 《普通混凝土力学性能试验方法标准》GB/T 50081

3 《普通混凝土长期性能和耐久性能试验方法标准》GB/T 50082

4 《混凝土外加剂应用技术规范》GB 50119

5 《混凝土质量控制标准》GB 50164

6 《大体积混凝土施工规范》GB 50496

7 《混凝土结构工程施工规范》GB 50666

8 《预防混凝土碱骨料反应技术规范》GB/T 50733

9 《通用硅酸盐水泥》GB 175

10 《用于水泥和混凝土中的粉煤灰》GB/T 1596

11 《建筑材料放射性核素限量》GB 6566

12 《混凝土外加剂》GB 8076

13 《混凝土搅拌站(楼)》GB/T 10171

14 《预拌混凝土》GB/T 14902

15 《用于水泥和混凝土中的粒化高炉矿渣粉》GB/T 18046

16 《高强高性能混凝土用矿物外加剂》GB/T 18736

17 《用于水泥和混凝土中的钢渣粉》GB/T 20491

18 《混凝土膨胀剂》GB 23439

19 《混凝土泵送施工技术规程》JGJ/T 10

20 《普通混凝土用砂、石质量及检验方法标准》JGJ 52

21 《普通混凝土配合比设计规程》JGJ 55

22 《混凝土用水标准》JGJ 63

23 《清水混凝土应用技术规程》JGJ 169

24 《补偿收缩混凝土应用技术规程》JGJ/T 178

25 《混凝土耐久性检验评定标准》JGJ/T 193

26 《海砂混凝土应用技术规范》JGJ 206

27 《纤维混凝土应用技术规程》JGJ/T 221

28 《人工砂混凝土应用技术规程》JGJ/T 241

29 《混凝土防冻剂》JC 475

30 《混凝土坍落度仪》JG/T 248

31 《混凝土用粒化电炉磷渣粉》JG/T 317

32 《混凝土搅拌运输车》JG/T 5094

33 《公路工程混凝土养护剂》JT/T 522

中华人民共和国行业标准

高强混凝土应用技术规程

JGJ/T 281—2012

条　文　说　明

制订说明

《高强混凝土应用技术规程》JGJ/T 281－2012，经住房和城乡建设部2012年5月3日以第1366号公告批准、发布。

本规程编制过程中，编制组进行了广泛而深入的调查研究，总结了我国工程建设中高强混凝土应用技术的实践经验，同时参考了国外先进技术法规、技术标准，通过试验取得了高强混凝土应用技术的相关重要技术参数。

为便于广大设计、施工、科研、学校等单位有关人员在使用本规程时能正确理解和执行条文规定，《高强混凝土应用技术规程》编制组按章、节、条顺序编制了本规程的条文说明，供使用者参考。但是，本条文说明不具备与规程正文同等的法律效力，仅供使用者作为理解和把握规程规定的参考。

目　次

1 总 则

1.0.1 近年来，高强混凝土及其应用技术迅速发展并逐步成熟，在我国得到广泛应用，总结和归纳高强混凝土技术成果和应用经验，制订高强混凝土技术标准，有利于进一步促进高强混凝土的健康发展。

1.0.2 由于高强混凝土强度等级高，因此其特性和有关技术要求与常规的普通混凝土有所不同，原材料、混凝土性能、配合比和施工的控制要求也比常规的普通混凝土严格。本规程是针对高强混凝土的原材料、配合比、性能要求、施工和质量检验的专用标准，可以指导我国高强混凝土的应用。

1.0.3 与本规程有关的、难以详尽的技术要求，应符合国家现行标准的有关规定。

2 术语和符号

2.1 术 语

2.1.1 高强混凝土属于普通混凝土范畴，由于强度等级高带来的技术特殊性，现行国家标准《预拌混凝土》GB/T 14902 将高强混凝土列为特制品。

2.1.2 硅灰主要用于强度等级不低于 C80 的混凝土。国家标准《砂浆、混凝土用硅灰》正在编制过程中，在其发布并实施之前，可采用现行国家标准《高强高性能混凝土用矿物外加剂》GB/T 18736 中有关硅灰的规定。

3 基 本 规 定

3.0.1 本条规定了控制高强混凝土拌合物性能、力学性能、长期性能与耐久性能的基本原则。高强混凝土拌合物性能包括坍落度、扩展度、倒置坍落度筒排空时间、坍落度经时损失、凝结时间、不离析和不泌水等；力学性能包括抗压强度、轴压强度、弹性模量、抗折强度和劈拉强度等；长期性能与耐久性能主要包括收缩、徐变、抗冻、抗硫酸盐侵蚀、抗氯离子渗透、抗碳化和抗裂等性能。

3.0.2 高强混凝土技术要求高，预拌混凝土有利于质量控制。现行国家标准《预拌混凝土》GB/T 14902 规定高强混凝土为特制品，特制品代号 B，高强混凝土代号 H。高强混凝土标记示例：C80 强度等级、240mm 坍落度、F350 抗冻等级的高强混凝土，其标记为 B-H-C80-240(S5)-F350-GB/T 14902。

3.0.3 强度等级不小于 C60 的纤维混凝土、补偿收缩混凝土、清水混凝土和大体积混凝土可属于高强混凝土范畴。由于纤维混凝土、补偿收缩混凝土、清水混凝土和大体积混凝土都有较大的特殊性，所以有各自的专业技术标准。本标准与纤维混凝土、补偿收缩混凝土、清水混凝土和大体积混凝土的相关标准是协调的。高强混凝土用于压蒸养护工艺生产的离心混凝土桩可按相关专业标准的技术要求操作。

3.0.4 高强混凝土经常用于重要的或特殊的工程，这些结构往往比较复杂，对生产施工要求较高，并且情况差异较大，因此，对于这类工程结构，进行生产和施工的实体模拟试验是保证工程质量的比较通行的做法。

3.0.5 预防混凝土碱骨料反应对于高强混凝土工程结构非常重要，尤其是在不得不采用碱活性骨料的情况下。现行国家标准《预防混凝土碱骨料反应技术规范》GB/T 50733 中包括了抑制骨料碱活性有效性的检验和预防混凝土碱骨料反应技术措施等重要内容。

4 原 材 料

4.1 水 泥

4.1.1 配制高强混凝土宜选用新型干法窑或旋窑生产的硅酸盐水泥或普通硅酸盐水泥。立窑水泥的质量稳定性不如新型干法窑和旋窑生产的水泥。硅酸盐水泥或普通硅酸盐水泥之外的通用硅酸盐水泥内掺混合材比例高，混合材品质也较低，胶砂强度较低，与之比较，采用硅酸盐水泥或普通硅酸盐水泥并掺加较高质量的矿物掺合料配制高强混凝土更具有技术和经济的合理性。

4.1.2 采用胶砂强度低于 50MPa 的水泥配制 C80 及其以上强度等级混凝土的技术经济合理性较差，甚至难以实现强度等级上限水平的配制目的。

4.1.3 混凝土碱骨料反应的重要条件之一就是混凝土中有较高的碱含量，引起混凝土碱骨料反应的有效碱主要是水泥带来的，因此，采用低碱水泥是预防混凝土碱骨料反应的重要技术措施。

4.1.4 烧成后的水泥熟料中残留的氯离子含量很低，但在粉磨工艺中采用的助磨剂却良莠不齐，严格控制水泥中氯离子含量有利于避免熟料烧成后粉磨时掺入不良材料。再者高强混凝土水泥用量较高，控制水泥中氯离子含量有利于控制混凝土中总的氯离子含量。

4.1.5 配制高强混凝土对水泥要求相对较严，结块的水泥和过期水泥的质量会有变化。

4.1.6 在水泥供应紧张时，散装水泥运到搅拌站输入储罐时，经常会温度过高，如立即采用，会对混凝土性能带来不利影响，应引起充分注意。

4.2 矿物掺合料

4.2.1 高强混凝土中可掺入较大掺量的矿物掺合料，有利于改善高强混凝土技术性能（比如改善泵送性能，减少水化热，减少收缩等）和经济性。粉煤灰、粒化高炉矿渣粉和硅灰是高强混凝土最常用的矿物掺合料，磷渣粉和钢渣粉经过试验验证也是可以适量掺用的。

4.2.2 配备粉煤灰分选设备的年发电能力较大的电厂产出的粉煤灰，一般可达到Ⅱ级灰或Ⅰ级灰质量水平。实践表明，Ⅱ级粉煤灰也能够满足高强混凝土的配制要求，目前许多高强混凝土工程采用的是Ⅱ级灰。C类粉煤灰为高钙灰，由于潜在的游离氧化钙问题，技术安全性不及F类粉煤灰。

4.2.3 S95级和S105级的粒化高炉矿渣粉，活性较好，易于配制C80及以上强度等级的高强混凝土。

4.2.4 配制C80及以上强度等级的高强混凝土时，对硅灰质量要求较高。

4.2.5 钢渣粉和粒化电炉磷渣粉活性一般低于粒化高炉矿渣粉，并且质量稳定性也比粒化高炉矿渣粉差，在采用普通硅酸盐水泥的情况下，在混凝土中掺用限量为20%，比粒化高炉矿渣粉低得多。

4.2.6 矿物掺合料属于工业废渣，可能出现放射性问题，比如粒化电炉磷渣粉等，应避免使用放射性不符合现行国家标准《建筑材料放射性核素限量》GB 6566规定的矿物掺合料。

4.3 细 骨 料

4.3.1 天然砂包括河砂、山砂和海砂等，人工砂是采用除软质岩和风化岩之外的岩石经机械破碎和筛分制成的砂。现行行业标准《普通混凝土用砂、石质量及检验方法标准》JGJ 52和《人工砂混凝土应用技术规程》JGJ/T 241包括了对天然砂和人工砂的规定，但对于海砂，现行行业标准《海砂混凝土应用技术规范》JGJ 206的规定更为合理，主要表现在氯离子含量和贝壳含量的规定方面。

4.3.2 采用细度模数为2.6～3.0的Ⅱ区中砂配制高强混凝土有利于混凝土性能和经济性的优化。

4.3.3 砂的含泥量和泥块含量会影响混凝土强度和耐久性，高强混凝土的强度对此尤为敏感。

4.3.4 高强混凝土胶凝材料用量多，控制人工砂的石粉含量，有利于减少混凝土中粉体总量，从而有利于控制混凝土收缩等不利影响。规定人工砂的压碎指标值便于人工砂颗粒强度控制，对实现高强混凝土的强度要求是比较重要的。

4.3.5 现行行业标准《海砂混凝土应用技术规范》JGJ 206借鉴了日本和我国台湾地区的标准，并同时考虑到我国大陆地区的实际情况，将钢筋混凝土用海砂的氯离子含量限值规定为0.03%，低于现行行业标准《普通混凝土用砂、石质量及检验方法标准》JGJ 52规定的0.06%。现行行业标准《海砂混凝土应用技术规范》JGJ 206规定的海砂氯离子含量低于现行行业标准《普通混凝土用砂、石质量及检验方法标准》JGJ 52的另一个原因是，现行行业标准《普通混凝土用砂、石质量及检验方法标准》JGJ 52测定氯离子含量的制样存在烘干过程，而海砂净化后实际应用是湿砂状态，研究表明，这种差异会低估实际应用时海砂中氯离子的含量。因此，在不改变现行行业标准《普通混凝土用砂、石质量及检验方法标准》JGJ 52干砂制样方法的前提下，可以通过降低氯离子含量的限值来解决这一问题。

规定贝壳最大尺寸的原因是，大贝壳会影响高强混凝土的性能，尤其是强度。目前宁波、舟山地区经过净化的海砂，其贝壳含量的常见范围是5%～8%。试验研究发现，采用贝壳含量在7%～8%的海砂可以配制C60混凝土，且试验室的耐久性指标良好。从目前取得的贝壳含量对普通混凝土抗压强度和自然碳化深度影响的10年数据来看，贝壳含量从2.4%增加到22.0%，抗压强度和自然碳化深度无明显变化。2003年发布的《宁波市建筑工程使用海砂管理规定》（试行）对贝壳含量有如下规定：混凝土强度等级大于C60，净化海砂的贝壳含量小于4.0%；强度等级为C30～C60，净化海砂的贝壳含量小于（4.0%～8.0%）；强度等级小于C30，净化海砂的贝壳含量小于(8.0%～10.0%)。《普通混凝土用砂、石质量及检验方法标准》JGJ 52规定：用于不小于C60强度等级的混凝土，海砂的贝壳含量不应大于3.0%。

4.3.6 通常高强混凝土用于重要结构，且水泥用量略高，出于安全性考虑，尽量不要采用碱活性骨料。由于高强混凝土结构的混凝土用量一般有限，尚可接受调运骨料的情况。

4.3.7 现行行业标准《再生骨料应用技术规程》JGJ/T 240规定再生细骨料最高可配制C40及以下强度等级混凝土。在国内实际工程中应用，目前仅北京和青岛等地区应用了C40等级再生骨料混凝土。

4.4 粗 骨 料

4.4.1 现行行业标准《普通混凝土用砂、石质量及检验方法标准》JGJ 52对高强混凝土用粗骨料是适用的。

4.4.2 岩石抗压强度高的粗骨料有利于配制高强混凝土，尤其混凝土强度等级值越高就越明显。试验研究和工程实践表明，用于高强混凝土的岩石的抗压强度比混凝土设计强度等级值高30%是比较合理的。

4.4.3 连续级配粗骨料堆积相对比较紧密，空隙率比较小，有利于混凝土性能，也有利于节约其他更重要资源的原材料。试验研究和工程实践表明，高强混凝土粗骨料的最大公称粒径为25mm比较合理，既有利于强度、控制收缩，也有利于施工性能，经济上也比较合理。

4.4.4 粗骨料含泥（包括泥块）较多将明显影响混凝土强度，高强混凝土的强度对此比较敏感。

4.4.5 如果粗骨料针片状颗粒含量较多，则级配较差，空隙率比较大，针片状颗粒易于断裂，这些对混凝土性能会有影响，强度等级值越高影响越明显，同时对混凝土泵送性能影响也较明显。

4.4.6 与4.3.6条文说明相同。

4.4.7 由于高强混凝土多数用于重要或特殊工程，目前尚缺乏再生粗骨料用于高强混凝土工程的实例。

4.5 外 加 剂

4.5.1 现行国家标准《混凝土外加剂》GB 8076规定的外加剂品种包括高性能减水剂、高效减水剂、普通减水剂、引气减水剂、泵送剂、早强剂、缓凝剂和引气剂等；现行国家标准《混凝土外加剂应用技术规范》GB 50119规定了不同剂种外加剂的应用技术要求。

4.5.2 现行国家标准《混凝土外加剂》GB 8076规定的高性能减水剂包括不同品种，但规定减水率不小于25%。工程实践表明，采用减水率不小于28%的聚羧酸系高性能减水剂配制C80及以上等级混凝土具有良好的表现，也是目前主要的做法。

4.5.3 外加剂品种多，差异大，掺量范围也不同，在实际工程应用时，不同产地、品种或品牌的水泥对外加剂和矿物掺合料的适应情况有差异，可能与水泥和矿物掺合料产生适应性问题，只有经过试验验证，才能证明是否适用。

4.5.4 膨胀剂是与水泥、水拌合后经水化反应生成钙矾石、氢氧化钙或钙矾石和氢氧化钙，使混凝土产生体积膨胀的外加剂。补偿收缩混凝土是由膨胀剂或膨胀水泥配制的自应力为0.2MPa～1.0MPa的混凝土。对于高强混凝土结构，减少高强混凝土早期收缩是非常重要的，采用适量膨胀剂可以在一定程度上改善高强混凝土早期收缩。

4.5.5 采用防冻剂是混凝土冬期施工常用的低成本方法，高强混凝土也可采用。

4.5.6 配制高强混凝土对外加剂要求严格，结块的粉状外加剂，即便重新粉磨处理后质量也会有变化；液态外加剂出现沉淀等异常现象后质量会有变化。

4.6 水

4.6.1 高强混凝土用水技术要求与其他普通混凝土用水并无差异。现行行业标准《混凝土用水标准》JGJ 63包括了对各种水用于混凝土的规定。

4.6.2 混凝土企业设备洗刷水碱含量高，且水中粉体颗粒含量高，质量却不高，不适宜配制高强混凝土。

4.6.3 未经淡化处理的海水含有大量氯盐和其他盐类，会引起严重的混凝土钢筋锈蚀问题和其他混凝土性能问题，危及混凝土结构的安全性。

5 混凝土性能

5.1 拌合物性能

5.1.1 试验研究和工程实践表明，泵送高强混凝土拌合物性能在表5.1.1给出的技术范围内，即能较好地满足泵送施工要求和硬化混凝土的各方面性能，并在一般情况下，泵送高强混凝土坍落度220mm～250mm，扩展度500mm～600mm，坍落度经时损失值0mm～10mm，对工程有比较强的适应性。泵送高强混凝土拌合物黏度较大，倒置坍落度筒流出时间指标的设置，有利于将拌合物黏度控制在可顺利泵送施工的水平，并且使大高程泵送的泵压不至于过高。

5.1.2 采用搅拌罐车运输，出罐的最低坍落度约为90mm，否则出罐困难。另外，由于调度、运输、泵送前压车等情况的影响，坍落度需有一定的富余。对于非泵送高强混凝土，坍落度50mm～90mm混凝土的各方面性能较好，翻斗车运送时坍落度大了混凝土拌合物易于分层和离析。

5.1.3 高强混凝土控制拌合物不泌水、不离析很重要；对于不同的现场条件，可以通过采用外加剂调节凝结时间满足施工要求。

5.1.4 高强混凝土拌合物性能试验方法与常规的普通混凝土拌合物性能试验方法基本相同。

5.2 力 学 性 能

5.2.1 立方体抗压强度标准值系指按标准方法制作和养护的边长为150mm的立方体试体，在28d龄期用标准试验方法测得的具有不小于95%保证率的抗压强度值。目前我国混凝土相关企业配制的混凝土强度可以超过130MPa，相当于超过C110，本规程最大强度等级为C100是可行的。

5.2.2 现行国家标准《普通混凝土力学性能试验方法标准》GB/T 50081规定了抗压强度、轴压强度、弹性模量、抗折强度和劈拉强度等试验方法。

5.3 长期性能和耐久性能

5.3.1 国家现行标准《混凝土质量控制标准》GB 50164和《混凝土耐久性检验评定标准》JGJ/T 193对混凝土抗冻、抗硫酸盐侵蚀、抗氯离子渗透、抗碳化和抗裂等耐久性能划分了等级。现行国家标准《混凝土质量控制标准》GB 50164关于耐久性能等级的划分同样适用高强混凝土，只是高强混凝土的耐久性能等级不会落入比较低的等级范围。一般来说，高强混凝土的耐久性能可以达到表1的指标范围。

5.3.2 早期抗裂试验的单位面积上的总开裂面积不大于700mm^2/m^2是采用萘系外加剂的一般强度等级混凝土的较好的水平，而采用聚羧酸系外加剂的

表 1 高强混凝土可达到的耐久性能指标范围

耐久性项目	技术要求	
	≥C60	≥C80
抗冻等级	≥F250	≥F350
抗渗等级	>P12	>P12
抗硫酸盐等级	≥KS150	≥KS150
28d 氯离子渗透(库仑电量，C)	≤1500	≤1000
84d 氯离子迁移系数 D_{RCM} (RCM 法)($\times 10^{-12} m^2/s$)	≤2.5	≤1.5
碳化深度(mm)	≤1.0	≤0.1

一般强度等级混凝土的较好水平是不大于 $400mm^2/m^2$。

5.3.3 滨海或海洋等氯离子侵蚀环境条件，以及盐冻和盐渍土环境条件是典型的不利于混凝土耐久性能的严酷环境条件，本条文关于高强混凝土耐久性能指标的有关规定，有利于提高高强混凝土在上述典型严酷环境条件下应用的耐久性水平。试验研究和工程实践表明，高强混凝土达到本条文规定的高强混凝土耐久性能指标范围是可行的。

5.3.4 现行国家标准《普通混凝土长期性能和耐久性能试验方法标准》GB/T 50082 规定了收缩、徐变、抗冻、抗水渗透、抗硫酸盐侵蚀、抗氯离子渗透、碳化和抗裂等与本规程高强混凝土长期性能与耐久性能有关的试验方法。

6 配 合 比

6.0.1 现行行业标准《普通混凝土配合比设计规程》JGJ 55 包括了高强混凝土配合比设计的技术内容，因此对高强混凝土配合比设计也是适用的。本标准未涉及的配合比设计的通用技术内容可执行现行行业标准《普通混凝土配合比设计规程》JGJ 55 的规定。

6.0.2 对于高强混凝土配制强度计算公式，现行行业标准《普通混凝土配合比设计规程》JGJ 55 和《公路桥涵施工技术规范》JTG/T F50 都已经采用了本条文给出的计算公式［即式（6.0.2)］，实际上，这一公式早已经在公路桥涵和建筑工程等混凝土工程中得到应用和检验。

6.0.3 高强混凝土配合比参数变化范围相对比较小，适合于根据经验直接选择参数然后通过试验确定配合比。试验研究和工程应用表明，本条给出的配合比参数范围对高强混凝土配合比设计具有实际应用的指导意义。对于泵送高强混凝土，为保证泵送施工顺利，推荐控制每立方米高强混凝土拌合物中粉料浆体的体积为 340L～360L（水泥、粉煤灰、粒化高炉矿渣粉、硅灰和水等密度可知大致，容易估算粉料浆体的体积)，这也有利于配合比参数的优选。对于高强混凝土，较高强度等级水胶比较低，在满足拌合物施工性能要求前提下宜采用较少的胶凝材料用量和较小的砂率，矿物掺合料掺量应满足混凝土性能要求并兼顾经济性，这些规律与常规的普通混凝土配合比设计规律没有太大差别。

6.0.4 对于高强混凝土，要将混凝土中碱含量控制在 $3.0kg/m^3$ 以内，需要采用低碱水泥，并采用较大掺量的碱含量较低的粉煤灰和粒化高炉矿渣粉等矿物掺合料。混凝土中碱含量是测定的混凝土各原材料碱含量计算之和，而实测的粉煤灰和粒化高炉矿渣粉等矿物掺合料碱含量并不是参与碱骨料反应的有效碱含量，对于矿物掺合料中有效碱含量，粉煤灰碱含量取实测值的 1/6，粒化高炉矿渣粉和硅灰的碱含量分别取实测值的 1/2，已经被混凝土工程界采纳。

6.0.5 配合比试配采用的工程实际原材料，以基本干燥为准，即细骨料含水率小于 0.5%，粗骨料含水率小于 0.2%。高强混凝土配合比设计不仅仅应满足强度要求，还应满足施工性能、其他力学性能和耐久性能的要求。

6.0.6 混凝土绝热温升可以在试验室通过测试绝热容器中混凝土的温度升高过程测得，也可在现场通过实测足尺寸混凝土模拟试件内的温度升高过程测得。

6.0.7 现行行业标准《普通混凝土配合比设计规程》JGJ 55 中配合比设计过程中经历计算配合比、试拌配合比，然后形成设计配合比。生产和施工现场会出现各种情况，需要对设计配合比进行适应性调整后才能用于生产和施工。

6.0.8 在高强混凝土生产过程中，堆场上的粗、细骨料的含水率会变化，从而影响高强混凝土的水胶比和用水量等，因此，在生产过程中，应根据粗、细骨料的含水率变化情况及时调整配合比。

7 施 工

7.1 一 般 规 定

7.1.1 高强混凝土的施工要求严于常规的普通混凝土，因此，在符合现行国家标准《混凝土结构工程施工规范》GB 50666 和《混凝土质量控制标准》GB 50164 的基础上，还应符合本规程的规定。

7.1.2 现行国家标准《混凝土搅拌站（楼)》GB/T 10171 对主要参数系列、搅拌设备、供料系统、贮料仓、配料装置、混凝土贮斗、安全环保和其他方面作出了全面细致的规定，对保证高强混凝土生产质量十分重要。

7.1.3 高强混凝土施工技术方案可分为两个方面：一方面是搅拌站的生产技术方案（涉及原材料、混凝土制备和运输等)，进行生产质量控制；另一方面是工程现场的施工技术方案（涉及浇筑、成型、养护及其相关的工艺和技术等)，进行现场施工质量控制。

当然，这两个方面可以合为一体。

7.1.4 高强混凝土水胶比低，强度对用水量的变化极其敏感，因此，在运输和浇筑成型过程中往混凝土拌合物中加水会明显影响混凝土强度，同时也会对高强混凝土的耐久性能和其他力学性能产生影响，对工程质量具有很大危害。

7.2 原材料贮存

7.2.1 高强混凝土所用的粉料种类多，避免相混和防潮是共同的要求。骨料堆场采用遮雨设施已逐步在预拌混凝土搅拌站得到实施，高强混凝土水胶比低，强度对用水量的变化极其敏感，采用遮雨措施防止骨料含水量波动，对保证施工配合比的准确性非常重要。高强混凝土常用的液态外加剂（比如聚羧酸系高性能减水剂）受冻后性能会降低。

7.2.2 原材料分别标识清楚有利于避免混乱和用料错误。

7.3 计　　量

7.3.1 高强混凝土生产对原材料计量要求较高，尤其是对水和外加剂的计量要求高。采用电子计量设备有利于保证计量精度，保证高强混凝土生产质量。

7.3.2 符合现行国家标准《混凝土搅拌站（楼）》GB/T 10171 规定称量装置可以满足表 7.3.2 的要求。

7.3.3 如果堆场上的粗、细骨料的含水率变化而称量不变，对水胶比和用水量会有影响，从而影响高强混凝土性能；相对而言，粗、细骨料用量对高强混凝土性能影响较小。

7.4 搅　　拌

7.4.1 采用双卧轴强制式搅拌机有利于高强混凝土的搅拌。对于高强混凝土，强度等级高比强度等级低的搅拌时间长；非泵送施工比泵送施工搅拌时间长。

7.4.2 高强混凝土拌合物黏度较大，适当延长搅拌时间或采取合适的投料措施，有利于纤维和粉状外加剂在高强混凝土中分散均匀。

7.4.3 本条文的规定仅针对清洁过的或未清理过的搅拌机搅拌的第一盘混凝土。

7.4.4 现行国家标准《混凝土质量控制标准》GB 50164 关于同一盘混凝土的搅拌匀质性的规定有两点：①混凝土中砂浆密度两次测值的相对误差不应大于 0.8%；②混凝土稠度两次测值的差值不应大于混凝土拌合物稠度允许偏差的绝对值。

7.5 运　　输

7.5.1 搅拌运输车难以将坍落度小于 90mm 的高强混凝土拌合物卸出。

7.5.2 罐内积水或积浆会使混凝土配合比欠准确。

7.5.3 采用外加剂调整混凝土拌合物的可操作时间并控制混凝土出机至现场接收不超过 90min 是易行的。运输保证浇筑的连续性有利于避免高强混凝土结构出现因浇筑间断产生的“冷缝”或薄弱层。

7.5.4 在现场施工组织不畅而导致压车或因交通阻塞延长运输时间等场合下，多发生混凝土拌合物坍落度损失过大导致搅拌运输车卸料困难的问题，向搅拌罐内掺加适量减水剂并搅拌均匀可改善拌合物稠度将混凝土拌合物卸出。

7.6 浇　　筑

7.6.1 高强混凝土拌合物中浆体多，流动性大，浇筑时对模板的压力大，浇筑时易于漏浆和胀模，因此，支模是高强混凝土施工的关键环节之一；天气炎热时金属模板会被晒得发烫，对高强混凝土性能不利。

7.6.2 在不得已的情况下，降低高强混凝土拌合物温度的常用方法是采用加冰的拌合水；提高拌合物温度的常用方法是采用加热的拌合水，拌合用水可加热到 60℃以上，应先投入骨料和热水搅拌，然后再投入胶凝材料等共同搅拌。

7.6.3 现行行业标准《混凝土泵送施工技术规程》JGJ/T 10 规定了普通混凝土和高强混凝土的泵送设备和管道的选择、布置及其泵送操作的有关规定。

7.6.4 高强混凝土泵送是施工的关键环节之一。一般认为：高强混凝土拌合物用水量小，黏度大，尤其在大高程泵送情况下，有一定的控制难度，解决了高强混凝土的泵送问题，基本就解决了高强混凝土施工的主要问题。施工前进行高强混凝土试泵能够为提高泵送的可靠性做准备。

7.6.5 由于高强混凝土黏度大，间歇后开始泵送瞬间黏滞作用大，进行较大高程的高强混凝土泵送，对泵压要求高。

7.6.6 强度等级不低于 C80 的高强混凝土黏度很大，采用较大管径的输送管有利于减小黏度对泵送的影响。

7.6.7 向下泵送高强混凝土时，控制输送管与垂线的夹角大一些有利于防止形成空气栓塞引起堵泵。

7.6.8 在泵送过程中，为了防止混凝土在输送管中形成栓塞导致堵泵，应尽量避免混凝土在输送管中长时间停滞不动。当向下泵送高强混凝土时，反泵无益。

7.6.9 输送管道中的原有较低强度等级混凝土混入后来浇筑的较高强度等级混凝土中会引发工程事故。

7.6.10 高强混凝土自由倾落不易离析，但结构配筋较密时，高强混凝土会被结构配筋筛打成离析状态。

7.6.11 高强混凝土结构通常是分层浇筑的，分层厚度不宜过大和层间浇筑间隔时间不宜过长，有利于保证每层混凝土浇筑质量和整体结构的匀质性。自密实高强混凝土浇筑不受此条规定的限制。

7.6.12 例如，在整体现浇柱和梁时，柱可能是高强混凝土，而梁不是高强混凝土，那么现浇对接处应设在梁中；由于高强混凝土流动性大，所以需要设置密孔钢丝网拦截；填补柱头混凝土时应注意不要采用梁的混凝土。

7.6.13 泵送高强混凝土振捣时间不宜过长，以避免石子和浆体分层。非泵送的高强混凝土也可以采用其他密实方法，比如预制桩采用的离心法等。

7.6.14 高强混凝土结构尺寸较大的情况不少，并且由于高强混凝土温升较高，温控就尤为重要。采取措施后，高强混凝土可以满足现行国家标准《大体积混凝土施工规范》GB 50496 的温控要求。

7.6.15 混凝土制品厂采用的高强混凝土可以是塑性混凝土或低流动性混凝土，操作时间相对减少。

7.7 养　　护

7.7.1 高强混凝土早期收缩比较大，如果再发生表面水分损失，会加大混凝土开裂倾向，因此，应采取措施防止混凝土浇筑成型后的表面水分损失。

7.7.2 一方面，高强混凝土强度发展比较快，另一方面，由于施工性能要求和经济原因，矿物掺合料掺量比较大，因此，潮湿养护时间不宜少于 10d。

7.7.3 对于竖向结构的混凝土立面，采用混凝土养护剂比较有利。

7.7.4 风速较大对高强混凝土养护十分不利，一方面，如果混凝土不好，混凝土表面会迅速失水，导致表面裂缝，另一方面，大风会破坏养护的覆盖条件。

7.7.5 混凝土成型后蒸汽养护前的静停时间长一些有利于减少混凝土在蒸养过程中的内部损伤；控制升温速度和降温速度慢一些，可减小温度应力对混凝土内部结构的不利影响；如果生产效率和时间允许，控制最高和恒温温度不超过 65℃比较合适。

7.7.6 对于大体积高强混凝土，通常采用保温措施控制混凝土内部、表面和外界的温差。

7.7.7 冬期施工时，高强混凝土结构带模养护比较有利，易于采取保温措施（比如保温模板等），保湿效果也可以；采用高强混凝土的结构往往比较重要，提高受冻前的强度要求是有益的；对通常用于重要结构的高强混凝土，撤除养护措施时混凝土强度达到设计强度等级的 70％比常规普通混凝土的 50％高一些有利于结构安全，主要是考虑到高强混凝土强度后期发展潜力比较小。

8 质 量 检 验

8.0.1 高强混凝土的检验规则与常规的普通混凝土一致，现行国家标准《混凝土质量控制标准》GB 50164 第 7 章混凝土质量检验完全适用于高强混凝土的检验。

8.0.2 高强混凝土性能以满足设计和施工要求为合格；设计和施工未提出要求的性能可不评价。

附录 A　倒置坍落度筒排空试验方法

高强混凝土拌合物黏性较大，流动速度也较慢，对泵送施工有影响。本试验方法可用于检验评价混凝土拌合物的流动速度和与输送管壁的黏滞性。对于高强混凝土，排空时间越短，拌合物与输送管壁的黏滞性就越小，流动速度也越大，有利于高强混凝土的泵送施工。

中华人民共和国行业标准

装配箱混凝土空心楼盖结构技术规程

Technical specification for assembly box concrete hollow floor structure

JGJ/T 207—2010

批准部门：中华人民共和国住房和城乡建设部
施行日期：2 0 1 0 年 1 0 月 1 日

中华人民共和国住房和城乡建设部
公　　告

第551号

关于发布行业标准《装配箱混凝土空心楼盖结构技术规程》的公告

现批准《装配箱混凝土空心楼盖结构技术规程》为行业标准，编号为JGJ/T 207－2010，自2010年10月1日起实施。

本规程由我部标准定额研究所组织中国建筑工业出版社出版发行。

中华人民共和国住房和城乡建设部

2010年4月17日

前　　言

根据住房和城乡建设部《关于印发〈2008年工程建设标准规范制订、修订计划（第一批）〉的通知》（建标［2008］102号文）的要求，规程编制组经广泛调查研究，认真总结实践，参考有关国际标准和国外先进标准，并在广泛征求意见的基础上，制定本规程。

本规程的主要技术内容是：总则、术语、装配箱、结构分析、设计规定、构造要求、施工和验收等。

本规程由住房和城乡建设部负责管理，由山东天齐置业集团股份有限公司负责具体技术内容的解释。执行过程中如有意见或建议请寄送山东天齐置业集团股份有限公司（地址：山东省淄博市中心路265号，邮编：255086）。

本规程主编单位： 山东天齐置业集团股份有限公司
南通建工集团股份有限公司

本规程参编单位： 湖南大学
同济大学
济南大学
济南坚构建筑技术公司
山东同圆设计集团有限公司
山东省建筑设计研究院
山东城市建设职业学院

本规程主要起草人员： 刘俊岩　李克翔　吴方伯　肖华锋　刘旭　谢　群　孙保亚　应惠清　陆洲导　田茂军　张向阳　崔殿梓　王玉章　韩克胜　原玉磊　张　波　崔　超　魏晓东　吕明谦　吕　超

本规程主要审查人员： 赵志缙　白生翔　裴　智　胡　伟　邹银生　王孔藩　姜忻良　曹怀武　赵考重　焦安亮

目　次

Contents

1 总 则

1.0.1 为使装配箱混凝土空心楼盖结构的设计与施工做到安全适用、技术先进、经济合理、确保质量，制定本规程。

1.0.2 本规程适用于建筑工程中装配箱混凝土空心楼盖结构的设计、施工及验收。

1.0.3 装配箱混凝土空心楼盖结构应根据建筑功能要求和施工条件，确定设计和施工方案，并应严格执行质量检查和验收制度。

1.0.4 装配箱混凝土空心楼盖结构的设计、施工及验收，除应符合本规程外，尚应符合国家现行有关标准的规定。

2 术 语

2.0.1 装配箱 assembly box

由预制的钢筋混凝土顶板、底板及由硬质材料制作的侧壁筒三个部件组装而成、用作空心楼盖内模和结构面层的箱形构件。

2.0.2 装配箱顶板、底板 top plate and bottom plate of assembly box

位于装配箱顶部、底部，用作楼（屋）盖结构面层的预制钢筋混凝土板。

2.0.3 剪力齿 shearing slot

在装配箱顶板和底板四周外沿部位按一定规则设置的、起到增加装配箱与肋梁咬合力的凹槽。

2.0.4 侧壁筒 side-wall of assembly box

位于装配箱顶板和底板之间、由侧壁板围成的方筒形构件。

2.0.5 装配箱混凝土空心楼盖 assembly box concrete hollow floor

在现场按设计要求布置装配箱、绑扎肋梁的钢筋骨架，然后在箱体间浇筑混凝土而形成的密肋空腔楼盖。

2.0.6 暗箱 concealed box

顶板上需要设置钢筋混凝土现浇层作为楼（屋）面结构层的装配箱。

2.0.7 明箱 exposed box

顶板直接作为楼（屋）面结构层的装配箱。

2.0.8 肋梁 rib beam

在相邻装配箱之间现场浇筑形成的钢筋混凝土梁。

2.0.9 主肋梁 main rib beam

柱支承楼盖结构中，位于柱轴线上且截面高度等于楼盖厚度的现浇钢筋混凝土梁。

2.0.10 柱支承楼盖 column-supported floor

由柱支承的沿柱轴线无梁或带主肋梁的空心楼盖。

2.0.11 边支承楼盖 edge-supported floor

周边支承为墙体或框架梁的空心楼盖。

2.0.12 直接设计法 direct design method

将柱支承楼盖两个方向的总弯矩值按弯矩分配系数分配至各自方向的柱上板带和跨中板带的内力分析简化方法，又称经验系数法或弯矩系数法。

2.0.13 等代框架法 equivalent frame method

将柱支承楼盖结构分别沿纵向、横向柱列等效成以柱轴线为中心的纵向等代框架和横向等代框架进行内力分析的简化方法。

2.0.14 体积空心率 volumetric void ratio

由墙、柱、梁边缘所围成的楼盖区格板区域内，装配箱空腔体积与该区域结构所围体积的比值。

3 装 配 箱

3.1 一 般 规 定

3.1.1 装配箱的长度、宽度和高度应由设计确定。顶板、底板的平面形状宜为矩形，平面尺寸的各边长度宜为 500mm～1500mm；箱体高度可取 250mm～1400mm。

3.1.2 装配箱的规格尺寸和质量要求除应符合本规程第 8.2 节的要求，尚应符合施工要求的物理力学性能。

3.2 顶板、底板

3.2.1 顶板、底板的混凝土强度等级不应低于 C30。顶板应为自防水混凝土预制构件，抗渗等级不应低于 0.6MPa。

3.2.2 顶板、底板可采用加腋板或平板。当采用加腋板时，自中部向板端截面宜由薄到厚形成加腋。

3.2.3 当采用加腋板时，顶板、底板四周宜按一定规则设置剪力齿，剪力齿的水平间距应与外伸钢筋间距一致，且不宜大于 100mm。剪力齿（图 3.2.3）几何尺寸宜符合下列规定：

1 外口宽度（b_1）不宜小于 60mm，高度（h_1）不宜小于 80mm；

2 内口宽度（b_2）不宜小于 40mm，高度（h_2）不宜小于 50mm；

3 深度（c）不宜小于 30mm。

3.2.4 当采用平板时，顶板伸出侧壁筒外壁不宜小于 15mm；顶板、底板上宜设定位块。

3.2.5 采用加腋板时，顶板、底板上应为侧壁板设置承插口，承插口长度应与侧壁筒的侧壁板长度一致，宽度宜大于侧壁板厚度 2mm，深度不宜小于 10mm。

3.2.6 顶板、底板应按照现行国家标准《混凝土结

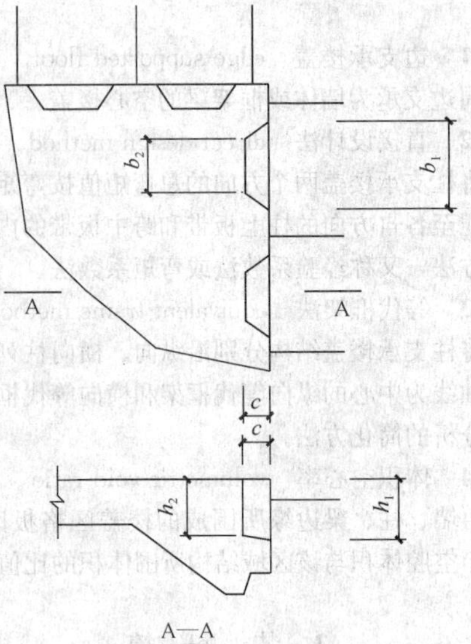

图 3.2.3 剪力齿示意图

构设计规范》GB 50010 的相关规定进行承载力计算并配置钢筋。施工阶段验算时可作为四边简支板，施工荷载标准值宜取 $10kN/m^2$。当实际施工荷载超过上述荷载时，应按实际情况验算。

3.3 侧 壁 筒

3.3.1 侧壁筒宜选用低吸水率的硬质材料制作。材料中氯化物和碱的含量应符合国家现行有关标准的规定，且不应含有影响人身健康的有害成分。侧壁板选材应平整，不得有弯曲、凹陷、裂缝等初始缺陷。

3.3.2 当侧壁筒采用 4 块侧壁板组装时，侧壁板间板缝应严密，并宜采取对拉等固定侧壁板相对位置的措施。

3.3.3 侧壁筒应具有足够的承载力、刚度和稳定性，应能可靠地承受装配箱顶板自重、新浇混凝土侧压力、混凝土振捣及其他施工荷载。侧壁筒应按现行行业标准《建筑施工模板安全技术规范》JGJ 162 的要求进行模板设计，必要时可在侧壁板上设置支撑。

3.3.4 侧壁筒与顶板、底板可通过承插口、定位块等措施连接、固定，应确保侧壁筒施工中不偏移。

4 结 构 分 析

4.1 一 般 规 定

4.1.1 装配箱混凝土空心楼盖可用于框架、剪力墙、框架-剪力墙、框架-核心筒、板柱-剪力墙等结构体系，其房屋高度、抗震等级和结构分析应符合国家现行标准《混凝土结构设计规范》GB 50010、《建筑抗震设计规范》GB 50011 和《高层建筑混凝土结构技术规程》JGJ 3 中的有关规定。

4.1.2 装配箱混凝土空心楼盖结构的整体布置应能合理传递荷载，应有明确的结构计算简图，计算分析模型应根据实际结构确定。

4.1.3 柱支承楼盖结构可根据建筑设计和结构计算的要求设置柱帽或托板。

4.2 结构分析方法

4.2.1 在承载能力极限状态和正常使用极限状态下的钢筋混凝土装配箱空心楼盖结构，荷载效应组合设计值应按照现行国家标准《建筑结构荷载规范》GB 50009 的有关规定计算。

4.2.2 装配箱混凝土空心楼盖结构在竖向荷载和水平荷载作用下的内力及位移计算，宜采用连续体有限元空间模型进行计算，也可采用等代框架杆系结构有限元方法分析。

4.2.3 结构分析采用的电算程序应经考核和验证，其技术条件应符合本规程和有关标准的要求。对电算结果，应经分析、判断和校核；在确认其合理有效后，方可用于工程设计。

4.2.4 对结构布置规则的装配箱混凝土空心楼盖结构，应按下列规定进行内力分析：

1 对于边支承楼盖结构，可按竖向刚性支承考虑。楼盖的边、角区格板的周边支承情况应根据支承构件的实际弯曲、扭转刚度确定。在竖向荷载作用下楼盖结构，按弹性方法计算出楼盖结构中的框架梁或主肋梁的内力，在每个方向上正负弯矩之间的调幅不应超过 20%。墙体、框架梁应考虑承受竖向荷载和水平荷载（包括地震作用），并应按国家现行有关标准的规定进行内力分析。

2 对于柱支承楼盖结构，可采用直接设计法或等代框架法进行竖向荷载作用下的内力计算；也可采用等代框架法进行水平荷载或地震作用下的内力计算。当采用直接设计法时，在竖向均布荷载作用下柱支承楼盖按弹性分析得到的楼盖内力，在每个方向上正负弯矩之间调幅不应超过 10%。

4.2.5 有下列情况之一时不得进行弯矩调幅：

1 要求肋梁不出现裂缝的装配箱混凝土空心楼盖结构；

2 处于侵蚀环境的装配箱混凝土空心楼盖结构；

3 楼盖直接承受动力荷载。

5 设 计 规 定

5.0.1 肋梁设计应符合下列规定：

1 装配箱混凝土空心楼盖中，肋梁的受弯承载力、受剪承载力、受扭承载力应符合现行国家标准《混凝土结构设计规范》GB 50010 的相关计算规定；箱体的顶板或底板可作为肋梁的受压翼缘参与工作，翼缘计算宽度按该规范的规定取值。

2 结构内力分析时，可将肋梁视为工字形截面，上、下翼缘宽度宜取肋梁宽度与12倍翼缘厚度之和。

3 当肋梁腹板高度大于450mm时，在肋梁的两个侧面应沿高度配置腰筋，其设置要求应符合现行国家标准《混凝土结构设计规范》GB 50010的相关规定。

5.0.2 边梁的设计应符合下列规定：

1 当为柱支承楼盖时，装配箱混凝土空心楼盖结构的外周边宜布置框架梁，且框架梁高度应大于装配箱空心楼盖结构厚度，框架梁截面尺寸和配筋要求应满足现行国家标准《混凝土结构设计规范》GB 50010的规定；

2 边梁的截面抗弯刚度可按"["形截面计算，边梁宽度不宜超过柱截面高度；

3 可将周边楼盖伸出边柱外侧，伸出长度（指从楼盖边缘至外柱中心）不宜超过内跨的40%；

4 在楼梯、电梯间等较大开洞处，洞口周围宜设置边梁。

5.0.3 抗震设计时应沿柱轴线设置主肋梁或框架梁。

5.0.4 楼盖节点区域的设计应符合下列规定：

1 楼盖与框架柱的楼盖节点及周围相关区域，应根据承载力计算结果选择合适的方案。在楼盖与框架柱的节点区域宜采用现浇实心楼盖，在实心区域周围相关区域负弯矩较大的区域可采用暗箱。

2 楼盖节点受冲切承载力计算及受冲切截面的控制条件应符合现行国家标准《混凝土结构设计规范》GB 50010的相关规定，其构造要求应满足该规范的规定。

3 当节点附近采取局部加厚楼盖或设置柱帽、托板时，在楼盖厚度变化处应选择最不利冲切破坏截面进行受冲切承载力验算。

4 节点核芯区受剪承载力的计算及相关设计要求应符合国家标准《建筑抗震设计规范》GB 50011的规定。

5.0.5 楼盖的挠度验算应符合下列规定：

1 当在装配箱混凝土空心楼盖的设计中采用适宜的构件跨高比、周边约束条件和构件配筋特性，且有可靠的工程实践经验保证时，可不作结构构件的挠度验算；

2 对按本规程第4.2.4条考虑弯矩调幅设计的楼盖，宜进行挠度验算，或采用相应的有效构造措施；

3 装配箱混凝土空心楼盖在荷载作用下各区格板的最大挠度，宜按照荷载效应标准组合并考虑荷载长期作用影响的刚度进行计算，且不应大于现行国家标准《混凝土结构设计规范》GB 50010中相关构件挠度的限值。

5.0.6 装配箱混凝土空心楼盖的肋梁、主肋梁或框架梁，可按照所处环境类别和结构类型确定相应的裂缝控制等级及最大裂缝宽度限值，对允许出现裂缝的肋梁、主肋梁或框架梁，按荷载效应的标准组合并考虑长期作用影响计算的最大裂缝宽度（w_{max}），应符合下式规定：

$$w_{max} \leqslant w_{lim} \tag{5.0.6}$$

式中：w_{lim}——最大裂缝宽度限值，根据现行国家标准《混凝土结构设计规范》GB 50010中的相关规定确定；

w_{max}——最大裂缝宽度，可按照现行国家标准《混凝土结构设计规范》GB 50010的相关规定确定。

6 构 造 要 求

6.1 一 般 规 定

6.1.1 装配箱混凝土空心楼盖的体积空心率不宜小于30%，也不宜大于70%。

6.1.2 装配箱混凝土空心楼盖的跨高比宜符合下列规定：

1 边支承楼盖的跨高比：对于单向楼盖不宜大于25，对双向楼盖按短边不宜大于35；

2 柱支承楼盖的跨高比：跨度按长边计，有柱帽时不宜大于35，无柱帽时不宜大于30。

6.1.3 肋梁的宽度不宜小于100mm，肋梁截面高度与宽度之比不宜大于10，肋梁的截面高度不应低于250mm。

6.1.4 装配箱混凝土空心楼盖中各类结构构件的混凝土保护层厚度应按照现行国家标准《混凝土结构设计规范》GB 50010的规定取值。

6.1.5 装配箱混凝土空心楼盖不应在主肋梁、肋梁竖向开洞，也不宜在节点实心区域开洞；必须开洞时，开洞部位应满足承载力与刚度的要求，并应采取补强措施。洞口位置、尺寸及洞口周边的配筋构造措施应符合国家现行标准《混凝土结构设计规范》GB 50010、《建筑抗震设计规范》GB 50011和《高层建筑混凝土结构技术规程》JGJ 3中的相关规定。

6.1.6 对于承受较大集中静力荷载或直接承受较大集中动力荷载的部位以及有防水要求的楼盖宜采用暗箱。

6.2 装 配 箱

6.2.1 装配箱侧壁筒的厚度应根据选用材料的特性及施工要求确定，并应保证装配箱的整体稳定性。

6.2.2 装配箱顶板、底板厚度可按结构不同部位进行调整，顶板、底板的厚度不宜小于40mm。

6.2.3 装配箱顶板、底板的配筋宜采用带肋钢筋，也可采用光圆钢筋，并应符合下列规定：

1 除应按计算要求配筋外，尚应满足现行国家标准《混凝土结构设计规范》GB 50010 中最小配筋率的规定，钢筋直径不应小于 5mm，且钢筋间距不应大于 100mm；

2 明箱的顶板、底板以及暗箱的底板必须配有外伸钢筋，应伸入现浇肋梁内，其钢筋锚固长度应符合现行国家标准《混凝土结构设计规范》GB 50010 的有关规定，其水平投影长度不应小于 $0.4l_a$（l_a 可根据该规范确定），并宜将钢筋端部弯折勾住肋梁纵向钢筋，端部弯起部分的竖直投影长度不宜小于 $5d$。

6.2.4 采用暗箱时现浇层厚度与配筋应由设计确定，且厚度不宜小于 50mm。现浇层中上部应设置受力钢筋，其直径不宜小于 6mm，间距不宜大于 200mm；当现浇层仅需配置构造钢筋时，构造钢筋宜采用双向配筋，直径不宜小于 6mm，间距不宜大于 200mm。

6.3 柱帽、托板、主肋梁、楼盖实心区域

6.3.1 当楼面荷载较大或变形要求较高时，可采用柱帽或托板。柱帽或托板的边长（或直径）不宜小于楼盖跨度的 1/6，托板厚度不宜小于装配箱空心楼盖厚度的 1/4。抗震设计时，柱帽根部的总厚度不宜小于柱纵向钢筋直径的 16 倍。

6.3.2 抗震设计时，主肋梁配筋应根据计算确定，并应符合下列规定：

1 纵向受拉钢筋的最小配筋率，除应符合现行国家标准《混凝土结构设计规范》GB 50010 的相关规定外，尚不应小于 0.3%，单层放置纵向钢筋的间距不宜大于 100mm。

2 主肋梁两侧面应设置腰筋，直径不宜小于 12mm，间距不宜大于 200mm；主肋梁内箍筋直径不应小于 8mm，箍筋肢距不宜大于 200mm。

3 抗震设计时，节点核芯区应根据梁纵向钢筋在柱宽范围内、外的钢筋截面面积比例，对柱宽以内和柱宽以外的范围分别验算受剪承载力。节点核芯区的配箍量及构造措施应符合一般框架抗震的要求。

6.3.3 楼盖实心区域顶部钢筋应根据计算确定，底部构造钢筋直径不应小于 8mm，间距不应大于 200mm。

7 施 工

7.1 一 般 规 定

7.1.1 装配箱混凝土空心楼盖结构施工现场应有健全的质量管理体系、施工质量检验制度和施工质量评定考核制度。

7.1.2 施工前应根据设计图纸及施工条件，确定施工方案，并应经审查批准后组织实施。

7.1.3 装配箱混凝土空心楼盖结构的施工工序宜按图 7.1.3 所示顺序展开。

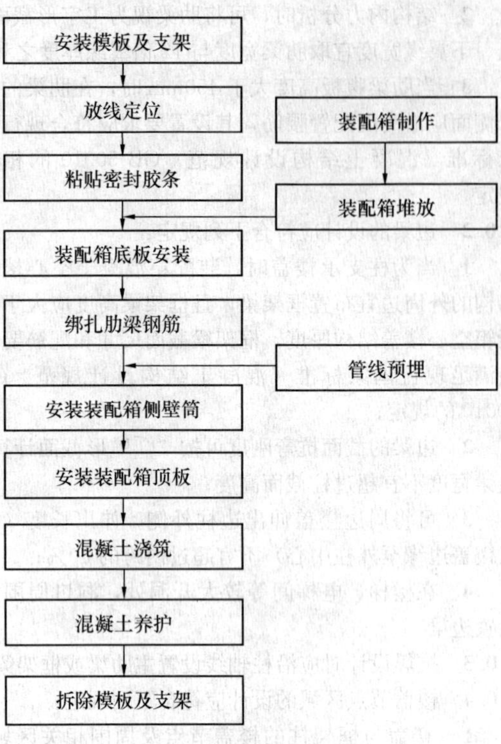

图 7.1.3 装配箱混凝土空心楼盖结构主要施工工序

7.2 装配箱构件制作

7.2.1 装配箱应由具有预制构件生产资质的专业厂家负责生产。

7.2.2 装配箱构件的制作应符合现行国家标准《混凝土结构工程施工质量验收规范》GB 50204 的有关规定。

7.3 装配箱构件堆放

7.3.1 装配箱构件的现场堆放场地应平整、夯实。

7.3.2 装配箱构件应按不同型号、规格分类堆放，底部应设置垫木。

7.3.3 装配箱构件现场叠放时，每层板下四角应放置垫木，并应上下对齐、垫平、垫实。板的堆放高度不应大于 8 层，并应有稳固措施。

7.4 模 板 安 装

7.4.1 楼盖模板和支架的设计应符合现行行业标准《建筑施工模板安全技术规范》JGJ 162 的有关规定，其中，荷载效应组合应考虑装配箱空心楼盖自重以及现场装配箱构件的叠放。

7.4.2 模板及其支架应具有足够的承载力、刚度和稳定性，并应可靠地承受装配箱构件与浇筑混凝土的重量、混凝土侧压力和施工荷载。

7.4.3 楼盖底模板及支架可采取满堂铺设或在肋梁范围内铺设。在肋梁范围内铺设时，其梁底模板宽度

每边应比肋梁宽度大50mm。

7.4.4 楼盖底模板应按设计要求起拱；当设计无具体要求时，起拱高度宜为跨度的2/1000～3/1000。

7.5 装配箱安装

7.5.1 装配箱底板安装前，应按照设计要求在模板上放线定位。

7.5.2 当楼盖底模仅在肋梁范围内铺设时，装配箱底板与肋梁底模板之间应密闭，宜在底模板上粘贴密封胶条，其尺寸应与装配箱外边线尺寸一致。

7.5.3 装配箱的明箱、暗箱位置应按照设计要求确定，并应按程序安装底板、侧壁筒和顶板，顶板、底板不得混淆使用。

7.5.4 侧壁筒应安装在顶板、底板上设置的定位块或承插口中，装配箱就位应正确、安装稳固、接缝不应漏浆。

7.6 钢筋安装

7.6.1 钢筋安装时，受力钢筋的品种、级别、规格和数量应符合设计要求。

7.6.2 装配箱顶板、底板的外伸钢筋长度应符合设计要求，端部弯曲段应保证设置在肋梁对面主筋的外侧。

7.6.3 钢筋接头宜采用焊接或机械连接，接头的要求应按现行行业标准《钢筋焊接及验收规程》JGJ 18和《钢筋机械连接技术规程》JGJ 107执行。

7.7 管线安装

7.7.1 管线穿过装配箱侧壁筒时，侧壁开口处应有可靠的密封措施。

7.7.2 管线吊挂时，吊挂件宜设置在肋梁上。

7.8 混凝土施工

7.8.1 混凝土强度应根据设计要求配制，混凝土中掺用外加剂的质量及应用技术应符合现行国家标准的有关规定。混凝土的配制强度应符合现行行业标准《普通混凝土配合比设计规程》JGJ 55的有关规定。

7.8.2 肋梁混凝土浇筑前，应对装配箱与肋梁接触面洒水湿润。

7.8.3 混凝土振捣器不得直接振捣装配箱。

7.8.4 对装配箱混凝土空心楼盖实心区域混凝土的施工，应编制专项施工方案，并应满足现行国家标准《大体积混凝土施工规范》GB 50496的规定。

7.8.5 混凝土浇筑完毕后，应按施工技术方案及时采取有效的养护措施。

7.9 模板拆除

7.9.1 装配箱混凝土空心楼盖结构底模及其支架拆除时的混凝土强度，应符合现行国家标准《混凝土结构工程施工质量验收规范》GB 50204的有关规定。

7.9.2 多层建筑拆除装配箱混凝土空心楼盖结构底模及其支架时，应对拆模层楼盖的承载力进行验算；当无可靠验算依据时，新浇混凝土楼盖层下应保持不少于3层模板及支架未拆除。

7.9.3 模板拆除时，应防止重物对楼盖板面产生撞击。拆除的模板和支架宜分散堆放并应及时清运。

8 验收

8.1 一般规定

8.1.1 装配箱混凝土空心楼盖结构可作为混凝土结构子分部的组成部分。钢筋、模板、混凝土及装配箱安装等分项工程的质量验收，除应按本规程的规定进行验收外，尚应按现行国家标准《混凝土结构工程施工质量验收规范》GB 50204的规定进行验收。

8.1.2 生产装配箱顶板、底板的厂家，应按同一工艺正常生产的不超过1000件且不超过3个月的同类型产品作为一个检验批。当连续检验10批且每批的结构性能检验结果均符合设计要求时，对同一工艺正常生产的构件，可改为不超过2000件且不超过3个月的同类型产品为一批。在每批中应随机抽取不少于1个构件按本规程附录A的规定作为试件进行承载力性能检验。进场的装配箱顶板、底板，视实际情况和工程需要，也可按批抽取不少于1个构件进行承载力性能检验。

8.1.3 装配箱混凝土空心楼盖结构工程应对下列内容进行隐蔽工程验收，并应有详细的文字记录和必要的图像资料：

1 钢筋工程；

2 装配箱的安装；

3 管线预埋。

8.2 装配箱构件

（Ⅰ）主控项目

8.2.1 装配箱顶板、底板、侧壁筒等预制构件出厂前应在明显部位标明生产单位、构件型号、生产日期、合格标志，并应提供出厂证明文件。构件上外伸钢筋的规格、位置和数量应符合设计要求。

检查数量：全数检查。

检验方法：观察。

8.2.2 装配箱顶板、底板等预制构件的承载力性能应符合要求。

检查数量：按批检查。

检查方法：检查构件合格证、构件检验报告。

8.2.3 装配箱顶板、底板、侧壁筒的外观质量不应有严重缺陷和裂缝。

检查数量：全数检查。

检验方法：观察。

（Ⅱ）一 般 项 目

8.2.4 装配箱顶板、底板的外观质量不宜有一般缺陷。对已经出现的一般缺陷应按技术处理方案进行处理，并应重新检查验收。

检查数量：全数检查。

检验方法：观察外观质量，检查技术处理方案。

8.2.5 装配箱顶板、底板的尺寸允许偏差及检验方法应符合表8.2.5的规定。

检查数量：同一生产日期的同类型构件，现场抽查5%且不应少于3件。

表8.2.5 装配箱顶板、底板的尺寸允许偏差及检验方法

项目		允许偏差（mm）	检验方法
长度、宽度		±5	钢尺检查
厚度		+5 −3	卡尺
外伸钢筋	水平间距	5	钢尺检查
	外伸长度	+10 0	
保护层厚度		±5	钢尺或保护层厚度测定仪量测
对角线差		±8	钢尺量两个对角线
表面平整度		5	靠尺和塞尺检查

8.3 装配箱安装

（Ⅰ）主 控 项 目

8.3.1 装配箱安装后外观质量、尺寸偏差应符合本规程的要求。

检查数量：按批检查。

检验方法：现场检查，抽查5%且不应少于3个。

8.3.2 装配箱顶板、底板外伸钢筋与肋梁主筋之间的连接应符合设计要求。

检查数量：全数检查。

检验方法：观察，检查施工记录。

（Ⅱ）一 般 项 目

8.3.3 楼面模板密封胶条距离装配箱外边尺寸应一致，并应与模板粘贴牢固。

检查数量：全数检查。

检验方法：观察检查。

8.3.4 装配箱安装的允许偏差及检验方法应符合表8.3.4的规定。

检查数量：全数检查。

表8.3.4 装配箱安装的允许偏差及检验方法

项目		允许偏差（mm）	检验方法
相邻两箱表面高差		10	钢尺检查
箱体中心与轴线相对位置		5	钢尺检查
箱体下表面标高		±5	水准仪或钢尺检查
箱体上表面标高		±5	水准仪或钢尺检查
箱体高度		+10 −8	钢尺检查
侧壁筒	对角线差	±5	钢尺检查
	垂直度	2	水平尺检查

8.4 装配箱空心楼盖

8.4.1 装配箱空心楼盖工程验收时，应提交以下文件和记录：

1 装配箱顶板、底板、侧壁筒的出厂合格证；

2 装配箱顶板、底板承载力性能试验报告；

3 装配箱安装验收记录；

4 隐蔽工程验收记录；

5 分项工程验收记录；

6 其他必要的文件和记录。

8.4.2 装配箱空心楼盖工程验收合格应符合下列规定：

1 有关分项工程施工质量应验收合格；

2 应有完整的质量控制资料；

3 观感质量应验收合格；

4 实体质量应验收合格。

附录A 装配箱顶板、底板承载力检验方法

A.0.1 装配箱顶板、底板等预制构件应进行承载力性能检验，并应符合现行国家标准《混凝土结构工程施工质量验收规范》GB 50204的规定。对承载力性能检验不合格的预制构件不得用于混凝土结构。

A.0.2 装配箱顶板、底板的承载力可采用短期静力加载方法进行检验，检验应在环境温度0℃以上的温度中进行，试验前应量测构件实际尺寸，并检查构件表面，所有的缺陷和裂缝均应在构件上标出。试验用的加载设备及量测仪表均应预先标定或校准。顶板、

底板的支承方式可采用四边简支或四角简支。构件与支承面应紧密接触，承压垫板与构件、钢垫板与支座间，宜铺砂浆垫平。承压垫板厚度不应小于 10mm。装配箱顶板、底板承载力检验可按顶板、底板加载装置示意图（图 A.0.2）进行。

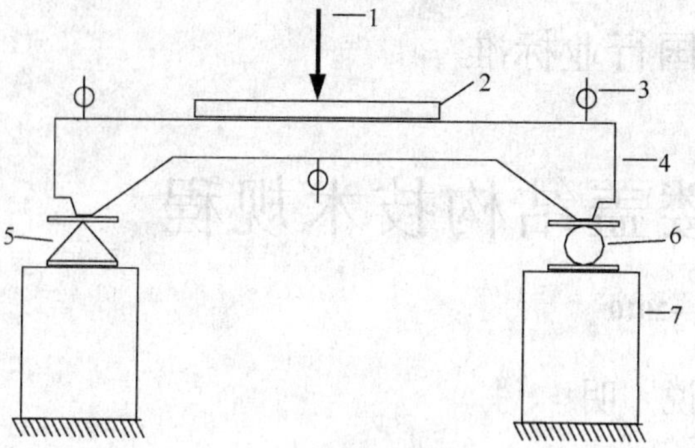

图 A.0.2　顶板、底板加载装置示意图

1—试验荷载；2—承压垫板；3—位移计；4—试件；5—刀口式支座；6—辊轴式支座；7—支墩

A.0.3　检验过程中应分级加载，每级荷载不应大于本规程第 3.2.6 条确定的施工荷载标准值的 10%。当临近施工荷载标准值时，每级荷载不应大于施工荷载标准值的 5%。作用于构件上的试验设备重量及构件自重应作为第一次加载的一部分。每级加载完成后应持续静置 10min，持续时间内应观察并记录构件的各项量测数据。

A.0.4　当按现行国家标准《混凝土结构设计规范》GB 50010 的规定对装配箱顶板、底板进行承载力检验时，应符合下式要求：

$$\gamma_0^u \geqslant \gamma_0[\gamma_u] \qquad (A.0.4)$$

式中：γ_0^u ——构件的承载力检验系数实测值，即构件的荷载实测值与施工荷载标准值的比值，施工荷载标准值可根据本规程 3.2.6 条的规定取值；

γ_0 ——结构重要性系数，可根据结构安全等级按现行国家标准《混凝土结构设计规范》GB 50010 的规定取值，当无专门要求时可取 1.0；

$[\gamma_u]$ ——构件的承载力检验系数允许值，可按国家标准《混凝土结构工程施工质量验收规范》GB 50204－2002 表 9.3.2 取值。

A.0.5　对构件进行承载力检验时，应加载至构件出现国家标准《混凝土结构工程施工质量验收规范》GB 50204－2002 表 9.3.2 所列承载能力极限状态的检验标志。当在规定的荷载持续时间内出现上述检验标志之一时，应取本级荷载值与前一级荷载值的平均值作为其承载力检验荷载实测值；当在规定的荷载持续时间结束后出现上述检验标志之一时，应取本级荷载值作为其承载力检验荷载实测值。

A.0.6　装配箱顶板、底板承载力检验结果应按下列规定评定：

1　当构件的承载力检验结果符合本规程附录 A.0.4 的检验要求时，该检验批构件的承载力应评为合格。

2　当第一个构件的检验结果不能符合本规程附录 A.0.4 的检验要求时，可从同一批构件中再抽取两个构件进行检验。第二次检验时，构件的承载力允许值应取国家标准《混凝土结构工程施工质量验收规范》GB 50204－2002 表 9.3.2 中的数值减去 0.05，当第二次抽取的两个构件均符合第二次检验的要求时，该批构件的承载力方可通过验收，否则应评定该批构件承载力不合格。

A.0.7　装配箱顶板、底板的承载力检验过程中在本附录未注明事项，应执行现行国家标准《混凝土结构工程施工质量验收规范》GB 50204 的相关规定。

本规程用词说明

1　为便于在执行本规程条文时区别对待，对于要求严格程度不同的用词说明如下：

1） 表示很严格，非这样做不可的：
正面词采用“必须”，反面词采用“严禁”；

2） 表示严格，在正常情况下均应这样做的：
正面词采用“应”，反面词采用“不应”或“不得”；

3） 表示允许稍有选择，在条件许可时首先应这样做的：
正面词采用“宜”，反面词采用“不宜”；

4） 表示有选择，在一定条件下可以这样做的，采用“可”。

2　条文中指明应按其他有关标准执行的写法为：“应符合……的规定”或“应按……执行”。

引用标准名录

1　《建筑结构荷载规范》GB 50009
2　《混凝土结构设计规范》GB 50010
3　《建筑抗震设计规范》GB 50011
4　《混凝土结构工程施工质量验收规范》GB 50204
5　《大体积混凝土施工规范》GB 50496
6　《高层建筑混凝土结构技术规程》JGJ 3
7　《钢筋焊接及验收规程》JGJ 18
8　《普通混凝土配合比设计规程》JGJ 55
9　《钢筋机械连接技术规程》JGJ 107
10　《建筑施工模板安全技术规范》JGJ 162

中华人民共和国行业标准

装配箱混凝土空心楼盖结构技术规程

JGJ/T 207—2010

条 文 说 明

制 订 说 明

《装配箱混凝土空心楼盖结构技术规程》JGJ/T 207-2010，经住房和城乡建设部2010年4月17日以第551号公告批准、发布。

本规程制订过程中，编制组进行了广泛和深入的调查研究，总结了我国装配箱混凝土空心楼盖结构的设计、施工及验收的实践经验，同时参考了国外先进技术法规、技术标准。

为便于广大设计、施工、科研、学校等单位有关人员在使用本规程时能正确理解和执行条文规定，《装配箱混凝土空心楼盖结构技术规程》编制组按章、节、条顺序编制了本规程的条文说明，对条文规定的目的、依据以及执行中需注意的有关事项进行了说明。但是，本条文说明不具备与标准正文同等的法律效力，仅供使用者作为理解和把握标准规定的参考。

目　次

1 总　　则

1.0.1、1.0.2 近十年来，混凝土空心楼盖在我国建筑工程中得到广泛应用。该类楼盖可广泛应用于商场、展览厅、会议室、仓库、图书馆、地下车库、阶梯教室等多高层公共建筑，尤其适用于大空间、大跨度、高净空的结构类型。空心楼盖的形式主要有两大类，一类是现浇混凝土空心楼盖，另一类是装配与现浇结合的混凝土空心楼盖。由中国工程建设标准化协会颁布的协会标准《现浇混凝土空心楼盖结构技术规程》CECS 175：2004，对上述第一类楼盖的应用起到了规范应用的作用；但在国内对装配与现浇相结合的混凝土空心楼盖，尚无现行标准可循。装配箱混凝土空心楼盖是由预制的装配箱与现浇的钢筋混凝土肋梁复合而成的一种楼盖形式。装配箱由钢筋混凝土顶板、底板、硬质材料制作的侧壁筒三部分装配而成，相邻箱体之间设置现浇肋梁，装配箱通过顶板、底板上锚入肋梁内的外伸钢筋与现浇肋梁连成一体，共同工作。该类楼盖的突出特点在于，装配箱不仅可作为施工过程中现浇肋梁的侧模，而且箱体本身可参与结构整体工作，这与一般空心楼盖中填充的箱体或筒芯仅作为内模而不参与结构受力有着显著区别。

装配箱混凝土空心楼盖的空心率较现浇空心楼盖要高，且楼盖自重更轻，可有效地节省材料，降低工程造价。该类楼盖中装配箱的各构件均采用工厂化、标准化制作，因而可减少现场混凝土浇筑量，提高了施工效率。与普通梁板楼盖相比，该类楼盖的结构厚度可大为降低，相同层高情况下可提供更高的建筑使用空间，而且整个楼盖底部平整，方便使用。

本规程适用于以装配箱为侧模，现场浇筑钢筋混凝土肋梁而形成的空心楼盖结构的设计、施工及验收。

1.0.3 装配箱混凝土空心楼盖的最大特点在于预制构件与现浇构件相结合，形成楼盖空腔的装配箱作为预制构件，保证装配箱的质量和准确安装是预制构件与现浇构件能否共同受力的前提条件，因此，应对装配箱各预制构件以及楼盖现场施工执行严格的质量检查和验收制度，保证施工质量。

1.0.4 在设计、施工和验收中除应符合本规程的要求外，凡涉及国家现行标准中的设计、计算要求、构造措施、施工质量，尚应遵照国家现行标准的相关规定。

2 术　　语

本章主要介绍了与装配箱混凝土空心楼盖结构的构成、计算方法有关的术语。装配箱混凝土空心楼盖与普通空心楼盖在结构形式上的区别主要在于形成楼盖空腔的箱体为预制构件组合而成。目前，在工程实践中应用较广的装配箱有两大类，一类是顶板、底板为带腋的加腋板与侧壁筒组合而成的装配箱，如图1(b)所示；另一类是平板与侧壁筒组合而成的装配箱，如图1(c)所示。

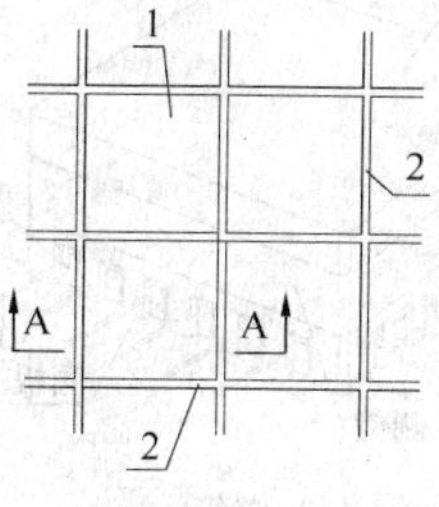

(a) 装配箱混凝土空心楼盖平面图

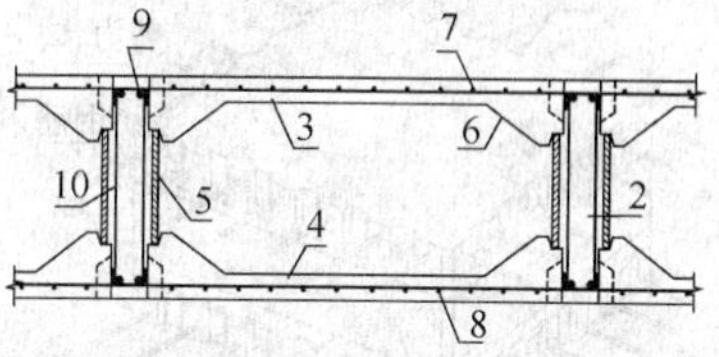

(b) A-A (加腋式装配箱混凝土空心楼盖)

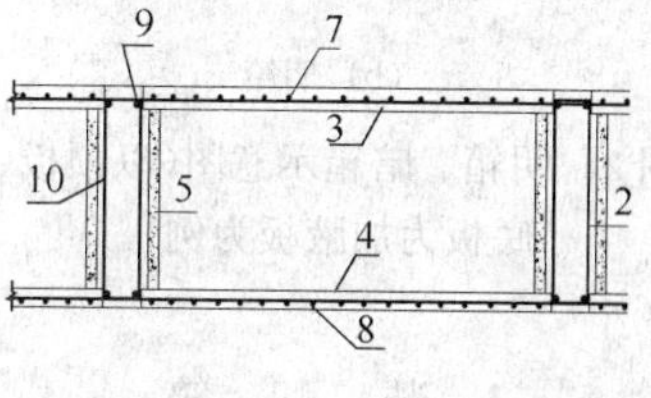

(c) A-A (平板式装配箱混凝土空心楼盖)

图1　装配箱示意图
1—装配箱；2—现浇肋梁；3—顶板；
4—底板；5—侧壁板；6—加腋；
7—顶板钢筋；8—底板钢筋；
9—肋梁纵筋；10—肋梁箍筋

作为装配箱顶板、底板的混凝土预制构件根据承载力要求进行配筋，楼盖相邻箱体之间设置现浇肋梁，为实现预制箱体与现浇肋梁之间的有效连接和共同工作，根据试验研究和工程实践经验，并借鉴现行国家标准《混凝土结构设计规范》GB 50010中增强预制装配式楼盖整体性的各项规定，加腋板式装配箱采取如下措施保证楼盖整体性：

（1）板内钢筋外伸至周边肋梁内锚固，并勾住肋梁内纵向受力钢筋，待肋梁混凝土浇筑硬化后，通过钢筋的粘结作用使肋梁与顶板或底板共同受力；

（2）沿顶板、底板四周设置有凹凸有序的剪力齿，以增加新旧混凝土间的咬合作用，提高楼盖抵抗水平剪力的能力，剪力齿如图2所示。

加腋板式装配箱在顶板、底板与侧壁对应的位置处设有承插口，用以连接固定侧壁板。

按照箱体的施工方法不同，装配箱又分为明箱和暗箱两种类型，明箱的顶板或底板均设外伸钢筋；暗箱的底板设外伸钢筋，顶板可不设外伸钢筋，但需设置钢筋混凝土现浇层，明箱和暗箱(以顶板、底板为加腋板为例)如图2所示。

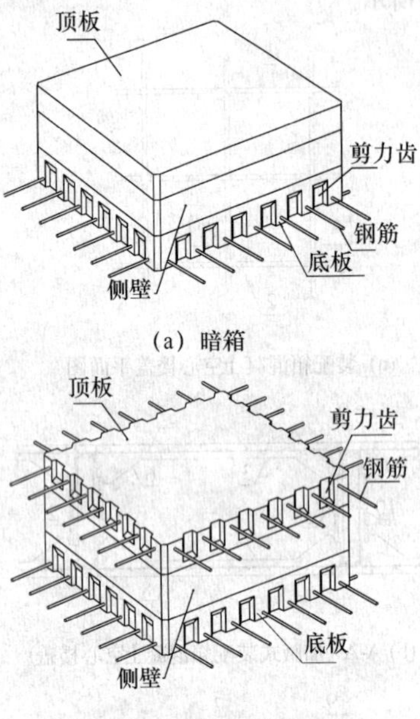

图2 明箱、暗箱示意图(以顶板、底板为加腋板为例)

3 装 配 箱

3.1 一 般 规 定

3.1.1 结构设计中可根据工程实际与楼面荷载情况，选择装配箱顶板和底板的尺寸，工程实践经验提出的推荐各边长尺寸为500mm～1500mm。一般情况下，随结构跨度的增大，箱体的高度也相应增加。

3.1.2 该条是考虑到箱体为预制装配构件，为保证在施工安装时就位准确，构件尺寸和外观质量均应满足建筑和结构要求，并保证实现装配箱与现浇肋梁形成整体。在施工阶段，箱体除承担自身重量外，尚需考虑各类施工荷载，因此有必要规定施工中箱体的力学性能，并符合本规程第3.2.6条的要求。

3.2 顶板、底板

3.2.1 装配箱顶板、底板的预制混凝土构件要兼顾室内正常环境(一类)、潮湿环境、露天环境(二a、二b类)以及与水、土壤直接接触的环境(二a类)，根据现行国家标准《混凝土结构设计规范》GB 50010的规定，装配箱体顶板、底板的最低混凝土强度等级按较高的二b类选用，即不应低于C30，选用较高的混凝土等级也有利于提高楼盖的抗渗性能和承载力。该类楼盖多用于地下车库顶板、屋面板等防水要求较高的结构部位，在普通建筑环境条件下也需避免楼盖渗水。一般情况下，装配箱的顶板较薄，采用自防水混凝土是实现不渗水的必需措施，因此预制装配箱体的顶板应采用自防水混凝土制成。

3.2.2 本规程中涉及的装配箱顶板或底板主要分平板和加腋板两类。平板的顶板、底板为长方体块；加腋板加腋的作用是增强肋梁与装配箱之间的有效连接。

3.2.3 剪力齿是加腋板特有的，其作用是保证新旧混凝土间可靠传递水平剪力，实现装配箱与现浇肋梁有效连接，避免混凝土出现施工直缝。由于肋梁宽度较小，为保证肋梁内钢筋施工，剪力齿相对于板边为内凹，其工作机理为新旧混凝土咬合作用，理论分析结果及工程实践均表明，齿间距不大于100mm时，上述连接构造是可靠的。

3.2.4 当顶板或底板为平板时，装配箱的形成和固定需要顶板、底板在侧壁筒上具有足够的支承长度，同时，在顶板、底板与侧壁筒接触的面上设置定位块，以固定顶板、底板。

3.2.5 承插口为加腋板特有的构造要求，箱体施工时用以固定侧壁板。

3.2.6 施工荷载按单个装配箱上承担一个施工作业人员重量(作业人员自重加所搬运的一块预制板重量)考虑，合计1.2kN。为方便计算，以面积为1m×1m的板，按照板跨中弯矩等效的原则，折算成均布荷载标准值为8.2kN/m²。考虑到工地现场的构件堆放与搬运，故偏安全地取施工荷载标准值为10kN/m²。在装配箱安装施工阶段，由于箱体周围尚没有浇筑肋梁混凝土，无法对板提供有效约束，此时板可视为四边简支或四角简支的双向板进行承载力验算。多数情况下，使用阶段顶板承受的荷载值要小于施工荷载，可不必验算使用阶段板的承载力；但对于使用荷载大于施工荷载的情况(例如楼面作为消防车通道)，楼盖通常需要采用暗箱，并应验算使用阶段板的承载力。

3.3 侧 壁 筒

3.3.1 由于侧壁筒在楼盖施工过程中主要起模板作用，因此在确保安全稳定的前提下，应尽可能选择轻质、无污染的硬质材料。为保证肋梁截面尺寸的规整性，对侧壁板平整度也提出了较高要求。

3.3.3 考虑到混凝土浇筑施工时侧压力对侧壁筒的作用，当箱体较高时，可采取在侧壁板上设置支撑等措施提高侧壁筒的抗侧压能力。支撑可根据《建筑施工模板安全技术规范》JGJ 162中的相关要求确定。

3.3.4 侧壁筒按工艺不同，可分为组装式和整体式。组装式侧壁筒由四块侧壁板围成；整体式侧壁筒是一个整体的预制构件。为保证侧壁筒定位准确，可通过承插口、定位块等措施与顶板、底板连接、固定。

4 结构分析

4.1 一般规定

4.1.1 对采用装配箱混凝土空心楼盖且带主肋梁的柱支承结构，其结构体系的判定存在两种观点：一种观点是按照板柱结构进行高度控制和抗震设计；另一种观点认为，根据现有的工程设计经验和计算对比，当楼盖的结构厚度大于等于相应跨度的1/18时，其结构内力、变形及侧向刚度与普通框架结构相似。

对采用装配箱混凝土空心楼盖的边支承结构，2005年1月上海市建委发布执行的《超限高层建筑工程抗震设计指南》3.1条中指出："根据上海市的工程经验，在这种结构体系中(注：指钢筋混凝土板柱-剪力墙结构体系)，当楼板的厚度不小于相应跨度的1/18时，可以按框架-剪力墙结构控制建筑物的高度"。

4.1.2 根据本规程4.1.1条的规定，装配箱混凝土空心楼盖结构的分析方法可按照普通梁板结构的分析方法，箱体顶板上的楼面荷载传至肋梁，再由肋梁以集中力的形式传至主肋梁或框架梁，最后传至柱、墙等结构构件。该方法的特点是计算简单，传力明确。还可根据截面刚度等效的原则将空心楼盖转换成实心平板楼盖，按照无梁楼盖的分析方法对装配箱混凝土空心楼盖进行结构分析，将整个楼盖划分为柱上板带和跨中板带，再针对每类板带进行设计，具体的计算方法有等代框架法、直接设计法、拟板法等。无论采取何种计算模式，均应根据实际结构形式和受力特点，确定合理的分析模型。

4.2 结构分析方法

4.2.2、4.2.3 装配箱混凝土空心楼盖的结构分析比较复杂，本规程推荐采用有限元计算软件进行装配箱混凝土空心楼盖结构的内力和位移计算。设计人员应重视概念设计，使电算程序中建立的结构模型和参数与实际结构相吻合。

4.2.4 本条给出了不同支承情况下的结构分析方法，对于边支承楼盖，可按竖向刚性支承考虑，计算中可忽略周边支承的竖向变形，根据相邻区格板的荷载情况和支承转动能力，区格板可按嵌固支承、简支支承或介于二者之间的弹性支承考虑。竖向荷载作用下弯矩调幅的规定是参照行业标准《高层建筑混凝土结构技术规程》JGJ 3-2002中第5.2.3条的规定：对于装配整体式框架梁端负弯矩调幅系数可取0.7～0.8；现浇框架梁端负弯矩调幅系数可取0.8～0.9。结合装配箱混凝土空心楼盖的结构特点，本条中规定了调幅不应超过20%。

对于柱支承楼盖，本规程主要推荐两种计算方法：等代框架法和直接设计法。等代框架法适用于竖向荷载或水平荷载(作用)下结构的内力分析，而直接设计法则仅适用于竖向荷载作用下的内力计算。

弯矩调幅可使楼板配筋合理分布，与实际受力状况吻合。柱支承楼盖的弯矩调幅仅针对竖向均布荷载，调幅后竖向荷载作用下的内力与水平荷载作用下的内力组合后再进行截面设计。

5 设计规定

5.0.1 肋梁是装配箱混凝土空心楼盖结构中箱体的约束构件，并起到传递楼面荷载作用。

试验结果表明，竖向荷载作用下装配箱混凝土空心楼盖的破坏形态为典型的弯曲破坏，顶板受压区混凝土被压碎，符合平截面假定。板的外伸钢筋与同方向现浇肋梁内纵向受力钢筋的应变变化规律基本一致，说明现浇肋梁与预制箱体可以实现整体受力、共同工作，该类楼盖的受力类似于现浇整体楼盖，因此承载力计算时肋梁截面可视为T形，即部分顶板或底板可作为肋梁的受压翼缘。翼缘计算宽度可根据现行国家标准《混凝土结构设计规范》GB 50010中的相关规定确定，但承载力计算时不考虑板内钢筋的作用。

当肋梁高度大于450mm时，为防止肋梁沿高度中部发生温度收缩裂缝，应按照现行国家标准《混凝土结构设计规范》GB 50010中的规定设置腰筋。

5.0.2 边梁的设置目的是加强对楼盖的周边约束，提高楼盖的整体性。由于边梁位于楼盖的边缘，边梁应考虑扭矩的作用。抗扭钢筋的设置应符合现行国家标准《混凝土结构设计规范》GB 50010中的相关规定。

在装配箱空心楼盖的外周边布置高出楼盖厚度的框架梁有两个目的：一是提高边梁的抗扭刚度；二是加强对楼盖边缘的约束作用。

在洞口处，由于开洞易削弱楼盖整体性和连续性，参照国家相关标准的要求，宜在洞口周边设置边梁以提高该处的承载力。

5.0.3 为提高装配箱混凝土空心楼盖结构的抗震性能，抗震设计时宜沿柱轴线设置主肋梁或框架梁。主肋梁的高度等于楼盖厚度，即梁底与板底平齐。主肋梁应通过配筋或构造措施提高整体结构的抗震性能。

5.0.4 楼盖节点是受力复杂的关键区域，为加强该部位的受冲切承载力，宜在节点区域采用现浇实心楼盖。节点实心区域的厚度和配筋应满足受冲切承载力要求。对于实心楼盖以外负弯矩较大的区域，则宜根据需要采用暗箱。

根据设计经验，通常在楼盖节点周围设置暗箱以实现实心楼盖区域向空心楼盖区域的过渡，以避免结构形式和承载力沿跨度方向的突变，如图3所示。对变截面处的楼盖应验算抗剪承载力；对节点处楼盖受冲切承载力的计算方法按照现行国家标准《混凝土结构设计规范》GB 50010的规定，当板中配置抗冲切箍筋或弯起钢筋时，应符合相关的构造要求。

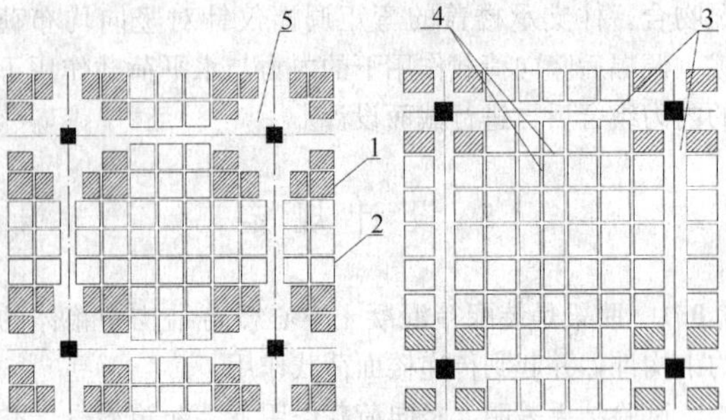

图3 节点区域平面图
1—暗箱；2—明箱；3—主肋梁或框架梁；
4—肋梁；5—现浇实心区域

5.0.5 试验结果表明，装配箱混凝土空心楼盖的刚度较大，有可靠工程经验时，可不作结构构件的挠度验算。对于考虑弯矩调幅的结构，为确保结构安全，应对结构进行挠度验算。

在进行装配箱混凝土空心楼盖的挠度验算时，肋梁可视为工字形截面，按现行国家标准《混凝土结构设计规范》GB 50010的规定进行刚度计算。

6 构造要求

6.1 一般规定

6.1.1 根据设计经验和工程应用，本条提出装配箱混凝土空心楼盖体积空心率不宜小于30%，也不宜大于70%。

6.1.2 装配箱混凝土空心楼盖的跨高比参考无梁楼盖中对于楼盖跨高比的限值，在实际应用中也可根据需要进行调整。对设置柱帽柱支承楼盖的，其跨高比可根据经验适当放宽。

6.1.3 根据肋梁内钢筋布置和保护层厚度等方面的要求，设计构造规定宽度不少于100mm。由于肋梁为空间双向密肋形式，在肋梁跨度方向上每间隔不超过1.5m就有垂直方向的肋梁为其提供侧向支撑，肋梁侧向稳定性可得到满足，其截面高宽比可较普通梁放宽。肋梁高度取值范围250mm～1400mm，工程设计中肋梁高度增加，肋梁宽度也随着增大，本条中规定肋梁截面高度与宽度之比不宜大于10。装配箱混凝土空心楼盖适用于较大的结构跨度，其肋梁截面高度不宜过小，根据工程经验，本条提出肋梁高度不宜低于250mm。

6.1.4 装配箱混凝土空心楼盖各结构构件的混凝土保护层厚度应按照现行国家标准《混凝土结构设计规范》GB 50010的规定取值，以满足耐久性和受力钢筋的需要。现浇肋梁两旁的侧壁筒对受力钢筋可起到保护作用。

6.1.6 承受较大集中静力荷载或直接承受较大集中动力荷载的部位以及有防水要求的楼盖等几类特殊情况宜设置暗箱。

6.2 装配箱

6.2.1 在工程应用中，当侧壁筒为硅酸盐、铝酸盐、硅钙、改性钙镁等无机材料制成时，厚度多取8mm～12mm；当侧壁筒为整体式混凝土构件时，其厚度不小于20mm。当对装配箱有特殊要求时，可根据实际情况予以调整，但需保证装配箱的整体稳定性和承载力。

6.2.2 从顶板、底板的承载力、刚度、钢筋保护层等方面考虑，规定其最小厚度为40mm。

6.2.3 顶板、底板内的纵向钢筋应根据计算确定，并满足板的最小配筋率要求，为保证板的承载力，并考虑板耐久性，板内钢筋直径不应低于5mm。

装配箱顶板或底板的外伸钢筋是确保预制箱体与现浇肋梁有效连接、共同工作的重要措施之一，顶板或底板纵向钢筋的外伸部分应锚入肋梁内部，其锚固长度应根据计算确定。参照现行国家标准《混凝土结构设计规范》GB 50010中梁柱节点区域，梁上部钢筋在节点的锚固长度规定，本条文对伸入现浇肋梁内钢筋的水平投影长度作了规定。为加强现浇肋梁与箱体的整体连接、共同受力，锚入肋梁内的钢筋端部宜弯折并勾住肋梁纵筋，以使钢筋弯折部分更好地起到销栓作用。从试验结果来看，外伸钢筋的锚固长度满足本条规定时，可充分发挥其受拉强度，未发生钢筋拔出或粘结破坏，保证楼盖的整体性。

6.2.4 对采用暗箱的楼盖，装配箱顶板上需设置现浇层。当现浇层厚度不小于50mm时，装配箱空心楼盖的整体性能可等效于现浇楼盖。

6.3 柱帽、托板、主肋梁、楼盖实心区域

6.3.1 柱帽或托板的作用是增强柱与楼盖的整体连接，提高节点部位的受冲切承载力，减少楼盖的计算跨度。当抗震设防烈度为8度时，对柱支承楼盖的板柱结构宜设置柱帽或托板，柱帽或托板的尺寸应满足受冲切承载力的要求。

7 施工

7.1 一般规定

7.1.1 根据现行国家标准《建筑工程施工质量验收统一标准》GB 50300和《混凝土结构工程施工质量验收

规范》GB 50204 的有关规定，对装配箱混凝土空心楼盖施工现场和施工项目的质量管理体系和质量保证体系提出了要求，施工现场应有健全的质量管理体系、施工质量检验制度和施工质量水平评定考核制度。

7.2 装配箱构件制作

7.2.1 制作装配箱构件的厂家必须具有预制构件的生产资质。

7.2.2 装配箱预制构件制作中，钢筋工程、模板工程和混凝土工程等施工均应符合国家现行标准《混凝土结构工程施工质量验收规范》GB 50204 的有关规定。

7.3 装配箱构件堆放

7.3.2 装配箱构件现场堆放应防止不同型号、规格及顶板、底板之间的混放。

7.3.3 本条明确了装配箱构件现场叠放的具体要求。

7.4 模板安装

7.4.1 装配箱混凝土空心楼盖结构的支模体系是楼盖结构施工的关键，应确保支模体系的稳定和安全可靠。本条规定了楼盖模板和支架的设计除了应符合国家现行标准的相关规定外，还应结合现场楼面装配箱的叠放进行复核验算。

7.4.2 本条规定了装配箱混凝土空心楼盖结构施工中对模板及其支架安装的基本要求，这对保证模板及其支架的安全以及混凝土成型质量具有重要作用。

7.4.3 本条提出了装配箱混凝土空心楼盖结构底模板支模的两种形式和要求。满堂铺设施工简便，但模板占用量大；在肋梁范围内铺设肋梁底模可节省模板，但要保证楼盖地面平齐，并防止肋梁底部漏浆。

7.4.4 本条明确了对装配箱楼盖底模起拱的要求，国家标准《混凝土结构工程施工质量验收规范》GB 50204－2002 第 4.2.5 条中对模板的起拱高度规定为跨度的 1/1000～3/1000。现浇装配箱混凝土空心楼盖跨度较大，易引起视觉偏差，模板起拱宜适当提高，因此本条规定的起拱高度为 2/1000～3/1000。

7.5 装配箱安装

7.5.2 装配箱安装前在底模板上粘贴密封胶条的目的是保证装配箱与底模之间结合紧密，防止肋梁底部漏浆。

7.5.4 本条明确对装配箱侧壁筒安装的要求。

7.7 管线安装

7.7.1 管线穿过装配箱侧壁筒时，应有可靠的密封措施，以防止混凝土浇筑时漏浆。

7.7.2 吊挂件设置在肋梁上的目的是确保吊挂件安全、可靠。

7.8 混凝土施工

为加强混凝土施工的过程控制，本节对混凝土配制、浇筑及养护提出了一系列要求。

7.9 模板拆除

7.9.2 由于采用装配箱空心楼盖一般跨度较大，连续多层采用本楼盖的工程在拆模时，应充分考虑拆模层楼盖结构对上部结构及模板、支架的承载能力。当无可靠的结构验收依据时，新浇混凝土楼盖层下应有至少 3 层模板及支架未拆。

8 验收

8.1 一般规定

8.1.1 装配箱混凝土空心楼盖结构不是独立的子分部工程，属于混凝土子分部工程的组成部分。

8.1.2 装配箱顶板、底板应按检验批进行验收，并进行结构性能检验。

8.2 装配箱构件

8.2.1 本条明确了对装配箱顶板、底板等预制构件质量的验收和检验方法。

8.2.2 本条明确了对装配箱顶板、底板和侧壁板等预制构件结构性能的验收和检验方法。

8.2.3 本条明确了装配箱顶板、底板等预制构件的外观质量不应出现严重缺陷，明确了对外观质量的验收和检验方法。预制构件外观质量严重缺陷的评判应根据国家标准《混凝土结构工程施工质量验收规范》GB 50204－2002 表 8.1.1 的规定。

8.2.4 本条明确了对装配箱构件出现一般缺陷的处理和检验方法。预制构件外观质量一般缺陷的评判应根据国家标准《混凝土结构工程施工质量验收规范》GB 50204－2002 表 8.1.1 的规定。

8.4 装配箱空心楼盖

8.4.1 本条规定装配箱空心楼盖工程验收需提交与装配箱相关的文件和记录，其余资料应符合现行国家标准《混凝土结构工程施工质量验收规范》GB 50204 的相关规定。

附录 A 装配箱顶板、底板承载力检验方法

装配箱顶板、底板作为预制构件，在结构施工过程中尚未形成整体楼盖之前，由于自重较大，以及施

工过程中的构件堆放，顶板、底板通常要承受较大的施工荷载，且一般情况下，该施工荷载要大于其使用阶段的楼面荷载，因此，对于顶板、底板构件来说，必须保证施工阶 段具有足够的承载力。基于上述考虑，本附录提出了顶板、底板的承载力检验方法，施工前对预制构件进行结构性能检验也是现行国家标准《混凝土结构工程施工质量验收规范》GB 50204 中的规定。

中华人民共和国行业标准

现浇混凝土空心楼盖技术规程

Technical specification for cast-in-situ concrete hollow floor structure

JGJ/T 268—2012

批准部门：中华人民共和国住房和城乡建设部
施行日期：2 0 1 2 年 8 月 1 日

中华人民共和国住房和城乡建设部
公　　告

第 1326 号

关于发布行业标准《现浇混凝土空心楼盖技术规程》的公告

现批准《现浇混凝土空心楼盖技术规程》为行业标准，编号为 JGJ/T 268 - 2012，自 2012 年 8 月 1 日起实施。

本规程由我部标准定额研究所组织中国建筑工业出版社出版发行。

中华人民共和国住房和城乡建设部

2012 年 3 月 1 日

前　　言

根据原建设部《关于印发〈二〇〇二～二〇〇三年度工程建设城建、建工行业标准制定、修订计划〉的通知》（建标［2003］104 号）的要求，规程编制组经广泛调查研究，认真总结工程实践经验；参考有关国际标准和国外先进标准，在广泛征求意见的基础上，编制本规程。

本规程的主要技术内容是：1. 总则；2. 术语和符号；3. 材料；4. 基本规定；5. 结构分析方法；6. 结构构件计算；7. 构造规定；8. 施工及验收。

本规程由住房和城乡建设部负责管理，由中冶建筑研究总院有限公司负责具体技术内容的解释。执行过程中如有意见和建议，请寄送至中冶建筑研究总院有限公司（地址：北京市海淀区西土城路 33 号，邮编：100088）。

本规程主编单位：中冶建筑研究总院有限公司

本规程参编单位：长沙巨星轻质建材股份有限公司
中国京冶工程技术有限公司
中国建筑科学研究院
北京市建筑工程研究院有限责任公司
重庆大学
北京东方京宁建材科技有限公司
深圳大学建筑设计研究院
中国电子工程设计院
北京市建筑工程设计有限责任公司
西安建筑科技大学
中国建筑材料科学研究总院

本规程主要起草人员：吴转琴　尚仁杰　刘　航
胡　萍　元宏华　李　萍
徐　焱　徐金声　刘　畅
李培彬　姚谦峰　文　辉
周建锋　刘景亮　范蕴蕴
蒋方新　周　时　秦士洪
全学友　翁端衡

本规程主要审查人员：马克俭　叶列平　李云贵
宋玉普　吴　徽　范　重
束伟农　李晨光　杨伟军
束七元

目　次

Contents

1 总 则

1.0.1 为使现浇混凝土空心楼盖的设计、施工做到技术先进、安全适用、经济合理、确保质量，制定本规程。

1.0.2 本规程适用于工业与民用建筑及一般构筑物的现浇钢筋混凝土及预应力混凝土空心楼盖结构的设计、施工及验收。

1.0.3 现浇混凝土空心楼盖的设计、施工及验收除应符合本规程的规定外，尚应符合国家现行有关标准的规定。

2 术语和符号

2.1 术 语

2.1.1 现浇混凝土空心楼板 cast-in-situ concrete hollow slab

采用内置或外露填充体，经现场浇筑混凝土形成的空腔楼板。

2.1.2 现浇混凝土空心楼盖 cast-in-situ concrete hollow floor structure

由现浇混凝土空心楼板和支承梁（或暗梁）等水平构件形成的楼盖结构。

2.1.3 刚性支承楼盖 rigid edge supported floor structure

由墙或竖向刚度较大的梁作为楼板竖向支承的楼盖。

2.1.4 柔性支承楼盖 flexible edge supported floor structure

由竖向刚度较小的梁作为楼板竖向支承的楼盖。

2.1.5 柱支承楼盖 column supported floor structure

由柱作为楼板竖向支承，且支承间没有刚性梁和柔性梁的楼盖。

2.1.6 填充体 filler

永久埋置于现浇混凝土楼板中，置换部分混凝土以达到减轻结构自重的物体。按形状和成型方式可分为：管状成型的填充管、棒状成型的填充棒、箱状成型的填充箱、块状成型的填充块和板状成型的填充板等。

2.1.7 内置填充体 embedded filler

埋置于现浇混凝土楼板中，表面均不外露的填充体。

2.1.8 外露填充体 exposed filler

埋置于现浇混凝土楼板中，其上表面或下表面或上、下表面暴露于楼板表面的填充体。

2.1.9 体积空心率 volumetric void ratio

现浇混凝土楼板区格内填充体的体积与楼板体积的比值。填充体的体积包括了填充体材料的体积和内部空腔的体积。

2.1.10 表观密度 apparent density

自然状态下填充体的质量与体积的比值。

2.1.11 肋 rib

同一柱网内相邻填充体侧面之间、端面之间形成的混凝土区域。

2.1.12 主肋 main-rib

现浇混凝土空心楼板中相邻填充板之间形成的肋。

2.1.13 次肋 secondary-rib

现浇混凝土空心楼板中填充板内相邻轻质芯块间形成的肋。

2.1.14 肋间距 rib spacing

相邻两肋中心线之间的距离。

2.1.15 翼缘厚度 flange depth

填充体上、下表面分别至现浇混凝土空心楼板顶面、底面的距离。

2.1.16 拟板法 analogue slab method

将现浇混凝土空心楼板等效为实心板进行内力和变形分析的计算方法。

2.1.17 拟梁法 analogue cross beam method

将现浇混凝土空心楼板等效为双向交叉梁系进行内力和变形分析的计算方法。

2.1.18 经验系数法 empirical coefficient method

用弯矩分配系数计算现浇混凝土空心楼盖各板带控制截面弯矩的计算方法。

2.1.19 等代框架法 equivalent frame method

在两个方向将柱支承楼盖或柔性支承楼盖等效成以柱轴线为中心的连续框架分别进行内力分析的计算方法。

2.2 符 号

2.2.1 材料性能

E_c——混凝土弹性模量；

E_{cb}——梁混凝土弹性模量；

E_{cs}——板混凝土弹性模量；

E_{cc}——柱混凝土弹性模量；

E_x——正交各向异性板 x 向弹性模量；

E_y——正交各向异性板 y 向弹性模量；

G_{xy}——正交各向异性板剪变模量；

g_{fil}——填充体表观密度；

ν_c——混凝土泊松比；

ν_x——正交各向异性板 x 向泊松比；

ν_y——正交各向异性板 y 向泊松比。

2.2.2 作用、作用效应

G_{fil}——楼板区格内填充体重量；

M_0——计算板带在计算方向一跨内的

总弯矩设计值；

M_{x1}、M_{y1}、M_{x1y1}——等效各向同性板 x 向弯矩、y 向弯矩以及扭矩；

M_x、M_y、M_{xy}——正交各向异性板 x 向弯矩、y 向弯矩以及扭矩。

2.2.3 几何参数

A_a、A_p——圆形截面填充体空心楼板纵向、横向截面积；

b——计算单元宽度；计算板带宽度；等代框架梁计算宽度；

b_b——梁截面宽度；拟梁宽度；

b_c——柱截面宽度；

b_w——计算截面肋宽；

c_2——等代框架法中垂直于板跨度 l_1 方向的柱（柱帽）宽；

D——圆形截面填充体直径；

h——楼板厚度；

h_0——楼板截面有效高度；

h_c——柱截面高度；

h_{con}——空心楼板折实厚度；

I_1——等代框架中梁板在柱（柱帽）边缘处的截面惯性矩；

I_0——计算单元等宽度实心楼板截面惯性矩；

I_a、I_p——圆形截面填充体空心楼板纵向、横向截面惯性矩；

I_c——柱在计算方向的截面惯性矩；

K_c——等代框架法中柱的抗弯线刚度；

K_{ec}——等代框架法中等效柱的抗弯线刚度；

K_t——等代框架法中柱两侧抗扭构件的抗扭刚度；

l_1——经验系数法及等代框架法中板计算方向跨度；

l_2——经验系数法及等代框架法中板垂直于计算方向的跨度；

l_x——正交各向异性板 x 向计算跨度；刚性支承双向板长跨跨度；

l_y——正交各向异性板 y 向计算跨度；刚性支承双向板短跨跨度；

l_{x1}、l_{y1}——等效各向同性板 x 向和 y 向跨度；

l_n——计算方向板的净跨。

2.2.4 计算系数及其他

C——经验系数法计算中的截面抗扭常数；

k——正交各向异性板 y 向与 x 向的弹性模量比；填充管（棒）空心楼板横向与纵向惯性矩比；

α_1——经验系数法计算中计算方向梁与板截面抗弯刚度的比值；

α_2——经验系数法计算中垂直于计算方向梁与板截面抗弯刚度的比值；

β——填充管（棒）空心楼板横向受剪承载力调整系数；

β_b——等代框架计算中抗扭刚度增大系数；

β_t——经验系数法中抗扭刚度系数；

ρ_{void}——体积空心率。

3 材 料

3.1 混 凝 土

3.1.1 用于现浇混凝土空心楼盖的混凝土强度等级：钢筋混凝土楼盖不宜低于C25，预应力混凝土楼盖不宜低于C40，且不应低于C30。

3.2 普 通 钢 筋

3.2.1 现浇混凝土空心楼盖的普通纵向受力钢筋宜采用HRB400、HRB500、HRBF400和HRBF500钢筋，也可采用HPB300、HRB335、HRBF335、RRB400钢筋。

3.3 预应力筋及锚固系统

3.3.1 现浇预应力混凝土空心楼盖的预应力筋宜优先选用高强低松弛钢绞线，必要时也可选用钢丝束、纤维预应力筋等性能可靠的预应力筋，其性能应符合现行国家标准《预应力混凝土用钢绞线》GB/T 5224和《预应力混凝土用钢丝》GB/T 5223等相关标准的规定。

3.3.2 预应力可采用有粘结、无粘结、缓粘结等技术体系，其性能应符合国家现行标准《混凝土结构设计规范》GB 50010、《无粘结预应力混凝土结构技术规程》JGJ 92和《缓粘结预应力钢绞线》JG/T 369的规定。

3.3.3 预应力锚固系统应符合现行国家标准《预应力筋用锚具、夹具和连接器》GB/T 14370的规定。

3.4 填 充 体

3.4.1 用于现浇混凝土空心楼盖的填充体材料，氯化物和碱的总含量应符合现行国家标准《混凝土结构设计规范》GB 50010中对混凝土材料的要求；放射性核素的限量应符合现行国家标准《建筑材料放射性核素限量》GB 6566的要求；正常使用环境下不应产生有损人身健康及环境的有害成分，火灾时防火等级要求时间内不得产生析出楼板的有毒气体。

3.4.2 填充管、填充棒的规格尺寸应根据具体工程需要确定，外径可取 100mm～500mm，尺寸允许偏差应符合表 3.4.2 的规定，检验方法应按本规程附录 A 的规定执行。填充管、填充棒的外观质量应符合下列要求：

1 表面应平整，无明显贯通性裂纹、孔洞；

2 填充管管端应封堵密实、牢固；

3 当填充棒有外裹封闭层时，封裹应密实，粘附应牢固。

表 3.4.2 填充管、填充棒尺寸允许偏差

项目		允许偏差（mm）
长度（mm）	$L\leqslant500$	±8
	$L>500$	±10
断面尺寸（mm）	$D\leqslant300$	±5
	$D>300$	±8
轴向表面平直度（mm）	$L\leqslant500$	5
	$L>500$	8

3.4.3 填充箱、填充块的规格尺寸应根据具体工程需要确定，边长可取 400mm～1200mm，尺寸允许偏差应符合表 3.4.3 的规定，检验方法应按本规程附录 A 的规定执行。当内置填充箱、填充块的底面短边尺寸大于 600mm 时，宜在中部设置竖向通孔。填充箱、填充块外观质量应符合下列规定：

1 表面应平整，无明显贯通性裂纹、孔洞；

2 填充箱应具有可靠的密封性；

3 外露填充箱的外露面侧边应与楼盖混凝土有可靠连接。

表 3.4.3 填充箱、填充块尺寸允许偏差

项目	允许偏差（mm）
边长	+5，−8
高度	+5，−8
表面平整度	5
两对角线长度差	10

3.4.4 填充板的规格尺寸应根据具体工程需要确定，边长可取 800mm～1800mm，厚度可取 80mm～500mm，尺寸允许偏差应符合表 3.4.4 的规定，检验方法应按本规程附录 A 的规定执行。填充板外观质量应符合下列规定：

1 填充板表面应平整，轻质芯块应排列整齐；

2 连接网不应有脱落；

3 轻质芯块表面不应有明显破损，大小应满足混凝土浇筑密实的要求。

表 3.4.4 填充板的尺寸允许偏差

项目		允许偏差（mm）
轻质芯块	边长、厚度	+5，−8
	表面平整度	8
连接网	间距	±5
	表面平整度	8
整体板	边长、厚度	+5，−8
	表面平整度	8

3.4.5 填充体的物理力学性能应符合表 3.4.5 的规定，检验方法应按本规程附录 A 的规定执行。

表 3.4.5 填充体的物理力学性能要求

项目	技术指标
表观密度（kg/m^3）	15.0～500.0
48h 浸泡后局部抗压荷载（kN）	≥1.0
自然吸水率（%）	≤5
抗振动冲击	ϕ30 振动棒紧贴内置表面振动 1min，不出现贯通性裂纹及破损

注：1 当外露填充箱上表面为混凝土，且与现浇混凝土同样受力时，上表面质量和体积可不计入表观密度计算；

2 填充板的局部抗压强度是指轻质芯块的局部抗压强度。

4 基本规定

4.1 结构布置原则

4.1.1 现浇混凝土空心楼盖的结构布置应受力明确、传力合理。

4.1.2 现浇混凝土空心楼板为单向板时，填充体长向应沿板受力方向布置。

4.1.3 现浇混凝土空心楼板为双向板时，填充体宜为平面对称形状，并宜按双向对称布置；当为填充管、填充棒等平面不对称形状时，其长向宜沿受力较大的方向布置。

4.1.4 直接承受较大集中静力荷载的楼板区域，不宜布置填充体；直接承受较大集中动力荷载的楼板区格，不应采用空心楼板。

4.2 截面特性计算

4.2.1 双向布置填充体的现浇混凝土空心楼板，两正交方向的截面特性应按下列规定计算：

1 选取两相邻填充体中心线之间的范围作为一个计算单元（图 4.2.1-1）。

2 当填充体为内置填充体、单面外露填充体和

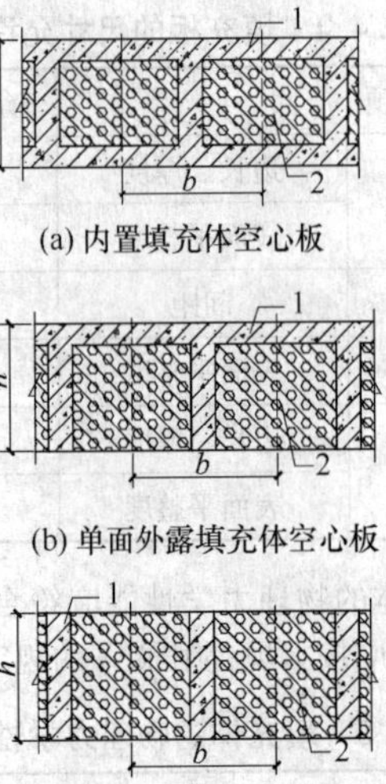

(a) 内置填充体空心板

(b) 单面外露填充体空心板

(c)双面外露填充体空心板

图 4.2.1-1　现浇混凝土空心楼板截面示意图

1—混凝土；2—填充体

双面外露填充体时，可将计算单元分别简化为Ⅰ形截面、T形截面和矩形截面来计算其截面积 A 和截面惯性矩 I（图 4.2.1-2）。

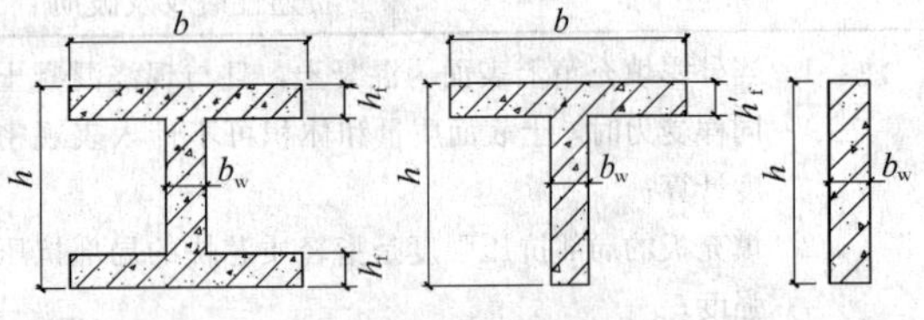

图 4.2.1-2　截面计算单元示意图

3　当填充体外壳为混凝土且与现浇混凝土可靠连接时，可将填充体外壳计入混凝土截面内计算截面特性。

4.2.2　当内置填充体为圆形截面且圆心与板形心一致时，可取宽度 $D+b_w$ 为一个计算单元（图 4.2.2），其截面积和截面惯性矩的计算应符合下列规定：

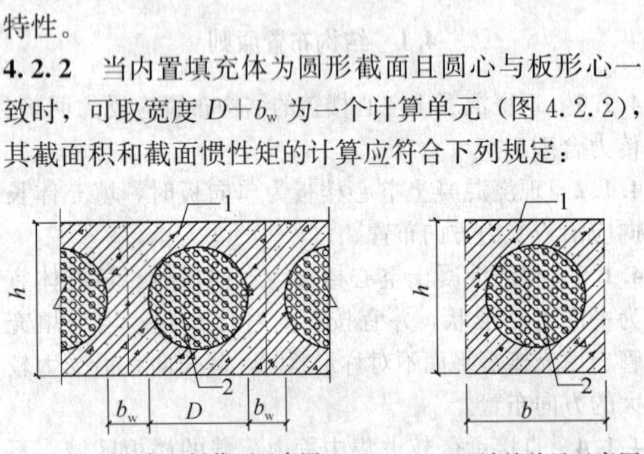

(a) 空心板截面示意图　　(b) 计算单元示意图

图 4.2.2　圆形截面填充体空心板

1—混凝土；2—填充体

1　空心楼板沿填充体纵向的截面积和截面惯性矩应按下列公式计算：

$$A_a = bh - \frac{1}{4}\pi D^2 \qquad (4.2.2\text{-}1)$$

$$I_a = \frac{bh^3}{12} - \frac{\pi D^4}{64} \qquad (4.2.2\text{-}2)$$

式中：A_a、I_a——纵向一个计算单元宽度内空心楼板截面积（mm^2）、截面惯性矩（mm^4）；

D——填充体直径（mm）；

b_w——肋宽（mm）；

b——计算单元宽度（mm），大小为 $D+b_w$；

h——楼板厚度（mm）。

2　空心楼板沿填充体横向的截面积和截面惯性矩可按下列公式计算：

$$A_p = b(1.06h - D) \qquad (4.2.2\text{-}3)$$

$$I_p = kI_a \qquad (4.2.2\text{-}4)$$

式中：A_p、I_p——横向一个计算单元宽度内空心楼板截面积（mm^2）、截面惯性矩（mm^4）；

k——横向计算单元与纵向计算单元截面惯性矩比，可按表 4.2.2 采用，中间值按线性插值。

表 4.2.2　横向计算单元与纵向计算单元截面惯性矩比 k

D/h	0.45	0.50	0.55	0.60	0.65	0.70	0.75	0.80
k	0.97	0.96	0.95	0.93	0.90	0.87	0.82	0.77

5　结构分析方法

5.1　一 般 规 定

5.1.1　现浇混凝土空心楼盖应采用满足力学平衡条件和变形协调条件的计算方法进行结构分析。结构分析宜采用弹性分析方法；在有可靠依据时可考虑内力重分布，当进行内力重分布时应考虑正常使用要求。

5.1.2　当楼盖平面布置不规则、填充体布置间距不等、作用有局部集中荷载、局部开洞等特殊情况时，宜作专门的计算分析。结构分析所采用的电算程序应经考核验证，其技术条件应符合本规程和现行国家标准《混凝土结构设计规范》GB 50010 的有关规定。

5.1.3　现浇混凝土空心楼板的自重应考虑空心的影响，整体分析时，也可通过折实厚度考虑板自重，可按本规程附录B计算。

5.1.4　周边刚性支承的内置填充体现浇混凝土空心楼板，可采用拟板法按本规程第 5.2 节的规定计算；也可采用拟梁法按本规程第 5.3 节的规定计算。周边刚性支承的外露填充体现浇混凝土空心楼板宜采用拟梁法按本规程第 5.3 节的规定计算。

5.1.5　柱支承、柔性支承及混合支承现浇混凝土空心楼盖竖向均布荷载下的内力宜采用经验系数法按本规程第5.4节的规定计算；当不符合经验系数法的规定时，可采用等代框架法按本规程第5.5节的规定计算。

5.1.6 承受地震及风荷载作用的柱支承、柔性支承及混合支承现浇混凝土空心楼盖，宜采用等代框架法按本规程第5.5节的规定计算。

5.2 拟板法

5.2.1 现浇混凝土空心楼板按拟板法计算时，应符合下列规定：

1 现浇混凝土空心楼板肋间距宜小于2倍板厚；

2 内置填充体现浇混凝土空心楼板双向刚度相同或相差较小时，可作为各向同性板计算，否则宜按正交各向异性板计算。

5.2.2 刚性支承现浇混凝土空心楼板应按下列原则计算：

1 两对边刚性支承的现浇混凝土空心楼板可按单向板计算；

2 四边刚性支承现浇混凝土空心楼板应按下列规定计算：

1) 长边与短边长度之比不大于2时，应按双向板计算；

2) 长边与短边长度之比大于2，但小于3时，宜按双向板计算；

3) 长边与短边长度之比不小于3时，宜按沿短边方向受力的单向板计算，并应沿长边方向布置构造钢筋。

5.2.3 现浇混凝土空心楼板可按下列规定等效为等厚度的实心板计算：

1 当现浇混凝土空心楼板作为各向同性板计算时，各向同性板弹性模量E可按下式计算：

$$E=\frac{I}{I_0}E_c \qquad (5.2.3\text{-}1)$$

式中：I——计算单元截面惯性矩（mm^4），可按本规程第4.2节的规定采用；

I_0——计算单元等宽度实心板截面惯性矩（mm^4）；

E_c——混凝土弹性模量（N/mm^2）。

2 当现浇混凝土空心楼板作为正交各向异性板计算时，正交各向异性板的弹性模量、泊松比、剪变模量可按下列规定确定：

1) x向和y向弹性模量可分别按下列公式计算：

$$E_x=\frac{I_x}{I_{0x}}E_c \qquad (5.2.3\text{-}2)$$

$$E_y=\frac{I_y}{I_{0y}}E_c \qquad (5.2.3\text{-}3)$$

2) x向和y向泊松比可分别按下列公式计算：

$$\max(\nu_x,\nu_y)=\nu_c \qquad (5.2.3\text{-}4)$$

$$E_x\nu_y=E_y\nu_x \qquad (5.2.3\text{-}5)$$

3) 对于内置填充体现浇混凝土空心楼板，其剪变模量可按下式计算：

$$G_{xy}=\frac{\sqrt{E_xE_y}}{2(1+\sqrt{\nu_x\nu_y})} \qquad (5.2.3\text{-}6)$$

式中：I_x、I_y——x向、y向计算单元截面惯性矩（mm^4），可按本规程4.2节规定计算；

I_{0x}、I_{0y}——与I_x、I_y对应计算单元等宽度实心板截面惯性矩（mm^4）；

E_x、ν_x——现浇混凝土空心楼板等效为正交各向异性板的x向弹性模量（N/mm^2）和泊松比；

E_y、ν_y——现浇混凝土空心楼板等效为正交各向异性板的y向弹性模量（N/mm^2）和泊松比；

G_{xy}——现浇混凝土空心楼板等效为正交各向异性板的剪变模量（N/mm^2）；

ν_c——混凝土泊松比，取0.2。

5.2.4 现浇混凝土空心楼板等效为正交各向异性板后，可用有限元法进行内力和变形计算；当填充体为内置填充体时，可按本规程附录C提供的等效各向同性板法计算。

5.2.5 刚性支承现浇混凝土空心楼板按拟板法求得的双向板弹性弯矩值，可按下列规定取弯矩控制值：

1 正弯矩：每个方向分别划分为板边区域和跨中区域三个配筋范围（图5.2.5），均按1/4板短跨尺寸分界；板边区域的弯矩控制值可取相应方向最大正弯矩值的1/2，跨中区域的弯矩控制值可取相应方向最大正弯矩值；

2 负弯矩：均可取相应方向负弯矩的最大值。

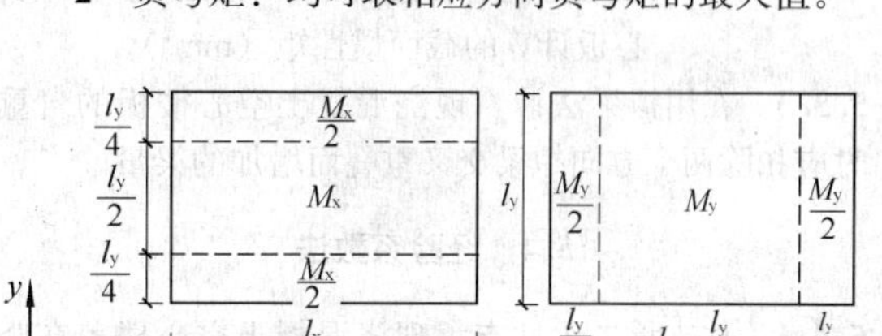

图5.2.5 双向板弹性正弯矩取值示意

注：M_x、M_y——l_x、l_y跨度方向计算最大正弯矩（N·m/m），其中$l_x\geqslant l_y$。

5.3 拟梁法

5.3.1 现浇混凝土空心楼板按拟梁法计算时，应符合下列规定：

1 所取拟梁宜在相邻区格边间连续；

2 每个区格板内拟梁的数量在各方向上均不宜少于5根（图5.3.1）；

3 计算中宜考虑空心楼板扭转刚度的影响。

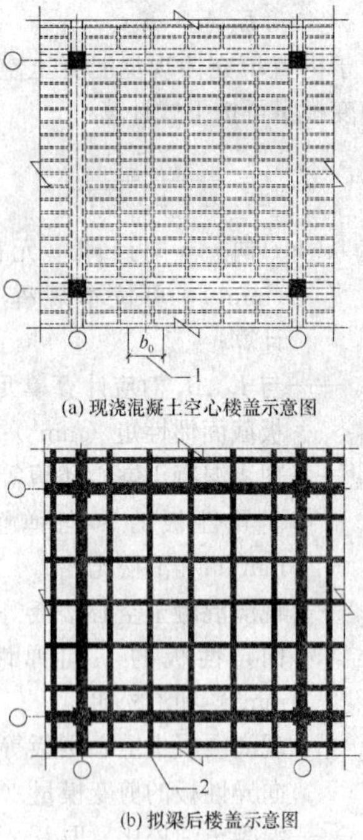

(a) 现浇混凝土空心楼盖示意图

(b) 拟梁后楼盖示意图

图 5.3.1　拟梁法示意图

1—拟梁对应的空心板宽度；2—拟梁尺寸为 $b_b \times h$

5.3.2　拟梁的截面可按抗弯刚度相等、截面高度相等的原则确定，拟梁的宽度可按下式计算：

$$b_b = \frac{I}{I_0} b_0 \tag{5.3.2}$$

式中：b_0——拟梁对应的空心楼板宽度（mm）；

b_b——拟梁宽度（mm）；

I——拟梁对应空心楼板宽 b_0 范围内截面惯性矩之和（mm^4），可按本规程第 4.2 节的规定计算；

I_0——拟梁对应空心楼板宽 b_0 范围内按等厚实心板计算的截面惯性矩（mm^4）。

5.3.3　在用拟梁法计算现浇混凝土空心楼板的自重时应扣除两个方向拟梁交叉重叠而增加的梁量。

5.4　经验系数法

5.4.1　柱支承、柔性支承现浇混凝土空心楼盖在竖向均布荷载作用下，当采用经验系数法进行计算时，应符合下列规定：

1　楼盖为矩形区格，任一区格的长边与短边之比不应大于 2；

2　楼盖结构的每个方向至少应有三个连续跨；

3　同一方向相邻跨的跨度差不应超过较长跨的 1/3；

4　任一方向柱离相邻柱中心线的偏移距离不应超过该方向跨度的 1/10；

5　可变荷载标准值与永久荷载标准值之比不应大于 2；

6　楼盖应按纵、横两个方向分别计算，且均应考虑全部竖向荷载的作用；

7　对于柔性支承楼盖，两个垂直方向的梁尚应满足下式要求：

$$0.2 \leqslant \frac{\alpha_1 l_2^2}{\alpha_2 l_1^2} \leqslant 5.0 \tag{5.4.1-1}$$

式中：l_1、l_2——分别为板计算方向和垂直于计算方向的跨度（m），取柱支座中心线之间的距离；

α_1、α_2——分别为计算方向和垂直于计算方向梁与板截面抗弯刚度的比值。

8　计算方向和垂直于计算方向梁与板截面抗弯刚度的比值应按下式计算：

$$\alpha = \frac{E_{cb} I_b}{E_{cs} I_s} \tag{5.4.1-2}$$

式中：E_{cb}、E_{cs}——分别为梁、板的混凝土弹性模量（N/mm^2）；

I_b、I_s——分别为梁、板的截面惯性矩（mm^4），应分别按本规程第 5.4.2 条和第 5.4.3 条的规定计算。

5.4.2　柔性支承现浇混凝土空心楼盖中，梁的截面惯性矩 I_b 可按 T 形或倒 L 形截面计算，每侧翼缘计算宽度宜取梁高与板厚之差，且不应超过板厚的 4 倍。

5.4.3　柔性支承现浇混凝土空心楼盖中，楼板的截面惯性矩 I_s 可按本规程第 5.4.4 条的规定的计算板带计算，梁位置按实心板计算，空心楼板部分的截面惯性矩可按本规程第 4.2 节的规定计算。

5.4.4　计算板带取柱支座中心线两侧区格各自中心线为界的板带。板带可划分为柱上板带和跨中板带，板带宽度应按下列规定取值：

1　柱上板带应为柱支座中心线两侧各自区格宽度的 1/4 之和；

2　跨中板带应为每侧各自区格宽度的 1/4。

5.4.5　计算板带在计算方向一跨内的总弯矩设计值 M_0（N·m）应按下式计算：

$$M_0 = \frac{1}{8} q b l_n^2 \tag{5.4.5}$$

式中：q——板面竖向均布荷载设计值（N/m^2）；

b——计算板带的宽度（m）：当垂直于计算方向柱中心线两侧跨度不等时，取两侧跨度的平均值；当计算板带位于楼盖边缘时，取该区格中心线到楼盖边缘的距离；

l_n——计算方向板的净跨（m），取相邻柱（柱帽或墙）侧面之间的距离，且不应小于 $0.65 l_1$。

5.4.6　计算板带的总弯矩设计值 M_0 可按下列原则分配（图 5.4.6）：

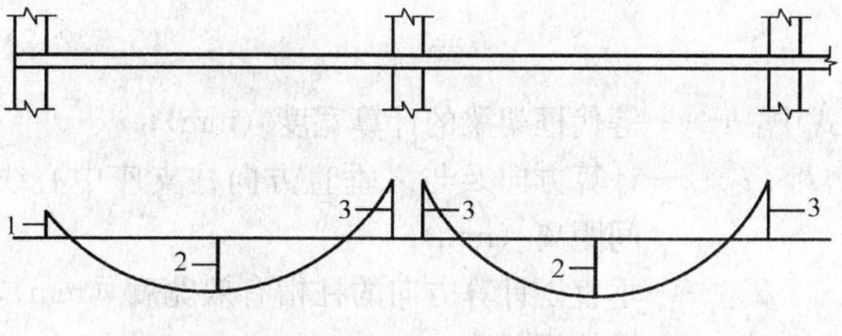

图 5.4.6　板带总弯矩的分配示意图

1—边支座负弯矩；2—正弯矩；3—内支座负弯矩

1　计算板带的内跨负弯矩设计值应取 $0.65M_0$，正弯矩设计值应取 $0.35M_0$；

2　计算板带的端跨弯矩应按表 5.4.6 的系数分配：

表 5.4.6　计算板带端跨各控制截面弯矩设计值分配系数

约束条件 / 截面内力	边支座简支	边支座为柔性支承			边支座嵌固
		各支座之间均有梁	内支座之间无梁		
			无边梁	有边梁	
边支座负弯矩	0	0.16	0.26	0.30	0.65
正弯矩	0.63	0.57	0.52	0.50	0.35
内支座负弯矩	0.75	0.70	0.70	0.70	0.65

3　内支座截面设计时，其负弯矩应取支座两侧负弯矩的较大值，否则应对不平衡弯矩按相邻构件的刚度再分配；设计板的边缘或边梁时，应考虑边支座负弯矩的扭转作用。

5.4.7　柱上板带各控制截面所承担的弯矩设计值宜按本规程第 5.4.6 条确定的弯矩设计值乘以表 5.4.7 的系数确定。

表 5.4.7　柱上板带弯矩分配系数

截面内力	适用条件		l_2/l_1 0.5	1.0	2.0
内支座负弯矩	$\alpha_1 l_2/l_1=0$		0.75	0.75	0.75
	$\alpha_1 l_2/l_1\geqslant 1.0$		0.90	0.75	0.45
边支座负弯矩	$\alpha_1 l_2/l_1=0$	$\beta_t=0$	1.00	1.00	1.00
		$\beta_t\geqslant 2.0$	0.75	0.75	0.75
	$\alpha_1 l_2/l_1\geqslant 1.0$	$\beta_t=0$	1.00	1.00	1.00
		$\beta_t\geqslant 2.0$	0.90	0.75	0.45
正弯矩	$\alpha_1 l_2/l_1=0$		0.60	0.60	0.60
	$\alpha_1 l_2/l_1\geqslant 1.0$		0.90	0.75	0.45

注：1　柱上板带弯矩分配系数可按表中数值的线性插值确定；

2　当支座由墙或柱组成，且其支承长度不小于 $3b/4$ 时，可按负弯矩在计算板带宽度 b 范围内均匀分布计算；

3　表中抗扭刚度系数 β_t 应按本规程第 5.4.8 条的规定确定。

5.4.8　抗扭刚度系数 β_t 应满足下列规定：

$$\beta_t=\frac{E_{cb}C}{2.5E_{cs}I_s} \tag{5.4.8-1}$$

$$C=\sum\left(1-0.63\frac{x}{y}\right)\frac{x^3y}{3} \tag{5.4.8-2}$$

式中：C——截面抗扭常数（mm^4），将垂直于跨度方向的抗扭构件横截面划分为若干个矩形，取不同划分方案计算结果的最大值；

x、y——抗扭构件划分为若干矩形时，每一矩形截面的高度与宽度（mm），抗扭构件横截面应按下列规定确定：

1　对于柱支承楼盖，只有一个矩形时，其截面高度可取楼板厚度，宽度可取与柱(柱帽)等宽(图 5.4.8)；

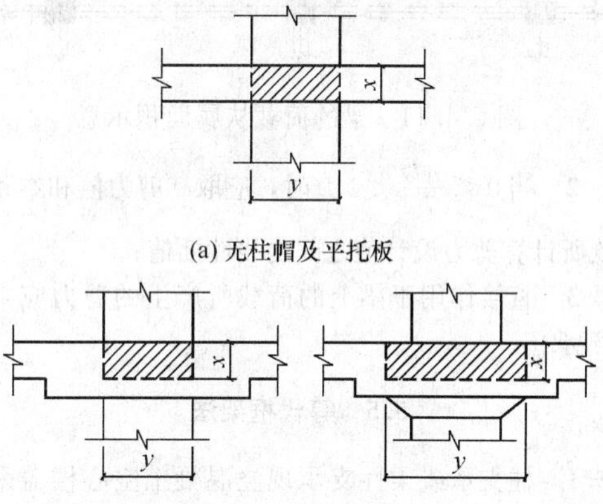

(a) 无柱帽及平托板

(b) 有平托板　　(c) 有柱帽

图 5.4.8　典型抗扭构件宽度图示

2　对于柔性支承楼盖，可取下述两种情况的较大值：

1）板带加上横梁凸出板上、下的部分，板带的宽度取与柱（柱帽）等宽；

2）本规程第 5.4.2 条规定的计算截面。

5.4.9　柔性支承楼盖柱上板带所承担的弯矩包括由板承担的弯矩和由梁承担的弯矩两部分。由梁承担的弯矩占柱上板带总弯矩的比例应按下列规定取值：

1　当 $\frac{\alpha_1 l_2}{l_1}\geqslant 1.0$ 时，取 85%；

2　当 $0\leqslant\frac{\alpha_1 l_2}{l_1}<1.0$ 时，取 0 到 85%之间的线性插值；

3　直接作用于梁上的荷载所产生的弯矩应由梁全部承担。

5.4.10　柔性支承楼盖跨中板带所承担的弯矩设计值应按下列规定取值：

1　计算板带中柱上板带未承受的弯矩设计值应按比例分配给两侧的跨中板带；

2　与支承墙平行的边跨跨中板带，应承受远离墙体的半个跨中板带弯矩设计值的两倍。

5.4.11　柔性支承楼盖应按现行国家标准《混凝土结构设计规范》GB 50010 的规定验算梁的斜截面受剪承载力，梁承担的剪力设计值应按下列规定计算：

1　当 $\frac{\alpha_1 l_2}{l_1}\geqslant 1.0$ 时，梁应承受其荷载从属面积

范围内板所传递的设计剪力；该从属面积取板角45°线与相邻区格平行于梁的中心线所包围的面积（图5.4.11阴影面积）；

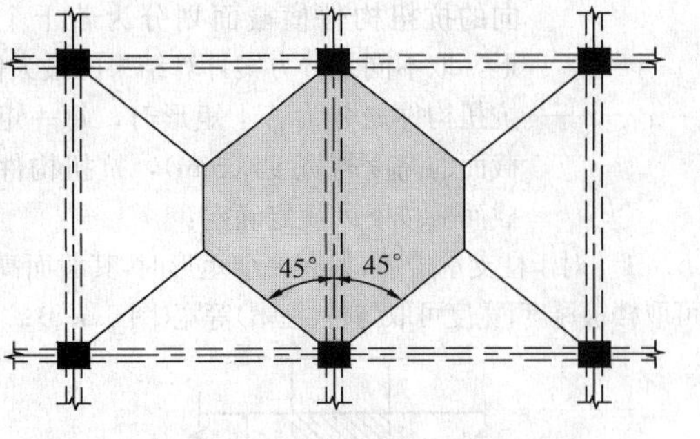

图 5.4.11　梁的荷载从属面积示意

2　当$0\leqslant\frac{\alpha_1 l_2}{l_1}<1.0$时，应取0剪力值和本条第1款所计算剪力设计值之间的线性插值；

3　直接作用于梁上的荷载所产生的剪力应由梁全部承担。

5.5　等代框架法

5.5.1　柱支承或柔性支承现浇混凝土空心楼盖采用等代框架法计算内力时，应按楼盖的纵、横两个方向分别进行，每个方向的计算均应取全部竖向作用荷载。

5.5.2　等代框架梁的计算宽度应按下列规定确定：

1　竖向荷载作用下，等代框架梁的计算宽度可取垂直于计算方向的两个相邻区格板中心线之间的距离（图5.5.2）。

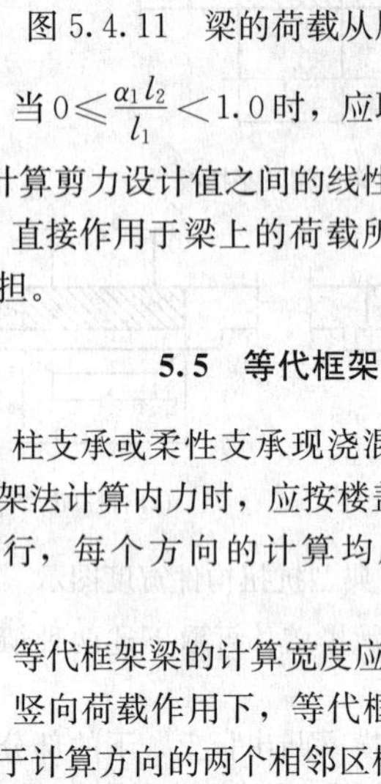

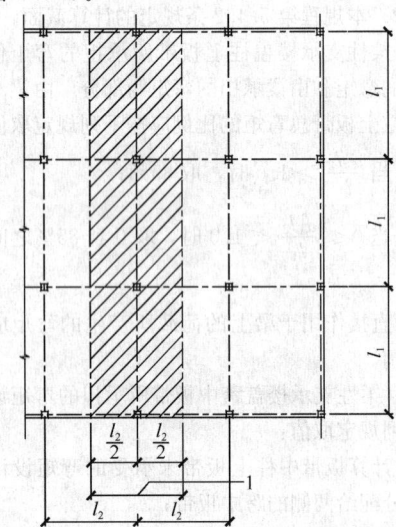

图 5.5.2　竖向荷载作用下等代框架梁的计算宽度

1—等代框架梁计算宽度

2　水平荷载或地震作用下，等代框架梁的计算宽度宜取下列公式计算结果的较小值：

$$b=\frac{1}{2}(l_2+b_{ce2})\qquad(5.5.2\text{-}1)$$

$$b=\frac{3}{4}l_1\qquad(5.5.2\text{-}2)$$

式中：b——等代框架梁的计算宽度（mm）；

l_1、l_2——计算方向及与之垂直方向柱支座中心线间距离（mm）；

b_{ce2}——垂直于计算方向的柱帽有效宽度（mm），无柱帽时取0。

5.5.3　等代框架梁位于节点区外任意截面的惯性矩I_{bf}应按下式计算：

$$I_{bf}=I_b+I_{s0}\qquad(5.5.3)$$

式中：I_b——计算方向柱轴线上梁的截面惯性矩（mm^4），梁截面应按本规程第5.4.2条规定确定；

I_{s0}——等代框架梁宽度范围内除I_b所取梁截面外楼板截面惯性矩（mm^4），空心楼板部分的截面惯性矩可按本规程第4.2节的规定计算。

5.5.4　等代框架梁在柱中线至柱（柱帽）边之间的截面惯性矩，可按下式计算：

$$I_b=\frac{I_1}{(1-c_2/l_2)^2}\qquad(5.5.4)$$

式中：c_2——垂直于板跨度l_1方向的柱（柱帽）宽（mm）；

I_1——等待框架中梁板在柱（柱帽）边缘处的截面惯性矩（mm^4），按式（5.5.3）计算。

5.5.5　等代框架当跨度相差较大或相邻跨荷载相差较大时，应考虑柱及柱两侧抗扭构件的影响按等效柱计算，等效柱的刚度可按下列公式计算：

1　等效柱的截面惯性矩I_{ec}应按下式计算：

$$I_{ec}=\frac{K_{ec}}{K_c}I_c\qquad(5.5.5\text{-}1)$$

2　等效柱的抗弯线刚度K_{ec}应按下式计算：

$$K_{ec}=\frac{\Sigma K_c}{1+\Sigma K_c/K_t}\qquad(5.5.5\text{-}2)$$

式中：K_c——柱的抗弯线刚度（N·mm），按本规程第5.5.6条确定；

I_c——柱在计算方向的截面惯性矩（mm^4）；

K_t——柱两侧抗扭构件刚度（N·mm），按本规程第5.5.7条确定。

5.5.6　柱的抗弯线刚度应按下列公式计算：

$$K_c=\psi\frac{4E_{cc}I_c}{H_i}\qquad(5.5.6\text{-}1)$$

$$\psi=1+1.83\lambda_{ca}+14.7\lambda_{ca}^2\qquad(5.5.6\text{-}2)$$

$$\lambda_{ca}=h_{ca}/H_i\qquad(5.5.6\text{-}3)$$

式中：E_{cc}——柱的混凝土弹性模量（N/mm^2）；

h_{ca}——柱帽高度（mm），无柱帽时取0；

ψ——考虑柱帽的影响系数；

λ_{ca}——柱帽高度与柱计算长度之比；

H_i——柱的计算长度（mm），取下层楼板中心轴至上层楼板中心轴间距离；对底层柱取基础顶面至一层楼板中心轴距离；柔性支承楼盖尚应减去梁、板高度之差；

5.5.7 柱两侧抗扭构件刚度 K_t 可按下式计算：

$$K_t=\beta_b\Sigma\frac{9E_{cs}C}{l_2\ (1-c_2/l_2)^3} \quad (5.5.7\text{-}1)$$

式中：E_{cs}——板的混凝土弹性模量（N/mm^2）；

C——截面抗扭常数（mm^4），按本规程式（5.4.8-2）计算；

β_b——抗扭刚度增大系数，对柱支承楼盖，应取1.0；对柔性支承楼盖，可按下式计算：

$$\beta_b=\frac{I_{bf}}{I_{bs}} \quad (5.5.7\text{-}2)$$

式中：I_{bf}——等代框架梁截面惯性矩（mm^4），按本规程第5.5.3条规定计算；

I_{bs}——等代框架梁宽度的楼板截面惯性矩（mm^4），梁位置按实心板计算，空心楼板部分的截面惯性矩可按本规程第4.2节的规定计算。

5.5.8 柱支承现浇混凝土空心楼盖在竖向均布荷载作用下按等代框架法进行计算时，负弯矩控制截面可按下列规定确定：

1 对内跨支座，弯矩控制截面可取柱（柱帽）侧面处，但与柱中心的距离不应大于 $0.175l_1$；

2 对有柱帽或托板的边跨支座，弯矩控制截面距柱侧距离不应超过柱帽侧面与柱侧面距离的1/2。

6 结构构件计算

6.1 一般规定

6.1.1 现浇混凝土空心楼盖的设计，除应符合本规程有关规定外，尚应符合国家现行标准《混凝土结构设计规范》GB 50010、《建筑抗震设计规范》GB 50011和《无粘结预应力混凝土结构技术规程》JGJ 92、《预应力混凝土结构抗震设计规程》JGJ 140等的有关规定。

6.1.2 现浇混凝土空心楼盖进行承载力计算和抗裂验算时，应取楼盖混凝土实际截面；正截面受弯承载力计算时，位于受压区的翼缘计算宽度应按现行国家标准《混凝土结构设计规范》GB 50010有关规定确定；受压区高度不宜大于受压翼缘的厚度；当单向布置填充体时，横向受弯承载力计算的受压区高度不应大于受压翼缘的厚度；抗裂验算时，应考虑位于受拉区的翼缘。

6.1.3 对于现浇预应力混凝土空心楼盖，除应进行承载能力极限状态计算和正常使用极限状态验算外，尚应按具体情况对施工阶段进行验算。预应力作为荷载效应时，对于承载能力极限状态，当预应力作用效应对结构有利时，预应力分项系数应取1.0，不利时应取1.2；对于正常使用极限状态，预应力作用分项系数应取1.0。

6.1.4 超静定现浇预应力混凝土空心楼盖在进行承载力计算和抗裂验算时，应考虑次内力影响，次内力参与组合的计算应符合现行国家标准《混凝土结构设计规范》GB 50010的有关规定。

6.2 设计计算原则

6.2.1 现浇混凝土空心楼盖的承载力极限状态应按下列公式验算：

持久设计状况、短暂设计状况

$$\gamma_0 S_d \leqslant R_d \quad (6.2.1\text{-}1)$$

地震设计状况

$$S_d \leqslant R_d/\gamma_{RE} \quad (6.2.1\text{-}2)$$

式中：γ_0——结构重要性系数，按现行国家标准《混凝土结构设计规范》GB 50010采用；

S_d——承载力极限状态下作用组合的效应设计值，按现行国家标准《建筑结构荷载规范》GB 50009和《建筑抗震设计规范》GB 50011的有关规定计算；

R_d——结构构件承载力设计值；

γ_{RE}——承载力抗震调整系数。

6.2.2 现浇混凝土空心楼盖的正常使用极限状态验算，应根据荷载效应的标准组合并考虑长期作用的影响按下式验算：

$$S \leqslant C \quad (6.2.2)$$

式中：S——正常使用极限状态荷载组合的效应设计值；

C——结构构件达到正常使用要求所规定的变形、裂缝宽度、应力和自振频率等的限值，按现行国家标准《混凝土结构设计规范》GB 50010采用。

6.3 承载力极限状态计算

6.3.1 柱支承及柔性支承楼盖柱上板带的承载力计算应考虑水平荷载效应与竖向荷载效应的组合，跨中板带可仅考虑竖向荷载效应的组合。

6.3.2 刚性支承楼盖现浇混凝土空心楼板的承载力计算可仅考虑竖向荷载组合的效应。

6.3.3 现浇混凝土空心楼盖的正截面受弯承载力应按现行国家标准《混凝土结构设计规范》GB 50010中有关规定验算。

6.3.4 现浇混凝土空心楼板斜截面受剪承载力应将计算单元截面简化为I形、T形或矩形截面按现行国家标准《混凝土结构设计规范》GB 50010中有关规定执行；当设置肋梁时，应考虑肋梁内箍筋对受剪承载力的影响。

6.3.5 当内置填充体为填充管（棒）且未配置抗剪钢筋时，现浇混凝土空心楼板计算单元宽度范围内的受剪承载力应符合下列规定：

1 空心楼板沿填充管（棒）纵向受剪承载力应按下式计算：

$$V \leqslant 0.7 f_t b_w h_0 + V_p \qquad (6.3.5\text{-}1)$$

2 空心楼板沿填充管（棒）横向受剪承载力应同时满足下列公式：

$$V \leqslant 0.5 f_t b(h - D) + V_p \qquad (6.3.5\text{-}2)$$

$$V \leqslant 0.5\beta f_t b_w b \qquad (6.3.5\text{-}3)$$

式中：f_t——混凝土轴心抗拉强度设计值（N/mm^2）；

V_p——计算单元宽度内由预应力所提高的受剪承载力设计值（N），按现行国家标准《混凝土结构设计规范》GB 50010 的有关规定确定；

V——计算宽度范围内剪力设计值（N）；

h_0——空心楼板截面有效高度（mm）；

h——空心楼板板厚（mm）；

b_w——肋宽（mm）；

b——计算单元宽度（mm），大小为 $D + b_w$（图 6.3.5）；

β——空心楼板沿填充管（棒）横向受剪承载力调整系数，按下式计算：

$$\beta = \frac{h + D}{2(D + b_w)} \qquad (6.3.5\text{-}4)$$

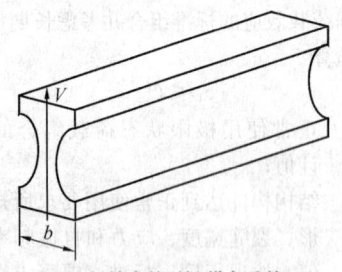

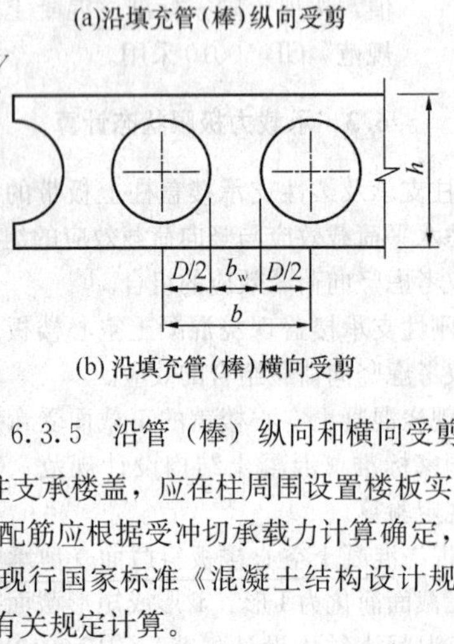

(a)沿填充管(棒)纵向受剪

(b)沿填充管(棒)横向受剪

图 6.3.5 沿管（棒）纵向和横向受剪

6.3.6 柱支承楼盖，应在柱周围设置楼板实心区域，其尺寸和配筋应根据受冲切承载力计算确定，冲切承载力应按现行国家标准《混凝土结构设计规范》GB 50010 的有关规定计算。

6.3.7 柔性支承楼盖，宜由支承梁受剪承载力和节点实心区域受冲切承载力承受全部竖向荷载，梁所承担的剪力设计值应按本规程 5.4.11 条规定取值。支承梁与柱相交周边设置实心区域时，其尺寸及配筋应根据抗冲切承载力计算确定。

6.4 正常使用极限状态验算

6.4.1 现浇混凝土空心楼盖可按区格板进行挠度验算。在楼面竖向均布荷载作用下区格板的最大挠度计算值应按荷载标准组合效应并考虑荷载长期作用影响的刚度计算，所求得的最大挠度计算值不应超过表 6.4.1 规定的挠度限值。当构件制作时预先起拱，且使用上允许，最大挠度计算值可减去起拱值。预应力混凝土构件可按现行国家标准《混凝土结构设计规范》GB 50010 的规定考虑预应力所产生的反拱值。

表 6.4.1 楼盖挠度限值

跨度（m）	挠度限值
$l_0 < 7$	$l_0/200$ ($l_0/250$)
$7 \leqslant l_0 \leqslant 9$	$l_0/250$ ($l_0/300$)
$l_0 > 9$	$l_0/300$ ($l_0/400$)

注：1 表中 l_0 为楼盖的计算跨度；

2 表中括号内数值用于使用上对挠度有较高要求的楼盖。

6.4.2 现浇混凝土空心楼盖挠度计算所采用的楼板刚度可按下列规定确定：

1 现浇混凝土空心楼板的刚度应按国家现行标准《混凝土结构设计规范》GB 50010 和《无粘结预应力混凝土结构技术规程》JGJ 92 的有关规定计算，并应按本规程第 4.2 节的规定考虑楼板的空心效应。

2 刚性支承楼盖现浇混凝土空心楼板刚度可取短跨方向跨中最大弯矩处的刚度。

3 柱支承及柔性支承楼盖现浇混凝土空心楼板刚度可取两个方向中间板带跨中最大弯矩处的刚度平均值。

6.4.3 在楼面竖向荷载作用下，钢筋混凝土及有粘结预应力混凝土空心楼板的裂缝控制应符合现行国家标准《混凝土结构设计规范》GB 50010 的有关规定；无粘结预应力混凝土空心楼盖的裂缝宽度计算应符合现行行业标准《无粘结预应力混凝土结构技术规程》JGJ 92 的有关规定。

6.4.4 对于大跨度现浇混凝土空心楼盖，宜进行竖向自振频率验算，其自振频率不宜小于表 6.4.4 的限值。

表 6.4.4 楼盖竖向自振频率的限值（Hz）

房屋类型	自振频率限值
住宅、公寓	5
办公、旅馆	4
大跨度公共建筑	3

6.4.5 对于具有特殊使用要求的现浇混凝土空心楼盖结构，应根据使用功能的具体要求进行验算。

7 构造规定

7.1 一般规定

7.1.1 现浇混凝土空心楼板的体积空心率可按本规程附录B计算，当填充体为填充管、填充棒时，宜为20%～50%；当填充体为内置填充箱、填充块、填充板时，宜为25%～60%；当填充体为外露填充箱、填充块时，宜为35%～65%。

7.1.2 现浇混凝土空心楼盖的跨度、跨高比宜符合表7.1.2的规定。

表7.1.2 楼盖的跨度、跨高比

结构类别		适用跨度（m）	跨高比	备注
刚性支承楼盖	单向板	7～20	30～40	—
	双向板	7～25	35～45	取短向跨度
柔性支承楼盖	区格板	7～20	30～40	取长向跨度
柱支承楼盖	有柱帽	7～15	35～45	取长向跨度
	无柱帽	7～10	30～40	取长向跨度

注：1 当耐火等级低于二级（含二级）、无开洞、静态均布荷载大于70%时，跨高比宜取上限；

2 如遇荷载集中（单重大于5 kN的集中活荷载）或开洞尺寸大于1.5倍板厚时，跨高比宜取下限；

3 如属耐火等级为一级的重要建筑物，跨高比宜取下限；

4 如有可靠经验且满足设计要求时，可适当放宽跨度限值。

7.1.3 现浇混凝土空心楼板应沿受力方向设肋，肋宽宜为填充体高度的1/8～1/3，且当填充体为填充管、填充棒时，不应小于50mm；当填充体为填充箱、填充块时，不宜小于70mm；当肋中放置预应力筋时，肋宽不应小于80mm。

7.1.4 现浇混凝土空心楼板边部填充体与竖向支承构件间应设置实心区，实心区宽度应满足板的受剪承载力要求，从支承边起不宜小于0.20倍板厚，且不应小于50mm（图7.1.4）。

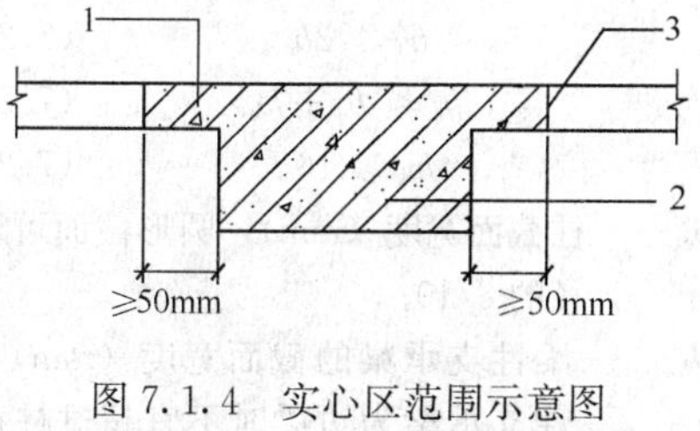

图7.1.4 实心区范围示意图

1—混凝土实心区；2—支承构件；3—填充体起始处

7.1.5 当填充体为内置填充体时，现浇混凝土空心楼板上、下翼缘的厚度宜为板厚的1/8～1/4，且不宜小于50mm，不应小于40mm（图7.1.5）。

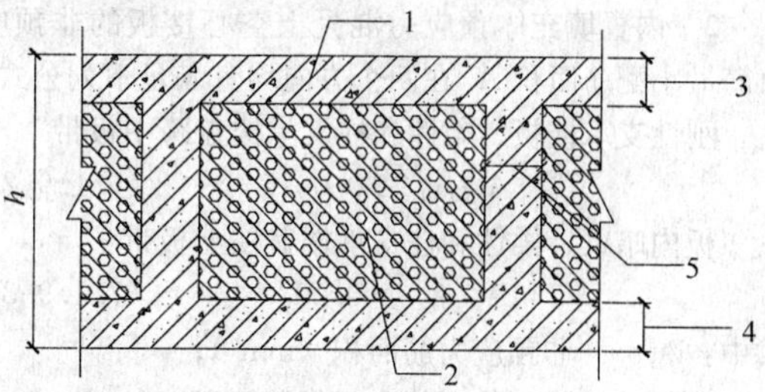

图7.1.5 上、下翼缘厚度及肋宽示意图

1—现浇混凝土；2—填充体；3—上翼缘厚度；4—下翼缘厚度；5—肋宽

7.1.6 当填充体为填充板且楼板内布置预应力筋时，预应力筋宜布置在主肋内，主肋宽宜为100mm～200mm，并考虑预应力筋的构造要求（图7.1.6）。

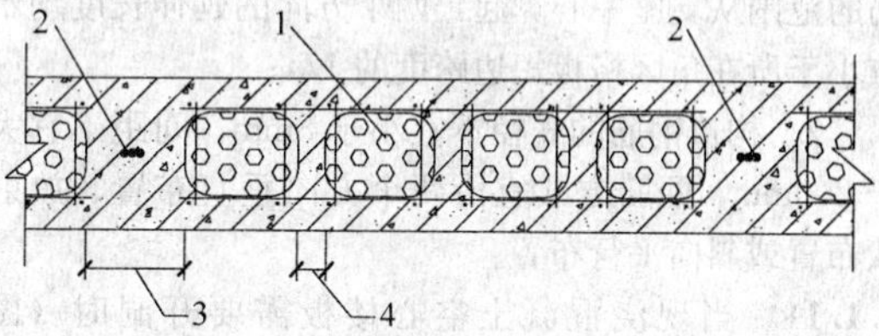

图7.1.6 填充板空心楼板构造

1—填充板；2—预应力筋；

3—主肋肋宽；4—次肋肋宽

7.1.7 当填充体为填充管（棒）时，在填充管（棒）方向宜设横肋，横肋间距不宜大于1.2m，横肋宽度不宜小于100mm，并可考虑横肋参与受剪承载力计算。

7.1.8 现浇混凝土空心楼板主受力钢筋应符合下列规定：

1 受力钢筋与填充体的净距不得小于10mm；

2 填充体为内置填充体时，楼板中非预应力受力钢筋宜均匀布置，其间距不宜大于250mm；

3 跨中的板底钢筋应全部伸入支座，支座的板面钢筋向板内延伸的长度应覆盖负弯矩图并满足锚固长度的要求，负弯矩受力钢筋应锚入边梁内，其锚固长度应满足现行国家标准《混凝土结构设计规范》GB 50010的有关规定。对无边梁的楼盖，边支座锚固长度从柱中心线算起。

7.1.9 现浇混凝土空心楼板的最小配筋应符合下列规定：

1 受力钢筋最小配筋面积A_s应符合下列规定：

$$A_s/A_0 \geqslant \rho_{min} I/I_0 \quad (7.1.9\text{-}1)$$

式中：ρ_{min}——最小配筋率，按现行国家标准《混凝土结构设计规范》GB 50010的有关规定取值。

I——截面惯性矩（mm^4）；

I_0——相同外形的实心板截面惯性矩（mm^4）。

2 内置填充体预应力混凝土空心楼板的非预应力筋最小配筋面积 A_s 在两个方向均宜满足下列公式：

刚性支承楼板、柔性和柱支承楼盖跨中板带

$$A_s/A_0 \geqslant 0.0025 \qquad (7.1.9\text{-}2)$$

板内暗梁、柔性和柱支承楼盖柱上板带

$$A_s/A_0 \geqslant 0.0030 \qquad (7.1.9\text{-}3)$$

式中：A_s——非预应力筋面积（mm^2）；

A_0——相同外形的实心板截面积（mm^2）。

3 当有可靠的试验依据时，最低配筋率可按试验结果确定。

7.1.10 当现浇混凝土空心楼板为内置填充体，受力钢筋间距大于 150mm 时，楼板角部宜配置附加的构造钢筋，构造钢筋应符合下列规定：

1 楼板角部板顶、板底均应配置构造钢筋，配筋的范围从支座中心算起，两个方向的延伸长度均不应小于所在角区格板短边跨度的 1/4；

2 构造钢筋的直径不宜小于 8mm，间距不宜大于 200mm，配筋方式宜沿两个方向垂直布置、放射状布置或斜向平行布置。

7.1.11 当现浇混凝土空心楼板需要开洞时（图 7.1.11），应符合国家现行标准《建筑抗震设计规范》GB 50011、《高层建筑混凝土结构技术规程》JGJ 3、《无粘结预应力混凝土结构技术规程》JGJ 92 的有关规定，并应满足下列规定：

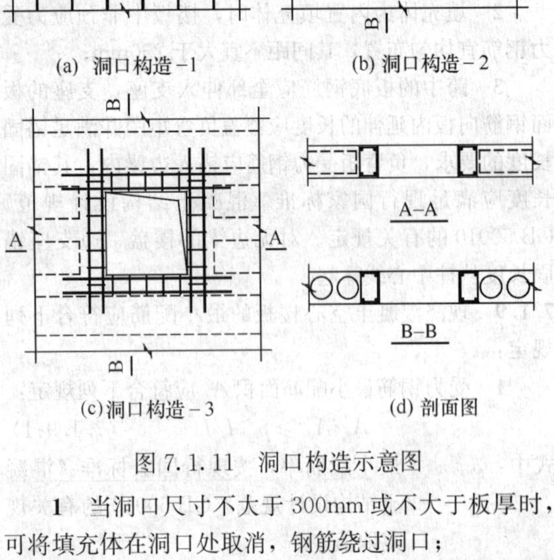

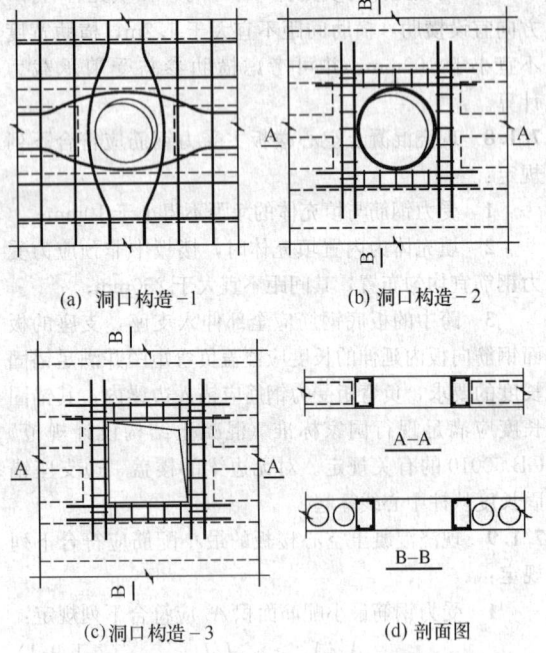

(a) 洞口构造-1　(b) 洞口构造-2

(c) 洞口构造-3　(d) 剖面图

图 7.1.11 洞口构造示意图

1 当洞口尺寸不大于 300mm 或不大于板厚时，可将填充体在洞口处取消，钢筋绕过洞口；

2 当洞口尺寸大于 300mm 并大于板厚时，洞口周边应布置不小于 100mm 宽的实心板带，且应在洞边布置补偿钢筋，每个方向的补偿钢筋面积不应小于该方向被切断钢筋的面积；

3 当洞口切断肋时，应在洞口的周边设暗梁，暗梁宽度不应小于 150mm，每个方向暗梁主筋面积不应小于该方向被切断钢筋的面积，暗梁纵筋不应少于 2 根直径 12mm 钢筋，暗梁箍筋直径不应小于 8mm；

4 圆形洞口应沿洞边上、下各配置一根直径 8mm～12mm 的环形钢筋及 $\phi6@200 \sim 300$ 放射形钢筋。

7.1.12 当现浇混凝土空心楼板下需要吊挂时，吊点宜布置在肋内，当布置在下翼缘时应验算吊挂承载力；当空心楼板配有预应力筋时，严禁吊点打孔伤及预应力筋。

7.1.13 当现浇混凝土空心楼盖需要设置后浇带时，后浇带的宽度及间距应符合现行行业标准《高层建筑混凝土结构技术规程》JGJ3 的有关规定，后浇带内可放置填充体（图 7.1.13）。

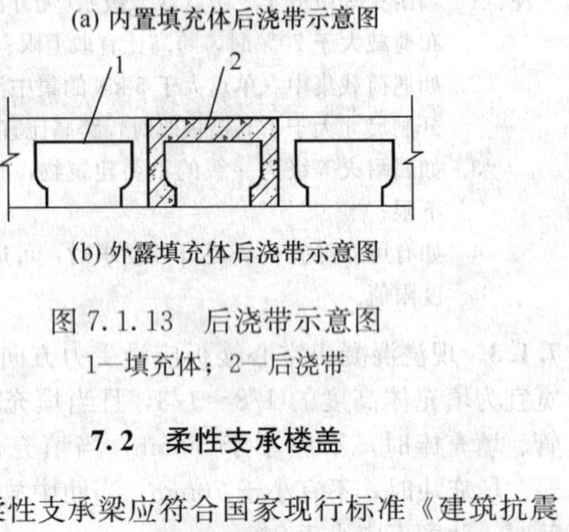

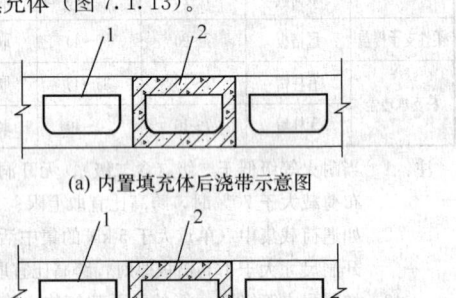

(a) 内置填充体后浇带示意图

(b) 外露填充体后浇带示意图

图 7.1.13 后浇带示意图

1—填充体；2—后浇带

7.2 柔性支承楼盖

7.2.1 柔性支承梁应符合国家现行标准《建筑抗震设计规范》GB 50011 及《预应力混凝土结构抗震设计规程》JGJ 140 中有关扁梁的规定，柔性支承梁宜双向布置，且不宜用于一级抗震等级框架结构。柔性支承梁的截面尺寸除应满足有关标准对挠度和裂缝宽度要求外，尚应满足下列要求：

$$b_b \leqslant 2b_c \qquad (7.2.1\text{-}1)$$

$$b_b \leqslant b_c + h_b \qquad (7.2.1\text{-}2)$$

$$h_b \geqslant 16d \qquad (7.2.1\text{-}3)$$

式中：b_c——柱截面宽度（mm），圆形截面可取柱直径的 8/10；

b_b——柔性支承梁的截面宽度（mm），当柔性支承梁为边梁时不宜超过柱截面宽度 b_c；

h_b——柔性支承梁的截面高度（mm），可取计算跨度的1/25～1/22；

d——柱纵筋直径（mm）。

7.2.2 当柔性支承梁能承担全部剪力时，柔性支承楼盖可不进行抗冲切验算。柔性支承梁箍筋设置应满足现行国家标准《建筑抗震设计规范》GB 50011中框架梁的要求，且箍筋加密区不应小于1000mm。

7.2.3 当采用梁宽大于柱宽的宽扁梁时，外露填充体柔性支承楼盖宜在柱周边设置实心区域，范围应为柱截面边缘外不小于1.5倍板厚，板面宜配置钢筋网。在肋中配有负弯矩钢筋的范围内，宜配置构造用封闭箍筋，箍筋直径不应小于6mm，间距不应大于肋高，且不应大于200mm。

7.3 柱支承楼盖

7.3.1 柱支承楼盖宜在纵、横柱轴线上设置实心区域，其宽度不应小于柱宽加两侧各100mm。

7.3.2 柱支承楼盖宜在柱周边设置实心区域，范围应为柱截面边缘向外不小于1.5倍板厚。

7.3.3 柱支承楼盖可根据承载力和变形要求采用无柱帽（柱托）板形式或有柱帽（柱托）板形式。柱托板的长度和厚度应按计算确定，且每方向长度不宜小于板跨度的1/6，厚度不宜小于楼板厚度的1/4。抗震设防烈度为7度时宜采用有托板，8度时应采用有托板，此时托板每方向长度不宜小于同方向柱截面宽度与4倍板厚之和，托板处总厚度不应小于16倍柱纵筋直径。当无柱托板且无梁板受冲切承载力不足时，可采用型钢剪力架（键），此时板的厚度不应小于200mm。

7.3.4 抗震设计时，柱支承楼盖的周边和楼梯、电梯洞口周边宜设置刚性支承梁。

7.3.5 抗震设计时，无柱帽的柱支承板楼盖应沿纵、横柱轴线在板内设置暗梁，暗梁宽度取柱宽及两侧各1.5倍板厚之和。暗梁配筋应符合下列要求：

1 暗梁上、下纵向钢筋应分别不小于柱上板带上、下钢筋截面面积的1/2，且下部钢筋不宜小于上部钢筋的1/2；

2 当计算不需要箍筋时，箍筋直径不应小于8mm，间距不宜大于$3h_0/4$，肢距不宜大于$2h_0$；

3 当计算需要箍筋时，箍筋应按计算确定，直径不应小于10mm，间距不宜大于$h_0/2$，肢距不宜大于$1.5h_0$。

7.3.6 无柱帽柱支承楼盖，沿两个主轴方向均应布置通过柱截面的板底连续钢筋，且钢筋的总截面面积应符合下式要求：

$$f_{py}A_p + f_yA_s \geqslant N_G \tag{7.3.6}$$

式中：N_G——该层楼面重力荷载代表值作用下的柱轴向压力设计值（N），8度时尚应计入竖向地震作用影响；

A_s——贯通柱截面的板底纵向普通钢筋的截面面积（mm^2）；

f_y——通过柱截面的板底连续钢筋抗拉强度设计值（N/mm^2）。

A_p——贯通柱截面连续预应力筋截面面积（mm^2）；

f_{py}——预应力筋抗拉强度设计值，对无粘结预应力筋，取其应力设计值σ_{pu}（N/mm^2）。

8 施工及验收

8.1 施工要点

8.1.1 现浇混凝土空心楼盖的施工应符合下列规定：

1 填充体、普通钢筋、预应力筋、混凝土等分项工程施工除应符合本规程规定外，尚应符合国家现行标准《混凝土结构工程施工质量验收规范》GB 50204、《无粘结预应力混凝土结构技术规程》JGJ 92及其他相关标准的规定。

2 施工前应编制专项施工技术方案。

3 模板应按设计要求起拱，当设计未作规定时，起拱高度宜为跨度的0.1%～0.3%。

4 填充体在运输和堆放时应轻装轻卸，严禁甩扔，运输中应捆紧绑牢。

5 填充体的安装位置应符合设计要求，并应采取措施保证其安装位置准确、行列平直。

6 施工中应采取措施防止损坏填充体，板面钢筋安装之前已损坏的填充体应予以更换，板面钢筋安装之后损坏的填充体，应采取有效措施进行修补或封堵，防止混凝土漏入。

7 预留、预埋设施安装工序应与钢筋、填充体安装等工序穿插进行。

8 当预留、预埋设施无法避开填充体时，可对填充体采取开孔或断开等措施，并应对孔洞和缺口进行封堵修复。对管线集中的部位，宜采用局部调整填充体尺寸等措施避让。

9 浇筑混凝土前应对模板及填充体浇水润湿。

10 填充体安装和混凝土浇筑过程中，宜铺设架空施工通道，禁止将施工机具和材料直接放置在填充体上，施工操作人员不得直接在填充体上踩踏。

11 混凝土浇筑宜采用泵送施工，并一次连续浇捣成型；在楼板钢筋上铺设输送混凝土的泵管时，宜使用柔性缓冲支垫架空支承在板面；混凝土的坍落度不宜小于150mm；振动混凝土时，应避免振动器触碰预应力筋、钢筋支凳、填充体；应保证板底、肋、板面混凝土充填饱满，无积存气囊、气泡。

12 当楼板厚度大于500mm时，楼板混凝土浇筑和振动宜分层进行，首次浇筑宜为板厚的3/5，待混凝土振捣密实后，再进行第二次浇筑捣实，第二次振捣时振动器插入第一层中不宜大于50mm，第二层混凝土浇筑振捣应在第一层混凝土初凝前进行。

13 浇筑混凝土时应对填充体进行观察，发现异常情况，应及时采取措施进行处理。

8.1.2 内置填充体现浇混凝土空心楼盖的施工除应满足本规程第8.1.1条规定外，尚应符合下列规定：

1 内置填充体底部应有定位措施，保证下翼缘厚度和板底受力钢筋混凝土保护层厚度；

2 内置填充体应有可靠的抗浮和防水平漂移措施；

3 内置填充体空心楼板的混凝土用粗骨料的最大粒径不宜大于25mm；

4 当填充体为填充管（棒）时，浇筑混凝土宜顺填充管（棒）方向推进。

8.1.3 外露填充体空心楼盖的施工除应满足本规程第8.1.1条规定外，尚应符合下列规定：

1 楼板底部不铺设模板或不满铺模板时，其底部木龙骨和模板应满足外露填充体受力的要求，且应能向支架有效传递上部荷载。

2 外露填充体要锚入现浇混凝土内的钢筋（丝）锚固方向应正确、锚固长度应符合设计或相关标准的规定。

8.1.4 现浇混凝土空心楼盖施工流程宜符合本规程附录D的规定。

8.2 材料进场验收

8.2.1 填充体进场检验批的划分应符合下列规定：

1 内置填充体及单面外露填充体进场时，应按同一厂家在正常生产条件下生产的同工艺、同规格、同材质的产品，连续进场5000件为一检验批，不足5000件时亦按一批计，检查产品合格证、出厂检验报告，并进行抽样检验。当连续3批一次检验合格时，可改为符合前述条件的每10000件为一个检验批。

2 双面外露填充体顶板应按同一厂家在正常生产条件下生产的同工艺、同规格、同材质的产品，且连续进场2000件为一检验批，不足2000件时亦按一批计，检查产品合格证、出厂检验报告，并进行抽样检验。当连续5个检验批均一次检验合格时，可改为每5000件为一个检验批。

8.2.2 填充体的检验方法应符合本规程附录A的规定，抽样应符合下列规定：

1 每个检验批产品的外观质量应全数目测检查，其外观质量应符合本规程第3.4节的相关规定；对不符合外观质量要求的产品，可在现场修补，经检验合格后可重新使用。

2 从外观质量检验合格的产品中随机抽取10件试样进行尺寸检验，检验合格后，从中随机抽取3件试样检验各项物理力学性能指标。

8.2.3 填充体的质量等级判定规则应符合下列规定：

1 当抽取的10件试样尺寸偏差符合本规程第3.4节规定的合格率不小于90%，且没有严重超差时，该检验批产品的尺寸可判定为合格。当合格率小于90%但不小于80%时，应再从该批中随机抽取10件试样进行检验，当按两次抽样总和计算的合格率不小于90%，且没有严重超差时，则该检验批的尺寸仍可判定为合格。如不符合上述要求，则应逐件检验，并剔除严重超差者。

2 从上述10件试样中随机抽取3件试样进行物理力学性能检验，当检验符合本规程第3.4.5条的规定时，该检验批的物理力学性能可判定为合格。如某检验项目不符合要求，则应加倍抽样对不合格项目复检，当复检试样的检验结果均符合要求时，该检验批的物理力学性能仍可判定为合格；当复检试样的检验结果仍不符合要求时，该检验批产品的该项物理力学性能判定为不合格。

8.2.4 填充体进场验收应按本规程附录E中的相关记录表进行记录，与本批产品的出厂合格证和出厂检验报告一齐归入工程质量保证资料存档备查。

8.2.5 用户对填充体物理力学性能有特殊需要时，可根据相应要求进行专项性能的抽样检验，检验方案可由有关各方共同协商确定。

8.3 工程施工质量验收

8.3.1 现浇混凝土空心楼盖结构用钢筋、填充体、预应力筋、水泥、砂、石、外加剂、矿物掺合料、水等原材料的进场检验，应按现行国家标准《混凝土结构工程施工质量验收规范》GB 50204及其他相关标准的有关规定执行。

8.3.2 填充体安装检验批的质量要求及验收方法应符合表8.3.2的规定，验收结果可按本规程附录E记录。

表8.3.2 填充体安装检验批的质量要求及验收方法

序号	检查项目	质量要求	检查数量	检验方法
1	填充体规格型号数量及安装位置	应符合设计要求	全数检查	观察，辅以钢尺量测
2	内置填充体抗浮及防漂移技术措施	应合理、正确	全数检查	目测检查
3	外露填充体钢筋外伸锚固	应方向正确	在同一检验批内，抽查总行、列数的5%且不少于5行	目测检查
4	破损填充体的处理	第8.1.1节第6款规定	全数检查	目测检查

续表 8.3.2

序号	检查项目	质量要求	检查数量	检验方法
5	同行（列）填充体中心线	≤15mm	同一检验批抽查总行（列）的5%且不少于5	拉线，用钢尺量测
6	相邻行（列）填充体平行度	≤15mm		拉线，用钢尺量测
7	相邻填充体顶面高差	≤13mm	同一检验批抽查区格板总数的5%，且不少于3处	靠尺配以塞尺量测

8.3.3 内置填充体或单面外露填充体的安装验收宜归入模板分项工程验收，可不参与混凝土结构子分部工程的验收，但应提供填充体质量检验报告及出厂合格证等质量保证材料。

8.3.4 当双面外露填充体的顶板作为楼板结构的组成部分时，双面外露填充体的安装验收宜归入装配式结构分项工程验收，可参与混凝土结构子分部工程的验收；当双面外露填充体不参与结构受力时，双面外露填充体的安装验收可按本规程第 8.3.3 条的规定验收。

8.3.5 现浇混凝土空心楼盖结构作为混凝土结构子分部工程的组成部分，其各分项工程应按现行国家标准《混凝土结构工程施工质量验收规范》GB 50204 的规定进行验收。

附录A 填充体检验方法

A.1 外观检查

A.1.1 填充体的外观质量用目测观察进行全数检查。

A.2 尺寸偏差检查

A.2.1 填充管、填充棒的尺寸偏差应按表 A.2.1 进行检验，尺寸测量应精确至 1mm。

表 A.2.1 填充管、填充棒尺寸偏差检验

项目	测量工具	检测方法
长度	钢尺	沿试样长度方向量测三次，取最大偏差值
断面尺寸	钢尺和外卡钳	在试样两端面及中部各量测一次，取最大偏差值
轴向表面平直度	靠尺和塞尺	在试样表面轴向量测三次，取最大偏差值

A.2.2 填充块、填充箱、填充板尺寸偏差应按表 A.2.2 检验，尺寸测量应精确至 1mm。

表 A.2.2 填充块、填充箱、填充板尺寸偏差检验

项目	测量工具	检测方法
边长	钢尺	沿试样四个边长各量测一次，取最大偏差值
高度（厚度）	钢尺	沿试样四个侧面各量测一次，取最大偏差值
对角线长度差	钢尺	对试样顶面和底面的对角线测量，取较大差值
表面平整度	靠尺和塞尺	在试样各表面分别量测一次，取最大偏差值

A.3 物理力学性能检查

A.3.1 填充体的表观密度可按下列规定进行检验：

1 测量和计算体积：

1）填充管（棒）：取自然干燥的试样，量测其直径和长度（精确至 1×10^{-3}m），计算其体积 V（精确至 $1\times10^{-6}m^3$）；

2）填充块（箱）：取自然干燥的试样，量测其长、宽和高（精确至 1×10^{-3}m），计算其体积 V（精确至 $1\times10^{-6}m^3$）；

3）填充板：取自然干燥的填充板试样，量测轻质芯块的长、宽和厚（精确至 1×10^{-3}m），计算其体积 V（精确至 $1\times10^{-6}m^3$）。

2 用台秤称其质量 M（精确至 0.01kg）；

3 填充体表观密度 g_{fil} 应按下式计算（精确至 $0.1kg/m^3$）：

$$g_{fil} = M/V \tag{A.3.1}$$

A.3.2 填充体的局部抗压荷载可按下列规定进行检验：

1 取试样放入水中浸泡：填充管、填充棒长度宜为 1m；填充箱、填充块为一个填充体；填充板为一个芯块，边长不小于 20cm；

2 浸泡 48h 后取出放置在水平板面上，底部垫平放稳，填充管、填充棒可采用与试样同长的三角木塞在两侧；

3 将 100mm×100mm×20mm 的加荷垫板放置

在试样受检面中部，当填充体上表面为弧面时应采用同弧面垫板；

4 加荷分5级进行，每级加荷值为本规程表3.4.5中规定荷载值的20%，并静置5min，对试样外表面观察；

5 当加荷值达到本规程表3.4.5中规定的荷载值，试样无裂纹及破损迹象，可判定该批产品局部抗压荷载检验合格。

A.3.3 填充体的自然吸水率可按下列要求进行检验：

1 取一件填充体试样，称取试样自然干燥后质量 m_0；

2 将填充体试样浸没在10℃～25℃清水中，水面应保持高出试样10mm～20mm，24h后将试样取出，用干毛巾擦干试样表面附着水，随即称取试样的质量 m_1；

3 填充体的自然吸水率 w_m 按下式计算：

$$w_m = \frac{m_1 - m_0}{m_0} \times 100\% \quad (A.3.3)$$

4 当自然吸水率满足本规程第3.4.5条规定时，可判定为自然吸水率检验合格。

A.3.4 填充体抗振动冲击性可按下列要求进行检验：

1 选取外观质量、尺寸偏差合格的自然干燥的填充体试样；

2 用直径30mm的振动棒紧贴试样受测面振动1min；

3 检查表面，当无贯通性裂纹及破损时，则判定抗振动冲击性能合格。

附录B 空心楼板自重、折实厚度、体积空心率计算

B.0.1 现浇混凝土空心楼板自重可按下式计算：

$$G = (V_u - V_{fil}) \cdot \gamma + G_{fil} \quad (B.0.1)$$

式中：G——现浇混凝土空心楼板区格内自重（kN），区格是指双向相邻柱轴线间形成的一个楼板区域；

G_{fil}——现浇混凝土空心楼板区格内填充体的重量（kN）；

V_{fil}——现浇混凝土空心楼板区格内填充体的体积（m^3）；

V_u——现浇混凝土空心楼板区格内总体积（m^3）；

γ——混凝土重度（kN/m^3）。

B.0.2 现浇混凝土空心楼板按重量等效的折实厚度可按下式计算：

$$h_{con} = \frac{G}{V_u \cdot \gamma} \times h \quad (B.0.2)$$

式中：h_{con}——现浇混凝土空心楼板折实厚度；

h——现浇混凝土空心楼板厚度。

B.0.3 现浇混凝土空心楼板的体积空心率 ρ_{void} 可按下式计算：

$$\rho_{void} = \frac{V_{fil}}{V_u} \times 100\% \quad (B.0.3)$$

式中：V_{fil}——现浇混凝土空心楼板区格内填充体的体积（m^3）；

V_u——现浇混凝土空心楼板区格内总体积（m^3）。

附录C 正交各向异性板的等效各向同性板法

C.0.1 由内置填充体形成的上、下表面闭合的正交各向异性板，其力学参数存在本规程式（5.2.3-6）所列关系，可将正交各向异性板等效为各向同性板计算。

C.0.2 等效各向同性板的几何尺寸、力学参数及荷载可由下列原则确定：

1 等效各向同性板的几何尺寸可按下列公式计算：

x 向跨度

$$l_{x1} = l_x \quad (C.0.2\text{-}1)$$

y 向跨度

$$l_{y1} = k^{\frac{1}{4}} l_y \quad (C.0.2\text{-}2)$$

2 等效各向同性板的弹性模量可按下式计算：

$$E_1 = E_x \quad (C.0.2\text{-}3)$$

3 等效各向同性板的泊松比可按下式计算：

$$\nu_1 = k^{\frac{1}{2}} \nu_c \quad (C.0.2\text{-}4)$$

4 等效各向同性板匀布荷载保持不变，集中荷载为原荷载的 $k^{-\frac{1}{4}}$ 倍。

5 正交异性板 y 向与 x 向的弹性模量比 k，应按下式计算：

$$k = \frac{E_y}{E_x} \quad (C.0.2\text{-}5)$$

式中：l_x、l_y——正交各向异性板 x 向和 y 向的跨度；

l_{x1}、l_{y1}——等效各向同性板 x 向和 y 向的跨度；

E_x、E_y——正交各向异性板 x 向、y 向弹性模量；

E_1、ν_1——等效各向同性板的弹性模量、泊松比。

C.0.3 计算出尺寸为 $l_{x1} \times l_{y1}$、弹性模量为 E_1、泊松比为 ν_1 的各向同性板在相应等效荷载作用下的内力和变形，原正交异性板各对应点变形不变，内力应按下列公式计算：

x 向弯矩：
$$M_x = M_{x1} \quad (C.0.3\text{-}1)$$

y 向弯矩：
$$M_y = k^{\frac{1}{2}} M_{y1} \quad (C.0.3\text{-}2)$$

扭矩：$M_{xy}=k^{\frac{1}{4}}M_{x1y1}$ (C.0.3-3)

x 向剪力：$Q_x=Q_{x1}$ (C.0.3-4)

y 向剪力：$Q_y=k^{\frac{1}{4}}Q_{y1}$ (C.0.3-5)

式中：M_{x1}、M_{y1}、M_{x1y1}——等效各向同性板 x 向弯矩、y 向弯矩及扭矩；

M_x、M_y、M_{xy}——正交各向异性板 x 向弯矩、y 向弯矩及扭矩；

Q_{x1}、Q_{y1}——等效各向同性板 x 向剪力、y 向剪力；

Q_x、Q_y——正交各向异性板 x 向剪力、y 向剪力。

附录D 施 工 流 程

D.0.1 现浇混凝土空心楼盖可按图 D.0.1 流程施工：

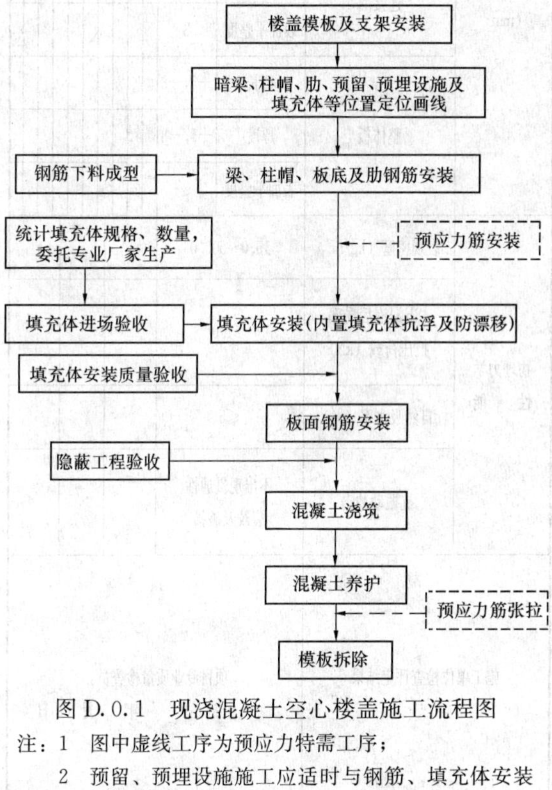

图 D.0.1 现浇混凝土空心楼盖施工流程图

注：1 图中虚线工序为预应力特需工序；

2 预留、预埋设施施工应适时与钢筋、填充体安装穿插进行。

附录E 填充体质量验收记录表

E.1 进场验收记录表

E.1.1 各类填充体进场验收应按下列各表分别记录：

表 E.1.1-1 填充管、填充棒进场验收记录表

产品名称		规格型号		
产品合格证		出厂检验报告		
生产厂名称		进场日期		
批 次		批 量		
检验项目		质量要求		检查结果
外观质量	贯通性裂纹、孔洞	不允许		
	填充管封堵	密实、牢固		
	外裹封闭层	封裹严密、粘附牢固		
尺寸偏差 (mm)	长 度	$L\leqslant500$	±8	
		$L>500$	±10	
	端面尺寸	$D\leqslant300$	±5	
		$D>300$	±8	
	轴向平直度	$L\leqslant500$	≤5	
		$L>500$	≤8	
物理力学性 能	表观密度（kg/m^3）	15.0～500.0		
	48h 浸泡后局部抗压荷载（kN）	≥1.0		
	自然吸水率（%）	≤5		
	抗振动冲击	不出现贯通性裂纹及破损		
施工单位检查评定结果		项目专业质量检查员： 年 月 日		
监理（建设）单位验收结论		监理工程师： （建设单位项目专业技术负责人） 年 月 日		

注：产品合格证和出厂检验报告应作为本表的附件。

表 E.1.1-2 填充箱、填充块进场验收记录表

产品名称		规格型号	
产品合格证		出厂检验报告	
生产厂名称		进场日期	
批 次		批 量	

检验项目		质量要求	检查结果
外观质量	贯通性裂纹、孔洞	不允许	
	填充箱密封性	可靠	
	外露填充箱外露侧面与楼板混凝土连接件	应符合设计要求或符合产品标准规定	
尺寸偏差（mm）	边长	+5，−8	
	高度	+5，−8	
	表面平整度	5	
	对角线长度差	10	
物理力学性能	表观密度（kg/m^3）	15.0～500.0	
	48h浸泡后局部抗压荷载（kN）	≥1.0	
	自然吸水率（%）	≤5	
	抗振动冲击	不出现贯通性裂纹及破损	
施工单位检查评定结果	项目专业质量检查员： 年 月 日		
监理（建设）单位验收结论	监理工程师： （建设单位项目专业技术负责人） 年 月 日		

注：产品合格证和出厂检验报告应作为本表的附件。

表 E.1.1-3 填充板进场验收记录表

产品名称		规格型号	
产品合格证		出厂检验报告	
生产厂名称		进场日期	
批 次		批 量	

检验项目			质量要求	检查结果
外观质量	芯块排列		整齐	
	连接网脱落		不允许	
	芯块破损		不允许	
尺寸偏差（mm）	轻质芯块	边长	+5，−8	
		厚度	+5，−8	
		表面平整度	8	
	连接网	间距	±5	
		表面平整度	8	
	整体板	边长	+5，−8	
		厚度	+5，−8	
		表面平整度	8	
物理力学性能	表观密度（kg/m^3）		15.0～500.0	
	48h浸泡后局部抗压荷载（kN）		≥1.0	
	自然吸水率（%）		≤5	
	抗振动冲击		不出现贯通性裂纹及破损	
施工单位检查评定结果	项目专业质量检查员： 年 月 日			
监理（建设）单位验收结论	监理工程师： （建设单位项目专业技术负责人） 年 月 日			

注：产品合格证和出厂检验报告应作为本表的附件。

E.2 填充体安装检验批质量验收记录表

E.2.1 各类填充体安装检验批质量验收应按表E.2.1记录。

表E.2.1 填充体安装检验批质量验收记录表

<table>
<tr><td colspan="3">分部工程名称</td><td></td><td>验收部位、区段</td><td></td></tr>
<tr><td colspan="3">施工单位</td><td></td><td>项目经理</td><td></td></tr>
<tr><td colspan="3">施工执行标准名称及编号</td><td colspan="3"></td></tr>
<tr><td colspan="3">检查项目</td><td>质量验收标准规定</td><td>施工单位检查评定记录</td><td>监理（建设）单位验收记录</td></tr>
<tr><td rowspan="4">主控项目</td><td>1</td><td>填充体规格型号数量及安装位置</td><td>应符合设计要求</td><td></td><td></td></tr>
<tr><td>2</td><td>内置填充体抗浮防漂移技术措施</td><td>应合理、正确</td><td></td><td></td></tr>
<tr><td>3</td><td>外露填充体钢筋外伸锚固</td><td>应方向正确</td><td></td><td></td></tr>
<tr><td>4</td><td>破损填充体的处理</td><td>第8.1.1节第6款的规定</td><td></td><td></td></tr>
<tr><td rowspan="3">一般项目</td><td>1</td><td>同行（列）填充体中心线</td><td>≤15mm</td><td></td><td></td></tr>
<tr><td>2</td><td>相邻行（列）填充体平行度</td><td>≤15mm</td><td></td><td></td></tr>
<tr><td>3</td><td>相邻填充体顶面高差</td><td>≤13mm</td><td></td><td></td></tr>
<tr><td colspan="2" rowspan="2">施工单位检查评定结果</td><td>专业施工员</td><td></td><td>施工班组长</td><td></td></tr>
<tr><td colspan="4">项目专业质量检查员：
年 月 日</td></tr>
<tr><td colspan="2">监理（建设）单位验收结论</td><td colspan="4">监理工程师：
（建设单位项目专业技术负责人） 年 月 日</td></tr>
</table>

本规程用词说明

1 为便于在执行本规程条文时区别对待，对于要求严格程度不同的用词说明如下：

1）表示很严格，非这样做不可的：
正面词采用“必须”；反面词采用“严禁”；

2）表示严格，在正常情况下均应这样做的：
正面词采用“应”；反面词采用“不应”或“不得”；

3）表示允许稍有选择，在条件许可时首先应这样做的：正面词采用“宜”；反面词采用“不宜”；

4）表示有选择，在一定条件下可以这样做的，采用“可”。

2 条文中指明应按其他有关标准、规范执行的写法为“应符合……的规定”或“应按……执行”。

引用标准名录

1 《建筑结构荷载规范》GB 50009

2 《混凝土结构设计规范》GB 50010

3 《建筑抗震设计规范》GB 50011

4 《混凝土结构工程施工质量验收规范》GB 50204

5 《预应力混凝土用钢丝》GB/T 5223

6 《预应力混凝土用钢绞线》GB/T 5224

7 《建筑材料放射性核素限量》GB 6566

8 《预应力筋用锚具、夹具和连接器》GB/T 14370

9 《高层建筑混凝土结构技术规程》JGJ 3

10 《无粘结预应力混凝土结构技术规程》JGJ 92

11 《预应力混凝土结构抗震设计规程》JGJ 140

12 《缓粘结预应力钢绞线》JG/T 369

中华人民共和国行业标准

现浇混凝土空心楼盖技术规程

JGJ/T 268—2012

条 文 说 明

制 订 说 明

《现浇混凝土空心楼盖技术规程》JGJ/T 268－2012，经住房和城乡建设部2012年3月1日以1326号公告批准、发布。

本规程编制过程中，编制组进行了广泛的调查研究，总结了现浇混凝土空心楼盖技术的实践经验，同时参考了国外先进技术法规、技术标准，通过试验取得了现浇混凝土空心楼盖设计、施工等重要技术参数。

为便于广大设计、施工、科研、学校等单位有关人员在使用本规程时能正确理解和执行条文规定，《现浇混凝土空心楼盖技术规程》编制组按章、节、条顺序编制了本规程的条文说明，对条文规定的目的、依据以及执行中需注意的有关事项进行了说明。但是，本条文说明不具备与规程正文同等的法律效力，仅供使用者作为理解和把握规程规定的参考。

目　次

1 总 则

1.0.1 现浇混凝土空心楼盖结构在减轻楼盖自重、减小地震作用、隔声、节能等方面较传统的实心板有较明显的优势，同时可降低总体成本、改善使用功能，目前已经在一些大跨度写字楼、商业楼、大型会展中心、图书馆、多层停车场等公共建筑及大开间民用住宅中广泛应用。

现浇混凝土空心楼盖结构有自身的特点，如：由于填充体布置的不对称性引起板的正交各向异性、正交异性板的内力和变形计算方法以及圆孔板横向抗剪问题、横向最低配筋率及其算法等，这些都是过去没有遇到的，也是本规程要解决的问题。

制定本规程是为了规范现浇混凝土空心楼盖中使用的填充体的技术参数，并对以上提到的新的技术问题给出解决办法，确保工程设计和施工质量，使该项技术得到更好的应用和发展。

1.0.2 本条明确了本规程的适用范围，适用于一般工业与民用建筑工程。因缺乏可靠的近场地震资料和数据，抗震设防烈度大于9度的柱支承空心楼盖没列入本规程。

1.0.3 现浇混凝土空心楼盖是混凝土结构的一种形式，设计计算依据现行国家标准《混凝土结构设计规范》GB 50010进行，本规程只是根据该结构的特点进一步细化和明确，特别是解决板的正交各向异性参数的计算问题、正交异性板的内力计算方法问题以及圆孔板横向抗剪问题等。其他常规设计问题，凡现行标准中已有明确规定的，本规程原则上不再重复。同时，规程编制过程中参考了《现浇混凝土空心楼盖结构技术规程》CECS 175：2004。

2 术语和符号

2.1 术 语

术语是根据本规程内容表达的需要而列出的。其他较常用和重要的术语在相关标准中已有规定，此处不再重复。

2.1.2 现浇混凝土空心楼盖的填充体空心部分不参与结构受力。现浇混凝土空心楼盖包括了混凝土空心楼板和梁（暗梁）等水平支承构件。

2.1.3 刚性支承楼盖的楼板只承受竖向荷载，竖向刚度较大的梁是一模糊的概念，一般认为$\frac{\alpha_1 l_2}{l_1}$达到4或5就可以作为刚性支承梁，楼板就可以按四边竖向刚性支承的双向板计算。

2.1.4 柔性支承楼盖介于刚性梁支承和无梁柱支承楼盖之间，本规程给出了这类楼盖的计算方法。

2.1.5 柱支承楼盖也就是无梁楼盖。

2.1.6～2.1.8 给出各种形式的内置填充体和外露填充体的定义。

填充板是通过钢丝连接网将轻质芯块连为一体形成的网格状填充板，填充板的构造见图1，现场浇筑混凝土后与混凝土成为整体。

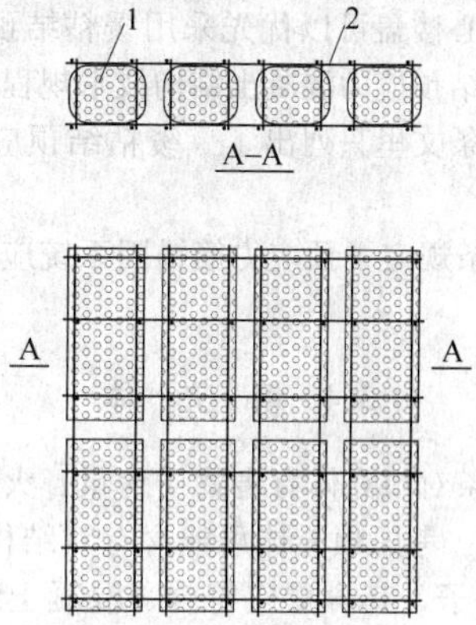

图1 填充板示意图

1—轻质芯块；2—连接网

2.1.9 体积空心率只是表明了填充体占的体积，由于填充体有一定重量，因此不能完全表达减轻自重的比率。

2.1.10 表观密度是衡量填充体自重和占有板内体积的一个宏观量度，体积空心率相同时，填充体表观密度越小越能减轻自重。

2.1.16～2.1.19 给出了现浇混凝土空心楼盖的几种计算方法的定义。

2.2 符 号

本节给出了本规程所用到的主要符号。

3 材 料

3.1 混 凝 土

3.1.1 本条对现浇混凝土空心楼盖的最低混凝土强度等级作了规定。

3.2 普 通 钢 筋

3.2.1 本规程提倡采用HRB400级钢筋作为主受力钢筋。

3.3 预应力筋及锚固系统

3.3.1 公称直径15.2mm的低松弛钢绞线是我国目前预应力混凝土结构中应用最广的预应力筋，优先采用高强低松弛预应力钢绞线对于工程设计和施工都是有利的。

3.3.2 本条说明了结构可采用的预应力体系类别。近年来缓粘结预应力技术在不断推广应用，对于柱支承的空心楼盖，由于楼盖参与了结构抗震，而无粘结预应力混凝土结构延性比不上有粘结预应力混凝土结构，有粘结预应力技术在楼板中应用存在波纹管和群锚布置困难等施工缺陷，而采用缓粘结预应力体系既可以提高抗震性能、又便于施工，因此，柱支承的现浇混凝土空心楼盖可以优先采用缓粘结预应力技术。由于《缓粘结预应力混凝土结构技术规程》还没有颁布，因此，条文里只列出了《缓粘结预应力钢绞线》JG/T 369。

3.3.3 本条规定了预应力筋锚固系统应遵循的有关标准。

3.4 填 充 体

3.4.1 本条对填充体有害物质含量、火灾时的形态等作了规定，考虑填充体可能含有对结构有害成分，尤其是氯离子，其含量应符合《混凝土结构设计规范》GB 50010 的要求。

3.4.2 本条对填充管、填充棒的规格、尺寸作了具体的规定，填充棒断面也可以不为圆形，此时，D 取断面的最大尺寸。

3.4.3 本条对填充箱、块的规格、尺寸作了具体的规定。

3.4.4 本条对填充板的规格、尺寸作了具体的规定。

3.4.5 本条规定了填充体的物理力学性质，局部抗压荷载主要为了防止施工中填充体上站人等造成破坏。外露填充体表面一般为混凝土，且有一定厚度并与现浇混凝土有可靠连接，能参与板的共同受力，这种情况的外露填充体上表面可以与现浇混凝土一起考虑，在计算填充体表观密度时不计入其质量和体积。表观密度最小为 $15kg/m^3$ 是根据国家标准《绝热用模塑聚苯乙烯泡沫塑料》GB/T 10801.1-2002 的规定确定的，当聚苯乙烯泡沫填充体有加强构造时，表观密度可适当减小。

4 基本规定

4.1 结构布置原则

4.1.3 现浇混凝土空心楼盖为双向板时，内力与两个方向的刚度比例有关，如果双向布置不对称，两个方向刚度不同，需要用正交异性板理论去求弹性内力。对于对称布置的内置填充体空心板，可根据截面惯性矩等效为各向同性板计算；对于对称布置的外露填充体空心板，由于板抗扭刚度的影响，原则上仍为正交异性板，如果忽略抗扭刚度的影响，可以按各向同性板理论计算，误差在工程设计要求精度范围内。

4.1.4 楼板的空心截面不利于承受较大的集中荷载。在承受较大的集中静力荷载的部位，宜采用实心楼板或采取有效的局部加强构造措施。对于承受较大的集中动力荷载的部位（如较大机械设备等）的区格板，应采用实心楼板。

4.2 截面特性计算

4.2.1 对于具有一定刚度的实心填充体，填充体在理论上会参与楼板的受力。经过计算分析，填充体弹性模量要达到混凝土弹性模量的 10%以上才有明显的效果，而目前采用的实心填充体都未达到这个数值，因此，暂时不考虑填充体与混凝土共同受力的复合作用。本节给出了将内置填充体空心楼板、单面外露填充体空心楼板和双面外露填充体空心楼板的计算单元分别简化为 I 形、T 形和矩形截面计算单元，可以得到计算单元的截面积和截面惯性矩。

4.2.2 对于单向布置的圆截面填充体形成的空心楼板，纵向满足平截面假定，可以直接计算截面积和截面惯性矩。空心楼板横向不能满足平截面假定，因此不能直接得到受压时等效的截面积和抗弯时等效的截面惯性矩，本节是在采用有限元法进行计算分析基础上得到。

1 横向截面积的计算如下：

根据填充体直径 D 与板厚的比值以及肋宽与板厚的比值建立计算模型（图 2），混凝土建立有限元，填充体忽略不计，左端固定，右端施加水平向位移作用 d，计算支座的水平支座反力 R_{A1}，得到水平刚度 $K_1=R_{A1}/d$；再建立外形相同的实心混凝土模型，同样左端固定，右端施加水平向位移作用 d，计算支座的水平支座反力 R_{A0}，得到混凝土实心板水平刚度 $K=R_{A0}/d$，空心楼板横向有效的截面积 A 与实心楼板截面积 A_0 相比为：$A/A_0=K/K_1=R_{A1}/R_{A0}$，这样得到表 1：

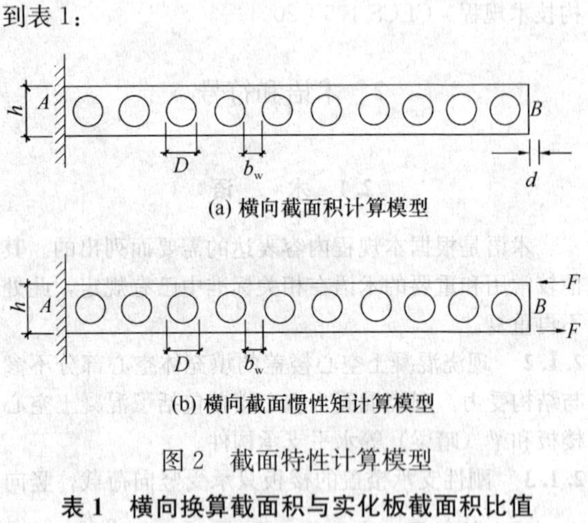

图 2 截面特性计算模型

表 1 横向换算截面积与实化板截面积比值

b_w/h \ D/h	0.5	0.6	0.7	0.8
0.2	0.562	0.463	0.360	0.254
0.3	0.572	0.471	0.366	0.259
0.4	0.582	0.478	0.373	0.266

通过对表中数据回归分析，可以得到横向宽度 $b=D+b_w$ 范围内截面有效面积的近似计算公式（4.2.2-3），该公式计算值与表中数据误差均不超过3.5%，满足工程设计精度。

2 截面惯性矩计算如下：

计算模型见图 2（b），左端固定，右端作用一力偶，根据 B 端发生的转角换算出截面宏观的抗弯刚度，抗弯刚度除以混凝土弹性模量进而得到空心楼板横向宏观等效的截面惯性矩；纵向截面惯性矩可以按平截面假定得到；相同宽度板的横向等效截面惯性矩除以纵向截面惯性矩得到参数 k 值，也就是表 4.2.2 给出的数值。

由于纵向截面惯性矩可以通过平截面假定按公式（4.2.2-2）计算出，有了 k 值就可以很容易得到横向等效的截面惯性矩。

圆形截面内置填充体现浇混凝土空心楼板横向和纵向惯性矩比见图 3，计算方法可参看文献“现浇混凝土空心板的正交各向异性研究”，特种结构，2007，24（2）：12-14。

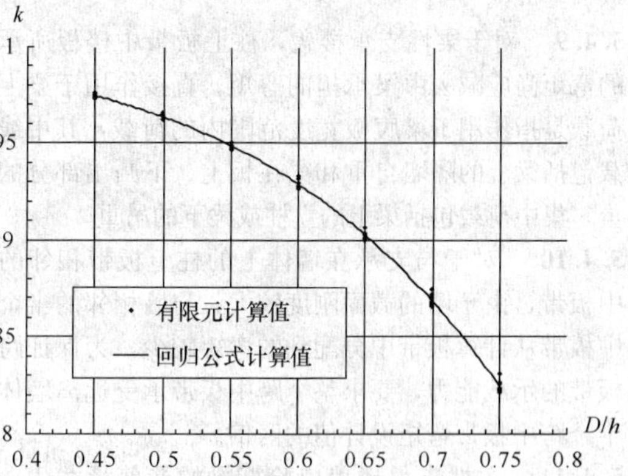

图 3 横向和纵向惯性矩比与圆孔直径和板厚比值的关系

5 结构分析方法

5.1 一般规定

本节规定了现浇混凝土空心楼盖结构分析原则和每种楼盖所采用的计算方法。

5.1.5、5.1.6 混合支承是指由柱支承、柔性支承、刚性梁支承中两种混合的支承。

5.2 拟板法

5.2.1 本条规定了现浇混凝土空心楼板采用拟板法的条件。

5.2.2 本条给出了单向板和双向板的划分原则。

5.2.3 现浇混凝土空心楼板可以采用拟板法计算，各向同性板需要的参数是板厚、弹性模量和泊松比，第 1 款给出了弹性模量计算方法，泊松比不变。

对于正交各向异性板，需要的参数除了板厚外，还有两个正交方向上的弹性模量、泊松比，以及剪变模量。第 2 款给出了内置填充体形成的空心楼板力学参数计算方法。对于填充管（棒）圆截面填充体空心楼板，等效为正交异性板时顺管（棒）方向弹性模量比横向大，顺向的泊松比近似按混凝土泊松比取值，因此，有公式（5.2.3-4）。上、下表面封闭的空心楼板等效为正交异性板后剪变模量可以按公式（5.2.3-6）计算。

对于上、下表面不能封闭的外露填充体形成的空心板，由于板的抗扭刚度比上、下封闭的板小很多，需要根据肋梁的抗扭刚度折算板的剪变模量，本规程没有给出。

当外露填充体双向对称布置但是上、下表面不封闭时，尽管双向抗弯刚度相同，但是，严格意义上也属于正交各向异性板。

对于内置填充体空心板，两个方向刚度相同或相差不大时可以按各向同性板计算；当两个方向刚度不同时宜按正交异性板理论计算，本节给出了正交各向异性板的所有力学参数的计算方法。

5.2.4 内置填充体空心板可以等效为各向同性板计算，方法见附录 C。

5.2.5 刚性支承楼盖按拟板法计算出的是板内最大弯矩值，本条参考了现行协会标准《现浇混凝土空心楼盖结构技术规程》CECS 175：2004 的有关规定将一跨板分为三个区域，给出了各区域配筋的正弯矩控制值，与全跨采用最大弯矩控制配筋相比，有效节省钢筋用量。

5.3 拟梁法

本节给出了采用拟梁法计算的条件和计算方法。每个方向拟梁不少于 5 根可以更接近于板的受力，并且要考虑梁的抗扭刚度。对于填充体为填充管和填充棒的空心板，可以通过板的正交各向异性确定的刚度换算为梁的刚度，进而在拟梁中考虑板的正交各向异性。

5.4 经验系数法

5.4.1 经验系数法参考了美国 ACI318 规范的相关规定。柱支承和柔性支承楼盖如满足本条限制条件，可采用经验系数法进行竖向均布荷载作用下的内力分析。第 1 款的限制主要是保证楼板的双向受力。第 2 款的限制主要是由于经验系数法假定楼盖的第一内支座既非嵌固，也非简支，如果结构只有两个连续跨，则中支座负弯矩值不满足假定。第 3 款的限制是为保证楼板支座负弯矩分布不超过钢筋切断点。第 4 款给出了柱子相对规则柱网的偏移限制。第 5 款的限制是由于经验系数法是在均布重力荷载试验的基础上得出的，大多数情况下，可变荷载与永久荷载比值不超过2，就可以不计荷载形式的影响。第6款给出了经验系数法的应用方法。第7款的限制是为保证楼盖弹性弯矩的分布符合经验系数法的假定，当超出该限制时，楼盖弹性弯矩的分布将发生显著变化。

5.4.2 对于柔性支承楼盖，计算梁的截面惯性矩时应考虑楼板的翼缘作用。中间梁可按T形、边梁按倒L形截面计算。如图4所示：

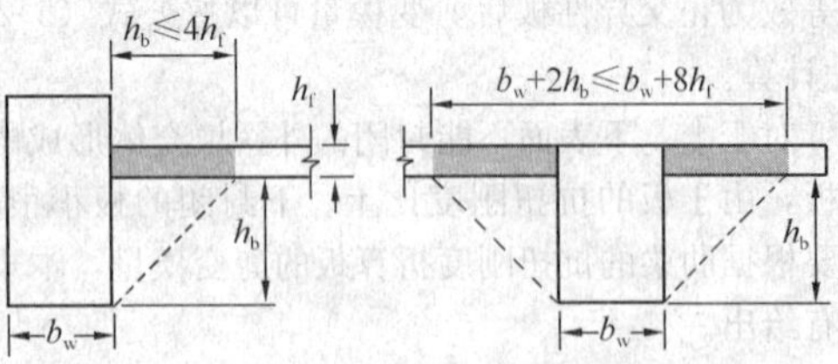

图4 楼板翼缘作用示意

5.4.3 本条楼板的截面惯性矩主要用于 α 和 β_t 的计算，其计算宽度取为计算板带的宽度，对柔性支承楼盖，不包括梁在楼板上、下凸出部分的截面。

当内模为筒芯时，由于正交各向异性，应区分顺筒方向和横筒方向分别计算。公式均由楼板实心区域和空心区域两个部分组成。

5.4.5 总弯矩设计值 M_0 的计算公式中，假定支座反力作用于与计算方向垂直的柱或柱帽的侧面，因此计算跨度取为净跨。计算净跨时，对于矩形或方形截面柱按实际柱侧面位置确定，对于圆形、正多边形等形状可按面积相等的方形截面确定。如图5所示：

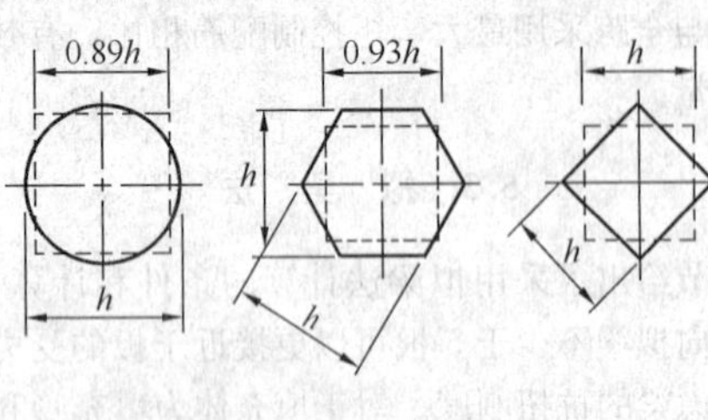

图5 支座等效截面

5.4.6 负弯矩的计算截面为支座侧面，见5.4.5条条文说明；正弯矩的计算截面为跨中。

对于楼盖端跨，各控制截面弯矩按表5.4.6中系数确定。表中系数基于等效支座刚度原则确定。表中除了简支与嵌固两种情况之外，正弯矩和内支座负弯矩的系数取值接近于变化范围的上限，边支座负弯矩接近于变化范围的下限，这主要是由于多数情况下，边支座负弯矩所需配筋很少，通常按裂缝控制采用构造配筋。表中系数除符合上述原则外，还进行了适当调整，以保证正弯矩与负弯矩平均值绝对值之和等于 M_0。

支座截面设计时应考虑支座两侧板弯矩的差异。对不平衡弯矩进行再分配时，构件抗弯刚度可按混凝土毛截面计取。垂直于板边或边梁的弯矩应传给柱或墙支座，设计板边和边梁时应考虑该弯矩引起的扭转应力。

5.4.7 对于承受竖向均布荷载的柱支承楼盖和柔性支承楼盖，设计时可认为控制截面弯矩分别在柱上板带和跨中板带内均匀分布。表5.4.7中的分配系数为柱上板带承担弯矩占计算板带弯矩的比值。

5.4.8 边支座负弯矩分配时，应考虑截面抗扭刚度系数 β_t 的影响，当梁的抗扭刚度相对于被支承板的抗弯刚度很小时，即 $\beta_t=0$ 时，可认为全部边支座负弯矩由柱上板带承担，跨中板带按最小配筋率配筋即可；当梁的抗扭刚度相对于被支承板的抗弯刚度不可忽略时，可按表中系数线性内插确定柱上板带弯矩分配系数。β_t 的计算公式中，混凝土的剪切模量根据《混凝土结构设计规范》GB 50010取为其弹性模量的1/2.5。

当支座为沿柱轴线布置的墙体时，可以认为是很刚性的梁，其 $\alpha_1 I_2/I_1 \geqslant 1.0$。当边支座由垂直于计算方向的墙体组成，如果为抗扭刚度很低的砌体墙体，应取 $\beta_t \geqslant 0$，如果为抗扭刚度很大的混凝土墙体，应取 $\beta_t \geqslant 2.0$。

5.4.9 对于柔性支承楼盖，柱上板带中楼板所承担的弯矩尚应减去由梁承担的弯矩。直接作用于梁上的荷载是指作用于梁腹板宽度范围内的荷载，其中线荷载包括梁上的隔墙自重和梁在板上、下凸出部分的自重，集中荷载包括梁上的立柱或梁下的吊重。

5.4.10 对于与支承在墙体上的柱上板带相邻的跨中板带，由于墙的截面刚度较大，与墙相邻的半个跨中板带从计算板带中分配到的弯矩较少，为保证跨中板带的承载能力，要求整个跨中板带承受远离墙体的半个跨中板带弯矩设计值的两倍。

5.4.11 柔性支承楼盖应验算梁的受剪承载力。当 $\alpha_1 I_2/I_1 \geqslant 1.0$ 时，梁承担其从属面积内的全部设计剪力；当 $0 \leqslant \alpha_1 l_2/l_1 < 1.0$ 时，梁所承担的设计剪力按本条第2款计算，剩余的剪力由板承担，此时还应验算板的抗冲切承载力。

5.5 等代框架法

5.5.1 采用等代框架法进行内力分析时，在竖向均布荷载作用下，每个计算方向的等代框架均为以柱轴线为中心的连续平面框架。在水平地震荷载作用下，地震作用计算应考虑楼盖的全部永久荷载和可变荷载组合值，且应符合现行国家标准《建筑抗震设计规范》GB 50011的有关规定。

5.5.2 在竖向荷载作用下，等代框架梁的计算宽度与经验系数法计算板带宽度相同；在水平荷载或地震作用下，等代框架梁的计算宽度较小，这是由于在水平荷载或地震作用下，主要通过柱的弯曲把水平荷载或地震作用传给板带，而能与柱一起工作的板带宽度较小。

5.5.3 等代框架梁惯性矩的计算原则与本规程5.4.3条基本相同，主要区别在于，第5.4.3条实心部分惯性矩的计算仅指楼板，而本条包括梁。

5.5.4 本条是用来计算等代框架梁在支座节点区宽度范围内的截面惯性矩，支座节点区可以是柱、柱帽、托板和墙。

5.5.5、**5.5.6** 对柱支承楼盖，当无柱帽时，等代框架柱的计算高度从下层楼板中心线到上层楼板中心线，当有柱帽时，该计算高度应考虑柱帽的刚域作用进行折减，该折减系数参考国家现行标准《钢筋混凝土升板结构技术规范》GBJ 130－90确定。对柔性支承楼盖，等代框架柱的计算高度应考虑梁对柱的刚度提高作用进行折减。竖向荷载作用下，宜考虑柱及柱两侧抗扭构件的影响按等效柱计算刚度，由于抗扭构件的存在，减少了柱弯矩的分配，等效柱的柔度为柱柔度和两侧横向抗扭构件柔度之和，由此可确定等效柱的转动刚度计算公式。

5.5.7 本条抗扭构件刚度的计算公式中抗扭常数C的计算同本规程第5.4.8条。式（5.5.7-1）为根据三维楼盖变参数分析得出的近似计算公式，该公式假定扭矩沿受扭构件呈线性分布，在支座中心处最大，在跨中处为0。增大系数β_b为考虑横向梁影响的增大系数。

5.5.8 本条规定了采用等代框架法分析时的弯矩控制截面，支座侧面位置可参考第5.4.5条文说明确定。对于有柱帽的边跨支座，按本条规定可避免边支座弯矩折减过多。

6 结构构件计算

6.1 一 般 规 定

6.1.1 现浇混凝土空心楼板的承载力和抗裂验算均是在满足现行国家标准《混凝土结构设计规范》GB 50010的基础上进行的。

6.1.2 由于肋中一般不配箍筋，因此，控制受压区高度在受压翼缘内。本规程中将填充体上、下混凝土截面板称为翼缘，以便在将截面计算单元按Ⅰ形、T形截面计算时与习惯叫法统一。

6.1.3 本条给出了预应力混凝土楼盖承载力极限状态计算和正常使用极限状态验算时，预应力作为荷载效应的考虑方法。

6.1.4 本条给出了预应力混凝土空心楼盖在进行承载力计算和抗裂验算时次内力考虑方法。

6.2 设计计算原则

本节给出了空心楼盖按承载力极限状态验算的统一公式和正常使用极限状态验算的统一公式，后面章节中极限状态验算只是给出了现浇混凝土空心楼盖特有的验算，可以直接按现行国家标准《混凝土结构设计规范》GB 50010进行设计计算的内容没有重复给出。

6.3 承载力极限状态计算

6.3.1 柱支承及柔性支承楼盖柱上板带除了承受竖向荷载外，还承受水平荷载效应。

6.3.2 刚性支承楼盖的水平荷载效应由刚性支承构件承受，板的承载力计算可仅考虑竖向荷载组合的作用效应。

6.3.3、**6.3.4** 空心楼盖的正截面受弯承载力和斜截面受剪承载力都是按现行国家标准《混凝土结构设计规范》GB 50010相关章节计算。

6.3.5 空心楼板的抗剪设计是区别于普通实心板的重要部分，顺孔方向的抗剪可以参照现行国家标准《混凝土结构设计规范》GB 50010中Ⅰ形截面受弯构件斜截面受剪承载力计算公式，也就是本节公式（6.3.5-1）。

横孔方向的抗剪比较复杂，在肋宽较大而上、下翼缘较小时，上、下翼缘会先于肋发生剪切破坏。在正弯矩区上翼缘是压剪受力，下翼缘是拉剪受力，拉剪翼缘受剪承载力降低，压剪翼缘受剪承载力提高，总体上可以认为整个截面受剪承载力基本不变，可以得到公式（6.3.5-2）。

取图6（a）计算单元隔离体，纵向宽度为b，左、右弯矩和剪力之间的关系为下式：

$$M_R - M_L = (b_w + D)V \qquad (1)$$

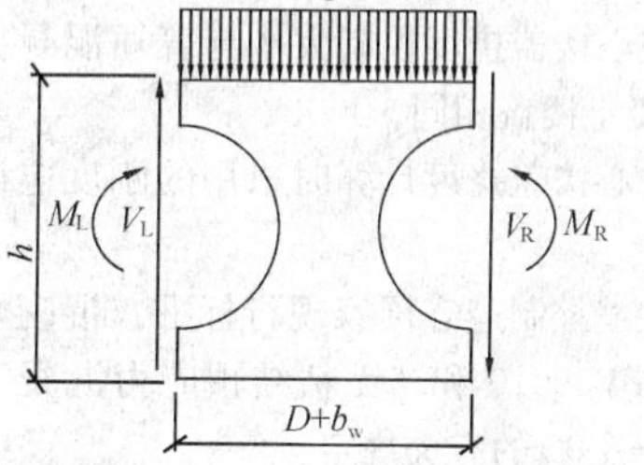

(a) 计算单元隔离体

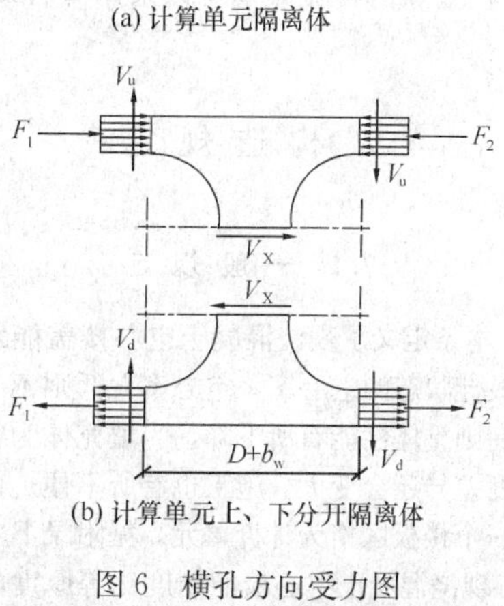

(b) 计算单元上、下分开隔离体

图6 横孔方向受力图

式中：V——剪力设计值，取 $V=V_L-0.5(b_w+D)bq$，由于 V_L 和 V 相差不大，可取最大剪力进行计算。

取图 6（b）上、下隔离体，左侧弯矩与上、下翼缘轴力之间的关系为下式：

$$F_1 \cong \frac{M_L}{0.5(h+D)} \tag{2}$$

右侧弯矩与上、下翼缘轴力之间的关系为下式：

$$F_2 \cong \frac{M_R}{0.5(h+D)} \tag{3}$$

由于 F_1 与 F_2 不相等，因此，肋在横向存在剪力 V_x，其大小为：

$$V_x = F_2 - F_1 \tag{4}$$

$$V_x \cong \frac{(b_w+D)}{0.5(h+D)}V \tag{5}$$

由于肋的宽度 b_w 较小，试验研究表明，这个剪力是造成空心板横孔方向剪切破坏的原因，按照现行国家标准《混凝土结构设计规范》GB 50010 的有关规定：

$$V_x = \frac{(b_w+D)}{0.5(h+D)}V \leqslant 0.7bb_w f_t \tag{6}$$

因为肋内一般不配钢筋，肋的横向抗剪为素混凝土抗剪，根据试验研究并参考美国《ACI318 M-05》将系数 0.7 调整为 0.5，得到公式：

$$\frac{(b_w+D)}{0.5(h+D)}V \leqslant 0.5bb_w f_t \tag{7}$$

进而得到（6.3.5-3）。

6.4 正常使用极限状态验算

6.4.1 空心楼盖挠度控制大小与普通混凝土楼盖及预应力混凝土楼盖相同。

6.4.2 空心楼盖挠度计算时采用的刚度应该考虑空心效应。

6.4.3 裂缝控制遵守国家现行标准《混凝土结构设计规范》GB 50010 和《无粘结预应力混凝土结构技术规程》JGJ 92 的有关规定。

6.4.4 楼盖竖向自振频率可以采用弹性动力分析获得。

7 构造规定

7.1 一般规定

7.1.1 本条定义了现浇混凝土空心楼盖能发挥受力及构造最佳状态的空心率，空心率太低则不经济，空心率太高则整体性能有所下降，当填充体为管、棒时双向刚度差异还会变大，施工也有所不便。体积空心率宜以一个楼板区格为计算单元，见附录 B。

7.1.2 现浇混凝土空心板的刚度比等厚度的实心板刚度略小，但重量更轻，厚度一般比相同跨度的实心板取值稍大即可，但不宜小于 200mm，否则空心率及其他构造难以满足。空心率随板厚增加而增大，故无特殊要求或当荷载较大时建议取适当厚一些。

7.1.3 肋宽的取值应根据剪力计算确定，同时考虑混凝土的浇筑及施工的方便，确定最小肋宽。

7.1.5 内置填充体成形的现浇混凝土空心楼板，当按整板考虑计算时，受压区高度应控制在实心翼缘内，同时考虑受力筋的保护层厚度，确定最小厚度不宜小于 50mm；外露填充体自带预制底板，无现浇下翼缘，不受此条限制。

7.1.7 垂直管方向设肋可传递该方向的剪力，增强空心楼板的双向受力性能。

7.1.8 考虑受力钢筋需要一定的混凝土握裹，与填充体的净距离不应小于 10mm。

7.1.9 由于现浇混凝土空心楼板的空腔通常都不是连续布置，楼板断面会随截断位置不同而不同，式（7.1.9-1）根据混凝土空心楼板的开裂弯矩与最小配筋的承载力相同确定。对于预应力空心板，非预应力筋的最低配筋率是为了避免在设计的使用荷载下抗裂性弱的一方突然出现过大的裂缝宽度（超过现行国家标准《混凝土结构设计规范》GB 50010 规定的正常使用极限状态裂缝宽度限值）和长度，造成用户不能正常使用。因为规范和规程没有规定双向的空心板必须双向都配置预应力筋使其抗裂度相同，没有规定其两个方向都要作抗裂设计，也没有提供双向裂缝宽度的计算方法。当正交异性空心楼板的内力分析和实际构造不一致时，更为严重，故对填充体为管和棒的空心楼板补充这条规定。

7.1.10 结合现行国家标准《混凝土结构设计规范》GB 50010 规定并根据工程经验用于确定楼板角部抵抗应力集中的钢筋。

7.1.11 给出了现浇混凝土空心楼板遇到洞口时的处理方法，参照了贵州省《现浇混凝土圆孔空心楼盖结构技术规程》DBJ 52-52-2007。

7.1.12 当填充体为内置时，板底有不小于 50mm 的实心混凝土层，故吊挂点可设置于任意位置；当填充体为外露时，由于填充体自身混凝土底板仅 20mm～30mm 厚，只宜吊挂较轻且无摆动的物体，并宜采用化学锚栓连接。较重物体吊挂点仍需设置于现浇混凝土肋梁下。

7.1.13 当填充体为内置时，后浇带内填充体两侧的肋宽不宜小于 200mm，以方便施工。

7.2 柔性支承楼盖

7.2.1 柔性支承楼盖是介于柱支承楼盖和刚性支承楼盖之间的一种楼盖。为满足抗震要求，对柔性支承梁的宽度和高度作了一定的限制。

7.2.2 柔性支承梁承担全部剪力时，柱边冲切不起决定作用，但柱周边仍建议设置一定范围实心区域。

由于柔性梁梁高较小，2倍梁高的箍筋加密区长度已不满足设计要求。

7.3 柱支承楼盖

7.3.1、7.3.2 实心区域应根据受力状态配置适当数量的钢筋。

7.3.3 地震时板柱节点为薄弱点，容易出现正截面裂缝从而导致冲切抗力不足的脆性破坏，故8度抗震设计时宜采用有托板或柱帽的板柱节点。

7.3.4 地震时由于结构不可避免的扭转，在边跨、楼电梯洞口边容易出现受力复杂的情况，因此宜设刚性支承梁。

7.3.5 暗梁宽度的设置依据国家标准 GB 50011-2001 第6.6.7条，其配筋参考国家标准 GB 50011-2001 第6.3节中相关条文并结合工程经验，当为高层建筑时，尚应满足现行行业标准《高层建筑混凝土结构技术规程》JGJ 3 的相关条文。

7.3.6 为了防止无柱帽板柱结构的柱边开裂以后楼板脱落，穿过柱截面板底两个方向钢筋的受拉承载力应满足该层柱承担的重力荷载代表值的轴压力设计值。对一端在柱截面对边锚固的普通钢筋和预应力筋，截面积按一半计算。

8 施工及验收

8.1 施 工 要 点

8.1.1 现浇混凝土空心楼盖的正确施工是保证楼盖满足设计要求的前题：

1 现浇混凝土空心楼盖结构的施工及质量验收包括模板、钢筋、混凝土或预应力等分项工程。在施工及验收时除应遵守本规程的要求外，还应符合现行国家标准《混凝土结构工程施工质量验收规范》GB 50204 的有关规定。当楼盖中采用无粘结预应力混凝土结构技术时，其施工和质量验收尚应符合现行行业标准《无粘结预应力混凝土结构技术规程》JGJ 92 等的有关规定。

2 在进行现浇混凝土空心楼盖施工前，应编制专门的施工技术方案，并取得工程监理和建设单位批准。施工技术方案应包括施工工艺流程、施工材料、施工设备、操作方法、质量保证措施、质量问题的处理及安全措施等针对性内容，同时方案中涉及工程建设强制性标准的内容，应有明确的规定和相应的措施。根据现行国家标准《建筑工程施工质量验收统一标准》GB 50300 和《混凝土结构工程施工质量验收规范》GB 50204 的有关规定，对现浇混凝土空心楼盖施工现场和施工项目的质量管理体系和质量保证制度提出了要求。施工时，参与工程建设的有关各方均应实行全过程质量控制。

3 现浇混凝土空心楼盖的适度起拱有利于抵消拆模后楼盖自重引起的挠度变形。楼盖宜按设计要求起拱；当设计未作规定时，宜按跨度的0.1%～0.3%进行起拱，起拱值的下限值适用于跨度和荷载均不大的楼盖，当楼盖的跨度较大时，板底挠度容易引起顶棚面下坠的视觉偏差，宜采用较大值进行楼盖起拱。当楼盖的支模系统为全木结构时，起拱值宜适当增大。预应力混凝土空心楼盖的起拱值应按设计和施工验算确定。

4 填充体产品虽然有一定强度和抗冲击性能，可抵抗正常施工荷载，但装卸和运输时过重的撞击、挤压和甩扔可能导致裂缝和破损，另外填充体装卸和转运次数越多损伤越大，影响其正常使用功能。填充体在施工现场的垂直运输宜采用专门吊篮装运。施工现场采用钢丝绳直接捆绑吊运填充体产品有两大危害：一是不安全，二是易造成产品损坏。填充体的堆放场地应平整坚实，堆高不得超过相关规定。

5 保证填充体安装位置准确、行列顺直、与梁柱间混凝土实心部分的尺寸准确，对于满足设计要求非常重要，应严格执行。这里所指的位置包括填充体的竖向位置及它们与相邻构件之间的水平位置。填充体竖向位置的过大偏差将导致空心楼板孔腔顶部和底部现浇板厚不能满足设计规定，板内受力钢筋的混凝土保护层厚度不能满足相关要求，板的承载能力削弱。填充体水平位置的过大偏差将导致肋不顺直或截面尺寸不符合设计要求，肋内受力钢筋的混凝土保护层厚度亦不能满足有关规定。

主要技术措施有：

1）按设计要求绘制填充体排布图，排布图上应详细标明填充体型号规格、肋宽及与周围结构构件之间的距离等。楼盖施工时，应严格按设计图或排布图的规定对框架梁、肋梁、柱帽、预留预埋设施及填充体等安装位置定位画线。

2）按照施工技术方案规定对内置填充体采取安装定位、抗浮锚固、防水平漂移等技术措施。

6 施工过程中防止填充体损坏的措施主要有：合理安排各工序施工，在已安装完工的内置填充体上铺设脚手板或模板覆盖保护等。施工人员直接踩踏内置填充体，施工机具直接放置在填充体上，可能造成填充体破损，影响楼盖混凝土成型质量，故应避免。对于板面钢筋完工之前已损坏的填充体应予以更换；板面钢筋完工之后损坏的填充体采取有效处理措施，以保证填充体的外形尺寸符合要求，且不会漏入混凝土。

7 制订现浇混凝土空心楼盖施工技术方案时应将预留、预埋、钢筋安装和填充体安装的配合方案予以明确。施工时应视预留、预埋设施所在部位，尽可能与钢筋及填充体安装相互配合，穿插或同步进行，避免预留预埋工序介入时间滞后而造成施工困难或损坏填充体。

8 外径（或截面边长）不大于 30mm 的预留预埋管线对楼盖截面削弱不大，可水平布置在框架梁、柱帽、肋等结构截面内。由于外径（或截面边长）大于 30mm 的预留预埋管线或管线密集部位会对楼盖截面削弱较大，从而影响楼板结构受力性能，可采用对填充体开孔、断开等措施，让较大尺寸的预留预埋设施或集中管线埋设于填充体开孔或断开处。由此造成的填充体破损应及时封堵，以避免混凝土进入其空腔内。在管线集中处，也可采用较小尺寸的填充体替换较大尺寸的填充体，让出预埋管线位置，也不会造成楼板截面削弱。现浇混凝土空心楼盖孔腔顶部及底部板厚一般较薄，且又是楼板的关键受力区域，预留预埋设施在其中水平布置将会严重削弱楼板截面，故应避免。

9 大部分填充体和模板材料都具有吸水性。浇筑混凝土前对其浇水润湿，有利于保证楼盖混凝土施工质量。

10 采取铺设架空施工通道，避免施工操作人员直接在安装好的内置填充体上踩踏，不将施工机具及材料直接堆放在安装好的填充体上，是防止填充体损坏和移位，保证楼盖施工质量的有效措施之一。

11 现浇混凝土空心楼盖混凝土采用泵送施工有利于保证连续供料，避免出现混凝土施工冷缝。混凝土泵管工作时会产生冲击力，泵管在楼面上铺设时采用柔性缓冲支垫（诸如废旧小汽车外胎）架空支承在板面的纵横肋梁交汇处，可以较大程度地缓减泵管对填充体、钢筋及模板的冲击力。布料时，混凝土落差太大，其下落冲击力对填充体、钢筋和模板均不利。浇捣混凝土时，振捣器紧贴钢筋、预应力筋、钢筋马凳或填充体振动，会造成钢筋走位或填充体破损，影响工程质量。两相邻振捣点的间距不得大于 500mm，振捣器在每处振捣时间宜在 20～30s 之间，既不能漏振，也不得在同一点长时间振捣。

12 当楼盖厚度大于 500mm 时，对框架梁和肋的混凝土分层布料振捣有利于排出混凝土内气泡和保证混凝土密实。前后两层混凝土布料振捣时间差不得超过混凝土初凝时间。当施工企业有能力保证混凝土施工质量时，厚度大于 500mm 的楼盖混凝土也可采用一次布料振捣方式施工。

13 为了能及时处理填充体在混凝土中的浮力和振捣器作用下可能会出现的上浮、水平漂移或破损等事故，保证现浇混凝土空心楼盖施工质量和施工安全，应安排专人在混凝土浇筑过程中对填充体的定位、抗浮、防水平位移等措施进行观察和维护。

8.1.2 内置填充体空心楼盖施工的专项要求：

1 保证内置填充体底部现浇板厚度及与板底受力钢筋混凝土保护层厚度的定位措施有多种，施工时可根据实际情况选用。目前常用的定位措施有内置填充体底部自带定位脚、设支承钢筋、专门垫块、钢筋马凳等多种。

2 在混凝土浇筑时，现浇空心楼盖中的内置填充体在混凝土及振捣器作用下会产生上浮、水平漂移，导致楼盖截面尺寸与设计要求不符，因此必须采取相应的技术措施。内置填充体抗浮锚固用拉丝（筋）的规格、间距等必须经计算确定，抗浮锚固拉丝（筋）的布设位置应便于同支模系统的木龙骨或钢架管绑牢拉紧。防止内置填充体上浮及水平漂移措施可根据实际情况确定，其布设位置和传力应合理可靠，在混凝土及振捣器作用下不会损坏填充体。

3 现浇空心楼盖的混凝土粗骨料粒径应兼顾填充体形式、构件截面尺寸、施工设备和施工条件等因素。由于现浇空心楼盖内置填充体两侧肋宽度和底部板厚尺寸均较小，粗骨料粒径较大时，粗骨料在内置填充体底部板中流动困难，易造成板底混凝土骨料分布不均匀，故规定现浇空心楼盖混凝土粗骨料最大粒径不宜大于 25mm。

4 按顺管或顺棒方向浇筑混凝土有利于防止填充管或填充棒水平漂移。

8.1.3 外露填充体空心楼盖施工的专项要求：

1 本条所说的"不铺设模板"是仅指外露填充体及肋底部均不铺设模板，而利用外露填充体底板作为模板，适用于外露填充体底板每向外挑 1/2 肋宽的情况，但框架梁及跨中次梁底部还是应按要求铺设模板。"不满铺模板"是指外露填充体底部不铺设模板，而利用外露填充体底板作为模板，但肋、框架梁及次梁底部还是应按要求铺设模板。外露填充体空心楼板采用不铺设模板或不满铺模板的支模方式时，其底部木龙骨规格、数量及间距均应经模板设计验算确定。

2 外露填充体外露部件的外伸钢筋（丝）与梁锚固连接方向及锚固长度符合相关规定是结构共同受力的要求，施工时应认真对待。

8.2 材料进场验收

8.2.1 填充体进场检验批的划分应符合下列规定：

1 本条对内置填充体及单面外露填充体进场验收检验批的划分作了详细说明，作为一个检验批的产品应是同一工厂在正常生产条件下连续生产的产品。所谓"正常生产条件"是指工厂生产设备运转正常、生产操作人员稳定、原材料供应正常且质量稳定，生产中未发生较大质量事故，所生产的填充体质量稳定并抽检合格。进场验收时作为一个检验批的填充体还须是采用相同工艺、相同原材料生产的同一规格型号的产品。对于存放时间较长（超过 3 个月以上）的玻纤增强型无机类填充体，其中的玻纤性能因遇水泥中碱性物质会产生变化，对填充体物理力学性能会有不利影响，亦不能作为一个检验批。当连续三个检验批内置填充体或单面外露填充体产品均一次检验合格时，足以说明其质量比较稳定，可将每个检验批的批量扩大至10000件。进场检验时，应注意同一检验批的界定条件和每个检验批中抽样数量的规定。当一次进场的数量大于该产品的进场检验批量时，应划分为若干个检验批进行检验；当一次进场的数量少于该产品的进场检验批数量时，也应作为一个检验批进行检验。内置填充体及单面外露填充体进场时，应提供产品合格证、产品出厂检验报告等产品质量证明文件。

2 本条对双面外露填充体进场检验批划分的界定条件作了相应规定。参照现行国家标准《混凝土结构工程施工质量验收规范》GB 50204中对预制构件进场验收按每1000件数量划为一个检验批规定，鉴于双面外露填充体的顶板属钢筋混凝土预制构件，但其余部件仅作为模板或装饰构件，故此，本规程将双面外露填充体每个检验批的批量定为2000件。当连续五个检验批次的双面外露填充体产品均一次检验合格时，足以说明其质量比较稳定，可将每个检验批数量扩大至5000件。

8.2.2 本条对填充体的抽样及检验作了规定：

填充体进场验收时，除应检查产品质量证明文件外，还应对产品外观质量全数目测检查，并现场随机抽取规定数量的试样检测外观尺寸偏差及物理力学性能指标，用于外观尺寸偏差检验的填充体必须外观质量合格，用于物理力学性能检验的填充体必须外观质量及尺寸偏差均合格。填充体外观质量不符合本规程规定时，对能够返修的，可在现场修理或退回厂家修理，并经重新验收合格后方可使用；对无法修理的，不得用于工程。

8.2.3 本条对填充体的质量等级判定规则作了规定：

1 本条对填充体尺寸偏差检验方法、复检条件、结果判定及不合格的处理办法等方面进行了相应规定。本条中的“严重超差”是指填充体某项目检验时出现会造成楼板成型后截面尺寸不符合设计要求的尺寸偏差。

2 本条对填充体物理力学性能指标检验方法、结果判定及复检条件等方面进行了相应规定。

8.2.4 填充体作为现浇混凝土空心楼盖中空心孔腔的非抽芯式成孔材料，其质量对保证现浇空心楼盖质量起着较为重要的作用，进场时应严格按本规程的有关规定对其质量进行检查验收，并认真记录进场验收结果，及时做好出厂合格证、质量检验报告和进场验收记录整理归档工作。

8.2.5 对本规程中未规定的填充体质量指标项目，当工程需要时，经工程有关各方共同商定后，可进行专项检测。

8.3 工程施工质量验收

8.3.1 现浇混凝土空心楼盖施工所用材料包括填充体、钢筋以及混凝土的各种原材料。对预应力混凝土空心楼盖工程，还包括预应力筋、锚具、夹具和连接器等。各种原材料进场时均应进行抽样检验，其质量应符合相应标准的规定。应遵照现行国家标准《混凝土结构工程施工质量验收规范》GB 50204中对各种原材料进场检验的有关规定执行。

8.3.3 根据本条的规定，现浇混凝土空心楼盖中内置填充体和单面外露填充体的安装宜按模板分项工程的要求进行施工质量控制和验收。内置填充体和单面外露填充体安装检验批与普通模板安装检验批的划分方法可取一致，例如均按楼层、结构缝或施工段划分。根据具体情况，内置填充体和单面外露填充体安装检验批可与普通模板安装检验批一同验收，也可单独验收。与普通模板分项工程一样，内置填充体和单面外露填充体的安装不参与混凝土结构子分部工程的验收。

内置填充体和单面外露填充体安装检验批的抽检频率、验收方法及质量要求应符合表8.3.2中相关规定。

施工质量验收程序、组织应符合现行国家标准《混凝土结构工程施工质量验收规范》GB 50204的规定。其中，检验批的检查层次为：生产班级的自检、交接检；施工企业质量检验部门的专业检查和评定；监理单位（建设单位）组织的检验批验收。在施工过程中，前一工序的施工质量未得到监理单位（建设单位）的检查认可，不应进行后续工序的施工，以免质量缺陷累积，造成更大的损失。对工程质量起重要作用或有争议的检验项目，应进行由各方参与的见证检测，以确保施工过程中的关键质量得到控制。

8.3.4 当双面外露填充体的顶板为楼板结构的组成部分时，其安装检验批验收后，应归入装配式结构分项工程验收，并参与混凝土结构子分部工程的验收评定。双面外露填充体安装检验批的抽检频率、验收方法及质量要求按表8.3.2中规定。

8.3.5 国家标准《混凝土结构工程施工质量验收规范》GB 50204－2002第10.2.1条规定的文件和记录反映在从基本的检验批开始，贯彻于整个施工过程的质量控制结果，落实了过程控制的基本原则，是确保工程质量的重要证据。

附录A 填充体检验方法

A.1 外观检查

A.1.1 填充体的外观质量采用目测方式检查，必要时可辅以其他检测工具。填充体进场验收时，对其外观质量全数检查，是为了防止外观质量存在缺陷的填充体用于工程，影响现浇混凝土空心楼盖质量。

A.2 尺寸偏差检查

A.2.1 填充管、填充棒的尺寸偏差的测量控制精度为1mm，填充管、填充棒长度或断面尺寸偏差值为实测值减去标志值。填充管、填充棒断面尺寸测量方法，在端面用钢尺直接量测，在管中部用外卡钳辅以钢尺测量。测量圆形断面的填充管、棒不圆度方法，从端面上选取管径或棒径存在明显差异且相互垂直的两向测量。

A.2.2 填充板、填充块、填充箱边长或高度尺寸偏差值为实测值减去标志值。填充板、填充块、填充箱对角线长度差测量方法：测量填充体顶面或底面的两对角线长度值，将同一平面上两对角线长度值中较大者减去较小者，所得结果即为对角线长度差。

A.3 物理力学性能检查

A.3.1 填充体重量是楼盖结构设计时荷载的重要指标之一，本条规定了检验方法及相关要求。进行楼盖结构设计或模板验算选用该指标时，应注意将填充管（棒）的表观密度、填充箱（块）的表观密度换算成作用于单位面积楼盖上的荷载值。用作表观密度计算的重量检测试样应处于自然干燥状态，否则，检测结果与填充体的真实性状会有差异。

A.3.2 本条规定了填充体48h水中浸泡后局部抗压荷载的检验方法及相关要求。对于圆弧面的填充体局部抗压加载时，除采用在其侧向垫放三角木方法保持试样稳定外，亦可采用将试样放置在细砂上，使其保持稳定。在试样承压面放置加压垫板是为了便于加载，对圆弧形承压面的试样，应采用与承压面相一致的弧面加压垫板，加压垫板应与试样承压面紧密接触，为了消除二者的间隙，圆弧形承压面与加压垫板之间可垫放如橡胶板之类的柔性垫层，对平面承压面与加压垫板之间可垫放如细砂之类的柔性垫层。采用标准砝码分级加载，当加载值达到本规程中规定荷载值后，如要继续加载至试样破坏，每级加荷值应改为规定局部抗压荷载值的5%，48h水中浸泡是防止填充体遇水软化，浇筑混凝土后变形。

A.3.3 本条中填充体的自然吸水率是指填充体母体材料的吸水率，当填充体为实心的填充棒、填充板、填充块时，可取整个填充体作为吸水率受检试样；当填充体为空腔的填充管、填充箱时，应采用切块方式检验其吸水率。

A.3.4 填充体抗振动冲击的受检面应是填充体与空心楼盖现浇混凝土相接触的所有表面，检测时振捣器必须紧贴填充体受检表面振动，抗振动冲击测试时间应从振捣器完全启动后开始计时。

附录B 空心楼板自重、折实厚度、体积空心率计算

B.0.1 设计阶段计算现浇混凝土空心楼板自重时应根据经验或厂家提供的填充体尺寸和重量进行计算。空心楼板区格体积、自重只包括楼板，不包括轴线上的梁。

B.0.2 现浇混凝土空心楼板按重量等效的折实厚度是衡量楼板自重减轻的一个重要指标，比体积空心率更准确。

B.0.3 现浇混凝土空心楼板的体积空心率是反映楼板减轻自重的标志参数之一。式（B.0.3）所表示的空心率是指一个楼板区格单元的空心率。

附录C 正交各向异性板的等效各向同性板法

对于内置填充体形成的空心楼盖，为上、下表面闭合的正交异性板，存在一种简单的等效各向同性板计算方法，参看文献“现浇混凝土空心板的正交各向异性及等效各向同性板计算方法”，工业建筑，2009，39（2）：72-75和文献“一种正交各向异性板的等效各向同性板计算方法”，力学与实践，2009，31（1）：57-60。

附录D 施工流程

本附录给出了现浇混凝土空心楼盖施工参照的工艺流程。

现浇混凝土空心楼盖施工控制的关键点为：填充体安装、预留预埋及混凝土浇筑等工序。内置填充体安装就位准确后，应对内置填充体采取有效的防水平漂移措施和抗浮锚固措施；预留、预埋设施施工时既要满足其相应功能，又能尽量减少预留、预埋设施对楼盖结构截面削弱，并尽可能不对填充体有开孔或断开等损伤；现浇混凝土空心楼盖的混凝土应在填充体周围的楼盖有效截面内充填饱满、密实。当设计图中无填充体的平面布置详图时，施工现场应根据设计要求及填充体布置规则绘制排布图，并按设计图或排布图统计填充体的型号、规格和数量，并提前向专业厂家订购。严格执行图中的“暗梁、柱帽、肋、预留、预埋设施及填充体等位置定位画线”工序操作是保证框架暗梁、柱帽、肋、预留、预埋设施和填充体等安装位置准确的前提，也是保证成型后的楼盖结构截面尺寸符合设计要求的有效方法之一；图中的“内置填

充体抗浮及防漂移”工序虽然排在“板面钢筋安装”工序之前，但实施过程中也可两者同时进行，即利用支承板面钢筋的钢筋马凳控制肋宽度及防止内置模水平方向漂移，利用将板面钢筋向下锚固作为内置填充体抗浮措施，但此时板面钢筋与内置填充体间的混凝土保护层厚度应正确。肋内钢筋安装施工程序应视具体情况而定，当肋内箍筋为双肢环箍时，应先安装肋梁钢筋，再安装板底部钢筋，待内置填充体安装后，再进行板面钢筋安装；当肋内箍筋为单肢箍时，因肋内单肢箍必须同时钩挂到板底和板面最外侧的受力钢筋，所以应在板面钢安装完后，再安装肋内单肢箍筋。预留、预埋设施安装施工应穿插到钢筋及填充体安装工序之中进行。

内置填充体现浇混凝土空心楼盖施工应遵照该施工工艺流程图及施工技术方案要求进行。

肋内钢筋安装工序的先后会因外露填充体型号不同而异：对于外露填充体底板未伸至肋梁底时，肋内钢筋安装可在外露填充体安装之前与框架梁及柱帽钢筋安装同时施工；当外露填充体底板伸至肋梁底部并采用现场拼装式的外露填充体时，应待外露模底板安装完后再进行肋梁钢筋安装；当采用整体式的外露填充体时，则应在肋梁钢筋安装之前进行外露填充体安装施工。

附录E　填充体质量验收记录表

E.1　进场验收记录表

E.1.1　表E.1.1-1列出了填充管、填充棒进场时应检验项目及相应质量要求。表E.1.1-2列出了填充箱、填充块进场时应检验项目及相应质量要求。表E.1.1-3列出了填充板进场时应检验项目及相应质量要求。各种类型的填充体进场时，施工项目的专业质量检验员和监理工程师共同按该验收记录表的要求进行验收及记录检测结果。产品合格证、出厂检验报告及进场检验报告应作为本表的附件。

E.2　填充体安装检验批质量验收记录表

E.2.1　表E.2.1列出了填充体安装检验批验收应检查的项目及相应质量要求。内置填充体抗浮措施、外露填充体顶板和底板钢筋外伸锚固、施工中局部破损的填充体的处理等是保证现浇混凝土空心楼盖结构截面成型准确及结构安全可靠的重要项目，故将其归入质量验收主控项目。填充体安装定位、抗浮及防水平漂移措施完工后，经施工班组自检与交接检，专业施工员随班检查，项目专职质量检验员检查合格后，由项目专职质量检验员填写该记录表，并向项目监理机构（或建设单位项目管理机构）报验，由项目监理工程师（建设单位项目技术负责人）组织项目专业质量检验员等共同进行验收。按照现行建筑法规的有关规定，参加质量检查验收有关各方对验收结果真实有效应承担各自相应的责任。

中华人民共和国行业标准

预制带肋底板混凝土叠合楼板技术规程

Technical specification for concrete composite slab with precast ribbed panel

JGJ/T 258—2011

批准部门：中华人民共和国住房和城乡建设部
施行日期：2 0 1 2 年 4 月 1 日

中华人民共和国住房和城乡建设部
公　　告

第1136号

关于发布行业标准《预制带肋底板混凝土叠合楼板技术规程》的公告

现批准《预制带肋底板混凝土叠合楼板技术规程》为行业标准，编号为JGJ/T 258－2011，自2012年4月1日起实施。

本规程由我部标准定额研究所组织中国建筑工业出版社出版发行。

中华人民共和国住房和城乡建设部

2011年8月29日

前　言

根据住房和城乡建设部《关于印发〈2009年工程建设标准规范制订、修改计划（第一批）〉的通知》（建标［2009］88号）的要求，规程编制组经广泛调查研究，认真总结实践经验，参考有关国际标准和国外先进标准，并在广泛征求意见的基础上，编制了本规程。

本规程的主要内容有：1. 总则；2. 术语和符号；3. 材料；4. 基本设计规定；5. 叠合楼板结构设计；6. 构造要求；7. 工程施工；8. 工程验收。

本规程由住房和城乡建设部负责管理，由湖南高岭建设集团股份有限公司负责具体技术内容的解释。执行过程中如有意见或建议，请寄送湖南高岭建设集团股份有限公司（地址：湖南省长沙市开福区捞刀河镇彭家巷468号，邮政编码：410153）。

本规程主编单位：湖南高岭建设集团股份有限公司

本规程参编单位：衡阳市衡洲建筑安装工程有限公司
湖南大学
兰州大学
曙光控股集团有限公司
山东万斯达集团有限公司

本规程主要起草人员：周绪红　吴方伯　何长春　黄海林　陈　伟　邓利斌　刘　彪　李骥原　唐仕亮　颜云方　张　波　蒋世林　陈赛国　黄　璐

本规程主要审查人员：马克俭　白生翔　孟少平　吴　波　何益斌　余志武　张友亮　肖　龙　陈火焱

目　次

Contents

1 总　　则

1.0.1 为了提高预制带肋底板混凝土叠合楼板的设计与施工技术水平，贯彻执行国家的技术经济政策，做到安全、适用、经济、耐久、确保质量，制定本规程。

1.0.2 本规程适用于环境类别为一类、二 a 类，且抗震设防烈度小于或等于 9 度地区的一般工业与民用建筑楼板的设计、施工及验收。当遇有板底表面温度大于 100℃或有生产热源且表面温度经常大于 60℃或板承受振动荷载情况之一时，应按国家现行有关标准进行专门设计。

1.0.3 预制带肋底板混凝土叠合楼板的设计、施工及验收，除应符合本规程的规定外，尚应符合国家现行有关标准的规定。

2 术语和符号

2.1 术　　语

2.1.1 预制带肋底板　precast ribbed panel

由实心平板与设有预留孔洞的板肋组成，经预先制作并用于混凝土叠合楼板的底板。预制带肋底板包括预制预应力带肋底板、预制非预应力带肋底板。

2.1.2 实心平板　solid panel

预制带肋底板的下部实心混凝土平板，其内配置受力的先张法纵向预应力筋或纵向非预应力钢筋。

2.1.3 板肋　rib

沿预制带肋底板跨度方向设置并带预留孔洞的肋条，其截面形式可为矩形、T 形等。

2.1.4 预留孔洞　preformed hole

为布置横向穿孔的非预应力钢筋或管线等而在板肋上设置的孔洞。

2.1.5 胡子筋　beard-shape reinforcement

实心平板端部伸出的纵向受力钢筋。

2.1.6 拼缝防裂钢筋　joint anti-crack reinforcement

布置于预制带肋底板拼缝处横向穿孔钢筋上方，用于约束可能产生裂缝的构造钢筋。

2.1.7 横向穿孔钢筋　transversal perforating reinforcement

垂直于板肋并从预留孔洞穿过的非预应力钢筋。

2.1.8 叠合层　cast-in-situ concrete topping

在预制带肋底板上部配筋并浇筑混凝土的楼板现浇层。

2.1.9 叠合楼板　composite slab

在预制带肋底板上配筋并浇筑混凝土叠合层形成的楼板。

2.1.10 叠合楼盖　composite floor system

由各类梁与预制带肋底板组成，并通过配筋及浇筑混凝土叠合层而形成的装配整体式楼盖。

2.2 符　　号

2.2.1 材料性能

f'_{tk}、f'_{ck}——与施工阶段对应龄期的混凝土立方体抗压强度 f'_{cu} 相应的混凝土轴心抗拉强度标准值、轴心抗压强度标准值；

f_{tk1}——预制预应力带肋底板混凝土轴心抗拉强度标准值；

f_y——非预应力钢筋抗拉强度设计值。

2.2.2 作用和作用效应

G_{k1}——叠合楼板（包括预制带肋底板和叠合层）自重标准值；

G_{k2}——第二阶段面层、吊顶等自重标准值；

Q_k——第一阶段可变荷载标准值 Q_{k1} 与第二阶段可变荷载标准值 Q_{k2} 两者中的较大值；

q——均布荷载设计值；

q_1——叠合楼板自重设计值；

q_2——外加荷载设计值；

M_{1G}——叠合楼板自重在计算截面产生的弯矩设计值；

M_{1Gk}——叠合楼板自重标准值 G_{k1} 在计算截面产生的弯矩值；

M_{1Q}——第一阶段可变荷载在计算截面产生的弯矩设计值；

M_{2k}——第二阶段荷载标准组合下在计算截面上产生的弯矩值；

M_{2G}——第二阶段面层、吊顶等自重在计算截面产生的弯矩设计值；

M_{2Gk}——第二阶段面层、吊顶等自重标准值在计算截面产生的弯矩值；

M_{2Q}——第二阶段可变荷载在计算截面产生的弯矩设计值；

M_{2Qk}——使用阶段可变荷载标准值在计算截面产生的弯矩值；

V_{1G}——叠合楼板自重在计算截面产生的剪力设计值；

V_{1Q}——第一阶段可变荷载在计算截面产生的剪力设计值；

V_{2G}——第二阶段面层、吊顶等自重在计算截面产生的剪力设计值；

V_{2Q}——第二阶段可变荷载在计算截面产生的剪力设计值；

σ_{ct}、σ_{cc}——施工阶段相应的荷载标准组合下产生在构件计算截面预拉区、预压区边缘的混凝土法向拉应力、压应力；

σ_{ck}——使用阶段按荷载标准组合计算控制截面抗裂验算边缘的混凝土法向应力；

σ_{pc}——扣除全部预应力损失后在控制截面抗裂验算边缘混凝土的法向预压应力；

σ_{sq}——荷载准永久组合下叠合楼板纵向非预应力钢筋的应力。

2.2.3 几何参数

B——板的计算宽度；

l_0——板的计算跨度；

W_0——叠合楼板计算截面边缘的换算截面弹性抵抗矩；

W_{01}——预制预应力带肋底板换算截面受拉边缘的弹性抵抗矩。

2.2.4 计算系数及其他

γ_0——结构重要性系数；

γ_G——永久荷载分项系数；

γ_Q——可变荷载分项系数。

3 材料

3.1 混凝土

3.1.1 预制带肋底板的混凝土强度等级不宜低于C40且不应低于C30，叠合层的混凝土强度等级不宜低于C25。

3.1.2 混凝土力学性能标准值和设计值应按现行国家标准《混凝土结构设计规范》GB 50010的规定取用。

3.2 钢筋

3.2.1 受力的预应力筋宜采用消除应力螺旋肋钢丝或冷轧带肋钢筋；受力的非预应力钢筋宜采用热轧带肋钢筋、冷轧带肋钢筋，也可采用热轧光圆钢筋。

3.2.2 受力的预应力筋和受力的非预应力钢筋力学性能标准值和设计值应按国家现行标准《混凝土结构设计规范》GB 50010和《冷轧带肋钢筋混凝土结构技术规程》JGJ 95的规定取用。受力的预应力筋的直径不应小于5mm；受力的非预应力钢筋的直径不应小于6mm。

3.2.3 在预制带肋底板和叠合层中配置的各类构造钢筋，可根据实际情况确定，但其直径不应小于4mm。

4 基本设计规定

4.1 一般规定

4.1.1 本规程依据现行国家标准《混凝土结构设计规范》GB 50010的极限状态设计方法，采用分项系数的设计表达式进行设计。

4.1.2 叠合楼板的安全等级和设计使用年限应与整个结构保持一致。

4.1.3 叠合楼板的设计应满足下列三个阶段的不同要求：

1 制作阶段：预制带肋底板在放张、堆放、吊装及运输阶段，预制预应力带肋底板的板底不应出现裂缝；预制非预应力带肋底板的板底不宜出现受力裂缝；

2 施工阶段：应对预制带肋底板的承载力、裂缝控制分别进行计算或验算；

3 使用阶段：应对叠合楼板的承载力、挠度及裂缝控制分别进行计算或验算。

预制带肋底板在制作、运输及安装时，应考虑动力系数，其值可取1.5，也可根据实际情况作适当调整。

4.1.4 叠合楼板应根据施工阶段支撑设置情况分别采用下列不同的计算方法：

1 施工阶段不加支撑的叠合楼板，应对预制带肋底板及浇筑叠合层混凝土后的叠合楼板按二阶段受力分别进行计算。预制带肋底板可按一般受弯构件考虑，叠合楼板应考虑二次叠合的影响，此时，应按本规程第4.2节的规定进行荷载与内力分析；其承载力、挠度及裂缝控制应按本规程第5章的规定计算或验算。

2 施工阶段设有可靠支撑的叠合楼板，可按整体受弯构件考虑，其承载力、挠度及裂缝控制计算或验算应符合现行国家标准《混凝土结构设计规范》GB 50010有关整体受弯构件的规定。

4.1.5 叠合楼板可与现浇梁、叠合梁、钢梁等组合成叠合楼盖。此时，梁的承载力极限状态计算与正常使用极限状态验算应符合国家现行有关标准的规定，各类梁的刚度应能保证叠合楼板按单向简支板、连续板或边支承双向板的计算条件。叠合楼板也可直接搁置或嵌固于墙中，并应按设计情况确定其嵌固程度。

支承在混凝土剪力墙、承重砌体墙以及刚性的钢梁、现浇梁、叠合梁等上方的叠合楼板，应按国家标准《混凝土结构设计规范》GB 50010－2010第9.1.1条的规定，分别按单向板或双向板进行计算。

4.1.6 正常使用极限状态下的叠合楼板验算，对采用预制预应力带肋底板的叠合楼板应采用荷载标准组合进行计算；对采用预制非预应力带肋底板的叠合楼板应采用荷载准永久组合进行计算。

4.2 荷载与内力分析

4.2.1 施工阶段不加支撑的叠合楼板，内力应分别按下列两个阶段计算：

1 第一阶段：叠合层混凝土未达到强度设计值

之前的阶段。荷载由预制带肋底板承担，预制带肋底板按简支构件计算；荷载包括预制带肋底板自重、叠合层混凝土自重以及施工阶段的可变荷载。

2 第二阶段：叠合层混凝土达到设计规定的强度值之后的阶段。按叠合楼板计算；荷载考虑下列两种情况并取较大值：

1）施工阶段：考虑叠合楼板自重，面层、吊顶等自重以及施工阶段的可变荷载；

2）使用阶段：考虑叠合楼板自重，面层、吊顶等自重以及使用阶段的可变荷载。

施工阶段的可变荷载可根据实际情况确定，也可按现行国家标准《混凝土结构工程施工规范》GB 50666 的规定取用。

4.2.2 承受均布荷载的叠合楼板，其均布荷载设计值应按下列公式计算：

$$q = q_1 + q_2 \quad (4.2.2\text{-}1)$$

$$q_1 = \gamma_0 \gamma_G G_{k1} \quad (4.2.2\text{-}2)$$

$$q_2 = \gamma_0(\gamma_G G_{k2} + \gamma_Q Q_k) \quad (4.2.2\text{-}3)$$

式中：q——均布荷载设计值（kN/m^2）；

q_1——叠合楼板自重设计值（kN/m^2）；

q_2——外加荷载设计值（kN/m^2）；

G_{k1}——叠合楼板（包括预制带肋底板和叠合层）自重标准值（kN/m^2）；

G_{k2}——第二阶段面层、吊顶等自重标准值（kN/m^2）；

Q_k——第一阶段可变荷载标准值 Q_{k1} 与第二阶段可变荷载标准值 Q_{k2} 两者中的较大值（kN/m^2）；

γ_0——结构重要性系数；

γ_G——永久荷载分项系数；

γ_Q——可变荷载分项系数。

4.2.3 承载能力极限状态计算时，对预制带肋底板和叠合楼板进行弹性分析或塑性内力重分布分析的弯矩设计值和剪力设计值应按下列规定取用：

预制带肋底板

$$M_1 = M_{1G} + M_{1Q} \quad (4.2.3\text{-}1)$$

$$V_1 = V_{1G} + V_{1Q} \quad (4.2.3\text{-}2)$$

叠合楼板跨中正弯矩区段和支座负弯矩区段

$$M_{mid} = M_{1G} + M_{2G} + M_{2Q} \quad (4.2.3\text{-}3)$$

$$M_{sup} = M_{2G} + M_{2Q} \quad (4.2.3\text{-}4)$$

$$V = V_{1G} + V_{2G} + V_{2Q} \quad (4.2.3\text{-}5)$$

式中：M_{1G}——叠合楼板自重在计算截面产生的弯矩设计值（N·mm）；

M_{1Q}——第一阶段可变荷载在计算截面产生的弯矩设计值（N·mm）；

M_{2G}——第二阶段面层、吊顶等自重在计算截面产生的弯矩设计值（N·mm），当考虑内力重分布时，应取调幅后的弯矩设计值；

M_{2Q}——第二阶段可变荷载在计算截面产生的弯矩设计值（N·mm），当考虑内力重分布时，应取调幅后的弯矩设计值；

V_{1G}——叠合楼板自重在计算截面产生的剪力设计值（N）；

V_{1Q}——第一阶段可变荷载在计算截面产生的剪力设计值（N）；

V_{2G}——第二阶段面层、吊顶等自重在计算截面产生的剪力设计值（N）；

V_{2Q}——第二阶段可变荷载在计算截面产生的剪力设计值（N）。

4.2.4 当叠合楼板符合单向板的计算条件时，其内力设计值应符合下列规定：

1 承受均布荷载简支板的跨中弯矩设计值可按下式计算：

$$M = \frac{1}{8} q B l_0^2 \quad (4.2.4)$$

式中：B——板的计算宽度（mm）；

l_0——板的计算跨度（m）。

2 承受均布荷载的多跨叠合连续板，当相邻两跨的长跨与短跨之比小于 1.1、各跨荷载值相差不大于 10%时，可按弹性分析方法计算内力设计值，并可对其第二阶段荷载产生支座弯矩设计值进行适度调幅，调幅幅度不宜大于 20%。

4.2.5 承受均布荷载的单向叠合楼板，其剪力设计值可按本规程第 4.2.4 条的计算原则确定。

4.2.6 承受均布荷载的双向叠合楼板，可按弹性分析方法计算内力设计值，也可对其第二阶段荷载产生支座弯矩设计值进行适度调幅，调幅幅度不宜大于 20%。按考虑塑性内力重分布分析方法设计的叠合楼盖，其钢筋伸长率、钢筋种类及环境类别应符合国家标准《混凝土结构设计规范》GB 50010－2010 第 5.4.2 条的规定，并应满足正常使用极限状态要求且采取有效的构造措施。

当双向叠合楼板的 x、y 方向相对受压区高度均不大于 0.15 时，也可采用塑性铰线法或条带法等塑性极限分析方法计算内力设计值。

4.2.7 承受均布荷载的单向多跨叠合板，在正常使用极限状态下的内力值可按下列规定计算：

1 多跨钢筋混凝土叠合连续板，在荷载准永久组合下，可按国家标准《混凝土结构设计规范》GB 50010－2010 第 7.2.1 条规定的截面刚度关系进行内力计算；

2 多跨预应力混凝土叠合连续板，在荷载标准组合下，跨中截面可按不出现裂缝的刚度，支座截面可按出现裂缝的刚度分别进行内力计算。

4.2.8 承受均布荷载的双向叠合楼板，在正常使用极限状态下的内力值，宜选择符合实际的方法计算，也可按正交异性板计算。

4.2.9 采用先张法生产的预制预应力带肋底板在相应各阶段由预加力产生的混凝土法向应力，应按现行国家标准《混凝土结构设计规范》GB 50010 的规定进行计算。

5 叠合楼板结构设计

5.1 一般规定

5.1.1 预制带肋底板及叠合楼板应按短暂设计状况、持久设计状况进行设计，对地震设计状况应符合现行国家标准《建筑抗震设计规范》GB 50011 有关抗震构造措施的规定。

5.1.2 在短暂设计状况、持久设计状况下的预制带肋底板及叠合楼板均应按承载能力极限状态进行计算，并应对正常使用极限状态进行验算。

5.2 承载能力极限状态计算

5.2.1 预制带肋底板及叠合楼板的正截面受弯承载力、斜截面受剪承载力计算，应符合现行国家标准《混凝土结构设计规范》GB 50010 的规定。

5.2.2 在均布荷载作用下，不配置箍筋的一般叠合楼板，可不对叠合面进行受剪强度验算，但应符合本规程第 6.1.3 条的构造规定。

5.3 正常使用极限状态验算

5.3.1 预制带肋底板在制作、施工、堆放、吊装等阶段的验算应符合下列规定：

1 预制预应力带肋底板正截面边缘的混凝土法向应力，可按下列公式验算：

$$\sigma_{ct} \leqslant f'_{tk} \tag{5.3.1-1}$$

$$\sigma_{cc} \leqslant 0.8 f'_{ck} \tag{5.3.1-2}$$

式中：σ_{ct}、σ_{cc}——施工阶段相应的荷载标准组合下产生在构件计算截面预拉区、预压区边缘的混凝土法向拉应力、压应力（N/mm^2）；

f'_{tk}、f'_{ck}——与施工阶段对应龄期的混凝土立方体抗压强度 f'_{cu} 相应的混凝土轴心抗拉强度标准值、轴心抗压强度标准值（N/mm^2）。

2 预制非预应力带肋底板应符合现行国家标准《混凝土结构设计规范》GB 50010 和《混凝土结构工程施工规范》GB 50666 的规定，并宜采取防裂的构造措施。

5.3.2 在使用阶段，对采用预制预应力带肋底板的叠合楼板沿平行板肋方向的裂缝控制，应按一般要求不出现裂缝的规定按下列公式验算：

$$\sigma_{ck} - \sigma_{pc} \leqslant f_{tk1} \tag{5.3.2-1}$$

$$\sigma_{ck} = \frac{M_{1Gk}}{W_{01}} + \frac{M_{2k}}{W_0} \tag{5.3.2-2}$$

$$M_{2k} = M_{2Gk} + M_{2Qk} \tag{5.3.2-3}$$

式中：σ_{ck}——使用阶段按荷载标准组合计算控制截面抗裂验算边缘的混凝土法向应力（N/mm^2）；

σ_{pc}——扣除全部预应力损失后在控制截面抗裂验算边缘混凝土的法向预压应力（N/mm^2）；

f_{tk1}——预制预应力带肋底板混凝土轴心抗拉强度标准值（N/mm^2）；

M_{1Gk}——叠合楼板自重标准值 G_{k1} 在计算截面产生的弯矩值（N·mm）；

M_{2k}——第二阶段荷载标准组合下在计算截面上产生的弯矩值（N·mm）；

M_{2Gk}——第二阶段面层、吊顶等自重标准值在计算截面产生的弯矩值（N·mm）；

M_{2Qk}——使用阶段可变荷载标准值在计算截面产生的弯矩值（N·mm）；

W_{01}——预制预应力带肋底板换算截面受拉边缘的弹性抵抗矩（mm^3）；

W_0——叠合楼板计算截面边缘的换算截面弹性抵抗矩（mm^3）。

5.3.3 采用预制非预应力带肋底板的叠合楼板的正、负弯矩区，以及采用预制预应力带肋底板的叠合楼板的垂直板肋方向正、负弯矩区，应按现行国家标准《混凝土结构设计规范》GB 50010 规定的裂缝宽度限值及相应计算公式进行裂缝宽度验算。

5.3.4 采用预制非预应力带肋底板的叠合楼板，纵向非预应力钢筋应力应按下式验算：

$$\sigma_{sq} \leqslant 0.9 f_y \tag{5.3.4}$$

式中：σ_{sq}——在荷载准永久组合下叠合楼板纵向非预应力钢筋的应力，按现行国家标准《混凝土结构设计规范》GB 50010 的规定进行计算（N/mm^2）；

f_y——非预应力钢筋抗拉强度设计值（N/mm^2）。

5.3.5 采用预制非预应力带肋底板的叠合楼板和采用预制预应力带肋底板的叠合楼板的挠度，应按现行国家标准《混凝土结构设计规范》GB 50010 的规定进行验算。

6 构造要求

6.1 一般规定

6.1.1 预制带肋底板的截面形式、侧面形式可根据结构实际情况分别按图 6.1.1-1、6.1.1-2 取用，且应符合下列规定：

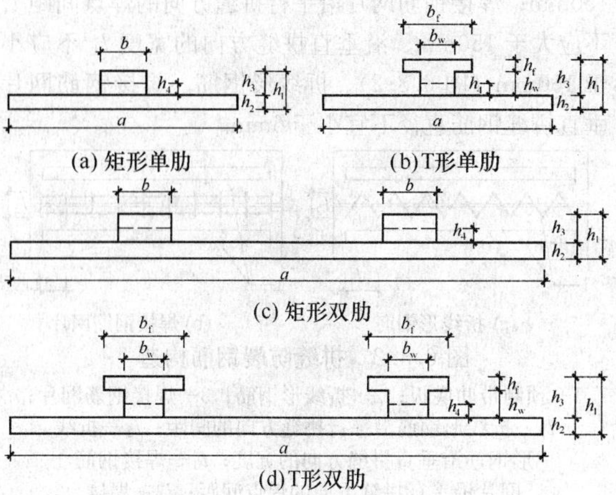

图 6.1.1-1　预制带肋底板截面形式示意

a—实心平板的宽度；b—板肋的宽度；b_f—翼缘的宽度；h_f—翼缘的高度；b_w—腹板的宽度；h_w—腹板的高度；h_1—预制带肋底板的总高；h_2—实心平板的高度；h_3—板肋的高度；h_4—预留孔洞的高度

1　板肋及预留孔洞的宽度和高度应满足施工阶段承载力、刚度要求。

2　边孔中心与板端的距离 l_1 不宜小于 250mm，肋端与板端的距离 l_2 不宜大于 40mm，预留孔洞的宽度 l_4 不应大于 2 倍预留孔洞的净距 l_3。

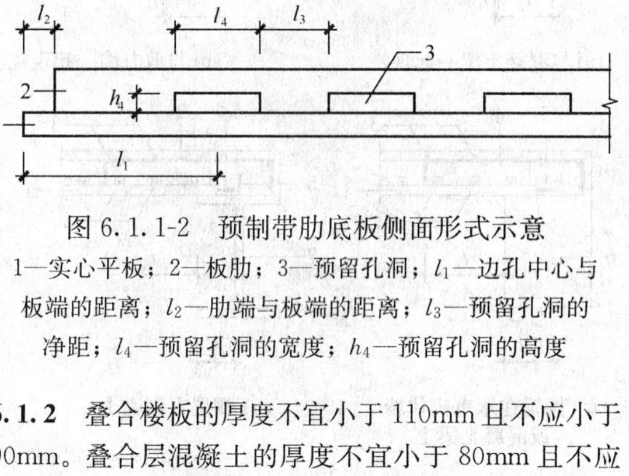

图 6.1.1-2　预制带肋底板侧面形式示意

1—实心平板；2—板肋；3—预留孔洞；l_1—边孔中心与板端的距离；l_2—肋端与板端的距离；l_3—预留孔洞的净距；l_4—预留孔洞的宽度；h_4—预留孔洞的高度

6.1.2　叠合楼板的厚度不宜小于 110mm 且不应小于 90mm。叠合层混凝土的厚度不宜小于 80mm 且不应小于 60mm；高度超过 50m 的房屋采用叠合楼板时，其叠合层混凝土厚度不应小于 80mm。板肋上方混凝土的厚度不应小于 25mm。

当叠合楼板跨度小于或等于 6.6m 时，实心平板的厚度 h_2 不应小于 30mm；当叠合楼板跨度大于 6.6m 时，实心平板的厚度 h_2 不应小于 40mm。

6.1.3　预制带肋底板上表面应做成凹凸差不小于 4mm 的粗糙面。承受较大荷载的叠合楼板，宜在预制带肋底板上设置伸入叠合层的构造钢筋。

6.1.4　叠合楼板开洞应避开板肋位置，宜设置在板间拼缝处。圆孔孔径 d 或长方形边长 b 不应大于 120mm，洞边距板边距离 l_1 不应大于 75mm（图 6.1.4），且应符合下列规定：

1　开洞未截断实心平板的纵向受力钢筋且开洞尺寸不大于 80mm 时，可不采取加强措施；

2　开洞截断实心平板的纵向受力钢筋或开洞尺寸在 80mm～120mm 之间时，应采取有效加强措施，可根据等强原则在孔洞四周设置附加钢筋，钢筋直径不应小于 8mm，数量不应少于 2 根，沿平行板肋方向附加钢筋应伸过洞边距离 l_a 不应小于 $25d$（d 为附加钢筋直径），沿垂直板肋方向附加钢筋应伸至板肋边。

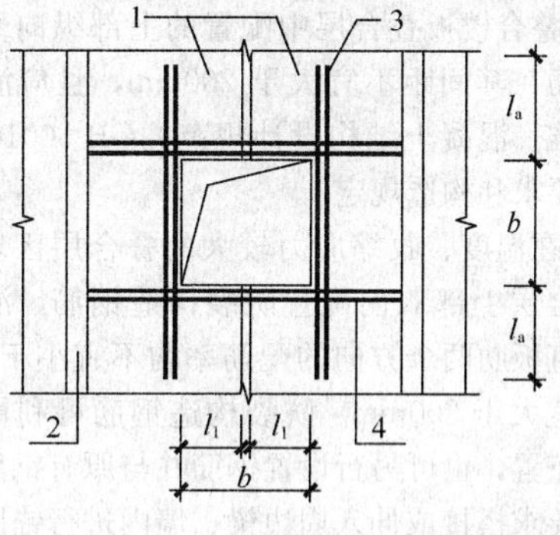

图 6.1.4　叠合楼板开洞加强措施

1—预制带肋底板；2—板肋；3—沿平行板肋方向附加钢筋；4—沿垂直板肋方向附加钢筋；b—长方形边长；l_1—洞边距板边距离；l_a—沿平行板肋方向附加钢筋伸过洞边距离

6.1.5　当按设计要求需设置现浇板带时，现浇板带的设置及配筋要求应符合现行国家标准《混凝土结构设计规范》GB 50010 的规定。

6.1.6　叠合楼板基于耐久性要求的混凝土保护层厚度，应符合现行国家标准《混凝土结构设计规范》GB 50010 的规定；基于耐火极限要求的耐火保护层厚度尚应符合表 6.1.6 的规定。

表 6.1.6　叠合楼板耐火保护层最小厚度

类型	约束条件	1.0h		1.5h	
		板厚（mm）	耐火保护层（mm）	板厚（mm）	耐火保护层（mm）
采用预制预应力带肋底板的叠合楼板	简支	—	22	—	30
	连续	110	15	120	20
采用预制非预应力带肋底板的叠合楼板	简支	—	10	—	20
	连续	90	10	90	10

注：计算耐火保护层时，应包括抹灰粉刷层在内。

6.2　钢筋配置

6.2.1　实心平板的纵向受力钢筋应按计算配置，并应沿实心平板宽度范围内均匀布置。先张法预应力筋之间的净间距应根据浇筑混凝土、施加预应力及钢筋锚固等要求确定，但不应小于其公称直径的 2.5 倍和混凝土粗骨料最大粒径的 1.25 倍，且不应小于

15mm。预制预应力带肋底板端部100mm长度范围内应设置不小于3根Φ4的附加横向钢筋或钢筋网片。

6.2.2 板肋顶部的全长范围内应设置预应力或非预应力纵向构造钢筋，数量不应少于1根；当采用非预应力钢筋时，直径不应小于6mm。

6.2.3 横向穿孔钢筋应从预留孔洞中穿过，并应沿垂直板肋方向均匀布置，其间距不宜大于200mm。

6.2.4 叠合楼板叠合层中配置的上部纵向受力非预应力钢筋，其间距不宜大于200mm，且应满足现行国家标准《混凝土结构设计规范》GB 50010的最小配筋率要求和构造规定。

6.2.5 在温度、收缩应力较大的叠合层区域，应在板的叠合层上部双向配置防裂构造钢筋，沿平行板肋、垂直板肋两个方向的配筋率均不宜小于0.10%，间距不宜大于200mm。防裂构造钢筋可利用原有钢筋贯通布置，也可另行设置钢筋并与原有钢筋按受拉钢筋的要求搭接或伸入周边梁、墙内进行锚固。

6.2.6 预制带肋底板采用的吊钩或内埋式吊具，应符合现行国家标准《混凝土结构设计规范》GB 50010和《混凝土结构工程施工规范》GB 50666的规定。

6.3 拼缝构造

6.3.1 实心平板侧边的拼缝构造形式可采用直平边、双齿边、斜平边、部分斜平边等（图6.3.1）。拼缝宽度b_j不宜小于10mm，拼缝可采用砂浆抹缝或细石混凝土灌缝，砂浆强度等级不宜小于M15，混凝土强度等级不宜小于C20，且宜采用膨胀砂浆或膨胀混凝土。

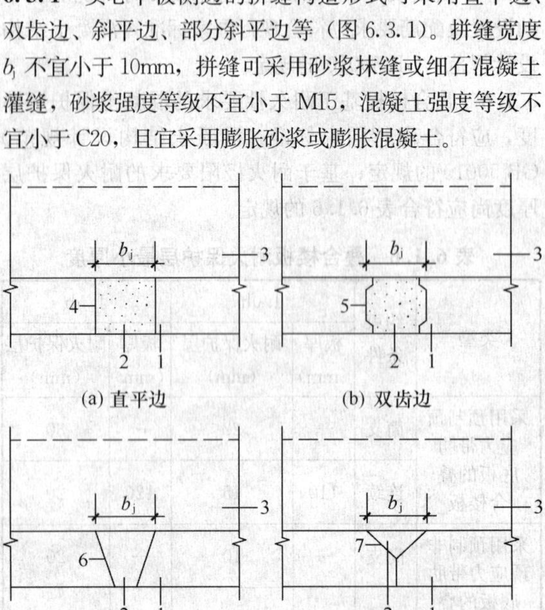

(a) 直平边　(b) 双齿边　(c) 斜平边　(d) 部分斜平边

图6.3.1 实心平板侧边拼缝构造形式

1—实心平板；2—砂浆或细石混凝土；3—叠合层；4—直平边；5—双齿边；6—斜平边；7—部分斜平边

6.3.2 在预制带肋底板拼缝上方应对称设置拼缝防裂钢筋，拼缝防裂钢筋可采用折线形钢筋或焊接钢筋网片。折线形钢筋沿平行拼缝方向的间距l_1不应大于200mm、沿垂直拼缝方向的宽度l_2不应小于150mm；焊接钢筋网片沿平行拼缝方向的焊点间距l_3不应大于150mm、沿垂直拼缝方向的宽度l_4不应小于150mm（图6.3.2）。折线形钢筋、焊接钢筋网片垂直拼缝钢筋直径不宜小于6mm。

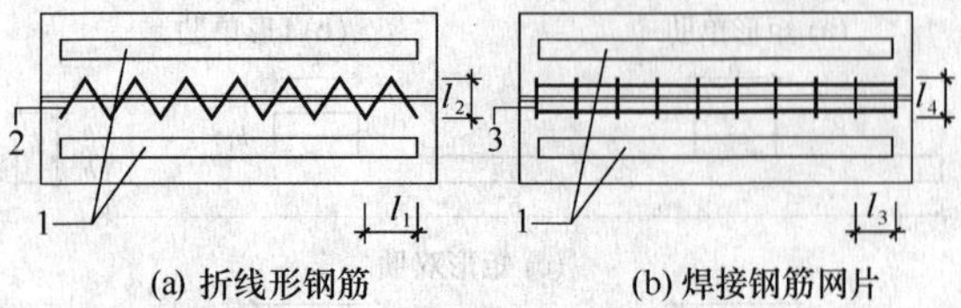

(a) 折线形钢筋　(b) 焊接钢筋网片

图6.3.2 拼缝防裂钢筋构造

1—预制带肋底板；2—折线形钢筋；3—焊接钢筋网片；l_1—折线形钢筋沿平行拼缝方向的间距；l_2—折线形钢筋沿垂直拼缝方向的宽度；l_3—焊接钢筋网片沿平行拼缝方向的焊点间距；l_4—焊接钢筋网片沿垂直拼缝方向的宽度

6.4 端部构造

6.4.1 预制带肋底板的支承长度l_1应符合下列规定（图6.4.1）：

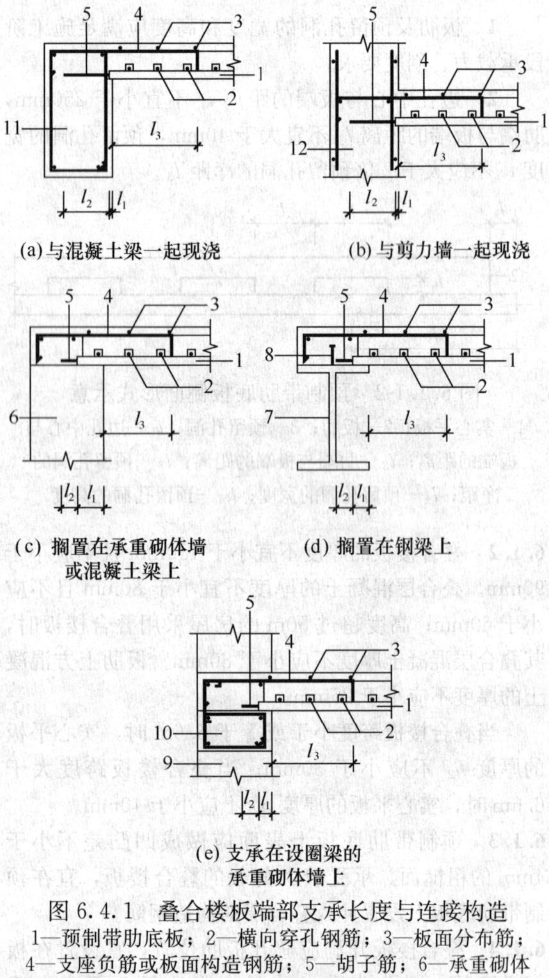

(a) 与混凝土梁一起现浇　(b) 与剪力墙一起现浇

(c) 搁置在承重砌体墙或混凝土梁上　(d) 搁置在钢梁上

(e) 支承在设圈梁的承重砌体墙上

图6.4.1 叠合楼板端部支承长度与连接构造

1—预制带肋底板；2—横向穿孔钢筋；3—板面分布筋；4—支座负筋或板面构造钢筋；5—胡子筋；6—承重砌体墙或混凝土梁；7—钢梁；8—抗剪连接件；9—设混凝土圈梁的承重砌体墙；10—混凝土圈梁；11—现浇混凝土梁；12—剪力墙；l_1—预制带肋底板的支承长度；l_2—胡子筋长度；l_3—板面构造钢筋伸入板内的长度

1 当与混凝土梁或剪力墙整体浇筑时，支承长度不应小于 10mm；

2 搁置在承重砌体墙或混凝土梁上的支承长度不应小于 80mm；搁置在钢梁上的支承长度不应小于 50mm；当在承重砌体墙上设混凝土圈梁，利用胡子筋拉结时，支承长度不应小于 40mm。

6.4.2 叠合楼板与承重砌体墙、钢梁、混凝土梁或剪力墙之间应设置可靠的锚固或连接措施（图 6.4.1），且应符合下列规定：

1 胡子筋长度 l_2 不应小于 50mm。当与混凝土梁或剪力墙整体浇筑时，胡子筋长度不应小于 150mm；当胡子筋影响预制带肋底板铺板施工时，可在一端不预留胡子筋，并在不预留胡子筋一端的实心平板上方设置端部连接钢筋替代胡子筋，端部连接钢筋应沿板端交错布置，端部连接钢筋支座锚固长度 l_1 不应小于 $10d$、伸入板内长度 l_3 不应小于 150mm（图 6.4.2）。

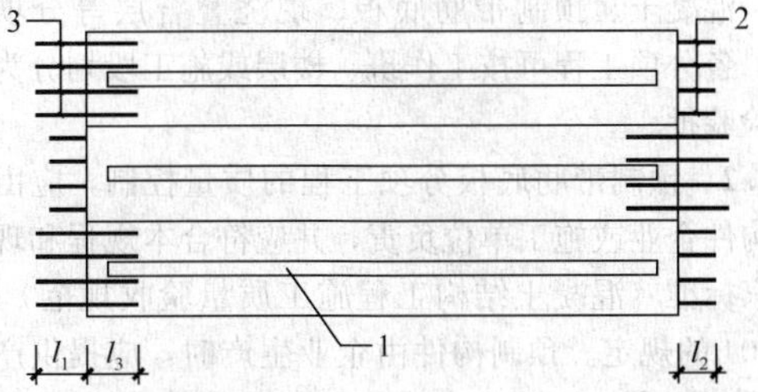

图 6.4.2 叠合楼板设置端部连接钢筋构造

1—预制带肋底板；2—胡子筋；3—端部连接钢筋；l_1—端部连接钢筋支座锚固长度；l_2—胡子筋长度；l_3—端部连接钢筋伸入板内长度

2 横向穿孔钢筋的锚固应符合现行国家标准《混凝土结构设计规范》GB 50010 的规定。

3 按简支边或非受力边设计的叠合楼板，当与混凝土梁、墙整体浇筑或嵌固在承重砌体墙内时，应设置板面上部构造钢筋，并应符合现行国家标准《混凝土结构设计规范》GB 50010 的规定。

4 当叠合楼板与钢梁之间设置抗剪连接件时，其栓钉抗剪连接件应根据实际情况计算确定，并应符合相关标准的规定。

7 工程施工

7.1 一般规定

7.1.1 叠合楼板工程施工前应编制施工组织设计或专项施工方案，对施工现场平面布置、预制带肋底板制作、转运路线、道路条件及吊装方案等作出规定，并应经审查批准后施工。

7.1.2 预制带肋底板宜在工厂制作，也可在施工现场制作。

7.1.3 开工前，应对参加预制制作和现场施工人员进行技术交底和安全教育。

7.1.4 预制带肋底板的制作场地和施工现场应满足起吊、堆放、运输等要求，防止构件破损、丧失稳定等情况的发生。

7.1.5 叠合楼板的安装施工除应符合本规程的规定外，尚应符合现行国家标准《混凝土结构工程施工规范》GB 50666 和国家有关劳保安全技术的规定。

7.2 预制带肋底板制作

7.2.1 预制带肋底板采用模具生产时，模具应有足够的承载力、刚度和整体稳定性，且应满足预制带肋底板预留孔、预埋吊件及其他预埋件的定位要求。对跨度较大的预制带肋底板的模具应根据设计要求预设反拱。

7.2.2 制作预制带肋底板的场地应平整、坚实，并应有排水措施。制作先张法预制带肋底板时，台座应满足承受张拉力的要求。台座表面应光滑平整，2m 长度内的表面平整度不应大于 2mm，在气温变化较大的地区应设置伸缩缝。

7.2.3 预制预应力带肋底板的预应力施工应符合现行国家标准《混凝土结构工程施工规范》GB 50666 的规定。

7.2.4 预制带肋底板可根据需要选择自然养护或蒸汽养护方式。当采用蒸汽养护时，应制定养护制度并严格控制升降温速度和最高温度。

7.2.5 预制带肋底板的上表面应按设计规定进行处理。无设计规定时，一般采用露骨料粗糙面，也可采用自然粗糙面。露骨料粗糙面可在混凝土初凝后，采取措施冲刷掉未凝结的水泥浆形成。

7.3 预制带肋底板起吊、运输及堆放

7.3.1 预制带肋底板的吊点位置应合理设置，起吊就位应垂直平稳，两点起吊或多点起吊时吊索与板水平面所成夹角不宜小于 60°，不应小于 45°。

7.3.2 装车时，应将预制带肋底板绑扎牢固，防止构件松动脱落。

7.3.3 运输时，预制带肋底板从支点处挑出的长度应经验算或根据实践经验确定。

7.3.4 现场堆放时，场地应夯实平整，并应防止地面不均匀下沉。

7.3.5 预制带肋底板应按照不同型号、规格分类堆放。

7.3.6 预制带肋底板应采用板肋朝上叠放的堆放方式，严禁倒置。各层预制带肋底板下部应设置垫木，垫木应上下对齐，不得脱空。堆放层数不应大于 7 层，并应有稳固措施。

7.4 预制带肋底板铺设

7.4.1 安装前应按设计图纸核对预制带肋底板的型号及长度，并宜在待铺设部位注明型号及长度。

7.4.2 对施工阶段设有可靠支撑设计的叠合楼板，应按现行国家标准《混凝土结构工程施工规范》GB 50666的规定对模板与支撑进行设计，并应提出支撑的布置图。

对施工阶段不加支撑设计的叠合楼板，当预制带肋底板施工荷载较大或跨度大于等于3.6m时，预制带肋底板跨中宜设置不少于1道临时支撑。

7.4.3 支撑拆除时，叠合层混凝土强度应符合下列规定：

1 当预制带肋底板跨度不大于2m时，同条件养护的混凝土立方体抗压强度不应小于设计混凝土强度等级值的50%；

2 当预制带肋底板跨度大于2m且不大于8m时，同条件养护的混凝土立方体抗压强度不应小于设计混凝土强度等级值的75%；

3 当预制带肋底板跨度大于8m时，同条件养护的混凝土立方体抗压强度不应小于设计混凝土强度等级值的100%。

7.4.4 安装预制带肋底板时，其搁置长度应满足设计要求。预制带肋底板与梁或墙间宜设置厚度不大于30mm坐浆或垫片。

7.4.5 施工荷载应符合设计要求和现行国家标准《混凝土结构工程施工规范》GB 50666的规定，并应避免单个预制楼板承受较大的集中荷载；未经设计允许，施工单位不得擅自对预制带肋底板进行切割、开洞。

7.4.6 当按设计要求需设置现浇板带时，现浇板带的施工应符合下列要求：板带宽度小于200mm，可采用吊模现浇；板带宽度不小于200mm，应采用下部支模现浇。

7.4.7 预制带肋底板铺设完成后，应按本规程第6.3.1条的规定进行抹缝或灌缝处理。

7.5 叠合层混凝土施工

7.5.1 叠合层混凝土浇筑前，预埋管线可置于板肋间或从预留孔洞内穿过。

7.5.2 开关盒、灯台或烟感器等的安装开洞，应符合本规程第6.1.4条的规定。

7.5.3 浇筑叠合层混凝土前，应按照设计要求铺设横向穿孔钢筋、拼缝防裂钢筋及叠合层内其他钢筋，并对钢筋布置进行逐项检查，合格后方可浇筑叠合层混凝土。

7.5.4 浇筑叠合层混凝土前，必须将预制带肋底板表面清扫干净并浇水充分湿润。当气温低于5℃时，应符合现行国家标准《混凝土结构工程施工规范》GB 50666有关冬期施工的规定。

7.5.5 后浇带应按施工技术方案进行留设和处理，并应符合现行国家标准《混凝土结构工程施工规范》GB 50666的规定。

7.5.6 浇筑叠合层混凝土时应布料均衡，并应采用振动器振捣密实。

7.5.7 叠合层混凝土浇筑完毕后应及时进行养护。养护可采用直接浇水、覆盖麻袋或草帘浇水养护等方法。养护持续时间不得少于7d。

8 工程验收

8.1 一般规定

8.1.1 根据工程量和施工方法，可将叠合楼盖、柱或墙等组成的混凝土结构划分为一个或若干个子分部工程。每个子分部工程可划分为支撑、钢筋、预应力、混凝土、预制带肋底板、现浇叠合层等分项工程。各分项工程可按工作班、楼层或施工段划分为若干检验批。

8.1.2 预制带肋底板分项工程的质量控制，应由预制构件企业或施工单位负责，并应符合本规程和现行国家标准《混凝土结构工程施工质量验收规范》GB 50204的规定。预制构件由企业生产时，应提供产品合格证（合格证明文件、规格及性能检测报告等）；在施工现场生产时，应按批进行检验。

8.1.3 预制带肋底板安装、钢筋、叠合层混凝土等分项工程应由施工单位进行质量控制，除应符合本规程规定外，尚应符合现行国家标准《混凝土结构工程施工质量验收规范》GB 50204的规定。

8.2 预制带肋底板

8.2.1 预制带肋底板的外观质量缺陷，应由监理（建设）单位、施工单位等各方根据其对结构性能和使用功能影响的严重程度，按表8.2.1确定。

表8.2.1 外观质量缺陷

项目	现 象	严重缺陷	一般缺陷
露筋	预制带肋底板内部钢筋未被混凝土包裹而外露	纵向受力钢筋有露筋	其他钢筋有少量露筋
孔洞	混凝土中深度与长度均超过保护层厚度的非设计孔穴	实心平板端部及下表面有孔洞	其他部位有少量孔洞
蜂窝	混凝土表面缺少水泥砂浆而形成石子外露	实心平板端部及下表面有蜂窝	其他部位有少量蜂窝

中华人民共和国行业标准

预制带肋底板混凝土叠合楼板技术规程

JGJ/T 258—2011

条 文 说 明

制 定 说 明

《预制带肋底板混凝土叠合楼板技术规程》JGJ/T 258－2011，经住房和城乡建设部2011年8月29日以第1136号公告批准发布。

本规程制定过程中，编制组进行了广泛和深入的调查研究，总结了我国预制带肋底板混凝土叠合楼板技术的实践经验，同时参考了国外先进技术法规、技术标准，通过叠合板带受力性能等试验取得了一系列重要技术参数。

为便于广大设计、施工、科研、学校等单位有关人员在使用本规程时能正确理解和执行条文规定，《预制带肋底板混凝土叠合楼板技术规程》编制组按章、节、条顺序编制了本规程的条文说明，对条文规定的目的、依据以及执行中需注意的有关事项进行了说明。但是，本条文说明不具备与规程正文同等的法律效力，仅供使用者作为理解和把握规程规定的参考。

目　次

1 总　　则

1.0.1 本条规定是制定本规程的基本方针和原则。

1.0.2 本条规定了本规程的适用范围。

1.0.3 本规程主要针对采用预制带肋底板的混凝土叠合楼板的设计、施工与验收编制而成，凡本规程未规定的部分应符合其他相关现行国家标准。

2 术语和符号

2.1 术　　语

本规程中仅给出了专有的术语，其他术语与现行国家标准《工程结构设计基本术语和通用符号》GBJ 132、《建筑结构设计术语和符号标准》GB/T 50083、《建筑结构可靠度设计统一标准》GB 50068、《建筑结构荷载规范》GB 50009、《混凝土结构设计规范》GB 50010 等标准规范相同。

2.1.1 预制带肋底板（图1）可作为叠合层的永久性模板并承受施工荷载。由于纵向受力钢筋可采用预应力筋或非预应力钢筋，因此预制带肋底板分为预制预应力带肋底板、预制非预应力带肋底板。

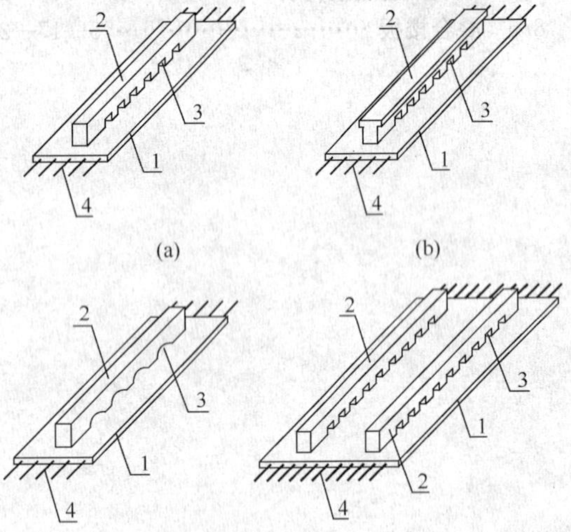

图1　预制带肋底板

1—实心平板；2—板肋；3—预留孔洞；4—胡子筋

2.1.2～2.1.5 预制带肋底板的组成部分。板肋的数量为一条或一条以上（图1a、图1d）；板肋的截面形式包括矩形、T形等（图1a、图1b）；预留孔洞用于布置横向穿孔钢筋或管线，孔洞形状可呈矩形、圆弧形等（图1a、图1c）。

2.1.6～2.1.9 叠合楼板是在预制带肋底板上浇筑叠合层形成的楼板，在叠合层混凝土达到设计规定的强度值后由预制带肋底板和叠合层共同承受设计规定的荷载（图2）。预制带肋底板上放置的钢筋，有横向穿孔钢筋、拼缝防裂钢筋以及配置在叠合层上部的受力钢筋等。

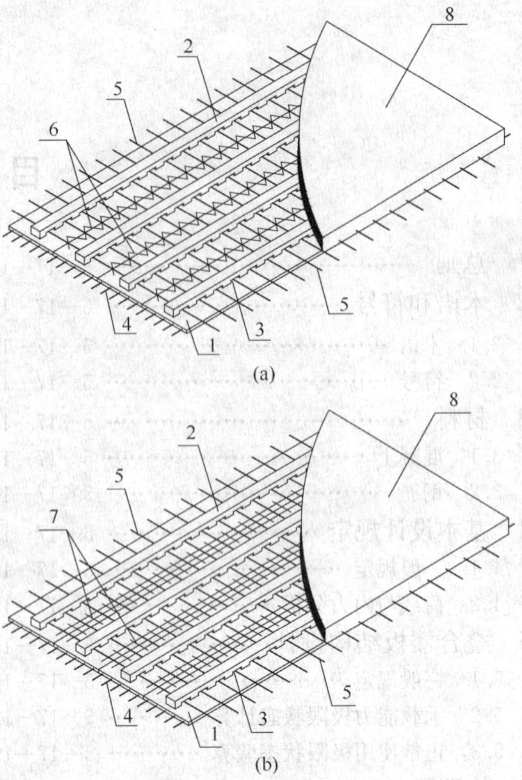

图2　叠合楼板示意图

1—实心平板；2—板肋；3—预留孔洞；4—胡子筋；5—横向穿孔钢筋；6—折线形钢筋；7—焊接钢筋网片；8—叠合层

拼缝防裂钢筋位于楼板拼缝处且宜放置在横向穿孔钢筋上方，可为折线形钢筋或焊接钢筋网片。图2a、图2b分别为放置折线形钢筋和焊接钢筋网片的叠合楼板示意图。

2.2 符　　号

本规程列出了常用的符号，对一些不常用的符号在条文相应处已有说明。

3 材　　料

3.1 混　凝　土

由于预制带肋底板的纵向受力钢筋强度很高，故要求预制带肋底板的混凝土强度等级亦应相应的提高，这样才能达到更经济的目的。所以，规定预制带肋底板的混凝土强度等级不宜低于C40且不应低于C30。因叠合层中平均压应力一般不高，并参考国内的应用经验，故将其混凝土强度等级规定为不宜低于C25。

3.2 钢 筋

3.2.1 受力的预应力筋推荐采用消除应力螺旋肋钢丝，也可采用冷轧带肋钢筋，采用冷轧带肋钢筋时应综合考虑结构长期耐久性的问题。

根据现行国家标准《混凝土结构设计规范》GB 50010 的规定，本规程受力的非预应力钢筋按先后顺序依次推荐：热轧带肋钢筋、冷轧带肋钢筋、热轧光圆钢筋，并提倡应用高强、高性能、带肋钢筋。

3.2.2 本条规定了受力的预应力筋和受力的非预应力钢筋的最小直径要求，从结构与构件的长期耐久性考虑，受力钢筋不建议采用过小的直径。

4 基本设计规定

4.1 一 般 规 定

4.1.1 本规程按现行国家标准《工程结构可靠性设计统一标准》GB 50153 及《建筑结构可靠度设计统一标准》GB 50068 的规定，采用概率极限状态设计方法，以分项系数的形式表达。本规程中的荷载分项系数应按现行国家标准《建筑结构荷载规范》GB 50009 的规定取用。

4.1.3 预制带肋底板的制作阶段，在放张、堆放、吊装及运输时应考虑混凝土的实际强度。

4.1.4 根据施工和受力特点的不同可分为在施工阶段加设可靠支撑的叠合楼板（一阶段受力叠合楼板）和在施工阶段不加设支撑的叠合楼板（二阶段受力叠合楼板）两类。

4.2 荷载与内力分析

4.2.1 施工阶段的可变荷载一般指在预制带肋底板上作业的施工人员和施工机具等，并考虑施工过程中可能产生的冲击和振动。若有过量的冲击、混凝土堆放以及管线等应考虑附加荷载。由于施工技术和方法的不同，施工阶段的可变荷载不完全相同，合理给定施工阶段的可变荷载十分重要，大量工程实践表明，其值一般可取 1.0kN/m^2。

本条给出不加支撑的叠合楼板在叠合层混凝土达到设计强度值之前的第一阶段和达到设计强度值之后的第二阶段所应考虑的荷载。在第二阶段，因为叠合层混凝土达到设计强度值后仍可能存在施工活荷载，且其产生的荷载效应可能大于使用阶段可变荷载产生的荷载效应，故应考虑两种荷载效应中的较大值。

4.2.4 本条提出了多跨叠合连续板考虑塑性内力重分布的设计方法。该方法仅对第二阶段的弯矩进行调幅，第一阶段弯矩不用调幅。当采用该方法进行叠合板设计时，钢筋应符合现行国家标准《混凝土结构设计规范》GB 50010 有关总伸长率限值的规定，构件变形和裂缝宽度验算应满足正常使用极限状态要求。

4.2.6 根据国家标准《混凝土结构设计规范》GB 50010－2010 第 5 章的规定，当采用考虑塑性内力重分布的方法和塑性极限理论的分析方法进行结构的承载力计算时，弯矩的调整幅度及受压区高度均应满足本条的规定，以保证楼板出现塑性铰的位置具有足够的转动能力并限制裂缝宽度以满足正常使用极限状态的要求。

4.2.8 双向叠合楼板在两个正交方向存在明显的刚度差异，在计算时应合理考虑。考虑两个方向的刚度时，在预应力方向按不出现裂缝的刚度、非预应力方向按出现裂缝的刚度进行内力计算。

5 叠合楼板结构设计

5.1 一 般 规 定

5.1.1～5.1.2 叠合楼板设计以现行国家标准《工程结构可靠性设计统一标准》GB 50153 和《建筑结构可靠度设计统一标准》GB 50068 的规定为设计原则，对结构的短暂设计状况、持久设计状况通过计算和构造进行设计，按承载能力极限状态进行计算，并对正常使用极限状态进行验算，对地震和偶然设计状况主要是通过构造措施来满足。

5.2 承载能力极限状态计算

5.2.2 试验研究表明：由于板肋的存在，增大了新、老混凝土接触面，板肋预留孔洞内后浇混凝土与横向穿孔钢筋形成的抗剪销栓，能保证叠合层与预制带肋底板形成整体共同承载、协调受力。所以在均布荷载作用下，在预制带肋底板上浇筑形成且不配置箍筋的叠合楼板，实心平板上表面采用粗糙面，就能满足叠合面抗剪要求，可不对叠合面进行受剪强度验算。承受较大荷载的预应力板，由于预应力造成的反拱、徐变影响，宜设置界面构造钢筋加强其整体性。

5.3 正常使用极限状态验算

5.3.1 对预制预应力带肋底板截面边缘的混凝土法向应力的限值条件，参考了现行国家标准《混凝土结构设计规范》GB 50010 的规定并吸取了大量工程设计经验而得到。对混凝土法向应力的限值，均按与各制作阶段混凝土抗压强度 f'_{cu} 相应的抗拉强度标准值、抗压强度标准值表示。

5.3.2 由于叠合楼板一般不会在环境类别为三类及更恶劣的情况下使用，所以按预应力混凝土二级裂缝控制等级的要求，对叠合楼板沿平行板肋方向的裂缝控制按一般要求不出现裂缝的规定验算。

5.3.4 对预制非预应力带肋底板叠合楼板纵向受拉钢筋应力的限值条件，参考了现行国家标准《混凝土结构设计规范》GB 50010 的规定，由于叠合构件存在“受拉钢筋应力超前”现象，使其与同样截面普通受弯构件相比钢筋拉应力及曲率偏大，并有可能使受拉钢筋在弯矩准永久值作用下过早达到屈服，所以为了防止这种情况的发生，给出了公式计算的受拉钢筋应力控制条件。该条件属叠合受弯构件正常使用极限状态的附加验算条件，与裂缝宽度控制条件和变形控制条件不能相互取代。

6 构造要求

6.1 一般规定

6.1.1 根据工程经验和试验研究，进行预制带肋底板承载力与刚度计算时，必须考虑板肋的作用，板肋及预留孔洞的宽度和高度应满足预制带肋底板施工阶段承载力、刚度的要求。

6.1.2 本条是从构造上提出叠合楼板的最小厚度要求，合理的厚度应在符合承载力极限状态和正常使用极限状态、耐火性能以及混凝土保护层要求等前提下，按经济合理的原则确定。板肋上方混凝土的厚度应满足叠合楼板叠合层上部配筋的混凝土保护层厚度要求。

当叠合楼板跨度大于或等于 6.6m 时，实心平板内纵向受力钢筋的配筋量较大，为避免实心平板出现纵向劈裂缝，实心平板的厚度不应小于 40mm。

6.1.3 试验研究表明：由于板肋的存在，增大了新、老混凝土接触面，板肋预留孔洞内后浇叠合层混凝土与横向穿孔钢筋形成的抗剪销栓，能保证叠合层混凝土与预制带肋底板形成整体协调受力并共同承载。在均布荷载作用下，在预制带肋底板上浇筑形成且不配置箍筋的叠合楼板，对实心平板上表面采用凹凸差不小于 4mm 的粗糙面，能满足叠合面抗剪要求。承受较大荷载的预应力板，由于预应力造成的反拱、徐变影响，宜设置界面构造钢筋加强其整体性。

6.1.4 叠合楼板严禁在板肋位置开洞，且开洞宜避免截断实心平板的纵向受力钢筋。当开洞尺寸较大或截断多根实心平板的纵向受力钢筋时，宜首先考虑采用现浇板带，其次再考虑根据等强原则采取加强措施。

6.1.5 当叠合楼板遇柱角、在板肋位置开洞、开洞尺寸大于 120mm、后浇带等情况时，需按设计要求设置现浇板带。

6.1.6 耐火保护层主要包括混凝土保护层和粉刷抹灰层，两者都对钢筋的升温起着阻缓作用，对结构的耐火极限的提高都起有利作用。表中数据参考了现行国家标准《高层民用建筑设计防火规范》GB 50045等相关标准的规定，并结合自身的特点，给出了高层建筑耐火等级为二级（1.0h）和一级（1.5h）对耐火保护层厚度的最小要求。如特殊情况，可以根据相关规范执行。

如有其他可靠的防火措施，如粉刷防火涂料等，可不受此表中数据的限制。

6.2 钢筋配置

6.2.1 本条对纵向钢筋的净间距作出了规定，是基于受力性能和施工要求而提出来的。根据先张法预应力传递长度范围内局部挤压造成的环向拉应力容易导致构件端部混凝土出现劈裂裂缝，提出了预应力筋净间距及其在带肋底板端部配置加密横向钢筋的要求。

6.2.2 预制带肋底板施工过程中设置支撑时，支承位置板肋顶部会承受负弯矩，为避免该负弯矩作用下板肋开裂，应在板肋顶部设置纵向构造钢筋。同时，对于预制预应力带肋底板，该纵向构造钢筋还能有效地避免制作阶段预应力反拱导致的板肋开裂。当跨度较大或施工荷载较大时，应根据实际情况增加板肋顶部纵向构造钢筋的数量。

6.2.5 为防止间接作用（温度、收缩）在叠合层区域引起裂缝，叠合层上部未配筋区域应配置防裂的构造钢筋。考虑混凝土保护层厚度的要求，防裂钢筋宜设置为：沿平行板肋方向防裂钢筋在下，沿垂直板肋方向防裂钢筋在上。

6.3 拼缝构造

6.3.1 试验研究和工程实践经验表明：叠合楼板的预制带肋底板存在板肋和预留孔洞，垂直板肋方向设有横向穿孔钢筋，后浇叠合层混凝土会与横向穿孔钢筋形成抗剪销栓，再结合拼缝防裂钢筋、板端负弯矩钢筋等加强叠合楼盖整体性的共同措施，已保证了叠合楼板具有良好的整体性，采用砂浆抹缝或细石混凝土灌缝措施处理拼缝即可。拼缝构造措施可防止浇筑叠合层混凝土时拼缝漏浆，并作为横向穿孔钢筋的保护层。

6.3.2 在预制带肋底板拼缝处配置拼缝防裂钢筋，可提高叠合楼板在拼缝处的抗裂性能。为提高垂直板肋方向的截面有效高度，钢筋放置时，拼缝防裂钢筋宜放置在横向穿孔钢筋上方。

6.4 端部构造

为了保证叠合楼板与支承结构的整体性，形成可靠的预制带肋底板混凝土叠合楼盖，本规程对叠合楼板在各类支承条件下的支承长度、胡子筋的外伸长度提出了最低要求。

多年工程应用经验表明，胡子筋过长会影响预制底板铺板施工，在保证叠合楼板与支承结构的整体性条件下，本规程推荐采用设置端部连接钢筋的方式，沿板端交错布置端部连接钢筋，加强叠合楼板与现浇混凝土梁、剪力墙的抗震性能和整体性，形成安全可靠、施工便利的装配整体式结构。

叠合楼板与钢梁之间应设有抗剪连接件，本规程主要推荐采用栓钉作为抗剪连接件，有关抗剪连接件的构造要求应符合现行国家标准《钢结构设计规范》GB 50017 的规定。

7 工程施工

7.1 一般规定

7.1.1 施工组织设计和专项施工方案应按程序审批，对涉及结构安全和人身安全的内容，应有明确的规定和相应的措施。预制带肋底板制作、转运路线、道路条件宜选择平直的运输路线，道路应平整坚实。

7.1.2 有条件的地区，预制带肋底板宜在工厂制作；无条件的地区，也可在施工现场制作。

7.1.4 预制带肋底板的产品质量和安装质量对结构受力和安全有重大影响，在出厂和安装施工前应严格控制制作和安装的质量以保证预制带肋底板的正常使用功能。

7.2 预制带肋底板制作

7.2.1 模具是决定预制构件制作质量的关键，按设计要求及国家现行有关标准验收合格的模具方可用于预制构件制作。改制模具在使用前的检查验收同新模具使用。对于重复使用的模具，每次浇筑混凝土前也应核对模具的关键尺寸，并应针对模具的磨损进行及时、有效的修补。

预制构件预留孔设施、插筋、预埋吊件及其他预埋件应可靠地固定在模具上，并避免在浇筑混凝土过程中产生移位。

7.2.2 对预制场地的要求，是根据实践经验提出的。

7.2.4 自然养护的要求与现浇混凝土一致。蒸汽养护应由构件生产企业根据具体情况确定养护制度，并应符合现行国家标准《混凝土结构工程施工规范》GB 50666 的规定。

7.2.5 露骨料粗糙面可按下列规定制作：

1 在模板表面需要露骨料的部位涂刷适量的缓凝剂；

2 在混凝土完成初凝后或脱模后，用高压水枪冲洗表面，并用专用工具进行处理。

7.3 预制带肋底板起吊、运输及堆放

7.3.1 吊索与板水平面所成夹角过小容易造成吊索受力过大而断裂。

7.3.3 预制带肋底板从支点处挑出的长度过大，在运输车辆颠簸时易产生横向裂纹。

7.3.6 预制带肋底板倒置会导致底板破坏。堆放层数不应大于 7 层，底板堆积过高，会由于自重过大使底板产生受压变形。

7.4 预制带肋底板铺设

7.4.3 当预制带肋底板跨度较大时，若施工阶段承载力或变形不满足要求，应通过设置临时支撑解决。临时支撑位置与叠合楼板计算有关，应按设计图纸要求设置。

临时支撑可采用托梁或从下层楼面及底层地面支顶的方式。托梁可以周转使用。当采用从下层楼面或从底层地面支顶的临时支撑时，采用孤立的点支撑可能造成预制带肋底板局部损坏，应将支撑柱顶紧木材或钢板等具有一定宽度的水平支撑，如果支撑柱下层着力点是楼面板，下支撑点亦应设置水平支撑。

7.4.4 板安装铺放前，在砌体或梁上先用 1：2.5 水泥砂浆（体积比）找平；安装时采取边坐浆边安装，砂浆要坐满垫实，使板与支座间粘结牢固。

7.4.7 灌缝材料宜采用细石混凝土，石子粒径不宜大于 10mm，且宜采用膨胀混凝土。

7.5 叠合层混凝土施工

7.5.4 预制带肋底板铺设完成后，在底板上还要继续各种施工作业，难免留下各种杂物，浇筑混凝土前必须清理干净，避免对叠合面的粘结性能造成不利影响。

7.5.6 为保证人员安全，严禁在预制带肋底板跨中（临时支撑作为支座）部位倾倒混凝土。应严格控制布料堆积高度，防止因为集中荷载过大而造成预制带肋底板破坏、施工人员受伤。

8 工程验收

8.1 一般规定

8.1.3 叠合楼盖的验收综合性强、牵涉面广，不仅有原材料方面的内容，尚有半成品、成品方面的内容，与施工技术和质量标准密切相关。因此，凡本规程有规定者，应遵照执行；凡本规程无规定者，应符合现行国家标准《混凝土结构工程施工质量验收规范》GB 50204 的规定。

当承包合同和设计文件对施工质量的要求高于本规程的规定时，验收时应以承包合同和设计文件为准。

8.2 预制带肋底板

8.2.1 对预制带肋底板外观质量的验收，采用检查缺陷，并对缺陷的性质和数量加以限制的方法进行。本条给出了确定预制带肋底板外观质量严重缺陷、一般缺陷的一般原则。当外观质量缺陷的严重程度超过本条规定的一般缺陷时，可按严重缺陷处理。在具体

实施中，外观质量缺陷对结构性能和使用功能等的影响程度，应由监理（建设）单位、施工单位等各方共同确定。

8.2.2 预制带肋底板的结构性能检验应执行国家标准《混凝土结构工程施工质量验收规范》GB 50204的规定。

8.2.3 外观质量的严重缺陷通常会影响到结构性能、使用功能或耐久性。对已经出现的严重缺陷，应由施工单位根据缺陷的具体情况提出技术处理方案，经监理（建设）单位认可后进行处理，并重新检查验收。

8.2.4 预制带肋底板应在明显部位标明生产单位，以利于确定质量负责单位；标明构件型号以利于现场安装时能准确快速就位；标明生产日期以利于辨认构件是否达到强度要求；质量验收标志表示该构件各项质量指标到达规定要求。胡子筋连接着预制带肋底板与现浇梁或墙，在结构中很重要，应对其规格、位置和数量进行检查。

本规程中，凡规定全数检查的项目，通常均采用观察检查的方法，但对观察难以判定的部位，应辅以量测观测或其他辅助观测。

8.2.5 外观质量的一般缺陷通常不会影响到结构性能、使用功能，但有碍观瞻。故对已经出现的一般缺陷，也应及时处理，并重新检查验收。

8.2.6 为了保证预制带肋底板可靠地搭设在梁或墙上，实心平板的长度允许正偏差稍大，允许负偏差稍小。

本规程中，尺寸偏差的检验除可采用条文中给出的方法外，也可采用其他方法和相应的检测工具。

8.3 预制带肋底板安装

8.3.1 本条规定了预制带肋底板安装后尺寸的允许偏差和检验方法。实际应用时，尺寸偏差除应符合本条规定外，尚应满足设计要求。

8.3.2 预制带肋底板胡子筋的伸出长度，关系到预制带肋底板与现浇梁或墙的可靠连接，应细致检查。

8.5 叠合楼板

8.5.1 具体的检验方法应根据现行国家标准《混凝土结构工程施工质量验收规范》GB 50204 有关结构实体检验的规定进行。

8.5.3 根据现行国家标准《建筑工程施工质量验收统一标准》GB 50300 的规定，给出了叠合楼板子分部工程质量的合格条件。其中，观感质量验收应按现行国家标准《混凝土结构工程施工质量验收规范》GB 50204 有关混凝土结构外观质量的规定检查。

8.5.4 当施工质量不符合要求时，可以根据国家标准《建筑工程施工质量验收统一标准》GB 50300 给出了的处理方法进行处理。

中华人民共和国行业标准

钢丝网架混凝土复合板结构技术规程

Technical specification for wire grids concrete composite slab structure

JGJ/T 273—2012

批准部门：中华人民共和国住房和城乡建设部
施行日期：2 0 1 2 年 1 0 月 1 日

中华人民共和国住房和城乡建设部
公　告

第 1349 号

关于发布行业标准《钢丝网架混凝土复合板结构技术规程》的公告

现批准《钢丝网架混凝土复合板结构技术规程》为行业标准，编号为 JGJ/T 273－2012，自 2012 年 10 月 1 日起实施。

本规程由我部标准定额研究所组织中国建筑工业出版社出版发行。

中华人民共和国住房和城乡建设部

2012 年 4 月 5 日

前　言

根据住房和城乡建设部《关于印发〈2010 年工程建设标准规范制订、修订计划〉的通知》（建标［2010］43 号文）的要求，规程编制组经广泛调查研究，认真总结实践经验，参考有关国际标准和国外先进标准，并在广泛征求意见的基础上，编制本规程。

本规程的主要技术内容是：总则、术语和符号、材料、设计规定、结构计算与截面设计、构造措施、施工、施工质量验收。

本规程由住房和城乡建设部负责管理，由华声（天津）国际企业有限公司负责具体技术内容的解释。执行过程中如有意见或建议，请寄送华声（天津）国际企业有限公司（地址：天津市河西区友谊北路 65 号银丰大厦 A 座 801、806 室，邮编：300204）。

本规程主编单位：华声（天津）国际企业有限公司
天津市建筑设计院

本规程参编单位：天津大学建筑工程学院
福州市建筑设计院
天津永泰红磡集团
天津市三房建建筑工程有限公司
天厦建筑设计（厦门）有限公司
内蒙古筑业工程勘察设计有限公司
保定市维民建筑设计有限公司
河北加华工程设计有限公司

本规程主要起草人员：戴自强　赵仲星　刘　军　郑　奎　李砚波　刘祖玲　黄兆纬　孟宪福　李志国　纪　蓓　陈　刚　韩德信　仲　敏　林功丁　林兴年　陈　炜　李　津　田志伟　魏　明　王常青　王建文　李军茹　屈　臻　王国斌　王森林

本规程主要审查人员：徐正忠　姜忻良　黄小坤　程绍革　李晓明　王存贵　艾永祥　张　方　杜家林

目　次

Contents

1 总 则

1.0.1 为了贯彻执行国家的墙体改革和节能政策，使钢丝网架混凝土复合板结构体系的设计及施工做到安全适用、技术先进、经济合理、确保质量，制定本规程。

1.0.2 本规程适用于8度及8度以下抗震设防区以及非抗震设防区的多层民用建筑。

1.0.3 钢丝网架混凝土复合板结构体系的设计、施工及验收，除应符合本规程外，尚应符合国家现行有关标准的规定。

2 术语和符号

2.1 术 语

2.1.1 钢丝网架板 wire grids slab

以镀锌钢丝焊接成符合各种使用功能和结构要求的三维空间网架，中间填充模塑聚苯乙烯泡沫塑料板或岩棉板而形成的板，简称CS板。

2.1.2 钢丝网架混凝土复合墙板 wire grids concrete composite wall slab

钢丝网架板两侧配置纵向钢筋，喷（抹）混凝土后而形成的复合墙板，简称CS墙板。

2.1.3 钢丝网架混凝土复合楼板 wire grids concrete composite floor slab

钢丝网架板下采用预应力混凝土，板上浇筑混凝土叠合层而形成的复合楼板，简称CS楼板。

2.1.4 钢丝网架混凝土复合屋面板 wire grids concrete composite roof slab

钢丝网架板上浇筑混凝土，板下喷（抹）抗裂水泥砂浆或细石混凝土而形成的复合屋面板，简称CS屋面板。

2.1.5 钢丝网架混凝土复合板结构 wire grids concrete composite slab structure

由CS墙板、CS楼板或现浇楼板、CS屋面板和现浇边缘构件组成的装配整体式空间结构体系，简称CS板式结构。

2.2 符 号

2.2.1 材料性能

E_c——混凝土弹性模量；

E_s——钢筋弹性模量；

f_c——混凝土轴心抗压强度设计值；

f_{py}——预应力钢筋的抗拉强度设计值；

f_y——钢筋抗拉强度设计值；

f'_y——钢筋抗压强度设计值；

f'_{ys}——斜插丝的抗压强度设计值；

f_{yw}——CS墙板内纵（横）向钢筋抗拉强度设计值。

2.2.2 作用和作用效应

F_{Ek}——结构总水平地震作用标准值；

G_{eq}——结构等效总重力荷载代表值；

M——弯矩设计值；

M_k——按荷载效应标准组合计算的弯矩值；

N——轴向力设计值；

N_{P0}——预应力钢筋及非预应力钢筋的合力；

R——结构构件的承载力设计值；

S——荷载效应组合设计值；

V——剪力设计值。

2.2.3 几何参数

A_0——板的换算截面面积，不考虑中间保温层；

A_s、A'_s、A_p——分别为单位板宽内上下非预应力钢筋和预应力钢筋的截面面积；

A_w——CS墙板混凝土水平截面面积；

B——荷载效应的标准组合作用下并考虑荷载长期作用影响的刚度；

B_s——荷载效应的标准组合作用下受弯构件的短期刚度；

b——板截面宽度；

e_i——初始偏心距；

e_0——轴向力对截面重心的偏心距；

e_a——附加偏心距；

h_{01}、h_{02}——分别为非预应力钢筋和预应力钢筋的合力点到受压区边缘的距离；

h_w——CS墙板截面高度；

l_a——纵向钢筋锚固长度；

I_0——换算截面惯性矩。

2.2.4 计算系数

α——水平地震影响系数；

γ_{RE}——承载力抗震调整系数；

φ——考虑纵向弯曲影响的折减系数；

ν——由钢丝长细比控制的受压稳定系数。

3 材 料

3.0.1 用于CS板构件预制或现浇（喷、抹）的细石混凝土强度等级不应低于C20，不宜高于C35；预制CS楼板下预应力混凝土强度等级不应低于C30；CS板式结构的边缘构件、楼梯等部分采用普通混凝土，应符合现行国家标准《混凝土结构设计规范》GB 50010的有关规定。

3.0.2 当CS屋面板下采用抗裂水泥砂浆时，其强度等级不应低于M10。

3.0.3 CS板式结构受力钢筋及连接钢筋宜采用HRB400、HPB300级钢筋，CS楼板预应力钢筋宜采用高强度低松弛钢丝。

3.0.4 CS板钢丝网及斜插丝应采用冷拔镀锌钢丝，冷拔镀锌钢丝性能要求应符合表3.0.4的规定；钢丝网网格宜为50mm×50mm，斜插丝的间距不应大于100mm，任何情况下钢丝直径不应小于2.00mm。

表3.0.4 冷拔镀锌钢丝性能要求

项　目	性能要求		试验方法
抗拉强度（MPa）	590~850		GB/T 228.1
180°弯曲试验（次）	2.00≤ϕ^b<2.50	≥6	GB/T 238
	2.50≤ϕ^b≤3.50	≥4	
镀锌层质量（g/m²）	≥20		GB/T 1839

注：ϕ^b为冷拔镀锌钢丝直径。

3.0.5 CS板芯板采用模塑聚苯乙烯泡沫塑料板时，其性能应符合表3.0.5的规定；CS承重墙板的芯板厚度不宜小于100mm，CS楼板、屋面板的芯板厚度不宜小于70mm，CS板构件的芯板厚度不宜大于200mm；CS屋面板、外墙板的芯板厚度尚应符合国家建筑节能设计标准的规定，CS屋面板、墙板的热工指标应按本规程附录A取用。

表3.0.5 模塑聚苯乙烯泡沫塑料板性能要求

项　目		性能要求	试验方法
表观密度（kg/m³）		18~22	GB/T 6343
导热系数[W/（m·K）]		≤0.039	GB/T 10294
水蒸气透过系数[ng/（m·s·Pa）]		≤4.5	QB/T 2411
压缩强度（kPa）		≥100	GB/T 8813
尺寸稳定性（%）		≤0.3	GB/T 8811
吸水率（%）		≤4	GB/T 8810
熔结性	断裂弯曲负荷（N）	≥25	GB/T 8812.1、GB/T 8812.2
	弯曲变形（mm）	≥20	
燃烧性能	氧指数（%）	≥30	GB/T 2406.1、GB/T 2406.2
	燃烧分级	不应低于B2级	GB/T 8626、GB 8624

注：断裂弯曲负荷或弯曲变形有一项能符合指标要求即为合格。

3.0.6 CS板式结构非承重隔墙可采用双面喷（抹）抗裂水泥砂浆的CS板，抗裂水泥砂浆强度等级不应低于M5。

4 设计规定

4.1 一般规定

4.1.1 抗震设防的CS板式结构房屋应按现行国家标准《建筑工程抗震设防分类标准》GB 50223确定其抗震设防类别及抗震设防标准。

4.1.2 CS板式结构房屋宜采用全部落地的CS墙板承重，8度抗震设防区墙板间距不应大于9m，8度以下抗震设防区及非抗震设防区墙板间距不应大于12m。

4.1.3 丙类的多层CS板式结构房屋可采用钢筋混凝土底部框架-抗震墙结构，底部框架-抗震墙结构层不应超过2层，且应满足现行国家标准《建筑抗震设计规范》GB 50011的有关规定；上部各层CS墙板间距应符合本规程第4.1.2条的规定。

4.1.4 多层CS板式结构房屋的层数和总高度不应超过表4.1.4的规定。

表4.1.4 房屋的层数和总高度限值（m）

房屋类别	烈度（设计基本地震加速度）					
	6度		7度		8度（0.20g）	
	高度	层数	高度	层数	高度	层数
多层CS板式结构	21	7	18	6	15	5
底部框架-抗震墙	22	7	19	6	16	5

注：1 房屋的总高度指室外地面到主要屋面板板顶或檐口的高度，半地下室从地下室室内地面算起，全地下室和嵌固条件好的半地下室应允许从室外地面算起；对带阁楼的坡屋面应算到山尖墙的1/2高度处；

2 室内外高差大于0.6m时，房屋总高度应允许比表中的数据适当增加，但增加量应少于1m；

3 乙类的多层CS板式结构房屋仍按本地区设防烈度查表，其层数应减少一层且总高度应降低3m，不应采用底部框架-抗震墙CS板式结构。

4.1.5 CS板式结构房屋的层高不宜超过3.5m，底部框架-抗震墙房屋的底部层高不应超过4.5m。

4.1.6 CS板式结构房屋的高宽比，8度抗震设防区不宜超过2.5，8度以下抗震设防区及非抗震区不宜超过3.0。

4.1.7 CS板式结构房屋楼梯间不宜设置在房屋的尽端或转角处。

4.1.8 CS板式结构房屋不应在房屋转角处设置转角窗。

4.2 建筑设计与结构布置

4.2.1 建筑设计应符合抗震概念设计要求，建筑的平面布置和立面设计宜简单、规则，不应采用特别不规则的设计方案。

4.2.2 CS板式结构房屋的屋顶形式可采用坡屋顶，也可采用平屋顶，平屋顶的排水坡度宜采用结构找坡。

4.2.3 当采用CS墙板做女儿墙时，下层CS墙板的竖向边缘构件应伸至女儿墙顶，并与女儿墙压顶圈梁连接；女儿墙应按计算确定，且不宜大于本规程表

6.3.5 的规定。

4.2.4 CS板式结构房屋悬挑阳台、悬挑空调板应与楼板在同一标高，并应采用现浇钢筋混凝土构件；阳台栏板可采用CS墙板。

4.2.5 结构布置应符合下列规定：

1 CS墙板平面布置宜规则、均匀、对称，并应具有良好的整体性；

2 CS墙板侧向刚度沿竖向宜均匀变化，避免侧向刚度和承载力突变；

3 对不规则结构宜按现行国家标准《建筑抗震设计规范》GB 50011 的规定采取抗震措施。

4.2.6 CS板式结构房屋应在下列部位设置构造柱：

1 横纵墙板交接处和独立墙板端部；

2 楼层梁与CS墙板交接处；

3 在较长的CS墙板中部，且构造柱间距不宜大于6m。

4.2.7 CS板式结构房屋各层横、纵墙板顶部均应设置现浇钢筋混凝土圈梁，圈梁宜与楼板设在同一标高。

4.2.8 采用CS楼板时，板跨度不宜大于4.2m；采用CS屋面板时，板跨度不宜大于4.5m，悬挑净长度不宜大于0.6m。

4.3 抗震等级

4.3.1 CS板式结构房屋抗震等级应按表4.3.1确定。

表 4.3.1 CS板式结构房屋的抗震等级

结构类型		丙类建筑			乙类建筑		
		6度	7度	8度	6度	7度	8度
CS墙板	抗震墙	四	三	三	三	二	二
钢筋混凝土底部框架-抗震墙	框架	四	三	三	—	—	—
	抗震墙	三	三	二	—	—	—

4.4 荷载与地震作用

4.4.1 建筑的风荷载、楼面活荷载、屋面雪荷载取值及荷载组合应按现行国家标准《建筑结构荷载规范》GB 50009 的规定执行。

4.4.2 建筑的场地类别、抗震设防烈度、设计基本地震加速度值以及反应谱特征周期等，应根据现行国家标准《建筑抗震设计规范》GB 50011 的有关规定确定。

4.4.3 地震作用计算应符合现行国家标准《建筑抗震设计规范》GB 50011 的规定，对CS板式结构水平地震作用可采用底部剪力法或振型分解反应谱法计算。

1 采用底部剪力法时，应按下式计算：

$$F_{\mathrm{Ek}} = \alpha_1 G_{\mathrm{eq}} \tag{4.4.3-1}$$

式中：F_{Ek}——结构总水平地震作用标准值（kN）；

G_{eq}——结构等效总重力荷载代表值（kN）；

α_1——水平地震影响系数，应按现行国家标准《建筑抗震设计规范》GB 50011 确定。

2 采用振型分解反应谱法时，应按下式计算：

$$F_{ji} = \alpha_j \gamma_j X_{ji} G_i (i = 1,2,\cdots n, j = 1,2,\cdots m) \tag{4.4.3-2}$$

$$\gamma_j = \sum_{i=1}^{n} X_{ji} G_i / \sum_{i=1}^{n} X_{ji}^2 G_i \tag{4.4.3-3}$$

式中：F_{ji}——j 振型 i 质点的水平地震作用标准值（kN）；

G_i——集中于质点 i 的重力荷载代表值（kN）；

X_{ji}——j 振型 i 质点的水平相对位移（mm）；

α_j——相应于 j 振型自振周期的地震影响系数；

γ_j——j 振型的参与系数。

3 水平地震作用效应（弯矩、剪力、轴向力和变形），当相邻振型的周期比小于0.85时，可按下式确定：

$$S_{\mathrm{Ek}} = \sqrt{\sum S_j^2} \tag{4.4.3-4}$$

式中：S_{Ek}——水平地震作用标准值的效应（kN）；

S_j——j 振型水平地震作用标准值的效应（kN），可只取前2个～3个振型。

4.4.4 CS板式结构任一楼层的水平地震剪力应按现行国家标准《建筑抗震设计规范》GB 50011 的规定分配；CS板式结构的楼层水平地震剪力应按各墙板等效侧移刚度的比例分配。

5 结构计算与截面设计

5.1 一般规定

5.1.1 CS板式结构的内力和位移可按弹性方法计算。

5.1.2 CS板式结构可采用平面结构空间协同作用、空间杆-墙板元等有限元计算模型。内力和位移计算时可假定楼板在其自身平面内为无限刚性，相应设计时应采取必要措施保证楼板内的平面刚度。当楼板会产生明显的平面内变形时，计算时应考虑其影响，或对刚性假定的计算结果进行调整。

5.1.3 CS板式结构构件承载力应符合下列公式的规定：

无地震作用组合时： $\gamma_0 S \leqslant R$ （5.1.3-1）

有地震作用组合时： $S \leqslant R/\gamma_{\mathrm{RE}}$ （5.1.3-2）

式中：R——结构构件抗力的设计值（kN）；

S——作用效应组合的设计值（kN），应符合本规程第5.1.5～5.1.7条的规定；

γ_0——结构重要性系数，对于安全等级为二、三级的构件分别取1.0、0.9；

γ_{RE}——承载力抗震调整系数，按现行国家标准《建筑抗震设计规范》GB 50011取值。

5.1.4 地震作用计算应符合下列规定：

1 一般情况下，应至少在建筑结构的两个主轴方向分别计算水平地震作用，各方向的水平地震作用应由该方向抗侧力构件承担；

2 有斜交抗侧力构件的结构，当相交角度大于15°时，应分别计算各抗侧力构件方向的水平地震作用；

3 质量和刚度分布明显不对称的结构，应计入双向水平地震作用下的扭转影响；其他情况，应允许采用调整地震作用效应的方法计入扭转影响。

5.1.5 无地震作用效应组合时，荷载效应组合的设计值应符合下列规定：

$$S = \gamma_G S_{Gk} + \psi_Q \gamma_Q S_{Qk} + \psi_w \gamma_w S_{wk} \quad (5.1.5)$$

式中：S——荷载效应组合的设计值（kN）；

S_{Gk}——永久荷载效应标准值（kN）；

S_{Qk}——活荷载效应标准值（kN）；

S_{wk}——风荷载效应标准值（kN）；

γ_G——永久荷载效应分项系数；

γ_Q——活荷载效应分项系数；

γ_w——风荷载效应分项系数；

ψ_Q、ψ_w——分别为楼板活荷载组合值系数和风荷载组合值系数，当永久荷载效应起控制作用时应分别取0.7和0.6；当可变荷载效应起控制作用时应分别取1.0和0.6或0.7和1.0；储藏室、通风机房和电梯机房，楼面活荷载组合值系数取0.7的场合应取0.9。

5.1.6 无地震作用效应组合时，荷载分项系数应按下列规定采用：

1 承载力计算时：

1） 永久荷载的分项系数 γ_G：当其效应对结构不利时，对由可变荷载效应控制的组合应取1.2，对由永久荷载效应控制的组合应取1.35；当其效应对结构有利时，应取1.0；

2） 楼面活荷载的分项系数 γ_Q，应取1.4；

3） 风荷载的分项系数 γ_w，应取1.4。

2 位移计算时，本规程公式（5.1.5）中各分项系数应取1.0。

5.1.7 有地震作用效应组合时，其荷载效应和地震作用效应组合的设计值应符合下列规定：

1
$$S=\gamma_G S_{GE}+\gamma_{Eh} S_{EhK} \quad (5.1.7)$$

式中：S——荷载效应和地震作用效应组合设计值（kN）；

S_{EhK}——水平地震作用标准值的效应（kN），尚应乘以相应的增大系数或调整系数；

S_{GE}——重力荷载代表值的效应（kN）；

γ_G——重力荷载分项系数，应取1.2，当重力荷载效应对结构有利时取不大于1.0；

γ_{Eh}——水平地震作用分项系数，应取1.3。

2 位移计算时，公式（5.1.7）中各分项系数均应取1.0。

5.1.8 非抗震设计时，应按本规程第5.1.5条的规定进行荷载效应的组合；抗震设计时，应同时按本规程第5.1.5条和第5.1.7条的规定进行荷载效应和地震作用效应的组合。

5.1.9 房屋高度大于15m，基本风压值大于0.5kN/m²（$n=50$），且层高大于3.5m，或开间尺寸大于4.5m时，CS外墙板应进行竖向荷载、风荷载组合作用下构件平面外承载力验算，并采取相应的加强措施。

5.1.10 CS板式结构变形应符合下式规定：

$$\Delta_u / h \leqslant 1/1000 \quad (5.1.10)$$

式中：Δ_u——楼层层间弹性水平位移（mm）；

h——楼层层高（mm）。

5.1.11 CS墙板受剪截面应符合下列规定：

1 无地震作用组合时：

$$V \leqslant 0.25 f_c b_w h_{w0} \quad (5.1.11\text{-}1)$$

2 有地震作用组合时：

剪跨比 λ 大于2时，

$$V \leqslant \frac{1}{\gamma_{RE}}(0.2 f_c b_w h_{w0}) \quad (5.1.11\text{-}2)$$

剪跨比 λ 小于或等于2时，

$$V \leqslant \frac{1}{\gamma_{RE}}(0.15 f_c b_w h_{w0}) \quad (5.1.11\text{-}3)$$

式中：b_w——截面混凝土计算厚度，一般取墙板两侧混凝土层厚度之和（mm）；

f_c——混凝土轴心抗压强度设计值（N/mm²）；

h_{w0}——截面有效高度（mm）；

V——截面剪力设计值（kN）；

λ——计算截面处的剪跨比，即 $M_c/(V_c h_{w0})$，其中 M_c、V_c 分别取与 V_w 同一组组合的、未进行内力调整的弯矩和剪力设计值。

5.1.12 CS板式结构底层墙肢，其截面组合的剪力设计值，二、三级抗震等级时按下式调整，四级抗震等级及无地震作用组合时不调整。

$$V = \eta_{vw} V_w \quad (5.1.12)$$

式中：V——CS墙板底部墙肢截面组合的剪力设计值（kN）；

V_w——CS墙板底部墙肢截面组合的剪力计算值（kN）；

η_{vw}——剪力增大系数，二级取1.4，三级取 1.2。

5.1.13 CS 墙板的底层斜截面抗震受剪承载力验算应符合现行国家标准《混凝土结构设计规范》GB 50010 的规定。

5.1.14 抗震设计的 CS 板式结构墙肢在重力荷载代表值作用下的轴压比，二级时，不宜大于 0.5；三、四级时，不宜大于 0.6，墙肢轴压比应符合下列规定：

$$N/A_{w}f_{c} \quad (5.1.14)$$

式中：N——重力荷载代表值作用下 CS 墙板墙肢底部轴向压力设计值（kN）；

A_{w}——CS 墙板混凝土水平截面面积（mm^2）；

f_{c}——混凝土轴心抗压强度设计值（N/mm^2）。

5.2 截面设计

5.2.1 正截面承载力应按下列假定进行计算：

1 截面应变保持平面；

2 不考虑混凝土的抗拉作用；

3 不考虑斜插丝的抗弯作用；

4 不考虑上下层混凝土与夹芯板间相互分离错动；

5 混凝土受压的应力与应变之间的关系应按下式规定取用：

当 $\varepsilon_{c} \leqslant \varepsilon_{0}$ 时

$$\sigma_{c}=f_{c}\left[1-\left(1-\frac{\varepsilon_{c}}{\varepsilon_{0}}\right)^{2}\right] \quad (5.2.1)$$

式中：f_{c}——混凝土轴心抗压强度设计值，按现行国家标准《混凝土结构设计规范》GB 50010 采用；

σ_{c}——混凝土压应变为 ε_{c} 时的混凝土压应力；

ε_{0}——混凝土压应力达到 f_{c} 时的混凝土压应变，当计算的 ε_{0} 值小于 0.002 时，应取 0.002。

6 纵向受拉钢筋的极限拉应变应取 0.01。

5.2.2 受弯构件、偏心受力构件正截面受压区混凝土的应力图形可简化为等效的矩形应力图。

5.2.3 CS 楼、屋面板正截面受弯承载力应符合下列规定（图 5.2.3）：

1 混凝土受压区高度应按下式确定：

$$\alpha_{1}f_{c}bx=A_{s}f_{y}+A_{p}f_{py}-A'_{s}f'_{y} \quad (5.2.3\text{-}1)$$

2 混凝土受压区高度尚应符合下式条件：

$$x \leqslant \beta_{1}t_{1} \quad (5.2.3\text{-}2)$$

式中：A_{s}、A'_{s}、A_{p}——分别为单位板宽内上下非预应力钢筋和预应力钢筋的截面面积（mm^2）；

b——矩形截面的宽度（mm）；

f_{c}——混凝土轴心抗压强度设计值（N/mm^2），按现行国家标准《混凝土结构设计规范》GB 50010 采用；

f_{y}、f'_{y}——非预应力钢丝的抗拉强度设计值（N/mm^2），按现行行业标准《冷拔低碳钢丝应用技术规程》JGJ 19 采用；

f_{py}——预应力钢筋的抗拉及抗压强度设计值（N/mm^2），按现行国家标准《混凝土结构设计规范》GB 50010 采用；

α_{1}——系数，取 1.0；

β_{1}——系数，取 0.8。

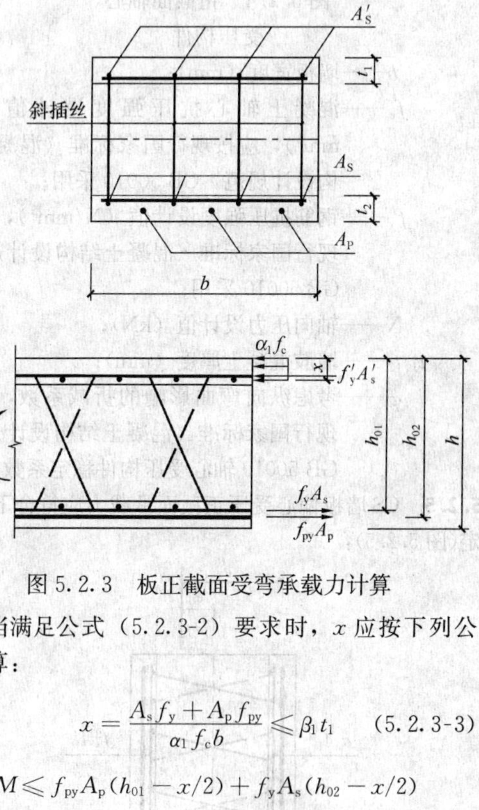

图 5.2.3 板正截面受弯承载力计算

当满足公式（5.2.3-2）要求时，x 应按下列公式计算：

$$x=\frac{A_{s}f_{y}+A_{p}f_{py}}{\alpha_{1}f_{c}b} \leqslant \beta_{1}t_{1} \quad (5.2.3\text{-}3)$$

$$M \leqslant f_{py}A_{p}(h_{01}-x/2)+f_{y}A_{s}(h_{02}-x/2) \quad (5.2.3\text{-}4)$$

式中：h_{01}、h_{02}——分别为非预应力钢筋和预应力钢筋的合力点到受压区边缘的距离（mm）；

M——弯矩设计值（N·mm）；

x——混凝土受压区高度（mm），应符合本规程公式（5.2.3-2）要求。

5.2.4 CS 墙板轴心受压正截面承载力应符合下列规定（图 5.2.4）：

1 构造要求：$t_{1}=t_{2}$；

2 轴向压力设计值应符合下式规定：

$$N \leqslant 1.8\varphi[f_{c}bt_{1}+f'_{y}A'_{s}] \quad (5.2.4)$$

式中：A'_{s}——钢筋和钢丝网片的截面面积之和（mm^2）；

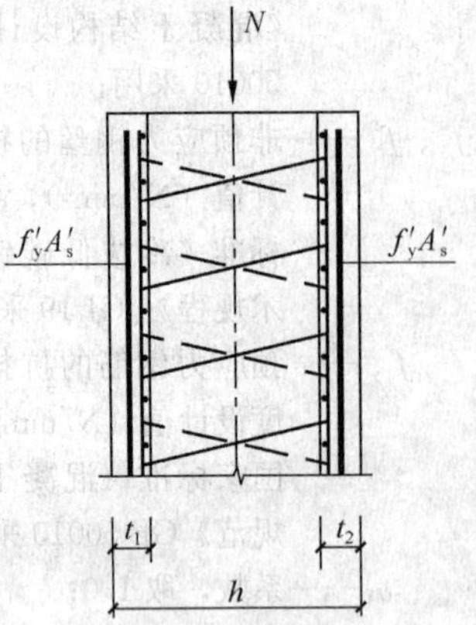

图 5.2.4 正截面轴心受压构件

b——墙板宽度（mm）；

f_c——混凝土轴心抗压强度设计值（N/mm²），应按现行国家标准《混凝土结构设计规范》GB 50010 采用；

f'_y——钢筋抗压强度设计值（N/mm²），应按现行国家标准《混凝土结构设计规范》GB 50010 采用；

N——轴向压力设计值（kN）；

t_1、t_2——墙肢混凝土厚度（mm）；

φ——考虑纵向弯曲影响的折减系数，应按现行国家标准《混凝土结构设计规范》GB 50010 轴心受压构件稳定系数采用。

5.2.5 CS 墙板偏心受压正截面承载力应符合下列规定(图 5.2.5)：

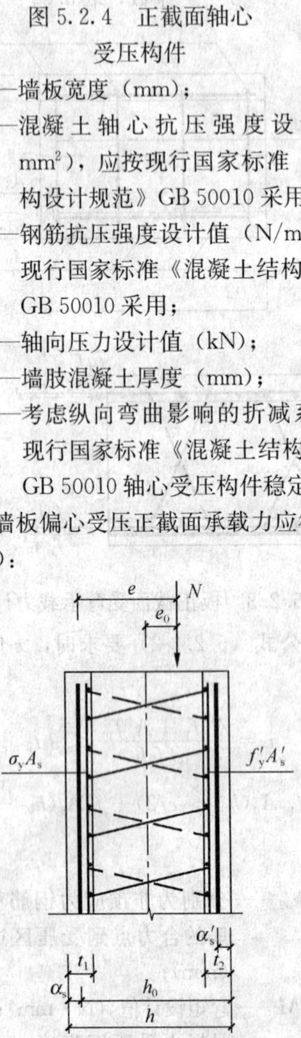

图 5.2.5 构件正截面偏压受力图

1 构造要求：$t_1=t_2$；$A_s=A'_s$；$e_0\leqslant 0.3h_0$；

2 钢筋和钢丝网片的截面面积应符合下列公式规定：

$$A_s=A'_s=\frac{N\cdot e-f_ct_2b\left(h_0-\frac{t_2}{2}\right)}{f'_y\ (h_0-a'_s)} \tag{5.2.5-1}$$

$$e=e_i+\frac{h}{2}-a_s \tag{5.2.5-2}$$

$$e_i=e_0+e_a \tag{5.2.5-3}$$

式中：e_i——初始偏心距，取墙厚的 1/10（mm）；

e_0——轴向力对截面重心的偏心距（mm），取为 M/N，当需要考虑二阶效应时，M 应按现行国家标准《混凝土结构设计规范》GB 50010 的规定确定；

e_a——附加偏心距，取 20mm。

3 计算所得钢筋截面面积不得小于按轴心受压构件计算的钢筋截面积。

5.2.6 CS 楼、屋面板斜截面承载力应符合下式规定：

$$V\leqslant n\cdot\nu\cdot A_s\cdot f'_{ys}\cdot\cos\alpha \tag{5.2.6}$$

式中：A_s——单根斜插丝的截面面积（mm²）；

f'_{ys}——斜插丝的抗拉及抗压强度设计值（N/mm²）；

n——一排横向受压斜插丝的根数，$n=b/s$；

b——截面宽度（mm）；

s——斜插丝横向间距（mm）；

α——斜插丝与垂线之间的夹角（°）；

ν——由斜插丝长细比控制的受压稳定系数，可按表 5.2.6 取用。

表 5.2.6 斜插丝受压稳定系数 ν

斜插丝直径（mm）	芯板厚度（mm）							
	60	70	80	90	100	110	120	130
2.00	0.515	0.395	0.316	0.254	0.209	0.174	0.141	—
2.50	0.714	0.600	0.494	0.407	0.339	0.237	0.243	0.209
3.00	0.795	0.706	0.615	0.514	0.434	0.369	0.316	0.273
3.50	0.855	0.798	0.724	0.664	0.618	0.482	0.369	0.364

5.2.7 CS 楼板、屋面板在正常使用状态下的挠度，应按现行国家标准《混凝土结构设计规范》GB 50010 进行受弯构件挠度验算。

5.2.8 CS 楼、屋面板裂缝控制应符合下列规定：

1 CS 楼板一般要求不出现裂缝，在荷载效应的标准组合下，受力边缘应力应符合下列规定：

$$\sigma_{ck}-\sigma_{pc}\leqslant f_{tk} \tag{5.2.8-1}$$

$$\sigma_{ck}=\frac{M_k}{I_0}y_0 \tag{5.2.8-2}$$

$$\sigma_{pc}=\frac{N_{p0}}{A_0}+\frac{N_{p0}e_{p0}}{I_0}y_0 \tag{5.2.8-3}$$

式中：A_0——板的换算截面面积（mm²），不考虑中间保温层；

f_{tk}——混凝土轴心抗拉强度标准值（N/mm²）；

e_{p0}——N_{p0} 对换算截面重心与预应力钢筋合力点的距离（mm）；

I_0——换算截面的惯性矩（mm）；

M_k——按荷载效应的标准组合计算的弯矩值（N·mm）；

N_{p0}——预应力钢筋的合力（kN），应按现行国家标准《混凝土结构设计规范》GB 50010 计算；

σ_{ck}——荷载效应的标准组合下抗裂验算边缘的混凝土法向应力；

σ_{pc}——扣除全部预应力损失后在抗裂验算边缘混凝土的预压应力；

y_0——换算截面的重心至截面下边缘的距离（mm）。

2 CS 屋面板应按现行国家标准《混凝土结构设计规范》GB 50010 的规定进行正截面裂缝宽度验算。

3 当满足下式时可不进行屋面板的挠度及裂缝宽度验算：

$$\frac{h}{l_0} \geqslant \frac{1}{28} \quad (5.2.8\text{-}4)$$

当满足下式时可不进行楼面板的挠度验算：

$$\frac{h}{l_0} \geqslant \frac{1}{30} \quad (5.2.8\text{-}5)$$

式中：h——板厚（mm）；

l_0——板计算跨度（mm）。

6 构造措施

6.1 一般规定

6.1.1 CS 板式结构伸缩缝最大间距应按现行国家标准《混凝土结构设计规范》GB 50010 中现浇剪力墙结构的规定执行。

6.1.2 CS 板式结构钢筋锚固长度、搭接长度及混凝土保护层厚度应符合现行国家标准《混凝土结构设计规范》GB 50010 的相关规定；墙板中的边缘构件混凝土保护层厚度应符合现行国家标准《混凝土结构设计规范》GB 50010 墙板保护层厚度的规定。

6.1.3 CS 板拼接时应在板缝处附加板缝加强网，并与 CS 板钢丝网绑扎牢固（图 6.1.3）；其钢丝直径及网格尺寸宜与被连接 CS 板钢丝网一致，且钢丝直径不应小于 2.00mm，加强网两侧搭接宽度不得小于 100mm。

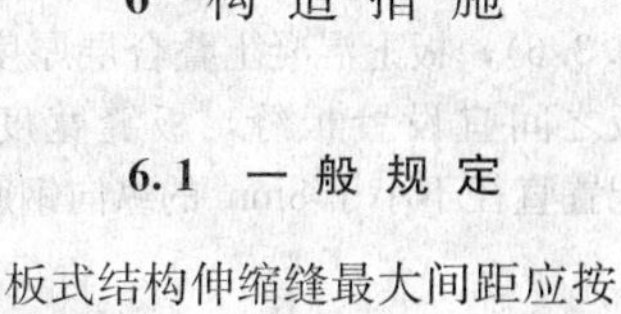

图 6.1.3 CS 板拼缝

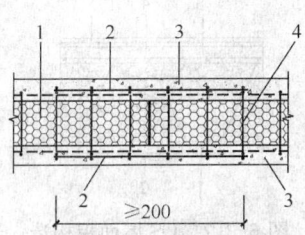

1—CS 板；2—板缝加强网；3—细石混凝土；4—斜插丝

6.1.4 CS 板构件连接节点附加的连接钢筋直径均不应小于 6mm，间距不应大于 300mm。

6.2 边缘构件

6.2.1 CS 墙板构造柱应符合下列规定（图 6.2.1）：

1 截面尺寸宜与相邻墙板厚度相同，且不应小于 180mm×180mm，楼层梁下构造柱宽度宜与梁同宽，且不应小于 180mm；

2 纵向钢筋三级及以下时宜采用 4 根直径 12mm 的钢筋，房屋四角和二级时宜采用 4 根直径 14mm 的钢筋；

注：“二级、三级及以下”，即“抗震等级为二级和抗震等级为三、四级及非抗震设防”的简称。

3 箍筋直径不应小于 6mm，间距不应大于 200mm，且宜在柱上下端加密。

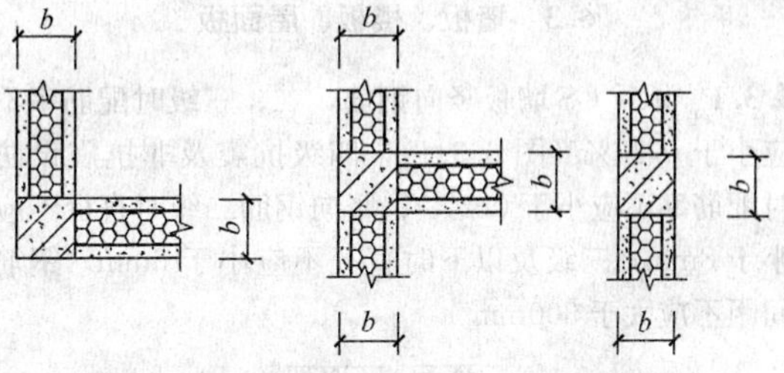

(a)角柱 (b)丁字柱 (c)中柱

图 6.2.1 构造柱

6.2.2 建筑物节能要求较高时，可用角部边缘构件代替外墙角部构造柱（图 6.2.2a）；将外墙中部构造柱移至墙板内侧（图 6.2.2b、c）。

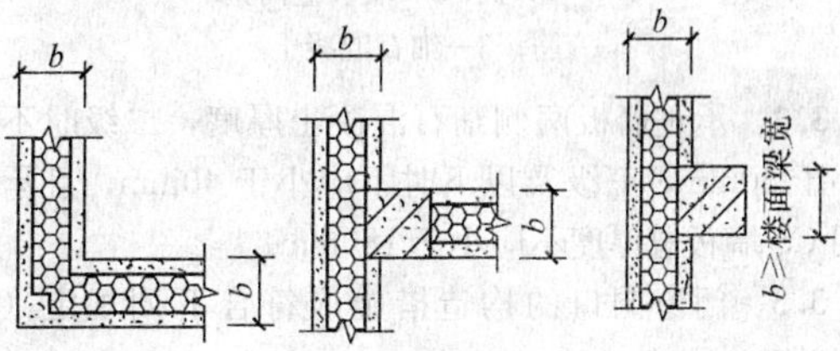

(a)角部边缘构件 (b)丁字柱 (c)扶壁柱

图 6.2.2 CS 墙板边缘构件

6.2.3 在外墙角部设 1 根直径不小于 14mm 的竖向钢筋；两侧 CS 板端部的钢丝网纵向钢丝加粗和斜插丝均适当加粗、加密；内外角加强网的钢丝均加粗，与两侧 CS 板钢丝网绑扎闭合；并用附加连接钢筋连接，形成角部边缘构件（图 6.2.3）。

6.2.4 CS 板式结构圈梁截面宽度应与墙板厚度相同、梁高不应小于楼板厚度，且不应小于 180mm×180mm；纵筋直径不宜小于 12mm，且不应少于 4 根；箍筋直径不应小于 6mm，间距不应大于 200mm。

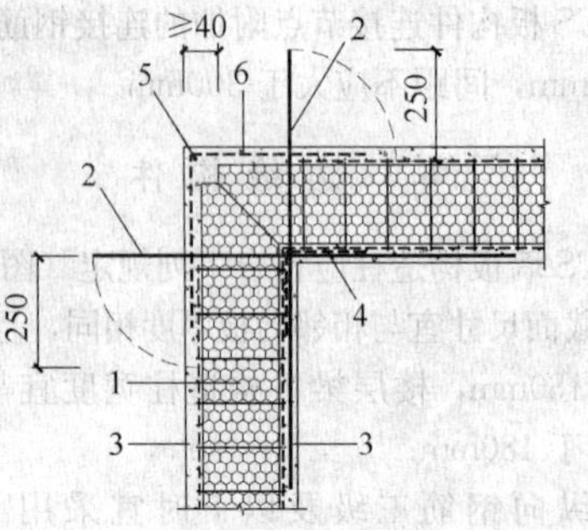

图 6.2.3 角部边缘构件

1—端部钢丝网加强的 CS 板；2—附加连接钢筋弯折与 CS 板钢丝网绑牢；3—细石混凝土；4—内角加强网；5—角部钢筋；6—外角加强网

6.3 墙板、楼板、屋面板

6.3.1 承重 CS 墙板竖向钢筋，二、三级时配筋率不应小于 0.25%（图 6.3.1），四级抗震及非抗震设防时配筋率不应小于 0.2%；竖向钢筋二级时直径不应小于 8mm，三级及以下时直径不应小于 6mm，钢筋间距不应大于 300mm。

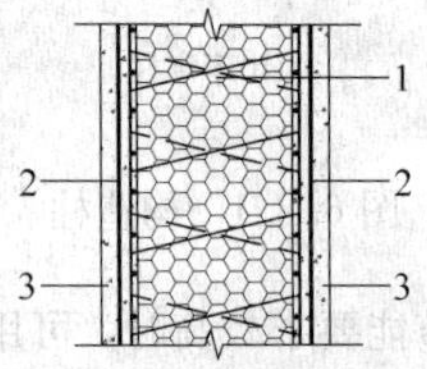

图 6.3.1 CS 墙板构造

1—CS 板；2—墙板竖向钢筋；3—细石混凝土

6.3.2 承重墙板两侧细石混凝土厚度，二级时不应小于 50mm，三级及以下时不应小于 40mm，且承重用 CS 墙板总厚度不应小于 180mm。

6.3.3 门窗洞口的构造措施应符合下列规定（图 6.3.3）：

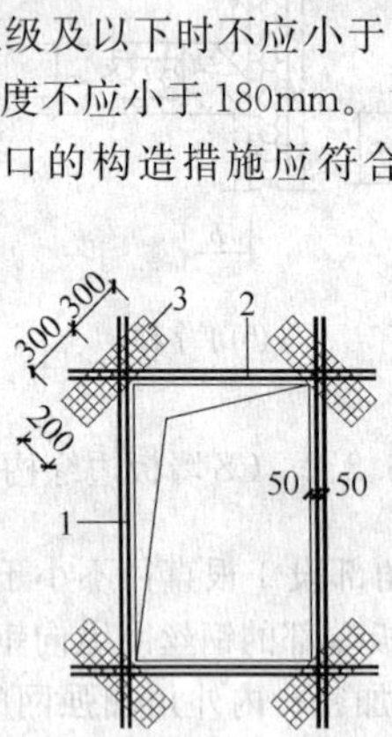

图 6.3.3 门窗洞口附加钢筋

1—洞口侧边附加钢筋；2—洞口上下边附加钢筋；3—加强网

1 门窗洞口侧边附加钢筋直径宜与墙板竖向钢筋直径一致；洞口宽度小于 1.5m 时，洞口边每一侧的附加钢筋不得少于 2 根；洞口宽度大于或等于 1.5m 时，该钢筋不得少于 3 根；

2 洞口上下边附加钢筋的数量和直径可与洞口侧边附加钢筋一致；

3 洞口角部应设置 45°斜向加强钢丝网片，网片规格应与墙板钢丝网规格一致。

6.3.4 承重 CS 墙板门窗洞口宽度不应大于 1.8m；非承重 CS 墙板门窗洞口宽度不应大于 2.0m，洞口上皮至楼板上皮的距离不应小于 0.5m。

6.3.5 CS 墙板的局部尺寸限值，宜符合表 6.3.5 的规定。

表 6.3.5 CS 墙板的局部尺寸限值（m）

部　位	6 度	7 度	8 度
承重窗间墙最小宽度	0.8	0.8	1.0
承重外墙尽端至门窗洞边的最小距离	0.8	0.8	1.0
非承重外墙尽端至门窗洞边的最小距离	0.6	0.8	1.0
内墙阳角至门窗洞边的最小距离	0.6	0.8	1.2
女儿墙的最大高度	1.5	1.2	1.0

注：局部尺寸不足时，应采取局部加强措施弥补，且最小宽度不宜小于 1/4 层高和表列数据的 80%。

6.3.6 CS 楼板下预应力混凝土层厚度不应小于 35mm（图 6.3.6），板上混凝土叠合层厚度不应小于 40mm；楼板之间宜设置板缝，板缝宽度不宜小于 50mm，宜配置直径不小于 8mm 的纵向钢筋。

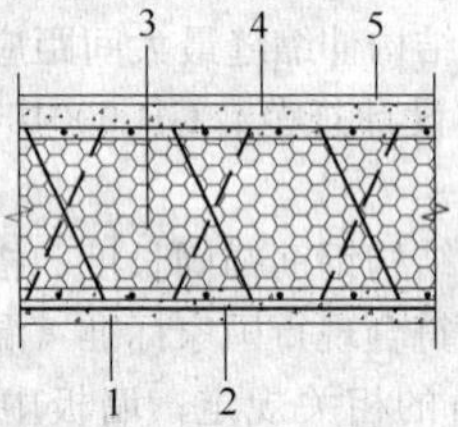

图 6.3.6 CS 楼板构造

1—预制细石混凝土层；2—预应力钢筋；3—CS 板；4—细石混凝土叠合层；5—面层

6.3.7 CS 屋面板板下抗裂水泥砂浆厚度不应小于 25mm，板上混凝土层厚度不应小于 40mm。

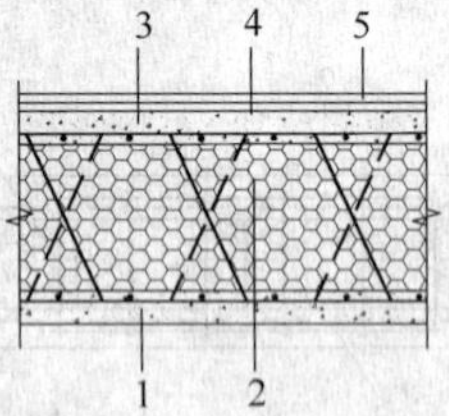

图 6.3.7 CS 屋面板构造

1—抗裂水泥砂浆层；2—CS 板；3—现浇细石混凝土；4—找平层；5—防水层

6.3.8 CS楼、屋面板支座处，应沿支座长度方向配置间距不大于150mm的上部构造钢筋，其直径不应小于6mm，该构造钢筋伸入板内的长度距墙板（梁）边算起不宜小于板计算跨度 l_0 的1/4。

6.3.9 当采用CS屋面板做挑檐板，且挑出长度小于或等于0.6m时，可配置直径不小于6mm，间距不大于200mm的板上构造钢筋（图6.4.4-2）。

6.4 连 接 节 点

6.4.1 CS墙板的水平连接应符合下列规定：

1 墙板间采用墙板附加连接钢筋与构造柱连接的方式（图6.4.1-1）；

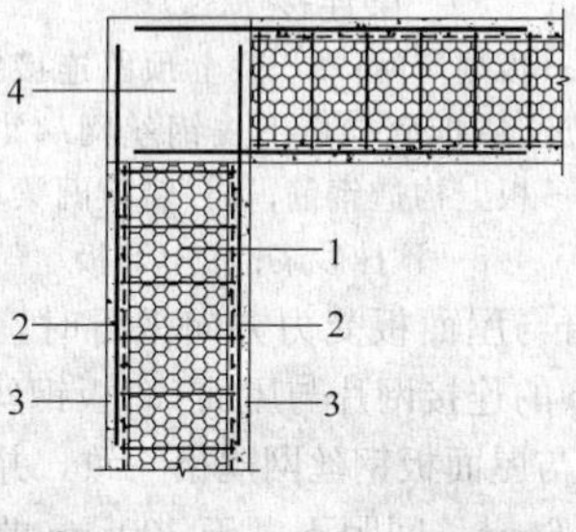

图6.4.1-1 CS墙板水平连接（一）

1—CS板；2—附加连接钢筋锚入构造柱；3—细石混凝土；4—构造柱

2 外墙构造柱移至墙板内侧时，采用墙板附加连接钢筋与构造柱连接的方式（图6.4.1-2）；

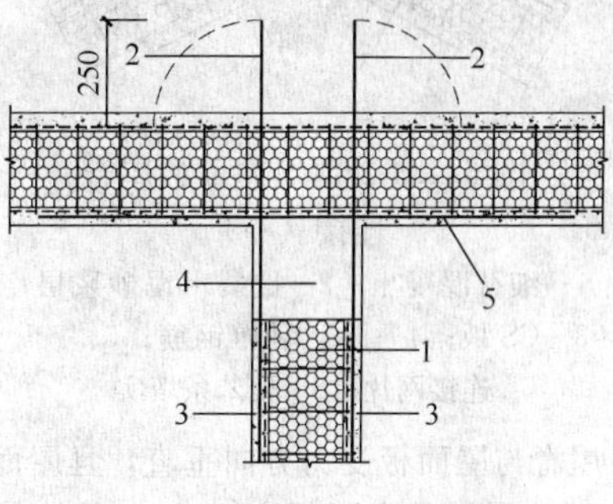

图6.4.1-2 CS墙板水平连接（二）

1—CS板；2—内墙附加连接钢筋弯折与CS板钢丝网绑牢；3—细石混凝土；4—构造柱；5—附加连接钢筋锚入构造柱

3 承重墙板与非承重墙板采用附加连接角网的连接方式（图6.4.1-3），角网宽300mm，由与墙板钢丝网同一规格的钢丝网片制成。

6.4.2 CS墙板的竖向连接应符合下列规定：

1 墙板与楼层梁或基础梁连接，采用两侧预留连接钢筋的方式，连接钢筋应与墙板竖向钢筋一致（图6.4.2-1）；

2 上下层墙板连接可采用下层竖向钢筋贯通圈梁与上层墙板竖向钢筋搭接的方式，也可采用下层墙板竖向钢筋和上层预留连接钢筋分别锚入圈梁的方式（图6.4.2-2）；

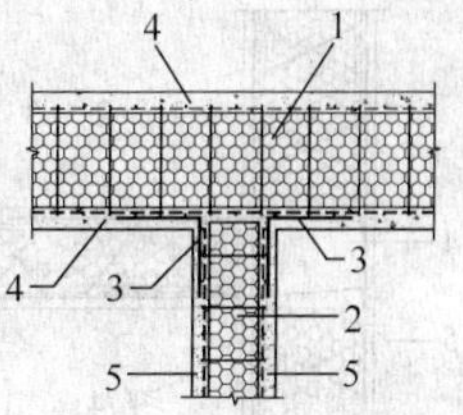

图6.4.1-3 承重墙板与非承重墙板水平连接

1—承重墙CS板；2—非承重墙CS板；3—角网；4—细石混凝土；5—抗裂水泥砂浆

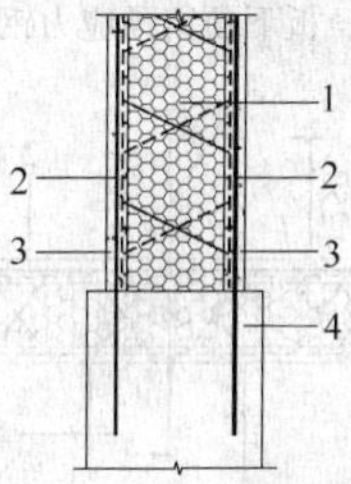

图6.4.2-1 CS墙板竖向连接（一）

1—CS板；2—预留连接钢筋与墙板钢筋搭接；3—细石混凝土；4—楼层梁或基础梁

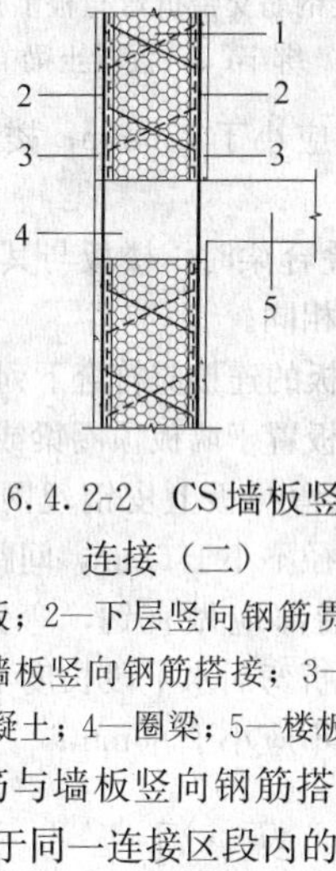

图6.4.2-2 CS墙板竖向连接（二）

1—CS板；2—下层竖向钢筋贯通圈梁与上层墙板竖向钢筋搭接；3—细石混凝土；4—圈梁；5—楼板

3 连接钢筋与墙板竖向钢筋搭接时，搭接接头应相互错开，位于同一连接区段内的钢筋接头面积不宜大于钢筋总面积的50%。

6.4.3 CS楼板的连接应符合下列规定：

1 CS楼板与墙板连接时，预制CS楼板半成品两端板下甩出的预应力钢筋及板上构造负钢筋均应锚入圈梁（图6.4.3-1）；

2 CS楼板与梁连接时，预制CS楼板半成品直接置于梁上皮，梁上预留连接钢筋交错折弯与板上皮钢丝网绑牢（图6.4.3-2）；梁上预留连接钢筋，二级时直径不应小于8mm，三级及以下时直径不应小于6mm，间距均不大于300mm，锚入梁内部分端部应做直钩，弯钩长度不应小于5mm，甩出部分折弯

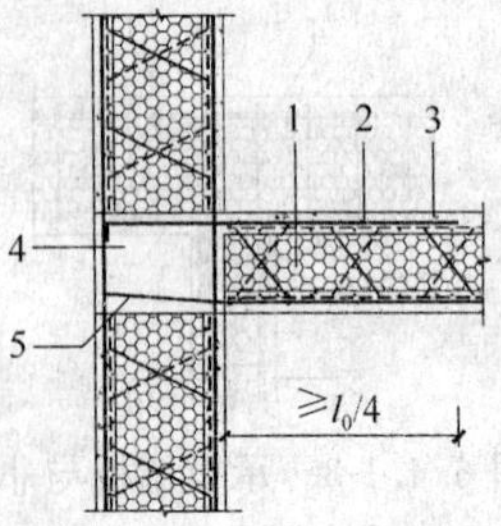

图 6.4.3-1　CS 楼板与墙板连接

1—预制 CS 楼板半成品；2—板上构造负钢筋；3—细石混凝土叠合层；4—圈梁；5—板下预留预应力钢筋

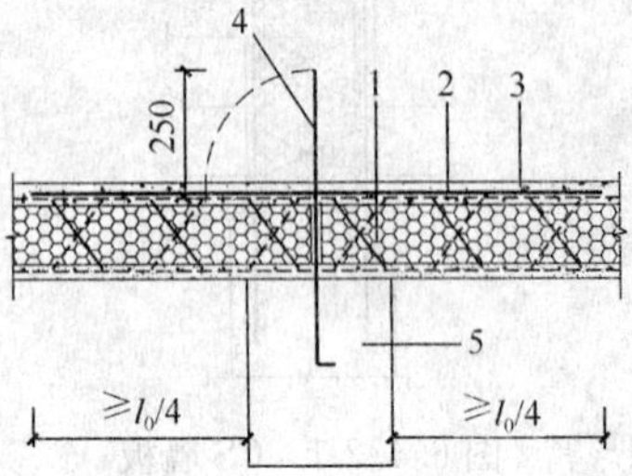

图 6.4.3-2　CS 楼板与混凝土梁连接

1—预制 CS 楼板半成品；2—板上构造负钢筋；3—细石混凝土叠合层；4—梁上预留连接钢筋交错折弯与板上皮钢丝网绑牢；5—混凝土梁

后水平段长度不应小于 250mm；楼板搭梁长度不应小于 80mm；

3　混凝土梁做叠合梁时，楼板与其连接形式和楼板与墙板连接形式相同。

6.4.4　CS 屋面板的连接应符合下列规定：

1　CS 屋面板置于墙板顶圈梁或梁上，梁上预留连接钢筋交错折弯与板上皮钢丝网绑牢（图 6.4.4-1）。预留钢筋直径不小于 6mm，间距不大于 300mm，锚入梁内部分端部应做直钩，弯钩长度不应小于 5mm，甩出部分折弯后水平段长度不应小于 250mm；屋面板搭梁长度不应小于 80mm；

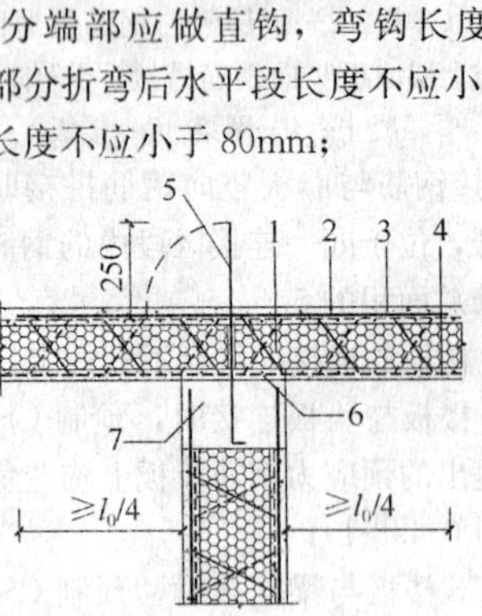

图 6.4.4-1　CS 屋面板与墙顶圈梁连接（一）

1—CS 板；2—板上附加钢筋；3—现浇细石混凝土；4—抗裂水泥砂浆层；5—梁上预留连接钢筋交错折弯与板上皮钢丝网绑牢；6—预抹砂浆；7—圈梁

2　采用 CS 屋面板做挑檐时，墙顶圈梁应按本条第 1 款的规定预留连接钢筋，交错折弯与 CS 板下皮钢丝网绑牢（图 6.4.4-2）；

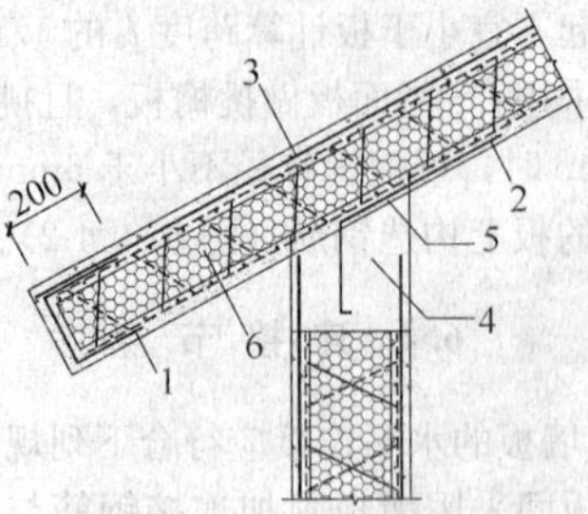

图 6.4.4-2　CS 屋面板与墙顶圈梁连接（二）

1—板端槽网；2—梁上预留连接钢筋交错折弯与板下皮钢丝网绑牢；3—板上构造钢筋；4—墙顶圈梁；5—预抹砂浆；6—CS 板

3　屋脊与屋面板受力方向平行时，屋脊处上下用宽 400mm 的连接网片与屋面 CS 板钢丝网绑牢，连接网片规格与屋面板钢丝网规格一致，并在板上设置直径不小于 6mm，间距不大于 300mm 的附加连接钢筋（图 6.4.4-3）；

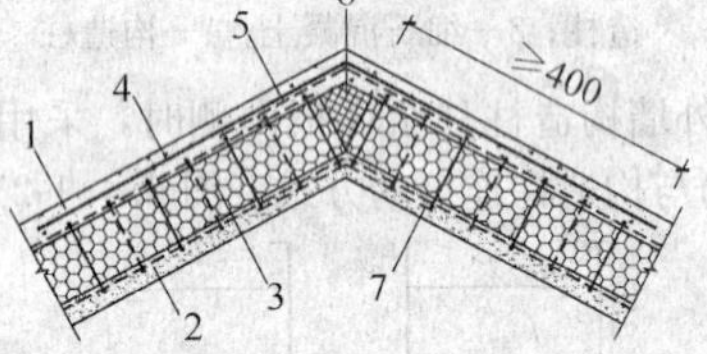

图 6.4.4-3　CS 屋面板屋脊连接（一）

1—细石混凝土；2—抗裂水泥砂浆层；3—CS 板；4—板上附加钢筋；5、7—连接网片；6—聚苯条填实

4　屋脊与屋面板受力方向垂直，且屋面板跨度小于 3m 时，屋脊处上下用宽 400mm 的连接网片与屋面 CS 板钢丝网绑牢，连接网片规格与屋面板钢丝网规格一致；板下设直径不小于 6mm，间距不大于 200mm 的附加钢筋，穿过屋面 CS 板弯折与板上钢丝网绑牢(图 6.4.4-4)。

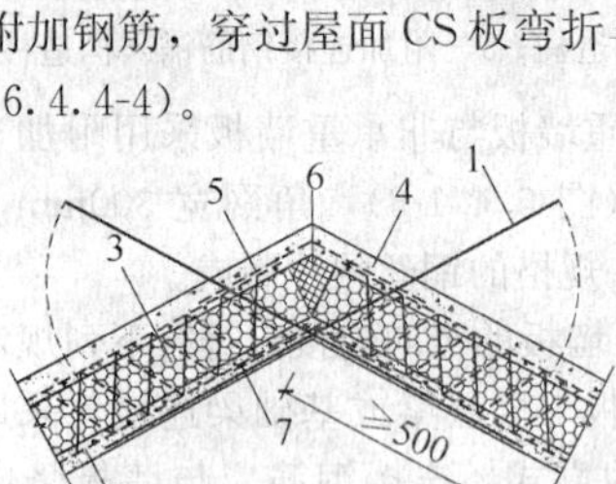

图 6.4.4-4　CS 屋面板屋脊连接（二）

1—附加钢筋穿过 CS 板与板上钢丝网绑牢；2—抗裂水泥砂浆层；3—CS 板；4—细石混凝土；5、7—连接网片；6—聚苯条填实

7 施　工

7.1 一 般 规 定

7.1.1 CS板式结构工程的施工应符合设计要求。

7.1.2 CS板式结构工程的施工应针对结构工程的特点，编制施工方案和施工工艺标准，并严格贯彻执行。

7.1.3 CS板的生产应按深化设计后的排板图下料，并进行编号，现场应按规格分类码放，安装时应对号就位。

7.1.4 CS板或预制CS楼板半成品现场码放时应平整并苫盖，码放时间一般不宜超过45d，任何情况下不应超过90d。

7.1.5 CS板式结构工程施工期间，环境空气温度不宜低于5℃，5级以上大风天气不得进行CS板构件吊装和安装。

7.1.6 CS墙板、楼板和屋面板安装就位前，应对照设计图纸，对基础梁、圈梁或楼层梁的顶面标高以及预埋件、预留连接钢筋、预留线管等进行核对，符合设计要求方可进行安装。

7.1.7 CS板式结构的施工宜按下列顺序进行：

1 CS墙板施工顺序，宜按下列流程进行（图7.1.7-1）；

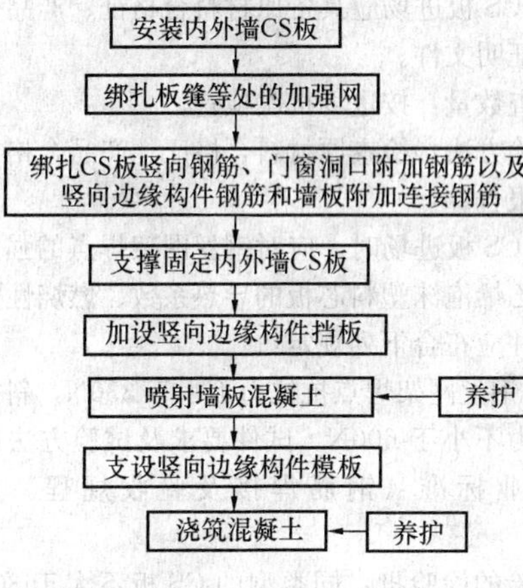

图7.1.7-1　CS墙板施工顺序框图

2 CS楼板施工顺序，宜按下列流程进行（图7.1.7-2）；

3 CS屋面板施工顺序，宜按下列流程进行（图7.1.7-3）。

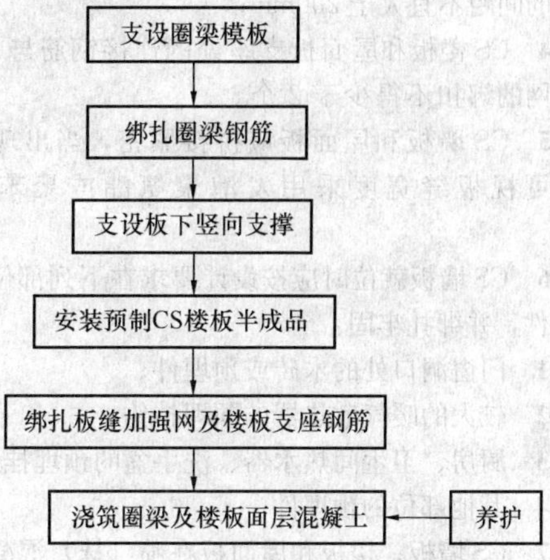

图7.1.7-2　CS楼板施工顺序框图

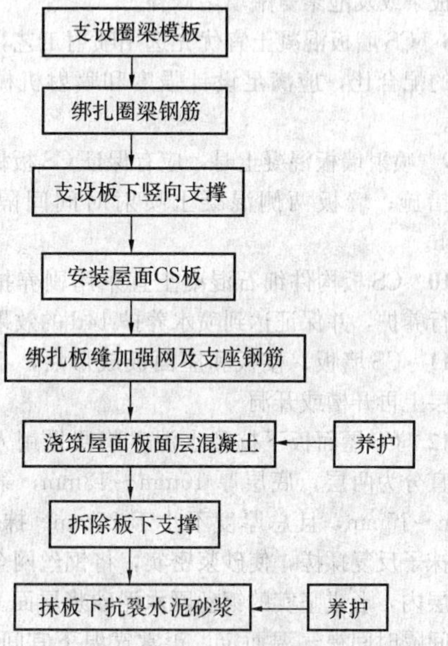

图7.1.7-3　CS屋面板施工顺序框图

7.2 施 工 要 求

7.2.1 安装就位预制CS楼板半成品时，应先搭设支撑架体，支撑距板端不宜大于200mm，当楼板跨度大于3.3m时宜在板跨中增加一道支撑。

7.2.2 安装就位屋面CS板时，板下应有可靠的支撑，支撑间距不得大于1.0m。当芯板厚度小于或等于100mm时应在板跨中起拱，起拱高度为板跨的3/1000。

7.2.3 与CS墙板连接的圈梁（地梁），表面应平整，外墙CS板就位时，板下应先铺垫厚度不小于10mm的水泥砂浆。与CS屋面板连接的圈梁表面，可依屋面坡度做成斜面，铺屋面CS板时，梁上应先铺垫厚度不小于25mm的水泥砂浆。

7.2.4 CS板绑扎应满足下列规定：

1 与CS板钢丝网绑扎用的绑丝宜采用22号镀锌钢丝；

2 CS板板缝处的绑扎丝扣宜为斜扣，绑扣间距沿加强网长向不得大于200mm；

3 梁上预留连接钢筋与CS墙板竖向钢筋搭接范围的绑扣不得少于3个，竖向钢筋与CS板钢丝网绑扣的间距不宜大于 200mm；

4 CS 楼板和屋面板支座处的连接钢筋与 CS 板钢丝网的绑扣不得少于 2 个。

7.2.5 CS 墙板和屋面板应拼接紧密，当出现板缝时，可视板缝宽度采用发泡聚氨酯或聚苯板条封堵。

7.2.6 CS 墙板就位时应按设计要求在下列部位设置预埋件，并绑扎牢固：

1 门窗洞口处的木砖或预埋件；

2 较大的暖气散热器的预埋挂钩；

3 厨房、卫生间热水器、洗手盆的预埋挂钩；

4 其他部位的预埋件。

7.2.7 CS 墙板、楼板和屋面板在喷（抹）混凝土或砂浆前，应敷设好线管、线盒；敷设线管时，可在芯板上开槽，开槽方向宜与板跨平行；出现破损时可用聚苯板条或发泡聚氨酯填堵修补。

7.2.8 CS 墙板混凝土宜优先选用喷射工艺，喷射混凝土的配合比，应满足设计强度和喷射机械性能的要求。

7.2.9 喷射墙板混凝土时，应有保证 CS 板稳定性的支撑措施；墙板两侧混凝土喷射时间间隔不宜小于 24h。

7.2.10 CS 板构件细石混凝土宜采用刷养护液的方法进行养护，并保证达到喷水养护 14d 的效果。

7.2.11 CS 墙板、楼板和屋面板成形后，不应在混凝土层上再开槽或开洞。

7.2.12 CS 屋面板下抗裂水泥砂浆层采用人工抹灰时，宜分为两层，底层厚 10mm～13mm，第二层厚 12mm～15mm，且总厚度不小于 25mm。抹底层时，应用抹子反复揉搓，使砂浆密实，将钢丝网全部包在砂浆层内，形成坚实的钢丝网水泥砂浆层面。每层抹灰的间隔时间视气温而定，正常气温下宜间隔 2d 以上。每层砂浆终凝后应喷水养护。

8 施工质量验收

8.1 一 般 规 定

8.1.1 CS 板式结构工程验收应按现行国家标准《建筑工程施工质量验收统一标准》GB 50300 执行。

8.1.2 CS 板式结构工程主体分部工程，可划分为下列子分部工程：

1 CS 墙板子分部工程；

2 CS 楼板子分部工程；

3 CS 屋面板子分部工程。

8.1.3 CS 板式结构工程主体子分部工程，可划分为下列分项工程：

1 CS 墙板子分部工程可划分为 CS 板安装固定、墙体钢筋绑扎（含边缘构件及线管、线盒）、墙体喷（抹）细石混凝土等分项工程；

2 CS 楼板子分部工程可划分为 CS 楼板半成品安装就位、钢筋绑扎（含圈梁及板缝）、浇筑板面叠合层混凝土等分项工程；

3 CS 屋面板子分部工程可划分为 CS 板安装就位、钢筋绑扎、浇筑板面混凝土、抹板下水泥砂浆层等分项工程。

各分项工程可根据与施工方式相一致且便于控制施工质量的原则，按工作班、楼层、结构缝或施工段划分为若干检验批。

8.1.4 钢筋、模板和混凝土等分项工程均应按现行国家标准《混凝土结构工程施工质量验收规范》GB 50204 的规定进行验收。

8.1.5 CS 板式结构工程主体各子分部工程的验收，应在各相关分项工程验收合格的基础上，进行质量控制资料检查、观感质量验收和结构实体检验。

8.1.6 CS 板式结构工程主体各相关分项工程的验收，应在所含检验批验收合格的基础上进行验收。

8.2 钢丝网架板的质量验收

Ⅰ 主 控 项 目

8.2.1 CS 板应在明显部位有拟用的工程名称、构件名称、尺寸或编号等标识。

8.2.2 CS 板进场应具备原材料合格证、产品合格证等质量证明文件。

检查数量：按进场批次检查。

检验方法：检查原材料合格证、产品合格证、质量检验报告。

8.2.3 CS 板进场时，应对钢丝网架焊点的强度及模塑聚苯乙烯泡沫塑料芯板的导热系数、燃烧性能抽样复验，并应符合下列规定：

1 钢丝网架焊点抗拉力不小于 330N，斜插丝焊点抗剪力不小于 600N。试件要求及试验方法应符合现行行业标准《钢筋焊接及验收规程》JGJ 18 规定。

复验的检验批：同类型的 CS 板不大于 3000m^2，且进场时间不超过 90d，为一个检验批。

检查数量：每检验批抽取钢丝网焊点拉伸试件和斜插丝焊点抗剪试件各 1 组，每组 3 件。

2 泡沫塑料芯板性能及试验方法应符合本规程表 3.0.5 的规定。

Ⅱ 一 般 项 目

8.2.4 CS 板外观质量应符合表 8.2.4 的规定。

检查数量：同一检验批内同型号的 CS 板，抽检不少于其数量的 10%，且不少于 3 块。

检验方法：观察、钢尺检查。

表 8.2.4　CS 板质量要求

项　目	质量要求
外观	表面清洁，不得有油污，芯板不得松动
芯板对接	全长对接不得超过 2 块，短于 500mm 的板条不得使用
钢丝锈点	焊点区以外不允许
斜插丝插入聚苯芯板角度	保持一致，误差≤3°
钢丝排列	纵横向钢丝应垂直，网格间距误差 ±2mm
钢丝接头	板边挑头允许长度≤6mm，插丝挑头≤5mm；不得有 5 个以上漏剪、翘伸的钢丝接头
焊点质量	网片漏焊、脱焊不得超过焊点数的 8‰，且不应集中一处，连续脱焊不应多于 2 点，板端 200mm 区段内的焊点不允许脱焊、虚焊

8.2.5　CS 板外观尺寸应符合表 8.2.5 的规定。

检查数量：同一检验批内同型号的 CS 板，抽检不少于其数量的 10%，且不少于 3 块。

检验方法：钢尺检查。

表 8.2.5　CS 板尺寸要求

项　目	允许偏差（mm）	备　注
板长度	±5	—
板宽度	±5	—
芯板厚度	+2	同一块板≥2 个点
总厚度	±5	同一块板≥2 个点
芯板中心位移	±2	—
对角线差	≤10	—
钢丝网片间距	±2	同一块板≥3 个点

8.3　钢丝网架板安装质量验收

Ⅰ　主 控 项 目

8.3.1　CS 板加强网设置及绑扎应符合本规程第 7.2.4 条的规定。

检查数量：每层的墙板、楼板不大于 $100m^2$ 各为一个检验批，屋面板不大于 $100m^2$ 为一个检验批，每检验批各部位抽查不小于 3 处。

检验方法：观察。

Ⅱ　一 般 项 目

8.3.2　CS 板安装质量及检测方法应符合表 8.3.2-1、8.3.2-2 的规定。

检查数量：每层的墙板、楼板不大于 $100m^2$ 各为一个检验批，屋面板不大于 $100m^2$ 为一个检验批，每检验批各部位抽查不小于 3 处。

检验方法：观察，按表 8.3.2-1、表 8.3.2-2 执行。

表 8.3.2-1　CS 墙板安装质量要求

项目	允许偏差（mm）	检验方法
表面平整度	5	2m 靠尺、塞尺检查
立面垂直度	5	吊线、钢尺检查
相邻板上表面高差	±5	钢尺检查
轴线位置	4	卷尺检查
门窗洞口高度、宽度	+5，−3	钢尺检查
门窗洞口水平、垂直	±5	拉线、吊线检查

表 8.3.2-2　CS 屋面板安装质量要求

项　目		允许偏差（mm）	检验方法
相邻板底面高差	吊顶	5	尺量检查
	不吊顶	3	尺量检查
板表面平整度		4	2m 靠尺检查

8.4　预制楼板半成品的质量验收

Ⅰ　主 控 项 目

8.4.1　预制 CS 楼板半成品应在明显部位有拟用的工程名称、构件尺寸或编号等标识。

8.4.2　预制 CS 楼板半成品应具备原材料合格证、产品性能报告、产品合格证等质量证明文件。

检查数量：按进场批次全数检查。

检验方法：检查原材料合格证、产品合格证、质量检验报告。

Ⅱ　一 般 项 目

8.4.3　预制 CS 楼板半成品外观质量、外观尺寸及检验方法应符合表 8.4.3-1、表 8.4.3-2 的规定。

检查数量：按进场数量每 100 块为一个检验批，每检验批抽查 3 块。

检验方法：观察，钢尺检查。

表 8.4.3-1　预制 CS 楼板半成品质量要求

项　目	允许偏差（mm）	检验方法
混凝土缺棱掉角	长度≤20	钢尺检查
板下露钢筋	不允许	观察检查
板下混凝土横纵向裂缝	不允许	观察检查

表 8.4.3-2 预制 CS 楼板半成品尺寸要求

项　　目	允许偏差(mm)	检验方法
混凝土板长度	±5	钢尺检查
混凝土板宽度	±3	钢尺检查
混凝土厚度	±3	钢尺检查
侧向弯曲	板长/750，且≤20	拉线检查
表面平整	≤5	拉线检查
对角线差	≤10	拉线检查
翘曲	≤板宽/750	拉线检查
预应力钢筋外伸长度	≤10	钢尺检查

8.4.4 预制 CS 楼板半成品安装质量应符合表 8.4.4 的规定。

检查数量：每层的楼板不大于 $100m^2$ 为一个检验批，每检验批各部位抽查不小于 3 处。

检验方法：观察，钢尺检查。

表 8.4.4 预制 CS 楼板半成品安装质量要求

项　　目		允许偏差(mm)	检验方法
相邻板底面高差	吊顶	5	钢尺检查
	不吊顶	3	钢尺检查
搭梁时搁置长度		±5	钢尺检查

8.5 连接节点的质量验收

Ⅰ 主 控 项 目

8.5.1 CS 板式结构边缘构件钢筋及连接钢筋的品种、级别、规格和数量必须符合设计要求，连接钢筋的绑扎应符合本规程第 7.2.4 条的规定。

8.5.2 CS 板式结构连接节点混凝土的外观质量不应有严重缺陷，对已经出现严重缺陷的，应由施工单位提出技术处理方案，并经设计、监理（建设）单位认可后进行处理。对经处理的部位，应重新检查验收。

检查数量：全数检查。

检验方法：观察，检查技术处理方案。

Ⅱ 一 般 项 目

8.5.3 CS 板式结构连接节点混凝土的外观质量不宜有一般缺陷，对已经出现一般缺陷的，应有施工单位按技术处理方案进行处理，并重新检查验收。

检查数量：全数检查。

检验方法：观察，检查技术处理方案。

8.6 工 程 验 收

8.6.1 CS 板式结构中的混凝土结构工程的质量应符合现行国家标准《混凝土结构工程施工质量验收规范》GB 50204 的相关规定。CS 屋面板下抹灰层质量应符合现行国家标准《建筑装饰装修工程质量验收规范》GB 50210 的相关规定。

8.6.2 CS 板式结构喷射细石混凝土强度的实体检验，应在混凝土喷射地点制备 1.2m×1.2m 的试件，并与结构实体同条件养护，按本规程附录 B 的规定抽取芯样；也可根据合同约定，在现场试件和结构实体上抽取芯样，抽取的芯样按本规程附录 B 进行强度检验。

8.6.3 CS 板式结构主体工程验收应提供下列资料：

1 CS 板或预制 CS 楼板原材料合格证、产品合格证及其组成材料的产品合格证，现场验收记录，现场复试报告；

2 子分部、分项工程施工质量检验记录；

3 隐蔽工程质量验收记录；

4 混凝土和砂浆试块强度试验报告；

5 混凝土构件实体检验记录；

6 重大技术问题的处理或修改设计的技术文件；

7 其他有关文件和记录。

附录 A CS 墙板、屋面板热工指标

A.0.1 CS 墙板热工指标应按表 A.0.1 取用。

表 A.0.1 CS 墙板热工指标

构造层厚度(mm)			总厚度(mm)	传热阻 R_0 ($m^2\cdot K/W$)	传热系数 K_0 [$W/(m^2\cdot K)$]	热惰性指标 D
钢丝网架聚苯板	外侧混凝土	内侧混凝土				
100	40	40	180	1.91	0.52	1.4
110	40	40	190	2.08	0.48	1.5
120	40	40	200	2.25	0.44	1.6
130	40	40	210	2.43	0.41	1.6
140	40	40	220	2.60	0.39	1.7

A.0.2 CS 屋面板热工指标应按表 A.0.2 取用。

表 A.0.2 CS 屋面板热工指标

构造层厚度(mm)			总厚度(mm)	传热阻 R_0 ($m^2\cdot K/W$)	传热系数 K_0 [$W/(m^2\cdot K)$]	热惰性指标 D
钢丝网架聚苯板	细石混凝土	水泥砂浆				
80	40	25	145	1.52	0.66	1.1
90			155	1.68	0.59	1.2
100			165	1.85	0.54	1.3
110			175	2.01	0.50	1.3
120			185	2.18	0.46	1.4
130			195	2.35	0.43	1.5
140			205	2.51	0.40	1.5

A.0.3 CS 板材料热工指标技术参数应按表 A.0.3 取用。

表 A.0.3　材料热工性能计算参数

项　目	导热系数λ [W/(m·K)]	修正系数α	蓄热系数S [W/(m²·K)]
钢丝网架聚苯板	0.039	CS外墙板 1.50	0.74
		CS屋面板 1.55	
钢筋细石混凝土	1.51	1.00	15.36
钢筋水泥砂浆	1.28	1.00	13.57

注：本表数据参数全部引自现行国家标准《民用建筑热工设计规范》GB 50176。

附录 B　CS 板式结构实体混凝土强度检测方法

B.0.1　从现场试件和结构实体抽取的芯样最小样本不宜小于 15 个。

B.0.2　取样采用直径为 50mm 的钻芯机钻取芯样；芯样钻取时应避开主筋，并将取出的芯样采用双端磨平机进行端面磨平处理。应保证端面平行，且垂直于芯样轴线。

B.0.3　进行芯样试件的抗压强度试验时，先量测芯样试件的端面直径 d 和芯样试件的高度 h，精确至 0.1mm。以测得的极限荷载值 P 和芯样试件的直径 d，按下式计算每一个芯样试件的抗压强度 $f_{cu,cor,i}$，抗压强度精确至 0.1MPa。

$$f_{cu,cor,i} = 4P/\pi d^2 \qquad (B.0.3)$$

B.0.4　芯样试件标准高径比为 0.95，最小高径比不得小于 0.8，可按下式由被测芯样试件抗压强度推导出每一个标准高径比芯样试件的抗压强度 $f_{c,cor,i}$。

$$f_{c,cor,i} = \mu f_{cu,cor,i} \qquad (B.0.4)$$

式中：μ——高径比修正系数，$\mu = [2.44 - 1.52(h/d)]^{-1}$。

B.0.5　由标准高径比芯样试件抗压强度 $f_{c,cor,i}$ 推导出每一个立方体抗压强度 $f_{cu,i}$ 的关系可按下式计算。

$$f_{cu,i} = \beta f_{c,cor,i} \qquad (B.0.5)$$

式中：β——立方体修正系数，取 0.76。

B.0.6　CS 板式结构实体混凝土强度推定，应符合现行国家标准《建筑结构检测技术标准》GB/T 50344 的规定。

本规程用词说明

1　为了便于在执行本规程条文时区别对待，对要求严格程度不同的用词说明如下：

1） 表示很严格，非这样做不可的用词：
正面词采用“必须”，反面词采用“严禁”；

2） 表示严格，在正常情况下均应这样做的用词：
正面词采用“应”，反面词采用“不应”或“不得”；

3） 对表示允许稍有选择，在条件允许时首先应这样做的用词：
正面词采用“宜”，反面词采用“不宜”；

4） 表示有选择，在一定条件下可以这样做的，采用“可”。

2　条文中指明应按其他有关标准执行的写法为：“应按……执行”或“应符合……的规定”。

引用标准名录

1　《建筑结构荷载规范》GB 50009

2　《混凝土结构设计规范》GB 50010

3　《建筑抗震设计规范》GB 50011

4　《民用建筑热工设计规范》GB 50176

5　《混凝土结构工程施工质量验收规范》GB 50204

6　《建筑装饰装修工程质量验收规范》GB 50210

7　《建筑工程抗震设防分类标准》GB 50223

8　《建筑工程施工质量验收统一标准》GB 50300

9　《建筑结构检测技术标准》GB/T 50344

10　《金属材料　拉伸试验　第 1 部分：室温试验方法》GB/T 228.1

11　《金属材料　线材　反复弯曲试验方法》GB/T 238

12　《钢产品镀锌层质量试验方法》GB/T 1839

13　《塑料　用氧指数测定燃烧行为　第 1 部分：导则》GB/T 2406.1

14　《塑料　用氧指数测定燃烧行为　第 2 部分：室温试验》GB/T 2406.2

15　《硬质泡沫塑料水蒸气透过性能的测定》QB/T 2411

16　《泡沫塑料及橡胶　表观密度的测定》GB/T 6343

17　《硬质泡沫塑料吸水率的测定》GB/T 8810

18　《硬质泡沫塑料尺寸稳定性试验方法》GB/T 8811

19　《硬质泡沫塑料　弯曲性能的测定　第 1 部分：基本弯曲试验》GB/T 8812.1

20　《硬质泡沫塑料　弯曲性能的测定　第 2 部分：弯曲强度和表观弯曲模量的测定》GB/T 8812.2

21　《硬质泡沫塑料压缩性能的测定》GB/T 8813

22　《建筑材料及制品燃烧性能分级》GB 8624

23　《建筑材料可燃性试验方法》GB/T 8626

24　《绝热材料稳态热阻及有关特性的测定　防护热板法》GB/T 10294

25　《钢筋焊接及验收规程》JGJ 18

26　《冷拔低碳钢丝应用技术规程》JGJ 19

中华人民共和国行业标准

钢丝网架混凝土复合板结构技术规程

JGJ/T 273—2012

条 文 说 明

制订说明

《钢丝网架混凝土复合板结构技术规程》JGJ/T 273-2012经住房和城乡建设部2012年4月5日以第1349号公告批准、发布。

本规程制订过程中，编制组进行了广泛和深入的调查研究，总结了多年来CS预应力混凝土夹芯板试验研究、CS混凝土夹芯承重墙板承重能力的试验研究、混凝土夹芯板（CS板）结构非线性有限元分析研究等有关CS板式结构的研究成果以及工程实践经验，通过多项专题研究，取得了重要技术参数。

为便于广大设计、施工、科研、学校等单位有关人员在使用本规程时能正确理解和执行条文规定，《钢丝网架混凝土复合板结构技术规程》编制组按章、节、条顺序编制了本规程的条文说明，对条文规定的目的、依据以及执行中需注意的有关事项进行了说明。但是，本条文说明不具备与规程正文同等的法律效力，仅供使用者作为理解和把握规程规定的参考。

目　次

1 总 则

1.0.1 CS板式结构体系集承重、保温、隔热、隔声于一体，具有自重轻、抗震性能好、施工方便等优点，可替代砖混结构，符合国家墙体改革及节能政策。

钢丝网架聚苯复合板在20世纪80年代引入我国，早期在建筑工程中多用于保温材料和框架结构的填充墙。经过我国工程技术人员多年的研究，改进钢丝网架的结构和规格，在板两侧采用一定厚度的细石混凝土（水泥砂浆），配置钢筋，构成钢丝网架混凝土复合板承重构件，既大大地提高了其承载力和刚度，又保留了自重轻、保温隔热性能好的优点，使钢丝网架混凝土复合板的应用范围扩展到楼板、屋面板和承重墙板，进而开发出由这些构件组成的新型的钢丝网架混凝土复合板结构体系。

1.0.2 CS板式结构体系是新型结构体系，为安全、稳妥和经济，暂时限定在8度或8度以下抗震设防区以及非抗震设防区应用，在9度抗震设防区应用时应进行专门研究。

CS板式结构体系也适用于侧向刚度较大的既有建筑接层，如钢筋混凝土剪力墙结构、砖混结构，接层后房屋的层数和总高度，均不应超过现行国家标准《建筑抗震设计规范》GB 50011对既有建筑规定的限值。已有的CS板式结构体系接层工程实例，接层层数均为1层，接层层数大于1层时应进行专门研究。

单层钢丝网架混凝土复合板结构体系的农村住宅，可参照本规程的相关规定执行，各项要求可适当放宽。

2 术语和符号

2.1 术 语

2.1.1 CS是“复合板”英文Composite Slab的缩写。钢丝网架混凝土复合板结构体系从研发到推广以及成果鉴定和有关批文，一直沿用“CS板式结构”的名称，故本规程中将钢丝网架混凝土复合板结构简称为CS板式结构。

CS板中间填充可用模塑聚苯乙烯泡沫塑料板（EPS）或岩棉板，其性能应符合相关规定的要求。

2.2 符 号

本节参考现行国家标准《混凝土结构设计规范》GB 50010和《建筑抗震设计规范》GB 50011中的主要符号编制。

3 材 料

3.0.1、3.0.2 细石混凝土指粗骨料粒径不大于8mm的混凝土。

CS板构件混凝土层较薄容易出现裂缝，故混凝土强度等级不宜过高。现浇（喷、抹）的混凝土及砂浆中的砂子应采用中砂，细度模数不低于2.3；抗裂水泥砂浆可在砂浆中外掺适量聚合物乳液或抗裂添加剂，也可添加建筑专用聚丙烯纤维。

3.0.3 工程实例中CS楼板所用的预应力钢筋均采用高强度低松弛钢丝。如有经验，也可采用其他性能可靠的预应力材料，其性能应符合现行国家标准《预应力混凝土用钢丝》GB/T5223和《预应力混凝土用钢绞线》GB/T 5224的要求。

3.0.4、3.0.5 钢丝焊接成的三维空间网架是CS板的骨架，钢丝的直径、间距应通过计算和试验确定，本规程只对钢丝最小直径和间距作了限定。

CS板材料的性能要求分别参照现行行业标准《钢丝网架夹芯板用钢丝》YB/T 126、《外墙外保温工程技术规程》JGJ 144、现行国家标准《绝热用模塑聚苯乙烯泡沫塑料》GB/T 10801.1。

耐火极限试验表明：采用燃烧分级为B2级的模塑聚苯乙烯板做芯板的CS承重墙板耐火极限大于3.0h。

工程实体检测表明：芯板厚度为130mm厚的CS墙板传热系数为0.44W/(m²·K)；芯板厚度为140mm厚的CS屋面板，传热系数为0.44W/(m²·K)。

3.0.6 CS板非承重隔墙作为CS板结构的配套产品，具有自重轻、隔热隔声好、施工工艺与主体相近等优点，故本规程推荐在CS板式结构中优先采用CS板非承重隔墙。非承重CS墙板，板芯之模塑聚苯乙烯泡沫塑料板的表观密度可采用≥15kg/m³。

4 设 计 规 定

4.1 一 般 规 定

4.1.4 CS板式结构体系的墙板厚度较薄，为确保安全，本规程限定了CS板式结构房屋的总高度、层数。

4.1.6 本规程限定了CS板式结构房屋的高宽比：

1 单面走廊房屋的总宽度不包括走廊宽度；

2 建筑平面接近正方形时，其高宽比宜适当减小。

4.1.7 房屋尽端的楼梯间外墙缺少侧向支撑，稳定性差，对抗震不利，对于CS墙板尤为明显。故在建筑布置时楼梯尽量不设在房屋尽端，或对房屋尽端开间采取特殊措施，如在楼梯梁下增加构造柱等。

4.2 建筑设计与结构布置

4.2.2 CS板式结构房屋做平屋顶时采用结构找坡，可以减少找坡层做法，方便施工，减轻荷载，更好的发挥CS板的优点。

4.2.3 上人屋面女儿墙高度不满足建筑设计规范防护要求时，可在CS板女儿墙顶加设栏杆。

4.2.5 CS墙板平面布置原则如下：

1 同方向墙板在平面上宜对齐；

2 各片墙板的墙肢长度宜大致相等；

3 墙板的墙肢长度不宜大于8m，也不应小于0.5m或总墙厚的3倍。

CS墙板竖向布置原则如下：

1 墙板宜贯通到顶，并应上下对齐、连续设置；

2 墙板上的各楼层洞口宜上下对齐、成列布置，尽量避免左右错位。洞口的设置应避免使墙肢侧向刚度大小相差悬殊。

4.2.6、4.2.7 在横纵墙交接处设置构造柱，可以约束墙体并起到连接作用；在CS墙板中部、楼层梁与内外墙交接处设置构造柱，可以提高墙体稳定性并解决梁下墙板局部受压问题。

结构模型试验结果表明："现浇钢筋混凝土边缘构件始终能保持结构的整体性，保证结构整体受力，使结构具有变形能力大、延性好的特点"。

4.2.8 CS楼板试验时最大板跨度为4.8m，CS屋面板试验时最大板跨度为5.1m，考虑生产、运输和安装等因素，本规程限定了楼板和屋面板的使用跨度，当横墙间距较大时，应设置承重梁。

4.4 荷载与地震作用

4.4.3 大量的试验研究及计算分析显示：CS墙板是能够有效地承受侧向作用，并保持结构整体稳定的承重墙体，在CS板式结构体系中，CS墙板与楼板形成整体共同工作，因此可将CS墙板构件视为抗震墙进行计算分析，计算结果与试验结果吻合较好。

CS板式结构适用于横纵墙较多的多层或低层建筑，刚度较大，一般情况下地震作用采用底部剪力法计算即可满足工程设计的要求。

5 结构计算与截面设计

5.1 一 般 规 定

5.1.1 CS板式结构的内力和位移按弹性方法计算时，可考虑楼板梁和连梁局部塑性变形引起的内力重分布。

5.1.9 当房屋高度大于15m，基本风压值大于0.5kN/m^2（$n=50$），且层高大于3.5m，或开间尺寸大于4.5m时，CS外墙板可采取增加墙板两侧混凝土厚度，或配墙体横向钢筋等加强措施。

5.2 截 面 设 计

5.2.1 研究结果表明：CS墙板内的空间钢丝网架能够提供足够的空间拉结作用和剪切刚度，使墙板两侧混凝土同步变形，保证墙板两侧混凝土不产生滑移变形，完成共同工作，能够满足平截面假定。

5.2.3 当满足公式$x \leqslant \beta_1 t_1$要求时，中和轴在受压区混凝土内，离受压钢丝很近，假定受压钢丝不起作用，即$A'_s = 0$。

5.2.4 在实际工程中，受压构件在不同的内力组合下，设计计算时的轴心受压构件可能出现偏心情况，偏心受压构件可能有相反方向的弯矩。构造条件：$t_1 = t_2$；$A'_s = A_s$可以有效保证当出现上述情况时结构整体的可靠性。

5.2.6 受压稳定系数ν按现行国家标准《钢结构设计规范》GB 50017的相应规定计算；表5.2.6根据常用板芯厚度及斜插丝的直径及根数确定，如果芯板厚度超出表5.2.6范围，应通过增加斜插丝的直径及密度来满足斜截面承载力要求。

5.2.7 钢丝网架混凝土夹芯板按现行国家标准《混凝土结构设计规范》GB 50010进行受弯构件挠度计算的计算值与试验值最小相差0.8%，最大相差5.8%。说明该计算在正常使用极限状态下的精度可以满足工程设计要求，可以用来计算正常使用极限状态下CS楼、屋面板的挠度。

5.2.8 研究结果表明：钢丝网架混凝土夹芯板按现行国家标准《混凝土结构设计规范》GB 50010进行开裂弯矩计算的计算值与试验值误差在9%以内。说明该计算在正常使用极限状态下的精度可以满足工程设计要求，可以用来计算正常使用极限状态下CS楼、屋面板的裂缝宽度。

CS楼板正截面的受力裂缝等级为二级——一般要求不出现裂缝的构件。但是按概率统计的观点，符合公式（5.2.8-1）的情况下，并不意味着楼板绝对不会出现裂缝。

6 构 造 措 施

6.1 一 般 规 定

6.1.1 CS板式结构伸缩缝最大间距按现行国家标准《混凝土结构设计规范》GB 50010中现浇剪力墙结构规定执行时，可不考虑混凝土收缩和温度应力的影响。

6.1.2 CS墙板钢筋直径较小，混凝土厚度较薄，钢筋的混凝土保护层厚度较小，为便于将墙板钢筋及附加连接钢筋锚入相邻边缘构件，故墙板中边缘构件钢筋的混凝土保护层可按墙板的保护层厚度执行。

6.2 边 缘 构 件

6.2.1 构造柱属CS板式结构的边缘构件，其钢筋应按计算和构造双控。本规程结合试验结果和工程实例，对构造柱的最小截面及配筋的下限作了规定。

6.2.3 研究结果表明：代替外墙角部构造柱的角部边缘构件能起到构造柱的作用。角部边缘构件与其他部位构造柱共同组成的CS板式结构，在抗震设防烈度为8度时，多遇地震的抗震可靠度为99.592%，罕遇地震的抗震可靠度为99.972%，能够保证建筑物的安全。

6.3 墙板、楼板、屋面板

6.3.1 CS墙板的纵向钢筋应按计算和构造双控，本规程对CS墙板纵向配筋的下限作了规定。CS墙板的配筋率可用墙板配筋面积和网架钢丝面积之和进行计算。

6.3.2 CS墙板试验时，墙板两侧的细石混凝土层采用30mm厚即可满足受力要求，实际工程中在电线管和附加钢筋交叉处，30mm厚的混凝土层不满足钢筋保护层厚度要求，也容易出现裂缝，考虑到混凝土结构的耐久性以及墙板的防火性能，本规程限定了CS墙板混凝土层的最小厚度。设计人在设计时可以根据当地气候环境，结合房屋墙体饰面做法适当调整墙板混凝土层厚度。

承重CS墙板的刚度不宜太小，且墙板厚度会影响构造柱、圈梁的截面尺寸以及楼板支座的搭接长度，故本规程规定了承重CS墙板总厚度的下限。

6.3.3 CS墙板洞口边缘的钢筋应按计算和构造双控。本规程结合试验结果和工程实例，对洞口边缘的最小配筋作了限定。

6.3.4 限制洞口宽度主要是要保证墙段的整体刚度，避免洞口上的连梁及窗下槛墙出现平面外变形，设计时应结合墙段开间、层高、墙板厚度等因素综合考虑。以往的工程实例中墙上洞口绝大部分宽度均小于或等于1.8m，若超过1.8m时可考虑在洞口边设边缘构件。

6.3.5 研究成果表明：CS板式结构应避免小墙肢截面长度与厚度之比小于3的情况，故本规程限定了墙板局部尺寸，防止这些部位的失效。

6.3.8 CS楼板、屋面板均应按设计要求配置支座上部钢筋，本规程仅对按构造配置的支座上部钢筋作了规定。

6.3.9 CS屋面板做挑檐挑出长度大于0.6m时，板上钢筋应按计算确定。

6.4 连 接 节 点

6.4.2 CS板式结构体系模型抗震试验结果表明："一层墙板和基础的连接以及楼层间墙板和墙板的竖向连接，罕遇地震作用下为体系的薄弱部位，应加强构造措施。"本规程对于上述部位的竖向连接只作了一般规定，设计人可根据工程实际情况适当加强。

6.4.3 CS板式结构可采用CS楼板，也可采用现浇混凝土楼板，由于现浇混凝土楼板连接构造为常规做法，故本规程未涉及。

7 施 工

7.1 一 般 规 定

7.1.1、7.1.2 CS板式结构体系为新型结构体系，CS板式结构工程的施工，除应按现行国家标准执行外，还应与设计单位密切配合，针对CS板式结构房屋的特点，结合施工技术设备及施工工艺，对结构方案、构造节点等方面作全面考虑，严格按图施工，以保证CS板式结构工程的工程质量和施工安全。这是施工必须遵循的原则。

7.1.3 工厂按排板图生产CS板，现场按规格分类码放，安装对号就位，可以方便施工，减少现场裁板工作量，节约材料。

7.1.4 工程实践显示：CS板或预制CS楼板半成品随着现场露天码放时间的加长，聚苯乙烯泡沫塑料板会出现变黄、收缩甚至酥软、蜂窝和焊点处生锈等现象，本规程对现场码放时间作一般规定，施工现场可根据当地气候环境进行调整。

7.2 施 工 要 求

7.2.2 CS屋面板施工分两种方法：

1 后抹灰法：将CS板安装固定后，再浇筑板上混凝土，抹板下砂浆。

2 预抹灰法：预先抹CS板下第一遍砂浆，板两侧各留不小于100mm的宽度不抹，将CS板安装固定后，再浇筑板上混凝土，抹板下第二遍砂浆。

7.2.3 工程实践显示：CS外墙板根部如处理不好，风雨较大时会出现渗漏现象，在外墙CS板下铺垫密实度较好的砂浆，是解决此问题的方法之一。

7.2.4 CS板加强网的连接补强作用对CS板式结构很重要，包括板缝加强网、阴阳角加强网、门窗洞口槽网等，加强网及其绑扎质量对整个工程质量关系较大，本规程对此作了一般规定，设计人可根据工程实际情况适当加强。

7.2.7 工程实践中线管敷设采用塑料焊枪在CS板上溜槽，局部剪断钢丝网穿入线管，用绑丝绑牢，剪断的钢丝网用平网补强。预留箱盒洞口可采用在CS板上绑扎聚苯板块的方法。

7.2.8 CS墙板喷射混凝土施工可参照国家喷射混凝土的相关规定。工程实践中，喷射混凝土采用YSP-125液压泵送湿喷机和柴油发动空压机（$7m^3$～$9m^3$），喷射过程中气压控制在3MPa～4MPa。混凝土中添加水泥用量1%的高效减水剂或泵送剂，混凝土坍落度控制在8cm～12cm。

7.2.9 CS板自重很轻，在喷射混凝土时很容易出现变形和位移，尤其是在喷射第一面混凝土时。因此喷射施工前应根据墙板高度、墙段长度以及混凝土泵压力指标和喷射顺序等因素，采取可靠的支顶措施，保证施工时CS板的稳定性。

7.2.11 CS墙板、楼板和屋面板均为复合构件，且混凝土层较薄，成型后在混凝土层上再开槽或开洞，会破坏构件的整体性，削弱构件的承载能力，因此应严格限制。必须开槽时，应保护墙板钢筋，且横向开槽长度应小于500mm。当在墙板上开洞口大于300mm×300mm时，应按设计要求作加固处理。

7.2.12 CS屋面板为复合板，板下砂浆层的质量会影响屋面板的承载能力，本条规定可以减少砂浆层的流坠和开裂现象，保证施工质量。另外抹灰前在CS板表层喷涂界面剂或108胶水泥浆亦能提高砂浆层的施工质量。

8 施工质量验收

8.1 一般规定

8.1.2、8.1.3 子分项工程、分部工程是根据现行国家标准《建筑工程施工质量验收统一标准》GB 50300规定的原则划分的。CS板式结构采用现浇钢筋混凝土楼板（梁）时，分项工程划分可按常规做法。钢筋、混凝土以及模板分项工程均应按现行国家标准《混凝土结构工程施工质量验收规范》GB 50204的规定进行验收。

8.2 钢丝网架板的质量验收

8.2.3 CS板钢丝网架斜插丝的焊点强度对于承重用的CS板是一项较重要的性能指标，本规程结合试验结果和工程实例，对钢丝网架斜插丝的焊点强度作了适当地提高。

当施工现场取样不方便时，可在工厂同条件下加工试件。

8.3 钢丝网架板安装质量验收

8.3.1 CS板加强网设置及绑扎是CS板式结构体系整个工程质量的关键工序，施工和监理单位应给予足够的重视。

8.5 连接节点的质量验收

8.5.1～8.5.3 CS板式结构体系的连接节点是关键部位，施工和监理单位应给予足够的重视。

中华人民共和国行业标准

混凝土结构后锚固技术规程

Technical specification for post-installed fastenings in concrete structures

JGJ 145—2013

批准部门：中华人民共和国住房和城乡建设部

施行日期：2 0 1 3 年 1 2 月 1 日

中华人民共和国住房和城乡建设部
公　告

第46号

住房城乡建设部关于发布行业标准《混凝土结构后锚固技术规程》的公告

现批准《混凝土结构后锚固技术规程》为行业标准，编号为JGJ 145－2013，自2013年12月1日起实施。其中，第4.3.15条为强制性条文，必须严格执行。原《混凝土结构后锚固技术规程》JGJ 145－2004同时废止。

本规程由我部标准定额研究所组织中国建筑工业出版社出版发行。

中华人民共和国住房和城乡建设部

2013年6月9日

前　言

根据住房和城乡建设部《关于印发2011年工程建设标准规范制订、修订计划的通知》(建标［2011］17号)的要求，规程编制组经广泛调查研究，认真总结实践经验，参考有关国际标准和国外先进标准，并在广泛征求意见的基础上，对《混凝土结构后锚固技术规程》JGJ 145－2004进行了修订。

本规程的主要技术内容是：1 总则；2 术语和符号；3 材料；4 设计基本规定；5 锚固连接内力计算；6 承载能力极限状态计算；7 构造措施；8 抗震设计；9 锚固施工与验收。

本规程修订的主要技术内容是：

1　增加了化学锚栓的产品性能、检验方法、施工工艺等规定；

2　对锚栓产品的选用作出了详细的规定；

3　增加了群锚中锚栓使用及布置方式的规定；

4　补充、完善了群锚内力计算方法，增加了群锚合力及偏心距计算方法；

5　增加了基材附加内力计算方法；

6　补充、完善了机械锚栓承载力计算方法；

7　增加了化学锚栓承载力计算方法；

8　补充、完善了锚栓构造措施、锚栓抗震设计、锚固施工与验收的有关内容；

9　增加了化学锚栓耐久性检验方法，补充、完善了锚固承载力现场检验方法及评定标准；

10　增加了后锚固工程质量检查记录表。

本规程中以黑体字标志的条文为强制性条文，必须严格执行。

本规程由住房和城乡建设部负责管理和对强制性条文的解释，由中国建筑科学研究院负责具体技术内容的解释。执行过程中如有意见或建议，请寄送中国建筑科学研究院（地址：北京市北三环东路30号；邮政编码：100013）。

本规程主编单位：中国建筑科学研究院
科达集团股份有限公司

本规程参编单位：国家建筑工程质量监督检验中心
天津大学建筑设计研究院
华中科技大学
慧鱼（太仓）建筑锚栓有限公司
喜利得（中国）商贸有限公司
河南省建筑科学研究院
广州市建筑材料工业研究所有限公司

本规程主要起草人员：徐福泉　王为凯　李东彬　代伟明　刘　兵　邸小坛　于敬海　赵挺生　张　智　潘相庆　韩继云　周国民　欧曙光　沙　安

本规程主要审查人员：沙志国　尤天直　白生翔　邓宗才　李景芳　林松涛　王文栋　杨建江　杨晓明　杨　志　张建荣

目次

Contents

1 总　　则

1.0.1 为在混凝土结构后锚固连接设计与施工中贯彻执行国家的技术经济政策，做到安全、适用、经济，保证质量，制定本规程。

1.0.2 本规程适用于以钢筋混凝土、预应力混凝土以及素混凝土为基材的后锚固连接的设计、施工及验收；不适用于以砌体、轻骨料混凝土及特种混凝土为基材的后锚固连接。

1.0.3 混凝土结构后锚固连接的设计、施工与验收，除应符合本规程外，尚应符合国家现行有关标准的规定。

2 术语和符号

2.1 术　　语

2.1.1 混凝土结构　concrete structure

以混凝土为主制成的结构，包括素混凝土结构、钢筋混凝土结构和预应力混凝土结构等。

2.1.2 后锚固　post-installed fastening

通过相关技术手段在已有混凝土结构上的锚固。

2.1.3 锚栓　anchor

将被连接件锚固到基材上的锚固组件产品，分为机械锚栓和化学锚栓。

2.1.4 机械锚栓　mechanical anchor

利用锚栓与锚孔之间的摩擦作用或锁键作用形成锚固的锚栓，按照其工作原理分为两类：扩底型锚栓、膨胀型锚栓。

2.1.5 扩底型锚栓　undercut anchor

通过锚孔底部扩孔与锚栓组件之间的锁键形成锚固作用的锚栓，分为模扩底锚栓和自扩底锚栓。

2.1.6 膨胀型锚栓　expansion anchor

利用膨胀件挤压锚孔孔壁形成锚固作用的锚栓，分为扭矩控制式膨胀型锚栓和位移控制式膨胀型锚栓。

2.1.7 化学锚栓　adhesive anchor

由金属螺杆和锚固胶组成，通过锚固胶形成锚固作用的锚栓。化学锚栓分为普通化学锚栓和特殊倒锥形化学锚栓。

2.1.8 植筋　post-installed rebar

以专用的有机或无机胶粘剂将带肋钢筋或全螺纹螺杆种植于混凝土基材中的一种后锚固连接方法。

2.1.9 基材　base material

承载锚栓的母体结构，本规程指混凝土构件。

2.1.10 群锚　anchor group

间距不超过临界间距，共同工作的同类型、同规格的多个锚栓。

2.1.11 被连接件　fixture

将荷载传递到锚栓上的金属部件。

2.1.12 破坏模式　failure mode

荷载作用下锚固连接的破坏形式，分为锚栓钢材破坏、混凝土破坏、混合型破坏、拔出破坏、穿出破坏及界面破坏。

2.1.13 短期温度　short term temperature

锚栓正常使用期间短时期内温度的变化范围，通常指昼夜或冻融循环内温度变化范围。

2.1.14 长期温度　long term temperature

锚栓正常使用期间数周或数月内保持恒定或近似恒定的温度。

2.1.15 不开裂混凝土　uncracked concrete

正常使用极限状态下，考虑混凝土收缩、温度变化及支座位移的影响，锚固区混凝土受压。

2.1.16 开裂混凝土　cracked concrete

正常使用极限状态下，考虑混凝土收缩、温度变化及支座位移的影响，锚固区混凝土受拉。

2.2 符　　号

2.2.1 作用与抗力

M——弯矩；

N——轴向力；

$N_{Rd,c}$——混凝土锥体破坏受拉承载力设计值；

$N_{Rd,p}$——混合破坏受拉承载力设计值；

$N_{Rd,s}$——锚栓钢材破坏受拉承载力设计值；

$N_{Rd,sp}$——混凝土劈裂破坏受拉承载力设计值；

$N_{Rk,c}$——混凝土锥体破坏受拉承载力标准值；

$N_{Rk,p}$——混合破坏受拉承载力标准值；

$N_{Rk,s}$——锚栓钢材破坏受拉承载力标准值；

$N_{Rk,sp}$——混凝土劈裂破坏受拉承载力标准值；

N_{sd}——拉力设计值；

N_{sd}^{g}——群锚受拉区总拉力设计值；

N_{sd}^{h}——群锚中拉力最大锚栓的拉力设计值；

R——承载力；

S——作用效应；

T——扭矩；

T_{inst}——按规定安装，施加于锚栓的扭矩；

V——剪力；

$V_{Rd,c}$——混凝土边缘破坏受剪承载力设计值；

$V_{Rd,cp}$——混凝土剪撬破坏受剪承载力设计值；

$V_{Rd,s}$——锚栓钢材破坏受剪承载力设计值；

$V_{Rk,c}$——混凝土边缘破坏受剪承载力标准值；

$V_{Rk,cp}$——混凝土剪撬破坏受剪承载力标准值；

$V_{Rk,s}$——锚栓钢材破坏受剪承载力标准值；

V_{sd}——剪力设计值；

V_{sd}^{g}——群锚受剪锚栓总剪力设计值；

V_{sd}^{h}——群锚中剪力最大锚栓的剪力设计值。

2.2.2 材料强度

$f_{cu,k}$——混凝土立方体抗压强度标准值；

f_{stk}——锚栓极限抗拉强度标准值；

f_{yk}——锚栓屈服强度标准值；

τ_{Rk}——普通化学锚栓粘结强度标准值。

2.2.3 几何特征值

$A_{c,N}$——混凝土实际锥体破坏投影面面积；

$A^0_{c,N}$——单根锚栓受拉，混凝土理想锥体破坏投影面面积；

$A_{c,V}$——混凝土实际边缘破坏在侧向的投影面面积；

$A^0_{c,V}$——单根锚栓受剪，混凝土理想边缘破坏在侧向的投影面面积；

A_s——锚栓应力截面面积；

c——锚栓与混凝土基材边缘的距离；

$c_{cr,N}$——混凝土理想锥体受拉破坏的锚栓临界边距；

c_{min}——不发生安装造成的混凝土劈裂破坏的锚栓边距最小值；

d——锚栓杆、螺杆公称直径或钢筋直径；

d_0——化学锚栓的钻孔直径；

D——植筋的钻孔直径；

d_f——锚板孔径；

d_{nom}——锚栓公称外径；

h——混凝土基材厚度；

h_{ef}——锚栓有效锚固深度；

h_{min}——不发生安装造成的混凝土劈裂破坏的混凝土基材厚度的最小值；

l_f——剪切荷载下，锚栓的有效长度；

s——锚栓之间的距离；

$s_{cr,N}$——混凝土理想锥体受拉破坏的锚栓临界间距；

s_{min}——不发生安装造成的混凝土劈裂破坏的锚栓间距最小值；

t_{fix}——被连接件厚度或锚板厚度；

W_{el}——锚栓应力截面抵抗矩。

2.2.4 分项系数及计算系数

k——地震作用下锚固承载力降低系数；

α——化学锚栓抗拉锚固系数；

γ——化学锚栓滑移系数；

γ_0——锚固连接重要性系数；

$\gamma_{Rc,N}$——混凝土锥体破坏受拉承载力分项系数；

$\gamma_{Rc,V}$——混凝土边缘破坏受剪承载力分项系数；

γ_{Rcp}——混凝土剪撬破坏受剪承载力分项系数；

γ_{Rp}——混合破坏受拉承载力分项系数；

$\gamma_{Rs,N}$——锚栓钢材破坏受拉承载力分项系数；

$\gamma_{Rs,V}$——锚栓钢材破坏受剪承载力分项系数；

γ_{Rsp}——混凝土劈裂破坏受拉承载力分项系数；

ν_N——抗拉承载力变异系数；

$\psi_{\alpha,V}$——剪力角度对受剪承载力的影响系数；

$\psi_{ec,N}$——荷载偏心对受拉承载力的影响系数；

$\psi_{ec,V}$——荷载偏心对受剪承载力的影响系数；

$\psi_{h,V}$——边距与混凝土基材厚度比对受剪承载力的影响系数；

$\psi_{h,sp}$——构件厚度 h 对劈裂破坏受拉承载力的影响系数；

$\psi_{re,N}$——表层混凝土因密集配筋的剥离作用对受拉承载力的影响系数；

$\psi_{re,V}$——锚固区配筋对受剪承载力的影响系数；

$\psi_{s,N}$——边距对受拉承载力的影响系数；

$\psi_{s,V}$——边距对受剪承载力的影响系数。

3 材 料

3.1 混凝土基材

3.1.1 锚栓锚固基材可为钢筋混凝土、预应力混凝土或素混凝土构件。植筋锚固基材应为钢筋混凝土或预应力混凝土构件，其纵向受力钢筋的配筋率不应低于现行国家标准《混凝土结构设计规范》GB 50010中规定的最小配筋率。

3.1.2 冻融受损混凝土、腐蚀受损混凝土、严重裂损混凝土、不密实混凝土等，不应作为锚固基材。

3.1.3 基材混凝土强度等级不应低于C20，且不得高于C60；安全等级为一级的后锚固连接，其基材混凝土强度等级不应低于C30。

3.1.4 对既有混凝土结构，基材混凝土立方体抗压强度标准值宜采用检测结果推定的标准值，当原设计及验收文件有效，且结构无严重的性能退化时，可采用原设计的标准值。

3.2 机 械 锚 栓

3.2.1 机械锚栓的性能应符合现行行业标准《混凝土用膨胀型、扩孔型建筑锚栓》JG 160的有关规定，机械锚栓可按本规程附录A分类。

3.2.2 机械锚栓的材质宜为碳素钢、合金钢、不锈钢或高抗腐不锈钢，应根据环境条件及耐久性要求选用。

3.2.3 碳素钢和合金钢锚栓的性能等级应按所用钢材的极限抗拉强度标准值 f_{stk} 及屈强比 f_{yk}/f_{stk} 确定，相应的力学性能指标应按表3.2.3采用。

表3.2.3 碳素钢及合金钢锚栓的力学性能指标

性能等级		3.6	4.6	4.8	5.6	5.8	6.8	8.8
极限抗拉强度标准值	f_{stk} (N/mm^2)	300	400		500		600	800
屈服强度标准值	f_{yk}或$f_{s,0.2k}$ (N/mm^2)	180	240	320	300	400	480	640
伸长率	δ_5 (%)	25	22	14	20	10	8	12

3.2.4 奥氏体不锈钢锚栓的性能等级应按所用钢材的极限抗拉强度标准值 f_{stk} 及屈服强度标准值 f_{yk} 确定，相应的力学性能指标应按表 3.2.4 采用。

表 3.2.4 奥氏体不锈钢锚栓的力学性能指标

性能等级	螺纹直径（mm）	极限抗拉强度标准值 f_{stk}（N/mm^2）	屈服强度标准值 f_{yk} 或 $f_{s,0.2k}$（N/mm^2）	伸长值 δ
50	≤39	500	210	$0.6d$
70	≤24	700	450	$0.4d$
80	≤24	800	600	$0.3d$

3.2.5 锚栓螺杆的弹性模量 E_s 可取为 $2.0\times10^5 N/mm^2$。

3.3 化 学 锚 栓

3.3.1 化学锚栓性能应通过螺杆和锚固胶的匹配性试验确定，不得随意更换其组成部分。

3.3.2 化学锚栓的螺杆可为普通全牙螺杆和特殊倒锥形螺杆，螺杆材质应根据环境条件及耐久性要求选用。化学锚栓可按本规程附录 A 分类。

3.3.3 化学锚栓螺杆的材质和性能等级应符合本规程第 3.2.3 条、第 3.2.4 条和第 3.2.5 条的要求。

3.3.4 化学锚栓的锚固胶应根据使用对象和现场条件选用管装式或机械注入式。机械注入式锚固胶性能应符合现行行业标准《混凝土结构工程用锚固胶》JG/T 340 的有关规定。化学锚栓的锚固胶应为改性环氧树脂类或改性乙烯基酯类材料。

3.3.5 普通化学锚栓发生拔出破坏时的性能应按附录 B 的规定进行检验，并应符合下列规定：

1 适用于开裂混凝土的普通化学锚栓应满足表 3.3.5 的锚固性能要求；

2 适用于不开裂混凝土的普通化学锚栓应满足表 3.3.5 中第 2、6 项以外项目的性能要求；

3 裂缝反复开合试验，循环时应采用非约束抗拉，循环结束后的破坏试验应采用约束抗拉；

4 当产品说明书有适用于潮湿和明水的规定时，应进行潮湿和明水混凝土中的安装性能试验；

5 最高温度测试应同时满足本规程第 3.3.8 条的要求；

6 当基本抗拉性能试验用于确定锚栓的基本粘结强度时，应采用最小埋深；当基本抗拉性能试验作为表 3.3.5 第 5 项试验的参照试验时，应采用最大埋深；当基本抗拉性能试验作为表 3.3.5 第 6、7、8 和 10 项试验的参照试验时，应采用最大和最小埋深的中间值埋深；当基本抗拉性能试验作为抗震性能试验的参照试验时，应分别采用最大和最小埋深进行试验。

表 3.3.5 普通化学锚栓的锚固性能要求

序号	项目	混凝土立方体抗压强度标准值（N/mm^2）	裂缝宽度（mm）	试验型式	锚栓埋深	性能要求
1	不开裂混凝土中的基本抗拉性能	25 60	0	约束抗拉	—	$\gamma\geqslant0.70$，$\nu_N\leqslant0.20$，$\tau^r_{Rk,ucr}\geqslant6.0N/mm^2$
2	开裂混凝土中的基本抗拉性能	25 60	0.3	约束抗拉	—	$\gamma\geqslant0.70$，$\nu_N\leqslant0.20$，$\tau^r_{Rk,cr}\geqslant2.4N/mm^2$
3	抗拉临界边距	25	0	非约束抗拉	最小	$\gamma\geqslant0.70$，$\nu_N\leqslant0.20$，承载力平均值不低于大边距参照试验的 95%
4	最小边、间距	25	0	—	最小	以最小边、间距安装锚栓不造成裂缝
5	安装性能	25	0	约束抗拉	最大	$\gamma\geqslant0.70$，$\nu_N\leqslant0.30$，干燥混凝土中 $\alpha\geqslant0.80$，潮湿和有明水混凝土中 $\alpha\geqslant0.75$
6	裂缝反复开合	25	0.1～0.3	—	中间值	$\gamma\geqslant0.70$，$\nu_N\leqslant0.30$，$\alpha\geqslant0.90$
7	长期荷载	25	0	约束抗拉	中间值	$\gamma\geqslant0.70$，$\nu_N\leqslant0.30$，$\alpha\geqslant0.90$，位移增长率趋近于零
8	冻融循环	60	0	约束抗拉	中间值	$\gamma\geqslant0.70$，$\nu_N\leqslant0.30$，$\alpha\geqslant0.90$，位移增长率趋近于零
9	最高温度测试	25	0	约束抗拉	最小	$\gamma\geqslant0.70$，$\nu_N\leqslant0.20$，短期最高温度承载力与长期最高温度承载力之比不小于 0.80
10	安装方向测试	25	0	约束抗拉	中间值	$\gamma\geqslant0.70$，$\nu_N\leqslant0.30$，$\alpha\geqslant0.90$

注：表中 $\tau^r_{Rk,ucr}$ 为不开裂混凝土中化学锚栓粘结强度标准值，$\tau^r_{Rk,cr}$ 为开裂混凝土中化学锚栓粘结强度标准值，γ 为每根化学锚栓滑移系数，ν_N 为化学锚栓抗拉承载力变异系数，α 为抗拉锚固系数，应按本规程附录 B 的规定计算。

3.3.6 普通化学锚栓发生其他破坏模式时应按现行行业标准《混凝土用膨胀型、扩孔型建筑锚栓》JG 160 的规定进行检验。

3.3.7 特殊倒锥形化学锚栓的性能应按附录 B 的规定进行检验，并应符合下列规定：

1 适用于开裂混凝土的特殊倒锥形化学锚栓应满足表 3.3.7 的锚固性能要求；

2 适用于不开裂混凝土的特殊倒锥形化学锚栓应满足表 3.3.7 中第 2、6 项以外项目的性能要求；

3 最小边、间距测试时，扭矩施加方法应符合现行行业标准《混凝土用膨胀型、扩孔型建筑锚栓》JG 160 的规定；

4 最高温度测试应同时满足本规程第3.3.8条的要求；

5 当基本抗拉性能试验用于确定锚栓的基本承载力时，应分别采用所有埋深进行试验；当基本抗拉性能试验作为表3.3.7第5和10项试验的参照试验时，应采用最大埋深；当基本抗拉性能试验作为表3.3.7第6项试验的参照试验时，应采用最小埋深；当基本抗拉性能试验作为抗震性能试验的参照试验时，应分别采用最大和最小埋深进行试验。

3.3.8 化学锚栓最高温度适用性测试应符合下列规定：

1 当产品说明书规定的最高短期温度为40℃，最高长期温度为24℃时，应进行最高短期温度的试验；

2 当产品说明书规定了更高的使用温度范围时，应按规定的使用温度范围分别进行最高长期温度和最高短期温度下的承载力试验；

3 最高长期温度下的承载力与常温参照试验的承载力之比小于1时，应按相同比例对基本抗拉性能试验得到的承载力或粘结强度标准值进行折减，确定该使用温度范围下的承载力标准值 $N^{r}_{Rk,ph}$ 或粘结强度标准值 $\tau^{r}_{Rk,h}$。

3.3.9 化学锚栓耐久性应按本规程附录B的规定进行检验，并应符合下列规定：

1 与正常气候条件下的粘结强度平均值相比，用于普通化学锚栓的锚固胶在强碱环境下的强度平均值不应下降；

2 与正常气候条件下的粘结强度平均值相比，用于特殊倒锥形化学锚栓的锚固胶在强碱环境下的强度平均值下降不应大于10%。

表3.3.7 特殊倒锥形化学锚栓的锚固性能要求

序号	项目	混凝土立方体抗压强度标准值（N/mm²）	裂缝宽度（mm）	安装扭矩（N·m）	试验型式	锚栓埋深	性能要求
1	不开裂混凝土中的基本抗拉性能	25 60	0	T_{inst}	非约束抗拉	—	混凝土锥体破坏：$N^{r}_{Ru,m}\geqslant 13.5\sqrt{f_{cu,k}}\,h_{ef}^{1.5}$，$\gamma\geqslant 0.80$，$\nu_N\leqslant 0.15$；钢材破坏：$N_{1,i}>f_{yk}A_s$，$N^{r}_{Ru,m}>f_{stk}A_s$，$\nu_N\leqslant 0.10$
2	开裂混凝土中的基本抗拉性能	25 60	0.3	T_{inst}	非约束抗拉	—	$N^{r}_{Ru,m}\geqslant 9.4\sqrt{f_{cu,k}}\,h_{ef}^{1.5}$，$\nu_N\leqslant 0.15$，$\gamma\geqslant 0.7$
3	抗拉临界边距	25	0	T_{inst}	非约束抗拉	最小和最大	$\gamma\geqslant 0.80$，$\nu_N\leqslant 0.15$，承载力平均值不低于大边距参照试验的95%
4	最小边、间距	25	0	—	—	最小	以最小边、间距安装锚栓不造成裂缝
5	安装性能	25	0.3	T_{inst}，10min后降低至$0.5T_{inst}$	非约束抗拉	最大	$\gamma\geqslant 0.70$，$\nu_N\leqslant 0.20$，干燥混凝土中$\alpha\geqslant 0.80$，潮湿或有明水的混凝土中$\alpha\geqslant 0.75$
6	裂缝反复开合	25	0.1～0.3	T_{inst}，10min后降低至$0.5T_{inst}$	非约束抗拉	最小	$\gamma\geqslant 0.70$，$\nu_N\leqslant 0.20$，$\alpha\geqslant 0.90$
7	长期荷载	25	0	T_{inst}，10min后降低至$0.5T_{inst}$	约束抗拉	最小	$\gamma\geqslant 0.70$，$\nu_N\leqslant 0.30$，$\alpha\geqslant 0.90$，位移增长率趋近于零
8	冻融循环	60	0	T_{inst}，10min后降低至$0.5T_{inst}$	约束抗拉	最小	$\gamma\geqslant 0.70$，$\nu_N\leqslant 0.30$，$\alpha\geqslant 0.90$，位移增长率趋近于零
9	最高温度测试	25	0	T_{inst}	非约束抗拉	最小	$\gamma\geqslant 0.80$，$\nu_N\leqslant 0.15$，短期最高温度承载力与长期最高温度承载力之比不小于0.80
10	安装方向测试	25	0.3	T_{inst}，10min后降低至$0.5T_{inst}$	非约束抗拉	最大	$\gamma\geqslant 0.70$，$\nu_N\leqslant 0.20$，$\alpha\geqslant 0.90$

注：表中 $N^{r}_{Ru,m}$ 为特殊倒锥形化学锚栓基本抗拉性能试验的抗拉承载力平均值，$N_{1,i}$ 为第 i 个特殊倒锥形化学锚栓的滑移荷载，γ 为化学锚栓滑移系数，γ_N 为化学锚栓抗拉承载力变异系数，α 为抗拉锚固系数，应按本规程附录B计算。

3.3.10 采用化学锚栓的混凝土结构，其锚固区基材的长期使用温度不应高于 50℃；处于特殊环境的混凝土结构采用化学锚栓时，除应按国家现行有关标准的规定采取相应的防护措施外，尚应采用耐环境因素作用的锚固胶并按专门的工艺要求施工。

3.4 植筋材料

3.4.1 用于植筋的钢筋应使用热轧带肋钢筋或全螺纹螺杆，不得使用光圆钢筋和锚入部位无螺纹的螺杆。

3.4.2 用于植筋的热轧带肋钢筋宜采用 HRB400 级，其质量应符合现行国家标准《钢筋混凝土用钢 第 2 部分：热轧带肋钢筋》GB 1499.2 的要求，钢筋的强度指标应按现行国家标准《混凝土结构设计规范》GB 50010 的规定采用。

3.4.3 用于植筋的全螺纹螺杆钢材等级应为 Q345 级，其质量应分别符合现行国家标准《低合金高强度结构钢》GB/T 1591 和《碳素结构钢》GB/T 700 的规定。

3.4.4 用于植筋的胶粘剂按材料性质可分为有机类和无机类，胶粘剂性能应符合现行行业标准《混凝土结构工程用锚固胶》JG/T 340 的相关规定。

3.4.5 用于植筋的有机胶粘剂应采用改性环氧树脂类或改性乙烯基酯类材料，其固化剂不应使用乙二胺。

3.4.6 采用植筋的混凝土结构，其锚固区基材的长期使用温度不应高于 50℃；处于特殊环境的混凝土结构采用植筋时，除应按国家现行有关标准的规定采取相应的防护措施外，尚应采用耐环境因素作用的胶粘剂并按专门的工艺要求施工。

4 设计基本规定

4.1 锚栓选用

4.1.1 锚栓应按照锚栓性能、基材性状、锚固连接的受力性质、被连接结构类型、抗震设防等要求选用。锚栓用于结构构件连接时的适用范围应符合表 4.1.1-1 的规定，用于非结构构件连接时的适用范围应符合表 4.1.1-2 的规定。

表 4.1.1-1 锚栓用于结构构件连接时的适用范围

<table>
<tr><th colspan="3" rowspan="3">锚栓受力状态和设防烈度
锚栓类型</th><th colspan="4">受拉、边缘受剪和拉剪复合受力</th><th>受压、中心受剪和压剪复合受力</th></tr>
<tr><th rowspan="2">非抗震</th><th rowspan="2">6、7度</th><th colspan="2">8度</th><th rowspan="2">≤8度</th></tr>
<tr><th>0.2g</th><th>0.3g</th></tr>
<tr><td rowspan="3">机械锚栓</td><td rowspan="2">膨胀型锚栓</td><td>扭矩控制式锚栓</td><td>适用</td><td colspan="3">不适用</td><td>适用</td></tr>
<tr><td>位移控制式锚栓</td><td colspan="5">不适用</td></tr>
<tr><td colspan="2">扩底型锚栓</td><td colspan="3">适用</td><td>不适用</td><td>适用</td></tr>
<tr><td rowspan="2">化学锚栓</td><td colspan="2">特殊倒锥形化学锚栓</td><td colspan="3">适用</td><td>不适用</td><td>适用</td></tr>
<tr><td colspan="2">普通化学锚栓</td><td colspan="4">不适用</td><td>适用</td></tr>
</table>

表 4.1.1-2 锚栓用于非结构构件连接时的适用范围

<table>
<tr><th colspan="4" rowspan="2">锚栓受力状态
锚栓类型</th><th colspan="2">受拉、边缘受剪和拉剪复合受力（抗震设防烈度≤8度）</th><th colspan="2">受压、中心受剪和压剪复合受力（抗震设防烈度≤8度）</th></tr>
<tr><th>生命线工程</th><th>非生命线工程</th><th>生命线工程</th><th>非生命线工程</th></tr>
<tr><td rowspan="4">机械锚栓</td><td rowspan="3">膨胀型锚栓</td><td rowspan="2">扭矩控制式锚栓</td><td>适用于开裂混凝土</td><td colspan="4">适用</td></tr>
<tr><td>适用于不开裂混凝土</td><td>不适用</td><td colspan="3">适用</td></tr>
<tr><td colspan="2">位移控制式锚栓</td><td colspan="3">不适用</td><td>适用</td></tr>
<tr><td colspan="3">扩底型锚栓</td><td colspan="4">适用</td></tr>
<tr><td rowspan="3">化学锚栓</td><td colspan="3">特殊倒锥形化学锚栓</td><td colspan="4">适用</td></tr>
<tr><td colspan="2" rowspan="2">普通化学锚栓</td><td>适用于开裂混凝土</td><td colspan="4">适用</td></tr>
<tr><td>适用于不开裂混凝土</td><td>不适用</td><td colspan="3">适用</td></tr>
</table>

注：1 表中受压是指锚板受压，锚栓本身不承受压力；
2 适用于开裂混凝土的锚栓是指满足开裂混凝土及裂缝反复开合下锚固性能要求的锚栓。

4.1.2 金属锚栓应采取和使用环境类别相适应的防腐措施。碳素钢、合金钢机械锚栓表面应进行镀锌防腐处理，电镀锌层平均厚度不应小于 $5\mu m$，热浸镀锌平均厚度不应小于 $45\mu m$。在室外环境、常年潮湿的室内环境、海边、高酸碱度的大气环境中应使用不锈钢材质的锚栓，含氯离子的环境中应使用高抗腐不锈钢。不同环境条件下适用的锚栓材质类别可按表 4.1.2 选用。

表 4.1.2 不同环境条件下适用的锚栓材质类别

环境条件	适用的锚栓材质类别
正常室内环境	碳素钢、合金钢或不锈钢
无明显的氯离子或硫化物腐蚀影响，且易修复	S30408、S30488、S32168、S32169、S30153 等不锈钢
有氯离子或硫化物腐蚀影响，且不易修复或修复代价较大	S31608、S31603、S31668、S31723、S23043 等不锈钢
暴露在氯离子或硫化物腐蚀环境	S34553、S31252 等不锈钢

4.2 植筋

4.2.1 承重构件的植筋锚固应在计算和构造上防止混凝土破坏及拔出破坏。

4.2.2 植筋宜仅承受轴向力，应按照充分利用钢材强度设计值的计算模式根据现行国家标准《混凝土结构设计规范》GB 50010 进行设计。

4.2.3 植筋的锚固胶性能应符合现行行业标准《混凝土结构工程用锚固胶》JG/T 340 的有关规定。安全等级为一级的后锚固连接植筋时应采用 A 级胶，安全等级为二级的后锚固连接植筋时可采用 B 级胶和无机类胶。

4.3 锚固设计原则

4.3.1 本规程采用以概率理论为基础的极限状态设计方法，采用锚固承载力分项系数的设计表达式进行设计。

4.3.2 后锚固连接设计所采用的设计使用年限应与被连接结构的设计使用年限一致，并不宜小于 30 年。对化学锚栓和植筋，应定期检查其工作状态，检查的时间间隔可由设计单位确定，但第一次检查时间不应迟于 10 年。

4.3.3 根据锚固连接破坏后果的严重程度，混凝土结构后锚固连接设计应按表 4.3.3 的规定确定相应的安全等级，且不应低于被连接结构的安全等级。

表 4.3.3 后锚固连接安全等级

安全等级	破坏后果	锚固类型
一级	很严重	重要的锚固
二级	严　重	一般的锚固

4.3.4 后锚固连接设计应考虑被连接结构的类型、受力状况、荷载类型及锚固连接的安全等级等因素。

4.3.5 后锚固连接承载力应采用下列设计表达式进行验算：

无地震作用组合 $\gamma_0 S \leqslant R_d$ (4.3.5-1)

有地震作用组合 $\gamma_0 S \leqslant kR_d/\gamma_{RE}$ (4.3.5-2)

$R_d = R_k/\gamma_R$ (4.3.5-3)

式中：γ_0——锚固连接重要性系数，对一级、二级锚固安全等级，应分别取不小于 1.2、1.1，且不应小于被连接结构的重要性系数；对地震设计状况应取 1.0；

S——承载能力极限状态下，锚固连接作用组合的效应设计值：对持久设计状况和短暂设计状况应按作用的基本组合计算；对地震设计状况应按作用的地震组合计算；

R_d——锚固承载力设计值；

R_k——锚固承载力标准值；

k——地震作用下锚固承载力降低系数，按本规程第 4.3.9 条取用；

γ_{RE}——锚固承载力抗震调整系数，取 1.0；

γ_R——锚固承载力分项系数，按本规程第 4.3.10 条取用。

公式（4.3.5-1）中的 $\gamma_0 S$，在本规程各章中用内力设计值（N_{sd}、V_{sd}）表示。

4.3.6 群锚应使用同种类型、同种规格的锚栓。群锚中锚栓的布置宜符合下列规定：

1 锚栓中心距混凝土基材边缘距离 c 不小于 $10h_{ef}$ 且不小于 $60d$ 时，群锚可采用图 4.3.6-1 所示的布置方式；

2 锚栓中心距混凝土基材边缘距离 c 小于 $10h_{ef}$ 或小于 $60d$，当群锚仅受拉时，可采用图 4.3.6-1 所示的布置方式；当群锚受剪时，可采用图 4.3.6-2 所示的布置方式。

其中，h_{ef} 为锚栓有效锚固深度，d 为锚栓螺杆直径。

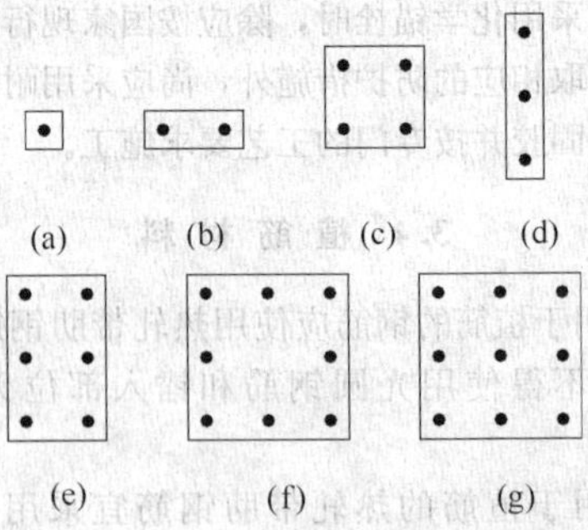

图 4.3.6-1 无边距效应或群锚受拉时锚栓布置方式

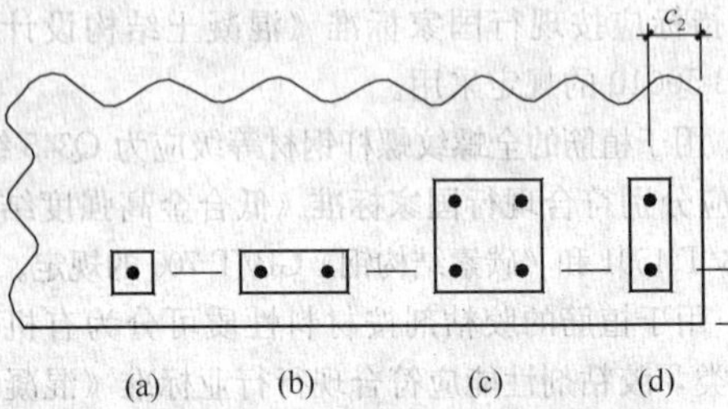

图 4.3.6-2 有边距效应且群锚受剪时锚栓布置方式

4.3.7 素混凝土构件及低配筋率构件的后锚固连接应按锚栓进行设计，其锚固区基材应按本规程第 5.1.3 条的规定判定为不开裂混凝土。

4.3.8 后锚固连接设计，应根据被连接结构类型、锚固连接受力性质及锚栓类型的不同，对其破坏模式进行控制。受拉、边缘受剪、拉剪复合受力的结构构件及生命线工程非结构构件的锚固连接，应控制为锚栓或植筋的钢材破坏；膨胀型锚栓及扩底型锚栓锚固连接，不应发生整体拔出破坏或锚杆穿出破坏；植筋连接，不应发生混凝土基材破坏及沿胶筋界面和胶混界面的破坏。后锚固连接的破坏模式可按本规程附录 A 分类。

4.3.9 抗震设计时，地震作用下锚固承载力降低系数 k 应根据锚栓产品的认证报告确定；无认证报告时，可按表 4.3.9 采用。

表 4.3.9 地震作用下锚固承载力降低系数 k

破坏形态及锚栓类型 \ 受力性质			受拉	受剪
锚栓或植筋钢材破坏			1.0	1.0
混凝土破坏	机械锚栓	扩底型锚栓	0.8	0.7
		膨胀型锚栓	0.7	0.6
	化学锚栓	特殊倒锥形化学锚栓	0.8	0.7
		普通化学锚栓	0.7	0.6
混合破坏	普通化学锚栓		0.7	—

4.3.10 混凝土结构后锚固连接承载力分项系数 γ_R，应根据锚固连接破坏类型及被连接结构类型的不同按表 4.3.10 采用。

表 4.3.10 锚固承载力分项系数 γ_R

项次	符号	被连接结构类型 / 锚固破坏类型	结构构件	非结构构件
1	$\gamma_{Rc,N}$	混凝土锥体受拉破坏	3.0	1.8
2	$\gamma_{Rc,V}$	混凝土边缘受剪破坏	2.5	1.5
3	γ_{Rsp}	混凝土劈裂破坏	3.0	1.8
4	γ_{Rcp}	混凝土剪撬破坏	2.5	1.5
5	γ_{Rp}	混合破坏	3.0	1.8
6	$\gamma_{Rs,N}$	锚栓钢材受拉破坏	1.3	1.2
7	$\gamma_{Rs,V}$	锚栓钢材受剪破坏	1.3	1.2

4.3.11 当后锚固连接受到约束、变形、温度等间接作用产生的作用效应可能危及后锚固连接的安全和正常使用时，宜进行间接作用效应分析，并应采取可靠的构造措施和施工措施；承受疲劳荷载和冲击荷载的后锚固连接设计应进行试验验证。

4.3.12 处在室外条件的被连接钢构件，其锚板的锚固方式应使锚栓不出现过大交变温度应力，在使用条件下，锚栓的温度应力变幅不应大于 100N/mm^2。

4.3.13 后锚固连接的防火等级不应低于被连接结构的防火等级，后锚固连接的防火设计应有可靠措施并应符合国家现行有关标准的规定。

4.3.14 外露的后锚固连接，应有可靠的防腐措施。锚栓防腐蚀标准应高于被连接构件的防腐蚀要求。

4.3.15 未经技术鉴定或设计许可，不得改变后锚固连接的用途和使用环境。

5 锚固连接内力计算

5.1 一 般 规 定

5.1.1 锚栓内力宜按下列基本假定进行计算：

1 被连接件与基材结合面受力变形后仍保持为平面，锚板平面外弯曲变形可忽略不计；

2 锚栓本身不传递压力，锚固连接的压力应通过被连接件的锚板直接传给基材混凝土；

3 群锚锚栓内力按弹性理论计算；当锚栓钢材的性能等级不大于 5.8 级且锚固破坏为锚栓钢材破坏时，可考虑塑性应力重分布计算。

5.1.2 锚栓内力可采用有限单元法进行计算。计算时，混凝土的材性指标可按现行国家标准《混凝土结构设计规范》GB 50010的有关规定取用，锚栓可采用实测的荷载-变形曲线。锚板平面外弯曲变形不可忽略时，应考虑该弯曲变形的影响。

5.1.3 当锚固区基材满足公式（5.1.3）时，宜判定为不开裂混凝土，否则宜判定为开裂混凝土。

$$\sigma_L + \sigma_R \leqslant 0 \tag{5.1.3}$$

式中：σ_L——正常使用极限状态下，在基材结构锚固区混凝土中按荷载标准组合计算的应力值（N/mm^2），拉为正，压为负；当活荷载有利时，在荷载组合中不应计及；

σ_R——由于混凝土收缩、温度变化及支座位移等在锚固区混凝土中所产生的拉应力标准值（N/mm^2），若不进行精确计算，可近似取 3N/mm^2。

5.1.4 锚板厚度应按现行国家标准《钢结构设计规范》GB 50017进行设计，且不宜小于锚栓直径的 0.6 倍；受拉和受弯锚板的厚度尚宜大于锚栓间距的1/8；外围锚栓孔至锚板边缘的距离不应小于 2 倍锚栓孔直径和 20mm。

5.1.5 锚栓连接的内力应按本规程第 5.2 节～第 5.4 节的规定计算；植筋连接的内力应按照现行国家标准《混凝土结构设计规范》GB 50010 承载能力极限状态的规定计算。

5.2 群锚受拉内力计算

5.2.1 轴心拉力作用下，群锚各锚栓所承受的拉力设计值应按下式计算：

$$N_{sd} = k_1 N/n \tag{5.2.1}$$

式中：N_{sd}——锚栓所承受的拉力设计值（N）；

N——总拉力设计值（N）；

n——群锚锚栓个数；

k_1——锚栓受力不均匀系数，取为 1.1。

5.2.2 轴心拉力与弯矩共同作用下（图 5.2.2），弹性分析时，受力最大锚栓的拉力设计值的计算应符合下列规定：

1 当满足公式（5.2.2-1）的条件时，应按公式（5.2.2-2）计算：

$$\frac{N}{n} - \frac{My_1}{\Sigma y_i^2} \geqslant 0 \tag{5.2.2-1}$$

$$N_{sd}^h = \frac{N}{n} + \frac{My_1}{\Sigma y_i^2} \tag{5.2.2-2}$$

2 当不满足公式（5.2.2-1）的条件时，应按下式计算：

$$N_{sd}^h = \frac{(NL+M)y'_1}{\Sigma y_i'^2} \tag{5.2.2-3}$$

式中：M——弯矩设计值（N·mm）；

N_{sd}^h——群锚中拉力最大锚栓的拉力设计值（N）；

y_1——锚栓 1 至群锚形心轴的垂直距离（mm）；

y_i——锚栓 i 至群锚形心轴的垂直距离（mm）；

y'_1——锚栓 1 至受压一侧最外排锚栓的垂直距离（mm）；

y'_i——锚栓 i 至受压一侧最外排锚栓的垂直距离（mm）；

L——轴力 N 作用点至受压一侧最外排锚栓的垂直距离（mm）。

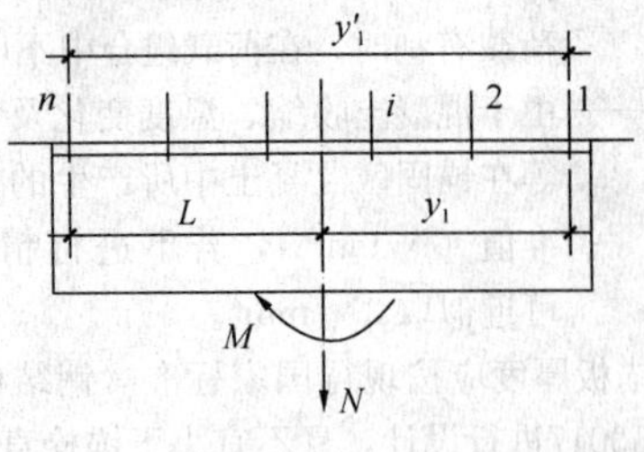

图 5.2.2 拉力和弯矩共同作用示意

5.2.3 部分锚栓受拉时，群锚受拉区总拉力设计值 N^{g}_{sd} 应按下列公式计算：

$$N^{g}_{sd}=\Sigma N_{si} \qquad (5.2.3\text{-}1)$$

$$N_{si}=N^{h}_{sd}\cdot y'_i/y'_1 \qquad (5.2.3\text{-}2)$$

式中：N^{g}_{sd}——群锚受拉区总拉力设计值（N）；

N_{si}——群锚中受拉锚栓 i 的拉力设计值（N）；

N^{h}_{sd}——群锚中受力最大锚栓的拉力设计值（N）；

y'_1——锚栓 1 至受压一侧最外排锚栓的垂直距离（mm）；

y'_i——锚栓 i 至受压一侧最外排锚栓的垂直距离（mm）。

5.2.4 受拉锚栓合力点相对于群锚受拉锚栓重心的偏心距 e_N 应按下列公式计算：

1 第一种情况的群锚单向偏心受拉（图 5.2.4-1）：

$$e_N=\frac{M}{N} \qquad (5.2.4\text{-}1)$$

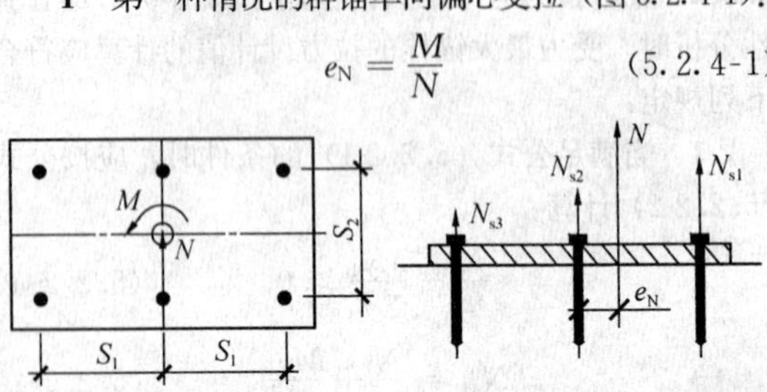

图 5.2.4-1 第一种情况的群锚单向偏心受拉示意

2 第二种情况的群锚单向偏心受拉（图 5.2.4-2）：

$$e_N=\frac{N_{s1}-N_{s2}}{N^{g}_{sd}}\cdot 0.5s_1 \qquad (5.2.4\text{-}2)$$

式中：e_N——受拉锚栓合力点相对于群锚受拉锚栓重心的偏心距（mm）；

N^{g}_{sd}——群锚受拉区总拉力设计值（N）；

N_{s1}——锚栓列 1 的拉力设计值（N）；

N_{s2}——锚栓列 2 的拉力设计值（N）；

s_1——群锚中沿荷载偏心方向的锚栓中心距（mm）。

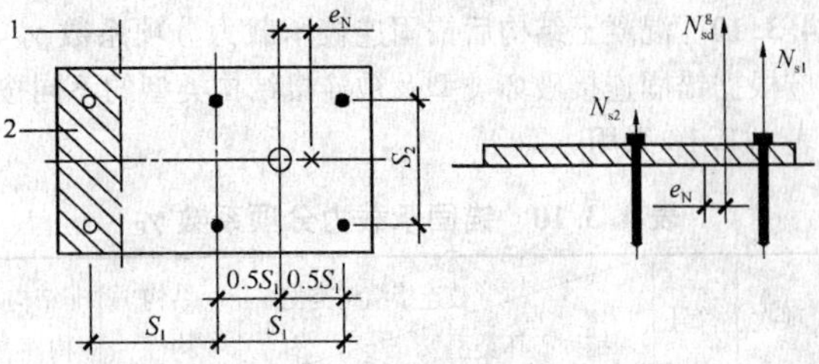

图 5.2.4-2 第二种情况的群锚单向偏心受拉示意

1—中性轴；2—混凝土受压区

3 群锚双向偏心受拉，应分别按两个方向计算（图 5.2.4-3）。

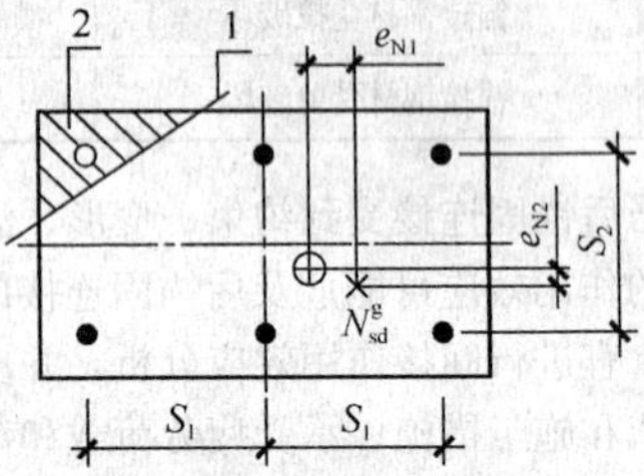

图 5.2.4-3 群锚双向偏心受拉示意

1—中性轴；2—混凝土受压区

5.3 群锚受剪内力计算

5.3.1 群锚中各锚栓的剪力分布应根据其破坏模式按下列规定确定：

1 钢材破坏或混凝土剪撬破坏时，应按群锚中所有锚栓均承受剪力（图 5.3.1-1）进行设计；

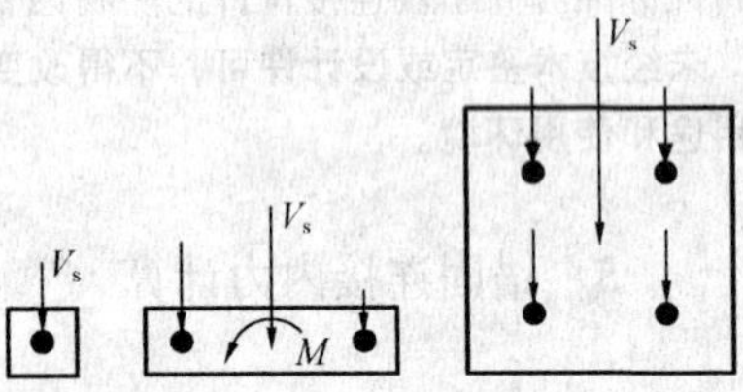

图 5.3.1-1 钢材破坏或混凝土剪撬破坏时，所有锚栓承受剪力示意

2 混凝土边缘破坏，剪力方向垂直于基材边缘时，应按部分锚栓承受剪力（图 5.3.1-2）进行设计；剪力方向平行于基材边缘时，应按全部锚栓承受剪力（图 5.3.1-3）进行设计。

5.3.2 剪力方向有长槽孔时，该处锚栓不应承担剪力（图 5.3.2）。

5.3.3 钢材破坏或混凝土剪撬破坏时，剪切荷载设计值 V 作用下（图 5.3.3）锚栓的剪力设计值应按下列公式计算：

$$V^{V}_{si,x}=V_x/n_x \qquad (5.3.3\text{-}1)$$

$$V^{V}_{si,y}=V_y/n_y \qquad (5.3.3\text{-}2)$$

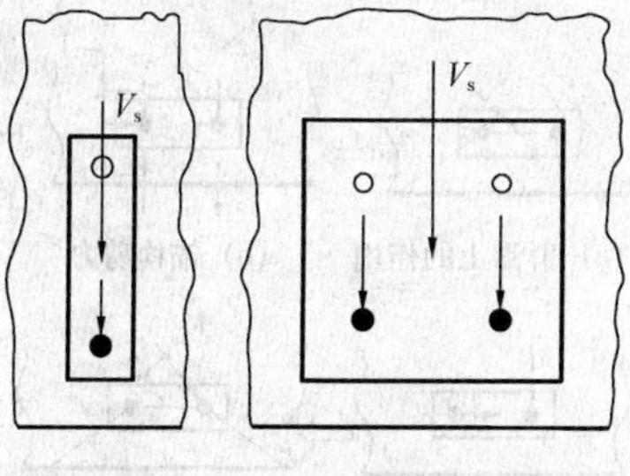

图 5.3.1-2　剪力方向垂直于基材边缘，部分锚栓承受剪力示意

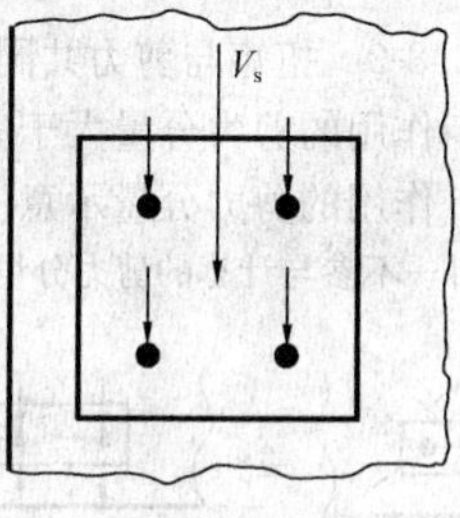

图 5.3.1-3　剪力方向平行于基材边缘，全部锚栓承受剪力示意

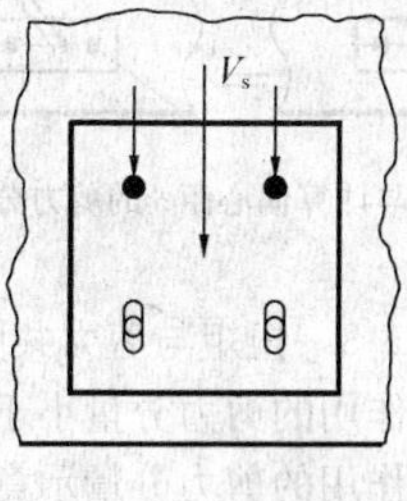

图 5.3.2　长槽孔处锚栓不承担剪力示意

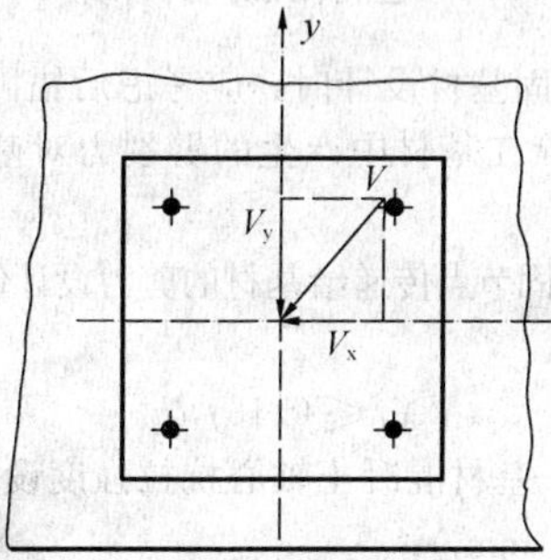

图 5.3.3　剪切荷载示意

$$V_{si}^{V}=\sqrt{(V_{si,x}^{V})^2+(V_{si,y}^{V})^2} \quad (5.3.3\text{-}3)$$

$$V_{sd}^{h}=\max(V_{si}^{V}) \quad (5.3.3\text{-}4)$$

式中：$V_{si,x}^{V}$——锚栓 i 所受剪力设计值的 x 分量（N）；

$V_{si,y}^{V}$——锚栓 i 所受剪力设计值的 y 分量（N）；

V_{si}^{V}——锚栓 i 所受的剪力设计值（N）；

V_x——剪切荷载设计值 V 的 x 分量（N）；

n_x——x 方向参与受剪的锚栓数目；

V_y——剪切荷载设计值 V 的 y 分量（N）；

n_y——y 方向参与受剪的锚栓数目；

V_{sd}^{h}——群锚中剪力最大锚栓的剪力设计值（N）。

5.3.4　混凝土边缘破坏时，剪切荷载设计值 V 作用下，锚栓的剪力设计值应按下列公式计算（图 5.3.4）：

$$V_{si,x}^{V}=V_x/4 \quad (5.3.4\text{-}1)$$

$$V_{si,y}^{V}=V_y/2 \quad (5.3.4\text{-}2)$$

$$V_{si}^{V}=\sqrt{(V_{si,x}^{V})^2+(V_{si,y}^{V})^2} \quad (5.3.4\text{-}3)$$

$$V_{sd}^{h}=\max(V_{si}^{V}) \quad (5.3.4\text{-}4)$$

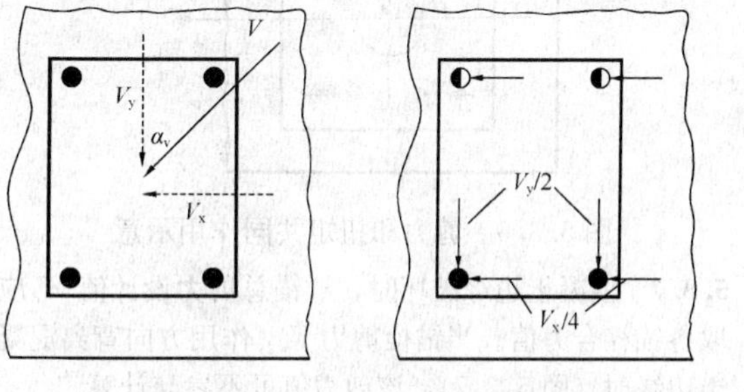

(a) 作用在群锚上的剪切荷载示意　(b) 分配到各锚栓上的剪力示意

图 5.3.4　混凝土边缘破坏时锚栓受剪示意

5.3.5　群锚在扭矩设计值 T 作用下，各锚栓的剪力设计值应按下列公式计算（图 5.3.5）：

$$V_{si,x}^{T}=Ty_i/(\Sigma x_i^2+\Sigma y_i^2) \quad (5.3.5\text{-}1)$$

$$V_{si,y}^{T}=Tx_i/(\Sigma x_i^2+\Sigma y_i^2) \quad (5.3.5\text{-}2)$$

$$V_{si}^{T}=\sqrt{(V_{si,x}^{T})^2+(V_{si,y}^{T})^2} \quad (5.3.5\text{-}3)$$

$$V_{sd}^{h}=\max(V_{si}^{T}) \quad (5.3.5\text{-}4)$$

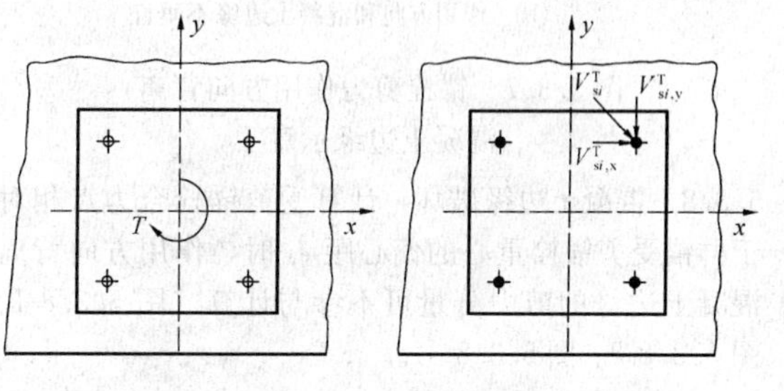

图 5.3.5　扭矩作用下锚栓受剪示意

式中：T——扭矩设计值（N·mm）；

$V_{si,x}^{T}$——扭矩 T 作用下锚栓 i 所受剪力设计值的 x 分量（N）；

$V_{si,y}^{T}$——扭矩 T 作用下锚栓 i 所受剪力设计值的 y 分量（N）；

V_{si}^{T}——扭矩 T 作用下锚栓 i 所受的剪力设计值（N）；

x_i——锚栓 i 至以群锚形心为原点的 y 坐标轴的垂直距离（mm）；

y_i——锚栓 i 至以群锚形心为原点的 x 坐标轴的垂直距离（mm）。

5.3.6 群锚在剪力设计值V和扭矩设计值T共同作用下（图5.3.6），各锚栓的剪力设计值应按下列公式计算：

$$V_{si}=\sqrt{(V_{si,x}^{V}+V_{si,x}^{T})^2+(V_{si,y}^{V}+V_{si,y}^{T})^2} \tag{5.3.6-1}$$

$$V_{sd}^{h}=\max(V_{si}) \tag{5.3.6-2}$$

式中：V_{si}——锚栓i的剪力设计值（N）。

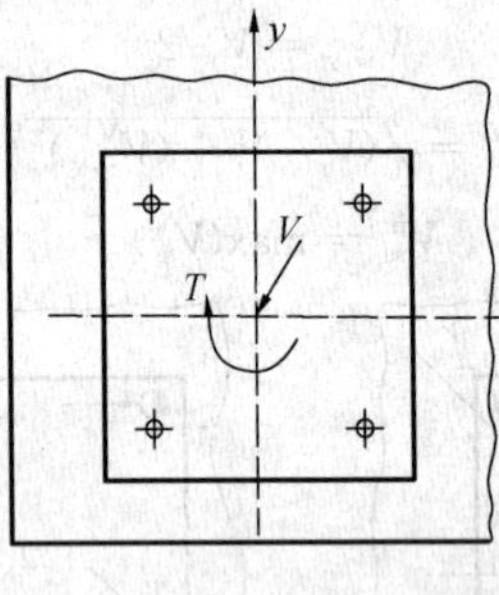

图5.3.6 剪力和扭矩共同作用示意

5.3.7 混凝土边缘破坏时，群锚总剪力设计值V_{sd}^{g}应取各锚栓合力值。当锚栓剪力$V_{si,y}$作用方向背离混凝土边缘时（图5.3.7），该剪力值可不参与计算。

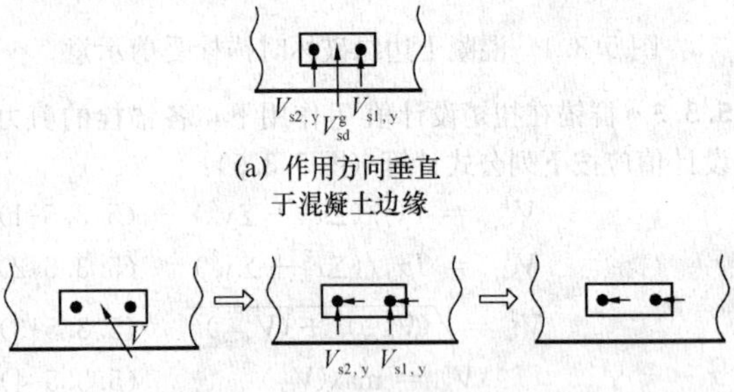

(a) 作用方向垂直于混凝土边缘

(b) 作用方向和混凝土边缘不垂直

图5.3.7 锚栓剪力作用方向背离混凝土边缘示意

5.3.8 混凝土边缘破坏，计算受剪锚栓合力点相对于群锚受剪锚栓重心的偏心距e_v时，作用方向背离混凝土边缘的剪力分量可不参与计算（图5.3.8-1、图5.3.8-2、图5.3.8-3）。

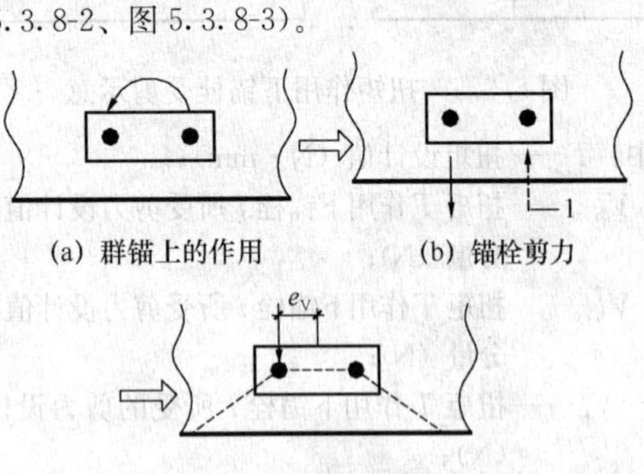

(a) 群锚上的作用 (b) 锚栓剪力

(c) 参与计算偏心距e_V的剪力分量

图5.3.8-1 仅有扭矩作用示意

1—不参与计算的剪力分量

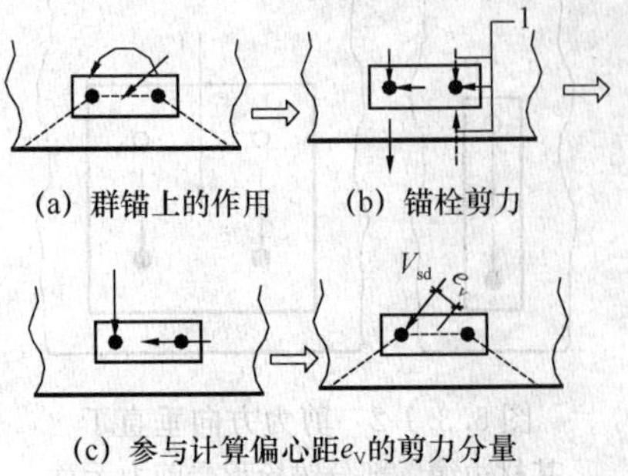

(a) 群锚上的作用 (b) 锚栓剪力

(c) 参与计算偏心距e_V的剪力分量

图5.3.8-2 扭矩与剪力共同作用，扭矩作用的剪力分量大于剪力作用的剪力分量示意

1—不参与计算的剪力分量

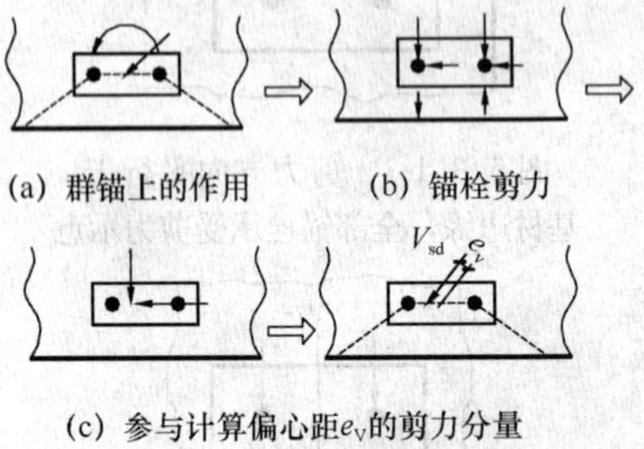

(a) 群锚上的作用 (b) 锚栓剪力

(c) 参与计算偏心距e_V的剪力分量

图5.3.8-3 扭矩与剪力共同作用，扭矩作用的剪力分量小于剪力作用的剪力分量示意

5.4 基材附加内力计算

5.4.1 后锚固基材设计时，应考虑后锚固节点传递的荷载及锚栓在基材中产生的劈裂力对基材的不利影响。

5.4.2 后锚固节点传递给基材的剪力设计值$V_{sd,a}$应符合下式规定：

$$V_{sd,a}\leqslant 0.16f_t bh_0 \tag{5.4.2}$$

式中：f_t——基材混凝土轴心抗拉强度设计值（N/mm²）；

b——构件宽度（mm）；

h_0——构件截面计算高度（mm）。

5.4.3 后锚固混凝土基材设计时，锚栓在基材中产生的劈裂力标准值$F_{Sp,k}$可按下列公式计算：

扭矩控制式膨胀型锚栓 $F_{Sp,k}=1.5N_{sk}$ （5.4.3-1）

位移控制式膨胀型锚栓 $F_{Sp,k}=2.0N_{Rd}$ （5.4.3-2）

扩底型锚栓 $F_{Sp,k}=1.0N_{sk}$ （5.4.3-3）

化学锚栓 $F_{Sp,k}=0.5N_{sk}$ （5.4.3-4）

式中：N_{sk}——锚栓传递的拉力标准值（N）；

N_{Rd}——锚栓受拉承载力设计值（N）。

5.4.4 满足下列条件之一时，可不考虑劈裂力对基材的影响：

1 锚栓位于基材受压区；

2 锚栓传递的拉力标准值 N_{sk} 小于 10kN；

3 对于墙板构件，锚栓传递的拉力标准值 N_{sk} 不大于 30kN 且在锚固区配置双向普通钢筋，横向钢筋面积不小于根据锚栓荷载计算所得纵向钢筋面积的 60%。

6 承载能力极限状态计算

6.1 机械锚栓

Ⅰ 受拉承载力计算

6.1.1 机械锚栓受拉承载力应符合下列规定：

1 单一锚栓

$$N_{sd} \leqslant N_{Rd,s} \quad (6.1.1\text{-}1)$$

$$N_{sd} \leqslant N_{Rd,c} \quad (6.1.1\text{-}2)$$

$$N_{sd} \leqslant N_{Rd,sp} \quad (6.1.1\text{-}3)$$

2 群锚

$$N_{sd}^{h} \leqslant N_{Rd,s} \quad (6.1.1\text{-}4)$$

$$N_{sd}^{g} \leqslant N_{Rd,c} \quad (6.1.1\text{-}5)$$

$$N_{sd}^{g} \leqslant N_{Rd,sp} \quad (6.1.1\text{-}6)$$

式中：N_{sd}——单一锚栓拉力设计值（N）；

N_{sd}^{h}——群锚中拉力最大锚栓的拉力设计值（N）；

N_{sd}^{g}——群锚受拉区总拉力设计值（N）；

$N_{Rd,s}$——锚栓钢材破坏受拉承载力设计值（N）；

$N_{Rd,c}$——混凝土锥体破坏受拉承载力设计值（N）；

$N_{Rd,sp}$——混凝土劈裂破坏受拉承载力设计值（N）。

6.1.2 机械锚栓钢材破坏受拉承载力设计值 $N_{Rd,s}$ 应按下列公式计算：

$$N_{Rd,s} = N_{Rk,s}/\gamma_{Rs,N} \quad (6.1.2\text{-}1)$$

$$N_{Rk,s} = f_{yk}A_s \quad (6.1.2\text{-}2)$$

式中：$N_{Rk,s}$——机械锚栓钢材破坏受拉承载力标准值（N）；

$\gamma_{Rs,N}$——机械锚栓钢材破坏受拉承载力分项系数，按本规程表 4.3.10 采用；

A_s——机械锚栓应力截面面积（mm^2）；

f_{yk}——机械锚栓屈服强度标准值（N/mm^2）。

6.1.3 混凝土锥体破坏受拉承载力设计值 $N_{Rd,c}$ 应按下列公式计算：

$$N_{Rd,c} = N_{Rk,c}/\gamma_{Rc,N} \quad (6.1.3\text{-}1)$$

$$N_{Rk,c} = N_{Rk,c}^{0}\frac{A_{c,N}}{A_{c,N}^{0}}\psi_{s,N}\psi_{re,N}\psi_{ec,N} \quad (6.1.3\text{-}2)$$

对于开裂混凝土，$N_{Rk,c}^{0} = 7.0\sqrt{f_{cu,k}}h_{ef}^{1.5}$ （6.1.3-3）

对于不开裂混凝土， $N_{Rk,c}^{0} = 9.8\sqrt{f_{cu,k}}h_{ef}^{1.5}$ （6.1.3-4）

式中：$N_{Rk,c}$——混凝土锥体破坏受拉承载力标准值（N）。

$N_{Rk,c}^{0}$——单根锚栓受拉时，混凝土理想锥体破坏受拉承载力标准值（N）。

$\gamma_{Rc,N}$——混凝土锥体破坏受拉承载力分项系数，按本规程表 4.3.10 采用。

$f_{cu,k}$——混凝土立方体抗压强度标准值（N/mm^2）。当 $f_{cu,k}$ 不小于 $45N/mm^2$ 且不大于 $60N/mm^2$ 时，应乘以降低系数 0.95。

h_{ef}——锚栓有效锚固深度（mm）。对于膨胀型锚栓及扩底型锚栓，为膨胀锥体与孔壁最大挤压点的深度。

$A_{c,N}^{0}$——单根锚栓受拉且无间距、边距影响时，混凝土理想锥体破坏投影面面积（mm^2），按本规程第 6.1.4 条的规定计算。

$A_{c,N}$——单根锚栓或群锚受拉时，混凝土实际锥体破坏投影面面积（mm^2），按本规程第 6.1.5 条的规定计算。

$\psi_{s,N}$——边距 c 对受拉承载力的影响系数，按本规程第 6.1.6 条的规定计算。

$\psi_{re,N}$——表层混凝土因密集配筋的剥离作用对受拉承载力的影响系数，按本规程第 6.1.7 条的规定计算。

$\psi_{ec,N}$——荷载偏心 e_N 对受拉承载力的影响系数，按本规程第 6.1.8 条的规定计算。

6.1.4 单根锚栓受拉时，混凝土理想锥体破坏投影面面积 $A_{c,N}^{0}$（图 6.1.4）应按下式计算：

$$A_{c,N}^{0} = s_{cr,N}^{2} \quad (6.1.4)$$

式中：$s_{cr,N}$——混凝土锥体破坏且无间距效应和边缘效应情况下，每根锚栓达到受拉承载力标准值的临界间距（mm），应取为 $3h_{ef}$。

6.1.5 单根锚栓或群锚受拉时，混凝土实际锥体破坏投影面面积 $A_{c,N}$，应根据锚栓排列布置情况的不同，分别按下列公式计算：

1 单根锚栓，靠近构件边缘布置，且 c_1 不大于 $c_{cr,N}$ 时（图 6.1.5-1）

$$A_{c,N} = (c_1 + 0.5s_{cr,N})s_{sr,N} \quad (6.1.5\text{-}1)$$

2 双栓，垂直于构件边缘布置，且 c_1 不大于

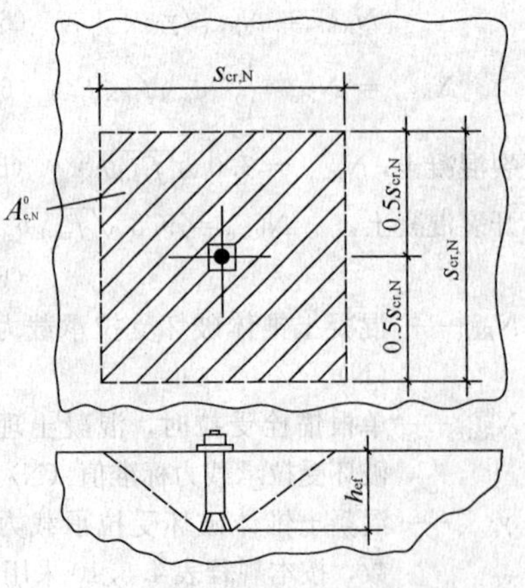

图 6.1.4　理想锥体破坏投影面面积示意

$c_{cr,N}$，s_1 不大于 $s_{cr,N}$时（图 6.1.5-2）

$$A_{c,N}=(c_1+s_1+0.5s_{cr,N})s_{cr,N} \quad (6.1.5\text{-}2)$$

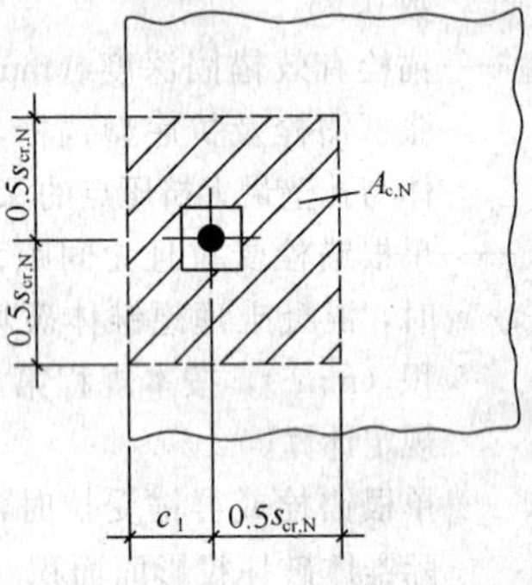

图 6.1.5-1　单栓受拉、靠近构件边缘时的计算面积示意

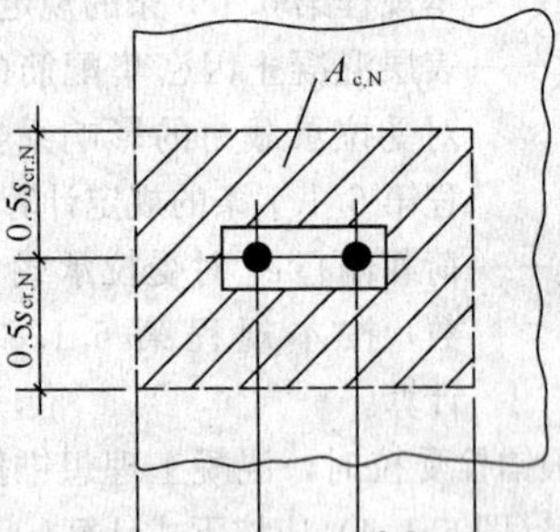

图 6.1.5-2　双栓受拉，垂直于构件边缘时的计算面积示意

3　双栓，平行于构件边缘布置，且 c_2 不大于 $c_{cr,N}$，s_1 不大于 $s_{cr,N}$时（图 6.1.5-3）

$$A_{c,N}=(c_2+0.5s_{cr,N})(s_1+s_{sr,N}) \quad (6.1.5\text{-}3)$$

4　四栓，位于构件角部，且 c_1 不大于 $c_{cr,N}$，c_2 不大于 $c_{cr,N}$，s_1 不大于 $s_{cr,N}$，s_2 不大于 $s_{sr,N}$时（图 6.1.5-4）

$$A_{c,N}=(c_1+s_1+0.5s_{cr,N})(c_2+s_2+0.5s_{cr,N}) \quad (6.1.5\text{-}4)$$

式中：c_1——方向 1 的边距（mm）；

c_2——方向 2 的边距（mm）；

s_1——方向 1 的间距（mm）；

s_2——方向 2 的间距（mm）；

$c_{cr,N}$——混凝土锥体破坏且无间距效应及边缘效应情况下，每根锚栓达到受拉承载力标准值的临界边距（mm），应取为 $1.5h_{ef}$。

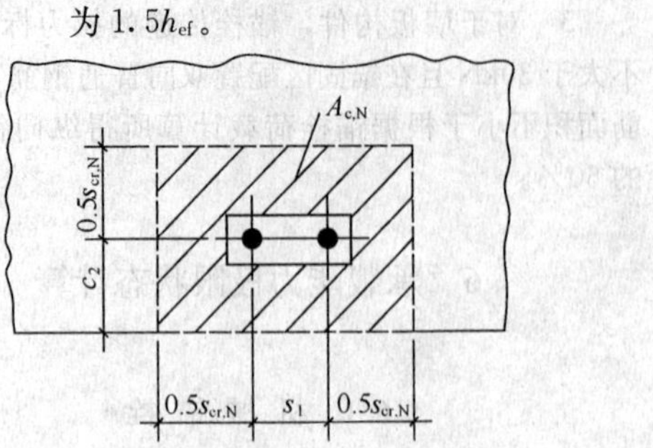

图 6.1.5-3　双栓受拉、平行于构件边缘时的计算面积示意

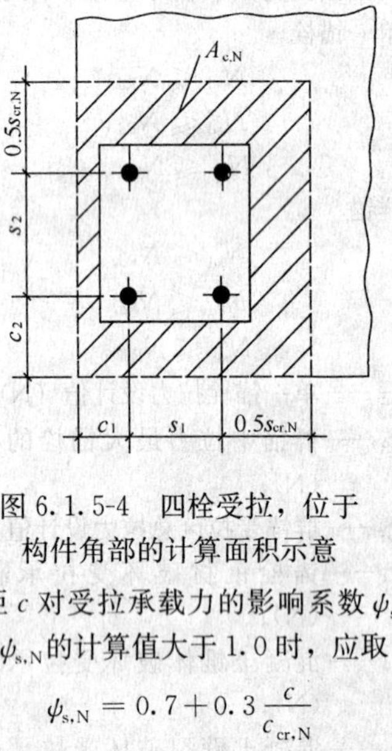

图 6.1.5-4　四栓受拉，位于构件角部的计算面积示意

6.1.6　边距 c 对受拉承载力的影响系数 $\psi_{s,N}$应按下式计算。当 $\psi_{s,N}$的计算值大于 1.0 时，应取 1.0。

$$\psi_{s,N}=0.7+0.3\frac{c}{c_{cr,N}} \quad (6.1.6)$$

式中：c——边距（mm），有多个边距时应取最小值。

6.1.7　表层混凝土因密集配筋的剥离作用对受拉承载力的影响系数 $\psi_{re,N}$应按下式计算。当 $\psi_{re,N}$的计算值大于 1.0 时，应取 1.0；当锚固区钢筋间距 s 不小于 150mm 时，或钢筋直径 d 不大于 10mm 且 s 不小于 100mm 时，$\psi_{re,N}$应取 1.0。

$$\psi_{re,N}=0.5+\frac{h_{ef}}{200} \quad (6.1.7)$$

6.1.8　荷载偏心对受拉承载力的影响系数 $\psi_{ec,N}$应按下式计算。当 $\psi_{ec,N}$的计算值大于 1.0 时，应取 1.0；当为双向偏心时，应分别按两个方向计算，$\psi_{ec,N}$应取 $\psi_{(ec,N)1}\cdot\psi_{(ec,N)2}$。

$$\psi_{ec,N}=\frac{1}{1+2e_N/s_{cr,N}} \quad (6.1.8)$$

式中：e_N——受拉锚栓合力点相对于群锚受拉锚栓重心的偏心距（mm）。

6.1.9 群锚有三个及以上边缘且锚栓的最大边距 c_{max} 不大于 $c_{cr,N}$（图 6.1.9），计算混凝土锥体受拉破坏的受拉承载力设计值 $N_{Rd,c}$ 时，应取 h'_{ef} 代替 h_{ef}、$s'_{cr,N}$ 代替 $s_{cr,N}$、$c'_{cr,N}$ 代替 $c_{cr,N}$ 用于计算 $N^0_{Rk,c}$、$A^0_{c,N}$、$A_{c,N}$、$\psi_{s,N}$ 及 $\psi_{ec,N}$。h'_{ef}、$s'_{cr,N}$ 及 $c'_{cr,N}$ 应按下列公式计算：

$$h'_{ef} = \max\left(\frac{c_{max}}{c_{cr,N}}h_{ef}, \frac{s_{max}}{s_{cr,N}}h_{ef}\right) \quad (6.1.9\text{-}1)$$

$$s'_{cr,N} = \frac{h'_{ef}}{h_{ef}}s_{cr,N} \quad (6.1.9\text{-}2)$$

$$c'_{cr,N} = 0.5s'_{cr,N} \quad (6.1.9\text{-}3)$$

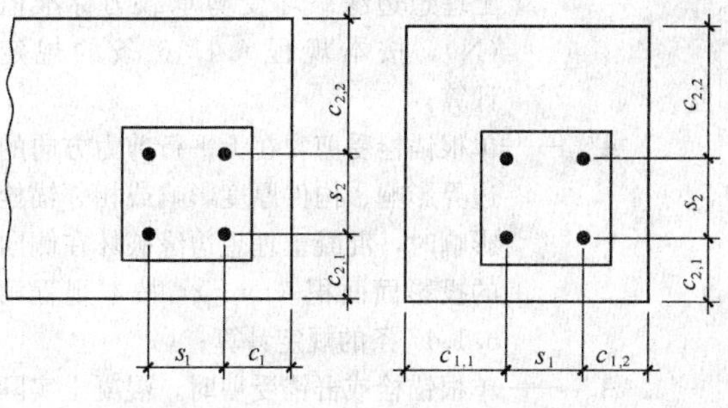

(a) 三个边缘　　(b) 四个边缘

图 6.1.9 有多个边缘影响的群锚示意

6.1.10 锚栓安装过程中不产生劈裂破坏的最小边距 c_{min}、最小间距 s_{min} 及基材最小厚度 h_{min}，应根据锚栓产品的认证报告确定；无认证报告时，在符合相应产品标准及本规程有关规定情况下，可按下列规定取用：

1 h_{min} 取为 $2h_{ef}$，且 h_{min} 不小于 100mm；

2 当为膨胀型锚栓时，c_{min} 取为 $2h_{ef}$，s_{min} 取为 h_{ef}；

3 当为扩底型锚栓时，c_{min} 取为 h_{ef}，s_{min} 取为 h_{ef}。

6.1.11 当满足下列条件之一时，可不考虑荷载条件下的劈裂破坏：

1 c 不小于 $1.5c_{cr,sp}$ 且 h 不小于 $2h_{ef}$。$c_{cr,sp}$ 为基材混凝土劈裂破坏的临界边距，应根据锚栓产品的认证报告确定；无认证报告时，在符合相应产品标准及本规程有关规定情况下，扩底型锚栓可取为 $2h_{ef}$，膨胀型锚栓可取为 $3h_{ef}$。

2 采用适用于开裂混凝土的锚栓，按照开裂混凝土计算承载力，且考虑劈裂力时基材裂缝宽度不大于 0.3mm。

6.1.12 当不满足本规程第 6.1.11 条规定时，混凝土劈裂破坏承载力设计值 $N_{Rd,sp}$ 应按下列公式计算：

$$N_{Rd,sp} = N_{Rk,sp}/\gamma_{Rsp} \quad (6.1.12\text{-}1)$$

$$N_{Rk,sp} = \psi_{h,sp}N_{Rk,c} \quad (6.1.12\text{-}2)$$

$$\psi_{h,sp} = (h/h_{min})^{2/3} \quad (6.1.12\text{-}3)$$

式中：$N_{Rd,sp}$——混凝土劈裂破坏受拉承载力设计值（N）。

$N_{Rk,sp}$——混凝土劈裂破坏受拉承载力标准值（N）。

$N_{Rk,c}$——混凝土锥体破坏受拉承载力标准值（N），按本规程公式（6.1.3-2）计算。在 $A^0_{c,N}$、$A_{c,N}$ 及相关系数计算中，$s_{cr,N}$ 和 $c_{cr,N}$ 应分别由 $s_{cr,sp}$ 和 $c_{cr,sp}$ 替代，$s_{cr,sp}$ 应取为 $2c_{cr,sp}$。

γ_{Rsp}——混凝土劈裂破坏受拉承载力分项系数，按本规程表 4.3.10 采用。

$\psi_{h,sp}$——构件厚度 h 对劈裂破坏受拉承载力的影响系数。当 $\psi_{h,sp}$ 的计算值大于 1.5 时，应取 1.5。

Ⅱ 受剪承载力计算

6.1.13 机械锚栓受剪承载力应符合下列规定：

1 单一锚栓

$$V_{sd} \leqslant V_{Rd,s} \quad (6.1.13\text{-}1)$$

$$V_{sd} \leqslant V_{Rd,c} \quad (6.1.13\text{-}2)$$

$$V_{sd} \leqslant V_{Rd,cp} \quad (6.1.13\text{-}3)$$

2 群锚

$$V^h_{sd} \leqslant V_{Rd,s} \quad (6.1.13\text{-}4)$$

$$V^g_{sd} \leqslant V_{Rd,c} \quad (6.1.13\text{-}5)$$

$$V^g_{sd} \leqslant V_{Rd,cp} \quad (6.1.13\text{-}6)$$

式中：V_{sd}——单一锚栓剪力设计值（N）；

V^h_{sd}——群锚中剪力最大锚栓的剪力设计值（N）；

V^g_{sd}——群锚总剪力设计值（N）；

$V_{Rd,s}$——锚栓钢材破坏受剪承载力设计值（N）；

$V_{Rd,c}$——混凝土边缘破坏受剪承载力设计值（N）；

$V_{Rd,cp}$——混凝土剪撬破坏受剪承载力设计值（N）。

6.1.14 锚栓钢材破坏受剪承载力设计值 $V_{Rd,s}$ 应按下式计算：

$$V_{Rd,s} = V_{Rk,s}/\gamma_{Rs,V} \quad (6.1.14\text{-}1)$$

式中：$V_{Rk,s}$——锚栓钢材破坏受剪承载力标准值（N），应按公式（6.1.14-2）或公式（6.1.14-3）、公式（6.1.14-4）计算确定；对于群锚，锚栓钢材断后伸长率不大于 8% 时，$V_{Rk,s}$ 应乘以 0.8 的降低系数。

$\gamma_{Rs,V}$——锚栓钢材破坏受剪承载力分项系数，按本规程表 4.3.10 采用。

1 无杠杆臂的纯剪，$V_{Rk,s}$ 应按下式计算：

$$V_{Rk,s} = 0.5f_{yk}A_s \quad (6.1.14\text{-}2)$$

式中：f_{yk}——锚栓屈服强度标准值（N/mm²），按本规程表 3.2.3 和表 3.2.4 采用；

A_s——锚栓应力截面面积（mm^2）。

2 有杠杆臂的拉、剪复合受力，$V_{Rk,s}$应取按下列公式计算的$V_{Rk,s1}$和$V_{Rk,s2}$的较小值：

$$V_{Rk,s1} = 0.5 f_{yk} A_s \quad (6.1.14\text{-}3)$$

$$V_{Rk,s2} = \alpha_M M_{Rk,s}/l_0 \quad (6.1.14\text{-}4)$$

$$M_{Rk,s} = M^0_{Rk,s}(1 - N_{sd}/N_{Rd,s}) \quad (6.1.14\text{-}5)$$

$$M^0_{Rk,s} = 1.2 W_{el} f_{yk} \quad (6.1.14\text{-}6)$$

式中：l_0——杠杆臂计算长度（mm）；用垫圈和螺母压紧在混凝土基面上时（图 6.1.14-1a），l_0 取为 l；无压紧时（图 6.1.14-1b），l 取为 $l+0.5d$。

α_M——被连接件约束系数；无约束时（图 6.1.14-2a），α_M 取为 1；完全约束时（图 6.1.14-2b），α_M 取为 2；部分约束时，根据约束刚度取值。

$M^0_{Rk,s}$——单根锚栓抗弯承载力标准值（N·mm）。

N_{sd}——单根锚栓拉力设计值（N）。

$N_{Rd,s}$——单根锚栓钢材破坏受拉承载力设计值（N）。

W_{el}——锚栓截面抵抗矩（mm^3）。

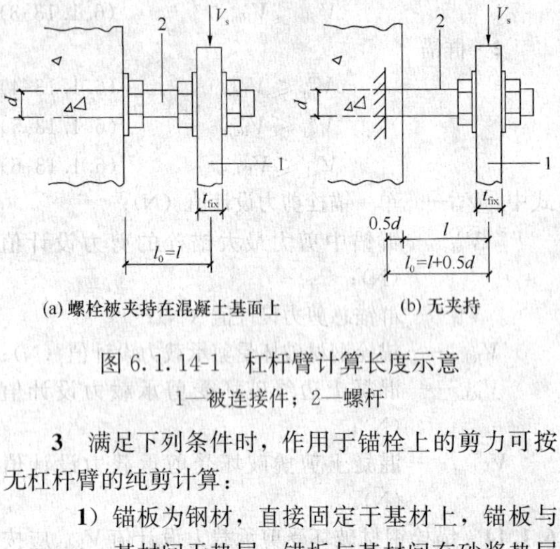

(a) 螺栓被夹持在混凝土基面上　(b) 无夹持

图 6.1.14-1　杠杆臂计算长度示意

1—被连接件；2—螺杆

3 满足下列条件时，作用于锚栓上的剪力可按无杠杆臂的纯剪计算：

1）锚板为钢材，直接固定于基材上，锚板与基材间无垫层；锚板与基材间有砂浆垫层时，垫层厚度小于 $d/2$，砂浆抗压强度不低于 $30N/mm^2$；

2）在锚板厚度范围内，锚板与锚栓全接触。

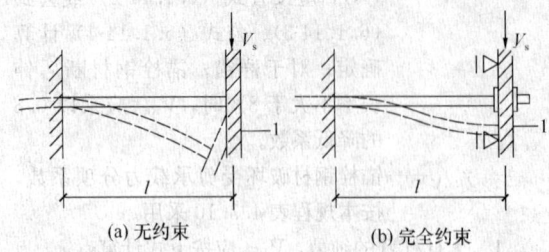

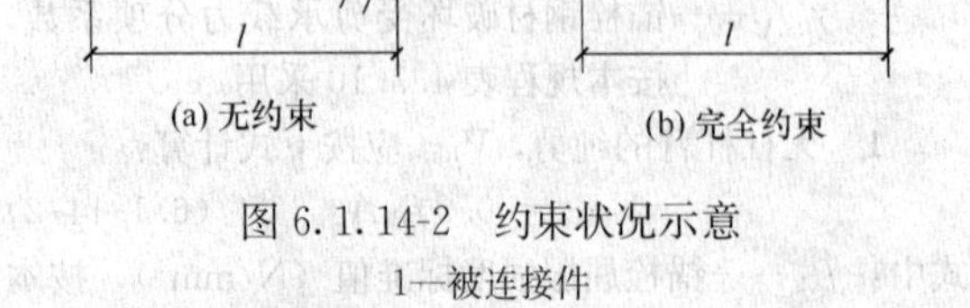

(a) 无约束　(b) 完全约束

图 6.1.14-2　约束状况示意

1—被连接件

6.1.15 锚栓边距 c 不大于 $10h_{ef}$ 或 c 不大于 $60d$ 时，混凝土边缘破坏受剪承载力设计值 $V_{Rd,c}$ 应按下列公式计算：

$$V_{Rd,c} = V_{Rk,c}/\gamma_{Rc,V} \quad (6.1.15\text{-}1)$$

$$V_{Rk,c} = V^0_{Rk,c}\frac{A_{c,V}}{A^0_{c,V}}\psi_{s,V}\psi_{h,V}\psi_{\alpha,V}\psi_{re,V}\psi_{ec,V} \quad (6.1.15\text{-}2)$$

式中：$V_{Rk,c}$——混凝土边缘破坏受剪承载力标准值（N）；

$\gamma_{Rc,V}$——混凝土边缘破坏受剪承载力分项系数，按本规程表 4.3.10 采用；

$V^0_{Rk,c}$——单根锚栓垂直构件边缘受剪时，混凝土理想边缘破坏受剪承载力标准值（N），按本规程 6.1.16 条的规定计算；

$A^0_{c,V}$——单根锚栓受剪，在无平行剪力方向的边界影响、构件厚度影响或相邻锚栓影响时，混凝土理想边缘破坏在侧向的投影面面积（mm^2），按本规程第 6.1.17 条的规定计算；

$A_{c,V}$——单根锚栓或群锚受剪时，混凝土实际边缘破坏在侧向的投影面面积（mm^2），按本规程第 6.1.18 条的规定计算；

$\psi_{s,V}$——边距比 c_2/c_1 对受剪承载力的影响系数，按本规程第 6.1.19 条的规定计算；

$\psi_{h,V}$——边距与厚度比 c_1/h 对受剪承载力的影响系数，按本规程第 6.1.20 条的规定计算；

$\psi_{\alpha,V}$——剪力角度对受剪承载力的影响系数，按本规程第 6.1.21 条的规定计算；

$\psi_{ec,V}$——荷载偏心 e_V 对群锚受剪承载力的影响系数，按本规程第 6.1.22 条的规定计算；

$\psi_{re,V}$——锚固区配筋对受剪承载力的影响系数，按本规程第 6.1.23 条的规定取用。

6.1.16 单根锚栓垂直于构件边缘受剪时，混凝土理想边缘破坏的受剪承载力标准值 $V^0_{Rk,c}$ 应根据锚栓产品的认证报告确定；无认证报告时，在符合相应产品标准及本规程有关规定情况下，可按下列公式计算：

对于开裂混凝土　$V^0_{Rk,c} = 1.35 d^{\alpha} h^{\beta}_{ef} \sqrt{f_{cu,k}}\, c_1^{1.5}$　(6.1.16-1)

对于不开裂混凝土　$V^0_{Rk,c} = 1.9 d^{\alpha} h^{\beta}_{ef} \sqrt{f_{cu,k}}\, c_1^{1.5}$　(6.1.16-2)

$$\alpha = 0.1(l_f/c_1)^{0.5} \quad (6.1.16\text{-}3)$$

$$\beta = 0.1(d_{nom}/c_1)^{0.2} \quad (6.1.16\text{-}4)$$

式中：α——系数；

β——系数；

d_{nom}——锚栓外径（mm）；

$f_{cu,k}$——混凝土立方体抗压强度标准值（N/mm^2），当 $f_{cu,k}$ 不小于 $45N/mm^2$ 且不大于 $60N/mm^2$ 时，应乘以降低系数 0.95；

h_{ef}——锚栓有效锚固深度（mm），对于膨胀型锚栓及扩底型锚栓，为膨胀锥体与孔壁最大挤压点的深度；

c_1——锚栓与混凝土基材边缘的距离（mm）；

l_f——剪切荷载下锚栓的有效长度（mm），l_f 取为 h_{ef}，且 l_f 不大于 $8d$，对有多个套筒的锚栓，l_f 以认证测试数据为准，无认证数据时，l_f 取基材表面至第一个套筒端部的长度（图 6.1.16）。

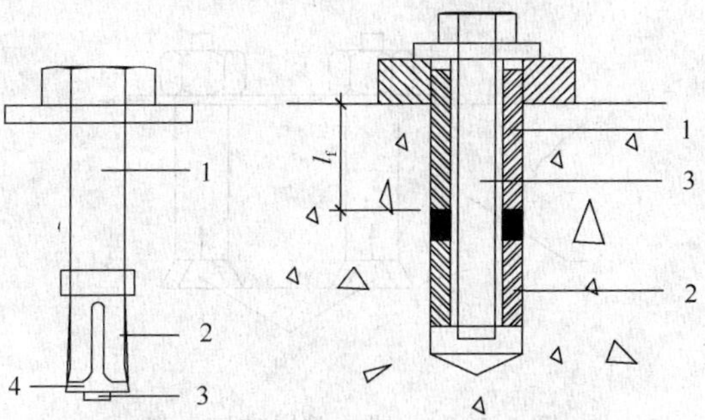

图 6.1.16　有多个套筒锚栓 l_f 取值示意

1—第一个套筒；2—第二个套筒；3—螺杆；4—膨胀锥

6.1.17　在无平行剪力方向的边界影响、构件厚度影响或相邻锚栓影响时，单根锚栓受剪混凝土理想边缘破坏侧向的投影面面积 $A^0_{c,V}$（图 6.1.17），应按下式计算：

$$A^0_{c,V} = 4.5c_1^2 \quad (6.1.17)$$

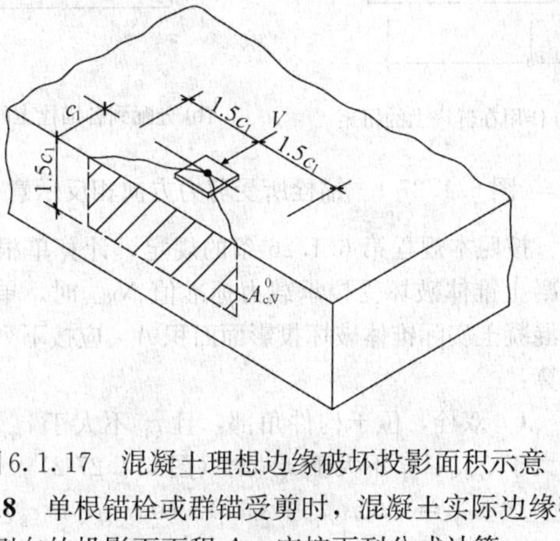

图 6.1.17　混凝土理想边缘破坏投影面积示意

6.1.18　单根锚栓或群锚受剪时，混凝土实际边缘破坏在侧向的投影面面积 $A_{c,V}$ 应按下列公式计算：

1　单根锚栓，位于构件角部，且 h 大于 $1.5c_1$、c_2 不大于 $1.5c_1$ 时（图 6.1.18-1）

$$A_{c,V} = 1.5c_1(1.5c_1 + c_2) \quad (6.1.18\text{-}1)$$

2　双栓，位于构件边缘，且 h 不大于 $1.5c_1$、s_2 不大于 $3c_1$ 时（图 6.1.18-2）

$$A_{c,V} = (3c_1 + s_2)h \quad (6.1.18\text{-}2)$$

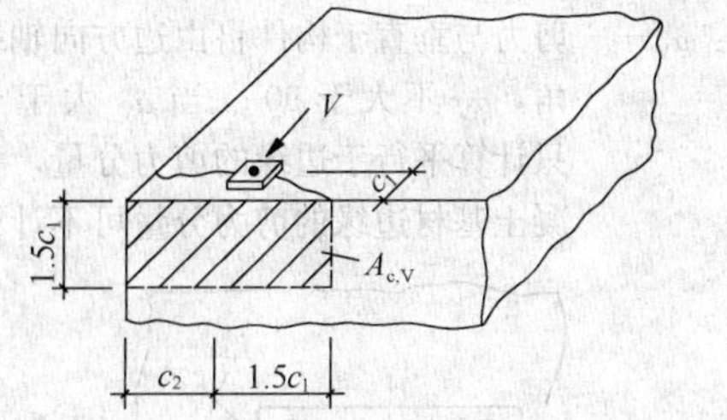

图 6.1.18-1　单栓受剪，位于构件角部示意

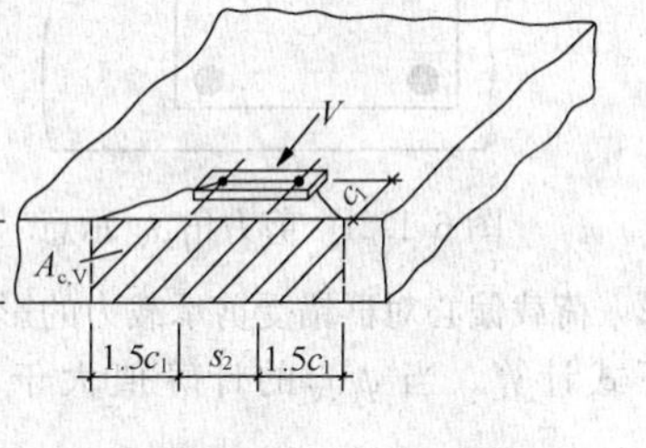

图 6.1.18-2　双栓受剪，位于构件边缘示意

3　四栓，位于构件角部，且 h 不大于 $1.5c_1$、s_2 不大于 $3c_1$、c_2 不大于 $1.5c_1$ 时（图 6.1.18-3）

$$A_{c,V} = (1.5c_1 + s_2 + c_2)h \quad (6.1.18\text{-}3)$$

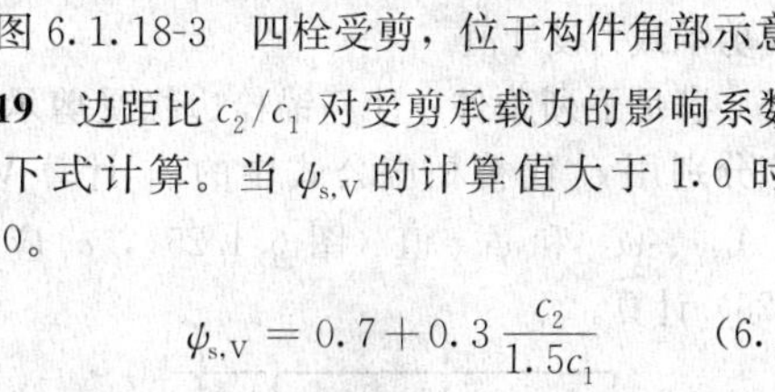

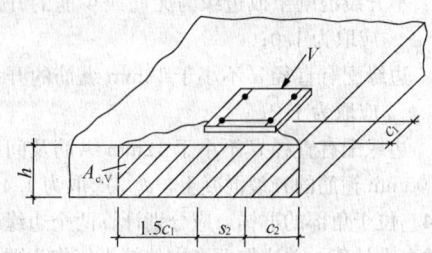

图 6.1.18-3　四栓受剪，位于构件角部示意

6.1.19　边距比 c_2/c_1 对受剪承载力的影响系数 $\psi_{s,V}$ 应按下式计算。当 $\psi_{s,V}$ 的计算值大于 1.0 时，应取 1.0。

$$\psi_{s,V} = 0.7 + 0.3\frac{c_2}{1.5c_1} \quad (6.1.19)$$

6.1.20　边距与构件厚度比 c_1/h 对受剪承载力的影响系数 $\psi_{h,V}$ 应按下式计算。当 $\psi_{h,V}$ 的计算值小于 1.0 时，应取 1.0。

$$\psi_{h,V} = \left(\frac{1.5c_1}{h}\right)^{1/2} \quad (6.1.20)$$

6.1.21　剪力与垂直于构件自由边方向轴线之夹角 α_V（图 6.1.21）对受剪承载力的影响系数 $\psi_{\alpha,V}$ 应按下式计算。

$$\psi_{\alpha,\mathrm{V}} = \sqrt{\frac{1}{(\cos\alpha_{\mathrm{V}})^2 + \left(\frac{\sin\alpha_{\mathrm{V}}}{2.5}\right)^2}} \quad (6.1.21)$$

式中：α_{V}——剪力与垂直于构件自由边方向轴线之夹角，α_{V} 不大于 90°。当 α_{V} 大于 90°时，只计算平行于边缘的剪力分量，背离混凝土基材边缘的剪力分量可不计算。

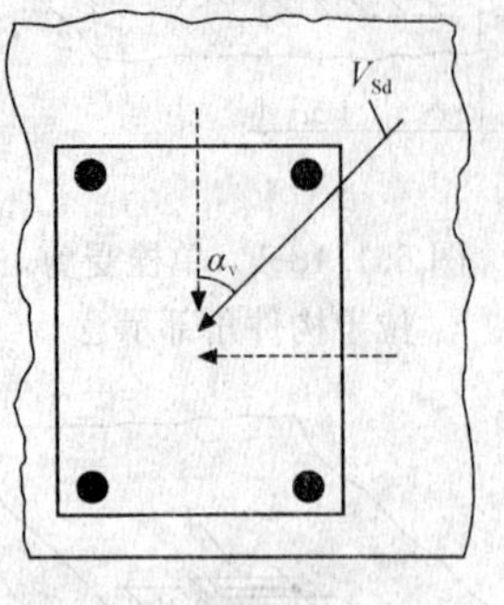

图 6.1.21　剪力角 α_{V} 示意

6.1.22　荷载偏心对群锚受剪承载力的影响系数 $\psi_{\mathrm{ec,V}}$ 应按下式计算。当 $\psi_{\mathrm{ec,V}}$ 的计算值大于 1.0 时，应取 1.0。

$$\psi_{\mathrm{ec,V}} = \frac{1}{1 + 2e_{\mathrm{V}}/3c_1} \quad (6.1.22)$$

式中：e_{V}——剪力合力点至受剪锚栓重心的距离（mm）。

6.1.23　锚固区配筋对受剪承载力的影响系数 $\psi_{\mathrm{re,V}}$ 应按下列规定取用：

1　不开裂混凝土或边缘为无筋或少筋的开裂混凝土，$\psi_{\mathrm{re,V}}$ 应取为 1.0；

2　边缘配有直径 d 不小于 12mm 纵筋的开裂混凝土，$\psi_{\mathrm{re,V}}$ 应取为 1.2；

3　边缘配有直径 d 不小于 12mm 纵筋及间距不大于 100mm 箍筋的开裂混凝土，$\psi_{\mathrm{re,V}}$ 应取为 1.4。

6.1.24　位于角部的群锚，应分别计算两个边缘的受剪承载力设计值，并应取两者中的较小值作为群锚的边缘受剪承载力设计值。

6.1.25　满足下列条件，计算锚栓边缘受剪承载力时，应分别用 c'_1 代替相应公式中的 c_1 计算 $V^0_{\mathrm{Rk,c}}$、$A^0_{\mathrm{c,V}}$、$A_{\mathrm{c,V}}$、$\psi_{\mathrm{s,V}}$ 和 $\psi_{\mathrm{h,V}}$ 值（图 6.1.25），c'_1 应按式（6.1.25）计算。

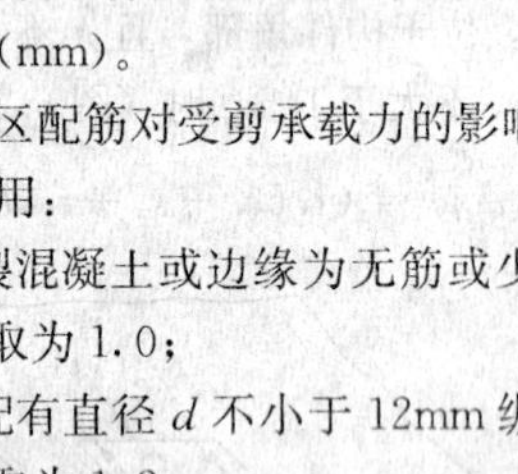

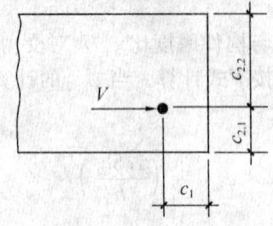

图 6.1.25　有多个边缘影响的锚栓示意

1　后锚固基材厚度 h 小于 $1.5c_1$；

2　平行于剪力作用方向的锚栓边距 $c_{2,1}$ 不大于 $1.5c_1$、$c_{2,2}$ 不大于 $1.5c_1$。

$$c'_1 = \max(c_{2,1}/1.5, c_{2,2}/1.5, h/1.5, s_{2,\max}/3) \quad (6.1.25)$$

6.1.26　混凝土剪撬破坏受剪承载力设计值 $V_{\mathrm{Rd,cp}}$ 应按下列公式计算（图 6.1.26）：

$$V_{\mathrm{Rd,cp}} = V_{\mathrm{Rk,cp}}/\gamma_{\mathrm{Rcp}} \quad (6.1.26\text{-}1)$$

$$V_{\mathrm{Rd,cp}} = kN_{\mathrm{Rk,c}} \quad (6.1.26\text{-}2)$$

式中：$V_{\mathrm{Rk,cp}}$——混凝土剪撬破坏受剪承载力标准值（N）；

γ_{Rcp}——混凝土剪撬破坏受剪承载力分项系数，按本规程表 4.3.10 采用；

k——锚固深度 h_{ef} 对 $V_{\mathrm{Rk,cp}}$ 的影响系数。当 h_{ef} 小于 60mm 时，k 取为 1.0；当 h_{ef} 不小于 60mm 时，k 取为 2.0。

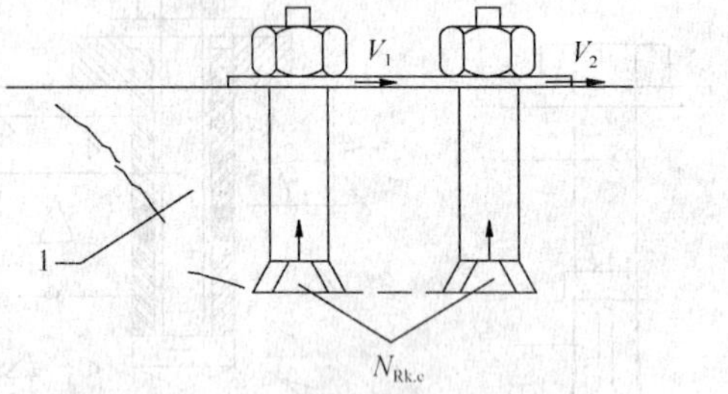

图 6.1.26　锚栓剪撬破坏示意

1—混凝土破坏锥体

6.1.27　混凝土剪撬破坏，群锚在剪力和扭矩作用下，各锚栓所受剪力方向相反时（图 6.1.27-1），应分别验算单根锚栓剪撬破坏承载力。

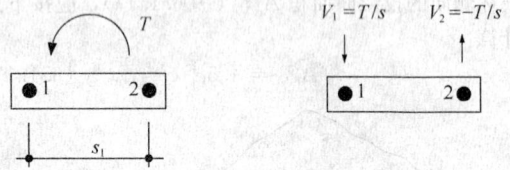

(a) 作用在群锚上的扭矩　　(b) 分配到各锚栓上的剪力

图 6.1.27-1　锚栓所受剪力方向相反示意

按照本规程第 6.1.26 条的规定，计算单根锚栓混凝土锥体破坏受拉承载力标准值 $N_{\mathrm{Rk,c}}$ 时，单根锚栓混凝土实际锥体破坏投影面面积 $A_{\mathrm{c,N}}$ 应按下列公式计算：

1　双栓，位于构件角部，且 c_1 不大于 $c_{\mathrm{cr,N}}$、c_2 不大于 $c_{\mathrm{cr,N}}$、s_1 不大于 $s_{\mathrm{sr,N}}$ 时（图 6.1.27-2）

$$A_{\mathrm{c,N,1}} = (0.5s_{\mathrm{cr,N}} + s_1/2) \cdot (0.5s_{\mathrm{cr,N}} + c_2) \quad (6.1.27\text{-}1)$$

$$A_{\mathrm{c,N,2}} = (c_1 + s_1/2) \cdot (0.5s_{\mathrm{cr,N}} + c_2) \quad (6.1.27\text{-}2)$$

2 四栓，无边距影响，且 s_1 不大于 $s_{cr,N}$、s_2 不大于 $s_{cr,N}$时（图 6.1.27-3）

$$A_{c,N,1}=(0.5s_{cr,N}+s_1/2)\cdot(0.5s_{cr,N}+s_2/2) \tag{6.1.27-3}$$

$$A_{c,N,2}=A_{c,N,3}=A_{c,N,4}=A_{c,N,1} \tag{6.1.27-4}$$

式中：c_1——方向 1 的边距（mm）；

c_2——方向 2 的边距（mm）；

s_1——方向 1 的间距（mm）；

s_2——方向 2 的间距（mm）；

$c_{cr,N}$——混凝土锥体破坏，无间距效应及边缘效应，每根锚栓达到受拉承载力标准值的临界边距（mm），应取为 $1.5h_{ef}$；

$s_{cr,N}$——混凝土锥体破坏，无间距效应和边缘效应，每根锚栓达到受拉承载力标准值的临界间距（mm），应取为 $3h_{ef}$。

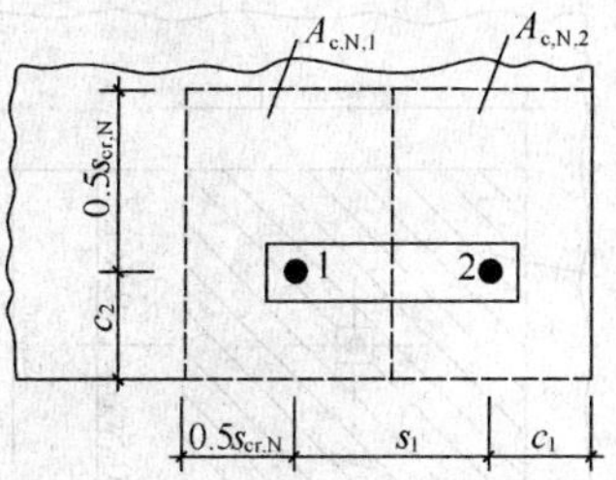

图 6.1.27-2 双栓，位于构件角部示意

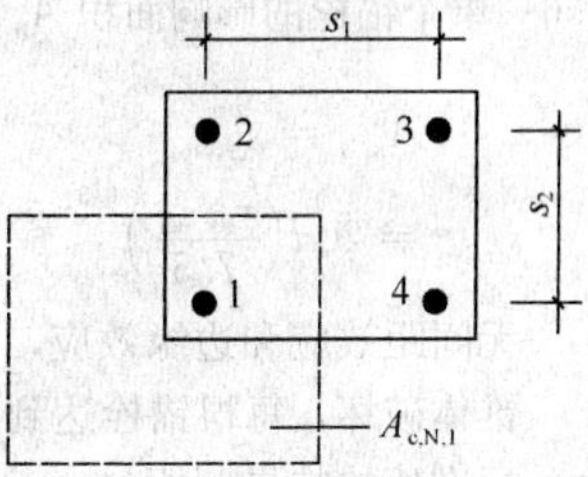

图 6.1.27-3 四栓，无边距影响示意

Ⅲ 拉剪复合受力承载力计算

6.1.28 弹性设计时，拉剪复合受力下锚栓钢材破坏承载力应按下列公式验算：

$$\left(\frac{N_{sd}}{N_{Rd,s}}\right)^2+\left(\frac{V_{sd}}{V_{Rd,s}}\right)^2\leqslant 1 \tag{6.1.28-1}$$

$$N_{Rd,s}=N_{Rk,s}/\gamma_{Rs,N} \tag{6.1.28-2}$$

$$V_{Rd,s}=V_{Rk,s}/\gamma_{Rs,V} \tag{6.1.28-3}$$

式中：N_{sd}——锚栓拉力设计值（N）；

$N_{Rd,s}$——锚栓钢材破坏受拉承载力设计值（N）；

V_{sd}——锚栓剪力设计值（N）；

$V_{Rd,s}$——锚栓钢材破坏受剪承载力设计值（N）。

对于群锚，应分别用 N_{sd}^h、V_{sd}^h 代替 N_{sd} 和 V_{sd} 进行计算，当 N_{sd}^h、V_{sd}^h 为群锚中不同锚栓时，群锚中所有的锚栓均应计算。

6.1.29 弹性设计时，拉剪复合受力下混凝土破坏承载力应按下列公式验算：

$$\left(\frac{N_{sd}}{N_{Rd,c}}\right)^{1.5}+\left(\frac{V_{sd}}{V_{Rd,c}}\right)^{1.5}\leqslant 1 \tag{6.1.29-1}$$

$$N_{Rd,c}=N_{Rk,c}/\gamma_{Rc,N} \tag{6.1.29-2}$$

$$V_{Rd,c}=V_{Rk,c}/\gamma_{Rc,V} \tag{6.1.29-3}$$

式中：N_{sd}——锚栓拉力设计值（N）；

$N_{Rd,c}$——混凝土破坏受拉承载力设计值（N）；

V_{sd}——锚栓剪力设计值（N）；

$V_{Rd,c}$——混凝土破坏受剪承载力设计值（N）；

6.2 化学锚栓

Ⅰ 受拉承载力计算

6.2.1 化学锚栓受拉承载力应符合下列规定：

1 单一锚栓

$$N_{sd}\leqslant N_{Rd,s} \tag{6.2.1-1}$$

$$N_{sd}\leqslant N_{Rd,p} \tag{6.2.1-2}$$

$$N_{sd}\leqslant N_{Rd,c} \tag{6.2.1-3}$$

$$N_{sd}\leqslant N_{Rd,sp} \tag{6.2.1-4}$$

2 群锚

$$N_{sd}^h\leqslant N_{Rd,s} \tag{6.2.1-5}$$

$$N_{sd}^g\leqslant N_{Rd,p} \tag{6.2.1-6}$$

$$N_{sd}^g\leqslant N_{Rd,c} \tag{6.2.1-7}$$

$$N_{sd}^g\leqslant N_{Rd,sp} \tag{6.2.1-8}$$

式中：N_{sd}——单一锚栓拉力设计值（N）；

N_{sd}^h——群锚中拉力最大锚栓的拉力设计值（N）；

N_{sd}^g——群锚受拉区总拉力设计值（N）；

$N_{Rd,s}$——锚栓钢材破坏受拉承载力设计值（N）；

$N_{Rd,c}$——混凝土锥体破坏受拉承载力设计值（N）；

$N_{Rd,p}$——混合破坏受拉承载力设计值（N）；

$N_{Rd,sp}$——混凝土劈裂破坏受拉承载力设计值（N）。

6.2.2 普通化学锚栓承受长期荷载作用，发生混合破坏时，其受拉承载力应符合下列规定：

1 单一锚栓

$$N_{sd,l}\leqslant 0.55N_{Rk,p}^0/\gamma_{Rp} \tag{6.2.2-1}$$

2 群锚

$$N_{sd,l}^h\leqslant 0.55N_{Rk,p}^0/\gamma_{Rp} \tag{6.2.2-2}$$

式中：$N_{sd,l}$——在长期荷载作用下，单一锚栓拉力设计值（N）；

$N_{sd,l}^h$——在长期荷载作用下，群锚中拉力最大锚栓的拉力设计值（N）；

$N^0_{Rk,p}$——无间距、边距影响时，单个锚栓的受拉承载力标准值（N），按本规程第 6.2.4 条计算；

γ_{Rp}——混合破坏受拉承载力分项系数，按本规程表 4.3.10 采用。

6.2.3 化学锚栓发生钢材破坏受拉承载力设计值 $N_{Rd,s}$应按本规程第 6.1.2 条的规定进行计算；化学锚栓发生混凝土锥体破坏受拉承载力设计值 $N_{Rd,c}$应按本规程第 6.1.3 条～第 6.1.9 条的规定进行计算。

6.2.4 普通化学锚栓发生混合破坏时，其受拉承载力设计值 $N_{Rd,p}$应按下列公式计算：

$$N_{Rd,p} = N_{Rk,p}/\gamma_{Rp} \tag{6.2.4-1}$$

$$N_{Rk,p} = N^0_{Rk,p}\frac{A_{p,N}}{A^0_{p,N}}\psi_{s,Np}\psi_{g,Np}\psi_{ec,Np}\psi_{re,Np} \tag{6.2.4-2}$$

$$N^0_{Rk,p} = \pi \cdot d \cdot h_{ef} \cdot \tau_{Rk} \tag{6.2.4-3}$$

式中：$N_{Rk,p}$——混合破坏受拉承载力标准值（N）；

$N^0_{Rk,p}$——无间距、边距影响时，单个锚栓的受拉承载力标准值（N）；

γ_{Rp}——混合破坏受拉承载力分项系数，按本规程表 4.3.10 采用；

τ_{Rk}——粘结强度标准值（N/mm^2），按本规程第 6.2.5 条取用；

$A^0_{p,N}$——无间距、边距影响时，单根锚栓受拉混凝土理想锥体破坏投影面面积（mm^2），按本规程第 6.2.6 条的规定计算；

$A_{p,N}$——单根锚栓或群锚受拉混凝土实际锥体破坏投影面面积（mm^2），按本规程第 6.2.7 条的规定计算；

$\psi_{s,Np}$——边距 c 对受拉承载力的影响系数，按本规程第 6.2.8 条的规定计算；

$\psi_{g,Np}$——群锚表面破坏对受拉承载力的影响系数，按本规程第 6.2.9 条的规定计算；

$\psi_{ec,Np}$——荷载偏心 e_N 对受拉承载力的影响系数，按本规程第 6.2.10 条的规定计算；

$\psi_{re,Np}$——表层混凝土因密集配筋的剥离作用对受拉承载力的影响系数，按本规程第 6.2.11 条的规定计算。

6.2.5 普通化学锚栓粘结强度标准值 τ_{Rk}，对于开裂混凝土，应取为 $\tau_{Rk,cr}$；对于不开裂混凝土，应取为 $\tau_{Rk,ucr}$。τ_{Rk}应根据锚栓产品的认证报告确定；无认证报告时，在符合相应产品标准及下列规定情况下，可按表 6.2.5 取用。

1 基材混凝土强度等级不低于 C25，等效养护龄期不小于600℃·d；

2 普通化学锚栓安装时环境温度不低于 10℃；

3 普通化学锚栓的有效锚固深度 h_{ef}不大于 $20d$。

表 6.2.5 粘结强度标准值 τ_{Rk}（N/mm^2）

安装及使用环境条件	$\tau_{Rk,cr}$	$\tau_{Rk,ucr}$
室外环境	1.3	4.0
室内环境	2.0	6.0

注：1 当化学锚栓上作用有长期拉力荷载时，表内数值应乘以 0.4 的折减系数；

2 考虑地震荷载作用时，$\tau_{Rk,cr}$应乘以 0.8 的折减系数；

3 同时考虑长期拉力荷载与地震作用时，$\tau_{Rk,cr}$应乘以 0.32 的折减系数；

4 最高长期温度下的承载力与常温参照试验的承载力之比小于 1 时，应按相同比例对表内数值进行折减。

6.2.6 单根锚栓受拉混凝土理想锥体破坏投影面面积 $A^0_{p,N}$应按下列公式计算（图 6.2.6）：

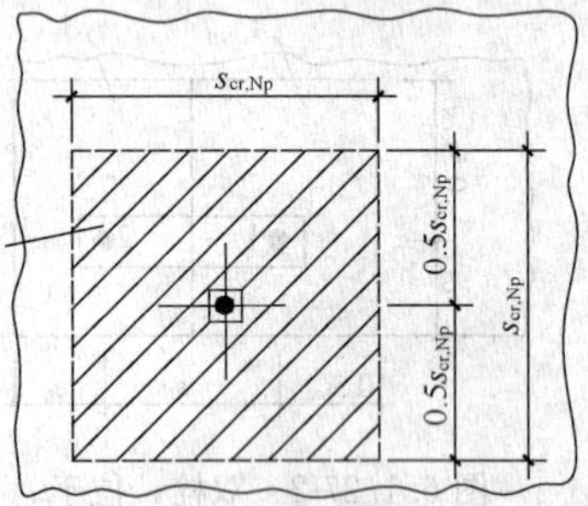

图 6.2.6 单个锚栓的影响面积 $A^0_{p,N}$示意

$$A^0_{p,N} = s^2_{cr,Np} \tag{6.2.6-1}$$

$$s_{cr,Np} = 20d\left(\frac{\tau_{Rk,ucr}}{7.5}\right)^{0.5} \tag{6.2.6-2}$$

式中：$s_{cr,Np}$——无间距效应和边缘效应，混凝土理想锥体破坏，每根锚栓达到受拉承载力标准值的临界间距（mm），$s_{cr,Np}$不应大于 $3h_{ef}$；

$\tau_{Rk,ucr}$——不开裂 C25 混凝土下普通化学锚栓粘结强度标准值（N/mm^2），按本规程第 6.2.5 条取用。

6.2.7 单根锚栓或群锚受拉，混凝土实际锥体破坏投影面面积 $A_{p,N}$，应根据锚栓排列布置情况的不同，分别按下列公式计算：

1 单根锚栓，靠近构件边缘布置，且 c_1 不大于 $c_{cr,Np}$时（图 6.2.7-1）

$$A_{p,N} = (c_1 + 0.5s_{cr,Np})s_{cr,Np} \tag{6.2.7-1}$$

2 双栓，垂直于构件边缘布置，且 c_1 不大于 $c_{cr,Np}$、s_1 不大于 $s_{cr,Np}$时（图 6.2.7-2）

$$A_{p,N} = (c_1 + s_1 + 0.5s_{cr,Np})s_{cr,Np} \tag{6.2.7-2}$$

3 双栓，平行于构件边缘布置，且 c_2 不大于 $c_{cr,Np}$、s_1 不大于 $s_{cr,Np}$时（图 6.2.7-3）

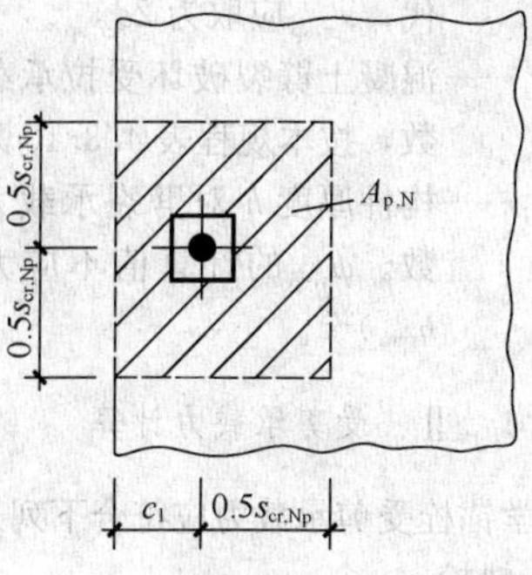

图 6.2.7-1 单栓受拉、靠近构件边缘时的计算面积示意

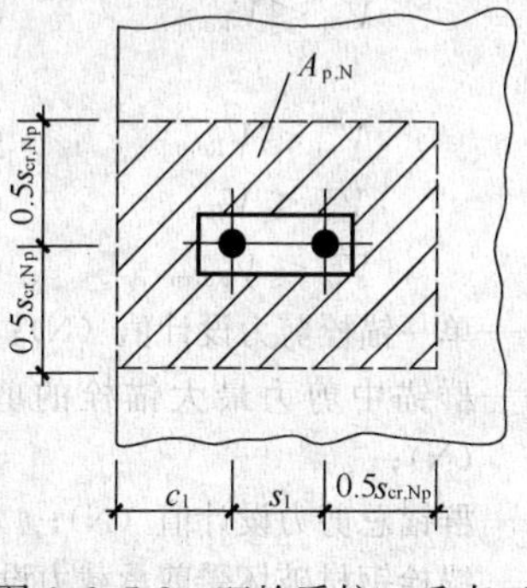

图 6.2.7-2 双栓受拉，垂直于构件边缘时的计算面积示意

$$A_{p,N}=(c_2+0.5s_{cr,Np})(s_1+s_{cr,Np})\tag{6.2.7-3}$$

4 四栓，位于构件角部，且 c_1 不大于 $c_{cr,Np}$、c_2 不大于 $c_{cr,Np}$、s_1 不大于 $s_{cr,Np}$、s_2 不大于 $s_{cr,Np}$ 时（图 6.2.7-4）

$$A_{p,N}=(c_1+s_1+0.5s_{cr,Np})(c_2+s_2+0.5s_{cr,Np})\tag{6.2.7-4}$$

式中：c_1——方向 1 的边距（mm）；

c_2——方向 2 的边距（mm）；

s_1——方向 1 的间距（mm）；

s_2——方向 2 的间距（mm）；

$c_{cr,Np}$——无间距效应及边缘效应，每根锚栓达到受拉承载力标准值的临界边距（mm），应取为 $0.5s_{cr,Np}$。

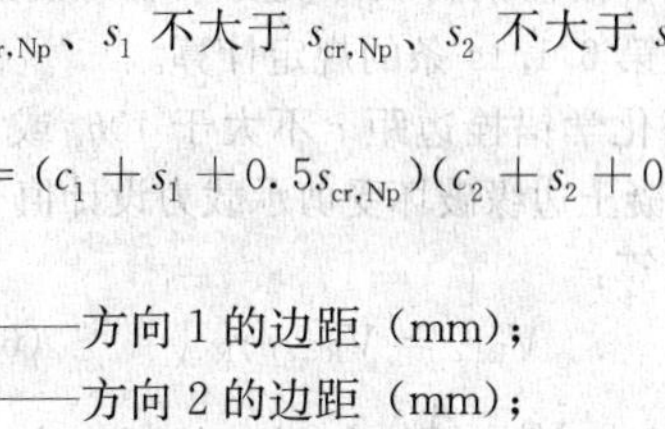

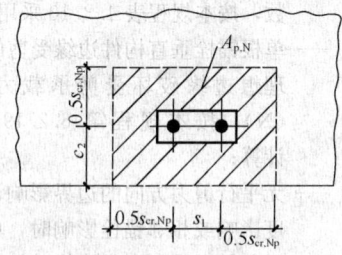

图 6.2.7-3 双栓受拉、平行于构件边缘时的计算面积示意

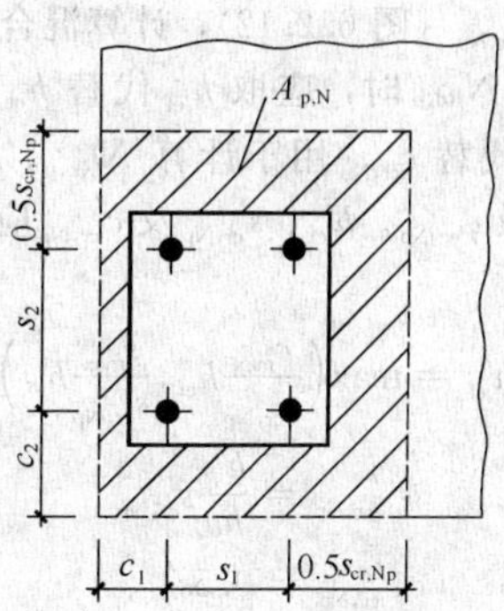

图 6.2.7-4 四栓受拉，位于构件角部的计算面积示意

6.2.8 边距 c 对受拉承载力的影响系数 $\psi_{s,Np}$ 应按下式计算。当 $\psi_{s,Np}$ 的计算值大于 1.0 时，应取 1.0。

$$\psi_{s,Np}=0.7+0.3\frac{c}{c_{cr,Np}}\tag{6.2.8}$$

式中：c——边距（mm），有多个边距时应取最小值。

6.2.9 群锚破坏表面影响系数 $\psi_{g,Np}$ 应按下列公式计算。当 $\psi_{g,Np}$、$\psi^0_{g,Np}$ 的计算值小于 1.0 时，应取 1.0。

$$\psi_{g,Np}=\psi^0_{g,Np}-\left(\frac{s}{s_{cr,Np}}\right)^{0.5}\cdot(\psi^0_{g,Np}-1)\tag{6.2.9-1}$$

$$\psi^0_{g,Np}=\sqrt{n}-(\sqrt{n}-1)\cdot\left(\frac{d\cdot\tau_{Rk}}{k\cdot\sqrt{h_{ef}\cdot f_{cu}}}\right)^{1.5}\tag{6.2.9-2}$$

式中：s——锚栓间距（mm），当 s_1 和 s_2 不同时，应用其平均值代替；

n——群锚锚栓数量；

τ_{Rk}——粘结强度标准值（N/mm²），应按本规程第 6.2.5 条取用；

k——系数。开裂混凝土，k 应取为 2.3；不开裂混凝土，k 应取为 3.2。

6.2.10 荷载偏心对受拉承载力的影响系数 $\psi_{ec,Np}$ 应按下式计算。当 $\psi_{ec,Np}$ 的计算值大于 1.0 时，应取 1.0。当为双向偏心时，$\psi_{ec,Np}$ 应分别按两个方向计算，并取为 $\psi_{(ec,Np)_1}\cdot\psi_{(ec,Np)_2}$。

$$\psi_{ec,Np}=\frac{1}{1+2e_N/s_{cr,Np}}\tag{6.2.10}$$

式中：e_N——受拉锚栓合力点相对于群锚受拉锚栓重心的偏心距（mm）。

6.2.11 表层混凝土因密集配筋的剥离作用对受拉承载力的影响系数 $\psi_{re,Np}$ 应按下式计算。当 $\psi_{re,Np}$ 的计算值大于 1.0 时，应取 1.0。当锚固区钢筋间距 s 不小于 150mm，或钢筋直径 d 不大于 10mm 且 s 不小于 100mm 时，$\psi_{re,Np}$ 应取 1.0。

$$\psi_{re,Np}=0.5+\frac{h_{ef}}{200}\tag{6.2.11}$$

6.2.12 群锚有三个及以上边缘，且锚栓的最大边距

c_{max}不大于 $c_{cr,Np}$（图 6.2.12），计算混合破坏受拉承载力设计值 $N_{Rd,p}$ 时，应取 h'_{ef} 代替 h_{ef}、$s'_{cr,Np}$ 代替 $s_{cr,Np}$、$c'_{cr,Np}$ 代替 $c_{cr,Np}$ 用于计算 $N^0_{Rk,p}$、$A^0_{p,N}$、$A_{p,N}$、$\psi_{s,Np}$、$\psi_{g,Np}$ 及 $\psi_{ec,Np}$。h'_{ef}、$s'_{cr,Np}$ 及 $c'_{cr,Np}$ 应按下列公式计算：

$$h'_{ef} = \max\left(\frac{c_{max}}{c_{cr,Np}}h_{ef}, \frac{s_{max}}{s_{cr,Np}}h_{ef}\right) \quad (6.2.12\text{-}1)$$

$$s'_{cr,Np} = \frac{h'_{ef}}{h_{ef}}s_{cr,Np} \quad (6.2.12\text{-}2)$$

$$c'_{cr,Np} = 0.5s'_{cr,Np} \quad (6.2.12\text{-}3)$$

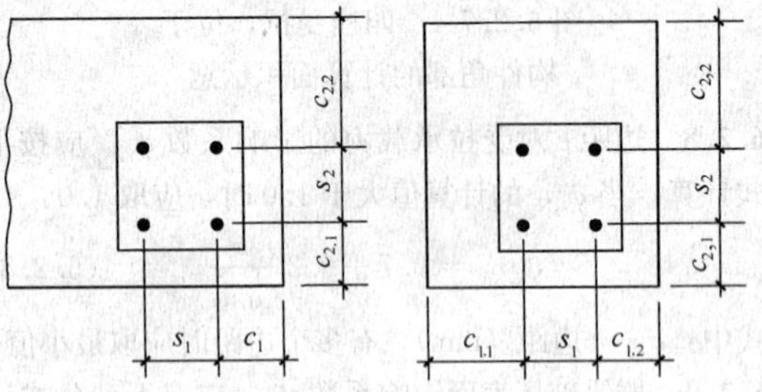

(a) 三个边缘　　(b) 四个边缘

图 6.2.12　有多个边缘影响的群锚示意

6.2.13　锚栓安装过程中不产生劈裂破坏的最小边距 c_{min}、最小间距 s_{min} 及基材最小厚度 h_{min}，应根据锚栓产品的认证报告确定；无认证报告时，在符合相应产品标准及本规程有关规定情况下，可按下列规定取用：

1　c_{min} 取为 h_{ef}；

2　s_{min} 取为 h_{ef}；

3　h_{min} 取为 $2h_{ef}$，且 h_{min} 不应小于 100mm。

6.2.14　当满足下列条件之一时，可不考虑荷载条件下的劈裂破坏：

1　c 不小于 $1.5c_{cr,sp}$ 且 h 不小于 $2h_{min}$，其中 $c_{cr,sp}$ 为基材混凝土劈裂破坏的临界边距，取为 $2h_{ef}$；

2　采用适用于开裂混凝土的锚栓，按照开裂混凝土计算承载力，且考虑劈裂力时基材裂缝宽度不大于 0.3mm。

6.2.15　不满足本规程第 6.2.14 条规定时，应按下列公式计算混凝土劈裂破坏承载力设计值 $N_{Rd,sp}$：

$$N_{Rd,sp} = N_{Rk,sp}/\gamma_{Rsp} \quad (6.2.15\text{-}1)$$

$$N_{Rk,sp} = \psi_{h,sp}N_{Rk,c} \quad (6.2.15\text{-}2)$$

$$\psi_{h,sp} = (h/h_{min})^{2/3} \quad (6.2.15\text{-}3)$$

式中：$N_{Rd,sp}$——混凝土劈裂破坏受拉承载力设计值（N）。

$N_{Rk,sp}$——混凝土劈裂破坏受拉承载力标准值（N）。

$N_{Rk,c}$——混凝土锥体破坏受拉承载力标准值（N），按本规程公式（6.1.3-2）计算。$A^0_{c,N}$、$A_{c,N}$ 及相关系数计算中，$s_{cr,N}$ 和 $c_{cr,N}$ 应分别由 $s_{cr,sp}$ 和 $c_{cr,sp}$ 替代，$s_{cr,sp}$ 应取为 $2c_{cr,sp}$。

γ_{Rsp}——混凝土劈裂破坏受拉承载力分项系数，按本规程表 4.3.10 采用。

$\psi_{h,sp}$——构件厚度 h 对劈裂承载力的影响系数。$\psi_{h,sp}$ 的计算值不应大于 $(2h_{ef}/h_{min})^{2/3}$。

Ⅱ　受剪承载力计算

6.2.16　化学锚栓受剪承载力应符合下列规定：

1　单一锚栓

$$V_{sd} \leqslant V_{Rd,s} \quad (6.2.16\text{-}1)$$

$$V_{sd} \leqslant V_{Rd,c} \quad (6.2.16\text{-}2)$$

$$V_{sd} \leqslant V_{Rd,cp} \quad (6.2.16\text{-}3)$$

2　群锚

$$V^h_{sd} \leqslant V_{Rd,s} \quad (6.2.16\text{-}4)$$

$$V^g_{sd} \leqslant V_{Rd,c} \quad (6.2.16\text{-}5)$$

$$V^g_{sd} \leqslant V_{Rd,cp} \quad (6.2.16\text{-}6)$$

式中：V_{sd}——单一锚栓剪力设计值（N）；

V^h_{sd}——群锚中剪力最大锚栓的剪力设计值（N）；

V^g_{sd}——群锚总剪力设计值（N）；

$V_{Rd,s}$——锚栓钢材破坏受剪承载力设计值（N）；

$V_{Rd,c}$——混凝土边缘破坏受剪承载力设计值（N）；

$V_{Rd,cp}$——混凝土剪撬破坏受剪承载力设计值（N）。

6.2.17　化学锚栓钢材破坏受剪承载力设计值 $V_{Rd,s}$ 应按本规程第 6.1.14 条的规定计算。

6.2.18　当化学锚栓边距 c 不大于 $10h_{ef}$ 或 c 不大于 $60d$ 时，混凝土边缘破坏受剪承载力设计值 $V_{Rd,c}$ 应按下列公式计算：

$$V_{Rd,c} = V_{Rk,c}/\gamma_{Rc,V} \quad (6.2.18\text{-}1)$$

$$V_{Rk,c} = V^0_{Rk,c}\frac{A_{c,V}}{A^0_{c,V}}\psi_{s,V}\psi_{h,V}\psi_{\alpha,V}\psi_{re,V}\psi_{ec,V} \quad (6.2.18\text{-}2)$$

式中：$V_{Rk,c}$——混凝土边缘破坏受剪承载力标准值（N）；

$\gamma_{Rc,V}$——混凝土边缘破坏受剪承载力分项系数，按本规程表 4.3.10 采用；

$V^0_{Rk,c}$——单根锚栓垂直构件边缘受剪的混凝土理想边缘破坏受剪承载力标准值（N），按本规程第 6.2.19 条规定计算；

$A^0_{c,V}$——无平行剪力方向的边界影响、构件厚度影响或相邻锚栓影响时，单根锚栓受剪的混凝土理想边缘破坏在侧向的投影面面积（mm^2），按本规程第 6.1.17 条的规定计算；

$A_{c,V}$——群锚受剪时的混凝土实际边缘破坏在侧向的投影面面积（mm^2），按本规程第 6.1.18 条的规定计算；

$\psi_{s,V}$——边距比 c_2/c_1 对受剪承载力的影响系数，按本规程第 6.1.19 条的规定计算；

$\psi_{h,V}$——边距与厚度比 c_1/h 对受剪承载力的影响系数，按本规程第 6.1.20 条的规定计算；

$\psi_{\alpha,V}$——剪力角度对受剪承载力的影响系数，按本规程第 6.1.21 条的规定计算；

$\psi_{ec,V}$——荷载偏心 e_V 对群锚受剪承载力的影响系数，按本规程第 6.1.22 条的规定计算；

$\psi_{re,V}$——锚固区配筋对受剪承载力的影响系数，按本规程第 6.1.23 条的规定取用。

6.2.19 单根锚栓垂直于构件边缘受剪时，混凝土理想边缘破坏的受剪承载力标准值 $V^0_{Rk,c}$ 应根据锚栓产品的认证报告确定；无认证报告时，在符合相应产品标准及本规程有关规定情况下，可按下列公式计算：

对于开裂混凝土 $$V^0_{Rk,c}=1.35d^{\alpha}h^{\beta}_{ef}\sqrt{f_{cu,k}}c_1^{1.5} \tag{6.2.19-1}$$

对于不开裂混凝土 $$V^0_{Rk,c}=1.9d^{\alpha}h^{\beta}_{ef}\sqrt{f_{cu,k}}c_1^{1.5} \tag{6.2.19-2}$$

$$\alpha=0.1(h_{ef}/c_1)^{0.5} \tag{6.2.19-3}$$

$$\beta=0.1(d/c_1)^{0.2} \tag{6.2.19-4}$$

式中：α——系数；

β——系数；

d——锚栓螺杆直径（mm）。

6.2.20 位于构件角部的群锚，应分别计算两个边缘的受剪承载力设计值，并应取两者中的较小值作为群锚的边缘受剪承载力设计值。

6.2.21 满足下列条件，计算锚栓边缘受剪承载力时，应分别用 c'_1 代替相应公式中的 c_1 计算 $V^0_{Rk,c}$、$A^0_{c,V}$、$A_{c,V}$、$\psi_{s,V}$ 和 $\psi_{h,V}$ 值（图 6.2.21），c'_1 应按式（6.2.21）计算。

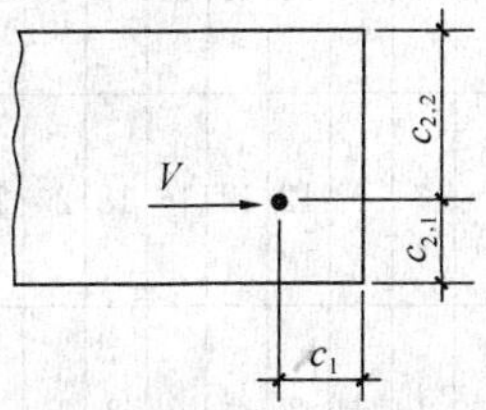

图 6.2.21 有多个边缘影响的锚栓示意

1 后锚固基材厚度 h 小于 $1.5c_1$；

2 平行于剪力作用方向的锚栓边距 $c_{2,1}$ 不大于 $1.5c_1$、$c_{2,2}$ 不大于 $1.5c_1$。

$$c'_1=\max(c_{2,1}/1.5, c_{2,2}/1.5, h/1.5, s_{2,\max}/3) \tag{6.2.21}$$

6.2.22 混凝土剪撬破坏时的受剪承载力设计值 $V_{Rd,cp}$，应按本规程第 6.1.26 条和第 6.1.27 条的规定进行计算。

对于普通化学锚栓，应根据其混合破坏受拉承载力标准值 $N_{Rk,p}$ 及混凝土锥体破坏受拉承载力标准值 $N_{Rk,c}$，采用公式（6.1.26-1）与（6.1.26-2）分别计算混凝土剪撬破坏受剪承载力设计值，并应取二者的较小值作为普通化学锚栓混凝土剪撬破坏受剪承载力设计值 $V_{Rd,cp}$。

Ⅲ 拉剪复合受力承载力计算

6.2.23 弹性设计时，拉剪复合受力下化学锚栓的承载力设计值应按本规程第 6.1.28 条和第 6.1.29 条的规定进行计算。

6.3 植 筋

6.3.1 单根植筋锚固的锚固深度设计值和受拉承载力设计值应符合下列规定：

$$l_d \geqslant \psi_N \psi_{ae} l_s \tag{6.3.1-1}$$

$$N^b_t = f_y A_s \tag{6.3.1-2}$$

式中：N^b_t——植筋钢材受拉承载力设计值（N）；

f_y——植筋用钢筋的抗拉强度设计值（N/mm^2）；

A_s——钢筋截面面积（mm^2）；

l_d——植筋锚固深度设计值（mm）；

l_s——植筋的基本锚固深度（mm），按本规程第 6.3.2 条计算；

ψ_N——考虑各种因素对植筋受拉承载力影响而需加大锚固深度的修正系数，按本规程第 6.3.4 条计算；

ψ_{ae}——考虑植筋位移延性要求的修正系数；当混凝土强度等级不高于 C30 时，对 6 度区及 7 度区Ⅰ、Ⅱ类场地，应取 1.1；对 7 度区Ⅲ、Ⅳ类场地及 8 度区，应取 1.25；当混凝土强度等级高于 C30 时，应取 1.0。

6.3.2 植筋的基本锚固深度 l_s 应按下式计算：

$$l_s = 0.2\alpha_{spt} d f_y / f_{bd} \tag{6.3.2}$$

式中：α_{spt}——考虑混凝土劈裂影响的计算系数。当植筋表面至构件表面的最小距离 c 不大于 $5d$ 时，按表 6.3.2 取用；当植筋表面至构件表面的最小距离 c 大于 $5d$ 时，α_{spt} 应取 1.0；

d——植筋公称直径（mm）；

f_{bd}——植筋用胶粘剂的粘结强度设计值（N/mm^2），按本规程表 6.3.3 取用。

表 6.3.2 考虑混凝土劈裂影响的计算系数 α_{spt}

植筋表面至构件表面的最小距离 c（mm）		25		30		35	≥40
横向钢筋	直径 d（mm）	6	8或10	6	8或10	≥6	≥6
	间距 s（mm）	在植筋锚固深度范围内，s 不应大于100mm					
植筋直径 d（mm）	≤20	1.00		1.00		1.00	1.00
	25	1.10	1.05	1.05	1.00	1.00	1.00
	32	1.25	1.15	1.15	1.10	1.10	1.05

注：在植筋锚固深度范围内横向钢筋间距 s 大于100mm时，应进行加固。

6.3.3 构件的混凝土保护层厚度不低于现行国家标准《混凝土结构设计规范》GB 50010的规定时，植筋用胶粘剂的粘结强度设计值 f_{bd} 可按表6.3.3规定值取用。当基材混凝土强度等级大于C30，且使用快固型胶粘剂时，表中的 f_{bd} 值应乘以0.8的折减系数。

表 6.3.3 粘结强度设计值 f_{bd}（N/mm²）

粘结剂等级	构造条件	混凝土强度等级				
		C20	C25	C30	C40	≥60
A级胶、B级胶或无机类胶	$s \geqslant 5d$ $c \geqslant 2.5d$	2.3	2.7	3.7	4.0	4.5
A级胶	$s \geqslant 6d$ $c \geqslant 3d$	2.3	2.7	4.0	4.5	5.0
	$s \geqslant 7d$ $c \geqslant 3.5d$	2.3	2.7	4.5	5.0	5.5

注：1 表中 s 为植筋间距；c 为植筋边距；
2 表中 f_{bd} 值仅适用于带肋钢筋的粘结锚固。

6.3.4 考虑各种因素对植筋受拉承载力影响的锚固深度修正系数 ψ_N 应按下式计算：

$$\psi_N = \psi_{br}\psi_W\psi_T \tag{6.3.4}$$

式中：ψ_{br}——考虑结构构件受力状态对承载力影响的系数：当为悬挑结构构件时，宜取1.5；当为非悬挑的重要构件接长时，宜取1.15；当为其他构件时，宜取1.0；

ψ_W——混凝土孔壁潮湿影响系数。对耐潮湿型粘胶剂，应按产品说明书的规定值采用，且不应低于1.1；

ψ_T——使用环境的温度影响系数。当温度 T 不大于50℃时，应取1.0；当温度 T 大于50℃时，应采用耐高温胶粘剂，ψ_T 应由试验确定。

6.3.5 植筋锚固长度不满足本规程第6.3.1条的要求时，可按化学锚栓的有关规定进行设计。

6.3.6 植筋连接的锚固深度应经设计计算确定。

7 构造措施

7.1 锚 栓

7.1.1 混凝土基材的厚度 h 应符合下列规定：

1 对于膨胀型锚栓和扩底型锚栓，h 不应小于 $2h_{ef}$，且 h 应大于100mm。h_{ef} 为锚栓的有效埋置深度。

2 对于化学锚栓，h 不应小于 $h_{ef}+2d_0$，且 h 应大于100mm。d_0 为钻孔直径。

7.1.2 群锚锚栓最小间距 s 和最小边距 c，应根据锚栓产品的认证报告确定；当无认证报告时，应符合表7.1.2的规定。锚栓最小边距 c 尚不应小于最大骨料粒径的2倍。

表 7.1.2 锚栓最小间距 s 和最小边距 c

锚栓类型	最小间距 s	最小边距 c
位移控制式膨胀型锚栓	$6d_{nom}$	$10d_{nom}$
扭矩控制式膨胀型锚栓	$6d_{nom}$	$8d_{nom}$
扩底型锚栓	$6d_{nom}$	$6d_{nom}$
化学锚栓	$6d_{nom}$	$6d_{nom}$

注：d_{nom} 为锚栓外径。

7.1.3 锚栓不应布置在混凝土保护层中，有效锚固深度 h_{ef} 不应包括装饰层或抹灰层。

7.1.4 承重结构用的锚栓，其公称直径不应小于12mm，锚固深度 h_{ef} 不应小于60mm。

7.1.5 承受扭矩的群锚，应采用胶粘剂将锚板上的锚栓孔间隙填充密实。

7.1.6 锚板孔径 d_f 应满足表7.1.6的要求。

表 7.1.6 锚板孔径及最大间隙允许值

锚栓 d 或 d_{nom}（mm）	6	8	10	12	14	16	18	20	22	24	27	30
锚板孔径 d_f（mm）	7	9	12	14	16	18	20	22	24	26	30	33
最大间隙［Δ］（mm）	1	1	2	2	2	2	2	2	2	2	3	3

7.1.7 化学锚栓的最小锚固深度应满足表7.1.7的要求。

表 7.1.7 化学锚栓最小锚固深度

化学锚栓直径 d (mm)	最小锚固深度 (mm)
≤10	60
12	70
16	80
20	90
≥24	$4d$

7.2 植筋

7.2.1 植筋的最小锚固长度 l_{min}，对受拉钢筋，应取 $0.3l_s$、$10d$ 和 100mm 三者之间的最大值；对受压钢筋，应取 $0.6l_s$、$10d$ 和 100mm 三者之间的最大值；对悬挑构件尚应乘以 1.5 的修正系数。l_s 为植筋的基本锚固深度，d 为钢筋直径。

7.2.2 基材在植筋方向的最小尺寸 h_{min} 应满足下式要求：

$$h_{min} \geqslant l_d + 2D \tag{7.2.2}$$

式中：D——钻孔直径，宜按表 7.2.2 的规定取用。

表 7.2.2 钢筋直径与对应的钻孔直径

钢筋直径 d (mm)	钻孔直径 D (mm)	
	有机胶	无机胶
8	12	≥12
10	14	≥14
12	16	≥16
14	18	≥18
16	20	≥20
18	22	≥24
20	25	≥26
22	28	≥28
25	32	≥32
28	35	≥36
32	40	≥40

7.2.3 植筋与混凝土边缘距离不宜小于 $5d$，且不宜小于 100mm。当植筋与混凝土边缘之间有垂直于植筋方向的横向钢筋，且横向钢筋配筋量不小于 $\phi 8@100$ 或其等量截面积，植筋锚固深度范围内横向钢筋不少于 2 根时，植筋与边缘的最小距离可适当减少，但不应小于 50mm。植筋间距不应小于 $5d$。d 为钢筋直径。

8 抗震设计

8.1 一般规定

8.1.1 后锚固技术适用于设防烈度 8 度及 8 度以下地区以钢筋混凝土、预应力混凝土为基材的后锚固连接。在承重结构中采用后锚固技术时宜采用植筋；设防烈度不高于 8 度（$0.2g$）的建筑物，可采用后扩底锚栓和特殊倒锥形化学锚栓。

8.1.2 抗震设防区结构构件连接时，膨胀型锚栓不应作为受拉、边缘受剪和拉剪复合受力连接件。

8.1.3 在抗震设防区应用的锚栓应符合下列规定：

1 应采用适用于开裂混凝土的锚栓，并应进行裂缝反复开合下锚栓承载能力检测；

2 应进行抗震性能适用检测。

8.1.4 机械锚栓的抗震性能应符合现行行业标准《混凝土用膨胀型、扩孔型建筑锚栓》JG 160 的有关规定。

8.1.5 化学锚栓的抗震性能应按附录 B 的规定进行检验，并应符合下列规定：

1 抗拉锚固系数 α 不应小于 0.80，滑移系数 γ 不应小于 0.70，抗拉承载力变异系数 ν_N 不应大于 0.30；

2 剩余抗剪承载力与 C25 非开裂混凝土下基本抗剪性能试验的抗剪承载力平均值 $V^{r}_{Ru,m}$ 的比值不应小于 0.80。

8.1.6 在抗震设防区应用植筋时应符合下列规定：

1 应进行开裂混凝土及裂缝反复开合下植筋承载能力检测，试验时植筋锚固深度应取基本锚固深度 l_s，试验方法应符合本规程附录 B 的规定，试验时所植钢筋应达到实际屈服强度；

2 应进行抗震性能适用检测，试验时植筋锚固深度应取基本锚固深度 l_s，试验方法应符合本规程附录 B 的规定，试验时所植钢筋应达到实际屈服强度。

8.1.7 锚栓螺杆及植筋钢筋的抗拉强度实测值与屈服强度实测值的比值不应小于 1.25；屈服强度实测值与屈服强度标准值的比值不应大于 1.3，且在最大拉力下的总伸长率实测值不应小于 9%。

8.1.8 抗震设计的锚栓，除应符合本规程第 7 章有关规定外，宜布置在构件的受压区或不开裂区。

8.1.9 后锚固连接不应位于基材混凝土结构塑性铰区。

8.1.10 后锚固连接破坏应控制为锚栓钢材受拉延性破坏或连接构件延性破坏。

8.1.11 后锚固连接抗震验算时，混凝土基材应按开裂混凝土计算。

8.2 抗震承载力验算

8.2.1 锚固连接地震作用内力计算应按现行国家标

准《建筑抗震设计规范》GB 50011 进行；地震作用下锚固连接承载力的计算应根据本规程第 4.3.5 条考虑锚固承载力降低系数。

8.2.2 后锚固连接控制为锚栓钢材受拉延性破坏时，应满足下列要求：

1 单个锚栓

$$kN_{\mathrm{Rk,min}} \geqslant 1.2\frac{f_{\mathrm{stk}}}{f_{\mathrm{yk}}}N_{\mathrm{Rk,s}} \quad (8.2.2\text{-}1)$$

群锚

$$\frac{f_{\mathrm{yk}}N_{\mathrm{sk}}^{\mathrm{h}}}{1.2f_{\mathrm{stk}}N_{\mathrm{Rk,s}}} \geqslant \frac{N_{\mathrm{sk}}^{\mathrm{g}}}{kN_{\mathrm{Rk,min}}} \quad (8.2.2\text{-}2)$$

式中：$N_{\mathrm{Rk,s}}$——锚栓钢材破坏受拉承载力标准值；

$N_{\mathrm{Rk,min}}$——混凝土破坏受拉承载力标准值，取 $N_{\mathrm{Rk,c}}$、$N_{\mathrm{Rk,sp}}$ 和 $N_{\mathrm{Rk,p}}$ 的最小值；

$N_{\mathrm{sk}}^{\mathrm{h}}$——群锚中拉力最大锚栓的拉力标准值；

$N_{\mathrm{sk}}^{\mathrm{g}}$——群锚受拉区总拉力标准值；

k——地震作用下锚固承载力降低系数。

2 锚栓应具有不小于 $8d$ 的延性伸长段（图 8.2.2）并应采取措施保证不发生屈曲破坏；

3 当锚栓采用非全螺纹螺杆且螺纹部分未采用镦粗等工艺增强时，螺杆极限抗拉强度应大于屈服强度的 1.3 倍；采用镦粗等工艺增强的螺纹长度不应计入延性伸长段。

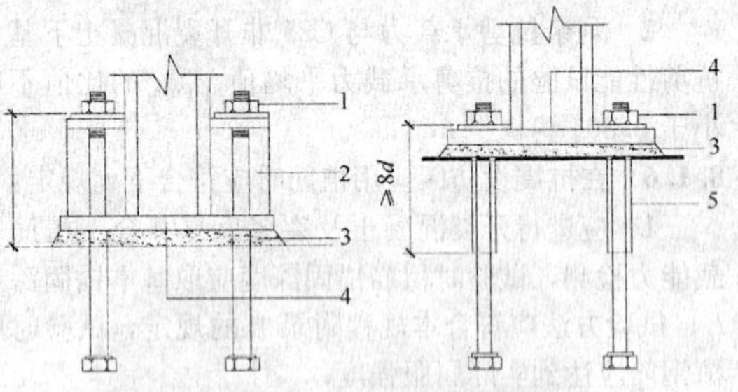

图 8.2.2 锚栓延性伸长段示意图

1—螺母；2—锚固撑脚；3—砂浆垫层；4—锚板；5—套筒

8.2.3 后锚固连接控制为连接构件延性破坏时，应满足下式要求：

$$\eta_{\mathrm{b}}R_{\mathrm{L}} \leqslant kR_{\mathrm{d}}/\gamma_{\mathrm{RE}} \quad (8.2.3)$$

式中：R_{L}——连接构件承载力设计值，应按实际结构、实际截面、实配钢筋和材料强度设计值计算的承载力设计值；

R_{d}——锚固承载力设计值；

η_{b}——增大系数；当抗震设防烈度分别为 6、7、8 度时，η_{b} 宜分别取 1.0，1.1，1.2；

k——地震作用下锚固承载力降低系数。

8.3 抗震构造措施

8.3.1 抗震锚固连接锚栓的最小有效锚固相对深度宜满足表 8.3.1 的规定；当有充分试验依据及可靠工程经验并经国家指定机构认证许可时，可不受其限制。

表 8.3.1 锚栓最小有效锚固相对深度 $h_{\mathrm{ef,min}}/d$

锚栓类型	设防烈度	$h_{\mathrm{ef,min}}/d$
扩底型锚栓	6	4
	7	5
	8	6
膨胀型锚栓	6	5
	7	6
	8	7
普通化学锚栓	6～8	7
特殊倒锥形化学锚栓	6～8	6

8.3.2 新建工程采用锚栓锚固连接时，可在锚固区预设钢筋网，钢筋直径不应小于 8mm。锚固连接根据本规程第 4.3.3 条判定为重要的锚固时，钢筋间距不应大于 100mm；一般的锚固时，钢筋间距不宜大于 150mm。

9 锚固施工与验收

9.1 一般规定

9.1.1 后锚固产品进场时，应按合同核对其型号、规格、数量等。锚栓或钢筋及胶粘剂的类别和规格应符合设计要求。锚栓和胶粘剂应有产品制造商提供的产品合格证书、使用说明书、检测报告或认证报告。

9.1.2 后锚固产品进场后，应按下列规定进行进场检验：

1 外观检查

锚栓：应从每批产品中抽取 5%且不应少于 10 套样品，检查外形尺寸、表面裂纹、锈蚀或其他局部缺陷。外形尺寸应符合产品质保书所示的尺寸范围，且表面不应有裂纹、锈蚀或其他局部缺陷。当有下列情况之一时，本批产品应逐套检查，合格者方可进入后续检验：

1）当有 1 件不符合要求时，应另取双倍数量的样品重做检查，仍有 1 件不合格；

2）当有 1 件表面有裂纹、锈蚀或其他局部缺陷。

胶粘剂：外观质量应无结块、分层或沉淀，胶粘剂应全数检查，合格者方可进入后续检验。

2 力学性能试验

1）锚栓应进行螺杆的受拉性能试验。试验时，同种规格每5000个为一个检验批，不足5000个按一个检验批计算，每批抽检3根。锚栓螺杆受拉性能应满足本规程第3.2.3条、第3.2.4条和第3.2.5条的要求。当试验结果中有一件不合格时，应加倍取样并重新试验，若仍有一件不合格，该批产品应判定为不合格。

2）胶粘剂应进行C30混凝土的约束拉拔条件下带肋钢筋与混凝土的粘结强度试验。试验时，每种规格的产品应抽样一组，并按现行行业标准《混凝土结构工程用锚固胶》JG/T 340的有关要求进行试验。

9.1.3 锚固区基材应符合下列规定：

1 基材上的抹灰层、装饰层、附着物、油污应清除干净；

2 基材表面应坚实、平整，不应有蜂窝、麻面等局部缺陷。

9.1.4 锚栓或植筋施工前，宜检测基材原钢筋的位置，钻孔不得损伤原钢筋。当设计孔位与钢筋相碰或锚栓完全处于混凝土保护层内时，应通知设计单位，采取相应的措施。

9.1.5 锚栓或植筋的锚孔可采用压缩空气、吸尘器、手动气筒及专用毛刷等工具，清理孔内粉尘。锚孔清孔完成后，若未立即安装锚栓或植筋，应暂时封闭其孔口。临近锚固区的废弃锚孔应采用高强度无收缩砂浆填充密实。

9.1.6 锚板制作时，宜根据实际锚栓位置钻孔，锚板孔径应符合本规程第7.1.6条的要求。锚板孔径大于本规程表7.1.6的允许值，且最大间隙不大于本规程表7.1.6中最大间隙的2倍时，应采用胶粘剂将空隙处填充密实。

9.1.7 锚栓的安装工艺及工具应符合产品说明书的要求，操作人员应经过专门的技能培训和安全技术交底。

9.1.8 施工单位应对锚固材料的运输、储存与使用进行专门管理。

9.1.9 施工人员应加强劳动保护，配备安全帽、工作服、胶皮手套、护目镜、口罩等劳保用品。

9.2 膨胀型锚栓施工

9.2.1 膨胀型锚栓，应根据设计选型和后锚固连接构造的不同，分别采用预插式安装（图9.2.1a）、贯穿式安装（图9.2.1b）或离开基面的安装（图9.2.1c）。

9.2.2 膨胀型锚栓的施工工序应符合下列规定：

1 基材表面清理、原结构或构件修整、放样定位；

2 锚栓钻孔、清孔和安装；

3 锚固质量检验。

9.2.3 锚孔应按照设计位置进行定位，不满足设计要求时，应及时通知设计单位修改设计。

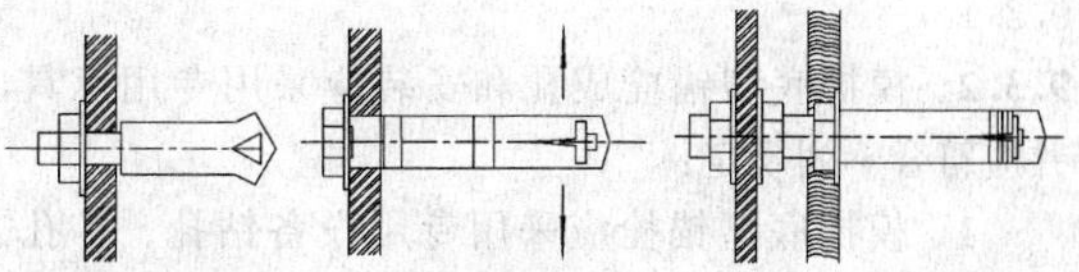

(a) 预插式安装　(b) 贯穿式安装　(c) 离开基面的安装

图9.2.1 锚栓安装方式示意

9.2.4 膨胀型锚栓钻孔质量及其直径允许偏差应满足表9.2.4-1、表9.2.4-2的要求。

表9.2.4-1 锚栓钻孔质量要求

序号	检查项目	允许偏差
1	锚孔深度（mm）	+5 0
2	锚孔垂直度	±2%
3	锚孔位置（mm）	±5

表9.2.4-2 锚栓钻孔直径允许偏差（mm）

钻孔直径	允许偏差	钻孔直径	允许偏差
≤14	+0.3 0	30～32	+0.6 0
16～22	+0.4 0	34～37	+0.7 0
24～28	+0.5 0	≥40	+0.8 0

9.2.5 膨胀型锚栓应按照设计和产品说明书的规定进行安装，并应符合下列规定：

1 扭矩控制式膨胀型锚栓应采用扭矩扳手施加扭矩；

2 贯穿式安装的锚栓，在锚栓安装前，应先将锚板定位且对准锚栓孔后再进行锚栓的安装；

3 膨胀型锚栓的控制扭矩、锚固深度和控制位移允许偏差应符合设计和产品说明书的规定，当无具体要求时，应满足表9.2.5的要求。

表9.2.5 锚固质量要求

锚栓种类	控制扭矩允许偏差	锚固深度允许偏差（mm）	控制位移允许偏差（mm）
扭矩控制式膨胀型锚栓	±10%	+5 0	—
位移控制式膨胀型锚栓	—	+5 0	+2 0

9.3 扩底型锚栓施工

9.3.1 扩底型锚栓，应根据设计选型和后锚固连接构造的不同，分别采用预插式安装（图9.2.1a）、贯穿式安装（图9.2.1b）或离开基面的安装（图

9.2.1c)。

9.3.2 模扩底型锚栓成孔和安装应采用专用工具，并应符合下列规定：

1 模扩底型锚栓应采用专用设备钻孔、扩孔、清孔后，应量测锚孔孔深、孔径及扩孔直径，合格后方可安装锚栓；

2 锚栓放入锚孔之后，应量测锚栓的钢筒和螺杆相对于基面的外露长度，满足要求后将锚栓钢筒击打到位。锚栓钢筒安装到位后，应复测钢筒与基面的距离，满足要求后再安装锚固件。

9.3.3 自扩底型锚栓钻孔和安装应符合下列规定：

1 自扩底型锚栓钻孔、清孔完成后，可用游标卡尺或钢尺量测锚孔孔深，满足产品的使用说明书要求后方可安装自扩底锚栓；

2 自扩底型锚栓实施扩孔施工时，应使用专用工具；

3 自扩底型锚栓扩底的控制应以专用工具上的控制线为依据。

9.3.4 扩底型锚栓的锚孔质量、直径允许偏差，应满足本规程表 9.2.4-1、表 9.2.4-2 的要求。

9.3.5 扩底型锚栓的锚固深度允许偏差应符合设计和产品说明书的规定，当无具体要求时，应满足本规程表 9.2.5 的要求。

9.4 化学锚栓施工

9.4.1 化学锚栓应按照设计和产品说明书规定的工序进行施工。在产品说明书规定的安装方向下安装时，锚栓和钻孔之间的空隙应填充密实，锚栓安装后不应产生锚固胶的流失，固化时间内螺杆不应有明显位移。

9.4.2 化学锚栓安装时，基材等效养护龄期应超过 600℃·d；表面温度和孔内表层含水率应符合设计和锚固胶使用说明书要求，无明确要求时，基材表面温度不应低于 15℃；化学锚栓的施工严禁在大风、雨雪天气露天进行。

9.4.3 化学锚栓钻孔应符合下列规定：

1 锚栓规格和对应的钻孔孔径应符合设计和产品说明书的规定；无具体要求时，应满足表 9.4.3 的要求。

表 9.4.3 化学锚栓规格和钻孔孔径

化学锚栓规格	钻孔孔径（mm）
M8	10
M10	12
M12	14
M16	18
M20	24
M24	28
M27	32
M30	35
M33	37
M36	42
M39	45

2 钻孔深度允许偏差应为 $^{+10}_{0}$ mm，锚孔垂直度、位置、直径允许偏差，应满足本规程表 9.2.4-1、表 9.2.4-2 的要求。

9.4.4 锚固胶应符合下列规定：

1 锚固胶应采用锚栓配套产品，锚固胶的质量应满足本规程第 3 章的有关要求。

2 采用现场调制的锚固胶时，应在无尘土的室内进行，并应按照产品说明书规定的配合比和工艺要求执行，且应有专人负责。

3 调胶时应根据现场温度和化学锚栓数量确定每次拌合量；拌合好的胶液应色泽均匀、无结块和气泡；在锚固胶调制和使用过程中，应防止灰尘、油、水等杂质混入，并应按规定的操作时间完成化学锚栓的安装。

9.4.5 化学锚栓清孔应满足本规程第 9.1.5 条的要求，且应符合下列规定：

1 锚孔内应无浮动灰尘、碎屑，产品有要求时尚应用工业丙酮清洗孔壁；

2 除产品试验报告及产品说明书有规定外，锚孔应保持干燥；

3 锚孔内干燥度不满足锚固胶的使用要求时，应对锚孔进行干燥处理。

9.4.6 注胶施工应符合下列规定：

1 应采用专用的注胶桶或送胶棒，注胶前，应先将注射筒内胶体挤出一部分，待出胶均匀后方可入孔；

2 采用自动搅拌注射混合包装的锚固胶时，应按产品说明书规定的工艺进行操作，注胶前应经过试操作，若试操作结果表明该自动搅拌器搅拌的胶体不均匀，应予以弃用；

3 锚孔深度大于 200mm 时，可采用混合管延长器注胶；

4 注胶应从孔底向外均匀、缓慢地进行，应注意排除孔内的空气，注胶量应以植入锚栓后略有胶液被挤出为宜；

5 不应采用将螺杆从胶桶中粘胶直接塞进孔洞的施工方法。

9.4.7 化学锚栓安装施工应符合下列规定：

1 采用厂家定型锚固胶管时，应采用与产品配套的安装工具配合安装，安装时应严格按产品要求控制锚栓的安装深度，旋插到规定深度后应立即停止；

2 采用组合式锚固胶或AB组分的锚固胶时，锚栓应按照单一方向旋入锚孔，达到规定的深度；

3 从注胶到化学锚栓安装完成的时间，不应超过产品说明书规定的适用期，否则应清除锚固胶，按照原工序重新安装；

4 植入的锚栓应立即校正方向，并应保证植入的锚栓处于孔洞的中心位置；

5 锚栓安装完成，在满足产品规定的固化温度和对应的静置固化时间后，方可进行下道工序施工。

9.4.8 化学锚栓锚固深度允许偏差应为$^{+10}_{0}$mm。

9.5 植 筋 施 工

9.5.1 植筋施工时，基材表面温度和孔内表层含水率应符合设计和胶粘剂使用说明书要求，无明确要求时，基材表面温度不应低于15℃；植筋施工严禁在大风、雨雪天气露天进行。

9.5.2 植筋钻孔应符合下列规定：

1 植筋钻孔前，应认真进行孔位的放样和定位，经核对无误后方可进行钻孔作业；

2 植筋钻孔孔径允许偏差应满足表9.5.2-1的要求；钻孔深度、垂直度和位置允许偏差应满足表9.5.2-2的要求。

表9.5.2-1 植筋钻孔孔径允许偏差（mm）

钻孔直径	允许偏差	钻孔直径	允许偏差
＜14	$^{+1.0}_{0}$	22～32	$^{+2.0}_{0}$
14～20	$^{+1.5}_{0}$	34～40	$^{+2.5}_{0}$

表9.5.2-2 植筋钻孔深度、垂直度和位置允许偏差

序号	植筋部位	允许偏差		
		钻孔深度（mm）	垂直度（%）	钻孔位置（mm）
1	基础	$^{+20}_{0}$	±5	±10
2	上部构件	$^{+10}_{0}$	±3	±5
3	连接节点	$^{+5}_{0}$	±1	±3

9.5.3 植筋钻孔的清孔、胶粘剂配制和植筋应符合本规程第9.4.4条～第9.4.7条的规定。

9.5.4 植筋钢筋在使用前，应清除表面的浮锈和污渍。

9.5.5 植筋的锚固深度允许偏差应满足表9.5.2-2钻孔深度允许偏差的要求。

9.5.6 植筋钢筋宜采用机械连接接头，也可采用焊接连接，连接接头的性能应符合国家现行相关标准的规定。采用焊接接头时，应符合下列规定：

1 焊接宜在注胶前进行，确需后焊接时，应进行同条件焊接后现场破坏性检验；

2 焊接施工时，应断续施焊，施焊部位距离注胶孔顶面的距离不应小于$20d$，且不应小于200mm，同时应用水浸渍多层湿巾包裹植筋外露部分，钢筋根部的温度不应超过胶粘剂产品说明书规定的最高短期温度；

3 焊接时，不应将焊接的接地线连接到植筋的根部。

9.6 质量检查与验收

9.6.1 后锚固质量检查应包括下列内容：

1 文件资料；

2 锚栓、胶粘剂的类别和规格；

3 基材混凝土；

4 锚孔或植筋孔质量和数量；

5 锚固质量。

9.6.2 文件资料检查应包括下列内容：

1 设计图纸及相关文件；

2 锚栓或钢筋的质量证明书、出厂合格证、产品说明书及检测报告或认证报告等；

3 胶粘剂的质量证明书、检测报告出厂合格证和使用说明书等，其中应有主要组成及性能指标、生产日期、产品标准号等；

4 后锚固施工记录，以及相关检查结果文件；

5 进场复试报告等。

9.6.3 锚孔质量检查应包括下列内容：

1 锚孔的位置、直径、孔深和垂直度。模扩底锚栓还应检查扩孔部分的直径和深度；自扩底锚栓还应检查钢筒位置控制线。

2 锚孔的清孔质量。

3 锚孔周围混凝土是否存在缺陷，是否已基本干燥，环境温度是否符合要求。

9.6.4 后锚固质量检验应符合下列规定：

1 基本要求

1）锚栓、胶粘剂的类别和规格应满足设计要求；

2）基材混凝土强度、表面清理和缺陷修复应满足本规程第9.1.3条的要求；

3）膨胀型锚栓、扩底型锚栓、化学锚栓的施工工艺应符合产品说明书和相关规范要求；

4）膨胀型锚栓和扩底型锚栓的位置、锚固深度、控制扭矩或控制位移等应满足设计和产品说明书的要求；

5）化学锚栓和植筋的位置、尺寸及垂直度应满足设计和产品说明书的要求。

2 外观检查

1）基材表面应坚实、平整，锚固部位的原构件混凝土不应有局部缺陷；

2）基材上不应有结构抹灰层、装饰层和严重的裂缝；

3）在锚固深度的范围内，锚孔干燥度应满足产品说明书的要求；

4）锚栓或植筋钢筋安装前，应彻底清理锚栓或钢筋表面的附着物或污渍；

5）锚孔清孔后，锚孔和基面内应无残留的粉尘和碎屑；

6）安装后的锚栓或植筋的外观应整齐洁净。

3 实测项目

实测项目的规定值或允许偏差、检验方法和检查数量，应满足表 9.6.4 的要求。

表 9.6.4 后锚固实测项目

项次	检查项目	检测依据	检验方法	检查数量
1	锚孔或植筋孔检查	本规程第 9.2.4 条、第 9.3.4 条、第 9.4.3 条、第 9.5.2 条	钢尺、探针、游标卡尺	每种规格随机抽检 5%，且不少于 5 个
2	扩底型锚栓扩孔检查	本规程第 9.3.2 条、第 9.3.3 条	游标卡尺、专用工具	
3	膨胀型锚栓锚固质量检查	本规程第 9.2.5 条	扭矩扳手、游标卡尺、钢尺	
4	锚固承载力检验	本规程附录 C		

9.6.5 后锚固工程验收应提供下列文件：

1 设计文件；

2 胶粘剂和锚栓的产品质量证明书或出厂合格证、产品说明书及检测报告或认证报告，产品的进场见证复验报告；

3 锚固安装工程施工记录；

4 后锚固工程质量检查记录表，可按本规程附录 D 采用；

5 锚固承载力现场检验报告；

6 后锚固分项工程质量验收记录；

7 工程重大问题处理记录；

8 其他有关文件记录。

9.6.6 后锚固工程施工质量不合格时，应由施工单位制定补救措施，经设计单位确认后实施，并应重新检查、验收。

附录 A 常用锚栓类型及破坏模式

A.1 常用锚栓类型

A.1.1 机械锚栓是指利用锚栓与锚孔之间的摩擦作用或锁键作用形成锚固的锚栓。机械锚栓按照其适用范围可分为两种：适用于开裂混凝土和不开裂混凝土的机械锚栓及适用于不开裂混凝土的机械锚栓；按照其工作原理可分为两类：膨胀型锚栓和扩底型锚栓。

A.1.2 膨胀型锚栓是指利用膨胀件挤压锚孔孔壁形成锚固作用的锚栓（图 A.1.2-1、图 A.1.2-2）。

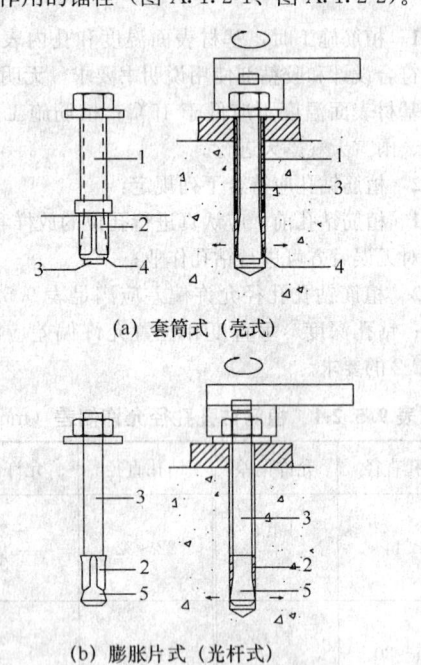

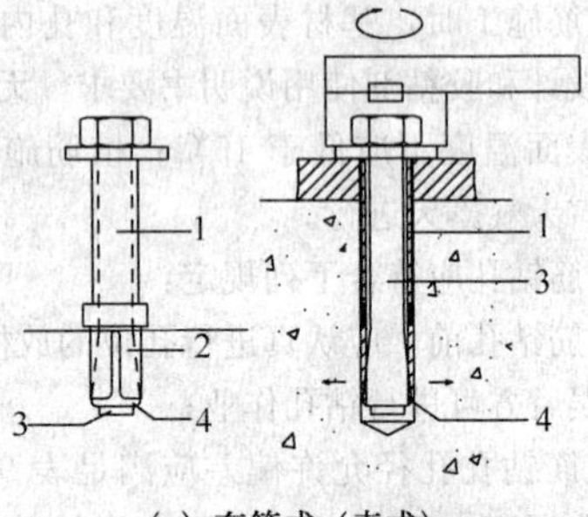

(a) 套筒式（壳式）

(b) 膨胀片式（光杆式）

图 A.1.2-1 扭矩控制式膨胀型锚栓示意

1—套筒；2—膨胀片；3—螺杆；4—内螺纹活动锥；5—膨胀锥头

A.1.3 扩底型锚栓是指通过锚孔底部扩孔与锚栓膨胀件之间的锁键形成锚固作用的锚栓。根据扩孔工序的先后，扩底型锚栓可分为模扩底普通锚栓和自扩底专用锚栓（图 A.1.3）。

A.1.4 化学锚栓是指由金属螺杆和锚固胶组成，通过锚固胶形成锚固作用的锚栓。化学锚栓按照其适用范围可分为两种：适用于开裂混凝土和不开裂混凝土的化学锚栓及适用于不开裂混凝土的化学锚栓。按照受力机理可分为两种：普通化学锚栓和特殊倒锥形化学锚栓（图 A.1.4）。特殊倒锥形化学锚栓，在安装时通过锚固胶与倒锥形螺杆之间滑移可形成类似于机械锚栓的膨胀力。

A.1.5 植筋是指以专用的有机或无机胶粘剂将带肋钢筋或全螺纹螺杆种植于混凝土基材中的一种后

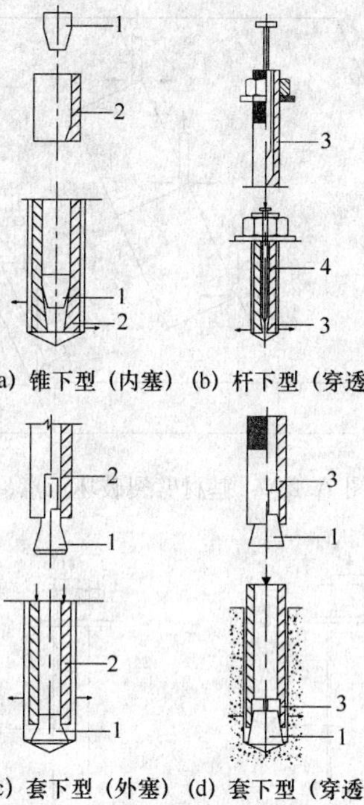
(a) 锥下型（内塞） (b) 杆下型（穿透式）

(c) 套下型（外塞） (d) 套下型（穿透式）

图 A.1.2-2 位移控制式膨胀型锚栓示意
1—膨胀锥；2—内螺纹膨胀套筒；3—外螺纹膨胀套筒；4—膨胀杆

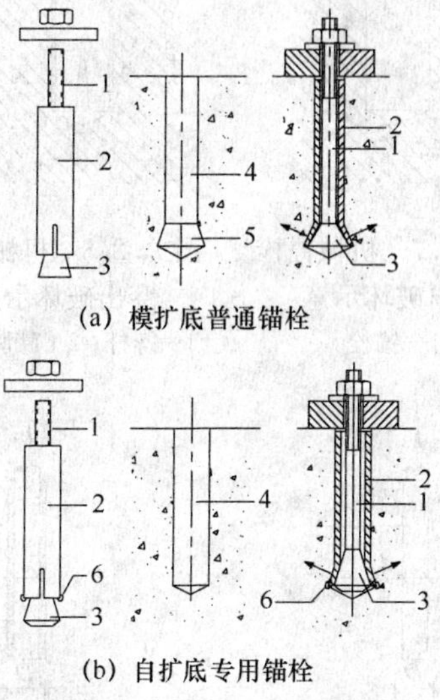
(a) 模扩底普通锚栓

(b) 自扩底专用锚栓

图 A.1.3 扩底型锚栓示意
1—螺杆；2—膨胀套筒；3—膨胀锥头；4—直孔；5—扩孔；6—刀头

锚固连接方法（图 A.1.5）。

A.2 后锚固连接破坏模式

A.2.1 锚栓钢材破坏是指锚栓或植筋钢材被拉断、剪坏或复合受力破坏形式（图 A.2.1）。

A.2.2 混凝土锥体破坏是指锚栓受拉时混凝土基材形成以锚栓为中心的倒锥体破坏形式（图 A.2.2）。

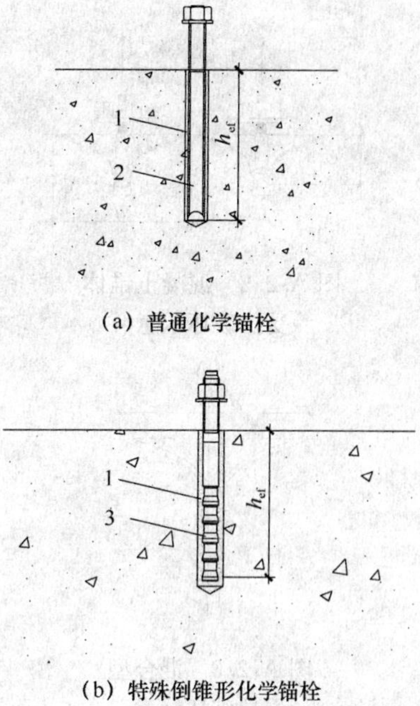
(a) 普通化学锚栓

(b) 特殊倒锥形化学锚栓

图 A.1.4 化学锚栓示意
1—锚固胶；2—标准螺纹全牙螺杆；3—倒锥形螺杆

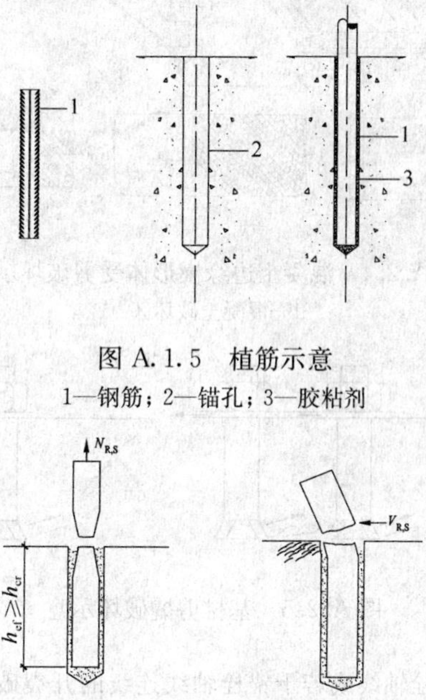
图 A.1.5 植筋示意
1—钢筋；2—锚孔；3—胶粘剂

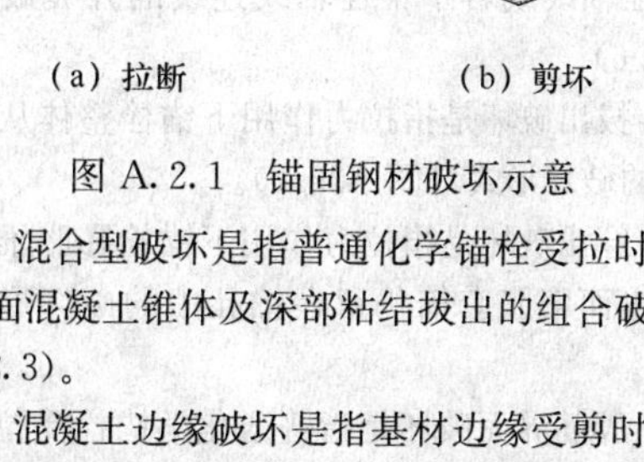

(a) 拉断 (b) 剪坏

图 A.2.1 锚固钢材破坏示意

A.2.3 混合型破坏是指普通化学锚栓受拉时形成以基材表面混凝土锥体及深部粘结拔出的组合破坏形式（图 A.2.3）。

A.2.4 混凝土边缘破坏是指基材边缘受剪时形成以锚栓轴为顶点的混凝土楔形体破坏形式（图 A.2.4）。

A.2.5 剪撬破坏是指中心受剪时基材混凝土沿反方向被锚栓撬坏（图 A.2.5）。

A.2.6 劈裂破坏是指基材混凝土因锚栓膨胀挤压力

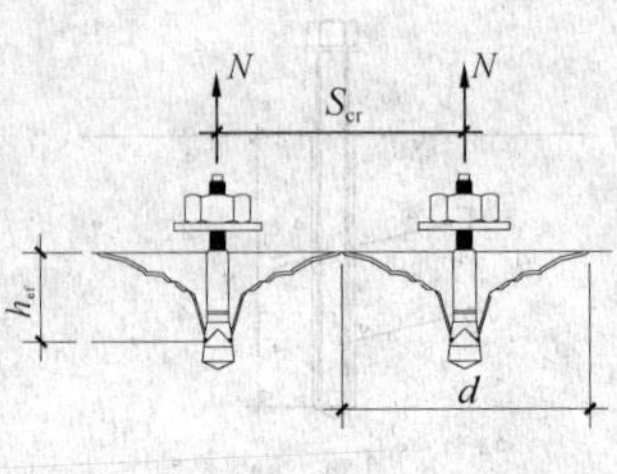

图 A.2.2　混凝土锥体
受拉破坏示意

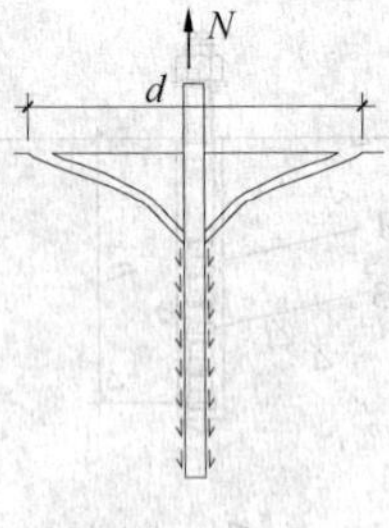

图 A.2.3　混合型
受拉破坏示意

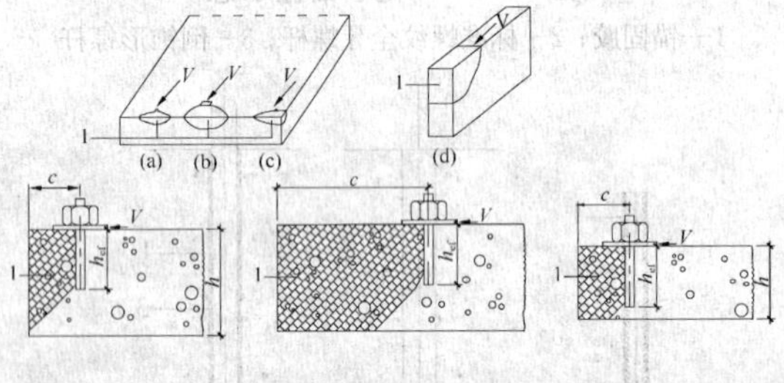

图 A.2.4　混凝土边缘楔形体受剪破坏示意
1—混凝土破坏区

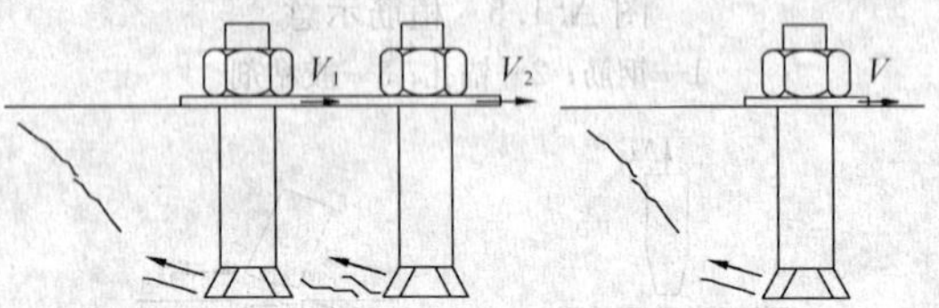

图 A.2.5　基材剪撬破坏示意

而沿锚栓轴线或若干锚栓轴线连线的开裂破坏形式(图A.2.6)。

A.2.7　拔出破坏是指拉力作用下锚栓整体从锚孔中被拉出的破坏形式（图 A.2.7）。

A.2.8　穿出破坏是指拉力作用下锚栓膨胀锥从套筒中被拉出而膨胀套筒仍留在锚孔中的破坏形式（图 A.2.8）。

A.2.9　胶筋界面破坏是指普通化学锚栓受拉时，沿锚固胶与螺杆界面的拔出破坏形式（图 A.2.9）。

A.2.10　胶混界面破坏是指普通化学锚栓受拉时，沿锚固胶与混凝土孔壁界面的拔出破坏形式（图 A.2.10）。

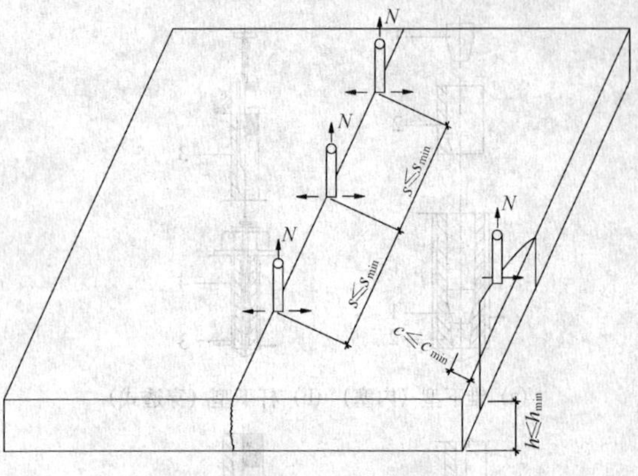

图 A.2.6　基材劈裂破坏示意

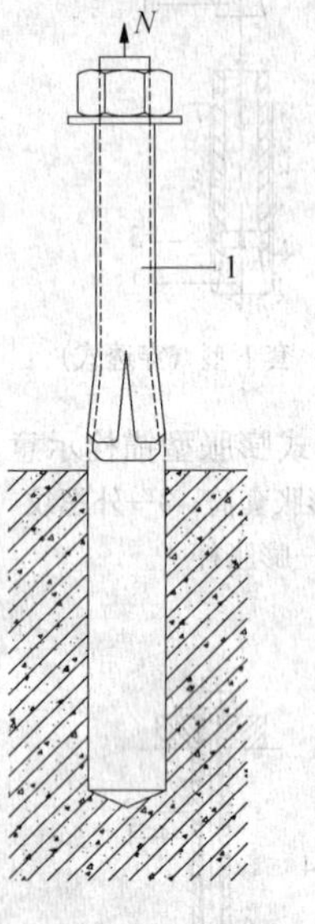

图 A.2.7　机械锚栓
拔出破坏示意
1—锚栓

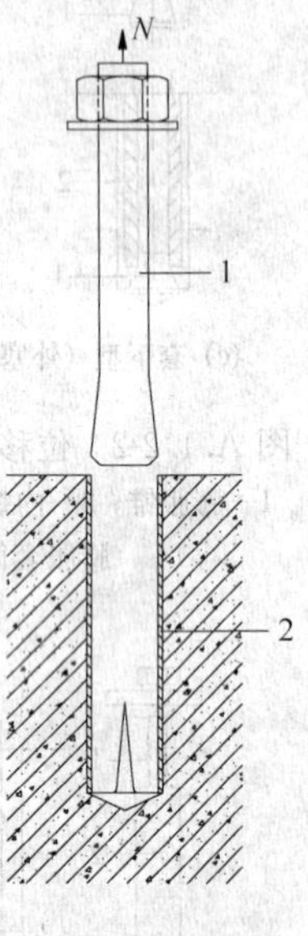

图 A.2.8　机械锚栓
穿出破坏示意
1—螺杆；2—膨胀套筒

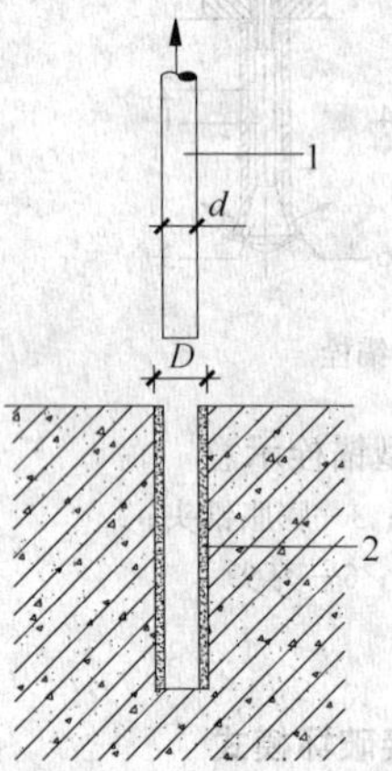

图 A.2.9　普通化学锚栓
胶筋界面破坏示意
1—螺杆；2—锚固胶

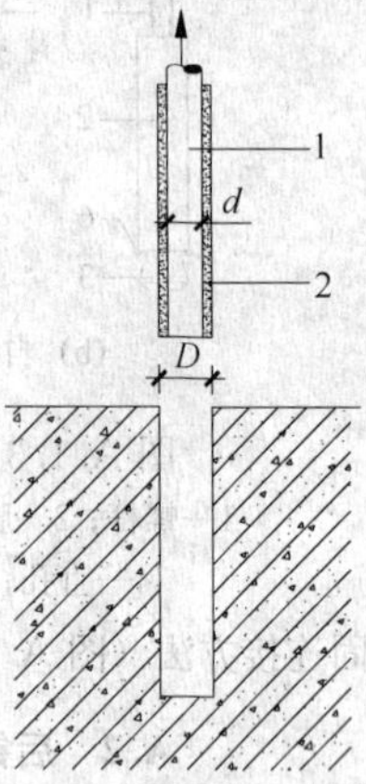

图 A.2.10　普通化学锚栓
胶混界面破坏示意
1—螺杆；2—锚固胶

附录B 混凝土用化学锚栓检验方法

B.1 试验方法

B.1.1 螺杆材料的试验方法应符合现行行业标准《混凝土用膨胀型、扩孔型建筑锚栓》JG 160 的规定。

B.1.2 化学锚栓抗拉锚固性能试验可采用非约束抗拉试验和约束抗拉试验。非约束抗拉试验的试验方法应符合现行行业标准《混凝土用膨胀型、扩孔型建筑锚栓》JG 160 的规定；约束抗拉试验时应符合下列规定：

1 约束抗拉试验可采用图 B.1.2 的试验装置；

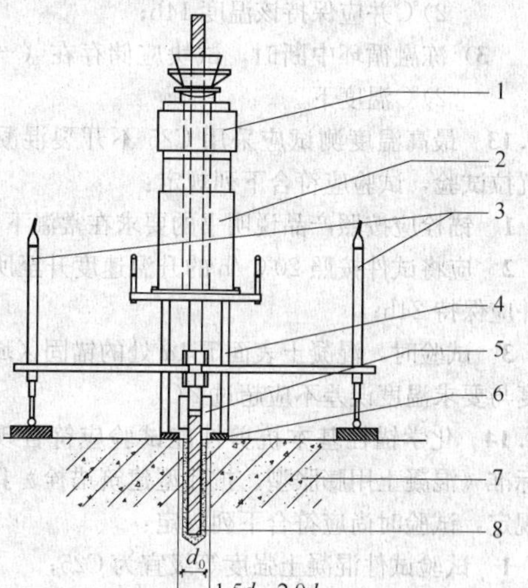

图 B.1.2 约束抗拉试验装置示意

1—压力传感器；2—千斤顶；3—位移传感器；4—支撑；5—转接头；6—钢板；7—混凝土试件；8—化学锚栓

2 支撑钢板应具有足够的刚度，钢板下的混凝土压应力应小于混凝土抗压强度的 0.7 倍。

B.1.3 化学锚栓抗拉锚固性能试验时，试件混凝土强度等级、裂缝宽度、试验型式及锚栓埋深等参数应符合本规程第 3.3.5 条、第 3.3.7 条的规定。

B.1.4 化学锚栓抗拉锚固性能试验时，混凝土试件制作、钻头和锚孔、锚栓安装及试验用仪器设备应符合现行行业标准《混凝土用膨胀型、扩孔型建筑锚栓》JG 160 的规定，尚应符合下列规定：

1 试验中的钻头直径应取现行行业标准《混凝土用膨胀型、扩孔型建筑锚栓》JG 160 规定的中等磨损钻头直径 d_m；

2 锚栓的埋深应按照产品说明书的规定取用；当产品说明书规定多个埋深时，应符合本规程第 3.3.5 条、第 3.3.7 条的规定。

B.1.5 化学锚栓抗拉锚固性能试验的试件数量应按表 B.1.5-1 和表 B.1.5-2 的规定取值。立方体抗压强度标准值为 25N/mm² 的不开裂混凝土中的基本抗拉性能试验应保证所测试规格的粘结强度是连续的。

表 B.1.5-1 普通化学锚栓的试验数量

序号	试验项目	混凝土立方体抗压强度标准值（N/mm²）	试验数量				
			s	i_1	m	i_2	l
1	不开裂混凝土中的基本抗拉性能	25	5	5	5	5	5
		60	5	—	5	—	5
2	开裂混凝土中的基本抗拉性能	25	5	—	5	—	5
		60	5	—	5	—	5
3	抗拉临界边距	25	5	—	5	—	5
4	最小边、间距	25	5	—	5	—	5
5	安装性能	25	5	—	5	—	5
6	裂缝反复开合	25	5	—	5	—	5
7	长期荷载	25	—	—	5	—	—
8	冻融循环	60	—	—	5	—	—
9	最高温度测试	25	—	—	5	—	—
10	安装方向测试	25	—	—	—	—	5

注：s 为最小规格；i_1、i_2 为中间规格；m 为中等规格；l 为最大规格。一般情况下 m 取 M12，如果最小规格大于 M12，m 取最小规格。

表 B.1.5-2 特殊倒锥形化学锚栓的试验数量

序号	试验项目	混凝土立方体抗压强度标准值（N/mm²）	试验数量				
			s	i_1	m	i_2	l
1	不开裂混凝土中的基本抗拉性能	25	5	5	5	5	5
		60	5	5	5	5	5
2	开裂混凝土中的基本抗拉性能	25	5	5	5	5	5
		60	5	5	5	5	5
3	抗拉临界边距	25	5	5	5	5	5
4	最小边、间距	25	5	5	5	5	5
5	安装性能	25	10	10	10	10	10
6	裂缝反复开合	25	10	5	10	5	10
7	长期荷载	25	—	—	5	—	—
8	冻融循环	60	—	—	5	—	—
9	最高温度测试	25	—	—	5	—	—
10	安装方向测试	25	—	—	5	—	—

注：s 为最小规格；i_1、i_2 为中间规格；m 为中等规格；l 为最大规格。一般情况下 m 取 M12，如果最小规格大于 M12，m 取最小规格。

B.1.6 基本抗拉性能试验应符合现行行业标准《混凝土用膨胀型、扩孔型建筑锚栓》JG 160 的规定，试验时尚应符合下列规定：

1 试验应在干燥混凝土上进行；

2 试验时的环境温度应为（21±3）℃；

3　锚栓应按照产品说明书进行安装。

B.1.7　抗拉临界边距试验应符合现行行业标准《混凝土用膨胀型、扩孔型建筑锚栓》JG 160 的规定。

B.1.8　最小边、间距试验应符合现行行业标准《混凝土用膨胀型、扩孔型建筑锚栓》JG 160 的规定。

B.1.9　安装性能应采用 C25 混凝土进行抗拉试验，试验应符合下列规定：

1　钻孔深度应符合产品说明书的规定。

2　清孔时，应使用厂商提供的手动气筒和刷子并按产品说明书规定的顺序清孔，吹和刷的次数应取产品说明书规定数量的 50%并向下取整。

3　验证干燥混凝土中清孔的影响时，应保持混凝土基材干燥；验证潮湿混凝土中清孔的影响时，钻孔、清孔和安装锚栓操作时锚固区域的混凝土应为水饱和状态；验证有明水时清孔的影响时，锚固区域的混凝土应为水饱和状态，锚孔中还应注满水并应在不清除孔中明水的条件下按照产品说明书的要求安装锚栓。

4　满足以下要求时，可认为锚固区域的混凝土为水饱和状态：

1）应在混凝土基材中钻孔到规定的深度，钻孔直径可为 $0.5d_0$；

2）应在孔中注满水并保持 8d，应保证水渗透到距孔中心线 $1.5d \sim 2d$ 范围内的混凝土中；

3）应将水从孔中抽出，并应按照锚栓的钻孔直径 d_0 进行钻孔。

B.1.10　裂缝反复开合试验应符合现行行业标准《混凝土用膨胀型、扩孔型建筑锚栓》JG 160 的规定，试验时的恒定拉力荷载应取 $0.42N^{r}_{Rk,p}$，$N^{r}_{Rk,p}$ 为 C25 开裂混凝土下基本抗拉性能试验的拔出破坏承载力标准值，当普通化学锚栓的基本抗拉性能试验为约束抗拉时，应将试验结果乘以 0.7 的降低系数。

B.1.11　长期荷载试验应符合现行行业标准《混凝土用膨胀型、扩孔型建筑锚栓》JG 160 的规定，试验参数应符合下列规定：

1　当产品说明书规定的最高短期温度为 40℃、最高长期温度为 24℃时，试验时基材温度应为（21±3)℃，恒定拉力荷载应取 $0.60N^{r}_{Rk,p}$，$N^{r}_{Rk,p}$ 为 C25 不开裂混凝土下基本抗拉性能试验的拔出破坏承载力标准值，当普通化学锚栓的基本抗拉性能试验为约束抗拉时，应将试验结果乘以 0.7 的降低系数；

2　当产品说明书规定了更高的温度范围时，应在产品说明书规定的最高长期温度下进行长期荷载试验，恒定拉力荷载应取 $0.60N^{r}_{Rk,ph}$，$N^{r}_{Rk,ph}$ 为考虑最高温度折减后，未开裂混凝土下基本抗拉性能试验的拔出破坏承载力标准值。

B.1.12　冻融试验应采用 C60 不开裂抗冻融混凝土进行约束抗拉试验，试验应符合下列规定：

1　试验试块应为边长 200mm～300mm 或 $15d \sim 25d$ 的立方体，应采取措施避免混凝土劈裂；

2　试块上表面的水深不应小于 12mm，其他暴露的表面应密封；

3　对锚栓施加的恒定荷载应取 $0.44N^{r}_{Rk,p}$，$N^{r}_{Rk,p}$ 为 C60 不开裂混凝土下基本抗拉性能试验的拔出破坏承载力标准值，当普通化学锚栓的基本抗拉性能试验为约束抗拉时，应将试验结果乘以 0.7 的降低系数；

4　试件应进行 50 次冻融循环，循环结束后，应在（21±3)℃温度下进行约束拉拔试验。冻融循环程序应满足下列要求：

1）应在 1h 内将试验箱的温度升至（20±2)℃并应保持该温度 7h；

2）应在 2h 内将试验箱的温度降至（－20±2)℃并应保持该温度 14h；

3）冻融循环中断时，试块应储存在（－20±2)℃温度下。

B.1.13　最高温度测试应采用 C25 不开裂混凝土进行抗拉试验，试验应符合下列规定：

1　锚栓应按照产品说明书的要求在常温下安装；

2　应将试件按照 20℃/h 的升温速度升至所需温度并应保持 24h；

3　试验时，混凝土表面下 $1d$ 处的锚固区域基材温度与要求温度误差不应超过 2℃。

B.1.14　化学锚栓基本抗剪性能试验应符合现行行业标准《混凝土用膨胀型、扩孔型建筑锚栓》JG 160 的规定，试验时尚应符合下列规定：

1　试验试件混凝土强度等级宜为 C25；

2　锚栓埋深应按照产品说明书的规定取用，当产品说明书规定有多个埋深时，应选用最小埋深。

B.1.15　化学锚栓抗震性能试验应符合现行行业标准《混凝土用膨胀型、扩孔型建筑锚栓》JG 160 的规定，试验参数应符合以下规定：

1　低周反复拉力试验和低周反复剪力试验中，混凝土强度等级宜为 C25；

2　锚栓埋深应按照产品说明书的规定取用，当产品说明书规定有多个埋深时，抗震性能拉力试验应分别按照最大埋深和最小埋深进行，抗震性能剪力试验应按照最小埋深进行；

3　确定低周反复拉力试验的循环拉力幅度时，$N^{r}_{Ru,m}$ 应取 C25 开裂混凝土下基本抗拉性能试验的抗拉承载力平均值，当普通化学锚栓的基本抗拉性能试验为约束抗拉时，应将试验结果乘以 0.7 的降低系数；

4　确定低周反复剪力试验的循环剪力幅度时，$V^{r}_{Ru,m}$ 应取 C25 不开裂混凝土下基本抗剪性能试验的抗剪承载力平均值。

B.1.16　化学锚栓安装方向测试应符合下列规定：

1 应在产品说明书规定的安装方向下进行安装。

2 仰面安装，应进行承载力测试，测试结果应满足本规程表 3.3.5 和表 3.3.7 中第 10 项的要求。

3 满足以下条件时，非仰面安装可不做承载力测试。

1）螺杆和钻孔之间的空隙能够被锚固胶填充密实；

2）锚栓安装后锚固胶不流失；

3）固化时间内螺杆没有明显位移。

B.1.17 化学锚栓耐久性试验可采用 C25 不开裂混凝土进行冲压试验（图 B.1.17），试验应符合下列规定：

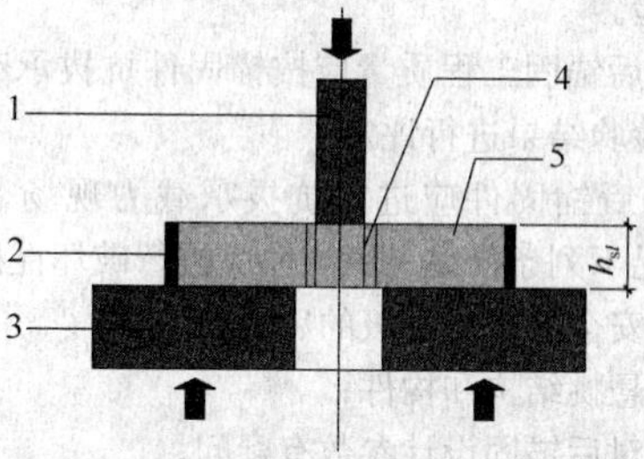

图 B.1.17 冲压测试示意

1—冲压头；2—钢管或组合夹具；3—承压板；4—锚栓螺杆和锚固胶；5—混凝土

1 混凝土试件应采用直径不小于 150mm 的圆柱体混凝土试件。

2 锚栓应采用 M12 的全螺纹锚栓并按照产品说明书的要求在混凝土试件中心轴线位置安装。当最小标称直径大于 M12 时，应采用最小标称直径的锚栓。安装时钻头直径应取现行行业标准《混凝土用膨胀型、扩孔型建筑锚栓》JG 160 规定的中等磨损钻头直径 d_m。

3 冲压试验时切片厚度应为（30 ± 3）mm，切片应垂直于锚栓轴线并由混凝土、锚固胶和螺杆组成。

4 冲压试验前，应分别将不少于 10 个切片暴露在温度为（21±3）℃、相对湿度为（50±5）%的正常气候条件下和 pH 值为（13.2±0.2）的碱性液体中，暴露时间应为 2000h。

5 试验应在切片从存储容器中取出后的 24h 内进行，试验时加载设备应作用在金属部分的中心，冲压试验中切片应保持完整。

B.2 试验数据处理

B.2.1 试件破坏状态为混凝土锥体破坏或劈裂破坏时，应按公式（B.2.1）将实测混凝土抗压强度下的承载力试验值换算为混凝土强度等级为 C25 时的承载力值；试件破坏状态为拔出破坏或混合破坏时，应按低强度和高强度混凝土对应的破坏荷载之间为线性关系换算为混凝土强度等级为 C25 的承载力值。

$$N_{Ru}=\left(\frac{25}{f_{cu,t}}\right)^{0.5}N_{Ru}^{t} \qquad (B.2.1)$$

式中：N_{Ru}——混凝土强度等级为 C25 的承载力换算值（N）；

N_{Ru}^{t}——实测混凝土抗压强度下的承载力试验值（N）；

$f_{cu,t}$——实测混凝土抗压强度（N/mm^2）。

B.2.2 对于普通化学锚栓，应采用粘结强度进行锚固性能检验。基本抗拉性能试验第 i 个试件的粘结强度应按照公式（B.2.2-1）计算，其他试验第 i 个试件的粘结强度应按照公式（B.2.2-2）计算。

$$\tau_{Ru,i}^{r}=\alpha_{setup}\frac{N_{Ru,i}^{r}}{\pi\cdot d\cdot h_{ef}} \qquad (B.2.2\text{-}1)$$

$$\tau_{Ru,i}^{o}=\alpha_{setup}\frac{N_{Ru,i}^{o}}{\pi\cdot d\cdot h_{ef}} \qquad (B.2.2\text{-}2)$$

式中：α_{setup}——系数，约束抗拉时取 0.7，非约束抗拉时取 1.0；

$\tau_{Ru,i}^{r}$——基本抗拉性能试验的第 i 个试件的粘结强度（N/mm^2）；

$\tau_{Ru,i}^{o}$——第 i 个试件的粘结强度（N/mm^2）；

$N_{Ru,i}^{r}$——基本抗拉性能试验时，第 i 个试件按照本规程第 B.2.1 条换算为 C25 混凝土下的抗拉承载力破坏值（N）；

$N_{Ru,i}^{o}$——第 i 个试件按照本规程第 B.2.1 条换算为 C25 混凝土下的抗拉承载力破坏值（N）；

h_{ef}——普通化学锚栓有效锚固深度（mm）。

B.2.3 抗拉和抗剪承载力平均值、变异系数和标准值应按现行行业标准《混凝土用膨胀型、扩孔型建筑锚栓》JG 160 的规定计算；粘结强度的平均值、变异系数和标准值可根据现行行业标准《混凝土用膨胀型、扩孔型建筑锚栓》JG 160 的规定计算。

B.2.4 特殊倒锥形化学锚栓的滑移系数可按现行行业标准《混凝土用膨胀型、扩孔型建筑锚栓》JG 160 的规定计算，对于本规程表 3.3.7 的 7、8 两项试验，滑移系数应按本规程第 B.2.5 条计算。

B.2.5 普通化学锚栓的滑移系数 γ 应按下式计算：

$$\gamma=\frac{N_{u,adh}}{N_{Rk,p}^{r}} \qquad (B.2.5)$$

式中：$N_{u,adh}$——普通化学锚栓抗拉性能试验时的滑移荷载（N），按本规程第 B.2.6 条取用；

$N_{Rk,p}^{r}$——基本抗拉性能试验的拔出破坏承载力标准值（N），当普通化学锚栓的基本抗拉性能试验为约束抗拉时，应将试验结果乘以 0.7 的降低系数。

B.2.6 普通化学锚栓的滑移荷载 $N_{u,adh}$ 应取对应于荷载-位移曲线上的斜率显著变化处的荷载值（图 B.2.6a）；荷载-位移曲线上的斜率变化不明显时，应按照下列规定取用：

1 应在荷载-位移曲线图上绘制一条通过（0,

0）且斜率为 $0.3N_u/1.5\delta_{0.3}$ 的直线，该直线和荷载-位移曲线的交点对应的荷载即为 $N_{u,adh}$（图 B. 2. 6b），N_u 为试验中的峰值荷载，$\delta_{0.3}$ 为荷载-位移曲线上对应于 $0.3N_u$ 处的位移。

2 $\delta_{0.3}$ 不大于 0.05mm 时，应在荷载-位移曲线图上绘制一条通过（$0.3N_u$，$\delta_{0.3}$）且斜率为 $0.3N_u/1.5(\delta_{0.6}-\delta_{0.3})$ 的直线，该直线和荷载-位移曲线的交点对应的荷载即为 $N_{u,adh}$（图 B. 2. 6c）；

3 荷载-位移曲线的峰值出现在该直线的左侧且峰值荷载高于交点处荷载时，$N_{u,adh}$ 取为 N_u（图 B. 2. 6d）。

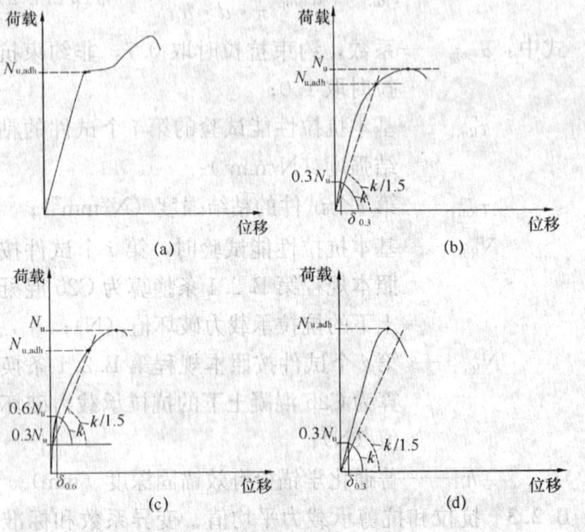

图 B. 2. 6　滑移荷载 $N_{u,adh}$ 示意

B. 2. 7　抗拉锚固系数 α 应按下式计算。

$$\alpha = N^{o}_{Ru,m}/N^{r}_{Ru,m} \tag{B. 2. 7}$$

式中：$N^{o}_{Ru,m}$——抗拉承载力平均值（N）；

$N^{r}_{Ru,m}$——相同条件下基本抗拉性能试验的抗拉承载力平均值（N）。对于本规程表 3. 3. 7 的 7、8 两项试验，$N^{r}_{Ru,m}$ 为参照试验的承载力平均值，参照试验的混凝土强度、裂缝宽度、安装扭矩和试验型式应分别与这两项试验相同；对于抗震性能试验，$N^{r}_{Ru,m}$ 为 C25 开裂混凝土下基本抗拉性能试验的抗拉承载力平均值，当普通化学锚栓的基本抗拉性能试验为约束抗拉时，应将试验结果乘以 0. 7 的降低系数。

B. 2. 8　化学锚栓耐久性试验时，应分别计算正常条件及腐蚀环境下的锚固胶粘结强度平均值。锚固胶的粘结强度应按下式计算：

$$\tau_{dur,i} = \frac{N_{u,i}}{\pi \cdot d \cdot h_{sl}} \tag{B. 2. 8}$$

式中：h_{sl}——实测的切片厚度（mm）；

d——锚栓直径（mm）；

$N_{u,i}$——切片 i 破坏时的实测轴向荷载（N）。

附录 C　锚固承载力现场检验方法及评定标准

C. 1　适用范围及应用条件

C. 1. 1　本方法适用于混凝土结构后锚固工程质量的现场检验。

C. 1. 2　后锚固工程质量应按锚固件抗拔承载力的现场抽样检验结果进行评定。

C. 1. 3　后锚固件应进行抗拔承载力现场非破损检验，满足下列条件之一时，还应进行破坏性检验：

1　安全等级为一级的后锚固构件；

2　悬挑结构和构件；

3　对后锚固设计参数有疑问；

4　对该工程锚固质量有怀疑。

C. 1. 4　受现场条件限制无法进行原位破坏性检验时，可在工程施工的同时，现场浇筑同条件的混凝土块体作为基材安装锚固件，并应按规定的时间进行破坏性检验，且应事先征得设计和监理单位的书面同意，并在现场见证试验。

C. 2　抽 样 规 则

C. 2. 1　锚固质量现场检验抽样时，应以同品种、同规格、同强度等级的锚固件安装于锚固部位基本相同的同类构件为一检验批，并应从每一检验批所含的锚固件中进行抽样。

C. 2. 2　现场破坏性检验宜选择锚固区以外的同条件位置，应取每一检验批锚固件总数的 0. 1%且不少于 5 件进行检验。锚固件为植筋且数量不超过 100 件时，可取 3 件进行检验。

C. 2. 3　现场非破损检验的抽样数量，应符合下列规定：

1　锚栓锚固质量的非破损检验

1）对重要结构构件及生命线工程的非结构构件，应按表 C. 2. 3 规定的抽样数量对该检验批的锚栓进行检验；

表 C. 2. 3　重要结构构件及生命线工程的非结构构件锚栓锚固质量非破损检验抽样表

检验批的锚栓总数	≤100	500	1000	2500	≥5000
按检验批锚栓总数计算的最小抽样量	20%且不少于 5 件	10%	7%	4%	3%

注：当锚栓总数介于两栏数量之间时，可按线性内插法确定抽样数量。

2）对一般结构构件，应取重要结构构件抽样量的50%且不少于5件进行检验；

3）对非生命线工程的非结构构件，应取每一检验批锚固件总数的0.1%且不少于5件进行检验。

2 植筋锚固质量的非破损检验

1）对重要结构构件及生命线工程的非结构构件，应取每一检验批植筋总数的3%且不少于5件进行检验；

2）对一般结构构件，应取每一检验批植筋总数的1%且不少于3件进行检验；

3）对非生命线工程的非结构构件，应取每一检验批锚固件总数的0.1%且不少于3件进行检验。

C.2.4 胶粘的锚固件，其检验宜在锚固胶达到其产品说明书标示的固化时间的当天进行。若因故需推迟抽样与检验日期，除应征得监理单位同意外，推迟不应超过3d。

C.3 仪器设备要求

C.3.1 现场检测用的加荷设备，可采用专门的拉拔仪，应符合下列规定：

1 设备的加荷能力应比预计的检验荷载值至少大20%，且不大于检验荷载的2.5倍，应能连续、平稳、速度可控地运行；

2 加载设备应能够按照规定的速度加载，测力系统整机允许偏差为全量程的±2%；

3 设备的液压加荷系统持荷时间不超过5min时，其降荷值不应大于5%；

4 加载设备应能够保证所施加的拉伸荷载始终与后锚固构件的轴线一致；

5 加载设备支撑环内径 D_0 应符合下列规定：

1）植筋：D_0 不应小于 $12d$ 和250mm的较大值；

2）膨胀型锚栓和扩底型锚栓：D_0 不应小于 $4h_{ef}$；

3）化学锚栓发生混合破坏及钢材破坏时：D_0 不应小于 $12d$ 和250mm的较大值；

4）化学锚栓发生混凝土锥体破坏时：D_0 不应小于 $4h_{ef}$。

C.3.2 当委托方要求检测重要结构锚固件连接的荷载-位移曲线时，现场测量位移的装置应符合下列规定：

1 仪表的量程不应小于50mm；其测量的允许偏差应为±0.02mm；

2 测量位移装置应能与测力系统同步工作，连续记录，测出锚固件相对于混凝土表面的垂直位移，并绘制荷载-位移的全程曲线。

C.3.3 现场检验用的仪器设备应定期由法定计量检定机构进行检定。遇到下列情况之一时，还应重新检定：

1 读数出现异常；

2 拆卸检查或更换零部件后。

C.4 加载方式

C.4.1 检验锚固拉拔承载力的加载方式可为连续加载或分级加载，可根据实际条件选用。

C.4.2 进行非破损检验时，施加荷载应符合下列规定：

1 连续加载时，应以均匀速率在2min～3min时间内加载至设定的检验荷载，并持荷2min；

2 分级加载时，应将设定的检验荷载均分为10级，每级持荷1min，直至设定的检验荷载，并持荷2min；

3 荷载检验值应取 $0.9f_{yk}A_s$ 和 $0.8N_{Rk,*}$ 的较小值。$N_{Rk,*}$ 为非钢材破坏承载力标准值，可按本规程第6章有关规定计算。

C.4.3 进行破坏性检验时，施加荷载应符合下列规定：

1 连续加载时，对锚栓应以均匀速率在2min～3min时间内加荷至锚固破坏，对植筋应以均匀速率在2min～7min时间内加荷至锚固破坏；

2 分级加载时，前8级，每级荷载增量应取为 $0.1N_u$，且每级持荷1min～1.5min；自第9级起，每级荷载增量应取为 $0.05N_u$，且每级持荷30s，直至锚固破坏。N_u 为计算的破坏荷载值。

C.5 检验结果评定

C.5.1 非破损检验的评定，应按下列规定进行：

1 试样在持荷期间，锚固件无滑移、基材混凝土无裂纹或其他局部损坏迹象出现，且加载装置的荷载示值在2min内无下降或下降幅度不超过5%的检验荷载时，应评定为合格；

2 一个检验批所抽取的试样全部合格时，该检验批应评定为合格检验批；

3 一个检验批中不合格的试样不超过5%时，应另抽3根试样进行破坏性检验，若检验结果全部合格，该检验批仍可评定为合格检验批；

4 一个检验批中不合格的试样超过5%时，该检验批应评定为不合格，且不应重做检验。

C.5.2 锚栓破坏性检验发生混凝土破坏，检验结果满足下列要求时，其锚固质量应评定为合格：

$$N_{Rm}^{c} \geqslant \gamma_{u,lim} N_{Rk,*} \quad (C.5.2\text{-}1)$$

$$N_{Rmin}^{c} \geqslant N_{Rk,*} \quad (C.5.2\text{-}2)$$

式中：N_{Rm}^{c}——受检验锚固件极限抗拔力实测平均值（N）；

N_{Rmin}^{c}——受检验锚固件极限抗拔力实测最小值（N）；

$N_{Rk,*}$——混凝土破坏受检验锚固件极限抗拔力标准值（N），按本规程第 6 章有关规定计算；

$\gamma_{u,lim}$——锚固承载力检验系数允许值，$\gamma_{u,lim}$取为1.1。

C.5.3 锚栓破坏性检验发生钢材破坏，检验结果满足下列要求时，其锚固质量应评定为合格。

$$N_{Rmin}^{c} \geqslant \frac{f_{stk}}{f_{yk}} N_{Rk,s} \quad (C.5.3)$$

式中：N_{Rmin}^{c}——受检验锚固件极限抗拔力实测最小值（N）；

$N_{Rk,s}$——锚栓钢材破坏受拉承载力标准值（N），按本规程第 6 章有关规定计算。

C.5.4 植筋破坏性检验结果满足下列要求时，其锚固质量应评定为合格：

$$N_{Rm}^{c} \geqslant 1.45 f_y A_s \quad (C.5.4\text{-}1)$$

$$N_{Rmin}^{c} \geqslant 1.25 f_y A_s \quad (C.5.4\text{-}2)$$

式中：N_{Rm}^{c}——受检验锚固件极限抗拔力实测平均值（N）；

N_{Rmin}^{c}——受检验锚固件极限抗拔力实测最小值（N）；

f_y——植筋用钢筋的抗拉强度设计值（N/mm²）；

A_s——钢筋截面面积（mm²）。

C.5.5 当检验结果不满足第 C.5.1 条、第 C.5.2 条、第 C.5.3 条及第 C.5.4 条的规定时，应判定该检验批后锚固连接不合格，并应会同有关部门根据检验结果，研究采取专门措施处理。

附录 D 后锚固工程质量检查记录表

施工单位		工程名称		工程部位	
锚栓种类		锚栓规格		锚固胶类别	
锚固胶规格		施工时间			
基材混凝土强度（N/mm²）		锚栓数量		锚固连接安全等级	

序号	检查项目			检验标准	检验方法	检验结果									
1	基本要求	外观质量		本规程 9.6.4-2 的要求	外观检查										
1	基本要求	锚栓类别		满足设计和标准要求	资料检查										
1	基本要求	锚固胶类别和规格		满足标准要求	资料检查										
2	测点编号					1	2	3	4	5	6	7	8	9	10
3	锚孔检查	膨胀型锚栓 扩底型锚栓	位置（mm）	±5	游标卡尺或钢尺										
3	锚孔检查	膨胀型锚栓 扩底型锚栓	深度（mm）	+5 0	游标卡尺或钢尺										
3	锚孔检查	膨胀型锚栓 扩底型锚栓	垂直度（%）	±2	钢尺										
3	锚孔检查	膨胀型锚栓 扩底型锚栓	直径（mm）	本规程表 9.2.4-2 的要求	游标卡尺										
3	锚孔检查	膨胀型锚栓 扩底型锚栓	模扩底型锚栓扩孔直径（mm）	设计要求或产品说明书规定	专用工具										
3	锚孔检查	化学锚栓	位置（mm）	±5	游标卡尺或钢尺										
3	锚孔检查	化学锚栓	深度（mm）	+10 0	游标卡尺或钢尺										
3	锚孔检查	化学锚栓	直径（mm）	本规程表 9.2.4-2 的要求	游标卡尺										
3	锚孔检查	化学锚栓	垂直度（%）	±2	钢尺										
3	锚孔检查	植筋（mm）	位置（mm）	±5	–										
3	锚孔检查	植筋（mm）	深度（mm）	本规程表 9.5.2-2	游标卡尺或钢尺										
3	锚孔检查	植筋（mm）	垂直度	本规程表 9.5.2-2	钢尺										
3	锚孔检查	植筋（mm）	直径	本规程表 9.5.2-1	游标卡尺										

续表D

序号	检查项目			检验标准	检验方法	检验结果
4	锚固检查	膨胀型和扩底型锚栓	锚固深度（mm）	$^{+5}_{0}$	游标卡尺或钢尺	
			扭矩（%）	±10	扭矩扳手	
			控制位移（mm）	$^{+2}_{0}$	游标卡尺	
		化学锚栓	锚固深度（mm）	$^{+10}_{0}$	游标卡尺或钢尺	
		植筋		本规程表9.5.2-2	游标卡尺或钢尺	
		锚固承载力现场检验		满足设计和标准要求	拉拔仪	□合格　□不合格
5	检验结果评定					□合格　□不合格

记录：　　　　质检员：　　　　工程技术负责人：　　　　监理工程师：

本规程用词说明

1　为便于在执行本规程条文时区别对待，对执行规程严格程度的用词说明如下：

1）表示很严格，非这样做不可的用词：
正面词采用“必须”，反面词采用“严禁”；

2）表示严格，在正常情况下均应这样做的用词：
正面词采用“应”，反面词采用“不应”或“不得”；

3）表示允许稍有选择，在条件许可时首先应这样做的用词：
正面词采用“宜”，反面词采用“不宜”；

4）表示有选择，在一定条件下可以这样做的，采用“可”。

2　条文中指明应按其他有关标准执行的写法为：“应符合……的规定”或“应按……执行”。

引用标准名录

1　《混凝土结构设计规范》GB 50010

2　《建筑抗震设计规范》GB 50011

3　《钢结构设计规范》GB 50017

4　《碳素结构钢》GB/T 700

5　《钢筋混凝土用钢　第2部分：热轧带肋钢筋》GB 1499.2

6　《低合金高强度结构钢》GB/T 1591

7　《混凝土用膨胀型、扩孔型建筑锚栓》JG 160

8　《混凝土结构工程用锚固胶》JG/T 340

中华人民共和国行业标准

混凝土结构后锚固技术规程

JGJ 145—2013

条　文　说　明

修 订 说 明

《混凝土结构后锚固技术规程》JGJ 145－2013，经住房和城乡建设部2013年6月9日以第46号公告批准、发布。

本规程修订过程中，编制组进行了建筑锚栓在建筑工程领域应用现状的调查研究，总结了我国建筑锚栓工程应用的实践经验，同时参考了美国规范ACI318、欧洲认证标准ETAG等国外先进技术法规、技术标准，通过群锚抗拉、抗剪试验、后锚固抗震性能试验等取得了一系列重要技术参数。

本规程上一版主编单位是中国建筑科学研究院，参编单位是中科院大连物化所、河南省建筑科学研究院、慧鱼(太仓)建筑锚栓有限公司和喜利得(中国)有限公司，规程的主要起草人员是万墨林、韩继云、邸小坛、贺曼罗、吴金虎、王稚和萧雯。

为便于广大设计、施工、科研、学校等单位有关人员在使用本规程时能正确理解和执行条文规定，《混凝土结构后锚固技术规程》编制组按章、节、条顺序编制了本规程的条文说明，对条文规定的目的、依据以及执行中需注意的有关事项进行了说明，还着重对强制性条文的强制性理由做了解释。但是，本条文说明不具备与规程正文同等的法律效力，仅供使用者作为理解和把握规程规定的参考。

目　次

1 总 则

1.0.1 随着旧房改造的全面开展、结构加固工程的增多、建筑装修的普及，后锚固连接技术发展较快，并成为不可缺少的一种新型技术。后锚相应于先锚(预埋)，具有施工简便、使用灵活等优点，国内外应用已相当普遍，不仅既有工程，新建工程也广泛采用。为安全可靠及经济合理的使用，正确有序地引导我国后锚固技术的健康发展，特制定本规程。

1.0.2 后锚固连接的受力性能与基材的种类密切相关，目前国内外的科研成果及使用经验主要集中在普通钢筋混凝土及预应力混凝土结构，砌体结构及轻混凝土结构数据较少。本着成熟可靠原则，本规程限定其适用范围为等效养护龄期超过600℃·d的普通混凝土结构基材(不包括砌体中的混凝土圈梁、构造柱)，暂不适用于砌体结构和轻骨料混凝土结构基材。

3 材 料

3.1 混凝土基材

3.1.1 植筋作为后锚固连接技术，主要用于连接原结构构件与新增构件。只有当原构件混凝土具有正常的配筋率和足够的箍筋时，才能保证充分利用钢筋强度和延性破坏。

3.1.2～3.1.4 混凝土作为后锚固连接的主体，必须坚固可靠，存在严重缺陷和混凝土强度等级较低的基材，锚固承载力较低，且很不可靠。基材混凝土强度大于60N/mm^{2}时，应进行专门的研究。

3.2 机械锚栓

3.2.1 只有满足产品标准《混凝土用膨胀型、扩孔型建筑锚栓》JG 160－2004要求的机械锚栓，才能采用本规程中规定的设计方法。在锚栓设计中使用到的性能参数，也需要按照产品标准进行相关测试得到。

本规程中的设计方法是基于欧洲标准《欧洲技术指南——混凝土用金属锚栓》ETAG 001附录C，而产品标准《混凝土用膨胀型、扩孔型建筑锚栓》JG 160－2004与《欧洲技术指南——混凝土用金属锚栓》ETAG 001是一致的。

3.2.2 锚栓材质不同，对环境的耐受程度不同。为保证后锚固连接的耐久性不低于基材，对锚栓的材质提出具体要求。

3.2.3～3.2.5 对锚栓所用钢材的力学性能指标给出具体的规定和应符合的标准要求。奥氏体不锈钢锚栓伸长值δ按现行国家标准《紧固件机械性能 不锈钢螺栓、螺钉和螺柱》GB/T 3098.6测定。

3.3 化学锚栓

3.3.1 化学锚栓的承载性能取决于螺杆和锚固胶的共同作用，没有经过系统测试而任意搭配无法保证整个系统的性能。

3.3.2 两种螺杆的区别在于：普通全牙螺杆仅通过粘结作用承载，在开裂混凝土中一般粘结力会有较大下降，粘结强度的具体数值需要通过试验确定。

倒锥形螺杆通过粘结和锥形体的膨胀共同承载，在开裂混凝土中粘结力损失较大的情况下，膨胀产生的摩擦仍可以维持较高的承载水平。在对锥形体的数量和角度进行优化后，可以避免发生拔出破坏。

3.3.4 普通化学锚栓的承载原理以粘结为主，特殊倒锥形化学锚栓的承载是依靠膨胀和粘结的组合作用。本条内容的提出是基于国内外市场上获得技术认证产品的调查结果。这些产品均经过系统的测试和广泛的实际工程应用，具有充分的代表性。

3.3.5 开裂混凝土是指当前已开裂的混凝土和安装后锚固连接后经计算可能会开裂的混凝土。已开裂的混凝土在安装后锚固连接前宜对裂缝进行封闭处理。

3.3.10 处于特殊环境(如高温、高湿、动荷载、介质侵蚀、放射等)的混凝土结构采用化学锚栓时，应进行适应性试验。

3.4 植筋材料

3.4.1～3.4.3 对植筋时所用钢材的类型及力学性能指标给出具体规定。为保证植筋效果，明确规定植筋时不能采用光圆钢筋。

3.4.4 目前所用的植筋胶粘剂分有机类和无机类两种类型，分别有相应的行业标准对胶粘剂的力学性能指标等作出了明确的规定。工程应用时可根据实际情况选择不同的胶粘剂。

3.4.5 基于目前已有的工程应用经验，对植筋胶粘剂的选用给出明确的规定。

3.4.6 处于特殊环境(如高温、高湿、动荷载、介质侵蚀、放射等)的混凝土结构采用植筋时，应进行适应性试验。

4 设计基本规定

4.1 锚栓选用

4.1.1 锚栓按其工作原理及构造的不同，锚固性能及适用范围存在较大差异，《欧洲技术指南——混凝土用金属锚栓》(ETAG)分为膨胀型锚栓、扩底型锚栓、化学锚栓及植筋四大类。混凝土螺钉(concrete screws)也是锚栓的一种，由于国内缺少相应的研究数据及应用经验，暂未纳入。

锚栓的选用，除本身性能差异外，还应考虑基材是否开裂、锚固连接的受力性质(拉、压、中心受剪、边缘受剪)、被连接结构类型(结构构件、非结构构件)、有无抗震设防要求等因素的综合影响。

4.1.2 由于应力腐蚀的存在，普通不锈钢不适用于含氯离子的环境。永久或者交替地浸没于海水或海水的浪溅区，室内游泳池含氯气的环境或者极端化学污染的大气环境，例如脱硫工厂或者使用除冰盐的公路隧道等环境需要采用高抗腐不锈钢。表 4.1.2 中的不锈钢型号引自国家标准《不锈钢和耐热钢 牌号及化学成分》GB/T 20878—2007。

4.2 植 筋

4.2.2 植筋仅考虑承受轴向力，按照现行国家标准《混凝土结构设计规范》GB 50010 进行设计；考虑植筋承受剪力时，应按锚栓进行设计，并应满足锚栓的相应构造要求。

4.3 锚固设计原则

4.3.1 本规程根据国家标准《混凝土结构可靠度设计统一标准》GB 50068，参考《欧洲技术指南——混凝土用金属锚栓》(ETAG)，采用了以试验研究数据和工程经验为依据，以分项系数为表达形式的极限状态设计方法。

4.3.2 为使后锚固设计更经济合理，故规定后锚固连接设计所采用的设计使用年限，应与新增的被连接结构的设计基准期一致。

根据《混凝土结构加固设计规范》GB 50367－2006，混凝土结构加固后的使用年限，应由业主和设计单位共同商定，一般情况下，宜按 30 年考虑。根据《建筑抗震鉴定标准》GB 50023－2009，现有经耐久性鉴定可继续使用的现有建筑，其后续使用年限不应少于 30 年。因此，本规程规定后锚固连接的设计使用年限不宜小于 30 年。

对化学锚栓和植筋，不可避免地存在着胶粘剂的老化问题，只是程度不同而已。为了防范这类隐患，宜加强检查或监测，但检查时间的间隔可由设计单位作出规定，第一次检查时间宜定为投入使用后的 6 年～8 年，且至迟不应晚于 10 年。

4.3.3 后锚固连接破坏形态多样且复杂，相对于结构，失效概率较大，故另设安全等级。混凝土结构后锚固连接的安全等级分为二级。所谓重要的锚固，是指后接大梁、悬臂梁、桁架、网架，以及大偏心受压柱等结构构件及生命线工程中非结构构件之锚固连接，这些连接一旦失效，破坏后果严重，故定为一级。一般锚固，是指荷载较轻的中小型梁板结构，以及一般非结构构件的锚固连接，此种锚固连接失效，破坏后果远不如一级严重，故定为二级。锚固连接的安全等级宜与新增的被连接结构的安全等级相应或略高，即锚固设计的安全等级及取值，应取被连接结构和锚固连接二者中的较高值。

4.3.4 后锚固连接与预埋连接相比，可能的破坏形态较多且较为复杂，总体上说，失效概率较大；失效概率与破坏形态密切相关，且直接依赖于锚栓的种类和锚固参数的设定。因此，后锚固连接设计必须考虑锚栓的受力状况(拉、压、弯、剪，及其组合)、荷载类型以及被锚固结构的类型和锚固连接的安全等级等因素的综合影响。

后锚固连接设计基本程序为：分析基材性能特征→选定锚栓品种及相关锚固参数→锚栓内力分析→锚固承载力计算→承载力分析→锚固设计完成。如图 1 示意。

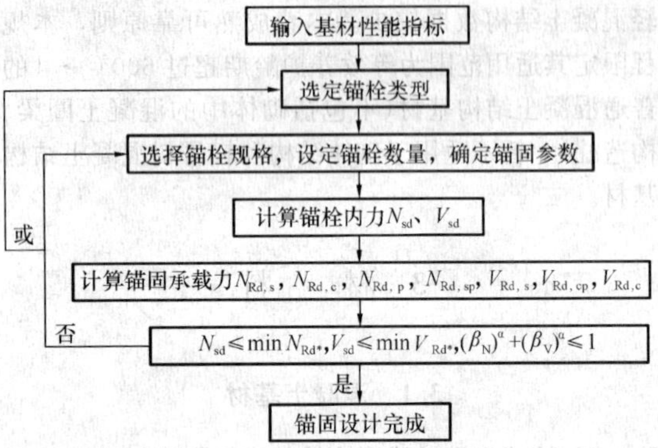

图1 后锚固连接设计基本程序示意

4.3.5 锚固承载力设计表达式按现行国家标准《混凝土结构可靠度设计统一标准》GB 50068 规定采用，左端作用效应引入了锚固重要性系数 γ_0。右端锚固承载力设计值 R_d 与一般设计规范不完全相同，是按 $R_d=R_k/\gamma_R$ 确定，R_k 为锚固承载力标准值，γ_R 为锚固承载力分项系数，而非材料性能分项系数；锚固承载力标准值 R_k 系直接由锚固承载力试验统计平均值及其离散系数确定，而非材料强度离散系数。

由于后锚固连接方式多种多样，在地震作用下，效应的作用方向可能存在多向性，因此后锚固连接效应 S 的计算中应考虑地震剪力方向的影响。

4.3.6 对群锚中锚栓产品配套使用提出严格要求，主要是因为目前所有的研究成果及工程经验均是基于此种要求而来。

本条给出的群锚中锚栓的布置方式是和后续章节的计算方法相一致的，其他类型的布置方式由于研究成果和工程经验不足，在应用时应进行更为细致的分析。

4.3.8 后锚固连接破坏类型总体上可分为锚栓或植筋钢材破坏、基材混凝土破坏以及锚栓或植筋拔出破坏三大类。分类目的在于精确地进行承载力计算分析，最大限度地提高锚固连接的安全可靠性及使用合理性。

锚栓或植筋钢材破坏分拉断破坏、剪坏及拉剪复合受力破坏，主要发生在锚固深度超过临界深度 h_{cr} 时，锚栓或植筋钢材达到其极限强度。此种破坏，一般具有明显的塑性变形，破坏荷载离散性较小。对于受拉、边缘受剪、拉剪复合受力之结构的后锚固连接设计，根据现行国家标准《混凝土结构可靠度设计统一标准》GB 50068，应控制为这种破坏。

膨胀型锚栓和扩底型锚栓基材混凝土破坏，主要有四种形式：第一种是锚栓受拉时，形成以锚栓为中心的混凝土锥体受拉破坏，锥顶一般位于锚栓扩大头处，锥径约三倍锚深（$3h_{ef}$）；第二种是锚栓受剪时，形成以锚栓轴为顶点的混凝土楔形体受剪破坏，楔形体大小和形状与边距 c、锚深 h_{ef} 及锚栓外径 d_{nom} 或 d 有关；第三种是锚栓中心受剪时，混凝土沿反向被锚栓撬坏；第四种是群锚受拉时，混凝土受锚栓的胀力产生沿锚栓连线的劈裂破坏。基材混凝土破坏，尤其是第一、第二种破坏，是锚固破坏的基本形式，特别是短粗的机械锚栓，此种破坏表现出一定脆性，破坏荷载离散性较大，对于结构构件及生命线工程的非结构构件后锚固连接设计，应避免这种破坏形式。

机械锚栓拔出破坏有两种形式：一种是锚栓从锚孔中整体拔出，另一种是螺杆从膨胀套筒中穿出。前者主要是施工安装方法不当，如钻孔过大、锚栓预紧力不够；后者主要是锚栓设计构造不合理，如锚栓套筒材质过软、壁厚过薄、接触表面过于光滑等。整体拔出破坏，由于承载力很低，且离散性大，很难统计出有用的承载力设计指标；至于穿出破坏，检验表明，具有一定承载力，但国内缺乏系统的试验统计数据，且变形曲线存在较大滑移，因此不允许发生拔出破坏。

植筋基材混凝土破坏，主要有三种形式：第一种是钢筋受拉，当锚深很浅（h_{ef}/d 小于 9）时，形成以基材表面混凝土锥体及深部粘结拔出之混合型破坏，这种破坏锥体一般较小，锥径约一倍锚深，锥顶位于约 $h_{ef}/3$ 处，其余 $2h_{ef}/3$ 为粘结拔出；第二种是钢筋受剪时，形成以钢筋轴为顶点的一定深度的楔形体破坏，其情况与机械锚栓类似；第三种是钢筋受拉，当钢筋过于靠近构件边缘（c 小于 $5d$），或间距过小（s 小于 $5d$）时，会产生劈裂破坏。混凝土基材破坏表现出较大脆性，破坏荷载离散性较大，尤其是开裂混凝土基材。

植筋拔出破坏有两种形式：沿胶筋界面拔出和沿胶混界面拔出。正常情况下，拔出破坏多发生在锚深过浅时，其性能远不如钢材破坏好。研究与实践表明，植筋因其深度可任意调节，其破坏形态设计容易控制。因此，对于结构构件的后锚固连接设计，根据现行国家标准《混凝土结构可靠度设计统一标准》GB 50068，可用控制锚固深度的方法，严格限定为钢材破坏一种模式。

4.3.9 根据试验研究，低周反复荷载下锚固承载力呈现出一定的退化现象，其量值随破坏形态、锚栓类型及受力性质而变，幅度变化在 $0.6R \sim 1.0R$ 之间。

4.3.10 表 4.3.10 锚固承载力分项系数 γ_R，主要参考《欧洲技术指南——混凝土用金属锚栓》（ETAG）制定的，对于非结构构件的锚固设计，γ_R 取值与 ETAG 相同。本规程锚栓应用范围已扩展到一般工程结构的后锚固连接，由于这方面国外工程经验的局限和国内经验的缺乏，加上我国结构设计思路与《欧洲技术指南——混凝土用金属锚栓》（ETAG）不完全一致，故对一般结构构件，本规程取值较《欧洲技术指南——混凝土用金属锚栓》（ETAG）普遍有所提高。

《欧洲技术指南——混凝土用金属锚栓》（ETAG）及美国标准《房屋建筑混凝土结构规范》ACI318 中，钢材破坏承载力计算均采用钢材极限抗拉强度标准值 f_{stk}，其承载力标准值有明确的物理意义，而且可以作为锚栓破坏状态的判别标准。而我国国家标准《混凝土结构设计规范》GB 50010 - 2010 采用的承载力设计表达式用屈服强度设计值 f_{yd} 表示，《混凝土结构加固设计规范》GB 50367 - 2006 也采用 f_{yd} 表示，为保持与我国现行各类混凝土结构设计规范的协调一致性，本次修订时，采用屈服强度标准值 f_{yk} 进行钢材破坏时承载力标准值计算，并相应调整了锚固承载力分项系数。

4.3.12 处在室外条件下的被连接钢件，会因钢件与基材混凝土的温度差异和变化，而使锚栓产生较大的交变温度应力。为避免锚栓因温度应力过大而导致疲劳破坏，故规定应从锚固方式采取措施，控制温度应力变幅 $\Delta\sigma = \sigma_{max} - \sigma_{min}$ 不大于 $100N/mm^2$。

4.3.14 外露后锚固连接件防腐措施应与其耐久性要求相适应，耐久性要求较高时可选用不锈钢件，一般情况可选用电镀件及现场涂层法。

4.3.15 后锚固连接改变用途和使用环境将影响其安全可靠性和耐久性，因此必须经技术鉴定或设计许可。

5 锚固连接内力计算

5.1 一般规定

5.1.1 群锚锚固连接时，各锚栓内力是按弹性理论平截面假定进行分析，但若对锚固破坏类型加以控制，使之仅发生锚栓或植筋钢材破坏，且锚栓或植筋为低强（不大于 5.8 级）钢材时，则可按考虑塑性应力重分布的极限平衡理论进行简化计算，即与现行国家标准《混凝土结构设计规范》GB 50010 的规定相似，拉区锚栓按均匀受力计算，压区混凝土近似按矩形应力图形计算。一般机械锚栓是通过“膨胀—挤压—摩擦”而产生锚固力，反向则不能成立，故不能传递压力，因此，压区锚栓不考虑受力，为统一锚栓的设计方法，偏于安全考虑，对于化学锚栓，也不考虑其承受压力。

5.1.2 锚栓内力可以采用有限元分析确定，锚板平面外刚度足够大时，可考虑为刚性板，否则还应考虑锚板变形的影响。

5.1.3 公式(5.1.3)在于精确判别基材混凝土是否开裂，以便对基材混凝土破坏锚固承载力进行相应(未裂与开裂)计算。σ_L 为外荷载(包括锚栓荷载)在基材锚固区所产生的应力，拉为正，压为负；σ_R 为混凝土收缩、温度变化及支座位移所产生的应力。此判别式涵义是，不管什么原因，只要基材锚固区混凝土出现拉应力，均一律视为开裂混凝土。

5.1.4 锚板应按现行国家标准《钢结构设计规范》GB 50017 公式设计，同时结合现行国家标准《混凝土结构设计规范》GB 50010 的有关规定对锚板的构造要求提出具体的规定。

锚栓内力计算假定：被连接件与基材结合面受力变形后仍保持为平面，锚板平面外刚度较大，其弯曲变形可忽略不计。因此，锚板设计时应具有一定刚度，必要时可考虑设置加劲肋。

5.2 群锚受拉内力计算

5.2.1、5.2.2 分别给出了按弹性理论分析时，群锚在轴心受拉、偏心受拉荷载下，按平截面假定计算的受力最大锚栓的内力。根据试验结果，群锚受拉时存在一定程度的不均匀受力，故计算时取 1.1 的不均匀系数，以保证安全。

5.2.3、5.2.4 分别给出群锚受拉区总拉力设计值及其对受拉锚栓重心的偏心距计算方法。

5.3 群锚受剪内力计算

5.3.1 群锚在剪切荷载 V 及扭矩 T 作用下，锚栓是否受力，应根据锚板孔径与锚栓直径的适配情况及边距大小而定。当锚板孔径满足本规程第 7.1.6 条要求，且边距较大(c 不小于 $10h_{ef}$)时，破坏状态为钢材破坏或混凝土剪撬破坏；当剪力方向平行于基材边缘，混凝土边缘破坏时，受剪承载力为剪力方向垂直于基材边缘的 2 倍～3 倍，极限变形较大，大于表 7.1.6 给出的最大间隙。这两种情况可以按照所有锚栓均承受剪力进行计算，各锚栓平均分摊剪力，是理想的受力状态(图 5.3.1-1、图 5.3.1-3)；反之，发生混凝土边缘破坏，各锚栓受力很不均匀，因混凝土脆性而产生各个击破现象，参照《欧洲技术指南——混凝土用金属锚栓》(ETAG)规定，计算上仅考虑部分锚栓受力（图 5.3.1-2)。

5.3.2 有时，为使剪力分布更为合理，可进行人工干预，即将某些锚板孔沿剪力方向开设为长槽孔，这些锚栓就不参与受力（图 5.3.2)。

5.3.3～5.3.6 分别给出了按弹性理论分析时群锚在剪力 V 作用下、扭矩 T 作用下、剪力 V 与扭矩 T 共同作用下，参与工作的各锚栓所受剪力。

5.3.7、5.3.8 分别给出群锚受剪总剪力设计值及其对受剪锚栓重心的偏心距计算方法。

5.4 基材附加内力计算

5.4.1 本规程对锚栓承载力的计算均是基于锚固基材能正常使用的前提下，因此，对锚固基材需考虑后锚固节点传递的荷载对其产生的附加影响，保证基材能正常工作。

6 承载能力极限状态计算

6.1 机 械 锚 栓

Ⅰ 受拉承载力计算

6.1.1 后锚固连接受拉承载力应按锚栓钢材破坏、混凝土锥体受拉破坏、劈裂破坏等 3 种破坏类型，及单锚与群锚两种锚固连接方式，共计 6 种情况分别进行计算。对于单锚连接，外力与抗力比较明确，计算较为简单。对于群锚连接，情况较为复杂：当为钢材破坏时，破坏主要出现在某些受力最大锚栓，因此，一般只计算受力最大（N^h_{sd}）锚栓即可；当为混凝土锥体破坏或劈裂破坏时，主要表现为群锚基材整体破坏，故取 N^g_{sd}进行整体锚固计算。

6.1.2 《欧洲技术指南——混凝土用金属锚栓》(ETAG）及美国标准《房屋建筑混凝土结构规范》ACI318 中，钢材破坏承载力计算均采用钢材极限抗拉强度标准值 f_{stk}，其承载力标准值有明确的物理意义，而且可以作为锚栓破坏状态的判别标准。而我国国家标准《混凝土结构设计规范》GB 50010 采用的承载力设计表达式用屈服强度设计值 f_{yd}表示，《混凝土结构加固设计规范》GB 50367 也采用 f_{yd}表示，为保持与我国现行各类混凝土结构设计规范的协调一致性，本次修订时，采用屈服强度标准值 f_{yk}进行钢材破坏时承载力标准值计算。

当锚栓直径沿螺杆长度有变化时，应取最小截面的受拉承载力设计值。

6.1.3 单锚或群锚混凝土锥体受拉破坏是后锚固受拉破坏的基本形式，特别是膨胀型锚栓和扩底型锚栓，影响因素众多，计算较为复杂。受拉承载力标准值 $N_{Rk,c}$公式（6.1.3-2）包含单根锚栓在理想状态下的承载力标准值 $N^0_{Rk,c}$及计算面积 $A^0_{c,N}$，单锚或群锚实际破坏面积 $A_{c,N}$，边距影响 $\psi_{s,N}$，钢筋剥离影响 $\psi_{re,N}$，荷载偏心影响 $\psi_{ec,N}$等项目，作用在受拉锚栓附近混凝土上的压力对锥体破坏受拉承载力的有利作用不考虑。

6.1.5 当锚栓间距 s 不小于 $s_{cr,N}$ 时，不会发生群锚整体的锥体破坏，在计算时应按单个锚栓独立发生锥体破坏计算受拉承载力。

6.1.6 锚栓受拉混凝土锥体破坏时，混凝土圆锥直径，从统计看是固定的，对于机械锚栓，《欧洲技术指南——混凝土用金属锚栓》（ETAG）认定为 $3h_{ef}$。当锚栓位于构件边缘，其距离 c 小于 $1.5h_{ef}$ 时，破坏时就形不成完整的圆锥体，因此，承载力会降低。

6.1.7 基材适量配筋，总体上说，对锚固性能有利。但配筋过多过密时，在混凝土锥体受拉破坏模式下，会因钢筋的隔离作用，而出现混凝土保护层先剥离，从而降低了有效锚固深度 h_{ef}。系数 $\psi_{re,N}$ 反映了这一影响。

6.1.10～6.1.12 基材混凝土劈裂破坏分两种情况，一种是发生在锚栓安装阶段，主要是预紧力所引起，另一种是使用阶段，主要是外荷载所造成。但其根源，二者均是由于膨胀侧压力所致。不论任何情况，均应避免发生劈裂破坏。

锚栓安装过程中，只要有足够大的边距 c、间距 s、基材厚度 h 及边缘配筋，劈裂破坏是可以避免的，当 c 小于 c_{min}、s 小于 s_{min}、h 小于 h_{min} 时，易发生安装劈裂破坏，一旦发生，整个锚固系统就失去了继续承载的能力，故不允许锚栓安装劈裂破坏现象发生。c_{min}、s_{min}、h_{min} 应由锚栓生产厂家委托国家法定检验单位，通过系统的试验分析提出。

当 c 不小于 c_{min}、s 不小于 s_{min}、h 不小于 h_{min}，但不满足第 6.1.11 条的条件时，随着锚栓所受外荷载的增大，锚栓对混凝土孔壁的膨胀挤压力会随之增加，此时的劈裂破坏则属荷载造成的劈裂破坏，其量值 $N_{Rk,sp}$ 与混凝土锥体破坏承载力 $N_{Rk,c}$ 大体相应，但在 $A_{c,N}^{0}$、$A_{c,N}$ 计算中的 $s_{cr,N}$ 和 $c_{cr,N}$ 应由 $s_{cr,sp}$ 和 $c_{cr,sp}$ 替代，且多了一项构件相对厚度影响系数 $\psi_{h,sp}$。

Ⅱ 受剪承载力计算

6.1.13 后锚固连接受剪承载力应按锚栓钢材破坏、混凝土剪撬破坏、混凝土边缘楔形体破坏等 3 种破坏类型，以及单锚与群锚两种锚固方式，共计 6 种情况分别进行计算。对于群锚连接，当为钢材破坏时，主要表现为受力最大锚栓的破坏，故取 V_{sd}^{h} 计算即可；当为边缘混凝土楔形体破坏及混凝土撬坏时，则主要表现为群锚整体破坏，故取 V_{sd}^{g} 进行整体锚固计算。

6.1.14 锚栓钢材受剪破坏分纯剪和拉弯剪复合受力两种情况。

对延性较低的硬钢群锚，因各锚栓应力分布不可能很均匀，故乘以 0.8 降低系数。

对于有杠杆臂的受剪，因锚栓处在拉、弯、剪的复合受拉状态，根据钢材破坏强度理论，拉弯破坏折算受剪承载力标准值 $V_{Rk,s}$ 可由公式（6.1.14-4）、（6.1.14-5）、（6.1.14-6）联解获得。其中所谓无约束，是指被连接件锚板在受力过程中，既产生平移又发生转动（图 6.1.14-2a），锚栓杆相当于悬臂杆，故弯矩较大；所谓完全约束，是指被连接件锚板在受力过程中只产生平移，不发生转动（图 6.1.14-2b），故弯矩亦较小。

6.1.15～6.1.25 构件边缘（c 小于 $10h_{ef}$）受剪混凝土楔形体破坏时的受剪承载力标准值计算公式，主要是参考《欧洲技术指南——混凝土用金属锚栓》（ETAG）制定的，这些公式是建立在试验和模拟分析基础上的。根据上一版本规程有关计算公式所采用的系数，对《欧洲技术指南——混凝土用金属锚栓》（ETAG）最新计算公式进行了调整。

6.1.26、6.1.27 基材混凝土剪撬破坏主要发生在中心受剪（c 不小于 $10h_{ef}$）之粗短锚栓埋深较浅情况，系剪力反方向混凝土被锚栓撬坏，承载力计算公式系参考 ETAG 制定。

6.2 化学锚栓

6.2.1 化学锚栓受拉承载力应按锚栓钢材破坏、混合破坏、混凝土锥体受拉破坏、劈裂破坏等 4 种破坏类型，及单锚与群锚两种锚固连接方式，共计 8 种情况分别进行计算。对于单锚连接，外力与抗力比较明确，计算较为简单。对于群锚连接，情况较为复杂：当为钢材破坏时，破坏主要出现在某些受力最大锚栓，因此，一般只计算受力最大（N_{sd}^{h}）锚栓即可；当为混合破坏、混凝土锥体破坏或劈裂破坏时，主要表现为群锚基材整体破坏，故取 N_{sd}^{g} 进行整体锚固计算。

6.2.5 化学锚栓在长期拉力荷载、地震作用、高温等共同作用下，粘结强度标准值的折减系数应连乘。

6.3 植 筋

6.3.1、6.3.2 本规程对植筋受拉承载力的确定，虽然是以充分利用钢材强度和延性为条件的，但在计算其基本锚固深度时，却是按钢材屈服和与粘结破坏同时发生的临界状态进行确定的。因此，在计算地震区植筋承载力时，对其锚固深度设计值的确定，尚应乘以保证其位移延性达到设计要求的修正系数。试验表明，该修正系数只要符合本条的规定，其所植钢筋不仅都能屈服，而且后继强化段明显，能够满足抗震对延性的要求。

另外，应说明的是在植筋承载力计算中还引入了防止混凝土劈裂的计算系数。这是参照美国《房屋建筑混凝土结构规范》ACI 318－2002 的规定制定的；但考虑到按美国《房屋建筑混凝土结构规范》ACI 318－2002 公式计算较为复杂，况且也有必要按我国的工程经验进行调整，故而采取了按查表的方法确定。

6.3.3 锚固用胶粘剂粘结强度设计值，不仅取决于胶粘剂的基本力学性能，而且还取决于混凝土强度等级以及结构的构造条件。表 6.3.3 规定的粘结强度设计值是参照国家现行标准《混凝土结构加固设计规范》GB 50367 和《混凝土结构工程无机材料后锚固技术规程》JGJ/T 271 的有关规定确定的。

快固型结构胶在 C30 以上（不包括 C30）的混凝土基材中使用时，其粘结抗剪强度之所以需作降低的调整，是因为在较高强度等级的混凝土基材中植筋，胶的粘结性能才能显现出来，并起到控制的作用，而快固型结构胶主成分的固有性能决定了它的粘结强度要比慢固型结构胶低。

6.3.4 本条规定的各种因素对植筋受拉性能影响的修正系数，是参照欧洲有关指南和我国的试验研究结果制定的。

6.3.5 按照本规程第 6.3.1 条计算得到的植筋锚固长度较长，工程实际很难满足。本条明确规定对不满足植筋锚固长度的后植钢筋应按化学锚栓的要求进行设计。

植筋锚固长度不满足计算要求时，也可采用其他附加锚固措施，保证钢筋破坏。

7 构 造 措 施

7.1 锚 栓

7.1.1、7.1.2 锚固基材厚度、群锚间距及边距等最小值规定，除避免锚栓安装时减小混凝土劈裂破坏的可能性外，主要在于增强锚固连接基材破坏时的承载能力和安全可靠性，其值应通过系统性能试验分析后给定。

7.1.3 作为基材锚固区的理想条件是，混凝土应坚实可靠，且配有适量钢筋。建筑抹灰层及装修层等，因结构疏松或粘结强度低，不得作为设置锚栓的锚固区。

7.2 植 筋

7.2.1 参照国家现行标准《混凝土结构加固设计规范》GB 50367 和《混凝土结构工程无机材料后锚固技术规程》JGJ/T 271 的有关规定。

7.2.2 植筋钻孔直径大小与其受拉承载力有一定关系。过小不容易保证施工质量，钻孔直径过大则钻孔施工困难，且对原结构影响较大。本条文系参照国家现行标准《混凝土结构加固设计规范》GB 50367 及《混凝土结构工程无机材料后锚固技术规程》JGJ/T 271 相关条文而制定。

7.2.3 植筋距混凝土边缘过小容易发生混凝土边缘的劈裂破坏，且施工时成孔也较困难，故应对植筋与混凝土边缘的最小距离加以限制。

8 抗 震 设 计

8.1 一 般 规 定

8.1.1 地震作用是一个反复荷载作用，从滞回性能和耗能角度分析，锚固连接破坏应控制为锚栓钢材破坏，避免混凝土基材破坏。化学植筋，因其锚固深度可根据计算受力要求、基材尺寸及现场条件确定，目前，已经过大量试验及工程实践验证，因此，应在地震区优先应用。后扩底锚栓和特殊倒锥形锚栓应用范围限制在抗震设防烈度在 8 度（0.2g）及以下，主要是参考了现行国家标准《混凝土结构加固设计规范》GB 50367 的有关规定。

8.1.2 膨胀型锚栓在地震往复荷载作用下，容易出现承载力显著下降，甚至发生拔出破坏，易形成工程隐患。

8.1.8 锚固连接的可靠性和锚固能力，除锚栓品种外，锚固基材的品质及应力状况至关重要，裂缝开展区及素混凝土区，一般均不应作为有抗震设防要求的锚固区。

8.1.9 基材混凝土结构的塑性铰区在地震反复荷载作用下，一般有较大的塑性变形，混凝土构件也会产生较大开裂，对锚固连接的可靠性和锚固能力影响较大，因此，若保证后锚固连接应用于地震区的可靠性，不应将后锚固区布置在混凝土塑性铰区。

梁柱节点核心区在大震作用下有可能出现较大裂缝，混凝土破坏严重，在梁柱节点区应用植筋时，应保证节点极限状态下不能严重破坏。

8.1.10 为保证后锚固连接的延性破坏，对锚栓的破坏模式一般应控制为钢材破坏，若无法满足锚栓破坏模式为钢材破坏时，应在锚栓承载力设计值计算时考虑实现连接构件的延性破坏。

8.2 抗震承载力验算

8.2.1 根据试验研究，低周反复荷载下锚固承载力呈现出一定的退化现象，其量值随破坏形态、锚栓类型及受力性质而变，幅度变化在 0.6R～1.0R 之间，因此，地震作用下锚固连接设计计算时，锚固承载力应按本规程第 4.3.9 条考虑承载力降低系数。

8.2.2 抗震设计的原则应是构件或节点预期发生延性破坏，对于受拉、边缘受剪、拉剪复合受力之结构构件锚固连接抗震设计，应控制为锚栓钢材延性破坏，避免基材混凝土脆性破坏，本条规定是参考国外有关规范从锚固承载力计算及构造要求等方面保证锚固连接仅发生钢材破坏。

8.2.3 为实现地震区连接构件的延性破坏，参考国家有关规范的要求，根据不同的抗震设防烈度，考虑受力增大系数，保证发生连接构件的延性破坏。

8.3 抗震构造措施

8.3.1 植筋锚固在本规程 6.3 节已给出明确计算及构造要求，且对地震区进行了明确的规定。本次修订取消了有关植筋最小有效锚固深度的规定。实际工程设计时应根据本规程 6.3 节计算确定。

对扩底型锚栓、膨胀型锚栓根据有关产品参数及工程应用实践确定最小有效锚固深度。由于普通化学锚栓及特殊倒锥形化学锚栓在建筑工程中已积累工程经验，同时，参考欧洲和美国有关标准及指南，给出不同设防烈度下，最小有效锚固深度与锚栓直径的比值。由于化学锚栓为定型产品，同直径的锚栓长度不会根据构件类型、受力形式和设防烈度不同而调整，因此，在地震区应用时应对锚栓承载力适当降低。

8.3.2 试验和工程经验表明，锚固区具有一定量的钢筋，锚固性能可大为改善。与既有建筑工程不同，新建建筑工程在设计及施工时对后锚固区有条件配置钢筋。为提高锚固连接的可靠性，减小基材混凝土破坏的可能性，可在预设的锚固区配置必要的钢筋网，本次修订给出具体钢筋间距的要求，以保证布置必要的构造钢筋。

9 锚固施工与验收

9.1 一 般 规 定

9.1.1 目前市场上有不同品牌和功能的国内外锚栓和胶粘剂可供选择，生产厂家的产品质量参差不齐，但施工所用的产品质量必须符合相应产品质量检验标准，产品的规格应符合设计要求。目前已经出版的有关锚栓和植筋的规范主要有《混凝土结构加固设计规范》GB 50367－2006、《建筑结构加固工程施工质量验收规范》GB 50550－2010、《混凝土用膨胀型、扩孔型建筑锚栓》JGJ 160－2004、《紧固件机械性能》GB/T 3098－2000、《混凝土结构工程用锚固胶》JG/T 340。植筋钢筋的质量亦应符合相应国家现行规范的要求。

9.1.2 对后锚固产品的进场验收作出了明确的规定。由于相关产品在定型时已经进行了试验验证或认证，在出厂前又进行了有关实测检验，因此在进场验收时，以简化进场验收手续，同时又能确保产品质量为原则确定产品抽样数量及试验项目。

9.1.3 锚固基材强度和本身的质量直接关系锚固强度及锚固安全性，如混凝土施工质量、锚固区潮湿、基体开裂都在不同程度上影响锚固的强度，降低使用的安全性，故对锚固区基材作出规定。

9.1.4 检测钢筋的位置是为了在钻孔时避开钢筋，以免影响锚固基材的原有强度及安全性；保护层过厚将导致锚栓或植筋未锚入保护层以下，达不到后锚固的构造要求。

9.1.5 锚栓锚孔的清理是否到位对后锚固的承载力影响很大，所以本条对清孔方法、临时封闭等关键环节作了具体要求。

9.1.7 不同厂家的锚栓产品特点、工艺和安装方法是不同的，只有按照各自产品安装说明书，使用配套的专用工具才能完成锚栓的安装。本条规定是为了确保锚栓安装的质量，达到锚固的要求。

9.1.8 为保证施工安全，根据国务院令第 591 号《危险化学品安全管理条例》的规定，用于化学锚栓或植筋施工的锚固胶、丙酮属于危险化学用品，所以要求施工单位对这些物品的运输、存放和使用都必须进行严格的管理，以确保施工安全。

9.1.9 为保证后锚固施工人员的安全，对施工应配备的劳动保护用具作具体的说明。

9.2 膨胀型锚栓施工

9.2.1 预插式安装（图 9.2.1a）是先安装锚栓后装被连接件，锚板与基材钻孔要求同心，但孔径不一定相同；穿透式安装（图 9.2.1b），锚板与基材一起钻孔（配钻），孔径相同，整个锚栓从外面穿过锚板插入基材锚孔，锚板钻孔与锚栓套筒紧密接触，多用于抗剪能力要求较高的锚固；离开基面的安装（图 9.2.1c），主要是指具有保温层或空气层的外饰面板安装，该安装所用锚栓杆头较长，采用三个螺母，先装锚栓，以第一道螺母紧固于基材，铺贴保温层，以第二道螺母调平，装饰面板，以第三道螺母拧紧固定。

9.2.2 锚栓施工工序正确与否，对施工质量影响比较大。如果工程技术人员不掌握施工工序和施工方法，容易出现差错，因此，必须加以明确。

膨胀型锚栓施工可参考如图 2 的工序进行：

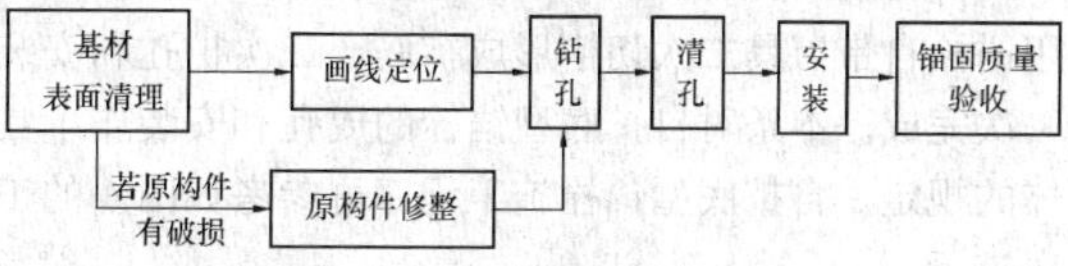

图 2 膨胀型锚栓施工工序示意

9.2.3 锚孔放样定位对后锚固和锚孔质量影响较大，对锚孔的定位提出要求。

9.2.4 主要规定锚栓钻孔质量要求和钻孔直径允许偏差。

钻孔垂直度允许偏差由原规程要求 5°提高到现规程的 2%。原规程所要求的垂直度允许偏差 5°偏低，换算成百分比为 8.7%，若锚栓的长度按照 120mm 计算，锚孔底部偏位将达到 10.44mm，偏位远远大于 5mm 的规定。而且现行《建筑结构加固工程施工质量验收规范》GB 50550－2010 第 20.2.6 条也规定了锚栓钻孔垂直度偏差不应超过 2%。

9.2.5 锚栓安装是后锚固施工的关键环节，本条对膨胀型锚栓的具体安装要求作了如下几个方面的规定：

1 扭矩控制式膨胀锚栓应通过控制螺杆的扭矩大小来完成锚栓安装，位移控制式膨胀锚栓应通过控制套筒与锥头的相对位移来完成锚栓安装，其中位移控制式又叫敲击式锚栓。

2 根据产品的种类和厂家不同，按照使用说明进行安装。

3 扭矩控制式膨胀型锚栓的控制扭矩允许偏差由原规程的±15%调整为±10%。根据对现有扭矩扳手的市场调查，现有的扭矩扳手产品的控制扭矩误差为±3%，原规程的允许偏差范围偏大，同时考虑施工因素的影响，因此将控制扭矩允许偏差调整为±10%。

9.3 扩底型锚栓施工

9.3.1 扩底型锚栓的安装方法基本与膨胀型锚栓相同。

9.3.2 模扩底型锚栓以专用钻具预先切槽形成扩底。要进行扩底型锚栓的施工，必须先掌握扩底型锚栓安装方法和工作原理，本条对模扩底型锚栓的成孔和安装作具体的规定。模扩底型锚栓施工程序可参考如图 3 的工序进行，钻孔和扩孔也可采用专用设备一次成型。

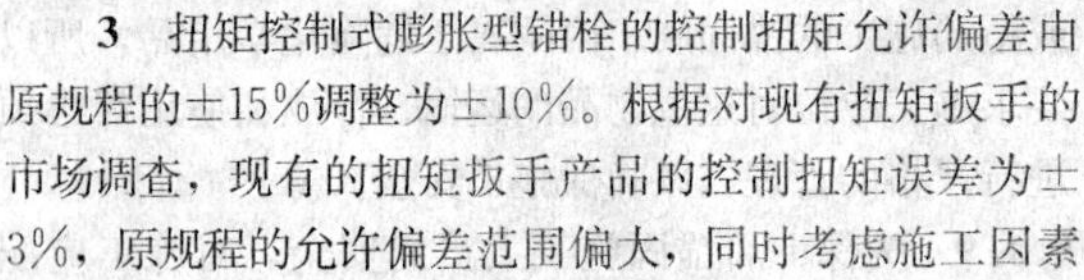

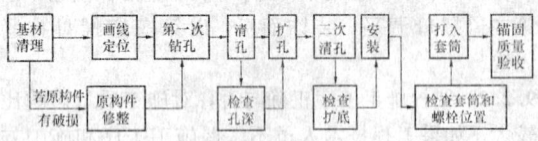

图 3　模扩底锚栓施工工序示意

9.3.3 自扩底锚栓是以钻具预先钻孔，安装锚栓后用锚栓自带刀具二次切槽形成扩底，二次扩孔和安装一次完成。本条对自扩底型锚栓的成孔和安装作了具体的规定。自扩底型锚栓施工程序可参考如图 4 的工序进行。

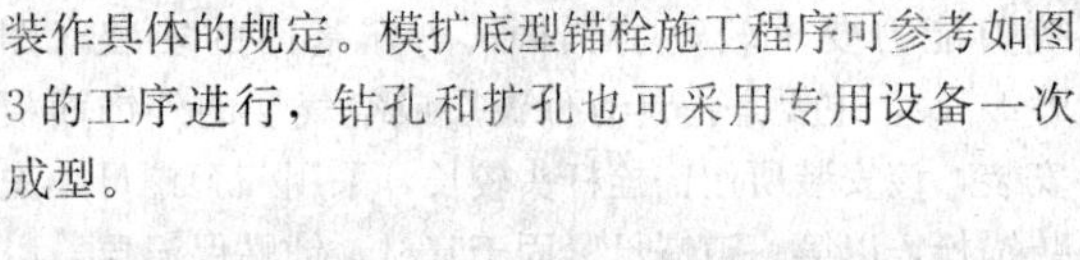

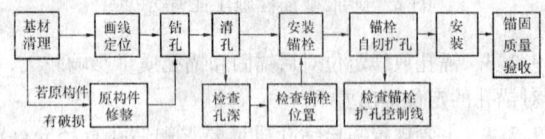

图 4　自扩底锚栓施工工序示意

9.3.4 对扩底型锚栓的锚孔、直径偏差等项目进行了要求。

9.3.5 对扩底型锚栓的锚固深度进行了要求。

9.4 化学锚栓施工

9.4.1 化学锚栓的施工工艺应严格按照产品说明书要求的工艺顺序执行，以确保施工过程中各个工序的质量控制，从而保证化学锚栓的后锚固施工质量。化学锚栓的施工可参考如图 5 的工序进行。

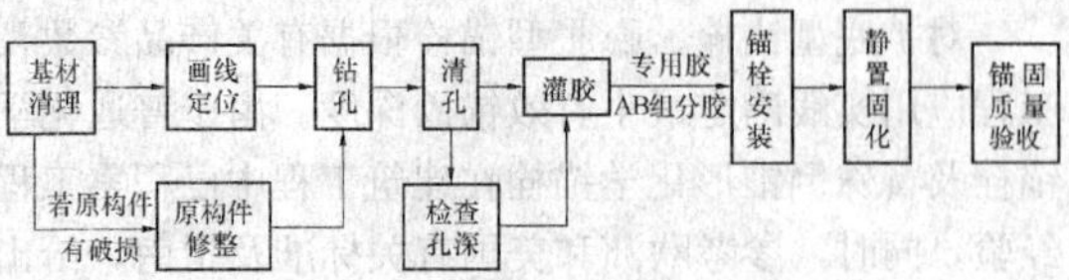

图 5　化学锚栓施工工序示意

9.4.2 化学锚栓对施工环境的要求是参照《建筑结构加固工程施工质量验收规范》GB 50550－2010 第 19.1.3 条对植筋工程施工环境的要求，因为化学锚栓的荷载传递原理与植筋相似，同样是利用锚固胶与锚杆之间、锚固胶与混凝土之间粘结强度传递荷载，所以对植筋施工环境的要求同样适用于化学锚栓。其中未标明适用温度的锚固胶，之所以规定应按不低于 15℃的要求进行控制，是因为一般的锚固胶在未改性的情况下，其基材表面温度必须在 15℃以上才能正常固化。

9.4.3 化学锚栓首先应满足产品使用说明的要求，对化学锚栓的钻孔提出具体要求：

1 规定了不同规格的化学锚栓在设计和产品说明书无要求的情况下，所对应的钻孔孔径要求；

2 规定了对化学锚栓钻孔的深度、倾斜度、锚孔位置和直径允许偏差。其中锚孔倾斜度、位置和直径的允许偏差，同本规程膨胀锚栓的锚孔质量要求。关于锚孔的深度允许偏差，原规程规定的化学植筋为 $^{+20}_{0}$mm，考虑到化学锚栓如果锚固深度偏差过多，有可能导致化学锚栓外露螺杆不够长，影响对锚垫板等锚固物的锚固，所以将化学锚栓锚孔深度的允许偏差调整为 $^{+10}_{0}$mm。

9.4.4 主要规定了锚固胶选择和现场调制的要求：

1 化学锚栓的锚固胶主要分为三种：产品配套一对一锚固胶、厂家生产自动混合包装的锚固胶和 AB 组分锚固胶三种。在三种锚固胶中，以"产品配套的一对一锚固胶"的质量最好，其中又分为塑料软包装和玻璃管硬包装两种方式，这些成套的锚固胶中除了有胶体、固化剂以外，还掺加了石英砂等粒料成分，有利于提高锚固效果，且胶体填料的掺配是由锚栓制作厂家在工厂化的施工环境添加的，质量容易得到保证。同时使用配套的锚栓和锚固胶，在工程出现质量问题时也便于分清责任。

2 三种锚固胶中，其中最难控制的是现场调制的 AB 组分锚固胶，所以本规程对锚固胶的现场调制进行了详细规定。

9.4.5 主要对化学锚栓锚孔清理作了详细的规定。其中特别强调了清孔后锚孔干燥度应满足产品说明书的要求，主要的原因是不同的干燥度可能会影响锚固胶的粘结强度。

9.4.6 主要是针对采用自动搅拌注射筒混合包装或AB组分现场调制的锚固胶时，对注胶方法、操作要点、注胶量及注胶孔的临时保护等工序进行了详细的规定。

近年来发现国内外大多数厂家生产的双组分自动搅拌注射装置的搅拌效果不是太好，显著地影响了胶液的正常固化和粘结质量，因此注胶前应对所使用的注射装置进行试操作，搅拌效果不好的应予以弃用。

9.4.7 对锚栓的安装方法和具体要求进行了具体的规定。

1 当采用厂家配套的一对一锚固胶时，锚栓安装时应采用与产品配套的专用工具，按照安装说明书进行安装。特别强调了“化学锚杆旋入锚孔时，应严格按照产品要求控制锚栓的安装位置，锚栓旋入到指定位置后应立即停止”。之所以制定这条，主要原因是化学锚栓用电钻和专用连接头旋进锚孔内，在锚栓旋转进入的同时，内置的玻璃包装或塑料包装锚固剂将会均匀地分布在锚杆两侧，若化学锚杆旋到底以后不立即停止，将会使锚杆底部锚固剂和填料被旋出来，导致锚杆底部锚固剂分布不均，直接影响到化学锚栓的锚固承载力。

2 当采用自动混合组合锚固胶和现场调制的AB组分的锚固胶时，将锚栓按照单一的方向旋入孔内，有利于胶体与锚栓、胶体与孔壁的粘合，同时可以将孔壁可能残留的粉尘搅和到胶体中，防止在胶体和孔壁之间形成粉尘隔层影响锚栓的抗拔力。

3 因为锚固胶的固化速度较快，若锚栓的位置稍有偏差，应及早调整，否则胶体固化以后就无法调整了。

4 对锚栓安装完成后的静置固化重点提出了要求。

9.5 植筋施工

9.5.1 规定了植筋工艺对施工环境的要求。

9.5.2 主要对规定植筋钻孔孔径偏差，以及钻孔深度、垂直度和位置允许偏差，是参照《建筑结构加固工程施工质量验收规范》GB 50550－2010 的有关规定制定的，将其中的钻孔垂直度允许偏差由“mm/m”的表达方式调整成百分比的形式。

9.5.3 规定了植筋钻孔的清理、胶粘剂配制和注胶工序控制要点。内容同本规程的化学锚栓施工所对应章节的规定。植筋的施工可参考如下工序进行。

9.5.6 对植筋钢筋连接接头的处理要求进行了详细的规定：

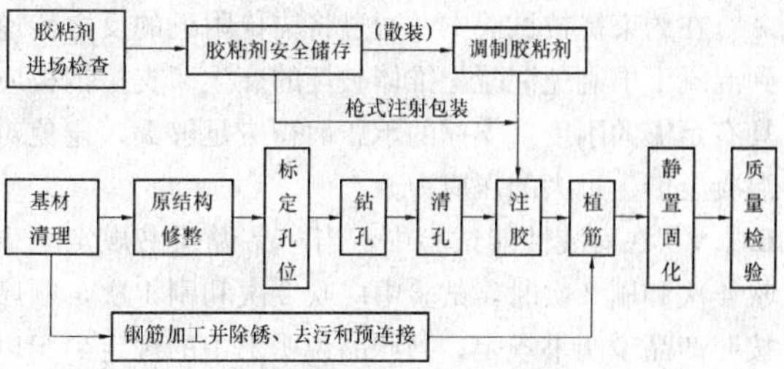

图6 植筋施工工序示意

1 若采用机械连接接头，可以在植筋以后进行。

2 当采用焊接接头时，不管是采用电渣压力焊还是电弧焊，都或多或少地会引起钢筋温度的升高，直接影响到胶粘剂的粘结强度和耐久性，针对这个问题，参照原《混凝土结构后锚固技术规程》JGJ 145－2004 和《建筑结构加固工程施工质量验收规范》GB 50550－2010 的有关规定，制定施焊部位距离注胶孔顶面的距离不少于 20d，且不小于 200mm 的规定。

3 植筋钢筋连接采用后焊接时，将电焊机的接地线放到植筋钢筋的根部，容易引起胶粘剂局部温度升高、碳化，影响其粘结强度，施工时应避免。

9.6 质量检查与验收

9.6.1 规定了后锚固质量检查的主要内容，包括文件资料、原材料、基材混凝土、锚孔和锚固质量检查等。

9.6.2、9.6.3 参照原规程《混凝土结构后锚固技术规程》JGJ 145－2004，规定了文件资料和锚孔质量检查的主要内容。

9.6.4 为了方便后锚固结构的检查验收，规定了后锚固质量检验标准、检验方法和检查数量，主要包括基本要求、外观检查和实测项目等内容。

9.6.5 参照《建筑结构加固工程施工质量验收规范》GB 50550－2010的有关规定，对后锚固工程验收应提供的文件和施工记录提出了要求。

9.6.6 规定了对后锚固工程施工质量不合格的处理意见。

附录B 混凝土用化学锚栓检验方法

B.1 试 验 方 法

B.1.2 化学锚栓的应用越来越广泛，但国内尚没有相关产品标准，本次规程修订时，结合国外化学锚栓产品的相关认证标准，补充了本附录，对化学锚栓检验方法等给出明确的规定，作为对产品标准缺失的补充。

在约束抗拉试验中，通过将锚栓附近的反力传递到混凝土中避免混凝土锥体破坏的产生。支撑钢板应具有足够的刚度，支撑的承压面积应足够大，避免对混凝土产生过大的压应力。

B.1.9 在安装性能试验中，当产品说明书规定至少吹4次和刷2次时，试验中应吹2次和刷1次，顺序按照产品说明书规定；当产品说明书中的规定少于以上数量，试验中的要求（吹2次和刷1次）应按比例降低，吹和刷的次数应向下取整；当产品说明书规定吹2次和刷1次时，试验中应不进行刷孔；当产品说明书中没有关于清孔的具体要求，试验中不进行清孔。

B.1.16 耐久性试验是用来评估锚固胶对腐蚀性环境的反应。本规程采用的切片冲压测试，是指将已安装锚栓的薄切片暴露于特定的环境条件，然后在冲压测试设备上进行测试得到残余粘结强度的方法。这种方法能够保证整个粘结层受到腐蚀性化合物的影响，提供了一种关于环境条件的相对一致和保守的评估。在准备切片和冲压测试时必须小心谨慎，以保证得出可靠的结果。制作切片时，可在成段的钢管或者塑料管中浇筑混凝土试件，这些钢管或者塑料管有所需的壁厚可防止在冲压测试中切片劈裂，所有的混凝土试件应来自于同一个混凝土批次。冲压试验设备应能够约束切片中的混凝土，并将金属部分（切片中的锚栓）从切片中冲压出来。

在耐久性试验中，可通过将氢氧化钾粉末或片剂和水混合直到pH值达到13.2来制作碱性液体，在切片存储期间要保持平均碱度为pH=13.2。如果测得的碱度在13.0以下，应延长测试时间，延长的时间等于pH值低于13.0的总时间。碱度小于13.0的时间不应计入平均碱度值的计算中。每天监测一次pH值。切片从存储容器中取出后应尽快进行测试以避免试件失水干燥对粘结强度测量造成的潜在影响。

B.2 试验数据处理

B.2.4 在开裂混凝土中，特殊倒锥形化学锚栓的荷载—位移曲线可能会出现最大长度约0.5mm的滑移段，这表明此时螺杆与锚固胶的粘结发生破坏，该点对应的荷载不能视为滑移荷载。

B.2.7 基本抗拉性能试验的混凝土强度和状态（开裂或非开裂）应与实际测试条件一致。当$N^{o}_{Ru,m}$为某混凝土强度、混凝土状态（非开裂或开裂）和试验形式（约束抗拉或非约束抗拉）的抗拉承载力平均值时，$N^{r}_{Ru,m}$也应当为相同混凝土强度、相同试验形式和混凝土状态的基本抗拉性能试验的抗拉承载力平均值。

附录C 锚固承载力现场检验方法及评定标准

C.1 适用范围及应用条件

C.1.1、C.1.2 规定了锚固承载力现场检验方法的适用范围。锚固承载力现场检验涉及锚固件种植和安装的质量，以及锚固件投入使用后承载的安全，受到设计、施工、监理和业主等各方的共同关注，施工质量经过检验后，才能确保锚固工程完工后具有国家标准所要求的施工质量和锚固承载的安全可靠性。

本标准同样适用于进口的产品，不论其在原产地是否经过技术认证，一旦进入我国市场，且用于后锚固结构上，均应执行我国设计、施工规范的规定。

C.1.3 规定了后锚固承载力现场检验方法的分类和选择要求。

C.1.4 根据调查发现，有些锚固工程，本应采用破坏性检验，但因限于现场条件或结构构造条件，无法进行原位破坏性检验的操作。对于这种情况，如果能在事前考虑到，则允许以专门浇注的混凝土块材，种植同品种、同规格的锚固件，作同条件下的破坏性检验，但应强调的是：这项检验必须事先征得设计和监理负责人书面同意，并始终在场见证、签字，才能被认定有效。

C.2 抽样规则

C.2.1～C.2.3 较完整地给出了抽样规则。这里应指出的是：结构构件锚栓锚固质量的非破损检验之所以需要很大的样本量，是因为锚栓破坏状态多种多样，承载力变异系数较大，倘若抽检的锚栓数量只有0.1%，则很难在设计荷载的持荷时间内，以足够大的概率查出锚固质量问题。在这种情况下，为了降低潜在的风险，只有加大非破损检验的抽样频率。

C.2.4 国内外标准在制定检验合格指标时，均是以胶粘剂产品说明书标示的固化期为准所取得的试验结果为依据确定的；因此，对实际工程中胶粘的锚固件，其检验日期也应以此为准，才能如实反映其胶粘质量状况。倘若时间拖久了，将会使本来固化不良的胶粘剂，其强度有所增长，甚至能达到合格要求，但并不能改善其安全性和耐久性能。

C.3 仪器设备要求

C.3.1 现场检测设备较为简单。配置时，应注意的是加荷设备的支承点与锚栓之间的净间距，应能保证基材混凝土的破坏不受约束，以避免影响检测的结果。

关于加载设备支撑环的要求是引用原规程条文的要求。

C.3.2、C.3.3 对现场测量位移的装置提出了具体要求，并且对现场检测设备用的仪器设备的检定进行了强调。现场测量位移受条件限制时，允许采用百分表，以手工操作进行分段记录，此时，在试样到达荷载峰值前，其位移记录点应在12点以上。

C.4 加载方式

C.4.1 非破损检验采用的荷载检验值取 $0.9f_{yk}A_s$，主要考虑的是防止钢材屈服；而取 $0.8N_{Rk,c}$，主要在于检验锚栓或植筋滑移及混凝土基材破坏前的状态。

C.5 检验结果评定

检验结果的评定，是参考《建筑结构加固工程施工质量验收规范》GB 50550－2010和原规程的有关规定制定的。

非破损检验结果评定时，一个检验批中不合格的试样不超过5%时，应另抽3根试样进行破坏性检验，若检验结果全部合格，该检验批仍可评定为合格检验批。计算限值5%时，不足一根，按一根计。

中华人民共和国行业标准

混凝土结构工程无机材料后锚固技术规程

Technical specification for post-anchoring used in concrete structure with inorganic anchoring material

JGJ/T 271—2012

批准部门：中华人民共和国住房和城乡建设部
施行日期：2 0 1 2 年 8 月 1 日

中华人民共和国住房和城乡建设部
公　　告

第1282号

关于发布行业标准《混凝土结构工程无机材料后锚固技术规程》的公告

现批准《混凝土结构工程无机材料后锚固技术规程》为行业标准，编号为JGJ/T 271－2012，自2012年8月1日起实施。

本规程由我部标准定额研究所组织中国建筑工业出版社出版发行。

中华人民共和国住房和城乡建设部

2012年2月8日

前　　言

根据住房和城乡建设部《关于印发〈2010年工程建设标准规范制订、修订计划〉的通知》（建标［2010］43号）的要求，规程编制组经广泛调查研究，认真总结实践经验，参考有关国际标准和国外先进标准，并在广泛征求意见的基础上，编制本规程。

本规程的主要技术内容是：1. 总则；2. 术语和符号；3. 材料要求；4. 设计；5. 施工；6. 检验与验收。

本规程由住房和城乡建设部负责管理，由济南四建（集团）有限责任公司负责具体技术内容的解释。执行过程中如有意见和建议，请寄送济南四建（集团）有限责任公司（地址：山东省济南市天桥区济洛路163号，邮政编码：250031）。

本规程主编单位：济南四建（集团）有限责任公司
潍坊昌大建设集团有限责任公司

本规程参编单位：山东省建筑科学研究院
河北省建筑科学研究院
烟台大学
郑州大学
青海省建筑建材科学研究院
甘肃省建筑科学研究院
江苏省建筑科学研究院有限公司
滨州市建设工程质量监督站
济宁市建设工程质量监督站
重庆市建筑科学研究院
山东华森混凝土有限公司
潍坊市建设工程质量安全监督站
济南中方加固改建有限公司
广州穗监工程质量安全检测中心
青岛固立特建材科技有限公司
山东省建筑设计研究院
重庆建工住宅建设有限公司

本规程主要起草人员：崔士起　成　勃　曹晓岩
朱九洲　张连悦　郑广斌
梁玉国　周新刚　刘立新
高永强　晏大玮　顾瑞南
焦海棠　赵吉刚　姜丽萍
李建业　马玉善　张　健
谢慧东　王东军　王自福
鲁统卫　李战发　焦自明
余炳星　吴福成　孙树勋
边智慧　冯　坚　张京街
陈　放　邢庆毅　张　奕
张维汇　初明进　任广平
周尚永　刘宗建　王国力
王宝科　王泉波　王维奇

本规程主要审查人员：高小旺　郝挺宇　李　杰
周学军　焦安亮　鲁爱民
王金玉　刘俊岩　徐承强

目 次

Contents

1 总 则

1.0.1 为促进无机材料后锚固技术在混凝土结构工程中的合理应用，做到技术先进、安全适用、经济合理、确保质量，制定本规程。

1.0.2 本规程适用于钢筋混凝土、预应力混凝土以及素混凝土结构采用无机材料进行后锚固工程的设计、施工与验收；不适用于轻骨料混凝土及特种混凝土结构的后锚固。

1.0.3 采用无机材料进行后锚固的混凝土结构抗震设防烈度不应大于 8 度（0.2g），且不应直接承受动力荷载重复作用。

1.0.4 混凝土结构工程无机材料后锚固技术除应符合本规程外，尚应符合国家现行有关标准的规定。

2 术语和符号

2.1 术 语

2.1.1 无机材料后锚固胶 inorganic anchorage adhesive

以无机胶凝材料为主要原料，加入填料和其他添加剂制得的用于锚固的胶，简称无机胶。

2.1.2 锚筋 anchorage bars

用于后锚固工程中的光圆或带肋钢筋。

2.1.3 无机材料后锚固技术 technic of post-anchorage used in concrete structure with inorganic anchoring material

采用无机胶将锚筋有效地锚固于既有混凝土结构中的技术。

2.1.4 基体 base

用于锚固锚筋并承受锚筋传递作用的混凝土结构或构件。

2.1.5 抗拔承载力检验 anchorage capacity test

沿锚筋轴线施加轴向拉拔荷载，以检验其锚固性能的现场试验。抗拔承载力检验可分为破坏性检验和非破坏性检验。

2.1.6 锚孔 drilling hole

进行锚固工程时，为布置锚筋而施工的钻孔。

2.2 符 号

B——基体沿锚固方向的尺寸；

D——锚孔直径；

d——锚筋直径；

d_1——机械锚固墩头直径；

$f_{bd,1}$——锚筋与无机胶的粘结强度设计值；

$f_{bd,2}$——无机胶与混凝土基体的粘结强度设计值；

f_s——锚筋锚固段在承载力极限状态下的强度设计值；

h——机械锚固墩头长度；

l_{ds}——锚固深度设计值；

l_s——锚固深度计算值；

$l_{s,1}$——锚筋与无机胶界面的锚固深度计算值；

$l_{s,2}$——无机胶与基体界面的锚固深度计算值；

N_s——锚筋受拉承载力设计值；

N_0——锚筋的极限抗拔承载力实测值；

α_{spt}——为防止混凝土劈裂引用的计算系数；

γ_1——后锚固连接重要性系数；

η——群锚效应折减系数；

ξ——带肋钢筋机械锚固系数；

σ_s——进行后锚固深度计算时采用的锚筋应力计算值；

ψ_{ae}——考虑植筋位移延性要求的修正系数；

ψ_N——考虑结构构件受力状态对锚筋受拉承载力影响的修正系数。

3 材料要求

3.0.1 无机胶可按供货状态分为散装粉料式和锚固包式，应根据现场条件合理选用。

3.0.2 无机胶性能应满足表 3.0.2 的技术要求，其检验方法和抽样数量应符合现行行业标准《混凝土结构工程用锚固胶》JG/T 340 的规定。

表 3.0.2 无机胶技术要求

序号	项 目			要 求
1	外观质量			色泽均匀、无结块
2	施工时的使用温度范围			满足产品说明书标称的使用温度范围
3	拌合物性能	泌水率（%）		0
		凝结时间（min）	初凝	≥30
			终凝	≤120
		氯离子含量（%）		≤0.1
4	胶体性能	竖向膨胀率（%）	1d	≥0.1
			28d	≥0.1
		抗压强度（MPa）	1d	≥30.0
			28d	≥60.0
5	约束拉拔条件下带肋钢筋与混凝土的粘结强度（MPa）（Φ25，锚固深度 150mm）		C30 混凝土	≥8.5
			C60 混凝土	≥14.0

注：氯离子含量系指其占胶凝材料总量的百分比。

3.0.3 无机胶中集料最大粒径不应大于 0.5mm。

3.0.4 基体应密实，后锚固区域不应有裂缝、风化等劣化现象，并应能承担锚筋传递的作用。

3.0.5 基体混凝土抗压强度实际值不宜低于20MPa，且不应低于15MPa。

3.0.6 本规程所指锚筋应为光圆钢筋、带肋钢筋等非预应力筋，其质量应符合现行国家标准《钢筋混凝土用钢　第1部分：热轧光圆钢筋》GB 1499.1、《钢筋混凝土用钢　第2部分：热轧带肋钢筋》GB 1499.2、《钢筋混凝土用余热处理钢筋》GB 13014等相关标准的规定。

4 设 计

4.1 一 般 规 定

4.1.1 后锚固连接设计所采用的设计使用年限应与整个被连接结构的设计使用年限一致。

4.1.2 后锚固工程实施前应对后锚固部位的混凝土强度、基体尺寸及钢筋位置等项目进行检测，对后锚固部位的混凝土密实程度进行检查。

4.1.3 后锚固连接设计，应根据被连接结构类型、锚固连接受力性质的不同，对其破坏形态加以控制，应保证结构构件破坏时不发生锚筋滑脱或基体破坏。

4.1.4 后锚固深度应按锚固深度设计值确定，并应满足构造要求。

4.1.5 光圆钢筋锚固段的端部应采取机械锚固措施，带肋钢筋锚固段的端部可采取机械锚固措施。

4.2 计　算

4.2.1 锚筋锚固段在承载力极限状态下的强度设计值 f_s 应符合下式规定：

$$f_s \leqslant \frac{\eta}{\gamma_0 \cdot \gamma_1} f_y \tag{4.2.1}$$

式中：η——群锚效应折减系数：对于受拉锚筋，相邻锚筋之间的净距不大于最小锚筋直径的3倍时取0.75，相邻锚筋净距大于最小锚筋直径的10倍时取1.0，其间按线性插值法确定；对于受压锚筋取1.0；

f_y——锚筋原材料抗拉强度设计值，应按现行国家标准《混凝土结构设计规范》GB 50010取值；

γ_0——结构重要性系数，应按现行国家标准《建筑结构可靠度设计统一标准》GB 50068的规定，安全等级为一、二、三级的建筑结构，分别不应小于1.1、1.0、0.9；

γ_1——后锚固连接重要性系数：对于破坏后果很严重的重要锚固，取1.2；一般的锚固取1.1。

4.2.2 进行后锚固深度计算时采用的锚筋应力计算值 σ_s 应符合下列公式的规定：

$$\sigma_s \geqslant f_s \tag{4.2.2-1}$$

$$\sigma_s \leqslant f_{yk} \tag{4.2.2-2}$$

式中：f_{yk}——锚筋原材料抗拉强度标准值，应按现行国家标准《混凝土结构设计规范》GB 50010取值。

4.2.3 锚筋的锚固深度计算值 l_s 应按下式计算：

$$l_s = \max\{l_{s,1}, l_{s,2}\} \tag{4.2.3}$$

式中：$l_{s,1}$——锚筋与无机胶界面的锚固深度计算值（mm）；

$l_{s,2}$——无机胶与基体界面的锚固深度计算值（mm）。

4.2.4 锚筋与无机胶界面的锚固深度计算值 $l_{s,1}$ 应按下式计算：

$$l_{s,1} = \xi \frac{0.2\alpha_{spt} d\sigma_s}{f_{bd,1}} \tag{4.2.4}$$

式中：ξ——带肋钢筋端部机械锚固影响系数，取0.8；其余均取1.0；

α_{spt}——为防止混凝土劈裂引用的计算系数，按表4.2.4取值；

d——锚筋直径（mm）；

σ_s——锚筋应力计算值（MPa）；

$f_{bd,1}$——锚筋与无机胶的粘结强度设计值，宜通过试验取得粘结强度标准值，试验方法应符合国家标准《混凝土结构加固设计规范》GB 50367－2006附录K的规定，材料分项系数可取1.4；无试验数据时，锚筋为光圆钢筋且采取机械锚固措施时可取3.5MPa，锚筋为带肋钢筋时可取5.0MPa。

表4.2.4 考虑混凝土劈裂影响的计算系数 α_{spt}

混凝土保护层厚度（mm）		25	30	35	≥40
锚筋直径 d（mm）	≤20	1.0	1.0	1.0	1.0
	25	1.1	1.05	1.0	1.0
	32	1.25	1.15	1.1	1.05

4.2.5 无机胶与基体界面的锚固深度计算值 $l_{s,2}$ 应按下式计算：

$$l_{s,2} = \frac{0.2\alpha_{spt} d\sigma_s}{f_{bd,2}} \cdot \frac{d}{D} \tag{4.2.5}$$

式中：α_{spt}——为防止混凝土劈裂引入的计算系数，按本规程表4.2.4取值，此时表中锚筋直径 d 按孔径 D 考虑；

$\frac{d}{D}$——锚筋直径 d 与锚孔直径 D 的比值，当 $\frac{d}{D} < 0.65$ 时，取 $\frac{d}{D} = 0.65$；

$f_{bd,2}$——无机胶与基体的粘结强度设计值，按表4.2.5取值。

表 4.2.5　无机胶与基体的粘结强度设计值

基体情况	混凝土强度等级					
	C15	C20	C25	C30	C40	≥C60
$f_{bd,2}$（MPa）	1.7	2.3	2.7	3.4	3.6	4.0

4.2.6　锚筋的锚固深度设计值 l_{ds} 应符合下式规定：

$$l_{ds} \geqslant \psi_N \psi_{ae} \psi_d l_s \quad (4.2.6)$$

式中：ψ_N——考虑结构构件受力状态对锚筋受拉承载力影响的修正系数，当为悬挑结构构件时，取 1.5；当为非悬挑的重要构件接长时，取 1.15；当为其他构件时，取 1.0；

ψ_{ae}——考虑后锚固位移延性要求的修正系数，对抗震等级为一、二级的混凝土结构，取 1.25；对抗震等级为三、四级的混凝土结构，取 1.1。

ψ_d——考虑锚筋公称直径的修正系数，公称直径不大于 25mm 时，取 1.0；公称直径大于 25mm 时，取 1.1。

4.3　构 造 措 施

4.3.1　按构造要求的最小锚固深度 l_{min} 应取 $12d$ 和 150mm 的较大值，对于悬挑结构构件，尚应乘以 1.5 的修正系数。

4.3.2　按构造要求的最大锚固深度 l_{max} 应满足下列公式的规定：

1　受压锚筋

$$l_{max} \leqslant B - \max(10d, 100) \quad (4.3.2\text{-}1)$$

2　其他锚筋

$$l_{max} \leqslant B - \max(5d, 50) \quad (4.3.2\text{-}2)$$

式中：B——基体沿锚固方向的尺寸（mm）；

d——锚筋直径（mm）。

4.3.3　锚孔直径与锚筋直径的对应关系应满足表 4.3.3 的要求。

表 4.3.3　锚孔直径与锚筋直径的对应关系

锚筋直径 d（mm）	≤16	>16，≤25	>25
锚孔直径 D（mm）	≥d+4	≥d+6	≥d+8

4.3.4　机械锚固措施（图 4.3.4）可采取墩头、焊接等方法取得，其端部的直径 d_1、长度 h 应符合下列公式的规定：

$$d_1 \geqslant \begin{cases} d+3 & (d \leqslant 16\text{mm}) \\ d+5 & (16\text{mm} < d \leqslant 25\text{mm}) \\ d+7 & (d > 25\text{mm}) \end{cases} \quad (4.3.4\text{-}1)$$

$$h \geqslant d \quad (4.3.4\text{-}2)$$

4.3.5　锚筋与基体边缘的最小净距应符合下列规定：

1　当锚筋与基体边缘之间有不少于 2 根垂直于

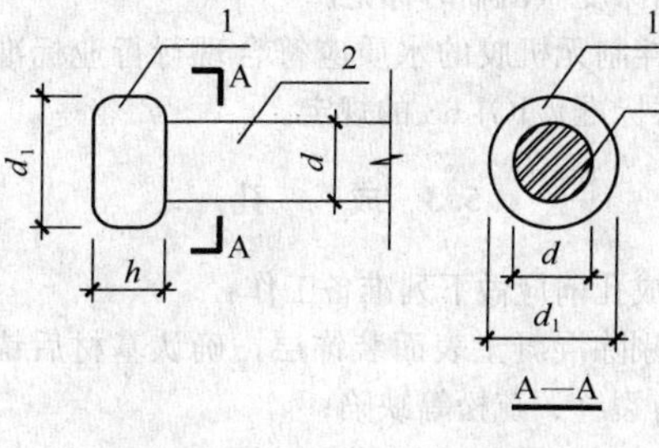

图 4.3.4　机械锚固措施示意图

1—机械锚固；2—锚筋

锚筋方向的钢筋，且配筋量不小于 ϕ8@100 或其等代截面积时，锚筋与基体边缘的最小净距不应小于 $3d$ 和 50mm 的较大值；

2　其余情况时，锚筋与基体边缘的最小净距不应小于 $5d$ 和 100mm 的较大值。

5　施　　工

5.1　一 般 规 定

5.1.1　后锚固施工现场质量管理应有相应的施工技术标准、健全的质量管理体系、施工质量控制和质量检验制度。

5.1.2　后锚固施工项目应有施工组织设计和施工技术方案，并经审查批准。

5.1.3　后锚固施工应分为成孔、锚固等工序。

5.1.4　施工单位在每道工序完成后均应进行自检，并经有关单位确认其技术要求符合本规程的规定，形成隐蔽工程验收记录后，方能进行下一道工序的施工。

5.2　材　　料

5.2.1　无机胶进场时应对其品种、级别、包装或散装仓号、出厂日期等进行检查，应有产品出厂质量保证书和产品说明书，应符合设计要求及现行行业标准《混凝土结构工程用锚固胶》JG/T 340 的规定。

无机胶存放期间不得受潮，不得有结块。当在使用中对无机胶质量有怀疑或无机胶出厂超过两个月时，应对其外观质量、初凝时间、氯离子含量、1d 抗压强度进行复验，并按复验结果使用。

5.2.2　锚筋进场时应有质量合格证书，进场后应抽取试件作力学性能检验，抽取方法及锚筋性能应符合现行国家标准《钢筋混凝土用钢　第 1 部分：热轧光圆钢筋》GB 1499.1、《钢筋混凝土用钢　第 2 部分：热轧带肋钢筋》GB 1499.2、《钢筋混凝土用余热处理钢筋》GB 13014 等的规定。

5.2.3　锚筋应平直、无损伤，表面不得有裂纹、油污、颗粒状或片状老锈。锚筋锚固段应除去浮锈，宜根据锚固深度做出临时标记。

5.2.4 拌制无机胶的水质应符合现行行业标准《混凝土用水标准》JGJ 63的规定。

5.3 成孔

5.3.1 成孔前应做下列准备工作：

1 剔除混凝土表面装饰层，确认基材后锚固区域不得有裂缝、疏松等缺陷；

2 对既有结构的钢筋布置情况进行调查，成孔时未经设计单位认可不得损伤原结构钢筋。

5.3.2 锚孔质量应符合下列规定：

1 锚孔孔壁应完整，不应有裂纹和损伤；

2 锚孔内应洁净，不应有粉末、污垢和杂物；

3 锚孔位置、深度和直径的尺寸偏差应符合表5.3.2的规定。

表 5.3.2 锚孔尺寸偏差

位置（mm）	深度（mm）	直径（mm）
10	≥10，且≤30	≥0，且≤5

5.4 锚固

5.4.1 锚固施工时锚孔孔壁宜潮湿，但锚孔内不得有积水。

5.4.2 无机胶与水拌合时不得掺入其他任何外加剂或掺合料，并应符合下列规定：

1 采用散装粉料式无机胶时，应按随货提供的产品说明书上的推荐用水量加入水并搅拌均匀。机械搅拌时，搅拌时间宜为1min～2min；人工搅拌时，宜先加入2/3的用水量搅拌2min，随后加入剩余用水量继续搅拌至均匀。

2 采用锚固包式无机胶时，应将锚固包浸入水中，按随货提供的产品说明书上推荐的时间浸泡后取出。吸水后锚固包包装纸应不破损，折断锚固包，其断面中央应不见干料。

5.4.3 锚固时应先将制备好的无机胶注入锚孔内，然后将锚筋插入锚孔。锚筋的锚固深度应满足设计要求，锚筋与孔壁的间隙应均匀，间隙中应充满无机胶，不应有气泡或缝隙。

采用锚固包形式无机胶时，浸水后的锚固包送入锚孔前应将包装纸去除。

5.4.4 施工中废弃的锚孔，应采用无机胶填实。

5.5 成品保护

5.5.1 后锚固完毕后3h内应对无机胶加以覆盖并保湿养护，保湿时间不宜少于24h。外露无机胶表面不应有龟裂或分层裂缝。冬期施工时，应考虑相应措施。

5.5.2 对锚筋成品应进行保护，24h内不得对其进行碰撞，72h内不得承受外部荷载作用。

5.5.3 锚筋可采用焊接方式连接，焊接时无机胶的龄期不得少于72h。

6 检验与验收

6.1 检验

6.1.1 后锚固质量检验应包括下列内容：

1 文件资料检查；

2 锚筋、无机胶的类别、规格检查；

3 锚孔质量检查；

4 锚固质量检查；

5 锚筋抗拔承载力检验。

6.1.2 文件资料检查应包括下列内容：

1 设计施工图纸、设计变更等相关文件；

2 无机胶的质量保证文件（含产品使用说明书、检验报告、合格证、生产日期、进场复验报告等）；

3 锚筋的质量合格证书（含锚筋型号、材料规格等）；

4 经审查批准的施工组织设计和施工技术方案；

5 施工过程中各工序自检记录、隐蔽工程验收记录等；

6 基体混凝土强度现场检测报告；

7 工程中重大问题的处理方法和验收记录；

8 其他必要的文件和记录。

6.1.3 锚孔质量检查应包括下列内容：

1 锚孔的位置、深度、直径；

2 锚孔的清孔情况；

3 锚孔周围基体不得存在缺陷；

4 成孔时不得损伤原有钢筋。

6.1.4 锚固质量检查应包括下列内容：

1 锚筋规格、位置、直径等；

2 无机胶硬化情况；

3 锚筋的锚固情况。

6.1.5 锚筋抗拔承载力检验宜在后锚固施工完毕3d后进行，锚筋抗拔承载力检验方法应符合本规程附录A的规定。

6.1.6 后锚固质量的检验可按工作班、楼层或施工段划分为若干检验批。

6.1.7 检验批的质量检验应符合下列规定：

1 对材料的进场复验，应按进场的批次和产品的抽样检验方案执行；

2 对锚固承载力检验，应按本规程附录A执行；

3 对其余项目，应按同一检验批数量的10%，且不应少于5处进行随机抽样。

6.2 验收

6.2.1 检验批合格质量应符合下列规定：

1 锚筋抗拔承载力抽样检验满足设计及本规程附录A的要求；

2 其余项目的质量经抽样检验合格；当采用计数检验时，合格点率不应小于80%，且不合格点的最大偏差均不应大于允许偏差的1.5倍；

3 具有完整的施工操作依据、质量检查记录。

6.2.2 后锚固工程施工质量验收合格应符合下列规定：

1 有完整的文件资料且均为合格；

2 所有检验批检验均合格。

6.2.3 后锚固工程施工质量不符合要求时，应按下列规定进行处理：

1 返工返修，应重新进行验收；

2 经有资质的检测单位检测鉴定达到设计要求的，应予以验收；

3 经有资质的检测单位检测鉴定达不到设计要求，但经原后锚固设计单位核算并确认仍可满足结构安全和使用功能的，可予以验收；

4 经返修或加固处理后能够满足结构安全使用要求的工程，可根据技术处理方案和协商文件进行验收。

6.2.4 经返修或加固处理后仍不能满足结构安全使用要求的工程，不得验收。

附录A 锚筋抗拔承载力现场检验方法及质量评定

A.1 基本规定

A.1.1 本方法适用于混凝土结构工程无机材料后锚固施工质量的现场检验。

A.1.2 后锚固施工质量现场检验抽样时，应以同一规格型号、基本相同的施工条件和受力状态的锚筋为同一检验批。

A.1.3 锚筋抗拔承载力检验应分为破坏性检验和非破坏性检验，并应符合下列规定：

1 破坏性检验用于检验完成后不再继续工作、并与其他锚筋应处于同一施工工艺水平的锚筋；破坏性检验应按同一检验批数量的1%，且不少于3根进行随机抽样；

2 非破坏性检验用于检验完成后仍将处于工作状态的锚筋；对于重要结构构件及生命线工程非结构构件，非破坏性检验应按同一检验批数量的3%，且不少于5根进行随机抽样；对于一般结构及其他非结构构件，非破坏性检验应按同一检验批数量的2%，且不少于5根进行随机抽样。

A.1.4 检验方法的选用应符合下列规定：

1 对仲裁性检验或委托方认为有必要时，应采用破坏性检验。

2 对重要结构构件及生命线工程非结构构件，可采取破坏性检验或非破坏性检验。当采取破坏性检验时，应选择易修复或重新锚固的位置。

3 对其他工程锚筋，宜采取非破坏性检验。

A.1.5 现场检验应由通过计量认证、有相应检测资质的单位进行，检测人员应经专门培训并考核合格，所用仪器应符合本规程附录A第A.2节的要求。

A.2 仪器设备要求

A.2.1 现场检验用的仪器、设备应处于校验有效期内。

A.2.2 测力系统应符合下列规定：

1 压力表和千斤顶的量程应为最大试验荷载的（1.5～5.0）倍，压力表精度不应低于1.5级；

2 测力系统整机误差应为±2%F.S。

A.3 试验装置

A.3.1 试验前应检查试验装置，使各部件均处于正常状态。

A.3.2 抗拔承载力检验的支撑环应紧贴基体，保证施加的荷载直接传递至被检验锚筋，且荷载作用线应与被检验锚筋的轴线重合。

A.3.3 加荷设备支撑环内径D_0应符合下式规定：

$$D_0 \geqslant \max(7d, 150\text{mm}) \qquad (A.3.3)$$

A.4 加载方法

A.4.1 破坏性检验的检验荷载值不应小于$1.45N_s$；非破坏性检验的检验荷载值不应小于$1.15N_s$，其中锚筋受拉承载力设计值N_s应符合下式规定：

$$N_s \geqslant f_s A_s \qquad (A.4.1)$$

式中：f_s——锚筋锚固段在承载力极限状态下的强度设计值，应由设计单位提供。设计单位未提供时，宜取f_y；

A_s——所检锚筋材料的截面面积。

A.4.2 锚筋抗拔承载力检验应采取连续加载的方法。加载时应匀速加至检验荷载值或出现破坏状态，加载时间应为2min～3min。

A.4.3 当出现下列情况之一时，应终止加荷，并匀速卸荷，该锚筋抗拔承载力检验结束：

1 试验荷载达到检验荷载值并持荷3min后；

2 锚筋钢材拉伸破坏或基体出现裂缝等破坏现象时。

A.5 检验结果评定

A.5.1 出现下列情况之一时可以判定该锚筋抗拔承载力合格：

1 在检验荷载值作用下3min的时间内，基体无开裂，锚固段不发生明显滑移；

2 达到检验荷载值且锚筋钢材拉伸破坏。

A.5.2 当不能满足本规程第 A.5.1 条时，应对该锚筋抗拔承载力评定为不合格。

A.5.3 检验批的合格评定应符合下列规定：

1 当一个检验批所抽取的锚筋抗拔承载力全数合格时，应评定该批为合格批；

2 当一个检验批所抽取的锚筋中有 5%及 5%以下（不足一根，按一根计）抗拔承载力不合格时，应另抽取 3 根锚筋进行破坏性检验，当抗拔承载力检验结果全数合格，应评定该批为合格批；

3 其他情况时，均应评定该批为不合格批。

本规程用词说明

1 为便于在执行本规程条文时区别对待，对要求严格程度不同的用词说明如下：

1） 表示很严格，非这样做不可的：
正面词采用“必须”；反面词采用“严禁”。

2） 表示严格，在正常情况下均应这样做的：
正面词采用“应”；反面词采用“不应”或“不得”。

3） 表示允许稍有选择，在条件许可时首先应这样做的：
正面词采用“宜”；反面词采用“不宜”。

4） 表示有选择，在一定条件下可以这样做的，采用“可”。

2 条文中指明应按其他有关标准执行的写法为：“应符合……的规定”或“应按……执行”。

引用标准名录

1 《混凝土结构设计规范》GB 50010

2 《建筑结构可靠度设计统一标准》GB 50068

3 《混凝土结构加固设计规范》GB 50367

4 《钢筋混凝土用钢　第 1 部分：热轧光圆钢筋》GB 1499.1

5 《钢筋混凝土用钢　第 2 部分：热轧带肋钢筋》GB 1499.2

6 《钢筋混凝土用余热处理钢筋》GB 13014

7 《混凝土用水标准》JGJ 63

8 《混凝土结构工程用锚固胶》JG/T 340

中华人民共和国行业标准

混凝土结构工程无机材料后锚固技术规程

JGJ/T 271—2012

条 文 说 明

制订说明

《混凝土结构工程无机材料后锚固技术规程》JGJ/T 271－2012，经住房和城乡建设部2012年2月8日以第1282号公告批准、发布。

本规程制订过程中，编制组对混凝土结构工程中采用无机材料进行后锚固时的材料要求、设计、施工、检验与验收等进行了调查研究，总结了我国各地的实践经验，同时参考借鉴了国外先进技术法规、技术标准，通过大量试验取得了一系列重要技术参数。

为便于广大设计、施工、科研、学校等单位的有关人员在使用本规程时能正确理解和执行条文规定，《混凝土结构工程无机材料后锚固技术规程》编制组按章、节、条顺序编制了本规程的条文说明，对条文规定的目的、依据以及执行中需要注意的有关事项进行了说明。但是，本条文说明不具备与规程正文同等的法律效力，仅供使用者作为理解和把握规程规定的参考。

目　次

1 总 则

1.0.1 混凝土结构工程中的后锚固连接技术与预埋连接技术相比，一方面具有施工简便、使用灵活、时间限制少等优点，另一方面其可能出现的破坏形态较多且较为复杂。后锚固技术所使用的锚固材料大致可分为无机材料和有机材料。我国先后颁布了《混凝土结构后锚固技术规程》JGJ 145－2004、《混凝土结构加固设计规范》GB 50367－2006 等标准，对采用有机材料进行后锚固的设计、施工等作了规定，但均未涉及采用无机材料的内容。无机后锚固材料是以无机胶凝材料为主要原料，加入填料和其他添加剂制得的用于锚固的胶，其特点是加入适量的水拌合后，具有早强、高强、微膨胀的性能，可以将普通钢筋有效地锚固于混凝土内。无机后锚固材料具有耐久性好、无毒环保等优点，在国内已有较多的工程应用，为安全可靠、经济合理地使用无机材料后锚固技术，确保后锚固工程质量，制定本规程。

1.0.2、1.0.3 后锚固连接的受力性能与基体材料的种类密切相关，目前国内外的科研成果及使用经验主要集中在现行国家标准《混凝土结构设计规范》GB 50010 所适用的钢筋混凝土、预应力混凝土以及素混凝土结构。对于轻骨料混凝土及特种混凝土结构以及位于抗震烈度大于 8 度（0.2g）的地区及承受直接动力荷载重复作用的混凝土结构工程，目前尚无相应的研究资料，暂不适用于本规程。

3 材 料 要 求

3.0.1 散装粉料式一般 2kg～25kg 为一个包装，使用时称取一定的无机胶，配以相应比例的水，搅拌均匀后注入孔内；锚固包式是采用透水纸将松散的无机胶包装成比锚孔直径稍小的圆柱体，使用前将圆柱体浸入水中使其充分吸水，然后将无机胶放入孔内。

3.0.3 无机胶中集料过多、粒径过大可能造成后锚固施工困难，并可能影响无机胶的性能，从而影响后锚固效果。

3.0.4 后锚固区域指基体承担锚筋的作用时，产生较明显效应的区域。后锚固区域如存在劣化现象，将影响锚筋的锚固效果，可能过早产生破坏。

3.0.5 原基体的混凝土强度过低，将明显降低无机胶与混凝土间的有效粘结，故本条对采用后锚固技术进行加固和改造的基体作出了最低强度的限制。对于混凝土基体的强度要求，现行国家标准《混凝土结构加固设计规范》GB 50367 中规定重要构件为 C25，一般构件为 C20；现行行业标准《混凝土结构后锚固技术规程》JGJ 145 中规定不应低于 C20。本次试验针对 C20 以下的混凝土结构进行了专题研究，试验结果表明，在采取了相应的措施后，锚筋仍能满足锚固要求。

3.0.6 预应力筋的锚固应由专门的锚夹具来实现，不应采用本规程的后锚固技术。后锚固用的钢筋，应能符合国家现行有关标准的规定。

4 设 计

4.1 一 般 规 定

4.1.2 混凝土强度是设计锚固深度的重要参数，密实的混凝土是可靠锚固的前提，确定后锚固的位置、锚筋直径等参数同样需要了解基体尺寸及钢筋位置。

4.1.3 后锚固破坏类型可分为锚筋钢材破坏、锚筋滑脱及基体破坏。锚筋钢材破坏一般具有明显的塑性变形；锚筋滑脱及基体破坏均属脆性破坏，应加以控制。

4.1.4 后锚固深度应同时满足锚固深度设计值和构造要求。

4.1.5 带肋钢筋能较好地与结构胶粘剂结合，可以保证锚固效果。圆钢与无机胶之间的粘结强度较低，因此在使用光圆钢筋作为锚筋时，应加设机械锚固措施。

4.2 计 算

4.2.1 考虑到后锚固难以做到预埋钢筋的锚固深度和弯折形状，故在设计时，锚筋的设计抗拉强度采取了一定的折减，以提高锚筋在承载力极限状态下的可靠性。锚筋达到设计规定的应力时不应发生拔出破坏或基体破坏等后锚固破坏。

在混凝土构件受力过程中，不同位置锚筋的最大设计应力是不完全相同的，没有必要要求锚筋在所有截面上均达到屈服强度。当后锚固部位的锚筋受力较大时，可采取增加锚筋数量等方法解决。

后锚固连接重要性系数 γ_1，对于破坏后果很严重的重要锚固取 1.2，一般的锚固取 1.1，是参照现行行业标准《混凝土结构后锚固技术规程》JGJ 145－2004 第 4.2.4 条的规定选取的。

关于本条的群锚效应折减系数的取值说明如下：在山东省建筑科学研究院的试验中，两根锚筋的群锚效应（Φ12 间距 36mm）折减系数为 0.8；在河北省建筑科学研究院的试验中，两根锚筋的群锚效应（Φ12 间距 120mm）折减系数为 0.71。本规程群锚效应折减最小取 0.75。Φ12 锚筋无约束时，C15 混凝土破坏范围的半径大约是 140mm，深度 50mm，考虑到破坏混凝土 25mm 深度范围浮浆层强度较弱，即锚筋间距 140mm（12d）就不会相互影响了（图 1）。对于强度稍高的混凝土，该作用半径明显变小，本规程统一规定为 10d 以上不再相互影响。后锚固工程中净距

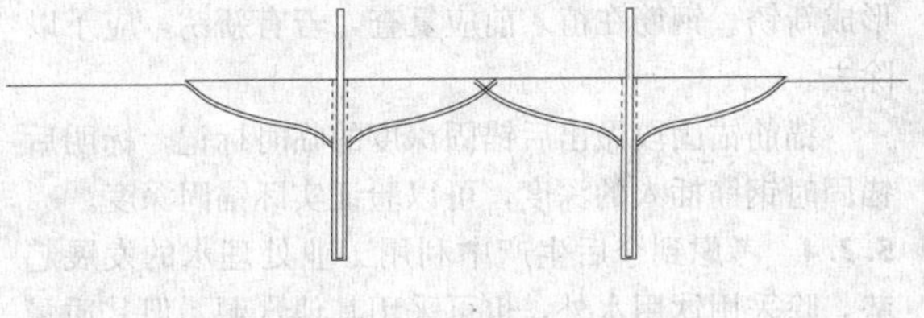

图1　群锚破坏界面示意图

大于 $10d$ 的情况较少，一般出现在现浇板类锚筋等工程中。受压锚筋破坏时一般不会出现椎体破坏的形式，此时可不考虑群锚效应。

4.2.3～4.2.5　锚固深度计算值考虑了机械锚固、基体混凝土强度、锚孔直径与锚筋直径的关系、锚筋种类（光圆钢筋或带肋钢筋）、锚孔与边缘的最小距离（有无钢筋的影响）等条件的影响：

1　混凝土强度不同，则混凝土与无机胶粘结强度不同，但无机胶与锚筋的粘结强度不变；

2　考虑了锚筋端部附加锚固的有利影响；

3　考虑了锚孔直径的影响，在一定范围内锚孔直径越大，对锚固越有利，但锚孔直径不可能无限制增大，故对锚孔直径的有利作用系数进行了限制；

4　无机胶与基体界面的锚固深度计算值 $l_{s,2}$ 的计算公式由锚筋与无机锚固胶界面的锚固深度计算值 $l_{s,1}$ 的计算公式推导而来。

根据现行国家标准《混凝土结构设计规范》GB 50010－2010 第 8.3.3 条的规定，采用机械锚固的，可取锚固深度计算值的 $0.6l_s$，本规程中机械锚固尺寸偏小，取 $0.8l_s$。由于机械锚固措施不会大于钻孔范围，故在无机胶与基体界面的锚固深度计算值 $l_{s,1}$ 中没有机械锚固措施的影响。

公式中考虑了混凝土强度的影响。中国建筑科学研究院结构所针对新旧混凝土界面的粘结强度进行了一系列的试验研究，研究结果中 C20 及以上混凝土等级的粘结强度均小于本规程的规定（表 1）。本规程 C15 混凝土与无机胶结合面按该研究的粘结强度取值是偏于保守的。

表 1　结合面混凝土抗剪强度 f_{vk}（N/mm²）

混凝土强度等级	C10	C15	C20	C25	C30	C35	C40	C45	C50	C60
f_{vk}	1.25	1.70	2.10	2.50	2.85	3.20	3.50	3.80	3.90	4.10

劈裂影响的计算系数按现行国家标准《混凝土结构加固设计规范》GB 50367 的规定取值，粘结强度设计值取基体混凝土强度不小于 C60 的情况，这是因为此时的基体为无机胶，无机胶的强度不小于 C60。

光圆钢筋粘结强度按行业标准《水泥基灌浆材料》JC/T 986 的技术要求，圆钢不小于 4.0MPa。现行国家标准《混凝土结构设计规范》GB 50010 中规定混凝土材料的分项系数取 1.4，无机胶参照执行，并考虑光圆钢筋端部的机械锚固措施的有利作用，取 3.5MPa。

根据材料要求，带肋钢筋与 C30 混凝土之间的粘结强度应不小于 8.5MPa，材料分项系数为 1.4，设计值可不小于 6.1MPa；按国家标准《混凝土结构加固设计规范》GB 50367－2006 第 12.2.4 条的规定，基体混凝土强度不小于 C60 时取 5.0MPa，本规程取较低值。

4.3　构造措施

4.3.1　现行国家标准《混凝土结构设计规范》GB 50010－2010 第 9.2.2 条，简支梁和连续梁简支端的下部纵向受力钢筋深入支座内的锚固深度，对带肋钢筋不应小于 $12d$，对光圆钢筋不应小于 $15d$；第 9.3.5 条，梁柱节点中梁钢筋的锚固要求：计算中不利用该钢筋强度时，伸入支座的锚固深度对带肋钢筋不小于 $12d$，对光圆钢筋不小于 $15d$。采取机械锚固措施的锚筋锚固可取锚固深度计算值的 60%。故本规程最小锚固深度取 $12d$。

有专家指出牛腿、框架节点等构造措施不应小于 $20d$。本规程已在锚筋的锚固深度设计值中考虑了受力状态为悬挑时的影响系数 1.5，此时的锚固深度设计值均已大于 $20d$，故不再在构造措施中另行规定。

依据本规程的计算公式，锚筋受拉状态下锚固深度一般为 $16d$～$35d$，在工程中可以较为顺利地实现。如混凝土强度较低、受力状态较严格等状态时锚固深度较大，实施较为困难，可考虑采用其他方法综合处理。

4.3.2　本条文规定了最大锚固深度，有利于保证后锚固基体的结构受力性能，同时降低现场施工难度。锚固深度过大，在施工过程中，如控制不当时会出现穿透基体，引起基体损伤过大。对于受压锚筋，由于锚筋的弹性模量远大于无机胶的弹性模量，故锚筋端部对基体的局部压力仍然较大，剩余混凝土厚度过薄还可能造成局部冲切破坏（图 2）。

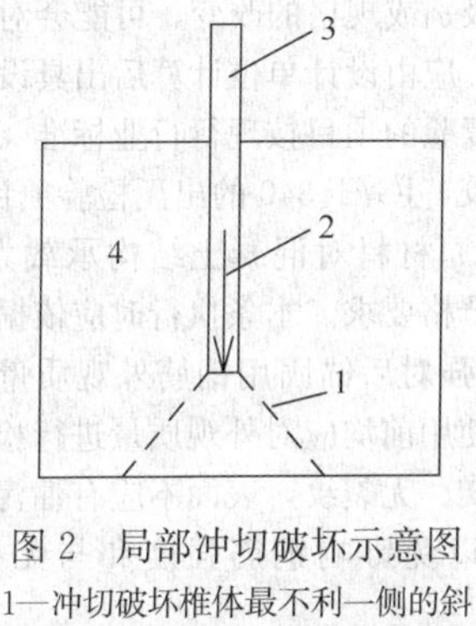

图 2　局部冲切破坏示意图

1—冲切破坏椎体最不利一侧的斜截面；2—锚筋对混凝土的局部压力 N；3—锚筋；4—基体

4.3.3　本条文规定了锚孔直径与锚筋直径的对应关

系。锚孔直径过小，则无机胶与混凝土界面的界面面积较小，无机胶层较薄，膨胀量较小，不利于无机胶与锚筋的锚固；锚孔直径亦不应过大，过大不仅施工困难、费时费工费料，而且更容易对原结构和已有钢筋造成损伤。

4.3.4 在锚筋末端设置机械锚固是减小锚固长度的有效方式，其原理是利用受力钢筋端部机械锚固的锚头对无机胶的局部挤压作用加大锚固承载力，减小发生锚筋滑移的可能性。机械锚固措施应与锚筋端部连接牢靠，本规程参照现行国家标准《混凝土结构设计规范》GB 50010－2010中第8.3.3条规定了机械锚固措施。

4.3.5 锚筋距混凝土边缘过小容易发生混凝土边缘的劈裂破坏，故应对锚筋与混凝土边缘的最小距离加以限制。

5 施　　工

5.1 一般规定

5.1.1 根据现行国家标准《建筑结构施工质量验收统一标准》GB 50300的有关规定，本条对混凝土结构无机材料后锚固施工现场和施工项目的质量管理体系和质量保证体系提出了要求。施工单位应推行生产控制和合格控制的全过程质量控制。对施工现场质量管理，要求有相应的施工技术标准、健全的质量管理体系、施工质量控制和质量检验制度。

5.1.2 对具体的施工项目，要求有经审查批准的施工组织设计和施工技术方案，对涉及结构安全和人身安全的内容，应有明确的规定和相应的措施。

5.2 材　　料

5.2.1 无机锚固材料进场时，应根据产品合格证检查其品种、型号、级别、规格和出厂日期，并有序存放，以免造成混料错批。无机锚固材料或锚筋的品种、型号、级别或规格的改变，可能会对后锚固锚固力产生影响，应由设计单位计算后出具设计变更通知书。无机胶复验的项目按现行行业标准《混凝土结构工程用锚固胶》JG/T 340的出厂检验项目执行。

5.2.2 锚筋原材料对混凝土结构承载力至关重要，对其质量应严格要求。本条执行时应依据相关要求。

5.2.3 为加强对后锚固用钢筋外观质量的控制，钢筋进场时和使用前均应对外观质量进行检查。钢筋应平直、无损伤、无裂纹，表面不应有油污、颗粒状或片状老锈，以免影响钢筋强度和与无机胶的有效粘结。

后锚固之前有专门对锚筋除锈、除油污的工序，但此项工序与后锚固往往间隔有一段时间，而钢筋表面的钝化层被除去后，很容易在潮湿的空气中氧化，形成新锈。钢筋在植入前应复查，若有新锈，应予以除去。

锚筋锚固段做出后锚固深度的临时标记，标明后锚固时钢筋插入的深度，可以验证实际锚固深度。

5.2.4 考虑到今后生产中利用工业处理水的发展趋势，除采用饮用水外，也可采用其他水源，但其质量应符合现行行业标准《混凝土用水标准》JGJ 63的规定。

5.3 成　　孔

5.3.1 成孔前应查明后锚固区域内不得有缺陷、裂缝；应采用有效手段探明原有钢筋的位置，未经设计许可，在成孔时不得伤及原有钢筋。

钻孔工具采用冲击钻和水钻均可，两类工具成孔孔壁粗糙程度略有不同，但均不会影响正常锚固。钻孔时遇到原有钢筋，有可能对原有结构造成损害，并容易卡住钻头，并可能对施工人员和机械设备造成伤害。故后锚固时应避开原有钢筋。采用水钻时，钻头遇到钢筋时操作人员不易察觉，应尤其注意避免对原有钢筋造成损伤。

5.3.2 后锚固孔壁如有裂缝或其他局部损伤，在后锚固完成后的结构受力过程中，有可能在局部受拉、受压时首先破坏，降低结构承载力。

本条文还规定了钻孔位置、深度、直径的允许偏差，以保证后锚固工程的施工质量。过大的尺寸偏差可能影响基体的受力性能、使用功能，也可能影响下一步工序的顺利进行。

后锚固位置偏差过大可能造成锚筋的受力状态与设计不一致，影响结构安全；由于钻头端部为锥状，加上无机胶的影响，锚筋实际植入的深度往往小于锚孔实际深度，故要求锚孔实际深度值应比锚固设计深度值大10mm。

5.4 锚　　固

5.4.1 孔壁保持潮湿可以增强无机锚固材料与基体的粘结，但孔内积水将影响无机胶的配合比，故注入无机胶时不得有积水。

5.4.2 无机胶中的掺料配比是生产研究单位经过多种配方对比后优选而来的，优选时考虑了多种因素的影响，且生产时添加掺料配比统一、质量稳定。施工中随意增添掺料将可能使无机胶的某些指标发生较大的偏差，质量波动较大，影响后锚固的施工质量。

无机类锚固胶的用水量比对锚固的强度、可操作性等均有很大影响，用水量应严格按产品使用说明书的要求，固定专人负责配制和复核。无机类锚固胶的配制，应避免无机胶溅出，避免无机胶内混入空气、粉尘、油污等。

锚固包的浸入水中的时间与锚固包的直径有关，浸水时间过长可能造成无机胶初凝或包装纸破损；浸水时间过短可能造成锚固包内部仍为干料。

5.4.3 后锚固的施工可按以下方法进行：

将制备好的无机胶注入孔内，注入量可参考产品说明书，并根据本次工程的实际情况来确定，一般为锚孔深度的1/2～2/3，并以锚筋插入孔内后有少量无机胶溢出孔口为宜。无机胶注入孔内后，应立即将锚筋边旋转边插入孔内，避免将空气带入孔内，并可使钢筋充分接触无机胶。锚筋插入锚孔后并校正方向，使锚筋的锚固深度、位置满足设计要求。锚筋的锚固深度范围内应充满无机胶，否则应立即拔出钢筋，重新注入无机胶再插入钢筋，不应在钢筋与孔壁之间的缝隙直接注入无机胶。

锚固包的包装纸在施工过程中难以被充分捣碎并均匀分布于胶体中，并可能会在无机胶与混凝土壁之间形成部分隔离层，从而影响粘结强度。因此本规程规定浸水后的锚固包送入锚孔前应将包装纸去除。

无机胶注入孔内可采取下列方式进行：

1 利用无机胶流动性好的特点，依靠自重自由流至孔的最深处。

2 仅靠无机胶的自重不能满足施工要求时，采用高位料斗提高无机胶的位能差，使无机胶自由流至孔的最深处。

3 采用增压或减压设备，使无机胶达到孔的最深处并使无机胶充满所填充的部位。

无机胶有继续溢出趋势的，可采用吸水材料堵住孔口。此时无机胶的水灰比减小，流动性会相应减小。

5.4.4 后锚固施工时会产生深度位置等不满足要求的废孔，废孔如不进行处理，则可能造成混凝土内部缺陷，影响结构安全。

5.5 成品保护

5.5.1 虽然大部分无机胶与外界不接触，但无机胶表面失水可能产生较深的裂缝，影响锚筋的锚固性能。

5.5.2 无机胶硬化强度增长需要一定的时间，过早的碰撞和外部荷载作用可能使胶层内部产生微裂缝，影响粘结性能。故规定从无机胶初凝到养护时间完成的时间内，不得触动锚筋，锚筋不得承受外部荷载作用，以免影响锚筋的锚固效果。

5.5.3 根据试验数据，现场养护条件下72h，无机胶的抗压强度一般能达到40MPa以上。无机胶与混凝土属同类型的材料，理论分析和试验数据均表明，此时焊接产生的短时间高温不会对无机胶的粘结性能产生影响，因此作了本条规定。

6 检验与验收

6.1 检　验

6.1.4 后锚固外观质量检查方便快捷，可作为后锚固质量的初步检查。检查时可用圆钢钉刻画等方式检查无机胶硬化程度；可用手拔、摇等方式初步检查锚筋的锚固情况。

6.1.5 锚筋抗拔承载力检验需无机胶达到一定的强度后才能进行。虽然无机胶在标准养护状态下1d即可达到30MPa，但考虑到工程现场条件的不确定性，一般要求宜在施工完毕3d后进行抗拔承载力检验。如果养护温度过低，检验的时间可相应延后。

6.2 验　收

6.2.1～6.2.4 本节内容是根据现行国家标准《建筑工程施工质量验收统一标准》GB 50300的相关要求规定的。

附录A　锚筋抗拔承载力现场检验方法及质量评定

A.1 基 本 规 定

A.1.1 对后锚固工程进行锚筋抗拔承载力现场检测，检测时锚筋、无机胶、基体均受力，较为全面地反映了后锚固工程的质量。

A.1.2 规定了同一检验批的定义，以便现场检验时抽检。

A.1.3、A.1.4 规定了破坏性检验和非破坏性检验的选用原则和抽检数量。

破坏性检验反映了无机胶后锚固的最终抗拔承载力，对于较为重要的后锚固工程，应采取此方法进行检验。但检验破坏后的锚筋已作废，需要重新进行后锚固，有些情况下（如梁柱节点处）在基体上难以再次找到后锚固的空间，并增加施工费用、难度和工期，此时可采取非破坏性检验。

具体的抽检部位一般由建设、监理和施工单位共同确定。

A.2 仪器设备要求

A.2.1 为保证测试数据准确，现场检验所用的设备，如拉拔仪、测力仪等，应保证其处于校验有效期。

A.3 试 验 装 置

A.3.3 加荷设备的支撑环与锚筋净距如果尺寸过小，将对孔口混凝土形成约束，从而造成拉拔承载力提高的假象，故规定本条。现行行业标准《混凝土结构后锚固技术规程》JGJ 145－2004规定为max（12d，250），但锚筋间距往往小于12d，现场检验时支撑环的放置易受周边钢筋的影响；现采用现行国家标准《建筑结构加固工程施工质量验收规范》GB

50550 中的规定，并规定了最小值。

A.4 加载方法

A.4.1 根据现行国家标准《建筑结构加固工程施工质量验收规范》GB 50550－2010 附录 W.5.2 的要求，破坏性检验用安全系数，对于钢材破坏时取 1.45。若在此检验荷载下未发生锚固破坏现象，可判定为检验结果合格；非破坏性检验取 1.15 倍设计荷载系根据《建筑结构加固工程施工质量验收规范》GB 50550－2010 第 W.4.1 条的规定。加载时间的规定，《建筑结构加固工程施工质量验收规范》GB 50550－2010 中取 2min～3min 加载至设定的检验荷载，2min～7min 加载至破坏荷载。

有文献中还提到分级加荷法和分级循环加荷法，但未能说明分级加荷和分级循环加荷与连续加荷检验之间的联系，为保证检验标准的唯一性，本规程只采用连续加载法。

A.5 检验结果评定

A.5.1 现行国家标准《建筑结构加固工程施工质量验收规范》GB 50550、现行行业标准《混凝土结构后锚固技术规程》JGJ 145 等标准中规定持荷期间荷载不降低或降低不超过 5%为合格。在实际操作中，有可能因为加载设备的原因（如千斤顶油缸密闭性能不好等）造成荷载降低，容易造成争议。故本规程规定保持检验荷载值 3min，观察锚筋根部是否有明显滑移。

A.5.2 后锚固破坏状态可分为界面破坏（锚固胶与混凝土界面破坏或锚固胶与锚筋界面破坏）、锚筋受拉破坏（锚筋拉断）和基体破坏（混凝土锥状受拉破坏、基体边缘破坏或混凝土劈裂破坏）三类。破坏状态中含有界面破坏时，锚筋瞬间滑移，锚筋抗拔承载力急剧下降，属脆性破坏特征，应予以避免；破坏状态为锚筋受拉破坏时，应对锚筋材料是否满足现行国家标准《钢筋混凝土用钢　第 1 部分：热轧光圆钢筋》GB 1499.1、《钢筋混凝土用钢　第 2 部分：热轧带肋钢筋》GB 1499.2 等标准的要求进行检验；破坏状态为基体破坏时，应对后锚固的位置、基体混凝土强度、基体内部密实情况、设计情况等进行检查，研究相应的处理措施。

中华人民共和国行业标准

混凝土异形柱结构技术规程

Technical specification for concrete structures with specially shaped columns

JGJ 149—2006

J 514—2006

批准部门：中华人民共和国建设部

施行日期：2 0 0 6 年 8 月 1 日

中华人民共和国建设部
公　告

第415号

建设部关于发布行业标准《混凝土异形柱结构技术规程》的公告

现批准《混凝土异形柱结构技术规程》为行业标准，编号为JGJ 149—2006，自2006年8月1日起实施。其中，第3.3.1、4.1.1、4.2.3、4.2.4、4.3.6、5.3.1、6.1.6、6.2.5、6.2.10、7.0.2、7.0.3、7.0.4条为强制性条文，必须严格执行。

本规程由建设部标准定额研究所组织中国建筑工业出版社出版发行。

中华人民共和国建设部

2006年3月9日

前　言

根据建设部建标［2004］84号文件的要求，规程编制组经广泛调查研究，认真总结实践经验，依据国内研究成果，参考有关标准，并在广泛征求意见的基础上，制定了本规程。

本规程的主要技术内容是：1. 总则；2. 术语、符号；3. 结构设计的基本规定；4. 结构计算分析；5. 截面设计；6. 结构构造；7. 异形柱结构的施工。

本规程由建设部负责管理和对强制性条文的解释，由主编单位负责具体技术内容的解释。

本规程主编单位：天津大学（邮政编码：300072，地址：天津市卫津路92号）

本规程参加单位：中国建筑科学研究院
清华大学
东南大学
南昌有色冶金设计研究院
南昌大学
天津市建筑设计院
天津市新型建材建筑设计研究院
甘肃省建筑设计研究院
广东省建筑设计研究院
昆明市建设局
昆明理工大学
同济大学
中国建筑标准设计研究院
天津市建筑材料集团总公司

本规程主要起草人：严士超　康谷贻　王依群
陈云霞　戴国莹　赵艳静
容柏生　吕志涛　徐世晖
张元坤　桂国庆　黄　锐
冯　健　徐有邻　钱稼茹
贺民宪　黄兆纬　刘　建
潘　文　简洪平　熊进刚
卢文胜　张　方　王铁成
李文清　李晓明　李　红

目 次

1 总　　则

1.0.1 为在混凝土异形柱结构设计及施工中贯彻执行国家技术经济政策，做到安全适用、技术先进、经济合理、确保质量，制定本规程。

1.0.2 本规程主要适用于非抗震设计和抗震设防烈度为 6 度、7 度（0.10g，0.15g）和 8 度（0.20g）抗震设计的一般居住建筑混凝土异形柱结构的设计及施工。

1.0.3 混凝土异形柱结构的设计及施工，除应符合本规程的规定外，尚应符合国家现行有关标准的规定。

2 术语、符号

2.1 术　　语

2.1.1 异形柱　specially shaped column

截面几何形状为 L 形、T 形和十字形，且截面各肢的肢高肢厚比不大于 4 的柱。

2.1.2 异形柱结构　structure with specially shaped columns

采用异形柱的框架结构和框架-剪力墙结构。

2.1.3 柱截面肢高肢厚比　ratio of section height to section thickness of column leg

异形柱柱肢截面高度与厚度的比值。

2.2 符　　号

2.2.1 作用和作用效应

G_j——第 j 层的重力荷载代表值；

M_b^l、M_b^r——框架节点左、右侧梁端弯矩设计值；

M_x、M_y——对截面形心轴 x、y 的弯矩设计值；

N——轴向力设计值；

V_c——柱斜截面剪力设计值；

V_{EKi}——第 i 层对应于水平地震作用标准值的剪力；

V_j——节点核心区剪力设计值；

σ_{ci}——第 i 个混凝土单元的应力；

σ_{sj}——第 j 个钢筋单元的应力。

2.2.2 材料性能

f_c——混凝土轴心抗压强度设计值；

f_t——混凝土轴心抗拉强度设计值；

f_y——钢筋的抗拉强度设计值；

f_{yv}——箍筋的抗拉强度设计值。

2.2.3 几何参数

a'_s——受压钢筋合力点至截面近边的距离；

A——柱的全截面面积；

A_{ci}——第 i 个混凝土单元的面积；

A_{sj}——第 j 个钢筋单元的面积；

A_{sv}——验算方向的柱肢截面厚度 b_c 范围内同一截面箍筋各肢总截面面积；

A_{svj}——节点核心区有效验算宽度范围内同一截面验算方向的箍筋各肢总截面面积；

b_c——验算方向的柱肢截面厚度；

b_f——垂直于验算方向的柱肢截面高度；

b_j——节点核心区的截面有效验算厚度；

d——纵向受力钢筋直径；

d_v——箍筋直径；

e_a——附加偏心距；

e_i——初始偏心距；

e_0——轴向力对截面形心的偏心距；

e_{ix}——轴向力对截面形心轴 y 的初始偏心距；

e_{iy}——轴向力对截面形心轴 x 的初始偏心距；

h_b——梁截面高度；

h_{b0}——梁截面有效高度；

h_c——验算方向的柱肢截面高度；

h_f——垂直于验算方向的柱肢截面厚度；

h_i——第 i 层楼层层高；

h_j——节点核心区的截面高度；

h_{c0}——验算方向的柱肢截面有效高度；

H——房屋总高度；

H_c——节点上、下层柱反弯点之间的距离；

l_0——柱的计算长度；

r_α——柱截面对垂直于弯矩作用方向形心轴 x_α-x_α 的回转半径；

r_{min}——柱截面最小回转半径；

s——箍筋间距；

X_{ci}、Y_{ci}——第 i 个混凝土单元的形心坐标；

X_{sj}、Y_{sj}——第 j 个钢筋单元的形心坐标；

X_0、Y_0——截面形心坐标；

α——弯矩作用方向角。

2.2.4 系数及其他

λ——框架柱的剪跨比；

λ_v——配箍特征值；

η_{jb}——节点核心区剪力增大系数；

γ_{RE}——承载力抗震调整系数；

ζ_f——节点核心区翼缘影响系数；

ζ_h——节点核心区截面高度影响系数；

ζ_N——节点核心区轴压比影响系数；

η_α——偏心距增大系数；

ρ——全部纵向受力钢筋配筋率；

ρ_{min}——全部纵向受力钢筋最小配筋率；

ρ_{max}——全部纵向受力钢筋最大配筋率；

ρ_v——箍筋体积配箍率；

ψ_T——考虑非承重填充墙刚度对结构自振周期影响的折减系数；

n_c——混凝土单元总数；

n_s——钢筋单元总数。

3 结构设计的基本规定

3.1 结构体系

3.1.1 异形柱结构可采用框架结构和框架-剪力墙结构体系。

根据建筑布置及结构受力的需要，异形柱结构中的框架柱，可全部采用异形柱，也可部分采用一般框架柱。

当根据建筑功能需要设置底部大空间时，可通过框架底部抽柱并设置转换梁，形成底部抽柱带转换层的异形柱结构，其结构设计应符合本规程附录A的规定。

3.1.2 异形柱结构适用的房屋最大高度应符合表3.1.2的要求。

表3.1.2 异形柱结构适用的房屋最大高度（m）

结构体系	非抗震设计	抗震设计			
		6度	7度		8度
		0.05g	0.10g	0.15g	0.20g
框架结构	24	24	21	18	12
框架-剪力墙结构	45	45	40	35	28

注：1 房屋高度指室外地面至主要屋面板板顶的高度（不包括局部突出屋顶部分）；
2 框架-剪力墙结构在基本振型地震作用下，当框架部分承受的地震倾覆力矩大于结构总地震倾覆力矩的50%时，其适用的房屋最大高度可比框架结构适当增加；
3 平面和竖向均不规则的异形柱结构或Ⅳ类场地上的异形柱结构，适用的房屋最大高度应适当降低；
4 底部抽柱带转换层的异形柱结构，适用的房屋最大高度应符合本规程附录A的规定；
5 房屋高度超过表内规定的数值时，结构设计应有可靠依据，并采取有效的加强措施。

3.1.3 异形柱结构适用的最大高宽比不宜超过表3.1.3的限值。

表3.1.3 异形柱结构适用的最大高宽比

结构体系	非抗震设计	抗震设计			
		6度	7度		8度
		0.05g	0.10g	0.15g	0.20g
框架结构	4.5	4	3.5	3	2.5
框架-剪力墙结构	5	5	4.5	4	3.5

3.1.4 异形柱结构体系应通过技术、经济和使用条件的综合分析比较确定，除应符合国家现行标准对一般钢筋混凝土结构的有关要求外，还应符合下列规定：

1 异形柱结构中不应采用部分由砌体墙承重的混合结构形式；

2 抗震设计时，异形柱结构不应采用多塔、连体和错层等复杂结构形式，也不应采用单跨框架结构；

3 异形柱结构的楼梯间、电梯井应根据建筑布置及结构抗侧向作用的需要，合理地布置剪力墙或一般框架柱；

4 异形柱结构的柱、梁、剪力墙均应采用现浇结构。

3.1.5 异形柱结构的填充墙与隔墙应符合下列要求：

1 填充墙与隔墙应优先采用轻质墙体材料，根据不同条件选用非承重砌体或墙板；

2 墙体厚度应与异形柱柱肢厚度协调一致，墙身应满足保温、隔热、节能、隔声、防水和防火等要求；

3 填充墙和隔墙的布置、材料强度和连接构造应符合国家现行标准的有关规定。

3.2 结构布置

3.2.1 异形柱结构宜采用规则的结构设计方案。抗震设计的异形柱结构应符合抗震概念设计的要求，不应采用特别不规则的结构设计方案。

3.2.2 抗震设计时，对不规则异形柱结构的定义和设计要求，除应符合国家现行标准外，尚应符合本规程第3.2.4条和第3.2.5条的有关规定。

3.2.3 异形柱结构的平面布置应符合下列要求：

1 异形柱结构的一个独立单元内，结构的平面形状宜简单、规则、对称，减少偏心，刚度和承载力分布宜均匀；

2 异形柱结构的框架纵、横柱网轴线宜分别对齐拉通；异形柱截面肢厚中心线宜与框架梁及剪力墙中心线对齐；

3 异形柱框架-剪力墙结构中剪力墙的最大间距不宜超过表3.2.3的限值（取表中两个数值的较小值），当剪力墙之间的楼盖、屋盖有较大开洞时，剪力墙间距应比表中限值适当减小。当剪力墙间距超过限值时，在结构计算中应计入楼盖、屋盖平面内变形的影响。底部抽柱带转换层异形柱结构的剪力墙间距宜符合本规程附录A的有关规定。

表3.2.3 异形柱结构的剪力墙最大间距（m）

楼盖、屋盖类型	非抗震设计	抗震设计			
		6度	7度		8度
		0.05g	0.10g	0.15g	0.20g
现浇	4.5B,55	4.0B,50	3.5B,45	3.0B,40	2.5B,35
装配整体	3.0B,45	2.7B,40	2.5B,35	2.2B,30	2.0B,25

注：1 表中B为楼盖宽度（m）；
2 现浇层厚度不小于60mm的叠合楼板可作为现浇板考虑。

3.2.4 异形柱结构的竖向布置应符合下列要求：

1 建筑的立面和竖向剖面宜规则、均匀，避免过大的外挑和内收；

2 结构的侧向刚度沿竖向宜均匀变化，避免抗侧力结构的侧向刚度和承载力沿竖向的突变，竖向结构构件的截面尺寸和材料强度不宜在同一楼层变化；

3 异形柱框架-剪力墙结构体系的剪力墙应上下对齐连续贯通房屋全高。

3.2.5 不规则的异形柱结构，其抗震设计尚应符合下列要求：

1 扭转不规则时，楼层竖向构件的最大水平位移和层间位移与该楼层两端弹性水平位移和层间位移平均值的比值不应大于1.45；

2 楼层承载力突变时，其薄弱层地震剪力应乘以1.20的增大系数；楼层受剪承载力不应小于相邻上一楼层的65%；

3 竖向抗侧力构件不连续（底部抽柱带转换层异形柱结构）时，该构件传递给水平转换构件的地震内力应乘以1.25～1.5的增大系数；

4 受力复杂部位的异形柱，宜采用一般框架柱。

3.3 结构抗震等级

3.3.1 抗震设计时，异形柱结构应根据结构体系、抗震设防烈度和房屋高度，按表3.3.1的规定采用不同的抗震等级，并应符合相应的计算和构造措施要求。

表3.3.1 异形柱结构的抗震等级

结构体系		抗震设防烈度						
		6度		7度				8度
		0.05g		0.10g		0.15g		0.20g
框架结构	高度(m)	≤21	>21	≤21	>21	≤18	>18	≤12
	框架	四	三	三	二	三(二)	二(二)	二
框架-剪力墙结构	高度(m)	≤30	>30	≤30	>30	≤30	>30	≤28
	框架	四	三	三	二	三(二)	二(二)	二
	剪力墙	三	三	二	二	二(二)	二(一)	一

注：1 房屋高度指室外地面到主要屋面板板顶的高度（不包括局部突出屋顶部分）；

2 建筑场地为Ⅰ类时，除6度外，应允许按本地区抗震设防烈度降低一度所对应的抗震等级采取抗震构造措施，但相应的计算要求不应降低；

3 对7度（0.15g）时建于Ⅲ、Ⅳ类场地的异形柱框架结构和异形柱框架-剪力墙结构，应按表中括号内所示的抗震等级采取抗震构造措施；

4 接近或等于高度分界线时，应结合房屋不规则程度及场地、地基条件确定抗震等级。

3.3.2 框架-剪力墙结构，在基本振型地震作用下，当框架部分承受的地震倾覆力矩大于结构总地震倾覆力矩的50%时，其框架部分的抗震等级应按框架结构确定。

3.3.3 当异形柱结构的地下室顶层作为上部结构的嵌固端时，地下一层结构的抗震等级应按上部结构的相应等级采用，地下一层以下的抗震等级可根据具体情况采用三级或四级。

4 结构计算分析

4.1 极限状态设计

4.1.1 居住建筑异形柱结构的安全等级应采用二级。

4.1.2 异形柱结构的设计使用年限不应少于50年。

4.1.3 异形柱结构应进行承载能力极限状态和正常使用极限状态的计算和验算。

4.1.4 异形柱结构中异形柱正截面、斜截面及梁柱节点承载力应按本规程第5章的规定进行计算；其他构件的承载力计算应遵守国家现行相关标准的规定。

4.1.5 异形柱结构构件承载力应按下列公式验算：

无地震作用组合： $\gamma_0 S \leqslant R$ (4.1.5-1)

有地震作用组合： $S \leqslant R/\gamma_{RE}$ (4.1.5-2)

式中 γ_0——结构重要性系数：对安全等级为一级或设计使用年限为100年及以上的结构构件，不应小于1.1；对安全等级为二级或设计使用年限为50年的结构构件，不应小于1.0。结构的设计使用年限分类和安全等级划分，应分别按现行国家标准《建筑结构可靠度设计统一标准》GB 50008有关规定采用；

S——作用效应组合的设计值；

R——构件承载力设计值；

γ_{RE}——构件承载力抗震调整系数。

4.1.6 异形柱结构的构件截面设计应根据实际情况，按国家现行标准的有关规定进行竖向荷载、风荷载和地震作用效应分析及作用效应组合，并取最不利的作用效应组合作为设计的依据。

4.1.7 异形柱结构应进行风荷载、地震作用下的水平位移验算。

4.2 荷载和地震作用

4.2.1 异形柱结构的竖向荷载、风荷载及雪荷载等取值及组合应符合现行国家标准《建筑结构荷载规范》GB 50009 的有关规定。

4.2.2 异形柱结构抗震设防烈度和设计地震动参数应按现行国家标准《建筑抗震设计规范》GB 50011 的有关规定确定；对已编制抗震设防区划的地区，可按批准的抗震设防烈度或设计地震动参数进行抗震设防。

4.2.3 抗震设防烈度为 6 度、7 度（0.10g、0.15g）及 8 度（0.20g）的异形柱结构应进行地震作用计算及结构抗震验算。

4.2.4 异形柱结构的地震作用计算，应符合下列规定：

1 一般情况下，应允许在结构两个主轴方向分别计算水平地震作用并进行抗震验算，各方向的水平地震作用应由该方向抗侧力构件承担，7 度（0.15g）及 8 度（0.20g）时尚应对与主轴成 45°方向进行补充验算；

2 在计算单向水平地震作用时应计入扭转影响；对扭转不规则的结构，水平地震作用计算应计入双向水平地震作用下的扭转影响。

4.2.5 异形柱结构地震作用计算宜采用振型分解反应谱法，不规则的异形柱结构的地震作用计算应采用扭转耦联振型分解反应谱法。

4.3 结构分析模型与计算参数

4.3.1 在竖向荷载、风荷载或多遇地震作用下，异形柱结构的内力和位移可按弹性方法计算。框架梁及连梁等构件可考虑在竖向荷载作用下梁端局部塑性变形引起的内力重分布。

4.3.2 异形柱结构的分析模型应符合结构的实际受力状况，异形柱结构的内力和位移分析应采用空间分析模型，可选择空间杆系模型、空间杆-薄壁杆系模型、空间杆-墙板元模型或其他组合有限元等分析模型。

规则结构初步设计时，也可采用平面结构空间协同模型估算。

4.3.3 异形柱结构按空间分析模型计算时，应考虑下列变形：

——梁的弯曲、剪切、扭转变形，必要时考虑轴向变形；

——柱的弯曲、剪切、轴向、扭转变形；

——剪力墙的弯曲、剪切、轴向、扭转变形，当采用薄壁杆系分析模型时，还应考虑翘曲变形。

4.3.4 异形柱结构内力与位移计算时，可假定楼板在其自身平面内为无限刚性，并应在设计中采取措施保证楼板平面内的整体刚度。

对楼板大洞口的不规则类型，计算时应考虑楼板平面内的变形，或对采用楼板平面内无限刚性假定的计算结果进行适当调整。

4.3.5 异形柱结构内力与位移计算时，楼面梁刚度增大系数、梁端负弯矩和跨中正弯矩调幅系数、扭矩折减系数、连梁刚度折减系数的取值，以及框架-剪力墙结构中框架部分承担的地震剪力调整要求，可根据国家现行标准按一般混凝土结构的有关规定采用。

4.3.6 计算各振型地震影响系数所采用的结构自振周期，应考虑非承重填充墙体对结构整体刚度的影响予以折减。

4.3.7 异形柱结构的计算自振周期折减系数 ψ_T 可按下列规定取值：

1 框架结构可取 0.60～0.75；

2 框架-剪力墙结构可取 0.70～0.85。

4.3.8 设计中所采用的异形柱结构分析软件的技术条件，应符合本规程的有关规定。软件应经考核验证和正式鉴定，对结构分析软件的计算结果应经分析判断，确认其合理有效后方可用于工程设计。

4.4 水平位移限值

4.4.1 在风荷载、多遇地震作用下，异形柱结构按弹性方法计算的楼层最大层间位移应符合下式要求：

$$\Delta u_e \leqslant [\theta_e]h \tag{4.4.1}$$

式中 Δu_e——风荷载、多遇地震作用标准值产生的楼层最大弹性层间位移；

$[\theta_e]$——弹性层间位移角限值，按表 4.4.1 采用；

h——计算楼层层高。

表 4.4.1 异形柱结构弹性层间位移角限值

结构体系	$[\theta_e]$
框架结构	1/600 (1/700)
框架-剪力墙结构	1/850 (1/950)

注：表中括号内的数字用于底部抽柱带转换层的异形柱结构。

4.4.2 7 度抗震设计时，底部抽柱带转换层的异形柱结构、层数为 10 层及 10 层以上或高度超过 28m 的竖向不规则异形柱框架-剪力墙结构，宜进行罕遇地震作用下的弹塑性变形验算。弹塑性变形的计算方法，可采用静力弹塑性分析方法或弹塑性时程分析方法。

4.4.3 罕遇地震作用下，异形柱结构的弹塑性层间位移应符合下式要求：

$$\Delta u_p \leqslant [\theta_p]h \tag{4.4.3}$$

式中 Δu_p——罕遇地震作用标准值产生的弹塑性层间位移；

$[\theta_p]$——弹塑性层间位移角限值，按表 4.4.3 采用。

表 4.4.3 异形柱结构弹塑性层间位移角限值

结构体系	$[\theta_p]$
框架结构	1/60 (1/70)
框架-剪力墙结构	1/110 (1/120)

注：表中括号内的数字用于底部抽柱带转换层的异形柱结构。

5 截面设计

5.1 异形柱正截面承载力计算

5.1.1 异形柱正截面承载力计算的基本假定应按现行国家标准《混凝土结构设计规范》GB 50010 第 7.1.2 条的规定采用。

5.1.2 异形柱双向偏心受压的正截面承载力可按下列方法计算：

1 将柱截面划分为有限个混凝土单元和钢筋单元（图 5.1.2-1），近似取单元内的应变和应力为均匀分布，合力点在单元形心处；

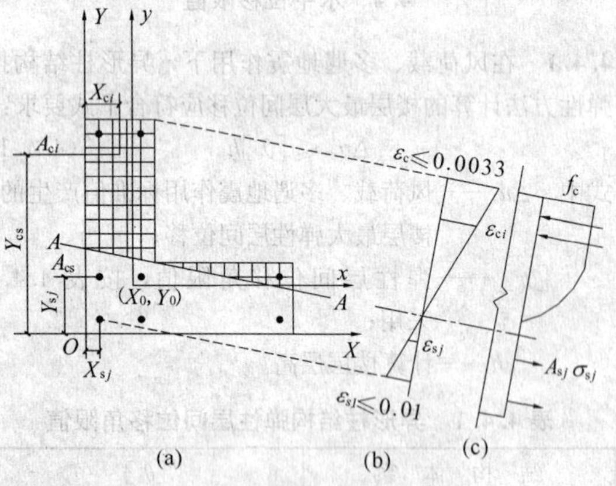

图 5.1.2-1 异形柱双向偏心受压正截面承载力计算

(a) 截面配筋及单元划分；(b) 应变分布；(c) 应力分布

A-A—截面中和轴

2 截面达到承载能力极限状态时各单元的应变按截面应变保持平面的假定确定；

3 混凝土单元的压应力和钢筋单元的应力应按本规程第 5.1.1 条的假定确定；

4 无地震作用组合时异形柱双向偏心受压的正截面承载力应按下列公式计算（图 5.1.2-1）：

$$N \leqslant \sum_{i=1}^{n_c} A_{ci}\sigma_{ci} + \sum_{j=1}^{n_s} A_{sj}\sigma_{sj} \quad (5.1.2\text{-}1)$$

$$N\eta_a e_{iy} \leqslant \sum_{i=1}^{n_c} A_{ci}\sigma_{ci}(Y_{ci} - Y_0) + \sum_{j=1}^{n_s} A_{sj}\sigma_{sj}(Y_{sj} - Y_0) \quad (5.1.2\text{-}2)$$

$$N\eta_a e_{ix} \leqslant \sum_{i=1}^{n_c} A_{ci}\sigma_{ci}(X_{ci} - X_0) + \sum_{j=1}^{n_s} A_{sj}\sigma_{sj}(X_{sj} - X_0) \quad (5.1.2\text{-}3)$$

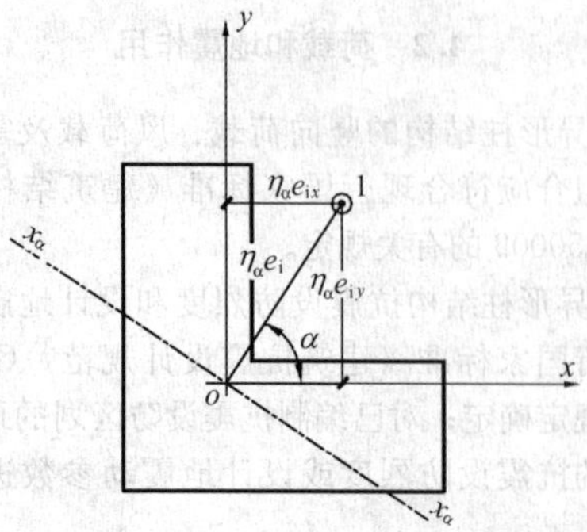

图 5.1.2-2 双向偏心异形柱截面

1—轴向力作用点；o—截面形心；x、y—截面形心轴；x_α-x_α—垂直于弯矩作用方向的截面形心轴

$$e_{ix} = e_i \cos\alpha \quad (5.1.2\text{-}4)$$

$$e_{iy} = e_i \sin\alpha \quad (5.1.2\text{-}5)$$

$$e_i = e_0 + e_a \quad (5.1.2\text{-}6)$$

$$e_0 = \frac{\sqrt{M_x^2 + M_y^2}}{N} \quad (5.1.2\text{-}7)$$

$$\alpha = \arctan\frac{M_x}{M_y} + n\pi \quad (5.1.2\text{-}8)$$

式中 N——轴向力设计值；

η_a——偏心距增大系数，按本规程第 5.1.4 条的规定计算；

e_{ix}、e_{iy}——轴向力对截面形心轴 y、x 的初始偏心距（图 5.1.2-2）；

e_i——初始偏心距；

e_0——轴向力对截面形心的偏心距；

M_x、M_y——对截面形心轴 x、y 的弯矩设计值，由压力产生的偏心在 x 轴上侧时 M_x 取正值，由压力产生的偏心在 y 轴右侧时 M_y 取正值；

e_a——附加偏心距，取 20mm 和 $0.15r_{min}$ 的较大值，此处 r_{min} 为截面最小回转半径；

α——弯矩作用方向角（图 5.1.2-2），为轴向压力作用点至截面形心的连线与截面形心轴 x 正向的夹角，逆时针旋转为正；

n——角度参数，当 M_x、M_y 均为正值时 $n=0$；当 M_y 为负值、M_x 为正或负值时 $n=1$；当 M_x 为负值、M_y 为正值时 $n=2$；

σ_{ci}、A_{ci}——第 i 个混凝土单元的应力及面积，σ_{ci} 为压应力时取正值；

σ_{sj}、A_{sj}——第 j 个钢筋单元的应力及面积，σ_{sj} 为压应力时取正值；

X_0、Y_0——截面形心坐标；

X_{ci}、Y_{ci}——第 i 个混凝土单元的形心坐标；

X_{sj}、Y_{sj}——第 j 个钢筋单元的形心坐标；

n_c、n_s——混凝土及钢筋单元总数。

5 有地震作用组合时异形柱双向偏心受压正截

面承载力应按公式（5.1.2-1）～（5.1.2-8）计算，但在公式（5.1.2-1）～（5.1.2-3）右边应除以相应的承载力抗震调整系数 γ_{RE} 。γ_{RE} 应按本规程第 5.1.8 条采用。

5.1.3 异形柱双向偏心受拉正截面承载力应按本规程公式（5.1.2-1）～（5.1.2-3）计算，但式中 $N\eta_\alpha e_{iy}$ 、$N\eta_\alpha e_{ix}$ 分别以 M_x、M_y 替代；轴向拉力设计值 N 应取负值。

5.1.4 异形柱双向偏心受压正截面承载力计算，应考虑结构侧移和构件挠曲引起的附加内力，此时可将轴向力对截面形心的初始偏心距 e_i 乘以偏心距增大系数 η_α 。η_α 应按下列公式计算：

$$\eta_\alpha = 1+\frac{1}{(e_i/r_\alpha)}(l_0/r_\alpha)^2 C \quad (5.1.4\text{-}1)$$

$$C=\frac{1}{6000}[0.232+0.604(e_i/r_\alpha)-0.106\,(e_i/r_\alpha)^2] \quad (5.1.4\text{-}2)$$

$$r_\alpha=\sqrt{I_\alpha/A} \quad (5.1.4\text{-}3)$$

式中 e_i——初始偏心距；

l_0——柱的计算长度，应按现行国家标准《混凝土结构设计规范》GB 50010 第 7.3.11 条采用；

r_α——柱截面对垂直于弯矩作用方向形心轴 x_α-x_α 的回转半径（图 5.1.2-2）；

I_α——柱截面对垂直于弯矩作用方向形心轴 x_α-x_α 的惯性矩；

A——柱的全截面面积。

按公式（5.1.4-1）计算时，柱的长细比 $\frac{l_0}{r_\alpha}$ 不应大于 70。

注：当柱的长细比 $\frac{l_0}{r_\alpha}$ 不大于 17.5 时，可取 $\eta_\alpha=1.0$ 。

5.1.5 有地震作用组合的异形柱，其节点上、下柱端的截面内力设计值应按下列规定采用：

1 节点上、下柱端弯矩设计值：

1） 二级抗震等级

$$\Sigma M_c = 1.3\Sigma M_b \quad (5.1.5\text{-}1)$$

2） 三级抗震等级

$$\Sigma M_c = 1.1\Sigma M_b \quad (5.1.5\text{-}2)$$

3） 四级抗震等级，柱端弯矩设计值取地震作用组合下的弯矩设计值。

式中 ΣM_b——节点左、右梁端，按顺时针和逆时针方向计算的两端有地震作用组合的弯矩设计值之和的较大值；

ΣM_c——有地震作用组合的节点上、下柱端弯矩设计值之和；柱端弯矩设计值的确定，在一般情况下，可按上、下柱端弹性分析所得的有地震作用组合的弯矩比进行分配。

当反弯点不在柱的层高范围内时，二、三级抗震等级的异形柱端弯矩设计值应按有地震作用组合的弯矩设计值分别乘以系数 1.3、1.1 确定；框架顶层柱及轴压比小于 0.15 的柱，柱端弯矩设计值可取地震作用组合下的弯矩设计值。

2 节点上、下柱端的轴向力设计值，应取地震作用组合下各自的轴向力设计值。

5.1.6 有地震作用组合的框架结构底层柱下端截面的弯矩设计值，对二、三级抗震等级应按有地震作用组合的弯矩设计值分别乘以系数 1.4 和 1.2 确定。

5.1.7 二、三级抗震等级框架的角柱，其弯矩设计值应按本规程第 5.1.5 和 5.1.6 条调整后的弯矩设计值乘以不小于 1.1 的增大系数。

5.1.8 有地震作用组合的异形柱，正截面承载力抗震调整系数 γ_{RE} 应按下列规定采用：

——轴压比小于 0.15 的偏心受压柱应取 0.75；

——轴压比不小于 0.15 的偏心受压柱应取 0.80；

——偏心受拉柱应取 0.85。

5.2 异形柱斜截面受剪承载力计算

5.2.1 异形柱的受剪截面应符合下列条件：

1 无地震作用组合

$$V_c \leqslant 0.25 f_c b_c h_{c0} \quad (5.2.1\text{-}1)$$

2 有地震作用组合

剪跨比大于 2 的柱：

$$V_c \leqslant \frac{1}{\gamma_{RE}}(0.2 f_c b_c h_{c0}) \quad (5.2.1\text{-}2)$$

剪跨比不大于 2 的柱：

$$V_c \leqslant \frac{1}{\gamma_{RE}}(0.15 f_c b_c h_{c0}) \quad (5.2.1\text{-}3)$$

式中 V_c——斜截面组合的剪力设计值；

γ_{RE}——受剪承载力抗震调整系数，取 0.85；

b_c——验算方向的柱肢截面厚度；

h_{c0}——验算方向的柱肢截面有效高度。

5.2.2 异形柱的斜截面受剪承载力应符合下列规定：

1 当柱承受压力时

1） 无地震作用组合

$$V_c \leqslant \frac{1.75}{\lambda+1.0} f_t b_c h_{c0} + f_{yv}\frac{A_{sv}}{s}h_{c0} + 0.07N \quad (5.2.2\text{-}1)$$

2） 有地震作用组合

$$V_c \leqslant \frac{1}{\gamma_{RE}}\left(\frac{1.05}{\lambda+1.0} f_t b_c h_{c0} + f_{yv}\frac{A_{sv}}{s}h_{c0} + 0.056N\right) \quad (5.2.2\text{-}2)$$

2 当柱出现拉力时

1） 无地震作用组合

$$V_c \leqslant \frac{1.75}{\lambda+1.0} f_t b_c h_{c0} + f_{yv}\frac{A_{sv}}{s}h_{c0} - 0.2N \quad (5.2.2\text{-}3)$$

2） 有地震作用组合

$$V_c \leqslant \frac{1}{\gamma_{RE}}\left(\frac{1.05}{\lambda+1.0} f_t b_c h_{c0} + f_{yv}\frac{A_{sv}}{s}h_{c0} - 0.2N\right) \quad (5.2.2\text{-}4)$$

式中 λ——剪跨比。无地震作用组合时，取柱上、下端组合的弯矩设计值 M_c 的较大值与相应的剪力设计值 V_c 和柱肢截面有效高度 h_{c0} 的比值；有地震作用组合时，取柱上、下端未经按本规程第 5.1.5 条～第 5.1.7 条调整的组合的弯矩设计值 M_c 的较大值与相应的剪力设计值 V_c 和柱肢截面有效高度 h_{c0} 的比值，即 $\lambda = M_c/(V_c h_{c0})$；当柱的反弯点在层高范围内时，均可取 $\lambda = H_n/2h_{c0}$；当 $\lambda < 1.0$ 时，取 $\lambda = 1.0$；当 $\lambda > 3$ 时，取 $\lambda = 3$；此处，H_n 为柱净高；

N——无地震作用组合时，为与荷载效应组合的剪力设计值 V_c 相应的轴向压力或拉力设计值；有地震作用组合时，为有地震作用组合的轴向压力或拉力设计值，当轴向压力设计值 $N > 0.3 f_c A$ 时，取 $N = 0.3 f_c A$；此处，A 为柱的全截面面积；

A_{sv}——验算方向的柱肢截面厚度 b_c 范围内同一截面箍筋各肢总截面面积；$A_{sv} = nA_{sv1}$，此处，n 为 b_c 范围内同一截面内箍筋的肢数，A_{sv1} 为单肢箍筋的截面面积；

s——沿柱高度方向的箍筋间距。

当公式（5.2.2-3）右边的计算值和公式（5.2.2-4）右边括号内的计算值小于 $f_{yv}\dfrac{A_{sv}}{s}h_{c0}$ 时，应取等于 $f_{yv}\dfrac{A_{sv}}{s}h_{c0}$，且 $f_{yv}\dfrac{A_{sv}}{s}h_{c0}$ 值不应小于 $0.36 f_t b_c h_{c0}$。

5.2.3 有地震作用组合的异形柱斜截面剪力设计值 V_c 应按下列公式计算：

1 二级抗震等级

$$V_c = 1.2\frac{M_c^t + M_c^b}{H_n} \quad (5.2.3\text{-}1)$$

2 三级抗震等级

$$V_c = 1.1\frac{M_c^t + M_c^b}{H_n} \quad (5.2.3\text{-}2)$$

3 四级抗震等级取有地震作用组合的剪力设计值。

式中 M_c^t、M_c^b——有地震作用组合、且经调整后的柱上、下端弯矩设计值；

H_n——柱的净高。

在公式（5.2.3-1）和公式（5.2.3-2）中，M_c^t 与 M_c^b 之和应分别按顺时针和逆时针方向计算，并取其较大值。M_c^t、M_c^b 的取值应符合本规程第 5.1.5 条～第 5.1.7 条的规定。

5.2.4 二、三级抗震等级的角柱，有地震作用组合的剪力设计值应按本规程第 5.2.3 条经调整后的剪力设计值乘以不小于 1.1 的增大系数。

5.3 异形柱框架梁柱节点核心区受剪承载力计算

5.3.1 异形柱框架应进行梁柱节点核心区受剪承载力计算。

5.3.2 节点核心区受剪的水平截面应符合下列条件：

1 无地震作用组合

$$V_j \leqslant 0.24\zeta_f\zeta_h f_c b_j h_j \quad (5.3.2\text{-}1)$$

2 有地震作用组合

$$V_j \leqslant \frac{0.19}{\gamma_{RE}}\zeta_N\zeta_f\zeta_h f_c b_j h_j \quad (5.3.2\text{-}2)$$

式中 V_j——节点核心区组合的剪力设计值；

γ_{RE}——承载力抗震调整系数，取 0.85；

b_j、h_j——节点核心区的截面有效验算厚度和截面高度，当梁截面宽度与柱肢截面厚度相同，或梁截面宽度每侧凸出柱边小于 50mm 时，可取 $b_j = b_c$，$h_j = h_c$，此处，b_c、h_c 分别为验算方向的柱肢截面厚度和高度（图 5.3.2）；

ζ_N——轴压比影响系数，应按表 5.3.2-1 采用；

ζ_f——翼缘影响系数，应按本规程第 5.3.4 条的规定采用；

ζ_h——截面高度影响系数，应按表 5.3.2-2 采用。

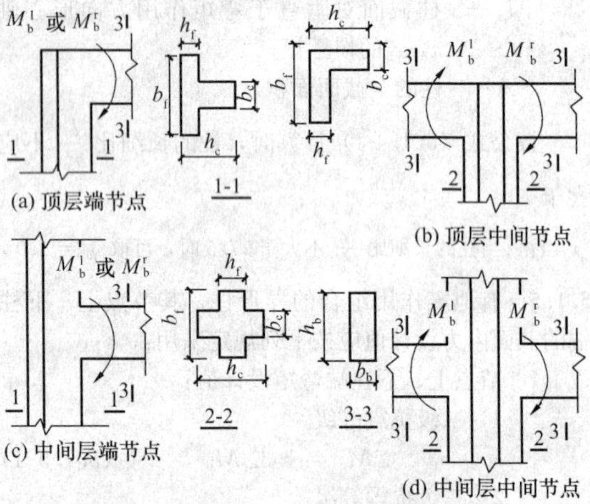

图 5.3.2 框架节点和梁柱截面

表 5.3.2-1 轴压比影响系数 ζ_N

轴压比	≤0.3	0.4	0.5	0.6	0.7	0.8	0.9
ζ_N	1.00	0.98	0.95	0.90	0.88	0.86	0.84

注：轴压比 $N/(f_c A)$ 指与节点剪力设计值对应的该节点上柱底部轴向压力设计值 N 与柱全截面面积 A 和混凝土轴心抗压强度设计值 f_c 乘积的比值。

表 5.3.2-2 截面高度影响系数 ζ_h

h_j（mm）	≤600	700	800	900	1000
ζ_h	1	0.9	0.85	0.80	0.75

5.3.3 节点核心区的受剪承载力应符合下列规定：

1 无地震作用组合

$$V_j \leqslant 1.38\left(1+\frac{0.3N}{f_c A}\right)\zeta_f \zeta_h f_t b_j h_j+\frac{f_{yv}A_{svj}}{s}(h_{b0}-a'_s) \quad (5.3.3\text{-}1)$$

2 有地震作用组合

$$V_j \leqslant \frac{1}{\gamma_{RE}}\left[1.1\zeta_N\left(1+\frac{0.3N}{f_c A}\right)\zeta_f \zeta_h f_t b_j h_j+\frac{f_{yv}A_{svj}}{s}(h_{b0}-a'_s)\right] \quad (5.3.3\text{-}2)$$

式中 N——与组合的节点剪力设计值对应的该节点上柱底部轴向力设计值，当 N 为压力且 $N>0.3f_cA$ 时，取 $N=0.3f_cA$；当 N 为拉力时，取 $N=0$；

A_{svj}——核心区有效验算宽度范围内同一截面验算方向的箍筋各肢总截面面积；

h_{b0}——梁截面有效高度，当节点两侧梁截面有效高度不等时取平均值；

a'_s——梁纵向受压钢筋合力点至截面近边的距离。

5.3.4 翼缘对节点核心区受剪承载力提高作用的翼缘影响系数应按下列规定采用：

1 对柱肢截面高度和厚度相同的等肢异形柱节点，翼缘影响系数 ζ_f 应按表 5.3.4-1 取用；

表 5.3.4-1 翼缘影响系数 ζ_f

b_f-b_c（mm）		0	300	400	500	600	700
ζ_f	L形	1	1.05	1.10	1.10	1.10	1.10
	T形	1	1.25	1.30	1.35	1.40	1.40
	十字形	1	1.40	1.45	1.50	1.55	1.55

注：1 表中 b_f 为垂直于验算方向的柱肢截面高度（图 5.3.2）；

2 表中的十字形和 T 形截面是指翼缘为对称的截面。若不对称时，则翼缘的不对称部分不计算在 b_f 数值内；

3 对 T 形截面，当验算方向为翼缘方向时，ζ_f 按 L 形截面取值。

2 对柱肢截面高度与厚度不相同的不等肢异形柱节点，根据柱肢截面高度与厚度不相同的情况，按表 5.3.4-2 可分为四类；在公式（5.3.2-1）、（5.3.2-2）和公式（5.3.3-1）、（5.3.3-2）中，ζ_f 均应以有效翼缘影响系数 $\zeta_{f,ef}$ 代替，$\zeta_{f,ef}$ 应按表 5.3.4-2 取用。

表 5.3.4-2 有效翼缘影响系数 $\zeta_{f,ef}$

截面类型	L形、T形和十字形截面			
	A类	B类	C类	D类
截面特征	$b_f \geqslant h_c$ 和 $h_f \geqslant b_c$	$b_f \geqslant h_c$ 和 $h_f < b_c$	$b_f < h_c$ 和 $h_f \geqslant b_c$	$b_f < h_c$ 和 $h_f < b_c$

续表 5.3.4-2

截面类型	L形、T形和十字形截面			
	A类	B类	C类	D类
$\zeta_{f,ef}$	ζ_f	$1+\frac{(\zeta_f-1)h_f}{b_c}$	$1+\frac{(\zeta_f-1)b_f}{h_c}$	$1+\frac{(\zeta_f-1)b_f h_f}{b_c h_c}$

注：1 对 A 类节点，取 $\zeta_{f,ef}=\zeta_f$，ζ_f 值按表 5.3.4-1 取用，但表中（b_f-b_c）值应以（h_c-b_c）值代替；

2 对B 类、C 类和 D 类节点，确定 $\zeta_{f,ef}$ 值时，ζ_f 值按表 5.3.4-1 取用，但对 B 类和 D 类节点，表中（b_f-b_c）值应分别以（h_c-h_f）和（b_f-h_f）值代替。

5.3.5 框架梁柱节点（本规程图 5.3.2）核心区组合的剪力设计值 V_j 应按下列公式计算：

1 无地震作用组合

1) 顶层中间节点和端节点

$$V_j=\frac{M_b^l+M_b^r}{h_{b0}-a'_s} \quad (5.3.5\text{-}1)$$

2) 中间层中间节点和端节点

$$V_j=\frac{M_b^l+M_b^r}{h_{b0}-a'_s}\left(1-\frac{h_{b0}-a'_s}{H_c-h_b}\right) \quad (5.3.5\text{-}2)$$

2 有地震作用组合

1) 顶层中间节点和端节点

$$V_j=\eta_{jb}\left(\frac{M_b^l+M_b^r}{h_{b0}-a'_s}\right) \quad (5.3.5\text{-}3)$$

2) 中间层中间节点和端节点

$$V_j=\eta_{jb}\left(\frac{M_b^l+M_b^r}{h_{b0}-a'_s}\right)\left(1-\frac{h_{b0}-a'_s}{H_c-h_b}\right) \quad (5.3.5\text{-}4)$$

式中 η_{jb}——核心区剪力增大系数，对二、三、四级抗震等级分别取 1.2、1.1、1.0；

M_b^l、M_b^r——框架节点左、右两侧梁端弯矩设计值，无地震作用组合时，取荷载效应组合的弯矩设计值；有地震作用组合时，取有地震作用组合的弯矩设计值；

H_c——柱的计算高度，可取节点上柱与下柱反弯点之间的距离；

h_{b0}、h_b——梁的截面有效高度、截面高度，当节点两侧梁高不相同时，取其平均值。

5.3.6 当框架梁截面宽度每侧凸出柱边不小于 50mm 但不大于 75mm，且梁上、下角部的纵向受力钢筋在本柱肢的纵向受力钢筋外侧锚入梁柱节点时，可忽略凸出柱边部分的作用，近似取节点核心区有效验算厚度为柱肢截面厚度（$b_j=b_c$），并应按本规程第 5.3.2 条～第 5.3.4 条的规定验算节点核心区受剪承载力。也可根据梁纵向受力钢筋在柱肢截面厚度范围内、外的截面面积比例，对柱肢截面厚度以内和以外的范围分别验算其受剪承载力。此时，除应符合本规程第 5.3.2 条～第 5.3.4 条要求外，尚宜符合下列规定：

1 按本规程公式（5.3.2-1）和公式（5.3.2-2）验算核心区受剪截面时，核心区截面有效验算厚度可取梁宽和柱肢截面厚度的平均值；

2 验算核心区受剪承载力时，在柱肢截面厚度范围内的核心区，轴向力的取值应与本规程第 5.3.3 条的规定相同；柱肢截面厚度范围外的核心区，可不考虑轴向压力对受剪承载力的有利作用。

6 结 构 构 造

6.1 一 般 规 定

6.1.1 异形柱结构的梁、柱、剪力墙和节点构造措施，除应符合本规程要求外，尚应符合国家现行有关标准的规定。

6.1.2 异形柱、梁、剪力墙和节点的材料应符合下列要求：

1 混凝土的强度等级不应低于 C25，且不应高于 C50；

2 纵向受力钢筋宜采用 HRB400、HRB335 级钢筋；箍筋宜采用 HRB335、HRB400、HPB235 级钢筋。

6.1.3 框架梁截面高度可按 $\left(\frac{1}{10}\sim\frac{1}{15}\right)l_b$ 确定（l_b 为计算跨度），且非抗震设计时不宜小于 350mm；抗震设计时不宜小于 400mm。梁的净跨与截面高度的比值不宜小于 4。梁的截面宽度不宜小于截面高度的 1/4 和 200mm。

6.1.4 异形柱截面的肢厚不应小于 200mm，肢高不应小于 500mm。

6.1.5 异形柱、梁的纵向受力钢筋的连接接头可采用焊接、机械连接或绑扎搭接。接头位置宜设在构件受力较小处。在层高范围内柱的每根纵向受力钢筋接头数不应超过一个。

柱的纵向受力钢筋在同一连接区段的连接接头面积百分率不应大于 50%，连接区段的长度应按现行国家标准《混凝土结构设计规范》GB 50010 的有关规定确定。

6.1.6 异形柱、梁纵向受力钢筋的混凝土保护层厚度应符合国家标准《混凝土结构设计规范》GB 50010—2002第 9.2.1 条的规定。

注：处于一类环境且混凝土强度等级不低于 C40 时，异形柱纵向受力钢筋的混凝土保护层最小厚度应允许减小 5mm。

6.1.7 异形柱、梁纵向受拉钢筋的锚固长度 l_a 和抗震锚固长度 l_{aE} 应按现行国家标准《混凝土结构设计规范》GB 50010 的有关规定确定。

6.2 异形柱结构

6.2.1 异形柱的剪跨比宜大于 2，抗震设计时不应小于 1.5。

6.2.2 抗震设计时，异形柱的轴压比不宜大于表 6.2.2 规定的限值。

表 6.2.2 异形柱的轴压比限值

结构体系	截面形式	抗震等级		
		二级	三级	四级
框架结构	L形	0.50	0.60	0.70
	T形	0.55	0.65	0.75
	十字形	0.60	0.70	0.80
框架-剪力墙结构	L形	0.55	0.65	0.75
	T形	0.60	0.70	0.80
	十字形	0.65	0.75	0.85

注：1 轴压比 $N/(f_cA)$ 指考虑地震作用组合的异形柱轴向压力设计值 N 与柱全截面面积 A 和混凝土轴心抗压强度设计值 f_c 乘积的比值；

2 剪跨比不大于 2 的异形柱，轴压比限值应按表内相应数值减小 0.05；

3 框架-剪力墙结构，在基本振型地震作用下，当框架部分承担的地震倾覆力矩大于结构总地震倾覆力矩的 50% 时，异形柱轴压比限值应按框架结构采用。

6.2.3 异形柱的钢筋应满足下列要求（图 6.2.3）：

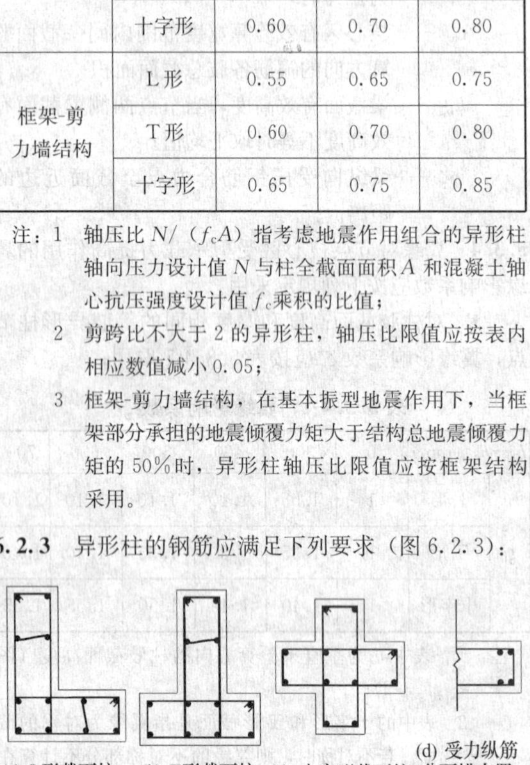

(a) L形截面柱 (b) T形截面柱 (c) 十字形截面柱 (d) 受力纵筋分两排布置

图 6.2.3 异形柱的配筋方式

1 在同一截面内，纵向受力钢筋宜采用相同直径，其直径不应小于 14mm，且不应大于 25mm；

2 内折角处应设置纵向受力钢筋；

3 纵向钢筋间距：二、三级抗震等级不宜大于 200mm；四级不宜大于 250mm；非抗震设计不宜大于 300mm。当纵向受力钢筋的间距不能满足上述要求时，应设置纵向构造钢筋，其直径不应小于 12mm，并应设置拉筋，拉筋间距应与箍筋间距相同。

6.2.4 异形柱纵向受力钢筋之间的净距不应小于 50mm。柱肢厚度为 200～250mm 时，纵向受力钢筋每排不应多于 3 根；根数较多时，可分二排设置（本规程图 6.2.3d）。

6.2.5 异形柱中全部纵向受力钢筋的配筋百分率不应小于表 6.2.5 规定的数值，且按柱全截面面积计算的柱肢各肢端纵向受力钢筋的配筋百分率不应小于 0.2；建于Ⅳ类场地且高于 28m 的框架，全部纵向受力钢筋的最小配筋百分率应按表 6.2.5 中的数值增加 0.1 采用。

表 6.2.5 异形柱全部纵向受力钢筋的最小配筋百分率（%）

柱类型	抗震等级			非抗震
	二级	三级	四级	
中柱、边柱	0.8	0.8	0.8	0.8
角柱	1.0	0.9	0.8	0.8

注：采用 HRB400 级钢筋时，全部纵向受力钢筋的最小配筋百分率应允许按表中数值减小 0.1，但调整后的数值不应小于 0.8。

6.2.6 异形柱全部纵向受力钢筋的配筋率，非抗震设计时不应大于 4%；抗震设计时不应大于 3%。

6.2.7 异形柱应采用复合箍筋（图 6.2.7），严禁采用有内折角的箍筋。箍筋应做成封闭式，其末端应做成 135° 的弯钩。

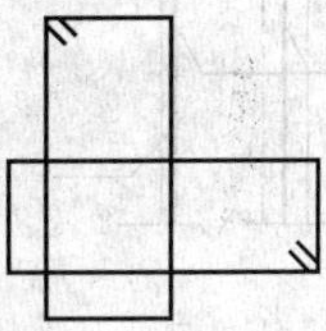

图 6.2.7 箍筋型式

弯钩端头平直段长度，非抗震设计时不应小于 $5d$（d 为箍筋直径）；当柱中全部纵向受力钢筋的配筋率大于 3%时，不应小于 $10d$。抗震设计时不应小于 $10d$，且不应小于 75mm。

当采用拉筋形成复合箍时，拉筋应紧靠纵向钢筋并钩住箍筋。

6.2.8 非抗震设计时，异形柱的箍筋直径不应小于 $0.25d$（d 为纵向钢筋的最大直径），且不应小于 6mm；箍筋间距不应大于 250mm，且不应大于柱肢厚度和 $15d$（d 为纵向受力钢筋的最小直径）；当柱中全部纵向受力钢筋的配筋率大于 3%时，箍筋直径不应小于 8mm，间距不应大于 200mm，且不应大于 $10d$（d 为纵向受力钢筋的最小直径）；箍筋肢距不宜大于 300mm。

6.2.9 抗震设计时，异形柱箍筋加密区的箍筋应符合下列规定：

1 加密区的体积配箍率应符合下列要求：

$$\rho_v \geqslant \lambda_v \frac{f_c}{f_{yv}} \qquad (6.2.9)$$

式中 ρ_v——箍筋加密区的箍筋体积配箍率，计算复合箍的体积配箍率时，应扣除重叠部分的箍筋体积；

f_c——混凝土轴心抗压强度设计值，强度等级低于 C35 时，应按 C35 计算；

f_{yv}——箍筋或拉筋抗拉强度设计值，超过 300N/mm² 时，应取 300N/mm² 计算；

λ_v——最小配箍特征值，按表 6.2.9 采用。

2 对抗震等级为二、三、四级的框架柱，箍筋加密区的箍筋体积配箍率分别不应小于 0.8%、0.6%、0.5%。

3 当剪跨比 $\lambda \leqslant 2$ 时，二、三级抗震等级的柱，箍筋加密区的箍筋体积配箍率不应小于 1.2%。

表 6.2.9 异形柱箍筋加密区的箍筋最小配箍特征值 λ_v

抗震等级	截面形式	柱轴压比										
		≤0.30	0.40	0.45	0.50	0.55	0.60	0.65	0.70	0.75	0.80	0.85
二级	L形	0.10	0.13	0.15	0.18	0.20	—	—	—	—	—	—
三级	L形	0.09	0.10	0.12	0.14	0.16	0.18	0.20	—	—	—	—
四级	L形	0.08	0.09	0.10	0.11	0.12	0.14	0.16	0.18	0.20	—	—
二级	T形	0.09	0.12	0.14	0.17	0.19	0.21	—	—	—	—	—
三级	T形	0.08	0.09	0.11	0.13	0.15	0.17	0.19	0.21	—	—	—
四级	T形	0.07	0.08	0.09	0.10	0.11	0.13	0.15	0.17	0.19	0.21	—
二级	十字形	0.08	0.11	0.13	0.16	0.18	0.20	0.22	—	—	—	—
三级	十字形	0.07	0.08	0.10	0.12	0.14	0.16	0.18	0.20	0.22	—	—
四级	十字形	0.06	0.07	0.08	0.09	0.10	0.12	0.14	0.16	0.18	0.20	0.22

6.2.10 抗震设计时，异形柱箍筋加密区的箍筋最大间距和箍筋最小直径应符合表 6.2.10 的规定。

表 6.2.10 异形柱箍筋加密区箍筋的最大间距和最小直径

抗震等级	箍筋最大间距（mm）	箍筋最小直径（mm）
二级	纵向钢筋直径的 6 倍和 100 的较小值	8
三级	纵向钢筋直径的 7 倍和 120（柱根 100）的较小值	8
四级	纵向钢筋直径的 7 倍和 150（柱根 100）的较小值	6（柱根 8）

注：1 底层柱的柱根系指地下室的顶面或无地下室情况的基础顶面；

2 三、四级抗震等级的异形柱，当剪跨比 λ 不大于 2 时，箍筋间距不应大于 100mm，箍筋直径不应小于 8mm。

6.2.11 异形柱箍筋加密区箍筋的肢距：二、三级抗震等级不宜大于 200mm，四级抗震等级不宜大于 250mm。此外，每隔一根纵向钢筋宜在两个方向均有箍筋或拉筋约束。

6.2.12 异形柱的箍筋加密区范围应按下列规定采用：

1 柱端取截面长边尺寸、柱净高的 1/6 和 500mm 三者中的最大值；

2 底层柱柱根不小于柱净高的 1/3；当有刚性地面时，除柱端外尚应取刚性地面上、下各 500mm；

3 剪跨比不大于 2 的柱以及因设置填充墙等形成的柱净高与柱肢截面高度之比不大于 4 的柱取全高；

4 二、三级抗震等级的角柱取柱全高。

6.2.13 抗震设计时，异形柱非加密区箍筋的体积配箍率不宜小于箍筋加密区的 50%；箍筋间距不应大于柱肢截面厚度；二级抗震等级不应大于 $10d$（d 为纵向受力钢筋直径）；三、四级抗震等级不应大于 $15d$ 和 250mm。

6.2.14 当柱的纵向受力钢筋采用绑扎搭接接头时，搭接长度范围内箍筋直径不应小于搭接钢筋较大直径的 25%，箍筋间距不应小于搭接钢筋较小直径的 5 倍，且不应大于 100mm。

6.3 异形柱框架梁柱节点

6.3.1 框架柱的纵向钢筋，应贯穿中间层的中间节点和端节点，且接头不应设置在节点核心区内。

6.3.2 框架顶层柱的纵向受力钢筋应锚固在柱顶、梁、板内，锚固长度应由梁底算起。顶层端节点柱内侧的纵向钢筋和顶层中间节点处的柱纵向钢筋均应伸至柱顶（图 6.3.2），当采用直线锚固方式时，锚固长度对非抗震设计不应小于 l_a，抗震设计不应小于 l_{aE}。直线段锚固长度不足时，该纵向钢筋伸到柱顶后应分别向内、外弯折，弯弧内半径，对顶层端节点和顶层中间节点分别不宜小于 $5d$ 和 $6d$（d 为纵向受力钢筋直径）。弯折前的竖直投影长度非抗震设计时不应小于 $0.5l_a$，抗震设计时不应小于 $0.5l_{aE}$。弯折后的水平投影长度不应小于 $12d$。

抗震设计时，贯穿顶层中间节点的梁上部纵向钢筋直径，对二、三级抗震等级不宜大于该方向柱肢截面高度 h_c 的 1/30。

顶层端节点处柱外侧纵向钢筋可与梁上部纵向钢筋搭接（图 6.3.2a），搭接长度非抗震设计时不应小于 $1.6l_a$；抗震设计时不应小于 $1.6l_{aE}$。且伸入梁内的柱外侧纵向钢筋截面面积不宜少于柱外侧全部纵向钢筋面积的 50%。在梁宽范围以外的柱外侧纵向钢筋可伸入现浇板内，伸入长度应与伸入梁内的相同。

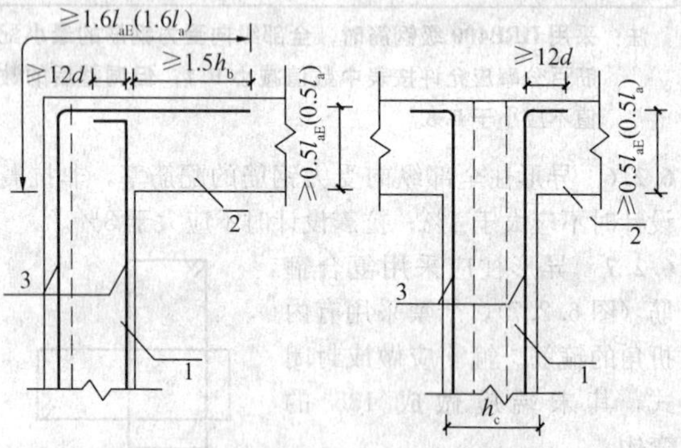

(a) 顶层端节点　　(b) 顶层中间节点

图 6.3.2 框架顶层柱纵向钢筋的锚固和搭接

注：括号内数值为相应的非抗震设计规定

1—异形柱；2—框架梁；3—柱的纵向钢筋

6.3.3 当框架梁的截面宽度与异形柱柱肢截面厚度相等或梁截面宽度每侧凸出柱边小于 50mm 时，在梁四角上的纵向受力钢筋应在离柱边不小于 800mm 且满足坡度不大于 1/25 的条件下，向本柱肢纵向受力钢筋的内侧弯折锚入梁柱节点核心区。在梁筋弯折处应设置不少于 2 根直径 8mm 的附加封闭箍筋（图 6.3.3-1a）。

对梁的纵筋弯折区段内过厚的混凝土保护层尚应采取有效的防裂构造措施。

当梁截面宽度的任一侧凸出柱边不小于 50mm 时，该侧梁角部的纵向受力钢筋可在本柱肢纵向受力钢筋的外侧锚入节点核心区，但凸出柱边尺寸不应大于 75mm（图 6.3.3-1b）。且从柱肢纵向受力钢筋内侧锚入的梁上部、下部纵向受力钢筋，分别不宜小于梁上部、下部纵向受力钢筋截面面积的 70%。

当上部、下部梁角的纵向钢筋在本柱肢纵向受力钢筋的外侧锚入节点核心区时，梁的箍筋配置范围应延伸到与另一方向框架梁相交处（图 6.3.3-2）。且节点处一倍梁高范围内梁的侧面应设置纵向构造钢筋并伸至柱外侧，钢筋直径不应小于 8mm，间距不应大

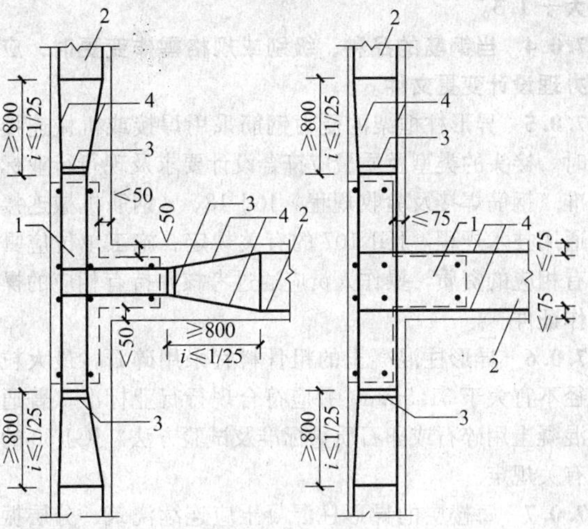

(a)弯折锚入　　(b)直线锚入

图 6.3.3-1　框架梁纵向钢筋锚入节点区的构造

1—异形柱；2—框架梁；3—附加封闭箍筋；

4—梁的纵向受力钢筋

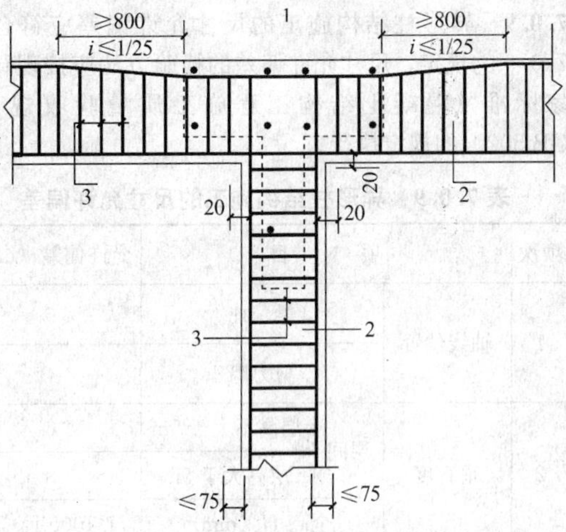

图 6.3.3-2　梁宽大于柱肢厚时的箍筋构造

1—异形柱；2—框架梁；3—梁箍筋

于 100mm。

6.3.4　框架中间层端节点（图 6.3.4a），框架梁上部和下部纵向钢筋可采用直线方式锚入端节点，锚固长度除非抗震设计不应小于 l_a，抗震设计不应小于 l_{aE} 外，尚应伸至柱外侧。当水平直线段的锚固长度不足时，梁上部和下部纵向钢筋应伸至柱外侧并分别向下、向上弯折，弯弧内半径不宜小于 $5d$（d 为纵向受力钢筋直径），弯折前的水平投影长度非抗震设计时不应小于 $0.4l_a$，抗震设计时不应小于 $0.4l_{aE}$，对框架梁纵向钢筋在柱筋外侧伸入节点的情况，则分别不应小于 $0.5l_a$ 和 $0.5l_{aE}$，弯折后的竖直投影长度取 $15d$。

框架顶层端节点（图 6.3.4b），梁上部纵向钢筋应伸至柱外侧并向下弯折到梁底标高，梁下部纵向钢筋应伸至柱外侧并向上弯折，弯弧内半径不宜小于 $6d$。弯折前的水平投影长度非抗震设计时不应小于 $0.4l_a$，抗震设计时不应小于 $0.4l_{aE}$，对框架梁纵向钢筋在柱筋外侧伸入节点的情况，则分别不应小于 $0.5l_a$ 和 $0.5l_{aE}$。弯折后的竖直投影长度取 $15d$。

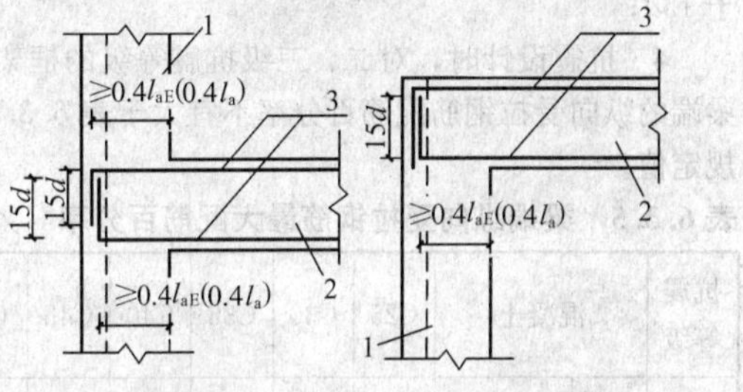

(a) 中间层端节点　　(b) 顶层端节点

图 6.3.4　框架梁的纵向钢筋在端节点区的锚固

注：括号内数值为相应的非抗震设计规定

1—异形柱；2—框架梁；3—梁的纵向钢筋

6.3.5　中间层中间节点框架梁纵向钢筋应满足下列要求：

1　抗震设计时，对二、三级抗震等级，贯穿中柱的梁纵向钢筋直径不宜大于该方向柱肢截面高度 h_c 的 1/30，当混凝土的强度等级为 C40 及以上时可取 1/25，且纵向钢筋的直径不应大于 25mm；

2　两侧高度相等的梁（图 6.3.5a），上部及下部纵向钢筋各排宜分别采用相同直径，并均应贯穿中间节点；若两侧梁的下部钢筋根数不相同时，差额钢筋伸入中间节点的总长度，非抗震设计时不应小于 l_a；抗震设计时不应小于 l_{aE}，且伸过柱肢中心线不应小于 5d（d 为纵向受力钢筋直径）；

3　两侧高度不相等的梁（图 6.3.5b），上部纵向钢筋应贯穿中间节点，下部纵向钢筋伸入中间节点的总长度，非抗震设计时不应小于 l_a，抗震设计时不

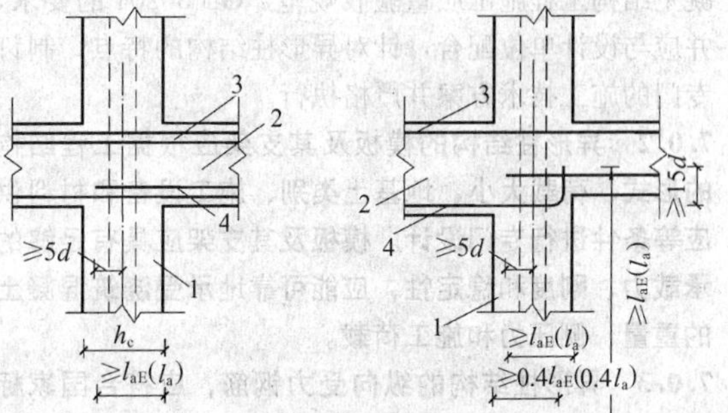

(a) 等高梁节点　　(b) 不等高梁节点

图 6.3.5　框架梁纵向钢筋在中间节点区的锚固

注：括号内数值为相应的非抗震设计规定

1—异形柱；2—框架梁；3—梁上部纵向钢筋；

4—梁下部纵向钢筋

应小于 l_{aE}。下部钢筋弯折时，弯弧内半径不宜小于 $5d$。弯折前的水平投影长度非抗震设计时不应小于 $0.4l_a$，抗震设计时不应小于 $0.4l_{aE}$；对框架梁纵向钢筋在柱筋外侧伸入节点核心区的情况，则分别不应小于 $0.5l_a$ 和 $0.5l_{aE}$。弯折后的竖直投影长度不应小于 $15d$；

4 抗震设计时，对二、三级抗震等级的框架梁，梁端的纵向受拉钢筋配筋百分率不宜大于表 6.3.5 的规定值。

表 6.3.5 梁端纵向受拉钢筋最大配筋百分率（%）

抗震等级	混凝土		C25	C30	C35	C40	C45	C50
二、三级	钢筋	HRB335	1.4	1.7	2.0	2.2	2.4	2.4
		HRB400	1.1	1.4	1.7	1.9	2.1	2.1

6.3.6 节点核心区应设置水平箍筋。水平箍筋的配置应满足节点核心区受剪承载力的要求，并应符合下列规定：

1 非抗震设计时，节点核心区箍筋的最小直径、最大间距应符合本规程第 6.2.8 条的规定；

2 抗震设计时，节点核心区箍筋最大间距和最小直径宜按本规程表 6.2.10 采用。对二、三和四级抗震等级，节点核心区配箍特征值分别不宜小于 0.10、0.08 和 0.06，且体积配箍率分别不宜小于 0.8%、0.6%和 0.5%。对二、三级抗震等级且剪跨比不大于 2 的框架柱，节点核心区配箍特征值不宜小于核心区上、下柱端配箍特征值的较大值；

3 当顶层端节点内设有梁上部纵向钢筋与柱外侧纵向钢筋的搭接接头时，节点核心区的箍筋尚应符合本规程第 6.2.14 条的规定。

7 异形柱结构的施工

7.0.1 异形柱结构的施工应符合现行国家标准《混凝土结构工程施工质量验收规范》GB 50204 的要求，并应与设计单位配合，针对异形柱结构的特点，制订专门的施工技术方案并严格执行。

7.0.2 异形柱结构的模板及其支架应根据工程结构的形式、荷载大小、地基土类别、施工设备和材料供应等条件进行专门设计。模板及其支架应具有足够的承载力、刚度和稳定性，应能可靠地承受浇筑混凝土的重量、侧压力和施工荷载。

7.0.3 异形柱结构的纵向受力钢筋，应符合国家标准《混凝土结构设计规范》GB 50010—2002 第 4.2.2 条的要求，对二级抗震等级设计的框架结构，检验所得的强度实测值，尚应符合下列要求：

1 钢筋的抗拉强度实测值与屈服强度实测值的比值不应小于 1.25；

2 钢筋的屈服强度实测值与标准值的比值不应大于 1.3。

7.0.4 当钢筋的品种、级别或规格需作变更时，应办理设计变更文件。

7.0.5 异形柱框架的受力钢筋采用焊接或机械连接时，接头的类型及质量应符合设计要求及现行行业标准《钢筋焊接及验收规程》JGJ 18、《钢筋机械连接通用技术规程》JGJ 107 的有关规定。施工单位应具有相应的资质，操作人员应通过考核并持有相应的操作证件。

7.0.6 异形柱混凝土的粗骨料宜采用碎石，最大粒径不宜大于 31.5mm，并应符合现行行业标准《普通混凝土用碎石或卵石质量标准及试验方法》JGJ 53 的有关规定。

7.0.7 每楼层的异形柱混凝土应连续浇筑、分层振捣，且不得在柱净高范围内留置施工缝。框架节点核心区的混凝土应采用相交构件混凝土强度等级的最高值，并应振捣密实。

7.0.8 冬期施工应符合现行行业标准《建筑工程冬期施工规程》JGJ 104 和施工技术方案的规定。

7.0.9 异形柱结构施工的尺寸允许偏差应符合表 7.0.9 的规定，尺寸允许偏差的检验方法应按现行国家标准《混凝土结构工程施工质量验收规范》GB 50204的规定执行。

表 7.0.9 异形柱结构施工的尺寸允许偏差

项次	项目			允许偏差（mm）
1	轴线位置	梁、柱		6
		剪力墙		4
2	垂直度	层间	层高不大于 5m	6
			层高大于 5m	8
		全高 H（mm）		H/1000 且≤30
3	标　高	层　高		±10
		全　高		±30
4	截面尺寸			+8，0
5	表面平整（在 2m 长度范围内）			6
6	预埋设施中心线位置	预埋件		8
		预埋螺栓、预埋管		4
7	预留孔洞中心线位置			10

7.0.10 当需要替换原设计的墙体材料时，应办理设计变更文件。填充墙与框架柱、梁之间均应有可靠的连接。

7.0.11 异形柱肢体及节点核心区内不得预留或埋设水、电、燃气管道和线缆；安装水、电、燃气管道和线缆时，不应削弱柱截面。

附录 A 底部抽柱带转换层的异形柱结构

A.0.1 底部抽柱带转换层的异形柱结构，其转换结构构件宜采用梁。

A.0.2 底部抽柱带转换层的异形柱结构可用于非抗震设计和6度、7度（0.10g）抗震设计的房屋建筑。

A.0.3 底部抽柱带转换层的异形柱结构在地面以上大空间的层数：非抗震设计不宜超过3层；抗震设计不宜超过2层。

A.0.4 底部抽柱带转换层异形柱结构适用的房屋最大高度应按本规程第3.1.2条规定的限值降低不少于10%，且框架结构不应超过6层。框架-剪力墙结构，非抗震设计不应超过12层，抗震设计不应超过10层。

A.0.5 底部抽柱带转换层异形柱结构的结构布置除应符合本规程第3章的规定外，尚应符合下列要求：

1 框架-剪力墙结构中的剪力墙应全部落地，并贯通房屋全高。抗震设计时，在基本振型地震作用下，剪力墙部分承受的地震倾覆力矩应大于结构总地震倾覆力矩的50%；

2 矩形平面建筑中剪力墙的间距，非抗震设计不宜大于3倍楼盖宽度，且不宜大于36m；抗震设计不宜大于2倍楼盖宽度，且不宜大于24m；

3 框架结构的底部托柱框架不应采用单跨框架；

4 落地的框架柱应连续贯通房屋全高；不落地的框架柱应连续贯通转换层以上的所有楼层。底部抽柱数不宜超过转换层相邻上部楼层框架柱总数的30%；

5 转换层下部结构的框架柱不应采用异形柱；

6 不落地的框架柱应直接落在转换层主结构上。托柱梁应双向布置，可双向均为框架梁，或一方向为框架梁，另一方向为托柱次梁。

注：直接承托不落地柱的框架称托柱框架，直接承托不落地柱的框架梁称托柱框架梁，直接承托不落地柱的非框架梁称托柱次梁。

A.0.6 转换层上部结构与下部结构的侧向刚度比宜接近1。转换层上、下部结构侧向刚度比可按现行行业标准《高层建筑混凝土结构技术规程》JGJ 3第E.0.2条的规定计算。

A.0.7 托柱框架梁的截面宽度，不应小于梁宽度方向被托异形柱截面的肢高或一般框架柱的截面高度；不宜大于托柱框架柱相应方向的截面宽度。托柱框架梁的截面高度不宜小于托柱框架梁计算跨度的1/8；当双向均为托柱框架时，不宜小于短跨框架梁计算跨度的1/8。

托柱次梁应垂直于托柱框架梁方向布置，梁的宽度不应小于400mm，其中心线应与同方向被托异形柱截面肢厚或一般框架柱截面的中心线重合。

A.0.8 转换层及下部结构的混凝土强度等级不应低于C30。

A.0.9 转换层楼面应采用现浇楼板，楼板的厚度不应小于150mm，且应双层双向配筋，每层每方向的配筋率不宜小于0.25%。楼板钢筋应锚固在边梁或墙体内。

楼板与异形柱内拐角相交部位宜加设呈放射形或斜向平行布置的板面钢筋。

楼板边缘和较大洞口周边应设置边梁，其宽度不宜小于板厚的2倍，纵向钢筋配筋率不应小于1.0%，钢筋连接接头宜采用焊接或机械连接。

A.0.10 转换层上部异形柱向底部框架柱转换时，下部框架柱截面的外轮廓尺寸不宜小于上部异形柱截面外轮廓尺寸。转换层上部异形柱截面形心与下部框架柱截面形心宜重合，当不重合时应考虑偏心的影响。

A.0.11 底部大空间带转换层的异形柱结构的结构布置、计算分析、截面设计和构造要求，除应符合本规程的规定外，尚应符合国家现行标准的有关规定。

本规程用词说明

1 为了便于在执行本规程条文时区别对待，对要求严格程度不同的用词说明如下：

1）表示很严格，非这样做不可的用词：
正面词采用“必须”；反面词采用“严禁”；

2）表示严格，在正常情况下均应这样做的用词：
正面词采用“应”，反面词采用“不应”或“不得”；

3）表示允许稍有选择，在条件许可时首先应这样做的用词：
正面词采用“宜”；反面词采用“不宜”。
表示有选择，在一定条件下可以这样做的，采用“可”。

2 规程中指定应按其他有关标准、规范执行时，写法为：“应符合……的规定”或“应按……执行”。

中华人民共和国行业标准

混凝土异形柱结构技术规程

JGJ 149—2006

条 文 说 明

前　言

《混凝土异形柱结构技术规程》JGJ 149－2006 经建设部 2006 年 3 月 9 日以 415 号公告批准发布。

为便于广大设计、施工、科研、教学等单位有关人员在使用本规程时正确理解和执行条文规定，《混凝土异形柱结构技术规程》编制组按章、节、条顺序编制了本标准的条文说明，供使用者参考。在使用中如发现本条文说明有不妥之处，请将意见函寄天津大学（主编单位）。

（邮政编码：300072，地址：天津市南开区卫津路 92 号天津大学土木工程系）

目　次

1 总　　则

1.0.1 混凝土异形柱结构是以T形、L形、十字形的异形截面柱（以下简称异形柱）代替一般框架柱作为竖向支承构件而构成的结构，以避免框架柱在室内凸出，少占建筑空间，改善建筑观瞻，为建筑设计及使用功能带来灵活性和方便性；同时结合墙体改革，采用保温、隔热、轻质、高效的墙体材料作为框架填充墙及内隔墙，代替传统的烧结普通砖墙，以贯彻国家关于节约能源、节约土地、利用废料、保护环境的政策。

混凝土异形柱结构体系与一般矩形柱结构体系之间既存在着共性，也具有各自的特性。由于异形柱与矩形柱二者在截面特性、内力和变形特性、抗震性能等方面的显著差异，导致在异形柱结构设计与施工中一些不容忽视的问题，这些方面在目前我国现行规范、规程中尚未得到反映。随着异形柱结构在各地逐渐推广应用，迫切需要异形柱结构的行业标准作为指导异形柱结构设计施工、工程审查及质量监控的规程依据。近年来国内各高等院校、设计、研究单位对异形柱结构的基本性能、设计方法、构造措施及工程应用等方面进行了大量的科学研究与工程实践，包括：异形柱正截面、斜截面、梁柱节点的试验及理论研究、异形柱结构模型的模拟地震作用试验（振动台试验及低周反复水平荷载试验）研究、异形柱结构抗震分析及抗震性能研究、异形柱结构专用设计软件研究及异形柱结构标准设计研究等。一些省市制订并实施了异形柱结构地方标准，一些地方的国家级住宅示范小区中也建有异形柱结构住宅建筑，我国异形柱结构的科学研究成果不断充实，设计与施工的工程实践经验不断积累，为了在混凝土异形柱结构设计与施工中贯彻执行国家技术经济政策，做到安全适用、技术先进、经济合理、确保质量，特制订《混凝土异形柱结构技术规程》作为中华人民共和国行业标准。

1.0.2 混凝土异形柱结构体系原来主要用于住宅建筑，近年来逐渐扩展到用于平面及竖向布置较为规则的宿舍建筑等，工程实践表明效果良好。异形柱结构体系也可用于类似的较为规则的一般民用建筑。

由于我国目前尚无在8度（0.30g）及9度抗震设防地区异形柱结构的设计与施工工程实践经验，也没有相应的可资依据的研究成果，且考虑到异形柱结构的抗震性能特点，故未将抗震设防烈度为8度（0.30g）及9度抗震设计的建筑列入本规程适用范围。

1.0.3 本规程遵照现行国家标准《建筑结构可靠度设计统一标准》GB 50068、《建筑结构荷载规范》GB 50009、《混凝土结构设计规范》GB 50010、《建筑抗震设计规范》GB 50011、《混凝土结构工程施工质量验收规范》GB 50204及现行行业标准《高层建筑混凝土结构技术规程》JGJ 3等，并根据异形柱结构有关试验、理论的研究成果和工程设计、施工的实践经验编制而成。

2 术语、符号

2.1 术　　语

本规程的术语系根据现行国家标准《工程结构设计基本术语和通用符号》GBJ 132和《建筑结构设计术语和符号标准》GB/T 50083给出的。

2.2 符　　号

本规程的符号主要是根据现行国家标准《混凝土结构设计规范》GB 50010和《建筑抗震设计规范》GB 50011规定的。有些符号基于异形柱结构特点作了相应的调整和补充。

3 结构设计的基本规定

3.1 结 构 体 系

3.1.1 长期以来，工程实际应用的主要是以T形、L形和十字形截面的异形柱构成的框架结构和框架-剪力墙结构体系，对柱的其他截面形式由于问题的复杂性及目前缺乏充分研究依据而未列入。

这里的异形柱框架结构体系包括全部由异形柱作为竖向受力构件组成的钢筋混凝土结构，也包括由于结构受力需要而部分采用一般框架柱的情形。

为满足在建筑物底部设置大空间的建筑功能要求，异形柱结构体系还可以采用底部抽柱带转换层的异形柱框架结构或异形柱框架-剪力墙结构，此时应遵守本规程附录A的规定。

框架-核心筒结构是框架-剪力墙结构中剪力墙集中布置于建筑平面核心部位的一种特殊情形，其核心筒具有较大的空间刚度和抗倾覆力矩的能力，其外围周边框架柱的抗扭能力相对薄弱，成为抗震的薄弱环节，现有的震害资料表明，框架-核心筒结构在强烈地震作用下，框架柱的损坏程度明显大于核心筒。目前对异形柱用于此类结构体系尚缺乏研究，故现阶段规程的异形柱结构中不包括此类结构体系。

3.1.2 对混凝土异形柱结构，从结构安全和经济合理等方面综合考虑，其适用的房屋最大高度应有所限制，我国现行有关标准中还没有对异形柱结构适用的房屋最大高度做出规定，为此，本规程针对混凝土异形柱框架及框架-剪力墙两种结构体系的一批代表性典型工程，主要考虑下列基本条件：①非抗震设计；②抗震设防烈度为6度、7度（0.10g，0.15g）及8

度（0.20g）的抗震设计；③不同场地类别；④不同开间柱网尺寸；⑤结构平均自重按 12～14kN/m²；⑥标准层层高按 2.9m。根据本规程及现行国家标准的有关规定，进行了系统的结构弹性及弹塑性分析计算，综合考虑异形柱结构现有的理论研究、试验研究成果及设计、施工的工程实践经验，由此归纳总结得到本规程关于异形柱结构适用的房屋最大高度的条文规定，并与现行国家标准相关规定的表达方式基本保持一致，用作工程设计的宏观控制。通过 25 项典型工程试设计的核验，认为本条关于异形柱结构适用的房屋最大高度的规定是合适的、可行的。

结构的顶层采用坡屋顶时适用的房屋最大高度在国家现行有关标准中未作具体规定，异形柱结构设计时可由设计人员根据实际情况合理确定。当檐口标高不设水平楼板时，总高度可算至檐口标高处；当檐口标高附近有水平楼板，即带阁楼的坡屋顶情形，此时高度可算至坡高的 1/2 高度处。

异形柱框架-剪力墙结构在基本振型地震作用下，框架部分承受的地震倾覆力矩若大于结构总地震倾覆力矩的 50%，其最大适用高度不宜再按框架-剪力墙结构的要求执行，但可比框架结构的要求适当放松，放松的幅度可根据剪力墙的数量及剪力墙承受的地震倾覆力矩确定。

平面和竖向均不规则的异形柱结构或Ⅳ类场地上的异形柱结构，适用的房屋最大高度应适当降低，一般可降低 20%左右；底部抽柱带转换层异形柱结构，适用的房屋最大高度应符合本规程附录 A 的规定。

当异形柱结构中采用少量一般框架柱时，其适用的房屋最大高度仍按全部为异形柱的结构采用。

在异形柱结构实际工程设计中应综合考虑不同结构体系、结构设计方案、抗震设防烈度、场地类别、结构平均自重、开间尺寸、进深尺寸及结构布置的规则性等影响因素，正确使用本规程关于异形柱结构适用的房屋最大高度规定。当房屋高度超过表中规定的数值时，结构设计应有可靠的依据，并采取有效的加强措施。

3.1.3 高宽比是对结构刚度、整体稳定、承载能力和经济合理性的宏观控制。本规程对异形柱结构适用的最大高宽比的规定系根据异形柱结构的特性，比现行行业标准《高层建筑混凝土结构技术规程》JGJ 3 对应的规定有所加严。本条文适用于 10 层及 10 层以上或高度超过 28m 的情形，当层数或高度低于上述数值时，可适当放宽。

3.1.4 影响建筑结构安全的因素有三个层次：结构方案、内力效应分析和截面设计。结构方案虽属概念设计的范畴，但由此所决定的整体稳定性对结构安全的重要意义远超过其他因素。在异形柱结构设计中，应根据是否抗震设防、抗震设防烈度、场地类别、房屋高度和高宽比，施工技术等因素，通过安全、技术、经济和使用条件的综合分析比较，选用合理的结构体系，并宜通过增加结构体系的多余约束和超静定次数、考虑传力途径的多重性、避免采用脆性材料和加强结构的延性等措施来加强结构的整体稳定性，使结构当承受自然界的灾害或人为破坏等意外作用而发生局部破坏时，不至于引发连续倒塌而导致严重恶性后果。

异形柱结构体系除应符合现行国家标准《建筑抗震设计规范》GB 50011、《混凝土结构设计规范》GB 50010 及现行行业标准《高层建筑混凝土结构技术规程》JGJ 3 的有关规定外，尚应符合本规程的有关规定。

1 框架结构与砌体结构在抗侧刚度、变形能力、抗震性能方面有很大差异，将这两种不同的结构混合使用于同一结构中，会对结构的抗震性能产生不利的影响。现行行业标准《高层建筑混凝土结构技术规程》JGJ 3 对此做了强制性条文的规定，对异形柱结构同样必须遵守。

2 根据震害资料，多层及高层单跨框架结构震害严重，故本规程规定：抗震设计的异形柱结构不宜采用单跨框架结构。又基于对异形柱抗震性能特点的考虑，以及目前缺乏专门研究，规定异形柱结构不应采用多塔、连体和错层等复杂结构形式。

3 在结构设计中利用楼梯间、电梯井位置合理布置剪力墙，对电梯设备运行、结构抗震、抗风均有好处，但若剪力墙布置不合理，将导致平面不规则，加剧扭转效应，反而会对抗震带来不利影响，故这里强调"合理地布置剪力墙"。对高度不大的异形柱结构的楼梯间、电梯井，可采用一般框架柱。

4 在异形柱结构中异形柱的肢厚尺寸较小，相应地梁宽尺寸及梁柱节点核心区尺寸均较小，为保证异形柱结构的整体安全，对主要受力构件——柱、梁、剪力墙应采用现浇的施工方式。

3.1.5 国家有关部门已经发布专门文件，禁止使用烧结黏土砖，积极发展和推广应用新型墙体材料，是当前墙体材料革新的一项主要任务。异形柱结构体系就是 20 世纪 70 年代以来墙体材料革新推动下促进结构体系变革的产物，它属于框架-轻墙（填充墙、隔墙）结构体系，应优先采用轻质高效的墙体材料，不应采用烧结实心黏土砖，由此带来的效益不仅是改善建筑的保温、隔热性能，节约能源消耗，而且减轻了结构的自重，有利于节约基础建设投资，有利于减小结构的地震作用；采用工业废料制作轻质墙体，有利于利用废料，有利于环境保护，其综合效益值得重视。

异形柱结构的主要特点就是柱肢厚度与墙体厚度取齐一致，在工程实用中尚应综合考虑墙身满足保温、隔热、节能、隔声、防水及防火等要求，以满足建筑功能的需要。在此前提下根据不同条件选用合理经济的墙体形式——砌体或墙板。各地应根据当地实际条件，大力推进住宅产业现代化，解决好与异形柱结构体系配套的墙体材料产品，以确保质量，提高效率和降低成本。

3.2 结构布置

3.2.1 合理的结构布置（包括平面布置及竖向布置）无论在非抗震设计还是抗震设计中都具有非常重要的意义，结构的平面和竖向布置宜简单、规则、均匀，这就需要结构工程师与建筑师密切协调配合，兼顾建筑功能与结构功能的合理性。关于结构布置中对规则性的要求，本规程提出：异形柱结构宜采用规则的结构设计方案，抗震设计的异形柱结构应符合抗震概念设计的要求，不应采用特别不规则的结构设计方案，比现行国家标准《建筑抗震设计规范》GB 50011 对一般钢筋混凝土结构的有关规定有所加严，这是根据异形柱结构抗震性能和抗震设计特点而提出的。

关于"规则的结构设计方案"是指体型（平面和立面形状）简单，抗侧力体系的刚度和承载力上下连续均匀地变化，平面布置基本对称，即在平面、竖向的抗侧力体系或计算图形中没有明显的、实质的不连续（突变）；"特别不规则的结构设计方案"是指多项不规则指标均超过国家现行标准或本规程有关的规定，或某一项超过规定指标较多，具有较明显的抗震薄弱部位，将会导致不良后果者。

3.2.2 在异形柱结构抗震设计时，首先应对结构设计方案关于平面和竖向布置的规则性进行判别。对不规则异形柱结构的定义和设计要求，除应符合国家现行标准对一般钢筋混凝土结构的有关要求外，尚应符合本规程第 3.2.4 条和第 3.2.5 条的有关规定。

为方便异形柱结构的抗震设计，这里列出现行国家标准《建筑抗震设计规范》GB 50011 对平面不规则类型及竖向不规则类型的定义，作为对异形柱结构不规则类型判别的依据。

表 1 平面不规则的类型

不规则类型	定 义
扭转不规则	楼层的最大弹性水平位移（或层间位移）大于该楼层两端弹性水平位移（或层间位移）平均值的 1.2 倍
凹凸不规则	结构平面凹进的一侧尺寸大于相应投影方向总尺寸的 30%
楼板局部不连续	楼板的尺寸和平面刚度急剧变化，例如，有效楼板宽度小于该层楼板典型宽度的 50%，或开洞面积大于该层楼面面积的 30%，或较大的楼层错层

表 2 竖向不规则的类型

不规则类型	定 义
侧向刚度不规则	该层的侧向刚度小于相邻上一层的 70%，或小于其上相邻 3 个楼层侧向刚度平均值的 80%；除顶层外，局部收进的水平向尺寸大于相邻下一层的 25%
竖向抗侧力构件不连续	竖向抗侧力构件（柱、剪力墙）的内力由水平转换构件（梁、桁架等）向下传递
楼层承载力突变	抗侧力结构的层间受剪承载力小于相邻上一楼层的 80%

注：抗侧力结构的楼层层间受剪承载力是指所考虑的水平地震作用方向上，该层全部柱及剪力墙的受剪承载力之和。

3.2.3 本规程根据异形柱结构的特点及抗震概念设计原则，对结构平面布置提出应符合的要求。

本规程 3.2.1 条规定：异形柱结构宜采用规则的设计方案，相应地在对结构柱网轴线的布置方面，本条提出了纵、横柱网轴线宜分别对齐拉通的要求。震害表明，若柱网轴线不对齐，形不成完整的框架，地震中因扭转效应和传力路线中断等原因可能造成结构的严重震害，因此在设计中宜尽量使纵、横柱网轴线对齐拉通。

异形柱的肢厚较薄，其中心线宜与梁中心线对齐，尽量避免由于二者中心线偏移对受力带来的不利影响。

对异形柱框架-剪力墙结构中剪力墙的最大间距提出了限制要求，其限值较现行国家标准对一般钢筋混凝土结构的相关规定有所加严。底部抽柱带转换层异形柱结构的剪力墙间距宜符合本规程附录 A 的有关规定。

3.2.4 本规程根据异形柱结构的特点及抗震概念设计原则，对结构竖向布置提出应符合的要求。

异形柱结构体系中，除异形柱上下连续贯通落地的一般框架结构之外，根据建筑功能之需要尚可采用底部抽柱带转换层的异形柱框架-剪力墙结构，这种结构上部楼层的一部分异形柱根据建筑功能的要求，并不上下连续贯通落地（即底部抽柱），而是落在转换大梁上（即梁托柱），完成上部小柱网到底部大柱网的转换，以形成底部大空间结构，但剪力墙应上下连续贯通房屋全高。

3.2.5 当异形柱结构的扭转位移比（即楼层竖向构件的最大水平位移和层间位移与该楼层两端弹性水平位移和层间位移平均值之比）大于 1.20 时，根据现行国家标准《建筑抗震设计规范》GB 50011 的有关规定，可界定为"扭转不规则类型"，但本规程规定此时控制扭转位移比不应大于1.45，较现行国家标准的规定有所加严。目的是为了限制结构平面布置的不规则性，避免过大的扭转效应。

当异形柱结构的层间受剪承载力小于相邻上一楼层的80%时，根据现行国家标准的有关规定，可界定为"楼层承载力突变类型"，其薄弱层的受剪承载力不应小于相邻上一楼层的65%，且薄弱层的地震剪力应乘以1.20的增大系数，较现行国家标准的相应规定有所加严。

本规程中的底部抽柱带转换层异形柱结构，根据现行国家标准的有关规定，可界定为"竖向抗侧力构件不连续类型"，且该构件传递给水平转换构件的地震内力应乘以1.25～1.5的增大系数，但本规程建议此时可按该系数的较大值取用。

抗震设计时，对异形柱结构中处于受力复杂、不利部位的异形柱，例如结构平面柱网轴线斜交处的异形柱，平面凹进不规则等部位的异形柱，提出采用一般框架柱的要求，以改善结构的整体受力性能。

3.3 结构抗震等级

3.3.1 抗震设计的混凝土异形柱结构应根据抗震设防烈度、结构类型、房屋高度划分为不同的抗震等级，有区别地分别采用相应的抗震措施，包括内力调整和抗震构造措施。抗震等级的高低，体现了对结构抗震性能要求的严格程度。本规程的结构抗震等级系针对异形柱结构的抗震性能特点及丙类建筑抗震设计的要求制定的。

本条文表3.3.1注2和注3还明确了某些场地类别对抗震构造措施的影响。

3.3.2、3.3.3 条文系根据国家现行标准《建筑抗震设计规范》GB 50011和《高层建筑混凝土结构技术规程》JGJ 3的相应规定给出的。

4 结构计算分析

4.1 极限状态设计

4.1.1 按现行国家标准《混凝土结构设计规范》GB 50010关于承载能力极限状态的计算规定，根据建筑结构破坏后果的严重程度，建筑结构划分为三个安全等级，采用混凝土异形柱结构的居住建筑属于"一般的建筑物"类，其破坏后果属于"严重"类，其安全等级应采用二级。当异形柱结构用于类似的较为规则的一般民用建筑时，其安全等级也可参照此条规定。

4.1.2 混凝土异形柱结构属于一般混凝土结构，根据现行国家标准《建筑结构可靠度设计统一标准》GB 50068的规定，其设计使用年限为50年。

若建设单位对设计使用年限提出更长的要求，应采取专门措施，包括相应荷载设计值，设计地震动参数和耐久性措施等均应依据设计使用年限相应确定。

4.1.3 异形柱结构和一般混凝土结构一样，应进行承载能力极限状态和正常使用极限状态的计算和验算。

4.1.4 基于异形柱受力性能及设计、构造的特点，本条明确异形柱正截面、斜截面及梁-柱节点承载力应按本规程第5章的规定进行计算；其他构件的承载力计算应遵守国家现行相关标准。

4.2 荷载和地震作用

4.2.1、4.2.2 根据国家现行有关标准执行。

4.2.3 按现行国家标准《建筑抗震设计规范》GB 50011的有关规定，"对乙、丙、丁类建筑，当抗震设防烈度为6度时可不进行地震作用计算"；且"6度时的建筑（建造于Ⅳ类场地上的较高建筑除外），……，应允许不进行截面抗震验算"，但本规程将6度也列入应进行地震作用计算及结构抗震验算范围。这是基于异形柱抗震性能特点和要求而制定的。

4.2.4 异形柱结构对地震作用计算应符合的规定，基本按国家现行标准的有关规定，但考虑了异形柱结构的特点而有补充要求。

1 异形柱与矩形柱具有不同的截面特性及受力特性，试验研究及理论分析表明：异形柱的双向偏压正截面承载力随荷载（作用）方向不同而有较大的差异。在L形、T形和十字形三种异形柱中，以L形柱的差异最为显著。当异形柱结构中混合使用等肢异形柱与不等肢异形柱时，则差异情况更为错综复杂，成为异形柱结构地震作用计算中不容忽视的问题。

《规程》编制组进行的典型工程试设计表明：按45°方向水平地震作用计算所得的结构底部剪力，与0°及90°正交方向水平地震作用下的结构底部剪力相比，可能减小，也可能增大。即使结构底部剪力减小，有可能在某些异形柱构件出现内力增大的现象，甚至增幅不小，这种由于荷载（作用）不同方向导致内力变化的差异，除与柱截面形状、柱截面尺寸比例有关外，还与结构平面形状、结构布置及柱所在位置等因素有关。

要精确地确定异形柱结构中各异形柱构件对应的水平地震作用的最不利方向是一个很复杂的问题，具体设计中一般可以采取工程实用方法。编制组对异形柱结构的地震作用分析研究及典型工程试设计表明：对于全部采用等肢异形柱且较为规整的矩形平面结构布置情形，一般地震作用沿45°、135°方向作用时，L形柱要求的配筋量变化差异最大，比0°、90°方向情形的增幅有时可达10%～20%。由于6度、7度（0.10g）抗震设计时异形柱的截面设计一般是由构造配筋控制的，其差异可能被掩盖，故本条文仅规定7度（0.15g）及8度（0.20g）抗震设计时才进行45°方向的水平地震作用计算与抗震验算，着重注意结构底部、角部、负荷较大及结构平面变化部位的异形柱在水平地震作用不同方向情形的内力变化，从中选取最不利情形作为异形柱截面设计的依据，以增加异形柱结构抗震设计的安全性。对于更复杂的情形，例如具有较多不等肢异形柱情形，适当补充其他角度方向的水平地震作用计算，并通过分析比较从中选出最不利数据作为设计的依据是可取的。

2 国内外历次大地震的震害、试验和理论研究均表明，平面不规则，质量与刚度偏心和抗扭刚度太弱的结构，扭转效应可能导致结构严重的震害，对异形柱结构尤其需要在抗震设计中加以重视。条文中所指"扭转不规则的结构"，可按现行国家标准《建筑抗震设计规范》GB 50011 有关规定的条件（即扭转位移比大于 1.20）来判别，此时异形柱结构的水平地震作用计算应计入双向水平地震作用下的扭转影响，并可不考虑质量偶然偏心的影响；而计算单向地震作用时则应考虑偶然偏心的影响。

4.2.5 异形柱结构地震作用计算的方法，根据现行国家标准《建筑抗震设计规范》GB 50011 的规定，振型分解反应谱法和底部剪力法都是地震作用计算的基本方法，但考虑到现今在结构设计计算中计算机应用日益普遍，和实际工程中大都存在着不同程度的不对称、不均匀等情况，已很少应用底部剪力法，故本条文中仅列考虑振型分解反应谱法；平面不规则结构的扭转影响显著，应采用扭转耦联振型分解反应谱法。

本规程主要用于住宅建筑，突出屋面的大多为面积较小、高度不大的屋顶间、女儿墙或烟囱，根据现行国家标准《建筑抗震设计规范》GB 50011 的有关规定，当采用振型分解法时此类突出屋面部分可作为一个质点来计算；当结构顶部有小塔楼且采用振型分解反应谱法时，根据现行行业标准《高层建筑混凝土结构技术规程》JGJ3 的有关规定，无论是考虑或是不考虑扭转耦联振动影响，小塔楼宜每层作为一个质点参与计算。

4.3 结构分析模型与计算参数

4.3.1 无论是非抗震设计还是抗震设计，在竖向荷载、风荷载、多遇地震作用下混凝土异形柱结构的内力和变形分析，按我国现行规范体系，均采用弹性方法计算，但在截面设计时则考虑材料的弹塑性性质。在竖向荷载作用下框架梁及连梁等构件可以考虑梁端部塑性变形引起的内力重分布。

4.3.2 关于分析模型的选择方面，在当今计算机使用普及和讲求计算分析精度的情况下，且考虑到异形柱结构的特点，应采用基于空间工作的计算机分析方法及相应软件。平面结构空间协同计算模型虽然计算简便，其缺点是对结构空间整体的受力性能反映得不完全，现已较少应用，当规则结构初步设计时也可应用。

4.3.3 本规程适用的异形柱，其柱肢截面的肢高肢厚比限制在不大于 4 的范围，与矩形柱相比，其柱肢一般相对较薄，研究表明：这样尺度比例的异形柱，其内力和变形性能具有一般杆件的特征，并不满足划分为薄壁杆件的基本条件。故在计算分析中，异形柱应按杆系模型分析，剪力墙可按薄壁杆系或墙板元模型分析。

按空间整体工作分析时，不同分析模型的梁、柱自由度是相同的；剪力墙采用薄壁杆系模型时比采用墙板元模型时多考虑翘曲变形自由度。

4.3.4 进行结构内力和位移计算时，可采取楼板在其自身平面内为无限刚性的假定，以使结构分析的自由度大大减少，从而减少由于庞大自由度系统而带来的计算误差，实践证明这种刚性楼板假定对绝大多数多、高层结构分析具有足够的工程精度，但这时应在设计中采取必要措施以保证楼盖的整体刚度。绝大多数异形柱结构的楼板采用现浇钢筋混凝土楼板，能够满足该假定的要求，但还应在结构平面布置中注意避免楼板局部削弱或不连续，当存在楼盖大洞口的不规则类型时，计算时应考虑楼板的面内变形，或对采用楼板面内无限刚性假定计算方法的计算结果进行适当调整，并采取楼板局部加厚、设置边梁、加大楼板配筋等措施。

4.3.5 计算系数根据现行国家标准按一般钢筋混凝土结构的有关规定采用。

4.3.6 框架结构中的非承重填充墙属于非结构构件，但框架结构中非承重填充墙体的存在，会增大结构整体刚度，减小结构自振周期，从而产生增大结构地震作用的影响。为反映这种影响，可采用折减系数 ψ_T 对结构的计算自振周期进行折减。

4.3.7 本规程对计算的自振周期折减系数 ψ_T 给出了一个范围，当按本规程第 3.1.5 条的规定采用的轻质填充墙时，可按所给系数范围的较大值取用。目前轻质填充墙体材料品种繁多，应根据工程实际情况，合理选定计算自振周期折减系数。

4.3.8 现有的一些结构分析软件，主要适用于一般钢筋混凝土结构，尚不能满足异形柱结构设计计算的需要。本规程颁布实施后，应从异形柱结构内力和变形计算到异形柱截面设计、构造措施，全面按照本规程及国家现行有关标准的要求编制异形柱结构专用的设计软件，确保设计质量。

4.4 水平位移限值

4.4.1～4.4.3 对结构楼层层间位移的控制，实际上是对构件截面大小、刚度大小的控制，从而达到：保证主体结构基本处于弹性受力状态，保证填充墙、隔墙的完好，避免产生明显损伤。

非抗震设计中风荷载作用下的异形柱结构处于正

常使用状态，此时结构应避免产生过大的位移而影响结构的承载力、稳定性和使用要求。为此，应保证结构具有必要的刚度。

抗震设计是根据抗震设防三个水准的要求，采用二阶段设计方法来实现的。要求在多遇地震作用下主体结构不受损坏，填充墙及隔墙没有过重破坏，保证建筑的正常使用功能；在罕遇地震作用下，主体结构遭受破坏或严重破坏但不倒塌。本规程对异形柱结构的弹性及弹塑性层间位移角限值的规定，系根据对一批异形柱结构设计中水平层间位移计算值的统计，并考虑已有的异形柱结构试验研究成果制定的，均比对一般钢筋混凝土框架结构和框架-剪力墙结构有所加严。

5 截面设计

5.1 异形柱正截面承载力计算

5.1.1 通过对28个L形、T形、十字形柱在轴力与双向弯矩共同作用下的试验研究，结果表明：从加载至破坏的全过程，截面平均应变保持平面的假定仍然成立。混凝土受压应力-应变曲线、极限压应变 ε_{cu} 及纵向受拉钢筋极限拉应变 ε_{su} 的取用，均与现行国家标准《混凝土结构设计规范》GB 50010一致。

5.1.2、5.1.3 采用数值积分方法编制的电算程序，对28个L形、T形、十字形截面双向偏心受压柱正截面承载力进行计算，结果表明：试验值与计算值之比的平均值为1.198，变异系数为0.087，彼此吻合较好。又通过对5个矩形截面双向偏心受拉试件承载力及矩形截面偏心受压构件 M～N 相关曲线的核算，均有很好的一致性。表明所提出的计算方法正确可行。

由于荷载作用位置的不定性，混凝土质量的不均匀性以及施工的偏差，可能产生附加偏心距 e_a。本规程 e_a 的取值基本与现行国家标准《混凝土结构设计规范》GB 50010第7.3.3条中 e_a 的取值相协调。

5.1.4 试验研究及理论分析表明，在截面、混凝土的强度等级以及配筋已定的条件下，柱的长细比 l_0/r_α、相对偏心距 e_0/r_α 和弯矩作用方向角 α 是影响异形截面双向偏心受压柱承载力及侧向挠度的主要因素。为此，针对实际工程中常见的等肢L形、T形、十字形柱，以两端铰接的基本长柱作为计算模型，对各种不同情况的350根L形、T形、十字形截面双向偏心受压长柱（变化10种弯矩作用方向角，5种长细比 $l_0/r_\alpha=17.5$～90.07，5种相对偏心距 $e_0/r_\alpha=0.346$～2.425）进行了非线性全过程分析，得到了等肢异形柱承载力及侧向挠度的规律。电算分析表明：对于同一截面柱在相同的弯矩作用方向角下，异形柱的正截面承载能力及侧向挠度随计算长度 l_0 及偏心距 e_0 的变化而变化；在相同 l_0 及 e_0 情况下，由于各弯矩作用方向角截面的受力特性及回转半径的差异，承载力及侧向挠度迥然不同。经分析：沿偏心方向的偏心距增大系数 $\eta_\alpha=1+e_0/f_\alpha$ 主要与 l_0/r_α 及 e_0/r_α 有关，根据350个数据拟合回归得到偏心距增大系数 η_α 的计算公式（5.1.4-1）、（5.1.4-2）、（5.1.4-3），其相关系数 $\gamma=0.905$。

按公式（5.1.4-1）、（5.1.4-2）、（5.1.4-3）计算的偏心距增大系数 η_α 与350个等肢异形柱电算 η'_α 之比，其平均值为1.013，均方差为0.045；与38个不等肢异形柱电算 η'_α 之比，其平均值为1.014，均方差为0.025。因此式（5.1.4-1）、（5.1.4-2）、（5.1.4-3）也适用于一般不等肢异形柱（指短肢不小于500mm，长肢不大于800mm，肢厚小于300mm的异形柱）。

当 $l_0/r_\alpha>17.5$ 时，应考虑侧向挠度的影响。当 $l_0/r_\alpha\leqslant17.5$ 时，构件截面中由二阶效应引起的附加弯矩平均不会超过截面一阶弯矩的4.2%，满足现行国家标准《混凝土结构设计规范》GB 50010的要求。但当 $l_0/r_\alpha>70$ 时，属于细长柱，破坏时接近弹性失稳，本规程不适用。

5.1.5 框架柱节点上、下端弯矩设计值的增大系数，参照了现行国家标准《混凝土结构设计规范》GB 50010第11.4.2条的有关规定，但二级抗震等级时，异形截面框架柱柱端弯矩增大系数则由1.2调整为1.3，以提高框架强柱弱梁机制的程度。

5.1.6 为了推迟异形柱框架结构底层柱下端截面塑性铰的出现，设计中对此部位柱的弯矩设计值应乘以增大系数，以增大其正截面承载力。考虑到异形柱较薄弱，其增大系数大于现行国家标准《混凝土结构设计规范》GB 50010第11.4.3条的规定值。

5.1.7 考虑到异形柱框架结构的角柱为薄弱部位，扭转效应对其内力影响较大，且受力复杂，因此规定对角柱的弯矩设计值按本规程第5.1.5条和5.1.6条调整后的弯矩设计值再乘以不小于1.1的增大系数，以增大其正截面承载力，推迟塑性铰的出现。

5.1.8 承载力抗震调整系数按现行国家标准《混凝土结构设计规范》GB 50010第11.1.6条规定采用。

5.2 异形柱斜截面受剪承载力计算

5.2.1 本条规定异形柱的受剪承载力上限值，即受剪截面限制条件。计算公式不考虑另一正交方向柱肢的作用，与现行国家标准《混凝土结构设计规范》GB 50010第7.5.11条和第11.4.8条规定相同。

5.2.2 L形柱和验算方向与腹板方向一致的T形柱的试验表明，外伸翼缘可以提高柱的斜截面受剪承载力。根据现行国家标准《混凝土结构设计规范》GB 50010适当提高框架柱受剪可靠度的原则，并为简化计算，本规程采用了与现行国家标准《混凝土结构设计规范》GB 50010相同的计算公式，即按矩形截面柱计算而不考虑与验算方向正交柱肢的作用。

按公式（5.2.1-1）、（5.2.2-1）计算与52个单调加载的L形、T形和十字形截面异形柱试件的试验结果比较，计算值与试验值之比的平均值为0.696，变异系数为0.148，基本吻合并有较大的安全储备。

按公式（5.2.1-2）、（5.2.1-3）和公式（5.2.2-2）计算与11个低周反复荷载作用的L形和T形截面异形柱试件的试验结果比较，计算值与试验值之比的平均值为0.609，是足够安全的。

公式（5.2.2-3）和公式（5.2.2-4）中轴向拉力对异形柱受剪承载力的影响项，由于缺乏试验资料，取与现行国家标准《混凝土结构设计规范》GB 50010的规定相同。

5.3 异形柱框架梁柱节点核心区受剪承载力计算

5.3.1 试验研究表明，异形柱框架梁柱节点核心区的受剪承载力低于截面面积相同的矩形柱框架梁柱节点的受剪承载力，是异形柱框架的薄弱环节。为确保安全，对抗震设计的二、三、四级抗震等级的梁柱节点核心区以及非抗震设计的梁柱节点核心区均应进行受剪承载力计算。在设计中，尚可采取各类有效措施，包括例如梁端增设支托或水平加腋等构造措施，以提高或改善梁柱节点核心区的受剪性能。

对于纵横向框架共同交汇的节点，可以按各自方向分别进行节点核心区受剪承载力计算。

5.3.2～5.3.4 公式（5.3.2-1）和公式（5.3.2-2）为规定的节点核心区截面限制条件，它是为避免节点核心区截面太小，混凝土承受过大的斜压力，导致核心区混凝土首先被压碎破坏而制定的。

公式（5.3.3-1）和公式（5.3.3-2）是节点核心区受剪承载力设计计算公式，参照现行国家标准《混凝土结构设计规范》GB 50010第11.6.4条，取受剪承载力为混凝土项和水平箍筋项之和，并根据试验谨慎地考虑了柱轴向压力的有利影响。

针对异形柱框架的特点，由于正交方向梁的截面宽度相对较小且偏置（对T形、L形柱框架梁柱节点），正交梁对节点核心区混凝土的约束作用甚微，公式（5.3.2-1）、（5.3.2-2）和公式（5.3.3-1）、（5.3.3-2）均未考虑正交梁对节点的约束影响系数。

研究表明，肢高与肢厚相同的等肢异形柱框架梁柱节点核心区的水平截面面积可表达为 $\zeta_f b_j h_j = b_c h_c + h_f(b_f - b_c)$，取 $b_j = b_c$ 和 $h_j = h_c$，则有 $\zeta_f = 1 + \frac{h_f(b_f - b_c)}{b_j h_j}$，$\zeta_f$ 为翼缘全部有效利用时的翼缘影响系数。本规程建立计算公式所依据的基本试验试件有L形、T形和十字形三种截面，其 $(b_f - b_c)$ 值分别为300mm、270mm和360mm，计算求得的 ζ_f 分别为1.625、1.560和1.654。

试验表明，在相同条件下，节点水平截面面积相等时，等肢L形、T形和十字形截面柱的节点受剪承载力分别比矩形柱节点降低33%、18%和8%左右，这主要是由于节点核心区外伸翼缘面积 $(b_f - b_c)h_f$ 在节点破坏时未充分发挥作用所致。为此，对于等肢异形柱框架梁柱节点，在公式（5.3.2-1）、（5.3.2-2）和公式（5.3.3-1）、（5.3.3-2）中，当 $(b_f - b_c)$ 等于300mm时，表5.3.4-1中翼缘影响系数 ζ_f 分别取为1.05、1.25和1.40。对于T形柱节点，当 $(b_f - b_c)$ 值由270mm增加到570mm时，试验得到的受剪承载力提高约30%，而用有限元分析得到的受剪承载力仅提高约12%。据此当 $(b_f - b_c)$ 等于600mm时，ζ_f 分别取为1.10、1.40和1.55。对于肢高与肢厚不相同的不等肢异形柱框架梁柱节点，表5.3.4-2中 $\zeta_{f,ef}$ 的取值是基于对等肢异形柱节点的分析并偏于安全给出的。

试验还表明，十字形截面柱中间节点在轴压比为0.3时的节点核心区受剪承载力较轴压比为0.1时提高约10%左右，但在轴压比为0.6时，其受剪承载力反而降低并接近轴压比为0.1时的数值。为此计算公式（5.3.2-2）和公式（5.3.3-2）引用轴压比影响系数 ζ_N 来反映轴压比对节点核心区受剪承载力的影响。

根据节点试件 h_j 为480mm和550mm的试验结果比较，以及 $h_j = 480 \sim 1200$mm的有限元计算分析结果说明，节点核心区的受剪承载力并不随 h_j 呈线性增加的变化规律。为保证计算公式应用的可靠性，公式通过截面高度影响系数 ζ_h 予以调整。

通过对116个T形柱节点（$f_{cu} = 10 \sim 50\text{N/mm}^2$，$\rho_v = 0 \sim 1.3\%$，$b_f$ 和 h_f 为480～1200mm）进行的有限元分析，并考虑试验结果及反复加载的影响，求得节点核心区混凝土首先被压碎破坏的受剪承载力计算公式为：$V_u = (0.232 + 0.56\rho_v f_{yv}/f_c + 0.349/f_c)\zeta_f \zeta_h f_c b_j h_j$。若考虑在使用阶段节点核心区的裂缝宽度不宜大于0.2mm；根据12个试件的试验数据得到的 $P_{0.2}/P_u$ 变化范围在0.387～0.692之间，平均值为0.534，变异系数为0.157，假定按正态分布分析，取保证率93.3%，则得 $P_{0.2}/P_u = 0.408$。使用阶段用荷载和材料强度的标准值，在承载力计算时应分别乘以荷载和材料分项系数，合并近似取为1.55，则得 $1.55 \times 0.408 = 0.632$。最后将上式右边乘以0.632，从而 $V_u = (0.147 + 0.354\rho_v f_{yv}/f_c + 0.221/f_c)\zeta_f \zeta_h f_c b_j h_j$。取常用的混凝土强度及框架节点核心区配箍特征最小值代入取整，引入轴压比影响系数 ζ_N 和承载力抗震调整系数 γ_{RE} 得到公式（5.3.2-2）。

对于无地震作用组合情况的公式（5.3.2-1）和公式（5.3.3-1）系取地震作用组合情况考虑反复荷载作用的受剪承载力为非抗震情况的80%条件（但箍筋作用项不予折减）得出，且不引入轴压比影响系数 ζ_N。

对低周反复荷载作用的31个异形柱框架节点试件的试验结果分析证明，本规程提出的考虑翼缘等因素的作用和影响的设计计算公式是可靠的。

5.3.5 当框架梁的宽度大于柱肢截面宽，且梁角部的纵向钢筋在本柱肢纵筋的外侧锚入梁柱节点核心区时，节点核心区的受剪承载力验算可偏安全地采用本规程第5.3.2条～第5.3.4条规定，取框架梁的宽度等于柱肢截面厚度即取 $b_j=b_c$ 而不计柱肢截面厚度以外部分作用的简化方法，亦可采用本条规定的后一种较准确的方法。

本条文规定的后一种方法主要是参考现行国家标准《建筑抗震设计规范》GB 50011扁梁框架梁柱节点的规定，并根据类似的异形柱框架梁柱节点试验结果给出的。

6 结构构造

6.1 一般规定

6.1.2 混凝土强度等级不应超过C50的规定，主要是考虑到C50级以上的混凝土在力学性能、本构关系等方面与一般强度混凝土有着较大的差异。由这类混凝土所建造的异形柱的结构性能、计算方法、构造措施等方面尚缺乏深入的研究，故未列入采用范围。

6.1.3 梁截面高度太小会使柱纵向钢筋在节点核心区内锚固长度不足，容易引起锚固失效，损害节点的受力性能，特别是地震作用下的抗震性能。所以对框架梁的截面高度最小值给出了规定。

6.1.4 本规程适用的异形柱柱肢截面最小厚度为200mm，最大厚度应小于300mm。根据近年异形柱结构的工程实践，异形柱柱肢厚度小于200mm时，会造成梁柱节点核心区的钢筋设置困难及钢筋与混凝土的粘结锚固强度不足，故限制肢厚不应小于200mm，以保证结构的安全及施工的方便。

抗震设计时宜采用等肢异形柱。当不得不采用不等肢异形柱时，两肢肢高比不宜超过1.6，且肢厚相差不大于50mm。

6.1.5 异形柱截面尺寸较小，在焊接连接的质量有保证的条件下宜优先采用焊接，以方便钢筋的布置和施工，并有利于混凝土的浇注。

6.1.6 较高的混凝土强度具有较好的密实性，且考虑到本规程第7.0.9条异形柱截面尺寸不允许出现负偏差的规定，给出一类环境且混凝土强度等级不低于C40时，保护层最小厚度允许减小5mm的规定。

6.2 异形柱结构

6.2.1 试验表明，异形柱在单调荷载特别在低周反复荷载作用下粘结破坏较矩形柱严重。对柱的剪跨比不应小于1.5的要求，是为了避免出现极短柱，减小地震作用下发生脆性粘结破坏的危险性。为设计方便，当反弯点位于层高范围内时，本规定可表述为柱的净高与柱肢截面高度之比不宜小于4，抗震设计时不应小于3。

6.2.2、6.2.9 研究分析表明：对于L形、T形及十字形截面双向压弯柱，截面曲率延性比 μ_φ 不仅与轴压比 μ_N、配箍特征值 λ_v 有关，而且弯矩作用方向角 α 有极重要的影响，因为在相同轴压比及配筋条件下，α 角不同，混凝土受压区图形及高度差异很大，致使截面曲率延性相差甚多。另外，控制箍筋间距与纵筋直径之比 s/d 不要太大，推迟纵筋压曲也是保证异形柱截面延性需求的重要因素。因此，针对各截面在不同轴压比情况时最不利弯矩作用方向角 α 区域，进行了12960根L形、T形、十字形截面双向压弯柱截面曲率延性比 μ_φ 的电算分析，并拟合得到了L形、T形、十字形截面柱的 μ_φ 计算公式。电算分析所用的参数为：常用的15种等肢截面（肢长500～800mm，肢厚200～250mm）；箍筋（HPB235）直径 $d_v=6$、8、10mm，箍筋间距 $s=70\sim150$mm；纵筋（HRB335）直径 $d=16\sim25$mm；混凝土强度等级C30～C50；箍筋间距与纵筋直径之比 $s/d=4\sim7$。若抗震等级为二、三、四级框架柱的截面曲率延性比 μ_φ 分别取9～10、7～8、5～6，则根据不同的 λ_v，可由拟合的公式 $\mu_\varphi=f(\lambda_v,\mu_N)$ 反算出相应的轴压比 μ_N，据此提出异形柱在不同轴压比时柱端加密区对箍筋最小配箍特征值的要求，以保证异形柱在不利弯矩作用方向角域时也具有足够的延性。异形柱柱端加密区的最小配箍特征值如表6.2.9所示，与矩形柱的最小配箍特征值有着较大的差异。

考虑到实际施工的可操作性，体积配箍率 ρ_v 不宜大于2%，通过核算对L形、T形、十字形柱配箍特征值的上限值可分别取为0.2、0.21、0.22，则可得到各抗震等级下异形柱的轴压比限值，如表6.2.2所示。研究表明，若不等肢异形柱肢长变化范围是500～800mm，则各抗震等级下不等肢异形柱的轴压比限值仍可按表6.2.2采用。

6.2.3 对L形、T形、十字形截面双向偏心受压柱截面上的应变及应力分析表明：在不同弯矩作用方向角 α 时，截面任一端部的钢筋均可能受力最大，为适应弯矩作用方向角的任意性，纵向受力钢筋宜采用相同直径；当轴压比较大，受压破坏时（承载力由 $\varepsilon_{cu}=0.0033$ 控制），在诸多弯矩作用方向角情形，内折角处钢筋的压应变可达到甚至超过屈服应变，受力也很大。同时还考虑此处应力集中的不利影响，所以内折角处也应设置相同直径的受力钢筋。

异形柱肢厚有限，当纵向受力钢筋直径太大（大于25mm），会造成粘结强度不足及节点核心区钢筋设置的困难。当纵向受力钢筋直径太小时（小于14mm），在相同的箍筋间距下，由于 s/d 增大，使柱延性下降，故也不宜采用。

6.2.4 参照现行国家标准《混凝土结构设计规范》GB 50010 第 10.3.1 条规定给出。

6.2.5 异形柱纵向受力钢筋最小总配筋率的规定，是根据现行国家标准《混凝土结构设计规范》GB 50010 第 11.4 条和第 9.5.1 条的规定并考虑异形柱的特点做了一些调整。

柱肢肢端的配筋百分率按异形柱全截面面积计算。

6.2.6 异形柱肢厚有限，柱中纵向受力钢筋的粘结强度较差，因此将纵向受力钢筋的总配筋率由对矩形柱不大于5%降为不应大于4%（非抗震设计）和3%（抗震设计），以减少粘结破坏和节点处钢筋设置的困难。

6.2.10 异形柱柱端箍筋加密区的箍筋应根据受剪承载力计算，同时满足体积配箍率条件和构造要求确定。

研究表明，箍筋间距与纵筋直径之比 $\frac{s}{d}$，是异形柱纵向受压钢筋压曲的直接影响因素，$\frac{s}{d}$ 大，会加速受压纵筋的压曲；反之，则可延缓纵筋的压曲，从而提高异形柱截面的延性。因此为了保证异形柱的延性，根据对各抗震等级下最大轴压比时近 6000 根异形柱纵筋压曲情况的分析，当其箍筋加密区的构造要求符合表 6.2.10 的要求时，纵筋压曲柱的百分比可降到 5%以下。

对箍筋合理配置的研究中发现，当体积配箍率 ρ_v 相同时，采用较小的箍筋直径 d_v 和箍筋间距 s 比采用较大的箍筋直径 d_v 和箍筋间距 s 的延性好；只增大箍筋直径来提高体积配箍率而不减小箍筋间距并不一定能提高异形柱的延性，只有在箍筋间距 s 对受压纵筋支撑长度达到一定要求时，增大体积配箍率 ρ_v，才能达到提高延性的目的。

6.3 异形柱框架梁柱节点

6.3.2 顶层端节点柱内侧的纵向钢筋和顶层中间节点处的柱纵向钢筋均应伸至柱顶，并可采用直线锚固方式或伸到柱顶后分别向内、外弯折，弯折前、后竖直和水平投影长度要求见本规程图 6.3.2。

根据现行国家标准《混凝土结构设计规范》GB 50010 第 11.6.7 条规定并考虑异形柱的特点，顶层端节点柱外侧纵向钢筋沿节点外边和梁上边与梁上部纵向钢筋的搭接长度增大到 $1.6l_{aE}$（$1.6l_a$），但伸入梁内的柱外侧纵向钢筋截面面积调整为不宜少于柱外侧全部纵向钢筋截面面积的 50%。

6.3.3 当梁的纵向钢筋在本柱肢纵筋的内侧弯折伸入节点核心区内时，若该纵向钢筋受拉，则在柱边折角处会产生垂直于该纵向钢筋方向的撕拉力。折角越大，撕拉力越大。为此，条文对折角起点位置和弯折坡度给出了规定，并采用增添附加封闭箍筋（不少于 2 根直径 8mm）来承受该撕拉力。当上部、下部梁角的纵向钢筋在本柱肢纵筋的外侧锚入柱肢截面厚度范围外的核心区时，为保证节点核心区的完整性，除要求控制从柱肢纵筋的外侧锚入的梁上部和下部纵向受力钢筋截面面积外，尚要求在节点处一倍梁高范围内的梁侧面设置纵向构造钢筋并伸至柱外侧。同时，为保证梁纵向钢筋在节点核心区的锚固，要求梁的箍筋设置到与另一向框架梁相交处。

6.3.4 异形柱的柱肢截面厚度小，为了保证梁纵向钢筋锚固的可靠性，采用直线锚固方式时，梁纵向钢筋要求伸至柱外侧。当水平直线段锚固长度不足时，梁纵向钢筋向上、下弯折位置应设置在柱外铡，弯折前、后的水平和竖直投影长度要求见本规程图 6.3.4。若梁纵向钢筋在柱筋外侧锚入节点核心区时，由于锚固条件较差，弯折前的水平投影长度由 $\geqslant 0.4l_{aE}$（$0.4l_a$）增加到 $\geqslant 0.5l_{aE}$（$0.5l_a$）。

6.3.5 本条规定了框架梁纵向钢筋在中间节点处的构造尚应满足的其他要求：

1 矩形柱框架的框架梁纵向钢筋伸入节点后，其相对保护层一般能满足 $c/d \geqslant 4.5$，而异形柱的 c/d 大部分仅为 2.0 左右，根据变形钢筋粘结锚固强度公式分析对比可知，后者的粘结能力约为前者的 0.7。为此，规定抗震设计时，梁纵向钢筋直径不宜大于该方向柱截面高度的 1/30。由于粘结锚固强度随混凝土强度的提高而提高，当采用混凝土强度等级在 C40 及以上时，可放宽到 1/25。且纵向钢筋的直径不应大于 25mm；

2 考虑异形柱的柱肢截面厚度较小，若中间柱两侧梁高度相等时，梁的下部钢筋均在节点核心区内满足 l_{aE}（l_a）条件后切断的做法会使节点区下部钢筋过于密集，造成施工困难并影响节点核心区的受力性能，故采取梁的上部和下部纵向钢筋均贯穿中间节点的规定；

3 当梁下部纵向钢筋伸入中间节点且弯折时，弯折前、后的水平和竖直投影长度要求见图 6.3.5（b）；

4 在地震作用组合内力作用下，梁支座处纵向钢筋有可能在节点一侧受拉，另一侧受压，对于异形柱框架梁柱节点易引起纵向钢筋在节点核心区锚固破坏。为保证梁的支座截面有足够的延性，对二、三级抗震等级，框架梁梁端的纵向受拉钢筋最大配盘率系根据单筋梁满足 $x \leqslant 0.35h_0$ 的条件给出。

6.3.6 为使梁、柱纵向钢筋有可靠的锚固，并从构造上对框架梁柱节点核心区提供必要的约束给出了本条文规定。条文中的第二款规定是参照本规程第 6.2.9 条和现行国家标准《建筑抗震设计规范》GB 50011 第 6.3.14 条给出的。

7 异形柱结构的施工

7.0.1～7.0.6 根据现行国家标准《混凝土结构施工质量验收规范》GB 50204 的规定，针对异形柱结构的特点，为了保证施工质量和结构安全，对模板、混凝土用粗骨料、钢筋和钢筋的连接等提出了控制施工质量的要求。

7.0.7 异形柱结构节点核心区较小、且钢筋密集，混凝土不易浇筑，在施工中应特别注意。本条强调当柱、楼盖、剪力墙的混凝土强度等级不同时，节点核心区混凝土应采用相交构件混凝土强度等级的最高值，以确保结构安全。

7.0.8 考虑异形柱结构截面尺寸较小、表面系数较大的特点，强调冬期施工时应采取有效的防冻措施。

7.0.9 由于异形柱结构截面尺寸较小，为保证结构的安全和钢筋的保护层厚度，要求截面尺寸不允许出现负偏差。

7.0.10 本规程编制的初衷之一是促进墙体改革，减轻建筑物自重。因此规定：在施工中遇有框架填充墙体材料需替换时，应形成设计变更文件，且规定墙体材料自重不得超过设计要求。

有抗震设防要求的异形柱结构，其墙体与框架柱、梁的连结应注意满足抗震构造要求。

7.0.11 异形柱框架柱肢尺寸较小，柱肢损坏对结构的安全影响较大。在水、电、燃气管道和线缆等的施工安装过程中应特别注意避让，不应削弱异形柱截面。

附录 A 底部抽柱带转换层的异形柱结构

A.0.1 国内已有一些采用梁式转换的底部抽柱带转换层异形柱结构的试验研究成果和工程实例资料，且积累了一定的设计、施工实践经验，而采用其他形式转换构件，尚缺乏理论、试验研究和工程实践经验的依据。梁式转换的受力途径是柱→梁→柱，具有传力直接、明确、简捷的优点，故本规程规定转换构件宜采用梁式转换，并对采用梁式转换的异形柱结构设计作了相应规定。

A.0.2 目前对底部抽柱带转换层异形柱结构的研究和工程实践经验主要限于非抗震设计及抗震设防烈度为6度、7度（0.10g）的条件，又考虑到其结构性能特点，故本规程没有将底部抽柱带转换层异形柱结构纳入抗震设防烈度为7度（0.15g）及8度的使用范围。

A.0.3 高位转换对结构抗震不利，必须对地面以上大空间层数予以限制。考虑到工程实际情况，因此规定底部抽柱带转换层的异形柱结构在地面以上的大空间层数，非抗震设计时不宜超过3层；抗震设计时不宜超过2层。

A.0.4 底部抽柱带转换层的异形柱结构属不规则结构，故对其适用最大高度作了严格的规定。

A.0.5 振动台试验表明，异形柱结构在地震作用下的破坏呈现明显的梁铰机制，但由于平面布置不规则导致异形柱结构的扭转效应对异形柱较为不利，因此对底部大空间带转换层异形柱结构的平面布置要求应更严。本规程不允许剪力墙不落地，即仅允许底部抽柱转换。转换层下部结构框架柱应优先采用矩形柱，也可根据建筑外形需要采用圆形或六（八）角形截面柱。

A.0.6 底部抽柱带转换层异形柱结构，当转换层上、下部结构侧向刚度相差较大时，在水平荷载和水平地震作用下，会导致转换层上、下部结构构件的内力突变，促使部分构件提前破坏；而转换层上、下部柱的截面几何形状不同，则会导致构件受力状况更加复杂，因此本规程对底部抽柱带转换层异形柱结构的转换层上、下部结构侧向刚度比作了更严格的规定。工程实例和试设计工程的计算分析表明，当底部结构布置符合本规程第A.0.5条规定要求并合理地控制底部抽柱数量，合理地选择转换层上、下部柱截面，一般情况可以满足侧向刚度比接近1的要求。

本规程规定底部抽柱带转换层的异形柱框架结构和框架-剪力墙结构，仅允许底部抽柱，且采用梁式转换，因此，计算转换层上、下结构的刚度变化时，应考虑竖向抗侧力构件的布置和抗侧刚度中弯曲刚度的影响。现行行业标准《高层建筑混凝土结构技术规程》JGJ 3附录E第E.0.2条规定的计算方法，综合考虑了转换层上、下结构竖向抗侧力构件的布置、抗剪刚度和抗弯刚度对层间位移量的影响。工程实例和试设计工程的计算分析表明，该方法也可用于本规程规定的底部大空间层数为1层的情况。

A.0.7 底部抽柱带转换层异形柱结构的托柱梁，是支托上部不落地柱的水平转换构件，托柱梁的设计应满足承载力和刚度要求。托柱梁截面高度除满足本条规定外，尚应满足剪压比的要求。托柱梁截面组合的最大剪力设计值应满足现行行业标准《高层建筑混凝土结构技术规程》JGJ 3第10.2.8条，公式（10.2.9-1）和（10.2.9-2）的规定。

结构分析表明，托柱框架梁刚度大，其承受的内力就大。过大地增加托柱框架梁刚度，不仅增加了结构高度、不经济，而且将较大的内力集中在托柱框架梁上，对抗震不利。合理地选择托柱框架梁的刚度，可以有效地达到托柱框架梁与上部结构共同工作、有利于抗震和优化设计的目的。

A.0.8 转换层楼板是重要的传力构件，底部抽柱带转换层异形柱结构的振动台试验结果显示，转换层楼板角部裂缝严重，故本条给出了该部位构造措施要求，并做出了保证楼板面内刚度的相应规定。

A.0.9 本条规定转换层上部异形柱截面外轮廓尺寸不宜大于下部框架柱截面的外轮廓尺寸，转换层上部异形柱截面形心与转换层下部框架柱截面形心宜重合，主要从节点受力和节点构造考虑。

中华人民共和国行业标准

混凝土结构用钢筋间隔件应用技术规程

Technical specification for application of reinforcement spacings used in concrete structures

JGJ/T 219—2010

批准部门：中华人民共和国住房和城乡建设部

施行日期：2 0 1 1 年 8 月 1 日

中华人民共和国住房和城乡建设部
公　　告

第 848 号

关于发布行业标准《混凝土结构用钢筋间隔件应用技术规程》的公告

现批准《混凝土结构用钢筋间隔件应用技术规程》为行业标准，编号为 JGJ/T 219 - 2010，自 2011 年 8 月 1 日起实施。

本规程由我部标准定额研究所组织中国建筑工业出版社出版发行。

中华人民共和国住房和城乡建设部

2010 年 12 月 20 日

前　　言

根据住房和城乡建设部《关于印发〈2008 年工程建设标准规范制订、修订计划（第一批）〉的通知》（建标［2008］102 号）的要求，规程编制组经广泛调查研究，认真总结实践经验，参考有关国际标准和国外先进标准，并在广泛征求意见的基础上，制定本规程。

本规程的主要内容是：1. 总则；2. 术语；3. 基本规定；4. 钢筋间隔件的制作；5. 钢筋间隔件的运输和储存；6. 钢筋间隔件的安放。

本规程由住房和城乡建设部负责管理，由江苏南通六建建设集团有限公司负责具体技术内容的解释。执行过程中，如有意见或建议，请寄送江苏南通六建建设集团有限公司（地址：江苏省如皋市福寿路 389 号，邮编：226500）。

本规程主编单位： 江苏南通六建建设集团有限公司
同济大学

本规程参编单位： 上海市第四建筑有限公司
南通市建筑设计研究院有限公司
铭伸建筑材料制造（上海）有限公司
大连伸宏建筑材料有限公司
上海华琳塑胶建材有限公司

本规程主要起草人员： 石光明　应惠清　邹科华　顾浩声　王　巍　褚国栋　金少军　杨红玉　金成文　张跃东　谢　晖　王振辉　冒小玲

本规程主要审查人员： 叶可明　钱力航　沈保汉　郭正兴　王士川　刘俊岩　夏长春　刘亚非　陈　贵　干兆和　陈春雷

目 次

Contents

1 总　　则

1.0.1 为在混凝土结构工程中正确选择和合理使用钢筋间隔件，保证混凝土构件的质量和耐久性，统一技术要求，制定本规程。

1.0.2 本规程适用于建筑工程与市政工程混凝土结构中使用的钢筋间隔件的制作、运输、储存和安放。

1.0.3 混凝土结构用钢筋间隔件的制作、运输、储存和安放，除应符合本规程外，尚应符合国家现行有关标准的规定。

2 术　　语

2.0.1 钢筋间隔件　reinforcement spacing

混凝土结构中用于控制钢筋保护层厚度或钢筋间距的物件。按材料分为水泥基类钢筋间隔件、塑料类钢筋间隔件、金属类钢筋间隔件；按安放部位分为表层间隔件和内部间隔件；按安放方向分为水平间隔件和竖向间隔件。

2.0.2 钢筋混凝土保护层厚度　thickness of concrete reinforcement protective coating

钢筋混凝土构件中被保护钢筋外缘到混凝土构件表面的距离。

2.0.3 间隔尺寸　spacing distance

被间隔的钢筋保护层厚度或两钢筋之间的净距。

2.0.4 表层间隔件　coating spacing

在钢筋与模板之间用于控制保护层厚度的物件。

2.0.5 内部间隔件　interior spacing

在钢筋与钢筋之间用于控制钢筋间距或兼有控制保护层厚度的物件。

2.0.6 水平间隔件　horizontal spacing

用于控制钢筋和模板或者钢筋相互之间水平间距的物件。

2.0.7 竖向间隔件　vertical spacing

用于控制钢筋和模板或者钢筋相互之间竖向间距的物件，它承受钢筋自重荷载。

2.0.8 阵列式放置　array arrangement

间隔件在相邻行和列呈直线的安放方式。

2.0.9 梅花式放置　staggered arrangement

间隔件在相邻行和列中间的安放方式。

3 基 本 规 定

3.0.1 混凝土结构及构件施工前均应编制钢筋间隔件的施工方案，施工方案应包括钢筋间隔件的选型、规格、间距及固定方式等内容。

3.0.2 钢筋安装应设置固定钢筋位置的间隔件，并宜采用专用间隔件，不得用石子、砖块、木块等作为间隔件。

3.0.3 钢筋间隔件应具有足够的承载力、刚度。在有抗渗、抗冻、防腐等耐久性要求的混凝土结构中，钢筋间隔件应符合混凝土结构的耐久性要求。

3.0.4 钢筋间隔件所用原材料应有产品合格证，使用制作前应复验，合格后方可使用。

3.0.5 工厂生产的成品间隔件进场时应提供产品合格证和说明书。有承载力要求的间隔件应提供承载力试验报告，承载力试验方法应符合本规程附录A的规定；有抗渗要求的塑料类钢筋间隔件应提供抗渗性能试验报告，抗渗性能试验方法应符合本规程附录B的规定。

3.0.6 在混凝土结构施工中，应根据不同结构类型、环境类别及使用部位、保护层厚度或间隔尺寸等选择钢筋间隔件。混凝土结构用钢筋间隔件可按表3.0.6选用。

表3.0.6　混凝土结构用钢筋间隔件选用表

序号	混凝土结构的环境类别	钢筋间隔件				
		使用部位	类型			
			水泥基类		塑料类	金属类
			砂浆	混凝土		
1	一	表层	○	○	○	○
		内部	×	△	△	○
2	二	表层	○	○	△	×
		内部	×	△	△	○
3	三	表层	○	○	△	×
		内部	×	△	△	○
4	四	表层	○	○	×	×
		内部	×	△	△	○

续表 3.0.6

序号	混凝土结构的环境类别	钢筋间隔件				
		使用部位	类型			
			水泥基类		塑料类	金属类
			砂浆	混凝土		
5	五	表层	○	○	×	×
		内部	×	Δ	Δ	○

注：1 混凝土结构的环境类别的划分应符合现行国家标准《混凝土结构设计规范》GB 50010 的有关规定；

2 表中○表示宜选用；Δ表示可以选用；×表示不应选用。

3.0.7 钢筋间隔件的形状、尺寸应符合保护层厚度或钢筋间距的要求，应有利于混凝土浇筑密实，并不致在混凝土内形成孔洞。

3.0.8 钢筋间隔件上与被间隔钢筋连接的连接件或卡扣、槽口应与其相适配并可牢固定位。

3.0.9 电焊机、混凝土泵、管架等设备荷载不得直接作用在钢筋间隔件上。

3.0.10 清水混凝土的表层间隔件应根据功能要求进行专项设计。与模板的接触面积对水泥基类钢筋间隔件不宜大于 300mm²；对塑料类钢筋间隔件和金属类钢筋间隔件不宜大于 100mm²。

4 钢筋间隔件的制作

4.1 水泥基类钢筋间隔件

4.1.1 水泥基类钢筋间隔件可采用水泥砂浆和混凝土制作。水泥砂浆间隔件的制作应符合现行国家标准《砌体工程施工质量验收规范》GB 50203 的有关规定。混凝土间隔件的制作应符合现行国家标准《混凝土结构工程施工质量验收规范》GB 50204 中“混凝土分项工程”的有关规定。

4.1.2 水泥基类钢筋间隔件的规格应符合下列规定：

1 可根据混凝土构件和被间隔钢筋的特点选择立方体或圆柱体等实心的钢筋间隔件。

2 普通混凝土中的间隔件与钢筋接触面的宽度不应小于 20mm，且不宜小于被间隔钢筋的直径。

3 应设置与被间隔钢筋定位的绑扎铁丝、卡扣或槽口，绑扎铁丝、卡扣应与砂浆或混凝土基体可靠固定。

4 水泥砂浆间隔件的厚度不宜大于 40mm。

4.1.3 水泥基类钢筋间隔件的材料和配合比应符合下列规定：

1 水泥砂浆间隔件不得采用水泥混合砂浆制作，水泥砂浆强度不应低于 20MPa。

2 混凝土间隔件的混凝土强度应比构件的混凝土强度等级提高一级，且不应低于 C30。

3 水泥基类钢筋间隔件中绑扎钢筋的铁丝宜采用退火铁丝。

4.1.4 不应使用已断裂或破碎的水泥基类钢筋间隔件，发生断裂和破碎应予以更换。

4.1.5 水泥基类钢筋间隔件应采用模具成型。

4.1.6 水泥基类钢筋间隔件的养护时间不应小于 7d。

4.2 塑料类钢筋间隔件

4.2.1 塑料类钢筋间隔件必须采用工厂生产的产品，其原材料不得采用聚氯乙烯类塑料，且不得使用二级以下的再生塑料。

4.2.2 塑料类钢筋间隔件可作为表层间隔件，但环形的塑料类钢筋间隔件不宜用于梁、板的底部。作为内部间隔件时不得影响混凝土结构的抗渗性能和受力性能。

4.2.3 塑料类钢筋间隔件的规格应符合下列规定：

1 可根据混凝土构件和被间隔钢筋的特点选择环形或鼎形等钢筋间隔件。

2 塑料类钢筋间隔件应设置与被间隔钢筋定位的卡扣或槽口。

3 塑料类钢筋间隔件宜按保护层厚度设置颜色标识，并应在产品说明书中予以说明。

4.2.4 不得使用老化断裂或缺损的塑料类钢筋间隔件，发生断裂或破碎应予以更换。

4.2.5 塑料类钢筋间隔件的抗渗性能应按本规程附录 B 的方法进行试验。

4.3 金属类钢筋间隔件

4.3.1 金属类钢筋间隔件宜采用工厂生产的产品，金属类钢筋间隔件可用作内部间隔件，除一类环境外，不应用作表层间隔件。

4.3.2 金属类钢筋间隔件的规格应符合下列规定：

1 可根据混凝土构件和被间隔钢筋的特点选择弓形、鼎形、立柱形、门形等钢筋间隔件。

2 与钢筋采用非焊接或非绑扎固定的金属类钢筋间隔件应设置与被间隔钢筋定位的卡扣或槽口。

4.3.3 金属类钢筋间隔件所用的钢材宜采用 HPB235 热轧光圆钢筋及 Q235 级钢。

4.3.4 金属类钢筋间隔件不得有裂纹或断裂，钢材不得有片状老锈。

4.3.5 金属类钢筋间隔件与被间隔钢筋采用焊接定位时，应满足现行行业标准《钢筋焊接及验收规程》JGJ 18 的有关要求，并不得损伤被间隔钢筋。

4.3.6 金属类钢筋间隔件在混凝土表面有外露的部分均应设置防腐、防锈涂层。涂层应符合现行国家标准《涂层自然气候曝露试验方法》GB/T 9276 的要求。用于清水混凝土的表层间隔件宜套上与混凝土颜色接近的塑料套。涂层或塑料套的高度不宜小于 20mm。

4.3.7 工地现场制作金属类钢筋间隔件时，应符合下列规定：

1 同类金属类钢筋间隔件宜采用同品种、同规格的材料。

2 现场制作应按经审批的加工图纸并设置模具进行加工。

4.4 成品检查

4.4.1 主控项目的检查应符合下列规定：

1 工厂及现场制作的钢筋间隔件在使用前应对其承载力进行抽样检查，钢筋间隔件承载力应符合要求。

检查数量：同一类型的钢筋间隔件，工厂生产的每批检查数量宜为 0.1%，且不应少于 5 件；现场制作的每批检查数量宜为 0.2%，且不应少于 10 件。

检查方法：检查现场检验报告。工厂生产的还应检查产品合格证和出厂检验报告。

2 水泥基类钢筋间隔件应按现行国家标准《砌体工程施工质量验收规范》GB 50203 及《混凝土结构工程施工质量验收规范》GB 50204 检查砂浆或混凝土试块强度。每一工作班的同一配合比的砂浆或混凝土取样不应少于一次。

4.4.2 一般项目的检查应符合下列规定：

1 工厂及现场制作的钢筋间隔件在使用前均应对其外观、形状、尺寸进行检查。

2 水泥基类钢筋间隔件的外观、形状、尺寸应符合设计要求，其允许偏差应符合表 4.4.2-1 的规定。

3 塑料类钢筋间隔件外观、形状、尺寸及标识等应符合设计要求，其允许偏差应符合表 4.4.2-2 的规定。

4 金属类钢筋间隔件的外观、形状、尺寸应符合设计要求，其允许偏差应符合表 4.4.2-3 的规定。

表 4.4.2-1 水泥基类钢筋间隔件的允许偏差

<table>
<tr><th>序号</th><th colspan="2">项 目</th><th colspan="3">允许偏差</th><th>检查数量</th><th>检查方法</th></tr>
<tr><td rowspan="3">1</td><td rowspan="3" colspan="2">外观</td><td colspan="3">不应有断裂或大于边长 1/4 的破碎</td><td rowspan="4">全数检查</td><td rowspan="3">目测、用尺量测</td></tr>
<tr><td colspan="3">不应有直径大于 8mm 或深度大于 5mm 的孔洞</td></tr>
<tr><td colspan="3">不应有大于 20%的蜂窝</td></tr>
<tr><td>2</td><td colspan="2">连接铁丝或卡铁</td><td colspan="3">无缺损、完好、无松动</td><td>目测</td></tr>
<tr><td rowspan="8">3</td><td rowspan="8">外形（mm）</td><td rowspan="6">间隔尺寸</td><td rowspan="3">工厂生产</td><td>基础</td><td>+4，−3</td><td rowspan="8">同一类型的间隔件，工厂生产的每批检查数量宜为 0.1%，且不应少于 5 件；现场制作的每批检查数量宜为 0.2%，且不应少于 10 件</td><td rowspan="8">用卡尺量测</td></tr>
<tr><td>梁、柱</td><td>+3，−2</td></tr>
<tr><td>板、墙、壳</td><td>+2，−1</td></tr>
<tr><td rowspan="3">现场制作</td><td>基础</td><td>+5，−4</td></tr>
<tr><td>梁、柱</td><td>+4，−3</td></tr>
<tr><td>板、墙、壳</td><td>+3，−2</td></tr>
<tr><td rowspan="2">其他尺寸</td><td>工厂生产</td><td colspan="2">±5</td></tr>
<tr><td>现场制作</td><td colspan="2">±10</td></tr>
</table>

表 4.4.2-2 塑料类钢筋间隔件的允许偏差

<table>
<tr><th>序号</th><th>检查项目</th><th>允许偏差</th><th>检查数量</th><th>检查方法</th></tr>
<tr><td>1</td><td>外 观</td><td>不得有裂纹</td><td rowspan="2">全数检查</td><td rowspan="2">目测</td></tr>
<tr><td>2</td><td>颜色标识</td><td>齐全、与所标识规格一致</td></tr>
</table>

续表 4.4.2-2

序号	检查项目		允许偏差	检查数量	检查方法
3	外形尺寸（mm）	间隔尺寸	±1	同一类型的间隔件，每批检查数量宜为0.1%，且不少于5件	用卡尺量测
		其他尺寸	±1		

表 4.4.2-3 金属类钢筋间隔件的允许偏差

序号	检查项目			允许偏差		检查数量	检查方法
1	外观			焊缝完整；不得有片状老锈、油污、裂纹及过大的变形		全数检查	目测、用尺量测
2	外形尺寸（mm）	间隔尺寸	工厂生产	基础	+2，−1	同一类型的间隔件，工厂生产的每批检查数量宜为0.1%，且不少于5件；现场制作的每批检查数量宜为0.2%，且不少于10件	用卡尺量测
				梁、柱	+1，−1		
				板、墙、壳	+1，−1		
			现场制作	基础	+4，−2		
				梁、柱	+3，−2		
				板、墙、壳	+2，−1		
		其他尺寸	工厂生产	±2			
			现场制作	±5			

5 钢筋间隔件质量检查可按本规程附录C记录，质量检查程序和组织应符合现行国家标准《建筑工程施工质量验收统一标准》GB 50300的规定。

5 钢筋间隔件的运输和储存

5.0.1 水泥基类钢筋间隔件宜码齐装运，运输中应避免振动和颠簸，防止发生断裂和破碎，不得与腐蚀性化学物品混运、混储。

5.0.2 塑料类钢筋间隔件不得与腐蚀性化学物品混运、混储。运输宜采用包装箱运输方式，并宜整箱保管、随用随拆箱。开箱后应放置在阴凉处，不宜露天存放，不应暴露在紫外线或阳光直射环境中。散放的塑料类钢筋间隔件上方不得重压。对承载力有怀疑或室外存放期超过6个月的产品应按本规程附录A进行承载力复验。

5.0.3 金属类钢筋间隔件不得与腐蚀性化学物品混运、混储，并有防潮措施。工厂生产的金属类钢筋间隔件运输宜采用包装箱运输方式，并宜整箱保管。散装散放的金属类钢筋间隔件上方不应重压。

6 钢筋间隔件的安放

6.1 一般规定

6.1.1 表层间隔件宜直接安放在被间隔的受力钢筋处，当安放在箍筋或非受力钢筋时，其间隔尺寸应按受力钢筋位置作相应的调整。

6.1.2 竖向间隔件的安放间距应根据间隔件的承载力和刚度确定，并应符合被间隔钢筋的变形要求。

6.1.3 钢筋间隔件安放后应进行保护，不应使之受损或错位。作业时应避免物件对钢筋间隔件的撞击。

6.2 表层间隔件的安放

6.2.1 板类构件表层间隔件的安放应满足钢筋不发生塑性变形，并保证钢筋间隔件不破损。

6.2.2 混凝土板类的表层间隔件宜按阵列式放置在纵横钢筋的交叉点的位置，两个方向的间距均不宜大于表6.2.2的规定。

表 6.2.2 板类的表层钢筋间隔件安放间距（m）

钢筋间距（mm）		受力钢筋直径（mm）		
		6～10	12～18	>20
单向板配筋	<50	1.0	1.5	2.0
	60～100	0.8	1.5	2.0
	110～150	0.6	1.0	2.0
	160～200	0.5	1.0	2.0
	>200	0.5	0.8	2.0
双向板配筋	<50	1.2	2.0	2.5
	60～100	1.0	2.0	2.5
	110～150	0.8	1.5	2.5
	160～200	0.8	1.5	2.5
	>200	0.6	1.0	2.5

注：1 双向板以短边方向钢筋确定；

2 直径大于32mm钢筋的间距应保证被间隔钢筋竖向变形，基础不大于10mm，板不大于3mm。

6.2.3 梁类构件表层间隔件的安放应符合下列规定：

1 混凝土梁类的竖向表层间隔件应放置在最下层受力钢筋下面，当安放在箍筋下面时，其间隔尺寸应作相应的调整。安放间距不应大于表 6.2.3-1 的规定。纵横梁钢筋相交处应增设钢筋间隔件。

表 6.2.3-1 梁类的竖向表层间隔件的安放间距（m）

跨中上层钢筋直径（mm）	≤10	12～18	20～25	≥25
安放间距	0.6	1.0	1.5	2.0

2 梁类构件的水平表层间隔件应放置在受力钢筋侧面，当安放在箍筋侧面时，其间隔尺寸应作相应的调整。对侧面配有腰筋的梁，在腰筋部位应放置同样数量的水平间隔件。安放间距不应大于表 6.2.3-2 的规定。

表 6.2.3-2 梁类的水平表层间隔件的安放间距（m）

钢筋直径（mm）	≤10	12～18	20～25	≥25
安放间距	0.8	1.2	1.8	2.2

6.2.4 混凝土墙类的表层间隔件应采用阵列式放置在最外层受力钢筋处。水平与竖向安放间距不应大于表 6.2.4 的规定。

表 6.2.4 混凝土墙类的表层间隔件的安放间距（m）

外层受力钢筋直径（mm）	≤8	10～16	18～22	≥25
安放间距	0.5	0.8	1.0	1.2

6.2.5 混凝土柱类的表层间隔件应放置在纵向钢筋的外侧面，其水平间距不应大于 0.4m；竖向间距不宜大于 0.8m；水平与竖向表层间隔件每侧均不应少于 2 个，并对称放置。

6.2.6 灌注桩的表层间隔件，当采用混凝土圆柱状钢筋间隔件时，应安放在同一环向箍筋上；当采用金属弓形钢筋间隔件时，应与纵向钢筋焊接。安放间距应符合表 6.2.6 的规定，且每节钢筋笼不应少于 2 组，长度大于 12m 的中间应增设 1 组。

表 6.2.6 灌注桩的表层间隔件的安放间距（m）

纵向钢筋直径（mm）		≤8	10～16	18～22	≥25
竖向间距		3.0	4.0	5.0	6.0
水平间距（弧长）	桩径≤800（mm）	0.8，且不少于 3 个			
	桩径>800（mm）	1.0			

6.2.7 斜向构件钢筋间隔件的安放应符合下列规定：

1 与水平面的夹角不大于 45°的斜向构件，其表层间隔件安放的斜向间距可根据构件类型按本规程第 6.2.2 条或第 6.2.3 条取值。

2 与水平面夹角大于 45°的斜向构件，其表层间隔件安放的斜向间距可根据构件类型按本规程第 6.2.4 条或第 6.2.5 条取值。

6.3 内部间隔件的安放

6.3.1 竖向内部间隔件的安放应符合下列规定：

1 厚（高）度大于或等于 1000mm 混凝土板、梁及其他大型构件的竖向内部间隔件及其间距应根据计算确定。

2 梁类竖向内部间隔件可采用独立式或组合式。竖向内部间隔件应直接支承于模板或垫层。安放间距不应大于本规程表 6.2.3-1 的规定。

3 预应力曲线型布筋时，竖向内部间隔件可安放在底模或定位于已安装好的非预应力筋。钢筋间隔件间距应专门设计，其安放曲率应符合设计要求。

6.3.2 水平内部间隔件的安放应符合下列规定：

1 墙类水平内部间隔件宜采用阵列式布置，间距应符合表 6.2.4 的规定。兼作墙体双排分布钢筋网连系拉筋的水平间隔件还应符合现行国家标准《混凝土结构设计规范》GB 50010 的规定。

2 梁类水平内部间隔件应安放在已固定好的外侧钢筋上，其安放间距应符合本规程表 6.2.3-2 的规定。

6.4 质 量 检 查

6.4.1 主控项目的检查应符合下列规定：

1 混凝土浇筑前应对钢筋间隔件的安放质量进行检查，其形式、规格、数量及固定方式应符合施工方案的要求。

检查数量：全数检查。

检查方法：目测、用尺量。

2 钢筋间隔件安放的保护层厚度允许偏差应符合表 6.4.1 的规定。

检查数量：抽取构件数量的 3%，且不应少于 6 个构件；对抽取的梁（柱）类构件，应检查全部纵向受力钢筋的保护层；对抽取的板（墙）类构件，应检查不少于 10 处纵向受力钢筋的保护层。

检查方法：用尺量。

表 6.4.1 钢筋间隔件安放的保护层厚度允许偏差

构件类型	允许偏差（mm）
梁（柱）类	+8，−5
板（墙）类	+5，−3

6.4.2 一般项目的检查应符合下列规定：

1 钢筋间隔件的安放位置应符合施工方案，其允许偏差应符合表 6.4.2 的规定。

检查数量：按钢筋安装工程检验批随机抽检钢筋间隔件总数的 10%。

检查方法：目测，用尺量。

表 6.4.2 钢筋间隔件的安放位置允许偏差

检查项目		允许偏差
位置	平行于钢筋方向	50mm
	垂直于钢筋方向	0.5d

注：表中 d 为被间隔钢筋直径。

2 钢筋间隔件的安放方向应与被间隔钢筋的排放方式一致。

检查数量：全数检查。

检查方法：目测。

附录 A 钢筋间隔件承载力试验方法

A.0.1 钢筋间隔件承载力试验的试件应随机抽取。

A.0.2 应采用抗压强度试验机进行加载，试验加载时应在压力板与钢筋间隔件试件间设置钢制加载垫条（图 A.0.2-1）。

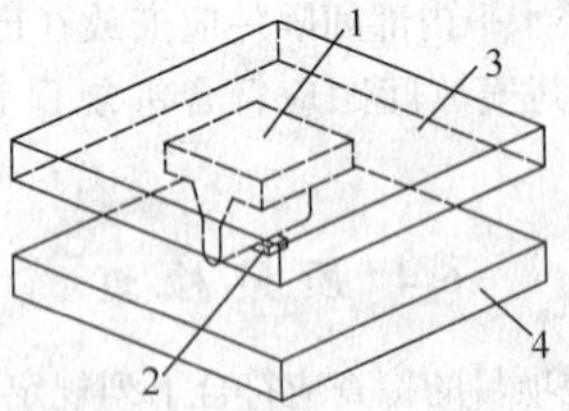

图 A.0.2-1 加载装置示意

1—钢制加载垫条；2—钢筋间隔件试件；3—上压板；4—下压板

加载垫条与钢筋间隔件接触的端部应采用不同规格的半圆弧（图 A.0.2-2），不同直径钢筋下，加载垫条可按表 A.0.2 选用。

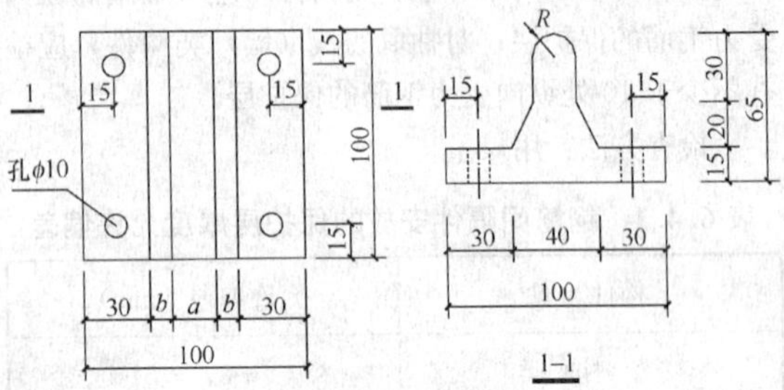

图 A.0.2-2 加载垫条示意

表 A.0.2 加载垫条选用表

间隔钢筋直径（mm）	加载垫条型号	R（mm）	a（mm）	b（mm）
10～18	DT10	5	10	15
20～28	DT20	10	20	10
≥30	DT30	15	30	5

A.0.3 试验步骤应符合下列规定：

1 应将加载垫条用螺栓固定在上压板。

2 应将试件擦拭干净，在试件中部画线定出中心位置。应将加载垫条与试件中心线对齐。

3 加载速度应符合表 A.0.3-1 的规定。

表 A.0.3-1 钢筋间隔件承载力试验加载速度

试件类型		加载速度（N/s）
砂浆类钢筋间隔件		300
混凝土类钢筋间隔件	混凝土强度等级≤C30	300
	混凝土强度等级>C30	500
塑料类钢筋间隔件		300
金属类钢筋间隔件		300

4 加载至设计荷载，试件未破坏，则应停止加载；若未达到设计荷载，试块破坏，则应记录破坏荷载。试验数据应精确至 0.1kN。数据可按表 A.0.3-2 记录。

表 A.0.3-2 钢筋间隔件承载力试验记录表

试件规格	试件编号	间隔钢筋规格（mm）	设计荷载（kN）	破坏荷载（kN）	是否合格	
					单件	检验批
S1	1					
	2					
	3					
	……					
S2	1					
	2					
	3					
	……					
…	1					
	2					
	3					
	……					

A.0.4 应按设计承载力要求判断钢筋间隔件是否合格。检验批试验钢筋间隔件单件合格率为100%时，该检验批定为合格；检验批试验钢筋间隔件单件合格率不足100%，但大于或等于80%时，可再抽取2倍数量的试件重做试验，如重做部分全部合格，则该检验批可定为合格，否则为不合格；检验批试验钢筋间隔件单件合格率小于80%时，则该检验批为不合格。承载力不合格的钢筋间隔件可在不大于试验最小承载力的条件下使用。

A.0.5 钢筋间隔件试验尚应符合下列规定：

1 对双层式钢筋间隔件试验取上层钢筋位置进行试验。

2 试验机压板应由洛氏硬度不低于HRC55硬质钢制成，其厚度不应小于10mm，长度和宽度均不应小于150mm。下压板表面应与该机的竖向轴线垂直并在加荷过程中保持不变。试验机活塞竖向轴应与压力机的竖向轴重合，加荷时活塞作用的合力应通过试件中心。

附录B 塑料类钢筋间隔件界面抗渗性能试验方法

B.0.1 塑料类钢筋间隔件每次抗渗试验的试件数量应取3件。试件（图B.0.1）应采用所在结构构件同批混凝土浇筑，其埋设位置应在构件中央，板块中央直径300mm的区域为水压作用范围。

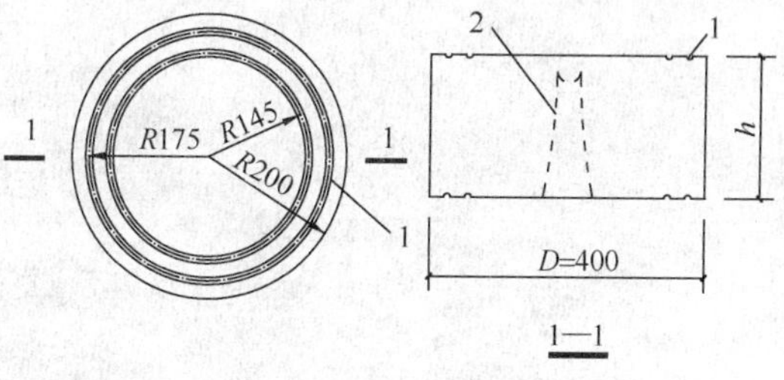

图B.0.1 钢筋间隔件抗渗试件

1—密封槽；2—钢筋间隔件

注：1 *D*为塑料类钢筋间隔件抗渗试件尺寸；

2 *h*为塑料类钢筋间隔件抗渗试件厚度（同实际结构厚度）。

B.0.2 塑料类钢筋间隔件抗渗性能试验应采用上、下密封钢罩组成的试验装置（图B.0.2），在其四个密封槽中应嵌入橡胶圈。

B.0.3 试验方法应符合下列规定：

1 应将钢筋间隔件抗渗试件置于上、下密封钢罩间，密封槽内安放橡胶密封圈，用M28螺栓固定紧密，顶部接口应与压力水管连接（图B.0.3）。

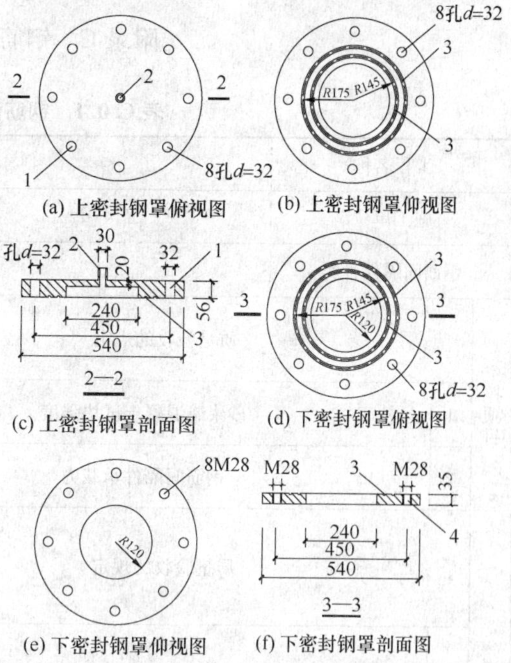

图B.0.2 密封钢罩

1—螺栓孔；2—水管接口；3—密封槽；4—螺栓M28

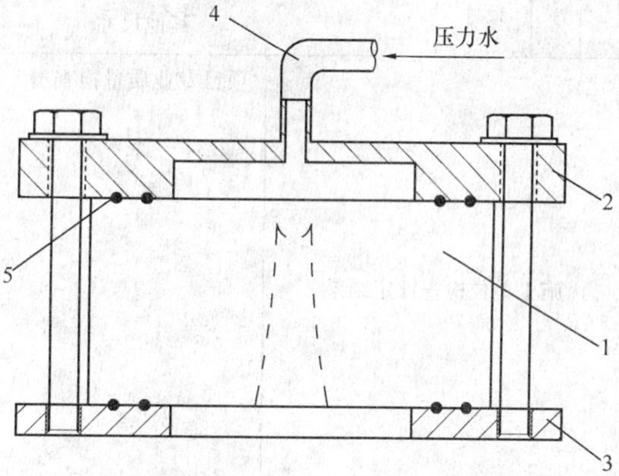

图B.0.3 抗渗加压装置的安装

1—试件；2—上密封钢罩；3—下密封钢罩；4—水管接口；5—橡胶密封圈

2 初始加压时，应取设计压力并保持1h，检验钢罩密封状况。

3 测试加压时，应确认钢罩密封性良好后进行测试加压，应按设计抗渗等级对应水压加压，并维持24h。

B.0.4 3个抗渗试件应按设计水压加压并维持24h，均无渗水可判定为合格。

附录C 钢筋间隔件检查记录表格

表 C.0.1 钢筋间隔件成品检查验收记录

<table>
<tr><td colspan="4">工程名称</td><td colspan="2"></td><td colspan="2">验收单位</td><td></td></tr>
<tr><td colspan="4">施工单位</td><td colspan="2"></td><td colspan="2">项目经理</td><td></td></tr>
<tr><td colspan="4">钢筋间隔件种类</td><td colspan="2"></td><td colspan="2">制作单位</td><td></td></tr>
<tr><td rowspan="3">主控项目</td><td colspan="5">质量验收的规定</td><td colspan="2">施工单位
检查结果</td><td>监理（建设）
单位验收记录</td></tr>
<tr><td>1</td><td colspan="4">砂浆或混凝土试块强度</td><td colspan="2"></td><td></td></tr>
<tr><td>2</td><td colspan="4">钢筋间隔件承载力</td><td colspan="2"></td><td></td></tr>
<tr><td rowspan="7">一般项目</td><td colspan="4" rowspan="2">质量验收的规定</td><td colspan="3">施工单位检查结果</td><td rowspan="2">监理（建设）
单位验收记录</td></tr>
<tr><td>抽检数</td><td>合格数</td><td>不合格数</td></tr>
<tr><td>1</td><td colspan="3">外观</td><td></td><td></td><td></td><td></td></tr>
<tr><td>2</td><td colspan="3">颜色标识</td><td></td><td></td><td></td><td></td></tr>
<tr><td>3</td><td colspan="3">连接铁丝或卡铁</td><td></td><td></td><td></td><td></td></tr>
<tr><td rowspan="2">4</td><td rowspan="2">外形
尺寸</td><td colspan="2">间隔尺寸</td><td></td><td></td><td></td><td></td></tr>
<tr><td colspan="2">其他尺寸</td><td></td><td></td><td></td><td></td></tr>
<tr><td colspan="3">施工单位检查评定结果</td><td colspan="6">项目专业质量检查员

年 月 日</td></tr>
<tr><td colspan="3">监理（建设）单位验收结论</td><td colspan="6">监理工程师（建设单位项目专业技术负责人）

年 月 日</td></tr>
</table>

注：本表由施工单位项目专业质量检查员填写，监理工程师（建设单位项目专业技术负责人）组织项目专业质量检查员等进行验收。

表 C.0.2　钢筋间隔件安放检查记录

<table>
<tr><td colspan="2">工程名称</td><td></td><td colspan="3">验收单位</td><td></td></tr>
<tr><td colspan="2">施工单位</td><td></td><td colspan="3">结构部位</td><td></td></tr>
<tr><td colspan="2">项目经理</td><td></td><td colspan="3">施工班组长</td><td></td></tr>
<tr><td rowspan="2">主控项目</td><td colspan="2">质量验收的规定</td><td colspan="3">施工单位检查结果</td><td>监理（建设）单位验收记录</td></tr>
<tr><td colspan="2">钢筋间隔件安放数量</td><td colspan="3"></td><td></td></tr>
<tr><td rowspan="5">一般项目</td><td colspan="2" rowspan="2">质量验收的规定</td><td colspan="3">施工单位检查结果</td><td rowspan="2">监理（建设）单位验收记录</td></tr>
<tr><td>抽检数</td><td>合格数</td><td>不合格数</td></tr>
<tr><td>1</td><td>钢筋间隔件安放方位</td><td></td><td></td><td></td><td></td></tr>
<tr><td>2</td><td>平行于钢筋方向位置偏差≤50mm</td><td></td><td></td><td></td><td></td></tr>
<tr><td>3</td><td>垂直于钢筋方向位置偏差≤0.5d</td><td></td><td></td><td></td><td></td></tr>
<tr><td colspan="3">施工单位检查评定结果</td><td colspan="4">项目专业质量检查员
年　月　日</td></tr>
<tr><td colspan="3">监理（建设）单位验收结论</td><td colspan="4">监理工程师（建设单位项目专业技术负责人）
年　月　日</td></tr>
</table>

注：本表由施工单位项目专业质量检查员填写，监理工程师（建设单位项目专业技术负责人）组织项目专业质量检查员等进行验收。

本规程用词说明

1　为便于在执行本规程条文时区别对待，对要求严格程度不同的用词说明如下：

1） 表示很严格，非这样做不可的：
正面词采用“必须”，反面词采用“严禁”；

2） 表示严格，在正常情况下均应这样做的：
正面词采用“应”，反面词采用“不应”或“不得”；

3） 表示允许稍有选择，在条件许可时首先应这样做的：
正面词采用“宜”，反面词采用“不宜”；

4） 表示有选择，在一定条件下可以这样做的，采用“可”。

2　条文中指明应按其他有关标准执行的写法为：“应符合……的规定”或“应按……执行”。

引用标准名录

1　《混凝土结构设计规范》GB 50010

2　《砌体工程施工质量验收规范》GB 50203

3　《混凝土结构工程施工质量验收规范》GB 50204

4　《建筑工程施工质量验收统一标准》GB 50300

5　《涂层自然气候曝露试验方法》GB/T 9276

6　《钢筋焊接及验收规程》JGJ 18

中华人民共和国行业标准

混凝土结构用钢筋间隔件应用技术规程

JGJ/T 219—2010

条 文 说 明

制定说明

《混凝土结构用钢筋间隔件应用技术规程》JGJ/T 219－2010经住房和城乡建设部2010年12月20日以第848号公告批准、发布。

本规程制定过程中，编制组对国内混凝土结构用钢筋间隔件应用技术进行了调查研究，参考有关国际标准和国外先进标准，认真总结了已有的工程经验，并进行了一系列模型试验。

为便于广大施工、设计、监理和其他相关单位人员在使用本规程时能正确理解和执行条文规定，《混凝土结构用钢筋间隔件应用技术规程》编制组按章、节、条的顺序编制了本规程的条文说明，对条文规定的目的、依据以及执行中需注意的有关事项进行了说明。但是本条文说明不具备与规程正文同等的法律效力，仅供使用者作为理解和把握规程规定的参考。

目　次

1 总 则

1.0.1 近几年来钢筋混凝土耐久性的研究一直是全球工程界关注的热点，大量研究、调查和试验结果表明，钢筋保护层的质量是影响结构耐久性的重要因素之一。研究资料表明，保护层厚度减小 1/4，构件的抗碳化年限可减少 1/2；而如果保护层厚度超过设计值，又将影响到结构的受力，引起承载力下降、混凝土开裂等严重后果。同时，钢筋保护层对混凝土的粘结锚固性能、防火减灾也有很大影响。

以往我国钢筋保护层施工控制的主要手段是运用砂浆（混凝土）钢筋间隔件（即垫块），近年来也开始采用塑料类钢筋间隔件、金属类钢筋间隔件等。

砂浆（混凝土）钢筋间隔件，一般都在工地现场制作，质量不易控制，在放置过程中又容易破碎、移位。欧美一些国家则以工厂化生产的塑料类钢筋间隔件为主，其规格统一、定位可靠。金属类钢筋间隔件如钢筋马凳、焊接短钢筋等，我国也多由工地现场制作。在日本应用工厂化生产的金属类钢筋间隔件已有多年历史，它具有加工方便、能耗小、系列化、施工方便等优点。钢筋间隔件的放置方法、间距、数量、与钢筋的连接等在施工中也多以经验为主，缺乏规范和技术指导，因此，工程中发生钢筋位置错动、变形过大甚至钢筋坍塌等都屡见不鲜，已成为质量通病之一。

现行国家标准《混凝土结构工程施工质量验收规范》GB 50204 提出了“验评分离、强化验收、过程控制”的指导思想，确定了两项检查内容：结构实体混凝土强度和保护层厚度，其中将混凝土保护层厚度的控制作为一项重要的检验内容。

虽然在上述规范中对钢筋保护层质量有明确的要求，但是目前在施工中仍普遍存在一些问题，如：为了防止露筋的现象，钢筋垫得过高，明显减小了构件截面的有效高度；又如：对钢筋间隔件作用不重视，用石子、木块等代替，混凝土浇筑时发生滑移，失去钢筋间隔件作用；或砂浆钢筋间隔件制作不规范，强度低，受到挤压后破碎。

混凝土结构用钢筋间隔件在工程中应用面广、使用量大，工程中存在的诸多问题必须给予解决。因此，本规程规定了在施工中对钢筋间隔件的制作及安放等条款，以保证工程质量，克服施工通病，对提高混凝土结构工程耐久性和可靠性，防火防灾等都具有长远的意义。

3 基 本 规 定

3.0.1 不同的混凝土构件其钢筋间隔件形式、规格、数量有很大区别，在施工前，应根据工程实际对象进行方案设计。应注意当竖向间隔件承受的荷载较大且钢筋间隔件较高时（如支承基础的上皮钢筋），钢筋间隔件容易发生失稳，必须对此进行计算。

3.0.2 工程中常用石子、砖块、木块、竹片等代替钢筋间隔件，而这些替代物严重影响混凝土的耐久性，故本条强调钢筋间隔件不得采用这类替代物。

3.0.3 钢筋间隔件承受的荷载主要有钢筋自重、浇筑混凝土的冲击力以及人员或设备的荷载，为防止其在施工阶段引起断裂或变形，钢筋间隔件应具有足够的承载力和刚度。

大型底板、深梁等的承压型内部间隔件往往高度大，搁置的钢筋粗，受力较大，除应满足承载力和变形要求外，还应防止长细杆的失稳。

钢筋间隔件应满足混凝土结构本身的耐久性要求，如水泥基类钢筋间隔件的抗渗、抗冻、防腐等应与结构的混凝土具有相同的性能；又如内部采用塑料类钢筋间隔件应保证其与混凝土接合面的抗渗性能；金属类钢筋间隔件则应有防腐措施。

3.0.4 材料的合格证、检验报告以及产品的合格证是工程的质量保证资料，因此，本条特提出了这方面的要求。所依据的技术标准包括国家现行标准《混凝土用钢》GB 1499，《钢筋焊接及验收规程》JGJ 18，《通用硅酸盐水泥》GB 175，《混凝土质量控制标准》GB 50164，《普通混凝土力学性能试验方法标准》GB/T 50081，《普通混凝土拌合物性能试验方法标准》GB/T 50080，《普通混凝土用砂、石质量及检验方法标准》JGJ 52，《塑料 拉伸性能的测定》GB/T 1040 和《塑料 压缩性能的测定》GB/T 1041 等。

3.0.5 本条提出了工厂生产的产品应由工厂进行承载力试验和抗渗性能试验。建议厂家可根据自己的产品提供不同荷载、不同强度级别、不同水压的产品系列表。

3.0.6 在编制钢筋间隔件的方案时，应结合混凝土结构的环境类别按现行国家标准《混凝土结构设计规范》GB 50010 考虑。

砂浆类钢筋间隔件因其强度较低，厚度受到一定限制，因此不宜作为内部间隔件。混凝土类钢筋间隔件的适用性较强，但在作为内部间隔件而间隔尺寸又较大时，应注意其自身的几何尺寸，防止截面过大而影响混凝土浇灌和构件的性能。

塑料类内部间隔件应考虑构件的抗渗性，而塑料类表层间隔件则应考虑塑料的低温脆性。

3.0.7 钢筋间隔件保证保护层厚度或钢筋间距是其设计中最基本的要素。塑料类钢筋间隔件、金属类钢筋间隔件由于其形式多样且体积较小，如形状不妥，往往会造成混凝土不易密实。因此，在确定钢筋间隔件形状时要考虑混凝土粗骨料的粒径、混凝土的坍落度等，以防止在钢筋间隔件处产生混凝土孔洞。

3.0.8 工厂化生产的塑料、金属类钢筋间隔件，一般都有钢筋定位构造。现场制作的水泥基类钢筋间隔件应埋置铁丝或采用其他方式进行钢筋定位，现场制作的金属类钢筋间隔件则应在制作时考虑钢筋定位的构造。

3.0.9 这条是考虑避免附加荷载对钢筋间隔件的影响。

3.0.10 清水混凝土的表面十分重要，因此选择钢筋间隔件（包括钢筋端头的涂刷防锈漆或塑料套）应在颜色、外露的大小、材质、安放位置等方面予以考虑，防止清水混凝土的表面质量受损，与模板的接触面积不宜过大，且符合目前常用的钢筋间隔件规格。

4 钢筋间隔件的制作

4.1 水泥基类钢筋间隔件

4.1.1 水泥基类钢筋间隔件主要由水泥和混凝土制成，其制作质量应符合国家现行有关规范的要求。

4.1.2 立方体和圆柱体是目前工程中最常用的形式，其使用方便。当然也有其他一些形式（图1）。为保证钢筋安放的可靠性，本条对有关截面尺寸作了必要的规定。水泥基类钢筋间隔件与钢筋的连接件方式可采用铁丝、金属卡片、预留孔等。

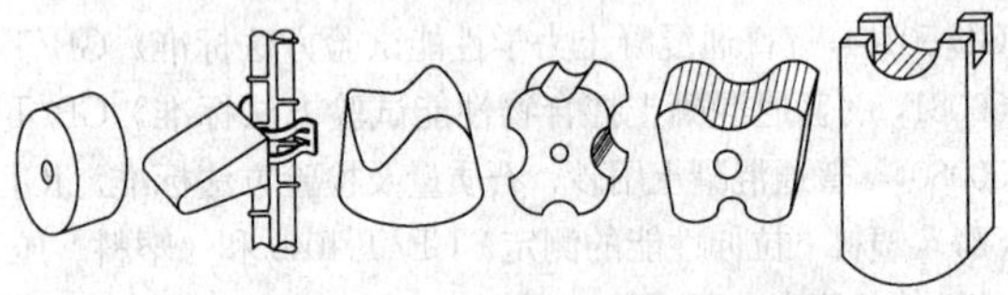

图1 水泥基类钢筋间隔件

4.1.3 砂浆和混凝土的强度是水泥基类钢筋间隔件承载力的基本保证，因此，此条规定了该类钢筋间隔件的强度不应小于结构混凝土内砂浆或混凝土的强度，还规定了它们的最低强度。绑扎钢筋的铁丝选用20号的退火铁丝。退火铁丝又称为火烧丝，由优质铁丝制成，采用低碳钢线材经酸洗除锈、拉拔成型、高温退火等工艺精制而成。柔韧性强、可塑性好，适合用做钢筋捆绑丝。

4.1.4 水泥基类钢筋间隔件易断裂，在运输和使用时应予以注意，如发生断裂和破碎，则不能再用于工程。

4.1.5、4.1.6 目前，水泥基类钢筋间隔件的工地加工随意性较大，质量难以保证。这两条是为确保水泥基类钢筋间隔件质量而作的规定。采用模板、靠尺切割等措施可保证钢筋间隔件形状尺寸的正确性，砂浆类钢筋间隔件切割时间的控制及养护要求则对水泥基类钢筋间隔件的强度有直接影响。

4.2 塑料类钢筋间隔件

4.2.1 塑料类钢筋间隔件一般均为工厂生产的产品，本条是考虑在推广使用塑料类钢筋间隔件时，应防止工程中随意将废塑料块用作钢筋间隔件而作出的规定。二级以下的再生塑料其性能低劣，不能用于混凝土结构工程。

4.2.2 塑料类钢筋间隔件与混凝土的粘结力比水泥基类钢筋间隔件和金属类钢筋间隔件小很多，它们两者的界面易发生渗水现象，因此，当用塑料类钢筋间隔件作为内部间隔件时，特别是作为贯穿型内部间隔件时，应考虑它对混凝土结构的影响，必要时可选用其他材料的钢筋间隔件。

4.2.3 塑料类钢筋间隔件的类型有很多（图2），选用时可按钢筋的种类、直径、间隔尺寸和方式等选用。塑料类钢筋间隔件的钢筋卡扣应预先设计、注塑成型。塑料类钢筋间隔件可做成不同的颜色，故宜按保护层厚度设置颜色标识，以防止错用、便于检查。

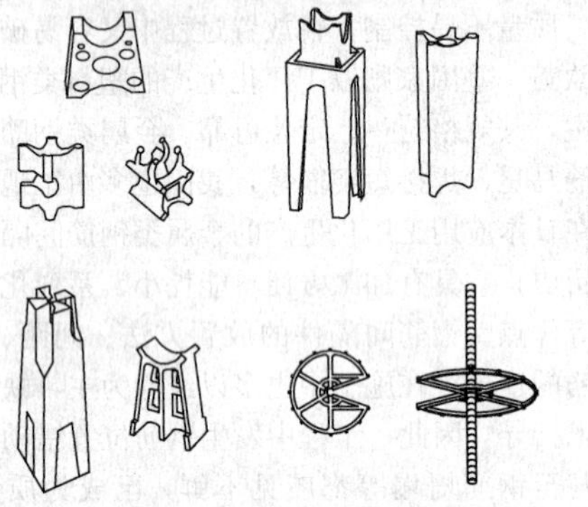

图2 塑料类钢筋间隔件

4.2.4 塑料具有大气老化特性，放置过久或遇到高温、烘烤的塑料类钢筋间隔件如已老化断裂，则不能再使用。塑料类钢筋间隔件还易断裂，特别是环形的钢筋间隔件，圆环部分截面很小，易于折断，在运输、使用中应注意保护，一旦发生断裂和破碎，则应报废，不得再用于工程。

4.3 金属类钢筋间隔件

4.3.1 目前在工程应用的金属类钢筋间隔件主要是钢材做的，工厂多用模具机械成型，质量好；而现场一般用手工制作，加工不规范。故本条建议在可能的条件下，优选工厂生产的产品，一方面可提高工程质量，另一方面也有利于钢筋间隔件的标准化和系列化的推进。

4.3.2 金属类钢筋间隔件的类型也有很多（图3）。工厂生产的一般都考虑有固定钢筋的卡扣或槽口，但在现场制作的难以做到。如没有卡扣或槽口，则应有其他的固定钢筋的方法，如焊接或绑扎。

4.3.3 钢筋间隔件的钢材需要经过弯折成型，宜采用HPB235级低碳钢热轧圆盘条及Q235级钢。

4.3.4 本条规定了金属类钢筋间隔件外表的质量要求。出现裂纹、断裂、过大变形或钢材的片状老锈，都会影响混凝土结构的质量。金属类钢筋间隔件在运

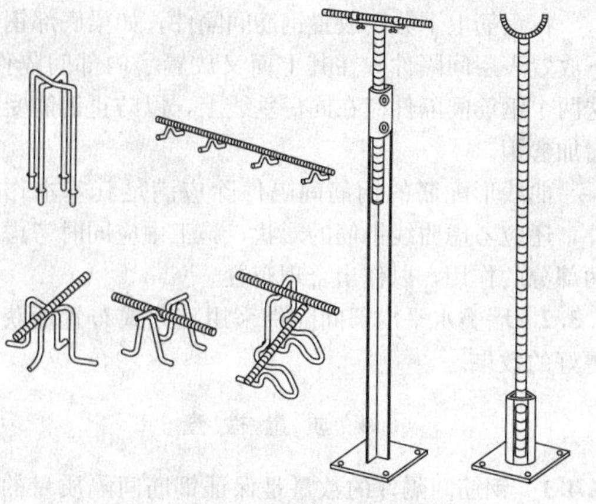

图 3 金属类钢筋间隔件

输、安装等施工过程中可能会产生变形，主要应控制该变形引起的间隔尺寸的偏差。而对于其他方向上的非间隔尺寸，可放宽要求。

4.3.6 金属类钢筋间隔件外露的部分直接接触空气，易发生腐蚀，在其端部应作防腐处理，这是保证混凝土耐久性的重要措施。目前一般涂刷防腐涂料，可起到很好的作用。如是清水混凝土，还应考虑涂料的颜色与混凝土一致。但灌注桩的表层间隔件不需在表面设置防腐涂层，因为它埋于土中，不直接接触空气，并不存在外观问题。

4.3.7 本条提出了现场加工金属类钢筋间隔件的技术要求，目的是规范作业行为，改变以往现场无图纸、无标准的随意加工的状况。

4.4 成品检查

4.4.1 钢筋间隔件承载力是钢筋间隔件的基本要求，故作此规定。砂浆或混凝土强度是保证水泥基类钢筋间隔件质量的基本条件，因此把它作为主控项目。本条列出了砂浆或混凝土试块的取样要求，具体制作方法和试验方法应参考有关规范执行。

4.4.2 根据钢筋间隔件的作用，其外观、形状、尺寸列为一般项目验收。因工厂产品属于工业化生产，一般实现机械化生产，质量较为稳定，而现场制作的质量离散性较大，在抽样检查中考虑前者数量可少一些，而后者应多一些。

5 钢筋间隔件的运输和储存

5.0.1～5.0.3 钢筋间隔件在运输、储存时，应根据其特点，采取保护措施，防止破坏、腐蚀或混杂。

6 钢筋间隔件的安放

6.1 一般规定

6.1.1 本条规定了表层间隔件的安放位置，以保证保护层的厚度。

6.1.2 竖向间隔件直接承受钢筋自重和其他竖向荷载。如安放间距较小，则单个竖向间隔件承受的荷载较小，且不易引起被间隔钢筋的变形，但数量较多；反之，如果安放间距较大，虽数量较少，但承受的荷载较大，且易引起被间隔钢筋的变形。究竟采用什么布置方式，应根据工程实际情况确定，钢筋间隔件本身和被间隔钢筋两方面均应满足，即：钢筋间隔件的承载力和刚度满足要求，被间隔钢筋的变形满足要求。

6.2 表层间隔件的安放

6.2.1 板类构件包括板、壳或T形梁的翼缘、箱形梁的顶板和底板等。板类表层间隔件为钢筋下面的竖向间隔件，间距应满足被间隔钢筋变形控制的要求，同时应保证钢筋间隔件正常工作。

6.2.2 表 6.2.2 所示的安放间距是根据施工阶段荷载确定的。在对比浇筑混凝土的冲击力和人员或设备的荷载后，取钢筋自重加一个人的重量（75kg），以被间隔钢筋变形不大于 15mm 计算的结果，可供施工时选用。

工程中板类钢筋间隔件有阵列式放置和梅花式放置，按阵列式放置对减小被间隔钢筋的变形更为有利，故建议用此放置方法。

6.2.3 梁类构件包括梁、预制方桩、屋架弦杆等。

梁类构件表层间隔件分为竖向的和水平向的。与板类构件不同，其钢筋一般形成骨架，受力后变形大大减小，因此，其竖向表层间隔件的间距可放大。钢筋骨架的变形与梁的高度有关，但本条没有按梁的高度确定，这是基于梁钢筋的直径与梁的高度有一定关联，为与板类和墙类的表达方法一致，在此也按梁钢筋的直径来确定。

梁的水平表层间隔件只受浇筑混凝土的冲击力影响，钢筋又比较细，承受的力比竖向表层间隔件的荷载小很多，因此，其安放间距可适当放大。

6.2.4 墙类构件包括剪力墙、竖向的板等。

6.2.5 柱类构件包括柱、桥墩等。

当柱类构件的截面较小时，其水平与竖向间距每侧均不应少于 2 个，以使钢筋骨架放置平稳。

6.2.6 灌注桩表层间隔件的形式也很多，固定方式也有不一样（图 4）。钢板弓形钢筋间隔件焊接固定时应防止钢筋受焊弧损伤。

6.2.7 斜向构件钢筋间隔件与水平面的夹角小于或等于 45°接近水平构件，故按板或梁类构件处理；与水平面的夹角大于或等于 45°接近垂直构件，故按墙或柱类构件处理。

6.3 内部间隔件的安放

6.3.1 本条规定了竖向内部间隔件的安放要求。

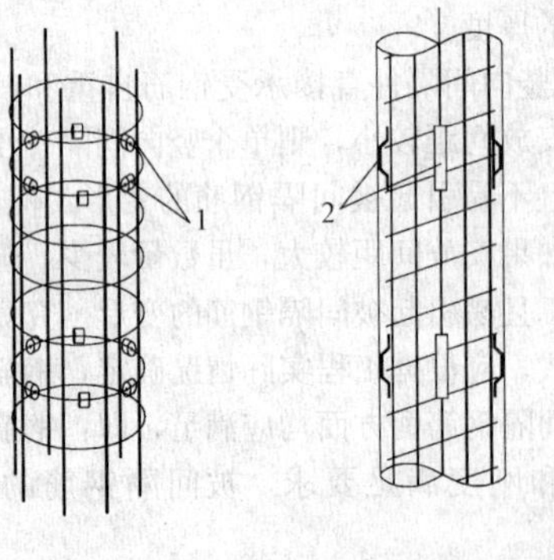

图 4　灌注桩表层间隔件

1—混凝土环；2—钢板弓形钢筋间隔件

大型板、梁的竖向内部间隔件的高度高、承受荷载大，易发生破坏，故一定要进行计算。计算内容包括钢筋间隔件的承载力、刚度、稳定性以及被间隔钢筋的变形。

在钢筋上下分别放置钢筋间隔件，如梁底部钢筋下放置表层间隔件，在其上面又放置了内部间隔件，这两个钢筋间隔件应在同一垂线上，以防止钢筋受到附加弯矩。

曲线形配筋的钢筋间隔件除应满足其基本作用外，还应考虑曲线钢筋的形状，施工中应同时考虑这两部分的作用，以作出合理布置。

6.3.2　墙类水平内部间隔件采用阵列式布置能获得更好的效果。

6.4　质量检查

6.4.1　钢筋间隔件的数量是保证钢筋间隔质量的主要指标，故将它列为主控项目，并全数检查。

6.4.2　为保证钢筋间隔件安放位置的正确性，本条规定了钢筋间隔件安放位置的允许偏差。如被间隔的钢筋直径不同，则 d 指较小的钢筋直径。

总 目 录

第1册 通用·抗震·幕墙·屋面·人防·给水排水

1 通用标准

2 建筑抗震

3 幕墙·屋面·人防·给水排水

第2册　砌体·钢·木·混凝土

4　砌体和钢木结构

5　混凝土结构

第3册　地基·基础·勘察

6　地基·基础·勘察

第4册　特种·混合·检测·加固

7　特种结构·混合结构

8　检测·加固